电气工程师手册

第 **4** 版

《电气工程师手册》第4版编委会　组编

主　编　王建华

副主编　李盛涛　荣命哲　耿英三　刘崇新

机 械 工 业 出 版 社

在世界科技高速发展的时代，本手册紧紧围绕着国家建设现代化产业体系这一宏伟目标，坚持创新思维，立足于电气工程科学技术发展前沿，使现代电气先进理论与工程应用相结合，着眼于未来科学与高新技术的发展方向，吸收国内国际科学技术发展的新成果。

本手册内容在第3版的基础上进行了全面修订，涉及的电气工程科技知识更新颖、更先进、更实用。本手册主要内容包括：通用数据资料和数学公式，电气工程理论基础，电工电子功能材料和光电线缆与绝缘元件，电子元器件和电子电路，电力电子技术，电气工程信息化基础，可靠性技术、环境技术和电磁兼容，电气测量和仪器仪表，电机，变压器、电抗器和电容器，开关保护设备，自动控制，电气传动，通信，火力发电，水力发电，核能发电，太阳能和风力发电，其他新能源发电及储能，电力系统与智能电网，脉冲功率与等离子体技术，建筑电气与智能化，电加工、电加热、电焊和静电技术应用，智能家居和智能车辆，能源互联网，项目工程经济分析。

本手册可供广大从事电气工程技术工作的科技人员阅读使用，也可供各院校电气相关专业的师生参考。

图书在版编目（CIP）数据

电气工程师手册/《电气工程师手册》第4版编委会组编；王建华主编. —4版. —北京：机械工业出版社，2023.8
ISBN 978-7-111-73380-5

Ⅰ. ①电… Ⅱ. ①电… ②王… Ⅲ. ①电工技术–手册 Ⅳ. ①TM-62

中国国家版本馆 CIP 数据核字（2023）第 109402 号

机械工业出版社（北京市百万庄大街22号 邮政编码100037）
策划编辑：付承桂 责任编辑：付承桂 朱 林
责任校对：樊钟英 李小宝 陈 越 李 杉 李 婷 王 延
封面设计：鞠 杨 责任印制：邰 敏
三河市宏达印刷有限公司印刷
2024年2月第4版第1次印刷
184mm×260mm·141.25印张·3插页·4655千字
标准书号：ISBN 978-7-111-73380-5
定价：598.00元

电话服务 网络服务
客服电话：010-88361066 机 工 官 网：www.cmpbook.com
010-88379833 机 工 官 博：weibo.com/cmp1952
010-68326294 金 书 网：www.golden-book.com
封底无防伪标均为盗版 机工教育服务网：www.cmpedu.com

《电气工程师手册》第4版 编委会

第 4 版序

　　《电气工程师手册》第 4 版是根据我国国民经济与建设的高速发展以及适应世界科技进展的要求，在第 3 版工作的基础上修订的。《电气工程师手册》第 3 版于 2006 年 10 月出版，至今已近 18 年。近 18 年来，我国已发生了巨大的变化，经济腾飞，繁荣昌盛，各项事业日新月异，我国已成为世界第二大经济体，科学技术突飞猛进，新能源技术快速发展，水电、火电、核电，以及风电、光伏发电、熔盐发电、天然气发电等绿色电力迅速增长，交直流特高压输电线路工程的顺利建成，西电东送，全国电网的联网实现，为国家经济建设和可持续发展提供了强大的能源动力。纵观全国，所有与电气工程息息相关的国民经济及其建设的各项事业都取得了令世界瞩目的长足发展。目前，广大电气工程技术人员正在为我国积极稳妥推进碳达峰碳中和，深入参与推进能源革命进行新的努力和贡献，广大科技工作者正在为我国第二个百年奋斗目标的实现而勤奋工作，因此，《电气工程师手册》第 4 版的内容必须适应新形势和科学技术的新发展。

　　《电气工程师手册》是一部系统概括和反映电气工程各专业主要技术内容和现代先进科技发展成果的综合工具书。《电气工程师手册》第 4 版是在前 3 版的基本内容和基础上修订的，根据现代科学与电气工程技术的进步和发展，我们补充和增加了相关新内容，如近些年发展迅速的新能源、储能新技术、新型电工材料及纳米新技术、电力电子新技术、智能电网、能源互联网、柔性直流输电、电动汽车、5G 通信新技术、量子通信、脉冲功率和等离子体新技术及其应用等新理论、新知识、新技术、新工艺及有关电工技术的新标准。和前三版的目标相同，我们主要是为工程技术人员及广大读者介绍电气工程各专业及其相关专业的电气工程基础知识、实用科技数据资料、现代先进科学技术，优化工程技术人员的知识结构，增强和扩展知识面，提高工程技术人员综合处理现代科学与电气工程技术问题的水平和能力，在日常的科技工作中能够起到有效准确地查寻、提示、引据、指向的作用。本手册是一本实用便捷的电气工程技术工具书，全书共有 26 篇。

　　《电气工程师手册》第 4 版的主要特点是

　　1) 适当扩展内容，增强可读性。内容较丰富，涵盖面较广，涉及现代电气科学与工程技术领域的各个学科和方向，以及技术经济相关内容，凝练精华，力求言简意赅，概括性强，易读易懂。

　　2) 注重基础及新理论，面向未来发展。立足基础理论，注重基础理论在现代电气科学与工程技术中的应用，着眼于电气科学与工程技术的前沿与未来新发展。较全面地介绍现代电气科学与工程技术各个学科和方向的相关新理论、新知识、新技术、新工艺以及电工新材料。

3）强调内容系统性与实用性。加强电气工程理论先进理念及实用性，突出现代科学与先进技术，力求具有较强的系统性，力求目标明确，力求适应工程应用，以便提高现代电气科学与工程技术人员分析与解决科学与工程实际问题的能力，开阔现代电气科学与工程技术人员的科研视野，提升现代电气科学与工程技术人员的创新思维和创新技能。

4）数字化配套。本手册属于"纸数复合类"纸电融合产品，其内容通过"纸质书+移动互联网"呈现给读者，可运用移动终端实现全书内容的阅读、查询等功能。

参与编写本手册的有西安交通大学、西北电力设计院、西北勘测设计研究院的教授、专家及科研人员。本手册集思广益，群策群力，凝聚了所有编写人员的智慧和知识，是大家辛勤劳动的结晶。值此手册出版之际，谨向《电气工程师手册》第 4 版的全体编审人员及相关单位表示诚挚的谢意。由于我们的水平有限，国内外科学技术发展极快，其内容难以完全满足广大工程科技人员的要求和期盼，在此殷切期望广大读者提出批评、指正与难能宝贵的建议，以便本手册再版时予以订正和修改。

《电气工程师手册》第 4 版编委会
2023 年 12 月

第 3 版序

《电气工程师手册》第 2 版于 2000 年 6 月出版,之后电气工程又有了很大的发展,其面貌发生了很大的变化。因此,《电气工程师手册》第 2 版的内容也需要更新和修订。

近年来,世界各地相继发生了多次严重的停电事故。特别是 2003 年 8 月 14 日在北美纽约等地发生了震惊世界的"北美大停电",使世界各国对电力能源及其安全都更加重视。

另外,世界性的石油危机再次发生,使得人们在以石油和煤炭为代表的化石能源耗尽之前,必须寻找到新的替代能源。为此,利用风能、太阳能等可再生能源进行发电,成为全世界竞相进行研究和发展的热点。再有,如何节约用电的问题也日益引起人们的重视,这些都使得电气工程的面貌发生着深刻的变化。

本手册第 1 版和第 2 版相隔十几年,修订间隔过长。本次第 3 版和第 2 版相隔 6 年,较为合适。第 3 版和第 2 版相比,风格变化不大,仍力图保持原来的"卷小面广、采集精华","注重发展、注重综合","突出重点、务求实用"的特点,作者队伍也基本以原第 2 版的作者为主。从内容上看,主要充实了能源板块:如"核能发电"、"太阳能和风力发电"和"化学能源(电池)"三部分并独立成篇;大量补充了风力发电、太阳能发电、余热发电、生物质能和氢能发电的内容,还补充了与核电安全有关的反应堆安全系统、核电厂安全设计等内容;对电力系统方面和节能技术方面,也补充了一些新的内容。此外,还加强了与环保有关的内容。在手册第 2 版中就提出了"现代电工科学技术体系"的概念,强调传统的电气工程要吸纳、融合各新兴学科特别是信息科学的精华。手册第 3 版新增了"电气工程信息化基础"篇,并且归入手册的基础知识板块。其他各篇中也新增了有关电气工程信息化方面的内容。此外,第 3 版手册还收集并补充了一些最新的规范、规程或条例。

总之,作者希望第 3 版手册的出版能受到我国广大电气工程师的欢迎,为我国电气工程的发展做出贡献。

《电气工程师手册》第 3 版编辑委员会

第 2 版序

《电气工程师手册》第 1 版出版已 10 多年了，广大读者迫切希望有一本新的《电气工程师手册》以适应当前工作的需要。因此，我们在顺利完成《电机工程手册》第 2 版编辑出版工作后，即着手组织本手册第 2 版的编写工作。

《电气工程师手册》是一部系统概括电气工程各专业主要技术内容的便携型小型综合性工具书，主要为读者提供相关专业或其相邻专业的基本知识和实用技术数据资料，扩大知识面，提高综合处理技术问题的能力，在日常工作中起备查、提示、引据、指向的作用，因此它是一本独立的工具书，有其自己的编辑方针和特点。

《电气工程师手册》第 2 版继承了第 1 版的编辑方针，即"采辑精华、注重发展、卷小面广、实用便查"，考虑到出版工作应与市场经济相适应，第 2 版更强调个人买得起、便携、便查、现场实用、卷本小、内容要反映时代需要。

本手册在第 1 版基础上，利用和参考了《电机工程手册》第 2 版的丰富内容，认真总结了十多年来电气工程技术领域的新成就和经验，积极吸取了国外的先进科学技术，对一些内容作了修改或更新，增补了许多高新技术章节。

本手册第 2 版的主要特点是：

1. 卷小面广、采辑精华。手册技术内容的覆盖面比第 1 版更宽；而字数则比第 1 版压缩了约五分之一，更便于携带和适合个人购置。

2. 注重发展，注重综合。结合近期科学技术的新发展以及标准、技术规范的新变化，对第 1 版手册内容在较大程度上作了必要的增、删或更新；手册综合概括了各专业最基本、最常用以及新技术方面的内容，以扩大工程技术人员的知识领域，增强其综合处理技术问题的能力。

3. 突出重点，务求实用。从电气工程全局着眼，针对性强，使内容更趋简练和更加适合实际需要。在编辑方式和检索系统方面，保留了第 1 版的条目制，使篇目框架更加合理，并进一步完善了参见系统，更便于查阅。

为了便于协调、提高质量，加快编写进度，参加编写的人员以西安交通大学有关院系为主，包括西安地区院所共 14 个单位 100 多位专家教授，参加审阅的人员来自全国 26 个单位。值此手册出版之际，谨向参加本版工作的全体编审人员及有关单位表示诚挚的谢意。由于水平和时间有限，难免有一些不尽人意之处，殷切希望广大读者批评指正，并提出宝贵意见，以便在今后的工作中改进。

《电气工程师手册》第 2 版编辑委员会

第 1 版序

《机械工程手册》和《电机工程手册》自 1982 年出版以来，受到国内外的重视和好评，正在我国的四化建设中发挥着越来越重要的作用。这两部大型综合性技术手册篇幅浩瀚（有 25 卷，3400 万字），内容丰富，适于办公室或阅览室查阅使用。现应读者要求，为了适应广大机电工程技术人员在现场工作中查阅使用的需要，在这两部大型手册基础上，我们又采精搜要、着眼实用，编纂了这两部《机械工程师手册》和《电气工程师手册》。

与两部大型手册比较，这是两部小型综合性技术手册。它们的主要特点是：

1. 卷小面广，便携便查。两书各约 300 万字，单卷本，而其覆盖面与两部大型手册基本相同，有的地方还有所扩展，在编辑方式和检索系统方面也有所改进，既便于携带和查阅，也适合个人购置；

2. 继承精华，注意发展。两书分别以两部大型手册为基础，采辑精华，并结合近期科学技术的发展，作了必要的增补、删并和更新，使内容更趋简练和更加适合实际需要；

3. 注重综合，突出实用。两书分别从机电工程的全局着眼，加强各专业之间的内在联系，综合概括各专业最基本、最常用以及新技术等方面的内容，力求准确可靠，具有较强的针对性和实用性，以扩大工程技术人员的知识领域，增强综合处理技术问题的能力。

这两部手册于 1984~1985 年着手筹备。参加编写的人员主要是两部大手册的作者，对一些新增内容，又增聘了部分专家和学者，总计约有 200 余人。

综合手册是科技工作中必备的工具书，常以完备见长，以简练实用取胜。这两部手册的出版，可与两部大型手册互为依托，相得益彰，是我们计划中纵横结合、多层次、多专业机电工程手册完整体系的重要组成部分，必将对机电工程科学技术的发展发挥其特有的作用。

在此，我们谨向为此作出过贡献的同志及有关单位表示诚挚的谢意。由于此书涉及面广，时间又匆促，谬误之处在所难免，希望读者批评指正，以便再版时改进。

《机械工程手册》
《电机工程手册》 编辑委员会主任　沈鸿

1986 年 6 月

抓住新机遇，迎接新挑战，
努力攀登世界电气工程科学技术新高峰

王建华

在以习近平同志为核心的党中央坚强领导下，近十年来，我国发生了翻天覆地的伟大变化，在各个领域都取得了举世瞩目的伟大成就。

目前，电气工程领域的广大科技人员和全国各行各业各族人民一起紧密团结在以习近平同志为核心的党中央周围，正乘党的二十大浩荡东风，踏上全面建设社会主义现代化国家新征程，正在向着第二个百年奋斗目标踔厉奋进。在这个波澜壮阔的新奋斗历程中，我们从事电气工程领域工作的工程技术人员责任无比重大，使命无上光荣。我们一定要艰苦奋斗，坚定自信，奋发图强，敢于创新、善于创新，谱写新时代中国特色社会主义现代化更加绚丽灿烂的新华章。党的二十大报告指出"建设现代化产业体系。坚持把发展经济的着力点放在实体经济上，推进新型工业化，加快建设制造强国、质量强国、航天强国、交通强国、网络强国、数字中国。"为我们全面实现中国式现代化建设指明了前进方向，绘制了宏伟蓝图，而这每一项艰巨任务和宏伟目标都与电气工程领域的工作息息相关，都离不开电气工程的强力支撑、紧密配合和应有贡献。我们一定要落实"坚持创新在我国现代化建设全局中的核心地位"的重大决策。增强自主创新能力，为我国电气工程高新科技自立自强贡献力量。我们一定要坚持"积极稳妥推进碳达峰碳中和。实现碳达峰碳中和是一场广泛而深刻的经济社会系统性变革"的重要思想，深入参与推进能源革命，为我国力争 2030 年前二氧化碳排放达到峰值，争取 2060 年前实现碳中和目标而奋斗。随着国民经济的快速腾飞，能源电力工业也有了长足的发展，水力发电、火力发电、核能发电，以及风力发电、光伏发电、熔盐发电、天然气发电等绿色电力迅速增长，特别是电气工程在国家能源建设的"西电东送"建设项目中发挥了至关重要的作用，国家电网建设中的交直流特高压输电线路工程的建成，全国电网的联网实现，将西部电力源源不断地输送到东部及沿海地区，有力地保证了国民经济及其各项建设事业的高速协调发展。国民经济高速发展和国家对实现"双碳"目标的努力推进了前所未有的能源革命。清洁能源、绿色电力必然促进新能源电力工程的建设，然而新能源电力工程和现代电网的高速发展也给电网的安全稳定经济运行带来了巨大的技术风险挑战和更高的电能质量要求。这就要求构建以新能源、绿色电力为主体的新型现代电力系统，围绕加强各级电网智能化发展、电网数字化转型、系统调节能力建设及源网安全稳定、协调发展、新能源电力技术创新等方面都需要电气工程技术人员积极参与和卓有成效的工作。为

9

了实现"双碳"目标，未来的新型电力系统将会大力发展绿色电力，发展电网侧储能、区域共享储能等现代先进储能技术，推进智能调控升级工程，构建电网安全稳定运行立体防御体系，构建防护更有效更可靠、监测更及时更精准、管控更严密更科学、应急更实用更规范的电力监控网络安全防御体系，实现调控业务智能化，推进新能源主动支撑、系统安全稳定运行、终端互动调节等技术创新与应用，建设供电能力充裕、网架结构坚强、设备先进适用、运行灵活高效的现代一流输配电网络，实现高度智能化、数字化现代一流电力企业经济管理，实现"双一流"建设，而这些重大任务都期待着电气工程师的努力奋斗与奉献，所以电气工程领域的广大科技人员一定要积极投入到新能源革命的浪潮中，砥砺奋进，为我国早日实现"双碳"目标而努力工作，为国家经济建设提供绿色能源电力贡献力量。

《电气工程师手册》第4版紧紧围绕着国家建设现代化产业体系这一宏伟目标，坚持创新思维，立足于现代电气先进理论与工程应用相结合，着眼于未来科学与高新技术的发展方向，广泛调研，深入讨论，吸收国内国际科学技术发展的新成果。其内容主要有：通用数据资料和数学公式，该部分为从事电气工程领域工作的工程技术人员提供了通用电气数据资料与基本数学工具；电气工程理论基础，电工电子功能材料和光电线缆与绝缘元件，电子元器件和电子电路，电力电子技术，电气工程信息化基础，可靠性技术、环境技术和电磁兼容，电气测量和仪器仪表，该部分为从事电气工程领域工作的工程技术人员提供了丰富的基础理论和电气工程的相关现代器件知识及先进检测技术；电机，变压器、电抗器和电容器，开关保护设备，该部分介绍了电气工程的现代先进设备知识和高端智能设备原理；自动控制，电气传动，通信，该部分介绍了现代自动控制、电气传动与量子通信的基本理论知识和现代先进技术；火力发电，水力发电，核能发电，太阳能和风力发电，其他新能源发电及储能，电力系统与智能电网，该部分主要介绍了电气工程的新能源转换与再生的主要功能和核心技术；脉冲功率与等离子体技术，建筑电气与智能化，电加工、电加热、电焊和静电技术应用，智能家居和智能车辆，该部分介绍了电气工程理论与现代先进技术在国防工程、民用工程、医疗卫生中的广泛应用；能源互联网，项目工程经济分析，该部分为从事电气工程领域工作的工程技术人员介绍了电气工程与现代技术经济的密切关系，为电气工程技术人员开阔了经济视野，增强了技术经济知识。我们的时代是知识爆炸的时代，世界科学技术日新月异，电气工程新理论、新科技不断涌现，我们将紧随世界科技高速前进的步伐，不断补充和丰富新内容，争取为我国工程技术人员提供电气工程科技知识更新颖、更先进、更实用的参考工具书。

斗移星转，时不再来，我们必须紧紧抓住能源革命的新机遇。在新能源及电力工程建设中，必须坚持科技是第一生产力、人才是第一资源、创新是引领发展的第一驱动力。加快电气工程前瞻性基础研究，加快电气工程核心技术攻关，实现原创性成果重大突破，争取电气工程关键共性技术的创新和前沿引领性技术的创新，争取储能等颠覆性新技术的重大突破，同时争取在高端智能电气设备的制造方面也要有所作为，充分发挥电气工程领域科研人员的知识优势，努力为新能源革命贡献我们的智慧与力量。在这新的历史机遇期，在这世界百年未有之大变局下，我们同时也面临着与全球各地经济建设广泛合作的新形势，我国的电气工程也将会逐步走向世界各地。展望未来，放眼世界，任重道远，前途辉煌，我们一定要以习近平新时代中国特色社会主义思想为指引，立足电气工程科学技术发展前沿，以只争朝夕的奋斗精神，勤奋工作，立志创新，攻坚克难，开拓奋进，迎接新挑战，开创新局面，努力攀登世界电气工程科学与技术的新高峰。

目　　录

第1篇　通用数据资料和数学公式

第2篇 电气工程理论基础

常用符号表

第3篇 电工电子功能材料和光电线缆与绝缘元件

常用符号表

第1章 电气绝缘材料

第4篇　电子元器件和电子电路

第1章　半导体器件

第5篇 电力电子技术

第6篇　电气工程信息化基础

第1章　信息和信息技术

第2章　计算机组织和结构

第3章　通用与专用计算机系统

第7篇　可靠性技术、环境技术和电磁兼容

常用符号表

第1章　可靠性技术

第2章　环境技术

第3章　电磁兼容

第 8 篇　电气测量和仪器仪表

第 9 篇 电 机

第 1 章 技 术 基 础

第10篇　变压器、电抗器和电容器

第1章　电力变压器

第2章　特高压交流变压器和换流变压器

第11篇　开关保护设备

第1章　开关设备的一般问题

第13篇　电气传动

第1章　电动机的选择

第2章　电动机的起动、制动与调速

第14篇　通　信

第1章　通信系统理论基础

第15篇 火力发电

第1章 火力发电概述

第2章 热工原理

第3章 锅炉设备

第4章 汽轮机组

第16篇　水　力　发　电

第1章　概　　述

第2章　水轮发电机组

第3章　电气主接线和电气设备

第4章　自动控制与通信

第17篇 核能发电

第1章 核能概述

第18篇　太阳能和风力发电

第19篇　其他新能源发电及储能

第 21 篇　脉冲功率与等离子体技术

第 1 章　概　　论

第 2 章　高功率脉冲产生与传输

第 23 篇　电加工、电加热、电焊和静电技术应用

第 1 章　电加工技术

第25篇　能源互联网

第1章　概　　述

第2章　能源互联网精细化建模

第3章　能源互联网的规划设计

第4章　能源互联网的运行优化

第5章　能源互联网的市场交易

第26篇　项目工程经济分析

第1篇

通用数据资料和数学公式

主　　编　王曙鸿（西安交通大学电气工程学院）
参　　编　张那明（西安交通大学电气工程学院）
主　　审　马西奎（西安交通大学电气工程学院）
责任编辑　杨　琼

第1章 计量单位和单位换算关系

1.1 国际单位制和量纲[1-3]

1 法定计量单位 法定计量单位以国际单位制（SI）的单位为基础，同时选用一些非国际单位制的单位构成。它包括：1）国际单位制（SI）的基本单位，见表1.1-1；2）国际单位制的辅助单位及国际单位制中具有专门名称的SI导出单位，见表1.1-2；3）可与国际单位制单位并用的我国法定计量单位，见表1.1-3；4）由词头和以上单位构成的十进倍数和分数单位，见表1.1-4。

表1.1-1 国际单位制的基本单位

计量	单位名称	符号	定义
长度	米	m	米是光在真空中1/299792458s时间间隔内所经路径的长度（1983年第17届国际计量大会决议）
质量	千克（公斤）	kg	千克等于国际千克原器的质量（1889年第1届和1901年第3届国际计量大会）
时间	秒	s	秒是铯-133原子基态的两个超精细能级之间跃迁所对应的辐射9192631770个周期的持续时间（1967年第13届国际计量大会决议1）
电流	安[培]	A	在真空中，截面积可忽略的两根相距1m的无限长平行圆直导线内通以等量恒定电流时，若导线间相互作用力在每米长度上为0.2μN，则每根导线中的电流为1A（1946年国际计量大会决议2，1948年第9届国际计量大会批准）
热力学温度	开[尔文]	K	开尔文是水三相点热力学温度的1/273.16（1967年第13届国际计量大会决议4）

（续）

计量	单位名称	符号	定义
物质的量	摩[尔]	mol	摩尔是一系统物质的量，该系统中所包含的基本单元数与0.012kg碳-12的原子数目相等。使用摩尔时，基本单元应予指明：可以是原子、分子、离子、电子及其他粒子，或是这些粒子的特定组合（1971年第14届国际计量大会决议3）
发光强度	坎[德拉]	cd	坎德拉是一光源（频率为540THz的单色辐射）在给定方向上的发光强度，且该方向上的辐射强度为（1/683）W/sr（1979年第16届国际计量大会决议3）

说明：1. 本篇表中圆括号中的量与单位名称是它前面的名称与单位的同义词；

2. 无方括号的量与单位的名称均为全称；有方括号的量与单位连续为全称，去掉方括号中的字即为简称。

表1.1-2 包括SI辅助单位在内的具有专门名称的SI导出单位

量的名称	SI导出单位名称	符号	用SI基本单位和SI导出单位表示
[平面]角	弧度	rad	$1rad = 1m/m = 1$
立体角	球面度	sr	$1sr = 1m^2/m^2 = 1$
频率	赫[兹]	Hz	$1Hz = 1s^{-1}$
力	牛[顿]	N	$1N = 1kg \cdot m/s^2$
压力，压强，应力	帕[斯卡]	Pa	$1Pa = 1N/m^2$
能[量]，功，热量	焦[耳]	J	$1J = 1N \cdot m$

（续）

量的名称	SI 导出单位名称	符号	用 SI 基本单位和 SI 导出单位表示
功率，辐［射能］通量	瓦［特］	W	$1W = 1J/s$
电荷［量］	库［仑］	C	$1C = 1A \cdot s$
电压，电动势，电位（电势）	伏［特］	V	$1V = 1W/A$
电容	法［拉］	F	$1F = 1C/V$
电阻	欧［姆］	Ω	$1\Omega = 1V/A$
电导	西［门子］	S	$1S = 1\Omega^{-1}$
磁通［量］	韦［伯］	Wb	$1Wb = 1V \cdot s$
磁通［量］密度，磁感应强度	特［斯拉］	T	$1T = 1Wb/m^2$

（续）

量的名称	SI 导出单位名称	符号	用 SI 基本单位和 SI 导出单位表示
电感	亨［利］	H	$1H = 1Wb/A$
摄氏温度	摄氏度	℃	$1℃ = 1K$
光通量	流［明］	lm	$1lm = 1cd \cdot sr$
［光］照度	勒［克斯］	lx	$1lx = 1lm/m^2$
［放射性］活度	贝可［勒尔］	Bq	$1Bq = 1s^{-1}$
吸收剂量比授［予］能比释动能	戈［瑞］	Gy	$1Gy = 1J/kg$
剂量当量	希［沃特］	Sv	$1Sv = 1J/kg$

表 1.1-3　可与国际单位制单位并用的我国法定计量单位

量的名称	单位名称	单位符号	与 SI 单位的关系
时间	分	min	$1min = 60s$
	［小］时	h	$1h = 60min = 3\,600s$
	日，（天）	d	$1d = 24h = 86\,400s$
［平面］角	度	°	$1° = (\pi/180)\,rad$
	［角］分	′	$1′ = (1/60)° = (\pi/10\,800)\,rad$
	［角］秒	″	$1″ = (1/60)′ = (\pi/648\,000)\,rad$
体积	升	L, l	$1L = 1dm^3 = 10^{-3}\,m^3$
质量	吨	t	$1t = 10^3\,kg$
	原子质量单位	u	$1u \approx 1.660\,540 \times 10^{-27}\,kg$
旋转速度	转每分	r/min	$1r/min = (1/60)\,s^{-1}$
长度	海里	n mile	$1n\ mile = 1\,852m$（只用于航行）
速度	节	kn	$1kn = 1n\ mile/h = (1\,852/3\,600)\,m/s$(只用于航行)
能	电子伏	eV	$1eV \approx 1.602\,177 \times 10^{-19}\,J$
级差	分贝	dB	
线密度	特［克斯］	tex	$1tex = 10^{-6}\,kg/m$
面积	公顷	hm²	$1hm^2 = 10^4\,m^2$

表 1.1-4　用于构成十进倍数和分数单位的词头

（续）

因数	词头名称 中文	词头名称 英文	符号	因数	词头名称 中文	词头名称 英文	符号
10^{24}	尧［它］	yotta	Y	10^{12}	太［拉］	tera	T
10^{21}	泽［它］	zetta	Z	10^{9}	吉［咖］	giga	G
10^{18}	艾［可萨］	exa	E	10^{6}	兆	mega	M
10^{15}	拍［它］	peta	P	10^{3}	千	kilo	k

（续）

因数	词头名称		符号
	中文	英文	
10^2	百	hecto	h
10^1	十	deca	da
10^{-1}	分	deci	d
10^{-2}	厘	centi	c
10^{-3}	毫	milli	m
10^{-6}	微	micro	μ
10^{-9}	纳［诺］	nano	n
10^{-12}	皮［可］	pico	p
10^{-15}	飞［母托］	femto	f
10^{-18}	阿［托］	atto	a

（续）

因数	词头名称		符号
	中文	英文	
10^{-21}	仄［普托］	zepto	z
10^{-24}	幺［科托］	yocto	y

2　量纲　某一物理量 Q 可以用方程表示为基本物理量的幂次乘积

$$\dim Q = L^\alpha M^\beta T^\gamma I^\delta \theta^\varepsilon N^\xi J^\eta$$

上述关系式称为物理量 Q 对基本量的量纲，式中，L、M、T、I、θ、N、J 分别为七个基本物理量 L、M、T、I、θ、N、J 的量纲，α、β、γ、δ、ε、ξ、η 称为量纲指数。

1.2　常用的物理量和单位[4-8]

3　空间、时间和周期的量和单位　见表 1.1-5。

表 1.1-5　空间、时间和周期的量和单位

量的名称	符号	单位名称	单位符号	备注
［平面］角	α, β, γ, θ, φ	弧度，｛度，［角］分，［角］秒｝	rad，｛°,′,″｝	$1° = 0.017\ 453 \text{rad}$
立体角	Ω	球面度	sr	
长度 宽度 高度 厚度 半径 直径 程长 距离	l, L b h d, δ r, R d, D s d, r	米	m	
面积	A, (S)	平方米，｛公顷｝	m^2，｛hm^2｝	公顷 hm^2，$1hm^2 = 10^4 m^2$
体积	V	立方米，｛升｝	m^3，｛L,l｝	$1L = 10^{-3} m^3$
时间，时间间隔，持续时间	t	秒，｛分，［小］时，日（天）｝	s，｛min,h,d｝	
时间常数	τ	秒	s	
角速度	ω	弧度每秒，｛度每秒，度每分，度每［小］时｝	rad/s，｛(°)/s，(°)/min，(°)/h｝	
角加速度	α	弧度每二次方秒，｛度每二次方秒｝	rad/s^2，｛$(°)/s^2$｝	

（续）

量的名称	符号	单位名称	单位符号	备注
速度	v c u, v, w	米每秒，{千米每［小］时}	m/s, {km/h}	$1km/h=0.277\ 778m/s$
加速度	a	米每二次方秒	m/s^2	标准重力加速度$g_n=9.806\ 65m/s^2$
重力加速度，自由落体加速度	g			
周期	T	秒	s	
频率	f, ν	赫［兹］	Hz	
旋转频率，（转速）	n	每秒，负一次方秒	s^{-1}	转速的单位
角频率，（圆频率）	ω	弧度每秒	rad/s	$\omega=2\pi f$

4 力学的量和单位 见表1.1-6。

表 1.1-6 力学的量和单位

量的名称	符号	单位名称	单位符号	备注
质量	m	千克（公斤），{吨}	kg, {t}	$1t=1\ 000kg$
线质量，线密度	ρ_l	千克每米，{特［克斯］}	kg/m, {tex}	$1tex=1g/km$，纤维细度单位
面质量，面密度	$\rho_A, (\rho_S)$	千克每平方米	kg/m^2	$\rho_A=m/A$
体积质量，［质量］密度	ρ	千克每立方米，{吨每立方米，千克每升}	kg/m^3, {$t/m^3, kg/L$}	$1t/m^3=1\ 000kg/m^3$ $1kg/L=1\ 000kg/m^3$
动量	p	千克米每秒	kg·m/s	
动量矩，角动量	L	千克二次方米每秒	$kg·m^2/s$	
转动惯量，（惯性矩）	$J, (I)$	千克二次方米	$kg·m^2$	
力 重量	F $W, (P,G)$	牛［顿］	N	$1N=1kg·m/s^2=1J/m$ $W=mg$
力矩，力偶矩，转矩	M M, T	牛［顿］米	N·m	
压力，压强 正应力 切应力	p σ τ	帕［斯卡］	Pa	巴（bar），$1bar=100kPa$
［动力］黏度	$\eta, (\mu)$	帕［斯卡］秒	Pa·s	
运动黏度	ν	二次方米每秒	m^2/s	
表面张力	γ, σ	牛［顿］每米	N/m	$1N/m=1J/m^2$
功 能［量］	$W, (A)$ E	焦［耳］，{瓦［特］［小］时，电子伏}	J, {W·h, eV}	$1W·h=3.6kJ$ $1eV=1.602\ 177\ 33\times10^{-19}J$
功率	P	瓦［特］	W	$1W=1J/s$

5　电学和磁学的量和单位　见表 1.1-7。

表 1.1-7　电学和磁学的量和单位

量的名称	符号	单位名称	单位符号	备注
电流	I	安［培］	A	
电荷［量］	$Q,\ (q)$	库［仑］， {安［培］［小］时}	C，{A·h}	$1C=1A\cdot s$
体积电荷 电荷［体］密度	$\rho,\ (\eta)$	库［仑］每立方米	C/m^3	$\rho=Q/V$
面积电荷 电荷面密度	σ	库［仑］每平方米	C/m^2	$\sigma=Q/A$
电场强度	E	伏［特］每米	V/m	$E=F/Q$ $1V/m=1N/C$
电位，（电势） 电位差，（电势差）， 电压 电动势	$V,\ \varphi$ $U,\ (V)$ E	伏［特］	V	$1V=1W/A=1A\cdot1\Omega$
电通［量］密度，（电位移）	D	库［仑］每平方米	C/m^2	
电通［量］，（电位移通量）	Ψ	库［仑］	C	$\Psi=\int D\cdot e_n\mathrm{d}A$
电容	C	法［拉］	F	$1F=1C/V,\ C=Q/U$
介电常数，（电容率） 真空介电常数，（真空电容率）	ε ε_0	法［拉］每米	F/m	$\varepsilon=D/E$ $\varepsilon_0=1/(\mu_0C_0^2)=8.854\ 188\times10^{-12}F/m$
相对介电常数，（相对电容率）	ε_r	—	1	$\varepsilon_r=\varepsilon/\varepsilon_0$
电极化率	$\chi,\ \chi_e$	—	1	$\chi=\varepsilon_r-1$
电极化强度	P	库［仑］每平方米	C/m^2	$P=D-\varepsilon_0E$
电偶极矩	$p,\ (p_e)$	库［仑］米	$C\cdot m$	
面积电流 电流密度	$J,\ (S),$ $(j),\ (\delta)$	安［培］每平方米	A/m^2	
线电流 电流线密度	$A,\ (\alpha)$	安［培］每米	A/m	
体积电磁能，电磁能密度	ω	焦［耳］每立方米	J/m^3	
坡印廷矢量	S	瓦［特］每平方米	W/m^2	
电磁波的相平面速度 电磁波在真空中的传播速度	c $c,\ c_0$	米每秒	m/s	如介质中的速度用符号 c， 则真空中的速度用符号 c_0 $c_0=1/\sqrt{\varepsilon_0\mu_0}=299\ 792\ 458m/s$
［直流］电阻	R	欧［姆］	Ω	$R=U/I,\ 1\Omega=1V/A$

（续）

量的名称	符号	单位名称	单位符号	备注
［直流］电导	G	西［门子］	s	$G=1/R$，$1S=1A/V=1\Omega^{-1}$
［直流］功率	P	瓦［特］	W	$P=UI$
绕组的匝数 相数	N m	—	1	
电阻率	ρ	欧［姆］米	$\Omega\cdot m$	$\rho=RA/l$
电导率	γ，σ	西［门子］每米	S/m	$\gamma=1/\rho$
［有功］电能［量］	W	焦［耳］，｛瓦［特］［小］时｝	J，｛W·h｝	$1kW\cdot h=3.6MJ$
磁场强度	H	安［培］每米	A/m	$1A/m=1N/Wb$
磁位差，（磁势差） 磁通势，磁动势	U_m F，F_m	安［培］	A	$U_m=\int_{r_1}^{r_2}H\cdot dr$ $F=\oint H\cdot dr$
磁通［量］密度 磁感应强度	B	特［斯拉］	T	$1T=1Wb/m^2=1V\cdot s/m^2$
磁通［量］	Φ	韦［伯］	Wb	$1Wb=1V\cdot s$
磁矢位，（磁矢势）	A	韦［伯］每米	Wb/m	
磁导率 真空磁导率	μ μ_0	亨［利］每米	H/m	$\mu=B/H$ $\mu_0=1.256\,637\times10^{-6}H/m$
相对磁导率	μ_r	—	1	$\mu_r=\mu/\mu_0$
磁化率	κ，(χ_m,χ)	—	1	$\kappa=\mu_r-1$
磁化强度	M，(H_i)	安［培］每米	A/m	$M=(B/\mu_0)-H$
耦合因数，（耦合系数） 漏磁因数，（漏磁系数）	k，(κ) σ	—	1	$k=\mid L_{mn}\mid/\sqrt{L_mL_n}$ $\sigma=1-k^2$
体积电磁能 电磁能密度	ω	库［仑］每立方米		$\omega=\dfrac{1}{2}(E\cdot D+B\cdot H)$
磁极化强度	J，(B_i)	特［斯拉］	T	$J=B-\mu_0H$，$1T=1Wb/m^2$
面磁矩	m	安（培）平方米	$A\cdot m^2$	$m\times B=T$
相［位］移，相［位］差	φ	弧度	rad	
损耗因数	d	—	1	$d=1/Q$
损耗角	δ	弧度	rad	$\delta=\arctan d$
磁阻	R_m	每亨［利］， 负一次方亨［利］	H^{-1}	$1H^{-1}=1A/Wb$
磁导	Λ，(P)	亨［利］	H	$\Lambda=1/R_m$，$1H=1Wb/A$
磁各向异性常数	K	焦［耳］每立方米	J/m^3	
最大磁能积	$(BH)_m$			

（续）

量的名称	符号	单位名称	单位符号	备注
自感 互感	L, M, L_{12}	亨［利］	H	$L=\Phi/I$ $M=\Phi_1/I_2$
导纳，（复［数］导纳） 导纳模，（导纳） 电纳 ［交流］电导	Y $\|Y\|$ B G	西［门子］	S	$1S=1A/V$ $Y=1/Z$，$Y=G+jB$
阻抗，（复［数］阻抗） 阻抗模，（阻抗） ［交流］电阻 电抗	Z $\|Z\|$ R X	欧［姆］	Ω	$Z=R+jX$， $\|Z\|=\sqrt{R^2+X^2}$ $X=\omega L-1/(\omega C)$ （当一感抗和一容抗串联时）
［有功］功率 无功功率 视在功率，（表观功率）	P Q, P_Q S, P_S	瓦［特］ 乏 伏［特］ 安［培］	W var VA	$1W=1J/s=1VA$ $Q=\sqrt{S^2-P^2}$，$S=UI$
功率因数	λ	—	1	$\lambda=P/S$
品质因数	Q	—	1	$Q=\|X\|/R$
频率 旋转频率	f, ν n	赫［兹］ 每秒，负一次方秒	Hz s^{-1}	$1Hz=1s^{-1}$
角频率	ω	弧度每秒，每秒， 负一次方秒	rad/s，s^{-1}	$\omega=2\pi f$

6　热学的量和单位　见表 1.1-8。

表 1.1-8　热学的量和单位

量的名称	符号	单位名称	单位符号	备注
热力学温度	T, (Θ)	开［尔文］	K	
摄氏温度	t, θ	摄氏度	℃	$t=T-T_o$， $t=(T/K-273.15)$℃ $T_0=273.15K$
线［膨］胀系数 体［膨］胀系数	α_1 α_V (α,γ)	每开［尔文］	K^{-1}	$\alpha_1=\dfrac{1}{l}\cdot\dfrac{dl}{dT}$，$\alpha_V=\dfrac{1}{V}\cdot\dfrac{dV}{dT}$
热，热量	Q	焦［耳］	J	$1J=1N\cdot m$
热流量	Φ	瓦［特］	W	$1W=1J/s$
热导率，（导热系数）	λ, (κ)	瓦［特］每米开［尔文］	W/(m·K)	
传热系数	K, (k)	瓦［特］每平方米开［尔文］	W/(m²·K)	
热阻	R	开［尔文］每瓦［特］	K/W	

（续）

量的名称	符号	单位名称	单位符号	备注
热容	C	焦［耳］每开［尔文］	J/K	
质量热容，比热容	c	焦［耳］每千克开［尔文］	J/(kg·K)	$c=C/m$
熵	S	焦［耳］每开［尔文］	J/K	$\mathrm{d}S=\mathrm{d}Q/T$
质量熵	s	焦［耳］每千克开［尔文］	J/(kg·K)	
能（量）	E	焦［耳］	J	$H=U+pV$
焓	H	焦［耳］	J	
质量能，比能	e	焦［耳］每千克	J/kg	
质量焓	h	焦［耳］每千克	J/kg	

7　常用光及有关电磁辐射的量和单位　见表 1.1-9。

表 1.1-9　常用光及有关电磁辐射的量和单位

量的名称	符号	单位名称	单位符号	备注
频率	f, ν	赫［兹］	Hz	$1\mathrm{Hz}=1\mathrm{s}^{-1}$
角频率	ω	每秒，弧度每秒	s^{-1}, rad/s	$\omega=2\pi f$
波长	λ	米	m	曾用埃 Å（1Å=0.1nm），不推荐再用 Å
辐［射］能	Q, W, (U, Q_e)	焦［耳］	J	$1\mathrm{J}=1\mathrm{kg}\cdot\mathrm{m}^2/\mathrm{s}^2$
辐［射］能密度	w, (u)	焦［耳］每立方米	J/m³	
辐［射］功率，辐［射能］通量	P, Φ, (Φ_e)	瓦［特］	W	$1\mathrm{W}=1\mathrm{J/s}$ $\Phi=\int\Phi_\lambda\mathrm{d}\lambda$
辐［射］出［射］度	M, (M_e)	瓦［特］每平方米	W/m²	
辐［射］照度	E, (E_e)	瓦［特］每平方米	W/m²	
辐［射］强度	I, (I_e)	瓦［特］每球面度	W/sr	
辐［射］亮度，辐射度	L, (L_e)	瓦［特］每球面度平方米	W/(sr·m²)	$L=\int L_\lambda\mathrm{d}\lambda$
发光强度	I, (I_v)	坎［德拉］	cd	$L=\int I_\lambda\mathrm{d}\lambda$
光通量	Φ, (Φ_v)	流［明］	lm	$\mathrm{d}\Phi=I\mathrm{d}\Omega$，$1\mathrm{lm}=1\mathrm{cd}\cdot\mathrm{sr}$
光量	Q, (Q_v)	流［明］秒，｛流［明］［小］时｝	lm·s, {lm·h}	$1\mathrm{lm}\cdot\mathrm{h}=3\,600\mathrm{lm}\cdot\mathrm{s}$
［光］亮度	L, (L_v)	坎［德拉］每平方米	cd/m²	该单位曾称尼特（nt），已废除
［光］照度	E, (E_v)	勒［克斯］	lx	$1\mathrm{lx}=1\mathrm{lm/m}^2$
光出射度	M, (M_v)	流［明］每平方米	lm/m²	该量曾称为面发光度

（续）

量的名称	符号	单位名称	单位符号	备注
光视效能	K	流［明］每瓦［特］	lm/W	$K=\Phi_v/\Phi_e$
曝光量	H	勒［克斯］秒	lx·s	

8 常用声学的量和单位 见表1.1-10。

表 1.1-10 常用声学的量和单位

量的名称	符号	单位名称	单位符号	备注
静压， （瞬时）声压	$P_s,(P_o)$ P	帕［斯卡］	Pa	$1\text{Pa}=1\text{N/m}^2$，过去曾用微巴
（瞬时）［声］质点位移	$\xi,(x)$	米	m	
（瞬时）［声］质点速度	u,v	米每秒	m/s	$u=\partial\xi/\partial t$
（瞬时）体积流量，（体积速度）	$U,q,(q_V)$	立方米每秒	m^3/s	$U=Su$，S 为面积
声速，（相速）	c	米每秒	m/s	
声能密度	$w,(e),(D)$	焦［耳］每立方米	J/m^3	
声功率	W,P	瓦［特］	W	$1\text{W}=1\text{J/s}$
声强［度］	I,J	瓦［特］每平方米	W/m^2	
声阻抗率 ［媒质的声］特性阻抗	Z_s Z_c	帕［斯卡］秒每米	Pa·s/m	
声阻抗	Z_a	帕［斯卡］秒每立方米	Pa·s/m^3	
声阻 声抗	R_a X_a			
声质量	M_a	帕［斯卡］ 二次方秒每立方米	$\text{Pa·s}^2/\text{m}^3$	
声导纳	Y_a	立方米每帕［斯卡］秒	$\text{m}^3/(\text{Pa·s})$	$Y_a=Z_a^{-1}$
声导 声纳	G_a B_a			
声压级 声强级 声功率级	L_p L_I L_W	贝［尔］	B	通常用 dB 为单位 $1\text{dB}=0.1\text{B}$
混响时间	$T,(T_{60})$	秒	s	
隔声量	R	贝［尔］	B	通常用 dB 为单位
吸声量	A	平方米	m^2	

1.3 常用的物理化学和不同尺度物理学的物理量

9 常用的物理化学和分子物理学的量和单位 见表 1.1-11。

表 1.1-11 常用的物理化学和分子物理学的量和单位

量的名称	符号	单位名称	单位符号	备注
物质的量	n, (ν)	摩 [尔]	mol	
摩尔质量	M	千克每摩 [尔]	kg/mol	
摩尔体积	V_m	立方米每摩 [尔]	m^3/mol	
摩尔热力学能	U_m	焦 [耳] 每摩 [尔]	J/mol	该量也称摩尔内能
摩尔焓	H_m			
摩尔热容	C_m	焦 [耳] 每摩 [尔] 开 [尔文]	J/(mol·K)	
摩尔熵	S_m			
B 的浓度 B 的物质的量浓度	c_B	摩 [尔] 每立方米	mol/m^3	在化学中也表示成 [B]
B 的体积分数	φ_B	—	1	
溶质 B 的质量摩尔浓度	b_B, m_B	摩 [尔] 每千克	mol/kg	
B 的质量分数	w_B	—	1	
扩散系数	D	二次方米每秒	m^2/s	
热扩散系数	D_T			
离子的电荷数	z	—	1	无量纲，负离子 z 为负值
离子强度	I	摩 [尔] 每千克	mol/kg	
摩尔电导率	Λ_m	西 [门子] 二次方米每摩 [尔]	S·m^2/mol	

10 常用的原子物理学、核物理学和固体物理学的量和单位 见表 1.1-12。

表 1.1-12 常用的原子物理学、核物理学和固体物理学的量和单位

量的名称	符号	单位名称	单位符号	备注
质子 [静] 质量	m_p	千克，{原子质量单位}	kg，{u}	1u = (1.660 540 2±0.000 001 0)× 10^{-27} kg
电子 [静] 质量	m_e			
中子 [静] 质量	m_a			
元电荷	e	库 [仑]	C	
玻尔半径	a_0	米	m	埃 (Å)，1Å = 10^{-10} m，10Å = 1nm
核四极矩	Q	二次方米	m^2	
核半径	R	米	m	该量常用 fm 为单位，1fm = 10^{-15} m
核的结合能	E_B	焦 [耳]，{电子伏}(常用)	J，{eV}	1eV = (1.602 177 33±0.000 000 49)× 10^{-19} J

（续）

量的名称	符号	单位名称	单位符号	备注
［放射性］活度	A	贝可［勒尔］	Bq	$1Bq=1s^{-1}$。居里（Ci），$1Ci=3.7\times10^{10}Bq$
衰变常数	λ	每秒	s^{-1}	$\lambda=1/\tau$，τ 为平均寿命
半衰期	$T_{1/2}$	秒，｛分，时，日｝	s，｛min,h,d｝	
功函数	Φ, W	焦［耳］，｛电子伏｝	J，｛eV｝	
费密能［量］ 禁带宽度 施主电离能 受主电离能	E_F, ε_F E_g E_d E_a	焦［耳］，｛电子伏｝	J，｛eV｝	
弛豫时间 载流子寿命	τ τ, τ_n, τ_p	秒	s	

11　常用的核反应和电离辐射的量和单位　见表 1.1-13。

表 1.1-13　常用的核反应和电离辐射的量和单位

量的名称	符号	单位名称	单位符号	备注
反应能	Q	焦［耳］，｛电子伏｝	J，｛eV｝	该量通常以 eV 为单位
截面	σ	平方米	m^2	
宏观截面 宏观总截面	$\sum$ $\sum_{tot}$, $\sum_T$	每米	m^{-1}	
粒子注量	Φ	每平方米	m^2	
能注量	ψ	焦［耳］每平方米	J/m^2	
质量衰减系数	μ_m	二次方米每千克	m^2/kg	
半厚度	$d_{1/2}$	米	m	
形成每对离子平均损失的能量	W_i	焦［耳］，｛电子伏｝	J，(eV｝	
复合系数	a	立方米每秒	m^3/s	
扩散系数；粒子数密度的扩散系数	D, D_n	二次方米每秒	m^2/s	
慢化密度	q	每秒立方米	m^{-3}/s	
对数能降[①]	u	—	1	该量无量纲
平均自由程	l, λ	米	m	
授［予］能	ε	焦［耳］	J	
吸收剂量	D	戈［瑞］	Gy	该量 SI 单位焦［耳］每千克的专名。$1rad$（拉德）$=10^{-2}Gy$

（续）

量的名称	符号	单位名称	单位符号	备注
剂量当量	H	希［沃特］	Sv	该量 SI 单位的专名。1rem（雷姆）= 10^{-2}Sv
比释动能	K	戈［瑞］	Gy	
照射量	X	库［仑］每千克	C/kg	伦琴（R），$1R = 2.58 \times 10^{-4}$C/kg（准确值）
粒子辐射度	P	每平方米秒球面度	$m^{-2}/(s \cdot sr)$	
能量辐射度	γ	瓦［特］每二次方米球面度	$W \cdot m^{-2} \cdot sr^{-1}$	

① 能量为 E 的中子，其对数能降的定义是：$u = \ln E_0/E$，其中 E_0 为参考能量。

1.4　单位换算关系

12　时间和空间单位换算

（1）长度单位换算　国际单位制长度基本单位是米（m），长度单位间换算关系见表 1.1-14。

表 1.1-14　长度单位换算

单位名称	符号	换算关系	备注
千米（公里）	km	1 000m	
厘米	cm	10^{-2}m	
毫米	mm	10^{-3}m	
英里	mile	1 609.344m	
码	yd	0.914 4m	
英尺	ft	0.304 8m	

（续）

单位名称	符号	换算关系	备注
海里	n mile	1 852m	
埃	Å	10^{-10}m	常用于表示光谱线的波长及其他微小长度
费密	fm	10^{-15}m	用于原子核物理学
天文单位	AU	$1.495\ 978 \times 10^{11}$m	
秒差距	pe	$3.083\ 7 \times 10^{16}$m	
光年	1. y.	$9.460\ 53 \times 10^{15}$m	

（2）面积单位换算　法定计量单位是平方米（m^2），其他面积单位换算关系见表 1.1-15。

表 1.1-15　面积单位换算

平方公里（km^2）	公顷（ha）	公亩（a）	平方米（m^2）	平方厘米（cm^2）	平方英里（$mile^2$）	英亩（acre）	靶恩（b）	圆密耳	亩
1	10^2	10^4	10^6		0.386 1				
	1	10^2	10^4						
		1	10^2		0.024 71				
			10^{-4}	1					
			10^{-28}				1		
			$5.067\ 07 \times 10^{-10}$					1	
			666.6						1

（3）体积和容积单位换算　法定计量单位是立方米（m^3），体积单位换算关系见表 1.1-16。

表 1.1-16 体积单位换算

立方米 (m³)	升 (L)	立方厘米 (cm³)	立方码 (yd³)	英加仑 (Ukgal)	美加仑 (Usgal)
1	1 000	10^6	1.308	220	264.2

（4）时间单位换算 见表 1.1-17。

（5）角速度和转速单位换算 见表 1.1-18。

（6）速度单位换算 表 1.1-19。

表 1.1-17 时间单位换算

单位名称	符号	与法定计量单位的关系	备注
周		604 800s （7d）	
月		2 592 000s （30d）	可与法定计
年	a	31 536 000s （365d）	量单位并用
		31 622 400s （366d）	
回归年	a_{trop}	$3.155\ 69\times10^7$s	d 表示 1 日
恒星年		$3.155\ 82\times10^7$s	

表 1.1-18 角速度和转速单位换算

转每分 （r/min）	转每秒 （r/s）	弧度每秒 （rad/s）	度每分 [（°）/min]	度每秒 [（°）/s]
1	0.016 666 7	0.104 720	360	6
60	1	6.283 19	21 600	360
9.549 30	0.159 155	1	3 437.75	57.295 8
0.002 777 78	$4.629\ 63\times10^{-5}$	$2.908\ 88\times10^{-4}$	1	0.016 666 7
0.166 667	0.002 777 78	0.017 453 3	60	1

表 1.1-19 速度单位换算

千米每时 （km/h）	米每分 （m/min）	米每秒 （m/s）	厘米每秒 （cm/s）	英里每时 （mile/h）	海里每时 （n.mile/h）
1	16.666 7	0.277 8	27.777 8	0.621 4	0.54
0.06	1	0.016 67	1.666 7	0.037 28	0.032 4
3.6	60	1	100	2.236 9	1.944
0.036	0.6	0.01	1	0.022 4	0.019 44
1.609 3	26.82	0.447 0	44.704 0	1	0.87
1.852	30.867	0.514	51.4	1.150 8	1

（7）加速度单位换算 见表 1.1-20。

表 1.1-20 加速度单位换算

单位名称	符号	与法定计量单位的关系	备注
伽 （galileo）	Gal	10^{-2}m/s²	
毫伽 （milligal）	mGal	10^{-5}m/s²	
英尺每二次方秒	ft/s²	0.304 8m/s²	
标准重力加速度	g_n	9.806 65m/s²	

（8）平面角单位换算 见表 1.1-21。

表 1.1-21 平面角单位换算

单位名称	符号	与法定计量单位的关系	备注
圆周角	tr, pla	6.283 18rad	2πrad
转	r	6.283 18rad	2πrad

（续）

单位名称	符号	与法定计量单位的关系	备注
冈	(g), gon, gr	0.015 708 0rad	0.9°或 （π/200） rad
直角	L	1.570 80rad	0.5πrad

13 力学单位换算

（1）质量 法定计量单位为千克 （kg），质量单位换算关系见表 1.1-22。

表 1.1-22 质量单位换算

单位名称	符号	换算关系
吨	t	1 000kg
英吨	ton	1 016kg
美吨	sh.ton	907.185kg
斤		0.5kg
磅	1b	0.453 59kg

（续）

单位名称	符号	换算关系
米制克拉		$2×10^{-4}$kg
盎司	oz	0.028 35kg
格令	gr	$6.479\ 89×10^{-5}$kg

（2）密度　常用的换算关系：

线密度：1特克斯（tex）= 10^{-6}kg/m

1磅每英尺（1b/ft）= 1.488 16kg/m

体密度：1吨每立方米（t/m³）= 1 000kg/m³

1吨每立方米（t/m³）= 1 000g/L

（3）力和重量　力的SI单位制导出单位为牛顿（N）。

1牛顿（N）= 10^5达因（dyn）

1千克力（kgf）= 9.806 65牛（N）

1磅力（1bf）= 32.174 0磅达（pd1）
= 4.448 22牛（N）

（4）压力、压强　见表1.1-23。

（5）力矩和转矩　见表1.1-24。

表1.1-23　压力、压强单位换算

帕［斯卡］（Pa）	微巴（μbar）	毫巴（mbar）	巴（bar）	千克力每平方毫米（kgf/mm²）	工程大气压（at）	毫米水柱（mmH₂O），（kgf/m²）	标准大气压（atm）	毫米汞柱（mmHg）
1	10	0.01	10^{-5}	$1.02×10^{-7}$	$1.02×10^{-5}$	0.102	$0.99×10^{-5}$	0.007 5
0.1	1	0.001				0.010 2		
100	1 000	1	0.001			10.2		0.750 1
10^5	10^6	1 000	1	0.010 2	1.02	1 197	0.986 9	750.1
$98.07×10^{-5}$		98 067	98.07	1	100	10^6	96.78	73 556
98 067		980.7	0.980 7	0.01	1	10^4	0.967 8	735.6
9.807	98.07	0.098 1		0.000 1		1	$0.967\ 8×10^{-4}$	0.073 6
101 325		1 013	1.013		1.033 2	10 332	1	760
133.322	1 333	1.333			0.001 36	13.6	0.001 32	1

表1.1-24　力矩和转矩单位换算

牛［顿］米（N·m）	千克力米（kgf·m）	克力厘米（gf·cm）	达因厘米（dyn·cm）
1	0.102 0	$0.102\ 0×10^5$	10^7
9.807	1	10^5	$9.807×10^7$
$9.807×10^{-5}$	10^{-5}	1	980.7
10^{-7}	$1.020×10^{-8}$	$1.020×10^{-3}$	1

（6）［动力］黏度和运动黏度　常用的换算有：

动力黏度：1泊（P）= 0.1帕［斯卡］秒（Pa·s）

1千克力秒每平方米（kgf·s/m²）= 9.81Pa·s

运动黏度：1斯［托克斯］（St）= 10^{-4}m²/s

1平方英尺每秒（ft²/s）= 92.9×10^{-3}m²/s

（7）功和能　见表1.1-25。

（8）功率　常用的功率换算有：

1瓦［特］（W）= 1J/s

1千克力米每秒（kgf·m/s）= 9.806 65W

1［米制］马力 = 735.499W

1［英制］马力（HP）= 745.700W

表1.1-25　功和能单位换算

尔格（erg）	焦［耳］（J）	千克力米（kgf·m）	马力小时（hp·h）	英马力小时（hp·h）	千瓦时（kW·h）
1	10^{-7}	$0.102×10^7$	$37.77×10^{-15}$	$37.25×10^{-15}$	$27.78×10^{-15}$
10^7	1	0.102	$377.7×10^{-9}$	$372.5×10^{-9}$	$277.8×10^{-9}$

（续）

尔格 （erg）	焦[耳] （J）	千克力米 （kgf·m）	马力小时	英马力小时 （hp·h）	千瓦时 （kW·h）
9.807×10^7	9.807	1	3.704×10^{-6}	3.653×10^{-6}	2.724×10^{-6}
26.4779×10^{12}	2.64779×10^6	270×10^3	1	0.9863	0.7355
26.8452×10^{12}	2.68452×10^6	273.8×10^3	1.014	1	0.7457
36×10^{12}	3.6×10^6	367.1×10^3	1.36	1.341	1

14　电学和磁学单位换算

电荷：1安培小时（A·h）= 3.6×10^3C（库仑）

磁通量：1麦克斯韦（Mx）= 10^{-8}Wb（韦伯）

磁通密度：1高斯（Gs）= 10^{-4}T（特斯拉）

磁场强度：1奥斯特（Oe）=（1000/4π）A/m=
　　　　　79.5775A/m［安（培）/米］

磁通势：1吉伯（Gb）=（10/4π）A=0.795775A

磁化强度：1高斯（Gs）= 10^3A/m［安（培）/米］

磁导率：1（CGSM制）= $4\pi\times10^{-7}$H/m
　　　　　［亨（利）/米］

磁化率：1（CGSM制）=$(4\pi)^2\times10^{-7}$（SI制）

磁阻：1吉伯/麦克斯韦（Gb/Mx）=（1/4π）×
　　　　10^9At/Wb［安匝/韦（伯）］

最大磁能积：1高斯·奥斯特（Gs·Oe）=
　　　　1/（4π×10）J/m³（焦耳/米³）

磁各向异性常数：1尔格/厘米³（erg/cm³）=
　　　　（1/10）J/m³（焦耳/米³）

15　热学单位换算

（1）温度单位换算　见表1.1-26。表中C、F、K分别表示该温标和该温标单位的任一温度数值。

（2）热导率单位换算　见表1.1-27。

（3）传热系数单位换算　见表1.1-28。

（4）质量热容和质量熵单位换算　见表1.1-29。

表 1.1-26　温度单位换算

摄氏度（℃）	华氏度（F）	开[尔文]（K）
C	$\dfrac{9}{5}C+32$	$C+273.15$
$\dfrac{5}{9}(F-32)$	F	$\dfrac{5}{9}(F+459.67)$
$K-273.15$	$\dfrac{9}{5}K-459.67$	K

表 1.1-27　热导率单位换算

千卡每米时开[尔文] [kcal/(m·h·K)]	卡每厘米秒开[尔文] [cal/(cm·s·K)]	瓦特每米开[尔文] [W/(m·K)]	焦[耳]每厘米秒开[尔文] [J/(cm·s·K)]
1	2.77778×10^{-3}	1.163	0.0116
360	1	418.68	4.1868
0.859845	0.238846×10^{-2}	1	0.01
85.98	0.239	100	1

表 1.1-28　传热系数单位换算

千卡每平方米时开[尔文] [kcal/(m²·h·K)]	卡每平方厘米秒开[尔文] [cal/(cm²·s·K)]	瓦特每平方厘米开[尔文] [W/(cm²·K)]	焦[耳]每平方米秒开[尔文] [J/(m²·s·K)]
1	2.77778×10^{-5}	1.163×10^{-4}	1.163
36000	1	4.1868	41868
8598.45	0.238	1	10^{-4}
0.859845	0.238846×10^{-4}	10^{-4}	1

表 1.1-29　质量热容和质量熵单位换算

焦耳每千克开 [尔文] [J/(kg·K)]	千卡每千克开 [尔文] [kcal/(kg·K)]	热化学千卡每千克开 [尔文] [kcalth/(kg·K)]
1	$0.238\ 846×10^{-3}$	
4 186.8	1	
4 184		1

16　光学和声学单位换算　常用单位与法定计量单位的关系：

光亮度单位：1 尼特（nt）= $1cd/m^2$

1 熙提（sb）= $10^4 cd/m^2$

光照度单位：1 辐透（ph）= $10^4 lx$

1 烛光/英尺^2（fc）= 10.76lx

常用的声学单位与法定计量单位的单位换算见表 1.1-30。

表 1.1-30　声学单位换算

单位名称	单位符号	与法定计量单位的关系	备　　注
达因每平方厘米	dyn/cm^2	0.1Pa	声压，静压力
尔格每立方厘米	erg/cm^3	$0.1J/m^3$	声能密度
尔格每秒	erg/s	$10^{-7}W$	声功率，声能通量
尔格每秒平方厘米	$erg/(s·cm^2)$	$0.001W/m^2$	声强度

17　核反应和电离辐射单位换算　见表 1.1-31。

表 1.1-31　核反应和电离辐射单位换算

单位名称	单位符号	与法定计量单位的关系	备　　注
尔格	erg	$10^{-7}J$	反应能，辐射能，共振能
尔格平方厘米	$erg·cm^2$	$10^{-11}J·m^2$	总原子阻止本领
尔格平方厘米每克	$erg·cm^2/g$	$10^{-5}J·m^2/kg$	总质量阻止本领
居里	Ci	$37×10^9 Bq$	放射性活度
拉德	Rad，rd	0.01Gy	吸收剂量
雷姆	rem	0.01Sv	剂量当量
伦琴	R	$0.258×10^{-3}C/kg$	照射量

第2章　物理常量和常用材料物理性能

2.1　物理常量数据

18　物理和电学的常量表　见表1.2-1。

表 1.2-1　物理和电学常量

名　　称	符号	数　　值	SI 单位
真空介电常数，（真空电容率）	ε_0	$8.854\,188 \times 10^{-12}$	$F \cdot m^{-1}$
真空磁导率，（磁常数）	μ_0	$1.256\,637 \times 10^{-6}$	$H \cdot m^{-1}$
真空中光速	c，c_0	$2.997\,924\,58 \times 10^8$	$m \cdot s^{-1}$
电磁波在真空中速度	c，c_0	$2.997\,924\,58 \times 10^8$	$m \cdot s^{-1}$
原子质量常量	m_u	1	u，$1u = (1.660\,540\,2 \pm 0.000\,001\,0) \times 10^{-27} kg$
电子［静］质量	m_e	$(9.109\,389\,7 \pm 0.000\,005\,4) \times 10^{-31}$	kg
质子［静］质量	m_p	$(1.672\,623\,1 \pm 0.000\,001\,0) \times 10^{-27}$	kg
中子［静］质量	m_a	$(1.674\,928\,6 \pm 0.000\,001\,0) \times 10^{-27}$	kg
元电荷	e	$(1.602\,177\,33 \pm 0.000\,000\,49) \times 10^{-19}$	C
［经典］电子半径	r_e	$(2.817\,940\,92 \pm 0.000\,000\,38) \times 10^{-15}$	m
玻尔半径	a_0	$5.291\,770\,6 \times 10^{-11}$	m
氢原子玻尔轨道半径	r	5.292×10^{-11}	m
核半径	R	$(1.1 \sim 1.5) \times 10^{-15}$	m
法拉第常数	F	$(9.648\,590\,3 \pm 0.000\,002\,9) \times 10^4$	$C \cdot mol^{-1}$
玻耳兹曼常数	k	$(1.380\,658 \pm 0.000\,012) \times 10^{-23}$	$J \cdot K^{-1}$
斯忒藩-玻耳兹曼常数	σ	$(5.670\,51 \pm 0.000\,19) \times 10^{-8}$	$W \cdot m^{-2} \cdot K^{-4}$
阿伏加德罗常数	L，N_A	$(6.022\,136\,7 \pm 0.000\,003\,6) \times 10^{23}$	mol^{-1}
普朗克常数	h	$(6.626\,075\,5 \pm 0.000\,004\,0) \times 10^{-34}$	$J \cdot s$

注：资料来源 GB 3102.1~13—1993。

19　大气压力、温度与海拔的关系　见表1.2-2。

表 1.2-2　大气压力、温度与海拔的关系[①]

海拔/m	大气压力/Pa	温度/K
−300	104 981	290.100
−250	104 365	289.775
−200	103 751	289.450

（续）

海拔/m	大气压力/Pa	温度/K
−100	102 532	288.800
−50	101 927	288.475
0	101 325	288.150
250	98 357.6	286.525

（续）

海拔/m	大气压力/Pa	温度/K
500	95 461.3	284.900
600	94 322.3	284.250
700	93 194.4	283.601
800	92 077.5	282.951
900	90 971.5	282.301
1 000	89 876.3	281.651
1 100	88 791.8	281.001
1 200	87 718.0	280.351
1 300	86 654.8	279.702
1 400	85 602.0	279.052
1 500	84 559.7	278.402
1 600	83 527.7	277.753
1 700	82 505.9	277.103
1 800	81 494.3	276.453
1 900	80 492.9	275.804
2 000	79 501.4	275.154
2 100	78 519.9	274.505
2 200	77 548.3	273.855
2 300	76 586.4	273.205
2 400	75 634.2	272.556
2 500	74 691.7	271.906
2 600	73 758.8	271.257
2 700	72 835.3	270.607
2 800	71 921.3	269.958
2 900	71 016.6	269.309
3 000	70 121.2	268.659
3 100	69 234.9	268.010
3 200	68 357.8	267.360
3 300	67 489.7	266.711
3 400	66 630.6	266.062
3 500	65 780.4	265.413
3 600	64 939.0	264.763
3 700	64 106.4	264.114
3 800	63 282.5	263.465
3 900	62 467.2	262.816

（续）

海拔/m	大气压力/Pa	温度/K
4 000	61 660.4	262.166
4 100	60 862.2	261.517
4 200	60 072.3	260.868
4 300	59 290.8	260.219
4 400	58 517.6	259.570
4 500	57 752.6	258.921
4 600	56 995.7	258.272
4 700	56 246.9	257.623
4 800	55 506.1	256.974
4 900	54 773.2	256.325
5 000	54 048.3	255.676
5 500	50 539.3	252.431
6 000	47 217.6	249.187
6 500	44 075.5	245.943
7 000	41 105.3	242.700
7 500	38 299.7	239.457
8 000	35 651.6	236.215
8 500	33 154.2	232.974
9 000	30 800.7	229.733
10 000	26 499.9	223.252

① 资料来源：ISO 2533 标准大气，第 1 版，1975-05-15。

20　常用电磁波谱频率区段　见表 1.2-3。

表 1.2-3　常用电磁波谱频率区段

频率/Hz	应用说明
$50/3 \sim 600$	电力，电机，电动工具
$600 \sim 10^4$	淬火，熔炼
$50 \sim 10^9$	感应加热
$10^2 \sim 10^4$	有线电话
$10^3 \sim 2 \times 10^5$	无线电报
$2 \times 10^5 \sim 2 \times 10^6$	无线电广播
$2 \times 10^6 \sim 3 \times 10^9$	短波、超短波通信
$3 \times 10^9 \sim 3 \times 10^{11}$	微波
$10^9 \sim 10^{12}$	赫兹波
$10^{12} \sim 3.7 \times 10^{14}$	红外线热辐射

（续）

频率/Hz	应用说明
$3.7 \times 10^{14} \sim 8.3 \times 10^{14}$	可见光
$8.3 \times 10^{14} \sim 3 \times 10^{16}$	紫外线
$3 \times 10^{16} \sim 10^{23}$	伦琴射线
$3 \times 10^{18} \sim 3 \times 10^{21}$	γ 射线
$3 \times 10^{18} \sim 10^{24}$	宇宙线

2.2 常用材料的物理性能[22]

21 常用电工导体材料的电性能 见表 1.2-4。

表 1.2-4 常用电工导体材料的电性能

（测量温度 20℃）

名称	电阻率 ρ /$(\Omega \cdot mm^2/m)$	电导率 γ /$[m/(\Omega \cdot mm^2)]$	电阻温度系数 α_{20}/(1/K)
铝	0.027 8	36	+0.003 90
锑	0.417	2.4	
铅	0.208	4.8	
铬-镍-铁	0.10	10	
纯铁	0.10	10	
低碳钢	0.13	7.7	+0.006 60
金	0.022 2	45	
石墨	8.00	0.125	-0.000 20
铸铁	1	1	
镉	0.076	13.1	
碳	40	0.025	-0.000 30
康铜	0.48	2.08	-0.000 03
导电器材用铜	0.017 5	57	+0.003 80
镁	0.043 5	23	
锰铜	0.423	2.37	±0.000 01
黄铜 Ms58	0.059	17	+0.001 50
黄铜 Ms63	0.071	14	
德国银	0.369	2.71	+0.000 70
镍	0.087	11.5	+0.004 00
尼克林合金①	0.5	20	+0.000 23
铂	0.111	9	+0.003 90

（续）

名称	电阻率 ρ /$(\Omega \cdot mm^2/m)$	电导率 γ /$[m/(\Omega \cdot mm^2)]$	电阻温度系数 α_{20}/(1/K)
汞	0.941	1.063	+0.000 90
银	0.016	62.5	+0.003 77
钨	0.059	17	
锌	0.061	16.5	+0.003 70
锡	0.12	8.3	+0.004 20

① 尼克林合金是一种锌镍铜三元系的 a 单相组织合金，接近我国的 BZn15~20 牌号的锌白铜，化学成分（质量分数）：Cu62%，Ni+Co13.5%~16.5%，余量为 Zn 和 0.9%的杂质。

22 常用绝缘材料的电性能 见表 1.2-5。

表 1.2-5 常用绝缘材料的电性能

名 称	电阻率 ρ/$(\Omega \cdot m)$	相对电容率 ε_r
聚四氟乙烯		2
聚苯乙烯	10^{14}	3
环氧树脂		3.6
聚酰胺		5
酚醛塑料	10^{10}	3.6
酚醛树脂		8
硬质胶		2.5
胶质不碎玻璃	10^{11}	3.2
石蜡油	10^{14}	2.2
石油		2.2
变压器油（矿物性）		2.2
变压器油（植物性）		2.5
电容器油	$10^{12} \sim 10^{13}$	2.1~2.3
松节油		2.2
橄榄油		3
篦麻油		4.7
云母板		5
石英		4.5
玻璃	10^{11}	5
云母	10^{13}	6
瓷	10^{10}	4.4
页岩		4
皂石		6
大理石	10^6	8
硬橡胶	10^{12}	4

（续）

名　　称	电阻率 $\rho/(\Omega \cdot m)$	相对电容率 ε_r
软橡胶		2.5
人造琥珀	10^{14}	
电力电缆绝缘		4.2
通信电缆绝缘		1.5
电缆填料		2.5
纸		2.3
刚纸（硬化纸板）		2.5
浸渍纸		5
油纸		4
胶纸板		4.5
层压纸板		4
真空		1
空气	10^{15}	1
水（蒸馏）	10^3	80
石蜡	10^{14}	2.2
马来树胶		4
虫胶		3.7

23　常用电工材料的磁性能　见表 1.2-6。

表 1.2-6　常用电工材料的磁性能[35]

材料名称	产品型号	饱和磁通密度（T）	比损耗（kW/kg）@0.1T，100kHz
硅钢	10JNHF600	1.87	0.24
	10JNEX900	1.6	0.19
非晶合金	2605SA1	1.56	0.2
铁氧体	3C85	0.45	0.009
	3C93	0.52	0.009
纳米晶合金	VITROPERM500F	1.2	0.01
	FINEMENT	1.23	0.011

电工领域常用的磁性材料为硅钢、非晶合金、铁氧体及纳米晶合金四类。其中，硅钢的磁化曲线及损耗曲线分别见图 1.2-1 和图 1.2-2。其他常用的磁性材料有纳米晶合金、非晶合金以及铁氧体等，相应的磁特性可参考有关文献[36]。

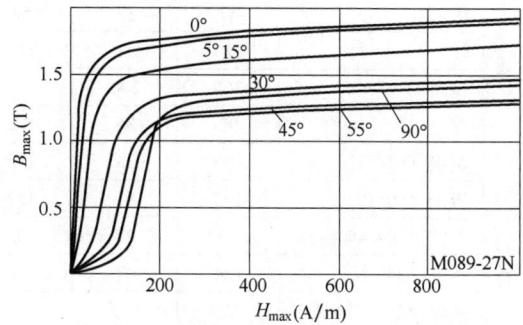

图 1.2-1　取向硅钢在不同磁化方向（与轧制方向的夹角）的磁化曲线

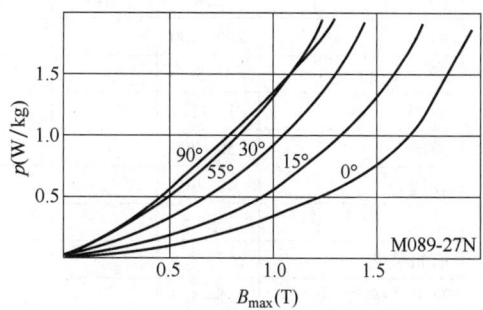

图 1.2-2　取向硅钢在不同磁化方向（与轧制方向的夹角）的损耗曲线

24　常用固体材料的机械性能　见表 1.2-7。

表 1.2-7　常用固体材料的机械性能

材料名称		弹性模量 E/GPa	切变模量 G/GPa	体积模量 K/GPa	泊松比 μ	屈服极限 σ_s /MPa	强度极限 σ_b/MPa	
							抗拉极限	抗压极限
金属	铝	70	26	75	0.34	30~140	60~160	
	铜	124	46	130	0.35	47~320	200~350	
	金	80	28	167	0.42	0~210	110~230	
	铁	195	76		0.29	160	350	
	铁（铸）	115	45		0.25		140~320	
	铅	16	6		0.44		15~18	
	镍	205	79	176	0.31	140~660	480~730	
	铂	168	61	240	0.38	15~180	125~200	

（续）

材料名称		弹性模量 E/GPa	切变模量 G/GPa	体积模量 K/GPa	泊松比 μ	屈服极限 σ_s /MPa	强度极限 σ_b/MPa	
							抗拉极限	抗压极限
金属	银	76	28	100	0.37	55~300	140~380	
	钽	186					340~930	
	锡	47	17	52	0.36	9~14	15~200	
	钛	110	41	110	0.34	200~500	250~700	
	钨	360	140				1 000~4 000	
	锌	97	36	100	0.35		110~200	
合金	黄铜（65/35）	105	38	115	0.35	62~430	330~530	
	康铜（60/40）	163	61	157	0.33	200~440	400~570	
	杜拉铝（4.4%铜）	70	27	70	0.33	125~450	230~500	
	锰铜（84%铜）	124	47				265	
	铁镍合金（77%镍）	220					540~910	
	镍铬合金（80/20）	186					170~900	
	磷青铜	100			0.38	110~670	330~750	
	钢（软）	210	81	170	0.30	240	480	
	钢	210	81	170	0.30	450	600	
非金属	矾土	200~400			0.24		140~200	1 000~25 000
	砖（A级）	1~50						69~140
	混凝土（28天）	10~17			0.1~0.21			27~55
	玻璃	50~80			0.2~0.27		30~90	
	花岗岩	40~70						90~235
	尼龙6	1~2.5					70~85	50~100
	有机玻璃	2.7~3.5					50~75	80~140
	聚苯乙烯	2.5~4.0					35~60	80~110
	聚乙烯	0.1~1.0					7~38	15~20
	聚四氟乙烯	0.4~0.6					17~28	5~12
	聚氯乙烯（可塑）	~0.3					14~40	75~100
	橡胶（天然、加硫）	0.001~1			0.46~0.49		14~40	
	砂石	14~55						30~135
	木材（沿纤维方向）	8~13					20~110	50~100

注：资料来源：摘自 A. M. Howatson et al. Egineering Tables and Data. Chapman and Hall, 1972。

25　部分液体材料的常用物理性能　见表 1.2-8。

表 1.2-8　部分液体材料的常用物理性能

名称	分子式	密度 /(kg/L)	质量热容 /[kJ/(kg·K)]	黏度 /(N·s/m²)	热导率 /[W/(m·K)]	凝固点 /K	熔解热 /(kJ/kg)	沸点 /K	汽化热 /(kJ/kg)	相对电容率 ε_r
醋酸	$C_2H_4O_2$	1.049	2.18	0.001 155	0.171	290	181	391	402	6.15
乙醇	C_2H_5OH	0.785 1	2.44	0.001 095	0.171	158.6	108	351.46	846	24.3
甲醇	CH_3OH	0.786 5	2.54	0.000 56	0.202	175.5	98.8	337.8	1 100	32.6
丙醇	C_3H_8O	0.800 0	2.37	0.001 92	0.161	146	86.5	371	779	20.1

（续）

名称	分子式	密度/(kg/L)	质量热容/[kJ/(kg·K)]	黏度/(N·s/m²)	热导率/[W/(m·K)]	凝固点/K	熔解热/(kJ/kg)	沸点/K	汽化热/(kJ/kg)	相对电容率ε_r
氨（液态）	—	0.823 5	4.38		0.353					16.9
苯	C_8H_6	0.873 8	1.73	0.000 601	0.144	278.68	126	353.3	390	2.2
溴	Br_2		0.473	0.000 95		245.84	66.7	331.6	193	3.2
二硫化碳	CS_2	1.261	0.992	0.000 36	0.161	161.2	57.6	319.40	351	2.64
四氯化碳	CCl_4	1.584	0.816	0.000 91	0.101	250.35	174	349.6	194	2.23
蓖麻油	—	0.956 1	1.97	0.650	0.180	263.2				4.7
醚	$C_4H_{10}O$	0.713 5	2.21	0.000 223	0.130	157	96.2	307.7	372	4.3
甘油	$C_3H_3O_3$	1.259	2.62	0.950	0.287	264.8	200	563.4	974	40
煤油	—	0.820 1	2.09	0.001 64	0.145	—			251	—
亚麻仁油	—	0.929 1	1.84	0.033 1		253		560		3.3
苯酚	C_6H_6O	1.072	1.43	0.008 0	0.190	316.2	121	455		9.8
海水	—	1.025	3.76~4.10			270.6				
水	H_2O	0.997 1	4.18	0.000 89	0.609	273	333	373	2 260	78.54
制冷剂 R-11	CCl_3F	1.476	0.870	0.00042	0.093	162		297.0	180(297K)	2.0
制冷剂 R-12	CCl_2F_2	1.311	0.971		0.071	115	34.4	243.4	165(297K)	2.0
制冷剂 R-22	CHF_2Cl	1.194	1.26		0.086	113	183	232.4	232(297K)	2.0

注: 1. 本表数据是在 101 323Pa 气压、300K 温度下测定的。

2. 资料来源:(1)《Handbook of Materials Science》, Vol. 1, General Properies, 1974;(2) CRC《Handbook of Tables for Applied Engineering Science》, 1970。

26 部分气体材料的常用物理性能 见表 1.2-9。

表 1.2-9 部分气体材料的常用物理性能

名称	分子式	密度（0℃）/(g/L)	液化点/K	质量热容 c_p/[kJ/(kg·K)]	黏度（20℃）/(MPa·s)	相对电容率（0℃）ε_r
空气		1.292 9		1.004 8	18.12	1.000 576
二氧化碳	CO_2	1.976 9	216	5.007 4	14.57（15℃）	1.000 946
一氧化碳	CO	1.250 4	66	1.038 3	18.40	1.000 695
氨	NH_3	0.771 0	198	2.178 0（23~100℃）	10.2	1.007 5
乙烷	C_2H_6	1.356 6	101	1.649 6	10.1	1.007 2
氯化氢	HCl	1.639 2	161.8	0.812 2（13~100℃）	14.0	1.001 50
硫化氢	H_2S	1.539	187	1.026 2（20~206℃）	13.0	
沼气	CH_4	0.717	80.6	0.657 3	12.01	1.003 32
二氧化硫	SO_2	2.926 0	197	0.646 4（16~202℃）	12.9	1.000 991
乙炔	C_2H_2	1.174 7		1.603 5（13℃）		1.009 05

注: 1. 表中数据是在 101 323Pa 气压下测定的。

2. 主要资料来源:《Handbook of Engineering Fundamentals》, Eshbach, 3ed, 1974, P. 1504~1505。

第3章 电工标准[23-26]

3.1 标准和标准化概述

27 基本概念、标准的分级和代号、标准专业分类及代号 标准是指为在给定范围内达到最佳秩序,对各种活动或其结果所规定的、共同的和重复使用的规则、指导原则或特性,经过协商根据多数意见制定并经过公认机构批准的一种文件。标准应以科学、技术和经验的综合成果为基础,并以增进社会效益为目的。

标准化是指为在给定范围内达到最佳秩序,对实际的或潜在的问题规定共同的和重复使用的规则的活动。标准化包括标准的制定、发布和实施的整个过程,以改进产品、方法和服务的适应性,并防止贸易壁垒,便于技术合作。

按级别分,标准有国家标准、行业标准、地方标准和企业标准。行业标准不得与国家标准相抵触,地方标准不得与国家标准、行业标准相抵触,企业标准不得与国家标准、行业标准、地方标准相抵触。国家标准、行业标准分为强制性标准和推荐性标准。

国家标准、行业标准、地方标准和企业标准都由标准代号、顺序号和批准发布年号三段组成。国家标准代号及符号有三种:GB××××—××××(强制性国家标准),GB/T××××—××××(推荐性国家标准)和GB/*××××—××××(降为行业标准而尚未转化的原国家标准)。行业标准代号由国务院标准化行政主管部门规定。例如,强制性电力行业标准代号为DL,推荐性电力行业标准代号为DL/T。地方标准的标准代号为DB加上省、自治区或直辖市的代码前两位数字。例如陕西省强制性地方标准代号为DB61,推荐性地方标准代号为DB61/T企业标准代号为Q/加企业代号组成。各种代号见文献[27]。标准分类与代号见表1.3-1。

表1.3-1 标准分类与代号[27]

A	综合	N	仪器、仪表
B	农业、林业	P	工程建设
C	医药、卫生劳动保护	Q	建材
D	矿业	R	公路、水路运输
E	石油	S	铁路
F	能源、核技术	T	车辆
G	化工	U	船舶
H	冶金	V	航空、航天
J	机械	W	纺织
K	电工	X	食品
L	电子元器件与信息技术	Y	轻工、文化与生活用品
M	通信、广播	Z	环境保护

3.2 国际标准和中国国家标准简介[28,29]

28 常见国际标准和中国国家标准 国际标准指国际电工委员会(IEC)所制定的标准,以及国际标准化组织ISO确认并公布的其他国际组织制定的标准。

国外先进标准 指未经ISO确认并公布的国际组织的标准、发达国家的国家标准、区域性组织的标准、国际上有权威的团体标准和企业(公司)标准中的先进标准。

常见国际标准及一些国家标准见表1.3-2。IEC标准见表1.3-3。IEC日用电器安全标准见表1.3-4。我国基本等效采用IEC日用电器安全标准。电机常用标准见表1.3-5,许多都与IEC标准对应。

表1.3-2 常见有关的国际标准、组织和标志

ANSI	美国国家标准
AS	澳大利亚标准协会标志
ASTM	美国试验与材料学会标准
BIPM	国际计量局

（续）

BS	英国国家标准
BEB	英国保险商实验室认证标志
CCIR	国际无线电咨询委员会
CCEE	中国长城电工产品认证标志
CCIB	中国进出口商品检验局标志
CCITT	国际电报电话咨询委员会
CECC	欧洲电工认证标志
CEN	欧洲标准化委员会
CENELEC	欧洲电工技术标准化委员会
CIE	国际照明委员会
CIS-PR	国际无线电干扰特别委员会
DIN	德国国家标准
DKE	德国电工委员会标准
IEC	国际电工委员会
IEEE	电气电子工程师学会标准
IIW	国际焊接学会
ISO	国际标准化组织
ITU	国际电信联盟
JIB	日本标准化组织检验标志
JIS	日本工业标准
MIL	美国军用标准
NEMA	美国国家电气制造商协会标准
NF	法国国家标准
OIML	国际法制计量组织
SEMI	国际半导体设备和材料组织
UIC	国际铁路联盟
UL	美国保险商实验所安全标准
VDE	德国电气工程师协会标准
ГОСТ	俄罗斯国家标准
ITU-T	国际电信协会电信标准分部

表 1.3-3　IEC 标准

标　准　名　称	标　准　号
国际电工词汇	60050
标准电压、电流、标准频率	60038，60059，60196
绝缘导线的标志	60391（废止）
用颜色或数字识别导体的方法	60445
颜色标示代号	60757

（续）

标　准　名　称	标　准　号
人机、界面、标志和标识的基本和安全要求—编码规则	60073
电气安全导则	61200
家用电器的安全	60335
电热装置安全	60519
电流通过人体的效应	60479
电气和电子设备防触电保护	61140
建筑物防雷	62305
报警系统	60839
铝母排	60105，60114
架空线	60104，60888，60889，60913，61232
架空裸绞线计算方法	61597
架空输电线的荷载及强度	60826
架空线绝缘子	60305，60383
架空线金具要求及试验	61284
架空线杆塔荷载试验	60652
交流电力系统阻波器	60353
电力载波系统耦合装置	60481
三相交流系统短路计算	60909
放射式低压系统短路电流计算应用导则	60781（废止）
导体载流量	60364
电缆选择、载流量、短路温度限值、敷设	60287，60228，60245，60183，60092，60724，60853，60986
电缆周期性电流及应急电流计算	60853
电缆试验方法	60885
软电缆芯线颜色	60173（废止）
电缆的阻燃特性	60331
射频电缆	60096，61196
射频连接器	60169
光纤电缆、接头、分支器、开关	61000，60874，60875，60876
电线电缆穿管	61386

（续）

标准名称	标准号
绝缘配合	60071
避雷器选择和使用导则	60099
高压电器	62271
交流隔离开关	61128
72.5kV 及以上 GIS	62271，62271-2
72.5kV 及以上 GIS 电缆连接	62271
交流隔离开关及接地开关	62271-102
1~52kV 金属封闭式成套开关与控制装置	62271-200
低压成套开关设备和控制设备	61439
高/低压预制变电站	62271-202
小型熔断器	60127
电力系统电容器	60143
电容器组保护设备	60143-2
并联电容器外部保护高压熔断器	60549
串联电容器内部熔断器	60143-3
旋转电机装入式热保护	60034-11
高压电机起动器	62271-106
电气牵引设备	60077
互感器	61869-2
油浸及干式变压器、有载调压器应用	60076-1，60310，60214，60076-2，60616，60076-8，60076-11，60076-24
变压器回路高压熔断器熔体选择应用导则	62655
低压控制设备	60947
由外壳提供保护的等级（IP 代码）	60529
电气测量仪表及其附件	60051，60145（废止），62053，62052，60523
电力系统电容器	60143
电容器组保护设备	60143-2
并联电容器外部保护高压熔断器	60549
串联电容器内部熔断器	60143-3
家用及类似目的的熔断器	60241（废止）
低压熔断器	60269

（续）

标准名称	标准号
熔断器定义	60050
小型熔断器	60127
电气继电器	60255
环境条件的划分	60721
户外严酷条件下（含露天矿及采石场）的电气装置	60621（废止）
爆炸危险气体中的电气装置	60079
医用电气设备	60601，60976，60977，61262，61303
船用电气装置	60092
建筑物电气装置	60364
建筑物电气装置的电压区段	61140
稳压电源	62271，61094
铅酸牵引蓄电池	60254
镉镍电池	60622，60623
照明器	60598
白炽灯安全规程	60432
单盖荧光灯安全规程	61199
常用照明设备抗干扰要求	61547
卤钨灯	60357
通用照明用管式荧光灯	60081
荧光灯启辉器	60155
低压钠灯	60192
高压汞灯	60188
高压钠灯	60662
管式荧光灯镇流器	61347-2-3，60921
管式荧光灯直流电子镇流器放电灯镇流器	61347-2-8，60929，61347-2-9，60923，61347-2-12，60927，61347，60929
自镇流器	60968，60969
管式荧光灯灯座及启动器座	60400
爱迪生螺口灯座	60238
各种灯座	60838
插头与插座	60083，60309

表 1.3-4 家用和类似用途电器的安全系列标准一览表

标 准 名 称	IEC 标准号	国家标准号
通用要求	IEC 60335-1	GB 4706.1—2005
电熨斗的特殊要求	IEC 60335-2-3	GB 4706.2—2007
食物搅拌器及类似用途电器的特殊要求	IEC 60335-2-14	GB 4706.3（废止）
液体加热器的特殊要求	IEC 60335-2-15	GB 4706.19—2008
电炒锅的特殊要求	IEC 60335-2-13	GB 4706.5—1995（废止）
自动电饭锅的特殊要求		GB 4706.6—1995（废止）
真空吸尘器的特殊要求	IEC 60335-2-2	GB 4706.7—2014
电热毯、电热垫和电热褥的特殊要求	IEC 60335-2-17	GB 17652—1998（废止）
剃须刀、电推剪及类似器具的特殊要求	IEC 60335-2-8	GB 4706.9—2008
按摩器具的特殊要求	IEC 60335-2-32	GB 4706.10—2008
快热式热水器的特殊要求	IEC 60335-2-35	GB 4706.11—2008
储水式热水器的特殊要求	IEC 60335-2-21	GB 4706.12—2006
制冷器具、冰淇淋机和制冰机的特殊要求	IEC 60335-2-4	GB 4706.13—2014
烤架、面包片烘烤器及类似用途便携式烹饪器具的特殊要求	IEC 60335-2-9	GB 4706.14—2008
皮肤及毛发护理器具的特殊要求	IEC 60335-2-23	GB 4706.15—2008
电池驱动的电动剃须刀、电推剪及其充电和电池组的特殊要求	IEC 60335-2-19	GB 4706.16（废止）
电动机—压缩机的特殊要求	IEC 60335-2-34	GB 4706.17—2010
电池充电器的特殊要求	IEC 60335-2-29	GB 4706.18—2014
液体加热器的特殊要求	IEC 60335-2-15	GB 4706.19—2008
滚筒式干衣机的特殊要求	IEC 60335-2-11	GB 4706.20—2004
微波炉，包括组合型微波炉的特殊要求	IEC 60335-2-25	GB 4706.21—2008
家用电灶、灶台、烤炉及类似器具的特殊要求	IEC 60335-2-6	GB/T 4706.22（废止）
室内加热器的特殊要求	IEC 60335-2-30	GB 4706.23—2007
洗衣机的特殊要求	IEC 60335-2-7	GB 4706.24—2008
洗碗机的特殊要求	IEC 60335-2-5	GB 4706.25—2008
离心式脱水机的特殊要求	IEC 60335-2-4	GB 4706.26—2008
风扇的特殊要求	IEC 60342-2-80	GB 4706.27—2008
便携式电磁灶的特殊要求	IEC 60335-2-31	GB 4706.29—2008
厨房机械的特殊要求	IEC 60335-2-14	GB 4706.30—2008
热泵、空调器和除湿机的特殊要求	IEC 60378	GB 4706.32—2012

表 1.3-5　电机常用标准

标 准 名 称	对应国际标准	标准编号
旋转电机　定额和性能	IEC 60034-1	GB/T 755—2019
旋转电机　圆柱形轴伸		GB/T 756—2010
旋转电机　圆锥形轴伸		GB/T 757—2010
旋转电机结构型式、安装型式及接线盒位置的分类（IM 代码）	IEC 60034-7	GB/T 997—2008
电机线端标志与旋转方向		GB/T 1971—2006
电机冷却方法		GB 1993
交流电动机电容器	IEC 60252-1	GB/T 3667—2016
旋转电机尺寸和输出功率等级　第 1 部分：机座号 56~400 和凸缘号 55~1080	IEC 60072-1	GB/T 4772.1—1999
旋转电机尺寸和输出功率等级　第 2 部分：机座号 355~1000 和凸缘号 1180~2360	IEC 60072-2	GB/T 4772.2—1999
旋转电机尺寸和输出功率等级　第 3 部分：小功率装入式电动机凸缘号 BF10~BF50	IEC 60072-3	GB/T 4772.3—1999
旋转电机产品型号编制方法		GB/T 4831—2016
旋转电机振动测定方法及限值振动测定方法		GB/T 10068.1—2008
旋转电机外壳防护 IP 分级	IEC 60034-14	GB/T 4942.1—2006
船用低压电器基本要求		GB/T 3783—2019
小功率电动机通用技术条件		GB/T 5171—2014
换向器与集电环的定义和术语		JB/T 8156—2013
电机用刷握的定义和术语	IEC 560	GB 5841（废止）
水轮发电机组安装技术规范		GB/T 8564—2003
三相异步电动机负载率现场测试方法		GB 8916（废止）
轴中心高为 56mm 及以上电机的机械振动　振动的测量、评定及限值		GB/T 10068—2020
旋转电机噪声测定方法及限值　第 1 部分：旋转电机噪声测定方法	ISO 1680.1	GB/T 10069.1—2006
旋转电机噪声测定方法及限值　噪声简易测定方法	ISO 1680.2	GB/T 10069.2（废止）
旋转电机噪声测定方法及限值　噪声限值	IEC 60034-9	GB 10069.3—2008
中小型同步电机励磁系统基本技术要求		GB/T 10585—1989
小功率电动机的安全要求		GB/T 12350—2022
热带型旋转电机环境技术要求		GB/T 12351—2008
电机在一般环境条件下使用的湿热试验要求		GB/T 12665—2017
三相同步电机　试验方法		GB/T 1029—2021
交流电风扇电动机通用技术条件		GB/T 5089—2017
透平型同步电机技术要求		GB/T 7064—2017
大中型同步发电机励磁系统基本技术条件		GB 8409（废止）
水轮发电机基本技术条件	IEC 60034-1	GB/T 7894—2009
三相异步电动机额定功率、电压及转速（功率自 0.6~100kW）		GB 761（废止）

（续）

标 准 名 称	对应国际标准	标准编号
三相异步电动机试验方法		GB/T 1032—2012
YLB 系列深井水泵用三相异步电动机 技术条件（机座号 132~280）		JB/T 7126—2018
用量热法测定电机的损耗及效率	IEC 60034-2A	GB/T 5321—2005
电压为 690V 及以下单速三相笼型感应电动机的起动性能		JB/T 8158—1999（废止）
吊扇电容运转电动机通用技术条件		GB 6828（废止）
单相异步电动机试验方法		GB/T 9651—2008
直流电机试验方法		GB/T 1311—2008
永磁式低速直流测速发电机通用技术条件		GB/T 4997—2008
铁氧体永磁直流电动机		GB/T 6656—2008
电工术语 小功率电机（原：微型驱动电机名词术语及代号 GB 1585）		GB/T 2900.27—2008
小型交流风机通用技术条件		GB/T 2658—2015
控制微电机包装技术条件		JB/T 8162—2016
交流伺服电动机通用技术条件		GB/T 7344—2015
控制电机基本外形结构型式		GB/T 7346—2015
单相串励电动机试验方法	IEC 60034-1—1983	GB/T 8128—2008
旋转变压器通用技术条件		GB/T 10241—2020
录音机用永磁直流电动机通用技术条件		SJ/T 11049—2001
永磁式直流力矩电动机通用技术条件		GB/T 10401—2008
磁阻式步进电动机通用技术条件		GB/T 10402（废止）
多极和双通道感应移相器通用技术条件		GB/T 10403—2007
多极和双通道旋转变压器通用技术条件		GB/T 10404—2017
控制电机型号命名方法		GB/T 10405—2009
热带微电机基本技术条件	IEC 60068.10	GB/T 10761—2005
家用洗衣机用电动机通用技术条件		JB/T 3758—2011
轧机辅传动直流电动机		JB/T 8163—2011
船用旋转电机基本技术要求		GB/T 7060—2019
离网型风力发电机组用发电机 第 1 部分：技术条件		GB/T 10760.1—2017
CK 系列空心转子异步测速发电机技术条件		JB/T 8160—2016
S—C 系列交流伺服测速机组		JB/T 8161—1995（废止）
自整角机通用技术条件		GB/T 13138—2008
磁滞同步电动机通用技术条件		GB/T 13138—2008
微特驱动电机型号命名方法		SJ/T 11114—1996
感应移相器通用技术条件		JB/T 6225—1992
电工术语 旋转电机	IEC 60050-411	GB/T 2900.25—2008
电工术语 控制电机		GB/T 2900.26—2008
大型三相异步电动机基本系列技术条件	IEC 60034-2	GB/T 13957—2008

29 常用电工标准　通用电工标准名称、代号见表 1.3-6，专业用电工标准名称、代号见表 1.3-7，常用电炉标准见表 1.3-8，主要电焊机标准见表 1.3-9。

表 1.3-6　通用电工标准名称、代号

标准名称	标准号
标准电流	GB/T 762—2002
直流电力牵引电压系列	GB/T 999—2008
标准频率	GB/T 1980—2005
电工电子产品环境试验规程	GB/T 2421~2424—1995~2019
电工基本名词术语及各专业名词术语	GB/T 2900—1983~2016
特低电压（ELV）限值	GB/T 3805—2008
电气图用图形符号	GB/T 4728.1~13—2008~2018
电气技术中项目代号	GB/T 5094.1，2—2018，2018
电气设备用图形符号	GB/T 5465.1~2—2009，2008
人机界面标志标识的基本方法和安全规则	GB/T 4026—2019
标准电压	GB/T 156—2017
高压输变电设备的绝缘配合	GB/T 311.1，2—2012~2013
高压试验技术	GB/T 16927.1~4—2010~2014
声级计的电声性能及测量方法	GB/T 3785.1~3—2010~2018
中频设备额定电压	GB/T 3926—2007
电气制图	GB/T 6988.1—2008
工业企业通信工程设计图形及文字符号标准	CECS 37—1991（废止）

表 1.3-7　专业用电工标准名称、代号

标准名称	标准号
供电电压允许偏差，电压允许波动和闪变	GB/T 12325—2008 GB/T 12326—2008
电气装置安装工程电气设备交接试验标准	GB 50150—2016
建筑电气安装工程质量检验评定标准	GB 50303—2015
建筑照明设计标准	GB 50034—2013
城市道路照明	CJJ 45—2015
地下建筑照明	CECS 45—1992

（续）

标准名称	标准号
并联电容器用串联电抗器设计选择	CECS 32—1991（废止）
并联电容器装置的电压、容量系列选择	CECS 33—1991（废止）
电工名词术语　电气传动及自动控制	GB/T 2900.34—1983
电气传动控制设备基本试验方法	GB/T 10058—2009
低压成套开关设备	GB/T 725.1~12—2005~2017
电梯技术条件	GB/T 10059—2009
电梯实验方法	GB/T 10233—2016
外壳防护等级（IP代码）	GB/T 4208—2013
低压抽出式成套开关设备	JB/T 9661—1999
面板、架和柜的基本尺寸系列	GB/T 3047.1—1995
电控设备产品型号编制办法	GB 3752—1999（废止）
电控设备第二部分：装有电子器件的电气控制设备	GB/T 3797—2016
人机界面标识的基本和安全规则操作规则	GB/T 4205—2010
电控设备通用辅件产品型号编制办法	JB/T 9665 2013
同步电动机半导体励磁装置总技术条件	GB/T 12667—2012
交流电动机半导体变频调速电气传动系统	GB/T 12668.1~8—2002~2019
半导体变流串级调速装置总技术条件	GB/T 12669—2012
电工成套装置中的导线颜色	GB/T 2681—1981（废止）
人机界面标识的基本和安全规则	GB/T 4026—2004
导体的颜色或字母数字标识	GB/T 7947—2010
绝缘导线的标记	GB/T 4884—1985
指示灯和按钮的颜色	GB/T 4025—2010
中、短波广播发射台与电缆载波通信系统的防护间距	GBJ 142—1990（废止）
架空电力线路、变电所对电视差转台、转播台无线电干扰防护间距	GB 50143—2018

表 1.3-8 常用电炉标准

标准名称	标准号
电热设备产品型号编制方法	JB/T 9691—1999
电热装置基本技术条件 第 1 部分：通用部分	GB/T 10067.1—2019
电热装置基本技术条件 第 2 部分：电弧加热装置	GB/T 10067.2—2005
电热装置基本技术条件 第 3 部分：感应电热装置	GB/T 10067.3—2015
电热装置基本技术条件 第 4 部分：间接电阻炉	GB/T 10067.4—2005
电热设备基本技术条件 高频介质加热设备	GB/T 10067.5—1993
电热装置的安全 第 1 部分：通用要求	GB 5959.1—2005
电热装置的安全标准（各炉种）	GB 5959.2~9—2007~2014
电热装置的试验方法（含通用部分和各种炉）	GB 10066.1~4—2004~2019
电热装置的试验方法 第 10 部分：直接电弧炉	GB/T 10066.10—2005
金属粉末干筛分法测定粒度	GB/T 1480—2012
高频感应加热电源装置输出功率的测量方法	JB 5778—1991（废止）
红外辐射加热器试验方法	GB/T 7287—2008

表 1.3-9 主要电焊机标准

标准名称	标准号
电焊机型号编制方法	GB/T 10249—2010
电弧焊机通用技术条件	GB/T 8118—2010
阻焊 电阻焊机 机械和电气要求	GB/T 8366—2004
摩擦焊机	JB/T 8086—2015
埋弧焊机	GB/T 13164—2003
MIG/MAG 弧焊机	JB/T 8748—1998
固定式点凸焊机	JB/T 10101—2000（废止）
移动式点焊机	JB/T 5249—1991（废止）
缝焊机	JB/T 5250—1991（废止）

（续）

标准名称	标准号
固定式对焊机	JB/T 5251—1991（废止）
手工钨极惰性气体保护弧焊机（TIG 焊机）技术条件	JB/T 8747—1998
电阻焊机控制器通用技术条件	JB/T 10110—1999（废止）
电阻焊机变压器通用技术条件	JB/T 9529—1999（废止）
弧焊整流器	JB/T 7835—1995
弧焊变压器	JB/T 7834—1995
电焊机产品质量分等 总则	JB/T 56054.1—1999（废止）

30 标准电压 国家标准 GB 156《标准电压》适用于 100V、标准频率 50Hz 的交流发电、输电、配电和用电系统及其设备，交流和直流牵引系统和标称电压交流低于 120V 或直流低于 750V 的设备。

GB/T 156 规定的 220~1000（1140）V 的交流系统及其相关设备的标称电压见表 1.3-10，1kV 及以上的交流三相系统及相关设备的标称电压见表 1.3-11。交流低于 120V 或直流低于 750V 的电气设备额定电压见表 1.3-12；发电机的额定电压见表 1.3-13。

表 1.3-10 220~1000（1140）V 的交流系统的标称电压 （单位：V）

220/380	380/660	1000（1140）

注：1. 1140V 仅限于煤矿井下使用。

2. 斜线之左为相电压，斜线之右为线电压；无斜线为三线系统线电压。

表 1.3-11 1kV 及以上的交流三相系统及相关设备的标称电压（单位：kV）

标称系统电压	设备最高电压	标称系统电压	设备最高电压
3（3.3）	3.6	110	126
6	7.2	220	252
10	12	330	363
(20)	(24)	500	550
35	40.5	750	800
66	72.5	—	1200

注：1. 括号中的数值为用户有要求时使用。

2. 电气设备的额定电压值可从表中选取，由产品标准确定。

表 1.3-12　交流 120V 及以下或直流 750V 及以下的
电气设备额定电压（单位：V）

直流额定电压		交流额定电压	
优先值	补充值	优先值	补充值
—	2.4	—	—
	3		
	4		
—	4.5	—	—
	5		5
6	—	6	—
	7.5		
	9		
12	—	12	—
	15		15
24	—	24	—
	30		
36			36
	40		42
48		48	
60			60
72			—
	80		
96			100
110	—	110	—
	125		
220			
	250		
440			
	600	—	—

中频设备额定电压在 GB 3926《中频设备额定电压》国家标准中规定。船舶和近海装置用电工产品的额定频率、额定电压和额定电流在 GB 4988 中规定。直流电力牵引的额定电压在 GB 999 中规定。

国家标准 GB 3805—2008《特低电压（ELV）限值》规定的电压限值是指在最不利的情况下允许存在于两个可同时触及的可导电部分间的最高电压。具体规定见 GB 3805—2008。

表 1.3-13　发电机的额定电压
（单位：V）

交流发电机额定电压	直流发电机额定电压	交流发电机额定电压	直流发电机额定电压
115	115	13 800	—
230	230	15 750	—
400	460	18 000	—
690	—	20 000	—
3 150	—	22 000	—
6 300	—	24 000	—
10 500	—	26 000	—

注：与发电机出线端配套的电气设备额定电压，可采用发电机的额定电压，在产品标准中具体规定。

31　标准电流　GB 762—2002 规定了电气设备电流等级，适应于用电系统或设备的设计及运行的特性，适用于电器设备内部的零部件的电流等级。标准电流等级见表 1.3-14。

32　标准频率　GB/T 1980—2005 规定了电气设备的标准频率值，见表 1.3-15。它适用于频率从 50~10 000Hz 的单相和三相交流电力系统及电气设备（包括电工设备、电子设备、电信设备以及家用和类似用途的电气器具）。但不适用于铁道信号控制回路、单台设备或一组设备的内部控制回路。

表 1.3-14　标准电流等级　（单位：A）

电流范围	标准电流值									
1~10 000	1	1.25	1.6	2	2.5	3.15	4	5	6.3	8
	10	12.5	16	20	25	31.5	40	50	63	80
	100	125	160	200	250	315	400	500	630	800
	1 000	1 250	1 600	2 000	2 500	3 150	4 000	5 000	6 300	8 000	10 000

（续）

电流范围	标准电流值									
	0.000 01					0.000 05				
<1	0.000 1	0.000 2	0.000 315		0.000 4	0.000 05		0.000 63		0.000 8
	0.001	0.001 25	0.001 6	0.002	0.002 5	0.003 15	0.004	0.005	0.006 3	0.008
	0.01	0.012 5	0.016	0.02	0.025	0.031 5	0.04	0.05	0.063	0.08
	0.1	0.125	0.16	0.2	0.25	0.315	0.4	0.5	0.63	0.8
>10 000	12 500		16 000		20 000		25 000		31 500	40 000
	50 000		63 000		80 000		100 000		125 000	160 000

表 1.3-15　标准频率值　　　　（单位：Hz）

50（60）	100	150	200	250	300	400	500	600	750
1 000	1 200	1 500	2 000	2 400	3 000	4 000	8 000	10 000	

注：1. 划有横线的频率值为优先值。

2. 带（ ）值仅限专用电源系统使用。

3. 由感应电动机驱动的旋转机组所产生的频率，其实际频率略低于上列的数值。

第4章 数学公式

4.1 阶乘、排列和组合、二项式定理和复数[9]

33 阶乘、排列和组合、二项式定理

（1）阶乘：$n!=1 \cdot 2 \cdot 3 \cdots (n-2)(n-1)n$

$$0!=1 \qquad 0!!=0 \qquad (-1)!!=0$$

MATLAB（关于 MATLAB 基础知识，请参见第12篇第8章中阶乘函数[30-34]：factorial

格式：$y=\text{factorial}(n)$

描述：factorial(n) 表示从 1 到 n 所有整数的乘积。由于其结果为双精度，只有大概 15 位数字，所以其只能精确求解 $n \leqslant 21$，对于更大的 n 值，其结果将适当扩大，而且前 15 位是精确的。

（2）排列：

$$A_n^m = \frac{m!}{(n-m)!}$$

（3）组合

$$G_n^m = \frac{n!}{m!(n-m)!}$$

（4）二项式定理：

$$(a+b)^n = \sum_{j=0}^{n} C_n^j \cdot a^{n-j} \cdot b^j$$

34 复数运算

若：
$$z_1 = a+jb = r_1(\cos\phi_1 + j\sin\phi_1)$$
$$= r_1 e^{j\phi_1}$$
$$z_2 = c+jd = r_2(\cos\phi_2 + j\sin\phi_2)$$
$$= r_2 e^{j\phi_2}$$

则：
$$z_1 \pm z_2 = (a \pm c) + j(b \pm d);$$
$$z_1 \cdot z_2 = r_1 r_2 e^{j(\phi_1 + \phi_2)}$$
$$z_1/z_2 = \frac{r_1}{r_2} e^{j(\phi_1 - \phi_2)};$$
$$z_1^n = [r_1(\cos\phi_1 + j\sin\phi_1)]^n = r_1^n e^{jn\phi_1}$$
$$z^{\frac{1}{n}} = r^{\frac{1}{n}} \left[\cos\left(\frac{\phi+2k\pi}{n}\right) + j\sin\left(\frac{\phi+2k\pi}{n}\right)\right]$$
$$= r^{\frac{1}{n}} e^{j\frac{\phi+2k\pi}{n}}; \quad k=0,1,2,\cdots(n-1)$$

$z=a+jb$ 的共轭复数：$\bar{z}=a-jb$

$$e^{j2\pi}=1, \quad e^{j\pi}=j^2=-1, \quad e^{j\frac{3\pi}{2}}=j^3=-j;$$
$$e^{j\frac{\pi}{2}}=j=\sqrt{-1}, \quad e^{-j\frac{\pi}{2}}=j^{-1}=-j$$

♣ MATLAB 中复数的定义函数：complex

格式：$c=\text{complex}(a,b)$

$c=\text{complex}(a)$

描述：1）$c=\text{complex}(a,b)$ 输入两个实数，构成一个复数输出 $c=a+bi$，输入必须是标量或尺寸相同、数据类型相同的向量、矩阵、多维数组，输出和输入的尺寸一样。注意：如果 b 是全零，c 仍是复数，且它的所有虚部为零。相反，加法 a+0i 返回的是一个实数结果。2）$c=\text{complex}(a)$ 返回结果为一复数形式，其实部为 a，虚部为 0，即使所有虚部均为 0，c 仍是复数，复数的表达形式为 a+i*b 或 a+j*b，当 a 和 b 不是双精度或 b 为全零时，"i" 和 "j" 可当作其他变量（不等于 $\sqrt{-1}$）。

4.2 常用函数[9-11]

35 三角函数和反三角函数

（1）基本恒等式

$\sin\alpha\csc\alpha=1$ $\qquad\qquad$ $\cos\alpha\sec\alpha=1$

$\tan\alpha\cot\alpha=1$ $\qquad\qquad$ $\sin^2\alpha+\cos^2\alpha=1$

$\csc^2\alpha-\cot^2\alpha=1$ $\qquad$ $\sec^2\alpha-\tan^2\alpha=1$

$\tan\alpha=\sin\alpha/\cos\alpha$ $\qquad$ $\cot\alpha=\cos\alpha/\sin\alpha$

（2）和（差）角公式

$\sin(\alpha+\beta)=\sin\alpha\cos\beta+\cos\alpha\sin\beta$

$\sin(\alpha-\beta)=\sin\alpha\cos\beta-\cos\alpha\sin\beta$

$\cos(\alpha+\beta)=\cos\alpha\cos\beta-\sin\alpha\sin\beta$

$\cos(\alpha-\beta)=\cos\alpha\cos\beta+\sin\alpha\sin\beta$

$\tan(\alpha\pm\beta)=(\tan\alpha\pm\tan\beta)/(1\mp\tan\alpha\tan\beta)$

$\cot(\alpha\pm\beta)=(\cot\alpha\cot\beta\mp1)/(\cot\beta\pm\cot\alpha)$

（3）倍角公式

$\sin2\alpha=2\sin\alpha\cos\alpha$

$\cos2\alpha=\cos^2\alpha-\sin^2\alpha=1-2\sin^2\alpha=2\cos^2\alpha-1$

$\tan2\alpha=2\tan\alpha/(1-\tan^2\alpha)$

$\cot2\alpha=(\cot^2\alpha-1)/(2\cot\alpha)$

$\sin 3\alpha = 3\sin\alpha - 4\sin^3\alpha$

$\cos 3\alpha = 4\cos^3\alpha - 3\cos\alpha$

$\sin n\alpha = C_n^1\cos^{n-1}\alpha\sin\alpha - C_n^3\cos^{n-3}\alpha\sin^3\alpha +$
$\qquad C_n^5\cos^{n-5}\alpha\sin^5\alpha - \cdots +$

$$\begin{cases} (-1)^{\frac{n-1}{2}}C_n^n\sin^n\alpha & (n\ \text{为奇数}) \\ (-1)^{\frac{n-2}{2}}C_n^{n-1}\cos\alpha\sin^{n-1}\alpha & (n\ \text{为偶数}) \end{cases}$$

$\cos n\alpha = \cos^n\alpha - C_n^2\cos^{n-2}\alpha\sin^2\alpha + C_n^4\cos^{n-4}\alpha\sin^4\alpha - \cdots +$

$$\begin{cases} (-1)^{\frac{n-1}{2}}C_n^{n-1}\cos\alpha\sin^{n-1}\alpha & (n\ \text{为奇数}) \\ (-1)^{\frac{n}{2}}C_n^n\sin^n\alpha & (n\ \text{为偶数}) \end{cases}$$

（4）半角公式

$\sin\alpha/2 = \pm\sqrt{(1-\cos\alpha)/2}$

$\cos\alpha/2 = \pm\sqrt{(1+\cos\alpha)/2}$

$\tan\alpha/2 = \pm\sqrt{(1-\cos\alpha)/(1+\cos\alpha)}$
$\qquad = (1-\cos\alpha)/\sin\alpha = \sin\alpha/(1+\cos\alpha)$

（5）和差与积互化公式

$\sin\alpha + \sin\beta = 2\sin[(\alpha+\beta)/2]\cos[(\alpha-\beta)/2]$

$\sin\alpha - \sin\beta = 2\cos[(\alpha+\beta)/2]\sin[(\alpha-\beta)/2]$

$\cos\alpha + \cos\beta = 2\cos[(\alpha+\beta)/2]\cos[(\alpha-\beta)/2]$

$\cos\alpha - \cos\beta = -2\sin[(\alpha+\beta)/2]\sin[(\alpha-\beta)/2]$

$\tan\alpha + \tan\beta = \sin(\alpha+\beta)/\cos\alpha\cos\beta$

$\tan\alpha - \tan\beta = \sin(\alpha-\beta)/\cos\alpha\cos\beta$

$2\cos\alpha\cos\beta = \cos(\alpha+\beta) + \cos(\alpha-\beta)$

（6）反三角函数

$\sin(\arcsin x) = \cos(\arccos x) = \tan(\arctan x) = x$

$\sin(\arccos x) = \sqrt{(1-x^2)}$

$\tan(\arcsin x) = x/\sqrt{(1-x^2)}$

$\cos(\text{arccot} x) = x/\sqrt{(1+x^2)}$

$\arcsin x + \arccos x = \pi/2$

$\arctan x + \text{arccot} x = \pi/2$

$\arcsin x \pm \arcsin y = \arcsin(x\sqrt{(1-y^2)} \pm y\sqrt{(1-x^2)})$ *

$\arccos x \pm \arccos y = \arccos[xy \mp \sqrt{(1-x^2)(1-y^2)}]$ *

$\arctan x \pm \arctan y = \arctan\left(\dfrac{x\pm y}{1\mp xy}\right)$ *

$\text{arccot} x \pm \text{arccot} y = \text{arccot}\left(\dfrac{xy \mp 1}{y \pm x}\right)$ *

（*上面四等式左边两角之和与差在主值范围内取值时，等式成立）

♣ MATLAB 中正弦函数与反正弦函数：sin、asin

格式：Y = sin(X) 计算参量 X（可以是向量、矩阵，元素可以是复数）中每个角度分量的正弦值 Y，所有分量的角度单位为 rad。

格式：Y = asin(X) 计算参量 X（可以是向量、矩阵）中每个元素的反正弦函数值 Y。若 X 中有的分量处于 [-1,1] 之间，则 Y = asin(X) 对应的分量处于 [-π/2,π/2] 之间，若 X 中有分量在 [-1,1] 之外，则 Y = asin(X) 对应的分量为复数。

注意：sin(pi) 并不是零，而是与浮点精度有关的无穷小量 eps，因为 pi 仅仅是精确值 π 浮点近似的表示值而已；对于复数 z = x + iy，函数的定义为：

$\sin(x+iy) = \sin(x)*\cos(y) + i*\cos(x)*\sin(y)$

$\sin(z) = \dfrac{e^{iz} - e^{-iz}}{2}$

$\text{asin}(z) = -i \cdot \ln(i \cdot z + \sqrt{1-z^2})$

♣ MATLAB 中余弦函数与反余弦函数：cos、acos

格式：Y = cos(X) 计算参量 X（可以是向量、矩阵，元素可以是复数）中每个角度分量的余弦值 Y，所有分量的角度单位为 rad。

格式：Y = acos(X) 计算参量 X（可以是向量、矩阵）中每个元素的反余弦函数值 Y。若 X 中有的分量处于 [-1,1] 之间，则 Y = acos (X) 对应的分量处于 [0,π] 之间，若 X 中有分量在 [-1,1] 之外，则 Y = acos(X) 对应的分量为复数。

注意：cos(pi/2) 并不是零，而是与浮点精度有关的无穷小量 eps，因为 pi 仅仅是精确值 π 浮点近似的表示值而已；对于复数 z = x+iy，函数的定义为：

$\cos(x+iy) = \cos(x)*\cos(y) + i*\sin(x)*\sin(y)$

$\cos(z) = \dfrac{e^{iz} + e^{-iz}}{2}$

$\text{acos}(z) = -i \cdot \ln(i \cdot z + \sqrt{1-z^2})$

♣ MATLAB 中正切函数与反正切函数：tan、atan

格式：Y = tan(X) 计算参量 X（可以是向量、矩阵，元素可以是复数）中每个角度分量的正切值 Y，所有分量的角度单位为 rad。

格式：Y = atan(X) 计算参量 X（可以是向量、矩阵）中每个元素的反正切函数值 Y。若 X 中有的分量为实数，则 Y = atan(X) 对应的分量处于 [-π/2, π/2] 之间。

注意：tan(pi/2) 并不是零，而是与浮点精度有关的无穷小量 eps，因为 pi 仅仅是精确值 π 浮点近似的表示值而已；反正切函数的定义为：

$\text{atan}(z) = \dfrac{i}{2} \cdot \ln\dfrac{i+z}{i-z}$

♣ MATLAB 中余切函数与反余切函数：cot、acot

格式：Y=cot(X) 计算参量 X（可以是向量、矩阵，元素可以是复数）中每个角度分量的余切值 Y，所有分量的角度单位为 rad。

格式：Y=acot(X) 计算参量 X（可以是向量、矩阵）中每个元素的反余切函数值 Y。

♣ MATLAB 中正割函数与反正割函数：sec、asec

格式：Y=sec(X) 计算参量 X（可以是向量、矩阵，元素可以是复数）中每个角度分量的正割函数值 Y，所有分量的角度单位为 rad。

格式：Y=asec(X) 计算参量 X（可以是向量、矩阵）中每个元素的反正割函数值 Y。

注意：sec(pi/2) 并不是无穷大，而是与浮点精度有关的无穷小量 eps 的倒数，因为 pi 仅仅是精确值 π 浮点近似的表示值而已。

♣ MATLAB 中余割函数与反余割函数：csc、acsc

格式：Y=csc(X) 计算参量 X（可以是向量、矩阵，元素可以是复数）中每个角度分量的余割值 Y，所有分量的角度单位为 rad。

格式：Y=acsc(X) 计算参量 X（可以是向量、矩阵）中每个元素的反余割函数值 Y。

36 双曲函数、反双曲函数和对数函数

（1）双曲函数

双曲正弦 $\sinh x = \dfrac{e^x - e^{-x}}{2}$

双曲余弦 $\cosh x = \dfrac{e^x + e^{-x}}{2}$

双曲正切 $\tanh x = \dfrac{\sinh x}{\cosh x} = \dfrac{e^x - e^{-x}}{e^x + e^{-x}}$

双曲余切 $\coth x = \dfrac{\cosh x}{\sinh x} = \dfrac{e^x + e^{-x}}{e^x - e^{-x}}$

双曲正割 $\operatorname{sech} x = \dfrac{1}{\cosh x} = \dfrac{2}{e^x + e^{-x}}$

双曲余割 $\operatorname{cosech} x = \dfrac{1}{\sinh x} = \dfrac{2}{e^x - e^{-x}}$

（2）双曲函数的基本关系

$$\sinh(-x) = -\sinh x$$
$$\cosh(-x) = \cosh x$$
$$\tanh x \coth x = 1$$
$$\cosh^2 x - \sinh^2 x = 1$$
$$\operatorname{sech}^2 x + \tanh^2 x = 1$$
$$\coth^2 x - \operatorname{cosech}^2 x = 1$$

反双曲正弦 若 $x = \sinh y$，则：

$$y = \operatorname{arsinh} x = \ln\left(x + \sqrt{x^2 + 1}\right)$$

反双曲余弦 若 $x = \cosh y$，则：

$$y = \operatorname{arcosh} x = \pm\ln\left(x + \sqrt{x^2 + 1}\right), (x \geqslant 1)$$

反双曲正切 若 $x = \tanh y$ 则：

$$y = \operatorname{artanh} x = \frac{1}{2}\ln\frac{1+x}{1-x}, (\,|x| < 1)$$

反双曲余切 若 $x = \coth y$，则：

$$y = \operatorname{arcoth} x = \frac{1}{2}\ln\frac{x+1}{x-1}, (\,|x| > 1)$$

反双曲正割 若 $x = \operatorname{sech} y$，则：

$$y = \operatorname{arsech} x = \pm\frac{1}{2}\ln\frac{1 + \sqrt{1 - x^2}}{1 - \sqrt{1 - x^2}}, (0 < |x| < 1)$$

反双曲余割 若 $x = \operatorname{cosech} y$，则：

$$y = \operatorname{arcosech} x = \frac{1}{2}\ln\frac{\sqrt{1 + x^2} + 1}{\sqrt{1 + x^2} - 1}, (x \neq 0)$$

反双曲函数基本公式

$$\operatorname{arsinh} x = \pm\operatorname{arcosh}\left(\sqrt{x^2 + 1}\right)$$
$$\operatorname{arcosh} x = \pm\operatorname{arsinh}\left(\sqrt{x^2 - 1}\right)$$
$$\operatorname{artanh} x = \operatorname{arsinh}\left(\frac{x}{\sqrt{1 - x^2}}\right)$$
$$\operatorname{arsinh} x \pm \operatorname{arsinh} y = \operatorname{arsinh}\left(x\sqrt{1 + y^2} \pm y\sqrt{1 + x^2}\right)$$
$$\operatorname{artanh} x \pm \operatorname{artanh} y = \operatorname{artanh}\left(\frac{x \pm y}{1 \pm xy}\right)$$
$$\operatorname{arsinh} x \pm \operatorname{arcosh} y = \operatorname{arcosh}\left(xy \pm \sqrt{(x^2 - 1)(y^2 - 1)}\right)$$

（3）对数函数

$\log_a a = 1$；　　　　　$\log_a 1 = 0$

$\log_a x^n = n\log_a x$；　　$a^{\log_a x} = x$

$\log_a (x \cdot y) = \log_a x + \log_a y$

$\log_a (x/y) = \log_a x - \log_a y$

$\log_a x = \log_b x / \log_b a$；　　$\log_a b \cdot \log_b a = 1$

♣ MATLAB 中双曲正弦函数与反双曲正弦函数：sinh、asinh

格式：Y=sinh(X) 计算参量 X 的双曲正弦函数值 Y。

Y=asinh(X) 计算参量 X 中每一个元素的反双曲正弦函数值 Y。

♣ MATLAB 中双曲余弦函数与反双曲余弦函数：cosh、acosh

格式：Y=cosh(X) 计算参量 X 的双曲余弦值 Y。

Y=acosh(X) 计算参量 X 中每一个元素的反双曲余弦函数值 Y。

♣ MATLAB 中双曲正切函数与反双曲正切函数：tanh、atanh

格式：Y＝tanh(X) 计算参量 X 中每一个元素的双曲正切函数值 Y。

Y＝atanh(X) 计算参量 X 中每一个元素的反双曲正切函数值 Y。

♣ MATLAB 中双曲余切函数与反双曲余切函数：coth、acoth

格式：Y＝coth(X) 计算参量 X 中每一个元素的双曲余切函数值 Y。

Y＝acoth(X) 计算参量 X 中每一个元素的反双曲余切函数值 Y。

♣ MATLAB 中双曲正割函数与反双曲正割函数：sech、asech

格式：Y＝sech(X) 计算参量 X 中每一个元素的双曲正割函数值 Y。

Y＝asech(X) 计算参量 X 中每一个元素的反双曲正割函数值 Y。

♣ MATLAB 中双曲余割函数与反双曲余割函数：csch、acsch

格式：Y＝csch(X) 计算参量 X 中每一个元素的双曲余割值 Y。

Y＝acsch(X) 计算参量 X 中每一个元素的反双曲余割函数值 Y。

♣ MATLAB 中对数函数：log、$\log_{10}$、$\log_2$

格式：Y＝log(X) 自然对数函数。

Y＝$\log_{10}$(X) 常用对数函数。

Y＝$\log_2$(X) 以 2 为底的对数并分解浮点数。

37　三角函数、双曲函数和指数函数的关系

$e^{jx} = \cos x + j\sin x$；　　　$e^x = \cosh x + \sinh x$；

$\sin x = \dfrac{e^{jx} - e^{-jx}}{2j}$；　　$\sinh x = \dfrac{e^x - e^{-x}}{2}$

$\cos x = \dfrac{e^{jx} + e^{-jx}}{2}$；　$\cosh x = \dfrac{e^x + e^{-x}}{2}$

$\sin jx = j\sinh x$；　　　$\cos jx = \cosh x$；

$\sinh jx = j\sin x$；　　　$\cosh jx = \cos x$

4.3　微积分

38　导数运算法则和基本公式

（1）导数运算基本规则　若 c 为常数，函数 $u = u(x)$，$v = v(x)$ 的导数存在，则

$$(c)' = 0 (c' \text{为} c \text{ 的导数}) \quad (cu)' = cu'$$

$$(u \pm v)' = u' \pm v' \quad (uv)' = u'v + uv'$$

$$\left(\frac{u}{v}\right)' = \frac{u'v - uv'}{v^2} \quad (v \neq 0)$$

设 $y = f(u)$，$u = g(x)$，则

$$\frac{dy}{dx} = f'(u)g'(x)$$

设 $y = g(t)$，$x = f(t)$，则

$$\frac{dy}{dx} = \frac{dy}{dt} \Big/ \frac{dx}{dt}$$

（2）基本函数的导数公式见表 1.4-1。

表 1.4-1　基本函数的导数公式

$f(x)$	$f'(x)$
x^n	nx^{n-1}
$\dfrac{1}{x^n}$	$-\dfrac{n}{x^{n+1}}$
$\sqrt[n]{x}$	$\dfrac{1}{n\sqrt[n]{x^{n-1}}}$
e^x	e^x
a^x	$a^x \ln a$
x^x	$x^x(1 + \ln x)$
$\ln x$	$\dfrac{1}{x}$
$\log_a x$	$\dfrac{1}{x \ln a}$
$\lg x$	$\dfrac{1}{x}\lg e = 0.4343\dfrac{1}{x}$
$\sin x$	$\cos x$
$\cos x$	$-\sin x$
$\tan x$	$\dfrac{1}{\cos^2 x}$
$\cot x$	$-\dfrac{1}{\sin^2 x}$
$\arcsin x$	$\dfrac{1}{\sqrt{1-x^2}}$
$\arccos x$	$-\dfrac{1}{\sqrt{1-x^2}}$
$\arctan x$	$\dfrac{1}{1+x^2}$
$\text{arccot} x$	$-\dfrac{1}{1+x^2}$
$\sinh x$	$\cosh x$
$\cosh x$	$\sinh x$
$\tanh x$	$\dfrac{1}{\cosh^2 x}$

（续）

$f(x)$	$f'(x)$
$\coth x$	$-\dfrac{1}{\sinh^2 x}$
$\text{arsinh}x = \ln\left(x + \sqrt{1+x^2}\right)$	$\dfrac{1}{\sqrt{1+x^2}}$
$\text{arcosh}x = \ln\left(x + \sqrt{x-1}\right)$	$\dfrac{1}{\sqrt{x^2-1}}(x>1)$
$\text{artanh}x = \dfrac{1}{2}\ln\dfrac{1+x}{1-x}$	$\dfrac{1}{1-x^2}$
$\text{arcoth}x = \dfrac{1}{2}\ln\dfrac{x+1}{x-1}$	$-\dfrac{1}{x^2-1}$

♣ MATLAB 中一元函数的导数函数：diff

格式：yy = diff(f) 求函数 f 的一阶导数，其中 f 是符号函数。

yy = diff(f,n) 求函数 f 的 n 阶导数，其中 f 是符号函数。

39　不定积分和定积分

（1）不定积分　不定积分的基本性质：

$$d\int f(x)\,dx = f(x)\,dx$$

$$\left(\int f(x)\,dx\right)' = f(x)$$

$$\int cf(x)\,dx = c\int f(x)\,dx$$

$$\int[f(x)\pm g(x)]\,dx = \int f(x)\,dx \pm \int g(x)\,dx$$

$$\int f(x)\,dx = \int f[\phi(t)]\phi'(t)\,dt \quad x=\phi(t) \quad （换元法）$$

基本函数积分表：

$$\int k\,dx = kx+c \ (k\text{ 为常数})$$

$$\int x^m\,dx = \frac{x^{m+1}}{m+1}+c \quad (m\neq -1)$$

$$\int \frac{dx}{\cos^2 x} = \tan x+c$$

$$\int \frac{dx}{x} = \ln x+c$$

$$\int \frac{dx}{\sin^2 x} = -\cot x+c$$

$$\int \frac{dx}{1+x^2} = \arctan x+c$$

$$\int e^x\,dx = e^x+c$$

$$\int a^x\,dx = \frac{a^x}{\ln a}+c$$

$$\int \sinh x\,dx = \cosh x+c$$

$$\int \frac{dx}{1+x^2} = \arctan x+c$$

$$\int \cos x\,dx = \sin x+c$$

$$\int \cosh x\,dx = \sinh x+c$$

$$\int \sin x\,dx = -\cos x+c$$

（2）部分常用函数定积分

1）伽马（Γ）函数：

$$\Gamma(n) = \int_0^\infty x^{n-1}e^{-x}\,dx = \int_0^1\left(\ln\frac{1}{x}\right)^{n-1}dx \quad (n>0)$$

$$\Gamma(n+1) = n\Gamma(n) = n! \,(n\text{ 为正整数})$$

$$\Gamma\left(\frac{1}{2}\right) = \sqrt{\pi}$$

2）尤拉常数：

$$\gamma = -\int_0^\infty e^{-x}\ln x\,dx = 0.577\,215\,7$$

$$\int_0^\infty \frac{x^{m-1}}{1+x^n}\,dx = \pi / \left(n\sin\frac{m\pi}{n}\right) \,(0<m<n)$$

$$\int_0^\infty e^{-ax}\,dx = \frac{1}{a} \qquad \int_0^\infty xe^{-x^2}\,dx = \frac{1}{2}$$

$$\int_0^\infty x^2 e^{-x^2}\,dx = \sqrt{\pi}/4$$

$$\int_0^{\pi/2}\sin^n x\,dx = \int_0^{\pi/2}\cos^n x\,dx = \frac{\sqrt{\pi}}{2}\cdot\frac{\Gamma\left(\dfrac{n+1}{2}\right)}{\Gamma\left(\dfrac{n}{2}+1\right)} \,(n>-1)$$

$$\int_0^\infty \frac{\sin ax}{x}\,dx = \begin{cases} \pi/2\,(a>0) \\ 0\,(a=0) \\ -\dfrac{\pi}{2}\,(a<0) \end{cases}$$

$$\int_0^\infty \frac{\tan x}{x}\,dx = \frac{\pi}{2}\,(a>0)\,; \quad = -\frac{\pi}{2}\,(a<0)$$

$$\int_0^\infty e^{-ax}\sin bx\,dx = \frac{b}{a^2+b^2}\,(a>0)$$

$$\int_0^\infty e^{-ax}\cos bx\,dx = \frac{a}{a^2+b^2}\,(a>0)$$

$$\int_0^{\pi/2}\sin^m x\cos^n x\,dx$$

$$= \{[(m-1)(m-3)\cdots(2\text{ 或 }1)\times(n-1)(n-3)\cdots$$

$$(2\text{ 或 }1)]/[(m+n)(n+n-2)\cdots\times(2\text{ 或 }1)]\}\times c$$

$$\left(m, n\text{ 为整数；当 }m, n\text{ 为偶数时 }c=\frac{\pi}{2},\right.$$

$$\left.m\text{ 或 }n\text{ 为奇数时 }c=1\right)$$

♣ MATLAB 中函数的不定积分：int

格式：yy=int(f) 求函数 f 对默认变量的不定积分，用于函数只有一个变量。

yy=int(f,v) 求函数 f 对变量 v 的不定积分。

♣ MATLAB 中函数的定积分：int

格式：yy=int(f,x,a,b) 用微积分基本公式计算定积分 $\int_a^b f(x)\,\mathrm{d}x$。

40 级数

（1）泰勒级数与马克劳林级数　当 n 无穷增加时，若 $\lim\limits_{n\to\infty} R_n(x)=0$，函数 $f(x)$ 展开成无穷幂级数

$$f(x)=f(a)+\frac{f'(a)}{1!}(x-a)+\frac{f''(a)}{2!}(x-a)^2+\cdots+$$
$$\frac{f^{(n)}(a)}{n!}(x-a)^n+\cdots$$

称为泰勒级数。同样，当 $a=0$ 时，有马克劳林级数

$$f(x)=f(0)+\frac{f'(0)}{1!}x+\frac{f''(0)}{2!}x^2+\cdots+$$
$$\frac{f^{(n)}(0)}{n!}x^n+\cdots$$

（2）几种重要函数的幂级数见表 1.4-2。

♣ MATLAB 中函数的泰勒级数与马克劳林级数：taylor

格式：yy=taylor(f) 将函数 f 展开成默认变量的 6 阶马克劳林级数。

yy=taylor(f,n) 将函数 f 展开成默认变量的 n 阶马克劳林级数。

yy=taylor(f,n,v,a) 将函数 f(v) 在 v=a 展开成 n 阶泰勒级数。

表 1.4-2　几种重要函数的幂级数

函数	展开式	收敛域
$(1+x)^m$	$1+\dfrac{m}{1}x+\dfrac{m(m-1)}{2!}x^2+\cdots+\dfrac{m(m-1)\cdots(m-n+1)}{n!}x^n+\cdots$	$\lvert x\rvert<1$
$(1+x)^{-m}$	$1-mx+\dfrac{m(m+1)}{2!}x^2-\dfrac{m(m+1)(m+2)}{3!}x^3+\cdots+(-1)^n\dfrac{m(m+1)\cdots(m+n-1)}{n!}x^n+\cdots$	$\lvert x\rvert<1$
$(1+x)^{\frac{1}{2}}$	$1+\dfrac{1}{2}x-\dfrac{1}{2\cdot4}x^2+\dfrac{1\cdot3}{2\cdot4\cdot6}x^3-\dfrac{1\cdot3\cdot5}{2\cdot4\cdot6\cdot8}x^4+\cdots+(-1)^n\dfrac{1\cdot3\cdot5\cdots(2n-1)}{2^n\cdot n!}x^n+\cdots$	$\lvert x\rvert\leqslant1$
$(1+x)^{-\frac{1}{2}}$	$1-\dfrac{1}{2}x+\dfrac{1\cdot3}{2\cdot4}x^2-\dfrac{1\cdot3\cdot5}{2\cdot4\cdot6}x^3+\dfrac{1\cdot3\cdot5\cdot7}{2\cdot4\cdot6\cdot8}x^4+\cdots+(-1)^{n-1}\dfrac{1\cdot3\cdot5\cdots(2n-1)}{2^n\cdot n!}x^n+\cdots$	$\lvert x\rvert<1$
$\sin x$	$x-\dfrac{x^3}{3!}+\dfrac{x^5}{5!}-\cdots+(-1)^n\dfrac{x^{2n+1}}{(2n+1)!}+\cdots$	$\lvert x\rvert<\infty$
$\cos x$	$1-\dfrac{x^2}{2!}+\dfrac{x^4}{4!}-\dfrac{x^6}{6!}+\cdots+(-1)^n\dfrac{x^{2n}}{(2n)!}+\cdots$	$\lvert x\rvert<\infty$
$\tan x$	$x+\dfrac{1}{3}x^3+\dfrac{2}{15}x^5+\dfrac{17}{315}x^7+\dfrac{62}{2\,875}x^9+\cdots+\dfrac{2^{2n}(2^{2n}-1)B_n}{(2n)!}x^{2n-1}+\cdots$①	$\lvert x\rvert<\dfrac{\pi}{2}$
$\arcsin x$	$x+\dfrac{1}{2\cdot3}x^3+\dfrac{1\cdot3}{2\cdot4\cdot5}x^5+\dfrac{1\cdot3\cdot5}{2\cdot4\cdot6\cdot7}x^7+\cdots+\dfrac{(2n)!}{2^{2n}(n!)^2(2n+1)}x^{2n+1}+\cdots$	$\lvert x\rvert<1$
$\arccos x$	$\dfrac{\pi}{2}-x-\dfrac{1}{2\cdot3}x^3-\dfrac{1\cdot3}{2\cdot4\cdot5}x^5-\dfrac{1\cdot3\cdot5}{2\cdot4\cdot6\cdot7}x^7-\cdots-\dfrac{(2n)!}{2^{2n}(n!)^2(2n+1)}x^{2n+1}+\cdots$	$\lvert x\rvert<1$
e^x	$1+\dfrac{x}{1!}+\dfrac{x^2}{2!}+\dfrac{x^3}{3!}+\cdots+\dfrac{x^n}{n!}+\cdots$	$\lvert x\rvert<\infty$
$a^x=\mathrm{e}^{x\ln a}$	$1+\dfrac{\ln a}{1!}x+\dfrac{(\ln a)^2}{2!}x^2+\dfrac{(\ln a)^3}{3!}x^3+\cdots+\dfrac{(\ln a)^n}{n!}x^n+\cdots$	$\lvert x\rvert<\infty$
$\ln x$	$2\left(\dfrac{x-1}{x+1}+\dfrac{1}{3}\left(\dfrac{x-1}{x+1}\right)^2+\cdots+\dfrac{1}{2n+1}\left(\dfrac{x-1}{x+1}\right)^{2n+1}+\cdots\right)$	$x>0$
$\ln x$	$(x-1)-\dfrac{1}{2}(x-1)^2+\dfrac{1}{3}(x-1)^3-\cdots+(-1)^{n+1}\dfrac{1}{n}(x-1)^n+\cdots$	$0<x\leqslant2$

（续）

函数	展开式	收敛域
$\ln(1+x)$	$x-\dfrac{x^2}{2}+\dfrac{x^3}{3}-\dfrac{x^4}{4}+\cdots+(-1)^{n+1}\dfrac{x^n}{n}+\cdots$	$-1<x\leqslant 1$
$\sinh x$	$x+\dfrac{x^3}{3!}+\dfrac{x^5}{5!}+\dfrac{x^7}{7!}+\cdots+\dfrac{x^{2n+1}}{(2n+1)!}+\cdots$	$\mid x\mid<\infty$
$\cosh x$	$1+\dfrac{x^2}{2!}+\dfrac{x^4}{4!}+\dfrac{x^6}{6!}+\cdots+\dfrac{x^{2n}}{2n!}+\cdots$	$\mid x\mid<\infty$

① B_n 为伯努利系数，由下式确定：$1+\dfrac{1}{2^{2n}}+\dfrac{1}{3^{2n}}+\dfrac{1}{4^{2n}}+\cdots+\dfrac{1}{m^{2n}}+\cdots=\dfrac{\pi^{2n}2^{2n-1}}{(2n)!}B_n$

41　傅里叶级数和傅里叶变换

（1）傅里叶级数　满足关系式 $f(x+T)=f(x)$ 的函数 $f(x)$ 是周期为 T 的周期函数。若周期函数 $f(x)$ 在区间上满足下列狄利克莱（Dirichlet）条件：1）连续或者只有有限个第一类间断点（在这种间断点，函数的跃变值有限）；2）只有有限个极值点，则 $f(x)$ 在区间 $\left(-\dfrac{T}{2},\dfrac{T}{2}\right)$ 可以展开成傅里叶级数：

$$f(x)=a_0+\sum_{k=1}^{\infty}\left(a_k\cos\frac{2k\pi x}{T}+b_k\sin\frac{2k\pi x}{T}\right)$$

式中　a_k 和 b_k——傅里叶系数。利用正交函数的性质，可得傅里叶系数的计算公式：

$$a_0=\frac{1}{T}\int_{-\frac{T}{2}}^{\frac{T}{2}}f(x)\,\mathrm{d}x$$

$$a_k=\frac{2}{T}\int_{-\frac{T}{2}}^{\frac{T}{2}}f(x)\cos\frac{2k\pi x}{T}\mathrm{d}x$$

$$b_k=\frac{2}{T}\int_{-\frac{T}{2}}^{\frac{T}{2}}f(x)\sin\frac{2k\pi x}{T}\mathrm{d}x(k=1,2,\cdots)$$

定义在有限区间 (O,P) 上的函数（在区间"OP"之外无定义）$f(x)$，不考虑是否是周期性的，可以在区间 $(-P,O)$ 上延拓，按不同方式来定义。

（2）几种常见的函数的傅里叶级数

1）$f(t)=\begin{cases}h & (0\leqslant t\leqslant T/2)\\ -h & (-T/2\leqslant t\leqslant 0)\end{cases}$

$$f(t)=\frac{4h}{\pi}\sum_{n=1}^{\infty}\frac{\sin(2n-1)\omega t}{2n-1}$$

2）$f(t)=t(0\leqslant t\leqslant 2\pi)$

$$f(t)=\pi-2\sum_{n=1}^{\infty}\frac{\sin nt}{n}$$

3）$f(t)=t^2(-T\leqslant t\leqslant T)f(t)=\dfrac{T^2}{3}-\dfrac{4T^2}{\pi^2}\sum_{n=1}^{\infty}$

$$\frac{(-1)^{n+1}}{n}\cos\frac{n\pi t}{T}(-T\leqslant t\leqslant T)$$

4）$f(\omega t)=E\mid\sin\omega t\mid\ (-\infty<t<+\infty)$

$$f(\omega t)=\frac{2E}{\pi}-\frac{4E}{\pi}\sum_{n=1}^{\infty}\frac{\cos 2n\omega t}{(2n-1)(2n+1)}$$

5）$f(\omega t)=\begin{cases}E\cos\omega t & \left(-\dfrac{\pi}{2}\leqslant\omega\ t\leqslant\dfrac{\pi}{2}\right)\\ 0 & \left(\dfrac{\pi}{2}\leqslant\omega\leqslant\dfrac{3}{2}\pi\right)\end{cases}$

$$f(\omega t)=\frac{E}{\pi}+\frac{E}{2}\cos\omega t+\frac{2E}{\pi}\sum_{n=1}^{\infty}\frac{\cos 2n\omega t}{(2n-1)(2n+1)}$$

6）$f(\omega t)=E\sin(\omega t+\pi/6)\left(0\leqslant t\leqslant\dfrac{T}{3}\right)$

$$f(\omega t)=\frac{3\sqrt{3}E}{2\pi}\left(1-2\sum_{n=1}^{\infty}\frac{1}{9n^2-1}\cos 3n\omega t\right)$$

$$(-\infty<t<+\infty)$$

（3）傅里叶变换（傅氏变换）　若非周期函数 $f(t)$ 在 $(-\infty,+\infty)$ 上绝对可积，即广义积分 $\int_{-\infty}^{+\infty}\mid f(x)\mid\mathrm{d}x=$ 有限值，则函数 $f(t)$ 的傅氏变换为

$$F(\omega)=\int_{-\infty}^{+\infty}f(t)\,\mathrm{e}^{-\mathrm{j}\omega t}\mathrm{d}t$$

$F(\omega)$ 的逆变换为

$$f(t)=\frac{1}{2\pi}\int_{-\infty}^{+\infty}F(\omega)\,\mathrm{e}^{\mathrm{j}\omega t}\mathrm{d}\omega$$

若 $f(t)$ 是偶函数，则 $F(\omega)$ 变为傅氏余弦变换：

$$F_c(\omega)=2\int_0^{+\infty}f(t)\cos\omega t\mathrm{d}t$$

和 $f(t)=\dfrac{1}{\pi}\int_0^{+\infty}F_c(\omega)\cos\omega t\mathrm{d}w$

若 $f(t)$ 是奇函数，则 $F(\omega)$ 变为傅氏正弦变换：

$$F_s(\omega)=2\int_0^{+\infty}f(t)\sin\omega t\mathrm{d}t$$

和 $f(t)=\dfrac{1}{\pi}\int_0^{+\infty}F_s(\omega)\sin\omega t\mathrm{d}\omega$

（4）傅氏变换的卷积定理 若 $F(\omega)$，$G(\omega)$ 是 $f(t)$，$g(t)$ 的傅氏变换，则 $F(\omega)G(\omega)$ 为 f 和 g 的卷积变换：

$$f * g = \int_{-\infty}^{+\infty} f(\tau)g(t-\tau)\,\mathrm{d}\tau$$

♣ MATLAB 中傅里叶变换与逆变换函数：fourier 和 ifourier

格式：Fw=fourier(ft,t,w) 求"时域"函数 ft 的 Fourier 变换 Fw。

ft=ifourier(Fw,w,t) 求"频域"函数 Fw 的 Fourier 反变换 ft。

说明：ft 是以 t 为自变量的"时域"函数；Fw 是以圆频率 ω 为自变量的"频域"函数。

42 拉普拉斯变换（拉氏变换）

（1）拉氏变换对 拉氏变换：设 $f(t)$ 是实变数 t（$t>0$）的函数，并且，当 $t<0$ 时 $f(t)=0$；它是连续函数或分段连续函数；$f(t)$ 是指数级的，即当 $t>T$（T 为某一相当大正数）时，$|f(t)| \leqslant Me^{at}$，M、a 是实常数，则

$$\mathcal{L}[f(t)] = \int_0^{\infty} f(t)\,e^{-st}\,\mathrm{d}t = F(s)$$

称为拉氏变换；其中 $f(t)$ 称为原函数，$F(s)$ 称为象函数。

相应的有拉普拉斯逆变换式（拉普拉斯变换的反演公式）：

$$f(t) = \frac{1}{2\pi j} \int_{\beta-j\infty}^{\beta+j\infty} F(s)\,e^{st}\,\mathrm{d}s$$

此式亦简称拉氏逆变换式（或拉氏逆变换）。记为

$$f(t) = \mathcal{L}^{-1}[F(s)]$$

式中 $F(s)$ 称为 $f(t)$ 的象函数，$f(t)$ 则称为 $F(s)$ 的原函数。象函数和相应的原函数构成拉氏变换对。

为了照顾电路和系统可能在 $t=0$ 时有冲激信号 $A\delta(t)$ 存在，拉氏变换的积分下限应取 0_-，$f(t)$ 的定义域也应从 0_- 到 ∞，这样就能把冲激 $\delta(t)$ 包括进去，即拉氏变换式应为

$$F(s) = \int_{0_-}^{\infty} f(t)\,e^{-st}\,\mathrm{d}t$$

（2）拉氏变换的若干性质和定理见表 1.4-3。
（3）拉氏变换简表见表 1.4-4。

表 1.4-3 拉氏变换的若干性质和定理

特性和定理	表 达 式	条件和说明
线性	$\mathcal{L}[af_1(t)+bf_2(t)] = a\mathcal{L}[f_1(t)]+b\mathcal{L}[f_2(t)]$ $\mathcal{L}^{-1}[aF_1(s)+bF_2(s)] = a\mathcal{L}^{-1}[F_1(s)]+b\mathcal{L}^{-1}[F_2(s)]$	a、b 为常数
位移特性	时域延迟 $\mathcal{L}[f(t-\tau)] = e^{-s\tau}F(s)$	τ 为一非负实数
	频域延迟 $\mathcal{L}[e^{at}f(t)] = F(s-a)$	$\mathrm{Re}(s-a)>c$
微分	$\mathcal{L}[f'(t)] = sF(s)-f(0)$ $\mathcal{L}[f^{(n)}(t)] = s^n F(s)-[s^{n-1}f(0)+s^{n-2}f'(0)+\cdots+f^{(n-1)}(0)]$	若所有初值为零，则有 $\mathcal{L}[f'(t)] = sF(s)$ $\mathcal{L}[f^{(n)}(t)] = s^n F(s)$
积分	$\mathcal{L}\left(\int_0^t f(t)\,\mathrm{d}t\right) = \dfrac{1}{s}\mathcal{L}[f(t)] = \dfrac{1}{s}F(s)$ $\mathcal{L}\left[\underbrace{\int_0^t \mathrm{d}t \int_0^t \mathrm{d}t \cdots \int_0^t f(t)\,\mathrm{d}t}_{n次}\right] = \dfrac{1}{s^n}F(s)$	—
初值定理	$\lim\limits_{t\to 0} f(t) = \lim\limits_{s\to\infty} sF(s)$，或 $f(0) = \lim\limits_{s\to\infty} sF(s)$	$\lim\limits_{s\to\infty} sF(s)$ 存在
终值定理	$\lim\limits_{t\to\infty} f(t) = \lim\limits_{s\to 0} sF(s)$，或 $f(\infty) = \lim\limits_{s\to 0} sF(s)$	$sF(s)$ 所有奇点均在 s 平面左半部
卷积定理	$\mathcal{L}[f_1(t) * f_2(t)] = F_1(s) \cdot F_2(s)$ $\mathcal{L}^{-1}[F_1(s) \cdot F_2(s)] = f_1(t) * f_2(t)$	$\int_0^t f_1(\tau)f_2(t-\tau)\,\mathrm{d}\tau$ $= \int_0^t f_1(t-\tau)f_2(\tau)\,\mathrm{d}\tau$ $= f_1(t) * f_2(t)$ 为 $f_1(t)$ 与 $f_2(t)$ 的卷积

表 1.4-4　拉氏变换简表

$F(s) = \mathcal{L}[f(t)]$	$f(t)$
1	$\delta(t) = \begin{cases} 0 & t<0 \\ \infty & t=0 \\ 0 & t>0 \end{cases}$
$\dfrac{1}{s^n}$ $(n=1,2,\cdots)$	$\dfrac{t^{(n-1)}}{(n-1)!} \cdot \varepsilon(t)$
$\dfrac{1}{s(s+a)}$	$\dfrac{1}{a}(1-e^{-at})$
$\dfrac{s}{s^2+a^2}$	$\cos at$
$\dfrac{s}{s^2-a^2}$	$\cosh at$
$\dfrac{1}{s(s^2+a^2)}$	$\dfrac{1}{a^2}(1-\cos at)$
$\dfrac{1}{(s+a)(s+b)}$	$\dfrac{e^{-at}-e^{-bt}}{b-a}$
$\dfrac{1}{(s+a)^2}$	te^{-at}
$F(s) = \mathcal{L}[f(t)]$	$f(t)$
$\dfrac{1}{s}$	$\varepsilon(t) = \begin{cases} 1 & t \geqslant 0 \\ 0 & t<0 \end{cases}$
$\dfrac{1}{(s+a)}$	e^{-at}
$\dfrac{1}{s^2(s+a)}$	$\dfrac{1}{a^2}(e^{-at}+at-1)$
$\dfrac{a}{s^2+a^2}$	$\sin at$
$\dfrac{a}{s^2-a^2}$	$\sinh at$
$\dfrac{1}{s^2(s^2+a^2)}$	$\dfrac{1}{a^3}(at-\sin at)$
$\dfrac{s}{(s+a)(s+b)}$	$\dfrac{ae^{-at}-be^{-bt}}{a-b}$

（4）用部分分式法求拉氏逆变换（海维赛德展开定理）　计算拉氏逆变换的基本方法是部分分式法，即将 $F(s)$ 展开成部分分式，成为可在拉氏变换表中查到的 s 的简单函数，然后通过反查拉氏变换表求取原函数 $f(t)$。

设 $F(s) = F_1(s)/F_2(s)$，$F_1(s)$ 的阶次不高于 $F_2(s)$ 的阶次，否则，用 $F_2(s)$ 除以 $F_1(s)$ 得到一个 s 的多项式与一个余式之和。下面是三种基本的部分分式展开式

$$F(s) = \frac{F_1(s)}{(s+p_1)(s+p_2)\cdots(s+p_n)}$$

$$= \frac{a_1}{s+p_1} + \frac{a_2}{s+p_2} + \cdots + \frac{a_n}{s+p_n}$$

当 p_1 和 p_2 为共轭复数极点时：

$$F(s) = \frac{F_1(s)}{(s+p_1)(s+p_2)(s+p_3)\cdots(s+p_n)}$$

$$= \frac{a_1 s + a_2}{(s+p_1)(s+p_2)} + \frac{a_3}{s+p_3} + \cdots + \frac{a_n}{s+p_n}$$

$$F(s) = \frac{F_1(s)}{(s+p_1)^r(s+p_{r+1})\cdots(s+p_n)}$$

$$= \frac{b_r}{(s+p_1)^r} + \frac{b_{r-1}}{(s+p_1)^{r-1}} + \cdots + \frac{b_1}{s+p_1} + \frac{a_{r+1}}{s+p_{r+1}} +$$

$$\frac{a_{r+2}}{s+p_{r+2}} + \cdots + \frac{a_n}{s+p_n}$$

式中 a_1，a_2，$\cdots$，a_{r+1}，$a_{r+2}\cdots$，a_n 和 b_r，b_{r-1}，$\cdots$，b_1 为常数。为了确定这些常数，用 $F_2(s)$ 的一个因子 $(s+p_k)$ 乘以 $F_1(s)/F_2(s)$ 及其展式的各项 $(k=1,2,\cdots\cdots,n)$，所得的恒等式对所有 s 的值都成立，相继令 $s=-p_k$，即可一一确定各常数。

♣ MATLAB 中拉普拉斯变换与逆变换函数：laplace 和 ilaplace

格式：Fs=laplace(ft,t,s) 求"时域"函数 ft 的 Laplace 变换 Fs。

ft=ilaplace(Fs,s,t) 求"频域"函数 Fs 的 Laplace 反变换 ft。

说明：ft 是以 t 为自变量的"时域"函数；Fs 是以复频率 s 为自变量的"频域"函数。

43　Z 变换

（1）Z 变换　连续信号被采样后就得出离散函数，处理这类函数应用 z 变换法。它在离散系统中所起的作用犹如拉氏变换之于连续系统。设 $z = e^{sT}$，Z 变换的定义为

$$\mathcal{Z}[x(t)] = X(z) = \sum_{k=0}^{\infty} x(kT) z^{-k}$$

（2）Z 变换表见表 1.4-5。

表 1.4-5　Z 变换表

$x(t)$ 或 $x(k)$	$X(z)$
$\delta(t)$	1
$\delta(t-kT)$	z^{-k}
$\varepsilon(t)$	$\dfrac{z}{z-1}$

（续）

$x(t)$或$x(k)$	$X(z)$
t	$\dfrac{T_z}{(z-1)^2}$
e^{-at}	$\dfrac{z}{z-e^{-aT}}$
$1-e^{-at}$	$\dfrac{(1-e^{-aT})z}{(z-1)(z-e^{-aT})}$
$\sin\omega t$	$\dfrac{z\sin\omega T}{z^2-2z\cos\omega T+1}$
$\cos\omega t$	$\dfrac{z(z-\cos\omega T)}{z^2-2z\cos\omega T+1}$
te^{-at}	$\dfrac{T_z e^{-aT}}{(z-e^{-aT})^2}$
$e^{-at}\sin\omega t$	$\dfrac{ze^{-aT}\sin\omega T}{z^2-2ze^{-aT}\cos\omega T+e^{-2aT}}$
$e^{-at}\cos\omega t$	$\dfrac{z^2-ze^{-aT}\cos\omega T}{z^2-2ze^{-aT}\cos\omega T+e^{-2aT}}$
t^2	$\dfrac{T^2z(z+1)}{(z-1)^3}$
a^k	$\dfrac{z}{z-a}$
$a^k\cos k\pi$	$\dfrac{z}{z+a}$

♣ MATLAB 中 Z 变换与逆变换函数：ztrans 和 iztrans

格式：FZ=ztrans(fn,n,z) 求"时域"序列 fn 的 Z 变换 FZ。

fn=iztrans(FZ,z,n) 求"频域"序列 FZ 的 Z 反变换 fn。

说明：fn 是以 n 为自变量的"时域"序列；FZ 是以 z 为自变量的"频域"序列。

4.4 矩阵和矢量

44 矩阵及矩阵代数运算、特殊方阵、特征根、特征向量和特征方程 $m×n$ 阶矩阵记作 $(a_{ij})_{m×n}$ 或 $A_{m×n}$，简记为 A，即

$$A=A_{m×n}=(a_{ij})_{m×n}=\begin{pmatrix} a_{11} & a_{12} & \cdots & a_{1n} \\ a_{21} & a_{22} & \cdots & a_{2n} \\ \vdots & \vdots & & \vdots \\ a_{m1} & a_{m2} & \cdots & a_{mn} \end{pmatrix}$$

若 $m=n$，A 称为 n 阶方阵。

♣ MATLAB 中矩阵的定义：在 MATLAB 中不必说明矩阵的维数和类型，它们是由输入数据的类型、格式和内容来确定的，MATLAB 会自动获取所需的空间。输入小矩阵最简单的方法是使用直接排列的形式，即把矩阵的元素直接排列到方括号"[ ]"中，每行内的元素用空格或逗号隔开，行与行之间用分号隔开。大矩阵可以分行输入，用回车键代替分号。

（1）方阵 A 的迹和秩 n 阶方阵 A 所有主对角元之和，称为 A 的迹。记作 $trA=\sum\limits_{i=1}^{n}a_{ii}$。

若 n 阶方阵 A 的 n 个列向量中有 r 个线性无关（$r\leqslant n$），而所有个数大于 r 的列向量都线性相关，则称数 r 为矩阵 A 的列秩，类似可定义矩阵 A 的行秩。矩阵 A 的列秩和行秩一定相等，亦称之为矩阵 A 的秩，记作 $rankA=r$，如果 $r=n$，则称满秩，必有 $|A|\neq 0$，故非奇异方阵为满秩矩阵，简称满阵。若 $r<n$，则称 A 为降秩矩阵，即是奇阵。

♣ MATLAB 中矩阵的迹函数：trace

格式：b=trace(A) 返回矩阵 A 的迹，即 A 的对角线元素之和。

♣ MATLAB 中矩阵的秩函数：rank

格式：k=rank(A) 求矩阵 A 的秩。

k=rank(A,tol) tol 为给定误差。

（2）矩阵的代数运算和 MATLAB 中的矩阵运算见表 1.4-6、表 1.4-7。

表 1.4-6 矩阵的几种代数运算法则

说 明 和 运 算 公 式	一 般 规 律
1）加减 同阶矩阵才能相加减。各对应设置元素相加减 设 $A=(a_{ij})_{m×n}$，$B=(b_{ij})_{m×n}$，$C=A\pm B$ 则 $c_{ij}=a_{ij}\pm b_{ij}(i=1,2,\cdots,m;j=1,2,\cdots,n)$	$A+B=B+A$（交换律） $A+(B+C)=(A+B)+C$（结合律）

（续）

说明和运算公式	一般规律
2）数乘　数乘矩阵时，将数乘到矩阵的每个元素上 $$k\begin{pmatrix} a_{11} & a_{12} & \cdots & a_{1n} \\ a_{21} & a_{22} & \cdots & a_{2n} \\ \vdots & \vdots & & \vdots \\ a_{m1} & a_{m2} & \cdots & a_{mn} \end{pmatrix} = \begin{pmatrix} ka_{11} & ka_{12} & \cdots & ka_{1n} \\ ka_{21} & ka_{22} & \cdots & ka_{2n} \\ \vdots & \vdots & & \vdots \\ ka_{m1} & ka_{m2} & \cdots & ka_{mn} \end{pmatrix}$$	$kA = Ak$ $k(A+B) = kA + kB$ $(k+h)A = kA + hA$ $k(hA) = h(kA)$　（k, h 为任意两常数）
3）乘法　若 A、B 分别为 $m \times n$ 阶和 $n \times s$ 阶矩阵，则 $C = AB$，$c_{ij} = \sum_{k=1}^{n} a_{ik} b_{kj}$ $(i=1,2,\cdots,m; j=1,2,\cdots,s)$，$C$ 必为 $m \times s$ 阶矩阵。c_{ij} 等于左矩阵的第 i 行与右矩阵的第 j 列对应元素相乘之后相加。左矩阵的列数必须等于右矩阵的行数	若 A、B、C 为三矩阵，阶数满足连乘要求，则 $(AB)C = A(BC)$（结合律） $(A+B)C = AC + BC$（分配律） $C(A+B) = CA + CB$ $k(AB) = (kA)B = A(kB)$（数乘转换律） $AB \neq BA$（不满足交换律）
4）转置　把 $(a_{ij})_{m \times n}$ 的行同列互换后得到的 $n \times m$ 阶矩阵称 A 的转置矩阵（简称转阵）记作 A^T 或 A'，即 $$A^T = A' = \begin{pmatrix} a_{11} & a_{12} & \cdots & a_{1n} \\ a_{21} & a_{22} & \cdots & a_{2n} \\ \vdots & \vdots & \ddots & \vdots \\ a_{m1} & a_{m2} & \cdots & a_{mn} \end{pmatrix}^T = \begin{pmatrix} a_{11} & a_{21} & \cdots & a_{m1} \\ a_{12} & a_{22} & \cdots & a_{m2} \\ \vdots & \vdots & \ddots & \vdots \\ a_{1n} & a_{2n} & \cdots & a_{mn} \end{pmatrix}$$	$(A \pm B)^T = A^T \pm B^T$ $(kA)^T = kA^T$（k 为任意常数） $(A^T)^T = A$ $(AB)^T = B^T A^T$ $(A_1 A_2 \cdots A_s)^T = A_s^T \cdots A_2^T A_1^T$（反序定律） $(A^k)^T = (A^T)^k$（k 为整数）
5）把复矩阵 A 的所有元素换成它们的共轭复数得到的矩阵称 A 的共轭矩阵，记作 A^* 或 $\overline{A}$。即 $A^* = (a_{ij}^*) = (\overline{a}_{ij})$	$(A+B)^* = A^* + B^*$ $(kA)^* = k^* A^*$（k 为任意复数） $(AB)^* = A^* B^*$ $(A^T)^* = (A^*)^T$

表 1.4-7　MATLAB 中矩阵的基本运算

运　算	功　能	命令形式
矩阵加法	将两个同阶矩阵相加，即各对应设置元素相加	A+B
矩阵减法	将两个同阶矩阵相减，即各对应设置元素相减	A−B
数乘	将数与矩阵做乘法	k * A
矩阵的乘法	内维相同矩阵相乘，左矩阵的列数必须等于右矩阵的行数	A * B
矩阵的右除	计算 AB^{-1}	A/B
矩阵的左除	计算 $A^{-1}B$	A\B
矩阵的行列式	计算方阵的行列式	det(A)
矩阵的共轭转置	若矩阵 A 的元素为实数，则与线性代数中矩阵的转置相同。若 A 为复数矩阵，则 A 转置后的元素由 A 对应元素的共轭复数构成；若仅希望转置，则用如下命令：A'	A'

（3）一些特殊方阵和 MATLAB 中的一些特殊方阵的定义见表 1.4-8、表 1.4-9。

表 1.4-8 一些特殊方阵[12]

特殊方阵类型	定义（或矩阵应满足的条件）
单位矩阵 E（或 I）	主对角线上的元素为 1，其他元素均为 0 的方阵
零矩阵	$a_{ij}=0$
纯量矩阵 aE	$a_{ij}=a\delta_{ij}$
对角矩阵	$a_{ij}=a_i\delta_{ij}$
降秩（退化）矩阵	$|A|=0$（或称奇异矩阵）
实数矩阵	$A=A^*$
虚数矩阵	$A=-A^*$
转置共轭矩阵	$A^{T*}=A^+$（或记作 A^H，亦称 A 的结合矩阵）
对称矩阵	$A^T=A$
斜对称矩阵	$A=-A^T$，$a_{ij}=0$
厄米特矩阵	$A=A^{T*}=A^+=A^H$（主对角元均为实数）
斜厄米特矩阵	$A=-A^+=-A^H$（主对角元均为零或虚数）
上三角形矩阵	$a_{ij}=0$　$i>j$
严格上三角形矩阵	$a_{ij}=0$　$i\geq j$
下三角形矩阵	$a_{ij}=0$　$i<j$
严格下三角形矩阵	$a_{ij}=0$　$i\leq j$
正交矩阵	$A^T=A^{-1}$ 或 $A^TA=AA^T=E$
酉矩阵	$A^+=A^{-1}$ 或 $A^+A=AA^+=E$
正规矩阵	$AA^+=A^+A$

表 1.4-9 MATLAB 中一些特殊方阵的定义

特殊方阵类型	函数	格式
单位矩阵 E（或 I）	eye	$Y=\text{eye}(n)$ 生成 $n\times n$ 单位阵；$Y=\text{eye}(m,n)$ 生成 $m\times n$ 单位阵
零矩阵	zeros	$B=\text{zeros}(n)$ 生成 $n\times n$ 全零阵；$B=\text{zeros}(m,n)$ 生成 $m\times n$ 全零阵
对角矩阵	blkdiag	$\text{out}=\text{blkdiag}(a,b,c,d,\cdots)$ 产生以 a, b, c, d, …为对角线元素的矩阵

（4）矩阵的特征值、特征向量和特征方程　对 n 阶方阵 A 和 n 维列向量 a，如有一个数 λ，使得 $Aa=\lambda a$，则称 λ 为矩阵 A 的特征值（特征根），a 为 A 的特征值 λ 所对应的特征向量。

$A-\lambda I$ 称为特征矩阵。$|A-\lambda I|$ 称为矩阵 A 的特征多项式。$|A-\lambda I|=0$ 则称为 A 的特征方程。特征方程的 n 个根 λ_1、λ_2、$\cdots$、λ_n 就是矩阵 A 的 n 个特征值（亦称本征值）。集合 $\{\lambda_1,\lambda_2,\cdots,\lambda_n\}$ 称为 A 的谱，记作 ch$A$。

♣ MATLAB 中矩阵的特征多项式函数：poly

格式：$p=\text{poly}(A)$　求矩阵 A 的特征多项式系数 P。

♣ MATLAB 中矩阵的特征值、特征向量函数：eig

格式：$d=\text{eig}(A)$　求矩阵 A 的特征值 d，以向量形式存放 d。

$[V,D]=\text{eig}(A)$　计算 A 的特征值对角阵 D 和特征向量 V，使 $AV=VD$ 成立。

45　矩阵运算及变换

（1）矩阵的导数　如矩阵 A 的元素 a_{ij} 都是变量 t 的函数，则 A 对 t 的一阶导数定义为

$$\frac{dA}{dt}=\begin{pmatrix} \dfrac{da_{11}(t)}{dt} & \dfrac{da_{12}(t)}{dt} & \cdots & \dfrac{da_{1n}(t)}{dt} \\ \vdots & \vdots & & \vdots \\ \dfrac{da_{m1}(t)}{dt} & \dfrac{da_{m2}(t)}{dt} & \cdots & \dfrac{da_{mn}(t)}{dt} \end{pmatrix}$$

同样可定义矩阵的高阶导数 $\dfrac{d^2A}{dt^2}$, $\cdots$, $\dfrac{d^nA}{dt^n}$ 等（设各元素对 t 高阶可微）。

（2）矩阵的积分　矩阵 A 的积分定义为

$$\int Adt=\begin{pmatrix} \int a_{11}dt & \int a_{12}dt & \cdots & \int a_{1n}dt \\ \vdots & \vdots & & \vdots \\ \int a_{m1}dt & \int a_{m2}dt & \cdots & \int a_{mn}dt \end{pmatrix}$$

同样可定义矩阵的多重积分。

（3）矩阵求逆　若 A、B 二阵满足等式

$$AB=I(\text{单位阵})$$

则称 A 为 B 的逆矩阵，或称 B 为 A 的逆矩阵。记作

$$A=B^{-1} \text{ 或 } B=A^{-1}$$

A 的逆阵 A^{-1} 按下式算出：

$$A^{-1}=\frac{\widetilde{A}}{|A|}=\frac{1}{|A|}\begin{pmatrix} A_{11} & A_{21} & \cdots & A_{n1} \\ A_{12} & A_{22} & \cdots & A_{n2} \\ \vdots & \vdots & & \vdots \\ A_{1n} & A_{2n} & \cdots & A_{nn} \end{pmatrix}$$

式中，$\widetilde{A}$ 称为 A 的伴随矩阵（或附加矩阵），它的第 i 行第 j 列元素是 $|A|=|(a_{ij})|$ 的第 j 行第 i 列

元素的代数余子式。例如 A 的伴随矩阵 $\widetilde{A}$ 第 1 行第 2 列的元素 A_{21} 是 $\mid A \mid$ 中元素 a_{21} 的代数余子式。

矩阵 A 可逆的充要条件是 $\det A = \mid A \mid \neq 0$，即 A 为非奇异方阵。

♣ MATLAB 中矩阵的逆矩阵函数：inv

格式：$Y = inv(A)$　求方阵 A 的逆矩阵。

若 A 为奇异矩阵或近似奇异矩阵，将给出警告信息。

（4）矩阵的相似变换和正交变换

1）相似变换　设 A、B 是两个 n 阶矩阵，如有 n 阶满秩矩阵 Q 存在，使得

$$B = Q^{-1}AQ$$

则称矩阵 A 与矩阵 B 相似，或称 A 经过相似变换 $Q^{-1}AQ$ 化为 B，记作 $B \sim A$。

2）正交变换　若有正交矩阵 Q 存在：

$$Q^{-1} = Q^{\mathrm{T}}$$

则称 $Q^{\mathrm{T}}AQ = Q^{-1}AQ$ 为矩阵 A 的正交变换。

46　矢量分析　∇ 为算子（DEL OPERATOR）：

算子　$\nabla = i\dfrac{\partial}{\partial x} + j\dfrac{\partial}{\partial y} + k\dfrac{\partial}{\partial z}$

梯度　$\mathrm{grad}\varphi = \nabla\varphi = i\dfrac{\partial \varphi}{\partial x} + j\dfrac{\partial \varphi}{\partial y} + k\dfrac{\partial \varphi}{\partial z}$

散度　$\mathrm{div}A = \nabla \cdot A = \dfrac{\partial A_x}{\partial x} + \dfrac{\partial A_y}{\partial y} + \dfrac{\partial A_z}{\partial z}$

旋度　$\mathrm{rot}A = \nabla \times A = i\left(\dfrac{\partial A_z}{\partial y} - \dfrac{\partial A_y}{\partial z}\right) + j\left(\dfrac{\partial A_x}{\partial z} - \dfrac{\partial A_z}{\partial x}\right) +$
$\qquad k\left(\dfrac{\partial A_y}{\partial x} - \dfrac{\partial A_x}{\partial y}\right)$

（1）有关 ∇ 的公式（假定 A、B、U 和 V 的偏导数存在）

$$\nabla(U+V) = \nabla U + \nabla V$$
$$\nabla \cdot (A+B) = \nabla \cdot A + \nabla \cdot B$$
$$\nabla \times (A+B) = \nabla \times A + \nabla \times B$$
$$\nabla \cdot (UA) = (\nabla U) \cdot A + U(\nabla \cdot A)$$
$$\nabla \times (UA) = (\nabla U) \times A + U(\nabla \times A)$$
$$\nabla \cdot (A \times B) = B \cdot (\nabla \times A) - A \cdot (\nabla \times B)$$
$$\nabla \times (A \times B) = (B \cdot \nabla)A - B(\nabla \cdot A) - (A \cdot \nabla)B + A(\nabla \cdot B)$$
$$\nabla(A \cdot B) = (B \cdot \nabla)A + (A \cdot \nabla)B + B \times (\nabla \times A) + A \times (\nabla \times B)$$
$$\nabla \cdot (\nabla U) \equiv \nabla^2 U \equiv \dfrac{\partial^2 U}{\partial x^2} + \dfrac{\partial^2 U}{\partial y^2} + \dfrac{\partial^2 U}{\partial z^2}$$
$$\nabla \times (\nabla U) = 0 \quad \nabla \cdot (\nabla \times A) = 0$$
$$\nabla \times (\nabla \times A) = \nabla(\nabla \cdot A) - \nabla^2 A$$

（2）球面坐标的梯度、散度和旋度（单位矢量 u_r, u_φ, u_z）

$$\mathrm{grad}U = u_r\dfrac{\partial U}{\partial r} + u_\theta\dfrac{1}{r}\dfrac{\partial U}{\partial \theta} + u_\varphi\dfrac{1}{r\sin\theta}\dfrac{\partial U}{\partial \varphi}$$

$$\mathrm{div}A = \dfrac{1}{r^2}\dfrac{\partial}{\partial r}(r^2 A_r) + \dfrac{1}{r\sin\theta}\left[\dfrac{\partial}{\partial \theta}(A_\theta\sin\theta) + \dfrac{\partial A_\varphi}{\partial \varphi}\right]$$

$$\mathrm{rot}A = u_r\dfrac{1}{r\sin\theta}\left[\dfrac{\partial}{\partial \theta}(A_\varphi\sin\theta) - \dfrac{\partial A_\theta}{\partial \varphi}\right] +$$
$$u_\theta\dfrac{1}{r} \times \left[\dfrac{1}{\sin\theta}\dfrac{\partial A_r}{\partial \varphi} - \dfrac{\partial}{\partial r}(rA_\varphi)\right] +$$
$$u_\varphi\dfrac{1}{r}\left[\dfrac{\partial}{\partial r}(rA_\theta) - \dfrac{\partial A_r}{\partial \theta}\right]$$

（3）柱面坐标的梯度、散度和旋度（单位矢量 u_r, u_φ, u_z）

$$\mathrm{grad}U = u_r\dfrac{\partial U}{\partial r} + u_\varphi\dfrac{1}{r}\dfrac{\partial U}{\partial \varphi} + u_z\dfrac{\partial U}{\partial z}$$

$$\mathrm{div}A = \dfrac{1}{r}\dfrac{\partial}{\partial r}(rA_r) + \dfrac{1}{r}\dfrac{\partial A_\varphi}{\partial \varphi} + \dfrac{\partial A_z}{\partial z}$$

$$\mathrm{rot}A = u_r\left(\dfrac{1}{r}\dfrac{\partial A_z}{\partial \varphi} - \dfrac{\partial A_\varphi}{\partial z}\right) + u_\varphi\left(\dfrac{\partial A_r}{\partial z} - \dfrac{\partial A_z}{\partial r}\right) +$$
$$u_z\dfrac{1}{r}\left(\dfrac{\partial}{\partial r}(rA_\varphi) - \dfrac{\partial A_r}{\partial \varphi}\right)$$

（4）高斯定理

$$\iint_S A \cdot n\mathrm{d}S = \iiint_v (\nabla \cdot A)\mathrm{d}V$$

式中　n——闭曲面外法向单位矢量；

　　　S——闭曲面。

（5）斯托克定理

$$\int_C A \cdot \mathrm{d}l = \iint_S (\nabla \times A) \cdot n\mathrm{d}S$$

式中　C——闭曲线；

　　　$\mathrm{d}l$——C 的微小长度矢量；

　　　n——S 面的法线单位矢量；

　　　S——以 C 为边界的面。

n 和 C 的方向形成右手系。

♣ MATLAB 中求梯度函数：gradient, jacobian

格式：$[FX, FY] = \mathrm{gradient}(F, h)$　求二元函数的梯度，FX、FY 分别是二元函数的 $\dfrac{\partial Z}{\partial x}$, $\dfrac{\partial Z}{\partial y}$。

$[FX, FY, FZ, \cdots] = \mathrm{gradient}(F, h1, h2, h3, \cdots)$ 求多元函数的梯度。

$GRAD = \mathrm{jacobian}(f)$　求函数 f 的梯度。

说明：1）gradient 用于求解数值梯度，F 是函数的数值矩阵；h 是函数沿坐标取点的步长，而 h1，h2，h3 等分别表示沿 x，y，z 等方向的不同步长。步长可以缺省，缺省时，默认步长为 1；输出 FX，FY，FZ 分别表示沿 x，y，z 方向的偏导数。2）jacobian 用于求解表达式形式的梯度，f 是关于自变量的函数

表达式，输出 GRAD 是沿 x，y，z 方向的偏导数组成的矩阵。

4.5 概率和统计

47 概率的定义、简单性质和基本运算

（1）概率在相同条件下重复进行 n 次试验，当 n 充分大时，若 A 发生的频率 $f_n(A)$ 越来越趋近于 p，则称 p 为此试验中随机事件 A 发生的概率，简称事件 A 的概率。记作

$$P(A) = p$$

对于任何事件 A，均有 $0 \leqslant \dfrac{\mu A}{n} \leqslant 1$，由定义，有

$$0 \leqslant P(A) \leqslant 1$$

显然，$P(Q) \equiv 1$，$P(\varnothing) \equiv 0$。

概率的简单性质：若必然事件记作 U，不可能事件记作 V，则

$$P(U) = 1, \ P(V) = 0, \ 0 \leqslant P(A) \leqslant 1;$$

若 $A \subset B$（事件 B 包含事件 A），则 $P(A) \leqslant P(B)$

若 $\overline{A}$ 是 A 的对立事件，则 $P(\overline{A}) + P(A) = 1$

（2）概率的基本运算 概率加法定理：

$$P(A+B) = P(A) + P(B) - P(AB)$$

式中 $A+B$——事件 A、B 至少有一个发生；

AB——事件 A 与事件 B 同时发生。

若事件 A 与事件 B 互斥：$AB = V$，则事件 $A+B$ 的概率：

$$P(A+B) = P(A) + P(B)$$

若 $\sum\limits_{k=1}^{n} A_k = U$，$A_i A_j = V(i \neq j)$，则

$$\sum_{k=1}^{n} P(A_k) = 1$$

条件概率：在事件 A 出现的条件下事件 B 出现的概率，记作 $P(B \mid A)$，其计算式为

$$P(B \mid A) = \frac{P(AB)}{P(B)}$$

概率乘法定理：

$$P(AB) = P(A)P(B \mid A) = P(B)P(A \mid B)$$

对于独立事件，则事件 A 与 B 同时发生的概率为

$$P(AB) = P(A)P(B)$$

对于概率相同的 n 个独立事件的积事件 $\prod\limits_{i=1}^{n} A_i$ 的概率为 $P\left(\prod\limits_{i=1}^{n} A_i\right) = [P(A)]^n$

48 随机变量的分布函数和数字特征

（1）随机变量的分布函数随机变量的取值小于某一数 x 的概率是 x 的函数时，称为此随机变量的分布函数。由它可决定随机变量落入在 x 的任何范围内的概率。分布函数分离散型（例如二项分布、泊松分布）和连续型（例如正态分布）两类。

正态分布：一般地说，如果研究的某个量是被彼此间相互独立的大量偶然因素所影响，且每一因素在总的影响中只起很小的作用，则由这个总的影响所引起的该量的变化，就近似地服从正态分布，记作 $N(\mu, \sigma^2)$。正态分布的密度函数为

$$\varphi_{\mu,\sigma}(x) = \frac{1}{\sigma\sqrt{2\pi}} e^{-(x-\mu)^2/(2\sigma^2)}$$

$$(-\infty < x < \infty)(\sigma > 0)$$

式中，μ、$\sigma(\sigma > 0)$ 为常数。

正态分布的分布函数为

$$\Phi_{\mu,\sigma}(x) = \frac{1}{\sigma\sqrt{2\pi}} \int_{-\infty}^{x} e^{-\frac{(x-\mu)^2}{2\sigma^2}} dx \ (-\infty < x < \infty)$$

$$P(x \leqslant X) = \int_{-\infty}^{x} \varphi_{\mu,\sigma}(x) dx = \Phi_{\mu,\sigma}(x)$$

$$P(x < a \leqslant b) = \int_{b}^{a} \varphi_{\mu,\sigma}(x) dx = \Phi_{\mu,\sigma}(b) - \Phi_{\mu,\sigma}(a)$$

正态分布的密度函数 $\varphi(x)$ 和分布函数 $\Phi(x)$ 的图形见图 1.4-1 和图 1.4-2。

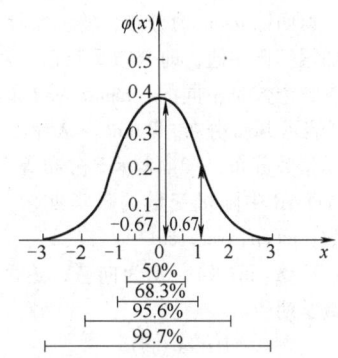

图 1.4-1 正态密度函数 $\varphi(x)$

横坐标下第四横线表示：在 $(-3, 3)$ 中，曲线下的面积是 99.7%，其他横线意义类似

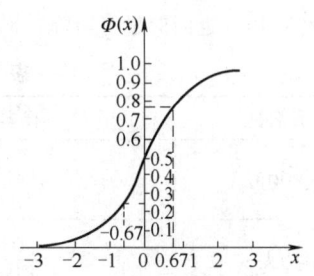

图 1.4-2 正态分布函数 $\Phi(x)$

（2）数字特征（见表 1.4-10）

表 1.4-10 随机变量的数字特征

数 字 特 征	正态分布
平均数（数学期望）$E(x)$ 或 μ	μ
方差 $D(x)$ 或 σ^2	σ^2
标准差（均方差）σ	σ

♣ MATLAB 中采用通用函数计算概率密度函数值：pdf

格式：Y=pdf('name',K,A)

Y=pdf('name',K,A,B)

Y=pdf('name',K,A,B,C)

说明：返回在 X=K 处，参数 A、B、C 的概率密度值，对于不同的分布，参数个数是不同的；name 为分布函数名，如'beta'表示 Beta 分布，'bino'表示二项分布，'exp'表示指数分布，'f'表示 F 分布等。

♣ MATLAB 中采用通用函数计算分布函数值：cdf

格式：Y=cdf('name',K,A)

Y=cdf('name',K,A,B)

Y=cdf('name',K,A,B,C)

说明：返回以 name 为分布，随机变量 $X \leq K$ 的概率之和的累积概率值，即分布函数值。对于不同的分布，参数个数是不同的；name 为分布函数名，如'beta'表示 Beta 分布，'bino'表示二项分布，'exp'表示指数分布，'f'表示 F 分布等。

♣ MATLAB 中随机变量的数学期望、方差和标准差函数：mean，var，std

格式：Y=mean(X) X 为向量，返回 X 的平均值，即数学期望。

$$D=var(X)$$

$$var(X)=s^2=\frac{1}{n-1}\sum_{i=1}^{n}(x_i-\overline{X})^2$$

若 X 为向量,则返回向量的样本方差。

D=var(A) A 为矩阵，则 D 为 A 的列向量的样本方差构成的行向量。

D=var(X,1) 返回向量（矩阵）X 的简单方差（即置前因子为 $\frac{1}{n}$ 的方差）。

D=var(X,w) 返回向量（矩阵）X 的以 w 为权重的方差。

D=std(X) 返回向量（矩阵）X 的样本标准差（置前因子为 $\frac{1}{n-1}$），

即 $std=\sqrt{\dfrac{1}{n-1}\sum_{i=1}^{n}x_i-\overline{X}}$。

D=std(X,1) 返回向量（矩阵）X 的标准差（置前因子为 $\frac{1}{n}$）

D=std(X,0) 与 std(X) 相同。

D=std(X,flag,dim) 返回向量（矩阵）维数为 dim 的标准差值，

式中 flag=0 时，置前因子为 $\frac{1}{n-1}$，否则置前因子为 $\frac{1}{n}$。

49 统计量的概念

（1）抽样方法 根据判断标准，首先确定抽样属于计数值还是计量值，分为计数抽样检验和计量抽样检验。每种抽样检验又分为一次抽样检验、二次抽样检验、多次抽样检验和序贯抽样检验。

（2）总体（母体）与样本（随机样本、子样） 研究某个问题，它的对象的所有可能观察结果的全体称为总体（或称母体），记作 X。总体中的每个元素称为个体。从总体 X 中任意抽出的部分个体，称为总体的一个随机样本，简称样本（或子样）样本中含有个体的个数称为样本的大小（或容量）。

（3）抽样分布、统计量 样本是随机变量，是进行统计判断的依据，它的函数也是随机变量。如 X_1，X_2，$\cdots$，X_n 是来自总体 X 的一个样本，$g(X_1,X_2,\cdots,X_n)$ 是 X_1，X_2，$\cdots$，X_n 的函数，且 g 中不含任何未知参数，则称 $g(X_1,X_2,\cdots,X_n)$ 是一个统计量。如 x_1，x_2，$\cdots x_n$ 是相应于样本 X_1，X_2，$\cdots$，X_n 的样本值，即样本的观察值，则可定义几个统计量见表 1.4-11 所示。

表 1.4-11 几种常用的统计量

统计量名称	样本表示式	观察值表示式
样本平均值	$\overline{X}=\dfrac{1}{n}\sum_{i=1}^{n}X_i$	$\overline{x}=\dfrac{1}{n}\sum_{i=1}^{n}x_i$
样本方差	$S^2=\dfrac{1}{n-1}\sum_{i=1}^{n}(X_i-\overline{X})$	$s^2=\dfrac{1}{n-1}\sum_{i=1}^{n}(x_i-\overline{x})$

（续）

统计量名称	样本表示式		观察值表示式	
样本标准差	$S=\sqrt{S^2}$		$s=\sqrt{s^2}$	
样本 k 阶原点矩	$A_k=\dfrac{1}{n}\sum\limits_{i=1}^{n}X_i^k$	$k=1,2,\cdots$	$a_k=\dfrac{1}{n}\sum\limits_{i=1}^{n}x_i^k$	$k=1,2,\cdots$
样本 k 阶中心矩	$B_k=\dfrac{1}{n}\sum\limits_{i=1}^{n}(X_i-\bar{X})^k$		$b_k=\dfrac{1}{n}\sum\limits_{i=1}^{n}(x_i-\bar{x})^k$	

50 参数估计和假设检验

（1）参数估计[18,19] 如总体 X 的分布函数的形式为已知，但它的一个或多个参数为未知，根据来自母体 X 的一个样本 X_1，X_2，$\cdots$，X_n，对未知参数 θ 的值进行估计称为参数估计。

1）点估计 是求某一个参数的估计值。当总体 X 的分布函数 $F(x,\theta)$ 的形式为已知，其中有待估参数 θ，X_1，X_2，$\cdots$，X_n 是 X 的一个样本，x_1，x_2，$\cdots x_n$ 是相应的样本值。点估计就是要构造一个适当的统计量 $\hat{\theta}(X_1,X_2,\cdots,X_n)$，用它的观察值 $\hat{\theta}(x_1,x_2,\cdots x_n)$ 作为未知参数 θ 的估计值。常用构造估计量的方法有矩估计法和极大似然估计法两种，具体步骤见参考文献［9，20］。

2）区间估计 是要估计参数的一个范围，以及这个范围包含参数 θ 真值的可信程度。这样的范围通常以区间的形式给出，所以称为区间估计。这样的区间即所谓的置信区间。

♣ MATLAB 中参数估计函数表见表 1.4-12。

表 1.4-12 MATLAB 中参数估计函数表

函数名	调用形式	函数说明
binofit	PATH=binofit(X,N)	二项分布的概率的最大似然估计
	［PATH,PCI］=binofit(X,N)	置信度为95%的参数估计和置信区间
	［PATH,PCI］=binofit(X,N,ALPHA)	返回水平 a 的参数估计和置信区间
poissfit	Lambdahat=poissfit(X)	泊松分布的概率的最大似然估计
	［Lambdahat,Lambdaci］=poissfit(X)	置信度为95%的参数估计和置信区间
	［Lambdahat,Lambdaci］=poissfit(X,ALPHA)	返回水平 a 的 λ 参数估计和置信区间
normfit	［muhat,sigmahat,muci,sigmaci］=normfit(X)	正态分布的最大似然估计，置信度为95%
	［muhat,sigmahat,muci,sigmaci］=normfit(X,ALPHA)	返回水平 a 的期望、方差值和置信区间
betafit	PATH=betafit(X)	返回 β 分布参数 a 和 b 的最大似然估计
	［PATH,PCI］=betafit(X,ALPHA)	返回最大似然估计值和水平 a 的置信区间
unifit	［ahat,bhat］=unifit(X)	均匀分布参数的最大似然估计
	［ahat,bhat,ACL,BCI］=unifit(X)	置信度为95%的参数估计和置信区间
	［ahat,bhat,ACL,BCI］=unifit(X,ALPHA)	返回水平 a 的参数估计和置信区间
expfit	muhat=expfit(X)	指数分布参数的最大似然估计
	［muhat,muci］=expfit(X)	置信度为95%的参数估计和置信区间
	［muhat,muci］=expfit(X,ALPHA)	返回水平 a 的参数估计和置信区间
gamfit	PATH=gamfit(X)	Y 分布参数的最大似然估计
	［PATH,PCI］=gamfit(X)	置信度为95%的参数估计和置信区间
	［PATH,PCI］=gamfit(X,ALPHA)	返回最大似然估计值和水平 a 的置信区间
weibfit	PATH=weibfit(X)	韦伯分布参数的最大似然估计
	［PATH,PCI］=weiblit(X)	置信度为95%的参数估计和置信区间
	［PATH,PCI］=weibfit(X,ALPHA)	返回水平 a 的参数估计及其区间估计

（续）

函数名	调 用 形 式	函 数 说 明
mle	PATH = mle('dist',data)	分布参数名为 dist 的最大似然估计
	[PATH,PCI] = mle('dist',data)	置信度为95%的参数估计和置信区间
	[PATH,PCI] = mle('dist',data,alpha)	返回水平 a 的最大似然估计值和置信区间
	[PATH,PCI] = mle('dist',data,alpha,pl)	仅用于二项分布，pl 为试验总次数

说明：各函数返回已给数据向量 X 的参数最大似然估计值和置信度为 $(1-a)×100\%$ 的置信区间。a 的默认值为 0.05，即置信度为 95%。

（2）假设检验（统计检验）　在总体的分布函数完全未知或只知其形式，但不知其参数的情况下，为了推断总体的某些性质，提出某些关于总体的假设。

采用一个合理的法则，对假设作出判断，认为适当则接受，不适当则拒绝，所以接受假设 H_0，即拒绝假设 H_1，或者反之。

♣ MATLAB 中假设检验所用函数：

（1）功能：一个正态总体，方差 σ^2 已知时，均值 μ 的检验

函数：ztest

格式：[h,p,ci] = ztest(x,mu,sigma,alpha,tail)

式中　h——h=0 表示接受 H_0，h=1 表示拒绝 H_0；

　　　p——在假设 H_0 下样本均值出现的概率；

　　　ci——μ_0 的置信区间；

　　　x——样本；

　　　mu——H_0 中的 μ_0；

　　sigma——总体标准差 σ；

　alpha——显著性水平 a（缺省时为 0.05）；

　　tail——备择假设 H_1 的选择（H_1 为 $\mu>\mu_0$ 时 tail=1，H_1 为 $\mu<\mu_0$ 时 tail=-1，H_1 为 $\mu\neq\mu_0$ 时 tail=0（可缺省））。

（2）功能：方差 σ^2 未知时，均值 μ 的检验

函数：ttest，ttest2

格式：[h,p,ci] = ttest(x,mu,alpha,tail)

说明：一个正态总体，方差 σ^2 未知时，均值 μ 的检验。与上面的 ztest 相比，除了不需输入总体标准差 σ 外，其余全部一样。

格式：[h,p,ci] = ttest2(x,y,alpha,tail)

说明：两个正态总体，方差 σ_1^2、σ_2^2 未知时，均值 $\mu_1=\mu_2$ 的检验。与上面的 ttest 相比，不同之处在于输入的两个样本（长度不一定相同），其余全部一样。

51　正态概率纸和回归分析

（1）正态概率纸[11]　利用正态概率纸可判定某一随机变量的一批试验数据是否遵从正态分布，并可对 σ、μ 作出估计。

正态概率纸以各分组数据的上值为横坐标，累积频率为纵坐标分别描点。若所描出的点大致在一条直线上，则可判定此随机变量遵从正态分布。然后近似配置一条直线，此直线称回归直线。

从纵坐标刻度为 50 的点引一水平线与回归直线相交，此交点所对应的横坐标即为 μ 的估值；从纵坐标刻度为 15.9 的点引水平线与回归直线相交，此交点所对应的横坐标就是 μ 估值与 σ 估值之差，由此可算得 σ 的估值。

（2）回归分析[11,21]　把不具有确定函数关系而只具有相关关系的变量，通过统计处理得出反映变量间关系的主流趋向曲线（回归曲线），并对实际数据偏离该曲线的程度作出概率估计。

设随机变量 y 与 x 之间存在着某种相关关系，且 x 是可以控制或可以精确观测其数值的自变量，即可认作是普通的变量。由于 y 是随机变量，对于 x 的每一个确定值，y 有它的分布。若 y 的数学期望存在，其值随 x 值而定，即 y 的数学期望是 x 的函数，记作 $\mu(x)$，$\mu(x)$ 称为 x 的回归。$y=\mu(x)$ 就称为 y 关于 x 的回归函数，又称为 y 关于 x 的回归方程。

对于一元线性回归：设变量 x 和 y 的 n 次观测值为 (x_1,y_1)，(x_2,y_2)，…，(x_n,y_n)，若 x 和 y 间存在一定的线性关系，则可用下列直线方程进行拟合：

$$\hat{y}=a+bx$$

式中　a、b 可利用最小二乘法解得：

$$b=\frac{\sum_{i=1}^{n}(x_i-\bar{x})(y_i-\bar{y})}{\sqrt{\sum_{i=1}^{n}(x_i-\bar{x})^2}}$$

$$a=\bar{y}-b\bar{x}$$

式中　$\bar{x}$、$\bar{y}$——x_i 和 y_i 的平均值。

一元线性回归的相关系数，两变量之间的线性关系的密切程度可用相关系数 r 表示：

$$r = \frac{\sum_{i=1}^{n} (x_i - \bar{x})(y_i - \bar{y})}{\sqrt{\sum_{i=1}^{n}(x_i - \bar{x})^2 \sum_{i=1}^{n}(y_i - \bar{y})^2}}$$

$|r| \leq 1$。当 $|r| = 1$ 时，x、y 为完全线性关系；$|r| < 1$ 时，x、y 有一定的线性关系；而 $|r|$ 越接近于 1，表示线性关系越密切；当 $|r| = 0$ 时，表示 x、y 间毫无线性关系。

一元线性回归的回归线的精度，可用剩余标准离差 s 表示：

$$s = \sqrt{\frac{1}{n-2} \sum_{i=1}^{n}(y_i - \hat{y}_i)^2}$$

s 越小，则回归方程预报的 y 值越准确。

♣ MATLAB 中多元线性回归分析所用函数：regress

格式：b = regress(y,X) 返回基于观测值 y 和回归矩阵 X 的最小二乘拟合 β 的结果。

[b,bint,r,rint,stats] = regress(y,X)

说明：给出 β 的估计 b、β 的 95% 置信区间（p * 2 矢量 rint）、残差 r 以及每个残差的 95% 置信区间（n * 2 矢量 rint）；矢量 stats 给出回归的 R^2 统计量和 F 以及 p 值。

格式：[b,bint,r,rint,stats] = regress(y,X,alpha)

说明：与上面的 regress 相比不同点在于给出的结果置信区间为 100(1−alpha)%，其他都相同。

4.6　近似计算和数值计算

52　误差

（1）设 a 是真值，A 是近似值，则 $|A-a| = \Delta_a$ 是绝对误差；$\dfrac{\Delta_a}{|a|} = \delta_a$ 是相对误差。

（2）有效数字　如果 Δ_a 不超过 a 的某一数位上的半个单位，那么在 a 中，从这一位往左，除去最左面第一个非零数字前的零外，所有数字都叫有效数字。

（3）几个误差计算公式（见表 1.4-13）。

表 1.4-13　几个误差计算公式

误差名称	相同精密度的观测	不同精密度的观测
标准误差（方均根误差 σ）	$\sigma = \sqrt{\dfrac{\sum_{i=1}^{n}(x_i - \bar{x})^2}{n-1}}$	$\sigma = \sqrt{\dfrac{\sum_{i=1}^{n}\omega_i(x_i - \bar{x})^2}{(n-1)\sum_{i=1}^{n}\omega_i}}$

（续）

误差名称	相同精密度的观测	不同精密度的观测
算术平均值对真值的误差 δ	$\delta = |\bar{x} - x| = \dfrac{\sigma}{\sqrt{n}}$	
平均误差 η	$\eta = \dfrac{\sum_{i=1}^{n}|v_i|}{n}$，$v_i = x_i - \bar{x}$　$(i=1,2,\cdots,n)$　v_i——离差	

（4）高斯误差定律[1]　随机误差的分布密度函数为正态型分布函数：

$$f(x) = \frac{h}{\sqrt{\pi}} e^{-(hx)^2}$$

式中　h——精密度指数，$h = \dfrac{1}{\sqrt{2}\sigma}$。

该式称为高斯误差方程，其图形称为误差曲线（见图 1.4-3）。

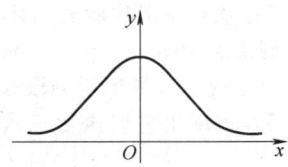

图 1.4-3　误差曲线

53　插值、差分、差商和近似积分

（1）插值　若 $y = f(x)$ 为定义在区间 $[a,b]$ 的函数，已知 $a = x_0$，x_1，x_2，$\cdots$，$x_n = b$ 诸点的值为 y_0，y_1，y_2，$\cdots$，y_n，且有一函数满足 $P(x_i) = y_i (i=0,1,2,\cdots,n)$ 的关系，则称 $P(x)$ 为 $f(x)$ 的插值函数，x_0，x_1，x_2，$\cdots$，x_n 称插值节点，$[a,b]$ 为插值区间。

一般用插值函数 $P(x)$ 近似 $f(x)$，插值函数的求法有拉格朗日（Lagrange）插值、牛顿（Newton）插值公式、厄尔米特（Hermite）插值和三次样条插值等。

如拉格朗日插值多项式（差商插值多项式）为
$$L_n(x_i) = y_i \quad (i=0,1,2,\cdots,n)$$

$$L_n = \sum_{k=0}^{n} N_k y_k$$

$$N_k = \frac{(x-x_0)\cdots(x-x_{k-1})(x-x_{k+1})\cdots(x-x_n)}{(x_k-x_0)\cdots(x_k-x_{k-1})(x_k-x_{k+1})\cdots(x_k-x_n)}$$
$$(k=0,1,\cdots,n)$$

式中　N_k——节点 x_0，x_1，$\cdots$，x_n 上的 n 次插值基函数，它们满足条件：

$$N_j(x_k) = \begin{cases} 1 & k=j \\ 0 & k\neq j \end{cases} \quad (j,k=0,1,\cdots,n)$$

♣ MATLAB 中一维数据插值（表格查找）函数：interp1　该命令对数据点之间计算内插值，找出一元函数 $f(x)$ 在中间点的数值，其中函数 $f(x)$ 由所给出数据决定。

格式：yi＝interp1(x，Y，xi) 返回插值向量 yi，每一元素对应于参量 xi，同时由向量 x 与 Y 的内插值决定。参量 x 指定数据 Y 的点。若 Y 为一矩阵，则按 Y 的每列计算。yi 是阶数为 length(xi) * size(Y,2) 的输出矩阵。

yi＝interp1(Y，xi)　假定 x＝1：N，其中 N 为向量 Y 的长度，或者为矩阵 Y 的行数。

yi＝interp1(x，Y，xi，method)　用指定的算法计算插值：

'nearest'：最近邻点插值，直接完成计算；

'lnear'：线性插值（缺省方式），直接完成计算；

'spline'：三次样条函数插值。对于该方法，命令 interp1 调用函数 spline、ppval、mkpp、umkPP。这些命令生成一系列用于分段多项式操作的函数。命令 spline 用它们执行三次样条函数插值；

'pchip'：分段三次 Hermite 插值。对于该方法，命令 interp1 调用函数 pchip，用于对向量 x 与 y 执行分段三次内插值。该方法保留单调性与数据的外形；

'cubic'：与 'pchip' 操作相同；

'v5cubic'：在 MATLAB5.0 中的三次插值。

说明：对于超出 x 范围的 xi 的分量，使用方法 'nearest'、'linear'、'v5cubic' 的插值算法，相应地返回 NaN。对于其他方法，interp1 将对超出的分量执行外插值算法。

yi＝interp1(x，Y，xi，method，'extrap')　对于超出 x 范围的 xi 的分量将执行特殊的外插值法 extrap。

yi＝interp1(x，Y，xi，method，extrapval)　确定超出 x 范围的 xi 的分量的外插值法 extrapval，其值经常取 NaN 或 0。

（2）差分和差商　设函数 $y＝f(x)$ 在节点 $x_0 < x_1 < \cdots < x_n$（常取 $x_k = x_0 + kh$）处取值 y_0，y_1，$\cdots$，y_n，即 $f(x_k)＝y_k$，$k=0$，1，$\cdots$，n。

一阶向前差分：$\Delta y_k = y_{k+1} - y_k$

二阶向前差分：$\Delta^2 y_k = \Delta y_{k+1} - \Delta y_k$

m 阶向前差分：$\Delta^m y_k = \Delta^{m-1} y_{k+1} - \Delta^{m-1} y_k$

一阶向后差分：$\nabla y_k = y_k - y_{k-1}$

m 阶向后差分：$\nabla^m y_k = \nabla^{m-1} y_k - \nabla^{m-1} y_{k-1}$

一阶中心差分：$\delta y_{k+\frac{1}{2}} = y_{k+1} - y_k$

m 阶中心差分：

$$\delta^m y_k = \delta^{m-1} y_{k+\frac{1}{2}} - \delta^{m-1} y_{k-\frac{1}{2}} \quad (m \text{ 为偶数})$$

$$\delta^m y_{k+\frac{1}{2}} = \delta^{m-1} y_{k+1} - \delta^{m-1} y_k \quad (m \text{ 为奇数})$$

三种差分关系：

$$\nabla^k y_k = \Delta^k y_0, \quad \delta^{2k} y_k = \Delta^{2k} y_0,$$
$$\delta^{2k+1} y_{k+\frac{1}{2}} = \Delta^{2k+1} y_0$$

t 阶差商：
$$D^t f(x_k) = f(x_k, x_{k+1}, \cdots, x_{k+t})$$
$$= \frac{f(x_{k+1}, \cdots, x_{k+t}) - f(x_k, \cdots, x_{k+t-1})}{x_{k+1} - x_k}$$
$$= \frac{1}{h^t} [\ln(1+\Delta)]^t f(x_k)$$

差分和差商的关系：
$$\Delta = e^{kD} - 1,$$
$$D = \frac{1}{h}\ln(1+\Delta) = \frac{1}{h}\left(\Delta - \frac{\Delta^2}{2} + \frac{\Delta^3}{3} - \frac{\Delta^4}{4} + \cdots\right)$$

（3）经验方程　若观测到的数据是 $\{x_i\}$ 和 $\{f(x_i)\}$，$i=1$，2，$\cdots$，$\Delta x_i = x_{i+1} - x_i$，$\Delta y_i = f(x_{i+1}) - f(x_i)$，则可利用向前差分法判定经验方程的类型：

若 Δy_i＝定值，则方程 $y = a + bx$

若 $\Delta^2 y_i$＝定值，则方程 $y = a + bx + cx^2$

若 $\Delta^3 y_i$＝定值，则方程 $y = a + bx + cx^2 + dx^3$

若 $\Delta\left(\dfrac{1}{y_i}\right)$＝定值，则方程 $\dfrac{1}{y} = a + bx$

若 $\Delta^2(y_i^2)$＝定值，则方程 $\dfrac{1}{y} = a + bx + cx^2$

若 $\Delta^2\left(\dfrac{x_i}{y_i}\right)$＝定值，则方程 $y = \dfrac{x}{a + bx + cx^2}$

若 Δy_i 成等比数列，则方程 $y = ab^x + c$

若 $\Delta \lg y_i$ 成等差数列，则方程 $\lg y = a + bx + cx^2$

若 $\Delta^2 y_i$ 成等比数列，则方程 $y = ab^x + cx + d$

（4）近似积分　近似积分法主要有根据积分中值定理的一般公式、牛顿—柯茨插值型求积公式（内插求积公式）和高斯积分法，这里主要介绍高斯积分法和一维高斯积分公式。

高斯积分法是在积分区间选择某些积分点 $\zeta_i^{(n)}$（称为高斯点），求出被积函数 $f(x)$ 在高斯点的值 $f(\zeta_i^{(n)})$，乘以相应的权数权因子 $\omega_i^{(n)}$，即求积系数，然后求总和而得积分近似值。

一维高斯积分公式 $\int_{-1}^{1} f(x)\,\mathrm{d}x \approx \sum_{n=1}^{n} \omega_i^{(n)} f(\zeta_i^{(n)})$

式中　n——积分点的总数；

积分点坐标 $\zeta_i^{(n)}$ 的值——n 次勒让德多项式 $P_n(x)$ 的零点。在实际计算中，$\zeta_i^{(n)}$ 和 $\omega_i^{(n)}$ 的值按表 1.4-14 选取（n 最大的值参见文献 [15]）。

该式在区间 $[a,b]$ 通过变换 $x = \dfrac{b-a}{2}t + \dfrac{a+b}{2}$ 可化成区间 $[-1,1]$ 上的积分：

$$\int_a^b f(x)\,\mathrm{d}x = \frac{b-a}{2}\int_{-1}^{1} f\left(\frac{b-a}{2}t + \frac{b+a}{2}\right)\mathrm{d}t$$

表 1.4-14　一维高斯积分点的位置和权因子

n	i	$\zeta_i^{(n)}$	$\omega_i^{(n)}$
1	1	0	2
2	1	−0.577 350 269 2	1
	2	+0.577 350 269 2	1
3	1	−0.774 596 669 2	0.555 555 555 6
	2	0	0.888 888 888 9
	3	+0.774 596 669 2	0.555 555 555 6
4	1	−0.861 136 311 6	0.347 854 845 1
	2	−0.339 981 043 6	0.652 145 154 9
	3	+0.339 981 043 6	0.652 145 154 9
	4	+0.861 136 311 6	0.347 854 845 1
5	1	−0.906 179 845 9	0.236 926 885 1
	2	−0.538 469 310 1	0.478 628 670 5
	3	0	0.568 888 888 9
	4	+0.538 469 310 1	0.478 628 670 5
	5	+0.906 179 845 9	0.236 926 885 1

54　常微分方程、偏微分方程和线性代数方程组的数值计算方法

（1）常微分方程的数值计算方法　对于一阶方程（边界条件为 $y_0 = f(a)$，$y_n = f(b)$）的边值问题，主要的数值解法有尤拉公式、后退的尤拉公式、改进的尤拉公式、龙格-库塔法、阿达姆斯预测校正法等。对于一阶方程组的计算有改进尤拉法、龙格-库塔法等。高阶方程边值问题一般化为一阶方程组求解。一阶方程的四阶龙格-库塔法经典公式：

$$y_{k+1} = y_k + \frac{1}{6}(K_1 + 2K_2 + 2K_3 + K_4)$$

$$K_1 = f_h(x_k, y_k)$$

$$K_2 = hf\left(x_k + \frac{h}{2}, y_k + \frac{K_1}{2}\right)$$

$$K_3 = hf\left(x_k + \frac{h}{2}, y_k + \frac{K_2}{2}\right)$$

$$K_i = hf(x_k + h, y_k + K_3)$$

♣ MATLAB 中常微分方程的数值解法：ode

格式：$[t, y] = ode23('fun', tspan, y0)$　2/3 阶龙格-库塔法。

$[t, y] = ode45('fun', tspan, y0)$　4/5 阶龙格-库塔法。

$[t, y] = odell3('fun', tspan, y0)$　高阶微分方程数值方法。

式中　fun——定义函数的文件名，函数 fun 必须以 dx 为输出量，以 t、y 为输入量；

tspan $[t0, tfina]$ ——积分的起始值和终止值；

y0——初始状态列向量。

（2）偏微分方程的数值计算方法　双曲型、抛物型和椭圆型三类方程可用有限差分法和有限元法求解。1）有限差分法用差商代替偏微分方程中的偏导数，得到相应的差分方程，通过差分方程得到偏微分方程的近似解；2）有限元法将连续场域剖分成有限个基本单元，优点是对任意边界形状的求解域比差分法有更强的适应性，但不能由场的方程直接离散成代数方程组，必须按变分或伽辽金法与分片插值相结合的原理，离散后得数值解。

♣ MATLAB 提供了一个专门用于求解偏微分方程的工具箱——PDE Toolbox（Paticial Difference Equation）。双曲型、抛物型和椭圆型等偏微分方程都能求解，由于需要编程来实现，故不详细介绍。

（3）代数方程组的数值计算方法　线性代数方程组的直接法主要有高斯消去法、高斯-约当消去法（无回代）、克劳特分解法（LU 分解法）[16]、杜利特勒分解法、平方根法（系数矩阵正定对称）、追赶法（系数矩阵是对角占优的三对角阵）等。直接法占内存大。

线性方程组的迭代法主要有雅可比（Jaco-bi）迭代法、高斯-塞得尔迭代法、逐次超松弛迭代法（SOR 法）等。迭代法只存非零元素，编程简单，但对迭代初值要求较高。

非线性代数方程组主要有牛顿-拉夫逊迭代法[17]。

在电磁场数值计算中，常采用预处理共轭梯度法（ICCG 法），可节省大量内存（只存非零元素），系数阵与右端向量经过预处理后，系数矩阵条件数下降，收敛速度加快，CPU 时间显著减少。详细做法参见参考文献 [8]。

参 考 文 献

[1] GB 3100~3102-1993　量和单位 [S]. 北京：中国标准出版社，1994.

[2] 机械工程手册电机工程手册编辑委员会. 电机工程手册：第 1 卷第 1~5，12 篇 [M]. 2 版. 北京：机械工业出版社，1996.

[3] GB/T 2900.1—1990　电工术语. 基本术语 [S]. 北京：中国标准出版社，1993.

[4] 全国自然科学名词审定委员会. 基础物理 [M]. 北京：科学出版社，1986.

[5] 王之江. 光学技术手册 [M]. 北京：机械工业出版社，1987.

[6] 沈山豪，等. 物理学词典声学手册 [M]. 北京：科学出版社，1986.

[7] K. Gieck. Technische formelsammlung [M]. Heilbronni Giech Verlag, 1984.

[8] 格鲁姆 F，等. 辐射度学 [M]. 缪家鼎，等译. 北京：机械工业出版社，1987.

[9] 《数学手册》编写组. 数学手册 [M]. 北京：高等教育出版社，1979.

[10] Howatson A M. et al. Engineering Tables and Data [M]. Chapman & Hall. Ltd, 1972.

[11] 太原重型机械学院. 机械工程手册：第 2 篇工程数学 [M]. 北京：机械工业出版社，1982.

[12] 周克定. 电工数学：上册 [M]. 武汉：华中工学院出版社，1984.

[13] 绪方胜彦. 现代控制工程 [M]. 卢伯英，译. 北京：科学出版社，1976.

[14] 《简明数学手册》编写组. 简明数学手册 [M]. 上海：上海教育出版社，1978.

[15] 盛剑霓. 工程电磁场数值分析 [M]. 西安：西安交通大学出版社，1991.

[16] 王梓坤. 常用数学公式大全 [M]. 重庆：重庆出版社，1991.

[17] 胡之光. 电机电磁场的分析和计算 [M]. 修订本. 北京：机械工业出版社，1989.

[18] 何镇邦，等. 概率论与数理统计 [M]. 北京：北京理工大学出版社，1988.

[19] 王福保，等. 概率论与数理统计 [M]. 上海：同济大学出版社，1988.

[20] 盛骤，等. 概率论与数理统计 [M]. 北京：高等教育出版社，1990.

[21] 驹宫安男. 电工技术手册：第 1 卷第一篇数学公式、数表、单位及物理常数 [M]. 施妙根，译. 北京：机械工业出版社，1984.

[22] 茆诗松，等. 可靠性设计 [M]. 上海：华东师范大学出版社，1984.

[23] 中华人民共和国标准化法. 七届人大常委会五次会议通过，1988.

[24] 中华人民共和国标准化法实施细则. 国务院发布，1990.

[25] GB1.1 标准化工作导则. 标准编写的基本规定 [S]. 北京：中国标准出版社.

[26] 李春田. 标准化概论（修订本）[M]. 北京：中国人民大学出版社，1988.

[27] 金光主. 标准化工作手册 [M]. 北京：中国标准出版社，1993.

[28] 采用国际标准和国外先进标准管理办法. 北京：国家技术监督局，1993.

[29] 中国电工技术学会. 国际及国外先进标准浅析 [M]. 北京：机械工业出版社，1988.

[30] 张志涌，等. 精通 MATLAB6.5 版 [M]. 北京：北京航空航天大学出版社，2003.

[31] 姚东，王爱民，等. MATLAB 命令大全 [M]. 北京：人民邮电出版社，2000.

[32] 王兵团，张志刚，等. MATLAB 与数学实验 [M]. 北京：中国铁道出版社，2002.

[33] 薛长虹，于凯. 大学数学实验 MATLAB 应用篇 [M]. 成都：西南交通大学出版社，2003.

[34] 蒲俊，吉家锋，等. MATLAB6.0 数学手册 [M]. 上海：浦东电子出版社，2002.

[35] Mohammadamin Bahmani. Design and Optimization of HF Transformers for High Power DC-DC Applications [D]. Chalmers University of Technology, Goteborg, Sweden, 2014.

[36] Slawomir Tumanski. Handbook of Magnetic Measurements [M]. 2011.

第 2 篇

电气工程理论基础

主　　编　罗先觉（西安交通大学电气工程学院）

执　　笔　邱　捷（西安交通大学电气工程学院）

　　　　　刘补生（西安交通大学电气工程学院）

　　　　　王仲奕（西安交通大学电气工程学院）

　　　　　金维芳（西安交通大学电力设备电气绝缘国家重点实验室）

　　　　　刘崇新（西安交通大学电气工程学院）

　　　　　邹建龙（西安交通大学电气工程学院）

主　　审　马西奎（西安交通大学电气工程学院）

责任编辑　杨　琼

常用符号表

A——磁矢位

A——关联矩阵

B——磁感应强度

B_f——基本回路矩阵

B——电纳

C——电容

D——电位移矢量、电通量密度

d——透入深度

E——电场强度

F——力

F_m——磁通势

f——频率、广义力

G——电导

H——磁场强度

h——普朗克常数

$\hbar$——普朗克常数除以 2π

K——电流线密度

I、i——电流

$\dot{i}$——电流相量

J——电流密度

L——电感

M——磁化强度

M——互感

P——功率、有功功率

P——极化强度

Q、q——电荷

Q——无功功率

Q_f——基本割集矩阵

R——电阻

R_m——磁阻

S——坡印亭矢量

S——视在功率

T——周期、半衰期

u、U——电压

$\dot{U}$——电压相量

U_m——磁位差

V——体积

v——速度

W——能量

w——能量密度

X——电抗

Y——导纳

Z——阻抗

Z_0——波阻抗

α——衰减系数

β——相位系数

γ——电导率、旋磁比

Γ——传播常数

δ——损耗角

ε——电容率、介电常数

λ——波长、功率因数、电荷线密度、衰变常数

μ——磁导率

ρ——电荷体密度

σ——电荷面密度

τ——时间常数

Φ_D——电通量

Φ_m——磁通量

Φ——电位函数、阻抗角

φ_m——磁位函数

Ψ——磁通链、初相角

ω——角频率

第1章 电的一般物理概念[1-3]

1.1 原子和原子核

1 原子和原子核的结构 原子由原子核和绕核运动的电子组成。它构成一般物质的最小单元，称为元素。目前已知的元素有108种。

2 原子的电子壳层结构及能级 柯塞尔于1916年提出形象化的电子壳层结构。电子的运动状态由一组量子数（n, l, m_l, m_s）所决定。

主量子数 n 相同的电子构成主壳层。常用 K，L，M，…表示 $n=1$，2，3，…时的主壳层。电子的能量主要取决于 n。

在一个主壳层内，又按角量子数 l 分为若干个支壳层，常用 s，p，d，…表示 $l=0$，1，2，…时的支壳层。l 值决定了电子轨道角动量的大小，当 n 确定时，可能的 l 值就有 n 个。

磁量子数 m_l，$m_l=0$，± 1，± 2，…，$\pm l$，给定 l 时，可能的 m_l 值有 $2l+1$ 个。m_l 确定了电子轨道角动量在空间某一特殊方向中（如外磁场方向）的分量。

自旋磁量子数 m_s，$m_s=\pm 1/2$，它决定了电子自旋角动量在空间某一特殊方向的分量。

根据泡利不相容原理，一个原子中任何两个电子都不可能具有一组完全相同的量子数。n 愈大的壳层，离原子核的平均距离愈远，能级愈高。角量子数 l 愈大的支壳层，能级愈高。每个电子都趋向占据可能的最低能级。

3 X射线 在X射线管中，阴极发射的电子流被数十千伏的电压加速后，撞击在阳极靶面上，产生X射线。X射线是波长在 $10^{-7} \sim 10^{-15}$ m 的电磁波。它的波谱由波长连续变化的连续谱和叠加在其上的线状谱所组成。

X射线具有很强的穿透能力，被广泛应用于医疗、工业材料结构分析，零件探伤或产品检验等。

4 放射性衰变和 α、β、γ 射线 某些天然元素和许多人造同位素的核不稳定，能自发地放出射线而衰变为另一种元素，称为放射性元素。在 α、β、γ 衰变过程中，分别放出 α、β、γ 射线。这三种衰变可以单独发生，也可相伴地发生。

每一个不稳定的核在单位时间内有一定的衰变概率，称为衰变常数 λ。设 N_0 是不稳定核的起始数目。经过 t 时间后，剩下的核数目为

$$N = N_0 e^{-\lambda t}$$

这就是放射性衰变定律。使核数目减少一半所需的时间称为半衰期 T

$$T = 0.693/\lambda$$

放射性元素在医疗、农业、考古及金属材料或制品的检验等方面都有应用。

5 核磁共振 原子核中的质子和中子都有一定的自旋角动量和磁矩。在恒定磁场 B_0 中，磁矩有不同的取向，从原来的能级分裂成等间距的不同磁能级。相邻两个磁能级的间距为 $\Delta E = \gamma \hbar B_0$，$\gamma$ 称为该种核的旋磁比，$\hbar$ 是普朗克常数除以 2π。当射频场供给一个能量等于磁能级间距的光子，使核磁矩从低能态跃迁到高能态，称为核磁矩与光子发生了能级间的共振跃迁，称为核磁共振。

核磁共振常用于物质结构和磁场的测定，并广泛应用于医疗诊断上。

6 核裂变和核聚变 一个重核分裂成两个较轻的核，称为核裂变。两个或两个以上较轻的核结合成一个重核并释放巨大能量的过程，称为核聚变。它是由结合能小的核聚合成平均结合能较高的核。由于核带正电，所以两个轻核发生聚变要有一定的动能，以克服库仑斥力。动能大，意味着温度很高，与核聚变所需动能相应的温度为 $10^7 \sim 10^9$ K，故也称热核反应。太阳的能量就来自聚变。氢弹是利用原子弹爆炸所产生 10^8 K 以上的高温发生聚变，产生威力巨大的爆炸。

1.2 金属的热电子发射

7 金属的热电子发射 当金属的温度足够高时，大量电子从金属发射出来的现象，称为金属的热电子发射。电真空器件就是利用这种现象获得电

57

子流的。真空电子二极管中的饱和电流 I_s 符合里查孙公式

$$I_s = AT^2 e^{-\frac{W_e}{kT}}$$

式中　A——金属的热发射常数（A/K^2）；

　　　T——绝对温度（K）；

　　　k——玻尔兹曼常数（eV/K）；

　　　W_e——逸出功（eV），是使电子离开金属时，克服离子的引力所需的能量，见表 2.1-1。

表 2.1-1　几种金属的逸出功 W_e

（单位：eV）

金属名称	钨 W	钍 Th	钡 Ba	钼 Mo	铯 Cs
逸出功 W_e	4.5	3.4	2.5	4.2	1.8

金属名称	铂 Pt	钽 Ta	钾 K	镍 Ni
逸出功 W_e	5.3	4.2	2.3	4.6

8　电子在电磁场中的运动　速度为 v 的电子在电磁场中运动时，将受到电场力和磁场力的作用，即

$$f = -eE - ev \times B$$

因此，电子的运动方程为

$$-e(E + v \times B) = m\frac{dv}{dt}$$

1.3　物质的导电与能带理论

9　气体的导电规律　在充气玻璃管内，气体的导电规律见图 2.1-1。

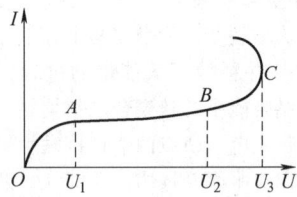

图 2.1-1　气体的导电规律

当电极两端电压较低时，离子浓度主要由电离和复合两个过程的速度决定。因此，电流与电场强度 E 成正比，电流随电压增大而增加（图中 OA 段）。当电压达到或超过 U_1 时，电场增大，使得在单位时间内电离的全部离子数在气体内部来不及复合，全部到达极板。电压再增大，电流不变，达到饱和（图中 AB 段）。电压超过 U_2 时，电流又随电压增大而增加（图中 BC 段），这由离子在运动过

程中获得了较大动能，与分子碰撞产生出新的离子所致。当电压增加到 U_3 后，碰撞产生的离子也引起碰撞电离，使电离雪崩式地进行，因此电流突然增加，电压下降，称 U_3 为击穿电压。

击穿电压之前的导电称为被激导电，之后的导电称为自激导电。气体击穿后的放电形式主要由气体的性质、压强、电极的形状和距离、电压、电源的功率等因素决定。

10　固体的导电和能带理论　固体中的原子呈空间周期性的排列，形成空间点阵。每个原子的外围电子，即价电子的运动都受到邻近原子产生的电场的作用。这种作用使原来相同的价电子能级分裂为能量十分相近的若干新能级，这密集的能量范围 ΔE 叫作能带。如对应于原子 $l = 1$ 的 P 能级，就形成了 2P，3P 等的 P 能带。

一个能带中的各能级都被电子填满，称为满带。由价电子能级分裂形成的能带称为价带。由激发能级分裂形成的能带称为导带或空带。两个相邻能带之间可能有一个不存在电子的稳定能态区间，称为禁带。

用能带理论说明导体、绝缘体和半导体的区别。

（1）导体（参见第 3 篇第 5 章）　导体的能带结构大致有三种形式：1）价带中只填入部分电子，在外电场作用下，电子很容易在该能带中从低能级跃迁到较高能级，形成电流；2）价带虽是满带，但与相邻的空带相连，或部分重叠，形成一个未满的能带，因此具有电子导电性；3）价带未被电子填满，又与相邻的空带重叠，同样具有电子导电性。

（2）绝缘体（参见第 3 篇第 1 章）　绝缘体的价带为满带。并且，与它上面最近的空带之间的禁带较宽（3~6eV），在一般外电场作用下，不能使电子（或只有极少量电子）从满带跃迁到空带，因此不表现出导电性。但若外电场很强，致使满带中大量电子跃过禁带，到达空带，即绝缘体的击穿现象。

（3）半导体（参见第 3 篇第 2 章）　半导体的能带结构与绝缘体相似，只是禁带比较窄（约 1eV），用不大的能量（如热、光、电）激发就可把满带中的电子激到空带中去，形成电流。

由于电子跃迁到空带，而在满带中出现与跃迁电子数相等的空位，称为空穴。在电场作用下，满带中的其他电子可以跃入空穴，而在原来能级上产生出新的空穴。电子在满带上的跃迁形成了空穴的

反向运动。它相当于一种与电子电量相等的、带正电荷的载流子参与导电。

半导体有两类：1) 本征半导体（理想半导体）

导电机理是电子与空穴的混合导电，参与导电的正、负载流子数目相等，总电流是电子流和空穴流的代数和，本征半导体虽有导电性，但导电率很低；2) 杂质半导体　在纯净半导体中掺入少量其他元素就是杂质半导体，其导电性有明显改变，因掺杂元素不同又分为以电子导电为主的 N 型半导体和以空穴导电为主的 P 型半导体。

如果在四价元素的硅、锗半导体中掺入少量五价元素磷、锑等杂质，它们将置换四价原子的位置，多出一个价电子的能级位于禁带，并靠近空带，称为局部能级。受到激发时，它很容易跃迁到空带中，又称为施主能级。这种导电机制主要靠从施主能级激发到空带中去电子的半导体，称为 N 型半导体。

如果在四价元素的半导体中掺入三价元素硼、铟等杂质，则杂质原子在置换原来的原子时缺少一个电子。于是在禁带中靠近满带处出现空穴，满带中的电子很容易跃迁到杂质能级填补空穴，所以该局部能级又称为受主能级。这类半导体的导电机制主要决定于满带中的空穴运动，称为 P 型半导体。

用掺入方法可使一块半导体的一部分是 P 型，另一部分是 N 型。在交界处形成一特殊薄层，称为 P-N 结。P-N 结具有单向导电性，是半导体器件的基本组成环节。

11　液体电解质的导电原理　酸、碱、盐的水溶液都能导电，称为电解液。在溶液中的溶质称为电解质。电解液导电是由于电解质在水中产生电离，形成了带有正负电荷的离子而进行的。其导电性能与离子的浓度有关。一般地，浓度愈大，导电性能愈好。

1.4　几种电磁效应

12　光电效应与压电效应　金属及其化合物在光照射下发射电子的现象称为光电效应。一束光就是以光速运动的粒子（即光子）流。频率为 ν 的每一个光子具有能量 $h\nu$。光子不能再分割，只能整个地被吸收或产生，这就是爱因斯坦的光子假说。

当金属中一个电子在光照射下吸收一个光子成为光电子时，就获得能量 $h\nu$。如果 $h\nu$ 大于该金属的电子逸出功 W_e，那么这个电子就可以从金属中逸出，且满足能量守恒及转换定律

$$h\nu = \frac{1}{2}mv^2 + W_e$$

该式称为爱因斯坦光电效应方程。说明光子的能量一部分消耗于逸出功 W_e，另一部分转换为光电子从金属表面逸出时的最大初动能。

能使某种金属产生光电子的入射光的最低频率称为光电效应红限 ν_0。

$$\nu_0 = \frac{W_e}{h}$$

不同金属的逸出功不同，红限也不同。

压电效应是指某些不对称晶体结构，例如石英、酒石酸钾钠、钛酸钡等，发生机械变形（压缩或伸长）时会产生电极化现象。在相对的两面产生异号的束缚电荷。压电效应在无线电工程中应用较多。例如用石英片来产生频率稳定的电振荡。

13　温差电效应　当一种金属受到不均匀加热时，电子由高温端向低温端扩散，在温差的两端形成电动势，称为汤姆孙电动势。当两种金属互相接触时，电子将由能级高的金属扩散到能级低的金属中去，使接触面两侧出现电位差，称为珀耳贴电动势。当两种金属组成的闭合回路，存在着温度差或温度梯度时，会出现电流，闭合回路中的电动势是汤姆孙电动势和珀耳贴电动势之代数和，称为温差电动势，该现象称为温差电效应。

半导体的温差电动势比金属大得多。热电偶就是利用温差电动势，将许多温差电偶连接起来组成温差电堆，以获得较大的电动势或电流。

14　霍尔效应　通有电流的金属薄板放在垂直于它的磁场中，在薄板的 AA' 两侧会产生电位差 $U_{AA'}$，见图 2.1-2。这种现象称为霍尔效应。

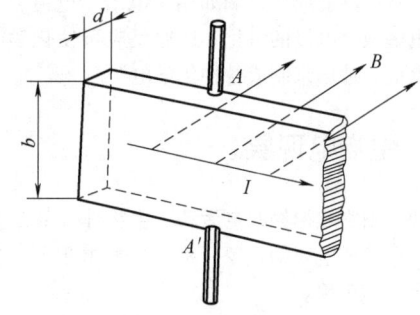

图 2.1-2　霍尔效应

利用霍尔效应制成的霍尔元件主要用于：1) 测量磁场；2) 测量直流或交流电路的电流和功率；3) 确定半导体类型；4) 转换信号等。

15　电致伸缩与磁致伸缩　当在晶体上加电场

时，晶体会发生机械形变，称之为电致伸缩，它是压电效应的逆效应，这种晶体称为压电晶体。利用电致伸缩效应可以产生超声波。

磁致伸缩是指强磁材料受外磁场作用时，沿磁场方向的材料长度发生微小的变化。有的强磁材料在受外磁场作用时，长度伸长，称为正磁致伸缩，如铁；有的强磁材料在受外磁场作用时，长度缩短，称为负磁致伸缩，如镍。利用磁致伸缩效应可以使磁能转换为机械能。

16　电致发光效应　各向同性的介质置于强电场中时，可以产生双折射；或者原来就有双折射性质的各向异性介质，当置于强电场中时，它的双折射性质会发生变化。这些现象称为电致发光效应。各向同性的透明介质在外加强电场作用下变为各向异性，具有单轴晶体的特性。这是因为分子按电场方向排列成行的缘故。因而光轴方向即电场的方向。

电致发光效应可用于照像、测量光速、激光和通信的研究。

17　磁致旋光效应　在强磁场作用下，物质的光学性质也会发生变化。例如法拉第发现在光的传播方向上加磁场后，入射到玻璃中的线偏振光的光矢量方向要旋转。这就是磁致旋光效应又称为法拉第旋转。利用磁致旋光可制成隔离器，这在激光的多级放大装置中能对前级装置造成的干扰和损害起到隔离作用。

18　电化学效应　电化学效应中最主要的是电解。电解液在导电过程中伴有化学反应，表现为电极上有物质析出，称为电解。

电解可以把电解液中的物质分离出来，因此在工业中有广泛的应用。例如用于电冶、电镀、电铸等。电解液与电极的氧化、还原反应可使化学能变变为电能，被用来制成各种化学电源。

1.5　生物电现象

19　细胞及神经的电活动　生物体依靠自身能量产生电流或电压的现象，称为生物电现象。生物电是个细胞现象。

（1）细胞的电活动　细胞的表层是将细胞内物质与细胞外液分隔开的细胞膜。在细胞膜上具有三磷酸腺苷酶（ATP 酶），这是活性的一种特异蛋白质，它可被膜外的 K^+ 或膜内的 Na^+ 激活，激活后分解 ATP 酶并释放能量。这种蛋白质不停地逆着离子浓度（即从低浓度处向高浓度处）将 Na^+ 运出膜

外，同时将 K^+ 运进膜内，这种转运机制称为钠钾泵。在静息状态下，膜的外侧和内侧分别聚集较多的正、负离子，造成膜外与膜内间电位差，称为静息电位。

刺激细胞时将有一负电波沿细胞膜传播，它将使膜的通透性发生变化而产生动作电位。据测定，在 0.5ms 内 Na^+ 通透性比静息时增加至 500 倍。大量 Na^+ 内流造成膜上电位差急剧减小，使极化状态反转，直至新形成的膜内正电位足以阻止 Na^+ 继续内流为止（去极化）。此后，钠钾泵将内流的 Na^+ 排出，同时将移至膜外的 K^+ 运回膜内，重建膜的静息电位（复极化）。

（2）神经的电活动　在脑干、背髓或内脏神经节中含有许多神经细胞（神经元）的胞体。从神经细胞体伸出的一很长的突起为轴突，伸出的许多短突起叫树突。树突上含有神经元的接受表面，它将兴奋传送到胞体。轴突由细胞膜包围着细胞内液构成，它在一定程度上与电缆相似，可将兴奋由胞体传送至另一神经元或所支配的其他细胞。

由神经传导的电缆理论，细胞膜中的类酯双分子层起着分隔正负离子的作用，使膜具有电容性质。细胞膜上的通道或载体可以让无机离子通过，具有电导的性质。因此，神经冲动（动作电位）沿轴突传播具有电脉冲沿传输线传播的性质，可用一电报方程来描述。轴突的直径越大，传导速度越快，一般约为每秒几米到几十米。

轴突除了能传导冲动外还能分泌递质（乙酰胆碱）。神经纤维的动作电位不能直接传到肌纤维，它必须经过递质作为中间媒介才能产生肌内细胞的动作电位。

20　脑和心肌的生物电活动

（1）脑的生物电活动　现今已发现的神经递质超过 30 种，以脑中最多。大脑皮质中的生物电活动有两种，一为连续且有节律的自发电位变化；另一种为受刺激时的诱发电位。用引导电极置于颅外头皮所记录的皮层自发脑电活动称为脑电图（ECG），脑电图是一种重要检查脑功能正常与否的手段。正常人脑电图中含有四种基本波形，即 α 波、β 波、θ 波和 δ 波。

（2）心肌的生物电活动　心肌的主要特点是能自动发生有节律的搏动，称为自动节律性。心肌细胞动作电位的时程比较长而且是可变的。心肌细胞的静息电位约为 −90mV（内负外正），心肌受刺激时，细胞膜去极化，动作电位的峰值可达 10 ~ 30mV，但复极化的持续时间长，然后才逐渐恢复

到正常的静息水平。

　　用引导电极安置在人体一定部位（胸、肢体）所记录心肌电活动称为心电图（ECG）。它一般由 P 波、QRS 波群和 T 波组成，见图 2.1-3。其中 P 波历时 0.08～0.11s。反映心房在去极化过程中的电位变化。这时由窦房结发生的兴奋向右心房下部及左心房传播。P-Q 间期为 0.12～0.20s，代表兴奋从心房传导到心室需要的时间。P-Q 间期延长表示房室之间的传导受阻滞。QRS 波群历时 0.06～0.10s。反映左右心室在去极化过程中的电位变化。在这过程中兴奋先传到房室束，再沿左束支及右束支迅速传遍心室，引起心室收缩并使心室液压急剧上升，为射血作好准备。在 S 波与 T 波之间段，这时心室肌已全部兴奋，处于去极化状态。此段若偏离正常基线，表示心肌有损伤、缺血等。T 波反映心室复极化过程中的电位变化。幅度可在 0.1～0.8mV 范围，一般不应低于 R 波的 1/10。T 波异常

表示缺血或损伤。心房复极化时正好是心室去极化时，在 QRS 波的掩盖下，心电图中不出现反映心房复极化的波。

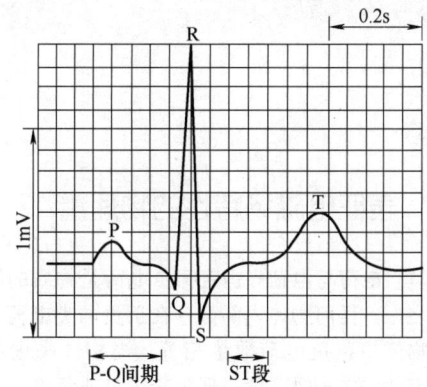

图 2.1-3　正常人的心电图

第 2 章 电磁场[1,4,5]

2.1 表征电磁场特性的物理量

21 电荷与电荷守恒定律 电荷是物质的固有属性之一。任何物体内部都存在正负两类电荷。通常，物体中正负电荷数量相等。当物体失去或得到一定量的电子时，就表现为带正电或负电。目前已知的最小电荷量为电子的电量 $e = 1.602 \times 10^{-19}$ C。同类电荷相排斥，异类电荷相吸引是电荷的一种基本属性。

电荷遵从电荷守恒定律，表现为任何时刻，存在于孤立系统内部的正负电荷的代数和恒定不变。电荷守恒定律的数学表示为

$$\oint_S \boldsymbol{J} \cdot \mathrm{d}\boldsymbol{s} = \int_v \frac{\partial \rho}{\partial t} \cdot \mathrm{d}V$$

式中 ρ——电荷体密度。

22 电容率与磁导率

（1）电容率也称介电常数。各向同性的线性电介质的电容率 ε（F/m）是常量，表示为

$$\varepsilon = \varepsilon_0 + \chi = \varepsilon_0 \varepsilon_r$$

式中 ε_0——真空电容率（F/m），$\varepsilon_0 = 8.85 \times 10^{-12}$ F/m；

χ——电极化率（F/m），数值取决于介质材料的性质；

ε_r——相对电容率，无量纲。常见介质的相对电容率见表 2.2-1。

表 2.2-1 常见介质的相对电容率

电介质	空气（0℃）（101.325kPa）	水（0℃）（101.325kPa）	变压器油（20℃）	云母	玻璃	瓷	钛酸钡	环氧树脂	六氟化硫
ε_r	1.000 5	80	2.24	3.7~7.5	5~10	6~8	$10^3 \sim 10^4$	3.8	1.002

（2）磁导率 真空磁导率 μ_0 和真空电容率 ε_0 及真空中的光速 c_0（即电磁波在真空中的传播速度，$c_0 = 2.998 \times 10^8$ m/s）满足关系式：

$$\mu_0 \varepsilon_0 = \frac{1}{c_0^2}$$

因此，可得 $\mu_0 = 4\pi \times 10^{-7}$ H/m。

其他各向同性的线性磁介质的磁导率 μ（H/m）是

$$\mu = \mu_0 (1 + \chi_m) = \mu_0 \mu_r$$

式中 χ_m——磁化率，数值取决于介质材料的性质，没有量纲；

μ_r——介质的相对磁导率，没有量纲。

一般非铁磁性材料的 $\mu_r \approx 1$，其磁导率都可近似地认为等于 μ_0。对于铁磁质和亚铁磁质，其 μ_r 远大于 1，而且是与磁感应强度 $\boldsymbol{B}$ 有关的变量。

23 电场强度与电力线

（1）电场强度（简称场强）$E(x, y, z)$ 描述电场的基本物理量（V/m），定义为

$$\boldsymbol{E}(x, y, z) = \lim_{q_0 \to 0} \frac{\boldsymbol{F}(x, y, z)}{q_0}$$

式中 $\boldsymbol{F}$——试探电荷在点 (x, y, z) 处所受到的电场力（N）；

q_0——电量和尺寸都很小的正试探电荷（C）。

电场强度是一个矢量，其方向与正试探电荷所受到的电场力的方向一致。

（2）电场强度的叠加原理 在线性介质中，所有电荷在空间某一点产生的场强等于每一个点电荷或电荷元 $\mathrm{d}q$ 在该点上单独产生的场强的叠加，对于点电荷电场有：

$$\boldsymbol{E}(r) = \frac{1}{4\pi\varepsilon} \sum_{k=1}^{n} \frac{q_k}{r_k^2} \boldsymbol{e}_k$$

对于连续分布电荷的电场：

$$\boldsymbol{E}(r) = \frac{1}{4\pi\varepsilon} \int \frac{\mathrm{d}q}{r^2} \boldsymbol{e}_r$$

式中 r——源点与场点间的距离（m）；

$\boldsymbol{e}_r$——由源点指向场点的单位矢量。

几种典型电荷分布的电场强度见表 2.2-2。

表 2.2-2　几种典型电荷分布的电场强度

	均匀带电球面	均匀带电球体	无限长均匀带电圆柱面	无限大均匀带电平面
电荷及场点 P	 λ—单位柱长带电量			σ—单位面积带电量
电场强度	$r<R$　$E=0$ $r>R$ $\boldsymbol{E}=\dfrac{Q}{4\pi\varepsilon r^2}\boldsymbol{e}_r$ 式中　$\boldsymbol{e}_r$——径向单位矢量	$r<R$ $\boldsymbol{E}=\dfrac{\rho r\boldsymbol{e}_r}{3\varepsilon}=\dfrac{Qr}{4\pi\varepsilon R^3}\boldsymbol{e}_r$ $r>R$ $\boldsymbol{E}=\dfrac{Q}{4\pi\varepsilon r^2}\boldsymbol{e}_r$	$r<R$　$E=0$ $r>R$ $\boldsymbol{E}=\dfrac{\lambda}{2\pi\varepsilon r}\boldsymbol{e}_r$	$\boldsymbol{E}=\dfrac{\sigma}{2\varepsilon}\boldsymbol{e}_n$ 式中　$\boldsymbol{e}_n$——平面法向单位矢量指向场点

（3）电力线　形象化地描写电场分布而画出的一些有方向的曲线，见图 2.2-1。曲线上任一点的切线方向与该点 $\boldsymbol{E}$ 的方向一致；电力线的疏密程度正比于 $\boldsymbol{E}$ 的大小；电力线不能相交；恒定场中的电力线起始于正电荷，终止于负电荷，电力线与等位面处处正交，与导体表面亦正交。

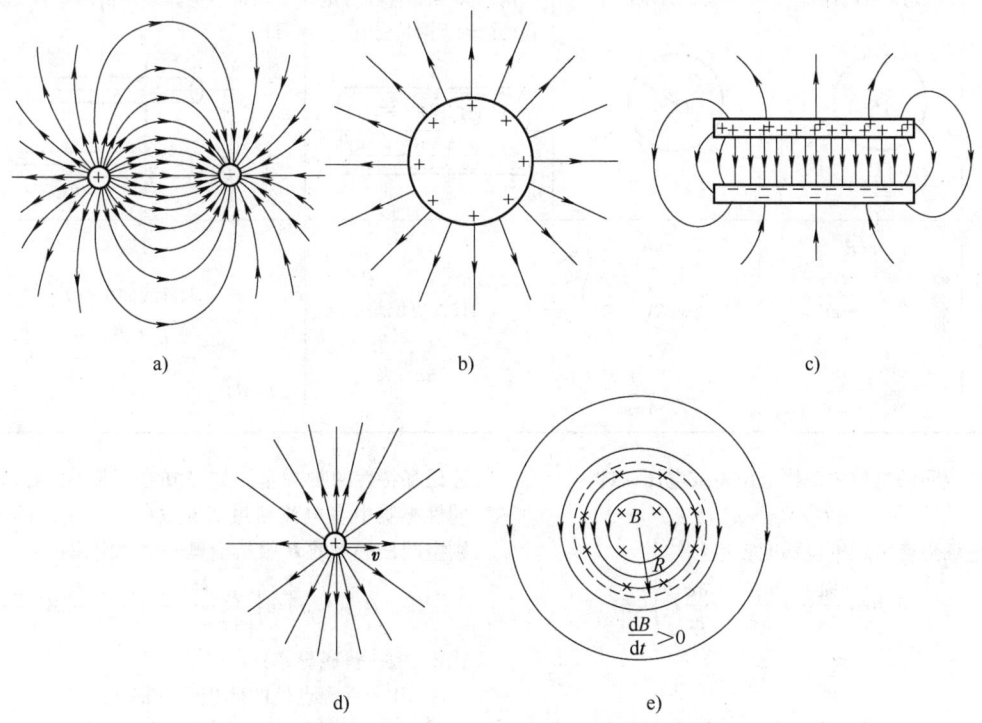

图 2.2-1　电力线图
a）等量异号点电荷　b）均匀带正电球面　c）带等量异号电荷的平行金属板
d）匀速（高速）运动点电荷　e）柱形空间中变化磁场（低频）

24　极化强度与极化电荷　在外电场作用下，电介质内量值相等的正、负电荷作用中心在空间拉开一个很小的距离形成一个个电偶极子，使电介质呈现电性，这种现象称为极化。因极化而出现在介质表面及体内的宏观电荷称为极化电荷，它产生的附加电场与外电场合成形成电介质内的电场。

用电矩 $\boldsymbol{p}$（C·m）表征电偶极子的特性：

$$\boldsymbol{p}=q\boldsymbol{h}$$

式中　h——负电荷指向正电荷的有向距离（m）。

电介质极化后，单位体积内形成的电矩矢量和称为极化强度 $\boldsymbol{P}$（C/m^2），即

$$\boldsymbol{P}=\lim_{\Delta V\to 0}\frac{\sum\boldsymbol{p}}{\Delta V}$$

在各向同性的线性电介质中，$\boldsymbol{P}$ 与合成电场 $\boldsymbol{E}$ 成正比，即

$$\boldsymbol{P}=\chi\boldsymbol{E}$$

极化电荷的面密度

$$\sigma_e=\boldsymbol{e}_{\mathrm{n}}\cdot\boldsymbol{P}$$

式中　e_{n}——介质表面外法线单位矢量。

极化电荷体密度

$$\rho_e=-\nabla\cdot\boldsymbol{P}$$

25　电位移 D　D（C/m^2）又名电感应强度，是研究有电介质时电场的规律而引入的辅助物理量，它的定义式为

$$\boldsymbol{D}=\varepsilon_0\boldsymbol{E}+\boldsymbol{P}$$

对于各向同性的电介质

$$\boldsymbol{D}=\varepsilon\boldsymbol{E}=\varepsilon_0\varepsilon_{\mathrm{r}}\boldsymbol{E}$$

26　电位与电位差　电位 φ（V）是表征电场特性的物理量。场中任一点 P 相对于参考点 Q（其电位为零）的电位定义为

$$\varphi_P=\int_P^Q\boldsymbol{E}\cdot\mathrm{d}\boldsymbol{l}$$

φ_P 表示单位正电荷从 P 点移到 Q 参考点时电场力所做的功，它只与 P 点的位置有关，而与所取的积分路径无关。电位的参考点可以任意选择，一般常取无限远点或大地。典型静电场的电位或电位差见表 2.2-3。

表 2.2-3　典型静电场的电位或电位差

	均匀带电球面	均匀带电球体	两均匀带等量异号电荷的同轴无限长柱面	两带等量异号电荷的平行无限长导线
电荷				
电位（差）	$r<R$ $$\varphi_P=\frac{Q}{4\pi\varepsilon R}$$ $r>R$ $$\varphi_P=\frac{Q}{4\pi\varepsilon r}$$	$r<R$ $$\varphi_P=\frac{Q}{8\pi\varepsilon R}\left(3-\frac{r^2}{R^2}\right)$$ $r>R$ $$\varphi_P=\frac{Q}{4\pi\varepsilon r}$$	两柱面电位差 $$\Delta\varphi=\frac{\lambda}{2\pi\varepsilon}\ln\frac{R_2}{R_1}$$	两导线间电位差 $$\Delta\varphi=\frac{\lambda}{\pi\varepsilon}\ln\frac{d-R}{R}\approx\frac{\lambda}{\pi\varepsilon}\ln\frac{d}{R}$$ $(d\gg R)$

两点间的电位之差称电位差或电压，即

$$U_{ab}=\varphi_a-\varphi_b$$

电场强度可用电位梯度表达：

$$\boldsymbol{E}=-\left(\frac{\partial\varphi}{\partial x}\boldsymbol{e}_x+\frac{\partial\varphi}{\partial y}\boldsymbol{e}_y+\frac{\partial\varphi}{\partial z}\boldsymbol{e}_z\right)$$

$$=-\frac{\partial\varphi}{\partial n}\boldsymbol{e}_{\mathrm{n}}=-\nabla\varphi$$

式中　e_{n}——该点电位有最大增长率方向上的单位矢量；

n——该方向的距离。

电位相等的点所组成的曲面称为等位面，它与电力线处处正交。

27　磁感应强度与磁力线

（1）磁感应强度 $\boldsymbol{B}$　$\boldsymbol{B}$ 也称磁通密度（T），是描述磁场特性的物理量。如已知在无限大，均匀各向同性媒质中有电流密度矢量 $\boldsymbol{J}(x',y',z')$ 的分布，则空间任一点的 $\boldsymbol{B}$ 服从毕奥—萨伐定律：

$$\boldsymbol{B}(x,y,z)=\int_v\frac{\mu}{4\pi}\frac{\boldsymbol{J}(x',y',z')\times\boldsymbol{e}_{\mathrm{r}}}{r^2}\mathrm{d}V$$

式中　μ——磁导率；

$\mathrm{d}V$——源点处的体积元（m^3）；

$\boldsymbol{e}_{\mathrm{r}}$——源点指向场点的单位矢量；

r——$\mathrm{d}V$ 到场点 (x,y,z) 的距离。

对于线形电流 I，由于 $\boldsymbol{J}\mathrm{d}V=I\mathrm{d}\boldsymbol{l}'$

$$\boldsymbol{B}(x,y,z)=\frac{\mu}{4\pi}\int_l\frac{I\mathrm{d}\boldsymbol{l}'\times\boldsymbol{e}_{\mathrm{r}}}{r^2}$$

式中　$\mathrm{d}\boldsymbol{l}'$——源点处的长度元（m）。真空中电流产生的磁感应强度见表 2.2-4。

表 2.2-4 真空中电流产生的磁感应强度

电 流	磁感应强度 $\boldsymbol{B}$	
	大 小	方 向
无限长圆柱，柱面上有均匀面电流密度	$r<R \quad B=0$ $r>R \quad B=\dfrac{\mu_0 I}{2\pi r}$	沿 $\boldsymbol{e}_z \times \boldsymbol{r}$ 方向
圆电流	轴线上任一点 P: $B_P=\dfrac{\mu_0}{2}\dfrac{R^2 I}{(R^2+x^2)^{3/2}}$	沿轴线，与电流流向成右手螺旋关系
一段均匀密绕载流螺线管	轴线上任一点 P: $B_P=\dfrac{\mu_0}{2}nI(\cos\theta_2-\cos\theta_1)$ 式中 n——单位长度上线圈匝数	沿轴线，与电流流向成右手螺旋关系
无限长圆柱，体内有均匀电流密度	$r<R \quad B=\dfrac{\mu_0}{2}Jr$ $r>R \quad B=\dfrac{\mu_0 I}{2\pi r}$ 式中 J——电流面密度	沿 $\boldsymbol{J} \times \boldsymbol{r}$ 方向
无限长均匀密绕螺线管，通有电流 I	管内：$B=\mu_0 nI$ 管外：$B\approx 0$	沿轴线，与电流成右手螺旋关系
无限大平面，面上有均匀面电流密度	$B=\dfrac{1}{2}\mu_0 K$ 式中 K——电流线密度	沿 $\boldsymbol{K} \times \boldsymbol{r}$ 方向

（2）磁力线　描述磁场分布的有向曲线，也称磁感应线。磁力线上任一点的切线方向就是该点 B 的方向；磁力线的疏密正比于 B 的大小；磁力线不能相交，它是环绕电流的闭合曲线。

28　磁化强度与磁化电流　物质每个分子中的运动电子对外产生的磁效应，可等效为一个小环形电流，称为分子电流，分子电流的磁矩称分子磁矩，用 $m(A \cdot m^2)$ 表示

$$m = IS$$

式中　I——分子电流强度；

　　　S——分子电流围成的面积。

在没有外磁场作用时，分子磁矩总和为零，物质对外不显磁性。在有外磁场作用时，分子磁矩受外磁场转矩作用而转动，总磁矩不再等于零，物质对外呈现磁性。这种现象称为物质的磁化。

在物质中每单位体积内所有分子磁矩的矢量和称为磁化强度 $M(A/m)$

$$M = \lim_{\Delta V \to 0} \frac{\sum m}{\Delta V}$$

介质磁化时，由于分子电流的有序排列，从而使介质表面及内部在宏观上显现出未被抵消的电流，这种电流叫磁化电流。

介质表面的磁化电流线密度。

$$K_m = M \times e_n$$

介质内的磁化电流面密度

$$J_m = \nabla \times M$$

29　磁场强度　$H(A/m)$ 是为研究有介质时的磁场而引入的一个辅助物理量，定义为

$$H = \frac{B}{\mu_0} - M$$

对于各向同性的导磁物质

$$H = \frac{B}{\mu}$$

对于抗磁质和顺磁质，磁化强度与磁场强度成正比

$$M = \chi_m H$$

对于铁磁物质，M 和 H 的关系一般是非线性的。

30　磁位与磁矢位

（1）磁位 φ_m　$\varphi_m(A)$ 是计算磁场的一个辅助场量。在无传导电流分布的区域，φ_m 与磁场强度的关系为

$$H = -\nabla \varphi_m$$

磁位相等的各点形成的曲面称为等磁位面，它与磁场强度 H 线处处正交。

磁场中某点 P 相对于参考点 Q 的磁位 φ_{mP}，亦即 P、Q 两点间的磁压 U_{mPQ} 定义为

$$\varphi_{mP} = U_{mPQ} = \int_P^Q \boldsymbol{H} \cdot \mathrm{d}\boldsymbol{l}$$

磁位是多值的，其值与积分路径有关。在均匀各向同性的线性导磁媒质中磁位满足拉普拉斯方程。

（2）磁矢位 A　$A(\mathrm{Wb/m})$ 也是计算磁场的一个辅助场量。它与磁感应强度 B 的关系为

$$\boldsymbol{B} = \nabla \times \boldsymbol{A} \tag{2.2-1}$$

显然有一系列的 A 满足式（2.2-1），为了简便，规定

$$\nabla \cdot \boldsymbol{A} = 0$$

上式称为库仑规范。在有电流区域磁矢位满足泊松方程。

31　通量　电场强度 E 的通量 Φ_E 和电位移矢量 D 的通量 Φ_D 分别是

$$\Phi_E = \int_S \boldsymbol{E} \cdot \mathrm{d}\boldsymbol{S}$$

$$\Phi_D = \int_S \boldsymbol{D} \cdot \mathrm{d}\boldsymbol{S}$$

磁感应强度 B 的通量 Φ_m 是

$$\Phi_m = \int_S \boldsymbol{B} \cdot \mathrm{d}\boldsymbol{S}$$

2.2　电磁场的基本定律

32　库仑定律　它是描述点电荷间相互作用力的定律。无限大真空中，两个相距为 $r(10^{-7} < r < 10^7\,\mathrm{m})$，电荷分别为 q_1 和 q_2 的两个静止点电荷之间的相互作用力为

$$f = \frac{q_1 q_2}{4\pi\varepsilon_0 r^2} e_r \tag{2.2-2}$$

式中　e_r——两个点电荷之间连线方向的单位矢量。

33　高斯定律　在电场中，穿出任意闭合面 S 的电位移 D 的通量，等于这一闭合面内自由电荷 q 的代数和：

$$\oint \boldsymbol{D} \cdot \mathrm{d}\boldsymbol{S} = \sum q \tag{2.2-3}$$

该式说明 D 线起始于正的自由电荷，而终止于负的自由电荷。

34　磁通连续性原理　在磁场中，穿出任一闭合面的磁感应强度 B 的通量恒为零：

$$\oint \boldsymbol{B} \cdot \mathrm{d}\boldsymbol{S} = 0 \tag{2.2-4}$$

该式说明环绕电流回路的磁力线是连续的闭合线。

35　安培环路定律　在磁场中，沿任意闭合路

径磁场强度 H 的线积分等于穿过积分路径所限定面积上的传导电流 I 的代数和，即

$$\oint H \cdot \mathrm{d}l = \sum I$$

式中，当积分路径的绕行方向和电流的方向符合右手螺旋关系时，则取电流 I 为正，反之为负。

36 电磁感应定律 通过一闭合回路的磁通量 ϕ_m 变化使回路中出现电动势的现象称为电磁感应，所产生的电动势称为感应电动势 $\mathscr{E}$，它与穿过回路的磁通量 Φ_m 随时间变化率的负值成正比：

$$\mathscr{E} = -\frac{\mathrm{d}\Phi_m}{\mathrm{d}t} = -\frac{\partial}{\partial t}\int_s B \cdot \mathrm{d}S$$

式中，感应电动势的参考方向和磁通量 Φ_m 的参考方向按照右手螺旋关系标定，见图 2.2-2。

即感应电动势总是企图产生感应电流来阻止回路中磁通的变化。

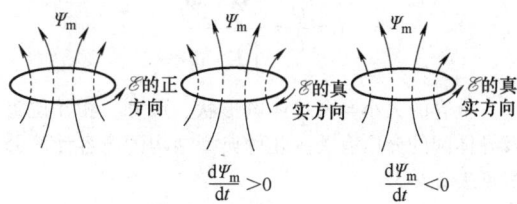

$$\frac{\mathrm{d}\Psi_m}{\mathrm{d}t} > 0 \qquad \frac{\mathrm{d}\Psi_m}{\mathrm{d}t} < 0$$

图 2.2-2　用右手螺旋定则规定
$\mathscr{E}$ 和 $\Phi_m(\Psi_m)$ 的正方向

如果回路是匝数为 N 的线圈，通过各匝线圈的磁通量为 Φ_1，Φ_2，…，Φ_n，当磁通量变化时，整个线圈的总电动势等于各匝线圈中的电动势之和：

$$\mathscr{E} = -\frac{\mathrm{d}\Phi_1}{\mathrm{d}t} - \frac{\mathrm{d}\Phi_2}{\mathrm{d}t} - \cdots - \frac{\mathrm{d}\Phi_n}{\mathrm{d}t}$$

$$= -\frac{\mathrm{d}}{\mathrm{d}t}(\Phi_1 + \Phi_2 + \cdots + \Phi_n) = -\frac{\mathrm{d}\Psi_m}{\mathrm{d}t}$$

式中　Ψ_m——磁通链或全磁通。如果穿过每匝线圈的磁通量均为 Φ_m，则：

$$\mathscr{E} = -\frac{\mathrm{d}\Psi_m}{\mathrm{d}t} = -N\frac{\mathrm{d}\Phi_m}{\mathrm{d}t}$$

由于磁场随时间变化而在一静止回路中产生的感应电动势叫感生电动势，即

$$\mathscr{E} = -\int_s \frac{\partial B}{\partial t} \cdot \mathrm{d}S$$

当回路的整体或局部相对于恒定磁场 B 运动而产生的感应电动势叫动生电动势，即

$$\mathscr{E} = \oint_l (v \times B) \cdot \mathrm{d}l$$

在一般情况下，回路中的感应电动势为这两种

电动势之和：

$$\mathscr{E} = \oint_l (v \times B) \cdot \mathrm{d}l - \int_s \frac{\partial B}{\partial t} \cdot \mathrm{d}S$$

回路中的感应电动势可看作是沿回路上的感应电场力对单位正电荷所作的功，在不考虑回路运动的情况下，有

$$\mathscr{E} = \oint_l E_i \cdot \mathrm{d}l = -\frac{\partial \Phi_m}{\partial t} = -\int_s \frac{\partial B}{\partial t} \cdot \mathrm{d}S \quad (2.2\text{-}5)$$

式中　E_i——感应电场强度；$\mathrm{d}S$ 的方向和 l 绕行方向符合右手螺旋关系。上式说明，电场不仅可由电荷产生，而且也可由随时间变化的磁场产生。

37 全电流定律 在电磁场中，传导电流与位移电流的总和称为全电流。

（1）传导电流　导电媒质中自由电荷的定向运动所形成。传导电流密度 $J(\mathrm{A/m^2})$ 为

$$J = \rho v$$

式中　ρ——电荷的体密度；

v——电荷运动的平均速度。传导电流服从欧姆定律：

$$J = \gamma E$$

（2）位移电流　电位移 D 随时间的变化所形成。位移电流密度为

$$J_d = \frac{\partial D}{\partial t}$$

全电流具有连续性，即穿过任一闭合面 S 的全电流为

$$\oint_s (J + J_d) \cdot \mathrm{d}S = 0$$

位移电流在产生磁场的效应上完全和传导电流等效，这样把安培环路定律中的 $\sum I$ 看作全电流，得出全电流定律：

$$\oint_l H \cdot \mathrm{d}l = \sum I = \int_s J \cdot \mathrm{d}S + \int_s \frac{\partial D}{\partial t} \cdot \mathrm{d}S \quad (2.2\text{-}6)$$

该式说明，磁场不仅由传导电流产生，而且也由随时间变化的电场产生。

38 电磁场的基本方程组 概括电磁场分布变化规律的四个方程式见式（2.2-3）、（2.2-4）、（2.2-5）和（2.2-6），称为电磁场基本方程组的积分形式，亦称麦克斯韦方程组的积分形式。其相应的微分形式是

$$\begin{cases} \nabla \times H = \gamma E + \dfrac{\partial D}{\partial t} \\[2mm] \nabla \times E = -\dfrac{\partial B}{\partial t} \\[2mm] \nabla \cdot B = 0 \\[2mm] \nabla \cdot D = \rho \end{cases} \quad (2.2\text{-}7)$$

对于各向同性的媒质，其电磁性能方程是

$$D = \varepsilon E$$
$$B = \mu H$$
$$J = \gamma E$$

电磁场基本方程组全面地描述了电磁场的空间分布和随时间变化所遵循的规律，说明变化的电场会产生磁场，变化的磁场也会产生电场，因此任何电磁扰动都将以有限速度（光速）向空间传播，形成电磁波。

式（2.2-7）中若场量不随时间变化，可得静电场、恒定电场和恒定磁场的基本方程的微分形式。即：静电场基本方程

$$\begin{cases} \nabla \times E = 0 \\ \nabla \cdot D = \rho \end{cases}$$

恒定电场基本方程

$$\begin{cases} \nabla \times E = 0 \\ \nabla \cdot J = 0 \end{cases}$$

恒定磁场基本方程

$$\begin{cases} \nabla \times H = J \\ \nabla \cdot B = 0 \end{cases}$$

39 电磁场中两种媒质分界面上的衔接条件
电磁场的场量从两种不同媒质分界面的一侧过渡到另一侧时所遵循的变化规律称为衔接条件。用1，2表示两种媒质，则

$$H_{1t} - H_{2t} = K$$
$$B_{1n} - B_{2n} = 0$$
$$D_{2n} - D_{1n} = \sigma$$
$$E_{1t} - E_{2t} = 0$$
$$J_{2n} - J_{1n} = -\frac{\partial \sigma}{\partial t}$$

式中 K、σ——分别为分界面处的电流线密度和自由电荷面密度。场量的切线分量用下标 t 表示，场量的法线分量用下标 n（由1媒质指向2媒质）表示。

2.3 电容、电感、能量和力

40 电容 两个导体，带等量异号电荷 Q，两导体间的电压为 U，其电容（F）定义为

$$C = \frac{Q}{U} = \frac{\oint_S D \cdot dS}{\int_l E \cdot dl}$$

电容的大小与两导体的形状、尺寸、相互位置及导体间的介质有关。几种典型结构的电容计算公式见表2.2-5。

由多个导体组成的系统，它们的电荷与电压的关系要用多个参数（部分电容）描述。

表2.2-5 几种典型结构的电容计算公式

项 目	图 形	电容 C(F)	说 明
平板电容		$C = \dfrac{\varepsilon S}{d}$	S——极板面积（m^2） d——极板间的距离（m），且远小于 S 每边的尺寸
球形电容		$C = \dfrac{4\pi\varepsilon r_a r_b}{r_b - r_a}$ $r_b \rightarrow \infty$ 时，即为孤立导体球的电容 $C = 4\pi\varepsilon r_a$	r_a、r_b——分别为内球外表面与外球内表面的半径（m）
圆柱形电容		$C = \dfrac{2\pi\varepsilon l}{\ln\dfrac{r_b}{r_a}}$	l——电容器长度（m） r_a、r_b——分别为内柱外表面与外柱内表面的半径（m）
两输电线间的电容（地面影响忽略不计）		$C = \dfrac{\pi\varepsilon l}{\ln\left[\dfrac{h}{a} + \sqrt{\left(\dfrac{h}{a}\right)^2 - 1}\right]}$ $a \ll h$: $C = \dfrac{\pi\varepsilon l}{\ln\dfrac{2h}{a}}$	l——输电线长度（m） $2h$——导线轴线间的距离（m） a——导线的半径（m）

（续）

项　目	图　形	电容 $C(F)$	说　明
单根架空输电线的对地电容		$$C=\dfrac{2\pi\varepsilon l}{\ln\left[\dfrac{h}{a}+\sqrt{\left(\dfrac{h}{a}\right)^2-1}\right]}$$ $a\ll h$: $$C=\dfrac{2\pi\varepsilon l}{\ln\left(\dfrac{2h}{a}\right)}$$	h——导线轴线与地面的距离（m） a——导线的半径（m） l——输电线长度（m）
三相输电线间的电容（地面影响忽略不计）		每相电容 $$C_\phi=\dfrac{2\pi\varepsilon l}{\ln\left(\dfrac{d}{a}\right)}$$	$d=\sqrt[3]{d_{12}d_{23}d_{31}}$，是导线轴线间距离的几何平均值（m）
偏心电缆：内外导体半径为 R_1、R_2(m)；两轴线间距离 d(m)；电缆长度 l(m)		$$C=\dfrac{2\pi\varepsilon l}{\ln\dfrac{[A+B][A-D]}{[A-B][A+D]}}$$	$A=\left[\left(\dfrac{R_2^2-R_1^2-d^2}{2d}\right)^2-R_1^2\right]^{1/2}$ $B=\dfrac{R_2^2-(R_1+d)^2}{2d}$ $D=\dfrac{(R_2-d)^2-R_1^2}{2d}$

41　电感

（1）自感　电路中因自身电流变化而出现感应电动势的现象叫自感。自感总是正值。

一个载流线圈的自感 L(H) 定义为

$$L=\frac{N\Phi_m}{I}=\frac{\Psi_m}{I}$$

式中　N——线圈匝数；

Φ_m——穿过该线圈的磁通（Wb）；

Ψ_m——与该线圈交链的磁链（Wb）；

I——线圈中的电流（A）。

（2）互感　因一线圈中的电流变化在邻近另一个线圈中出现感应电动势的现象叫互感。两个线圈之间的互感 M_{21}(H) 定义为

$$M_{21}=\frac{\Psi_{21}}{I_1}$$

式中　M_{21}——线圈 1 对线圈 2 的互感；

Ψ_{21}——线圈 1 中的电流 I_1 产生的磁通与线圈 2 交链的磁链。

同样，线圈 2 对线圈 1 的互感是

$$M_{12}=\frac{\Psi_{12}}{I_2}$$

可以证明 $M_{12}=M_{21}$。互感有正负。

自感、互感和线圈形状、大小、匝数及媒质分布有关。互感还与两线圈间相互位置有关。几种典型结构的自感和互感计算公式见表 2.2-6。

表 2.2-6　几种典型结构的自感和互感计算公式

结　构	电感/H
直导线段	$L=\dfrac{\mu_0 l}{2\pi}\left(\ln\dfrac{2l}{a}-0.75\right)$ 式中　a——导线半径（m）； 　　　l——导线长度（m）； 　　　$l\gg a$
两平行直导线段	$M=\dfrac{\mu_0 l}{2\pi}\left(\ln\dfrac{2l}{D}-1\right)$ 式中　l——导线长度（m）； 　　　D——两导线间距离（m）
单线圆环	$L=\mu_0 R\left(\ln\dfrac{8R}{a}-1.75\right)$ 式中　R——圆环半径（m）； 　　　a——导线半径（m）； 　　　$R\gg a$

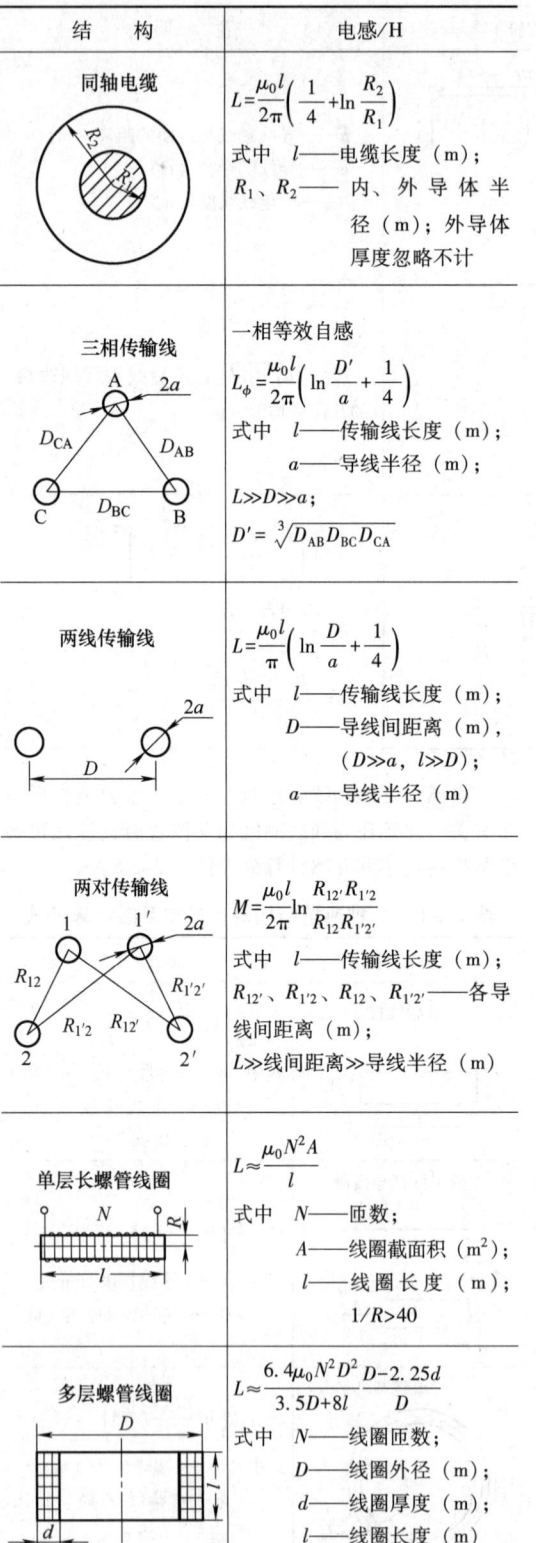

（续）

结　构	电感/H
同轴电缆	$L = \dfrac{\mu_0 l}{2\pi}\left(\dfrac{1}{4} + \ln\dfrac{R_2}{R_1}\right)$ 式中　l——电缆长度（m）； R_1、R_2——内、外导体半径（m）；外导体厚度忽略不计
三相传输线	一相等效自感 $L_\phi = \dfrac{\mu_0 l}{2\pi}\left(\ln\dfrac{D'}{a} + \dfrac{1}{4}\right)$ 式中　l——传输线长度（m）； a——导线半径（m）； $L \gg D \gg a$； $D' = \sqrt[3]{D_{AB}D_{BC}D_{CA}}$
两线传输线	$L = \dfrac{\mu_0 l}{\pi}\left(\ln\dfrac{D}{a} + \dfrac{1}{4}\right)$ 式中　l——传输线长度（m）； D——导线间距离（m）， （$D \gg a$，$l \gg D$）； a——导线半径（m）
两对传输线	$M = \dfrac{\mu_0 l}{2\pi}\ln\dfrac{R_{12'}R_{1'2}}{R_{12}R_{1'2'}}$ 式中　l——传输线长度（m）； $R_{12'}$、$R_{1'2}$、R_{12}、$R_{1'2'}$——各导线间距离（m）； $L \gg$线间距离$\gg$导线半径（m）
单层长螺管线圈	$L \approx \dfrac{\mu_0 N^2 A}{l}$ 式中　N——匝数； A——线圈截面积（m²）； l——线圈长度（m）； $1/R > 40$
多层螺管线圈	$L \approx \dfrac{6.4\mu_0 N^2 D^2}{3.5D + 8l}\dfrac{D - 2.25d}{D}$ 式中　N——线圈匝数； D——线圈外径（m）； d——线圈厚度（m）； l——线圈长度（m）

（续）

结　构	电感/H
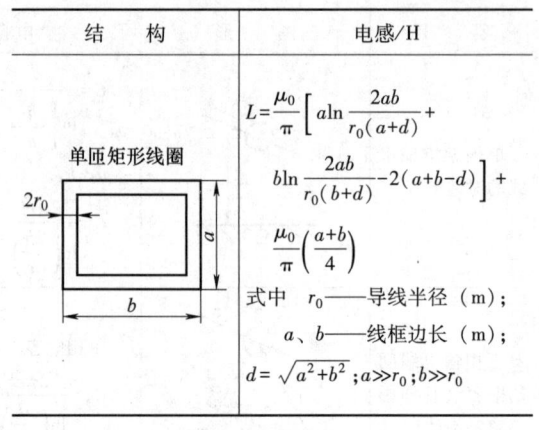单匝矩形线圈	$L = \dfrac{\mu_0}{\pi}\left[a\ln\dfrac{2ab}{r_0(a+d)} + b\ln\dfrac{2ab}{r_0(b+d)} - 2(a+b-d)\right] + \dfrac{\mu_0}{\pi}\left(\dfrac{a+b}{4}\right)$ 式中　r_0——导线半径（m）； a、b——线框边长（m）； $d = \sqrt{a^2+b^2}$；$a \gg r_0$；$b \gg r_0$

42　电阻与接地电阻　导电媒质的电阻 $R(\Omega)$ 定义为

$$R = \frac{\int \boldsymbol{E} \cdot \mathrm{d}\boldsymbol{l}}{\int \boldsymbol{J} \cdot \mathrm{d}\boldsymbol{S}}$$

根据静电比拟，R 与静电场的电容有如下关系

$$CR = \frac{C}{G} = \frac{\varepsilon}{\gamma}$$

实际问题中为了人身与设备的安全，通常要求接地，接地电阻主要决定于电流从接地器流经大地的土壤电阻，其值为

$$R = \frac{\varphi(\text{接地器的电位})}{I(\text{流经接地器的电流})}$$

几种典型接地器的工频接地电阻计算式见表 2.2-7。

当大电流经接地器流入土壤时，接地器附近地面有较高电场，人在此区域内两足间的电位差称为跨步电压 $U_0(\mathrm{V})$：

$$U_0 \approx \frac{Ib}{2\pi\gamma l^2}$$

式中　b——两足间距离（m）；
l——距接地器中心的距离（m）。

表 2.2-7　几种典型接地器的工频接地电阻计算式

类型	结　构	电阻/Ω
深埋球	（球，半径 a，深埋地下）	$R = \dfrac{1}{4\pi\gamma a}$ 式中　a——球半径（m）

（续）

类型	结 构	电阻/Ω
垂直放置棒形		$R=\dfrac{1}{2\pi\gamma a}\ln\dfrac{2l}{a}$ 式中 a——棒半径（m）； l——棒长度（m）；
埋地面半球		$R=\dfrac{1}{2\pi\gamma a}$ 式中 a——球半径（m）；
水平放置棒形		$R=\dfrac{1}{2\pi\gamma l}\ln\dfrac{l^2}{2ah}$ 式中 l——棒长度（m）； h——棒与地面距离（m）； a——棒半径（m）

43 电磁能量 在线性媒质中，电磁场某一点的电磁能量密度瞬时值 $w(\mathrm{J/m^3})$ 为

$$w=\frac{1}{2}\boldsymbol{D}\cdot\boldsymbol{E}+\frac{1}{2}\boldsymbol{B}\cdot\boldsymbol{H}$$

式中 $\dfrac{1}{2}\boldsymbol{D}\cdot\boldsymbol{E}$——电场能量密度；

$\dfrac{1}{2}\boldsymbol{B}\cdot\boldsymbol{H}$——磁场能量密度。

电磁场某一体积 V 中储存的电磁能量为

$$W=W_e+W_m=\int_V\left(\frac{\boldsymbol{D}\cdot\boldsymbol{E}}{2}+\frac{\boldsymbol{B}\cdot\boldsymbol{E}}{2}\right)\mathrm{d}V$$

44 电磁力 电荷、电流在电磁场中所受力的总称。

（1）静电力的计算

1）两个点电荷之间的相互作用力用库仑定律计算，参见式（2.2-2）。

2）点电荷 q 在电场 $\boldsymbol{E}$ 中所受到的力

$$f=q\cdot\boldsymbol{E}$$

3）带电体或媒质受到的电场力在广义坐标 g 方向的分量 $f(\mathrm{N})$，与静电场的能量 W_e 有以下关系：

$$f=-\frac{\partial W_e}{\partial g}\bigg|_{q=常数}\qquad f=\frac{\partial W_e}{\partial g}\bigg|_{U=常数}$$

4）法拉第观点认为，电场中由 $\boldsymbol{E}$ 线组成的

每一段电力线管沿轴向的张力和侧面的压力在单位面积上的量值都为

$$f=\frac{1}{2}\boldsymbol{D}\cdot\boldsymbol{E}$$

（2）磁场力的计算

1）点电荷 q 在磁场 $\boldsymbol{B}$ 中以速度 v 运动所受的力称为洛仑兹力，为

$$f=q(v\times\boldsymbol{B})$$

2）磁场作用于载流导线 l 上的力

$$f=\int_l I\mathrm{d}l\times\boldsymbol{B}$$

式中 $I\mathrm{d}l$——载流导线上的电流元。

3）载流导体或媒质受到磁场力在广义坐标 g 方向的分量 f 与磁场能量 W_m 有以下关系

$$f=\frac{\partial W_m}{\partial g}\bigg|_{I=常量}\qquad f=-\frac{\partial W_m}{\partial g}\bigg|_{\Psi=常量}$$

4）法拉第观点认为，磁场中 $\boldsymbol{B}$ 线组成的每一段磁力线管沿轴向的张力和侧面的压力在单位面积上的量值都为

$$f=\frac{1}{2}\boldsymbol{B}\cdot\boldsymbol{H}$$

2.4 电磁场的传播、损耗和效应

45 理想介质中的均匀平面波 在理想介质的无源区，电场强度 $\boldsymbol{E}$ 和磁场强度 $\boldsymbol{H}$ 均满足波动方程

$$\nabla^2\boldsymbol{E}-\mu\varepsilon\frac{\partial^2\boldsymbol{E}}{\partial t^2}=0$$

$$\nabla^2\boldsymbol{H}-\mu\varepsilon\frac{\partial^2\boldsymbol{H}}{\partial t^2}=0$$

等相位面为平面，且在等相位面上各点场强相等的电磁波称为均匀平面电磁波。均匀平面电磁波的电场和磁场在空间相互垂直，且都垂直于传播方向，称为横电磁波（TEM 波）。

在无限大理想介质中，沿 x 方向传播的随时间作正弦变化的均匀平面电磁波（设 $\boldsymbol{E}=E_y\boldsymbol{e}_y$，则 $\boldsymbol{H}=H_z\boldsymbol{e}_z$）的表达式为

$$E_y(x,t)=\sqrt{2}E_{y0}^+\sin(\omega t-\beta x+\theta_E)$$

$$H_z(x,t)=\frac{1}{Z_0}\sqrt{2}E_{y0}^+\sin(\omega t-\beta x+\theta_E)$$

式中 E_{y0}^+——电场入射波有效值；

β——相位常数（rad/m），$\beta=\omega\sqrt{\mu\varepsilon}$；

θ_E——电场入射波的初相；

Z_0——波阻抗（Ω），$Z_0=\sqrt{\dfrac{\mu}{\varepsilon}}$。

46 有耗媒质中的均匀平面波

在有耗媒质的无源区，$\boldsymbol{E}$、$\boldsymbol{H}$ 满足的方程为

$$\nabla^2 \boldsymbol{E} - \mu\gamma \frac{\partial \boldsymbol{E}}{\partial t} - \mu\varepsilon \frac{\partial^2 \boldsymbol{E}}{\partial t^2} = 0$$

$$\nabla^2 \boldsymbol{H} - \mu\gamma \frac{\partial \boldsymbol{H}}{\partial t} - \mu\varepsilon \frac{\partial^2 \boldsymbol{H}}{\partial t^2} = 0$$

在无反射情况下，有耗媒质中沿 x 方向传播的正弦均匀平面波的表达式为

$$\begin{cases} E_y(x,t) = \sqrt{2} E_{y0}^+ \mathrm{e}^{-\alpha x} \sin(\omega t - \beta x) \\ H_z(x,y) = \dfrac{1}{|Z_0|} \sqrt{2} E_{y0}^+ \mathrm{e}^{-\alpha x} \sin(\omega t - \beta x - \theta_z) \end{cases}$$

$$\alpha = \omega \sqrt{\frac{\mu\varepsilon}{2} \left(\sqrt{1 + \frac{\gamma^2}{\omega^2 \varepsilon^2}} - 1 \right)}$$

$$\beta = \omega \sqrt{\frac{\mu\varepsilon}{2} \left(\sqrt{1 + \frac{\gamma^2}{\omega^2 \varepsilon^2}} + 1 \right)}$$

$$Z_0 = \sqrt{\frac{\mu}{\varepsilon'}} = |Z_0| \angle \theta_z$$

$$\varepsilon' = \varepsilon + \frac{\gamma}{\mathrm{j}\omega}$$

式中　α——衰减常数（Np/m）；

　　　β——相位常数（rad/m）；

ε'——等效介电常数（F/m）。

当波在良导体中传播时，由于良导体满足 $\dfrac{\gamma}{\omega\varepsilon} \gg 1$ 条件，因而有

$$\alpha \approx \beta = \sqrt{\frac{\omega\mu\gamma}{2}}$$

$$Z_0 \approx \sqrt{\frac{\omega\mu}{\gamma}} \angle 45°$$

由于 α、β 都是频率的函数，因此不同频率的信号经过同一距离后幅值的衰减及相位的滞后量都不同，这种现象称为色散。具有色散性质的媒质称为色散媒质，有耗媒质都是色散媒质。

47 趋肤效应、邻近效应和电磁屏蔽

（1）电磁场在导电媒质中按指数规律衰减。定义电磁波进入导体内场量衰减到表面值的 1/e（即 36.8%）时的深度 d 为透入深度：

$$d = \frac{1}{\alpha} = \sqrt{\frac{2}{\omega\mu\gamma}}$$

电磁场集中分布在导体表面附近的这种现象称为趋肤效应。它增加了导体的电阻，减少了内电感。几种常用材料在不同频率下的透入深度见表 2.2-8。

表 2.2-8　不同频率下几种常用材料的透入深度　　　　（单位：mm）

		铜	铝	铸铁	铸钢	坡莫合金	海水
电导率 γ/（MS/m）		57	38	2	9.7	0.563[①]	10^{-6}
相对磁导率 μ_r		1	1	200	1 000	90 000	1
频率/Hz	50	9.43	11.5	3.56	0.723	0.1	71.2×10^3
	1 000	2.11	2.58	0.796	0.162	0.022 4	15.9×10^3
	8 000	0.745	0.913	0.281	0.057	0.007 9	5.62×10^3
	3×10^8	3.85×10^{-3}	4.71×10^{-3}	1.45×10^{-3}	0.295×10^{-3}	$0.040\ 8 \times 10^{-3}$	50.3

① 其单位为（MS/mm）。

（2）对多导体系统，由于导体之间电磁场的相互作用，影响了导体中传导电流分布的现象称为邻近效应。当导体截面较大，相距很近或频率很高时需考虑邻近效应。

（3）电磁屏蔽　防止或者减少电磁波进入空间某些部位的措施。

1）静电屏蔽：利用接地的导体空腔将空腔内外的场分割为两个互不影响的独立系统。

2）磁屏蔽：利用铁磁材料 $\mu_r \gg 1$ 的特点制成有一定厚度的外壳，使置于其内的设备少受磁干扰。常用屏蔽系数 k 来表示屏蔽效果，当 $\mu_r \gg 1$ 时

$$k = \frac{4}{\mu_r \left[1 - \dfrac{R_1^2}{R_2^2} \right]}$$

式中　R_1、R_2——铁磁壳体的内外半径。

3）电磁屏蔽：利用良导体能阻止高频电磁波透入这一特性可做成电磁屏蔽装置。屏蔽层的厚度必须接近于被屏蔽的电磁波的波长。高频电磁波几乎不能透入铜、铝、铁等金属，所以这些材料常用作电磁屏蔽材料。

48 涡流损耗、磁滞损耗和电介质损耗

（1）涡流损耗　交变电磁场中，由于电磁感应

在导电媒质里引起的环形电流称为涡流。因涡流引起的损耗称涡流损耗。减小涡流损耗常采用切断涡流路径的办法，如用硅钢片叠制成铁心。宽度为 $2b$ 的无限大薄平板中的涡流损耗：

$$P = \frac{H_m^2}{\gamma d} \frac{\sinh \dfrac{2b}{d} - \sin \dfrac{2b}{d}}{\cosh \dfrac{2b}{d} + \cos \dfrac{2b}{d}}$$

式中　H_m——薄板表面磁场强度的最大值；

　　　d——透入深度。

（2）磁滞损耗　由于磁性材料在交变磁场作用下存在不可逆的磁化过程而引起的能量损耗称磁滞损耗。可按下述经验公式计算：

$$P_h = \eta B_m^n f V$$

式中　B_m——磁滞回线上磁感应强度的最大值；

　　　$\eta,\ n$——与材料有关的常数；

　　　V——铁磁物质的体积。

（3）电介质损耗　可分成两部分，一是由于电介质都存在微弱导电性而引起的电导损耗；二是由与电介质有关的极化而引起的损耗。不同材料的介质损耗均用损耗角 δ 的正切表示

$$\tan\delta = \frac{G}{\omega C}$$

式中　G——电介质样品的全部有功电导；

　　　C——电介质样品的全部电容。

49　均匀传输线　当传输线（平行双导线或同轴线）的长度 l 与线上传递信号的波长 λ 可比拟时，电磁波沿线传播所需的时间不能忽略，传输线必须用分布参数的电路模型（见图 2.2-3）来描述。沿线参数均匀分布的传输线称为均匀传输线。线上各点的电压、电流均为 x 的函数，模型中 R_0、L_0、G_0、C_0 分别是传输线单位长度的电阻、电感、电导和电容，称为传输线的原参数。

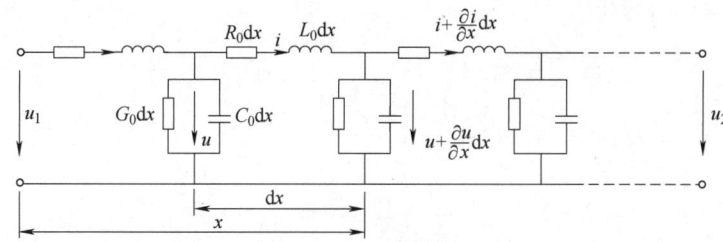

图 2.2-3　均匀传输线电路模型

（1）均匀传输线的方程：

$$\frac{\partial u}{\partial x} = -\left(R_0 i + L_0 \frac{\partial i}{\partial t}\right)$$

$$\frac{\partial i}{\partial x} = -\left(G_0 u + C_0 \frac{\partial u}{\partial t}\right)$$

如果均匀传输线的 R_0、G_0 可忽略不计，称为无损耗传输线。其上的电压电流满足如下的波动方程：

$$\frac{\partial^2 u}{\partial x^2} = L_0 C_0 \frac{\partial^2 u}{\partial t^2} = \frac{1}{v^2}\frac{\partial^2 u}{\partial t^2}$$

$$\frac{\partial^2 i}{\partial x^2} = L_0 C_0 \frac{\partial^2 i}{\partial t^2} = \frac{1}{v^2}\frac{\partial^2 i}{\partial t^2}$$

（2）均匀传输线方程的正弦稳态解　在正弦情况下，沿线电压、电流满足相量形式方程：

$$\begin{cases} \dfrac{\mathrm{d}^2 \dot{U}}{\mathrm{d}x^2} = (R_0 + j\omega L_0)(G_0 + j\omega C_0)\dot{U} = \varGamma^2 \dot{U} \\[2mm] \dfrac{\mathrm{d}^2 \dot{I}}{\mathrm{d}x^2} = (R_0 + j\omega L_0)(G_0 + j\omega C_0)\dot{I} = \varGamma^2 \dot{I} \end{cases}$$

式中　$\varGamma$——传输线的传播常数，

$$\varGamma = \sqrt{(R_0 + j\omega L_0)(G_0 + j\omega C_0)} = \alpha + j\beta;$$

　　　α——衰减常数；

　　　β——相位常数。

设传输线终端为坐标原点，若已知线路终端的电压 $\dot{U}_2$ 和电流 $\dot{I}_2$，则沿线电压、电流的分布为

$$\dot{U}(x) = \dot{U}_2 \cosh\varGamma x - \dot{I}_2 Z_0 \sinh\varGamma x$$

$$\dot{I}(x) = -\frac{\dot{U}_2}{Z_0}\sinh\varGamma x + \dot{I}_2 \cosh\varGamma x$$

式中　Z_0——传输线的特性阻抗，

$$Z_0 = \sqrt{\frac{R_0 + j\omega L_0}{G_0 + j\omega C_0}}\,。$$

对于无损耗传输线有

$$\dot{U}(x) = \dot{U}_2 \cos\beta x - jZ_0 \dot{I}_2 \sin\beta x$$

$$\dot{I}(x) = \dot{I}_2 \cos\beta x - j\frac{\dot{U}_2}{Z_0}\sin\beta x$$

$$\beta = \omega\sqrt{L_0 C_0}$$

$$Z_0 = \sqrt{\frac{L_0}{C_0}}$$

（3）均匀传输线的输入阻抗定义：

$$Z_{in} = \frac{\dot{U}(x)}{\dot{I}(x)} = Z_0 \frac{Z_2 - Z_0 \tanh\Gamma x}{Z_0 - Z_2 \tanh\Gamma x}$$

式中　Z_2——传输线终端负载阻抗，显然 Z_{in} 是传输线长度和负载的函数。

（4）反射系数与匹配

1）反射系数：定义传输线上某点的反射波电压 $\dot{U}^+$ 和入射波电压 $\dot{U}^-$ 的比值为反射系数。传输线终端反射系数为

$$\Gamma = \frac{\dot{U}^+}{\dot{U}^-} = \frac{Z_2 - Z_0}{Z_2 + Z_0}$$

2）匹配：如传输线终端所接负载的阻抗 $Z_2 = Z_0$，此时反射系数 $\Gamma = 0$，即不存在反射波，这种情况称为负载与线路匹配，匹配时沿线各点的 $Z_{in} = Z_0$，线路的传输效率接近最高值，$\eta = e^{-2al}$。

（5）无畸变传输线　当有损耗传输线的原参数满足条件：

$$\frac{L_0}{R_0} = \frac{C_0}{G_0} \tag{2.2-8}$$

这时，$\alpha = \sqrt{R_0 G_0}$ 为常量，$\beta = \omega L_0 \sqrt{\dfrac{G_0}{R_0}}$ 与 ω 成正比，于是对不同频率的信号不会产生振幅及相位畸变。称式（2.2-8）为无畸变条件，满足无畸变条件的传输线为无畸变线、无损耗线一定是无畸变线。

第3章 场的计算和强电场中的击穿效应[1,5,8]

3.1 静电场、恒定电场与磁场的边值问题

50 场的边值问题 均匀媒质内的静电场、恒定电场与磁场的分析都可归结为求解相应的电位函数 φ，磁位函数 φ_m 和磁矢位函数 A 的拉普拉斯方程或泊松方程。将求满足给定边界条件的位函数的拉普拉斯方程或泊松方程的解的问题称为场的边值问题，它有唯一的解答。

51 泊松方程与拉普拉斯方程 电位函数 φ 满足泊松方程：

$$\nabla^2 \varphi = -\frac{\rho}{\varepsilon}$$

在电荷体密度 $\rho = 0$ 的区域，φ 满足拉普拉斯方程：

$$\nabla^2 \varphi = 0$$

磁位函数 φ_m 满足拉普拉斯方程：

$$\nabla^2 \varphi_m = 0$$

磁矢位函数 A 满足泊松方程：

$$\nabla^2 A = -\mu J$$

在电流密度 $J = 0$ 的区域，A 满足拉普拉斯方程：

$$\nabla^2 A = 0$$

52 位函数的定解条件

（1）场域边界上的边界条件，分别称为第一、二、三类边界条件：1）给定边界上的位函数值 $\varphi = f(s)$；2）给定位函数在边界上的法向导数值 $\frac{\partial \varphi}{\partial n} = g(s)$；3）前两者的线性组合 $\varphi + f_1(s)\frac{\partial \varphi}{\partial n} = f_2(s)$。

（2）两种不同媒质的分界面上的衔接条件

1）电位函数 φ 的衔接条件

$$\begin{cases} \varphi_1 = \varphi_2 \\ \varepsilon_1 \dfrac{\partial \varphi_1}{\partial n} - \varepsilon_2 \dfrac{\partial \varphi_2}{\partial n} = \sigma \ \text{或} \ \gamma_1 \dfrac{\partial \varphi_1}{\partial n} - \gamma_2 \dfrac{\partial \varphi_2}{\partial n} = 0 \end{cases}$$

2）磁位函数 φ_m 的衔接条件

$$\begin{cases} \varphi_{m1} = \varphi_{m2} \\ \mu_1 \dfrac{\partial \varphi_{m1}}{\partial n} = \mu_2 \dfrac{\partial \varphi_{m2}}{\partial n} \end{cases}$$

3）磁矢位函数 A 的衔接条件

$$\begin{cases} A_1 = A_2 \\ \dfrac{1}{\mu_1}(\nabla \times A_1)_t - \dfrac{1}{\mu_2}(\nabla \times A_2)_t = K \end{cases}$$

53 边值问题的求解方法

（1）**直接积分的方法** 当场源与场域的形状比较简单，位函数仅是一个坐标的函数，所求解的泊松方程和拉普拉斯方程为二阶的常微分方程，可采用直接积分的方法求解。

（2）**分离变量法** 当位函数是两个或三个坐标的函数，但场域的边界与所选择的坐标系中坐标面相吻合时，常采用分离变量法：先将待求的位函数如 $\varphi(x,y,z)$ 分离成两个或三个各自仅含一个坐标的函数的乘积，组成 $\varphi(x,y,z) = X(x)Y(y)Z(z)$，把它代入场方程，借助"分离常数"可得每一变量的常微分方程，并分别求得其通解，然后组合成偏微分方程的通解，再由边界条件决定分离常数与积分常数，得到位函数的解。

（3）**复位函数法** 能用来处理场域边界的几何形状比较复杂的问题，如椭圆，多角形截面的电极、偏芯电缆、电机气隙及波导等电磁场问题。它是利用复变函数中解析函数的实部与虚部在复平面 Z 的某一区域 D 内都满足拉普拉斯方程的特性，当所求解的二维拉普拉斯场域边界与某一解析函数的图形一致时，则此解析函数的实部或虚部就是所求位函数的解。

（4）**保角变换法** 是利用解析函数 $W = f(Z)$ 的保角变换特性，将 Z 平面上的边界形状较复杂的场域 D，以对应的几何方式变换到边界形状较为简单的 W 平面，求解后再反变换到 Z 平面，获得原问题的解。

（5）**镜像法** 是边值问题中的一种间接求解法，其理论依据是场的唯一性定理。镜像法的基本

原理是在求解的场域之外用虚设的镜像电荷或镜像电流等效替代边界上复杂分布的感应电荷、极化电荷或磁化电流等，只要求解区在等效前后满足同一边值问题，则其解答是唯一的。应用镜像法的关键是找到镜像电荷或电流的位置与大小。注意点是解答适用的区域。

54　静电场与恒定电场和磁场的类比法　在边值问题的分析计算中，根据位场解答的唯一性定理

可以采用类比法，即不论位函数的物理意义是否相同，只要它们具有相似的场方程和相似的边值条件，则它们的解答在形式上完全相似。因而在理论计算和实验研究时可以把某一位场的分析计算及实验结果根据对应关系推广到相同边值问题的其他位场中去。对于由拉普拉斯方程所描述的静电场、恒定电场和磁场，其基本关系式和物理量之间的类比关系见表 2.3-1 和表 2.3-2。

表 2.3-1　导体内（无源部分）恒定电场与 $\rho=0$ 区域静电场间的比拟

导体内恒定电场（无电源部分）	$\mathrm{rot}E=0$	$\mathrm{div}J=0$	$J=\gamma E$	$\nabla^2\varphi=0$	$I=\int J\cdot dS$
静电场（$\rho=0$）	$\mathrm{rot}E=0$	$\mathrm{div}D=0$	$D=\varepsilon E$	$\nabla^2\varphi=0$	$Q=\int D\cdot dS$
物理量间对应关系	$E\text{-}E$	$J\text{-}D$	$\gamma\text{-}\varepsilon$	$\varphi\text{-}\varphi$	$I\text{-}Q$

表 2.3-2　$\rho=0$ 区域静电场与 $J=0$ 区域恒定磁场间的类比

静电场（$\rho=0$）	$\mathrm{rot}E=0$	$\mathrm{div}D=0$	$D=\varepsilon E$	$\nabla^2\varphi=0$	$Q=\int D\cdot dS$
恒定磁场（$J=0$）	$\mathrm{rot}H=0$	$\mathrm{div}B=0$	$B=\mu H$	$\nabla^2\varphi_m=0$	$\Phi=\int B\cdot dS$
物理量间对应关系	$E\text{-}H$	$D\text{-}B$	$\varepsilon\text{-}\mu$	$\varphi\text{-}\varphi_m$	$Q\text{-}\Phi$

3.2　静电场的数值计算与调整

55　电气工程中的静电场　相对于观察者静止且量值不随时间变化的电荷所产生的电场称为静电场。在工程上绝大多数电气设备上的电压变化缓慢，设备尺寸远小于相应电磁波的波长。因此，设备上任一瞬间的电场可以按静电场来分析。

电气工程中的电场分布常常是相当复杂的。为了检查电介质中的最大电场强度是否超过临界场强，也为了选择电极形状和绝缘结构，工程上常需要算出电介质中的最大电场强度。高压静电场的计算方法，可分为分析计算法和数值计算法两大类。

56　静电场的数值计算法　大体分为两大类：1）以微分方程式的形式出现，以离散整个场域为特征，有有限差分法和有限元法；2）以积分方程式的形式出现，以离散边界为特征，有模拟电荷法、表面电荷法和边界元法。另外，还有一种利用统计方法的蒙特卡洛法。

（1）有限差分法　将电场空间划分成适当的网格（常用等步距正交网格），空间节点上的电位为未知数。应用差分原理，用各节点电位的差商来近似替代该点的偏导数，并利用电极上电位为已知的

边界条件，把求解电场的偏微分方程转化为一组相应的差分方程组。解方程，就得到空间各点的电位，由电位梯度可求得电场强度。

（2）有限元法　根据变分法中的欧拉理论，求解静电场拉普拉斯方程的定解问题与求解静电场能量为最小的极值问题等效。将电场空间划分成有限个单元（二维场为小面积，三维场为小体积），假设单元内的电位可用简单关系式给出，从而可将静电场的能量表示成有限个节点电位的函数。使电场能量 W 取得最小值的条件是 W 对各节点电位 φ_i 的导数为 0，即 $\dfrac{\partial W}{\partial \varphi_i}=0$，便可建立对电位的方程组。

与差分法相比，有限元法的程序编制及数据输入要繁杂得多，但对电极形状复杂和多种介质的电场处理方便，在提高计算精度方面有较大的灵活性。

（3）模拟电荷法　根据叠加原理和静电场的唯一性定理，将实际上连续分布在电极表面的电荷用置于电极内部的有限个离散的假想电荷（模拟电荷）来替代，这些模拟电荷共同产生的电场与原电场相同。以模拟电荷的电荷量为未知数，在电极表面上适当位置取与模拟电荷数目相等的轮廓点，模拟电荷群在这些轮廓点上产生的电位应等于电极电

位，列出方程组。解方程组，求得各个模拟电荷的电荷量。接着，根据所求得的模拟电荷，就可求出空间任一待求点的电位和电场。

模拟电荷法不需要通过电位的梯度求电场，因而能获得较高的电场精度。但设置模拟电荷凭经验，并且对于薄电极的情况不易处理。

（4）表面电荷法　表面电荷法的计算步骤与模拟电荷法类似。将电极表面划分成适当的小块，并设各小块内的电荷密度为一定值。以电荷密度为未知数，在电极表面上取与电荷小块数目相等的轮廓点，利用轮廓点的电位等于电极电位的关系，列出方程组，求出各小块的电荷密度，从而计算场域内任一待求点的电位和电场。

与模拟电荷法相比，表面电荷法程序复杂，计算时间长，但可以处理薄层电极和多层介质的界面问题，可以与模拟电荷法混合使用。

（5）边界元法　边界元法是以边界积分方程式和有限元离散手法为基础的一种方法，分为直接法和间接法两种。采用直接法计算时，对于无空间电荷区域，将某一闭合边界划分成 N 个单元，并假设各单元的电位 φ 和 $q=\dfrac{\partial \varphi}{\partial n}$ 的分布。于是，边界上的 φ、q 值就可用各节点 i 的值 φ_i、q_i（作为未知变量）表示出来。以 N 个常数单元为例，可对 N 个节点建立 N 个方程。虽然变量 φ_i、q_i 共有 $2N$ 个，但对于每个节点，φ_i 和 q_i 中总有一个是以边界条件给出的已知数，所以一共只有 N 个未知数，可以求出边界上全部节点的 φ_i、q_i。从而可用边界积分算出区域内任一点的电位。

与表面电荷法相比，边界元法可取任意曲面为边界，而前者只能取电极表面和介质分界面为边界。

（6）蒙特卡洛法　运用概率理论来求解静电场的一种方法。基于描述质点作随机游动时增益期望的方程与泊松方程的差分格式有相同的数学描写，并适合已知的边界条件。根据解答的唯一性，用统计试验方法求出质点作随机游动时增益的期望，即为所求静电场电位的数值解。

蒙特卡洛法适用于只需计算个别点的电场的情况，对于需要计算整个电场分布的问题，则不如前面几种方法。

57　电场的测量　从原理上区分，电场测量方法大体可分为两大类：1）测量相近两点的电位差从而求得电位梯度；2）检测与电场有关的物理量，直接指示出电场值或电场分布。前类测量中常用静

电探针；后类测量又可分为电气方法和光学方法两种。

电气方法中的检测量有感应电荷、电场力、离子电流等；基于介质的电光效应，光学方法利用光折射率随电场线性变化（波克尔斯效应）或随电场二次方变化（克尔效应）的介质-偏振片系统，做得能使透光强度随电场作线性或非线性变化的传感器，测定介质中的电场分布。

58　强电场的产生与调整　工程上，分析解决高压电场问题的主要目的，是在特定的电压和绝缘条件下，如何使最高电场强度不超过规定值。

（1）边缘效应与尖端效应　导体表面的电场强度，与其表面电荷密度成正比。在电极的边缘或尖端，因其曲率半径最小，表面电荷密度最大，电场强度最高，容易发生局部放电。这种现象称为边缘效应与尖端效应。所以，不论电极处于高电位还是接地，必须改善电极形状，避免曲率半径过小或出现尖端。

（2）均匀电场与不均匀电场　电场强度的大小和方向在各处都相同的电场称为均匀电场，如平板电容器极板中间部分的电场，其他情况统称不均匀电场。按不均匀程度的差别，常分为稍不均匀电场和极不均匀电场。前者如球间隙不大于球半径的球隙电场；后者如棒-板间隙的电场。棒对棒间隙的电场是对称的不均匀场，但比棒-板间隙的电场要均匀些。间隙距离相同时，电场愈不均匀，击穿电压愈低。而电气设备中的电场多为不均匀电场，为了提高绝缘结构的电气强度，必须设法减少其不均匀度。

3.3　气体放电和电介质击穿现象

59　气体中的火花放电　在大气压下，在强电场作用下使气体击穿。若电源的功率不太大，则产生火花放电，放电时伴有爆裂声。由于气体击穿后，电流猛增，电源功率不够，电压下降，放电暂时熄灭，待电压恢复后再行放电，因此，火花放电具有间歇性。

火花放电是最常见的一种放电。雷电也是一种火花放电。若其他条件不变，则火花放电的击穿电压取决于电极间距离。高电压技术中常采用测量两个球形电极间产生火花时的距离来测定高电压。

火花放电过程是由电子崩发展到流注等几个阶段所组成的。

（1）电子崩　在外施电压下，气体中的带电粒

子沿电场方向加速，当与气体原子相碰撞时，可能使其电离而产生新的电子和正离子。电子的质量小，比起正离子容易积累动能，碰撞电离能力强。因此，碰撞电离可以看成主要是由电子引起的。新形成的电子和原有电子一起又沿电场加速，碰撞电离产生更多的电子和正离子。在高场强下，带电粒子如高山雪崩那样急剧增多的现象称为电子崩。

电子沿电场方向行经单位距离时若发生 α 次碰撞电离，则当沿电场行经距离 s 时，电子总数将为 $e^{\alpha s}$。

（2）从流注到火花放电　在大气压下，由于空气密度大，电子崩产生后形成的空间电荷不易扩散，使原电场发生畸变，崩内电场削弱，电子和正离子的复合增强；而复合过程中发生的短波光引起周围气体产生光电离，此处新形成的电子又处于局部加强了的电场作用下，更易碰撞电离而出现许多新的电子崩（二次崩）。二次崩与初崩的汇合，组成了充满正负带电粒子的混合通道，此即流注。形成流注的条件是 $e^{\alpha s} \geqslant 10^8$。流注通道的直径虽仅零点几毫米，但导电性能良好，其发展速度比电子运动速度（10^7cm/s）要大 1~2 个数量级，这即流注理论。

在均匀电场中，一旦出现流注，即形成贯穿整个间隙的火花放电。在不均匀电场中，流注先局限在场强较大的电极附近，当电压再高，才会有贯穿整个间隙的火花放电。

当间隙距离相当长时，间隙内弱电场区较宽，流注通道伸展到一定距离后就停滞下来，在火花放电形成前先出现先导放电。间隙中如出现先导放电，则平均火花放电场强度显著降低，使长间隙的平均放电电压远低于短间隙的。

（3）放电迟延　气体间隙形成火花放电，不仅需要足够的场强，还需一定的电压作用时间（放电迟延时间）：1）统计时延　指从电压上升至放电电压的瞬间起，到出现能产生碰撞电离的有效电子所经的时间；2）放电形成时延　指有效电子出现到形成间隙火花放电的时间。均匀电场中，放电迟延较小；在极不均匀电场中放电形成时间较长，且分散性也大。

因此，当电极布置及距离一定时，均匀电场中的冲击、工频、直流电压下的火花放电电压相近、分散性也小，而不均匀场中的冲击放电电压比工频、直流的高得多。

（4）极性效应　在棒-板等不均匀电场中，气隙放电表现出明显的极性效应。这是因为棒极附近的电场强度很高，而远离棒极的区域，电场强度要低得多，因此局部放电首先发生在棒极附近。电子崩产生后迅速形成空间电荷，由于正离子运动慢，正空间电荷出现在棒极附近。根据棒极性不同，空间电荷对放电的影响是不同的。

无论是直流或冲击电压下，当棒极为正时，间隙的火花放电电压较低。同样，工频电压下的火花放电发生在当棒极为正半周时，峰值接近于正极性时的直流放电电压值。

（5）压力效应　空气间隙的火花放电电压与气体压力有关。当气压下降后，电子在两次碰撞间所经的平均自由行程增大，从电场获得的动能增多；碰撞电离能力增强，火花放电电压降低。因而在高海拔地区，每升高 1km，放电电压约降低 10%。

在真空度高于 10^{-2}Pa 时，放电电压很高，且与真空度关系不大；但若真空度 $<10^{-2}\text{Pa}$，则放电电压急剧下降。这是因为高真空间隙中，电子平均自由行程比间隙大得多，很难直接由气体电离引起火花放电，但真空间隙在一定电压下仍会发生放电现象，放电电压受很多因素的影响，分散性很大。

高气压下，电子的平均自由行程短，碰撞电离困难，因而间隙的火花放电电压高。在均匀或稍不均匀电场中，当气压在 1MPa 以下时，压缩空气的放电电压几乎随气压线性增大。

60　真空中气体的辉光放电　在气体压强较低（约 133Pa）的条件下，当两极间的电压增加到一定数值时，气体被击穿，出现图 2.3-1 的特性。图中 CF 段称为辉光放电。图中 DE 段称为正常辉光放电，这时随着电流的增加，分子的碰撞电离也加剧，气体的电导随电流正比增加，从而使 $U=I/G$ 约为常数。当电流继续增加时，电导不再增加，图中 EF 段称为异常辉光放电。当电流到达 F 点时，电压又突然下降，辉光放电过渡到弧光放电。

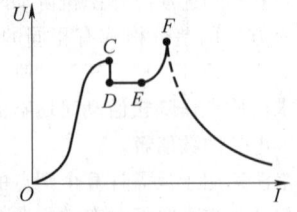

图 2.3-1　辉光放电的特性曲线

辉光放电时，气体中有特殊的亮区和暗区。极间电压集中在阴极附近极窄区域内。而且电压不随电流变化，有稳压特性。辉光放电用于日光灯、霓虹灯等。其稳压特性可用做氖稳压管。近年来气体辉光放电技术广泛应用于晶体及非晶体半导体薄膜技术以及各种化学真空淀积（CVD）技术中。

61　电晕放电　在极不均匀电场的空气间隙中，随外施电压升高，曲率半径较小的电极表面附近的场强将首先达到引起空气电离的值，并在满足形成流注的条件后，形成自激导电并发光，称为电晕放电。电晕放电时，气体的电离和发光只在带电体表面周围形成电晕层，在电晕层外不发生电离。当电压增大时，有可能过渡到火花放电。

导线表面附近发生电晕放电时，伴随有较大的噪声及无线电干扰。电晕和无线电干扰的电平，主要取决于导线表面场强的大小。对于非高海拔地区的输电线路，一般以场强 28kV/cm（峰值）为控制值。导线表面状态对电晕放电也有很大影响，往往使用一段时间后，表面突出点会减少，干扰明显下降。电晕放电往往是高压输电线线路损失的主要原因。

电晕放电也可以利用。例如避雷针是利用电晕放电，使导体上的电荷逐渐漏失。

62　气体中的沿面放电　指固体（或液体）介质与气体同处于电场中时，常发生的沿介质分界面的气体放电。当沿面放电到达另一电极时为闪络。因受固体介质表面状态、形状等因素的影响，闪络电压总是低于（最多等于）相同电极结构、相同距离的纯气体间隙的火花放电电压。图 2.3-2 所示的绝缘结构是各式绝缘结构中闪络电压最低的。

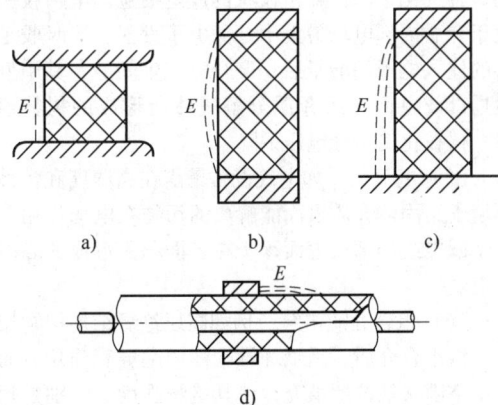

图 2.3-2　几种绝缘结构的沿面电场分布
a）均匀电场
b）、c）不均匀电场、电力线与分界面平行
d）不均匀电场、电力线与分界面斜交

沿面放电与固体介质表面的电场分布有很大关系。

（1）均匀电场　电力线与分界面平行，见图 2.3-2a。由于固体介质表面电阻的不均匀，使闪络电压降低。

（2）不均匀电场　1）电力线与分界面平行，见图 2.3-2b、c，放电过程包括电晕、刷形放电、闪络几个阶段，闪络电压接近于相同电极布置的空气间隙的火花放电电压；2）电力线与分界面垂直，见图 2.3-2d，其特点是具有很大的垂直于介质表面的电场法线分量，例如套管式电缆终端的近法兰处、电机线棒出槽处、平板电容器极板边缘处等，这种结构的闪络电压比电力线与界面平行时低得多，放电阶段明显，往往经电晕、刷形放电而形成滑闪放电最终导致闪络。滑闪放电对有机绝缘的损伤特别明显，必须采用防止的措施。

防止表面滑闪放电的方法有：1）减小绝缘结构的表面比电容值，如加大具有空腔的套管在法兰处的直径，在电缆终端处增绕绝缘使直径加大等；2）电力线不斜入介质，如法兰紧靠裙边，使此处电力线只经过单一介质（瓷体），而不经过空气后再斜入固体介质；3）在场强最集中处涂半导体漆，如高压电机绝缘线棒出槽口处，涂后可改善电场的分布；4）在电极附近加均压环，如电容式套管中的均压极板，可改善沿面电压分布。

63　弧光放电　通常产生弧光放电的方法是使两极接触后随即分开，由于短路产生的焦耳热，使阴极表面温度升得很高，产生热电子发射；此外，正离子撞击阴极产生二次电子发射；阴极表面附近极窄区域内形成的强电场产生场致发射。这些因素使得放电电流很大，产生几千摄氏度甚至上万摄氏度的高温。伴随弧光放电有强烈的光辉。

弧光放电用于闪光灯、光谱电源、冶炼、焊接及高熔点金属切割等。但是，大电流电路开关断开会产生弧光，必须采取灭弧措施。

64　液体电介质的击穿规律

（1）击穿过程　工程用液体介质总含有少量气体和杂质，使其击穿场强远低于纯净的液体介质。例如变压器油（以下简称油）中若含气泡，在外施交变电压下，气泡中分配到的场强比油中场强高，而气泡的击穿场强却低得多，这导致气泡先电离，温度升高、体积膨胀，形成的带电粒子又促使旁边的油分解。这样逐步扩大了的气泡容易在电极间排成"小桥"，导致击穿。

电力设备中的油又常含有纤维，尤其是那些含潮的纤维很容易在电极间排成杂质小桥，使电场畸变、局部场强增高，促使油分解出气体，最后在气体通道中先击穿。

（2）油中沿面放电　油中沿固体介质表面的闪络与气体中沿面闪络很相似。当电力线与分界面平行时，油中沿面闪络电压随着间距而增大，在固体介质吸潮后降低。试验指出，工频下的闪络电压与纯油间隙时的击穿电压相近；当电力线与分界面斜交时，与气体中相似，在很低交变电压下就出现滑闪放电，闪络电压很低。

（3）油-屏障绝缘　工程用油不可避免地会含有杂质。为减小杂质的影响，提高油间隙的击穿电压，在油隙中常采用油-屏障绝缘，如覆盖层、绝缘层、屏障等。在图 2.3-3b 中，在不均匀电场中曲率半径小的电极上，覆盖零点几毫米以下的电缆纸、塑料薄膜或涂以绝缘漆膜，叫覆盖层，它能阻止杂质"小桥"的形成。在图 2.3-3c 中，当纸和薄膜在曲率半径小的电极上包到几毫米以上时称绝缘层，它不但起着覆盖层的作用，并能承受部分电压。在图 2.3-3d 中，在油间隙中放置比电极形状稍大、厚度为 1~3mm 的绝缘筒或板作为极间屏障，用以阻止杂质"小桥"的形成。在断路器和变压器中广泛采用油-屏障或覆盖加屏障，见图 2.3-3e。当油隙愈小，油的击穿场强愈高，为此，高压电力变压器中采用多层屏障，见图 2.3-3f。

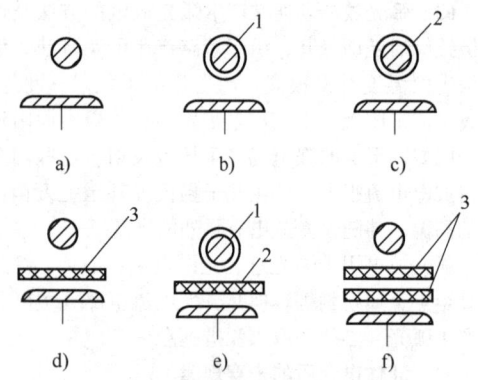

图 2.3-3　油-屏障绝缘示意图
a）纯油间隙　b）覆盖　c）绝缘
d）屏障　e）覆盖+屏障　f）多层屏障
1—覆盖层　2—绝缘层　3—屏障

65　固体电介质的击穿规律　击穿形式主要有电击穿、热击穿及电化学击穿等。

（1）电击穿　在强电场中固体介质的导带中可能因冷发射或热发射而存在少量电子，这些电子一面在外电场作用下被加速获得动能，一面与晶格振动相互作用而激发晶格振动。当电子从电场获得的能量大于损失给晶格振动的能量时，电子的动能就不断增大，在大到一定值后，电子与晶格振动的相互作用将导致电离产生新电子，自由电子迅速增多、电流剧增，发生电击穿。电击穿在很短暂电压下就可能发生，击穿电压高。

（2）热击穿　在交变电场中，固体介质因介质损耗等产生的热量使其温度升高；随着温度的上升，往往介质损耗及发热更大，如散热跟不上，热平衡将被破坏而温度不断增高，最终使最热处的介质局部熔化、烧焦而热击穿。与电击穿相比，热击穿往往在较长时间电压作用下发生，击穿电压较低，且与环境温度、散热条件等有关。

（3）电化学击穿　是由局部放电引起的电、热和化学等因素的长期综合作用所致。例如高电压复合介质内部不可避免地含有气隙，气体的局部放电不但发热，且放电产生的带电粒子在电场下加速运动撞击介质表面，而且又分解出臭氧等氧化剂，引起介质劣化而导致击穿，对纸、薄膜等有机材料的危害很大。电化学击穿在更长期电压作用下形成，击穿电压远低于电击穿电压。

（4）电树枝化　电树枝化是固体介质在电场作用下的一种老化形式，在高电压聚合物介质中常见到这种气化了的俨如树枝状的放电痕迹。电树枝引发于介质内部电场最集中处的电子发射，当吸收足够的注入电子的能量后，聚合物产生间隙，其中发生局部放电而导致介质分解气体所形成的树枝通道，树枝化使击穿电压下降。

（5）电痕化　如电气设备暴露在高湿度和污秽环境下，固体介质表面能解离的污物在电场作用下由于漏电或局部放电而逐步在表面积累形成的导电通道。

（6）组合介质击穿　例如高压绝缘结构中常用的油纸组合介质，因纸纤维在油中起屏障作用，而纸中空隙又被油所填充，使其绝缘强度、特别是短时绝缘强度很高，可达 1MV/mm 以上。若用高质量塑料薄膜代替纸与油组合，可比油纸组合介质的绝缘强度更高；此外，不同介质的组合还可满足不同的要求。

第4章 电 路[1,6]

4.1 电路与电路定律

66 电路与电路模型 电路理论所涉及的电路是实际电路的数学模型，也称为电路模型。电路由理想电路元件（简称电路元件）和理想导线连接而成，电路元件是概括实际电路中主要物理过程的一种集中参数元件，理想导线在电路中不产生电场、磁场和能量损耗。

67 电路变量 电路中最基本的变量是电压 $u(t)$、电流 $i(t)$、电荷 $q(t)$ 及磁链 $\Psi(t)$。在线性电路中，通常用 $u(t)$ 及 $i(t)$ 作为基本变量。

在电路分析和计算中，当不能确定某两点之间电压的真实方向时，可假定电压的方向，称为电压的参考方向；当不能确定电流在元件或导线中真实流向时，可假定电流的方向，称为电流的参考方向。

68 电路元件

（1）电阻元件 二端电阻元件的端电压 u 与电流 i 有确定的代数关系。该函数关系在 u-i 坐标轴上的图形表示称为电阻的伏安特性。

（2）电容元件 二端电容元件的电荷 q 与电压 u 有确定的代数关系。该函数关系在 q-u 坐标轴上的图形表示称为电容的库伏特性。

（3）电感元件 二端电感元件的磁链 Ψ 与电流 i 有确定的代数关系。该函数关系在 Ψ-i 坐标轴上的图形表示称为电感的韦安特性。

（4）独立电源 是电路中的能量源或信号源，也是电路中产生响应的激励。独立电源有两种类型：1）电压源 为二端元件，当它接入任一电路后，无论流过的电流值为多少，其两端总保持规定的电压 $u_s(t)$，如果 $u_s(t)$ 是一个常数，则该电压源称为恒定电压源；2）电流源 也是一个二端元件，当它接入任一电路后，无论该电路的端电压为多少，而电流源流入该电路的电流总保持规定值 $i_s(t)$。

（5）受控电源 称为非独立电源，其电源参数 u_s 或 i_s 不是独立量，而是电路中某处电压或电流的函数。受控电源有四种：电压控制电压源［VCVS］，电流控制电压源［CCVS］，电压控制电流源［VCCS］，电流控制电流源［CCCS］。当受控源的控制系数是常数时，称为线性受控电源。

（6）耦合电感 两个相互耦合的电感线圈见图 2.4-1，图中 M 为电感 L_1、L_2 的互感系数，简称互感。L_1 和 L_2 加小黑点的端子称为同名端，或对应端。端口处电压、电流关系为

$$u_1 = L_1[\mathrm{d}i_1/\mathrm{d}t] + M[\mathrm{d}i_2/\mathrm{d}t]$$
$$u_2 = M[\mathrm{d}i_1/\mathrm{d}t] + L_2[\mathrm{d}i_2/\mathrm{d}t]$$

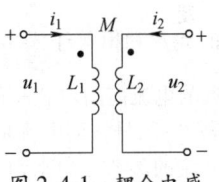

图 2.4-1 耦合电感

（7）理想变压器 是二端口元件，图形符号见图 2.4-2；端口处电压、电流关系为

$$u_1 = nu_2 \,; \quad i_1 = -\frac{1}{n}i_2$$

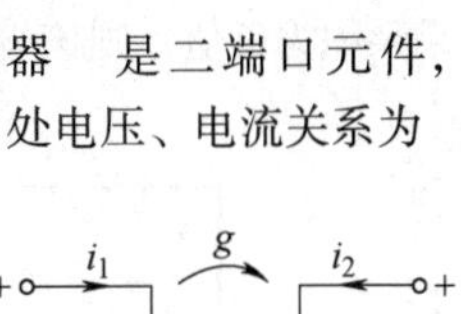

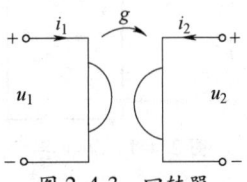

图 2.4-2 理想变压器

n—理想变压器一、二次的变比

（8）回转器 是二端口元件，图形符号见图 2.4-3；端口处电压、电流关系为

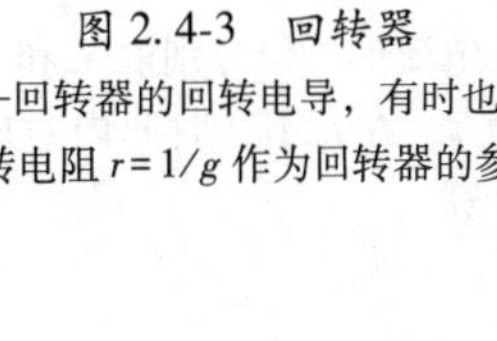

图 2.4-3 回转器

g—回转器的回转电导，有时也用回转电阻 $r = 1/g$ 作为回转器的参数

$$u_1 = -\frac{1}{g}i_2 ; \quad i_1 = gu_2$$

（9）运算放大器　运算放大器简称运放，是一种电压放大器件。理想化的运放模型是一个多端电路元件，其图形符号见图 2.4-4。图中端子 1 为倒向输入端，端子 2 为非倒向输入端，端子 3 为输出端。输出电压与输入电压的关系为

$$u_0 = A(u_+ - u_-)$$

式中　A——运放的放大倍数。

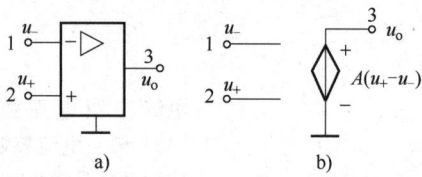

图 2.4-4　运算放大器
a）运算放大器的图形符号　b）运算放大器的受控源模型

69　基尔霍夫定律　基尔霍夫第一定律又称基尔霍夫电流定律（KCL）；基尔霍夫第二定律又称基尔霍夫电压定律（KVL）。

（1）KCL　在电路中任何时刻，对任一节点，所有支路电流的代数和恒等于零。写为 $\sum\limits_{k=1}^{l} i_k = 0$，式中若流出节点的电流前面取"+"号，则流入节点的电流前面取"−"号，而电流是流出节点还是流入节点均按电流的参考方向来判断；l 为连接该节点的支路数。

（2）KVL　在电路中任何时刻，沿任一回路所有支路电压的代数和恒等于零，写为 $\sum\limits_{k=1}^{m} u_k = 0$。写该式时，首先需要任意指定一个绕行回路的方向。凡支路电压的参考方向与回路绕行方向一致者，在该式中此电压前面取"+"号；支路电压参考方向与回路绕行方向相反者，则前面取"−"号。式中 m 为包含在回路中的支路数。

70　电能与电功率　在一个端口（电路向外引出的一对端子）上，各物理量的参考方向见图 2.4-5，则电功率 $p = ui$，如果乘积为正值，为该端口所吸收的电功率。如果乘积为负值，则该端口实际发出电功率，其值为 $|ui|$。

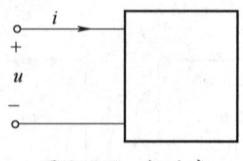

图 2.4-5　电功率

当电压、电流的单位分别取 V 和 A 时，电功率单位为 W（瓦）。在 t_0 到 t 时间内对应电功率 p 的能量由下式计算：

$$W = \int_{t_0}^{t} p\,\mathrm{d}t$$

当功率为恒定值 P 时，上式成为 $W = P(t - t_0)$。

4.2　正弦电流电路

71　正弦量的最大值、频率和相角　电路变量电压 $u(t)$、电流 $i(t)$ 均按同频率正弦时间函数变化的线性电路称为正弦电流电路。按正弦函数变化的电路变量称为正弦量。例如正弦电流 $i(t)$ 定义为

$$i(t) = I_m \cos(\omega t + \psi) \qquad (2.4\text{-}1)$$

式中　I_m——正弦电流的最大值或振幅（A）。

式（2.4-1）中的角度（$\omega t + \psi$）称为正弦电流的相角或相位。$t = 0$ 时的相角 ψ 称为初相角，简称为初相。两个同频率正弦量的初相之差称为它们的相位差。相位差为零的两个正弦量，称之为同相。

相角在每秒中变化的弧度数称为角频率，以 $\omega(\mathrm{rad/s})$ 表示，有以下关系：

$$T = \frac{1}{f} \quad \omega = 2\pi f = \frac{2\pi}{T}$$

式中　f——频率（$\mathrm{s^{-1}}$）；

T——周期。

线性电路在正弦电源作用下，稳态时电路中所有电压和电流都是同频率的正弦量。

72　正弦量的有效值和平均值

（1）有效值　与周期量的一个周期的平均效应相等的恒定量（直流量）称为周期量的有效值，又称方均根值。例如式（2.4-1）定义的正弦电流 $i(t)$ 的有效值 I 为

$$I = \sqrt{\frac{1}{T}\int_0^T [i(t)]^2 \mathrm{d}t} = I_m/\sqrt{2} = 0.707 I_m$$

交流电工设备中标称的额定电压、电流和许多

交流仪表（电压表、电流表）的读数均为有效值。

（2）平均值　周期量的平均值是指一个周期内绝对值的平均值。例如式（2.4-1）定义的正弦电流 $i(t)$ 的平均值 I_a 为

$$I_a = \frac{2}{\pi} I_m = 0.637 I_m$$

73　波形因数与波顶因数　用来反映周期性交流量波形的性质：

波形因数　k_f = 有效值/平均值，

波顶因数　k_c = 最大值/有效值。

74　相量法（复数符号法）　是利用复数量来表示正弦量以求解正弦电流电路稳态响应的方法。由于在一个稳态正弦电流电路中各正弦量都是同频率的，所以分析时可暂时不考虑它们的角频率 ω，只要以复数的模表示正弦量的有效值（或幅值），以复数的幅角表示正弦量的初相角，就能完全确定该正弦量。这种复数称为相量。其关系如下：

瞬时正弦量　　　相量

电流　$i = \sqrt{2} I \cos(\omega t + \psi_i) \Leftrightarrow \dot{I} = I\underline{/\psi_i}$

电压　$u = \sqrt{2} U \cos(\omega t + \psi_u) \Leftrightarrow \dot{U} = U\underline{/\psi_u}$

一个正弦量采用相量表示后，该正弦量的导数和积分也是相量。如 $i = \sqrt{2} I \cos(\omega t + \psi)$ 采用相量 $\dot{I} = I\underline{/\psi}$ 后，则

$$L\frac{di}{dt} \Leftrightarrow j\omega L \dot{I}$$

$$\frac{1}{C}\int i dt \Leftrightarrow -j\frac{1}{\omega C}\dot{I}$$

正弦电流电路 KCL 的相量形式为 $\sum \dot{I} = 0$，KVL 的相量形式为 $\sum \dot{U} = 0$。

75　电路元件的电压、电流关系（VCR）与相量图　电阻、电容、电感、耦合电感的 VCR 及其相量图见表 2.4-1。

表 2.4-1　**R、C、L（M）的 VCR 的相量形式**

原　参　数	电　路　图	VCR	相　量　图
电阻 R/Ω		$u_R = Ri$　$\dot{U}_R = R\dot{I}$	$\dot{I}$ 和 $\dot{U}_R$ 同相
电容 C/F		$u_c = \frac{1}{C}\int i dt$　$\dot{U}_c = -j\frac{1}{\omega C}\dot{I} = jX_c\dot{I}$	$\dot{I}$ 超前于 $\dot{U}_C$ 90°
电感 L/H		$u_L = L\frac{di}{dt}$　$\dot{U}_L = j\omega L\dot{I} = jX_L\dot{I}$	$\dot{I}$ 滞后于 $\dot{U}_L$ 90°
耦合电感 M/H		$\dot{U}_1 = j\omega L_1 \dot{I}_1 \pm j\omega M\dot{I}_2$ [①]　$\dot{U}_2 = \pm j\omega M\dot{I}_1 + j\omega L_2\dot{I}_2$	—

① 互感电压前的正负号可根据同名端以及指定的电流和电压的参考方向来判别。当施感电流的进端与互感电压的正极性端互为同名端时取正号，否则取负号。当耦合电感有公共端钮时，也可应用互感消去法先将含有互感的电路变换为无互感的电路，然后再进行分析。

76　复阻抗与复导纳　电阻、电感与电容串、并联的 VCR、复阻抗或复导纳见表 2.4-2。

4.3　三相正弦电流电路

77　对称三相电源　三个同频、等幅、依次的相位差相等的三个正弦电压源称为对称三相电源。

它们依次称为 A 相、B 相和 C 相，它们的表达式及其相量分别为

A 相　$u_A = \sqrt{2} U \cos(\omega t) \Leftrightarrow \dot{U}_A = U\underline{/0°}$

B 相　$u_B = \sqrt{2} U \cos(\omega t - \varphi) \Leftrightarrow \dot{U}_B = \alpha^2 \dot{U}_A$

C 相　$u_C = \sqrt{2} U \cos(\omega t + \varphi) \Leftrightarrow \dot{U}_C = \alpha \dot{U}_A$

式中，$\alpha = 1\underline{/\varphi}$。当 $\varphi = 120°$ 时称为正序（顺序）；

当 $\varphi=-120°$ 时称为负序（反序）；当 $\varphi=0°(360°)$ 时称为零序。除零序外，有 $u_A+u_B+u_C=0$。

含有三个频率相同而相位各异的正弦电压源的电路，称为三相正弦电流电路。

表 2.4-2　电阻、电感与电容的串联和并联

联接方式	串　联	并　联
电路图	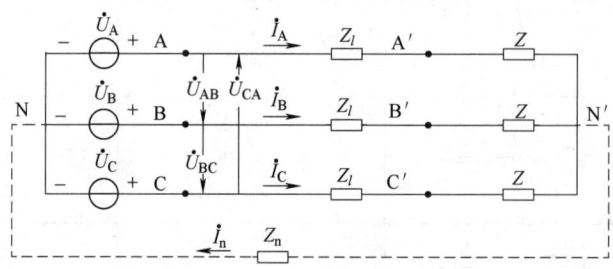	
VCR	$\dot{U}=\left(R+j\omega L-j\dfrac{1}{\omega C}\right)\dot{I}=Z\dot{I}$	$\dot{I}=\left(\dfrac{1}{R}-j\dfrac{1}{\omega L}+j\omega C\right)\dot{U}=Y\dot{U}$
复阻抗 Z 或复导纳 Y	$Z=R+jX=\|Z\|\underline{/\varphi}$ 阻抗模 $\|Z\|=\sqrt{R^2+X^2}$ 阻抗角 $\varphi=\arctan\left(\dfrac{X}{R}\right)$ 其中：电抗 $X=X_L+X_C$ 感抗 $X_L=\omega L$ 容抗 $X_C=-\dfrac{1}{\omega C}$	$Y=G+jB=\|Y\|\underline{/\varphi'}$ 导纳模 $\|Y\|=\sqrt{G^2+B^2}$ 导纳角 $\varphi'=\arctan\left(\dfrac{B}{G}\right)$ 其中：电纳 $B=B_L+B_C$ 感纳 $B_L=-\dfrac{1}{\omega L}$ 容纳 $B_C=\omega C$

78　星形（Y）联结　三相电源和三相负载的星形联结，称 Y-Y 联结（三相三线制）和 Y_0-Y_0 联结（含虚线所示部分为三相四线制），见图 2.4-6。

虚线所示部分称为中性线（或零线），节点 N、N′ 称为电源和负载的中性点。电源和负载之间的三条连接线称为端线，Z_l 称为端线阻抗。

图 2.4-6　Y-Y（含虚线时 Y_0-Y_0）联结

（1）相电压、线电压、相电流、线电流　图 2.4-6 中 $\dot{U}_A$、$\dot{U}_B$、$\dot{U}_C$ 是相电压；$\dot{U}_{AB}$、$\dot{U}_{BC}$、$\dot{U}_{CA}$ 是线电压；$\dot{I}_A$、$\dot{I}_B$、$\dot{I}_C$ 是线电流；$\dot{I}_n$ 是中线电流。不论电源或负载，在星形联结时有下列关系：

1）相电流就是线电流；

$$\left.\begin{array}{l}\dot{U}_{AB}=\dot{U}_A-\dot{U}_B\\[4pt]\dot{U}_{BC}=\dot{U}_B-\dot{U}_C\\[4pt]\dot{U}_{CA}=\dot{U}_C-\dot{U}_A\end{array}\right\}$$

2）

3）$\dot{I}_n=\dot{I}_A+\dot{I}_B+\dot{I}_C$

若无中性线，则 $\dot{I}_n$ 为零，即 $\dot{I}_A+\dot{I}_B+\dot{I}_C=0$；

4）不论有无中性线，都有下式关系

$$\dot{U}_{AB}+\dot{U}_{BC}+\dot{U}_{CA}=0$$

（2）对称三相星形电路的计算：由对称的三相电源，对称的三相负载（三个负载阻抗相等）和对称的三相输电线路（三条线路阻抗相等）组成的电路称为对称三相电路。对称三相电路都可以等效转换为一相（如 A 相）计算，其他两相可按对称关系直接写出。

电流（正序）：$\dot{I}_A=\dfrac{\dot{U}_A}{Z_l+Z}$；$\dot{I}_B=\alpha^2\dot{I}_A$；$\dot{I}_C=\alpha\dot{I}_A$

线电压和相电压（正序）：$\dot{U}_{AB}=\sqrt{3}\underline{/30°}\,\dot{U}_A$；

$\dot{U}_{BC}=\sqrt{3}\underline{/30°}\,\dot{U}_B$；$\dot{U}_{CA}=\sqrt{3}\underline{/30°}\,\dot{U}_C$

79　三角形（△）联结　三相电源和三相负载的三角形联结，见图 2.4-7。这种联结也属于三相三线制。

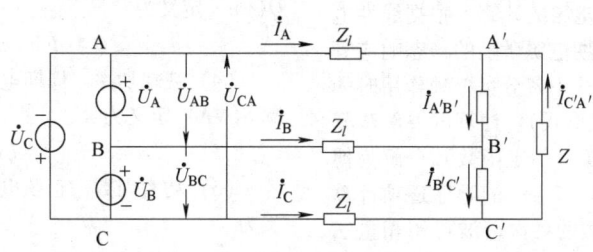

图 2.4-7　△-△联结

（1）相电压、线电压、相电流、线电流　不论电源或负载，在三角形联结时有下列关系：

1）线电压就是相电压；

2）$\left.\begin{array}{l}\dot{I}_A = \dot{I}_{A'B'} - \dot{I}_{C'A'} \\ \dot{I}_B = \dot{I}_{B'C'} - \dot{I}_{A'B'} \\ \dot{I}_C = \dot{I}_{C'A'} - \dot{I}_{B'C'}\end{array}\right\}$；

3）$\dot{I}_A + \dot{I}_B + \dot{I}_C = 0$；

4）$\dot{U}_{AB} + \dot{U}_{BC} + \dot{U}_{CA} = 0$。

（2）对称三相三角形电路的计算　电源与负载先变换为等效星形的电源与负载，再按星形电路求解。求出线电流，则相电流

$$\dot{I}_{A'B'} = \frac{1}{\sqrt{3}} \angle 30° \dot{I}_A ; \quad \dot{I}_{B'C'} = \frac{1}{\sqrt{3}} \angle 30° \dot{I}_B ; \quad \dot{I}_{C'A'} = \frac{1}{\sqrt{3}}$$

$\angle 30° \dot{I}_C$。

80　对称分量法　对称分量法是分析具有不对称电源或负载的三相电路的重要方法。任一组三相不对称电源，如设为 $\dot{U}_A$、$\dot{U}_B$、$\dot{U}_C$，可以分解成三部分，即正序对称分量（设为 $\dot{U}_{Ap}$、$\dot{U}_{Bp}$、$\dot{U}_{Cp}$）、负序对称分量（为 $\dot{U}_{An}$、$\dot{U}_{Bn}$、$\dot{U}_{Cn}$）和零序对称分量（为 $\dot{U}_{A0}$、$\dot{U}_{B0}$、$\dot{U}_{C0}$），$\dot{U}_A$、$\dot{U}_B$、$\dot{U}_C$ 为三部分之和。各对称分量与不对称量之间的关系为

1）$\left.\begin{array}{l}\dot{U}_A = \dot{U}_{Ap} + \dot{U}_{An} + \dot{U}_{A0} \\ \dot{U}_B = \dot{U}_{Bp} + \dot{U}_{Bn} + \dot{U}_{B0} \\ \dot{U}_C = \dot{U}_{Cp} + \dot{U}_{Cn} + \dot{U}_{C0}\end{array}\right\}$；

2）$\left.\begin{array}{l}\dot{U}_{Ap} = (\dot{U}_A + \alpha \dot{U}_B + \alpha^2 \dot{U}_C)/3 \\ \dot{U}_{An} = (\dot{U}_A + \alpha^2 \dot{U}_B + \alpha \dot{U}_C)/3 \\ \dot{U}_{A0} = (\dot{U}_A + \dot{U}_B + \dot{U}_C)/3\end{array}\right\}$

4.4　非正弦周期电流电路

81　非正弦周期量与高次谐波　对于一个非正弦的周期量 $f(t)$，在一个周期内函数是连续的或仅有有限个第一类间断点，仅有有限个极大值与极小值时，可利用傅里叶级数展开为各种不同频率的正弦分量与直流分量：

$$f(t) = F_0 + \sum_{k=1}^{\infty}(A_k \sin k\omega t + B_k \cos k\omega t) \quad (2.4-2)$$

或

$$f(t) = F_0 + \sum_{k=1}^{\infty} F_{mk}\cos(k\omega t + \psi_k) \quad (2.4-3)$$

式中　　　　　F_0——直流分量；

$F_{m1}\cos(\omega t + \psi_1)$——基波分量；

$F_{m2}\cos(2\omega t + \psi_2)$——二次谐波分量；余类推。所有 $k \geqslant 2$ 的各次谐波总称为高次谐波；

F_{mk}——k 次谐波的幅值；

ψ_k——k 次谐波的初相角。

式（2.4-2）中的 F_0、A_k、B_k 可直接由给定的非正弦周期量 $f(t)$ 求出；式（2.4-3）中的 F_{mk}、ψ_k 可由 A_k、B_k 求出，分别列出如下关系：

$$F_0 = \frac{1}{T}\int_0^T f(t)\mathrm{d}t$$

$$A_k = \frac{2}{T}\int_0^T f(t)\sin k\omega t \mathrm{d}t$$

$$B_k = \frac{2}{T}\int_0^T f(t)\cos k\omega t \mathrm{d}t$$

$$F_{mk} = \sqrt{A_k^2 + B_k^2}$$

$$\psi_k = \arctan\frac{-A_k}{B_k}$$

式中　T——$f(t)$ 的周期；

ω——周期为 T 的正弦量的角频率，即 $f(t)$ 的基波角频率。

82　非正弦周期量的有效值　非正弦周期量 $f(t)$ 的方均根值定义为它的有效值 F：

$$F = \sqrt{\frac{1}{T}\int_0^T [f(t)]^2 \mathrm{d}t} = \sqrt{F_0^2 + \sum_{k=1}^{\infty} F_k^2}$$

式中　F_1、F_2、…——基波、二次谐波、…的有效值，且 $F_k = F_{mk}/\sqrt{2}$。

83　非正弦周期电流电路的计算　根据线性电路的叠加定理，非正弦周期电源激励的稳态响应等于电源的傅里叶级数展开式中各分量单独作用时的稳态响应的代数和（时域形式）。计算的一般步骤为：1）将非正弦周期电源（给定函数）分解为傅里叶级数；2）按 $k = 0$，1，2，…的顺序逐项计算相对应的稳态响应（$k \geq 1$ 的各次谐波可用相量法计算），计算所取项数（截断项数）视精度要求而定；3）最后按时域形式求响应的代数和。

4.5　功率与功率因数

84　正弦电流电路的功率与功率因数　正弦电流一端口见图 2.4-8，设其端电压 $u(t) = \sqrt{2}U\cos(\omega t + \psi_u)$，输入电流 $i(t) = \sqrt{2}I\cos(\omega t + \psi_i)$。

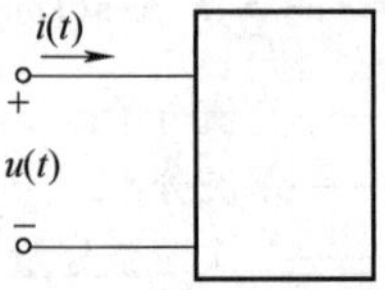

图 2.4-8　正弦电流一端口

（1）瞬时功率　正弦电流一端口吸收的瞬时功率 $p(t)$（W）为

$$p(t) = u(t)i(t)$$
$$= UI\cos(\psi_u - \psi_i)[1 + \cos(2\omega t + 2\psi_i)] - UI\sin(\psi_u - \psi_i)\sin(2\omega t + 2\psi_i)$$

正弦电流电路的瞬时功率是非正弦周期量。

（2）有功功率　周期电流一端口在一个周期 T 内吸收的电磁能的平均值定义为有功功率 P（W），又称平均功率。正弦电流一端口吸收的有功功率为

$$P = UI\cos(\psi_u - \psi_i)$$

（3）无功功率　正弦电流一端口的无功功率 Q（var）定义为

$$Q = UI\sin(\psi_u - \psi_i)$$

（4）视在功率　周期电流一端口电路的视在功率 S（VA）定义为

$$S = UI$$

（5）功率因数　正弦电流一端口的功率因数定义为

$$\lambda = \cos(\psi_u - \psi_i) = \cos\varphi$$

式中　φ——功率因数角，有正负。它的正负分别说明了电路是感性还是容性。因此功率因数常须注明滞后（$\varphi > 0$）或超前（$\varphi < 0$）。

85　对称三相电路的功率与功率因数

有功功率　$P = \sqrt{3}U_l I_l \cos\varphi$

无功功率　$Q = \sqrt{3}U_l I_l \sin\varphi$

视在功率　$S = \sqrt{3}U_l I_l$

功率因数　$\cos\varphi = \dfrac{P}{S}$

瞬时功率　$p(t) = P$

式中　U、I 下标 l 表示"线"；

　　　φ——负载相电压超前于相电流的相角。

86　非正弦周期电流电路的功率　设 u、i 分别为

$$u = U_0 + \sum_{k=1}^{\infty} U_{mk}\cos(k\omega t + \psi_{uk})$$

$$i = I_0 + \sum_{k=1}^{\infty} I_{mk}\cos(k\omega t + \psi_{ik})$$

有功功率　$P = U_0 I_0 + \sum_{k=1}^{\infty} U_k I_k \cos(\psi_{uk} - \psi_{ik})$

式中　$U_k = U_{mk}/\sqrt{2}$；$I_k = I_{mk}/\sqrt{2}$。

第 5 章　电网络分析[6,7]

5.1　电路分析的基本方法

87　电路分析　已知电路结构和元件参数，从而求出电路中的电压、电流，或求出电路中激励与响应之间的关系等，这类问题称为电路分析。通常将独立电源（电压源或电流源）称为激励，而由激励在电路中产生的电压、电流称为响应。电路分析的基本依据是基尔霍夫电流定律（KCL）、电压定律（KVL），及元件的伏安关系（VCR）。

线性电路分析方法可归纳为三类：1）利用基尔霍夫定律和元件 VCR 进行直接计算，如支路电流法，回路电流法，节点电压法等；2）利用线性电路的特性，如应用叠加定理、等效发电机定理等进行计算；3）利用等效电路的概念，如电阻的△联结与Y联结等效变换，电压源与电阻的串联组合对外等效为电流源与电阻的并联组合等。

适用于线性电阻电路的上述方法，用相量法就可推广应用于正弦电流电路。

88　电阻的△联结与Y联结等效变换　等效变换的条件是：当对应的三个端钮间加上相同的电压时，流入对应端钮的电流应相等。

电阻△联结与Y联结等效变换见图 2.5-1。图中已知Y联结的三个电阻 R_1，R_2，R_3，则等效△联结的三个电阻 R_{12}，R_{23}，R_{31} 为

$$R_{12} = \frac{R_1R_2+R_2R_3+R_3R_1}{R_3},$$

$$R_{23} = \frac{R_1R_2+R_2R_3+R_3R_1}{R_1},$$

$$R_{31} = \frac{R_1R_2+R_2R_3+R_3R_1}{R_2}$$

当 $R_1 = R_2 = R_3 = R_Y$ 时，$R_{12} = R_{23} = R_{31} = R_\triangle = 3R_Y$。

已知△联结的三个电阻 R_{12}，R_{23}，R_{31}，则等效Y联结的三个电阻 R_1，R_2，R_3 为

$$R_1 = \frac{R_{12}R_{31}}{R_{12}+R_{23}+R_{31}}, \quad R_2 = \frac{R_{23}R_{12}}{R_{12}+R_{23}+R_{31}},$$

$$R_3 = \frac{R_{31}R_{23}}{R_{12}+R_{23}+R_{31}}$$

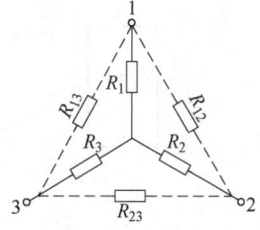

图 2.5-1　电阻△联结与Y联结等效变换

当 $R_{12} = R_{23} = R_{31} = R_\triangle$ 时，$R_1 = R_2 = R_3 = R_\triangle /3$。

89　支路法　以支路电流为未知量，应用 KCL 和 KVL 列出与支路电流数目相等的独立方程，从而解出各支路电流，称为支路电流法。

90　回路（网孔）电流法　以沿着 l 个 $[l = b-(n-1)]$ 独立回路环流的假想的回路电流为未知量，应用 KVL 列出 l 个独立回路电流方程，从而解出各回路电流，称为回路电流法。由于电路电流本身的连续性，故它能自动满足 KCL，与支路电流法相比，回路电流法的独立方程数减少了 $(n-1)$ 个。对平面电路，以网孔电流作为未知量列出方程，称为网孔电流法。

91　节点法　对具有 n 个节点的电路，任选一个节点作为参考节点，其余 $(n-1)$ 个节点相对参考节点之间的电压为节点电压。以节点电压为未知量，应用 KCL 列出 $(n-1)$ 个独立节点电压方程。从而解得各节点电压，称为节点电压法。各节点电压自动满足 KVL。

92　叠加定理　在线性电路中，任意一条支路电压（或电流）都是各个独立源单独作用于电路时，在该支路产生的电压（或电流）的代数和。

在线性系统中，凡是能够用数学的一次表达式描述其相互关系的物理量都具有可叠加性；所以叠加定理仅适用于线性电路中的电压或电流响应，不适用于功率。

在线性电阻电路中，响应与激励之间的线性关系为

$$y = \sum_{i=1}^{n} \alpha_i U_{si} + \sum_{j=1}^{n} \beta_j I_{sj}$$

式中　y——电压或电流响应；

　　　U_{si}——独立电压源的电压；

　　　I_{sj}——独立电流源的电流；

　　　α_i，β_j——由电路结构和元件决定的常数。

93　戴维南定理和诺顿定理

（1）戴维南定理　图 2.5-2a 所示的任意一个线性含源一端口网络，对外可用一个电压源和一个电阻的串联组合等效替代（见图 2.5-2b）。其中电压源的电压等于含源一端口网络的开路电压 U_{oc}，电阻 R_{eq} 为含源一端口网络内部所有独立源为零值时的输入电阻。

（2）诺顿定理　任意一个线性含源一端口网络，对外可用一个电流源与一个电阻的并联组合等效替代（见图 2.5-2c）。其中电流源等于含源一端口网络端口的短路电流 I_{sc}；电阻 R_{eq} 为含源一端口网络里所有独立源为零值时的输入电阻。

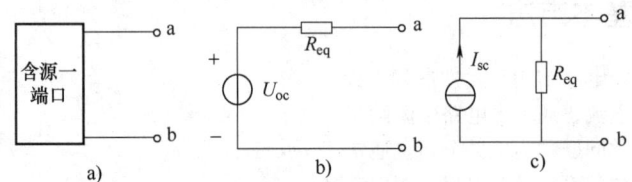

图 2.5-2　含源一端口等效电路

a）含源一端口网络　b）戴维南等效电路　c）诺顿等效电路

戴维南等效电路与诺顿等效电路之间的等效互换关系为

$$U_{oc} = I_{sc}R_{eq} \quad 或 \quad I_{sc} = \frac{U_{oc}}{R_{eq}}$$

94　特勒根定理　特勒根定理是电路理论中一个普遍适用的定理。

（1）特勒根定理 1　对一个具有 n 个节点和 b 条支路的网络，令列向量 $\boldsymbol{i}$ 和 $\boldsymbol{u}$ 分别表示支路电流和支路电压，即 $\boldsymbol{i} = [i_1 i_2 \cdots i_b]^T$，$\boldsymbol{u} = [u_1 u_2 \cdots u_b]^T$，且假设各支路电流、电压的参考方向一致，则对任何时间 t，有

$$\boldsymbol{u}^T\boldsymbol{i} = 0 \quad 即 \quad \sum_{k=1}^{b} u_k i_k = 0$$

特勒根定理 1 的实质是功率守恒的具体体现。

（2）特勒根定理 2　如果有两个网络 N 和 $\hat{N}$，它们由不同的二端元件所构成，但它们的图完全相同，设它们的支路电流和支路电压列向量分别用 $\boldsymbol{i}$、$\boldsymbol{u}$ 和 $\hat{\boldsymbol{i}}$、$\hat{\boldsymbol{u}}$ 来表示，则对任何时间 t，有

$$\begin{cases} \boldsymbol{u}^T\hat{\boldsymbol{i}} = 0 \\ \hat{\boldsymbol{u}}^T\boldsymbol{i} = 0 \end{cases} \quad 即 \quad \begin{cases} \sum_{k=1}^{b} u_k \hat{i}_k = 0 \\ \sum_{k=1}^{b} \hat{u}_k i_k = 0 \end{cases}$$

特勒根定理 2 仅仅是对两个具有相同拓扑结构的网络，一个网络的支路电压和另一个网络的支路电流（或不同瞬间的同一网络的相应支路电压和电流）所必须遵循的数学关系。

95　互易定理　任一线性无源网络在单一激励的情况下，若将该网络的激励和响应互换位置且保持激励值不变，则该网络的响应值也保持不变。互易定理共有三种形式。

5.2　线性动态电路

96　动态电路　含有储能元件的电路。描述线性动态电路动态过程的方程是常系数线性常微分方程，微分方程的阶数 n 就是电路中作为电路变量的动态元件电压或电流的独立初始条件的个数。对应的电路称为 n 阶电路。动态电路求解的基本方法有两种：1）经典解法，整个求解过程在时域中进行；2）运算法，用拉氏变换将时域分析问题转化为复频域分析问题，具体是将时域中的线性常微分方程转化为复频域中的复系数的代数方程求解。动态电路的解分为零输入响应、零状态响应、全响应，或暂态分量（自由分量）、稳态分量（强制分量）。

97　线性动态电路的电路变量初始值　动态电路中开关的接通或断开，元件参数的变化等所引起的电路结构突然改变，统称为换路。将电路换路的时刻记为 $t = 0$，电路换路前一瞬间记为 $t = 0_-$，把电路换路后一瞬间记为 $t = 0_+$。在换路的一瞬间

若电容电流为有限值时，则 $u_C(0_+) = u_C(0_-)$，$q(0_+) = q(0_-)$

若电感电压为有限值时，则 $i_L(0_+) = i_L(0_-)$，$\Psi(0_+) = \Psi(0_-)$

显然，$u_C(0_-)$ 和 $i_L(0_-)$ 应根据换路前电路状态来计算确定。

电路变量的初始值是指电路变量在 $t = 0_+$ 时的

值。初始值是确定微分方程一般解中积分常数所必需的条件。

98　一阶电路及其时间常数　只含有一个储能元件的电路通常称为一阶电路。一阶电路的时间常数 τ 决定了电路所有响应中自由分量的衰减速度，对于含一个电阻和一个电容的一阶 RC 电路，$\tau = R_0 C$；对于含一个电阻和一个电感的一阶 RL 电路，$\tau = L/R_0$。

99　零输入响应、零状态响应、全响应　电路中激励为零，仅由储能元件的初始储能所产生的响应，称为零输入响应；当电路中储能元件的初始值为零，仅由激励产生的响应称为零状态响应；由激励和储能元件初始值共同产生的响应被称为全响应。全响应中与激励变化规律相同的分量，称为稳态分量或强制分量，按指数规律衰减变化的分量，称为暂态分量或自由分量。

100　一阶动态电路的求解　响应 $y(t)$ 的一般表示式为

$$y(t) = y_s(t) + [y(0_+) - y_s(0_+)] e^{-\frac{t}{\tau}}$$

式中　$y_s(t)$——响应的稳态分量；
　　　$y_s(0_+)$——稳态分量在 $t=0_+$ 时的值；
　　　$y(0_+)$——响应 $y(t)$ 的初始值；
　　　τ——时间常数。

101　一阶电路的阶跃响应和冲激响应　一阶电路在零初始条件下由单位阶跃激励产生的响应称为一阶电路的阶跃响应。其求解方法与求解一阶电路的零状态响应相同。

一阶电路在零初始条件下由单位冲激激励产生的响应称为一阶电路的冲激响应。由于冲激函数是阶跃函数的一阶导数，所以冲激响应是阶跃响应的一阶导数。

表 2.5-1　基本电路元件的等效运算电路

102　运算法　是用拉氏变换分析线性电路中动态过程的一种常用方法，它能直接求出符合给定初始条件的解。运算法的步骤如下：1) 根据给定电路作出运算电路图，其基本电路元件的等效运算电路见表 2.5-1；如果电路中有受控源，其控制量要用象函数表示；2) 选用合适的分析方法，节点法、回路法等，求出响应的象函数；3) 进行反变换，求出时域响应。

103　网络函数

(1) 网络函数 $H(s)$　定义如下：

$$H(s) \overset{\text{def}}{=\!=} \frac{R(s)}{E(s)}$$

式中　$R(s)$——零状态响应 $r(t)$ 的象函数；
　　　$E(s)$——单一激励 $e(t)$ 的象函数。

激励 $E(s)$ 可以是电压源，也可以是电流源，响应 $R(s)$ 可以是电流，也可以是电压，在激励与响应的位置都确定的情况，网络函数仅取决于电路结构和元件参数。当激励和响应在同一端口时，相应的网络函数 $H(s)$ 为驱动点函数，否则称为转移函数。

（2）网络的单位冲激响应 $h(t)$

$$h(t)=L^{-1}[H(s)] \quad H(s)=L[h(t)]$$

可见网络函数与冲激响应成拉氏变换对。

（3）卷积积分　已知 $H(s)$，则可求出任意激励作用下的零状态响应：

$$R(s)=H(s) \cdot E(s)$$

$$r(t)=L^{-1}[R(s)]=\int_{0_-}^{t} h(t-\tau)e(\tau)\,\mathrm{d}\tau$$

$$=\int_{0_-}^{t} h(\tau)e(t-\tau)\,\mathrm{d}\tau$$

此式称为卷积积分。

5.3　电路图论

104　电路的图

（1）图的定义　一个图（G）是节点和支路的集合，每条支路都连接在相应的节点上。如果图中各支路都有确定的方向（规定支路的方向就是支路电流的方向，也是支路电压的方向），称为有向图。

图 2.5-3 说明怎样把一个给定的电路画成所对应的图 G；这里 G 的每一条支路代表一个电路元件。有时，为了需要可以把某些元件的串联组合或并联组合作为一条支路来处理。

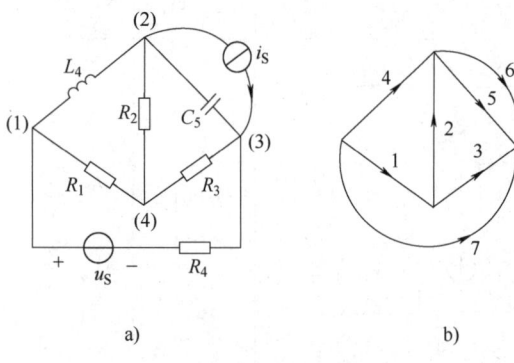

图 2.5-3　网络及其图
a）网络　b）图

（2）子图、回路和连通图　1）子图　若图 G_1 的每个节点和每条支路都是图 G 的节点和支路，就称 G_1 为 G 的一个子图；2）回路　图 G 中任一闭合路径，且路径上每个节点所关联的支路数都是 2；3）连通图　图 G 的任意两个节点之间至少存在一条支路，称图 G 为连通图。

（3）树　是连通图 G 的一个子图，用 T 表示，1）它是连通的，2）它包含了 G 的所有节点，3）它没有构成回路，则称 T 为 G 的一个树。构成树的支

路称为树支，树支数为 $(n-1)$，G 的其余支路称为连支，连支数为 $(b-n+1)$，其中 n 为节点数，b 为支路数。

（4）平面图　可画在平面上，是支路仅在节点相交的图（见图 2.5-3b）。网孔是平面图的一个自然的"孔"。

（5）割集 Q　是连通图 G 的一个有关支路的集合，移去 Q 中的全部支路，将使图 G 分离为两个部分，但若少移去任意一条支路，图 G 仍是连通的，则称 Q 为图 G 的一个割集。

105　关联矩阵、基本回路矩阵、基本割集矩阵

（1）关联矩阵 A　表示图 G 中节点与支路的关联关系，设节点数为 n、支路数为 b，则 A 是一个 $(n-1)\times b$ 阶矩阵，矩阵的元素用 a_{ij} 表示，当支路 j 与节点 i 关联，支路 j 的方向背离节点 i 时，$a_{ij}=+1$，指向节点 i 时，$a_{ij}=-1$，支路 j 与节点 i 不关联时，$a_{ij}=0$。在 A 中未列出的那个节点为参考节点。

KCL、KVL 可用 A 来表示：

$$\text{KCL}\quad Ai_b=0$$

$$\text{KVL}\quad u_b=A^T u_n$$

式中　i_b——支路电流列向量；

　　　u_b——支路电压列向量；

　　　u_n——节点电压列向量。

（2）基本回路矩阵 B_f　表示了回路与支路的关联关系。对于网络的图，先选一个树，每连一个连支就构成一个单连支回路，称为基本回路。该回路的绕行方向就是所含连支的方向。一个图共有 $l=(b-n+1)$ 个基本回路，其 B_f 为 $l\times b$ 阶矩阵。写 B_f 时，其支路编号次序为先连支，后树支（反之亦可）。其矩阵元素用 b_{ij} 表示。当支路 j 在基本回路 i 之中且 j 的方向与 i 的绕行方向一致时 $b_{ij}=1$，方向相反时 $b_{ij}=-1$，若支路 j 不在回路 i 中，则 $b_{ij}=0$。

KCL、KVL、可通过 B_f 来表示：

$$\text{KCL}\quad i_b=B_f^T i_l$$

$$\text{KVL}\quad B_f u_b=0$$

式中　i_l——基本回路中的回路电流列向量，即连支电流列向量。

（3）基本割集矩阵 Q_f　表示了割集与支路的关联关系。在图 G 中先选一个树，每个割集只能含一个树支和有关的连支，称为单树支割集，即基本割集。每个割集的方向就选为所含的树支的方向。一个图 G 共有 $(n-1)$ 个基本割集，其矩阵 Q_f

为 $(n-1)\times b$ 阶矩阵。其元素用 q_{ij} 表示。当支路 j 在基本割集 i 中，且支路 j 与割集 i 的参考方向一致时，$q_{ij}=+1$，反之 $q_{ij}=-1$，当支路 j 不在割集 i 中，$q_{ij}=0$，对于基本割集矩阵 $\boldsymbol{Q}_f$，支路编号次序为先树支后连支（反之亦可）。

KCL、KVL 可用 $\boldsymbol{Q}_f$ 来表示：

$$\text{KCL}\quad \boldsymbol{Q}_f \boldsymbol{i}_b=0$$
$$\text{KVL}\quad \boldsymbol{u}_b=\boldsymbol{Q}_f^T \boldsymbol{u}_t$$

式中　$\boldsymbol{u}_t$——树支电压列向量。

106　节点电压方程的矩阵形式　在大规模网络的计算机辅助分析中，是用系统化的方法来建立电路方程的矩阵形式。以节点电压方程为例，用相量表示的矩阵为

$$\boldsymbol{AYA}^T\dot{\boldsymbol{U}}_n=\dot{\boldsymbol{j}}_n \quad \text{或} \quad \boldsymbol{Y}_n\dot{\boldsymbol{U}}_n=\dot{\boldsymbol{j}}_n$$

式中　$\boldsymbol{Y}$——支路导纳矩阵；

$\dot{\boldsymbol{U}}_n$——节点电压列向量；

$\dot{\boldsymbol{j}}_n$——由独立电源引起流入节点的电流列向量；

$\boldsymbol{Y}_n$——节点导纳矩阵。

在大型网络的机辅分析中，只要将有关网络拓扑结构和元件类型、参数的原始数据输入计算机，就能自动地建立电路方程并求解。

107　状态方程　状态方程是用状态变量来描述动态电路特性的一组独立的一阶微分方程。其矩阵形式为

$$\frac{\mathrm{d}\boldsymbol{X}(t)}{\mathrm{d}t}=\boldsymbol{AX}(t)+\boldsymbol{BV}(t)$$

式中　$\boldsymbol{X}(t)=\left[x_1(t),x_2(t)\cdots x_n(t)\right]^T$——状态向量，其中的元素为状态变量；

$\boldsymbol{V}(t)=\left[v_1(t),v_2(t)\cdots v_m(t)\right]^T$——输入向量，其中的元素为网络中的 m 个独立电源；

$\dfrac{\mathrm{d}\boldsymbol{X}(t)}{\mathrm{d}t}$——状态向量的一阶导数；

$\boldsymbol{A}(n\times n)$、$\boldsymbol{B}(n\times m)$——由网络结构和元件参数决定的系数矩阵。对线性动态网络，一般取电容电压（或电荷）和电感电流（或磁通链）为状态变量。

108　列表法　该法对网络支路类型没有过多的限制，其适应性很强，且网络方程易于建立，如同填写表格一样。这里仅介绍节点列表方程的矩阵形式。列表法规定：一个元件一条支路。节点列表方程的矩阵形式为

$$\begin{pmatrix} 0 & 0 & A \\ -A^T & \boldsymbol{I}_b & 0 \\ 0 & F & H \end{pmatrix}\begin{pmatrix} \dot{\boldsymbol{U}}_n \\ \dot{\boldsymbol{U}} \\ \dot{\boldsymbol{I}} \end{pmatrix}=\begin{pmatrix} 0 \\ 0 \\ \dot{\boldsymbol{U}}_S+\dot{\boldsymbol{I}}_S \end{pmatrix}$$

式中　$\boldsymbol{A}$——电网络的图 G 的 $(n-1)\times b$ 阶关联矩阵；

$\boldsymbol{F}$ 和 $\boldsymbol{H}$——取决于网络元件的 b 阶方阵；

$\dot{\boldsymbol{U}}_n$——独立节点电压列向量；

$\dot{\boldsymbol{U}}$——支路电压列向量；

$\dot{\boldsymbol{I}}$——支路电流列向量；

$\dot{\boldsymbol{U}}_S$、$\dot{\boldsymbol{I}}_S$——b 阶电压源列向量和 b 阶电流源列向量，$\boldsymbol{I}_b$ 是 b 阶单位矩阵。

109　计算机仿真技术　随着电路的规模和复杂度不断增加，很多电路的分析已无法通过人工来完成。需要借助计算机进行仿真和分析。

电路的计算机仿真对象一般是难以人工分析的电路，通常是非线性电路，或者是线性电路，但规模相对较大。不过，由于电路易于进行计算机仿真，有时为了快速得到结果，或者对手工计算结果进行验证，即使是简单的线性电路，人们也可能进行计算机仿真。

电路的计算机仿真软件非常多，例如 PSpice、Multisim、MATLAB、PSCAD 等。不同的仿真软件具有不同的特点，限于篇幅，仅对几种常用的电路仿真软件做扼要的介绍。

PSpice 是发布较早的电路仿真软件，主要用于电子电路，对电路元件的建模与实际比较接近，但是仿真速度相对较慢，目前使用已越来越少。

Multisim 是目前使用较多的电路仿真软件，简明易用，非常适合应用于教育领域。大多数电路都可以用 Multisim 仿真，不过对于非常复杂的大规模电路，Multisim 仿真能力有限。

MATLAB 是一个通用的数学软件，其自带的 Simulink 仿真平台可以仿真各类系统。如果用于电路仿真，需要用到 Simpowersystem 工具箱。由于 MAT-LAB 自身是一个数学软件，所以基于 MATLAB 的 Simulink 电路仿真具有模型清晰，可以建立任意复杂电路模型的优势，并且在仿真数据后处理方面功能也十分强大。不过 MATLAB/Simulink 电路仿真毕竟不是专业的电路仿真软件，仿真速度相对较慢，这限制了其在大规模复杂电路仿真中的应用。

PSCAD 是世界上广泛使用的电磁暂态仿真软件，非常适合进行大规模复杂电路的仿真。PSCAD 是专业的仿真软件，在仿真速度方面具有较大的优势。相对于 MATLAB/Simulink 而言，PSCAD 电路模型构建的灵活性略差，数据后处理能力也略差。相对于 Multisim 而言，PSCAD 的简明易用性略差。

无论采用哪种电路仿真软件，电路的计算机仿

真过程都是类似的。主要包括以下 6 个步骤：

1）确定电路原理图。

2）根据电路原理图选择或构建电路仿真需要用到的元件模型。绝大部分电路仿真用到的元件模型都可以在仿真软件的元件库中找到，但对于少数特殊的电路元件，如果在元件库中找不到对应的元件模型，那么可以根据特殊元件的数学模型在软件中构建相应的电路元件模型。

3）根据电路原理图和仿真元件模型建立完整的电路仿真模型。这一步是电路仿真过程中最关键的一步，也是工作量最大的一步。

4）确定电路模型的测量位置，并放置相应的虚拟测量仪器。电路仿真可以通过虚拟仪器测量任意位置的电压、电流等电路物理量。但是，测量位置过多会使得内存需求增大，并且会使得仿真系统看起来十分混乱。因此，应根据不同电路的需要来选择合理的测量位置。

5）进行电路仿真，如果仿出错，需要根据错误提示对仿真模型进行修改。这一步是电路仿真中最耗时的一步。如果出错，大多数是因为第 3）步建立电路仿真模型时不够细心或不够合理导致。

6）最后一步是查看仿真结果，必要时还要对仿真结果做进一步数据处理。一般说来，通过电路仿真软件的虚拟测量仪器和数据分析功能就能得到想要的电路仿真结果。不过，如果电路仿真软件不具备某些数据分析功能，或者对于仿真图形有特别的格式要求，此时需要将仿真结果存储为数据矩阵，然后通过 MATLAB 等软件对仿真数据做进一步处理。

电路的计算机仿真不是简单地将元件模型连接起来就能得到正确的仿真结果。要想高效准确地进行电路的计算机仿真，需要注意以下事项：

1）要注意不同电路仿真软件的具体要求。例如 Multisim 要求一定要将接地符号放置在电路模型中，而人们在绘制电路原理图时，并不一定会标出接地符号。

2）要注意仿真步长的选择。电路仿真本质上是通过数值方法进行计算，因此所有电路仿真都涉及仿真步长的选择。仿真步长可以选择变步长或定步长，两者各有优缺点。变步长适用于电路相对简单的情况，此时步长较大时也可以获得较高的仿真精度。但是，如果电路非常复杂，变步长很可能为了达到期望仿真精度而大幅度增加仿真时间。随着计算机计算能力的大幅度提高，目前对于复杂电路

的仿真一般采用定步长。定步长简单明了，仿真时间易于控制。如果对仿真精度要求低，步长可以大一点；如果对仿真精度要求高，步长可以小一点。建议初步仿真时用相对较大的步长，如果发现仿真结果与预期结果一致，就不需要用较小的步长，这样可以节省仿真时间。如果发现仿真结果与预期结果明显不一致，再将仿真步长逐步减小，直到仿真结果与预期结果一致为止。

3）建立复杂电路的仿真模型时，建议采用模块化分层次的结构。复杂电路仿真模型建立时，建议先搭建总体框架，整个系统由多个大的模块组合而成。每个大的模块再由若干个小的模块组成，每个小的模块可以进一步细分为更小的模块，直至最小的模块由电路元件模型组成。这样的建模过程思路清晰，界面整洁，易于仿真调试。

5.4　二端口

110　二端口网络的基本方程和基本参数　若一个网络有两对与外电路相连接的端钮（见图 2.5-4），每一对端钮形成一个端口，对一个端口流进的电流必等于流出的电流，这种网络统称为二端口网络。

图 2.5-4　二端口网络

表示两个端口处的电压、电流关系的方程称为二端口网络的基本方程，方程中自变量前的系数称为二端口网络的基本参数，它取决于二端口网络的结构和元件参数。其基本方程有六种形式。这些反映同一个二端口网络端口特性的基本方程和基本参数可以互相转换。常用的四种基本方程见表 2.5-2。

当线性二端口网络中无受控源时，这种线性无源二端口网络端口特性具有互易性，也就是说当激励和响应互换位置时，并不改变同一激励所产生的响应。对凡具有互易性的二端口网络只有三个参数是独立的。若二端口网络的两个端口互换位置后与外电路连接，其端口电气性能相同，则称此二端口网络是对称二端口网络，对称二端口网络只有两个参数是独立的。

表 2.5-2　二端口基本方程

项　　目	基　本　方　程	对　称　条　件	互　易　条　件
Z 参数 （开路阻抗参数）	$\dot{U}_1 = Z_{11}\dot{I}_1 + Z_{12}\dot{I}_2$ $\dot{U}_2 = Z_{21}\dot{I}_1 + Z_{22}\dot{I}_2$	$Z_{11} = Z_{22}$	$Z_{12} = Z_{21}$
Y 参数 （短路导纳参数）	$\dot{I}_1 = Y_{11}\dot{U}_1 + Y_{12}\dot{U}_2$ $\dot{I}_2 = Y_{21}\dot{U}_1 + Y_{22}\dot{U}_2$	$Y_{11} = Y_{22}$	$Y_{12} = Y_{21}$
T(A) 参数 （传输参数）	$\dot{U}_1 = A\dot{U}_2 - B\dot{I}_2$ $\dot{I}_1 = C\dot{U}_2 - D\dot{I}_2$	$A = D$	$AD - BC = 1$
H 参数 （混合参数）	$\dot{U}_1 = H_{11}\dot{I}_1 + H_{12}\dot{U}_2$ $\dot{I}_2 = H_{21}\dot{I}_1 + H_{22}\dot{U}_2$	$H_{11}H_{22} - H_{12}H_{21} = 1$	$H_{12} = -H_{21}$

111　二端口网络的等效电路　两个结构不同的二端口网络，若它们的基本参数相同，就称这两个二端口网络端口特性对外等效。具有互易性的二端口网络只有三个独立参数，其最简单的等效电路将由三个元件组成，且只有两种可能的形式，即 Π 形电路和 T 形电路，见图 2.5-5。

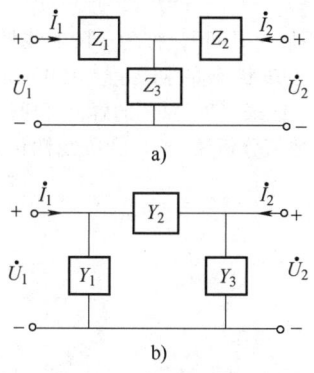

图 2.5-5　互易二端口网络的等效电路
a）T 形电路　b）Π 形电路

112　二端口网络的联接　二端口网络三种基本联接方式见图 2.5-6。

在正确的串、并联方式中，应使每个二端口网络满足端口条件，即进出每个端口的电流相等。如将基本参数写成矩阵形式：

$$\boldsymbol{Z} = \begin{pmatrix} Z_{11} & Z_{12} \\ Z_{21} & Z_{22} \end{pmatrix}; \quad \boldsymbol{Y} = \begin{pmatrix} Y_{11} & Y_{12} \\ Y_{21} & Y_{22} \end{pmatrix}; \quad \boldsymbol{T} = \begin{pmatrix} T_{11} & T_{12} \\ T_{21} & T_{22} \end{pmatrix}$$

则复合二端口网络与部分二端口网络的关系为

级联　$\boldsymbol{T} = \boldsymbol{T}_1\boldsymbol{T}_2$

并联　$\boldsymbol{Y} = \boldsymbol{Y}_1 + \boldsymbol{Y}_2$

串联　$\boldsymbol{Z} = \boldsymbol{Z}_1 + \boldsymbol{Z}_2$

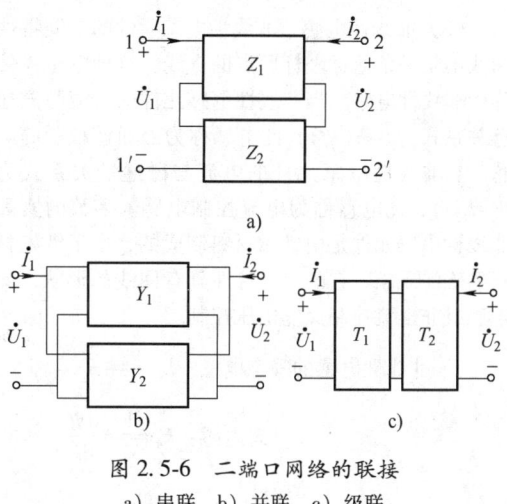

图 2.5-6　二端口网络的联接
a）串联　b）并联　c）级联

5.5　非线性电路

113　非线性元件　电路元件的参数与电压或电流有关，就称为非线性元件，含有非线性元件的电路称为非线性电路。

（1）非线性电阻　电阻元件的伏安特性曲线不是一条通过坐标原点的直线，这种电阻元件称为非线性电阻。当非线性电阻的伏安特性函数关系表示为 $u = f(i)$ 时，电阻两端电压是其电流的单值函数。这种电阻称为电流控制的非线性电阻。当非线性电阻的伏安特性函数关系表示为 $i = g(u)$ 时，电阻中的电流是两端电压的单值函数。这种电阻称为电压控制的非线性电阻。另一种非线性电阻属于"单调型"，其伏安特性是单调增长或单调下降的。它同时是电流控制又是电压控制的。

非线性电阻的静态电阻：$R_s \overset{\text{def}}{=\!=} \dfrac{u}{i}$

动态电阻：$R_d \overset{\text{def}}{=\!=} \dfrac{\mathrm{d}u}{\mathrm{d}i}$

（2）非线性电容　电容元件的库伏特性曲线不是一条通过坐标原点的直线，这种电容元件称为非线性电容。当非线性电容元件的电荷-电压关系式为 $q=f(u)$，即电荷是电容电压的单值函数。此电容为电压控制的电容。当非线性电容元件的电荷-电压关系式为 $u=h(q)$，即电容电压是电容电荷的单值函数。此电容为电荷控制的电容。

非线性电容的静态电容：$C_s \overset{\text{def}}{=\!=} \dfrac{q}{u}$

动态电容：$C_d \overset{\text{def}}{=\!=} \dfrac{\mathrm{d}q}{\mathrm{d}u}$

（3）非线性电感　非线性电感元件的韦安特性曲线不是一条通过坐标原点的直线，这种电感元件称为非线性电感。当非线性电感元件的电流与磁通链关系式为 $i=h(\varPsi)$，此电感称为磁通链控制的电感。当非线性电感元件的电流与磁通链关系式为 $\varPsi=h(i)$，此电感称为电流控制电感。多数的实际非线性电感元件是由铁磁材料制成的，由于铁磁材料的磁滞现象，它的 $\varPsi\text{-}i$ 特性具有回线的形状，此电感既非电流控制又非电压控制。

非线性电感的静态电感：$L_s \overset{\text{def}}{=\!=} \dfrac{\varPsi}{i}$

动态电感：$L_d \overset{\text{def}}{=\!=} \dfrac{\mathrm{d}\varPsi}{\mathrm{d}i}$

114　非线性电阻电路　含有非线性电阻元件的电阻电路称为非线性电阻电路。基尔霍夫定律 KCL 和 KVL 是编写非线性电阻电路方程的两条基本定律。在编写电路方程时，同时要考虑表征元件特性的方程。采用表格法或改进节点分析法，可以编列非线性电阻电路的方程，结果得到一组非线性代数方程。它一般无闭式解析解，工程上主要采用图解法、数值分析法（如牛顿-拉夫逊算法）、分段线性化法、小信号分析法等近似方法求解。

115　非线性动态电路　含有储能元件（电感和电容）的非线性电路称为非线性动态电路。其中含有非线性储能元件的一阶电路称为一阶非线性电路。基尔霍夫定律 KCL 和 KVL 是编写一阶非线性微分方程的两条基本定律。在编写电路方程时，同时要考虑表征非线性储能元件特性的方程。

当一阶非线性微分方程为

$$\dot{x}=f(x,t) \qquad (2.5\text{-}1)$$

该式显含时间 t，称为一阶非线性非自治微分方程。

$$\dot{x}=f(x) \qquad (2.5\text{-}2)$$

该式不显含时间 t，称为一阶非线性自治微分方程。在已知状态的初始值 $x(0)$ 的条件下，式（2.5-1）或式（2.5-2）的解，可通过下列方法求得：1）数值分析法；2）分段线性化法；3）图解法。

第6章 磁 路[1,6]

6.1 磁路与磁路定律

116 磁路 工程上把主要由铁磁物质所组成的能使磁通集中通过的整体称为磁路,见图2.6-1,进行磁路计算时,有以下假设:1)磁通在磁路中均匀分布,即 $\Phi = B \cdot S$,S 为磁通穿过的截面;2)磁路的长度以平均尺寸来计算,沿磁路中心线构成的闭合路径进行;3)不计漏磁,仅计算主磁通。

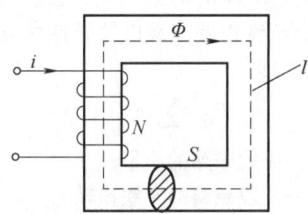

图 2.6-1 磁路示意图

注意在磁路计算中必须考虑铁磁性物质的非线性关系。

117 磁路的物理量 磁场的物理量主要有磁感应强度 B、磁场强度 H 及产生磁场的电流 i,而磁路物理量是磁通 Φ、磁位差 U_m,以及磁通势 F_m(即 Ni,N 为线圈的匝数),其中 U_m、F_m 的单位为 A,Φ 的单位为 Wb。

118 磁路欧姆定律及磁路基尔霍夫定律 磁路的欧姆定律与电路欧姆定律相似。磁路中的磁通 Φ 对应于电路中的电流 i,磁路中的 $Ni(F_m)$ 对应于电路中的电压源的电压(或电动势),磁路中的 $l/\mu S$ 对应于电路中的电阻 $R\left(R = \dfrac{l}{\gamma S},\gamma 为电导率\right)$。令

$R_m = \dfrac{l}{\mu S}$,称 R_m 为磁阻。故有 $R_m\Phi = Ni$ 或 $R_m\Phi = F_m$。

磁路基尔霍夫第一定律:

$$\sum \Phi = 0$$

磁路基尔霍夫第二定律:

$$\sum U_m = 0$$

式中,第一定律在磁路中各分支磁路的联结点上应用,第二定律则在磁路中心线构成的闭合回路上应用。

6.2 恒定磁通磁路

119 恒定磁通磁路的顺问题与逆问题 恒定磁通磁路中,激励电流为直流,即恒定量,所以磁路中 B、H、Φ 等均不随时间而变化。在铁磁性物质中,B 与 H 的关系服从于铁磁性材料的基本磁化曲线,因此是非线性函数关系。

磁路中的顺(正)问题是给定某一分支磁路中的磁通(或磁感应强度),然后按照所给定的磁通及磁路各段的尺寸和材料去求激励线圈中的电流或磁通势。磁路中的逆(反)问题是预先给定线圈的磁通势 Ni,求各分支磁路中的磁通。

120 无分支磁路的计算 无分支磁路是由铁磁材料和空气隙组成,见图2.6-2。

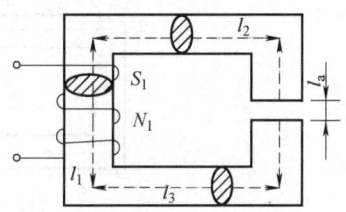

图 2.6-2 无分支磁路

无分支磁路的主要特点是在不计及漏磁通时,磁路中处处都有相等的(主)磁通 Φ,对于顺(正)问题,其计算步骤如下:

(1)根据磁路中各部分的材料和截面进行分段,要求每一段磁路是均匀的,即具有相同材料和截面积。

(2)根据给定的磁通 Φ,求该段材料中的 B。$B = \Phi/S$,S 为该段材料的有效横截面积,对于铁磁叠片构成的磁路,其有效截面积等于由几何尺寸决定的视在面积乘以叠压系数 K。故有效面积小于材料截面积;而在空气隙中,磁通会向外扩张,空

气隙的有效截面积 S 可按下列近似公式计算（其气隙长度为 δ）：

边长为 a、b 的矩形铁心：

$$S=ab+(a+b)\delta$$

半径为 r 的圆形铁心：

$$S=\pi r^2+\pi r\delta$$

（3）根据磁路基尔霍夫第一定律，由各段磁路中的磁感应强度 B，求出相应的磁场强度 H。对于铁磁材料，B 和 H 服从于基本磁化曲线，见图 2.6-3。

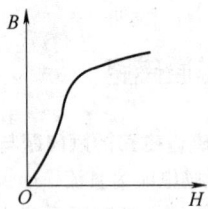

图 2.6-3　基本磁化曲线

对于空气隙中的磁场，有

$$H_a=0.8\times10^6 B_a$$

式中　H_a——气隙磁场强度（A/m）；

　　　B_a——气隙磁感应强度（T）。

（4）根据每段磁路中心线长度求出每段磁路的磁位差 H_1l_1，H_2l_2，$\cdots$。

（5）根据磁路基尔霍夫第二定律，求得磁通势：

$$NI=H_al_a+H_1l_1+\cdots=\sum Hl$$

对于磁路的逆（反）问题，一般应用图解法或试探法来求解。

6.3　交变磁通磁路

121　交变磁通磁路的分析　无分支交变磁通磁路见图 2.6-4a。在交变磁通下，铁心有损耗。铁心中的磁通随时间变化时，铁磁性物质有磁滞损耗和涡流损耗，统称为铁心损耗。当磁通作周期变化时，磁滞损耗与变化的频率成正比，涡流损耗则与频率的二次方成正比。且它们都与变化磁通的最大值有关。电工钢片（带）最大比铁损耗值用带下标的字母 P 表示，下标两个数字用斜线隔开，第一个数字表示磁感应强度的最大值 B_m，单位为 T；第二个数字表示测试频率，单位为 Hz。例 $P_{1.0/50}$ 说明在 $f=50$Hz，$B_m=1.0$T 时的最大比铁损耗值。P 的单位为 W/kg。比铁损耗值乘以铁磁性材料的质量为总铁损耗值，即

$$P_{Fe}=\sum_k m_k P_{Fek}$$

式中　m_k——k 段磁路的质量；

　　　P_{Fek}——k 段磁路的比铁损耗。

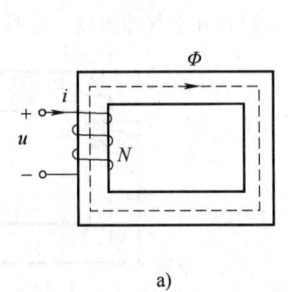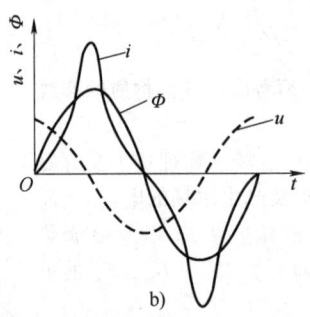

图 2.6-4　铁心线圈的电压、电流的波形
a）铁心线圈　b）电压 u，电流 i，磁通 Φ 波形

当 B_m 与 f 不同于给定值时，损耗 $P/$（W/kg）可按下式计算：

$$P=P_{1.0/50}\left(\frac{B_m}{1.0}\right)^n\left(\frac{f}{50}\right)^{1.3}$$

式中　B_m——最大磁感应强度（T）；

　　　n——当 $B_m<1.0$T 时，$n=1.6$；当 1.0T$<B_m<1.6$T 时，$n=2.0$。

交变磁通在线圈中将产生感应电压。当磁通为 $\Phi=\Phi_m\cos\omega t$ 时，则感应电压为 $u=\omega N\Phi_m\cos\left(\omega t+\frac{\pi}{2}\right)$，

其电压有效值为 $U=\dfrac{\omega N\Phi_m}{\sqrt{2}}=\sqrt{2}\,\pi f N\Phi_m=4.44fN\Phi_m$，

式中，N 为线圈的匝数。

当考虑到铁磁性物质的 BH 关系为图 2.6-3 所示基本磁化曲线时，Φ 为正弦波而 i 为非正弦波，见图 2.6-4b。如果考虑铁磁性物质 BH 关系为图 2.6-5a 所示动态磁滞回线（包括涡流损耗），则 Φ、i 除波形上的差异外，在时间轴上过零的时间也不同，见图 2.6-5b。

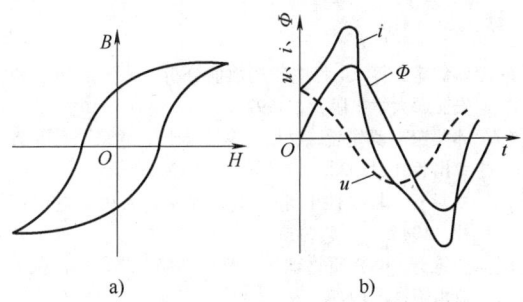

图 2.6-5 磁滞回线与电压、电流的波形
a）磁滞回线 b）电流 i、电压 u、磁通 Φ 波形

如果线圈中的电流为正弦电流，而磁通 $\Phi(t)$ 的波形将因磁饱和而呈现平顶状；当磁通 $\Phi(t)$ 为正弦波时，而电流 i 为尖顶的非正弦波。

计算交变磁通时，可根据给定电工钢片的有功功率 P 和无功功率 Q 与磁感应强度 B_m 的数据（通常由曲线或表格给出），从给定的 Φ_m、B_m 查出 P 与 Q，然后根据下列公式求得磁化电流的有功分量与无功分量：

$$I_a = \frac{P_{Fe}}{4.44fNB_mS} = \frac{mP}{4.44fNB_mS}$$

$$I_\tau = \frac{Q_{Fe}}{4.44fNB_mS} = \frac{mQ}{4.44fNB_mS}$$

式中 m——铁磁材料的质量；

P 和 Q——单位质量的比铁损耗有功值和无功值。

122 铁心线圈的电路模型 当铁心损耗被忽略不计时，将电流 i 视为正弦波，则磁通 $\Phi(t)$ 为与电流 $i(t)$ 同相位的正弦波，所以 $i(t)$ 在相位上滞后于外施电压 $u(t)$90°，其电路模型见图 2.6-6a。

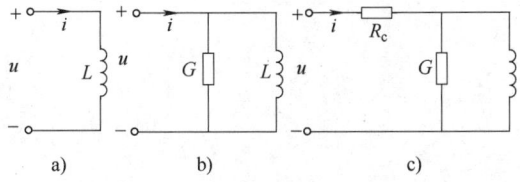

图 2.6-6 铁心线圈的电路模型
a）无铁耗 b）有铁耗 c）有铁耗及铜耗

当计及铁心损耗时，Φ 与 i 的关系由动态磁滞回线来决定，电流 $i(t)$ 仍视为正弦波，但这时磁通 $\Phi(t)$ 与电流 $i(t)$ 不同相，因此 u 与 i 的相位差小于 90°而大于零，其电路模型见图 2.6-6b。

当还须计及铜线损耗时，因为铜损是由于电流流过导线而产生的，所以可用串入电路中的电阻表示，其电路模型见图 2.6-6c。

上述三种情况下铁心线圈的电压、电流与磁通的相量图见图 2.6-7。

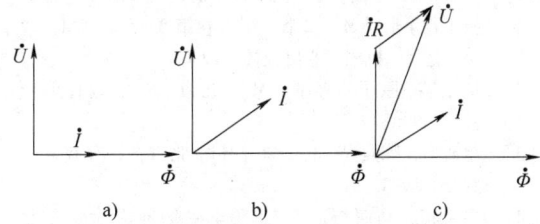

图 2.6-7 铁心线圈的相量图
a）无铁心损耗 b）计及铁心损耗
c）计及铁心损耗和铜耗

6.4 永久磁铁磁路

123 永久磁铁磁路的分析 由永久磁钢与气隙组成，见图 2.6-8，永久磁钢的磁滞回线具有较大剩余磁感应强度 B 与矫顽磁力 H，这是永久磁钢的一个特点。因此在分析永久磁铁磁路时，应用磁滞回线在第二象限的去磁段。

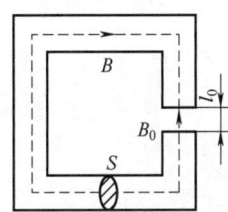

图 2.6-8 永久磁铁磁路

（1）永久磁铁磁路的顺问题是给定空气隙中的磁通 Φ，求永久磁铁的尺寸。当给出空气隙中的 B_0，且知空气隙有效截面积 S_0，则可先由磁路求得磁感应强度 $B = B_0\frac{S_0}{S} = \frac{\Phi_0}{S}$，再从永磁材料的 BH 的特性求得 H（由于其工作点在第二象限，故 H_0 为负值），再由磁路基尔霍夫第二定律得到永久磁铁的长度为 $l = -\left(\frac{H_0}{H}l_0\right)$，从而得出永久磁铁的体积为

$$V = Sl = -\frac{B_0H_0}{BH}S_0l_0 = -\frac{\Phi^2}{\mu_0S_0} \cdot \frac{1}{BH}$$

为节省铁磁材料，应使 V 最小，设计时应使上式分母中 BH 乘积值为最大。

（2）永久磁铁的逆（反）问题是根据给定磁路结构求 Φ，通常采用图解法。

参 考 文 献

［1］《机械工程手册》《电机工程手册》编辑委员会. 电机工程手册［M］. 2 版. 第 1 卷第 3~5 篇［M］. 2 版. 北京：机械工业出版社，1996.

［2］褚圣麟. 原子物理学［M］. 北京：高等教育出版社，1979.

［3］赵凯华，陈熙谋. 电磁学［M］. 北京：高等教育出版社，1978.

［4］冯慈璋，马西奎，等. 工程电磁场导论［M］. 北京：高等教育出版社，2000.

［5］盛剑霓，等. 工程电磁场数值分析［M］. 西安：西安交通大学出版社，1992.

［6］邱关源，罗先觉. 电路［M］. 6 版. 北京：高等教育出版社，2022.

［7］夏承铨. 非线性电路［M］. 北京：人民邮电出版社，1986.

［8］金维芳. 电介质物理学［M］. 2 版. 北京：机械工业出版社，1997.

第3篇

电工电子功能材料和光电线缆与绝缘元件

主　　编　李盛涛（西安交通大学电力设备电气绝缘国家重点实验室）
　　　　　巫松桢（西安交通大学电力设备电气绝缘国家重点实验室）
参　　编　李建英（西安交通大学电力设备电气绝缘国家重点实验室）
　　　　　张生良（西安交通大学电信学院）
　　　　　陈隆昌（西安交通大学电气工程学院）
　　　　　施　卫（西安理工大学）
　　　　　程　璐（西安交通大学电力设备电气绝缘国家重点实验室）
　　　　　腾鑫康（西北有色金属研究院）
　　　　　陈　维（西安交通大学电力设备电气绝缘国家重点实验室）
　　　　　郑晓泉（西安交通大学电力设备电气绝缘国家重点实验室）
　　　　　成永红（西安交通大学电力设备电气绝缘国家重点实验室）
主　　审　刘辅宜
责任编辑　杨　琼

常用符号表

A——截面	价带中自由空穴浓度
B——磁感应强度，磁通密度	P_n——磁滞损耗
热敏常数	P_R——电导损耗
B_s——饱和磁感应强度	R——绝缘电阻
B_r——剩余磁感应强度，剩磁	R_r——剩磁比，开关矩形比
C——压敏电阻常数	S——表面积
c——光速	弹性柔顺常数
D——扩散系数	T_c——居里温度，居里点
电位移	T_m——熔点
d——绝缘厚度	U_b——击穿电压
密度	V_c——压敏电压
压电应变常数	w——质量分数
线径	X——应力
D_F——减落因素	x——应变
E——电场强度	Z_c——特性阻抗
弹性模量	α——ZnO 压敏陶瓷非线性指数
E_a——激活能	膨胀系数
E_b——介电强度，电气强度或击穿强度	衰减常数
E_{Cu}——对铜电动势	α_B——磁感应温度系数
E_g——禁带宽度	α_μ——磁导率温度系数
e——电子电荷	β——防晕材料非线性系数
G——介质电导	相移常数
H——磁场强度	δ——损耗角
H_{C1}——下临界磁场	ε——介电常数
H_{C2}——上临界磁场	ε_r——相对介电常数
H_{CB}——矫顽力	ε_0——真空介电常数
H_{CJ}——内禀矫顽力	η——光电转换效率
I_L——泄漏电流	θ——温升
J——磁极化强度	θ_c——电容-温度变化率
j_L——泄漏电流密度	θ_v——压敏电压温度系数
J_r——剩余磁化强度	λ——光波长
K——机电耦合效应系数	相对伸长率
力敏材料灵敏系数	穿透深度
k——玻尔兹曼常数	λ_0——光电子发射临界波长
L——扩散长度	λ_s——饱和磁致伸缩系数
n——载流子浓度	μ——载流子迁移率
自由电子浓度	绝对磁导率
P——电极化强度	μ_n——自由电子迁移率
P——介质损耗	μ_i——起始磁导率
铁损	μ_m——最大磁导率
p——单位体积介质损耗	μ_0——真空磁导率，磁常数

μ_p——自由空穴迁移率

μ_r——相对磁导率

μ_{rec}——回复磁导率

ξ_0——相干长度

ρ_V——体积电阻率

ρ_S——表面电阻率

σ——电导率

σ_b——抗拉强度

τ——非平衡载流子寿命

Φ——逸出功

φ——磁感应衰减率，退磁率

ω——电场角频率

第1章 电气绝缘材料

1.1 电气绝缘材料概论

1 绝缘材料的介电性能 功能材料是电气工程和电子技术的基础，绝缘材料是一种重要的功能材料。国标定义绝缘材料是用于防止导电元件之间导电的材料，即能起"绝缘"作用的材料，电工、电子设备用绝缘材料隔离不同电位的导体、限制电流流向，这时就是利用其电绝缘性。国标还定义电介质是能够被电场极化的一大类物质。极化是指电介质中正负电荷是被束缚的，在外电场中只能作有限位移，说明电介质必定是绝缘体，但是电介质不仅是指其具有"绝缘"功能，它还包含极化、储能、发热等其他许多宝贵特性。例

如电容器所用电介质，其主要功能不仅是绝缘，还必须能够储能（对应电介质电容率）。又如气体和液体，通常不称为绝缘材料，而是电介质，可能与它们通常不能单独起绝缘作用（特例是大气能使带电云层与大地绝缘）有关。实际上，绝缘材料在电工电子应用中，往往也不限于其电绝缘性，还需要它同时起机械支撑和固定、散热冷却、灭弧等作用。因此本章基本上通过电介质来了解电绝缘材料。

电介质禁带宽度 E_g 较大（>4eV，参见本篇第45条），价带中的电子难以跃迁到导带，其中正、负电荷处于束缚状态，因而在电场中只能极化而难以参加导电。电介质的基本特性（介电特性）和名词术语见表 3.1-1[1,2]。

表 3.1-1 电介质的介电特性和名词术语

特性	名词术语	说　明
介质极化	电介质极化 电极化强度 P 相对介电常数 ε_r （相对电容率）	电介质中正负电荷响应外电场作用时发生的可逆、有限位移现象，极化后产生电偶极矩，并在电介质表面出现净束缚电荷 单位体积电介质内的电偶极矩矢量和，P 通常与电场强度 E 成正比，但铁电体的 P 与 E 间呈非线性关系而且有电滞效应 电容率 ε 与真空电容率 ε_0 的比值或极化引起电容量增大的倍数。$\varepsilon_r>1$。气体 ε_r 接近 1，非极性电介质为 2~2.5，极性电介质为 5~10^2，晶体为 5~10^5
绝缘电阻	介质电导 G 电导率 σ 绝缘电阻 R 体积电阻率 ρ_V 表面电阻率 ρ_S	$G=I_L/U$，式中 I_L——联系松散的载流子在直流电压 U 作用下形成的泄漏电流 $\sigma=j_L/E$，$\sigma=ne\mu$，式中 j_L——泄漏电流密度；n——载流子浓度；μ——迁移率 $R=1/G=U/I_L$，绝缘电阻率 $\rho=1/\sigma=E/j_L$ ρ_V 为与泄漏电流中体积电流相应的电阻率（$\Omega\cdot m$）。绝缘材料的 ρ_V 为 1MΩ·m ρ_S 为与泄漏电流中表面电流相应的电阻率（Ω）
介质损耗	损耗角 δ 损耗因数 $\tan\delta$ 损耗指数 $\varepsilon_r\tan\delta$ 介质损耗 P	δ 为流过电介质中电流的相位角的余角 非极性电介质约 10^{-4}，极性电介质为 10^{-3} 电介质单位体积 $p=\omega\varepsilon_0E^2\varepsilon_r\tan\delta$ 介质损耗 $P=\omega CU^2\tan\delta$，式中 ω——电场角频率；P——包含由缓慢松弛极化引起的松弛损耗和由泄漏电流引起的电导损耗 P_R，$P_R=U^2/R$

（续）

特性	名词术语	说　明
介质击穿	介质击穿（电击穿） 击穿电压 U_b 电气强度 E_b 热击穿	当电压高于临界值时，通过介质内部的电流剧增，发生电介质由绝缘状态转变为导电状态的突变现象（电击穿） 击穿时的电压值。交流击穿电压有有效值和峰值之分 $E_b = U_b/d$，式中 d——击穿处厚度；E_b——击穿强度、绝缘强度、介电强度，气体介质 E_b 可达到几个 MV/m；纯净液体 E_b 接近 10^2 MV/m，实际液体 E_b 较低；固体介质 E_b 可达 $10^2 \sim 10^3$ MV/m，以云母片和聚合物薄膜为最高 固体介质局部由介质损耗引起的发热速率高于散热速率时，热不平衡使温度无限上升导致介质热破坏，热击穿时 E_b 比电击穿时低得多，且随温度升高而降低

2　绝缘材料的老化[3,4,7]

1）老化概述　与金属等材料比较，绝缘材料的性能相当容易随时间延长而变化。在电气电子设备长期运行中或长期储存时，在不同的老化因子作用下，绝缘材料特别是有机绝缘材料会发生一系列化学（降解、氧化和交联等）、物理（结晶形态、相转变和挥发等）变化，导致绝缘材料分解，产生低分子挥发物，出现气孔等，液体黏度变化，固体材料表面发黏、脆化、碳化、极性增大、变色、发生龟裂和变形等，从而使性能发生不可逆的变化，逐步丧失原有的功能特性，这种现象称为老化。

绝缘材料的老化有热老化、大气老化、电老化和机械老化等。热老化主要是热和氧长期联合对绝缘材料作用；大气老化主要是光（特别是紫外线）、氧、臭氧、水和其他化学因素的长期联合作用；电老化主要是电场、热、臭氧和氧的长期联合作用；机械老化主要是机械力、热和氧的联合作用。此外，高能射线、生物和微生物作用等，也是不可忽视的老化因素。老化中出现的各种自由基对老化的发展有重要作用。

2）耐热等级和寿命试验温度是影响绝缘材料正常老化速率的重要因素。各种绝缘系统，要按规定的老化试验方法，分别评定绝缘材料的耐热指数和绝缘系统的耐热等级，参见 IEC 出版物 216。耐热指数由温度指数和半寿命温差两个参数构成：温度指数是在特定试验条件下，对应规定寿命（通常为 200 00h）的摄氏温度；对应减半寿命的温度为另一温度指数，半寿命温差是两个温度指数的差值。绝缘系统耐热等级为 90℃（Y）级、105℃（A）级、120℃（E）级、130℃（B）级、155℃（F）级和180℃（H）级，180℃ 以上为 C 级，又分 200℃、220℃ 和 250℃ 等级。绝缘材料耐热性有时也借用绝缘系统的耐热等级。

例如漆包线耐热等级评定，采用漆包线绞线样品在不同温度下进行长期老化试验，每隔一定时间取一批试样进行击穿试验，当某批试样性能达到寿命终点时，则该样品所经历的实际老化时间定为该温度下的平均寿命；用数理统计方法做出不同温度与对应平均寿命之间的关系曲线作为热寿命—温度曲线，在对数坐标纸上通常为直线，见图 3.1-1；将线外推到 200 00h 和 100 00h，从所对应的温度得出样品的温度指数和半寿命温差。

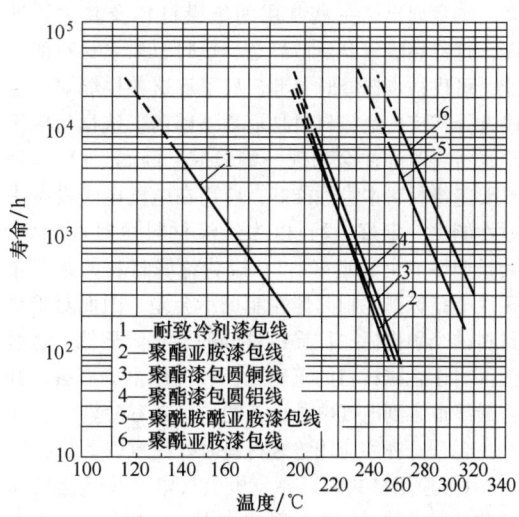

图 3.1-1　漆包线热寿命—温度曲线

3）电老化放电类型是影响绝缘材料电老化速率的重要因素。在强法向电场作用下，绝缘材料内部气隙将发生局部放电，表面间隙发生电晕放电；在不同运行条件下，存在强发散电场作用时，材料内部将分别发生电树枝化、水树枝化或化学树枝化放电，并进一步引起放电老化击穿；在强沿面电场作用下，材料表面将随电压的上升而分别发生沿面电晕放电、电火花放电和电弧放电，引起绝缘材料表面腐蚀、树枝状电痕化、碳化直至使表面上的导体间发生短路。电老化后的击穿与化学反应有关，其电气强度 E_b 更低，是决定绝缘体系长期工作场强的主要因素。

绝缘材料的耐放电性根据规定的电老化试验方法进行评定。例如在一定电晕放电或局部放电条件下进行电晕试验直到击穿，以材料击穿时间长短表示材料的耐电晕性；在规定电压和表面污秽条件下进行电痕化试验，以材料形成规定电痕长度所需的时间的长短表示材料的耐电痕性；在规定电压和电流下进行电弧试验，以材料形成导电层直至电弧熄灭的时间长短表示材料的耐电弧性。参见 IEC 出版物 343、112、587 和 628，ASTM D2275-68、D3756-79。绝缘材料的寿命与多种因素有关，与绝缘体系结构紧密联系，因此多因子老化试验最好是在接近相应绝缘体系运行的条件下进行。

3　绝缘材料的合理选择和应用　电气电子设备运行的安全可靠性和先进性，很大程度上取决于绝缘材料的合理选择和应用。为此对绝缘材料的性能包括各种介电性能、力学性能、热性能、化学性能以及其他性能提出了较高要求。

本章列出了一些常用的绝缘材料及其主要性能，这些性能主要是指静态、短时、孤立材料的性能，可供初步选择时参考，只了解这些性能对于正确选择与应用绝缘材料是远远不够的。选择与应用绝缘材料时往往会出现一些误区，例如：1）以为只要绝缘材料本身性能好，应用在电气电子设备中时性能也一定好；2）以为绝缘材料短时性能好，其长期性能也必定好；3）以为绝缘材料的某些个别性能指标高，则其他性能也不会差，因而对绝缘材料的个别指标往往提出过分的要求。显然，这些误区对于绝缘材料的正确选择和应用十分有害，并将最终危害到电气电子设备的质量或寿命。

合理选择和应用绝缘材料时要注意以下几点：

1）应用材料时，要分析电气电子设备运行条件和环境条件对绝缘材料的作用，科学分析其相互关系，综合平衡对绝缘材料提出各项性能指标要求，不能只强调某些个别性能指标。例如在电机中，尽管某些材料本身的绝缘强度指标很高，但用于电机中的实际绝缘强度并不高，这是因为电机运行时可能遭受很大的机械应力，该力可能使绝缘开裂，从而使绝缘强度过早降低。因此仅靠材料本身的某一项指标，显然是不合理的。

2）绝缘系统内各绝缘材料间存在着兼容性[3]问题。兼容性是指绝缘系统内各绝缘材料间能相互容纳、彼此不会出现有害影响的特性。绝缘系统是由几种绝缘材料组成的，兼容性差时，通过材料间分子相互扩散、电荷交换、材料运行中产生的老化产物的作用等，使材料发生一系列物理、化学变化，从而出现严重缺陷，使组合后性能显著降低。因此，并非绝缘材料本身性能好时，应用在电气电子设备中的性能也一定好。要根据产品结构特点和要求，通过规定的试验方法，评价不同绝缘材料组合时的兼容性，以确定合理的绝缘系统。

3）选用绝缘材料要有利于优化绝缘系统电场和热场分布[4]。绝缘材料串联组合时，绝缘系统电场与各组成材料阻抗成比例分布，把 ε_r 大、ρ_v 较小的绝缘材料放在电场强的部位，有利于改善电场分布，使绝缘材料所承受的最大场强降低。绝缘中气泡的 E_b 低，但它 ε_r 小而 ρ_v 高，承受的电场高，因而最易击穿。要力求消除气泡，采用真空压力浸渍（VPI）技术可有效减少绝缘中的气泡含量。绝缘系统中选用导热性高的材料可以降低绝缘层所承受的温度差，根据温度分布情况，可以采用耐热指数较低的绝缘材料以降低成本，实现绝缘系统设计的优化。

4）选用的绝缘材料要注意对环境的影响。[4-6]有些材料虽然性能好，但因可能危害环境或人们的健康而不宜选用，例如不宜选用多氯联苯绝缘油、氟利昂气体、石棉材料；电缆料、绝缘灌注胶等要尽量采用阻燃料，溶剂要少或无溶剂，并且要考虑到燃烧时所产生的烟雾对环境和人健康的影响，尽量采用无卤、低烟、阻燃料。

5）要采用合理的绝缘工艺参数确保绝缘系统的综合性能。[3]性能取决于材料结构，而材料的结构以及绝缘系统中材料的真正组合状况，很大程度上是由绝缘工艺确定的，制备工艺中要尽量防止产生沿电场方向的长气隙和绝缘层皱折。合理的绝缘工艺是达到绝缘系统综合性能指标的可靠保证。

此外，介电性能与环境条件（指温度、湿度、电压频率等）有密切关系，通常不能用某一确定环境条件下测得的性能代表全部工作范围内的性能。测量条件、所用试验方法对绝缘材料介电性能测量值等有强烈影响，而且要注意介电性能往往与材料内部结构的方向性有关。

本章从第4条开始分述各类绝缘材料。绝缘材料如何分类？可按其电性分类，也可按其化学结构是有机、无机等来分类，或按聚集状态是气体、液体和固体来分类等。但是许多材料是很难分类的，因此本章按实用性即按便于材料的选择（例如软硬程度等）和应用（例如应用工艺接近等）进行分类。

1.2　气体和液体电介质

4　气体电介质[4-6,8]　气体介质损耗小，绝缘电阻高，击穿后能迅速恢复绝缘性能，广泛用作电气设备的绝缘，在一些场合，还起灭弧、冷却和保护作用。气体介质和真空绝缘性能见表 3.1-2。

表 3.1-2　气体介质和真空绝缘性能

介质	性能和应用
空气	均匀电场中，在很宽的气压和电极间隙范围内的击穿电压服从巴申定律。当气体的压力增大时，压缩空气的击穿电压明显上升。常态下气体的 E_b 约为 3MV/m，起始电晕场强为 2.3MV/m 不均匀电场下，气体 E_b 下降，起始电晕场强仅为 0.4MV/m 左右
真空 ($10^{-3} \sim 10^{-5}$ Pa)	间隙绝缘击穿强度高，真空开关具有动作快、不燃不爆等特点 电极的材质、形状、表面状态等对真空间隙的击穿强度有明显的影响
氮气	不含氧气，可防止绝缘油氧化和侵入潮气，并能抑制热老化，主要用作变压器、电力电缆和通信电缆等的保护气体
氢气	热导率、质量热容高，主要用作电机的冷却介质
六氟化硫 （SF$_6$）	介电强度高（见图 3.1-2），耐电弧，灭弧能力强，不燃不爆，广泛用于 SF$_6$ 全封闭组合电器、SF$_6$ 断路器、气体绝缘变压器、充气管路电缆、X 射线装置电源和导波管等。同时存在金属、水分和电弧作用时，SF$_6$ 会产生少量极毒的 SF$_4$、SOF$_2$、SO$_2$F$_2$ 和对材料有腐蚀性的 SO$_2$、HF 等分解产物，在设计或使用过程中应采取相应预防或改进措施，例如含 SiO$_2$、硅元素、硅氧键的材料都不采用或不与 SF$_6$ 直接接触；设备中要严格控制 SF$_6$ 气体中的水分等 SF$_6$ 气体的缺点：击穿电压对导电杂质、电极表面状态较敏感；液化温度偏高（沸点：-63.8℃，临界压力：3.7968MPa，临界温度：45.64℃），不宜用于高寒地区
混合气体	通常是在 SF$_6$ 中加入其他气体，例如 SF$_6$-N$_2$、SF$_6$-氟化烃混合气体等，能比较有效地克服 SF$_6$ 的上述缺点，而且对 SF$_6$ 的击穿电压值影响不大，甚至还有所提高，但其热性能不如 SF$_6$

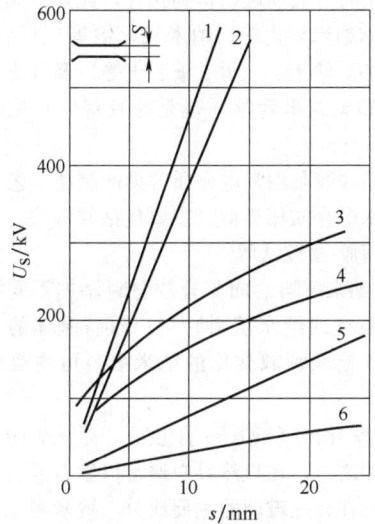

图 3.1-2　SF$_6$ 气体及其他介质在均匀电场中的
直流放电电压与间距的关系
1—空气（2.8MPa）　2—SF$_6$（0.7MPa）
3—高真空　4—变压器油　5—SF$_6$（0.1MPa）
6—空气（0.1MPa）

5　液体电介质（绝缘油）[4-6]　在电气设备中起电绝缘、散热、浸渍、填充以及灭弧作用。按液体介质用途可分为变压器油、开关油、电容器油和电缆油四类。按其来源可分为矿物油、合成油和植物油三类。矿物油以环烷基石油为基础，主要用于变压器、断路器和电缆，参见文献［1］。合成油的发展很快，主要用于电容器，物理性能见表 3.1-3 和表 3.1-4。

其他性能：ρ_V（90℃）为 5×10^5 MΩ・m；U_b（2.5mm）为 30kV，其中以苄基甲苯、DL-90（一种芳烃）、聚丁烯和烷基苯较高；低温下流动性和抗局部放电性能：DL-90 和苄基甲苯最优；$\tan\delta$（90℃）为 0.001，但苄基甲苯、聚丁烯稍偏大；此外二芳基乙烷（PXE）的耐辐照和热稳定性好，硅油耐热、难燃，可用于特殊要求的电容器；苄基甲苯、二芳基乙烷对聚丙烯薄膜的相容性好，适用于全膜电容器；符合环保要求的植物油，能很好地填充缝隙，也可考虑用于变压器[33]。

表 3.1-3 合成芳烃绝缘油的主要物理性能

性　能		烷基苯			二芳基乙烷	异丙基联苯	烷基萘	苄基甲苯	DL-90
		1#	2#	3#					
运动黏度（40℃）/(mm²/s)	≤	≤6	5~10	10~50	≤7	≤7	≤8	≤5	≤5
闪点/℃	≥	110	130	150	140	140	140	130	140
倾点/℃	≤	−45	−45	−30	−40	−40	−40	−50	−55
析气性吸气/(mm³/min)	≥	20			100	100	100	130	100
主要用途		充油电缆，全膜电容器			全膜电容器		电容器	高寒区电容器	

表 3.1-4 聚丁烯和硅油的主要物理性能

性　能	聚丁烯油			二甲基硅油	苯甲基硅油
	1#	2#	3#		
运动黏度（40℃）/(mm²/s)	≤350	≥350	≥350	400±4	250~400
闪点/℃	≥110	≥150	≥180	≥240	240~280
倾点/℃	≤−30	≤0	≤20	≤−50	−65~−55
析气性吸气/(mm³/min)	≥10			放气	吸气
主要用途	电缆、金属化电容器			变压器	电容器

1.3 纳米电介质

6 聚烯烃基纳米电介质 聚烯烃基纳米电介质是由工业及生活中常见的聚烯烃类聚合物材料（如聚乙烯 PE、聚丙烯 PP、聚苯乙烯 PS 等）与一定比例的纳米填料复合而成。在保留聚烯烃材料相对密度小、易加工成型等优点的基础上，其纳米复合电介质可改善聚烯烃聚合物基体存在的机械强度较低、耐热性较差等问题，同时可进一步提升聚烯烃材料的电气绝缘性能（如提高击穿场强、降低电导率、抑制空间电荷注入等），为高电压等级电缆系统中聚烯烃材料存在的可靠性问题提供了一种可能的解决方案。

目前，聚烯烃基纳米电介质的制备方法主要分为物理共混法（如熔融共混法、溶液共混法、机械掺混法等）、插层复合法及反应合成法（如原位聚合法，溶胶-凝胶法等）。

7 人造橡胶基纳米电介质 人造橡胶基纳米电介质是由人造橡胶（如硅橡胶、氟橡胶、三元乙丙橡胶等）与一定比例纳米填料复合而成。人造橡胶材料中引入纳米尺度填料，可提高橡胶基体的模量、尺寸稳定性、热变形温度等，起到增强、增韧的作用，提高橡胶力学性能、改善橡胶加工性能。

同时，纳米填料还可以赋予橡胶基体某种特殊功能（如防振、导电、阻燃等）。

橡胶领域最早使用的纳米填料是纳米炭黑与白炭黑，其作为补强剂一般在橡胶基体中掺杂比例较高，使用时分散性难以得到保证。此外，无机纳米颗粒（如纳米氧化锌、纳米氧化铝等）、层状纳米填料（如高岭土、云母、蒙脱土等）和纤维状纳米填料（如碳纳米管等）也是橡胶基体常见的纳米填料。

人造橡胶基纳米电介质常见的制备工艺与聚烯烃基纳米电介质相类似，主要包括共混法、原位聚合法、溶胶-凝胶法等。

8 纳米填料 向聚合物材料添加不同类型的纳米颗粒（或纳米填料）可以改善基体的各种性能。电气绝缘领域常见的纳米填料可主要分为如下四类：

1）氧化硅（SiO_2）。硬度大，是地壳中最丰富的化合物之一，在自然界中通常以砂石或石英矿物的形式存在，是玻璃的主要成分。纳米氧化硅的形状可近似认为准球形（长宽比接近1），直径一般分布在几纳米到100nm。氧化硅的主要特性参数见表 3.1-5。

纳米氧化硅填料通常用于热塑性和热固性聚合物绝缘材料，添加比例一般在 1%~20%wt 范围内。

根据基体亲水/疏水的性质，一般需要增容处理来保证纳米填料在聚合物中的均匀分散。

2）金属氧化物。通常具有一定的电气绝缘特性，自身吸湿特性使其易分散在极性聚合物中，如环氧树脂、橡胶、乙烯-醋酸乙烯酯共聚物。而在非极性聚合物中，例如聚乙烯或聚丙烯，一般需要进行表面功能化（或增容处理）以改善纳米金属氧化物的分散性。较为重要的金属氧化物纳米填料有如下几类，具体特性参数见表3.1-6。

① 二氧化钛（化学式为 TiO_2），钛的天然氧化物，有锐钛型和金红石型两种晶型，一般为准球形颗粒或纳米棒形式，常与环氧树脂或聚烯烃类材料复合以改善聚合物基体的电气特性。

② 氧化镁（化学式为 MgO），由一个镁原子和一个氧原子通过离子键形成。由于其自身具有高度吸湿性，保存时须注意防止其受潮。已有研究表明低密度聚乙烯（LDPE）复合纳米氧化镁可显著提高基体阻抗与直流击穿场强等电气特性。

③ 氧化铝（化学式为 Al_2O_3），通过拜耳法（Bayer Process）以铝土矿为原料制备生产，常见的晶型结构有 α 型和 γ 型，广泛用于电气绝缘领域，如掺杂纳米氧化铝以提高环氧树脂基体的导热特性等。

④ 氧化锌（化学式为 ZnO），广泛用作塑料、陶瓷、玻璃、橡胶、电池等多种材料和产品中的添加剂，自身具有半导体性能。纳米氧化锌与聚合物基体复合可以展示出新奇的性能，如非线性电导特性等。

3）纳米黏土。属于页硅酸盐家族，也称层状硅酸盐。硅酸盐是主要包含形成四面体结构的 Si 和 O（基本化学式为 SiO_4）的化合物。由于每个四面体结构都有过量的负电荷，因此黏土材料中必须含有一定量金属阳离子，以实现电中性平衡。金属元素通常是 Fe、Mg、K、Na 和 Ca，同时将不同的硅酸盐四面体结构结合在一起。常见的纳米黏土有蒙脱石、硅酸镁锂、皂石等。向聚合物基体添加纳米黏土可用于改善介电性能，如减少空间电荷的积累，提高电气强度和耐电晕特性，抗局部放电腐蚀等，同时亦可改善热与机械性能。

4）石墨烯。碳的同素异形体之一，碳原子以 sp2 杂化组成的六角型晶格在二维方向上延伸形成，是只有一个碳原子厚度的二维材料。石墨烯是其他碳同素异形体的基本结构，如石墨、木炭、碳纳米管和富勒烯等。

石墨烯具有一系列优异的特性：是目前最薄最坚硬的纳米材料，几乎完全透明（吸光率仅 2.3%），导热导电效率高，其室温电阻率是目前已知材料中最低的。此外，石墨烯在常温下能观测到量子霍尔效应。石墨烯的特性参数见表3.1-7。值得注意的是，由于石墨烯材料电阻率极低，其与聚合物基体共混后可显著提升基体相对介电常数与电导率。当石墨烯掺杂含量超过一定临界值（又称逾渗阈值）后，复合材料内部可形成一定结构的导电网络，实现由绝缘体向导体的转变，电导率和相对介电常数将以指数形式大幅上升。

5）碳纳米管。碳的同素异形体之一，碳六边形结构在三维方向延伸形成的圆柱体，其直径约为 1nm，长度分布在 100~10 000nm 范围内。受到手性结构的影响，碳纳米管自身可以是导体、半导体或绝缘体。聚合物基体掺杂一定比例的碳纳米管，可获得具有非线性电导特性的半导体纳米复合材料。

碳纳米管易团聚，导致其在聚合物基体中分散性变差。如果大量的碳纳米管相互接触，复合材料将变为导体。因此，通常需对碳纳米管进行表面改性，以改善碳纳米管/碳纳米管、碳纳米管/聚合物基体间的相容性。常用方法是通过有机改性或碳纳米管与特定的有机分子的原位聚合从而制备官能化的碳纳米管材料。

表 3.1-5 氧化硅的主要特性参数

分子量	密度 /(g/mL³)	莫氏硬度	熔点/℃	沸点/℃	相对介电常数	热导率 /[W/(m·K)]	电阻率 /(Ω·cm)
60.084	2.2	4.5	>1600	2230	3.9	1.1~1.4	高达 10^{17}

表 3.1-6 常见金属氧化物纳米填料的特性参数

	二氧化钛	氧化铝	氧化镁	氧化锌
分子量	79.9	101.96	40.3	81.38
密度/(g/mL³)	3.8（锐钛型）/ 4.2（金红石型）	3.97（α 晶型）/ 3.65（γ 晶型）	3.58	5.6

（续）

	二氧化钛	氧化铝	氧化镁	氧化锌
熔点/℃	1870	2050	2852	1975
相对介电常数	≈48（锐钛型）/ ≈85（金红石型）	9~10	9~10	8.5（六方）
电阻率/($\Omega \cdot cm$)	—	>10^{14}	>10^{14}	1~100
热导率/[W/(m·K)]	4.8~11.8	12~38	≈30	≈30

表 3.1-7　石墨烯的特性参数

比表面积 /($m^2 \cdot g$)	相对介电常数	电阻率 /($\Omega \cdot cm$)	导热系数 /[W/(m·K)]	电子迁移率 /[cm^2/(V·s)]	拉伸强度 /Pa	杨氏模量 /Pa
2630	3.3(5~40GHz)	≈10^{-6}	5300	1.5×10^4	≈130G	≈1T

1.4　绝缘涂料和绝缘胶[4-6]

9　浸渍漆　用于浸渍处理电机、电器线圈，填充绝缘系统中的间隙和微孔，并在被浸渍物表面形成连续漆膜，有效提高绝缘系统的整体性、导热性和耐潮性。

有溶剂浸渍漆（固体含量为40%~70%）的优点是使用方便、浸渍性好、加热烘焙时流失少、贮存稳定、价格低廉等；缺点是浸渍和烘焙时间长（漆膜干燥时间为0.5~3h），溶剂易燃不安全，且造成大气和环境污染等；少溶剂浸渍漆（固体含量>70%）能在一定程度上克服其某些缺点。

无溶剂浸渍漆（固体含量>85%）有沉浸型、滴浸型、滚浸型和连续沉浸型等产品。无溶剂漆内层干燥性好，绝缘层内气隙少，提高了导线间的黏结强度和导热性，浸渍次数少，烘焙时间短（凝胶时间为4~60min），有利于节能，减少了对环境的污染。

浸渍漆品种：C级有聚酰亚胺浸渍漆；H级有改性聚酰亚胺、聚酯改性有机硅等浸渍漆，二苯醚型、聚酯型等无溶剂浸渍漆；F级有改性聚酯、环氧亚胺等少溶剂浸渍漆，聚酯酰亚胺型、聚酯亚胺型、环氧聚酯亚胺型、改性不饱和聚酯型和环氧硼胺型等无溶剂浸渍漆。

10　覆盖漆和硅钢片漆

（1）覆盖漆　用于涂覆电机、电器表面和绝缘部件表面，改善外观和抵抗环境影响。覆盖漆具有干燥快、漆膜坚硬、附着力强，耐潮、耐油、耐腐蚀等特性。

覆盖漆有瓷漆和清漆两类。清漆多用于绝缘部件表面和电器内表面；瓷漆含有颜料或填料，多用于线圈和金属表面。覆盖漆的干燥方式有晾干和烘干两种，使用覆盖漆时应严格控制漆的黏度和均匀性，使用瓷漆时要将填料和颜料搅拌均匀。特殊覆盖漆的性能及品种见表3.1-8。

表 3.1-8　特殊覆盖漆的性能及品种

性能	耐高温	耐潮	防霉	耐油	户外用
品种	H级： 聚酯改性有机硅漆 聚酯改性有机硅瓷漆 有机硅醇酸气干瓷漆 有机硅瓷漆 F级：聚酯晾干瓷漆	聚氨酯气干漆 聚酯改性有机硅瓷漆 环氧酯气干漆 环氧酯瓷漆 环氧醇酸灰瓷漆	有机硅瓷漆 环氧酯气干漆 环氧酯灰瓷漆	有机硅醇酸气干瓷漆 聚酯灰瓷漆 环氧酯气干漆 醇酸灰瓷漆	有机硅醇酸瓷漆 醇酸气干漆

（2）硅钢片漆　用于涂覆硅钢片，降低铁心的涡流损耗，增强防锈和耐腐蚀能力。硅钢片漆膜的特点是附着力强、坚硬、光滑、厚度均匀，并有良好的耐潮、耐油性，电气性能好。

耐高温硅钢片漆：H 级有聚胺-酰亚胺硅钢片漆；F 级有二苯醚环氧酚醛、环氧聚酯酚醛、二甲苯改性环氧、水溶性酚醛、水溶性酚醛半无机等硅钢片漆。

11 漆包线漆 用于浸渍、涂覆金属导线，漆包线用于制造电机、电器和变压器。漆膜应当附着力强、柔韧性好、耐磨、有一定弹性，电气性能好，耐溶剂性好，不腐蚀导体，对绝缘漆相容性好。对漆包线漆的要求是固体含量高、黏度低、流平性好、固化成膜快，能适应涂线工艺的要求，贮存期长等。漆包线漆的性能及品种见表 3.1-9。

表 3.1-9 漆包线漆的性能及品种

性能	C 级	H 级	F 级	B 级	E 级	直焊性	耐冷媒	自黏性	耐电晕性
品种	聚酰亚胺型	聚酰胺酰亚胺；聚酯酰亚胺；水溶性聚酯亚胺型	聚酯亚胺；高速聚酯型	聚氨酯；聚酯型	聚氨酯；缩醛型	改性聚酯；聚氨酯型	聚酰亚胺；缩醛型	聚氨酯自黏直焊；聚酰胺；缩醛型	含氧化物微细纤维的聚酰胺酰亚胺

12 灌注胶和包封胶 由树脂、固化剂、填料、阻燃剂等配制成的可流动、可固化的树脂混合物。配料中添加适当的填料能显著提高胶的热导率，降低膨胀系数、收缩率和放热温升。灌注胶在浇注温度下，有较好的流动性。包封胶是一种高黏度涂料。

（1）灌注胶 采用模具灌注工艺制备零部件。配制灌注胶时，要保证配料充分混合均匀，同时要注意消泡；浇注模具要预热；浇注后要注意排气和补充胶料；固化时分段逐级升温；固化后浇注件要逐级降温，防止因产生内应力而引起浇注件开裂。

B~F 级常用酸酐-环氧灌注胶，特点是收缩率低、综合性能好，配料中添加"海岛结构"型增韧剂，能有效降低浇注件的内应力。采用脂环族环氧时，能提高耐气候性、耐电弧性和耐热性。聚氨酯胶的特点是韧、耐磨性好。环氧-异氰酸树脂耐热灌注胶可达 H 级，固化后收缩率小，电气、力学、化学性能好。有机硅灌注胶的特点是使用温度范围特宽（-65~265℃）。

灌注胶广泛用于 20kV 以下电流互感器、10kV 以下电压互感器、干式变压器、户内及户外绝缘子、六氟化硫断路器绝缘子、电缆接线盒、电视机高压包以及各种电子元器件等。

（2）包封胶 用浸渍、涂敷或模塑工艺包封电子元器件或机械零部件，保证电气电子设备在各种环境条件下都能可靠运行。有加热、常温和光辐照固化等方式。固化后化学稳定性和导热性好，膨胀系数小、耐潮、电性好等。包封胶产品有硅碙、环氧、1，2-聚丁二烯等。

13 熔敷粉末 由树脂与固化剂、阻燃剂、增韧剂、颜料等配制而成的粉体涂料。有热固性和热塑性两类。采用流化床或静电喷涂工艺涂敷各种零部件。涂敷前工件要预热到树脂熔点以上的温度，涂敷后需再进行后固化处理。

由于该涂料不用溶剂，一次涂敷厚度较厚，剩余料可回收，因此具有经济合理、节能、不污染环境、不危害人民健康、劳动生产率高等优点，而且固化后绝缘涂层坚硬光滑，边角覆盖率高，具有防潮、耐热、耐化学品性能，电气和力学性能良好。主要熔敷粉末产品有环氧和聚酯两类，环氧粉末又有高温熔敷、低温熔敷、弹性和阻燃等品种。其他还有丙烯酸酯（耐气候）、三聚氰胺（耐化学、耐热）、聚氨酯（弹性）和聚酰亚胺（耐热）等。熔敷粉末主要用于中、小型电机转子和定子绝缘，电器和电子元器件绝缘。

1.5 绝缘纸和薄膜[4]

14 植物纤维纸 以木材、棉花等经制浆、造纸工艺过程而成。通过打浆达到横向纤维细化，提高电性能。用黏状打浆法制电容器纸和电力电缆纸的密度越高、厚度越薄时，电气强度越高，但密度高时纤维含量大，$\tan\delta$ 等电性较差，因此需要综合平衡。浸渍纸等用游离打浆法制造，通过打浆达到纵向切断纤维，提高渗透性能。纸的标重大于 $225g/m^2$ 时称绝缘纸板。纸和纸成型绝缘件是电缆、变压器、电力电容器等的重要材料，也是层压制品、复合制品、云母制品等的基材和补强材料。纸的性能见表 3.1-10。

表 3.1-10　纸的性能

性　　能		电缆纸	电容器纸	卷缠纸	浸渍纸	电话纸	纸成型件
密度/(g/cm^3)		0.85~0.90	1~1.22	0.78~0.85	—	0.8~0.82	0.9~1.2
抗拉强度/MPa		69~81	98~166	62~93	36~60	61~81	39~49
E_b/(MV/m)		60	30~60	—	—	—	35
$\tan\delta$(100℃)/10^{-3}	≤	2.2~7	2~2.7	—	—	—	—
w（灰分）(%)	≤	0.28~1	0.43~0.7	0.43~0.7	0.8	0.26~1	—
水抽出液电导率/(mS/m)	≤	4~10	3~4	—	—	—	0.4~1.0

15　合成纤维纸　合成纤维纸由短切和沉析两种形态纤维经混合抄纸工艺制成，工艺流程如下：

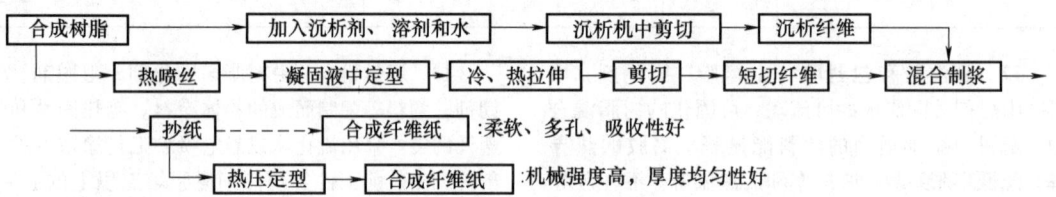

不同类纤维也可混抄，例如聚砜-聚酯纤维纸（Ad 纸）。

非织布即无纺布，通过机械或气流成网后热轧或化学黏合而成。合成纤维纸和非织布的性能见表 3.1-11，力学性能好、耐热、吸潮性小、浸渍性优异，特别是聚芳酰胺纤维纸，阻燃性（UL94V-0 级）、耐热性优异，但易吸潮。

表 3.1-11　合成纤维纸和非织布的性能

性　　能		聚芳酰胺纤维纸（Nomex）	聚砜酰胺纤维纸（芳砜纶纤维纸）	聚噁二唑纤维纸	聚酯纤维纸（非织布）
定量/(g/m^2)		82~90	147	169	—
拉伸力/N	纵	43~90	60.3	10.7	14.3/MPa
	横	30~34	42.4	7.6	13.2/MPa
伸长率（%）	纵	1.5~3.9	4.9	—	19
	横	1.6~3.7	3.8	—	26
热收缩率（%）		1(751#250℃), 0.4(418#300℃)	2.5~3.5(250℃)	1(270℃)	4.4(135℃)
E_b/(MV/m)		12.1~39	16.4	20	—
主要用途		410#：H 级电机绝缘；缓冲材料 418#（含粉云母）和 419#：H 级电机、变压器绕包导线绝缘等	H 级电机绝缘	H 级干式变压器、电机绝缘	复合制品基材

16　电工薄膜　电工薄膜是厚度小于 0.5mm 的高分子薄片材料，常用电工薄膜的性能和用途见表 3.1-12。

表 3.1-12　常用电工薄膜的性能和用途

性能和用途		聚酯薄膜	聚丙烯薄膜	聚酰亚胺薄膜	聚四氟乙烯薄膜	聚苯乙烯薄膜	聚乙烯薄膜	聚碳酸酯薄膜
使用温度/℃		−80~125	−40~105	−269~250	−250~250	85	−60~80 110①	−100~132 146②
抗拉强度 /MPa	纵	140~200	>120	≥98②	>10②	>50	9.8~17.6 15~25①	58~82②
	横	140~200	>170	≥137	>30			106~240
E_b/(MV/m)		>130	>150	100~150		>116	>40	>145
$\tan\delta/10^{-3}$		<5 <20③	<0.3	<10	0.5 0.2③	3③	0.4③	0.8~2.5 0.8③
ε_r(50Hz)		3.2	2.2	<4	1.8~2.2	2.3~2.7③	2.9③	2.9③
主要用途		电机、变压器、电容器、电缆、复合制品、黏带磁带基材	电容器、电缆、电机绝缘、黏带基材、驻极体	电机绝缘、黏带、印制电路板基材、耐辐射电器绝缘	电机、电器绝缘、电容器、印制电路板基材	高频电缆、高频电容器	电缆、电容器、超导绝缘	电机、电容器、薄膜开关、扬声器

① 辐照交联聚乙烯薄膜。

② 取向前。

③ 1MHz 下测量。

（1）常用电工薄膜　其中聚丙烯薄膜有普通型、粗化型和金属化型三种，粗化型易于浸渍绝缘油。聚丙烯和聚酯薄膜是双轴定向薄膜，机械强度高。聚酰亚胺薄膜不燃、耐辐照。聚四氟乙烯薄膜不燃。缺点：聚乙烯薄膜不耐热、力学性能差；聚酯薄膜耐碱性、耐电晕性较差，易水解；聚四氟乙烯薄膜机械强度低，尺寸稳定性差，与其他材料的黏合力极差，经过改进的全氟乙丙烯薄膜热封性较好，其他氟塑料薄膜还有聚偏二氟乙烯薄膜、乙烯-四氟乙烯共聚物薄膜、乙烯-三氟氯乙烯共聚物薄膜等。

（2）新型薄膜　新型薄膜耐高温：H~C 级有聚醚醚酮薄膜，H 级有聚芳酰胺、聚苯硫醚、聚醚砜薄膜。F 级有聚酰胺亚胺、聚海因、聚噁二唑、聚芳酯和聚对苯二甲酸丁二酯薄膜。突出性能：特高机械强度有聚苯硫醚和聚对苯二甲酸丁二酯薄膜；特高 E_b 有聚醚醚酮薄膜、特高 ρ_v 有聚醚砜薄膜；耐辐照、阻燃或耐燃方面有聚醚醚酮、聚苯硫醚薄膜。

1.6　复合柔软绝缘材料[4-6]

17　绝缘带

（1）玻璃纤维、布与带玻璃有高碱玻璃（R_2O>5%）或低碱玻璃（硼硅酸玻璃和铝镁玻璃，R_2O≤5%）之分，低碱玻璃绝缘性能好，适合电工应用。

无碱玻璃纤维从无碱玻璃熔体高速拉出多根纤维束再涂以润滑剂后收卷而成。无碱玻璃纤维耐热性好、不燃、机械强度高，适于纺纱织布或作塑料增强材料。无碱玻璃纤维绳由无碱玻璃纱并捻而成。耐热性和绝缘性好，机械强度高，拉断力达 50~600N，适于作绕组的绑扎材料和电阻丝芯子。玻璃布由玻璃纱用平纹、斜纹或缎纹织法织成，耐热性好，可作玻璃漆布底材、层压制品底材、云母制品补强材料。玻璃布带，断裂强度为 30~400N/10mm，用于电机、电器线圈绑扎材料。

（2）编织带品种有棉布带、玻璃布带、合成纤维带和涤玻交织带等。棉布带断裂强度为 180~320N。编织带主要用作线圈包扎绝缘。

（3）绑紮热收缩线由耐冷冻剂合成纤维编织或加捻而成，用于冰箱、空调器。

（4）无纬带是由无碱长玻璃纤维纱浸渍热固性树脂后制成的带状半固化材料。其中网状带不易断丝或掉丝，绑扎拉力强。无纬带主要用于绑扎电机转子和变压器铁心。无纬带品种：H 级有聚酰亚胺、聚二苯醚等无纬带；F 级有不饱和聚酯、环氧无纬带；B 级有聚酯无纬带，丙烯酸酯网状绑扎带可用于 B~H 级。

（5）绝缘黏带由薄片基材涂布黏合剂后经烘焙、分切而成。有压敏型、溶剂活化型和加热型三种。聚酰亚胺薄膜-聚酰亚胺胶黏带、聚酰亚胺薄膜-F46胶黏带的 E_b 达 800~900MV/m，聚四氟乙烯薄膜-氟树脂胶黏带、硅橡胶玻璃布黏带的 E_b 达 200MV/m。其他还有聚酰亚胺薄膜-丙烯酸酯、聚酯薄膜-丙烯酸酯、聚丙烯薄膜-丙烯酸酯、橡胶玻璃布等多种绝缘黏带。绝缘黏带使用简便，越来越多地用作线圈绝缘、引线包扎绝缘和各种标志物。

18　绝缘漆布和漆管

（1）绝缘漆布　以各种电工用布作底材，浸渍或涂布绝缘漆后经烘干而成的柔软绝缘材料。电工用布有棉布、玻璃布、涤玻布、蚕丝绸、锦纶绸和涤纶绸。玻璃布耐热性好、吸潮少，涤玻布中织入聚酯纤维，柔软性较好。绝缘漆布品种：H级有聚酰亚胺、硅橡胶、有机硅玻璃漆布；F级有聚酯玻璃漆布；B级有醇酸玻璃漆布和沥青醇酸漆布；A级有油性漆布绸。绝缘漆布单独或与其他材料复合，广泛用作电机、电器的绝缘和导线绕包绝缘。

（2）绝缘漆管　由纤维套管浸以绝缘漆后经烘干而成。绝缘漆管品种：H级有硅橡胶玻璃丝管；丙烯酸酯玻璃漆管有F级和H级品种。各品种击穿电压分别有高、中、低三级。

19　柔软复合材料和复合纸　柔软复合材料和复合纸由薄膜和纸复合而成。

电工用柔软复合材料（复合制品）多数是聚酯和聚酰亚胺薄膜复合 Nomex 等绝缘纸，经浸渍压合后制成。复合纸采用聚丙烯薄膜和木浆纤维纸，以聚丙烯树脂挤出料为黏合剂，经挤压复合而成。复合制品或复合纸具有薄膜材料和纤维材料的综合特性，能明显改善薄膜的抗撕性和浸渍性。柔软复合材料的性能见表 3.1-13。

表 3.1-13　柔软复合材料的性能

性　能			聚酯薄膜-绝缘纸	聚酯薄膜-聚酯纤维纸（DMD）	聚酯薄膜-聚芳酰胺纤维纸（NMN）	聚酰亚胺薄膜-聚芳酰胺纤维纸（NHN）	聚丙烯薄膜-木浆纤维纸（复合纸）
工作温度/℃			120	130~155	155	180	密度：0.92g/cm³
定量/（g/cm²）			2.25~2.75	2.08~2.32	1.73~1.97	1.75~2.05	
抗拉强度/MPa	纵	弯折前	60~95	80~85	80~95	80~90	53.8
		弯折后	40~41；≥70	60~65	40~55	—	
	横	弯折前	45~50；60~65	60~65	50~65	50~60	34.6
		弯折后	25~27；≥40	50~55	30~45	—	
边缘抗撕力/N	纵		190~210	—	—		剥离强度：63.6kN/m
	横		200~220	—	—		
E_b/（MV/m）			30~50	45~55	35~45	40~45	138
主要用途			电机槽绝缘和端部绝缘			电机、干式变压器绝缘	高压充油电缆绝缘

20　云母片、纸、带和软质云母板

（1）云母片　天然云母有白云母和金云母两类。合成云母与天然云母类似。云母片具有很高的耐热性和电气绝缘性（见表 3.1-14）、耐电晕性和耐化学性，广泛用于电机绝缘、高温绝缘。

表 3.1-14　云母性能

品　种	天然白云母	天然金云母	合成云母
工作温度/℃	600	850	1 100
E_b/（MV/m）	150~280	125~200	185~238

（续）

品　种	天然白云母	天然金云母	合成云母
$\tan\delta$（1MHz）/10^{-3}	0.2~0.5	1	0.34
ρ_v/（MΩ·m）	1×10^9	1×10^7~1×10^8	1×10^9
ε_r	6~8	5~7	5.8~6.3
吸水率（%）	1.82	0.29	0.14

（2）云母纸 以云母为原料，经制浆、造纸工艺过程制成。煅烧造纸法把云母放在高温下煅烧后造纸，称熟云母纸，该纸介电强度较高，质地柔软，但渗透性和透气性较差，适宜制造多胶粉云母带、柔软粉云母板和粉云母箔等云母制品。机械造纸法把云母放在高压水下冲击并机械破碎后造纸，称生云母纸或大鳞片云母纸，这种纸具有良好的抗切通性，质地挺实，渗透性和透气性较好，适宜制造少胶云母带、换向器粉云母板、衬垫粉云母板和耐热粉云母板。合成云母纸用于制造耐高温绝缘材料。超薄型云母纸经过增强后，可作标准电容器的固体介质。

（3）云母带和软质云母板 在室温下具有柔软性和可绕性，由片云母/粉云母纸与胶黏剂、补强材料制成。云母箔是在低温低压力下压制成的薄板，也有一定的柔软性。所用胶黏剂：H级以有机硅胶黏剂为主，F级以桐马环氧、酚醛环氧胶黏剂等为主。云母带和云母板电气性能、耐电晕性好，云母含量越大，则耐电晕性越高。云母带经过分切，按含胶量分为多胶、少胶、中胶三种云母带，主要用于高压大中型电机主绝缘和耐火电缆绝缘，其中少胶云母带适用于真空压力浸渍工艺的电机线圈绝缘。柔软、塑型云母板主要用于中小电机槽绝缘和端部层间绝缘。云母箔主要用于电机条型线圈的卷烘绝缘和电器部件模压成型绝缘。硬质云母板参见本篇第26条。

1.7 橡胶和塑料

21 电工橡胶[4-6,9] 主要用于电线电缆绝缘和护套的高分子弹性体，由纯胶、助剂与填料等混合后，在一定温度、压力和时间下硫化而成。电缆橡胶的主要品种和性能见表3.1-15。其中三元乙丙橡胶是乙烯、丙烯和第三单体的共聚物，第三单体为乙叉降冰片烯时，橡胶硫化速度快，或为双环戊二烯时，橡胶耐臭氧、抗电晕；氯丁橡胶耐候性好、耐油、阻燃；氯磺化聚乙烯耐候性好、耐臭氧、耐电晕、耐油、耐溶剂、耐化学药品、耐磨、阻燃；电缆用硅橡胶主要为甲基乙烯基硅橡胶，易硫化，加工性能好，硫化后高温抗拉强度高，永久变形小，电性能随温度和频率变化甚微，耐电弧。

表3.1-15 电缆橡胶的主要品种和性能

性　　能		天然橡胶	三元乙丙橡胶	氯丁橡胶	氯磺化聚乙烯	硅橡胶
工作温度/℃		60~65	80~90	70~80	90~105	180~200
脆化温度/℃	≤	−50	−40	−35	−40	−70
抗拉强度/MPa		20	18	15	20	5
介电强度 E_b/(MV/m)	≥	20	35	20	25	30
$\tan\delta$(1MHz)/10^{-3}		2.5	4	35	50	5
主要用途		低压电线电缆绝缘、护套	高压电缆、矿用、船用、控制、测井电缆，电机引接线	户外电缆护套	电线电缆护套材料、低压电线绝缘	高温船用电缆、H级电机引接线、彩电高压包引线、热偶补偿线、电缆附件

其他橡胶及其特点：丁苯橡胶耐磨、耐热，常与天然橡胶并用；丁基橡胶耐热、耐臭氧、耐电晕、气密性好、吸水性低，主要用于中压电力电缆和船用电缆的绝缘；丁腈橡胶（NBR）耐油、耐溶剂、耐磨，主要用于潜油电泵电缆护套和电机、电器引接线；氯化聚乙烯（CPE）的性能与氯磺化聚乙烯相当，用于电缆护套和其他制品；氯醚橡胶耐候性优良、耐臭氧、耐热、耐油、耐溶剂、耐弯曲疲劳、阻燃，透气性差，主要用于油泵电缆、电机引接线的护套；电缆用氟橡胶（主要是偏二氟乙烯和全氟丙烯共聚物）耐热、耐油、耐溶剂、耐化学药品、耐臭氧、耐候性好，用于特种电缆的护套和特种电缆附件的垫圈或镶嵌零件。

22 电缆用电工软塑料和热塑弹性体[4-6,9]

（1）电工软塑料 由玻化温度或熔点较低的软树脂或添加增塑剂的硬树脂加入各种配合剂（稳定剂、抗氧剂、阻燃剂等）和填料，经捏合、混炼塑化和造粒而成。对于热塑性塑料，挤出后需冷却成型；对于交联型塑料，需交联硫化处理。电工软塑料和热塑弹性体的品种和性能见表3.1-16。

表 3.1-16　电工软塑料和热塑弹性体的品种和性能

性　　能	绝缘 PVC	护套 PVC	LDPE	XLPE	PP	F-40	F-46	聚氨酯
工作温度/℃	60~105	60~90	70	90	110	150	200	90
抗拉强度/MPa	18	12	13	17	30	40	22	40
断裂伸长率（%）	200	300	550	400	550	250	300	550
介电强度 E_b/(MV/m)　≥	20	16	28	28	28	18	22	—
$\tan\delta$(50Hz)/10^{-3}	80	—	0.2	0.5	0.2	0.6	0.1	—

1) 聚氯乙烯（PVC）配方中需添加大量的增塑剂或与乙烯-醋酸乙烯酯—一氧化碳三元共聚物共混以增加柔软性。高温配方的增塑剂采用偏苯三酸三辛酯；耐油配方可用丁腈橡胶固体增塑剂；阻燃配方需加三氧化二锑与氯化石蜡，加无机钼化合物可降低发烟量；交联聚氯乙烯采用三（甲基丙烯酸三羟甲基）丙烷酯为辐射交联敏化聚氯乙烯软塑料力学性能优越，电性能良好，耐化学品和耐潮，不延燃，成本较低。大量用于线缆的绝缘和护套。

2) 聚乙烯树脂有高密度（HDPE）、中密度（MDPE）、低密度（LDPE）、线性低密度（LLDPE）和超高分子量聚乙烯等品种。阻燃配方要加特克络纶和三氧化二锑等阻燃剂，无卤低烟配方要加大量氢氧化铝；化学发泡聚乙烯要加少量偶氮二异丁腈或偶氮二甲酰胺作发泡剂；护套配方要加炭黑；力加乙丙橡胶共混可以改善耐环境应力；辐照交联聚乙烯要加少量敏化剂，温水交联聚乙烯要加有机硅氧烷和催化剂，分别制成 A、B 料，使用时将 2 份料混合挤出成型，在 90℃水或潮气条件下交联。聚乙烯电气性能优越，其 ε_r 和 $\tan\delta$ 随频率变化甚微，耐潮、耐寒，主要用作通信电缆绝缘和护套、光缆护套；交联聚乙烯（XLPE）主要用于电力和控制电缆绝缘，短路时温度可达 250℃。

3) 聚丙烯（PP）为提高柔软性需采用改性聚丙烯。户外配方加 2 份碳黑；为改善挤出性能可加少量能与其共混的橡胶。其电性能与聚乙烯相当，物理、力学性能优于聚乙烯，聚丙烯可用于通信电缆和油井电缆绝缘。

4) 氟塑料辐照交联 F-40（四氟乙烯-乙烯共聚物）绝缘电线电缆是代表品种。耐热和耐溶剂性优异，阻燃。它广泛用于航空、油井、机车、汽车、计算机、家用电器等方面。

其他软塑料：乙烯-丙烯酸乙酯共聚物（EEA），弹性大，填料受容性好，可用作低压电线绝缘和通信电缆护套；乙烯-醋酸乙烯酯共聚物（EVA），性能与 EEA 类似，但弹性和韧性更

大，可用作低压电线绝缘、无卤低烟阻燃料、半导电屏蔽料。聚酰胺（尼龙 1010 或 66），耐磨、抗切割、耐寒、耐热、耐油、耐溶剂，且阻燃，主要用于航空电线的护层；加氯化聚乙烯或丁腈橡胶增塑的氯化聚醚，其耐油和耐溶剂性仅次于氟塑料，可用于耐油电线绝缘。

（2）热塑弹性体（弹性材料）　指兼具工作温度下的高弹性和高温时的热塑性的材料。热塑弹性体加工方法与电工软塑料相同，主要品种有聚氨酯弹性体、苯乙烯-聚丁二烯嵌段共聚物、改性聚烯烃、聚酯-聚醚（例如 PBTP、TPEE）等几类弹性体。聚氨酯弹性体具有优异的耐磨、耐油、耐化学品、耐气候、耐辐射、抗撕、高强度、弹性、高伸长率、高模量、易着色、容易加工等性能，是电缆、光缆理想的护套材料。改性聚烯烃弹性体的抗紫外线、介电性能、冲击性能、耐酸碱性均好。

23　电工用热塑性硬塑料和热收缩材料[4~6,9]

一般由玻化温度或熔点较高的树脂与无机填料、稳定剂、阻燃剂等配制而成。电工用热塑性硬塑料主要采用注射成型方式，有些塑料品种成型后对其制件需进行后处理，以消除内应力。对于热收缩材料，成型后需要对制件进行拉伸或扩张处理，有的预先要经过辐照处理。

（1）热塑性硬塑料[13,14]　热塑性硬塑料刚性大，力学性能优异，制品尺寸稳定性好，适用于制造各种电气和机械零部件。常用热塑性塑料的主要性能见表 3.1-17。

1) 聚酰胺塑料（尼龙）以玻璃纤维增强的尼龙 6、尼龙 66、尼龙 1010 最常用，可制造低压电器壳体、线圈骨架、底板、调谐器和发动机部件、各种电连接件、方轴绝缘套、仪表齿轮等结构部件。

2) 聚酯塑料有聚对苯二甲酸乙二酯（PETP）、聚对苯二甲酸丁二酯（PBTP）。玻璃纤维增强的 PETP 和 PBTP 可在 140℃下长期使用，力学、电气性能优异，吸水性小，PBTP 耐化学性好。它可制

造调谐器、端子盘、接插件、低压电器线圈骨架、防护板，以及耐电弧、耐化学腐蚀的电器绝缘结构部件。

3）聚碳酸酯塑料吸水性小，尺寸稳定，在较宽的温度范围内电气性能优良，采用玻璃纤维增强后可减少应力开裂。它适于制造电器、仪表的支架和线圈骨架、插接件和定时器外壳等绝缘零部件。

4）聚苯硫醚塑料（PPS）抗蠕变、难燃、耐焊锡性好，吸水性小，易加工。用玻璃纤维增强后，冲击强度显著提高。它适于制造高温电器元件和电子仪表、汽车等部件。

其他热塑性硬塑料还有聚砜塑料：绝缘电阻

高、耐热，可制造高压开关座、电机槽楔、电刷架、手电钻壳、接线柱等绝缘部件；ABS 塑料：表面硬度高、耐磨，耐化学药品，可制造各种仪表、电动工具外壳、支架等绝缘部件；改性聚苯醚塑料：吸水性极小，成型工艺性好，适于制造电器开关、电动机、接插件等绝缘结构部件；聚苯乙烯塑料：透光性、耐化学稳定性好，改性苯乙烯有提高冲击强度，适于制造各种仪表外壳、罩盖、线圈骨架等部件；有机玻璃：耐候性、透光性好，易于加工成型，可制造电器、仪表外壳、罩盖等绝缘部件；聚甲醛：线膨胀系数低，绝缘电阻高，可制造各种电器的绝缘零件。

表 3.1-17 常用热塑性塑料的主要性能

性　　能		尼龙 6		PBTP		聚碳酸酯		聚苯硫醚		聚砜	ABS
质量分数 w（玻璃纤维）(%)		0	30	0	30	0	15	0	42	0	—
变形温度（18.2MPa）/℃	≥	86	195	55	205	126	146	135	260	150	68
抗拉强度/MPa	≥	64	125	50.2	108	60.3	93.2	54.4	141	54.4	151
介电强度 E_b/(MV/m)	≥	21	25	18	20	16	30	26	18.4	26	18.4
耐燃性		V-0	V-0	V-0	V-0	不燃	不燃	不燃	不燃	V-0~V-2	HB

（2）热收缩材料[3]　热收缩材料制件受热后，能自动收缩到拉伸处理前的形状尺寸，原理基于聚合物的弹性记忆效应。由于应用方便，它广泛应用于电工技术中：低压电缆终端头和接头、小元件的包封与防潮、电机线圈工艺用保护材料等。常用热

收缩材料的主要品种和收缩性能见表 3.1-18。复合热收缩材料在其内表面涂热熔融层，加热使收缩带收缩时，内层熔融使层间黏合，因此使用更方便，密封绝缘性更好。此外，聚酯薄膜、合成纤维编织带等也可用作热收缩材料。

表 3.1-18 常用热收缩材料的主要品种和收缩性能

性能	聚乙烯	交联聚乙烯	聚丙烯	聚苯乙烯	聚四氟乙烯	聚偏二氯乙烯
收缩温度/℃	113	70~120	110	100	76	65~100
收缩力/MPa	0.3	9.8	2.0~3.9	0.5~1.0	1~2	1

24　电工用热固性塑料[4-6]　由树脂、固化剂、填料及其他配合剂（稳定剂、抗氧剂、阻燃剂等）配成的粉粒状或纤维状热固性成型材料，在热和压力作用下通过模压、注射、传递模塑成型加工

成为不熔的热固塑料，电气、机械性能好，尺寸稳定，表面良好。常用热固性塑料的主要性能见表 3.1-19。

表 3.1-19 常用热固性塑料的主要性能

性　　能		电气型酚醛塑料	环氧酚醛塑料	三聚氰胺甲醛玻璃纤维塑料	密胺聚酯塑料	湿式不饱和聚酯塑料（片状）	干式不饱和聚酯塑料
负荷变形温度/℃	≥	140	200	160	160	250	190
抗弯强度/MPa	≥	50	100	120	65	150	55
介电强度 E_b（90℃油）/(MV/m)	≥	5.8	13~15	10（常态下）	10（常态下）	12~18	10（常态下）

（续）

性　　能		电气型酚醛塑料	环氧酚醛塑料	三聚氰胺甲醛玻璃纤维塑料	密胺聚酯塑料	湿式不饱和聚酯塑料（片状）	干式不饱和聚酯塑料
绝缘电阻/MΩ	≥	$1×10^6$	$1×10^4$	$1×10^3$	$1×10^4$	$1×10^7$	$1×10^4$
相对电痕指数（CTI）/V	≥	175	300	600	180	180	180
耐电弧性/s	≥	—	180	180	180	180	180

（1）氨基塑料　三聚氰胺甲醛玻璃纤维塑料以石棉、玻璃纤维为主要填料，耐电弧性、耐电痕性优良，适于制造防爆电机电器、电动工具、高低压电器绝缘部件、灭弧罩及耐弧部件。脲醛塑料也耐电痕、耐电弧，但其他性能稍差。

（2）聚酯类塑料　湿式不饱和聚酯塑料以苯乙烯作交联剂，以玻璃纤维增强，加工制成团状（DMC）、片状（SMC）塑料，各项性能优异，制件尺寸稳定，吸水性小，适于制造开关外壳、高低压电器耐电弧部件、电机换向器等绝缘结构部件。干式不饱和聚酯塑料以邻苯二甲酸二烯丙酯（DAP）预聚体为交联剂，以玻璃纤维为补强材料，性能优异，室温贮存期为一年，适于注射成型。DAP绝缘电阻、耐湿热性能高，适于制造在高低温交变和高湿条件下使用的电机、电器及通信设备等绝缘零部件。密胺聚酯塑料：适于注射成型，各项性能优良，吸水性小，耐摩擦性较好，适于制造低压电器壳体、动触头支架等绝缘部件。

（3）酚醛塑料和环氧酚醛塑料　酚醛塑料以酚醛树脂或改性酚醛树脂为基体，与木粉、无机填料及其他添加剂经炼塑加工制成，有通用型、耐热型、电气型及玻璃纤维增强型等品种，适用于不同场合。环氧酚醛塑料以酚醛环氧或双酚A环氧为基体加工制成，电气性能、耐酸碱性、耐冷热交变性好，适于制造多孔电连接器、低压电器、通信用各种绝缘零部件。

其他热固性塑料有玻璃纤维增强聚胺-酰亚胺塑料：耐热、耐辐射、耐氟利昂；有机硅石棉塑料：耐电弧性、耐热性高，适于制造耐高温电机、电器的绝缘零部件。

1.8　层压制品和硬质云母板[4-6]

25　层压制品　有层压板、层压管、层压棒三类，由热固性树脂黏合剂浸渍或真空压力浸渍底材后，通过层压、卷制、模压等成型工艺制成。层压制品的黏合剂主要有：酚醛树脂、环氧树脂、有机硅树脂、二苯醚树脂、聚酰亚胺树脂等；底材主要有浸渍纤维纸、棉布、尼龙布、无碱玻璃布、无碱玻璃毡等。引拨成型棒采用无碱玻璃纱作基材。层压制品可加工制成各种绝缘部件，广泛用于电机、高低压电器、电子设备中，起到绝缘、机械固定和支撑等作用。

（1）层压板　由底材上胶后经叠合、热压制成。常用层压板的主要性能见表3.1-20。

1）酚醛和环氧层压板。酚醛层压板的机加工性、电气和力学性能好，但耐热性差，主要用作机械、电气、电子设备绝缘和机械部件。环氧层压板以酚醛树脂或芳香胺为固化剂，电气和力学性能优良，耐热性高于酚醛层压板。微气隙环氧层压板结构致密，吸水性小，性能更好。环氧层压板可作B、F级电机、电器绝缘。

2）耐热层压板。有机硅玻璃层压板采用有机硅树脂作黏合剂，以无碱玻璃布为底材，这种层压板的特点是耐热，但力学性能较低。二苯醚玻璃层压板采用芳环类二苯醚树脂作黏合剂，以玻璃布为底材，这种层压板的特点是高温下力学性能好，耐化学腐蚀。聚酰亚胺玻璃层压板采用聚酰亚胺或聚胺-酰亚胺树脂作黏合剂，以无碱玻璃布为底材制成，目前聚胺-酰亚胺层压板应用最广，高温下机械强度高、耐辐照性好。耐热层压板可作H级电机、电器和干式变压器绝缘。

表 3.1-20　常用层压板的主要性能

性　　能	酚醛层压纸板	酚醛层压布板	环氧层压板	有机硅玻璃层压板	二苯醚玻璃层压板	聚酰亚胺玻璃层压板
温度指数/℃	105~120	110	130~155	180	180	≥180
垂直层向抗弯强度/MPa	75~135	90~140, 66.8①	110~350, 420②	90~120	300③	350③

（续）

性　能	酚醛层压纸板	酚醛层压布板	环氧层压板	有机硅玻璃层压板	二苯醚玻璃层压板	聚酰亚胺玻璃层压板
1mm 厚板在 90℃ 油中 1min 后 E_b（垂直板）/（MV/m）	12.1～15.8	8.4	14.2～15.8	—	20	22
3mm 厚板在 90℃ 油中 1min 后 E_b（平行板）/（MV/m）	7～13	5～7, 60①	7～12	8～10	—	—
吸水性（1mm 厚板）/mg	48～450	128～206, 4×10⁻³①	18～35,	9～32	0.075	—

① 尼龙布底材。
② 微气隙环氧层压板。
③ 180℃/2h 后。

（2）层压管　层压管有三种成型方法：卷绕成型是最普通的制管法；缠绕成型可制造大型管材；真空压力浸渍成型法要求进行真空压力浸渍，可制得微气隙层压管。酚醛层压纸管主要用作一般变压器、高压开关绝缘。环氧层压玻璃布管性能好，耐热性比酚醛层压纸管高，主要用作高压电器绝缘。缠绕成型玻璃丝层压管主要用作高压开关（少油断路器）绝缘。微气隙玻璃布层压管致密性和性能好，主要用作超高压电器绝缘。

（3）层压棒和引拨棒　层压棒有两种成型方法：模压成型和引拨成型。引拨成型用不饱和聚酯树脂或环氧树脂浸渍玻璃纱，通过孔模引拨、加热固化成为连续棒材。酚醛布棒主要用作电机、电器及其他电工设备的绝缘和绝缘结构件；环氧层压玻璃布棒主要用作 B 级电机、电器绝缘和电工设备绝缘结构件。引拨棒抗弯强度高，长度随意性大，主要用作高压开关拉杆、中小电机槽楔和有机绝缘子芯棒。

26　硬质云母板

（1）云母板　由热固性胶黏剂黏合片云母或粉云母纸制成，电气性能好，E_b 达 18～40MV/m，采用聚酰亚胺、磷酸盐、有机硅、二苯醚胶黏剂时，耐热等级为 H 级，采用虫胶和环氧胶黏剂时，耐热等级为 B 级。其中塑型云母板在低温低压下成型，可塑性好，主要用于塑制直流电机换向器 V 型绝缘环和其他成型绝缘件。衬垫云母板和换向器云母板在高温高压下成型，衬垫云母板可加工性好，主要用于加工各种电气设备垫片、垫圈等绝缘件；换向器云母板胶含量低（≤6%），冷、热收缩率小（25℃时，≤9%，160℃时，≤1.4%～2.5%），厚度

均匀性好，主要用于加工直流电机换向器片间绝缘。改性有机硅粉云母板采用金云母大鳞片云母纸，性能好且价格低，用于 H 级换向器。耐热粉云母板黏合剂用磷酸盐或特殊有机硅树脂，纸有白粉云母纸、金粉云母纸或合成粉云母纸，在高温高压下成型，耐热粉云母板胶含量少，耐潮、耐水，E_b 达 46～69MV/m，在 500℃ 下热失重（质量减少）低于 1%，在 900℃ 冷热冲击下不变形，工作温度可达 600～1000℃，可加工性好，主要用作耐高温电气设备和家用电器绝缘。

（2）云母管　云母管是用塑型云母板卷制塑制成型的管状材料，主要用作电机、电气设备的引出线绝缘和电极绝缘套管。

1.9　无机绝缘材料[4-6]

27　绝缘陶瓷　主要用作高低压、高频、高温条件下的电绝缘及电容器介质。

瓷绝缘子的主要材料是一种硅酸盐陶瓷材料，具有优良的耐气候性、耐化学品、耐冷热急变性，电气性能和力学性能良好。瓷绝缘子的性能很大程度上取决于其组分和制造过程。

其他还有机械强度高的瓷如高铝质瓷、高铝瓷（Al_2O_3，含量 $w > 75\%$）；高温绝缘性能优异的瓷有高铝瓷、氮化硼瓷、镁橄榄石瓷；氧化铍瓷导热性极好，约为氧化铝瓷的 10 倍；高温瓷的线膨胀系数特别小，新发展的高温瓷有碳化物瓷、硼化物瓷等，分别用于制造各种瓷绝缘件，常用绝缘陶瓷的品种和性能见表 3.1-21。电容器用高介瓷参见本篇第 95 条。

表 3.1-21　常用绝缘陶瓷的品种和性能

性　　能	工频（高低压）瓷		高频瓷				高温瓷	
	长石瓷	高铝质瓷	滑石瓷	高铝瓷	氮化硼瓷	氧化铍瓷	董青石瓷	锆英石瓷
线膨胀系数/$\times 10^{-6}°C^{-1}$	4.0～6.8	5～6	8.0～10	4.5～5.0	6.4～9.2	7.58	2.0～4.0	4.8～6.9
抗拉强度/MPa　≥	20～29	44～64	39～49	44～59	27～51	97～130	20～29	69～78
抗弯强度/MPa　≥	49～69	118～124	118～157	137～196	40～82	168～203	44～64	157～196
冲击韧度/(kJ/m^2)　≥	16～19	25～30	29～40	29～49	—	—	—	—
$E_b/(MV/m)$	25～35	25～35	30～45	30～35		14	5～20	20～25
$\tan\delta/\times 10^{-3}$	15～20	20～30	1～1.5	1.5～3	0.3	0.5	20	
$\rho_V/(M\Omega \cdot m)$	10^5～10^6	10^7	10^6	—	>10^8	10^6	10^3～10^6	
B_r	5.2～6.0	6.5～7.5	5.7～6.5	7.0～8.0	3.57	6.8	4.5～5.0	8.0～10
主要用途	高低压绝缘子、套管	超高压高强度绝缘子、高压绝缘子	高频绝缘子、线圈架、熔断器瓷管	电子管座、基片、灭弧室壳体、火花塞、喷嘴、熔断器瓷微件、电除尘器瓷件	集成电路散热片、微波散热板	高频、高功率瓷器件封装	电热器散热板、灭弧罩	线绕电阻芯体、断路器灭弧片、除尘器瓷件

28　玻璃

（1）绝缘子玻璃　制造绝缘子的玻璃是高碱玻璃。玻璃的绝缘强度超过瓷，但力学性能和冷热急变性能差。玻璃经特殊的热处理即钢化后，其机、热、电性能都得到提高。

（2）电真空玻璃　主要品种有硼硅酸盐玻璃、铝硅酸盐玻璃、钠玻璃和石英玻璃，用于制造电真空器件、灯泡和灯管等。

（3）玻璃陶瓷　由玻璃料经适当热处理析出微晶后制成的陶瓷状材料，微晶化后，抗弯强度和硬度提高，表面平滑，有玻璃光泽，可像玻璃一样进行成型加工。

（4）低熔点玻璃（玻璃焊药）　以 B_2O_3-PbO-ZnO 系或 B_2O_3-PbO-SiO_2 系为基材配制而成，可在较低的温度下焊接金属、陶瓷、玻璃，适于制作电子和半导体器件的密封或焊封材料、硅半导体器件的钝化膜。

29　云母片、云母纸和无机纤维纸　云母片、云母纸参见本篇第 20 条。无机纤维纸有玻璃纸、陶瓷纸等，由相应纤维与少量黏合剂制成。

玻璃纸的主要成分是玻璃微纤维，其特点是热稳定性高（耐温达 538℃），热导率高，耐化学品性好。陶瓷纸的特点是高温性能好，抗蠕变、尺寸稳定；铝硅氧纸的主要成分是 Al_2O_3 和 SiO_2，连续

工作温度达 1260℃，但不耐酸、碱。

1.10　电缆用绝缘材料

30　聚丙烯层压纸　聚丙烯层压纸（PPLP）是由日本住友电工公司于 20 世纪 70 年代开发并实用化的绝缘材料，由多孔的纸浆材料同聚丙烯薄膜压制而成，具有类似于"三明治"的结构。PPLP 中间一层是聚丙烯薄膜，上下两层为牛皮纸，具有良好的浸渍性能，可有效地防止气隙的产生从而减少局部放电的发生。由于聚丙烯薄膜具有较高的介电强度，低温下也具有良好的机械性能，因此，PPLP 兼具良好的浸渍性和较高的介电强度，是一种良好的低温绝缘材料，可用作高温超导电缆绕包绝缘。

31　交联聚乙烯　交联聚乙烯（XLPE）是通过化学方法或物理方法将聚乙烯（PE）从线性链状结构改变为分子链交叉联结的立体网状结构而来。在保持了 PE 优异绝缘性能的同时，XLPE 的交联结构使其比 PE 具有更强的耐热性能、机械性能和耐老化性能。凭借着优异的性能，XLPE 被广泛用作中高压电力电缆的绝缘材料。

制备 XLPE 的方法主要有辐照交联、硅烷交联和过氧化物交联。辐照交联通常采用高能射线辐照

PE 形成烷基自由基,当烷基自由基相遇时,发生交联反应。硅烷交联的原理是把有机硅化合物如乙烯基三甲氧基硅烷接枝到 PE 主链上,在过氧化二异丙苯(DCP)的触发下,借助硅烷水解而实现交联。过氧化物交联是目前 XLPE 电缆绝缘制备的主要方法,通过高温分解过氧化物而引发自由基反应,使得 PE 交联形成 XLPE。

32 改性聚丙烯 共混改性聚丙烯:聚丙烯的高刚性和高脆性是限制其作为电力电缆绝缘材料的主要原因之一。将聚丙烯与具有低玻璃化温度、低模量的弹性体进行熔融混炼造粒后,可以得到机械性能大幅优化的复合材料。等规聚丙烯是最为常见的基体材料。常见的可用于共混改性聚丙烯的弹性体有乙烯-丙烯无规共聚物(EPR)、丙烯-辛烯无规共聚物(EOC)以及其他聚烯烃弹性体(POE)。其中等规聚丙烯/EOC 复合材料空间电荷抑制效果显著,有作为直流电缆绝缘料的潜力。

纳米改性聚丙烯:将聚丙烯与经过表面修饰的纳米粒子共混可以得到多种具有特殊用途的功能性复合材料。将聚丙烯与纳米氧化镁、纳米氧化钛、纳米氧化锌、纳米氧化铝等副复合可以得到具有显著空间电荷抑制效果的复合材料,同时复合材料的额直流击穿场强也会得到明显提升。将聚丙烯与纳米氮化硼(BN)、纳米氮化铝(AlN),纳米氧化铝(Al_2O_3)等具有高导热系数的纳米粒子复合可以得到具有高热导率与高介电性能的复合材料。

化学改性聚丙烯:在聚丙烯主链上引入含有不同官能团的直链可以得到化学改性聚丙烯。通过官能团的类型与含量可以调节改性材料的性能。马来酸酐接枝聚丙烯具有高击穿场强以及优异的空间电荷抑制特性,但也容易引入过氧化物促进聚丙烯的降解。此外,将常用添加剂接枝在分子主链上比直接混炼更易获得综合性能优良的改性材料。

共聚改性聚丙烯:在聚丙烯聚合过程中引入其他烯烃单体可以得到共聚改性聚丙烯。烯烃单体的种类和配比均会对最终改性材料的性能产生影响。丙烯-乙烯无规共聚物韧性好、击穿强度高,被认为是潜在的电缆绝缘材料。

成核剂改性聚丙烯:在聚丙烯中添加成核剂是一种常见的改性方法。由于聚丙烯具有多种晶型,各晶型的理化性能存在差异。添加 β 晶成核剂可显著提高等规聚丙烯的韧性。

1.11 电容器用绝缘材料

33 聚丙烯 聚丙烯(PP)为目前最常见的有机材料之一,通常经双轴拉伸定向制成聚丙烯薄膜(BOPP)应用于电容器中。聚丙烯的电学性能及机械性能优异,相比其他有机薄膜电容器材料具有更高的电气强度、更低的介电损耗($\tan\delta \leqslant 0.1\%$),且介电损耗随温度变化较小、密度小、抗张强度、刚性和耐环境应力开裂性等都较好,在电力电容器中应用范围最为广泛。尤其常用于工作场强高、对介电损耗要求严格的场合。

34 聚对苯二甲酸乙二醇酯 聚对苯二甲酸乙二醇酯(PET,又称涤纶、聚酯),是较为典型的极性有机材料,具有优良的机械性能和电性能。经纤维材料改性后其耐热等级、耐磨性能也有所提高,绝缘电阻高、介电常数比聚丙烯略高,但在强电场下损耗急剧增大,相比聚丙烯电气强度较低。通常用于低压交流场合的电容器及脉冲电容器中。

35 聚偏氟乙烯 聚偏氟乙烯(PVDF)是典型的极性有机材料,具有优异的化学稳定性、电学性能,相比其他常见的有机薄膜材料具有独特的铁电特性和压电特性,且介电常数相比聚丙烯等传统电容器薄膜材料较高,成为近年来电容器材料的研究热点,被认为在电介质储能领域有较大的发展前景。但由于无法解决其本身的高损耗特性等问题,目前在工业上的应用仍受到局限。

36 聚苯硫醚 聚苯硫醚薄膜(PPS)具有熔点高、耐热阻燃性能高、低损耗、绝缘电阻性能高、可靠性高等优点,且其机械性能优良,可经加工生产出 $1\sim2\mu m$ 厚的均匀薄膜。缺点是相比聚丙烯的自愈性能较差、耐高压性能不佳,作为有机电容器薄膜材料更适合应用于高温场合。

1.12 变压器用绝缘材料

37 矿物油 作为一种液体绝缘材料,广泛应用于变压器中,对变压器内铁心、绕组等进行浸渍,主要起到散热和绝缘的作用。矿物油基本上由石油炼制而成,其中包括常压蒸馏、溶剂精制、白土处理、加氢补充精制等工艺。除此之外,矿物油中还通过添加抗氧化剂、金属钝化剂抑制矿物油的氧化。优良的矿物油应该具有低黏度、低倾点、高闪点、优良的化学稳定性和很高的电气强度。

根据矿物油中芳香烃、烷烃和环烷烃的比例不同,可以将矿物油分类成石蜡基油和环烷基油。其中石蜡基油中烷烃比例较大,典型的石蜡基油为壳牌生产的 GTL 油,以及中石化生产的长城 25 号变压器油。环烷基油中环烷烃占比较多,典型的环烷基油为克拉玛依生产的 25，45，50 号变压器油。石蜡基油相对于环烷基油，密度较低，低温黏度较低，闪点高，抗氧化安定性好，而环烷基油则高温黏度低，倾点低，对油泥等变压器中老化产物的溶解性能较好。

38　植物油　作为环保型液体绝缘材料，逐步应用于油浸式变压器中，主要作散热和绝缘使用。植物油是由天然油料作物经压榨、精炼和改性制备而成，具有燃点高、电气性能良好，原料来源广

阔，可再生和生物降解等优势。

植物油的主要成分为甘油三酸酯，不同的植物油所含的脂肪酸类型和含量差异较大，兼顾变压器油的低温流动性，单不饱和脂肪酸含量较高的植物油是制备变压器油的最佳选择。目前，国内外市场已存在的植物油包括大豆油基 Cooper FR3 和 ABB BIOTEMP 变压器油，菜籽油基的国产菜籽油变压器油以及棕榈油基的樱花 PFAE 变压器油。矿物油和植物油的典型性能对比见表 3.1-22。

表 3.1-22　矿物油和植物油的典型性能对比

项　　目	BIOTEMP 植物油变压器油	FR3 植物油变压器油	国产菜籽油变压器油	矿物油变压器油
外观	透明液体	亮绿色透明液体	淡黄色透明液体	透明液体
20℃密度/(kg/m^3)	0.919	0.923	0.912	0.890
40℃运动黏度/(mm^2/s^1)	45.0	34.0	37.0	9.2
闪点/℃	328	326	325	135
燃点/℃	358	362	—	165
凝点/℃	−12	−20	−20	−45
酸值/(mg/g^1)	0.08	0.04	0.08	<0.01
介质损耗因数（%）	2(100℃)	3(100℃)	3(90℃)	<0.5(90℃)
相对介电常数	3.2(25℃)	3.2(25℃)	2(90℃)	2.2(25℃)
体积电阻率/(Ω·m)	1×10^{11}(25℃)	1×10^{11}(25℃)	1×10^{10}(90℃)	≥6×10^{10}(90℃)
界面张力/(mN/m^1)	26.0	24.0	30.0	≥40.0
击穿电压/kV	65.0	56.0	74.0	≥35.0
水分/(μg/g)	24.0	30.0	37.7	≤20

39　绝缘纸　作为优良的固体绝缘材料，广泛应用于油浸式变压器中主绝缘和纵绝缘。绝缘纸具有良好的物理、化学特性，并且满足一定的电气性能的要求，其中包括具有很高的介电强度，油浸绝缘纸与油有相近的介电常数、低功率因数和不含导电粒子。绝缘纸中应用最为广泛的牛皮纸，是由未经漂白的软木浆通过硫酸盐法提纯处理而形成的。成品的绝缘纸包含89%~90%的纤维素、6%~8%的半纤维素以及3%~4%的木质素。

新型绝缘纸通过化学、物理等改性方法提高绝缘纸的抗热老化特性。其中常见的化学改性包括氰乙化和乙酰化两种，将纤维素中亲水的极性羟基集团替换成更为稳定的化学集团。物理改性为在纸浆中添加添加剂，其中包括热稳定剂和纳米级别添加剂。热稳定剂包括三聚氰胺、双氰胺、对氨基苯

酚、尿素和聚丙烯酰胺等，纳米级别添加剂包括氧化铝等金属氧化物。

1.13　电力电子器件用绝缘材料（主绝缘和封装）

40　氮化铝　氮化铝（AlN）为共价化合物，自扩散系数小，非常难于烧结，烧结温度要在1900℃以上。AlN 为具有六方纤锌矿结构的Ⅲ—Ⅴ族共价键化合物，绝缘性能好，机械性能高，耐高温，耐热冲击性能好，能耐 2200℃的极热。AlN 陶瓷基片热导率可达 150~230W/(m·K)，是氧化铝（Al_2O_3）的 8 倍以上。AlN 的热膨胀系数为（3.8~4.4）×10^{-6}/℃，与 Si、SiC 和 GaAs 等半导体芯片材料热膨胀系数匹配良好，被誉为新一代高

密度封装的理想基板材料。AlN 的热导率理论上可达 319W/(m·K)，但是由于 AlN 晶格中不可避免地固溶有 Al_2O_3 等杂质和缺陷，导致产生铝空位而散射声子，使得实际产品的热导率不到 200W/(m·K)。AlN 陶瓷基板的成型工艺主要有压膜、干压和流延成型三种方法，其中以流延成型法生产效率最高，且易于实现生产的连续化和自动化，可改善产品质量，降低成本，实现大批量生产，基片厚度可以薄至 $10\mu m$ 以下，厚至 1mm 以上。流延成型法是 AlN 陶瓷基片向实用化转化的重要一步，有着重要的应用前景。

41　氧化铝　氧化铝（Al_2O_3）陶瓷是一种以 Al_2O_3 为主体的陶瓷材料，用于厚膜集成电路。Al_2O_3 陶瓷有较好的热传导性、机械强度和耐高温性。Al_2O_3 陶瓷分为高纯型与普通型两种。高纯型 Al_2O_3 陶瓷系 Al_2O_3 含量在 99.9% 以上的陶瓷材料，其烧结温度高达 1650~1990℃，在电子工业中可用作集成电路基板与高频绝缘材料。普通型 Al_2O_3 陶瓷系按 Al_2O_3 含量不同分为 99 瓷、95 瓷、90 瓷、85 瓷等品种，有时 Al_2O_3 含量在 80% 或 75% 者也划为普通 Al_2O_3 陶瓷系列。常用的烧结方法有常压烧结法、热压烧结法、热等静压烧结法、微波加热烧结法、微波等离子烧结法和放电等离子烧结（SPS）法。烧结助剂则通常选用 B_2O_3、MgO、SiO_2、TiO_2、Y_2O_3 等金属氧化物。虽然 Al_2O_3 陶瓷是目前最成熟的陶瓷基片材料，但其热导率较低，如 99 瓷 Al_2O_3 热导率仅为 29W/(m·K)。此外，Al_2O_3 热膨胀系数高达 7.2×10^{-6}/℃，与半导体芯片材料 Si、SiC 等的热膨胀系数相差较大，在冷热循环中容易累积内应力，大大增加了芯片失效概率。这些决定了 Al_2O_3 基片很难适应半导体器件大功率化的发展趋势，其应用局限于低端领域。

42　环氧树脂　环氧树脂是指分子中含有两个以上环氧基团的一类聚合物的总称，它是环氧氯丙烷与双酚 A 或多元醇的缩聚产物。环氧树脂封装材料由环氧树脂、固化剂、促进剂、无机填料、脱模剂、着色剂等十几种组分配制而成，其中环氧树脂是主要组分，可选用酚醛环氧树脂或双酚 A 型环氧树脂。在热和促进剂的作用下，环氧树脂与固化剂发生交联固化反应，固化后成为热固性塑料。按其用途可分为塑封料、包封料和灌封料，其中对塑封料的要求最高。电子封装用环氧树脂要求具有高纯度、低收缩性、优良的耐热性、低吸湿性、快速固化等优良性能。随着封装材料中卤素阻燃剂以及含铅焊料的禁用，对于环氧树脂阻燃性、耐热性、吸湿性等方面提出了更高的要求。环氧树脂的结构决定了其性能，在环氧树脂中导入耐热和耐湿结构的基团可提高其性能。具有耐高温、低吸湿性等高性能的环氧树脂主要包括以联苯、萘环、双环戊二烯等为骨架结构的低应力、耐高温、耐潮气环氧树脂；含硅、氮、氟的环氧树脂；多官能团型环氧树脂等。

43　聚酯　聚对苯二甲酸乙二醇酯（PET）是通过对苯二甲酸和乙二醇酯化缩聚合成的饱和聚酯，其力学强度、绝缘性能优良，耐热性能好，是电力电子装备中叠层汇流排中间绝缘层最常用的绝缘材料。PET 分子链在一般情况下是完全伸直的平面锯齿形的直链构型，分子链规整型高，因此容易取向，同时分子结构具有紧密敛集能力，因而具有良好的结晶性能，其结晶温度为 130~200℃。PET 具有较高的强度和模量、较好的弹性。

44　导热硅橡胶　导热硅橡胶属于导热填料填充复合物，是至少包含两相的多相材料：连续的绝缘相—聚合物基体和分散的导热相—导热填料。导热硅橡胶的核心功能为电子器件与散热器之间传输热量，提高散热和延长机器使用寿命。在生产和使用过程中，需要考虑热膨胀问题、胶料储存问题、渗油问题等。目前国内外生产和销售导热硅橡胶的公司很多，产品的热导率一般都可达到 0.5 W/(m·K) 以上。使用温度范围一般在 50~250℃，体积电阻率 ≥ $1.0\times10^{13}\Omega\cdot cm$，基本能满足大功率电子器件的灌封要求。导热硅橡胶按照硫化类型分为缩合型和加成型。缩合型导热硅橡胶主要以端羟基聚二甲基硅氧烷为基体，通过交联剂与金属催化剂的联合作用，经缩合反应生成有机硅弹性体。缩合体系主要包括脱醇型、脱酮型、脱醋酸型。液体硅橡胶、交联剂、催化剂和填料中存在的或在硫化过程中产生的羟基、水分和杂质等导致聚硅氧烷主链高温降解，影响其耐热性。加成型导热硅橡胶是由加成型硅胶组分与无机填料混合后，经硫化而制成的导热硅胶。硫化剂包括氧化物、偶氮化合物和铂催化剂等，前两者反应副产物较多，而铂催化硅氢加成硫化过程比较完全，且无副产物产生，耐热性较好。可选用高催化活性的 Karstedt 催化剂，在反应体系中分散性更好，具有更好的催化效果。国内产品在耐老化性、耐高温性、散热性等方面与国外产品仍然存在一定的差距。

第 2 章　半导体材料

2.1　半导体材料概述

45　半导体材料的分类和物理性质　室温下电导率为 $10^{-8} \sim 10^{6} \mathrm{S/m}$，导电性能介于绝缘体和导体之间，并且强烈地依赖于杂质的种类和数量、材料的结构和周围环境（如温度、光照、磁场等）的一大类物质，统称为半导体或半导电材料[10]。它有元素、化合物、固溶体、非晶、有机半导体五大类。半导体材料的基本特性和名词术语见表 3.2-1，物理性质见表 3.2-2。

表 3.2-1　半导体材料的基本特性和名词术语

分类	名词术语	说　　明
能带	禁带宽度 E_{g} 半导体	导带底与价带顶之间的能量差。例如绝缘体，E_{g} 较大（$>4 \sim 5 \mathrm{eV}$）[11]，价带中的电子难以跃迁到导带，导电能力极低 E_{g} 较小（$<4 \sim 5 \mathrm{eV}$），价带电子可能激发到导带，使导带中出现自由电子、价带中出现自由空穴，两种载流子在电场作用下均参与导电
两种载流子	迁移率 μ 载流子浓度 爱因斯坦关系	单位电场作用下，半导体中载流子的平均漂移速度 $[\mathrm{m^2/(V \cdot s)}]$。$\mu$ 的大小取决于晶体中各种散射机构，即与晶格缺陷、杂质浓度和温度密切相关；半导体有自由电子迁移率 μ_{n} 和自由空穴迁移率 μ_{p}，$\mu_{\mathrm{n}} > \mu_{\mathrm{p}}$，NPN 晶体管和 N 沟道 MOS 器件都以电子作为工作载流子 分别有导带中自由电子浓度 n 和价带中自由空穴浓度 p $D/\mu = kT/q$，式中　D—扩散系数；μ—μ_{n} 或 μ_{p}
非平衡载流子	非平衡载流子 非平衡载流子寿命 τ	外界因素（如光照或电注入等）作用下，半导体中载流子超出平衡态的载流子（热平衡态下半导体中载流子浓度恒定，因电子和空穴的产生率与复合率相等）、非平衡载流子的平均生存时间（在内部或表面的作用下，它会逐渐复合而消失，需要一定时间）。τ 的长短与晶体缺陷、某些杂质（特别是深能级杂质）的浓度和表面状态有关，即与载流子的 D、扩散长度 L 有关：$L = (D\tau)^{1/2}$。一般希望 τ 长
导电能力	电导率 σ 电阻率 ρ	两种载流子均参与导电：$\sigma = ne\mu_{\mathrm{n}} + pe\mu_{\mathrm{p}}$ $\rho = 1/\sigma$，是决定器件耐电压能力等的重要因素，可用四探针法方便测出

表 3.2-2　半导体材料的物理性质（300K）[11~13]

类别	材料	晶格常数 a/nm	熔点 $T_{\mathrm{m}}/\mathrm{℃}$	密度 $d/(\mathrm{g/cm^3})$	ε_{r}	E_{g} 300K	E_{g} 0K	跃迁类型	$\mu_{\mathrm{n}}/[\mathrm{m^2/(V \cdot s)}]$	$\mu_{\mathrm{p}}/[\mathrm{m^2/(V \cdot s)}]$
元素	Si Ge	0.543 0.566	1420 941	2.33 5.32	11.9 16.0	1.12 0.66	1.153 0.75	间 间	0.135 0.39	0.048 0.19

（续）

类别	材料	晶格常数 a/nm	熔点 $T_m/℃$	密度 $d/(g/cm^3)$	ε_r	E_g		跃迁类型	$\mu_n/[m^2/(V \cdot s)]$	$\mu_p/[m^2/(V \cdot s)]$
						300K	0K			
III-V族	GaAs	0.564	1237	5.31	13.1	1.4	1.5	直	0.85	0.04
	GaP	0.545	1467	4.13	11.1	2.3	2.4	间	0.011	0.0075
	GaSb	0.609	712.1	5.61	15.7	0.7	0.8	直	0.2	0.08
	AlSb	0.614	1080	4.26	14.4	1.6	1.6	间	0.02	0.03
	InAs	0.606	943	5.66	14.6	0.4	0.4	直	2.26	0.02
	InP	0.586	1070	4.79	12.4	1.3	1.4	直	0.3	0.015
	InSb	0.648	525.2	5.78	17.7	0.2	0.2	直	10	0.075
	AlAs	0.566	1740	3.60	10.9	2.9	—	直	0.018	—
II-VI族	CdS	0.583	1750	4.84	5.4	2.6	2.6	直	0.021	0.0018
	CdSe	0.605	1350	5.74	10.0	1.7	1.9	直	0.05	0.01
	CdTe	0.648	1098	5.86	11.0	1.5	1.6	直	0.06	0.01
	ZnS	0.541	1850	4.09	5.2	3.6	直	0.012	0.0005	
	ZnSe	0.567	1515	5.26	8.4	2.7	2.8	直	0.01	0.0016
	ZnTe	0.609	1238	5.70	9.0	2.3	2.4	直	0.053	0.09
	HgTe	0.643	670	8.20		0.3				
其他化合物半导体	SiC	0.436	2830	3.21	10.0	2.6	3.1	间	0.03	0.005
	PbS	0.594	1077	7.50	169	0.4	—	直	0.06	0.02
	PbSe	0.615	1062	8.10	210	0.3	—	直	0.14	0.14
	PbTe	0.644	904	8.16	425	0.3	0.2	直	0.6	0.4
	Bi₂Te	1.045	580	7.70	—	0.2	—	—	1	0.04

46 本征半导体 本征半导体是指完全没有杂质和缺陷的理想半导体晶体，在 0K 时不导电，价带填满电子，导带完全空着，在外界因素激励（例如升高温度）下，一些电子可从价带跃迁到导带，分别出现自由空穴和自由电子，在温度 T 下，本征半导体载流子的浓度随温度呈指数式迅速增加：$n_i = p_i \propto \exp(-E_g/kT)$，因此它不宜作温度性能稳定的器件，但可作为温度探测和控制器件。半导体硅、锗、砷化镓的 n_1 与温度的关系见图 3.2-1。

不同的半导体，E_g 不同，在一定温度下的载流子浓度也不同：E_g 越大，本征载流子浓度越低，随温度变化越激烈。半导体材料的光效应与 E_g 密切相关，光子能量 $h\nu$（h 为普朗克常数，ν 为光波频率）等于 E_g 时，吸收或发射光子的效率最高。要使其对可见光灵敏，希望半导体材料的 E_g 在 1.7~3.1eV 范围内。

固溶体半导体的 E_g 与组成它的化合物的组分有关，E_g 可在两种化合物的 E_g 之间随组分变化而连续变化（如 $GaAs_{1-x}P_x$ 的 E_g 在 GaAs 和 GaP 的 E_g 之间）。

47 杂质半导体 不存在绝对纯净和完整的半导体材料，相反，为了使半导体真正符合各种器件的使用要求，往往特意掺入适当的杂质，以控制其导电类型和导电能力。杂质和缺陷均在半导体禁带中引入能级，杂质不同，则引入能级的位置、性质和作用也不同，其中一些浅能级的施主和受主杂质特别重要：硅、锗中的 V 族杂质磷、砷、锑，比硅、锗多一个价电子，其能级在导带底附近的禁带中，在常温下就能被激发，释放电子到导带（施主电离），因而称它们为施主杂质；硅、锗中的 III 族元素硼、铝、镓，比硅、锗少一个价电子，其能级在价带顶附近的禁带中，在常温下价带电子就能被激发到该能级上（受主电离），杂质接受电子，使价带中少了电子而增加空穴，因而称该杂质为受主杂质。

在一般情况下，施主或受主的浓度远比对应温度下的本征载流子浓度高得多。浅的施、受主杂质在室温下都能全部电离，为导带或价带提供电子或空穴，使半导体的导电能力增强：前者成为电子型导电半导体（N 型半导体）；后者成为空穴型导电半导体（P 型半导体）。在 N 型半导体中，电子是多数载流子，空穴是少数载流子，而 P 型半导体中，恰恰相反。

在非简并、热平衡态下，不管是 N 型还是 P 型，多子和少子的浓度满足 $np = n_i^2$ 的关系，表明杂质半导体中一种载流子增加多少倍，另一种载流子将减少为多少分之一。半导体导电能力和性质受杂质浓度和性质支配。300K 时硅、锗、砷化镓中 μ_n、μ_p 与杂质浓度的关系见图 3.2-2。

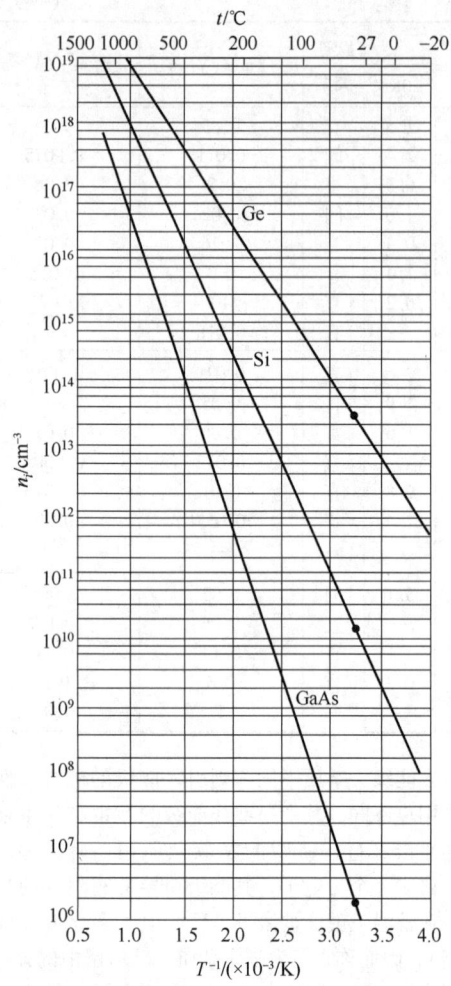

图 3.2-1　半导体硅、锗、砷化镓的 n_i 与温度的关系

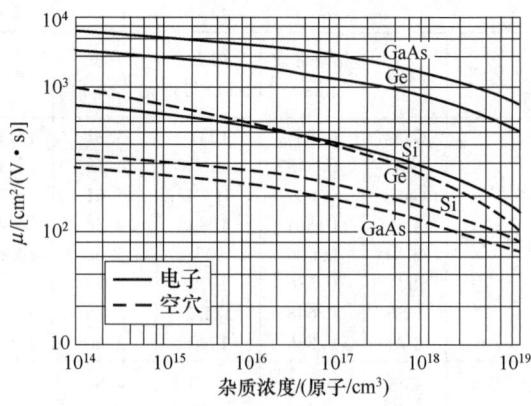

图 3.2-2　300K 时硅、锗、砷化镓中 μ_n、μ_p 与杂质浓度的关系[11]

杂质有两类：1）浅能级杂质，如硅、锗中的 Ⅲ、Ⅴ 族，Ⅲ-Ⅴ 族化合物半导体中的 Ⅱ、Ⅵ 族，它们的电离能很小，作用主要是控制导电的类型和能力；2）深能级杂质，一些重金属杂质，如铜、金、铁等，其特点是施主能级离导带底较远，受主能级离价带顶较远，同时它们还可多重电离，在禁带中引入多重能级，而且有的能级是施主，有的是受主，它们在半导体中往往起复合中心的作用，减少非平衡载流子的寿命。一般情况下，半导体要尽量减少这些杂质。而在开关晶体管中，掺入这种杂质可提高开关速度（其他性能如放大倍数降低）。硅、砷化镓中各种杂质的能级图见图 3.2-3，禁带中线以上为施主能级（从导带底量起），但注有 A 的为受主能级；禁带中线以下为受主能级（从价带顶量起），但注有 D 的为施主能级。

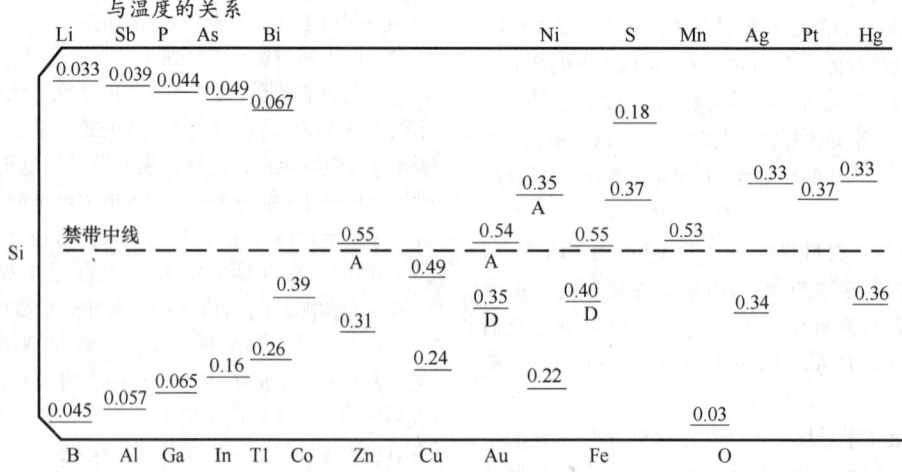

图 3.2-3　硅、砷化镓中各种杂质的能级图[6]

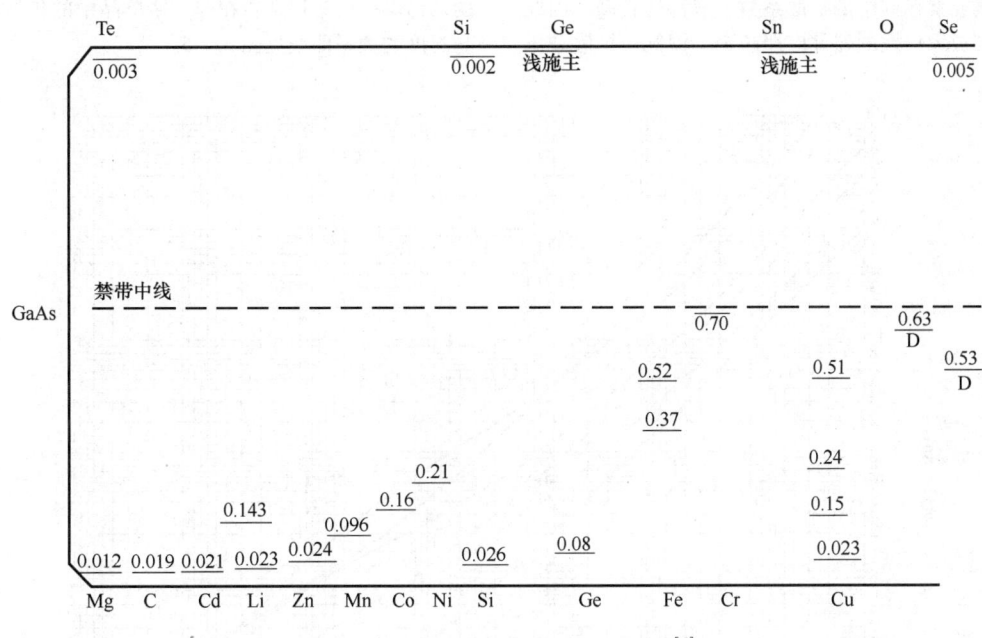

图 3.2-3 硅、砷化镓中各种杂质的能级图[6]（续）

2.2 元素半导体

48 元素半导体在周期表中的位置[11] 在周期表中的位置见表 3.2-3。

表 3.2-3 元素半导体在周期表中的位置

族	II	III	IV	V	VI	VII
周期 II	Be	B	C	N	O	—
周期 III	—	Al	Si	P	S	Cl
周期 IV	—	Ga	Ge	As	Se	Br
周期 V	—	In	Sn	Sb	Te	I	Xe
周期 VI			Pb	Bi	Po	At

49 硅、锗单晶的主要技术参数及选用 研究和使用最早的半导体材料是锗，继而是硅。硅在许多方面显示出比锗更优越，是目前各种电力电子器件、敏感元器件、二极管、晶体管、集成电路等制作中必不可少的原材料。反映硅、锗单晶性能和质量的基本参数有晶向、导电类型、电阻率及其不均匀性、非平衡载流子寿命和位错密度等。1) 晶向：硅单晶通常是沿 [111]、[100]、[110] 三个晶向生长，晶体管采用 [111] 晶向，可得到平整的 PN 结结面。MOS 器件为了降低表面态，常采用沿 [100] 晶向单晶。2) 根据器件的结构和工艺条件选用不同导电类型的单晶：如晶闸管、选用 N 型硅；PNP 双结型扩散晶体管选用 P 型。3) ρ 及其均匀性：耐压要求高的器件选用 ρ 高的单晶；面积大的大功率器件、集成度高的集成电路要求断面 ρ 不均匀性小的单晶；器件性能要求一致，则单晶纵向 ρ 要均匀。4) 非平衡载流子寿命，要求见本篇第 45 条。5) 位错密度：单位体积单晶中位错线的总长度，为计量方便，近似地以单位截面积上位错线露头数（位错腐蚀坑数）表示，各种器件都要求单晶的位错密度低。

50 硅、锗、砷化镓单晶电阻率与杂质浓度的关系 硅、锗、砷化镓单晶在 300K 时电阻率与杂质浓度的关系见图 3.2-4。从图可由电阻率查出杂质浓度，或者相反。注意此图仅适用于非补偿或轻补偿材料。

51 硅单晶中杂质的扩散系数与温度关系 扩散系数 D 反映杂质在材料中的扩散速度。

$$D = D_0 \exp(-E_a/kT)$$

式中 D_0——T 无限高时的杂质扩散系数值；

E_a——激活能；

k——玻耳兹曼常数。

由该式可计算某一温度下的扩散系数 D，再结合扩散源情况、扩散温度、扩散时间以及杂质浓度等，即可计算扩散层中杂质浓度分布及扩散深度。

重金属元素在硅中的扩散系数一般都比较高，因此要求高放大倍数的器件应严防金、铜等快扩散杂质的玷污。一些常用杂质在硅、锗单晶中的扩散系数与温度的关系曲线见图 3.2-5。

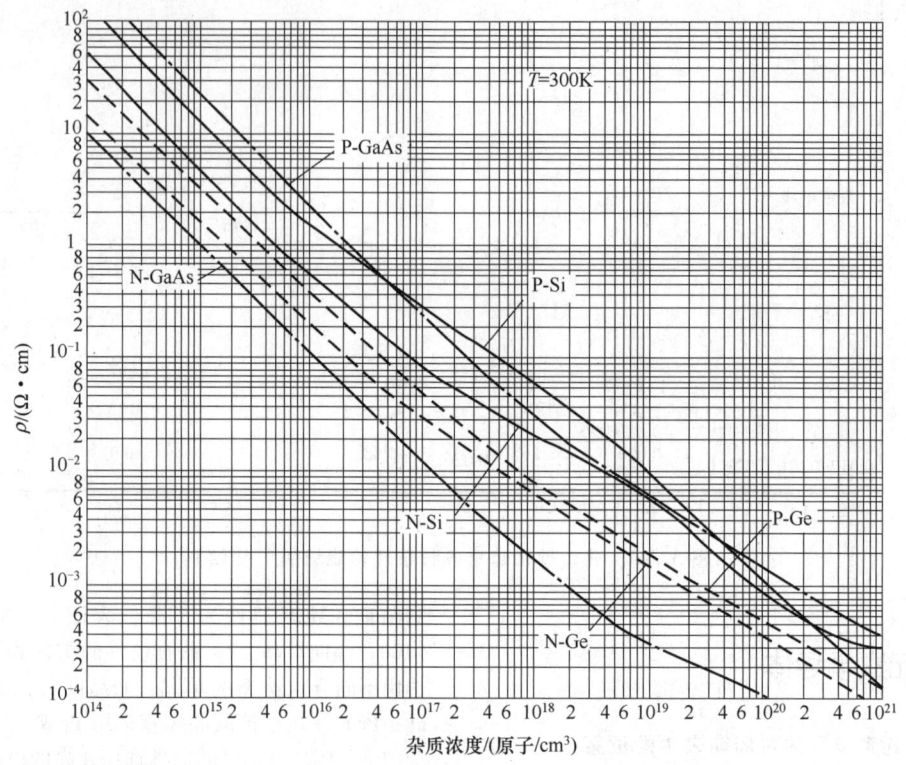

图 3.2-4　硅、锗、砷化镓单晶在 300K 时电阻率与杂质浓度的关系

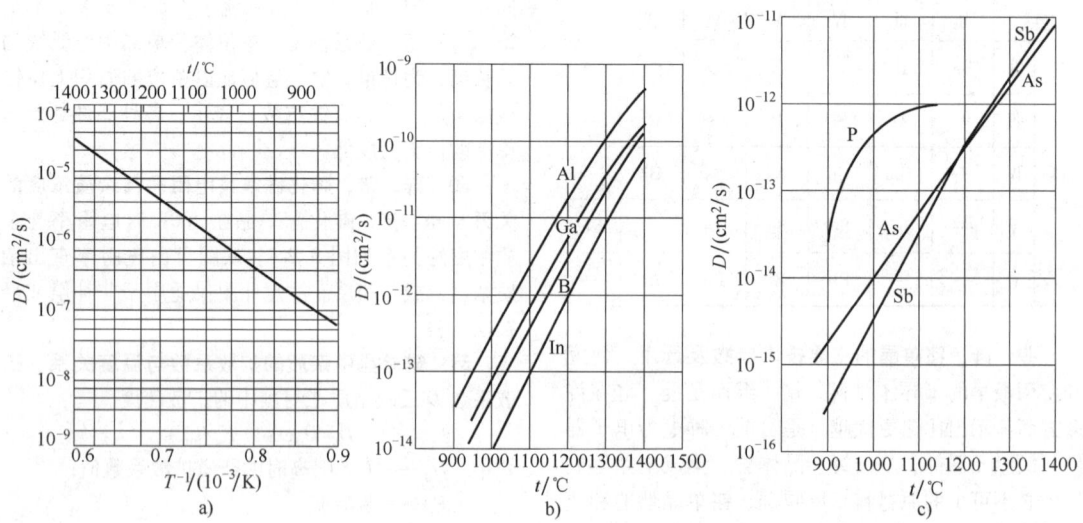

图 3.2-5　一些常用杂质在硅、锗单晶中的扩散系数与温度的关系曲线
a）金（间隙）　b）硼、铝、镓、铟　c）磷、砷、锑

52　硅单晶中杂质的固溶度与温度关系　制备重掺杂低阻单晶或器件工艺中，制作高浓度的扩散层（如发射区）时，应选用固溶度大的杂质。固溶度取决于杂质原子与硅（或锗）原子的半径差，半径差越大，固溶度越小；杂质原子的价电子数与硅（或锗）的差别越大，固溶度也越小。硅中杂质固溶度与温度的关系见图 3.2-6。

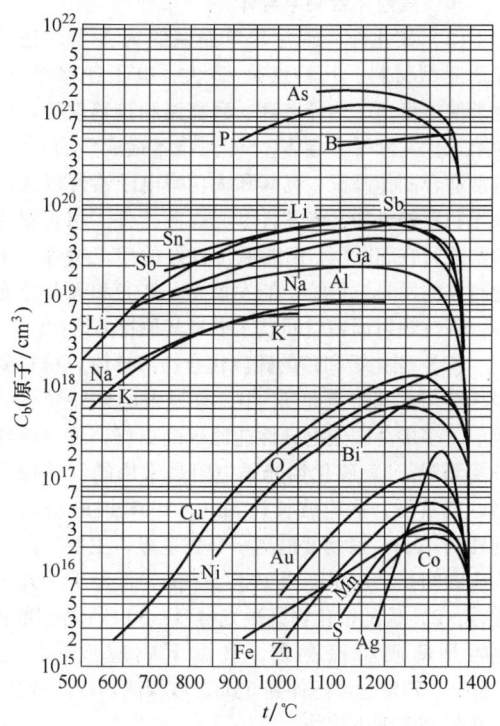

图 3.2-6　硅中杂质固溶度与温度的关系

53　非晶硅和多孔硅

（1）**非晶硅**[11]　晶体中原子排列具有周期性（长程有序）。非晶态固体原子的排列不具备长程有序，如用蒸发、溅射和化学气相沉积的各种薄膜，都属于非晶态。非晶硅（a-Si）是主要的非晶半导体材料，它属于四面体结构，但键角和键长相对单晶硅发生了畸变。用辉光放电法分解不同比例的硼烷-硅烷或磷烷-硅烷，可制出 σ 可在几个数量级内变化的 a-SiH。非晶硅电性能可控，因此成为一种有发展前景的新材料。用非晶硅制作光电池，其光能吸收率高，工艺简单，能耗低，且适于大面积生产，是一种优良的太阳能转换材料。

（2）**多孔硅**[13]　P 型、P+ 型或 N+ 型硅在 HF 阴极反应过程中，在较低的电流密度或较高的 HF 浓度下，硅表面形成一层无光泽的黑色、棕色或红色的薄膜，该薄膜称为多孔硅，厚度可从几微米至

几十微米。它仍呈单晶状，但充满了孔隙，其直径达 2nm 甚至更大些，孔优先在电流流动方向排列。多孔硅的电阻率、晶格常数都大于单晶硅，其热氧化速度比单晶硅快得多。它在超大规模集成电路中是制作 SOI（绝缘体上硅材料）和隐埋导电层的最佳方案之一，还可用来制作气、湿敏传感器和真空微电子器件的场发射阴极等。

2.3　化合物半导体[6]

54　Ⅲ-Ⅴ族化合物半导体

（1）**砷化镓**　是研究和应用最早、性能较优越的重要化合物半导体之一。特点是：1）禁带宽度比硅大为直接跃迁型，因而它更适合制作高温、大功率、光电转换、近红外光电器件等；2）电子迁移率约为硅的 7 倍，用于制作场效应晶体管，微波集成电路，放大、逻辑等器件，可满足信息处理的高速化、通信高频化等要求；3）砷化镓导带为双能谷结构，当外加电场超过阈值时，随电场的增加，电子平均漂移速度反而变慢，电流减小，呈现负阻现象，可制作固体微波振荡器件；4）砷化镓与多种固溶体化合物半导体的晶格匹配良好，可用作镓砷磷、镓铝砷、铟镓磷或硒化锌等非Ⅲ-Ⅴ族化合物半导体器件的衬底。砷化镓中杂质的扩散系数与温度的关系见图 3.2-7。

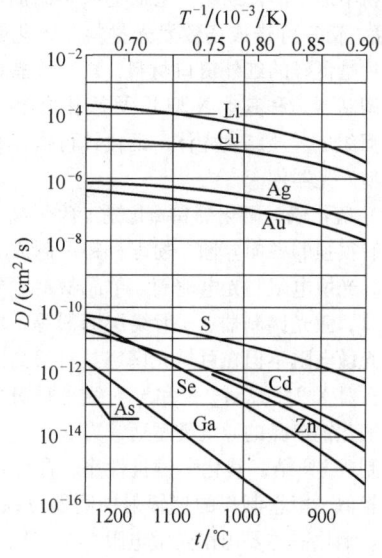

图 3.2-7　砷化镓中杂质的扩散系数与温度的关系

（2）**磷化镓**　室温下，$E_g = 2.24\text{eV}$，为间接跃

迁型，是高效率多色性发光材料。发光跃迁主要通过杂质对实现，具有高的光电转换效率。经液相外延生长发射结，锌-氧中心复合获得红光，其二极管的外量子效率达 12.6%。通过掺氮形成 GaP-N 等电子陷阱，实现峰值波长 560nm 左右的绿色光发射，效率达 7%，对视觉反应灵敏。

（3）锑化铟和砷化铟　特点是 E_g 小，μ_n 大。锑化铟可制成光电导型、光生伏特型和光磁电型三种探测器；砷化铟可制成光生伏特型探测器。锑化铟红外探测器在室温及液氮温度（77K）下截止波长分别达 7.5μm 和 5.5μm；77K 下峰值波长约为 5μm，大气红外"透明窗"内，优于室温下红外探测器。它们有显著的磁阻效应，是制作霍尔器件和光磁电器件的良好材料。

（4）氮化镓 GaN　一般呈纤锌矿结构，具有宽的直接带隙（3.4eV）、强的原子键、高的热导率、化学稳定性好（几乎不被任何酸腐蚀）等性质和强的抗辐照能力，在光电子、高温大功率器件和高频微波器件应用方面有着广阔的前景。LED 是 GaN 基半导体中发展较为成熟的器件。自同质结 GaN 蓝光二极管发明以来，人类社会正式进入半导体照明时代。

55　Ⅱ-Ⅵ族化合物半导体

（1）硫化锌和硒化锌　硫化锌具有闪锌矿型或纤维锌矿型晶体结构，是一种重要的发光材料，在硫化锌粉中加入活性剂铜（有时还要再添加氯、铝等）、锰、铅等可烧成场致发光材料。硫化锌单晶或烧结片是良好的红外窗口材料，P 型单晶材料可作激光调制器，和其他 N 型Ⅱ-Ⅵ族化合物（如硫化镉）可组成异质结发光体。硒化锌可作黄光和绿光的结型发光器件。

（2）硫化镉、硒化镉和碲化镉　硫化镉属六方晶系，有很强的各向异性。粉末材料可制成场致发光器件、光敏电阻、光电池等。单晶材料主要用作红外窗口、激光调制器、γ 射线探测器等。单晶型硫化镉光敏电阻不但在可见光区域具有很高的灵敏度，而且对 X 射线、α、β 和 γ 射线也很灵敏。硫化镉和硒化镉单晶的导电类型通常为 N 型。碲化镉可掺杂制成 PN 结，其化学键极性小，晶体用途与硫化镉相似，用它制作的核辐射探测器可在 150℃下工作。硒化镉主要用作光敏电阻，具有比硫化镉更宽的光谱响应范围和更快的响应速度，但其灵敏度随工作温度变化较大，在低照度下的灵敏度远低于硫化镉。

（3）氧化锌　ZnO 在室温下有 3.37eV 的带隙宽度和 60meV 的高激子结合能，是性能良好的直接带隙的宽禁带半导体。ZnO 兼具高迁移率、高稳定性等特点，在紫外光探测和光通信领域具有良好的应用前景。此外，适当掺杂烧结成型的 ZnO 陶瓷具有优良的非线性伏安特性和能量吸收能力，是电力系统和电子器件过电压保护和浪涌吸收的主要材料之一。

56　其他化合物半导体

（1）碳化硅　碳化硅单晶一般为 N 型，是间接跃迁型材料。其特点是 E_g 大、电子迁移率大、化学性能稳定、热导率高、耐高温和抗辐射等。作为第三代宽禁带半导体，SiC 是技术最成熟的一种，非常适合制作高温、高频和大功率电子器件以及蓝绿光和紫外光的发光器件和光探测器件。用它制成的整流管在 500℃ 下仍能保持良好的整流特性，用它制作的发光二极管，能发黄光、红光和天蓝色光等，因抗辐射而在空间技术中有其独特的地位。

（2）硫化铅和铅的硫族化合物半导体　材料属岩盐结构。其特点是 E_g 小，有显著的红外光电导效应。多层薄膜光电导性能比单晶更好，可制造红外探测器。1）硫化铅光敏电阻是常用的红外探测器，室温下，响应波长达 3μm，195K 时响应波长延伸到 4μm，探测度提高一个数量级，主要缺点是响应时间长，室温下为 100~300μs，低温下为几十微秒；2）硫的铅化物是激光材料；3）硒化铅光敏电阻是薄膜型探测器，室温下响应波长可达 4.5μm，77K 时可延伸到 6μm，该探测器探测度高，可在较高温度下工作。

（3）氧化物半导体　氧化物半导体的离子性强，属立方晶系，禁带宽度大。1）氧化铅可作光导摄像管的靶面，当铅和氧偏离化学比或掺入某些杂质时，能改变氧化铅的导电类型，适当调整施主与受主比例，可得到本征氧化铅材料，因此可以把氧化铅作成 PIN 型光电导靶；2）氧化锌粉可用于电子照相、压敏电阻；3）二氧化锡和二氧化钛是制造气敏器件材料；4）氧化镓禁带宽度可达 4.9eV，在光电子器件方面有广阔的应用前景，还可以用作 O_2 化学探测器。

2.4　固溶体半导体[6]

57　镓砷磷和镓铝砷

（1）镓砷磷（$GaAs_{1-x}P_x$）　是由 GaAs 和 GaP 形成的固溶体。E_g 和跃迁性质随组分 x 而变化：x 在 0~0.53 之间时，能带类似 GaAs，为直接跃迁型，E_g 由 1.43eV 增至 2eV；x 在 0.53~1 间时，能带类似 GaP，为间接跃迁型，光效率下降。x 由 1 降到 0，则注入式发光光子波长由 565nm（GaP）升到 900nm（GaAs）。它主要用于可见光的场致发光，包括红、黄光发光管。

（2）镓铝砷（$Ga_{1-x}Al_xAs$） $x>0.35$ 时，由直接跃迁型变为间接跃迁型。发光材料取 $x<0.31$。由于"逆窗效应"，作为发光材料用时不如镓砷磷，但在高电流密度下的发光效率劣化问题远小于镓砷磷，且制成双异质结可提高激光器内部的光增益，使阈值电流大为下降，实现室温下连续工作。由于镓铝砷在任何组分下都与砷化镓有良好的晶格匹配，因而用砷化镓作衬底可与它制作优良的异质结。

58 碲镉汞（$Hg_{1-x}Cd_xTe$） CdTe 和 HgTe 的连续固溶体。通过控制组分和温度，可从金属态连续转变为半导体，当 x 从 0.17 增大到 1 时，E_g 从 0eV 连续增大到 1.6eV，且为直接跃迁型。这为制备多个响应波段的红外探测器提供了可能。其他优点：1）电子有效质量小，本征载流子浓度低，反向饱和电流小，探测器噪声低、探测度高；2）电子迁移率高，响应频带宽；3）本征跃迁，吸收系数大，量子效率高；4）载流子寿命长，因而光电导增益高；5）固有氧化表面态低。碲镉汞晶体中的点缺陷对其电性能有决定性影响：汞空位起受主作用，碲空位起施主作用，导电类型、载流子浓度等可以用掺杂也可以用热处理使本身组分偏离来控制。碲镉汞探测器有光电导型和光生伏特型两种，可用于制作响应 0.8~40μm 波长范围各波段探测器和 MIS 或 MOS 结构型器件，因此碲镉汞将是第三代应用最广泛的半导体材料。

59 碲锑铋 $[(Bi_{1-x}Sb_x)_2Te_3]$ **和碲硒铋** $Bi_2(Se_{1-x}Te_x)_3]$ 碲锑铋是 Sb_2Te_3 和 Bi_2Te_3 的固溶体；碲硒铋是 Bi_2Se_3 和 Bi_2Te_3 的固溶体。它们是重要的半导体制冷和温差电材料。可用区熔法或正常凝固法制取向单晶或用粉末冶金法压制多晶体块，粉末冶金法工艺简单，成本较低。它可用于制冷元件，用取向单晶时制冷性能优于多晶体，但机械强度则不如后者。

2.5 半导体超晶格和有机半导体材料

60 半导体超晶格材料[11] 半导体超晶格是由交替生长的两种半导体薄层组成的一维周期性结构的人造材料，其薄层厚度小于电子平均自由程。有成分超晶格和掺杂超晶格两类，前者是周期地改变薄层成分，即有不同的半导体材料；后者是改变成分的各层的掺杂类型。超晶格半导体中沿超晶格生长方向的势能有周期性的变化，周期比自然晶体的晶格常数大得多，其电子状态把正常的布里渊区分割成许多微布里渊区而出现一些新的电子特性，如调整禁带宽度、负阻效应、调制掺杂出现的迁移率增强效应等。从而使半导体进入许多新的研究和应用领域，如量子阱激光器、量子阱光电探测器、光学双稳态器件、调制掺杂效应晶体管等。一般用分子束外延和金属有机化合物化学气相沉积技术来制作超晶格材料，目前已制出化合物、元素以及非晶态的超晶格半导体材料。

61 有机半导体材料[14] 是一种有机导电高分子材料，研究十分活跃。1）聚乙炔（PA）研究最早，蒸气处理过的 PA 薄膜，本征 σ 从 10^{-7} 提高到 $10^4S/m^1$；掺杂浓度仅 1%，可使 σ 变化跨越 12 个数量级。目前问题是合成危险性较大，空气氧化稳定性及可熔性问题还没有根本解决。2）聚杂环导电聚合物如聚吡咯（PPy）、聚噻吩（PTp）及其衍生物，σ 达 $1.5×10^4S/m^1$，特点是掺杂形式稳定性极好，衍生物可溶于有机、无机及水等普通溶剂，且有一定力学强度。3）聚苯胺（PAn）是聚苯胺黑粉，可用 HCl 进行可逆电化学掺杂。易合成、易成膜，空气中很稳定，用作一、二次电池阴极材料可与无机电池竞争，是第一个能实际使用的有机半导体材料。有机半导体原材料丰富，制备简便，可塑性大，使用方便；结构多样，进行适当的掺杂可得到不同 ρ 值的 P 型、N 型材料；具有特殊的电、磁、光学特性，耐腐蚀。在未来化学电源、电工、电子材料、磁性材料、光电材料和分子器件等方面都有极其诱人的应用前景。

第3章 磁性材料

3.1 磁性材料的特性和分类[6,15]

62 磁性材料的基本特性 磁性材料的参数和意义见表 3.3-1。磁性材料的基本特性见图 3.3-1，退磁曲线和永磁材料特性见图 3.3-2。

表 3.3-1 磁性材料的参数和意义

分类	参 数	意 义
强度	1）磁感应强度（磁通密度）B 2）饱和磁感应强度 B_s 3）剩余磁感应强度（剩磁）B_r 4）磁极化强度 J 5）剩余磁化强度 J_r 6）磁场强度 H 7）剩磁比（开关矩形比）$R_r = B_r/B_s$ 8）最大磁能积 $(BH)_{max}$	参见第 2 篇第 27~29 条 磁体被磁化到饱和时的磁感应强度 磁场从最大值降到零时的 B 磁场从最大值降到零时的 J 磁滞回线接近矩形的程度 永磁材料退磁曲线上 B、H 乘积最大值（见图 3.3-2a）
磁导率	1）绝对磁导率 μ 2）真空磁导率（磁常数 μ_0） 3）相对磁导率 μ_r（工程上用 μ_r，且往往省去下角标 r） 4）起始磁导率 μ_i 5）最大磁导率 μ_m 6）回复磁导率 μ_{rec}	磁化曲线上任意一点的 B 与 H 之比：$B=\mu H$， 在真空中的 μ：$B=\mu H+J$，$\mu_0=4\pi\times10^{-7}$H/m 绝对磁导率与真空磁导率之比 磁场强度趋于零时的磁导率极限值 在整个磁化曲线上磁导率的最大值 回复线上 ΔB 与 ΔH 之比：$\mu_{rec}=\Delta B/(\mu_0\Delta H)$
磁性能与温度关系	1）磁导率温度系数 $\alpha_{\mu i}$ 2）磁感应温度系数 αB 3）居里温度（居里点）T_c	$\alpha_{\mu i}=(\mu_2-\mu_1)/[\mu_1(T_2-T_1)]$ 式中 μ_1 和 μ_2——温度 T_1 和 T_2 时的起始磁导率 经饱和磁化的永磁材料，B 随温度可逆变化： $\alpha B=[(B_2-B_1)/B_1(T_2-T_1)]\times100\%$ 式中 B_1 和 B_2——温度 T_1 和 T_2 时的磁感应强度 材料温度升高到此温度时失去磁性
矫顽力	1）矫顽力 H_{CB} 2）内禀矫顽力 H_{CJ}	使 B 降为零时的退磁场强度 使 J 降为零时的退磁场强度
损耗	1）铁损 P 2）磁滞损耗 P_n 3）损耗角 δ	单位质量材料在交变磁场下的总损耗（注明最大磁感应强度和频率），包括磁滞损耗 P_n、涡流损耗和剩余损耗 磁滞回线面积，是一个完整磁化循环所消耗能量 交变磁场下材料 B 与 H 基波分量间的相位差

（续）

分类	参　　数	意　　义
磁稳定性	1）减落因数 D_F	无机械和热干扰环境中，起始磁导率随时间下降： $$D_F = (\mu_1 - \mu_2)/(\mu_1 \lg t_2/t_1)$$ 式中　μ_1 和 μ_2——时间 t_1 和 t_2 时的起始磁导率
	2）磁感应衰减率（退磁率）φ	外界因素引起磁感应不可逆变化： $$\varphi = \left[(B_m' - B_m)/B_m \right] \times 100\%$$ 式中　B_m 和 B_m'——永磁材料受外界因素作用前后值

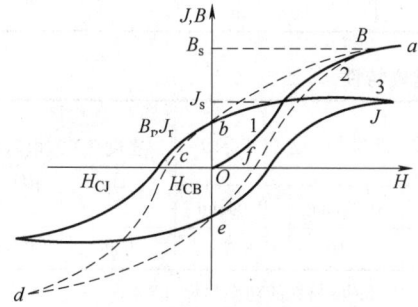

图 3.3-1　磁性材料的基本特性
1（Oa）—起始磁化曲线　2（bc,ef）—退磁曲线
3（abcdefa）—磁滞回线

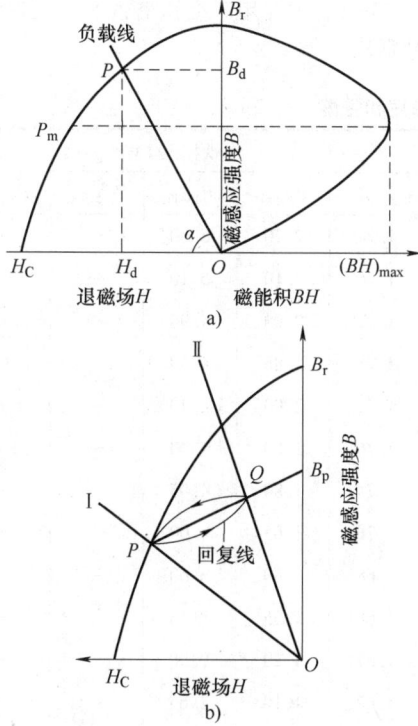

图 3.3-2　退磁曲线（$H_C P_m P B_r$，弧线）
和永磁材料特性
a）永磁材料特性表示　b）永磁材料工作状态

63　磁性材料的分类　磁性材料按矫顽力的大小分为软磁材料和永磁（硬磁）材料。软磁材料矫顽力低（$H_{CB} \leqslant 1\text{kA/m}$），$H_{CJ}$ 与 H_{CB} 差别小，磁导率高，在较低外磁场下能产生较高的磁感应强度，并随外磁场增大而很快达到饱和，当外磁场去除后，磁性能基本消失。它主要用于制作传递、转换能量和信息的磁性零部件或器件。永磁材料矫顽力高（$H_{CB} > 1\text{kA/m}$），H_{CJ} 与 H_{CB} 差别大，磁化饱和再去除磁场后，磁体仍能储存一定的磁能量，在较长时间内保持强而稳定的磁性。它主要用于需要产生恒定磁通的磁路中，在一定空间内提供恒定的磁场作为磁场源。

3.2　软磁材料[6,15]

64　纯铁　纯铁的特点是 B_s 高，具有高磁导率和低矫顽力。它主要在直流或低频下使用：继电器铁心、直流电机导磁材料、电磁铁磁轭和磁屏蔽器件等。由于高纯度铁的成本高，因此在电气工业中用的是含有微量杂质的电磁纯铁。如将纯铁在氢中 1150~1480℃ 退火，可以除去杂质以改善磁性。纯铁存在着磁老化现象：铁内含有的氮逐渐形成铁氮化合物，使磁性缓慢恶化。熔炼时加入铝、钛及钒等可使氮含量减至最少。纯铁的缺点是 ρ 低（$0.1\mu\Omega \cdot m$），涡流损耗大，不适用于交流。电磁纯铁的磁性能见表 3.3-2。

65　低碳钢　低碳钢是含碳量小于 0.1% 的铁碳合金，磁性能良好，在较强磁场（2~4kA/m）下磁感应强度高，价格低廉，硬度比硅钢低，冲压特性好。常用低碳钢中碳的 $\omega(c) = 0.05\% \sim 0.08\%$，厚度为 0.50nm、0.65mm，主要用于小功率电机和变压器铁心，在直流应用中可作电磁铁的铁心材料、直流电机的磁轭和高速转子。低碳钢的典型磁特性见表 3.3-3。

表 3.3-2 电磁纯铁的磁性能

磁性等级	牌号	H_{CB}/(A/m) ≤	$\mu_0\mu_m$/(mH/m) ≥	不同磁场强度（A/m）下的磁感应强度 B/T≥						
				B_{200}	B_{300}	B_{500}	B_{1000}	B_{2500}	B_{5000}	B_{10000}
普级	DT3、DT4、DT5、DT6	96	7.5	1.2	1.3	1.4	1.5	1.62	1.71	1.8
高级	DT3A、DT4A、DT5A、DT6A	72	8.8							
特级	DT4E、DT6E	48	11.3							
超级	DT4C、DT6C	32	15.1							

表 3.3-3 低碳钢的典型磁特性

饱和磁感应强度 B_s/T	矫顽力 H_{CB}/(A/m)	起始磁导率 μ_i		不同厚度下铁损 $P_{15/50}$[1]/(W/kg)			密度/(g/cm³)	电阻率/($\mu\Omega\cdot m$)
		$H=10_e$[2]	$H=100_e$	0.35mm	0.47mm	0.64mm		
2.14	72	2 000	1 530	6.22	7.10	8.70	7.85	0.125

① $P_{15/50}$ 表示波形为正弦波，频率为50Hz，磁感应强度峰值为1.5T，每kg材料的功率损耗（W）。

② $O_e = (10^3/4\pi)$A/m。

66 热轧硅钢片 是磁性并不取向的硅钢片，厚度和性能见表 3.3-4。热轧硅钢片分下列两种：1）低硅钢片：含硅量 1%~2%，B_s 高，力学性能好，厚度一般为 0.5mm，主要用于发电机和电动机转子，又称热轧电机硅钢片；2）高硅钢片：含硅量 3%~5%，损耗低，磁导率高，厚度多为 0.35mm，主要用于变压器铁心，又称为变压器硅钢片。

表 3.3-4 热轧硅钢片的厚度和性能

牌号	厚度/mm	磁感应强度[1]/T≥					铁损[2]/(W/kg)≤			
		B_5	B_{10}	B_{25}	B_{50}	B_{100}	$P_{10/50}$	$P_{15/50}$	$P_{7.5/400}$	$P_{10/400}$
DR530-50	0.50	—	—	1.51	1.61	1.74	2.20	5.30	—	—
DR510-50	0.50	—	—	1.54	1.64	1.76	2.10	5.10	—	—
DR490-50	0.50	—	—	1.56	1.66	1.77	2.00	4.90	—	—
DR450-50	0.50	—	—	1.54	1.64	1.76	1.85	4.50	—	—
DR440-50	0.50	—	—	1.46	1.57	1.71	2.00	4.40	—	—
DR420-50	0.50	—	—	1.54	1.64	1.76	1.80	4.20	—	—
DR405-50	0.50	—	—	1.50	1.61	1.74	1.80	4.05	—	—
DR400-50	0.50	—	—	1.54	1.64	1.76	1.65	4.00	—	—
DR360-50	0.50	—	—	1.45	1.56	1.68	1.60	3.60	—	—
DR315-50	0.50	—	—	1.45	1.56	1.68	1.35	3.15	—	—
DR290-50	0.50	—	—	1.44	1.55	1.67	1.20	2.90	—	—
DR265-50	0.50	—	—	1.44	1.55	1.67	1.10	2.65	—	—
DR360-35	0.35	—	—	1.46	1.57	1.71	1.60	3.60	—	—
DR325-35	0.35	—	—	1.50	1.61	1.74	1.40	3.25	—	—
DR320-35	0.35	—	—	1.45	1.56	1.68	1.35	3.20	—	—

（续）

牌　号	厚度/mm	磁感应强度[1]/T≥					铁损[2]/（W/kg）≤			
		B_5	B_{10}	B_{25}	B_{50}	B_{100}	$P_{10/50}$	$P_{15/50}$	$P_{7.5/400}$	$P_{10/400}$
DR280-35	0.35	—	—	1.45	1.56	1.68	1.15	2.80		
DR255-35	0.35	—	—	1.44	1.54	1.66	1.05	2.55		
DR225-35	0.35	—	—	1.44	1.54	1.66	0.90	2.25		
DR1750G-35	0.35	1.23	1.32	1.44	—	—	—	—	10.00	17.50
DR1250G-20	0.20	1.21	1.30	1.42					7.20	12.50
DR1100G-10	0.10	1.20	1.29	1.40					6.30	11.00

① B_5、B_{25} 表示磁场强度为 5A/cm 和 25A/cm 时，基本换向磁化曲线上的磁感应强度，其他类推。

② $P_{10/50}$ 和 $P_{7.5/400}$ 表示波形为正弦形，频率分别为 50Hz 和 400Hz，磁感应强度峰值分别为 1.0T 和 0.75T 时，每 kg 材料的功率损耗（W），其他类推。

67 冷轧硅钢片 分非取向和单取向两种。

（1）冷轧非取向硅钢片 经冷轧达到成品厚度。冷轧配合热处理，破坏了晶粒取向，使材料基本上各向同性。含硅量低于取向硅钢，因而 B_s 更高。材料厚度常有 0.35mm 和 0.5mm 两种，主要用于电机铁心，又称为冷轧电机硅钢片，品种和主要性能见表 3.3-5。

表 3.3-5　冷轧非取向硅钢片品种和主要性能

厚度/mm	牌号	铁损 $P_{15/50}$/（W/kg）≤	磁感应强度 B_{10}/T≥	理论密度 d/（g/cm³）
0.35	DW270-35	2.70	1.58	7.60
	DW310-35	3.10	1.60	7.65
	DW360-35	3.60	1.61	7.65
	DW435-35	4.35	1.65	7.70
	DW500-35	5.00	1.65	7.75
	DW550-35	5.50	1.66	7.75
0.50	DW315-50	3.15	1.58	7.60
	DW360-50	3.60	1.60	7.65
	DW400-50	4.00	1.61	7.65
	DW465-50	4.65	1.65	7.70
	DW540-50	5.40	1.65	7.75
	DW620-50	6.20	1.66	7.75
	DW800-50	8.00	1.69	7.80

（2）冷轧单取向硅钢片 磁性有强烈各向异性，轧制方向是性能的择优方向。铁心损耗比非取向硅钢片低得多。磁性能、塑性、表面质量比热轧硅钢片更优越，带材平整，使材料的填充系数增加 2%~3%。主要用于制造变压器，又称为冷轧变压器硅钢片。品种和主要性能见表 3.3-6。

表 3.3-6　冷轧单取向硅钢片品种和主要性能

牌号	铁损 $P_{15/50}$/（W/kg）≤	磁感应强度 B_{10}/T≥	理论密度 d/（g/cm³）
DQ122G-30①	1.22	1.88	
DQ133G-30①	1.33	1.88	
DQ133-30	1.33	1.79	
DQ147-30	1.47	1.77	
DQ162-30	1.62	1.74	
DQ179-30	1.79	1.71	
DQ196-30	1.96	1.68	7.65
DQ126G-35①	1.26	1.88	
DQ137G-35①	1.37	1.88	
DQ151-35	1.51	1.77	
DQ166-35	1.66	1.74	
DQ183-35	1.83	1.71	
DQ200-35	2.00	1.68	
DQ230-35	2.30	1.63	

① 牌号中的 G 表示高磁感应取向。

68 铁镍合金（坡莫合金） 为面心立方结构，含镍 30%~80% 的铁镍合金可作为软磁材料。其特点是起始磁导率和最大磁导率都非常高，且矫顽力小，低磁场下磁滞损耗相当低，电阻率又比硅钢高，因此可用于频率较高的场合，特别适合于电信工业。铁镍合金的化学成分及磁性能见表 3.3-7。

铁镍合金性能与含镍量有关，铁镍二元合金有三类软磁材料：1）含镍≈36%，磁导率最低，电阻率最大；2）含镍≈50%，饱和磁感应强度最大，磁导率高，经大压缩率的冷轧和退火，可得到（100）[001]（立方）织构，冷轧方向的磁导率很高且具有矩形磁滞回线；3）含镍≈80%，磁导率特别高，损耗相当低，但饱和磁感应强度低，仅 0.8T。

为了提高电阻率和易于热处理，有些铁镍合金中加入少量铜、钼、铬及锰等元素。铁镍合金都以薄的冷轧带状供应，厚度最薄达 0.005mm。这类材料大都制成卷绕环状铁心，层间用沉积法覆以氧

化物绝缘，然后在真空或保护气氛中热处理（施加或不加磁场）。经过热处理后的铁心可获得最佳磁性。但是磁性对机械应力的影响非常敏感，因此必须装入各种塑料或铝制的保护盒中，以免在运输、绕线、装配及运行中受到机械应力而导致磁性恶化。

表 3.3-7　铁镍合金（厚度 0.1mm）的化学成分及磁性能

牌号	化学成分（质量分数）(%)					$\mu_{0.8}$[①]/ (mH/m)	μ_m/ (mH/m)	B_s/T	R_rB_r/B_m[②]	H_{CB}/ (A/m)	$P_{10/400}$[③] /(W/kg)
	Ni	Mo	Cr	Cu	Fe						
1J46	45.0~47.0	—			余	3.5	31.3	1.5	—	20	—
1J50	49.0~51.0	—			余	4.0	40.0	1.5	—	14.4	—
1J51	49.0~51.0	—			余	—	75.0	1.5	0.90	14.4	5.0
1J52	49.0~51.0	1.80~2.20			余	—	87.5	1.4	0.90	16.0	—
1J54	49.0~51.0	—			余	3.1	31.3	1.0	—	12	—
1J65	64.5~66.0	—			余	—	275	1.3	1.87	12	—
1J67	64.5~66.0	—			余	—	312.5	1.2	0.90	4	—
1J76	75.0~76.0		1.80~2.20	4.80~5.20	余	25	175	0.75	—	2.8	—
1J77	76.0~78.0	3.90~4.50		4.80~6.00	余	50	225	0.60	—	0.96	—
1J79	78.0~80.0	3.80~4.10		0.70~1.2(Mn)	余	25	162.5	0.75	—	2	—
1J80	79.0~81.0	—	2.60~3.00	0.70~1.2(Mn)	余	27.5	150	0.65	—	2.4	—
1J83	78.5~79.5	2.80~3.20		—	余	20	225	0.82	0.80	1.6	—
1J85	79.0~81.0	4.80~5.20		—		37.5	187.5	0.70	—	1.6	—
1J86	80.0~81.5	5.80~6.20		1.0(Mn)		62.5	225	0.60	—	1.2	—

① $\mu_{0.8}$ 为在 0.8A/m 磁场强度中的磁导率。
② 矩形系数的 B_m 系外磁场强度为 80A/m 时的磁感应强度。
③ $P_{10/400}$ 表示频率为 400Hz，磁感应强度最大值为 10T 时的铁损。

69　铁钴合金　提高铁中钴含量可提高 B_s，含钴≈36% 时可得 B_s 值最高的磁性材料，含钴 50% 的合金 μ 较高。加入钒可增加电阻率和改善延展性。热处理时施以磁场，可提高磁导率和降低 H_{CB}，增加磁滞回线的矩形性。铁钴合金的居里点特别高（980℃），可用于高温，铁钴合金的成分和磁性能见表 3.3-8。

表 3.3-8　铁钴合金的成分和磁性能

产品	成分（%）			μ_1/ (mH/m)	μ_m/ (mH/m)	B_s/T	B_r/T	H_{CB}/ (A/m)	ρ/ ($\mu\Omega\cdot m$)	特点及应用
	Fe	Co	V							
1J22	余	49~51	0.8~1.8	—	—	2.2 (B_{8000})[①]	—	128	0.04	用于电磁铁铁心和极头，磁控管中端焊管，力矩电机转子等
海坡柯 (Hiperco)	63	35	(Cr) 1.5	0.8	12.7	2.42	1.3	80	0.28	在很高的磁场下有高磁导率，用于电机，变压器铁心

（续）

产品	成分（%）			μ_I/（mH/m）	μ_m/（mH/m）	B_s/T	B_r/T	H_{CB}/（A/m）	ρ/（μΩ·m）	特点及应用
	Fe	Co	V							
坡明杜（Permendur）	50	50	—	1	6.3	2.45	1.4	160	0.07	极脆，用于直流电磁铁和极头
2V 坡明杜（2VPermendur）	49	49	2	1	5.7	2.4	1.4	64	0.28	可延展，用于受话器振动膜
超坡明杜（Supermendur）	49	49	2	1.3	7.5	2.4	1.15	21	0.28	与 2V 坡明杜相似，但性能更好

① B_{8000} 是 H 为 8 000A/m 时的 B。

70 软磁铁氧体 常用的有 Mn-Zn、Ni-Zn、Mn-Mg 等尖晶石型及含 Ba 平面型六角晶系软磁铁氧体，电阻率高（$1\sim10^8\Omega\cdot m$），涡流损耗小，磁导率和饱和磁感应强度高、矫顽力低、化学稳定性好、价格低廉、性能受频率影响小。无线电、微波和脉冲技术中广泛用作高频电感和变压器磁心、录音录像磁头、电波吸收材料、磁传感器及毫米波旋磁材料等。1MHz 以下用 Mn-Zn；$1\sim200$MHz 用 Ni-Zn。几百到数千 MHz 范围应用平面六角铁氧体。软磁铁氧体按用途的分类及其主要性能见表 3.3-9。

表 3.3-9 软磁铁氧体按用途的分类及其主要性能

性能	低频变压器	中频电感器天线棒	宽频带脉冲变压器	高磁通密度软磁铁氧体	高频电感器功率变压器
起始磁导率 μ_i	800~2 500	500~1 000	1 500~10 000	1 000~3 000	70~150
$\tan\delta/10^{-6}$	0.8~1.8（10kHz）1.5~10（100kHz）	5~10（100kHz）10~40（1MHz）	1~10（10kHz）4~60（100kHz）	—	20~50（1MHz）60~120（10kHz）
饱和磁感应强度 B_s/T	0.35~0.5	0.4	0.3~0.5	0.35~0.52	0.35~0.42
居里温度 T_c/℃	140~210	200~280	90~280	180~280	350~490
电阻率 ρ/(Ω·m)	0.5~7	1~20	0.02~0.5	0.2~1	>10^3
近似成分摩尔分数（%）	MnO27 ZnO20 $Fe_2O_3$53	MnO34 ZnO14 $Fe_2O_3$52	MnO27 ZnO20 $Fe_2O_3$53	MnO30 ZnO15 $Fe_2O_3$55	NiO32 ZnO18 $Fe_2O_3$50
使用频率/MHz	≤0.2	0.1~2	≤100	0.7~1	—

3.3 永磁材料[6,15,16]

71 永磁材料的特性 表征永磁材料品质的主要因素是：矫顽力 H_{CB}、剩余磁感应强度 B_r、最大磁能积 $(BH)_{max}$ 以及磁稳定性。当永磁体在静态条件下工作（如磁电式仪表中）时，工作点在图 3.3-2b 中 OP 负载线上，当永磁体在动态条件下工作（如永磁电机中）时，工作状态在图中两个磁化状态 P 和 Q 所决定的回复线上往复变化。常用的永磁材料的磁性能见表 3.3-10。

表 3.3-10 常用的永磁材料的磁性能

种类	牌号	剩磁 B_r/T	矫顽力 H_{CB}/ (kA/m)	最大磁能积 (BH)$_{max}$/ (kJ/m³)	μ_{rec}	磁温度系数 αB/[μm/(m·K)]	居里点 T_c/℃	B_s/(kA/m)
铝镍钴合金	LN10[①]	0.60	40	9.6	4.5~5.5	−220	760	200
	LNG12	0.70	40	12	6.0~7.0	—	810	240
	LNG34	1.20	44	34	4.0~5.0	—	—	240
	LNG37	1.20	48	37	3.0~4.5	−160	890	240
	LNGT28	1.00	58	28	3.5~5.5	—	860	—
	LNGT38	0.80	110	38	1.5~2.5	−200	850	400
	LNGT36J	0.70	140	36	1.5~2.5			
	LNG44	1.25	52	44	2.5~4.0	−160	—	240
	LNG52	1.30	56	52	1.5~3.0	−160	890	240
	LNGT60	0.90	110	60	1.5~2.5	−250~−200	850	400
	LNGT72	1.05	112	72	1.5~2.5	−250~−200	850	400
	FLN8[①]	0.52	40	8	4.5~5.5	—	760	200
	FLNG28	1.05	46	28	4.0~5.0	—	890	240
	FLNG34	1.12	47	34	3.0~4.5	—	890	240
	FLNG T31	0.76	107	31	2.0~4.0	—	850	400
	FLNG T33J	0.65	136	33	1.5~3.5	—	—	—
铁氧体永磁材料	Y10T[①]	≥0.20	128~160	6.4~9.6			450	
	Y15	0.28~0.36	128~192	14.3~17.5			450~460	
	T20	0.32~0.38	128~192	18.3~21.5			450~460	
	Y25	0.35~0.39	152~208	22.3~25.5			450~460	
	Y30	0.38~0.42	160~216	26.3~29.5	1.05~1.3	−2 000~−1 800	450~460	800
	Y35	0.40~0.44	176~216	30.3~33.4			450~460	
	Y15H	≥0.31	232~248	≥17.5			460	
	Y20H	≥0.34	248~264	≥21.5			460	
	Y25BH	0.36~0.39	176~216	23.9~27.1			460	
	Y30BH	0.38~0.40	224~240	27.1~30.3			460	
稀土钴永磁材料	XGS80/36	0.60	320	64~88	1.10	−900	450~500	1 600
	XGS96/40	0.70	360	88~104	1.10	−900	450~500	1 600
	XGS112/96	0.73	520	104~120	1.05~1.10	−500	700~750	2 400
	XGS128/120	0.78	560	120~135	1.05~1.10	−500	700~750	2 400
	XGS144/120	0.84	600	135~150	1.05~1.10	−500	700~750	2 400
	XGS144/56	0.84	520	140~150	1.00~1.05	−500	700~750	2 400
	XGS160/96	0.88	640	150~184	1.05~1.10	−500	700~750	3 200
	XGS196/96	0.96	690	184~207	1.05~1.10	−500	700~750	3 200
	XGS169/42	0.96	400	184~200	1.00~1.05	−300	800~850	1 600
	XGS208/44	1.02	420	200~220	1.00~1.05	−300	800~850	1 600
	XGS240/46	1.06	440	220~250	1.00~1.05	−300	800~850	1 600
可加工永磁材料	2J83	1.05	48	24~32				
	2J84	1.20	52	32~40	—	—	—	—
	2J85	1.30	44	40~48				

① 表示各向同性；其他为各向异性。

选用永磁材料时，要求（BH）$_{max}$大、温度系数小、磁稳定性高；为使磁路最佳化，应尽可能使工作点接近最大磁能积点，但是还需结合永磁体的使用场合和工作状态，考虑其形状、加工性、价格和 μ_{rec} 等因素。

72　铝镍钴合金　组织结构稳定，剩磁较大，磁温度系数小，居里点高，矫顽力和最大磁能积值在永磁材料中居中等水平，目前在我国电机、电器工业中应用较多。对于特大的和极小的以及异形的永磁体，其特性会下降。各向异性永磁体，非最佳磁方向的磁特性仅为最优磁性方向的 1/3，因此使用时，永磁体的形状要与最优磁性方向一致。它的加工性差，因此要求体积小、尺寸精度高的永磁体多采用粉末烧结铝镍钴合金。

73　铁氧体永磁材料　化学组成用 MO·nFe_2O_3 表示，其中 M 为 Ba、Sr、Pb 中的一种或两种以上的二价金属离子，n 为 5.0~6.0。材料分各向同性和各向异性两类。它的矫顽力高、时效变化少、电阻率高、密度小、不含镍和钴元素、价廉、原材料来源丰富，许多场合用来代替铝镍钴合金，因此目前产量最大。虽其最大磁能积不高，但最大回复磁能积较大，宜做在动态条件下工作的永磁体，例如用于各种永磁电机。其缺点是剩磁较低，磁感应温度系数较大，不宜用于电工测量仪表；此外在低温下会不可逆退磁，耐机械冲击能力较弱。

74　稀土钴永磁材料　磁性能在现有永磁产品中较高（见表 3.3-10）：剩磁与铝镍钴合金相当，矫顽力是铁氧体的 3~4 倍；最大磁能积是高性能铝镍钴合金的 2~4 倍，退磁曲线大致呈直线，动态磁能积大，动态特性优良，相对回复磁导率接近 1，适于动态条件下工作；稳定性好，不易受外磁场影响，温度系数较低，仅略高于铝镍钴合金（添加重稀土元素可以改善）。宜做微型或薄片状永磁体，使应用永磁体的设备小型化、轻量化。缺点是价格较贵；居里温度比铝镍钴合金稍低；由于含大量易氧化的稀土元素，因此耐蚀性能低，导致磁性下降；在高温下（250℃以上）使用时会产生退磁，加工时要防止发热；磁体硬而脆，只能磨加工。

75　钕铁硼合金　第三代稀土永磁，远优于第一、二代产品。钕铁硼合金的物理特性见表 3.3-11，主要磁特性见表 3.3-12。

表 3.3-11　钕铁硼合金的物理特性

密度/(g/cm³)	硬度 HV	电阻率/(μΩ·m)	压缩强度/MPa	热膨胀系数/[μm/(m·K)]	
				垂直取向方向	平行取向方向
7.3~7.5	500~600	1.4~1.6	740~810	-5.0~-4.6	3.2~3.6

表 3.3-12　钕铁硼合金的主要磁特性

牌号[①]	磁性能				国际和国外标准	
	(BH)$_{max}$/(kJ/m³)	B_r/T	H_{CB}/(kA/m)	H_{CJ}/(kA/m) ≥	IEC	MMPA
NTP208G	192~224	1.03~1.10	720~800	1 350	R7-1-6	—
NTP208C	192~224	1.03~1.10	720~840	1 600	R7-1-1	26/20
NTP240D	224~256	1.10~1.18	640~720	800	R7-1-4	—
NTP240Z	224~256	1.10~1.18	760~880	1 120	—	—
NTP240G	224~256	1.10~1.18	760~880	1 350		30/18
NTP272D	256~288	1.18~1.25	640~720	800	—	—
NTP272Z	256~288	1.18~1.25	800~880	1 120	—	—

① 牌号用主要成分"钕""铁""硼"汉语拼音第一个字母组合作前冠，后面的数字表示该材料最大磁能的标准值，数字后面字母"D""Z""G""C"分别表示低、中、高和超高磁极化强度矫顽力。

试样和产品性能均列当今永磁材料最高水平：最大磁能积分别达到 431kJ/m³ 和 366kJ/m³，机械强度比其他永磁材料高，韧性好，密度比稀土钴永磁低 13%，更有利于磁体轻量、小型化。

不含 Sm 等稀贵元素，原材料资源丰富，价廉（只相当于 SmCo 合金的 1/3～1/2），甚至低于高性能铝镍钴合金。在一些领域已取代某些永磁材料。但 T_c 较低（312℃），使用温度低，磁温度系数较大 [$-1\,260\mu$m/(m·K)]，热稳定性和抗腐蚀性能差（合金中含极易氧化的稀土元素钕），易生锈，限制了其使用范围。加入适量钴、铝和重稀土元素，T_c 可升高到 450～500℃，磁温度系数 αB 降到 500～700μm/(m·K)。加入适量钛、铌等元素，可使合金磁极化强度矫顽力提高，高温不可逆损失降低，热稳定性增强。

76 黏结永磁材料 用黏结剂（橡胶或塑料）和某种永磁材料粉末（磁粉）混合制成。特点是成品率高，可大批量生产，材料可再生利用，成本低；尺寸精度高，不需二次加工，能制成形状复杂、细或薄的磁体；与其他部件可一体成形；可制成沿径向取向磁体和多极充磁；磁体耐磨、耐冲击，机械特性好，不易破损开裂；磁性均匀一致，磁性能取决于所用磁粉性能及其含量。缺点是磁性能低于相应纯的永磁材料。

黏结永磁材料中以黏结铁氧体产量最多，特别是各向同性橡胶黏结铁氧体（见表 3.3-13）。各种稀土系黏结永磁性能（见表 3.3-14）。

表 3.3-13 铁氧体系黏结永磁的主要磁性能

成型方法	主要黏结剂[①]	取向方向	B_r/mT	H_{CB}/(kA/m)	$(BH)_{max}$/(kJ/m³)	耐热性/℃
挤出成型	PVC、CPE、NBR、EPDR	各向同性	130～180	80～103	3.2～4.8	120～130
		各向异性	210～270	127～191	6.4～16	120～130
注射成型	尼龙-6、12、PP、PPS、EVA	各向同性	130～160	80～103	3.2～4.8	120～180
		各向异性	230～290	159～191	10.4～17.6	120～180
压延成型	PVC 系、CPE、NBR、EPDR	各向同性	120～160	72～111	2.4～4.8	120～130
		各向异性	180～280	119～199	4.2～14.4	120～130

① 表内聚合物代号，中文名称参见本篇第 21～24 条。

表 3.3-14 各种稀土系黏结永磁性能

磁粉	$Sm_2 TM_{17}$		各向同性 NdFeB		各向异性 NdFeB	
成型方法	压缩	注射	压缩	注射	压缩	注射
B_r/mT	870	640～680	660	520～550	820	700
H_{CB}/(kA/m)	525	414～493	358～462	294～367	565	454
H_{CJ}/(kA/m)	795	716～954	557～716	557～676	1 353	1 313
$(BH)_{max}$/(kJ/m³)	135	67.6～84	64～80	40～48	119～127	80～88
温度系数/[μm/(m·K)]	−400	−350	−900	−900	−900	−900
密度/(g/cm³)	7.0	5.7～6.1	5.7～6.0	5.0～5.4	—	—

使用的磁粉材料目前有三大类：$SmCo_5$ 系、$SmTM_{17}$ 系和 NdFeB 系，主要由压缩和注射成型制得。各向异性黏结 Nd 系永磁试样的 $(BH)_{max}$ 现已达 140～160kJ/m³，各向异性黏结 SmFeN 系磁体居里温度和耐蚀性比 NdFeB 系磁体更高，很有前途。

77 半硬磁材料 磁特性介于软磁和永磁材料之间（但更接近永磁材料），磁滞回线面积较大，剩磁在 0.9T 以上，矫顽力为 0.8～24kA/m。多数半硬磁材料塑性良好，可进行锻轧、拉丝、冲压、弯曲等。主要用于制作磁滞电机和铁簧继电器等。磁滞合金的主要品种及其特性见表 3.3-15。

表 3.3-15　磁滞合金的主要品种及其特性

	合金牌号	H_{μ}/(kA/m)	B_{μ}/mT	$W_{h\mu}$[①]/(kJ/m³) ⩾	K_{μ}[②] ⩾
铁钴钼磁滞合金热轧（或锻）棒材	2J21	9.6~12.8	1 000~1 300	20	0.46
	2J23	14.4~17.6	1 000~1 300	30	0.48
	2J25	17.6~22.4	900~1 200	38	0.5
	2J27	24.2~28.8	900~1 200	47	0.45
磁滞合金冷轧带	2J4	4.0~5.2	1 300~1 600	15	0.62
	2J7	6.4~9.5	1 000~1 300	19	0.61
	2J9	8.8~12	900~1 250	22	0.59
	2J10	14.4~18.4	900~1 200	30	0.58
	2J11	16.0~20.8	900~1 200	35	0.57
	2J12	20~28	800~1 100	45	0.56
	2J51	2.8~4.0	1 200~1 600		0.50
	2J52	4.8~7.2	900~1 350	11	0.50
	2J53	6.4~12	600~900	10	0.45

① 单位体积材料磁化一周相应的磁滞损耗。
② 回线的凸起系数。

78　永磁材料的稳定性　外界因素能引起磁性能不可逆变化。影响磁稳定性的因素如下：

（1）内因　包括组织变化和磁后效。铝镍钴合金、铁氧体、铁铬钴和稀土钴永磁材料不会产生组织变化。钕铁硼合金易被氧化而产生组织变化。各种永磁材料除各向异性钡铁氧体外，都会产生磁后效，它们的退磁率随时间对数而变化，且矫顽力、尺寸比（L/D）越大时，ϕ 越小。任何永磁材料，低工作点磁体的 ϕ 比高工作点磁体的 ϕ 大。

（2）外因　包括温度、干扰磁场、机械应力、接触强磁性物质、高能粒子辐照等。1）由温度引起的退磁率 ϕ，因永磁体的材质和尺寸比的不同而异，如 LNG37 会产生高温退磁和低温退磁，钡铁氧体会产生低温退磁。因此在选用具有低温退磁性质的永磁体时，应使永磁体在最低使用温度下的工作点在膝点之上。在尺寸比相同的情况下，各种永磁体的退磁率随外磁场增大而增加，随矫顽力提高、尺寸比增大而变小，若工作点选在膝点之上，则受外磁场的影响很小。2）机械振动和冲击引起的退磁率一般不大，磁体尺寸比越大、矫顽力越高、冲击或振动的强度越低时，则 ϕ 越小。显著退磁一般发生在多次冲击和较长时间振动的初期，以后则趋于缓慢和稳定。3）中子照射影响：在低于 $3 \times 10^7 \text{lm/cm}^2$ 的照射下，各种永磁材料也会产生不同程度的退磁。

为使永磁材料在使用中的磁性稳定，对材料必须预先进行稳定化处理：高温或低温退磁、不同温度范围的温度循环强制退磁、交流或直流退磁等。

3.4　磁记录和磁记忆材料[6,17]

79　磁记录和磁光记录介质　磁记录介质应具有较大的 B_r 和 H_{CB}，将材料薄薄地涂敷在非铁磁性衬底上，制成磁鼓、磁带和磁盘，作为表面存储器。磁记录媒质材料的性能见表 3.3-16。

表 3.3-16　磁记录媒质材料的性能

材料	B_r/T	H_{CB}(A/m)	T_c/℃	用途
γ-Fe₂O₃	0.11	24 000	675	磁带：厚度 5~12μm 磁盘：厚度 1~2μm
Co-γ-Fe₂O₃	0.13	48 000	520	电视录像带：厚 5μm
C$_r$O₂	0.13	40 000	120	
Fe60Co40 粉	0.2	40 000	1 000	分解能比 γ-Fe₂O₃ 高
Co-Ni-P 薄膜	1.2	40 000	—	磁鼓：厚 0.1μm

磁光记录技术综合了磁性介质的可擦除重写特性及光盘的大信息容量、非接触读写、可更换性等优点，是目前最先进的可擦除光存储技术。

磁光记录系统在计算机大容量存储器、档案存储、数字化录音、录像系统中的应用越来越引人注目。磁光记录介质应具有垂直磁各向异性、足够大的磁光增益指数、合适的居里温度及补偿温度、在室温及读出温度下矫顽力大而磁化强度小等。目前使用的是非晶稀土过渡金属合金薄膜，正在开发的新型磁光记录材料有石榴石铁氧体等亚铁磁氧化物及 Pt-Co 多层金属膜等。

80　磁头材料　磁头材料要求 B_s 高、B_r 和 H_{CB} 低、磁导率高、磁致伸缩系数 λ_s 低、硬度大、温度稳定性好等。磁头材料的物理性能见表 3.3-17。

表 3.3-17　磁头材料的物理性能

材　料		$\mu/10^2$	$H_{CB}/(A/m)$	B_s/T	$P/(\mu\Omega \cdot m)$	维氏硬度 /HV	$\lambda_s/10^{-8}$	居里温度 $T_c/℃$	用途
热压 Ni-Zn 铁氧体		3~15	11.8~27.6	0.4~0.46	约 10^9	900	—	150~200	视频
热压 Mn-Zn 铁氧体		30~100	11.8~15.8	0.4~0.6	约 5×10^4	700	—	90~700	视频
单晶 Mn-Zn 铁氧体		4~10	3.95	0.4	$>5\times10^3$	600~650	—	100~265	视频
晶态	4%Mo 坡基莫合金	11	2.0	0.8	1	120	0	460	—
	铝铁合金	40	3.0	0.8	1.5	290	—	—	音频
	铝硅铁合金	80	2.0	1.0	0.85	500	0	500	—
非晶态	铁基，$Fe_{78}Si_{10}B_{12}$	40	2.4	1.45	1.3	—	30	425	—
	铁镍基，$Fe_{40}Ni_{40}P_{16}B_6$	120	0.64	0.87	1.3	750	11	247	音频
	钴铁基，$Fe_5Co_{70}Si_{15}B_{10}$	200	0.48	0.85	1.3	900	≤0.1	1 400	视频
	钛钴锆，$(Fe_{0.8}Co_{0.2})_{90}Zr_{10}$		3.2	1.57	1.4		19	347	—

81　磁泡存储材料　当铁磁材料的薄膜或薄片具有垂直膜面的单轴磁各向异性时，在一定外磁场下可能产生圆柱状磁畴，称为磁泡。利用磁泡的"有"与"无"来代表二进制数码，在外磁控制下，磁泡具有可以产生、传输、复制、读出、擦除等功能。所制成的磁泡存储器是全固态器件，具有容量大、体积小、功耗小、可靠性高、非易失等优点，目前已有单片容量为 4Mbit 的磁泡存储器商品，此项技术仍在发展之中；在计算机、电话通信系统、飞行记录器及数控设备中获得了广泛的应用。磁泡存储材料应有足够大的垂直磁各向异性、低矫顽力、高畴壁迁移率、高居里温度等，石榴石铁氧体磁泡材料已逐渐成为磁泡材料的主流，其他有非晶膜及正铁氧体等。

3.5　特殊磁性材料[6,18]

82　磁温度补偿合金　居里点在室温至 200℃ 间，低于居里点时，磁感应强度随温度下降而急剧减小，几乎呈线性关系。可用它补偿永磁体磁路中因温度变化而引起的气隙磁通变化，作磁分路中的磁温度补偿材料。在温度上升时为使其磁感应强度一次性地完全减少，可把成分稍不同的两种温度补偿合金平行地黏接起来使用。磁温度补偿合金的特性见表 3.3-18。

表 3.3-18　磁温度补偿合金的特性

合金牌号	磁场强度为 8000A/m 时不同温度下的磁感应强度 B/T					磁感应强度降落差/T		
	-20℃	20℃	40℃	60℃	80℃	$B_{-20℃}\sim B_{20℃}$	$B_{20℃}\sim B_{40℃}$	$B_{20℃}\sim B_{80℃}$
1J30	0.4~0.8	0.2~0.45	—	0.02~0.13	—	—	—	—
1J31	0.6~0.85	0.4~0.65	—	0.15~0.45	—	—	—	—
1J32	0.8~0.11	0.6~0.95	0.40~0.75	—	—	—	—	—
1J33		0.4~0.7			0.1~0.4	—	—	0.22~0.42
1J38	0.25~0.42	0.05~0.24	0.015~0.12			0.16~0.24	0.035~0.15	

83　微波磁性材料　微波磁性材料分尖晶石型铁氧体和石榴石型铁氧体两大类。尖晶石型铁氧体包括 Mg 系（Mg·Mn·Al）、Ni 系（Ni·Zn、Ni·Al）和 Li 系。石榴石型铁氧体主要含 Y 和 Fe，亦称

YIG，主要包括 $Y_3Fe_3O_{12}$（YIG）和用 Al、Gd 或 Ca、V 置换的 YIG 和 YIG 单晶石榴石型铁氧体。主要用于微波通信、移动通信、广播（VHF 以上）、各种测量仪器微波回路里的隔离器、环形不可逆元件和可变移相器、调幅器、可变调幅滤波器中。根据微波材料的工作原理，要求其损耗低，温度特性优良，有适当的磁饱和性和绝缘性等。

84　非晶态磁性材料　在 Fe、Ni、Co 中加入 Si、B、C、P 等元素从熔融态急冷制得。有多种品种：1）高磁饱和型非晶态软磁材料，电阻率高（比晶态合金高 3~4 倍），损耗低（硅钢片的 1/4~1/3），软磁特性优良，可用于电力、电源、电抗器等；2）高磁导率型非晶态软磁材料，电阻率高，损耗低，可用于信息敏感元件和小功率器件（如磁头、磁屏蔽、小功率脉冲变压器、漏电保护开关等）；其他有非晶态或微晶永磁合金，非晶态压磁、旋磁、磁光、磁饱和磁记录材料。

第4章 特殊光、电功能材料[3,6,19,20]

4.1 基于光电效应的光电材料

85 光电阴极材料 当入射光波长 $\lambda < \lambda_0 = hc/\phi$ （λ_0 为产生光电子发射的临界波长，Φ 为逸出功）时产生光电子发射（即外光电效应），利用该效应的光电转换器件之一是真空电子器件，例如光电倍增管和像增强管等，其关键材料是光电阴极材料。对光电阴极材料的要求：1）光吸收系数大；2）光电子在体内传输中能量损失小，逸出深度大；3）电子亲和势低，表面逸出概率大。一些半导体和其他材料在可见光及红外范围都有高的量子效率。

主要光电阴极材料有多碱光电阴极材料（锑、铯在可见光区，银、氧、铯等波长可延伸到红外区，能满足夜视技术和激光技术发展的需要）、零电子亲和势材料（铯被吸附在掺锌的 P 型砷化镓表面）和负电子亲和势材料（重掺杂的 P 型砷化镓覆盖 Cs_2O 层）。

86 光电导材料及其应用 在电磁辐射作用下半导体和电介质电导率改变的现象（即光电导效应）。通常是指在光照下可动载流子电荷浓度增加而引起的电导率增加。对本征半导体，价电子吸收光子而跃迁到导带，使导带电子数和价带空穴数都增加，由此增加了半导体的电导率，这叫本征光导。对于掺杂半导体，电子从施主束缚态激发到导带而产生电子导电；也可以价带电子激发到禁带中的受主态而增加了价带中的空穴而产生空穴导电。实际上三种激发过程都存在，只是对一种半导体材料以一种激发机制为主。光电导性除了晶体结构外，禁带宽度 E_g 对其影响甚大。一般认为禁带宽度在 2eV 以上的半导体材料可以称为宽禁带材料，主要包括 IV 族的 SiC 和金刚石，III-V 族的氮化物 GaN、AlN、InN 及其合金以及不少 II-VI 族化合物及其合金。表 3.4-1 中列出一些主要宽禁带半导体材料在室温下的禁带宽度。一般说来，II-VI 化合物半导体具有较强的极性，III-V 族次之，IV 族元素或化合物则基本以共价结合，因此就材料的化学稳定性而言，显然 IV 族材料最优，III-V 族次之，II-VI 族较差。

表 3.4-1 一些 IV 族、III-V 族和 II-VI 族及其他族化合物宽禁带半导体材料在室温下的禁带宽度

（单位：eV）

IV 族				III-V 族				
SiC			金刚石	AlN	CaN	InN	BN	BP
6H	4H	3C						
2.9	3.1	2.2	5.5	6.2	3.4	1.9	5.8	2.0

II-VI 族及其他族										
ZnO	ZnS	ZnSe	ZnTe	CdO	CdS	CdSe	CdTe	MnO	MnS	MnSe	MnTe
3.3	3.68	2.71	2.28	2.27	2.45	1.75	1.53	3.6	3.4	2.9	2.9

利用光电导性可以做成光敏电阻、光敏二极管和光敏晶体管等。

（1）高分子光导材料 高分子在受光照前是绝缘体，受光照后，具有导电性或半导电性。在光照作用下，高分子光导材料能产生光生载流子和输运载流子。根据所产生或输运的载流子的性质分为 P 型或 N 型。大部分高分子光导材料属于 P 型，即产生或输运空穴。因此，理想的高分子光导材料应有高的光生载流子产生效率，同时具有高的载流子迁移率，在输运过程中，载流子不会复合或被陷阱俘获。

高分子光导材料与无机材料相比具有成膜性好、易加工成型、灵敏度高及无毒等优点。现已研究出多种高分子光电导材料：例如主链共轭型高分子、侧链共轭型高分子、聚芳香胺类以及由给体和受体组成的电荷转移复合物型高分子等。高分子光导材料可用于静电照相技术，如静电复印、光导热塑全息录像介质等，有些已经进入实用阶段，如聚乙烯咔唑和三硝基芴酮电荷转移复合物已经用于静电照相技术。高分子光导材料还可用于做光电二极管、光导摄像管等。

（2）半导体光电导材料　若光子能量大于该材料的禁带宽度，能将价带中的电子激发到导带上来产生电子空穴对，即产生带间吸收形成光电导，则称该光电导为本征型光电导。利用不同禁带宽度的半导体材料制作的本征型光电导探测器可以适用于不同的工作波段及性能需要，是常规光电导型探测器优先采用的方式。

若光子能量小于材料禁带宽度，也可能将束缚在杂质能级上的载流子激发到导带或价带中去产生光电导，则称该光电导为非本征型光电导。自由载流子吸收、量子阱中子能级吸收、子能带吸收所对应的带内吸收所产生的光电导也属于非本征型光电导。杂质能级一般较浅，因此往往用于制作中、远红外波段的探测器：例如采用宽禁带半导体材料制作紫外光电探测器。

（3）光敏电阻材料　光敏电阻是均质型半导体光电器件，与光敏电阻的灵敏度长波限有密切关系。选用禁带宽和迁移率大的 N 型半导体材料可获得大的增益。通常采用蒸发的方法制得 $0.1 \sim 1 \mu m$ 大小的晶粒聚合而成的 $1 \mu m$ 厚的多孔结构。

常用的光敏电阻材料有硫化铅、碲化铅、硒化铅、硫化镉、锑化铟等，其中铅的硫属化合物既是电子导电型，又是空穴导电型。单晶型硫化镉对可见光、X、α、β 和 γ 射线都很灵敏。但受单晶层尺寸限制，光电流容量小。多晶型硫化镉制成光敏电阻，可得到比单晶型大的光电流和较宽的光谱灵敏范围，但响应时间较长。硒化镉的光谱灵敏范围和响应速度比硫化镉好，但低温性能差。

87　红外光电导探测器材料　大气中对红外辐射的"透明窗"主要分布在 $1 \sim 3 \mu m$、$3 \sim 5 \mu m$、$8 \sim 14 \mu m$ 三个波段，适用于这些波段的红外探测器及其材料的性能见表 3.4-2。

表 3.4-2　红外探测器及其材料的性能

材料	探测器	禁带宽度/eV	长波限/μm	响应时间/s	工作温度
Si	光电二极管	1.11	1.0	—	室温
Ge	光电二极管	0.66	1.5	—	室温
PbS	光敏电阻	0.40	3.0	$100 \sim 300$	室温
PbS 单晶	光导探测器	0.40	—	32	77K
InAs 单晶	光伏探测器	0.40	—	10	77K
	光伏探测器	0.40	3.8	1	室温
PbSe 薄膜	探测器	0.25	4.5	2	室温
InSb	探测器	0.16	7.5	2×10^{-2}	室温
			5.5	1	77K
HgCdTe	光导探测器	—	10	1.2	77K
	光伏探测器	—	10.6	$0.3 \sim 1.0$	77K
			2.5	—	室温
			5.0	—	室温
PbSnTe	光伏探测器	—	12.1	10^{-2}	77K

本征半导体探测器用于长波限在 $7.5 \mu m$ 以内的红外区中，探测器效率高，响应时间较短，工作温度不要求极低，使用方便。三元系碲镉汞和碲锡铅因其禁带宽度在 $0.09 \sim 0.05 eV$，可制作 $8 \sim 14 \mu m$ 波段的本征探测器。

制作红外探测器的非本征材料有掺杂锗、掺杂锗硅合金和掺硼、铝、镓、磷、砷、锑等杂质的硅。掺杂锗探测器响应时间较短，但工作温度要求较低（使杂质能级不致因热激发而电离），且响应波长越长，要求工作温度越低。

88　光电二极管　主要有硅、锗和砷化镓等Ⅲ-Ⅴ族化合物半导体。光电二极管按工作原理分为耗尽层光电二极管和雪崩光电二极管；按器件结特性可分为 PN 结、PIN 结、异质结、金属半导体（肖特基势垒）结；按对光的响应可分为紫外、红外、可见光波段的光电二极管。决定光谱响应的关键因素是材料的吸收系数 α（强烈地依赖于波长），其长波限由半导体材料的禁带宽度决定，波长短时 α 大，光电流小；硅、锗的短波限分别为 $0.4\mu m$ 和 $0.3\mu m$。

89　太阳电池材料　太阳电池是利用光生电势效应将光能转换为电能的固态电子器件。光电池分金属半导体型和 P-N 结型两类。光电转换效率 η 是光电池的最大输出功率与照射在光电池表面积 S 上的辐射功率的比值。光电流与材料禁带宽度有密切关系，应尽量选择 E_g 在 0.9~1.5eV 范围内的半导体材料。太阳电池及材料的性能参数见表 3.4-3。

表 3.4-3　太阳电池及材料的性能参数

材料	E_g/eV	截止波长/μm	材料所吸收总太阳能（%）	理论转换效率（%）	实际达到的转换效率（%）
Si	1.11	1.1	76	22	18
InP	1.25	0.97	69	25	6
GaAs	1.35	0.90	65	26	11
CdTe	1.45	0.84	61	27	5
CdS	2.4	0.50	24	18	8

非晶硅（a-Si）光电性能优良，吸收系数比单晶硅大一个数量级，单位面积非晶硅太阳电池用硅量仅为单晶硅太阳电池的 1%。非晶硅可在金属及玻璃薄片上沉积，做成大面积电池。对非晶硅太阳电池的研究甚至超过了发展很快的单晶硅（C-Si）太阳电池。

4.2　能把其他能量转变为光能的发光材料

90　电致发光材料　能将电能（电场激发）直接转换成光能（发光）。这类材料大多是半导体材料。主要的电致发光材料及其物理性质见表 3.4-4。

表 3.4-4　主要的电致发光材料及其物理性质

半导体材料	跃迁方式	发射光波长/μm	光（色）
ZnS	直接	0.34	近紫外
SiC	间接	0.45	蓝
ZnSe	直接	0.48	蓝
CaP	间接	0.565	黄、绿
		0.68	红
ZnTe		0.62	橙
CdTe		0.85	近红外
CaAs	直接	0.90	近红外

（续）

半导体材料	跃迁方式	发射光波长/μm	光（色）
InP	直接	0.92	近红外
CaAs		1.5	中红外
InAs	直接	3.4	远红外
PbS	直接	4.3	远红外
InSb	直接	5.3	远红外
PbTe	直接	6.5	远红外
PbSe	直接	8.5	远红外
CaAsP		0.55~0.90	红
InPAs		0.91~3.15	近红外~远红外
InCaAs		0.85~3.15	近红外~远红外

91　发光二极管（LED）材料　发光二极管是利用半导体 PN 结、MS 结、MIS 结制成的发光器件，用于显示、显像、探测辐射场等领域。用于固体显示的发光材料有注入场致发光材料和本征场致发光材料。发光二极管材料主要是化合物和固溶体半导体材料，见表 3.4-4。

发光二极管发射光的波长由半导体材料禁带宽度决定，Ⅱ-Ⅳ族化合物的禁带宽度较大，可以发出可见光和蓝光，但这类化合物制作 PN 结比较难，且发光效率不够高。用 Zn 和 O 掺入晶体后，红光的发光效率可达 7%，是目前发光效率最高的材料之一。

92　荧光材料和磷光体　荧光材料的特点是分子或原子吸收了能量后即刻发光（激发态持续 8~10s），供给能量中断时，发光几乎立即停止。只有以苯环为骨干的芳香族化合物和杂环化合物才能产生荧光，分为光致荧光、电致荧光和射线黄光等几类。

磷光体的特点是吸收能量后所发射的光量子能量和波长与荧光一样，但激发态持续时间大大超过 8~10s，磷光体是具有缺陷的某些复杂的无机晶体物质，由基质和激活剂两部分组成：基质多半是 Ⅱ 族金属的硫化物、硒化物和氧化物，如 CaS、BaS、ZnS、CdS 等；激活剂是重金属。磷光体最重要的应用是显示和照明，常用磷光体及应用见表 3.4-5。

表 3.4-5　常用磷光体及应用

应用	要　求	选用材料
α 射线	涂层物质余辉短	ZnS：Ag，ZnS：Cu 涂蒽
γ 射线	透明单晶	NaI：Tl
X 射线	灵敏度高	$CaWO_4$，Y_2O_2：Tb，Gd_2O_2S：Tb，BaFCl：Eu
荧光灯	提高显色性和亮度	$[3Ca_3(PO_4)_2Ca(F,Cl)_2：Sb,Mn]$，$BaMg_2：Al_{16}O_{12}$：Eu，(Ce,Tb)$MgAl_{11}O_{19}Y_2O_3$：Eu
高压汞灯	提高显色性	$Y(P,V)O_4$：Eu
红外	红外光转换成可见光	$(LaF_3$，Yb,Er)，$(NaYF_4$：Yb,Er)
黑白电视	蓝色、黄色混合获得白色	蓝：ZnS：Ag，黄：$[(Zn,Cd)S：Cu,Al]$
彩色电视	蓝、绿、红三色	蓝：ZnS：Ag，绿：$[(Zn,Cd)S：Cu,Al]$和(ZnS：Cu,Al)，红：Y_2O_3S；Eu 或 Y_2O_3：Eu
雷达	要求长余辉	ZnS：Ag 和 $[(Zn,Cd)S：Cu,A]$，ZnF_2：Mn 和 MgF_2：Mn

'93　激光器材料　激光器材料有等离子体、气体、液体、半导体、晶体、玻璃和玻璃陶瓷等多种。晶体激光器材料是在基质晶体中掺入适量的激活离子，激活离子来自 3 价和 2 价铁类、镧系和锕系元素。晶体激光器材料大体又可分为氟化物、盐类和氧化物 3 类，目前实用的主要晶体激光器材料见表 3.4-6。半导体材料有铅的硫属化合物、砷化镓、锑化铟、砷化铟、锑化镓、磷化铟、铟镓砷、铟磷砷、铝镓砷、镓砷磷等。

表 3.4-6　主要晶体激光器材料

材料名称	分子式	熔点/℃	硬度莫氏	热导率/[W/(m·K)]	特　点
红宝石	Al_2O_3	2 040	9	32	有很高的重复频率
钇铝柘榴石	$Y_3Al_5O_{12}$	1 950	8.5	14	有较高的重复频率；室温下连续输出
铝酸钇	$YAlO_3$	1 875	8.5~9	14	与钇铝柘榴石相似
氟磷酸钙	$Ca_5(PO_4)_3F$	1 705	5~5.5	2.4(a)，2.0(c)	增益大
氟钇钙钠	$NaCaYF_6$	1 400	—	—	800℃下能正常工作
氟钒酸钙	$Ca_5(VO_4)_3F$	1 420	—	—	
硫代氧化镧	La_2O_2S	2 070	350	—	高增益
硅酸氧灰石	$CaLa_4(SiO_4)_3O$	2 180	7	1.9(a)，1.9(c)	高贮能、高效率

（续）

材料名称	分子式	熔点/℃	硬度莫氏	热导率/[W/(m·K)]	特　点
钨酸钙	$CaWO_3$	1 580	4.5	4.6	可在常温下连续振荡
氧化钇	Y_2O_3	2 450	6.8	3.4	高效率
铌酸锂	$LiNbO_3$	1 260	5	—	

4.3　基于特殊的介质极化性能的液晶、高电容率材料和驻极体

94　液晶　液晶的特点是同时具有流动性和各向异性。热致液晶在一定温度范围内为液晶态；溶致液晶溶于适当的溶剂中，在一定浓度范围内为液晶态。液晶分子呈长线形或盘形，线形分子按排列方式不同分为近晶相、向列相和胆甾相三类，盘形分子分为向列相、胆甾相和柱状相三类，分子在电场中发生取向极化作用，改变对环境光的反射或透射特性，因此可利用局域电极控制明暗以形成与背景不同的具有一定对比度的数字或符号。液晶主要用作各种显示器件，与其他电子显示器件相比，其最大特点是"无源显示"，显示工作电压一般为 20～30V，功耗为 $500\mu W/cm^2$，场效应液晶功耗更小，仅几毫瓦，工作电压仅为 3～5V；制造工艺简单，价格低廉。其缺点是响应时间长、低温性能差、对比度小、工作寿命不长。用于光电显示的多为向列型液晶。它们应满足以下要求：1）合适的温度范围 –20～60℃；2）良好的化学、物理稳定性；3）满足电光特性要求：阈值电压低、响应快、对比度好、余辉小等。目前使用的材料有芳酯类、氰基联苯类和苯基环烷等有机化合物。

95　高电容率材料　用于制造体积小、电容量大的电容器。主要品种有钛酸钡基高介瓷和钛酸锶基高介瓷，它们都是铁电体，有电畴，能自发极化而且随外电场方向而变，因此相对电容率 ε_r 特别高。钛酸钡基高介瓷易制造、价格低，应用广泛。缺点是 $\tan\delta$ 较大，ε_r 易随电场强度变化，E_b 较低，电容温度变化率 θ_c 较大。钛酸锶基高介瓷在 $SrTiO_3$ 中加入 Bi、Ti 的氧化物，可以克服上述缺点，在高电压高介陶瓷电容器中应用广泛。此外，还有晶界层电容器材料，以晶界为电介质，用于制造超小型大容量电容器。常用钛酸钡基和钛酸锶基高介瓷性能见表 3.4-7。

表 3.4-7　常用钛酸钡基和钛酸锶基高介瓷性能

	高介瓷	$\varepsilon_r/10^2$	$\tan\delta$	$E_b/(MV/m)$	$\theta_c(\%)$
钛酸钡基	$BaTiO_3$-$CaSnO_3$ 系	110～200	—	—	(–80～–90)
	$BaTiO_3$-$CaZrO_3$-Bi_3NbZrO_3 系	60～65		≥8	55
	$BaTiO_3$-Bi_2O_3·SnO_2 系	21～24			4.5～6.9
	其他高稳定、低电容温度变化率瓷	30～40			<10
钛酸锶基	SBT（$SrTiO_3$·Bi_2O_3·$nTiO_2$）	9～11	6×10^{-4}	—	—
	SCBT（Ca 部分置换 Sr）	2.8～3.2	$<5\times10^{-4}$	≥20（AC）	—
	SMBT（Mn 部分置换 Sr）	10～12.5	$<4\times10^{-3}$		<10
	SBBT，SPBT（Ba 或 Pb 部分置换 Sr）	16～35	$\approx10^{-4}$	15～18	≈30
	SPMBT（Mg 和 Pb 部分置换 Sr）	≈18	$\approx10^{-4}$		<15
	SPCBT（Ca 和 Pb 部分置换 Sr）	26（随外电场升高）	—	14.3	ε_r
	$SrTiO_3$ 晶界层电容器材料	>600	—	—	±40

钛酸铜钙基以及施主受主共掺的氧化钛陶瓷发展迅速，它们具有弱温度和频率依赖特性的高介电常数（10^4～10^5），稳定的高介电常数有利于推动器件小型化发展。基于上述高介电常数陶瓷可制备 X8R 电容器，但 $\tan\delta$ 相对较高，最小值达到 0.01。

其他作为电容器用的瓷还有高钛氧瓷和钛酸镁

瓷等。高钛氧瓷的 ε_r 为 60～160，E_b 为 15～25MV/m；钛酸镁瓷的特点是介电温度系数很低，甚至可接近于零，E_b 为 15～30MV/m，ε_r 为 10～20，$\tan\delta = 0.001$。

96　驻极体　不存在无外电场的条件下，电极化后能长期保持电极化状态并向周围环境施加电作用力的电介质。长期贮存的电荷可以是真实电荷、极化电荷或两者并存。电介质材料必须经过充电（驻极）才能形成驻极体，驻极方法有高温时施加直流电场的热极化法、电晕充电法、液体接触法、电子束注入法，以及接触带电和穿透辐照引起的电离等，分别得到热驻极体（每升1K使单位体积产生的电荷量称为热电常数）、电驻极体、光驻极体和辐照驻极体。驻极体分为单极（同号）驻极体和异号驻极体。单极驻极体内储存的电荷为同号（极性）空间电荷，是从电极或气隙注入介质表面的。异号驻极体内异号电荷占优势。异号电荷可以是介质内部的离子在极化电场的作用下向两极分离，在电极附近被介质中的离子型"陷阱"捕获形成异号空间电荷，或是由介质内部偶极极化形成的异号束缚电荷。

驻极体材料有有机聚合物和无机材料两类：1）有机聚合物驻极体，有蜡、聚四氟乙烯（PT-FE）、四氟乙烯与六氟丙烯共聚物（Teflon-FEP）、聚偏氟乙烯（PVDF）、聚丙烯（PP）、聚碳酸酯（PC）、聚酯（PET）、聚乙烯（PE）和聚甲基丙烯酸甲酯（PMMA）等，其中氟碳聚合物化学结构稳定，热稳定性好、电荷密度高、保存电荷的能力强，是优良的驻极体材料，见表3.4-8。2）无机材料驻极体，有钛酸盐类陶瓷（如 $Ba\text{-}TiO_3$、$Pb[Zr, Ti]O_3$ 等）、金属氧化物（如 Al_2O_3、SiO_2）等。

驻极体具有静电、压电和热电等效应，而且制造工艺简便、成本低、原材料消耗低，因而得到广泛应用。例如可用于制造各种电声器材，驻极体传声器是最常用的一种驻极体换能器。可用于气体分析，经过改进的驻极体传声器还可用来测量核爆炸、台风发出的次声（10^{-3}Hz）以及脉冲星发出的超声（10^8Hz）等。还可用驻极体测量放射性剂量，当放射性射线照射驻极体时，与驻极体表面接触的空气发生电离，电离程度与放射线剂量成比例，所产生的离子与驻极体表面电荷中和，使驻极体表面电荷减少，通过驻极体电量的减少量测量放射性的剂量；此外还可制造高效空气过滤器（参见第22篇第115条）、利用驻极体的开缝效应制造新式电动机等。

表 3.4-8　氟碳聚合物驻极体材料性能

驻极体	密度/(g/cm^3)	热电常数/$[\mu C/(m^3 \cdot K)]$	压电常数 $d_{31}/(pC/N)$	机电耦合系数 $K/10^{-2}$
PVDF	1.76	40	20	16
PVF	1.38	10	1	3

4.4　基于电-机械效应的压电材料和磁-机械效应的磁致伸缩材料

97　压电材料　若沿着一定方向对某些电介质施加作用力，则材料除发生形变外在材料内部还会产生极化，在其表面上产生电荷，电荷的极性随外力作用方向变化而变化，若再撤去外力，则电介质又重新回到不带电状态，这就是正压电效应。相反，若在电介质的极化方向施加电场，则这些电介质也会发生形变，这就是逆压电效应。

两个统称为压电效应，又称电-机械效应。具有压电效应的电介质材料称为压电材料。常见的压电材料有压电晶体、压电陶瓷。压电材料用于换能器：包括声-电换能型（如传声器）、电-声换能型（如扬声器）、机电换能型（如转换器）、水声-电换能型（如水声器）等。

压电效应可用压电方程描述：

$$D_i = \varepsilon_{i,j}^{X,T} E_j + d_{j,i}^X X_j$$
$$x_m = d_{j,m}^X E_j + S_{m,i}^E X_l$$

式中　D——电位移；

　　　E——电场强度；

　　　X——应力；

　　　x——应变。

式中有 3 个常数，分别称为恒定压力下的电容率 ε(F/m)；应力产生压电耦合效应的压电应变常数 d(C/N)；应力产生弹性应变的弹性柔顺常数 $S(m^2/N)$。机电耦合效应系数 K 定义是

K^2 = 机械转换获得的能量/输入的总能量

正压电效应：

K^2 =（总机械能-机械转换能）/总机械能

逆压电效应：

K^2 =（总电能-极化能）/总电能

（1）压电单晶材料

1）石英（水晶，结晶的二氧化硅），是最早获得使用的压电材料。石英晶体透明度极好；在大气压和室温下十分稳定，除溶于氢酸外，不溶于其他酸中，老化极微，不加任何防护能耐 100%RH 的湿度；机械损耗小，机械特性稳定，最大安全应力为

98N/m；压电系数的温度特性好，没有热释电效应；体积电阻率高（>$10^{12}\Omega\cdot m$）；加工比较容易；因此现在仍被广泛应用。其缺点是由于耦合系数小而带宽窄，输入损耗大，频率降低时阻抗值过大而难以取得匹配等。

2）水溶性压电晶体由水溶液培育获得，特点是耦合系数比水晶高，阻抗值低；缺点是易受潮，温度特性差，机械强度低，电阻率低，因此正被压电陶瓷所取代。单斜晶系中的硫酸锂（$LiSO_4\cdot H_2O$）耦合系数大，ε 小，作为 0.5~10MHz 高频材料时性能卓越，但难以加工成薄片，且防湿性较差。

3）铌酸锂（$LiNbO_3$）和钽酸锂（$LiTaO_3$）用单晶拉晶法生长，耦合系数大，弹性损耗小，居里点高（铌酸锂高达 1 210℃），可用于高频或高温。常用压电单晶材料的特性见表 3.4-9。

表 3.4-9 常用压电单晶材料的特性

压电单晶	振动模式①	弹性柔顺系数 S/(pm²/N)	ε/(pF/m)	机电耦合系数 K（%）
石英	LL	12.7	40.6	9.9
	TL	11.6	40.6	9.3
	TS	25.7	40.6	13.7

（续）

压电单晶	振动模式①	弹性柔顺系数 S/(pm²/N)	ε/(pF/m)	机电耦合系数 K（%）
罗歇尔盐	LL	67	4 440	78
	TL	98.9	98.5	28.8
ADP	LL	53	138	29
KDP	LL	48.5	196	12
EDT	LL	38.8	74	21.5
DKT	LL	42.5	58	24.5
LH	TL	20	91.5	35

注：ADP—磷酸二氢铵；KDP—磷酸二氢钾；EDT—酒石酸乙二胺；DKT—酒石酸二钾；LH—硫酸锂。

① LL—长度纵波；TL—厚度纵波；TS—厚度切向。

（2）压电陶瓷 是由钛、钡、锆、铌等元素的氧化物经混合、成型、烧结后再经高电压极化而成的多晶压电材料。钛酸钡发现最早，以后发展了锆钛酸铅系陶瓷、铌酸盐陶瓷、三元系和四元系压电陶瓷。常用压电陶瓷材料的特性见表 3.4-10。

表 3.4-10 常用压电陶瓷材料的特性

压电陶瓷①	弹性模量 E/GPa	d_{31}/(pC/N)	d_{33}/(pC/N)	ε_{33}^T/(PF/m)	机电耦合系数 K_{31}（%）	K_{33}（%）
$BaTiO_3$	118	−56	160	12 500	17	45
97$BaTiO_3$-3$CaTiO_3$	122	−53	135	12 300	17	43
90$BaTiO_3$-4$PbTO_3$-6$CaTiO_3$	124	−40	115	7 100	16.7	48
96$BaTiO_3$-4$PbTiO_3$	114	−38	105	8 800	14	39
PZT-4	815	−97	235	8 750	28	63
PZT-5	67.5	−140	320	12 000	32	70
PZT-6	86.5	−78	191	8 600	25	60
Pb（NbO_3）$_2$	29	−33	90	2 400	11.5	31

① 名称：PZT 为锆钛酸铅；名称符号前的数字是成分的百分数（按质量）。

常用压电陶瓷：1）钛酸钡陶瓷，压电系数约为石英的 50 倍，电容率也高，但其居里点较低（约为 115℃），机械强度也不高。用于变换器和电容器。2）锆钛酸铅压电陶瓷（简称 PZT），压电系数较高，居里点温度在 300~400℃ 之间，没有较低的相变点，性能稳定，是目前常用的压电材料。3）铌酸盐压电陶瓷，特点是居里点高，电容率小，高温性能稳定，常用于水声换能器。4）三元系压电陶瓷，铌镁酸铅 [Pb（$Mg_{1/3}$，$Nb_{2/3}$）O_3]、钛酸铅（$PbTiO_3$）、锆酸铅（$PbZrO_3$）三种基本组分组成。5）四元系压电陶瓷 [Pb（$Sn_{1/3}$，$Nb_{2/3}$）$_A$（$Zn_{1/3}$，$Nb_{2/3}$）$_B$$TicZr_DO_3$]，A、B、C、D 四种组分比例可改变。优点是容易烧结，机电耦合系数、电容率、机械强度高，且压电性能受压力影响不大，随温度变化小。

98 磁致伸缩材料 磁致伸缩是因磁化而引起

磁性物质弹性变形，是一种磁-机械效应。磁性体长度沿磁化方向的相对变化率（即 $\lambda = \Delta l/l$）称为磁致伸缩系数。λ 随磁场强度增大而增大，直到饱和磁致伸缩系数 λ_s。磁致伸缩材料分金属和铁氧体两类：金属类包括纯镍、铁铝（1J13）和 FeCo；铁氧体类包括 Ni-Cu-Co 系和 Ni-Zn-Co 系。主要用于超声波传输信号测量仪表和通信仪表（如声音探测器、鱼群探测器、探伤仪、信号延迟器）和用超声波能量作动力的场合（如洗涤、机械加工、乳化、焊接及超声波诊断等）。磁致伸缩材料的要求为机电耦合系数（磁弹耦合常数）K 大，并有良好的力学性能。磁致伸缩材料的特性见表 3.4-11。

表 3.4-11　磁致伸缩材料的特性

特　　性	Ni	13%Al-Fe	Ni-Cu-Co 铁氧体
线膨胀系数/(μ/K)	12	12~13	8
弹性模量/MPa	205 800	156 800	117 600

（续）

特　　性	Ni	13%Al-Fe	Ni-Cu-Co 铁氧体
居里温度/℃	358	500	550
电阻率/($\Omega \cdot$ m)	7×10^{-8}	9×10^{-7}	75
饱和磁感应强度/mT	610	1 400	170
饱和磁致伸缩系数/10^{-6}	−40	−40	−30
最佳偏压磁场/(A/m)	796~1 193	477~796	796~1 193
机电耦合系数（%）	20~30	20~30	20

4.5　基于电性（特别是电导率）对杂质或外界因素敏感性的敏感材料

99　电压敏材料　具有电流电压非线性现象的材料。主要压敏材料特性见表 3.4-12。

表 3.4-12　主要压敏材料特性

压敏材料	主要原料	压敏效应机理	α	V_c/V	θ_V/(10^{-3}/℃)
氧化锌压敏材料	ZnO 或 ZnO+MgO 基，添加 Bi、Pr、Co、Mn、Sb、Cr 等氧化物	ZnO 晶粒和晶界层界面形成肖特基势垒	10~100	22~26 000	−1
碳化硅压敏材料	黑色六方晶系 SiC 粉末	SiC 晶粒表面氧化膜绝缘电阻和接触电阻的非线性	2~7		−2
氧化铁压敏材料	Fe_2O_3 粉末中添加碱土金属氧化物	Fe_2O_3 陶瓷基体与非欧姆接触电极间形成表面阻挡层	3~5	7.5~38	−6
氧化钛压敏材料	TiO_2 中添加 Nb_2O_5 等以半导化，并添加 Bi、Ca、Si 等氧化物	半导化 TiO_2 晶粒和含有 Bi_2O_3 的晶界层间形成肖特基势垒	2.3~3.5	56.4~32	−3
SrTiO₃ 压敏材料	$SrTiO_3$ 中添加 Nb、Ta 或稀土等的氧化物以半导化，再添加 Mn、Co、Ni 等的氧化物	$SrTiO_3$ 晶粒与晶界层间形成肖特基势垒	3~8	5~500	−0.6~2

当压敏元件两端的外加电压低于某一临界值时，压敏元件呈现高阻态且伏安特性呈线性关系；当外加电压超过某一临界值时，其伏安特性转变为非线性，电压稍有增加，电流可陡然增加几个数量级，这就是压敏效应。电流电压特性近似表示为

$$I = (V/C)^{\alpha}$$

式中　C——压敏电阻常数（相当于电阻值）；

　　　α——非线性指数。

压敏特性是指 α、C 值、压敏电压 V_c（对应 1mA 所施加的电压）及其温度系数 θ_V。压敏陶瓷材料在电力系统、电子线路和一般家用电气设备中得到了广泛的应用，尤其在过电压保护、高能浪涌的吸收以及高压稳定等方面的应用更为突出。氧化锌是最重要的压敏材料。

100　碳化硅非线性电阻防电晕材料　该材料由聚合物黏合剂及碳化硅非线性电阻材料配制而成，也是一种压敏材料，但非线性特性与氧化锌不同，在一定电场强度范围内电阻率随所受电场强度的提高而下降：

$$\rho = \rho_0 \exp(-\beta E)$$

式中　ρ_0——加电场前的电阻率；

　　　β——非线性系数（m/MV）。

若碳化硅粉料颗粒愈粗、聚合物黏合剂含量愈低、黏合剂的玻璃化温度 T_g 愈高，则 β 愈大。若

用热固性黏合剂，则 β 值随固化过程进行而增大，直至稳定值。β 值与防晕层工作温度有密切关系，当温度升高时，黏合剂膨胀，改变了碳化硅粒子间通过隧道效应传导电流的特性，使 β 值下降。

使用防晕材料时，要根据电气设备或元件结构特点选定合适的防晕层参数：β 值、ρ_0 值及防晕层

长度。对高压发电机线圈端部，ρ_0 约为 $10^{10}\Omega$，β 值为 $10 \sim 15\text{m/MV}$，防晕层长度可达到 $10 \sim 15\text{cm}$。当防晕层长度受到限制时，ρ_0 值可适当提高，β 值可适当降低些。

101　热敏及 PTC 材料　热敏电阻材料的分类和特性见表 3.4-13。

表 3.4-13　热敏电阻材料的分类和特性

系别	主要成分	分类	B 常数/K	使用温度/℃	备注
氧化物系	Mn-Ni 系氧化物	NTC	4 000~7 000	<200	体型、厚膜
	Mn-Co-Ni 系氧化物		2 000~7 000	<200	
	ZrO_2-Y_2O_3 系		12 000	700~2 000	
	CoO-Al_2O_3-$CaSiO_4$ 系	NTC	6 500~16 500	300~1 000	体型（高温用）
	Mg（Al, Cr, Fe）$_2O_4$ 系		$\approx 10\,000$		
	Ba-Ti-Nb-Mn 系	PTC	$\alpha=(0.15\sim0.2)/℃$	<300	体型
	V 系氧化物	CTR	$\alpha=-(0.3\sim1)/℃$	20~100	体型
聚合物系	PE-炭黑	PTC	$\alpha=(0.1\sim0.15)/℃$	<120	体型
非氧化物系化合物	SiC	NTC	2 000~3 000	-100~450	体型单晶
	SnSe	NTC	$\approx 2\,000$	-130~30	真空蒸发薄膜
	TaN	NTC	$\approx 1\,200$	35~40	溅射薄膜（体温计用）
单体	Ge	NTC	2 000~4 500	<250	真空蒸发薄膜

ρ 随温度改变而发生显著变化的材料。电阻率与温度关系为

$$\rho=\rho_0\exp(B/T)$$

式中　ρ_0 和 ρ——升温前后的电阻率；
　　　B——材料常数（K）。

热敏材料一般分为三类：

1）负温度系数（NTC）材料，特点是电阻率随温度升高而减小：如 Mn-Co-Ni 系，B 值为 2 000 ~ 7 000K，使用温度<200℃；CoO-Al_2O_3-$CaSiO_4$ 系，B 值为 6 500 ~ 16 500K，使用温度为 300 ~ 1 000℃。NTC 材料广泛用于控温和测温传感器。

2）负电阻突变特性（CTR）材料，即临界温度热敏电阻，如 Ag_2SCuS 系和 V 系氧化物材料，CTR 材料主要用于火灾警报器。

3）正温度系数（PTC）材料，即电阻率随温度升高而增大，具有发热特性和温度开关特性。

4）其他热敏电阻材料，包括厚膜、薄膜热敏电阻以及单晶热敏电阻材料；厚膜型热敏电阻器普遍应用 NTC 厚膜热敏电阻材料；薄膜热敏电阻

材料主要有 SnSe、TaN 等化合物材料以及元素半导体硅、锗和铂等金属材料。

PTC 材料：1）无机材料添加微量元素 Mn、Y 等：例如 $BaTiO_3$ 系半导体陶瓷和新 V_2O_5 系陶瓷；2）聚合物添加炭黑等导电组分，例如 PE、氟塑料等添加炭黑；3）无机-有机复合材料。PTC 材料主要用于火警探测传感器、温度自控、过电流过热保护、彩电消磁、电动机起动、墙体、输油管道加热等需要控温、加热、保温的场合。自动控温加热电缆可取代蒸汽保温系统，广泛用于石油、化工、电力和民用建筑工业以及其他不能采用蒸汽保温系统的场合，具有节约能源、清洁环境、使用寿命长、安装维护方便、控温效果好、运应性强等优点。

102　力敏材料　电学特性随外力作用而发生显著变化的材料，它有利于实现力与电的相互转换。由于测量电阻值要比测量电容值方便，因此一般应用电阻型力敏材料，最常用的有两类：

1）金属应变电阻材料，具有金属应变电阻效应，金属力敏材料的主要特性见表 3.4-14。

表 3.4-14　金属力敏材料的主要特性

金属力敏材料	合金类型	ρ/(mΩ·m)	电阻温度系数/(μ/K)	灵敏系数 K	α/(μ/K)	σ_b/MPa	相对延伸率（%）	使用温度/℃		E_{CU}/(μV/℃)
								静态	动态	
康铜合金	铜-镍	4.5~5.2	±20	1.9~2.1	15	4.4~6.9	≥6~15	300	400	43
锰白铜	铜-锰	4.4~5	±2~±10	1~1.9	16	5.9~6.4	6~15	—	—	≤1
卡玛合金	镍-铬系	12.4~14.2	±20	2.4~2.6	13.3	9.8~12.8		450	800	—
Ni-Cr合金	镍-铬	10.7~11.2	110~130	2.1~2.3	14	—	≥20	450	800	
铁铬铝	铁铬系	13~15	30~40		14	7.8		700	1 000	2~3
铂钨合金	铂-钨	0.8	0.7	3.5	0.3~9.2	2.5		800	1 000	6.1
铂	—	0.9~1.1	3 900	4~6	8.9	1.8		800	1 000	7.6

2）半导体压阻材料，具有半导体压阻效应。力敏材料的主要特性指标是灵敏系数 K（表示单位应变引起的阻值相对变化量，K 值越大，材料对应变的反应能力越高）、电阻率 ρ、电阻温度系数、膨胀系数 α、对铜电动势 E_{cu}、力学性能、静态和动态最高使用温度等。

硅半导体材料是目前制造力敏元件最常见的压阻材料。单晶硅应用最多，主要有两种：1）体型，元件电特性主要是由单晶硅制造过程中掺入杂质的性质决定；2）扩散型，元件电特性由元件制作时扩散到单晶硅中的杂质情况决定。单晶硅的灵敏系数具有各向异性的特点。目前除了应用单晶硅外，还有力研究 GaP、InSb 等材料，同时开发异质结外延材料（硅-蓝宝石、硅-尖晶石）及化合物材料。

103　湿敏材料　电学特性随湿度而发生显著

变化的材料。一般利用表面吸附所引起的电导率变化而获得有用信号。成分主要是不同类型的金属氧化物，结构上采用微粒状粉末堆集体和多孔状的多晶烧结体。电阻率通常为 $10^{-6}~10^6 Ω·m$，半导化过程使晶粒体的电阻率大为降低，而粒界电阻要比体内电阻高得多，粒界存在高阻效应能提高湿敏特性。

根据电阻率随湿度的变化，可分为：1）负特性湿敏材料，电阻率随湿度的增加而下降；2）正特性湿敏材料。湿敏材料的主要特性是：湿敏度，RH 每变化 1% 时的电阻率变化；湿度温度系数：每变化 1℃，相对湿度的变化。

典型的湿敏材料有瓷粉膜型湿敏材料、烧结体型湿敏材料和厚膜型湿敏材料。主要用于湿度的测量和控制。湿敏材料的分类和特性见表 3.4-15。

表 3.4-15　湿敏材料的分类和特性

湿敏材料	类型	烧结温度/℃	晶型	电阻率（50%RH）/(Ω·m)	湿敏度/(%/%RH)	湿度温度系数/(%RH/℃)
MWO_4 系	厚膜型	900	钨锰矿型	$3.9×10^3$	8.8	—
$NiWO_4$ 系	厚膜型	900	钨锰矿型	$8.0×10^4$	8.2	—
$ZnCr_2O_4$ 系	高温烧结型	1 400	尖晶石型	$3.9×10^4$	14.5	0.25
$MgCr_2O_4$ 系	高温烧结型	1 300	尖晶石型	$2.5×10^3$	9.20	0.13
	主要特点：感湿灵敏度适中，低阻值温度特性好，并且有足够的耐火度					

（续）

湿敏材料	类型	烧结温度/℃	晶型	电阻率（50%RH）/(Ω·m)	湿敏度/(%/%RH)	湿度温度系数/(%RH/℃)
硅-氧化钠-五氧化二钒系	低温烧结型	680	成分是 Na_2O、V_2O_5、Si，主晶相是 Si，Na_2O 和 V_2O_5 起助熔体和黏结作用			
	主要特点：制作的湿敏元件体积小、重量轻、成本低、机械强度好、阻值范围可调、工作寿命长，但其湿阻变化范围过大（只适用于中湿）、响应速度慢（吸湿时间≥5min，脱湿时间≥10min），湿滞现象比较明显					
陶瓷膜	成分通常是 Fe_3O_4、Fe_2O_3、Cr_2O_3、Al_2O_3、Sb_2O_3、TiO_2、SnO_2、ZnO、CoO、CuO、Cu_2O，或是这些粉料混合体，或再添加一些碱金属氧化物，以提高其湿敏特性，典型的是 Fe_3O_4 粉					
	主要特点：测湿元件体积小、结构简单、工艺方便、价廉、长寿，适用于精度要求不高（RH<±2%~±4%）、测湿范围广、工作温度不高（室温附近）、无油气及其他污染的场合					

104　气敏材料　物理参量随外界气体种类和浓度变化而变化的敏感材料，见表 3.4-16。

表 3.4-16　气敏材料

材料种类	被测气体及工作温度
SnO_2	还原性气体
SnO_2+Pd，Pt	还原性气体
SnO_2+Rh	甲烷，350℃
SnO_2+ThO_2	氢，150℃；一氧化碳，200℃
SnO_2+Ti，Nb	丙烷，280℃
SnO_2+Na_2O	丁烷
SnO_2+Cr_2O_3	还原性气体
SnO_2+Pd	一氧化碳
ZnO	还原性气体
ZnO+Pd，Pt	还原性气体
ZnO+V_2O_5+Ag_2O	酒精，250~400℃
α-Fe_2O_3	还原性气体，400℃
γ-Fe_2O_3+Pt，Ir	可燃性气体，250℃
γ-Fe_2O_3	丙烷，350℃
TiO_2	氧，350℃
CoO	氧
$Co_{1-x}Mg_xO$	氧
NiO	氧
WO_3	可燃性气体，200~250℃
In_2O_3+Pt	氢、烷烃

（续）

材料种类	被测气体及工作温度
V_2O_5+Ag	NO_2
$BaTiO_3$+SnO_2	还原性气体
$BaTiO_3$+Nb_2O_3	可燃性气体
Cu+酞青	NO_2、NO

气敏材料的主要种类：1）半导体气敏材料，如 SnO_2、ZnO、γ-Fe_2O_3、$Ln_{1-x}Sr_xCoO_3$ 等，利用电导率随吸收气体的吸附化学反应而改变的特性；2）接触燃烧式气敏材料，如 Pt-Al_2O_3 + Pt 丝、Pd-Al_2O_3+Pt 丝，利用材料对气体的接触燃烧反应热而改变另一种材料电阻值的特性；3）固体电解质气敏材料，如 CaO-ZrO_2（CSZ）、Y_2O_3-ZrO_2（YSZ）、Y_2O_3-TbO_2、LaF_3、$PbCl_2$、$PbBr_2$、K_2SO_4、K_2CO_3 和 Ba(NO_3)$_2$ 等，利用固体电解质对气体的选择透通性能，产生浓差电势等。气敏材料的主要性能参数包括灵敏度、响应时间、恢复时间、选择性、稳定性等。

105　磁敏电阻材料　磁敏电阻材料的电阻值随外施磁场变化而变化（即磁阻效应）。与霍尔器件相比，磁阻电阻结构简单，可将多个元件集成在同一基片上，使温度系数很小（达 10^{-5}/℃）。磁敏电阻按感磁材料划分为半导体磁敏电阻和强磁性薄膜磁敏电阻。

半导体磁敏电阻常用的主体材料有锑化铟、砷化铟以及它们的某些共晶体材料。从半导体磁敏电阻率变化率可知选用载流子迁移率大的材料可使磁敏电阻的磁阻效应更显著。

只有一种载流子的半导体：

$$(\rho - \rho_0)/\rho_0 = \Delta\rho/\rho_0 = 0.275\mu^2 B^2$$

有电子和空穴两种载流子时：

$$\Delta\rho/\rho_0 = (p/n)\mu_n\mu_p B^2$$

式中　ρ、ρ_0——磁感应强度为 B 和 0 时的电阻率；

　　　n、p——电子密度、空穴密度；

　　　μ、μ_n、μ_p——载流子的迁移率、电子迁移率、空穴迁移率。

强磁性磁阻效应的基本特征是电阻率与磁化方向有关：平行磁化方向 $\rho_{/\!/}$，垂直磁化方向 $\rho_\perp$。常以（$\Delta\rho/\rho_0$）表示强磁性材料磁阻效应的大小，其中 $\Delta\rho = \rho_{/\!/} - \rho_\perp$，$\rho_0$ 为退磁状态下的电阻率。一般选（$\Delta\rho/\dot\rho_0$）大的材料，主要是镍基合金，有镍-钴（Ni-Co）和镍-铁（Ni-Fe）合金。

强磁性薄膜材料具有以下特点：对于弱磁场的灵敏度很高（3×10^{-3} T 时达 25mV/mA），具有倍频特性、磁饱和特性，灵敏度具有方向性，可靠性高，温度特性好，使用温度范围宽，成本低。

第5章 超导体和导体

5.1 超导材料[6.24-26]

106 超导基本名词术语 许多元素、合金、化合物的直流电阻一般随温度降低而减少，超导体处于正常态时也有电阻，但在一定低温下电阻突然消失（$<10^{-28}\mu\Omega\cdot m$，目前测不出），电阻消失时处于超导态。超导体的两个相互独立的基本特性是零电阻和抗磁性。超导体中传导超导电流的超导电子是结合成对的，超导电子对不能相互独立地运动，而只能以关联的形式做集体运动，在该电子对所在空间范围内的所有其他电子对，在动量上彼此关联成为有序的集体，因此超导电子对运动时不同于普通电子，不会被晶体缺陷和晶格振动散射而产生电阻，从而呈现电阻消失现象。超导体基本名词术语见表3.5-1。

表 3.5-1 超导体基本名词术语

名 词 术 语	说　　明
超导性	在适当条件下，电阻突然消失并呈现强抗磁的特性
迈斯纳效应	超导体处于超导态时，其体内磁通被排出体外而呈现完全抗磁性的现象
混合态	磁通以量子化的磁通线形式穿透第二类超导体，使超导态和正常态混合共存时所处的热力学状态
穿透深度 λ	外磁场穿透超导体表面的厚度
电子对	在电子-声子相互作用或其他机制的作用下，两个电子形成一种束缚态。其动量和自旋态严格相互关联，它们作为一个整体，在超导体中运动不被晶格散射
相干长度 ξ_0	超导体内电子间空间相互关联范围的特征参量，可被认为是电子对的尺寸
G-L 参数 K	穿透深度 λ 和相干长度 ξ_0 之比
临界温度 T_C	当电流、磁场及其他外部条件（如应力、辐照）保持为零或足够低而不影响转变测量时，超导体呈现超导态特征的最高温度。一般可通过电阻、磁化率或比热转变来测定
临界磁场 H_C	一定温度下，电流和其他外部条件保持为零或足够低而不影响转变测量时，第 I 类超导体突然从超导态转变为正常态的外磁场强度
上临界磁场 H_{C2}	磁通完全穿入第 II 类超导体，体内磁通密度 $B=\mu_0 H$，样品开始由混合态转变为正常态的最大外磁场强度
下临界磁场 H_{C1}	第 II 类超导体开始偏离完全抗磁性、磁能开始穿入样品内部的外磁场强度
洛仑兹力	第 II 类超导体中磁通线分布不均匀而使磁通线受到的电磁力
磁通钉扎	超导体内的缺陷阻止磁通线运动的作用
临界电流 I_C	在给定的温度和磁场下，超导体保持超导态时能传输的最大电流
复合超导体基体	复合超导体中，在长度方向上连续、并在正常工作条件下非超导的金属、合金或其混合材料
高 T_C 超导体	T_C 高于液氮温度的氧化物超导体

107　Ⅰ、Ⅱ类超导体　根据磁场中不同的磁化特性分为Ⅰ类和Ⅱ类超导体。

Ⅰ类超导体是除 Nb、V、Tc 外的一般元素超导体。特点是界面能为正，$K<1/\sqrt{2}$，超导体的磁化曲线见图 3.5-1。H_C 小于 $10^3 O_e$ $[1O_e=(10^3/4\pi)A/m]$。Ⅰ类超导体的电流仅在表面附近 λ 深度内流动，当表面上产生的磁场达到 $H_C(A/m)$ 时的电流值就是 $I_C(A)$。圆柱形导体的电流值为

$$I_C=(5/4\pi)\times10^3 rH_C$$

式中　r——半径（cm）。

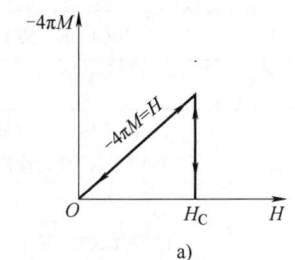

a)

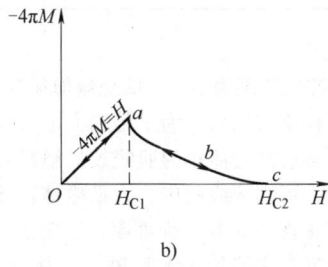

b)

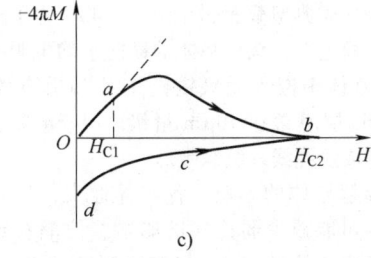

c)

图 3.5-1　超导体的磁化曲线
a）Ⅰ类　b）Ⅱ类（均匀）　c）Ⅱ类（不均匀）

Ⅱ类超导体主要是合金和化合物。特点是界面能为负，$K>1/\sqrt{2}$，负界面能是存在混合态的原因。磁化曲线见图 3.5-1（均匀的Ⅱ类和不均匀的Ⅱ类）。超导体 λ 的差别至多为 2~3 倍，而 ξ 的变化可达 3 个数量级，因此通过改变，可使Ⅰ类变为Ⅱ类。因为 $\xi\propto L$（L 为超导体自由电子平均自由程），所以可通过加入其他元素等方法减少 L，以便减少 ξ，增大 K。

磁通线格子及单根磁通线的物理图像见图 3.5-2。

进入超导体内（和超导回路中）的磁通量只能是磁通量子 Φ_0 的整数倍，$\Phi_0=2.07\times10^{-15}$Wb。

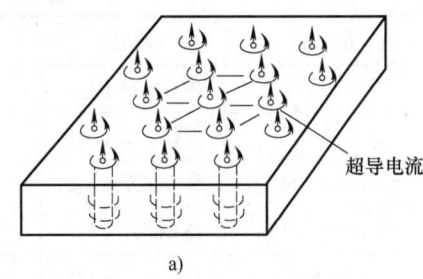

超导电流

a)

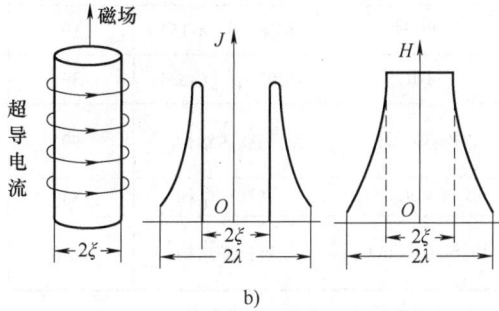

b)

图 3.5-2　磁通线格子及单根磁通线的物理图像
a）磁通线格子　b）单根磁通线

Ⅱ类超导体的性质对位错、脱溶相等各种晶体缺陷很敏感。均匀的Ⅱ类超导体处在混合态时，磁通线会在洛仑兹力作用下运动而产生电场，感生电动势，引起能量损耗，因此不具有无阻负载电流的能力。不均匀的Ⅱ类超导体，磁化曲线存在着磁滞回线（见图 3.5-1），类似于硬磁材料的磁化曲线，因而又叫硬超导体。缺陷的钉扎作用使硬超导体处于混合态时可以无阻地传输巨大的直流电流，其 I_C 与超导体的横截面积成正比。

Ⅰ类、Ⅱ类超导体在交变磁场中都会出现交流损耗。处于抗磁态的超导体，在频率小于 10^{10} Hz 时，不会有显著的交流损耗。处在混合态时的交流损耗包括：1）磁滞损耗，源于晶体缺陷对于磁通线的钉扎；2）黏滞损耗，是磁通线芯中正常电子运动时产生的能量损耗。频率小于 10^6Hz 时主要是磁滞损耗，大于 10^6Hz 时主要是黏滞损耗。

108　合金和化合物超导材料　超导体种类很多，最常见超导体的超导性能见表 3.5-2。

合金超导体的超导性能和可加工性好，易于和稳定化金属基体复合加工成各种形状的材料，对应力、应变不敏感，成本较低。NbTi 合金是应用最广泛的超导体，常用成分（摩尔分数）是 60% Nb 和 66% Ti。前者具有较高的 H_{C2}，更适用于高场。后

者在低场下具有较高的临界电流密度 J_c。三元合金 NbTiTa 的 H_{C2} 比 NbTi 稍高。

表 3.5-2　最常见超导体的超导性能

超导体	晶型	T_C/K	$H_{C2}(4.2K)/[(1/4\pi)MA/m]$	$J_C/(kA/cm^2)$ [①]
Nb	体心立方（A₂）	9.25	3.9	—
Pb	面心立方（A₁）	7.2	$H_C = 63.9kA/m$	—
Nb-(60%~70%)Ti	体心立方（A₂）	9.3~9.7	120~110	400(4.2K,5T)
Nb-60%Ti-4%Ta	体心立方（A₂）	9.9	124	160(2.05K,10T)
Nb₃Sn	B-W 型（A-15）	18.3	225	80(4.2K,12T)
Nb₃Al	B-W 型（A-15）	19	295	10(4.2K,25T)
MgB₂	AlB2 型（C-32）	39	约170	
YBa₂Cu₃O₇₋ₓ	钙钛矿结构	90	约500	140(77K,1T) 块材 1 000(77K,0T) 涂层导体
Bi₂Si₂CaCu₂Oₓ	钙钛矿结构	85	约500	
Bi₂Si₂Ca₂Cu₃Oₓ	钙钛矿结构	110	约500	13(77K,0T) 千米长带； 70(77K,0T) 轧制短样

① J_C 特性年年在提高，仅供参考。

从表 3.5-2 可知，一些化合物超导体的性能较 NbTi 优越，Nb₃Sn 是应用最普遍的化合物超导体，其超导性能随制备方法有所差异。掺 Ti 的 Nb₃Sn 有更好的高场性能。

2001 年 1 月发现的超导材料二硼化镁 MgB₂ 是一种简单二元金属间化合物，属于六方晶系结构，每个晶胞有三个原子，有镁和硼以 1：2 比例结合，MgB₂ 是各向同性的第二类超导体，不存在高温超导体中难克服的弱连接问题，而且容易加工和成材。MgB₂ 超导体以它的许多优异性能而受到广泛重视，但制备工艺还有待进一步研发。

高 T_C 氧化物超导体是一种具有钙钛矿结构的层状超导体，晶胞中含有不同层数的 Cu-O 面，其 T_C 和超导相晶胞中 Cu-O 面的层数有关 YBa₂Cu₃O₇₋ₓ 存在正交结构的超导相，而非超导相具有四方晶体结构。Bi₂Sr₂Caₙ₋₁CuₙOₓ（n 为晶胞中 Cu-O 面的层数）有三种 Cu-O 面层数不等的超导相，添加适量 Pb，能大大提高样品中高 T_c 相的含量。一些主要高 T_c 超导体的层状结构使其超导电性显示出高度的各向异性。

109　实用超导材料和应用中的主要问题[1,2]
超导体需和基体金属、加固材料和绝缘材料等复合后才能形成磁热稳定、结构强固、适于制备超导装置的实用超导材料。NbTi 多芯复合体的结构示意图见图 3.5-3，一般芯径为 1~100μm，复合体线径小

于 0.2cm，拧扭节距为 1cm。低交流损耗的 Cu-CuNi 基复合体可作交流用材。为了传输大电流和降低自场效应，将多芯复合体作为股线绞成缆线和换位编织成编织带，可用于绕制中、大型磁体。冷冻稳定复合导体（见图 3.5-4a）强度高、稳定、可靠，但全电流密度低，主要用于大型磁体。青铜法 Nb₃Sn 多芯复合导体典型截面图见图 3.5-4b。为了进一步改善动态稳定性，减小基体的横向平均电阻率，可在 CuSn 基体中嵌入无氧铜，并用 Ta 作扩散阻隔层。Nb₃Sn 层厚常在 10μm 量级。Nb₃Sn 多芯复合体亦可制成绞缆线和编织带。

高温超导体的 ξ 短，各向异性大，从制备工艺上应尽可能减少弱连接的影响，使晶粒定向排列。已达实用化的有 Ag 包套法制备的 Bi 系多芯带和熔融织构法的块材。高温超导体块材和多芯带见图 3.5-5。

YBCO（YBa₂Cu₃O₇₋ₓ）涂层导体，是将 YBCO 外延沉积到带状基体或基底上，使基带上的 YBCO 最终具有非常高的一致取向度。这种单晶状的涂层，其厚度一般为微米量级。由于 YBCO 涂层导体具有比铋系材料更好的电磁特性，因此是液氮温区更佳的实用化材料。目前，生产的 YBCO 涂层导体，长度还只能达到 10m 的数量级（I_C 性能可以达到 250~270A/cm 范围），需要有更成熟的生产工艺来实现实用化。

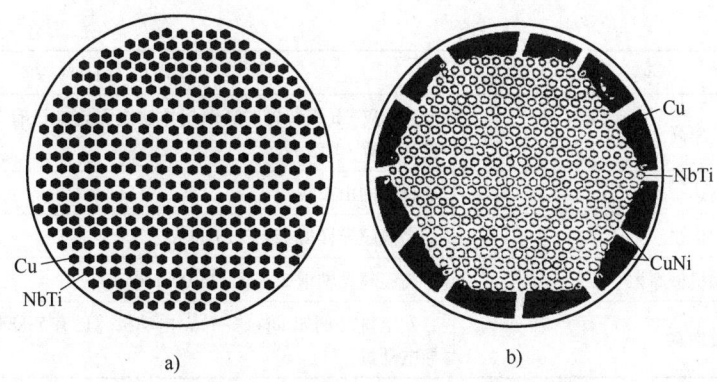

图 3.5-3　NbTi 多芯复合体的结构示意图

a) Cu 基　b) CuNi 基

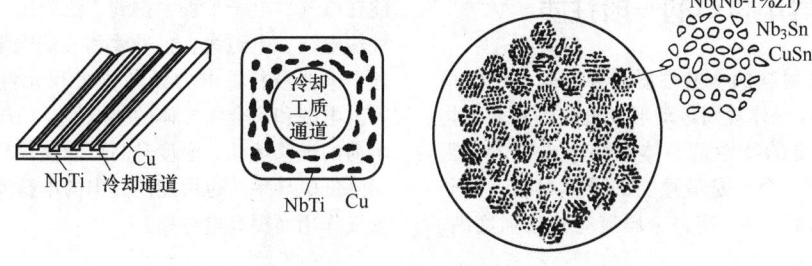

图 3.5-4　绞缆线、编织带和复合导体

a) 冷冻稳定复合导体　b) 青铜法 Nb_3Sn 多芯复合导体

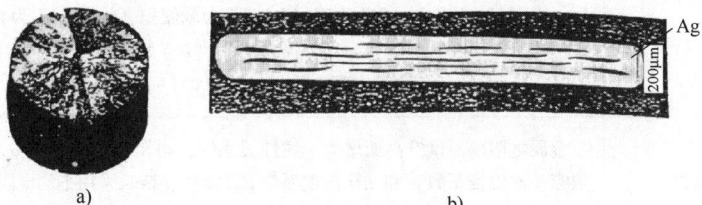

图 3.5-5　高温超导体块材和多芯带

a) YBCO 块材[1]　b) BiSrCaCuO 多芯带[2]

[1] 张其瑞. 高温超导电性 [M]. 杭州：浙江大学出版社，1992.

[2] Minot MJ., et al., Advances in Long Length BSCCO HTS Multifilamentary Composite Wire Development. ICMC, 1994.

　　超导体的一些应用见表 3.5-3。应用对于材料要求是 T_C、H_{C2}、J_C 高，交流损耗低，磁、热稳定性好，线材长度足够及价格合理。低温超导材料着重在提高性能同时要降低成本。高温超导材料要着重研究制备线材和大型块材的技术。

表 3.5-3　超导体的一些应用

超导装置	特　点	应　用
磁体	体积小、质量轻、磁场强度高、磁场梯度大、磁场稳定、强磁场空间大和均匀性好	对撞机（例如 LHT）、加速器（例如 Spring-8）、核聚变（例如 ITER）、高温超导内插磁体（24T，4.2K）；磁分离装置（选矿，水处理）、医用磁共振成像（已有近万台）
电力电缆[1]	损耗低、功率大	商售高温超导电流引线（可以达到 10kA）；高温超导输电电缆（已有 600m 长高温超导电缆运行在电网上）

（续）

超导装置	特　点	应　用
能量储存	效率高	100kW·h 级装置；高温超导储能飞轮（已有 100Wh 装置，正在设计 MW·h 级）
磁悬浮列车	高速	日本的山梨线
故障限流器	动作快	高温超导样机 15kV/10.6kA
轴承	无机械摩擦	高温超导轴承 2.4kg，33 000r/min
电动机械	效率高	发电机（例如 super GM）；电动机［已有 5 000hp（马力）高温超导电动机］

① 参见本篇第 153 条。

5.2　金属导电材料的一般性质[5,6,21]

110　导体材料的一般性质　导体是其中电荷能自由响应外电场作规则运动形成电流的一大类物质。导体最重要的特性是导体电导率或导体电阻率，见表 3.5-4。金属是最重要的导体材料，电子自由运动使金属导电性高，金属兼有机械强度高、易加工、可焊接、不易氧化、资源丰富等优点，因此在电气、电子工程中得到广泛应用，例如制作各种输电线、电磁线、信号线和通信电缆、焊料、熔丝、电池极板、电力设备仪表和元件的导电零件等。电碳和聚合物导体的导电性是由于电子和其他电荷的迁移运动，温度升高可能使晶格热运动加强而降低电导率，也可能使其中的电荷受到更强的热激发作用而提高电导率。

表 3.5-4　金属导体材料的特性

特　性	说　明
导体电阻率 ρ 导体电导率 σ	$\rho = R(A/L)$，式中，R 为电阻（Ω）；A 为截面积（mm^2）；L 为导体长度（m）：ρ 的单位为 $\mu\Omega \cdot m$（$1\mu\Omega \cdot m = 1\Omega \cdot mm^2/m$），$\sigma = 1/\rho$（MS/m）。常用金属 ρ（20℃）为 0.016 2~1$\mu\Omega \cdot m$；电碳和聚合物导体为 0.1~310$\mu\Omega \cdot m$
电阻温度系数 α，β 平均电阻温度系数 $\bar{\alpha}$	金属电阻随温度升高而增大。线性关系时，电阻温度系数为 α；抛物线特性时，系数有一次温度系数 α 和二次温度系数 β。比较复杂时采用平均电阻温度系数
平均对铜电动势 $\bar{E}_{Cu}$	铜和其他金属组成回路后，接点在 0~100℃ 温度范围内，两个接点间每度温差所产生的电动势

111　影响导电金属电阻、力学性能的一些因素　影响导电金属电阻的因素主要有温度、杂质、冷变形和退火。温度升高、杂质导致的晶格畸变越大、冷变形程度越高，都会使电阻增大（在一定的使用温度范围内，电阻温度系数为常数），导电合金的导电性通常低于相应的纯金属。退火可使冷变形金属减少晶体缺陷、消除内应力，从而使电阻降低到原有水平。

影响导电金属力学性能的因素有纯度、晶粒大小、冷变形程度以及热处理工艺等。冷变形是提高金属强度的最有效方法，通过控制冷变形程度和热处理工艺可获得不同硬度的产品。导电合金和复合导体可显著提高机械强度、耐热等综合性能，甚至获得特殊的磁性等不同特性。

112　铜和铜合金　导电用铜中铜含量超过 99.90%，具有高的电导率，见表 3.5-5。冷变形程度达 90% 的硬铜，用做输电线、架空导线、电车线、开关零件、换向器片等；经 450~600℃ 退火的软铜，用作各种绝缘电线电缆的线芯。氧含量低于 0.003% 的无氧铜适用于电子器件、耐高温导体、超导线的复合基体等。在铜中添加少量的单质或化合物元素可构成铜合金，电工用导电铜合金特性和用途见表 3.5-6。

表 3.5-5　导电用铜的主要性能

	$\rho(20℃)$ /($\mu\Omega \cdot$m)	$\bar{\alpha}(20℃)$ /(m/K)	$E(20℃)$ /MPa	屈服强度 /MPa	抗拉强度 /MPa	疲劳极限 /MPa	蠕变极限 /MPa
软态	0.017 24①	3.93	112 700	58.8~78.4	196~235	58.8~68.6	20℃：68.6
硬态	0.017 77	3.81		294~374	343~441	108.8~117.6	200℃：49.0 400℃：13.7

① 对应退火工业纯铜 σ = 58MS/m，IEC 规定为标准电导率，以 100%IACS 表示。

表 3.5-6　电工用导电铜合金特性和用途

铜合金	σ/(MS/m)	σ_b/MPa	主要用途
银铜	40~56	370~490	换向器片、点焊电极、电机绕组、通信线、引线、导线、高热应力下焊低碳钢用电极轮
镉铜	48~52	400~500	电阻焊电极、零件、架空导线、高强度绝缘线、通信线、滑接导线
镧铜	56	390~400	电机换向器、导线
锆铜	50~52	400~500	高速电机换向器、深井油井电缆芯、二极管引线、导线、开关零件
铬铜	41~48	410~520	电阻焊电极、电极支承座、开关零件、凸焊的大型模具
铬锆铜	43~52	460~600	电阻焊电极，适于焊低碳钢或涂层钢板或强规范钢板；二极管引线
铍铜	10~26	650~1 085	焊不锈钢、耐热钢用电极、镶嵌电极、凸焊模具、弹簧、极大应力下的电极握杆和轴、导电嘴、无火花工具、弹簧
镍硅铜	23~26	600~800	闪光焊焊块、电极握杆、轴、臂、集电环、衬套、导电弹簧、输电线路耐蚀紧固件
镍锡铜	6	600~1 440	继电器、电位器、微动开关、接插件、传感器敏感元件
镍钛铜	23~35	560~830	闪光焊对焊块、点焊电极、CO_2 保护焊导电嘴
镍磷铜	35~40	600	导电弹簧、接线柱、接线夹、高强度导电零件
钛铜	6~26	650~1 200	电焊机电极、高强度导电零件、弹簧、架空导线
铁铜	30~40	400~450	电真空器件结构材料、电器接触触桥
氧化铝铜	45~54	441~600	电阻焊电极、特别适于焊接涂层钢板、电机绕组、换向器、热电偶导线、耐高温导线、真空管耐温元件

113　铝和铝合金　铝的导电性（σ = 61% IACS）仅次于铜，机械强度为铜的一半，密度为铜的 30%，耐腐蚀，易加工，表面形成的致密 Al_2O_3 膜可防止进一步的氧化，而且资源丰富价格比铜低，因此除对导体尺寸及机械强度等有特殊要求的场合，应优先采用铝作导电材料。铝的长期工作温度不宜超过 90℃，短期工作温度不宜超过 120℃。

铝合金能提高铝的热稳定性和机械强度，电工用导电铝合金特性和用途见表 3.5-7。

表 3.5-7　电工用导电铝合金特性和用途

铝合金	σ(%IACS)	σ_b/MPa	主要用途（导线、电工产品导电铸件和外壳、极板等）
铝镁硅	52~60	304~407	经热处理，高强度，用于架空导线
铝镁	53~56	225~255	中强度，用于架空导线和接触线；软线，用于电线电缆线芯

（续）

铝合金	σ(%IACS)	σ_b/MPa	主要用途（导线、电工产品导电铸件和外壳、极板等）
铝镁铁	58~60	113~117.6	电线电缆线芯、电磁线
铝镁铁铜	58~60	113~127	
铝镁硅铁	53	113	
铝锆	58~60	176~186	耐热，用于架空导线和汇流排
铝铁	61	88	强度略高于铝，使用范围同铝，需连铸连轧工艺生产
铝硅	50~53	255~323	加工特性好，可拉制成特细线，用于电子工业连接线
铝稀土	61	157~196	适合普铝成分中加入少量 Re，达到电工铝性能要求

为了提高其耐热性和机械强度等，可在尽量少降低电导率的前提下，在铝中添加镁、硅、铁等形成。热处理型铝镁硅合金等可用作架空导线和电车线等；非热处理型铝铁等合金，适于制造电线、电缆线芯和电磁线等。

铝及铝合金表面因形成的氧化膜而不易焊接。铝、铜焊接时易形成脆性的 $CuAl_2$ 化合物。铝和铝的焊接可采用氩弧焊、气焊、冷压焊和钎焊等；铝和铜的焊接可采用电容储能焊、冷压焊、摩擦压接焊和钎焊等。此外套管连接法对连接铝-铝、铝-铜也用得很成功。

114　金属复合导体　采用热轧、爆炸、喷涂等工艺，将两种或两种以上金属复合起来制成的具有耐热、耐蚀、高导电或高强度等特性的金属导体。常用复合导体特性和用途见表 3.5-8。

表 3.5-8　常用复合导体特性和用途

分类	品　　种	主　要　用　途
高强度	铝包钢线	输配电线、载波避雷线、通信线、大跨越架空导线
	钢铝接触线	接触线
	铜包钢线	高频通信线、大跨越及特殊地区架空导线
	镀锡铜包钢线	同上
	铜包钢排	小型电机换向器片、直流电机电刷弹簧、汇流排、拦条等
耐高温	铅覆铁	电子管阳极
	铝黄铜覆铜	高温大电流导体（如电炉配电用汇流排）
	镍包铜	400~650℃ 范围高温导线
	镍包银	400（10%镍层）~650℃（20%镍层）范围高温导线
	耐热合金包银	650~800℃ 范围高温导线
高导电	铜包铝线和排	高频通信线和屏蔽配电线、电视电缆、电磁线；换向器片导电排等航空导线、波导管
	银覆铝	
耐腐蚀	不锈钢覆铜	大功率真空管零件
	银包或镀银铜线	高温导线线芯及线圈、雷达电缆用编织导体
	镀银铜包钢线	射频电缆及高温导线线芯
	镀锡铜包钢线，镀锡铜线	橡皮绝缘电线电缆、仪表仪器连接线、编织线和软接线等
高弹性	铜覆铍铜	导电弹簧
	弹簧钢覆铜	
其他	铁镍钴合金包铜	与玻璃密封的导电导热材料

5.3　电碳制品和其他导电材料[5,6,22,23]

115　电刷　电刷用于电机集电环或换向器，在相对滑动接触时能形成含石墨的薄膜层，有利于保持良好的接触，因此有很强的耐磨性，可以作为导出或导入电流的滑动接触件。使用时要求电刷的机械磨损、电损耗及噪声要小，并且不出现有害的火花，因此一般用电碳材料来制作电刷。常用的有石墨电刷（润滑性好，适用于圆周速度高的电机）、电化石墨电刷（电阻率较高，接触电压降较高，适用于高电压小电流直流电机、圆周速度高的电机）、金属石墨电刷（电阻率较低，接触电压降较低，适用于低电压大电流直流电机）、树脂黏合石墨电刷（电阻率较高）和浸渍金属石墨电刷（电阻率较低）五类。各类电刷具有不同的静态性能和运行性能，要根据不同的运行条件进行正确的选择。

电刷运行中常见的故障：磨损不均匀和其他磨损异常、出现有害火花、过热、刷体破损、电刷表面镀铜等，应及时处理：调整压力或气隙、改善通风、减少负载，排除故障或更换电刷。

116　碳棒、石墨和碳纤维　种类、特点和用途见表 3.5-9。

表 3.5-9　碳棒、石墨和碳纤维种类、特点和用途

种　类	特点和用途
照明碳棒	用碳棒作电极的弧光灯，照明设备中发光强度最高。用于电影放映、高色温摄影、紫外线型和阳光型以及照相制版碳棒等
碳弧气刨碳棒	碳弧气刨碳棒应用于碳弧气刨工艺。碳弧气刨是利用碳弧产生的热能将金属熔化，再用压缩空气将已熔化的金属吹掉的一种刨削金属方法
光谱碳棒	光谱碳棒具有纯度高、导电性和热稳定性好等特点。其电弧波谱在 200~350nm 范围内，用作可见光谱分析用摄谱仪的炭电极
电池用碳棒	电池用碳棒导电性、化学稳定性好，用于作锌干电池正极集流体
炭滑块和炭滑板	导电性、自润滑性好，不与金属黏合，接触电阻稳定，切断接触时很少出现电弧放电等，是无轨电车和电力机车用以从接触网导线引入电能的滑动接触件
石墨集电体	是一种柔性石墨，导电性、延展性好，用作双电层电容器的集电体
电真空器件用高纯石墨	纯度高，结构致密，热导率高，线膨胀系数小，电子热发射率高，性能稳定。用作大功率电子管和泵弧整流器的阳极和栅极，某些真空电炉用加热、隔热和支撑元件以及其他电真空器件的石墨件等
电火花加工用石墨	机械加工性能好，耐高温、耐腐蚀，热稳定性好，用于电火花加工的电极材料，应用于形状复杂的型腔膜和其他硬质合金的加工制造
炭石墨和金属石墨触头	炭石墨触头用作电气控制设备中配电盘、继电器和接触器的接触件；金属石墨触头用作电气控制设备中断路器和继电器的接触件
石墨防爆膜	压力波动敏感，耐腐蚀性能好，安全可靠等。是一种密封受压容器的安全附件，用于电流互感器、封闭式后断路器等的安全装置上
碳纤维及其复合材料	碳纤维密度小、比强度和比模量大，耐热（在真空或惰性气体中非常耐热），电阻率和热导率大，热膨胀系数低、耐腐蚀、柔软性好。普通型碳纤维用作防静电材料、燃料电池用耐腐蚀电极、电池电解质的载体或隔膜。高性能型碳纤维主要用于碳纤维-碳（C/C）、碳纤维-塑料（CFRP）、碳纤维-金属（CFRM）复合材料。C/C 用于制造电刷、大型中空电极、发热元件及燃料电池中的双向互换器和电极，CFRP 用于制造大功率汽轮发电机端部线圈护环，CFRM 用于制造电机用电刷、触头、大型蓄电池电极和电火花加工用电极等

117　导电胶和印制电路板　以聚合物材料或陶瓷为基体，与导电材料形成的导电复合材料。

（1）导电胶和导电银浆

1）导电胶。主要由银粉、树脂及溶剂混合而成，树脂固化后银粉相互接触而导电，$\sigma = 1 \sim 100MS/m$，用于各种电子元件导电黏结（可避免高温焊接）、引出线及导电胶涂层。导电胶涂层的导电性和柔性取决于银粉的含量和颗粒形态、树脂的种类和固化条件。选用密度小且呈片状银粉、适当提高固化温度、延长固化时间能提高导电率。

2）导电银浆。由银或银合金粉、玻璃料及树脂等调制而成，有高温银浆、中温银浆、银钯浆料及铂银浆料等几种浆料，可涂敷或印刷，附着力强，经过烧成后具有高导电率和可焊性。用于高通滤波器、太阳电池、液晶显示元件、热敏电阻、玻璃釉电位器等的端头导体，厚膜电路等电子元件导体，厚膜电路导电带、厚膜混合电路的内部连线，元器件互连线。

（2）印制电路板　即覆铜箔板，有硬质覆铜箔板和柔性覆铜箔板两大类。

1）硬质覆铜箔板。即覆铜箔层合板是指上胶的底材单面或双面与电解铜箔叠合后，热压成型的印制电路基板。所用底材有纤维纸、玻璃布或玻璃毡、Nomex 纤维布或毡；黏合剂有酚醛、环氧、不饱和聚酯、有机硅、双马来酰亚胺三嗪等几种。按电性、阻燃性、冷/热冲孔性、经济性的不同要求，有不同产品。按加工性能又有热冲型和冷冲型两种。环氧覆铜箔板具有较高电气、力学和耐热性能。耐燃性好的有自熄型覆铜箔板，广泛用作电气、电子设备的印制电路板。多层印制电路板由电路芯板和固化片精确定位叠合后热压而成，是一种高密度印制电路板。

2）柔性覆铜箔板。由挠性基材单面或双面覆电解铜箔而成。基材是聚酰亚胺和聚酯薄膜，可用或不用黏合剂。产品具有轻、薄和可挠性等特点，有利于电子产品结构紧凑化，能承受弯曲力作用，装配时能适应复杂的空间环境，挠性聚脱亚胺薄膜覆铜箔板适用于高级电子产品，耐热性高。能耐高焊接温度；挠性聚酯薄膜覆铜箔板主要用于汽车、电话机和台式计算机的内部布线。

（3）陶瓷覆铜板（DCB）　铜和氧化铝瓷间通过氧化物中间层形成化学键提供足够的剥离强度。该产品的特点是热导率高，散热性好，工作温度可达 $-55 \sim 850℃$，在同样电流负载下的导体截面可减少 88%；热膨胀系数接近硅片，因此芯片可直接焊在陶瓷覆铜板上，大大减少了模块的热阻；电绝缘性能好。可用于各种高集成度、大功率模块，电子线路中结构和连接用材料，固态继电器等。

118　快离子导体和应用[5]　完全或主要由离子迁移而导电的固态物质，也称为固体电解质、超离子导体。按离子传导的性质可分为三类：阴离子导体、阳离子导体和混合离子导体。主要有 X^-（卤素离子）、O^{2-} 等阴离子，Ag^+、Cu^+、Li^+、Na^+、H^+、Mg^+ 等阳离子导体和 PbI^2、KI、NaF、$NaCl$ 等阴阳离子混合导体。

阴离子导体主要有萤石型氧化锆、氧化钍基固溶体及卤化物，而阳离子导体主要有银盐、卤化物、$\beta\text{-}Al_2O_3$，等，除无机快离子导体外，近年来还研制出多种有机高分子快离子导体，如聚环氧乙烷 $PEO(-CH_2,-CH_2,-O-)$。与类似物的（如 Li-ClO_4）络合物等。

快离子导体的离子导电机理与其晶格结构有密切关系，大致可分为三种情况：1）离子在晶格间隙或通道中直接迁移；2）在相等能量位置上离子的连续转移；3）晶格空位或离子空位的移动，离子空位来源于晶格缺陷和添加物质的加入。快离子导体的导电特性易受组成、温度、杂质及气氛等因素的影响，并且与半导体之间常常发生相互转变。

快离子导体已广泛应用于各种电池（如高温燃料电池、钠-硫电池、锂-碘电池等）、固体离子器件（如离子选择性电极、气敏传感器、压敏元件等）以及物质的提纯和制备等。

第 6 章　电工合金和特殊电气功能金属材料[6]

6.1　电阻合金

119　电阻合金性能及要求　电阻合金一般性能：电阻温度系数低，对铜热电动势小，力学性能和加工性能好，耐腐蚀。使用中要求合金电阻温度系数小，电阻-温度曲线的线性度好，稳定性高，对铜的热电动势低，耐腐蚀、抗氧化、易焊接，并有一定的耐热性。

120　可变电阻和固定电阻用电阻合金
（1）可变电阻用电阻合金　有两类电阻合金：1）普通调节电阻合金，用于制造变阻器材料，其作用是调节电流、电压，普通调节电阻合金性能和特点见表 3.6-1；2）贵金属电阻合金，用于要求较高的仪表及精密电位器，贵金属电阻合金常用合金及特点见表 3.6-2。

表 3.6-1　普通调节电阻合金性能和特点

名称	$\rho(20℃)/(\mu\Omega \cdot m)$	$\bar{\alpha}/(\mu/K)$	$\bar{E}_{CU}/(\mu V/℃)$	σ_b/MPa	特　点
康铜	0.48	$-40\sim40$	-45	$390\sim600$	抗氧化性和机械加工性良好
新康铜	0.49	$-40\sim40$	2.0	$240\sim400$	抗氧化性能比康铜差
镍铬	$1.08\sim1.10$	$50\sim70$	>5.0	$600\sim800$	耐腐蚀性能好，焊接性能较差
镍铬铁	1.12	150	1.0	$600\sim800$	耐热性能良好，焊接性能较差
铁铬铝	1.25	120	$3.5\sim4.5$	$600\sim750$	耐热性好，焊接性差，价廉

表 3.6-2　贵金属电阻合金常用合金及特点

类型	常用合金元素	特　点
铂基	铑，铱，钌，铜	耐腐蚀、耐磨和抗氧化性好，接触电阻低且稳定，噪声电平低
金基	银，铜，镍，铬，钒	耐腐蚀、抗氧化性好，接触电阻低且稳定；但摩擦系数较大，不宜用于低转矩电位器，接触压力大时耐磨性能不高
钯基	金，银，铜，钼，钒，铝，铁	电阻率高，电阻温度系数低，力学性能、耐磨性好；但抗有机物腐蚀性较差
银基	锰，锡，锑	抗有机酸、含氨化合物、稀 $NaCl$、HNO_3、$NaOH$ 溶液和 CO_2 等气氛腐蚀；但易硫化、硬度低、耐磨性差

（2）固定电阻用电阻合金　有两类电阻合金：1）锰铜型电阻合金，主要用于电桥、电位差计、标准电阻器、电压表、电流表、精密分流器中的电阻元件，性能和特点见表 3.6-3；2）镍铬系高电阻率合金，用于高阻值电阻器、电阻箱及小型化电阻元件，见表 3.6-4。

表 3.6-3　锰铜型电阻合金性能和特点

名称	$\rho(20℃)/(\mu\Omega \cdot m)$	$\alpha/(\mu/℃)$	$\beta/(\mu/℃)$	$E_{CU}/(\mu V/℃)$	工作温度/℃	特　点
通用型锰铜	0.47	$-10\sim10$	$-0.70\sim0$	$\leqslant1.0$	$5\sim45$	稳定性高，焊接性能好，抗氧化性差

（续）

名称	$\rho(20℃)$ /$(\mu\Omega\cdot m)$	α /$(\mu/℃)$	β /$(\mu/℃)$	E_{CU} /$(\mu V/℃)$	工作温度 /℃	特　点
锗锰铜	0.43	-6	-0.04～0	≤1.7	0～70	电阻随温度变化率很小
硅锰铜	0.35	-3～5	-0.25～0	≤1	5～45	电阻对温度曲线较平坦，电阻变化率较小，电阻率较低
F1 锰铜	—	0～10	—	2	20～80	
F2 锰铜	0.44	0～40	-0.7～0	2	20～80	电阻最高点温度比通用型锰铜高
铝锰铜	0.42	-3～10	-0.2～0	-2	10～100	抗氧化耐腐蚀性能好
滑线锰铜	0.45	-20～20	-0.5～0	2	20～80	抗氧化性较好，阻值均匀

表 3.6-4　镍铬系高阻合金性能和特点

名称	$\rho(20℃)$ /$(\mu\Omega\cdot m)$	α /$(\mu/℃)$	E_{CU} /$(\mu V/℃)$	工作温度 /℃	特　点
镍铬铝铁	1.33	-20～20	≤2.5	-55～125	机械强度高，耐磨性能好，焊接性能较差
镍铁铬铜	1.33	-20～20	≤2.5	-55～125	焊接性能比镍铬铝铁略好，余同上
镍铬锰硅	1.2～1.4	-10～10	2	-55～125	焊接性能比镍铁铬铜略好，余同上
镍铬铝钒	1.6～1.8	-30～30	5	-55～125	耐腐蚀性能很好，焊接性能较差
镍锰铬钼	1.8～2.0	-50～50	7	-55～125	耐热、耐腐蚀性能很好，焊接性能较好

121　电阻元器件精度稳定性

（1）选择合理的线径，减小合金本身的电流热效应，保证精度。

（2）元器件骨架膨胀系数应与电阻合金的接近，一般选用吸潮性小的陶瓷骨架，其外形轮廓应避免出现过大弯曲，以免绕制线材时破坏被覆层和增加应力。

（3）绕制电阻合金材料时，张力应最小的恒定值，应避免因振动电阻线而发生位移和松动。

（4）为了消除应力，应适当掌握老化稳定处理工艺。

（5）合金焊接要牢固，不允许出现假焊；500Ω 以上采用银焊、1～500Ω 采用锡焊或银焊、1Ω 以下采用银焊，焊剂选用中性，防止出现偏酸、偏碱现象，焊头应清理干净。

6.2　电热合金

122　电热合金特点　电热合金用来制造电阻加热装置中的发热元件，要求电阻率大，电阻温度系数低，电性能长期稳定；具有较高的耐氧化性及对各种气体的耐蚀性；具有较高的高温强度及良好的加工性能。电热合金的品种、性能和特点见表 3.6-5。

表 3.6-5　电热合金的品种、性能和特点

品种		最高使用温度/℃	$\rho(20℃)$ /$(\mu\Omega\cdot m)$	σ_b /$(\times10^6 MPa)$	伸长率 (%)≥	其 他 特 点
合金	铁铬铝	1 250～1 400	1.25～1.53	588～834	10～16	铁素体组织，有磁性。高温抗氧化性高于镍铬
	镍铬	1 150～1 250	1.14～1.20	637～785	20	奥氏体组织，基本无磁性
	镍铁	350～500	0.36～0.52①	539～637	20～35	电阻随温度升高而增大，具有功率自控作用，有磁性
	镍铬铁	900～1 200	1.04～1.2	>600	> 25	使用温度、抗氧化性低于镍铬合金，一般用于中低温加热

① 温度系数大。

123　电热合金设计和使用　电热合金的发热能力一般用元件"单位允许表面负载 $a(W/cm^2)$"表示，ω 是电热元件设计时重要的数据。ω 增大可减少元件数，但将提高元件温度，缩短元件寿命。它的选用与电热元件材质、规格、电热设备构造、工作温度、加热介质、传热方式等密切相关。

使用电热合金注意事项：1）最高使用温度约高出被加热物质或周围介质温度 100℃ 以上，而电热合金强度随温度升高而降低，因此为了保证其刚性，对元件的形状和尺寸应合理选择，防止螺旋圈软化倒塌导致短路；2）为降低元件引出端温度，减少电能损失和便于连接电源线，元件引出棒（或带）的截面积至少应为元件截面积的 3 倍；3）铁铬铝合金焊接，最好采用氩弧焊快速焊接，防止焊口因过热而脆断；镍铬合金元件可用电弧或气焊焊接；4）铁铬铝合金在空气中抗氧化性能高，在含硫、氢的气氛中也很稳定，但含硫的还原性气氛会影响其使用寿命；纯氢及分解氨对铁路铝合金无损害，但在部分燃烧的氨中耐用性较差；直接暴露在氮气中使用，其使用寿命比在空气中低；电热合金不能在卤素及其化合物中或其气氛中使用；5）一般耐火材料中含有 Fe_2O_3 和 SiO_2，在高温下与铁铬铝合金表面的保护膜心 Al_2O_3 形成低熔点化合物，加速电热合金的损坏，故应采用 Fe_2O_3（含量在 1.5% 以下）和 Al_2O_3（含量在 48% 以上）的高铝耐火砖；也可用氧化镁耐火材料制品作炉衬，在较低温度下可使用黏土砖。

6.3　触头材料[6.28]

124　电触头的种类及要求，触头的连接与组装　电触头按工作状态可分为开闭触头、滑动触头、接插件和固定触头四类。按触头所承受的负载不同，又可分为轻负载、中负载、重负载和真空触头四大类。对材料要求：1）体积电阻率小，硬度适中，能承受较大的接触压力以减小接触电阻；2）化学性质稳定，表面不易生成化合物；耐电弧性能好，触头分合时产生的由放电引起的磨损变形小；3）应尽量选用高熔点或升华材料，以防止触头闭合时由于高温而导致熔焊。

触头连接质量的好坏直接影响开关性能，常见的连接方法见表 3.6-6。

125　银基合金和银氧化物触头材料　银具有良好的导电、导热性，除易硫化外，化学稳定性好。银的熔点仅为 960℃，硬度不高，在分合时易产生磨损或熔焊。在银中添加少量其他金属可使它的性能得到改善。银氧化物熔点高，抗熔焊性好，经添加元素改性，使材料的电寿命及其他特性得到很大改善。常见银基合金和银氧化物触头材料的特性及用途见表 3.6-7。

表 3.6-6　触头常见的连接方法

连接法	特点和应用
铆接	通过机械压力加工，使工件发生变形而结合在底座上。铆接时不加热，底座的弹性不受影响，不会氧化，设备、工艺简单，易于自动化，适用于小电流轻负载开关电器
钎焊	将熔点低于焊件的钎料与焊件共同加热，在焊件不熔化的情况下钎料培化湿润并充填焊件连接处的间隙，钎料与焊件互相培解、扩散，牢固结合；电阻钎焊适用于中小电流电器中的规则元件。焊和感应钎焊适合于任何形状的小工件、炉中钎焊适合于任何形状的大小工件
点焊	通电加热同时加压力使材料熔化，焊接牢固，电气稳定性好，作业环境清洁，适用于微小部件
缝焊	用旋转电极滚轮代替点焊的固定电极产生连串焊点形成缝焊焊缝，生产率高，可得到长尺寸条料，适于制造带触桥的触头元件

表 3.6-7　常见银基合金和银氧化物触头材料的特性及用途

触头材料		特性及用途
银基合金	银	导电导热性好，接触电阻低，加工性能好，抗硫化性差，有经时变化，表面不会氧化，用于继电器、电话机、小电流接触器主触头及辅助触头
	细晶银	性能与纯银相似，但晶粒细小，强度和耐蚀性能高于银，高温度场合可替代银

（续）

触头材料		特 性 及 用 途
银基合金	银铜	机械强度高，耐磨损好，但抗氧化和耐蚀性差。在接触压力小的场合下使用，接触电阻不稳定。用于微电机换向器、集电环等的滑动部件及接触压力较大的开关触头
	银镁镍	能在软态下成型，通过内氧化可提高硬度，且不再随时间而变化，对硫敏感，不宜与铜及铜合金覆层。用于微型继电器簧片，高温负载的触头
银氧化物	银氧化镉	抗熔焊及耐损蚀性优良，熄弧性能好，接触电阻较稳定。用于微型开关、低压接触器、低压断路器、大电流继电器等。银氧化镉的最大缺点是镉对人体有危害，污染环境，逐步立法限制使用
	银氧化锡	热稳定性、抗熔焊性好，直流下材料迁移少，内氧化速度缓慢，已有许多产品性能接近甚至优于银氧化镉，是银氧化镉理想的替代材料。用于大、中容量的交直流接触器、过电流继电器、低压开关等
	银氧化锌	抗熔焊，分断特性好，燃弧时间短，表面有拒氧化现象。用于中小容量的断路器、漏电保护开关
	银氧化铜	抗熔焊，耐损蚀。用于中等容量断路器和大电流接触器
	多元银金属氧化物	综合了 AgCdO 及 AgSnO$_2$ 的优点，既抗熔焊，又能满足温升的要求。用于交直流大电流接触器、过电流继电器

126　烧结触头材料　随着粉末制备、混合、成形、烧结等方面新技术不断发展，采用粉末烧结法制备的触头材料性能极大提高。常用烧结触头材料的特性见表 3.6-8。

表 3.6-8　常用烧结触头材料的特性

品　　种		$\rho(20℃)/(\mu\Omega \cdot m)$ ≥	硬度 HB ≥	特　　性
银镍，AgNi		0.027	65	电弧运动特性好，通断时材料迁移少，氧化物为绝缘物；抗熔焊性差，常与 AgC 配对
银石墨	AgCQ	0.022~0.024	35	在接通短路电流时，抗熔焊性最好，接触电阻小，有自润滑作用，滑动性好，抗电弧烧损性差
	AgCP	0.025~0.032	25	
银钨，AgW		0.027	85~180	高熔点，高硬度，耐损蚀，抗熔焊；通断过程中产生氧化物，随开闭次数增加，接触电阻剧增
铜钨，CuW		0.022~0.024 0.025~0.032	140~220	高熔点，高硬度，切削性能好，抗熔焊性极好，但比 AgW 更易氧化，只能在油、SF$_6$ 中使用
铜碳化钨，CuWC		0.028	80~140	抗熔焊，耐损蚀；WC 分解生成的 CO 和 CO$_2$ 可保护其不受氧化；空气断路器中可替代 AgW
铜石墨，CuC		0.024~0.034	30~140	导电导热性好，抗熔焊，有自润滑特性，可部分替代 AgC

127　真空开关用触头材料　真空开关用触头材料属重负载触头材料范围。由于真空中触头表面特别干净，比在空气中更容易熔焊，因此要求具有更高的抗熔焊性。在真空断路器中触头间的开距小电压梯度大，容易引起电击穿，因此要求触头材料具有足够高的耐电压强度，并要求尽量小的截止电流和极低的含气量。常用的触头材料有 CuBi、CuTe 和 CuCr 系列合金，CuBi 和 CuTe 合金主要用于制造电压等级较低、分断大电流的触头；CuCr 合金适用于制造中高压等级、分断大电流的触头。

128　贵金属触头、滑动触头和双金属触头材料　以贵金属合金为基础，触头材料特性见表 3.6-9。

表 3.6-9　贵金属触头、滑动触头和双金属触头材料特性

触头材料	特　性
贵金属触头	铂族金属在无机介质中化学性质稳定，接触可靠性高，但在有机介质中易形成有机聚合物，接触可靠性降低。金基合金具有化学稳定性高，抗硫化、抗有机污染以及接触电阻稳定等特性
滑动触头	兼有电接触和机械滑动性能，轻负载滑动触头是飞行导航系统内传递信号的关键部件，因此要求材料耐磨性、滑动性好，接触可靠。一般采用贵金属合金，为了节约贵金属，往往在铜（铜合金）基体上复合或电镀金（金合金）
双金属触头	贵金属触头和底层廉金属触头材料结合成为一体的复合触头，可节约贵金属 30%～70%，并改善贵金属与合金的特性。复合形式有全面复、镶复、边复、接复等几种。方法多采用冷、热轧或滚缝焊先制成复合带材或片材，然后冲裁成触头元件

6.4　熔体材料

129　熔体材料及其选用　熔体是熔断器的主要部件。当通过熔断器的电流大于规定值时，熔体即熔断而自动开断电路，从而达到保护电力线路和电气设备的目的。按使用条件和性能要求不同可分三类：1）快速熔体。特点是在正常工作条件下功率损耗较低，在过载或短路情况下则能迅速、准确地切断故障电流，分断能力一般大于 50kA（有效值）。对快速熔体的要求是导电、导热、抗氧化稳定性、与石英砂相容性好，热容量、熔化潜热及气化潜热小，易加工。银、铝等纯金属为常用快速熔体材料。2）一般熔体。特点是具有长期载流能力，能在故障时按规定时间分断故障电流。采用锌或铅-锡类合金低熔点材料时，可分断较小的过载电流和不很大的短路电流，反之则采用铜等高熔点金属；保护电动机和电热设备的熔体应具有较大的延时动作特性，小容量熔体多采用焊有低熔点金属丝所构成的二元熔体，大容量熔体有时用铜等高熔点金属，电热设备可采用对温度敏感的合金或化学物质作熔体。3）特殊熔体。特点是在大于 100℃的温度下的电阻值呈非线性突变，金属钠、钾适用于制作自复熔断器的特殊熔体。

130　纯金属熔体材料　常用的纯金属熔体材料为银、铜、铝、锡、铅和锌。特殊场合也可采用其他金属。1）银。银具有高的电导率和热导率，无论在空气中或石英砂中均能良好地承受长期通电和连续过载；机械加工性和焊接性好，能制成精确尺寸和复杂外形的熔体；在电力和通信系统中，银广泛用作高质量、高性能熔断器的熔体，但我国银资源缺乏，因此目前正逐步以铝或铜银复合材料替代白银作熔体材料。2）铜。铜也具有良好的导电、导热性和可加工性，机械强度高，价比银廉；但铜质熔体较高温度时易氧化且对周期性变化的负载特别敏感，熔断特性不够稳定，适合做一般电力回路保护用的熔断器熔体。3）铝。铝价格低廉，电导率和热导率略低，但其热电常数小，耐氧化性能好，电阻值比较稳定，熔断特性也较稳定，在某些场合可部分代替纯银作熔断器的熔体。4）锌、锡和铅。这些材料机械强度较低、热导率小、熔化时间长，适宜用来保护小型电动机，也可焊在银或铜丝上做成二元熔体用于延时熔断器中。5）钨丝等。材料本身加工精度高，用作仪表、通信设备中的小容量熔断器。常用纯金属熔体材料的物理性能见表 3.6-10。

表 3.6-10　常用纯金属熔体材料的物理性能

物理性能	铝	银	铜	锌	铅	锡	镍	钠	钨	镉	铋
密度/（g/cm^3）	2.7	10.5	8.93	7.14	11.34	7.30	8.90	0.97	19.3	8.64	9.80
熔点/℃	660.1	960.8	1 083	419.5	327.4	231.9	1 453	97.8	3 380	320.9	271
熔化潜热/（kJ/mol）	10.5	11.4	13.0	7.2	5.0	7.1	17.7	6.7	46.9	6.4	10.9
P（20℃）/（μΩ·cm）	2.69	1.6	1.67	5.92	20.6	12.8	6.84	4.6	5.5	7.4	116

131 低熔点合金熔体材料 锡、铅、铋和镉等为主成分的共晶型低熔点合金，对周围温度变化反应敏感，适合做保护电热设备用的各种熔断器熔体，使用中往往需借助附加弹簧等产生的机械应力作用来提高熔断器动作的灵敏度，同时熔体本身还要考虑应有相应的机械强度。代表性低熔点合金熔体材料的成分和熔点见表3.6-11。

表 3.6-11 代表性低熔点合金熔体材料的成分和熔点

化学质量成分分数（%）	Bi	20	45	49	50	52	54	55.5	56	57	—	50	33	—	20
	Pb	20	23	18	27	40	26	44.5			32	50		38	—
	Sn	—	8	12	13	—	—	—	40	43	50	—	67	67	62	80
	Cd	—	5	—	10	8	20				18		33	—	
	其他	Hg60	In19	In21					Zn4						
熔点/℃		20	47	57	70	92	103	124	130	138	145	160	166	177	183	200

132 熔体外形和结构 熔片形状：1）截面为圆的均匀丝状或截面为矩形的狭带状，用于额定电流在10A及以下熔体；2）变截面的片状，用于大于10A的熔体。线状熔体以空心螺旋形结构最理想，片状熔体以波浪形、锯齿形结构较好，因为它们均能吸收熔体在热胀冷缩中的部分变形。

熔体熔化时电流和线径有关，设圆截面熔体的直径为 $d(mm)$，则最低熔化电流 $I_{min}(A)$ 为

在空气中时：

$$I_{min} = (d - 0.005)/K_1 \quad (d = 0.02 \sim 0.2mm)$$
$$I_{min} = K_2 d^{1.5} \quad (d \geq 0.2mm)$$

铜熔体（线 d 为 $0.1 \sim 1.5mm$）埋在石英砂中时：

$$I_{min} = 7.8 d^{1.2} \quad (熔体上无锡球时)$$
$$I_{min} = 5.2 d^{1.2} \quad (熔体上焊有锡球时)$$

式中 K_1、K_2——系数。

6.5 热双金属材料

133 热双金属材料的性能及特点 热双金属片是由两层或多层具有不同热膨胀系数的金属、合金或其他物质组成的复合材料。其中热膨胀系数较高的一层称为主动层；较低的一层称为被动层；在主动层和被动层之间有的还夹有铜或镍组成的中间层。热双金属材料一般制成片材或带材，当温度变化时，这种材料的曲率会发生变化，在弯曲受到限制时将产生推力，把热能转变为机械能。应用热双金属的这种特性，可以产生驱动、指示和调节，以及补偿等功能。

常用的热双金属元件一般分成三大类：螺旋形、条形和其他成型元件。螺旋形元件常用于需要做较大运动的场合，它可再分成平螺旋、直螺旋和双螺旋。平螺旋和直螺旋产生旋转运动，平螺旋适用于小空间十分紧凑的设计，直螺旋提供易受到热源的大表面面积；双螺旋产生沿着螺旋轴线的线性运动。条形元件用于需要小量运动的场合，简支梁提供线性运动，悬臂梁提供小位移的线性运动，大量用于热继电器、断路器、塑壳开关等自动开关中的热敏元件。其他成型元件中，在占有相同空间时，U形设计具有较大的位移量，用于禁止使用过长直条形空间的场合；蝶形用于快速的跳跃运动，能够方便地构成热敏开关。

热双金属片的主要特性参数：1）比弯曲，单位厚度的热双金属试样，每变化单位温度纵向中心线的曲率变化之半；2）线性温度范围，热双金属的实际挠度同比弯曲标称值算出的挠度相比，偏离不超过±5%的温度范围，在线性温度范围内，热双金属材料具有最大的热敏感性能；3）允许使用温度范围，在该温度范围内使用，热双金属性能不致发生永久性变化；4）弹性模量，是计算热双金属推力、力矩、内应力不可缺少的参数。热双金属的弹性模量由在机械负载下的悬臂梁挠度公式进行移项后得

$$E = 4PL^3/Abd^3$$

式中 E——弹性模量（MPa）；

P——负载（N）；

L——标长（mm）；

A——试样挠度（mm）；

b——试样宽度（mm）；

d——试样厚度（mm）。

134　热双金属元件的选用和元件制造要点

（1）热双金属元件的选用

1）元件材料根据使用温度选择，元件的工作温度应在热双金属片的线性温度范围内，所选材料的允许使用温度的上、下限必须超过元件在工作中可能达到的最高和最低温度。

2）根据热双金属元件加热方式来选择，直接加热的方式需考虑热双金属元件的电阻值，以传导方式加热应选择导性性好的热双金属材料。

3）根据热双金属元件热敏感性要求选择。

4）元件形状的选择，元件的用材选定后，便可根据它的动作方式、位移量大小，允许空间和受力情况选用合适的元件形状。

5）元件尺寸的计算，选材和形状确定以后，如何使它具有最小的体积便是关键所在。常用热双金属片材和带材产品的尺寸规格见表 3.6-12。

表 3.6-12　常用热双金属片材和带材产品的
尺寸规格[6]　（单位：mm）

厚　　　度		宽　度		长　度	
尺寸	允许偏差	尺寸	允许偏差	尺寸	允许偏差
0.10~0.25	±0.010	—	—	≥500	+10 0
>0.25~0.50	±0.015	—	—		
>0.50~0.75	±0.020	≥50	+2 0	≥350	+10 0
>0.75~1.50	±0.030				
>1.50~3.00	±0.050				

（2）热双金属元件制造中的注意事项

1）冲剪、弯折、卷绕和固定，热双金属片应沿片材轧制方向落料，冲剪后的元件边缘不应带毛刺。弯折半径不宜过小，以防表面出现裂纹。材料愈硬，愈容易折断。螺旋元件绕制时，要估计反弹力，以便保证达到要求的外形尺寸。元件可用铆钉、螺钉、点焊或钎焊法固定，焊接区的温度不应波及工作区。

2）元件的热处理，加工成型后的元件必须进行热处理，元件形状不同，处理方法也不同。较厚平板形元件，保温时间应长些，反复次数可少些；螺旋形、U 形元件体积小，厚度薄，反复处理次数可增多些；对动作频繁、精确度高的元件，应增多热处理次数，不宜采用高的热处理温度，保温时间也不宜长；承受大负荷或兼作弹性元件的热双金属元件，应在相同的负荷条件下进行热处理。

3）表面处理，为了提高元件的热吸收率，其表面需经过各种不同的方法处理，表面处理方法有涂层法或氧化法，还有无光精整方法。低温环境中可用油漆或塑料涂层，高温环境中元件表面可电镀 Ni、Cu、Sn 等。对于恶劣条件（如腐蚀性气氛或水中）下工作的元件则应采用耐腐蚀热双金属片。

6.6　热电材料和热电偶

135　热电材料和热电偶　当两种成分不同的导体或半导体组成回路，两个接触点温度不同时，回路中就会出现电流，回路断开时在开路两端间有电动势（热电动势），该效应称为塞贝克（Seebeck）效应。温度每变化 1℃ 所引起的热电动势变化量（塞贝克系数，μV/℃）值：金属为 5~90，半导体可比金属高十多倍，聚合物半导体比一般半导体更高。

热电偶是由两种成分不同的导体或半导体端点焊接在一起所组成的感温元件。其焊接端部称为测温端或热端，另一端称为自由端或冷端。如自由端温度保持恒定，则热电动势成为工作温度的单值函数（即热电特性）。根据仪表所指示的热电动势即可查出对应的温度值，工作温度为 3.2~3 073K。

热电偶材料具备以下特性：1）热电温度函数连续、呈线性的单值函数关系，二次仪表能精确显示；2）热电特性、化学稳定性和抗氧化性能稳定，均匀性及重复性好；3）电阻温度系数低；4）高温下使用时熔点高，蒸气压低；5）加工和力学性能好等。

136　常用的标准型热电偶和补偿导线　国际电工委员会（IEC）制定的七种标准型热电偶，其分度号为 S、R、B、K、T、E 和 J。我国国标还增加了镍铬-金铁、铜-金铁低温热电偶丝及分度表。各种型号热电偶中，塞贝克系数以 E 型最高（45~90μV/℃）。

标准型热电偶的分度表是温度和热电势之间的关系，由于它们之间不可能完全呈线性，应根据热电偶材料在不同温度区间内的特性，采用不同幂的多项式来表示。各种标准型热电偶的整百度热电动势值见表 3.6-13，查表即可近似计算各温度的电动势值，例如 K 型热电偶 405℃ 时的电动势值：

$$E_{405} = E_{400} + 5 \times S_{400} = 16.395 + 5 \times 0.042\ 22$$
$$\approx 16.606\text{mV}$$

表 3.6-13　标准型热电偶的整百度热电动势值　　　　　（单位：mV）

温度/℃	S型铂铑10-铂	R型铂铑13-铂	B型铂铑30-铂铑6	K型镍铬-镍奎（铝）	T型铜-康铜	E型镍铬-康铜	J型铁-康铜	NiCr-AuFe镍铬-金铁	Cu-AuFe铜-金铁
-270	—	—	—	-6.458	-6.258	-9.835	—	-5.280	-1.702
-200	—	—	—	-5.891	-5.603	-8.824	-7.890	-4.117	-0.896
-100	—	—	—	-3.553	-3.378	-5.237	-4.632	-2.167	-0.309
100	0.645	0.647	0.033	4.095	4.277	6.317	5.268	2.231	-0.191
200	1.440	1.468	0.178	8.437	9.286	13.419	10.777	—	—
300	2.323	2.400	0.431	12.207	14.860	21.033	16.325	—	—
400	3.260	3.407	0.786	16.395	20.869	28.943	21.846	—	—
500	4.234	4.471	1.241	20.640	—	36.999	27.388	—	—
600	5.237	5.582	1.791	24.902	—	45.085	33.096	—	—
700	6.274	6.741	2.430	29.128	—	53.110	39.130	—	—
800	7.345	7.949	3.154	33.277	—	61.022	45.498	—	—
900	8.448	9.203	3.957	37.325	—	68.783	51.875	—	—
1 000	9.585	10.503	4.833	41.269	—	76.358	57.942	—	—
1 100	10.754	11.846	5.777	45.108	—	—	63.777	—	—
1 200	11.947	13.224	6.783	48.828	—	—	69.536	—	—
1 300	13.155	14.624	7.845	52.398	—	—	—	—	—
1 400	14.368	16.035	8.952	—	—	—	—	—	—
1 500	15.576	17.445	10.094	—	—	—	—	—	—
1 600	16.771	18.842	11.257	—	—	—	—	—	—
1 700	17.942	20.215	12.426	—	—	—	—	—	—
1 800	—	—	13.585	—	—	—	—	—	—

工业应用的热电偶，其自由端常靠近热源。为了消除自由端温度变化所产生的误差，通常采用柔性的补偿导线把热电偶的自由端延伸到远离热源处。补偿导线的品种、性能和配用热电偶见表 3.6-14。自由端温度如不为 0℃，热电偶所测得的温度应加以修正。

表 3.6-14　补偿导线的品种、性能和配用热电偶

热电偶		补偿导线温度范围/℃	补偿导线材料	
			正极	负极
标准型热电偶	S，R	0~150	铜	铜镍合金
	B	0~100		铜
	K	-20~150	热电偶延伸	热电偶延伸
			铁	康铜
		-20~100	铜	
	E，J，T	—	热电偶延伸	热电偶延伸
	NiCr-AuFe	—		
	Cu-AuFe	—		
铂铑铂		—	铜	铜镍合金（99.4%Cu，0.6%Ni）

第7章 裸导线和绕组线（电磁线）^[5,6,9]

主要用作各种电线电缆的导电体。

7.1 单线和绞线

137 单线 有圆单线和扁线两类，见表 3.7-1，

138 绞线 70% 线用作架空导线，绞线的主要品种见表 3.7-2。绞线按结构可分四类：

表 3.7-1 圆单线和扁线

类别	品种	特点和应用
圆单线	圆铜线	分软、硬、特硬三种；直径范围：0.02~14mm
	圆铝线	分软、硬共五种；电导率和拉伸强度较相应圆铜线低；直径范围：0.3~10.0mm
	铝合金线	主要有铝镁硅合金线和耐热铝合金线，长期工作温度可达 230℃，短时可达 310℃；直径范围：1.5~4.8mm
	双金属线	主要有铜包钢和铝包钢线，能大幅度提高线的拉伸强度（达到圆铜线的 2 倍以上），高频电阻小；用于大跨越导线和架空通信明线；直径范围：1.24~5.5mm
扁线	钢扁线	扁线拉伸强度比相应圆线低；用于制造电机、电器绕组线和电器设备连接线；扁线宽厚比均符合优先系数 R20 和 R40；宽度范围：2~16mm，厚度范围：0.8~7.1mm
	铝扁线	

表 3.7-2 绞线的主要品种

类别	品种	特点和应用
铝绞线	铝绞线	简单绞线，用于一般配电线路；截面积 800mm² 及以下
	钢芯铝绞线	最常用的架空电线，超高压输电线路用分裂导线选用钢比 7% 标称截面积（铝/钢）：10/2-1 400/135mm²，大截面绞线用于变电所的软母线
铝合金绞线	铝合金绞线	与相同截面的铝绞线相比，强度较高（拉断力提高 1 倍），但电阻较大，因此可代替一部分钢芯铝绞线用于架空输电线路
	钢芯铝合金绞线	强度较高，机械过载能力较大，可用作大档距或重冰区的架空导线；钢芯耐热铝合金绞线，使用温度可达 150℃；标称截面积（铝/钢）：70/10-400/95mm²
铝包钢绞线	铝包钢绞线	强度较高，耐腐蚀性较好，而且衰减小、频率特性均匀、杂音电平较低、通信费用低，可用作一般档距的大跨越导线或良导体通信避雷线
	钢芯铝包钢绞线	钢芯为高强度镀锌钢丝，具有高强度（拉断力可达 600kN 左右）、耐腐蚀和弧垂特性好（可达 15.3~17.6km）等优点，用于跨越架空导线及地线，可以降低杆塔高度，节约工程造价；最大截面（铝/钢）：1 400/421.4mm²
铜绞线	硬铜绞线	由硬铜单线同心绞制而成，已很少使用，大部分已被钢芯铝绞线代替
	软铜绞线	由软铜束（绞）股线同心绞制而成，用作接地线、天线和电刷线等 规格范围：绞线 0.025~1 000mm²，天线 1~25mm²，电刷线 0.063~16mm²

（1）简单绞线　由相同材质的圆线同心绞制而成，主要用于对强度要求不高的架空导线。当简单绞线的单线直径相同时，由内至外每层的根数递增6根，各层的绞向相反，最外层的绞向为右向。简单绞线的外径 D（mm）及截面积 A（mm^2）为

$$D = (1+2m)d$$

$$A = \frac{\pi d^2}{4}(1+3m+3m^2)$$

式中　d——单线直径（mm）；

　　　m——层数。

（2）组合绞线　由导电圆线和增强芯线组合同心绞制而成，主要用于对强度要求较高的架空导线。增强芯线一般由镀锌钢丝构成，导电单线直径 d（mm）与增强芯线单线直径 d_g（mm）之比按下式计算：

$$\frac{d}{d_g} = \frac{3+6m_g}{n_1-3}$$

式中　m_g——芯线中的单线层数；

　　　n_1——与芯线相邻层导电部分的单线根数。

组合绞线中钢截面积与铝截面积比称钢比 S，以百分数修约成整数表示，S 愈大时强度愈高。

（3）复绞线　由多根相同材质和线径的圆线制成的束（绞）股线再同心绞制而成，比较柔软，多用于制造软线芯电线电缆，例如大截面积的软铜绞线。可用作仪表或电器设备的软接线。

（4）特种绞线　由导电线材和不同外形或尺寸的增强材料用特种组合方式绞制而成，用于有特种使用要求的架空电力线路。特种导线见本篇139条。

139　特种导线及型线、型材　主要品种见表3.7-3。

表 3.7-3　特种导线及型线、型材主要品种

类　　别		主要品种	特点和应用
特种导线	扩径导线	扩径钢芯铝绞线和空心导线	外径扩大，减小导线表面的电场强度，减小电晕损失、噪声和放电对无线电的干扰，用于高压及超高压变电站中的软母线 外径：48~57mm，载流量：1 025~1 620A，弧垂特性：5.65~7.02km
	白阻尼导线		各层拱形铝线与钢芯间有 0.6~1.0mm 的间隙，能防止架空导线振动时发生疲劳断股。导线在受力状态下风激振动时，由于各层铝线和钢芯的固有振动频率不同而相互干扰，从而能自动消耗风激振动的能量，达到减振的目的 最大使用应力可达破坏强度的 60%，可加大线路档距或降低杆塔高度，节约线路投资根据不同使用要求，可选用钢比 5%、7%、13% 和 16%
	LGJY 压缩型导线		由拱形铝线与镀锌钢丝同心绞制而成，也可用滚压模分层压缩工艺制造 在外径相等的情况下，能使铝截面比普通钢芯铝绞线增大约 20%，从而使直流电阻降低约 17%，大大提高了导线的载流量 在截面积相同的情况下，外径可减小约 10%，且表面光滑，既能减小风压负载，又可使其有较好的自阻尼特性 在外径和铝截面积都相同的情况下，可适当增加钢截面积，提高导线拉伸强度
	防冰雪导线	防雪环式 居里合金式 涂料防冰式	在输电线路上覆冰过重或积雪过多时可能发生断线、倒杆等重大事故 环由聚碳酸酯塑料制成，状如指环，夹装在导线上，间距约为线股节距的两倍，使积雪在沿导线滑动时受阻而脱落 低居里点合金是一种镍铬硅铁四元合金，能在 0~20℃ 时产生磁性，将它嵌绞在导线上时，在覆冰条件下，能产生涡流发热而融冰 憎冰性涂料能减小冰对导线的附着力，使冰易脱落

（续）

类　别		主要品种	特点和应用
特种导线	倍容量导线		由特耐热铝合金拱形线与铝包高强度殷钢丝细合绞制而成。长期工作温度可达短时最高温度。当外径及单位重量相同时，载流量比钢芯铝绞线大，但价格高、热损耗大。仅用于大跨越或老线路增容线路 标称截面积：160~600mm^2；载流量：931~2 250A
	OPGW 光纤复合架空导线		由通信用光纤缆芯、铝包钢线或铝合金线组合绞制而成，具有防雷保护和通信两种功能。光纤信息容量大、传输衰减小、不受电磁干扰、使用安全可靠，能适应电力系统中遥控、遥测、遥调等大容量信息传输的需要 光纤复合架空地线能经受−30~150℃的热循环试验、连续 150℃的高温试验和300℃短时热冲击试验，光纤衰减的变化≤ 0.03~0.05dB/km
		长距离型 大容量型	由低衰减型的光纤与高可靠性弹性缓冲层组成，运行安全可靠 由低色散型光纤与多槽的铝骨架体组成，骨架槽数为 3~5 条，内嵌光纤总数为 18~30 根，骨架外用无缝铝套保护，外边根据地线的强度和短路热冲击要求 1~2 层铝包钢线
	铜编织线	斜纹、直纹铜编织线	用作电器、仪表设备耐弯曲连接线；直纹线受外力作用后宽度的变形较小 标称截面积：斜纹 0.03~800mm^2，直纹 4~50mm^2
型线型材	母线	铜、铝母线	用于工业线路的主干导线、大型电器设备的绕组线和连接线 母线宽度：18~125mm，载流量：155~2 200A
	接触线	铜、钢铝、铝合金接触线	用作铁路、城市及工矿电车的电力牵引线和起重设备的滑接导线 单位重量：铜 447~1 005.5kg/km（圆线）580~1 339.5kg/km（双沟形线），钢铝：785~994kg/km，铝合金：350~540kg/km
	异形铜排	梯形、凹形、七边形、哑铃形铜排	用于制造直流电机换向器片、发电机磁极线圈、转子绕组线和熔断器触头 规格：梯形，高度 10~150mm；凹形，厚度 8~9.6mm，宽度 28~30.5mm；七边形，厚度 6~16mm，总宽 47~84mm；哑铃形，厚度 6mm，总宽 18~36mm
	铜带	硬、软铜带	用于制造电工产品、大型电器设备的连接导体 硬、软铜带规格：宽度 9~100mm，厚度 0.8~3.55mm. 宽厚比 9~100 同轴电缆铜带规格：0.15mm×200mm，0.25mm×100mm
	空心铜导线	硬态、软态	σ_b（硬态）>249MPa，σ_b（软态）>206MPa；适用于制造水内冷电机、变压器或感应电炉的绕组线圈导线厚度 4~18mm，宽度 6~35mm，壁厚 1~6mm，宽厚比 1.5~2.5

7.2　架空导线的性能参数、选用和安装维护

140　架空导线的传输容量　传输容盘和允许

载流量、交直流电阻和瞬时容许电流。

（1）允许载流量指架空导线长期允许的囊流量。各种线材的计算载流量和计算拉断力见表 3.7-4。

表 3.7-4 各种线材的计算载流量和计算拉断力

线材	标称截面积/mm²	计算载流量/A			计算拉断力/kN	计算重量/(kg/km)
		70	80	90		
铝绞线	16~800 [300]	84~880 [496]	100~1 129 [617]	112~1 328 [715]	2.84~115.90 [46.85]	43.5~2.225 [820.4]
钢芯铝绞线	10/2~1 400/135 [300/(15~70)]	66~1 272 [495~512]	78~1 563 [615~641]	87~1 808 [711~745]	4.12~329.50 [68.06~128]	42.9~4 962 [939.8~1 402]
铝合金绞线	10~1 000 [300]	59~933 [466]	70~1 209 [581]	79~1 429 [675]	2.80~279.46 [83.63]	27.4~2 761.3 [825.2]
钢芯铝合金绞线	70/10~400/95 [300/(20~70)]	186~572 [402~481]	222~723 [589~604]	254~845 [683~703]	32.51~226.01 [113.7~168.36]	274.7~1 857.4 [1 001~1 400]
钢芯铝包钢线	208.4/362.3~1 400/421.4	604~660			591~613(实测)	—

当导线外径为 4.5~55.0mm，导线温度在 120℃ 以下时，按下式计算：

$$I=\left\{\left\{9.920(VD)^{0.485}+\pi\varepsilon sD\left[(273+\theta+t_o)^4-(273+t_o)^4\right]-\alpha_s I_s D\right\}/\beta R_t\right\}^{\frac{1}{2}}$$

式中 I——架空导线长期允许的载流量（A）；
D——导线外径（m）；
ε——表面辐射散热系数，新线：0.23~0.43；半新线：0.5；发黑旧线：0.90~0.95；
s——斯蒂芬包尔茨曼常数（$5.67\times10^{-8}W/m^2$）；
θ——架空导线长期允许温升（℃）；
V——风速（一般 $V=0.5m/s$）；
t_o——环境温度（℃）；
α_s——表面吸热系数；新线：0.35~0.46；半新线：0.5；旧线：0.90~0.95；
I_s——日照强度，850~1 050W/m²。

（2）交直流电阻
1）直流电阻 R_t，上式中 R_t 为 t℃ 时的直流电阻（Ω/m），$R_t=\lambda\rho/S$，其中 ρ 为金属电阻率；λ 为导线绞制增量系数；S 为导线截面积，λ 随导线根数增多而增大，对于铝 λ 为 1.015~1.023，钢 λ 为 1.004 3~1.007 7。

2）交直流电阻比 β，上式中 β 为交流电阻 R_{ac} 对直流电阻 R_t 的比值，$R_{ac}=\beta R_t$，β 随导线直径增大而增大，R_{ac} 包括趋肤效应、钢芯的磁滞和涡流损耗的影响，因此 $\beta>1$，β 为 1.000 1~1.1。

（3）瞬时容许电流 在故障情况下，架空导线在 2~3s 瞬时容许电流 I（A），按下式计算：
$$I=KA/\sqrt{t}$$
式中 K——瞬时电流系数（见表 3.7-5）；
A——导体截面积（mm²）；
t——大电流通电时间（s）。

表 3.7-5 瞬时电流系数

导线	最高允许温度/℃			比热容/(J/g·℃)	瞬时电流系数 K
	连续	短时间	瞬时		
硬钢线	90	100	200	0.385	152
耐热硬钢线	150	180	300	0.385	181
硬铝线	80	100	180	0.888	93
耐热铝合金（58.609%）	150	180	260	0.888	110
超耐热铝合金	200	230	260	0.888	110
高强耐热铝合金	150	180	260	0.888	108
铝镁硅合金	90	100	150	0.888	79
高强度铝合金	90	120	180	0.888	80

（续）

导　线		最高允许温度/℃			比热容/(J/g·℃)	瞬时电流系数 K
		连续	短时间	瞬时		
铝包钢线	20SA	200	230	400	0.504	61~65
	27SA				0.532	
	30SA				0.549	
	40SA				0.614	
镀锌钢线		200	230	400	0.46	56

141　架空导线的力学强度　架空导线强度包括拉断力、疲劳极限。

（1）拉断力　导线在外力作用下非因振动而出现断股时的张力。各种绞线计算拉断力为

$$P = \alpha \sigma_d A_d + \sigma(1\%) A_g$$

式中　P——拉断力（N）；

α——导电部分线材的强度损失系数：对于简单绞线，37 股及以下为 0.95；37 股以上为 0.90；对于组合绞线为 1.00；

σ_d——导电部分单线绞前的抗拉强度（MPa）；

A_d——导电部分的计算截面积（mm^2）；

$\sigma(1\%)$——钢丝伸长 1% 的应力（MPa），与标称钢丝直径从 1.24mm 增大到 5.50mm 对应的 $\sigma(1\%)$ 从 1 170 降到 1 100MPa；

A_g——钢芯的计算截面积（mm^2）。

拉力试验结果应不小于计算拉断力的 95%。各种线材计算拉断力见表 3.7-4。

（2）疲劳极限　架空导线所受静应力与风激振动所引起的交变动应力之和应不超过线材的疲劳极限，并应有安全裕度，否则导线将发生疲劳断股。各种线材的疲劳极限见表 3.7-6。

表 3.7-6　各种线材的疲劳极限

（单位：MPa）

线　材	疲 劳 极 限
硬铝线	59~69
铝镁硅合金线	76~88
铝包钢线	69~88
高强度铝包钢线	98~118
铜包钢线	88
硬铜线	137~147
镀锌钢丝	294~353
高强度镀锌钢丝	353~422

142　架空导线的变形特性　与变形特性有关的参数包括应力-应变特性、弹性模量、线膨胀系数、单位长度重量和蠕变。

（1）应力应变特性 设计输电线路时必须有导线张力达 70%~90% 拉断力时的伸长量，要按 IEC 1089:1991 规定通过应力-应变特性试验才能获得。

（2）弹性模量　架空导线受力后，起始变形速率快，伴有永久变形产生，这时的起始弹性模量 E_o 较小。多次负荷循环后，弹性模量逐渐增大并趋于稳定，称为最终弹性模量 E_e。E_e 比 E_o 约大 15%，是计算导线受力状态的重要技术参数。铝、铝合金绞线及其组合绞线的弹性模量和线膨胀系数见表 3.7-7。

表 3.7-7　铝、铝合金绞线及其组合绞线的弹性模量和线膨胀系数

绞线结构		弹性模量 /GPa	线膨胀系数 [μm/(m·K)]
铝	钢		
7~61	—	59~54	23
6~84	1~19	105~61	15.3~21.5

（3）线膨胀系数　架空导线的热伸长与温升有关，是计算导线受力状态的重要技术参数。线胀系数与导线的材质和结构有关。绞线的线膨胀系数见表 3.7-7。

（4）单位长度重量　架空导线的单位长度重量是输电线路计算导线的比载和受力状态的主要依据。单位重量与导线的结构、线材的密度、绞制增量系数和防腐型式等因素有关。导线的单位长度计算重量（见表 3.7-4）：

$$m = \lambda_a \delta_a A_a + \lambda_s \delta_s A_s + g_i d^2$$

式中　m——导线的单位长度重量（kg/km）；

δ_a——铝线密度，$\delta_a = 2.703 g/cm^3$；

A_a——铝线总截面积（mm^2）；

A_s——钢芯总截面积（mm^2）；

δ_s——钢线密度，$\delta_s = 7.80 g/cm^3$；

λ——绞制增量系数；

g_i——防腐型式系数；

d——铝单线直径（mm）。

绞制增量系数与绞合节距有关，铝层的平均绞制增量系数 λ_a 为 1.015 2～1.023 0；钢芯的平均绞制增量系数 λ_s 为 1.004 3～1.007 7，单根钢线时为 g_i；防腐型式系数 g_i 随绞线结构而变，绞线中导线根数愈多则系数愈大；而且与不同的防腐型式有关：1) 仅钢芯涂防腐涂料时，g_1 为 0.3～1.03；2) 除最外层以外，所有各层均有涂料时，g_2 为 0.96～9.57；3) 包括最外层，所有各层均有涂料，g_3 为 0.96～14.35；4) 除导线外表面外，所有各层均有涂料，g_4 为 0.46～11.11。

（5）蠕变　金属经受长期的拉应力而产生永久伸长。拉应力越大、温度越高、时间越长时蠕变也越大。架空导线的蠕变使弧垂增大，设计输电线路时应考虑其影响，并采取相应措施。在最大使用应力为 40% 拉断强度时，不同导线的蠕变见表 3.7-8。

表 3.7-8　不同导线的蠕变

导　　线	铝绞线	铝合金绞线	铝合金芯铝绞线	钢芯铝绞线
10 年后线路导线的蠕变估算值/(μm/m)	800	500	700	500
相当的温度差/℃	35	22	30	25

143　架空导线表面的电晕　当架空导线表面的电场强度超过空气的击穿强度时将发生电晕现象，电晕时有可见光和噪声出现，对无线电有干扰作用，并引起电能损耗和导致架空线表面腐蚀，因此必须加以限制。在高压输电线路上导线表面开始出现全面电晕放电时的场强，称为全面电晕场强：

$$E_0 = 3.03 m \delta \left(1 + \frac{0.424}{\sqrt{\delta d}}\right)$$

$$\delta = \frac{2.90 \rho}{273 + t}$$

式中　E_0——全面电晕场强（MV/m）；

m——导线表面系数（m 为 0.82～0.90）；

δ——相对空气密度，当 $\rho = 101 kPa$，$t = 20℃$ 时，$\delta \approx 1$；

d——导线直径（cm）；

ρ——大气压（kPa）；

t——气温（℃）。

设计新的线路时，应将导线表面场强最大值

E_m 限制在 $0.90 E_0$ 以下，以避免可见电晕和减小对无线电干扰的影响。

144　架空导线的选用　架空导线主要用于输电线路和配电线路，输电线路电压等级较高、输电容量较大，常用钢芯铝绞线，强度要求较高的电力输电线路可采用钢芯铝合金绞线。配电线路电压等级较低、输电容量较小的进入用户网络的电力传输线，较多采用铝绞线。

架空输电线的选用应从使用条件和架设环境两个方面来考虑。对于重要的输电线路应根据传输容量、电压等级、相分裂根数、经济电流密度、无线电干扰水平和受力状态等综合因素，来确定导线的截面积和结构型式。例如一般的输电线路只采用单根导线，高压及超高压输电线路（330kV 及以上）常采用分裂导线，而且宜采用钢比为 7% 的钢芯铝绞线，以节约钢材、降低线路造价。与同截面积的单根导线相比，分裂导线具有电感小、输电容量高，并可减少电晕损失、电磁干扰、降低无线电噪声等优点，也能相应提高系统的稳定性。

输电线路的环境条件和架设条件特殊的情况下，应选择相应的特种导线以满足使用的需要：1) 重冰区地段或大跨越线，可分别选用高强度钢芯铝合金绞线或钢芯铝包钢绞线；2) 高海拔地区或电站用的软母线，可选用扩径导线，以减少电晕损失；3) 对于大容量线路可选用耐热铝合金导线，以提高输电容量；4) 风激振动频繁地区可采用自阻尼导线；5) 冰害严重的输电线路可采用防冰雪导线；6) 在工业或沿海等腐蚀性气氛严重的地区应选用防腐型导线，以提高导线的使用寿命。

145　架空导线安装维护注意事项

（1）架空导线的设计安全系数不得小于 2.5，避雷线的安全系数应大于导线的安全系数。

（2）线路上钢芯铝绞线的平均运行应力上限达到破坏应力的 22% 时，在线夹处应加装护条；当达到破坏应力的 25% 时，应再加装防振锤。

（3）电力线路的设计应考虑导线蠕变的影响，用降温法安装予以补偿，以免导线因对地距离不足而发生事故。

（4）架线时最好采用张力放线，并采取措施防止导线磨伤和擦伤。

（5）放线滑轮的槽底直径，应大于导线外径的 15 倍，以免弯曲应力过大。

（6）要注意导线的连接质量，连接管口的股线不得鼓包，否则受力不均易引起断股。

（7）同一档距内的导线弧垂应力要求相同，紧线后应立即进行附件安装，以免导线损伤。

（8）线夹的 U 形螺栓应拧紧，但不宜用力过大，以免局部应力集中引起断股。

（9）当导线发生严重覆冰或雷击跳闸后，应对导线巡视检查，如有事故，应及时处理。

（10）如导线受到损伤，当单股损伤深度大于直径的 50% 或受损截面积大于导电截面 5% 时，须采取补强措施。

7.3　绕组线（电磁线）

146　绕组线及其分类　用于绕制电机、变压器等电工设备线圈和绕组，实现电能和磁能的相互转换。绕组线一般由导电线芯外包一层绝缘层所构成。线芯以软铜线为主，有圆线、扁线、带、箔等。220℃ 以上的高温绕组线线芯必须采用抗氧化的镍包铜等复合金属材料。

根据绝缘层的特点和用途，绕组线分为：1）漆包线，在导电线芯上涂敷绝缘漆后经烘干而成。漆膜绝缘层很薄，均匀光滑，便于弯曲、绕制，多用于中小型电机、电器及微型电工电子产品中。2）绕包线，由天然丝、玻璃丝、绝缘纸和有机薄膜等紧密绕包在导电线芯上而成。绕包线绝缘层较厚，一般应用于大中型电工产品中。3）无机绝缘绕组线，绝缘层是陶瓷、氧化铝等无机材料，用于高温及有辐射场合。4）特种绕组线，适用于特殊场合的绝缘结构和性能，例如潜水电动机绕组耐水线、大容量变压器用换位导线等。

147　漆包线　漆包线的耐热性见表 3.7-9。漆包线的品种、特点和主要用途见表 3.7-10。

148　绕包线　绕包线的品种、特点和主要用途见表 3.7-11。

149　无机绝缘绕组线　无机绝缘绕组线的品种、特点和主要用途见表 3.7-12。

150　特种绕组线　特种绕组线的品种、特点和主要用途见表 3.7-13。

表 3.7-9　漆包线的耐热性

漆包线品种	耐热等级	温度指数	高温电压温度/℃	热冲击温度/℃	软化击穿温度/℃
缩醛	E	120	—	155	170
聚氨酯	E~B	120~130	—	125	170
聚酯	B	130	130	155	240
改性聚酯	F	155	155	175	240
聚酯亚胺	H	180	180	200	300
聚酰胺酰亚胺	C	200	220	220	320
聚酰亚胺	C	220	220	240	400

表 3.7-10　漆包线的品种、特点和主要用途

漆包线名称（耐热等级）	标准号	优点	局限性	主要用途
油性漆包线（A）	JB 658-1975[①]	1）漆膜均匀 2）tanδ 小	1）耐刮性差 2）耐溶剂性差（对使用浸渍漆应注意）	中高频、仪表、电器的线圈
缩醛漆包圆铜线（E） 缩醛漆包铜扁线（E）	GB/T 6109.3—2008 GB/T 7095.2—2008	1）热冲击性优 2）耐刮性优 3）耐水解性好	漆膜卷绕后，发生湿裂（浸渍前须在 120℃ 左右加热 1h 以上，消除裂痕）	普通中小型电机、微电机、油浸变压器和电器仪表用线圈
聚氨酯漆包圆铜线 F 级聚氨酯漆包圆铜线	GB/T 6109.4—2008	1）在高频条件下 tanδ 小 2）可直焊，无需刮漆膜 3）差色性好	1）过负载性能差 2）热冲击及耐刮性尚可	要求 Q 值稳定的高频线圈，电视和仪表用微细线圈

（续）

漆包线名称（耐热等级）	标准号	优点	局限性	主要用途
聚酯漆包圆铜线（B） 改性聚酯漆包圆铜线（F） 聚酯漆包铜扁线（B） 改性聚酯漆包铜扁线（F）	GB/T 6109.7—2008 GB/T 6109.2—2008 GB/T 7095.3—2008 GB/T 7095.3—2008	1）耐电压性能优 2）软化击穿性能好 3）改性聚酯热冲击性能较好	1）耐水解性差 2）与含氯高分子化合物不相容	通用中小型电机、干式变压器和电器仪表线圈
聚酯亚胺漆包圆铜线（H） 聚酯亚胺/聚酰胺复合漆包圆铜线 聚酯亚胺漆包铜扁线（H） 聚酯亚胺/聚酰胺酰亚胺漆包铜扁线（200）	GB/T 6109.5—2008 GB/T 6109.10—2008 GB/T 7095.4—2008 GB/T 7095.4—2008	1）耐热，热冲击、软化击穿性能优 2）耐刮性优 3）耐化学药品、耐冷冻剂性优	与含氯高分子化合物不相容	高温及高负载电机、牵引电机、制冷装置的绕组，干式变压器和仪器仪表绕组
聚酯亚胺/聚酰胺酰亚胺复合漆包铜圆线（200）	GB/T 6109.11—2008	1）具有较高的耐热性及力学性能，全面性能皆优 2）在密闭装置中具有优良的耐冷冻剂性能		高温和高负载电机、高级制冷密封电机绕组
聚酰亚胺漆包圆铜线（220） 聚酰亚胺漆包铜扁线（220） 耐电晕聚酰亚胺漆包圆铜线	GB/T 6109.6—2008 GB/T 7095.5—2008	1）耐热性能最优 2）软化击穿，热冲击性能优，能承受短期过负载 3）耐低温性优 4）耐辐射性优 5）耐溶剂、耐化学药品优 6）耐电晕性优	1）耐刮性尚可 2）耐碱性差 3）耐水解性差 4）卷绕后漆膜湿裂（浸渍前须在150℃左右加热 1h 以上，消除裂痕）	电子元件密封式电机、耐高温电机用绕组，密封继电器、干式变压器线圈，变频电机线圈
耐冷冻剂漆包圆铜线（A.F）	—	在密封装置中能耐潮，耐冷冻剂	卷绕后漆膜湿裂（浸渍前须在120℃左右加热 1h 以上，消除裂痕）	空调设备和制冷设备电机的绕组
无磁性聚氨酯漆包圆铜线（E）	—	1）漆包线中铁含量极低，对感应磁场所起干扰作用极微； 2）在高频条件下，介质损耗角正切小； 3）有直焊性能	不推荐在过负载条件下使用	用于精密仪表和电器的线圈，如直流镜式检流计、磁通表、测振仪等线圈
热黏合或溶剂黏合直焊性聚氨酯漆包圆铜线 热黏合或溶剂黏合聚酯漆包圆铜线 F级自黏性漆包圆铜线	GB/T 6109.9—2008 GB/T 6109.8—2008	在一定温度烘培后，能自行黏合成型，不需要浸渍处理；具有170℃线匝不黏结性能	不推荐在过负载条件下使用	电子元件和无骨架线圈可用于彩色电视机的偏转线圈

① 无新标准。

表 3.7-11　绕包线的品种、特点和主要用途

绕包线名称（耐热等级）		标准号	优点	局限性	主要用途
纸包线（A）	纸包圆铜线/扁铜线 纸包圆铝线/扁铝线 500kV 变压器匝间绝缘纸包圆铜线 500kV 变压器匝间绝缘纸包圆铝线 500kV 变压器匝间绝缘纸包扁铜线 500kV 变压器匝间绝缘纸包扁铝线	GB/T 7673.2—2008	由于油浸变压器线，耐电击穿性优异	绝缘纸容易破裂	油浸变压器的线圈
聚酰胺纤维纸包线	聚酰胺纤维纸（Nomax）纸包圆铜线 聚酰胺纤维纸（Nomax）纸包扁铜线	—	1）能经受严酷加工工艺 2）与干式、湿式变压器常用的原材料相容 3）无工艺污染	—	用于高温干式变压器的线圈、中型高温电机的绕组
玻璃纤维绕包线	B 级双玻璃丝包圆铜线 B 级双玻璃丝包圆铝线 F 级双玻璃丝包圆铜线 F 级双玻璃丝包圆铝线 H 级双玻璃丝包圆铜线 H 级双玻璃丝包圆铝线	GB/T 7672.2—2008	1）过负载性优 2）耐电晕性优	1）弯曲性较差 2）耐潮性较差	中型、大型电机的绕组
	B 级单玻璃丝漆包圆铜线 F 级单玻璃丝漆包圆铜线 H 级单玻璃丝漆包圆铜线	GB/T 7672.3—2008	1）过负载性优 2）耐电压、耐电晕性优 3）绝缘层较薄	—	中型电机的绕组
	B 级双玻璃丝包铜扁线 B 级双玻璃丝包铝扁线 F 级双玻璃丝包铜扁线 H 级双玻璃丝包铜扁线	GB/T 7672.4—2008	1）过负载性优 2）耐电晕性优	1）弯曲性较差 2）耐潮性较差	中型、大型电机的绕组
	B 级单玻璃丝漆包铜扁线 B 级双玻璃丝漆包铜扁线 B 级单玻璃丝漆包铝扁线 B 级双玻璃丝漆包铝扁线 F 级单玻璃丝漆包铜扁线 F 级双玻璃丝漆包铜扁线 H 级单玻璃丝漆包铜扁线 H 级双玻璃丝漆包铜扁线	GB/T 7672.5—2008	1）过负载性优 2）耐电压、耐电晕性优	弯曲性较差	中型、大型电机的绕组

（续）

绕包线名称（耐热等级）		标准号	优点	局限性	主要用途
薄膜绕包线（220）	聚酰亚胺-氟 46 薄膜绕包圆铜线 聚酰亚胺-氟 46 薄膜绕包扁铜线 聚酰亚胺-氟 46 耐电晕薄膜绕包扁铜线	JB/T 5331—2011	1）耐高温，耐低温好 2）耐电压性优 3）耐辐射性优 4）耐电晕性优	1）不耐碱 2）在含水密封系统中易水解	高温电机、特殊场合使用电机绕组 变频电机绕组用
复合绕包线	B 级单玻璃丝包-薄膜绕包铜扁线 B 级双玻璃丝包-薄膜绕包铜扁线 F 级双玻璃丝包-薄膜绕包铜扁线 F 级双玻璃丝包-薄膜绕包铜扁线 H 级双玻璃丝包-薄膜绕包铜扁线 H 级双玻璃丝包-薄膜绕包铜扁线	GB/T 7672.6—2008	1）过负载性优 2）耐电压性优	绝缘层较厚	工艺条件较严酷的中型、大型电机绕组
	E 级玻璃丝包聚酯薄膜绕包扁铜线	—	1）耐电压击穿性好 2）绝缘层机械强度高	绝缘层厚、槽满率低	高压电机绕组
	玻璃丝-涤纶丝混合绕包空心扁铜线（F）	—	通过氢冷可降低周围温度	线硬难加工	大型汽轮、水轮发电机绕组

表 3.7-12　无机绝缘绕组线的品种、特点和主要用途

产品名称	使用温度/℃	优　点	局限性	主要用途
氧化膜圆铝线 氧化膜扁铝线 氧化膜铝带（箔）	<250	1）用绝缘漆封闭：耐热性取决于绝缘漆；不封闭：耐温 250℃ 2）槽满率高 3）重量轻 4）耐辐射性能好	1）弯曲性能差 2）击穿电压低 3）耐刮性差 4）不耐酸、碱 5）不用漆封闭时耐潮性差	干式变压器线圈、起重电磁铁、高温制动器；用于需耐辐射的场合
陶瓷绝缘线	500	1）耐高温性能优 2）耐化学腐蚀性优 3）耐辐射优	1）弯曲性差 2）击穿电压低 3）耐潮性差 4）如果没有保护层，不推荐在高湿度环境中使用	用于高温及有辐射的场合
玻璃膜绝缘微细锰铜线 玻璃膜绝缘微细镍铬线	-40~100 -40~100	1）导体电阻的热稳定性好 2）玻璃膜绝缘能适应高低温的变化	弯曲性能差	应用于精密电阻元件

表 3.7-13 特种绕组线的品种、特点和主要用途

产品名称（耐热等级/标准号）	优　点	局限性	主要用途
天然丝包漆包高频圆铜单线（GB/T 11018—2008）涤纶丝包漆包高频圆铜单线（Y）天然丝包漆包高频铜束线 涤纶丝包漆包高频铜束线	1）品质因数（Q 值）大 2）系多根漆包线绞成，柔软性好，可降低趋肤效应 3）如使用聚氨酯漆包线，有直焊性	外层耐潮性差	要求 Q 值稳定和介质损耗角正切小的高频仪表电器线圈
玻璃丝包中频绕组线（B）	1）由多根漆包线绞成，柔软性好，可降低趋肤效应 2）嵌线工艺简单	—	1～8kHz 中频变频电机绕组
换位导线（A）	1）简化绕制线圈工艺 2）无循环电流，线圈内涡流损耗小 3）槽满率比纸包线高	弯曲性能差	大型变压器线圈
聚乙烯绝缘尼龙护套耐水绕组线（漆包铜芯/绞合铜芯）（JB/T 4014—2013）	1）耐水性良好 2）护套机械强度高	槽满率低	潜水电机绕组

151　绕组线的选用要点　绕组线的品种和规格很多，选用时须注意以下几点：

（1）温度指数与热性能　热是绕组线绝缘层失效的主要原因，它使有机绝缘材料老化加快，绝缘层绝缘性能下降。选用绕组线时应遵循以下原则：1）根据产品的允许温升，或绕组处可能出现的最高温度，选用相应温度指数的绕组线，并考虑适当的裕度；2）可靠性要求高的场合应采用温度指数裕度较大的绕组线；3）振动大、起动频繁或经常过载的电工产品，宜采用软化击穿温度及热冲击性能较好的绕组线。线组线的温度指数参见本篇条目 11。

（2）电性能　除了应具有合格的电导率、击穿电压和绝缘电阻等电性能外，在选用绕组线时，还应注意：1）可能遭受较大过电压的电工产品，应选用耐电压能力较好的绕组线，如薄膜绕包线等；2）在中、高频下使用的电磁仪表，须选用介质损耗角正切小、品质因数大的绕组线，如高频绕组线等；3）精密仪表要选用电性能长期稳定的绕组线，有时为了减少对磁场的干扰作用，要选用无磁性聚酯绕组线；4）在高压、高真空、高海拔条件下使用的电工设备，应考虑绕组线的抗电晕性能，采用适当的防护手段。

（3）力学性能　电工设备用绕组线时需经过卷绕、嵌线和整形等过程，导电线芯和绝缘层会受到各种形式的机械力的作用。为此应注意：1）根据绕组的形状和内径，选用柔软性适当的绕组线；2）根据卷绕速度、弯曲半径和嵌线松紧等不同情况，选用耐磨性、耐刮性和耐弯曲性适当的绕组线；3）经常过载、起动频繁、转速较高和振动较大的电工设备，应选用复合层绝缘绕组线。

（4）空间因数　为提高绕组线的空间利用率，希望空间因数越大越好，以便缩小产品的体积。影响空间因数大小的因素有：1）导电线芯的形状，截面积相同的绕组线，以带箔的空间因数最高，扁线次之，圆线最小；2）绝缘层厚度，绝缘层越薄，空间因数越大；3）线芯和绝缘层的公差，公差范围越小，空间因数越大。

（5）兼容性　装配使用绕组线时，要考虑其绝缘层与其他绝缘材料的兼容性问题。若组合绝缘材料的化学组成和温度指数与绕组线接近时，则兼容性一般较好；但若彼此分子能相互扩散甚至溶解（彼此相溶），则兼容性差。其他情况时，应将绕组线与有关绝缘材料组合后参照产品实际使用条件进行功能性老化试验。参见本篇第 2 条。

（6）环境和其他因素　选用绕组线时必须考虑电工产品的使用环境，例如原子能工业中使用的电机应选用耐辐射绝缘的绕组线，潜水电机要选用耐水线等；为了简化工艺，可选用便于加工的绕组线，例如自黏、直焊及自黏直焊漆包线等。

152　使用绕组线时的注意事项

1）不应放置于高湿度、阳光直射和接触酸、碱、有机溶剂的地方。

2）绕制时，场地应干燥无尘，室温最好保持在 5~30℃，卷绕线圈用的模具不许有尖角和突出部分，放线时调节好线的张力防止乱线扭结，禁止用铁锤敲打线圈。

3）线圈成型后应避免与潮气和金属接触，必要时可采用热处理的方法消除湿裂现象。

4）注意运输时不要损坏绕组线。

第8章 电力电缆和装备用电线电缆[5,6,9,27]

8.1 电力电缆的品种、结构和性能

153 电力电缆概述 电力电缆也是传输电能的元件，虽然基建费用高，但它有以下特点：1）一般埋设于土壤中或敷设于室内、沟道中，不用杆塔，占地少；2）受气候条件和周围环境影响少，传输性能稳定，可靠性高；3）具有向超高压、大容量发展的条件，如低温、超高电力电缆等。因此它在电力线路中的比重逐渐增大。

电力电缆主要的结构部件有：1）导体；2）绝缘层；3）护层；4）屏蔽层（低压电缆除外）；5）各种中间连接头和终端等附件。电力电缆的品种及型号见表 3.8-1。

表 3.8-1 电力电缆的品种及型号

绝缘类型	电力电缆名称	电压等级/kV	长期工作温度/℃	标准号	代表产品型号
塑料绝缘	1）交联聚乙烯（XLPE）电缆	6~500	90	GB/T 12706—2020 GB/T 11017—2014	YJLV、YJV
	2）聚氯乙烯（PVC）电缆	1~10	65	GB/T 12706—2020	VLV、VV
	3）聚乙烯（PE）电缆	6~400	70		YLV、YV
橡皮绝缘	4）天然丁苯橡皮电缆	0.5~6	65	GB 5013.1—2008	XLQ、XQ、XLV、XV、XLHF、XLF
	5）乙丙橡皮电缆	1~138	90		
	6）丁基橡皮电缆	1~35	80		
油浸纸绝缘	7）自容式充油电缆	110~750	80~85	GB 9326.4—1988	CY2Q
	8）钢管充油电缆	110~750	80~85	—	—
	9）钢管压气电缆	110~220	80		
	10）充气电缆	35~110	75		
	11）不滴流电缆 统包型 分相铅（铝）型	1~35 {1~6 / 10 / 20~35}	80 / 65~70 / 65	GB/T 12976.1—2008	ZLQD、ZQD、ZLLDF、ZQDF
	12）普通黏性浸渍电缆 统包型 分相铅（铝）型	1~35 {1~6 / 10 / 20~35}	80 / 65~70 / 60~65	GB/T 12976.1—2008	ZLL、ZL、ZLQ、ZQ、ZLLF、ZLQF、ZQF
气体绝缘	13）压缩气体绝缘电缆	220~500	90	—	—
新型电缆	14）低温电缆；15）超导电缆				

154　塑料绝缘电缆　绝缘为 PVC、PE 和 XLPE。PVC 电缆用于 10kV 及以下电压等级，其结构见图 3.8-1。PE 电缆应用较少。XLPE 的 ε_r、σ 和 $\tan\delta$ 低，耐热性能突出，适用于工频交流 500kV 及以下输配电线路中，XLPE 电缆结构见图 3.8-2，是高压和超高压电缆发展的方向。塑料绝缘架空电力电缆的发展也很快。

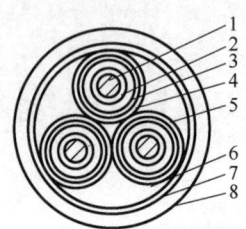

图 3.8-2　XLPE 电缆结构

1—导线　2—导体屏蔽层　3—XLPE 绝缘层
4—半导电层　5—铜带　6—填料
7—扎紧布带　8—PVC 外护套

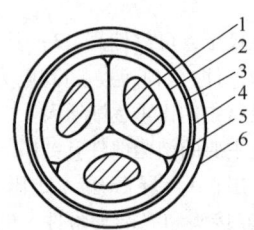

图 3.8-1　PVC 电缆结构

1—导线　2—PVC 绝缘　3—PVC 内护套
4—铠装层　5—填料　6—PVC 外护套

（1）塑料绝缘电力电缆　主要用于地下敷设。电缆结构有绝缘层、屏蔽层和护层，6kV PVC 电缆

和 1.8kV 以上的 XLPE 电缆要有导体屏蔽层和绝缘屏蔽层。绝缘屏蔽层由半导电材料与铜带或铜丝组成。塑料绝缘电力电缆通常采用 PVC 护套，内外护层间用铜带或钢丝铠装后可加强电缆力学性能；110kV 及以上电缆或防水要求高时采用金属护套，或用 PE-铝的组合护套，还常用遇水能膨胀的阻水材料以形成纵向阻水结构。塑料电缆的电气性能见表 3.8-2。

表 3.8-2　塑料电缆的电气性能

项　目		PVC 电缆				XLPE 电缆								
额定电压 U_0/kV		0.6	1.8	3.6	6	0.6	1.8	3.6	6	8.7	12	18	21	26	64
介质损耗	U_0，环境温度，$\tan\delta \times 10^{-3} \leqslant$	—	—	—	100	—	—	—	4	4	4	4	—	—	—
	$0.5\sim 2U_0$，$\Delta\tan\delta \times 10^{-3} \leqslant$	—	—	—	6.5	—	—	—	2	2	2	2	—	—	—
	2kV，环境温度，$\tan\delta \times 10^{-3} \leqslant$	—	—	—	100	—	—	—	4	4	4	4	—	—	—
	2kV，最高工作温度，$\tan\delta \times 10^{-3} \leqslant$	—	—	—	100	—	—	—	8	8	8	8	—	—	—
	U_0，95℃，$\tan\delta \times 10^{-3} \leqslant$	—	—	—	—	—	—	—	—	—	—	—	1	1	1
$1.5U_0$ 时局部放电量/pC		—	—	40	40	—	20	20	20	20	20	20	20	5（10）[①]	5（10）[①]
工频耐压	例行试验（持续）/(kV/5min)	3.5	6.5	11	15	3.5	6.5	11	15	22	30	45	53	65	[②]
	型式试验（持续）/(kV/4h)	2.4	7.2	14.4	24	2.4	7.2	14.4	24	34.8	48	72	84	104	[②]
冲击耐压/kV[③]		—	—	60	75	—	60	75	95	125	170	200	250		550
冲击耐压后交流电压试验/(kV/15min)		—	—	11	15	—	11	15	22	30	45	53	65		160

① 括号中数值为例行试验要求值；
② 导体加热到 100~105℃ 至自然冷却，在 128kV 下经 20 个周期循环后，电缆在 96kV 电压下进行局部放电试验，其放电量不大于 5pC；
③ 冲击耐压试验的导体温度为最高工作温度+5℃（U_0=64kV 时为 100~105℃），冲击次数为正负极性各 10 次。

（2）塑料绝缘架空电力电缆　用于架空敷设，多数采用半绝缘结构（单层绝缘、内屏加绝缘、内外屏加绝缘三种型式，GB/T 12527—2008，

GB/T 1409—2006），接触空气的外表层应采用黑色耐候材料。塑料绝缘架空电力电缆的使用特性见表 3.8-3。

表 3.8-3　塑料绝缘架空电力电缆的使用特性

额定工作电压 U_o/kV			≤1	10~35	
电缆型号	PVC	PE	XLPE	HDPE	XLPE
长期工作温度/℃	70	70	90	75	90
允许短路温度/℃	150	130	250	150	250
允许弯曲半径 R_w	电缆外径 $D_V<25mm$，$R_w \geq 4D$ $D \geq 25mm$，$R_w \geq 6D$			单芯；$20(D+d)\pm50\%$（mm），d 为电缆导体外径 多芯，$15(D+d)\pm5\%$（mm）	
敷设温度/℃ ≥	−20				

（3）新型塑料电缆　目前主要发展无卤低烟塑料电缆和阻燃扁平交联聚烯烃绝缘电缆。无卤低烟塑料电缆的特点是具有强的阻燃性，而且烟密度低、毒性低，能大大降低火灾故障中对人的伤害。扁平电缆（见图 3.8-3）的优点是能减小占用建筑空间、易施工、易维护。

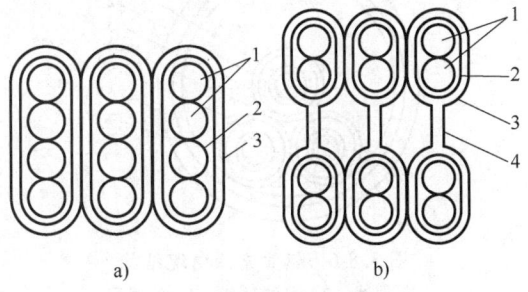

图 3.8-3　扁平电缆
a）扁平型交联聚烯烃绝缘电缆
b）扁平双体交联聚烯烃绝缘电缆
1—导体　2—绝缘体　3—护套　4—护套肋

155　橡皮绝缘电缆　橡皮电缆一般用于低压、可曲度要求高和环境复杂的场合。其绝缘层常用的材料有天然橡皮、丁基橡皮和乙丙橡皮三种。护套材料主要有聚氯乙烯、氯丁橡皮和铅。结构与交联聚乙烯电缆相似，6kV 及以上电压等级有导体屏蔽和绝缘屏蔽。电气性能和力学性能要求参见 GB/T 5013—2008。

156　自容式充油电缆和钢管充油电缆　绝缘层由油浸纸绝缘所构成，利用补充浸渍剂的办法消除绝缘层中的间隙以提高电缆的工作电压，长期老化性能好，广泛应用于高电压等级，单芯自容式充油电缆的电压等级为 110~750kV，油道位于线芯中空部分；三芯自容式充油电缆电压等级为 35~110kV，油道由 3 个缆芯间的间隙组成。浸渍剂采用低黏度矿物油或合成绝缘油，供油箱压力有高、中、低三种，绝缘油的电气强度随油压的提高而提高。钢管充油电缆中有两根屏蔽的电缆线芯，其油道为钢管壁与缆芯间的空隙，采用高黏度聚丁烯油，油压高，电气性能优越。自容式和钢管充油电缆的电气性能见表 3.8-4，单芯自容式充油电缆结构见图 3.8-4，三芯自容式充油电缆结构见图 3.8-5，钢管充油电缆结构见图 3.8-6。

表 3.8-4　自容式和钢管充油电缆的电气性能

额定电压 U/kV		110	220	330	500
中性点接地方式		有效接地	有效接地	有效接地	有效接地
例行试验	$\rho(20℃)/(n\Omega \cdot m) \leq$	17.341	17.341	17.341	17.341
	工频耐压[①]/（kV/15min）≤	138	225	345	510
	$\tan\delta$（室温下，$1U_0$）/$\times10^{-3}$<	3.3	3	2.8	$2.8(1U_0)$；$3.4(2U_0)$
	$\Delta\tan\delta/\times10^{-3}$<	$1.4(1~2U_0)$	0.7[⑤]	0.7[⑤]	$0.7(1~2U_0)$

（续）

额定电压 U/kV		110	220	330	500
中性点接地方式		有效接地	有效接地	有效接地	有效接地
型式试验	室温→85℃→室温时 $\tan\delta(1U_0)$/×10^{-3} <	3.3	3	2.8	2.8($1U_0$); 3.4($2U_0$)
	$\Delta\tan\delta$/×10^{-3} <	1.4($1\sim 2U_0$)	0.7[5]	0.7[5]	0.7($1\sim 2U_0$)
	工频耐压/(kV/24h)	160	325	445	650
	弯曲后[2]冲击（80℃），耐压[3]/kV	450、550	950、1 050	1 175、1 300	1 675
	弯曲后操作冲击（80℃），耐压[4]/kV	—	—	850、950	1 240

① 工频 15min 耐压允许用直流电压代替，直流电压为工频电压的 2.4 倍，时间为 15min。
② 弯曲直径（mm）符合 GB/T 2951.23—1994《电线电缆弯曲机械物理性能 试验方法》的规定。
③ 冲击电压波形为 $1\sim 5/40\sim 50\mu s$，冲击次数为正负极性各 10 次。
④ 操作冲击电压波形为 $250/2 500\mu s$，冲击次数为正负极性各 3 次。
⑤ $\Delta\tan\delta(U_0\sim 1.67U_0)$。

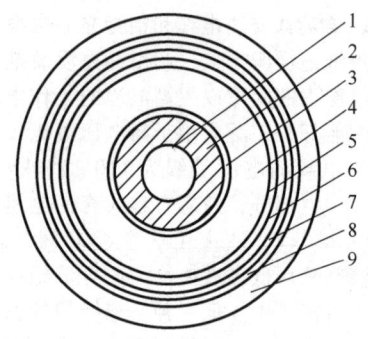

图 3.8-4　单芯自容式充油电缆结构
1—油道　2—导线　3—导线屏蔽　4—绝缘层
5—绝缘屏蔽　6—铅套　7—内衬垫
8—加强层　9—外护层

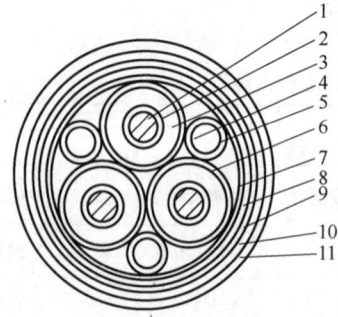

图 3.8-5　三芯自容式充油电缆结构
1—导线　2—导线屏蔽　3—绝缘层　4—绝缘屏蔽
5—油道　6—填料　7—铜丝编织带　8—铅套
9—内衬垫　10—加强层　11—外护层

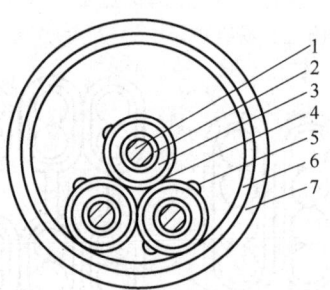

图 3.8-6　钢管充油电缆结构
1—导线　2—导线屏蔽　3—绝缘层
4—绝缘屏蔽　5—半圆形滑丝
6—钢管　7—防腐层

157　直流电缆　直流电缆输电输送效率高，线路损失小，功率调节方便，不受电容电流和频率的限制，主要用于过江过海和电网间的连接线等。其结构与交流电缆相似，但绝缘长期承受直流电压可比交流高 5~6 倍。投入运行的直流电缆主要有黏性浸渍纸绝缘和充油电缆。聚乙烯绝缘的直流电缆需解决空间电荷对电气性能的影响问题。

158　压缩气体绝缘电缆（管道充气绝缘电缆，CGI）　电缆容量大，传输功率可达 2 000MV·A 以上，最高电压可超过 800kV。铝（单芯结构用不锈钢）制的刚性或挠性外圆管既是压力容器又是电缆护套，绝缘为压缩 SF_6 气体（气压为 0.196~0.49MPa）和环氧树脂浇铸绝缘子。内外导体和绝缘子的表面状态以及气体中的自由导电粒子对电缆电气性能有很大影响，需要采取特殊措施。它主要用于短距离的电气连接，如发电厂和变电所的出线以及断路器与主变压器之间的连接，特别适用于封闭式电站。CGI 不同于充气电缆，后者绝缘为气体浸渍纸型，电压等级和容量都低于 CGI。

159　黏性浸渍纸绝缘电缆　包括普通黏性纸浸渍电缆、干绝缘电力电缆和不滴流电缆，绝缘为油浸纸，用于 35kV 及以下电压等级，目前已基本上被橡胶和塑料绝缘电缆所替代。

160　低温电缆和超导电缆　均为大容量电缆，低温电缆传输容量在 5 000MV·A 以上，超导电缆传输容量在 10 000MV·A 以上；低温电缆利用高纯度铝或铜电阻在德拜温度以下大幅降低的特性来提高其传导电流的能力，绝缘为非极性合成纤维纸或真空，超导电缆利用超导体在临界温度下损耗极小、可承载大电流的特性来提高其传输容量。一般绝缘为真空，冷媒为液氦或液氮。低温电缆示例性结构见图 3.8-7，交流超导电缆示例性结构见图 3.8-8。

在低温和超导电缆中，热绝缘是一个极为重要的问题。通常其热绝缘层有两级。第一级为超级热绝缘，由真空喷涂铝层的聚酯薄膜等构成；第二级为热屏蔽层，采用高真空。

高温超导电缆也正在开发中，参见本篇第 109 条。

161　电缆的载流量　电缆有不同的运行情况：1) 长期稳定负载；2) 周期负载；3) 短时过载；4) 短路，分别对应不同的允许载流量，见表 3.8-5。

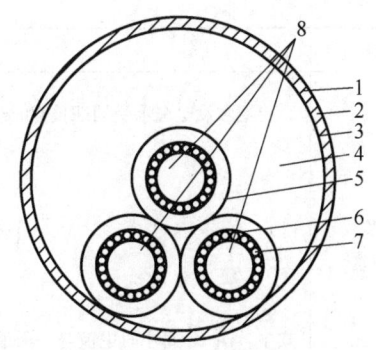

图 3.8-7　低温电缆示例性结构
1—外护层　2—绝缘层　3—钢管（电磁屏蔽）
4—冷却媒质通道　5—静电屏蔽层　6—绝缘
7—线芯　8—冷却媒质通道

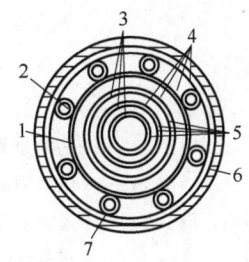

图 3.8-8　交流超导电缆示例性结构
1—热绝缘　2、3—液氮管道
4—真空　5—以铝为基的铌超导体
6—防蚀钢管　7—超级热绝缘层

表 3.8-5　电力电缆的允许载流量

术语	说　　明
长期允许载流量	当电缆长期通过某一负载电流后，若导线稳态温度恰好升高到等于电缆最高允许长期工作温度，则该负载电流称为电缆长期允许载流量。计算法： $$I=\sqrt{\dfrac{\theta-\theta_a-w_d\left[R_{T1}/2\right]+n\left(R_{T2}+R_{T3}+R_{T4}\right)}{r\{R_{T1}+n\left[\left(1+\lambda_1\right)R_{T2}+\left(1+\lambda_1+\lambda_2\right)\left(R_{T3}+R_{T4}\right)\right]\}}}$$ 式中　　　I——电缆的长期允许载流量（A）； 　　　　θ——电缆最高长期工作温度（℃）； 　　　　θ_a——环境温度（℃）； 　　　　w_d——每厘米电缆每相的介质损耗（W/cm）； R_{T1}、R_{T2}、R_{T3}、R_{T4}——每厘米电缆绝缘、衬垫、外被层及外部的热阻（℃·cm/W）； 　　　　r——每厘米电缆的导线交流电阻（Ω/cm）； 　　λ_1、λ_2——电缆金属护套及铠装层的损耗系数； 　　　　n——电缆的芯数

（续）

术语	说　明
周期负载 载流量 I_z	土壤敷设电缆承受周期负载时载流量 I_z 比恒定负载下载流量 I 高 M 倍。M 称为周期负载因数 $$I_z = MI$$ $$\frac{1}{M} = \left(\left\{ \sum_{i=0}^{5} yi \left[\frac{\theta_R(i+1)}{\theta_R(\infty)} - \frac{\theta_R(i)}{\theta_R(\infty)} \right] + \mu \left[1 - \frac{\theta_R(6)}{\theta_R(\infty)} \right] \right\} \right)^{\frac{1}{2}}$$ $$\mu = \frac{1}{24} \sum_{i=0}^{23} yi$$ 式中　yi——每小时电流与一天最大电流比值的平方； 　　　$\theta_R(i)$——导体温度达到最大值前 6h 的电缆暂态温升（K）； 　　　$\theta_R(\infty)$——电缆的稳态温升（K）
短时过载 载流量	电缆在事故情况或紧急情况下所允许的短时过载的载流量为 I_2（A） $$I_2 = I_R = \left\{ \frac{h_1^2 R_1}{R_{max}} + \frac{(R_R/R_{max})(r - h_1^2 \cdot R_1/R_R)}{\theta_R(t)/\theta(\infty)} \right\}^{\frac{1}{2}}$$ $$r = \frac{\theta_{max}}{\theta_R(\infty)}$$ 式中　　　I_2——短时过载载流量（A）； 　　　　　I_R——电缆额定载流量（A）； R_1、R_R、R_{max}——过载前额定工作、允许短时过载温度下每厘米电缆导体交流电阻（Ω/cm）； 　　　　　$\theta_R(t)$——过载时的电缆暂态温升（K）； 　　　　　$\theta_R(\infty)$——电缆稳态温升（K）； 　　　　　θ_{max}——允许短时过载温度（℃）； 　　　　　I_1——电缆过载前载流量（A），$h_1 = I_1/I_R$
允许短 路电流	由电缆短路时允许的最高短路温度所决定的最大电流 $$I_{sc} = \sqrt{\frac{C_c}{r_{20}at} \ln \frac{1 + a(\theta_{sc} - 20)}{1 + a(\theta_0 - 20)}}$$ 式中　I_{sc}——电缆的允许短路电流（A）； 　　　C_c——每厘米电缆导体的热容 [（J/(cm·K)]； 　　　a——导体电阻的温度系数（1/K）； 　　θ_{sc}——电缆允许短路温度（℃），一般取以下值：黏性浸渍及充气电缆为 220℃，充油电缆为 　　　　　160℃，聚氯乙烯电缆为 160℃，聚乙烯电缆为 130℃，交联聚乙烯电缆为 250℃，天然 　　　　　橡皮电缆为 150℃，乙丙及丁基橡皮电缆分别为 250℃和 220℃； 　　　r_{20}——20℃时每厘米电缆导线的交流电阻（Ω/cm）； 　　　t——短路时间（s）； 　　　θ_0——短路前电缆温度（℃）

8.2　电力电缆附件及其安装

162　电缆终端和连接　电缆终端和连接处的电场的分布很不均匀，一般需要采用具有电容、电阻或合适电极结构的电缆终端头和连接来改善电场分布。

（1）终端低压（≤35kV）油浸纸电缆终端有户外型和户内型，各有多种品种，例如户外型有鼎足式、倒挂式和扇形等，户内型有尼龙、环氧树脂和热收缩式等。分别采用绕包、热收缩、预制件、冷收缩、浇铸和模塑等工艺，要根据运行条件和现场制作条件选择。低压（≤10kV）橡皮、塑料电缆终端一般为干式结构，通常用热缩管分支盒和雨罩等。

110kV 及以上高压电缆终端也有敞开式、封闭变电站用和油浸变压器用（象鼻式）终端等多种形式，110~220kV 终端内绝缘用增绕绝缘式，330kV 及以上用电容式结构。要通过专业厂家精心设计和施工。

（2）连接　塑料电缆连接有绕包型、模塑型、模铸型和预制型四种。绕包型广泛使用乙丙橡胶、绝缘自黏带，适用于 110kV 以下级中；模塑型采用交联聚乙烯材料为绝缘，适用于 110~154kV 级中；模铸型在模塑型的基础上又挤入与电缆绝缘相同的材料，适用于 220~275kV 级中；预制型有乙丙橡胶或硅橡胶绝缘、乙丙橡胶和环氧树脂复合绝缘两种。高压充油电缆连接有普通连接、绝缘连接和塞止连接等。

连接温升限制电缆线路的传输容量，可用冷却和采用低热阻系数绝缘材料以及减薄连接的绝缘厚度等方法降低连接的温升。

163　充油电缆线路供油箱　主要用于自容式充油电缆线路，电缆线路的需油量由压力箱供给。供油箱有三类：1）重力供油箱，利用供油箱与电缆之间的相对位差保持电缆中油压的供油装处，油箱内的弹性元件充满电缆油与电缆相通，与大气相通的油箱内的油互相隔离。2）压力箱，主要由一组弹性元件组成，在元件内充有一定压力的气体，置于密封的盛油箱中，箱中的油与电缆相通，压力箱的压力是由元件内的气体压力所决定。元件内的气体体积、温度和压力的关系，认为遵守波义耳-查理定律，元件内的气体常数是压力箱的重要特性常数，表征压力箱供油特性。还有一种外气体压力箱，适用于高压力电缆线路，元件内充满油，与电缆相通，在箱中是压缩气体。3）恒定压力箱，供油压力泵或气体维持恒定。

要按规定精心选择压力箱数目和整定油压，油流压力降、供油长度等。

164　电缆护层保护器　当电缆护层一端接地或交叉换位互联接地而使电缆受到过电压时，金属护层中会产生感应过电压，可能使外护层击穿。因此，需在护层不接地端装护层接地保护器，限制护层过电压值，防止外护层击穿。对护层保护器的要求是：1）通流能力，应具有耐压 10kV（波形 8/20μs）、共 10 次的能力；2）在冲击电压 10kV 下残压

（U_{10kV}）要尽量低；3）残工比，工频 2s 耐压值 $U_{工频2s}$工频（有效值）应大于实际的工频过电压值，（$U_{10kV}/U_{工频2s}$）称为残工比，该比值越小则保护器性能越好。目前有氧化锌压敏电阻保护器及碳化硅阀片保护器，残工比分别为 2.52~2.8 和 4.5~5。

8.3　电力电缆的敷设和安装维护

165　电力电缆敷设环境条件和弯曲半径要求
（1）最大允许敷设位差　见表 3.8-6。不能满足时可采取线路分段装塞止连接盒等措施。

表 3.8-6　电缆的最大允许敷设位差
（单位：m）

电缆类型		铅护层	铝护层
普通黏性浸渍电缆			
1~3kV	铠装	25	25
	无铠装	20	25
6kV		15	20
10kV		15	—
20~35kV		5	—
不滴流电缆		无限制	
塑料绝缘电缆			
橡皮绝缘电缆			
自容式充油电缆		30	
110~330kV	ZQCY22		
	ZQCY25	150（暂定）	

（2）电缆敷设时的环境温度　见表 3.8-7。如低于下列数值，应将电缆均匀预热，使其表面温度不得低于 5℃，否则不允许敷设。

表 3.8-7　电缆敷设时的环境温度

电缆类型	敷设时的环境温度/℃ ≤
交联聚乙烯电缆	0
聚氯乙烯电缆	0
橡皮绝缘聚氯乙烯护套电缆	−15
橡皮绝缘裸铅包电缆	−20
橡皮绝缘沥青浸渍外护层电缆	−7
自容式充油电缆	−10
35kV 及以下油浸纸绝缘电缆	0
不滴流电缆	0

（3）电缆的最小弯曲半径　电缆敷设时的最小弯曲半径见表 3.8-8。

166　电缆外护层的选择　根据敷设场合选择合适外护层的电缆进行敷设。各种电缆护层的适用敷设场合见表 3.8-9。

表 3.8-8　电缆敷设时的最小弯曲半径

电缆种类 \ 允许值	允许最小弯曲半径		
	单芯	三芯	牵引入管孔内
≥110kV 电缆	20D		
<35kV 油纸电缆		15D	35D
≥35kV 橡塑电缆	10D	8D	

注：D 为电缆外径。

表 3.8-9　各种电缆护层的适用敷设场合

名称		型号	架空	室内	电缆沟	隧道	管道	竖井	埋地	水下	易燃	移动	多砾石	腐蚀一般	腐蚀严重	备注
裸金属护套	平铝护套	L	√	√	√	√	—	—	—	—	√	—	—	√	—	
	皱纹铝护套	LW	√	√	√	√	—	—	—	—	√	—	—	√	—	
	铝护套	Q	√	√	√	—	—	—	—	—	—	—	—	√	—	
橡皮护套	一般橡套		√	√	√	—	—	—	—	—	—	√	—	√	√	
	不延燃橡套	F	√	√	√	—	—	—	—	—	√	√	—	√	√	耐油
	耐寒橡套	H	√	√	√	—	—	—	—	—	—	√	—	√	√	到-50℃
塑料护套	PVC 护套	V	√	√	√	√	—	—	√	—	√	√	—	√	√	普通、耐寒等
	PE 护套	Y	√	√	√	√	—	—	√	—	—	√	—	√	√	
	双护套	YV	√	√	√	√	—	—	√	—	—	√	—	√	√	内：PE；外：PVC
一级防腐外护套	铝（塑料护套）	—	—	√	√	√	—	—	√	—	—	—	—	—	√	推荐埋地用
	铅（塑料护套）	—	—	√	√	√	—	—	√	—	—	—	—	—	√	
	皱纹钢管（塑料护套）	—	—	√	√	√	—	—	√	—	—	—	—	—	√	
	裸钢带铠装	120	—	√	√	○	—	—	√	—	—	—	—	—	√	
	钢带铠装	12	—	—	—	—	—	—	√	—	—	○	—	√	—	
	裸单层细圆钢丝	130	—	—	—	—	—	√	—	√	—	—	—	—	√	
	单层细圆钢丝	13	—	—	—	—	—	○	√	√	—	○	—	√	—	
	裸双层细圆钢丝	140	—	—	—	—	—	√	—	√	—	—	—	—	√	
	双层细圆钢丝	14	—	—	—	—	—	○	√	√	—	—	—	√	—	
	裸单层粗圆钢丝	150	—	—	—	—	—	√	—	√	—	—	—	—	√	
	单层粗圆钢丝	15	—	—	—	—	—	○	√	√	—	—	—	√	—	
	裸双层粗圆钢丝	160	—	—	—	—	—	√	—	√	—	√	—	—	√	可承受大拉力
	双层粗圆钢丝	16	—	—	—	—	—	○	√	√	—	√	—	√	—	可承受大拉力

（续）

名称	名称	型号	敷设方法								环境条件					备注
			架空	室内	电缆沟	隧道	管道	竖井	埋地	水下	易燃	移动	多砾石	腐蚀 一般	腐蚀 严重	
二级防腐外护层	钢带铠装	22	—	—	—	—	—	—	√	—	√	—	√	—	√	
	单层细圆钢丝	23	—	—	—	—	√	√	√	√	√	—	√	—	√	
	双层细圆钢丝	24	—	—	—	—	√	√	√	√	√	—	√	—	√	
	单层粗圆钢丝	25	—	—	—	—	—	○	√	√	○	—	√	—	√	
	双层粗圆钢丝	26	—	—	—	—	—	○	√	√	○	—	√	—	√	可承受大拉力
普通外护层（仅用于铅护套）	麻被											—	√	—	淘汰产品
	裸钢带铠装	20	—	√	√	√	—	—	—	—	—	—	√	—	—	
	钢带层细圆钢丝	2	—	√	√	○	—	—	√	—	—	—	√	—	—	
	裸单层细圆钢丝	30	—	—	—	—	—	√	√	—	—	—	√	—	—	
	单层细圆钢丝	3	—	—	—	—	—	○	√	√	—	—	○	—	—	
	裸双层细圆钢丝	40	—	—	—	—	—	√	√	—	—	—	√	—	—	
	双层细圆钢丝	4	—	—	—	—	—	○	√	√	—	—	○	—	—	
	裸单层粗圆钢丝	50	—	—	—	—	—	√	√	—	—	—	√	—	—	
	单层粗圆钢丝	5	—	—	—	—	—	○	√	√	—	—	○	—	—	可承受大拉力
	裸双层粗圆钢丝	60	—	—	—	—	—	√	√	—	—	—	√	—	—	可承受大拉力
	双层粗圆钢丝	6	—	—	—	—	—	○	√	√	—	—	○	—	—	可承受大拉力
内铠装塑料外护层	钢带	29	—	√	√	√	—	√	√	—	√	—	√	—	√	全塑电缆用
	单层细圆钢丝	39	—	√	√	√	—	√	√	—	√	—	√	—	√	全塑电缆用
	单层粗圆钢丝	59	—	—	—	—	—	√	√	—	√	—	√	—	√	全塑电缆用
特种护套	防霉	TH	湿热带有防霉要求地区													
	防鼠		鼠类活动地区（电缆外径在 15mm 以下时）													
	防白蚁		白蚁活动地区													
	防雷		雷电活动地区的易遭击地段													
	防辐射		放射线辐射地区													

注：1. 适用范围根据技术性和经济性考虑。

2. "√"表示适用；"○"表示外护层为玻璃纤维时适用；"—"表示不推荐采用。

3. 裸金属护套一级防腐外护层，由沥青复合物加聚氯乙烯护套组成。

4. 铠装一级防腐外护层由衬垫层、铠装层和外被层组成：衬垫层由两个沥青复合物、聚氯乙烯带和浸渍皱纸带的防水组合层所组成；外被层由沥青复合物、浸渍电缆麻（或浸渍玻璃纤维）和防止黏合的涂料组成。

5. 裸铠装一级防腐外护层的衬垫层与注 4 的衬垫层相同，没有外被层。

6. 铠装二级防腐外护层的衬垫层与注 4 的衬垫层相同，钢带及细钢丝铠装的外被层由沥青复合物和聚氯保护套组成，粗钢丝铠装的镀锌钢丝外面应挤包一层聚氯乙烯护套或其他等同效能的防腐涂层，以保护钢丝免受外界腐蚀。

167　水底电缆的敷设　宜敷设于河床坚固平缓、很少受冲刷的地段，不可悬空吊挂及交叉，电力电缆习惯采用专业敷设船敷设，要求电缆能埋在河床底下不少于 0.5m。水底电缆引到陆上的部分应穿入管中或加盖板等加以保护。保护范围的下端达到最低水位以下，上端高于最高洪水位。

为防止电缆在施放过程中扭结或打圈，电缆船上的支架高度不应小于最大圈的周长，或舱内有可以旋转的平托盘。敷设过程中需随时调整电缆的张力 T，即要按不同的水深、船速来改变电缆的入水角 α，使电缆持续保持少许张力。入水角一般在 $50°\sim80°$ 之间。张力 $T(N)$，可按下式计算：

$$T=\frac{gwd}{1-\cos\alpha}$$

式中　g——重力加速度常数（9.8m/s^2）；
　　　w——电缆在水中的重量（kg/m）；
　　　d——水深（m）。

导管的入水角可按下式计算：

$$\cos\alpha=\sqrt{1+\frac{1}{4}\left[\frac{H}{V}\right]^4-\frac{1}{2}\left[\frac{H}{V}\right]^2}$$

$$H=\sqrt{\frac{2gw}{C\rho D}}$$

式中　H——沉降常数；
　　　V——船的速度（m/s）；
　　　g——重力加速度常数（9.8m/s^2）；
　　　C——电缆表面毛糙系数，麻护层为 1.5；
　　　ρ——水的密度（kg/m³）；
　　　D——电缆外径（m）。

168　高落差电缆的敷设　有上引和下降两种方法：前者对电缆性能的影响较小，垂直敷设时应将底部电缆先行固定，逐渐松下电缆裕度并依次由下向上将电缆在竖井壁上作蛇形固定；后者需要较多的设备，电缆要受到较大的侧压力，但不必将电缆盘运至竖井或洞的底部。

高落差电缆的固定采用悬吊法或一点固定法在井的上端用夹具轧住铠装加以固定，避免电缆受到夹具的侧压力。电缆用夹具固定时，则由固定点数、夹具宽度以及允许侧压力和热伸缩的计算来确定最合适的固定点。

169　电缆终端及连接的安装与接地

（1）电缆终端及连接头的安装　要注意如下几点：1）安装前应做好充分准备，施工地点应保持清洁干燥，相对湿度不高于 60%，雨天施工应有特殊的防潮措施，周围温度一般应超过 5℃；2）从开始剥切电缆到安装完毕必须连续进行，尽量缩短油纸绝缘在空气中的暴露时间，免受潮；3）切割绝缘纸时不得切伤内部绝缘纸，纸卷绕包要均匀紧密，屏蔽层应连续完整；4）对于自容式充油电缆，纸卷绕包完毕后要抽真空和充油，要求真空度达到 $13.3\sim66.5$Pa，维持 $4\sim8$h，然后在真空下充油直至充满，终端在出线杆顶端抽真空，从尾管阀门充油，充油完毕 24h 后取油样检查，330kV 电压等级 $\tan\delta(100℃)\leqslant0.003$，$110\sim220$kV 电压等级 $\tan\delta(100℃)\leqslant0.005$，$U_b$（室温，2.5mm）$\geqslant50$kV，合格后剥开的铜带应仍绕包好，卷绕到封锅处固定；5）塑料电缆与油纸电缆的连接，必须防止油纸绝缘端的油流入塑料绝缘端，方法是采用橡胶管和热收缩管在纸绝缘上形成隔离层或对线芯接头用堵油连接管等。

（2）接地　单芯电缆导体电流所产生的磁场与金属护层交链所感生的电压较低，在传输容量容许范围内可采取护层两端接地，接地电阻应不大于 2Ω；当线路较长时，为提高传输容量可将护层一端接地，另一端经护层保护器接地，该端护层中的感应电压应不超过 65V，也可在电缆线路中间接地，两端经保护器接地。

大长度单芯电缆线路用绝缘连接盒对电缆护层进行交叉换位互联，以减少护层损耗及接地点，此时每段电缆长度应力求相等，电缆敷设位置应力求对称平衡。不对称敷设时用电缆换位方法使各相接近平衡。保护器宜用 △ 联结或与之等值的 Y 联结，此时所受的工频过电压及残压比 Yo 联结低得多。还可用回流线加保护器的方式降低过电压，回流线两端接地，它同中间电缆与两侧电缆的轴间距离分配比例为 7:3，保护器一端接在金属护层上，另一端直接接地。

170　电缆竣工试验及预防性试验　电缆线路安装完工后必须进行竣工试验。运行中的电缆应定期进行预防性试验，一般应每年试验一次。两项试验的主要项目是直流耐压试验，直流试验电压见表 3.8-10。

充油电缆线路除进行直流耐压试验外，还需对电缆油定期进行电气性能及含气量试验。电气性能试验要求为 $\tan\delta(100℃)\leqslant0.005$，$U_b$（室温，2.5mm）$\geqslant45$kV。

表 3.8-10　直流试验电压

电缆类型		竣工试验		预防性试验	
		电压	时间/min	电压	时间/min
橡塑绝缘电缆	$2\sim35$kV	$2.5U_1$	15	$3\sim5U_0$③	5
	$110\sim220$kV	$2.5U_0$			

（续）

电缆类型		竣工试验		预防性试验	
		电压	时间/min	电压	时间/min
自容式充油电缆	110kV 以下	$4.5U_0$ ①	15	$2 \sim 3U_1$	5
	$110 \sim 220$kV	$4U_0$			
	220kV 以上	$3.5U_0$			
黏性浸渍电缆	1kV	$4.5U_1$ ②	10	$3U_1$	5
	$3 \sim 10$kV	$6U_1$		$2 \sim 5U_1$	
	20kV 中性点接地	$4.5U_1$		$3.5 \sim 4U_1$	
	20kV 中性点不接地	$5U_1$		$4 \sim 5U_1$	
	35kV	$5U_1$		$5U_0$	

① U_0 为额定相电压；
② U_1 为额定线电压；
③ 1.8/3kV 等级为 11kV；127/220kV 等级为 305kV。

171　电缆线路的故障及其检测

（1）电缆线路故障的原因　电缆在运行中或预防性试验中的击穿称为故障，电缆线路故障的一般原因见表 3.8-11。

表 3.8-11　电缆线路故障的一般原因

原因	说　明
机械损伤	直接受外力损伤、因振动引起铅护层的疲劳损坏、弯曲过度、因地沉承受过大的拉力等
绝缘受潮	水分或潮气从终端或电缆护层侵入
绝缘老化	绝缘在电热的作用下局部放电，生成树枝而老化，使介质损耗增大而导致局部过热击穿
护层腐蚀	护层因电解腐蚀或化学腐蚀而损坏
过电压	雷击或其他过电压使电缆击穿
过热	过载或散热不良，使电缆热击穿

终端及连接头故障一般因施工不良及其他外因造成。

（2）电缆故障的分类及其检测　先用 1 500V 以上绝缘电阻表或高阻计判别故障类型，再用不同仪器和方法初测故障，最后用定点法精确确定故障点。电缆故障类型及其检测方法见表 3.8-12。

表 3.8-12　电缆故障类型及其检测方法

故障类型		检测方法
短路接地故障	低阻接地故障（接地电阻在 100kΩ 以下）	1）电桥法 2）脉冲回波法
	高阻接地故障（接地电阻在 100kΩ 以上）	1）高压电桥法 2）一次脉冲回波法 3）烧穿故障点，再用低压电桥法
断线故障	完全断线故障	1）电桥法 2）脉冲回波法
	不完全断线故障	1）高电阻断线用交流电桥法 2）低电阻断线，先烧断，后再按完全断线测寻
闪络性故障		脉冲回波法

故障点的精测方法有感应法和声测法：1）感应法。原理是当音频电流经过电缆线芯时，在故障点有电流突变，电磁波的音响也发生突变，可用电磁感应接收器加以检测，该法能方便找出断线、相间低电短路点，但不宜寻找高电阻短路及单相接地故障；2）声测法。原理是用高压脉冲促使故障点放电，用传感器在地面上接收这种放电，以测出故障点精确位置。

（3）充油电缆漏油点的检测　一般用冷冻法或油流法：1）冷冻法。冷冻法常用液氮作为冷却剂，对漏油电缆进行分段多次冷冻，即先在漏油剂度的中点进行冷冻，确定漏油的一侧，再在漏油侧电缆长度的中点冷冻，第二次确定漏油在漏，这样依次缩小漏油侧的范围，最后比较准确地测定漏油点；

2）油流法。油流法检测漏油点的原理图见图3.8-9，根据流量与油流途径长度成反比的关系，可求得漏油距离：

$$X = 2L\frac{Q_2}{Q_1 + Q_2}$$

式中　X——漏油距离（m）；

　　　L——电缆长度（m）；

　　　Q_1、Q_2——通过流量计 A、B 的油流量。

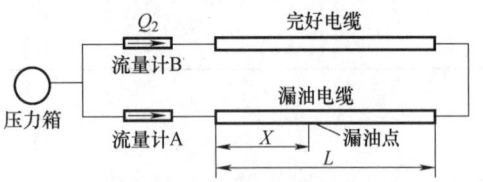

图 3.8-9　油流法检测漏油点的原理图

8.4　电气装备用电线电缆

172　电气装备用电线电缆的用途和分类　主要用于电气装备内部或外部的连接、低压输配线及各种电信号的传递线等，除电力电缆、通信电缆和电磁线外的大部分绝缘电线电缆都归入这一范畴。按敷设方式分为固定式和移动式两种，我国习惯按用途分类，如矿用电缆、油矿电缆、船用电缆、信号及控制电缆等。

产品型号比较复杂，可参见相应各类产品标准。编制方法通常为

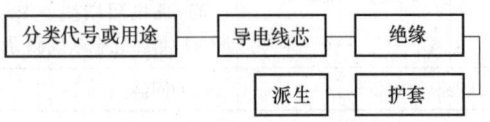

173　电气装备用电线电缆的结构　由于使用环境和要求等不同，因此电气装备用电线电缆的结构呈多样化形式。其最基本的组成部分如下：

（1）导电线芯　一般用铜和铝，为了提高导线的工作温度，可使用各种金属镀层的铜线等，线芯结构可分为实芯单线和多根绞线，并按柔软度分类，移动式用柔软度大的，固定式可柔软度小的。

（2）绝缘层　主要由橡胶或塑料材料组成，根据电性、热性、力学性能、耐环境性及工艺要求选

用合适的绝缘层材料。

（3）护层　多数选用橡皮、塑料挤出护套来提高电线电缆力学和耐环境性能，有些以纤维编织等做护层。铠装层只用于受机械外力损伤作用较严重的场合，由钢丝、钢带和铁丝等构成。

（4）屏蔽层　用来屏蔽由电缆产生的电磁场对外界的干扰，以及外界电磁场对电线电缆的干扰。一般用铜丝或半导电材料等屏蔽电场，用铁丝等屏蔽磁场。

（5）填充料　在多芯线缆中，为使其结构稳定，一般采用纤维或橡塑材料填充线芯间、线芯与护套间的间隙。

174　通用橡皮、塑料绝缘电线

（1）固定敷设用电线　包括户外架空绝缘电线、用户引入线、户内配线、电气电源连接线及农用低压地埋线等。广泛应用于交流额定电压 450/750V 及以下动力、照明、电器装置、仪器仪表及电信设备之间的连线。超薄型电缆安装方便（可直接安装于地毯下）、比传统电缆经济，可连接动力设备、电话、计算机设备等。导电物以铜、铝为主。绝缘主要采用聚氯乙烯、丁苯橡皮和乙烯-乙酸乙烯酯橡皮等，护套材料有聚氯乙烯、尼龙、氯丁橡皮和黑色聚乙烯等。我国已制定了额定电压 450/750V 及以下聚氯乙烯和橡皮绝缘软线和电缆标准：GB/T 5023.1~7—2008、GB/T 5013.1—2008、JB/T 8734.1~5—2016 和 JB/T 8735.1~3—2016。

（2）移动式通用电线　通常用软结构导体，绝缘和护套使用柔软聚氯乙烯、天然橡胶、天然-合成橡胶混合物材料，用于各种电动工具、仪器和日用电器的移动电源线和连接线。所用标准与（1）相同。

175　屏蔽绝缘电线　为了减少外界电磁波对绝缘电线内电流的干扰以及绝缘电线内电流产生的电磁对外界的影响，在绝缘软电线的绝缘外编织或绕包一层金属丝或箔，构成屏蔽绝缘电线。主要用于要求防干扰的各种电器、仪表以及电气电信设备的线路中。屏蔽绝缘的电线要求屏蔽体的电阻要小，并应根据使用要求设计屏蔽层结构和厚度。

176　控制和信号电缆　用于控制、监控联锁回路及保护线路等场合，起着传递控制、信号等各种作用。控制电缆均为 750V 级以下，导体截面大，传输较大的动力控制电流。信号电缆一般为 250V 级，用于传输信号或测量用弱电流。绝缘主要为塑料类材料，在需柔软、低温和野外场合使用时，选

用橡皮和热塑性体为绝缘。在有阻燃性要求的场合，可选用防火和阻燃橡塑材料为绝缘和护套。为提高电缆的抗干扰能力，可采用铜节绕包、钢丝编织等屏蔽结构。

177　橡套软电缆　橡套软电缆的绝缘和护套均采用橡皮类材料，它包括通用橡套软电缆、电焊机电缆、潜水电动机用橡套电缆、无线电装置电缆和摄影光源电缆等。橡套软电缆具有良好的通用性，广泛用于各种电器设备的移动式电源线。根据承受机械外力的大小，分为轻型、中型和重型三类。导电线芯采用铜软线束绞，绝缘采用天然-丁苯橡皮，户外型产品橡套采用氯丁胶。电焊机电缆在低压大电流下工作，移动频繁，要求具有较好的耐热性和柔软性；导线采用柔软型结构，外包一层聚酯薄膜；绝缘采用各项性能较好的橡皮绝缘，厚度大，既作绝缘又作护套。潜水电动机用橡套电缆分为防水电缆和潜水泵用扁电缆两种。前者用于一般的场合，而后者主要用于矿井中。此类电缆一般在交流 500V 及其以下工作，护套吸收量小，电缆绝缘性能优良。无线电装置用电缆主要用于无线电装置的移动电源线和连接线，最高电压等级可达 3 000V。摄影光源用软电缆使用中频繁移动，传输容量大，要求柔软耐高温，绝缘一般采用乙丙橡胶。

178　直流高压软电缆

（1）医疗用直流高压软电缆　主要用于医疗高压直流设备与其高压整流装置的连接，也可用于电子显微镜、电子分析仪器等设备的接线。三芯结构，两根外包绝缘橡皮，用于灯丝加热，另一根为控制线，外包半导电橡皮。

（2）工业仪器设备用直流高压软电缆　传输电流范围广，可用聚氯乙烯、聚乙烯、乙丙橡胶和交联聚乙烯作绝缘，聚氯乙烯和氯丁橡皮作护套，并应特别注意屏蔽层的接地及其与保护系统的可靠连接以保护人身安全。用于各种高压直流工业仪器设备作电源线，移动用或手提操作且频繁移动的机器，要求电缆线芯柔软。

179　电机绕组引接软线　直接永久与电机绕组相连并引出电机壳体的绝缘软线。引接线的耐热特性与电机绝缘匹配，具有良好的电气性能和柔软性，并且耐溶剂和耐浸渍剂。引接线应满足 JB/T 6213—2006《电机绕组引接软电缆和软电线》和《125℃电机绕组引接软电线和软线技术规范》的要求。引接线的长期工作温度分为 90℃、125℃、180℃等级别，分别与耐热等级为 B、F、H 的电机

相匹配，其电压等级分为 500V、1 000V、3 000V、6 000V 四档。引接线绝缘材料可使用塑料、橡皮和薄膜绕包纤维编织等。由于良好的性能，此类电线除用于电机外，也可应用于变压器和其他电器的接线。

180　公路车辆用绝缘电线

（1）公路车辆用低压电线电缆　耐热、耐寒、耐油、耐磨及柔软性良好，颜色种类多，用于汽车等公路车辆的电器及仪表线路、车辆与挂车之间的电器连接，在机床等设备的内部电气连接上也得到了广泛应用。单芯绝缘电线一般采用聚氯乙烯或聚氯乙烯-丁腈复合物为绝缘，七芯电缆一般采用聚氯乙烯为绝缘和护套材料。

（2）公路车辆用高压点火电线　具有良好的电气绝缘性能和耐热性能，用于连接车辆发动机的点火装置、工作在高压和高温场合。该类电线一般采用具有较高电阻的高阻合金或纤维为导线材料，以抑制点火所产生的无线电干扰。绝缘和护套材料采用塑料和橡皮。

181　石油及地质勘探用电缆　是一类综合性能要求很高的电缆，用于石油工业、地质勘探及海洋勘探等场合，主要有检测电缆、钻探电缆、潜油泵电缆和加热电缆四大类：

1）检测电缆。用于陆地地震勘探、野外地质勘探、海上和航用探测、河海口放射性测量等场合，作为信号传输和连接线，要求柔软、重量轻、强度高、抗干扰、无磁性，海上使用时要使用发泡内护套，以求有一定的漂浮能力。

2）钻探电缆。用于各类油气井的承荷探测，地球物理野外测井以及野外井层电气参数测量等场合，要求高抗拉力、耐复杂环境能力强、抗干扰能力强并具有光机电综合性能。

3）潜油泵电缆。用于 3.6/6kV 及以下潜油泵机组与潜没式电机，作用是和地面控制箱等的连接和引接，要求尺寸小，耐高温高压，结构稳定，电气和力学性能优良，一般采用乙丙、交联聚乙烯等耐热绝缘，护套采用丁腈橡皮或氯磺化聚乙烯，通过锁铠装以提高绝缘稳定性，铠装外有防卤护套。

4）加热电缆。为交流 380V 固定敷设电缆，用于加热含蜡较高和黏度较大的油井，要求耐油、耐高低温、结构稳定，发热元件为导体本身或电阻丝、有机半导体和有机 PTC 材料，绝缘采用含氟塑料、交联乙烯等，采用联锁铠装或双钢丝铠装等。

182　矿用电缆　主要用于井下或井上移动式电器设备、配电站以及采掘、起重机和运输机械。因工作环境复杂，要求电缆不延燃、防爆、轻便耐用、运行安全、力学性能优良，并能与电气监视保护相配合。按电压等级的不同可分为 660V 及以下、千伏级和 6kV 系统级矿用电缆：660V 以下矿用电缆包括矿用帽灯线和橡套软电缆；千伏级矿用电缆适用于额定电压 1 140V 井下采煤机或移动电器设备配电线路；6kV 级矿用电缆供移动设备用。

183　船用电缆　用于船舰及水上浮动建筑物的电力照明、控制、信号和通信线路。

1）橡皮绝缘船用电缆。导体要使用镀锡铜线，绝缘采用电性优良的普通橡皮、丁基橡皮、乙丙橡皮和硅橡皮，护套一般采用丁腈橡皮、氯丁橡皮和氯磺化聚乙烯，根据使用要求还可有镀锌钢丝、镀锡铜丝编织层。

2）塑料绝缘船用电缆。以铜为导体，聚氯乙烯为绝缘和护套。

3）其他船用电缆。主要有船舶电信装置、电话，广播机用电缆、水密电缆、耐火电缆和低烟、低毒无卤电缆等。

184　航空电线　包括飞机、卫星、火箭和其他飞行器用的各种电线电缆，按用途分为三大类：高压点火用电线、机舱布电线和特种专用电线。由于高空运行，要求电线电缆尺寸小、重量轻、耐高温、耐振动、抗冲击，且易安装。常温常压使用的电线工作温度在 105℃ 以下，以耐热聚氯乙烯和辐照交联聚乙烯为绝缘，尼龙和聚氯乙烯为护套。除 105℃ 级以外，还有 135℃、150℃、200℃、260℃ 及 300℃ 以上级别，一般都以氟复合物和聚酰亚胺材料为绝缘，高温等级的线采用硅橡胶、氟硅橡胶以及有机无机复合材料为绝缘。

185　其他专用电线电缆

（1）其他专用绝缘电线　包括补偿导线、不可重接插头线、农用地埋线和控温加热线等。

1）补偿导线。用于连接热电偶与检流计，导线采用多种合金组合，绝缘和护套一般为聚氯乙烯。

2）不可重接插头线。用于交流 250V 及以下室内各种移动电气器具、无线电设备和照明灯具与电源连接。

3）农用地埋线。供农村地下直埋敷设，导体为铝芯，绝缘和护套为塑料。

4）控温加热线。用于户外液体输送管道及其阀门和大型设备室外监测仪的防冻保温，有恒功率加热线和自控温加热线两类。

（2）其他电缆　包括电梯电缆、机车车辆用电缆、地铁车辆用电缆、核电站用电缆等。

1）电梯电缆。有橡皮和塑料绝缘两种类型，要求充分退热、柔软性好、抗拉强度大、重量轻、阻燃性好，采用束绞铜线为导体，尼龙绳和钢丝绳为加强芯，氯丁橡胶为护套。

2）机车车辆用电缆。分 750V 和 1 500V 两种，电缆工作温度分为 70℃ 和 100℃ 两组，一般采用天然丁苯胶、聚氯乙烯、乙丙橡胶和氯磺化聚乙烯为绝缘，聚氯乙烯尼龙和氯磺化乙烯为护套。

3）地铁车辆用电缆。供地铁车辆供电照明、通信和广播用，一般以橡皮和塑料为绝缘和护套。

4）核电站用电缆。核电站内使用的电缆，要求耐辐照、阻燃防火、耐高温、可靠性高，一般使用氯磺化聚乙烯为绝缘和护套。

5）无卤、低烟、低毒、阻燃的电缆和光纤综合电缆。目前十分重视其研究开发。

第9章 通信电缆和光纤光缆[5,6,9,29-31]

9.1 通信电缆结构和传输特性

186 通信电缆概述 通信电缆和光纤光缆是通过导线（有线通信）传输电磁波信息（包括电话、电报、电视、广播、传真、数据、网络信息等电磁信息）的传输元件。通信电缆包括市内、长途、射频、海底、CATV、泄漏通信等；光纤光缆包括架空、海底、管道、光电综合通信、电力系统用和软光缆等。按通信电缆结构可分为：对称通信电缆、同轴通信电缆、波导管、光纤光缆、架空明线等。不同通信电缆（含光缆）具有不同的通信传输能力：1）对称结构：传输 10^6 Hz 以下音频和载波信号；2）同轴结构：传输 $10^6 \sim 10^9$ Hz 范围内超高频信号；3）波导结构：传输 $10^9 \sim 10^{12}$ Hz 范围内微波频段的信号；4）光缆：传输 $10^{12} \sim 10^{17}$ Hz 范围内信号[9,29]

187 对称通信电缆结构元件 对称通信电缆由导电线芯、绝缘、线组、电缆芯及护层组成。通信回路由相同外径及相同结构的两根绝缘线芯对称地排列而成。

对称通信电缆要求导电性能好、高频损耗小，具有足够的机械强度和良好的柔软性。线芯结构通常为单芯圆柱形。导电线芯采用电工铜或电工铝，电工铝线芯直径是铜线芯的 1.28~1.30 倍。电阻率 ρ（20℃）和电阻温度系数分别为：铜导体 $\rho \leqslant$ 17.241nΩ·m 和 0.003 93/K；铝导体 $\rho \leqslant$ 28.264nΩ·m 和 0.004 03/K。

通信电缆要求绝缘材料体积电阻系数 ρ_V 高、相对介电常数 ε_r 和介质损耗角正切值 tanδ 小，同时要求具有良好的柔软性和机械加工性能。纯净的空气是一种通信电缆用的理想介质，因此，应使电缆绝缘中空气所占的比例尽可能大。空气-纸绝缘采用较早，但目前已被塑料和塑料-空气绝缘结构所代替，主要有聚氯乙烯、聚乙烯、聚丙烯、聚苯乙烯、泡沫聚乙烯、聚乙烯绳管、聚乙烯鱼泡、聚苯乙烯绳带等。线芯绝缘应带不同颜色，普遍采用

全色谱。

对称通信电缆两根绝缘线绞合可减少线组间的电磁耦合、降低回路串音、提高回路的抗干扰能力。绞合方式有：1）对绞，两根不同颜色的绝缘线芯绞合成对；2）星绞，四根不同颜色的绝缘线芯绞合而成；3）复对绞，由两个不同节距的对绞组再合成。常见绞合方式剖面结构示意图见图3.9-1。

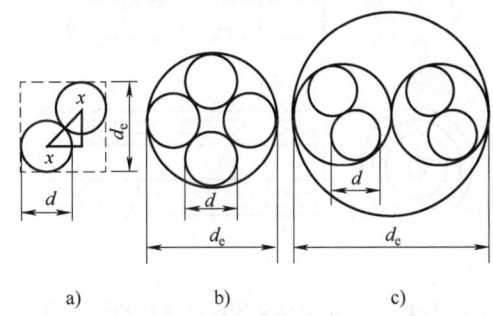

图 3.9-1 常见绞合方式剖面结构示意图

a) 对绞 b) 星绞 c) 复对绞

d—绝缘线外径 d_e—绞合后有效直径

对称通信电缆的缆芯由一定数量线组按一定规律和方式绞合而成：1）同芯式方式将若干线组从中心开始有规律地一层一层地绞合成缆，相邻层绞合方向相反；2）单位式方式由若干基本单位绞合成缆，分50对单位和100对单位两种，各层绞合方向相同；3）无规绞合是一种新的绞合方式，它是利用随机脉冲信号控制缆芯的绞合过程，使线对的相对位置一直处于变化状态，由于相邻缆芯出现重复的概率很小，因此大大降低了线对间的串音。

188 同轴通信电缆结构元件 同轴通信电缆主体有内导体、绝缘、外导体三部分，外部为综合护层。内导体要求电导率高，因此采用电工铜，镀锡、镀银、镀镍后可用于高频、高温场合。内导体结构可采用实芯体、绞线、空管、铜包钢皱纹管等形式。

绝缘介质要求电绝缘性能和力学性能高、吸水性低，结构稳定、保证内外导体严格同心，主要采

用聚乙烯，也可采用交联聚乙烯、氟塑料等，绝缘型式：1）实芯绝缘；2）空气-塑料组合绝缘，介质与空气的体积比为 1/20～1/10，结构型式有垫片绝缘、泡绝缘、绳管绝缘、螺旋绝缘、竹节绝缘、藕形绝缘和泡沫绝缘等，同轴通信电缆的绝缘结构示意图见图 3.9-2。除物理泡沫绝缘外，其他型式的绝缘结构已很少应用。各种绝缘型式的等效 ε_r 和等效 $\tan\delta$ 见表 3.9-1。

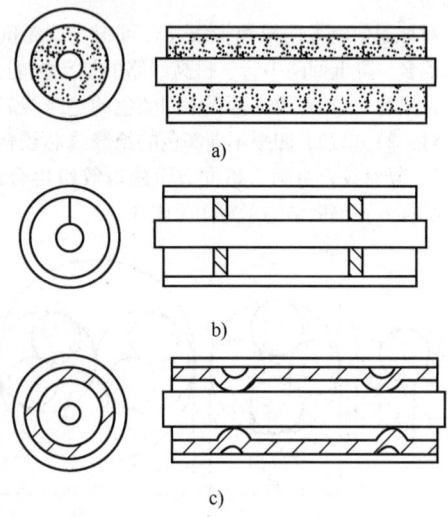

图 3.9-2　同轴通信电缆的绝缘结构示意图
a）泡沫聚乙烯　b）聚乙烯垫片
c）聚乙烯鱼泡

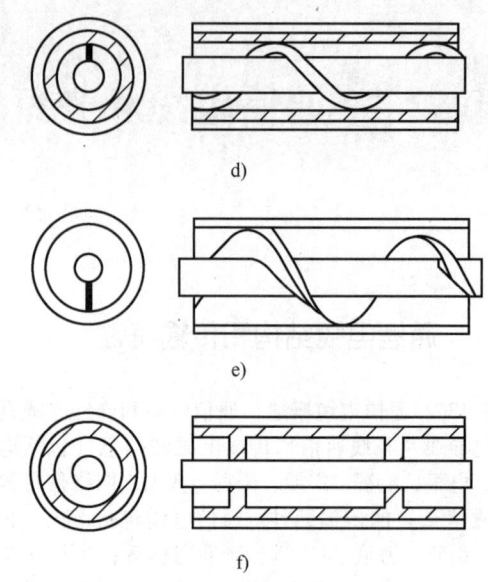

图 3.9-2　同轴通信电缆的绝缘结构示意图（续）
d）内扎绳管　e）螺旋带　f）竹节式

同轴通信电缆的外导体一般用铜或铝，起电气回路和屏蔽双重作用。理想结构是空芯圆导体，实际生产中常有锁齿式外导体、皱边式外导体、压痕式外导体、铜钢复合双层外导体、编织外导体、光滑管外导体、皱纹金属管外导体、绕包外导体、电镀外导体等，典型同轴电缆外导体结构示意图见图 3.9-3。

表 3.9-1　各种绝缘型式的等效 ε_r 和等效 $\tan\delta$

绝缘型式	实芯聚乙烯	聚苯乙烯绳	泡沫聚乙烯	聚乙烯鱼泡	聚乙烯垫片	聚乙烯螺旋带
ε_r	2.3	1.25～1.27	1.3～1.5	1.17～1.20	1.08～1.135	1.08～1.10
$\tan\delta/10^{-3}$	0.3～0.5	1～3[①]	0.1	0.1	0.03～0.04	0.04

① 250kHz 下测量值，其他为 1MHz 下测量值。

189　通信电缆护层　通信电缆护层起机械保护、防化学腐蚀、防潮防水、屏蔽电磁干扰的作用。主要有以下几种：1）金属套有铅套、铝套、焊接钢管护层等，特点是密封性好、不透水、不透潮，有良好的电磁屏蔽作用；2）橡套和塑套有聚乙烯、聚氯乙烯、氯丁橡胶等，也可采用硅橡胶、氟塑料，特点是柔软轻便，但易老化且防潮性较差；3）组合护层的防潮性超过塑套，目前广泛采用的是铝-塑自黏结构，是一种双面涂敷有自黏性塑料的铝带，纵包后经局部加热自黏而成，也有采用钢-塑自黏结构或铝、钢、塑料综合护层

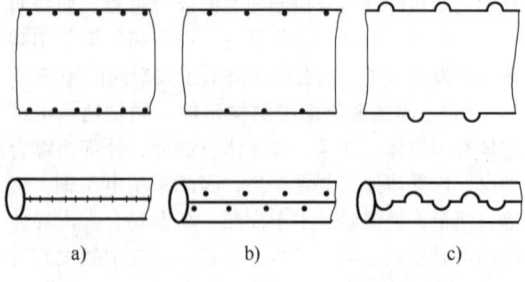

图 3.9-3　典型同轴电缆外导体结构示意图
a）皱边式　b）压痕式　c）锁齿式

结构。

根据防霉、防白蚁、防鼠、防雷、防辐射等要求，可设计专用特种护层。

190 通信电缆传输理论和传输参数 通信电缆理论基础是麦克斯韦方程组。对称通信电缆和同轴通信电缆中主要传输平面电磁波（TEM 波），波导中主要传输横电波（TE 波）和横磁波（TM 波）。在分析通信电缆的传输特性时，常用均匀传输线的概念，均匀传输线基本方程为

$$U = U_1 \text{ch}\Gamma x + I_1 Z_c \text{sh}\Gamma x$$

$$I = I_1 \text{ch}\Gamma x + \frac{U_1}{Z_c} \text{sh}\Gamma x$$

式中 U_1——终端电压；
Γ——传播常数；
I_1——终端电流；
Z_c——特性阻抗。

通信电缆的一次传输参数（或原参数，见表3.9-2）由传输线的结构所确定，有线芯有效电阻 R、总电感 L（包括回路内电感和回路外电感）、两根导体间电容 C 以及两根导体间绝缘的电导 G。通信电缆的二次传输参数（见表3.9-3）由一次传输参数计算得到，有衰减常数、相移常数、传播常数、特性阻抗等，反映电磁波在线路中的传输质量。

表 3.9-2 通信电缆一次传输参数计算公式

	参数	理论计算公式	实用计算公式
对称通信电缆①	电阻 $R/(\Omega/\text{km})$	直流电阻 $R_0 = 2\,000\rho\dfrac{l}{A}$	有效电阻 $R = R_0 + R_\sim = \lambda\rho\dfrac{2\,000}{\pi r^2} + R_\sim$
	电感 $L/(\text{H}/\text{km})$	$L = \left(\varepsilon_r + 2\ln\dfrac{a-r}{r}\right)\times 10^{-4}$	总电感 $L = \lambda\left[4\ln\dfrac{a-r}{r} + Q(kr)\right]\times 10^{-4}$
	电容 $2C/(\text{F}/\text{km})$	$C_0 = \varepsilon_r\times 10^{-6}/[36\ln(a-r)/r]$	$C = \lambda\varepsilon_r\times 10^{-6}/[36\ln(a-r)/r]$
	电导 $G/(\text{S}/\text{km})$	直流电导 $G_0 = 1\,000\pi\sigma_i/[\ln(a-r)/r]$	绝缘电导 $G = 1\,000\pi\sigma_i/[\ln(a-r)/r] + \omega C\tan\delta$
同轴通信电缆②	电阻 $R/(\Omega/\text{km})$	内导体直流电阻 $R_0 = 1\,000\rho_0/\pi a^2$ 外导体直流电阻 $R_b = 1\,000\rho_b/2\pi bt$	有效电阻 $R = \dfrac{1}{4\pi^2 r^2\sigma_a} + \sqrt{\dfrac{f}{\pi}}\left(\dfrac{1}{2r}\sqrt{\dfrac{\mu_0}{\sigma_a}} + \dfrac{1}{2b}\sqrt{\dfrac{\mu_b}{\sigma_b}}\right)$
	电感 $L/(\text{H}/\text{km})$	$L = \dfrac{\mu_a}{8\pi} + \dfrac{\mu_i}{2\pi}\ln\dfrac{b}{a} + \left[\dfrac{\mu_b}{2\pi}\left(\dfrac{c^2}{c^2-b}\right)^2\ln\dfrac{c}{b} - \dfrac{\mu_b}{2\pi}\dfrac{c^2}{c^2-b^2} + \dfrac{\mu_b}{8\pi}\dfrac{c^2+b^2}{c^2-b^2}\right]$	总电感 $L = \dfrac{\mu_i}{2\pi}\ln\dfrac{b}{c} + \dfrac{1}{4\pi\sqrt{\pi f}}\left(\dfrac{1}{a}\sqrt{\dfrac{\mu_a}{\sigma_a}} + \dfrac{1}{b}\sqrt{\dfrac{\mu_b}{\sigma_b}}\right)$
	电容 $C/(\text{F}/\text{km})$	$C = \varepsilon_r\times 10^{-6}/(18\ln b/a)$	$C = \varepsilon_r\times 10^{-6}/(18\ln b/a)$
	电导 $G/(\text{S}/\text{km})$	直流电导 $G_0 = 2\pi\sigma_i/(\ln b/a)$	绝缘电导 $G = \omega C\tan\delta$

① 式中，l——线芯长度（km）；a——导体间距（mm）；r——导体半径（mm）；A——导线截面积（mm²）；ρ——线芯电阻率（$\Omega\cdot$km）；μ_r——导体相对磁导率；σ_i——绝缘电导率；λ——线芯总综合系数；$R_\sim$——附加电阻（由趋肤效应电阻、邻近效应电阻和附加金属损耗电阻组成）；$Q(kr)$——对称结构内电感矢量（$k=\sqrt{\omega\mu\gamma}$）。

② 式中，a——内导体半径；b——外导体内表面半径；c——外导体外表面半径；μ_a、μ_b——内、外导体磁导率；μ_i——绝缘磁导率；σ_a——内导体电导率；σ_b——外导体电导率；σ_i——绝缘电导率；f——传输的电磁波频率。

表 3.9-3　通信电缆二次传输参数计算公式

f/Hz	$0 \sim 800$	$800 \sim 30\,000$	$30\,000$ 以上
衰减常数 $\alpha/(dB/km)$	$\sqrt{\dfrac{\omega CR}{2}}$	$\left\{ \dfrac{1}{2} \left[\sqrt{(R^2+\omega^2 L^2)(G^2+\omega^2 C^2)} - (\omega^2 LC - RG) \right] \right\}^{\frac{1}{2}}$	$\dfrac{R}{2}\sqrt{\dfrac{C}{L}} + \dfrac{G}{2}\sqrt{\dfrac{L}{C}}$
相移常数 $\beta/(rad/km)$	$\sqrt{\dfrac{\omega CR}{2}}$	$\left\{ \dfrac{1}{2} \left[\sqrt{(R^2+\omega^2 L^2)(G^2+\omega^2 C^2)} + (\omega^2 LC - RG) \right] \right\}^{\frac{1}{2}}$	$\omega\sqrt{LC}$
特性阻抗 Z_c/Ω	$\sqrt{\dfrac{R}{\omega C}}\, e^{-j\frac{\pi}{4}}$	$\sqrt{\dfrac{R+j\omega L}{G+j\omega C}}$	$\sqrt{\dfrac{L}{C}}$

191　影响通信电缆传输质量的因素　主要影响因素有：1）匹配，包括①传输线与网络或转换器等接口对接时的匹配，要求负载或负载网络的入端阻抗等于传输线的特性阻抗；②传输线自身匹配，通常采用各种匹配电路或多个四分之一波长线段来匹配；2）色散，绝缘层引起色散，改善方法是选用介电性能好的绝缘材料（如聚乙烯、聚苯乙烯和聚四氟乙烯等）；3）振幅失真，采用衰减均衡器（RLC 元件组成的四端网络）来改善；4）相位失真，采用相位均衡器（LC 元件组成的四端网络）来消除；5）特性阻抗不均匀性，有三种改善方法：缩小制造公差、减少电缆制造长度内同轴对的分组和同轴电缆施工中的配盘。

192　通信电缆串音、衰减和屏蔽　使电磁波的传输产生变化的电磁影响称串音。串音途径有回路间相互串音、外来电磁信号直接串入和通过第三回路串入。回路间相互串音有近端串音，与主串回路的信号源同一端收到的串音；远端串音，另一端所收到的串音。

对称通信电缆回路间相互串音主要是由于主串回路的横向电磁场与被串回路间的电磁耦合，并在被串回路中感生电压电流。产生串音的途径有直接串音和间接串音，在低频时，间接串音影响很小，可以忽略不计。同轴电缆串音由沿同轴对外导体表面存在着电场的纵向分量引起，它作用在由两个同轴对外导体所组成的第三回路上产生电流和电压降，在被串回路中产生串音电流，当频率增高时，同轴对间串音电流减少。

串音衰减表示能量从主串回路串入被串回路时衰减的程度。串音衰减越大，表示串音的影响越小，串音衰减分为：1）近端串音衰减，为主串回路的发送功率 P_{10} 串至被串回路近端时的衰减值（dB）：$A_0 = 10\lg(P_{10}/P_{20})$，其中 P_{20} 为串至被串回路近端的串音功率；2）远端串音衰减，为主串回路的发送功率 P_{10} 串至被串回路远端时的衰减值（dB）：$A_1 = 10\lg(P_{10}/P_{21})$，其中 P_{21} 为串至被串回路远端的串音功率。远端串音防卫度表示受串音影响的程度，是被串回路远端（接收端）收到的信号电平与串到该接收端的串音电平之差（dB）：$A_{12} = P_{11} - P_{21} = 20\lg|U_{11} - U_{21}|$，其中 P_{11} 为主串回路电平，P_{21} 为被串回路远端电平，U_{11} 为主串回路电压，U_{21} 为被串回路远端电压。

消除串音方法：1）交叉，通过沿电缆制造长度定距离交叉线芯，使串音电流相互抵消；2）扭绞，在电缆生产过程中通过不同线组采用不同的绞合节距以减小组间的电磁耦合和改善组内回路的间接耦合，但较好的方法是通过无规绞合；3）平衡，一般在短段电缆上先采用交叉法进行平衡，在较大的制造长度上用交叉法平衡后，剩余的不对称采用附加电容法进行平衡，在敷设好的长线路中，采用集中平衡法进行最后平衡。

采用金属带绕包或纵包结构或金属丝编织结构进行屏蔽是减少通信电缆回路间的相互干扰和外部干扰的根本方法，主要屏蔽用材料有钢、铜、铝、铅、金属复合纸或铝塑复合带等。

9.2　主要通信电缆品种

193　市内通信电缆和全塑市话电缆　用于市内、近郊和局部区域信息传输，主要品种是全塑市话电缆（聚烯烃绝缘铝-塑综合挡潮层电缆），应用最广。市内通信电缆的主要品种和结构见表 3.9-4。

市内通信电缆还有缆芯绞合油膏填充式聚烯烃绝缘电缆、全部线对脉码调制（PCM）通信电缆、市内同轴电缆等。市内通信电缆的电气性能指标请参见 GB/T 13849—2013。

194　长途对称通信电缆　主要用于远距离信息　传输。长途对称电缆的主要品种和结构见表3.9-5。

表 3.9-4　市内通信电缆的主要品种和结构

结构品种	型号	导线直径/mm	标称对数	线芯绝缘	线对绞合	缆芯绞合
全塑市话电缆	HYA	0.32、0.4、0.5、0.6、0.8	10~3 600	聚乙烯或聚丙烯	对绞	同芯式或单位式
自承式塑料电缆	HYVC	0.5	5~100	聚乙烯		

表 3.9-5　长途对称电缆的主要品种和结构[①]

品种类型	型号	导线直径/mm	标称组数	线芯绝缘
泡沫聚乙烯绝缘高低频电缆	HYFQ、HYFL	0.9、1.2	高频组数：3、4 低频组数：4~11	泡沫聚乙烯

① 线对绞合：星绞、缆芯绞合、层绞式。

长途对称通信电缆还有泡沫聚乙烯低频综合通信电缆、数字传输对称通信电缆、数模综合对称通信电缆等[27]，它们的电气性能指标比市内通信电缆高，但这类产品正逐步被光纤光缆所替代。

195　同轴（干线）通信电缆　用于通信干线和城市间信息传输。同轴通信电缆的主要品种和结构见表3.9-6。目前，该品种已被干线光缆所取代。

表 3.9-6　同轴通信电缆的主要品种和结构

品种	型号	导线直径	标称线对	线芯绝缘	缆芯绞合
小同轴综合通信电缆	HOQ、HOL	1.2/4.4	4、8	聚乙烯鱼泡	层绞式
同轴综合通信电缆	HOQ、HOL	2.6/9.5	4、8	聚乙烯垫片	层绞式

此外还有 1.2/4.4 和 2.6/9.5 双同轴对的综合通信电缆、0.7/2.9 微同轴综合通信电缆等[27]。

196　射频电缆　主要用于无线电设备、电子仪器的配套和电气测量的信号传输等，已有数百个品种。按结构形式分为同轴型、对称型和带状型射频电缆，按绝缘形式分为实芯绝缘、半空气绝缘和空气绝缘三类。1）同轴射频电缆主要用于无线电设备连接、小型无线电发射或接收馈线、电气测量信号传输线等，采用单芯内导体、实芯绝缘结构，特性阻抗有 50Ω、75Ω 和 100Ω；2）大功率射频电缆主要用于给发射天线传输大功率射频能量，相对结构尺寸较大，并采用空气绝缘；3）匹配电缆用于满足不同输入阻抗仪器的匹配，利用螺旋内导体来提高电感量，使特性阻抗增大（500~1000Ω）；4）延迟电缆用于产生时间延迟的信号，用高磁导率内芯与螺旋结构制成；5）射频船用电缆用于舰船内部通信和控制[29]。射频电缆的物理力学性能具体要求参见射频电缆总规范和射频电缆试验方法（GB/T 17737.1—2013）。

197　局域网（LAN）用数据传输电缆　用于局部网络信息传输的专用电缆，按传输频率分

1.04Mbit/s、5Mbit/s、16Mbit/s、20Mbit/s、100Mbit/s、200~400Mbit/s、500~600Mbit/s 共 7 类。随着计算机技术的发展，前 4 类已逐步淘汰，目前第 5 类和超五类电缆正大量用于高速信息网络（特别是智能化大楼内的布线），而今后方向是发展并采用第 6、7 类电缆。第 5 类电缆常见对数有 2、4、8、16、25，对绞和成缆节距短（12~25mm）且恒定（≤0.5~0.7mm），主要品种有：1）UTP 电缆，非屏蔽扭绞线对电缆；2）STP 电缆，屏蔽扭绞线对电缆；3）S-UTP电缆，屏蔽/对绞线电缆；4）S-STP 电缆，屏蔽/屏蔽扭绞线对电缆。

198　CATV 电视电缆　共用天线电视系统（CATV）是用同轴电缆进行宽频带传输的图像信号系统，CATV 电视电缆是 CATV 的重要组成部分，包括干线电缆、配线电缆、用户引入线和用户室内线，特性阻抗均为 75±3Ω。CATV 电视电缆特性阻抗高度均匀、温度特性良好、损耗低、电压驻波比小、电气和力学性能长期工作稳定性好，CATV 电视电缆外导体结构有金属编外导体、金属管外导体、纹金属管外导体、铝复合带外导体结构等；绝缘结构有纵孔聚乙烯绝缘、发泡聚乙烯绝缘、聚乙

烯垫片小管绝缘、聚乙烯螺旋绝缘等。

199　泄漏通信电缆　是一种屏蔽不完善的电缆，当电信号沿电缆轴向传输时能向电缆径向周围发射泄漏电磁波信号，或者进行相反的过程。泄漏电缆主要用于坑道、隧道、井下、地铁沿线等电磁波难以覆盖区域的通信，列车、汽车，袖珍移动电台等移动通信，以及频域覆盖和区域监控保护等，泄漏通信电缆同轴结构的外导体是不封闭结构：在封闭外导体上开槽（八字槽式，纵向开槽式、打孔式）、金属丝螺旋缠绕、金属丝松编织等[29]。

200　海底通信电缆　主要用于大陆和岛屿、岛屿与岛屿、跨海和洲际通信，是一种供电压较高（最高可达 6.5kV）、宽频带的通信电缆，特性阻抗一般为 50Ω，最高传输频率可达 45MHz，可通 5500 话路。有对称和同轴两种结构。浅海通信电缆由于敷设时要承受较大的拉力和为了防止舰船作业时造成的外力损伤，需要采用钢丝铠装；深海通信电缆为了减小结构尺寸，常采用钢丝内铠装结构。

9.3　通信电缆敷设和测试

201　通信电缆敷设　通信电缆的敷设分：1）架空敷设，用吊线（钢绞线）和挂钩将电缆吊挂架空，架空线路要有防雷保护；2）管道敷设，电缆表面先涂凡士林或黄油，以减小摩擦，并起防腐作用，敷设时电缆的弯曲半径应不小于电缆盘的半径；3）直埋敷设，直埋深度不小于 1m，并保证电缆有足够的弯曲半径；4）水下敷设，应留有足够的富裕量。

详细敷设规范及施工设计见参考文献［30，31］。通信电缆的接续质量对传输质量影响很大，电缆接续后，各制造长度要尽量保持原有电气性能、力学性能、防潮能力，不能损伤绝缘层。

202　通信电缆测试　测试项目有电气性能测试和物理力学性能测试。试验形式有型式试验、抽样试验和例行试验。试验方法和性能指标参见 GB/T 13849—2013 和参考文献［29］。

主要电气性能测试项目包括导体直流电阻、回路不平衡电阻测试，绝缘电阻、交直流耐压测试，工作电容测试，电容耦合与电容不平衡测试，特性阻抗及衰减常数测试，串音衰减及串音防卫度测试，特性阻抗不均匀性测试，衰减温度系数测试，屏蔽系数测试，故障测试等。主要物理力学性能测

试项目包括抗张强度试验，断裂伸长率测试，空气热老化试验，耐环境应力开裂试验，结构尺寸检查等。

9.4　光纤光缆

203　光纤光缆概述　光纤由纤芯、包层和被覆层构成，纤芯折射率比周围包层的折射率略高，光信号主要在纤芯中传输，包层为光信号提供反射边界并起机械保护作用，被覆层起增强保护作用。光缆由传输光信号的纤维光纤、承受拉力的抗张元件和外部保护层组成。

光波在光纤中的传输理论基础是射线光学（几何光学）和波动光学。射线光学可以较好地解释多模光纤的传输过程；波动光学将光作为电磁波、光纤作为光波导，从麦克斯韦方程出发，用电磁波传输的模式理论来解释光波在光纤中的传输过程。

衡量光纤传输质量的关键指标是损耗。光纤产生损耗的原因有：1）吸收损耗，由固有光吸收、杂质吸收引起；2）散射损耗，由固有散射、结构不完整散射引起；3）辐射损耗，由弯曲损耗、耦合辐射引起。光纤中存在着一些低损耗窗口，开发和利用这些窗口可以提高光纤的传输质量。

光纤中光的传输存在着色散现象，使传播常数随频率变化。它有模式色散、材料色散和波导色散三种类型。光纤的色散引起传输脉冲的展宽，从而限制了通信容量。单模光纤不存在模式色散，且在一定波长下，材料色散和波导色散可以相互抵消，使色散大幅度降低；多模光纤中影响最大的是模式色散，可通过将光纤设计成渐变折射率型光纤，使模式色散达到最小。在实际应用中，常采用一些色散补偿技术，以减少色散的影响。

光纤应具有足够的抗拉强度和剪切强度，且在恶劣环境下不会因疲劳而破坏。机械强度降低的主要原因是光纤中的裂纹，它来自光纤预制棒中存在的固有裂纹和光纤制造过程产生的裂纹。

204　光纤的结构与分类　通常光纤由裸光纤、一次涂覆、二次被覆组成，裸光纤由纤芯和包层组成。按裸光纤纤芯折射率分布规律可分为：1）阶跃型光纤，折射率在纤芯中均匀分布，但在纤芯和包层界面上发生突变；2）渐变型光纤，折射率在纤芯中连续变化，分布通常呈抛物线型。按光纤传输的电磁波模式数量可分为单模光纤和多模光纤。

按组成裸光纤的材料可分四类，见表 3.9-7。

表 3. 9-7　裸光纤的组成材料

裸光纤材料	组成和特点
石英系光纤	纤芯和包层由不同的石英制成，高纯度石英中因分别掺入不同的杂质（GeO_2、P_2O_5、B_2O_3、F 等）而有不同的折射率；目前产量最大、性能最佳、在通信系统中应用最广泛
多组分玻璃光纤	以多种氧化物成分玻璃作为纤芯材料，较容易制成廉价的大芯径大数值孔径光纤；应用于中短距离光通信系统
聚合物包层光纤	由 SiO_2 和折射率较小的聚合物（硅树脂、聚四氟乙烯）包层组成，包层材料折射率低，具有较大的芯径和较大的数值孔径；用于计算机网络和专用仪器设备
塑料光纤	由折射率高的透明塑料纤芯与折射率低的透明塑料包层组成，常用材料有聚甲基丙烯酸甲酯、聚苯乙烯等；特点是数值孔径较大、芯径大，柔韧性好、耐冲击、重量轻、易加工、省电、使用方便、使用寿命长、价格便宜（约为玻璃光纤的 1/10），可用于工作环境恶劣的各种短距离通信系统，能大大降低整个系统的成本，并且由于近年提高了传输带域超过了同型玻璃光纤，传输损耗从 3 500dB/km 降到 20dB/km，因此应用愈来愈广；近年来，中红外光纤、传感器用光纤、大芯径大数值孔径光纤、耐辐照光纤等也有较大的发展[34-36]

205　光缆的基本结构　光纤是光通信的基本单元，实用传输线路需要将光纤制成光缆，光缆通常是由光纤单元、抗张加强芯、金属铠装层和外护套组成。

（1）光缆中的抗张元件（加强件）　起保护光纤作用，使其尽量与外界压力隔离。一般情况下加强件用高强度钢丝，但在有强电干扰的场合或对光缆重量有限制的情况下，则使用多股芳纶纱或纤维增强塑料。

（2）光纤涂覆层涂层的黏弹性能起保护光纤不受机械损伤的作用，同时使光纤不致因微弯而引起光损耗。涂层是聚合物，其渗水性将促进光纤老化与疲劳使其强度劣化，因此应采用各种密封涂层。理想的密封涂层应当在光纤高速拉丝时，易于施加到光纤上，而不应引起任何附加损耗。

光纤被覆有一次涂覆和二次被覆。光纤的一次涂覆层，常用热固化硅酮树脂和紫外光固化丙烯酸类树脂。目前由无机材料或金属材料构成的密封涂覆层光纤已进入商用。另一种碳涂覆光纤，在玻璃表面和聚合物涂覆层之间有一层沉积而成的非结晶碳膜，能大大降低氢诱生附加损耗并明显提高了光纤的抗疲劳特性。一次涂覆的光纤可直接成缆，但要将它安放在骨架的开槽中。

一次涂覆的光纤在成缆之前大都需加上二次被覆层（套管），目的是减少光纤受到侧压力时产生的微弯曲和使用方便。通常采用挤出的尼龙、聚对苯二甲酸丁二醇酯（PBT）、聚丙烯、聚乙烯或氟塑料等材料。因二次被覆层的截面比光纤本身的截面大得多，所以二次被覆层除了能提高光纤抗侧压性能外，还可改善光纤的抗拉性能。光纤和二次被覆层应有符合规定的识别色标。

若在一次涂覆层之间存在间隙或充填胶状物，光纤可在其中松动，则这种被覆结构称为松套结构；若二次被覆层与一次涂覆层之间并无间隙，则这种被覆结构称为紧套结构。松套结构内可含单根光纤，也可含多根光纤或光纤带。

为了改善光纤的温度特性，常在一次涂覆和二次被覆间增加一个缓冲层，或二次被覆采用松套结构。单芯结构直接在一次涂覆后进行二次被覆，或采用松套结构；多芯结构可在一次涂覆后，将多根光纤先组成光纤组再进行二次被覆。

（3）光缆的绞合结构　为了保证光纤有一定的柔软性和提高光缆的抗拉性能，与通信电缆一样，光缆多数也采用螺旋绞或 SZ 绞的绞合结构，选择绞合节距，节距越小，光缆的柔软性和抗拉伸性能越好，但光缆材料消耗增加，光纤的弯曲半径也小，当小到一定程度时就会引起附加衰减。

206　光缆的分类

（1）光缆按缆芯结构分类见表 3.9-8。

（2）光缆按应用的通信网类别分有：1）干线光缆，干线通信网中所使用的光缆称为干线光缆，它主要是直埋光缆和管道光缆以及架空光缆；2）接入网光缆，接入网是指将众多用户接入公用通信网而构成的网络，它包括本地交换局与用户之间的所有机线设备。

（3）光缆按使用环境分类见表 3.9-9。

表 3.9-8　光缆按缆芯结构分类

结构类型	特　点
层绞式光缆	在中心抗张元件周围绞合数根二次被覆光纤而成。光缆一般均为单层绞合。但松套结构制造的光缆可达 48 芯，甚至高到 144 芯至上千芯
骨架式光缆	在抗张元件外挤塑料骨架，然后将一次涂覆光纤嵌入骨架的开槽中，槽可呈螺旋形，也可为 S-Z 形。每槽可放一根光纤，也可放多根光纤或光纤带。槽内一般充填胶状物
单位式光缆	把若干根光纤以层绞式或骨架式制成光纤单位，然后再将若干个光纤单位经绞合而成。可制作成包含几百根光纤的光缆
中心管式光缆	在一根高密度聚乙烯塑料管或聚对苯二甲酸丁二醇酯（PBT）管内充填胶状物，放入具有适当余长的不同色谱的光纤。塑料管外加阻水带和皱纹镀铬钢带铠装层，两根直径为 1.6mm 的钢丝沿铠装层纵放在缆芯轴线对称的两侧作为抗张元件，然后再挤上高密度聚乙烯护套
带状光缆	先将多根光纤制成光纤带，然后把多组光纤带绞合成光缆或多组光纤带置于骨架中成缆，具有光纤分布密度高和便于接续等优点；带状光缆与骨架式结构相结合，可生产 4 000 芯以上的大芯数光缆，这将成为未来光缆的主要品种
综合光缆	由光纤与通信电缆、电力电缆或电气装备线组成

表 3.9-9　光缆按使用环境分类

光缆品种		特点与应用
直埋光缆		有防水层和铠装层，用于长途光通信干线，是目前主要生产品种
管道光缆		采用铝带聚乙烯复合护层，应用在市内中继线路中
架空光缆		往往附加轻型金属铠装层轻型铠装，能防外力损伤，应用在省内干线或区域通信线路中
海底光缆		光纤衰减小、频带宽和尺寸小，对光缆缆芯、抗张元件、铠装护套要求高，能承受敷设、打捞时的张力和海底高压力，最大承受水压可达 80MPa，抗张力为 80kN。将替代海底通信电缆
水下光缆		具有良好的径向和纵向密封性能，在缆芯外需增加钢丝铠装层，应用于通信线路的过河区段
软光缆		光缆柔软、尺寸小、重量轻，具有良好的弯曲性能和足够的抗拉伸能力，用于非固定场合
室内光缆		外护套采用低烟无卤材料为佳，应用在大楼内的局域网中或作为室外光缆线路的室内引入缆
设备内光缆		结构轻巧，芯径较大，用于设备内光路连接
专用电缆	光电综合通信光缆	将光缆和电缆并成一缆，可降低线路的造价，应用在铁路通信系统中
	全介质自承式光缆	简称 ADSS，高压输电线路中使用的通信光缆
	光纤复合架空地线	由铝管保护的光纤和电力线路架空线（铝包钢线或铝合金线）组成
	光纤复合电力电缆	光纤放置在三相缆芯的间隙中构成复合缆，既能传输电力，又能实现无感应和没有串话的数据通信

（4）光缆按缆芯的纵向阻水方式分有：1）非填充式光缆，在缆芯或是除松套管以外的缆芯部分不填充或涂覆阻水油膏，为了防止潮气侵入和实施故障报警，一般均需进行气压维护；2）填充式光缆，是在缆芯部分甚至是光缆全截面的间隙中均填充和涂覆油膏，光缆沿纵向式不渗水；3）干式光缆，利用一种亲水性的不含油脂的遇水膨胀材料来代替油膏，目前应用最普遍的材料是粉末状的交联聚丙烯酸酯，它与其他材料组合，制成阻水带或阻水纱，包覆在缆芯上或填入缆芯的间隙中。

207　光缆的敷设与测试　光缆在城市内一般敷设在建造好的专门沟道或管道中，在管道中敷设时可采用润滑材料以减少摩擦力，在沟道中敷设时需在沟井口采用易弯钢管保护；在野外通常将带有铠装外护套的光缆直接埋于 1~2m 深的土壤中；在特殊条件下，可将光缆吊挂在电线杆或建筑物墙上。光缆敷设时，应尽可能减少光缆的弯曲和扭转。

光缆敷设中的关键是光纤光缆的接续，它对光纤损耗的影响很大，引起接续损耗的主要原因有两根光纤数值孔径和芯径不同、端面反射、端面质量以及各种机械偏移（纵向偏移、横向偏移、角度偏移）。因此光缆接续中，端面处理、中心轴对准、光纤熔接技术至关重要。

光缆的试验内容包括光纤尺寸检测、光纤光学性能测量、光纤传输特性测量、光缆力学性能测量、光环境性能测量等。光纤尺寸检测方法和标准见 GB/T 15972.22—2008、IEC 60793-1-20—2001 和 ITU-TG.650.1（07/2010），光纤的光学性能和传输特性测量方法和标准见 GB/T 15972.41—2008、IEC 60793-1-48—2017 和 ITU-TG.650.1（07/2010），光缆的力学性能试验方法和标准见 GB/T 7424.20—2021、IEC 60793-1-3—2000，光缆的环境性能试验方法和标准见 GB/T 7424.1—2003 和 GB/T 3048.10—2007、IEC 60793-1-3—2000[37]。

第 10 章 绝缘子[5,6,32]

10.1 绝缘子概述

208 绝缘子的分类和用途 绝缘子是对处于不同电位的电气设备或导体同时提供电气绝缘和机械支持的器件。绝缘子按用途和结构分类见表 3.10-1,绝缘子按电压、材料、击穿可能性分类见表 3.10-2。

表 3.10-1 绝缘子按用途和结构分类

类型	线路绝缘子			电站、电器绝缘子		
用途	架空电力线路、电气化铁道牵引线路			电站和电器		
型式	针式	盘形悬式	蝶式	隔板支柱	针式支柱	套管
可击穿型 (B型)						
型式	线路柱式	长棒形	横担	棒型支柱	空心绝缘子	
不可击穿型 (A型)						

表 3.10-2 绝缘子按电压、材料、击穿可能性分类

分　类	类　别
电压种类	交流绝缘子;直流绝缘子
电压高低	高压绝缘子(U_r>1kV);低压绝缘子($U_r \leqslant$1kV)

（续）

分　　类	类　　别
主绝缘材料	瓷绝缘子：电气和力学性能、化学稳定性和耐候性好，原材料丰富、价廉，应用广 玻璃绝缘子：生产周期短、建厂投资少、绝缘子损坏时易于发现，用于制造结构较简单、尺寸较小的绝缘子 有机材料绝缘子：主要是环氧浇注绝缘子，用于制造形状复杂、尺寸小、电场高、耐 SF_6 分解产物的绝缘子 复合材料绝缘子：主要用环氧/聚酯引拔棒芯和硅橡胶裙边制作，用于超高电压线路
击穿可能性	A 型绝缘子：$\delta/L_d > 1/2$；（环氧浇注绝缘子：$>1/3$） B 型绝缘子：$\delta/L_d > 1/2$；（环氧浇注绝缘子：$<1/3$），其中：L_d 为绝缘子外部干闪络距离，δ 为固体绝缘内部最短击穿距离

绝缘子在运行中常受到电、机械、热和环境因素的长期反复作用：电气负载有工作电压和各种过电压，产生各种放电、离子迁移、介质损耗、电和热破坏；机械负载有导体、绝缘体、覆冰等的重力，导线张力和风力等；热负载有环境的高低温（$-40 \sim 40$℃）和温变作用，部件通过电流时的热效应等；其他环境因素有阳光、臭氧和其他有害气体、各种降水过程和沉降物引起的污秽作用等。因此运行条件对绝缘子提出了各种性能和可靠性（寿命）要求，参见 GB/T 8287.1—2008、GB 8287.2—2008 高压支柱瓷绝缘子，GB/T 4109—2022 高压套管技术条件。

209　外绝缘污秽　由于避雷器和高压开关的改进，污秽问题逐渐变成了选取外绝缘时的决定性因素。污秽闪络事故面积大、时间长，所造成的损失超过雷害事故，特别是在工业污秽区，达到雷电事故的 8 ~ 10 倍以上。交流电力设备外绝缘最小公称爬电比距 λ 见表 3.10-3。

表 3.10-3　交流电力设备外绝缘最小公称爬电比距 λ（单位：mm/kV）

外绝缘污秽等级	线路	电站设备
0	13.9（14.5）	14.8（15.5）
I	16	16
II	20	20
III	25	25
IV	31	31

I ~ IV 污秽等级绝缘子应按 GB/T 5582—1993 高压电力设备外绝缘污秽等级进行人工污秽试验，试验电压为 $U_m/\sqrt{3}$（U_m 为设备最高工频电压）。高海拔地区的耐受电压试验值应予提高，按标准进行

换算。耐污秽绝缘子闪络电压取决于绝缘体表面长度，因此必须加长绝缘子绝缘表面的尺寸以延长闪络路径。

污秽地区选用绝缘子时要注意按 JB/T 5895—1991 污秽地区绝缘子使用导则划准污秽区等级和正确选择伞裙和爬电距离。海盐污秽区应选取保护爬电距离较大的钟罩伞结构，沙漠区应选用自洁性较强的草帽伞结构。爬电比距 λ 根据现场污秽等级按表 3.10-3 选取，爬电距离 L_e（mm）按下式计算：

$$L_e = \lambda U_m K_D$$

式中　K_D——直径因素，绝缘子直径 ≥ 500mm 时 $K_D = 1.2$，直径 ≤ 300mm 时 $K_D = 1$，其他为 1.1。

采取的反污措施有：1）采用耐污绝缘子增加绝缘子串或柱的元件数，爬电距离应足够，选取对当地防污有利的伞形；2）加强清洗；3）绝缘子表面涂覆有机硅脂、硅油、地蜡和硅橡胶等憎水涂料；4）采用复合绝缘子；5）合理布置绝缘子，例如水平安装、采用 V 形布置等。

10.2　绝缘子的结构与特性

210　盘形悬式绝缘子　绝缘子串闪络路径与电压类型有关，盘形绝缘子串的闪络距离和闪络路径见图 3.10-1，闪络电压类型和闪络路径关系见表 3.10-4。

在长绝缘子串的导线侧装设均压环使绝缘子与导线间电容增大，可使绝缘子串的电压分布趋于均匀，减小电晕放电和线路的无线电干扰，但会使绝缘子串的闪络电压略微降低。

盘形绝缘子运行负载最大值不超过其额定机电破坏负载的 30%。

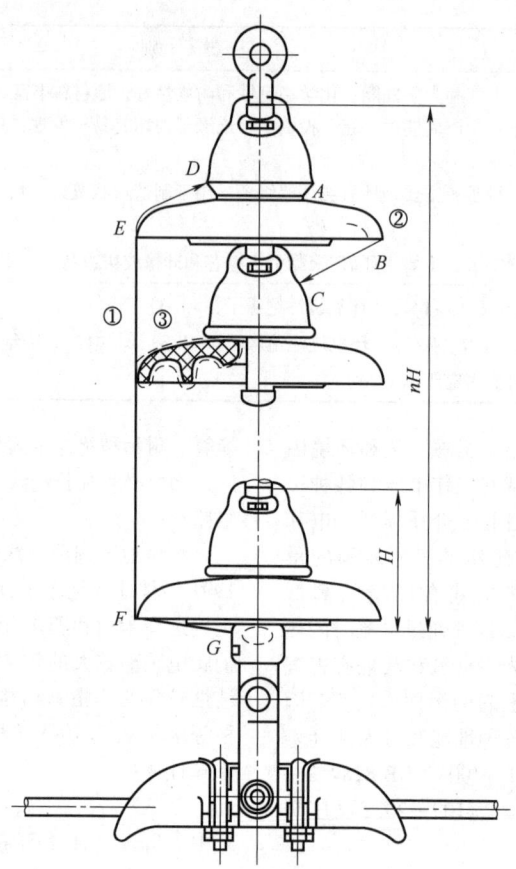

图 3.10-1　盘形绝缘子串的闪络距离和闪络路径

H—绝缘子高度

①、②、③—三种不同的闪络路径

表 3.10-4　盘形绝缘子串的闪络电压类型和闪络路径关系

闪络电压类型	决定因素	闪络路径
工频干闪、雷电冲击、操作冲击干闪、正极性操作冲击湿闪	绝缘子串长度 L_d	图 3.10-1 中①：最短路径，$D \rightarrow E \rightarrow F \rightarrow G$ $L_d = DE(\text{沿面}) + EF(\text{空气间隙}) + FG \approx nH$
工频湿闪、负极性操作冲击湿闪	绝缘子型式：空气间隙长 L_g，潮湿表面长 L_w	图 3.10-1 中②：沿绝缘子表面和空气间隙交替组成的路径，$L_w = nAB$（沿各绝缘子表面），$L_g = nBC$
污秽闪络	绝缘子型式，材质，污秽	图 3.10-1 中③：沿全部绝缘体表面

211　高压支柱绝缘子　可分为户内和户外两类。户外绝缘件表面采用多棱式以提高其闪络特性，户内多为实心棒形支柱绝缘子；超高压支柱绝缘子顶部装设均压环，直径应超过绝缘子高度的20%。支柱绝缘子的运行负载最大值不应超过其弯曲破坏力的40%；短路时合力的最大值不超过额定弯曲破坏力。

212　复合绝缘子　芯棒或芯管一般为树脂浸渍玻璃纤维棒（大多采用引拨棒），主要提供机械强度；外套多由硅橡胶或乙丙橡胶制作，提供必要的干弧距离和爬电距离，并且保证芯体不受气候环境影响。复合绝缘子有线路柱式绝缘子、长棒形绝缘子、支柱绝缘子和空心绝缘子等品种。具有尺寸小、质量轻、机械强度高、对杆塔机械强度要求较低等优点，运输、安装、维护方便，防污性突出，可应用于强污染地区，复合空心绝缘子还消除了瓷套易破裂的危险。

213 直流绝缘子 直流绝缘子运行条件不同于交流绝缘子，要有特殊考虑：1）直流电压下，瓷中钠离子易迁移引起绝缘子老化和热破坏，因而要求降低绝缘子中钠含量，要选用高电阻率材料；2）负极性湿闪电压比交流低，直流绝缘子的污秽沉积比交流下更严重，表面局部放电持续时间较长，直流污秽耐压比交流时低，因而爬电比距要求较高；3）盘形直流绝缘子的钢脚在直流电压下易被电解腐蚀，钢脚一般应有锌护套，严重污秽地区使用的盘形或长棒形绝缘子帽钟罩口下缘应装设锌环。

直流套管电场分布不同于交流套管，要考虑各种材料的电导率及其变化、污秽程度，直流极性反转时介质交界面空间电荷等对电场分布有较大影响，要求增加绝缘长度，要有足够的保护爬电距离和伞间距。套管瓷套表面涂室温固化硅橡胶能有效提高耐污秽性能。

214 高压套管 是引导高压导体穿过隔板并使导体与隔板绝缘的器件。套管按绝缘结构分为单一绝缘（主绝缘有纯瓷、树脂、合成橡胶等）套管、复合绝缘（瓷套充油、瓷套加压缩气体、瓷套加绝缘胶）套管和电容式（油浸电缆纸、环氧或酚醛胶单面上胶纸、环氧胶浸渍绝缘纸、有机复合）套管等几类。

电容套管最常用，主绝缘称为电容芯子，绝缘内部布置有导电层（电极）以改善电场分布，电极一般用铝箔，若以半导体镶边铝箔、半导体箔以及绝缘纸印刷半导体条作为电极，则可改善电极边缘的局部放电特性。油纸套管芯子两端一般切割成阶梯状，套管必须全部充油，上下均有瓷套，油与外界隔绝，密封性要求高，局部放电电压高、放电量小、tanδ低、散热好、热稳定性好；胶纸套管芯子两端车削成锥形，套管户外部分（上部）需瓷套保护，并充油以防潮，胶纸套管尺寸小、机械强度高、耐局部放电性能好、维护方便。电容套管可以缩小套管本身的尺寸，并使安装有电容套管的变压器、油断路器等电力设备的尺寸减小。

参 考 文 献

[1] GB/T 2900.5—2013 电工术语：绝缘固体、液体和气体 [S]. 北京：中国标准出版社，2013.
[2] 金维芳. 电介质物理学 [M]. 2 版. 北京：机械工业出版社，1997.
[3] 巫松桢，谢大荣，陈寿田，等. 电气绝缘材料科学与工程 [M]. 西安：西安交通大学出版社，1996.
[4] 《电气电子绝缘手册》编委会. 电气电子绝缘手册 [M]. 北京：机械工业出版社，2005.
[5] 《电工材料应用手册》编委会. 电工材料应用手册 [M]. 北京：机械工业出版社，1999.
[6] 《机械工程手册》《电机工程手册》编辑委员会. 电机工程手册. 第 1 卷第 6 篇，第 4 卷第 1 篇 [M]. 2 版. 北京：机械工业出版社，1996.
[7] 刘耀南，邱昌容. 电气绝缘测试技术 [M]. 2 版. 北京：机械工业出版社，1994.
[8] 邱毓昌，施围，张文元. 高电压工程 [M]. 西安：西安交通大学出版社，1995.
[9] 《电线电缆手册》编委会组. 电线电缆手册 [M]. 2 版. 北京：机械工业出版社，2001.
[10] 基耶夫ПC. 半导体物理学 [M]. 王家俭，等译校. 济南：山东电子学会，1983.
[11] 刘恩科，朱秉升，罗晋生，等. 半导体物理学 [M]. 4 版. 北京：国防工业出版社，1994.
[12] 周永溶. 半导体物理学 [M]. 北京：北京理工大学出版社，1992.
[13] 黄庆安. 硅微机械加工技术 [M]. 北京：科学出版社，1996.
[14] 唐森，王凡. 导电高分子材料的研究与最新发展 [J]. 化工新型材料，1992 (10)：1-14.
[15] 黄永杰. 磁性材料 [M]. 北京：电子工业出版社，1994.
[16] 过壁君，等. 磁性薄膜与磁性粉体 [M]. 成都：电子科技大学出版社，1994.
[17] 过壁君. 磁记录材料及应用 [M]. 成都：电子科技大学出版社，1991.
[18] 龙毅，等. 新功能磁性材料及其应用 [M]. 北京：机械工业出版社，1997.
[19] 师昌绪. 材料大辞典 [M]. 北京：化学工业出版社，1994.
[20] 《功能材料及应用手册》编写组. 功能材料及其应用手册 [M]. 北京：机械工业出版社，1991.
[21] 吴南屏. 电工材料学 [M]. 北京：机械工业出版社，1993.
[22] 李圣华. 炭和石墨制品 [M]. 北京：冶金工业出版社，1987.
[23] 宋正芳. 碳石墨制品的性能及其应用 [M]. 北京：机械工业出版社，1987.
[24] GB/T 13811—2003 电工术语超导电性 [S]. 中国标准出版社，2003.
[25] 张裕恒，李玉芝. 超导物理 [M]. 合肥：中国科学技术大学出版社，1991.
[26] 师昌绪，等. 材料科学与工程手册 [M]. 北京：

化学工业出版社，2004.

[27]　刘子玉，王惠明. 电力电缆结构设计原理［M］. 西安：西安交通大学出版社，1995.

[28]　凯尔 A，等. 电接触和电接触材料［M］. 赵华人，等译. 北京：机械工业出版社，1993.

[29]　上海电缆研究所. 电线电缆产品手册［M］. 北京：机械工业出版社，2005.

[30]　邮电部设计院. 电信工程设计手册［M］. 北京：人民邮电出版社，1991.

[31]　李泗滨，曾昭国. 通信电缆线路［M］. 北京：人民邮电出版社，1991.

[32]　谢恒堃. 电气绝缘结构设计原理：下册［M］. 北京：机械工业出版社，1993.

[33]　印华，邱毓昌. 油浸变压器用植物油［J］. 绝缘材料，2003（2）：23.

[34]　秦大甲. 光纤光缆国外发展动态［J］. 光纤与电缆

及其应用技术，1996（2）：8-15.

[35]　徐乃英. 通信用光纤光缆的最新发展动态［J］. 光纤与电缆及其应用技术，1998（3）：53-57.

[36]　徐乃英. 通信用光纤光缆的最新发展动态（续）［J］. 光纤与电缆及其应用技术，1998（4）.

[37]　黄浩显. IEC TC86 纤维光学技术委员会制定的国际标准目录［J］. 光纤与电缆及其应用技术，1997（4）.

[38]　马丁·J·希斯科特. 变压器实用技术手册［M］. 13 版. 王晓莺译. 北京：机械工业出版社，2015.

[39]　刘枫林. 徐魏. 石蜡基和环烷基变压器油的性能比较［J］. 高桥石化，2004（6）：6-8.

[40]　陈之敏. 变压器油综述［J］. 合成润滑材料，2018，45（3）：28-31.

[41]　廖瑞金，王季宇，袁媛，等. 换流变压器下新型纤维素绝缘纸特性综述［J］. 电工技术学报，2016，31（10）：1-15.

第4篇

电子元器件和电子电路

主　　编　徐正红（西安交通大学电气工程学院）

副 主 编　金印彬（西安交通大学电气工程学院）

参　　编　马积勋（西安交通大学电气工程学院）

　　　　　王素品（西安交通大学电气工程学院）

主　　审　赵进全（西安交通大学电气工程学院）

责任编辑　吕　潇

第1章 半导体器件

1.1 PN 结与半导体二极管

1 PN 结　P 型和 N 型半导体分别以带正电的空穴和带负电的电子为多数载流子（即多子），当通过一定工艺使半导体单晶形成 P 型和 N 型两部分时，在交界面附近，多子由于浓度差而互相扩散，留下了不能自由移动的负、正离子，使交界面两侧存在势垒，产生自建场。自建场有阻止多子扩散、促使少子漂移的作用。当多子扩散和少子漂移达到动态平衡时，交界面两侧的带正、负离子的空间电荷区，就是 PN 结，也称耗尽层，见图 4.1-1。

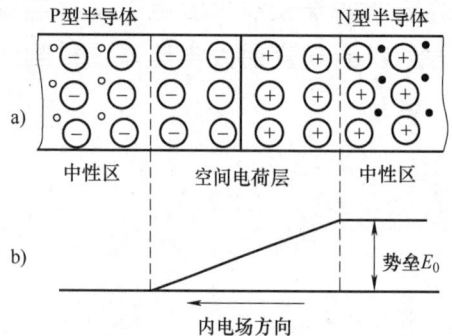

图 4.1-1　PN 结示意图
a）平衡状态下的 PN 结　b）结电位分布

PN 结具有单向导电特性。当外加偏置电压使 P 型半导体一侧电位高于 N 型一侧时，PN 结处于正向偏置，这时 PN 结宽度变窄、势垒下降、呈现为低电阻、导通；当外加偏置电压使 N 型半导体一侧的电位较高时，PN 结宽度增加、势垒提高、呈现为高电阻、反向截止。PN 结正偏与反偏动画演示见二维码。

PN 结正偏
动画演示

偏置电压改变使空间电荷区宽度改变，电荷量也随之变化，类似于电容充放电，这种效应用势垒

电容等效；当偏置电压改变时，流过 PN 结的电流发生变化，在 P 型和 N 型半导体的中性区中由对方扩散来的多子（称非平衡少子）浓度梯度发生变化，有类似电容充放电的效应，用扩散电容等效。PN 结的结电容为这两个电容之和。

PN 结反偏
动画演示

2 半导体二极管　是以 PN 结为核心，加上电极、外壳而构成的二端半导体器件，也称为晶体二极管。虽然各种型号的半导体二极管已达上万种，但各自的工艺、结构、特性和用途不完全相同，分类见表 4.1-1。

表 4.1-1　半导体二极管的类型

分类方法		主要类型
制作工艺		合金型二极管；扩散型二极管；合金扩散型二极管；平面型二极管；外延型二极管
结构形态		点接触二极管；面接触二极管；台面二极管；肖特基势垒二极管；PIN 二极管；体效应二极管；双基极二极管；双向二极管
应用范围	普通应用	检波二极管；整流二极管；稳压二极管；开关二极管；恒流二极管
	光电应用	光电二极管；太阳能电池；发光二极管；激光二极管
	微波应用	变容二极管；阶跃恢复二极管；崩越二极管；隧道二极管；肖特基势垒二极管；体效应二极管
	敏感应用	温敏二极管；磁敏二极管；力敏二极管；气敏二极管；湿敏二极管；光敏二极管

普通二极管的符号及伏安特性曲线见图 4.1-2。正向特性呈指数曲线状。反向时，流过二极管的是非常小的反向饱和电流，但当反向电压过高时，反

向电流会急剧增大，PN 结发生击穿。开始产生的为电击穿，不会损坏管子。当流过的反向电流太大时，产生热击穿，使管子造成永久性损坏。按击穿机理不同，击穿又分为齐纳击穿（击穿电压一般低于 4V）和雪崩击穿（击穿电压一般高于 6V）。

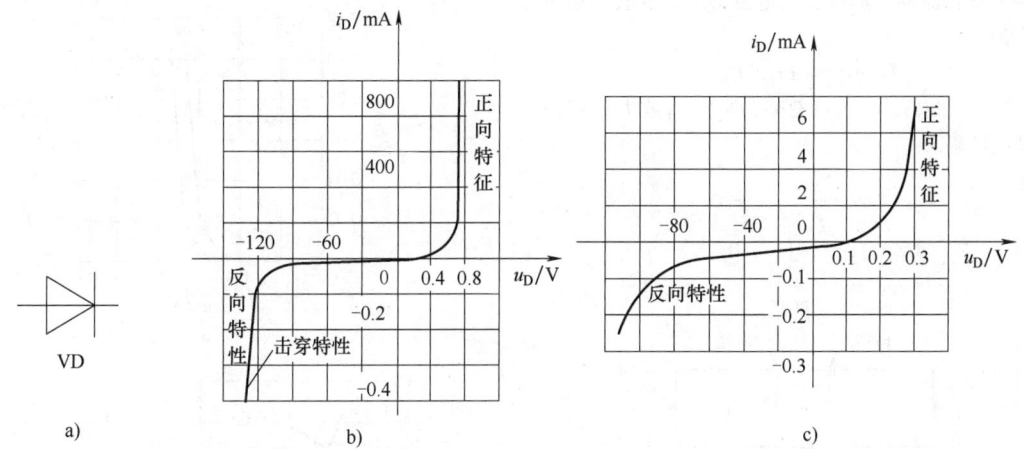

图 4.1-2　半导体二极管的符号及伏安特性曲线

a）符号　b）2CP33B 硅二极管伏安特性曲线　c）2AP7 锗二极管伏安特性曲线

3　特种二极管　指具有特殊功能和用途的二极管，有稳压二极管、肖特基二极管、变容二极管、PIN 二极管、隧道二极管、体效应二极管、发光二极管、光敏二极管、快恢复二极管、双向触发二极管等。它们的结构和特性分别叙述于本篇的相关条目。

1.2　双极型晶体管

4　晶体管的分类及放大原理　双极型晶体管又称为半导体三极管或简称为晶体管。它由三个电极（发射极 E、基极 B、集电极 C）和两个 PN 结（发射结、集电结）构成。按材料分为硅管和锗管；按结构分为 NPN 型和 PNP 型。NPN 平面型硅管的结构示意图见图 4.1-3。晶体管其他分类情况见表 4.1-2。

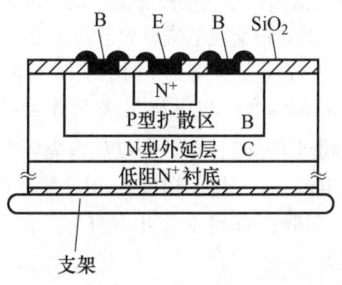

图 4.1-3　NPN 平面型晶体管结构

表 4.1-2　双极性晶体管的类型

分类方法	主　要　类　型
材料	硅管、锗管
制造工艺	扩散管、合金管、平面管
封装结构	金属封装（简称金封）管、塑料封装（简称塑封）管、玻璃壳封装（简称玻封）管、表面封装（片状）管、陶瓷封装管
按功率	小功率（$P_{CM} \leq 0.3W$）、中功率（$1W > P_{CM} > 0.3W$）、大功率（$P_{CM} > 1W$）
按工作频率	低频管、高频管、超高频管
按功率用途	低频放大管、中高频放大管、低噪放大管、开关管、达林顿管（复合管）、高反压管、带阻放大管、微波放大管、光敏管、磁敏管

NPN 管放大原理动画

当发射结外加正向偏压、集电结外加反向偏压（见图 4.1-4）时，晶体管工作于放大状态。发射结正向偏置，使高掺杂的发射区有大量多子扩散到基区，由于基区薄、掺杂浓度低，又有反偏的集电结中的电场力作用，使扩散到基区的多子只有极少量在基区复合，形成基极电流 I_B，大部分漂移到集电区，形成集电极电流 I_C。I_C/I_B 的比值一般在 20～200

之间，称为 β。因此，用小信号使基极电流产生微小变化时，会产生较大的集电极电流变化，这就是晶体管的放大原理。集电结反偏，也使结两边的少子互相漂移，形成反向电流 I_{CBO}。集电极总的电流为

$$I_C = \bar{\beta}I_B + (1+\bar{\beta})I_{CBO}$$

硅管的 I_{CBO} 很小，一般可忽略。NPN 管放大原理动画见二维码。

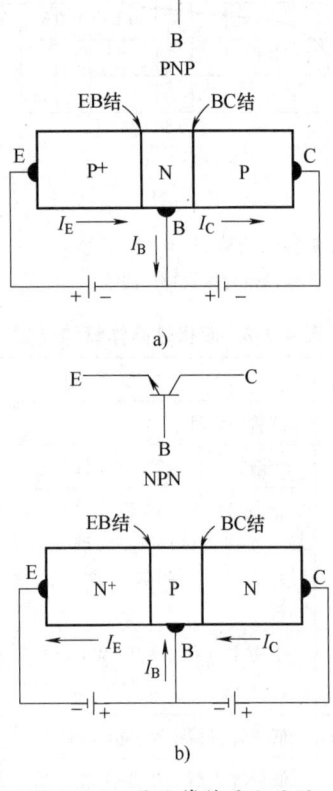

图 4.1-4　晶体管符号和偏置
a）PNP 型　b）NPN 型

5　晶体管的特性曲线　最常用的是共射极输入特性曲线和输出特性曲线。图 4.1-5 给出了 3DG4 型硅晶体管的特性曲线。

（1）输入特性　$i_B = f(u_{BE})\,\big|\,\Delta u_{CE} = 0$。常给出 $U_{CE} = 0V$ 和 1V 两条曲线。当 $U_{CE} = 0V$ 时，发射结、集电结均正偏；$U_{CE} = 1V$ 时，集电结已反偏，管子工作于放大状态。当 $U_{CE} > 1V$ 后，曲线基本上与 $U_{CE} = 1V$ 的那条重合。

（2）输出特性　$i_C = f(u_{CE})\,\big|\,\Delta i_B = 0$。曲线分为三个部分，对应于管子的三种工作状态。曲线几乎

垂直上升部分，i_C 几乎不受 i_B 控制，只随 u_{CE} 增大而增加，为饱和区；$i_B = -I_{CBO}$ 的那条曲线以下部分为截止区；其余部分，i_C 与 i_B 成 β 倍关系，为放大区。

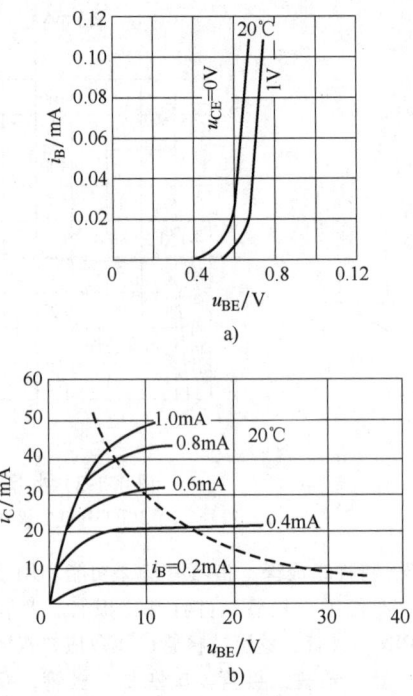

图 4.1-5　3DG4 型硅晶体管输入
特性和输出特性
a）输入特性　b）输出特性

6　晶体管的主要参数

（1）直流参数　共基极直流电流放大系数 $\bar{\alpha}\left(\bar{\alpha} = \dfrac{I_C - I_{CBO}}{I_E}\right)$；共射极直流电流放大系数 $\bar{\beta}\left(\bar{\beta} = \dfrac{I_C - I_{CBO}}{I_B + I_{CBO}}\right)$；极间反向电流 I_{CBO}、I_{CEO}，分别称为发射极开路时集电极—基极间反向饱和电流、基极开路时集电极—发射极间穿透电流，$I_{CEO} = (1+\bar{\beta})I_{CBO}$。

（2）交流参数　共基极交流电流放大系数 $\alpha(\alpha = \Delta I_C / \Delta I_E)$；共射极交流电流放大系数 $\beta(\beta = \Delta I_C / \Delta I_B)$；特征频率 f_T，它是 β 下降到 1 时的工作频率。

（3）极限参数　集电极最大允许功耗 P_{CM}，当管子功耗超过 P_{CM} 时，管子会过热，烧坏 PN 结；集电极最大电流 I_{CM}，当 i_C 超过 I_{CM} 时，管子的 β 变小，放大能力下降；极间击穿电压 $U_{(BR)CBO}$、$U_{(BR)CEO}$、$U_{(BR)EBO}$ 等。

手册上总是以极限值给出晶体管的各种参数，并规定了相应的测试条件。

1.3 场效应晶体管（FET）

7　场效应晶体管的特点和类型　场效应晶体管（Field Eeffect Transistor，FET）是一种利用电场效应控制电流的半导体器件。它靠多数载流子导电，所以又称为单极型晶体管。具有输入阻抗高、噪声低、温度性能好的特点。主要分类如下：

（1）按结构分　结型场效应晶体管（Junction FET，JFET）、金属-氧化物-半导体场效应晶体管（Metal-Oxide-Semiconductor FET，MOSFET）、肖特基势垒栅场效应晶体管（Metal-Semiconductor FET，MESFET），它主要用在微波电路中。

（2）按导电沟道类型分　由空穴导电的 P 沟道和由电子导电的 N 沟道。

（3）按器件工作方式分　1）增强型：u_{GS} 大于开启电压 $U_{GS(th)}$ 时才导通；2）耗尽型：$u_{GS}=0$ 时已导通。JFET 只有耗尽型。

8　结型场效应晶体管（JFET）　以 PN 结为控制栅的场效应管。图 4.1-6 是 N 沟道 JFET 的结构图。N 型外延区与 P+栅区及 P 型衬底形成两个背向 PN 结，U_{GS} 及 U_{DS} 总使它们反偏。当改变 U_{GS} 或 U_{DS} 时，PN 结宽度变化，改变了中间沟道的宽度及导电能力。u_{GS} 小于夹断电压 $U_{GS(off)}$ 时，上下 PN 结重合，沟道夹断，管子截止。N 沟道 JFET 工作原理动画见二维码。

N 沟道 JFET 工作原理动画

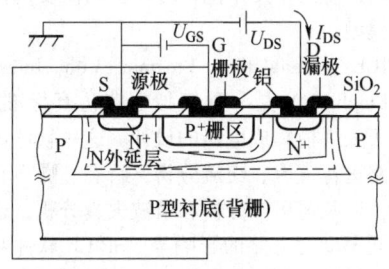

图 4.1-6　N 沟道 JFET 的结构

9　绝缘栅型场效应晶体管（MOSFET）　一种金属-氧化物-半导体结构的绝缘栅型场效应晶体管，分增强型和耗尽型两类，各自又有 N 沟道和 P 沟道两种。

图 4.1-7 是 N 沟道增强型 MOSFET 的基本结构。当 $u_{GS}=0$ 时，衬底与源区、漏区形成的两个 PN 结总有一个反偏，管子截止；只有当 $u_{GS}\geq U_{GS(th)}$（开启电压）时，由于栅压产生的电场排斥衬底中的多子、吸引少子，在栅极下的 P 型衬底中形成 N 型反型层，并贯通 N 型的源区和漏区建立导电沟道，管子导通。改变 u_{GS} 可使沟道内载流子浓度及沟道宽度变化，从而控制 i_D。N 沟道增强型 MOSFET 工作原理动画见二维码。

N 沟道增强型 MOSFET 工作原理动画

制造管子时，若预先就在铝栅极下 SiO_2 绝缘层中掺入适量正离子，就成了 N 沟道耗尽型 MOSFET，即使 $u_{GS}=0$，也会形成导电沟道。仅当 u_{GS} 小于（P 沟道为大于）$U_{GS(off)}$ 时，管子才截止。

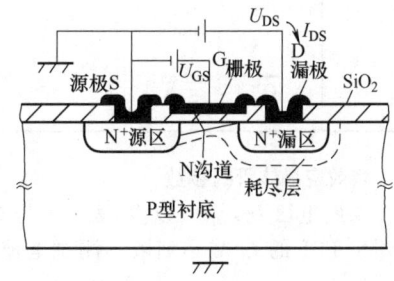

图 4.1-7　N 沟道增强型 MOSFET 结构

10　场效应晶体管的特性曲线　有两种特性：1）转移特性，$i_D=f(u_{GS})\big|\Delta u_{DS}=0$；2）输出特性，$i_D=f(u_{DS})\big|\Delta u_{GS}=0$。各种 FET 的符号及伏安特性见表 4.1-3。

表 4.1-3　场效应晶体管的符号和伏安特性

结构类型	工作方式	图形符号	电压极性		转移特性	输出特性
			$U_{GS(off)}$ 或 $U_{GS(th)}$	u_{DS}		
绝缘栅型 N 沟道	耗尽型	D G S	（−）	（+）		

（续）

结构类型	工作方式	图形符号	电压极性 $U_{GS(off)}$ 或 $U_{GS(th)}$	u_{DS}	转移特性	输出特性
绝缘栅型 N 沟道	增强型	D G S	(+)	(+)	i_D，$U_{GS(th)}$，u_{GS}	i_D，$U_{GS}=6V$，$+5V$，$+4V$，$+3V$，u_{DS}
绝缘栅型 P 沟道	耗尽型	D G S	(+)	(−)	$U_{GS(off)}$，i_D，u_{GS}	i_D，$+2V$，$+1V$，$U_{GS}=0$，$-1V$，$-2V$，u_{DS}
	增强型	D G S	(−)	(−)	$U_{GS(th)}$，i_D，u_{GS}	i_D，$-2V$，$-3V$，$-4V$，$U_{GS}=-5V$，u_{DS}
结型 N 沟道	耗尽型	D G S	(−)	(+)	i_D，$U_{GS(off)}$，u_{GS}	i_D，$U_{GS}=0$，$-1V$，$-2V$，$-3V$，u_{DS}
结型 P 沟道	耗尽型	D G S	(+)	(−)	i_D，$U_{GS(off)}$，u_{GS}	i_D，$+3V$，$+2V$，$+1V$，$U_{GS}=0$，u_{DS}

11　场效应晶体管的参数

（1）夹断电压 $U_{GS(off)}$　以 U_P 表示，是 U_{DS} 一定、耗尽型 FET 的 I_D 减小到微小测试电流时的 U_{GS} 值。

（2）开启电压 $U_{GS(th)}$　以 U_T 表示，是 U_{DS} 一定，使增强型 FET 的 I_D 开始有电流时的 U_{GS} 值。

（3）饱和漏极电流 I_{DSS}　指耗尽型 FET 在 U_{DS} 为测试条件规定值，$U_{GS}=0$ 时的 I_D 值。

（4）低频跨导 g_m　它反映了 u_{GS} 对 i_D 的控制能力，定义为 $g_m = \dfrac{\Delta i_D}{\Delta u_{GS}}\bigg|_{\Delta u_{DS}=0}$，单位为西门子（S），一般约为 $1\sim15\text{mS}$。

除以上参数外，还有直流输入电阻 $R_{GS(DC)}$，极间电容 C_{GS}、C_{GD}、C_{DS}，最大耗散功率 P_{DM}，最大漏极电流 I_{DM} 及击穿电压 $U_{(BR)DS}$、$U_{(BR)GS}$ 等。

1.4　半导体器件模型

12　半导体器件仿真模型　计算机仿真或工程应用时，可以将非线性的半导体器件做线性化处理。不同模型的精度不同，可以根据需要选择不同的器件模型。

SPICE（Simulation Program with Intergraded Circuit Emphasis）是一种模拟电路仿真标准软件，主要用于大规模集成电路的设计。这一软件可以对电子电路进行直流、交流分析，瞬态、噪声和灵敏度分析，以及傅里叶分析和谐波失真分析，还可以模拟不同温度对电路的影响等。SPICE 软件对电子电路进行设计和分析是建立在电子器件模型的基础上的，模型定义了器件的特性。考虑的参数越多则模型越复杂，但更接近实际器件特性，分析结果更精确。以下介绍几种常用半导体器件的 SPICE 模型。

（1）二极管 SPICE 模型　二极管的 SPICE 模型见图 4.1-8，R_S 为体电阻，I_D 为非线性电流源用来模拟二极管的伏安特性，C_D 为二极管等效电容。二极管模型主要参数见表 4.1-4。

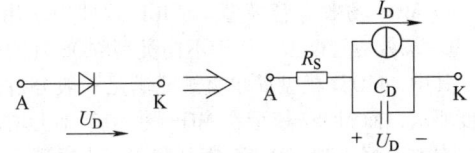

图 4-1-8　SPICE 中二极管模型

表 4.1-4　二极管 SPICE 模型主要参数表

符号	模型参数	参数名称	缺省值	单位	举例
I_S	IS	反向饱和电流	10^{-14}	A	$2×10^{-14}$
R_S	RS	欧姆电阻	0	Ω	10
n	N	注入（发射）系数	1		1.2
τ_D	TT	渡越时间	0	s	1 ns
C_{jo}	CJ0	零偏 PN 结电容	0	F	2pF
φ_D	VJ	结电势	1	V	0.6
m	M	（电容）梯度因子	0.5		0.33
BU	BV	反向击穿电压	∞	V	40
I_{BV}	IBV	反向击穿电流	10^{-10}	A	10^{-10}

（2）双极型晶体管 SPICE 模型　双极型晶体管（BJT）模型种类很多，应用最广的是 Ebers-Moll 模型（简称 EM 模型）和 Gummel-Poon 模型（简称 GP 模型）。1954 年提出的 EM 模型经过 EM1 模型、EM2 和 EM3 模型三个阶段。其中 EM1 模型是简单的非线性直流模型；EM2 模型考虑基区中的载流子传输效应和存储电荷对 BJT 交流特性及瞬态特性的影响；而 EM3 模型进一步考虑了基区调宽效应（即 Early 效应）、大注入效应（即 Webster 效应）和小电流效应（即 Sah 效应）等多种 BJT 的二级效应，成为较完善的通用模型。1970 年提出的 GP 模型基本上与 EM3 模型等价，但 EM3 模型模拟的二级效应需分别处理，模拟公式也需逐个修正。而 GP 模型所涉及的二级效应是统一处理的，和 EM3 模型相比，GP 模型是一种数学推导上更精确和更完整的模型。NPN 型晶体管的简化 GP 模型的等效电路见图 4.1-9。

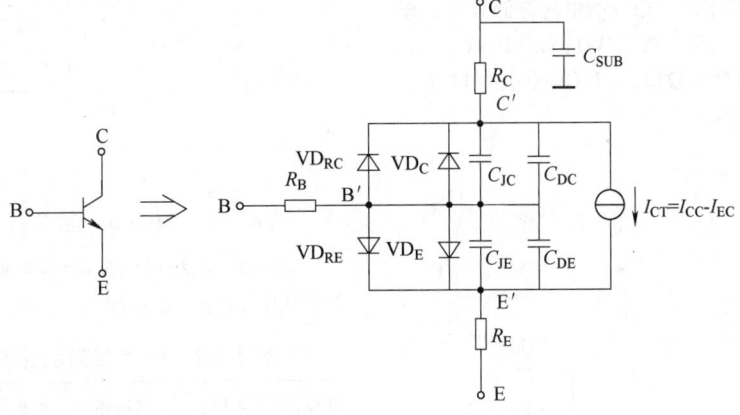

图 4.1-9　双极型晶体管的简化 GP 模型

其中 R_C、R_E 和 R_B 分别是集电极、发射极和基极的欧姆电阻；VD_{RE}、VD_{RC}、VD_C 及 VD_E 是描述 PN 结电流的等效二极管；I_{CC} 和 I_{EC} 分别是在结电压作用下穿越集电结和发射结的电流；C_{DE} 和 C_{DC} 为两个 PN 结的扩散电容；C_{JC} 和 C_{JE} 为两个 PN 结的势垒电容；C_{SUB} 为衬底电容，典型值为 1~2pF。表 4.1-5 列举了双极型晶体管 SPICE 模型 40 个参数中的 16 个主要参数。

表 4.1-5　双极型晶体管 SPICE 模型参数表

符号	模型参数	参数名称	缺省值	单位	举例
I_S	IS	饱和电流	10^{-16}	A	10^{-15}
β_F	BF	正向电流增益	100		80

（续）

符号	模型参数	参数名称	缺省值	单位	举例
β_R	BR	反向电流增益	1		1.5
n_F	NF	正向电流发射系数	1		1
n_R	NR	反向电流发射系数	1		1
n_{EL}	NE	B-E 结漏注入（发射）系数	1.5		2
n_{CL}	NC	B-C 结漏注入（发射）系数	2		2
U_A	VAF（VA）	正向 Early 电压	∞	V	200
R_C	RC	集电极欧姆电阻	0	Ω	10

（续）

符号	模型参数	参数名称	缺省值	单位	举例
R_E	RE	发射极欧姆电阻	0	Ω	1
R_B	RB	零偏最大基极电阻	0	Ω	10
τ_F	TF	理想正向渡越时间	0	s	1 ns
C_{JEo}	CJE	B-E 结零偏结电容	0	F	2pF
φ_E	VJE（PE）	B-E 结内建电势	0.75	V	0.70
C_{JCo}	CJC	B-C 结零偏结电容	0	F	2pF
C_{SUB}	CJS（CCS）	C-衬底零偏结电容	0	F	5pF

（3）场效应管 SPICE 模型 以下介绍其中的 JFET 和 MOSFET 的 SPICE 模型。

1）结型场效应管模型。SPICE 软件中结型场效应管采用 Schichman-Hodges 模型，N 沟道 JFET 的模型见图 4.1-10。图中 I_D 为非线性电流源；R_S 和 R_D 分别是漏极和源极的串联欧姆电阻；电容 C_{GD} 和 C_{GS} 分别反映了两个栅结的电荷存储效应；栅源和栅漏 PN 结分别用二极管 VD_D 和 VD_S 来表示。表 4.1-6 列举了结型场效应管 SPICE 模型的 14 个参数中的 8 个主要参数。

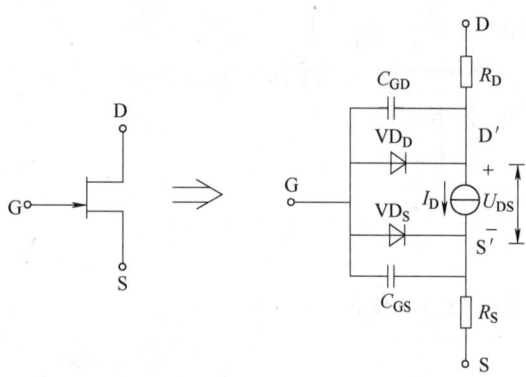

图 4.1-10 结型场效应管 SPICE 模型

表 4.1-6 结型场效应管 SPICE 模型参数表

符号	模型参数	参数名称	缺省值	单位	举例
V_{TO}	VTO	夹断电压	-2	V	-2
β	BETA	跨导系数	10^{-4}	A/V^2	10^{-3}
λ	LAMBDA	沟道长度调制系数	0	V^{-1}	10^{-4}
R_D	RD	漏极欧姆电阻	0	Ω	100
R_S	RS	源极欧姆电阻	0	Ω	100
I_S	IS	栅极 PN 结饱和电流	10^{-14}	A	10^{-14}
C_{GDO}	CGD	零偏 G-D 结电容	0	F	5pF
C_{GSO}	CGS	零偏 G-S 结电容	0	F	1pF

2）MOS 场效应管模型。SPICE 软件中采用 6 种 MOS 场效应管模型，用于不同类型 MOS 管的模拟。其中，MOS1 模型简单直观能满足一般分析的精度要求，而 MOS2 模型在 MOS1 模型基础上增加了二次效应修正项，MOS1 模型和 MOS2 模型适用于 $2\mu m$ 以上长沟道 MOS 管。MOS3 模型考虑了二次效应，但采用半经验公式，计算量小于 MOS2 模型但参数选取依赖实验结果，并无电容模型修正，主要用于短沟道 MOS 管。MOS4～MOS6 模型适用于更小尺寸的 MOS 管，其中 MOS5 和 MOS6 用于亚微米器件的模拟需要。图 4.1-11 是 N 沟道 MOSFET 的模型。

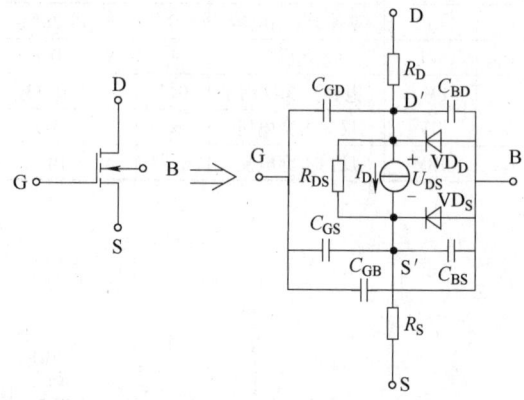

图 4.1-11 MOS 场效应管的 SPICE 模型

MOSFET 的模型包含 40 多个参数，表 4.1-7 列举了其中 14 个主要参数。

表 4.1-7 MOS 场效应管模型参数表

符号	模型参数	参数名称	缺省值	单位	举例
V_{TO}	VTO	零偏阈值电压	1.0	V	1.0
K_P	KP	跨导参数	2×10^{-5}	A/V^2	2.5×10^{-5}
t_{OX}	TOX	氧化层厚度	1×10^{-7}	m	1×10^{-7}
R_D	RD	漏极欧姆电阻	0	Ω	10
R_S	RS	源欧姆电阻	0	Ω	10
W	W	沟道宽度	0.5×10^{-6}	m	0.5×10^{-6}
L	L	沟道长度	2×10^{-6}	m	2×10^{-6}
λ	LAMBDA	沟道长度调制系数	0	V^{-1}	0.02
γ	GAMMA	体效应阈值参数	0	$V^{1/2}$	0.35
C_{GSO}	CGSO	单位宽度 G-S 覆盖电容	0	F/m	2×10^{-11}

（续）

符号	模型参数	参数名称	缺省值	单位	举例
C_{GDO}	CGDO	单位宽度 G-D 覆盖电容	0	F/m	2×10^{-11}
C_{GBO}	CGBO	单位宽度 G-B 覆盖电容	0	F/m	2×10^{-10}
C_{BD}	CBD	零偏 B-D 结电容	0	F	5pF
C_{BS}	CBS	零偏 B-S 结电容	0	F	2pF

1.5　集成电路

13　集成电路概述　集成电路（Integrated Circuit，IC）是一种将有源、无源器件及它们间连线所组成的整体电路集成在一块半导体基片上，并封装在一个管壳内所构成的完整且具一定功能的半导体器件，具有体积小、重量轻、可靠性高和成本低等优点。

按制造工艺，IC 分为单片和混合两类；按内部的有源器件类型分为双极型集成电路、MOS 集成电路以及 MOSFET 或 JFET 与双极型晶体管（BJT）共存的相容型集成电路；按处理的信号不同，IC 又分为模拟和数字两种集成电路。

模拟集成电路用于处理或产生模拟信号，目前常用的有集成运算放大器、宽带放大器、集成稳压器、集成比较器、乘法器、锁相环、振荡器、调制器及开关电容滤波器等；数字集成电路用于进行数字信号的运算、存储、传输及转换，主要有逻辑集成电路、存储器及微处理器等。它还按集成度分类，见表 4.1-8。

表 4.1-8　数字集成电路的集成度

规　　模	晶体管数/片	逻辑门数/片	实现功能
小规模集成（SSI）	<100	1~9	单元电路，如门、触发器
中规模集成（MSI）	100~999	10~99	部件，如计数器
大规模集成（LSI）	1 000~99 999	100~999	子系统，如控制器、存储器
超大规模集成（VLSI）	≥100 000	≥10 000	系统，如整个微型计算机

14　双极型数字集成电路　指以双极型晶体管作有源器件的数字集成电路。主要有：

（1）二极管-晶体管逻辑（Diode-Transistor Logic，DTL）电路　电路简单、成品率高，属数字集成电路的早期产品，现已很少应用。

（2）晶体管-晶体管逻辑（Transistor-Transistor Logic，TTL）电路　是一种输入、输出及中间各级均使用双极型晶体管的电路，开关速度较高。电路设计中采用了多发射极晶体管作输入级和推拉式的输出级。采用肖特基工艺的肖特基 TTL 电路具更高的开关速度。TTL 电路是目前使用最广泛的集成电路。

（3）高阈值逻辑（High Threshold Logic，HTL）电路　具有较高噪声容限，但速度较低。它是专为强干扰环境中工作而设计的电路。

（4）集成注入逻辑（Integrated Injection Logic，I^2L）电路　具高集成度和低功耗下仍有较高速度的优点，但抗干扰能力较差。

（5）发射极耦合逻辑（Emitter Couple Logic，ECL）电路　是一种非饱和型电路，与 DTL、TTL、HTL、I^2L 等饱和型电路相比，速度大为提高，但功耗较大，抗干扰能力也较差。

15　MOS 数字集成电路　是以 MOSFET 为基本器件制成的集成电路。与双极型集成电路相比，具有集成度高、功耗低、布线灵活、具自隔离特性、输入阻抗高、温度特性好等优点。但 MOS 管导通电阻大、跨导低。主要类型有：

（1）PMOSIC　由 P 沟道 MOSFET 组成，因为由空穴导电，其速度较低、驱动能力弱、功耗偏大。是 MOSIC 的早期产品。

（2）NMOSIC　由 N 沟道 MOSFET 组成，速度高于 PMOSIC，能与 5V 的 TTL 电路兼容。是目前使用较多的 MOSIC 器件。

（3）CMOSIC　由增强型 P 沟道和 N 沟道 MOSFET 互补对称连接构成。具速度高、抗干扰能力强和低功耗等优点，也能与 TTL 电路兼容。应用已日趋广泛。

各种 MOS 反相器电路见图 4.1-12。

16　CMOS 数字集成电路　互补金属氧化物半导体（Complementary MOS，CMOS）是指制造大

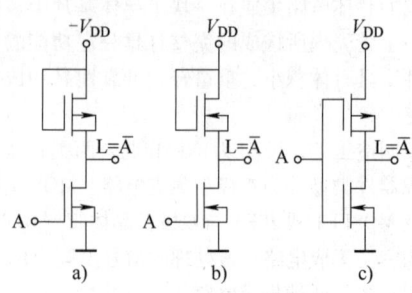

图 4.1-12　MOS 反相器电路
a) PMOS　b) NMOS　c) CMOS

规模集成电路芯片用的一种技术或用这种技术制造出来的芯片。主要有功耗低（在 1MHz 工作频率时仅为几 mW）、工作电压范围宽（3～18V）、抗干扰能力强、输入阻抗高（等效输入阻抗高达 $10^3\sim10^{11}$ Ω）、温度稳定性能好、扇出能力强、抗辐射能力强、可控性好（其输出波形的上升和下降时间可控）、接口方便（易于被其他电路所驱动，也容易驱动其他类型的电路或器件）等特点，主要应用领域有：1）计算机信息保存：CMOS 作为可擦写芯片使用，在这个领域，用户通常不会关心 CMOS 的硬件问题，而只关心写在 CMOS 上的信息，也就是 BIOS 的设置问题，其中提到最多的就是系统故障时拿掉主板上的电池，进行 CMOS 放电操作，从而还原 BIOS 设置。2）数字影像领域：CMOS 作为一种低成本的感光器件技术被发展出来，市面上常见的数码产品，其感光元件主要就是电荷耦合器件（Charge Coupled Device, CCD）或者 CMOS，尤其是低端摄像头产品，而通常高端摄像头都是 CCD 感光元件。3）更加专业的集成电路设计与制造领域。

17　集成运算放大器的类型及主要参数　集成

运算放大器（以下简称集成运放）实质上是一个高增益、直接耦合的多级放大器，其符号见图 4.1-13。

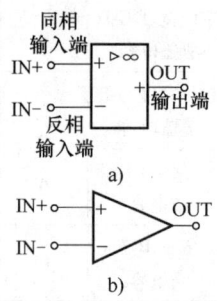

图 4.1-13　集成运放符号
a) 国标符号　b) 原符号

集成运放的主要参数包括：

（1）直流参数　输入失调电压 U_{IO}、输入失调电压温度系数 α_{UIO}、输入偏置电流 I_{IB}、输入失调电流 I_{IO}、输入失调电流温度系数 α_{IIO}、电源电压抑制比 K_{SVR}。

（2）交流参数　开环电压增益 A_{ud}、差模输入电阻 R_{id}、共模抑制比 K_{CMRR}、开环带宽 f_{BW}、输出电阻 R_{os}、单位增益带宽 f_{BWG}、等效输入噪声电压 U_N。

（3）极限参数　最大差模输入电压 U_{IDM}、最大共模输入电压 U_{IDM}、输出峰-峰电压 U_{OPP}、输出电压转换速率（即压摆率）S_R。

目前国内外生产的集成运算放大器性能各异且型号很多，一般分为通用型和专用型，选用时要仔细查阅器件手册。应用时一般首先考虑选择通用型，常用芯片有 F007、μA741 和 LM324 等，其价格便宜又易于购买。如果集成运算放大器某些性能有特殊要求，则可选用专用型，见表 4.1-9。

表 4.1-9　各类运算放大器的特点及应用

类　型		特　点	主要应用场合
通用型		种类多、价格便宜、易于购买	一般测量与运算电路
专用型	低功耗型	功耗低（$V_{cc}=15V$ 时，$P_{OMAX}<6mW$）	遥感、遥测、便携设备
	高精度型	测量精度高、零漂小	毫伏级或更低微弱信号测量
	高输入阻抗型	$R_{id}>(10^9\sim10^{12}\Omega)$ 对被测信号影响小	生物医电信号提取、放大等
	高速宽带型	带宽高（$f_{BW}>10MHz$）；转换速率高（$S_R>30V/\mu s$）	视频放大或高频振荡电路
	高压型	电源电压可达 48～300V	高输出电压和大输出功率

集成运算放大器使用时的注意事项包括调零和输入及输出保护等。

（1）调零　实际运算放大器当输入信号为零时可能出现输出信号不为零的现象，这是由于运放存在失调电压和失调电流。为此需要有调零措施来补偿，做到零输入时零输出。

1）带调零引出端的运放调零。见图 4.1-14a，在集成运放的调零端（如 μA741 的第 1 脚和第 5 脚）外加调零电位器实现调零。2）无调零端的运放调零。对于无调零端的集成运算放大器（如 LM324），可采用图 4.1-14b 外接电路调零。

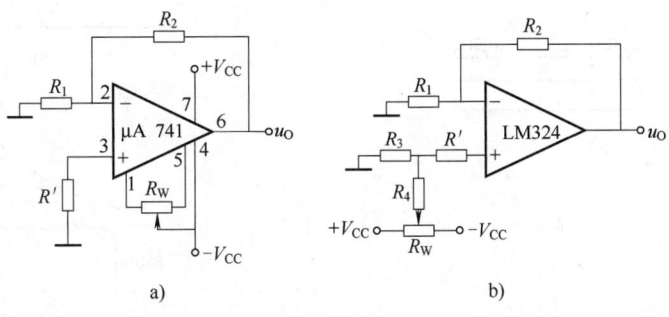

图 4.1-14　调零电路

a) μA741 的调零电路　b) LM324 的调零电路

运放同相输入端将正负电源通过电位器引入一个直流电压，调节电阻 R_W 的大小来补偿输入失调对输出端的影响。这种调零电路要求电源电压必须非常稳定，否则会引入附加的失调电压。

目前市场有内部调零集成运放，采用自动补偿和动态校零等项技术，无需外接调零电位器。

（2）输入及输出保护

1）输入保护。集成运放的差模和共模输入电压幅度有一定限制。差模输入电压幅度过大可能会使输入级的晶体管击穿；共模输入电压幅度过大有可能使运放输入级工作在饱和状态而导致性能变差。集成运放输入保护电路见图 4.1-15 所示。图 4.1-15a 中输入信号 u_1 通过限流电阻 R 接到运放的一个输入端，同时运放的两个输入端之间接入了反向并联的两只二极管（VD_1 和 VD_2）构成了限幅电路。当 $|u_1-u_R|$ 较小时，二极管 VD_1 和 VD_2 都不导通（截止或死区），不影响电路正常工作；当 $|u_1-u_R|$ 过大时，二极管 VD_1 或 VD_2 导通将信号短接，从而限制了运放输入端之间的电压，起到了保护作用。

图 4.1-15b 电路的工作原理类似图 4.1-15a，只要输入信号 u_1 的大小在 $-U$ 与 $+U$ 范围之内时，输入信号电压才可以被正常放大；否则二极管 VD_1 或 VD_2 导通，将运放输入端信号限制在允许的范围之内，起到了保护作用。

2）输出保护。

为了防止输出端负载的突发变化和其他原因造成的组件过载损坏，在集成运算放大器的输出端可加输出保护电路，见图 4.1-16。正常工作时，输出电压小于稳压管的稳压值，稳压管不导通；当输出电压过大时，稳压管击穿，输出电压被限制在规定范围内（约为 $\pm U_Z$），从而保护了运放。

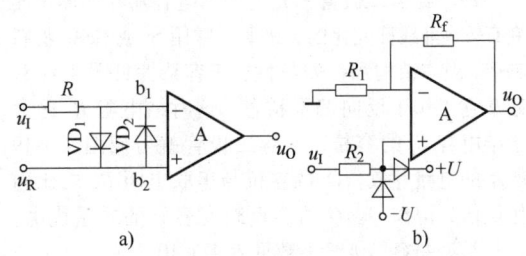

图 4.1-15　集成运放输入保护电路

a) 差模输入保护电路　b) 共模输入保护电路

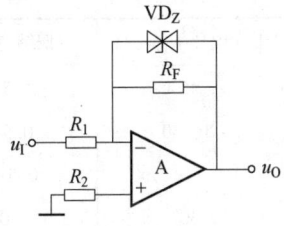

图 4.1-16　输出保护电路

1.6　微波半导体器件

18　肖特基势垒二极管（SBD）　一种金属-半导体接触势垒二极管（Schottk Barrier Diode，SBD），靠多数载流子导电，也具有单向导电特性。主要特点有：电荷存储效应非常小，开关时间极短，仅

0.1ns；死区窄，阈值电压大约只有 0.3V；整流电流可达几千毫安。SBD 以低功耗、大电流及超高速（工作频率可达 100GHz）著称。SBD 多采用平面结构，其结构和伏安特性见图 4.1-17。

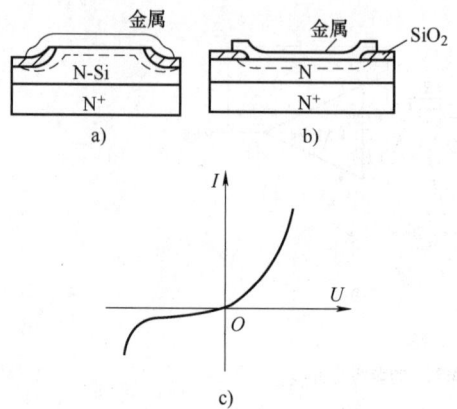

图 4.1-17　SBD 的管芯结构与伏安特性

a）台面结构　b）平面结构　c）伏安特性

19　变容二极管　是一种结电容随外加偏压改变有较大非线性变化的二极管，常用 Si 或 GaAs 材料制造。基本结构和伏安特性、压容特性见图 4.1-18。通常它工作于反向偏置状态，这时结电阻 R_j 远大于结电容 C_j 的容抗，变容二极管就可用图 4.1-19 所示的电路等效。C_j 的容抗与串联电阻 R_s 之比称作优值，记作 Q。Q 值能反映变容管的质量优劣。几种类型变容二极管参数见表 4.1-10。

变容二极管主要在高频电路中用作自动调谐、调频与调相等，如电视接收机的调谐回路中作可变电容。

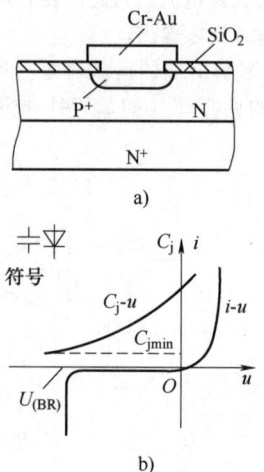

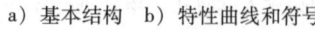

图 4.1-18　变容二极管的结构、特性曲线和符号

a）基本结构　b）特性曲线和符号

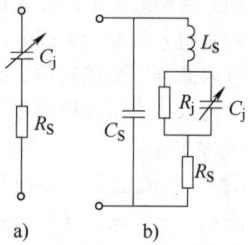

图 4.1-19　变容二极管的等效电路

a）通常频率下的等效电路

b）微波频率下的等效电路

表 4.1-10　变容二极管性能参数

型号	击穿电压 $U_{(BR)}$/V	零偏结电容 C_{j0}/pF	电容变化比 $C_{j0}/C_{jU(BR)}$	Q 值（50MHz）	截止频率/GHz
2CC14	45	4.5~5.5	2.4	900	—
2EC41	20~30	0.5~2.5	2.5~4.5	—	36~90
WB6012	20	0.5~0.75	3	1 400	70
MA45225	30	0.5	2.7	5 500	—

20　PIN 二极管　是一种特殊的电荷存储二极管，由高掺杂的 P^+、N^+ 层及中间接近本征的高阻本征（Intrinsic，I）半导体层构成。平面型管芯结构见图 4.1-20。PIN 二极管在正向偏压下近似短路，反向偏压下近似开路。通过正向偏压调变，阻抗转换比值可达 10^4 以上。被广泛用于各种微波控制电路，如微波开关、衰减器、移相器、调制器及限幅器等。几种型号的 PIN 二极管特性参数见表 4.1-11。

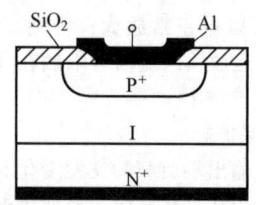

图 4.1-20　PIN 二极管管芯结构

表 4.1-11 几种型号 PIN 二极管特性参数

型号	击穿电压 /V	结电容/pF （最小/最大）	反向恢复时间 /ns	正向微分电阻 /Ω	热阻 /(℃/W)	封装及说明
WP3011	1 000	0.5/0.6	—	1	—	φ5.5 同轴
2K5B	500	1.24	—	0.65	$P_{CM}=5W$	φ5.5 同轴
WP384	60	0.5/0.65	15	12	300	φ2 同轴，mm 波开关
CSB7401-01	100	/0.10	$\tau=50ns$	15	80	芯片，高速衰减器用

21 隧道二极管（TD） 也称江崎二极管，是以隧道效应电流为主要电流分量的晶体二极管（Tunnel Diode）。由于组成它的 P 型和 N 型半导体均为重掺杂，故空间电荷层很薄，在较低电压下，因隧道效应就有较大正向电流。但正向电压增大到足够时，隧道效应削弱，管子逐渐呈现普通二极管的伏安特性，这使它具有如图 4.1-21a 所示的横 S 形伏安特性。曲线中的 P 点、V 点分别称为峰点和谷点，P-V 段曲线斜率为负，具负阻特性。主要参数有峰值、谷值的电压、电流：U_P、U_V、I_P、I_V，负阻值及结电容 C_j 等。

TD 的优点是开关特性好、速度快、工作频率高；缺点是热稳定性较差。一般应用于某些开关电路或高频振荡等电路中。

在脉冲电路中，负载线与 TD 伏安特性曲线有四种不同的相交形式（见图 4.1-21c），工作于不同状态：2 为双稳态；3 和 4 为单稳态；1 为不稳态，在此状态下，利用 TD 管的负阻效应，可组成高频振荡电路。

22 体效应二极管 是利用电子在能谷间转移产生负阻的半导体内部物理效应（称体效应）而设计的固态微波器件。不同于其他二极管之处是内部没有任何"结"。按工作模式它可分为耿氏二极管和限累（Limited Space Charge Accumulation，LSA）二极管。常用材料为 N 型砷化镓。图 4.1-22 是砷化镓（GaAs）体效应二极管的结构和伏安特性曲线。

23 微波双极型晶体管 包括硅微波晶体管和异质结微波晶体管两类。通常，硅微波晶体管采用 NPN 平面型结构，管芯设计成叉指形。与普通晶体管相比，它的尺寸及分布参数都小得多，两者的工作原理和直流参数相似。异质结微波晶体管（Hetero Junction Bipolar Transistor，HBT）特征频率 f_T 可达 40GHz 以上，多用 $Al_xGa_{1-x}As/GaAs$ 制备。几种硅微波低噪声晶体管和大功率晶体管的主要性能参数见表 4.1-12 和表 4.1-13。

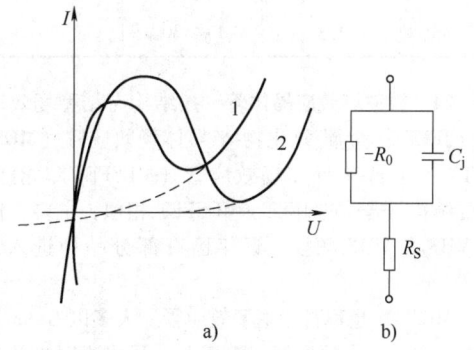

a)

b)

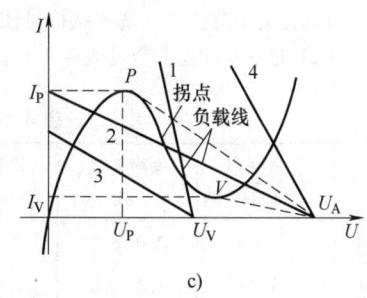

c)

图 4.1-21 隧道二极管的特性曲线、符号及等效电路

a）伏安特性 b）符号及等效电路

c）四种负载线

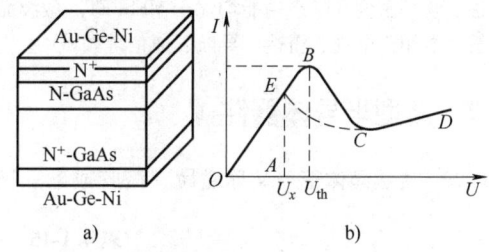

a)

b)

图 4.1-22 GaAs 体效应二极管的结构和伏安特性

a）芯片结构 b）伏安特性

表 4.1-12　硅微波低噪声晶体管性能参数

型号	测试频率/GHz	噪声系数/dB	相关增益/dB	特征频率/GHz	耗散功率/mW	封装和说明
CG491E	3.0	2.5	6	8	100	ϕ3mm 微带
3DG3077	0.8	5.0	14	1.4	100	SOT23 塑封

表 4.1-13　硅微波大功率晶体管性能参数

型号	测试频率/GHz	输出功率/W	功率增益/dB	集电极效率/%	耗散功率/W	击穿电压 $U_{(BR)CBO}$/V	击穿电压 $U_{(BR)CEO}$/V
WD341	1.0	$P_{1B}\geq 1$	9	25	5	50	40
CD461	1.5	$P_0\geq 30$	7	45	33	45	—

24　微波场效应晶体管　按结构有结型场效应管（JFET）、金属-氧化物-半导体场效应管（MOS-FET）及金属-半导体场效应管（MESFET）。前两种的结构与普通的 JFET、MOSFET 相似，主要工作于 VHF 和 UHF 频段，近年已有部分品种进入 L 波段。

MESFET 也称肖特基场效应管。大多以 GaAs 为材料，具有工作频率高、噪声低、开关速度快及低温性能好等优良的微波特性。基本结构见图 4.1-23。几种 GaAsFET 的主要性能参数见表 4.1-14。

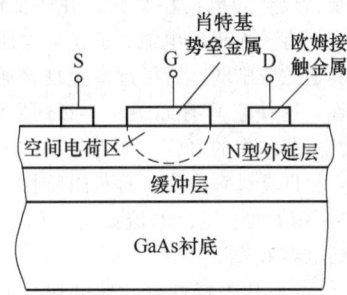

图 4.1-23　GaAsFET 的基本结构

表 4.1-14　GaAsFET 的性能参数

型号	测试频率/GHz	噪声系数/dB	相关增益/dB	饱和漏电流/mA	跨导/mS	夹断电压/V	封装
WC651	18	2.0~3.5	6	8~60	≥ 15	−5	ϕ1.8mm 微带
CS504	6.0	1.2~2.0	10	20~100	≥ 20	−4	ϕ2mm 微带

为使微波管的工作进入毫米波段，又研制了异质结微波场效应管，主要有高电子迁移率晶体管（High Electron Mobility Transistor，HEMT）和赝高电子迁移率晶体管（PHEMT）两种。它们的频率特性、功率密度和噪声性能均优于 MESFET。微波晶体管主要用于电视、雷达、导航、通信等领域中。

1.7　新型半导体器件

25　磁敏晶体管　又称磁敏三极管或磁三极管，它属双极型晶体管结构并具有正、反向磁灵敏度极性和有确定的磁敏感面。磁敏晶体管和普通晶体管的伏安特性曲线类似，其电流放大倍数小于 1。磁敏晶体管对温度比较敏感，使用时必须进行温度补偿。磁敏晶体管适用于某些需要高灵敏度的场合，如微型引信、地震探测等领域。表 4.1-15 是代表性的磁敏晶体管参数表。其中，磁灵敏度表示集电极电流 I_C 随磁感应强度 B 而变化的相对变化率。

表 4.1-15　磁敏晶体管参数表

型号	磁灵敏度 S_B/(%/KGS)	静态集电极电流/μA	反向漏电流/μA	温度系数/10^{-3}K^{-1}
3CCM3	≥ 4	≤ 300	≤ 1	−6
4CCM1A	≥ 10	≤ 120	≤ 1	−6

26　高反压晶体管　通常均为硅 NPN 型，其晶体管的集电极 C、发射极 E 两个电极之间能够承受的较高反向电压（大于 400V，最高可以达到 800V）。高反压晶体管多用在电子镇流器、逆变器、节能灯振荡升压电路、汽车电子点火器、不间断电源及手机充电器电路中。常见的型号有：13001、13003、13005、13007 以及 2SD820、2SD850、2SD1401、2SD1403、2SD1432、2SD1433、2SC1942 等型号。

27　碳纳米晶体管　碳纳米晶体管，是由碳纳米管（Carbon Nanotube，CNT）作为沟道导电材料制作而成的晶体管。根据导电性质的不同，碳纳米管的属性可以分为金属型和半导体型两种。碳纳米晶体管可以制造得更小，因而在未来有替代硅芯片的潜力。

第 2 章 其他电子元器件

2.1 传感元件

28 传感元件概述 传感元件是指根据所规定的被测物理量的大小、特性或状态，能输出与之成已知函数关系电量的元器件。它为非电量的自动检测和控制提供了条件。常用的有检测光、温度、磁场、力、位移、湿度、气体、声等非电量的传感元件。半导体传感元件具有灵敏度高、响应速度快、体积小、寿命长等特点，应用已日趋广泛。本节介绍的是几种最常用的传感元件。传感元件所用传感材料参见第 3 篇第 85~105 条。

29 光敏电阻 是利用半导体的光电导效应制造的光敏元件。参见第 3 篇第 86 条。硫化镉（CdS）和镉硒（CdSe）是制造光敏电阻的常用材料，它们的光敏感峰分别为 $0.6\mu m$ 和 $0.72\mu m$，均在可见光范围。用它们的混合晶体制成的 CdS-CdSe 系列光敏电阻，光敏感峰约为 $0.66\mu m$，光谱特性见图 4.2-1。这种光敏电阻常在光耦合器、光电自动控制（如摄影曝光、自动给水）中使用。

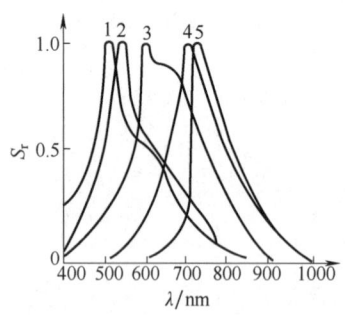

图 4.2-1 CdS-CdSe 系列光敏电阻的光谱特性
1—CdS(100%) 2—CdS-CdSe(15%)
3—CdS-CdSe(40%) 4—CdS-CdSe(60%)
5—CdSe(100%)

30 热敏电阻 参见第 3 篇第 101 条。热敏电阻分金属型和半导体型。铂电阻是应用最多的金属热敏电阻，其电阻-温度关系为

$$R_t = R_0 \left[1 + AT + BT^2 + CT^3 (T - 100) \right]$$

式中 R_0——0℃时电阻值；

R_t——T（℃）时电阻值；

A、B、C——常数，$A = 3.968\ 47 \times 10^{-3}℃^{-1}$；$B = -5.847 \times 10^{-7}℃^{-1}$；当温度为 $-200℃ \leqslant T \leqslant 0℃$ 时，$C = -4.22 \times 10^{-12}℃^{-1}$；$0 \leqslant T \leqslant 650℃$ 时，$C \approx 0$。

半导体热敏电阻利用热敏半导体的电阻值随温度改变的特性而制造。有负温度系数热敏电阻（NTCR）和正温度系数热敏电阻（PTCR）两种。NTCR 主要材料是含锰三元系列 Mn-Co-Ni-O；PTCR 的代表性材料是 $BaTiO_3$，它在温度低于 100℃时和一般半导体材料一样，具负温度系数，当温度超过居里点（约 100℃）时，电阻值随温度升高以方次幂增加。

31 磁敏元件 参见第 3 篇第 105 条。磁敏元件主要有霍尔器件、磁阻器件、磁敏半导体器件和约瑟夫逊超导量子干涉器件（SQUID）等。

图 4.2-2 是霍尔器件的结构原理图。若在霍尔片的 x 轴方向通过控制电流 I_C、z 方向通过磁感应强度为 B 的磁场，由于载流子受洛伦磁力作用，使霍尔片 y 轴方向两侧产生电位差 U_H，称霍尔电压。$U_H = K_H I_C B$，式中 K_H 是霍尔元件的磁场灵敏度。霍尔器件除了受与电流方向垂直的磁场作用产生霍尔电压外，还会出现半导体电阻率变化现象，称磁阻效应。利用这种效应可制成磁阻器件。

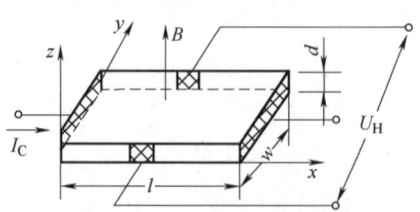

图 4.2-2 霍尔器件结构原理图

磁敏晶体管分为锗管和硅管，它利用载流子在磁场作用下发生偏转导致集电极电流变化的原理，可感测磁场的方向和强度。见手册第 4 篇第 25 条。

32　气敏元件　在压电晶体表面涂覆一层选择性吸附某气体的气敏薄膜，当该气敏薄膜与待测气体发生化学作用、生物作用或是物理吸附作用时膜层的质量和导电率将发生变化，从而引起压电晶体的声表面波频率发生漂移。气体浓度不同，膜层质量和导电率将发生变化从而引起声表面波频率的改变。通过测量声表面波频率的变化可以获得准确的反应气体浓度的变化值。

气敏元件可以用于气敏传感器，用来检测气体浓度和成分。气敏传感器的应用主要有：一氧化碳气体、瓦斯气体、煤气、氟利昂、呼气中的乙醇、人体口腔异味等的检测，对环境保护和安全监督方面起着极重要的作用。

2.2　光电子器件

33　光电二极管　是利用 PN 结的光电效应制成的一种敏感元件，具有对光敏感、响应速度快的特点。参见第 3 篇第 88 条。有结型、肖特基势垒型、雪崩型和点接触型等，主要材料是硅和锗。PN结光电二极管伏安特性见图 4.2-3，常用器件参数见表 4.2-1。

34　光电晶体管　由两个 PN 结组成 PNP 或 NPN 型。工作时发射极和集电极外加与晶体管共射

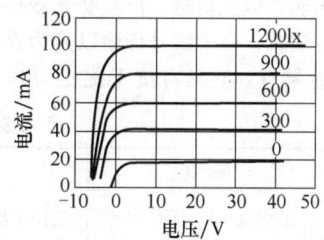

图 4.2-3　PN 结光电二极管的伏安特性

极接法时相同的偏压，基极浮置。基极受光照激发的载流子控制集电极电流，从而具有放大作用。电流放大系数越大，对光的灵敏度越高。伏安特性与晶体管共射极输出特性相似，差别只是将基极电流改为光电流，见图 4.2-4。几种光电晶体管的特性参数见表 4.2-2。

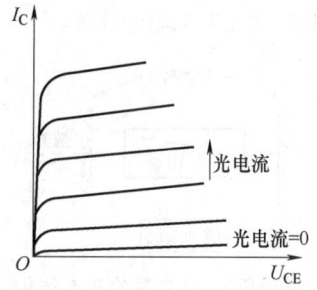

图 4.2-4　光电晶体管的伏安特性

表 4.2-1　光电二极管的特性参数

型号	最大工作电压/V	暗电流/μA	光电流/μA	波长范围/μm	峰值波长/μm	响应时间/ns	灵敏度/(A/W)
2DUA1	50	<0.1	≥6	0.4~1.1	0.9	<100	0.4
2CU3	20	<0.2	≥20	0.4~1.1	0.9	<100	0.4
GT021-A	30	<0.2	—	0.7~1.7	1.3	<1	0.6~0.9

表 4.2-2　几种光电晶体管的特性参数

型号	最高工作电压/V	暗电流/μA	光电流/μA	波长范围/μm	峰值波长/μm	响应时间/μs
3DU11	10	≤0.2	≥0.3	0.4~1.1	0.9	<10
3DU12	30	≤0.2	≥0.3	0.4~1.1	0.9	<10
3DU23	50	≤0.3	≥0.5	0.4~1.1	0.9	<10

35　光电耦合器件　是发光器件（如发光二极管）和受光元件（如光敏电阻）组合在同一装置内所构成的电-光-电转换器件。参见第 3 篇第 86、91 条。当电信号进入器件输入端的发光器件时，它

可将电信号转换成光信号，再经受光器接收并再转换成电信号输出。由于信号传输以光为媒质，故称为光电耦合器件。它具有抗干扰能力强、隔离性好、频带宽、响应快、体积小和功耗低等优点。一些光电耦合器件的特性见表 4.2-3。

表 4.2-3　一些光电耦合器件的特性

型号	输入端		输出端			输入输出比	响应时间 /ns	输入输出极间耐压 /V
	工作电压 /V	工作电流 /mA	工作电压 /V	输出电流 /μA	暗电流 /μA			
GD201	1.5~3	30	30	10	<0.1	0.3×10^{-3}	10	>1 000
GD302	1.5~3	20	30	1 000	<0.5	0.5×10^{-1}	100	>1 000
GD303	1.5~3	10	30	1 000	<0.5	1×10^{-1}	100	>1 000

36　半导体激光器　激光器的一种。与别的激光器一样，是利用原子或分子内的受激辐射，并使发射的光放大、振荡的装置。激光器的结构一般原理见图 4.2-5。参见第 3 篇第 93 条。

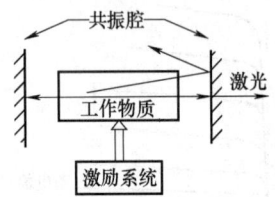

图 4.2-5　激光器的基本结构

任何形态的激光器，工作物质都必须具备能实现能级间的粒子数反转，而且是受激辐射大于吸收现象的物质。通常处于较高能级的粒子数总是少于较低能级的粒子数，为了利用受激辐射，必须用激励系统供给能量，把激光工作物质低能级的粒子数激发到高能级，实现粒子数反转。常用光、放电、电子束、等离子体、冲击波、化学反应、电流注入及放射线等方式激励。光学谐振腔一方面提供光学反馈，使受激辐射的放大作用能在工作物质中多次反复，实现受激辐射的持续振荡；另一方面也对振荡光束的方向和频率实行限制，保证输出激光的单色性和高定向性。

半导体激光器使用的工作物质的材料主要是砷化镓及砷化镓与铝、铟、磷、锑等组成的三元和四元体系。从结构上讲有双异质结（DH）、分别限制异质结（SCH）、大光腔（LOC）、分布反馈式（DFB）和收缩双异质结（CDH）等。半导体激光器在光纤通信、激光光盘系统、全息摄影、手术器等领域都有广泛应用。

37　电荷耦合器件（CCD）　电荷耦合器件（Charge-Coupled Device, CCD）是一种以电荷包形式存储和传递信息的半导体表面器件。按器件要求的时钟信号有二相、三相和四相之分；按电荷存储、转移的部位分表面沟道 CCD（Surface-Channel CCD, SCCD）和体内沟道 CCD（Buried-Channel CCD, BCCD）两类，结构见图 4.2-6。

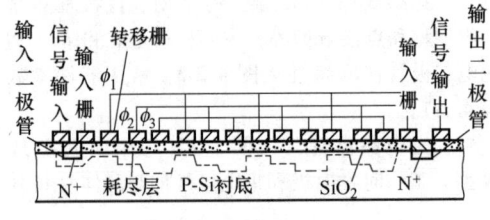

a)

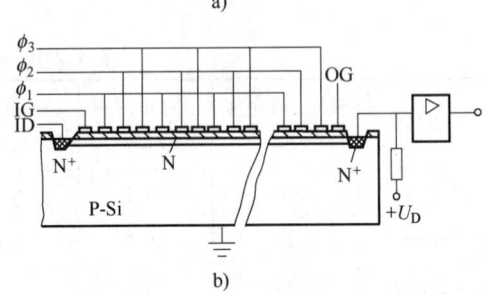

b)

图 4.2-6　CCD 器件结构图

a) SCCD 结构示意图　b) BCCD 结构示意图

图 4.2-7 是三相 SCCD 的工作原理示意图。转移栅极加上图中所示的三相时钟脉冲，当 t 为 t_1 时，ϕ_1 处于高电平，ϕ_2 和 ϕ_3 处于低电平，ϕ_1 电极下的 Si-SiO$_2$ 处出现势阱。到 t 为 t_2 时，ϕ_2 变为高电平，ϕ_1 势阱中的电子向 ϕ_2 转移，ϕ_1 电平开始下降。到 t 为 t_3 时，有更多的电子转移到 ϕ_2。到 t 为 t_4，ϕ_1 下降到低电平，ϕ_1 势阱中的电子几乎全部转移到 ϕ_2 势阱中。

这样在时钟脉冲的一个周期内，信号电荷能够从电极 1 转移到电极 2，再经电极 3 转移到电极 4。在以后的各个周期内，信号电荷照此方式继续向前转移。

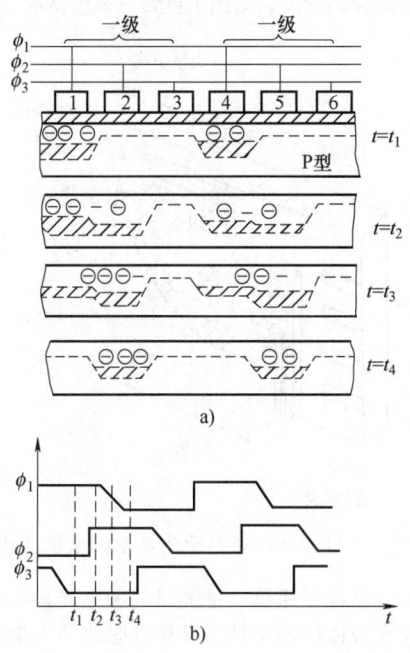

图 4.2-7　CCD 器件工作原理

a）按时间顺序电荷在势阱内传输

b）施在电极上的时钟脉冲电压

CCD 可用于图像传感、信号处理、数字存储等领域。工作在可见光及近红外波段的 CCD 图像传感器，集成度达 1 024×1 024 象元。目前，CCD 的工作频段范围已进入中、远红外波段，还可扩大到 X 射线波段和紫外波段。在信号处理方面，CCD 已用作模拟延迟线、CCD 横向滤波器、CCD 递归滤波器、CCD 可编程横向滤波器、CCD 电荷域滤波器、CCD 相关器。CCD 还用于数字存储、随机存储以及电子对抗中的模拟存储系统。

38　光电池　也叫太阳电池，在太阳光的照射下产生电动势的一种半导体器件，主要用于光电转换、光电探测及光能利用等方面。光电池的符号、基本电路与等效电路见图 4.2-8。光电池的种类很多，常用有硒光电池、硅光电池和硫化铊、硫化银光电池等。主要用于仪表，自动化遥测和遥控方面。有的光电池可以直接把太阳能转变为电能，这种光电池又叫太阳电池。太阳电池作为能源广泛应用在人造地球卫星、灯塔、无人气象站等处。它也可以用于测光，比光电二极管更灵敏。

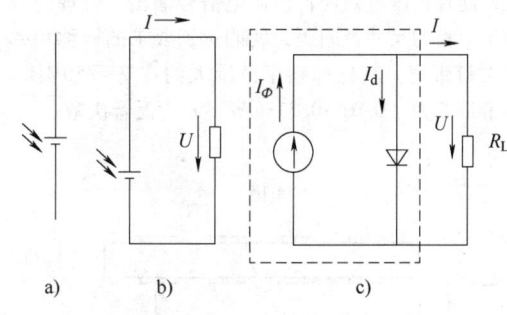

图 4.2-8　光电池

a）符号　b）基本电路　c）等效电路

2.3　压电元件

39　压电谐振器　一种利用压电体的谐振特性制作的元件。在电子线路中代替 LC 谐振回路，具有 Q 值和谐振频率稳定度高的优点。压电材料参见第 3 篇第 97 条。按使用材料不同，有以下几类。

（1）石英晶体谐振器　在谐振状态下，其等效电路和频率特性如图 4.2-9。图中 L、C 及 R 分别是动态电感、电容和电阻，C_0 为静态电容。

（2）压电陶瓷谐振器　具有制造方便、价格便宜、体积小等优点，频率稳定度和精度虽低于石英晶体谐振器，但已能满足在一般电子电路中产生时钟信号的需要。

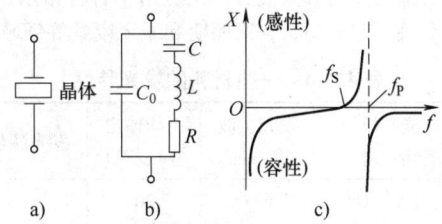

图 4.2-9　石英晶体谐振器的等效电路和频率特性

a）符号　b）等效电路　c）频率特性

40　压电滤波器　用压电材料制作的滤波器。按材料不同分为晶体滤波器和陶瓷滤波器。

单片晶体滤波器由一块晶片的两面复有若干对电极组成，每一对电极区形成一个压电振子，其结构如图 4.2-10。当一定频率电信号加到输入振子上时，由于逆压电效应，输入振子产生振动。但晶片非电极部分的谐振频率较电极部分为高，在电极区和非电极区的边界上将产生反射，使振动能量在非电极区内呈指数衰减，并引起相邻振子间的耦合。通过这种耦合，将振动依次传到晶片的输出振子上，通过正压电效应转换成电信号输出。合理设计每个电极的尺寸及间距，就能达到要求的标称频率和阻带带宽。其标称频率范围大约在 2~350MHz，阻带带宽为（$0.01~0.3$）$\%/n^2$，n 为泛音次数。

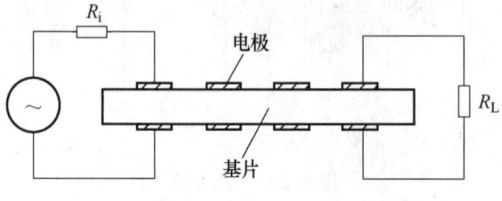

图 4.2-10　单片晶体滤波器

2.4　显示器件

41　发光二极管（LED）　把电能转换成光能的注入式电致发光器件，由 PN 结组成，参见本篇第 1 条。当 PN 结正偏时，结区及其附近会产生少数载流子的注入和复合，并通过光辐射放出能量。硅和锗半导体中的少子往往被晶体中的缺陷俘获而损失能量，所以光辐射现象不明显。实用的 LED 常用 GaAs、GaP 等Ⅲ族或Ⅴ族元素的化合物制造。表 4.2-4 是一些材料的发光特性。LED 被称为第四代照明光源或绿色光源，具有节能、环保、寿命长、体积小等特点，根据使用功能的不同，可以将其划分为信息显示、信号灯、车用灯具、液晶屏背光源、通用照明五大类，广泛应用于各种指示、显示、装饰、背光源、普通照明和城市夜景等领域。

表 4.2-4　一些材料的发光特性

发光二极管用材料	发光主波长/mm	平均输出/（lm/W）	发光颜色
GaP：（Za，O）	637	20	红
GaP：N	570	618	绿
$GaAs_{1-x}P_x$	634	98	红
$GaAs_{1-x}P_x$：N	587	305	黄
$Ga_{1-x}Al_xAs$	679	7	红

42　等离子体显示板　以惰性气体为工作物质，当气体电离时，发生辉光放电实现显示。按结构分为冷阴极型和热阴极型；按驱动方式分交流型和直流型。交流等离子体显示板的原理结构见图 4.2-11。

在间距约 0.15mm 的两块玻璃基板内制作 x、y 条形透明栅状电极，并涂敷透明玻璃电介质绝缘层和 MgO 保护膜。再采用低熔点玻璃粉作气密性封

接，形成真空密封腔体后，充入惰性气体。相互正交的 x、y 电极，组成了按矩阵排列的放电单元。这种显示板的特点是体积小、重量轻、显示面积大，并具存储性能。适用于视频、全色显示。

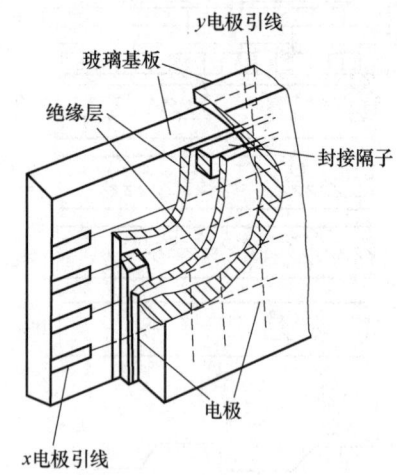

图 4.2-11　交流等离子体显示板原理结构

43　液晶显示器　液晶是一种电光显示材料，它既具有液体的流动性，又具有固态的光学特性。液晶的排列形态和光学性质在电场、温度等作用下发生变化，这称为液晶的电—光效应和热—光效应。使用较多的是电光效应中的动态散射效应和扭曲效应。

液晶显示器是由夹在两块玻璃基板间的一层液晶膜（约 10μm）组成，四周用密封材料封装，在基板的内侧有镀有文字图案的透明电极，并通过引线和外部馈电导线相连，见图 4.2-12。

当两个电极接通电源后，电压就加在液晶膜上。利用动态散射效应的液晶显示器的工作原理是：当基板间夹的一层向列相液晶膜未加电压时，液晶分子呈平行排列，液晶膜透明；当外加电压超过某一阈值，液晶中的导电离子在电极间来回运动，使分子排列方向不断变化，形成许多折射率各不相同的小区域，光线通过时强烈散射，液晶膜变得混浊，呈乳白色，显示出文字图案。外加电压去除后，液晶又恢复到原先的排列形式。液晶本身不发光，借助于外界光源显示。液晶显示器一般不用直流电压驱动，直流电场会使液晶材料发生电化学分解反应，使工作寿命缩短。

44　场致发光显示板　利用荧光粉在电场作用下发光的原理制作。场致发光有三类：1）粉末场致发光显示板原理结构见图 4.2-13，它由玻璃衬底、条状电极、发光粉层和非线性层等部分组成，

x、y 方向的电极透光，且经印制导线连接由接插件引出，当电极间加正弦电压激励时，场致发光粉发光；2）直流场致发光，显示板采用直流电压激励，结构与粉末场致发光显示相似，但没有非线性层；3）薄膜式场致发光，显示板原理结构见图 4.2-14，其特点是寿命长，工作电压低。

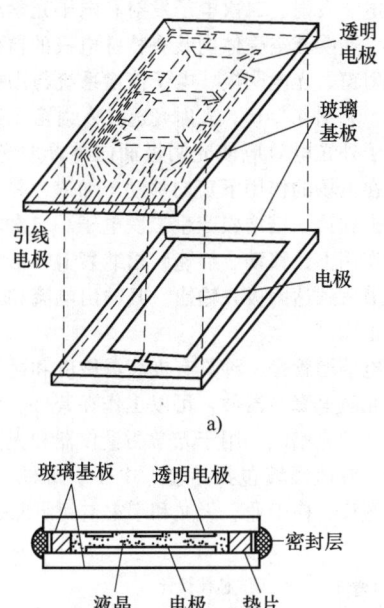

图 4.2-12　液晶显示器的结构

a）结构图　b）剖视图

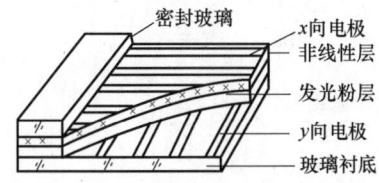

图 4.2-13　粉末场致发光显示板原理结构

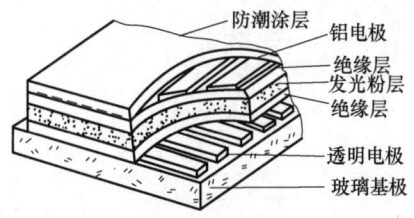

图 4.2-14　薄膜式场致发光显示板

场致发光显示板由于结构简单、工艺成熟、成本低、发光面积大、响应速度快等优点，是极具竞争力的显示器件，广泛用于数码与图形显示等领域。

45　有机发光二极管（OLED）　又称为有机电激光显示或有机发光半导体，它利用多层有机薄膜结构产生电致发光，是一种电流型的有机发光器件。见图 4.2-15，OLED 器件由基板、阴极、阳极、空穴注入层（HIL）、电子注入层（EIL）、空穴传输层（HTL）、电子传输层（ETL）等部分构成。其中，基板是整个器件的基础，所有功能层都需要蒸镀到器件的基板上。通常采用玻璃作为器件的基板，但是如果需要制作可弯曲的柔性 OLED 器件，则需要使用其他材料如塑料等作为器件的基板。

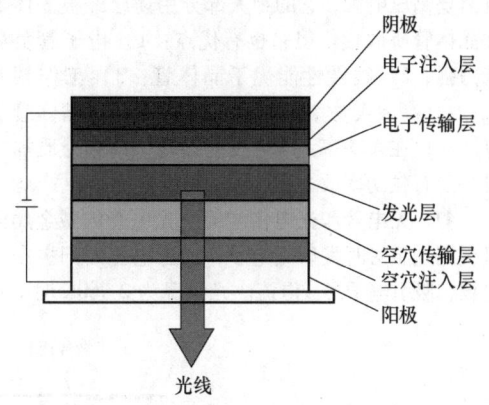

图 4.2-15　OLED 结构示意图

OLED 在电场的作用下，阳极产生的空穴与阴极产生的电子发生移动，分别向空穴传输层和电子传输层注入并迁移到发光层。而当电子与空穴在发光层相遇时，产生能量激子从而激发发光分子最终产生可见光。OLED 的发光强度正比于注入电流，其工作电压为 2~20V。

OLED 按照其结构的不同可以将其划分为四种类型，即单层器件、双层器件、三层器件以及多层器件。OLED 可按发光材料分为两种：小分子OLED 和高分子 OLED（也可称为 PLED）。OLED 按照驱动方式来划分，一般分为两种：主动式与被动式。主动式的一般为有源驱动；被动式的为无源驱动。在实际的应用过程中，有源驱动主要是用于高分辨率的产品，而无源驱动主要应用在显示器尺寸比较小的显示器中。

OLED 显示技术具有自发光、广视角、几乎无穷高的对比度、较低耗电、极高反应速度等优点。目前 OLED 显示技术广泛的运用于手机、平板电脑、数码摄像机、笔记本电脑和电视机等。基于 OLED 的新技术有柔性有机发光显示技术（Flexible

OLED, FOLED), 这项技术有可能在将来使得高度可携带、折叠的显示技术变为可能。

2.5　电真空器件

46　电子管　也称真空管, 可构成整流、放大、振荡等电路。它的工作原理是: 灯丝加热阴极时, 阴极产生热电子发射, 加有正电压的阳极吸引热发射电子形成阳极电流。当阴极与阳极间加有栅极时, 改变栅极电压, 可以控制到达阳极的电子数量, 从而控制阳极电流。电子管体积大、功耗大、发热厉害、寿命短、电源利用效率低、结构脆弱而且需要高压电源, 它的绝大部分用途已经被固体器件晶体管所取代。但它也有优点: 1) 电子管负载能力强; 2) 线性性能优于晶体管; 3) 工作频率高; 4) 高频大功率领域的工作特性要比晶体管更好。所以在大功率无线电发射设备, 高频介质加热设备及音频功率放大器等领域继续应用。

47　光电管和光电倍增管　光电管的碱金属阴极受到光照射时发射光电子, 加正电压的阳极产生电场, 吸引电子形成电流。光色温为 2 700K 时, 真空光电管的光灵敏度 $S_E = 1 \sim 10\text{nA/lx}$ (纳安/勒克斯); 充气光电管由于光电子与气体分子发生碰撞电离, S_E 可达 $10 \sim 100\text{nA/lx}$。光电倍增管由于采用铯或锑化铯作阴极, 并有 8~14 个中间电极, 以利于真空中二次电子的释放, 光灵敏度可达 $0.1 \sim 10\text{nA/lx}$。

光电倍增管 (Photomultiplier Tube, PMT) 是依据光电子发射、二次电子发射和电子光学的原理制成的、透明真空壳体内装有特殊电极的器件, 主要由入射窗、光电阴极、电子倍增系统与阳极等部分组成, 见图 4.2-16。入射光透过入射窗到达阴极面, 由于外光电效应使光阴极面向外释放光电子, 光电子在电场的作用下定向移动、加速, 并通过聚焦极轰击到第一倍增极产生二次电子。二次电子在电场的作用下, 移动、加速, 相继轰击各倍增极并倍增, 最后到达阳极并输出, 其输出电流和入射光子数成正比。

光电倍增管是一种具有极高灵敏度和超快时间响应的光敏电真空器件, 可以工作在紫外、可见和近红外区的光谱区, 用于光学测量仪器和光谱分析仪器中, 应用领域包括冶金、电子、机械、化工、地质、医疗、核工业、天文和宇宙空间研究等。

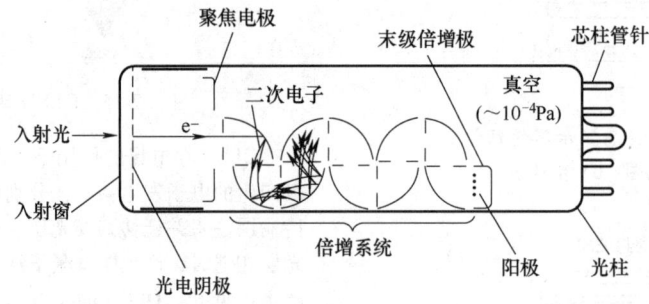

图 4.2-16　光电倍增管结构示意图

第3章 放大电路与运算电路

3.1 概述

48 放大电路的主要性能指标 可用图 4.3-1 电路测试。主要指标有：

（1）增益（也称放大倍数）$\dot{A}$ $\dot{A}$ 分别定义为：电压增益 $\dot{A}_u = \dfrac{\dot{U}_o}{\dot{U}_i}$；电流增益 $\dot{A}_i = \dfrac{\dot{I}_o}{\dot{I}_i}$。它们也常用分贝 dB 为单位来表示，分别定义为 $20\lg\left|\dfrac{\dot{U}_o}{\dot{U}_i}\right|$ 和 $20\lg\left|\dfrac{\dot{I}_o}{\dot{I}_i}\right|$。

（2）输入阻抗 $Z_i = \dot{U}_i/\dot{I}_i$；$Z_i$ 反映了放大器输入回路对信号源的负载作用。

（3）输出阻抗 $Z_i = \left(\dfrac{\dot{U}_{o\infty}}{\dot{U}_{oL}} - 1\right)\cdot Z_L$，其中 $\dot{U}_{o\infty}$、$\dot{U}_{oL}$ 分别为负载 Z_L 断开和接入时的 $\dot{U}_o$ 值。

（4）频带宽度 f_{BW} 放大电路的频率特性可用图 4.3-2 所示的特性曲线描述，其中 A_{um} 为中频增益，对应于增益 $A_{um}/\sqrt{2}$ 的两个频率 f_L、f_H 分别称作下限截止频率和上限截止频率，$f_{BW} = f_H - f_L$。

（5）非线性失真系数 D 当 u_i 为正弦波时，由于放大电路有非线性失真，u_o 有谐波。谐波电压愈大、波形失真愈严重。D 定义为 u_o 的谐波总有效值与基波有效值之比。

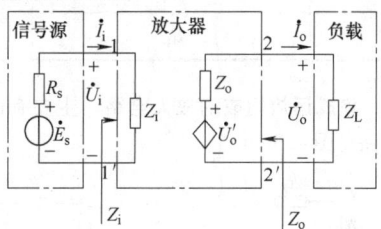

图 4.3-1 放大器性能测试电路图

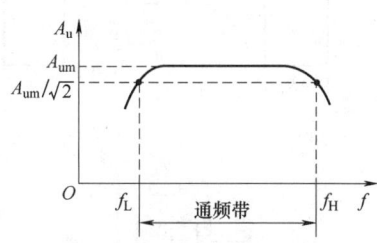

图 4.3-2 频率特性曲线

49 放大电路的基本组态及其特性 晶体管和场效应管均有三种基本放大电路，各电路主要性能见表 4.3-1。

表 4.3-1 基本放大电路性能比较

组 态	共 射 极	共 基 极	共 集 电 极
交流通路			
A_u	$-\dfrac{\beta(R_c /\!/ R_L)}{r_{be}}$（大）	$\dfrac{\beta(R_c /\!/ R_L)}{r_{be}}$（大）	$\dfrac{(1+\beta)(R_e /\!/ R_L)}{r_{be}+(1+\beta)(R_e /\!/ R_L)}$（略小于1）
A_i	大	略小于1	大
R_i	$R_b /\!/ r_{be}$	$R_e /\!/ \dfrac{r_{be}}{1+\beta}$（小）	$R_b /\!/ [r_{be}+(1+\beta)(R_e /\!/ R_L)]$（大）
R_o	R_c（大）	R_c（大）	$\dfrac{R_s+(R_b /\!/ r_{be})}{1+\beta} /\!/ R_e$（小）

（续）

组　态	共　射　极	共　基　极	共　集　电　极
f_{BW}	狭	宽	宽
交流通路			
A_u	$-g_m(R_D/\!/R_L)$	$g_m(R_D/\!/R_L)$	$\dfrac{g_m(R_s/\!/R_L)}{1+g_m(R_s/\!/R_L)}$
R_i	R_G	$R_G/\!/(1/g_m)$	R_G
R_o	R_D	R_D	$R_s/\!/(1/g_m)$

50　集成运放组成的放大电路　主要有以下三种（电路见图4.3-3）。

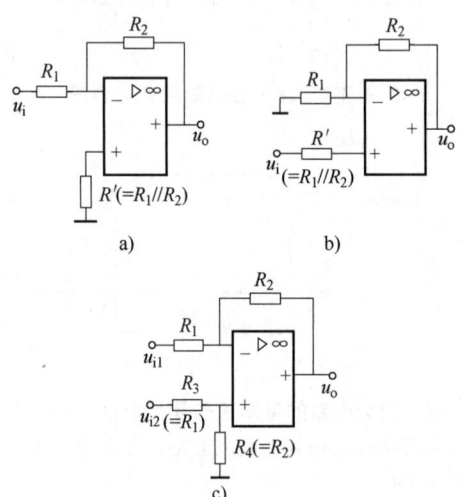

图 4.3-3　集成运放组成的放大电路
a）反相比例放大器　b）同相比例放大器
c）差动放大器

（1）反相比例放大器　主要特点是：u_i 从反相端输入，u_o 与 u_i 反相，运放的共模输入电压 $U_{ic} \approx 0$，$R_i = R_1$，$A_u = \dfrac{U_o}{U_i} = -\dfrac{R_2}{R_1}$。

（2）同相比例放大器　主要特点是：u_i 从同相端输入，u_o 与 u_i 同相，$u_{ic} = u_i$，R_i 高，电路的 $A_u = \dfrac{U_o}{U_i} = 1+\dfrac{R_2}{R_1}$。

（3）差动放大器　输出电压正比于两个输入电压的差值。R_1 与 R_3、R_2 与 R_4 配对得越好则电路抑制共模信号的能力就越强。电路的 $A_u = \dfrac{U_o}{U_{i2}-U_{i1}} = \dfrac{R_2}{R_1}$。

51　放大电路中的干扰和噪声　放大器中的干扰来自外部，如雷电、无线电发射、电气开关通断、电弧、临近电路电流瞬变产生的电磁场等。减小干扰的方法有：1）远离干扰源，甚至屏蔽产生干扰的设备；2）对放大器及输入端信号线加以屏蔽；3）电源进线加电源干扰抑制器，防止干扰信号经交流电源窜入，接法见图4.3-4。

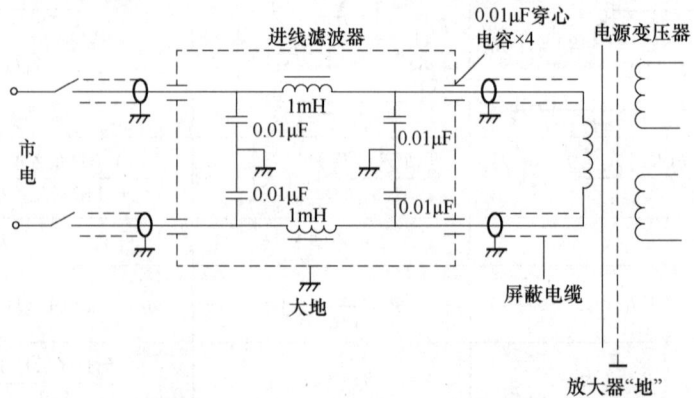

图 4.3-4　电源干扰抑制器及其接法

放大器的噪声产生于内部，主要有电子不规则热运动引起电流微小起伏产生的热噪声；随频率降低而增大的 $1/f$ 噪声；还有晶体管产生的分配噪声和散弹噪声等。放大器的噪声大小用噪声系数 N_F 衡量，定义为：$N_F = 10 \lg \dfrac{P_i/N_i}{P_o/N_o}$。式中 P_i、N_i、P_o、N_o 分别为输入和输出端的信号和噪声功率。减小噪声的方法有：1）选用低噪声元器件，特别是输入级；2）压缩放大器不必要的频带；3）合理选择信号源内阻及管子的静态电流大小。

3.2　负反馈放大电路

52　反馈的分类　反馈是将输出量（电压或电流）的一部分或全部，通过一定的网络（称反馈网络），以一定方式（串联或并联）返送回输入回路的方法。反馈可分为

1）直流反馈和交流反馈：前者只影响静态（无输入信号状态），后者只影响动态（加入输入信号状态）。2）正反馈和负反馈：前者使输出量增大，后者使输出量减小。正反馈往往使系统不稳定，而负反馈可以改善放大电路的性能。3）按反馈网络 F 与基本放大器 A 在输入、输出回路连接方式不同，放大器中的反馈有四种：电压串联反馈、电压并联反馈、电流串联反馈及电流并联反馈。它们的方框图及典型的负反馈电路见图 4.3-5。

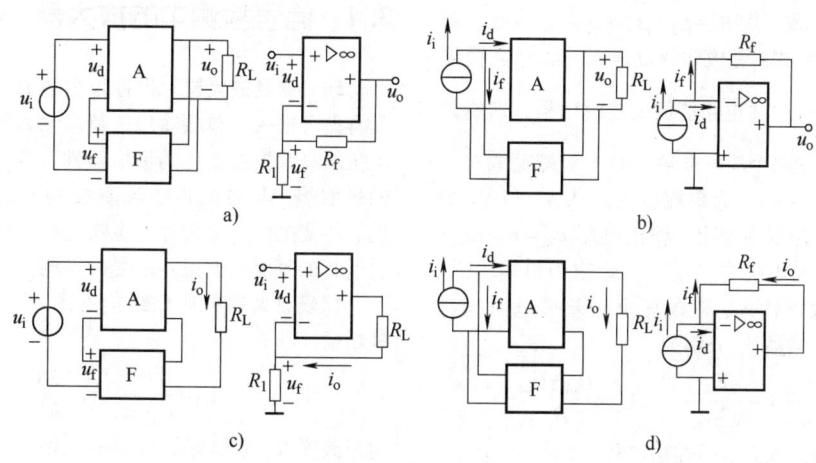

图 4.3-5　反馈的四种组态

a）电压串联反馈　b）电压并联反馈　c）电流串联反馈　d）电流并联反馈

53　负反馈对放大器性能的影响　1）提高放大倍数稳定性；2）减小非线性失真；3）扩展通频带：使上限截止频率提高，下限截止频率降低；4）抑制放大器内的干扰和噪声；5）改变输入和输出阻抗：串联负反馈提高输入阻抗，并联负反馈降低输入阻抗，电压负反馈降低输出阻抗，电流负反馈提高输出阻抗；6）负反馈使放大器增益下降。

负反馈对放大器性能影响的程度，主要取决于反馈深度（$1+AF$）的大小。

54　自激振荡和寄生振荡　由于负反馈放大器电抗性参量产生的附加相移 $\Delta\varphi$ 达到 $180°$，且 $|AF| \geqslant 1$ 时，产生自激振荡。此时即使无信号输入，也会有一定幅度和频率的电压输出。自激振荡会破坏放大器的正常工作，常用相位补偿技术加以抑制。

多级放大器各级共用直流电源时，电源内阻引入的寄生反馈以及级间元件、连线间的感应，会产生寄生振荡。由电源内阻引起的寄生振荡频率较低，可用由 R、C 或 L、C 组成的去耦电路及同点接地（见图 4.3-6）消除；感应引起的振荡常用各级加屏蔽予以防止。

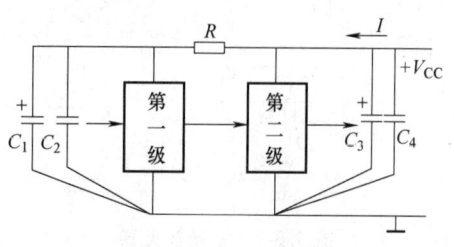

图 4.3-6　去耦电路

3.3　直接耦合放大电路

55　零漂　直接耦合放大器由于各级静态工作点（即 Q 点）互相影响及放大作用，前级 Q 点微小变化将使输出端静态电压有较大改变。这种因为 Q 点变化引起的输出端静态电压变化称为零点漂移，简称零漂。由于温度影响 Q 点产生的零漂称温漂；由于元件老化影响 Q 点产生的零漂称时漂。主要影响零漂的是温漂。放大器的零漂大小用折合到输入端的漂移电压 ΔU_0，即输出端漂移电压与放大倍数 A 的比值 $\Delta U_0/A$ 衡量。

56　差动放大电路　图 4.3-7a 是典型的差动放大电路。电路左右两边参数及结构对称，晶体管 V_1、V_2 特性一致，则 $\beta_1=\beta_2=\beta$，$r_{be1}=r_{be2}=r_{be}$。有两种基本输入形式：差模输入 $u_{id}=u_{i1}-u_{i2}$ 和共模输入 $u_{ic}=\frac{1}{2}(u_{i1}+u_{i2})$。电路能放大差模信号，抑制共模信号。信号在两个输入端输入时为双端输入；一端接地（如 $u_{i2}=0$），为单端输入。从 V_1 和 V_2 的集电极间输出为双端输出，输出电压 $u_{od}=u_{o1}-u_{o2}$；从 V_1 或 V_2 的集电极与"地"间输出为单端输出。双端（或单端）输入、双端输出时差模电压增益 A_{ud} 和共模电压增益 A_{uc} 分别为：

$$A_{ud}=\frac{U_{o1}-U_{o2}}{U_{i1}-U_{i2}}=-\frac{\beta R_c}{R_b+r_{be}}\qquad A_{uc}=\frac{U_{o1}-U_{o2}}{U_{ic}}=0$$

双端（或单端）输入、单端输出时：

$$A_{ud1}=\frac{U_{o1}}{U_{i1}-U_{i2}}=-\frac{\beta R_c}{2(R_b+r_{be})}\quad A_{ud2}=\frac{U_{o2}}{U_{i1}-U_{i2}}=\frac{\beta R_c}{2(R_b+r_{be})}$$

$$A_{ue1}=A_{uc2}=\frac{U_{o1}}{U_{ic}}=\frac{U_{o2}}{U_{ic}}=-\frac{\beta R_c}{R_b+r_{be}+2(1+\beta)R_e}$$

增大 R_e 可降低共模增益，更有效抑制零漂。为此常用图 4.3-7b 所示的恒流源代替 4.3-7a 图中的 R_e。

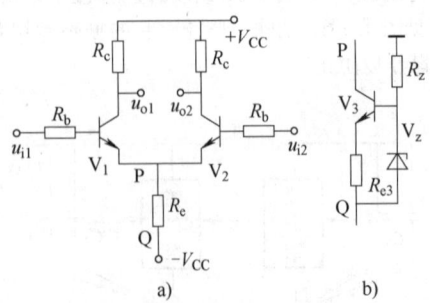

图 4.3-7　差动放大器
a）差动放大器　b）用以代替 R_e 的恒流源

57　电流模放大电路　电流模电路是以电流为参量来处理模拟信号的电路。由于电网络性能总是电压和电流两个参数互相作用、互相转换的结果，所以电流模电路没有十分严格和精确的定义。电子技术将输入和输出信号均为电流，整个电路中除了晶体管结电压外，再没有其他电压参量的电子电路称为电流模电路。由于电流模电路固有的宽频带、高速传输特性和晶体管放大电路的工作频率可高达 f_T，使电流模技术成为高速、宽带线性和非线性模拟集成电路设计、制造的重要基础。用电流模技术设计和制造的运放称为电流模运放，其最大的特点是在一定范围内具有与闭环增益无关的近似恒定的带宽。

3.4　信号检测中的放大器

58　测量放大器　也称仪表放大器，它是一种具有差分输入、单端输出、超高输入阻抗、低输出阻抗及高共模抑制比的集成器件。常用于仪器仪表的最前端，与各类传感器直接相连，常用于热电偶、应变电桥、流量计、生物电检测以及有较大共模干扰的直流缓变微弱信号的检测。

仪表放大器的典型结构见图 4.3-8，电路的差模增益

$$A_{ud}=\frac{u_o}{u_{i2}-u_{i1}}=1+\frac{2R}{R_G}$$

通过改变 R_G 可很容易调整电压增益，且有差模输入阻抗高、共摸抑制能力强的优点。

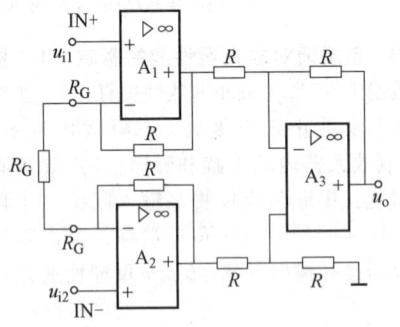

图 4.3-8　三运放数据放大器

常用的测量放大器芯片有 AD521、AD522、AD620 等。

以 AD521 单片集成测量放大器为例，其共模抑制比为 120dB，输入阻抗为 $3\times10^9\Omega$，输入端可承受 30V 的差模输入电压，有较强的过载能力，不需要精密匹配外接电阻，动态特性好，单位增益带宽大

于 2MHz，电压放大倍数可在 0.1～1 000 范围内调整，电源电压可在 ±(5～18)V 之间选取。

AD521 采用标准 14 引脚、双列直插管壳封装，其引脚功能见图 4.3-9a。引脚 4、6 之间接调零电位器（10kΩ）的两个固定端；引脚 10、13 之间接电阻 R_S，选用 $R_S = 100$kΩ 时，可得到比较稳定的放大倍数；引脚 9 是补偿端，通常可以悬空。引脚 2、14 之间接电阻 R_G，通过改变电阻 R_G 来调整电压放大倍数，其电压放大倍数 $A_U = R_S/R_G$。AD521 的基本连接方式见图 4.3-9b。在使用任何测量放大器时，要特别注意为偏置电流提供通路。

59　高精度放大器　具有极低的电压偏移、失调漂移和输入偏置电流，并且能够实现带宽、噪声与功耗之间的性能平衡。集成运放的运算精度主要取决于它的一些直流和交流参数，常用于毫伏级或更微弱信号的处理。常用的芯片有 AD704、AD706、OP05、OP07、OP27、OP117 等。

以较为经典的 OP07 为例，它具有极小的失调电压（30μV）与 0.3μV/℃ 的温漂、0.3μV/月的时漂、114dB 的开环增益与 123dB 的共模抑制比，偏置电流只有 1.2nA，各项性能优秀。OP07 在很多应用场合不需要额外的调零措施，特别适用于高增益的测量设备和放大传感器的微弱信号等方面。图 4.3-10 为 OP07 引脚说明与符号图。

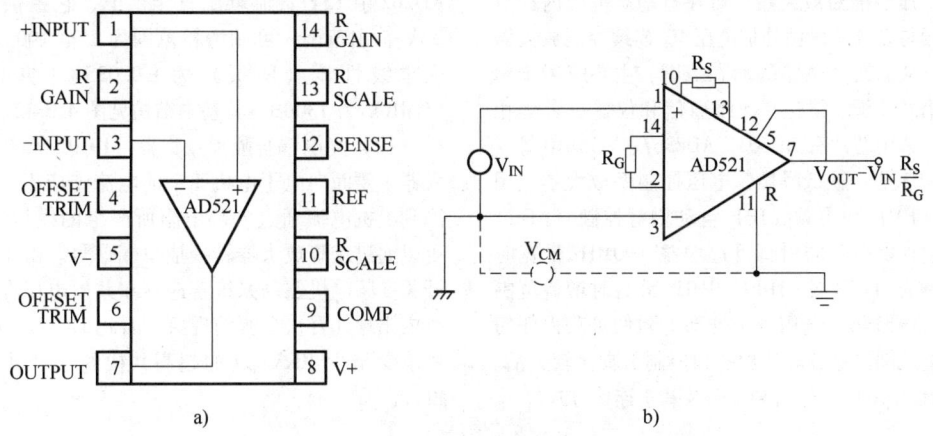

a)　　　　　　　　　　　　　b)

图 4.3-9　AD521 的引脚说明及基本连接方式

a）引脚说明　b）基本连接方式

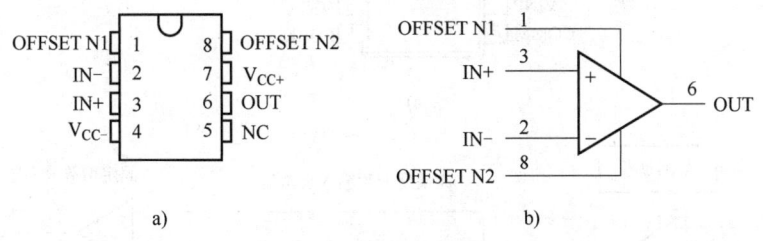

a)　　　　　　　　　　　　　b)

图 4.3-10　OP07 引脚说明与符号图

a）引脚说明　b）符号图

60　低功耗放大器　静态功耗在几十微瓦以下，工作电源电压可以低到 ±0.5～±1.0V。一般来说，低功耗运放的带宽较窄。例如 AD8657（双通道）与 AD8659（四通道）静态电流为 18μA，内部采用 EMI 滤波器来提高抗电磁干扰，适用于过程控制或电机控制应用。

61　高输入阻抗放大器　这类放大器用场效应管作差分输入级，可将输入电阻提高到 1GΩ～1TΩ，输入偏置电流非常小，但失调电压较大。高输入阻抗运放常用于信号源内阻很高的信号检测、有源滤波、采样—保持等电路中。常用的芯片有 LF355、CA3130 等。

62　高速宽带放大器　这一类运放具有较大的压摆率 SR 和较高的开环带宽 f_{BW}，主要应用于高速数据采集、高速 ADC 输入放大器、高速 DAC 缓冲器、高速测试系统、高频放大器和宽带放大器等场合。目前高速运放的 SR 已经可以大于 3 500V/μs，f_{BW} 大于 1GHz。

63　高压型放大器　通用运放的最高工作电源电压为±18V（使用单电源时为36V），由于采用一定的电路技术，高压运放可以在较大的电源电压下工作并输出较高电压（可达±140V）。

64　程控增益放大器　它是一种能通过程序（二进制编码或数字通信接口）设定增益的放大器，主要用于被测信号幅度变化较大且不可预知的场景。程控增益放大器的输出经过 DC 进入处理器，处理器根据分析数据，自动调整增益的大小（增大或缩减），最终使得放大器的增益处于最优状态。常用芯片有 AD600、AD602、AD605、AD5330、AD8367 等。

65　压控增益放大器　可在宽动态范围内针对各种音频与光频波段由外加电压 V_G 连续控制放大器的增益，从而改变电路的动态范围。主要应用于超声波、语音分析、雷达、无线通信和仪器仪表等相关领域。常用芯片有 AD603、AD8367、VCA810 等。

AD603 是一款低噪声、电压控制型放大器，用于射频（RF）和中频（IF）自动增益控制（AGC）系统。它提供精确的引脚可选增益，90MHz 带宽时增益范围为-11dB 至+31dB，9MHz 带宽时增益范围为+9dB 至+51dB。选用一个外部电阻便可获得任何中间增益范围。这款芯片功能和控制引脚比较灵活。图 4.3-11 为 AD603 的引脚说明及基本连接方式。

66　隔离放大器　广泛应用于测控系统之中，它是一种输入回路与输出回路之间电绝缘的测量放大电路。其特点是输入与输出信号没有公共的接地端，这样可以避免干扰混入或确保测量安全（如生物医疗信息检测需要）。在隔离放大器中，信号的耦合方式主要有两种：一种是通过电磁耦合，即经过变压器传递信号，称为变压器耦合隔离放大器；另一种是通过光电耦合，光电耦合隔离放大器工艺简单、体积小重量轻，带宽更宽，更有应用价值。

（1）变压器耦合隔离放大器　AD202 是一款较为典型的通用型、双端口变压器耦合式隔离放大器，其功能完备，无需提供外部 DC-DC 转换器。AD202 由 15V 直流电源直接供电，它提供双极性±5V 输出范围，可调增益范围为 1 至 100V/V，最大非线性度（K 级）为±0.025%，共模抑制（CMR）为 130dB。其基本结构见图 4.3-12。

（2）光电耦合隔离放大器　HCPL-7800 隔离放大器主要面向电子电机驱动的电流感应设计。可检测到电机电流通过外部电阻所产生的模拟电压降，可以通过运算放大器转换成单端信号。由于现今的开关变频电机驱动系统普遍存在共模电压在数十纳秒内出现几百伏摆幅的现象，因此 HCPL-7800 采用可承受至少 10kV/μs 的超高共模瞬态变化压摆率设计。

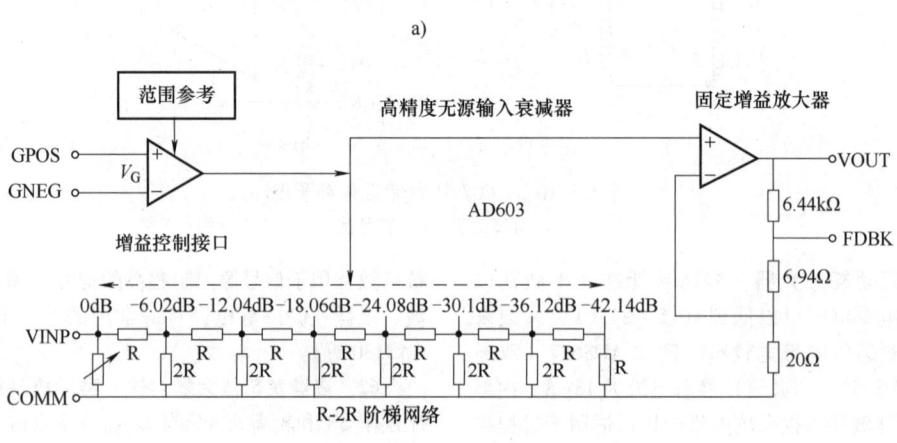

图 4.3-11　AD603 的引脚说明及基本连接方式

a）引脚说明　b）基本连接方式

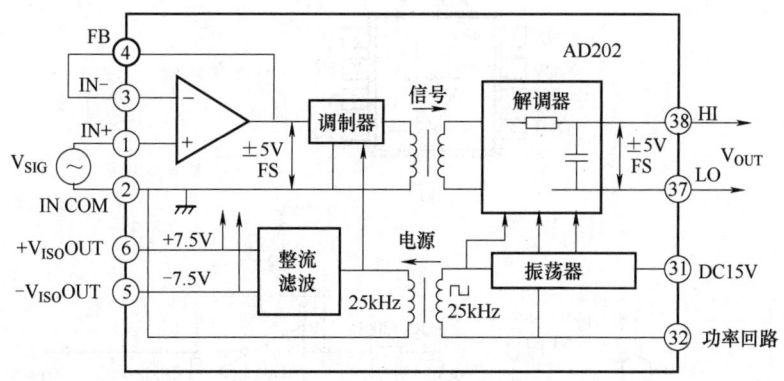

图 4.3-12　AD202 的基本结构

HCPL-7800 光隔离放大器基本结构见图 4.3-13，它良好的共模瞬变抑制能力可在高噪声的电机控制环境下精确监测电机电流。芯片精确性和稳定性较高，适用于多种不同的电机控制场景。

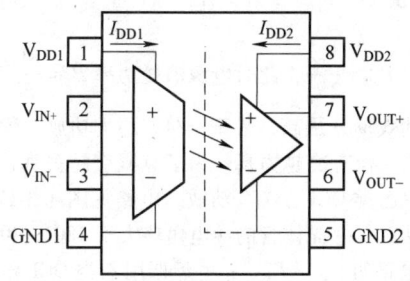

图 4.3-13　HCPL-7800 光隔离放大器的基本结构图

67　全差分运算放大器　具有两个输入端（U_{IN+} 与 U_{IN-}）、两个输出端（U_{OUT+} 与 U_{OUT-}）和一个控制输出共模电压的输入端 V_{OCM} 及两个电源端。全差分运算放大器可以实现单端输入向互补性差分输出或差分输入向差分输出的转换及放大，它具有低失真、可驱动精密和高速模数转换器的特点。全差分运算放大器的符号与单端输入转差分输出基本电路见图 4.3-14。电路的差分输出值 = 差分输入值 × 开环增益 A_{UO}（通常极大）。在 V_{OCM} 端加入一个电压，则两个差分输出端的共模电压（即两个差分输出信号的平均值）将等于 V_{OCM} 端电压。即两个差分输出端信号将围绕 V_{OCM} 输入电位产生方向相反的波动，这一功能可用于输出电平的调整。

$$U_{OUT+} + U_{OUT-} = A_{UO}(U_{IN+} - U_{IN-}) \qquad \frac{U_{OUT+} + U_{OUT-}}{2} = V_{OCM}$$

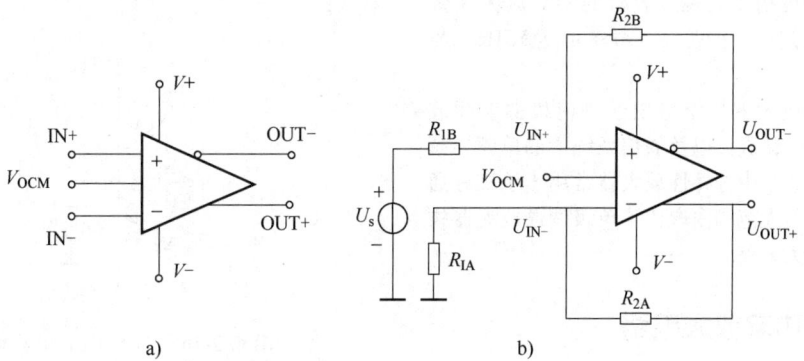

图 4.3-14　全差分运算放大器的引脚说明和单端输入转差分输出电路

a）引脚说明　b）单端输入转差分输出电路

全差分放大器集成芯片主要有 AD8139、INA105、MAX4198 等。AD8139 是一种超低噪声、高性能差分放大器，其引脚说明与基本连接方式见图 4.3-15。AD8139 噪声低、动态范围大、频带宽，是驱动分辨率达 18 位的模/数转换器的理想选择。

它使用方便，可以由四个电阻组成的简单外部反馈网络来决定放大器的闭环增益。芯片内部共模反馈架构允许其输出共模电压（由 V_{OCM} 引脚电压控制），内部反馈回路也提供了良好的输出平衡以及抑制偶次谐波失真。

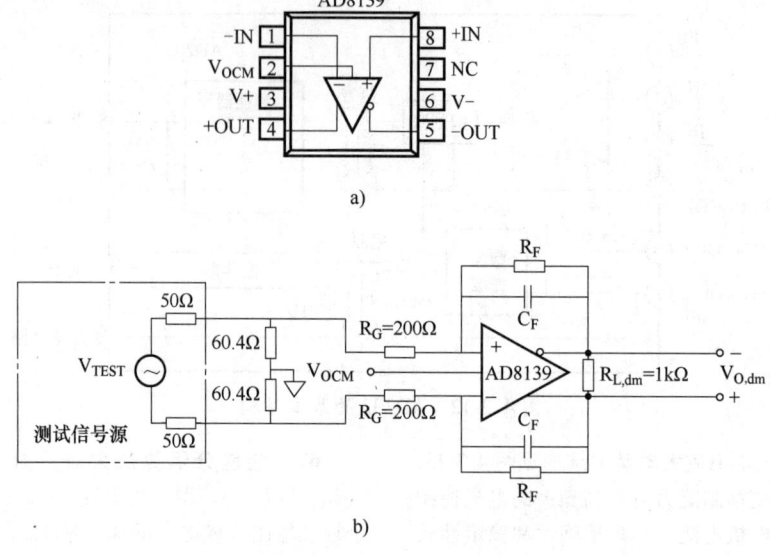

a)

b)

图 4.3-15　AD8139 的引脚说明及基本连接方式
a）引脚说明　b）基本连接方式

68　集中选频放大器　对某一段频率或单一频率的信号具有突出的放大作用，而对其他频率的信号具有较强抑制作用的放大器，它一般由集成宽带放大器与集中选频滤波器构成，具有高增益与良好的频率选择性。

集中选频滤波器可采用陶瓷滤波器、石英晶体滤波器和声表面波滤波器等。其中声表面波滤波器具有体积小、重量轻、选频特性无需调整、延时特性平坦、波形失真小、适合高频、超高频工作等特性，可用于电视接收机的中频放大（带宽 4MHz）、延迟线、振荡器（频率可达 5GHz）与耦合器等。

集中选频放大器广泛应用于发射机的射频放大，接收机的中频放大以及通信系统中的单频导频信号放大。目前集中选择性放大器常用于手机等通信设备，已在很大范围内取代了单级调谐放大器构成的高增益放大电路。

3.5　低频功率放大电路

69　OCL 和 OTL 功率放大电路　OCL 和 OTL 是无输出电容器（Output Capacitorless）和无输出变压器（Output Transfomerless）的缩写。OCL 和 OTL 功率放大电路都由 NPN 和 PNP 型晶体管组成互补推挽射极输出器。图 4.3-16 是乙类 OCL 功放电路，V_1、V_2 在信号的正、负半周轮流导通，导电角略小于 180°。当管子的 U_{CES} 可忽略时，电路的最大输

出功率 $P_{oM} = \dfrac{V_{CC}^2}{2R_L}$，此时电源消耗功率 $P_V = \dfrac{2V_{CC}^2}{\pi R_L}$，放大器的效率 η 最高，等于 $\pi/4$。乙类功放的优点是效率高，但有交越失真。为了克服交越失真，一般选用甲乙类 OCL、OTL 功放，电路见图 4.3-17。甲乙类功放每一晶体管的导电角略大于 180°，甲乙类 OCL 电路的 P_{oM}、P_V、η 可近似用乙类 OCL 电路的公式计算，甲乙类 OTL 电路的 P_{oM}、P_V、η 也可用这些公式计算，但需要将各公式中的 V_{CC} 用 $V_{CC}/2$ 代入。

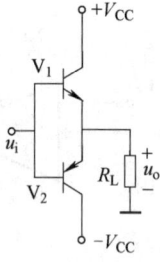

图 4.3-16　乙类 OCL 功放电路

70　集成功率放大器　具有甲乙类工作特性，其输出功率一般为 2～100W，有一定电压放大倍数，且包含限流、散热等多重保护电路。常用的集成功率放大器有：耳机放大器、1～2W 低功率放大器、12～45V 电源电压中等功率放大器与 50V 以上高功率放大器。常用芯片有 LM386、TDA2003、DG4000 系列等。

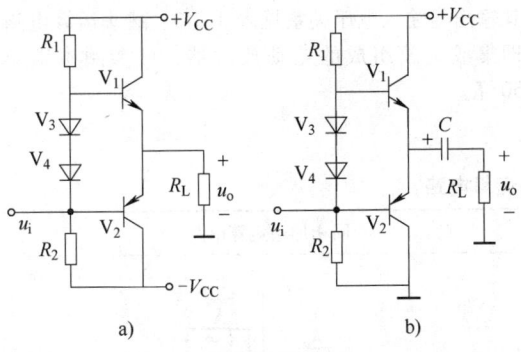

图 4.3-17　甲乙类 OCL、OTL 功放

a）甲乙类 OCL 电路　b）甲乙类 OTL 电路

（1）LM386 芯片　图 4.3-18 是 LM386 的外形和管脚说明，其典型应用电路见图 4.3-19。改变电阻 R_2 可以改变 LM386 的电压增益。当 1 脚和 8 脚之间开路时，电压增益为 20；若在 1 脚和 8 脚之间接阻容串联元件，则增益可达电压放大倍数为 200。改变阻容值则电压增益可在 20~200 之间任意选取，其中电阻值越小电压增益越大。例如，当电阻 $R_2 = 1.2\text{k}\Omega$ 时，电路的电压增益 $A_{uf} = 50$。

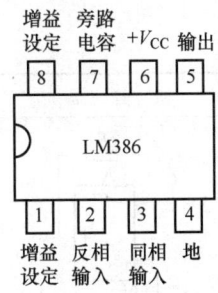

图 4.3-18　LM386 的外形和引脚

（2）TDA2003 芯片　TDA2003 集成功率放大器的主要特点是电流输出能力强，谐波失真小，各引脚都有交直流保护，使用安全，可以用于汽车音响等电路。图 4.3-20 是集成功放电路 TDA2003 的外形图，表 4.3-2 是它的引脚说明。

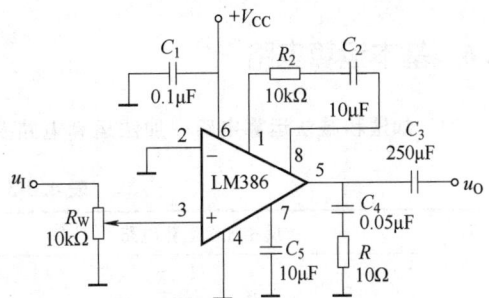

图 4.3-19　LM386 典型应用电路

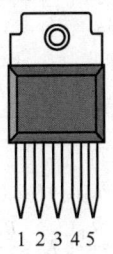

图 4.3-20　TDA2003 外形图

表 4.3-2　TDA2003 引脚说明

引脚序号	符号	端子名称
1	+IN	同相输入端
2	−IN	反相输入端
3	GND	地
4	OUT	输出
5	V_{CC}	电源

TDA2003 的典型应用电路见图 4.3-21。其中，C_1 为耦合电容；C_2 是抑制纹波电容；C_4 是输出电容其推荐值为 1 000μF，如果比推荐值小，下限截止频率会升高；R_3 和 C_5 的作用是提高频率的稳定性；电阻 R_X 和电容 C_X 决定电路的上限截止频率，其推荐值由 $R_X = 20R_2$ 与 $C_X \approx 1/(2\pi B \cdot R_1)$ 关系式确定，其中 B 是带宽；电阻 R_1 用来设置增益，其推荐值由 $R_1 = (A_u - 1)R_2$ 关系式决定。

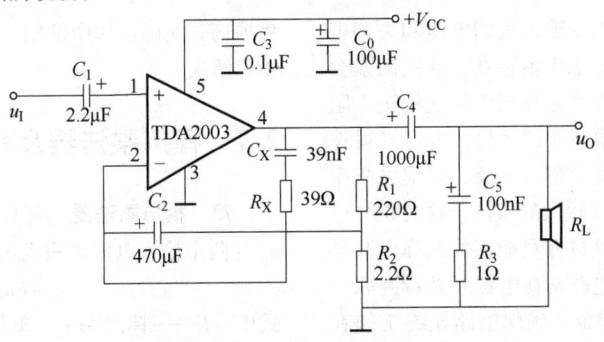

图 4.3-21　TDA2003 典型应用电路

241

3.6　基本运算电路

71　加法和减法运算电路　加法运算电路及

其输出与输入电压关系见表 4.3-3。减法运算电路即集成运放组成的差动放大器，可参阅本篇第 50 条。

表 4.3-3　加法运算电路

名称	反相加法运算电路	同相加法运算电路
电路组成		
输出电压	$u_0 = -(K_1 u_{i1} + K_2 u_{i2} + K_3 u_{i3})$ $K_1 = \dfrac{R_F}{R_1}$、$K_2 = \dfrac{R_F}{R_2}$、$K_3 = \dfrac{R_F}{R_3}$	$u_0 = \left(1 + \dfrac{R_a}{R_b}\right)(K_1 u_{i1} + K_2 u_{i2} + K_3 u_{i3})$ $K_1 = \dfrac{R_2//R_3}{R_1//R_2//R_3}$、$K_2 = \dfrac{R_1//R_3}{R_1/R_2//R_3}$ $K_3 = \dfrac{R_1/R_2}{R_1//R_2//R_3}$

72　积分和微分运算电路　电路及 u_0 表达式见表 4.3-4。

表 4.3-4　积分和微分运算电路比较

名称	积 分 器	微 分 器
电路组成		
输出电压	$u_0 = -\dfrac{1}{RC}\displaystyle\int u_1 \mathrm{d}t$ 当 u_1 为阶跃电压 E 时 $u_0 = -\dfrac{E}{RC}t$	$u_0 = -RC\dfrac{\mathrm{d}u_1}{\mathrm{d}t}$

实际上，集成运放会受输入失调电压和失调电流的影响，电容器也会有漏电流存在，这些因素会使电路出现积分误差。在实际应用中可选用输入阻抗高、失调电压及失调电流小的运放；电容 C 可选用薄膜电容或聚苯乙烯电容器。另外，当信号频率非常低时，电容 C 会呈现较大的容抗，这时积分电路的增益会非常大，电路将有可能工作在临界开环状态。因而，实用积分电路常在电容 C 两端并联一个电阻 R_F 以减小低频增益，确保电路始终工作在闭环状态。基本微分电路抗干扰能力较差，且易产生振荡，实际应用中常用一只小电阻与电容 C 串联予以解决。

3.7　模拟乘法器及其组成的运算电路

73　模拟乘法器　符号见图 4.3-22。输出电压 u_o 与两个输入电压之积成正比，即

$$u_o = K u_x u_y$$

式中　K——标尺因子，单位量纲是 $1/V$。

模拟乘法器可以用对数、反对数运算电路组

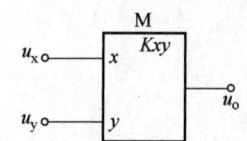

图 4.3-22　模拟乘法器符号

成，但电路复杂不易集成，且要求输入信号为单一极性。目前用得多的是变跨导式乘法器，两个输入电压可正、可负，属四象限乘法器。国产的集成模拟乘法器有 BG314、F1596 等，国外产品有 AD532、AD834、AD630、AD734 等。

74　模拟乘法器组成的运算电路　主要有平方运算电路、开方运算电路、除法运算电路等，它们的电路及输出与输入关系表达式见图 4.3-23，图中 A 为集成运算放大器。

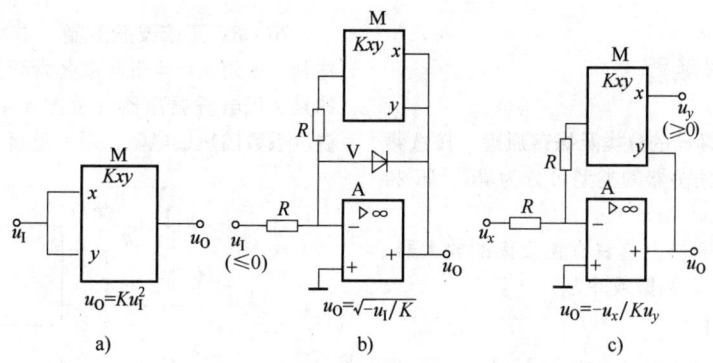

图 4.3-23　模拟乘法器组成的运算电路图
a）平方器　b）开方器　c）除法器

第 4 章　信号产生与处理电路

4.1　正弦波振荡器

75　正弦波振荡器的分类及振荡原理　按选频元件不同，正弦波振荡器的类型可分为 RC、LC 和晶体振荡器。

正弦波振荡器实质上是具有正反馈的放大器。原理框图见图 4.4-1。起振条件为

$$|\dot{A}\dot{F}| > 1$$

$$\Phi_\mathrm{A} + \Phi_\mathrm{F} = \pm 2n\pi \quad (n = 0、1、2\cdots)$$

当幅度维持稳定时，其中 $|\dot{A}\dot{F}|$ 应等于 1。

实际振荡电路应该有放大器、正反馈网络、选频网络和稳幅电路等组成。

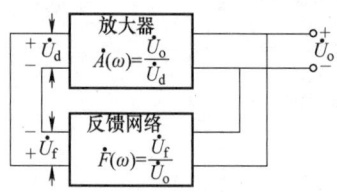

图 4.4-1　正弦波振荡器原理框图

76　RC 正弦波振荡器　电路采用电阻与电容选频，多用来产生低频或超低频正弦信号，最常用的是文氏电桥振荡器（见图 4.4-2），R_t 是具有负温度系数的热敏电阻，用来稳幅。

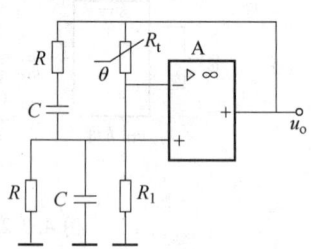

图 4.4-2　文氏电桥振荡器

电路的振荡频率为 $f_0 = \dfrac{1}{2\pi RC}$，文氏电桥振荡器可用双联电位器或双联电容很方便改变振荡频率，调节范围也很广，一般其振荡频率在 1MHz 以下。

77　LC 正弦波振荡器　由 LC 谐振回路作选频网络，振荡频率由谐振回路的谐振频率决定。反馈型 LC 正弦波振荡电路的三种接法比较见表 4.4-1。LC 正弦谐振荡器一般用于高频和射频电路。

表 4.4-1　三种 LC 正弦波振荡器比较

电路名称	变压器耦合式	电感三点式	电容三点式
电路			
振荡频率 f_0	$f_0 = \dfrac{1}{2\pi\sqrt{LC}}$	$f_0 = \dfrac{1}{2\pi\sqrt{LC}}$ $L = L_1 + L_2 + 2M$	$f_0 = \dfrac{1}{2\pi\sqrt{LC}}$ $C = \dfrac{C_1 C_2}{C_1 + C_2}$

（续）

电路名称	变压器耦合式	电感三点式	电容三点式
特点	调节 f_0 容易、波形失真较小，振荡频率范围为几千赫兹至几兆赫兹	起振和调节 f_0 容易，但输出波形失真较大，振荡频率范围一般低于几十兆赫兹	容易起振、波形失真小，但调节 f_0 较麻烦，振荡频率范围可高于 100MHz

78　晶体振荡器　主要应用在频率稳定度要求高的场合。电路特点是使用具有压电效应的晶体，通常为石英晶体（可参阅本篇第 39 条）。

晶体振荡器主要有串联型和并联型。

（1）串联型　电路见图 4.4-3a。石英晶体引入正反馈，振荡频率等于晶体的串联谐振频率 f_s。此时，晶体等效阻抗最小，电路正反馈最强、相移为零，能满足产生正弦振荡的两个条件。

（2）并联型　电路见图 4.4-3b。振荡频率介于 f_s 与并联谐振频率 f_p 间的很窄范围。在这一频率范围，晶体呈电感性阻抗，它与 C_1、C_2 组成电容三点式振荡电路。

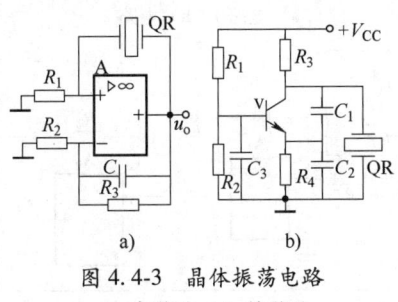

图 4.4-3　晶体振荡电路

a）串联型　b）并联型

4.2　非正弦波形发生器

79　555 定时电路组成的多谐振荡器　555 定时器是一种模拟电路和数字电路相结合的中规模集成电路，常被用于定时器、延时器件、脉冲产生器和振荡电路。图 4.4-4a 及表 4.4-2 分别是 555 的外引线图及功能表。

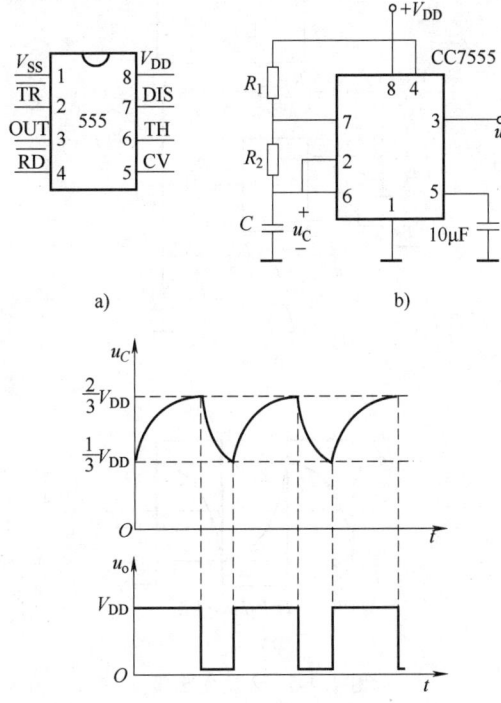

图 4.4-4　555 组成的多谐振荡

a）外引线图　b）电原理图　c）工作波形

表 4.4-2　555 芯片功能表

TH	$\overline{\text{TR}}$	$\overline{\text{RD}}$	OUT	DIS
×	×	L	L	导通
$>2V_{DD}/3$	$>V_{DD}/3$	H	L	导通
$<2V_{DD}/3$	$>V_{DD}/3$	H	不变	不变
×	$<V_{DD}/3$	H	H	截止

由 555 组成的多谐振荡器电路及工作波形见图 4.4-4b、c。接通电源 V_{DD} 时刻，由于电容 C 的电压初值为零，电路输出高电平。随着 V_{DD} 经 R_1、R_2 使 C 充电至 $u_C \geqslant 2V_{DD}/3$ 时，输出翻转为低电平，此时器件内的放电管导通，使 C 放电。当电容两端电压放电至 $u_C \leqslant V_{DD}/3$ 输出又翻回高电平。如此周而复始，产生矩形波输出，振荡波的频率为

$$f = 1/T = 1.44/(R_1 + 2R_2)C$$

80　方波、矩形波发生器　门电路、集成运放和一些专用集成电路都可构成方波、矩形波发生器。集成运放组成的方波发生器电路及工作波形见图 4.4-5。电路输出方波的幅度为 $\pm U_z$，振荡频率

$$f_0 = \left[2RC\ln\left(1+\frac{2R_2}{R_1}\right) \right]^{-1}$$

当 R 用图中虚框内的网络取代时，电路输出矩形波，占空比可由 R_w 调节。

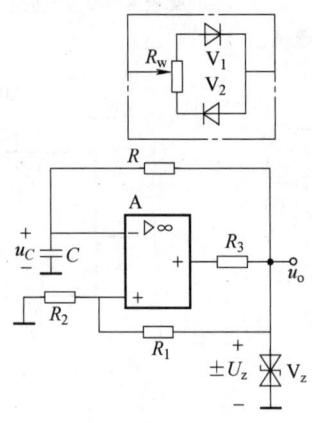

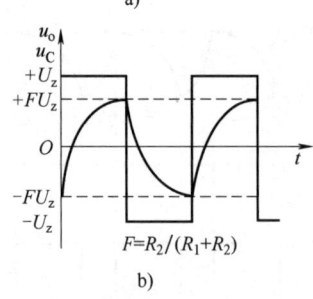

图 4.4-5　方波发生器

a) 串联型　b) 并联型

由石英晶体与门电路构成的单一频率方波发生器电路见图 4.4-6，其输出信号的频率精度和稳定度很高，一般用作时基。

81　方波-三角波发生器　电路及工作波形见图 4.4-7。输出电压 u_{o1} 为三角形、u_{o2} 为方波，波形的频率

$$f_0 = \frac{R_2}{4R_1RC}$$

若将电路中的积分电阻 R 换成虚框内网络，u_{o1}、u_{o2} 将分别输出矩形波和锯齿波，矩形波的占空比可通过 R_w 调节来改变。

82　压控振荡器　利用一个控制电压 U_c 改变波形发生电路振荡频率的电路称为压控振荡器，常用 VCO 表示。它也是一种电压-频率变换器，在数模转换、调频、遥测遥控等设备中应用广泛，其基本电路及工作波形见图 4.4-8。输出信号的频率

$$f_0 \approx R_2 U_c / 2R_1 RC U_z$$

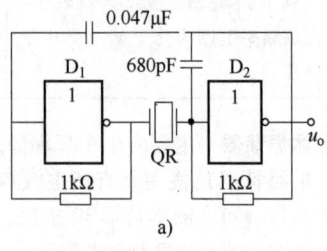

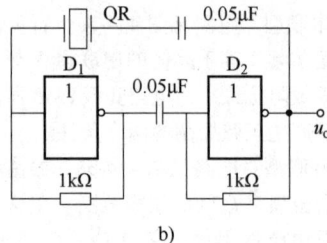

图 4.4-6　晶体振荡器

a) 电路 1　b) 电路 2

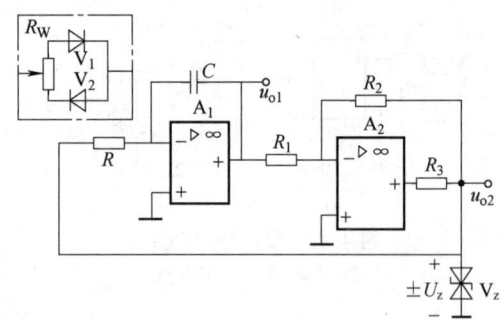

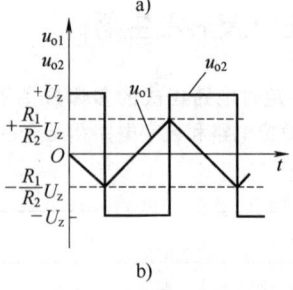

图 4.4-7　方波-三角波发生器

a) 电原理图　b) 工作波形

目前已有专用集成电路可以实现压控振荡。5G8038 集成函数发生器是一种具有多种波形输出的精密振荡集成电路，只需调整个别的外部元件就能产生从 0.001Hz～300kHz 的低失真正弦波、三角波、矩形波等脉冲信号，也可以实现压控振荡。输出波形的频率和占空比可以由电流或电阻控制。图 4.4-9

是 5G8038 的外引线图及用作压控函数发生器的典型
电路。当无需压控时，只要去掉与 5G8038 引脚 8 相
连的电阻、电容，且把引脚 7、8 短接即可。

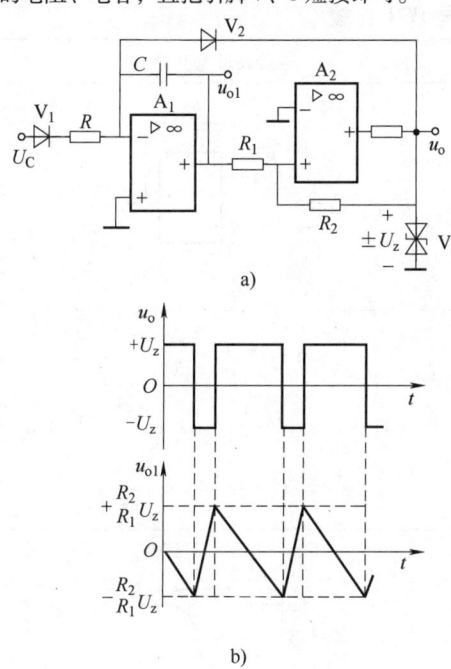

a)

b)

图 4.4-8　压控振荡器
a) 电路　b) 工作波形

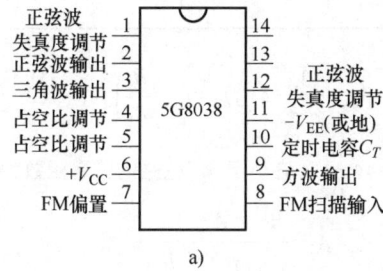

a)

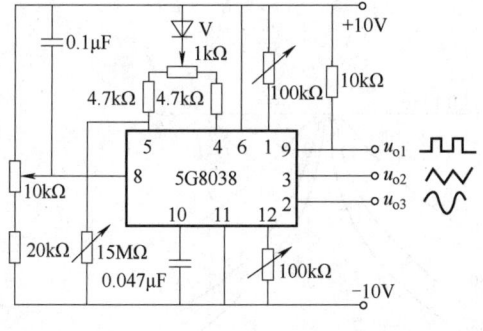

b)

图 4.4-9　5G8038 外引线及典型应用
a) 外引线图　b) 典型应用电路

83　高精度可编程波形发生器　直接数字频率

合成（Direct Digital Frequency Synthesis，DDS 或
DDFS）技术是 20 世纪 70 年代初提出的一种频率合
成技术。DDS 芯片通过数模转换器将数字信号转换
成模拟信号，其具有高分辨率和多输出频点的优
点，并且其体积小、重量轻，便于集成。以典型的
AD9833 芯片为例，其通过 3 个串行接口即可控制
其输出信号，易于与各种主流微处理器结合。其功
耗极低，频率精度高，通过编程可以选择产生方
波、三角波和正弦波等波形。AD9833 共有 10 个引
脚，基本参数见表 4.4-3。

表 4.4-3　AD9833 基本参数

参数名称	规格（典型值）
输出频率范围	0~12.5MHz
频率精度	0.1Hz（25MHz 参考时钟下）
输出波形类型	正弦波、三角波、方波
通信方式	3 线 SPI 接口
工作电压范围	2.3~5.5V

4.3　有源滤波器

84　有源滤波器分类　对特定频率有选择性的
网络统称为滤波器。当网络含有源器件时，为有源滤
波器。按滤波器的幅频特性不同，分为低通滤波
器（LPF）、高通滤波器（HPF）、带通滤波器（BPF）、
带阻滤波器（BEF）和全通滤波器（APF）；按传递函
数不同，又可分一阶、二阶和高阶滤波器。高阶有源
滤波器一般可由一阶、二阶滤波器级联而成。

在滤波器的幅频特性中，允许通过的频带称为
通带，相应的增益为通带增益，记作 A_{up}。被阻止
通过的频带称阻带，通带与阻带间幅频特性剧变的
频段称为过渡带。增益下降到 $A_{up}/\sqrt{2}$ 时的频率称为
通带截止频率，记作 f_p。

集成运放组成的有源滤波器具有隔离性能好、
易于级联成高阶滤波器等优点，但输出电压、电流
的能力及频率范围均受集成运放的性能制约。

85　低通滤波器和高通滤波器　表 4.4-4 是一
阶低通和高通有源滤波器的电路、传递函数和幅频
特性比较。经比较可见 LPF 与 HPF 存在以下对偶
关系：1) 电路对偶：将 LPF 中起滤波作用的 R 与
C 互换，即得 HPF 电路，反之亦然；2) 传递函数
对偶：LPF 传递函数中的 s 换成 $1/s$，$1/s$ 换成 s，
即可得到 HPF 的传递函数，反之亦然；3) 幅频特

性放在同一坐标时，相对于直线 $f=f_0$（f_0 为特征频率，决定于 R、C）对称。利用对偶关系可以很容易地从一种已知的滤波器得到对偶滤波器的电路、传递函数和幅频特性。

表 4.4-4　一阶有源 LPF 与 HPF 比较

	一阶低通滤波器	一阶高通滤波器
电路		
传递函数	$A_u(s)=\dfrac{A_{up}}{1+sCR}$ $\dot{A}_u=\dfrac{A_{up}}{1+\mathrm{j}f/f_0}$ 式中　$A_{up}=1+\dfrac{R_2}{R_1}$　$f_0=\dfrac{1}{2\pi RC}$	$A_u(s)=\dfrac{A_{up}}{1+(sCR)^{-1}}$ $\dot{A}_u=\dfrac{A_{up}}{1+\mathrm{j}f/f_0}$ 式中　$A_{up}=1+\dfrac{R_2}{R_1}$　$f_0=\dfrac{1}{2\pi RC}$
幅频特性		

86　带通滤波器　当要求通带带宽较宽时，带通滤波器可以用 A_{up} 相等、通带截止频率分别为 f_{p1} 与 f_{p2}（$f_{p1}>f_{p2}$）的两级 HPF 和 LPF 级联组成。

当通带较窄时，常用图 4.4-10a 所示电路，电路的中心频率 f_0、通带电压增益 A_{up}、通带宽度 f_{BW}、品质因数 Q 分别为

$$f_0=\frac{1}{2\pi RC},\quad A_{up}=\frac{A_{uf}}{3-A_{uf}},\quad f_{BW}=\left(2-\frac{R_f}{R_1}\right)f_0,\quad Q=\frac{1}{3-A_{uf}}$$

式中　$A_{up}=1+\dfrac{R_f}{R_1}$，应小于 3。电路的传递函数为

$$\dot{A}_u=\frac{A_{up}}{1+\mathrm{j}Q\left(\dfrac{f}{f_0}-\dfrac{f_0}{f}\right)}$$

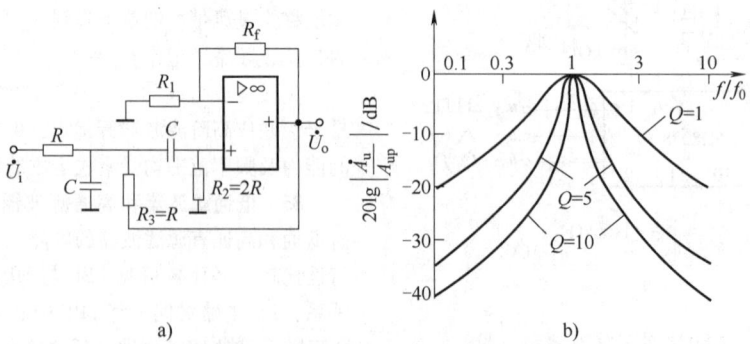

a)　　　　　　　　　　　b)

图 4.4-10　窄带带通滤波器
a）原理电路　b）幅频特性

87　带阻滤波器　又称陷波器，常用于电路中滤除特殊频率（如工频 50Hz）的干扰信号。可用 LPF 与 HPF 并联实现，但技术上比较麻烦。由双 T 网络及集成运放组成的有源带阻滤波器的电路及幅频特性见图 4.4-11。电路的阻带中心频率 f_0、阻带宽度 f_{BW}、通带电压增益 A_{up}、品质因数 Q 分别为

$$f_0 = \frac{1}{2\pi RC}, f_{BW} = 2(2-A_{up})f_0, A_{up} = 1+\frac{R_F}{R_1}, Q = \frac{1}{2(2-A_{up})}。$$

当 $R = 2M\Omega$，$C = 1591pF$ 时，$f_0 = 50Hz$。

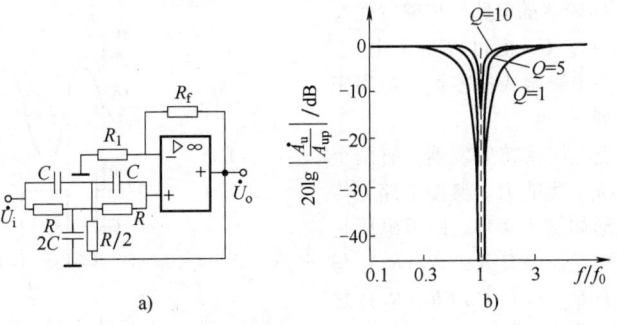

图 4.4-11　带阻滤波器

a）原理电路　b）幅频特性

88　全通滤波器　具有平坦的幅频响应，它不改变输入信号的频率特性，但会改变输入信号的相位。利用这个特性，全通滤波器可以用做延时器、延迟均衡等。全通滤波器和其他滤波器的组合可以解决常规的滤波器（包括低通滤波器等）幅频特性和相频特性难以兼顾的问题，在数字通信领域广泛使用。

89　开关电容滤波器　具有体积小、功耗低、精度高、稳定、便宜等优点。它用开关电容代替积分电阻或滤波电阻，改变控制"开关"的外接时钟信号频率，可以方便地改变滤波器的特征频率 f_0，通常截止频率 f_p 也随之变化。缺点是由于时钟馈入效应，使输出电压上有寄生的小幅度时钟信号。MF10 单片集成开关电容滤波器是一种具代表性的产品，它的内部有两个独立的通用二阶有源滤波器模块，原理框图、外引线图及典型接法见图 4.4-12 所示。改变接法，在不同输出端可实现低通、高通、全通或带阻等滤波功能。

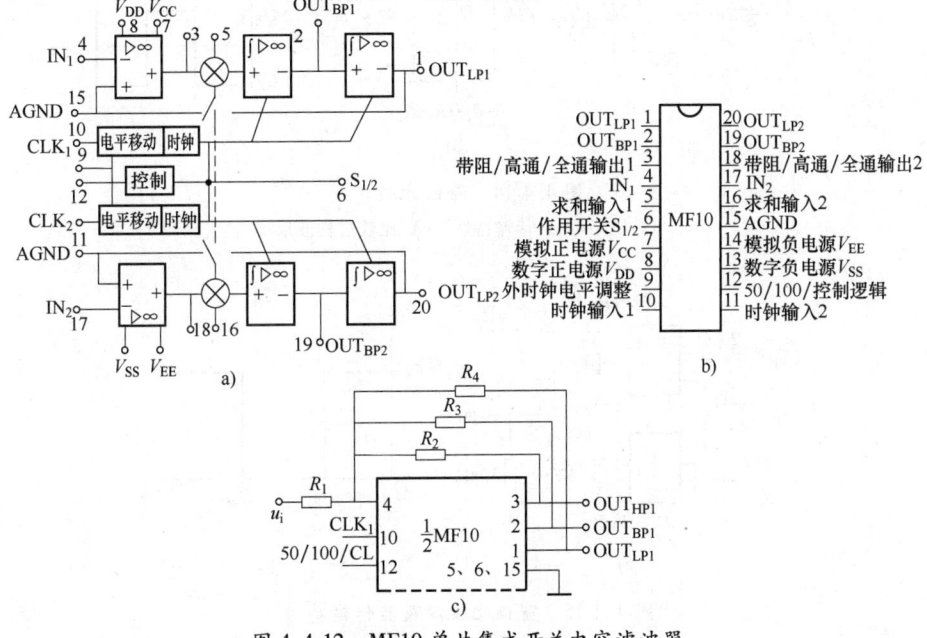

图 4.4-12　MF10 单片集成开关电容滤波器

a）原理框图　b）外引线图　c）典型接法

4.4　模拟电压比较器

90　电压比较器　也称电平检测器，输入信号与参考电压（也称门限电压）U_R 比较，当 $u_I = U_R$ 时，u_O 发生翻转。电压比较器的电路、传输特性及比较过程波形如图 4.4-13。U_R 也可以是负电压。$U_R = 0$ 时的电路可称为零比较器或检零器，能用来检测信号电压过零的时刻。

91　滞回比较器　也称施密特触发器。有两个门限电平，具有较强的抗干扰能力。典型电路、传输特性及比较过程的波形如图 4.4-14。回差电压是 $u_O = +U_Z$ 时的上门限电平 $U_{RH} = +U_Z R_2/(R_1+R_2)$ 与 $u_O = -U_Z$ 时的下门限电平 $U_{RL} = -U_Z R_2/(R_1+R_2)$ 之差，回差电压越大，电路抗干扰能力越强，但灵敏度越低。

92　窗口比较器　电路及传输特性见图 4.4-15。它有两个门限电平 U_{RH}、U_{RL}，属双门限比较器，可以鉴别信号电压介于两个门限电平间的时刻。电路常用于工业控制系统，当被测量（温度、压力或液面等）超出范围时，可以发出指示信号。

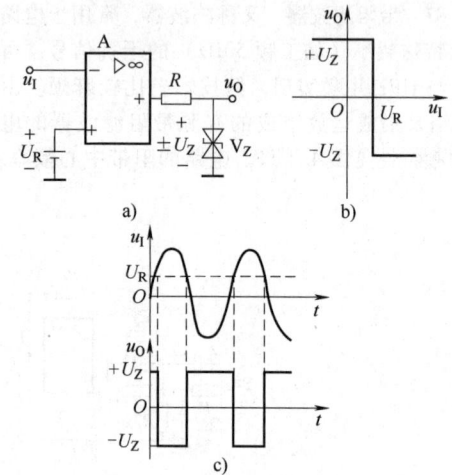

图 4.4-13　电压比较器
a）电路　b）传输特性　c）比较过程波形

93　集成电压比较器　有单电压比较器、双电压比较器和四电压比较器；按性能不同又分为通用型、高速型、低功耗型及精密型等。图 4.4-16 是通用型集成电压比较器 CJ311（国外型号为 LM311）的引脚说明及几种典型接法电路图。

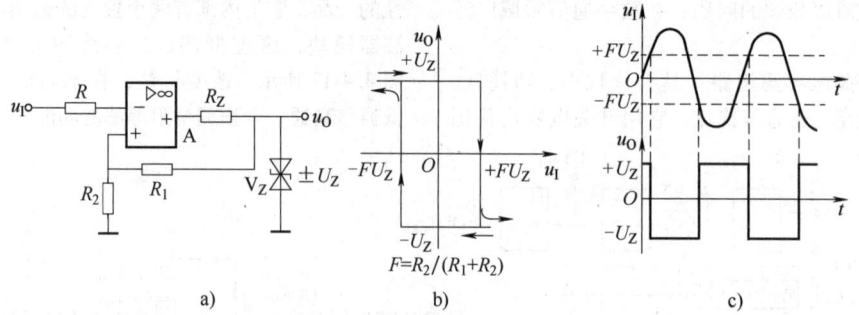

图 4.4-14　滞回比较器
a）电路　b）传输特性　c）比较过程波形

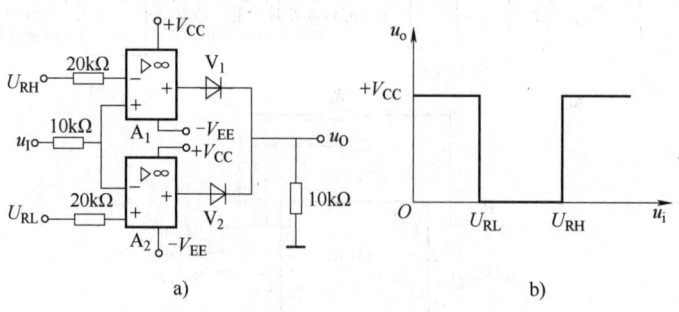

图 4.4-15　窗口比较器及其传输特性
a）电路　b）传输特性

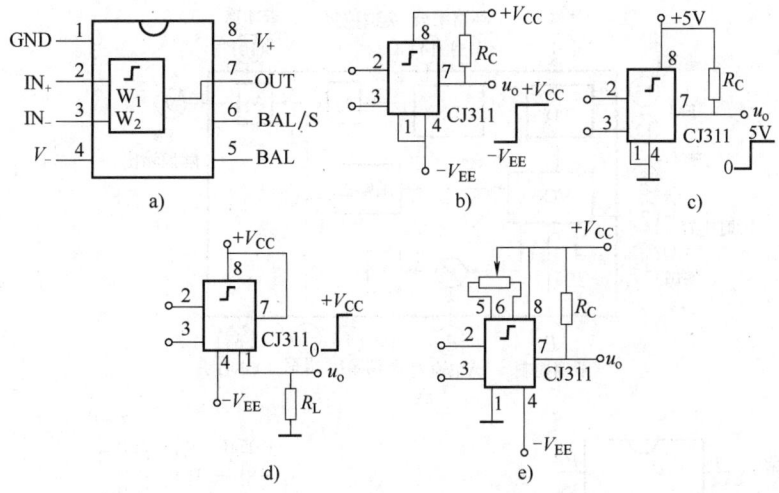

图 4.4-16　CJ311 引脚说明及几种常用接法

a) 外引线图　b) 集电极输出　c) 单电源应用　d) 射极输出　e) 带调零电位器

4.5　采样-保持和变换电路

94　采样-保持电路　也称采用-保持放大器。对模拟信号进行 A/D 转换时，为了确保转换精度需要将模拟信号在一定时间内保持基本不变。采样-保持放大器 AD783（见图 4.4-17）是一款高速单芯片采样保持放大器（SHA），0.01% 采集时间的典型值为 250ns，输入频率最高可达 100kHz。

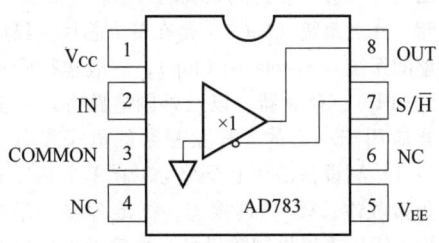

图 4.4-17　AD783 引脚说明

95　V/F 与 F/V 变换电路　用于实现电压-频率及频率-电压变换，也属于模/数转换电路。单片集成变换器的功能可逆，即兼有 V/F 和 F/V 变换功能。这两种变换器的输出-输入关系式分别为：$f_o = ku_i$ 和 $u_o = qf_i$，式中 k 是 V/F 变换的标尺因子，单位为 Hz/V；q 是 F/V 变换的标尺因子，单位为 V/Hz。理想的变换电路，k、q 应该为常数。表 4.4-5 是几种单片 V/F、F/V 变换器性能比较。

表 4.4-5　单片 V/F、F/V 变换器性能比较

型号	输入电压范围 /V	输出频率范围 /kHz	非线性误差（%满度）≤
BG382	0.01~10	0.01Hz~10	±0.5
AD537	—	0~100	±0.05

4.6　其他信号处理电路

96　锁相环的工作原理　原理框图见图 4.4-18。鉴相器比较输入信号和压控振荡器输出信号的相位，产生一个与两者相位差相关的电压，经放大后控制压控振荡的振荡频率，使它锁定在输入信号的频率上。它常用于通信系统中的高精度频率跟踪及频率合成器中。

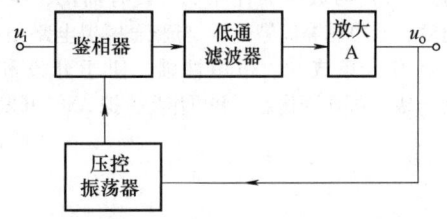

图 4.4-18　锁相环原理框图

图 4.4-19 为 L561 型集成锁相环的原理框图、外引线及典型应用电路图，该电路可工作在 30MHz 以下的频率。

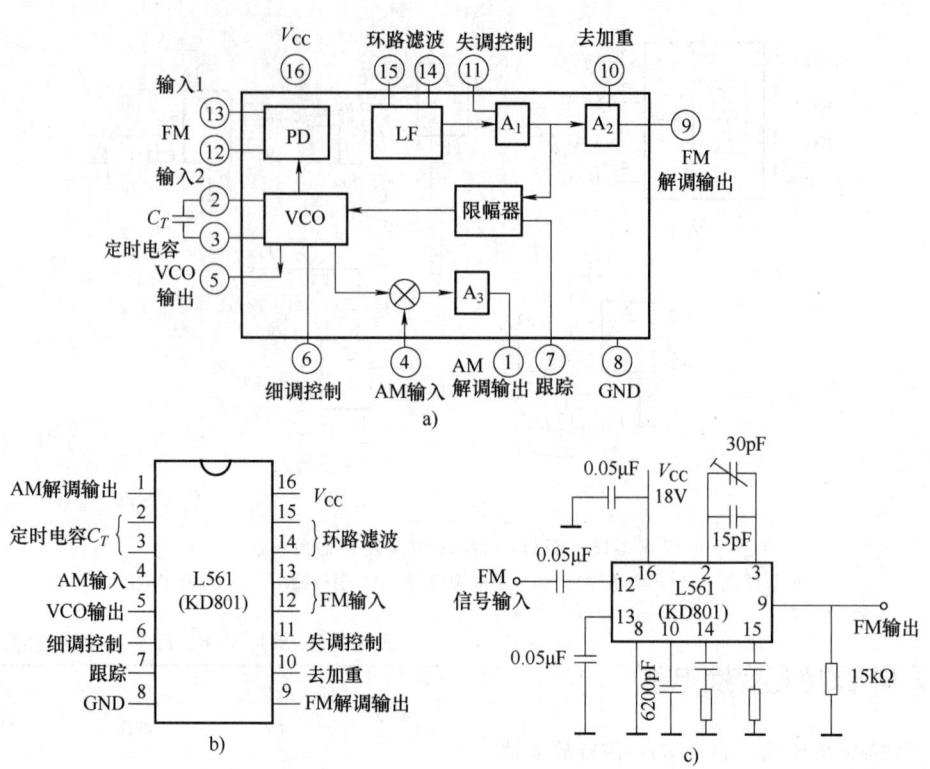

图 4.4-19　L561 型集成锁相环
a）原理框图　b）外引线图　c）典型接法

97　在线可编程模拟集成电路　是一种在其应用系统中通过计算机编程就可实现不同功能的模拟集成电路。芯片内部既具有放大、滤波、比较等功能的模拟单元电路，还配置存储器等数字单元电路和模拟布线池、参考电压、自校正单元和 ISP 接口等辅助单元电路。通过编程不仅可以改变这些模拟电路的性能指标，还可以通过控制内部的模拟布线池，将它们连接成各种复杂的应用电路，如放大、滤波、求和、积分、模拟电压比较、数/模转换等。其特点：1）与数字器件相比，具有简洁、经济、高速度、低功耗等优势；2）与普通模拟电路相比，它又具有全集成化、适用性强，便于开发和维护（升级）等显著优点，并可作为模拟 ASIC 开发的中间媒介和低风险过渡途径。利用这种集成电路设计电子系统，不仅可以大幅度缩短设计和开发周期，二期可以进一步提高系统的可靠性与精度。

98　片上系统（SoC）　是在单个芯片上集成一个完整的系统（System on Chip），一般包括中央处理器（CPU）、存储器、以及外围电路等。片上系统通常应用于小型的、日益复杂的电子设备。例如，声音检测设备的片上系统可以在单个芯片上集成音频接收端、模/数转换器、微处理器、存储器以及输入输出逻辑控制等设备。由于无可比拟的高效集成性能，片上系统是替代集成电路的主要解决方案，已经成为当前微电子芯片发展的必然趋势。

第5章 调制与解调电路

5.1 调制和解调概述

99 调制和解调 在有线电通信系统中，为了在一对导线上传送多路信号或在无线电通信中利用天线将信号发射出去，都必须对信号进行调制。在接收端为了得到原来的信号，又要进行解调。所谓调制是指在发送端利用要传送的低频信号去控制高频信号（载波）的某一个参数，使高频信号按低频信号的规律而变化的过程。按低频信号去控制载波信号的不同参数，可分为幅度调制（AM）、频率调制（FM）、相位调制（PM）三种基本类型。按调制信号的不同，可分为模拟信号调制和数字信号调制两大类。按调制信号去调制脉冲波的不同参数，可分为脉冲振幅调制（PAM）、脉冲宽度调制（PWM）、脉冲相位调制（PPM）及脉冲频率调制（PFM），这些类型的调制统称为脉冲调制。

将调制信号从已调波中分离出来的过程称解调

或检波，它是调制的逆过程。

100 载波和已调波 用以载送调制信号（即待传输的低频信号）而尚未调制的高频电信号称为载波。经过调制后的载波信号称为已调波，它具有调制信号的特征。工业电子技术中的调制和解调，其载波信号多为频率不太高的脉冲波，而无线电技术中则多为频率甚高（可达几百千赫至几百兆赫）的正弦波。

5.2 幅度调制和解调电路

101 调幅电路 调幅是用低频调制信号去控制高频载波的振幅，使其按调制信号的规律而变化。按产生的调幅波的频谱构成不同，振幅调制又分为普通调幅（AM）、双边带振幅调制（DSB AM）、单边带振幅调制（SSB AM）。设载波信号为 $u_c = U_{cm}\cos\omega_c t$，调制信号为 $u_\Omega = U_{\Omega m}\cos\Omega t$，通常 $\omega_c \gg \omega_\Omega$，三种调幅波特性见表 4.5-1。

表 4.5-1 三种调幅波特性

	普通调幅波	双边带调制	单边带调制
电压表达式	$U_{cm}(1+m_a\cos\Omega t)\cos\omega_c t$	$m_a U_{cm}\cos\Omega t\cos\omega_c t$	$\dfrac{m_a}{2}U_{cm}(\omega_c+\Omega)t$ 或 $\dfrac{m_a}{2}U_{cm}(\omega_c-\Omega)t$
波形图			
频谱图			

按输出功率高低，调幅电路可分为低电平调幅和高电平调幅电路。低电平调幅电路已调波功率小，必须对其放大，才能取得所需的发射功率。双边带振幅调制和单边带振幅调制一般采用低电平调幅电路。常用电路有二极管桥式和环式调制器，开关电容调制器，模拟乘法器调制器等。图 4.5-1 是用模拟乘法器构成的抑载双边带调幅电路（又称平

衡调幅电路）。与分立元件的调幅器相比，这种电路调试简单，稳定度高，调制线性好。

高电平调幅电路，可以直接产生满足发射机输出要求的已调波。发送普通调幅波的无线电广播电台一般都采用这种电路。根据调制信号所控制的电极不同，调幅可分为基极调幅、发射极调幅、集电极调幅和双重调幅等几种。图 4.5-2 是两级集电极

双重调幅电路，这种电路可改善调制线性。

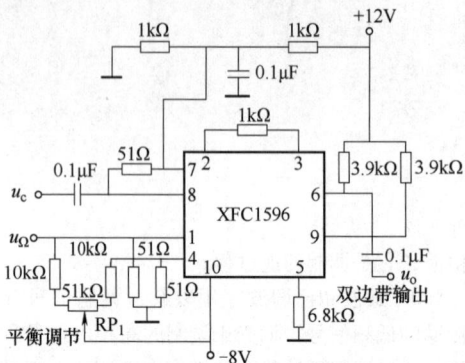

图 4.5-1　用模拟乘法器构成的平衡调幅电路

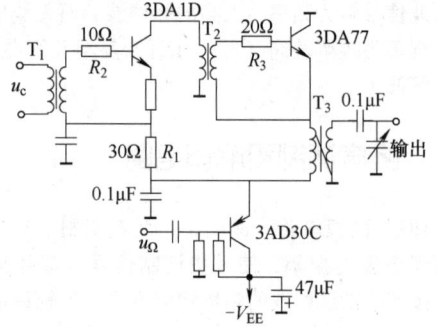

图 4.5-2　两级集电极双重调幅电路

102　幅度解调电路　常用的有包络检波及同步检波。包络检波只适用于普通调幅波的解调，同步检波既适用于双边带和单边带调制信号的解调，也可用于普通调幅波的解调。

（1）包络检波　包络检波有小信号二极管平方律检波，多用于测量仪表，它的调幅信号约为几十毫伏或更小。用得较为广泛的是大信号二极管峰值包络检波，已调波幅度大于 0.5V，电路简单，性能较好。另外，当高频信号源电路处于直流高电位时，则必须使用并联检波器。若为了获得检波增益，还可采用平均值包络检波，它可由三极管或集成运放构成。图 4.5-3 为大信号二极管峰值包络线检波电路，它由信号源、二极管和 RC 网络串联组成。

（2）同步检波电路　由于双边带和单边带信号的包络线并不能直接反映调制信号的变化规律，因此不能采用包络线检波器解调，而要用同步检波电路。实现方法有两种：1）由二极管构成平衡同步检波电路；2）采用模拟乘法器构成电路，称为乘积型检波电路。图 4.5-4 中 u_i 为已调波电压；u_c 为插入载频（或称恢复载频）电压，作为参考电压，其相位、频率与信号载波严格同步，故称同步检波。平衡同步检波要求 $U_c \gg U_i$。

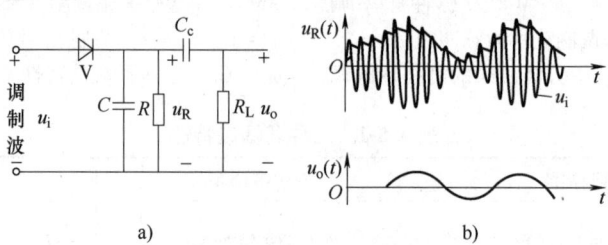

图 4.5-3　峰值包络线检波电路
a）电路　b）工作波形

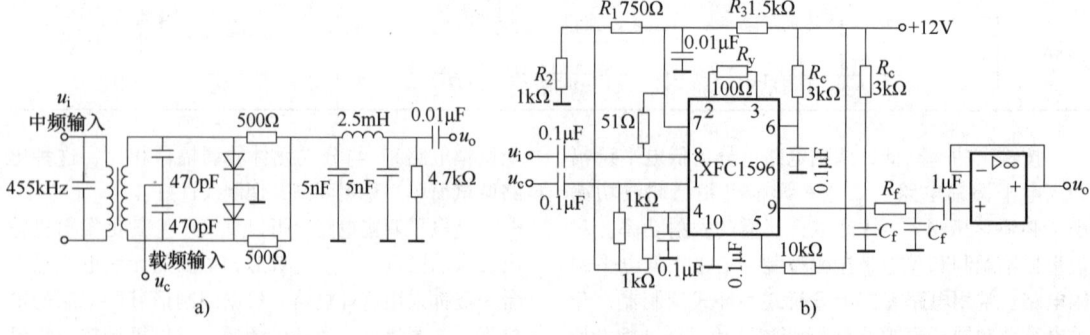

图 4.5-4　同步检波电路
a）叠加型电路　b）相乘型电路

5.3　频率调制和解调电路

103　调频电路　用调制信号控制载波的瞬时频率，输出调频波。具体电路有：

（1）直接调频电路　这种电路直接用调制电压控制振荡回路的某个元件参数，实现调频。它具有原理简单、频偏较大，但频率稳定度较低的特点。常用通过调制信号控制变容二极管的反向偏压，以改变它在谐振回路中的参数 C_j。图 4.5-5 是利用这种原理设计的中心频率为 90MHz 部分接入直接调频电路。此外，也可以晶体管振荡器、压控振荡器、负阻振荡器为基础进行直接调频。

（2）间接调频电路　方框原理如图 4.5-6，由于调制信号 u_Ω 经积分后对载波调相以产生调频波，而不对振荡器直接进行调制，故这种电路产生的调频波的中心频率有很高的准确度和稳定度。

104　频率解调电路　常称为鉴频器或频率检波电路，用来从调频波中还原调制信号。实现频率解调的方法有：1）将等幅调频波变换成幅度与频率成正比的调幅—调频波，再经振幅检波器获得原调制信号。斜率鉴频器是用这种方法实现鉴频的，图 4.5-7 是其典型电路，称为平衡斜率鉴频器。当 u_i 的瞬时频率提高时，U_{1m} 增大、U_{2m} 减小；而 u_i 瞬时频率降低时，U_{1m} 减小、U_{2m} 增大。u_1、u_2 经检波后，u_o 输出的波形为原调制信号波形。图 4.5-8 是该电路的工作过程波形。2）将调频波变换成相位与瞬时频率成正比的调相—调频波，再由相位检波器检出原调制信号。这类鉴相电路多用于电视伴音电路，图 4.5-9 就是用这种方法的乘积型相位鉴频电路的框图。

此外还有脉冲计数式鉴频器和利用门电路或锁相环的鉴频电路。

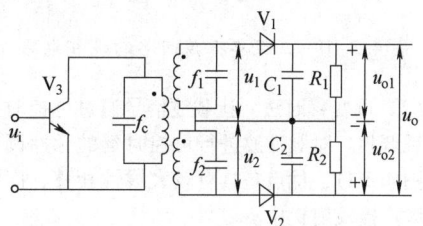

图 4.5-7　平衡斜率鉴频器

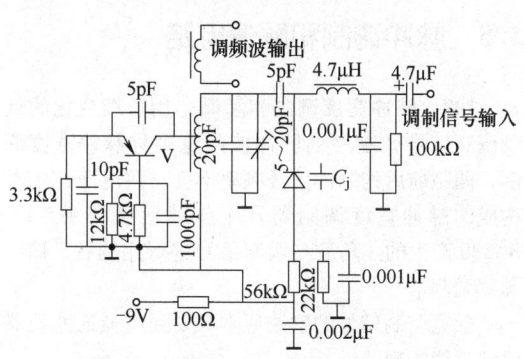

图 4.5-5　90MHz 变容管直接调频电路

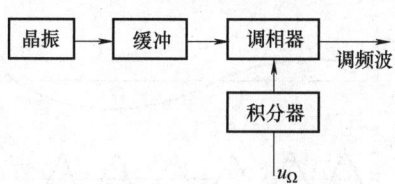

图 4.5-6　间接调频电路方框图

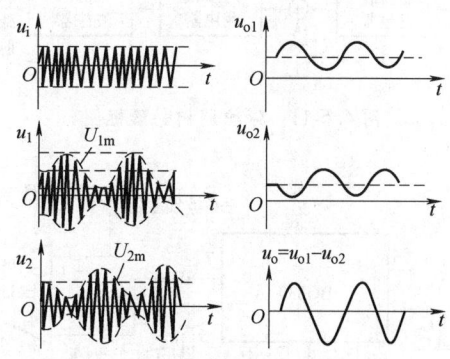

图 4.5-8　平衡斜率鉴频器波形图

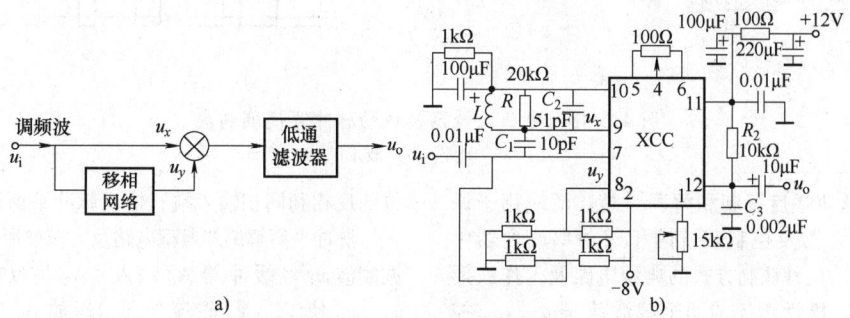

图 4.5-9　乘积型相位鉴频电路

a）框图　b）典型电路

5.4　相位调制和解调电路

105　相位调制电路　能使载波信号的瞬时相位随调制信号的规律变化。主要方法如下。

（1）可变移相法　让载波信号通过可控相移网络实现调相，典型电路如图 4.5-10，使用三级变容二极管压控谐振回路是为了能获得更大的线性相移。

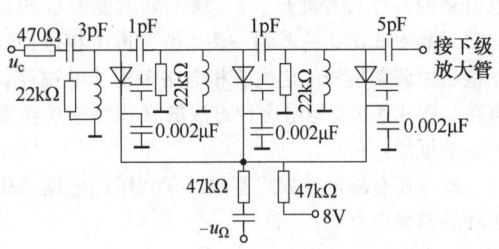

图 4.5-10　三级单振荡回路的调相电路

（2）可变移时法　让载波信号通过可控时延网络实现调相。对脉冲波进行可控时延的脉冲调相电路如图 4.5-11，优点是具有较大线性相移，广泛用于调频广播发射机中。

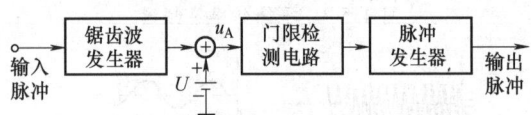

图 4.5-11　脉冲调相电路框图

106　相位解调电路　也常称为相位检波电路或鉴相器。用模拟乘法器构成的鉴相电路如图 4.5-12，乘法器的两个输入端分别输入调相波和载波，经 R_φ、C_φ 组成的低通滤波器后输出电压正比于两个输入信号相位差的低频调制信号。图中的 U_{xos}、U_{yos} 为输入乘法器的补偿电压。此外，也可用锁相环组成鉴相电路。

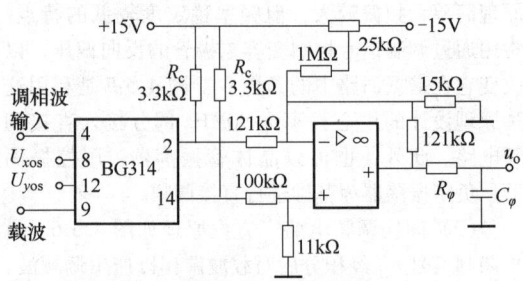

图 4.5-12　模拟乘法器构成的鉴相电路

5.5　脉冲调制和解调电路

107　脉冲宽度调制和解调　用连续变化的低频调制信号调制序列脉冲波的宽度称脉冲宽度调制，调制前后的脉冲信号频率不变。用电压比较器构成的脉冲宽度调制器及工作波形见图 4.5-13。BG330 产生的三角波与调制信号进行比较后，输出脉宽调制信号。

脉宽调制信号的解调通常只要通过低通滤波器滤波就能实现。

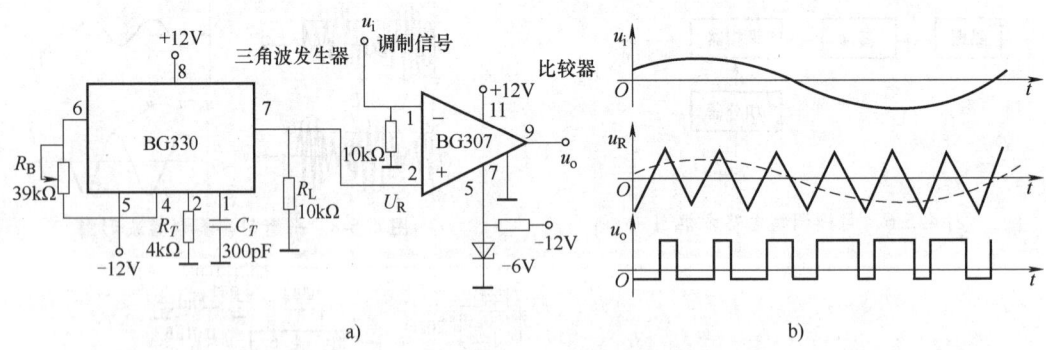

图 4.5-13　电压比较器构成的脉冲宽度调制器
a）电路　b）波形

108　脉冲幅度调制和解调　是广泛应用于调制式直流放大器及控制系统的相敏功率放大器中的一种技术。这种调制方式的典型电路及工作波形见图 4.5-14。极性相反的两个载波信号 u_A、u_B 控制 V_1、V_2 的轮流导通，使调制信号 u_Ω 交替接入运放的反相和同相输入端，输出脉冲平衡调幅波。

脉冲平衡解调的典型电路及工作波形如图 4.5-15。调制波 u_i 经缓冲器 A_1 输入，A_2 为反相器，载波 u_A、u_B 使 V_1、V_2 轮流导通，运放 A_3 交替输入 u_i 或 $-u_i$，输出解调信号。

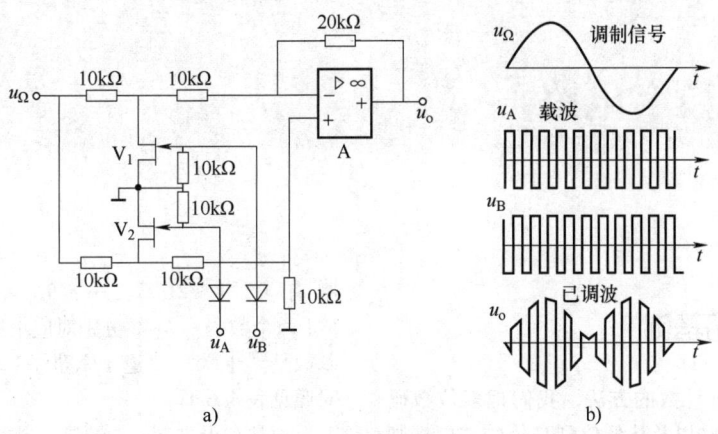

图 4.5-14　脉冲幅度调制电路及工作波形

a）电路　b）工作波形

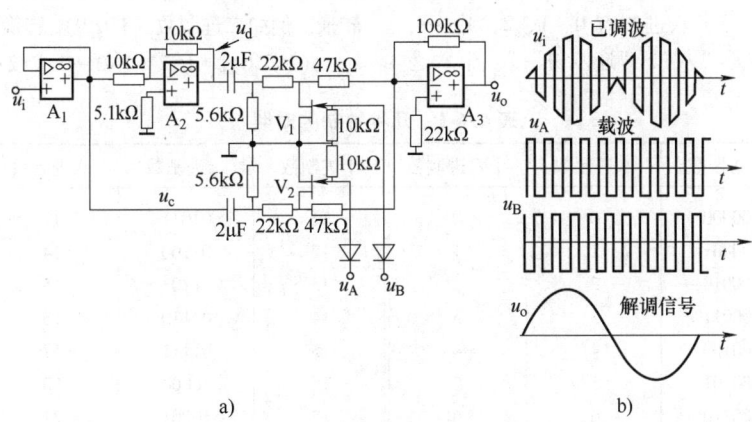

图 4.5-15　脉冲平衡解调电路及波形

a）电路　b）工作波形

第6章 数字电路

6.1 数字电路基础

109 数制 即计数的方法,我们把多位数码中每一位的构成方法以及从低位到高位的进位规则称为数制。

数字电路中常用的数制有二、八、十六进制。二进制只用 0 和 1 两个数码来表示数,基数是"二","逢二进一"。八进制有 0、1、2、3、…、7 八个数码,基数是"八","逢八进一"。十六进制有 0、1、2、3、…、9,A、B、C、D、E、F 十六个数码(A~F 分别对应十进制中的 10~15),基数是"十六","逢十六进一"。各种常用数制的对照见表 4.6-1。

通常在十进制、二进制、八进制、十六进制后分别标记英文字母 D、B、O、H 加以区分。例如 $(16)_D$、$(16)_O$、$(16)_H$ 分别表示十进制 16、八进制数 16、十六进制数 16。不同制式之间可以相互转换。例如二进制数 $(11010)_B$ 转换为十进制等于

$$(11010)_B = 1 \times 2^4 + 1 \times 2^3 + 0 + 1 \times 2^1 + 0 = (26)_D$$

表 4.6-1 几种数制的对照

十进制数	二进制数	八进制数	十六进制数	十进制数	二进制数	八进制数	十六进制数
0	00000	0	0	11	01011	13	B
1	00001	1	1	12	01100	14	C
2	00010	2	2	13	01101	15	D
3	00011	3	3	14	01110	16	E
4	00100	4	4	15	01111	17	F
5	00101	5	5	16	10000	20	10
6	00110	6	6	17	10001	21	11
7	00111	7	7	18	10010	22	12
8	01000	10	8	19	10011	23	13
9	01001	11	9	20	10100	24	14
10	01010	12	A				

110 基本逻辑运算和逻辑门 数字电路中的信息具有二值性,即只有两个可能的取值"0"或"1",它们不表示数量的大小,而是表示完全对立的两个状态。由取值"0"或"1"的逻辑变量 A 和 B 构成的基本逻辑运算主要有:"与"(AND)、"或"(OR)和"非"(NOT);常用的还有:"与非"(NAND)、"或非"(NOR)、"异或"(Exclusive OR)和"异或非"(Exclusive NOR,也称"同或")等。

实现上述逻辑运算的电路叫逻辑门,常用逻辑门的符号及逻辑函数如表 4.6-2,运算关系见表 4.6-3。

六种晶体管-晶体管逻辑(TTL)系列门的主要性能比较见表 4.6-4,例如,74LS00 为低功耗肖特基四二输入与非门,其中 LS 为后缀。其他以此类推,但后缀 N 可不写。CT 为国标,与国际通用的 74 系列完全相同。国标 CT 又分为 CT1000(74××),CT2000(74H××),CT3000(74S××),CT4000(74LS××)。

在数字系统中,各种信息都表现为一系列的高、低电平信号。若将高电平(H)规定为逻辑"1",低电平(L)规定为逻辑"0",则为正逻辑;反之若将高电平规定为逻辑"0",低电平规定为逻辑"1",则为负逻辑。在同一系统中,只能采用一种逻辑体制,数字电路一般都采用正逻辑。

表 4.6-2　常用逻辑门符号及逻辑函数

名　称	国标符号	惯用符号	国外常用符号	逻辑函数
与门				$L = A \cdot B$
或门				$L = A + B$
非门				$L = \overline{A}$
与非门				$L = \overline{A \cdot B}$
或非门				$L = \overline{A + B}$
异或门				$L = A \oplus B \ (= \overline{A}B + A\overline{B})$
同或门（异或非门）				$L = A \odot B \ (= \overline{\overline{A}B + A\overline{B}})$

表 4.6-3　常用逻辑运算关系

A	B	与	或	A 的非	B 的非	与非	或非	异或	异或非
0	0	0	0	1	1	1	1	0	1
0	1	0	1	1	0	1	0	1	0
1	0	0	1	0	1	1	0	1	0
1	1	1	1	0	0	0	0	0	1

表 4.6-4　六种 TTL 系列门的主要性能比较

名　称	后缀	传输延时时间 /ns	I_{ILMAX} /mA	I_{OLMAX} /mA	每门功耗 /mW	计数速度 /MHz
标准	None 或 N	10	1.6	16	10	20
低功耗	L	33	0.18	3.6	1	5
高速	H	6	2	20	22	40
肖特基	S	3	2	20	19	70
低功耗肖特基	LS	9.5	0.36	8	2	30
先进低功耗肖特基	ALS	4	—	—	2	—

111　逻辑代数　又称布尔代数，是分析数字系统的重要数学工具，它构成了数字系统的设计基础。在逻辑代数中的变量（即逻辑变量）的取值只有两种可能性：即"真（true）和假（false）"。常把"真"简记作"1"，表示条件成立、事情发生；把"假"简记作"0"，表示条件不成立，事

情不发生。

　　逻辑代数中最常用的基本逻辑运算是"与"运算、"或"运算和"非"运算。常用的定理和定律如表 4.6-5，几个常用公式见表 4.6-6。

表 4.6-5　逻辑代数常用定理和定律

名称	公　　式	
"0""1" 律	A+0=A	A·0=0
	A+1=1	A·1=A
互补律	A+$\overline{A}$=1	A·$\overline{A}$=0
重迭律	A+A=A	A·A=A
交换律	A+B=B+A	A·B=B·A
结合律	(A+B)+C=A+(B+C)	(A·B)C=A(B·C)
分配律	A+B·C=(A+B)(A+C)	A(B+C)=A·B+A·C
吸收律	A+A·B=A	A(A+B)=A
摩根定理	$\overline{A+B}=\overline{A}\cdot\overline{B}$	$\overline{A\cdot B}=\overline{A}+\overline{B}$

表 4.6-6　几个常用公式

名称	公　　式
合并公式	AB+A$\overline{B}$=A
冗余公式	AB+$\overline{A}$C+BC=AB+$\overline{A}$C
异或同或公式	$\overline{A\overline{B}+\overline{A}B}=\overline{A}\overline{B}+AB$ 即 $\overline{A\oplus B}=A\odot B$

　　112　集成逻辑门　工程上对门的功能、工作速度、抗干扰能力等要求有所不同，所以除了标准型 TTL 门系列外，还有许多其他类型的集成逻辑门，例如：TTL 集电极开路逻辑门（OC 门）是一种能够实现门输出逻辑上"线与"连接的集成门，电路结构与逻辑符号见图 4.6-1，由图可见 OC 与非门采用集电极开路的晶体管作输出级。必须强调指出，OC 门只有在外接负载电阻 R_C 和电源 V_{CC} 相连后才能正常工作。几个 OC 门输出线与见图 4.6-2，L=$\overline{AB}$·$\overline{CD}$·$\overline{EG}$。

　　如果有 n 个 OC 门线与，每个门输出管的截止漏电流为 I_{OH}，最大灌入电流为 I_{OL}；若带 m 个同类门，这些负载的输入端总数为 M，每个负载门的低电平输入电流为 I_{IL}，高电平输入电流为 I_{IH}，此时外接电阻 R_C 按下式选取：

$$\frac{V_{CC}-U_{OLmax}}{I_{OL}-mI_{IL}}<R_C<\frac{V_{CC}-U_{OHmin}}{nI_{OH}-MI_{IH}}$$

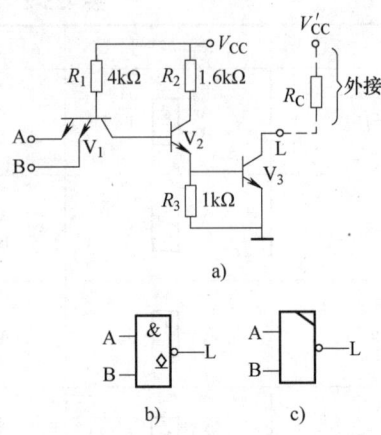

图 4.6-1　集电极开路与非门
a) 电路结构　b) 国标逻辑符号
c) 惯用逻辑符号

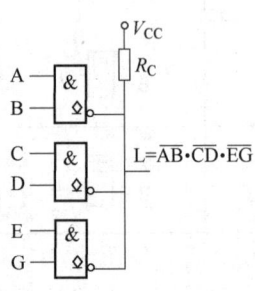

图 4.6-2　用 OC 门进行线与

　　TTL 三态逻辑门（TSL）是用于数字控制系统和微型计算机总线结构的器件，它的特点是输出有三种状态，除通常的逻辑 0 和逻辑 1 外，还有第三种状态，即高阻状态。如三态 TTL 与非门，电路见图 4.6-3，当控制端 $\overline{EN}$=0 时，与普通的 TTL 与非门一样，实现 L=$\overline{AB}$，当 $\overline{EN}$=1 时，输出呈高阻抗。

　　另外还有高阈值逻辑门（HTL 门）和发射极耦合逻辑门（ECL 门）等双极型集成门及 CMOS 门。HTL 门的特点是抗干扰能力比 TTL 集成与非门高得多，缺点是速度较低，功耗较大。ECL 门的特点是带负载能力强，具有极高的工作速度，缺点是抗干扰能力差，功耗大。CMOS 集成逻辑电路是一种互补对称 MOS 场效应管集成电路，它的特点是静态功耗低，电源电压范围宽，抗干扰能力强，扇出系数（即最多能带同类门的个数）大。

　　113　TTL 和 CMOS 电路的接口　TTL 电路驱动 CMOS 电路，当两者电源电压均为 5V 时，为了保证 TTL 电路能正常工作，可靠地驱动 CMOS 电路，必须在 TTL 电路输出和电源之间加一上拉电阻，电阻取值在 3.3~4.7kΩ 之间，见图 4.6-4，若 TTL 电路驱动高速型 HCMOS 器件不需要外接上拉电阻，可直接连接。

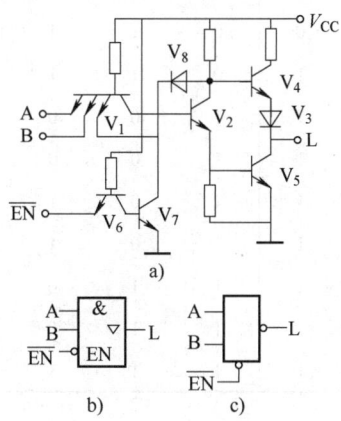

a)

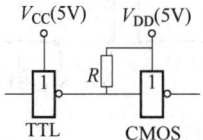

b)　　　c)

图 4.6-3　TTL 三态与非门

a）电路结构　b）国标逻辑符号

c）惯用逻辑符号

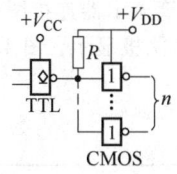

图 4.6-4　TTL 驱动 CMOS

TTL 驱动 CMOS 电路，若两者使用电源电压不同，解决办法之一是将 TTL 电路改为输出端耐压较高的 OC 门或增加一级 OC 门。将外接上拉电阻 R_c（取值 10kΩ）接到 CMOS 电路的电源 V_{DD}，电路见图 4.6-5。

图 4.6-5　使用 OC 门做 TTL 到 CMOS 的接口

CMOS 电路驱动 TTL 电路，两者电源电压为 5V 时，CMOS 门电路、触发器直接带 TTL 电路负载能力很差，只能带 1~2 个 TTL LS 系列门。可在 CMOS 与 TTL 电路之间加一级晶体管反相器或 CMOS 缓冲器，以加大 CMOS 带负载的能力。若两者使用的电源电压不同，常用的方法是将同一芯片内的 CMOS

门电路并联使用，降低电源电压至 5V，同时提高吸收电流能力，电路见图 4.6-6。另外也可在 CMOS 和 TTL 电路之间增加一级 CMOS 驱动器，还可以用分立器件的电流放大器实现电流扩展。

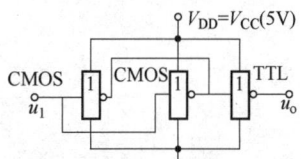

图 4.6-6　用多个 CMOS 门并联

驱动 TTL 门的电路

6.2　组合逻辑电路

114　组合逻辑和时序逻辑　是数字逻辑电路的两大类型，组合逻辑电路的输出状态只取决于该时刻各输入状态的组合，而与此时刻之前电路的原状态无关，从电路结构上看，组合逻辑电路由逻辑门组成，电路中没有记忆元件，输出与输入之间没有反馈连线。时序逻辑电路的任一时刻输出值不仅取决于当前的输入信号，而且还与电路原来的状态有关，即与以前的输入信号有关，在电路结构上，时序逻辑电路通常包括组合逻辑电路和具有记忆功能的存储单元电路，组合逻辑电路输出的一部分通过存储电路反馈到组合逻辑电路的输入端，与输入信号一起决定组合逻辑电路的输出。典型的组合逻辑电路有半加器、全加器、译码器、编码器、多路选择器、码制转换电路、奇偶校验电路和数值比较器等。典型的时序逻辑电路有触发器、寄存器、移位寄存器、计数器和存储器等。

115　编码器　用二进制数 0 和 1 按一定规则组成的代码表示特定对象的过程叫做编码。具有编码功能的逻辑电路叫做编码器。常用的编码器有 74LS147（8421BCD 码）编码器，又称十线—四线优先编码器。即在设计时就安排好了输入信号的优先顺序，因此当有 n 个被编对象同时输入时，只对优先权最高的一个进行编码。其功能见表 4.6-7。从表中可以看出 74LS147 输入是十路（$\overline{I_0}$ 隐含其中）被编对象，优先权以 $\overline{I_9}$ 为最高，$\overline{I_0}$ 为最低。输入输出均为低电平有效输出是反码形式的 8421BCD 码，74LS147 的逻辑图和符号见图 4.6-7。此外，还有 74LS148（八线-三线优先编码器）仍为输入输出低电平有效，CMOS 的 CD4532（八线-三线优先编码器）为输入输出高电平有效。

表 4.6-7　74LS147 功能表

输　入									输　出			
$\bar{I}_1$	$\bar{I}_2$	$\bar{I}_3$	$\bar{I}_4$	$\bar{I}_5$	$\bar{I}_6$	$\bar{I}_7$	$\bar{I}_8$	$\bar{I}_9$	$\bar{D}$	$\bar{C}$	$\bar{B}$	$\bar{A}$
1	1	1	1	1	1	1	1	1	1	1	1	1
×	×	×	×	×	×	×	×	0	0	1	1	0
×	×	×	×	×	×	×	0	1	0	1	1	1
×	×	×	×	×	×	0	1	1	1	0	0	0
×	×	×	×	×	0	1	1	1	1	0	0	1
×	×	×	×	0	1	1	1	1	1	0	1	0
×	×	×	0	1	1	1	1	1	1	0	1	1
×	×	0	1	1	1	1	1	1	1	1	0	0
×	0	1	1	1	1	1	1	1	1	1	0	1
0	1	1	1	1	1	1	1	1	1	1	1	0

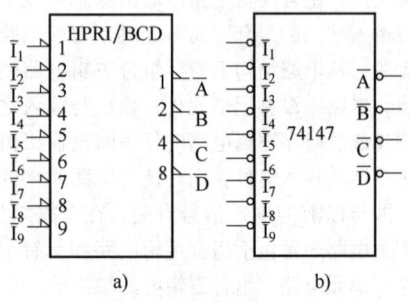

图 4.6-7　BCD 输出的 10 线—
4 线优先编码器 74147
a）国标逻辑符号　b）惯用逻辑符号

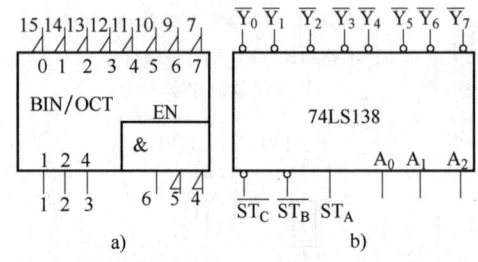

图 4.6-8　中规模集成译码器 74LS138
a）国标逻辑符号　b）惯用逻辑符号

116　译码器　又称解码器，是编码的逆过程，即把二进制代码的特定含义"翻译"出来，转变成对应的控制信号。译码器有两大类：通用译码器和显示译码器。

常用的中规模集成译码器有 74LS138，它的逻辑符号和功能表分别见图 4.6-8 和表 4.6-8。

显示译码器又称字形译码器，常用的集成七段译码器 TTL 有 7447、7448。CMOS 有 CD4055、CD4511 等。7447 为驱动共阳七段 LED 器件，7448 或 CD4511 为驱动共阴七段 LED 器件，CD4055 为驱动七段 LCD 器件。7448 的符号见图 4.6-9。显示译码器和数码管显示器连接图见图 4.6-10，其中图 4.6-10a 为共阴极显示，图 4.6-10b 为共阳极显示。

表 4.6-8　74LS138 功能表

控制输入		译 码 输 入			输　出							
ST_A	$\overline{ST_B}+\overline{ST_C}$	A_2	A_1	A_0	$\bar{Y}_0$	$\bar{Y}_1$	$\bar{Y}_2$	$\bar{Y}_3$	$\bar{Y}_4$	$\bar{Y}_5$	$\bar{Y}_6$	$\bar{Y}_7$
×	1	×	×	×	1	1	1	1	1	1	1	1
0	×	×	×	×	1	1	1	1	1	1	1	1
1	0	0	0	0	0	1	1	1	1	1	1	1
1	0	0	0	1	1	0	1	1	1	1	1	1
1	0	0	1	0	1	1	0	1	1	1	1	1

（续）

控制输入		译码输入			输　出							
ST_A	$\overline{ST_B}+\overline{ST_C}$	A_2	A_1	A_0	$\overline{Y_0}$	$\overline{Y_1}$	$\overline{Y_2}$	$\overline{Y_3}$	$\overline{Y_4}$	$\overline{Y_5}$	$\overline{Y_6}$	$\overline{Y_7}$
1	0	0	1	1	1	1	1	0	1	1	1	1
1	0	1	0	0	1	1	1	1	0	1	1	1
1	0	1	0	1	1	1	1	1	1	0	1	1
1	0	1	1	0	1	1	1	1	1	1	0	1
1	0	1	1	1	1	1	1	1	1	1	1	0

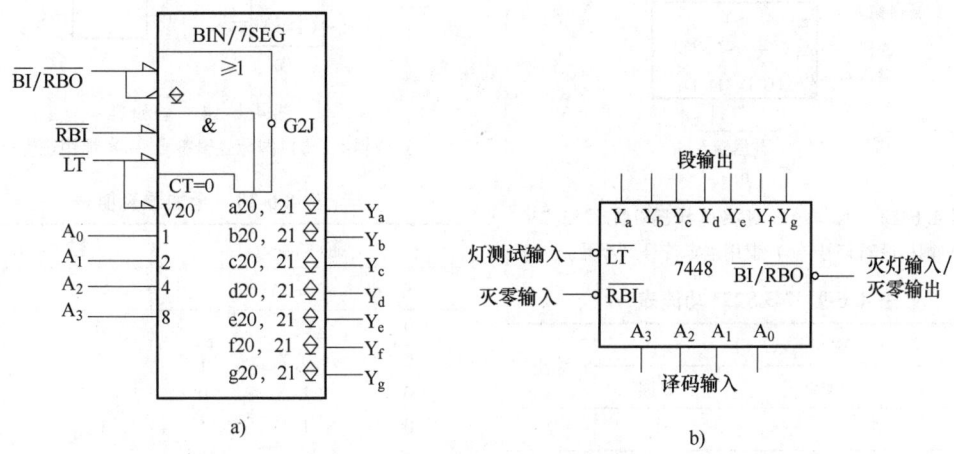

图 4.6-9　4 线~7 线译码器/驱动器 7448

a) 国标逻辑符号　b) 惯用逻辑符号

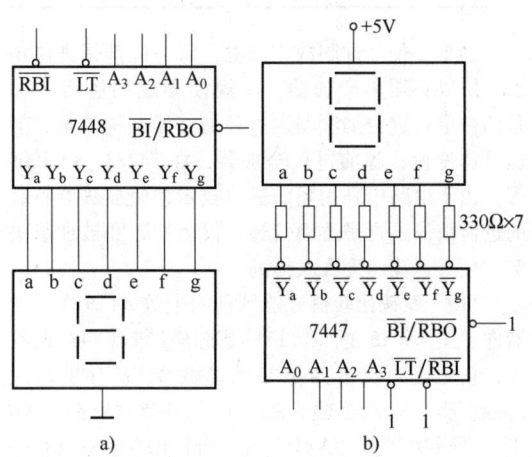

图 4.6-10　显示译码器和数码管显示器的连线图

a) 共阴极显示　b) 共阳极显示

117　数据选择器　又称多路选择器，其作用类似单刀多掷开关。能按通道地址选择信号，从多个数据输入信号中选择一个，送往输出端。图 4.6-11 为四选一数据选择器示意图。

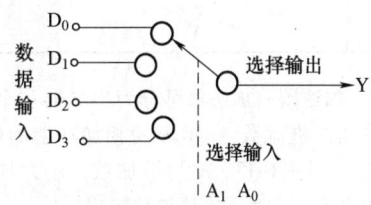

图 4.6-11　数据选择器示意图

常用的集成数据选择器 TTL 有 74153（双四选一）、74151（八选一）、74150（十六选一）、74253（双四选一，三态输出），还有 74353 是双四选一三态反码输出。74LS253 的逻辑符号见图 4.6-12，它由两个完全相同的四选一数据选择器构成，A_1A_0 为共用的选择输入或称地址输入，$1\overline{ST}$ 和 $2\overline{ST}$ 分别为两个数据选择器的选通输入。74LS253 的功能见表 4.6-9，从中可以看出 2 位地址可选 4 路数据，依次类推 3 位地址可选 8 路数据，4 位地址可选 16 路数据，…，n 位地址可选 2^n 路数据。

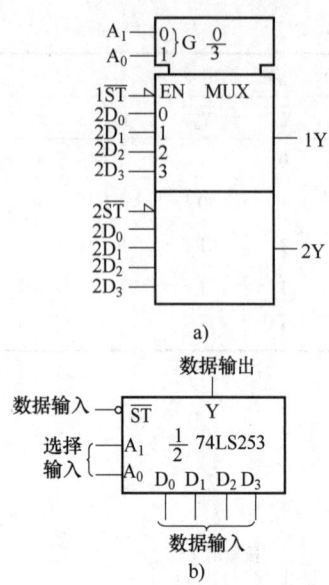

a)

b)

图 4.6-12　双四选一数据选择器 74LS253

a）国标逻辑符号　b）惯用逻辑符号（半片）

表 4.6-9　74LS253 功能表

输　　入				输出
选通	地址		数据	
$\overline{ST}$	A_1	A_0	D_1	Y
1	×	×	×	(Z)
0	0	0	$D_0 \sim D_3$	D_0
0	0	1	$D_0 \sim D_3$	D_1
0	1	0	$D_0 \sim D_3$	D_2
0	1	1	$D_0 \sim D_3$	D_3

118　加法器　加法器可分为半加器和全加器。完成仅一位二进制数 A、B 本身相加功能的电路称半加器，见图 4.6-13。A 为被加数，B 为加数，S 表示半加器和，C 表示本位进位输出。

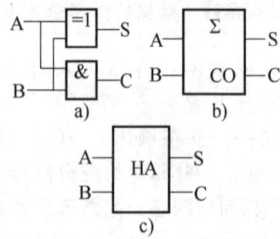

图 4.6-13　半加器

a）逻辑图　b）国标逻辑符号　c）惯用逻辑符号

考虑了低位进位的一位加法器称为全加器，全加器的逻辑图和逻辑符号见图 4.6-14，真值表见

表 4.6-10，其中 C_{i-1} 为来自低位的进位。输出 S_i 及进位 C_i 的逻辑表达式为

$$S_i = A_i \oplus B_i \oplus C_{i-1} \qquad C_i = （A_i \oplus B_i）C_{i-1} + A_i B_i$$

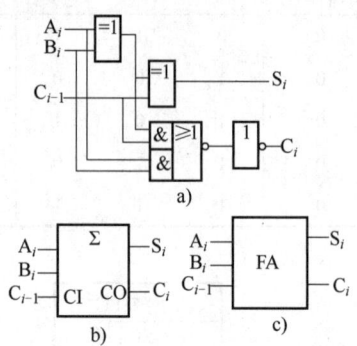

图 4.6-14　全加器

a）逻辑图　b）国标逻辑符号　c）惯用逻辑符号

表 4.6-10　全加器真值表

输　　入			输　　出	
A_i	B_i	C_{i-1}	S_i	C_i
0	0	0	0	0
0	0	1	1	0
0	1	0	1	0
0	1	1	0	1
1	0	0	1	0
1	0	1	0	1
1	1	0	0	1
1	1	1	1	1

两个多位二进制数相加时，每一位都是进位相加，所以必须用全加器。中规模集成加法器 7483 是四位串行进位加法器，这种加法器结构简单，但运算速度慢；超前进位全加器，如 74283、CC4008 等，由于电路中采用超前进位技术，使加法器各级的进位信号不再是逐级传递，仅由加数和被加数决定，使其运算速度大大提高。

119　数码比较器　能判别两个数 A、B 大小的器件。图 4.6-15 是四位 TTL 型数码比较器 7485 的符号，它比较的两个四位二进制数 A、B 分别输入 $a_3 \sim a_0$、$b_3 \sim b_0$ 八个输入端。它有三个输出端 "A> B"、"A = B" 和 "A<B"。三个输出端总是只有一个为 1，表示比较结果。例如：若 $A<B$，则输出 "A<B" 为 1，"A>B" 和 "A = B" 均为 0。

当要比较的数是八位时，就必须用两片 7485 串联使用，低位比较器的级联输入端，应使 "a = b" 端为 "1"，"a<b" 和 "a>b" 端为 "0"，即告诉比较器，前级比较结果是 $A = B$。用 7485 组成的两个八位二进制数比较电路见图 4.6-16。

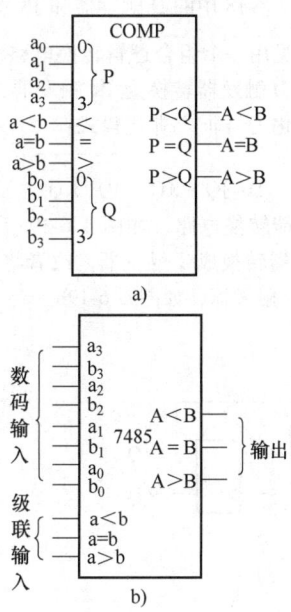

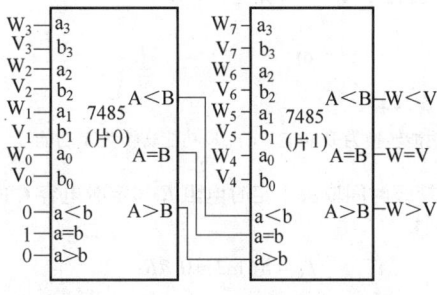

图 4.6-15 四位数值比较器 7485 的逻辑符号

a) 国标逻辑符号 b) 惯用逻辑符号

图 4.6-16 用 7485 实现两个八位
二进制数的比较

若用 CMOS 型四位比较器 CD4585 组成串联比较电路与图 4.6-16 略有不同：1）最低位比较器级联输入端的 = 端、> 端接 1，< 端接 0；2）相邻低位片的输出 A<B 端和 A=B 端分别接到相邻高位片级联输入的 < 端和 = 端，高位片的 > 端接 1。

6.3 触发器

120 触发器类型 触发器是一种能存储一位二进制信息的双稳态存储单元，它有两个基本性质：1）有两个能自行保持的稳定状态：1 状态或 0 状态；2）在一定的外界信号作用下，从一个稳定状态翻转到另一个稳定状态。

触发器的种类很多，根据是否有时钟脉冲输入端可将其分为基本触发器和时钟触发器两大类。

（1）基本触发器 由两个"与非"门或"或非"门交叉耦合构成，没有时钟脉冲输入端，见图 4.6-17。无输入脉冲作用时，触发器保持原态，有脉冲输入置位端后，成为"1"状态；输入复位端后成为"0"状态；脉冲同时输入置、复位端后，新状态不定，因此这种情况应当避免。由"与非"门构成的基本触发器，输入脉冲应为负脉冲；而由"或非"门构成的则应为正脉冲。

（2）时钟触发器 具有时钟脉冲输入端，按逻辑功能分为 RS 型、JK 型、D 型和 T 型四种，其中 T 型触发器实际上是 JK 触发器当 $J=K$（即 J、K 端连在一起）时的特例。由于集成电路种类很多，使用时必须了解各种时钟触发器的逻辑功能、结构形式及采用何种触发方式等。其逻辑符号和功能见图 4.6-18。

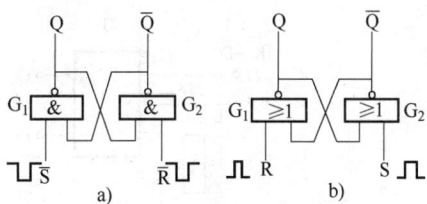

图 4.6-17 基本触发器

a) 由"与非"门构成的触发器

b) 由"或非"门构成的触发器

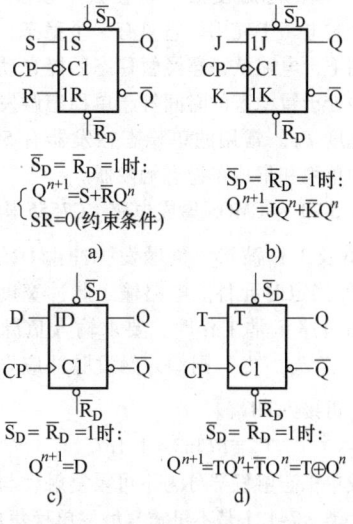

$\overline{S}_D = \overline{R}_D = 1$ 时：
$$\begin{cases} Q^{n+1} = S + \overline{R}Q^n \\ SR = 0(\text{约束条件}) \end{cases}$$

a)

$\overline{S}_D = \overline{R}_D = 1$ 时：
$$Q^{n+1} = J\overline{Q}^n + \overline{K}Q^n$$

b)

$\overline{S}_D = \overline{R}_D = 1$ 时：
$$Q^{n+1} = D$$

c)

$\overline{S}_D = \overline{R}_D = 1$ 时：
$$Q^{n+1} = TQ^n + \overline{T}Q^n = T \oplus Q^n$$

d)

图 4.6-18 时钟触发器的四种逻辑功能

a) RS 触发器 b) JK 触发器

c) D 触发器 d) T 触发器

按照触发方式又可分为：边沿触发、主从触发和电平触发。常见的集成块 CT54/74S112、CT54/74LS112 是下降沿触发的 JK 触发器，其中前者工作频率为 125MHz，功耗 150mW；后者工作频率 45MHz，功耗 20mW。常用的前沿触发 D 触发器有国产的 T047、T077、T177 和美国的 74LS74，此类结构又称维持阻塞 D 触发器。CT54/7472 与 CT54/74H72 为主从结构触发器，前者工作频率 20MHz，功耗 50mW；后者工作频率为 30MHz 功耗 80mW。

121　触发器逻辑功能转换　将已有触发器与能完成转换的组合逻辑电路联接，可以转换逻辑功能。比较图 4.6-18 中的 D 触发器和 JK 触发器的状态方程，可见用一个组合逻辑转换电路使 $D = J\overline{Q}^n + \overline{K}Q^n$ 就能将 D 触发器转换为 JK 触发器，将此式用摩根定理简化为与非-与非逻辑式：

$$D = J\overline{Q}^n + \overline{K}Q^n = \overline{\overline{J\overline{Q}^n} \cdot \overline{\overline{K}Q^n}}$$

可得功能转换电路，如图 4.6-19a 所示。同理可将 D 触发器转换成 T 触发器，或者将 JK 触发器转换为 D、T 触发器，如图 4.6-19b、c、d 所示。

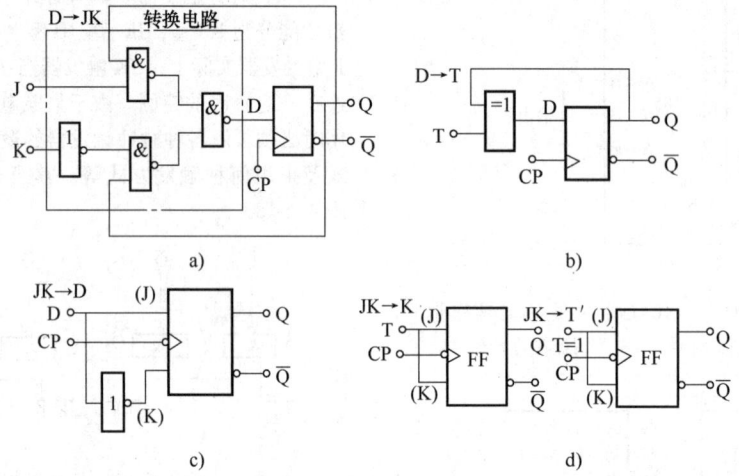

图 4.6-19　触发器功能转换

a) D 功能转换为 JK 功能　b) D 功能转换为 T 功能　c) JK 功能转换为 D 功能　d) JK 功能转换为 T 功能

122　单稳态触发器　常在数字系统的整形、延时、定时电路中使用，它只有一个稳态，在触发脉冲作用下，电路从稳态经暂稳态后能自动返回稳态，电路处于暂稳态的时间等于单稳态触发器输出脉冲的宽度 T_W。常用的单稳态触发器有 555 定时器构成的单稳和集成单稳态触发器。

图 4.6-20 为 CMOS 集成电路 CC7555 构成的单稳态电路及工作波形。负触发脉冲由 $\overline{TR}$ 端输入，R、C 为外接定时元件。电路输出脉冲宽度，即暂稳态时间电路正常工作时，要求输入负脉冲宽度 $T_{W1} < T_W$。若 $T_{W1} > T_W$，则输入触发脉冲应先经微分电路后，再接到 $\overline{TR}$ 端。

$$T_W = RC\ln3 \approx 1.1RC$$

集成单稳态触发器分为不可重复触发与可重复触发两大类。74121 是不可重复触发单稳集成电路，其符号及功能表见图 4.6-21 和表 4.6-11。它采用施密特触发输入方式，具有较强的抗干扰能力，有三个触发输入端，两出输出端。输出脉冲宽度也是暂稳态的持续时间取决于定时电阻 R 和定时电容 C 的取值，即

$$T_W = RC\ln2 \approx 0.7RC$$

表 4.6-11　74121 功能表

输　　入			输　　出	
TR_{-A}	TR_{-B}	TR_+	Q	$\overline{Q}$
L	×	H	L	H
×	L	H	L	H
×	×	L	L	H
H	H	×	L	H
H	↓	H	⊓	⊔
↓	H	H	⊓	⊔
↓	↓	H	⊓	⊔
L	×	↑	⊓	⊔
×	L	↑	⊓	⊔

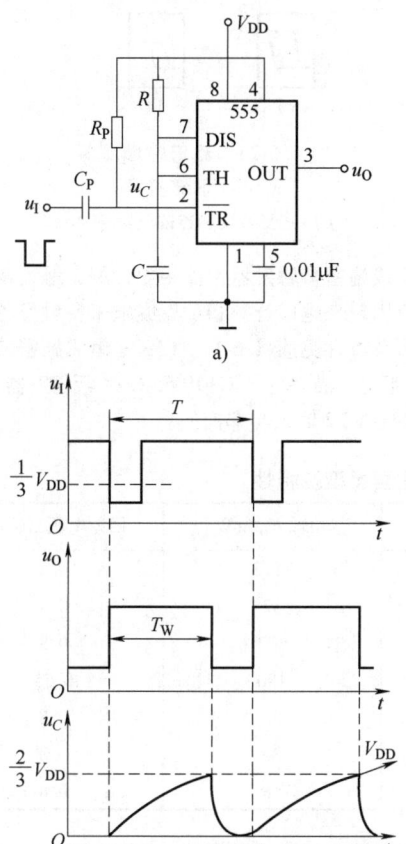

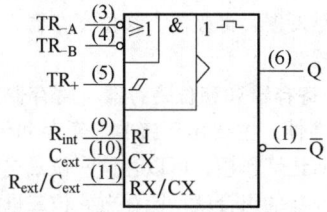

图 4.6-20　定时器 555 构成的单稳态触发器
a）电路图　b）电路各点波形图

图 4.6-21　单稳态触发器 74121 逻辑符号

　　定时电容接在 CX 和 RX/CX 端之间。定时电阻有两种接法：1）选用内定时电阻（2kΩ），此时只要将 RI 端接 V_{CC} 即可；2）在 RX/CX 端与 V_{CC} 间接外定时电阻（取值范围：1.4~40kΩ），这种方式还可改善脉宽的可重复性和精度。

　　图 4.6-22 为在输入信号 TR−A、TR−B、TR+ 的作用下，74121 单稳态触发器的工作波形图。

　　74122 是可重复触发的单稳态触发器，它的输出脉冲宽度 T_W 可以由三种方式控制：1）通过选择

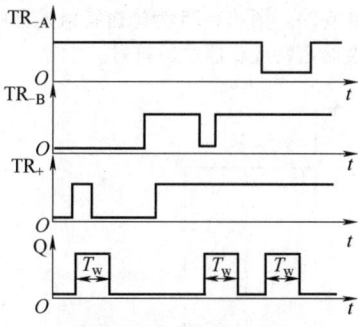

图 4.6-22　74121 工作波形图

外接定时元件电容和电阻的值来确定脉冲宽度；2）通过正触发输入端（TR+A、TR+B）和负触发输入端（TR−A、TR−B）的重触发，可延长暂稳态时间，即展宽单稳的输出脉冲；3）通过清除端 $\overline{R_D}$，可中止暂稳态，从而缩小输出脉冲宽度 T_W。

　　123　施密特触发器　常用作脉冲变换、整形和鉴幅，且具有很强的抗干扰能力。

　　用 CC7555 构成的施密特触发器及工作波形如图 4.6-23 所示。u_i 上升和下降时，电路的触发电平分别为上限触发电平 U_{TH} 和下限触发电平 U_{TL}，它们之差 $\triangle U_T = U_{TH} - U_{TL}$，称回差电压。电路的传输

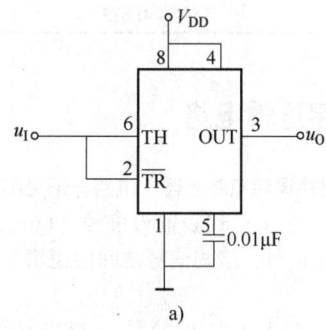

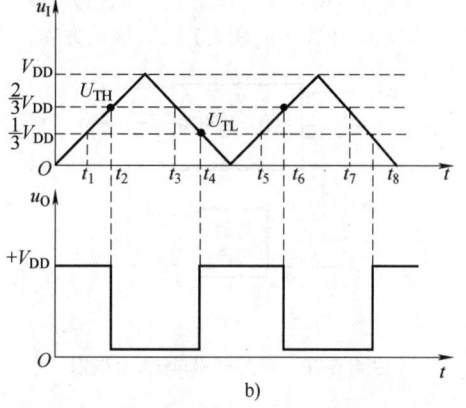

图 4.6-23　定时器 555 构成的施密特触发器
a）电路图　b）当 u_i 为三角波时输出 u_o 的波形

特性见图 4.6-24。图 4.6-25 为施密特触发器的定性图形符号及施密特反相器逻辑符号。

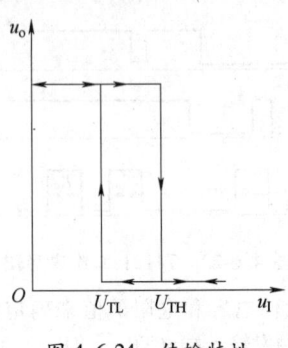

图 4.6-24　传输特性

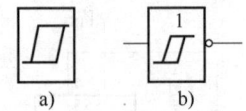

图 4.6-25　施密特触发器
a）定性图形符号
b）施密特反相器的逻辑符号

集成施密特触发器性能一致性好，触发阈值稳定，应用越来越广泛。TTL 集成施密特触发器的主要类型及特性见表 4.6-12。CMOS 集成施密特触发器典型产品有：CC40106（六反相器）和 CC4093（四 2 输入与非门）。

表 4.6-12　集成施密特触发器主要类型及特性

电路名称	型　号	典型延迟时间/ns	功耗 P_D/mW	回差电压 ΔU_T/V
六反相器	CT54/7414	15	15.3	0.8
	CT54/74LS14	15	52	0.8
四 2 输入与非门	CT54/74132	15	103	0.8
	CT54/74S132	7.75	180	0.55
	CT54/74LS132	15	35	0.8
双 4 输入与非门	CT54/7413	16.5	85	0.8
	CT54/74LS13	16.5	18	0.8

6.4　时序逻辑电路

124　时序逻辑电路概述　电路框图见图 4.6-26，图中 $X(x_1、x_2、\cdots、x_i)$ 代表输入信号，$Y(y_1、y_2、\cdots、y_i)$ 代表输出信号。这些信号之间的逻辑关系可表示为

$$Y(t_n) = F[X(t_n), Q(t_n)] \qquad 输出方程$$
$$Q(t_{n+1}) = G[Z(t_n), Q(t_n)] \qquad 状态方程$$
$$Z(t_n) = H[X(t_n), Q(t_n)] \qquad 驱动方程$$

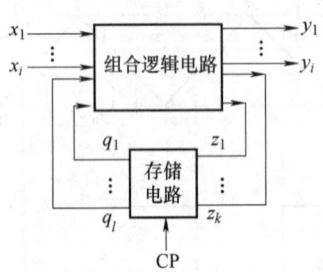

图 4.6-26　时序逻辑电路方框图

时序逻辑电路可以分为"同步"和"异步"两大类。在同步时序电路中，有一个统一的时钟脉冲，所有触发器状态变化都在该时钟到达时同时发生。而在异步时序电路中，没有统一的时钟脉冲，触发器状态变化由各自时钟脉冲信号或输入信号决定。两者相比，同步时序逻辑电路工作速度快，分析、设计容易，但需要设备较多。典型的时序逻辑电路有：触发器、寄存器、移位寄存器、计数器和随机存储器等。

125　寄存器和移位寄存器　寄存器是一种常用的逻辑部件，主要用于接收、暂存和传送数码。触发器具有记忆作用，可以存储一位二进制数，因此 n 个触发器的组合就是能存放 n 位二进制数码的寄存器。

移位寄存器除了有寄存数码的功能，还具有将数码移位的功能，即在移位脉冲作用下将寄存器中各位的内容依次向左（或向右）移动一位。按移位方式可将其分为：单向移位寄存器（左移或右移）和双向移位寄存器（兼有左移和右移的功能）。74194 是四位双向移位寄存器，其符号、功能见图 4.6-27 和表 4.6-13。用 74194 移位寄存器构成的四位右移时序脉冲发生电路及工作波形见图 4.6-28。

表 4.6-13　74194 功能表

功能	$\overline{CR}$	M_1	M_0	CP	D_{SL}	D_{SR}	D_0	D_1	D_2	D_3	Q_0	Q_1	Q_2	Q_3
	输　　入										输　出			
清除	0	×	×	×	×	×	×	×	×	×	0	0	0	0
保持	1	×	×	0	×	×	×	×	×	×	Q_0^n	Q_1^n	Q_2^n	Q_3^n
送数	1	1	1	↑	×	×	D_0	D_1	D_2	D_3	D_0	D_1	D_2	D_3
右移	1	0	1	↑	×	1	×	×	×	×	1	Q_0^n	Q_1^n	Q_2^n
	1	0	1	↑	×	0	0	0	0	0	0	Q_0^n	Q_1^n	Q_2^n
左移	1	1	0	↑	1	×	×	×	×	×	Q_1^n	Q_2^n	Q_3^n	1
	1	1	0	↑	0	×	×	×	×	×	Q_1^n	Q_2^n	Q_3^n	0
保持	1	0	0	×	×	×	×	×	×	×	Q_0^n	Q_1^n	Q_2^n	Q_3^n

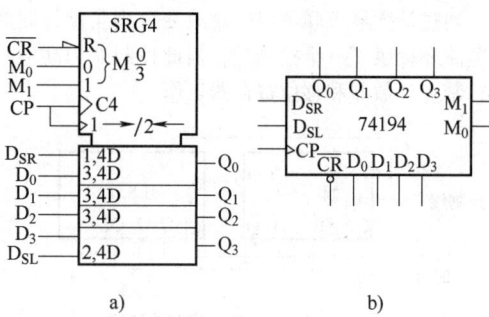

图 4.6-27　双向移位寄存器 74194
a) 国标逻辑符号　b) 惯用逻辑符号

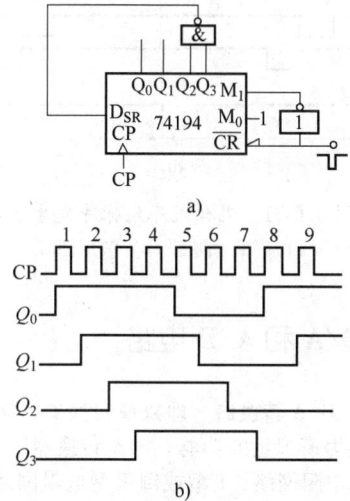

图 4.6-28　用 74194 构成的右移时
序脉冲发生电路及工作波形
a) 逻辑图　b) 波形图

常用的集成寄存器有 74174，74175 及三态寄存器 74173 等。移位寄存器有 74164，7495 等。中规模的 MOS 动态移位寄存器是利用栅电容的暂存作用存储二进制信息，为了防止信息丢失，需要实时地对所存信息进行"刷新"。

126　计数器　计数器是一种能对输入脉冲进行计数的逻辑器件。按计数脉冲引入方式分为同步计数器和异步计数器；按进位基数可分为二进制，十进制，任意进制的计数器；按计数增减趋势分为递增计数器，递减计数器和可逆计数器。计数器可作为分频器，一个 n 进制的计数器，对周期性的输入脉冲可实现 n 分频。

常用中规模集成计数器 74LS163 是一个四位同步二进制计数器，其逻辑符号和功能表分别如图 4.6-29 和表 4.6-14 所示。图中 $\overline{CR}$ 为同步清零端，CT_P、CT_T 是使能控制端，$\overline{LD}$ 是置数端，$D_0 \sim D_3$ 是数据输入端，CO 是进位输出端。74163 有清零、送数、保持和计数功能。图 4.6-30 是借助 74163 的"同步清零"功能构成的同步十进制加法计数器。

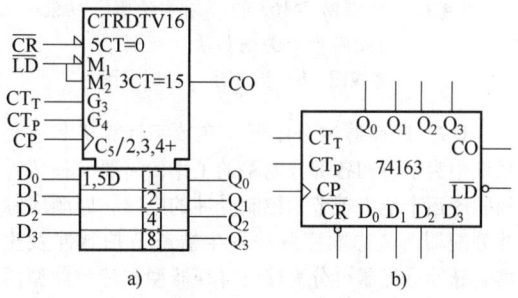

图 4.6-29　集成计数器 74163
a) 国标逻辑符号　b) 惯用逻辑符号

表 4.6-14　74163 的功能表

输　　　　入									输　　　出			
$\overline{CR}$	$\overline{LD}$	CT_P	CT_T	CP	D_0	D_1	D_2	D_3	Q_0^{n+1}	Q_1^{n+1}	Q_2^{n+1}	Q_3^{n+1}
L	×	×	×	↑	×	×	×	×	L	L	L	L
H	L	×	×	↑	d_0	d_1	d_2	d_3	d_0	d_1	D_2	d_3
H	H	H	H	↑	×	×	×	×	计　　　　数			
H	H	L	×	×	×	×	×	×	保　　　持			
H	H	×	L	×	×	×	×	×				

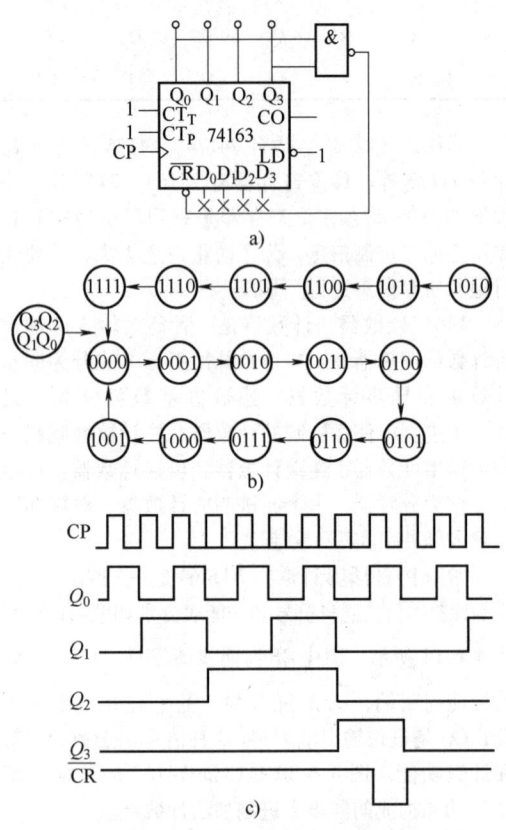

图 4.6-30　借助 74163 的"同步清零"功能
构成同步十进制加法计数器

a) 连线图　b) 状态图　c) 时序图

127　顺序脉冲分配器　在数字计算机和控制系统中为了协调各部分电路的工作，需要一种按时间顺序逐个地出现节拍控制脉冲的电路，即顺序脉冲分配器，又称顺序脉冲发生器或节拍脉冲发生器。脉冲分配器可分为移位寄存器型和计数器型两大类，若将同步计数器与移位寄存器适当地集合于一体，就可以集中这两种电路的优点。

图 4.6-31 为用四位二进制可逆计数器 74LS169

和八 D 触发器 74LS377 构成的混合式序列脉冲发生器，将 74LS377 接成八位右移移位寄存器，并以 74LS169 的进位输出作为串行输入信号，在输出端就可得到如图 4.6-18b) 的序列脉冲。

通过计数器级联可以任意改变序列长度，同时该电路还提供了一个控制端，当此控制端为高电平时，禁止计数器和移位寄存器工作。

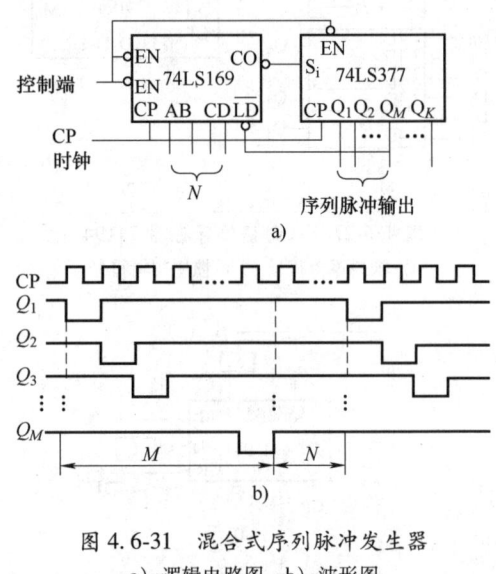

图 4.6-31　混合式序列脉冲发生器

a) 逻辑电路图　b) 波形图

6.5　D/A 和 A/D 电路

128　D/A 转换器　即数模转换器，能实现数字量转换为模拟量的功能。D/A 转换器种类繁多，主要有权电阻网络、T 型或倒 T 型电阻网络、权电流型和电容型 D/A 转换器等。

倒 T 型电阻网络 D/A 转换器的结构见图 4.6-32。它由参考电压源 U_{REF}、倒 T 型电阻网络和模拟开关三部分组成。d_{n-1}、d_{n-2}、d_{n-3}、…、d_0 为 n 位输入数字量，分别控制 n 个模拟开关 S_{n-1}、S_{n-2}、

S_{n-3}、$\cdots$、S_0，当某位输入数字量为 1 时，相应开关与运放反相输入端相接；为 0 时接地。输出模拟电压为

$$u_A = -\frac{U_{REF}}{2^n} \cdot (d_{n-1} \cdot 2^{n-1} + d_{n-2} \cdot 2^{n-2} +$$

$$d_{n-3} \cdot 2^{n-3} + \cdots + d_0 \cdot 2^0)$$

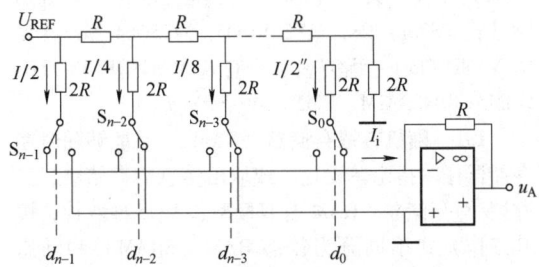

图 4.6-32　倒 T 型电阻网络 D/A 转换器

倒 T 型电阻网络 D/A 转换器的特点是只采用 R、$2R$ 两种电阻，能保证电阻网络的精度，转换速度较快。在集成芯片中被广泛应用。

权电阻网络 D/A 转换器，电阻值离散性大，精度不高，在集成 D/A 转换器中很少采用。T 型电阻网络 D/A 转换器速度较低，权电流 D/A 转换器克服了倒 T 型电阻网络数模转换器中，由模拟开关压降引起的转换误差，但电路较复杂。电容型 D/A 转换器主要用于 MOS 型单片集成电路。

5G7520（国产）和 AD7541 都是单片集成倒 T 型 D/A 转换器，采用 CMOS 模拟开关，分辨率分别为 10 位和 12 位。BG381（国产）和 AD561 均为双极型单片集成权电流数模转换器，采用双极型非饱和模拟开关，分辨率分别为 8 位和 10 位。使用时需外接运算放大器和补偿电阻。

129　A/D 转换器　即模/数转换器，能实现模拟量转换为数字量的功能。A/D 转换器一般可分为两大类：1）直接模/数转换器，常见的有并行比较型和逐次比较型两种；2）间接模/数转换器，常见的有双积分型模/数转换器和电压-频率模/数转换器两种。

双积分型 A/D 转换器的原理框图如图 4.6-33 所示。它的转换过程为两次积分。第一次定时积分，设积分器初始电压为 0，逻辑控制电路使模拟开关 S_1 闭合，S_2 断开，积分器对输入的模拟电压 U_A 进行固定时间（$0 \sim T_1$）的采样积分，当 $t = T_1$ 时，积分器输出电压为

$$u_{01} = -\frac{1}{RC} \int_0^{T_1} u_A \, dt = -\frac{T_1 U_A}{RC}$$

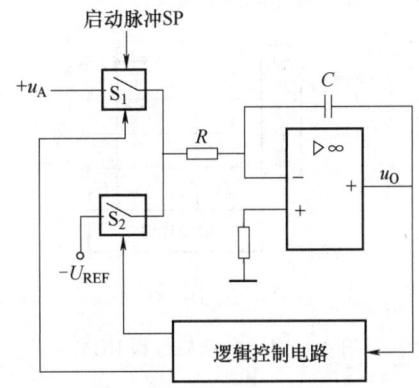

图 4.6-33　双积分型 A/D 转换器原理框图

第二次定值积分，使 S_1 断开，S_2 闭合，积分器对基准电压 $-U_{REF}$ 进行反向积分，这时积分器的输出电压上升，当上升到 0 时，定值积分结束。反向积分时间间隔为

$$\Delta t = -\frac{RC}{U_{REF}} U_{01} = \frac{T_1}{U_{REF}} U_A$$

这表明反向积分的时间 Δt 与 U_A 成正比，对时间 Δt 进行计数，就可以把输入模拟电压转换成相应的数字量。

双积分型 A/D 转换器转换速度较低，但电路简单，工作可靠，且具有很强的抗干扰能力，广泛应用于数字仪表中。

在 A/D 转换器中，并行比较型转换速度最快，但精度不高。逐次比较型转换速度较快，分辨率较高，误差较低，在集成芯片中被广泛采用。

6.6　半导体存储器和可编程逻辑器件

130　只读存储器（ROM）与 Flash 存储器　是存储内容固定不变，只能读出，不能随时写入的存储信息的半导体器件。ROM 种类很多，按所用的器件类型分，有二极管 ROM、双极型 ROM 和 MOS 型 ROM 三种。按存入信息的方式分，可分为固定 ROM、可编程 ROM（即 PROM），可擦除可编程 ROM（即 EPROM）三种。

地址译码器有字译码结构和复合译码结构两种。字译码结构 ROM 见图 4.6-34。字线 W_3、W_2、W_1、W_0 和 $\overline{D_3}$、$\overline{D_2}$、$\overline{D_1}$、$\overline{D_0}$ 位线的交叉点就是一个存储单元，当存储单元为 1 时，相应交叉点用✦表示，反之当存储单元为 0 时，相应的交叉点用+表示。位线经过输出电路作为 ROM 的输出端。输出

电路作用是信号驱动和三态缓冲。

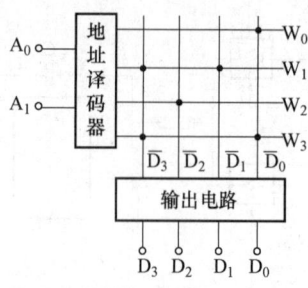

图 4.6-34 字译码结构 ROM

存储矩阵可有三种方式，其中固定存储器的存储矩阵是由生产厂家做成的，用户不能修改。PROM 的内容可由用户自己编写，但只能一次编程，编程后存储的内容不能再改变。EPROM 可进行多次编程，并能长期保存其存储内容，若要改变 EPROM 内容，可用紫外线照射该器件，然后可重复编程。另外还有一种能用电压信号快速擦除和编程的 EPROM，称为 EEPROM。

目前使用最为广泛的是只读存储器 EPROM，有 2716（2k×8bit）、2732（4k×8bit）、2764（8k×8bit）、27128（16k×8bit）、27256（32k×8bit）等型号。

Flash 存储器又称闪存，它结合了 ROM 和 RAM 的长处，不仅具备 EEPROM 的性能，还可以快速存取数据，是一种非易失的 RAM（NVRAM），数据不会因为断电而丢失。U 盘和固态硬盘里用的就是这种存储器。过去嵌入式系统一直使用 ROM（EPROM）作为它们的存储设备，现在 Flash 全面代替了 ROM（EPROM）在嵌入式系统中的地位，用作存储 Bootloader 以及操作系统或者程序代码。常见的 FLASH 存储芯片型号有 W25Q40BW、IS25WD040、MX25VB006E 等。

目前 Flash 主要有 NOR Flash 和 NAND Flash 两种。NAND flash 内部构成存储逻辑单元的连接方式与 NAND 门一样，NOR flash 内部构成存储逻辑单元的连接方式与 NOR 门一样。NOR Flash 的读取和常见的 SDRAM 的读取是一样，用户可以直接运行装载在 NOR FLASH 里面的代码，这样可以减少 SRAM 的容量从而节约了成本。NAND Flash 没有采取内存的随机读取技术，它的读取是以一次读取一块的形式来进行的，通常是一次读取 512 个字节，采用这种技术的 Flash 比较廉价。用户不能直接运行 NAND Flash 上的代码，因此好多使用 NAND Flash 的开发板除了使用 NAND Flah 以外，还装上了一块小的 NOR Flash 来运行启动代码。

一般小容量的用 NOR Flash，因为其读取速度快，多用来存储操作系统等重要信息，而大容量的用 NAND FLASH，最常见的 NAND FLASH 应用是嵌入式系统采用的 DOC（Disk On Chip）和通常用的"闪盘"，可以在线擦除。目前市面上的 FLASH 主要来自 Intel，AMD，富士通和东芝，而生产 NAND Flash 的主要厂家有三星和东芝，常见的 NOR FLASH 型号有：S25FL128、MX25L1605、W25Q64 等；常见的 NAND Flash 存储芯片型号有 KLMAG8DEDD、TH-GBMAG8B4JBAIM、EMMC04G-S100 等。

131 随机存取存储器（RAM） 是能够随时在存储器任一指定单元存入或取出信息的存储器，又称读/写存储器。RAM 有双极型和 MOS 型两种；按其工作方式不同分为静态 RAM（SRAM）和动态 RAM（DRAM）两大类。

RAM 主要由存储矩阵、地址译码器、三态缓冲器和读/写控制器组成，其结构见图 4.6-35。

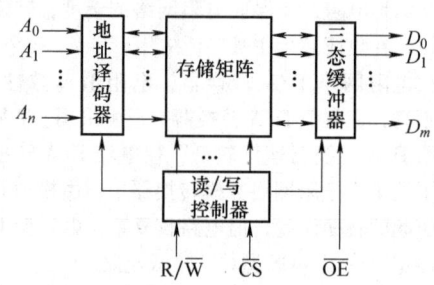

图 4.6-35 RAM 结构图

存储矩阵是由大量基本存储单元组成，每个基本存储单元可以存储一位二进制数码。这些基本存储单元按一定规则组合起来，就构成了存储矩阵。基本存储单元是一种双稳态触发器。MOS 基本存储单元分为静态存储单元和动态存储单元两种。

存储矩阵中基本存储单元的编址方法有两种，单译码编址方式和双译码编址方式。在单译码编址方式中，地址线由一个地址译码器译码输出作为存储矩阵的字线；而双译码编址方式有 X、Y 两个地址译码器，地址线分成两组。一组送入 X 地址译码器译码输出作为存储矩阵的行线，另一组送入 Y 地址译码器译码输出作为存储矩阵的列线。存储矩阵中的某个基本存储单元能否被选中由行线和列线共同决定。

图 4.6-35 中 R/$\overline{W}$ 为读写控制线，高电平时对存储器进行读操作，低电平时为写操作。$\overline{CS}$ 和 $\overline{OE}$ 分别为片选和输出允许控制线，都是低电平有效。若 CS 和 OE 均为高电平，则三态缓冲器呈高阻状态，

即该 RAM 芯片与系统的数据总线完全隔离。

SRAM 是 Static Random Access Memory 的缩写，中文含义为静态随机访问存储器，它是一种类型的半导体存储器。"静态"是指只要不掉电，存储在 SRAM 中的数据就不会丢失。这一点与 DRAM 不同，DRAM 需要进行周期性的刷新操作。SRAM 与 ROM 和 Flash 存储器不同，因为它是一种易失性存储器，只有在电源保持连续供应的情况下才能够保持数据。"随机访问"是指存储器的内容可按任何顺序访问，与前一次访问位置无关。SRAM 中的每一位均存储在四个晶体管当中，这四个晶体管组成了两个交叉耦合反向器。这个存储单元具有两个稳定状态，通常表示为 0 和 1。另外还需要两个访问晶体管用于控制读或写操作过程中存储单元的访问。因此，一个存储位通常需要六个 MOSFET。对称的电路结构使得 SRAM 的访问速度要快于 DRAM。SRAM 比 DRAM 访问速度快的另外一个原因是 SRAM 可以一次接收所有的地址位，而 DRAM 则使用行地址和列地址复用的结构。

132　可编程逻辑阵列（PLA）　ROM 的一种变型，与 ROM 的主要区别在于不仅存储阵列（或阵列）可编程，其译码阵列（与阵列）也可编程。这样与门阵列不采用全译码方式，与门个数小于 n（n 为输入项数），减小了与门阵列规模，提高了器件工作速度，其基本结构见图 4.6-36。

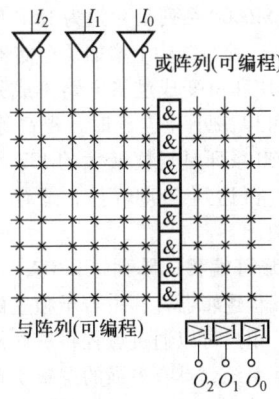

图 4.6-36　PLA 的基本结构

PLA 既是一个可编程的与或逻辑阵列，便可将它看成与或两级结构的多输出逻辑电路，可用它实现逻辑函数。首先求出逻辑函数的最简与或表达式，然后用与阵列构成逻辑函数的各乘积项，再由或阵列构成各乘积项的或关系。PLA 除能实现各种组合逻辑电路外，若再增加存储电路（触发器网络），还可实现时序逻辑电路。

编程方式有两种：1）掩模 PLA，由制造厂家根据用户提供的真值表完成；2）现场编程 FPLA，由用户自己编程，如 12×50×6 的 FPLA，它有 12 个输入端、50 个积项、6 个输出。

133　可编程阵列逻辑（PAL）　由与阵列和或阵列两部分组成，与 PLA 不同的是 PAL 只有与阵列是可编程的，而或阵列是固定连接的。每个输出是若干个积项之和，而其中积项的数目是固定的。通常典型的逻辑函数要求 3~4 个积项，在 PAL 产品中最多积项可达 8 个，这种结构十分有效且有较高工作速度，PAL 的基本结构见图 4.6-37。

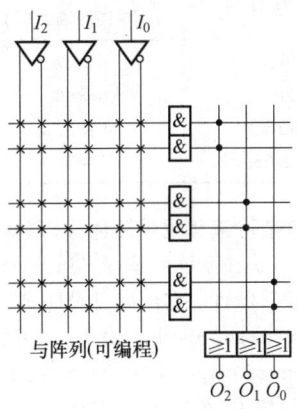

图 4.6-37　PAL 的基本结构

不同的 PAL 芯片有不同的输出和反馈结构，主要有：

1）专用输出的基本门阵列结构。

2）异步可编程的输入/输出（I/O）结构，这类 PAL 芯片的输入/输出端数可在一定范围内变化，可以比较方便地利用一个芯片构成多级组合逻辑电路，或异步时序电路。

3）寄存器输出结构，这种结构的 PAL 具有记忆能力，可实现时序逻辑功能。

4）异或结构，这种结构的 PAL 不但具有寄存器输出结构 PAL 的功能，而且利用异或功能还很容易实现保持操作。

5）算术选通反馈结构，这种结构是在 PAL 的基础上增加了反馈选通电路，使其能方便地实现快速算术操作。

134　通用阵列逻辑（GAL）　是一种高性能、高可靠性的理想可编程逻辑器件，由于采用了 E^2CMOS 工艺，实现了快速的电可擦除和重新编程，并具有双极型的高速性能（25~35ns）和 CMOS 的低功耗特点（最大工作电流 45mA，最大维持电流

35mA），因此集成度很高。在结构上，GAL 器件延袭了 PAL 的与或平面结构，还在此基础上发展出了独特的输出逻辑宏单元，实现了结构的通用性。使为数不多的几种 GAL 器件能代替数十种 PAL 器件和数百种 SSI/MSI 标准器件，其结构的灵活性是以前的 PLD 器件所不具备的。另外为防止逻辑复制，GAL 芯片具有保密单元，此外，其电子标签功能便于文档管理。

目前 GAL 产品主要有三类：1) 通用型 GAL，包括 GAL16V8 和 GAL20V8。GAL16V8 是 20 脚器件，器件型号中的 16 表示有 16 个输入端，8 个输出端；2) FPLA 型 GAL，GAL39V18 和 GAL6001 均采用 FPLA 结构，其中 GAL39V18 是 24 脚器件，它的与阵列和或阵列都可编程，具有极强的灵活性；3) 系统在线可编程 GAL，如 ISPGAL16Z8 器件，它也是 24 脚器件，具有在线可编程和实时在线诊断能力，可擦写 1 万次。表 4.6-15 为几种 GAL 器件的比较。

表 4.6-15　几种 GAL 器件比较

器 件 名 称	与门阵列规模（乘积项×输入项）	OLMC 数（最大输出量）	特　点
GAL16V8	64×32	8	普通型
GAL20V8	64×40	8	普通型
ISPGAL16Z8	64×32	8	系统在线可编程可擦写 10 000 次
GAL39V18	64×78	10	同 PLA 结构，与阵列或阵列都可编程

135　复杂可编程逻辑器件（CPLD）这种器件最大的特点是在系统可编程（In System Programmability, ISP）特性。它由四部分组成：通用逻辑块（Generic Logic Block, GLB）、集总布线区（Global Routing Pool, GRP）、输入/输出单元（I/O cell, IOC）、输出布线区（Output Routing Pool, ORP）。其中 GLB 是整个芯片核心，芯片的逻辑功能主要由它来实现；GRP 是器件的内部连线资源，它可提供 100% 的连线布通率；IOC 主要用于 I/O 引脚和器件内部逻辑结构的信号连接；ORP 负责 GRP 输出信号到 IOC 的连接。此外，还有一些控制信号，如时钟信号、输出允许信号等。

ispLSI 系列 CPLD 器件采用了 Ultra MOS 工艺，具有集成度高、速度快的特点以及在系统可编程、边界扫描测试、加密及短路保护等功能。

图 4.6-38 为 ispLSI1016 的基本结构框图为 ispLSI1016 的基本结构框图，它由 16 个相同的 GLB(A0~A7,B0~B7)、32 个相同的 IOC(I/O0~I/O31)、可编程的 GRP、时钟分配网络以及 ISP 控制电路等部分组成。在 GRP 的左边和右边各形成一个宏模块。每个宏模块包括：8 个 GLB、16 个 IOC、四个直接输入端（IN0~IN3）、一个 ORP 以及 16 位的输入总线。GRP 位于芯片的中央，将所有片内逻辑联系在一起，其特点是输入输出之间的延迟恒定和可预知，与它们的位置无关。

美国 Lattice 公司已经推出了 ispLSI1000、ispLSI2000、ispLSI3000、ispLSI5000、ispLSI6000 和 ispLSI8000 等 6 个系列的 ISP CPLD 产品。其中 ispL-SI1000 系列为通用 CPLD 产品，适合在一般的数字系统中使用。ispLSI2000 系列是高速、多引脚的 CPLD 产品，适合在速度要求高或需要较多输入、输出管脚的电路或系统中使用。ispLSI3000 是高密度的 CPLD 产品，适用于数字信号处理、图形处理、数据加密、解密与压缩等。ispLSI5000 系列是第二代在系统可编程逻辑器件，是 3.3V 的高密度 CPLD 产品，可支持 64 位总线系列等复杂数字系统的设计。ispLSI6000 系列是专门为 DSP 等用途设计的 CPLD 产品，其在结构上增加了存储器，把 FIFO 或者 RAM 模块和可变成逻辑电路集成到同一块硅片上，这样可以减小互连延时，提高系统工作速度。ispLSI8000 系列是规模最大的 ISP 器件，其集成密度最高（可达到 58000 门），适合于系统级的数字信号处理。

136　现场可编程门阵列（FPGA）是一种高密度现场可编程逻辑器件，由若干独立的可编程逻辑模块组成，用户可以通过编程将这些模块连接成所需要的数字系统，具有更强的逻辑实现能力和更大的灵活性。

图 4.6-39 为 FPGA 的基本结构，它由三种可编程单元和一个用于存放编程数据的静态存储器组成。这三种可编程的单元是输入/输出模块（Input/Output Block, IOB）、可编程逻辑模块（Configurable Logic Blocks, CLB）和可编程内部连线（Programmable Interconnect, PI）。其中 CLB 是 FPGA 的基本逻辑单元，它提供用户所需要的逻辑功能，通常规则地排列成一个阵列，散布于整个芯。IOB 是芯片外

部引脚数据与内部数据进行交换的接口电路，通过编程可将 I/O 引脚设置成输入、输出和双向三种方式，通常排列于芯片四周。PI 包括各种长度的连线线段和一些可编程连线开关，它们将各个可编程逻辑块或输入/输出块连接起来，构成特定功能的电路。

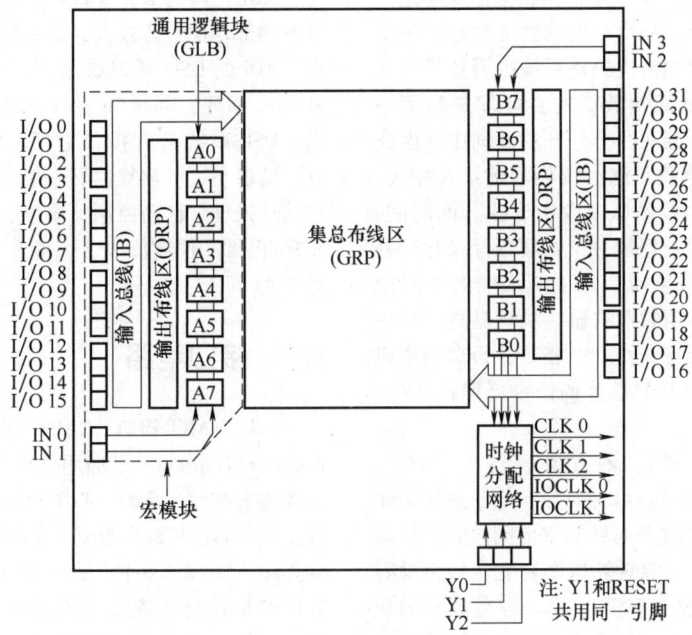

图 4.6-38　ispLSI1016 的基本结构框图

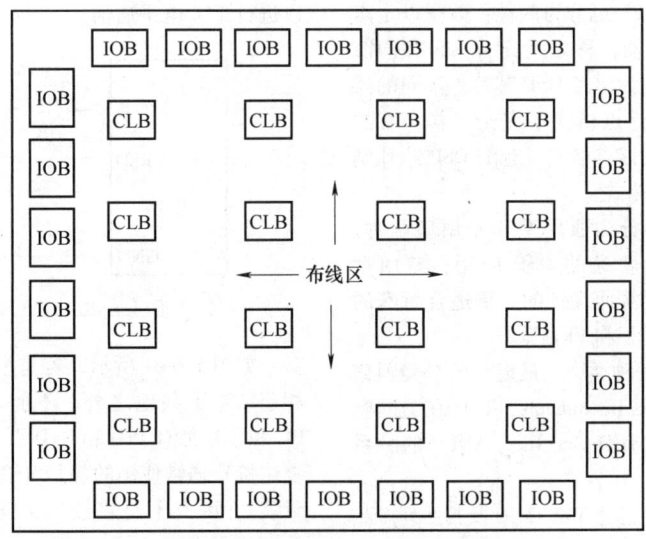

图 4.6-39　FPGA 的基本结构框图

近年来，国产 FPGA 有了长足发展，以紫光同创为龙头，安路、高云、复旦微、京微齐力、易灵思等正在追赶，虽然国产 FPGA 起步较晚，但发展势头强劲，紫光同创的 Titan 系列是第一款国产自主产权千万门级高性能 FPGA 产品，采用 40nm CMOS 工艺和自主产权的体系结构，广泛适用于通信网络、信息安全、数据中心、工业控制等领域。

137　数字信号处理器（DSP） 这种芯片由于采用特殊的软硬件结构，可以用来快速地实现各种数字信号处理算法。DSP 芯片的结构特征主要是指：哈佛结构、流水线操作、专用的硬件乘法器、特殊的 DSP 指令、快速的指令周期。

哈佛结构的主要特点是将程序和数据存储在不同的存储空间中，即程序存储器和数据存储器是两个相互独立的存储器，每个存储器独立编址，独立访问，与两个存储器相对应的是系统中设置了程序总线和数据总线，从而使数据的吞吐率提高了一倍。由于程序和存储器在两个分开的空间中，因此取指和执行能完全重叠。流水线与哈佛结构相关，DSP 芯片采用流水线技术以减少指令执行的时间，从而增强了处理器的处理能力。处理器可以并行处理二到四条指令，每条指令处于流水线的不同阶段。DSP 芯片具有专用的乘法器，从而提高了乘法运算速度，另外还有特殊的 DSP 指令，再加上集成电路的优化设计可使 DSP 芯片的指令周期在 200ns 以下。

DSP 芯片可按照以下三种方式分类：

（1）按基础特性分　可分为静态与一致性 DSP 芯片。若 DSP 处理器在某时钟频率范围内的任何时钟频率上能正常工作，除计算速度有变化外，没有性能的下降，则为静态 DSP 芯片。若有多种 DSP 处理器的指令系统和相应的机器代码及引脚结构相互兼容，则为一致性 DSP 芯片。

（2）按数据格式分　可分为两种：数据以定点格式工作的 DSP 处理器，称之为定点 DSP 芯片；以浮点格式工作的，称为浮点 DSP 芯片。不同的浮点 DSP 芯片所采用的浮点格式不完全一样，有的 DSP 芯片采用自定义的浮点格式，有的 DSP 芯片则采用 IEEE 的标准浮点格式。

（3）按用途分　可分为通用型和专用型两种。通用型 DSP 芯片适合普通的 DSP 应用；专用型 DSP 芯片是为特定的运算而设计的，更适合特殊的运算，如数字滤波，卷积和 FFT 等。

在众多的 DSP 芯片种类中，最成功的是美国德克萨斯仪器公司（Texas Instruments，TI）和美国模拟器件有限公司（Analog Device Inc，ADI）的一系列产品。

TI 公司第一代 DSP 芯片 TMS32010 及其系列产品 TMS32011、TMS32C10/C14/C15/C16/C17 等，第二代 DSP 芯片 TMS32020、TMS320C25/C26/C28，第三代 DSP 芯片 TMS32C30/C31/C32，第四代 DSP 芯片 TMS32C40/C44，第五代 DSP 芯片 TMS32C50/C51/C52/C53 以及集多个 DSP 于一体的高性能 DSP 芯片 TMS32C80/C82 等。另外，TI 公司在原来的基础上发展了三种新的 DSP 系列，它们是：TMS320C2000、

TMS320C5000、TMS320C6000 系列，成为当前和未来相当长时期内 TI DSP 的主流产品。其中，TMS320C6000 系列的速度已超过 1G flops。

ADI 公司的 DSP 相对与 TI 公司的 DSP 系列，具有内部存储容量较大，多片协同工作能力强等优点。ADI 的 DSP 有 21xx 系列、SHARC 系列、Tiger-SHARC 系列、Blackfin 系列、ADAU146x 系列等。

DSP 系统具有接口方便、编程方便、稳定性好、精度高、可重复性好、集成方便等优点，因而在信号处理、自动控制、军事、通信、语音/语言、图形/图像和仪器仪表、工业和医疗等领域得到广泛应用。

6.7　接口电路

138　UART 接口　UART（Universal Asynchronous Receiver/Transmitter，通用异步接收器/发射器）通信需要三根线，RxD、TxD 和 GND，RxD 是数据接收引脚，TxD 是数据发送引脚。对于两个芯片之间的连接，见图 4.6-40，两个芯片 GND 共地，同时 TxD 和 RxD 交叉连接。这里的交叉连接的意思就是，芯片 1 的 RxD 连接芯片 2 的 TxD，芯片 2 的 RxD 连接芯片 1 的 TxD。这样，两个芯片之间就可以进行 TTL 电平通信。

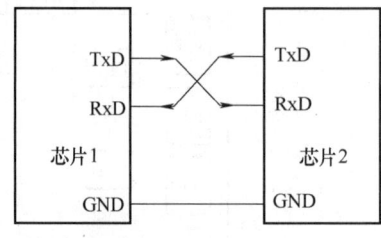

图 4.6-40　TTL 串口连接

如图 4.6-41 所示，若是芯片与 PC（或上位机）相连，除了共地之外，不能直接交叉连接。尽管 PC 和芯片都有 TxD 和 RxD 引脚，但是通常 PC（或上位机）通常使用的都是 RS232 接口（通常为 DB9 封装），因此不能直接交叉连接。RS232 接口是 9 针（或引脚），通常是 TxD 和 RxD 经过电平转换得到的。故要想使得芯片与 PC 的 RS232 接口直接通信，需要也将芯片的输入输出端口电平转换成 RS232 类型，再交叉连接。

139　I²C 接口　I²C 总线是 Philips 公司开发的一种双向两线串行总线，以实现集成电路之间的有效控制，这种总线也称为 Inter IC 总线。目前，

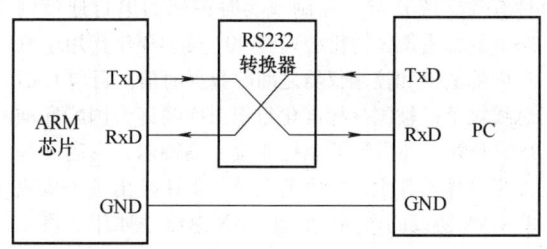

图 4.6-41　RS232 接口连接方式

Philips 及其他半导体厂商提供了大量的含有 I^2C 总线的外围接口芯片，I^2C 总线已成为广泛应用的工业标准之一。标准模式下，基本的 I^2C 总线规范的规定的数据传输速率为 100kbit/s。快速模式下，数据传输速率为 400kbit/s。高速模式下其数据传输速率为 3.4Mbit/s。

I^2C 总线始终和先进技术保持同步，并保持其向下兼容性。1）I^2C 总线采用二线制传输，一根是数据线 SDA（Serial Data Line），另一根是时钟线 SCL（serial clock line），所有 I^2C 器件都连接在 SDA 和 SCL 上，每一个器件具有一个唯一的地址。2）I^2C 总线是一个多主机总线，总线上可以有一个或多个主机（或称主控制器件），总线运行由主机控制。主机是指启动数据的传送（发起始信号）、发出时钟信号、发出终止信号的器件。通常，主机由单片机或其他微处理器担任。被主机访问的器件叫从机（或称从器件），它可以是其他单片机，或者其他外围芯片，如 A/D、D/A、LED 或 LCD 驱动、串行存储器芯片。3）I^2C 总线支持多主（multi-mastering）和主从（master-slave）两种工作方式。多主方式下，I^2C 总线上可以有多个主机。I^2C 总线需通过硬件和软件仲裁来确定主机对总线的控制权。主从工作方式时系统中只有一个主机，总线上的其他器件均为从机（具有 I^2C 总线接口），只有主机能对从机进行读写访问，因此不存在总线的竞争等问题。在主从方式下，I^2C 总线的时序可以模拟产生，I^2C 总线的使用不受主机是否具有 I^2C 总线接口的制约。单主机系统 I^2C 总线扩展示意图如图 4.6-42。

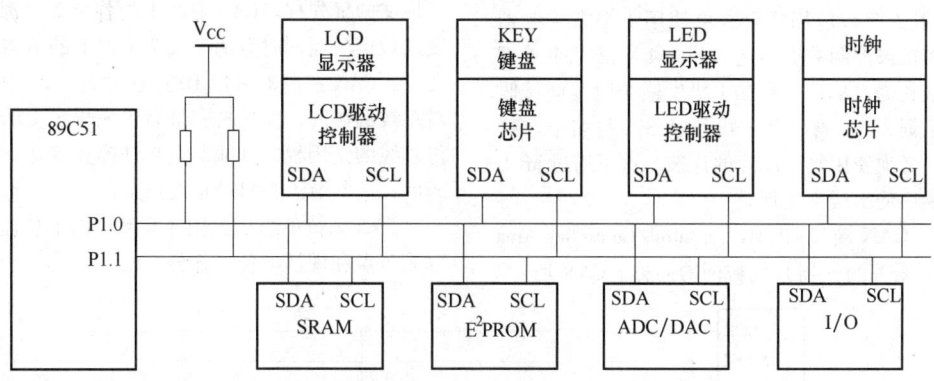

图 4.6-42　单主机系统 I^2C 总线扩展示意图

采用 I^2C 总线设计系统的优点：1）功能框图中的功能模块与实际的外围器件对应，可以使系统设计直接由功能框图快速地过渡到系统样机。2）外围器件直接"挂在" I^2C 总线上，不需设计总线接口；增加和删减系统中的外围器件，不会影响总线和其他器件的工作，便于系统功能的改进和升级。3）集成在器件中的寻址和数据传输协议可以使系统完全由软件来定义。

140　串行外设接口（SPI）　SPI（Serial Peripheral Interface）是摩托罗拉公司提出的一种同步接口，它可以使微控制器（MCU）与各种外围设备以串行方式进行通信以交换信息。外围设备包括 Flash 存储器、网络控制器、LCD 显示驱动器、模数转换器和微控制器等。SPI 总线使用同步协议传送数据，接收或发送数据时由主机产生的时钟信号控制。SPI 接口可以连接多个 SPI 芯片或装置，主机通过选择它们的片选来分时访问不同的芯片。

（1）SPI 总线构成

MOSI（Master Out Slave In）：主机发送，从机接收

MISO（Master In Slave Out）：主机接收，从机发送

SCLK 或 SCK（Serial Clock）：串行时钟

$\overline{CS}$（Chip Select for the peripheral）：外围器件的片选。有的微控制器设有专用的 SPI 接口的片选，称为从机选择$\overline{SS}$。

MOSI（SI 或 SDI）信号由主机产生，接收者为

从机；ISO（SO 或 SDO）信号由从机发出；CLK 或 SCK 由主机发出，用来同步数据传送；片选信号也由主机产生，用来选择从机芯片或装置。

（2）SPI 总线信号线基本连接关系　见图 4.6-43。SPI 总线系统有以下几种形式：一个主机和多个从机、多个从机相互连接构成多主机系统（分布式系统）、一个主机与一个或几个 I/O 设备构成的系统等。

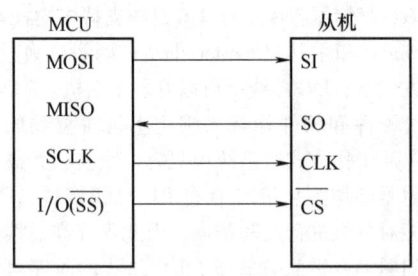

图 4.6-43　SPI 总线信号线基本连接关系

（3）主从方式 SPI 总线接口系统的典型结构见图 4.6-44。

1）在大多数应用场合，可使用 1 个微控制器作为主控机来控制数据传送，并向 1 个或几个外围器件传送数据。从机只有在主机发命令时才能接收或发送数据。2）当一个主机通过 SPI 与多个芯片相连时，必须使用每个芯片的片选，这可通过 MCU 的 I/O 端口输出线来实现。

141　CAN 接口　CAN（Control/Controller Area Network）是控制（器）局域网的简称。CAN 是一种有效支持分布式控制或实时控制的串行通信网络，最初由德国博世公司在 20 世纪 80 年代用于汽车内部测试和控制仪器之间的数据通信。目前 CAN 总线规范已被国际标准化组织 ISO 制订为国际标准 ISO11898，并得到了摩托罗拉、英特尔、飞利浦等大半导体器件生产厂家的支持，迅速推出各种集成有 CAN 协议的产品。目前 CAN 总线主要用于汽车自动化领域，如发动机自动点火、注油、复杂的加速制动控制（ASC）、抗锁定制动系统（ABS）和抗滑系统等。此外在工业过程控制领域，CAN 也得到了广泛的应用。

CAN 协议可分为：目标层、传送层、物理层。其中目标层和传送层包括了 ISO/OSI 定义的数据链路的所有功能。目标层的功能包括：确认要发送的信息，以及为应用层提供接口。传送层功能包括：数据帧组织、总线仲裁、检错、错误报告、错误处理。

CAN 总线以报文为单位进行信息交换，报文中含有标示符（ID），它既描述了数据的含义又表明了报文的优先权。CAN 总线上的各个节点都可主动发送数据。当同时有两个或两个以上的节点发送报文时，CAN 控制器采用 ID 进行仲裁。ID 控制节点对总线的访问。发送具有最高优先权报文的节点获得总线的使用权，其他节点自动停止发送；总线空闲后，这些节点将自动重发报文。

CAN 系统的组成见图 4.6-45，由上位监控 PC、智能节点和现场设备三部分组成。

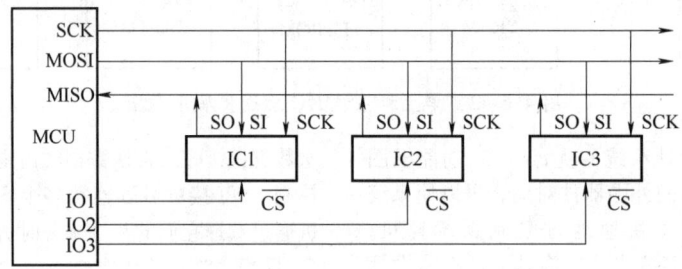

图 4.6-44　主从方式 SPI 总线接口系统的典型结构

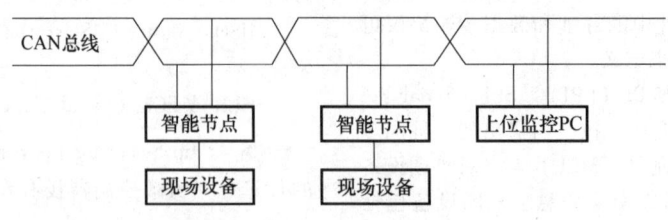

图 4.6-45　CAN 系统组成

142 USB 接口 通用串行总线（Universal Serial Bus，USB）的规范是 IBM、康柏、英特尔、微软、NEC 等多家公司联合制订的。USB 总线规范草案最早提出于 1994 年底，几经修订后推出了版本号为 0.7 的正式版本，接着于 1996 年推出了 USB1.0 的正式版本，到了 1998 年又推出了修订的版本 USB1.1。2000 年底，USB 组织推出了 USB2.0，这个版本将 USB 总线的理论传输速度提高到了 480Mbit/s 的水平，支持它的芯片称为高速（High Speed）系列。2008 年推出 USB3.0 的理论传输速度为 5.0Gbit/s，2017 年推出的 USB3.2 的理论传输速度为 20Gbit/s，新型 Type C 插型不再分正反。2019 年发布的 USB4.0 接口除了具备 40Gbit/s 的速率之外，统一采用 USB Type-C 接口，让接驳统一方便。2022 年发布的 USB4.2 规范将传输速度提高到了 80Gbit/s，提出了 80Gbit/s USB Type-C 主动式电缆，向下兼容以前所有 USB 版本，USB 将受益于更高性能的显示器、存储、集线器和扩展坞。USB Type-C 结构共有 24 个引脚，呈上下对称分布，通过 D+、D-实现 USB2.0 传输，通过其中一个高速差分线实现 USB3.0 通信，两对高速差分线可实现 USB3.2 高速通信，USB4.0 采用 PAM3（3 级脉冲幅度调制）以每通道 25.6Gbit/s 的波特率通过物理介质传输数据。数据的传输对硬件也有要求，数据传输速度越高，线材长度越短，当电流大于 3A 以上时，线材都需要搭载 eMarker 芯片来作为识别。针对设备对系统资源需求的不同，在 USB 规范中规定了四种不同的数据传输方式。

（1）等时（Isochronous）传输方式 该方式用来联接需要连续传输数据，且对数据的正确性要求不高而对时间极为敏感的外部设备，如麦克风、喇叭以及电话等。等时传输方式以固定的传输速率，连续不断地在主机与 USB 设备之间传输数据，在传送数据发生错误时，USB 并不处理这些错误，而是继续传送新的数据。

（2）中断（Interrupt）传输方式 该方式传送的数据量很小，但这些数据需要及时处理，以达到实时效果，此方式主要用在键盘、鼠标以及操纵杆等设备上。

（3）控制（Control）传输方式，该方式用来配置和控制主机到 USB 设备的数据传输方式和类型。设备控制指令、设备状态查询及确认命令均采用这种传输方式。当 USB 设备收到这些数据和命令后，将依据先进先出的原则处理到达的数据。

（4）批（Bulk）传输方式，该方式用来传输要求正确无误的大批量的数据。通常打印机、扫描仪和数字相机以这种方式与主机连接。

6.8 硬件描述语言（HDL）

143 VHDL 与 Verilog HDL 硬件描述语言（Hardware Description Language，HDL）是一种编程语言，用软件方法对硬件的结构和运行进行建模。硬件描述语言是对硬件电路及其执行过程的描述，所以程序设计过程也叫电路建模过程。目前比较流行的逻辑设计的硬件描述语言是 VHDL 和 Verilog HDL，VHDL 是在 1987 年成为 IEEE 标准，Verilog HDL 则在 1995 年才正式成为 IEEE 标准。VHDL 其英文全名为 VHSIC Hardware Description Language，VHSIC 是 Very High Speed Integerated Circuit 的缩写词，意为甚高速集成电路，故 VHDL 其准确的中文译名为甚高速集成电路的硬件描述语言。

Verilog HDL 和 VHDL 作为描述硬件电路设计的语言，其共同的特点在于：能形式化地抽象表示电路的结构和行为；支持逻辑设计中层次与模块的描述；可借用高级语言的精巧结构来简化电路的描述；具有电路仿真与验证机制以保证设计的正确性；支持电路描述由高层到低层的综合转换；硬件描述与实现工艺无关（有关工艺参数可通过语言提供的属性包括进去）；便于文档管理、易于理解和设计重用。

但是 Verilog HDL 和 VHDL 又各有其自己的特点。由于 Verilog HDL 早在 1983 年就已推出，至今已有 30 多年的应用历史，因而 Verilog HDL 拥有更广泛的设计群体，成熟的资源也远比 VHDL 丰富。目前版本的 Verilog HDL 和 VHDL 在行为级抽象建模的覆盖范围方面也有所不同。一般认为 Verilog HDL 在系统级抽象方面比 VHDL 略差一些，而在门级开关电路描述方面比 VHDL 强得多。与 VHDL 相比，Verilog HDL 的最大优点是：它是一种相对容易掌握的硬件描述语言，与 C 语言较接近，只要有 C 语言的编程基础，通过学习和实际操作，一般在较短时间内就可以掌握这种设计技术。而掌握 VHDL 设计技术相对困难一些。

第7章 电源电路

7.1 单相小功率整流、滤波电路

144 桥式整流、电容滤波电路 电子设备中小功率直流电源里最常用的整流、滤波电路，电路及输出波形如图 4.7-1。该电路输出电压平均值 $U_{O(av)} = (1.1 \sim 1.4) U_2$。$U_O$ 随 I_O 增大而降低。电路中每只二极管在截止期间承受的最高反向电压为 $\sqrt{2} U_2$，在交流电源接通瞬间流过较大的浪涌电流。

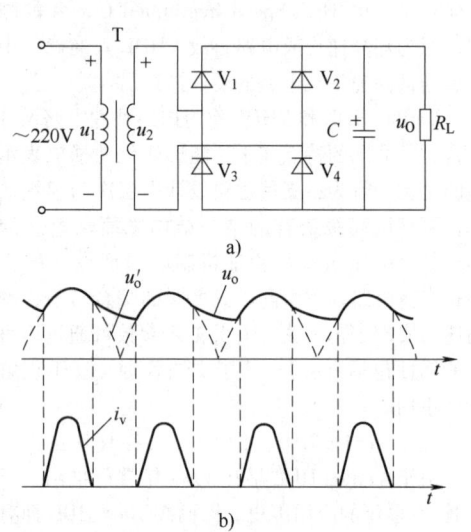

图 4.7-1 桥式整流、电容滤波电路及工作波形
（忽略二极管内阻）
a）电路 b）工作波形

145 倍压整流电路 图 4.7-2 为二倍压整流电路。u_2 负半周时，V_1 导通，C_1 被充电至 u_2 的峰值 $\sqrt{2} U_2$，u_2 正半周时，与 u_2 叠加，经 V_2 对 C_2 充电，使其输出电压为一般电容滤波的整流电路输出电压的二倍。图 4.7-3 为多倍压整流电路。除 C_1 上电压近似为 $\sqrt{2} U_2$ 外，其余各电容上的电压均可接近 $2\sqrt{2} U_2$，电压实际极性如图 4.7-3 中所标注。将相关的几个电容上电压作为输出，就可实现三、四、五或六倍压整流。

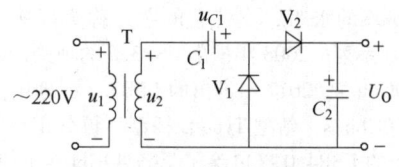

图 4.7-2 二倍压整流电路

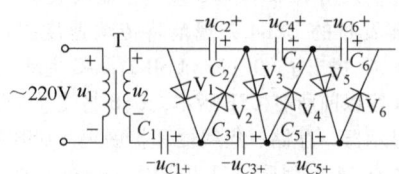

图 4.7-3 多倍压整流电路

7.2 直流线性稳压电路

146 硅稳压管及其稳压电路 硅稳压二极管的伏安特性及符号见图 4.7-4。在稳压电路中它一般工作于反向电击穿区，这一区域具陡峭的击穿特性，电压降基本上稳定在 U_{ZQ} 值。图 4.7-5 是硅稳压管稳压电路原理图。当输入电压 U_I 或负载 R_L 变化引起输出电压 U_O 有微小改变时，稳压管通过自身电流的改变进行调节，使 U_O 稳定。

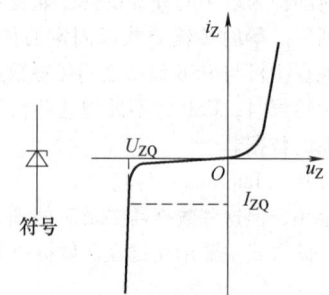

图 4.7-4 硅稳压二极管伏安特性及符号

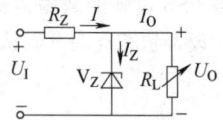

图 4.7-5 硅稳压管稳压电路

147 串联型稳压电路 由基准环节、采样网络、比较放大电路、调整管及保护电路等组成，电路的实质是一个具有交直流电压负反馈的功率放大电路。由集成运放作比较放大器的串联型稳压电路见图 4.7-6a。输出电压 U_O 变化时，经 R_1、R_2 组成的采样电路采样，并与 V_Z 提供的基准电压 U_Z 比较，由运放放大后控制调整管 V_1 的基极电流并改变 U_{CE1}，达到使 U_O 稳定的目的。电路的输出电压

$$U_O = U_Z \cdot \frac{R_1 + R_2}{R_2}$$

当用图 4.7-6b、c 所示的复合管或并联管代替调整管 V_1 时，可增加输出电流的能力。提高 U_Z 的稳定性、增大负反馈回路的开环增益，可明显提高电路的稳压性能。V_2 及 R_5 组成保护电路，在负载电流过大或输出发生短路时，R_5 上压降的突然变大使 V_2 导通，并对 V_1 的基极进行分流，从而限制了输出电流。

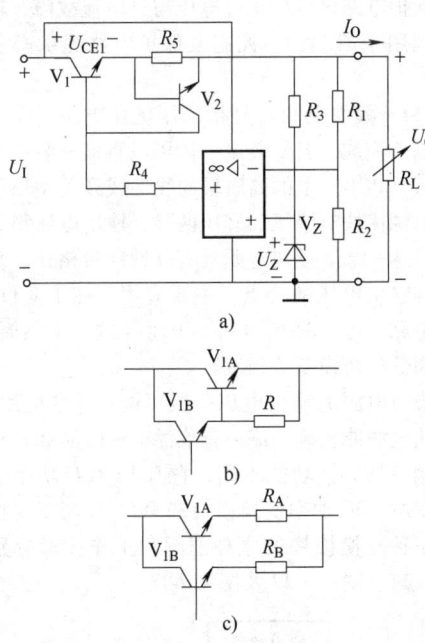

图 4.7-6 串联型稳压电路
a) 原理电路 b) 复合管 c) 两管并联

148 集成稳压器 三端固定输出集成稳压器是目前广为使用的集成稳压器。主要有输出正电压的 7800 系列和输出负电压的 7900 系列，均属线性稳压器，内有多种保护电路。输出电压有 5、6、8、12、15、18 和 24V 等。图 4.7-7 以 W78XX 为例给出了它的三种封装形式、型号、最大输出电流值和典型接法。电路中的 C_1、C_2 用以防止稳压电路产

生自激振荡。为了扩大三端集成稳压器的输出电压或输出电流，可分别采用图 4.7-8a、b 所示电路。

W117/217/317 系列和 W137/237/337 系列是分别能输出正或负电压的三端可调集成稳压器，封装形式和最大输出电流与 W7800 系列相同。图 4.7-9 是其典型接法，调整端电流 I_{adj} 约为 50μA，输出电压

$$U_O = 1.25\left(1 + \frac{R_2}{R_1}\right) + I_{adj}R_2$$

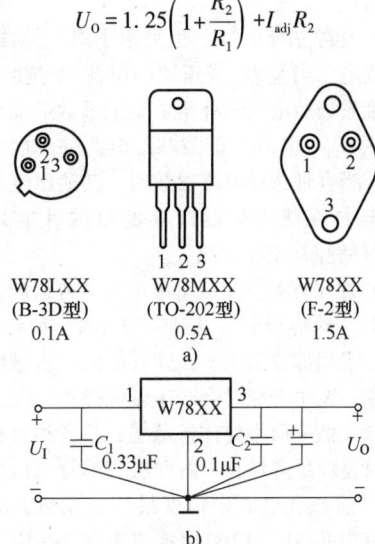

W78LXX   W78MXX   W78XX
(B-3D型)   (TO-202型) (F-2型)
0.1A   0.5A   1.5A
a)

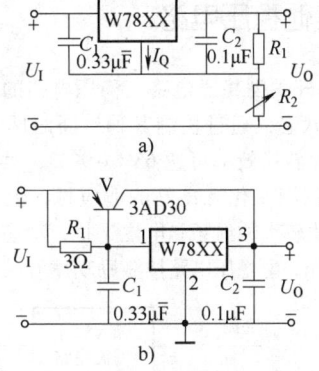

b)

图 4.7-7 三端固定输出集成稳压器
a) 三种封装 b) 典型接法

图 4.7-8 三端集成稳压器性能扩展
a) 扩大输出电压 b) 扩大输出电流

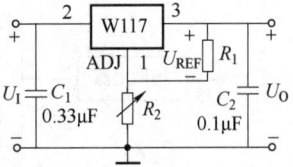

图 4.7-9 三端可调集成稳压器接法

149 基准稳压电源 基准稳压电源既能够为各种线性、开关稳压电源和大多数数/模转换器提供电压基准，也可以为传感器提供稳定的工作电源或激励源，还可以作为电压标准校准相关的测量仪器、仪表。

基准稳压电源实现的方法主要有：

（1）温度补偿基准电源 用具有温度补偿的硅稳压管组成；

（2）能隙基准电源 也采用了温度补偿技术。用与温度电压当量 U_T 成正比的电流源产生一个具有正温度系数的电压来补偿负温度系数的晶体管发射结电压 U_{BE}，实现的能隙基准电源的温度系数几乎为零。当合理选择电路参数时，其输出电压与硅半导体材料在热力学温度零度时的外推禁带宽度（能带间隙）电压值相关。

（3）埋层齐纳管集成基准电源 普通的平面型齐纳管即（硅稳压管）击穿发生在硅晶体表面部位，由于表面部位杂质多，并有更大的机械应力和晶格位错，发生击穿时会产生较大噪声。在普通齐纳管上再扩散一层半导体扩散层，将齐纳管掩埋起来，这就是埋层齐纳管。由埋层齐纳管组成的基准电源是目前基准电源中精度最高、漂移最小的一种。如其中的 AD2712 可以提供电压为 ±10.000V±0.001V、输出电压温度系数为 $10^{-6}/℃$ 的超高精度基准电源。

7.3 其他稳压电路

150 开关型稳压电路 稳压电路的调整管工作于开关状态，通过控制其通、断时间来实现稳压。其功率转换效率可达 65%~90%，对电网电压和频率大范围变化有良好的适应性，但有较大纹波，会产生较大的射频和电磁干扰，动态响应速度也较慢。开关型稳压电路按激励功率开关管的方式不同，可分自激式、它激式和同步式三类；按功率开关管类型分为双极型晶体管开关电源、功率 MOS 管开关电源和晶闸管开关电源等；按控制方式分为脉宽调制（PWM）型、脉频调制（PFM）型和混合调制（即脉宽、脉频同时改变）型；按电路结构分为降压型、反相型、升压型和变压器型；按开关管输出电路形式可分为单端开关电源和双端开关电源，其中双端开关电源又分为推挽型、半桥型和全桥型。

开关稳压电路基本组成见图 4.7-10，高频变换器是核心电路。50Hz 交流电压经过整流滤波电路转换成直流电压，该直流电压先经过高频变换器转换成高频脉冲电压（数十至数百 kHz），再经过输出整流滤波电路可得到预期的直流电压输出。为了稳定输出电压，检测电路将输出电压采样后送至控制电路。控制脉冲信号的调节作用，可以使驱动电路控制开关管的开通与关断时间，达到稳压的目的。保护电路可以防止过电压与过电流故障，辅助电源则用于给驱动、控制及保护电路提供必要的电源。

151 模块电源 是指采用优化电路、先进工艺而制造完成，且封装成一体可以直接贴装在印制电路板（PCB）上的高质量的线性或开关型稳压电源。电源模块有降压和升压两种，输出电压稳定且精度可达±3%。模块电源具有高性能价格比、多种输入与输出电压的特点，主要应用于在工业仪表、数字电路、电子通信设备、卫星导航、遥感遥测、地面通信科研设备等领域。

模块电源的输出电压一般可调；并联应用时，各模块电源能精确均流；有浪涌电流限制和各种检测控制特性。按功能不同，它有 DC/DC 功率变换模块、AC/DC 功率变换模块和 DC/AC 功率变换模块。三种变换模块的原理框图和工作波形分别见图 4.7-11、图 4.7-12 及图 4.7-13。

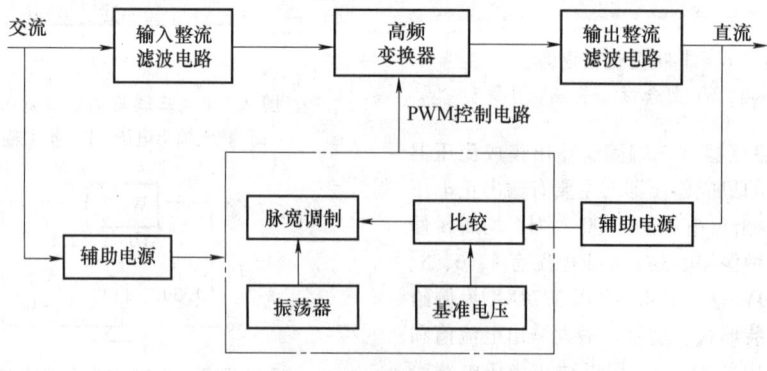

图 4.7-10　开关稳压电路的基本组成

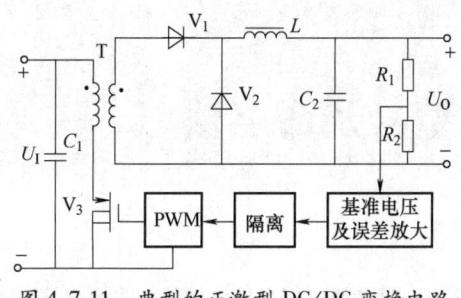

图 4.7-11　典型的正激型 DC/DC 变换电路

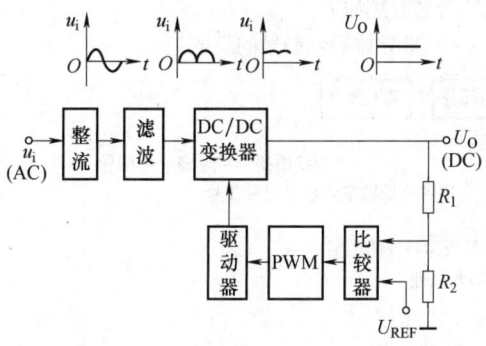

图 4.7-12　AC/DC 功率变换模块一般原理框图

152　**低压降线性稳压器**（LDO）（Low Dropout Regulator）是新一代的集成电路稳压器，其输入-输出电压差非常低的线性稳压器。其目的是将设备上发热带来的功率散失降至最低，从而提高转换效率。

LDO 输入-输出的电压差低主要原因在于其中的调整管是用 P 沟道 MOSFET，而普通的线性稳压器是使用 PNP 晶体管。P 沟道 MOSFET 是电压驱动的，无需电流，因而大大降低了器件本身消耗的电流。此外，由于 MOSFET 的导通电阻很小，因而它上面的电压降非常低。

LDO 的结构主要包括启动电路、恒流源偏置单元、使能电路、调整元件、基准源、误差放大器、反馈电阻网络和各类保护电路等。LDO 通常具有极低的自有噪声和较高的电源抑制比。与线性集成稳压器相比，LDO 可以在输出电流小于几安培且输出电压接近输入电压的应用中实现成本与性能的最佳平衡；与 DC/DC 开关转换器相比，LDO 几乎不产生纹波，可以提供非常平直的电源电压。此外，由于 LDO 所需的外部无源元件数量最少，通常只需要一两个旁路电容，从而大大减少了设计的工作量。LDO 主要应用于电脑主板、LCD 显示器、DVD 视频播放器、网络接口卡/开关、通信设备、高效率线性调整器、打印机及其他外设。新的 LDO 可达到以下指标：输出噪声 $30\mu V$，电源抑制比（PSRR）为 60dB，静态电流 $6\mu A$（TI 公司的 TPS78001 达到 $I_q = 0.5\mu A$），电压降只有 100mV。常用芯片：JM1117、TPS71550 等。

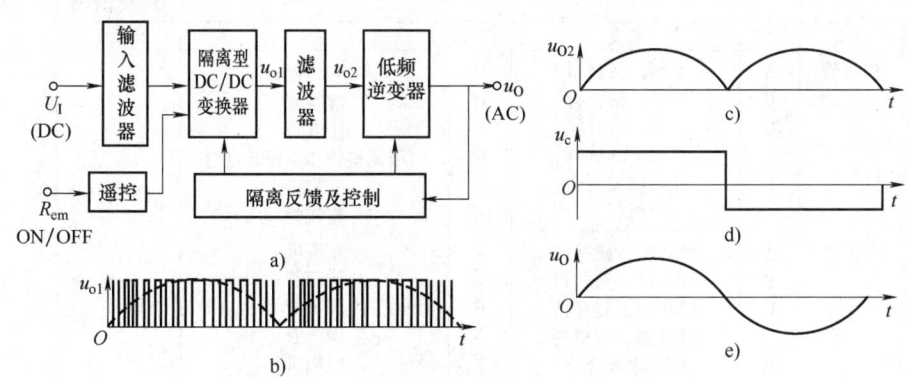

图 4.7-13　SWG30/15 系列 DC/AC 功率变换模块

a）原理框图　b）变换器输出的 SPWM 波形　c）滤波器滤波后波形
d）低频逆变器驱动波形　e）低频逆变器输出电压 u_O 波形

附录 国内外半导体器件的型号及命名法

国内外半导体器件的型号及命名法如下。

（1）中国晶体管型号命名法　中国晶体管按国家标准 GB/T 249—2017《半导体分立器件型号命名方法》规定的中国半导体器件型号命名法命名。具体命名方法如下：

1）半导体器件型号的组成：

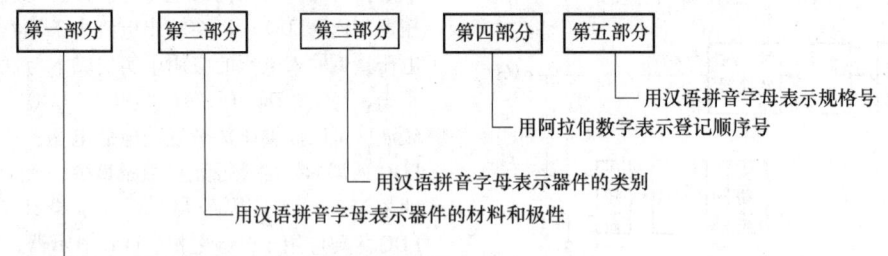

2）型号组成部分的符号及其意义。中国晶体管型号组成部分的符号及其意义见表 4. A-1。

表 4. A-1　中国晶体管型号组成部分的符号及其意义

第一部分		第二部分			第三部分		第四部分	第五部分
用阿拉伯数字表示器件的电极数目		用汉语拼音字母表示器件的材料和极性			用汉语拼音字母表示器件的类别		用阿拉伯数字表示登记顺序号	用汉语拼音字母表示规格号
符号	意义	符号	意义		符号	意义		
2	二极管	A	N 型，锗材料		P	小信号管		
		B	P 型，锗材料		H	混频管		
		C	N 型，硅材料		V	检波管		
		D	P 型，硅材料		W	电压调整管和电压基准管		
		E	化合物或合金材料		C	变容管		
					Z	整流管		
3	三极管	A	PNP 型，锗材料		L	整流堆		
		B	NPN 型，锗材料		S	隧道管		
		C	PNP 型，硅材料		K	开关管		
		D	NPN 型，硅材料		N	噪声管		
		E	化合物或合金材料		F	限幅管		
					X	低频小功率晶体管 $(f_a < 3MHz,\ P_C < 1W)$		
					G	高频小功率晶体管 $(f_a \geq 3MHz,\ P_C < 1W)$		
					D	低频大功率晶体管 $(f_a < 3MHz,\ P_C \geq 1W)$		
					A	高频大功率晶体管 $(f_a \geq 3MHz,\ P_C \geq 1W)$		
					T	闸流管		
					Y	体效应管		
					B	雪崩管		
					J	阶跃恢复管		

（2）日本晶体管型号命名法 日本晶体管型号均按日本工业标准 JIS—C—7012 规定的日本半导体分立器件型号命名方法命名。日本半导体分立器件型号由五个基本部分组成，这五个基本部分的符号及其意义见表 4.A-2。

表 4.A-2 日本晶体管型号组成部分的符号及其意义

第一部分		第二部分		第三部分		第四部分		第五部分	
用数字表示器件有效电极数目或类型		日本电子工业协会（JEIA）注册标志		用字母表示器件使用材料极性和类型		器件在日本电子工业协会（JEIA）登记号		同一型号的改进型产品标志	
符号	意义	符号	意义	符号	意义	符号	意义	符号	意义
0	光电二极管或三极管及其组合管		已在 JEIA 注册的半导体器件	A	PNP：高频晶体管		该器件在 JEIA 的登记，性能相同而厂家不同的生产的器件可使用同一个登记号	A	表示这一器件是原型号的改进产品
1	二极管			B	NPN：低频晶体管	多位数字		B	
2	三极管或具有三个电极的其他器件	S		C	PNP：高频晶体管			C	
3	具有四个有效电极的器件			D	NPN：低频晶体管			D	
	⋮			F	P 控制极晶闸管			⋮	
				G	N 控制极晶闸管				
n-1	具有 n 个有效电极的器件			H	N 基极单结晶体管				
				J	P 沟道场效应晶体管				
				K	N 沟道场效应晶体管				
				M	双向晶闸管				

日本半导体分立器件的型号，除上述五个基本部分外，有时还附加有后缀字母及符号，以便进一步说明该器件的特点。这些字母、符号和它们所代表的意义，往往是各公司自己规定的。

后缀的第一个字母，一般是说明器件特定用途的。常见的有以下几种：

M：该器件符合日本防卫厅海上自卫参谋部的有关标准。

N：该器件符合日本广播协会（NHK）的有关标准。

H：日立公司专门为通信工业制造的半导体器件。

K：日立公司专门为通信工业制造的半导体器件，并用采用塑封外壳。

Z：松下公司专门为通信设备制造的高可靠性器件。

G：东芝公司为通信设备制造的器件。

S：三洋公司为通信设备制造的器件。

后缀的第二个字母常用来作为器件的某个参数的分档标志。例如，日立公司生产的一些半导体器件，是用 A、B、C、D 等标志说明该器件的 β 值分档情况。

几点说明如下：1）根据命名方法可以归纳出日本半导体分立器件型号的特征，即型号中的第二部分均为字母"S"。凡是以"1S"开关的半导体器件，都是日本生产的半导体二极管；凡是以"2S"开关的半导体器件，大都是日本生产的半导体三极管，或是具有三个有效电极（屏蔽用接地极不算有效电极）的场效应管、单结晶体管、晶闸管等半导体器件。2）根据型号第三部分的字母可以判断出是 PNP 型还是 NPN 型，但不能确定是何种材料（硅或锗），也不能确定其功率大小。这一点与我国命名方法不同。3）型号中第四部分的数字只是该器件在 JEIA 注册登记的顺序号，并不反映器件性能上的任何特征。顺序号相邻的两个器件，在特性上可能相差很远，例如，2SC1103 和 2SC1104，前者 PCM = 200mW，而后者 PCM = 20mW。一般情况下，顺序号可以反映形成产品的时间上的先后，登记号数越大，越是近期的产品。4）有些半导体器件外壳上所标的型号往往采取简化方法，一般把型号前两部分省去。例如，2SD764 简化为 D764，2SC502A 简化为 C502A。

（3）欧洲晶体管型号命名法 欧洲国家大都使用国际电子联合会标准半导体分立器件型号命名方法对晶体管型号命名。这种命名法由四个基本部分组成。这四个基本部分的符号及其意义见 4.A-3。

表 4. A-3　欧洲晶体管型号组成部分的符号及其意义

第一部分	第二部分				第三部分		第四部分	
用数字表示器件使用的材料	用字母表示器件的类型及主要特征				用数字或字母表示登记号		用字母表示同一器件进行分档	
符号	意义	符号	意义	符号	意义	符号	意义	符号	意义

符号	意义	符号	意义	符号	意义	符号	意义	符号	意义
A	器件使用禁带为 $0.6\sim1.0eV$ 的半导体材料（如锗）	A	检波二极管 开关二极管 混频二极管	M	封闭磁路中霍尔元件	三位数字	代表通用半导体器件的登记号	A B C :	表示同一型号的半导体器件按某一参数进行分档的标志
		B	变容二极管	P	光敏器件管 $(f_a\geqslant3)$				
B	器件使用禁带为 $1.0\sim1.3eV$ 的半导体材料（如硅）	C	低频小功率三极管	Q	发光二极管				
		D	低频大功率三极管	R	小功率晶闸管				
C	器件使用禁带大于 $1.3eV$ 的半导体材料（如镓）	E	隧道二极管	S	小功率功率开关管				
		F	高频小功率三极管	T	大功率开关管	一个字母二位数字	代表专用半导体器件的登记号（同一类型器件使用一个登记号）		
D	器件使用禁带大于 $0.6eV$ 的半导体材料如（锑化铝）	G	复合器件及其他器件	U	大功率开关率				
		H	磁敏二极管	X	倍增二极管				
R	器件使用复合材料（如堆霍尔元件和光电池）	K	开放磁路中的霍尔元件	Y	整流二极管				
		L	高频大功率三极管	Z	稳压二极管				

几点说明如下：1）由上述命名法可知，凡是型号以两个字母开头的半导体分立器件，特别是型号开头的第一个字母是 A、B、C、D 或 R 的半导体分立器件，大都是欧洲的产品，或是按欧洲厂商专利生产的产品。2）凡是使用现行欧洲通用半导体分立器件型号命名法的产品，由型号中第一个字母可以立即确定器件所使用的材料。例如型号第一个字母为 A 的是锗管，为 B 的是硅管。但是无法判断是 PNP 型还是 NPN 型管，这点与我国半导体器件型号命名法不同，应特别注意。3）型号中的第二个字母表示器件类别和主要特点，只要记住各字母的意义，不查手册也可判断出类别。例如 BU206 型管，一看便知是硅大功率开关管。4）型号中的第三部分为登记序号，只表明是通用器件或专用器

件，没有别的含义。序号相邻的两个器件，特性可能差别很大，例如 AC187K 与 AC188K 序号相邻，但前者为 NPN 型管，而后者为 PNP 型管。5）型号中的第四部分是使用字母对同一型号的器件按某一特性进行分档。例如三极管可以根据其 β 值或噪声系数等进行分档。

（4）美国晶体管型号命名法　美国许多电子公司分别研制与生产了各种各样的半导体分立器件，并将其生产专利输往各国。这些半导体器件的型号原来都是由厂家自己命名的，所以十分混乱。为了解决美国半导体分立器件型号统一的问题，美国电子工业协会（EIA）的电子器件工程联合委员会（JEDEC）制定了一个标准半导体分立器件型号命名法，推荐给半导体器件生产厂商使用。由于种

种原因，虽有大量半导体器件按此命名法命名，但未能完全统一各厂商产品的型号，所以美国半导体器件型号有以下两点不足之处：1）有不少美国半导体分立器件型号仍是按各厂商自己的型号命名法命名，而未按此标准命名，故仍较混乱。2）由于这一型号命名法制定较早，又未作过改进，所以型号内容很不完备。

EIA 的半导体分立器件型号命名方法规定，半导体分立器件型号由五部分组成，第一部分为前缀，第五部分为后缀，中间三部分为型号的基本部分。这五部分的符号及意义见表 4.A-4。

表 4.A-4　美国晶体管型号组成部分的符号及其意义

第一部分		第二部分		第三部分		第四部分		第五部分	
用符号表示器件类型		用数字表示 PN 结数目		美国电子工业协会（EIA）注册标志		美国电子工业协会（EIA）登记号		用字母表示器件分档	
符号	意义	符号	意义	符号	意义	符号	意义	符号	意义
JAN	军级	1	二极管	N	该器件已在 EIA 注册登记	多位数字	该器件在 EIA 的登记顺序号	A B C D	同一型号器件的不同档别
JANTX	特军级								
JANTXV	超特军级	2	三极管						
JANS	宇航级								
无	非军用品	3	三个 PN 结器件						
		n	n 个 P 结器件						

几点说明如下：1）除去前缀之外，凡是型号以 1N、2N、3N……开头的半导体分立器件，大都是美国制造的产品，或属美国专利由其他国家制造的产品。2）由美国半导体器件型号的内容只能判断出器件是二极管、三极管或多个 PN 结的器件，而无法判断出其类型。例如，整流二极管、稳压二极管、检波二极管、开关二极管等各种二极管的型号都是以 1N 开头。而以 2N 开头的三极管，既可能是普通晶体管、也可能是场效应管；既可能是大功率管、也可能是小功率管等。3）型号中第四部分的数字，只是标出该器件在美国电子工业协会的登记号，而没有其他含义。特别应当注意的是登记号相邻的两种器件，其特性可能相差非常大。例如 2N3451 为硅 PNP 型小功率三极管，而与其登记号相邻的 2N3452 则是场效应管。4）不同厂家的性能基本一致的半导体器件都使用同一个登记号，所以型号相同的器件可以通用。有时为了区分同一型号中某些参数的差异，往往使用不同的后缀字母。

（5）欧洲早期半导体分立器件型号命名法　欧洲有些国家，如德国、荷兰采用如下命名方法：

第一部分：O—半导体器件。

第二部分：A——二极管、C——三极管、AP——光电二极管、CP——光电三极管、AZ——稳压管、RP——光电器件。

第三部分：多位数字——器件的登记序号。

第四部分：A、B、C……表示同一型号器件的变型产品。

参 考 文 献

[1] 沈尚贤. 模拟电子学 [M]. 北京：人民邮电出版社，1983.

[2] 童诗白，华成英. 模拟电子技术基础 [M]. 3 版. 北京：高等教育出版社，2001.

[3] 何金茂. 数字电子技术导论 [M]. 西安：陕西科学技术出版社，1997.

[4] 《实用电子电路手册（模拟电路分册）》编写组. 实用电子电路手册（模拟电路分册）[M]. 北京：高等教育出社，1991.

[5] 张凤言. 电子电路基础 [M]. 2 版. 北京：高等教育出版社，1995.

[6] 《中国集成电路大全》编委会. 中国集成电路大全：微波集成电路 [M]. 北京：国防工业出版社，1995.

[7] 李宗谦，余京兆. 微波技术 [M]. 西安：西安交通大学出版社，1991.

[8] 张福学. 传感器电子学 [M]. 北京：国防工业出版社，1991.

[9] 何伟仁，王恒等. 传感器新技术 [M]. 北京：中国

计量出版社, 1989.

[10] 吴道悌. 非电量电测技术 [M]. 西安: 西安交通大学出版社, 2001.

[11] 芬克 D G, 克里斯坦森 D. 电子工程师手册: 上册 [M].《电子工程师手册》翻译组, 译. 西安: 西安交通大学出版社, 1992.

[12] 张远程. 彩色电视机的原理与调试 [M]. 上海: 上海科学技术出版社, 1981.

[13] 李金刚, 李春林. 彩色电视接收机电路分析及维修200 例 [M]. 北京: 北京出版社, 1986.

[14] 余道衡, 徐承和. 电子电路手册 [M]. 北京: 北京大学出版社, 1996.

[15] 王志宏, 等. 模拟电子学 [M]. 西安: 西安交通大学出版社, 1994.

[16] 陈天授, 李桂安, 李士雄. 模拟集成电路基础 [M]. 南京: 南京大学出版社, 1990.

[17]《中国集成电路大全》编写委员会. 中国集成电路大全: CMOS 集成电路 [M]. 北京: 国防工业出版社, 1985.

[18] 谢嘉奎, 宣月清. 电子线路 (非线性部分) [M]. 4 版. 北京: 高等教育出版社, 2000.

[19] 叶治政, 叶靖国. 开关稳压电源 [M]. 北京: 高等教育出版社, 1989.

[20]《中国集成电路大全》编写委员会. 中国集成电路大全: TTL 集成电路 [M]. 北京: 国防工业出版社, 1985.

[21] 吴运昌. 模拟集成电路原理与应用 [M]. 广州: 华南理工大学出版社, 1995.

[22] 谈文心, 等. 高频电子线路 [M]. 西安: 西安交通大学出版社, 1996.

[23] 王汝君, 钱秀珍. 模拟集成电路子路 [M]. 南京: 东南大学出版社, 1993.

[24] 阎石. 数字电子技术基础 [M]. 4 版. 北京: 高等教育出版社, 1998.

[25] 胡乾斌, 李玲. 数字集成电子技术基础 [M]. 武汉: 华中理工大学出版社, 1999.

[26] 李士雄, 丁康源. 数字集成电子技术教程 [M]. 北京: 高等教育出版社, 1996.

[27] 李济芳, 王尧. 数字电子技术 [M]. 南京: 东南大学出版社, 1994.

[28] 邓元庆. 数字电路与逻辑设计 [M]. 北京: 电子工业出版社, 2001.

[29] 康华光. 电子技术基础 (数字部分) [M]. 4 版. 北京: 高等教育出版社, 2000.

[30] 王军宁, 吴成柯, 党英. 数字信号处理器技术原理与开发应用 [M]. 北京: 高等教育出版社, 2003.

[31] 蔡宣三, 窦绍文. 高频功率电子学: 直流-直流变换部分 [M]. 北京: 科学出版社, 1993.

[32] 戈特利布 I M. 稳压电源 [M]. 叶靖国, 马积勋, 译. 北京: 科学出版社, 1993.

[33] 刘选忠, 杨栓科. 实用电源技术手册: 模块式电源分册 [M]. 沈阳: 辽宁科学技术出版社, 1999.

[34] 杨贵恒, 等. 电子工程师手册 (基础卷) [M]. 北京: 化学工业出版社, 2020.

[35] 杨建国. 你好, 放大器 (初识篇) [M]. 北京: 科学出版社, 2015.

[36] GIBILISCO S. 电子技术完全手册 (第 5 版) [M]. 宫广骅, 译. 北京: 人民邮电出版社, 2016.

[37] 张久全. 电子元器件速查与计算手册 [M]. 北京: 机械工业出版社, 2012.

[38] 白中英, 戴志涛. 计算机组成原理 (立体化教材) [M]. 5 版. 北京: 科学出版社, 2013.

[39] 天野英晴. FPGA 原理和结构 [M]. 赵谦, 译. 北京: 人民邮电出版社, 2019.

[40] Frenzel L E. 串行通信接口规范与标准 [M]. 林赐, 译. 北京: 清华大学出版社, 2017.

第 5 篇

电力电子技术

主　　编　刘进军（西安交通大学电气工程学院）
副 主 编　裴云庆（西安交通大学电气工程学院）
参　　编　刘　增（西安交通大学电气工程学院）
　　　　　雷万钧（西安交通大学电气工程学院）
　　　　　张　岩（西安交通大学电气工程学院）
主　　审　钟彦儒（西安理工大学）
责任编辑　罗　莉

第1章 概　述

1　电力电子技术　电力电子技术是应用于电力变换的电子技术。电力变换主要指交流电变为直流电、直流电变为交流电、直流电变为不同幅度的直流电、交流电变为不同频率、不同幅度或不同相数的交流电等，因此是指广义的电力变换，实质上是对电能的精细控制。而对电能的精细控制是通过专门的器件对电子流的运动进行准确、快速的控制而实现的，因而被视作电子技术的分支。电力电子技术和信息电子技术共同构成电子技术的两大应用分支。信息电子技术主要用于信息处理，而电力电子技术主要用于电力变换。电力电子技术所处理的功率，可以大至数百兆瓦甚至吉瓦量级，也可以小到数瓦甚至毫瓦量级。

电力电子技术是由电工技术、电子技术和控制理论交叉形成的一门新技术。电力电子技术主要用于电气工程领域，因此通常也把电力电子技术看成电工技术的一个分支，并且认为它是电工技术中最具活力、对未来技术发展影响最大的分支。

电力电子技术本身也可以划分为两个分支：一个是电力电子器件的研究、设计与制造技术；另一个是应用电力电子器件组成电路、装置和系统的技术。前者是电力电子技术的基础，后者是电力电子技术的核心。后者通常也称为"变流技术"，或称为电力电子器件的应用。

2　电力电子技术的发展趋势　电力电子技术的诞生是以 1957 年第一个晶闸管问世为标志的。之后，各种新的电力电子器件的不断出现一直是电力电子技术发展最强大的推动力。晶闸管是一种通过门极的控制只能使其开通而不能使其关断的半控型器件。后来出现的门极关断（GTO）晶闸管、大功率晶体管（GTR）和大功率金属-氧化物半导体场效应晶体管（电力 MOSFET）是通过门（基、栅）极的控制既能使其开通也能使其关断的全控型器件。全控型器件的发展把电力电子技术带入了一个新的发展阶段。经过多年的发展与竞争，进入 21 世纪电力电子技术逐渐形成了 650V 以下低压器件以电力 MOSFET 为主、650～6 500V 器件以绝缘栅双极型晶体管（IGBT）为主、8 000V 以上高压器件仍以晶闸管为主的局面。近年来，基于碳化硅、氮化镓等新型半导体材料的电力电子器件逐渐开始应用。可以预料，以性能更优越的半导体材料的研制，推动新型电力电子器件和相应电力电子电路与装置的应用和发展，将一直是电力电子技术持续进步的重要路径。

和晶闸管电路的相位控制方式相对应，采用全控型器件的电路的主要控制方式为脉冲宽度调制（PWM）方式。PWM 控制技术在电力电子变流技术中逐渐占据首要的位置，使电路的控制性能大为改善，对电力电子技术的发展产生了深远的影响。同时，为追求电力电子装置性能的不断提升与体积、重量的不断减小，电力电子电路的工作频率也不断提高。此外，为了减小开关损耗，软开关技术应运而生，它也使得开关频率可以进一步提高，从而进一步提高电力电子装置的功率密度。为了使电力电子装置的结构紧凑、体积减小、应用方便，电力电子封装与集成技术也很重要。数字化技术也是电力电子技术的重要发展方向，数字化技术正在大量用于电力电子技术的各种电路中，成为电力电子技术发展的有力武器。

电力电子技术已越来越广泛地用于人类生产和生活的几乎所有的方面。可以说凡是需要对电能进行精细控制，进而提升能量控制性能和用电效率的地方，都离不开电力电子技术。

第 2 章　电力电子器件

2.1　电力电子器件基础

3　电力电子器件的种类及特性　电力电子器件是指可直接用于处理电能的主电路中，实现电能的变换或控制的电子器件，以电流容量大、耐电压高、本身损耗小为基本特征。常用和正在发展的电力电子器件见表 5.2-1。

表 5.2-1　电力电子器件的类别、名称、特征、符号、型号、伏安特性及主要用途

类别	名称	IEC 名称	特征	符号	型号	伏安特性	主要用途
整流管	整流管（SR）	Semiconductor Rectifier Diode	正向导通反向阻断		ZP		各种直流电源、整流器
	快速整流管（FRD）	Fast Recovery Rectifier Diode	反向恢复时间短		ZK		高频电源、斩波器、逆变器
	肖特基势垒二极管（SBD）	Schottky Barrier Diode	正向电压低				计算机电源、仪表电源、高频开关电源
晶闸管类	普通晶闸管（TH）(SCR)[①]	Reverse Blocking Triode Thyristor	反向阻断、给正向门极信号时开通		KP		整流器、逆变器、变频器、斩波器
	快速晶闸管（FST）	Fast Switching Thyristor	开通、关断时间短		KK		中频电源、超声波电源
	双向晶闸管（TRIAC）	Bidirectional Triode Thyristor	双方向均可由门极信号触发开通		KS		电子开关、调光器、调温器
	逆导晶闸管（RCT）	Reverse Conducting Triode Thyristor	给正向门极信号开通、反向导电		KN		逆变器、斩波器
	光控晶闸管（LATT）	Light Activated Triode Thyristor	光信号触发开通		KL		HVDC、无功补偿、高压开关
	静电感应晶闸管（SITH）	Field Controlled Thyristor	常开型，栅极控制开通和关断		KY		高频谐振器、高频逆变器、高频脉冲开关

（续）

类别	名称	IEC 名称	特征	符号	型号	伏安特性	主要用途
晶闸管类	门极关断（GTO）晶闸管	Turn-off（Triode）Thyristor	电流控制，给门极正信号开通、负信号关断		KG		逆变器、斩波器、直流开关、汽车点火系统
	集成门极换流晶闸管（IGCT）	Integrated Gate Commutated Thyristor	门极控制开通和关断		—	—	逆变器、大功率中（高）压变频器及输配电等大功率应用领域
	MOS 控制晶闸管（MCT）	MOS Controlled Thyristor	栅极控制开通和关断		KV		高频、大功率电力变换
晶体管类	电力晶体管（GTR）	Power Transistor	电流控制，基极电流控制开通及关断		JA JB JC		中小功率逆变器、<600kW 和＜40kHz 各种电源
	电力 MOS 场效应晶体管（P-MOSFET）	Power MOSFET	栅极电压控制开通和关断				汽车电器，小功率逆变器，高频（<1GHz）、低压、中、小电流电源
	绝缘栅双极型晶体管（IGBT）	Insulation Gate Bipolar Transistor	栅极控制开通和关断		JI		高频开关、高频逆变器、大功率开关电源、高频（<100kHz）、高压、中、大电流电源
	静电感应晶体管（SIT）	Field Transistor State Induction Transistor	常开型，栅极控制开通和关断		JE		高频感应加热、高频逆变器、高频（<100kHz）开关
功率集成电路	高压集成电路（HVIC）	High Voltage IC	集功率开关器件、驱动、缓冲、保护、检测和传感等电路于一体	—	—	—	汽车电器，家用电器，办公自动化设备，各种电源和变换设备
	智能功率集成电路（SPIC）	Smart Power IC					

① SCR（硅可控整流器）是早期美国通用电气公司发明时命名的，后 IEC 正式命名为普通晶闸管，但为方便起见，习惯常用 SCR 代表普通晶闸管。

4　电力电子器件所采用的半导体材料　到目前为止，一直以硅材料为主。其主要原因在于人们早已掌握了低成本、大批量制造大尺寸、低缺陷、高纯度的单晶硅材料的技术以及随后对其进行半导体加工的各种工艺技术。但是，硅器件的各方面性能已随其结构设计和制造工艺的不断完善而越来越接近其由材料特性决定的理论极限（尽管随着器件技术的不断创新这个极限一再被突破）。因此，有越来越多的电力电子器件研发将注意力投向宽禁带半导体材料。

禁带的宽度实际上反映了被束缚的价电子要成为自由电子所必须额外获得的能量。硅的禁带宽度为 1.12eV（电子伏特），而宽禁带半导体材料是指禁带宽度在 3.0eV 左右及以上的半导体材料，典型的是碳化硅（SiC）、氮化镓（GaN）、金刚石等材料。

宽禁带半导体材料一般都具有比硅高得多的临界雪崩击穿电场强度和载流子饱和漂移速度、较高的热导率和更高的工作温度及熔点，因此，更适合制备耐高压、耐高温、高频的电力电子器件。典型宽禁带半导体材料与硅材料特性的具体数值对比见表 5.2-2。

表 5.2-2　典型宽禁带半导体材料与硅材料特性对比

材料	硅	碳化硅	氮化镓	金刚石
带隙/eV	1.1	3.3	3.39	5.5
击穿电场/$(10^8 V/m)$	0.3	2.5	3.3	10
载流子饱和漂移速度/$(10^7 cm/s)$	1	2	2	3
热导率/(W/cm·K)	1.5	2.7	2.1	22
熔点/℃	1 410	>2 700	1 700	3 800

5　电力电子器件的封装结构类型　主要有螺栓形、平板形及模块形。螺栓形结构见图 5.2-1，它只有一个平面与散热器接触，所以安装、更换方便，但冷却效果差，一般适用 200A 以下的小、中容量器件。平板形结构见图 5.2-2，可阳极和阴极双面冷却，所以冷却效果在相同条件下比螺栓形高 60% 左右，适用于 200A 以上的大容量器件。平底模块形是新发展出的结构，由于底板与器件绝缘，几只模块可公用同一散热器，安装使用很方便，新型全控型器件大多数采用此结构。

2.2　电力二极管

6　普通二极管　其电路图形符号和伏安特性见表 5.2-1，外形结构见图 5.2-1 和图 5.2-2，额定值和特性参数的定义见表 5.2-3。普通二极管多用于开关频率不高（1kHz 以下）的整流电路中。其反向恢复时间较长，一般在 5μs 以上。但其正向电流定额和反向电压定额却可以达到很高，分别可达数千安和数千伏以上。

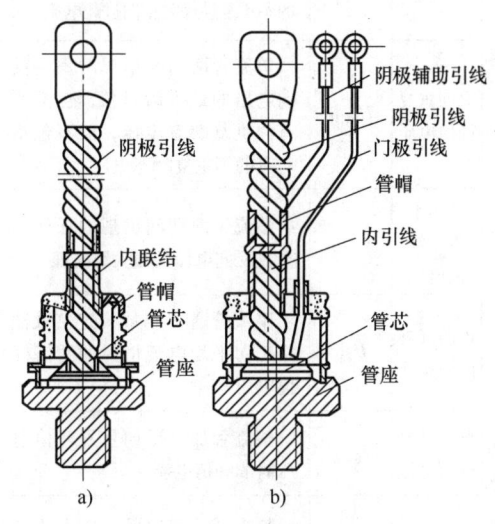

图 5.2-1　螺栓形结构
a) 普通二极管　b) 普通晶闸管

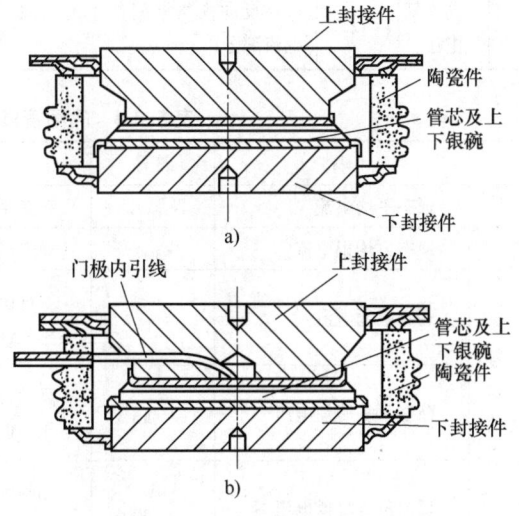

图 5.2-2　平板形结构
a) 普通二极管　b) 普通晶闸管

表 5.2-3　普通二极管额定值和特性参数的定义

名称		符号	定　义
额定值	正向平均电流	$I_{F(AV)}$	正向电流在一个周期内的平均值
	正向方均根电流	$I_{F(RMS)}$	正向电流在一个周期内的方均根值
	正向浪涌电流	I_{FSM}	一种由于电路异常情况（如故障）引起的、使结温超过额定值的不重复性最大正向过载电流
	反向重复峰值电压	U_{RRM}	整流管两端间出现的重复反向电压的最大瞬时值，包括所有的重复瞬态电压，但不包括所有的不重复瞬态电压
	反向不重复峰值电压	U_{RSM}	整流管两端间出现的任何不重复反向电压的最大瞬时值
特性参数	正向（峰值）电压	U_{FM}	整流管通 π 倍或规定倍数额定正向平均电流值时的瞬态峰值电压
	反向重复峰值电流	I_{RRM}	整流管加上反向重复峰值电压时的峰值电流
	恢复电荷	Q_r	整流管从规定的正向电流条件向规定的反向条件转换期间所存在的全部恢复电荷
	反向恢复电流	I_{rr}	在反向恢复期间产生的反向电流部分

7　快速二极管　其图形符号及特性与普通二极管相似，见表 5.2-1。因此，有关的额定值和特性参数定义可参见本篇第 6 条。快速二极管又名快恢复二极管，有短的恢复时间（一般在 5μs 以下），适用于中等电压和电流范围（1~2 000A、200~3 000V、300ns），多用做高频开关。通常它和其他快速器件连接在一起，在斩波、逆变电路中应用时，多作旁路二极管和阻塞二极管。因此，其快速性非常重要，反向恢复特性是其主要特性。

8　肖特基二极管　其图形符号及特性与普通二极管相似，见表 5.2-1。因此，有关的额定值和特性参数定义可参见本篇第 6 条。肖特基势垒二极管，简称为肖特基二极管是以金属和半导体接触形成的势垒为基础的二极管。其优点在于：反向恢复时间很短（10~40ns），正向恢复过程中也不会有明显的电压过冲；在反向耐压较低的情况下其正向压降也很小，明显低于快恢复二极管。其缺点在于：当所能承受的反向耐压提高时其正向压降也会显著增大，多用于 200V 以下的低压场合；反向漏电流较大且对温度敏感，因此反向稳态损耗不能忽略，而且必须更严格地限制其工作温度。

2.3　半控型器件

9　晶闸管额定值和特性参数的定义　见表 5.2-4。

10　普通晶闸管（SCR）　阳极与阴极间的电压和阳极电流间的关系，称为其伏安特性。其电路图形符号和伏安特性见表 5.2-1；位于第 Ⅰ 象限的是正向特性，第 Ⅲ 象限的是反向特性。普通晶闸管的外形结构见图 5.2.1 和图 5.2.2。

表 5.2-4　晶闸管额定值和特性参数的定义

名　称		符号	定　义
额定值	通态平均电流	$I_{T(AV)}$	正弦半波通态电流在一个整周期内的平均值
	通态方均根电流	$I_{T(RMS)}$	通态电流在一个整周期内的方均根值
	通态浪涌电流	I_{TSM}	一种由于电路异常情况（如故障）引起的、并使结温超过额定值的不重复性最大通态过载电流
	断态重复峰值电压	U_{DRM}	晶闸管两端出现的重复最大瞬时值断态电压，包括所有的重复瞬态电压，但不包括所有的不重复瞬态电压
	反向重复峰值电压	U_{RRM}	晶闸管两端出现的重复最大反向电压瞬时值，包括所有的重复瞬态电压，但不包括所有的不重复瞬态电压
	断态不重复峰值电压	U_{DSM}	晶闸管两端出现的任何不重复最大瞬态断态电压值

（续）

名　称	符号	定　义
反向不重复峰值电压	U_{RSM}	晶闸管两端出现的任何不重复最大瞬时值的瞬态反向电压
通态电流临界上升率	di/dt	在规定条件下，晶闸管能承受而无影响的最大通态电流上升率
门极反向峰值电压	U_{RGM}	门极反向电压的最大瞬时值，包括所有的门极反向瞬态电压
门极正向峰值电压	U_{FGM}	门极正向电压的最大瞬时值，包括所有的门极正向瞬态电压
门极正向峰值电流	I_{FGM}	包括所有门极正向瞬态电流的最大瞬时值的门极正向电流
门极峰值功率	P_{GM}	在规定条件下，门极正向所允许的最大门极峰值电流和电压乘积
门极平均功率	P_{GAV}	在规定条件下，门极正向所允许的最大平均功率
通态（峰值）电压	U_{TM}	晶闸管通 π 倍或规定倍数额定通态平均电流值时的瞬态峰值电压
断态重复峰值电流	I_{DRM}	晶闸管加上断态重复峰值电压时的峰值电流
反向重复峰值电流	I_{RRM}	晶闸管加上反向重复峰值电压时的峰值电流
维持电流	I_H	使晶闸管维持通态所必需的最小主电流
擎住电流	I_L	晶闸管刚从断态转入通态，并移除触发信号之后，能维持通态所需的最小主电流
门极触发电流	I_{GT}	使晶闸管由断态转入通态所必需的最小门极电流
门极触发电压	U_{GT}	产生门极触发电流所必需的最小门极电压
门极不触发电压	U_{GD}	不使晶闸管从断态转入通态的最大门极电压
断态电压临界上升率	du/dt	在规定条件下，不导致从断态到通态转换的最大主电压上升率
（电路换向）关断时间	t_q	外部使主电路转换动作后，从主电流下降至零值瞬间起，到晶闸管承受规定的断态电压而不致过零开通的时间间隔

注：表格左侧分组为"额定值"和"特性参数"。

SCR 导通和断开的规律为：1）当 SCR 承受反向阳极电压时，不论门极是否有触发电流，SCR 都处于关断状态；2）当 SCR 承受正向阳极电压时，仅在门极有触发电流的情况下，SCR 才能导通。正向阳极电压和正向门极电流两者缺一不可。导通后的管压降为 1V 左右；3）管子一旦导通，门极就失去控制作用，故导通的控制信号只需正向脉冲电流（称之为触发脉冲）即可；4）要使管子关断，必须使通过管子的电流降低到维持电流以下；5）当门极未加触发脉冲时，管子具有正向阻断能力。

对 SCR，企业标准或产品说明书中应给出其特性曲线。标准规定制造厂应给出的特性曲线有：1）管壳温度与正向平均电流的降额关系曲线；2）正向伏安特性；3）瞬态热阻与时间的关系曲线；4）浪涌电流与周波数的关系曲线和 I^2t 特性曲线；5）最大正向功率损耗与正向平均电流的关系曲线。

11 快速晶闸管（FST） 电路图形符号和伏安特性见表 5.2-1。它有与普通晶闸管相似的特性，所以有关其额定值和特性参数定义可参见表 5.2-3。

SCR 在 400Hz 以上工作时，由于开关损耗随频率提高而增大，额定电流迅速减小。FST 对 SCR 的管芯结构和制造工艺进行了改进，缩短了开关时间，并使 di/dt 和 du/dt 的耐量有很大提高。从关断时间来看，普通晶闸管一般为数百微秒，快速晶闸管为数十微秒，可在较高的频率下工作。需要注意的是，当 FST 的工作频率增高时，开通、关断损耗在总损耗中占的比重会增加，使用时一定要注意在特定工况下允许的通态电流。

12 双向晶闸管（TRIAC） 可以认为是一对反并联连接的普通晶闸管的集成。电路图形符号和伏安特性见表 5.2-1。它有两个主电极 T_1 和 T_2，一个门极 G。门极使器件在主电极的正反两方向均可触发导通，所以 TRIAC 在第 Ⅰ 和第 Ⅲ 象限有对称的伏安特性。

TRIAC 有四种门极触发方式：1）触发方式 I_+：T_2 接负，T_1 接正，G 与 T_2 间加正门极电压；2）触发方式 I_-：T_2 接负，T_1 接正，G 与 T_2 间加负门极电压；3）触发方式 $Ⅲ_+$：T_2 接正，T_1 接负，G 与 T_2 间加正门极电压；4）触发方式 $Ⅲ_-$：T_2 接正，T_1 接负，G 与 T_2 间加负门极电压。四种触发方式的灵敏度各不相同，一般 $I_+ > III_- > I_- > III_+$，实际使用较多的是 I_+ 和 III_- 两种方式。

TRIAC 与一对反并联的 SCR 相比，不但经济，而且控制电路简单。但存在一些局限性：1）重新施加 du/dt 的能力差，难以用于感性负载。在交流电路中使用时，需承受正反两个半波电流和电压。它在一个方向导电虽已结束，但在管芯硅片各层中的载流子还没有回复到阻断状态的位置时，这些载流子电流可能成为晶闸管反向工作时的触发电流而使之误导通，造成换相失败。其换相能力随温度升高而下降；2）门极电路灵敏度较低；3）关断时间较长。

TRIAC 在交流调压电路、固态继电器（Solid State Relay，SSR）和交流电动机调速等领域应用较多。由于 TRIAC 通常用在交流电路中，因此不用平均值而用有效值来表示其额定电流值。

13　逆导晶闸管（RCT）　在逆变和斩波电路中，常将晶闸管和二极管反并联使用，因此发展了 RCT。它是将晶闸管和二极管制作在同一管芯上的功率集成器件，其正向伏安特性与普通晶闸管的正向伏安特性相同，反向伏安特性与二极管的正向伏安特性相同，其电路图形符号和伏安特性见表 5.2-1。

与 SCR 相比，RCT 具有正向压降小、关断时间短、高温特性好、额定结温高等优点。此外，由于其结构上的特点，使用时元器件数目减少、接线缩短、经济性好。特别是消除了整流二极管的接线电感，使晶闸管承受的反向偏置时间增长，有足够的时间进行关断，使换相电路小型并轻量化。但由于其集成化结构，晶闸管与二极管之间的相互干扰，存在二极管区的正向电流所产生的载流子可能使晶闸管失去阻断能力而误导通，即换相失败。RCT 的换相能力用反向电流下降率（di/dt）表示，它随结温升高而下降。

RCT 的额定电流分别以晶闸管电流和反并联二极管电流来表示，前者为分子，后者为分母，例如 300/300A，300/150A。两者的比值根据要求确定，一般为 1~3。

14　光控晶闸管（LTT）　是利用一定波长的光照信号触发导通的晶闸管[1]。LTT 电路图形符号和伏安特性见表 5.2-1。

光触发与电触发相比，具有下述优点：1）主电路和控制电路通过光耦合，可以避免电磁干扰的影响；2）主电路与控制电路相互隔离，容易满足对高压绝缘的要求；3）无需门极触发脉冲变压器

等元件，从而可使装置的重量减轻、体积减小、可靠性提高。

光触发方式有直接式和间接式两种。直接式触发是通过光缆传送光信号或让光源靠近 LTT 直接进行触发，优点是电路简单、噪声低、可靠性高。间接式触发是利用光电转换电路把光信号变成电信号去触发 LTT，优点是可靠性高，缺点是配合使用的电路复杂。

LTT 的伏安特性和普通晶闸管相似。如果加有正向电压的 LTT 受不同强度光的照射时，则其转折电压将随光照强度的增大而降低。

LTT 的一般参数定义与普通晶闸管相同，见表 5.2-4，但其触发参数是特有的，主要是触发光功率和光谱响应范围。加有正向电压的 LTT 由阻断状态转为导通状态所需的输入功率称为触发光功率，其值一般为几到十几毫瓦。使 LTT 导通的光波长范围称为光谱响应范围，它大致在 $0.55 \sim 1.0\mu m$ 之间，峰值波长约为 $0.85\mu m$。

2.4　全控型器件

15　门极关断（GTO）**晶闸管**　其电路图形符号和伏安特性见表 5.2-1。它除了具有晶闸管的全部特性之外，还有关断能力，即当门极施加正或负信号时，可实现导通或关断。

由于 GTO 在结构上是由数十个甚至数百个共阳极的小 GTO 单元在同一硅片上并联集成而得，因而它所需的开通触发脉冲强度和前沿陡度远比普通晶闸管大。另外，GTO 晶闸管的擎住电流和维持电流要比普通晶闸管大 1 或 2 个数量级，应用中最好在其整个导通时间内，始终保持一个正向的门极触发脉冲电流，以维持 GTO 内部的全面积导通。

GTO 的特性参数可分为三类：1）与通态和断态有关的静态特性参数；2）与开通有关的动态特性参数；3）与关断有关的动态特性参数。GTO 的静态特性参数和表征开通动态特性参数与普通晶闸管含义类似。

表征关断的动态特性参数有两方面：1）最大可关断阳极电流 I_{TGQM} 和电流关断增益 G_{off}。I_{TGQM} 是用门极负脉冲电流所能关断的最大阳极电流。G_{off} 定义为最大可关断阳极电流与使其关断的门极负脉冲电流峰值之比。G_{off} 越大，相当于能用较小的门极负脉冲电流关断较大的阳极电流。I_{TGQM} 随工作频率的升高而减小，随由通态转向断态时阳极电压变化率 du/dt 的增大而减小，随结温升高而减小。G_{off}

与门极负脉冲电流上升速度有关，当增大时，G_{off}趋于下降。2）关断时间 G_{off}。定义为存储时间和下降时间之和，而不包括尾部时间，与关断电流、结温、门极负脉冲电流上升率有关。

16　电力晶体管（GTR）　也称为双极结型晶体管（BJT）或功率晶体管。它是一种具有发射极、基极和集电极区的三层器件，其电路图形符号和伏安特性见表 5.2-1。GTR 的工作原理与电子学中的晶体管类似，与晶闸管等阀型电力半导体器件不同，是一种具有线性放大特性的有源器件，但在电力电子设备中应用时常常作为开关器件使用，采用共发射极连接，通过基极信号使之开通或关断。GTR 是一种双极型大功率、高反压晶体管，具有自关断能力，并有饱和压降低、开关时间短和安全工作区宽等特点。GTR 即使工作在允许的极限参数范围内，仍有可能突然损坏，其原因主要是发生了二次击穿。二次击穿是影响 GTR 安全使用和可靠性的重要因素。当集电极反向偏压 U_{CE} 逐渐增高到其击穿电压时，I_{C} 急剧上升，出现通常的雪崩击穿，称为一次击穿。当 U_{CE} 进一步增高，I_{C} 增大到某一临界值时，U_{CE} 突然降低，而 I_{C} 继续增大，出现负效应，这种现象称为二次击穿。二次击穿常常立即导致器件的永久损坏，或者工作特性明显衰变，因而对 GTR 危害极大。

GTR 能够安全可靠工作的范围称为安全工作区（SOA）。按工作状态分为直流和脉动两种 SOA；按偏置情况分为正偏和反偏 SOA。SOA 的边界由耐压、允许电流（过载和脉冲电流）、耗散功率和二次击穿时的电流、电压值等参数所限定。对脉冲工作状态，因其平均功率小于直流状态，所以 SOA 比直流工作时增大，且随脉冲宽度的减小而扩大。

电力晶体管的特性参数主要有极限参数、直流特性参数和开关特性参数。其极限参数有反向击穿电压 $U_{(\text{BR})\text{EBO}}$、$U_{(\text{BR})\text{CBO}}$、$U_{(\text{BR})\text{CEO}}$ 和最大工作电流 I_{CM}、最高结温 T_{jM}、集电极最大耗散功率 P_{CM} 以及热阻 R_{th} 等。直流特性参数有直流电流增益 h_{FE}、反向漏电流 I_{EBO}、I_{CEO}、I_{CBO} 和反向击穿电压 $U_{(\text{BR})\text{EBO}}$、$U_{(\text{BR})\text{CBO}}$、$U_{(\text{BR})\text{CEO}}$ 等。开关特性参数有开关时间和饱和压降 $U_{\text{CE(sat)}}$ 等。

17　电力 MOSFET　是一种由多子参加导电的压控型器件，属于单极型器件。它通过栅极电压来改变沟道阻抗，从而控制漏极电流。电力 MOSFET 的电路图形符号和伏安特性见表 5.2-1。与双极型器件相比，电力 MOSFET 的特点为：1）输入阻抗高，驱动电流小，驱动电流一般为 100nA

数量级时，输出电流可达数安甚至数十安；2）开关速度快，高频特性好，一般低压器件的开关时间在 10ns 数量级，高压器件在 100ns 数量级，工作频率可达 100kHz ~ 1MHz；3）热稳定性好，不易发生二次击穿。

电力 MOSFET 以 N 沟道型的居多。栅-源极间电压超过其阈值电压（一般为 5V）时，漏源极间进入低阻抗的导通状态。MOSFET 允许在很高频率下工作，但不易做成高耐压和大电流。为了使 MOSFET 在高频下快速开关，由于栅极电容的存在，栅极驱动电路仍需有足够的输出和吸收栅极电容充放电流的能力。因此，栅极驱动用正、负电压脉冲值应远高于阈值电压，但不能超过栅源极间允许的极限电压值。一般采用正向脉冲电压 10 ~ 15V，负脉冲电压以−5V 为宜。此外，考虑到 MOSFET 的特性，为了避免工作中从栅极引入干扰，一般栅极电路应用高速光耦合器件与其他电路隔离。MOSFET 原则上不存在二次击穿，因此，其短脉冲状态下的过电流能力较强，但其导通电阻较大，故正向通态损耗较大。

MOSFET 的主要参数为：漏-源击穿电压 $U_{(\text{BR})\text{DS}}$、栅-源电压 U_{GS}、阈值电压 U_{th}、最大漏极电流 I_{DM}、导通电阻 R_{on}、跨导 g_{m}、极间电容、开通时间 t_{on} 和关断时间 t_{off}。

18　绝缘栅双极型晶体管（IGBT）　是由双极型 GTR 和电力 MOSFET 构成的一种新型复合器件，因此综合了以上两种器件的优点：输入阻抗高、开关速度快、电流密度高、驱动功率小而饱和压降低。它是一种多元集成结构，每个单元都可简化为一个由 MOSFET 和一个 PNP 型晶体管复合构成。给栅极施加正偏信号后，MOSFET 导通，从而给 PNP 晶体管提供了基极电流使其导通。给栅极施加反偏信号后，MOSFET 关断，使 PNP 晶体管基极电流为零而截止。目前其电压、电流等级已超过 GTR 的水平，也已实现了模块化，并基本取代了 GTR。IGBT 的电路图形符号和伏安特性见表 5.2-1。

IGBT 的过载能力不强，当电流过大时可能进入擎住状态而失去关断能力。因此，应用时负载短路保护必须极快，防止短路电流上升到擎住状态而失控。此外，过高的 $\mathrm{d}u/\mathrm{d}t$ 应力也可能使 IGBT 进入擎住状态。还应注意的是，IGBT 栅极输入电容有几百皮法至几万皮法，栅极电路必须具有能提供和吸收该电容充放电流的能力；IGBT 在小电流状态下的饱和压降具有负温度系数，大电流区内则具有正温度系数，所以，有利于并联使用时的自动均流。

IGBT 的主要参数为：集电极额定最大直流电流 I_C、基极短路时的集-射击穿电压 $U_{(BR)CES}$、额定最大耗散功率 P_D、集-射极间的饱和压降 $U_{CE(sat)}$、基极短路时集电极最大关断电流 I_{CES}、结-壳间的最大热阻 R_{th}、最大工作温度 T。

19 集成门极换流晶闸管（IGCT） 是将门极驱动电路与门极换流晶闸管 GCT 集成于一个整体形成的器件。门极换流晶闸管（GCT）是基于 GTO 晶闸管结构的一种新型电力电子器件，它不仅与 GTO 晶闸管有相同的高阻断能力和低通态压降，而且有与 IGBT 相同的开关性能，兼有 GTO 晶闸管和 IGBT 之所长，是一种较理想的兆瓦级、中压开关器件。

IGCT 与 GTO 晶闸管相似，也是四层三端器件，IGCT 内部由上千个 GCT 组成，阳极和门极共用，而阴极并联在一起。与 GTO 晶闸管有重要差别的是 GCT 阳极内侧多了缓冲层，以透明（可穿透）阳极代替 GTO 晶闸管的短路阳极。导通机理与 GTO 晶闸管完全一样，但关断机理与 GTO 晶闸管完全不同，在 GCT 的关断过程中，GCT 能瞬间从导通转到阻断状态，变成一个 PNP 晶体管以后再关断，所以它无外加 du/dt 限制；而 GTO 晶闸管必须经过一个既非导通又非关断的中间不稳定状态进行转换（即"GTO 区"），所以 GTO 晶闸管需要很大的吸收电路来抑制施加电压的变化率 du/dt。阻断状态下 GCT 的等效电路可以认为是一个基极开路、低增益 PNP 晶体管与门极电源的串联。

IGCT 触发功率小，可以把触发及状态监测电路和 IGCT 管芯做成一个整体，通过两根光纤输入触发信号、输出工作状态信号。IGCT 可分为通用型和环绕型两大类。通用型 IGCT 中，GCT 与门极驱动器相距很近（间距 15cm），该门极驱动器可以容易地装入不同的装置中。环绕型 IGCT 的结构更加紧凑和坚固，用门极驱动电路包围 GCT，并与 GCT 和冷却装置形成一个自然整体，其中包括 GCT 门极驱动电路所需的全部元件。这两种形式都可使门极电路的电感进一步减小，并降低门极驱动电路的元件数、热耗散、电应力和内部热应力，从而明显降低了门极驱动电路的成本和失效率。另外，IGCT 开关过程一致性好，可以方便地实现串、并联，进而扩大功率范围。

IGCT 规格有非对称型、反向阻断型、反向导通型三种类型。

20 其他全控型电力电子器件 除 GTR、GTO 晶闸管、电力 MOSFET、IGBT 等全控型器件外，近年来其他新型电力电子器件也得到了迅猛发展。因场控型器件具有驱动功率小、开关速度快等特点，所以这些新型器件多为场控型器件或它与其他器件的复合。比如静电感应晶体管（SIT）和静电感应晶闸管（SITH）以及 MOS 控制晶闸管（MCT）等[2-4]。

SIT 是靠外电场控制 PN 结耗尽层来改变沟道宽度的场效应晶体管，因此也称为结型场效应晶体管，其电路图形符号和伏安特性见表 5.2-1。SIT 本质上是垂直的结型场效应晶体管，其载流子主要是电子，属于多子器件，栅极用电压控制，因而开关速度快、输出功率大、热稳定性能好、工作频率高（可达兆赫级），且容量大，有高电流增益、高输入阻抗和低导通电阻。SIT 不仅可以工作在开关状态，用作大功率的电流开关，而且可以用于功率放大器中。它在结构上能方便地实现多胞管的合成，因而非常适合做高压大功率器件。其最重要的特征是在栅-源极短路，即栅-源电压为零时，器件处于导通状态，因此是常开型器件。

SITH 是通过静电感应效应控制势垒高度来调制正向电流的一种器件，故也称场控晶闸管，其电路图形符号和伏安特性见表 5.2-1。SITH 是大功率场控开关器件，与 SCR 及 GTO 晶闸管相比，它的通态电阻小、通态电压低、开关速度快、开关频率高、开关损耗小、正向电压阻断增益高、开通和关断的电流增益大、di/dt 及 du/dt 的耐量高。它不像 SCR 和 GTO 晶闸管那样有体内再生反馈机理，所以不会因 du/dt 过高而产生误触发现象，也不会产生擎住效应。SITH 的结温对通态电压的影响很小，这比 GTO 晶闸管优越。SITH 与 SIT 一样，也是常开型器件，可以通过电场控制阳极电流，在门极没有信号时，器件是导通的。它比 SIT 的开关频率要低。

MCT 是一种电压控制型全控器件，它是由一个或几个 MOSFET 与一个晶闸管复合而成，一个 MCT 器件由数以万计的 MCT 元组成，每个元的组成为：一个 PNPN 晶闸管，一个控制该晶闸管开通的 MOSFET，和一个控制该晶闸管关断的 MOSFET。其电路图形符号见表 5.2-1。MCT 由于复合了 MOSFET 和能关断的晶闸管，所以兼有 MOSFET 的场控性能和 GTO 晶闸管的高压大电流优点，可以承受极高的 di/dt 和 du/dt，这使得保护电路可以简化。尽管 MCT 和 IGBT 一样，都属于单极型和双极型器件的复合器件，但由于 MCT 的内部具有正反馈结构，可使通态电阻大大低于 IGBT（和其他场效应器件），通态压降也低于 IGBT，所以导通损耗较小，电流密度较大。但经过十多年的努力，其关键技术问题没有大的突破，电压和电流容量都远未达到预期的数值，因此限制了它在大功率场合中的应用。

2.5 基于宽禁带材料的电力电子器件

21 碳化硅（SiC）器件 突破硅基半导体材料的物理限制，具有比硅器件高得多的耐受高电压的能力、低得多的通态电阻、更快的动态响应速度、更好的导热性能和热稳定性以及更强的耐受高温和射线辐射的能力。自 20 世纪末以来有非常迅速的发展，21 世纪初开始有相应产品 SiC 肖特基二极管、场效应晶体管（JFET、MOSFET）推入市场，它们都表现出远优于同电压等级硅器件的性能。

与硅场效应晶体管主要以增强型（常闭型）为主不一样的是，在 SiC 场效应晶体管研发和产品应用中，增强型（常闭型）和耗尽型（常通型）都很受关注。耗尽型的 SiC 场效应晶体管尽管应用起来比增强型稍复杂一些，往往需要采用与耗尽型的低压硅 MOSFET 器件组合成共源共栅结构，整体就可以按一个等效的增强型器件使用，总体性能仍远优于同电压等级的单个硅器件。

碳化硅器件产品目前主要面向 600V 以上电压等级的市场。特别是近 10 年来，由于性能全面优于硅材料器件，SiC 器件应用于电力电子装置中的总体效益逐渐超过其与硅材料器件之间的价格差异造成的成本增加，在电力电子技术领域的推广、应用速度明显加快，显现出未来可能替代大部分硅材料器件应用市场的趋势。

22 氮化镓（GaN）器件 从表 5.2-2 的材料特性上看优于碳化硅，因此同电压等级的氮化镓器件性能优于碳化硅器件。但因氮化镓衬底材料提炼问题目前尚未突破，比较成熟的仍然是在其他材料的衬底上进行后序的半导体工艺，因此实现垂直导电结构困难，器件耐高电压的水平难以提升。所以目前市场上的氮化镓器件以横向导电结构为主，电压一般在 600V 等级以下。

2.6 功率集成电路和智能功率模块

23 功率集成电路（PIC） PIC（Power Integrated Circuit）是一种电力电子电路的单片集成，是由电力电子技术和微电子技术相结合的新一代产物，实际上已超出传统"器件"的概念，而成为一种电路。典型的 PIC 通常由电力电子器件及驱动、缓冲和保护电路、信号检测、自诊断电路以及控制电路等多部分组成。PIC 按其电力电子器件的通流能力分为两类[3,5]，即高压集成电路（HVIC）和智能功率集成电路（SPIC）。HVIC 基本上是工作电平提高了的逻辑集成电路，其电力电子器件的工作电流较小，一般取水平导电方向，芯片背面不起导电电极作用。它是高耐压电力电子器件、控制电路以及电平移动功能电路的单片集成，用来控制功率输出。目前，HVIC 的阻断电压已可做到千伏以上，但其输出电流较低，最低的只有 100mA，因而其功率损耗较小。这对封装提供了相当大的便利，可以直接使用通用集成电路的标准管壳和封装办法。这是 HVIC 相对于 SPIC 的一个优势。SPIC 包括所有工作电流较高的 PIC，其电力电子器件通常取垂直于芯片表面的导电方向，且常以芯片背面为一主电极。SPIC 的智能化表现在三个方面：1）控制。自动检测某些外部参量，并调整电力电子器件的运行状况，以补偿外部参量的偏离；2）接口功能。接受并传递控制信号；3）保护功能。当器件出现过载、短路、过电压、欠电压或过热等非正常运行状况时，能测取相关信号，并进行调整保护，使电力电子器件工作在安全范围内。

24 智能功率模块（IPM） IPM（Intelligent Power Module）是一种在 IGBT 基础上再集成栅极控制电路、故障检测电路和故障保护电路的新型专用电力电子模块[4]。它满足了电力电子装置特别是逆变器的高频化、小型化、高性能及装置电路设计简单化的要求。其容量主要由模块中的 IGBT 决定，目前用于电动车辆上的最大容量已达 2 000V、600A。IPM 具有驱动和短路、过载、过热、欠电压保护等功能，它的输入级由 MOS 器件构成，开关频率高、输入阻抗大。其输出电压和电流相当大，而饱和压降又低，在开关损耗和安全工作区等方面的性能比 IGBT 好得多，因此具有发展前景。

2.7 冷却和散热器

25 冷却方式 电力电子器件常用的冷却方式有自冷、风冷、水冷等，其各自特点及应用场合见表 5.2-5。此外，尚有其他冷却方式，比如沸腾冷却、同电位组合器件（堆）的冷却和非同电位组合器件（堆）的冷却等[6]。

表 5.2-5　典型冷却方式对比

冷却方式	散热效率[①]	特　点	用　途	备注
自然对流冷却（自冷）	25 ~ 54	结构简单、噪声小、维护方便，但单位功率的体积大	20A 以下器件，或安装于过载度很高的装置中的中大型器件	
强迫空气冷却（风冷）	147 ~ 218	单位功率的体积很小，但噪声大、维护量较大，装置结构相对复杂	额定电流在 50 ~ 500A 之间的器件	风速1~6m/s
循环水冷却[②]	840 ~ 8 400	单位功率的体积很小，噪声小，但易凝露，维护量大，需要水处理和循环设备，在低温环境下易冻结	400V 以上中高压设备，及大电流低电压装置，如铝电解设备等	
流水冷却	840 ~ 8 400	与循环水冷相比，设备较简单，不需水处理和循环设备，但耐压低，冷却水消耗量大	U_{dN} 以下的低压设备使用，如电镀电解设备及低压小型装置等	
循环油冷却	2 930 ~ 3 350	与水冷相比，不易冻结，不需水处理设备，但冷却效率比水冷差	用于电解设备	流速2~3m/s
油浸自冷（变压器油）	804 ~ 1 260	与循环油冷却相比，不需要循环设备，但冷却效率相对较差	用于电镀电源	
沸腾冷却	12 560 ~ 29 300	单位功率的体积及重量最小，但冷却系统较复杂，价格昂贵，维护困难	用于>1 000A 器件、机车变流设备、飞机航天器用变流设备	

① 散热效率，即热交换系数 α，单位为 kJ/(h·m²·K)；
② 水质要求及露点温度见 GB/T3859.1—2013《半导体变流器 通用要求和电网换相变流器 第 1-1 部分：基本要求规范》。

26　热阻计算　电力电子器件的散热能力可以用各种热阻来表征。按热流途径，总的热阻由半导体结到管壳台面的结壳热阻 R_{jc}、管壳与散热器间的接触热阻 R_{cs} 以及散热器的热阻 R_{sa} 组成。考虑到传热体本身具有热容量，在发热量不断快速变化的情况下，应相应用随时间变化的热阻抗 Z_{jc}、Z_{sa} 来表示传热体的特性。

（1）稳态热阻　各种规格的电力电子器件的 R_{jc} 由制造厂的产品说明书给出，无法获得该数值时可由表 5.2-6 中选其上限值。各种标准的 R_{sa} 可由表 5.2-7 中选取。R_{cs} 可参考表 5.2-8 的数据。结到环境的总热阻为：$R_{ja} = R_{jc} + R_{cs} + R_{sa}$。

表 5.2-6　普通整流管和普通晶闸管的结壳热阻 R_{jc} 的上限值　（单位：K/W）

器件额定电流平均值/A		1	3	5	10	20	30	50	100	200
R_{cs}	普通整流管	≤12	≤6.0	≤4.0	≤2.0	≤1.4	≤1.0	≤0.6	≤0.30	≤0.20
	普通晶闸管		≤4.0	≤3.0	≤1.6	≤1.0	≤0.7	≤0.4	≤0.20	≤0.11
器件额定电流平均值/A		300	400	500	600	800	1 000	1 200	1 600	
R_{cs}	普通整流管	≤0.11	≤0.095	≤0.068	≤0.057	≤0.042	≤0.034	≤0.028	≤0.021	
	普通晶闸管	≤0.08	≤0.05	≤0.04	≤0.035	≤0.026	≤0.020			

表 5.2-7　标准散热器的热阻 R_{sa}　　　　　　　　　　　　　　　　（单位：K/W）

型号 （自冷）	片　形		螺　栓　形							
	SP11	SP12	SZ13	SZ14	SZ14A	SZ14B	SZ15	SZ15A	SZ16	SZ17
R_{sa}	≤16	≤14	≤7.5	≤4.4	≤4.4	≤4.4	≤3.4	≤3.4	≤2.8	≤1.3
型号（风冷螺栓形）	SL16	SL17	SL17B	SL18A	SL18B	SL19	SL19A	SL20	SL21	
R_{sa}	≤0.60	≤0.25	≤0.250	≤0.160	≤0.160	≤0.110	≤0.110	≤0.080	≤0.066	
型号（风冷平板形）	SF11	SF12	SF13	SF14	SF15	SF16	SF17	SF17A		
R_{sa}	≤0.120	≤0.090	≤0.071	≤0.056	≤0.048	≤0.037	≤0.030	≤0.030		
型号（水冷平板形）	SS11		SS12		SS13		SS14			
R_{sa}	≤0.026		≤0.018		≤0.015		≤0.013			

表 5.2-8　接触热阻 R_{cs} 的参考数据　　　　　　　　　　　　　　　（单位：K/W）

器件结构 类型	螺栓尺寸 /mm	六角体或平底直径与 底面的接触面直径/mm	涂热脂接触层 R_{cs}			无热脂接触层 R_{cs}		
			最小值	正常值	最大值	最小值	正常值	最大值
螺栓形	6.35	14.3	0.07	0.25	0.6	0.15	0.4	0.9
螺栓形	6.35	17.5	0.05	0.15	0.4	0.10	0.25	0.6
螺栓形	9.53	27	0.02	0.06	0.15	0.05	0.1	0.25
螺栓形	12.7	27	0.02	0.065	0.2	0.05	0.12	0.3
螺栓形	19.1	31.8	0.025	0.08	0.2	0.06	0.15	0.35
螺栓形	19.1	41.3	0.015	0.04	0.10	0.03	0.07	0.15
螺栓平 底型	—	47.6	0.01	0.025	0.07	—	—	—

器件结构 类型	额定压紧 力/mm	接触面直径 /mm	单面涂热脂接触层 R_{sa}		
			最小值	正常值	最大值
平板压 接形	3 620	19	0.04	0.06	0.20
	10 420	25.4	0.02	0.03	0.10
	10 420	32	0.015	0.022	0.08
	18 120	34	0.014	0.02	0.07

（2）结温计算　在稳态的连续负载情况下，即电源周期内的耗散功率恒定不变时，如果用 T_a 表示环境温度（℃），P_{AV} 代表电源周期内的平均耗散功率（W），那么电力电子器件的平均结温 $T_{j(AV)}$（℃）可简单地求得

$$T_{j(AV)} = T_a + P_{AV}/R_{ja}$$

27　散热器　电力电子器件在传递和处理电能的同时，也要通过电热转换耗散一部分电能。为了保持器件的正常工作状态，由耗散电能转换而成的热量必须及时传出器件，并有效地散失掉，否则将使器件因为过高的温升而改变特性，甚至使器件损坏。用来把器件热量传出并散失掉的装置就称为散热器。常用的散热器类型有片状散热器、翼片状散热器、饼状散热器和叉指状散热器等。

散热器设计的主要任务是根据选定器件的额定参数和工作特性，计算其典型工作状态中为使结温不超过额定值所需要的接触热阻和散热器热阻，以便合理选择和安装散热器。可以说，散热器设计对不同类型的电力电子器件并无本质不同。但是，在计算热阻时，需要首先确定的器件功耗在不同器件之间的算法就很不一样了。因此，应该针对不同的电力电子器件来设计散热器。比如对于普通晶闸管和整流二极管，当开关频率低于 100Hz 时，开关损耗一般可忽略；对于快速整流管和快速晶闸管，当开关频率低于 1kHz 时，其开关损耗也可不计。但在高频应用中，开关损耗就不能不考虑。

第 3 章 电力电子电路

3.1 电力电子电路基础

28 电力电子变流的基本方式 电力电子变流是指,利用电力电子器件为核心组成的电力电子电路,在电源和负载之间,改变电压、电流、频率(包括直流)、相位、相数等一个以上的量。

通常按照交流电和直流电之间的变换来对电力电子变流方式进行分类,可分为整流、逆变、斩波、交流电力控制和周波变流。将交流电变为固定的或可调的直流电称为整流。把直流电变为交流电称为逆变。将一种直流电直接变为另一固定或可调电压的直流电称为直流斩波。将交流电的大小进行改变,而不改变频率和相数,称为交流电力控制。将交流电直接转变为另一频率和电压的交流电称为周波变流。依靠电力电子器件的开关工作,实现以上电力电子变流方式的电路即为电力电子电路。

以上电力电子变流方式中,逆变又可分为有源逆变和无源逆变。无源逆变电路的交流侧与负载相连接,而有源逆变电路的交流侧与电源连接。两种电路有本质的区别。有源逆变电路的构成实际上与全控型整流电路一样,有源逆变只是全控型整流电路的一种工作方式。因此,逆变电路多指无源逆变电路。

在实际应用中,各种基本变流方式并不都是单一地使用,它们经常组合使用,构成组合电力电子变流电路。典型的有带隔离的直流-直流变流电路和交-直-交变频电路。带隔离的直流-直流变流电路为插入变压器实现电气隔离,它先变直流电为交流电,经变压器后再变交流电为直流电,是先逆变后整流的组合。交-直-交变频电路是先变交流电为直流电,再变直流电为交流电,是先整流后逆变的组合。

29 换相方式 换相是指电流从由电力电子器件构成的一个臂向另一个臂转移的过程,也可称之为换流。在换相过程中,有的臂要从导通到关断,有的臂要从关断到导通。对于电力电子器件,只要给控制极适当的信号,就可以使其导通。但关断时情况就不同,全控型器件可用控制极信号使其关

断,而用晶闸管时,必须利用器件外部的条件关断。使器件关断比使器件导通复杂得多,因此研究换相主要是研究如何使器件关断。

主要换相方式有:1)器件换相 利用电力电子器件自身所具有的关断能力进行换相称为器件换相。在采用 IGBT、电力 MOSFET、GTO 等全控型器件时采用的就是器件换相。2)电网换相 借助于电网交流电压进行换相称为电网换相。适用于可控整流电路、周波变流电路中晶闸管换相。换相时,将电网负电压加在晶闸管上使其电流小于维持电流而关断。3)负载换相 由负载提供换相电压称为负载换相。凡是负载电流超前于负载电压的场合,均可实现负载换相。4)电容换相 设置附加的换相电路,由换相电路中的电容提供换相电压称为电容换相,也称强迫换相或脉冲换相。电容换相又包括直接耦合式、电感耦合式电容换相等,可参见参考文献〔2〕。

上述四种方式中,器件换相只适用于全控型器件,其余三种方式主要针对晶闸管。器件换相和电容换相是在电力电子装置内部实现的,属于自换相。而电网换相和负载换相需依赖于装置外部的条件(交流电网、负载电压)来实现,属于外部换相。

若电流不从一个臂转移至另外的臂,而是在臂内停止流通而变为零,称为熄灭。

30 开关函数 由于电力电子器件的非线性特性,使得电力电子电路是一种非线性电路,但是当把电力电子器件看作理想开关时,电力电子电路就成为分段线性电路。当电力电子器件的导通或关断状态保持不变时,电力电子电路是由电阻 R、电感 L、电容 C 和电压源 E 组成的线性的 $RLCE$ 电路,只有电力电子器件的状态发生变化时,电力电子电路才在不同的线性 $RLCE$ 电路之间切换。利用开关函数,可以对此进行分析。

如果将电力电子开关在导通时用 1 表示,关断时用 0 表示,就成为开关函数 $S(t)$。

图 5.3-1a 所示为用开关表示的半桥逆变电路,在使开关 S_1、S_2 如图 5.3-1b 那样导通和关断时,

就可以得到如图所示的波形 $S_1(t)$、$S_2(t)$。

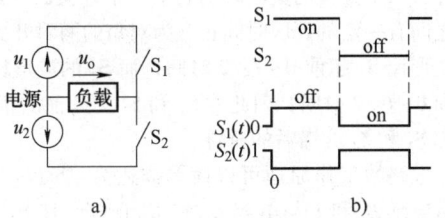

图 5.3-1　半桥逆变电路的开关函数

在电力变流器中，通过控制开关函数的变化可以得到与之相应的变流结果。可以控制开关函数的三个变量，即角频率、脉冲宽度和脉冲相位。变流器中可以使用的电源为直流电源或交流电源。例如，表 5.3-1 给出的是改变开关函数角频率时相应的变流方式。其中，将直流电源的角频率看作 0。

表 5.3-1　改变开关函数角频率时的变流方式

电源角频率	开关动作角频率	输出基波角频率	变流方式
ω	ω_S	$\omega_S - \omega$	周波变流
ω	ω	0	整流
0	ω_S	ω_S	逆变

31　谐振技术与软开关技术　提高电力电子器件的开关频率以减小电力电子装置的体积和重量，在很多场合是十分必要的，但直接提高开关频率会增加开关损耗、增大开关噪声和电磁干扰等很多问题。软开关技术通过在 PWM 基本电路中增加电容、电感和辅助开关等，引入谐振过程使电力电子器件在零电压条件下开通或在零电流条件下关断，从而改善开关过程、降低开关损耗和噪声。现有的谐振和软开关电路，根据产生谐振的方式不同可分为三类。

(1) 准谐振电路　如图 5.3-2 所示，分零电压准谐振（ZVS QRC）、零电流准谐振（ZCS QRC）和零电压多谐振（ZVS MRC）三种。利用与开关串联的电感 L_r 和并联的电容 C_r 产生谐振，使电路中的电压或电流波形为正弦半波。缺点为开关承受的电压或电流峰值较大，通常采用定脉宽调频的脉冲频率调制（PFM）控制方式，滤波器设计困难，电磁干扰频带宽。

(2) 零电压开关 PWM 和零电流开关 PWM 软开关电路　如图 5.3-3 所示，这类电路的谐振电感同主开关串联，谐振过程由辅助开关 S_1 引发，发生在主开关 S 开通或关断前后，故又称边沿谐振，电路中电压和电流波形基本为方波，电压和电流的

应力明显下降。采用定频调脉宽的脉冲宽度调制（PWM）控制方式，性能优于准谐振电路。

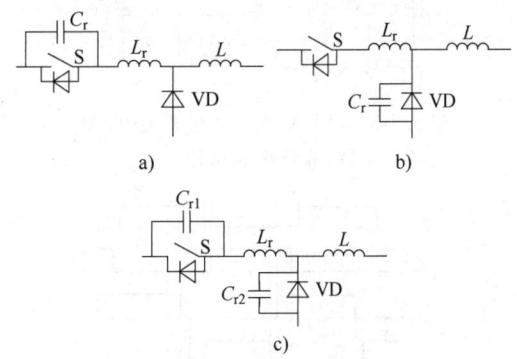

图 5.3-2　准谐振电路

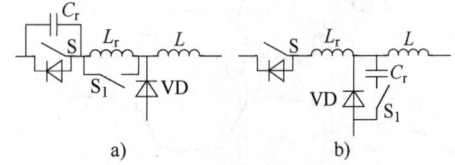

图 5.3-3　零电压开关 PWM 和
零电流开关 PWM 软开关电路
a) 零电压开关 PWM 软开关电路
b) 零电流开关 PWM 软开关电路

(3) 零电压过渡 PWM 和零电流过渡 PWM 软开关电路　如图 5.3-4 所示，这类电路中谐振网络同主开关或二极管并联，谐振由辅助开关引发，也是边沿谐振，谐振电压和谐振电流更小。采用 PWM 控制方式，较前者效率更高、性能更优。

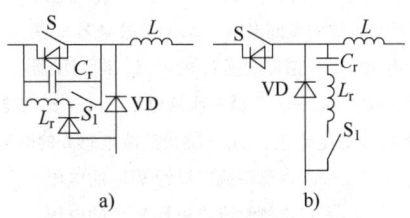

图 5.3-4　零电压过渡 PWM 和零电流
过渡 PWM 软开关电路
a) ZVT PWM　b) ZCT PWM

在软开关电路中，目前一种广泛应用的电路是移相全桥电路。移相全桥零电压开关 PWM 电路基本拓扑如图 5.3-5 所示，其特点为：变压器一次侧串联了电感 L_r，每个开关上并联了谐振电容 $C_{S1} \sim C_{S4}$。

图 5.3-6 为电路的开关函数和理想化波形，其控制方式的特点为：在一个开关周期 T_S 内，每一个开关导通的时间都略小于 $T_S/2$，而关断的时间都略

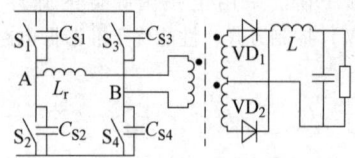

图 5.3-5　移相全桥零电压开关 PWM
电路的基本拓扑

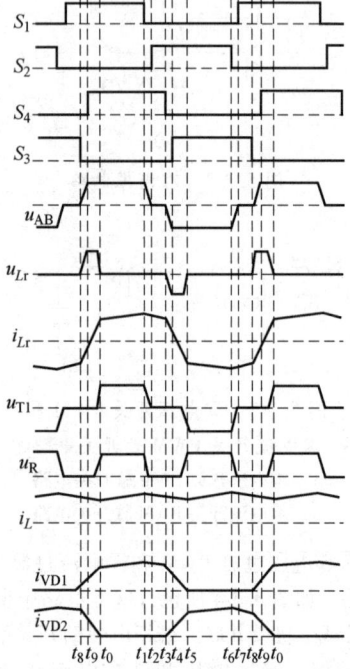

图 5.3-6　移相全桥电路原理性波形
$S_1 \sim S_4$—开关 $S_1 \sim S_4$ 开关函数　u_{AB}—超前与
滞后桥臂中点间电压　u_{Lr}—谐振电感 L_r 两端
电压　i_{Lr}—谐振电感 L_r 的电流，即变压器一
次侧电流　u_{T1}—变压器一次侧电压　u_R—二次侧整
流后脉动直流电压　i_L—输出滤波电感 L 的电流
i_{VD1}—二次侧整流二极管 VD_1 的电压
i_{VD2}—二次侧整流二极管 VD_2 的电压

大于 $T_S/2$；同一个半桥中上下两个开关的开关函数
互补，一个开关的关断时刻到下一个开关的开通时
刻之间有一定的死区时间；互为对角的两对开关 S_1
的波形比 S_4 超前 $0 \sim T_S/2$ 时间，而 S_2 的波形比 S_3
超前 $0 \sim T_S/2$ 时间，因此称 S_1 和 S_2 为超前的桥臂，
而称 S_3 和 S_4 为滞后的桥臂。

电路的工作原理可以简单描述为：$S_1(S_2)$ 关
断后电感 L_r 和 L 与电容 C_{S1} 和 C_{S2} 谐振，使 $S_2(S_1)$
的电压降为零，并通过其内部的反并联二极管续
流，给 $S_2(S_1)$ 造成零电压开通的条件；$S_3(S_4)$
关断后电感 L_r 与电容 C_{S3} 和 C_{S4} 谐振，使 $S_4(S_3)$ 的
电压降为零，并通过 $S_4(S_3)$ 内部的反并联二极管
续流，给 $S_4(S_3)$ 造成零电压开通的条件。

在谐振过程中，电感的储能应足够大，以使开
关两端的电压能在其开通前降为零，因此电路是否
能实现软开关取决于谐振参数和输入电压、负载电
流的大小。一般来说，谐振电感 L_r 较大、谐振电容
$C_{S1} \sim C_{S4}$ 较小、输入电压较低、负载电流较大时容
易实现软开关，反之则不易。滞后桥臂换流过程中
参与谐振的电感较小（仅有 L_r），所以比超前桥臂
更难实现软开关。

移相全桥电路的优点是电路简单、控制容易、
效率较高。其存在的问题是软开关工作范围有限、
存在占空比丢失现象使有效的输出电压下降、整
流二极管 VD_1 和 VD_2 承受较高的过电压等。

3.2　整流电路

32　常用整流电路的联结型式和电量关系　常
用整流电路主要分为单拍（中线式）整流电路和双
拍（桥式）整流电路两大类，其联结形式和电量关
系见表 5.3-2。该表适用于二极管整流器和晶闸管
变流器（包括整流和有源逆变）。当直流电流 I_d 和
理想空载直流电压 U_{d0} 已知时，可根据表列计算关
系算出各主电量参数。

表 5.3-2　常用整流电路的联结型式和电量关系

序号	联结型式名称	联结方式	负载性质	臂　电　流			臂的反向工作电压	输出电压 U_d/U_{d0}	脉波数	功率因数 λ（$\gamma=0$）[3]
				平均值	有效值	最大值				
1	单相带中线（单相全波）		$L_d=\infty$[1]	$I_d/2$	$0.707 I_d$	I_d	$3.14 U_{d0}$	$\cos\alpha$[3]	2	$0.900 \cos\alpha$
			$L_d=0$		$0.785 I_d$	$1.57 I_d$		$(1+\cos\alpha)/2$		

（续）

序号	联结型式名称	联结方式	负载性质	臂 电 流			臂的反向工作电压	输出电压 U_d/U_{d0}	脉波数	功率因数 λ ($\gamma=0$)[3]
				平均值	有效值	最大值				
2	单相桥		$L_d=\infty$	$I_d/2$	$0.707 I_d$	I_d	$1.57U_{d0}$	$\cos\alpha$	2	$0.900\cos\alpha$
			$L_d=0$		$0.785 I_d$	$1.57I_d$		$(1+\cos\alpha)/2$		
3	三相带中线（三相半波）		$L_d=\infty$	$I_d/3$	$0.577 I_d$	I_d	$2.09U_{d0}$	$\cos\alpha$	3	$0.827\cos\alpha$
			$L_d=0$		$0.587 I_d$	$1.21I_d$		$\alpha=0\sim\pi/6$：$\cos\alpha$ $\alpha=\pi/6\sim5\pi/6$：$0.577[1+\cos(\alpha+\pi/6)]$		
4	三相桥		$L_d=\infty$	$I_d/3$	$0.577 I_d$	I_d	$1.05U_{d0}$	$\cos\alpha$	6	$0.955\cos\alpha$
			$L_d=0$		$0.587 I_d$	$1.05I_d$		$\alpha=0\sim\pi/3$：$\cos\alpha$ $\alpha=\pi/3\sim2\pi/3$：$1+\cos(\alpha+\pi/3)$		
5	双反星形带平衡电抗器		$L_d=\infty$	$I_d/6$	$0.289 I_d$	$I_d/2$	$2.09U_{d0}$ $(2.42U_{d0})$[2]	$\cos\alpha$	6	$0.955\cos\alpha$
			$L_d=0$		$0.289 I_d$	$0.525 I_d$		$\alpha=0\sim\pi/3$：$\cos\alpha$ $\alpha=\pi/3\sim2\pi/3$：$1+\cos(\alpha+\pi/3)$		
6	双三相桥带平衡电抗器		$L_d=\infty$	$I_d/6$	$0.289 I_d$	$I_d/2$	$1.05U_{d0}$	$\cos\alpha$	12	$0.989\cos\alpha$
			$L_d=0$		$0.289 I_d$	$0.506 I_d$		$\alpha=0\sim5\pi/12$：$\cos\alpha$ $\alpha=5\pi/12\sim7\pi/12$：$1.93[1+\cos(\alpha+5\pi/12)]$		

① 当整流器采用平波电抗器时，器件电流接近矩形波，因此在一般计算中，对采用平波电抗器的整流器，取对应于 $L_d=\infty$ 的数值；对不用平波电抗器的整流器，取对应于 $L_d=0$ 的数值；$L_d=0$ 臂电流有效值最大值为 $\alpha=0$ 的数值。

② 括号中数值，对应于平衡电抗器失去扼流作用（相当于空载或轻载）时臂的反向工作峰值电压的计算关系；

③ α—触发延迟角；γ—换相重叠角；功率因数为 $L_d=\infty$ 时变压器一次侧的数值。

33　常用整流电路联结型式的特点和选择　见表 5.3-3。整流器联结形式选择的原则为 1）保证较高的变压器利用率（直流功率 P_d 与变压器的等值容量 S_T 之比要大），避免产生磁通直流分量；

2）电力电子器件的电压、电流容量得到充分利用；

3）有尽可能多的脉波数 p，以减小输出直流电压的脉动分量，限制网侧谐波电流，保证较高的功率因数，尤其在大容量设备中更应注意。

表 5.3-3　常用整流电路联结型式和选择

联结型式	单相带中线（单相全波）	单相桥	三相带中线	三相桥	双星形带平衡电抗器	双三相桥带平衡电抗器
变压器利用率	差（0.75）	较好（0.9）	差（0.74）	好（0.95）	较差（0.79）	好（0.97）
直流电压脉动情况	较大	较大	一般	较小	较小	小
网侧电流波形畸变（畸变因数）	一般（0.9）	一般（0.9）	严重（0.827）	较小（0.955）	较小（0.955）	小（0.985）
器件电流容量利用率（导电时间）	好（180°）	好（180°）	较好（120°）	较好（120°）	较好（120°）	较好（120°）
适用的电压、电流或容量范围	$U_d \leqslant 50V$ $P_d \leqslant 5kW$ 须采用单相电源时例外	$U_d \leqslant 230V$ $P_d \leqslant 10kW$ 须采用单相电源时例外	$U_d \leqslant 50V$ $P_d \leqslant 10kW$	$U_d \geqslant 250V$（大容量） $U_d \geqslant 50V$（中、小容量）	$U_d \leqslant 400V$（大容量） $U_d \leqslant 100V$（中等容量）	$U_d \geqslant 400V$ $P_d \geqslant 2\,000kW$（传动设备） $I_d \geqslant 12\,500A$（电解设备）
典型用途和说明	低电压小容量充电设备	干线牵引、小容量直流传动类设备	存在直流磁通，常用三相曲折带中线联结代替，一般不推荐使用	电解电源、直流牵引站电源、中频电源和电压在上述范围内各种用途电源设备、≥10kW 传动设备	电解、电镀类和其他低电压、大电流设备	大容量电解、传动类和船用设备

3.3　逆变电路

34　电压型和电流型逆变电路　对逆变电路的分类可从不同角度划分，其中根据直流侧电源性质的不同可以分为两种：直流侧是电压源的称为电压型逆变电路，直流侧是电流源的称为电流型逆变电路。典型的电压型逆变电路和电流型逆变电路分别如图 5.3-7a 和 b 所示，均为三相桥式接法。表 5.3-4 对两类电路的特点进行了比较。

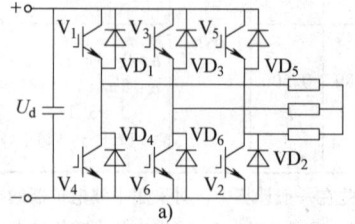
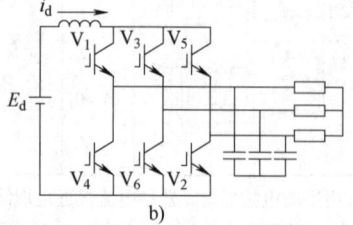

图 5.3-7　典型电压型和电流型三相桥式逆变电路

a）电压型　b）电流型

表 5.3-4 电压型逆变电路和电流型逆变电路的比较

电路形式	电压型逆变电路	电流型逆变电路
典型电路	三相电压型逆变电路	三相电流型逆变电路
特点	1）直流侧接有大电容，相当于电压源，直流电压基本无脉动，直流回路呈现低阻抗 2）交流侧电压波形为矩形波，与负载阻抗角无关，而交流侧电流波形和相位因负载阻抗角的不同而异，其波形或接近三角波，或接近正弦波 3）当交流侧为电感性负载时需要提供无功功率，直流侧电容起缓冲无功能量的作用，为了给交流侧向直流侧反馈的能量提供通道，各臂都并联了反馈二极管 4）逆变电路从直流侧向交流侧传递的功率是脉动的，因直流电压无脉动，故传送功率的脉动由直流电流的脉动来体现 5）当用于交-直-交变频器中且负载为电动机时，如果电动机工作在再生制动状态，就需要向交流电源反馈能量。因直流侧电压方向不能改变，所以只能靠改变直流电流的方向来实现，这就需要给交-直变换的整流桥再反并联一套逆变桥 6）基本工作方式为 180° 导电方式，同一相上下两个臂交替导通，各相开始导电时间依次相差 120°，任一时刻有三个臂导通	1）直流侧接有大电感，相当于电流源，直流电流基本无脉动，直流回路呈现高阻抗 2）因为各开关器件主要起改变直流电流流通路径的作用，故交流侧电流波形为矩形波，而交流侧电压波形和相位因负载阻抗角的不同而异，其波形常接近正弦波 3）直流侧电感起缓冲无功能量的作用，因电流不能反向，故可控器件不反并联二极管 4）逆变电路从直流侧向交流侧传递的功率是脉动的，因直流电流无脉动，传送功率的脉动是由直流电压的脉动来体现的 5）当用于交-直-交变频器中且负载为电动机时，若交-直变换为可控整流，可方便地实现再生制动 6）基本工作方式为 120° 导电方式，即每个桥臂导通 120°，每个时刻上下桥臂组各有一个臂导通

35 负载换相式逆变电路 在晶闸管逆变电路中，负载换相方式利用负载电流相位超前电压的特点来实现换相，不用附加专门的换相电路，应用较多。负载换相式逆变电路又包括并联谐振式逆变电路和串联谐振式逆变电路，如图 5.3-8 所示。

图 5.3-8a 所示的并联谐振式逆变电路属电流型，故其交流电流波形接近矩形波，含有基波和各奇次谐波，因基波频率接近负载电路谐振频率，故负载电路对基波呈现高阻抗，而对谐波呈现低阻抗，谐波在负载电路上几乎不产生压降，因此负载电压波形接近正弦波。

图 5.3-8b 所示的串联谐振式逆变电路属电压型，其输出电压接近正弦波。由于负载电感线圈功率因数很低，串联电容 C 进行补偿，该电容同时也起到换相电容的作用，对于这种换相电容和负载串联的逆变电路，也称为串联逆变电路。

串联逆变电路中流过晶闸管的电流为正弦半波电流，对充分利用晶闸管的开关速度有利，故可用于频率较高的中频电源。

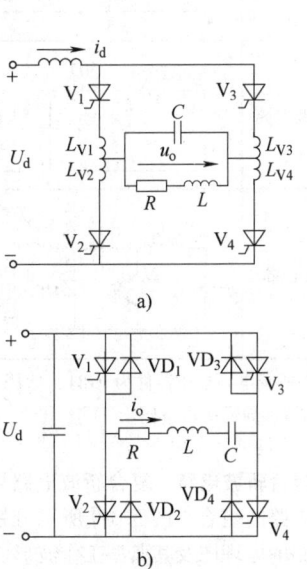

图 5.3-8 负载换相式逆变电路
a）并联谐振式逆变电路
b）串联谐振式逆变电路

3.4　直流-直流变换器

36　直流-直流变换器的分类　直流-直流变流器（DC-DC Converter）的功能是将直流电变为另一固定电压或可调电压的直流电，包括直接直流变流电路和间接直流变流电路。直接直流变流电路也称斩波电路（DC Chopper），它的功能是将直流电变为另一固定电压或可调电压的直流电，一般是指直接将直流电变为另一直流电，这种情况下输入与输出之间不隔离。间接直流变流电路是在直流变流电路中增加了交流环节，在交流环节中通常采用变压器实现输入输出间的隔离，因此也称为带隔离的直流-直流变流电路或直-交-直电路。习惯上，直

流-直流变流器包括以上两种情况，且甚至更多地指后一种情况。

直流斩波电路的种类较多，包括 6 种基本斩波电路：降压斩波电路、升压斩波电路、升降压斩波电路、Cuk 斩波电路、Sepic 斩波电路和 Zeta 斩波电路，其中前两种是最基本的电路。利用不同的基本斩波电路进行组合，可构成复合斩波电路，如电流可逆斩波电路、桥式可逆斩波电路等。利用相同结构的基本斩波电路进行组合，可构成多相多重斩波电路[7]。多重化斩波电路控制复杂，但其输入和输出电流脉动小、各基本斩波电路可互为备用，提高了可靠性。

37　基本斩波电路　基本斩波电路的电路形式、原理和输入输出关系见表 5.3-5。

表 5.3-5　基本斩波电路

电路名称	电路原理图[1]	基本原理概述	输入输出关系
降压斩波电路		V 导通时，E 向负载供电；V 关断时，负载续流	$U_o = d \cdot E$[2]
升压斩波电路		V 导通时，L 贮能。V 关断时，E 和 L 共同向负载供电	$U_o = \dfrac{1}{1-d} \cdot E$
升降压斩波电路		V 导通时，E 向 L 供电使其储能；V 关断时，L 释放能量向负载供电	$U_o = \dfrac{-d}{1-d} \cdot E$
Cuk 变流电路		V 关断时，E 和 L_1 经 VD 向 C 供电使其贮能，同时负载续流；V 导通时，E 向 L_1 供电使其贮能，同时 C 释放能量向负载供电	$U_o = \dfrac{-d}{1-d} \cdot E$

① 图中所画电力电子器件为 IGBT，使用时可选各种器件；
② d 为器件导通的占空比。

38　复合斩波电路　复合斩波电路可以看作是基本斩波电路的组合。图 5.3-9 所示分别为电流可逆斩波电路的原理图及其典型工作波形。V_1 和 VD_1 构成降压斩波电路，由电源向电动机供电，为电动运行。V_2 和 VD_2 构成升压斩波电路，把电动机的动能回馈到电源，为再生运行。该电路可工作于第一和第二象限。

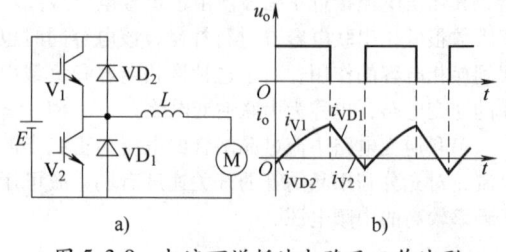

图 5.3-9　电流可逆斩波电路及工作波形

图 5.3-10 所示为桥式可逆斩波电路。该电路可以看作是两组电流可逆斩波电路的组合,它可工作于四个象限。当 V_4 保持导通时,该电路与图 5.3-9a 所示的电流可逆斩波电路等效,可工作于第一和第二象限。而当 V_2 保持导通时,该电路可工作于第三和第四象限。

39 典型隔离型直流-直流变换器 典型的隔离型直流-直流变换器形式、原理和输入输出关系见表 5.3-6。

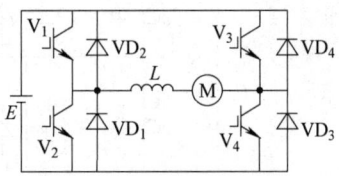

图 5.3-10 桥式可逆斩波电路

表 5.3-6 典型隔离型直流-直流变换器

电路名称	电路原理图	基本原理概述	输入输出关系[①]
正激电路		S 导通时,输入侧通过变压器、VD_1 向负载供电;S 关断时,负载续流,变压器通过 W_3、VD_3 进行磁心复位	$\dfrac{U_o}{U_i}=\dfrac{N_2}{N_1}d$ [②]
反激电路		S 导通时,变压器储能。S 关断时,变压器通过 VD 向负载供电	$\dfrac{U_o}{U_i}=\dfrac{N_2}{N_1}\dfrac{d}{1-d}$
半桥电路		正半周 S_1 导通时,输入侧通过变压器、VD_1 向负载供电;正半周 S_1 关断时,L 通过 VD_1、VD_2 续流向负载供电。负半周 S_2 工作方式相似	$\dfrac{U_o}{U_i}=\dfrac{N_2}{N_1}d$
全桥电路		正半周 S_1、S_4 导通时,输入侧通过变压器、VD_1、VD_4 向负载供电;正半周 S_1、S_4 关断时,L 通过 $VD_1\sim VD_4$ 续流向负载供电。负半周 S_2、S_3 工作方式相似	$\dfrac{U_o}{U_i}=\dfrac{2N_2}{N_1}d$
推挽电路		正半周 S_1 导通时,输入侧通过变压器、VD_1 向负载供电;正半周 S_1 关断时,L 通过 VD_1、VD_2 续流向负载供电。负半周 S_2 工作方式相似	$\dfrac{U_o}{U_i}=\dfrac{2N_2}{N_1}d$

① 为电流连续模式下的输入输出电压关系;

② d 为器件导通的占空比, $d=t_{on}/T$。

40 LLC 谐振变换器 谐振变换电路是将 L、C 元件适当地组合、连接形成特定的网络与变换器和负载相连接。由于 LC 网络频率特性所呈现的选频特性,使变换器的输出电流(或电压)在开关周期内呈现近似正弦变化规律,如果变换器的开关频率选择适当,可以使开关器件在电流接近过零时开通和关断,进一步降低开关器件的开关损耗。因此,谐振变换电路在高频变换电路中得到了广泛的应用。

LLC 谐振变换器电路的谐振网络由 3 个 LC 元件构成,在实际电路中经常用变压器的励磁电感作为 L_p,这样电路的结构可以进一步简化,如图 5.3-11 所示。

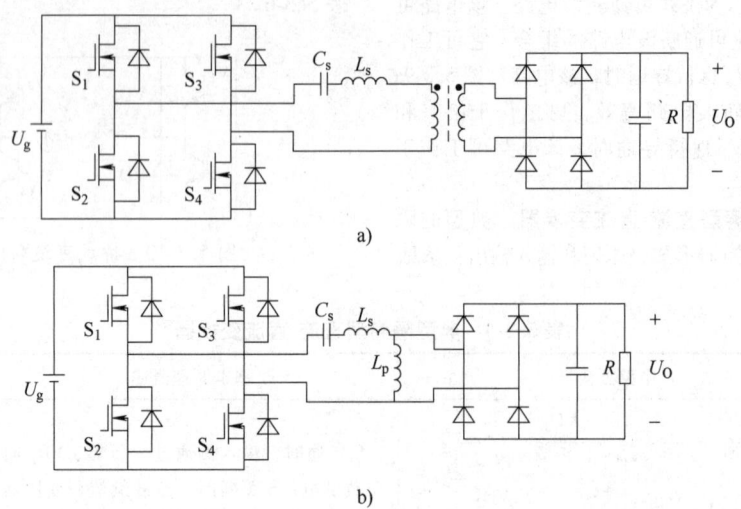

图 5.3-11　LLC 谐振变换器电路

a）电路结构　b）等效电路

采用基波等效法，可以获得该电路的基波等效电路见图 5.3-12。

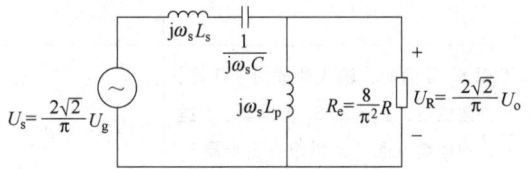

图 5.3-12　LLC 谐振电路的基波等效电路

由 LLC 谐振电路的基波等效电路可以获得 LLC 谐振变换器的输入输出电压比的计算式为

$$M=\frac{U_o}{U_g}=\frac{U_R}{U_S}=\left\|\frac{1}{1+\frac{X_{Ls}}{X_{Lp}}-\frac{X_C}{X_{Lp}}+\frac{jX_{Ls}}{R_e}-\frac{jX_C}{R_e}}\right\|$$

$$=\frac{1}{\sqrt{\left(1+\frac{L_s}{L_p}-\frac{L_s}{F^2L_p}\right)^2+Q_e^2(F-1/F)^2}}$$

式中　Q_e——品质因数，$Q_e=\frac{\omega_o L}{R_e}=\frac{\pi^2}{8}Q$；

　　　F——频率的标幺值，F 为开关频率与谐振频率之比：$F=f_s/f_0$；

　　　f_0——谐振频率，$f_0=\frac{1}{2\pi\sqrt{L_sC_s}}$。

41　双有源桥变换器（DAB）双有源桥变换器（Dual-Active Bridge，DAB）为隔离型双向 DC-DC 电路，由两组逆变电路通过高频变压器及其等

效漏感联结构成。双有源桥变换器工作原理图见图 5.3-13。

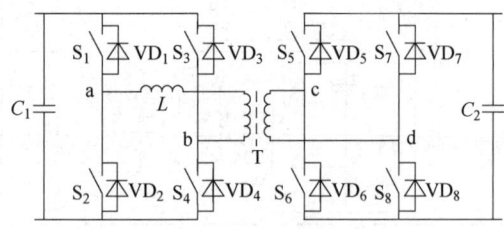

图 5.3-13　双有源全桥型双向 DC-DC 电路

双有源桥变换器的控制方式多种多样，应用最为广泛和典型的控制方式为移相控制，通过控制开关管的开通与关断时间，使得变换器不同开关管之间产生一定的移相角，通过改变开关管之间移相角的大小从而实现控制变换器的能量传输大小和方向的目的。移相控制方式又可以分为三种移相控制策略：单重移相控制、双重移相控制、三重移相控制。

图 5.3-14 为采用单重移相控制方式下，DAB 变换器的工作波形。一、二次侧全桥逆变电路中互为对角的两个开关同时导通半个开关周期，而同一侧半桥上下两开关互补导通，分别将一、二次侧直流电压逆变成幅值为 U_i、U_o 的方波交流电压，加在变压器及漏感两端。改变一次侧开关与二次侧开关信号的移相角，就可以改变变压器一、二次侧的电流幅值及相位，从而改变传输功率的大小及方向。移相角在 0~90° 间变化时，传输功率由 0 增至最大值，传输方向由相位超前的逆变桥至相位滞后

的逆变桥。

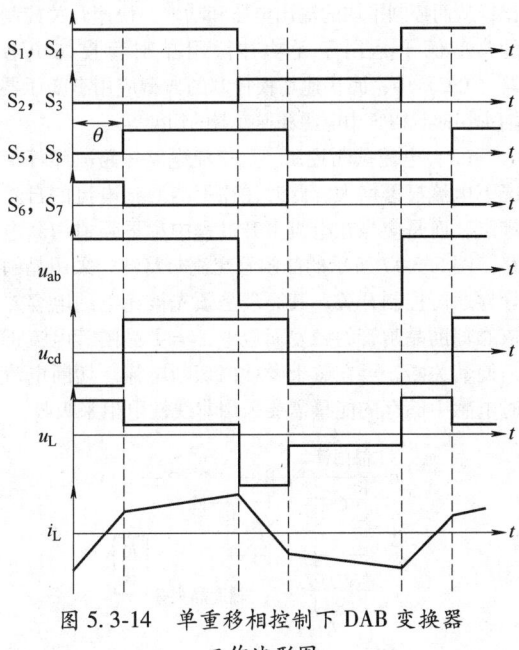

图 5.3-14　单重移相控制下 DAB 变换器
工作波形图

在上述移相控制方式的同时，若调整 $S_1(S_2)$ 与 $S_3(S_4)$ 间、$S_5(S_6)$ 与 $S_7(S_8)$ 间的相位角就形成双重移相控制、三重移相控制方式，这两种方式将可以在一、二次侧直流电压差别较大、传输功率

大范围变化等条件下优化变压器电流及各开关器件的软开关条件，降低电路损耗，提高电路的工作效率。

3.5　交流电力控制电路

42　交流电力控制电路的基本结构　使用电力电子器件的交流开关能够任意控制交流开关的开始导通时刻或控制开始及终了时刻，且与机械式开关相比有如下优点：1）响应速度快；2）无触点，因而开关频率高、寿命长、维修少、噪声低、无火花。因此出现了采用各种方式交流开关的交流电力控制电路方案。

如图 5.3-15 所示，交流电力控制电路中，将交流开关串联或串并联接入主电路来实现，其双方向控制靠半导体器件的组合（如晶闸管的反并联连接）来实现。

图 5.3-15a 表示单相负载情况下交流开关连接位置。对于三相负载，接法如图 b~g 所示，图 b、e 的方式是最常用的，图 c 是把图 b 省略了其中一相开关，图 d 是图 b 添加了反相序的功能。图 f 是在负载的中性点侧进行控制的方式，图 g 是把图 f 更加简化的方式。

常用的电力电子交流开关可分为开通可控制型和开通、关断可控制型，常用的各种方式见表5.3-7。

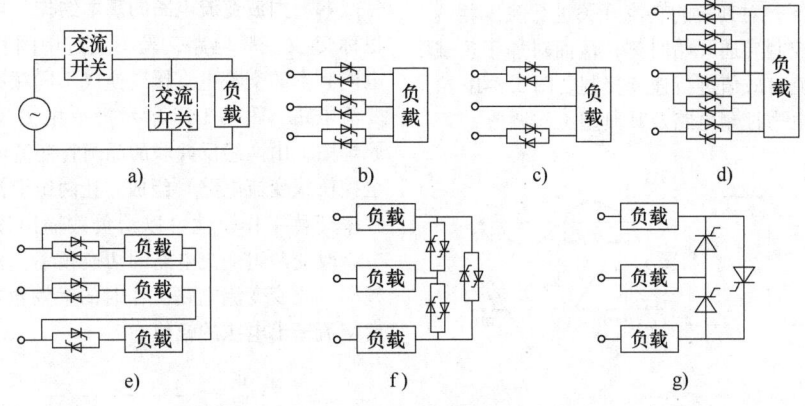

图 5.3-15　交流电力控制电路的基本结构

表 5.3-7　电力电子交流开关的结构　　　　　　　　　　　　　　（续）

序号	开通可控制 开关（N）	开通、关断可控制 开关（F）	序号	开通可控制 开关（N）	开通、关断可控制 开关（F）
1	双向晶闸管（N-1）	晶体管（F-1）	2	晶闸管（N-2）	门极关断晶闸管（F-2）

（续）

序号	开通可控制开关（N）	开通、关断可控制开关（F）
3	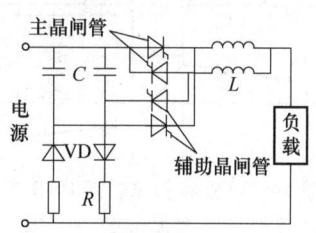 晶闸管+二极管（N-3）	逆导晶闸管+辅助换相电路（F-3）
4	晶闸管+二极管（N-4）	晶闸管+辅助换相电路（F-4）

交流电力控制电路的用途主要有：电压控制、功率控制、快速频繁开关及电流截断等。

43　交流电力控制电路的控制　根据应用目的的不同，可采用的控制方式有：导通相位角控制、交流斩波控制、开关控制、电流截断控制等。

（1）导通相位角控制　图 5.3-15 电路中负载为 R-L 的情况下，对其中的交流开关进行触发相位角控制，可以控制导通开始时刻，从而对加于负载上的电压、电流有效值进行连续控制。图 5.3-16 给出了单相交流电力控制电路及其典型工作波形。

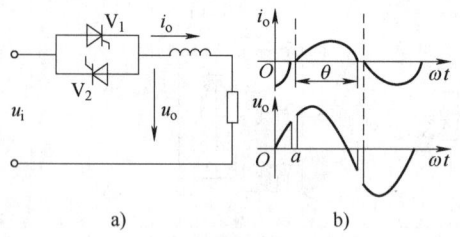

a)　　　　b)

图 5.3-16　单相交流电力控制电路及其典型工作波形

（2）开关控制　以电源周波数为控制对象，发挥电力电子交流开关的特点，应用于需要快速开关和频繁开关的电路，大致分为通断控制、导通周波数控制、快速开关控制、快速切换控制等。通断控制是用电力电子开关代替机械式开关，当受控对象的调节器输出电平达到上限或下限时，使开关通或断，由此将受控对象控制在一定范围内；导通周波数控制是控制

在一定周波数中交流开关导通的周波数，控制其导通比，从而控制平均的输出电压和功率；快速开关控制的典型例子是用于无功补偿用晶闸管投切电容器（TSC）中；而快速切换控制的典型应用有变压器抽头切换、UPS 中电源和逆变器的切换等。

（3）电流截断控制　当交流电路短路故障等情况下电流显著增大，此时往往不能等到电流的自然零点，而是应当在电流上升过程中尽早强迫切断电路。图 5.3-17 所示的晶闸管交流断路器，采用晶闸管导通可控制开关，其原理是预先被充的电容器依靠辅助晶闸管的触发而放电，与主晶闸管电流抵消使其关断，可在数十微秒内切断电流。切断电流时电感中储存的能量需要采用非线性电阻来吸收。

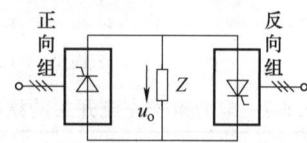

图 5.3-17　晶闸管交流断路器

3.6　周波变流电路和矩阵变换器

44　周波变流电路的基本结构　周波变流电路也称交-交变频电路，是不通过中间直流环节而把电网频率的交流电直接变换成不同频率的交流电的变流电路。图 5.3-18 所示为单相交-交变频电路的原理图，由两组反并联的晶闸管变流电路（如三相全控桥式变流电路）组成。让两组变流电路按一定频率交替工作，就可以给负载输出该频率的交流电。改变两组变流电路的切换频率，就可改变输出频率。改变变流电路工作时的触发角 α，就可以改变交流输出电压的幅值。

图 5.3-18　单相交-交变频电路原理图

为了使周波变流电路的输出电压波形成为正弦波，可以采用的调制方法有多种，其中广泛采用的是余弦交点法。采用余弦交点法时，变流器的触发角由下式确定：

$$\alpha = \arccos(\gamma \sin\omega_0 t)$$

式中　γ——称为输出电压比，$\gamma = U_{om}/U_{d0}$（其中 U_{om} 为期望输出的正弦波幅值，U_{d0} 为触发角 $\alpha = 0$ 时变流电路的输出电压）；

ω_0——输出频率。

按照两组变流器之间是否有环流流过，周波变流电路的工作方式包括无环流方式和有环流方式两种。在无环流方式下，当负载电流反向时，两组变流器的切换需要一定的死区时间，导致输出电压波形畸变，且控制相对复杂。采用有环流控制方式，控制时只需保证两组变流器触发角之和为 180° 即可，控制相对简单，可以避免死区，但是两组变流器间有环流流过，必须设置环流电抗器，同时效率有所降低。目前应用较多的还是无环流方式。

周波变流电路主要用于交流调速系统，因而实际应用的主要是三相接法，常用的有两种，如图 5.3-19 所示，分别为公共交流母线进线方式和输出星形联结方式。

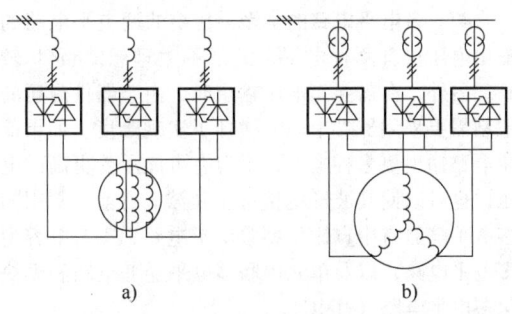

图 5.3-19　三相周波变流电路接线形式
a）公共交流母线进线方式　b）输出星形联结方式

45　周波变流电路的输入输出特性

（1）输出频率上限　交-交变频电路的输出电压是由若干段电网电压组成的，当输出频率高时，输出电压一个周期内的电网电压段数就少，输出电压谐波分量增加，这是限制输出电压频率提高的一个主要因素。此外，负载的功率因数对输出频率也有一定影响。根据输出电压谐波的影响，可以确定输出频率的上限，一般认为，变流电路采用 6 脉波的三相桥式电路时，最高输出频率不高于电网频率的 1/3～1/2，电网频率为 50Hz 时，交-交变频电路的输出频率上限约为 20Hz。

（2）输入位移因数　在交-交变频电路输出电压的一个周期内，变流电路的 α 角总是从 0°～90° 不断变化，因此其输入端总是需要无功电流。图 5.3-20 给出了在不同输出电压比 γ 时输入位移因数与负载功率因数的关系。输入位移因数是输入电流和电压基波分量相位差的余弦，其值略大于输入功

率因数。因此，图 5.3-20 大体也反映了输入功率因数与负载功率因数的关系。

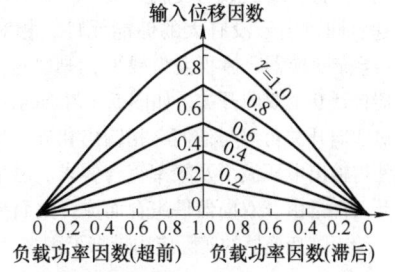

图 5.3-20　不同输出电压比 γ 时输入位移因数与负载功率因数的关系

（3）输出电压谐波　交-交变频电路的输出电压谐波组成非常复杂，既和电网频率 f_i 以及变流电路的脉波数 m 有关，也和输出频率 f_o 有关，其谐波频率为

$$f_{on} = mkf_i \pm (N-1)f_o$$

式中　$k = 1, 2, 3, \cdots$；$N = \begin{cases} 1,3,5,\cdots（当 mk 为奇数时） \\ 2,4,6,\cdots（当 mk 为偶数时） \end{cases}$

采用三相桥式变流电路时，$m = 6$，交-交变频电路输出电压所含主要谐波频率为

$$6f_i \pm f_o,\ 6f_i \pm 3f_o,\ 6f_i \pm 5f_o,\ \cdots,\ 12f_i \pm f_o,$$
$$12f_i \pm 3f_o,\ 12f_i \pm 5f_o,\ \cdots$$

（4）输入电流谐波　单相交-交变频电路的输入电流谐波包括两类，一类与变流器的结构无关，其频率为

$$f_{in} = \left| f_i \pm 2nf_o \right|$$

式中　$n = 1, 2, 3, \cdots$。

另一类输入电流谐波的频率与变流器的结构有关，为

$$f_{in} = \left| (mk \pm 1)f_i \pm 2lf_o \right|$$

式中　$k = 1, 2, 3, \cdots$；$l = 0, 1, 2, \cdots$。

三相交-交变频电路总的输入电流谐波是由三个单相的输入电流合成得到的，有的谐波电流互相抵消，使得总的谐波电流大为减少，其所含谐波频率中与变流器结构无关的为

$$f_{in} = \left| f_i \pm 6lf_o \right|$$

与变流器结构有关的为

$$f_{in} = \left| (mk \pm 1)f_i \pm 6lf_o \right|$$

46　矩阵变换器
矩阵变换器的概念最初于 20 世纪 70 年代末提出，20 世纪 80 年代初得到改进。自此以后，矩阵变换器的研究集中于两个方面：矩阵变换器形状的实现及变换器的控制。相对于传统的交流变换器，矩阵变换器具有较强的可控性，输

出频率不受输入频率的限制；可得到较理想的正弦输入电流和正弦输出电压，波形失真度小；输入功率因数为 1，且功率因数与负载无关；易于实现能量双向传递；同时由于没有大的储能元件，相对于传统的交-直-交变换器，体积大为减少。典型的三相矩阵变换器包括 9 个双向开关，如图 5.3-21 所示。三相输入通过双向开关可以与任何一相输出相连。控制双向开关使得输出电压波形及频率符合要求。由于现在的双向开关都是由非双向器件组合而成，因而控制电路复杂，给矩阵变换器的实际应用带来了困难。

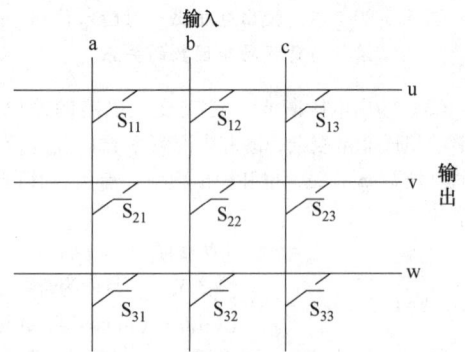

图 5.3-21　典型矩阵变换器电路结构

实用的双向开关有三种形式：单 IGBT 形式、背对背 IGBT 共集电极形式、背对背 IGBT 共发射极形式，如图 5.3-22 所示。单 IGBT 形式仅有一个 IGBT，因此驱动电路简单，但任意时刻都有 3 个开关器件导通，所以导通损耗大。背对背形式，任意时刻有两个开关器件导通，导通损耗相对较小。采用共发射极形式，每一个开关元件需要相应独立电源，因此整个主电路需要 9 个开关电源，而采用共集电极形式仅需 6 个独立电源。所以一般采用共集电极形式。

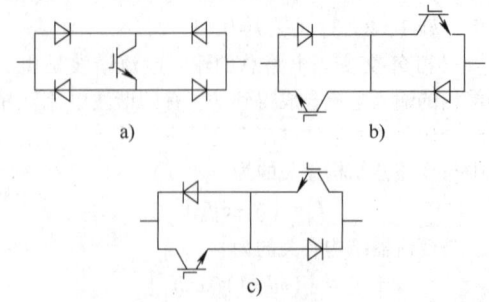

图 5.3-22　双向开关
a）单 IGBT 形式　b）背对背共集电极形式
c）背对背共发射极形式

从控制方式来说，矩阵变换器有两种控制方法：占空比设定方式和空间矢量调制（SVM）方式。占空比设定方式根据给定输入电压幅度和频率的三相输入电压，计算出每个开关器件的占空比，使得输出电压的波形和频率满足要求，并且输入端功率因数为 1。SVM 方式的基本原理是矩阵变换器输出电压矢量近似于参考旋转空间电压矢量。对于 9 个双开关的矩阵变换器，有 27 种可能的开关组合。此 27 个电压矢量可分为 5 组。第一组矢量的相角随输出电压变化而改变。其后的 3 组矢量有两个共同的特征，即：每一组含有 6 个相角固定的矢量；每一组的 6 个矢量组成 6 边形。最后一组为零矢量。在任意给定的时间 T_s，SVM 方式选择 4 个静止空间矢量来近似参考空间电压矢量。4 个空间矢量持续时间可以由计算式给出。

3.7　多电平电路

47　多电平电路的类型　传统的两电平电路的输出电压仅有两种电平，波形不太理想，du/dt 较高。另外，在需要高电压输出时，由于器件耐压的限制需要采用器件串联，增加了实现难度。如果能使电路输出更多种电平，不但有可能承受更高的电压，也可以使其波形更接近正弦波。目前，常用的多电平电路有中点钳位型多电平电路、飞跨电容型多电平电路，以及单元串联多电平逆变电路和模块化多电平电路（MMC）。

48　中点钳位型多电平电路　图 5.3-23 为中点钳位型（Neutral Point Clamped，NPC）三电平逆变电路结构。该电路的每个桥臂由两个全控型器件构成，两个器件都反并联了二极管。一个桥臂的两个器件的中点通过钳位二极管和直流侧电容的中点相连接。例如，U 相的上下两桥臂分别通过钳位二极管 VD_1 和 VD_4 与 O′点相连接。

以 U 相为例，当 V_{11} 和 V_{12}（或 VD_{11} 和 VD_{12}）导通，V_{41} 和 V_{42} 关断时，U 点和 O′点间电位差为 $U_d/2$；当 V_{41} 和 V_{42}（或 VD_{41} 和 VD_{42}）导通，V_{11} 和 V_{12} 关断时，U 和 O′间电位差为 $-U_d/2$；当 V_{12} 和 V_{41} 导通，V_{11} 和 V_{42} 关断时，U 和 O′间电位差为 0。在最后一种情况下，通过钳位二极管 VD_1 或 VD_4 的导通把 U 点电位钳位在 O′点电位上。实现相电压 $\pm U_d/2$ 和 0 三种电平输出。

中点钳位型三电平逆变电路还有一个突出的优点就是每个主开关器件关断时所承受的电压仅为直流侧电压的一半。这是该电路比两电平逆变电路更适合于高压大容量应用场合的原因。

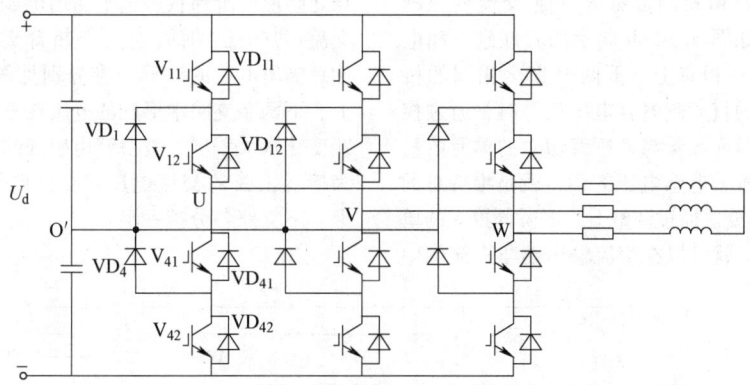

图 5.3-23　中点钳位型三电平逆变电路

49　飞跨电容型多电平电路　图 5.3-24 给出了飞跨电容型三电平逆变电路原理图，该电路的每个桥臂由两个全控型器件构成，两个器件都反并联了二极管。上下桥臂两个串联器件的中点间跨接一个电容。

以 U 相为例，当 V_{11} 和 V_{12}（或 VD_{11} 和 VD_{12}）导通，V_{41} 和 V_{42} 关断时，U 点和 O′ 点间电位差为 $U_d/2$；当 V_{41} 和 V_{42}（或 VD_{41} 和 VD_{42}）导通，V_{11} 和 V_{12} 关断时，U 和 O′ 间电位差为 $-U_d/2$；当 V_{11} 和 V_{41} 导通，或 V_{12} 和 V_{42} 导通时，若电容 C 的电压为 $U_d/2$，U 和 O′ 间电位差为 0。实现相电压 $\pm U_d/2$ 和 0 三种电平输出。最后两种状态的选择应依据电容电压与其目标电压（$U_d/2$）的偏差极性以及输出电流的极性决定，以保持电容电压维持为 $U_d/2$。

飞跨电容型逆变电路由于要使用较多的电容，而且要控制电容上的电压，因此使用较少。

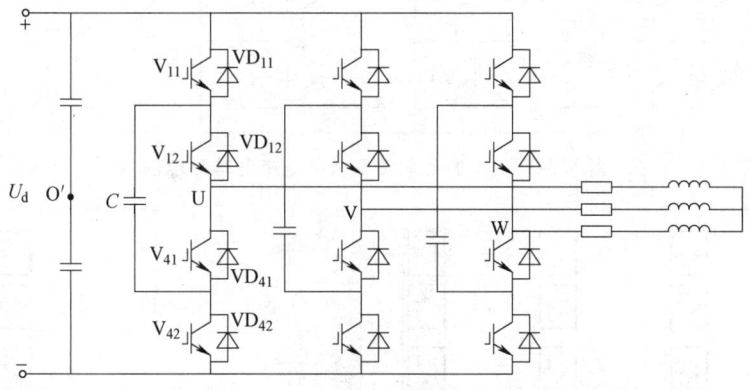

图 5.3-24　飞跨电容型三电平逆变电路

50　串联桥型多电平电路　采用多个单相桥式逆变电路为单元进行串联的方法，也可以构成多电平电路，图 5.3-25 为三单元串联的多电平逆变电路。单元串联的多电平逆变电路每一相都可以看作是由多个单相电压型逆变电路串联起来的单相串联多重单相逆变电路，多个单元输出电压的叠加产生总的输出电压，通过不同单元输出电压之间错开一定的相位形成阶梯状多电平输出，减小总输出电压的谐波。三单元串联的逆变电路相电压可以产生 $\pm 3U_d$、$\pm 2U_d$、$\pm U_d$ 和 0 共 7 种电平。如果每相采用更多单元串联，则可以输出更多的电平数和更高的电压。该电路的主要特点为每个单元可以采用广泛应用的低压 IGBT 器件，通过标准化设计和制造降低成本，满足各种不同高压等级输出要求。但串联桥型多电平电路需要给每个单元提供一个独立的直流电源，例如通过给每个单元加一个带输入变压器的整流电路实现。

51　模块化多电平电路（MMC）　21 世纪初，一种新拓扑结构的单元串联型多电平逆变器电路被提出，并专门命名为模块化多电平变流器（Modular Multilevel Converter，MMC），见图 5.3-26。电路中每一相交流输出端都由上、下两个桥臂通过电感连接而成。其每个桥臂都由相同数量的直流-交流变流器单元串联起来。如图 5.3-26b 展示的其任意一相电路所示，由于每一相有上、下两个完全相同的桥臂，当每个单元的直流侧电容电压相等时，通过控制上桥臂投入的单元数量与下桥臂切除的单元数量保持相等，忽略桥臂电感电压的话，就是维持总的直流侧电压 U_d 不变。通过调整上、下桥臂投入的单元数量逐渐变化，就可以在交流输出端与直流侧中

点之间形成阶梯状多电平输出电压。如果期望输出交流正弦电压的话，上、下桥臂交流侧电压和交流侧总输出电压的波形通常分别见图 5.3-27a、b、c，上、下两条支路中形成的电压在不同电平之间的阶跃变化很大程度上被桥臂电感滤除，总的输出电压为接近正弦的交流电压，交流侧的总输出电流由上、下支路各分担一半。

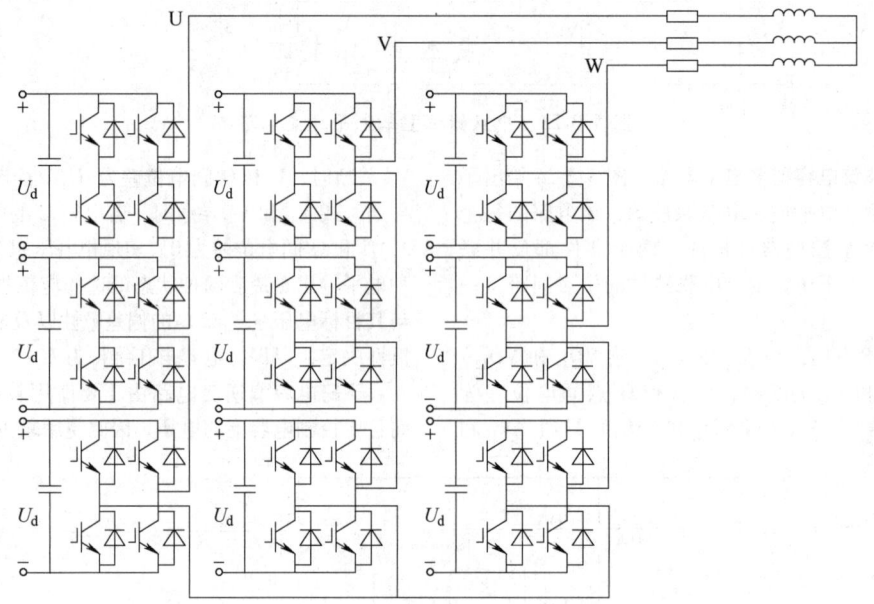

图 5.3-25　三单元串联多电平逆变电路原理图

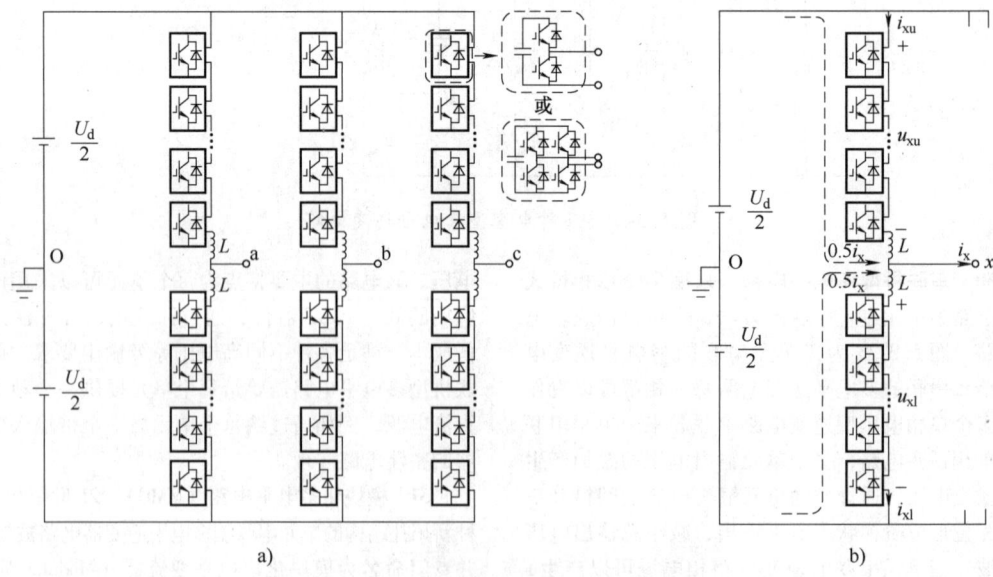

图 5.3-26　模块化多电平变流器电路原理图
a) 三相电路原理图　b) 其中任意一相电路图

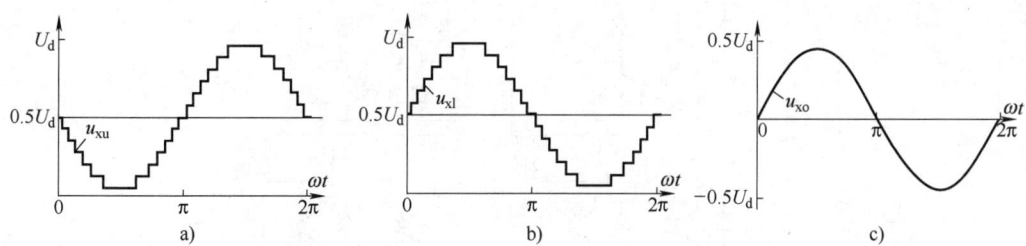

图 5.3-27　模块化多电平变流器任意一相的电压波形
a）上桥臂交流侧电压 u_{xu}　b）下桥臂交流侧电压 u_{xl}　c）交流侧总输出电压 u_{xo}

3.8　典型的组合电力电子电路

52　交-直-交变换器　交-直-交变换器是由整流器、逆变器两类基本的变流电路组合形成，先将交流电整流为直流电，再将直流电逆变为交流电，将一种频率和电压的交流电转换为另一种频率和电压的交流电，因此这类电路又称为间接交流变流电路。交-直-交变换器与周波变流器相比，最主要的优点是元器件数量少、输出频率不受输入电源频率的制约。交-直-交变换器的代表性应用主要有交-直-交交流电动机变频器、在线式交流不间断电源和中频感应加热电源。

交-直-交变换器根据直流侧滤波元件的不同，可分为电压型交-直-交变换器和电流型交-直-交变换器见图 5.3-28。当交流负载存在回馈能量的工作状态，例如交流电机回馈制动时，变换器需要具备处理回馈能量的能力，通常采用直流电压泵升限制电路或基于全控型电力电子器件的 PWM 整流器，分别见图 5.3-29、图 5.3-30。

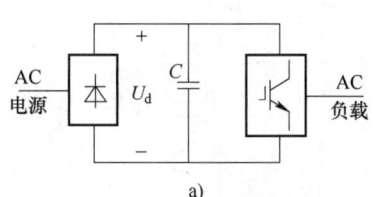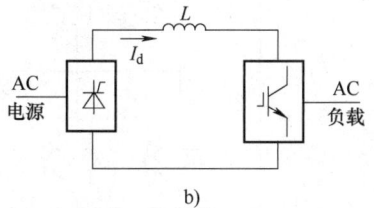

图 5.3-28　交-直-交变换器结构
a）电压型　b）电流型

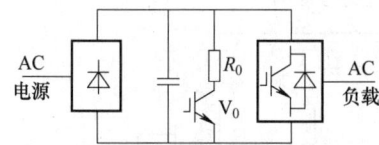

图 5.3-29　带有泵升电压限制电路的电压型交-直-交变换器结构

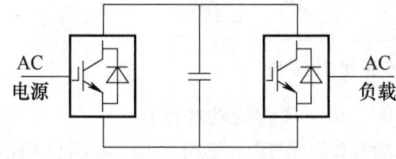

图 5.3-30　整流和逆变均为 PWM 控制的电压型交-直-交变换器结构

53　高频链变换器　高频链变换器是针对传统低频交流输出电源中所需的低频变压器体积大、重量大的不足所提出的改进方案，核心思想为采用中间高频交流环节及高频变压器实现输入与输出之间的电气隔离，降低了变压器的体积和重量，提高了变换器的性能。根据输入输出电能形式可分为

（1）交流输入交流输出　典型应用为电力电子变压器，图 5.3-31 及图 5.3-32 为两种典型的变换器结构。图 5.3-31 是单相高频链矩阵式电力电子变压器结构，为矩阵变换器+矩阵变换器的组合。图 5.3-32 是三级式电力电子变压器结构，为整流器+DC/DC+逆变器的组合。两者的中间交流环节均为高频交流。

（2）直流输入交流输出　通常被称为高频链逆变器。图 5.3-33 及图 5.3-34 为两种典型的高频链逆变器结构。图 5.3-33 被称为周波变换型高频链逆变器，为逆变器+矩阵变换器的组合。图 5.3-34 是 DC-DC 变换型高频链逆变器，为逆变器+整流器+逆变器的组合。

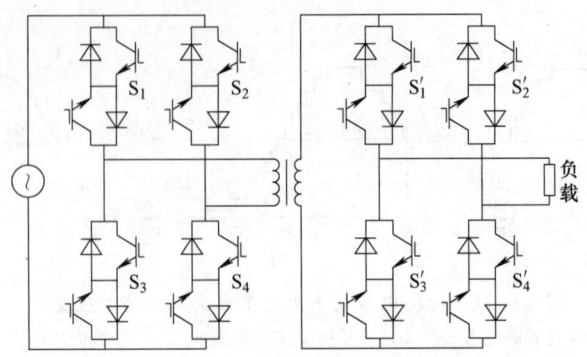

图 5.3-31　单相高频链矩阵式电力电子变压器结构

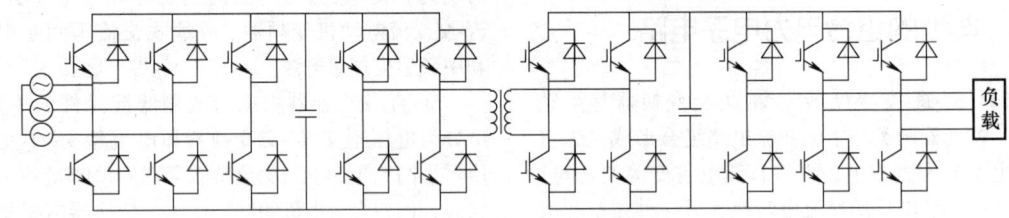

图 5.3-32　三级式电力电子变压器结构

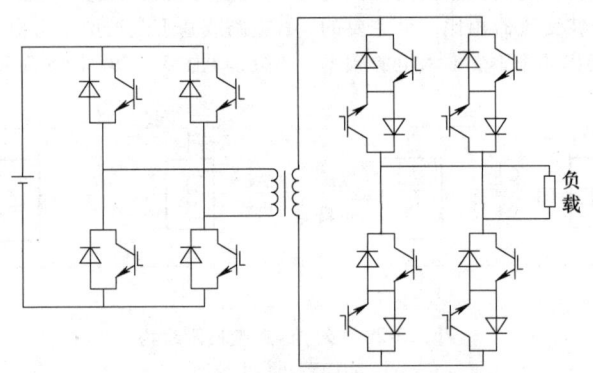

图 5.3-33　周波变换型高频链逆变器结构

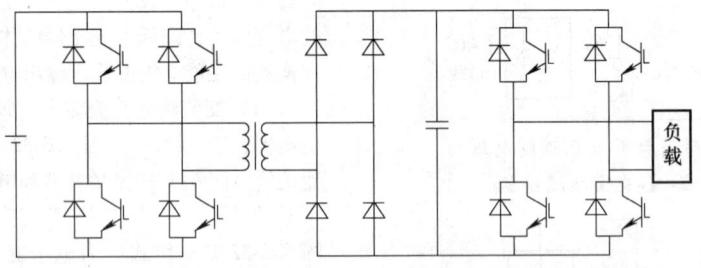

图 5.3-34　DC-DC 变换型高频链逆变器结构

3.9　电力电子电路的谐波、无功问题及对策

54　无功功率补偿　多种电力电子装置在使用时会消耗无功功率，导致供电网的功率因数降低，因此在使用电力电子装置的场合往往需要进行无功功率补偿（以下简称无功补偿）。

无功补偿的作用主要有：1）提高供用电系统及负荷的功率因数，降低设备容量，减少功率损耗。2）稳定受电端及电网的电压，提高供电质量。3）在电气化铁道等三相负荷不对称的场合，通过适当的无功补偿可以平衡三相的有功及无功负荷。

早期无功补偿装置的典型代表是同步调相机。

同步调相机既能补偿固定的无功功率，也能动态地补偿变化的无功功率。但总体上说这种补偿手段已显陈旧。

与同步调相机相比，在效果相近的条件下，并联电容器的费用要节省得多。但电容器只能补偿固定的无功功率，还有可能发生谐振使谐波放大，导致事故发生。

静止无功补偿装置 SVC（Static Var Compensator）已被广泛用于输电系统阻抗补偿及长距离输电的分段补偿，并大量用于负荷无功补偿。其典型代表是固定电容器+晶闸管控制电抗器（FC+TCR，即 Fixed Capacitor+Thyristor Controlled Reactor），晶闸管投切电容器 TSC（Thyristor Switching Capacitor）也获得了广泛的应用。SVC 的重要特性是它能连续调节补偿器的无功功率，这种连续调节是依靠调节 TCR 中晶闸管的触发延迟角来实现的。TSC 只能分组投切，精细分组或和 TCR 配合使用，才能实现补偿装置整体无功功率的连续调节。由于具有连续调节的性能且响应迅速，因此 SVC 可以对无功功率进行动态补偿，使补偿点的电压接近维持不变。因 TCR 装置采用相控原理，在动态调节基波无功功率的同时，也产生大量的谐波，所以，与之配合的固定电容器通常和电抗器串联构成谐波滤波器，以滤除 TCR 中的谐波。

比 SVC 更为先进的是静止无功发生器（Static Var Generator，SVG），也有人称之为静止补偿器（Static Compensator，STATCOM）。SVG 也是一种电力电子装置，其最基本的电路仍是三相桥式电压型或电流型变流电路，目前使用的主要是电压型。SVG 和 SVC 不同，SVC 需要大容量的电抗器、电容器等储能元件，而 SVG 在其直流侧只需要较小容量的电容维持其电压即可。SVG 通过不同的控制，既可使其发出无功，呈电容性，也可使其吸收无功，呈电感性。采用 PWM 控制，即可使其输入电流接近正弦波。

55　谐波及其危害　在供用电系统中，通常总是希望交流电压和交流电流呈正弦波形。正弦波电压施加在线性无源元件电阻、电感和电容上，其电流和电压分别为比例、积分和微分关系，仍为同频率的正弦波。但当正弦波电压施加在非线性电路上时，电流就变为非正弦波，非正弦电流在电网阻抗上产生压降，会使电压波形也变为非正弦波。当然，非正弦电压施加在线性电路上时，电流也是非正弦波。对于非正弦周期电压电流，一般满足狄里赫利条件，可分解为傅里叶级数，其中频率与工频相同的分量称为基波，频率为基波频率大于 1 整数倍的分量称为谐波，谐波次数为谐波频率和基波频率的整数比。

理想的公用电网所提供的电压应该是单一固定的频率以及规定的电压幅值。谐波电流和谐波电压的出现，对公用电网是一种污染，它对公用电网和其他系统的危害主要有：1）谐波使公用电网中的元件产生了附加的谐波损耗，降低了发电、输电及用电设备的使用效率，大量的 3 次谐波流过中线时会使线路过热甚至发生火灾；2）谐波影响各种电气设备的正常工作。谐波对电动机的影响除引起附加损耗外，还会产生机械振动、噪声和过电压，使变压器局部严重过热。谐波使电容器、电缆等设备过热、绝缘老化、寿命缩短以至损坏；3）谐波会引起公用电网中局部的并联谐振和串联谐振，从而使谐波放大，这就使上述 1）和 2）的危害大大增加，甚至引起严重事故；4）谐波会导致继电保护和自动装置的误动作，并会使电气测量仪表计量不正确；5）谐波会对邻近的通信系统产生干扰，轻者引进噪声，降低通信质量，重者导致信息丢失，使通信系统无法正常工作。

56　公用电网谐波管理的规定　世界许多国家都发布了限制电网谐波的国家标准，或由权威机构制定限制谐波的规定，如 IEC 1000-3-2[8]、IEEE Std 519-1992[9] 等。制定的基本原则是限制谐波源注入电网的谐波电流，把电网谐波电压控制在允许范围内，使接在电网中的电气设备能免受谐波干扰而正常工作。

我国技术监督局于 1993 年发布了中华人民共和国国家标准（GB/T14549—1993）《电能质量公用电网谐波》[10]，该标准从 1994 年 3 月 1 日起开始实施。以下内容引自该标准。

公用电网对于不同的电压等级，允许电压谐波畸变率也不相同。电压等级越高，谐波限制越严。另外，对偶次谐波的限制也要严于对奇次谐波的限制。表 5.3-8 给出了公用电网谐波电压限值。

表 5.3-8　公用电网谐波电压（相电压）限值

电网标称电压/kV	电压总谐波畸变率（%）	各次谐波电压含有率（%）	
		奇次	偶次
0.38	5.0	4.0	2.0
6	4.0	3.2	1.6
10			
35	3.0	2.4	1.2
66			
110	2.0	1.6	0.8

公用电网公共连接点的全部用户向该点注入的谐波电流分量（方均根值）不应超过表 5.3-9 中规定的允许值。当公共连接点处的最小短路容量不同于基准短路容量时，需进行修正。修正的方法可参见参考文献 [10]。

表 5.3-9　注入公共连接点的谐波电流允许值

标准电压/kV	基准短路容量/MVA	谐波次数及谐波电流允许值/A																							
		2	3	4	5	6	7	8	9	10	11	12	13	14	15	16	17	18	19	20	21	22	23	24	25
0.38	10	78	62	39	62	26	44	19	21	16	28	13	24	11	12	9.7	18	8.6	16	7.8	8.9	7.1	14	6.5	12
6	100	43	34	21	34	14	24	11	11	8.5	16	7.1	13	6.1	6.8	5.3	10	4.7	9.0	4.3	4.9	3.9	7.4	3.6	6.8
10	100	26	20	13	20	8.5	15	6.4	6.8	5.1	9.3	4.3	7.9	3.7	4.1	3.2	6.0	2.8	5.4	2.6	2.9	2.3	4.5	2.1	4.1
35	250	15	12	7.7	12	5.1	8.8	3.8	4.1	3.1	5.6	2.6	4.7	2.2	2.5	1.9	3.6	1.7	3.2	1.5	1.8	1.4	2.7	1.3	2.5
66	500	16	13	8.1	13	5.4	9.3	4.1	4.3	3.3	5.9	2.7	5.0	2.6	2.6	2.0	3.8	1.8	3.1	1.6	1.9	1.5	2.8	1.4	2.6
110	750	12	9.6	6.0	9.6	4.0	6.8	3.0	3.0	2.4	4.3	2.0	3.7	1.7	1.9	1.5	2.8	1.3	2.5	1.2	1.4	1.1	2.1	1.0	1.9

57　谐波抑制措施[11]　为解决电力电子装置和其他谐波源的谐波污染问题，基本思路有两条：1）装设谐波抑制装置来抑制谐波，这对各种谐波源都是适用的；2）对电力电子装置本身进行改造，使其不产生谐波且功率因数可控制为 1，这当然只适用于作为主要谐波源的电力电子装置。

装设谐波抑制装置的传统方法就是采用 LC 调谐滤波器。这种方法既可抑制谐波，又可补偿无功，而且结构简单，一直被广泛使用。这种方法的主要缺点是补偿特性受电网阻抗和运行状态影响，易和系统发生并联谐振导致谐波放大，使 LC 滤波器过载甚至烧毁。此外，它只能抑制固定频率的谐波，效果也不甚理想。尽管如此，因结构简单、成本相对较低，LC 滤波器当前仍是抑制谐波的最主要手段。

目前，谐波抑制的一个重要趋势是采用有源电力滤波器 APF（Active Power Filter）。APF 也是一种电力电子装置。其基本原理是从补偿对象中检测出谐波电流，由补偿装置产生一个与该谐波电流大小相等而极性相反的补偿电流，从而使电网电流只含基波分量。这种滤波器能对频率和幅值都变化的谐波进行跟踪补偿，且补偿特性不受电网阻抗的影响。从与补偿对象的连接方式来看，可分为并联型和串联型，目前运行的装置几乎都是并联型。上述类型都可以单独使用，也可以和 LC 滤波器混合使用。

对于电力电子装置，除了采用补偿装置对其谐波进行补偿外，还有一条抑制谐波的途径，就是开发新型变流器，使其不产生谐波且功率因数为 1。这种变流器被称为单位功率因数变流器。高功率因数变流器可近似看成单位功率因数变流器。除高功率因数变流器外，采用矩阵式变频器也可以使变流器输入电流为正弦波且功率因数接近 1。

第4章 电力电子控制技术

4.1 电力电子控制系统的结构

58 电力电子控制系统的结构与层次划分 电力电子装置一般都由主电路和控制系统这两部分组成。而电力电子控制系统则广义上包含检测电路、驱动电路和控制电路，见图5.4-1，狭义上专指其中的控制电路。

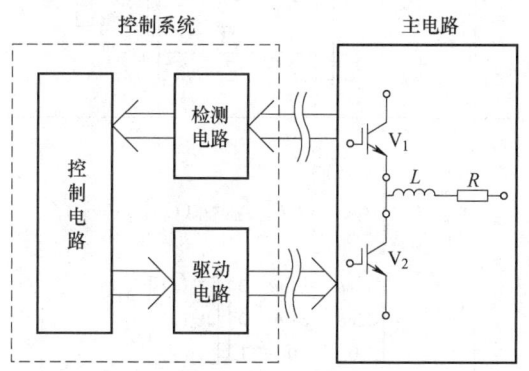

图 5.4-1 电力电子装置及其控制系统的总体结构

电力电子控制系统的典型内部结构则见图 5.4-2，一般包括四个层次。最内层是控制变量对主电路中相应电力电子器件开通时刻、导通脉冲宽度或脉冲频率等开关动作具体参数的改变，进而实时改变主电路的某个电流或某几个电流，具体可以通过控制变量信号对载波的调制实现，所以这一层控制又称为开关脉冲调制，包括相位控制、脉冲宽

度调制、脉冲频率调制等类型；由最内层向外形成的第一层闭环（内环）反馈控制一般是主电路电流的闭环控制；第二层闭环（外环）反馈控制一般是通过改变电流可以直接调节的主电路电压、电动机磁通、电动机转速等变量的闭环控制；最外层的控制一般是用来产生外环控制指令的，例如产生电压、电动机磁通或者电动机转速的指令，这个指令不需要实时调整时该层控制可以去掉。当控制系统最终的控制目标是电流时，外环反馈控制这个层次也可以去掉。对控制性能要求不高时，可以去掉外环，直接通过内环对电压、磁链、转速等变量进行单闭环控制。如果直接通过单闭环对电压进行控制，即称为电压模式控制。当内环为电流反馈控制，外环为电压反馈控制时，即称为电流模式控制。

如果电力电子控制系统整体采用模型预测控制、滑模控制等非线性控制方法时，则其内部结构整体采用相应的非线性控制架构，一般不按照这四个层次来划分。

59 基于不同坐标系的三相交流电力电子控制系统 对于主电路中含有三相交流电路的电力电子装置，其控制系统一般都需要对三相电流、三相电压或者三相磁通（磁链）等三相变量的每相分别进行控制，因而一般都需要与之对应的三条控制通道。而以三相变量的数值为坐标值，总是可以将三相变量表示为三维的空间矢量，表达在不同的三维坐标系中。基于不同坐标系的三相变量即可构成三相交流电力电子控制系统的三条控制通道。其中，以三相变量的瞬时量值直接作为三维坐标值的三维

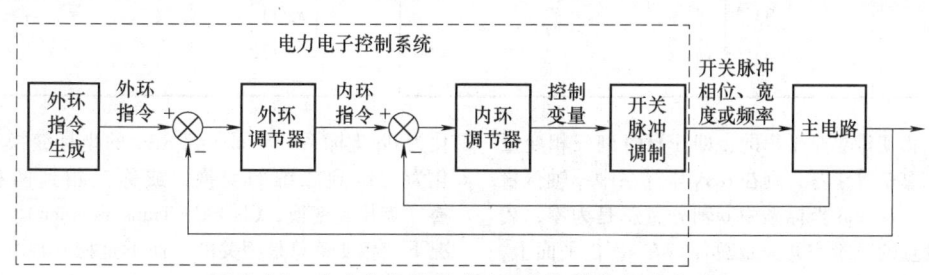

图 5.4-2 电力电子控制系统的内部结构与层次划分

空间直角坐标系，称为 abc 坐标系；以 abc 坐标系中的 $[1,1,1]^{\mathrm{T}}$ 矢量为 γ 轴，以 a 轴在穿过原点并与 γ 轴垂直的平面上的投影为 α 轴，以大拇指指向 γ 轴，在该平面上将 α 轴按右手定则旋转 90° 而获得 β 轴，即获得了 αβγ 坐标系；以 γ 轴作为 o 轴，在 α-β 平面上选定相互垂直的两个坐标轴 d 轴和 q 轴，使 d、q、o 轴满足右手定则，而 d 轴和 q 轴按某一角速度在 α-β 平面上保持按右手定则方向旋转，即获得了 dqo 旋转坐标系，如果旋转角速度与三相交流系统的基波频率一致，则又称为同步坐标系。表示三维空间矢量的三相变量量值（坐标值）在这三个常见坐标系之间的转换公式，见表 5.4-1。

表 5.4-1 三相变量量值（坐标值）在不同坐标系之间的转换公式

坐标系	正变换公式	反变换公式
从 abc 到 αβγ 坐标系	$$x_{\alpha\beta\gamma}(t)=\begin{bmatrix}x_\alpha(t)\\x_\beta(t)\\x_\gamma(t)\end{bmatrix}=T_{\alpha\beta\gamma/abc}x_{abc}(t)$$ $$=\sqrt{\frac{2}{3}}\begin{bmatrix}1&-\frac{1}{2}&-\frac{1}{2}\\0&\frac{\sqrt{3}}{2}&-\frac{\sqrt{3}}{2}\\\frac{1}{\sqrt{2}}&\frac{1}{\sqrt{2}}&\frac{1}{\sqrt{2}}\end{bmatrix}\begin{bmatrix}x_a(t)\\x_b(t)\\x_c(t)\end{bmatrix}$$	$$x_{abc}(t)=\begin{bmatrix}x_a(t)\\x_b(t)\\x_c(t)\end{bmatrix}=T_{abc/\alpha\beta\gamma}x_{\alpha\beta\gamma}(t)$$ $$=\sqrt{\frac{2}{3}}\begin{bmatrix}1&0&\frac{1}{\sqrt{2}}\\-\frac{1}{2}&\frac{\sqrt{3}}{2}&\frac{1}{\sqrt{2}}\\-\frac{1}{2}&-\frac{\sqrt{3}}{2}&\frac{1}{\sqrt{2}}\end{bmatrix}\begin{bmatrix}x_\alpha(t)\\x_\beta(t)\\x_\gamma(t)\end{bmatrix}$$
从 αβγ 到 dqo 坐标系	$$x_{dqo}(t)=\begin{bmatrix}x_d(t)\\x_q(t)\\x_o(t)\end{bmatrix}=T_{dqo/\alpha\beta\gamma}x_{\alpha\beta\gamma}(t)$$ $$=\begin{bmatrix}\cos\theta&\sin\theta&0\\-\sin\theta&\cos\theta&0\\0&0&1\end{bmatrix}\begin{bmatrix}x_\alpha(t)\\x_\beta(t)\\x_\gamma(t)\end{bmatrix}$$	$$x_{\alpha\beta\gamma}(t)=\begin{bmatrix}x_\alpha(t)\\x_\beta(t)\\x_\gamma(t)\end{bmatrix}=T_{\alpha\beta\gamma/dqo}x_{dqo}(t)$$ $$=\begin{bmatrix}\cos\theta&-\sin\theta&0\\\sin\theta&\cos\theta&0\\0&0&1\end{bmatrix}\begin{bmatrix}x_d(t)\\x_q(t)\\x_o(t)\end{bmatrix}$$
从 abc 到 dqo 坐标系（帕克变换，Park's Transformation）	$$x_{dqo}(t)=T_{dqo/\alpha\beta\gamma}T_{\alpha\beta\gamma/abc}x_{abc}(t)=T_{dqo/abc}x_{abc}(t)$$ $$=\sqrt{\frac{2}{3}}\begin{bmatrix}\cos\theta&\cos\left(\theta-\frac{2\pi}{3}\right)&\cos\left(\theta+\frac{2\pi}{3}\right)\\-\sin\theta&-\sin\left(\theta-\frac{2\pi}{3}\right)&-\sin\left(\theta+\frac{2\pi}{3}\right)\\\frac{1}{\sqrt{2}}&\frac{1}{\sqrt{2}}&\frac{1}{\sqrt{2}}\end{bmatrix}$$ $$\begin{bmatrix}x_a(t)\\x_b(t)\\x_c(t)\end{bmatrix}$$	$$x_{abc}(t)=T_{abc/\alpha\beta\gamma}T_{\alpha\beta\gamma/dqo}x_{dqo}(t)=T_{abc/dqo}x_{dqo}(t)$$ $$=\sqrt{\frac{2}{3}}\begin{bmatrix}\cos\theta&-\sin\theta&\frac{1}{\sqrt{2}}\\\cos\left(\theta-\frac{2\pi}{3}\right)&-\sin\left(\theta-\frac{2\pi}{3}\right)&\frac{1}{\sqrt{2}}\\\cos\left(\theta+\frac{2\pi}{3}\right)&-\sin\left(\theta+\frac{2\pi}{3}\right)&\frac{1}{\sqrt{2}}\end{bmatrix}$$ $$\begin{bmatrix}x_d(t)\\x_q(t)\\x_o(t)\end{bmatrix}$$

当三相变量总是平衡的，即任意时刻三相变量量值相加总是等于零，则在 αβγ 坐标系中 γ 轴分量总是为零，在 dqo 坐标系中 o 轴分量总是为零，表示三相变量的三维空间矢量总保持在 α-β 平面上，αβγ 坐标系即可简化为 αβ 坐标系，dqo 坐标系简化为 dq 坐标系。从 abc 到 αβγ 的坐标变换也就简化为三维到二维的变换，或称三相到两相的变换（克拉克变换，Clarke's Transformation）。这种情况下三相变量总是相关的，而不是相互独立的，控制系统的三条控制通道即可简化为两条。

4.2　相位控制技术

60　整流电路相位控制技术　整流电路中从某个晶闸管开始承受正向阳极电压的时刻起（即自然换相点），到开始施加触发脉冲止的电角度称为触发延迟角，通过改变触发延迟角，输出电压和电流波形即随之改变，这种控制方式称为相位控制。相位控制具体通过晶闸管触发电路实现，晶闸管触发电路目前主要分为集成触发器和数字触发器。

国内常用的集成触发器有 KJ 系列和 KC 系列。KJ004 最为广泛，其内部可分为同步、锯齿波形成、移相、脉冲形成、脉冲分选及脉冲放大几个环节。只需用 3 个 KJ004 集成块和 1 个 KJ041 集成块，即

可形成六路双脉冲，可构成完整的三相全控桥触发电路。以上触发电路为模拟的，其优点是结构简单、可靠，但缺点是易受电网电压影响，触发脉冲的不对称度较高，可达 $3°\sim4°$，精度低。

近年来一些新型三相高精度集成触发器得到广泛应用，如 TC787。与 KJ（或 KC）系列集成电路相比，其具有功耗小、功能强、输入阻抗高、抗干扰性能好、移相范围宽、外接元件少等优点，而且装调简便、使用可靠。图 5.4-3 给出了 TC787 的典型应用电路图，图中电容 $C_1\sim C_3$ 为隔直耦合电容，而 $C_4\sim C_6$ 为滤波电容，它与 $RP_1\sim RP_3$ 构成滤去同步电压中毛刺的环节。另一方面，随 $RP_1\sim RP_3$ 三个电位器的不同调节，可实现 $0\sim60°$ 的移相，从而适应不同主变压器连接的需要。

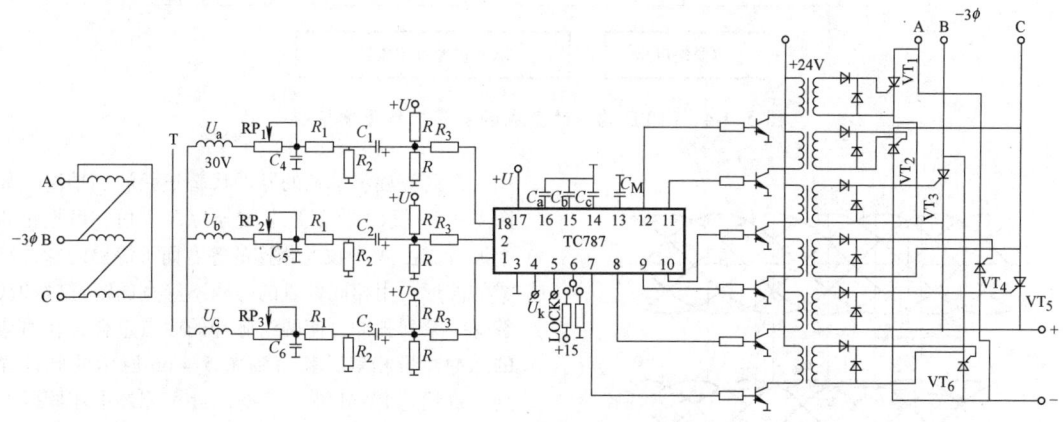

图 5.4-3　TC787 典型应用电路

数字触发器通常利用可编程逻辑芯片 CPLD 实现，采用软件编程在 CPLD 芯片内部对输入脉冲进行计数，产生相对同步电压相位变化的触发脉冲，其工作原理框图如图 5.4-4 所示。采自电网的三相交流电压信号经过外部同步电压整形电路转变为方波信号，CPLD 内部检测到相应方波信号下降沿后立即启动内部计数器以确保触发脉冲形成环节的输出对准换相点，当计数满时则输出对应的触发角控制信号；同时该内部计数器的计数时钟由外部 u/f 变换电路提供，因而可通过调整该外部 u/f 变换电路输出信号频率改变触发延迟角；此外，采用内部方波发生器产生方波信号，经过外部脉宽设定电路以调节脉发脉冲宽度。

61　周波变流电路相位控制技术　周波变流电路相位控制技术是指通过不断改变触发延迟角 α，使输出电压波形基本为正弦波的调制方法，其中最

基本的方法是余弦交点法。

余弦交点法原理如图 5.4-5 所示。电网线电压 u_{ab}、u_{ac}、u_{bc}、u_{ba}、u_{ca} 和 u_{cb} 依次用 $u_1\sim u_6$ 表示，相邻两个线电压的交点对应于 $\alpha=0$。$u_1\sim u_6$ 所对应的同步余弦信号分别用 $u_{s1}\sim u_{s6}$ 表示，$u_{s1}\sim u_{s6}$ 比相应的 $u_1\sim u_6$ 超前 30°。也就是说，$u_{s1}\sim u_{s6}$ 的最大值正好和相应线电压 $\alpha=0$ 的时刻相对应，若以 $\alpha=0$ 为零时刻，则 $u_{s1}\sim u_{s6}$ 为余弦信号。设输出电压为 u_o，则各晶闸管的触发时刻由相应的同步电压 $u_{s1}\sim u_{s6}$ 下降段和输出电压 u_o 的交点来决定。

余弦交点法可以用模拟电路来实现，但线路复杂，且不易实现准确控制。采用计算机控制时可方便地实现准确的运算，而且除计算 α 外，还可以实现各种复杂的控制运算，使整个系统获得很好的性能。

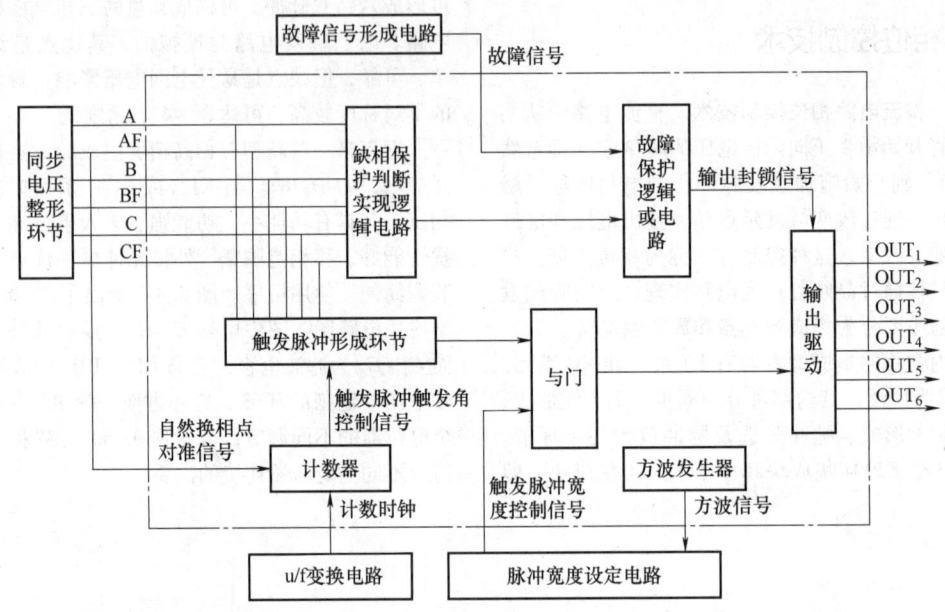

图 5.4-4　CPLD 构成的集成触发器工作原理框图

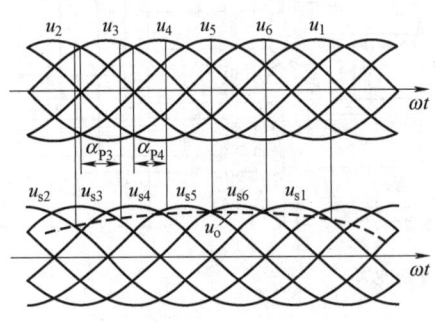

图 5.4-5　余弦交点法原理

4.3　脉宽调制 （PWM） 技术

62　PWM 的基本原理　脉宽调制 （Pulse Width Modulation，PWM） 控制技术是对变流电路中电力电子器件的通断进行控制，使输出端得到一系列幅值相等而宽度不等的脉冲，用这些脉冲来代替正弦波或所需要的波形。按一定的规则对各脉冲的宽度进行调制，可改变输出电压 （或电流） 的大小，对于输出交流电的变流电路，还可改变输出电压 （或电流） 的频率。

在采样控制理论中有一个重要的结论：冲量 （即窄脉冲的面积） 相等而形状不同的窄脉冲加在具有惯性的环节上时，其效果 （即输出） 基本相同。这是 PWM 调制的重要理论基础。图 5.4-6 为用一系列等幅不等宽的脉冲代替正弦波的情况。如图 5.4-6 所示，将正弦半波分为 N 等份，可把正弦半波看成由 N 个彼此相连的等宽而不等幅的脉冲组成的波形。用相同数量的等幅不等宽的矩形脉冲代替这一系列脉冲，使两组脉冲的中点重合且相对应的脉冲冲量相等，就得到图 5.4-6b 所示的脉冲序列，也就是 PWM 波。根据冲量相等效果相同的原则，该 PWM 波形和正弦半波是等效的，也称其为 SPWM （Sinusoidal PWM） 波。类似的，对直流波形或者任意波形，也都可以看作是由一系列等宽的脉冲组成，也都可以用相同数量的不等宽而冲量对应相等的矩形脉冲来等效代替，从而通过对这些矩形脉冲的宽度的调制来实现对等效输出波形的控制。

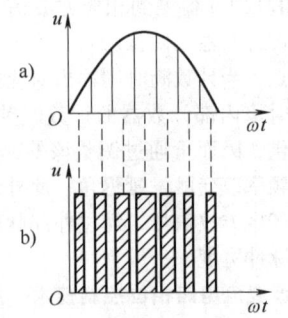

图 5.4-6　脉宽调制 （PWM） 的
基本原理示意图

63　PWM 波形的分类和应用　PWM 波形按照其宽度被调制的脉冲是电压还是电流可分为电压 PWM 波形和电流 PWM 波形，其中电压 PWM 波形更为常用；按照其等效输出的是直流波形还是交流波形可分为直流 PWM 和交流 PWM；按照其宽度被调制的系列脉冲是等幅的还是幅度变化的可分为等幅 PWM 和变幅 PWM，其中等幅 PWM 更为常用，变幅 PWM 主要在直接交流-交流变流电路中使用。

PWM 波形根据其脉冲宽度的调制是通过调整脉冲的前沿时刻和后沿时刻之一实现的，还是同时调整这两个时刻来实现的，可以分为单沿调制 PWM 和双沿调制 PWM，其中直流 PWM 一般采用单沿调制，而交流 PWM 一般采用双沿调制；单沿调制 PWM 又可进一步分为前沿调制 PWM 和后沿调制 PWM，其中后沿调制更为常用。

等幅 PWM 按其脉冲幅度的电平数又可分为两电平 PWM 和多电平 PWM，而两电平 PWM 有时也称为双极性 PWM，三电平 PWM 也称为单极性 PWM 波形。

64　PWM 技术的分类和应用　脉宽调制（PWM）技术是指如何根据指令信号（信号波或称调制波），具体确定相应等效 PWM 波形中相对应的每个脉冲的宽度、所占的周期和在该周期中的具体位置。常规 PWM 技术着重解决脉冲宽度的调制方法，具体分为计算法、调制法、滞环比较法三大类，其所有脉冲的周期及脉冲在周期中的位置都是一样的，或者随着脉冲宽度的改变而相应同时改变。而随机 PWM 技术则着重解决如何通过对脉冲周期或脉冲在周期中的位置的随机调整来减少 PWM 波形中的脉冲频率整数倍频谐波和相应的电磁干扰。

（1）计算法　PWM 技术分为等面积（等冲量）计算法和选择谐波消去法。等面积计算法在三相电路中的具体技术即为空间矢量调制（SVM），或称为空间矢量 PWM（SVPWM）。

（2）调制法　又称载波法，由希望生成的等效信号（调制波）对载波（一般是三角波）进行调制即实时比较而获得 PWM 波形，也称为由载波对调制波进行采样，所以调制法也称为三角波采样法。三角波采样法又分为自然采样法和规则采样法两种，自然采样法一般用于模拟控制电路，规则采样法一般用于数字控制电路。用调制法实现双极性 PWM 波形时需要将调制波与双极性三角波比较，实现单极性 PWM 波形时需要与单极性三角波比较。用调制法实现单沿调制 PWM 波形时需要采用直角三角波（锯齿波）作为载波，实现双沿调制 PWM 波形时需要采用等腰三角波作为载波。

（3）滞环比较法　滞环比较法以及由之衍生出来的定时比较法在工程实际中不如计算法和载波法那样应用广泛。

多电平 PWM 波形的生成一般也采用计算法和载波法这两类技术。在计算法中，三相多电平 PWM 大多采用空间矢量调制。在载波法中，多电平 PWM 可采用载波移相脉宽调制（Carrier Phase Shifted PWM，CPSPWM）或载波层叠脉宽调制（Carrier Level Shifted PWM，CLSPWM）。近年来有文献提出最近电平调制（Nearest Level Modulation，NLM）和最近矢量调制（Nearest Vector Modulation，NVM），本质上是交流输出的每个周期内每个电平只通过一个脉冲来实现与期望等效的波形对应部分近似相等的面积，而不是传统那样由许多个脉冲来等效，原理上与传统的 PWM 有所不同，但同样可以采用计算法或载波法等具体技术实现。

65　自然采样法　按照脉宽调制技术的基本原理，在调制波 u_r 和三角载波 u_c 的自然交点时刻控制电力电子开关器件的通断，见图 5.4-7，这种生成 PWM 波形的方法称为自然采样法。自然采样法是最基本的脉宽调制方法，所得到的 PWM 波形很接近调制波。该方法采用微机数字控制系统实现时需求解复杂的超越方程，进而花费大量的计算时间难以在实时控制中在线计算。因此，该方法通常只用于模拟控制场合。

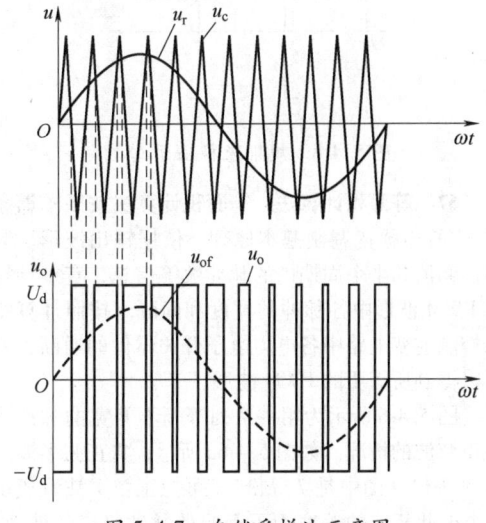

图 5.4-7　自然采样法示意图

66　规则采样法　规则采样法是一种应用较广的工程实用方法，其效果接近自然采样法，但计算量要比自然采样法小得多。图 5.4-8 为规则采样法示意图，取三角波 u_c 两个正峰值之间为一个采样周期 T_c，在三角波的负峰时刻 t_D 对调制信号波采样而得到 D 点，过 D 点作一水平直线和三角波分别交于 A 点和 B 点，在 A 点时刻 t_A 和 B 点时刻 t_B 控制电力电子开关器件的通断。在自然采样法中，每个脉冲的中点并不和三角波一周期的中点（即负峰点）重合；而规则采样法使两者重合，也就是使每个脉冲的中点都以相应的三角波中点为对称，这样就使计算大为简化。同时可以看出，规则采样法得到的脉冲宽度 δ 和用自然采样法得到的脉冲宽度非常接近，从而有效确保了调制精度。工程实际中调制信号通常实时动态变化，在开关周期的起始点一般无法预先知道本开关周期中点时刻的调制信号值，这时可采用开关周期起始时刻的调制信号值近似作为整个开关周期内不变的调制信号对三角波进行调制。

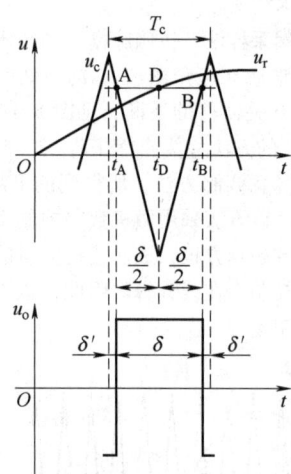

图 5.4-8　规则采样法示意图

67　等面积计算法　等面积计算法按照本篇条目 62 所述脉宽调制基本原理，依据输出波形、频率、幅值和半个周期内的脉冲数等信息，直接计算出 PWM 波形中各脉冲的宽度和间隔。按照计算结果控制逆变电路中各电力电子开关器件的通断，就可以得到所需要的 PWM 波形。

图 5.4-6 所示为用一系列等幅不等宽的脉冲代替正弦波的情况。如图 5.4-6a 所示，将正弦半波分为 N 等份（图中是 7 等份），可把正弦半波看成由 N 个彼此相连的等宽而不等幅的脉冲组成的波形。用相同数量的等幅不等宽的矩形脉冲代替这一系列脉冲，使两组脉冲的中点重合且相对应的脉冲量相等，即

$$V_s \Delta t = \int_{t_n}^{t_{n+1}} U_m \sin \omega t \, \mathrm{d}t$$

式中　V_s——PWM 波形输入电压幅值；

t——$t = \dfrac{\theta}{\omega}$（$\theta$ 是正弦函数的角度，ω 是角频率）；

Δt——子区间内矩形波的宽度。

Δt 在子区间上的起点与终点就是换相点，就得到图 5.4-6b 所示的脉冲序列，也就是 PWM 波。

该方法基本原理较为简单，但计算十分繁琐，当需要输出波形的频率、幅值或相位变化时，结果都要变化。

68　选择谐波消去法　选择谐波消去法是计算法中一种较有代表性的方法，该方法根据拟输出的等效波形，利用数学模型计算出对应的开关时刻，从而达到使输出的 PWM 波形中不含拟消除次数谐波的目的。在实际应用中，为了减少谐波并简化控制，要尽量使 PWM 波形具有对称性。如图 5.4-9 所示，在输出波形的半个周期内，电力电子开关器件开通和关断各三次（不包括 0 和 π 时刻），共有 6 个开关时刻可以控制。首先使 PWM 波形正负两半周期镜对称以消除偶次谐波，同时使 PWM 波形在正半周期内前后 1/4 周期以 π/2 为轴线对称以消除谐波余弦项简化计算过程。然后采用傅里叶分解获得 PWM 波形基波和各次谐波幅度关于开关时刻的方程。最后通过设定基波幅度及拟消除的特定谐波，即可求解开关时刻。一般来说，如果在输出波形半个周期内电力电子开关器件开通和关断各 k 次，考虑到 PWM 波 1/4 周期对称，共有 k 个开关时刻可以控制。除去用一个自由度来控制基波幅值外，可以消去 $k-1$ 个频率的特定谐波。但本方法缺点是当 k 越大时，开关时刻的计算也越复杂。

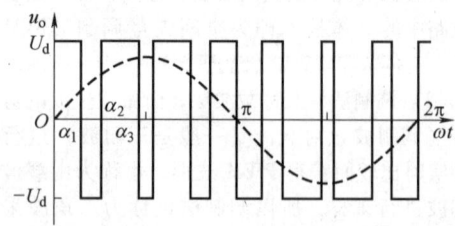

图 5.4-9　选择谐波消去法的输出 PWM 波形

69　滞环比较法　滞环比较法是一种带反馈的脉冲宽度调制控制方式，即将反馈的电流或电压信号与电流或电压给定值经滞环比较器，得出相应桥臂开关器件的开关状态，使得实际电流或电压能够

跟踪给定电流或电压的变化。

采用滞环比较法可实现电压或电流的跟踪控制。图 5.4-10a 给出了 PWM 电流滞环比较控制的单相半桥式逆变电路原理图，图 5.4-10b 是相应的输出电流波形。如图 5.4-10a 所示，把指令电流 i^* 和实际输出电流 i 的偏差 i^*-i 作为滞环比较器的输入，通过其输出来控制开关器件 V_1 和 V_2 的通断。滞环环宽对跟踪性能有较大的影响。环宽过宽时，开关动作频率低，但跟踪误差增大；环宽过窄时，跟踪误差减小，但动作频率过高，甚至会超过开关器件的允许频率范围，开关损耗随之增大。

滞环比较法较其他 PWM 方法具有以下特点：硬件电路简单；属于实时控制方式，响应快；不需要载波，输出波形中不含有特定频率的谐波分量；和计算法及调制法相比，相同开关频率时输出电流中高次谐波含量较多；开关频率不固定造成较为严重的噪声；属于闭环控制，这是各种跟踪型 PWM 交流电路的共同特点。为应对滞环比较法中开关频率不固定这一现象，可采用固定采样周期对指令信号和被控制量进行采样比较，进而控制开关器件通断，使被控制量跟踪指令信号。该方法称为定时比较法，确保了开关频率固定，但跟踪精度将有所降低。

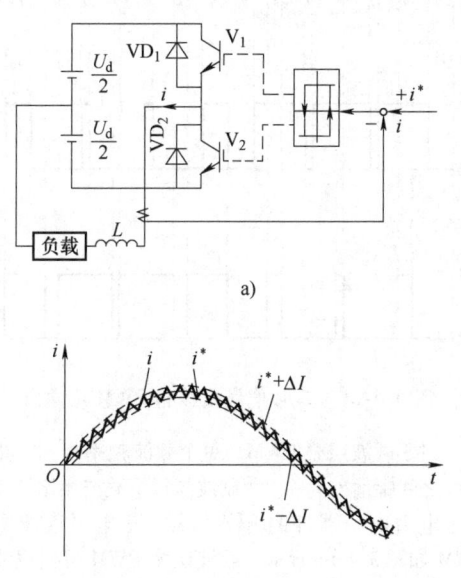

图 5.4-10 PWM 电流滞环比较控制的单相
半桥式逆变电路及运行波形图

70 产生三相交流波形的正弦脉宽调制（SPWM）法 SPWM 调制法是以三角波作为载波，以正弦波作为调制波的一种脉宽调制方法。在三相交流系统中，一般采用双极性控制方式，调制波为相位依次相差 120°的三相正弦信号。

图 5.4-11a 是三相桥式 PWM 逆变电路，U、V 和 W 三相的 PWM 控制共用一个三角波载波 u_c，其频率即为电力电子开关器件的开关频率。运行波形如图 5.4-11b 所示，三相调制信号 u_{rU}、u_{rV} 和 u_{rW} 依次相差 120°，其频率为交流基波频率，其幅值除以三角载波的幅值即为调制比 m，$m \in [0,1]$。U、V 和 W 各相功率开关器件的控制规律相同，各相调制波分别与载波比较，比较结果控制该相桥臂开关器件通断，输出的 $u_{UN'}$、$u_{VN'}$ 和 $u_{WN'}$ 波形都只有 $\pm U_d/2$ 两种电平。

三相交流 SPWM 具有原理简单，控制调节性能好，输出谐波含量小等优点；但该方法直流电压利用率低，只有空间矢量调制方法（SVPWM）的 0.866 倍，效率也较低。

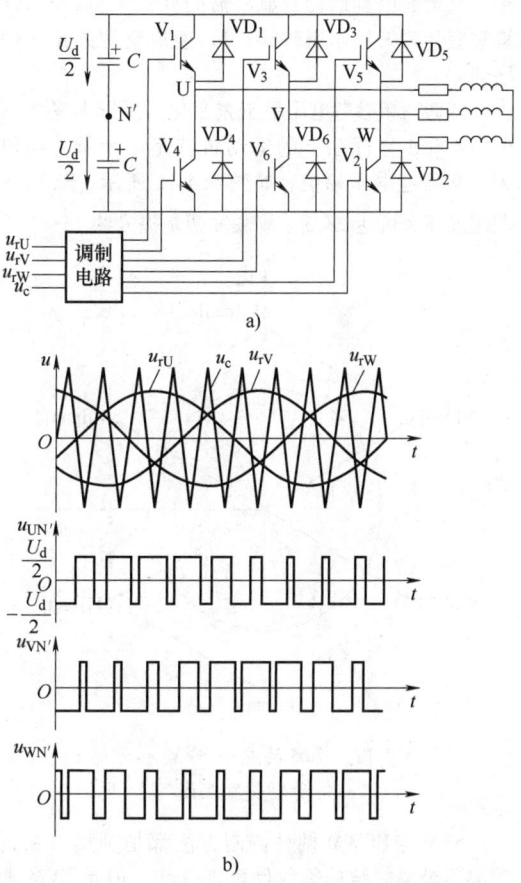

图 5.4-11 三相桥式 PWM 逆变电路
及运行波形图

71 产生三相交流波形的空间矢量调制（SVM）法　空间矢量调制（Space Vector Modulation, SVM）是在固定坐标系下，通过开关矢量等效合成参考电压矢量的方法，精确计算出对应开关矢量在一个开关周期内的作用时间，进而控制每个电力电子开关器件的开通与关断时间，使得变流器输出波形与参考电压波形一致。

以两电平 SVM 为例，每相桥臂有两个开关管，假设在任意时刻一个开关管导通，一个开关管关断，以 p 表示上开关管导通，n 表示上开关管关断，因此三相桥臂共有 [pnn]、[ppn]、[npn]、[npp]、[nnp]、[pnp]、[nnn]、[ppp] 8 种开关组合状态。具体的 SVM 实现基本步骤如下：

1）通过坐标变换将不同的开关组合状态对应的三相线电压和三相参考电压转换成 αβ 坐标系下的开关矢量 $V_1 \sim V_6$ 和参考电压矢量 V_{ref}；2）利用开关矢量分布进行扇区划分，进而根据参考电压矢量所在扇区位置选择合成所需的开关矢量；3）计算对应开关矢量作用时间；4）生成空间矢量作用序列。

因为三相参考电压呈正弦变化，所以参考电压矢量在 αβ 坐标系下的运动轨迹是一个圆，幅值为三相参考电压幅值。如图 5.4-12 所示，SVM 下调制度最大可达 $2/\sqrt{3}$，较载波调制提升约 15%。

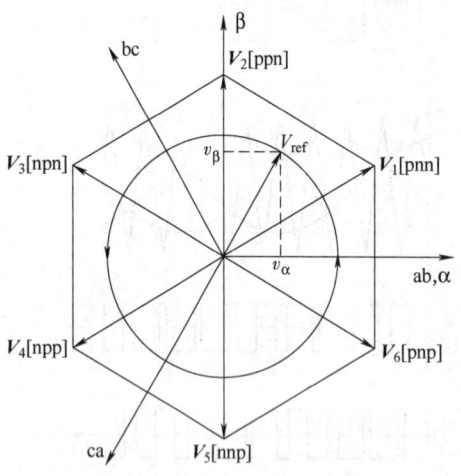

图 5.4-12　基本两电平 SVM 参考电压
矢量合成原理图

SVM 与 SPWM 两种调制方法都是利用一系列等幅不等宽的脉冲等代替正弦波，但是 SVM 调制下开关脉冲宽度是通过精确计算得到的，而不是和载波比得到的，具有相对较强的鲁棒性和灵活性。SVM 在运行过程中，可以通过调整开关矢量选

择及作用序列实现不同的控制功能。此外，SVM 的三相输出电压谐波含量更少，波形质量更好。但在多电平变流器 SVM 过程中，随着电力电子开关器件数量的增加，计算量和控制复杂程度也会相应增加。

72 产生多电平波形的 PWM　相较于传统的两电平调制，多电平调制具有电平数量增多，滤波器滤波后的输出电压更接近理想正弦波，谐波含量更少等特点，且各级电平之间的幅值变化更低，所产生的 du/dt 对负载的冲击更小。

多电平 PWM 主要采用多载波实现，对于 N 电平拓扑，需要 $(N-1)$ 个载波进行调制。多载波 PWM 依据载波分布形式的不同可以分为载波移相 PWM 和载波层叠 PWM 两类。对于载波移相 PWM，$(N-1)$ 个载波的频率和幅值均相同，相邻载波之间的相位差为 $360°/(N-1)$，调制波同每个载波相比较产生各个电力电子开关器件的开关信号。三电平载波移相 PWM 如图 5.4-13 所示。

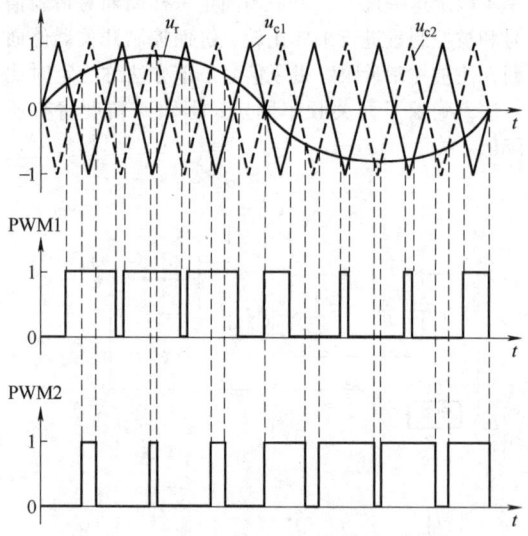

图 5.4-13　三电平载波移相 PWM 示意图

对于载波层叠 PWM，每个载波频率相同，相邻载波之间幅值差为 1，调制波同每个载波相比较产生各个电力电子器件的开关信号。三电平载波层叠 PWM 如图 5.4-14 所示。载波层叠 PWM 根据载波之间的相位差，可以分为同向层叠，反向层叠以及交替反向层叠三种。同向层叠的载波相位相同，反向层叠的大于 0 的载波和小于 0 的载波相位差为 180°，交替反向层叠则是相邻载波之间的相位差为 180°。

对于多电平变流器而言，载波移相 PWM 因其有利于输出功率自动均衡的优点，多适用于模块化变流器。而载波层叠 PWM 可有效消除输出电压中谐波分量,其中同向载波层叠 PWM 消除输出线电压谐波分量的效果最好。

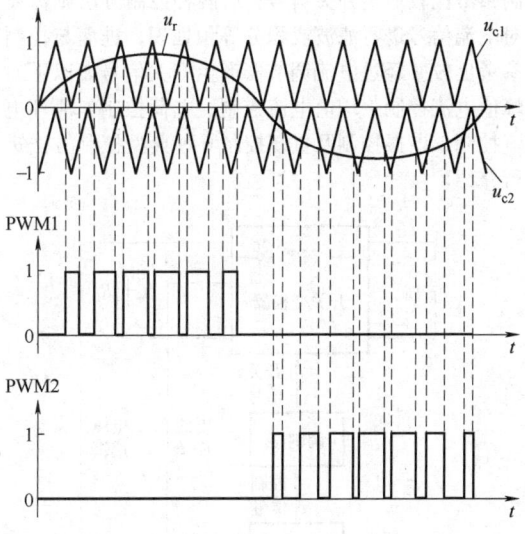

图 5.4-14 三电平载波层叠 PWM 示意图

4.4 脉冲频率调制(PFM)技术

73 脉冲频率调制技术 脉冲频率调制(Pulse Frequency Modulation,PFM)是一种脉冲调制技术,开关导通时间或关断时间保持不变,通过改变调制信号的频率来实现调制目的,主要包括恒定导通时间(Constant On-Time,COT)调制技术和恒定关断时间(Constant Off-Time,CFT)调制技术。

COT 调制保持导通时长恒定不变,对开通时刻进行调制,其开关频率是变化的。图 5.4-15 为 COT 调制电压型控制 Buck 变换器的电路原理图和主要波形图,其基本工作原理为当输出电压 v_o 高于参考值 v_{ref} 时开通开关管 S_1,经过固定的导通时间 T_{ON} 后关断开关管 S_1。

CFT 调制保持关断时长恒定不变,对关断时刻进行调制。图 5.4-16 为 CFT 调制电压型控制 Buck 变换器的电路原理图和主要波形图,其工作原理为当输出电压 v_o 高于参考值 v_{ref} 时关断开关管 S_1,经过固定的关断时间 T_{OFF} 后开通开关管 S_1。

与恒频的脉冲宽度调制技术相比,脉冲频率调制技术能通过降低开关频率有效提升轻载效率,同时应用于峰值电流模式控制时能避免不稳定性问题。

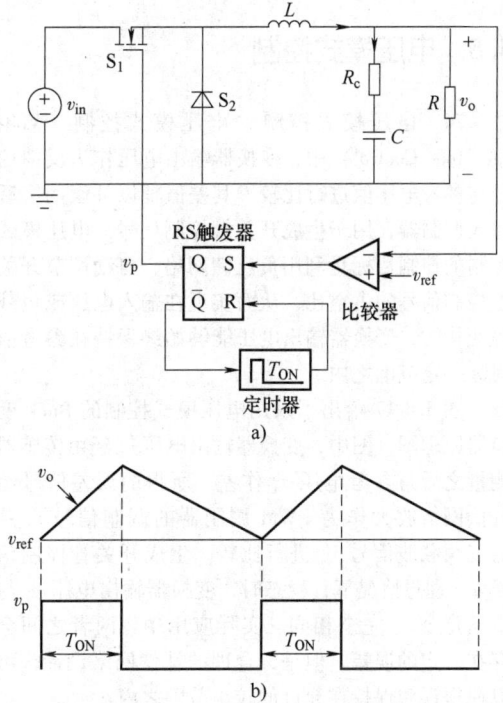

图 5.4-15 COT 调制技术电路原理图
及运行波形图

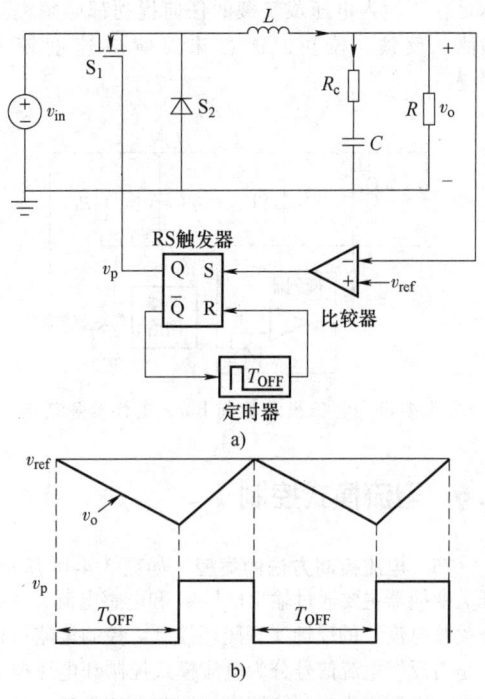

图 5.4-16 CFT 调制技术电路原理图
及运行波形图

4.5　电压模式控制

74　电压模式控制　电压模式控制（Voltage Mode Control）中，变换器输出电压作为反馈信号与参考电压值进行比较，其差值辅以补偿网络后通入调制器，用于生成开关管控制信号。电压模式控制的控制目标是利用负反馈网络，自动调节开关管控制信号的占空比，从而实现在输入电压或负载等变化时，变换器输出电压能够始终保持在参考值附近一定范围之内。

图 5.4-17 给出了采用电压模式控制的 Buck 变换器原理图。图中，变换器输出电压 v_o 经由传感器测量之后与参考电压 v_ref 作差，所得的误差信号经补偿网络放大作为 PWM 调制器的调制信号 v_ct 并与三角载波信号 V_s 进行比较，生成开关管控制信号 d。理想情况下，稳态时，变换器输出电压 v_o 与电压指令 v_ref 完全相同。实际应用中，两者之间会存在一定的误差，但是，合理的补偿网络设计，可以使得误差保持在允许的较小范围之内。

电压模式控制的突出优点是幅值较大的三角载波保证了较强的抗噪声能力，同时单一的反馈回路便于补偿网络设计与调试。电压模式控制的不足在于输入电压或负载的任何扰动都必须经历检测、反馈、校正，这意味着响应速度较为缓慢。

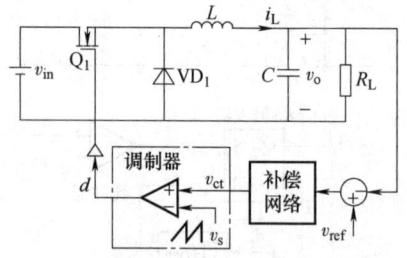

图 5.4-17　电压模式控制 Buck 变换器原理图

4.6　电流模式控制

75　电流控制方法的类型　如图 5.4-18 所示，开关变换器主要通过输出电压 v_o 和电感电流 i_L（或开关管电流）的反馈实现闭环控制。控制策略可根据是否反馈电流信号分为电流模式控制和电压模式控制，电流模式控制能够直接调节电感电流，其动态响应速度优于电压控制。根据不同的调制策略，可以得到多种电流控制方法：峰值电流控制、谷值

电流控制、滞环电流控制、均值电流控制、电荷控制、谐振控制与重复控制等。其中，前三种控制方法均属于纹波类型控制，直接将电流信号纹波与控制参考比较产生开关信号；后两种控制方法则需要对电流信号进行滤波或积分等预处理，进而与控制参考比较并经过电流调节器产生开关信号。以下对峰值电流控制、均值电流控制、电荷控制、滞环电流控制、谐振控制及重复控制 6 种典型控制方法进行介绍。

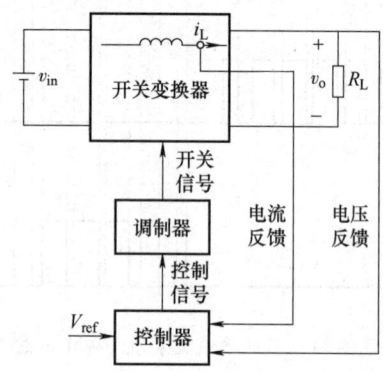

图 5.4-18　开关变换器系统原理图

76　峰值电流控制　峰值电流（Peak Current Mode, PCM）控制中，开关电流信号替代了电压模式控制的三角载波信号，通过与电压外环控制器生成的控制信号进行比较，并辅以数字逻辑控制，最终获得开关信号。图 5.4-19 给出了一种峰值电流控制 Buck 变换器的原理图与运行波形图。图中在每个开关周期初，由时钟脉冲置位 RS 触发器，控制开关管 Q_1 导通；流过开关管 Q_1 的电流 i_s 采样后与 v_ct 进行比较控制开关管关断。

峰值电流控制的突出优点是具有较快的暂态闭环响应速度，简便的控制器设计过程。同时，由于具备峰值电流限流功能，有效提高了应用的可靠性。此外，峰值电流控制可防止在推挽式、桥式电路中变压器磁心饱和问题。峰值电流控制的缺点是对开关电流与控制信号的噪声较为敏感。此外，当占空比 d 大于 0.5 时，在任何电路拓扑下，峰值电流控制本质上都是不稳定的。为此，一般需在电流采样信号的基础上引入锯齿波进行补偿。

77　均值电流控制　与峰值电流控制相比，均值电流控制电流内环存在高增益积分电路误差放大器，能够对采样得到的电感电流信号进行滤波以去除纹波成分，获取电流均值。图 5.4-20a 展示了一种均值电流控制 Buck 变换器结构，该结构的具体控制方式是：参考电压 V_ref 与输出电压 v_o 作差得到

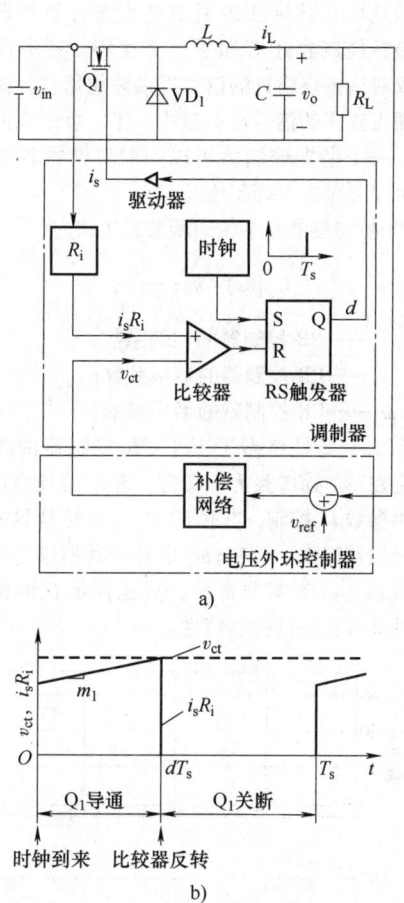

图 5.4-19 峰值电流控制 Buck 变换器
原理图及运行波形图

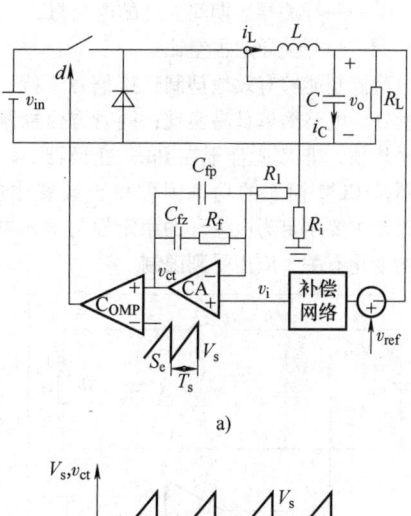

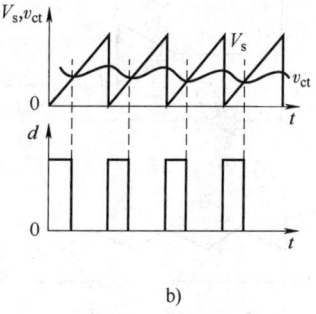

图 5.4-20 均值电流控制 Buck 变换器
原理图及控制波形图

的误差信号经补偿网络放大后作为电流内环的参考信号 v_i，电流采样电阻 R_i 两端的电压与 v_i 相减后经内环补偿网络滤波生成控制信号 v_{ct} 至 PWM 调制器的输入端，v_{ct} 与给定锯齿波比较产生控制脉宽驱动开关。图 5.4-20b 展示了均值电流控制 Buck 变换器的控制波形，由于电流内环补偿网络起到低通滤波器作用，当电感电流存在噪声扰动时，能够在下一个开关周期内被消除，不会引起次谐波振荡的问题。

均值电流控制法的优点有：不需要斜坡补偿；具有较强的抗干扰特性；电流放大器增益高，易于实现均流。均值电流控制法可用来检测并控制电路中任何支路的电流，因此既可以用来精确控制变换器输入电流和输出电流。均值电流控制法的主要不足为电流放大器在开关频率处的增益有最大限制，同时双闭环放大器增益、带宽等配合参数设计调试复杂。

78 电荷控制 电荷控制属于电流型单周期控制，是近些年兴起的一种非线性控制技术，其将开关电路与非线性控制有机结合起来，这样就能使电路在稳态和暂态过程中，均保持受控量平均值恰好正比于给定值。电荷控制的思想是：控制流过开关器件的电荷量，使流过开关器件的电流平均值在一个周期内达到期望值。图 5.4-21a 展示了电荷控制 Buck 变换器原理图，具体实现原理为：开始时，电路中的开关器件处于导通状态，流过开关的电流 i_s 对 C_T 充电，当 C_T 上的电压 v_{ct} 等于参考电压 V_{ref} 时，电路中的开关器件关断，C_T 两端并联的 VS$_2$ 导通，对 C_T 放电。这样就能在一个周期内控制流过电路开关器件的电荷量，从而控制输出电压。其中电容 C_T 的积分作用可以将扰动信号以二次方倍的速度体现在积分信号 v_{ct} 上，实现快速的瞬态响应。图 5.4-21b 展示了电路各点波形，基本控制方程为

$$C_T \frac{dv_{ct}(t)}{dt} = i_s(t)$$

简化上式，可得

$$v_{ct}(t) = \frac{1}{C_T}\int_0^{dT_s} i_s(t)\,dt = \frac{Q_a}{C_T}$$

式中　Q_a——开关导通期间流经的电荷量；
　　　d——开关导通占空比。

电荷控制能够有效地抑制噪声信号干扰，电路稳定性好，电路简单且易实现；同时方便控制开关电流平均值，非常适合于在 Buck 变换器、Flyback 变换器及 CCM 模式的功率因数校正装置中应用。电荷控制主要不足为电流环的稳定性与输入电压及负载的变化有关，应用受到限制。

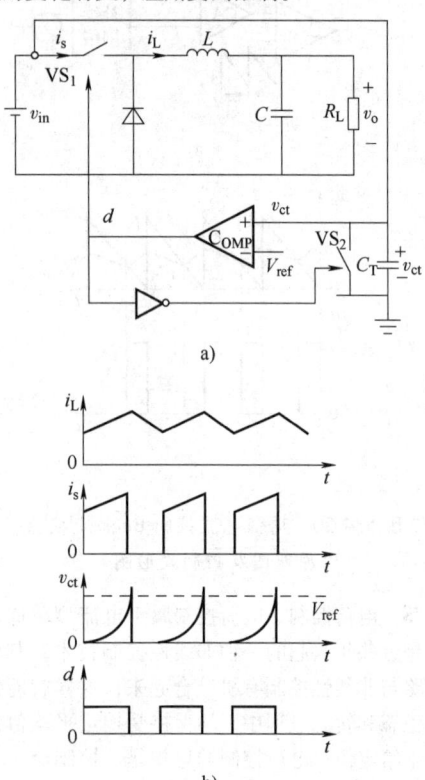

a)

b)

图 5.4-21　电荷控制 Buck 变换器原理图
及运行波形图

79　滞环电流控制　滞环电流控制实际上就是应用滞环比较法 PWM 技术（参考本篇第 69 条）的电流跟踪控制。滞环电流控制由于其结构简单，鲁棒性强和动态响应好的优点，在逆变电源中获得了大量应用；但由于其开关频率不固定，开关频率可控性差，会产生频谱分布较宽的谐波，因此滤波器设计难度较大。

80　谐振控制　谐振控制器作为一种广义交流信号积分器，用以解决对正弦信号的无差控制问题，其中比例谐振（PR）控制器是最为常用的谐振控制器。静止坐标系下比例谐振控制器已被证明可以获得与同步旋转坐标系下的比例积分控制器相同的稳态和瞬态调节特性，但却无需坐标旋转变

化，因此可在数字实现时节约大量计算资源。此外，谐振控制器还有如下显著优势：频率选择特性，仅对谐振点附近的信号提供理想增益，而对远离谐振点频率的信号增益较小；正、负序双向谐振特性，一个谐振控制器可以同时对谐振频率的正序、负序分量提供理想增益。

PR 控制器的基本传递函数表达式为

$$G_{PR}(s) = k_p + \frac{k_r s}{s^2 + \omega_n^2}$$

式中　k_p——PR 控制器的比例系数；
　　　k_r——PR 控制器的谐振系数；
　　　ω_n——PR 控制器的谐振频率。

图 5.4-22 是典型工况下 PR 控制器的频率响应。它在 $\pm\omega_n$ 处增益为正无穷，在谐振频率处增益大小由参数 k_r 控制，其值越大，PR 控制器在谐振频率处增益越大。而在 $\pm\omega_n$ 以外的其他频率处增益迅速衰减，其带宽非常窄，只能保证在谐振频率 $\pm\omega_n$ 处具有良好的控制特性。

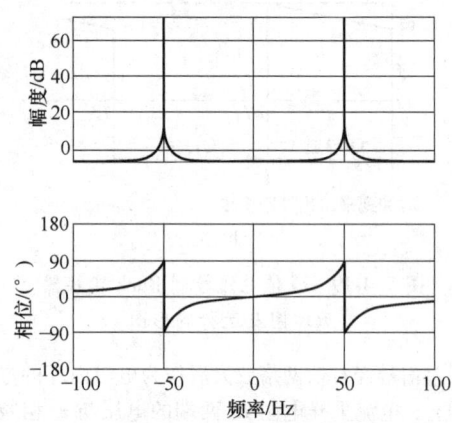

图 5.4-22　PR 控制器频率响应波特图

PR 控制器是一种理想情况下的控制器，由于电网频率和系统参数波动，PR 控制器的谐振频率往往不能与正弦信号的频率正吻合，因此为了提高 PR 控制器对参数变化的鲁棒性，常采用准 PR 控制器，其传递函数表达式为

$$G_{PR}(s) = k_p + \frac{2k_r \omega_c s}{s^2 + 2\omega_c s + \omega_n^2}$$

式中　k_p——准 PR 控制器的比例系数；
　　　k_r——准 PR 控制器的谐振系数；
　　　ω_c——准 PR 控制器的截止频率；
　　　ω_n——准 PR 控制器的谐振频率。

81　重复控制　重复控制（Repetitive Control, RC）是一种离散高精度跟踪控制方法，针对参考

信号周期已知的线性系统可实现零稳态误差。重复控制是内模原理的直接应用，其根本思想是通过将一个周期信号生成器（即参考信号的动力学结构）嵌入到闭环系统中，从而在该信号的基频及倍频处产生相应高增益。

重复控制的控制框图如图 5.4-23 所示，其中 N 为参考信号周期与控制周期的比值，生成参考信号动力学结构。由于重复控制器高频增益较高，需要引入滤波器 $Q(z)$ 抑制高频扰动，保证系统的稳定性。传统方法中 $Q(z)$ 取一个小于 1 的常数保证稳定性，依靠数字控制系统本身的延时特性实现高频衰减；但随着数字控制器性能的提升和控制系统降低延时提高带宽的要求，需要一个低频段为单位增益、高频增益迅速衰减的滤波器，目前通常采用梳齿滤波器 $Q(z) = \alpha_1 z + \alpha_0 + \alpha_1 z^{-1}$ 满足上述要求。另外，由于控制增益 K_{rc} 受到超前补偿周期数 N_L 的限制，为实现最小稳态误差和最佳抗扰性能，应合理选择超前补偿周期数 N_L 使得控制增益 K_{rc} 最大。

和其他传统控制方法相比，重复控制的优势主要有：在所有实现特定频率所有倍频处产生高增益的调节器中，重复控制器的离散实现最简单，易于应用；重复控制器的稳态性能最佳。但重复控制也存在一些局限性：重复控制器对被控对象的周期变化非常敏感，且无法调整内部生成信号的周期，适应性较差；重复控制器的动态性能不足。因此，重复控制器主要应用场景为电力电子变换器的谐波抑制，且需与比例谐振等其他控制方法组合使用。

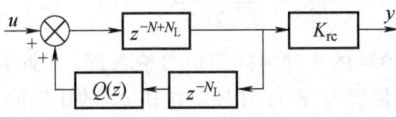

图 5.4-23　重复控制的控制框图

82　其他电流控制方法　电力电子控制系统的电流控制还可以采用无差拍控制等离散线性控制方法。此外，除了电荷控制和滞环电流控制，电力电子控制系统中采用其他非线性控制器用于电流控制的方法和技术近年来也有了快速的发展，比如电荷平衡控制（Charge Balance Control）、滑模控制（Sliding Mode Control）、模型预测控制（Model Predictive Control）、模型参考自适应控制等。它们在不同的具体应用中具有各自的优势。但在大部分应用场合，采用线性控制器就足以满足电流控制的性能要求，所以线性控制仍然是目前电力电子控制系统中应用最广的电流控制方法。

4.7　频率与相位跟踪技术

83　频率与相位跟踪技术　频率和相位跟踪是在有各种扰动的条件下，估测输入信号频率和相位的技术，广泛应用于并网逆变器同步、信号提取以及电动机测速等领域。该技术的主要指标包括抗扰动能力以及动态性能，两者间常需要折中。按照输入信号类型，频率和相位跟踪技术分为单相方法和三相方法；按照是否有频率或相位反馈，分为开环方法和闭环方法。开环方法采用过零检测、傅里叶变换、空间矢量滤波器、卡尔曼滤波器等方法获得相位及频率，无条件稳定，但大多对频率变化敏感。闭环方法根据反馈变量的不同，分为锁相环和锁频环，前者在同步旋转坐标系中实现，后者在静止坐标系中实现。锁相环的应用更为普遍，其基本结构包含鉴相器、环路滤波器以及压控振荡器。其中，鉴相器产生包含相位差信息的信号。常用的鉴相器有乘法器及同步旋转坐标变换。包含相位差信息的信号经过环路滤波器生成估测频率，再经过压控振荡器生成估测相位作为反馈信号。

图 5.4-24 给出了典型同步旋转坐标系三相锁相环结构，其中鉴相器为同步旋转坐标变换，相位差信息体现在 q 轴分量中，环路滤波器为比例-积分控制器，压控振荡器为积分器。稳态下，q 轴分量被控为 0，即估测相位与实际相位之差为 0。为了更好地滤除干扰信号，可在环路中或环路外添加额外的滤波器。

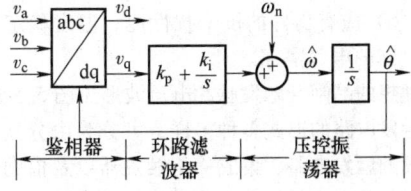

图 5.4-24　同步旋转坐标系三相锁相环原理框图

单相锁相环中，为避免乘法鉴相器造成的二倍频波动，常构造虚拟正交信号，再经过类似三相锁相环的同步旋转坐标变换鉴相器进行相位跟踪。常用的正交信号生成方法包括希尔伯特变换、二阶广义积分器、四分之一周期延迟等。

第5章 电力电子器件的驱动与保护

5.1 驱动电路

84 晶闸管触发电路 晶闸管触发电路的作用是产生符合要求的门极触发脉冲，保证晶闸管在需要的时刻由阻断转入导通。晶闸管触发电路应满足下列要求：1）输出的触发脉冲数目及移相范围应满足变流器联结形式和调节范围的要求；2）各相触发脉冲的触发延迟角应尽可能一致，对小型变流器，偏差不大于±3°，对大型变流器则应在±1°之内；3）触发脉冲的宽度应保证晶闸管可靠导通，特别是对感性和反电动势负载的变流器应采用宽脉冲或脉冲列触发，对变流器的启动而言，双星形带平衡电抗器电路的触发脉冲宽于30°，对三相全控桥式电路应宽于60°或采用相隔60°的双窄脉冲；4）触发脉冲应有足够的幅度，对有器件串并联或户外寒冷场合，脉冲电流的幅度应增大为器件最大触发电流的3~5倍，脉冲前沿的陡度也需增加，一般需达1~2A/μs；5）具有良好的稳态和动态特性，稳态一般要求触发电路应使得其控制电压与变流器的输出电压之间具有接近于线性的函数关系，动态则要求其响应速度要快；6）应有良好的抗干扰性能、温度稳定性及与主电路的电气隔离。

理想的晶闸管触发脉冲电流波形见图5.5-1。

触发电路的形式多种多样，可分为由分立元器件构成的触发电路、集成移相触发器以及借助于微处理器的数字移相触发电路。目前的趋势是，采用分立元器件触发电路的情况越来越少，而多采用集成移相触发器或数字移相触发电路。

集成移相触发器中，国产的 KJ 系列应用较广（骊山微电子有限公司，即原691厂生产），包括 KJ001 半波整流电路触发器，KJ004、KJ009 全波整流电路触发器，KJ005、KJ006 交流相控触发器，KJ008 交流过零触发器，KJ042 脉冲列调制器，KJ041 双脉冲形成器等品种。KJ004 应用最为广泛，可用于单相全波、单相桥、三相桥、双星形带平衡

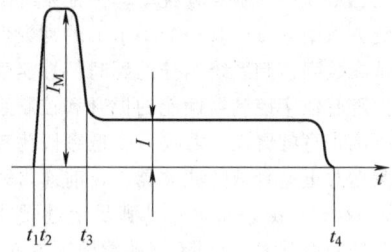

图 5.5-1 理想的晶闸管触发脉冲电流波形

$t_1 \sim t_2$—脉冲前沿上升时间（$<1\mu s$）

$t_1 \sim t_3$—强脉冲宽度　I_M—强脉冲幅值（$3I_{GT} \sim 5I_{GT}$）

$t_1 \sim t_4$—脉冲宽度　I—脉冲平顶幅值（$1.5I_{GT} \sim 2I_{GT}$）

电抗器等整流电路的触发。它能输出两路相位相差180°的移相脉冲，且具有脉冲列调制输入端，外接 KJ042 脉冲列调制器即可输出脉冲列。其单相接线图见图 5.5-2。当采用三组此电路且它们的同步电压分别为三相时，就构成了三相触发电路。电路中的同步串联电阻 R_4（Ω）由下式计算：

$$R_4 = \frac{\text{同步电压（V）}}{2 \sim 3} \times 10^3$$

KJ004 的 8 脚为同步信号输入端，9 脚为锯齿波、负偏置电压 u_P 和控制电压 u_K 的比较输入端，3、4 脚形成锯齿波，11、12 脚形成前级脉冲，13、14 脚为脉冲列调制端，1、15 脚分别输出正半波和负半波脉冲。KJ004 的移相范围可达 170°，最大输出脉冲电流幅值为 100mA，脉冲宽度为 400~2 000μs（由电阻 R_7 和电容 C_2 决定），电位器 RP_1 用来调节锯齿波的斜率，通过它可以调节各相脉冲的一致性。

此外，上海电器科学研究所生产的 KC 系列和西门子公司的 TCA785 也是应用较多的集成移相触发器[12,13]。

采用微处理器的数字移相触发电路原理框图如图 5.5-3 所示。其中控制电压 u_K 的给定和数字锯齿波的形成也可以由微处理器内部的定时/计数器实现。其工作过程为：微处理器根据控制电压和系统

具体的控制算法确定触发延迟角，并用中断或查询方式从同步电路得到同步信息，在同步点启动定时/计数器（数字锯齿波形成），在定时到预定的触发延迟角时输出触发信息，再经脉冲形成电路和脉冲放大隔离电路后，将触发脉冲送到相应晶闸管的门极电路。

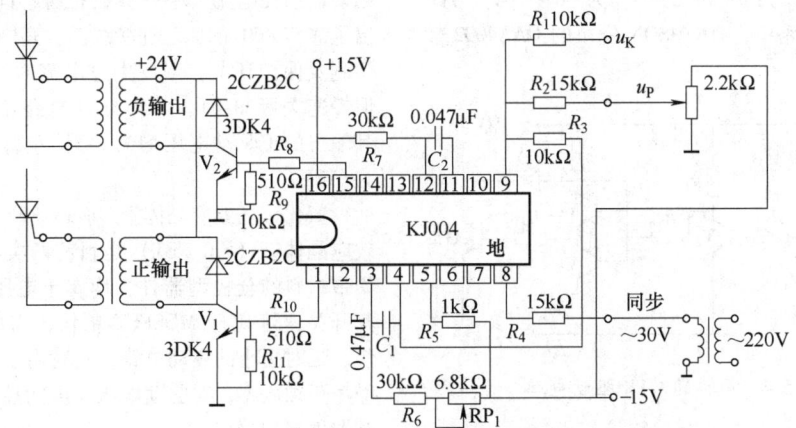

图 5.5-2　KJ004 集成移相触发器的单相应用电路

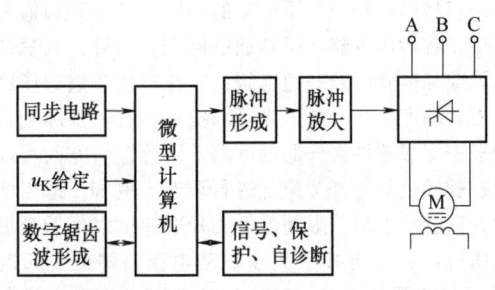

图 5.5-3　数字移相触发电路原理框图

85　全控型器件的驱动电路　全控型器件的驱动电路既要提供开通控制信号，又要提供关断控制信号，以保证器件按控制要求可靠导通或关断。另外，对全控型器件的一些保护措施也往往就近设在驱动电路中。驱动电路与主电路的电气隔离也是必需的。目前常用的全控型器件有门极关断（GTO）晶闸管、电力晶体管（GTR）、电力场效应晶体管（Power MOSFET）和绝缘栅双极型晶体管（IG-BT）。它们对驱动电路的要求有所不同。

GTO 晶闸管和 GTR 是电流控制型器件。GTO晶闸管的开通控制与普通晶闸管相似，但对触发脉冲前沿的幅值和陡度要求更高，且一般需在整个导通期间施加正门极电流。使 GTO 晶闸管关断需施加负门极电流，对其幅值和陡度的要求更高，幅值需达阳极电流的 1/3 左右，陡度需达 50A/μs，强负脉冲宽度约为 30μs，负脉冲总宽度约为 100μs，关断后还应在门-阴极之间施加约 5V 的负偏压，以

提高抗干扰能力。使 GTR 开通的基极驱动电流应使其处于准饱和导通状态，使之不进入放大区和深饱和区。关断 GTR 时，施加一定的负基极电流有利于缩短关断时间和减小关断损耗，关断后同样应在基-射极之间施加一定幅值（6V 左右）的负偏压。GTR 驱动电流的前沿上升时间应小于 1μs，以保证它能快速导通和截止。

电力 MOSFET 和 IGBT 是电压控制型器件。电力 MOSFET 的栅-源极之间和 IGBT 的栅-射极之间都有数千皮法左右的极间电容，为快速建立驱动电压，要求驱动电路具有较小的输出电阻。使电力 MOSFET 开通的栅-源极间驱动电压一般取 10～15V，使 IGBT 开通的栅-射极间驱动电压一般取15～20V。同样，关断时施加一定幅值的负驱动电压（一般取 -15～-5V）有利于缩短关断时间和减小关断损耗。在栅极电路中串入一只低值电阻（数十欧左右）可以减小寄生振荡，该电阻阻值应随被驱动器件电流额定值的增大而减小。

全控型器件驱动电路的形式可以是分立元器件构成的驱动电路，目前的趋势是采用专用的集成驱动电路，包括双列直插式集成电路，以及将光隔离电路也集成在内的混合集成电路。

GTO 晶闸管一般用于大容量电路的场合，其驱动电路通常包括开通驱动电路、关断驱动电路和门极反偏电路三部分，可分为脉冲变压器耦合式和直接耦合式两种类型。在实际工程中，可采用 GTO晶闸管生产厂家提供的集成驱动模块。

图 5.5-4 为 GTR 的一种简单驱动电路，包括电气隔离和放大电路两部分。其中二极管 VD 构成所谓的贝克钳位电路，以保证 GTR 开通时处于准饱和状态。电源 $+V_{CC}$ 为 8～10V，$-V_{CC}$ 为 -6～-4V。GTR 的集成驱动电路中，THOMSON 公司的 UAA4002 较为常见。

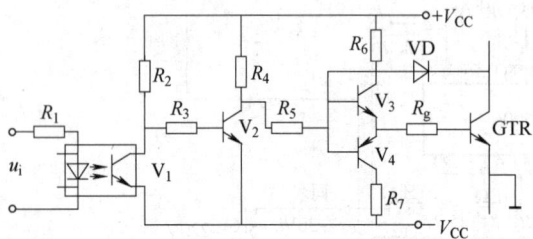

图 5.5-4　简单的 GTR 驱动电路

图 5.5-5 给出了电力 MOSFET 的一种驱动电路，也包括电气隔离和放大电路两部分。也有专为驱动电力 MOSFET 而设计的混合集成电路，如三菱公司的 M57918L，其输入信号电流幅值为 16mA，输出最大脉冲电流为 +2A 和 -3A，输出驱动电压为 +15V 和 -10V。

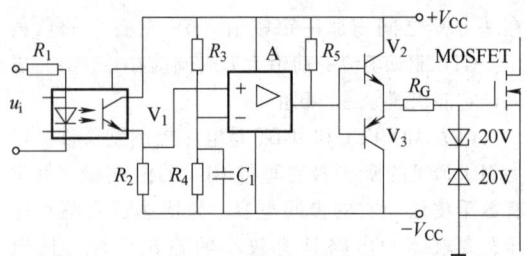

图 5.5-5　分立元件电力 MOSFET 驱动电路

IGBT 的驱动多采用专用的混合集成驱动器。常用的有三菱公司的 M579 系列（如 M57962L 和 M57959L）

和富士公司的 EXB 系列（如 EXB840、EXB841、EXB850 和 EXB851）。同一系列的不同型号其引脚和接线基本相同，只是适用被驱动器件的容量和开关频率以及驱动器消耗电流大小等参数有所不同。图 5.5-6 给出了 M57962L 的原理和接线图。其内部具有退饱和检测及保护环节，当发生过电流时，能快速响应，但慢速关断 IGBT，并向外部电路给出故障信号。其输出的正驱动电压均为 +15V 左右，负驱动电压为 -10V。

氮化镓场效应晶体管（GaN FET）和碳化硅场效应晶体管（SiC FET）是目前两类典型的基于宽禁带材料的全控型器件，均属于电压驱动型器件。其开关速度比硅 MOSFET 更快，需要选用速度更快、延时更小的驱动电路。同时由于其栅极对电压噪声更加敏感，对驱动电压噪声的控制要求则比硅基器件更加严格。

宽禁带场效应晶体管的栅极对噪声更加敏感的主要原因有两个。一是其栅极电压的安全裕量更小，容易出现栅极电压击穿的问题；二是其阈值电压低，容易出现器件误开通的问题。另外，宽禁带场效应晶体管的开关速度很快，在寄生参数的作用下更容易产生高的电压尖峰和振荡，进一步加剧了栅极击穿或器件误开通的问题。因此，一方面可以通过驱动电阻对开关速度进行调节。例如，适当增加开通驱动电阻，限制器件的开通速度以降低栅极电压过冲；适当减小关断驱动电阻，降低关断时栅-源极之间的阻抗，防止快速关断和密勒电容电流引起的误开通问题。另一方面，可以采用低寄生电感的器件封装和更优化的电路布局，以尽量减小栅极电感和共源电感。此外，还可以采用有源密勒钳位技术将关断时的密勒电容电流直接通过钳位开关引到源极，进一步降低栅-源极之间的阻抗，防止误开通现象的发生，见图 5.5-7。

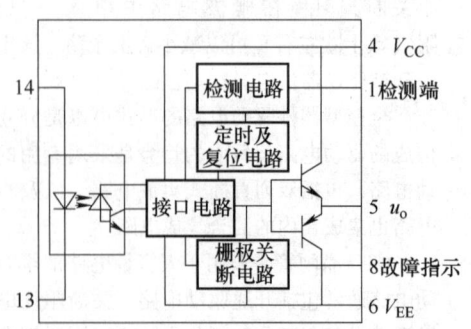

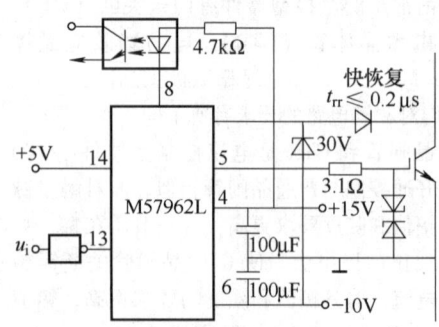

图 5.5-6　M57962L 型 IGBT 驱动器的原理和接线图

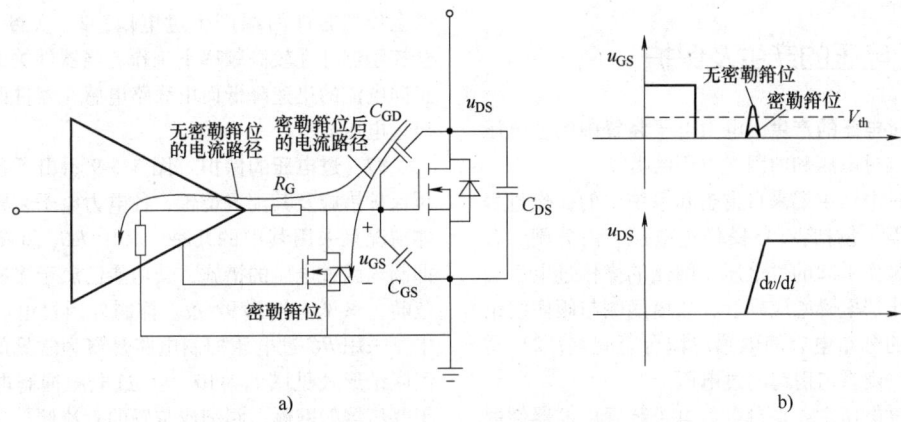

图 5.5-7　密勒电容电流引起的误开通问题和有源密勒箝位
a）电路　b）波形

氮化镓场效应晶体管主要分为增强型和耗尽型两类。增强型器件施加正驱动电压开通，施加 0V 驱动电压即可关断。在大功率场合有时候需要施加负驱动电压来关断，以提高可靠性，同时减小关断损耗，但会导致"体二极管"导通压降增加，死区损耗增大的问题，在设计中往往需要进行权衡。耗尽型器件施加 0V 驱动电压即可开通，需施加一定的负驱动电压才可关断。为避免启动短路、驱动不兼容等问题，通常将耗尽型器件与低压增强型硅基 MOSFET 器件组合构成共源共栅结构，其驱动要求就和硅基 MOSFET 相似，大大降低了驱动的难度。

目前商用的碳化硅场效应晶体管主要包括 MOSFET 和 JFET。碳化硅 MOSFET 开通施加正驱动电压，关断通常施加负驱动电压，以增加关断可靠性并降低关断损耗。碳化硅 JFET 多为耗尽型器件，也多采用共源共栅结构，以降低驱动的难度。

同硅基器件一样，宽禁带场效应晶体管的驱动多采用专用的集成驱动器。其集成驱动器可以分为隔离型和非隔离型，或者分为单管型和半桥型。氮化镓场效应晶体管的集成驱动器有 TI 公司的 LMG1205、Silicon Lab 公司的 Si 827X 系列等。碳化硅场效应晶体管的集成驱动器有 TI 公司的 UCC21710、英飞凌公司的 1ED34x1Mc12M 等。图 5.5-8 给出了增强型氮化镓场效应晶体管的一种半桥型驱动电路，能够工作到数兆赫兹的开关频率。上管的驱动电压通过自举电路产生，并且被箝位到 5V，以防止其超过器件的最大栅极电压。栅极输出端分离成两个，以便独立调节器件的开通速度和关断速度。

很多厂家还进一步推出了将宽禁带电力半导体器件芯片和硅基驱动器芯片封装在一起的集成电路，例如 TI 公司的 LMG3410R070、Navitas 公司的 NV6113 和英飞凌公司的 IM828-XCC。这些集成电路具有低寄生电感、高集成度和易于使用等优点。

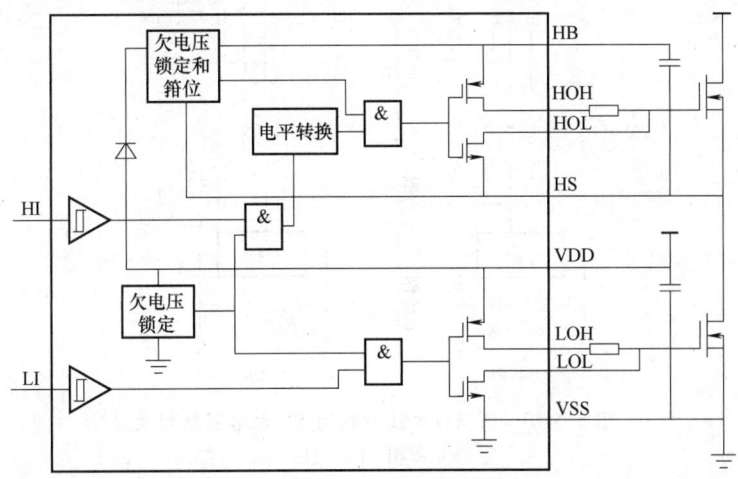

图 5.5-8　氮化镓场效应晶体管 LMG1205 型驱动器的原理和接线示意图

5.2　过电压的产生及保护

86　过电压的产生　电力电子装置中的过电压可分为外因过电压和内因过电压两类。

外因过电压主要来自雷击和系统中的操作过程等外部原因，包括：1）操作过电压。由分闸、合闸等开关操作引起的过电压，网侧的操作过电压会由供电变压器电磁感应耦合，或由网侧与阀侧绕组之间存在的分布电容静电感应耦合至阀侧；2）雷击过电压。由雷击引起的过电压。

内因过电压主要来自电力电子装置内部器件的开关过程，包括：1）换相过电压　由于晶闸管或者与全控型器件反并联的续流二极管在换相结束后不能立刻恢复阻断能力，因而有较大的反向电流流过，使残存的载流子恢复，而当恢复了阻断能力时，反向电流急剧减小，这样的电流突变会因线路电感而在晶闸管阴阳极之间或与续流二极管反并联的全控型器件两端产生过电压；2）关断过电压。全控型器件在较高频率下工作，当器件关断时，因正向电流的迅速降低而由线路电感在器件两端感应出过电压。

87　过电压的保护　图 5.5-9 示出了各种过电压保护措施及其配置位置，各电力电子装置可视具体情况只采用其中的几种。其中 RC_3 和 RC-VD 为抑制内因过电压的措施，其功能已属于缓冲电路的范畴，参见本篇第 92 条。抑制外因过电压的措施中，采用 RC 过电压抑制电路是最为常见的，其典型联结形式见图 5.5-10。RC 过电压抑制电路可接于变压器的网侧、阀侧或装置的直流侧，参数计算参见表 5.5-1~表 5.5-4。对大容量变流装置，可采用反向阻断式 RC 电路，以减小装置的体积和发热量，其联结形式和参数计算见表 5.5-5。采用雪崩二极管、金属氧化物压敏电阻、硒堆和转折二极管（BOD）等非线性元件来限制或吸收过电压也是较常用的措施。

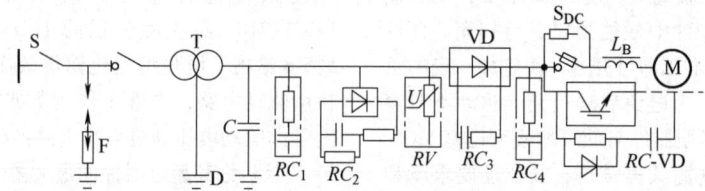

图 5.5-9　过电压保护措施及配置位置

F—避雷器　D—变压器静电屏蔽层　C—静电感应过电压抑制电容　RC_1—阀侧浪涌过电压抑制用 RC 电路　RC_2—阀侧浪涌过电压抑制用反向阻断式 RC 电路　RV—压敏电阻过电压抑制器　RC_3—阀器件换相过电压抑制用 RC 电路　RC_4—直流侧 RC 抑制电路　RC-VD—阀器件关断过电压抑制用 RC-VD 电路

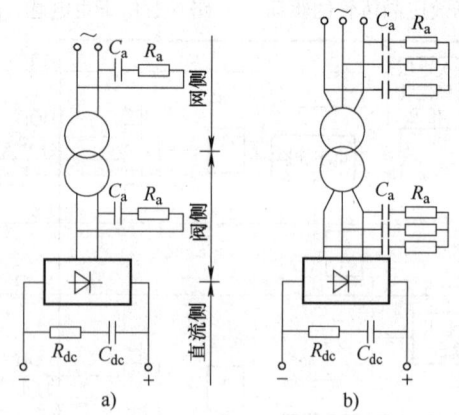

图 5.5-10　浪涌过电压抑制用 RC 电路联结形式

a）单相　b）三相

表 5.5-1　小容量变流器交流侧浪涌过电压抑制用 RC 电路计算公式[①]

变压器容量	电容 $C_a/\mu F$	电阻 R_a/Ω	符 号 说 明
单相，$\leq 200VA$	$C_a = 700S_T/U^2_{ARM}$		S_T—变压器等值容量（VA）；K_{gs}—系数，见表 5.5-2；
单相，$\geq 200VA$	$C_a = 400S_T/U^2_{ARM}$	$R_a = 100\sqrt{\dfrac{U_d}{I_d C_a \sqrt{f}}}$	f—电源频率（Hz）；U_{ARM}—臂反向工作峰值电压（V）；U_d—额定直流输出电压（V）；
三相，$\leq 5kVA$	$C_a = K_{gs}S_T/U^2_{ARM}$		I_d—额定直流输出电流（A）

① 本表计算公式以 RC 电路接于阀侧绕组为依据，当接于网侧时，kU_{ARM} 作为 U_{ARM} 代入等式，其中 k 等于网侧电压 U_L 与阀侧电压 U_{V0} 之比。

表 5.5-2　计算系数 K_{gs}

	K_{gs} 的数值	RC 作三角形联结	RC 作星形联结
变压器联结形式	Yy 双拍（网侧中点不接地）	150	450
	Yd 双拍（网侧中点不接地）	300	900
	其他双拍联结形式及所有单拍联结形式	900	2 700

表 5.5-3　大容量变流器交流侧浪涌过电压抑制用 RC 电路计算公式

电联结形式	接于变压器阀侧			接于变压器网侧			符 号 说 明
	电容 $C_a/\mu F$	电阻 R_a/Ω	电阻功率 P_{Ra}/W	电容 $C_a/\mu F$	电阻 R_a/Ω	电阻功率 P_{Ra}/W	U_{V0}—阀侧线电压（V）
单相桥式	$29\,000\dfrac{\xi I_V}{fU_{V0}}$	$0.3\dfrac{U_{V0}}{\xi I_V}$		$29\,000\dfrac{\xi I_L}{fU_L}$	$0.3\dfrac{U_L}{\xi I_L}$		U_L—网侧线电压（V）
三相桥式	$17\,320\dfrac{\xi I_V}{fU_{V0}}$	$0.17\dfrac{U_{V0}}{\xi I_V}$	$\left(\dfrac{1}{4}\xi I_V\right)^2 R_a$			$\left(\dfrac{1}{4}\xi I_L\right)^2 R_a$	I_V—阀侧线电流（A）　I_L—网侧线电流（A）
三相带中线	$13\,860\dfrac{\xi I_V}{fU_{V0}}$	$0.21\dfrac{U_{V0}}{\xi I_V}$		$17\,320\dfrac{\xi I_L}{fU_L}$	$0.17\dfrac{U_L}{\xi I_L}$		ξ—变压器励磁电流对额定电流标幺值，一般为 0.02～0.05
双反星形带平衡电抗器	$12\,120\dfrac{\xi I_V}{fU_{V0}}$	$0.24\dfrac{U_{V0}}{\xi I_V}$	$\left(\dfrac{1}{5}\xi I_V\right)^2 R_a$			$\left(\dfrac{1}{5}\xi I_L\right)^2 R_a$	f—电源频率（Hz）

注：1. 计算公式以 RC 电路星形联结为依据，当 RC 作三角形联结时，电容量 C_a 取星形联结计算值的 1/3，而电阻 R_a 取星形联结计算值的 3 倍。

　　2. 在双反星形带平衡电抗器电路中，RC 电路应同时接在变压器阀侧的两个星形绕组上。

表 5.5-4　直流侧 RC 抑制电路计算公式

联 结 型 式	电容 $C_{dc}/\mu F$	电阻 R_{dc}/Ω	电阻功率 P_{Rdc}/W	符 号 说 明
单相桥	$120\,000\dfrac{\xi I_V}{fU_{V0}}$	$0.25\dfrac{U_{V0}}{\xi I_V}$		U_σ—纹波电压，一般 U_σ 取幅值最高、序次最低的谐波电压 U_n（V）
三相桥、三相带中线、双星形带平衡电抗器	$121\,244\dfrac{\xi I_V}{fU_{V0}}$	$0.058\dfrac{U_{V0}}{\xi I_V}$	$\dfrac{U^2_\sigma R_{dc}}{\left(\dfrac{1}{2\pi f_n C_{dc}\times 10^{-6}}\right)^2 + R^2_{dc}}$	f_n—与 U_n 相对应的谐波频率（Hz）　ξ、U_{V0}、I_V、f—见表 5.5-3 说明

表 5.5-5　交流侧浪涌过电压抑制用反向阻断式 *RC* 电路计算公式

电　路	计　算　公　式	符　号　说　明
	$C = (43\ 300 \sim 121\ 244)\ \dfrac{\xi I_{\mathrm{V}}}{f U_{\mathrm{V0}}}$ $C_2 \leqslant 0.1C$ $C_1 = C - C_2$ $R_1 = (0.4 \sim 0.8)\ \sqrt{\dfrac{2L_{\mathrm{t}}}{C}}$ $R_2 = \tau / C$	C—总电容（μF），$C = C_1 + C_2$ L_{t}—变压器折合到阀侧的每相漏电感（μH） R_1—串联电阻（Ω） τ—放电时间常数，一般取 $\tau = 2\mathrm{s}$ ξ、U_{V0}、I_{V}、f—见表 5.5-3 说明

注：本表计算公式适用于 *RC* 电路接于阀侧。

5.3　过载和短路保护

88　快速熔断器　采用快速熔断器（简称快熔）是电力电子装置中最有效、应用最广的一种过电流保护措施。在选择快熔时应考虑：1）电压等级应根据熔断后快熔实际承受的电压来确定；2）电流容量应按其在主电路中的接入方式和主电路联结形式来确定，快熔一般与电力电子器件串联连接，在小容量装置中，也可串接于阀侧交流母线或直流母线中，表 5.5-6 给出了这三种接入方式的特点及快熔电流容量的选择方法；3）快熔的 $I^2 t$ 值应小于被保护器件的允许 $I^2 t$ 值；4）为保证熔体在正常过载情况下不熔化，应考虑其时间-电流特性。

表 5.5-6　快熔的接入方式与特点

接入方式	特　点	快熔的额定电流 I_{RN}	备　注
	1）快熔与每一个器件相串联 2）可靠地保护每一个器件 3）快熔用量多，价格较高	$I_{\mathrm{RN}} \leqslant 1.57 I_{\mathrm{T(AV)}}$	$I_{\mathrm{T(AV)}}$—器件通态平均电流（A） K_{c}—交流侧线电流与 I_{d} 之比（见表 5.5-7） I_{dM}—按整流器件通态平均电流推导出的直流回路最大电流（A）
	1）能在交、直流和器件短路时起保护作用 2）对保护器件的可靠性稍有降低 3）快熔用量省	$I_{\mathrm{RN}} \leqslant K_{\mathrm{c}} I_{\mathrm{dM}}$	
	1）直流负载侧故障时动作 2）器件短路（内部短路）时不能起保护作用	$I_{\mathrm{RN}} \leqslant I_{\mathrm{dM}}$	受电路中 L/R 值影响很大

表 5.5-7　整流电路联结型式与系数 K_{c} 的关系

整流电路联结形式	系数 K_{c}	
	电感负载	电阻负载
单相全波	0.707	0.785
单相桥式	1	1.11
三相零式	0.577	0.578
三相桥式	0.816	0.818
六相零式六相曲折	0.408	0.409
双反星形带平衡电抗器	0.289	0.290

快熔对器件的保护方式可分为全保护和短路保护两种。全保护是指不论过载还是短路均由快熔进行保护，此方式只适用于小功率装置或器件使用裕度较大的场合。短路保护方式是指快熔只在短路电流较大的区域内起保护作用，此方式下，需与其他过电流保护措施相配合，见本篇第 89 条。

89　过电流保护　图 5.5-11 给出了各种过电流保护措施及其配置位置，其中除快熔之外，直流快速断路器和过电流继电器也是较为常用的措施。一般电力电子装置均同时采用几种过电流保护措施，以提高保护的可靠性和合理性。在选择各种保护措施时应注意相互协调。通常，电子电路作为第一保护措施，快熔仅作为短路时的部分区段的保护，直流快速断路器整定在电子电路动作之后，过电流继电器整定在过载时动作。

90　过电流的电子保护　对一些重要的且易发生短路的晶闸管设备，或者工作频率较高、很难用快熔保护的全控型器件，需要采用电子电路进行过电流保护。除了对电动机起动的冲击电流等变化较

慢的过电流可以利用控制系统本身调节器对电流的限制作用之外，需设置专门的过电流保护电子电路，检测到过电流之后直接调节触发或驱动电路，或者关断被保护器件。

图 5.5-12 给出了直流调速用变流器的一种过电流电子保护电路。它从控制系统的电流检测电路中分出一路信号与过电流整定值进行比较，比较的结果直接去控制触发电路的输入端，一旦发生过电流可使触发延迟角大于 90°，一般整定在 150° 位置，使整流器处于本桥逆变状态。

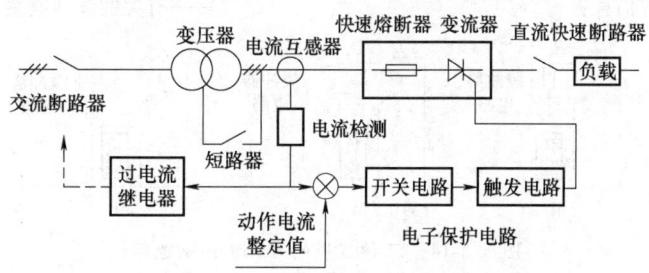

图 5.5-11　过电流保护措施及其配置位置

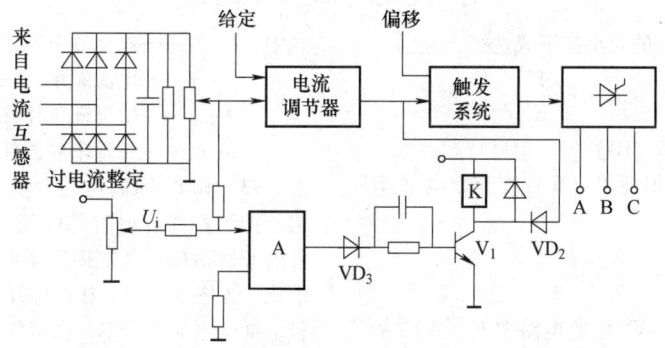

图 5.5-12　直流调速用变流器的过电流电子保护电路

图 5.5-13 为 PWM 变频调速装置的过电流电子保护电路原理框图。当发生过电流时，IC_1 的 7 脚输出低电平，PWM 输出脉冲通过 VD_1 被置为低电平，逆变器中所有开关器件被关断，达到保护的目的。

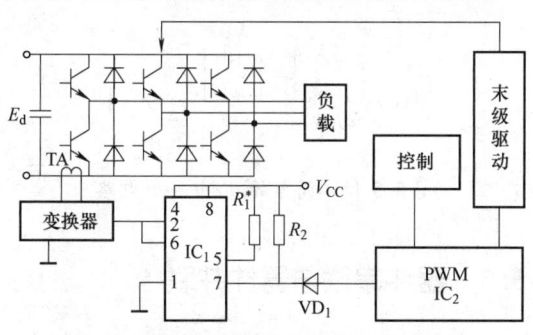

图 5.5-13　PWM 变频调速装置的过电流电子
保护电路原理框图

此外，常在全控型器件的驱动电路中设置过电流保护环节，这对器件过电流的响应是最快的，参见本篇第 85 条。

5.4　缓冲电路

91　缓冲电路的类型[7,14]　缓冲电路又称为吸收电路，其作用是抑制电力电子器件的内因过电压、du/dt 或者过电流和 di/dt，减小器件的开关损耗。缓冲电路可分为 du/dt 抑制电路和 di/dt 抑制电路，有时缓冲电路也专指 du/dt 抑制电路。将 du/dt 抑制电路和 di/dt 抑制电路结合在一起，称为复合缓冲电路。它还可以用另外的分类方法，缓冲电路中储能元件的能量如果消耗在其吸收电阻上，则被称为耗能式缓冲电路；如果缓冲电路能将其储

能元件的能量回馈给负载或电源，则被称为馈能式缓冲电路。

92　du/dt 抑制电路　又称为关断缓冲电路，用于吸收器件的关断过电压和换相过电压，抑制 du/dt，减小关断损耗。图 5.5-14 示出了三种常用的 du/dt 抑制电路形式。其中 RC 吸收电路主要用于小容量器件；放电阻止型 RC-VD 吸收电路用于中或大容量器件；充放电型 RC-VD 吸收电路适用于中等容量、开关频率为 1~2kHz 以下的场合。吸收电容 C_s（μF）的取值可将 E_d 置于低电压，以实验方法确定，或由下式估算：

$$C_s \geq \left(\frac{I_o}{KU_{CEP} - E_d} \right)^2 L$$

式中　I_o——续流二极管反向恢复电流峰值或被关断全控型器件电流的最大值（A）；

K——降额系数，非重复状态（过电压保护时）时 $K \leq 1$，重复状态（正常工作时）时 $K \leq 0.8$；

U_{CEP}——吸收电容两端电压允许达到的最高值（V）；

E_d——直流中间电路电压（V）；

L——有关的线路电感（μH）。

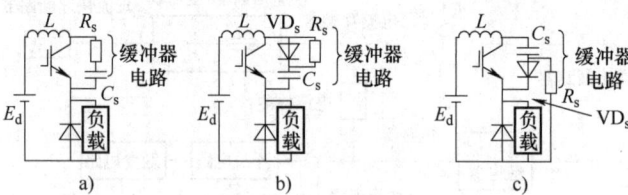

图 5.5-14　三种常用的 du/dt 抑制电路

a) RC 吸收电路　b) 充放电型 RC-VD 吸收电路

c) 放电阻止型 RC-VD 吸收电路

吸收电阻 R_s（Ω）的大小按下式选择：

$$2\sqrt{L/C_s} \leq R_s \leq \frac{1}{2.3 C_s f}$$

式中　f——开关频率（Hz）。

吸收电阻的功率损耗 P_{sN}（W）在充放电型 RC-VD 吸收电路中为

$$P_{sN} = \frac{C_s E_d^2 f}{2} + \frac{L I_o^2 f}{2}$$

在放电阻止型 RC-VD 吸收电路中 P_{sN}（W）为

$$P_{sN} = \frac{L I_o^2 f}{2}$$

吸收二极管 VD$_s$ 必须选用快速二极管，其额定电流应不小于主电路器件额定电流的 1/10。此外，应尽量减小线路电感，且应选用内部电感小的吸收电容。在中小容量场合，若线路电感较小，可只在直流侧总的设一个 du/dt 抑制电路，对 IGBT 甚至可以仅并联一个吸收电容[7,14]。

晶闸管在实际应用中一般只承受换相过电压，没有关断过电压问题，关断时也没有较大的 du/dt，因此一般采用 RC 吸收电路即可。其参数 C_s（μF）、R_s、P_{R_s}（W）按下述经验公式选取：

$$C_s = (1 \sim 2) I_{T(AV)} \times 10^{-3}$$

$$R_s = 10 \sim 30\Omega$$

$$P_{R_s} \geq f C_s \left(\frac{U_{ARM}}{n_s} \right)^2$$

式中　$I_{T(AV)}$——阀器件额定正向平均电流（A）；

f——电源频率（Hz）；

U_{ARM}——臂反向工作峰值电压（V）；

n_s——每臂串联器件数。

93　di/dt 抑制电路　又称为开通缓冲电路，用于抑制器件开通时的电流过冲和 di/dt，减小器件的开通损耗。最常用的限制 di/dt 的方法是串联电感，见图 5.5-15。在器件开通时，电感 L_s 吸收能量，抑制电流上升率；在器件关断时，储存在电感 L_s 中的能量通过二极管 VD$_s$ 的续流作用而消耗在 VD$_s$ 和电感本身的电阻上，必要时可在 VD$_s$ 支路中串入一定的电阻。L_s 的值可由器件开通前承受的电压值除以所能承受的 di/dt 值，再减去线路电感而得到。

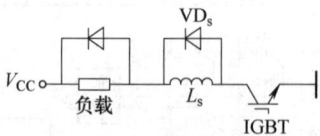

图 5.5-15　简单的 di/dt 抑制电路

5.5　器件串联与器件并联

94　器件串联均压技术　与晶闸管串联类似，IGBT 串联时由于器件静态和动态参数的差异，同样存在静态不均压和动态不均压问题。

串联的 IGBT 处于关断稳态时，由于各器件静态伏安特性的分散性，导致等效关断电阻大的 IGBT 承担更高的静态电压。为实现串联 IGBT 的静态均压，仍然需要通过并联静态均压电阻来解决。

串联的 IGBT 在开关过程中，由于器件自身动态参数的差异及门极驱动电路参数的差异，导致串联的 IGBT 存在开关延时差异和 du/dt 差异。开通过程中速度较慢和关断过程中速度较快的 IGBT 将承受更高的暂态电压。为实现串联 IGBT 的动态均压，可以借鉴晶闸管串联的方法，在每个 IGBT 两端并联缓冲电路，如 RC 或 RCD 电路，以平衡串联 IGBT 的开关速度差异，从而实现动态均压。

与晶闸管串联不同的是，IGBT 还可以通过门极驱动电路实现动态均压。图 5.5-16 给出了一种通过对关断过程各个阶段门极驱动电流的调整进行串联 IGBT 动态均压的方法示意图。在调节驱动电流前，串联的 IGBT 间存在延时和 du/dt 之间差异，导致关断过程中的动态电压存在差异。通过对驱动电流进行调节，可以使串联 IGBT 的关断延时和 du/dt 差异得到补偿，从而实现动态均压。开通过程的原理一样。采用类似的思路，也可以通过对门极驱动电压的调节实现串联 IGBT 的动态均压。

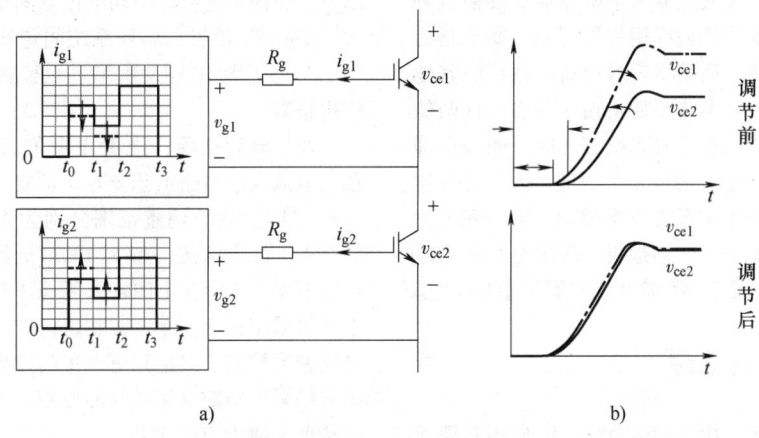

图 5.5-16　通过门极驱动电流的调整对串联 IGBT 进行动态均压控制

a) 控制方法示意　b) 波形示意

由于电力 MOSFET 与 IGBT 均属于电压驱动型器件，开关过程类似，因此电力 MOSFET 的串联均压方法与 IGBT 没有本质上的区别，可以互相借鉴。

95　器件并联均流技术　大功率晶闸管装置中，常用多个器件并联来承担较大的电流。同样，晶闸管并联就会分别因静态和动态特性参数的差异而存在电流分配不均匀的问题。均流不佳，有的器件电流不足，有的过载，有碍提高整个装置的输出，甚至造成器件和装置损坏。

均流的首要措施是挑选特性参数尽量一致的器件，此外还可以采用均流电抗器。同样，用门极强脉冲触发也有助于动态均流。

当需要同时串联和并联晶闸管时，通常采用先串后并的方法连接。

电力 MOSFET 的通态电阻 R_{on} 具有正的温度系数，并联使用时具有一定的电流自动均衡的能力，因而并联使用比较容易。但也要注意选用通态电阻 R_{on}、开启电压 U_T、跨导 G_{fs} 和输入电容 C_{iss} 尽量相近的器件并联；并联的电力 MOSFET 及其驱动电路的走线和布局应尽量做到对称，散热条件也要尽量一致；为了更好地动态均流，有时可以在源极电路中串入小电感，起到均流电抗器的作用。

IGBT 的通态压降一般在 $1/3 \sim 1/2$ 额定电流以下的区段具有负的温度系数，在以上的区段则具有正的温度系数，因而 IGBT 在并联使用时也具有一定的电流自动均衡能力，与电力 MOSFET 类似，易于并联使用。当然，不同的 IGBT 产品其正、负温度系数的具体分界点不一样。实际并联使用 IGBT 时，在器件参数和特性选择、电路布局和走线、散热条件等方面也应尽量一致。不过，近年来许多厂家都宣称他们 IGBT 新产品的特性一致性非常好，并联使用时只要是同型号和批号的产品都不必再进行特性一致性挑选。

第6章 电力电子装置

96 电力电子装置的应用领域 从电路和装置实现的具体功能来说,电力电子装置可应用于供能型和非供能型两大类领域。供能型应用是为了给负荷提供电能而对输出侧和输入侧的电能进行相应变换和控制的应用,又大致分为电机驱动和其他各种供电电源两类。非供能型应用的作用则主要不是为了给负荷提供能量,而是实现对负荷或系统的其他控制功能,因此往往不需要能量输入和输出这两侧端口,而是只需要与负荷或系统相连的一侧端口即可,常见于输配电系统的应用。因此,人们往往含糊地说电力电子技术主要有电机驱动、电源和电力系统三大应用类型。但严格地讲,输配电系统中既有电力电子技术的非供能型应用,也有供能型应用。

6.1 典型直流电源

97 电解电源 用于冶金及化工,应用对象尤以铝镁电解和食盐电解为主。输出电压按工艺要求分别为:食盐电解时 100～315V,铝电解时 460～1 250V;输出电流视生产规模不同分别为 5～200kA 不等。这类电源耗电量大,故提高装置效率和功率因数、降低对电网谐波污染的意义重大。由于故障停电会造成重大损失,因此可靠性要求很高。其他的要求还有:准确计量电功率、耐腐蚀、功率留有裕量、操作维护方便等。

电解电源常采用二极管整流器或晶闸管整流器,联结形式有 6 脉波双反星形带平衡电抗器和三相桥等。二极管整流时通常采用带调压开关的变压器、调压器、饱和电抗器等调压;晶闸管整流可采用相控调压,通常为了减小输入谐波电流,也结合网侧有载分级调压及有载或无载自耦调压,以避免晶闸管深控。

由于输出电流很大,常采用器件并联和装置并联技术,大电流磁场及各支路阻抗不对称会影响电流均匀分布,严重时会造成装置损坏,因此均流问题不应忽视。常用的方法有同相逆并联、优化布线结构和串联电感等,总的原则是削弱磁场和均衡阻抗。

电解电源耗散功率大,冷却问题很重要,常用的冷却方式有风冷、油冷和水冷,以水冷为主。冷却水质和电阻率应满足有关标准;应注意防冻;应注意水温及环境湿度,以避免结露破坏绝缘。循环水系统应注意绝缘,不同电位点间绝缘水管长度应大于 1m,装置与水循环系统间绝缘水管长度应大于 1.5m。应对水量及水温进行监测,发现故障应停机报警。

98 电镀电源 电镀电源的特点是输出电压低、电流大。根据工艺要求,额定电压一般为 6V、12V、24V 三种,调整范围分别为 1～6V、3～12V、6～24V。额定电流一般为 100A 至数千安,有的高达数万安。小容量电源常采用稳压控制;而大容量电源可采用恒流控制,或利用标准电极反馈进行恒电流密度控制,以达到更理想的效果。特种电镀电源有的采用周期反相或脉冲控制。电压或电流的控制精度一般为 3%～1%。

由于输出电压低,整流器件压降对效率影响明显,因此一般采用网侧交流移相调压,而阀侧为二极管整流,多用双反星形带平衡电抗器联结形式,而不用桥式整流电路。由于交流调压电路的负载为变压器,因此应注意由于触发脉冲不对称、丢脉冲、误触发等原因而造成的变压器直流磁饱和而损坏晶闸管。还应采用软启动,避免启动时变压器的瞬态过程对晶闸管造成的电压、电流冲击。目前已有采用高频开关方式的电解电源问世,体积和重量大大下降,而效率和性能均有提高。电解电源的冷却方式有自冷、风冷、水冷、油冷和油浸水冷等。

电镀槽与工件容易短路,故电源应具备短路保护功能。为避免触电,除直流电压应符合安全电压外,整流变压器一、二次绕组应绝缘,不能使用自耦变压器。电源还应满足防腐要求,可将装置整体置于油箱中。

99 蓄电池和锂离子电池充电电源 工业用蓄电池主要有铅酸和镉镍两类,工作方式分浮充式和循环式。浮充式蓄电池通常与充电电源一起构成直流系统,电源在充电的同时还要给负载供电。系统平时工作于浮充电状态，电压恒定。作为对蓄电池的维护，每隔 1~3 个月对蓄电池进行一次均衡充电，也是恒压充电，电压略高于浮充电电压。更换电池或电池放电时间较长后，需进行补充电，即以恒流方式将电池充满，然后转入浮充电。循环式工作的电池一般在工作间隙进行补充电。

充电电源的输出特性一般为图 5.6-1 所示的恒压恒流充电特性，并且恒压值 U^* 和恒流值 I^* 能在一定范围内设定，既能满足恒压工作的要求，并限制充电电流以保护电池，又可以满足恒流充电的要求，并限制充电终止电压。这种特性的电源可用于浮充电、均衡充电和补充电。

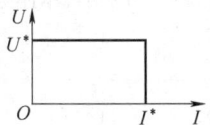

图 5.6-1　恒压恒流充电特性

脉冲充电电源输出大电流脉冲序列，并插入短时放电，可以消除蓄电池极化现象，能使电池很快充满而不影响电池寿命，因此多用于快速补充电。

充电电源的额定电压根据蓄电池的串联个数而有 6V、12V、24V、48V、110V、220V 等多种，电流从小于 1A 到数百安，快速充电时峰值电流可达数千安，稳压稳流精度一般为 1%~0.1%。

蓄电池充电电源传统的结构形式为单相或三相晶闸管相控整流电路，换代的技术为以全控型器件为核心的高频开关电路，成本、体积和重量都大大下降，而性能却有明显提高。目前的充电电源无论是相控整流式还是高频开关式，大都采用微处理器进行智能控制，并具备远程遥感、遥测和遥控接口，可以实现充电过程的自动控制，甚至可实现系统无人值守工作。

相较于传统蓄电池，各类锂离子电池具有更高的能量密度和功率密度、更好地记忆效应，而得到广泛关注。

以电池接入直流供电系统为例，电池输出电动势相对供电系统母线电压较低，且该电动势随电池的荷电状态变化，因而需要功率变换系统提供电压调节与电流控制的功能。连接直流母线的功率变换器常采用双向 DC-DC 变换器的结构，可分为非隔离型与隔离型两类，如图 5.6-2 所示。

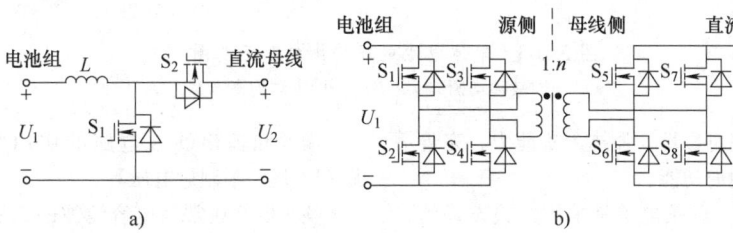

图 5.6-2　双向 DC-DC 型储能功率变换系统器拓扑结构
a) 非隔离型双向 DC-DC 拓扑结构　b) 隔离型双向 DC-DC 拓扑结构

非隔离型双向 DC-DC 变换器，如图 5.6-2a 所示，以双向 Buck-Boost 变换器拓扑为例，可认为是 Buck 变换器与 Boost 变换器的组合；通常低压侧连接电池，高压侧接入直流母线。电池处于放电模式下时，电路工作在 Boost 模式，S_2 关断，通过控制 S_1 的闭合与关断，以控制电池向直流母线注入的功率；相对地，电池处于充电模式下时，电路工作在 Buck 模式，S_1 关断，通过控制 S_2 的闭合与关断，以控制直流母线向电池传输的功率。

隔离型双向 DC-DC 变换器，如图 5.6-2b 所示，以非谐振式隔离型双向全桥 DC-DC 变换器拓扑为例，可以通过高频变压器的设置满足电磁隔离、高转换比、高功率密度的三方面设计需求。电池处于放电模式时，母线侧开关关断，通过控制源侧开关的闭合与关断，控制电池向直流母线输出的功率；与之相反，电池处于充电模式时，源侧开关关断，通过控制母线侧开关的闭合与关断，以控制直流母线注入电池的功率。

当储能系统需要与电网相连接时，可采用双向 DC-AC 变流器，以实现储能单元充、放电工况下电能的双向流动。

电池常用的充电控制模式有恒流充电、恒压充电、恒功率充电等；常用的放电控制方法有恒流放电、恒功率放电等。当电池工作在充电模式下时，常根据荷电状态决定控制模式：当电池荷电状态较低，需快速充电时，电感电流作为受控量，并对电压限幅，控制功率变换器工作在恒流充电模式；当电池的荷电状态较接近目标值时，电池端口电压作为受控量,并对电流限幅,令功率变换器工作在恒压充电模式。当电池工作在放电模式下时,根据直流母线的控制需求决定控制方法:例如,电池向直流母线上负载供电时,可测量、反馈并控制直流母线电压为恒定值,令功率变换器工作在恒压模式。

一般情况下,单体电池的端电压较低,如锂离子单体电池的输出电压为 3~4V,可以提供的输出电流也较小,无法满足大功率的使用。因而,在通常将单体电池通过串、并联构成电池组或电池模块后使用。大批量生产的单体电池存在不一致性,主要表现在同一型号电池间荷电状态、自放电电流、内阻、容量等参数不相同。电池组内单体电池的不一致不仅降低了电池组性能的发挥,而且还会影响电池管理系统监测的准确性,极端情况下甚至还会导致电池产生异常现象,发生安全事故。对此问题,可使用分选、均衡及热管理技术进行改善。电池均衡技术是在个别单体电池出现较大差异时,通过外部电路对电池组进行干预,使得电压高的电池放电,电压低的电池充电,从而减小单体电池之间充放电程度差异的技术。常用的电池均衡方法主要包括被动均衡和主动均衡两类。这两类均衡方法均有多种实现方案。一种被动均衡方案见图 5.6-3a,使用并联电阻对充电较高的电池进行消耗,以实现电压均衡的目的。一种主动均衡方案见图 5.6-3b,借助电容器将电能从充电较多的单体电池转移到充电较少的单体电池中,以实现单体电池电压均衡。

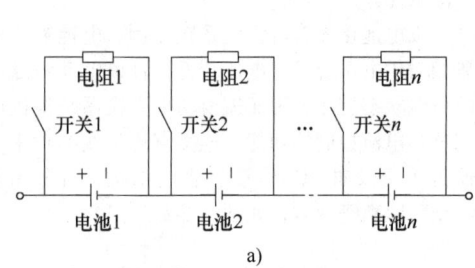
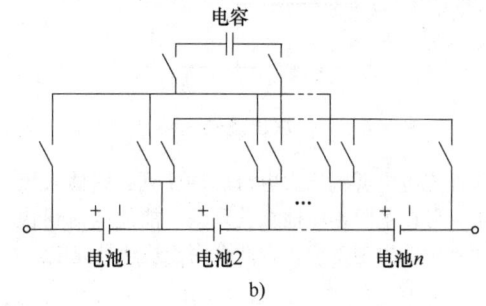

a)　　　　　　　　　　　b)

图 5.6-3　单体电池电压均衡电路示意图

a) 一种被动均衡方案　b) 一种主动均衡方案

充电电源要求高可靠性、强抗干扰能力、完善的自保护和保护电池的功能。

100　开关电源　开关电源是采用开关方式的交流-直流或直流-直流变流器。通常采用反馈控制电路得到稳压或稳流的输出。典型的开关电源结构见图 5.6-4。直流输入的开关电源没有整流电路。

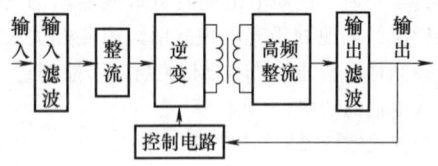

图 5.6-4　典型的开关电源结构

输入和输出滤波电路的作用为抑制电磁干扰(EMI)、限制过电压等。

整流电路通常为电容滤波的二极管桥式电路,也可以采用功率因数校正电路,以减小输入谐波、提高功率因数。

直流-直流变流电路是开关电源的核心,电路种类很多,一般可分为不隔离型和隔离型两大类。在开关电源中,常用的为隔离型电路,先将直流电逆变为高频交流电,再整流为直流电,中间用高频变压器隔离,见图 5.6-4。不隔离电路见斩波电路(参见本篇 3.4 节)。隔离电路的具体电路形式见表 5.6-1。

表 5.6-1　隔离型直流-直流变流电路

名　称	电　路	原 理 波 形
正激	(电路图:U_i、变压器、VD_1、VD_2、L、开关 S)	(波形图:S、u_S、U_i、i_L、i_S)

（续）

名　称	电　路	原 理 波 形
反激	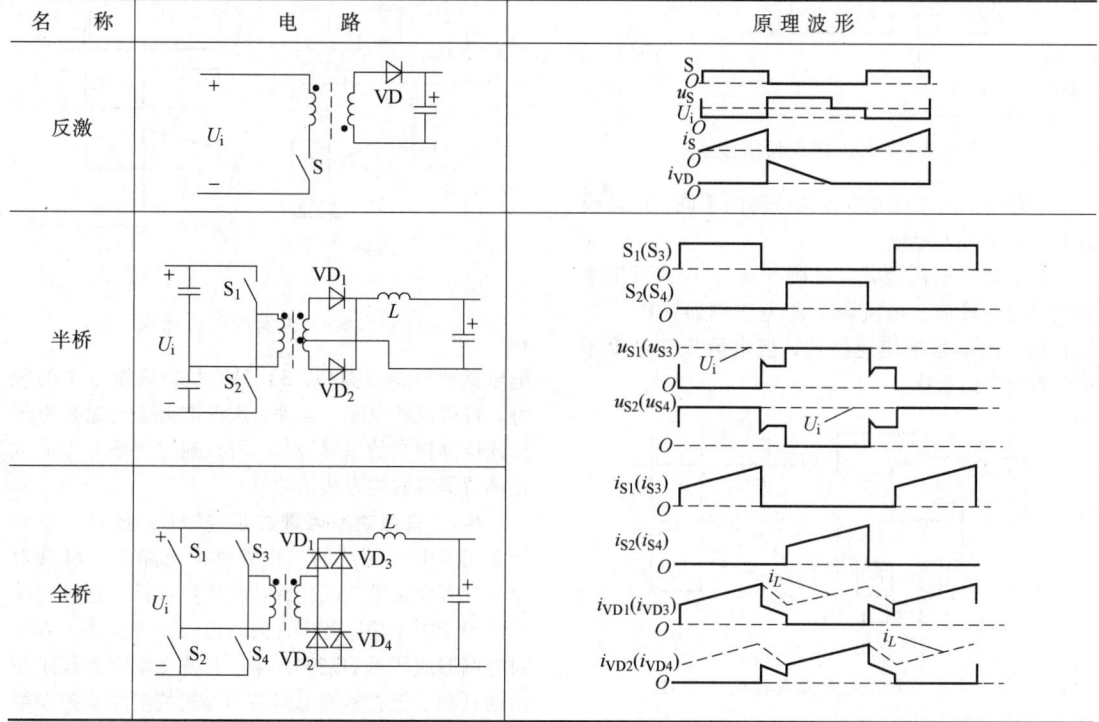	
半桥		
全桥		

小功率开关电源中，开关器件通常采用电力 MOSFET 或 IGBT。二极管需采用快恢复或肖特基型。变压器和电感的铁心材料通常为软磁铁氧体或非晶、微晶合金及软磁合金粉末。

控制电路将输出反馈量同基准量进行比较运算，并控制开关器件完成输出稳压、稳流功能。控制电路结构可以分为只有电压反馈的电压模式控制方式和同时具有电压和电流反馈的电流模式控制方式。电流模式控制方式可以对电路中的电流实时控制，有利于提高控制系统稳定性和快速性，并能限制电流冲击保护元器件，应用最广。它可以分为峰值模式、平均值模式和电荷模式。控制电路以及驱动和保护电路已经高度集成化。少量小功率电源采用自激控制方式。

开关电源的应用十分广泛，除各种家电和计算机及外设等装置的电源外，还可用于充电、焊接、励磁、电火花加工等，是生产和生活中各种用电装置的"动力源"。其技术发展也十分迅速，总的趋势是更小、更轻、更高效、更可靠。为了解决开关频率不断提高带来的开关损耗和开关噪声大的问题，而出现的以谐振为特征的软开关技术和为降低输入谐波电流而出现的功率因数校正技术以及电磁兼容技术，是目前开关电源技术研究的热点。

绝大多数开关电源采用输出电压负反馈得到稳定的输出电压，控制方式可以分为电压模式和电流模式两类。仅由单一的电压负反馈来控制输出电压的控制方式称为电压模式控制，系统的结构见图 5.6-5。

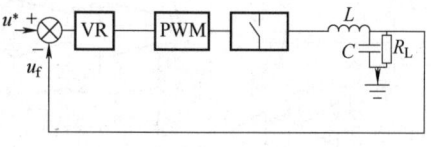

图 5.6-5　电压模式控制方式

电压调节器 VR 通常采用比例-积分器（PI）或比例-积分-微分器（PID），以得到较高的输出稳压精度和较好的动态特性。

采用电压模式控制的开关电源具有较好的抵抗负载扰动的特性，但对输入扰动的抗扰特性不佳，并且系统稳定裕量较小，参数和工作点变化时容易发生振荡。

采用电流负反馈为内环，电压负反馈为外环，电压调节器的输出为电流环指令的控制方式称为电流模式控制，电压调节器的输出为电流控制环的指令，系统的结构见图 5.6-6。

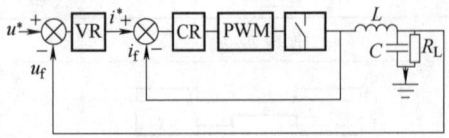

图 5.6-6　电流模式控制方法

根据电流反馈量和电流调节器的不同,电流模式控制方法分为三种:

(1) 峰值电流模式　见图 5.6-7,电流反馈量为电感电流峰值,电流调节器为比例器(P)。这种控制方式动态响应速度快,但电流控制精度不高,容易受到干扰。

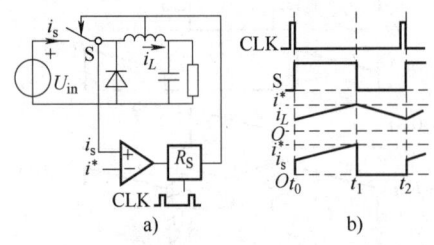

图 5.6-7　峰值电流模式控制的原理

(2) 平均电流模式　见图 5.6-8。电流反馈量为电感电流平均值,调节器为比例-积分器(PI)。这种控制方式有很高的电流控制精度,但动态特性不够好。

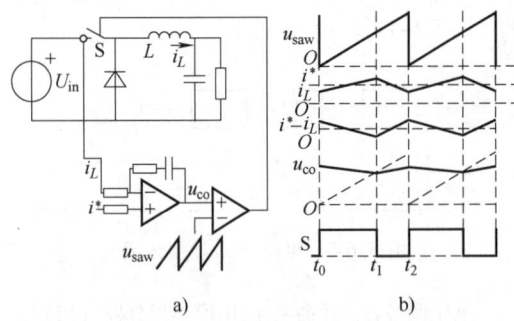

图 5.6-8　平均电流模式控制的原理

(3) 电荷控制　原理图见图 5.6-9。电流反馈量为开关导通期间通过开关的电荷量,即开关电流平均值。它特别适用于降压型和反激型功率因数校正电路。

在电流模式控制系统中,电压调节器仍采用比例-积分器(PI)或比例-积分-微分器(PID)以提高电压控制精度和动态响应速度。同电压模式相比,电流模式控制的优点为:1) 系统的稳定性增强,稳定域扩大;2) 系统动态特性改善,抗输入

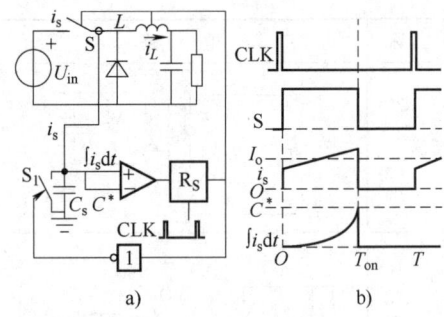

图 5.6-9　电荷控制的原理

电压扰动的能力提高;3) 具有快速限制电流的能力,可以保护电路元器件。次谐波振荡现象是电流模式控制存在的主要问题,可以通过斜坡补偿或优化调节器参数的方法消除。

101　有源功率因数校正(PFC)技术　直流侧采用大电容滤波的二极管整流电路吸入脉冲电流,含有大量谐波成分,功率因数很低。这种电路广泛用于中小功率范围,而且设备数量众多,因此对电网造成严重的谐波污染。有源功率因数校正技术通过在二极管整流电路后增加斩波电路来控制输入电流,使其成为与输入电压同频同相的正弦波,从而达到消除谐波提高功率因数的目的。

典型的单相有源功率因数校正电路见图 5.6-10。它是由二极管整流电路加升压斩波电路构成的,因此输出直流电压高于输入交流电压的峰值。其控制方式为:输出电压 u_d 负反馈构成外环,电感电流 i_L 负反馈构成内环,电压调节器的输出信号与正弦绝对值参考信号相乘形成电流环的指令信号,电感电流 i_L 跟随这一指令信号,因此输入电流为正弦波。电路中的理想化波形见图 5.6-11。

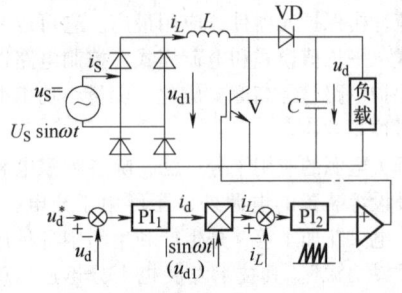

图 5.6-10　单相有源功率因
数校正原理图

三相有源功率因数校正技术尚不够成熟。6 个开关构成的三相 PWM 整流电路可以达到近似为 1 的功率因数值和很低的谐波含量,但电路复杂、成

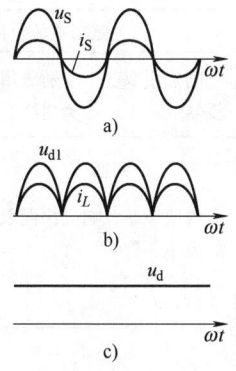

图 5.6-11　单相有源功率
因数校正电路波形

本高、控制繁琐；开关较少、控制相对容易的电路
性能却明显下降，而且难以达到较大的容量，目前
研究还在进行。

有源功率因数校正电路的加入降低了装置的效
率，因此目前有采用软开关技术的趋势。

6.2　电动机调速用变流器

102　直流电动机调速用变流器　在直流调速
系统中，最常用的是三相桥式系统或以三相桥式为
基础的复合系统。表 5.6-2 列出了几种常用的形式
及其适用范围。

直流电动机调速用变流器可分为电流可逆和不
可逆两种，简称可逆和不可逆变流器。

可逆传动主要有以下几种：1）电枢用单变流
器供电，采用开关切换方式实现可逆；2）电枢用
双变流器供电；3）电枢和励磁均用单变流器供电，
利用开关切换励磁电路，以实现可逆；4）电枢用
单变流器供电，励磁用双变流器供电。几种方式的
比较见表 5.6-3。

表 5.6-2　常用的直流电动机调速用变流器及适用范围

主电路联结型式	适用功率范围及特点	脉动频率	工　作　象　限
单相全波	不可逆，可逆变，0.5kW 以下	f	I、IV
单相半控桥	不可逆，10kW 以下（在交通运输系统中可达 75kW）	$2f$	I
单相全控桥	不可逆，可逆变 10kW 以下（在交通运输系统中可达 75 kW）	$2f$	I、IV
双单相全控桥（反并联）	可逆，可逆变 10kW 以下	$2f$	I、II、III、IV
三相半波	不可逆，10~50kW 及电动机励磁	$3f$	I
三相半控桥	不可逆，10~100kW	$6f$	I
三相全控桥	不可逆，可逆变 10~200kW	$6f$	I、IV
双三相全控桥（反并联）	可逆，可逆变 100kW 到几千千瓦	$6f$	I、II、III、IV

表 5.6-3　几种可逆传动方式的比较

类型	电枢电流反向			磁场电流反向	
	电枢用单变流器，开关切换	电枢用双变流器，有环流	电枢用双变流器，无环流	励磁用双变流器	励磁用单变流器，开关切换
主要设备	1）电枢供电用变流器一套 2）电枢电路切换装置 3）切换逻辑控制	1）电枢供电用两套变流器 2）限制环流用均衡电抗器	1）电枢供电用两套变流器 2）无环流逻辑转换装置	1）电枢供电用一套变流器 2）励磁用两套变流器	1）电枢供电用一套变流器 2）励磁用一套变流器 3）励磁电路切换装置

（续）

类型	电枢电流反向			磁场电流反向	
	电枢用单变流器，开关切换	电枢用双变流器，有环流	电枢用双变流器，无环流	励磁用双变流器	励磁用单变流器，开关切换
性能	有触点开关切换，快速性差，减速时开关要切换两次	响应最快，两组变流器同时开通，但是损耗较大，效率较低	响应较快，每次开通一组变流器，为防止两组同时开通，要求有电流检测及延时环节	快速性差，响应快慢取决于强制励磁的大小	
可靠性	主电路不产生环流，有触点开关电器维护工作量大，寿命短	要求触发器、逻辑切换可靠及抗干扰能力强		主电路不会产生环流，要求有可靠的可逆励磁电路	
系统与投资	系统简单，投资少	系统复杂，投资较大		投资较少	
适用场合	正反转调速不频繁，受开关容量限制，一般在几十千瓦以下	正反转调速频繁，要求快速及精度高，功率可从几到几千千瓦，如轧机主、辅传动，中型机床等，应用广泛		正反转调速不频繁，对调速精度及反向快速性要求不太高的场合，容量可从几十到几千千瓦，如卷扬机等	

103　交流电动机调速用变流器[15,16]　根据调速方法的不同，交流电动机调速又分为：1）改变电动机定子供电频率的变频调速；2）改变转子附加电动势以调节转差率的串级调速；3）改变定子电压的调压调速等。

变频调速是一种高效率、高性能的调速方法，一般适用于笼型异步电动机，也用于同步电动机。变频调速设备是一种静止变流器，适用于高速传动、车辆传动、风机水泵类负载和各种恒转矩传动，在恶劣环境中使用也有其优越性。脉宽调制（PWM）技术、矢量控制技术、无速度传感器技术的发展和应用，使得交流电动机变频调速得到了广泛应用，已在多种场合大量取代直流调速系统。

目前常用的变频调速用变流器以交-直-交PWM变频器为主，另有交-交变频器和同步电动机负载换相式变流器。图5.6-12所示为电压型PWM交-直-交变频器的结构示意图。这是目前一种主流的变频器。

与输出为方波的电压型变频器相比，其主要优点：1）中间直流电压不变，故整流和滤波电路较为简单；2）输出调频调压均在逆变器内部实现，

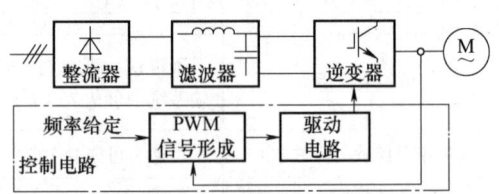

图5.6-12　电压型PWM交-直-交变频器结构示意图

不受直流滤波回路参数的影响，可实现快速调节；3）电源侧功率因数较高；4）输出电压调制成正弦波，谐波分量少。

104　低压通用变频器　随着变频调速技术的成熟，目前交流调速传动已经上升为电气调速传动的主流。中、小容量范围内，采用自关断器件的全数字控制PWM变频器已经实现了通用化。通用变频器是相对于为某些有特殊要求的负载机械设计的专用变频器而言的。它有两个含义：一是这种变频器可以用以驱动通用型交流电动机，而不一定要求专用的变频电动机；二是通用变频器具有各种可供选择的功能，以适应许多不同性质的负载。

全数字控制方式的软件功能不但考虑到通用变频器自身的内在性能，而且还融入了大量的使用经

验和技术、技巧，使得通用变频器的 RAS 三性
（Reliability、Availability、Serviceability，即可靠性、
可使用性、可维修性）功能得以充实。由于通用变
频器具有调速范围宽、调速精度高、动态响应快、
运行效率高、功率因数高、操作方便且便于同其他
设备接口等一系列优点，所以应用越来越广泛，社
会经济效益十分显著。

105　高压变频器　通常，我们把用来驱动
1kV 以上交流电动机的中、大容量变频器称为高压
变频器。但按国际惯例和我国国家标准，当供电电
压大于或等于 10kV 时称高压，小于 10kV 至 1kV 时
应称为中压。因此，相应额定电压 1~10kV 的变频
器应分别称为中压变频器或高压变频器。考虑到在
这一电压范围内的变频器有着共同的特征，且我们
习惯上把额定电压为 6kV 或 3kV 的电动机称为"高
压电动机"，为了符合中国传统习惯，我们把 1~
10kV 的变频器统称为高压变频器。

随着电气传动技术，尤其是变频调速技术的发
展，作为大容量传动的高压变频调速技术也得到了
广泛的应用。近年来，各种高压变频器不断出现，
高压变频器到目前为止还没有像低压变频器那样近
乎统一的拓扑结构。

根据高压组成方式可分为高-低-高型和高-高
型；根据有无中间直流环节，可以分为交-交变频
器和交-直-交变频器；在交-直-交变频器中，按中
间直流滤波环节的不同，可分为电压型和电流型。

106　高-低-高型高压变频器　高-低-高型变频
调速控制方案是将高压通过降压变压器使变频器的
输入电压降低，然后将变频器的输出电压通过升压
变压器使输出电压提高到较高的电压等级，以满足
交流电动机的电压要求。这种高压变频调速方式的
实质还是低压变频，只不过从电网和电动机两端来
看是高压，是受到电力电子器件电压等级技术条件
的限制而采取的变通办法，需要输入、输出变压
器，存在中间低压环节电流大、效率低下、可靠性
下降、占地面积大等缺点，只用于一些小容量高压
电动机的简单调速。

因其存在上述缺点，该方式是高压变频技术发
展中的一种由低压变频向高压变频过渡的方式；当
然，其也有方案成熟、在改造项目中原有电动机电
缆无需改动等优点。但其系统构成环节较多，为抑
制谐波分量而加装的滤波器还带来附加损耗，故其
长期运行费用相对较高。随着高压变频技术的发
展，特别是新的大功率可关断器件的研制成功，
高-低-高变频调速方式由于其自身的缺点，在今后

的发展中有被淘汰的趋势。

107　高-高型高压变频器

（1）直接器件串联二电平　这样的线路没有高
压变压器，如器件不串联，则目前最高输出电压只
能达到 2 300V，而且输入输出谐波大，输出 du/dt
最高，对电动机的安全运行最为不利。如采用管子
串联方法，则线路复杂程度大为提高，可靠性降
低，而且输入和输出谐波均需进行抑制，无法实现
冗余。

（2）电位浮动钳位型　电位浮动钳位型是一种
电压型高压变频器，一般采用高压 IGBT 或 IGCT，
桥臂是串联结构，但是通过电容器和快速二极管钳
位，解决串联器件的均压问题，整流部分一般为多
脉冲二极管整流器。这种变频器的优点是可以实现
6 000V 等级输出的高压变频（例如每个桥臂由 3 只
6 500V 的 IGCT 构成，一共 18 只逆变管子），甚至
可以无输入整流变压器，但输入电流谐波很大，而
且输出开关频率低，输出电流脉动大，这种结构的
高压变频器输入输出均需要谐波电抗器。

此外，其开关管、整流二极管、钳位二极管、
钳位电容器均为高压大容量器件，价格昂贵，结构
复杂，器件损坏后造成故障范围扩大，也是它的
缺点。

（3）三电平型　三电平 PWM 电压型是一种直
接采用高压 IGBT 或 IGCT 的电压型高压变频器，它
采用了传统的交-直-交变频器结构，整流部分采用
12 脉波或 24 脉波二极管整流器，逆变部分采用三
电平 PWM 逆变器。其主电路见图 5.6-13。

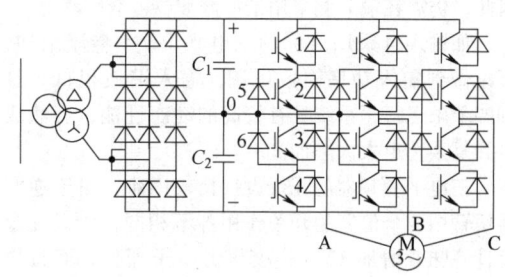

图 5.6-13　三电平型主电路

三电平方式为电压型高-高变频器，其运行功
率因数高、响应速度快，由于采用了耐压较高的开
关器件，器件数量少，从而使制造成本降低、柜体
尺寸减小，单机运行可靠性提高。

与普通的二电平 PWM 变频器相比，由于输出
线电压电平数由两个增加到 3 个，每个电平幅值相
对较低，由整个直流母线电压降低为一半的直流母

线电压，输出 du/dt 也相应下降；在同等开关频率的前提下，采用三电平结构还可使输出波形质量有较大的改善。

但是从器件不串联的原则出发，目前三电平方式还不能直接输出 6 000V 电压，以高压 IGBT 或 IGCT 为例，目前实用的电压等级最高为 6 500V，输出交流电压最高为 4.6kV。若要求更高的输出电压，只能采用器件直接串联或输出侧采用升压变压器，而器件直接串联时就带来稳态和动态均压问题，这样就失去了三电平变频器本身不存在动态均压问题的优点，降低了系统的可靠性；输出采用升压变压器，则无疑增加了装置成本，降低系统效率和功率因数。

三电平变频器输出线电压只有三个电平，如不设置输出滤波器，则输出电压总谐波失真较高，谐波电流会引起电动机附加发热、转矩脉动。其输出 du/dt 虽然相对普通二电平变频器有所下降，但仍旧较大，会影响电动机的绝缘，所以一般需配特殊电动机。如使用普通电动机，则必须附加输出滤波器，但滤波器会导致系统效率降低。另一个方面，由于三电平方式采用高压开关器件，其开关频率一般在几百赫兹，因此输出电压含有很高的谐波，如不采取滤波措施，必然导致电动机发热。

三电平变频器的整流电路标准配置为 12 脉波整流电路（输入变压器采用双输出型，两组输出绕组的接线组别应使对应相电压之间的相位角互差 $\pi/6$，从而使整流后的电压波形具有 12 个脉波），但还是不能满足国标或 IEEE 推荐的谐波抑制标准，因此，仍需在输入侧采用谐波滤波器。

如输入也采用对称的三电平 PWM 整流结构，可以做到输入功率因数可调，输入谐波很低，且可四象限运行，系统具有较高的动态性能，当然成本和复杂性也大大增加。

三电平变频器的冗余设计比较困难，由于逆变器桥臂中 4 个位置的开关作用各不相同，所以冗余设计意味着增加 12 个逆变电力电子器件，而且很难实现。如不采用冗余设计，只要有一个电力电子器件故障，整个系统就会停机。

（4）单元串联多电平型　单元串联多电平 PWM 电压型变频器（Cell Series Multi-level PWM，CSML）采用若干个低压 PWM 变频功率单元串联的方式实现直接高压输出。该变频器具有对电网谐波污染小、可实现冗余、输入功率因数高、不必采用输入谐波滤波器和功率因数补偿装置、输出波形质量好、不存在谐波引起的电动机附加发热和转矩

脉动、du/dt 低等特点，不必加装输出滤波器就可以用于普通异步电动机。其主电路结构见图 5.6-14。

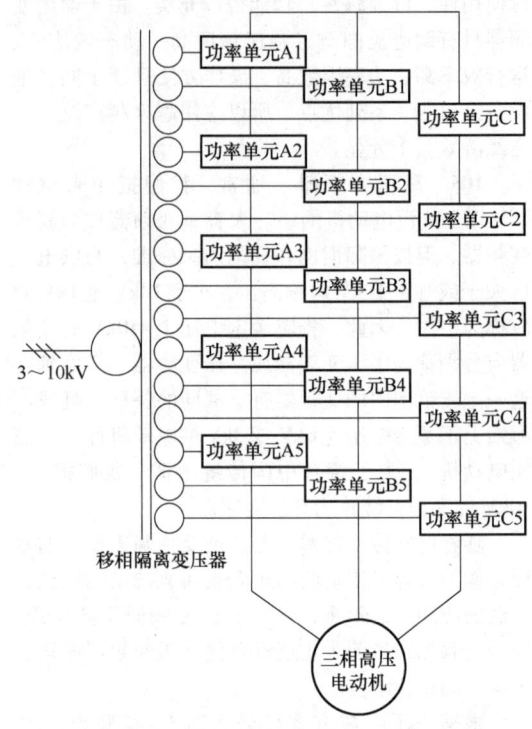

图 5.6-14　单元串联多电平型主电路

电网电压（如 6kV）经过多绕组移相整流变压器降压后给功率单元供电，功率单元为三相输入、单相输出的交-直-交 PWM 电压型逆变器结构，相邻功率单元的输出端串联起来，形成星形结构，实现变压变频的高压直接输出，供给高压电动机。以 6kV 输出电压等级 15 个功率单元为例，每相由 5 个额定电压为 690V 的功率单元串联而成，输出相电压 3 460V，线电压 6 000V，每个功率单元承受全部的电动机线电流，但只提供 1/5 的相电压和 1/15 的输出功率。每个功率单元分别由输入变压器的一组二次绕组供电，功率单元之间及变压器二次绕组之间相互绝缘。二次绕组采用移相接法，实现多重化，以达到降低输入电流谐波的目的，同时变频器输入的综合功率因数可达到 0.95 以上。

逆变器输出采用多电平移相式 PWM 技术，输出电压非常接近正弦波。输出电压每个电平台阶只有单元直流母线电压大小，所以 du/dt 很小，从输出电压电平数上看，相电压为 6 电平，线电压为 11 电平，这有利于改善输出波形，降低输出谐波，由谐波引起的电动机发热、噪声和转矩脉动都大大降低，所以这种变频器对电动机没有特殊要求，可直

接用于普通异步电动机。

此外，单元串联多电平方式另一个重要优点是可以实现冗余功能，如某一相的某个功率单元因故障退出运行，则此功率单元将自动旁路，变频器仍可继续运行，此时此相的输出由其余 4 个功率单元承担，采取自动平衡技术后，输出线电压可维持在 94% 以上，仍可满足额定运行工况。

与采用高压器件直接串联的变频器相比，由于不是采用传统的器件串联的方式来实现高压输出，而是采用整个功率单元串联，器件承受的最高电压为单元内直流母线的电压，可直接使用低压电力电子器件，器件不必串联，不存在器件串联引起的均压问题。当然，采用这种主电路拓扑结构会使器件的数量增加，但功率单元采用低压 IGBT 功率模块，驱动电路简单，技术成熟可靠。另外，功率单元采用模块化结构，同一变频器内的所有功率单元可以互换，维修也非常方便。

采用单元串联结构后，整个装置的等效开关频率是单个单元的 5 倍，而单元的开关频率可以做得更高，从这个角度出发，输出电压的谐波含量也相当低。但由于单元输入采用二极管整流电路，能量不能回馈电网，变频器不能四象限运行。

108　直接交流-交流变频器　交-交变频器即周波变流器，是早期中压变频的主要形式，其工作原理决定了它只能工作在低频率（20Hz 以下），适应于低转速大容量的电动机的传动，如轧钢机、水泥厂的球磨机等。因其主电路开关器件处于自然关断状态，不存在强迫换相问题，所以第一代电力电子器件——晶闸管就能完全满足它的要求。由于其技术成熟，在国内开发研制也最多，目前在国内仍有一定的市场。三相桥式交-交变频电路的每一相为反并联的可逆整流线路，只要控制信号按正弦规律变化，就可以得到近似正弦的输出波形。由于交-交变频电路实质上就是可逆整流线路，因此在直流可逆传动中的有环流、无环流等控制技术都可以采用。交-交变频利用电网电压来换相，因此它的输出电压是由电网电压若干段"拼凑"起来的，一般最高输出频率只能是电网频率的 1/3 以下。

交-交变频在其主接线中需要大量的晶闸管，故结构复杂，维护工作量较大，并因采用移相控制方式，功率因数较低，一般仅有 0.6～0.7，而且谐波成分大，故需要无功补偿和滤波装置，使得总的造价提高。因交-交变频采用的技术比较落后，谐波成分大、功率因数低及调速范围不宽等自身的原因，在其发展中面临着新技术的挑战，在中压大功率交流变频领域有被淘汰的趋势。

矩阵变换器的电路原理参见本篇第 46 条，由于其装置在实际中还应用较少，在此不再详述。

6.3　典型交流电源和交流电力控制装置

109　不间断电源（UPS）　由电力变流器构成，用于保证连续供电的静止型电源设备。一般包括稳压稳频（CVCF）逆变器、储能器、电子开关和滤波器，主要用于计算机、通信设备等要求连续供电或不能突然停电的场合。

UPS 的储能器一般为蓄电池，它给逆变器提供了一个比较稳定的直流电压。根据联结形式的不同，蓄电池的充电方式可分为适应于小容量 UPS 的浮充电方式和适用于大容量装置的开关切换方式两种，见图 5.6-15。

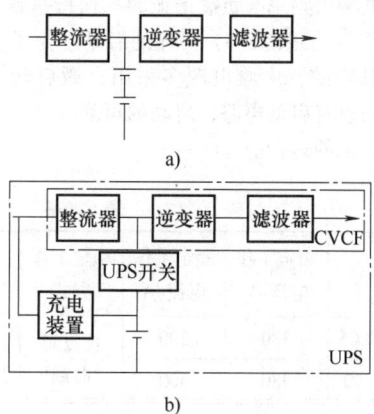

图 5.6-15　蓄电池的充电方式
a) 浮充方式　b) 开关切换方式

滤波器是为了消去逆变器输出中的谐波而设置的，可减小 UPS 输出电压的畸变率。

逆变器是 UPS 的关键部分，连接在直流电源和滤波器之间，因其直流输入端接有蓄电池，故不能通过调节直流输入端电压来调节交流输出电压，目前常采用 PWM 方式对逆变器的输出电压进行调节。对于大容量 UPS，也可采用几个逆变单元通过输出变压器构成多重并联的方式，调节各逆变单元之间的相位关系进行调压。

目前，除在大容量 UPS 中采用晶闸管辅助换相逆变器外，基本上是采用全控型器件构成的 PWM 逆变器，其中使用最多的器件为 IGBT。

110　中频感应加热电源　中频感应加热电源

是对金属进行熔炼、透热、淬火处理的一种感应加热设备。与原来的中频发电机组相比，不但体积小、重量轻、电效率高（可达90%），易于实现自动控制，而且因无旋转部分，所以运行可靠、噪声和振动小、安装简单、维修方便，因而在工业生产中得到了广泛应用。

中频电源变频器中，首先利用三相整流将工频交流电转变为直流电，再通过逆变器将直流电转变为单相中频交流电。其中逆变器部分应用较多的几种电路为并联谐振式逆变电路、串联谐振式逆变电路（参见本篇第35条）和倍频逆变电路等。

对于所采用的逆变电路，有如下几点要求应予满足：1）应与负载匹配。逆变器的输出频率主要取决于负载补偿电容和感应器的自然谐振频率，所以选择逆变器的频率时，首先要考虑补偿电容器和负载感应器的匹配；2）频率自动跟踪。因为中频电源在工作过程中，负载是不断变化的，所以要保证逆变器输出频率与负载谐振频率保持一致，其输出频率需自动跟踪；3）可靠的启动。为了实现频率的自动跟踪，中频电源多采用自激启动工作方式，因而设有启动电路，启动的可靠与否，直接影响中频电源的运行。

111　交流调功器　采用的器件为晶闸管，采用通断控制，把晶闸管作为开关将负载与交流电源接通几个周期，再断开几个周期，改变通断时间的比值，从而达到控制负载功率的目的。其优点是，控制电路简单，功率因数高，避免了相位控制时缺角正弦波中存在的无线电射频干扰，使晶闸管承受的瞬态浪涌电流大大减小。但是，调功器不能平滑地调节输出功率和电压，不能用普通的电压表和电流表测量输出功率，且负载电流中存在分数次谐波成分，其应用范围受到一定限制。

交流调功器的控制按周期是否固定可分为定周期和变周期两种；按最小导通时间是半个周波或全周波可分为半周波控制和全周波控制两种。

交流调功器主要应用于以镍铬或铁铬铝材料为发热元件的电热装置，它与带PID调节器的温度控制仪表或电子计算机、温度传感器和电路组成闭环自动温控系统，温控精度可达到±0.5%～1%。

112　交流电力电子开关　交流电力电子开关是一种无触点强电开关，它是随着晶闸管的进步而迅速发展的一种新型控制元件，可用来控制各种交流负载的通、断。目前国内生产的品种有200A和300A等数种，其主要技术参数见表5.6-4。

表5.6-4　交流电力电子开关主要技术参数

产品型号	额定工作电压/V	额定工作电流/A	额定工作方式	工作寿命	额定控制容量/kW		
					绕线转子电动机	笼型电动机	电阻性负载
CJW1—200N	380	200	反复短时制	半永久性，考核指标大于200万次	30	10	100
QW1—300	380	300			60	22	150

产品型号	功　能	结构类型	用　途	使用条件
CJW1—200N	交流电动机的起动、可逆运转、温度控制等。具有短路、断相、过电压等保护功能	五台柜式（可独立控制五个负载），上下各有一只冷却风扇抽屉	主要用于交流50Hz、电压380V的三相绕线转子和笼型异步电动机的直接起动、停止和正反转控制，也可控制其他3相负载	1）环境温度（℃）：−10～40;
QW1—300	交流电动机的起动、可逆运转、温度控制等。具有短路、过载、断相、三相电流不平衡、过电压等保护功能	一台柜式（控制一个负载，有一只冷却风扇抽屉）二台柜式（控制两个负载，有一只冷却风扇抽屉）三台柜式（控制三个负载，有两只冷却风扇抽屉）五台柜式（控制五个负载，有两只冷却风扇抽屉）	特别适用于以下场合：1）操作频率高和要求频繁可逆运转的场合2）要求组成自动控制系统，并长期不需维修的场合3）要求保持环境安静的场合	2）电压波动范围（%）：−15～10

根据用途不同，交流电力电子开关可分为基本型和功能型两大类，前者又可分为可逆起动开关、不可逆直接起动开关和减压起动开关等；后者则可分为带能耗制动的开关、调速开关和调节功率因数的节能开关等。各种开关的构成虽然不同，但其工作原理基本一样。图5.6-16a、b分别示出了不可逆

开关和可逆开关的基本电路。在可逆开关中，A 相和 C 相都配置了两只双向晶闸管，用以改变施加于负载的电源相序，从而达到改变电动机转向的目的。

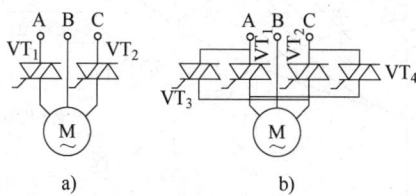

图 5.6-16　交流电力电子开关基本电路
a) 不可逆开关　b) 可逆开关
VT—双向晶闸管　M—异步电动机

6.4　电力电子节能装置

113　风机、水泵、照明节能、节电的重要性[17]　电力电子技术应用于节能、节电领域，将产生巨大的经济效益和社会效益。

电动机调速节电是电力电子技术应用的重点。目前，我国电动机保有量约 3.5 亿 kW，电动机耗电量约占总用电量的 60% 左右。若将电动机的效率提高 1%~2%，一年可少耗电近百亿 kW·h。风机、水泵是使用最普遍的机电设备，全国约有 2 500 多万台，安装功率近 1 亿 kW，耗电量占总用电量的 30% 左右，其中 60% 以上是变负载运行的。如果将变负载运行的风机、水泵的 50% 改为调速运行，节电率按 20% 计算，则节电潜力大约为（300~400）亿 kW·h。目前，国际上已将先进的变频调速技术广泛地运用于风机节能和恒压供水领域。

114　风机类负载的节能[17]

（1）风机风量的调节方法　常用的有两种：

1）调节风门开度。这时转速不变，故风压特性也不变；风阻特性则随风门开度的改变而改变，见图 5.6-17a 中的曲线③、④。

由于风机消耗的功率与风压和风量的乘积成正比，通过关小风门来减小风量时，消耗的电功率虽然也有所减小，但减小得不多，见图 5.6-17c 中的曲线①。

2）调节转速。通过变频器来实现。这时风门开度不变，故风阻特性不变；风压特性则随转速的改变而改变，见图 5.6-17b 中曲线⑤、⑥。

（2）两种调节方法的比较　由图 5.6-17c 可知，在所需风量相同的情况下，调节转速的方法所消耗的功率要小得多。

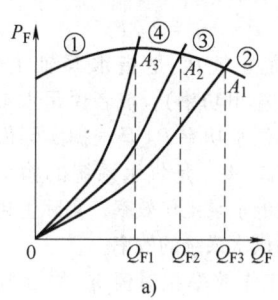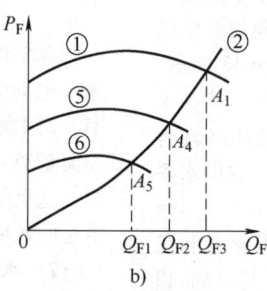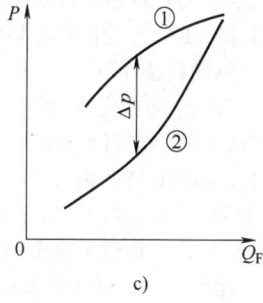

图 5.6-17　风机的工作特性
a) 改变风门调节风量　b) 改变转速调节风量　c) 节能效果

由风机比例定律可知，风机的风量与转速的一次方成正比，压力与转速的二次方成正比，风机轴功率与风量和压力乘积成正比，即与转速的三次方成正比，可见调速控制方法，在降低风量的同时，轴功率将大幅度下降。

由变频器、电动机和风机组成的传动系统，可以达到既节能又高性能化。风机轴功率 P(kW) 为

$$P = \frac{QH}{\eta^c \eta^b} \times 10^{-3}$$

式中　Q——风量（m^3/s）；

H——压力（Pa）；

η^c——传动装置效率；

η^b——风机效率。

显见，在风量 Q 一定的条件下，降低压力 H，提高效率 η^c 和 η^b，可以减小轴功率 P。

变频调速对转速的调节是连续的、可控的，因此不再需要传统的传动装置（带传动或减速装置），可以直接传动，此时传动效率最大，$\eta^c = 1$，显然在相同运行工况（Q 一定）下，变频调速时风机轴功率最小，节能效果最好。当然变频器也会产生损耗，但因其是由电子开关器件构成的装置，损耗小，对传动系统能耗的影响是极小的。另一方面，

很多用户选择高压风机容量的依据，是在风门全开的条件下，能满足最大负载所需风量，通常还要留出一定的裕量。这样在轻负载运行时，减小风门的开度，必然导致能量的浪费，设计裕量愈大、负载变化愈大的场合，浪费愈大，在这种情况下，变频调速调节风量，风门始终处于全开位置，产生的节能效果就会愈显著。变频调速能方便地实现精确的速度控制，能在具体的应用场合达到最佳工艺工况。一般情况下，高压风机容量都较大，直接起动产生的冲击电流对电网干扰很大。因此，都备有减压起动等装置，这样的起动过程不仅会给生产工艺带来不便，还会对电动机造成损害。而变频器是一种软起动方式，起动平稳，不会产生冲击电流，这样可以节省原有的一套起动装置，又可以改善起动时的工艺状况。

115　水泵类负载的节能[17]

（1）常见的控制方法　在供水系统中，通常是以流量为控制对象的。常见的有阀门控制法和转速控制法，采用变频调速的供水系统属于转速控制法。对于节能效果的分析，常常是对这两种方法进行比较的结果。

1）阀门控制法。通过关小和开大阀门来调节流量，而电动机的转速则保持不变（通常为额定转速）。阀门控制法的实质是通过改变水路中的阻力大小来改变流量。因此，管阻特性将随阀门开度的改变而改变，但扬程特性不变。如图 5.6-18 所示，设用户所需流量 Q_x 为额定流量的 60%（即 $Q_x = 60\% Q_N$），当通过关小阀门来实现时，管阻特性将改变为曲线③，而扬程特性则为曲线①，故供水系统的工作点移至 E 点，这时，流量减小为 Q_E（$= Q_x$），扬程增加为 H_E，由供水输出功率与流量和扬程的乘积成正比的关系，可知供水功率 P_G 与面积 ODEJ 成正比的。

2）转速控制法。通过改变水泵的转速来调节流量，而阀门开度则保持不变（通常为最大开度）。转速控制法的实质是通过改变水泵的供水能力来适应用户对流量的需求。当水泵的转速改变时，扬程特性也随之改变，而管阻特性则不变。仍以用户所需流量等于 60% Q_N 为例，当通过降低转速使 $Q_x = 60\% Q_N$ 时，扬程特性为曲线④，管阻特性则仍为曲线②，故工作点移至 C 点。此时，流量减小为 Q_E（$= Q_x$），扬程减小为 H_C，供水功率 P_C 与面积 ODCK 成正比。

（2）两种控制方法的比较　比较这两种调节流量的方法可以看出，在所需流量相同，且 $Q_x < 100\%$

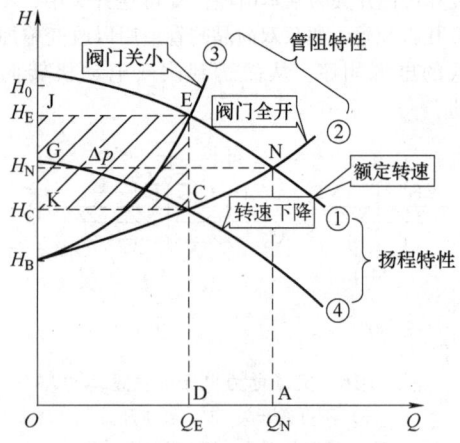

图 5.6-18　调节流量的方法与比较

Q_N 的情况下，转速控制时的扬程比阀门控制时小得多，所以转速控制方式所需的供水功率也比阀门控制方式小得多。两者之差便是转速控制方式节约的供水功率，它与面积 KCEJ（见图 5.6-18 中的阴影部分）成正比。这就是变频调速供水系统具有节能效果的基本原理。

（3）从水泵的工作效率看节能

1）水泵的供水功率 P_G 与轴功率 P_P 之比，即为水泵的工作效率 η_P：

$$\eta_P = P_G / P_P$$

水泵的轴功率 P_P 是指水泵轴上的输入功率（电动机的输出功率），或者说是水泵取用的功率。而水泵的供水功率 P_G 是根据实际供水的扬程和流量算得的功率，是供水系统的输出功率。因此，这里所说的水泵工作效率，实际上包含了水泵本身的效率和供水系统的效率。

2）水泵工作效率相对值 η^* 的近似计算公式如下：

$$\eta_P^* = C_1 (Q^*/n^*) - C_2 (Q^*/n^*)^2$$

式中　η_P^*、Q^*、n^*——效率、流量和转速的相对值；

C_1、C_2——常数，由制造厂提供，通常 $C_1 - C_2 = 1$。

3）不同控制方式时的工作效率　由上式可知，当通过关小阀门来减小流量时，由于转速不变，$n^* = 1$，比值 $Q^*/n^* = Q^*$，可见，随着流量的减小，水泵工作的效率降低十分明显。在转速控制方式时，由于在阀门开度不变的情况下，流量 Q^* 和转速 n^* 是成正比的，比值 Q^*/n^* 不变。就是说，采用转速控制方式时，水泵的工作效率总是处于最佳状态。

因此，转速控制方式与阀门控制方式相比，水泵的工作效率要高得多。这是变频调速供水系统具有节能效果的第二个方面。

（4）从电动机的效率看节能　在设计供水系统时，由于：1）对用户的管路情况无法预测；2）管阻特性难以准确计算；3）必须对用户的需求留有足够的余地。因此，在决定额定扬程和额定流量时，通常裕量较大。

因此，在实际的运行过程中，即使在用水流量的高峰期，电动机也常常处于轻载状态，其效率和功率因数都较低。采用了转速控制方式后，可将排水阀完全打开而适当降低转速。由于电动机在低频运行时，变频器具有能够根据负载轻重调整输入电压的功能，从而提高了电动机的工作效率。这是变频调速供水系统具有节能效果的第三个方面。

116　照明节能[18]　照明耗电在总发电量中占有相当的比例，美国及其他发达国家约占25%，我国约占12%。据统计，我国照明用电量每年已超过1 500亿 kW · h，超过在建的三峡水电工程的年总发电量840亿 kW · h。据专家初步估计：照明节能率至少可以达到20%，照明节能蕴藏着巨大潜力。

（1）照明节能的途径　主要包括下面3个方面：1）采用和推广高效节能光源。2）重视照明设计。3）采取节能措施。

在采取节能措施方面：1）改进灯具的控制方式，采用各种节电开关或装置进行节电；2）提高照明电路的功率因数。在照明器上或照明电路上并联电容器，对照明电路进行无功补偿，可大大降低线路上的电能损耗和电压损失；3）选用低损耗节能型电感镇流器或电子镇流器。

（2）电子镇流器原理　由于荧光灯的放电原理是负阻特性，因此必须与镇流器配套使用才能正常工作。要使灯管能处于最佳工作状态。传统的镇流器是电感式的，电感镇流器的构造本身就会产生涡流，发生功耗，加之使用的硅钢片的材料质量、制作工艺都会加剧这一功耗而使镇流器发热，一般电感镇流器耗电大约是灯功率的20%左右。而电子镇流器的核心是高频变换电路。电子镇流器的基本功能框图见图5.6-19。

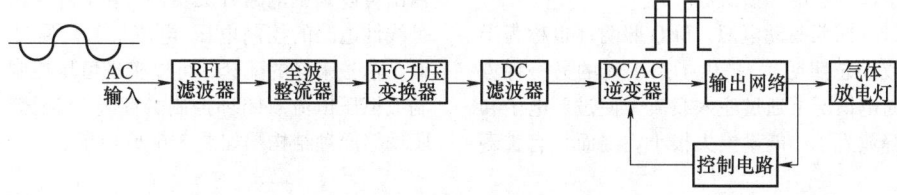

图 5.6-19　电子镇流器结构框图

工频（50/60Hz）市电电压在整流之前，首先经过射频干扰（RFI）滤波器滤波。RFI滤波器一般由电感 L 和电容 C 元件组成，用来阻止镇流器产生的谐波反馈到输入交流电网，以抑制对电网的污染和对电子设备的干扰，同时也可以防止来自电网的干扰侵入到电子镇流器。对于高品质的电子镇流器，在其全桥镇流器与大容量的滤波电解电容器之间，往往要设置一级功率因数校正（PFC）升压型变流电路。其作用就是获得低电流谐波畸变，实现高功率因数。DC/AC逆变器的功能是将直流电压变换成高频电压。高频变换部分的核心是电力电子开关器件。可作为开关使用的晶体管有大功率双极型晶体管、金属-氧化物-半导体场效应晶体管（MOSFET）和绝缘栅双极型晶体管（IGBT）等。逆变电路的开关频率一般为20~70kHz，输出波形取决于电路结构的选择。DC/AC逆变电路主要有半桥式逆变电路和推挽式逆变电路两种形式。高频电子镇流器的输出级电路通常采用 LC 串联谐振网络。灯的启动必须通过 LC 电路发生串联谐振，利用启动电容两端产生的高压脉冲将灯引燃。在灯启动之后，电感元件对灯起限流作用。由于电子镇流器开关频率达几十千赫兹，故电感器只需要很小体积即可胜任。

为使电子镇流器安全可靠地工作，还要设计辅助电路。有的从镇流器输出到DC/AC逆变电路引入反馈网络，通过控制电路以保证与高频产生器频率同步化。目前比较流行的异常状态保护电路，是对电子镇流器的输出信号采样，一旦出现灯开路或灯不能启动等异常状态，则通过控制电路使振荡器停振，关断高频变换器输出，从而实现保护功能。

（3）电子镇流器的主要优点　1）能耗低、效率高。电感的功耗较大，例如，一支40W的荧光灯所用的电感镇流器大约要消耗8W的功率，而用电子镇流器只要消耗4W的功率，如果用一只电子镇流器驱动2或3支灯管，它所增加的功耗并不多，此时电子镇流器的效率会更高，节能的效果会更加明显。2）发光效率高。荧光灯的发光效率（简称光效）和供电的频率有关，即随工作频率的增加而增加。当频率由 50Hz 增加到 20kHz 以上时，光效可以提高 10%左右。美国能源之星要求节能灯工作频率在 40kHz 以上，其目的之一就是为了提高光效。3）具有高功率因数。电感整流器的功率因数一般只有 0.6~0.8，而在电子镇流器中，只要采用功率因数校正电路或专用的集成电路，镇流器的功率因数可很容易做到 0.95 以上，甚至达到 0.99，这是电感镇流器难以达到的。由于功率因数的提高，可以有效地提高供电系统和电网的利用率，改善供电质量，节约能源。此外，它还能在电网电压波动的情况下，保持灯功率和光输出的恒定，这也是电感镇流器所不能做到的。

高频电子镇流器不仅用于荧光灯，而且在进入 1990 年后，开始用于高压钠灯（HPS）和金属卤化物灯等高强度放电（HID）灯。应急灯和霓虹灯电子变压器，实际上其核心是高频电子镇流器电路。电子镇流器在各种气体放电灯的应用中，量最大的则是自镇流荧光灯。目前在自镇流荧光灯中，电子镇流器几乎取代了电感镇流器。

（4）LED 照明驱动电源　LED 照明（也称为半导体照明或固态照明），提供了产生光的另一种方法，它在通电情况下通过注入载流子使过剩电子和空穴复合释放光子，能量损失很小，因而具有长寿命、高效节能、可调可控等优点。LED 的发光亮度与正向电流近似成正比关系，其伏安特性与普通二极管的伏安特性相同，正向电流与正向电压呈指数关系。

LED 照明驱动电源是把输入电能转换为 LED 光源需要的特定电压和电流，以驱动 LED 发光的转换器。通常情况下，LED 驱动电源的输入可能为工频交流市电、低压高频交流电（如电子变压器的输出）、低压直流电、高压直流电等形式的电压源。LED 驱动电源的输出一般为恒定电流，也可以根据 LED 灯（组）的伏安特性控制为恒定电压。

作为驱动器核心的 DC-DC 变换模块可以根据不同的变换要求选择合适的主电路拓扑结构，如降压型、升压型、降压升压型、电荷泵型、隔离反激型、隔离正激型电路等。控制器可以通过简单的比较放大电路模块实现，也可以用专门的 LED 驱动控制芯片，控制功能复杂的还可采用单片机等数字处理系统实现。目前大量采用的 LED 驱动控制芯片，集成了设定、反馈、控制、PWM 驱动、保护等多种功能，有的还将功率开关管集成在一起。控制器输出可以是主电路开关管的 PWM 占空比，也可以是线性电路的控制电压/电流信号。通过设定值和输出信号采样的配套，可以实现恒压控制、恒流控制或恒压恒流双闭环控制。直流-直流型 LED 照明驱动器原理结构图如图 5.6-20 所示。

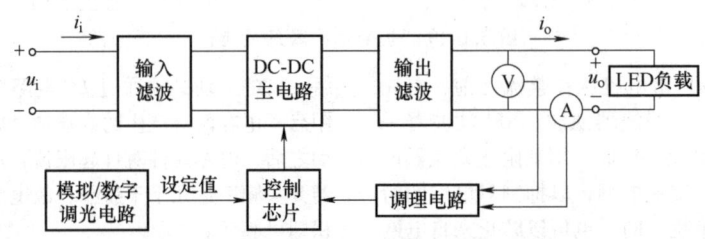

图 5.6-20　LED 照明驱动电器原理结构图

LED 驱动电源有内置式和外置式之分，内置式安装于灯具壳体内部，外置式独立于壳体外部。驱动器性能的高低将直接影响 LED 灯具的性能及寿命，因此一般需满足高可靠性、长寿命、高效率、高功率因数、良好的电磁兼容及保护功能等要求。

117　其他电力电子节能技术　无功功率是电力系统中不可缺少的能量。没有它，变压器、电动机等许多电气设备都不能工作。目前，我国电力系统大约缺少无功功率 2 000 万 kvar，农村电网无功功率缺额更大，导致我国电网线损率高，电能浪费严重。特别是农村电网综合线损率高达 30%，每年受损耗电量达 400 多亿 kW·h。无功补偿既可解决电力系统中无功功率不足，又可减少无功传输损耗，利用电力电子技术生产的动态无功补偿投切装置，可以动态补偿电网的无功功率，使电网处于最佳运行状态，对改善电网功率因数、保证电能质量、提高电力设备利用率、促使电力系统节能降耗有重要作用。对电力用户可以节约电能、节省开支，并能增加生产、提高产品质量和经济效益。

将电力电子技术应用于炉窑改造、高频加热、电炉炼钢、超导储能，以及生产工艺、过程控制、监测等领域都可取得明显的节能、节电效果。据粗略估计，将电力电子技术广泛用于节能，可以为国家节约能源 4%以上，节约用电量近 1 000 亿 kW·h。

不仅可以减少电力建设的投资，减轻交通运输紧张状况，节约大量原材料，而且可以减少灰尘、CO_2、SO_2 及 N_xO 的排放量，减轻对环境的污染，保护资源。

6.5　电力系统用电力电子装置

118　高压直流输电换流器

高压直流输电换流器是在高压直流（HVDC）输电系统中，将交流电能转换为直流电能或将直流电能转换为交流电能的装置，该装置连接三个交流端子和两个直流端子[21]。它是影响 HVDC 系统性能、运行方式、设备成本以及运行损耗等因素的关键因素，当其工作在整流状态时称为整流器，工作在逆变状态时称为逆变器。以实现功率变换的关键器件划分，换流器可分为晶闸管换流器和全控器件换流器[22]。晶闸管换流器是指由半控器件晶闸管组成的换流器，全控器件换流器是指由全控器件（又称自关断器件，如 IGBT、IGCT）组成的换流器。针对晶闸管换流器，可根据换流器基本单元结构的不同而分为三种：每极 1 组 12 脉动换流器（简称 12 脉动换流器），每极 2 组 12 脉动换流器串联式换流器和每极 2 组 12 脉动换流器并联式换流器。其中，12 脉动换流器是由两个 6 脉动换流器在交流测并联且相位相差 30°，而在直流侧串联组成，其拓扑结构如图 5.6-21 所示，每极 2 组 12 脉动换流器则适用于特高压直流（UHVDC）输电[22]。以换流方式划分，换流器通常分为电网换相换流器（Line Commutated Converter，LCC）和器件换相换流器（Device Commutated Converter，DCC）。其中电网换相换流器采用晶闸管器件，由电网提供换相电压而完成换相，器件换相换流器由全控器件组成，通过器件的自关断特性完成换相[23]。根据换流器直流侧特性划分，高压直流输电换流器又分为电流源换流器（Current Source Converter，CSC）和电压源换流器（Voltage Source Converter，VSC）。电流源换流器的直流侧通过串联大电感维持直流电流恒定，电压源换流器由一个集中的直流电容或换流器各桥臂内的多个分数式直流电容提供平滑的直流电压。电压源换流器依据其拓扑结构可进一步分为两电平换流器（Two-level Converter），三电平换流器（Three-level Converter），多电平换流器（Multi-level Converter），模块化多电平换流器（Modular Multi-level Converter，MMC），级联两电平换流器（Cascaded Two-level Converter，CTLC）等结构。其中两电平换流器是指电压源换流器单元的交流端子和电压源换流器单元中点之间的电压在两个独立的直流电压电平之间切换的换流器，三电平换流器是指电压源换流器单元的交流端子和电压源换流器单元中点之间的电压在三个独立的直流电压电平之间切换的换流器，多电平换流器是指电压源换流器单元的交流端子和电压源换流器单元中点之间的电压在三个以上独立的直流电压电平之间切换的换流器，模块化多电平换流器是指每个电压源换流阀由若干模块化多电平换流器标准组件串联组成的多电平换流器，其拓扑结构如图 5.6-22 所示，级联两电平换流器是指每个开关单元由一个以上 IGBT-二极管对串联组成的模块化多电平换流器[21]。

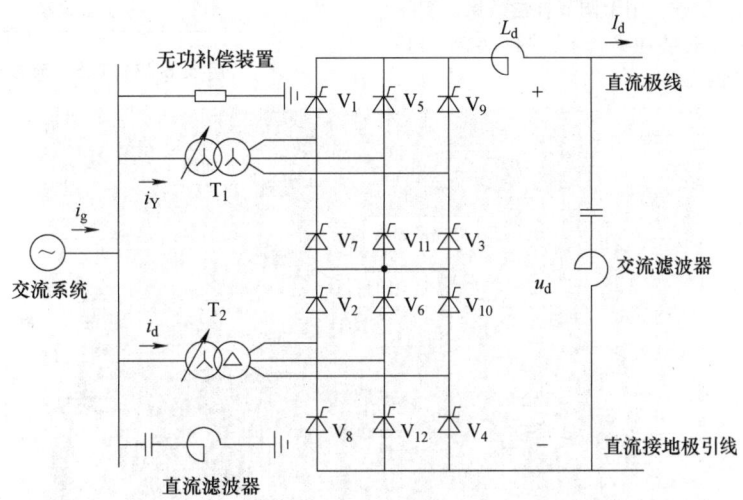

图 5.6-21　脉动换流器拓扑结构图

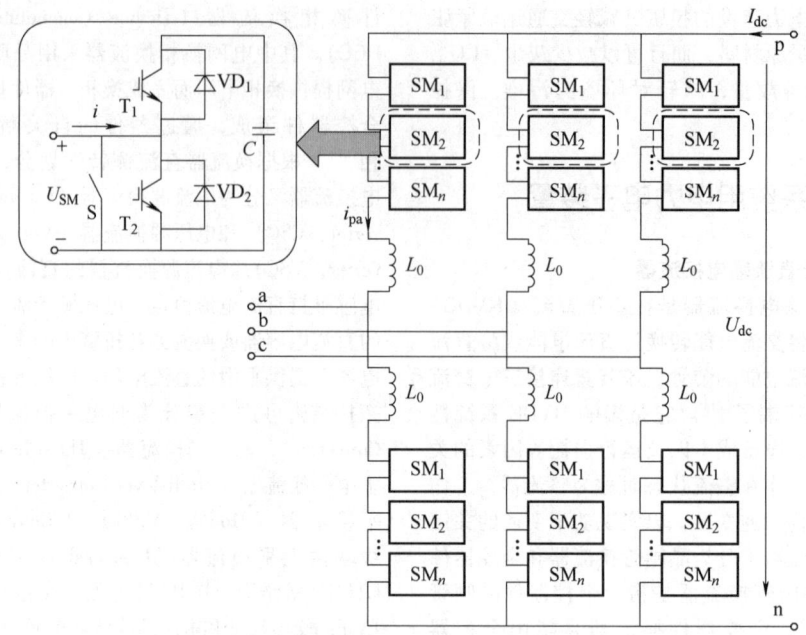

图 5.6-22　半桥型模块化多电平换流器拓扑结构图

119　线路阻抗串联补偿装置　线路阻抗串联补偿装置是通过在电力线路上串联电容来部分抵消线路自感的装置，分为可控串联补偿（Thyristor Controlled Series Compensation，TCSC）和固定串联补偿（Fixed Series Compensation，FSC）两种。通过补偿线路的感性，首先，可以缩短发电机组之间的电气距离，增加同步力矩，达到改善系统稳定性的作用；另外，可以减小线路的阻抗，减小传输过程中的感性电压降，从而提高电能传输能力[24]。一个典型的可控串联补偿电路如图 5.6-23 所示[25]。其中除了继电保护装置外，一个电感与双向晶闸管串联，用于调节补偿效果。实际中串联补偿装置往往安装在平台上，图 5.6-24 为某 500kV 超高压串补站实物图。

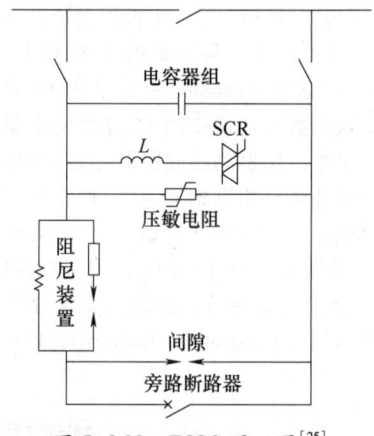

图 5.6-23　TCSC 原理图[25]

图 5.6-24　某 500kV 超高压串补站[25]

120　静止无功补偿装置　目前的静止无功补偿装置主要包括晶闸管控制电抗器（TCR）（见图 5.6-25a）、晶闸管投切电容器（TSC）（见图 5.6-25b）以及两者的混合装置，或 TCR 与固定电容器（FC）或机械投切电容器（MSC）的混合装置（即 FC+TCR、MSC+TCR）。此外，20 世纪 80 年代以来出现了更为先进的静止型无功补偿装置，它采用了自换相的变流电路，称为静止无功发生器（SVG）（见图 5.6-25c）。

静止无功补偿装置可用于动态补偿无功，改善功率因数，提高电网品质，改善电力系统的稳定性。对于大型的电弧炉、轧机等，静止无功补偿装置可快速补偿其无功功率的变化，从而防止电压闪变。包括几种典型静止无功补偿装置在内的无功功率动态补偿装置性能比较见表 5.6-5。

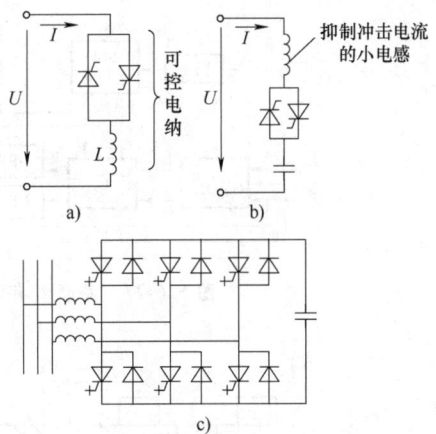

图 5.6-25　静止无功补偿装置原理图
a) 单相 TCR 结构简图　b) 单相 TSC 结构简图
c) 采用电压型桥式电路 SVG 基本结构

表 5.6-5　各种无功功率动态补偿装置的简要对比

装　置	同步调相机（SC）	饱和电抗器（SR）	晶闸管控制电抗器（TCR 或 TCR+FC）	晶闸管投切电容器（TSC）	混合型静止补偿器（TCR+TSC 或 TCR+MSC）	静止无功发生器（SVG）
响应速度	慢	较快	较快	较快	较快	快
吸收无功	连续	连续	连续	分级	连续	连续
控制	简单	不控	较简单	较简单	较简单	复杂
谐波电流	无	大	大	无	大	小
分相调节	有限	不可	可以	有限	可以	可以
损耗	大	较大	中	小	小	小
噪声	大	大	小	小	小	小

121　有源电力滤波器　有源电力滤波器（Active Power Filter, APF）是一种用于动态地抑制谐波、补偿无功、负序等的电力电子装置。图 5.6-26 所示为最基本的有源电力滤波器（即并联型有源电力滤波器）的系统构成原理图。其中的主电路可以采用电压型或电流型 PWM 变流器，结构与 PWM 逆变电路相同。一种基于三相电路瞬时无功功率理论的指令电流运算电路见图 5.6-27。

图 5.6-28 给出了当有源电力滤波器用于补偿谐波时，补偿对象的电流 i_L、补偿电流 i_C 及补偿后的电源电流 i_s 等三个典型波形。经有源电力滤波器补偿后的电源电流成为正弦波。

122　动态电压恢复器[26]

动态电压恢复器即 DVR，是用于电压暂降补偿、减轻电压瞬变影响的有力措施。基本拓扑结构

包括串联式 DVR、并联式 DVR、串并联式 DVR 三种，如图 5.6-29 所示。DVR 的主功率回路系统，由能量存储单元、直流电压稳定与滤波单元、VSC 型全控型逆变器、滤波器及串接变压器、保护与控制等单元组成。

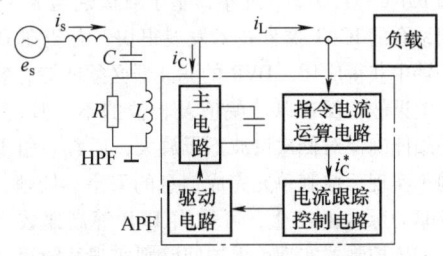

图 5.6-26　并联型有源电力
滤波器系统构成

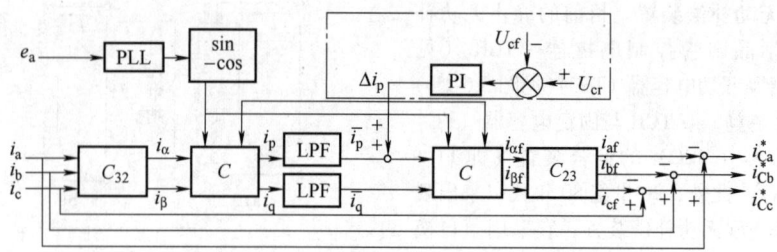

图 5.6-27　并联型有源电力滤波器的指令电流运算电路

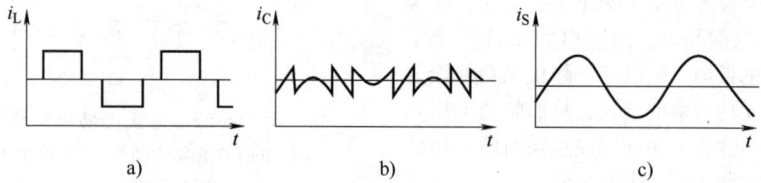

图 5.6-28　并联型有源电力滤波器的典型工作波形
a）补偿对象的电流 i_L　b）补偿电流 i_C　c）补偿后的电源电流 i_S

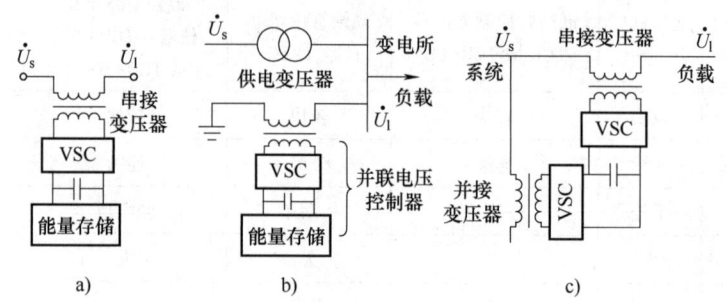

图 5.6-29　DVR 装置的基本拓扑结构图
a）串联式 DVR　b）并联式 DVR　c）串并联式 DVR

能量存储单元具有在电压暂降期间给负载提供有功功率的作用，因而必须具有一定的能量存储与功率交换能力，典型和潜在的储能设备包括：电池、超级电容、超导储能及飞轮储能等。滤波单元通常由电容器实现，电压较高时，通过均压控制的电容器组合而成。VSC 型全控型逆变器采用全控器件如 IGBT、GTO 等。近年，基于双极性与 MOS 工艺相结合的 IGCT 器件技术发展很快，有望在 DVR 逆变器中获得应用。DVR 的滤波器必须能够有效滤除开关谐波，保证基波幅值及相位的不失真传递，还必须能确保对低次谐波不予放大，通常采用 T 型结构来实现。控制单元完成信息的采集、处理、运算及驱动脉冲的产生，可采用 DSP 等高速数字信号处理微控制器实现。保护回路则实现系统短路或过负荷情况下对 DVR 主回路的保护。

串联式 DVR 检测到供电电压跌落时，立即产生补偿电压，并通过串联变压器叠加到供电回路中，保证负荷电压的稳定。这种补偿方式直接补偿电压的差值，因而具有补偿容量小（只需提供补偿电压部分相应的功率）、补偿效果与系统阻抗及负荷功率因数无关等特点。且由于补偿功率由储能单元提供，若该功率单元足够大，这类 DVR 即便是在供电完全中断时，也可给负载提供所需的功率，保证供电的连续。

123　固态切换开关　固态切换开关（Solid State Transfer Switch, SSTS）是一种由切换单元、控制保护单元及其辅件构成的切换装置，主要为保证负荷不间断供电而设计，可快速完成负荷在双路（或多路）独立交流供电电源之间的切换[27]。其利用基于半导体器件的电力电子开关代替或改造传统的机械切换开关，可以有效解决机械切换开关固有特性导致的切换速度、暂态特性不理想等问题，大大提高切换速度和开关的使用寿命，从而满足敏感和关键负载对电力供应的苛刻要求。

固态切换开关主要由并联高速机械开关 PS 及反并联晶闸管开关 TS 等组成，其结构示意图见图 5.6-30。在正常工作期间，电流流过并联开关 PS，晶闸管支路处于旁路状态。当需要断开切换单元时，首先打开并联开关 PS，同时触发晶闸管导通，此时电流将流过晶闸管支路，且过程中几乎不产生电弧。之后，撤销晶闸管触发信号，晶闸管在 PS 关断后的第一个电流过零点自然关闭，完成断开操作。需要切换单元导通时，首先触发晶闸管导通，然后闭合并联开关。由于此时晶闸管导通，切换单元两端的电压接近零，所以并联开关 PS 闭合时也不会产生电弧。

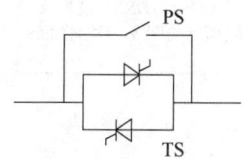

图 5.6-30　固态切换开关基本结构图

根据应用拓扑不同，固态切换开关可分为两切换单元、三切换单元拓扑等。两切换单元的固态切换开关适合主备供电模式应用，拓扑结构如图 5.6-31 所示，三切换单元的固态切换开关适合母线分裂式应用，拓扑结构如图 5.6-32 所示。

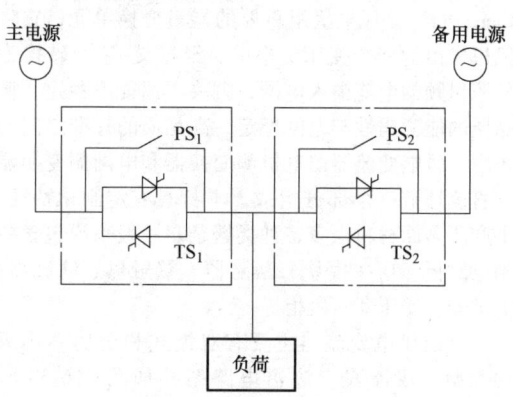

图 5.6-31　主备式混合型固态切换
开关拓扑结构[27]
PS—机械快速开关　TS—阀体

124　统一潮流控制器[28]　统一潮流控制器（UPFC）指将两个或多个共用直流母线的电压源换流器分别以并联和串联的方式接入输电系统中，可同时控制线路阻抗、电压幅值和相角的装置。UPFC 的基本结构如图 5.6-33 所示，包括主电路（串联单元、并联单元）及控制单元。主电路由两个直流侧背靠背连接的电压源换流器（VSC）组成，两个 VSC 交流侧通过两台变压器分别与系统相连：VSC_1 通过并联变压器 T_p 与输电线路并联，VSC_2 通过串联变压器 T_s 与输电线路串联。UPFC 并联单元主要元件为 VSC_1 及变压器 T_p，UPFC 串联单元主要元件为 VSC_2 及变压器 T_s。

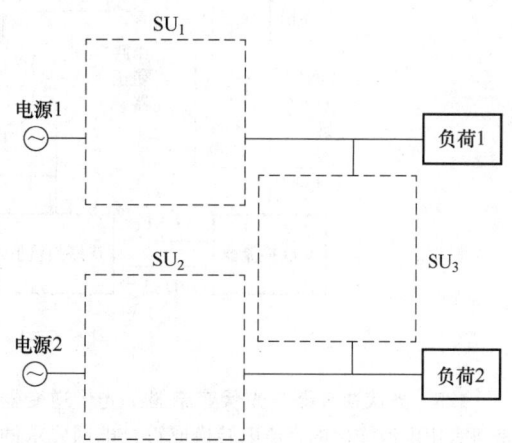

图 5.6-32　分裂母线式混合型固态切换
开关拓扑结构[27]
SU—切换单元

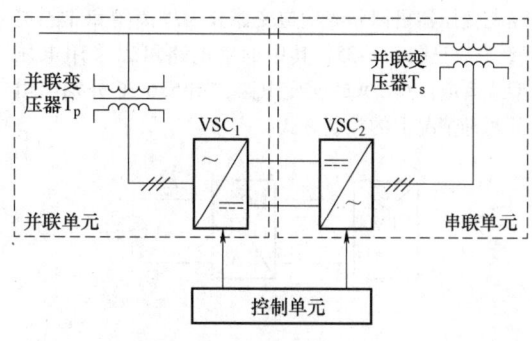

图 5.6-33　UPFC 的基本结构

UPFC 的基本功能包括潮流控制、无功功电压控制和故障穿越功能，附加功能包括阻尼功率振荡控制、电网无功电压自动控制、电网区域潮流控制和电网功率紧急控制。在同时出现潮流和动态无功问题的情况下，作为 UPFC 运行。在单独出现潮流复杂多变、输电线路或断面潮流分布不均的情况下，可作为静止同步串联补偿器（SSSC）独立运行。在单独出现动态无功缺乏的情况下，可作为静止无功补偿器（STATCOM）独立运行。UPFC 运行方式见

图 5.6-34，在该运行方式下，应当通过自动控制换流器协调电压和功率控制，并在多回线路 UPFC 运行下协调控制多回线路有功、无功功率。

UPFC 的性能体现在稳态性能、动态性能、电能质量、电磁兼容、噪声等要求。设计 UPFC 系统时需要考虑气象、污秽、海拔等环境条件，同时还要考虑交流母线电压频率、电能质量等电网条件。主参数的设计应满足 UPFC 运行方式、基本功能、故障穿越功能和附加功能的要求，同时对于电网远景发展应具有适应性。

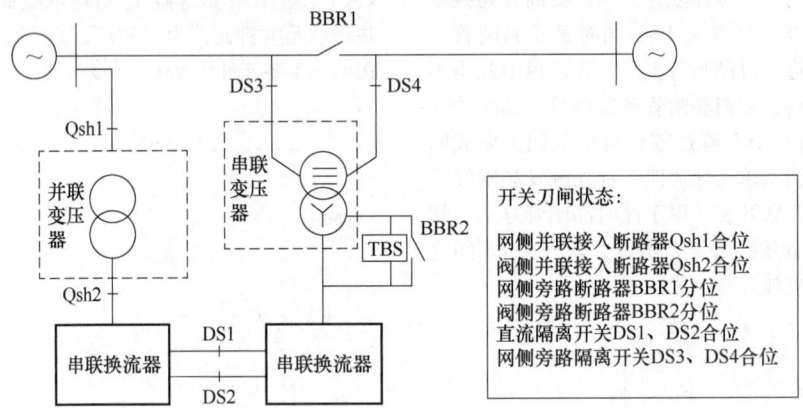

图 5.6-34　UPFC 运行方式

125　光伏逆变器与光伏变流器　光伏逆变器是将太阳电池输出的直流电转换成符合电网要求的交流电再馈入电网的电气设备[29]。其作用是将光伏电池阵列产生的直流电转换成交流电，并对输入电网的交流电频率、电压、电流、有功无功、电能质量等特性进行控制。根据其功率回路中是否含有隔离变压器可以将光伏逆变器分为隔离型和非隔离型[30]，见图 5.6-35；其中的主电路可以采用电压型或者电流型 PWM 逆变电路，图 5.6-36 分别给出了两种情况下的控制方式。

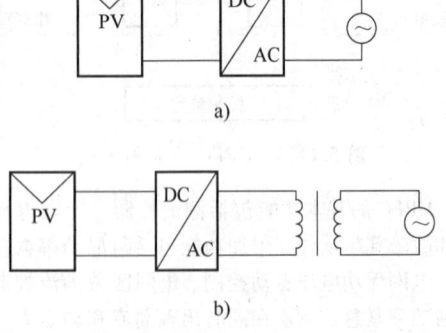

图 5.6-35　光伏逆变器结构
a）非隔离型光伏逆变器结构
b）隔离型光伏逆变器结构

光伏变流器是将太阳电池所输出的直流电能进行升/降压变换，以满足接入直流配电网负载或光伏电池阵列 MPPT（最大功率点跟踪）需求的设备。光伏变流器功率回路可通过 Buck、Boost、正激、反激、半桥、全桥等常用直流变换器拓扑实现；与光伏逆变器相似，可根据是否具有隔离环节将其分为隔离型和非隔离型，见图 5.6-37。

126　风电变流器　风电变流器（Wind Power Converter）是风电机组重要的能量变换单元，它将风机发出的变频变压的电能，经过交-直-交转换为稳压恒频的电能馈入电网，解决了风能不稳定、低品质的能源属性与电网稳定、高品质的标准之间的矛盾。风电变流器由电机侧变换器和电网侧变换器和直流环节三个部分组成。本身具有定制化特征，生产所需原材料众多，种类繁杂。一般来说包含控制电路板、功率模块、断路器、接触器、滤波器、电抗器、变压器、机柜等。

目前风电变流器主要有双馈式和全功率式两种类型。双馈式变流器电路拓扑如图 5.6-38 所示。双馈变流器通过控制发电机转子，进而间接控制定子。双馈式变流器主要在风力发电系统中配套双馈发电机使用，它用的是交流励磁发电机。当风速变化导致发电机转速变化时，变流器提供交变电流从而控制发电机转子的励磁来改变转子的磁场，使发电机的输出电压、频率、幅值和电网保持一致，从而实现风电系统的变速恒频发电[31]。

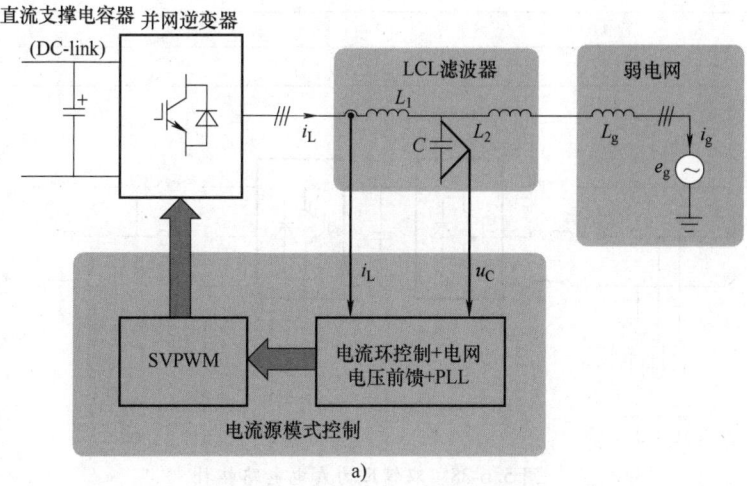

a)

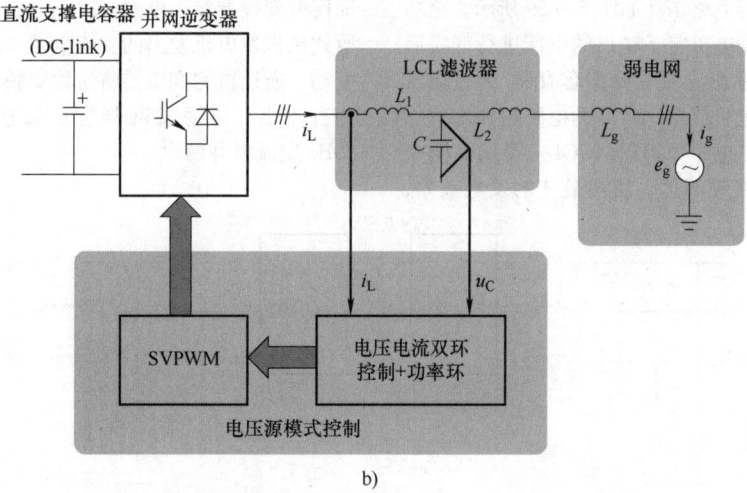

b)

图 5.6-36   光伏逆变器电流源与电压源模式控制示意图

a）电流源模式控制示意图   b）电压源模式控制示意图

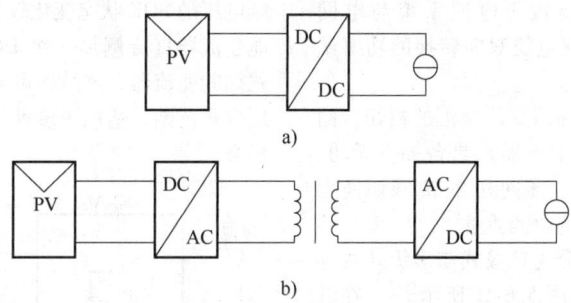

图 5.6-37   光伏变流器结构

a）非隔离型光伏变流器结构   b）隔离型光伏变流器结构

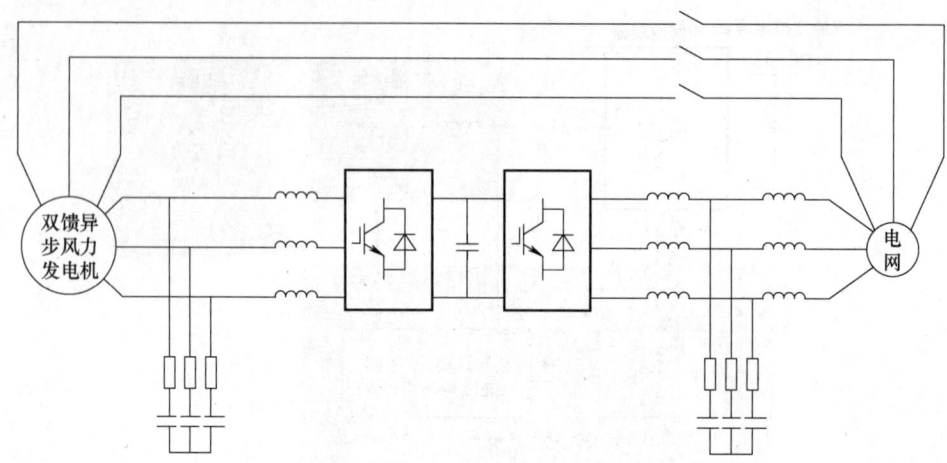

图 5.6-38　双馈风力发电电路拓扑

全功率变流器电路拓扑如图 5.6-39 所示。全功率变流器直接将发电机定子输出的电能进行变换后馈入电网。全功率变流器主要配套直驱/半直驱发电机以及异步发电机使用，常见的电路拓扑为背靠背双 PWM 型和三电平 IGBT（IGCT）型。机侧变换器实现电机的变频调速，获得最佳的发电效率，而网侧变换器接入电网，提供优质的电能输出。直驱式风机发电机发出的交流电频率随着风机转速而变动。通过机侧变流器将这种变频率的交流电整流为直流电，再通过网侧变换器将直流电逆变成 50Hz 交流电并网[32]。

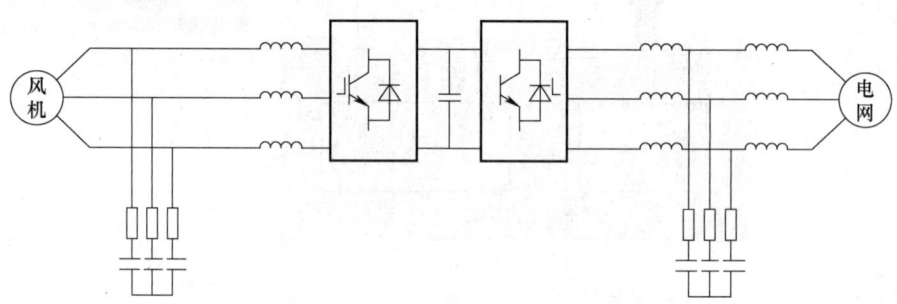

图 5.6-39　全功率风力发电电路拓扑

127　储能电池功率调节器　储能电池功率调节器是指储能系统中，连接于电池系统与电网（和/或负荷）之间的实现电能双向转换的功率调节装置，也称作储能变流器[33]。

作为微电网内能量流和信息流交汇的枢纽，储能电池功率调节器（储能变流器）具备提供无功、谐波补偿的能力，在并网、离网和并/离网切换工况下均能向负载提供良好的电能质量[34]。

已商用的储能变流器分为单级式与多级式两种结构，分别如图 5.6-40 和图 5.6-41 所示[34]。在低压应用场合，储能变流器常用的是单级式两电平结构，由于拓扑结构的限制，其直流侧储能介质电压变化范围较窄，该结构适用于一些端电压随荷电状态（State of Charge，SOC）变化比较小的储能介质，如锂离子电池等；若储能介质为超级电容等，端电压随 SOC 状态变化较大，则需采用在单级式储能变流器直流侧加一级 DC-DC 变换器构成的双级式储能变流器，该结构可拓宽直流侧储能介质的电压变化范围，适用于多种储能介质，应用于各功率场合。

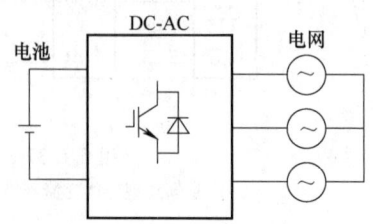

图 5.6-40　单级式储能变流器

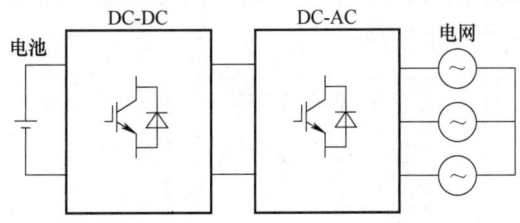

图 5.6-41　多级式储能变流器

储能电池功率调节器包含并网、离网和并/离网切换三种工作模式[35]。并网工作模式下的直流侧控制可分为充放电控制和充放电切换控制，充放电控制可分为电流控制、电压控制两种控制策略；离网工作模式下的直流侧控制与并网相同。并网工作模式下的交流侧可分为电压控制、恒功率（PQ）控制、下垂控制和虚拟同步机控制（Virtual Synchronous Generator，VSG）控制四种，电压控制又可分为交流侧整流控制和交流侧逆变控制两种。离网工作模式下的交流侧可分为电压控制、电压/频率（V/F）控制、下垂控制和 VSG 控制四种控制策略。并/离网切换模式可分为并网转离网检测控制和离网转并网预同步控制。

128　输电线路融冰装置　输电线路融冰装置是针对灾害天气造成的输电线路覆冰而设计的利用导线发热而将冰融化的装置，以防止冰雪天气对于某些地区的电力、交通、通信和人民生活带来严重影响。目前国内外普遍采用的融冰方式主要包括短路融冰、带负荷融冰、移相变压器融冰以及直流融冰等[36]。其中，由于直流融冰具有高效率、能源损耗低且操作方便的特点，使其具有良好的应用前景和推广价值。

直流融冰的原理是将覆冰线路从电网两端断开，一端将两条导线连接形成回路，另一端加直流电源，利用满足要求的直流电流达到融冰效果，目前，直流电流可由发电机及励磁设备采用零起升流办法提供，也可以由系统电源经可控硅整流装置整流后提供，比如晶闸管阀[37]。

晶闸管阀的电气连接形式为六脉动换流器和十二脉动换流器，其中六脉动换流器每相的臂称为单阀，如图 5.6-42 所示。

而十二脉动换流器，则是将两组六脉动换流器进行串联或者并联，同时为了满足电能质量，减少直流融冰装置运行对供电系统的影响，在将两组六脉动换流器进行串联或者并联时，阀侧绕组间的相位差应为 30°，以构成十二脉动换流器。如图 5.6-43 所示。

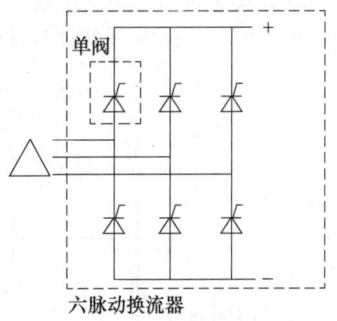

图 5.6-42　六脉动换流器示意图

然而关于直流融冰装置的要求还需考虑以下几点：融冰电源设备的负载能力、保证融冰过程中电网电压达到可接受水平、保证装置在系统接入点造成的谐波畸变不影响装置本身以及接入系统的安全[38]。

129　电力电子变压器　电力电子变压器（Power Electronic Transformer，PET），也称为固态变压器（Solid-State Transformer，SST）或智能变压器（Smart Transformer，ST）等[39]，电力电子变压器是一种基于电力电子变换技术和高频电磁感应原理，将一种电力特征的能量转变成另一种电力特征的能量的静止电力设备。传统变压器在电网结构薄弱，受到扰动影响较大时，无法起到抑制扰动，增大系统阻尼，提高电能质量满足用户的要求的作用[40]，故 PET 得到越来越多的关注。

PET 的一个突出特点是通过引入电力电子变换技术对其一次侧和二次侧的电压幅值和相位进行实时控制，达到对电力系统电压、电流及功率灵活调节的目的。PET 除了完成常规变压器电压幅值变换、电气隔离及能量传递的基本功能外，还可以提高系统的稳定性和输电方式的灵活性，优化配置各种交直流分布式电源，改善供电质量以及实现对系统功率潮流进行控制等一些可以满足现代电力系统新要求的功能。

PET 的工作原理为：在一次侧，工频母线高压通过电力电子变换器的作用变成高频交流方波，即一次侧将电压的频率提高，实现升频的作用。高频方波经过高频隔离变压器变压之后，被耦合到二次侧。二次侧的电力电子变换器将经过变压之后的高频方波还原成工频低压交流电能，向负荷供电。

根据基本原理图中的电力电子变压器中是否含有直流环节，可以将电力电子变压器的具体实现方案分为两类：一类是在电力电子变换过程中不存在直流环节，即交-交型电力电子变压器，其拓扑见图 5.6-44；另一类是在电力电子变换过程中存在直流环节，称为交-直-交型电力电子变压器，其拓扑如图 5.6-45 所示。

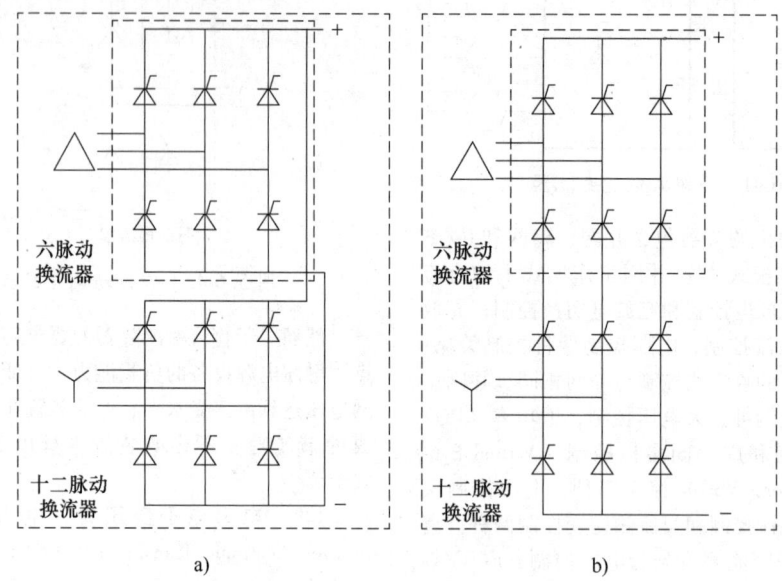

图 5.6-43　十二脉动换流器

a）十二脉动换流器串联形式　b）十二脉动换流器并联形式

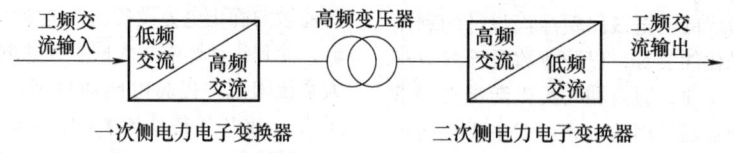

图 5.6-44　无直流环节 PET

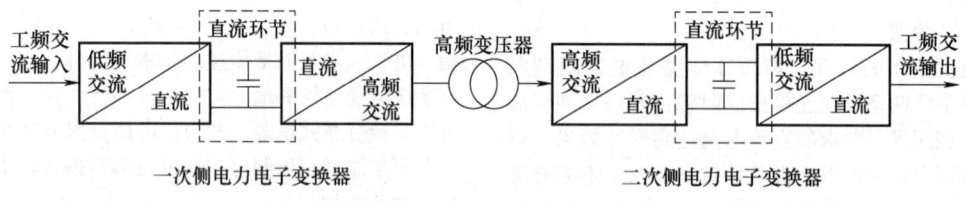

图 5.6-45　含直流环节 PET

130　电能路由器　电能路由器（Electric Energy Router，EER）由物理层和信息层组成。物理层主要包括电能变换功率模块、电能端口等必备模块，信息层主要包括电气量量测、感知、保护、通信、控制和管理与应用等模块[41]。

电能路由器以电能为主要控制对象，具备三个及以上的电能端口，能够进行交流、直流电能形式的变换，拥有对电气量幅值、相位、频率等参数的变换和调整的能力；电能路由器可实现电气物理系统与信息系统的融合，能根据上层系统的控制指令或依据实际工况进行电能的传输、分配和路径选择，并控制和管理其接入的电源、储能和负荷；除此之外电能路由器还应具有电能质量控制、即插即用、需求侧管理、能源交易等功能，电能路由器在配电网中的应用如图 5.6-46 所示。

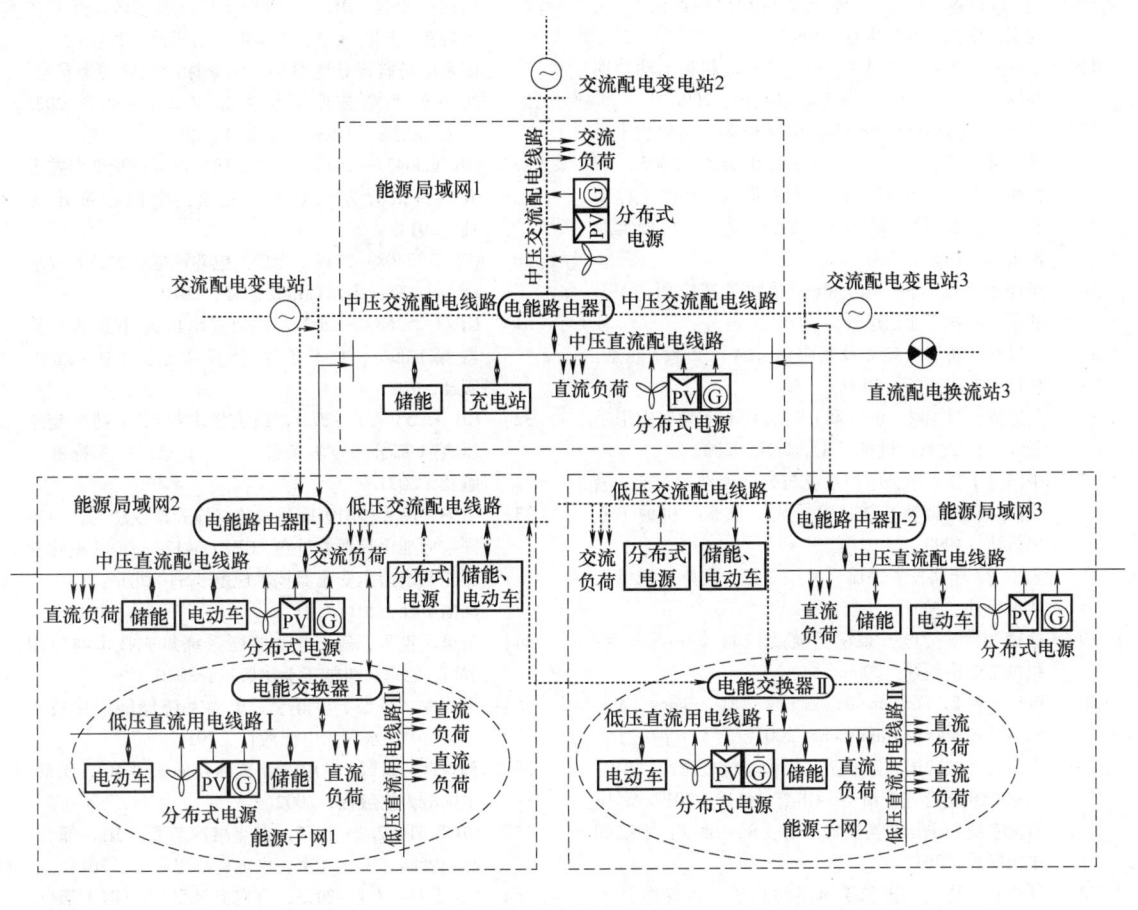

图 5.6-46　电能路由器在配电网中的应用[41]

参 考 文 献

[1]　杨荫彪，穆云书. 特种半导体器件及其应用 [M]. 北京：机械工业出版社，1991.

[2]　王兆安，刘进军. 电力电子技术 [M]. 北京：机械工业出版社，2009.

[3]　徐以荣，冷增祥. 电力电子学基础 [M]. 南京：东南大学出版社，1996.

[4]　邵丙衡. 电力电子技术 [M]. 北京：中国铁道出版社，1997.

[5]　陈治明. 电力电子器件基础 [M]. 北京：机械工业出版社，1992.

[6]　张明勋. 电力电子设备设计和应用手册 [M]. 北京：机械工业出版社，1990.

[7]　日本电气学会电力半导体变流方式调研专门委员会. 电力半导体变流电路 [M]. 王兆安，张良金，译. 北京：机械工业出版社，1993.

[8]　IEC 61000-3-2：Limits for Harmonic Current Emissions（Equipment Input Current≤16A per Phase）[S]，2020-07. https://www. doc88. com/p-99699075604022.html.

[9]　IEEE Std 519-1992：IEEE Recommended Practices and Requirements for Harmonic Control in Electrical Power Systems [S]，1992. http://ieeexplore. ieee. org/document/210894.

[10] GB/T14549—1993. 电能质量 公用电网谐波 [S]. 北京：中国标准出版社，1994.

[11] 王兆安，杨君，刘进军，等. 谐波抑制和无功功率补偿 [M]. 北京：机械工业出版社，2006.

[12] 天津电气传动设计研究所. 电气传动自动化技术手册 [M]. 2版. 北京：机械工业出版社，2005.

[13] 机械工程手册电机工程编辑委员会. 电机工程手册. 第2卷. 第3篇 [M]. 2版. 北京：机械工业出版社，1996.

[14] 李序葆，赵永健. 电力电子器件及其应用 [M]. 北京：机械工业出版社，1996.

[15] 韩安荣. 通用变频器及其应用 [M]. 2版. 北京：机械工业出版社，2000.

[16] 吴忠智，吴加林. 中（高）压大功率变频器应用手册 [M]. 北京：机械工业出版社，2003.

[17] 中国电工技术学会电控系统与装置专业委员会. 风机水泵交流调速节能技术 [M]. 北京：机械工业出版社，1990.

[18] 朱小清. 照明技术手册 [M]. 2版. 北京：机械工业出版社，2004.

[19] 徐德鸿. 电力电子系统建模及控制 [M]. 北京：机械工业出版社，2006.

[20] Robert W E. Fundamentals of Power Electronics [M]. Kluwer Academic Publishers, 2001.

[21] 中华人民共和国国家质量监督检验检疫总局，中国国家标准化管理委员会. GB/T 34118—2017. 高压直流系统用电压源换流器术语 [S]. 北京：中国标准出版社，2017.

[22] 汤广福. 基于电压源换流器的高压直流输电技术 [M]. 北京：中国电力出版社，2010.

[23] 中华人民共和国国家质量监督检验检疫总局，中国国家标准化管理委员会. GB/T 13498—2017. 高压直流输电术语 [S]. 北京：中国标准出版社，2017.

[24] 周孝信，郭剑波，林集明，等. 电力系统可控串联电容补偿 [M]. 北京：科学出版社，2009.

[25] 中国南方电网超高压输电公司. 串联补偿工程现场技术 [M]. 北京：中国电力出版社，2014.

[26] 肖湘宁. 电能质量分析与控制 [M]. 北京：中国电力出版社，2010.

[27] 国家能源局. DL/T 1226—2013，固态切换开关技术规范 [S]. 北京：中国电力出版社，2013.

[28] 国家市场监督管理总局、国家标准化管理委员会. 统一潮流控制器技术规范：GB/T 40867—2021 [S]. 北京：中国标准出版社，2021.

[29] GB/T 30427—2013，并网光伏发电专用逆变器技术要求和试验方法 [S]. 北京：中国标准出版社，2014.

[30] GB/T 37408—2019，光伏发电并网逆变器技术要求 [S]. 北京：中国标准出版社，2019.

[31] GB/T 25388.1—2021，风力发电机组 双馈式变流器 第1部分：技术条件 [S]. 北京：中国标准出版社，2021.

[32] GB/T 25387.1—2021，风力发电机组 全功率变流器 第1部分：技术条件 [S]. 北京：中国标准出版社，2021.

[33] 中华人民共和国国家质量监督检验检疫总局，中国国家标准化管理委员会. GB/T 34120—2017 电化学储能系统储能变流器技术规范 [S]. 北京：中国标准出版社，2017.

[34] 余勇，年珩，等. 电池储能系统集成技术与应用 [M]. 北京：机械工业出版社，2020.

[35] 吴福保、杨波、叶季蕾. 电力系统储能应用技术 [M]. 中国水利水电出版社，2014.

[36] 蒋兴良，易辉. 输电线路覆冰及防护 [M]. 北京：中国电力出版社，2002.

[37] GB/T 31487.2—2015，直流融冰装置 第2部分：晶闸管阀 [S]. 北京：中国标准出版社，2015.

[38] GB/T 31487.1—2015，直流融冰装置 第1部分：系统设计和应用导则 [S]. 北京：中国标准出版社，2015.

[39] 王丹. 配电系统电子电力变压器 [D]. 武汉：华中科技大学，2006.

[40] 变压器制造技术丛书编审委员会. 变压器绕组制造工艺. 北京：机械工业出版社，1998.

[41] 国家标准化管理委员会. GB/T 40097—2021. 能源路由器功能规范和技术要求 [S]. 北京：中国标准出版社，2021.

第 **6** 篇

电气工程信息化基础

主　　编　张彦斌（西安交通大学电气工程学院）
　　　　　曹　晖（西安交通大学电气工程学院）
参　　编　茹　锋（长安大学电子与控制工程学院）
　　　　　胡飞虎（西安交通大学电气工程学院）
　　　　　司刚全（西安交通大学电气工程学院）
主　　审　贾立新（西安交通大学电气工程学院）
责任编辑　朱　林

第1章 信息和信息技术

1.1 信息和信息技术

1 信息 信息（Information）是现代社会人们广泛使用的一个概念。"信息"一词来源于拉丁文"Information"，原意为解释、陈述。随着信息地位的不断提高和作用的不断增强，以及人们对信息的认识不断加深，信息的含义也在不断发展。从系统论的观点看，信息是人们对客观事物变化和特征的反映，是对客观世界之间相互作用和联系的认知，是对客观事物经过感知或认识后的再现。人类通过对信息的加工获得知识，通过对信息的运用能更有效地从事社会经济活动。在当代，信息一般表现为数字、文本、声音、图像和多媒体等五种形态。信息资源与材料、能源已构成当代社会发展的三大要素。信息不仅反映的内容是客观的，而且其本身也是客观的。信息一旦生成就客观存在，并可以被感知和传播，可以大量且廉价地被复制并共享。信息可以通过一定的媒介被存储，但有一定的时效，如果它不能及时地反映事物最新的变化状态，则其效用就会降低，甚至毫无价值。当然，信息的开发利用需要依靠物质和能量的支持，然后可以通过充分地利用信息资源和信息技术来开发出更多更好的新材料、新设备和新能源。

2 信息技术（IT） IT（Information Technology）就是能够用来扩展人的信息功能的技术。以 IT 构成的系统称为信息系统。扩展信息功能的技术有：检测与识别技术、通信与存储技术、计算与智能技术、控制与显示技术。信息技术的基础是信息论，当今信息技术体系以微电子技术为基础，由计算机技术、通信技术、自动化技术和网络技术的综合应用构成信息技术的主体。从经济发展史看，信息化与工业化是两个互相衔接的历史过程，两者相互联系并相互促进。随着信息技术的迅速发展和日益广泛应用，现在世界上许多国家在完成工业化之后正在步入"后工业化社会"或"信息社会"的过程中。我国面对迎面而来的新技术革命、新产业革命

浪潮，也应大力应用信息技术等新技术，促进工业化的进程，提高工业化的水平和质量，实现以信息化带动工业化、工业化促进信息化、走新型工业化道路的战略方针。

1.2 电气工程信息化

3 信息化 信息化（Informatization）一词是日本学者最早于 20 世纪 60 年代提出来的。信息化是指人们凭借现代电子信息技术等手段，通过提高自身开发和利用信息资源的智能，推动经济发展、社会进步乃至人们自身生活方式变革的过程。1997年 4 月全国第一次信息化工作会议在深圳召开，该次会议正式提出了国家信息化体系的概念，国家信息化体系包括信息资源、信息网络、信息技术应用、信息技术和产业、信息化人才、信息化政策法规和标准等六方面要素。

信息化工程是一项涉及面广，且极为复杂的系统工程。我国信息化发展的主要内容及推进我国信息化进程的途径或方向是：1）信息网络的建设与改造；2）信息源的开发和利用；3）信息装备的引进与制造；4）信息技术的进步；5）信息产业的成长；6）信息化所需制度的完善；7）信息人才的培养开发与使用；8）信息技术的推广应用。

信息技术和信息产业的发展不仅能有力地推动其他产业部门现代化，而且由于信息技术的应用极大地提高了国民经济活动中信息采集、传输和利用的能力，提高了整个国民经济系统运行的生产和管理效率，加强了国民经济的国际竞争能力。我国信息化正式起步于 1993 年，启动了金卡、金桥、金关等重大信息化工程，这也是中国特色的"信息高速公路"。1996 年 3 月，第八届全国人大第四次会议上提出"加快国民经济信息化的进程"的战略任务，会议通过了《国民经济和社会发展"九五"计划和 2010 年远景目标纲要》。1998 年以后，随着国务院机构的进一步改革，新组建的信息产业部，负责推进国民经济和社会服务信息化的工作。1999 年

12 月，恢复国务院信息化领导小组。

2000 年 10 月，党中央在《中共中央关于制定国民经济和社会发展第十个五年计划的建议》中，提出"大力推进国民经济和社会信息化，是覆盖现代化建设全局的战略举措。以信息化带动工业化，发挥后发优势，实现社会生产力的跨越式发展。"党的十六大提出走新型工业化道路，大力实施科教兴国战略和可持续发展战略。为实现这一具有历史意义的战略，党中央、国务院决定成立国家信息化领导小组，全面指导信息化建设工作。2002 年 7 月，国家信息化领导小组第二次会议讨论通过了《国民经济和社会信息化专项规划》《关于我国电子政务建设的指导意见》，讨论了振兴软件产业的问题。2016 年 12 月，国务院印发并实施《"十三五"国家信息化规划》，围绕加快国家信息化发展提出了一系列规划和布局。党的十九大报告提出"推动新型工业化、信息化、城镇化、农业现代化同步发展"，建设智慧型社会有利于充分发挥信息化的核心引领作用，坚持新型工业化的主导地位，不断完善城镇化的载体和平台功能，强化农业现代化的基础作用，从而更好实现"四化"同步发展。2021 年 3 月通过的《中华人民共和国国民经济和社会发展第十四个五年规划和 2035 年远景目标纲要》中指出，要加快数字化发展，打造数字经济新优势，建设数字中国，进一步凸显信息化在未来社会发展中的重要性。

图 6.1-1 为信息系统和经济社会信息化之间的关系示意图。

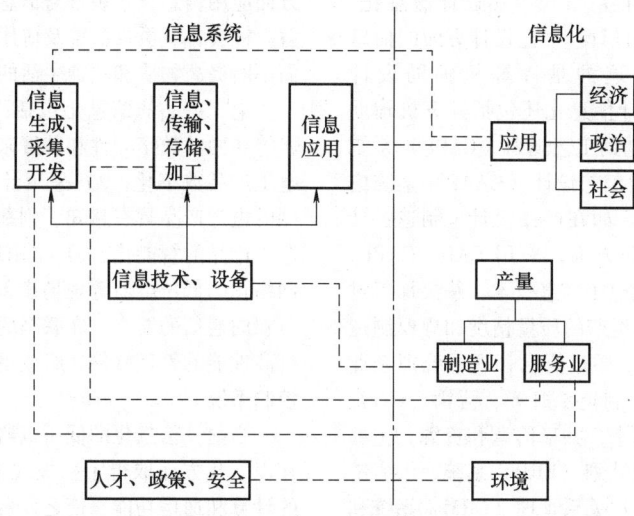

图 6.1-1　信息系统和经济社会信息化的关系示意图

信息化是手段，而不是目的。信息产业的发展直接进入国民经济统计，信息产业也已成为国民经济的重要支柱。但更重要的是，信息技术和设施渗透到各行业、各领域，其目的在于提升改造国民经济各行业，使社会各个领域（包括政府）提高效率。信息化的作用类似于化学反应中的催化剂。

我国电力行业是应用信息技术较早的行业之一，信息技术在电力工业的应用起始于 20 世纪 60 年代。20 世纪 60 年代到 70 年代初为第一阶段，电力工业信息技术应用从生产过程自动化起步，主要在电网调度、电力实验数字计算、工程设计科技计算、发电厂自动检测等方面。20 世纪 80 年代初到 90 年代初为第二阶段，这一时期为专项业务应用阶段。计算机系统在电力系统的广大业务领域得到应用，电力行业广泛使用计算机系统，如电网调度自动化、发电厂生产自动化控制系统、电力负荷控制预测、计算机辅助设计、计算机电力仿真系统等。同时企业开始注意开发建设管理信息的单项应用系统。20 世纪 90 年代初到 21 世纪初为第三阶段，这一时期为电力系统信息化建设加速发展时期。信息技术应用进一步发展到综合应用，由操作层向管理层延伸，同时其他专项应用系统也进一步发展到更高水平。有计划地开发建设企业管理信息系统，从单项向网络化、整体性、综合性应用发展。国家电力公司成立后，全公司系统认真贯彻国家信息化建设的政策和要求，抓住信息技术迅猛发展的历史机遇，大规模开展信息网络建设和信息系统开发，信息技术的应用领域深入到电力生产、经营和管理的各个环节，深入到设计、制造各个方面，信息化建设取得了重大进展。进入 21 世纪以来为第四阶段，这一阶段信息化建设的目标主要在管理信息化方面以及企业资源计划、资产设备全寿命周期管理、安全生产管理、供应链管理、集团控制、人财物集约化、全面预算管理等全面展开。围绕管理创新，进行企业业务流程的重新梳理、变革和重组，组织扁平化和精益化管理，不断降低成本，提高效益，通过信息化支撑企业管理，不断提升企业的价值，最终建立起信息化企业。

信息在经济中的应用主要体现在企业信息化中。企业信息化，即在企业的各项工作中采用信息技术和设施，以加快工作流程、提高工作效率、减少各种消耗、降低企业成本、提高产品档次和质量，从而达到提高企业效益、增强企业竞争力的目的。企业信息化贯穿于企业工作的各个方面，大体可以分为以下四方面内容：1）产品设计信息化。产品设计信息化指产品设计、工艺设计方面的信息化。目前应用较为普遍的是计算机辅助设计（CAD）系统。产品设计信息化还包括计算机辅助工程（CAE）、计算机辅助工艺规划（CAPP）系统应用、计算机辅助装配工艺设计（CAAP）系统应用等。2）流程信息化。如在产品设计、制造、计划、仓储、备料等各个方面，采用 CAD、CAPP、CAM、CAE 等各种现代电子信息技术，解决加工过程中的复杂问题，提高生产的质量精度和规模制造水平。3）管理信息化。通过信息管理系统把企业的设计、采购、生产、制造、财务、营销、经营、管理等各个环节集成起来，共享信息和资源，主要应用层面包括企业资源计划（ERP）系统、供应链管理（SCM）系统、客户关系管理（CRM）系统和决策支持系统（DSS）。4）市场经营信息化。主要指企业通过实施电子商务，大大节约经营成本，提高产品的市场竞争能力，提高经济效益。5）企业决策科学化、透明化、理性化。企业信息化给企业决策带来的影响是显而易见的。一方面，以往企业决策主要靠少数人的经验积累和思维能力，主观性强，透明度弱。而现在企业决策运用互联网和应用软件，增强了决策的科学性和对全局的控制力，同时对外对内都增加了透明度；另一方面，倚重管理信息系统，企业决策的方式从经验型的"拍脑袋"向系统分析的理性思维转变，决策将依据可靠的数据库、应用软件和科学程序进行，尤其是近年来大数据分析技术和人工智能技术的快速发展，使得对生产管理系统积攒的海量数据分析成为可能，决策过程得到了强有力的支撑。

在信息化程度较低的社会中，信息服务业不发达，很多信息应用所需设施和技术都由应用者自行装备和开发，水平和效用低，反映出社会分工的不够发达。随着信息化程度的提高，社会分工程度越来越高，信息设施和技术基本由信息服务业提供，应用者主要从事真正的实际应用，解决与应用环境的协调问题。在分工细化的同时，两者间关系越来越紧密。

4 信息化电工产品 电气工程信息化的主要任务是大力开发和应用信息化电工产品，采用信息技术改造传统的电气控制系统，全面实现电工产品制造和服务的信息化。

从广义上说，信息化内涵应包括信息产业和信息应用两个方面。信息产业包括电子信息产品制造业和信息服务业，信息应用包括各行各业和社会各方面应用信息技术装备与信息服务以提高效率及效益。社会各成员日益普及应用信息装备和服务，从而不断提高物质和精神生活的水平和质量。

电工产品的信息化包括：1）采用包括微机技术等在内的数字元件和装置来装备电工产品，实现电工产品数字化；2）采用计算机的软硬件，使新型的电工产品具有感知、判断和决策的能力，实现电工产品的智能化；3）采用现场总线等网络技术，网络化的低压电器等现场设备具有与中央控制室进行双向通信的能力，在联网的上层计算机系统中运行高性能的管理软件，组成更高水平的计算机管理控制系统。

当前，信息化的低压电器及其成套设备产品已在以下几方面取得了积极成果：1）利用微处理器的计算和通信功能，使之发展成为可通信电器，并且与系统中其他智能化元件组成低压配电装置的电能管理系统。它们不但能对配电系统的电能分配进行合理的调度，达到节能的目的，并且还能实现电力质量的监控，以保证整个低压配电系统的高质量运行。2）在接触器操作电磁铁的控制电路中，引入了微处理器并带有闭环控制，可实现接触器的合闸智能操作。这种带智能操作的接触器能提高接触器各种性能指标，特别是由于电磁铁吸合过程动态特性的改善，大幅度提高了接触器的电寿命。3）新型控制电器能实现智能定相分闸控制，通过控制分断相角和燃弧延续时间，可实现触头材料的零磨损。4）迅速发展的低压电器及其成套装置的在线检测系统，使断路器或接触器触头状态实现在线检测。

近年来，灵活交流输电系统（Flexible AC Transmission Systems，FACTS）技术、柔性直流输电系统技术等已经在国内外一系列大型输电工程中得到应用。代表性的设备有可控串联补偿器、静止同步补偿器、统一潮流控制器、模块化多电平换流器等，该类设备集现代电力技术、微处理与微电子技术、通信技术和控制技术于一体，能够增强电网的可控能力，从而大大提高供电系统的稳定性、可靠性及灵活性，并增大输电容量。

发电、输电、变电和配电等设备可靠性、经济性和可控性的稳步提高，各类继电保护、安全防护和安全闭锁装置的正确动作率和动作速度的提高，以及包括发电厂自动化和电力系统自动化调节、控制性能和适应性的提高，从而保证电力系统在所预见的工况下能够快速达到实时平衡并保持稳定，是当前中国电力工业的发展和电机工程的科技进步与创新的三大支柱技术。

随着信息技术、计算机技术、通信技术以及网络技术的快速进步，电力系统自动化技术的发展也因此迎来了一个新的成长期。此外，目前基于 Internet 技术的网络通信，容易受到恶意的攻击和遇到感染病毒的信息网络的安全问题，特别是实时控制的调度自动化系统和电厂自动化系统的网络安全问题已经受到人们的广泛关注。

第 2 章　计算机组织和结构

2.1　计算机概述

5　计算机构成　计算机系统由硬件和软件构成，硬件是按照一定的逻辑关系将一系列电子元器件连接而成的，是计算机系统的基础和核心，一般包括中央处理器（CPU）、存储器、运算器、输入/输出（I/O）设备等部件；软件由操作系统、语言处理系统以及各种软件工具等应用程序组成，它是用户与硬件之间的接口，通过指挥、控制硬件系统按照预定的程序运行、工作，从而达到预定的目标。现在计算机广泛采用冯·诺依曼结构，采用二进制形式表示数据和指令，其中指令是程序的基本单元，由操作码和地址码两部分组成；采用存储程序方式，这是计算机能高速自动运行的基础。计算机系统具有多层次结构，见图 6.2-1，其底层是由硬件构成的实际机器 M1，加上操作系统后就成为虚拟机器 M2，M2 的上一级是用汇编语言或中间语言表示的虚拟机器 M3，用户通过虚拟机器 M4 使用高级语言。目前比较流行的高级语言有 C/C++、Visual Basic、Java、C#、Python 等。

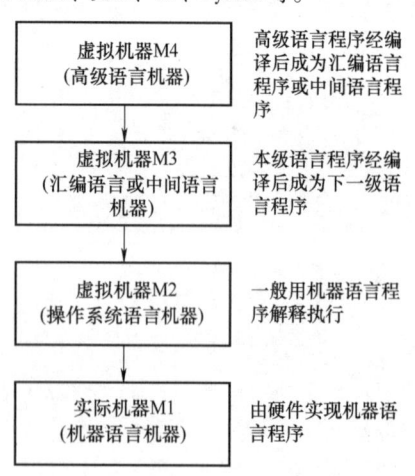

图 6.2-1　计算机系统的多层次结构

6　计算机的发展　自 1946 年第一台电子计算机诞生以来，计算机的历史至今仅有 70 余年，但取得了惊人的发展，已经历了五次重大变革。通常认为计算机的发展和电子技术的发展密切相关，每当电子技术有突破性的发展，就会导致计算机的一次重大变革。所以计算机发展史中的"代"通常以其所使用的主要器件来划分。

（1）第一代计算机（1946—1957）又称电子管计算机，主要用来进行科学计算，每秒运算速度仅为几千次，体积庞大，造价很高。它的主要特点是：逻辑器件使用电子管；用穿孔卡片机作为数据和指令的输入设备；用磁鼓或磁带作为外存储器；使用机器语言编程，没有操作系统。第一代计算机的主要代表有：ABC、Mark-I、ENIAC 等。

（2）第二代计算机（1958—1964）又称晶体管计算机，它的主要特点是：用晶体管代替电子管，与一代机相比，它体积小，速度快，能耗低，可靠性高；采用磁心存储器作为主存；引入了变址寄存器和浮点运算硬件；利用 I/O 处理机提高了输入输出能力；发展出了高级语言程序，对计算机的普及与应用具有重要意义；应用范围进一步扩大，配置了子程序库和批处理管理程序。第二代计算机的主要代表有：TRADIC、IBM 7000 系列等。

（3）第三代计算机（1965—1970）又称中、小规模集成电路计算机，它的主要特点是：用小规模或中规模的集成电路来代替晶体管等分立元件；用半导体存储器代替磁心存储器；使用微程序设计技术简化处理机的结构；在软件方面广泛引入多道程序、并行处理、虚拟存储系统以及功能完备的操作系统，提供了大量面向用户的应用程序。第三代计算机的主要代表有：IBM 360、PDP-8 系列、Nova 机等。

（4）第四代计算机（1971 年至今）又称超大规模计算机，它的主要特点是：用超大规模集成电路或微处理器取代中小规模集成电路；采用大容量的半导体作为内存储器；在体系结构方面，并行处理、多机系统和计算机网络系统等有了很大发展；在软件方面，推出了数据库系统、分布式操作系统以及软件工程标准等。1975 年 Altair 公司利用 Intel 公司的 8080 芯片制成了第一台商业化的微型计算机，时至今日，微型计算机的体积不断变小、性能不断提升、可靠性不断提高、价格越来越低、应用范围越来越广，加上完善的系统软件、丰富的系统开发工具和商品化的应用程序的大量涌现，通信技术和计算机网络的飞速发展，使得计算机进入了一个大发展的阶段。

（5）第五代计算机 未来的计算机将向着更便携、更高速、智能化的方向发展，目前所说的第五代计算机尚在研制之中，通过改进计算机现有的体系结构，使其性能产生质的飞跃，同时，计算机将具有像人那样的感知、思考和判断能力以及一定的自然语言能力。此外，未来计算机很可能脱离现有的物理设备而利用人工智能去实现无形的计算。

7 计算机性能与测评 在计算机过去几十年的发展历程中，始终遵循着"摩尔定律"，即每个芯片中含晶体管的数量每 18 个月翻一番，其价格每 18 个月降低一半，从而使得计算机的性能提高一倍。计算机的性能一般是指其处理问题的速度，主要有以下三种方法来衡量：

（1）用"时间"来衡量 即从提出任务到计算机得出结果所需的时间。其中，包括 CPU 操作、访问存储器、存取磁盘数据、I/O 操作以及操作系统开销等时间。在计算机运行多道程序环境中，当某道程序因条件不具备而需挂起时，将 CPU 分配给其他程序运行。因此，CPU 时间是指完成这道程序所需的 CPU 执行时间，不包括 I/O 等待时间和运行其他程序的时间。CPU 时间又分为用户 CPU 时间（执行用户程序占用 CPU 的时间）和系统 CPU 时间（执行操作系统的 CPU 时间）。一个程序在 CPU 上运行所需要的时间 T_{CPU}，可以用下式表示：

$$T_{CPU} = I_N \times CPI \times T_C$$

式中 I_N——要执行程序中的指令总数；

CPI（Clock cycles Per Instruction）——执行每条指令所需的平均时钟周期数；

T_C——计算机内部操作的基本时间单位。

（2）用 MIPS 来衡量 MIPS（Million Instructions Per Second，即每秒执行 100 万条指令），以各类程序中执行指令的频度为依据，通过计算而得到。对于给定的程序，MIPS 的定义为

$$MIPS = \frac{I_N}{T_{CPU} \times 10^6} = \frac{f_c}{CPI \times 10^6}$$

式中 f_c——处理器的时钟频率，它是时钟周期 T_C 的倒数。

（3）选择程序来评价 基准程序组法（Benchmark）是目前广泛认可的测试性能方法。基准测试程序多种多样。

1）整数测试程序（Dhrystone）。一个综合性测试程序，测试编译器及 CPU 处理整数指令和控制功能的有效性。

2）浮点测试程序。在计算机应用领域内，浮点计算工作量占很大比例，因此在产品说明书中往往标出机器浮点性能。绝大部分工作站标出用 Linpack 和 Whetstone 基准程序测得的浮点性能。Linpack 基准程序主要测试机器处理向量的能力以及高速缓存的性能，测试结果用 MFLOPS（每秒执行 100 万条浮点指令）表示。Whetstone 基准程序由执行浮点运算、整数算术运算、功能调用、数组变址、条件转移和超越函数的程序组成，测试结果用 kwips 表示，1kwips 表示机器每秒钟执行 1000 条 Whetstone 指令。

3）计算机综合测试程序 SPEC（System Performance Evaluation Coorperative）。是一套复杂的基准程序集，主要用于测量与工程和科学应用有关的数字密集型的整数和浮点数方面的计算能力。1992 年发布的 SPEC int 92 包含 20 个测试程序，其中有测试机器整数性能的 6 个程序，测试浮点数性能的 14 个程序。其中 SPEC 分数是 20 个程序的几何平均值，SPEC 整数是 6 个整数程序的几何平均值，SPEC 浮点数是 14 个浮点数程序的几何平均值。测试结果一般有 3 个：SPEC mark（SPEC 分数）、SPEC int（SPEC 整数）和 SPEC fp（SPEC 浮点数）。

2.2 中央处理器（CPU）

8 CPU 组成 CPU 主要包括算术逻辑运算部件、寄存器组、控制器、时钟以及一些专用寄存器。算术逻辑运算部件、寄存器组和数据传送电路统称为数据通路。CPU 的主要功能是控制程序的执行以及完成对数据的处理。图 6.2-2 是经简化后的 CPU 逻辑功能框图，图的右半部为运算器，左半部为控制器。

（1）运算器的组成 1）算术逻辑运算单元（ALU）。完成定点数运算；2）寄存器组。保存参加运算的操作数和运算结果等，运算时，寄存器的内容通过多路转换器 MUX 送到 ALU；3）地址寄存器和数据寄存器。暂存访问存储器的地址及读写

数据；4）状态寄存器。记录运算结果的状态标志，如 N、Z、V、C 等。

（2）控制器的组成　1）程序计数器 PC。指出 CPU 待取出的指令地址；2）指令寄存器 IR。保存当前正在执行的指令操作码；3）指令译码器和控制信号发生器。对指令码进行译码，并发出完成本条指令功能所需的控制信号；4）中断处理器。在

机器运行时，当发生诸如出错等异常情况或 I/O 设备请求处理时，向中央处理器发出中断请求信号，要求 CPU 暂时中止当前正在执行的程序，转而进行异常处理或 I/O 处理；5）时钟。在机器内必须有一个时钟发生器，CPU 按一定规则进行工作，以产生周期性变化的时钟信号，由一个或若干个时钟周期组成一个机器周期，完成某一项工作。

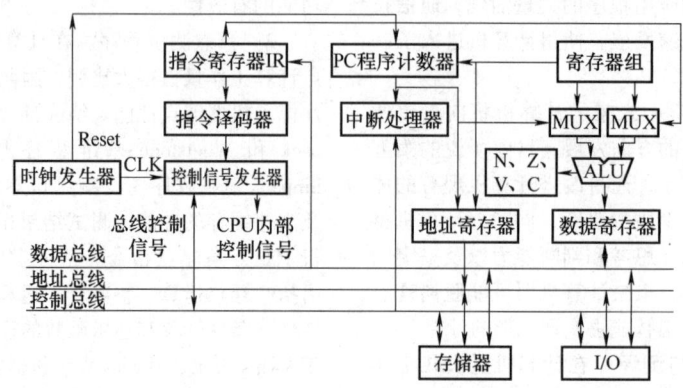

图 6.2-2　CPU 逻辑功能框图

9　微程序控制　一条指令的执行过程分成若干个机器周期，每个机器周期完成一些规定的操作，假如将一个机器周期完成的操作定义为一条微指令的操作，那么按一定次序执行若干条微指令就可以实现一条指令的功能，这些微指令的集合就叫作微程序。每条指令都有相应的一段微程序，执行一条指令实际上就成为执行一段微程序。

微程序控制器一般采用只读存储器（固存），假如用可读写的存储器代替固存，那就要求用户或程序员设计新的指令，只要编写相应的微程序送入控制存储器就行了，这就叫作动态微程序设计。微程序设计具有软件的特点，当设计存在某些错误时，可通过修改微程序内容予以纠正，因此 CISC（复杂指令集计算机）都采用微程序设计技术。

微指令由控制字段与下址字段组成。在顺序执行微指令时，后继微指令的地址是在当前执行的微地址加上一个增量而产生的，通常由微地址计数器实现。而在非顺序执行微指令时，必须通过转移方式，此时由下址字段发挥作用。为了便于程序循环，在微程序控制器中通常设置有一个计数器，用来累计循环次数，以控制循环是否结束，同时为了便于实现微子程序或微程序嵌套，还可设置微程序返回寄存器或微堆栈（寄存器）。

10　硬布线控制逻辑　通过逻辑电路直接连线

产生控制计算机各部分操作所需的控制信号的方式，称为硬布线控制方式或组合逻辑控制方式。

（1）机器周期　实现一条指令需要几个机器周期，图 6.2-3 用两位计数器表示一条指令的 4 个周期，在初始化时令机器处于取指周期，此时译码器输出端 0 为高电位，其他 3 个为低电位。

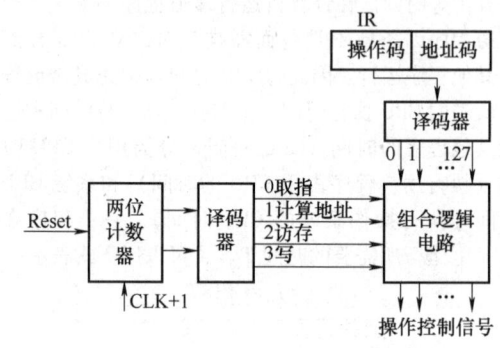

图 6.2-3　硬布线控制逻辑控制信号的形成

由于每条指令的功能不同，因此所需的机器周期数可能不同。例如，有些指令可能缺少某个周期，而有些复杂指令的某个周期则需要延长或增加若干个机器周期，因此实际电路要复杂得多。

（2）操作码译码器　指令的操作码部分表示当前正在执行的是什么指令。假如操作码有 7 位，则最多可表示 128 条指令，可在机器内设置一个指令

译码器，其输入为操作码（7 位），输出有 128 根线，在任何时候，有且仅有一根线为高电位，其余均为低电位（或反之），反映出当前正在执行的指令。

（3）操作控制信号的形成　由两个译码器（周期和指令）送来的信息，通过图 6.2-3 所示的组合逻辑电路，产生执行当前指令所需的控制信号。组合逻辑电路通常由门电路组成，设计工作量大，容易出错。

11　流水线控制　流水线组织是在一条指令没有执行完时就进行下一条指令的处理，即相邻指令重叠执行（在时间上）。经典的五级流水线将一条

指令的执行过程分成 5 个阶段：1）取指；2）译码与取数；3）执行；4）访问内存（读/写）；5）结果写回寄存器中。该过程采用并行处理，极大地提高了指令的处理速度，由于其工作过程相当于现代工业生产装配线上的流水作业，因此称之为流水线处理器。

以上讨论的是指令级流水线，其他还有运算操作流水线，如图 6.2-4 所示。执行"浮点加"运算可分成"对阶""尾数相加"及"结果规格化"3段，见图 6.2-4a；每段设置专用逻辑电路完成指定操作，并将其输出保存在锁存器中，作为下一段的输入，见图 6.2-4b。

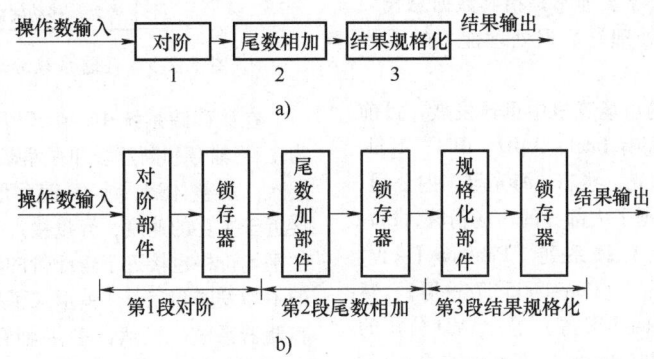

图 6.2-4　运算操作流水线

a）浮点加运算流程　b）浮点加运算部件

在图 6.2-4 中，假如第 $n+1$ 条指令的操作数地址即为第 n 指令保存结果的地址，那么取操作数操作需要推迟两个机器周期进行，即写后再读，这种情况称为数据相关，为了改善流水线情况，一般设置相关专用电路（称为旁路电路或向前推进电路），令第 $n+1$ 条指令的操作数直接从 ALU 输出端得到，因而仍能保持流水线畅通。

某些计算机采用"猜测法"，即机器先选定转移分支中的一个，按它继续取指并处理，如猜错了，要返回分支点，并保证在分支点后已进行的工作不会破坏原有现场，否则出错。

12　中断控制　在现代计算机中，中断是一个十分重要的概念，也是 CPU 所要完成的一项基本工作。在计算机执行程序的过程中，由于出现某个特殊情况（或称为"事件"），使得暂时中止现行程序，而转去执行处理这一事件服务程序，待处理完毕后再回到原来程序的中断点继续向下执行，这个过程就是中断。

中断控制的主要功能是：1）能使 CPU 与外设并行工作，从而提高了 CPU 的工作效率；2）实现

计算机的实时控制，以便对外部监视现场采集得来的信息立即做出响应、判断和及时处理；3）及时进行内部故障处理；4）采用异常中断提供程序调试方法；5）利用软件中断调用 BIOS 和 DOS 服务程序。

13　DMA 控制　采用 DMA（Direct Memory Access）方式可实现计算机与外部设备之间（例如访问磁盘以及高速数据采集等）大容量、高速度的信息传输。在 DMA 数据传输过程中，以存储器为中心，让外部输入/输出（I/O）设备与 RAM 之间直接进行数据传送。此时，CPU 让出总线控制权，处于等待状态，在专用的 DMA 控制器直接控制下，I/O 设备与 RAM 进行数据传送。因此与采用一般的程序查询或中断控制的 I/O 数据传送相比，采用 DMA 方式传送数据可进一步提高数据的传输效率。

14　微处理器　微型计算机的硬件系统主要由主机和外部设备两大部分组成，其中主机包括：微处理器、存储器、总线和输入/输出接口等四个部分。由于微处理器（Micro Processing Unit，MPU）在计算机硬件系统处于核心地位，故也常称其为中

央处理单元（CPU），一般由运算器、控制器、寄存器组以及少量外围电路集成封装在一块芯片内部而成，用以实现各种运算和控制功能。微处理器通常与内存、外设接口分离，可分为专用和通用两种，专用微处理器如 DSP、GPU 等。

以大规模集成电路工艺为基础的微处理器和微型计算机的问世是计算机发展史上的里程碑，标志着计算机进入了第四代。1971 年，美国硅谷 Intel 公司制成 4004 微处理器，并用它组成 MCS-4 微型计算机。时至今日，微型处理器技术和性能始终遵循摩尔定律不断发展，在速度、功能等各方面有了很大的提高。这种换代通常是按微处理器的字长位数和功能来划分的，其字长通常是指其数据总线二进制位的宽度，是微处理器数据处理能力的重要指标。

微处理器在激烈的市场竞争中迅速发展，目前主要的微处理器制造商有 Intel、AMD、IBM、Apple 等国外公司以及中科曙光、兆芯、海光等国内公司。其中，Intel 和 AMD 占据了大部分的市场份额，Intel 公司的产品主要包括奔腾系列（Pentium I ~ IV，Pentium D 等）、酷睿系列（Core i3/i5/i7/i9 等）、赛扬系列（Celeron 4，Celeron E 等）等；AMD 公司的产品主要包括锐龙系列（Ryzen 3，Ryzen 5，Ryzen 7 等）、速龙系列（Athlon 64，Athlon X4 等）、AMD FX 系列以及 APU 系列等。此外，国内相关厂商近年来也取得了很大发展，中科曙光旗下的龙芯 1 号、2 号、3 号三个系列的处理器以及龙芯桥片（龙芯 7A1000）等也得到了越来越多的应用。

2.3　存储系统

15　存储器分级结构　在计算机系统中，存储器负责存放程序和数据，是计算机不可或缺的部件之一。作为计算机信息存储的核心，存储容量应确保各种应用的需要，同时，存储速度应尽量与 CPU 的速度相匹配，并支持 I/O 操作，此外，存储器价格应比较合理，但这三者经常是矛盾的。通常来说，存储器的速度越快，则其价格就越高；存储器的容量越大，则存取速度就越慢。按照目前的技术水平，仅仅采用一种技术组成单一的存储器是不可能同时满足这些要求的。因此，现代计算机采用由多级存储器组成的分级存储体系，把几种存储技术结合起来，较好地解决了存储系统中大容量、高速度和低成本这三者之间的矛盾。计算机的存储系统分级结构见图 6.2-5。

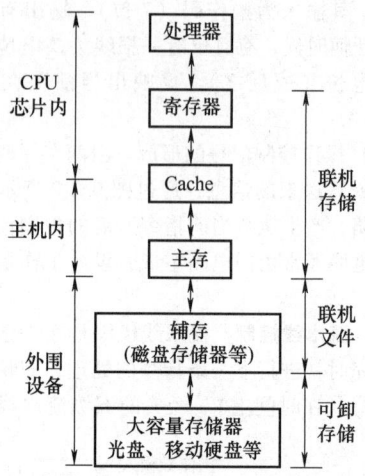

图 6.2-5　存储系统分级结构示意图

在该存储系统中，除 CPU 内寄存器外，可分为主存-辅存和高速缓冲存储器 Cache 主存两个存储层次。从整体看，主存-辅存形成的层次，其速度接近于主存的速度，容量接近于辅存的容量，而每位平均价格也接近于较廉价的辅存价格。这种系统的不断发展和完善，就形成了现在广泛使用的虚拟存储器系统。显然，主存-辅存形成的层次解决了存储器容量与成本之间的矛盾。在 Cache 主存存储层次中，虽然其存储容量较小，但存取速度与 CPU 工作速度相当。这样，若能保证不断地用新的信息更新 Cache 的内容，则在 CPU 运行的大部分时间只需访问 Cache，从而减少了对慢速的主存的访问。因此，Cache 主存存储层次解决了存储器速度与成本之间的矛盾。

实际上，是存储器访问的局部性原理保证了存储器的分层结构在技术上的可用性。存储器访问的局部性可分为时间上的局部性和空间上的局部性。时间上的局部性是指当前正在使用的信息很可能是后面即将还要使用的信息，程序循环和堆栈等操作中的信息就是如此。空间上的局部性是指连续使用到的信息，很可能在存储空间上局限在一个相邻的区域内，顺序执行的程序和成组处理的数据就是这样存放的。出于上述存储容量、速度、成本的综合考虑，实际的计算机存储系统必须从经济的角度采用分层的组织结构，即在靠近 CPU 的 Cache、内存等采用高速但容量较小的半导体存储器件，以充分发挥 CPU 的快速处理能力，而在距离 CPU 较远的外存则采用低速大容量的磁盘或光盘等。

此外，依据局部性原理，可以将计算机频繁访问的信息放在速度较高但价格也较高的存储器中，而将暂时不访问或不频繁访问的信息放在速度较低但价格也较低的存储器中。

16　主存储器　主存储器是 CPU 可以直接访问的存储器，其作用是存放当前运行的程序和数据，一般由存取速度较快的半导体存储器组成，它包括存储体、控制电路、地址寄存器、数据寄存器和地址译码电路五部分。主存储器的容量通常以字节为单位，按地址访问，每个存储单元都有一个指定地址。从主存储器读出一字或写入一字所需时间称为读写时间。主存储器按照读写功能可分为只读存储器（Read Only Memory，ROM）和随机存储器（Random Access Memory，RAM）两种。一般 ROM 是专用芯片，出厂时已写好内容，只可读出，但不能改写。另一种可编程只读存储器（PROM）允许用户写入一次，然后就只能从该存储器读出内容而不能再写入，即使停电也不会破坏其内容。此外，还有一种可擦去内容并改写的只读存储器称为 EPROM，目前常用的为通过紫外线擦除的 EPROM；如能用电擦除并改写的，称为 EEPROM，或 E^2PROM。

RAM 既能写入又能读出，断电后信息无法保存，用于暂存数据。RAM 可以分为动态的 DRAM（Dynamic RAM）和静态的 SRAM（Static RAM）两种。SRAM 的特点是速度快，在不停电情况下长时间保留不变，外围电路比较简单，但集成度低（存储量小），功耗大。在计算机中，SRAM 被广泛用作高速缓冲存储器 Cache。DRAM 的特点是集成度高（存储容量大），功耗低，速度慢，需要刷新。常用的芯片有多字一位和多字多位两种，如 1Mbit 容量的芯片可以有 1M×1bit 和 256K×4bit 等品种。DRAM 的刷新是依靠存储单元的 MOS 管栅极电容上的电荷来保存"1"和"0"信息，时间一长，将因电荷泄漏导致信息丢失，通常采取"读出"方式恢复电荷，称为刷新。

在微型计算机中，主存现在都由 DRAM 制作成的内存条组成。内存条的发展经历了以下几种：（1）PM DRAM（Page Mode DRAM）其存储地址按页面划分进行访问，早期 PM DRAM 存取速度较慢（一般在 120ns 左右），改进后的 FPM DRAM（Fast Page Mode DRAM）存取时间为 80~100ns，它曾经是 486 微机中的主流配置；（2）EDO DRAM（Extended Data Output DRAM）其特点是在每次访问后，在把数据发送给 CPU 的同时去访问下一个页面，从而加速了对邻近地址单元的访问，存取时间为 50~70ns，是 586 微机中的主流配置；（3）SDRAM（Synchronous DRAM）这种 DRAM 能在一个 CPU 时钟周期内完成对数据的访问和刷新，并采用双存储体结构，在存取中两个存储体自动切换，工作频率可达 133MHz，存取时间为 6~10ns，是 PⅢ微机中的标准内存类型配置；（4）RDRAM（Random DRAM）其采用了新一代高速简单内存架构，基于一种类 RISC 理论，可以减少数据的复杂性而提高整个系统性能；（5）DDR SDRAM（Dual Data Rate SDRAM）简称 DDR，是 SDRAM 的升级版本，DDR 在时钟信号上升沿与下降沿各传输一次数据，这使得其数据传输速度为传统 SDRAM 的两倍。DDR 是目前主流的内存规范，其运行频率主要有 100MHz、133MHz、166MHz 三种。DDR 至今已发展了五代，分别是 DDR、DDR2、DDR3、DDR4、DDR5。此外，闪速存储器（Flash Memory，简称闪存）是 20 世纪 80 年代中期研制出来的一种新型电可擦除、非易失性记忆器件。闪存兼有 EPROM 的价格便宜、集成度高和 E^2PROM 的电可擦除、可在线重写性。闪存的访问时间可低至 70ns，比硬盘驱动器快 50~200 倍。一块 1Mbit 的闪存擦除、重写时间小于 5μs，比一般标准的 E^2PROM 要快得多，具备了 RAM 的功能。闪速存储器的集成度比 E^2PROM 高，读写性比 EPROM 好，它能快速地按块擦除、按位编程，因而被称为"闪存"。闪存因其抗振、节能、轻便的突出优点，目前已广泛用于便携式计算机及数码设备上。闪存在便携式设备中有两种应用形式，一种是内置式的，固定安装在设备中；另一种是做成小型存储卡，与符合 PCMCIA 规格的 PC 卡格式兼容，直接插入便携式设备插槽即可。由此出现了一种使用 USB 接口而无需物理驱动器的新型移动存储器，称之为 U 盘（读作"优盘"），其具有小巧便携、存储容量大、可靠性高、价格便宜等优点，现已获得广泛应用。目前，常用的 U 盘存储容量有 8GB、16GB、32GB、64GB 等。

17　虚拟存储器　虚拟存储器是一种基于主-辅存体系的计算机存储管理技术，以存储器访问的局部性原理为基础。在虚拟存储器中，用户可以使用比实际主存容量大得多的地址空间来访问主存，表现在指令系统上，指令的地址码所能访问的存储器空间远远超过实际主存空间。通常把指令所表示的地址称为虚拟地址或逻辑地址。在程序运行时，将逻辑地址转换成存储器的实际地址（称为物理地址），然而此物理地址所含的内容有可能不在主存而在辅存，将依赖操作系统把有关内容从辅存调往主存，然后才能从主存取得数据或指令。完成上述工作的软件称为存储管理部件（MMU）。

　　存储器的分配是由操作系统进行的，有页面管理、段式管理和段页式管理等方案。在页面管理方式中，将主存空间和辅存空间分成若干个固定大小的页面（一般为 1KB 至几 KB），主存按页顺序编号（即物理页号），每个程序也各自按页顺序编号（即逻辑页号），各个逻辑页可装入主存不连续的页面位置。段式管理是将程序分成若干段，每段存放在存储器的一个连续的存储空间中，然后通过段表来进行操作。段页式管理就是将段式和页式组合起来管理内存，包括段表和页表，先通过段表来找到段，再通过段表的段内偏移（页框号加页内偏移），这样再次索引页表即可定位。

　　地址映像指的是逻辑地址与物理地址的对应关系，有三种映像方式：1）全相连映像。任一逻辑页都能映像到主存的任意页面位置称为全相连映像。2）直接映像。每个逻辑页只能映像到主存的一个特定页面，主要用于 Cache 中。3）组相连映像。将逻辑空间分组，每组只能映像到主存的一个特定组（直接映像）；每组又分成若干页，组内各页在辅存、主存之间按全相连方式映像。

　　目前，大多数操作系统都使用了虚拟存储器，例如 Windows 的"虚拟内存"；Linux 的"交换空间"等。

　　18　高速缓冲存储器（Cache）　高速缓冲存储器是位于 CPU 和主存之间的高速小容量存储器，用以解决两者之间速度不匹配问题。高速缓冲存储器由 SRAM 组成，负责存放 CPU 马上要执行或刚使用过的程序和数据。它的工作原理为：当 CPU 发出读命令与访存地址时，Cache 先检查此信息（指令或数据）是否在 Cache 中，若在（称为命中），则直接从 Cache 中读取；否则，从主存读取，同时送入 CPU 和 Cache 中。这样当再次读取该存储单元时不必再访问主存，可直接从 Cache 中取得。当 CPU 发出写命令与访存地址时，常用的两种方法如下：1）同时写入 Cache 与主存，称为"写通"（Write through）；2）数据只写入 Cache，而当任务转换或 Cache 相应单元被替换时，将修改过的内容写入主存，称为"写回"（Copy back）。

　　Cache 的存储容量与主存的容量应在一定的范围内保持适当比例，一般规定 Cache 与内存的空间比为 1：128。基于程序访问的局部性原理，Cache 的命中率很高，例如 256KB Cache 可映射 32MB，命中率可达 90% 以上。与虚拟存储器相似，Cache 也有地址映像和替换算法，但这一切都要求快速实现，因此都是用硬件实现的。

　　19　磁表面存储器　磁表面存储器是利用磁介质在外加磁场作用下产生两种相反的磁化状态来表示"0"和"1"，其优点为存储容量大、单位价格低、可重复使用等。根据磁介质的不同，磁表面存储器可分为磁盘和磁带两种。

　　（1）**磁盘**　根据记录介质材料的不同，可将磁盘分成硬盘和软盘。硬盘以铝合金为基体，表面涂有磁性材料，根据盘片是否可更换及磁头是否能移动可分成以下几种：1）可移动磁头、固定盘片的磁盘存储器，盘片的每面都有一个磁头，存取数据时磁头沿盘面径向移动，这种磁盘应用最广，温切斯特磁盘（简称温盘）为其中一种；2）固定磁头磁盘存储器，每一磁道有一磁头，盘片不可更换；3）可移动磁头可换盘片的磁盘存储器，盘片可脱机保存，盘片有互换性。软盘的盘基由聚酯薄膜制成，盘片装在黑色的塑料封套内，套内有一层无纺布，用来防尘，保护盘面不受碰撞。

　　磁盘存储器由盘片、磁盘驱动器和磁盘控制器三部分组成。磁盘驱动器是一个完整装置，内部包括磁盘主轴驱动部件、磁头驱动部件、读写电路以及与磁盘控制器传送数据的逻辑电路等。磁盘控制器是磁盘驱动器与主机之间传送数据的接口部件。

　　（2）**磁带**　磁带是应用最早的磁表面存储器，其特点是存储容量大、价格便宜。磁带的宽度有 1/4in（1in=25.4mm，下同）、1/2in 和 3in 等，长度有 2 400～600in 等，记录密度有 800bpi（bit/in^2）、1 600bpi、6 850bpi 等几种。目前广泛应用的是宽 1/2in、长 732m 的磁带，约可存储 180MB 信息。磁带存储器的主要缺点是只能顺序存取，且访问速度慢。

　　20　光盘存储器　光盘存储器是指利用光学原理存取信息的存储器，它由光盘驱动器和光盘片组成，具有存储密度高、存储容量大、非接触读写方式、信息保存时间长等优点。

　　光盘（Compact Disk，CD）按读写方式不同可分为：只读型、一次写入型和可重写型等三种。只读光盘中，最早用于记录音乐的称为 CD-DA（CD-Digital Audio，也叫数字唱片），后来光盘广泛用于记录图像或数据，被称为 CD-ROM；可以一次写入、多次读出的光盘称为 CD-R（CD-Recordable）；可重复刻录的光盘称为 CD-RW（CD-Rewritable）。CD-ROM 驱动器也有音频输出，可以播放普通的激光唱/视盘 VCD（Video CD）。

　　光盘的记录与读写原理：1）只读光盘上的信息是沿着盘面螺旋形状的信息轨道以凹坑和凸区的

形式记录的。对于数字光盘，凹凸交界的正负跳变沿代表数字"1"，两个边沿之间代表数字"0"，"0"的个数是由边沿之间的长度决定的。在制作只读光盘时，用激光束照射到记录介质上，改变其光学性质（反射率），激光束使微小区域加热，打出小孔。在读出时，功率较低的激光束连续照射在光盘上，利用有孔、无孔反射率的差别，有凹坑处的反射光弱，无凹坑处的反射光强，由光检测器就可以把反射光的强弱变为电信号由光电检测电路读出信息为"1"和"0"。2）可重写光盘的读写原理随介质材料而异，当用磁光材料时，激光束使局部温度升高，同时外加磁场改变该处磁畴方向，从而记录或抹去信息。

DVD（Digital Video Disk）是新型的数字视频光盘，也有人称为数字多用途的光盘（Digital Versatile Disk）。它利用 MPEG2 压缩技术来储存影像，并集计算机、光学记录和影视技术等为一体，其目的是满足人们对大存储容量、高性能的存储媒体的需求。DVD 盘片外表和 CD 盘没有多大区别，但它采用的是双面结构，由两个单盘黏合，每个单盘上又有两层信息层。扫描速度单层 3.48m/s，双层 3.83m/s，由于改进了纠错方式，其误码率 $<10^{-20}$。DVD 盘密度高、容量大，既可以做成 DVD-ROM，也可以做成 DVD-RAM（DVD 随机存储器）。此外，HD-DVD（High Density-DVD）系列光盘与蓝光光碟（Blu-ray Disc）的出现使得 DVD 的存储容量更大，性能更好。

21 固态存储器 固态存储器（Solid State Drives，SSD）是通过存储芯片内部晶体管的开关状态来读写数据的一种新型存储器。相对于磁盘、光盘等存储器而言，由于固态存储器没有读写头，且不需要转动，所以它具有功耗低、抗振性强的优点。然而其成本较高，目前大容量存储中仍然使用机械式硬盘；但在小容量、超高速、小体积的电子设备中，固态存储器拥有非常大的优势。此外，固态存储器的另一个缺点是写入寿命有限。

在电子设备中，固态存储器的应用非常广泛，比如计算机主板的 BIOS 就是存储在固态存储器中。在高速数据交换设备中，由于固态存储器使用晶体管来存储数据，所以在高频率下，固态存储器可以进行非常快速的数据交换，比如内存和 CPU 中的高速缓存。

国际上航天领域是从 20 世纪 90 年代初开始研制固态大容量数据存储器的，1996 年开始投入商业使用。以美国 TRW 卫星研制公司和欧洲 ASTRIUM 公司为代表，生产出了第一代大容量固态存储器。如 TRW 公司为美国 NASA 的 CASSINI 航天器设计的大容量固态存储器的存储容量为 2Gbit，每个存储模块为 4Mbit，结构为 DRAM 器件，输入或输出数据速率分别为 2Mbit/s。随着半导体存储芯片集成密度的不断增加以及相关技术的发展，在功耗、体积以及重量一定的情况下，固态大容量存储器的存储容量、寿命以及输入/输出速率得到了迅速的发展。20 世纪初，第二代大容量固态存储器问世，其结构为 SDRAM 器件，每个存储模块可达 2Gbit，输入或输出数据速率可达 20Mbit/s。实际上，受集成度及价格的约束，如今大容量固态存储器已经很少采用 SRAM 芯片作为主存储介质，而基于闪存技术的 NAND Flash 芯片已经占据了主流地位。

22 网络存储方式 网络存储（Network Storage）是一种特殊的专用数据存储服务器，包括存储器件（例如磁盘阵列、CD/DVD 驱动器、磁带驱动器或可移动的存储介质）和内嵌系统软件，可提供跨平台文件共享功能。根据连接方式，网络存储可分为三种：直连式存储、网络附加存储和存储区域网。

直连式存储（Direct Attached Storage，DAS）是一种将存储设备通过 SCSI 直接连接到主机服务器的存储方式，它具有成本低、配置简单以及使用方便等优势，因此对于小型企业很有吸引力。但是 DAS 也有一些缺点：1）服务器本身容易成为系统瓶颈；2）服务器发生故障，数据不可访问；3）对于存在多个服务器的系统来说，设备分散，不便管理，同时多台服务器使用 DAS 时，存储空间不能在服务器之间动态分配，可能造成资源浪费；4）数据备份操作复杂。

网络附加存储（Network Attached Storage，NAS）是一种将存储设备通过标准的网络拓扑结构（如以太网）添加到一群计算机上的存储方式，它具有安装部署简单、使用方便以及成本较低等优势，此外，还可以实现存储容量的迅速增加。NAS 是文件级的存储方法，NAS 设备直接连接到 TCP/IP 网络上，网络服务器通过 TCP/IP 存取管理数据。目前，NAS 常用来文档、图片共享等，随着云计算的发展，一些 NAS 厂商也推出了云存储功能，大大方便了企业和个人用户的使用。但是 NAS 也存在一些缺点：1）由于存储数据通过普通数据网络传输，因此，系统性能易受到网络上其他流量的影响；2）可能出现数据泄露等安全问题；3）存储只能以文件方式访问，而不能像普通文件系统一样直接访问物理数据块，因此在某些情况下会严重影响系统效率，比如大型数据库就不能使用 NAS。

存储区域网（Storage Area Network，SAN）是通过光纤通道交换机连接存储阵列和服务器主机，从而形成一个专用的存储网络，它具有存取速度快、扩展性强、高性能以及集中管理等优势。SAN 作为一种新兴的存储方式，是未来存储技术的发展方向，但是，它也存在一些缺点：1）成本高，SAN 阵列柜、光纤通道交换机、光通道卡的价格都是十分昂贵的；2）系统复杂，需要单独建立光纤网络，异地扩展比较困难。

DAS 一般适用于那些数据量不大，对磁盘访问速度要求较高的中小企业；NAS 多适用于文件服务器，用来存储非结构化数据，虽然受限于以太网的速度，但是部署灵活，成本低；SAN 则适用于大型应用或数据库系统，缺点是成本高、较复杂。

2.4　总线

23　总线的系统结构　任何一个微处理器都要与一定数量的部件和外围设备连接，为了简化硬件电路设计和系统结构，常用一组电路，配置以适当的接口电路，与各部件和外围设备连接，这组共用的连接电路被称为总线（Bus）。从微机系统结构的观点来看，总线分为单总线和双/多总线结构。早期的微型计算机中，单总线结构应用非常广泛，例如 IBM PC、Apple 微型计算机等。随着微机系统结构的发展，现在的微机系统中普遍使用多总线结构，即系统中拥有两条以上总线。例如，Pentium Ⅲ 和 Pentium Ⅳ 系统就有 3 条以上的总线：前端总线、PCI、AGP 以及 USB 总线等，如图 6.2-6 所示。

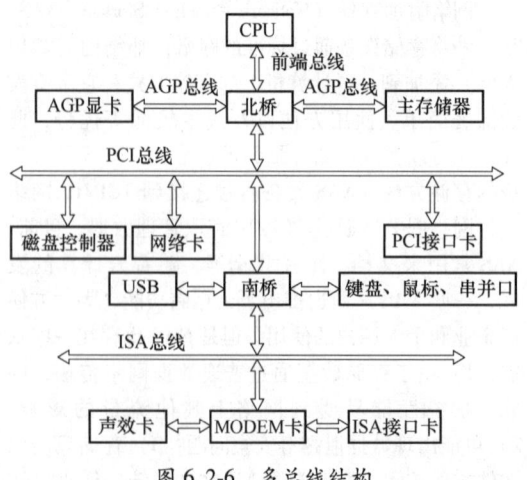

图 6.2-6　多总线结构

总线按层次结构一般可以分成以下几类：1）总线按相对于 CPU 的位置可分为片内总线（Internal Bus）和片外总线（External Bus）；2）片外总线根据相对于主板的位置又可以分为内部总线、系统总线和外部总线。内部总线是微机内部各外围芯片与处理器之间的总线，用于芯片一级的互连；系统总线是微机中各插件板与主板之间的总线，用于插件板一级的互连；外部总线则是微机和外部设备之间的总线，用于设备一级的互连。

24　内部总线

（1）I²C 总线　Inter-IC 总线是由 Philips 公司推出的两线式串行总线，是近年来在微电子通信控制领域广泛采用的一种新型总线标准。它是同步通信的一种特殊形式，具有接口线少，控制方式简单，器件封装形式小，通信速率较高等优点。在主从通信中，可以有多个 I²C 总线器件同时接到 I²C 总线上，通过地址来识别通信对象。

（2）SPI 总线　串行外围设备接口 SPI（Serial Peripheral Interface）总线技术是 Motorola 公司推出的一种同步串行接口。Motorola 公司生产的绝大多数 MCU（微控制器）都配有 SPI 硬件接口，如 68 系列 MCU。SPI 总线是一种三线同步总线，因其硬件功能很强，所以，与 SPI 有关的软件就相当简单，使 CPU 有更多的时间处理其他事务。SPI 主要应用在 EEPROM、Flash、实时时钟、A/D 转换器，还有数字信号处理器和数字信号解码器之间。SPI 是以主从方式工作的，这种模式通常有一个主器件和一个或多个从器件，其接口包括以下四种信号：1）MOSI。主器件数据输出，从器件数据输入；2）MISO。主器件数据输入，从器件数据输出；3）SCLK。时钟信号，由主器件产生；4）$\overline{\text{SS}}$。从器件使能信号，由主器件控制。

（3）SCI 总线　串行通信接口 SCI（Serial Communication Interface）也是由 Motorola 公司推出的。它是一种通用异步通信接口 UART，与 MCS-51 的异步通信功能基本相同。

（4）UART　通用异步收发器（Universal Asynchronous Receiver Transmitter）将由计算机内部传送过来的并行数据转换为输出的串行数据流，将计算机外部来的串行数据转换为字节，供计算机内部使用并行数据的器件使用。在输出的串行数据流中加入奇偶校验位，并对从外部接收的数据流进行奇偶校验；在输出数据流中加入启停标记，并从接收数据流中删除启停标记。它可以处理由键盘或鼠标发出的中断信号；处理计算机与外部串行设备的同步管理问题。有一些比较高档的 UART 还提供输入/输出数据的缓冲区。

（5）JTAG　联合测试行动小组（Joint Test Action Group）是一种国际标准测试协议（IEEE 1149.1 兼容），主要用于芯片内部测试。标准的 JTAG 接口是 4 线：TMS、TCK、TDI、TDO，分别为模式选择、时钟、数据输入和数据输出线。测试复位信号（TRST，一般以低电平有效）一般作为可选的第五个端口信号。一个含有 JTAG Debug 接口模块的 CPU，只要时钟正常，就可以通过 JTAG 接口访问 CPU 的内部寄存器和挂在 CPU 总线上的设备，如 Flash、RAM、内置模块的寄存器，以及 UART、Timers、GPIO 等的寄存器。

（6）CAN　控制器局域网（Controller Area Network）是国际上应用最广泛的现场总线之一。最初，CAN 被设计作为汽车环境中的微控制器通信，在车载各电子控制装置（ECU）之间交换信息，形成汽车电子控制网络，比如发动机管理系统、变速箱控制器、仪表装备、电子主干系统中，均嵌入 CAN 控制装置。一个由 CAN 总线构成的单一网络中，理论上可以挂接无数个节点。实际应用中，节点数目受网络硬件的电气特性所限制。例如，当使用 Philips P82C250 作为 CAN 收发器时，同一网络中允许挂接 110 个节点。CAN 可提供高达 1Mbit/s 的数据传输速率，这使实时控制变得非常容易。另外，硬件的错误检定特性也增强了 CAN 的抗电磁干扰能力。

25　系统总线　又称内总线或板级总线，是微机中各插件板与系统板之间的总线，用于插件板一级的互连。因为该总线是用来连接微机各功能部件而构成一个完整微机系统的，所以称之为系统总线。一般所说的微机总线就是指系统总线。

（1）ISA 总线　ISA 是工业标准总线结构的缩写，是 IBM 公司 1984 年为推出 PC/AT 而建立的系统总线标准。它是对 XT 总线的扩展，以适应 8/16 位数据总线要求。它在 80286 至 80486 时代应用非常广泛，现在奔腾机中还保留有 ISA 总线插槽。ISA 总线有 98 个引脚。

（2）EISA 总线　EISA 是扩充工业标准结构的缩写，是 1988 年由 Compaq 等 9 家公司联合推出的总线标准。它是在 ISA 总线的基础上使用双层插座，在原来 ISA 总线的 98 条信号线上又增加了 98 条信号线，也就是在两条 ISA 信号线之间添加一条 EISA 信号线。在实用中，EISA 总线完全兼容 ISA 总线信号。

（3）VESA 总线　VESA 是视频电子标准联合的缩写，VESA 总线是 1992 年由 60 家附件卡制造商联合推出的一种局部总线，简称为 VL（VESA Local）总线。它的推出为微机系统总线体系结构的革新奠定了基础。它定义了 32 位数据线，使用 33MHz 时钟频率，最大传输速率达 132MB/s，可与 CPU 同步工作。是一种高速、高效的局部总线，可支持 386SX、386DX、486SX、486DX 及奔腾微处理器。

（4）PCI 总线　PCI 是外部设备互连的缩写，是新的局部总线技术。它有 4 个主要的标准规格，可以支持 64 位微处理器，具有很高的数据传输速率（可达 264Mbit/s），且具备可变字长进发模式，适用于处理高清晰度电视信号与实时的三维虚拟现实等应用领域。

（5）AGP 总线　AGP 是加速图形端口的缩写，Intel 于 1996 年 7 月正式推出了 AGP 接口，它是一种显示卡专用的局部总线。AGP 接口是基于 PCI 2.1 版规范并进行扩充修改而成，工作频率为 66MHz。

（6）PCI Express　高速外部设备互连的缩写，采用了目前业内流行的点对点串行连接，比起 PCI 以及更早期的计算机总线的共享并行架构，每个设备都有自己的专用连接，不需要向整个总线请求带宽，而且可以把数据传输速率提高到很高，达到 PCI 所不能提供的高带宽。在工作原理上，PCI Express 与并行体系的 PCI 没有任何相似之处，它采用串行方式传输数据，而依靠高频率来获得高性能。PCI Express 的接口根据总线位宽不同而有所差异，包括 X1、X4、X8 以及 X16。

26　外部总线

（1）RS-232-C　美国电子工业协会（EIA）制定的一种串行物理接口标准。RS 是英文"推荐标准"的缩写，232 为标识号，C 表示修改次数。RS-232-C 总线标准设有 25 条信号线，包括一个主通道和一个辅助通道，在多数情况下主要使用主通道，对于一般双工通信，仅需几条信号线就可实现，如一条发送线、一条接收线及一条地线。RS-232-C 标准规定的数据传输速率为 50bit/s、75bit/s、100bit/s、150bit/s、300bit/s、600bit/s、1 200bit/s、2 400bit/s、4 800bit/s、9 600bit/s、19 200bit/s。

（2）RS-485 总线　在要求通信距离为几十米到上千米时，广泛采用 RS-485 串行总线标准。RS-485 总线采用平衡发送和差分接收，因此具有抑制共模干扰的能力。加上总线收发器具有高灵敏度，能检测低至 200mV 的电压，故传输信号能在千米以外得到恢复。RS-485 总线采用半双工工作方式，任何时候只能有一点处于发送状态，因此，发送电路须由使能信号加以控制。RS-485 总线用于多点互连时非常方便，可以省掉许多信号线。应用 RS-485 总线可以联网构成分布式系统，其允许最多并联 32 台驱动器和 32 台接收器。

（3）IEEE 488 标准总线　由美国 HP 公司提出，后经完善由 IEEE 确认为 IEEE-488-1975 总线标准，在自动计测系统中得到广泛使用。特点是：1）8 位并行传送方式；2）采用三线控制异步传送方式，不同速度的设备可在总线上传送信息，最高速率为 1MB/s；3）总线上连接的装置最多为 15 台，最长传送距离为 20m；4）接口信号采用负逻辑。

（4）通用串行总线（Universal Serial Bus，USB）　由 Intel、Compaq、Digital、IBM、Microsoft、NEC、Northern Telecom 等 7 家世界著名的计算机和通信公司共同推出的一种新型接口标准。它基于通用连接技术，实现外设的简单快速连接，达到方便用户、降低成本、扩展 PC 连接外设范围的目的，它可以为外设提供电源。USB 1.0 是在 1996 年出现的，速度只有 1.5Mbit/s，1998 年升级为 USB 1.1，速度提升到 12Mbit/s，比串口快 100 倍，比并口快近 10 倍。在此基础上，USB 又经历了 USB 2.0、USB 3.0、USB 3.1，其传输速率已发生了翻天覆地的变化，目前最新一代的 USB 是 USB 4.0，它的传输速度已达 40Gbit/s。此外，Type-C 作为一种全新的 USB 接口形式，它是伴随 USB 3.1 标准出现的，外观上的最大特点在于其上下端完全一致，现已广泛应用于手机等移动设备。

（5）ATA/ATAPI　计算机内并行 ATA 接口的扩展。ATA 也被称为 IDE 接口，APTPI 是 CD/DVD 和其他驱动器的工业标准的 ATA 接口总线。ATAPI 是一个软件接口，它将 SCSI/ASPI 命令调整到 ATA 接口上，这使得光驱制造商能比较容易地将其高端的 CD/DVD 驱动器产品调整到 ATA 接口上。IDE 接口是市场中应用最为广泛的光存储器接口，绝大多数的光驱都是通过 ATA/ATAPI 接口连接在主机上的。

（6）SCSI　小型计算机系统接口，是种较为特殊的接口总线，具备与多种类型的外设进行通信。SCSI 采用 ASPI（高级 SCSI 编程接口）的标准软件接口使驱动器和计算机内部安装的 SCSI 适配器进行通信。SCSI 是一种广泛应用于小型机上的高速数据传输技术。SCSI 具有应用范围广、多任务、带宽大、CPU 占用率低，以及热插拔等优点。

（7）雷电接口（Thunderbolt）　由 Intel 推出的一种新型接口，该连接技术融合了 PCI Express 数据传输技术和 DisplayPort 显示技术，可以同时对数据和视频信号进行传输，并且每条通道都提供双向 10Gbit/s 带宽，最新的雷电 3 达到了 40Gbit/s。

（8）HDMI　高清多媒体接口（High Definition Multimedia Interface，HDMI）是一种全数字化视频和声音发送接口，可以发送未压缩的音频及视频信号。HDMI 可用于机顶盒、DVD 播放机、个人计算机、电视游乐器、综合扩大机、数字音响与电视机等设备。HDMI 可以同时发送音频和视频信号，由于音频和视频信号采用同一条线材，大大简化了系统电路的安装难度。

第3章 通用与专用计算机系统

3.1 通用计算机系统

27 通用微型计算机 按其用途和结构形式分为台式（Desktop）和便携式（Portable）两类。

（1）台式微型计算机 简称台式机，是一种独立相分离的计算机，完完全全与其他部件无联系，相对于便携式计算机体积较大，主机、显示器等设备一般都是相对独立的，适用于在固定场所工作。

（2）便携式计算机 是可随身携带的、体积很小的微型计算机。便携式计算机可分为笔记本计算机、手持计算机和笔输入计算机，都能通过无线或有线传输方式与通信网络连接，具有电话和传真的功能。便携式计算机的用途很广，而且有广阔的应用前景。

28 工作站 是一种高端的通用微型计算机，通常配有高分辨率的大屏幕显示器及容量很大的内存储器和外部存储器，并且具有较强的信息处理功能和高性能的图形、图像处理功能以及联网功能。另外，连接到服务器的终端机也可称为工作站。

早期推出的工程工作站面向广大工程技术人员，提供一个友好的、高效的工作环境。工作站的用途越来越广，早已超出早期用于计算机辅助设计的应用范围，而广泛应用于商业、金融、人工智能等方面。目前的工作站根据体积和便携性可分为台式工作站和移动工作站。

工作站自 20 世纪 80 年代问世以来，发展迅速，世界主要工作站厂商有 Sun、HP、DEC、IBM、SGI、Microsoft（Windows NT）等。工作站主要采用两大类别的处理器：一类是基于 RISC（精简指令系统）架构的处理器；另一类是基于 Intel 架构的处理器。采用 RISC 架构的处理器主要有以下几类：1）PowerPC 处理器；2）SPARC 处理器；3）PA-RISC 处理器；4）MIPS 处理器；5）Alpha 处理器。采用 Intel 架构的处理器有以下几类：1）Intel 生产的处理器；2）AMD 生产的处理器。

基于 RISC 架构的 UNIX 系统工作站是一种高性能的专业工作站，具有强大的处理器和优化的内存、I/O、图形子系统，使用专有的处理器、内存以及图形等硬件系统，专有的 UNIX 操作系统，针对特定硬件平台的应用软件，彼此互不兼容。

基于 Windows、Intel 的 PC 工作站则是基于高性能的 X86 处理器（Intel 至强 XEON）之上，使用稳定的 Windows NT、Windows 7 等操作系统，采用符合专业图形标准（OpenGL）的图形系统，再加上高性能的存储器、I/O、网络等子系统，来满足专业软件运行的要求。

29 服务器 一种高性能计算机，作为网络的节点，用来存储、处理网络上 80% 的数据、信息，因此也被称为网络的灵魂。网络终端设备如家庭、企业中的微机上网，获取资讯，与外界沟通、娱乐等，必须经过服务器。

随着计算机技术的发展，适应各种不同功能和环境的服务器不断出现，分类标准也多种多样。服务器的构成与微机基本相似，有处理器、硬盘、内存、系统总线等，它们是针对具体的网络应用特别制定的，因而服务器与微机在处理能力、稳定性、可靠性、安全性、可扩展性、可管理性等方面存在很大差异。从外形上看，服务器主要有机架式、机柜式、塔式、刀片式四种。服务器按照应用层次可划分为入门级服务器、工作组级服务器、部门级服务器和企业级服务器四类。

30 工业控制计算机 工控机（Industrial Personal Computer，IPC）即工业控制计算机，是一种采用总线结构，对生产过程及机电设备、工艺装备进行检测与控制的工具总称。它的主要特点是：1）具有很强的过程输入/输出功能；2）实时性；3）高可靠性和环境适应性；4）系统组成采用灵活的系列化、模块化、标准化和开放式系统结构。工控机主要可分为以下五种：PC 总线工业计算机、可编程控制系统、分散型控制系统、现场总线系统以及数控系统。

（1）基于 PC 总线的工业控制计算机 目前 PC

因其价格低、质量高、产量大、软/硬件资源丰富，已被广大的技术人员所熟悉和认可。IPC 主要由工业机箱、无源底板及可插入其上的各种板卡（如CPU 卡、各种 I/O 卡等）组成，并采取全钢机壳、机卡压条过滤网，双正压风扇等设计及 EMC（Electro Magnetic Compatibility）技术以解决工业现场的电磁干扰、振动、灰尘、高/低温等问题。

（2）可编程序控制器（PLC）　PLC 作为一种高度可靠、方便使用的工业控制计算机，在工控领域被普遍认可并广泛应用，本部分将在 3.3 节予以详述。

（3）分散型控制系统（Distributed Control System, DCS）　它是一种高性能、高质量、低成本、配置灵活的分散控制系统系列产品，可以构成各种独立的控制系统、分散控制系统、监控和数据采集系统（SCADA），能满足各种工业领域对过程控制和信息管理的需求。系统的模块化设计、合理的软硬件功能配置和易于扩展的能力，能广泛用于各种大、中、小型电站的分散型控制、发电厂自动化系统的改造以及钢铁、石化、造纸等工业生产过程控制。

（4）现场总线控制系统（Fieldbus Control System, FCS）　它是全数字串行、双向通信系统。系统内测量和控制设备如探头、激励器和控制器可相互连接、监测和控制。在工厂网络的分级中，它既作为过程控制（如 PLC、LC 等）和应用智能仪表（如变频器、阀门、条码阅读器等）的局部网，又具有在网络上分布控制应用的内嵌功能。FCS 由于其广阔的应用前景得到了很大发展，目前国际上已知的现场总线类型有四十余种，其中典型的现场总线有：FF, Profibus, LONworks, CAN, HART, CC-LINK 等。

（5）计算机数控（Computer Numerical Control, CNC）系统　现代数控系统是采用微处理器或专用微机的数控系统，由事先存放在存储器里系统程序（软件）来实现控制逻辑，实现部分或全部数控功能，并通过接口与外围设备进行连接，称为计算机数控，简称 CNC 系统。数控机床是以数控系统为代表的新技术对传统机械制造产业的渗透形成的机电一体化产品，其技术范围覆盖很多领域：机械制造技术，信息处理、加工、传输技术，自动控制技术，伺服驱动技术，传感器技术，软件技术等。

31　智能手机　智能手机是指像 PC 一样，具有独立的操作系统（Android, iOS 等）和运行空间，可以由用户自行安装各种应用软件程序，并通过移动通信网络来实现无线网络接入的手机类型的总称。目前，智能手机的发展趋势是充分结合人工智能、5G 等多项技术，使其成为人们日常生活应用最为广泛的产品。当前市场主流的手机生产商有华为、苹果（Apple）、三星、小米、魅族、OPPO、VIVO、中兴等。

随着手机硬件性能以及通信技术的不断提升，智能手机应用领域越来越广泛，从最初单一的移动电话功能已发展成为一个功能强大的个人手持终端设备，包括通话、短信、网络接入、影视娱乐以及移动支付等。此外，智能手机在工业领域中的应用也日益广泛，可以利用智能手机这一便携终端实现对现场设备运行情况的实时监测和远程操作等功能。

32　平板计算机　平板计算机是一种小型、方便携带的个人计算机，以触摸屏作为基本的输入设备。平板计算机的最大特点是触摸屏和手写识别输入功能，以及强大的笔输入识别、语音识别、手势识别能力，且具有移动性。在平板计算机中，最常见的操作系统有 Windows、Android 和 iOS 等操作系统。随着平板计算机的快速普及，根据其用途的不同可分为：娱乐平板、工业平板、商务平板等，目前已在教育、医疗、交通、娱乐、工业等领域得到广泛应用。同时，在云计算、物联网等技术的支撑下，平板计算机在行业应用方面的潜力得到有效激发。

在工业控制领域，对平板计算机的性能稳定性要求较高，一般采用工业主板和 RISC 架构。TOPEET-IC01 是一款基于 Cortex-A8 处理器开发的高性能工业平板计算机，主频为 1.2GHz，具备超强运算与图像处理能力；板载 1GB DDR3 4G Flash，并可扩展 8~32G SD Flash；采用 10.1in LED 背光的液晶显示屏和多点触摸电容屏，分辨率为 800×600/1024×768；板上集成了 2 个光电隔离 RS-232 接口，2 个光电隔离 RS-485 总线接口，2 个光电隔离 CAN Bus 接口，1 个 10/100M 自适应以太网口，3 个 USB2.0 接口。TOPEET-IC01 采用高强度三防外壳，机械结构简洁，便于在工业环境下安装使用。

3.2　嵌入式计算机系统

33　嵌入式系统　嵌入式系统（Embedded System, ES）是一种以应用为中心，以计算机技术为基础，软硬件可裁减，适应应用系统对功能、可靠性、成本、体积和功耗严格要求的专用计算机系统。嵌入式系统具有如下特点：1）专用性强；2）体积小型化；3）实时性好；4）可裁剪性好；5）可靠性高；6）功耗低；7）嵌入式系统本身不具备自我开发能力，必须借助通用计算机平台来开发；8）嵌入式系统通常采用"软硬件协同设计"的方法实现。嵌入式系统按形态可分为设备级（工控机）、板级（单板、模块）、芯片级（MCU、SoC）。嵌入式系统的硬件部分可以分成三层：1）处理器。它是嵌入式系统的核心部件，负责控制整个嵌入式系统的执行。2）外围电路。该电路包括嵌入式系统的内存、I/O 端口、复位和电源等，与 CPU 一起构成一个完整的嵌入式目标系统。3）外部设备。嵌入式系统与真实环境交互的各种设备，包括存储设备（如 Flash CARD）、I/O 设备（如键盘、鼠标、LCD 等）和打印设备。实际应用中，嵌入式设备的硬件配置非常灵活，除 CPU 和基本外围电路外，其余部分都可以进行裁减。

嵌入式系统的软件可分为四个层次：1）设备驱动接口（DDI）负责嵌入式系统与外部设备的信息交互。2）实时操作系统 RTOS（Real-Time Operating System）。其核心部分负责整个系统的任务调度、存储分配、时钟管理和中断管理并提供文件、GUI 等基本服务，扩展部分为用户提供操作系统的扩展功能（如网络、数据库等）。3）应用编程接口（API）。该接口为应用编程中间件，是为编制应用程序提供的各种编程接口，可以针对不同应用领域（如网络设备、PDA、机顶盒等）、不同安全要求分别构建，从而减轻应用开发者的负担。4）应用软件。实际的嵌入式系统应用软件，如嵌入式文本编辑器、游戏、读写卡系统等。

嵌入式系统与对象系统密切相关，其主要技术发展方向是满足嵌入式应用要求，不断扩展对象系统要求的外围电路（如 ADC、DAC、PWM、日历时钟、电源监测、程序运行监测电路等），形成满足对象系统要求的应用系统。因此，嵌入式系统作为一个专用计算机系统，要不断向计算机应用系统发展。在 1998 年，ARM（Advanced RISC Machines）公司与英国剑桥的 Acorn 计算机有限公司首次推出 ARM 架构处理器的原型。ARM 公司是嵌入式 RISC 处理器的知识产权 IP 供应商，它为 ARM 架构处理器提供了 ARM 处理器内核（如 ARM7TDMI、ARM9TDMI、ARM10TDMI 等）和 ARM 处理器核（如 ARM710T/720T740T、ARM920T/922T、ARM926E/966E 及 ARM1020E 等）。目前，ARM 架构处理器已在高性能、低功耗、低成本的嵌入式应用领域占据领先地位。

34 嵌入式微控制器 又称单片机，它将 CPU、RAM、ROM 和 I/O 电路集成在同一芯片中，使其成为一台完整的微型计算机系统，可以直接装在控制设备、智能化仪表以及家用电器等中，又称微控制器。

单片机的特点：1）体积小，价格低廉，使用方便；2）数据存储器和程序存储器的空间相互分开（Harvard 结构），利于加快单片机执行速度，存储容量可外部扩充；3）大多数单片机采用面向控制指令，具有较强的位处理能力；4）抗干扰能力强，工作温度范围宽，在较苛刻环境下能可靠工作。单片机按照用途可分为通用型和专用型两种：1）通用型单片机的内部资源丰富，性能全面，适应能力强，用户可以根据需要设计各种不同的应用系统。2）专用型单片机是针对各种特殊场合专门设计的芯片，这种单片机的针对性强，设计时根据需要来设计部件。因此，它能实现系统的最简化和资源的最优化，可靠性高、成本低，在应用中有很明显的优势。Intel 公司提供的单片机分为 5 个系列：1）8 位微控制器（MCS-48 系列）；2）先进的 8 位微控制器（MCS-51）；3）先进的 16 位实时（过程控制）微控制器（MCS-96）；4）先进的 16 位数据控制微处理器（80C196）；5）32 位微处理器（i960 系列、Strong ARM 系列和 376 处理器）。

35 数字信号处理器（DSP） DSP（Digital Signal Processor）是一种专门用于进行数字信号处理运算的微处理器，能实时快速地实现各种数字信号算法的处理。DSP 是由大规模或超大规模集成电路芯片组成的，用来完成某种信号高速实时处理任务。DSP 广泛应用于通信与信息系统、自动控制、军事、航空航天、医疗、家用电器等许多领域。

根据数字信号处理的要求，DSP 芯片一般具有如下主要特点：1）在一个指令周期内可完成一次乘法和一次加法；2）程序和数据空间分开，可以同时访问指令和数据；3）片内具有快速 RAM，通常可通过独立的数据总线在程序和数据两个存储空间中同时访问；4）具有低开销或无开销循环及跳转的硬件支持；5）快速的中断处理和硬件 I/O 支持；6）具有在单周期内操作的多个硬件地址产生器；7）可以并行执行多个操作；8）支持流水线操作，使取指、译码和执行等操作可以重叠执行。

世界上第一个单片 DSP 芯片是 1978 年 AMI 公司推出的 S2811，1979 年美国 Intel 公司发布的商用可编程器件 2920 是 DSP 芯片的一个主要里程碑。第一个采用 CMOS 工艺生产浮点 DSP 芯片的是日本的 Hitachi 公司，它于 1982 年推出了浮点 DSP 芯片。而第一个高性能的浮点 DSP 芯片应是 AT&T 公司于 1984 年推出的 DSP32。在众多的 DSP 芯片种类中，最成功的是美国德克萨斯仪器公司（Texas Instruments，TI）的一系列产品。TI 公司在 1982 年成功推出其第一代 DSP 芯片 TMS32010，从此 DSP 芯片开始得到真正的广泛应用。之后相继推出了第二代、第三代、第四代、第五代 DSP 芯片，此外，还发布了集多个 DSP 于一体的高性能 DSP 芯片 TMS32C80/C82 等。该系列 DSP 芯片具有价格低廉、简单易用、功能强大等特点，所以逐渐成为目前最有影响、应用最为广泛的 DSP 系列处理器。自 1980 年以来，DSP 芯片得到了突飞猛进的发展，从专用信号处理器开始发展到超大规模集成电路（VLSI）阵列处理器，其应用领域已经从最初的语音、声呐等低频信号的处理发展到雷达、图像等视频大数据量的信号处理。由于浮点运算和并行处理技术的利用，信号处理器理能力已得到极大的提高。DSP 还将继续沿着提高处理速度和运算精度两个方向发展，在体系结构上，数据流结构以至人工神经网络结构等将可能成为下一代 DSP 的基本结构模式。

36　可编程逻辑器件（PLD）　可编程逻辑器件（Programmable Logic Device，PLD）是在专用集成电路（ASIC）的基础上发展起来的一种新型逻辑器件，是当今数字系统设计的主要硬件平台，其主要特点就是完全由用户通过软件进行配置和编程，从而完成某种特定的功能，且可以反复擦写。在修改和升级 PLD 时，不需额外地改变 PCB，只是在计算机上修改和更新程序，使硬件设计工作成为软件开发工作，缩短了系统设计的周期，提高了实现的灵活性并降低了成本，因此获得了广大硬件工程师的青睐，形成了巨大的 PLD 产业规模。

可编程逻辑器件的出现，使得集成电路的逻辑具备了根据需求进行定制的能力，也推动了集成电路级的可演化和智能化技术的发展。典型的 PLD 产品有可编程阵列逻辑（Programmable Array Logic，PAL）、可编程逻辑阵列（Programmable Logic Array，PLA）、复杂可编程逻辑器件（Complex Programmable Logic Device，CPLD）和现场可编程门阵列（Field Programmable Gate Array，FPGA）。

PAL 是一个逻辑门的可编程阵列，一般具有一个可编程的与门阵列和一个固定的或门阵列，或门阵列中的每一个或门从一组与门中获取输入。与 PAL 不同，PLA 中的与门阵列或门阵列均可编程，

其中，与门阵列用于实现 SoP（Sum of Product，积之和）表达式的乘积项，或门阵列用于对乘积项求和。在 PAL 和 PLA 的基础上发展出了 CPLD，它是以 PLD 为宏单元的可编程器件，在 CPLD 内部，多个类似 PAL 和 PLA 的逻辑块宏单元通过可编程互联通道相连，并通过可配置的 I/O 模块提供对外交互接口。CPLD 具有逻辑非易失、启动速度快、较高密度和低功耗等优势，通常用于 BIOS 或嵌入式系统的启动装载器等。

FPGA 是以逻辑单元阵列（LCA）为核心的可编程半导体器件，是专用集成电路（ASIC）领域中的一种半定制电路，具有面向应用或功能需求的逻辑动态编程能力，有效解决了原有可编程器件门电路数有限的缺点。在 FPGA 内部，用户可编程的单元主要包括可配置逻辑块（CLB），输入输出模块（IOB）以及布线资源，并提供数字时钟管理模块（DCM）、嵌入式块 RAM、内嵌专用硬核、底层内嵌功能单元等组件。由于 FPGA 具有集成度高、速度快、低功耗、布线资源丰富等优点，在数字电路设计领域得到了广泛的应用。

对于上述可编程逻辑器件，一般采用 EDA 技术来实现应用系统所需的功能以及技术指标。硬件描述语言（HDL）是一种用来设计数字逻辑系统和描述数字电路的语言，常用的主要有 VHDL、Verilog HDL、System Verilog 和 System C。

37　片上系统（SoC）　片上系统（System on Chip，SoC）也称芯片级系统，是指一种将微处理器、存储器、I/O 接口等部件共同集成到单个芯片内部的集成电路。从定义出发，SoC 可以直观地理解为一个芯片就是一个系统，即单个芯片能够提供构建整个系统所需的软硬件资源。一块 SoC 芯片通常由以下部分组成：1）一个或多个处理器核心；2）嵌入式存储器；3）片上互连总线；4）外部总线机接口；5）时钟电路和锁相环电路；6）外围电路，如电源电路、看门狗电路等；7）针对特定应用功能的外部设备，如 A/D、D/A、传感器等。SoC 具有极高的集成度、功能组件丰富、处理能力强、体积小、质量轻、功耗低以及便于系统设计等优点，在移动终端、电子设备以及工业设备等领域得到了广泛应用，现已渗透到生活的方方面面。

SoC 是集成电路发展的必然趋势，也是 IC 产业未来的发展。为了使 SoC 芯片的硬件逻辑具有更好的通用性，部分 SoC 芯片采用 FPGA 作为核心，通过在线编程接口即可根据系统需求以编程的方式改变 SoC 的硬件逻辑。这种基于可编程逻辑的、软硬

件负荷的 SoC 被称为片上可编程系统（System on Programmable Chips，SoPC 或也称为 PSoC），该技术在近年来得到了广泛的应用。

3.3 可编程控制器

38 可编程控制器概述 可编程控制器（PLC）是从 20 世纪 60 年代末开始发展的一种工业控制装置。国际电工委员会（IEC）对 PLC 的定义为：是一种数字运算操作的电子系统，专为在工业环境下应用而设计。它采用可编程的存储器，以存储执行逻辑运算、顺序控制、定时、计数和运算等操作的指令，并通过数字或模拟式的输入和输出操作，来控制各类机械或生产过程。PLC 及其相关设备，都按易于与工业控制系统联成一个整体，易于扩充其功能的原则设计。PLC 的主要特点如下：1）可靠性高，抗干扰能力强；2）控制系统结构简单，通用性强；3）编程方便，易于使用；4）功能强大，成本低；5）系统设计、安装、调试的周期短；6）维护方便。

为了寻求一种比继电器更可靠，响应速度更快，功能更强大的通用控制器，1969 年，美国数字设备公司（DEC）研制出世界上第一台 PLC，型号为 PDP-14，并在 GM 公司的汽车生产线上首次应用成功。此后不久，Dick Morley（被誉为 PLC 之父）的 MODICON 公司也推出了 084 控制器，该控制器的核心思想是利用编程方法替代继电器控制系统的硬接线方式，并有大量的输入传感器和输出执行器接口，可以方便地在工业生产现场直接使用。在此之后，这种新型工业控制器得到了迅速发展，并在工业自动化的各个领域获得了广泛应用。比较有代表性的 PLC 生产厂家及产品：美国 AB 公司的 PLC-5 系列，Gould 公司的 M84 系列；日本 MITSUBISHI 公司的 F 系列，OMRON 公司的 C 系列；德国 SIEMENS 公司的 S7 系列等。

随着 PLC 的发展，截至目前已有很多种类，其功能也不尽相同。

1）按所处理的 I/O 信号的类别可分为以模拟量 I/O 为主的 PLC 和以数字量 I/O 为主的 PLC，其中后者是目前在工控领域广泛应用的 PLC。

2）按所处理的 I/O 点规模和用户程序的存储容量可分为小型机（I/O 点 < 256，存储容量 2K ~ 4KW，W 代表 16 个二进制位，K 代表 1 024）、中型机（I/O 点为 256 ~ 2 048，存储容量 4K ~ 8KW）以及大型机（I/O 点 > 2 048，存储容量 ≥ 16KW）。

3）按结构形式可分为单元式和模块式，其中，单元式是将 CPU、I/O 模块、电源做成一体，也称整体紧凑型，小型 PLC 往往设计为单元式。模块式也称插件装配型，这类 PLC 将 CPU 与存储器、数字量或模拟量 I/O、特殊功能以及电源等部件做成各种各样的模块，模块以插件形式插在机架（或基板）上，由用户按控制系统的要求和规模自行配置，中大型 PLC 均为模块式。

近年来，有的 PLC 厂家推出在 IPC 上运行 PLC 系统软件来构成所谓的"软 PLC"，或在 IPC 的扩展槽插入一块 PLC 的插卡构成 PLC-PC 集成型系统，从而加速了 PLC 的推广应用。为满足单机自动化要求和降低成本，小型的 PLC 一般设计为独立使用型。随着 PLC 专有局域网和开放型联网的发展，各类 PLC 都可通过通信接口进行点-点通信，或通过通信模块与工业控制局域网实现联网通信。PLC 与工业控制计算机结合在一起，通过高速数据通道访问公共存储区与计算机实现信息交换，PLC 通过现场总线构成集中高度可靠的分散控制系统，是当前 PLC 应用技术发展的趋势。

39 PLC 基本结构 与一般工业控制计算机一样，PLC 的硬件由 CPU、存储器、电源、输入/输出通道和外围设备等模块构成，软件则包括实时操作系统和用户程序两部分。PLC 的微处理器和存储区以及相关的控制电路统称为 CPU 模块。PLC 采用的微处理器芯片有通用型和专用型。通用芯片有采用位片式（如 AMD2901）、单片微处理器（如 Intel 8051），或常用微机芯片（如 Intel 8086）等。20 世纪 80 年代开发的 PLC，小型机用 8 位 CPU，中大型机用 16 位 CPU，90 年代以后均采用 16 位甚至 32 位的 CPU 芯片。

图 6.3-1 所示的是小型 PLC 组成框图。该 PLC 的 CPU 模块由一个内含 32KB 掩模 ROM 的 16 位单片微处理器与一只顺控逻辑运算芯片组成。

PLC 的系统软件由实时操作系统（RTOS）组成，可分为基本控制软件和编程器软件两部分，固化在 EPROM，以实现内部分配、调度管理和监控。PLC 的用户不允许直接进入操作系统内部，而必须通过编制用户程序来体现 PLC 应用系统的控制要求，并在现场通过调试实现。

PLC 的用户存储器一般采用低功耗 RAM，用户存储器的容量视 PLC 的规模变化很大。用锂电池（加超级电容）支持 RAM 失电时程序或数据的保存，也可提供 EPROM 和 EEPROM 等选件，可将程序固化在其内。CPU 中的存储器主要用来存储系统程序、用户程序和系统数据（包括输入输出状态表、寄存器状态表、定时器/计数器现时值和内部继电器的状态等）。CPU 通过 I/O 总线进行输入输出状态存取，通过地址总线访问用户程序存储器、（数据映像）寄存器，通过数据总线对（数据映像）寄存器和用户程序存储器做数据存取。

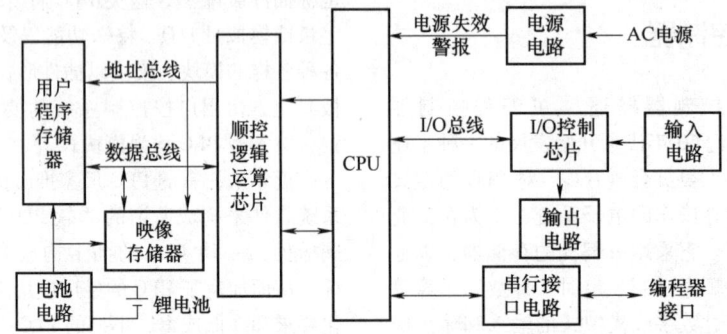

图 6.3-1　小型 PLC 组成框图

输入/输出（In/Output）模块，简称 I/O 模块，是现场设备和 PLC 之间的直接接口部件。小型 PLC 中，I/O 模块的编程地址通常在出厂时已经被固定，用户必须按编程手册的规定使用。中大型 PLC 中，每个模块的编程地址可由硬件（例如，装在模块或机架旁的配置开关）或软件设定，其组态方式更为灵活。

40　PLC 工作原理　PLC 在接入编程器时主要有以下三种工作方式：（1）编程方式（Program）编辑并输入用户程序；（2）运行方式（RUN）执行已装入 PLC 的用户程序（当不接入编程器时，PLC 将直接进入该方式并运行用户程序）；（3）监控方式（Monitor）在运行用户程序的同时，可利用编程器的键盘和显示器监视或检查 PLC 内部执行指令的情况，以便于进行程序的调试。

在 PLC 控制系统中，用户编制的控制程序表达了生产过程的工艺要求，并事先存入 PLC 的用户程序存储器。运行时按存储程序的指令顺序逐条执行，以完成工艺流程要求的操作。PLC 的 CPU 内有指示程序步存储地址的程序计数器。在程序运行过程中，每执行一步该计数器自动加 1。程序从起始步（步序号为 0）起依次执行到最终步（一般均为END 指令），然后再返回起始步循环运算。PLC 每完成一次循环操作完成一个扫描周期。对于不同机型的 PLC，循环扫描周期取值在 $1\mu s$ 至几十微秒之间。程序步计数器按上述方式循环工作，这是 PLC 与通用计算机的显著区别。

程序步是 PLC 程序的最基本元素。一般而言，执行一个程序步即可完成一条较简单的指令操作。但复杂的指令及其相关的操作数，则可能要由几个程序步才能完成。应指出的是，在程序运行时所用到的数据并不直接来自输入输出模块的端口，而是来自（数据映像）寄存器。该映像区中的数据是 PLC 在扫描周期的输入扫描（采样）和输出更新（锁存）阶段周期性地刷新，这称为 I/O 的刷新控制方式。PLC 一般采用循环扫描方式执行用户程序操作过程，此外，I/O 也可采用直接控制方式，每当 I/O 状态发生变化便直接刷新映像寄存器。只有在一些要求快速响应的特殊场合，才采用中断控制方式或使用专用的 I/O 模块。PLC 按顺序扫描的模式工作，既便于 PLC 的用户程序采用电气控制专业常用的梯形图（一种类似于继电器控制原理图的表达方式）语言，又为 PLC 的可靠运行提供了基本保证。尽管 PLC 中的程序执行是串行的，但由于运算速度极快（一般 PLC 的循环扫描周期为 ms 级），因此实际执行过程仍与继电器控制逻辑相同（或相仿）。还可以通过 CPU 内部设置的监视定时器（也称看门狗，Watchdog）来监视每次扫描是否超过规定的时间，避免由于 CPU 内部故障使程序执行进入死循环。

一般来讲，PLC 与计算机之间的通信，或是 PLC 之间的通信（对等通信、局域网通信），其信息的交换和刷新也是在扫描周期的某个预定的时间段组织实施的。通信控制器的数据存储区与 CPU 的数据存储区互为映像。

41　PLC 编程语言　根据国际电工委员会制定的工业控制编程语言标准（IEC1131-3），PLC 有五种标准编程语言：梯形图语言（LD）、指令表语言（IL）、功能模块语言（FBD）、顺序功能流程图语言（SFC）、结构文本化语言（ST）。按照形式可分为文本型和图示型两种，文本型主要有 IL 和 ST，图示型则有 LD、FBD 以及 SFC。由继电器电路衍变而来的梯形图，目前仍是 PLC 编程语言的主流。

PLC 梯形图采用类似继电器梯形图形式表示内部微机的控制程序，使编程简单且形象直观。在梯形图中，还可以引入助记符、功能块和应用命令等。在梯形图中，一般包括以下几个概念：

（1）逻辑元素　指梯形图上的触点（常开和常闭，也称为动合和动断）、输出线圈、垂直或水平连接线、数据或特殊功能寄存器、功能图及助记符等作为编制程序的最小单位。在 PLC 编程中，按逻辑功能可将内部资源划分并命名为输入继电器、输出继电器、辅助继电器、定时器、计数器、特殊继电器等多种编程元件。编程者通过有机组织这些编程元件，如同应用其他计算机语言中各种变量或数据结构，可以编址出满足各种控制要求的应用程序来。

（2）逻辑行　指一组相互连接的逻辑元素，也称梯形网络（Network）或梯级（Rung）。每个逻辑行的最大宽度为 10（或 11）列，最大长度为 7（或 8）行。最后一列是专为线圈设置的，并表示一个逻辑行的输出。PLC 内部按循环扫描的方式执行梯形图程序，并规定其信号流向从左上角开始，由左侧母线（高电位）向右侧母线（低电位）流通，或垂直向下流动，但不允许从右向左流动。信号流不能反向流过触点，如同假想在每个逻辑元素的右侧串接一个二极管而起到阻流作用一样。

（3）编程地址　用来识别继电器触点、线圈和内部寄存器等不同编程元件，并可用不同代码表示其所属类型。例如，西门子公司 S7-200 用 $Qx.x$ 表示开关量输出，用 $Ix.x$ 表示开关量输入。其中，x 可取 0~7 之间的数字，开关量在内部表示为位数据，内部处理时还可以使用字节、字、双字数据。

（4）基本指令和应用指令　基本指令最初是为取代传统继电器控制系统所需的那些指令。应用指令也称功能指令，是指在完成基本逻辑控制、定时控制、顺序控制的基础上，为满足用户不断提出的应用要求开发的特定指令。

此外，在中小型 PLC 中，采用命令语言（或称指令、助记符）仍是广泛使用的一种编程方式。其助记符号大多是逻辑功能的英文缩写，便于记忆与编程，基本指令类似于高档微处理器的宏汇编语言，功能应用指令则更接近于高级语言。使用命令语句编程的优点是可由价格相对较廉的简易或便携型编程器进行程序的输入和编辑。每条命令语句由命令助记符和参数两部分组成。命令助记符部分主要是指定逻辑功能，不能缺少。大多数命令有一个参数，即指定逻辑元件的编程地址，部分逻辑元件需要第二参数（如定时器的时间设定值等），少量命令只执行内部操作，可不用说明参数。

42　PLC 应用技术　目前，在 PLC 应用系统开发中通常有两种程序设计方法，即：

（1）基于继电器梯形图设计法　基于经验或试凑的程序设计方法。即按照应用目标的要求，在某些参考方案基础上经过适当的修改和扩充形成初步方案，再在反复调试和改进中逐步完善。

（2）数字逻辑设计法　使 PLC 应用系统设计变得更加有条理和系统化。常用的数字逻辑设计法有以下 3 种：

1）直接描述法：对于比较简单的逻辑 I/O 对象，往往可以直接写出关于某个输出的 I/O 逻辑代数方程式。然后应用相应的编程元件替换逻辑方程式后即可转换为等效的 PLC 梯形图。

2）真值表法：先把各个输入变量与输出的各种组合关系用真值表列出来，然后把输出为 1 或 0 的条件归纳起来，可得到一组"与-或"逻辑方程式，从而再转换成梯形图。

3）时序波形图法：在梯形图程序分析中，时序波形图是有效的形象化图示工具。实际上，在有些应用系统中，I/O 的逻辑关系一开始并不能用直接描述法表达出来，但相互之间的要求却可先用时序波形图画出来，这样便可对此进行分析并从中找出若干基准波形，然后归纳出各个输出结果与这些基准波形的逻辑关系，从而使时序波形图分析成为用户程序综合设计的有效方法。在应用时序波形图分析法进行梯形图程序设计时，通常运用一些典型功能块产生基准波形，进而推出各个 I/O 逻辑关系式，再用直接描述法转换成相应的梯形图。

综上，PLC 是在电器控制技术和计算机技术的基础上开发出来的，并逐渐发展成为以微处理器为核心，把自动化技术、计算机技术、通信技术融为一体的新型工业控制装置。当前，PLC 已被广泛应用于各种生产机械和生产过程的自动控制中，成为一种最重要、最普及、应用场合最多的工业控制装置，被公认为现代工业自动化的三大支柱（PLC、机器人、CAD/CAM）之一。PLC 的未来发展趋势是向高集成性、高速度、大容量、小体积、高性能、信息化、软 PLC、标准化、与现场总线技术紧密结合的方向发展。

3.4　云计算机系统

43　云计算基本概念　随着通信技术的进步，计算机终端进化的趋势逐渐走向云端。云计算（cloud computing），是一种基于互联网的计算方式，通过这种方式，共享的软硬件资源和信息可以按需求提供给计算机各种终端和其他设备，使用服务商提供的计算机基建作计算和资源。

美国国家标准与技术研究院（NIST）2009年将云计算定义为：云计算是一种能够通过网络以便利的、按需付费的方式获取IT资源［包括网络、服务器（虚机、容器）、存储、平台、应用和服务等］并提高其可用性的模式，这些资源来自一个共享的、可配置的资源池，并能够以最省力和无人干预的方式获取和释放，这种模式具有5个关键功能，还包括3种服务模式和4种部署方式。该定义得到了广泛的认同。

云计算是继20世纪80年代大型计算机到客户端-服务器的大转变之后的又一种巨变。用户不再需要了解"云"中基础设施的细节，不必具有相应的专业知识，也无需直接进行控制。狭义上，云计算描述了一种基于互联网的新的IT服务增加、使用和交付模式，通常涉及通过互联网来提供动态易扩展而且经常是虚拟化的资源。广义上，云计算指通过网络以按需易扩展的方式获得所需服务，这种服务可以是IT和软件、互联网相关的，也可以是政务云、教务云、医疗云等。

44　云计算的基本架构

（1）3层SPI架构　按照NIST的定义，按云计算的服务类型可以将云分成3层：基础设施即服务（Infrastructure as a Service）、平台即服务（Platform as a Service）、软件即服务（Software as a Service）。

（2）4种部署方式　目前按照部署方式分类，云计算包括私有云、公有云（也称公共云）、社区云和混合云。

（3）五大关键功能　NIST提出了云计算的五个基本特性：

1）自助式服务。消费者无需同服务提供商交互就可以得到自助的计算资源能力，如服务器的时间、网络存储等（资源的自助服务）。

2）无所不在的网络访问。借助于不同的客户端来通过标准的应用对网络访问的可用能力。

3）划分独立资源池。根据消费者的需求来动态地划分或释放不同的物理和虚拟资源，这些池化

的供应商计算资源以多租户的模式来提供服务。用户经常并不控制或了解这些资源池的准确划分，但可以知道这些资源池在哪个行政区域或数据中心，如存储、计算处理、内存、网络宽带及虚拟机个数等。

4）快速弹性。一种对资源快速和弹性提供和同样对资源快速和弹性释放的能力。对消费者来讲，所提供的这种能力是无限的（就像电力供应一样，对用户来说，是随需的、大规模计算机资源的供应），并且可在任何时间以任何量化方式购买。

5）服务可计量。云系统对服务类型通过计量的方法来自动控制和优化资源使用（如存储、处理、宽带及活动用户数）。资源的使用可被监测、控制及可对供应商和用户提供透明的报告（即付即用的模式）。

（4）云计算的关键技术

1）虚拟化技术。虚拟化是一个接口封装和标准化的过程，封装的过程根据不同的硬件会有不同，通过封装和标准化，为在虚拟容器里运行的程序提供适合的运行环境。这样，通过虚拟化技术，可以屏蔽不同硬件平台时间的差异性，屏蔽不同硬件的差异所带来的软件兼容问题，通过虚拟化技术，可以将硬件的资源通过虚拟化软件再重新整合后分配给软件使用。虚拟化技术实现硬件无差别的封装，很适合在云计算的大规模应用中作为技术平台，但是，虚拟化技术并不是云计算的唯一技术基础条件。只能说虚拟化是目前实现云比较切实可行的一个方案而已。

2）云安全。在多租客的云基础设施中，一台物理服务器上面通过运行多台虚拟机来同时为多个用户进行服务。理论上来说这些虚拟机之间是完全隔离并独立的，但由于共用相同的物理设备，这些虚拟机并不是完全独立的。针对虚拟机之间的物理依赖关系能够对其进行攻击，目前这些攻击主要包括拒绝服务攻击和旁通道攻击。云计算中的安全技术主要有：同态加密技术、密文域搜索技术、数据存储与处理完整性、访问控制、对云服务器的行为的问责机制。

45　云存储技术　云存储系统与传统存储系统相比，具有如下不同：第一，从功能需求来看，云存储系统面向多种类型的网络在线存储服务，而传统存储系统则面向如高性能计算、事务处理等应用；第二，从性能需求来看，云存储服务首先需要考虑的是数据的安全、可靠、效率等指标，而且由于用户规模大、服务范围广、网络环境复杂多变等

特点，实现高质量的云存储服务必将面临更大的技术挑战；第三，从数据管理来看，云存储系统不仅要提供类似于 POSIX 的传统文件访问，还要能够支持海量数据管理并提供公共服务支撑功能，以方便云存储系统后台数据的维护。基于上述特点，云存储平台整体架构可划分为 4 个层次，自底向上依次是：数据存储层、数据管理层、数据服务层以及用户访问层。

46　云计算的平台建设　云计算平台也是整个产业发展的热点，近年来围绕云计算发展出了不同的云平台。

（1）Google 云计算　能实现大规模分布式计算和应用服务程序，平台包括 MapReduce 分布式处理技术、Hadoop 框架、分布式的文件系统（GFS）、结构化的 BigTable 存储系统以及 Google 其他的云计算支撑要素。

（2）IBM 云计算　将包括 Xen 和 PowerVM 虚拟的 Linux 操作系统镜像与 Hadoop 并行工作负载调度。

（3）亚马逊云计算　利用虚拟化技术提供云计算服务，推出 S3（Simple Storage Service）提供可靠、快速、可扩展的网络存储服务，而弹性可扩展的云计算服务器 EC2（Elastic Compute Cloud）采用 Xen 虚拟化技术，提供一个虚拟的执行环境（虚拟机器），让用户通过互联网来执行自己的应用程序。

第 4 章 软件基础

4.1 程序设计语言

47　C 和 C++语言　C 语言具有丰富的运算符和数据类型，便于实现各类复杂的数据结构，还可以直接访问内存的物理地址，进行位（bit）一级的操作。C 语言实现了对硬件的编程操作，集高级语言和低级语言的功能于一体，既可用于系统软件的开发，也适合于应用软件的开发。

C++程序设计语言是一种混合型的面向对象程序设计语言。C++既具有面向对象的特征，又具有对传统 C 语言的向后兼容性，很多已有的 C 语言程序稍加改造就可以重用。C++的主要特点有：1）C++是一个更好的 C，它保持了 C 语言的优点，大多数的 C 程序代码略做修改或不做修改就可在 C++的集成环境下调试和运行。这对于继承和开发当前已在广泛使用的软件是非常重要的，可以节省大量的人力和物力。2）C++是一种面向对象的程序设计语言。它使得程序的各个模块的独立性更强，程序的可读性和可移植性更强，程序代码的结构更加合理，程序的扩充性更强。这对于设计、编制和调试一些大型的软件尤为重要。

48　Java 语言　Java 是一种通过解释方式来执行的语言，语法规则和 C++类似。Java 采用了虚拟机技术很好地解决了跨平台的应用问题，是一种跨平台的程序设计语言。Java 语言的主要特点有：1）简单性。Java 略去了运算符重载、多重继承等模糊的概念，通过自动垃圾收集简化了程序设计者的内存管理工作。2）面向对象。Java 语言的设计集中于对象及其接口，而类则提供了一类对象的原型，通过继承机制实现代码的复用。3）分布性。Java 是面向网络的语言，可处理 TCP/IP，可通过 URL 地址在网络上方便地访问其他对象。4）鲁棒性。提供自动垃圾收集来进行内存管理；具有集成的面向对象的例外处理机制；Java 在编译时还可捕获类型声明中的许多常见错误。5）安全性。Java 不支持指针，可防止访问对象的私有成员，也避免

了指针操作中容易产生的错误。6）体系结构中立。Java 解释器生成与体系结构无关的字节码指令，可在任意的处理器上运行。7）可移植性。Java 程序可以方便地被移植到网络上的不同机器。8）解释执行。Java 解释器直接对 Java 字节码进行解释执行。9）高性能。Java 字节码的设计使之能很容易地直接转换成对应于特定 CPU 的机器码，从而得到较高的性能。10）多线程。多线程机制使应用程序能够并行执行。11）动态性。Java 的设计使它适合于一个不断发展的环境，在类库中可以自由地加入新的方法和实例变量而不会影响用户程序的执行。

49　Python 语言　Python 是一种用来编写应用程序的高级编程语言，完全支持结构化编程和面向对象编程。Python 强调代码的可读性和简洁的语法，拥有动态类型系统和垃圾回收功能，能够自动管理内存使用。Python 解释器本身几乎可以在所有的操作系统中运行，官方解释器 CPython 是用 C 语言编写的，它是一个由社区驱动的自由软件，目前由 Python 软件基金会管理。

Python 提供了非常完善的基础代码库，覆盖了网络、文件、GUI、数据库、文本等大量内容，用 Python 开发程序，许多功能不必从零编写，直接使用现成的即可。Python 还有大量的第三方库，比较著名的包括：NumPy，提供矩阵、线性代数、傅里叶变换等解决方案；SciPy，实现 MATLAB 的功能；Matplotlib，绘制数学二维图形；SymPy，支持数学符号运算；Pandas，用于数据分析、数据建模、数据可视化；Scikit-learn，包括许多知名的机器学习算法；PyMC3，用于贝叶斯统计建模和概率机器学习；TensorFlow，Google 开发维护的开源机器学习库；Keras，基于 TensorFlow、Theano 与 CNTK 的高端神经网络 API；PyTorch，基于 Torch 的开源的机器学习库。

Python 的缺点主要包括：Python 是解释型语言，代码在执行时会逐行翻译成 CPU 能理解的机器码，这个过程非常耗时，所以执行速度很慢；Python 代码不能加密，如果发布 Python 程序，实际

上就是发布源代码。

50　其他常见程序设计语言

（1）C#　C#是微软公司推出的一种基于 . NET Framwork 的、面向对象的高级编程语言。C#是一种由 C 和 C++派生出来的面向对象的编程语言。它在继承 C 和 C++强大功能的同时去掉了一些它们的复杂特性，使其成为 C 语言家族中的一种高效强大的编程语言。C#以 . NET Framwork 类库作为基础，拥有类似 Visual Basic 的快速开发能力。

C#通常不被编译成为能够直接在计算机上执行的二进制本地代码。与 Java 类似，它被编译成为中间代码，然后通过 . NET Framework 的虚拟机执行。虽然最终程序扩展名为 exe，但如果没有安装 . Net Framework 是无法运行的。在程序执行时，. Net Framework 将中间代码翻译成为二进制机器码，从而使它得到正确的运行。

（2）JSP　JSP（Java Server Pages）是由 Sun 公司创建的一种动态网页技术标准，以 Java 语言作为脚本语言，为用户的 HTTP 请求提供服务。JSP 部署于网络服务器上，可以响应客户端发送的请求，并根据请求内容动态地生成 HTML、XML 或其他格式文档的 Web 网页，然后返回给请求者。

JavaScript 代码可以直接嵌在网页的任何地方，也可以把 JavaScript 代码放到一个单独的 . js 文件，然后在 HTML 中通过<script src = "..."></script>引入这个文件。浏览器加载包含 JavaScript 的 HTML 页面，就可以执行 JavaScript 代码。JSP 文件在运行时会被其编译器转换成更原始的 Servlet 代码。JSP 编译器可以把 JSP 文件编译成用 Java 代码写的 Servlet，然后再由 Java 编译器来编译成能快速执行的二进制机器码，也可以直接编译成二进制码。

（3）PHP　PHP（Hypertext Preprocessor，超文本预处理器）是一种开源的通用计算机脚本语言，运行于服务器端，尤其适用于网络开发，并可嵌入 HTML 中使用。PHP 的语法借鉴吸收 C 语言、Java 和 Perl 等流行计算机语言的特点，主要应用于 Web 服务端开发，命令行和编写桌面应用程序。PHP 允许网络开发人员快速编写动态页面，支持和所有 Web 开发语言之间的复杂数据交换。在 PHP 中，所有的变量都是页面级的，无论是全局变量，还是类的静态成员，都会在页面执行完毕后被清空。

（4）Visual Basic　微软公司推出的 Visual Basic（简称 VB）是一种功能极强的语言，其强大的功能来自于可视化设计技术。VB 使用了事件驱动的编程技术。所谓事件是指在程序运行的过程中产生的信息和需要处理的用户输入。VB 自动地为每一个程序附加一个完整的事件处理的代码框架，程序员只需在框架中编写对应事件的处理代码。VB 开发程序还有一个非常有用的功能是对象的连接和嵌入 OLE。使用 OLE 功能可以在程序中使用已有的其他程序完成各种复杂的工作，而无需再编程。

51　软件架构和软件框架　软件架构（Software Architecture）是有关软件整体结构与组件的抽象描述，用于指导软件系统各个方面的设计。软件架构为软件系统提供了一个结构、行为和属性的高级抽象，由组件的描述、组件的相互作用、指导组件集成的模式以及这些模式的约束组成。软件架构不仅描述了软件需求和软件结构之间的对应关系，而且决定了整个软件系统的组织和拓扑结构，提供了一些设计决策的基本原理。软件架构是构建计算机软件、开发系统以及计划进行的基础，架构一旦确定后，再修改的代价很大。

软件架构可划分为逻辑架构、物理架构和系统架构三种类型。逻辑架构用于描述软件系统中各组件间的关系，如用户界面、业务逻辑组件、数据库、外部系统接口等。物理架构用于描述在硬件中如何部署软件组件，例如不同地理位置服务器的分布式物理架构。系统架构用于描述系统的性能、可靠性、可扩展性等非功能性特征，也是系统架构设计中最难的工作环节。

软件架构的表现形式是一个设计规约，用于指导软件系统的实施与开发。为了提高系统开发的效率和质量，产生了面向某些领域（如业务领域、计算领域、图形用户接口等）共性部分的可复用软件，即软件框架（Software Framework）。软件框架的首要目的是为代码复用，并提供一系列定义良好的可变点以保证灵活性和可扩展性。可以说，软件框架是领域内最终应用系统的模板。

软件框架至少包含以下部分：1）一系列完成计算的模块，在此称为构件；2）构件之间的关系与交互机制；3）一系列可变点（Hot-spots，也称热点或调整点）；4）可变点的行为调整机制。开发人员可通过行为调整机制，将领域中具体应用所特有的软件模块绑定到该软件框架的可变点，从而得到最终应用系统，大大提高了软件生产率和质量。软件框架可分为系统基础设施框架、中间件集成框架和企业应用框架。

以企业应用中最常见的 SSM（Spring+SpringMVC+MyBatis）框架集为例，它由 Spring、MyBatis 两个开源框架整合而成。Spring 是为了解决企业应用开发的复杂性而创建的，它使用基本的 JavaBean 来完成以前只可能由 EJB（企业级 JavaBean）完成的事情。Spring 还包含 Spring MVC，分离了控制器、模型对象、分派器以及处理程序对象的角色，这种分离让它们更容易进行定制。MyBatis 是对 JDBC 数据库调用接口的封装，它让数据库底层操作变得透明。

4.2　数据结构

52　线性表　线性表是最简单、最常用的一种数据结构，它是 n 个数据元素的有限序列 $(X_1, X_2, \cdots, X_n)$。线性表按照元素的检索、新元素的插入及原有元素的删除方法，可分三类：1）堆栈。堆栈是只能在表尾进行插入或删除运算的线性表，表尾称栈顶，表头称栈底，表中无元素时称为空栈，新元素进栈要置在栈顶之上，删除或退栈必须先对栈顶进行，这就形成先进后出的操作原理。2）队列。队列是限定所有插入都必须在表的一端进行，所有删除都在表的另一端进行的线性表，进行删除的一端叫作队列的头，进行插入的一端叫作队列的尾，新元素总是加入到队尾，每次删除的总是队列头上的元素，即后进先出的操作原则。3）双向队列。双向队列是允许元素插入及删除在表的两端都可以进行的线性表。数据的存储结构主要分成两类：1）数据顺序存储。这是在主存储器中的连续区域上将各元素顺序排列的方法。2）数据链接存储。在每个节点装有指向下一节点的指针。链接分配有两种重要变形，循环链表是将链表的最后一个节点的指针指向最开始的节点。双向循环链表的每个节点包括两个指针域，一个指向前趋节点，另一个指向后继节点。

串和数组也是线性表的常见形式。1）串是字符串的简称，是一种在数据元素的组成上具有一定约束条件的线性表，即要求组成线性表的所有数据元素都是字符。串中字符的数目被称作串的长度，当长度为 0 时称为空串，串中任意连续的字符组成的子序列被称为该串的子串，包含子串的串又被称为该子串的主串。2）数组的特点是每个数据元素可以又是一个线性表结构。若线性表中的数据元素为非结构的简单元素，则称为一维数组，即为向量；若一维数组中的数据元素又是一维数组结构，则称为二维数组；依次类推，若二维数组中的元素又是一个一维数组结构，则称作三维数组。

53　树　非线性数据结构的代表是树结构。树

结构中各节点间的关系是：对有限节点集合 N，存在一个叫根的节点，去掉根节点，余下的节点可以分为 $m(m \geq 0)$ 个不相交的子集合 N_1，N_2，$\cdots$，N_m。$N_i(i = 1 \sim m)$ 也具有树结构（N_i 叫作子树）。树结构见图 6.4-1。

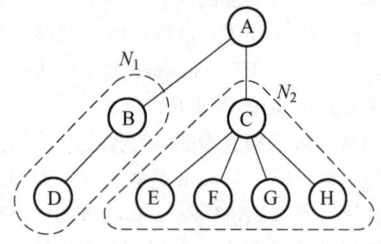

图 6.4-1　树结构

树中一个节点的子树个数称为该节点的度数。度数为零的节点称为树叶。度数不为零的节点称为分支节点。节点各子树的根称为该节点的子女，该节点称为其子女的父节点。具有相同父节点的节点互为兄弟。根节点的层数为 0，其他任何节点的层数等于其父节点的层数加 1。树中节点的最大层数称为树的深度。

树结构可分为二叉树与非二叉树两种。二叉树是指树的各节点如果把其自身当作根，则它最多具有两个子树（此子树也是二叉树）。上述以外的树结构都叫作非二叉树。每一棵非二叉树都能唯一地转换到它所对应的二叉树。二叉树是一种重要的树型结构，它是 $n(n \geq 0)$ 个节点的有限集，其子树分为互不相交的两个集合，分别称为左子树和右子树，左子树和右子树也是如上定义的二叉树。二叉树的表示方法采用链接方式。每个节点除存储节点本身信息外，再设置两个指针域，分别指向左子女和右子女。

按一定规则系统地访问树结构中的所有节点，使每个节点恰好只访问一次，称作树的遍历。前序遍历法是先访问根，再按前序遍历左子树，再按前序遍历右子树。中序遍历法是先按中序遍历左子树，再访问根，再按中序遍历右子树。后序遍历法是先按后序遍历左子树，再按后序遍历右子树，最后访问根。

54　图　取消对树结构的限制后的一般数据结构叫图结构。一个图 G 是由一个非空的顶点组成的有限集合 V 和一个边的有限集合 E 组成，记作 $G = (V, E)$。在图中，数据元素常称为顶点；V 是顶点的有限集合；E 是边（弧）的有限集合。图分为有向图和无向图两种。有向图中的边是有方向的，

从顶点 V_1 出发到顶点 V_2 的边<V_1,V_2>与从顶点 V_2 出发到顶点 V_1 的边<V_2,V_1>是不同的两条边。在无向图中，上述两条边代表了同一条边。图 6.4-2 中的 G_1 为无向图，G_2 为有向图。

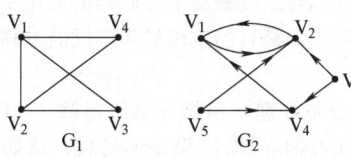

图 6.4-2　图的例子

一个顶点的度是与该顶点相关联的边的数目。对于有向图，把以顶点 V 为终点的边的数目称为 V 的入度，把以顶点 V 为始点的边的数目称为 V 的出度，出度为 0 的顶点成为终端顶点（或叶子）。

图结构的存储表示方法多种多样，最常用的有以下两种：1）相邻矩阵表示法。相邻矩阵是表示节点间的相邻关系的矩阵，其中若<V_i,V_j>是 G 的边，则 A[i,j]=1；反之 A[i,j]=0。2）邻接表表示法。用邻接表法表示图需要保存一个顺序存储的节点表和 n 个链接存储的边表，节点表的每个表目对应于图的一个节点，图每个节点都有一个边表，每个边表的每个表目对应于与该节点相关联的一条边。

55　查找　查找也称为检索，是数据处理中经常使用的一种重要运算。查找（Searching）的定义是：给定一个值 K，在含有 n 个节点的表中找出关键字等于给定值 K 的节点。若找到，则查找成功，返回该节点的信息或该节点在表中的位置；否则查找失败，返回相关的指示信息。若在查找的同时对表做修改操作，则相应的表称之为动态查找表。否则称之为静态查找表。若整个查找过程都在内存进行，则称之为内查找；反之，若查找过程中需要访问外存，则称之为外查找。

查找运算的主要操作是关键字的比较，所以通常把查找过程中对关键字需要执行的平均比较次数（也称为平均查找长度）作为衡量一个查找算法效率优劣的标准。平均查找长度（Average Search Length，ASL）定义为

$$ASL = \sum_{i=1}^{n} p_i c_i$$

式中　n——节点的个数；

　　　p_i——查找第 i 个节点的概率。若不特别声明，认为每个节点的查找概率相等，即 $p_1 = p_2 \cdots = p_n = 1/n$；

　　　c_i——找到第 i 个节点所需进行的比较次数。

在表的组织方式中，线性表是最简单的一种。线性表的查找方法主要有顺序查找、二分查找、分块查找等。1）顺序查找的基本思想是：从表的一端开始，顺序扫描线性表，依次将扫描到的节点关键字和给定值 K 相比较。若当前扫描到的节点关键字与 K 相等，则查找成功；若扫描结束后，仍未找到关键字等于 K 的节点，则查找失败。2）二分查找又称折半查找，它要求线性表是有序表，即表中节点按关键字有序排列，并且要用向量作为表的存储结构，其基本思想是：首先确定查找区间的中点位置，然后将待查值与中点值比较，若相等则查找成功并返回此位置，否则须确定新的查找区间继续二分查找。3）分块查找又称索引顺序查找，是一种性能介于顺序查找和二分查找之间的查找方法，分块查表由"分块有序"的线性表和索引表组成，其基本思想是：首先查找索引表，索引表是有序表，可采用二分查找或顺序查找，以确定待查的节点在哪一块；然后在已确定的块中进行顺序查找，由于块内无序，只能用顺序查找。

当用线性表作为表的组织形式时，二分查找效率最高。但当表的插入或删除操作频繁时，为维护表的有序性，会引起额外的时间开销，二分查找只适用于静态查找表。若要对动态查找表进行高效率的查找，可采用二叉排序树（Binary Sort Tree）或 B-树作为表的组织形式。

散列方法不同于上述方法，它采用直接寻址技术，其基本思想是：首先在元素的关键字 k 和元素的存储位置 p 之间建立一个对应关系 f，使得 $p = f(k)$，f 称为哈希函数。创建哈希表时，把关键字为 k 的元素直接存入地址为 $f(k)$ 的单元；以后当查找关键字为 k 的元素时，再利用哈希函数计算出该元素的存储位置 $p = f(k)$，从而达到按关键字直接存取元素的目的。

56　排序（Sort）　就是要整理文件中的记录，使之按关键字递增（或递减）次序排列起来。其确切定义如下：输入 n 个记录 R_1,R_2,…,R_n，其相应的关键字分别为 K_1,K_2,…,K_n。输出：R_{i1},R_{i2},…,R_{in}，使得 $K_{i1} \leq K_{i2} \leq \cdots \leq K_{in}$（或 $K_{i1} \geq K_{i2} \geq \cdots \geq K_{in}$）。

被排序的对象——文件由一组记录组成。记录则由若干个数据项（或域）组成。其中有一项可用来标识一个记录，称为关键字项。该数据项的值称为关键字（Key）。用来作为排序运算依据的关键字，可以是数字类型，也可以是字符类型。当待排

序记录的关键字均不相同时，排序结果是唯一的，否则排序结果不唯一。大多数排序算法都有两个基本的操作：1）比较两个关键字的大小；2）改变指向记录的指针或移动记录本身。

排序方法的分类：在排序过程中，若整个文件都是放在内存中处理，排序时不涉及数据的内、外存交换，则称之为内部排序；反之，若排序过程中要进行数据的内、外存交换，则称之为外部排序。按策略划分内部排序方法可以分为五类：插入排序（直接插入排序、希尔排序）、选择排序（冒泡排序、快速排序）、交换排序（直接选择排序、堆排序）、归并排序和分配排序（箱排序、基数排序）。

4.3　操作系统

57　操作系统（OS）　OS（Operating System）是配置在计算机硬件上的第一层软件，是对硬件系统的第一次扩充，它负责管理计算机的软硬资源，为用户提供更高效方便的使用环境。OS 作为计算机系统资源的管理者，主要负责进程管理、存储器管理、I/O 设备管理和文件管理等。

（1）进程管理　进程是可并发执行的程序在一个数据集合上的运行过程，主要特征有：1）动态性，由创建而产生，由调度而执行，因缺资源而暂停，由撤销而消亡；2）并发性，多个进程实体，同存于内存中，能在一段时间内同时运行；3）独立性，进程实体是一个能独立运行的基本单位，也是系统中独立获得资源和独立调度的基本单位；4）异步性，进程按各自独立的、不可预知的速度向前推进；5）结构特征，每个进程都由程序段、数据段和进程控制块组成。

进程通常具有三种状态：1）就绪状态，进程已获得处理机以外的所有资源，一旦分到了处理机就可以立即执行；2）执行状态，进程获得必要资源并占有处理机；3）阻塞状态，正在执行的进程由于发生某事件而暂时无法执行下去的状态。

（2）存储器管理　存储器管理主要实现内存的分配与回收功能，有连续分配和离散分配两种方式。连续分配方式会形成许多"碎片"，限制了其应用，离散分配方式主要有三种：1）分页存储管理。内存空间和用户程序的地址空间都被划分成若干个固定大小的区域，称为"页"，这样可将用户程序的任一页放在内存的任一页中，实现了离散分配。2）分段存储管理。将用户程序的地址空间划

分成若干大小不等的段，每段可以定义一组相对完整的逻辑信息。在进行存储分配时，以段为单位，这些段在内存中可以不连接，故也实现了离散分配。3）段页式存储管理。将分页和分段两种存储管理方式相结合，既提高了存储器的利用率，又能满足用户需求，是目前应用最为广泛的一种存储管理方式。

（3）设备管理　指操作系统对除了 CPU 和内存以外的所有输入/输出设备的管理，诸如设备控制器、通道、中断控制器等。设备的管理目标：1）提高设备的利用率；2）为用户提供一个统一的使用设备的界面；3）为用户提供一个独立于设备的界面；4）方便用户。

设备管理的主要功能：1）设备控制，其基本任务通常是实现 CPU 和设备控制器之间的通信；2）设备分配，其基本任务是根据用户的 I/O 请求，为之分配其所需的设备；3）缓冲管理，其基本任务是管理好各种类型的缓冲区，以缓解 CPU 和 I/O 速度不匹配的矛盾。

（4）文件系统管理　文件系统是操作系统中负责存取和管理文件信息的机构，它由管理文件所需的数据结构（如文件控制块，存储分配表等）和相应的管理软件以及访问文件的一组操作组成。文件系统负责管理在外存上的文件，并将对文件的存取、共享和保护等手段提供给操作系统用户。

文件系统主要实现以下功能：1）用户可执行创建、修改、删除读写文件的命令。2）用户能以合适的方式构造他的文件。3）用户能在系统的控制下，共享其他用户的文件。4）允许用户用符号名访问文件。5）系统应有转存和恢复文件的能力，以防止意外事故的发生。6）系统应提供可靠保护及保密措施。

58　网络和分布式操作系统　网络操作系统（NOS）是网络的心脏和灵魂，是向网络计算机提供网络通信和网络资源共享功能的操作系统。由于网络操作系统是运行在服务器之上的，所以有时我们也把它称之为服务器操作系统。

大量的计算机通过网络被连接在一起，可以获得极高的运算能力及广泛的数据共享，这种系统被称作分布式系统。分布式操作系统的特征主要有：1）统一性，即它是一个统一的操作系统；2）共享性，即所有的分布式系统中的资源是共享的；3）透明性，在用户眼里整个分布式系统中的许多计算机就像是一台计算机，对用户来讲是透明的；4）独立性，即处于分布式系统的多个主机都处于

平等地位，在物理上独立。

分布式系统是一组松散耦合的计算机系统通过通信网络连接起来的，因此网络技术是分布式计算的首要的前提技术，两者的区别在于，在计算机网络系统中，用户在通信或资源共享时必须知道网络上的计算机及资源位置，在分布式计算系统中，用户在通信或资源共享时并不知道多台计算机的存在，对资源的访问就像访问本机资源一样。网络操作系统与分布式操作系统在概念上的主要区别是，网络操作系统可以构架于不同的操作系统之上，通过网络协议实现网络资源的统一配置，在大范围内构成网络操作系统。分布式比较强调单一性，它是由一种操作系统构架的。

59 嵌入式操作系统 嵌入式操作系统是一种支持嵌入式系统应用的操作系统软件，它是嵌入式系统（包括硬、软件系统）极为重要的组成部分，通常包括与硬件相关的底层驱动软件、系统内核、设备驱动接口、通信协议、图形界面、标准化浏览器等。嵌入式操作系统具有通用操作系统的基本特点，如能够有效管理越来越复杂的系统资源；能够把硬件虚拟化，使得开发人员从繁忙的驱动程序移植和维护中解脱出来；能够提供库函数、驱动程序、工具集以及应用程序。与通用操作系统相比较，嵌入式操作系统在系统实时高效性、硬件的相关依赖性、软件固态化以及应用的专用性等方面具有较为突出的特点。

一般情况下，嵌入式操作系统可以分为两类，一类是面向控制、通信等领域的实时操作系统，如 WindRiver 公司的 VxWorks、ISI 的 pSOS、QNX 系统软件公司的 QNX、ATI 的 Nucleus 等；另一类是面向消费电子产品的非实时操作系统，这类产品包括个人数字助理（PDA）、移动电话、机顶盒、电子书、WebPhone 等。目前 RTLinux 以免费软件的特点越来越被大家重视。

60 常见操作系统

（1）Windows Windows 已推出了多个系列的版本，目前仍在使用的主要有 Windows XP、Windows 7、Windows 10 等。

Windows XP 发布于 2001 年 10 月，集成了数码媒体、远程网络等新技术规范，具有很强的兼容性，功能几乎包含了所有计算机领域的需求。包括针对个人用户的家庭版 Windows XP Home Edition 和针对商业用户的专业版 Windows XP Professional。专业版在家庭版的基础上添加了面向商业而设计的网络认证、双处理器等特性。

Windows 7 发布于 2009 年 10 月，可供家庭及商业工作环境、笔记本计算机、平板计算机、多媒体中心等使用，包括家庭版、专业版、企业版等多个版本。Windows 7 启动时间大幅缩减，增加了简洁的搜索和信息使用方式，改进了安全和功能合法性，使用 Aero 效果更显华丽和美观。

Windows 10 发布于 2015 年 7 月，是统一了个人计算机、平板计算机、智能手机、嵌入式系统、Xbox One 等设备的操作系统，包括家庭版、专业版、企业版、教育版、移动版和物联网核心版等版本。所有运行 Windows 10 的设备共享一个通用的应用程序架构和 Windows 商店的生态系统。

（2）UNIX UNIX 操作系统是美国贝尔实验室的 K Thompson 和 D M Rithic 于 1969 年共同研制开发成功的。UNIX 操作系统具有一个灵活的、包含多种工具的用户界面与操作环境，模块化的系统设计可以很容易地加入新的工具，支持多进程、多用户并发的能力，强大的系统互连的能力，能在多种硬件平台上运行，标准化界面的定义促进应用的可移植性。目前该操作系统已经广泛移植在微型计算机、小型计算机、工作站、大型计算机和巨型计算机上，成为应用最广、影响最大的操作系统之一。UNIX 操作系统基本上用 C 语言编写，因而易移植和易懂。UNIX 允许用户方便地向系统添加新的功能和工具，从而使系统越来越完善，提供的服务越来越多，从而形成了各种不同的版本。目前常见的 UNIX 操作系统主要有 SGI Irix、IBM AIX、Compaq Tru64 UNIX、Hewlett-Packard HP-UX、SCO UnixWare、Sun Solaris 等。

（3）Linux Linux 起源于 1990 年，是 Linus Torvalds 创作的，由于 Linux 自由扩散（包括源代码），使得 Linux 得到迅猛发展。Linux 加入 GNU 并遵循通用公共许可证（GPL），由于不排斥商家对自由软件进一步开发，不排斥在 Linux 上开发商业软件，使 Linux 又开始了一次飞跃，出现了很多的 Linux 发行版，如 Slackware、Redhat、Suse、TurboLinux、OpenLinux 等十多种，还有一些公司在 Linux 上开发商业软件或把其他 UNIX 平台的软件移植到 Linux 上来，如今 IBM、Intel、Oracle 等都宣布支持 Linux。

Linux 在源代码级上兼容绝大部分的 UNIX 标准（如 IEEE POSIX、System V、BSD），它遵从 POSIX 规范。对于 Linux 用户和系统管理员来说，Linux 是指包含 Linux Kernel、Utilities（系统工具程序）以及 Application（应用软件）的一个完整的操作系统。

（4）Android　Android 是一款面向智能手机的操作系统，其内核基于 Linux。Google 公司与多家硬件制造商、软件开发商及电信营运商成立开放手持设备联盟共同研发 Android，以免费开放源代码许可证的授权方式，加速了 Android 的普及，并成为全球第一大操作系统，最新版本为 2020 年 9 月发布的 Android 11。

Android 的主要硬件平台为 ARM 架构，在更高端版本的 Android 中也正式支持 x86 及 x86-64 的架构。除了在智能手机和平板计算机上运作外，还可以在一些附有键盘和鼠标的普通 PC 硬件上运作。Android 设备包括了许多可选的硬件部件，包括摄像头、GPS、方向传感器、专用游戏控制器、陀螺仪、压力传感器、温度计和触摸屏等。

应用程序（简称 APP）是扩展设备功能的软件，利用 Android 软件开发工具包（SDK）编写的，通常是 Java 编程语言。SDK 包含一套全面的开发工具，包括调试器、函数库、基于虚拟机镜像的仿真器、文档以及示例代码和教程。Android 的应用程序通常以 Java 为基础编写，运行程序时，应用程序的代码会被即时转变为 Dalvik Dex-Code，然后通过使用即时编译的 Dalvik 虚拟机来运行。

4.4　软件工程基础

61　软件工程　软件工程是在克服 20 世纪 60 年代末所出现的"软件危机"的过程中逐渐形成与发展的，它应用计算机科学、数学及管理科学等原理，借鉴传统工程的原则、方法，创建软件以达到提高质量、降低成本的目的。其中，计算机科学、数学用于构造模型与算法，工程科学用于制定规范设计范型、评估成本及确定权衡，管理科学用于计划、资源、质量、成本等管理。软件工程研究的目标是"以较少的投资获取较高质量的软件"。

软件工程研究的主要内容有以下两个方面：1）软件开发技术（软件结构、开发方法、工具与软件工程环境、软件工程标准化）；2）软件工程管理（质量管理、软件工程经济学、成本估算、计划安排）。

软件工程三要素包括方法、工具和过程。软件工程方法是研究软件开发"如何做"的技术；软件工具研究支撑软件开发方法的工具、软件工具的集成环境——计算机辅助软件工程（CASE）；软件工程过程以将软件工程方法与软件工具相结合实现合

理、及时地进行软件开发的目的。

62　软件项目管理　项目管理是指在预定的进度和预算内组织和指导人员实现计划中的目标。软件项目管理是为了使软件项目能够按照预定的成本、进度、质量顺利完成，而对成本、人员、进度、质量、风险等进行分析和管理的活动。

为了规避风险，软件项目需进行可行性分析，包括经济可行性、组织和文化上的可行性、技术可行性、进度可行性、资源可行性进行论证，其主要成果为可行性研究报告。

为了正确进行成本估算，需要了解影响成本估算的主要因素，包括：1）软件人员的业务水平；2）软件产品的规模及复杂度；3）开发所需时间；4）软件开发技术水平；5）软件可靠性要求。软件成本估算通常是对以下量进行估算：1）源代码行（LOC），是指机器指令行/非机器语言的执行步；2）开发工作量，常用的单位是人-月、人-年、人-日；3）软件生产率，单位劳动量所能完成的软件数量；4）软件开发时间。软件成本估算模型可分为理论模型和统计模型两类。

软件开发进度计划安排是一件困难的任务，既要考虑各个子任务之间的相互联系，尽可能并行地安排任务，又要预见潜在的问题，提供意外事件的处理意见。描述计划进度的主要工具有：一般的表格工具、甘特图、PERT 技术与 CPM 方法等。

合理的配备人员是成功地完成软件项目的切实保证。软件开发小组的组织有以下原则：1）软件开发小组的规模不宜太大，人数不能太多，一般 3~5 人左右为宜。2）切忌在开发过程中随意增加人员，这将因增加人员之间的联系而降低效率。

63　软件需求分析　需求分析阶段的任务：在可行性分析的基础上，进一步了解确定用户需求；准确地回答"系统必须做什么"的问题；获得需求规格说明书。

需求分析阶段的工作，可以分为以下四步：

（1）问题识别　双方确定问题的综合需求，包括功能、性能需求、环境需求和用户界面需求，另外还有可靠性、安全性、保密性及可移植性和可维护性等方面的需求。

（2）分析与综合　导出软件的逻辑模型。

（3）编写文档　包括：1）编写"需求说明书"，把双方共同的理解与分析结果用规范的方式描述出来；2）编写初步用户使用手册；3）编写确认测试计划；4）修改与完善项目开发计划。

（4）分析评审　作为需求分析阶段工作的复查

手段，应该对功能的正确性、完整性和清晰性，以及其他需求给予评审。

不同的开发方法，需求分析的方法也有所不同，常见的需求分析方法有：1）功能分析方法。将系统看作若干功能模块的集合，每个功能又可以分解为若干子功能，子功能还可继续分解。分解的结果已经是系统的雏形。2）结构化分析方法。一种以数据、数据的封闭性为基础，从问题空间到某种表示的映射方法，由数据流图（DFD）表示。3）信息建模法。从数据的角度对现实世界建立模型，基本工具是 ER 图。4）面向对象的分析方法（OOA）。该方法的关键是识别问题域内的对象，分析它们之间的关系，并建立起模型。5）原型化方法。花费少量代价建立一个可运行的系统，使软件开发人员与用户不断交互，通过原型的演进不断适应用户任务改变的需求。

64 软件设计 软件设计阶段要解决"怎么做"的问题，是整个软件开发过程的核心。软件设计的任务是将分析阶段获得的需求说明转换为计算机中可实现的系统，完成系统的结构设计，包括数据结构和程序结构，最后应该得到软件设计说明书。

软件设计通常包括总体设计（概要设计）和详细设计两个阶段。首先做概要设计，将软件需求转化为数据结构和软件的系统结构。然后是详细设计，即过程设计，通过对结构表示进行细化，得到软件详细的数据结构和算法。设计阶段结束要交付的文档是设计说明书。

在设计步骤中，根据软件的功能和性能需求等，采用某种设计方法进行数据设计、系统结构设计和过程设计。其中，数据设计侧重于软件数据结构的定义；系统结构设计定义软件系统的整体结构，是软件开发的核心步骤；过程设计则是把结构成分转换成软件的过程性描述。常用的软件设计方法有：SD 法、Jackson 法、HIPO 法、Parnas 法、Warnier 法、OOD 法等。

65 结构化开发方法 结构化开发方法由结构化分析（SA）方法、结构化设计（SD）方法和结构化程序（SP）设计方法构成，主要特点是快速、自然和方便。

结构化分析是以数据流、数据封闭为基础的需求分析方法，基本思想是"分解"和"抽象"。分解是指对于一个复杂的系统，把大问题分解成若干小问题，然后分别解决。分解可以分层进行，即先考虑问题最本质的属性，暂把细节略去，以后再逐

层添加细节，直至涉及最详细的内容。

SA 法的步骤：1）建立当前系统的"具体模型"；2）抽象出当前系统的逻辑模型；3）建立目标系统的逻辑模型；4）为了完整描述目标系统，还需要考虑人机界面和其他一些问题。SA 法的描述方法主要有分层的数据流图、数据词典、描述加工逻辑的结构化语言、判定表及判定树等。

结构化设计（SD）的基本思想是将系统设计成由相对独立、单一功能的模块组成的结构。SD 法分为总体设计和详细设计两个阶段：1）总体设计。解决系统的模块结构，即分解模块，确定系统模块的层次结构，主要任务是划分模块、确定模块功能、确定模块间调用关系和确定模块间界面，产生的文档是模块结构图及其模块功能说明。2）详细设计。对模块图中每个模块的过程进行描述，常用的描述方式有：伪代码、流程图、N-S 图、PAD 图等。

结构化程序（SP）设计的主要原则有：1）使用语言中的顺序、选择、重复等有限的基本控制结构表示程序逻辑；2）选用的控制结构只准许有一个入口和一个出口；3）程序语句组成容易识别的块，每块只有一个入口和一个出口；4）复杂结构应该用基本控制结构进行组合嵌套来实现；5）语言中没有的控制结构，可用一段等价的程序段模拟，但要求该程序段在整个系统中前后一致；6）严格控制 GOTO 语句。

结构化的程序设计通常采用自顶向下、逐步求精的方法，即把一个模块的功能逐步分解，细化为一系列具体的步骤，进而翻译成一系列用某种程序设计语言写成的程序。用先全局后局部、先整体后细节、先抽象后具体的逐步求精过程。

66 面向对象的开发方法 面向对象的软件开发已成为当今软件开发的主流方法，其基本思想就是尽可能按照人类认识世界的方法和思维方式来分析和解决问题。基本概念主要有：1）对象（Object）是客观事物或概念的抽象表述，对象本身的性质称为属性，对象通过其运算所展示的特定行为称为对象行为，对象将它自身的属性及运算包装起来称为封装。2）类（Class）指一组具有相同属性和运算的对象的抽象，一组具有相同数据结构和相同操作的对象的集合。3）继承（Inheritance）是使用现存的定义作为基础，建立新定义的技术，是父类和子类之间共享数据结构和方法的机制。4）多态性（Polymorphism）是指相同的操作、函数或过程作用于多种类型的对象上并获得不同的结果，多态性允

许每个对象以适合自身的方式去响应共同的消息。5）消息（Message）是指对象之间在交互中所传送的通信信息。6）方法（Method）。类中的实现过程称为方法。

面向对象开发的步骤：1）识别客观世界所研究问题中的对象及其行动；2）分析对象间的联系及相互传递的消息，由此构成信息系统的模型；3）对每个对象进行分析、归并、整理，确定对象间的继承关系，得到软件系统模型；4）用面向对象的语言实现具体系统。面向对象的开发方法主要包括面向对象的分析、设计和编程。

（1）面向对象的分析（Object-Oriented Analysis，OOA）　OOA 是软件开发过程中的问题定义阶段，面向对象的分析过程分为论域分析和应用分析，该阶段的目标是获得对问题论域的清晰、精确的定义，产生描述系统功能和问题论域的基本特征的综合文档。1）论域分析。抽取和整理用户需求并建立问题域精确模型的过程。2）应用分析。应用分析是将论域分析建立起来的问题论域模型，用某种基于计算机系统的语言来表示。

（2）面向对象设计（Object-Oriented Design，OOD）　OOD 是面向对象方法在软件设计阶段应用与扩展的结果。面向对象的设计通过对象的认定和对象层次结构的组织，确定解空间中应存在的对象和对象层次结构，并确定外部接口和主要的数据结构。主要目标是提高生产效率，提高质量和提高可维护性。面向对象设计的准则主要有模块化、抽象、信息隐藏、弱耦合、强内聚、可重用等。面向对象设计的主要内容有设计问题域组元、设计人机交互组元、设计任务管理组元、设计数据管理组元等。

（3）面向对象的编程（Object-Oriented Program，OOP）　OOP 基于两个原则：抽象和分类。抽象是具体事物描述的一个概括。在面向对象的程序设计中，对象被分成类，类又是层层分解的，这些类与子类的关系可以被规格化地描述，描述了类，再描述其子类，就可以只描述其增加的部分，所以子类的编程只需在已有的类的基础上进行。分类是面向对象程序设计的需要。分类是理解抽象的重要手段，也是面向对象的程序设计中的重要概念。面向对象程序设计，归结为类的设计，只要将问题中的对象层次划分清楚，描述了类的结构，余下的问题就是简单地定义对象和让对象表现自己。

67　软件测试　软件测试是根据软件开发各阶段的规格说明和程序的内部结构而精心设计出一批测试用例，并利用测试用例来运行程序，以发现程序错误的过程。软件测试的目的是想以最少的时间和人力找出软件中潜在的各种错误和缺陷。

常用的软件测试方法主要有白盒（箱）测试和黑（箱）盒测试两种。白盒测试是测试软件的内部活动是否符合设计要求，根据程序的逻辑结构设计测试用例。黑盒测试是功能测试，测试软件的功能是否达到了预期的要求，它着眼于软件的外部特性。常见的测试用例设计方法主要有：

（1）逻辑覆盖　以程序内部的逻辑结构为基础的测试用例设计技术，属于白盒测试。常用的覆盖标准有：1）语句覆盖；2）判定覆盖；3）条件覆盖；4）判定/条件覆盖；5）条件组合覆盖。

（2）等价类划分　属于黑盒测试。将程序的定义域划分为有限个等价区段——"等价类"，从中选择出的用例具有代表性，即测试某个等价类的代表值就等价于对这一类其他值的测试。

（3）边界值分析　属于黑盒测试。选择等价类的边缘值作为测试用例，让每个等价类的边界都得到测试，因为往往在等价类的边界处，是最可能出现错误的。

（4）因果图　属于黑盒测试。把输入条件视为"因"，把输出条件视为"果"，将黑盒看成是从因到果的网络图，采用逻辑图的形式来表达功能说明书中输入条件的各种组合与输出的关系。因果图法最终生成的是判断表，所以适合于设计检查程序输入条件的各种组合情况的测试用例。

（5）错误推测法　凭经验或直觉推测可能的错误，列出程序中可能有的错误和容易发生错误的特殊情况，选择测试用例。该方法主要依赖于测试者的经验，通常作为一种辅助的黑盒测试方法。

软件测试的策略：1）单元测试。又称模块测试。每个程序模块完成一个相对独立的子功能，所以可以对该模块进行单独的测试。2）集成测试。着重测试模块间的接口，子功能的组合是否达到了预期要求的功能，全程数据结构是否有问题等。3）有效性测试。使用实际数据进行测试，从而验证系统是否能满足用户的实际需要。4）系统测试。是把通过有效性测试的软件，作为基于计算机系统的一个整体元素，与整个系统的其他元素结合起来，在实际运行环境下，对计算机系统进行一系列的集成测试和有效性测试。

68　软件开发质量管理　软件质量是指与软件产品满足明确或隐含需求的能力有关的特征和特征的总和，包含四个方面的内容：1）能满足给定需要的特性的全体；2）具有所希望的各种属性的组合的程度；3）顾客或用户认为能满足其综合期望的程度；4）软件的组合特性，它确定软件在使用中将满足顾客预期要求的程度。

根据《ISO/IEC25010：2011》软件产品的质量特性包括功能性、安全性、兼容性、可靠性、易用性、效率、可维护性、可移植性等八个方面。

软件开发质量管理就是为了开发出符合质量要求的软件产品，贯穿于软件开发生存期过程的质量管理工作。

69 计算机辅助软件工程 计算机辅助软件工程（Computer-Aided Software Engineering，CASE）是在软件工程活动中，软件工程师和管理员按照软件工程的方法和原则，借助于计算机及其软件工具的帮助，开发、维护、管理软件产品的过程。

按使用功能的标准 CASE 工具主要有：信息工程工具、过程建模和管理工具、项目计划工具、风险分析工具、项目管理工具、需求跟踪工具、度量和管理工具、文档工具、系统软件工具、质量保证工具、数据库管理工具、软件配置管理工具、分析和设计工具、仿真工具、界面设计和开发工具、原型工具、编程工具、集成和测试工具、静态分析工具、动态分析工具、测试管理工具、客户/服务器测试工具、再工程工具等。

集成化 CASE 具有诸多优势：1）信息从一个工具到另一个工具的平滑传递，以及从一个软件工程步骤到下一个步骤的平滑过渡；2）减少需要用于完成软件配置管理、质量保证和文档生成等活动的工作量；3）通过更好的计划、监控和通信增加对项目的控制；4）改善大型项目的开发人员间的协调。最典型的集成化 CASE 软件是 Rational Rose，包括系统建模、模型集成、源代码生成、软件系统测试、软件文档的生成、逆向工程、软件开发项目管理、团队开发管理，以及 Internet Web 发布等工具，其主要功能为：1）对面向对象的模型的支持。Rational Rose 将这些模型成分组成 Use Case 视图、逻辑视图、组件视图和配置视图 4 类系统视图，还可以创建包图（子系统）、类图和对象图、交互图、状态图、活动图、组件图、对象消息图、消息踪迹图、过程图、模块图等。2）对螺旋上升式开发过程的支持。是指系统开发的各阶段都进行多次循环，每次循环产生一个原型，每次循环建立在前一次循环的基础上，是前一原型的深化。3）对往返工程的支持。Rational Rose 通过代码生成、逆向工程、区分模型差异、设计修改等机制提供了一套支持往返工

程的工具。4）对团队开发的支持。Rational Rose 支持由领域分析员、系统分析员、程序员等组成的开发队伍进行团队的受控迭代式开发。5）对工具的支持。Rational Rose 支持当今广泛使用的软件开发工具，可以通过它的 Add-Ins 管理器，把外部软件与 Rational Rose 集成在一起，协同工作。

4.5 计算机安全概述

70 计算机安全 信息安全不单纯是技术问题，它涉及技术、管理、制度、法律、历史、文化、道德等诸多方面。从技术的角度来说，有防病毒、防黑客、防电磁泄漏、物理安全防护、系统安全防护、密码保护等。

（1）信息的保密性 信息的保密性就是对要发送的信息进行加密，以密文而不是明文的形式在网络上进行传送，除了接收者可以解密，其他人得不到原始信息内容。

（2）信息的完整性 信息的完整性是指信息的防篡改与假冒，即保证收方能够确认收到的信息没有经过篡改。

（3）信息的非否认性 信息的非否认性是指当信息交换行为发生后，一方如果进行否认，另一方能够拿出证据证明其确实参与了行为。非否认性在一些商业活动中显得尤为重要。

（4）信息发送者的可鉴别性 信息发送者的可鉴别性是指接收者能够通过有效的手段来识别信息是否是申请者所发送。

（5）信息的可用性 信息的可用性是指保证信息和信息系统确实能够为授权者所用，防止由于计算机病毒或其他人为因素造成系统的拒绝服务或者为非法者所用。

（6）信息的可控性 信息的可控性是指对信息和信息系统实施安全监控和管理，防止非法利用信息和信息系统。

（7）数字签名和身份认证 数字签名是一个具有特殊性质的数学运算，是手写签名的电子模拟，它确定了签名者身份与被签名数据之间的关系；身份认证也是一系列数学运算，它能够确认签名数据是或者不是申请者所发送。

71 密码技术 根据密码算法所使用的加密密钥和解密密钥是否相同，能否由加密过程推导出解密过程，或由解密过程推导出加密过程，可将密码算法分为对称密码算法（也称单钥密码算法、秘密密钥密码算法、对称密钥密码算法）和公开密钥密

码算法（非对称密码算法、也称双钥密码算法、非对称密钥密码算法）。

（1）公开密钥密码算法　如果一个密码算法的加密密钥和解密密钥不同，或由其中的一个推导不出另一个，则该算法就是公开密钥密码算法，简称公钥密码算法。使用公钥密码的每一个用户都拥有基于特定公钥算法的一个密钥对（e，d），公钥 e 公开，公布于用户所在系统认证中心（CA）的目录服务器上，任何人都可以访问，私钥 d 为所有者保管并严格保密，两者不相同且互为对方的解密密钥。

公钥密码的典型算法有 RSA、ECC、DSA、ElGamal、Diffie-Hellman（DH）密钥交换算法等。公钥密码能够用于数据加密、密钥分发、数字签名、身份认证、信息的完整性认证、信息的非否认性认证等。其中可以用于加密的算法有 RSA、ECC、ElGamal 等；可以用于密钥分发的算法有 RSA、ECC、DH 等；可以用于数字签名、身份认证、信息的完整性认证、信息的非否认性认证的有 RSA、ECC、DSA、ElGamal 等。

（2）对称密码算法　若一个密码算法的加密密钥和解密密钥相同，或由其中一个很容易推导出另一个，则该算法就是对称密码算法。对称密码根据加密模式又可分为分组密码和序列密码。分组密码的典型算法有 DES、3DES、IDEA、AES、SKIPJACK、Karn、RC2 和 RC5 等，分组密码是目前在商业领域比较重要、使用较多的密码，广泛用于信息的保密传输和加密存储；序列密码的典型算法有 RC4、SEAL、A5 等，序列密码多用于流式数据的加密，特别是对实时性要求比较高的语音和视频流的加密传输。

（3）单向密码算法　单向密码体制是使用单向的散列（Hash）函数，它是从明文到密文的不可逆函数，也就是说只能加密不能还原。单向散列函数的使用方法为：用散列函数对数据生成散列值并保存，以后每次使用时都对数据使用相同的散列函数进行散列，如果得到的值与保存的散列值相等，则认为数据未被修改或两次所散列的原始数据相同。

典型的散列函数有 MD5、SHA-1、HMAC、GOST 等。单向散列函数主要用在一些只需加密不需解密的场合：如验证数据的完整性、口令表的加密、数字签名、身份认证等。

72　数字证书　用电子形式来唯一标识企业或者个人在国际互联网上或专用网上的身份，当您用您的数字证书对电子化信息进行签名以后，您对这份电子信息的内容就具有不可抵赖性或篡改性。这种不可抵赖性或篡改性是由一种国际标准的公钥密码设施（PKI）来实现的。每个数字证书持有者都有一对互相匹配的密钥：公开密钥（Public Key，公钥）和私有密钥（Private Key，私钥）。公钥可以对外公开，用于加密和验证签名；私钥仅为证书拥有者本人所掌握，用于解密和数字签名。

以数字证书为核心的加密传输、数字签名、数字信封等安全技术，可以在网络上实现身份的真实性、信息传输的机密性、完整性以及交易的不可抵赖性，从而保障网络应用的安全性。数字证书是一个经证书授权中心数字签名的包含公开密钥拥有者信息以及公开密钥的文件，最简单的证书包含一个公开密钥、名称以及证书授权中心的数字签名。

73　网络安全　网络安全（Cyber Security）是指网络系统的硬件、软件及系统中的数据受到保护，不因偶然或者恶意原因而遭受到破坏、更改、泄露，系统连续可靠正常地运行，网络服务不中断。信息网络中具有很多敏感信息，黑客（Hacker）经常会侵入网络中的计算机系统，窃取或破坏重要数据。其攻击网络的手段主要包括中断、截获和修改。中断是以可用性为攻击目标，使网络不可用。截获是以保密性为攻击目标，非授权用户通过某种手段获得对系统资源的访问。修改以完整性为攻击目标，非授权用户对数据进行修改或将伪造的数据插入到正常传输的数据中。应对网络攻击的手段主要包括以下几点：1）入侵检测系统部署。入侵检测能力是衡量一个防御体系是否完整有效的重要因素，通过将入侵检测引擎接入中心交换机上，对各种入侵行为进行实时检测，及时发现各种可能的攻击企图，并采取相应的措施。入侵检测系统集入侵检测、网络管理和网络监视功能于一身，能实时捕获内外网之间传输的所有数据，利用内置的攻击特征库，使用模式匹配和智能分析的方法，检测网络上发生的入侵行为和异常现象，并在数据库中记录有关事件，作为网络管理员事后分析的依据。2）漏洞扫描系统。定期采用漏洞扫描系统对工作站、服务器、交换机等进行安全检查，根据检查结果向系统管理员提供安全性分析报告。3）防火墙部署。通过部署的防火墙及时发现并处理计算机网络运行时可能存在的安全风险、数据传输等问题，其中处理措施包括隔离与保护，同时可对计算机网络安全当中的各项操作实施记录与检测，以确保计算机网络运行的安全性。

第5章 数据库技术

5.1 数据库理论

74 关系数据库模型 关系数据库系统是支持关系模型的数据库系统。关系模型由关系数据结构、关系操作集合和关系完整性约束三部分组成。

（1）关系 一个关系数据库是由一个域集和一个关系集合组成的。其中域（Domain）是具有相同数据类型的值的集合，是属性的取值范围。由域可组成笛卡儿积，设 D_1，D_2，…，D_n 为一组域，在域集 D_1，D_2，…，D_n 上笛卡儿积定义为

$$D_1 \times D_2 \times \cdots \times D_n = \{ (d_1, d_2, \cdots, d_n) \mid d_i \in D_i, \},$$
$$i = 1, 2, \cdots, n$$

式中，符号 $\in$ 含义为"属于"；笛卡儿积中的每一个元素 $(d_1, d_2, \cdots, d_n)$ 称为一个 n-元组（n-tuple），简称元组（Tuple）；元组中每一个值 d_i 称为分量（Component）。直观地讲，每个元组是 n 维空间中的一个坐标点。

笛卡儿积（$D_1 \times D_2 \times \cdots \times D_n$）的子集称为在域集 D_1，D_2，…，D_n 上的关系。如果其关系名为 R，该关系则可表示为

$$R(D_1, D_2, \cdots, D_n)$$

式中 n——关系的目或度（Degree）；
R——关系名，关系 R 为 n 目关系。

该关系称为实关系。如果一个关系是由实关系或虚关系导出的则称为虚关系，又称之为视图（View）。关系是一张二维表，表的每一列对应于一个域，由于同一个域在一个关系中可出现多次，为了加以区分，需要对每列起一个名称，称之为属性。n 目关系必须有 n 个属性，一个属性由一个属性名和一个域名组成。一个名为 R 的关系可以表示为

$$R(A_1 : D_1, A_2 : D_2, \cdots, A_n : D_n)$$

式中 n——关系的度。

属性集 $R(A_1 : D_1, A_2 : D_2, \cdots, A_n : D_n)$，即具有定义在域 D_1，D_2，…，D_n 上的属性 A_1，A_2，…，A_n。当不关注域时，该关系可简化表示成

$$R(A_1, A_2, \cdots, A_n)$$

当不关注属性时，可简化表示为 R。关系属性名的集合称为关系模式。

关系的元组表示：关系 $R(A_1 : D_1, A_2 : D_2, \cdots, A_n : D_n)$ 的一元组表示为

$$(A_1 : a_1, A_2 : a_2, \cdots, A_n : a_n)$$

式中 a_1，a_2，…，a_n——分属性 A_1，A_2，…，A_n 在相应的域 D_1，D_2，…，D_n 上的取值。

若关系中的某一属性组的值能唯一的标识一个元组，而它的子集不能，则称该属性组为候选码（Candidate key）。关系的候选码是一组非空的属性名集合，每一个属性必须是该关系的属性。关系的候选码必须满足唯一性和最小特性。唯一性，在任何时候，关系中不存在两个元组，其候选码属性值是相同的；最小特性，在不破坏唯一性条件下，没有属性可从候选码属性集中删去。在一个关系中只能指定一个候选码作为主码（Primary key）。

（2）关系操作 常用的关系操作包括：选择（Select）、投影（Project）、连接（Join）、除（Divide）、并（Union）、交（Intersection）、差（Difference）等查询（Query）操作和增加（Insert）、删除（Delete）、修改（Update）等更新操作两大部分。查询的表达能力是其中最主要的部分。

（3）关系模型的完整性约束 关系模型允许定义三类完整性约束：实体完整性、参照完整性和用户自定义完整性。其中实体完整性和参照完整性是关系模型必须满足的完整性约束条件，被称作是关系的两个不变性。1）实体完整性规则。若属性 A 是基本关系 R 的主属性，则属性 A 不能取空值。2）参照完整性规则。若关系 R 含有另一关系 S 的主码 K_s 相应的属性组 F（F 称为 R 的外来码），则在关系 R 中每个元组在属性组 F 下的取值或者取空值，或者等于关系 S 中某个元组的主码值。3）用户自定义的完整性规则。用户自定义的完整性规则是针对某一具体关系数据库的约束条件，它反映某一具体应用所涉及的数据必须满足的语义

要求。

75　关系数据库设计理论　关系数据库规范化理论为判断关系模式的优劣提供了依据和标准，并为自动生成各种模式提供算法依据。

（1）函数依赖（Functional Dependency，FD）关系的属性之间存在着一定的依赖关系，是现实世界中事物各种特性之间约束关系的反映。它们可以有一些规定（约束），这些约束引入了属性间函数依赖。

设 $R(A_1,A_2,\cdots,A_n)$ 为属性集 U 上的一个关系模式，X、Y 为属性全集 $U=\{A_1,A_2,\cdots,A_n\}$ 的子集，如果对于关系模式中任一可能的关系 r，r 中不可能存在两个元组在 X 上的属性值相等，而在 Y 上的属性值不等，则称 X 函数确定 Y 或 Y 函数依赖于 X，记作 $X\rightarrow Y$。

在关系模式 $R(U)$ 中，如果 $X\rightarrow Y$，并且对于 X 的任何真子集 X' 都有 $X'\not\rightarrow Y$，则称 Y 对 X 是完全函数依赖，用符号 $X\xrightarrow{f}Y$ 表示。若 $X\rightarrow Y$，如果 X 中存在真子集 X'，而且 $X'\rightarrow Y$ 成立，则称 Y 对 X 是部分函数依赖，用符号 $X'\xrightarrow{p}Y$ 表示。

（2）Armstrong 公理　1974 年由 W. W. Armstrong 首先提出来。对于一组函数依赖，利用该公理可导出蕴含的函数依赖。Armstrong 公理系统为，设 U 为属性总体集，F 为 U 上的一组函数依赖。对于关系模式 $R(U,F)$，有以下推理规则：

自反律。若 $Y\subseteq X\subseteq U$，则 $X\rightarrow Y$ 为 F 所蕴含。

增广律。若 $X\rightarrow Y$ 为 F 所蕴含，且 $Z\subseteq U$，则 $XZ\rightarrow YZ$ 为 F 所蕴含。

传递律。若 $X\rightarrow Y$，$Y\rightarrow Z$ 为 F 所蕴含，则 $X\rightarrow Z$ 为 F 所蕴含。

（3）规范化设计方法　满足一定条件的关系模式的集合称为范式。一个低级范式的关系模式通过分解方法转换成若干个高级范式的关系模式的集合，这种过程叫作规范化。关系必须是规范化的。通常按属性间依赖关系来区分关系规范化的程度，一般可以划分为第一范式（1NF）、第二范式（2NF）、第三范式（3NF）、BCNF、第四范式（4NF）和第五范式（5NF）等。

1）第一范式（1NF）。若一个关系模式，它的每一分量都是不可分的数据项，则此关系模式为第一范式，记为 $R\in 1NF$。

2）第二范式（2NF）。若关系模式 $R\in 1NF$，且每个非主属性完全函数依赖于主码，则称关系 R 属于第二范式，记为 $R\in 2NF$。

3）第三范式（3NF）。若关系模式 $R(U,F)$ 为第一范式，且不存在非主属性对主码的传递依赖，则称关系 R 属于第三范式，记为 $R\in 3NF$。

所谓传递依赖，即当属性间存在 $X\rightarrow Y$、$Y\not\rightarrow X$ 和 $Y\rightarrow A$，则称 A 传递依赖于 X。

4）BCNF。修正的第三范式，有时也称为扩充的第三范式。关系模式 $R(U,F)\in 1NF$，若 $X\rightarrow Y$，$Y\not\subset X$ 时 X 必含有候选码，则 $R(U,F)\in BCNF$，换句话说，每一个决定因素都包含码。

5）第四范式（4NF）。关系模式 $R<U,F>\in 1NF$，如果对于 R 的每个非平凡多值依赖 $X\rightarrow\rightarrow Y(Y\not\subset X)$，$X$ 都含有码，则称 $R<U,F>\in 4NF$。4NF 就是限制关系模式的属性之间不允许有非平凡函数依赖的多值依赖。如果一个关系模式是 4NF，则必为 BCNF。

各种范式之间的联系为：$5NF\subseteq 4NF\subseteq BCNF\subseteq 3NF\subseteq 2NF\subseteq 1NF$。

数据库设计过程主要分为需求分析、逻辑设计、物理设计和运行与维护等阶段。需求分析的目标是对现实世界中的处理对象进行详细调查，对系统的数据进行详尽描述（包括对数据项、数据结构、数据流、数据存储、处理过程）。逻辑设计是将信息表示成用户容易理解的形式，常用实体联系方法或 E-R 图表示数据库的逻辑结构。物理设计是对逻辑结构选择一个最适合应用需要的物理结构的过程，包括数据库在物理设备上的存储结构和存取方法。实施和维护阶段使用 DBMS 所提供的数据定义语言，运行应用程序，执行数据库各种操作，测试系统的性能指标，不断对数据库进行评价、调整、修改、重组织和重构造。

76　实体-联系模型（E-R 模型）　实体-联系概念模型是对信息世界建模，概念模型的表示方法很多，其中最著名最常用的是 P. P. S. Chen 于 1976 年提出的实体-联系模型，即 E-R（Entity-Relationship Approach）模型。E-R 模型允许描述整个组织的数据的概念结构。它可以充分地反映现实世界，易于理解，方便将现实世界的状态以信息结构形式表示出来，但它不考虑效率和数据库的物理设计。主要用于数据库概念设计阶段，表示信息模型。

E-R 模型包含下列对象：1）实体和实体集。实体是客观存在并可相互区分的事物，可以是人、物、实际的对象，也可以是抽象概念。由类似的实体组成的集合，称为实体集。2）属性和码。实体集所具有的特征或特性，称为属性。对于实体集中每个实体的属性取值称为同性值。能唯一地标识实体集中每一实体的属性或属性组，称为实体集的候选码。每个实体集至少有一个候选码，因为假设每一个实体是可区分的。每个实体集要指定一个候选码为主码。3）子类层次（又叫 ISA 层次）。如果实体集 *B* 是实体集 *A* 的一般实体，即 *A* 是 *B* 的一种特殊类型，则实体集 *B* 与实体集 *A* 之间为子类层次，实体集 *A* 可继承实体集 *B* 的属性。4）联系。实体集之间的联系表示实体之间的对应关系，是现实世界中事物之间联系的反映。5）联系的函数性。根据实体集与实体间的对应关系可分为 1：1 联系、1：*N* 联系和 *M*：*N* 联系。

E-R 模型利用 E-R 图展示实体集和联系，常用在数据库设计中表示概念模型。

77 结构化查询语言（SQL） SQL（Structured Query Language）由 Boyce 和 Chamberlin 在 1974 年提出，首先在 IBM 公司研制的 SYSTEM R 上实现。该语言功能丰富，使用灵活，简洁易学，倍受欢迎，已被国际标准化组织（ISO）批准列为国际标准。

SQL 是一个综合的、通用的、功能极强的关系数据库语言，它包括查询、操纵、定义和控制等功能，具有集数据定义语言（DDL）、数据操纵语言（DML）和数据控制语言（DCL）为一体的特点，语言风格统一，可以独立完成数据库生命周期的全部活动。SQL 是高度非过程化的语言，用户不必了解存取路径，存取路径的选择是在 SQL 语句执行过程中由系统自动完成的。

SQL 支持关系数据库三级模式结构，如图 6.5-1 所示。其中外模式对应于视图（View）和部分基本表（Base Table），模式对应于基本表，内模式对应于存储文件。

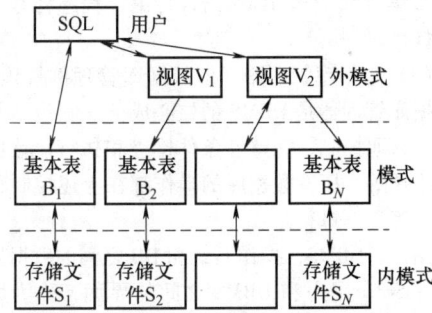

图 6.5-1 SQL 支持关系数据库三级模式的结构

SQL 提供两种使用方式：联机交互使用方式和嵌入高级程序设计语言方式。SQL 完成的核心功能只需要 9 个动词，见表 6.5-1。

表 6.5-1 SQL 的核心功能

SQL 的功能	动 词
数据库查询	SELECT
数据定义	CREATE，DROP，ALTER
数据操纵	INSERT，UPDATE，DELETE
数据控制	GRANT，REVOKE

SQL 的数据定义功能包含定义基本表、定义视图和定义索引三部分。

SQL 的数据操纵功能包括 SELECT（查询）、INSERT（插入）、DELETE（删除）和 UPDATE（修改）四种语句。

SQL 数据控制功能是指控制用户对数据的存取权力。GRANT 语句实施授权，将对指定对象的操作权力授予用户，REVOKE 语句将回收权力。

5.2 非关系数据库

78 非关系数据库 NoSQL 泛指非关系型的数据库。NoSQL 最常见的解释为非关系型 SQL（Non-relational SQL），也有解释为不仅是 SQL（Not Only SQL）。NoSQL 出现的背景是随着互联网的高速发展，由网站主导生成内容的模式被边缘化，由用户主导生成内容的模式成为主流，俗称"互联网Web2.0"。在 Web2.0 时代社交网络服务开始流行，互联网应用呈现超大规模和高并发的特征，传统的关系数据库面对这类应用场景已力不从心。NoSQL 数据库的产生就是为了解决大规模数据集合和多重数据类型带来的挑战，特别是大数据应用难题。NoSQL 数据库的数据之间无关系数据库的约束，非常容易扩展，在大数据方面表现出优秀的读写性能。NoSQL 仅仅是一个概念，根据应用场景的不同，产生了不同类型的 NoSQL 数据库。

79 NoSQL 数据库的分类 NoSQL 数据库主要分为键值存储数据库、列存储数据库、文档数据库和图形（Graph）数据库。

（1）键值存储数据库 键值（Key-Value）存储数据库使用简单的键值方法来存储数据，会使用到一个哈希表，这个表中有一个特定的键和一个指针指向特定的数据。键值存储数据库将数据存储为键值对集合，其中键作为唯一标识符。键和值都可以是从简单对象到复杂复合对象的任何内容。键值存储数据库是高度可分区的，并且允许以其他类型的数据库无法实现的规模进行水平扩展。键值模型对于 IT 系统来说，优势在于简单、易部署。但是如果只对部分值进行查询或更新时，效率不高。

（2）列存储数据库　列存储数据库是以列相关存储架构进行数据存储的数据库，通常是用来应对分布式存储的海量数据。键仍然存在，但是指向了多个列。由于查询中的选择规则是通过列来定义的，因此整个数据库是自动索引化的。按列存储每个字段的数据聚集存储，在查询只需要少数几个字段的时候，能大大减少读取的数据量，在聚合查询（如 SUM、COUNT、AVG 等）方面性能极其优异。列存储数据库是可伸缩的，非常适合大规模并行处理，可以将数据分散到一个大的机器集群中。由于是按字段进行数据聚集存储，更容易为这种聚集存储设计良好的压缩/解压算法，在分布式环境中能节省宝贵的内部带宽，提高整个计算任务性能。

（3）文档数据库　文档数据库最早由 Lotus 公司通过其群件产品 Notes 提出，主要是用来管理文档。文档是处理信息的基本单位，一个文档可以很长、很复杂，可以无结构，与字处理文档类似。一个文档相当于关系数据库中的一条记录。文档数据库可以说是键值存储数据库的子类，主要区别在于：在键值存储数据库中，数据是对数据库不透明的；而文档数据库系统依赖于文件的内部结构，它获取元数据以用于数据库引擎进行更深层次的优化。文档数据库与关系数据库的不同之处在于：关系数据库是高度结构化的，而文档数据库是半结构化的。

（4）图形数据库　图形数据库应用图形理论存储实体之间的关系信息，例如社会网络中人与人之间的关系可以用图来表示。在一个图形数据库中，最主要的组成有两种，节点集和连接节点的关系。节点集就是图中一系列节点的集合，比较接近于关系数据库中所最常使用的表，而关系则是图形数据库所特有的组成。在需要表示多对多关系时，关系数据库需要创建一个关联表来记录不同实体的多对多关系；而在图形数据库中，只需要标明两者之间存在着不同的关系，如果是双向关系，只需为每个方向定义一个关系。总体来说，图形数据库中的关系可以通过包含属性这一功能，提供更为丰富的关系展现方式。

5.3　数据库管理系统

80　数据库管理系统（DBMS）　DBMS（Database Management System）是为数据库的建立、使用

和维护而配置的软件。它建立在操作系统的基础上，实现对数据库统一管理和控制，是位于用户与操作系统之间的一层数据管理软件。它主要由三部分组成（见图 6.5-2）。

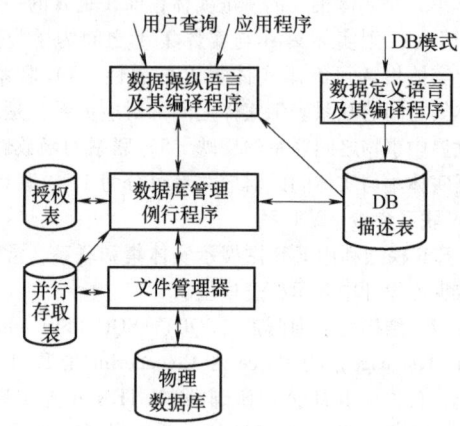

图 6.5-2　数据库管理系统的组成

（1）数据定义语言及其编译程序　数据定义语言（Data Definition Language），DDL 用于定义数据库的各级模式（概念模式、外模式和内模式），各种定义的源模式通过 DDL 编译器编译成相应的目标模式，保存在数据库的系统目录（又称数据字典）中。

（2）数据操纵语言（Data Manipulation Language，DML）及其编译（或解释）程序　DML 对数据库数据提供检索、插入、修改和删除等基本操作。提供的操作有两种形式：宿主型（嵌入在主语言中）和自主型交互查询语言。具有对数据库操作的应用程序和查询语句一般通过预编译器（处理数据库语句）进行预编译，然后由主语言（一般程序设计语言如 C 语言和 FORTRAN 语言）编译程序将其编译成目标代码。

（3）数据库管理器（即数据库管理例行程序）　数据库管理器是 DBMS 的核心成分。它包括并发控制、存取控制、完整性条件检查和执行、数据库内部维护等，所有数据库的操作都在上述控制程序的统一管理下进行。

用户、DBMS、操作系统和 DB 之间的数据界面见图 6.5-3。用户和 DBMS 之间的界面，称为用户界面，在该界面上传递的数据以外部记录（外模式记录）为单位。DBMS 和操作系统（OS）之间的界面，称为存储记录界面。操作系统与数据库之间的界面，称为物理记录界面。在该界面上传递数据是以存储记录为单位，一个数据库的概念记录可由多

个存储记录构成。

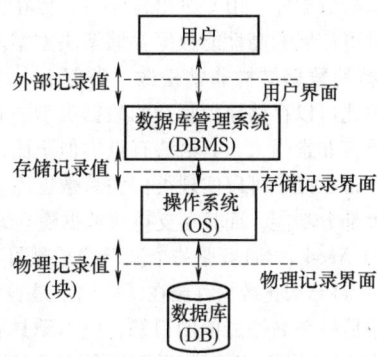

图 6.5-3　用户、DBMS、操作系统和
DB 之间的数据界面

81　几种典型数据库管理系统

（1）ORACLE　是最早开发关系数据库的厂商之一，其产品支持最广泛的操作系统平台。ORACLE 公司 1977 年推出了 Oracle 1，1986 年的 Oracle 5 实现了 Client/Server 结构，成为第一个具有分布式特性的数据库产品，1997 发布的 Oracle 8 支持面向对象的开发及新的多媒体应用，并开始具有同时处理大量用户和海量数据的特性，1998 年发布的 Oracle 8i 全面支持 Internet，2001 年发布的 Oracle 9i 支持集群服务器和商务智能（BI）功能。2003 年 ORACLE 公司发布的 Oracle 10g 是其下一代应用基础架构软件集成套件，并加入了网格计算的功能。Oracle 应用服务器 Oracle 10g 能够大幅度降低建立、使用信息技术基础架构所需的高昂成本。

（2）DB2　作为关系数据库领域的开拓者和领航人，IBM 于 1983 推出了 DB2 for MVSV1，1988 年 DB2 for MVS 提供了强大的在线事务处理（OLTP）支持，1989 年和 1993 年分别以远程工作单元和分布式工作单元实现了分布式数据库支持。最近推出的是 DB2 Universal Database8.1 版本，其主要特点有：1）商业智能，收集、管理和分析数据，生成有助于做出英明决策的信息；2）内容管理，管理海量内容并捕获包含在多种内容类型中的信息价值；3）数据库服务器，构建随需应变信息的基础，用以满足各种业务需求；4）数据库工具，使用定制的工具来增强 IBM IMS 和 DB2 的性能；5）信息整合，收集和整合企业中各种分布式实时信息。

（3）Sybase　1987 年推出 Sybase SQLServer1.0。Sybase 首先提出了 Client/Server 数据库体系结构的思想，并率先在自己的 SybaseSQLServer 中实现。1992 年发布的 SQLServer10.0 支持企业级的计算环境，

Sybase 将此产品系列叫作 System10。Sybase 在 1997 年发布了适应性体系结构（Adaptive Component Architecture，ACA），并将 SQLServer 重新命名为 Adaptive Server Enterprise，版本号为 11.5。在 ACA 结构中，提出了两种组件的概念：逻辑组件和数据组件。目前，最新的产品为 ASE15.0 版本。

（4）SQL Server　早期版本为微软公司和 Sybase 公司合作开发，并于 1989 年发布了 SQL Server1.0 版，目前 SQL Server 的最新版本为 SQL Server 2019。升级到最新的 SQL Server 2019，用户可以将所有大数据工作负载转移到 SQL Server；可以直接查询（Oracle、Mongo DB、Teradata、Azure Data Lake、HDFS），而不需要移动或复制数据；还可以实现智能查询处理、数据库加速恢复等功能。

（5）MySQL　MySQL 是瑞典的 MySQL 公司的开放源码的数据库软件，目前 MySQL 的最新版本为 8.0 版本。MySQL 是一个真正的多用户、多线程 SQL 数据库服务器。

MySQL 是数据库领域的中间派。它像企业级 RDBMS 那样需要一个积极的服务者守护程序，但是不能像它们那样消费资源。查询语言允许复杂的连接（join）查询，但是所有的参考完整必须由程序员强制保证。

（6）Access　Access 对数据库的组织同大型后台数据库系统（如 SQLServer）的数据库组织非常相似，不同数据或程序元素称为对象，所有的对象都存储在一个物理文件中，而这个物理文件被称为数据库。

（7）XBase　XBase 是 dBase、FoxBase、Foxpro 的统称，用 XBase 建立的系统通常包含很多不同类型的文件，每一个表、程序、报表、查询、索引、菜单等内容都是以文件的方式存放在磁盘上，可以通过项目文件对其他类型的文件进行组织与管理。在 XBase 中，表、记录等数据操纵或是界面的设计采用的是 XBase 命令进行编程，高版本的 Foxpro 中引入了部分 SQL 语句主要用来完成数据的查询。XBase 中采用面向过程的程序设计方法，即使是一个用户输入界面的设计也需要较长的一段 XBase 程序。

（8）HBase　HBase 是 Apache 的 Hadoop 项目的子项目，Hadoop Database 是一个高可靠性、高性能、面向列、可伸缩的分布式存储系统，利用 HBase 技术可在廉价 PC Server 上搭建起大规模结构化存储集群。HBase 中的所有数据文件都存储在 Hadoop HDFS 文件系统上。Hadoop MapReduce 为

HBase 提供了高性能的计算能力。Zookeeper 为 HBase 提供了稳定服务和失效转移 failover 机制。Pig 和 Hive 为 HBase 提供了高层语言支持，使得在 HBase 上进行数据统计处理变得非常简单。Sqoop 则为 HBase 提供了方便的 RDBMS 数据导入功能，使得传统数据库数据向 HBase 中迁移变得非常方便。

（9）Redis Redis 即远程字典服务器（Remote Dictionary Server），是一个开源的使用 ANSI C 语言编写、支持网络、可基于内存亦可持久化的日志型、键值存储数据库，并提供多种语言的 API。它支持存储的 value 类型包括 string（字符串）、list（链表）、set（集合）、zset（sorted set，有序集合）和 hash（哈希类型），并提供 Java、C/C++、C#、PHP、JavaScript、Perl、Object-C、Python、Ruby、Erlang 等客户端，使用很方便。Redis 支持主从同步，数据可以从主服务器向任意数量的从服务器上同步。

（10）MongoDB MongoDB 是一个基于分布式文件存储的数据库，由 C++ 语言编写，旨在为 Web 应用提供可扩展的高性能数据存储解决方案。MongoDB 支持的数据结构非常松散，类似 json 的 bson 格式，因此可以存储比较复杂的数据类型。它支持的查询语言非常强大，其语法有点类似于面向对象的查询语言，几乎可以实现类似关系数据库单表查询的绝大部分功能，而且还支持对数据建立索引。

（11）Neo4j Neo4j 是一个流行的开源图形数据库。Neo4j 将结构化数据存储在图中而不是表中，可以被看作是一个高性能的图引擎，该引擎具有成熟数据库的所有特性，可以享受到具备完全的事务特性、企业级数据库的所有好处，兼容事务的原子性、一致性、隔离性和持久性（ACID）特性。Neo4j 基于 Java 实现，也支持其他编程语言，如 Ruby 和 Python。

第6章 信息处理与大数据

6.1 大数据基本概念

82 大数据定义 大数据（Big Data），是指无法在一定时间范围内用常规软件工具进行捕捉、管理和处理的数据集合，是需要新处理模式才能具有更强的决策力、洞察发现力和流程优化能力的海量、高增长率和多样化的信息资产。相对于大数据的定义，电力大数据则是一个更为广义的概念，并没有一个严格的标准限定多大规模的数据集合才是电力大数据。

（1）从数据角度看 电力大数据是指通过传感器、智能设备、视频监控设备、音频通信设备、移动终端等各种信息获取渠道收集到的，海量的、结构化的、半结构化的、非结构化的，且相互间存在关联关系的业务数据集合。电力大数据的特征可以概括为3V和3E。其中3V分别是体量（Volume）大、类型（Variety）多和速度（Velocity）快；3E分别是数据即能量（Energy）、数据即交互（Exchange）、数据即共情（Empathy）。

（2）从技术角度看 电力大数据可以包括应用层、工具层、数据管理层与数据层四层结构。电力大数据是以进一步支撑业务发展与创新为目标，利用大数据存储、大数据整合、大数据计算、大数据应用四类核心技术，驱动公司业务应用和技术平台的升级与改造，扩展公司对业务数据采集的容纳能力，填补公司在非结构化数据分析与利用、海量数据挖掘等领域的空白，提升公司在信息资源价值挖掘方面的整体水平，促进公司业务管理向着更精细、更协同、更敏捷、更高效的方向发展。

（3）从价值角度看 大数据技术能够为中国电力工业带来显著的财富价值，在企业内部的应用也将极大地提高电力企业的运营效率和营收能力，由此带来的规模化效应，除加速传统能源设施行业的快速转型之外，对整个国家经济和社会的可持续发展都将起到积极而特殊的作用。因此，电力大数据是能源变革中电力工业技术革新的必然过程。电力

大数据不仅是技术的进步，更是整个电力系统在大数据时代下发展理念、管理体制和技术路线等方面的重大变革，是下一代智能化电力系统在大数据时代下价值形态的跃升。而重塑电力核心价值和转变电力发展方式也必将成为电力行业改革的两条核心主线。

83 大数据思维方式 大数据技术的思维方式是：将采集到的经验与现象实现数据化与规律化，在继承传统的统计学、计算数学、人工智能、数据挖掘等方法的基础上，从单一维度转向多维度统筹融合，开发知识处理的新方法，从更深刻的视角，以更高的时效发掘多源异构数据，从而发现新知识和新规律，并实际应用的方法学。

将大数据的思维方式应用到电力工业中，其中涉及的关键技术和思维方式主要包括：数据集成管理、数据存储管理、高性能计算和分析挖掘。

（1）数据集成管理 指将不同数据源的大数据（结构化、半结构化、非结构化）收集、整理、清洗、转换以后加载到一个新的数据源中，并对这些数据源实行集中管理，对外部访问统一提供服务的数据集成方式。数据集成管理包括数据融合和集成、数据抽取、数据清洗和过滤，具体是指电力数据ETL（Extract-Transfer-Load，提取、转换和装载）以及电力数据统一公共模型等技术。电力数据质量本身不高，准确性、及时性均有所欠缺，这也对数据管理提出了更高的要求。

（2）数据存储管理 指将大量各种不同类型的存储设备通过应用软件集合起来协同工作，共同对外提供数据存储和业务访问。电网数据结构各异，结构化与非结构化数据并存，在应用实时性需求上存在着非实时性和实时性需求的数据。因此，需要协调不同功能需求的数据库协同存储管理海量电网数据。

（3）高性能计算 包括分布式计算、内在计算、流处理，具体是指电力云、电力数据中心软硬件资源虚拟化等技术。近几年电力数据的海量增长使得电力企业需要通过新型数据处理技术来更有效地利用软硬件资源，在降低IT投入、维护成本和

物理能耗的同时，为电力大数据的发展提供更为稳定、强大的数据处理能力。

（4）分析挖掘　包括数据挖掘、机器学习等人工智能技术，具体是指电网安全在线分析、间歇性电源发电预测、设施线路运行状态分析等技术。由于电力系统安全稳定运行的重要性以及电力发输变配用的瞬时性，相比其他行业，电力大数据对分析结果的准确度要求更高。

6.2　数据属性

84　数据类型　数据类型即讨论属性类型，对于确定特定的数据分析技术是否适用于某种具体的属性是一个重要的概念。例如，与输变电设备有关的两个属性是型号 ID 和使用年限，这两个属性都可以用数字表示。然而，在预测某类设备剩余寿命时，讨论输变电设备的平均使用年限是有意义的，但是讨论设备的平均 ID 却毫无意义。属性的类型告诉我们，属性的哪些性质反映在用于测量它的值中。知道属性的类型是重要的，因为它告诉我们测量值的哪些性质与属性的基本性质一致，从而使得我们可以避免诸如计算设备的平均 ID 这样没有意义的行为。

一般指定属性类型的简单方法是确定对应属性基本性质的数值的性质。数值的相异性、序、加法和乘法常用来描述属性。根据这些操作，可以定义四种属性类型：标称、序数、区间和比率。表 6.6-1 给出了这些类型的定义。

表 6.6-1　不同的属性类型

属性类型		描述	例子
分类的（定性的）	标称	标称属性的值仅仅只是不同的名字，即标称值只是提供足够的信息以区分对象	设备的型号、员工的 ID 号、红外图像的颜色等
	序数	序数属性的值提供足够的信息确定对象的序	设备的风险等级（严重缺陷、一般缺陷、轻微缺陷、正常）
数值的（定量的）	区间	对于区间属性，值之间的差是有意义的，即存在测量单位	日历日期、摄氏温度等
	比率	对于比率属性，差和比率都是有意义的	绝对温度、运行年限、质量、电流等

标称和序数属性统称为分类的或定性的属性。顾名思义，定性属性（如设备 ID）不具有数的大部分性质。即便使用数表示，也应当像对待符号一样对待它们。区间和比率属性统称定量的或数值的属性。定量属性用数表示，并且具有数的大部分性质，可以是整数值或连续值。

85　数据量度　数据量度即属性量度，主要讨论对数据（包括数值型数据和非数值型数据）的量度，指对某种不能直接测量、观察或表现的属性进行测量或指示的手段。属性量度的种类和方法有很多，下面从数据集中趋势的量度和数据散布趋势的量度这两个方面来解释属性量度的意义。

数据的集中趋势能够帮助我们了解事物的本质特征，掌握事物发展变化的规律，具有非常重要的作用。均值、中位数和众数能很好地度量数据的集中趋势。均值又叫算术平均数，它分为简单算术平均数、加权算术平均数，主要适用于数值型属性（像重量、长度、时间等只能用数字描述的数据），不适用于类别属性（描述事物性质或特征的数据）。中位数表示数据高低趋势排列下中间的代表值。众数则反映数据中出现次数最频繁的数值，代表数据数值的一般水平。

数据散布或发散的量度包括方差、标准差、极差、分位数、四分位数、百分位数和四分位数极差。方差和标准差某种程度上也可以指出数据散布的情况。极差可以表示统计数据中的变异量数，为最大值与最小值之间的差值。极差是数据离散程度的最简单测度值，但容易受极端值影响，而且不能充分利用数据的信息。四分位数（Quartile）是统计学中分位数的一种，把所有数值从小到大排列分成四等份，处于三个分割点位置的数值称为四分位数。这些量度都或多或少存在局限性，要想真正了解数据的属性量度，必须从多个方面去观察数据。

86　数据质量　数据几乎没有完美的。事实上，大多数数据都包含属性值错误、缺失或其他类型的不一致现象。进行数据质量分析、过程中数据质量监控都是非常重要的。常见的数据质量方面会存在的典型问题有收集错误和测量误差等，下面介绍具体的内容。

（1）收集错误　数据收集是按照确定的数据分析内容，收集相关数据的过程，它为数据分析提供了素材和依据。数据收集过程中经常会发生错误，数据出错的情况有很多种，我们先从所获数据的角度来分析收集错误。

收集到的数据包括第一手数据与第二手数据，

第一手数据主要指可直接获取的数据，第二手数据主要指经过加工整理后得到的数据。一般的数据来源有：数据库、公开出版物、互联网、市场调查等。比如每个公司都有自己的业务数据库，包含从公司成立以来产生的相关业务数据。这个业务数据库就是一个庞大的数据资源，可以有效地利用起来。随着互联网的发展，网络上发布的数据越来越多，特别是搜索引擎可以帮助我们快速找到所需要的数据，例如国家及地方统计局网站、行业组织网站、政府机构网站、传播媒体网站、大型综合门户网站等上面都可能有我们需要的数据。以上例子是获取第一手数据的情况，收集数据的过程最有可能发生数据输入时的排字错误、格式问题等人为造成的错误。

再比如进行数据分析时，需要了解用户的想法与需求，但是通过以上的方式获得此类数据会比较困难，因此可以尝试使用市场调查的方法收集用户的想法和需求数据。有目的、有系统地收集、记录、整理有关市场营销的信息和资料，分析市场情况，了解市场现状及其发展趋势，为市场预测和营销决策提供客观、正确的数据资料。在这个过程中，除去人为造成的收集错误，还有可能收集到与数据分析无关的错误数据，属于数据内容错误。

对于过时数据或多余重复的数据，可以不再存储，不再做进一步处理。数据格式不对的，在输入数据时造成的排字错误等，可以将其转换成正确的格式。数据不足时可以想办法再做些补充收集。这些情况下的数据收集错误都不难纠正。数据内容的错误是很不利的，特别是难以发现和辨别的数据内容错误，对后续处理有严重影响，需要不断进行数据分析，进行筛选，进行清洗（去掉污染的数据部分）。

（2）测量误差　在测量时，测量结果与实际值之间的差值叫误差。真实值或称真值是客观存在的，是在一定时间及空间条件下体现事物的真实数值，但很难确切表达。测得值是测量所得的结果。两者之间总是或多或少存在一定的差异，这就是测量误差。测量要依据一定的理论或方法，使用一定的仪器，在一定的环境中，由具体的人进行。由于实验理论上存在着近似性，方法上难以完善，实验仪器灵敏度和分辨能力有局限性，周围环境不稳定等因素的影响，待测量的真值是不可能测得的，测量结果和被测量真值之间总会存在或多或少的偏差。

测量误差按性质和特点主要分为三大类：系统误差、随机误差和粗大误差。

1）系统误差。系统误差指在相同条件下多次测量同一量时，误差的符号保持恒定，或在条件改变时按某种确定规律而变化的误差。所谓确定的规律，意思是这种误差可以归结为某一个因素或几个因素的函数，一般可用解析公式、曲线或数表来表达。造成系统误差的原因很多，常见的有：测量设备的缺陷，测量仪器不准，测量仪表的安装、放置和使用不当等引起的误差；测量环境变化，如温度、湿度、电源电压变化及周围电磁场的影响等带来的误差；测量方法不完善，所依据的理论不严密或采用了某些近似公式等造成的误差。系统误差具有一定的规律性，可以根据系统误差产生的原因采取一定的技术措施，设法消除或减弱它。

2）随机误差。随机误差指在实际相同条件下，多次测量同一量时，误差的绝对值和符号以不可预定的方式变化的误差。随机误差主要是由那些对测量值影响微小，又互不相关的多种随机因素共同造成的，例如热骚动、噪声干扰、电磁场的微变、空气扰动、大地微振等。一次测量的随机误差没有规律，不可预测，不能控制也不能用实验的方法加以消除。但是，随机误差在多次测量的总体上服从统计的规律。随机误差的特点是：在多次测量中，随机误差的绝对值实际上不会超过一定的界限，即随机误差具有有界性；众多随机误差之和有正负相消的机会，随着测量次数的增加，随机误差的算术平均值愈来愈小并以零为极限。因此，多次测量的平均值的随机误差比单个测量值的随机误差小，即随机误差具有抵偿性。由于随机误差的变化不能预定，因此，这类误差也不能修正，但是，可以通过多次测量取平均值的办法来削弱随机误差对测量结果的影响。

3）粗大误差。超出在规定条件下预期的误差叫粗大误差。也就是说，在一定的测量条件下，测量结果明显地偏离了真值。读数错误、测量方法错误、测量仪器有严重缺陷等原因，都会导致产生粗大误差。粗大误差明显地歪曲了测量结果，应予剔除，所以，对应于粗大误差的测量结果称为异常数据或坏值。产生粗大误差的主要原因包括两方面，一是客观原因，电压突变、机械冲击、外界振动、电磁（静电）干扰、仪器故障等引起了测试仪器的测量值异常或被测物品的位置相对移动，从而产生了粗大误差；二是主观原因，使用了有缺陷的量具，操作时疏忽大意，读数、记录、计算的错误等。另外，环境条件的反常突变因素也是产生这些误差的原因。粗大误差不具有抵偿性，它存在于一切科学实验中，不能被彻底消除，只能在一定程度上减弱。它是异常值，严重歪曲了实际情况，所以在处理数据时应将其剔除，否则将对标准差、平均差产生严重的影响。因此，在进行误差分析时，要估计的误差通常只有系统误差和随机误差两类。

6.3　数据清理

87　缺失处理　在获取输变电设备数据的过程中，无法避免缺失值的产生。缺失值是指该值理论上存在，但实际没有该值的记录。对于缺失值的处理，不同的情况下有不同的处理方法。缺失处理一直是数据挖掘领域的研究热点，早期主要采用基于统计学的方法对缺失数据进行处理，可以归纳为以下几种方法。

（1）删除法　当缺失的样本数据所占比例较少且对总样本数据的影响不明显的时候，采用删除法处理缺失值是简单有效的选择。如果缺失值中包含重要信息，这种方法的缺点也比较明显，会导致后续的数据处理结果产生很大的偏差。

（2）人工填补　当数据处理人员对数据比较熟悉且数据量较少的时候，采用人工填补的方法可以很好地减少数据的偏差。如果数据规模比较大或者缺失值比较严重时，这种方法就不适用，否则会消耗大量的时间成本和人力成本。

（3）均值插补　当数据集中的缺失值属于数据特征时，可以采用该特征其他对象的值的平均值对缺失数据进行插补；当数据集中的缺失值不属于数据特征时，则可以采用该特征上其他对象的众数来对缺失数据进行插补。

（4）就近补齐　该方法是当存在缺失值的特征时，在所有的数据集中找到与缺失值最为接近的特征并用这个相似特征去对缺失数据进行插补。由于就近补齐法的"近"没有很统一明确的标准，所有这种方法具有很强的主观色彩，可能导致数据处理结果产生很大的偏差。

（5）多重插补　该方法主要利用贝叶斯估计的思想，将需要插补的数据认为是随机的并且来源于基于观测到的值。通常可选插补值是通过对待处理的值进行估算，并加上一些噪声来获得，最后通过某种选择方法来确定最优的插补值。多重插补的过程一般有三个步骤：首先对每一个维度的缺失数据都生成待插补值，生成多个完整的数据集；然后基于统计方法对这些插补数据集进行统计法分析；最

后对结果进行评价分析，选出最好的插补值。

（6）回归　该方法的主要思想是利用回归算法对完整的数据集建立回归模型，并将未缺失的数据作为回归模型的输入去预测未知的数据，将预测结果作为缺失值的替换值。

（7）极大似然估计　该方法主要针对缺失数据为随机缺失的情况，假设插补模型适用于完整的样本，可以通过观测数据的边际分布来对未知的参数进行极大似然估计。目前比较常用的缺失值处理方法包括最大期望值算法（Expectation-Maximization，EM）算法和 MI（Multiple Imputation，MI）算法等。

88　不一致校验　系统中所记录的输变电设备数据可能存在不一致。不一致数据的产生来源有三个方面，一是由于系统和应用造成的不同的数据类型、格式、制式、粒度和编码方式等；二是多数据源数据集成时，由于不同数据源对同一现实事物可能存在不一致的表示，从而产生不一致的数据；三是错误的输入、硬件或软件故障、不及时更新等造成的数据库状态改变等也会造成数据的不一致。

常见的不一致数据有：第一，包含大量空数据值的列，比如个人对某些敏感信息回避，故意漏填部分信息；第二，包含过多或者过少的单一状态的列，比如一对一关系的列，或者仅包含一个值的列；第三，远离或超出某列正态分布的记录，如出现负工资和课程零学时的问题；第四，不符合特定格式的行，比如不同的日期格式；第五，同一记录的不同属性比较时，缺失意义的列，如客户选购某产品的日期早于该顾客的出生日期。

对于不一致数据的处理方法，一般在分析不一致数据产生原因的基础上，通过手工或者自动化方式来处理。手工方法指使用其他材料人工加以更正，比如数据输入时的错误可以使用纸上的记录加以更正；自动化方式指可以用知识工程工具来检测违反限制的数据，比如知道属性间的函数依赖，可以查找违反函数依赖的值，应用多种变换函数、格式函数、汇总分解函数和标准库函数去实现清洗。

89　孤立点发现　孤立点一般指数据库或数据仓库中不符合一般规律的数据对象，或称异常数据。孤立点发现可以简单地描述如下：给定一个有 n 个数据点或对象的集合及预期的孤立点数目 k，发现与剩余的数据相比是显著相异的、孤立的或不一致的前 k 个对象的过程。孤立点产生的原因是多方面的，大致可分为两类。第一类是由错误引起的，包括度量错误、执行错误和数据变异，或因设备故障而导致结果异常，比如噪声数据；第二类孤

立点是数据真实性质的反映，有可能包含了重要信息。

孤立点的发掘有着广泛的应用。虽然孤立点不符合数据的一般规律，与数据的其他部分不同或不一致，是数据集中远远偏离其他对象的那些小比例对象。但是，发现、检测孤立点能为我们提供重要的信息，使我们发现一些真实而又出乎意料的知识。因此，在数据清理中，孤立点的检测也十分重要。早期的孤立点检测研究多见于统计领域，应用各种统计方法来检测孤立点。近年来，研究人员又提出了各种各样的方法，大致可分为基于统计学、基于距离、基于偏离和基于图像处理技术的噪声孤立点滤除方法。但是并非所有的孤立点数据都是错误数据，在检测出孤立点数据后，还应该结合领域知识和元数据做进一步分析，发现其中的错误。

上面所提到的每种孤立点挖掘方法都有其适用范围，也有一定的缺点和限制，下面做简单的介绍。基于统计的孤立点发现方法是当已知数据集的概率分布及参数，用不一致性检验确定孤立点及其个数。这种方法适用于数值型数据，不适用于高维数据、周期数据和分类数据的挖掘，它的检测应用主要局限在科研计算领域。基于距离的孤立点发现方法是通过实验确定合适的基准值和距离（范围），难以处理分类数据和周期性时态数据；它不受数据维数的限制，超越了数据空间，仅仅依赖于距离函数的距离值计算。与基于统计的算法相比，它不需要用户拥有任何领域知识，在概念上更加直观。基于偏离的孤立点发现是不采用统计检验或基于距离的度量值来确定孤立点的。相反，它通过检查一组对象的主要特征来确定孤立点。给出的描述"偏离"的对象则被认为是孤立点。基于图像处理技术的孤立点滤除方法是近年来数据处理研究和应用的热点。它是将数学形态学应用于计算机视觉、图像分析、信号处理、模糊识别与数据处理等方面的体现。其中图像腐蚀法是一种用于特征提取、边缘检测、噪声滤除的典型方法，比如图像腐蚀和二值转化组合处理噪声数据，对数据差异性信息综合性地进行二值化、归一化以及连续数据粒度化处理，不仅可以滤除数据中的噪声影响，还能为进一步的特征提取提供支撑。

6.4　数据变换

90　标准化　数据的标准化（Normalization）是将数据按比例缩放，使之落入一个小的特定区间。在某些比较和评价的指标处理中经常会用到，去除数据的单位限制，将其转化为无量纲的纯数值，便于不同单位或量级的指标能够进行比较和加权。其中最典型的就是 0-1 标准化和 Z-score 标准化：

（1）0-1 标准化　0-1 标准化也叫离差标准化，是对原始数据的线性变换，使结果落到 [0，1] 区间，转换函数如下：

$$x^* = \frac{x-min}{max-min}$$

式中　max——样本数据的最大值；
　　　min——样本数据的最小值。

这种方法有一个缺陷就是当有新数据加入时，可能导致 max 和 min 的变化，需要重新定义。

（2）Z-score 标准化　Z-score 标准化方法也叫标准差标准化，经过处理的数据符合标准正态分布，即均值为 0，标准差为 1，也是最为常用的标准化方法，其转化函数为

$$x^* = \frac{x-\mu}{\sigma}$$

式中　μ——所有样本数据的均值；
　　　σ——所有样本数据的标准差。

91　离散化　离散化（Discretization）指把连续型数据切分为若干"段"，也称 bin，是数据分析中常用的手段。有些数据挖掘算法，特别是某些分类算法，要求数据是分类属性形式。这样，常常需要将连续属性变换成分类属性。此外，如果一个分类属性具有大量不同值（类别），或者某些值出现不频繁，则对于某些数据挖掘任务，可通过合并某些值从而减少类别的数目。

在数据挖掘中，离散化是一种较为普遍采用的方法，主要原因有以下几点：

1）算法需要。例如决策树、朴素贝叶斯（Naive Bayes）等算法本身不能直接使用连续型变量，连续型数据只有经过离散化处理后才能进入算法引擎。这一点在使用具体软件时可能不明显，因为大多数数据挖掘软件内已经内建了离散化处理程序，所以从使用界面看，软件可以接纳任何形式的数据。但实际上，在运算决策树或朴素贝叶斯模型前，软件都要在后台对数据先做预处理。

2）离散化可以有效地克服数据中隐藏的缺陷，使模型结果更加稳定。例如，数据中的极端值是影响模型效果的一个重要因素。极端值导致模型参数过高或过低，或导致模型被虚假现象"迷惑"，把原来不存在的关系作为重要模式来学习。而离散

化, 尤其是等距离散, 可以有效地减弱极端值和异常值的影响。

3) 有利于对非线性关系进行诊断和描述。对连续型数据进行离散化处理后, 自变量和目标变量之间的关系变得清晰化。如果两者之间是非线性关系, 可以重新定义离散化后变量每段的取值, 如采取 0、1 的形式, 由一个变量派生为多个哑变量, 分别确定每段和目标变量间的联系, 这样做虽然减少了模型的自由度, 但可以大大提高模型的灵活度。

数据离散化通常是将连续变量的定义域根据需要按照一定的规则划分为几个区间, 同时对每个区间用 1 个符号来代替。离散化处理不免要损失一部分信息。很显然, 对连续型数据进行分段后, 同一个段内的观察点之间的差异便消失了, 所以是否需要进行离散化还要根据业务、算法等因素的需求综合考虑。

92　简单函数变换　是指对原始数据直接使用某些数学函数进行转换, 主要用于将不符合正态分布的数据变换成具有正态分布特征的数据, 同时也可以用于对数据进行压缩。常用的函数有 $\log(x)$、x^k、e^x、$\dfrac{1}{x}$、$\sqrt{x}$、$\sin x$ 等。

简单函数变换会改变原始数据的分布特征, 因此使用前必须深入了解数据特征变化是否会影响到后续的分析。我们提到了许多可用于数据变换的函数, 它们各有所长, 需要根据实际问题的特点按需取用, 选择最合理的变换形式。

想要合理地选择变换形式, 还需要了解简单函数的局限性。首先, 简单函数变换并不能解决所有非正态性的问题。对于特定的某组数据, 一个变换方法并不一定能把数据变为服从正态分布。有些时候, 即便我们穷尽所有不同形式的函数, 一个分布也不可能被转化为正态分布——比如说离散型的分布。还有一些其他的分布 (比如有不止一个峰的分布), 可以通过一些奇形怪状的变换函数转化为正态的, 但这会不可避免地对数据带来太多的扭曲, 进一步的分析也就更成问题了。其次, 对数据进行变换后, 重新进行原来计划的统计检验, 其意义会发生变化。比如说, 我们想要比较两组数据的均值是否有差别, 但是发现样本分布并不正态, 于是对数据做了一个二次方根变换。当对变换后的数据使用 t 检验时, 我们检验的不再是两组数据均值的差别, 而是在检验样本中数据二次方根的均值之间的差别。虽然对所有数据开二次方根后取均值仍然是

对数据大体趋势的一个概括, 但是仍然与变换前数据的算术平均值有着不同的意义, 也失去了算术平均数的优点。对于其他更复杂的变换, 我们到底是在检验什么就更加模糊了。

6.5　数据归约

93　数据抽样　数据抽样作为一种数据归约技术使用, 因为它允许用数据很小的随机样本 (子集) 表示大型数据集。不同的数据抽样方法对模型的精度有很大影响, 可以考虑用一些数据浏览工具、统计工具对数据分布做一定的探索, 在对数据做充分的了解后, 再考虑采用合适的抽样方法。对一般的模型, 在做抽样时可用随机抽样, 也可以考虑整群抽样; 而在数据分布严重有偏的时候, 有偏数据对模型来说恰恰是至关重要的, 此时则一般采用分层抽样和过度抽样相结合的方法。

选择抽样方法要注意抽样方法的正确性。抽样方法的正确性是指抽样的代表性和随机性, 代表性反映样本与全集的接近程度, 而随机性反映样品被抽入样本纯属偶然。具体的数据抽样方法主要有以下 4 种。

(1) 简单随机抽样　将调查总体全部观察编号, 再用抽签法或随机数字表随机抽取部分观察组成样本。简单随机抽样法的优点是操作简单, 标准误差计算简单; 缺点是总体较大时, 难以一一编号。

(2) 系统抽样　系统抽样又名机械抽样、等距抽样, 即先将总体的观察按某一顺序号分成 n 个部分, 再从每一部分各抽取一定数量的观察组成样本。系统抽样法的优点是易于理解、简便易行; 缺点是总体有周期或增减趋势时, 易产生偏性。

(3) 整群抽样　首先将总体分群, 再随机抽取几个群组成样本, 群内全部抽样。整群抽样方法的优点是便于组织、节省经费。缺点是抽样误差大于简单随机抽样。

(4) 分层抽样　先按对样本影响较大的某种特征, 将总体分为若干个类别, 再从每一层内随机抽取一定数量的观察, 合起来组成样本。分层抽样的好处在于抽取的样本代表性好, 抽样误差减少。

以上 4 种基本抽样方法都属于单阶段抽样, 实际应用中常根据实际情况将整个抽样过程分为若干阶段来进行, 称为多阶段抽样。在抽样的过程中, 往往要紧扣数据挖掘目标, 具体的数据抽样过程可以参考图 6.6-1。

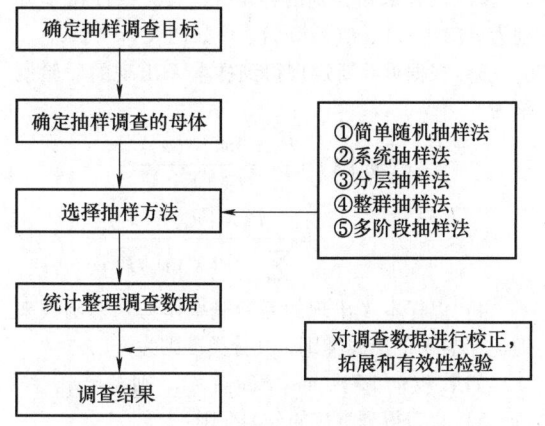

图 6.6-1 数据抽样流程

94 属性选择 通过删除不相关或冗余的属性（或维）减少数据量。属性选择的目标是找出最小属性集，使得数据类的概率分布尽可能地接近使用所有属性得到的原分布。在缩小的属性集上挖掘其他的优点：它减少了出现在发现模式上的属性数目，使得模式更易于理解。究竟如何选择属性，主要看属性与挖掘目标的关联程度及属性本身的数据质量，根据数据质量评估的结果，可以删除一些属性，在利用数据相关性分析、数据统计分析、数据可视化和主成分分析技术时，还可以选择删除一些属性，最后剩下一些更好的属性。典型的属性选择方法主要有四个基本步骤，见图 6.6-2。

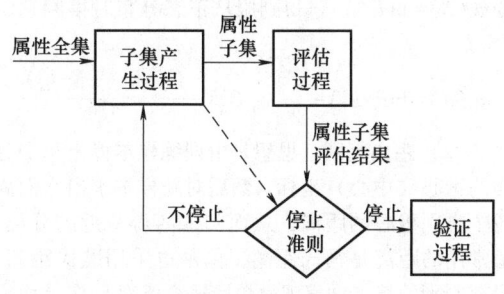

图 6.6-2 带有验证的属性选择过程

子集产生过程实质上是一个启发式搜索的过程，搜索空间的每一个状态确定一个候选属性子集。这个过程由两个步骤决定：搜索起点和搜索策略。搜索可以由一个空集开始，然后陆续添加属性；也可以由一个全集开始，然后陆续删除属性；还可以从两端开始，然后同时添加和删除属性；也可以由一个随机的子集开始，这样可以避免局部最优。搜索策略有完备搜索、顺序搜索和随机搜索。

子集评估过程是在某评估准则下评估候选属性子集。根据对学习算法的依赖性，评估准则可以分为两大类：独立准则和依赖准则。独立准则一般用于过滤模型算法。它独立于学习算法，利用训练样例的内在性质对子集进行评估。依赖准则一般用于封装模型算法，这种算法需要在属性选择之前确定学习算法，并且用学习算法在属性子集上的运行结果作为属性选择的依据。

停止准则决定属性选择过程什么时候停止。常用的停止准则有：1）已经搜索了全部搜索空间。2）已经达到了给定的边界值。3）顺序添加（或者删除）任意一个属性不能产生更好的属性子集。4）已经得到了足够好的属性子集。

验证过程验证候选子集的有效性。如果事先知道相关属性，可以将属性选择得到的结果与之比较，同样，如果事先知道无关属性或者冗余属性也可以。但是，对于真实情况来说，这些往往是不可能的。因此，需要使用间接的方法来验证。

95 特征提取 特征提取是通过映射的方法，将高维的属性空间压缩为低维的属性空间，得到最小的属性集，使得数据类的概念分布尽可能地接近使用所有属性的原分布。传统的特征提取方法主要有主成分分析（Principal Component Analysis，PCA）和线性判别分析（Linear Discriminant Analysis，LDA）。PCA 是无监督的线性特征提取方法，只适用于高斯分布问题；LDA 充分考虑了类别信息，但当特征维数较高，而训练样本个数相对较少时，则会出现奇异值问题。下面分别做详细的介绍。

PCA 是将高维数据映射到相互线性无关的新特征子空间，消除变量间的相关性，降低数据维度、简化复杂数据。PCA 以"方差贡献率"为依据，在满足信息量要求的前提下，舍弃部分残差，保留主要分量，完成特征抽取、消除干扰。虽然 PCA 能够方便地将数据降维，但是它也有许多缺点，比如难以处理复杂的非线性数据；或当数据集维数很高时，特征向量的计算难度增加；PCA 使用的协方差矩阵对于异常点非常敏感等。

LDA 通过最小化类内散度和最大化类间散度来保留判别信息，这使得 LDA 在低维空间中能够获得最具判别能力的投影。在处理实际问题时，LDA 通常比 PCA 更具优势。例如，在某些人脸识别任务中，当训练数据充分时，LDA 通常能够取得比 PCA 更高的分类准确率。但 LDA 同样也有缺点，比如当样本维数很高，但样本个数很少时，很难抽取 LDA 的最佳判别特征。

6.6　判别与回归

96　判别分析　判别分析方法是一种根据已有训练样本的分类信息，得到体现这种分类的判别函数 $W(x)$，然后利用该函数去识别新获得的待测样本 x，判断待测样本属性的预测预报分析方法。判别分析最重要的是：分组类型在两组以上，每组案例的规模必须至少在一个以上，解释变量必须是可测量的，这样才能够计算其平均值和方差，使其能合理地应用于统计函数。与其他多元线性统计模型类似，判别分析的假设之一是每一个判别变量（解释变量）不能是其他判别变量的线性组合。这时，为其他变量线性组合的判别变量不能提供新的信息，更重要的是在这种情况下无法估计判别函数。不仅如此，有时一个判别变量与另外的判别变量高度相关，或与另外的判别变量的线性组合高度相关，虽然能求解，但参数估计的标准误差将很大，以至于参数估计统计上不显著，也就是多重共线性问题。

判别分析的假设之二是各组变量的协方差矩阵相等。判别分析最简单和最常用的形式是采用线性判别函数，它们是判别变量的简单线性组合。在各组协方差矩阵相等的假设条件下，可以使用很简单的公式来计算判别函数和进行显著性检验。

判别分析的假设之三是各判别变量遵从多元正态分布，即每个变量对于所有其他变量的固定值具有正态分布。在这种条件下可以精确计算显著性检验值和分组归属的概率。当违背该假设时，计算的概率将非常不准确。

判别分析按照不同的判别准则大体上可以分为最大似然判别、距离判别、Fisher 判别、Bayes 判别，下面分别对这几种判别分析方法做详细介绍。

（1）最大似然判别　是在两类或多类判别中，将各类的已知数据在平面或空间构成一定的点群；每一类的每一维数据在自己的数轴上形成一个正态分布，该类的多维数据就构成该类的一个多维正态分布，有了各类的多维分布模型，对于一个未知类别的数据向量，都可以反过来求它属于各类的概率；比较这些概率的大小，看属于哪一类的概率大，就把这个数据向量归为该类。

具体算法过程如下：

1）设有 s 个类别，用 w_1，w_2，$\cdots$，w_s 来表示，每个类别发生的概率分别为 $P(w_1)$、$P(w_2)$、$\cdots$、$P(w_s)$。

2）设有未知类别的样本 X，其类条件概率分别为 $P(X \mid w_1)$、$P(X \mid w_2)$、$\cdots$、$P(X \mid w_s)$。

3）根据贝叶斯定理得到样本 X 出现的后验概率为

$$P(w_i \mid X) = \frac{P(X \mid w_i) P(w_i)}{P(X)}$$
$$= \frac{P(X \mid w_i) P(w_i)}{\sum_{i=1}^{s} P(X \mid w_i) P(w_i)}$$

4）以样本 X 出现的后验概率作为判别函数来确定样本 X 的所属类别，其分类准则为

如果 $P(w_i \mid X) = \max P(w_j \mid X)$，则 $X \in w_i$。

5）化简得到直接的分类准则：

若 $P(X \mid w_i) P(w_i) = \max P(X \mid w_j) P(w_j)$，则 $X \in w_i$。

6）设 X 服从高维正态分布，则有

$$P(X \mid w_i) = \frac{1}{(2\pi)^{\frac{n}{2}} |D_i|^{\frac{1}{2}}} e^{\frac{(X-E_i)^{\mathrm{T}}(X-E_i)}{2D_i}}$$

式中　E_i——属于 w_i 类的样本 X 的均值；

　　　D_i——属于 w_i 类的样本 X 的方差。

由 $P(X \mid w_i) P(w_i) = \max P(X \mid w_j) P(w_j)$，令 $d_i'(X) = P(X \mid w_i) P(w_i)$，代入式中，两边取对数得

$$\ln d_i'(X) = \ln P(w_i) - \frac{n}{2} \ln(2\pi) - \frac{1}{2} \ln |D_i| - \frac{(X-E_i)^{\mathrm{T}}(X-E_i)}{2D_i}$$

令 $d_i(X) = \ln d_i'(X)$，得到服从正态分布时得判别函数为

$$d_i(X) = \ln P(w_i) - \frac{1}{2} \ln |D_i| - \frac{(X-E_i)^{\mathrm{T}}(X-E_i)}{2D_i}$$

（2）距离判别　思想是由训练样本得出每个分类的重心（中心）坐标。然后对新样本求出它们离各个类别重心的距离，从而归入离得最近的分类。最常用的距离是马氏距离，偶尔也采用欧氏距离。距离判别的特点是直观简单，适合于对自变量均为连续变量的情况进行分类，且它对变量的分布类型无严格要求，特别是不严格要求总体协方差矩阵相等。

设 G_1，G_2 是两个不同的 s 维已知类别，来自 G_1 的训练样本 $x_1^{(1)}$，$x_2^{(1)}$，$\cdots$，$x_{n1}^{(1)}$，来自 G_2 的训练样本 $x_1^{(2)}$，$x_2^{(2)}$，$\cdots$，$x_{n2}^{(2)}$，G_1 的均值为 μ_1，协方差为 Σ_1；G_2 的均值为 μ_2，协方差为 Σ_2。则有协方差 Σ 的估计量为

$$\hat{\Sigma} = \frac{(n_1 - 1) \Sigma_1 + (n_2 - 1) \Sigma_2}{n_1 + n_2 - 2}$$

式中　n_1、n_2——两类训练样本的个数。

距离判别函数为

$$W(x) = \alpha^{\cdot} (x - \bar{\mu})$$

其中，$\alpha^{\cdot} = S^{-1}(\mu_1 - \mu_2)$；$\bar{\mu} = \dfrac{1}{2}(\mu_1 + \mu_2)$。

判别准则可以表示为

$$\begin{cases} x \in G_1, W(x) > 0 \\ x \in G_2, W(x) < 0 \\ 待判, W(x) = 0 \end{cases}$$

距离判别分析模型如图 6.6-3 所示。

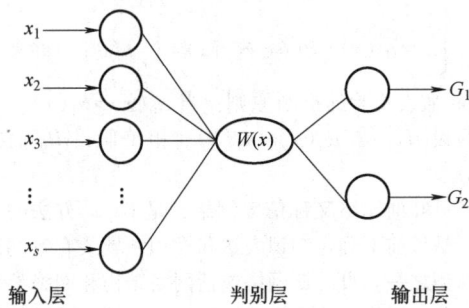

图 6.6-3　距离判别分析模型示意图

距离判别的步骤：

1）确定类别，划分成 G 类，样本类别归属；

2）确定各类的类中心（重心），即分组类的均值；

3）计算待判样本到各类的距离（一般采用样本点到类中心的欧氏距离或马氏距离）；

4）最后根据距离最小原则，判定待判样本属于的类别。

（3）Fisher 判别　该方法的基本思想是投影，即将原来在 R 维空间的自变量组合投影到维度较低的 D 维空间去，然后在 D 维空间中再进行分类。投影的原则是使得每一类内的离差尽可能小，而不同类间投影的离差尽可能大。Fisher 判别法的优势在于对分布、方差等都没有什么限制，应用范围广泛。从 k 个总体中抽取具有 p 个指标的样本观测数据，借助方差分析的思想构造一个线性判别函数

$$W(X) = w_1 X_1 + w_2 X_2 + \cdots + w_p X_p$$

其中，系数 $w = (w_1, w_2, \cdots, w_p)^{\mathrm{T}}$ 确定的原则是使得总体之间区别最大，而使每个总体内部的离差最小。有了线性判别函数后，对于一个新的样本，将它的 p 个指标值代入线性判别函数中求出 $W(X)$ 值，然后根据判别规则，就可以判别新的样本属于哪个总体。

如图 6.6-4 所示，如果把两总体 A、B 看成空间的两个点集，选择一个正确的投影方向，使同类样本点沿该方向在直线上的投影点尽可能集中，不同类样本点尽可能分开。

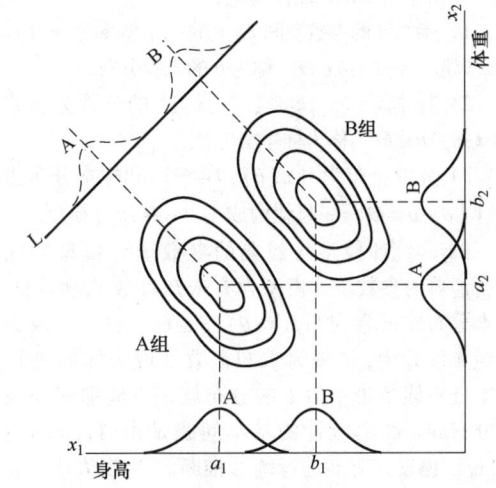

图 6.6-4　Fisher 判别实例图

（4）Bayes 判别　该方法思想是假定对研究的对象已有一定的认识，常用先验概率分布来描述这种认识，然后取得一个样本，用样本来修正已有的认识（先验概率分布），得到后验概率分布，各种统计推断都通过后验概率分布来进行。将 Bayes 思想用于判别分析，就得到贝叶斯判别。

设有 k 个总体 G_1，G_2，$\cdots$，G_k，分别具有 p 维密度函数 $p_1(x)$，$p_2(x)$，$\cdots$，$p_k(x)$。已知出现这 k 个总体的先验分布为 q_1，q_2，$\cdots$，q_k，我们希望建立判别函数和判别规则。

用 D_1，D_2，$\cdots$，D_k 表示 R^p 的一个划分，如果这个划分恰当，正好对应于 k 个总体，这时判别规则表示为

$$x \in G_i, x 落入 D_i, i = 1, 2, \cdots, k$$

用 $c(j \mid i)$ 表示样本来自 G_i 而误判为 G_j 的损失，这一误判的概率为

$$p(j \mid i) = \int_{D_j} p_i(x)\,\mathrm{d}x$$

根据以上判别规则，所带来的平均错判损失（ECM）为

$$\mathrm{ECM}(D_1, D_2, \cdots, D_k) = \sum_{i=1}^{k} q_i \sum_{j=1}^{k} c(j \mid i) p(j \mid i)$$

其中，$c(j \mid i) = 0$，目的是求 D_1，D_2，$\cdots$，D_k，使 ECM 达到最小。

97　Bayes 统计　该方法是统计学中的一个重

要学派，它认为信息不仅来源于样本，而且也来源于在获取样本前的先验知识，利用样本及其分布和先验分布得到后验分布，而一切统计推断均基于后验分布进行。

首先介绍 Bayes 统计模型：

1) 参数 θ 的参数空间 Θ 上的一个概率分布（连续或离散）$\{\pi(\theta):\theta\in\Theta\}$ 称为 θ 的先验分布。

2) 样本 $\boldsymbol{x}=(x_1,x_2,x_3,\cdots,x_n)^T$ 的条件分布族 $\{f(\boldsymbol{x};\theta):\theta\in\Theta\}$ 称为样本分布族。

3) 先验分布为 $\{\pi(\theta):\theta\in\Theta\}$ 和样本分布为 $\{f(\boldsymbol{x}\mid\theta):\theta\in\Theta\}$ 一起就构成了 Bayes 统计模型。

Bayes 统计模型与经典的参数统计模型的区别：经典的参数统计模型含有未知参数 θ，$\theta\in\Theta$。样本分布族通常以 $\{f(\boldsymbol{x};\theta):\theta\in\Theta\}$ 表示。因为在经典统计中，θ 视为未知常数（或未知向量），样本分布族是带参数 θ 的分布族，不能理解为条件分布族。经典统计的基本问题是由 $\{f(\boldsymbol{x};\theta):\theta\in\Theta\}$ 出发，对 θ 进行统计推断（参数估计、假设检验等）。在经典统计中 $f(\boldsymbol{x};\theta)$ 称为似然函数。而在 Bayes 统计中，参数 θ 被认为是取值于 Θ 的随机变量，样本分布 $f(\boldsymbol{x};\theta)$ 被看成是给定某 θ 时 x 的条件分布，记为 $f(\boldsymbol{x}\mid\theta)$。基于先验分布 $\pi(\theta)$ 和 Bayes 公式，得到后验分布 $h(\boldsymbol{x}\mid\theta)$，后验分布 $h(\boldsymbol{x}\mid\theta)$ 反映了得到样本 x 后，对有关 θ 的分布信息的进一步认识。因此，Bayes 统计是由后验分布 $h(\boldsymbol{x}\mid\theta)$ 出发，对 θ 进行统计推断（参数估计、假设检验等）。

Bayes 统计推断原则是对参数 θ 所做的任何推断必须基于且只能基于 θ 的后验分布，主要内容包括 Bayes 参数点估计、Bayes 区间估计、Bayes 假设检验。

1) Bayes 参数点估计。设 θ 是样本分布 $f(\boldsymbol{x}\mid\theta)$ 中的未知参数，其中 $\boldsymbol{x}=(x_1,x_2,x_3,\cdots,x_n)^T$。设 θ 的先验分布是 $\pi(\theta)$，由 Bayes 公式，θ 的后验分布为

$$h(\theta\mid x)\propto\pi(\theta)f(\boldsymbol{x}\mid\theta)=\pi(\theta)L(\theta\mid x)$$

这个后验分布 $h(\theta\mid x)$ 是进行 θ 的 Bayes 点估计的出发点。参数的 Bayes 点估计包括最大后验估计、后验中值估计和后验中位数估计。

2) Bayes 区间估计。在 Bayes 统计中，未知参数 θ 理解为随机变量，它具有后验分布 $h(\theta\mid x)$，由此容易确定 θ 落入某一区间的概率。因此 Bayes 区间估计方法比经典方法容易处理。未知参数 θ 的可信度为 $1-\alpha$ 的区间估计为

$$P_x(\theta_L\leqslant\theta\leqslant\theta_U)=P(\theta_L\leqslant\theta\leqslant\theta_U\mid x)=\int_{\theta_L}^{\theta_U}h(\theta\mid x)\mathrm{d}\theta$$
$$=1-\alpha$$

即在得到样本观测值 x 的条件下，随机变量 θ 落入区间 $[\theta_L,\theta_U]$ 的概率是 $1-\alpha$。

3) 根据 Bayes 推断原则，Bayes 假设检验问题也较容易处理，设假设检验问题为

$$H_0:\theta\in\Theta_0\leftrightarrow H_1:\theta\in\Theta_1$$

其中，$\Theta_0\cap\Theta_1=\varnothing$，记 α_0，α_1 为下列后验概率：

$$\begin{cases}\alpha_0=\alpha_1(x)=P(\theta\in\Theta_0\mid x)=\int_{\Theta_0}h(\theta\mid x)\mathrm{d}\theta\\[2mm]\alpha_1=\alpha_1(x)=P(\theta\in\Theta_1\mid x)=\int_{\Theta_1}h(\theta\mid x)\mathrm{d}\theta\end{cases}$$

Bayes 假设检验的推断原则：当 $\alpha_0(x)>\alpha_1(x)$，接受假设 H_0；当 $\alpha_0(x)<\alpha_1(x)$，拒绝假设 H_0 而接受 H_1。

贝叶斯网络又称信度网络，是 Bayes 方法的扩展，是目前不确定知识表达和推理领域最有效的理论模型之一。贝叶斯网络包括网络结构和网络参数两部分，网络结构为贝叶斯网络的定性部分，网络参数为定量部分。网络结构用有向无圈图表示，图 6.6-5 所示为贝叶斯网络，图中 X_1、X_2、X_3 和 X_4 节点表示随机变量，其中 X_1、X_2、X_3 为根节点，X_4 为子节点，节点间的有向弧描述了随机变量之间的条件依赖关系。网络参数指网络结构中的每个节点都附有一个条件概率表（CPT）。如图所示，根节点 X_1、X_2、X_3 的 CPT 为它们的边缘概率分布 $P(X_1)$、$P(X_2)$、$P(X_3)$，子节点 X_4 的 CPT 是条件概率分布 $P(X_4\mid X_1,X_2,X_3)$。利用贝叶斯网络特有的条件独立性，可以将联合概率分布化简，如下式所示。

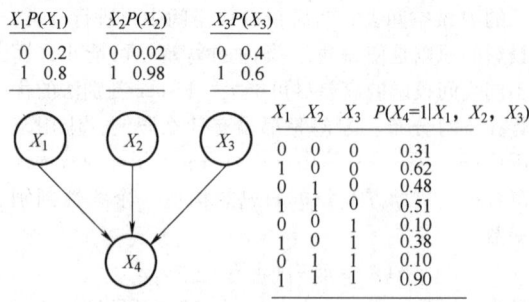

X_1	$P(X_1)$		X_2	$P(X_2)$		X_3	$P(X_3)$
0	0.2		0	0.02		0	0.4
1	0.8		1	0.98		1	0.6

X_1	X_2	X_3	$P(X_4{=}1\mid X_1,X_2,X_3)$
0	0	0	0.31
1	0	0	0.62
0	1	0	0.48
1	1	0	0.51
0	0	1	0.10
1	0	1	0.38
0	1	1	0.10
1	1	1	0.90

图 6.6-5　贝叶斯网络示意图

$$P(X_1,X_2,X_3,X_4)=\prod_{i=1}^{4}P(X_i\mid\pi(X_i))$$
$$=P(X_1)P(X_2)P(X_3)$$
$$P(X_4\mid X_1,X_2,X_3)$$

其中，$\pi(X_i)$ 表示 $X_i(i=1,2,3,4)$ 的父节点。随机变量取值为二态（0 或 1）时，节点 X_4 的条件概率表中需要获取 8 个独立参数，若没有足够数据支撑，节点 X_4 的条件概率表难以获得。实际情况中的随机变量可能存在更多状态，所需参数更多，这对获取节点的 CPT 造成了极大的困难。在这种情况下，往往假设各个父节点对子节点的影响是相互独立的。若 X_1、X_2、X_3 独立地影响 X_4（见图 6.6-6），那么对任意 $\alpha \in \Omega_{X_4}$（Ω_{X_4} 表示 X_4 的状态空间），有以下所示关系：

$$p(X_4=\alpha \mid X_1,X_2,X_3)$$
$$= \sum_{\alpha_1 * \alpha_2 * \alpha_3 = \alpha} p(\xi_1=\alpha_1 \mid X_1)p(\xi_2=\alpha_2 \mid X_2)$$
$$p(\xi_3=\alpha_3 \mid X_3)$$

式中　"$*$"——基本合成算子；
　　　ξ_i——X_i 对 X_4 的贡献；
　　$P(\xi_i \mid X_i)$——X_i 对 X_4 的贡献概率分布（$i=1,2,3$）。

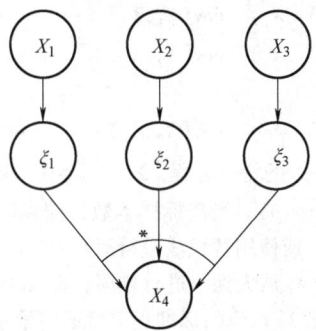

图 6.6-6　因果机制独立示意图

当基本合成算子为"逻辑或"时，X_4 节点为 Noisy-Or 节点；当其为"逻辑与"时，X_4 为 Noisy-And 节点。在影响相互独立的假设下，条件概率分布 $P(X_4=\alpha \mid X_1,X_2,X_3)$ 可以从 X_1、X_2、X_3 的贡献概率分布得到，所需获得的参数大为减少。另外，贝叶斯网络中的父节点一般并未包含子节点的全部原因事件，常常用 Leaky 节点表示其他没有考虑的情况，如 Leaky Noisy-Or 节点表示所有父节点都为 0 时，该节点仍有可能为 1，见图 6.6-7。Leaky Noisy-Or 节点是贝叶斯网络中广泛采用的一种简化参数的方法。

建立贝叶斯网络首先需确定研究对象，即网络中的随机变量，然后基于随机变量之间因果关系的分析构建网络结构，最后由网络结构引出网络参数。一般可按随机变量描述的随机事件的性质，将随机变量划分为：问题变量、背景变量和征兆变量。问题变量为研究者的主要关注对象，它们一般为隐藏变量，即不可直接观测的量；背景变量为问题发生前就已知的信息，与问题变量存在因果关系；征兆变量为问题发生后引发的征兆，一般为可观测变量。在确定随机变量后，根据三类变量之间常见的因果关系可直接建立如图 6.6-8 所示的三层网络结构。层内、层与层之间还可能存在其他局部结构，常见的子结构包括定义式、因果式、测量式、归纳式与和解式，描述了贝叶斯网络中的局部结构。确定网络结构后，可用专家经验和统计数据相结合的方式获取节点间的概率关系。在建立贝叶斯网络后，即可进行诊断推理。联合树算法是贝叶斯网络的常用推理算法，且已有很多成熟软件，如 MATLAB 贝叶斯工具箱 BNT。

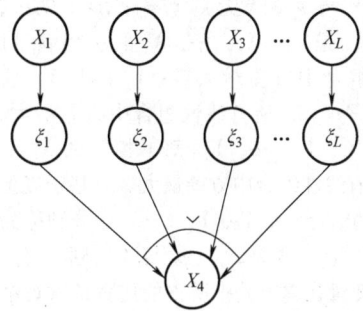

图 6.6-7　Leaky Noisy-Or 节点示意图

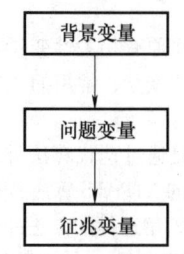

图 6.6-8　背景变量、问题变量
和征兆变量间的因果关系

98　主成分分析　主成分分析（Principal Component Analysis，PCA）是由霍特林于 1933 年首先提出的，主要利用降维的思想，在损失很少信息的前提下，把多个变量转化为几个综合变量的多元统计方法。通常把转化生成的综合变量称为主成分，其中每个主成分都是原始变量的线性组合，且各个主成分之间互不相关，使得主成分比原始变量具有某些更优越的性能。将主成分分析的基本思想用于输变电设备状态评估中，这样在研究复杂问题时就可以只考虑少数几个主成分而不至于损失太多信息，从而更容易抓住主要矛盾，揭示事物内部变量之间的规律性，同时使问题得到简化，提高分析效率。

设研究对象涉及 p 个变量，分别用 X_1, X_2, $\cdots$, X_p 表示，p 维随机向量 X 的均值为 u，协方差矩阵为 Σ。对 X 进行线性变换，得到新的综合变量 Y，即满足下式：

$$\begin{cases} Y_1 = u_{11}X_1 + u_{21}X_2 + \cdots + u_{p1}X_p \\ Y_2 = u_{12}X_1 + u_{22}X_2 + \cdots + u_{p2}X_p \\ \vdots \quad \cdots \\ Y_p = u_{1p}X_1 + u_{2p}X_2 + \cdots + u_{pp}X_p \end{cases}$$

为了取得较好的效果，$Y_i = u_i'X$ 的方差尽可能大且各 Y_i 之间相互独立，并且线性变换满足以下原则：

1) $u_i'u_i = 1(i = 1, 2, \cdots, p)$

2) Y_i 与 Y_j 相互无关 $(i \neq j; i, j = 1, 2, \cdots, p)$

3) Y_1 是 X_1, X_2, $\cdots$, X_p 的一切满足原则 1) 的线性组合中方差最大者；Y_2 是与 Y_1 不相关的 X_1, X_2, $\cdots$, X_p 所有线性组合中方差最大者；$\cdots$；Y_p 是与 Y_1, Y_2, $\cdots$, Y_{p-1} 都不相关的 X_1, X_2, $\cdots$, X_p 的所有线性组合中方差最大者。基于以上三条原则确定的综合变量 Y_1, Y_2, $\cdots$, Y_p 分别称为原始变量的第 1 个，第 2 个，$\cdots$，第 p 个主成分。其中，各综合变量在总方差中所占的比重依次递减。在实际研究工作中，通常只挑选前几个方差最大的主成分，从而达到简化系统结构、抓住问题实质的目的。

主成分分析将原有相关性变量，重新组合成新的无关变量代替原变量，常用的主成分计算方法一般有以下三种：

第一种方法是通过迭代算法计算主成分，1966 年 Wold H. 提出的 NTPALS 算法首先从原始数据矩阵 X 中任选一列，用迭代的方法计算第一个主元向量 t_1 和第一个负荷向量 p_1，然后从矩阵 X 中减去它们的外积，得到一个误差矩阵 E_1。以误差矩阵 E_1 代替数据矩阵 X，计算第二个主元向量 t_2 和第二个负荷向量 p_2，即

$$E_1 = X - t_1 p_1^T$$
$$E_1 = E_1 - t_2 p_2^T$$
$$\vdots$$
$$E_{m-1} = E_{m-2} - t_{m-1} p_{m-1}^T$$

如此继续，直到所有的主成分都被计算出来为止。

第二种方法是通过奇异值分解计算主成分，观测数据矩阵 X 的奇异值分解表达式为

$$X = U\Sigma V^T$$
$$U = [u_1, u_2, \cdots, u_n]$$

$$V = [v_1, v_2, \cdots, v_n]$$

$$\Sigma = \begin{bmatrix} \sigma_1 & 0 & \cdots & 0 \\ 0 & \sigma_2 & \cdots & 0 \\ 0 & 0 & \cdots & \sigma_m \\ \vdots & \vdots & & \vdots \\ 0 & 0 & \cdots & 0 \end{bmatrix}$$

上式中 $\sigma_1 > \sigma_2 > \cdots > \sigma_m$ 为矩阵 X 的奇异值，并且 $\sigma_1 = \sqrt{\lambda_1}$，$\sigma_2 = \sqrt{\lambda_2}$，$\cdots$，$\sigma_m = \sqrt{\lambda_m}$。矩阵 U 和 V 中的各列之间是互相正交的，且长度为 1，则有

$$X = \sigma_1 u_1 v_1^T + \sigma_2 u_2 v_2^T + \cdots + \sigma_m u_m v_m^T$$

式中　$\sigma_1 u_1$——X 的第一个主成分；

v_1——第一个主成分的系数向量。

第三种方法是通过求特征值和特征向量计算主成分，其计算过程为

1) 计算 p 个变量的协方差矩阵 Σ

$$\Sigma = E[(X - E[X])(X - E[X])^T]$$
$$= \begin{bmatrix} \text{cov}(X_1, X_1) & \text{cov}(X_1, X_2) & \cdots & \text{cov}(X_1, X_p) \\ \text{cov}(X_2, X_1) & \text{cov}(X_2, X_2) & \cdots & \text{cov}(X_2, X_p) \\ \vdots & \vdots & \ddots & \vdots \\ \text{cov}(X_1, X_p) & \text{cov}(X_2, X_p) & \cdots & \text{cov}(X_p, X_p) \end{bmatrix}$$

2) 由 Σ 的特征方程 $|\Sigma - \lambda I| = 0$，求出特征根 $\lambda_i(i = 1, 2, \cdots, p)$。当指标样本数据较多时，需要解高次方程，或使用替代法进行运算。

3) 对 λ_i 从大到小进行排序，设 $\lambda_1 \geq \lambda_2 \geq \cdots \geq \lambda_p$，并求出 λ_i 对应的标准正交特征向量 γ_i。

4) 求得主成分 $Y_i = \gamma_i^{(1)} X_1 + \gamma_i^{(2)} X_2 + \cdots + \gamma_i^{(p)} X_p$

其中 $\gamma_i^{(1)}$，$\gamma_i^{(2)}$，$\cdots$，$\gamma_i^{(p)}$ 分别表示向量 γ_i 的第 1 个，第 2 个，$\cdots$，第 p 个分量。

99　偏最小二乘回归　偏最小二乘回归（Partial least squares regression，PLS 回归）是一种数据统计方法，主要研究多因变量和多自变量的回归建模问题。从普通的最小二乘法中可以看出，当样本数量少于自变量数量时，用普通的最小二乘法是无法解出线性回归方程的，然而偏最小二乘回归法很好地解决了这一问题。偏最小二乘回归通过将自变量和因变量的高维数据空间向低维投影，分别得到自变量和因变量之间相互正交的特征向量，建立特征向量间的一元线性回归关系。这些特征向量被称为主成分。因为它们包含了对自变量和因变量变化的解释作用，因此所建立的特征向量间的一元线性回归关系，就包含了所有自变量对因变量的解释信息，具有很好的鲁棒性和预测稳定性。

PLS 回归模型分别由外部模型和内部模型组

成，首先利用外部模型求得特征向量 *t* 和 *u*，再利用内部模型建立 *u* 和 *t* 的关系，然后将 *Y* 对 *t* 进行回归，得到 *Y* 对 *t* 的 PLS 回归模型。图 6.6-9 所示为未经简化的 PLS 回归模型算法流程图。

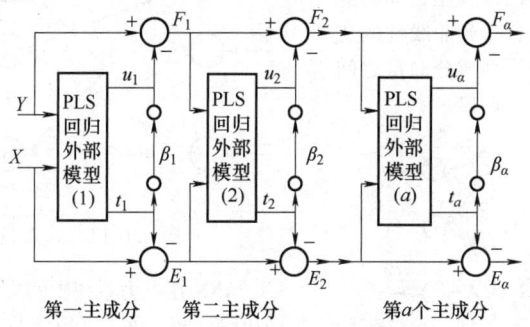

图 6.6-9　PLS 回归模型算法流程图

PLS 回归集中了主成分分析，典型相关分析和线性回归分析方法的特点，因此在分析结果中，除了可以提供一个更为合理的回归模型外，还可以同时完成一些类似于主成分分析和典型相关分析的研究内容，提供一些更丰富、深入的信息。

100　非线性回归　一般情况下，线性回归是非线性回归的特例或近似。对于实际的输变电设备数据，数据之间的关联关系，由于受到样本采集方式、工况变化等因素的影响，其数据难免也会呈现非线性关系。需要通过非线性回归来描述变量间相互依赖的定量关系。较为常用的非线性回归方法有非线性偏最小二乘（Nonlinear Partial Least Squares，NPLS）、人工神经网络（Artificial Neural Network，ANN）和支持向量回归（Support Vector Regression，SVR）。NPLS 是通过对 PLS 的非线性化处理衍生而来，ANN 是由大量处理（神经）单元按不同的连接方式组成的网络状非线性处理系统，SVR 则采用核函数代替传统回归方程中的线性项以适用于非线性数据的回归分析。

（1）非线性偏最小二乘　数据的非线性关系可能存在于自变量之间，也可能存在于因变量与自变量之间。因此，对 PLS 模型进行非线性改善则可得到 NPLS 模型，根据不同的改善方式，NPLS 方法大概可以分为以下三类。

第一类是自变量之间存在非线性关系。对于这类问题，首先可以对自变量输入矩阵进行列扩展，在扩展列中包含原始自变量的非线性项，形成非线性的外部模型。非线性项可采用交叉乘积项、神经元网络输出项等。此外，也可通过核函数，将位于低维的非线性相关自变量样本数据变换到高维线性空间，在高维空间中对自变量映射的样本和因变量样本之间做 PLS 分析。将这两种非线性关系的引入统称为基于外部模型改进的 NPLS，结构框图见图 6.6-10。

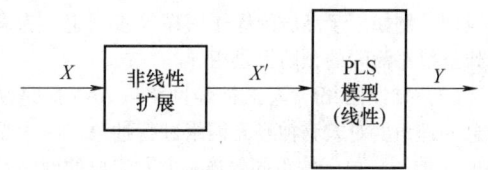

图 6.6-10　基于外部模型改进的 NPLS

第二类是自变量之间具有线性关系，而因变量与自变量之间存在非线性关系。这类非线性问题可以利用传统 PLS 的外部变换方法，将位于高维空间的相关原始自变量投影到低维正交的特征空间来求出主元向量，再建立主元向量之间的内部非线性关系的模型。内部模型的非线性关系可采用二次多项式和神经元网络等进行描述。将这种非线性关系的引入称为基于内部模型改进的 NPLS，结构框图见图 6.6-11。

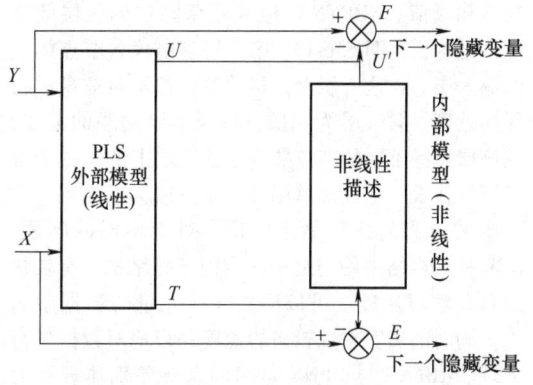

图 6.6-11　基于内部模型改进的 NPLS

第三类是将线性 PLS 提取特征向量所采用的协方差最大准则作为目标函数的一部分，利用五层前向网络实现非线性的 PLS 外部和内部模型，即将建模变量投影到低维的曲线或曲面，得到非线性的成分向量，然后再建立因变量与非线性成分向量之间的非线性关系，其结构框图见图 6.6-12。

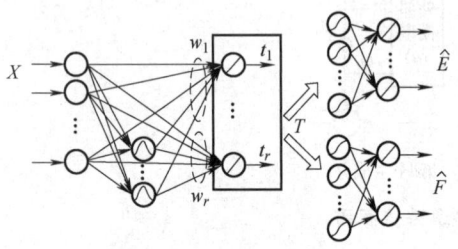

图 6.6-12 基于非线性成分提取的 NPLS

NPLS 已在电力系统的设备状态评价中得以广泛应用，例如用于高压绝缘子污秽等级判定，为高压架空线路污闪的预防提供指导。

（2）神经网络 人工神经网络（ANN）是从信息处理角度对人脑神经元网络进行抽象，由大量处理（神经）单元按不同的连接方式组成的网络状模型。它具有自学习、自组织以及自适应的能力、分布存储和并行处理信息的功能、较强的容错能力以及高度非线性的表达能力。误差反向传输神经网络（Back Propagation Neural Network，BPNN）和径向基函数神经网络（Radial Basis Function Neural Network，RBFNN）是两种最常用的神经网络。

BPNN 是由非线性变换神经单元组成的一种前馈型多层神经网络。其神经元采用的传递函数通常是 Sigmoid 型函数。整体的学习方法是以最小的网络误差二次方和为目标，在最快下降法作为指导的情况下，通过反向传播的方法来调整整个网络中的权值和阈值。RBFNN 一般采用单隐层的三层前向网络结构，见图 6.6-13。第一层是由输入节点构成的输入层。在这一层上，相关节点并不对信息进行任何处理。第二层为隐层，按照不同问题的需要，在该层选择不同的节点数。在这一层上的每一个神经元都代表一组径向基函数。第三层为输出层，它对输入模式的作用做出响应。对于不同的问题，RBF 神经网络采用与之相适应的拓扑结构，有较快的自我学习速度，可以应用在较大量的数据融合中，同时能够实现以较高的速度并行地对数据进行处理。RBFNN 与 BPNN 之间的重要差别体现在对传递函数的使用上，RBFNN 中所用传递函数是关于中心对称的，是局部的。

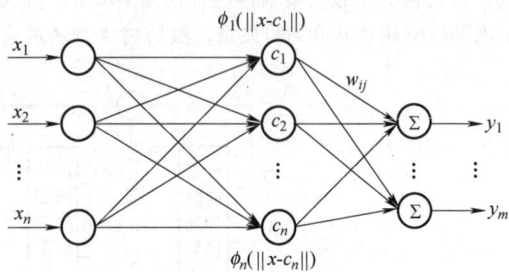

图 6.6-13 三层结构的 RBFNN

ANN 在电力系统中的应用主要包括：警报处理和故障诊断、电力系统负荷预报、静态和动态安全分析、谐波估计、设备绝缘故障诊断、电力系统的控制、线损评估等，为电力系统的安全稳定运行提供了保障。

（3）支持向量回归 支持向量回归（SVR）是在支持向量机（Support Vector Machine，SVM）基础上提出的一种非线性回归方法，其引入核函数 $K(x_i, x_j)$，通过非线性映射 φ 将低维空间中的非线性问题映射到高维空间变为线性问题，然后在该空间进行线性回归。SVR 避免了求解非线性映射的显式表达式，只需要由少数的支持向量来获得回归函数，其复杂性只与支持向量的数目有关系，减少了"维灾难"的发生。SVR 算法具体描述如下：

已知训练集 $T = \{(x_1, y_1), (x_2, y_2), \cdots, (x_n, y_n)\}$，则拟合函数表达式为

$$f(x) = w \cdot \varphi(x_i) + b \quad i = 1, 2, \cdots, L$$
$$\varphi(\cdot): R^n \to F, \quad w \in F$$

式中 w——回归向量系数；

b——阈值；

$\varphi(x)$——输入空间 X 到高维 Hilbert 空间的非线性映射，w 和 b 可通过让目标函数 $R(w)$ 最小化来确定。

$$R(w) = \frac{1}{2} \|w\|^2 + C \sum_{i=1}^{L} e_\varepsilon [f(x_i) - y_i]$$

式中 C——惩罚因子；

e_ε——损失函数。

利用对偶算法和引用核函数 $K(x_i, x_j)$ 求解目标函数，则可得到 SVR 的模型：

$$f(x) = \sum_{i=1}^{L} (\alpha_i - \alpha_i^*) K(x_i, x_j) + b$$

式中 α_i，α_i^*——拉格朗日乘子。

SVR 模型具有理论严密、适应性强、全局优化、训练效率高和泛化性能好等优点，可以实现输变电设备变量的识别和预测。例如实时预测变压器

绕组热点温度，掌握其运行状态和负载能力；预测主变压器油中溶解的气体浓度，及时捕捉设备突发性故障的前期征兆，以期及时掌握设备运行状态，提高设备运行的可靠性。

101　残差分析　在拟合一个回归模型之前，人们并不能肯定这个模型适用于所给数据。诸如对回归函数的线性假设、误差的正态性和同方差性假设等，都有可能不适合于所给数据。因此，拟合一个模型之后，进一步考察模型对所给数据的适用性，是将此模型应用于实际之前所必须的环节，如果拟合的模型不能较好地反映数据的特点，就必须对模型做必要的修正或者对数据做某些处理，在这一方面，残差分析起着十分重要的作用。从残差出发分析关于误差项假定的合理性以及线性回归关系假定的可行性称为残差分析（Residual Analysis）。

通过对残差 $\hat{\varepsilon}_i = y_i - \hat{y}_i (i = 1, 2, \cdots, n)$ 做分析，可以在一定程度上了解回归函数的线性假设的可行性，以及误差 ε_i 的等方差假设、独立性假设和正态分布假定的合理性；检测观测值中是否有异常值存在或遗漏了某些重要的自变量。

（1）残差的性质　残差具有不可预测性、期望为 0、等方差和服从正态分布的性质。其中通过对残差的正态性检验，可以了解对误差 ε_i 的正态性假设的合理性。下面主要介绍残差正态性的频率检验和 QQ 图检验。

1）残差正态性的频率检验。残差正态性的频率检验是一种很直观的检验方法。其基本思想是将残差落在某范围的频率与正态分布在该范围的频率相比较，通过两者之间偏差的大小评估残差的正态性。

从正态分布残差的频率直方图（见图 6.6-14）可以看到，残差的分布以零线居中而且以零值对称，正如人们对正态分布的随机变量所期望的那样。

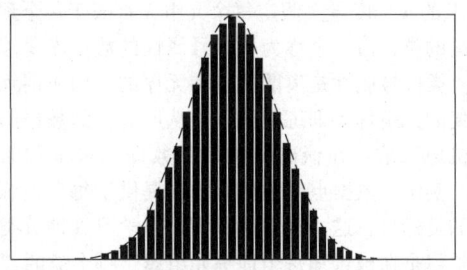

图 6.6-14　正态分布残差的频率直方图

2）残差正态性的 QQ 图检验。残差正态性的检查分位数（QQ）图可以比较观测数据和假定分布的分位数，其一般做法如下：

① 残差 $\hat{\varepsilon}_1$，$\hat{\varepsilon}_2$，$\cdots$，$\hat{\varepsilon}_n$ 按由小到大进行排序为 $\hat{\varepsilon}_{(1)}$，$\hat{\varepsilon}_{(2)}$，$\cdots$，$\hat{\varepsilon}_{(n)}$。

② 计算 $\hat{\varepsilon}_{(i)}$ 的期望值 $q_{(i)} = \Phi^{-1}\left[\dfrac{i-0.373}{n+0.25}\right]$。

③ 在残差为纵坐标，期望值为横坐标的直角坐标系中描出点 $(q_{(i)}, \hat{\varepsilon}_{(i)})$，得到残差的正态 QQ 图。

残差 $\hat{\varepsilon}_{(i)}$ 是来自正态分布总体的样本，点 $(q_{(i)}, \hat{\varepsilon}_{(i)})$ 应在一条直线上。若残差的正态 QQ 图的点大体趋势明显不在一条直线上，则有理由怀疑对误差正态性假定的合理性。

如图 6.6-15 所示，如果残差 $\hat{\varepsilon}_i$ 来自正态分布，散点近似一条直线，否则拒绝误差正态性假设。

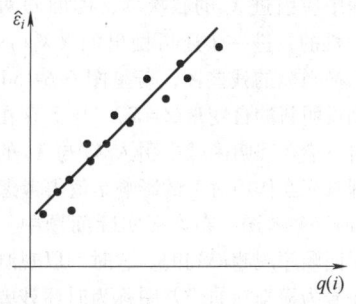

图 6.6-15　残差正态分布的 QQ 图

（2）残差分析指标与残差图　利用最小二乘法计算回归模型时，假设对残差的要求是满足独立性和方差齐性。所以提取模型残差后，要通过画图和检验做残差诊断。残差图是指以残差为纵坐标，以任何其他指定的量为横坐标的散点图。主要包括 1）横坐标为因变量 Y 的拟合值；2）横坐标为某个自变量 X_j 的观测值；3）横坐标为取得观测值的时间或观测值的序号。通过考察各类残差图可以对误差项分布的正态性、等方差性以及回归关系的线性性等假定的合理性做出直观检验，还可以对回归方程中是否有必要引进自变量的高次项、交叉乘积项以及是否在确定自变量时遗漏了某些重要的自变量等提供一定的参考信息。

1）以因变量 Y 的拟合值为横坐标的残差图。因变量 Y 的拟合值 $\hat{Y}$ 为横坐标，$\hat{Y}$ 与 $\hat{\varepsilon}$ 相互独立，这时残差图中的点 $(\hat{y}_i, \hat{\varepsilon}_i)(i = 1, 2, \cdots, n)$ 应大致在一个水平的带状区域内，且不呈现任何明显的趋势。图 6.6-16 给出了几种利用模拟数据所产生的残差图，若残差图呈图 6.6-16a 所示的形状，可认为相应假设是合理的，否则，则有理由怀疑相应假设的合理性。例如图 6.6-16b 表示误差方差随 y_i 的增加有变大的趋势，即误差的等方差性假定是不合理的。图 6.6-16c 说明回归系数可能是非线性的，可能需要引进某个或某些自变量的二次项或交叉乘积项。图 6.6-16d 说明拟合值的线性趋势未完全消除，可能遗漏了某个或某些与 Y 有线性关系的重要的自变量，等等。

2）某个自变量 X_j 的观测值为横坐标的残差图。以每个自变量 $X_j(1 \leqslant j \leqslant p-1)$ 的观测值 $x_{ij}(i=1,2,\cdots,n)$ 为横坐标的残差图也可提供模型及其假设的合理性的一些有用信息。例如，满意的残差图应呈图 6.6-16a 所示的形状；图 6.6-16b 所示的形状说明误差方差随 X_j 取值的增加有变大的趋势，即误差等方差的假定可能不合理；图 6.6-16c 说明回归方程中应引进 X_j 的二次项，即回归两数关于 X_j 不是线性的。进一步还可做出如 $X_jX_k(j \neq k)$ 的观测值为横坐标的残差图，若呈图 6.6-16d 所示的形状，则说明新的自变量 $Z=X_jX_k$ 与 Y 存在线性关系。这时，应在回归函数中引入 X_j 与 X_k 的交叉乘积项，即其交互作用对 Y 的影响是值得考虑的。

3）时序残差图。在许多实际问题中，样本数据是按时间顺序观测得到的。这时，以观测时间或观测值序号为横坐标的残差图称为时序残差图。同样，满意的时序残差图应呈现图 6.6-16a 所示的形状，否则说明回归函数或误差分布的假定存在一定的问题。例如，图 6.6-16b 所示的形状说明误差方差随时间的推移有变大的趋势；图 6.6-16b 或 d 说明回归函数中应包含时间 t 的二次项或 t 的一次项，或者误差项之间有一定的相关性，等等。

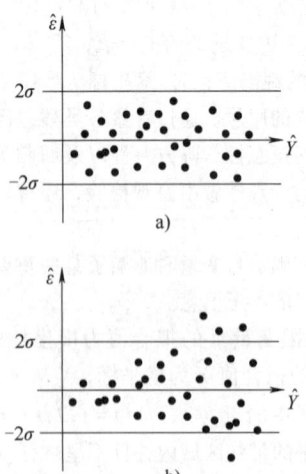

a)　回归方程拟合较好
b)　误差方差呈放大趋势

图 6.6-16　拟合值残差图的几种形式

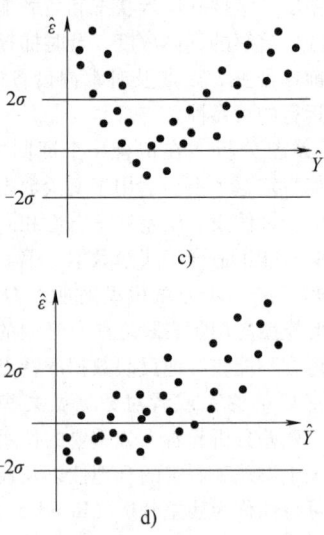

c)

d)

图 6.6-16　拟合值残差图的几种形式（续）
c)　回归系数非线性　d)　回归方程具有曲线形式

6.7　数据挖掘

102　分类　在数据挖掘相关应用中，分类方法是一种基础学习方法，绝大多数的分类方法是有监督的，通过对已知类别训练集的分析，构造一个模型或分类器，以此预测新数据的类别。解决数据分类问题一般可以分为两个阶段，包括学习阶段（构建分类模型）和分类阶段（使用模型预测给定数据的类标号）。

在第一阶段，建立描述预先定义的数据类或概念集的分类器。这是学习阶段（或训练阶段），其中分类算法通过分析或从训练集"学习"来构造分类器。训练集由数据库元组和与它们相关联的类标号组成。元组 X 用 n 维属性向量 $X=(x_1,x_2,\cdots,x_n)$ 表示，分别描述元组在 n 个数据库属性 A_1，A_2，$\cdots$，A_n 上的 n 个度量。假定每个元组 X 都属于一个预先定义的类，由一个称为类标号属性的数据库属性确定。类标号属性是离散值的和无序的。构成训练数据集的元组称为训练元组，并从所分析的数据库中随机地选取。在谈到分类时，数据元组也称为样本、实例、数据点或对象。由于提供了每个训练元组的类标号，这一阶段也称为监督学习（即分类器的学习是在被告知每个训练元组属于哪个类的"监督"下进行的）。它不同于无监督学习或聚类，每个训练元组的类标号是未知的，并且要学习的类的个数或集合也可能事先不知道。分类过程的第一阶段也可以看作学习一个映射或函数 $y=f(X)$，它可以预测给定元组 X 的类标号 y。

在第二阶段，使用模型进行分类。首先评估分类器的预测准确率。如果我们使用训练集来度量分类器的准确率，则评估可能是乐观的，因为分类器趋向于过分拟合该数据，即在学习期间，它可能包含了训练数据中的某些特定的异常，这些异常不在一般数据集中出现。因此，需要使用由检验元组和与它们相关联的类标号组成的检验集。它们独立于训练元组，意指不使用它们构造分类器。分类器在给定检验集上的准确率是分类器正确分类的检验元组所占的百分比。每个检验元组的类标号与学习模型对该元组的类预测进行比较。如果认为分类器的准确率是可以接受的，那么就可以用它对类标号未知的数据元组进行分类。分类器可以作为解释性的工具，用于区分不同类中的个体，同时也可以用来预测记录的类别。常用的分类方法如下：

（1）决策树方法　决策树方法是一种归纳学习算法。在构造的树中，每个叶节点都赋予一个类标识。非叶节点包含属性的测试条件，用于区分具有不同特征的记录。主要的决策树方法有 ID3、C4.5、CART。

（2）基于规则的分类方法　基于规则的分类方法是使用一组"如果…那么…"规则来对记录进行分类的技术。顺序覆盖算法通常被用来从数据集中直接提取分类规则。另一种更广泛使用的直接规则提取算法叫 RIPPER 算法。该算法特别适合类分布失衡的数据集，它对噪声数据有很好的容忍度。

（3）支持向量机　支持向量机已成为一种热门的分类技术，它能很好地处理高维数据集，避免维灾难。它可以将分类模型表示为凸优化问题，从而可以利用已知的有效算法发现目标函数的全局最优点，而其他分类算法一般都采用贪心学习的策略来搜索，往往只能发现局部最优解。

（4）神经网络　神经网络是一种模仿动物神经网络行为特征，进行分布式并行处理的算法。反向传播算法是神经网络中采用最多的方法。神经网络的优点是：分类的准确度高，并行分布处理能力强，对噪声数据有较强的鲁棒性和容错能力等。但该方法比较耗时，不适于处理大数据量的数据集。

（5）贝叶斯分类方法　在很多实际应用中，类别属性和其他属性之间的关系是不确定的。贝叶斯分类方法是一种对数据集中属性集和类别变量概率关系建模的方法。贝叶斯分类方法主要有朴素贝叶斯分类方法和贝叶斯网络方法。朴素贝叶斯分类方法假设在估计类条件概率时，属性之间是条件独立

的，它对孤立的噪声数据和无关属性具有很好的分类效果。但是现实中，很多情况下独立分布的属性关系是不成立的。贝叶斯网络方法不要求类的属性是条件独立的，很适合处理不完整的数据集，但是构建合理的网络可能很烦琐。

（6）组合分类方法　组合分类方法由训练集构建多个基分类器，然后通过对每个基分类器的预测进行投票来进行分类的方法，从而提高分类的准确度。实践表明，组合方法往往比单个分类器的效果好。比较常用的组合方法有袋装（bagging）、提升（boosting）和随机森林（random forest）。Ada Boost 算法就是一种常用的 boosting 方法实现。随机森林方法是一种专门为决策树分类器设计的组合方法，它组合了多种决策树的预测。研究表明，随机森林方法在准确度方面可以和 Ada Boost 相媲美，另外，其运行速度比 Ada Boost 快。

（7）最近邻分类方法　最近邻分类方法可记住整个训练集数据，当测试记录的属性与某个训练集记录完全匹配时才进行分类。在实际应用中，往往找出与测试集的属性相对接近的所有训练集记录即可，这些记录被称为最近邻。记录 r 的 k-最近邻是指与 r 距离最近的 k 个数据记录。合理选取 k 的值很重要，其值太大，最近邻分类器可能会误分测试集记录；其值太小，最近邻分类器易受训练集中噪声的影响而产生过拟合的问题。

103　聚类　聚类（clustering）是一个把数据对象或观测划分成子集的过程。每个子集是一个簇（cluster），使得簇中的对象彼此相似，但与其他簇中的对象不相似，且簇内的相似性越大，簇间差别越大，聚类就越好。因为没有提供类标号信息，聚类属于无监督学习。聚类的目的是用于知识发现而不是预测，用于挖掘一般被忽略的数据关联和价值。

由于聚类的主要任务就是将相似的数据对象或模式向量聚在一起，因此如何度量数据对象之间的距离或相似性是聚类分析中的关键问题。显然，不同的数据间量度方式决定了不同的聚类结果。

若两个数据对象分别用 j 维模式向量 $x=x_1$，$x_2,\cdots,x_j$ 和 $y=y_1,y_2,\cdots,y_j$ 来表示，用距离函数 $d(x,y)$ 来描述两数据对象之间的关系，则 x 和 y 越相似，$d(x,y)$ 的值越小。

对于定量量值的数据，普遍采用的度量方式为欧氏距离：

$$d_{euc}(x,y)=\left[\sum_{i=1}^{j}(x_i-y_i)^2\right]^{\frac{1}{2}}=\|x-y\|_2$$

此外，根据不同的聚类目标，还可以采用曼哈顿距离：

$$d_{\mathrm{man}}(x,y)=\sum_{i=1}^{j}|x_i-y_i|=\|x-y\|_1$$

或者最大距离：

$$d_{\max}(x,y)=\max_{1\le i\le j}|x_i-y_i|=\|x-y\|_\infty$$

以上三种数据间量度方式分别为明可夫斯基距离：

$$d_{\min}(x,y)=\left(\sum_{i=1}^{j}|x_i-y_i|^r\right)^{\frac{1}{r}}=\|x-y\|_r$$

在 $r=2$，1 和 ∞ 时的特殊情况。模糊 C 均值聚类算法主要基于明可夫斯基类型的距离。明可夫斯基距离的缺陷在于，这种度量方式容易使数据向量中取值较大的特征分量占主导，而忽略其他取值较小的特征分量。通常的解决办法是对所有的特征分量进行归一化或加权处理。此外，若特征分量之间存在线性相关，也会对距离度量造成偏差，该问题可以通过引入马氏距离来解决，公式如下：

$$d_{\mathrm{mah}}(x,y)=(x-y)\Sigma^{-1}(x-y)^{\mathrm{T}}$$

式中　Σ——数据样本的协方差矩阵。

而对于定性量值的标定数据，一般采用匹配距离。若 j 维模式向量 x、y 为二值型标定数据对象，特征的两种取值分别用 0 和 1 来表示，则可得到图 6.6-17 所示的列联表。其中 a_{11} 和 a_{00} 表示在 x、y 中取值同时为 1 和同时为 0 的特征个数，a_{10} 和 a_{01} 表示在 x、y 中分别取不同值的特征个数。基于 a_{11}、a_{00}、a_{10}、a_{01} 这四个数值，最常见的两种匹配距离或匹配系数为简单匹配系数

$$d_{\mathrm{sim}}(x,y)=\frac{a_{00}+a_{11}}{a_{00}+a_{11}+a_{01}+a_{10}}$$

和 Jaccard 系数

$$d_{\mathrm{jac}}(x,y)=\frac{a_{11}}{a_{11}+a_{01}+a_{10}}$$

		x	
		1	0
y	1	a_{10}	a_{11}
	0	a_{01}	a_{00}

图 6.6-17　二值型模式向量 x、y 的列联表

在数据挖掘中主要的聚类算法可分为以下几种：基于划分的聚类算法、基于层次的聚类算法、基于密度的聚类算法、基于网格的聚类算法以及基于模型的聚类算法。

（1）基于划分的聚类算法　所谓划分方法就是将包含有 n 个数据对象的数据集合分为 m 个组，其中每个组都是一个聚类，从定义可以看出，这种聚类要满足以下两点：1）每个分组至少要包含一个数据对象；2）每个数据对象只能归属在一个分组当中，不能出现一个数据对象同时归属于几个分组的情况，使用反复迭代的方法进行分组效果会更佳。最终在计算时，使得每次改进后的分组方案较之前一次都更胜一筹，同一分组当中，各个数据对象越近越好，而一些部分的算法应用对于条件2）的限制可以适当放宽一些。在聚类算法中，K 均值（K-means）算法和 K-中心点（K-medoids）算法是最重要的两种算法，除此之外如模糊 C 均值聚类算法等其他类型的划分方法都是在它们的基础上演化而来的。FCM（Fuzzy C Mean，模糊 C 均值）聚类算法把 n 个向量 $x_i(i=1,2,\cdots,n)$ 分为 C 个模糊组，用值在 0，1 间的隶属度来确定每个给定数据属于各个组的程度，并求每组的聚类中心，使得非相似性指标的价值函数达到最小，一般选择明可夫斯基型的距离作为其非相似性指标。

（2）基于层次的聚类算法　层次聚类算法将数据集进行层次分解。分为自下向上凝聚的层次聚类和自上向下的分裂法（层次聚类两种）。凝聚的层次聚类将每个数据对象单独分成一个组，再逐步合并分组达到终止函数的限制。分裂法层次聚类，先将所有数据对象放到一个分组中，然后再渐渐划分为小的分组，直到达到了某个终止条件。常用的层次聚类方法包括 BIRCH、CURE、ROCK、Chameleon 算法等。

（3）基于密度的聚类算法　基于密度的聚类算法，是用密度取代数据的相似性，按照数据样本点的分布密度差异，将样本点密度足够大的区域联结在一起，以期能发现任意形状的组。这类算法的优点在于能发现任意形状的组，还能有效地消除噪声。基于密度的聚类算法常用的有 DBSCAN、OPTICS、DENCLUE 等。

（4）基于网络的聚类算法　基于网格的聚类算法，它的原理是把量化的网格空间进行聚类法，这个算法一般与数据集的大小没有关系，计算时间复杂度只取决于网格单元的数量。基于网格的聚类算法的优点在于它可以大幅提高计算效率；而缺点在于它不能检测到斜边界的聚类，只能发现边界是垂直或水平的聚类。常见的基于网格的聚类算法有 STING、Wave Cluster、CLIQUE 等。

（5）基于模型的聚类算法　所谓基于模型的算

法就是一种通过给每个聚类设定模型并在此基础上进行数据集选择的计算方法。这类算法试图对给定数据和某些数学模型之间的拟合进行优化。基于模型的聚类计算方法是以数据符合潜在的概率分布的假设前提为基础的，EM、神经网络、概念聚类等都是常见的基于模型的聚类算法。

簇评价，即簇的有效性是指通过客观的量化计算对聚类分析产生的结果进行评估的过程。大多数评估指标都是在统计学的框架下定义的，每个指标可被看作是一个统计量。一个聚类结构的正确性是指它能够真实反映原始数据内在信息和结构的能力，而评估指标就是对这种能力的度量。

用于评估簇的各方面的评估度量或指标一般分成如下三类：

（1）非监督指标　非监督指标用来度量聚类结构的优良性，不考虑外部信息。例如，SSE（误差平方和）。簇的有效性的非监督指标常常可以进一步分成两类：簇的凝聚性指标确定簇中对象如何密切相关，簇的分离性指标确定某个簇不同于其他簇的地方。非监督指标通常称为内部指标，因为它们仅使用出现在数据集中的信息。

（2）监督指标　监督指标用来度量聚类算法发现的聚类结构与某种外部结构的匹配程度。例如，监督指标的熵，它度量簇标号与外部提供的标号的匹配程度。监督指标通常称为外部指标，因为它们使用了不在数据集中出现的信息。

（3）相对指标　相对指标用来比较不同的聚类或簇。相对簇评价指标是用于比较的监督或非监督评估指标。因而，相对指标实际上不是一种单独的簇评价指标类型，而是度量的一种具体使用。例如，两个 K 均值聚类可以使用 SSE 或熵进行比较。

104　关联分析　关联分析是一种无监督的学习方法，用于发现隐藏在大型数据集中有意义的联系。所发现的联系可以用关联规则或频繁项集的形式表示。输变电设备的数据繁杂，关联分析得到广泛的应用，尤其是对于运行、电网、环境等非线性设备信息的关联上。首先介绍关联分析的基本概念，在此基础上，对频繁项集和关联规则的产生进行详细分析。

令 $I=\{i_1,i_2,\cdots,i_d\}$ 是所有项的集合，而 $T=\{t_1,t_2,\cdots,t_N\}$ 是所有事务的集合。每个事务 t_i 包含的项集都是 I 的子集。在关联分析中，包含 0 个或多个项的组合被称为项集。如果一个项集包含 k 个项，则称它为 k-项集。空集是指不包含任何项的项集。

事务的宽度定义为事务中出现项的个数。如果项集 X 是事务 t_i 的子集，则称事务 t_i 包括项集 X。项集的一个重要性质是它的支持度计数，即包含特定项集的事务个数。数学上，项集 X 的支持度计数 $\sigma(X)$ 可以表示为

$$\sigma(X)=\left|\{t_i\mid X\subseteq t_i,t_i\in T\}\right|$$

其中，符号 $|\cdot|$ 表示集合中元素的个数。关联规则是形如 $X\rightarrow Y$ 的表达式，其中 X 和 Y 是不相交的项集，关联规则的强度可以用它的支持度和置信度度量。支持度确定规则可以用于给定数据的频繁程度，而置信度确定 Y 在包含 X 的事务中出现的频繁程度。支持度（s）和置信度（c）这两种度量的形式定义如下：

$$s(X\rightarrow Y)=\frac{\sigma(X\cup Y)}{N}$$
$$c(X\rightarrow Y)=\frac{\sigma(X\cup Y)}{\sigma(X)}$$

关联规则发现是指找出同时满足最小支持度阈值和最小置信度阈值的所有规则，这些规则称为强规则，这些阈值可以由用户或领域专家设定。如果由项集 1 的支持度满足预定义的最小支持度阈值，则 I 是频繁项集。

对于频繁项集的产生，已经开发了许多有效的、可伸缩的算法，由它们可以导出关联和相关规则。这些算法可以分成三类：1）Apriori 算法；2）基于频繁模式增长的算法，如 FP-Growth；3）使用垂直数据格式的算法。

（1）Apriori 算法　Apriori 算法是最常用的关联规则挖掘算法。该算法使用频繁项集性质的先验知识：频繁项集的所有非空子集也都是频繁的。Apriori 算法使用一种称为逐层搜索的迭代方法，其中 k 项集用于探索（k+1）项集。首先扫描数据库，累计每个项的计数，并收集满足最小支持度的项，找出频繁 1 项集的集合，该集合记为 L_1；然后使用 L_1 找出频繁 2 项集的集合 L_2，使用 L_2 找出 L_3，如此下去，直到不能再找到频繁 k 项集。找出每个 L_k 需要一次数据库的完整扫描。

（2）频繁模式增长　频繁模式增长是一种不产生候选的挖掘频繁项集方法。它采取如下分治策略：首先，将代表频繁项集的数据库压缩到一棵频繁模式树（FP 树），该树仍保留项集的关联信息。然后，把这种压缩后的数据库划分成一组条件数据库（一种特殊类型的投影数据库），每个数据库关联一个频繁项或"模式段"，并分别挖掘每个条件数据库。对于每个"模式段"，只需要考察与它相关联

的数据集。因此，随着被考察的模式的"增长"，这种方法可以显著地压缩被搜索的数据集的大小。

（3）使用垂直数据格式挖掘频繁模式　使用垂直数据格式的算法将给定的、用 TID-项集形式的水平数据格式事务数据集变换成项-TID-项集合形式的垂直数据格式。它根据先验性质和附加的优化技术（如 diffset），通过取 TID-项集的交，对变换后的数据集进行挖掘。

大多数关联规则挖掘算法通常采用的一种策略是，将关联规则挖掘任务分解为如下两个主要的子任务：一是找出所有的频繁项集；二是由频繁项集产生强关联规则。

一旦由数据库 T 中的事务找出频繁项集，就可以直接由它们产生强关联规则（强关联规则满足最小支持度和最小置信度）。忽略那些前件或后件为空的规则，每个频繁 k 项集能够产生多达（2^k-2）个关联规则。关联规则可以这样提取：将项集 Y 划分成两个非空的子集 X 和 Y–X，使得 $X \rightarrow Y \rightarrow X$ 满足置信度阈值。注意这样的规则已经满足支持度阈值，因为它们是由频繁项集产生的。

Apriori 算法使用一种逐层方法来产生关联规则，其中每层对应于规则后件中的项数。初始，提取规则后件只含一个项的所有高置信度规则，然后，使用这些规则来产生新的候选规则。例如，如果 $\{acd\} \rightarrow \{b\}$ 和 $\{abd\} \rightarrow \{c\}$ 是两个高置信度的规则，则通过合并这两个规则的后件产生候选规则 $\{ad\} \rightarrow \{bc\}$。图 6.6-18 显示了由频繁项集 $\{a, b, c, d\}$ 产生关联规则的网格结构。如果格中的任意节点具有低置信度，则根据定理：如果规则 $X \rightarrow Y \rightarrow X$ 不满足置信度阈值，则形如 $X' \rightarrow Y \rightarrow X'$ 的规则一定也不满足置信度阈值，其中 X' 是 X 的子集。可以立即剪掉该节点生成的整个子图。假设规则 $\{bcd\} \rightarrow \{a\}$ 具有低置信度，则可以丢弃后件包含 a 的所有规则。

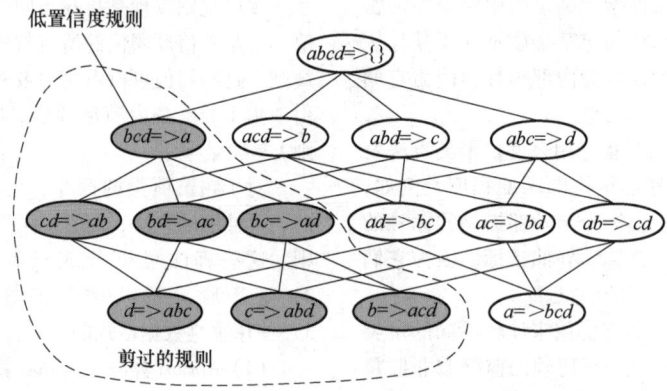

图 6.6-18　使用置信度度量对关联规则进行剪枝

105　时序分析　时间序列是指随时间变化的序列值或事件数据组成的序列，反映了属性值在时间顺序上的特征。时间序列的取值通常是在等时间间隔测得的数据。时间序列数据在诸多领域中广泛存在，如金融市场、工业过程、科学试验等，同时也在输变电设备的状态评估中有所应用。

时间序列数据的相似性搜索问题最早由 IBM 公司的 Agrawal 等人于 1993 年提出，该问题描述为"给定某个时间序列，要求从一个大型时间序列数据库中找出与之最相似的序列"。

对于相似性搜索，通常需要先对时间序列数据进行数据或维度归约和交换。典型的维度归约技术包括：1）离散傅里叶变换（DFT）；2）离散小波变换（DWT）；3）基于主成分分析（PCA）的奇异值分解（SVD）。使用这些技术，数据或信号被映射到变换后的空间。保留一小组"最强的"变换后的系数作为特征。

这些特征形成特征空间，它是变换后的空间的投影。可以在原数据或变换后的时间序列数据上构建索引，以加快搜索速度。对于基于查询的相似性搜索，技术包括规范化变换、原子匹配（即找出相似的、短的、无间隙的窗口对）、窗口缝合（即缝合相似的窗口，形成大的相似序列，允许原子匹配之间有间隙），以及子序列排序（即对子序列匹配线性排序，确定是否存在足够相似的片段）。

为了进一步改进时间序列的表示方法，使之能够达到快速、准确、动态灵活的要求，Keogh 等人先后提出了分段聚合近似（PAA）、分段线性表示（PLR）和适应性分段常数近似（APCA）等分段方法。这些方法首先将时间序列分为若干段，然后对每段取出平均值。同时改进了欧氏距离对于每一个点采取同等重视程度的方法，采用有权重的欧氏距离表示方法，使方法的准确性和快速性得到了提高。并且具有可以处理任意长度的时间序列，允许持续时间的插入和删除操作，支持有比例的欧氏距离方法和短于所建立索引长度的查询等优点。分段处理思想对时间序列数据的表示有着比较重要的意义，在同以往的处理方法相比较中，体现了比较明显的优势。

已有学者对时间序列周期分析进行了大量的研究，并提出了各种不同的周期模式挖掘算法。周期分析中周期长度是一个重要的参数，大部分算法都是基于周期长度参数已知的前提下提出的，周期模式挖掘算法主要分为以下几种：

（1）完全周期模式挖掘与部分周期模式挖掘　模式中的每一个时间点的行为都参与了周期性，叫作完全周期模式，否则称为部分周期模式。

完全周期模式挖掘最早由 Ozden 于 1998 年提出，它的输入数据是一系列交易数据集，每条交易记录又由一系列项集随机组合而成，另外，每条交易记录被标记了发生时间。算法的目标是挖掘出具有重复性的关联规则。完全周期模式指一个序列经过等间隔划分为等长的子序列，每个子序列为严格相同的周期模式。

部分周期模式最早由 Jiawei Han 于 1999 年提出，大部分部分周期模式挖掘算法都是基于 Apriori 性质。Han 等人通过探索部分周期模式特有的性质，包括 Apriori 启发式性质、最大子模式命中集属性，进一步提出了几种新的算法来挖掘部分周期模式。其中最大子模式命中集属性将时间序列模式子集包含在最大命中子模式树中，这样部分周期挖掘只需要扫描两次时间序列数据库就能把时间序列中所有的频繁模式分离出来。

（2）同步周期模式挖掘与异步周期模式挖掘　同步周期模式指周期子序列与原序列严格对齐，如果原序列由于噪声干扰或者元素丢失等，导致子序列与原序列错位性匹配，则构成的周期模式称为异步周期模式。

Jiong Yang 等人提出的异步周期模式挖掘算法 LSI，定义了两个参数，“周期模式的最小重复次数” min_rep 和两个连续有效的分段间的“最大允许间隔距离” max_dis。基于以上两个参数，提出一种两阶段的挖掘算法，首先，根据“最大允许间隔距离”参数剪枝生成候选周期模式，然后迭代验证候选周期模式的有效性，并生成最长周期子序列。Kuo-Yu Huang 等人在 LSI 算法的基础上进一步

提出 SMCA 算法，该算法的改进之处在于，除了 LSI 算法的两个参数外，SMCA 算法新增了一个参数 “有效序列的最小重复次数”global_rep，并且 SMCA 算法允许同一时间点发生多个事件，能处理的数据更复杂。

经典序列模式挖掘算法针对传统交易数据库，主要有两种基本挖掘框架。一种是候选码生成—测试框架，它基于 Apriori 理论，即序列模式的任一子序列也是序列模式。通过多次扫描数据库，根据较短的序列模式生成较长的候选序列模式，然后计算候选序列模式的支持度，从而获得所有序列模式。另一种是模式增长框架，基于分而治之的思想，迭代地将原始数据库进行划分，同时在划分的过程中动态地挖掘序列模式，并将新发现的序列模式作为新的划分元，进行下一次的挖掘过程，从而获得长度不断增长的序列模式。

（1）候选码生成—测试框架挖掘算法　R. Agrawal 和 R. Srikant 在提出序列模式挖掘的同时，给出了三个候选码生成—测试框架挖掘算法 Apriori All、Apriori Some、Dynamic Some。它们基于 R. Agrawal 和 R. Srikant 早前挖掘关联规则时提出的 Apriori 特性，可以称为类 Apriori 算法。随后研究人员提出了一系列基于 Apriori 性质算法，主要有 R. Agrawal 和 R. Srikant 提出的 GSP，F. Masseglia 等提出的 PSP，M. Zhang、B. Kao 等提出的 MFS，Zaki 提出的 SPADE，J. Ayres、J. Flann-ick 等提出的 SPAM，Z. Yang、Y. Wang、M. Kitsure-gawa 提出的 LAPIN-SPAM 等。它们的演化关系见图 6.6-19。根据数据的不同分布方式，又可以将算法分为水平格式算法和垂直格式算法。垂直分布是数据集由一系列项集和序列标识符组成，数据的水平分布是数据集由一系列序列标识符和序列组成。

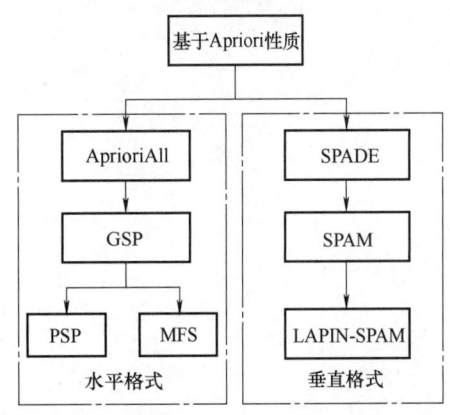

图 6.6-19　基于 Apriori 性质的算法演化关系

（2）模式增长框架挖掘算法 模式增长框架挖掘算法在挖掘过程中不产生候选序列，通过分而治之的思想把搜索空间划分成更小的空间，通过连接实现序列模式的增长。J. Han 在 2000 年首先提出不产生候选集的 FP-Growth 算法，随后提出 Free Span 算法以及后来 J. Pei 提出的 Prefix Span 算法都基于这一思想见图 6.6-20。

一般而言，候选码生成—测试框架算法实现简单，比较适合稀疏型数据集，如果有约束条件，则 GSP 算法更适合。因为在密集型数据集中，会产生大量的候选序列，运行时间长，降低了算法效率，而 GSP 算法效率相比 Apriori 算法大大提高。SPADE 则比较适用于数据库中项集比较多，但各个项的出现并不是特别频繁的情况。模式增长框架算法在密集型和稀疏型数据集中都适用，但实现过程比候选码生成—测试框架算法复杂，因此选择何种算法，要综合考虑挖掘对象与挖掘系统的各方面因素。

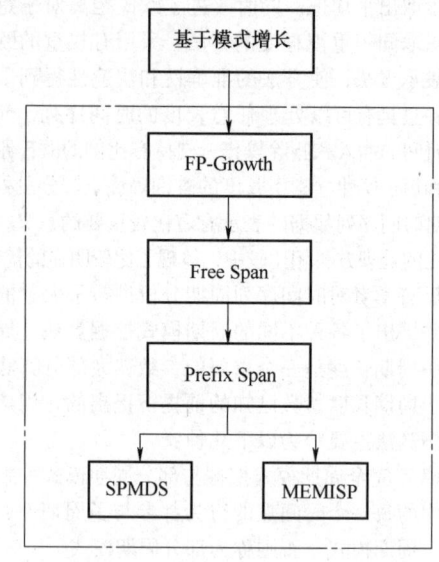

图 6.6-20　模式增长算法演化关系

第 7 章 人工智能

7.1 人工智能系统

106 人工智能（AI） 人工智能的定义可以分为两部分，即"人工"和"智能"。"人工"比较好理解，争议性也不大。有时我们会要考虑什么是人力所能制造的，或者人自身的智能程度有没有高到可以创造人工智能的地步，等等。但总的来说，"人工系统"就是通常意义下的人工系统。

关于什么是"智能"，就问题多多了。这涉及其他诸如意识（Consciousness）、自我（Self）、思维（Mind）（包括无意识的思维）等问题。人唯一了解的智能是人本身的智能，这是普遍认同的观点。但是我们对自身智能的理解都非常有限，对构成人的智能的必要元素也了解有限，所以就很难定义什么是"人工"制造的"智能"了。因此人工智能的研究往往涉及对人的智能本身的研究。其他关于动物或其他人造系统的智能也普遍被认为是人工智能相关的研究课题。

人工智能在计算机领域得到了越加广泛的重视，并在机器人、经济政治决策、控制系统、仿真系统中得到应用。

尼尔逊教授对人工智能下了这样一个定义："人工智能是关于知识的学科——怎样表示知识以及怎样获得知识并使用知识的科学。"而温斯顿教授认为："人工智能就是研究如何使计算机去做过去只有人才能做的智能工作。"这些说法反映了人工智能学科的基本思想和基本内容。即人工智能是研究人类智能活动的规律，构造具有一定智能的人工系统，研究如何让计算机去完成以往需要人的智力才能胜任的工作，也就是研究如何应用计算机的软硬件来模拟人类某些智能行为的基本理论、方法和技术。

人工智能是计算机学科的一个分支，20 世纪 70 年代以来被称为世界三大尖端技术（空间技术、能源技术、人工智能）之一，也被认为是 21 世纪三大尖端技术（基因工程、纳米科学、人工智能）之一。这是因为近 30 年来它获得了迅速的发展，在很多学科领域都获得了广泛应用，并取得了丰硕的成果，人工智能已逐步成为一个独立的分支，无论在理论和实践上都已自成一个系统。

人工智能是研究使计算机来模拟人的某些思维过程和智能行为（如学习、推理、思考、规划等）的学科，主要包括计算机实现智能的原理、制造类似于人脑智能的计算机，使计算机能实现更高层次的应用。人工智能涉及计算机科学、心理学、哲学和语言学等学科，可以说几乎是自然科学和社会科学的所有学科，其范围已远远超出了计算机科学的范畴。人工智能与思维科学的关系是实践和理论的关系，人工智能是处于思维科学的技术应用层次，是它的一个应用分支。从思维观点看，人工智能不仅限于逻辑思维，要考虑形象思维、灵感思维才能促进人工智能的突破性的发展，数学常被认为是多种学科的基础科学，数学也进入语言、思维领域，人工智能学科也必须借用数学工具，数学不仅在标准逻辑、模糊数学等范围发挥作用，数学进入人工智能学科，它们将互相促进而更快地发展。

7.2 知识表示

107 概念理论 知识表示（Knowledge Representation）是指把知识客体中的知识因子与知识关联起来，便于人们识别和理解知识。知识表示是知识组织的前提和基础，任何知识组织方法都是要建立在知识表示的基础上。知识表示有主观知识表示和客观知识表示两种。

经过国内外学者的共同努力，已经有许多知识表示方法得到了深入的研究，使用较多的知识表示方法主要有以下几种。

（1）逻辑表示法 逻辑表示法以谓词形式来表示动作的主体、客体，是一种叙述性知识表示方法。利用逻辑公式，人们能描述对象、性质、状况和关系。它主要用于自动定理的证明。逻辑表示法主要分为命题逻辑和谓词逻辑。

逻辑表示研究的是假设与结论之间的蕴涵关系，即用逻辑方法推理的规律。它可以看成自然语言的一种简化形式，由于它精确、无二义性，容易为计算机理解和操作，同时又与自然语言相似。

（2）产生式表示法　产生式表示又称规则表示，有的时候被称为 IF-THEN 表示，它表示一种条件-结果形式，是一种比较简单的表示知识的方法。IF 后面部分描述了规则的先决条件，而 THEN 后面部分描述了规则的结论。规则表示方法主要用于描述知识和陈述各种过程知识之间的控制，及其相互作用的机制。

（3）框架表示法　框架（Frame）是把某一特殊事件或对象的所有知识存储在一起的一种复杂的数据结构。其主体是固定的，表示某个固定的概念、对象或事件，其下层由一些槽（Slot）组成，表示主体每个方面的属性。框架是一种层次的数据结构，框架下层的槽可以看成一种子框架，子框架本身还可以进一步分层为侧面。槽和侧面所具有的属性值分别称为槽值和侧面值。槽值可以是逻辑型或数字型的，具体的值可以是程序、条件、默认值或是一个子框架。相互关联的框架连接起来组成框架系统，或称框架网络。

108　推理与专家系统　专家系统是一个智能计算机程序系统，其内部含有大量的某个领域专家水平的知识与经验，能够利用人类专家的知识和解决问题的方法来处理该领域问题。也就是说，专家系统是一个具有大量的专门知识与经验的程序系统，它应用人工智能技术和计算机技术，根据某领域一个或多个专家提供的知识和经验，进行推理和判断，模拟人类专家的决策过程，以便解决那些需要人类专家处理的复杂问题，简而言之，专家系统是一种模拟人类专家解决领域问题的计算机程序系统。

专家系统（见图 6.7-1）通常由人机交互界面、知识库、推理机、解释器、动态数据库、知识获取等 6 个部分构成。其中尤以知识库与推理机相互分离而别具特色。专家系统的体系结构随专家系统的类型、功能和规模的不同而有所差异。

其中，推理机针对当前问题的条件或已知信息，反复匹配知识库中的规则，获得新的结论，以得到问题求解结果。在这里，推理方式可以有正向和反向推理两种。

正向链的策略是找出前提可以同数据库中的事实或断言相匹配的那些规则，并运用冲突的消除策略，从这些都可满足的规则中挑选出一个执行，从

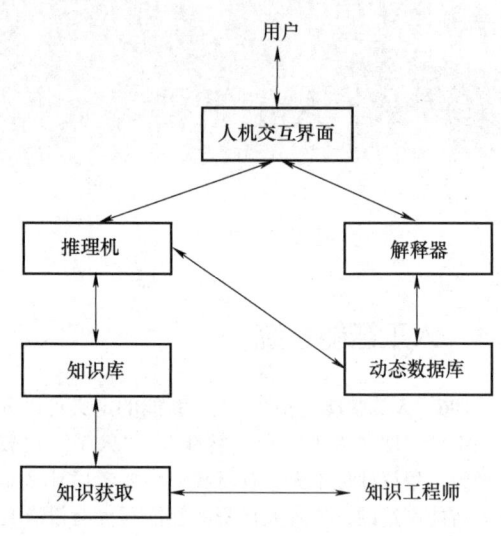

图 6.7-1　专家系统基本结构

而改变原来数据库的内容。这样反复地进行寻找，直到数据库的事实与目标一致即找到解答，或者到没有规则可以与之匹配时才停止。反向链的策略是从选定的目标出发，寻找执行后果可以达到目标的规则；如果这条规则的前提与数据库中的事实相匹配，问题就得到解决；否则把这条规则的前提作为新的子目标，并对新的子目标寻找可以运用的规则，执行反向序列的前提，直到最后运用的规则的前提可以与数据库中的事实相匹配，或者直到没有规则再可以应用时，系统便以对话形式请求用户回答并输入必需的事实。

由此可见，推理机就如同专家解决问题的思维方式，知识库就是通过推理机来实现其价值的。

109　知识图谱　知识图谱（Knowledge Graph）在图书情报界称为知识域可视化或知识领域映射地图，是显示知识发展进程与结构关系的一系列各种不同的图形，用可视化技术描述知识资源及其载体，挖掘、分析、构建、绘制和显示知识及它们之间的相互联系。

知识图谱是通过将应用数学、图形学、信息可视化技术、信息科学等学科的理论与方法与计量学引文分析、共现分析等方法结合，并利用可视化的图谱形象地展示学科的核心结构、发展历史、前沿领域以及整体知识架构达到多学科融合目的的现代理论。它能为学科研究提供切实的、有价值的参考。

大规模知识库的构建与应用需要多种智能信息处理技术的支持。通过知识抽取技术，可以从一些

公开的半结构化、非结构化的数据中提取出实体、关系、属性等知识要素（见图6.7-2）。通过知识融合，可消除实体、关系、属性等指称项与事实对象之间的歧义，形成高质量的知识库。知识推理则是在已有的知识库基础上进一步挖掘隐含的知识，从而丰富、扩展知识库。分布式的知识表示形成的综合向量对知识库的构建、推理、融合以及应用均具有重要的意义。

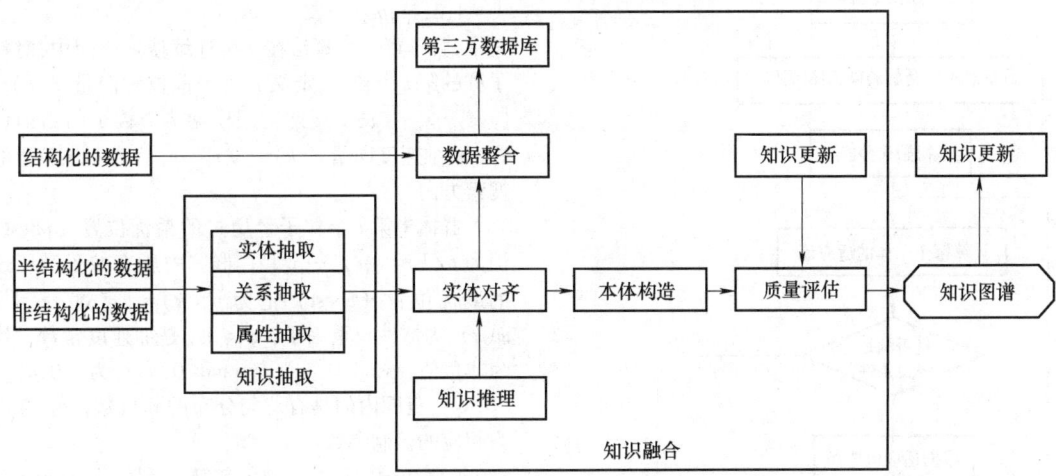

图 6.7-2　知识图谱的体系架构

7.3　搜索与群体智能

110　搜索技术　搜索技术（Search Technique）是用搜索方法寻求问题解答的技术。常表现为系统设计或达到特定目的而寻觅恰当或最优方案的各种系统化的方法。通常搜索技术的主要任务是确定如何选取规则的方式，有两种基本方式：一种是不考虑给定问题所具有的特定知识，系统根据事先确定好的某种固定排序，依次调用规则或随即调用规则，这实际上是盲目搜索的方法，一般统称为无信息引导的搜索策略；另一种是考虑问题领域可应用的知识，动态地确定规则的排序，优先调用较合适的规则使用，这就是所谓的启发式搜索策略或有信息引导的搜索策略。

搜索技术在人工智能中起着重要作用，人工智能中的推理机制就是通过搜索实现的，很多问题的求解也可以转化为状况空间的搜索问题。深度优先和宽度优先是常用的盲目搜索方法，具有通用性好的特点，但往往效率低下，不适合求解复杂问题。启发式搜索利用问题的相关启发信息，可以缩小搜索范围，提高搜索效率。A＊算法是一种典型的启发式搜索算法，可以通过定义启发函数提供搜索效率，并可以在问题有解的情况下找到问题的最优解。

计算机博弈（即计算机下棋）也是典型的搜索问题，计算机通过搜索寻找下棋走法。像象棋、围棋这样的棋类游戏具有非常多的状态，不可能通过穷举的办法达到人类棋手水平，算法在其中起着重要作用。

111　群智能算法　计算机技术不断发展，算法技术也在不断更新。群体智能（Swarm Intelligent，SI）算法始于20世纪90年代初，主要是受自然界生物群体智能现象的启发，通过模仿社会性动物的行为，而提出的一种随机优化算法。群体智能是基于种群行为对给定的目标进行寻优的启发式搜索算法，其核心是由众多简单个体组成的群体能够通过相互之间的简单合作来实现某一较复杂的功能。所以群体智能可以在没有集中控制并且缺少全局信息和模型的前提下，为寻找复杂的分布式问题的解决方案提供了基础。

群智能算法主要有以下几种方法：

（1）遗传算法　遗传算法（Genetic Algorithm，GA）最早是由美国的John holland于20世纪70年代提出，该算法是根据大自然中生物体进化规律而设计提出的，是模拟达尔文生物进化论的自然选择和遗传学机理的生物进化过程的计算模型，是一种通过模拟自然进化过程搜索最优解的方法。该算法通过数学的方式，利用计算机仿真运算，将问题的求解过程转换成类似生物进化中的染色体基因的交叉、变异等过程。在求解较为复杂的组合优化问题时，相对一些常规的优化算法，通常能够较快地获得较好的优化结果。遗传算法已被人们广泛地应用于组合优化、机器学习、信号处理、自适应控制和人工生命等领域。遗传算法的基本流程见图 6.7-3。

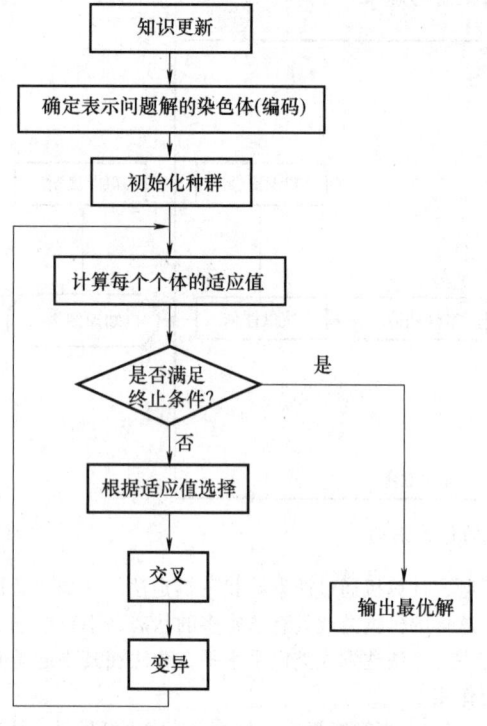

图 6.7-3　遗传算法的基本流程

（2）粒子群优化算法　粒子群优化（Particle Swarm Optimization，PSO）算法是美国普度大学的 Kennedy 和 Eberhart 受到鸟类群体行为的启发，于 1995 年提出的一种仿生全局优化算法。PSO 算法将群体中的每个个体看作 n 维搜索空间中的一个没有体积、没有质量的粒子，在搜索空间中以一定的速度飞行，通过群体中粒子间的合作与竞争产生的群体智能指导优化搜索。

具体算法过程如下：

1）初始化每个粒子，即在允许范围内随机设置每个粒子的初始位置和速度。

2）评价每个粒子的适应度，计算每个粒子的目标函数。

3）设置每个粒子经过的最好位置 p^i。对每个粒子，将其适应度与其经历过的最好位置 p^i 进行比较，如果优于 p^i，则将其作为该粒子的最好位置 p^i。

4）设置全局最优值 p^g。对每个粒子，将其适应度与群体经历过的最好位置 p^g 进行比较，如果优于 p^g，则将其作为当前群体最好的位置 p^g。

5）根据以下式子更新粒子速度与位置。

$$\begin{cases} v_j^i(k+1) = w(k)v_j^i(k) + \varphi_1 \mathrm{rand}(0,a_1)\left(p_j^i(k) - x_j^i(k)\right) + \\ \qquad\qquad \varphi_2 \mathrm{rand}(0,a_2)\left(p_j^g(k) - x_j^i(k)\right) \\ x_j^i(k+1) = x_j^i(k) + v_j^i(k+1) \\ i = 1,2,\cdots,m; j = 1,2,\cdots,m \end{cases}$$

其中，粒子群优化算法在 n 维连续搜索空间中，对粒子群的第 i 个粒子，定义 n 维当前位置向量 $x^i(k) = [x_1^i x_2^i \cdots x_n^i]^T$ 表示搜索空间中第 i 个粒子的当前位置，n 维速度向量 $v^i(k) = [v_1^i v_2^i \cdots v_n^i]^T$ 表示该粒子的搜索方向。

群体中第 i 个粒子经历过的最优位置（pbest）记为 $p^i(k) = [p_1^i p_2^i \cdots p_n^i]^T$，群体中所有粒子经历过的最优位置（gbest）记为 $p^g(k) = [p_1^g p_2^g \cdots p_n^g]^T$。$w(k)$ 为惯性权重因子；φ_1、φ_2 是加速度常数，均为非负值；$\mathrm{rand}(0,a_1)$ 与 $\mathrm{rand}(0,a_2)$ 为 $[0,a_1]$、$[0,a_2]$ 范围内的具有均匀分布的随机数，a_1 与 a_2 为相应的控制参数。

（3）蚁群算法　1991 年意大利学者 Dorigo M 等受到自然界中蚁群觅食行为的启发而提出了蚁群算法（Ant Colony Optimization，ACO）。蚁群算法的基本理念是蚁群生物性地利用最短路径的根据局部信息调整路径上的信息素找寻的特征，这个算法的优势非常明显，而且具有较为突出的应用性，在这个过程中蚂蚁可以逐步地构造问题的可行解，在解的构造期间，每只蚂蚁可以使用概率方式向下一个节点跳转，而且由于这个节点是具有较强信息素和较高启发式因子的方向，直至无法进一步移动。此时，蚂蚁所走路径对应于待求解问题的一个可行解。

具体算法过程如下：

蚂蚁在运动过程中，根据各条路径上的信息素按概率决定转移方向。

在 t 时刻蚂蚁 k 从元素（城市）x 转移到元素（城市）y 的概率为

$$P_{xy}^k(t) = \begin{cases} \dfrac{[\tau_{xy}(t)]^\alpha [\eta_{xy}(t)]^\alpha}{\sum\limits_{\gamma \in allowed_k(x)} [\tau_{xy}(t)]^\alpha [\eta_{xy}(t)]^\alpha} & \text{若 } y \in allowed_k(x) \\ 0 & \text{否则} \end{cases}$$

α 值越大，该蚂蚁越倾向于选择其他蚂蚁经过的路径，该状态转移概率越接近于贪婪规则。

各路径上的信息素浓度消散规则为

$$\tau_{xy}(t+1) = \rho\tau_{xy}(t) + \Delta\tau_{xy}(t)$$

蚁群的信息素浓度更新规则为

$$\tau_{xy}(t) = \sum_{k=1}^{m} \Delta\tau_{xy}^k(t)$$

信息素增量

$$\Delta\tau_{xy}^k(t)=\begin{cases}\dfrac{Q}{L} & \text{若第 } k \text{ 只蚂蚁在本次循环中从 } x \text{ 到 } y\\0 & \text{否则}\end{cases}$$

7.4 机器学习

112 人工神经网络 人工神经网络（Artificial Neural Network，即 ANN），是 20 世纪 80 年代以来人工智能领域兴起的研究热点。它从信息处理角度对人脑神经元网络进行抽象，建立某种简单模型，按不同的连接方式组成不同的网络。在工程与学术界也常直接简称为神经网络或类神经网络。神经网络是一种运算模型，由大量的节点（或称神经元）之间相互连接构成。每个节点代表一种特定的输出函数，称为激励函数（Activation Function）。每两个节点间的连接都代表一个对于通过该连接信号的加权值，称之为权重，这相当于人工神经网络的记忆。网络的输出则依网络的连接方式、权重值和激励函数的不同而不同。而网络自身通常都是对自然界某种算法或者函数的逼近，也可能是对一种逻辑策略的表达。

根据神经网络中神经元的连接方式，可划分为不同类型的结构。目前，人工神经网络主要有前馈型和反馈型两大神经网络。

前馈型：前馈型神经网络中，各神经元接受前一层的输入并输出给下一层，没有反馈。前馈网络可分为不同的层，第 i 层只与第 $i-1$ 层输出相连，输入与输出神经元与外界相连。BP 神经网络、卷积神经网络都是前馈神经网络。

反馈型：在反馈型神经网络中，存在一些神经元的输出经过若干神经元后，再反馈到这些神经元的输入端。最典型的反馈型神经网络是 Hopfield 神经网络。它是全互连神经网络，即每个神经元都和其他神经元相连。

113 支持向量机 支持向量机（Support Vector Machine，SVM）于 1995 年正式发表，由于其严格的理论基础以及在诸多分类任务中显示出的卓越性能，很快成为机器学习的主流技术，并直接掀起了"统计学习"（Statistic Learning）在 2000 年后的高潮。给定一组训练实训，每个训练实训被标记为属于两个类别中的一个或者另一个，SVM 训练算法通过寻求结构化风险最小来提高学习机泛化能力，实现经验风险和置信范围的最小化，建立一个将新的实例分配给两个类别之一的模型，从而达到在统

计样本较少的情况下也能获得良好统计规律的目的。

SVM 模型是将实例表示为空间中的点，这样映射就使得单独类别的实例被尽可能大的间隔（Margin）分开。然后，将新的实例映射到同一空间，并基于它们落在间隔的哪一侧来预测所属类别。通俗来讲，它是一种二类分类模型，其基本模型定义为特征空间上的间隔最大的线性分类器，即支持向量机的学习策略便是间隔最大化，最终可转化为一个凸二次规划问题的求解。下面通过一个例子来解释支持向量机。如图 6.7-4 所示的一个二维平面（一个超平面，在二维空间中的例子就是一条直线），上有两种不同的点，分别用实心点和空心点表示。同时，为了方便描述，我们通常用"+1"表示一类，"−1"表示另一类。支持向量机的目标就是通过求解超平面将不同属性的点分开，在超平面的一边的数据点对应的 y 全是 -1，而在另一边全是 1。一般而言，一个点距离超平面的远近可以表示为分类预测的确信或准确程度。当一个数据点的分类间隔越大时，即离超平面越远时，分类的置信度越大。对于一个包含 n 个点的数据集，我们可以很自然地定义它的间隔为所有这 n 个点中间隔值最小的那个。于是，为了提高分类的置信度，我们希望所选择的超平面能最大化这个间隔值。这就是 SVM 算法的基础，即最大间隔（Max-Margin）准则。

在图 6.7-4 中，距离超平面最近的几个训练样本点被称为"支持向量"（Support Vector），两个异类支持向量到超平面的距离之和被称为"间隔"（Margin）。支持向量机的目标就是找到具有"最大间隔"（Maximum Margin）的划分超平面。

114 隐马尔可夫模型 隐马尔可夫模型（Hidden Markov Model，HMM）是马尔可夫链的一种，它的状态不能直接观察到，但能通过观测向量序列观察到，每个观测向量都是通过某些概率密度分布表现为各种状态，每一个观测向量是由一个具有相应概率密度分布的状态序列产生。所以，隐马尔可夫模型是一个双重随机过程——具有一定状态数的隐马尔可夫链和显示随机函数集。自 20 世纪 80 年代以来，隐马尔可夫模型被应用于语音识别，取得重大成功。到了 90 年代，隐马尔可夫模型还被引入计算机文字识别和移动通信核心技术"多用户的检测"。隐马尔可夫模型在生物信息科学、故障诊断等领域也开始得到应用。

一种隐马尔可夫模型可以呈现为最简单的动

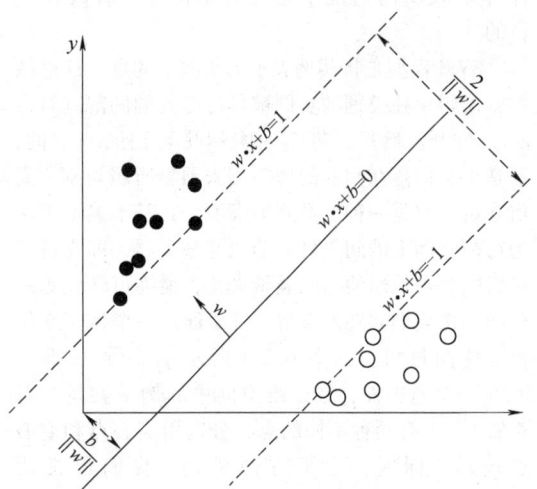

图 6.7-4　支持向量机二维模型

态贝叶斯网络。隐马尔可夫模型背后的数学是由 LEBaum 和他的同事开发的。它与早期由 Ruslan L. Stratonovich 提出的最优非线性滤波问题息息相关，他是第一个提出前后过程这个概念的。在简单的马尔可夫模型（如马尔可夫链），所述状态是直接可见的观察者，因此状态转移概率是唯一的参数。在隐马尔可夫模型中，状态是不直接可见的，但输出依赖于该状态，是可见的。每个状态通过可能的输出记号有了可能的概率分布。因此，通过一个隐马尔可夫模型产生标记序列提供了有关状态的一些序列的信息。其中"隐藏"指的是，该模型经其传递的状态序列，而不是模型的参数；即使这些参数是精确已知的，仍把该模型称为一个"隐藏"的马尔可夫模型。隐马尔可夫模型以它在时间上的模式识别所知，如语音、手写、手势识别、词类的标记、乐谱、局部放电和生物信息学应用。

隐马尔可夫模型可以被认为是一个概括的混合模型中的隐藏变量（或变量），它控制的混合成分被选择为每个观察，通过马尔可夫过程而不是相互独立相关。最近，隐马尔可夫模型已推广到两两马尔可夫模型和三重态马尔可夫模型，允许更复杂数据结构的考虑和非平稳数据建模。

隐马尔可夫模型（HMM）可以用 5 个元素来描述，包括 2 个状态集合和 3 个概率矩阵。

（1）隐含状态 S　这些状态之间满足马尔可夫性质，是马尔可夫模型中实际所隐含的状态。这些状态通常无法通过直接观测而得到（例 S_1、S_2、S_3 等）。

（2）可观测状态 O　在模型中与隐含状态相关联，可通过直接观测而得到（例如 O_1、O_2、O_3 等，可观测状态的数目不一定要和隐含状态的数目一致）。

（3）初始状态概率矩阵 π　表示隐含状态在初始时刻 $t=1$ 的概率矩阵，例如 $t=1$ 时，$P(S_1)=p_1$，$P(S_2)=p_2$、$P(S_3)=p_3$，则初始状态概率矩阵 $\pi = [p_1\ p_2\ p_3]$。

（4）隐含状态转移概率矩阵 A　描述了隐马尔可夫模型模型中各个状态之间的转移概率。其中

$$A_{ij}=P(S_j \mid S_i),1\leq i,j\leq N$$

表示在 t 时刻、状态为 S_i 的条件下，在 $t+1$ 时刻状态是 S_j 的概率。

（5）观测状态转移概率矩阵 B（英文名为 Confusion Matrix，直译为混淆矩阵不太易于从字面理解）　令 N 代表隐含状态数目，M 代表可观测状态数目，则

$$B_{ij}=P(O_i \mid S_j),\ 1\leq i\leq M,\ 1\leq j\leq N$$

表示在 t 时刻、隐含状态是 S_j 条件下，观察状态为 O_i 的概率。

115　深度学习　深度学习（Deep Learning，DL）是机器学习（Machine Learning，ML）的一种，而机器学习是实现人工智能的必经路径。深度学习的概念源于人工神经网络的研究，含多个隐藏层的多层感知器就是一种深度学习结构。深度学习通过组合低层特征形成更加抽象的高层表示属性类别或特征，以发现数据的分布式特征表示。研究深度学习的动机在于建立模拟人脑进行分析学习的神经网络，它模仿人脑的机制来解释数据，例如图像、声音和文本等。

深度学习是一类模式分析方法的统称，就具体研究内容而言，主要涉及三类方法：基于卷积运算的神经网络系统，即卷积神经网络（CNN）；基于多层神经元的自编码神经网络，包括自编码器（Auto Encoder）以及近年来受到广泛关注的稀疏编码（Sparse Coding）；以多层自编码神经网络的方式进行预训练，进而结合鉴别信息进一步优化神经网络权值的深度置信网络（DBN）。

通过多层处理，逐渐将初始的"低层"特征表示转化为"高层"特征表示后，用"简单模型"即可完成复杂的分类等学习任务。由此可将深度学习理解为进行"特征学习"（Feature Learning）或"表示学习"（Representation Learning）。

以往在机器学习用于现实任务时，描述样本的特征通常需由人类专家来设计，这成为"特征工

程"（Feature Engineering）。众所周知，特征的好坏对泛化性能有至关重要的影响，人类专家设计出好特征也并非易事；特征学习（表征学习）则通过机器学习技术自身来产生好特征，这使机器学习向"全自动数据分析"又前进了一步。

典型的深度学习模型有卷积神经网络（CNN）、深度置信网络（DBN）和堆栈自编码器网络（Stacked Auto-encoder Network）模型等，下面对这些模型进行描述。

（1）卷积神经网络模型（见图 6.7-5） 在无监督预训练出现之前，训练深度神经网络通常非常困难，而其中一个特例是卷积神经网络。卷积神经网络受视觉系统的结构启发而产生。第一个卷积神经网络计算模型是在 Fukushima 的神经认知机中提出的，基于神经元之间的局部连接和分层组织图像转换，将有相同参数的神经元应用于前一层神经网络的不同位置，得到一种平移不变神经网络结构形式。后来，Le Cun 等人在该思想的基础上，用误差梯度设计并训练卷积神经网络，在一些模式识别任务上得到优越的性能。至今，基于卷积神经网络的模式识别系统仍是最好的实现系统之一，尤其在手写体字符识别任务上表现出非凡的性能。

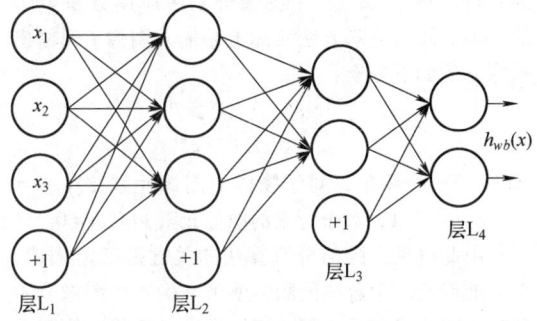

图 6.7-5　卷积神经网络模型

（2）深度置信网络模型 深度置信网络模型可以解释为贝叶斯概率生成模型，由多层随机隐变量组成，上面的两层具有无向对称连接，下面的层得到来自上一层的自顶向下的有向连接，最底层单元的状态为可见输入数据向量。深度置信网络模型由若干结构单元堆栈组成，结构单元通常为 RBM（RestIlcted Boltzmann Machine，受限玻尔兹曼机）。堆栈中每个 RBM 单元的可视层神经元数量等于前一 RBM 单元的隐层神经元数量。根据深度学习机制，采用输入样例训练第一层 RBM 单元，并利用其输出训练第二层 RBM 模型，将 RBM 模型进行

堆栈通过增加层来改善模型性能。在无监督预训练过程中，深度置信网络模型编码输入到顶层 RBM 后，解码顶层的状态到最底层的单元，实现输入的重构。RBM 作为深度置信网络模型的结构单元，与每一层深度置信网络模型共享参数。

（3）堆栈自编码器网络模型 堆栈自编码器网络的结构与深度置信网络模型类似，由若干结构单元堆栈组成，不同之处在于其结构单元为自编码器模型（Auto-encoder）而不是 RBM。自编码器模型是一个两层的神经网络，第一层称为编码层，第二层称为解码层。

7.5　计算机视觉

116　数字图像性质　数字图像又称数码图像或数位图像，是二维图像用有限数字数值像素的表示。由数组或矩阵表示，其光照位置和强度都是离散的。数字图像是由模拟图像数字化得到的、以像素为基本元素的、可以用数字计算机或数字电路存储和处理的图像。

像素（或像元，Pixel）是数字图像的基本元素。像素是在模拟图像数字化时对连续空间进行离散化得到的。每个像素具有整数行（高）和列（宽）位置坐标，同时每个像素都具有整数灰度值或颜色值。通常，像素在计算机中保存为二维整数数组的光栅图像，这些值经常用压缩格式进行传输和存储。

每个图像的像素通常对应于二维空间中一个特定的"位置"，并且有一个或者多个与那个点相关的采样值组成数值。根据这些采样数目及特性的不同数字图像可以划分为以下几种。

1）二值图像（Binary Image）：图像中每个像素的亮度值仅可以取自 0 到 1 的图像。

2）灰度图像（Gray Scale Image）：也称为灰阶图像，图像中每个像素可以由 0（黑）到 255（白）的亮度值表示，0~255 之间表示不同的灰度级。

3）彩色图像（Color Image）：每幅彩色图像是由三幅不同颜色的灰度图像组合而成，一个为红色，一个为绿色，另一个为蓝色。

4）立体图像（Stereo Image）：立体图像是一物体由不同角度拍摄的一组图像，通常情况下我们可以用立体像计算出图像的深度信息。

5）三维图像（3D Image）：三维图像是由一组堆栈的二维图像组成。每一幅图像表示该物体的一个横截面。

数字图像也用于表示在一个三维空间分布点的数据，例如计算机断层扫描设备生成的图像，在这种情况下，每个数据都称作一个体素。

117　图像预处理　图像分析中，图像质量的好坏直接影响识别算法的设计与效果的精度，因此在图像分析（特征提取及图像分割、匹配和识别等）前，需要进行预处理。图像预处理的主要目的是消除图像中无关的信息，恢复有用的真实信息，增强有关信息的可检测性、最大限度地简化数据，从而改进特征提取及图像分割、匹配和识别的可靠性。一般的预处理流程为：灰度化→几何变换→图像增强。

（1）灰度化　对彩色图像进行处理时，我们往往需对三个通道依次进行处理，时间开销将会很大。因此，为了达到提高整个应用系统处理速度的目的，需要减少所需处理的数据量。在图像处理中，常用的灰度化方法有分量法、最大值法、平均值法、加权平均法。

（2）几何变换　图像几何变换又称为图像空间变换，通过平移、转置、镜像、旋转、缩放等几何变换对采集的图像进行处理，用于改正图像采集系统的系统误差和仪器位置（成像角度、透视关系乃至镜头自身原因）的随机误差。此外，还需要使用灰度插值算法，因为按照这种变换关系进行计算，输出图像的像素可能被映射到输入图像的非整数坐标上。通常采用的方法有最近邻插值、双线性插值和双三次插值。

（3）图像增强　增强图像中的有用信息，它可以是一个失真的过程，其目的是要改善图像的视觉效果，针对给定图像的应用场合，有目的地强调图像的整体或局部特性，将原来不清晰的图像变得清晰或强调某些感兴趣的特征，扩大图像中不同物体特征之间的差别，抑制不感兴趣的特征，使之改善图像质量、丰富信息量，加强图像判读和识别效果，满足某些特殊分析的需要。图像增强算法可分成两大类：空间域法和频率域法。

1）空间域法。空间域法是一种直接图像增强算法，分为点运算算法和邻域去噪算法。点运算算法即灰度级校正、灰度变换（又叫对比度拉伸）和直方图修正等。邻域增强算法分为图像平滑和锐化两种。平滑常用的算法有均值滤波、中值滤波、空域滤波。锐化常用的算法有梯度算子法、二阶导数算子法、高通滤波、掩模匹配法等。

2）频率域法。频率域法是一种间接图像增强算法，常用的频域增强方法有低通滤波器和高通滤波器。低通滤波器有理想低通滤波器、巴特沃斯低通滤波器、高斯低通滤波器、指数滤波器等。高通滤波器有理想高通滤波器、巴特沃斯高通滤波器、高斯高通滤波器、指数滤波器。

118　图像分割　图像分割是图像识别和计算机视觉至关重要的预处理。没有正确的分割就不可能有正确的识别。但是，进行分割仅有的依据是图像中像素的亮度及颜色，由计算机自动处理分割时，将会遇到各种困难。例如，光照不均匀、噪声的影响、图像中存在不清晰的部分，以及阴影等，常常发生分割错误。因此图像分割是需要进一步研究的技术。人们希望引入一些人为的知识导向和人工智能的方法，用于纠正某些分割中的错误，是很有前途的方法。

1998 年以来，人工神经网络识别技术已经引起了广泛的关注，并且应用于图像分割。基于神经网络的分割方法的基本思想是通过训练多层感知机来得到线性决策函数，然后用决策函数对像素进行分类来达到分割的目的。这种方法需要大量的训练数据。神经网络存在巨量的连接，容易引入空间信息，能较好地解决图像中的噪声和不均匀问题。

常用的图像分割方法主要有以下几种。

（1）阈值分割　灰度阈值分割法是一种最常用的并行区域技术，它是图像分割中应用数量最多的一类。阈值分割方法实际上是输入图像 f 到输出图像 g 的如下变换：

$$g(i,j)\begin{cases}1,\ f(i,j)\geq T\\ 0,\ f(i,j)<T\end{cases}$$

式中　T——阈值，对于物体的图像元素 $g(i,j)=1$，对于背景的图像元素 $g(i,j)=0$。

由此可见，阈值分割算法的关键是确定阈值，如果能确定一个合适的阈值就可准确地将图像分割开来。阈值确定后，将阈值与像素点的灰度值逐个进行比较，而且像素分割可对各像素并行地进行，分割的结果直接给出图像区域。

（2）区域分割　区域生长和分裂合并法是两种典型的串行区域分割技术，其分割过程后续步骤的处理要根据前面步骤的结果进行判断而确定。

1）区域生长。区域生长的基本思想是将具有相似性质的像素集合起来构成区域。具体先对每个需要分割的区域找一个种子像素作为生长的起点，然后将种子像素周围邻域中与种子像素有相同或相似性质的像素（根据某种事先确定的生长或相似准则来判定）合并到种子像素所在的区域中。将这些新像素当作新的种子像素继续进行上面的过程，直到再没有满足条件的像素可被包括进来，这样一个区域就长成了。

2）区域分裂合并。区域生长是从某个或者某些像素点出发，最后得到整个区域，进而实现目标提取。分裂合并差不多是区域生长的逆过程：从整个图像出发，不断分裂得到各个子区域，然后再把前景区域合并，实现目标提取。分裂合并的假设是对一幅图像，前景区域由一些相互连通的像素组成的，因此，如果把一幅图像分裂到像素级，那么就可以判定该像素是否为前景像素。当所有像素点或者子区域完成判断以后，把前景区域或者像素合并就可得到前景目标。

在这类方法中，最常用的方法是四叉树分解法。设 R 代表整个正方形图像区域，P 代表逻辑谓词。基本分裂合并算法步骤如下：

① 对任一个区域，如果 $H(R_i)$ = FALSE 就将其分裂成不重叠的四等份。

② 对相邻的两个区域 R_i 和 R_j，它们也可以大小不同（即不在同一层），如果条件 $H(R_i \cup R_j)$ = TRUE 满足，就将它们合并起来。

③ 如果进一步的分裂或合并都不可能，则结束。

（3）边缘分割 图像分割的一种重要途径是通过边缘检测，即检测灰度级或者结构具有突变的地方，表明一个区域的终结，也是另一个区域开始的地方。这种不连续性称为边缘。不同的图像灰度不同，边界处一般有明显的边缘，利用此特征可以分割图像。

图像中边缘处像素的灰度值不连续，这种不连续性可通过求导数来检测到。对于阶跃状边缘，其位置对应一阶导数的极值点，对应二阶导数的过零点（零交叉点）。因此常用微分算子进行边缘检测。常用的一阶微分算子有 Roberts 算子、Prewitt 算子和 Sobel 算子，二阶微分算子有 Laplace 算子和 Kirsh 算子等。在实际中各种微分算子常用小区域模板来表示，微分运算是利用模板和图像卷积来实现。

119 图像识别 图像识别过程分为图像处理和图像识别两个部分，具体关系见图 6.7-6。

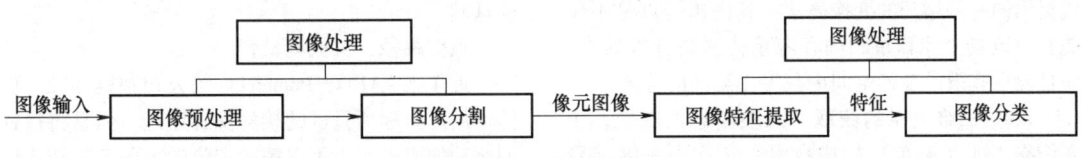

图 6.7-6　图像识别过程

（1）图像处理 利用计算机对图像进行分析，以达到所需的结果。可分为模拟图像处理和数字图像处理，而图像处理一般指数字图像处理。这种处理大多数是依赖于软件实现。其目的是去除干扰、噪声，将原始图像变为适于计算机进行特征提取的形式，主要包括图像采样、图像增强、图像复原、图像编码与压缩和图像分割。

（2）图像识别 将图像处理得到的图像进行特征提取和分类。识别方法中基本的也是常用的方法有统计法（或决策理论法）、句法（或结构）识别法、神经网络法、模板匹配法和几何变换法。

1）统计法（Statistic Method）。该方法是对研究的图像进行大量的统计分析，找出其中的规律并提取反映图像本质特点的特征来进行图像识别的。它以数学上的决策理论为基础，建立统计学识别模型，因而是一种分类误差最小的方法。常用的图像统计模型有贝叶斯（Bayes）模型和马尔可夫随机场（MRF）模型。

2）句法识别法（Syntactic Recognition）。该方法是对统计识别方法的补充，在用统计法对图像进行识别时，图像的特征是用数值特征描述的，而句法方法则是用符号来描述图像特征的。它模仿了语言学中句法的层次结构，采用分层描述的方法，把复杂图像分解为单层或多层的相对简单的子图像，主要突出被识别对象的空间结构关系信息。模式识别源于统计方法，而句法方法则扩大了模式识别的能力，使其不仅能用于对图像的分类，而且可以用于对景物的分析与物体结构的识别。

3）神经网络方法（Neural Network）。该方法是指用神经网络算法对图像进行识别的方法。神经网络系统是由大量的，同时也是很简单的处理单元（称为神经元），通过广泛地按照某种方式相互连接而形成的复杂网络系统，虽然每个神经元的结构和功能十分简单，但由大量的神经元构成的网络系统的行为却是丰富多彩和十分复杂的。它反映了人脑功能的许多基本特征，是人脑神经网络系统的简化、抽象和模拟。句法方法侧重于模拟人的逻辑思维，而神经网络侧重于模拟和实现人的认知过程中的感知过程、形象思维、分布式记忆和自学习自组织过程，与符号处理是一种互补的关系。

4）模板匹配法（Template Matching）。它是一种最基本的图像识别方法。所谓模板是为了检测待识别图像的某些区域特征而设计的阵列，它既可以是数字量，也可以是符号串等，因此可以把它看成统计法或句法的一种特例。所谓模板匹配法就是把已知物体的模板与图像中所有未知物体进行比较，如果某一未知物体与该模板匹配，则该物体被检测出来，并被认为是与模板相同的物体。

5）几何变换方法。典型的几何变换方法主要有霍夫变换 HT（Hough Transform）。霍夫变换是一种快速形状匹配技术，它对图像进行某种形式的变换，把图像中给定形状曲线上的所有点变换到霍夫空间，而形成峰点，这样，给定形状的曲线检测问题就变换为霍夫空间中峰点的检测问题，可以用于有缺损形状的检测，是一种鲁棒性（Robust）很强的方法。为了减少计算量和内存空间以提高计算效率，又提出了改进的霍夫算法，如快速霍夫变换（FHT）、自适应霍夫变换（AHT）及随机霍夫变换（RHT）。其中随机霍夫变换是 20 世纪 90 年代提出的一种精巧的变换算法，其突出特点是不仅能有效地减少计算量和内存容量，提高计算效率，而且能在有限的变换空间内获得任意高的分辨率。

120　三维信息的获取　三维信息的获取，主要依靠三维（彩色）扫描技术，又称为三维（彩色）信息数字化技术，其关键在于如何快速获取物体的立体三维信息，对此人们进行了长期的研究，发展了各种各样的方法。采用何种原理获取三维信息，在很大程度上决定了装置的构造、性能、成本、适用范围，各类三维扫描装置的根本区别也在于此。

早期的做法：接触测量。

早期用于三维测量的是坐标测量机（Coordinate Measure Machine，CMM），目前 CMM 也仍是工厂标准立体测量装备。这类装置将一个探针装在三自由度（或更多自由度）的伺服装置上，驱动探针沿上下、左右、前后三个方向移动，当探针碰到物体表面时，分别测量其在三个方向的位移，就可以知道这一点的三维坐标。控制探针在物体表面移动、碰触，可以完成整个表面的三维测量。

向雷达学习：图像雷达。

技术人员借助雷达的原理，发展了激光、超声波等媒介来代替探针进行深度测量的技术。由测距器主动向被测物体表面发射探测信号，信号遇到物体表面反射回来，依据信号的飞行时间或相位变化，可以推算出信号飞行距离，从而得到物体表面的空间位置信息，称为"飞点法"或"图像雷达"。通常用激光或超声波作为探测脉冲。基于这一原理的激光干涉仪，精度可达光波长量级。

最流行的方法：基于计算机视觉。

Robert 在 1965 年发表了《三维物体的机器感知》一文，阐述了利用计算机视觉手段从二维图像获得物体三维信息的可能性。随着计算机软硬件、激光、CCD、PSD 等技术的飞速发展，对数字图像处理、计算机视觉理论研究的深入，在这一领域，无论在理论、技术还是产品化方面，都取得了长足的进步。

基于计算机视觉理论，先后提出了单目视觉法（包括 Shape From Shading，Shape From Texture，Shape From Gradient，Shape From Focusing 等）、立体视觉法（包括双目、多目视觉）、从轮廓回复形状法、从运动恢复形状法、结构光法、编码光法等多种三维信息获取方法，这些方法有的在现阶段只有理论研究的意义，难以实用化，但其中如结构光、编码光等方法则成为目前大部分三维扫描设备的基础。

独辟蹊径：机械测量臂。

近年来 FARO、Immersion 等公司独辟蹊径，仍然借用三坐标测量机的接触探针原理，但是将探针的驱动伺服机改为可以精确定位的多关节随动式机械臂，由人牵引着装有探针的机械臂在物体表面滑动扫描。机械臂的关节上装有角度传感器，可以实时测量关节的转动角度，根据臂长和各关节的转动角度，可以很容易计算出探针的三维坐标。

深入内部：断层扫描。

除了对物体表面的三维测量外，在某些场合，还需要获得物体的内腔尺寸，这时一般的方法就无能为力了。人们先是使用工业 CT，以高能 X 射线对零部件内部进行分层扫描。但工业 CT 存在几个严重缺点：价格昂贵、精度不高、材料密度变化大时精度受影响、使用过程存在放射性危险。

美国 CGI 公司生产的自动断层扫描仪（Automatic Cross Section Scanner，ACSS）可以克服这些缺点，获得物体的外形和内腔结构数据，前提条件是允许对被测物体进行破坏，自动断层扫描仪测量精度远高于工业 CT，而设备的运行费用一般只有后者的 20%。

121　虚拟现实（VR）技术　VR 是英文 Virtual Reality 的缩写，中文的意思就是虚拟现实（真实幻觉、灵境、幻真），也称灵境技术或人工环境。概念是在 20 世纪 80 年代初提出来的，其具体是指借助计算机及最新传感器技术创造的一种崭新的人机交互手段。虚拟现实是利用计算机模拟产生一个三维空间的虚拟世界，提供使用者关于视觉、听觉、触觉等感官的模拟，让使用者如同身临其境一般，可以及时、没有限制地观察三维空间内的事物。

1992 年美国国家科学基金资助的交互式系统项目工作组的报告中对 VR 提出了较系统的论述，并确定和建议了未来虚拟现实环境领域的研究方向。可以认为，虚拟现实技术综合了计算机图形技术、计算机仿真技术、传感器技术、显示技术等多种科学技术，它在多维信息空间上创建一个虚拟信息环境，能使用户具有身临其境的沉浸感，具有与环境完善的交互作用能力，并有助于启发构思。所以说，沉浸—交互—构想是 VR 环境系统的三个基本特性。虚拟技术的核心是建模与仿真。虚拟现实技术主要运用了以下几个技术。

（1）动态环境建模技术 虚拟环境的建立是虚拟现实技术的核心内容。动态环境建模技术的目的是获取实际环境的三维数据，并根据应用的需要，利用获取的三维数据建立相应的虚拟环境模型。三维数据的获取可以采用 CAD 技术（有规则的环境），而更多的环境则需要采用非接触式的视觉建模技术，两者的有机结合可以有效地提高数据获取的效率。

（2）实时三维图形生成技术 三维图形的生成技术已经较为成熟，其关键是如何实现"实时"生成。为了达到实时的目的，至少要保证图形的刷新率不低于 15 帧/s，最好高于 30 帧/s。在不降低图形的质量和复杂度的前提下，如何提高刷新频率将是该技术的研究内容。

（3）立体显示和传感器技术 虚拟现实的交互能力依赖于立体显示和传感器技术的发展。现有的虚拟现实还远远不能满足系统的需要，例如，数据手套有延迟长、分辨率低、作用范围小、使用不便等缺点；虚拟现实设备的跟踪精度和跟踪范围也有待提高，因此有必要开发新的三维显示技术。

（4）应用系统开发工具 虚拟现实应用的关键是寻找合适的场合和对象，即如何发挥想象力和创造力。选择适当的应用对象可以大幅度地提高生产效率、减轻劳动强度、提高产品开发质量。为了达到这一目的，必须研究虚拟现实的开发工具。例如，虚拟现实系统开发平台、分布式虚拟现实技术等。

（5）系统集成技术 由于虚拟现实中包括大量的感知信息和模型，因此系统的集成技术起着至关重要的作用。集成技术包括信息的同步技术、模型的标定技术、数据转换技术、数据管理模型、识别

和合成技术等。

7.6 自然语言处理

122 文本分类与信息获取 文本分类是指依据文本语义内容将未知类别的文本归类到已知类别体系中的过程。文本分类有多个英文名称，现在比较常用的为 Text Categorization（TC）。文本分类的形式化定义如下，假设有一个文本集合 $D = \{d_1, \cdots, d_{|D|}\}$ 和一个预先定义的类别集合 $C = \{c_1, \cdots, c_{|D|}\}$，两者之间的真实关系可由以下函数表示：

$$\phi: D \times C \to \{T, F\}\ (d_i, c_j)\ \alpha\phi(d_i, c_j) = \begin{cases} T, & \text{如果 } d_i \in c_j \\ F, & \text{如果 } d_i \notin c_j \end{cases}$$

于是，自动文本分类问题可以转化为找到函数 ϕ 的近似表示 ϕ'：

$$\phi': D \times C \to \{T, F\}\ (d_i, c_j)\ \alpha\phi'(d_i, c_j) = \begin{cases} T, & \text{如果 } d_i \in c_j \\ F, & \text{如果 } d_i \notin c_j \end{cases}$$

使得 ϕ' 尽量逼近未知的真实函数 ϕ。此处的函数 ϕ' 称为文本分类器，力求真实反映文档和类别的关系，以便尽可能对未知类别的文本进行正确分类。文本分类根据分类算法的不同，可以分为两类分类算法和多类分类算法。所谓两类分类算法是指算法本质上只能进行两类分类，即只能判别文档属于两类中的某一类，如支持向量机算法；而多类分类算法是指算法可以同时对多个类别进行操作，即同时判别文档属于多类中的某一类或某几类，如 KNN 算法。两类分类算法应用于多类分类问题时，通常需要将一个多类分类问题转化为若干个两类分类问题来解决。

另外，文本分类根据文档所属类别是否单一还可以分为单标号文本分类（Single-label Text Categorization）问题和多标号文本分类（Multilateral Text Categorization）问题。所谓单标号文本分类指文档的类别体系没有重合，一篇文档属于且只属于一个类别，而多标号文本分类是指文档的类别体系有重合，一篇文档可以属于多个不同的类别。文本分类过程见图 6.7-7。

123 语义与命题逻辑 语言所蕴含的意义就是语义（Semantic）。简单地说，符号是语言的载体。符号本身没有任何意义，只有被赋予含义的符号才能够被使用，这时候语言就转化为了信息，而语言的含义就是语义。语义可以简单地看作是数据所对应的现实世界中的事物所代表的概念的含义，以及这些含义之间的关系，是数据在某个领域上的解释和逻辑表示。

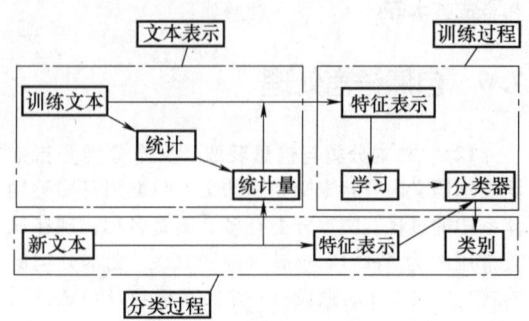

图 6.7-7　文本分类过程

语义具有领域性特征，不属于任何领域的语义是不存在的。而语义异构则是指对同一事物在解释上存在差异，也就体现为同一事物在不同领域中理解的不同。对于计算机科学来说，语义一般是指用户对于那些用来描述现实世界的计算机表示（即符号）的解释，也就是用户用来联系计算机表示和现实世界的途径。

由于信息概念具有很强的主观特征，还没有一个统一和明确的解释。我们可以将信息简单地定义为被赋予了含义的数据，如果该含义（语义）能够被计算机所"理解"（指能够通过形式化系统解释、推理并判断），那么该信息就是能够被计算机所处理的信息。关于知识的概念没有明确的定义，一般来说，知识为人类提供了一种能够理解的模式用来判断事物到底表示什么或者事情将会如何发展。从知识的陈述特性上来看，知识即指用来描述信息的概念、概念之间的关系，以及概念在陈述具体事实时所必须遵守的条件。从这一点看，对于信息的语义以及信息语义之间的关联关系的描述本身就是一种知识的表达，因此在许多研究中，往往将语义的描述等同于知识的描述。

命题逻辑研究命题和命题组合。命题是一个抽象概念。日常生活中，命题通过句子得以表达。命题具有描述的特征，是对世界上某件事情做出的描述。如果命题符合事实真相，则为真；反之，则为假。例如，一命题为"萨姆经常抽烟"，如果萨姆真地经常抽烟，该命题就为真；如果萨姆根本不抽烟或不经常抽烟，该命题就为假。

命题的组成有以下三部分：

1）简单命题。简单命题一般用 p 和 q 来表示，如果命题数量再多一些，就用 r 和 s。其他的字母就很少用了。每个字母代表一个命题。

2）逻辑谓词。简单命题通过逻辑小品词组成复合命题。每个逻辑小品词都有一个符号。逻辑谓词有合取（∧）、析取（∨）、蕴涵（→）、否定（¬）和等价（↔）。要注意，这些逻辑谓词的含义与它们在日常生活中的用法不是完全一致的。合取仅仅起一个连接作用，它包括日常会话中的"和"和"但是"两者；析取包含三种可能性，即"其中一者"，或是"另外一者"，或是"两者都"，但是日常会话中的"或者"只描述两种可能性；蕴涵表示命题的顺序；否定和等价比较简单。

3）真值。命题可以判断其真假，也就是具有一个真值。如果命题内容符合事实，真值为真（经常用 w 或 1 表示）；如果命题内容不符合事实，则真值为假（经常用 f 或 0 表示）。

124　机器翻译　人类对机器翻译（Machine Translation，MT）系统的研究开发已经持续了 50 多年。起初，机器翻译系统主要是基于双语字典进行直接翻译，几乎没有句法结构分析。直到 20 世纪 80 年代，一些机器翻译系统采用了间接方法。在这些方法中，源语言文本被分析转换成抽象表达形式，随后利用一些程序，通过识别词结构（词法分析）和句子结构（句法分析）解决歧义问题。其中有一种方法将抽象表达设计为一种与具体语种无关的"中间语言"，可以作为许多自然语言的中介。这样，翻译就分为两个阶段：从源语言到中间语言，从中间语言到目标语言。另一种更常用的间接方法是将语言表达转化成为目标语言的等价表达形式。这样，翻译便分为三个阶段：分析输入文本并将它表达为抽象的源语言；将源语言转换成抽象的目标语言；最后，生成目标语言。

机器翻译系统可以分成以下几个类型。

（1）直译式机器翻译系统　直译式机器翻译系统（Direct Translation MT System）通过快速的分析和双语词典，将原文译出，并且重新排列译文词汇，以符合译文的句法，见图 6.7-8。

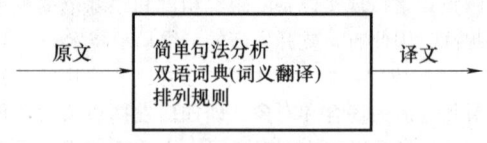

原文　简单句法分析　双语词典(词义翻译)　排列规则　译文

图 6.7-8　直译式机器翻译

（2）规则式机器翻译系统　规则式机器翻译系统（Rule-Based MT Systems）是先分析原文内容，产生原文的句法结构，再换成译文的句法结构，最后生成译文，见图 6.7-9。

（3）中介语式机器翻译系统　中介式机器翻译系统（Inter-Lingual MT Systems）先生成一种中介表

达方式，而非特定的语言结构，再由中介表达方式转成译文，见图 6.7-10。

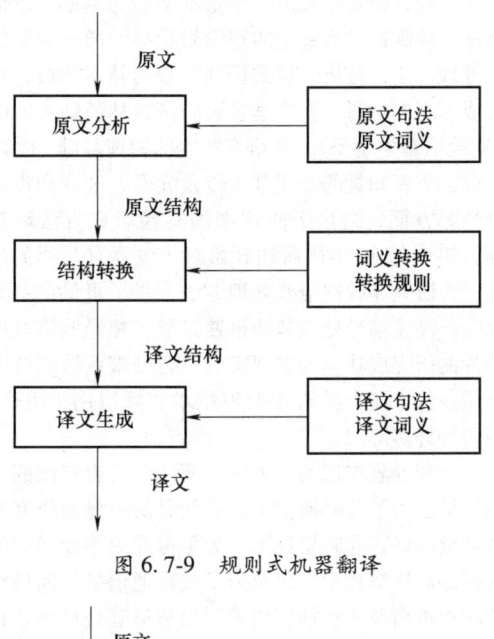

图 6.7-9　规则式机器翻译

图 6.7-10　中介语式机器翻译

（4）知识库式机器翻译系统　知识库式机器翻译系统（Knowledge-Based MT Systems）是建立一个翻译需要的知识库，构成翻译专家系统。

（5）统计式机器翻译系统　源语言中任何一个句子都可能与目标语言中的某些句子相似，这些句子的相似程度都不相同，统计式机器翻译系统（Statistics-Based MT Systems）能找到最相似的句子。

（6）范例式机器翻译系统　范例式机器翻译系统（Example-Based MT Systems）是将过去的翻译结果当成范例，产生一个范例库。在翻译一段文字时，参考范例库中近似的例子，并处理差异处。

125　自然语言人机交互　自然语言通常是指一种自然地随文化演化的语言。例如，汉语、英语、日语为自然语言的例子，这一种用法可见于自然语言处理一词中。自然语言是人类交流和思维的

主要工具。自然语言是人类智慧的结晶，自然语言处理是人工智能中最为困难的问题之一，而对自然语言处理的研究也是充满魅力和挑战的。

人机交互、人机互动（Human-Computer Interaction 或 Human-Machine Interaction，HCI 或 HMI）是一门研究系统与用户之间的交互关系的学问。系统可以是各种各样的机器，也可以是计算机化的系统和软件。人机交互界面通常是指用户可见的部分。用户通过人机交互界面与系统交流，并进行操作。小如收音机的播放按键，大至飞机上的仪表板，或发电厂的控制室。人机交互界面的设计要包含用户对系统的理解（即心智模型），那是为了系统的可用性或者用户友好性。

操作系统的人机交互功能是决定计算机系统"友善性"的一个重要因素。人机交互功能主要靠可输入输出的外部设备和相应的软件来完成。可供人机交互使用的设备主要有键盘、显示器、鼠标、各种模式识别设备等。与这些设备相应的软件就是操作系统提供人机交互功能的部分。人机交互部分的主要作用是控制有关设备的运行和理解并执行通过人机交互设备传来的有关的各种命令和要求。早期的人机交互设施是键盘及显示器。操作员通过键盘输入命令，操作系统接到命令后立即执行并将结果通过显示器显示。输入的命令可以有不同方式，但每一条命令的解释是清楚的、唯一的。

随着计算机技术的发展，操作命令也越来越多，功能也越来越强。随着模式识别，如语音识别、汉字识别等输入设备的发展，操作员和计算机在类似于自然语言或受限制的自然语言这一级上进行交互成为可能。此外，通过图形进行人机交互也吸引着人们去进行研究。这些人机交互可称为智能化的人机交互，这方面的研究工作正在积极开展。

人机交互技术领域热点技术的应用潜力已经开始展现，比如智能手机配备的地理空间跟踪技术，应用于可穿戴式计算机、隐身技术、浸入式游戏等的动作识别技术，应用于虚拟现实、遥控机器人及远程医疗等的触觉交互技术，应用于呼叫路由、家庭自动化及语音拨号等场合的语音识别技术，对于有语言障碍的人士的无声语音识别，应用于广告、网站、产品目录、杂志效用测试的眼动跟踪技术，针对有语言和行动障碍人开发的"意念轮椅"采用的基于脑电波的人机界面技术等。人机交互解决方案供应商不断地推出各种创新技术，如指纹识别技术、侧边滑动指纹识别技术、TDDI 技术、压力触控技术等。热点技术的应用开发是机遇也是挑战，

基于视觉的手势识别率低，实时性差，需要研究各种算法来改善识别的精度和速度，眼睛虹膜、掌纹、笔迹、步态、语音、唇读、人脸、DNA 等人类特征的研发应用也正受到关注，多通道的整合也是人机交互的热点，另外，与"无所不在的计算""云计算"等相关技术的融合与促进也需要继续探索。

7.7　语音处理

126　语音处理　语音处理（Speech Processing）是用以研究语音发声过程、语音信号的统计特性、语音的自动识别、机器合成以及语音感知等各种处理技术的总称。由于现代的语音处理技术都以数字计算为基础，并借助微处理器、信号处理器或通用计算机加以实现，因此也称数字语音信号处理。

语音处理的研究起源于对发声器官的模拟。1939 年美国 H. Dudley 展出了一个简单的发音过程模拟系统，以后发展为声道的数字模型。利用该模型可以对语音信号进行各种频谱及参数的分析，进行通信编码或数据压缩的研究，同时也可根据分析获得的频谱特征或参数变化规律，合成语音信号，实现机器的语音合成。利用语音分析技术，还可以实现对语音的自动识别，发音人的自动辨识，如果与人工智能技术结合，还可以实现各种语句的自动识别以至语言的自动理解，从而实现人机语音交互应答系统，真正赋予计算机以听觉的功能。

语音信息主要包含在语音信号的参数之中，因此准确而迅速地提取语音信号的参数是进行语音信号处理的关键。常用的语音信号参数有：共振峰幅度、频率与带宽、音调和噪声、噪声的判别等。后来又提出了线性预测系数、声道反射系数和倒谱参数等参数。这些参数仅仅反映了发音过程中的一些平均特性，而实际语言的发音变化相当迅速，需要用非平稳随机过程来描述，因此，20 世纪 80 年代之后，研究语音信号的非平稳参数分析方法迅速发展，人们提出了一整套快速的算法，还有利用优化规律实现以合成信号统计分析参数的新算法，取得了很好的效果。

当语音处理向实用化发展时，人们发现许多算法的抗环境干扰能力较差。因此，在噪声环境下保持语音处理能力成为一个重要课题。这促进了语音增强的研究。一些具有抗干扰性的算法相继出现。当前，语音处理日益同智能计算技术和智能机器人的研究紧密结合，成为智能信息技术中的一个重要

分支。

语音处理是一门多学科的综合技术。它以生理、心理、语言以及声学等基本实验为基础，以信息论、控制论、系统论的理论做指导，通过应用信号处理、统计分析、模式识别等现代技术手段，发展成为新的学科。我国学者吴宗济、林茂灿主编的《实验语音学概要》，从语音产生的物理基础、生理基础、语音知觉的心理基础以及元音、辅音和声调特征等方面，给出了较详细的实验研究方法和数据。20 世纪 80 年代后期开始对听觉器官耳蜗的研究，为研究非线性语音处理方法提供了可供借鉴的依据。高速信号处理器的迅速发展，神经网络模拟芯片的研究成功，为实现实时语音处理系统创造了物质条件，使大批语音处理技术实际应用于生产、国防等许多部门。

语音处理在通信、国防等部门中有着广阔的应用领域。为了改善通信中语音信号的质量而研究的各种频响修正和补偿技术，为了提高效率而研究的数据编码压缩技术，以及为了改善通信条件而研究的噪声抵消及干扰抑制技术，都与语音处理密切相关。在国防通信及指挥部门中，应用语音处理，可以实现在各种不同通信条件下的话带保密通信，计算机网络中的话音和数据综合通信，在强噪声环境（例如，高性能战斗机、直升机环境和战场指挥所等）中使用的语音识别装置，克服强干扰影响语音降质的噪声消除装置，说话人识别与说话人证实，以及各种先进空中交通控制用的交互式语音识别/合成接口等，都是现代指挥自动化的重要组成部分。在金融部门应用语音处理，开始利用说话人识别和语音识别实现根据用户语音自动存款、取款的业务。在仪器仪表和控制自动化生产中，利用语音合成读出测量数据和故障警告。随着语音处理技术的发展，可以预期它将在更多部门得到应用。

127　语音识别　语音识别是指将语音自动转换成为文字的过程。在实际应用中，语音识别通常与自然语音理解、自然语音生成以及语音合成等技术相结合，提供一个基于语音的自然流畅的人机交互系统。

现在已经有许多场合允许使用者用语音对计算机发命令，但是，目前还只能使用有限词汇的简单句子，因为计算机还无法接受复杂句子的语音命令。因此，需要研究基于自然语言理解的语言识别技术。

相对于机器翻译，语音识别是更加困难的问题。机器翻译系统的输入通常是印刷文本，计算机能清楚地区分单词与单词串。而语音识别系统的输

入是语音，其复杂度要大得多，特别是口语有很多不确定性。人与人交流时，往往是根据上下文提供的信息猜测对方所说的是哪一个单词，还可以根据对方使用的音调、面部表情和手势等来得到很多信息。特别是说话者会经常更正所说过的话，而且会使用不同的词来重复某些信息。显然，要使计算机像人一样识别语音是很困难的。

按照服务对象划分，针对某个用户的语音识别系统，称为特定人工作方式。针对任何人的语音识别系统，则称为非特定人工作方式。

语音识别技术的研究始于 20 世纪 50 年代初期，迄今为止已有近 70 年的历史。1952 年，贝尔实验室研制了世界上第一个能识别 10 个英文数字的识别系统。20 世纪 60 年代最具代表的研究成果是基于动态时间规整的模板匹配方法，这种方法有效地解决了特定说话人孤立词语音识别中语速不均和不等长的匹配问题。20 世纪 80 年代以后，基于

隐马尔可夫模型的统计建模方法逐渐取代了基于模板匹配的方法，基于高斯混合模型-隐马尔可夫模型的混合声学建模技术推动了语音识别技术的蓬勃发展。在美国国防部高级研究计划署的赞助下，大词汇量的连续语音识别取得了出色的成绩，许多机构研发出了各自的语音识别系统甚至开源了相应的语音识别代码，最具代表性的是英国剑桥大学的隐马尔可夫工具包（HTK）。2010 年之后，深度神经网络的兴起和分布式计算技术的进步使语音识别技术获得重大突破。2011 年，微软的俞栋等将深度神经网络成功应用于语音识别任务中，在公共数据上词错误率相对降低了 30%。其中基于深度神经网络的开源工具包，使用最广泛的是霍普金斯大学发布的 Kaldi。

语音识别系统主要包括四个部分：特征提取、声学模型、语言模型和解码搜索。语音识别系统的典型架构见图 6.7-11。

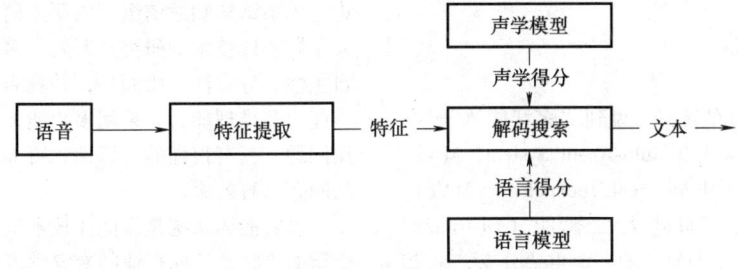

图 6.7-11　语音识别系统的框架

128　情感语言　语音作为人们交流的主要方式，不仅包含语义信息，而且还携带有丰富的情感信息。语音信号是语言的声音表现形式，情感是说话人所处的环境和心理状态反应。语音在传递过程中，由于说话人的情感介入而更加丰富，同样一句话，如果说话人的情感和语气不同，听者的感知也有可能会不同。美国麻省理工学院的 Minsky 教授就情感的重要性专门指出"问题不在于智能机器能否有感情，而在于没有感情的机器能否实现智能。"人工智能如果在人机交互中缺少情感因素会显得"冷冰冰"，不能识别出情感并且不能对相应情感做出反应，无法形成真正的人工智能。因此，分析和处理语音信号中的情感信息、判断说话人的喜怒哀乐有重要意义。

语音情感识别是让计算机能够通过语音信号识别说话者的情感状态，是情感计算的重要组成部分，是情感语音处理的主要内容之一。情感计算的目的是通过赋予计算机识别、理解、表达和适应人

的情感的能力来建立和谐人机环境，并使计算机具有更高的、全面的智能。情感语音里用语音信息进行情感计算。

一般来说，语音情感识别系统主要由三部分组成——语音信号采集、语音情感特征提取和语音情感识别，如图 6.7-12 所示。语音信号采集模块通过语音传感器（如传声器等语音录制设备）获得语音信号，并传递到语音情感特征提取模块；语音情感特征提取模块对语音信号中的情感关联紧密的声学参数进行提取，最后送入情感识别模块完成情感判断。需要指出的是，语音情感的识别离不开情感的描述和语音情感库的建立。

语音情感识别本质上是一个典型的模式分类问题，因此模式识别领域中诸多算法都可用于语音情感识别研究，如隐马尔可夫模型、高斯混合模型、支持向量机模型。其中，支持向量机具有良好的非线性建模能力和对小数据处理的鲁棒性，在语音情感识别中应用更为广泛。近来，由于深度学习的迅

猛发展，语音情感识别也受益良多。许多研究者将不同的网络结构应用于语音情感识别，大致分为两类。一类研究者利用深度学习网络提取有效的情感特征，再送入分类器中进行识别，如利用自编码器、降噪自编码；也有研究者利用迁移学习的方法，将在语音识别训练中训练的网络在语音情感数据库上进行微调提取有效特征，获得了良好的效果。另一类研究者将传统的分类器替换为深度神经网络进行识别，如深度卷积神经网络和长短时记忆模型。研究者将语音转化为语谱图送入卷积神经网络中，采用类似的图像识别的处理方式，为研究者提供了一个新的思路。而长短时记忆模型能刻画长时动态特性，更好地描述情感的演变状态，因此能取得更好的效果。当然，有研究者将情感的特征提取和情感识别两部分都替换成了神经网络，提出了端到端的语音情感识别方法，为研究指出了一个新的方向。语音情感识别采用何种建模算法一直是研究者们非常关注的问题，但是在不同的情感数据库上、不同的测试环境中，不同的识别算法各有各的优劣，对此不能一概而论。

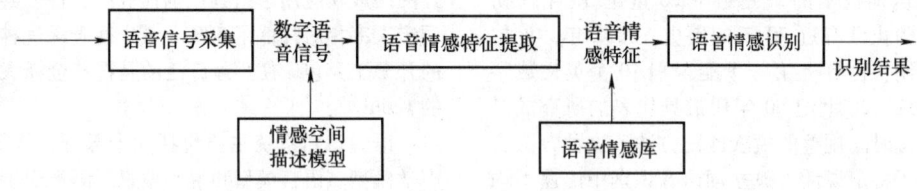

图 6.7-12　语音情感识别系统框架

7.8　多智能体

129　多智能体的定义　说到"多智能体"，一般专指多智能体系统（Multi-Agent System，MAS）或多智能体技术（Multi-Agent Technology，MAT）。多智能体系统是分布式人工智能（Distributed Artificial Intelligence，DAI）的一个重要分支，是 20 世纪末至 21 世纪初国际上人工智能的前沿学科。研究的目的在于解决大型、复杂的现实问题，而解决这类问题已超出了单个智能体的能力。

多智能体系统是多个智能体组成的集合，它的目标是将大而复杂的系统建设成小的、彼此互相通信和协调的，易于管理的系统。它的研究涉及智能体的知识、目标、技能、规划以及如何使智能体采取协调行动解决问题等。研究者主要研究智能体之间的交互通信、协调合作、冲突消解等方面，强调多个智能体之间的紧密群体合作，而非个体能力的自治和发挥，主要说明如何分析、设计和集成多个智能体构成相互协作的系统。

同时，人们也意识到，人类智能的本质是一种社会性智能，人类绝大部分活动都涉及多个人构成的社会团体，大型复杂问题的求解需要多个专业人员或组织协调完成。要对社会性的智能进行研究，构成社会的基本构件物——人的对应物——智能体理所当然成为人工智能研究的基本对象，而社会的对应物——多智能体系统，也成为人工智能研究的基本对象，从而促进了对多智能体系统的行为理论、体系结构和通信语言的深入研究，这极大地繁荣了智能体技术的研究与开发。多智能体系统具有自主性、分布性、协调性，并具有自组织能力、学习能力和推理能力。采用多智能体系统解决实际应用问题，具有很强的鲁棒性和可靠性，并具有较高的问题求解效率。

多智能体系统是智能体技术应用及研究上的一个质的飞跃，不同行业的专家学者对其进行了深入的研究并从多个角度阐述了多智能体系统用于解决实际问题的优势，归纳起来，主要有以下几点。

1）在多智能体系统中，每个智能体均具有独立性和自主性，能够解决给定的子问题，自主地推理和规划并选择适当的策略，并以特定的方式影响环境。

2）多智能体系统支持分布式应用，所以具有良好的模块性、扩展性和设计灵活简单，克服了建设一个庞大的系统所造成的管理和扩展的困难，能有效降低系统的总成本。

3）在多智能体系统的实现过程中，不追求单个庞大复杂的体系，而是按面向对象的方法构造多层次、多元化的智能体，其结果降低了系统的复杂性，也降低了各个智能体问题求解的复杂性。

4）多智能体系统是一个讲究协调的系统，各智能体通过互相协调去解决大规模的复杂问题；多智能体系统也是一个集成系统，它采用信息集成技术，将各子系统的信息集成在一起，完成复杂系统的集成。

5）在多智能体系统中，各智能体之间互相通信，彼此协调，并行地求解问题，因此能有效地提高问题求解的能力。

6）多智能体技术打破了人工智能领域仅仅使用一个专家系统的限制，在 MAS 环境中，各领域的不同专家可能协作求解某一个专家无法解决或无法很好解决的问题，提高了系统解决问题的能力。

7）智能体是异质的和分布的。它们可以是不同的个人或组织，采用不同的设计方法和计算机语言开发而成，因而可能是完全异质的和分布的。

8）处理是异步的。由于各智能体是自治的，每个智能体都有自己的进程，按照自己的运行方式异步地进行。

130 多智能体协商 在多智能体系统中，如果每个智能体都是自利的（使自身获利最大），那么每个智能体的最优策略组合未必是多智能体系统的最优策略。这反映了多智能体系统中个体利益与集体利益相冲突的矛盾本质。多智能体系统不像集中控制系统那样，由一个集中式的控制器对每个智能体策略进行控制。因此，在多智能体系统中需要为每个智能体设计一种机制，通过协商来获得个体或者系统的最佳策略。

多智能体协商有以下几个典型模型。

（1）纳什均衡和帕累托最优 纳什均衡（Nash equilibrium）又称为非合作博弈均衡，是博弈论的一个重要术语，以约翰·纳什命名。在一个博弈过程中，无论对方的策略选择如何，当事人一方都会选择某个确定的策略，则该策略被称作支配性策略。如果任意一位参与者在其他所有参与者的策略确定的情况下，其选择的策略是最优的，那么这个组合就被定义为纳什均衡。一个策略组合被称为纳什均衡，每个博弈者的平衡策略都是为了达到自己期望收益的最大值，与此同时，其他所有博弈者也遵循这样的策略。

帕累托最优指在纳什均衡的前提下，这个解优于纳什均衡下的结果，则称为帕累托最优解。

（2）投票 从多智能体的角度出发，我们可以将每个投票人定义成一个独立的智能体，每个智能体有关于被选举人或表决事情的偏好，而且所有智能体关于此事的偏好并不相同。因此，我们需要设计一个投票机制，产生出一个较为合理的结果，这个输出结果对所有的智能体应该都是相对公平的。在多智能体系统研究中，需要研究哪一种投票机制是合理的，或者在何种场景下应该应用哪一种投票机制。

（3）拍卖 从智能体技术角度，我们关心买家采用何种策略报出自己的价格，买家又如何根据其他买家的报价信息调整自己的报价策略。卖家如何选择和设计拍卖机制，以使自己的商品能以最高价卖出，从而获得最大利润。在技术分析中，我们还需要考虑商品的真实价值、买方是否会转卖此商品获得额外利润、买方是否会串通以及多个商品联合拍卖等问题。

（4）谈判 在人类社会中，谈判是一种高级智能行为。通过多智能体技术对谈判机制进行建模，设计智能体自动地去发现最有谈判策略，是非常有挑战性的技术。

131 多智能体学习 当同时存在多个智能体，就构成了一个多智能体系统。在 AlphaGo 等应用中，AlphaGo 在网上和人类棋手进行多次实战，并通过实战优化自己的棋艺，这是单智能体强化学习。而在无人机编队协同任务中，其需要多个无人机之间进行协调、学习，这就是多智能体强化学习。在多智能体学习中，如果我们对每个智能体的学习算法不加以约束，则整个多智能体系统有可能陷入一个不稳定的状态中。为了更好地分析多智能体系统中的学习问题，我们首先介绍三种类型的多智能体系统。

第一种多智能体系统为合作型多智能体系统。在此系统中，多个智能体通过合作完成一个协作型任务，如无人机集群。显然在此系统中，每个智能体通过学习，尽可能快地使整个系统达到学习目标。

第二种多智能体系统为竞争型多智能体系统。在此系统中，通常存在两个目标绝对相反的智能体，如下棋双方。显然在此系统中，每个智能体通过学习，尽最大可能击败对手。

第三种多智能体系统为博弈型多智能体系统。在此系统中，每个智能体之间既存在竞争、又存在合作，如足球队的 11 名队员是一种典型的竞合关系。显然在此类系统中，每个智能体既要实现某种程度的协作，又要尽可能使自己获利最大。

以上三种类型的多智能体系统的学习技术也大相径庭。

单智能体强化学习。如果将多智能体系统中的所有智能体合并成一个超智能体，那么这个超智能体的动作集合就是所有智能体的动作集合的笛卡儿积。因此在这一前提下，多智能体强化学习就退化成单智能体强化学习。该学习技术实际上是种集中式控制技术，与分布式多智能体系统假设不一致。

不同于单智能体强化学习技术，在面向合作型任务的多智能体强化学习方案中，每个智能体都有自己独立的学习算法。当多个智能体同时采取行动时，环境将给出一个奖惩信号。那么如何将这个奖惩信号分配到各个智能体中呢？这就是多智能体强化学习技术需要解决的问题。最常见的一种做法是将这个奖惩信号均匀分配给所有智能体，但这种不见得合理的分配机制显然会影响整个系统的学习性能。

面向竞争型任务的最佳反应强化学习。在处理竞争型任务时，我们需要设计智能体有针对性地击溃对手，因此最有效的方式是对对手的策略进行建模，针对已学习的对手策略进行反制。这种方式称为最佳反应强化学习。

面向竞合型任务的博弈型强化学习。对于更广义的竞合型多智能体系统，我们将多智能体系统所处的各个状态建模为一个博弈，则一个状态序列可以建模为马尔可夫博弈过程。学习算法在每个状态试图去寻找一个纳什均衡解，然后根据执行这个解所获得的反馈来修改学习算法中的值函数。与面向合作型任务的多智能体强化学习技术不同的是，在面向竞争型任务的博弈型强化学习中，环境针对每个智能体给出单独的奖惩信号。

7.9　机器人

132　机器人运动学　机器人运动学包括正向运动学和逆向运动学，正向运动学即给定机器人各关节变量，计算机器人末端的位置姿态；逆向运动学即已知机器人末端的位置姿态，计算机器人对应位置的全部关节变量。一般正向运动学的解是唯一和容易获得的，而逆向运动学往往有多个解而且分析更为复杂。机器人逆向运动分析是运动规划控制中的重要问题，但由于机器人逆向运动问题的复杂性和多样性，无法建立通用的解析算法。逆向运动学问题实际上是一个非线性超越方程组的求解问题，其中包括解的存在性、唯一性及求解的方法等一系列复杂问题。

为了该方法的运用，首先要对位置姿态进行描述。机器人的位置姿态主要是指机器人手部在空间的位置和姿态，有时也会用到其他各个活动杆件在空间的位置和姿态。位置可以用一个位置矩阵来描述。

$$\vec{P} = \begin{bmatrix} P_x \\ P_y \\ P_z \end{bmatrix} = \begin{bmatrix} x \\ y \\ z \end{bmatrix}$$

姿态可以用坐标系三个坐标轴两两夹角的余弦值组成的姿态矩阵来表示。

$$\vec{R} = \begin{bmatrix} \cos(x, x_h) & \cos(x, y_h) & \cos(x, z_h) \\ \cos(y, x_h) & \cos(y, y_h) & \cos(y, z_h) \\ \cos(z, x_h) & \cos(z, y_h) & \cos(z, z_h) \end{bmatrix}$$

同时，还需要引入坐标，机器人的坐标系包括手部坐标系、机座坐标系、杆件坐标系和绝对坐标系。

手部坐标系：参考机器人手部的坐标系，也称机器人位置姿态坐标系，它表示机器人手部在指定坐标系中的位置和姿态。

机座坐标系：参考机器人基座的坐标系，它是机器人各活动杆件和手部的公共参考坐标系。

杆件坐标系：参考机器人杆件的坐标系，它是在机器人每个活动杆上固定的坐标系，随杆件的运动而运动。

绝对坐标系：参考工作现场地面的坐标系，它是机器人所有构件的公共参考坐标系。

在机器人姿态得到正确表示的基础上，还需要列写运动方程并求解。机器人运动学的一般模型为

$$M = f(q_i)$$

式中　M——机器人末端执行器的位置姿态；
　　　q_i——机器人各个关节变量。

若给定关节变量，要求确定相应的 M，称为正向运动学问题，简记为 DKP。相反，若已知末端执行器的位置姿态 M，求解对应的关节变量，称为逆向运动学问题，简记为 IKP。求解正向运动问题，是为了检验、校准机器人，计算工作空间等；求解逆向运动问题，是为了路径规划，机器人控制，但求解比较困难。

133　智能机器人　机器人是集机械、电子、控制、计算机、传感器、人工智能等多学科及前沿技术于一体的高端装备，是制造技术的制高点。目前，在工业机器人方面，其机械构造更加趋于标准化、模块化，功能越来越强大，已经从汽车制造、电子制造和食品包装等传统应用领域转向新兴应用领域，如新能源电池、高端装备和环保设备，在工业领域得到了越来越广泛的应用。与此同时，机器人正在从传统的工业领域逐渐走向更为广泛的应用场景，如以家用服务、医疗服务和专业服务为代表的服务机器人以及用于应急救援、极限作业和军事的特种机器人。面向非结构化环境的服务机器人正呈现出欣欣向荣的发展态势。总体来说，机器人系统正向智能化系统的方向不断发展。

人工智能与机器人不同。前者解决学习、感知、语言理解或逻辑推理等任务。若想在物理世界

完成这些工作，人工智能必然需要一个载体，机器人便是这样的一个载体。机器人是可编程机器，通常能够自主或半自主地执行一系列动作。机器人与人工智能相结合，由人工智能程序控制的机器人称为智能机器人。

智能机器人在近几十年里发展迅速，代表性工作包括：1988 年日本东京电力公司研制的具有自动越障能力的巡检机器人；1994 年中国科学院沈阳自动化研究所等单位研制成功的中国第一台无缆水下机器人"探索者"；1999 年美国直觉外科公司研制的达芬奇机器人手术系统；2000 年日本本田公司的第一代仿人机器人阿西莫；2005 年美国波士顿动力工程公司研制的四足机器人大狗、双足机器人阿特拉斯、两轮人形机器人 Handle；2008 年深圳大疆研制的无人机，德国 FESTO 公司研制的"SmartBird"、机器蚂蚁、机器蝴蝶等；2015 年软银控股公司研制的情感机器人 Pepper。

让机器人成为人类的助手和伙伴，与人类或者其他机器人协作完成任务，是新型智能机器人的重要发展方向。为了使机器人更加全面精准地理解环境，需要机器人配置视觉、声觉、力觉、触觉等多传感器，通过多传感器的融合技术与所处环境进行交互，使机器人在动态和不确定的环境下，完成复杂和精细的操作任务。一方面，借助脑科学和类人认知计算方法，通过云计算和大数据处理技术，可以增强机器人感知环境、理解和认知决策能力；另一方面，需要研制新型传感器和执行器，机器人通过作业环境、人与其他机器人的自然交互、自主适应动态环境，提高机器人的作业能力。

此外，当今兴起的虚拟现实技术和增强现实技术也已经应用在机器人中，与各种穿戴式传感技术结合起来，采集大量数据，采用人工智能方法来处理这些数据，可以让机器人具有自主学习人的操作技能，进行概念抽象，实现自主诊断等功能。汽车智能化是汽车发展的必然方向，自动驾驶技术正是使得汽车不断机器人化。科幻世界正在一步步变为现实。

第8章 计算机网络及物联网

8.1 概述

134 计算机网络体系结构 计算机网络是把地理上分散的具有独立功能的多台计算机及其外部设备,通过通信设备和线路连接起来,在网络操作系统、网络管理软件及网络通信协议的管理和协调下,实现资源共享和信息传递的计算机系统。它是计算机技术与通信技术逐步发展日益密切结合的产物。

现代计算机网络按照网络层次结构的基本概念进行设计,包含两个基本内容:1)将网络功能分解为若干层次,在每个功能层次中,通信双方均要遵守一定的约定和规则,称为同层协议或同等协议,简称协议;2)相邻层次间规定若干交互活动关系,即接口关系,称为相邻层之间的服务关系。

网络体系结构是指这种具有层次结构的协议和服务(接口)的总和。

根据通信协议的分层结构,每个层次分别称为一个子系统,整个网络系统由一有序的子系统结构组成。每一层子系统执行一定的功能,执行该层功能的主体称为该层实体。逻辑上两个系统进行通信就是两个系统的相应层子系统实体间的通信,即构成该层的协议;而同一系统的相邻层之间必须具备一定的接口关系,即构成该层的服务。下层向上层提供服务,上层利用下层提供的服务实现本层的协议功能并向更上层提供服务。这种服务通过调用服务点(Service Access Point, SAP)处的服务原语实现。

网络协议主要由三个要素组成:1)语法。数据与控制信息的结构格式;2)语义。需要发出的命令控制信息、完成的动作及响应;3)同步或定时。有关事件的顺序说明或变化规则。

每一层的协议用两个文本来描述:1)同等层通信双方之间关系的说明文本,即协议说明;2)层间关系的说明文本,即服务说明。

协议因其应用目的的不同而特性各异,但任何协议都应提供的基本功能为:连接控制、数据传输规则或线路控制、信息报文的分组和组装、排序功能、路由选择功能、差错控制、流量控制和信道复用等。

135 计算机网络类型

(1)按传输距离(地域范围)分类:1)局域网(Local Area Network, LAN)。范围较小,如在一个建筑物或单位内部(约0.1km),若在一个大学内部也称校园网(约几km);2)城域网(Metropolitan Area Network, MAN)。作用范围为一个城市(约几十km);3)广域网(Wide Area Network, WAN)。其地域范围可遍布于城市或相邻的若干国家,故也可称之为远程网(几百至几千km)。互联网(Internet)覆盖范围几近全球,是世界上最大的广域网,也称全球网。

(2)按组建属性分类 一般分为由国家电信部门组建和经营管理,提供大众服务的公用网和由一个政府部门或一个公司组建经营,不允许其他部门和单位使用的专用网。

(3)按拓扑结构分类

1)广播网络,有总线型、环形等;2)点到点网络,有星形、环形、树形、完整型、相切型、不规则型等(见图6.8-1和图6.8-2)。

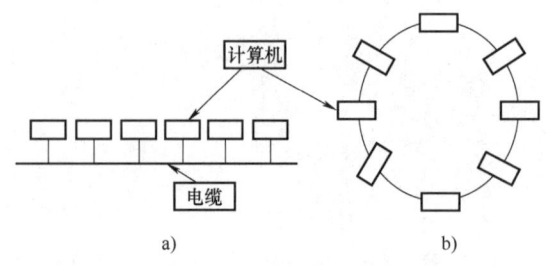

图 6.8-1 两种广播式网络
a)总线型 b)环形

(4)按信息传输交换方式分类

1)电路交换。当两台计算机(站)要交换信息时,就要通过网络中的节点在两站之间建立起一条物理的数据传输链路,通信过程中始终用这条链路进行信息传输,不许其他方来共享该链路的信息容量,通信结束则链路拆除。由于链路中间无缓冲,

因此传输延时小；而且为通信双方提供了"透明"通信，信息的编码方法、格式的传输控制等都不受

限制。但由于物理信道是独占的，在释放链路前即使无信息传输也处于占线状态，造成信道容量浪费。

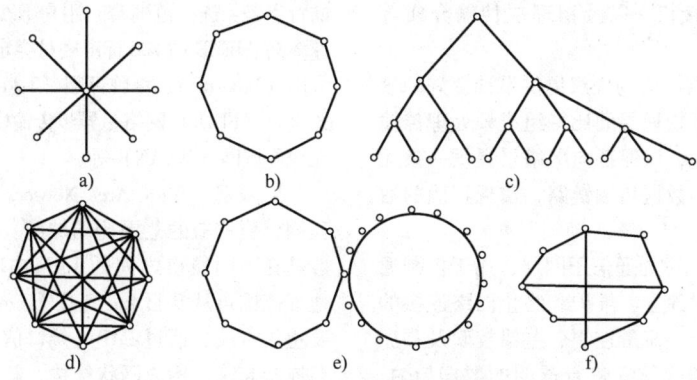

图 6.8-2　点到点子网的拓扑结构

a）星形　b）环形　c）树形　d）完整型　e）相切型　f）不规则型

2）存储-转发交换。在交换节点中设置有缓冲存储器，输入线路送来的数据在缓冲存储器中暂存，必要时对它进行预处理，一旦输出线路有空就转发到下一个节点。存储-转发交换按存储的信息单位大小又可分为报文交换和分组交换。在报文交换方式中，把传输的数据信息作为一个报文按存储转发方式传送。分组交换则是将报文分割成具有统一的格式、一定长度的报文分组，以报文分组为单位进行传送。与报文交换相比，分组交换具有传输延时短、传输质量高，易实现分组多路通信和通信费用低等优点。目前各国公用数据网大都采用分组交换技术。

根据对报文分组的管理方式，分组方式又分为虚拟电路和数据报两种方式。虚拟电路方式是通信双方间要建立一条逻辑上的电路，在一次通信中的

各报文分组都是沿该逻辑电路传输的，该电路由通信两端独占，这和电路交换方式相同，不同的是，从物理上看，该电路所经过的物理信道可同时为其他通信用户共享。数据报方式中，每个报文分组传输的路由不是固定的，而是每经过一个交换节点进行动态选择。

8.2　网络标准化

136　ISO/OSI 基本参考模型　该模型基于国际标准化组织（ISO）的建议，被称作 ISO/OSI 开放系统互联参考模型，简称 OSI 模型，见图 6.8-3。OSI 模型规定了异构计算机互联时需遵循的七层协议层次结构。

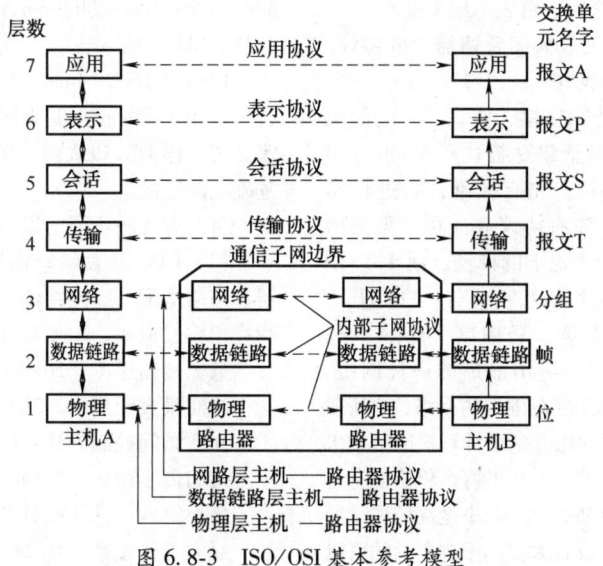

图 6.8-3　ISO/OSI 基本参考模型

（1）物理层　建立在通信物理介质基础上，实现系统和通信物理介质的接口。这里的设计主要处理机械的、电气的接口，以及物理层传输介质等问题。

（2）数据链路层　为物理层提供设计良好的服务接口，确定如何将物理层的比特组成帧处理传输差错，调整帧的流速，以保证向网络层提供一条无差错的、高可靠性的数据传输链路，实现正确的数据通信。

（3）网络层　也称为通信子网层，用于控制通信子网的运行，提供建立、维护和终止网络连接的手段，包括路由选择、流量控制、差错校验及顺序检测等，保证在传输实体间进行透明的数据传输，并且决定该主机与通信子网的接口特性。由主机传输层传来的报文，在网络层转换成报文分组，按分组在通信子网内传送。

（4）传输层　主要任务是为会话实体之间提供透明的数据传输。因此，它根据网络层提供的服务质量和会话层的要求，为会话层实体提供网络连接、确定和提供传输服务。

（5）会话层　支持不同机器上的用户建立会话关系，允许进行类似传输层的普通数据传输，并提供了对某些应用所需的增强服务会话，也可用于远程登录即分时系统或在两台机器间传递文件。

（6）表示层　处理 OSI 系统间用户信息的表示问题。在 OSI 中，端用户（应用进程）间传递的信息数据包含语义和语法两个方面。语义即信息数据的内容及其含义，由应用层负责处理。语法是与数据表示形式有关的方面，例如，信息的格式、编码、数据压缩、数据加密等，由表示层来处理。

（7）应用层　包含大量人们普遍需要的协议，以及在该层实现文件传输功能。

OSI 模型引入了服务、接口、协议、分层的概念，为之后的 TCP/IP 模型建立提供了基础。OSI 模型先有模型，后有协议，先有标准，后进行实践；而 TCP/IP 则相反，先有协议和应用，再提出了模型。OSI 模型是一种理论下的模型，而 TCP/IP 目前已被广泛使用，成为网络互联事实上的标准。

137　局域网和广域网　局域网（Local Area Network，LAN）是最常见、应用最广的一种网络。所谓局域网，就是在局部地区范围内的网络，它所覆盖的地区范围较小。局域网随着整个计算机网络技术的发展得到充分的应用和普及，几乎每个单位都有自己的局域网，有的家庭中都有自己的小型局域网。局域网在计算机数量配置上没有太多的限制，少的可以

只有两台，多的可达几百台。一般来说在企业局域网中，计算机的数量在几十到几百台次左右。这种网络的特点是：连接范围窄、用户数少、配置容易、连接速率高。IEEE 的 802 标准委员会定义了多种 LAN：以太网（Ethernet）、令牌环网（Token Ring）、光纤分布式接口（FDDI）网络、异步传输模式（ATM）网以及无线局域网（WLAN）等。

广域网（Wide Area Network，WAN）也称为远程网，所覆盖的范围比局域网（LAN）更广，它一般是在不同城市之间的 LAN 或者 MAN 网络互联，地理范围可从几百 km 到几千 km。这种网络一般是要租用专线，通过 IMP（接口信息处理）协议和线路连接起来，构成网状结构，解决循径问题。广域网的传送主要是利用通信线或光纤，由 ISP 业者搭建，由于需要预埋线路，带宽可以保证，但成本比较昂贵。

138　以太网　以太网（Ethernet）是最普遍的一种计算机网络。以太网有两类：第一类是经典以太网，第二类是交换式以太网，使用了一种称为交换机的设备连接不同的计算机。经典以太网是以太网的原始形式，运行速度从 3～10Mbit/s 不等；而交换式以太网是广泛应用的以太网，可运行在 100Mbit/s、1 000Mbit/s 和 10 000Mbit/s 的高速率，分别以快速以太网、千兆以太网和万兆以太网的形式呈现。

以太网上的计算机在任何时刻都可以发送信息，如果两个或更多的分组发生冲突，计算机就等待一段时间，然后再尝试发送。这种局域网介质访问控制技术称之为带冲突检测的载波监听多路访问/（Carrier Sense Multiple Access/Collision Detection，CSMA/CD）。

1980 年 DEC、Intel、Xerox 三公司组建的 3COM 公司宣布了 Ethernet 工业标准，该标准最初被这三家公司叫作 DIX 以太网。IEEE 802.3 标准就是在此基础上制定的。

目前有几种不同的以太网并存：

（1）DIX 以太网　由网络工作站、网络服务器、网络适配器、网络传输系统以及网络系统软件和应用软件组成，主要特性为：

数据传输速率：10Mbit/s

站间最大距离：2.5km

介质访问控制方法：CSMA/CD

站间最小距离：2.5m

拓扑结构：总线或分支的无根树

最大工作站数：1 024

传输介质：基带同轴电缆（粗缆、细缆、双绞线或光纤）

信息帧：大小可变，最长为 1 518 字节，最短为 64 字节，曼彻斯特编码

（2）交换式 802.3 以太网　随着更多的站点加入 802.3 以太网中，通信量随之增加，最终达到饱和，解决的办法是将速率从 10Mbit/s 提高到 100Mbit/s。交换式 802.3 以太网是一种花费较小的解决办法。该系统的核心是一个交换机，在其高速背板上插有 4~32 个插板，每个板上有 1~8 个连接

器。大多数情况下，交换机都是通过一根 10Base-T 双绞线与一台计算机相连。背板采用适当的协议，速率高达 1Gbit/s。

由于交换机只要求每个输入端口接受的是标准 802.3 帧，因此可将它的端口用作集线器（见图 6.8-4）。当帧到达集线器时，它们将会按通常的方式竞争，竞争成功的帧会传给交换机，通过高速背板传给正确的端口。如果所有端口连接的都是集线器，而不是单个接点，交换机就变成了 802.3 到 802.3 的网桥。

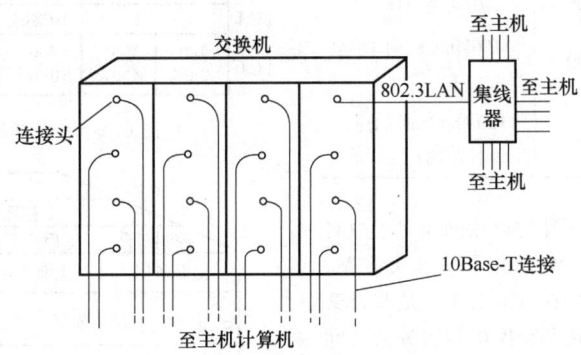

图 6.8-4　交换式 802.3 局域以太网

139　令牌环　在物理上是一环状结构，连接在令牌网上的计算机使用令牌（Token，一种特殊的短报文）来协调环的使用，在任何时候环上只有一个令牌。为了发送数据，计算机必须等待令牌到来，然后传输一帧，再向下一台计算机传输令牌。当没有计算机要发送数据时，令牌高速在环上循环。

环实际上是许多环接口通过点到点线路连接而成的。令牌环及接口见图 6.8-5。

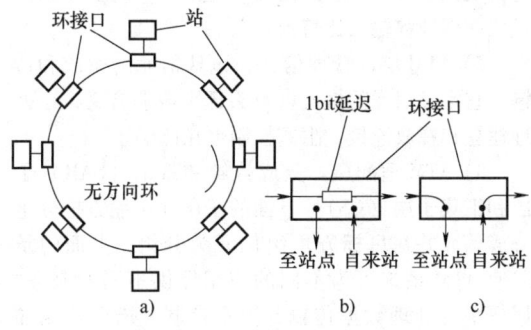

图 6.8-5　令牌环及其接口

环接口有两种操作模式：侦听和发送。侦听模式时，输入以 1bit 时延复制并输出。只有当站点抓住令牌时方进入发送模式。

（1）IBM 令牌环网　运行速率为 1Mbit/s、

4Mbit/s 或 16Mbit/s。信号采用差分曼彻斯特编码。IBM 令牌环网的结构是由节点、传输介质、集线器、网桥、网关等几部分组成，可连接 IBM 大、中、小、微各类计算机及其他厂商的计算机，外部设备和控制器等。

节点由计算机、文件服务器或终端构成，每个节点配有一个适配器入环网，并通过它与网上的其他节点通信。适配器实现数据链路层和物理层的大部分功能，符合 IEEE 802.5 标准。

传输介质为屏蔽双绞线、光纤或宽带电缆，或它们的混合，形成多介质网络。

集线器用以形成星—环拓扑结构。使用集线器给整个环网结构的配置带来很大的灵活性，同时也增加了网络的可维护性和可靠性。

（2）FDDI 令牌环　光纤分布式数据接口（Fiber Distributed Data Interface，FDDI）是一个高性能的光纤高速通用令牌环局域网，它的速率为 100Mbit/s，跨越的距离可达 200km，最多可连接 1000 个站点。FDDI 可以采用与 IEEE 802 局域网同样的方式，由于它具有高带宽特性，因而还可以作为网络的主干与铜线局域网相连。

140　高速局域网

（1）快速以太网　1995 年 6 月 IEEE 公布了

802.3u 标准。802.3u 保持了 802.3 的原有状况,只是提高了其速率,因此称其为快速以太网,其硬件运行在 100Mbit/s 带宽上。快速以太网的基本思路是保留所有旧的分组格式、接口以及程序规则,只是将位宽从 100ns 减少到 10ns。因此连线电缆是关键,有三类可选用的连线电缆,其性能见表 6.8-1。

表 6.8-1　快速以太网性能

名　　称	电缆	最大分段 长度/m	优　　点
100Base-T4	双绞线	100	使用 3 类 OTP
100Base-Tx	双绞线	100	100Mbit/s 时的全双工
100Base-Fx	光纤	2 000	100Mbit/s 时的全双工,长距离

(2) 千兆位以太网　千兆位以太网相对于原有的快速以太网、FDDI、ATM 等主干网解决方案,提供了一条优化路径。至少在目前看来,是改善交换机与交换机之间骨干连接和交换机与服务器之间连接的可靠、经济的途径。网络设计人员能够建立有效使用高速、关键任务的应用程序和文件备份的高速基础设施。网络管理人员将为用户提供对 Internet、Intranet、城域网与广域网的更快速的访问。

IEEE 802.3 工作组建立了 802.3z 和 802.3ab 千兆位以太网工作组,其任务是开发适应不同需求的千兆位以太网标准。该标准支持全双工和半双工 1000Mbit/s,相应的操作采用 IEEE 802.3 以太网的帧格式和 CSMA/CD 介质访问控制方法。千兆位以太网还要与 10Base-T 和 100Base-T 向后兼容。此外,IEEE 标准将支持最大距离为 550m 的多模光纤、最大距离为 70km 的单模光纤和最大距离为 100m 的铜轴电缆。

(3) 光纤通道　光纤通道既处理数据通道,也处理网络连接。光纤通道的基本结构是一个连接输入与输出的交叉式交换机。光纤通道支持 3 种等级的服务:一种是纯粹的电路交换,它保证按顺序递交;第二种是带保证的分组交换;第三种是不带保证的分组交换。

光纤通道的协议结构共有五层,合在一起包括了物理层和数据链路层,见图 6.8-6。

141　ATM 局域网　宽带综合业务网 (B-ISDN) 以单一集成的网络传输各种信息,它具有比现有的网络更高的数据传输速率,并可提供大量的新服务。异步传输模式 (Asynchronous Transfer Mode,

ATM) 是可能实现 B-ISDN 的技术。ATM 的基本思想是以小的、固定长度的分组——信元来传输所有信息。

(1) ATM 参考模型　该模型见图 6.8-7。ATM 是三维的并由三层组成,即物理层、ATM 层和 ATM 适配层。

图 6.8-6　光纤通道协议层次

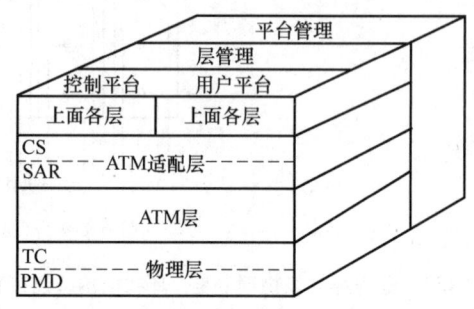

图 6.8-7　ATM 参考模型

1) 物理层。处理物理介质。ATM 被设计成与传输介质无关。物理层有传输汇集 (TC) 子层、物理介质相关 (PMD) 子层。PMD 与实际电缆交互增多,对不同的电缆,该层可能不同。另一子层是 TC 子层。当传输信元时,TC 子层把它们作为比特流发向 PMD 子层,在另一端,TC 子层从 PMD 子层获得纯粹输入比特流。

2) ATM 层。管理信元,包括信元的生成和传输。它定义信元的格式以及头部字段的含义,还处理建立和释放连接,阻塞控制也在此层。

3) ATM 适配层。分成分解和重组 (SAR) 子层和汇集子层 (CS)。下面的子层在传输方把分组分成信元并在目标方重组信元为分组,上面的子层使 ATM 系统可为不同的应用提供不同的服务。用户平台处理数据传输、流量控制、错误检测和其他用户功能。与此相对,控制平台与连接管理相关。层和计划管理功能与资源管理和层间调用有关。

(2) ATM 网络　ATM 网络由交换机 (路由器)、传输线路 (常常是光纤,但传输距离在 100m

以内也可用铜缆和双绞线）和连接在其上的计算机组成。一个 ATM 网络能够提供一个 LAN 的功能，连接一台主机又能起到网桥的作用连接多个 LAN。

ATM 被认为是星形拓扑。一个或多个互连的交换机组成一个中心集线器，所有计算机连接在其上。ATM 基于分组交换技术。ATM 网不同于基于数据报的互联网，它在内部使用虚电路。ATM 网络是面向连接的。要进行会话，首先得发出报文以建立连接。随后信元可以沿相同的路径传向目标。信元不保证一定被递交到目标，但保证顺序递交。ATM 设计成能提供宽的带宽，目标是以 155Mbit/s 和 622Mbit/s 运行，以后可能达到 Gbit/s 的速率。

142　无线局域网和卫星网　无线局域网（Wireless Local Area Network，WLAN）指应用无线通信技术将计算机设备互联起来，构成可以互相通信和实现资源共享的网络体系。无线局域网本质的特点是不再使用通信电缆将计算机与网络连接起来，而是通过无线的方式连接，从而使网络的构建和终端的移动更加灵活。

目前使用最多的是 802.11n（第四代）和 802.11ac（第五代）标准，它们既可以工作在 2.4GHz 频段，也可以工作在 5GHz 频段上，传输速率可达 600Mbit/s（理论值）。但严格来说只有支持 802.11ac 的才是真正 5G。WLAN 的实现协议有很多，其中最为著名也是应用最为广泛的当属无线保真技术——Wi-Fi，它实际上提供了一种能够将各种终端都使用无线进行互联的技术，为用户屏蔽了各种终端之间的差异性。

在通信卫星收发器波束覆盖的区域内，基于通信卫星的 WAN 通过上行链路频率向卫星发送帧，随后卫星通过下行链路频率将收到的帧重新广播出去，即组成卫星网（Satellite Network）。使用卫星上网的速度比起传统的调制解调器，快了数十到一百多倍。用户只要通过计算机卫星调制解调器、卫星天线和卫星配合便可接入互联网。它是一种非对称的接入方式，其业务功能强大，可进行卫星广播式服务，例如大文件投递、多媒体广播、网页广播等。

143　互联网　互联网（Internet）是特指在世界范围的国际互联网，根据音译也被叫作因特网、英特网。这些网络以一组通用的协议相连，形成逻辑上统一的全球化网络，在这个网络中有交换机、路由器等网络设备、各种不同的连接链路、种类繁多的服务器和数不尽的计算机、终端。使用互联网可以将信息瞬间发送到千里之外的人手中，它是信息社会的基础。Internet 使用 TCP/IP，以保证数据

安全、可靠地到达指定的目的地。TCP/IP 所采用的通信方式是分组交换方式。所谓分组交换，简单说就是数据在传输时分成若干段，每个数据段称为一个数据包，TCP/IP 的基本传输单位是数据包，TCP/IP 主要包括两个主要的协议，即 TCP 和 IP，这两个协议可以联合使用，也可以与其他协议联合使用。

144　TCP/IP 体系结构　互联网采用 TCP/IP（Transmission Control Protocol/Internet Protocol，传输控制协议/互联网协议）进行传输。

（1）TCP/IP 参考模型　TCP/IP 参考模型见图 6.8-8。

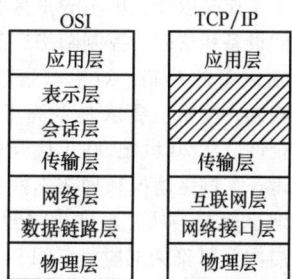

图 6.8-8　TCP/IP 参考模型

TCP/IP 参考模型分为五层：1）物理层。对应于基本网络硬件。2）网络接口层。规定了怎样把数据组织成帧及计算机怎样在网络中传输帧。3）互联网层。规定了互联网中传输的分组格式以及从一台计算机通过一个或多个路由器到最终目标的分组转发机制。4）传输层。规定了怎样确保可靠性传输。5）应用层。包括所有的高层协议，规定了应用程序怎样使用互联网。

（2）互联网层协议　互联网层的主要协议是互联网协议（IP），IP 规范可分为三个部分：1）规定主机和网间连接器、网间连接器和网间连接器之间的交互作用、数据报的格式及其详细说明；2）与高层 TCP 的接口，规定 IP 提供的无连接数据报传送服务及相关原语；3）与低层网络的接口，规定了 IP 所需提供的不可靠的数据报服务，接口原语的格式和内容取决于网络的接口特性。

（3）传输层协议　1）传输控制协议（TCP）是向其用户进程在不可靠的互联网上提供端到端的可靠的面向连接的全双工的数据报文传送的协议；2）用户数据报协议（UDP）是一个不可靠的、无连接协议，用于不需要 TCP 的排序和流量控制能力而自己完成这些功能的应用程序。

（4）TCP/IP 协议族应用协议　最早引入的是：

远程终端协议 TELNET、网际文件传输协议（FTP）和网际简单电子邮件传送协议（SMTP）。

这些年来又增加了不少协议，例如域名系统服务（DNS）、网络新闻传送协议（NNTP）、超文本传输协议（HTTP）、简单网络管理协议（SNMP）、电子邮件（Email）等。

8.3　工业控制网络

145　现场总线　工业控制网络（Industrial Control Network）是指工业领域各种控制系统中，用于完成自动化任务的网络系统。它的网络节点除了常规微机、工作站以外，更多的是具有计算与通信能力的智能设备和仪表。控制网络广泛地应用于对生产、生活设备的控制，对生产过程的状态检测、监视或控制，技术上要求具备高度的可靠性、实时性和安全性。从 20 世纪 90 年代开始，工业控制网络发展迅速，网络规模和种类不断扩大，使信息沟通的领域迅速覆盖从工厂的现场设备到控制、管理的各个层次，覆盖从工段、车间、工厂、企业乃至世界各地。

根据国际电工委员会 IEC 61158 标准的定义，现场总线（Fieldbus）是"安装在生产过程区域的现场设备、仪表与控制室内的自动控制装置、系统之间的一种串行、数字式、多点通信的数据总线"。或者说，现场总线是以单个分散的、数字化、智能化的测量和控制设备作为网络节点，用总线相连接，实现相互信息交换，共同完成自动控制功能的网络系统与控制系统。1998 年之前，IEC/SC65C 只推荐一种类型的现场总线，该总线主要推荐 Foundation Fieldbus 总线和 WorldFIP 总线，并严格按照 IEC 定义制定现场总线标准，形成技术报告。以此为基础形成了现在的 Type1 现场总线。国际电工委员会推荐的通用现场总线网络结构见图 6.8-9。从图中可以看出现场总线系统可以支持各种工业领域的信息处理、监视和控制系统，用于过程控制传感器、执行器和本地控制器之间的低级通信，可以与工厂自动化的 PLC 实现互连。在这里，H1 现场总线主要用于现场级，其速率为 31.25kbit/s，负责两线制向现场仪表供电，并能支持带总线供电设备的本质安全；H2 现场总线主要面向过程控制级、监控管理级和高速工厂自动化的应用。

2003 年 4 月，IEC 61158 Ed.3 现场总线标准第 3 版正式成为国际标准，规定了 10 种类型的现场总线。主要类型有：Type1 TS61158 现场总线、Type2

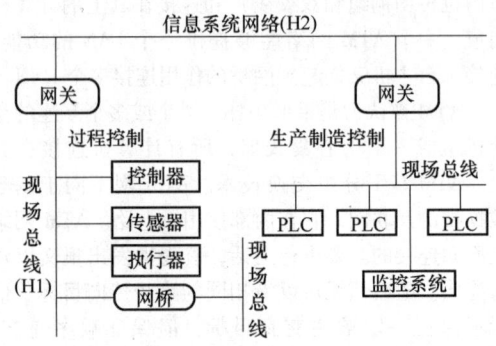

图 6.8-9　通用现场总线网络结构

ControlNet 和 Ethernet/IP 现场总线、Type3 Profibus 现场总线、Type4 P-NET 现场总线、Type5 FF HSE 现场总线、Type6 Swift-Net 现场总线、Type7 WorldFIP 现场总线、Type8 InterBus 现场总线、Type9 FF-H1 现场总线以及 Type10 PROFI-net 现场总线。

146　工业以太网　工业以太网（Industrial Ethernet）是应用于工业控制领域的以太网技术，根据工业控制网络的特殊需求进行了某些特性和协议的改良，在技术上与商用以太网（即 IEEE 802.3 标准）兼容，但是实际产品和应用却又完全不同。这主要表现在工业以太网在产品设计时，会从材质的选用、产品的强度、适用性以及实时性、可互操作性、可靠性、抗干扰性、本质安全性等多方面考虑，最终能够满足工业现场的需要。

我国在工业以太网的产品研发领域进展显著，浙大中控技术有限公司开发的 EPA 工业以太网已经延伸到现场一级，并在化工厂获得了成功试用。

FF HSE 现场总线网络遵循标准的以太网规范，并根据过程控制的需要适当增加了一些功能，但这些增加的功能可以在标准的以太网结构框架内无缝地进行操作，因而 FF HSE 总线可以使用当前流行的商用以太网设备。

FF HSE 的 1~4 层由现有的以太网、TCP/IP 和 IEEE 标准所定义，HSE 和 H1 使用同样的用户层，现场总线信息规范（FMS）在 H1 中定义了服务接口，现场设备访问代理（FDA）为 HSE 提供接口。用户层规定功能模块、设备描述（DD）、功能文件（CF）以及系统管理（SM）。FF 规范 21 种功能模块供基本的和先进的过程控制使用。FF 还规定了新的柔性功能模块（FFB），用以进行复杂的批处理和混合控制应用，FFB 支持数据采集的监控、子系统接口、事件顺序、多路数据采集、PLC 和其他协议通信的网间连接器。

Ethernet/IP 以太网工业协议是一种开放的工业网络，它使用有源星形拓扑结构，可以将 10Mbit/s 和 100Mbit/s 产品混合使用。该协议在 TCP/UDP/IP 之上附加控制和信息协议（CIP），提供一个公共的应用层。CIP 的控制部分用于实时 I/O 报文，其信息部分用于报文交换。ControlNet 和 Ethernet/IP 都使用该协议通信，分享相同的对象库、对象和设备行规，使得多个供应商的设备能在上述整个网络中实现即插即用。对象的定义是严格的，在同一种网络上支持实时报文、组态和诊断。为了提高工业以太网的实时性能，ODVA（开放的 DeviceNet 供应商协会）于 2003 年 8 月公布了 IEEE1588"用于 Ethernet/IP 实时控制应用的时钟同步"标准。

PROFINET 现场总线将工厂自动化和企业信息管理层 IT 技术有机地融为一体，同时又完全保留了 PROFIBUS 现有的开放性。PROFINET 支持开放的、面向对象的通信，这种通信建立在普遍使用的 Ethernet TCP/IP 基础上，优化的通信机制还可以满足实时通信的要求。基于对象应用的 DCOM 通信协议是通过该协议标准建立的。以对象的形式表示的 PROFINET 组件根据对象协议交换其自动化数据。自动化对象即 COM 对象作为 PDU 以 DCOM 协议定义的形式出现在通信总线上。连接对象活动控制（ACCO）确保已组态的互相连接的设备间通信关系的建立和数据交换。传输本身是由事件控制的，ACCO 也负责故障后的恢复，包括质量代码和时间标记的传输、连接的监视、连接丢失后的再建立以及相互连接性的测试和诊断。

147 OPC 技术 OPC（OLE for Process Control，用于过程控制的 OLE）是一个工业标准，为工业控制系统应用程序之间的通信建立一个接口标准，在工业控制设备与控制软件之间建立统一的数据存取规范。它提供了一种标准数据访问机制，将硬件与应用软件有效地分离开来，是一套与厂商无关的软件数据交换标准接口和规程，主要解决过程控制系统与其数据源的数据交换问题，可以在各个应用之间提供透明的数据访问。管理该标准的组织是 OPC 基金会。该基金会的会员单位在世界范围内有 220 多个。包括了世界上几乎全部的控制系统、仪器仪表和过程控制系统的主要供应商。

采用 OPC 规范设计系统的好处：1）采用标准的体系接口，硬件制造商为其设备提供的接口程序的数量减少到一个，软件制造商也仅需要开发一套通信接口程序。既有利于软硬件开发商，更有利于

最终用户。2）OPC 规范以 OLE/DCOM 为技术基础，而 OLE/DCOM 支持 TCP/IP 等网络协议，因此可以将各个子系统从物理上分开，分布于网络的不同节点上。3）OPC 按照面向对象的原则，将一个应用程序（OPC 服务器）作为一个对象封装起来，只将接口方法暴露在外面，客户以统一的方式去调用这个方法，从而保证软件对客户的透明性，使得用户完全从低层的开发中脱离出来。4）OPC 实现了远程调用，使得应用程序的分布与系统硬件的分布无关，便于系统硬件配置，使得系统的应用范围更广。5）采用 OPC 规范，便于系统的组态，将系统复杂性大大简化，可以大大缩短软件开发周期，提高软件运行的可靠性和稳定性，便于系统的升级与维护。6）OPC 规范了接口函数，不管现场设备以何种形式存在，客户都以统一的方式去访问，从而实现系统的开放性，易于实现与其他系统进行互操作。

8.4 网络互联

148 网桥 网桥（Bridge）用于互联两个拓扑结构相同或不同的局域网，它工作于数据链路层。不同局域网由于介质访问控制协议不同、帧的格式和最大帧长不同、传输速率不同而产生的寻址和路由等问题都由网桥解决。网桥也叫桥接器，是连接两个局域网的一种存储/转发设备，它能将一个大的 LAN 分割为多个网段，或将两个以上的 LAN 互联为一个逻辑 LAN，使 LAN 上的所有用户都可访问服务器。网桥以一种随机方式监听每个网络上的信号，当它从一个网络接收到一个帧时，网桥会检查并确认帧是否已完整地到达，然后，如果需要的话，就把该帧传送到其他网络。网桥不会传送干扰或有问题的帧。任何一对在桥接局域网上的计算机都能互相通信。网桥系统可用铜导线、光纤、卫星频道来连接近距离或远距离的局域网。简单的两端口网桥的工作原理见图 6.8-10。

主机 A 要发一个分组，该分组（PKT）下传到 LLC 子层，并加上一个 LLC 头，随后该分组又传到 MAC 子层，加上一个 802.3 头发送到电缆上，最后上传到网桥中的 MAC 子层，在此去掉 802.3 头，将它（带有 LLC 头）交到网桥中的 LLC 子层。在此例中，分组的目的地是连接到网桥上的 802.4 子网，故按 802.4 的方式在网桥的 802.4 一侧传下去。连接不同局域网的网桥有相应的不同的 MAC 子层和物理层。

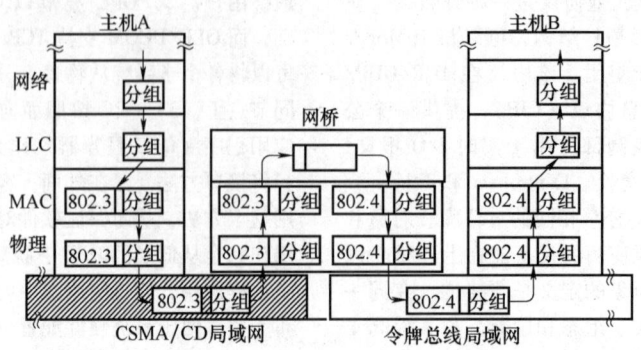

图 6.8-10　从 802.3 到 802.4 的局域网桥

149　路由器　路由器（Router）工作的协议层次比网桥高一层次，路由器在网络层对网络进行互联。路由器与网桥的区别在于路由器能检查报文内的网络层路径选择信息，正由于这个原因，路由器可以进行过滤，然后由最优的路径把报文发送到目的地，当一个网上有多种协议，而特定协议的报文必须限定在某个区域内时就必须采用路由器。

路由器分为单协议路由器和多协议路由器。单协议路由器只能处理一种类型的报文，多协议路由器可以处理不同的协议。多协议路由器需要可装卸模块 MLMS 提供支持协议。路由器允许将一个网络划分成若干逻辑网段，这些逻辑网段更易于管理，每个网段有属于它自己的局域网号码，每个网段上的工作站有自己的地址，这就是路由器在网络层能够存取的信息。

路由器又可以分为本地或远程路由器。本地路由器用于 LAN 设备的连接，远程路由器具有 MAN 和 WAN 连接。

150　网关　网关（Gateway）又称网间连接器、协议转换器。网关是最复杂的网络互联设备，它用于连接网络层之上执行不同协议的子网，组成异构型的互联网。网关具有对不兼容的高层协议的转换功能。为了实现异构型设备之间的通信，网关要对不同的传输层、会话层、表示层和应用层协议进行翻译和交换。

网关可以做成单独的箱形产品，也可以做成电路板并配合网关软件用以增强已有的设备，使其具有协议转换的功能。网关软件可以加载到 LAN 的工作站上，这样该站就成了网关服务器。网关软件提供专用和非专用两种操作方式。

由于工作复杂，使用网关互联网络时效率比较低，而且透明性不好，故仅用于针对某种特殊用途的专用连接。

151　分组交换技术　分组交换技术（Packet Switching Technology）是一种存储转发的交换方式，它将用户的报文划分成一定长度的分组，以分组形式存储转发，因此，它比电路交换的利用率高，比报文交换的时延要小，而具有实时通信的能力。分组交换利用统计时分复用原理，将一条数据链路复用成多个逻辑信道，最终构成一条主叫、被叫用户之间的信息传送通路，称之为虚电路（VC）实现数据的分组传送。

分组交换是为适应计算机通信而发展起来的一种先进通信手段，它以 CCITT X.25 建议为基础，可以满足不同速率、不同型号终端与终端、终端与计算机、计算机与计算机间以及局域网间的通信，实现数据库资源共享。

两个 X.25 公用分组交换网的互联采用由 CCITT 提出的 X.75 协议，见图 6.8-11。

图 6.8-11　用 X.75 实现 X.25 公用数据网互联

在两个网络互联处，不需要在网络外面加一个网关，而只需将两个符合 X.75 标准的节点连接起来即可。这样的节点在 X.75 中称为信令终端（STE），凡是经 STE 离开网络的分组都符合 X.75

标准。而符合 X.75 标准的分组进入网络以后都能利用本网络所提供的服务。X.75 提供了公用数据网之间的标准接口。与 X.25 相似，X.75 也分为物理级、链路级和分组级三个规程。

（1）物理级 规定了激活、维持和去活 STE 接口的物理链路所需的机械的、电气的、功能的和规程的特性，所用的传输链路是一个全双工的、点到点的高速同步电路。

（2）链路级 为了通过两个 STE 之间的接口进行数据交换，需要在链路级规定帧传输的一些规程。X.75 的链路级规程和 X.25 的基本相同。

（3）分组级 规定了分组的格式以及在 X.75 接口上建立、维持和去活虚呼叫的过程。X.75 分组级和 X.25 也基本相同。主要区别是在呼叫请求和呼叫接通分组中有一个"网络业务"字段，以便将一些面向网络的信息放在该字段中。

X.75 与 X.25 相兼容，能实现 X.25 的全部功能，X.75 分组格式是 X.25 分组格式的扩充，主要增加了网络控制字段，从而用户可使用更多的特别业务。

8.5 网络应用

152 互联网服务 互联网服务（Internet Service）首先流行于学术界、政府和工业研究人员之间。20 世纪 90 年代中期，一个全新的应用——万维网 WWW（World Wide Web）使计算机网络开始为个人和企业用户提供服务，大量的非学术界的新用户登上了互联网。万维网是存储在互联网计算机中、数量巨大的文档的集合。这些文档称为页面，它是一种超文本（Hypertext）信息，可以用于描述超媒体。文本、图形、视频、音频等多媒体，称为超媒体（Hypermedia）。网页（Web）上的信息是由彼此关联的文档组成的，而使其连接在一起的是超链接（Hyperlink）。这些服务主要有三种：访问远程信息，人际交互应用，交互式娱乐。

（1）访问远程信息 访问远程信息有多种形式，均涉及和远程数据库的交互，例如：访问金融、财务部门，用电子方式支付账单、管理银行账户和进行投资；浏览联机货物清单、电子购物及电子报纸，在线数字图书馆；访问信息系统，比如当前世界范围内使用的万维网，它包含了艺术、军事、商业、餐饮、政府、卫生、历史、爱好娱乐、科学、体育和旅游等方面的信息；文件传输服务，例如通过 FTP 程序，用户将整个文件副本从互联网上的一台计算机传送到另一台计算机，以获取大量的文章、数据和信息；远程登录，通过 Telnet、Rlogin 等程序，互联网上的授权用户都可以登录访问到相应的机器上。

（2）人际交互应用 它基本上是 21 世纪替代 19 世纪发明的电话的手段。主要有：1）电子邮件。通过 RFC 821 和 RFC 822 中定义的电子邮件系统，人们可以编写、发送和接收电子邮件。并且电子邮件可以包含声音、图像、视频与文本信息一起传送。2）实时电子邮件。这种技术使远程用户可以无延迟地通信，可以互相看到或听到对方，能够应用于召开虚拟会议，即视频会议。虚拟会议可用于远程学校，或者是远程医疗咨询，以及其他方面的应用。3）新闻。由数以千计的关于各式各样主题的新闻组组成，人们可以在本地加入新闻组，一起讨论，或用 NNTP 向世界各地发布信息。

（3）交互式娱乐 这是一个巨大并且还在继续增长的工业，例如：多媒体，包括视频点播（VOD）、互联网上的多媒体系统和游戏等。

153 网络实用程序

（1）文件传送、访问和管理（FTAM） 文件的传送、访问和管理是开放系统互联的基本服务，它由三个主要部分组成：虚文卷存储器定义、文卷服务定义和文卷协议规范。

1）虚文卷存储器。在每个实系统都有各自不同的文卷定义、结构和文卷系统。在开放系统互联环境中，FTAM 提供了一个开放实系统中文卷系统的抽象模型，这就是虚文卷存储器，即定义了一个标准的文卷模型。如果多个文卷系统相互访问，则各自都将实文卷系统映象成虚文卷存储器系统。虚文卷存储器定义了两类文卷属性：文卷标识属性和文卷活动属性。前者表示了文卷本身的性质，它和文卷访问过程无关。后者则和文卷访问过程紧密相关。

2）文卷服务。文卷服务定义了一系列文卷操作和文卷服务原语。文卷操作分为对整个文卷的操作和对文卷内部的操作。前者包括建立和删除文卷，选择和释放文卷，打开和关闭文卷，读取和修改文卷属性等操作。后者包括定位、读、插入、替换、扩充和清除等操作。这些操作通过调用相应的服务原语来实施。利用 FTAM 所提供的服务，计算机网络用户根据自身的需求，构造文卷应用系统。

（2）电子邮件（E-mail） 电子邮件系统一般由两个子系统组成：用户代理，它是一个本地程序，允许人们与电子邮件系统交互，读取和发送电子邮件；信息传输代理，它是在台后运行的系统程序，在系统间传输电子邮件。一般来说，电子邮件系统支持撰写、传输、报告、显示和处理 5 个基本功能。

（3）目录服务器（Directory Server）　目录服务器提供了电子目录，包括其他用户的全名、E-mail 地址、互联网电话地址、电话号码和发送保密 E-mail 公用密钥，用户可以通过搜索找到其他用户的这些信息。有多种目录服务协议，基础都是 X. 500，X. 500 的最新版本是轻量目录访问协议（LDAP）。

154　网络安全　保证网络安全不仅仅是使它没有编程错误，还要防范有恶意的人试图获得某种好处或损害别人而故意实施的破坏。网络安全策略必须能够覆盖数据在计算机网络系统中存储、传送和处理的各个环节。

（1）加密技术　公开密钥加密法要求每个使用者都有两个密钥，一个公共密钥可供所有人使用，加密传送给该用户的信息；一个秘密密钥，用来解密信息。数字签名技术采用计算机化报文授权的亲笔签名，也可以采用秘密密钥的数字签名、采用公共密钥的数字签名及报文摘要。网络加密系统应遵循两条基本原则：一是所有的加密信息都包含有冗余信息；二是必须采取措施防止主动入侵者发回旧的信息。

（2）防火墙　防火墙（FireWall）是位于两个（或多个）网络间，实施网络之间访问控制的一组组件集合。防火墙可以使企业内部局域网（LAN）与 Internet 之间、或者与其他外部网络互相隔离、限制网络互访来保护内部网络。

内部网络和外部网络之间的所有网络数据流都必须经过防火墙。这是防火墙所处的网络位置特性，同时也是一个前提。因为只有当防火墙是内、外部网络之间通信的唯一通道，才可以全面、有效地保护企业内部网络不受侵害。防火墙的目的就是在网络连接之间建立一个安全控制点，通过允许、拒绝或重新定向经过防火墙的数据流，实现对进、出内部网络的服务和访问的审计和控制。

只有符合安全策略的数据流才能通过防火墙。防火墙最基本的功能是确保网络流量的合法性，并在此前提下将网络的信息快速地从一条链路转发到另外的链路上去。防火墙跨接于多个分离的物理网段之间，并在报文转发过程中完成对报文的审查工作。

防火墙自身应具有非常强的抗攻击免疫力。这是防火墙之所以能担当企业内部网络安全防护重任

的先决条件。防火墙处于网络边缘，它就像一个边界卫士一样，每时每刻都要面对黑客的入侵，这样就要求防火墙自身要具有非常强的抗击入侵本领。

（3）计算机病毒防治　计算机病毒是一段程序，当它进入计算机系统后，能在计算机内部反复地自我繁殖及扩散到其他程序。它的活动会危及计算机系统发生故障，以至瘫痪。其特点为：1）传染性，病毒程序能够主动地将自身的复制品或变种传染给系统中的其他程序或信息媒介，通过网络可以感染经由网络连接的各个系统；2）破坏性，病毒程序可能破坏系统，占用系统资源，干扰机器运行，直至使系统瘫痪或造成用户数据大量丢失，也可使用户对计算机系统产生不信任；3）隐蔽性，计算机病毒侵入系统后，一般不会立即产生破坏作用，而是悄悄进行繁殖，经过一段时间或满足一定条件后才发生作用。

计算机病毒已使世界各国引起高度重视，纷纷集中力量研究对付病毒的方法。从理论上讲，预防病毒的方法有以下几种：1）基本隔离法，不允许信息共享，将系统"隔离"起来，病毒就不可能随着外部信息传播进来，也不会把系统内部的病毒传播出去；2）分割法，把用户分割成不能互相传递信息的封闭子集；3）限制解释法，对系统采用固定的解释模式。如，对系统实行加密等。

应在计算机日常使用和管理中，建立必要的制度，抑制病毒的传播，经常用各种防治病毒软件对系统进行检查，直至运用法律手段惩治肇事者，以保证计算机系统的安全运行。

8.6　网络发展趋势

155　IPv6　现有的互联网是在 IPv4 协议的基础上运行的。IPv6 是下一版本的互联网协议，它的提出最初是因为随着互联网的迅速发展，IPv4 定义的有限地址空间将被耗尽，地址空间的不足必将影响互联网的进一步发展。为了扩大地址空间，拟通过 IPv6 重新定义地址空间。IPv4 采用 32 位地址长度，只有大约 43 亿个地址，而 IPv6 采用 128 位地址长度，几乎可以不受限制地提供地址。按保守方法估算 IPv6 实际可分配的地址，可以在整个地球每平方米面积上分配 1 000 多个地址。在 IPv6 的设计过程中除了一劳永逸地解决地址短缺问题以外，还考虑了在 IPv4 中解决不好的问题。IPv6 的主要优势体现在以下几方面：扩大地址空间、提高网络的整体吞吐量、改善服务质量（QoS）、安全性有更

好的保证、支持即插即用和移动性、更好实现多播功能。IPv6 大大地扩大了地址空间，恢复了原来因地址受限而失去的端到端连接功能，为互联网的普及与深化发展提供了基本条件。从长远来看，IPv6 有利于互联网的持续和长久发展。

156 光纤通信网络 光纤通信网络（Optical Fiber Network）是以光为载波，利用纯度极高的玻璃拉制成极细的光导纤维作为传输媒介，通过光电变换，用光来传输信息的通信系统。随着国际互联网业务和通信业的飞速发展，信息化给世界生产力和人类社会的发展带来了极大的推动。光纤通信作为信息化的主要技术支柱之一，将成为 21 世纪最重要的战略性产业。

常规的光纤通信系统的主要组成部分是光纤、光源和光检测器。光纤包括单模和多模光纤，光源包括半导体激光器和发光二极管。中、长距离系统采用单模光纤和半导体激光器，新开发的高速系统用分布反馈（DFB）激光器，短距离系统可以采用多模光纤和发光二极管。

FTTH（光纤到户）是光纤通信发展的方向，它被公认为理想的宽带接入网。所谓宽带业务，大多是 100Mbit/s 以上的影视节目。运营商为了充分利用铜线资源，采用 ADSL 技术就可提供，这使 FTTH 成为接入网主流的时间有所推迟。目前国家 FTTH 建设普遍开展，出现了所谓的网络电视（IPTV），电信运营商提出 IPTV 的初衷是考虑到有计算机的人少而有电视机的人多。提出的 IPTV 是采用专用的机顶盒连接电视机可直接浏览电信网的内容，而不要计算机。IPTV 具有常规电视并兼有点播和时移电视的功能，可能会取代常规电视。由于 IPTV 的发展，促进了光纤接入网和 FTTH 的构建。

157 移动互联网 移动互联网（Mobile Internet）是指移动通信终端与互联网相结合成为一体，是用户使用手机、PDA 或其他无线终端设备，通过速率较高的移动网络，在移动状态下（如在地铁、公交车等）随时、随地访问 Internet 以获取信息，使用商务、娱乐等各种网络服务。

目前，移动互联网正逐渐渗透到人们生活、工作的各个领域，微信、位置服务等丰富多彩的移动互联网应用迅猛发展，正在深刻改变信息时代的社会生活，近几年，更是实现了 3G 经 4G 到 5G 的跨越式发展。全球覆盖的网络信号，使得身处大洋和沙漠中的用户，仍可随时随地保持与世界的联系。

我国移动互联网伴随着移动网络通信基础设施的升级换代快速发展，2009 年国家开始大规模部署 3G 移动通信网络，2014 年又开始大规模部署 4G 移动通信网络，目前主推的 5G 网络技术领先全球。移动通信基础设施的升级换代，有力地促进了中国移动互联网快速发展，服务模式和商业模式也随之大规模创新与发展。4G、5G 移动电话用户扩张带来用户结构不断优化，支付、视频广播等各种移动互联网应用普及，带动数据流量呈爆炸式增长。移动互联网结构见图 6.8-12。

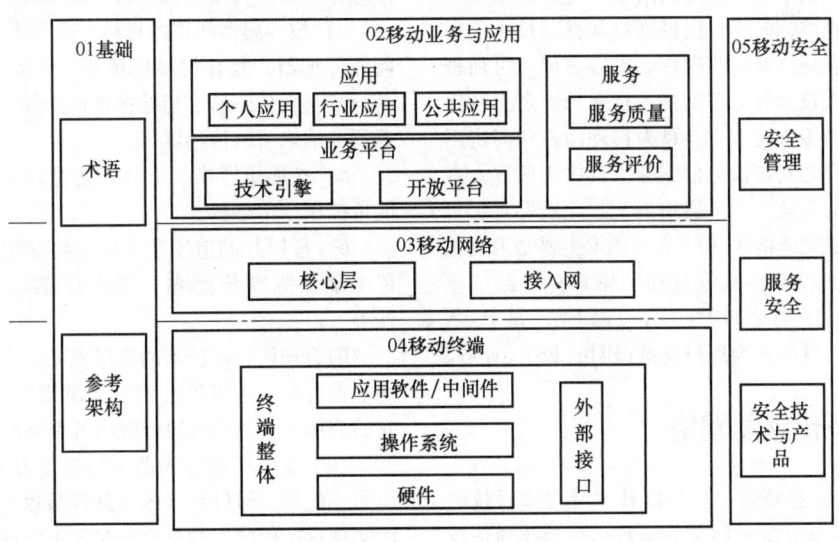

图 6.8-12 移动互联网结构

158 宽带接入 宽带接入（Broadband Access）是相对于窄带接入而言的，一般把速率超过 1Mbit/s 的接入称为宽带接入。宽带接入技术主要包括：铜线宽带接入技术、HFC 技术、光纤接入技术和无线接入技术。

铜线宽带接入技术也就是 DSL 技术，主要包括高比特率的数字用户线（HDSL）、非对称数字用户线（ADSL）和甚高比特率的数字用户线（VDSL）。传统的铜线接入技术，即通过调制解调器拨号实现用户的接入，速率为 56kbit/s（通信一方为数字线路接入），但是这种速率远远不能满足用户对宽带业务的需求。虽然铜线的传输带宽非常有限，但是由于现在电话网非常普及，电话线占据着全世界用户线的 90%以上。充分利用这些宝贵资源，需要先进的调制技术和编码技术。

HFC（Hybrid Fiber Coaxial，混合光纤同轴电缆）是指光纤同轴电缆混合网，采用光纤到服务区，"最后一公里"采用同轴电缆。有线电视就是最典型的 HFC 网，它比较合理地利用了当前的先进成熟技术，提供较高质量和较多频道的传统模拟广播电视节目。但由于是针对模拟电视节目的广播传输，传统的 HFC 网络并不具备上行回传通道，为了开展数字电视点播和高频宽带接入等业务，必须对原有网络进行双向化改造。

光纤接入具有通信容量大、质量高、性能稳定、防电磁干扰、保密性强等优点，其在干线通信方面已有广泛体现。在接入网中，光纤接入也成为发展重点，主要包括宽带点到点有源光纤数字环路、宽带点到点有源光纤系统、宽带点到多点无源光纤系统等结构。

无线接入技术是指接入网的某一部分或全部采用无线传输媒质，向用户提供固定和移动接入服务的技术。特点是：覆盖范围广、扩容方便、可加密等。无线接入技术分为移动接入技术和固定无线接入技术。移动接入技术主要是为移动用户和固定用户以及在用户之间提供通信服务。具体实现方式有蜂窝移动通信系统、卫星通信系统、无线寻呼、集群调度。固定无线接入（FWA）技术主要是为位置固定的用户或仅在小范围移动的用户提供通信业务。连接的骨干网是 PSTN，可以说 FWA 是 PSTN 的无线延伸，目的是为用户提供透明的 PSTN 业务。

8.7　无线传感器网络

159　传感器概述　传感器技术是现代科技的前沿技术，许多国家已将传感器技术列为与通信技术和计算机技术同等重要的位置，称之为信息技术的三大支柱之一。目前敏感元器件与传感器在工业部门的应用普及率已被国际社会作为衡量一个国家

智能化、数字化、网络化的重要标志。因此，传感器技术作为一种与现代科学密切相关的新兴学科正得到空前迅速的发展，并且在相当多领域被越来越广泛地利用。

按照国家标准的传感器定义，在国家标准 GB/T 7665—2005《传感器通用术语》中，传感器（transducer/sensor）被定义为："能感受被测量并按照一定的规律转换成可用输出信号的器件或装置，通常由敏感元件和转换元件组成。敏感元件（sensing element）是指传感器中能直接感受或响应被测量的部分。转换元件（transducing element）是指传感器中能将敏感元件感受或响应的被测量转换成适于传输或测量的电信号部分。当输出为规定的标准信号时，转换元件则称为变送器（transmitter）。

传感器一般被认为由敏感元件、转换元件、测量电路三部分组成，有时还需外加辅助电源。

由于传感器的种类繁多，所以分类方法也较多。

1）按被测量来分，可分为物理量、化学量、生物量三大类，通常按具体被测量主要有位移、压力、力、速度、温度、流量、气体等传感器。我国现行国家分类标准也是按这种分类，便于统一标准。

2）按转换原理，可分为物理传感器、化学传感器和生物传感器。

3）按其输出信号，可分为模拟传感器、数字传感器和开关转换器。

4）按传感器使用的材料可分为半导体传感器、陶瓷传感器、复合材料传感器、金属材料传感器、高分子材料传感器、超导材料传感器、光纤材料传感器、纳米材料传感器等。

5）按能量转换，可分为能量转换型传感器和能量控制型传感器。

6）按照其制造工艺，可以将传感器分为集成传感器、薄膜传感器、厚膜传感器、陶瓷传感器等。

随着现代科学技术的高速发展，人们生活水平的迅速提高，传感器技术越来越受到普遍的重视，它的应用已渗透到国民经济的各个领域。

在工业生产过程的测量与控制方面，对温度、压力、流量、液位和气体成分等参数进行检测，从而实现对工作状态的监控；在汽车中存在着数百个传感器，它们主要分布在发动机控制系统、底盘控制系统和车身控制系统。传感器作为汽车电控系统的关键部件，直接影响到汽车技术性能的发挥。在

医学领域，图像处理、临床化学检验、生命体征参数的监护监测、呼吸和神经及心血管疾病的诊断与治疗等方面，传感器使用十分普及，现在传感器在现代医学仪器设备中已无所不在。除此之外，传感器在环境监测、军事方面、家用电器、科学研究、智能建筑等方面都有大量的应用。

160 常用传感器 在科技高速发展的时代，传感器融入各行各业，在其中发挥着重要的作用，在典型的行业中，常用的传感器有以下几种。

1) 身份识别：基于虹膜、指纹、人脸、DNA等人体特征的生物识别技术，正在逐步取代现有的密码、钥匙，最大限度地保证个人资料的安全。

2) 雷达：它能通过发射与接收特定频率的微波来感应物体的存在、运动速度、静止距离、物体所处角度等。可以用在雷达测速仪、水位计、汽车ACC辅助巡航系统、自动门感应器等的设备。

3) 周界防护：随着家电、电工产品联网数量的增加，传感器和家电、电工产品的联动成为主流。但对于安防领域来说，通过传感器在各个节点的控制，有利于人们及早发现危险并进行反应机制。主要使用的传感器有倾角传感器、CMOS图像传感器、雷达传感器。

4) 智能家居：进入物联网时代，在智能家居领域，传感器、模块、网关已成为智能家居的三大基石。其中，传感器与智能家居系统逐渐形成深度集成。封装后的各类传感器芯片，可用于监测温度、湿度、气压、空气质量等环境参数，这些传感器设备可与厨房、卫生间、门窗等场景和家电联动，形成家居智能化场景。可以预见智能家电传感器配套应用市场的前景广阔。

5) 环境监测：环境传感器不仅能够精确地测量相关环境信息，还可以和上位机实现联网，满足用户对被测物数据的测试、记录和存储。环境传感器包括土壤温度传感器、空气温湿度传感器、蒸发传感器、雨量传感器、光照传感器、风速风向传感器等。

工业领域：和消费电子等民用领域相比，工业环境在精度、稳定性、抗振动和抗冲击性方面的要求更为苛刻。在一台机器人身上，集成了触觉传感器、视觉传感器、压力传感器、接近觉传感器、超声波传感器、听觉传感器、安全传感器等。在汽车生产自动化过程中，对零部件的位置检测是传感器应用的重要一环。在食品检测技术中，传感器在对食品温度、位置等的数据采集中发挥着重要作用，提高食品的质量，保障食品的安全性。

161 无线传感器网络概述 无线传感器网络由部署在监测区域内的大量廉价微型传感器节点组成，通过无线通信方式形成一种多跳自组织的网络系统，能够通过协作实时监测、感知和采集网络分布区域内的各种环境或监测对象的信息，并对这些信息进行处理，从而获取详尽而准确的信息。这种传感器网络综合了微电子、计算机和网络通信等多个学科的知识，是当前国际上备受关注的、知识高度集成的一个新兴研究热点。

一个典型的，无线传感器网络结构通常由传感器节点、接收发送器（sink）、Internet或通信卫星、任务管理节点等部分构成。无线传感器网络节点包括传感单元、处理单元、通信单元以及电源部分。在无线传感器网络中，节点通过自组织方式构成无线网络，以协作的方式感知、采集和处理网络覆盖区域中特定的信息，以实现对任意地点信息在任意时间的采集、处理和分析。传感器节点之间可通过网关完成和公用Internet的连接，具有快速展开、抗毁性强等特点，在军事侦察、环境监测、医疗护理、智能家居、工业生产控制以及商业等领域有着广阔的应用前景。

162 无线传感器网络的通信协议

（1）路由协议 网络数据传输离不开路由协议，目前的路由协议主要包括SPIN和Directed Diffusion、LEACH等。SPIN（Sensor Protocol for Information via Negotiation）是一种以数据为中心的自适应通信路由协议。SPIN的目标是通过使用节点间的协商制度和资源自适应机制，解决扩散法存在的不足之处。Directed diffusion也是一种以数据为中心的路由协议。LEACH（Low-Energy Adaptive Clustering Hierarchy）是一种基于聚类（clustering）的路由协议。LEACH协议分为两个阶段操作，即类准备阶段（set-up phase）和就绪阶段（ready phase）。为了使能耗最小化，就绪阶段持续的时间比类准备阶段长。类准备阶段和就绪阶段所持续的时间总和称为一个回合或一轮（round）。

（2）MAC协议 在无线多媒体传感器网络中，传输的数据主要是音频和视频数据。视频数据的信息量非常巨大，如果在无线链路上持续传输视频数据，则无线信道带宽将成为系统的瓶颈，同时，视频信息的传输和处理需要耗费大量的能量，这将导致能量有限的无线传感器网络迅速耗尽能量，网络的生存周期将大为缩短。介质访问控制（Medium Access Control，MAC）协议是用于建立可靠的点到点、点到多点或多点共享的通信链路技术，处于无线传感器网络协议栈的底层部分，是所有数据报文和控制消息在无线信道上进行发送和接收的直接控制者，解决无线传感器网络中节点以怎样的规则共享介质才能保证满意的网络性能问题，MAC协议能否高效地使用无线信道是保证无线多媒体传感器网络通信的最关键的因数之一。传统的无线传感器网络MAC协议设计主要考虑以下3方面的内容，重要性依次递减：1）节省能量；2）可扩展性，对于节点数目、节点分布的密集程度和网络拓扑结构要具有可扩展性，以适应网络中节点数量增减和位置等变化；3）网络效率，主要包括网络的公平性、实时性、网络的吞吐量、带宽利用率等。目前的无线传感器网络MAC协议基本上不支持QoS，不能提供多媒体业务传输服务。

163　无线传感器网络的组网技术

（1）定位技术　无线传感器网络的定位方法较多，可以根据数据采集和数据处理方式的不同来进行分类。在数据采集方式上，不同的算法需要采集的信息有所侧重，如距离、角度、时间或周围锚节点的信息，其目的都是采集与定位相关的数据，并使其成为定位计算的基础。在信息处理方式上，无论是自身处理还是上传至其他处理器处理，其目的都是将数据转换为坐标，完成定位功能。目前比较普遍的分类方法有3种：1）依据距离测量与否可划分为测距算法和非测距算法。2）依据节点连通度和拓扑分类可划分为单跳算法和多跳算法。3）依据信息处理的实现方式可划分为分布式算法和集中式算法。

（2）时间同步　时间同步是无线传感器网络应用的重要组成部分，传感器数据融合、传感器节点自身定位等都要求节点间的时钟保持同步。在无线传感器网络应用中，传感器节点通常需要协调操作共同完成一项复杂的任务。例如在目标追踪应用中，传感器节点将采集到的运动目标的位置、时间等信息发送给无线传感器网络中的首领节点，首领节点在对不同传感器发来的数据进行处理后便可获得目标的移动方向、速度等信息。为了能够正确监测事件发生的次序，要求传感器节点之间实现相对时间同步。在火灾监测等应用中，事件自身的发生时间是相当重要的参数，这要求每个节点维持唯一的全局时间以实现整个网络的时间同步。

（3）数据管理　感知数据管理与处理技术是实现以数据为中心的无线传感器网络的核心技术。感知数据管理与处理技术包括感知网数据的存储、查询、分析、挖掘、理解以及基于感知数据决策和行为的理论和技术。无线传感器网络的各种实现技术必须与这些技术密切结合，融为一体，而不是像目前其他网络设计那样分而治之。只有这样，我们才能够设计实现高效率的以数据为中心的无线传感器网络系统。

（4）数据融合　无线传感器网络中，传感器节点电池能量、处理能力、存储容量以及通信带宽等几个方面的资源有限。数据融合技术是解决资源限制的有效方法，其思想是融合来自不同数据源的信息，去除冗余信息，减小传输数据量，从而达到节省能量、延长网络生命周期、提高数据收集效率和准确度的目的，同时要以牺牲延迟和鲁棒性为代价。数据融合算法研究涉及能量效率、延时、数据精度、网络拓扑结构、路由、数据压缩、分布式数据处理和安全技术等多个方面，因此设计高效的数据融合算法是一项有挑战性的工作。

8.8　物联网概述

164　物联网基本概念　物联网被看作信息领域一次重大的发展和变革机遇。1999年，美国麻省理工学院首先提出"物联网"的概念。他们认为，物联网就是将所有物品通过射频识别等信息传感设备与互联网连接起来，实现智能化识别和管理的网络。2005年，国际电信联盟（ITU）发布了《ITU互联网报告2005：物联网》，对"物联网"的涵义进行了扩展。报告认为，无所不在的"物联网"通信时代即将来临，世界上所有的物体都可以通过互联网主动进行信息交换，射频识别技术、传感器技术、纳米技术、智能嵌入技术将得到更加广泛的应用。信息与通信技术的目标已经从任何时间、任何地点连接任何人，发展到连接任何物品的阶段，而万物的连接就形成了物联网，它是对物体具有全面感知能力，对信息具有可靠传送和智能处理能力的连接物体与物体的信息网络，具有全面感知、可靠传送、智能处理的特征。具体可以理解为，通过射频识别（RFID）装置、红外感应器、全球定位系统、激光扫描器等种种装置与互联网结合成一个全新的巨大网络，实现现有的互联网、通信网、广电网以及各种接入网和专用网连接起来，实现智能化识别和管理。

165　物联网与各种网络的关系和区别　物联网与传感网、互联网、泛在网各自的基本特征比较见表6.8-2。

表 6.8-2　物联网、传感网、互联网、泛在网的特征比较分析表

名称	连接主体	信息采集	信息传输	信息处理	网络社会状态
物联网	人与物、物与物	自动	数字化网络化	智能化	现实
传感网	物与物、人与物	自动	数字化网络化	智能化	现实
互联网	人与人	人工	数字化网络化	交换	虚拟
泛在网	人与人、人与物、物与物	自动、人工	数字化网络化	智能化交换	现实、虚拟

由上表可知，物联网与传感网、互联网和泛在网有着显著的区别，同时也存在着密切的联系。

第一，从广义上说，物联网与传感网构成要素基本相同，是对同一事物的不同表述，其中物联网比传感网更贴近"物"的本质属性，强调是信息技术、设备为"物"提供更高层次的应用服务，而传感网（传感器网）是从技术和设备角度进行的客观描述，设备、技术的元素比较明显。从狭义上说，传感网特别是传感器网可以看成是"传感模块+组网模块"共同构成的一个网络，它仅仅强调感知信号，而不注重对物体的标识和指示。物联网则强调人感知物、强调标识物的手段，即除传感器外，还有射频识别（RFID）装备、二维码、一维码等。因此，物联网应该包括传感网（传感器网），但传感网（传感器网）只是物联网的一部分。如果约定俗成地将传感网当作物联网也未尝不可，但从本质上来说传感网不能代替物联网，因为物联网包含了传感网所有属性，且指向上更加明确贴切。

第二，物联网是基于互联网之上的一种高级网络形态，它们之间最明显的不同点是物联网的连接主体从人向"物"的延伸，网络社会形态从虚拟向现实的拓展，信息采集与处理从人工为主向智能化为主的转换，可以说物联网是互联网发展创新的伟大成果，是互联网虚拟社会连接现实社会的伟大变革，是实现泛在网目标的伟大实践。

第三，"物联网+互联网"几乎就等于泛在网。所谓泛在网就是运用无所不在的智能网络、最先进的计算技术以及其他领先的数字技术基础设施武装而成的技术社会形态，帮助人类实现在任何时间、任何地点，任何人、任何物都能顺畅地通信。从泛在的内涵来看，首先关注的是人与周边的和谐交互，各种感知设备与无线网络不过是手段。最终的泛在网形态上，既有互联网的部分，也有物联网的部分，同时还有一部分属于智能系统范畴。由于涵盖了物与人的关系，因此泛在网似乎更大一些。人与物、物与物之间的通信被认为是泛在网的突出特点，无线、宽带、互联网技术的迅猛发展使得泛在

网应用不断深化。多种网络、接入、应用技术的集成，将实现商品生产、传送、交换、消费过程的信息无缝链接。泛在计算系统是一个全功能的数字化、网络化、智能化的自动化系统，系统的设备与设备之间实现全自动的数据、信息处理，全自动的信息交换；人与物的联网、人与人的联网、物与物的联网，可以实现关于人与物的信息的完全的、系统化的、智能化的整合，应用范围十分广泛。根据上述论述，我们可以看出，泛在网包含了物联网、传感网、互联网的所有属性，而物联网则是泛在网实现目标之一，是泛在网发展过程中的先行者和制高点。

166　物联网网络体系架构分类　目前，国际上对物联网还没有一个广泛认同的体系架构，最具代表性是欧美支持的 EPC global "物联网"体系架构和日本的 Ubiquitous ID（UID）物联网系统。

EPCglobal 旨在搭建一个可以自动识别任何地方、任何事物的开放性的全球网络，即 EPC 系统，可以形象地称为物联网。EPC 强调适用于对每一件物品都进行编码的通用方案，每一件物品的 EPC 代码在物联网中所起到的作用就相当于一个索引。

作为一种比较开放的技术体系，UID 主要由以下几种硬件构成：信息系统服务器、泛在通信器（UG）、uCode 解析服务器以及泛在识别码（uCode）。泛在识别码用于标识现实中的各种物品和不同场所，相当于一种电子标签。UG 与 PDA 终端很像，它可以利用泛在识别码的这种标识功能来获取物品的状态信息，当这种数据信息足够充足，UID 便可以对物品进行控制和管理。

167　物联网的技术架构　主要包括以下 3 个层面的技术架构。

（1）感知层　让物品具有说话能力的前提条件，即为物品装上自己的"嘴"，主要是采集该物品在物理世界中发生的各种数据信息。其中数据采集执行和短距离的无线通信是感知层的两个重要方面，可以使得多个物品在小范围内实现信息集中和互通。

（2）网络层　能够实现大范围信息沟通，通过 PSTN、2G/3G 移动网络等已经存在的通信系统，将感知层得到的数据信息传到地球各个地方，实现地球范围内的远距离通信。

（3）应用层　在感知层和网络层的工作完成之后，将所获得的所有关于物品的信息进行汇总，相当于是物联网的"大脑"，经过对信息的再加工，从而进一步提高信息的综合利用度。

8.9　物联网支撑技术

168　感知层支撑技术

（1）传感技术　物联网感知层的传感技术体现在传感器及其组网技术上，传感器位于物联网的末梢，是实现感知的首要环节，通过有线或无线的方式接入至与互联网相结合而成的泛在网络，实现物节点的识别和管理，使计算无处不在。传感器对外界模拟信号进行探测，将声、光、温、压等模拟信号转换为适合计算机处理的数字信号，以达到信息的传送、处理、存储、显示、记录和控制的要求，使物联网中的节点充满感应能力，通过与信息平台的相互配合实现自检和自控的功能。目前物联网传感技术有多种技术路线，业界公认的应用前景最为广泛的物联网传感技术路线仍是无线技术发展的方向，其新技术主要有以下两种：1）I-RFID（智能射频识别）技术；2）MEMS（微电机系统）微传感器技术与 6LoWPAN 技术的结合。无论这两种技术在实现和应用场景上有怎样的不同，其工作任务都只有一个：传感数据的采集、自带预处理功能和实现传感网络的互联。

（2）射频识别技术（RFID）　RFID 是一种非接触式的自动识别技术，其本身就是一个简单的无线收发系统，由阅读器和电子标签组成，在阅读器和电子标签之间通过射频信号［工作频率一般为低频（135kHz 以下）、高频（13.56MHz）、超高频（860～960MHz）、微波（2.4GHz 和 5.8GHz）］进行非接触双向数据的传送和交换，对物节点进行识别并获取相应采集数据。RFID 对环境的依赖性小，空间易扩展，能识别高速移动的物体，并且对于多个物体的同时识别也能很好地实现。

（3）MEMS 技术　MEMS 又称为微电机系统，由半导体集成电路微加工技术和超精密加工技术发展演变而来，属于纳米级的高新技术，是多学科交叉和边缘化的产物。MEMS 结构主要包括微型机构、微型传感器、微型执行器和相应的处理电路等

几部分，它是多种微细加工技术的结合体，并广泛应用在现代信息技术的高科技前沿阵地。

将 MEMS 应用至物联网的传感器件中，其技术的优越特性显得得天独厚。对于环境中特殊物理量的探测，MEMS 传感技术具有很大的优势，能完成如空间角度等复杂物理量的探测。

（4）智能嵌入技术　嵌入式技术是在 Internet 的基础上产生和发展的，嵌入式系统的 Internet 接入、Web 服务器技术以及嵌入式 Internet 安全技术是嵌入式系统 Internet 技术的关键和核心。物联网技术中所采用的各类高灵敏度识别、专用信号代码处理等装置的研发，将进一步推动智能嵌入技术在物联网中的应用。嵌入式系统以应用为中心，将软件固化集成到硬件系统中，一般由嵌入式微处理器、外围硬件设备、嵌入式操作系统以及用户的应用程序等部分组成。21 世纪后，各种家用电器（如电冰箱、全自动洗衣机、数字电视机、数码相机等）广泛应用这种技术。目前嵌入式技术面临以下挑战：多媒体的信息处理、日益增长的功能密度及灵活的网络连接。为了支持应用软件的特定编程模式，系统要相应的浏览器，如 HTML、WML等。为适应嵌入式分布处理结构，嵌入式系统要求配备标准的网络通信接口。除此之外，新一代嵌入式设备还需具备 IEEE1394、USB 或 Bluetooth 通信接口。

（5）定位技术　目前，典型的无线传感器网络定位技术有基于接收信号强度指示（Received Signal Strength Indicator，RSSI）、基于到达时间（Time Of Arrival，TOA）、基于到达时间差（Time Difference On Arrival，TDOA）和基于到达角度（Angle Of Arrival，AOA）等方法。其中，因 RSSI 定位技术无需额外硬件设备支持，且符合低功率、低成本等要求，得到了更广泛的应用。

169　网络层支撑技术

（1）数据挖掘　简单地说，数据挖掘是从大量数据中提取或"挖掘"知识。通常数据挖掘需要有数据清理、数据变换、数据挖掘过程、模式评估和知识表示等 8 个步骤。

1）信息收集：根据确定的数据分析对象抽象出在数据分析中所需要的特征信息，然后选择合适的信息收集方法，将收集到的信息存入数据库。

2）数据集成：把不同来源、格式、特点性质的数据在逻辑上或物理上有机地集中，从而为企业提供全面的数据共享。

3）数据规约：数据规约技术可以用来得到数

据集的规约表示，它比原始数据量小得多，但仍然接近于保持原数据的完整性。

4）数据清理：在数据库中的数据有一些是不完整的、含噪声的、不一致的，因此需要进行数据清理，将完整、正确、一致的数据信息存入数据仓库中。

5）数据变换：通过平滑聚集、数据概化、规范化等方式将数据转换成适用于数据挖掘的形式。

6）数据挖掘过程：根据数据仓库中的数据信息，选择合适的分析工具，应用统计方法、事例推理、决策树、规则推理、模糊集，甚至神经网络、遗传算法等方法处理信息，得出有用的分析信息。

7）模式评估：从商业角度，由行业专家来验证数据挖掘结果的正确性。

8）知识表示：将数据挖掘所得到的分析信息以可视化的方式呈现给用户，或作为新的知识存放在知识库中，供其他应用程序使用。

（2）云计算　云计算是一种能够通过网络以便利的、按需付费的方式获取 IT 资源［包括网络、服务器（虚拟机、容器）、存储、平台、应用和服务等］并提高其可用性的模式，这些资源来自一个共享的、可配置的资源池，并能够以最省力和无人干预的方式获取和释放，这种模式具有 5 个关键功能，还包括 3 种服务模式和 4 种部署方式。

（3）普适计算　普适计算（Pervasive Computing）概念最早源自 XeroxPARC（Palo Alto Research Center）计算机科学实验室首席科学家 Mark Weiser 在 1988 年提出的"Ubiquitous Computing（缩写为 Ubicomp 或 UC）"思想，现在文献中又常以"Pervasive Computing"出现。其基本思想是为用户提供服务的普适计算技术将从用户意识中彻底消失，即用户和周围环境（无数大大小小的计算设备）在潜意识上进行交互，用户不会有意识地弄清楚服务来自周围何处的普适计算技术，就好比我们每天重复着开电灯、关电灯动作，却不会有意识地问自己电来自何方发电厂一样。从技术上，实现普适计算必须做到满足三个条件：首先，市场上大量出现可供购买的尺寸大小不一、种类繁多的显示设备和廉价、低能耗计算设备；其次，存在将所有计算设备（如嵌入式计算设备、辅助设备）连接在一起的网络；最后，研制出用于实现普适计算应用系统的软件支撑系统。就目前硬件制造技术水平来说，第一个条件容易达到。而第二、第三个条件仍然有许多待解决的问题。

170　应用层支撑技术

（1）M2M 平台　一个典型的 M2M 系统是由传感器（或监控设备）、M2M 终端、蜂窝移动通信网络、终端管理平台与终端软件升级服务器、运营支撑系统、行业应用系统等环节构成。M2M 业务涉及一系列关键技术，包括系统架构、终端管理平台、专用芯片技术、模块与终端技术、服务质量（QoS）与流量控制、传感器网络技术等。M2M 业务的系统架构设计中要兼顾宽带和窄带无线接入应用、实时和非实时应用，要能支持系统的开放性以便于接入和二次运营。

（2）各种服务平台　物联网平台是支持和连接系统内所有组件的大型物联网生态系统的重要组成部分。它有助于促进设备管理、处理硬件/软件通信协议、收集/分析数据、增强数据流和智能应用程序的功能。

目前国内外的物联网平台主要有以下几类：

1）端到端的物联网平台：Particle、绿洲物联网平台、COSMOPlat、QQ 物联智能硬件开放平台。

2）连接管理平台：Cisco Control Center、CCMP 3.0、OceanConnect 物联网平台、联想全球智联平台、根云平台。

3）云平台：Google Cloud、ThingxCloud 兴云、INDICS、机智云 Giz（mo）Wits。

4）数据分析平台：Microsoft Azure、百度天工、WISE-PaaS、云智易物联云平台。

5）服务型物联网产业平台：物联中国物联网产业平台。

171　物联网安全技术　作为一种多网络融合的网络，物联网安全涉及各个网络的不同层次，在这些独立的网络中已实际应用了多种安全技术。

（1）密钥管理机制　物联网密钥管理系统面临两个主要问题，一是如何构建一个贯穿多个网络的统一密钥管理系统，并与物联网的体系结构相适应；二是如何解决传感网的密钥管理问题，如密钥的分配、更新、组播等问题。实现统一的密钥管理系统可以采用两种方式，一是以互联网为中心的集中式管理方式，二是以各自网络为中心的分布式管理方式。

（2）数据处理与隐私性　就传感网而言，在信息的感知采集阶段就要进行相关的安全处理，如对 RFID 采集的信息进行轻量级的加密处理后，再传送到汇聚节点。这里要关注的是对光学标签的信息采集处理与安全，作为感知端的物体身份标识，光学标签显示了独特的优势，而虚拟光学的加密解密技术为基于光学标签的身份标识提供了手段，基于软件的虚拟光学密码系统由于可以在光波的多个维度进行信息的加密处理，具有比一般传统的对称加密系统有更高的安全性，数学模型的建立和软件技术的发展极大地推动了该领域的研究和应用推广。

（3）安全路由协议　无线传感器网络路由协议常受到的攻击主要有以下几类：虚假路由信息攻击、选择性转发攻击、污水池攻击、女巫攻击、虫洞攻击、Hello 洪泛攻击、确认攻击等。针对无线传感器网络中数据传送的特点，目前已提出许多较为有效的路由技术。

（4）认证与访问控制　认证指使用者采用某种方式来"证明"自己确实是自己宣称的某人，网络中的认证主要包括身份认证和消息认证。身份认证可以使通信双方确信对方的身份并交换会话密钥。保密性和及时性是认证的密钥交换中两个重要的问题。为了防止假冒和会话密钥的泄露，用户标识和会话密钥这样的重要信息必须以密文的形式传送，这就需要事先已有能用于这一目的的主密钥或公钥。因为可能存在消息重放，所以及时性非常重要，在最坏的情况下，攻击者可以利用重放攻击威胁会话密钥或者成功假冒另一方。消息认证中主要是接收方希望能够保证其接收的消息确实来自真正的发送方。有时收发双方不同时在线，例如在电子邮件系统中，电子邮件消息发送到接收方的电子邮件中，并一直存放在邮箱中直至接收方读取为止。广播认证是一种特殊的消息认证形式，在广播认证中一方广播的消息被多方认证。

（5）入侵检测与容侵容错技术　容侵就是指在网络中存在恶意入侵的情况下，网络仍然能够正常地运行。无线传感器网络的安全隐患在于网络部署区域的开放特性以及无线网络的广播特性，攻击者往往利用这两个特性，通过阻碍网络中节点的正常工作，进而破坏整个传感器网络的运行，降低网络的可用性。无人值守的恶劣环境导致无线传感器网络缺少传统网络中的物理上的安全，传感器节点很容易被攻击者俘获、毁坏或妥协。现阶段无线传感器网络的容侵技术主要集中于网络的拓扑容侵、安全路由容侵以及数据传输过程中的容侵机制。

（6）决策与控制安全　在传统的无线传感器网络中由于侧重对感知端的信息获取，对决策控制的安全考虑不多，互联网的应用也是侧重于信息的获取与挖掘，较少应用对第三方的控制。而物联网中对物体的控制将是重要的组成部分，需要进一步更深入的研究。

8.10　物联网通信与网络技术

172　有线接入技术

（1）Ethernet　以太网（Ethernet）是一种计算机局域网技术。IEEE 组织的 IEEE 802.3 标准制定了以太网的技术标准，它规定了包括物理层的连线、电子信号和介质访问层协议的内容。以太网是目前应用最普遍的局域网技术，取代了其他局域网标准（如令牌环、FDDI 和 ARCNET）。以太网的标准拓扑结构为总线型拓扑，但目前的快速以太网（100BASE-T、1000BASE-T 标准）为了减少冲突，将能提高的网络速度和使用效率最大化，使用交换机（Switch hub）来进行网络连接和组织。如此一来，以太网的拓扑结构就成了星型。但在逻辑上，以太网仍然使用总线型拓扑和 CSMA/CD（Carrier Sense Multiple Access/ Collision Detection，即载波监听多路访问/冲突检测）的总线技术。

（2）ADSL　ADSL 是指非对称数字用户线（Asymmetric Digital Subscriber Line）。ADSL 因为上行（从用户到电信服务提供商方向，如上传动作）和下行（从电信服务提供商到用户的方向，如下载动作）带宽不对称（即上行和下行的速率不相同），因此称为非对称数字用户线。它采用频分多路复用技术把普通的电话线分成了电话、上行和下行三个相对独立的信道，从而避免了相互之间的干扰。通常 ADSL 在不影响正常电话通信的情况下可以提供最高 3.5Mbit/s 的上行速度和最高 24Mbit/s 的下行速度。

（3）HFC　HFC（Hybrid Fiber Coaxial，混合光纤同轴电缆）是指光纤同轴电缆混合网，采用光纤到服务区，"最后一公里"采用同轴电缆。光纤同轴混合接入网（Hybrid Fiber and Coaxial Cable）是 AT&T 公司于 1994 年提出的宽带接入方式，其背景是电信市场即将开放，电信公司和广播公司都试图向对方行业渗透。广播公司希望在传统的 CATV 网络上提供传输数据、话音，以及视频点播业务等，于是人们开始研究通过改造 CATV 提供数字化传输业务高速接入技术。HFC 的主要优点是基于现有的有线电视网络，提供窄带、宽带及数字视频业务，成本较低，将来可方便地升级到光纤到户（FTTH）。但缺点是必须对现有有线电视网进行双向改造，以提供双向业务传送。

（4）光纤接入　光纤接入是指局端与用户之间完全以光纤作为传输媒体。光纤接入可以分为有源光接入和无源光接入。光纤用户网的主要技术是光波传输技术。目前光纤传输的复用技术发展相当快，多数已处于实用化阶段。复用技术用得最多的有时分复用（TDM）、波分复用（WDM）、频分复用（FDM）、码分复用（CDM）等。根据光纤深入用户的程度，可分为 FTTC、FTTZ、FTTO、FTTF、FTTH 等。FTTH 是接入网的长期发展目标，各个国家都有明确的发展目标，但由于成本、用户需求和市场等方面的原因，FTTH 仍然是一个长期的任务。目前主要是实现了 FTTC，而从 ONU 到用户仍利用已有的铜线双绞线，采用 xDSL 传送所需信号。根据业务的发展，光纤逐渐向家庭延伸，从窄带业务逐渐向宽带业务升级。WDM-PON 超级 PON 可以适应将来更进一步发展的需要。

（5）电力线接入　电力线通信（Power Line Communication，PLC）技术，依据 GB/T 31983.31—2017 中的定义：是指将信息数据调制到合适的载波频率上，以电力线作为物理介质进行传输，实现在数据终端之间的通信或控制的一种技术。其实利用电力线进行通信业务信号的传输很早就有了，当时称之为电力载波系统，它使用的是高压或中压电力线，主要是为变、配电站间提供数据（包括监控信号）及话音信号的传输。而最近所指的 PLC 技术则主要是指的一种接入技术，即充分利用最为普及的电力线网络资源，室内无需布线，建设速度快、投资少，用户通过遍布各个房间的电源插座就能进行高速上网，且实现"有线移动"，具备了其他接入方式不可比拟的优势。因此，成为国内外广泛关注的一个热点技术。

173　无线接入技术

（1）Wi-Fi　Wi-Fi 又称"无线热点"或"无线网络"，是 Wi-Fi 联盟的商标，一个基于 IEEE 802.11 标准的无线局域网技术。Wi-Fi 基于 IEEE 802.11 标准，两者常常被混淆，两者的区别可以概述为 IEEE 802.11 是一种无线局域网标准，而 Wi-Fi 是 IEEE 802.11 标准的一种实现。

（2）蓝牙　蓝牙（Bluetooth），一种无线通信技术标准，用来让固定与移动设备，在短距离间交换数据，以形成个人局域网（PAN）。其使用短波特高频（UHF）无线电波，经由 2.4～2.485GHz 的 ISM 频段来进行通信。1994 年由电信商爱立信（Ericsson）发展出了这个技术。它最初的设计，是希望创建一个 RS-232 数据线的无线通信替代版本。它能够连接多个设备，克服同步的问题。

蓝牙技术目前由蓝牙技术联盟（SIG）来负责维护其技术标准，其成员已超过 3 万，分布在电信、计算机、网络与消费性电子产品等领域。

（3）UWB　超宽带（Ultra-WideBand，UWB）是一种具备低耗电与高速传输的无线个人区域网络通信技术，适合需要高质量服务的无线通信应用，可以用在无线个人区域网络（WPAN）、家庭网络连接和短距离雷达等领域。它不采用连续的正弦波，而是利用脉冲信号来传送。

（4）ZigBee　是一种低速短距离传输的无线网络协议，底层是采用 IEEE 802.15.4 标准规范的介质访问层与物理层。主要特点有低速、低耗电、低成本、支持大量网络节点、支持多种网络拓扑、低复杂度、可靠、安全。

（5）红外通信技术　红外通信技术利用红外线来传递数据，是无线通信技术的一种。红外通信技术不需要实体连线，简单易用且实现成本较低，因而广泛应用于小型移动设备互换数据和电器设备的控制中，例如笔记本计算机、个人数码助理、移动电话之间或与计算机之间进行数据交换（个人网）、电视机、音响、空调的遥控器等。由于红外线的直射特性，红外通信技术不适合传输障碍较多的地方，这种场合下一般选用无线电通信技术或蓝牙技术。红外通信技术多数情况下传输距离短、传输速率不高。为解决多种设备之间的互连互通问题，1993 年成立了红外数据协会（Infrared Data Association，IrDA）以建立统一的红外数据通信标准。1994 年发表了 IrDA 1.0 规范。红外线通信技术包含下列规格：IrPHY、IrLAP、IrLMP、IrCOMM、Tiny TP、OBEX、IrLAN、IrSimple 以及 IrSimpleSlot。

（6）LoRa　LoRa（LongRange）为低功耗广域网（Low-Power Wide-Area Network，LPWAN）技术之一，是由美国 Semtech 公司所开发的技术，是一种具有低功耗与长距离等特点的无线通信技术，可用于物联网（IoT）、机器对机器（M2M）等领域。

（7）NBIoT　窄带 IoT（NB-IoT），也称 LTE Cat NB1，是一种可以在任何地方以虚拟方式运行的低功耗广域网技术。它可以将器件更简单而又高效地连接到建成的移动网络上，安全可靠地处理少量偶发的双向数据。它的最大优势在于拥有以下特性：超低功耗，在建筑物内部和地下室具有出色延展覆盖范围，易于部署到现有的蜂窝网络体系结构中，具有网络安全性和可靠性较低的组件成本。

174　移动通信网络

（1）1G　1971 年，贝尔实验室在技术报告中论证了蜂窝系统的可行性，之后，各国都对蜂窝移动通信系统进行了深入的研究。其中，美国研制成功的"高级移动电话系统（AMPS）和英国制定的"全接入通信系统（TACS）"是模拟移动系统的两个主要系统，它们传输和处理的都是模拟信号，并都采用频分复用的无线接入方式，信道带宽为 25~30kHz。这些模拟蜂窝系统即第 1 代移动通信系统（1G）。

（2）2G 20 世纪 80 年代中后期，欧洲率先提出了 GSM 数字移动通信系统，它很快就被多国商用，并成为现有数字系统中规模最大的网络。在欧洲之后，美国、日本也相继推出自己的数字系统。由于数字系统相对于模拟系统具有很明显的优越性，它的发展极为迅速，并保持着迅速发展的趋势。上述数字移动系统被称为第 2 代移动通信系统（2G），它们都采用了时分复用的多址接入方式，信道带宽为 25~200kHz。同属 2G 系统的 IS-95 是美国高通公司于 1990 年提出的，它采用码分多址（CDMA）无线接入技术，信道带宽达到 1.25MHz，远高于其他 2G 系统。

（3）3G 第 3 代移动通信系统的概念是 ITU（国际电信联盟）在 1985 年提出的，1994 年正式改名为"国际移动通信系统"（IMT-2000）。取这个名字具有 3 重含义：工作在 2000MHz 频段，能够支持高达 2Mbit/s 的业务，在 2000 年左右实现商用。3G 系统采用了宽带 DS-CDMA（直接序列扩频的码分多址）无线接入技术，并在其系统中使用多种先进的信号处理技术。3G 系统的核心网是在 GSM 系统的核心网 GSM-MAP 和 AMPS、IS-95 的核心网 ANSI-41 的基础上发展而来的，其空中接口与相应的 2G 系统后向兼容。它的 3 种工作模式为单载波频分双工、多载波频分双工和时分双工方式。

（4）4G 第四代移动电话网络是在 2010 年代中期世界上所普遍使用的高速移动网络，可分为 TDD-LTE（分时型长期演进技术）、FDD-LTE（分频型长期演进技术）及 WiMAX（IEEE 802.16m）。而 TDD-LTE、FDD-LTE 规格在结构上已经进行了统一。第四代移动电话网络最重要的功能，就是搭配能够上网执行各种网络服务的智能手机。第四代的移动电话技术将一般传统的语音通信完全当作是数据报文加以传输，这是和之前第三代网络非常不同的地方。由于作为第四代移动通信网络终端的智能手机在功能上已经犹如小型计算机一般，因此第四代移动通信网络与其说是数字式的高速电话通信网络，更不如形容为是一种可以随着基地台扩展

使用范围的巨大互联网（Internet）服务网络。

（5）5G 5G 通信技术是第五代移动通信技术的简称，是当前通信技术中的领先技术。5G 通信技术相较于 4G 技术，具有传输速度更快、成本更低、系统容量更大等优势，受到了全世界人们的关注和重视。5G 的技术特点有：第一，毫米波技术。依照当前的情况来说，毫米波段能够利用的频谱资源是较多的，所以说，在 5G 通信技术的传输速度提高上，需要不断地加强毫米波技术，以此来增加频谱的资源，这对于增加 5G 技术的容量也具有帮助。该技术的缺点在于受到天气的影响较大，针对此缺点，需要在研究中进一步增强，将射频设备设计进行更新和优化。第二，数据流量的增加。在当前的社会环境下，网络技术的需求是比较大的，原有的数据流量在满足所有人的需求上变得更加困难，尤其是在支持大容量的数据传输中，网络传输速度较慢，并且还可能会导致数据传输的停止。5G 通信技术则具有更加强大的容量和传输速度，对原有的网络技术进行更新和优化。第三，实现设备间通信的技术。目前，我国的网络覆盖建设中主要依赖的是基站，因此在建设基站上，需要选择合适的位置，确保周围没有建筑物的遮挡。5G 通信技术则有效地改善这一不足，实现了在没有基站的作用下，也可以实施网络的传输以及接收，这对于社会的发展和满足人们的需求具有重要的意义。第四，密集网络技术。5G 通信技术还处于不断发展和成熟的过程中，需要以智能化和多元化作为方向。这就需要采用和发挥出密集网络技术，也就是将网络的覆盖范围不断增加，并且在基站周边进行密集的网络部署，增加信号的接收效果。所以说，将来的 5G 通信技术发展，需要增加网络覆盖面。

175 泛在电力物联网概述 随着大规模分布式发电和储能的接入，能源结构、行业结构不断调整，能源供应压力不断增大和大量多种类型分布式能源不断接入给电力系统的经济运行、安全管理和应用服务提出了前所未有的挑战。2019 年 3 月，国家电网有限公司对泛在电力物联网（Ubiquitous Power Internet of Things，UPIoT）做出了全面部署安排。泛在电力物联网，就是围绕电力系统各环节，充分应用移动互联、人工智能等现代信息技术、先进通信技术，实现电力系统各个环节万物互联、人机交互，具有状态全面感知、信息高效处理、应用便捷灵活特征的智慧服务系统。通俗地说，就是运用新一代信息通信技术，将电力用户及其设备、电网企业及其设备、发电企业及其设备、电工装备企

业及其设备连接起来，通过信息广泛交互和充分共享，以数字化管理大幅提高能源生产、能源消费和相关领域安全、质量和效益效率水平。

泛在电力物联网技术架构（见图 6.8-13）包括感知层、网络层、平台层、应用层 4 个层次，其中感知层主要实现统一感知接入和边缘智能处理，网络层主要构建"空天地"协同一体化电力泛在通信网，平台层主要基于一体化云平台实现物联管控和能力开放共享，应用层主要打造智慧能源服务平台。

图 6.8-13　泛在电力物联网技术架构

泛在电力物联网的目标与发展方向有以下几个方面：

基本内涵。泛在电力物联网，就是围绕电力系统各环节，充分应用移动互联、人工智能等现代信息技术、先进通信技术，实现电力系统各个环节万物互联、人机交互，具有状态全面感知、信息高效处理、应用便捷灵活特征的智慧服务系统。

建设目标。通过泛在电力物联网建设，充分应用"大云物移智链"等现代信息技术、先进通信技术，实现电力系统各个环节万物互联、人机交互，实现"数据一个源、电网一张图、业务一条线"，广泛连接内外部、上下游资源和需求，打造能源互联网生态圈，适应社会形态，打造行业生态，培育新兴业态。

建设重点和主线。泛在电力物联网的建设分为两个阶段。第一个阶段，到 2021 年初步建成泛在电力物联网。第二个阶段，到 2024 年建成泛在电力物联网。

176　应用的意义　建设泛在电力物联网在技术和业务两个方面均具有重大意义。从技术方面讲，建设泛在电力物联网能够推动电网和互联网的深度融合，把大数据和人工智能等先进技术手段应用到传统电网中去，实现传统行业与新兴技术相结合，从而更有效率地进行能源分配，避免浪费，并从整体上促进中国电力行业提高相关技术水平，在技术上追赶乃至超越世界先进电力企业。从业务方面讲，建设泛在电力物联网是国家电网公司的战略性调整，由自然垄断走向市场化，激发企业活力，以"坚强+智能"构建能源互联网企业的核心竞争力。在坚守原本业务的基础上，建设一个完整的以电力为核心的平台，拓展业务并形成生态圈，提供完整的、综合的电力相关服务。

国家电网提出的《泛在电力物联网白皮书 2019》中指出："建设泛在电力物联网，将助力国家治理现代化，推动能源低碳转型，提高电网运营质效，满足人民美好生活用能需要，促进产业链现代化，形成让政府及社会、用户、能源电力及上下游企业普遍受益的价值体系。"

参 考 文 献

[1]　机械工程手册电机工程手册编辑委员会. 电气工程手册. 第 8 卷，第 7 篇 [M]. 2 版. 北京：机械工业出版社，1996.

[2]　Andrew S. Tanenbaum. Computer Networks. [M] 5rd ed. 北京：清华大学出版社. 2012.

[3]　Douglas E. Comer. Computer Networks and Internets（计算机网络与互联网）[M]. 徐良贤，张生坚，吴海通，等译. 北京：电子工业出版社，1998.

[4]　雷震甲，臧明相，王保保. 计算机网络 [M]. 2 版. 西安：西安电子科技大学出版社，2003.

[5]　张公忠. 现代网络技术教程 [M]. 北京：清华大学出版社，2004.

［6］　冯冬芹，等. 工业通信网络与系统集成［M］. 北京：科学出版社，2005.

［7］　阳宪惠. 现场总线技术及其应用［M］. 北京：清华大学出版社，2008.

［8］　邬宽明. 现场总线技术应用选编［M］. 北京：北京航空航天大学出版社，2004.

［9］　顾洪军，等. 工业企业网与现场总线技术及应用［M］. 北京：人民邮电出版社，2002.

［10］　谢希仁. 计算机网络［M］. 7 版. 北京：电子工业出版社，2017.

［11］　柯俊帆，石常海. 物联网关键技术在安全体系建设

中的研究与分析［J］. 硅谷，2012，5（19）：74-75.

［12］　周可，王桦，李春花. 云存储技术及其应用［J］. 中兴通讯技术，2010，16（04）：24-27.

［13］　刘云浩. 物联网导论［M］. 北京：科学出版社，2013.

［14］　杨正洪，周发武. 云计算和物联网［M］. 北京：清华大学出版社，2011.

［15］　郑增威，吴朝晖. 普适计算综述［J］. 计算机科学，2003（04）：18-22，29.

第7篇

可靠性技术、环境技术和电磁兼容

主　　编　宋政湘（西安交通大学电气工程学院）

参　　编　武　星（西安高压电器研究股份有限公司）

陆建挺（西安高压电器研究股份有限公司）

张国钢（西安交通大学电气工程学院）

翟小社（西安交通大学电气工程学院）

李彦明（西安交通大学电气工程学院）

张乔根（西安交通大学电气工程学院）

杨兰均（西安交通大学电气工程学院）

主　　审　任稳柱（西安高压电器研究股份有限公司）

责任编辑　朱　林

常用符号表

B——磁感应强度

$C(t)$——累积故障率

CE——传导发射

CS——传导发射的敏感度/抗扰度

dB——分贝

$E(T)$——平均寿命

E_i——单元 i 的重要度

ESD——静电放电

EFT——电快速瞬变脉冲

EUT——被试设备

$f(t)$——故障概率密度

$F(t)$——累积故障概率

f_c——截止频率

FTA——故障树分析法

FMEA——故障模式与后果分析

FMECA——故障模式、后果与危险度的分析

GTEM 小室——吉赫兹横电磁波小室

H——磁场强度

l——磁路的长度

L_s——同轴电缆屏蔽层的电感

I_L——插入损耗

LISN——线性阻抗稳定网络

MTBF——平均寿命（对可修复产品）

MTTF——平均寿命（对不可修复产品）

MTTR——平均修复时间

MTTFF——平均首次故障前工作时间

n——样品数

n_i——单元 i 中的零件数

N——系统的总零件数

$R(t)$——可靠度

$R_i(t_i)$——分配给单元 i 的可靠度

R_m——磁路的磁阻

RE——辐射发射

RS——辐射发射的敏感度/抗扰度

r——可靠度（可靠水平）

　　　距离

S——磁路的横截面积

t——时间

　　　时刻

　　　研制产品开始阶段的试验时间；

t_r——可靠寿命

T——表示产品的寿命

　　　研制的总试验时间；

　　　特拉斯

t_i——产品在使用寿命期的某个观察期（试验期）内第 i 台产品工作时间；

　　　第 i 台产品首次故障前工作（试验）时间

　　　单元 i 的工作时间

TEM 小室——横电磁波小室

β——形状参数（模型的增长系数）

　　　可靠性增长率（增长系数）

$\lambda(t)$——故障率

λ_i——分配给单元 i 的故障率；

λ——波长

θ_F——产品设计要求的 MTBF 值

θ_1——研制产品开始阶段的 MTBF 值

第1章 可靠性技术

1.1 可靠性技术概述

1 可靠性技术 可靠性是指产品在规定的条件下、规定的时间内，完成规定功能的能力。这里的产品可以泛指任何系统、设备和元器件。其显著特点是用以评估产品可靠性的各种特征量都是时间的函数，而且它所提出的特征量体系都能用一个确定的数值来定量地表示。可靠性技术是围绕可靠性这个核心而开展的一系列的技术活动。

2 可靠性技术任务 可靠性技术的任务是确定和赋予产品以可靠性性能。它研究的内容覆盖产品从设计、制造到使用、维修直至报废的整个过程，主要包括五个方面。

（1）可靠性评估 运用数理统计的方法，通过可靠性试验或现场使用的数据来估计，或通过构建数学模型来推断产品可靠性特征量的数值，包括评估指标体系和评估方法两个方面。

（2）可靠性试验 为了测定或验证产品的可靠性水平，或为了研究产品的故障（失效）机理、故障（失效）分布，以及为了研究产品对各种应力的适应情况并暴露其潜在的故障因素对有限样本的影响而进行的各种试验。

（3）可靠性分析 研究元器件与整机或系统间的相互关系，研究当某一元器件故障时对整机或系统所造成的影响和后果，从而采取相应的纠正或改进措施，以确保和提高产品的可靠性水平，内容包括故障模式的影响及其后果分析、故障树分析等。

（4）可靠性设计 可靠性设计是以满足用户的可靠性需求为目标，在设计过程中系统考虑各类影响产品可靠性的因素，从而对候选方案进行分析、评价、再设计的方法。它是产品设计的有机组成部分，在研制的不同阶段通过与性能设计进行有效的协同，共同完成产品的设计任务。

（5）可靠性管理 包括组织制定可靠性计划、可靠性标准及可靠性程序并组织贯彻和监督实施，建立故障案例库及故障报告、分析和改进系统，建立数据库及信息反馈渠道或交换网络，进行可靠性教育等。它是为保证对产品的可靠性要求而进行的贯穿于产品整个寿命周期的活动。

1.2 可靠性指标

在工程中，为定量描述产品的可靠性，通常采用一些数量指标。这些数量指标一方面能够从某一角度表示产品的可靠性或寿命的状态，具有明确的工程意义；另一方面，它们具有概率统计上的特征，可以用概率统计的方法进行统计推断。一些常用的可靠性指标包括可靠度、故障概率、故障率、故障率概率密度、寿命等，它们代表了产品可靠性的基本内容。

3 可靠性指标

（1）可靠度 $R(t)$ 产品在规定的条件下和规定的时间内完成规定功能的能力称为可靠性。可靠性的概率度量称为可靠度，用 $R(t)$ 表示，若以 T 表示产品的寿命，可靠度可以看作事件 $t<T$ 的概率。即

$$R(t) = P(T>t)$$

可靠度 $R(t)$ 是时间 t 的非增函数，其取值范围为 0~1。

若产品寿命 T 的概率密度 $f(t)$ 已知，则 $R(t)$ 就可通过下列积分求得：

$$R(t) = \int_t^\infty f(t)\,\mathrm{d}t$$

（2）累积故障概率 $F(t)$ 产品在规定的条件下和规定的时间内，丧失规定功能的概率称为累积故障概率，又叫不可靠度。产品的累积故障概率是时间的函数，即

$$F(t) = P(T \leq t)$$

累积故障概率 $F(t)$ 是时间 t 的非减函数，其取值范围为 0~1。

（3）故障概率密度 $f(t)$ 从成败的角度来看，可靠度与系统寿命相关，且是一个以时间为坐标的

质量特征。用来度量可靠度的随机变量为故障时间 t。如果假设 t 是连续的，那么故障时间随机变量就有概率密度函数 $f(t)$。其等于单位时间的故障概率函数的变化。

$$f(t) = \frac{F(t+\Delta t) - F(t)}{\mathrm{d}t}$$

（4）故障率 $\lambda(t)$　产品在 t 时刻以前一直正常工作的条件下，在时刻 t 以后单位时间内发生故障的概率称为该产品在时刻 t 的故障率函数，简称故障率（对于不可修复产品则称失效率）。用 $\lambda(t)$ 表示，故障率实质上是寿命的条件概率密度，即

$$\lambda(t) = \lim_{\Delta t \to 0} \frac{P(t < T \le t + \Delta t \mid T > t)}{\Delta t}$$

故障率函数 $\lambda(t)$ 反映了产品故障变化的速度。

（5）可靠寿命　给定可靠度为 r 时所对应的时间称为可靠寿命，用 t_r 表示。若产品的可靠度函数为 $R(t)$，则

$$R(t_r) = r$$

式中　r——可靠水平。

（6）中位寿命　可靠水平 $r = 0.5$ 时的可靠寿命称为中位寿命。产品工作到中位寿命时，完成规定功能的概率和不能完成规定功能的概率各为 50%。

（7）平均寿命　产品寿命的数学期望称平均寿命，用 $E(T)$ 表示。对于可修复产品，平均寿命是平均两次故障间的时间，用 MTBF 表示。对于不可修复产品，平均寿命是平均失效前工作时间，用 MTTF 表示。

若寿命 T 的概率密度函数为 $f(t)$，则

$$E(T) = \int_0^\infty t f(t) \mathrm{d}t = \int_0^\infty R(t) \mathrm{d}t$$

若寿命密度函数 $f(t)$ 未知时，平均寿命 $E(T)$ 的观测值 μ 可求取如下：

$$\mu = \left(\sum_{i=1}^n t_i \right) \Big/ \sum_{i=1}^n r_i = T/r$$

式中　n——样品数；

　　　t_i——产品在使用寿命期的某个观察期（试验期）内第 i 台产品工作时间；

　　　r_i——产品在使用寿命期的某个观察期（试验期）内第 i 台产品发生故障次数；

　　　T——累积工作时间；

　　　r——累积故障次数（或失效数）。

（8）平均首次故障前工作时间　可修复产品从开始工作到第一次故障前的工作时间称首次故障前工作时间。首次故障前工作时间的平均值为平均首次故障前工作时间，即

$$\mathrm{MTTFF} = \left[\sum_{i=1}^r t_i + (n-r) t \right] \Big/ r$$

式中　n——样品数；

　　　r——发生故障台数；

　　　t_i——第 i 台产品首次故障前工作（试验）时间；

　　　t——工作（试验）截止时间。

4　可靠性指标分类　可靠性指标通常可以分为基本可靠性指标与任务可靠性指标。其中的基本可靠性是指产品在规定条件下，规定的时间内，无故障工作的能力。基本可靠性反映产品对维修资源的要求。确定基本可靠性值时应统计产品的所有寿命单位和所有的关联故障。任务可靠性是指产品在规定的任务剖面内完成规定功能的能力，它反映了产品对任务成功性的要求。

5　可靠性指标之间的关系　可靠性指标之间存在着一定的关联关系，可以互相推导。可靠性指标之间的关系见图 7.1-1。

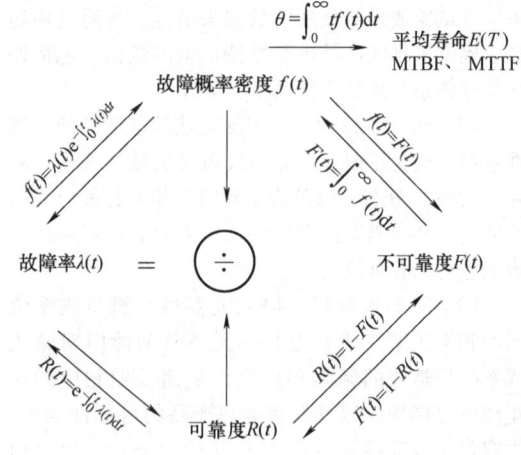

图 7.1-1　可靠性指标关系

6　可靠性指标的确定　可靠性指标具有不唯一性和阶段性等特点，一般要综合考虑以下几方面来选定指标值：使用者对产品可靠性的要求，国内现有产品可靠性水平，竞争产品（国外同类产品）已达到的水平和可靠性增长趋势，科研和试验工作能力，工业技术经济可行性等。综合这几个方面以后，以产品研制、制造、维修总费用

最低和产生的效益最高为准则提出合理的可靠性指标值。

1.3　可靠性分析与设计

7　可靠性分析方法

（1）故障树分析（FTA）法是一种评价复杂系统可靠性与安全性的方法，它使用演绎法找出系统最不希望发生的事件的发生原因的事件组合，并求其概率。这是一个从果到因的过程。故障树实质上是事件之间的一张逻辑关系图。这种关系图是一个以顶事件为根，具有若干干枝，一些干枝上又有若干分枝的类似于树木的图形，故障树即由此得名。在故障树分析法中，第一步是选取顶事件。顶事件的选取应遵循：必须有明确的定义；必须能进一步分解，从而按顶事件发生的逻辑关系建立故障树；应能定量地度量。故障树的建立一般有两种：人工建树及计算机辅助建树。对故障树的评定有定性和定量两种。在定性评定中要找出导致顶事件发生的所有可能的故障模式，即求出故障树的所有最小割集。所谓最小割集，即这样一些事件的集合，这些事件的同时发生将导致顶事件的发生。在定量评定中要计算故障树顶事件发生的概率，即系统可靠度的定量值。

（2）故障模式影响与危害性分析（FMEA）是一种可靠性定性分析技术，它采用的是自下而上由因到果的逻辑归纳法。从系统结构的最低级（元器件级）开始跟踪到系统级，以决定每个故障模式对系统性能的影响。FMEA 由两个阶段组成，第一阶段与产品详细设计并行；第二阶段在详细图样发放前或发放时进行。第一阶段包括：绘制可靠性框图或因果图；考虑诸如开路、短路、介质击穿、磨损、元器件参数漂移等故障模式并进行故障危害性分析；确定适当的系统及产品标识；编制关键的产品表等。第二阶段即根据设计更改要求的内容进行修改并改进第一阶段得到的结果。

（3）故障模式、影响与危害性分析（FMECA）也是一种定性的可靠性分析技术。在 FMEA 中不进行危害性分析，而在 FMECA 中既要对故障模式、影响做分析，又要对危害性进行分析。该分析中的主要程序为：定义系统、系统功能及故障判据；制定功能、可靠性框图和数学模型；选定要分析的功能级及分析方法；确定故障模式及其发生的原因和影响；确定故障探测方法；针对后果特别严重的故障进一步考虑修改设计；计算相对故障概率及故障

严重等级，根据结果提出改进措施。

8　可靠性设计方法

可靠性设计是指赋予产品以可靠性为目的而进行的设计，其任务是预测和预防产品所有可能发生的故障，使其达到规定的定性或定量的可靠性目标值，可靠性设计有两种：一种适用于新产品设计和开发，主要根据给定的可靠性目标值进行设计，另一种针对现有定型产品的薄弱环节，在评价其可靠性的基础上提高其可靠性。

可靠性设计的主要方法有以下几种。

（1）降额设计　对某些零部件考虑使其工作应力低于其额定应力，以降低其故障率、提高产品可靠性，由于采用降额设计，使零部件和产品的重量、体积和成本等都因此随之提高，因此还要研究故障与这些因素的协调，使整个设计比较合理。

（2）漂移设计　电子元器件在长期工作中其特性参数会发生变化，即漂移，当参数漂移超出允许范围时会使电路丧失正常功能，这时的元器件也会失效。为防止漂移性失效，除选用高质量元器件外，还应在电路设计上采用可靠性技术，即进行漂移设计。其基本原理是将元器件参数作为随机变量，超出允许值，则重新选择元器件，常用的设计方法有方均根偏差值设计、最坏情况分析和蒙特卡洛模拟法。

（3）冗余设计　以出现两个或两个以上的独立故障，而不是一个单独故障时才能引起既定的不希望的工作状态为基本思想的一种设计方法。冗余分为工作冗余和备用冗余两种，即所有冗余同时处于工作状态和只有当原来工作的冗余发生故障后，替代冗余才开始工作。

冗余可采用的方式有：1）采用两个或两个以上的部件、子系统或通道，每个都能执行规定的功能；2）采用监控装置，它能检测故障，完成指示，自动切除或自动转换；3）以上两种方式的组合。

冗余设计的主要任务是确定容错能力准则，选定部件的冗余类型和等级，确定系统的冗余配置方案和冗余管理方法。

（4）电磁兼容设计　电磁兼容设计的目的是防止因系统电磁环境影响而引起的错误或故障以及降低对外的电磁干扰。电磁兼容设计一般需要从抑制干扰源、切断干扰传播途径等方面进行设计，其内容包括干扰源分析和干扰交连通道分析，消除或减少干扰的措施和提高抗干扰能力的措施，如接地、

屏蔽、滤波、电缆网设计以及电路电磁兼容设计等。

（5）热设计　热设计的目的是采取措施限制元器件及机箱内的温升，以减小因过热引起的绝缘材料性能劣化及电子元器件故障率增加。热设计的原则是减小传热路径上的热阻，提高散热能力。

（6）应力—强度干涉设计　与传统的机械零件设计中把零件受载荷而产生的应力视为不变值，把零件材料的强度也视为不变值不同，应力—强度干涉设计充分考虑到应力和强度所具有的不确定性，以概率和数理统计为基础而进行设计。由于理论模型合理，因而设计结果也较传统方法合理。

9　可靠性分配　系统可靠性分配就是根据设计任务书中规定的系统可靠性指标，制定出组成系统的各子系统或元器件的可靠性指标，要进行可靠性分配，必须首先确定设计目标与限制条件，设计目标和限制条件不同，可靠性分配的方法也不同。

（1）等分配法　设产品由 n 个元器件串联组成，若给定产品的可靠度为 R_s，则分配给各元器件的可靠度 R_i 为

$$R_i = R_s^{1/n}$$

这种方法简单，但并不合理，仅在设计初期采用。

（2）比例组合法　如果一个新设计的产品与老产品相似，就可根据老产品中各子系统的故障率，按新产品的可靠性要求，对新产品的各子系统分配故障率。

（3）评分分配法　根据人们以往的经验，按照几种因素，如复杂性、技术发展水平、工作时间及环境条件等，对组成系统的各子系统进行评分，以各因素得分之积作为该子系统的分数，而以各子系统得分作为加权对规定的系统的故障率指标进行分配。

（4）考虑重要度和复杂度的分配法　这是一种考虑单元的重要度、复杂度及工作时间等差别的比较完善的分配方法，但它要求各单元工作期间的故障率为常数，且作为互相独立的串联系统，所使用的故障率分配公式为

$$\lambda_i = n_i [-\ln R_s] / (NE_i t_i)$$

式中　λ_i——分配给单元 i 的故障率；
$\quad\quad R_s$——系统要求的可靠性指标；
$\quad\quad E_i$——单元 i 的重要度；

$\quad\quad t_i$——单元 i 的工作时间；
$\quad\quad n_i$——单元 i 的零件数；
$\quad\quad N$——系统的总零件数。

可靠度的分配公式为

$$R_i(t_i) = 1 - (1 - R_s^{n/N}) / E_i$$

式中　$R_i(t_i)$——分配给单元 i 的可靠度。

（5）动态规划法　采用最优化的方法，以系统的成本、质量、体积或研制周期等达到最小建立目标函数，以可靠度不小于某一最低值为约束条件，或以可靠度最大建立目标函数，以系统的成本、质量、体积等的限值为约束条件进行求解以分配可靠性指标，一般可根据系统的用途，以哪些条件应予考虑来选定设计方法。

10　可靠性预测　可靠性预测可分为元器件的可靠性预测和系统的可靠性预测，元器件的可靠性预测是系统可靠性预测的基础，可为系统可靠性预测提供基础数据。

（1）元器件的可靠性预测　元器件的可靠性预测通常采用以下三种方法。

1）试验统计法。通过试验室内的模拟试验，找出元器件在规定使用条件下的故障率分布，然后确定其在任何规定的使用时间内的可靠度。

2）应力—强度干涉法。先求出元器件的应力分布和强度分布，然后按照应力—强度干涉法求出其故障概率和可靠度，具体见本篇第7条。

3）经验法。根据机械、电子、电工元器件使用经验和积累的数据，考虑在新设计产品中该元器件的新材料、新工艺的采用情况和使用条件等，估计出其可靠性水平。

（2）系统的可靠性预测　系统的可靠性预测方法有五种。

1）元器件计数法。基本做法是先计算设备中各种型号和各种类型的元器件数目，然后乘以相应型号或元器件的基本故障率，最后把各乘积累加以得到部件或系统的故障率。当各元器件的工作环境不同时，则应将基本故障率乘以环境因子以作修正。元器件计数法适用于电子设备早期设计阶段。

2）故障率预测法。根据系统的原理图，列出其可靠性逻辑框图并建立可靠性数学模型，对组成系统的元器件的基本故障率进行环境因子及减额因子（视应力大小而定）修正，进而对系统的可靠性做出预测。

3）上下限法。上下限法用于复杂系统的可靠性预测。设一个系统有 n 个单元，因而有 $2n$ 个互

不相容的状态，其中有一部分使系统处于故障状态，其概率之和为系统的不可靠度；另一部分使系统处于正常工作状态，它们的概率之和等于系统的可靠度。上下限法的思路在于对系统的可靠度上限及可靠度下限进行预测，然后以上下限值的几何平均值作为系统可靠度的预测值。可靠度的上限根据 $2n$ 个状态中发生概率较大的那些故障状态的概率之和用 1 减去而得，下限值由 $2n$ 个状态中发生概率较大的那些正常工作状态的概率之和求得。

4）数学模型法。这种方法适用于产品的详细设计阶段，应用较广。可以按照系统结构和功能，分为串联系统、并联系统、表决系统、储备系统等，之后建立相应的数学模型进行评估预测。

5）蒙特卡洛法。采用随机抽样的方法按系统各环节的寿命分布和产品的可靠性框图来预测产品的可靠性，其本质是以子样均值作为母体均值的估计，因而子样越多，估计越真实。

1.4　可靠性试验

用来定量地评估产品可靠性特征量数值的统计性试验称为可靠性寿命试验，也叫作狭义的可靠性试验，可靠性试验是对产品可靠性进行调查、分析和评价的一种手段。

11　可靠性研制试验　可靠性研制试验（Reliability Development Test）是通过向受试产品施加应力，将产品中存在的材料、元器件、设计和工艺缺陷激发成为故障，进行故障分析定位后，采取纠正措施加以排除的一系列试验。可靠性研制试验是一个试验、分析、改正（Test Analysis And Fix）的过程，即 TAAF 过程。

12　可靠性增长试验　可靠性增长试验是为暴露产品的薄弱环节，有计划、有目标地对产品施加模拟实际环境的综合环境应力及工作应力，以激发故障、分析故障和改进设计与工艺，并验证改进措施有效性而进行的试验。其目的是暴露产品中的潜在缺陷并采取纠正措施，使产品的可靠性达到规定值。

13　可靠性验证试验　可靠性验证试验（Reliability Verification Test）的作用是使订购方能拿到合格的产品，同时承制方也能了解产品的可靠性水平，包括可靠性鉴定试验（Reliability Qualification Test）和可靠性验收试验（Reliability Acceptance Test）。

14　加速试验技术　加速试验是一种采用较产品正常状态更加严酷的试验条件，通过在有限时间内搜集更多产品寿命与可靠性信息，提高或预测产品寿命与可靠性的内场试验方法。加速试验的目的是在给定的时间内获得更多可靠性信息，通常采用应力加速的方法来实现，其重要的前提是保持试验过程中试品故障模式和失效机理不变。

15　可靠性虚拟试验　可靠性虚拟试验是基于并行工程（Concurrent Engineering）原理，以高性能计算机系统为支撑平台（在计算机系统中采用软件代替硬件或全部硬件以实现各种虚拟试验环境），根据产品总体或一部分结构设计的信息建立其符合物理实验要求的"虚拟原型"，同时根据物理试验条件建立相应的试验装置或系统的"虚拟试验环境"，并将"虚拟原型""安装"于"虚拟试验环境"之上，对该"虚拟试验环境"施加以与物理试验相同的激励信号，使试验者可以如同在真实的环境中一样完成各种预定的试验项目，并通过计算来获得"虚拟原型"的各种响应，使所取得的试验效果接近或等价于在真实环境中所取得的效果。

1.5　可靠性增长

16　可靠性增长概述　可靠性增长是通过不断地消除产品在设计或制造中的薄弱环节，使产品可靠性随时间不断提高的过程。可靠性增长的目的是通过系统地消除或减少故障，提高产品的固有可靠性。

17　产品可靠性增长模型　可靠性增长模型是由某些典型的数据所建立的具有最佳值的变量或参数的数学函数，它可以是连续的，也可以是不连续的。建立模型时，应在评价的实用性、拟合的精确性、简单性和参数的多少等方面，按实际情况和需要进行适当的选择。可靠性增长模型多用于可靠性增长试验方案，以协助确定可靠性增长试验周期，同时为企业管理提供依据。

可靠性增长的模型主要有以下几种。

（1）丹尼增长模型

1）以累积故障率 $C(t)$ 表示的丹尼增长模型。若可修复产品累积工作时间为 t，在 $(0\sim t)$ 时间内出现了 $N(t)$ 个故障，每次故障后均对产品寻找故障原因，进行改进，消除系统故障，则在 $(0\sim t)$ 时间内产品的累积故障率 $C(t) = N(t)/t$

与累积工作时间 t 之间符合

$$\ln C(t) = \sigma - \alpha \ln t$$

式中　σ、α——两个参数。

该式表明在双对数坐标纸上累积工作时间和累积故障率之间的关系是线性的。实践表明，许多电子和机械—电子类产品，在研制阶段都能非常好地符合上述模型。

2）以平均寿命 MTBF 表示的丹尼增长模型。由于许多产品的可靠性特征量常用 MTBF（平均两次故障间工作时间）表示，因此丹尼增长模型又可表示为

$$\theta_F = \theta_1 (T/t)^\alpha (1-\alpha)^{-1}$$

式中　θ_F——产品设计要求的 MTBF 值；

　　　θ_1——研制产品开始阶段的 MTBF 值；

　　　T——研制的总试验时间；

　　　t——研制产品开始阶段的试验时间；

　　　α——t 与 $C(t)$ 在双对数坐标纸上得到的直线的斜率，也表示产品可靠性增长参数。

（2）AMSAA 增长模型　认为系统或产品在不断改进试验过程中的故障数 $N(t)$ 的分布可看作是一个含有威布尔故障率 $\lambda(t)$ 的非齐次泊松过程，此时产品的瞬时故障率 $\lambda(t)$ 是平均故障数 $E[N(t)]$ 的变化率：

$$\lambda(t) = dE[N(t)]/dt = \delta\beta t^{\beta-1}, \beta = 1-\alpha$$

式中　$1/\delta$——尺度参数；

　　　β——形状参数，也即模型的增长系数。

这就是 AMSAA 增长模型，也称克劳模型。建立 AMSAA 增长模型的关键是要确定参数 δ 和 β，因而需用统计分析方法求出参数 δ 和 β 的点估计值，进而得到产品定型时的可靠性特征量。

其余模型费用太高，通常情况下不适用。

18　可靠性增长估计

（1）可靠性增长率　β 即为可靠性增长率，也即增长系数，它表示产品可靠性增长速率。$0<\beta<1$ 时，表明产品可靠性在增长；$\beta>1$ 表明产品的可靠性在退化；$\beta=1$ 表明故障率是常数（指数分布），可靠性无增长。一般情况下，只有当 $0.3<\beta<0.7$ 时产品增长率才是有意义的；若 $\beta=0.3\sim0.5$，表明故障的改进措施不太有力；$\beta=0.1\sim0.3$，表明增长极慢；$\beta=0.6\sim0.7$ 时，表明可靠性增长程序经过仔细筹划，并已采取强有力的故障分析和改进措施，可以预期有最大的增长率。

增长率受下列因素的影响：1）是否通过采取纠正措施，使产品永久地消除故障原因；2）消除

故障的速率和效果；3）由于新研制产品的早期故障并不完全代表产品真正的失效机理，因此消除这种故障并不能使产品增长率很快提高，因此要仔细研究和分析故障，找到真正产生故障的原因并改进以消除它，才能使增长率迅速提高。

（2）可靠性增长估计　将实际达到的（即由累积试验数据换算成当前瞬时的可靠性数据）可靠性与计划的可靠性进行比较，只要达到的可靠性增长与可靠性增长试验计划方案中所拟定的增长完全吻合或超过，就可假定产品性能是良好的，反之就要进行仔细分析，以确定性能不良的原因。

1）以 MTBF 为目标的丹尼模型的增长估计。根据试验得到的有关数据，在双对数坐标纸上绘制可靠性增长曲线，此曲线表明了在当前情况下，产品 MTBF 的可能值以及其向预计的 MTBF 值进展情况，只要确认产品当前实际的 MTBF 按增长率能达到计划方案中所要求的值，增长试验就可提前中止。

2）以故障率 $\lambda(t)$ 为目标的 AMSAA 模型的增长估计。在 AMSAA 增长模型中，对不同的寿命试验结尾方式，可以分别从相应公式中求得 δ 和 β 的极大似然估计，当产品定型时，可以从相应公式中求得产品的可靠性特征量，如 $\lambda(t)$、θ 和 $R(t)$。

（3）可靠性增长的监测和试验　在增长试验的各个阶段都可以随时进行增长率的监测，监测的方法是通过获得的增长系数来与计划方案所拟定的增长系数做比较。

可靠性增长试验是在产品研制过程中，为发现设计、工艺、原材料等方面的问题，找出薄弱环节加以改进并预测可靠性提高趋势的试验。试验方案应当考虑故障分析所需要的时间以及为验证是否采取了改正措施所需要的试验。

1.6　可靠性维修与可靠性管理

19　故障诊断　是以一定的技术手段和一定的准确度对诊断对象的故障状态进行确定的过程。设备的技术状态通常可分为四种，即：1）能用状态，设备在该状态下能够满足技术文件或设计文件规定的全部要求和指标；2）不能用状态，此时设备不能满足技术文件或设计文件规定的任一要求；3）可工作状态，在此状态下描述设备完成规定功能的能力的参数值满足技术文件或设计文件

的要求；4）不可工作状态，此时描述设备完成规定功能的能力的参数值不能满足技术文件或设计文件的任一要求。使产品从能用状态向不能用状态转移的事件称为缺陷，使产品从能用状态转移到不能用、但为可工作状态的事件称为损坏；使产品从能用状态转移到不可用状态的事件称为故障。故障诊断的任务就是及时地查出缺陷发生的位置和原因，并建立起缺陷和技术要求之间的对应关系，从而预测可靠性和寿命并提出维修的方式方法和范围等。故障诊断系统有两类，即试验型诊断系统和功能型诊断系统。前者是由诊断装置向诊断对象发出专门的诊断动作或信号，通过接收到的反馈信号，对设备是否能用、是否具有某种能力或性质进行诊断。它一般在设备不运行（离线）时使用，但在不影响设备正常工作时也可在线进行。后者向设备发出的是工作性质的动作和信号，用以检查设备发挥功能的正确性及寻找破坏正常功能的环节、部件等，它只在设备正常运行时或模拟正常运行时采用。

20　状态评估与寿命预测　状态评估是通过采集设备的状态信息——对采集到的状态信息进行加工、处理——对状态信息进行分析，对缺陷做出判断和估计——提出故障预测和治理对策。

状态信息是描述设备运行状态的以及和设备运行有关的各种信息的总和。它主要包括三大部分：1）运行状态量，设备运行中产生的和设备的运行状态直接相关的各种信息，如描述设备发挥功能能力的信息以及在发挥功能中产生的附加信息，这些信息会随着设备的内部状态的变化而变化，因而可以据此判断设备的运行状态；2）应力，作用在设备上并能引起设备部件损坏的各种作用力，如电的、热的、机械的、化学的、环境的等，超出设计允许应力的作用力将会引起设备的故障或损坏；3）应变信息，在各种应力的作用下，设备会产生应变，应变与所受应力间有一定的关系，这一关系的改变将预示设备状态的变化。

各种状态信息可通过检查（感官性的）、测量（通过特定的、能暴露设备状态的试验进行的测量）、检测（离线进行的）、监测（在线进行的）各种状态信息，对设备的状态或故障给出评价或判断。这是一个非常复杂的过程，利用各种人工智能技术进行设备的状态评估是当今该领域的研究热点和趋势。

寿命预测是指利用设备的状态评估结果，结合

大数据分析工具等手段，对设备的寿命及故障情况做出预先的评估和判断，该技术可以用来指导设备的运行维护，预防故障的发生。

21　可靠性维修　维修性是指在规定条件下产品在规定的时间内、按规定的程序和方法进行维修，能够保持或恢复到完成规定功能的能力。维修也包括维护。产品的可靠性与其维修性密切相关，两者共同决定了产品的可用性，通过维修可以提高产品在使用过程中的可靠性。

维修通常分为：1）视情维修。又常称作基于状态的维修（状态维修）或基于可靠性的维修（可靠性维修）。2）预防性维修。根据产品工作时间所进行的周期性维修，它不考虑产品具体的状态如何，而是到时就修。3）修复性维修。是在产品发生故障以后进行的维修，因而属事后维修，它只在产品故障对系统安全无直接影响时适用。

状态维修是根据产品的实际状态决定维修与否，要求在发生故障前的适当时间进行适当的有度的维修，它适用于：1）对于产品的损耗性的故障，能够对其状态进行测量并据此估计出参数从量变到质变的时间和确定其状态恶化的参数极限。2）对于功能隐蔽的产品部件，能对其状态进行在线测量和评估。因此可靠性维修要建立在状态监测和状态评估的基础之上。对电力设备而言，近20年来基于电子技术、传感器技术和计算机技术的在线监测技术和基于各种人工智能技术的状态评估技术发展迅速，并已显示出其明显的优势。

22　可靠性管理　从系统工程的观点出发，对产品全寿命周期内各项可靠性技术活动进行规划、组织、协调和监督。它包括根据目标和现实条件确定可靠性工作的原则、方针；明确各级机构的职能、责任和权限；制定可靠性技术标准及技术文件；建立故障信息的采集、存储和交换系统及故障的反馈、分析、处理系统；对各阶段的可靠性工作进行监督、协调和评审以保证用最经济的投入实现产品所需要的可靠性水平。可靠性管理在所有的可靠性活动中处于领导和核心的地位。可靠性管理的内容分宏观和微观两个方面。宏观管理是从全社会的角度出发，对可靠性工作进行统筹安排，对产品的可靠性进行规划、指导和监督。宏观管理由政府部门主管实施。微观管理是从生产企业的角度出发，对产品的可靠性工作进行组织、协调和保证。可靠性管理的特点就是规

范化。通过长期经验的积累，国际上及我国均已制定出一系列包括可靠性管理在内的可靠性标准。严格地按照这些标准的要求去做就能在可靠性工作上收到效果。

　　可靠性管理的一个重要内容是可靠性信息管理，它包括对产品全寿命周期内各个阶段中出现的反映产品可靠性水平和问题的种种情况，如产品的、设计的和现实的可靠性指标、生产过程中发生的缺陷及其部位和频度、试验和使用中发生故障的模式及故障的时间、次数和危害程度等进行收集、整理、反馈、分析和处理，并使之程序化和规范化，以促进产品可靠性水平的不断提高。

第 2 章 环境技术

2.1 环境因素与环境条件分级

23 环境因素与环境条件概述 环境因素是指对产品功能形成影响的环境条件的物理、机械、化学或生物等因素，这些影响因素是构成环境条件的基础。

环境因素可按其属性进行分类：1）自然环境因素。是自然界客观存在的，如太阳辐射、降雨、雪、冰雹、雷电、地震等因素；2）诱发环境因素。是由人类的生产和生活所形成的局部环境，如大气污染、电磁干扰、机械振动、冲击、噪声环境、核电辐射等因素，两者对产品的影响必须综合考虑。随着经济和技术的发展和产品应用领域的扩大，遇到的环境问题也越来越多。

环境条件是研究和确定产品在贮存、运输和使用期间所经受到对其性能有影响的气候、机械、生物和化学等因素构成的外界条件的分类分级和组合。产品的环境条件是从产品使用可靠性和经济性出发制定出多个单因素或综合因素的等级和参数值。由于同一环境条件或因素对各类产品造成的影响通常也不一致，故各类产品的环境条件应按实际经受的条件和造成的影响予以考虑。

每一种环境条件均由各种环境因素的不同等级参数值表示，如机械环境条件由振动、冲击、跌落、碰撞、加速度等参数值组成。

24 环境因素的影响

（1）气候的影响 主要考虑温度、湿度、大气压力、太阳辐射、降水（雨、冰、雪、雹）、雾、风的影响。温度对产品的影响主要考虑高温、低温和温变。低温引起结冰，使材料收缩、变硬或脆。高温使材料氧化、裂解、熔化等，造成产品绝缘老化。温度突变、温度冲击会使产品变形、开裂、疲劳等。

空气湿度增加会加速金属的腐蚀，引起绝缘材料受潮、绝缘电阻下降、霉菌旺盛繁殖等。当湿度低于30%以下时，会使木材、绝缘材料干燥收缩、变形等。降水和太阳辐射主要对户外使用的产品或材料造成的影响。降水可使元器件受潮、绝缘性能

下降，特别是容易引起高压设备外绝缘的闪络事故，太阳辐射可引起材料的光老化及附加温升。

（2）化学活性物质的影响 化学活性物质有盐雾、化学腐蚀性气体（二氧化硫、硫化氢、氯气、盐酸、氨等）、油漆、臭氧、有机溶剂。这些活性物质会加速金属腐蚀，破坏产品的外观，影响电触点的导电性能。盐雾和污秽大气对产品的外绝缘也会造成显著的影响，GB/T 26218.1—2010《污秽条件下使用的高压绝缘子的选择和尺寸确定 第 1 部分：定义、信息和一般原则》规定了现场污秽度等级的分级标准。

（3）机械因素的影响 是指由运输过程、运行系统和产品自身运转三种条件所产生的机械力。由于机械力作用使产品结构松动、零件的疲劳损坏和磨损；振动时可能会产生共振，加剧机械损坏。

（4）电磁和雷电的影响 雷电、高电压电晕放电、大电流回路、电流的快速瞬变、变压器等会引起强烈的电磁干扰现象。电磁干扰强度达到一定值后会使计算机、电子控制系统等误动作、误指示，降低仪器仪表的灵敏度和精度。大气中带电云层与大地之间的雷电放电，会使产品遭受直接雷击或感应雷过电压的作用，使产品发生绝缘击穿或外绝缘闪络事故。

（5）爆炸性介质的影响 爆炸性介质有气体、微粒和固体三种类型。易燃、易爆物质或可燃性粉尘、纤维悬浮在空气中在一定条件下会引起爆炸。当电工产品在这类环境中工作而产生电火花、电弧或危险温度时，就有爆炸或火灾的危险。

（6）霉菌、白蚁、昆虫等有害生物的影响 霉菌的分泌物会污染产品外表，其酸性分泌物质会引起产品绝缘性能下降等；白蚁、昆虫、老鼠等会咬坏塑料电缆、铅包电缆，或进入电机、高低压开关柜造成电气短路。

（7）核电磁脉冲 产生的电子、质子、中子或 γ 射线，对电工电子产品及元器件材料有辐射效应，使材料发生损伤，元器件性能参数衰退，其电磁场很强和频谱很宽，会形成强烈的电磁干扰、元器件

损伤和材料变形以及产生噪声和暂时的逻辑错误。

（8）太空极限环境因素　太空环境不仅是一个高真空、高寒环境，而且是一个强辐射环境。有宇宙大爆炸时留下的辐射，各种天体也向外辐射电磁波，许多天体还向外辐射高能粒子，形成宇宙射线。太阳有太阳电磁辐射、太阳宇宙线辐射和太阳风等。许多天体都有磁场，磁场俘获上述高能带电粒子，形成辐射性很强的辐射带。

25　环境参数分类与分级　环境参数是指对环境因素做定量的描述。从环境因素对产品的影响程度，并结合技术经济性、可靠性和安全性等进行综合考虑，将环境参数按性质分为气候、生物、化学、机械、电磁等类参数，每类再分为若干严酷等级值，起到产品标准化、通用化作用。环境参数分类及其严酷程度分级可参见 GB/T 4796—2017《环

境条件分类　第 1 部分　环境参数及其严酷程度》。

26　自然环境条件分类与分级　自然环境条件是指地理或气候因素形成的环境参数值的组合。根据其对产品影响的特点确定其标准参数值或划分气候分区，供设计者选择应用环境条件等级时参考。我国参考 IEC 60721-2 标准，已制定了 GB/T 4797.1—2018《环境条件分类　自然环境条件温度和湿度》、GB/T 4797.2—2018《环境条件分类　自然环境条件气压》、GB/T 4796.3—2014《电工电子产品自然环境条件生物》、GB/T 4796.4—2019《环境条件分类　自然环境条件太阳辐射与温度》、GB/T 4796.5—2017《环境条件分类　自然环境条件降水和风》、GB/T 4796.6—2013《环境条件分类　自然环境条件尘、沙、盐雾》。GB/T 4797.1—2018 将我国的自然气候分成六个区，见表 7.2-1。

表 7.2-1　中国气候分区的标准参数

环境参数		气候分区						
		寒冷	寒温		暖温	干热	亚湿热	湿热
			Ⅱ	Ⅰ				
日平均值极值	低温/℃	−40	−24	−29	−16	−15	−5	9
	高温/℃	28	23	31	33	36	34	35
	最高绝对湿度/(g/m³)	18	21	11	25	15	26	26
年极值	低温/℃	−45	−32	−35	−20	−21	−10	3
	高温/℃	35	31	40	40	45	40	40
	最高绝对湿度/(g/m³)	20	23	15	27	21	28	31
绝对极值	低温/℃	−50	−45	−41	−31	−30	−19	0
	高温/℃	40	37	45	43	49	45	40
	最高绝对湿度/(g/m³)	26	28	20	31	25	34	35

27　应用环境条件　是指产品在运输、贮存过程或在不同场所工作时所处的真实环境条件。我国参考 IEC 60721-3 应用环境标准体系，制定了 GB/T 4798 系列标准。环境条件的参数特征可用一组符号组合来标志：第一位数字表示应用类型，中间英文字母表示条件类别，最后一位数字表示严酷等级。

标准包括贮存、运输、有（无）气候防护场所固定使用、车船用等环境条件。

（1）地面固定使用　包括有气候防护场所（户内）和无气候防护场所，表 7.2-2～表 7.2-4 列出了地面固定使用气候环境条件的环境参数。

表 7.2-2　气候环境条件的分级（户内）

环境参数	等级												
	3K1	3K2	3K3	3K4	3K5	3K5L	3K6	3K6L	3K7	3K7L	3K8	3K8L	3K8H
低温/℃	20	15	5	5	−5	−5	−25	−25	−40	−40	−55	−55	−25
高温/℃	25	30	40	40	45	40	55	40	70	40	70	55	70
低相对湿度/(%)	20	10	5	5	5	5	10	10	10	10	10	10	10

（续）

环 境 参 数	等 级												
	3K1	3K2	3K3	3K4	3K5	3K5L	3K6	3K6L	3K7	3K7L	3K8	3K8L	3K8H
高相对湿度/（%）	75	75	85	95	95	95	100	100	100	100	100	100	100
低绝对湿度/（g/m³）	4	2	1	1	1	1	0.5	0.5	0.1	0.1	0.02	0.02	0.5
高绝对湿度/（g/m³）	15	22	25	29	29	29	29	29	35	35	35	29	35
温度变化率/（℃/min）	0.1	0.5	0.5	0.5	0.5	0.5	0.5	0.5	1.0	1.0	1.0	1.0	1.0
低气压/kPa	70	70	70	70	70	70	70	70	70	70	70	70	70
高气压/kPa	106	106	106	106	106	106	106	106	106	106	106	106	106
太阳辐射/（W/m²）	500	700	700	700	700	700	1120	1120	1120	无	1120	1120	1120
热辐射	见表 7.2-4												
周围空气运动/（m/s）	0.5	1.0	1.0	1.0	1.0	1.0	1.0	1.0	5.0	5.0	5.0	5.0	5.0
凝露条件	无	无	无	有	有	有	有	有	有	有	有	有	有
降水条件（雨、雪、雹等）	无	无	无	无	无	无	无	无	有	有	有	有	有
除降雨以外的水源	无	无	无	见表 7.2-4									
结冰条件	无	无	无	有	有	有	有	有	有	有	有	有	有

表 7.2-3 气候环境的分级（户外）

环 境 参 数	4K1	4K2	4K3	4K3H	4K3L	4K4	4K4H	4K4L
低温/℃	−20	−33	−50	−20	−50	−65	−20	−65
高温/℃	35	40	40	40	35	55	55	35
低相对湿度/（%）	20	15	15	15	20	4	4	20
高相对湿度/（%）	100	100	100	100	100	100	100	100
低绝对湿度/（g/m³）	0.9	0.26	0.03	0.9	0.03	0.03	0.9	0.003
高绝对湿度/（g/m³）	22	25	36	36	22	36	36	22
降雨强度/（mm/min）	6	6	15	15	15	15	15	15
温度变化率/（℃/min）	0.5	0.5	0.5	0.5	0.5	0.5	0.5	0.5
低气压/kPa	70	70	70	70	70	70	70	70
高气压/kPa	106	106	106	106	106	106	106	106
太阳辐射/（W/m²）	1120	1120	1120	1120	1120	1120	1120	1120
热辐射	见 GB/T 4798.4—2007 表 2							
周围空气污染（m/s）	见 GB/T 4798.4—2007 表 2							
凝露条件	有	有	有	有	有	有	有	有
降水条件（雨、雪、雹等）	有	有	有	有	有	有	有	有
雨水温度/℃	5	5	5	5	5	5	5	5
除降雨以外其他水源	见 GB/T 4798.4 表 2							
结冰和结霜条件	有	有	有	有	有	有	有	有

表7.2-4　特殊气候环境的分级（户内）

环 境 参 数	等 级	特 殊 条 件
高温	3Z11	55℃
低气压	3Z12	84kPa
热辐射	3Z1	可忽略
	3Z2	有热辐射条件，如室内加热系统附近
	3Z3	有热辐射条件，如室内加热系统或工业炉、商业炉附近
周围空气运动	3Z4	5m/s
	3Z5	10m/s
	3Z6	30m/s
除雨以外的其他水源	3Z7	滴水条件
	3Z8	滴水条件
	3Z9	滴水条件
	3Z10	滴水条件

（2）其他应用环境　产品应用环境条件除"有（无）气候防护场所固定使用"外，还包括"贮存""运输""地面车辆""船用""携带和非固定使用"，参见 GB/T 4798.6—2012《环境条件分类　环境参数组分类及其严酷程度分级船用》、GB/T 4798.7—2007《电工电子产品应用环境条件　第7部分：携带和非固定使用》。产品应用环境还应考虑火灾、爆炸、离子辐射和其他偶然事故造成的环境以及产品内部的微气候条件。

28　产品使用环境条件的确定　在设计产品时，除规定产品功能和性能方面的技术要求外，掌握使用时的环境条件是设计、开发产品的主要依据之一。设计时，应对产品可能遇到的环境条件进行调查分析，以便准确地采取必要的防护措施，同时也为规定产品考核的环境试验方法提供依据。产品使用环境条件的制定可参考以下步骤：

1）掌握产品预计使用场所的环境特点和客观情况；

2）弄清主要环境参数对产品影响的性质、规律和程度；

3）根据环境条件标准选定适合的参数等级；

4）将环境参数进行组合并加上必要的说明；

5）对制定的环境条件进行实验验证，检验是否合理。

2.2　环境防护技术

29　环境防护技术概述　产品的环境防护技术是保证产品在各种环境条件下实现规定功能的重要环节。在贮存运输过程中的防护，除在产品设计中采取措施外，设计选用良好的包装材料和包装防护结构也是极其重要的。

对产品在使用过程中的防护方式一般可分为下列三种类型。

1）改变产品使用的局部环境条件，如建立空调房、加装空气过滤装置等。将电控设备装于空调房内，实现集中隔离，产品因使用的局部环境改善而可靠性显著提高。

2）产品在设计和制造工艺上采取相应的技术措施，如增强产品结构的密封，提高外壳防护等级。选用防护性能优良的材料和工艺，例如户外用和防化学腐蚀的电工产品要采取此类措施。

3）局部改变产品内部的小环境，如加装防潮加热器等，这在中、大型电机中的使用较为普遍。

随着现代科学技术的迅速发展，新材料、新工艺、新的元器件不断出现，产品的环境防护技术也取得了较快的发展，产品的环境适应能力也在不断提高，因而能以较少防护类型的产品来满足多种使用环境的要求。

30　环境防护原则与要求

（1）环境防护的原则　为保证产品在各种恶劣环境下安全可靠地工作，必须在设计和制造时采取与环境条件相适应的防护措施，加强产品本身防护能力，提高其环境适应性，或者改善局部环境，不论采取哪种方法，均应遵循下述原则：1）科学地分析产品的环境条件，正确确定环境影响参数及其对产品的影响；2）了解产品本身现有的设计结构、材料工艺等对预计环境的适应性；3）比较各种防护措施的经济效果，选择最佳方案。

（2）防护要求 特殊环境对产品防护的要求见表 7.2-5。

表 7.2-5 特殊环境对产品防护的要求

使用环境	产品类型	防护要求		
		绝缘	金属表面	结构
湿热	湿热带型	防潮、防霉	防潮湿大气腐蚀	防潮，防白蚁、昆虫及有害霉菌、动物
干热	干热带型	耐高温低温，耐大温差	放强烈太阳辐射，防风沙	防沙尘，防强烈太阳辐射，防昆虫及有害动物
户外	户外型	防潮，防污秽，防日照，防温变	放强烈太阳辐射，防低温冷脆	防潮，防雨、雪、尘，耐大温差，防太阳辐射
化学腐蚀	化工防腐蚀	防潮，防化学腐蚀气体、粉尘	防化学活性物质腐蚀	防潮，防化学活性物质腐蚀
高海拔	高海拔用	防电晕	防强烈太阳（紫外线）辐射	防低气压，防低温，防大温差
寒冷	寒冷用	防低温冻结、脆裂	防低温冷脆，防大温差	防低温，防大温差，防冰冻
矿山	防爆型	防潮，防腐蚀	防腐蚀大气腐蚀，防酸性、碱性水性腐蚀及矿石腐蚀	防爆炸性混合物，防水，防尘
船舶	船舶用	防潮，防盐雾，防霉	防海洋性大气腐蚀	防潮，防水，防冲击、振动、摇动，防电磁干扰
车辆	车辆用	防潮，防高低温，防水，防尘	防潮湿、污秽大气腐蚀	防潮，防污秽，防冲击、振动

31 环境防护设计

（1）结构设计 根据不同使用环境，改进产品结构设计，可减弱或防止恶劣环境的影响。如防尘、防潮可加过滤器，防爆可用间隙隔爆接合面等，密封结构更是被经常采用的一种结构设计。绝缘结构设计除应考虑工作电压、发热温度、机械应力外，还须考虑特殊环境中各种有害因素对绝缘结构的影响。

（2）材料选用

1）金属材料的选用。金属材料的耐蚀性能依其种类和性质而异，有些金属在严寒地区使用时，其晶体结构会发生改变而引起变形、变脆和强度降低。潮湿或有化学腐蚀性气体的环境会加快金属表面的腐蚀速度，在潮气和电解质作用下，不同类金属紧密接触时会产生接触腐蚀，因此选用不同的金属材料时需加以注意。

2）绝缘材料的选用。选用时应按其在产品中所担负的功能以及产品要求的环境防护能力确定性能参数，除应满足产品的发热温度、工作电压、机械应力和绝缘结构配套等外，还应考虑绝缘材料受潮，有害粉尘、盐雾造成绝缘材料表面污秽以及材料环境防护性能的稳定性和相容性等。

（3）工艺处理 主要在金属表面涂（或镀）覆保护层，如电镀、涂漆、塑料粉末涂覆、表面氧化等。根据防腐要求的不同，以上方法可单独采用，亦可组合使用。绝缘材料的耐潮、耐霉、防静电和污秽的工艺处理是环境防护中一项特殊的工艺，在潮湿环境下使用的绝缘材料可采用表面涂覆环氧气干漆、增加表面光洁度等方法来提高耐潮性能。若材料耐霉性能不好，应进行防霉处理，通常加入各种防霉杀菌剂以破坏微生物细胞构成或酶的活性，从而起到杀死或抑制霉菌的目的。

（4）环境控制 将局部环境改善到适宜于产品能正常可靠运行的程度。如加装空调器，使产品免受恶劣气候的影响；在产品外壳内安装加热器以防潮；将产品安装在减振器上以减少机械振动应力的影响等。对贮存或运输环境可采取改善包装办法，如抽真空、充惰性气体或加入吸潮剂、缓蚀剂等。

32　特殊环境防护措施

（1）防爆措施　爆炸的形成必须同时有爆炸性混合物存在和危险火花、电弧或危险温度存在。产品的防爆措施必须消除上述两个必要条件，也可利用爆炸性混合物的某些特性来达到防爆的目的，如利用间隙隔爆原理，将爆炸限制在隔爆外壳内部。

（2）电磁兼容技术　设计和制造产品时应采取措施降低产品的电磁噪声发射和提高产品抗干扰能力。产品在工程应用时，主要从抑制干扰传播方面来采取措施，有隔离、屏蔽、滤波、接地和搭接等方法。

（3）防雷和防静电技术　各类建筑物防雷设计除应满足防直击雷、感应雷的基本要求外，还应能防二次放电和抑制跨步电压等。对发电厂和变电所，应考虑防雷电侵入波。

控制静电的产生和积聚是静电防护的有效措施。通过合理选用材料和控制生产工艺可抑制静电的产生，材料中加少量的抗静电剂、增加周围环境的相对湿度以及采取接地和屏蔽等，可增加静电的泄漏。另外，可采用静电消除器使静电消失。

（4）机械振动、冲击的防护措施　除改进产品设计、提高产品耐振动或冲击外，应尽可能隔离振动或冲击。振动隔离不仅要去除（或减弱）各自由度间的耦合，而且要抑制隔振系统的共振峰。冲击隔离实质上是通过隔离器的变形将冲击能量贮存起来，然后平缓地释放以减小冲击强度，从而起到对产品或设备保护的作用。冲击隔离和防振隔离系统所用材料基本相同，如减振器、泡沫橡胶、金属弹簧、软木等。

（5）脉冲防护　合理地选择产品的材料和结构，并在工艺上进行适当处理，提高产品抗辐射能力。产品应用时应从系统电路设计、元器件选择上提高抗辐射能力，设备应集中布置，增加屏蔽层等。核电磁脉冲的电磁场防护可参照电磁兼容技术。

2.3　环境试验

33　环境试验的目的和分类　环境试验的目的是鉴定产品在规定的环境影响下的适应能力，提供产品在贮存、运输和使用环境条件下安全可靠性评

价的数据。环境试验可用来评价环境防护措施的效果，鉴别产品对环境的适应能力，同时还可用来摸清环境因素的影响及作用机理。

进行环境试验应考虑以下三个方面：1）环境试验方法。在给定环境条件下考核或确定产品、元器件与材料的环境适应能力而进行的环境试验分为人工模拟环境试验、自然环境试验和现场运行环境试验。自然环境试验和现场运行环境试验的试验周期较长，但可直接反映实际环境对产品的影响，也是研究与评价人工模拟环境试验方法使之达到合理的基础。人工模拟环境试验能在较短时间内鉴定产品对环境的适应能力。这两类试验不存在普遍的对比关系，是长期发展、互为补充的。2）环境试验设备。满足环境试验方法标准或规范要求的各种试验设备。3）环境试验评价技术。对产品、元器件或材料性能技术指标和量值与有关标准规定的值进行比较，以评价或判定其适应环境的程度和能力。

环境试验包括三大类：1）自然环境试验。将产品放置在典型的自然环境条件下，定期检查其受环境影响后的性能变化，为制定产品防护措施、筛选材料、鉴别新材料新工艺的环境适应性提供依据。这种试验结果较为真实，但时间太长，耗费太大，一般多用于材料试验。2）现场运行试验。将实际产品或设备置于典型的现场运行环境中，考核产品防护措施对使用工况条件及包括内部微气候的综合气候条件、机械条件等综合环境影响的适应性。此方法多用于无法进行人工模拟试验的产品或设备。3）人工模拟环境试验。利用特制的装置，模拟并加速单一或综合环境因素对产品影响的试验。由于真实环境复杂多变，人工试验要重现它的作用机理较困难。为了保证试验能反映真实环境的影响机理，保证在不同情况下的重现性，需统一规定试验程序和操作准则，参见 GB/T 2421—2020《环境试验 概述和指南》。

34　环境试验的一般程序和标准大气条件　有预处理、条件处理、中间检测、恢复处理、最后检测等过程，大气条件是环境试验的基本环境因素，为了能再现不同环境条件，需统一大气条件，标准大气条件见表 7.2-6。

35　人工模拟环境试验总述　在基本环境试验规程的系列标准中，GB/T 2423 系列标准规定了各项人工模拟试验的详细内容和技术，GB/T 2424 系列标准则对试验方法的机理、选用和试验技术提供了指导。

表 7.2-6　环境试验用的各种标准大气条件

序号	条 件 类 型	大气条件参数			使 用 说 明
		温度/℃	湿度（%）	气压/kPa	
1	基准标准大气条件	20	—	101.3	为统一的测试用标准大气条件
2	仲裁试验标准大气条件	20±1 或 ±2 23±1 或 ±2 25±1 或 ±2 27±1 或 ±2	63~67 或 60~70 48~52 或 45~55 48~52 或 45~55 63~67 或 60~70	86~106 86~106 86~106 86~106	若测量的参数随温度、气压和湿度变化的规律未知或有特殊要求时，则可由供需双方协商选择其中之一进行测量
3	试验标准大气条件	15~35	25~75	86~106	试验时，对试样测量期间的温度应保持稳定
4	控制恢复条件	(15~35)±1	73~77	86~106	也可用作试验的预处理条件
5	干燥标准条件	55±2	≤20	86~106	试验温度低于 55℃ 时，则应用较低温度进行干燥

人工环境试验可分如下几大类：

1）气候环境试验：温度、湿度、低气压、太阳辐射、温度冲击、淋雨试验等；

2）机械环境试验：振动、冲击、碰撞、稳态加速度等；

3）腐蚀试验：盐雾、化学气体腐蚀试验等；

4）生物环境试验：长霉、白蚁试验等；

5）雷电、电磁兼容性、核电磁脉冲、噪声等试验；

6）爆炸、着火危险试验；

7）太空环境模拟试验：超高真空、极低温度、宇宙射线和太阳风；

8）综合/组合试验。

36　气候环境试验

（1）高低温试验（GB/T 2423.1—2008，GB/T 2423.2—2008）　分低温试验（试验 A）和高温试验（试验 B），是考核产品在模拟贮存或使用中对极限温度的适应性。在试验操作中分样品与试验条件同时升降温的渐变试验和样品突然被送入试验条件中的突变试验，温度试验的严酷等级见

表 7.2-7。

（2）温度变化试验（试验 N，GB/T 2423.22—2012）　用来确定在运输和使用期间可能遇到的温度迅速变化对产品的影响。根据试验设备的不同，分成试验 Na、试验 Nb、试验 Nc 三种方法，试验条件见表 7.2-8。

（3）湿热试验（GB/T 2423.3—2016、GB/T 2423.4—2008 和 GB/T 2423.34—2012）　分恒定湿热试验（试验 Cab）、交变湿热试验（试验 Db）和温度/湿度组合循环试验（试验 Z/AD），试验条件见表 7.2-9。

（4）低气压试验（试验 M，GB/T 2423.21—2008）　用于室温时产品在低气压条件下贮存、运输、使用的适应性试验，试验严酷等级用海拔与气压值表示，见表 7.2-10。

（5）太阳辐射试验（试验 Sa，GB/T 2423.24—2013）　地面上的产品受太阳辐射产生的热、光、劣化等效应。试验用光源的光谱特性应尽可能根据试验目的与太阳光谱接近，常用的光源有氙灯、高压水银灯、钨丝灯、阳光型碳弧灯等。

表 7.2-7　温度试验的严酷等级

试验 A 低温试验			试验 B 高温试验		
温度/℃		试验时间/h	温度/℃		试验时间/h
推荐值	容差		推荐值	容差	
-65，-55，-45，-40，-30，-25，-15，-10，-5，0，+5	±3	2，6，72，96	+200，+175，+155，+125，+100，+85，+70，+60，+55，+50，+45，+40，+35，+30	±2	2，6，72，96

表 7.2-8　温变试验条件

试验条件		高低温持续时间	高低温转换时间	循环次数
试验方法	试验 Na	3h、2h、1h、30min、10min	不超过 3min	5
	试验 Nb	3h、2h、1h、30min、10min	速率/(℃/min)　(1±0.2)　(3±0.6)　(5±1)　(10±2)　(15±3)	2
	试验 Nc	≥5min，或 25s～5min	3～10s，≤3s	10

表 7.2-9　湿热试验条件的严酷等级

试验方法	试验 Cab	试验 Db		试验 Z/AD
		I	II	
温湿度	(30±2)℃　(40±2)℃　(85±3)%RH　(93±3)%RH	(40±2)℃　(93±3)%RH　(25±3)℃　95%～100%RH	(55±2)℃　(93±3)%RH　(25±3)℃　95%～100%RH	25℃→65℃→-10℃　(93±3)%RH
试验时间	12h、16h、24h、2d、4d、10d、21d、56d	循环次数：2、6、12、21、56	循环次数：1、2、6	10d

表 7.2-10　低气压试验严酷等级

气压/kPa	试验容差	近似海拔/m	试验时间	气压/kPa	试验容差	近似海拔/m	试验时间
1	±0.1kPa 或±5%，取较大值	31 200	5min，30min，2h、4h、16h 可选	25	±0.1kPa 或±5%，取较大值	10 400	5min，30min，2h、4h、16h 可选
2		26 600		40		7 200	
4		22 100		55		4 850	
8		17 600		70		3 000	
15		13 600		84	±2kPa	1 550	

37　机械环境试验

（1）振动试验（试验 F）

模拟产品在运输和使用中遇到由旋转、脉冲和振荡所产生的振动，或由机械、地震所产生的带随机性的振动的适应性。常用的试验有正弦振动试验（GB/T 2423.10—2019），振动试验的严酷等级由频率范围、振幅值及持续时间三个参数共同确定；宽带随机振动，随机振动试验严酷等级由频率范围、加速度谱密度等级和试验的持续时间共同组成。

（2）冲击试验（试验 E，GB/T 2423.5～7—2018～2019）　模拟产品在运输或使用中承受多次重复性机械冲击的环境试验。冲击试验有规定脉冲波形的试验和规定冲击试验机的试验，GB/T 2423 中推荐优先选用的冲击脉冲波形参数等级见表 7.2-11，另外还有碰撞、倾跌和翻倒、自由跌落等试验。

（3）稳态加速度试验（试验 G，GB/T 2423.15—2008）　模拟运行中的车辆、空中运载工具、转动机件和抛物体所产生的加速度力（重力除外）的影响试验，推荐的加速度等级（单位为 m/s² ）有：30，50，100，150，200，500，1000，2000，5000，10000，20000，50000，100000，200000 和 300000。试验时应依次对试样三个互相垂直轴线上每一轴线相反两方向各进行一次（共六个方向），试验时间：在转速达到所需值后应保持不少于 10s。

表 7.2-11 冲击试验条件的严酷等级

峰值加速度 /(m/s²)	100	150	250	400	800	1000
脉冲持续时间 /ms	11	6	6	6	6	2

38 腐蚀试验（试验 K）

（1）**盐雾试验**（试验 Ka，GB/T 2423.17—2008）用以比较金属防护工艺质量，也可用于考核材料及其防护层的抗盐雾腐蚀能力。试验是在 35℃条件下用 5%浓度的氯化钠溶液，按规定的雾量连续向样品喷雾。试验持续时间推荐为：16h、24h、48h、96h、168h、335h 和 672h，可按防护层的种类和厚度选择。

（2）**交变盐雾试验**（试验 Kb，GB.T 2423.18—2021）是一定时间的盐雾试验和一定时间的恒定湿热试验的组合，用于整机产品。等级有：2h 盐雾试验加 7 天恒定湿热试验为一周期，共作四个周期；2h 盐雾试验加 20～22h 恒定湿热试验为一周期，共作三个周期。

（3）**二氧化硫试验**（试验 Kc，GB/T 2423.19—2013）用以评定污染大气中硫化物对贵金属（银及银合金除外）触头的腐蚀影响。SO₂ 浓度分：16.5mg/L、8.75mg/L、1.25mg/L（按 40℃计算）。24h 为一周期，分升温、高温高湿、降温、低温低湿四个阶段，周期数优选 4、10、21 天。

（4）**硫化氢试验**（试验 Kd，GB/T 2423.20—2014）用以评定银和银合金触点在工业大气中变色的影响。H_2S 的体积分数为 $(10～15)×10^{-6}$，温度为 $(25±2)℃$，相对湿度为 75%±5%。试验时间优选用 4、10、21 天。

39 生物环境试验 长霉试验（试验 J，GB/T 2423.16—2008）：对产品或材料喷上霉菌混合孢子后在有利于霉菌生长的气候条件下，评价长霉程度及由长霉引起的表面变化或对性能的影响。试验菌种有：黑曲霉、土曲霉、出芽短梗霉、宛氏拟青霉等八种。试验条件：温度为 18～30℃，相对湿度＞90%，试验时间为 28 天。

40 雷电、电磁兼容性试验

（1）**雷电试验** 分雷电冲击电压试验和雷电流试验，模拟运行中发生的雷电过电压波形和雷电流波形，其目的在于验证产品或设备对于雷电是否有足够的绝缘、热、电动力的耐受能力或可靠的保护措施。电工设备雷电试验方法参见 GB/T 311.1—2012《绝缘配合 第 1 部分：定义、原则和规则》，

电子设备雷击试验方法参见 GB/T 3482—2008《电子设备雷击试验方法》。

（2）**电磁兼容性测试** 电磁兼容性测试分电磁发射和电磁敏感度测试。电磁发射测试主要测量由受试设备发射、沿电源线和信号线等传导传播以及受试设备向周围空间发射的辐射电磁噪声的水平；电磁敏感度测试主要测量受试设备对沿电源线、信号线等传导传入的电磁噪声的敏感程度以及受试设备对辐射电磁噪声的敏感程度。试验时环境的电磁噪声应比试品辐射或注入试品的电磁噪声低 6dB，试验规程参见 GB/T 6113《无线电骚扰和抗扰度测量设备和测量方法规范》。为隔离电源网络或有关网络上的电磁噪声，常在受试设备和电源（负载）之间插入人工电源网络，见图 7.2-1。

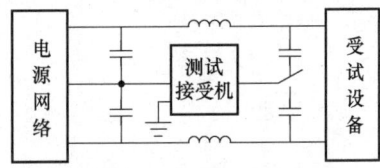

图 7.2-1 人工电源网络原理图

（3）**电磁脉冲（EMP）的模拟** 根据照射器的不同，电磁脉冲模拟器分有界波传输线和辐射波电磁脉冲模拟器，见图 7.2-2。有界波传输线 EMP 模拟器由高功率脉冲电源输出的高电压加在两大平行板组成二传输线电场照射器上，照射器产生自由空间平面波，被试物置于工作空间内。辐射波 EMP 模拟器将高功率脉冲电源产生的脉冲功率通过长线或偶极天线辐射到周围空间去，两直流高压电源通过大充电电阻和一组负载电阻给水平偶极子元反向慢充电，火花隙开关闭合时，产生一个快速的天线电流，激励天线辐射出脉冲电磁场。

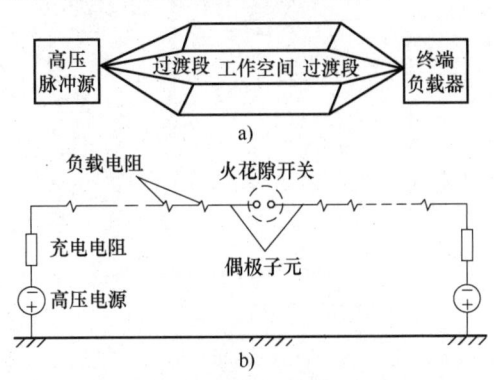

图 7.2-2 电磁脉冲模拟试验装置
a）有界波传输线 EMP 模拟器
b）水平专线辐射波 EMP 模拟器

41　爆炸、着火危险试验　着火危险试验主要考核电工电子产品及其材料和元器件、组件的燃料特性，从而防止带电部件的起燃，或在起燃发生时尽量将燃烧控制在电工电子产品外壳内部，以保证设计的产品和选用的材料具有一定的防止着火特性，从而提高产品的使用安全性和可靠性。着火危险试验有：灼热丝试验方法、针焰试验方法、发热器的不良接触试验、扩散型和预混合型火焰试验，试验规程参见 GB/T 2900.35—2008《电工术语爆炸性环境用设备》、GB/T 5169 系列标准或国际标准 IEC 60695 系列标准。着火危险不仅包括产品着火的可能性，还包括燃烧流的毒性试验方法、热释放评定试验方法、烟雾模糊度试验方法，来检验燃烧产生的烟、热、毒性等所带来的危害性。爆炸危险试验包括：可燃性气体和粉尘云浓度、最低着火温度和能量的测试等，试验规程参见 GB 15322—2019 和 GB/T 16425—2018。

42　综合试验　分为：低温/低气压综合试验方法、高温/低气压综合试验方法，低温/低气压/湿热连续综合试验方法、三综合环境试验（温度、湿度、振动）。对于电子设备组件的环境应力筛选试验，需要对装入设备中全部电子组件进行较严酷条件的环境试验，如高温、高低温交变、高低温交变加随机振动的组合或综合试验等。通过此类试验，可以使有缺陷的元器件或有工艺缺陷的组件筛选出来，显著提高设备的运行可靠性。筛选试验的条件则可按设备运行的可靠性要求选定，可靠性要求高的，则应选择较严酷的试验条件。

第3章 电磁兼容

3.1 电磁兼容基本概念

43 电磁兼容性（EMS） 随着大功率工业负载、大容量非线性负载、不同容量和工作频率的电子设备的数量增加，电磁污染已经成为继环境中的空气、水、噪声等污染后的第四大环境污染，严重地影响到各类电子产品的安全可靠运行，因此，电磁兼容性已成为衡量电气电子产品是否合格的重要指标。

国家标准 GB/T 4365—2003《电工术语 电磁兼容》中对电磁兼容性进行了定义：设备或系统在其电磁环境中能正常工作且不对该环境中任何事物构成不能承受的电磁骚扰的能力。因此，电子电气设备或系统的电磁兼容性一方面是指产品抵抗外部电磁干扰，保持正常工作的能力；另一方面是自身工作时不对其他电子产品造成干扰的性能，即抗扰性和干扰抑制。

对于电磁兼容性这一概念，作为一门学科，它称为"电磁兼容"，而作为一个设备或系统的电磁兼容能力，则称为"电磁兼容性"。

电磁兼容学科包含的内容十分广泛，几乎包含了所有的现代工业，如电力、电源、通信、交通、航空航天、军工、医疗等领域，不仅限于设备自身，还涉及自然干扰源、电磁辐射对人体的生态效应、信息处理设备电磁泄漏产生的失密、地震前电磁辐射检测预报等问题。电磁兼容学科涉及的理论基础包括数学、电磁场理论、天线与电波传播、电路理论、信号分析、通信理论、材料科学、生物医学等，其研究的主要内容包括：电磁干扰特性及传播理论、电磁兼容分析与控制技术、电磁兼容设计理论与技术、电磁兼容性测量与试验技术、电磁兼容性标准、规范与工程管理、电磁兼容分析与预测等。

44 国际组织及频谱管理 随着各个国家日益重视电磁兼容的研究，为实现系统的电磁兼容，推动电磁兼容技术的发展，相应的国际组织纷纷

成立，最重要的世界性国际组织与合作关系见图 7.3-1。

国际电工委员会（IEC）作为电磁兼容领域的国际标准化的最权威组织，拥有多个技术委员会（Technical Committee，TC）及其分技术委员会（SubCommittee，SC），IEC 从事与 EMC 标准化工作有关的技术委员会主要有 EMC 技术委员会（IEC/TC77）、国际无线电干扰特别委员会（IEC/CISPR）以及大约 50 多个关心特定产品 EMC 问题的产品技术委员会。IEC/TC77 是国际电工委员会建立的电磁兼容技术委员会，包括 TC77 全会、SC-77A 分技术委员会（负责对低频现象进行标准化）、SC77B 分技术委员会（负责对高频现象进行标准化）、SC77C 分技术委员会（负责对高空核电磁脉冲抗扰度等大功率暂态现象进行标准化）。CISPR 的分会（SC）由 CISPR 成员单位的代表组成，负责修订有关限值和测量方法的标准、报告、规格和出版物。设有 SC-A（无线电干扰测量与统计方法）、SC-B（工业、科学、医疗射频设备、其他（重）工业设备及架空电力线、高压设备和电力牵引系统的无线电干扰）、SC-D（汽车与内燃机的干扰）、SC-F（家用电器、电动工具、照明器具及类似设备的干扰）、SC-H（保护无线电业务的限值）、SC-I（信息技术多媒体设备与接收机的电磁兼容性）六个分会。除这两个组织外，还有欧洲电工标准化委员会（CENELEC）、国际无线电科学联合会（URSI）、美国电气与电子工程师学会电磁兼容专业委员会（IEEE-EMC）等组织对电磁兼容性均进行了大量的研究工作。

45 电磁兼容的标准及极限值的单位换算

（1）标准和规范的一般内容 1）规定了各种非预期发射的极限值。电磁兼容标准与规范对人为产生的非预期发射的电磁能量予以控制，此外为保护人体不受电子产品辐射的伤害，有关部门还规定了卫生辐射标准。2）规定了测量电磁干扰的方法。由于在一些标准中规定了设备电磁发射及敏感度的极限值，这些极限值往往是一个绝对量值，因此必须有统一的测量方法，才能保证这些极限值测量数

据的可比性。3）统一规定电磁兼容领域内的名词术语以及有关概念的共同的理解。4）规定了设备、系统的电磁兼容性要求及控制方法。根据人们对电磁干扰控制的已有的研究成果，在一些标准中概述了对系统电磁兼容性能的要求，规定了系统电磁环境控制、雷电保护、防静电干扰等的技术准则，以及有关正确接地、搭接和屏蔽的指南，此外还规定了电磁兼容性验证的方法等。

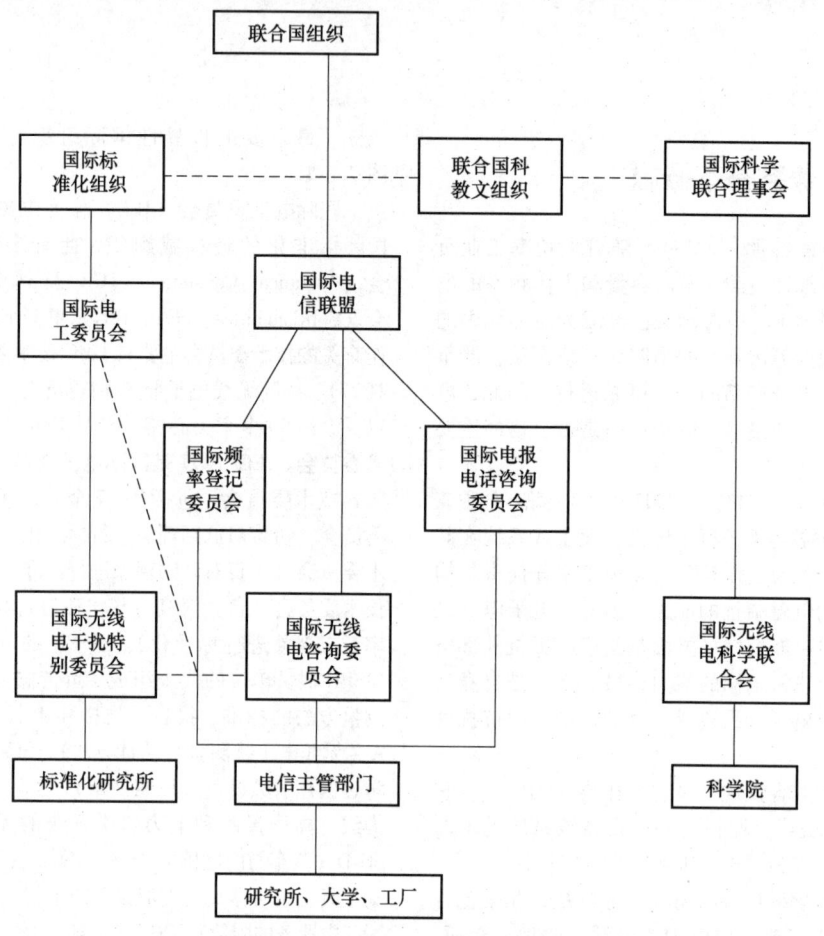

图 7.3-1　国际组织与管理联系图

（2）电磁兼容标准的分类　电磁兼容标准体系由 4 个层次组成：基础标准、通用标准、产品类标准和产品标准。每个级别都包含 EMC 标准的两个方面：发射和抗扰度。

基础标准是制定其他 EMC 标准的基础，不涉及具体产品，仅就现象、环境、试验方法、试验仪器和基本试验配置等给出定义及描述，一般可作为有关产品委员会制定标准的引用文件。CISPR/A 和 TC77 制定的标准大都属于此类标准，如 CISPR 16 系列出版物，IEC 61000-4-xx 系列标准。

通用标准给通用环境中的所有产品提出一系列最低的电磁兼容性要求，根据产品的未来使用环境，通用标准进一步将标准要求（限制）分为 A 类（工业区）和 B 类（住宅区和商业区和轻工业区），如 IEC 61000-6-1/-2/-3/-4 四个标准。

产品类标准是根据特定产品类别而制定的电磁兼容标准。大多数产品类标准都由 CISPR 小组技术委员会制定，其产品类别涵盖工业科学医疗设备、机动车船、家用电器和电动工具、电声电视设备、信息技术设备和多媒体设备等。产品电磁兼容标准是指特定条件下应考虑的具体产品，一般由 IEC 的产品技术委员会制定。产品类与产品标准通常是基于基本标准和通用标准的更详细技术规范，并且通常优先于通用标准使用。

相关典型标准的名称、代号和分类见表 7.3-1。

表 7.3-1 电磁兼容国家标准的名称、代号和分类

标准代号	标准名称	对应国际标准	标准分类
GB/T 4365—2003	电工术语 电磁兼容	IEC 60050(161)：1990(R2019)	基础类
GB/T 6113.101—2021	无线电骚扰和抗扰度测量设备和测量方法规范 第1-1部分：无线电骚扰和抗扰度测量设备 测量设备	CISPR 16-1-1：2019	基础类
GB/T 6113.102—2018	无线电骚扰和抗扰度测量设备和测量方法规范 第1-2部分：无线电骚扰和抗扰度测量设备 传导骚扰测量的耦合装置	CISPR 16-1-2：2014	基础类
GB/T 6113.103—2021	无线电骚扰和抗扰度测量设备和测量方法规范 第1-3部分：无线电骚扰和抗扰度测量设备 辅助设备 骚扰功率	CISPR 16-1-3：2004	基础类
GB/T 6113.104—2021	无线电骚扰和抗扰度测量设备和测量方法规范 第1-4部分：无线电骚扰和抗扰度测量设备 辐射骚扰测量用天线和试验场地	CISPR 16-1-4：2019	基础类
GB/T 6113.105—2018	无线电骚扰和抗扰度测量设备和测量方法规范 第1-5部分：无线电骚扰和抗扰度测量设备 5MHz～18GHz天线校准场地和参考试验场地	CISPR 16-1-5：2014	基础类
GB/T 6113.106—2018	无线电骚扰和抗扰度测量设备和测量方法规范 第1-6部分：无线电骚扰和抗扰度测量设备 EMC天线校准	CISPR 16-1-6：2014	基础类
GB/T 6113.201—2018	无线电骚扰和抗扰度测量设备和测量方法规范 第2-1部分：无线电骚扰和抗扰度测量方法 传导骚扰测量	CISPR 16-2-1：2014	基础类
GB/T 6113.202—2018	无线电骚扰和抗扰度测量设备和测量方法规范 第2-2部分：无线电骚扰和抗扰度测量方法 骚扰功率测量	CISPR 16-2-2：2010	基础类
GB/T 6113.203—2020	无线电骚扰和抗扰度测量设备和测量方法规范 第2-3部分：无线电骚扰和抗扰度测量方法 辐射骚扰测量	CISPR 16-2-3：2016	基础类
GB/T 6113.204—2008	无线电骚扰和抗扰度测量设备和测量方法规范 第2-4部分：无线电骚扰和抗扰度测量方法 抗扰度测量	CISPR 16-2-4：2003	基础类
GB/Z 6113.205—2013	无线电骚扰和抗扰度测量设备和测量方法规范 第2-5部分：大型设备骚扰发射现场测量	CISPR/TR 16-2-5：2008	基础类
GB/T 17624.1—1998	电磁兼容 综述 电磁兼容基本术语和定义的应用与解释	IEC 61000-1-1：1992	基础类
GB/T 17626.1—2006	电磁兼容 试验和测量技术 抗扰度试验总论	IEC 61000-4-1：2000	基础类
GB/T 17626.2—2018	电磁兼容 试验和测量技术 静电放电抗扰度试验	IEC 61000-4-2：2008	基础类

（续）

标 准 代 号	标 准 名 称	对应国际标准	标准分类
GB/T 17626.3—2016	电磁兼容 试验和测量技术 射频电磁场辐射抗扰度试验	IEC 61000-4-3：2010	基础类
GB/T 17626.4—2018	电磁兼容 试验和测量技术 电快速瞬变脉冲群抗扰度试验	IEC 61000-4-4：2012	基础类
GB/T 17626.5—2019	电磁兼容 试验和测量技术 浪涌（冲击）抗扰度试验	IEC 61000-4-5：2014	基础类
GB/T 17626.6—2017	电磁兼容 试验和测量技术 射频场感应的传导骚扰抗扰度	IEC 61000-4-6：2013	基础类
GB/T 17626.7—2017	电磁兼容 试验和测量技术 供电系统及所连设备谐波、间谐波的测量和测量仪器导则	IEC 61000-4-7：2009	基础类
GB/T 17626.8—2006	电磁兼容 试验和测量技术 工频磁场抗扰度试验	IEC 61000-4-8：2001	基础类
GB/T 17626.9—2011	电磁兼容 试验和测量技术 脉冲磁场抗扰度试验	IEC 61000-4-9：2001	基础类
GB/T 17626.10—2017	电磁兼容 试验和测量技术 阻尼振荡磁场抗扰度试验	IEC 61000-4-10：2001	基础类
GB/T 17626.11—2008	电磁兼容 试验和测量技术 电压暂降、短时中断和电压变化的抗扰度试验	IEC 61000-4-11：2004	基础类
GB/T 17626.12—2013	电磁兼容 试验和测量技术 振铃波抗扰度试验	IEC 61000-4-12：2006	基础类
GB/T 17799.1—2017	电磁兼容 通用标准 居住、商业和轻工业环境中的抗扰度	IEC 61000-6-1：2005	通用类
GB/T 17799.2—2003	电磁兼容 通用标准 工业环境中的抗扰度试验	IEC 61000-6-2：1999	通用类
GB 17799.3—2012	电磁兼容 通用标准 居住、商业和轻工业环境中的发射	IEC 61000-6-3：2011（Ed2.1）	通用类
GB 17799.4—2012	电磁兼容 通用标准 工业环境中的发射	IEC 61000-6-4：2011	通用类
GB/T 15658—2012	无线电噪声测量方法	—	通用类
GB 8702—2014	电磁环境控制限值	—	通用类
GB 4824—2019	工业、科学和医疗设备 射频骚扰特性 限值和测量方法	CISPR 11：2016	产品类
GB 14023—2011	车辆、船和内燃机 无线电骚扰特性 用于保护车外接收机的限值和测量方法	CISPR 12：2009	产品类
GB/T 9254.1—2021	信息技术设备、多媒体和接收机电磁兼容 第1部分：发射要求	CISPR 32：2015	产品类
GB 4343.1—2018	家用电器、电动工具和类似器具的电磁兼容要求 第1部分：发射	CISPR 14-1：2011	产品类
GB/T 4343.2—2020	家用电器、电动工具和类似器具的电磁兼容要求 第2部分：抗扰度	CISPR 14-2：2015	产品类

（续）

标准代号	标准名称	对应国际标准	标准分类
GB/T 17743—2021	电气照明和类似设备的无线电骚扰特性的限值和测量方法	CISPR 15：2015	产品类
GB/T 7349—2002	高压架空送电线、变电站无线电干扰测量方法	IEC/CISPR 18：1983	产品类
GB/T 15707—2017	高压交流架空输电线路无线电干扰限值	—	产品类
GB/T 15708—1995	交流电气化铁道电力机车运行产生的无线电辐射干扰的测量方法	—	产品类
GB/T 15709—1995	交流电气化铁道接触网无线电辐射干扰测量方法	—	产品类
GB/T 9254.2—2021	信息技术设备、多媒体设备和接收机电磁兼容　第2部分：抗扰度要求	CISPR 35：2016	产品类
GB/T 18655—2018	车辆、船和内燃机　无线电骚扰特性　用于保护车载接收机的限值和测量方法	CISPR 25：2016	产品类
GB/T 17619—1998	机动车电子电器组件的电磁辐射抗扰性限值和测量方法	—	产品类
GB 17625.1—2012	电磁兼容　限值　谐波电流发射限值（设备每相输入电流≤16A）	IEC 61000-3-2：2009	产品类
GB/T 17625.2—2007	电磁兼容　限值　对每相额定电流≤16A且无条件接入的设备在公用低压供电系统中产生的电压变化、电压波动和闪烁的限制	IEC 61000-3-3：2005	产品类
GB/Z 17625.4—2000	电磁兼容　限值　中、高压电力系统中畸变负荷发射限值的评估	IEC 61000-3-6：1996	产品类
GB/Z 17625.5—2000	电磁兼容　限值　中、高压电力系统中波动负荷发射限值的评估	IEC 61000-3-7：1996	产品类
GB/Z 17625.6—2003	电磁兼容　限值　对额定电流大于16A的设备在低压供电系统中产生的谐波电流的限制	IEC TR 61000-3-4：1988	产品类
GB/T 12190—2021	电磁屏蔽室屏蔽效能的测量方法	—	产品类
GB/T 7343—2017	无源EMC滤波器件抑制特性的测量方法	IEC/CISPR 17：2011	产品类
GB/T 12572—2008	无线电发射设备参数通用要求和测量方法	—	产品类
GB 16787—1997	30MHz~1GHz声音和电视信号的电缆分配系统辐射测量方法和限值	IEC 728-1：1986	产品类
GB 6364—2013	航空无线电导航台（站）电磁环境要求	—	产品
GB 13613—2011	对海远程无线电导航台和监测站电磁环境要求	—	产品
GB 13614—2012	短波无线电收信台（站）及测向台（站）电磁环境要求	—	产品
GB/T 13615—2009	地球站电磁环境保护要求	—	产品
GB/T 13616—2009	数字微波接力站电磁环境保护要求	—	产品

（续）

标准代号	标准名称	对应国际标准	标准分类
GB/T 19483—2016	无绳电话的电磁兼容性要求及测量方法	—	产品
GB/T 14598.26—2015	量度继电器和保护装置　第26部分：电磁兼容要求	IEC 60255-26：2013	产品
GB/T 15153.1—1998	远动设备及系统　第2部分：工作条件　第1篇　电源和电磁兼容性	IEC 870-2-1：1995	产品
GB/T 7260.2—2009	不间断电源设备（UPS）第2部分：电磁兼容性（EMC）要求	IEC 62040-2：2005	产品
GB/T 14048.2—2020	低压开关设备和控制设备　第2部分：断路器	IEC 60947-2：2019	产品
GB/T 14048.3—2017	低压开关设备和控制设备　第3部分：开关、隔离器、隔离开关及熔断器组合电器	IEC 60947-3：2015（Ed.3.2）	产品

（3）表示电磁兼容性限值的单位及换算　几种限值单位的换算关系为：

1）电压分贝

$$1V = 0dBV = 60dBmV = 120dB\mu V$$
$$\{U\}dB\mu V = \{U\}dBV + 120dB$$
$$\{U\}dBmV = \{U\}dBV + 60dB$$

2）电流分贝

$$1A = 0dBA = 60dBmA = 120dB\mu A$$
$$\{I\}dB\mu A = \{I\}dBA + 120dB$$
$$\{I\}dBmA = \{I\}dBA + 60dB$$

3）电场强度分贝

$$1V/m = 0dBV/m = 60dBmV/m = 120dB\mu V/m$$
$$\{E\}dB\mu V/m = \{E\}dBV/m + 120dB$$
$$\{E\}dBmV/m = \{E\}dBV/m + 60dB$$

4）磁场强度分贝

$$\{B\}dBT = \{H\}dBA/m - 118dB$$

因为 $1T(特拉斯) = 10^{12}pT$，则

$$0dBT = 240dBpT$$
$$\{B\}dBpT = \{B\}dBT + 240dB$$
$$\{B\}dBpT = \{H\}dBA/m + 122dB$$

46　电磁兼容设计　电磁兼容性是各种电气电子装备的重要性能指标，它需要通过电磁兼容设计来实现。电磁兼容设计可分为三种方法。

（1）问题解决法　该方法是在系统集成后发现电磁兼容问题才加以解决，因此超标的干扰难以根除。

（2）规范法　该方法对设备用标准规定的方法在实验室进行测量，并解决每一个超过极限值的问题，最后进行全部设备的系统集成。这种方法的缺点是系统集成后的某个指标可能会超过极限值，或者虽然系统集成后合格，但为此付出过量代价，其费效比过大。

（3）EMC分析及预测的设计方法（系统化设计法）　该方法利用电磁兼容预测数学模型，将产品所要满足的电磁兼容性能体现在设计过程的每个环节，在设计阶段即对其EMC性能进行预测和优化，使整个系统的EMC问题处于可见、可调、可控的范围内，从而避免在产品试制阶段反复地试验和修改设计方案，为EMC问题的解决和可能面临的风险提供科学的依据。该方法的实现需要依赖各种电磁兼容仿真分析软件。当前应用较广的电磁兼容分析软件包括EMC2000软件、FEKO+Cable Mod软件、CST-SD软件、SIwave与HFSS软件、SEMCAP软件、IEMCAP软件等。

系统化设计法的基本流程见图7.3-2。

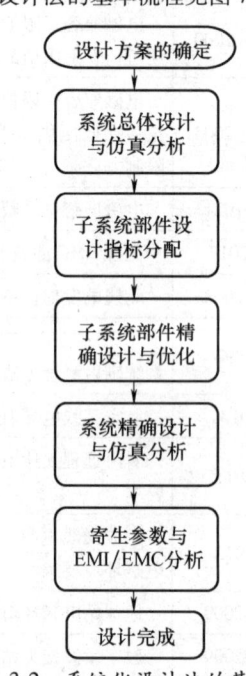

图7.3-2　系统化设计法的基本流程

3.2 电磁干扰

47 电磁干扰性质 电磁干扰可按其频谱宽度或带宽进行分类，也可以按其幅度特性，即冲击干扰、热噪声、交叉干扰或语音干扰来分类。按波形分类则有周期性的、非周期性的和随机的。

（1）带宽性质 相对于测量相应信号或噪声所用仪器的带宽而言，干扰可分为"窄带"和"宽带"。窄带噪声可在测量仪器的某个调谐位置包含全部干扰，宽带噪声测量的只是单位带宽的噪声。

（2）幅度性质 一般可以分为两类：1）具有确定幅度分布的，这种干扰信号可以表示为正弦函数和正弦函数的级数展开；2）随机的，就是说未来幅度值不能肯定地预测，如热噪声具有高斯分布的幅度概率。另外还有冲击噪声，其电流或电压的峰值正比于频带，也属于随机噪声。

（3）波形 决定干扰占有带宽的重要因素，波形的上升斜率越陡，所占的带宽越宽。通常脉冲下的面积决定了频谱中的低频含量，而其高频成分则与脉冲沿的陡度有关。

（4）出现率 可分为周期性的、非周期性的和随机的三种类型。周期性函数是指在确定的时间间隔内能重复出现；非周期性函数不重复但其出现是确定的，而且是可以预测的；随机函数则是以不能预测的方式变化，即它的表现特性是没有规律的。

（5）远场和近场 频率较低的干扰源因电磁场的波长很长，对于其附近设备一般满足 $\gamma<\lambda/2\pi$，称为近场干扰，其干扰的特性是以电场分量或磁场分量为主；对频率很高的干扰源，由于电磁场的波长很短，对于其附近设备满足 $\gamma>\lambda/2\pi$，称为远场干扰，其干扰的特性是以电磁波为主。

48 电磁干扰模型 电磁干扰模型包含以下三个要素。

（1）干扰源 所有能发出一定能量干扰信号的设备和器件都是干扰源。

（2）接收器 指那些能接收干扰源能量并受其影响，使工作发生紊乱的器件和设备。

（3）耦合路径 在干扰源和接收器之间传输电磁干扰能量的路径。

图 7.3-3 所示为典型电磁干扰模型。

电磁干扰的耦合路径包括传导和辐射两种机制，也就是通常所指的"路"和"场"的耦合方式，也称为传导耦合与辐射耦合。

传导耦合是在噪声源与接收器间有完整的电路连接，干扰通过该电路传送至接收器，这个电路一般表现为导线、公共阻抗、电容、电感等形式。传导耦合主要有三种耦合方式：电阻耦合、电容耦合和互感耦合，图 7.3-4 所示为互感耦合和电容耦合机制的原理图。实际工作电路中，这三种方式几乎都是同时存在的。辐射耦合一般是干扰源通过向空间发射电磁波，将干扰能量辐射出去，接收器则由于其等效的天线效应将该干扰接收下来，造成自身工作异常。一般总是同时存在通过路和场耦合的干扰，频率越高，场的影响越大；频率越低，通过路传导的电磁干扰的效率越高。

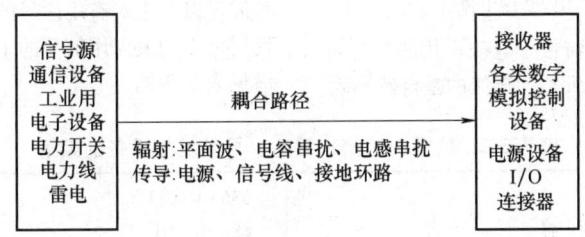

图 7.3-3 典型电磁干扰模型

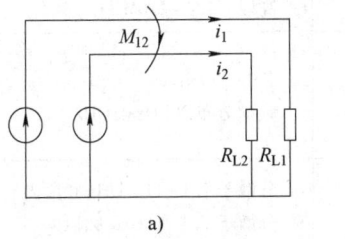 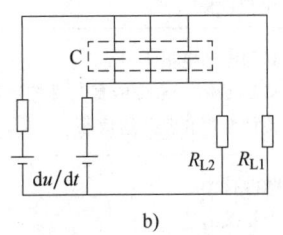

a)   b)

图 7.3-4 互感耦合与电容耦合机制的原理

a) 互感耦合 b) 电容耦合

49 差模干扰与共模干扰 差模干扰（Difference Mode Interference，DMI）和共模干扰（Common Mode Interference，CMI）属于典型的传导干扰，也是传导干扰的两种主要形式。由于工作环境的电磁干扰、电源线和信号传输线走线的布置、进线和回线自身及其对接地机壳阻抗不完全一致，系统或设备的交流电源输入端和工作信号输入端总是存在共模电压和差模电压，并在传输导线中产生共模电流和差模电流。共模电压在信号线及其回线（一般称为信号地线）上的幅度相同，以大地、金属机箱、参考地线板等为参考电位，共模电流回路在电源或信号的进线、回线与参考点位构成的回路中流动，存在方向相同的干扰电流。差模电压存在于电源或信号线及其回线（一般称为电源或信号地线）之间，差模电流在电源或信号的进线与回线间流动，存在方向相反的电流。由于电路的非平衡性，相同的共模电压会在信号线和信号地线上产生不同幅度的共模电流，从而产生差模电压，形成干扰。图 7.3-5 所示为差模电流和共模电流示意图。

共模干扰和差模干扰不仅干扰电源和信号的电流波形，还产生磁场辐射，影响电路的正常工作，所以必须用有效的措施来抑制或消除这两种干扰。

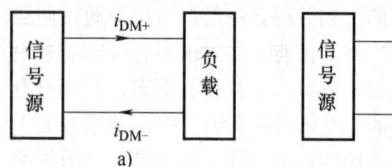

图 7.3-5 差模电流和共模电流示意图
a) 差模电流 b) 共模电流

50 电磁干扰来源及特性 电磁干扰的来源可以分为自然的和人为的两大类。自然的是自然界固有的与人的活动无关的电磁干扰，人为的是由于人类的生产生活所产生的电磁干扰。

（1）自然界电磁干扰 大气放电是主要的自然界电磁干扰，主要以雷电形式出现。雷电击中户外传输线，在线路上感应出高频浪涌电压或电流；雷电击中附近物体，在其周围建立了电磁场，当户外线路穿过电磁场时，在线路上感应出电压和电流；雷电击中附近地面，地电流通过公共接地系统时，这些都能引入对电子设备的干扰。雷电干扰的频谱包含从低频（几 kHz）到高频（数百 MHz）的全部频率。

自然界电磁干扰还包括太阳、星系、宇宙射线及电离层变化产生的强烈辐射和地球磁场的大幅度波动，如太阳黑子爆发、日辉等现象都会造成无线通信中断。

（2）人为电磁干扰 人为电磁干扰由两种情况产生。当电子电气设备工作时，由于设备电路中存在交变电流流动，可以向外通过传导或辐射方式发出电磁能，造成电磁干扰；或设备的用电量不断变化，导致电路中电流的瞬态过程，造成电磁能通过辐射或电源电路、接地电路等途径向外传播。人为电磁干扰源可划分为以下几种类型。1）连续干扰源。设备工作时，连续产生电磁干扰。2）脉冲干扰源。单脉冲或脉冲串形式的电磁干扰。3）间接干扰源。由于机械运动产生的干扰，如飞机、车、船的外壳的感应电荷。4）接触干扰源。由于接触阻抗在运动中不断变化产生的干扰。

典型人为电磁干扰源及特性举例如下。

1）广播、通信、雷达、导航发射设备。广播、通信、雷达、导航发射设备的发射功率很大，它的基波可以产生对有用信号的干扰，它的谐波与乱真发射可以构成无用信号的干扰，这些发射设备的频谱见表 7.3-2。

表 7.3-2 广播、通信、雷达、导航发射设备的频谱

广播发射设备：调幅广播		536~1605kHz
VHF 调频广播		88~108MHz
VHF 电视广播		低段　54~88MHz
UHF 电视广播		高段　174~216MHz
通信发射设备	高频电话电报	470~890MHz
	移动通信、无线传真、遥控遥测以及各种专用和业余通信等	频谱分布 20kHz~1GHz
无线电接力通信发射机	微波接力	分散于 2.1~11.7GHz 频段内
	卫星接力	分散于 2.4~16GHz 频段内
	电离层散射	400~500MHz
	对流层散射	分散于 1.8~5.6GHz 频段内

（续）

导航通信发射机	在 90kHz ~ 5.65GHz 范围内占用若干频道
雷达	发射功率峰值高（MW 量级），短脉冲体制，占用频谱宽，谐波含量高

2）工业、科学和医疗设备的电磁干扰。工业、科学、医疗（ISM）设备指为工业、科学、医疗（含家庭用途）目的而产生和/或使用射频能量的设备或器具，其数量巨大，输出功率多为 kW 和 MW 量级。值得注意的是，并不是所有的 ISM 设备都工作在指定的频段上，相当数量的工作在 ITU（国际电信联盟）指配的频段之外。统计数字表明，ISM 设备造成的干扰具有功率大、高次谐波含量高等特点，容易对通信等造成影响，且 ISM 设备符合 ITU（国际电信联盟）的指配频率和满足 CISPR 极限值的比例较低。

3）输电线路与电气牵引系统的电磁干扰。高压、超高压输电线路可以经过耦合电容或互感发出电磁干扰，同时输送电流的谐波分量也是其电磁干扰的重要组成，这一类的干扰主要集中在 0.1 ~ 150kHz；由于线路处于高电压，在空气中容易产生局部放电，向外辐射强烈电磁干扰，这一类干扰频谱范围宽，从 14kHz ~ 1GHz。随着高压直流输电的发展，换流装置也是各种谐波的噪声源，干扰的频谱范围为 0.3 ~ 150kHz。

电气牵引系统的干扰包括由于不平衡牵引电流引起传导性干扰和对地电位的升高，接触网的高压电场对信号传输电缆产生感应的电动势干扰，以及电力机车受电弓与接触网的摩擦和通断产生的火花放电干扰，其噪声发射谱频通常小于 30MHz，高速电气火车可达到 VHF 频段。

4）汽车、内燃机点火系统与荧光灯照明设备的电磁干扰。各种内燃机起动时所需的点火系统都是很强的电磁干扰源，其产生的点火电脉冲为单脉冲串，脉冲宽度为 1μs 到数百 μs，个别快脉冲仅有几 ns，干扰的频谱集中在 30 ~ 300MHz。

根据观察，小轿车的电磁噪声比卡车约低 10dB，而摩托车和卡车差不多。实测距离小轿车十几米远处的辐射干扰场强大约为 10μV/m。随着交通密度的变化，干扰强度变化可以达到分贝级。

荧光灯在起动时，将产生电击穿脉冲，从而造成射频干扰。此干扰可以通过灯管本身，尤其是通过它的供电电源线产生辐射发射，也可以通过电源线注入到公用电源，从而构成比较强的传导干扰。荧光灯在工作时由于镇流器而产生工频谐波干扰，进而大增加供电电源的谐波成分，造成供电质量下降。

5）电感性设备与开关设备、继电器。电动机在起、停或负荷变化时都会出现脉冲电流，特别是整流型电机；电弧焊接设备其工作电流时断时续，且变化大，同时电弧放电也有很强的辐射；电源、变压器等设备工作时同样存在负载变化，导致电流剧烈变化的情况，并产生了谐波和脉冲电流。以上这些电感性设备产生的脉冲电流、谐波电流都可以通过电源网络传播，或者直接向周围空间辐射，形成电磁干扰，这些干扰表现为不规则的脉冲流，频谱从 10kHz ~ 1GHz。

各种电力开关和继电器工作时，触点的通断会导致电弧的产生，电弧是一种强的辐射和传导干扰源，由于开关与继电器在电路中位于电源通路或信号通路，因此电弧产生的干扰可以通过电源、信号网络干扰设备本身，或者直接辐射形成干扰。

另外，在电力开关接通或分断时，由于电能的暂态快速转换，容易形成数倍于正常电压的过电压，造成类似雷电形式的浪涌干扰，这种干扰持续时间长（从几 μs 到几百 μs）、能量大，易造成设备损坏。

6）公用电源、静电放电与电磁脉冲。公用电源是一种典型干扰源。由于低压配电网是公用的，而电源内阻并不等于"零"，电源除向设备提供有用的电能外同时也提供了干扰电压。公用电源的干扰来源包括所连接的各种负载设备和空间电磁波。负载设备能使公用电源线上产生谐波、瞬间高压、瞬间电压下跌、尖峰、脉冲及高频电磁干扰等；公用电源线类似等效的天线系统，将周围环境的空间电磁场，包括附近的电台发射的高频电磁场、火花放电产生的高频电磁场耦合至公用电源线，形成高频干扰。由于谐波污染日益突出，国家标准 GB/T 14549—1993《电能质量 公用电网谐波》规定了控制电网中的电压和电流波形其畸变率可以接受的限值。

由于接触或静电场效应，使带有不同静电位的物体之间发生静电荷转移，形成静电放电现象。静电场效应与周围环境的湿度有密切关系，干燥的环境容易产生静电，使人与设备的金属外壳部分产生放电。静电的电压从几伏到几十万伏，电量小于

10^{-3}C 的电荷释放的火花效应可以对邻近的电子设备构成辐射干扰。

电磁脉冲是一种瞬变物理现象，包括静电放电电磁脉冲、雷电电磁脉冲、核电磁脉冲、高功率微波等。核电磁脉冲是高空核爆而随之产生的一种强电磁波，其带宽从几 Hz 到 100MHz；高功率微波可以发射上升前沿很陡的电磁脉冲，其带宽基本可以覆盖所有的电子设备，带内的脉冲功率可以到达 GW 量级，它们都属于脉冲式宽带干扰。

3.3　提高电磁兼容性能的基本措施

51　电场屏蔽　电场屏蔽的机理可采用分布电容耦合模型加以论述。图 7.3-6 中，干扰源 A 和被干扰目标 B 的对地电位分别为 U_A 和 U_B，则 U_A 和 U_B 之间的关系为

$$U_B = U_A \cdot \frac{C_1}{C_1 + C_2}$$

式中　C_1——A、B 之间的分布电容；

C_2——被干扰目标 B 的对地电容。

从图 7.3-7 可见，插入屏蔽板 S 以后，形成了两个新的分布电容 C_3 和 C_4。其中 C_3 被屏蔽板短接到地，不会对 B 点的电场感应产生影响。而被干扰目标 B 的对地和对屏蔽板的分布电容 C_2 和 C_4 实际上处于并联位置。此时被干扰目标 B 的感应电压 U_B' 应为

$$U_B' = U_A \cdot \frac{C_1'}{C_1' + C_4 + C_2} \approx \frac{C_1'}{C_4 + C_2}$$

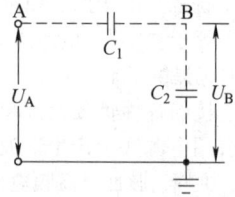

图 7.3-6　物体间电磁感应的示意图

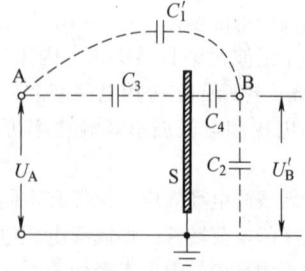

图 7.3-7　金属板对电场的屏蔽作用分析

从上式不难看出，为获得好的电场屏蔽效果，

应注意以下几点：

1）屏蔽板要靠近受保护物体，且保持良好接地，其目的是增加 C_4 的值。

2）屏蔽板形状对屏蔽效能的高低有明显的影响。理论上讲，全封闭金属盒有最好的电场屏蔽效果，而开孔或带缝隙的屏蔽盒，由于提高了剩余电容 C_1' 的值，其屏蔽效果会受到不同程度的影响。

3）屏蔽板材料以良导体为好，对厚度无要求，能保持一定机械强度即可。

52　磁屏蔽　磁屏蔽（磁场屏蔽）是用于抑制磁场耦合，实现磁隔离的技术措施。磁屏蔽包括低频磁屏蔽和高频磁屏蔽，两者的屏蔽原理不同。

（1）低频磁屏蔽　低频磁屏蔽是利用铁磁材料的磁导率高、磁阻小及对磁场有分路作用的特性来实现磁屏蔽，达到保护磁敏元器件不受低频磁场的干扰，或防止磁场干扰源对其外界环境产生磁漏影响的目的。

图 7.3-8 为低频磁屏蔽原理图。当载流线圈被导磁材料做成的屏蔽体包围后，由于铁磁材料的磁阻远小于空气磁阻，磁力线绝大部分都通过屏蔽体，从而使低频电流线圈产生的磁场基本上不越出屏蔽层。同理，为了保护磁敏元器件不受外界低频磁场的干扰，可把该元器件置于用铁磁材料制成的屏蔽罩内，使磁力线主要通过磁阻小的屏蔽层，而基本上不进入屏蔽罩内的元器件中。

设磁路中 A、B 两点间的磁位差为 U_m、磁阻为 R_m，通过磁路的磁通量为 $\varPhi_m$，则根据磁路理论有

$$U_m = R_m \cdot \varPhi_m$$

$$U_m = \int_A^B H \mathrm{d}l$$

$$\varPhi_m = \int_S B \mathrm{d}S$$

$$R_m = \frac{Hl}{BS} = \frac{l}{\mu S}$$

式中　R_m——磁路的磁阻；

H——磁场强度；

B——磁感应强度；

l——磁路的长度；

S——磁路的横截面积。

当磁场中两点间的磁位差 U_m 一定时，磁阻 R_m 越小，磁通 $\varPhi_m$ 越大。R_m 与磁导率和屏蔽体厚度成反比，所以为了减小磁阻 R_m，使绝大部分磁通流过屏蔽体，需要选用高磁导率材料制作屏蔽体，并适当增加屏蔽层厚度。根据上述分析，在设计磁屏蔽方案应注意以下几点：

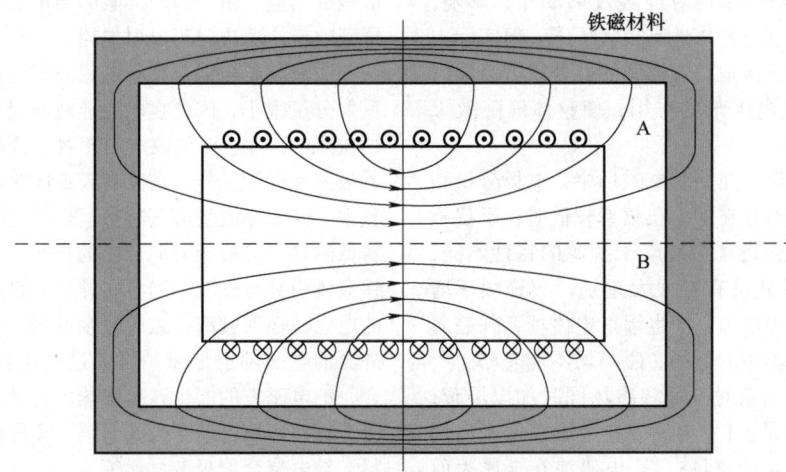

图 7.3-8　低频磁屏蔽原理图

1）垂直于磁力线的方向上不应开口或留有缝隙，以免增大磁阻。

2）应防止屏蔽体铁磁材料的磁饱和。在高强度低频磁场条件下，建议采用多层屏蔽体，且屏蔽体各层采用不同磁导率的材料，磁导率值最低的屏蔽材料靠近磁源，磁导率值高的屏蔽材料远离磁场源。

3）多层磁屏蔽体的每层之间应留有一定宽度的空气缝隙，缝隙宽度应同每层的宽度一样，主要是为了防止各层之间的相互辐射作用。

4）考虑磁屏蔽结构的空间布置方案时，高磁导率屏蔽材料附近不应有强电流通过。

（2）高频磁屏蔽　高频磁屏蔽是利用良导电材料做成的屏蔽体在高频干扰磁场作用下会产生涡流，而涡流产生的反磁场对高频扰磁场有抵消和抑制的作用，据此原理来达到屏蔽的效果。

根据法拉第电磁感应定律，感应电流产生的磁通方向与原来磁通的方向相反，见图 7.3-9。当高频磁场穿过金属板时，在金属板上产生的感应电动势使金属板短路而产生涡流，此涡流产生的反向磁场将抵消穿过金属板的原磁场，高频磁场同时增强了金属板旁的磁场，使磁力线在金属板旁绕行而过。这就是感应涡流产生的反磁场对原磁场的排斥作用。

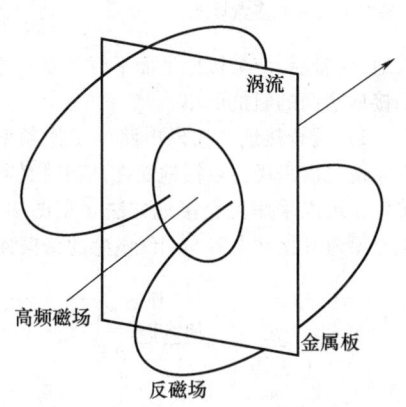
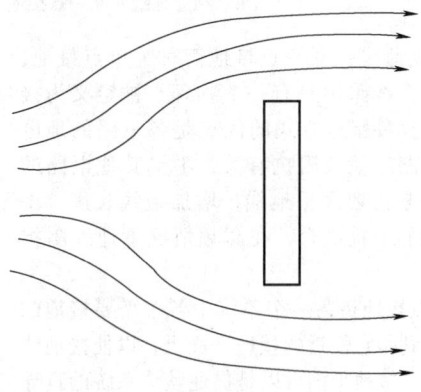

图 7.3-9　涡流效应及金属板对高频磁场的排斥

根据上述高频磁屏蔽作用原理，工程设计中应注意以下几点原则：

1）以感应涡流产生反磁场进行磁屏蔽，只能用于高频场合，对低频磁场屏蔽效果甚微。

2）屏蔽体电阻越小，产生的涡流越大，因此高频磁屏蔽应采用良导电金属作屏蔽材料。

3）为增大屏蔽体感应涡流以改善屏蔽效果，屏蔽层上的开口的方向应尽量不切断电流。

4）屏蔽体是否接地对屏蔽效果没什么影响，这与电屏蔽时必须良好接地有很大不同。但实际中往往也将磁屏蔽盒接地，这样做的好处是可以同时起到高频屏蔽盒电屏蔽的作用，使整体屏蔽效果良好。

53 电磁屏蔽 在交变电磁场中，电场分量和磁场分量总是同时存在的，在频率较低时，干扰一般发生于近场，而近场中随着干扰源的特性不同，电场分量和磁场分量有着很大差别，随着频率增高，电磁辐射能力增加，产生辐射电磁场，并趋向于远场干扰，远场中的电场、磁场均不能忽略。所谓电磁场屏蔽，是指对电场和磁场同时加以屏蔽，电磁屏蔽的机理是：1）电磁波在金属表面产生涡流，从而抵消原来的磁场；2）电磁波在金属表面产生反射损耗，一部分透射波在金属内传播过程中，衰减产生吸收损耗。

高频电磁场的屏蔽是利用由导电材料制成的屏蔽体并结合接地，来切断干扰源与感受器之间的耦合通道以达到屏蔽的目的，因而电导率成为选择屏蔽材料的主要依据。在现代电子设备中，广泛使用塑料机箱，通常可以采用喷导电薄膜使其具备电磁屏蔽的功能，由于薄膜屏蔽的导电层很薄，因此其屏蔽效能主要决定于反射损耗。

吸波材料可以对高频电磁波产生高吸收损耗而反射分量很小，因此在电磁屏蔽和隐身中发挥越来越重要的作用。吸波材料有多种，高磁导率铁氧体的吸波性能为最佳，它具有较高的吸收频段、高吸收率、匹配厚度较薄等特点。根据电磁波在介质中从低磁导向高磁导方向传播的规律，利用高磁导率铁氧体引导电磁波，当各向异性的自旋磁矩与外加的电磁波辐射频率一致时发生共振，必然大量吸收外界的电磁辐射能量，再通过磁矩自身的旋转-耦合，把电磁波的能量转变成热能耗散。目前研究的吸波材料还有：纳米吸波材料、多晶铁纤维吸波材料、导电聚合物吸波材料等。

54 电子设备的接地 所谓"地"一般定义为电路或系统的零电位参考点，所谓接地就是在两点间建立传导通路，以便将电子设备或元器件连接到"地"。接地的目的：保护操作人员的安全即"保护地"；为了抑制电磁干扰，提供电子测量中的电位基准即"基准地"。图 7.3-10 是基准地线的接地方式。

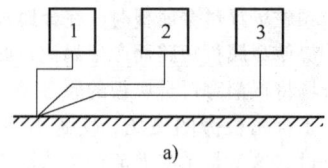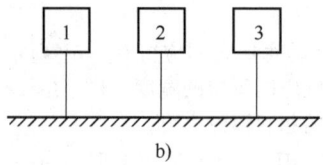

图 7.3-10 基准地线的接地方式

a）独立地线并联一点接地 b）独立地线并联多点接地

1）独立地线并联一点接地简称为单点接地，即是指在一个线路中只有一个物理点被定义为接地参考点。这种接地方式的优点是各电路的地电位只与本电路的地线阻抗有关，不受其他电路的影响，缺点是需要多根地线，增加地线长度，增加了地线间的干扰耦合，在高频情况下地线阻抗大大增加。

2）多点接地指某一个系统中各个需要接地的点都直接接到距它最近的接地平面上，以使接地线的长度最短。接地平面可以是贯通整个系统的良导电金属板或很宽的铜带。由于接地线最短，适用于高频情况，其缺点是易构成各种地回路，造成低频地回路环路干扰。

一般来说，工作频率在 1MHz 以下可采用单点接地方式；工作频率高于 10MHz 应采用多点接地方式。接地线长度应小于 0.05m，否则应采用多点接地，接地线应与接地平面平行，以使由接地引线到接地平面的阻抗更小。

3）混合接地。如果电路的工作频率很宽，在低频情况需采用一点接地而在高频时又需采用多点接地，可以采用混合接地方法（见图 7.3-11），但注意要避开接地电容与引线电感的谐振频率。

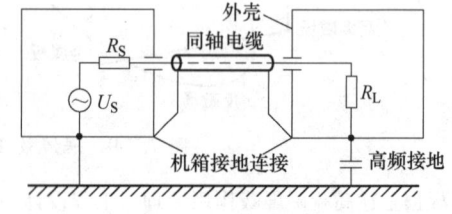

图 7.3-11 混合接地方式

4）数字和模拟信号的地线在信号接口的输入端就要分开设置，且数字电路的去耦电容不能接到同一电源供电的模拟电路的接地线上，数模两类电路的地线除了最后在单点接地点汇集之外，不允许有其他潜在的交叉耦合。

55　地回路干扰及阻隔措施　实际应用中的任何地线既有电阻又有电抗，因此当有电流通过时，地线上必然产生压降。地线还可能与其他线路形成环路，当交变磁场与环路交连时，就会在地线上产生感应电动势，导致挂接在共用地线上的各电路单元产生相互干扰。减小地线干扰的原则可归纳为：减小地线阻抗和电源线阻抗，正确选择接地方式和阻隔地环路等。

1）采用宽厚比大的扁铜带制作低阻抗地线，其电阻和电感量均较小；也可以采用实心平面状接地板。

2）多个电路单元共用一个直流电源的情况下，要求电源馈线尽可能降低其阻抗，以避免共用电源成为电路间的噪声耦合通道。因而电源馈线应采用长宽比小的扁导体，并在满足耐压要求的情况下，尽可能减小正负馈线之间的距离，这样可以减小馈线的环路面积，有利于抑制地环路干扰。

3）对地线中的低频干扰采用变压器耦合阻隔地环路干扰，见图 7.3-12。由于低频干扰信号无法通过变压器传输，因此能够起到阻隔干扰信号的作用。

当传输的信号有直流分量或有较多频率的交流分量时，就不能用变压器，而应采用扼流圈以阻隔地环流。图 7.3-13 所示为纵向扼流圈，扼流圈的两个绕组的绕向与匝数都相同，信号电流在两个绕组流过时，产生的磁场恰好抵消，地线等效干扰电压 U_g 所引起的干扰电流，流经两个绕组时，产生的磁场同相叠加，扼流圈对干扰电流呈现出较大的感抗，且随干扰频率的增加扼流圈的感抗增大，当频率很高时，扼流圈抑制干扰的能力，由于绕组间存在分布电容而下降。

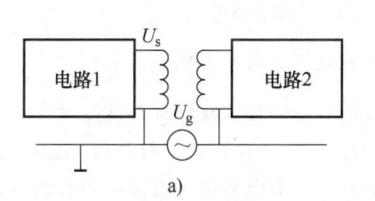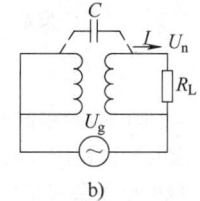

图 7.3-12　采用变压器阻隔地环路

a）变压器耦合　b）等效电路

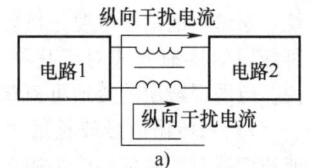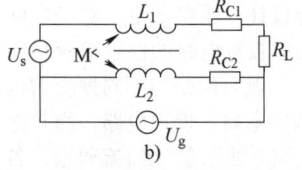

图 7.3-13　纵向扼流圈阻隔地环路干扰

a）实际关系　b）等效电路

4）在电路单元间用同轴电缆传输信号，可以阻隔地环流，见图 7.3-14。由于电流存在趋肤效应，使信号电流沿内导体的外表面和外导体的内表面流过；而干扰地电流沿地线表面和外导体的外表面过。因此，同轴电缆内信号的电磁场不会向外泄漏，而干扰电磁场也不会进入同轴线内。所以用同轴电缆传输信号，既可以防止信号电流干扰其他电路，同时也抑制了地环流和电场的干扰。

$$f_C = \frac{R_S}{2\pi L_S}$$

式中　f_C——同轴电缆的高频截止频率（Hz）；

R_S——同轴电缆屏蔽层的电阻（Ω）；

L_S——同轴电缆屏蔽层的电感（H）。

一般同轴电缆的截止频率在 0.6～2kHz 范围内。由上式可知增大屏蔽层电感可降低截止频率 f_c，单层屏蔽同轴电缆的截止频率在 0.6～2kHz 范围内，双层屏蔽同轴电缆的截止频率为 0.5～0.7kHz，屏蔽效能通常不小于 60dB。

5）采用光电耦合器阻隔地环流。采用光电耦合器切断两电路单元间的地环流，见图 7.3-15，发光二极管和光敏晶体管通常封装在一起构成光电耦合器。光电耦合器适用于传输数字信号，如固态继电器内部借助它隔离负载对控制信号的干扰。使用时，电路 1 和电路 2 必须分别供电，以免电源馈线在同一电源变压器中构成新的干扰途径。

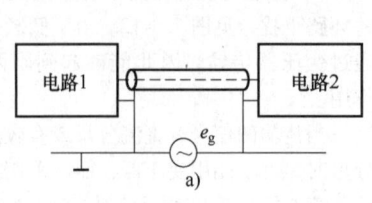

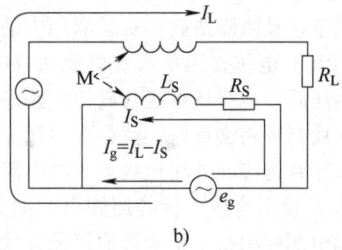

图 7.3-14　同轴电缆传输信号及其等效电路

a) 电路间用同轴电缆传输信号　b) 等效电路

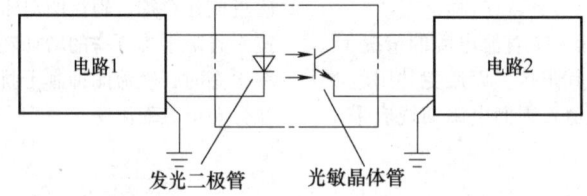

图 7.3-15　断开地环流的光电耦合器

6）用差分放大器减小由地电位差引起的干扰。地线总有一定的阻抗，地线电流会在信号电路两接地点之间产生电位差 U_g，该电位差会在非平衡输入的放大器负载上输出一个放大了的干扰电压。而在平衡输入的差分放大器负载上 U_g 所引起的干扰电压基本被抵消，达到抑制共模干扰的目的。

56　电路板的接地设计　原则上讲，对于电路板接地设计，应首先根据板载电路的性质以及功能特点设置"地"的数量，其目的是为不同性质的电路和结构单元（例如数字电路、模拟电路、高频电路、低频电路、功率电路）提供信号回流通道，各种地之间遵循电位基准相同、互不干扰的原则。

1）对于单一的低频小功率数字电路，可以只设一个工作地（数字地）。而如该板设计有防雷保护电路，则需要设置保护地，对于数模混合电路，且模拟器件功率较大时，应分别设置数字地和模拟地。

2）对于包含模拟、数字两种电路的电路板，当要求两者具有相同的电位基准，且互相之间的干扰并不严重时，应将数字地和模拟地直接相连，例如对于模/数转换电路，应该将该芯片的数字地和模拟地直接相连。

3）如两种电路对电压基准的一致性没有要求（例如防雷地和工作地），则两部分电路的"地"或电位基准无须连接，可分别接地处理，或者其一接地其余悬浮。

4）对于有高频辐射或需要屏蔽高频辐射的单板电路板，需设置屏蔽地，如果屏蔽板或屏蔽结构未安装在屏蔽地上，而是悬空安装，其屏蔽板将不能起到屏蔽的效果。

57　电缆屏蔽层的接地　电缆，特别是分系统、系统中的信号电缆是重要的干扰源之一。电缆屏蔽层的接地方式对干扰抑制举足轻重。一般来说，电缆屏蔽层的接地可遵循以下原则：

1）当传输信号波长远大于线缆长度时，电缆或扭绞线对的屏蔽层应采用单端接地，以防止地电流串扰。

2）当传输信号波长小于线缆长度时，线缆或扭绞线对的屏蔽层应两端接地，中间每隔四分之一波长再加一接地点，以减小外界感应场对线缆的影响。有时还需将线缆敷设在专用的电缆线槽或金属导管内。

3）电缆屏蔽层的接地应采用可靠的周边压接或钎焊连接，不得采用屏蔽层辫状线接地方式。采用钎焊接地时，应确保不损伤屏蔽层内部线缆的绝缘保护层。

4）对于数模混合的线缆系统，其接地系统应采用各类地线分别设置的接地网络板，以有效地隔离地线串扰、提高接地点的可靠性。

58　搭接　搭接是指两个金属物体之间通过

机械或化学方法实现结构连接，以建立稳定的低阻抗电气通路的工艺过程。任何电气、电子系统中，无论是一个小部件或整套设施都需要在金属体之间进行相互搭接，以便提供电源和信号的低阻抗回路。

搭接质量会直接影响其他抑制电磁干扰技术措施的实施效果。图 7.3-16 所示为低通滤波器，其用途是滤除设备电源线中的高频干扰分量。良好搭接的情况下，电路上的干扰信号沿着通路①被滤去，达到了滤波的目的，但如果搭接不良，那么干扰电流将流过通路②而到达负载，因此滤波器的效率就会降低。

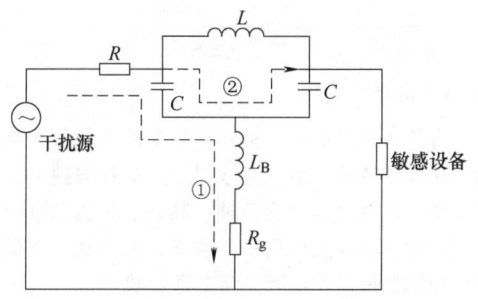

图 7.3-16　滤波器的不良搭接

1）搭接的方法可分为永久性搭接和半永久性搭接两种。永久性搭接是利用铆接、熔焊、钎焊、压接等工艺方法，将两种金属物体保持固定的连接。它在装置的全寿命期内应保持固定的安装位置，不要求拆卸进行检查、维修或做系统的更改。永久性搭接在预定的寿命期内应具有稳定的低阻抗电气性能。半永久性搭接是利用螺栓、螺钉、夹具和销键紧固装置等辅助器件使两种金属物体连接的方法。为了进行系统更改、检查测量电阻和噪声、维修和替换部件等需要应采用半永久性搭接，该方法可以降低成本。

2）搭接面的处理与防腐。搭接表面必须经过处理，清除油污及氧化膜，必要时对表面镀锡、银或金，以保持金属面的良好导电性。不同金属互相接触时，在电解液的作用下形成了一个化学电池，使金属逐渐电解的效应称为腐蚀，因此，搭接处应对其阴极表面或两种金属表面涂覆油漆或进行电镀。表 7.3-3 说明应怎样搭接组合以使腐蚀为最小。

表 7.3-3　接触面容许的组合方式

构件金属名称 （接触表面磨光）	铝搭接条	镀锡的 铜搭接条
镁和镁合金	直接或镁垫圈	铝或镁垫圈
锌、镉、铝和铝合金	直接	铝垫圈
钢（不锈钢除外）	直接	直接
锡、铅和锡铅合金	镀锡或锡镉垫圈	直接
铜和铜合金	镀锡或锡镉垫圈	直接
镍和镍合金	镀锡或锡镉垫圈	直接
不锈钢	镀锡或锡镉垫圈	直接
银、金和贵金属	镀锡或锡镉垫圈	直接

59　滤波及滤波器　滤波技术是抑制电气电子设备传导干扰、提高电气电子设备传导抗扰度水平的主要手段，也是保证设备整体或局部屏蔽效能的重要辅助措施。

（1）常用滤波元件　滤波元件的种类很多，从简单的单一电容、电感到复杂的各种滤波器，都可起到一定的滤波作用。

1）电容。由于电容存在寄生电感，在达到某一频率时会产生自谐振振荡，在超过该自谐振频率时，电容的阻抗将随频率的增加而增大，因此失去滤波作用。图 7.3-17 给出了不同类型电容的适用频率范围。

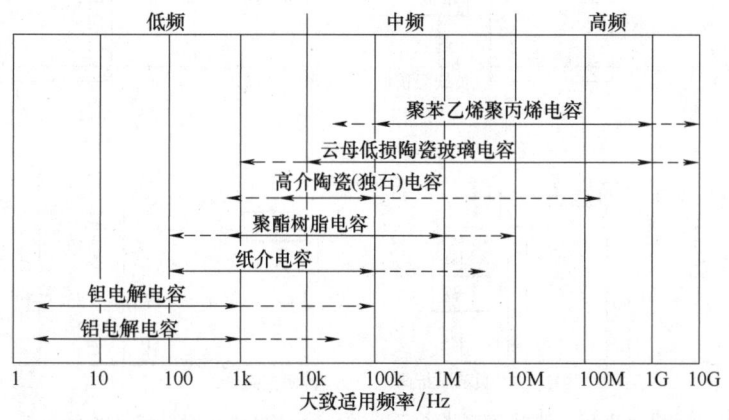

图 7.3-17　常用电容的适用频率范围

2）铁氧体环。铁氧体一般属于非导电陶瓷，由铁的氧化物、钴、镍、锌及稀土元素组成，具有高的电阻率，频率高达千兆赫兹也能保持低的涡流损耗，当所抑制的信号频率超过 1MHz 时，提供的抑制效果相当明显。铁氧体环最适合用来吸收由开关瞬态或电路中的寄生响应而产生的高频振荡，也可以用来抑制输出或输入的高频噪声。

（2）滤波器

1）滤波器类型。滤波器的种类很多，根据滤波原理分为反射滤波器和吸收滤波器，根据结构形式可分为 Butterworth、Tchebycheff、Bessel、Butter-worth-Thompson、Ellipc 等类型，根据工作条件分为有源滤波器和无源滤波器，根据频率特性分为低通、高通、带通、带阻滤波器，根据使用场合分为电源滤波器、信号滤波器、控制线滤波器、防电磁脉冲滤波器、防电磁信息泄露专用滤波器、印制电路板专用的微型滤波器等。图 7.3-18 给出了滤波器的四种基本形式。

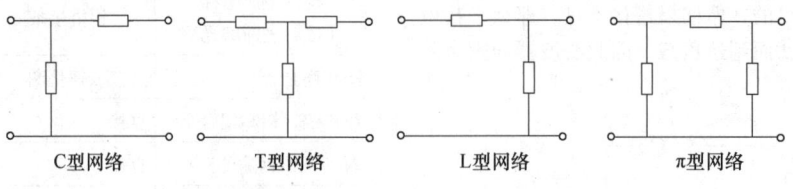

图 7.3-18　滤波器的基本类型

2）滤波器特性。滤波器的特性包括：插入损耗、频率特性、阻抗特性、额定电压、额定电流、外形尺寸、使用温度、安全性能、可靠性、体积和重量等方面。插入损耗是衡量滤波器的主要性能指标，滤波器滤波性能的好坏主要是由插入损耗决定的，滤波器的插入损耗由下式表示：

$$I_L = 20 \lg U_2 / U_1$$

式中　I_L——插入损耗（dB）；

　　　U_1——信号通过滤波器件后在负载上建立的电压；

　　　U_2——不接滤波器件时，同一信号在同一负载上建立的电压。

滤波器的插入损耗值与信号频率、源阻抗、负载阻抗、工作电流、工作环境温度、体积和重量等

因素有关。通常把插入损耗随频率的变化曲线称为滤波的频率特性。根据滤波器插入损耗与频率的相互关系可将滤波器分为低通、高通、带通、带阻等类型。频率特性又可用中心频率、截止频率、最低使用频率和最高使用频率等参数反映。

3）滤波器的插入损耗与阻抗匹配。滤波器的输入、输出阻抗直接影响该器件的插入损耗特性，在许多使用场合，出现滤波器实际滤波特性与生产厂家给出的技术指标不符，这主要是由滤波器的阻抗特性决定的。因此，在设计、选用、测试滤波器时，阻抗特性是一个重要技术指标。使用电源干扰抑制滤波器时，遵循输入、输出端最大限度失配的原则，以求获得最佳抑制效果，图 7.3-19 是四种组合方式的举例。

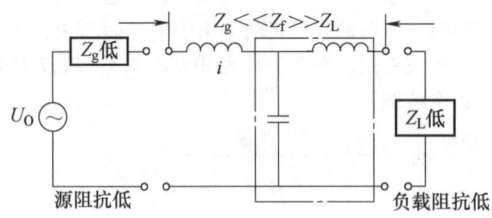
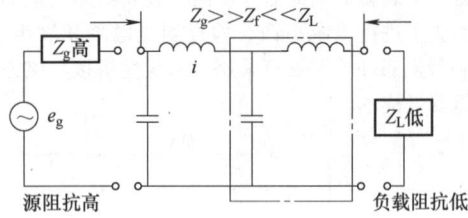
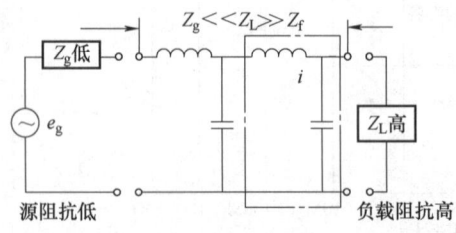
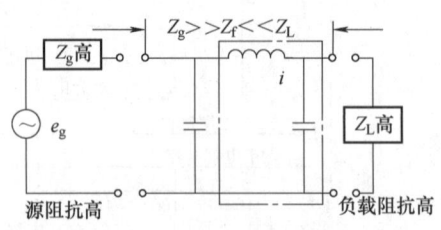

图 7.3-19　滤波器形式与源阻抗、负载阻抗之间的组合关系

4）滤波器的插入损耗与安装规范。滤波器的安装正确与否对插入损耗特性影响很大，只有正确安装，才能达到预期的效果。滤波器的安装应遵照如下原则：

① 滤波器应安装在适当的位置，如电源滤波器应安装在设备或屏蔽壳体的入口处；

② 滤波器应加屏蔽，屏蔽体应与金属设备壳体良好搭接，若设备是由非金属壳体组成的，则滤波器屏蔽体应与滤波器地相连，并与设备地良好搭接；

③ 滤波器中的各种引线应尽量短，以免在线上耦合干扰；

④ 滤波器中的滤波电容应和其他元器件正交安装，以减小其相互间耦合；

⑤ 滤波器的输入输出引线不能交叉，输入输出引线之间应有屏蔽层；

⑥ 滤波器的安装位置应尽量接近设备壳体的接地点；

⑦ 滤波器的接地线应尽量短。

3.4 电磁兼容试验与标准

60 电磁兼容试验

（1）电磁兼容试验的概念和目的　电磁兼容试验是指在实验室或外场环境条件下，利用电磁干扰检测设备和电磁干扰产生设备，对系统、设备的电磁兼容性进行考核的试验。

电磁兼容试验的目的是考核系统、设备与外部系统、设备或电磁环境协调工作，而不互相干扰的能力。

（2）电磁兼容试验的分类　电磁兼容试验包括电磁发射和电磁抗扰度试验两类。

电磁发射试验是测试被测系统、设备对外部产生的电磁干扰是否满足有关标准规范的极限值要求。根据电磁干扰传输途径，电磁发射试验又分为传导发射（CE）试验和辐射发射（RE）试验。

电磁抗扰度试验是测试被测系统、设备是否有标准规范规定或实际工作的电磁干扰环境下正常工作的能力。根据电磁干扰加载的方式，电磁抗扰度试验又分为传导抗扰度试验和辐射抗扰度试验。

61 电磁兼容试验设备　电磁兼容试验设备种类繁多，根据不同的测试需求选择不同的设备。例如：传导发射、辐射发射、传导发射的敏感度/抗扰度、辐射发射的敏感度/抗扰度，都需要不同的设备，而且需要满足不同的标准。

（1）电波暗室　电波暗室是一种室内测试设施，对外部电磁环境具有较高的隔离度，通常超过100dB。见图 7.3-20，电波暗室由金属墙面所屏蔽的场地构成，暗室的内壁安装了吸波材料，吸波材料通常为金字塔形状的浸碳聚氨酯泡沫体。暗室的地板上有一个轨道，其上安装着木质平台，受试设备可以放在这个木质平台上并通过电气或机械的控制来对这个平台进行精确移动和定位。由于吸波材料的特性，暗室的内壁能够在高频时提供较大的功率吸收能力，低频时则较弱。对于小于 200MHz 的频率，有效测试区域的尺寸与测试频率所对应的波长可比。电波暗室是进行辐射发射试验和辐射抗扰度试验的场所。根据测试距离，可分为 3m 法暗室、5m 法暗室、10m 法暗室等。

图 7.3-20　电波暗室结构示意图

屏蔽室和法拉第笼是两种成本较低的电波暗室的替代设施。屏蔽室的墙壁是由金属板构成，并且板和板之间的连接部分都是用牢固的金属弹性接触方式，屏蔽室的内部没有安装吸波材料。法拉第笼则通常使用金属网来替代金属板。这两种结构的实验室的内外电磁环境隔离度都比微波暗室差，其内部墙壁的反射作用也会影响测试。

（2）横电磁波小室　横电磁波小室（TEM 小室）是一个外导体闭合并连接到一起的矩形同轴传输线，其矩形部分的两端逐渐过渡并与 50Ω 的同轴传输线相匹配，见图 7.3-21。中心导体和外部导体促使电磁能量以 TEM 模从小室的一端传播到另一端。中心导体靠一些绝缘支撑固定在小室内部，受试设备放置在底板和中心导体之间或中心导体和顶板之间的传输线矩形空间内，绝缘材料可以让受试设备和传输线的内、外部导体电隔离。TEM 小室的尺寸由其所能够测试的最高频率限制，如果超出了这个限制，TEM 小室中就会出现高次模。频率越高，可允许的小室尺寸越小。

（3）吉赫兹横电磁波小室　吉赫兹横电磁波小室（GTEM 小室）是一种介于微波暗室和 TEM 小室之间的方法，具有工作频率宽、内部场强均匀、频效好等优点，可以进行宽频带的 EMC 测试。见

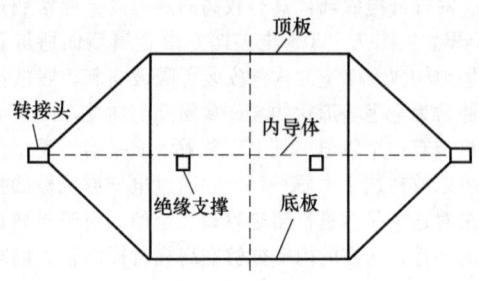

图 7.3-21 TEM 小室结构示意图

图 7.3-22，GTEM 小室为一个 50Ω 的锥状矩形同轴传输线，其内部有一个偏置的中心导体（芯板）。矩形段的一端与一个 50Ω 的同轴导体耦合，中心导体的截面由平、宽的带状结构逐渐过渡到一个圆形。锥状段的远端接了由锥状吸波材料构成的分布式匹配负载。矩形传输线的中心导体端接了由碳质电阻阵列构成的 50Ω 负载，电阻值的分布与中心导体上电流的分布相匹配。在 GTEM 小室中传播的波可以近似地认为是一种平面波，锥状段的长度决定了可用测试空间的尺寸。

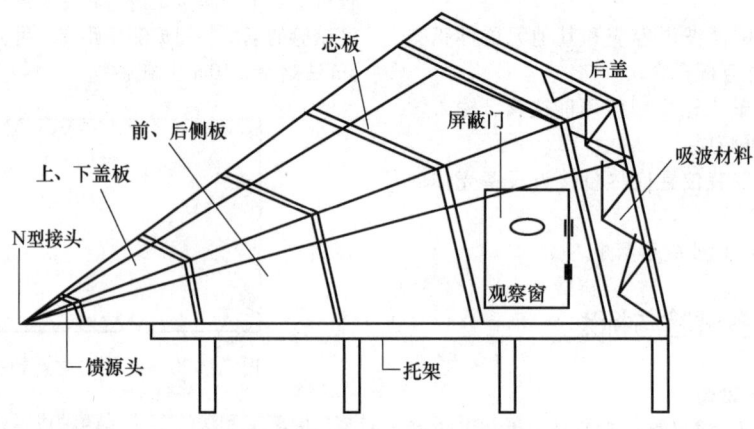

图 7.3-22 GTEM 小室结构示意图

（4）静电放电发生器 带静电电荷的相邻物体可通过接触或辐射的方式放电，其放电电流尤其是接触式放电电流会产生短暂的很强的电磁场干扰，可能引起电气、电子设备的工作故障甚至损坏。静电放电（ESD）发生器的功能就是产生和释放所需强度的脉冲波形和电压/电流脉冲以实现静电放电测试。静电所引起的典型电压值可达 15kV。静电发生器的原理见图 7.3-23a，电阻 R_c 的作用是对充电电流进行限制，它也包括了直流源的内阻。储能电容 C_h 代表了人体的电容，电阻 R_d 为放电电阻，它代表了任何和受试设备之间的电阻。通常 R_C 在 477kΩ~1MΩ，R_d 和 C_h 的典型值分别为 330Ω 和 150pF。接触放电所使用的放电电极为尖头的，空气放电使用直径为 8mm 的圆头电极。静电放电脉冲的电流波形见图 7.3-23b，I_p 为脉冲电流第一峰值脉冲，上升时间 t_r 为脉冲从 I_p 的 10% 上升到 90% 所需的时间，I_{30} 和 I_{60} 分别为 30ns 和 60ns 时的电流幅值。

（5）电快速瞬变脉冲群发生器 电快速瞬变脉冲群（EFT）由一系列重复出现（周期性或非周期性）的脉冲或瞬态构成，脉冲或瞬态的持续时间都

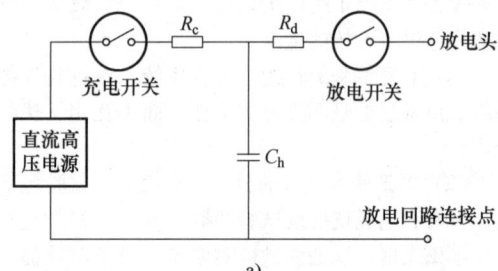

a)

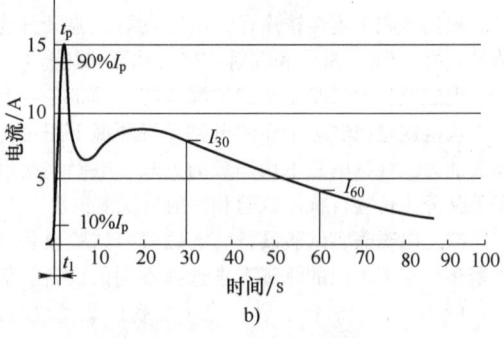

b)

图 7.3-23 静电放电发生器原理及电流波形

a）静电放电发生器的原理图

b）静电放电脉冲的电流波形

相对短。电快速瞬变脉冲群发生器的原理见图 7.3-24a，U 为高压电源，R_c 为充电电阻，C_c 为储能电容，R_s 为脉冲持续时间调整电阻，R_m 为阻抗匹配电阻，C_d 为隔直电容，S 为高压放电开关。其中储能电容 C_c 的大小决定了单个脉冲的能量，波形形成电阻 R_s 与储能电容 C_c 的配合决定了脉冲波的形状；阻抗匹配电阻 R_m 决定了脉冲群发生器的输出阻抗；隔直电容 C_d 用于隔离脉冲群发生器输出波形中的直流成分。典型的 EFT 波形见图 7.3-24b，每个脉冲群都包含了多个脉冲，每个脉冲的强度高达几千伏，上升时间大约为 5ns，持续时间（脉冲强度至少为峰值的 50% 所占的时间）通常为 50ns。脉冲群发生器的重复频率选择与试验电压有关，具体参见相关标准。

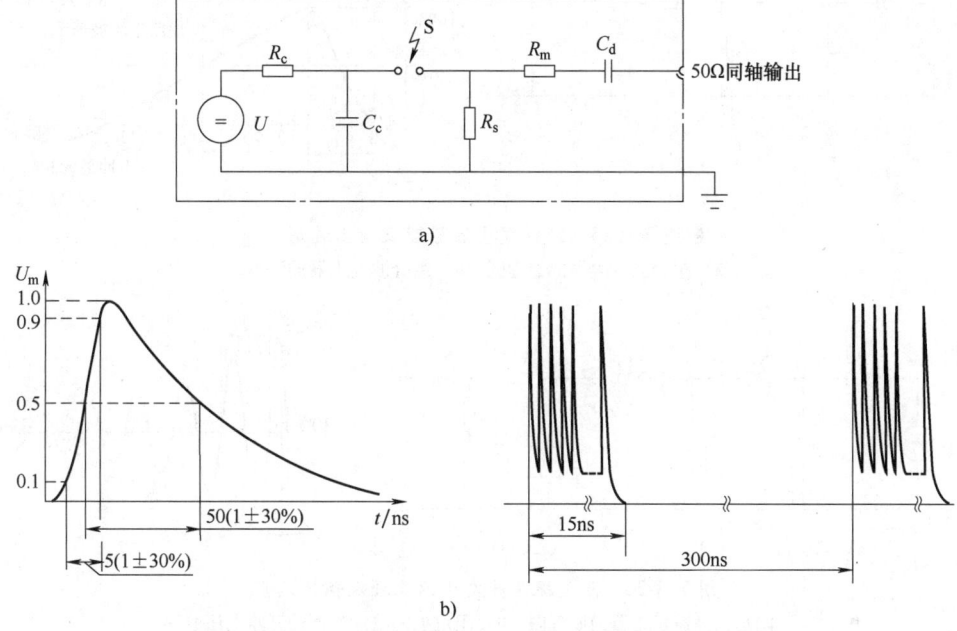

a)

b)

图 7.3-24 电快速瞬变脉冲群发生器原理及输出波形
a）电快速瞬变脉冲群发生器的原理图 b）电快速瞬变单脉冲与脉冲群发生器输出波形

（6）浪涌发生器 标准描述了两种波形发生器，一种是雷击在电源线上感应产生的波形，另一种是在通信线路上感应产生的波形。电源线的阻抗低，浪涌波形较窄、前沿陡；通信线的阻抗高，浪涌波形较宽、前沿缓。用于电源线路上试验的浪涌发生器也称为组合波发生器，发生器输出开路时提供电压波，短路时提供电流波。1.2/50μs 组合波发生器的原理见图 7.3-25a，其中 C_c 是储能电容，其容量在 10μF 左右；S 为放电开关，电压波的宽度主要由波形形成电阻 R_{s1} 决定；阻抗匹配电阻 R_m 决定了发生器的开路电压峰值和短路电流峰值的比值，标准规定为 2Ω；电流波的上升与持续时间主要由波形形成电感 L_s 决定。1.2/50μs 组合波发生器可以产生混合波形，将上升时间为 1.2μs、持续时间为 50μs 的电压脉冲施加到受试设备的开路端，将上升时间为 8μs、持续时间为 20μs 的电流脉冲施加到受试设备的短路端，见图 7.3-25b。浪涌脉冲的能量较大，约为同等电压的脉冲群单个脉冲能量的 10^5 倍。

（7）阻尼振荡波发生器 阻尼振荡波主要代表高压和中压变电站中由于开关设备和控制设备操作或者由于高空电磁脉冲产生的非常陡峭的瞬变电压、电流振荡波。阻尼振荡波可以分为两类：慢速阻尼振荡波，代表了户外高压/中压变电站隔离开关的切换情况，特别是有关高压母线的切换，以及工厂的背景骚扰，振荡频率在 100kHz 和 1MHz 之间；快速阻尼振荡波，代表电力网的变电站中开关设备和控制设备产生的骚扰以及高空电磁脉冲产生的骚扰，振荡频率在 1MHz 以上。阻尼振荡波发生器的原理如图 7.3-26a 所示，U 为高压电源，R_1 为充电电阻，C_1 为储能电容，S_1 为高压开关，L_1 为振荡电路线圈，L_2 为滤波电感，R_2 为滤波电阻，C_2 为滤波电容，R_4、R_5 为分压电阻（可选），CRO 为监视信号（可选）。图 7.3-26b 为其输出的开路

电压波形，T_1 为上升时间，T 为振荡周期。慢速阻尼振荡波的上升时间约为 75ns，快速阻尼振荡波的

上升时间约为 5ns；衰减速率，Pk_5 值应大于 Pk_1 值的 50%，Pk_{10} 值应小于 Pk_1 的 50%。

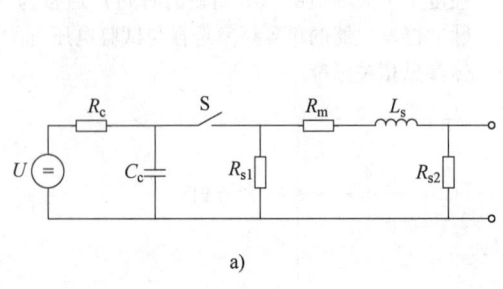

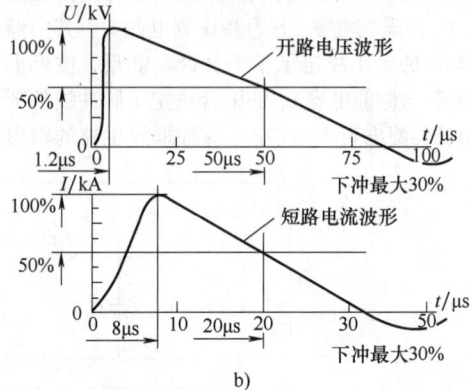

图 7.3-25　浪涌发生器原理及输出波形
a）组合波发生器的原理图　b）组合波发生器的波形

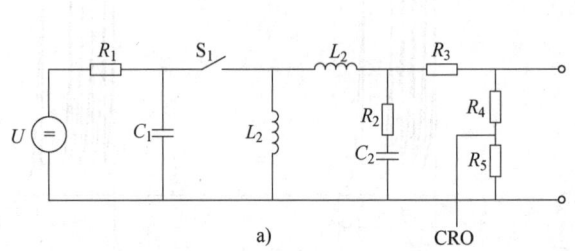

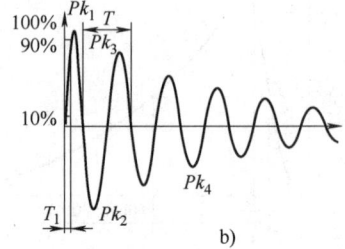

图 7.3-26　阻尼振荡波发生器原理及输出波形
a）阻尼振荡波发生器的原理图　b）阻尼振荡波发生器的开路电压波形

在电磁兼容测试中，除了上述设备之外，往往还需要信号源、EMI 接收机、频谱仪以及其他辅助设备，包括天线、功率放大器、电流探头、电压探头、功率吸收钳、耦合去耦网络和线性阻抗稳定网络（LISN）等。

62　电磁兼容试验标准　电气、电子设备根据其不同特点，需要开展相应的电磁兼容试验，根据本篇 45 条的内容，需要按照相应的电磁兼容试验标准进行。目前电气、电子设备主要参考 IEC/TC77 制定的 IEC 61000-4 系列标准，制定各产品的相关电磁兼容试验标准，包含低频干扰、传导性质的瞬变及高频干扰、静电放电干扰、磁场干扰、电场干扰等。我国制定了电气与电子产品电磁兼容试验国家标准 GB/T 17626 系列标准与其对应。相关的标准可参见表 7.3-1。

63　电工设备的典型电磁兼容试验方法　电工设备常用的电磁兼容试验包括静电放电、电快速瞬变脉冲群、浪涌、电压暂降和短时中断和电压变化、阻尼振荡波等 6 种，都是传导型抗扰度试验。

（1）静电放电抗扰度试验　静电放电抗扰度试验适用于在可能产生静电放电环境中使用的所有设备，直接和间接放电都应考虑。

1）静电放电试验等级标准。静电放电试验主要针对受试设备的外壳，试验分接触放电和空气放电两种。参考国家标准 GB/T 17626.2—2018，其试验等级标准要求见表 7.3-4。

表 7.3-4　静电放电试验等级标准

接触放电		空气放电	
等级	试验电压/kV	等级	试验电压/kV
1	2	1	2
2	4	2	4
3	6	3	8
4	8	4	15
X[①]	特定	X[①]	特定

①　"X" 可以是高于、低于或在其他等级之间的任何等级。

2）规范的静电放电试验方法。根据受试设备的运行环境条件确定试验等级，试验时受试设备应处于正常工作状态。放电点可以是金属或非金属，对金属和非金属放电点施加的放电电压幅值应分别对应于表 7.3-4 中相应等级的接触放电和空气放电试验电压。放电点可以通过以 20 次/s 或以上放电重复率来进行试探的方法加以选择，通常选择与地绝缘的金属外壳上的一些点、控制面板键盘区域任何点和人机通信的其他任何点以及其他操作人员易于接近的区域。试验应以单次放电的方式进行，在预选点上至少施加十次单次放电，连续单次放电之间的时间间隔建议为 1s。试验结果依据受试设备在试验中的功能丧失或性能降低现象进行分类，参考通用、产品类或产品标准规定的性能判据。

（2）电快速瞬变脉冲群抗扰度试验　电快速瞬变脉冲群抗扰度试验适用于与供电网络连接或有电缆（信号或控制）靠近供电线路的设备。

1）电快速瞬变脉冲群抗扰度试验等级标准。电快速瞬变脉冲群干扰可以作用于电子设备的电源端口、专用二次电流、电压互感器端口、模拟量输入通道、通信端口和开关量输入/输出端口，以传导和辐射的方式进入设备内部电路，影响装置的正常运行。参考国家标准 GB/T 17626.4—2018，在不同试验等级下，电快速瞬变脉冲群试验施加的规范脉冲电压峰值和重复频率见表 7.3-5。传统上使用 5kHz 的重复频率，然而 100kHz 更接近实际情况，也可由产品标准化委员会决定与特定产品或产品类型相关的频率。

表 7.3-5　电快速瞬变脉冲群试验的等级标准

等级	开路输出试验电压和脉冲的重复频率			
	电源端口和接地端口（PE）		信号端口和控制端口	
	电压峰值/kV	重复频率/kHz	电压峰值/kV	重复频率/kHz
1	0.5	5 或 100	0.25	5 或 100
2	1	5 或 100	0.5	5 或 100
3	2	5 或 100	1	5 或 100
4	4	5 或 100	2	5 或 100
X[①]	特定	特定	特定	特定

① "X" 可以是任意等级，在专用设备技术规范中应对这个级别加以规定。

2）规范的试验环境和试验方法。电源端口试验时，试验信号发生器的输出线直接接至受试设备的供电端口，其他端口试验需使用专门的容性耦合夹，受试端口的引线夹在耦合夹中，信号发生器输出的干扰信号通过耦合夹耦合到信号线上（见图 7.3-27）。试验过程中，受试设备应加电工作，脉冲群被叠加在受试端口工作的信号上。试验结果依据受试设备在试验中的功能丧失或性能降低现象进行分类，参考通用、产品类或产品标准规定的性能判据。

（3）浪涌抗扰度试验　浪涌抗扰度试验通常适用于与建筑物外的网络或电网连接的设备，包括电压浪涌和电流浪涌。

1）浪涌试验等级标准。GB/T 17626.5—2019 标准规定了两种类型的组合波发生器，对于连接到户外对称通信线的端口，使用 10/700μs 组合波发生器，对于其他情况（包括电源端口）使用 1.2/

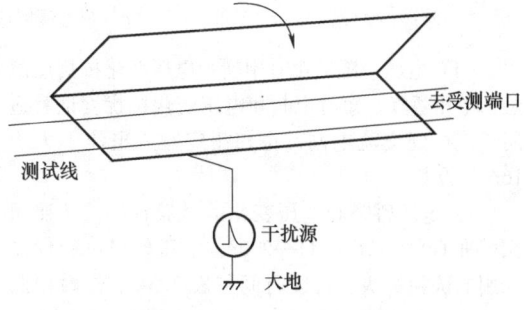

去受测端口

测试线

干扰源

大地

图 7.3-27　容性耦合夹及其连接示意图

50μs 组合波发生器。10/700μs 组合波发生器应能输出负载所需要的 10/700μs 开路电压波形和 5/320μs 短路电流波形。1.2/50μs 组合波发生器应能输出负载所需要的 1.2/50μs 开路电压波形和 8/20μs 短路电流波形。标准规定浪涌抗扰度试验需要对试验端口分别进行线—线和线—地试验，不同等级下对应的试验电压见表 7.3-6。

表 7.3-6　浪涌试验等级及对应的开路电压

等级	开路试验电压/kV	
	线—线	线—地②
1	—	0.5
2	0.5	1.0
3	1.0	2.0
4	2.0	4.0
X①	特定	特定

① "X" 可以是高于、低于或在其他等级之间的任何等级。该等级应在产品标准中规定。

② 对于对称互连线，试验能够同时施加在多条线缆和地之间，例如"多线一地"。

2）规范的浪涌抗扰度试验方法。进行 1.2/50μs 浪涌抗扰度试验时，浪涌经电容耦合网络施加到受试设备的电源端上（见图 7.3-28）。为避免对同一电源供电的非受试设备产生不利影响，并为浪涌波提供足够的去耦阻抗，同时将规定的浪涌施加到受试线缆上，需要使用去耦网络。

除非相关的产品标准有规定，施加在直流电源端和互连线上的浪涌脉冲次数应为正、负极性各 5 次。对交流电源端口，应分别在 0°、90°、180°、270° 相位施加正、负极性各 5 次的浪涌脉冲。连续脉冲的时间间隔为 1min 或更短。试验结果依据受试设备在试验中的功能丧失或性能降低现象进行分类，参考通用、产品类或产品标准规定的性能判据。试验后不应使受试设备变得危险或不安全。

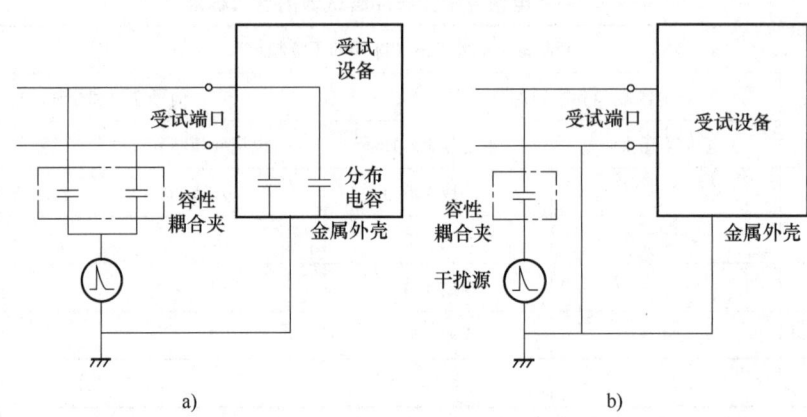

图 7.3-28　用于交直流线上电容耦合的试验电路

a）线—线耦合　b）线—地耦合

（4）电压暂降、短时中断和电压变化抗扰度试验　电压暂降、短时中断和电压变化抗扰度试验适用于连接到交流电网，每相额定输入电流不大于 16A 的设备。

1）电压暂降和电压变化的试验标准。按照国家标准 GB/T 17626.11—2008，电压暂降试验优先采用的试验等级、持续时间见表 7.3-7；短时中断试验优先采用的试验电平、持续时间见表 7.3-8；电压变化试验时的持续时间见表 7.3-9。U_T 为受试设备的额定交流供电电压，U_T 和变化后的电压之间的变化是突然发生的，其阶跃可以在电源电压的任意相位角上开始和停止，采用下述电压等级（以 %U_T 表示）：0%，40%，70%，80%，相对应于暂降后剩余电压为参考电压的 0%，40%，70%，80%。试验等级和持续时间应由产品规范中给出，试验等级为 0% 相当于完全电压中断。

表 7.3-7　电压暂降试验优先采用的试验等级和持续时间

类别①	电压暂降的试验等级和持续时间（50Hz/60Hz）		
1 类	根据设备要求依次进行		
2 类	0% 持续时间 0.5 周期	0% 持续时间 1 周期	70% 持续时间 25/30 周期①

（续）

类别①	电压暂降的试验等级和持续时间（50Hz/60Hz）				
3 类	0% 持续时间 0.5 周期	0% 持续时间 1 周期	40% 持续时间 10/12 周期③	70% 持续时间 25/30 周期③	80% 持续时间 250/300 周期③
X 类②	特定	特定	特定	特定	特定

① 分类依据 GB/T 18039.4—2017。

② "X 类" 由有关的标准化委员会进行定义。

③ "10/12 周期" 是指 "50Hz 试验采用 10 周期" 和 "60Hz 试验采用 12 周期"；

"25/30 周期" 是指 "50Hz 试验采用 25 周期" 和 "60Hz 试验采用 30 周期"；

"250/300 周期" 是指 "50Hz 试验采用 250 周期" 和 "60Hz 试验采用 300 周期"。

表 7.3-8　短时中断试验优先采用的试验等级和持续时间

类别①	短时中断的试验等级和持续时间（50Hz/60Hz）
1 类	根据设备要求依次进行
2 类	0% 持续时间 250/300 周期①
3 类	0% 持续时间 250/300 周期①
X 类②	X

① 分类依据 GB/T 18039.4—2017。

② "X 类" 由有关的标准化委员会进行定义。

2）试验方法。进行电压暂降、短时中断和电压变化试验时，试验装置应尽可能用短的电源电缆与受试设备连接。在选定试验等级后，按照表 7.3-7、表 7.3-8 或表 7.3-9 中对应的参数，在有代表性的工作模式下根据产品标准进行试验，进行 3 次试验，两次试验之间的间隔不小于 10s。对于三相系统的短时中断试验，要求三相应同时跌落。

表 7.3-9　电压变化的时间设定

电压试验等级	电压降低所需时间	降低后电压维持时间	电压增加所需时间（50Hz/60Hz）
70%	突变	1 周期	25/30 周期②
X①	特定	特定	特定

① "X 类" 由有关的标准化委员会进行定义。

② "25/30 周期" 是指 "50Hz 试验采用 25 周期" 和 "60Hz 试验采用 30 周期"。

（5）阻尼振荡波抗扰度试验　阻尼振荡波抗扰度试验适用于在发电厂、高压变电站使用的设备。

1）阻尼振荡波试验等级标准。按照国家标准 GB/T 17626.18—2016，慢速阻尼振荡波（100kHz 或 1MHz）的优先试验电压等级见表 7.3-10；快速阻尼振荡波（3MHz、10MHz 或 30MHz）的优先试验电压等级见表 7.3-11。试验等级被定义为信号发生器输出端或使用的耦合去耦网络输出端上的第一个峰值电压。

表 7.3-10　慢速阻尼振荡波的试验电压等级

等级	共模电压/kV	差模电压/kV
1	0.5	0.25
2	1	0.5
3	2①	1
4	—	—
X②	X	X

① 对于变电站设备此电压增加至 2.5kV。

② "X" 可以是高于、低于或在其他等级之间的任何等级。该等级可以在产品标准中给出。

表 7.3-11　快速阻尼振荡波的试验电压等级

等级	共模电压/kV
1	0.5
2	1
3	2
4	4
X①	x

① "X" 可以是高于、低于或在其他等级之间的任何等级。该等级可以在产品标准中给出。

2）试验方法。试验分别针对受试设备的电源、信号及控制端口进行，可采用不同的试验等级，用于信号和控制端口的试验等级与用于电源端口的试验等级相差不应超过一级。在选定试验等级后，按照表 7.3-10 或表 7.3-11 中对应的参数，通过耦合去耦网络在受试设备电源线或信号线，以线—地试验（共模）或线—线试验（差模）的方式施加干扰。对于快速阻尼振荡波的抗扰度试验只有共模试验，不做差模试验。耦合网络中 0.5μF（慢速阻尼振荡波）或 33μF（快速阻尼振荡波）的耦合电容

的耦合衰减应小于 10%。试验结果依据受试设备在试验中的功能丧失或性能降低现象进行分类，参考通用、产品类或产品标准规定的性能判据。

参 考 文 献

[1] 赵宇，杨军，马小兵. 可靠性数据分析教程 [M]. 北京：北京航空航天大学出版社，2009.

[2] 曾声奎. 可靠性设计与分析 [M]. 北京：国防工业出版社，2011.

[3] 姜同敏. 可靠性与寿命试验 [M]. 北京：国防工业出版社，2012.

[4] 国家质量监督检验检疫总局职业技能鉴定指导中心组. 产品可靠性能检验 [M]. 北京：中国计量出版社，2005.

[5] 姜兴渭，等. 可靠性工程技术 [M]. 哈尔滨：哈尔滨工业大学出版社，2005.

[6] 国家电力监管委员会电力可靠性管理中心，电力可靠性技术与管理培训教材 [M]. 北京：中国电力出版社，2007.

[7] 机械工程手册电机工程手册编辑委员会. 电机工程手册：第 1 卷第 8 篇 [M]. 2 版. 北京：机械工业出版社，1996.

[8] 何国伟，等. 可靠性工程入门 [M]. 北京：中国标准出版社，1987.

[9] 曹晋华，程侃. 可靠性数学引论 [M]. 北京：科学出版社，2006.

[10] 陆俭国，等. 电工产品可靠性 [M]. 北京：机械工业出版社，1991.

[11] 陈凯，等. 可靠性数学及其应用 [M]. 长春：吉林教育出版社，1989.

[12] 郭永基. 电力系统可靠性原理和应用 [M]. 北京：清华大学出版社，1985，1986.

[13] 姚一平，李沛琼. 可靠性及余度技术 [M]. 北京：航空工业出版社，1991.

[14] 傅光明，等. 可靠性管理 [M]. 北京：人民邮电出版社，1984.

[15] 机械工程手册电机工程手册编辑委员会. 电机工程手册：第 1 卷第 9 篇 [M]. 2 版. 北京：机械工业出版社，1996.

[16] 顾希如. 电磁兼容的原理、规范和测试 [M]. 北京：国防工业出版社，1988.

[17] 赖祖武. 电磁干扰防护与电磁兼容 [M]. 北京：

[18] 卢礼芬. 环境电磁兼容控制基础 [M]. 北京：兵器工业出版社，1989.

[19] 徐瑞兆. 应用气候学 [M]. 北京：气象出版社，1991.

[20] 王莹. 高功率脉冲电源 [M]. 北京：原子能出版社，1991.

[21] 陈晓彤，等. 可靠性实用指南 [M]. 北京：北京航空航天大学出版社，2005.

[22] 罗雯，魏建中，阳辉，等. 电子元器件可靠性试验工程 [M]. 北京：电子工业出版社，2005.

[23] 梅文华. 可靠性增长试验 [M]. 北京：国防工业出版社，2003.

[24] 赵涛，林青. 可靠性工程基础 [M]. 天津：天津大学出版社，1999.

[25] 汪学华. 自然环境试验技术 [M]. 北京：航空工业出版社，2003.

[26] 陈伟华. 电磁兼容实用手册 [M]. 北京：机械工业出版社，2000.

[27] 邱焱，肖雳. 电磁兼容标准与认证 [M]. 北京：北京邮电大学出版社，2002.

[28] 李景禄. 电力系统电磁兼容技术 [M]. 北京：中国电力出版社，2007.

[29] 钱振宇. 开关电源的电磁兼容性设计与测试 [M]. 北京：电子工业出版社，2005.

[30] 全国无线电干扰标准化技术委员会，电磁兼容标准实施指南 [M]. 北京：中国标准出版社，2010.

[31] 顾海洲，马双武. PCB 电磁兼容技术　设计实践 [M]. 北京：清华大学出版社，2004.

[32] 区健昌，林守霖，吕英华. 电子设备的电磁兼容性设计 [M]. 北京：电子工业出版社，2003.

[33] Henry W. Ott. 电子系统中噪声的抑制与衰减技术（第二版）[M]. 王培清，李迪，译. 北京：电子工业出版社，2003.

[34] 王洪新，贺景亮. 电力系统电磁兼容 [M]. 武汉：武汉大学出版社，2004.

原子能出版社，1993.

第 **8** 篇

电气测量和仪器仪表

主　编　丁　晖（西安交通大学电气工程学院）
参　　编　（按姓氏笔画排序）
　　　　　白　洁（西安交通大学电气工程学院）
　　　　　刘懿莹（西安交通大学电气工程学院）
　　　　　汤晓君（西安交通大学电气工程学院）
　　　　　李运甲（西安交通大学电气工程学院）
　　　　　张　勇（西安交通大学电气工程学院）
　　　　　骆一萍（西安交通大学电气工程学院）
　　　　　曾翔君（西安交通大学电气工程学院）
责任编辑　朱　林

第1章 电气测量技术基础

1.1 测量的概念

1 测量 测量是被测量与同类标准量比较的一个实验过程。用数值和单位表示测量结果。

2 测量系统的基本组成 测量系统一般包括传感器、调理电路、A/D 转换器和计算机系统。其中传感器是将输入的待测非电量信号转换为电信号；调理电路是将传感器输出的电信号进行调理放大，转换成适合 A/D 转换器输入的信号；A/D 转换器是将模拟信号转换为数字信号，送入计算机系统；计算机系统对数字信号分析处理并显示结果。测量系统的结构框图如图 8.1-1 所示。

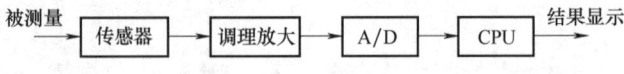

图 8.1-1 测量系统结构框图

3 传感器

（1）传感器的定义 能感受被测物理量并按照一定的规律转换成可用输出信号的器件或装置。一般由敏感元件、转换元件和转换电路 3 个部分组成，其中敏感元件能直接感受被测量，输出与被测量有确定关系的物理量；转换元件将敏感元件的输出量转换为适于传输和测量的电信号；转换电路将电信号转换成便于测量的电压、电流、频率等电量信号。传感器的基本组成如图 8.1-2 所示。

图 8.1-2 传感器的基本组成

（2）传感器的分类 传感器的种类繁多，在对非电量的测试中，有的传感器可以同时测量多种参量，而有时对一种物理量又可用多种不同类型的传感器进行测量。目前，采用较多的传感器分类方法主要有以下几种，见表 8.1-1。

表 8.1-1 传感器分类方法

传感器分类方法	传感器种类	特 点
按被测物理量分类	温度、压力、位移、加速度、位置、湿度、气体、流量和转速等传感器	表明了传感器的用途，便于使用者选择，如位移传感器用于位移测量等
按传感器工作原理分类	应变式、电容式、电感式、压电式、热电式和磁电式传感器	表明了传感器的工作原理，有利于对传感器的学习和设计，如电感式传感器、电容式传感器等
按传感器转换能量分类	能量转换型：压电式、热电偶、光电池等	不需外加电源而将被测能量转换成电能输出
	能量控制型：电阻、电感、霍尔式等传感器，以及热敏电阻、光敏电阻、湿敏电阻等	需外加电源才能输出电能量

（续）

传感器分类方法	传感器种类	特　　点
按传感器的工作机理分类	结构型：电感式、电容式等	被测参数变化引起传感器的结构变化，从而使输出电量变化
	物性型：压电传感器、各种半导体传感器等	利用某些物质的某种性质随被测参数变化的原理构成
按传感器输出信号的形式分类	模拟式：大部分传感器都输出模拟量	传感器输出为模拟量
	数字式：编码器式传感器	传感器输出为数字量

（3）传感器的性能要求　各种传感器的变换原理、结构、使用目的、环境条件虽各不相同，但对它们的主要性能要求都是一致的。这些主要性能要求如下：

1）足够的容量。传感器的工作范围或量程足够大，具有一定的过载能力。

2）灵敏度高，精度适当。要求输出信号与被测信号有确定的关系（通常为线性），且比值要大；传感器的静态响应和动态响应的准确度能满足要求。

3）响应速度快，工作稳定，可靠性高。

4）实用性和适应性强。体积小，质量轻，动作能量小，对被测对象的状态影响小；内部噪声小而又不易受外界干扰的影响；其输出信号力求为通用或标准形式，以便于系统对接。

5）使用经济。成本低，寿命长，便于使用、维修和校准。

（4）新型传感器的发展　近年来新型传感器的发展主要表现在 5 个方面，见表 8.1-2。

表 8.1-2　新型传感器的主要材料及应用

传感器的发展方向	主 要 材 料	应　　用
新材料、新功能的开发应用	半导体硅材料	包括单晶硅、多晶硅、非晶硅、硅蓝宝石等，可研制出各种类型的硅微结构传感器
	石英晶体材料	包括压电石英晶体和熔凝石英晶体，可研制各种微型化的高精密传感器
	功能陶瓷材料	利用某些精密陶瓷材料的特殊功能，可制成新型气体传感器
微机械加工工艺	平面电子加工工艺技术	可进行光刻、扩散、沉积、氧化、溅射等
	选择性的三维刻蚀工艺技术	包括各种异性腐蚀技术、外延技术、牺牲层技术、LIGA 技术等
	固相键合工艺技术	如 Si-Si 键合，可以实现一体化结构，且强度、气密性好
	机械切割技术	制造硅微机械传感器
	整体封装工艺技术	隔离外加干扰对传感器芯片的影响
多功能化发展	利用一个传感器实现多参数测量的多功能传感器	如可同时检测血液中的钠、钾和氢离子的浓度
智能化发展	与微处理器密切结合	直接分析处理信息
传感器仿真技术	设计和研制传感器	分析、研究传感器的特性

4　测量系统的静态特性及特性参数指标　测量系统的静态特性又称"刻度特性""标准曲线"或"校准曲线"。当测量系统的输入为不随时间变化的恒定信号时，测量系统输入与输出之间呈现的关系就是静态特性。

常见的传感器静态性能指标包括零位（点）、灵敏度、分辨力、量程、线性度、迟滞、重复性、准确度等，见表 8.1-3。

表 8.1-3　测量系统的静态特性及特性参数指标

静态指标	定　义	公式及说明	示　意　图
零位（点）	当输入量为零时 $x=0$，其输出量不为零的数值	$y(t)=S_0$	
灵敏度	输出变化量 Δy 与引起该输出量变化的输入变化量 Δx 之比值	$S=\dfrac{\text{输出量的变化量 }\Delta y}{\text{输入量的变化量 }\Delta x}=\dfrac{\mathrm{d}y}{\mathrm{d}x}$ 当输出量与输入量采用相对变化量 $\Delta y/y$ 和 $\Delta x/x$ 形式时，灵敏度还有其他多种表达形式，如： $S=\dfrac{\Delta y}{\Delta x/x}$ $\quad S=\dfrac{\Delta y/y}{\Delta x}$	
分辨力	表征测量系统有效辨别输入量最小变化量的能力，即能引起输出量发生变化的最小输入变化量	具有数字显示器的测量系统，其分辨力是当最小有效数字增加一个字时相应示值的改变量，也即相当于一个分度值	
量程	表征测量系统能够承受最大输入量的能力	测量系统示值范围上、下限之差的模；当输入量在量程范围以内时，测量系统正常工作，并保证预定的性能	
线性度（非线性误差）	测量系统的静态特性对选定拟合直线 $y=a+bx$ 的接近程度，用非线性引用误差形式来表示，选定的拟合直线不同，其线性度数值也就不同，目前常用的有：理论线性度、平均选点线性度、端基线性度、最小二乘法线性度等	$\delta_{\mathrm{L}}=\dfrac{\mid\Delta L_{\mathrm{m}}\mid}{Y_{\mathrm{F}\cdot\mathrm{S}}}\times100\%$ 式中 $\mid\Delta L_{\mathrm{m}}\mid$——静态特性与选定拟合直线的最大拟合偏差，$m=1$ 或 2	1—最小二乘法线性度拟合直线；2—理论线性度拟合直线；3—测量系统实验标定曲线；ΔL_1—最小二乘法线性度最大拟合偏差；ΔL_2—理论线性度最大拟合偏差

（续）

静态指标	定 　义	公式及说明	示 　意 　图
迟滞	在全量程范围内，测量系统输入量由小到大（正行程）或由大到小（反行程）两者静态特性不一致的程度	$\delta_H = \dfrac{\|\Delta H\|}{Y_{F \cdot S}} \times 100\%$ 式中　$\|\Delta H\|$——同一输入量对应正、反行程输出量的最大差值； $Y_{F \cdot S}$——测量系统的满度值	
重复性	测量系统输入量按同一方向作全量程连续多次变动时，静态特性不一致的程度，是一种随机误差	$\delta_R = \dfrac{\Delta R}{Y_{F \cdot S}} \times 100\%$ 式中　ΔR——同一输入量对应多次循环的同向行程输出量的绝对误差	
准确度	① 用准确度等级指数来表示； ② 用不确定度来表征（见词条 13）	准确度等级指数 a 的百分数 $a\%$ 所表示的相对值是代表允许误差的大小，它不是测量系统实际出现的误差，a 值越小表示准确度越高；凡国家标准规定有准确度等级指数的正式产品都应有准确度等级指数的标志	

5　测量系统动态特性及动态特性模型 　测量系统的动态特性是指输入量随时间变化时，系统的输出随输入变化的关系，反映测量系统测量动态信号的能力。

　常用测量系统的频率响应特性和阶跃响应特性来表征其动态特性。常见测量系统多是一阶的或二阶的系统。一阶系统和二阶系统的动态响应特性及动态误差见表 8.1-4。

表 8.1-4　一阶系统和二阶系统的动态响应特性及动态误差

数学模型		一 阶 系 统	二 阶 系 统
数学模型	微分方程	$\tau \dfrac{\mathrm{d}y}{\mathrm{d}t} + y = Kx$ 式中　τ—时间常数	$\dfrac{1}{\omega_0^2}\dfrac{\mathrm{d}^2 y}{\mathrm{d}t^2} + \dfrac{2\zeta}{\omega_0}\dfrac{\mathrm{d}y}{\mathrm{d}t} + y = Kx$ $\omega_0 = \dfrac{1}{\sqrt{LC}}$　$\zeta = \dfrac{R}{2}\sqrt{\dfrac{C}{L}}$　$K = 1$ 式中　ω_0——系统固有角频率； ζ——阻尼比； K——直流放大倍数或静态灵敏度
	传递函数	$H(s) = \dfrac{Y(s)}{X(s)} = \dfrac{K}{1+\tau s}$	$H(s) = \dfrac{Y(s)}{X(s)} = \dfrac{K}{\dfrac{1}{\omega_0^2}s^2 + \dfrac{2\zeta}{\omega_0}s + 1}$
	频率特性	$H(\omega) = \dfrac{Y(\omega)}{X(\omega)} = \dfrac{K}{1+\mathrm{j}\omega\tau}$	$H(\omega) = \dfrac{Y(\omega)}{X(\omega)} = \dfrac{K}{\left[1-\left(\dfrac{\omega}{\omega_0}\right)^2\right] + \mathrm{j}2\zeta\dfrac{\omega}{\omega_0}}$

（续）

	一 阶 系 统	二 阶 系 统
阶跃响应特性	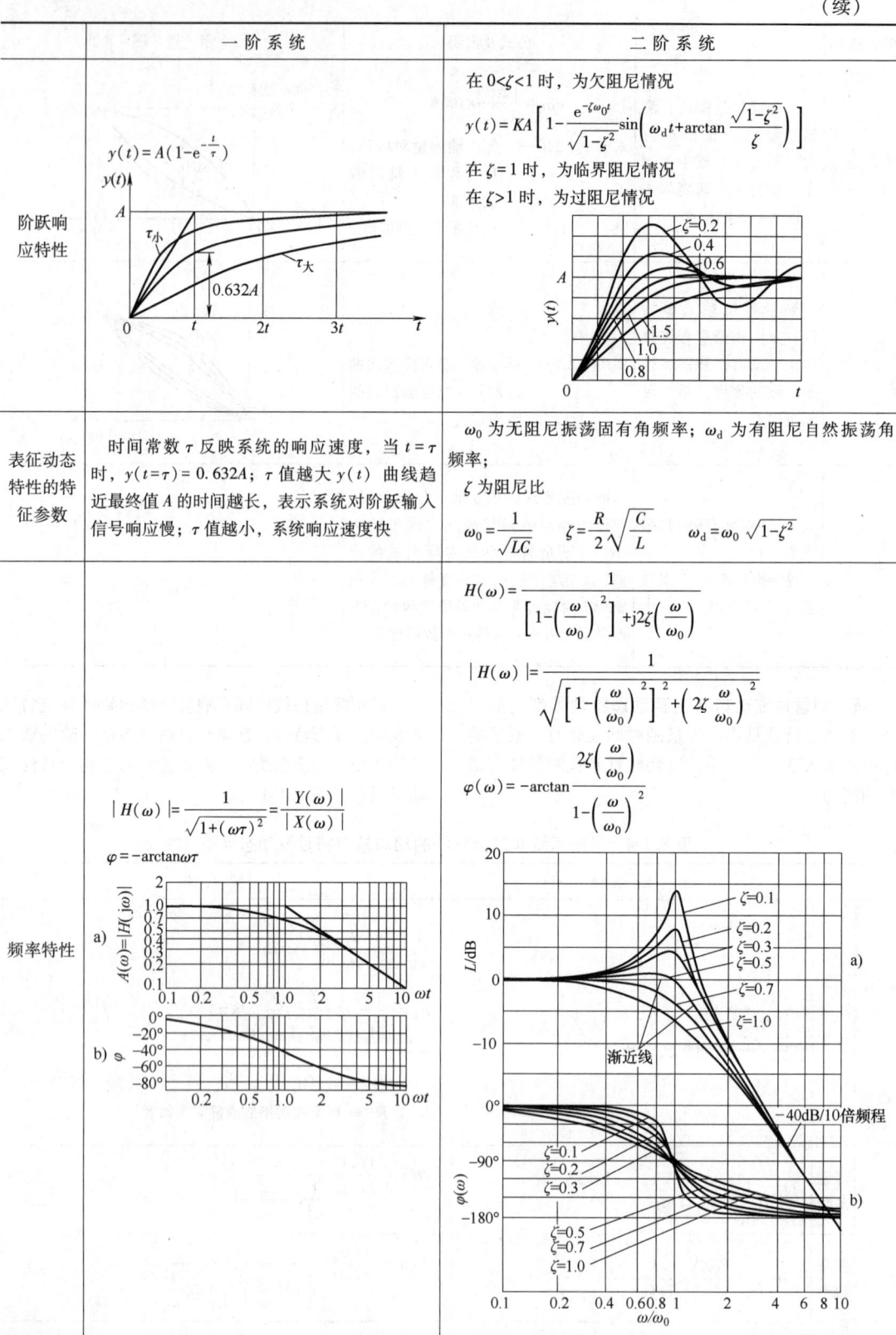	在 $0<\zeta<1$ 时，为欠阻尼情况 $$y(t)=KA\left[1-\frac{\mathrm{e}^{-\zeta\omega_0 t}}{\sqrt{1-\zeta^2}}\sin\left(\omega_\mathrm{d}t+\arctan\frac{\sqrt{1-\zeta^2}}{\zeta}\right)\right]$$ 在 $\zeta=1$ 时，为临界阻尼情况 在 $\zeta>1$ 时，为过阻尼情况
表征动态特性的特征参数	时间常数 τ 反映系统的响应速度，当 $t=\tau$ 时，$y(t=\tau)=0.632A$；τ 值越大 $y(t)$ 曲线趋近最终值 A 的时间越长，表示系统对阶跃输入信号响应慢；τ 值越小，系统响应速度快	ω_0 为无阻尼振荡固有角频率；ω_d 为有阻尼自然振荡角频率； ζ 为阻尼比 $$\omega_0=\frac{1}{\sqrt{LC}}\qquad \zeta=\frac{R}{2}\sqrt{\frac{C}{L}}\qquad \omega_\mathrm{d}=\omega_0\sqrt{1-\zeta^2}$$
频率特性	$$\mid H(\omega)\mid=\frac{1}{\sqrt{1+(\omega\tau)^2}}=\frac{\mid Y(\omega)\mid}{\mid X(\omega)\mid}$$ $$\varphi=-\arctan\omega\tau$$	$$H(\omega)=\frac{1}{\left[1-\left(\dfrac{\omega}{\omega_0}\right)^2\right]+\mathrm{j}2\zeta\left(\dfrac{\omega}{\omega_0}\right)}$$ $$\mid H(\omega)\mid=\frac{1}{\sqrt{\left[1-\left(\dfrac{\omega}{\omega_0}\right)^2\right]^2+\left(2\zeta\dfrac{\omega}{\omega_0}\right)^2}}$$ $$\varphi(\omega)=-\arctan\frac{2\zeta\left(\dfrac{\omega}{\omega_0}\right)}{1-\left(\dfrac{\omega}{\omega_0}\right)^2}$$

（续）

		一 阶 系 统	二 阶 系 统
动态误差	动态幅值误差	$\gamma=\dfrac{1}{\sqrt{1+(\omega\tau)^2}}-1$ 或 $\gamma=\dfrac{1}{\sqrt{1+\left(\dfrac{\omega}{\omega_\tau}\right)^2}}-1$ 式中 $\omega_\tau=\dfrac{1}{\tau}$——阶系统的转折角频率； ω——信号角频率	$\gamma=\dfrac{1}{\sqrt{\left[1-\left(\dfrac{\omega}{\omega_0}\right)^2\right]^2+\left(2\zeta\dfrac{\omega}{\omega_0}\right)^2}}-1$
	动态相位误差	$\varphi=-\arctan\omega\tau$	$\varphi=-\arctan\dfrac{2\zeta\left(\dfrac{\omega}{\omega_0}\right)}{1-\left(\dfrac{\omega}{\omega_0}\right)^2}$

1.2 计量的概念

6 计量 计量是实现单位统一、量值准确可靠的活动。或者说是以实现单位统一、量值准确可靠为目的的测量。

7 单位及单位制 计量单位是指为定量表示同种量大小而约定采用的特定量。计量单位具有约定地赋予的名称和符号。如长度的单位名称为米，单位符号为 m。同量纲的单位具有相同的名称和符号。同量纲的量即使不是同种量，其单位也可有相同的名称和符号。如功、热、能量，单位都是焦耳（J）。

计量单位包括基本单位和导出单位。基本单位是指在给定的量制中基本量的单位，导出单位是指在给定的量制中导出量的单位。

计量单位制是指为给定的量制按给定规则确定的一组基本单位和导出单位。

国际单位制（SI）的 7 个基本单位的定义见表 8.1-5。

表 8.1-5 国际单位制的 7 个基本单位的定义

物理量名称	单位的名称	单位的符号	单 位 定 义
时间	秒	s	1 秒是铯-133 原子在基态下的两个超精细能级之间跃迁所对应的辐射的 9 192 631 770 个周期的时间
长度	米	m	1 米是光在真空中 1/299 792 458s（秒）的行程
质量	千克	kg	1 千克是普朗克常量为 $6.626\ 070\ 15\times10^{-34}$J·s 时的质量
电流	安［培］	A	1 安培是 1s 内通过 $(1.602\ 176\ 634)^{-1}\times10^{19}$ 个元电荷所对应的电流，即 1 安培是某点处 1s 内通过 1 库仑电荷的电流，1A=1C/s
热力学温度	开［尔文］	K	1 开尔文是玻尔兹曼常数为 $1.380\ 649\times10^{-23}$J·K^{-1}（$1.380\ 649\times10^{-23}$kg·m^2·s^{-2}·K^{-1}）时的热力学温度
物质的量	摩［尔］	mol	1 摩尔是精确包含 $6.022\ 140\ 76\times10^{23}$ 个原子或分子等基本单元的系统的物质的量
发光强度	坎［德拉］	cd	1 坎德拉是一光源在给定方向上发出频率为 540×10^{12}s^{-1} 的单色辐射，且在此方向上的辐射强度为 $(683)^{-1}$kg·m^2·s^{-3} 时的发光强度

注：方括号中的字，在不引起混淆、误解的情况下，可以去掉。去掉方括号中的字即其名称的简称。

8 计量检定 计量检定指为评定计量器具的计量性能，确定其是否合格所进行的全部工作，包括检验和出具检定证书。

1.3　常用电磁学量具

9　电磁学量具　电磁学量具是维持电磁学单位的统一、保证量值准确传递的器具。按其在量值传递过程中的作用和准确度分为基准器、标准器和工作量具三大类。电磁学量值的准确传递是以基准器保存电磁学量单位，按检定系统逐级向标准器、工作量具传递。

（1）基准器　指用当代最先进的科学技术，以最高准确度建立起来的专门用以规定、保存和复现某种物理量计量单位的特殊量具。基准器又分为主基准器、副基准器、比较基准器和工作基准器。

（2）标准器　其准确度低于基准器。根据基准复现的量值，制成不同等级的标准量具或仪器称为标准器。按准确度也可把标准器分为一等、二等标准器。一等标准器的量值是由准确度更高的基准器来确定。然后把量值由上一等级标准向下一等级标准进行传递，一直传到不同准确度等级的工作量具或工作仪器。

（3）工作量具　由标准器定标，广泛应用于生产、科研及工程测量等方面的器具。

10　实物基准器　19 世纪下半叶到 20 世纪上半叶，各国的计量基准都是经典的实物计量基准。这些计量基准一般是根据经典物理学的原理，用某种特别稳定的实物来实现的。对电学计量来说，最主要的是电压实物基准和电阻实物基准两种。电压实物基准是一组饱和式韦斯顿标准电池，其开路端电压的平均值就用于保持电压单位伏特；电阻实物基准是一组标准电阻线圈，其电阻的平均值用于保持电阻单位。但是由于这些计量基准均为某种实物，总会有一些不易控制的物理、化学过程使它的特性发生缓慢的变化，因而它所保存的量值也会有所改变。另一方面，最高等级的实物计量基准全世界只有一个或一套，一旦发生意外损坏，原来连续保存的单位量值也会因之中断。

11　量子基准　20 世纪下半叶，出现了与传统的实物基准完全不同的量子计量基准，它们采用量子现象来复现量值。量子基准可以从原则上消除各种宏观参数不稳定产生的影响，所复现的计量单位不再会发生缓慢漂移，计量基准的稳定性和准确度可以达到空前的高度。更重要的一点是量子现象可以在任何时间、任何地点用原理相同的装置重复产生，不像实物基准是特定的物体，一旦由于意外损伤，就不可能再准确复制。因此，用量子跃迁复现计量单位对于保持

计量基准量值的高度连续性也有重大的价值。

（1）电压量子基准　1962 年，英国的青年科学家约瑟夫森从理论上预言，如把两块超导体靠得很近，超导体中的库柏电子对有一定的概率越过两块超导体间的间隙，从而发生一系列前所未知的奇妙效应。一年后，此预言为实验所证实。人们把上述的两块靠得很近的超导体就称为一个约瑟夫森结。如果约瑟夫森结两边的超导体上加有电位差，库柏电子对越过超导体间的间隙时对应的量子跃迁所吸收或发射的电磁辐射，普朗克公式 $\Delta E = h\nu$ 同样成立。如 $2e$ 为库柏电子对的电荷，V 为约瑟夫森结两边的电压，普朗克公式就成为：$2eV = h\nu$。利用此种特殊形式的量子跃迁，可把电压与微波辐射频率联系起来，得到准确度与频率基准相接近的量子电压基准，目前其准确度已达到 10^{-13}。20 世纪 80 年代建立了 mV 量级的约瑟夫森量子电压标准，90 年代建成了 1V 和 10V 串联结阵约瑟夫森量子电压标准。在由国际计量局组织的国际巡回比对中，我国的约瑟夫森量子电压标准的比对数据分散性最小，与国际平均值的差别也最小，显示了我国此项工作已达到了国际先进水平。现在，我国已批准了用约瑟夫森量子电压标准作为国家基准，复现和维持我国的法定电压单位。

（2）电阻量子基准　1980 年，德国科学家克里青发现了在低温下处于强磁场中的半导体表面的二维电子气的霍尔效应会呈现出一种量子化效应，现在这种效应就称为量子化霍尔效应。按照量子化霍尔效应的原理，在霍尔曲线的平台处霍尔电阻满足公式：

$$R_H = h/(ie^2),\ i = 1, 2, 3, \cdots$$

也就是说，此处的霍尔电阻只取决于普朗克常数 h 和电子电荷 e 和一个正整数 i，不随时间、材料以及温度、气压等外界因素而变。根据量子化霍尔效应制成的量子电阻基准，准确度已达到 10^{-9} 量级。而传统的线绕电阻这一类实物基准的准确度仅为 10^{-7} 量级，与量子基准相比较，差距也是十分明显的。我国的量子化霍尔电阻基准装置已在 20 世纪末建成。2003 年参加了由国际计量局组织的国际循环比对，不确定度仅为 10^{-10} 量级，为国际最好水平。2006 年我国也已批准了用量子化霍尔电阻标准作为国家基准，复现和维持我国的法定电阻单位。

（3）电流量子基准　众所周知，国际单位制中有 7 个基本单位，与电磁计量直接有关的基本单位是电流的单位安培。当然，实现了电压和电阻的量

子基准后，也可以从欧姆定律导出电流单位，从而实现间接的电流量子基准。但是人们寻找一种更为直接的电流量子基准的努力一直没有停止。早在 20 世纪 50 年代就有人提出可以对加速器中的电子流进行直接计数而实现基于电子的电荷量这一基本物理常数以及频率量的电流量子基准。这一富有创造性的想法由于巨大的困难而未能实现。到了 90 年代，这一想法已有可能通过另一途径实现，这就是当前国际上的研究特点——单电子隧道效应。这一效应的基本原理不难理解。如在一电容器 C 上充有电荷 Q 时，电容器中的电能量为

$$W = Q^2/(2C)$$

当电容器电极的线度极小时，电容量 C 变得很小，以至于电极上只充有一个电子的电荷时，电能量 W 也有可能超过电子的热运动能量，即满足不等式：

$$W \gg kT/2$$

如电子的电荷量为 e，则可以得到

$$C \gg e^2/(kT)$$

当 $W \gg kT/2$ 得到满足时，表示电子的杂乱热运动已可忽略不计，因而可以利用量子力学中电子穿透位垒的隧道效应把单个电子送入或取出这个极小的电容器。如果控制好电容器两边的位垒大小，使得电子总是从这一边流入而从另一边流出，就可形成单向的电流，其中的电子可以一个一个地计数。如电子进出电容器的频率为 f，电子的电荷量为 e，则相应的电流表达式为

$$I = ef$$

这样就可以实现基于电子电荷量这一基本物理常数以及频率量的电流量子基准。

（4）量子三角形　利用单电子隧道效应建立的电流量子基准实现以后，并不是将会代替现有的电压、电阻量子基准。实际上这三者中只要有了两个，就可根据欧姆定律导出第三个。因此这三种量子基准将形成互相依存、互相检验的关系。如把这三种量子基准放在三角形的三个定点上，这样的关系就可表示得很清楚。人们把这样的三角形称为"量子三角形"。

12　常用电磁学标准器

（1）标准电阻器　用于保持和传递电阻单位的电学量具，具有测量准确度高、阻值长期稳定性好、电感和电容极小的特点。电阻线多使用锰铜合金线，它具有很小的温度系数。

1）标准电阻器的主要技术特性见表 8.1-6。

2）标准电阻器的使用及维护。标准电阻应在表 8.1-6 规定的技术条件下使用和保管；通常标准电阻器铭牌上给出的额定值是指温度为 20℃ 下的电阻值。若使用在规定范围内的其他温度时，则该温度 t 下的电阻值按：$R_t = R_{20}[1 + A(t-20) + B(t-20)^2]$ 来计算，其中 t 表示温度，R_{20} 表示 20℃ 时的电阻值，A 和 B 为与材料相关的系数。

表 8.1-6　标准电阻器的主要技术特性

准确度级别	电阻名义值/Ω	功率/W		电压/V		使用环境条件	
		额定值	最大值	额定值	最大值	温度/℃	相对湿度（%）
一等[①]	$10^{-3} \sim 10^5$	0.03				20±1	<80
二等[②]	$10^{-3} \sim 10^5$	0.1				20±2	<80
0.005	$10^{-3} \sim 10^5$	0.1	0.3			20±5	<80
0.01	10^{-4}	0.1				20±10	<80
	$10^{-3} \sim 10^5$	0.1	1			20±10	<80
	$10^{-3} \sim 10^{-1}$	1	3			20±10	<80
	$10^6 \sim 10^7$			100	300	20±10	<70
0.02	$10^{-4} \sim 10^5$	0.1	1			20±15	<80
	10^6			100	300	20±15	<70
	10^7			300	500	20±15	<70
0.05	10^{-4}	1	10			20±15	<80
	$10^6 \sim 10^8$			300	500	20±15	<70

① 一等标准器。

② 二等标准器。

（2）标准电池　用于保存和传递直流电动势的电学量具，利用化学原理制成。根据电解液的浓度，分为饱和标准电池和不饱和标准电池。

1）标准电池的技术条件。我国的标准电池，按其电动势的准确度和稳定度分为若干等级，它们的基本参数及主要技术要求见表8.1-7。

2）标准电池的使用与维护。使用标准电池时

如不遵守正常的使用、维护条件，会降低标准电池的准确度和稳定度，甚至损坏标准电池。因此使用和存放时必须遵守下列几点：①使用和存放地点的温度和湿度应符合说明书要求，且周围温度波动不宜太大；②防止其他光源、热源、冷源的直接作用；③流过标准电池的电流不得超过表8.1-7的规定值；④使用和运输中避免强烈振动。

表 8.1-7　标准电池的基本参数及主要技术要求

类型	准确度级别	在+20℃时的电动势实际值/V	在1min内允许流过的最大电流/μA	在一年中电动势的允许变化/μV	温度/℃ 保证准确度	温度/℃ 可使用于	内阻/Ω≥ 新的	内阻/Ω≥ 使用中的	相对湿度（%）
饱和	0.000 2	1.018 590 0~1.018 680 0	0.1	2	19~21	15~25	700		≤80
	0.000 5	1.018 590 0~1.018 680 0	0.1	5	18~22	10~30	700		≤80
	0.001	1.018 590~1.018 680	0.1	10	15~25	5~35	700	1 500	≤80
	0.005	1.018 55~1.018 68	1	50	10~30	0~40	700	2 000	≤80
	0.01	1.018 55~1.018 68	1	100	5~40	0~40	700	3 000	≤80
不饱和	0.005	1.018 80~1.019 30	1	50	15~25	10~30	500		≤80
	0.01	1.018 80~1.019 30	1	100	10~30	5~40	500	3 000	≤80
	0.02	1.018 6~1.019 6	10	200	5~40	0~50	500	3 000	≤80

（3）标准电容器　用于保持和传递电容单位的电学量具，具有准确度高、损耗小、长期稳定及分数系数小等优点。通常按电容器所用的介质不同分为气体介质电容器和固体介质电容器两种。它的主要技术性能见表8.1-8。

表 8.1-8　标准电容器的主要技术性能

准确度级别	固有误差Δ（%）	年稳定度r/（×10^{-4}/年）	损耗角正切 D/（×10^{-4}） 气体介质	损耗角正切 D/（×10^{-4}） 固体介质	温度系数 α/（×10^{-5}/℃） 气体介质	温度系数 α/（×10^{-5}/℃） 固体介质
0.01	±0.01	±0.5	0.5	2	±1	±3
0.02	±0.02	±0.8	0.5	3	±2	±3
0.05	±0.05	±1.5	1	5	±5	±5
0.1	±0.1	±3	1	5	±5	±5
0.2	±0.2	±6	1	10	±10	±10

（4）标准电感器　标准电感器包括标准自感器和标准互感器两种。标准自感器有一个线圈，标准互感器有两个线圈，其直流电阻很小，电感值随频率和电流变化极小。线圈骨架用大理石、石英等材料制成。标准电感器的主要技术性能见表8.1-9。

表 8.1-9　标准电感器的主要技术性能

（续）

准确度级别	固有误差Δ（%）	年稳定度r/（×10^{-4}/年）	温度系数 α/（×10^{-5}/℃）
0.01	±0.01	±0.5	±1
0.02	±0.02	±0.8	±2
0.05	±0.05	±1.5	±5
0.1	±0.1	±3	±5
0.2	±0.2	±6	±10
0.5	±0.5	±15	±10
1.0	±1.0	±30	±10

（5）频率标准　交流电每秒变化的周期称为频率。1967 年国际计量大会正式决定采用铯原子基态的两个超精细能级之间跃迁对应的辐射频率作为原始频率标准，其频率值是 9 192 631 770Hz。铯原子频率标准是一种无源型的原子频率标准，稳定度已超过 10^{-13}。国际上除铯原子束频率稳定外，还研制出其他频率标准。激光频率标准的准确度可达 10^{-15} 量级，稳定度可达 10^{-15} 或更好。

（6）磁场计量　运动的电荷产生磁场，磁场对运动的电荷有磁场力的作用。所有的磁场现象都可归结为运动电荷之间通过磁场而发生的相互作用。通常把运动电荷受到磁作用力的空间，称为有磁场存在的空间。也可以把包围运动电荷、运动电荷系统或载流导体的空间称为磁场。

磁场的计量可分为弱场、中场和强场。弱场计量主要是利用亥姆霍兹线圈；中场计量主要是利用螺线管；强场计量则采用水冷或油冷的螺线管或低温超导螺线管，后者可产生几特斯拉以至几十特斯拉的强磁场。

磁场强度的计量方法主要有旋转线圈法、霍尔效应法和核磁共振法。磁场强度基准一般也都是利用这些方法建立的。

1.4　测量仪器的准确度评价方法

13　测量不确定度的概念及分类　测量不确定度表征了测量结果中真值所在的定量区间及其出现的概率。测量不确定度分为标准不确定度和扩展不确定度。标准不确定度表示：通过统计学或非统计学方法估计得到的测量结果不确定度的区间，它是一个绝对值。扩展不确定度则是把标准不确定度乘以一个大于 1 的置信因子（或叫作覆盖因子）后得到的一个数值范围，用正负号来表征，它反映了被测量的真值将以给定概率（即置信度）落于该正负区间内。扩展不确定度的估计以标准不确定度的评价为基础，而标准不确定度则按照评价方法的不同分为 A 类标准不确定度、B 类标准不确定度以及合成标准不确定度。

14　A 类不确定度评价方法　A 类不确定度采用统计学方法进行评估。在严格限定的实验条件下，用相同的测量方法和测量仪器对被测量进行多次重复测量，可认为这些测量结果之间是彼此不相关的。在这种情况下，由于随机误差的影响，测量结果会围绕其平均值产生分散性，对此分散性进行统计学评估就得到了测量结果的 A 类不确定度。

A 类不确定度评价方法 1：假设对某被测量重复测量 n 次，则其标准差就为 A 类不确定度：

$$u_A(x) = s = \sqrt{\frac{\sum_{i=1}^{n}(x_i - \bar{x})}{v}}$$

式中　　　　v——测量自由度，$v = n-1$；
$x_i(i = 1, 2, \cdots, n)$——测量值；
　　　　　　$\bar{x}$——n 个测量值的平均值。
如果其平均值作为测量结果，那么平均值的标准不确定度是单次测量值标准不确定度的 $1/\sqrt{n}$，即

$$u_A(\bar{x}) = \frac{s}{\sqrt{n}}$$

A 类不确定度评价方法 2：如果测量结果之间并不是独立的，而是存在相关性，那么利用统计学原理进行不确定度的评价将更为复杂。此类测量问题中比较典型的是对被测量随时间变化的速率（通常称为"漂移"速率）进行估计的问题，这种"漂移"通常有可能湮没于随机波动中，例如在测量气候变化时，气温值的长期变化就隐藏于每天的气温值的上下波动中。要从这些"随机噪声"中分析出温度的漂移数据就需要运用统计学分析的方法，其不确定度由温度测量值的分散程度来决定，这也属于 A 类不确定度评价的范围。

【例 1】 对一个标称值为 10V 的电压基准进行测量得到五组电压数据（该电压基准是在电子产业中进行校准用的标准设备，它经常需要和国家电压标准进行比对）。理想情况下电压基准是稳定的，但是实际上，经常能够看到有一个缓慢的漂移或者是一个随机的分散量。在表 8.1-10 中，可以观察到五个测量数值跨越了五年。把时间作为自变量，其单位是年，用 $t_i(i = 1, 2, \cdots, 5)$ 来表示，并且设 1998 年 1 月 1 日为第 0 年。把电压作为因变量，它与标称值 10V 之间的相对误差用 $V_i(i = 1, 2, \cdots, 5)$ 来表示（即 V_i 表示 10V 的百万分之几或者等效为 μV/V）。在图 8.1-3 给出了 V_i 随时间 t_i 变化的情况。

表 8.1-10　电压基准值相对误差随时间的变化

t/年	$V/(\mu V/V)$
0.79	2.2
1.89	2.5
3.17	2.8
4.62	3.2
5.96	3.5

从表 8.1-10 中可以看出，电压随时间的增长有

正向漂移的趋势，可以用最小二乘法拟合出直线的斜率来反映这个趋势。我们将这条直线的方程描述为

$$V = V_0 + bt$$

式中　V_0 和 b——描述直线的两个参数。

上式也可以写成一般形式：$y = a + bx$，式中 a 是 y 轴上的截距，而 b 是斜率。在此处 $a = V_0$，它是直线在垂直轴上的截距（在 $t = 0$ 时，直线与 y 轴的交点）；b 是直线的斜率，它表示电压漂移量（$\mu V/V$）随时间的年变化量 $[\mu V/V（年）^{-1}]$。

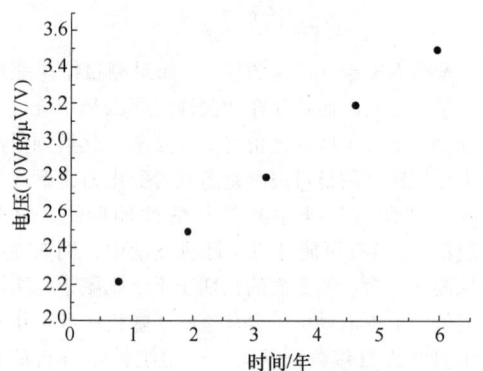

图 8.1-3　电压与时间的相关性

根据上式，表 8.1-10 中的值可写为

$$2.2 = V_0 + 0.79b + \varepsilon_1$$
$$2.5 = V_0 + 1.89b + \varepsilon_2$$
$$2.8 = V_0 + 3.17b + \varepsilon_3$$
$$3.2 = V_0 + 4.62b + \varepsilon_4$$
$$3.5 = V_0 + 5.96b + \varepsilon_5$$

这里有五个方程和七个未知数 V_0，b 和 ε_1，$\varepsilon_2 \cdots$，ε_5，可根据最小二乘法原理建立其他方程以得到 V_0 和 b 的唯一解。5 个残差的平方和 Q 等于

$$Q = \varepsilon_1^2 + \varepsilon_2^2 + \varepsilon_{31}^2 + \varepsilon_4^2 + \varepsilon_5^2$$
$$= (2.2 - V_0 - 0.79b) + (2.5 - V_0 - 1.89b) +$$
$$(2.8 - V_0 - 3.17b) + (3.2 - V_0 - 4.62b) +$$
$$(3.5 - V_0 - 5.96b)$$

为了求解可以使得 Q 的值最小的 V_0 和 b，需要计算 Q 相对于 V_0 和 b 的偏导，并将两者分别置为 0，从而得到

$$\frac{\partial Q}{\partial V_0} = -(2.2 - V_0 - 0.79b) - (2.5 - V_0 - 1.89b) -$$
$$(2.8 - V_0 - 3.17b) - (3.2 - V_0 - 4.62b) -$$
$$(3.5 - V_0 - 5.96b)$$
$$= 0$$

整理后得到

$$5V_0 + 16.43b = 14.2$$

这是 V_0 和 b 的第一个等式。

同样，

$$\frac{\partial Q}{\partial b} = -0.79(2.2 - V_0 - 0.79b) - 1.89(2.5 - V_0 - 1.89b) -$$
$$3.17(2.8 - V_0 - 3.17b) - 4.62(3.2 - V_0 - 4.62b) -$$
$$5.96(3.5 - V_0 - 5.96b)$$
$$= 0$$

可以简化为

$$16.43V_0 + 71.111b = 50.983$$

这是 V_0 和 b 的第二个等式。由上述两个 V_0 和 b 的等式，可以求解得：

$$V_0 = 2.010\ 58\mu V/V, \quad b = 0.252\ 41\mu V/V（年）^{-1}$$

由此可以算出以下残差的值，单位为 $\mu V/V$

$$\varepsilon_1 = -0.009\ 98,$$
$$\varepsilon_2 = +0.012\ 36,$$
$$\varepsilon_3 = -0.010\ 72,$$
$$\varepsilon_4 = +0.023\ 28,$$
$$\varepsilon_5 = -0.014\ 94,$$

同样，这些残差的和相加为零：

$$\varepsilon_1 + \varepsilon_2 + \varepsilon_3 + \varepsilon_4 + \varepsilon_5 = 0$$

这是残差的第一个约束条件。另外，还可以得到如下残差的第二个约束条件：

$$0.79\varepsilon_1 + 1.89\varepsilon_2 + 3.17\varepsilon_3 + 4.62\varepsilon_4 + 5.96\varepsilon_5 = 0$$

既然 5 个残差受上述两个条件约束，因此残差的自由度为 5-2 = 3。无论何时采用最小二乘法来拟合直线，残差的自由度都比原始测量值的个数少两个，得到

$$v = n - 2$$

用上述 5 个残差的值，总体的方差的无偏估计值 s^2（单位为 $(\mu V/V)^2$）可从残差样本中得到

$$s^2 = \frac{\sum_{i=1}^{n} \varepsilon_i^2}{v}$$
$$= \frac{(-0.009\ 98)^2 + (0.012\ 36)^2}{5-2} +$$
$$\frac{(-0.010\ 72)^2 + (-0.023\ 28)^2 + (-0.014\ 94)^2}{5-2}$$

这样，

$$s^2 = \frac{0.001\ 132}{3} = 0.000\ 377\ 5$$

因此 A 类不确定度或标准不确定度即标准差 s 为 $\sqrt{0.000\ 377\ 5}\mu V/V = 0.019\mu V/V$。

15　B 类不确定度评价方法　B 类不确定度通过非统计学方法来进行评估，主要方法见表 8.1-11。

表 8.1-11　B 类不确定度的评价方法

B 类不确定评价方法	通过查阅测量仪器的标定报告或数据手册来获取仪器的不确定度信息，并基于它们对测量结果的不确定度问题进行评估
	依靠制造商所提供的技术规格和指标（而不是标定报告）进行评估，但是这些技术规格和指标中并不会给出与之相关联的不确定度数据，需要由用户自己来判断，例如仪器的有限分辨率引起的测量不确定度
	其他方法：改变测试条件、选择不同原理的测量方法或者更换测试仪表等，发现测量中的系统误差并评价其不确定度影响

测量仪器的"标定报告"中通常会给出它们被用于对被测量进行检测时表现出的不确定度数据，这通常是通过与更高标准的测量仪器或者工作量具进行比对的基础上得到的，这个比对过程称为"标定"。标定过程对于测量结果的溯源至关重要，因为更高标准的测量仪器或者工作量具最终与基准量具存在溯源关系，标定报告中给出的测量仪器的不确定度信息包含了来自最高计量基准的不确定度信息，也反映了测量真值存在的区间。如果忽略了标定报告，那么在测量中将引入系统误差，所以得到仪器的不确定度数据是对仪器进行标定的主要任务。

从标定报告的读者（或使用者）的角度来看，"标定值"的不确定度总是 B 类不确定度，因为用户读一次和若干次标定报告得到的结果总是一样的，没有必要也不可能对其采用统计分析的方法，这不同于上条中描述的 A 类不确定度的情况。类似的，如果一台仪器的分辨率有限，当它们用于对一个稳定的被测量进行重复检测时，所得到的测量结果可能全部是相同的，此时统计学分析也没有意义，所以此时不确定度的评估也是 B 类的。

【例 2】　一台 6 位半数字万用表（DMM）对一个 50Hz 的交流电压有效值进行重复测量得到的平均值为 202.233V，查阅 DMM 的数据手册可知该仪器在 10~20kHz，1~700V 量程下的准确度指标为：±(0.06%×读数+0.03%×量程)，问它对交流电压测量结果的不确定度是多少？

一般 DMM 仪表的数据手册中并不会给出不确定度的数据，而是给出传统的误差表征的准确度数据，因此需要依靠该准确度数据对测量结果的不确定度进行估计。仪器的准确度指标由两部分误差构成，一部分是与读数相关的误差，另一部分是与量程相关的误差，而测量结果给出的是一个误差区间。它反映了仪器在进行标定的实验中，由最大测量值和最小测量值所构成的区间。考虑到在仪器的标定实验中，其重复测量值的分散性同样呈现出高斯分布的规律，而在有限的几个测量值中，最大值和最小值出现的概率大体上包含在其 95% 置信区间内，因此可认为误差区间（半宽）大致等于其标准差的 1.96 倍范围。这样，上述 DMM 测量结果的 B 类标准不确定度大小计算如下：误差区间为 $\pm(0.06\%\times202.233+0.03\%\times700)=\pm0.33V$，B 类标准不确定度：$u_B=(0.33/1.96)V=0.169V$。

【例 3】　一台 3 位半 DMM 对一个直流电池电压进行 5 次重复测量，表 8.1-12 给出了其测量结果，估计该数字万用表的不确定度。

表 8.1-12　某直流电池电压的测量数据

次数	1	2	3	4	5
测量值/V	1.492	1.492	1.492	1.492	1.492

从表 8.1-12 中的数据可以看到，测量环境的随机扰动比较少，而 DMM 的分辨率比较低，因此重复测量结果并没有表现出分散性，所以无法评估测量结果的 A 类不确定度。相反，此 DMM 的有限分辨率引起了主要的不确定度问题，属于 B 类不确定度。对于一个 3 位半 DMM，其最小分辨率等于 0.001V，一般认为分辨率引起的测量不确定满足矩形概率密度分布，因此其不确定度等于分辨率的 $1/\sqrt{12}$（或者半宽的 $1/\sqrt{3}$），即 $u_B=(0.001/\sqrt{12})$V $=288.7\mu V$

16　合成不确定度

（1）直接测量结果的合成不确定度　对于一个直接测量得到的测量值，当估计出与其相关联的 A 类不确定度（u_A）和 B 类不确定度（u_B）后，整个测量结果的合成不确定度计算公式如下：

$$u=\sqrt{u_A^2+u_B^2}$$

（2）间接测量结果的合成不确定度　一个被测量 y 可能是通过对一些输入变量 x_1，x_2，$\cdots$，x_n 的测量而间接得到的。如果被测量 y 和 n 个独立的输

入变量 x_1，x_2，…，x_n 之间满足关系式 $y=f(x_1, x_2,…,x_n)$，则 y 的不确定度 $u(y)$ 可以由输入变量的不确定度 $u(x_1),u(x_2),…,u(x_n)$ 通过下式计算得到：

$$u(y)=\sqrt{\sum_{i=1}^{n} c_i^2 u^2(x_i)}$$

其中，$c_i=\partial y/\partial x_i$ 称为灵敏度系数，$i=1$，2，…，n，$u(x_i)$ 是 A 类或 B 类不确定度。

17　扩展不确定度　扩展不确定度是确定测量结果区间的量，合理赋予被测量的值大概率含于此区间。在特定的置信度下，已知其自由度为 ν，通过查找表 8.1-13，可以得到置信因子 k，则测量结果的扩展不确定度 U 为

$$U=\pm ku$$

表 8.1-13　置信度为 95% 时置信因子 k 的值与自由度 ν 的关系

自由度 ν	置信因子 k
2	4.30
3	3.18
4	2.78
5	2.57
6	2.45
7	2.36
8	2.31
9	2.26
10	2.23
11	2.20
12	2.18
13	2.16
14	2.14

（续）

自由度 ν	置信因子 k
15	2.13
16	2.12
17	2.11
18	2.10
19	2.09
20	2.09
25	2.06
30	2.04
40	2.02
50	2.01
100	1.98
无穷大	1.96

（1）**直接测量结果的自由度**　对于一个直接测量得到的测量值，其自由度 ν 认为是重复测量次数 $n-1$。

（2）**间接测量结果的自由度**　如果一个被测量 y 是通过对一些互不相关的输入变量 x_1，x_2，…，x_n 的测量而间接得到的。变量 x_i 的自由度为 ν_i，如果 y 是高斯分布的，那么可以给 $u(y)$ 分配一个有效的自由度 ν_{eff}：

$$\nu_{eff}=\frac{[c_1^2 u^2(x_1)+c_2^2 u^2(x_2)+\cdots+c_n^2 u^2(x_n)]^2}{\dfrac{c_1^4 u^4(x_1)}{\nu_1}+\dfrac{c_2^4 u^4(x_2)}{\nu_2}+\cdots+\dfrac{c_n^4 u^4(x_n)}{\nu_n}}$$

$$=\frac{u^4(y)}{\displaystyle\sum_{i=1}^{n}\frac{c_i^4 u^4(x_i)}{\nu_i}}$$

式中　$c_i(=\partial y/\partial x_i)$——灵敏度系数；$i=1$，2，…，$n$；
$\qquad u(x_i)$——A 类或 B 类不确定度。

第 2 章　电量的测量

2.1　电压的测量

18　常见的电压测量方法　按被测电压的频率特性，电压测量方法可分为交流测量和直流测量，交流测量又可按测量频率分为低频测量和高频测量。按测量方式，电压测量方法可分为直接测量、间接测量和组合测量。直接测量法是将电压表并联在被测支路中进行测量；间接测量法是利用欧姆定律，通过电流和阻抗数值，并据此算出电压值；组合测量法是当测量结果需用多个参数表达时，可通过改变测试条件进行多次测量，根据测量数值与参数间的函数关系列出方程组，并求解，进而得到未知量。按测量方法，电压测量方法可分为直读法和比较法，其中比较法可进一步分为直接比较法、平衡法、微差法和替代法。按给出测量结果的方式，电压测量方法可分为数字化测量和模拟测量。按测量的数值范围，电压测量方法可分为高电压测量、中等值电压测量和低电压测量，电压测量分段范围见表 8.2-1。

表 8.2-1　电压测量的分段范围

种　类	小（低）	中	大（高）
直流电压/V	$10^{-10} \sim 10^{-4}$	$10^{-4} \sim 10^{2}$	$10^{2} \sim 10^{6}$
交流电压/V	$10^{-7} \sim 10^{-3}$	$10^{-3} \sim 10^{3}$	$10^{3} \sim 10^{5}$

常见的低电压测量方法主要有：用检流计测量微小电压、用放大器扩大指示仪表量限。

测量中等值电压方法主要有：采用电压表直接测量，或者利用万能表间接测量流经该阻抗的电流以及阻抗，以求得所需测量的电压值。

19　高电压的测量　高电压的测量主要分为电阻分压器法、电容分压器法、附加电阻法、直流电压互感器法以及交流电压互感器法，其原理和测量电路见表 8.2-2。

表 8.2-2　测量高电压的几种主要方式

测量方法	原　理	测量电路	备　注
电阻分压器法	采用电压表测得电压 U_2 后，被测电压 $$U_1 = \frac{R_1 + R_2}{R_2} U_2$$ 式中　R_1、R_2——分压电阻	用电阻分压器扩大指示仪表量限	用于测量交流和直流高电压时，要求电压表内阻 R_V 远大于 R_2

（续）

测量方法	原　　理	测　量　电　路	备　　注
电容分压器法	采用静电系电压表测出电压 U_2 后，被测电压 $$U_1 = \frac{C_1 + C_2}{C_1} U_2$$ 式中　C_1、C_2——分压电容	用电容分压器扩大指示仪表量限，Z_1、Z_2 为分压阻抗，Z_V 为静电系电压表内阻抗	主要用于扩大静电系电压表量限，在测量交流高电压时，要求 Z_2 远小于 Z_V
附加电阻法	由毫安表读出电流 $$I = \frac{U}{R + R_A}$$ 当毫安表电阻 R_A 远小于被测电阻 R 时，被测电压 $$U = IR$$	用附加电阻法扩大指示仪表量限，电流表测直流时为磁电系，测交流时为整流系	用于直流及低频交流电路，电压一般不超过 1 500V，要求 R_A 远小于 R
直流电压互感器法	将二次绕组并联的直流互感器的一次绕组串联一附加电阻，并联于被测电压 U_1 两端，测量直流互感器二次电流的平均值 I_2，求得被测电压 $$U_1 = \frac{1}{2} R_1 \frac{N_2}{N_1} I_2$$ 式中　R_1——一次回路总电阻；　　　N_2/N_1——二次绕组与一次绕组匝数比	用直流互感器扩大指示仪表量限	常用于直流高压的测量
交流电压互感器法	电压互感器一次回路并联于被测电压 U_1，二次回路的电压 U_2 接电压表。当一次回路匝数为 N_1，二次回路匝数为 N_2 时，被测电压 $$U_1 = (N_1/N_2) U_2 = KU_2$$ 式中　K——电压互感器的电压比，$$K = N_1/N_2 = U_1/U_2$$ 用电压表测得 U_2 即可求得 U_1，通常电压互感器二次回路额定电压为 100V	用交流互感器扩大指示仪表量限	用于扩大交流电压表量限，使用时二次回路不许短路，电压互感器对仪表阻抗要匹配

20 光学电压传感器 光学电压传感器使用特定晶体作传感材料、光纤传输信号，且有非接触、抗干扰等特性，故具有极好的绝缘性能，较高的安全性和可靠性，且体积小。但由于其性能主要取决于晶体性能及光路结构，因而对晶体材料的稳定性、光路结构以及分立光学元件的工艺、温度和应力的补偿等，有极高的要求，故而研制难度大，长期稳定性待考证。光学电压传感器目前尚处于研究验证阶段，尚未大面积应用。

（1）基于电光效应的电压测量方法 电光效应是某些晶体物质在外加电场的作用下折射率发生变化，出现双折射现象，且双折射两光波之间的相位差与电场强度呈一定的关系。根据双折射两光波之间相位差与电场强度的关系，电光效应可以分为一次电光效应（即 Pockels 效应）和二次电光效应（即 Kerr 效应），而 Kerr 效应在电光解调时存在困难，基本不采用。基于 Pockels 效应的测量原理图如图 8.2-1 所示。

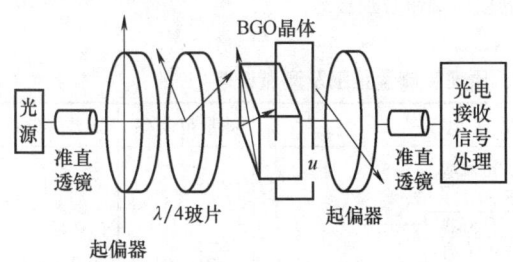

图 8.2-1 基于 Pockels 效应的测量原理图

Pockels 效应的双折射两光波之间相位差 δ 与外加电压 U 呈正比关系。

$$\delta = \frac{2\pi}{\lambda} n^3 \gamma_{41} U$$

$$U = U_0 \sin\omega t$$

式中 U——加在晶体两侧的电压；

λ——光波波长；

γ_{41}——晶体的电光系数；

n——折射率；

U_0 和 ω——电压的幅值和角频率。

为了保证最大光干涉，使起偏器偏振方向相对于主轴呈 45°角，与检偏器偏振方向呈 90°角，输出光强与外加电压 U 的关系为

$$I = \frac{1}{2} I_0 \left(1 - \sin\left(\pi \frac{U_0}{U_\pi} \sin\omega t\right)\right)$$

式中 U_π——半波电压，$U_\pi = \lambda / (2n^3 \gamma_{41})$。由此可知，只要测出输出光强，即可测量出相位差和电压量。

基于 Pockels 效应的电压测量方法一般用于智能变电站中的电压传感器，由于其结构简单，体积小，无传统电压互感器的笨重、绝缘设计困难、易铁磁谐振等问题，而成为研究热点。但由于此种方法对光学器件和器件之间的黏结工艺要求比较高，且晶体对温度敏感，并对光源的稳定性要求较高，目前实际运用较少。

（2）基于逆压电效应的电压测量方法 逆压电效应是指当压电晶体受到外加电场的作用时，晶体除了产生极化现象外，同时形状也产生微小变化。其测量原理图如图 8.2-2 所示。

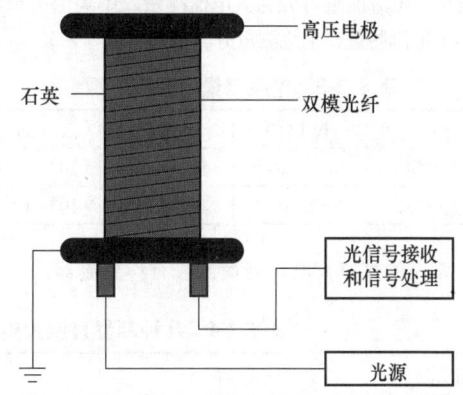

图 8.2-2 基于逆压电效应的电压测量原理图

高压电极和低压电极加在石英晶体的两端，石英晶体在强电场作用下，径向方向发生应变，缠绕在石英晶体上的椭圆芯双模光纤感知应变，使得双模光纤中传播的两种模式（LP_{01} 和 LP_{11}）在传播中形成相位差。其相位差为

$$\Delta\phi = -\pi \frac{N d_{11} E l_t}{\Delta L_{2\pi}}$$

式中 N——光纤的匝数；

E——电场强度；

l_t——晶体的周长；

d_{11}——压电系数；

$\Delta L_{2\pi}$——产生的相位差为 2π 时光纤长度的变化量。然后通过偏光干涉法测量光强度的变化间接测得相位差的变化，实现对电压或电场的测量。

2.2 电流的测量

21 常用电流测量方法 按被测电流的频率特性，电流测量可分为交流测量和直流测量，交流测量又可按测量频率分为低频测量和高频测量。按测

量方式，电流测量可分为直接测量、间接测量和组合测量。直接测量法是将电流表串联在被测支路中进行测量，电流表示数即为测量结果；间接测量法利用欧姆定律，通过测量电阻两端的电压来算出被测电流值；组合测量法是当测量结果需用多个参数表达时，可通过改变测试条件进行多次测量，根据被测量与参数间的函数关系列出方程组，并求解，进而得到未知量。按测量方法，电流测量可分为直读法和比较法，其中比较法可进一步分为直接比较法、平衡法、微差法和替代法。按给出测量结果的方式，电流测量可分为数字化测量和模拟测量。按测量的数值范围，电流测量可分为大电流测量、中等值电流测量和小电流测量，电流测量分段范围见表8.2-3。

表 8.2-3　电流测量的分段范围

种类	小（低）	中	大（高）
直流电流/A	$10^{-17} \sim 10^{-6}$	$10^{-6} \sim 10^{2}$	$10^{2} \sim 10^{5}$
交流电流/A	$10^{-7} \sim 10^{-3}$	$10^{-3} \sim 10^{3}$	$10^{3} \sim 10^{5}$

常见的直流大电流测量方法有：分流器法、直流互感器法、直流比较仪法、霍尔大电流仪、罗氏线圈。交流大电流采用交流电流互感器扩大指示仪表量限。交流瞬态大电流和冲击大电流可用分流器法、磁位计法和磁光效应测量等方法测量。

测量中等值电流时，串入测量线路的电流表内阻 R_A 应远小于负载电阻 R。

常见的小电流测量方法有：用检流计测量小电流、用放大器扩大指示仪表量限、取样电阻法等。

22　大电流的测量

（1）直流大电流的测量　几种测量直流大电流的方法、原理和测量范围及测量误差见表8.2-4。

（2）交流大电流的测量　最常用的方法是采用交流电流互感器扩大指示仪表量限，如图 8.2-3 所示，同时互感器还起到主线路与测量线路间的隔离作用，对测量高压下的电流尤为重要。互感器的电流比误差由千分之几至十万分之几，二次电流额定值按国家标准规定为5A。在用电流互感器测大电流时，二次回路绝对不允许开路，并且二次回路的接地端钮必须接地。

表 8.2-4　几种测量直流大电流方法、原理和测量范围及测量误差

测量方法	原　理	原 理 电 路	测量范围/A	误差（%）
分流器法	被测量 I_X 经分流器电阻 R 的电流端流过 R 并产生压降 U_X，测出 U_X，则 $$I_X = \frac{U_X}{R}$$	用外附分流器扩大指示仪表量限	$10 \sim 10^{4}$	$0.1 \sim 0.5$
直流互感器法	在直流互感器中，铁心被交直流绕组同时激励，其一、二次安匝数必须保持相等。即 $$I_1 = \frac{N_2}{N_1} I_2$$ 式中　N_1、N_2——一、二次绕组的匝数	用直流互感器扩大指示仪表量限	$10^{2} \sim 10^{5}$	$0.1 \sim 1$
直流比较仪法	直流比较仪将被测直流电流 I_1 所产生的磁动势与另外一易于测量的电流 I_2 所产生的磁动势在铁心中相比较，当磁动势平衡时有 $$I_1 = \frac{N_2}{N_1} I_2$$ 式中　N_1、N_2——一、二次绕组的匝数	直流比较仪示意图	$10^{3} \sim 10^{5}$	$0.000\,1 \sim 0.2$

（续）

测量方法	原　理	原 理 电 路	测量范围/A	误差（%）
霍尔大电流仪	当霍尔元件在磁轭中由被母线电流 I 产生的磁场 H 作用时，在它的一对边上产生霍尔电动势： $$E = KHI_0$$ 式中　I_0——霍尔元件的工作电流； K——霍尔常数 E 与 H 有单值函数关系，测得霍尔电动势即可得到场强 H 和电流 I	霍尔大电流测量仪原理图	$10^2 \sim 10^4$	0.2~2
罗氏线圈	根据安培定律，当载流导线穿过线圈中心时，罗氏线圈两端会产生一个感应电动势，其大小与被测电流对时间的微分呈线性关系，即 $$e(t) = M \cdot di/dt$$ $$M = \frac{Nh\mu_0}{2\pi}\ln\frac{a}{b}$$ 式中　N——绕组匝数； h——线圈骨架高度； μ_0——真空磁导率； a——骨架外径； b——骨架内径	罗氏线圈	$10^3 \sim 10^5$	0.1~1

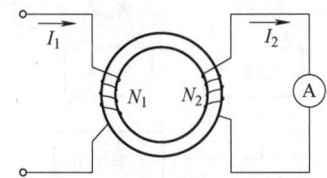

图 8.2-3　用交流电流互感器扩大指示仪表量限

在图 8.2-3 所示原理电路中，被测电流可由下式求得

$$I_1 = \frac{N_2}{N_1}I_2 = KI_2$$

式中　K——电流互感器的变化，$K = N_2/N_1 = I_1/I_2$；

I_2——二次回路电流，额定值为 5A。

交流瞬态大电流和冲击大电流可用分流器法、磁位计法和磁光效应法测量。

23　小电流的测量

（1）检流计测量微小电流　用检流计可以测量 10^{-8}A 及更小的电流。也可以将检流计用作指零仪器来确定测量线路中是否有电流。在使用检流计测微小电流时需要标定，以确定电流常数。

（2）放大器扩大指示仪表量限　测量放大器有电子放大器、光电放大器、磁放大器等。其中电子放大器用得较多。为了取得稳定的放大倍数，多采用深度负反馈线路。为了改善放大器性能，直流放大器多采用调制—放大—解调的原理。

（3）取样电阻法　在回路中接入取样电阻，根据欧姆定律，将电流量转换成电压量，要求取样电阻的阻值很大，通常要求测量电压的仪器输入电阻要比取样电阻大 1 000 倍以上。

24　光学电流传感器　电流传感器是电力系统中的重要测量设备，广泛应用于继电保护、电流测量以及电力分析中。随着工业的发展，电压等级越来越高，供电电流要求大幅度提高，传统测量电流所采用的以电磁感应原理为基础的电流传感器逐渐暴露出它的局限性：成本高、体积大、绝缘困难。光学电流传感器是基于法拉第效应并以光纤传导信号的新型电流传感装置。与传统的电磁效应式电流传感器相比，光学电流传感器应用在高电压大电流测量中具有明显的优势。

（1）全光纤型电流传感器　全光纤型电流传感器的优点是结构简单、成本低、电绝缘性好；其缺点是光纤中的双折射，使测量的误差大大增加，系统稳定性减弱。

通过光电探测器和信号处理电路便可测量出高压端电流。

全光纤型电流传感器主要是基于偏振态调制，原理图如图 8.2-4 所示，系统主要由光源、起偏器、单模传感光纤、偏振棱镜、光电探测器和信号处理器组成。从光源发出的光束经起偏器进入单模光纤，通过绕在导线上的传感光纤并产生磁光效应，使通过光纤的偏振光产生一定角度偏振面的旋转，其旋转角度 Ω 与磁场强度 H、磁场中光纤的长度 L 成正比：

$$\Omega = VHL$$

式中　V——菲尔德（Verdet）常数。由于载流导线在周围空间产生的磁场满足安培环路定律，对于长直导线有：$H = I/(2\pi R)$，因此得到要求的电流关系式为：

$$\Omega = \frac{VLI}{2\pi R} = VNI$$

相位调制型光纤电流传感器的基本传感机理是利用被测电流改变光纤中传输的光的相位。

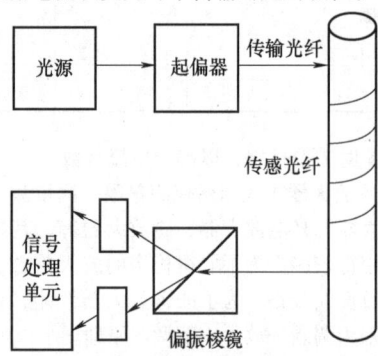

图 8.2-4　偏振态调制型光纤电流
传感器原理图

（2）块状玻璃型光纤电流传感器　块状玻璃的选择比光纤范围宽，因此块状玻璃型光纤电流传感器可以根据需求设计出不同结构的传感头，稳定性好、线性范围宽且抗振性好，因而受光纤线性双折射影响较小等优点，但存在加工较复杂、成本较高和传感头易碎等缺点。

块状玻璃型光纤电流传感器主要由光源、起偏器、块状玻璃传感头、准直器、检偏器和光电检测器组成。当一束线偏振光通过磁场中的法拉第磁光材料（块状玻璃等）时，若光的传播方向与磁场方向相同，则光的偏振面将会发生旋转即偏振角。偏振角 θ 与磁场强度 H 的关系为：

$$\theta = V\int_L H \cdot \mathrm{d}I = V \cdot i$$

利用检偏器将偏振角 θ 的变化转换为输出光强的变化，经光电变换及信号处理，求得被测的电流。

（3）混合型光纤电流传感器　混合型光纤电流传感器的传感头由传统的电流传感器构成，光信号的输入、输出通过光纤，再利用光电转换进行电流的测量。由于光纤的主要成分是 SiO_2，因此它具有耐高压等特性，将光纤用于信号的传输，使得电流传感器的重量和体积都大大减小。

现在通常使用罗氏线圈作为电流采样线圈。采用罗氏线圈作为传感头来取电流信号的混合型光纤电流传感器的原理图如图 8.2-5 所示。系统主要由光源、积分器、发射电路、罗氏线圈和光电转换器组成。其测量原理是，当被测电流通过罗氏线圈时，在线圈出线端感应出电动势，该信号经积分器得到一个与电流呈比例的电压信号；之后在高压端把这个信号通过发射电路变成光脉冲信号，再将该脉冲信号通过光纤传到低电位端，在低电位端经光电转换，变为电信号，对信号进行处理，得到测量的电流。

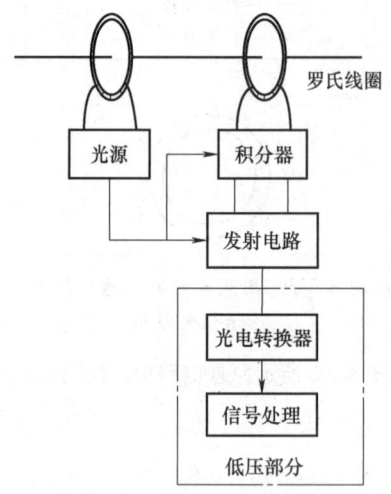

图 8.2-5　混合型光纤电流传感器的原理图

2.3　电路参数的测量

25　电阻的测量　电阻的测量包括中、低电阻值测量和大电阻测量，中、低电阻值测量方法见表 8.2-5；大电阻值测量方法见表 8.2-6。

表 8.2-5　中、低电阻值的测量方法

测量方法	测量原理	线路图	备注
四端接线法	在考虑引线电阻和接触电阻时常采用此方法；测试回路的电流为零，在 r_3、r_4 上的压降也为零，所以电压表或其他检测设备可以准确测出 R_t 两端的电压值，测试结果和接线电阻和引线电阻无关	HS、LS—电流端； HF、LF—电压端	电流端和电压端各自形成独立回路，电压引出端尽量靠近电阻两端，且必须与一个有极高输入阻抗的测试回路相连，使得流过相应测试回路的电流极小，近似为零
直流双电桥法	$$R_x = \frac{R_1}{R_2} R_N$$ 调整桥臂电阻 R_1、R_2、R_3、R_4 使电桥平衡（检流计指示零），调整的同时满足 $\frac{R_4}{R_2} - \frac{R_3}{R_1} = 0$，为此将桥臂电阻做成联动结构，使 R_4 和 R_2 同步变化，R_3 和 R_1 同步变化	r_{P1}、r_{P2},r_{C1}、r_{C2} 为电压和电流接头端的等效接触电阻和引线电阻； r_{P3}、r_{P4}、r_{C3}、r_{C4} 为电压端和电流端对应的等效接触电阻和引线电阻； $R_1 \sim R_4$ 为可调电阻；R_N 为标准电阻； R_x 为被测电阻	被测电阻的连接采取了四端接线法，直流双电桥专门用来测量小电阻的比较式测量装置
大脉冲电流法	测量微小电阻值时，为提高信号的信噪比，可提高流过电阻的电流，但为避免电阻的温度效应，往往采用脉冲大电流法测微小电阻值		在实际中电流越大，对测量装置要求就越高；脉宽越小，实现起来就越困难，所以要根据实际情况综合考虑
低频交流电流法	采用锁相放大技术计算被测电阻阻值 将 $u_0(t)$ 和 $u_x(t)$ 同时送入锁相放大电路，其输出直流信号 V_{DC} 正比于信号 $u_x(t)$ 的幅值即 $$V_{DC} = k\frac{u_m^2}{R_0}R_x$$	信号源为已知的低频交流信号：$$u_0(t) = u_m\sin(\omega_0 t + \varphi)$$ R_0 为标准电阻，且 $R_0 \gg R_x$	锁相放大器技术是依据互相关原理实现的，测量最小电阻值达到 $\mu\Omega$ 级
电压表、电流表法	测中值电阻时用图 a 所示电路，被测电阻 $$R_x = \frac{U}{1-\left(\frac{U}{R_V}\right)}$$ 测小电阻时用图 b 所示电路，被测电阻 $$R_x = \frac{U}{I} - R_A$$	用电压表、电流表测量电阻的电路图 U、I 为电压表和电流表的读数； R_V、R_A 为电压表和电流表内阻	用于中、低值电阻测量时，当 $R_V > R_x$ 或 $R_A < R_x$ 时：$$R_x \approx \frac{U}{I}$$ $\frac{I}{I_0}$、$\frac{R_x}{R_A}$ 值越大，方法误差越小

（续）

测量方法	测量原理	线 路 图	备 注
比较法	用可变电阻调定电流后，利用下式计算电阻值： $R_x = R_B (U_x/U_B)$ 式中　U_x——被测电阻 R_x 的电压； 　　　U_B——被测电阻 R_B 的电压	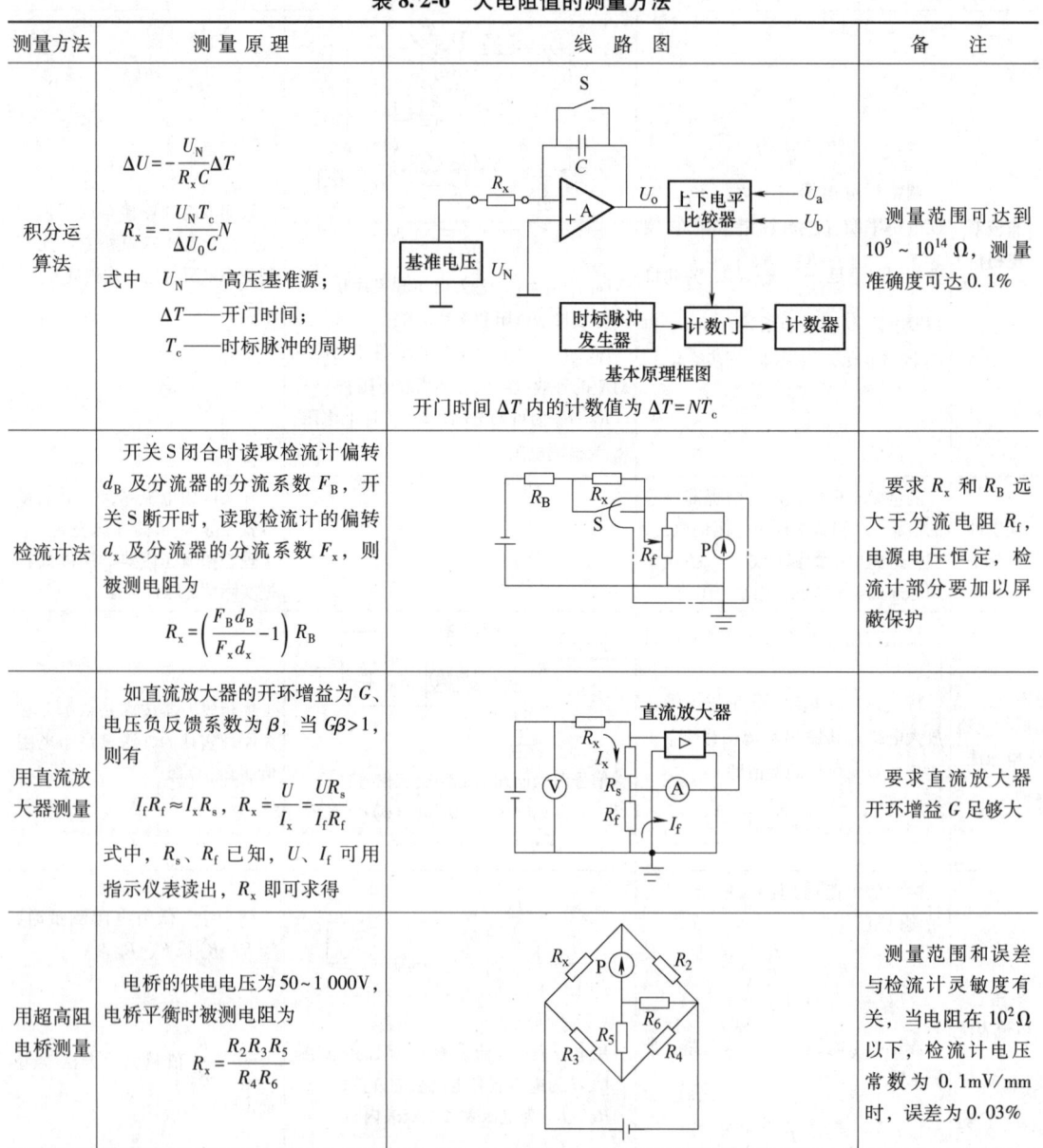	要求读取 U_B 和 U_x 的指示仪表消耗功率远小于 R_B 和 R_x 的功率损耗，R_B 和 R_x 应在同一数量级内

表 8.2-6　大电阻值的测量方法

测量方法	测量原理	线 路 图	备 注
积分运算法	$\Delta U = -\dfrac{U_N}{R_x C}\Delta T$ $R_x = -\dfrac{U_N T_c}{\Delta U_0 C}N$ 式中　U_N——高压基准源； 　　　ΔT——开门时间； 　　　T_c——时标脉冲的周期	基本原理框图 开门时间 ΔT 内的计数值为 $\Delta T = N T_c$	测量范围可达到 $10^9 \sim 10^{14}\,\Omega$，测量准确度可达 0.1%
检流计法	开关 S 闭合时读取检流计偏转 d_B 及分流器的分流系数 F_B，开关 S 断开时，读取检流计的偏转 d_x 及分流器的分流系数 F_x，则被测电阻为 $R_x = \left(\dfrac{F_B d_B}{F_x d_x} - 1\right) R_B$		要求 R_x 和 R_B 远大于分流电阻 R_f，电源电压恒定，检流计部分要加以屏蔽保护
用直流放大器测量	如直流放大器的开环增益为 G、电压负反馈系数为 β，当 $G\beta > 1$，则有 $I_f R_f \approx I_x R_s$，$R_x = \dfrac{U}{I_x} = \dfrac{U R_s}{I_f R_f}$ 式中，R_s、R_f 已知，U、I_f 可用指示仪表读出，R_x 即可求得	直流放大器	要求直流放大器开环增益 G 足够大
用超高阻电桥测量	电桥的供电电压为 50~1 000V，电桥平衡时被测电阻为 $R_x = \dfrac{R_2 R_3 R_5}{R_4 R_6}$		测量范围和误差与检流计灵敏度有关，当电阻在 $10^2\,\Omega$ 以下，检流计电压常数为 0.1mV/mm 时，误差为 0.03%

（续）

测量方法	测量原理	线路图	备注
充放电法	开关置于"1"开始记时，电流经 R_x 对 C 充电 t 时间后，C 充电电荷为 $Q=U_tC(1-e^{t/R_xC})$，用级数展开，取级数中第一项 $Q=U_t/R_x$，得 $R_x=U_t/Q$，$t(s)$ 时间后，将开关置于'2'，用冲击检流计测得电荷为 $$Q=C_Qd_M$$ 式中　C_Q——检流计冲击常数；d_M——检流计第一次的最大偏转则 $$R_x=U_t/C_Qd_M$$		测量范围为 $10^{11}\sim10^{14}\Omega$，要求被测电阻应远小于电容的漏电阻

26　电感、互感的测量　电感、互感以及品质因数的测量方法见表 8.2-7。

表 8.2-7　电感、互感及品质因数的测量方法

测量对象	测量方法		测量范围	工作频率/Hz	误差范围（%）
电感 L（空心式）	电桥法	1）交流阻抗电桥	$0.1\mu H\sim1\,000H$	$50\sim1\,000$	$0.1\sim1$
		2）变压器电桥	$10^{-2}\mu H\sim10^5H$	1 000，1 592	0.01
		3）数字 RLC 测量仪	$10^{-2}\mu H\sim10^5H$	$12\sim10^6$	$0.02\sim0.25$
	谐振法	Q 表	$0.1\sim100mH$	$50k\sim100M$	1
电感 L（具有直流偏置的铁心电感）	电桥法	交流阻抗电桥（此种电桥应允许加直流偏压）	<1 000H	$50\sim1\,000$	1
电感 L（无直流偏置的铁心电感）	电桥法	交流阻抗电桥（当工作电流小，不计铁心非线形时）	<1 000H	$50\sim1\,000$	—
	直读法	电流、电压表法	>1mH	50	$2\sim5$
互感 M	电桥法	1）交流阻抗电桥	—	1 000	0.5
		2）互感电桥		1 000	0.5
	直读法	电流、电压表法	—	50	1
		冲击检流计法	—	—	1
电感线圈品质因数 Q	电桥法	通过测 L 及 r，得 $Q=\omega L/r$	—	100	1
		数字 RLC 测量仪	$0.000\,1\sim9\,999$	$12\sim10^6$	
	谐振法	Q 表	$20\sim800$	$50k\sim100M$	$5\sim10$

27　电容的测量　电容及介质损耗角正切 $\tan\delta$ 的测量方法见表 8.2-8。

表 8.2-8 　 电容及介质损耗角正切 tanδ 的测量方法

测量对象		测 量 方 法	测量范围	工作频率/Hz	误差范围（%）
小电容 C $10^{-6} \sim 10^2$ pF	电桥法	1）交流阻抗电桥	下限至 1pF	1 000	0.02～1
		2）变压器电桥	下限至 10^{-6} pF	1 000 或 1 592	0.000 1～0.1
		3）数字电容电桥	下限至 10^{-2} pF	120、400、1 000、1 592、10^6	0.1
		4）数字 RLC 测量仪	10^{-4} pF～10^5 μF	12～10^6	0.02～0.25
	谐振法	Q 表	30～500pF	30k～100M	1
	直读法	电子式 pF 计	1～50pF	1 000	1
中值电容 C $10^2 \sim 10^3$ μF	电桥法	1）交流阻抗电桥	10^2 pF～10^3 μF	1 000	0.02～1
		2）变压器电桥	上限至 10^3 μF	1 592	0.000 1～0.1
		3）数字电容电桥	上限至 10^4 μF	120、400、1 000、1 592	0.1
		4）数字万用表法	10^3 pF～20μF	400	2.5
大电容 C >1 000μF	电桥法	低频四臂电桥	1 000μF～10F	≤50	1
	充电法		下限 1 000μF	直流	5～10
电解电容 C 1～100 000μF	电桥法	1）交流阻抗电桥（需外加直流偏置，无偏置时电容上的电压应≤0.5～1V）	1～10^3 μF	50	1
		2）数字电桥	1～10^5 μF	100	1
电容介质损耗角正切 tanδ	电桥法	1）交流阻抗电桥	—	1 000	0.5
		2）西林电桥		50	0.5
		3）数字电桥		1 000	0.1
	谐振法	Q 表	0.000 1～1	50k～100M	1

28 　 RLC 的综合测量 　 RLC 的综合测量主要是指采用数字式 RLC 测量仪自动测量电阻 R、电感 L、电容 C 及其辅助参量——时间常数 τ、电感的品质因数 Q 和介质损耗角正切 tanδ。电路元器件参数的数字化测量方法，目前主要有电桥法、谐振法和采样法三种，具体测量原理及电路图见表 8.2-9 所示。

表 8.2-9 　 RLC 综合测量方法

测量方法	测量原理	线 路 图	备 注
电桥法	元件 R_2、R_3、R_4、C_w 组成的 RLC 测量电桥，根据被测元件的不同可以选择相应不同的电桥，并通过以下算式计算出被测元件参数： 图 a、b 电路： $R_x = R_2 \dfrac{R_3}{R_4}$ 　 $L_x = R_2 R_3 C_w$ 图 c、d 电路： $R_x = R_2 \dfrac{R_3}{R_4}$ 　 $C_x = C_w \dfrac{R_4}{R_2}$		将阻抗写成 $Z = \lvert Z \rvert e^{j\varphi}$，则交流电桥的平衡条件为 $\begin{cases} \lvert Z_1 \rvert \lVert Z_4 \rvert = \lvert Z_2 \rvert \lVert Z_3 \rvert \\ \varphi_1 + \varphi_4 = \varphi_2 + \varphi_3 \end{cases}$

（续）

测量方法	测量原理	线　路　图	备　注
谐振法测量（同步分离法）	信号 U_0 作为阻抗/电压变换电路的激励信号 假设被测阻抗 $Z_x = R_x + jX$ 为则： $$U_R = -\frac{1}{2}k_z u_m^2 \cos\varphi$$ $$U_x = \frac{1}{2}k_z u_m^2 \sin\varphi$$ 式中　U_R 和 U_x——分别与被测阻抗 Z_x 的实部和虚部成正比的信号		计算出 U_R 和 U_x，便可计算出被测阻抗 Z_x 的实部 R 和虚部 X 数值
采样法测量	令被测混合阻抗 $Z_x = R_x + jX$，则有 $$\frac{U_0}{R+Z_x}=\frac{U_R}{R} \quad \frac{U_0}{R+R_x+jX}=\frac{U_R}{R}$$ $$R_x = \left|\frac{U}{U_R}\right| \times R \times \cos\phi - R$$ $$X = \left|\frac{U}{U_R}\right| \times R \times \sin\phi$$ 式中　ϕ——U_0 和 U_R 的相位差		原理简单，易实现；但在实际应用中，若检测对象为高压设备，则在提取被测设备两端电压 U_0 时，需要其进行调压、电气隔离等处理

第3章 磁参量的测量

3.1 概述

磁测量主要包括磁场的测量和磁性材料的测

量,磁场测量的分类见表 8.3-1,磁性材料测量的分类见表 8.3-2。

表 8.3-1 磁场测量的分类

原理	测量参量	测量仪器	适用范围
磁—力法	较弱的均匀或者不均匀磁场	定向磁强计	分辨率可达 10^{-9}T 以上
		无定向磁强计	分辨率可达 $10^{-12} \sim 10^{-10}$T
	弱磁场	磁致伸缩效应装置	分辨率可达 10^{-12}T
电磁感应法	恒定或交变磁场	不动线圈测量装置	测量交变磁场或者恒定磁场突变
	恒定磁场	抛移线圈测量装置	测量中强或强的恒定磁场
		旋转线圈磁强计	测量范围为 $10^{-8} \sim 10$T,测量误差为 $10^{-4} \sim 10^{-2}$
		振动线圈磁强计	测量误差为 10^{-2}左右
磁通门法	均匀直流磁场、梯度磁场	磁通门磁强计	测量灵敏度高,可以测量弱小直流磁场均匀/直流磁场、梯度磁场,还可以用于检测弱磁材料的磁导率
磁共振法	均匀的恒定磁场	核磁共振磁强计	$10^{-2} \sim 10$T 范围内的中强磁场,测量误差一般可达 10^{-5}
		电子顺磁共振磁强计	$10^{-4} \sim 10^{-1}$T 范围内的较弱磁场,测量误差为 10^{-4} 左右
		光泵磁强计	测量 $<10^{-3}$T 以下的弱磁场,其分辨率可达到 10^{-11}T
磁电效应法	弱磁场、缓慢变化磁场	霍尔特斯拉计	应用最广,可以测量 $10^{-7} \sim 10$T 范围内的恒定磁场,也可测量频率达兆赫、磁场达 5T 的变化磁场,尤其适用于小间隙空间内的磁场测量
	较强磁场	磁阻磁强计	主要用于 $10^{-2} \sim 10$T 范围内的较强磁场,薄膜磁阻仪器在窄带下可测量 10^{-11}T 的微弱磁场
	中强磁场	磁敏磁强计	可测 $10^{-5} \sim 10^{-2}$T 范围内的恒定磁场和 5Hz 以内的交磁场
	微弱磁场	巨磁阻传感器	可以测量微弱磁场,巨磁阻效应在高密度读出磁头、磁存储元件有广泛的应用
超导效应法	微弱的恒定磁场或交变磁场	直流超导量子干涉仪	有极高的灵敏度,分辨率可达 7×10^{-15}T$/\sqrt{Hz}$
		射频超导量子干涉仪	有极高的灵敏度,分辨率可达 10^{-14}T$/\sqrt{Hz}$
磁光效应法	低温下超导磁场	法拉第效应法磁强计	测量 $0.1 \sim 10$T 恒定、交变、脉冲磁场
		克尔效应法磁强计	可测高达 100T 的强磁场

表 8.3-2　磁性材料测量的分类

磁化状态	测量参量	测量仪器	适用范围
静态磁化	磁化曲线 磁滞回线 磁能积	冲击法直流磁特性测量装置	各种软磁、硬磁材料的静态磁特性
		静态磁性自动记录装置	
		磁性测试仪	用磁通表法检测磁钢磁性
	磁化强度	振动样品磁强计	测量材料的磁化强度、磁矩
		转矩磁强计	测量磁各向异性、饱和磁化强度
	磁化率	振动样品磁强计	测量静态下材料的磁化率
动态磁化	磁化曲线	伏-安表	测量软磁材料的交流磁化曲线，交直流叠加磁化曲线和控制磁化曲线
		自动记录仪	
	磁滞回线	交流磁滞回线描迹仪	测量软磁材料的动态磁特性
	磁感应强度 铁损耗	瓦特表	测量硅钢片铁损耗等
		电桥	
	复数磁导率	Q 表	测量 100kHz~100MHz 频率内的复数磁导率
		麦克斯韦-维恩电桥	测量 1kHz~5MHz 频率内的铁损耗、复数磁导率

3.2　磁场的测量

29　电磁感应法　电磁感应法是利用探测线圈在磁场中的移动、转动和振动使线圈的磁通量改变，再由感应电动势确定磁场的大小，电磁感应法结构原理见表 8.3-3。

30　磁通门法　磁通门法是一种依据电磁感应现象测量磁场大小的方法，它采用周期性交变磁场对软磁材料磁心进行周期性过饱和激励，利用软磁材料磁心对激励磁场的调制作用将外磁场转化为电压信号，最终经输出感应电压信号时域、频域解析确定外磁场大小，从而实现对弱磁信号的检测，磁通门法结构原理见表 8.3-4。

表 8.3-3　电磁感应法的结构原理

结构简图	原理	公式	特点	应用
 冲击法原理图	利用磁通迅速变化时处在磁通变化区域内的探测线圈将产生感应电动势，探测线圈置于交变磁场或变化磁场时产生的感应电动势 e，对于恒定磁场可用积分器（如冲击检流计）确定磁场值，对于交变磁场可用整流式仪表确定磁场值	当变化磁场时，用冲击检流计测得的磁感应强度变化量： $$\Delta B_0 = \frac{\Phi}{NA} = \frac{1}{NA}\int e dt = \frac{C_\Phi}{NA}\alpha_m$$ 式中　N——探测线圈匝数； 　A——探测线圈面积； 　C_Φ——冲击检流计的磁通常数； 　α_m——冲击检流计的最大偏移	测量范围宽（10^{-8}~10^2T），准确度高［$(0.5$~$1)\times10^{-2}$］，如采用比较法测量，其准确度可达 10^{-4} 磁化装置中具有很大的自感，易受到电磁铁铁心和大块样品中的涡流以及磁化电路中杂散电容的影响，由于以上情况不能很好满足检流计的时间条件，进而引发了测量误差，这是冲击法的主要误差	测量高电阻、电容等电学量，是电磁测量的基本方法，可测量交变磁场

（续）

结 构 简 图	原 理	公 式	特 点	应用
抛移线圈（磁通计）	测量恒定磁场或磁通时，线圈被抛出磁场作用范围之外，由其感应电动势经积分后显示，积分器可采用光电积分、电子积分或数字积分等	电子积分时 $$U_0 = -\frac{1}{RC}\int e\,\mathrm{d}t$$ 所以 $B_0 = \dfrac{RC}{NA}U_0$ 式中　RC——积分器时间常数; U_0——积分器输出 数字积分时 $$f = Ke = KN\frac{\mathrm{d}\Phi}{\mathrm{d}t}$$ 所以 $n = \int f\,\mathrm{d}t = KNA\Delta B_0$ 式中　f——$U\text{-}f$ 变换频率; K——$U\text{-}f$ 变换器常数; n——显示数字	电子磁通计测量范围为 $10^{-6} \sim 10^{3}\,\mathrm{Wb}$，准确度为 $10^{-4} \sim 10^{-3}$；采用 $U\text{-}f$ 变换器的磁通计测量范围为 $10^{-6} \sim 10^{-2}\,\mathrm{Wb}$，准确度为 $10^{-4} \sim 10^{-3}$；优点是测量的准确度高、速度快、漂移小	测量恒定磁场的磁场强度
旋转线圈	探测线圈用电动机带动，以角速度 ω 绕垂直于磁场的轴旋转，其感应电动势经电刷整流后用电压表显示磁场值	$U(t) = NA\omega B_0\cos\omega t$ 式中　N——线圈匝数; A——线圈截面积; ω——旋转角频率	旋转线圈结构简单、灵敏度高，不受温度影响，有良好的线性度，测量范围宽，为 $10^{-8} \sim 10\mathrm{T}$，准确度为 $10^{-4} \sim 10^{-3}$	测量恒定磁场
振动线圈	线圈平面平行于磁场放置，使线圈绕垂直于磁场的轴作小角度振动，由其感应电动势确定被测磁场	$U(t) = NA\omega B_0\cos\omega t$ 式中同上	振动线圈能以中等准确度（10^{-3}左右）进行简单直读测量	测量恒定磁场

表 8.3-4　磁通门法的结构原理

结 构 简 图	原 理	公 式	特 点	应 用
 单磁心型	通过检测二次谐波的大小间接得到被放大 n 倍后待测环境磁场强度	$E(t) = 2n\mu_1\omega WSH_0\sin(2\omega t)$ 式中　n——二次谐波放大倍数; μ_1——磁导率的二次谐波分量的幅值; ω——激励信号的频率; W——感应线圈的匝数; H_0——外界被测磁场强度	单磁心型磁通门传感器是测量外界微弱磁场的基本器件,但由于变压器效应所产生的噪声比较大	磁场监测,工程检测,载体方位姿态测量与控制,电磁参数检测等
 双磁心型	激励磁场在感应线圈中的感应电动势相互抵消,且只受磁心磁导率的调制作用,而外界环境磁场在感应线圈中的感应电动势则是相互叠加的		理论上,若双磁心探头的结构参数、电磁性能参数完全对称,则最大的噪声——变压器效应噪声将完全消失	磁场监测,工程检测,载体方位姿态测量与控制,电磁参数检测等
 环形	激励电流会在环形磁心两部分内分别产生幅值相等、方向相反的磁场,感应线圈内部的激励磁场自相抵消,在无外界磁场时,感应线圈内部空间的总磁场强度为 0		环形磁通门结构是双磁心型磁通门结构的变形与延伸,差分结构可以有效地去除杂波信号,提高传感器的分辨率,而变压器效应只是起到了调制磁心磁导率的作用	磁场监测,工程检测,载体方位姿态测量与控制,电磁参数检测等

31　磁共振法　磁共振法是应用物质量子状态在磁场中发生变化来精密测量磁场的方法,磁共振法结构原理见表 8.3-5。

32　磁电效应法　磁电效应法是利用金属或半导体中流过的电流在磁场作用下产生的磁电效应来测量磁场的,磁电效应法结构原理见表 8.3-6。

33　超导效应法　超导效应法是利用弱耦合超导体中的约瑟夫逊效应来测量弱磁场的方法。此法具有极高的分辨率和良好的频率特性,可测量 0.1T 以下的恒定或交变磁场。基于超导效应法研制的超导量子干涉仪(SQUID)的灵敏度最高,现已广泛应用于心磁/脑磁磁场测量、航空磁探、无损检测等领域。超导量子干涉仪的基本原理依据约瑟夫森效应,测量垂直于超导环路平面的磁通变化,是一种相对测量的仪器,其中超导效应法结构原理见表 8.3-7。

34　磁光效应法

磁光效应是指在外磁场作用下，光与介质发生相互作用后，光的物理性质（如偏振面、相位、传输方向等）发生变化的现象。法拉第磁致旋光效应是应用最为广泛的一种磁光效应：当一束平面偏振光通过置于磁场中的磁光介质时，平面偏振光的偏振面就会随着平行于光线方向的磁场发生旋转。通过检测该偏振旋转角度，即可实现外界磁场测量。

表 8.3-5　磁共振法的结构原理

结　构　简　图	原　理	公　式	特　点	应用
样品　调制线圈　RF线圈 核磁共振法	1）核磁共振吸收法利用在被测磁场垂直方向做射频调谐，检测共振下的频率和电平，获得色散信号或吸收信号； 2）核感应法在被测磁场垂直方向加一较强的预极化场，当其断开后测定拉摩进动频率； 3）章动法利用流水式探头预极化原理	式中 $\omega=2\pi f=\gamma B_0$ B_0——标准磁场； ω——拉摩进动的角频率； γ——共振物质的原子核旋磁比	吸收法：测量 $10^{-2}\sim10$T 的均匀磁场，准确度达 10^{-6} 以上； 感应法：测量低于 10^{-2}T 的恒定磁场，分辨率可达 2×10^{-9}T； 章动法：测量 $10^{-5}\sim25$T 的恒定磁场及非均匀磁场，缺点是结构较复杂	基于核磁共振技术的核磁共振检测仪、核磁共振波谱仪、核磁共振成像仪等在医学诊断、石油勘探、化学工程技术中有着广泛的应用
B_0　进动轨道　μ　θ　自旋轴　自旋方向　进动轴 电子顺磁共振法	处于两能级间的电子发生受激发跃迁，导致部分处于低能级中的电子吸收电磁波的能量跃迁到高能级中，跃迁引起的原子能级分裂提供共振频率	式中 $\omega=\gamma_A B_0$ γ_A——气体的原子旋磁比； B_0——标准磁场	能够精准且无破坏地获取物质在电子或原子核尺度组成和结构上的信息，但它只能检测顺磁性物质	已经被广泛应用到物理学、化学、生物学、医学等各个科学领域中对于一些顺磁性的物质体系的研究
滤光片　圆偏振片　接收器　铷灯　光敏元件　射频振荡器 光泵共振法	利用一定波长的光照射置于待测磁场中的气体原子系统，使原子有低能级跃迁到高能级，导致原子发生反转的过程	式中 $\omega=\gamma_p B_0$ γ_p——共振物质的原子旋磁比	灵敏度高、分辨力强，特别适用于弱磁场测量	宇宙磁探测、地磁绝对测量和磁法勘探；此外，还可测量磁场分量及梯度磁场

表 8.3-6 磁电效应法的结构原理

结构简图	原理	公式	特点	应用
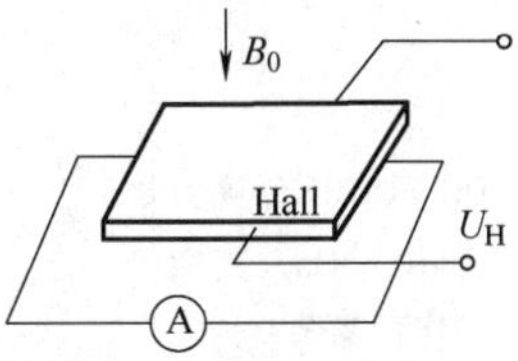 霍尔效应	把载流的霍尔元件平面垂直放入磁场时，在第三维方向产生霍尔电动势，其大小与磁场成正比	$U_H = R_H I B_0$ 式中 U_H——霍尔电动势； I——霍尔元件通过的电流； B_0——被测磁场	霍尔效应法可测磁场范围很宽，为 $10^{-6} \sim 10$T，准确度为 $10^{-3} \sim 10^{-2}$，可测变化磁场，频率高达 1MHz，探头尺寸很小	适用于低温和强磁场
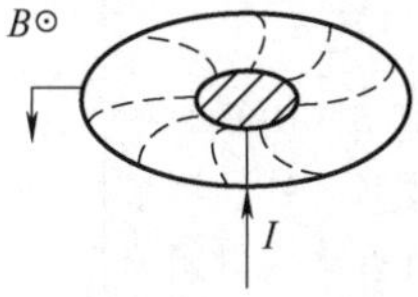 几何磁阻效应	因电流控制极的短路作用，磁阻效应还与元件的尺寸和形状有关	$R \propto B_0$ 式中 R——磁阻	比霍尔元件简单，通常是两端器件，容易受到温度影响和非线性限制	适用于低温和强磁场
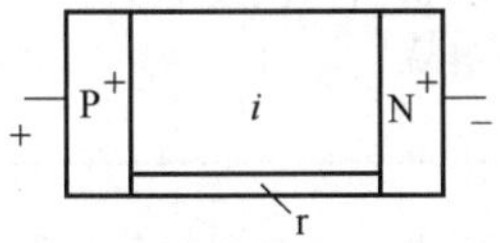 磁敏二极管	磁敏二极管在正向磁场作用下电阻增加，在反向磁场作用下，电阻减小	$U_{max} = f(B_0)$ 式中 U_{max}——磁敏二极管输出最大电动势	体积小、功耗小、灵敏度高、频率特性好、应用范围广	测量低磁场
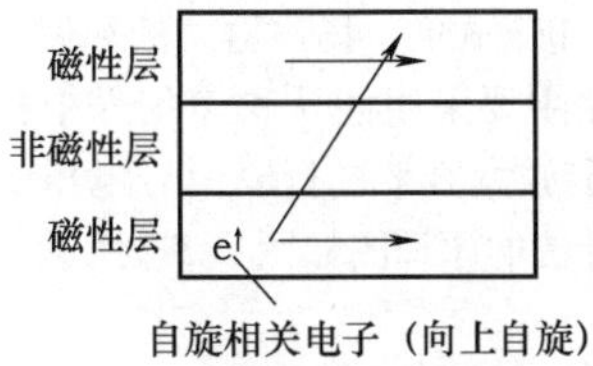 自旋相关电子（向上自旋） a) 多层薄膜中的自旋相关电子散射的图示：平行磁化 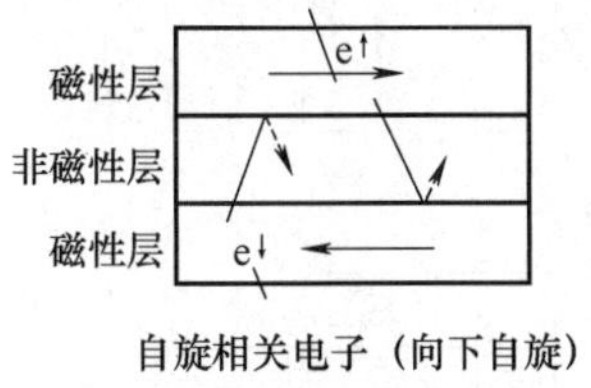 自旋相关电子（向下自旋） b) 多层薄膜中的自旋相关电子散射的图示：反平行磁化 巨磁电阻效应	巨磁电阻效应属于量子力学效应，由自旋电子穿过薄膜时发生散射引起磁性导体材料电阻率发生变化导致	$B_0 = \dfrac{\mu_0 NI}{R} \dfrac{8}{5^{3/2}}$ 式中 I——励磁电流； R——线圈半径	灵敏度高、可靠性好、测量范围宽、抗恶劣环境、体积小	巨磁阻效应在弱磁测量、磁导航、磁定位、磁传感器及非接触式电流测量等技术领域不断延伸，应用价值不断被开发出来

表 8.3-7　超导效应法的结构原理

结构简图	原　理	公　式	特　点	应用
直流超导量子干涉仪 (DC.SQUID)	采用双结形式，加直流偏置，利用锁相电路测定耦合到超导环内的磁通	$I_c = 2I_{c0} \left\| \dfrac{\sin\left(\dfrac{\pi \Phi_J}{\Phi_0}\right)}{\dfrac{\pi \Phi_e}{\Phi_0}} \right\| \times \left\| \cos\left(\pi \dfrac{\Phi_e}{\Phi_0}\right) \right\|$ 式中　I_{c0}——超导结的临界电流； Φ_J——通过结的磁通； Φ_e——外磁通； Φ_0——量子磁通	DC. SQUID 分辨力达 7×10^{-15} Hz, 其的制作较复杂	对于灵敏度要求较高的测量中
射频超导量子干涉仪 (RF.SQUID)	采用单结形式，加射频偏置，采用数字式或锁定式测量耦合到超导环内的磁通	$\dfrac{\Phi}{\Phi_0} = \dfrac{\Phi_e}{\Phi_0} + \dfrac{L_s I_c}{\Phi_0}\sin\left[2\pi\left(n - \dfrac{\Phi}{\Phi_0}\right)\right]$ 式中　Φ——超导环的内磁通； L_s——超导环的电感	RF. SQUID 的分辨力达 10^{-14} Hz, 测量电路前端接射频放大器，一般采用磁通变换器把被测信号耦合到超导环，单结的制作比双结的容易	对于测量成本要求较低的实验中

3.3　材料的静态磁特性的测量

静态磁特性是指不同的磁性材料在直流磁场磁化下表现出特定的磁特性。具体来说，静态磁特性指的是磁性材料在直流磁场磁化下的基本磁化曲线、磁滞回线及其所定义的各种参数，如剩磁、矫顽力、磁导率及最大磁能积等，而静态磁特性测量就是用实验手段来描述各种静态磁特性参量的数量关系。静态磁特性测量的主要对象是在直流磁场中工作的硬磁材料和软磁材料。测量的量可归结为测量材料的内场、磁化强度以及磁感应强度。随着电子技术和计算技术在磁测量中的应用，除了采用传统的方法——冲击检流计法进行磁特性测量外，近年来也出现了许多自动测量方法，这些测量方法的主要原理是法拉第电磁感应定律。

35　冲击检流计法　冲击检流计法也称冲击法，是最早用于材料直流磁参数测量的经典方法。此方法建立在电磁感应定律基础上，利用冲击检流计测量以瞬时脉冲形式通过检流计线框的电量，从而确定与该脉冲相关的被测磁通。

图 8.3-1 是冲击检流计法的电路原理图。冲击检流计法计算公式和测量要点见表 8.3-8。

36　振动样品磁强计法　该方法利用物质（试样）在均匀磁场中振动，使检测线圈感生出一个微弱电压而测量物质磁性的方法。振动样品磁强计可测量试样随温度、时间变化的磁特性。在振动样品磁强计中，样品的驱动方式有电磁式的、扬声器式的和偏心轮式的几种。测试电路主要采用能从噪声信号中检出所需信号电压的锁定放大器来进行弱信号电压的放大。振动样品磁强计法的原理图如图 8.3-2 所示。

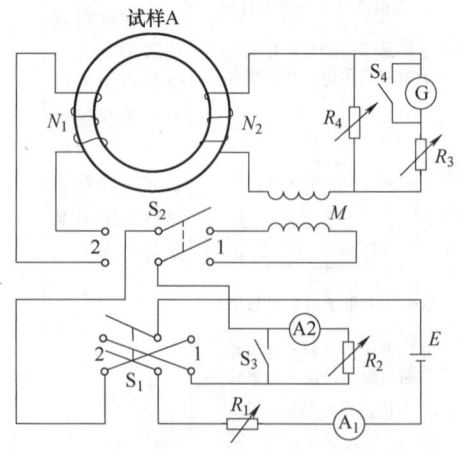

图 8.3-1　冲击检流计法电路原理图

表 8.3-8　冲击检流计法的计算公式和测量要点

测量项目	计 算 公 式	测 量 要 点
磁感应强度 B（磁化曲线）	$$B=\frac{C_B\alpha_B}{2(N_2 S_B)}$$ 式中　C_B——测量 B 时磁通常数；　α_B——检流计的最大偏转；　N_2——磁感应测量线圈匝数；　S_B——试样横截面积	在图 8.3-1 中，S_2 放在 2 处，闭合 S_3；开关 S_1 合向任一侧，并通过 R_1 调定一电流；闭合 S_4，用 R_1 反复换向退磁后，打开 S_4，再将 S_1 换向读取检流计偏转 α_B，确定 B
磁感应强度 B（磁滞回线）	$$B=\frac{C_B\left(\dfrac{\alpha_{BS}}{2}-\Delta\alpha_B\right)}{(N_2 S_B)}$$ 式中　α_{BS}——在饱和磁场 H_m 换向时检流计的最大偏转；　$\Delta\alpha_B$——磁化场由 H_m 变至 H 或 $-H$ 时，检流计的最大偏转	在图 8.3-1 中，测量磁滞回线时，都是以其最大值为原点，用开关 S_3 与 R_2 配合，改变其磁化场大小，测量过程同上
磁通常数 C	$$C=\frac{M\Delta I}{\alpha_0}$$ 式中　M——标准互感线圈的互感系数；　ΔI——标准互感线圈一次绕组中电流的变化；　α_0——检流计的最大偏转	在图 8.3-1 中，S_2 放在 1 处，闭合 S_3；由 S_1 换向时的检流计最大偏转 α_0 来确定

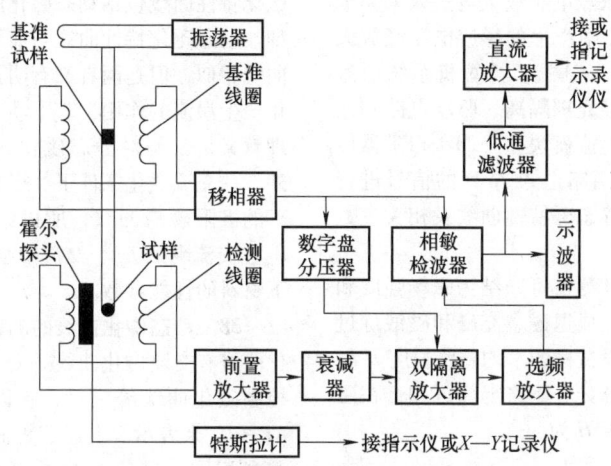

图 8.3-2　振动样品磁强计法原理图

在电磁铁磁极中间放置检测线圈，当试样沿垂直磁场方向以频率 f、振幅 A 振动时，线圈中产生的交变电势与磁化强度的关系为

$$e=KAfM$$

式中　K——与检测线圈的形状和相对位置有关的常数。

磁化强度用数据已知的纯镍球标定。为了减少附加误差，检测线圈做成两个串联反接的形式。振动样品磁强计的准确度为 3% 左右。

振动样品磁强计适用于金属和合金磁性材料、铁氧体材料、非晶态材料、超导材料、磁性薄膜等材料的磁性测量，还适用于测量粉末、块状、单晶和液体等形态的材料。它能够在不同的环境下得到被测材料的多种磁特性，也可完成磁滞回线、起始磁化曲线、退磁曲线及温度特性曲线等曲线的

测量。

37　静态特性的自动测试　静态磁特性虚拟测试仪的系统结构如图 8.3-3 所示。

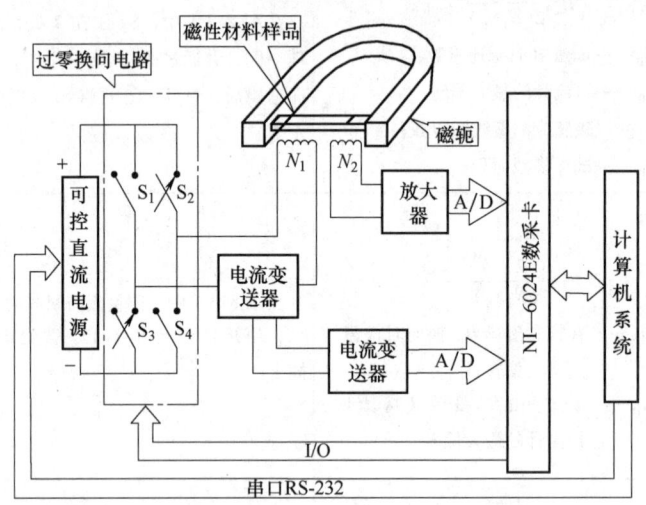

图 8.3-3　静态磁特性虚拟测试仪的系统结构示意图

系统主要组成包括可控电源模块、逆变电路模块、采集模块和计算机系统，其中计算机系统通过串口 RS-232 控制直流电源的输出电压，此电压经逆变电路给磁化线圈 N_1 提供磁化换向电流，电流由电流变送器转换为电压经电压放大器进入采集卡的 A/D 端；测试线圈 N_2 中产生的感应电压经放大后，送入采集卡的另一 A/D 端。计算机系统通过数采卡的数字 I/O 口，经光耦隔离、驱动电路和死区保护电路来控制逆变电流模块 4 个 MOSFET 器件的导通与截止，同时对两路送入 A/D 的信号进行采集和分析，最终实现静态磁特性曲线及相关参数的测试和显示。

磁性材料静态磁特性测量可归结为磁场强度和磁感应强度两部分。在完成退磁、充磁和磁锻炼过程后，对于闭合的磁路设试样的平均磁路长度为 L，I 为直流磁化电流，依据安培环路定律可知，在磁化线圈中产生的磁场强度 H 为

$$H = \frac{N_1 I}{L}$$

试样磁感应强度 B 可由测试线圈 N_2 的感应电压经放大器放大后的输出电压 u_2 积分得到

$$B = \frac{\int u_2 \mathrm{d}t}{k_B N_2 S}$$

式中　k_B——放大器放大倍数；
　　　S——试样横截面积。

3.4　材料的动态磁特性的测量

软磁材料基本都在动态磁化条件下工作，动态磁化特性曲线包括动态磁化曲线和动态磁滞回线两种。动态磁化特性曲线与前面介绍的静态磁化特性曲线相似，但是两者又有明显的不同。由于动态磁化产生涡流的作用，若干动态磁参数没有鲜明的物理意义，仅是对静态磁化一种形式上的仿照。另外，在交流磁化条件下，很难得到像直流磁化条件下的极限磁滞回线，所以给出的幅值磁感应强度 B_m、交流剩磁 B_{ra}、交流矫顽力 H_{ca} 等都是工作条件下材料的性能参数。

38　动态磁化曲线的测量　软磁材料的动态磁化曲线有交流磁化曲线，交、直流叠加磁化曲线和控制磁化曲线等三种，各以 B_m—H_m、$\bar{B}_m$—$\bar{H}_m$ 和 ΔB—H_b 来表示。上述三种曲线的测量方法和仪器基本相同，目前通行的有伏安法和自动记录法两种。

(1) 伏安法　伏安法测量动态磁化曲线虽然速度慢，重复性和精确度稍低，但其操作起来简单方便，成本低廉，目前仍在工业部门广泛使用。图 8.3-4 是伏安法的测量原理电路图。伏安法计算公式和测量要点见表 8.3-9。

表 8.3-9　伏安法的计算公式和测量要点

测量项目	计算公式（以 B_m—H_m 为例）	测量要点
幅值磁感应强度 B_m	$$B_m = \frac{U_f}{4.44 f N_2 S}$$ 式中　U_f——感应电压平均值； 　　　f——磁化时的频率； 　　　N_2——样品二次线圈的匝数； 　　　S——样品的横截面积。	图 8.3-4 中，E 和 e 各为直流和交流稳压电源；A 为直流电流表，用于显示直流偏置电流 I_b；L_d 为扼流圈；r 为可调电阻器。N_b、N_1 和 N_2 为样品偏置、一次和二次线圈；R_1 为无感大功率精密电阻；R_2 为有较大值和较大功率承受能力的电阻器，以便把交流稳压电源变成交流稳流电源；D 为有较大功率容量和较好频率特性的开关二极管；V_f 和 V_m 为磁通电压表和峰值电压表
幅值磁化场强度 H_m	$$H_m = \frac{N_1}{l} \times \frac{U_{R_1 m}}{R_1}$$ 式中　N_1——样品一次线圈的匝数； 　　　l——样品的平均磁路长度； 　　　$U_{R_1 m}$——电压峰值； 　　　R_1——无感分流电阻	S_1 和 S_2 各为换向开关。当 S_2 断开，S_1 处于 1 位置，测量 B_m—H_m 曲线；S_2 导通，S_1 处于 2 位置，测量 $\bar{B}_m$—$\bar{H}_m$ 曲线；当 S_2 处于导通位置，S_1 处于 3 时，测量控制磁化曲线即 ΔB—H_b 曲线

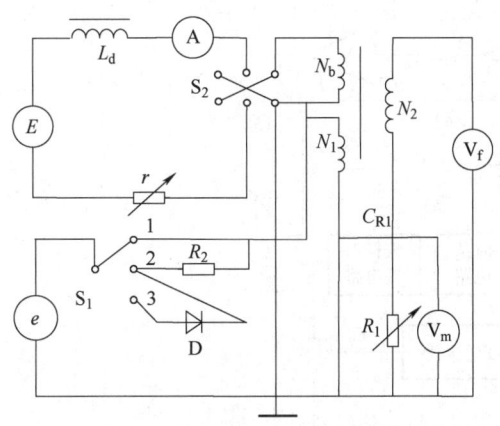

图 8.3-4　伏安法测量原理电路图

（2）自动记录法　曲线的自动记录与伏安法相比，其测试速度要快得多，且结果直观，测试的精度也有所提高，并可按需要描画材料研究或器件设计中感兴趣的部分。图 8.3-5 是连续记录动态磁化曲线的原理图。

如图 8.3-5 所示，当开关 S_2 处于 1 位置，S_1 断开，S_3 处于 1 位置，即可自动记录 B_m—H_m 曲线。这时，样品二次感应电压 e_2 经积分倍率电路积分，还原为 B 信号电压，经峰值检波再送定标电路定标后接 X—Y 记录仪的 y 轴；而与磁化场强度 H_m 成比例的无感应电阻 R_1 上因磁化电流通过产生的压

降 u_{R1} 经倍率电路放大后，送峰值检波电路检波，再经定标电路标定送到 x 轴。当 H_m 变化时，B_m 也跟着变化，于是就可描画出 B_m—H_m 曲线。$\bar{B}_m$—$\bar{H}_m$ 和 ΔB—H_b 曲线的记录步骤和 B_m—H_m 的相似。

39　交流磁滞回线的测量　在动态磁化条件下，H 和 B 变化一周即可构成所谓的动态磁滞回线。因为只有交流磁滞回线能与直流磁滞回线相对照，所以，有时在材料研究和器件设计中需要描画这种磁化条件下 B—H 的依存关系曲线。至于交、直流叠加磁化或脉冲磁化条件下的动态磁滞回线，因回线不对称，除求其面积计算铁心损耗外，一般不予测量。

交流磁滞回线的测量方法有很多，常用的方法有采样法、示波仪法和铁磁仪法。其中采样法具有电路中无互感器、定标公式中不含频率项、频率范围宽、测量准确度高等优点，因而得到广泛的应用。这里主要对采样法进行简单的介绍，利用采样法原理制成的交流磁滞回线仪的原理图如图 8.3-6 所示。

图 8.3-6 中交流稳压电源供给被测样品磁化所需的功率，频率可在 20Hz 到 100kHz 之间任意选取。样品二次线圈上的感应电压倍率器产生的信号送到积分常数可变的积分器积分还原为与磁感应强度成比例的信号电压。此电压与倍率器同步变化的电阻 R_c 和 R_d 组成的衰减器衰减，使接到采样变换

器的 B 路信号电压不论倍率 R_b/R_a 取何值都保持相同的电平。磁化电流在无感分流电阻器上的电压降为 u_{R1}，直接送采样变换器的 H 路。其值的大小需按样品磁化线圈匝数、平均磁路长度、测试的磁化场强度而定。需使加到采样变换器的 H 路的电平保持一定的较小值。

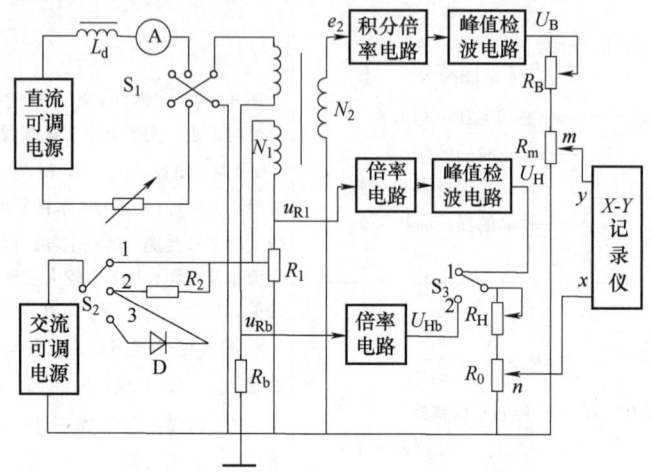

图 8.3-5　动态磁化曲线自动记录仪原理图

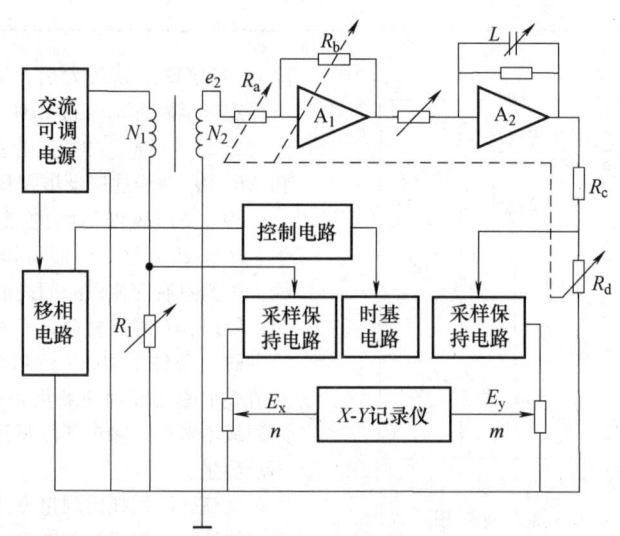

图 8.3-6　采样法原理电路图

移相控制电路由一阻容移相电路和放大整形电路构成。目的是把从交流稳压电源来的参考信号的相位在 0~180° 范围内移动，以保证积分器的复零线处于积分器输出电压波形的中间位置，同时提供采样变换器的外触发信号。采样变换器把高速变化的被测信号电压变换为 X—Y 记录仪能跟踪的波形相似于被测信号的慢速变化的信号电压后，其输出经定标电路送 X—Y 记录仪，即可画出交流磁滞回线。

40　铁损耗测量（列表）　铁损耗指的是在交变的磁化条件下，每磁化一周软磁材料所消耗的能量大小与磁化频率的乘积。铁损耗作为交变磁场中使用磁性材料必测的一项参量，不仅是动态磁特性的重要参量之一，也是衡量磁性材料性能优劣的主要指标。

目前，铁损耗主要的测量方法有两种，见表 8.3-10，即低频下采用的瓦特表法和高频下采用的电桥法。其中，瓦特表法是测量铁损耗的经典方法，它是由国际电工委员会（IEC）制定并被世界各国普遍采用的标准测量方法。随着电子技术的发展，铁损耗的测量也出现了许多新的方法，

如 X—Y 记录仪直接描述 P-B_m 曲线，还有精度较高的自动平衡测磁电桥和基于微型机的铁损耗测试系统。

表 8.3-10　常见的铁损耗的测量方法

常用方法	计 算 公 式	测 量 要 点
瓦特表法	$$P = \frac{N_1}{N_2}P_W - \frac{U_2^2}{r}$$ 式中　N_1、N_2——一次、二次线圈的匝数； 　　　P_W——功率表读数； 　　　U_2——交流电压表 V_2 的读数； 　　　r——二次回路仪表内阻	在图 8.3-7 中，测量使用的交流电源一般为 50Hz 市电，也可采用输出功率为 200～500W、电压稳定度达 10^{-3} 以上可调电源
电桥法	$$P = \frac{U^2}{R_P}$$ 式中　U——信号源 G 的端电压； 　　　R_P——磁心线圈的等效并联电阻，电桥平衡时等于 R_4	在图 8.3-8 中，测量线圈未接入电路之前，将电容器 C_1 置于最小值，断开开关 S，电桥借助于 R_3、C_2 调至平衡；测量线圈接入电路之后，接通开关，只用 C_1 和 R_4 使电桥最后平衡

在国家标准规定中，以全补偿 25cm 爱波斯坦方圈作为基本磁化装置，用瓦特表法在磁通波形为正弦条件下测定电工钢片（带）的铁损耗。测量时的频率范围为 15～100Hz，最高可扩展至 400Hz。试样重量约为 1kg，对于热轧和冷轧无取向电工钢片，取半数条片垂直于轧向，半数条片平行于轧向；冷轧取向电工钢片的所有条片均取平行轧向。测量重复性为 1%～1.5%，所测得的铁损耗是在给定频率、给定回霽磁感应强度峰值下的值。满足磁通波形正弦条件下，对于冷轧取向的电工钢片（带），内霽磁感应强度峰值可达 1.8T；对于热轧和冷轧无取向电工钢片（带）可达 1.5T。在保证二次感应电压波形系数 $F = 1.111 \pm 0.01$ 的条件下，测量范围可以扩展。

在简易铁损耗测量中，硅钢单片铁损耗仪应用广泛，其测量原理如图 8.3-7 所示。

电桥法　这个方法只限于正弦电压或正弦电流下的测量。它是用电桥电路来测量磁心线圈的等效并联电阻 R_P 和电桥平衡时测量线圈两端的有效值电压而得到磁心的总损耗，原理图如图 8.3-8 所示。这个电路易于控制磁心在规定的磁通密度下所需的功率。这是变压器电桥的一种电路形式，在中心频率为 20kHz 的一个频带范围内，测量线圈两端有 30V 的有效值电压，能测量高达 30W 的磁心总损耗。信号源 G 应能在适当的频率范围内提供足够的功率。

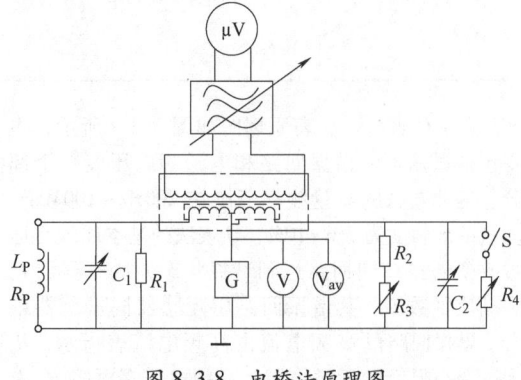

图 8.3-8　电桥法原理图

电桥法的特点是频率范围宽、收敛性好、灵敏度高，同时可测的磁性参量较多，其测量准确度在

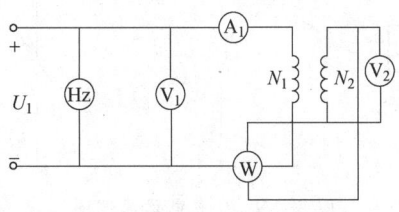

图 8.3-7　瓦特表法原理图

±3%以内。但是，在高磁感应强度下，不容易保证 B 为正弦，而且屏蔽要求严格；逐点测试速度慢，不能自动记录特性曲线；只能平衡基波，不能平衡高次谐波，因而有较大的测量误差。

41　高频磁特性测量　在高频范围内，一般测量试样的复数磁导率及磁谱（即其随磁化场频率的变化）。软磁材料大都用于制作电路中电感元件或变压器的磁心，其复数磁导率由电路参数来确定。磁心线圈在交流电路里可以等效成一个电感与电阻的并联．也可以等效成一个电感与电阻的串联。这

两种等效法虽说是任意的，并且都可用来计算复数磁导率，但是，对于由一般的磁性材料制作的磁心线圈，分布电容往往可以忽略，而等效电阻又比等效电抗小得多，所以，串联电路的模式更符合于客观情况。所以，我们一般所说的磁导率都是指串联磁导率，只有在特殊情况下才使用并联磁导率。由于复数磁导率由电路参数来确定，在串联电路模式下，一般采用测得得到的 L_x、R_x 和品质因数 Q 来推算出复数磁导率。测量的主要方法有 Q 表法、电桥法，见表 8.3-11。

表 8.3-11　常见的复数磁导率的测量方法

常用方法	计算公式	测量要点
Q 表法	$L_x = \dfrac{2.53 \times 10^4}{f_0^2 \cdot C}$ $R_x = \dfrac{2\pi f_0 \cdot L_x}{Q_x}$ 式中　f_0——谐振时的测试频率（MHz）； 　　　C——可调谐振电容（pF）； 　　　Q——谐振时的品质因数	Q 表的电路原理图如图 8.3-9 所示，将被测线圈接入 Q 表测试端钮，保持测试频率 f_0 不变，旋动谐振电容 C 使回路谐振，从电压表上读出被测线圈的视在 Q 值，在求出 Q_x、L_x 后需要进行修正，从而求得磁心线圈的真实参数
麦克斯韦-维恩电桥法	$R_x = \dfrac{R_1 \cdot R_3}{R_2}$ $L_x = R_1 \cdot R_3 \cdot C_2$ $Q_x = \dfrac{\omega L_x}{R_x} = \omega C_2 R_2$ 式中　R_1——可调电阻； 　　　R_2、R_3——固定电阻； 　　　C_2——固定电容	在图 8.3-10 中，当 R_2 和 R_3 固定，R_1 和 C_2 可调，则调节 R_2 和 C_2 就可以使电桥平衡，并且互不影响，这种电桥被称为 L-R 型麦克斯韦-维恩电桥。在几次反复调节 R_2 和 C_2 后就能使电桥平衡，适用于测量低 Q 电感并且具有良好的收敛性；如果 C_2 采用固定的标准电容，电感的平衡可借助 R_1 或 R_3 和 R_1 来平衡，这样可实现 L_x 和 Q_x 的分别读数，又被称为 L-Q 型麦克斯韦-维恩电桥，L-Q 型电桥适用于测量 Q 值较高的样品

（1）Q 表法　Q 表原理图如图 8.3-9 所示，主要包括振荡器、谐振回路和电子管电压表三个部分。这种方法的测量频率范围在 200Hz~100MHz，测量的准确度为 5%~10%。Q 表法的基本原理是通过改变电容 C 使回路达到谐振状态，从而测量 L_x 和品质因数 Q。其谐振回路用互感器同振荡器耦合。谐振回路的高频电流由高频电流表指示，R_s 为一个小阻值的无感电阻，高频电流在电阻 R_s 上产生一个电压降：

$$U_s = I_1 R_s$$

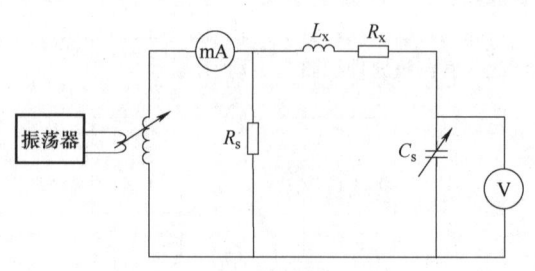

图 8.3-9　Q 表电路原理图

U_s 可作为供给谐振回路的基准电压。这个电压加到由 $R_x + j\omega L_x$ 和调谐电容 C_s 所组成的串联谐振回路上，当 C_s 和 L_x 满足谐振条件时，C_s 两端的电压 U_c 达到极大值，按照谐振回路的原理，U_c 和 U_s 之间的关系为

$$U_c = \frac{U_s}{R_x}\left(\frac{1}{\omega C_s}\right) = \frac{\omega L_x}{R_x}U_s = QU_s$$

在上式中，U_c 为 U_s 的 Q 倍，若将 U_s 的大小保持不变，U_c 正比于被测线圈的 Q 值。因此可以将电子管电压表按照 Q 值刻度。

（2）电桥法　电桥法一般用来测量 100Hz ~ 10MHz 频率内的高频磁特性。例如电感电桥、麦克斯韦—维恩电桥等。麦克斯韦-维恩电桥原理如图 8.3-10 所示，电桥法的测量准确度为 3% ~ 5%。

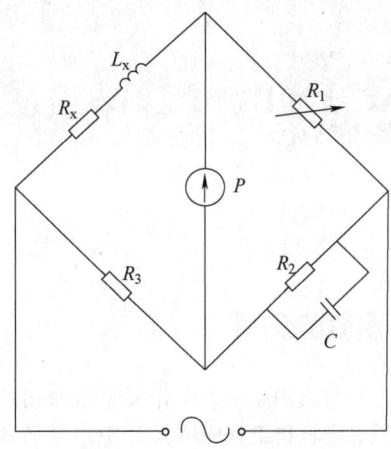

图 8.3-10　麦克斯韦-维恩电桥原理图

第4章 电气工程领域常见非电量的测量

4.1 温度的测量

温度是与人类生活、工作关系最密切的物理量，也是各学科与工程研究设计中经常遇到和必须精确测量的物理量。温度传感器是指能感受温度并将温度转换成电信号输出的传感器，根据使用方法分为接触式和非接触式两大类，其测温范围和主要特点见表8.4-1。接触式测温是指传感器与物体直接接触测量物体的温度，这种方式构造简单，应用最广；非接触式测温是指测量物体相应温度辐射的红外线，测温敏感元件不与被测介质接触，通过辐射和对流实现热交换，达到测量的目的。

表 8.4-1 温度传感器的测温方式、范围及主要特点

测温方式	温度计与传感器	测温范围/℃	主 要 特 点
接触式	热力膨胀式 1）液体膨胀式（玻璃温度计） 2）固体膨胀式（双金属温度计）	−100~600 −80~600	结构简单、费用低，一般用于直接读数
	压力式 1）气体式 2）液体式	−100~500	耐振、价廉，准确度不高，可转换成电信号
	热电偶	−200~1 800	种类多、结构简单，感温部小，应用于高温检测
	热电阻 1）金属热电阻 2）半导体热敏电阻	−260~800 −50~300	种类多、精度高，感温部较大，体积小，响应快，灵敏度高
	集成温度传感器	−55~150	体积小，反应快，线性好，价格低等
非接触式	辐射式温度计 1）光学高温计 2）比色高温计 3）红外光温度计	−20~3 500	不干扰被测温度场，可对运动体测温，响应较快；测温计结构复杂，价高，必须定标修正值

按照传感器材料及电子元件特性分为热敏电阻温度传感器、热电式温度传感器（热电阻和热电偶）、辐射式温度传感器、集成温度传感器、声波温度传感器、压电温度传感器和光纤温度传感器等。

42 热敏电阻温度传感器 热敏电阻温度传感器是利用半导体材料的电阻值随温度变化的特性制成的一种温度传感器，其基本特性见表8.4-2。

热敏电阻温度传感器按照热敏电阻的阻值与温度关系的特性可分为以下3种。具体情况见表8.4-3。

1）正温度系数热敏电阻器（PTC）。电阻值随温度升高而增大，简称PTC热敏电阻器。它的主要材料是掺杂的 $BaTiO_3$ 半导体陶瓷。

2）负温度系数热敏电阻器（NTC）。电阻值随温度升高而下降，简称NTC热敏电阻器。它的材料主要是一些过渡金属氧化物半导体陶瓷。

3）突变型负温度系数热敏电阻器（CTR）。该

类电阻器的电阻值在某特定温度范围内，随温度升高而降低 3~4 个数量级，即具有很大负温度系数。

曲线斜率在此区段特别陡，灵敏度极高，主要用作温度开关。

表 8.4-2　热敏电阻温度传感器基本特性

工作原理		半导体材料的电阻值具有随温度变化的特性
基本特性		在一定工作温度范围内，在不存在自身加热的微小工作电流条件下，热敏电阻与温度之间的关系式为 $$R_T = R_0 \exp\left(\frac{B}{T} - \frac{B}{T_0}\right)$$ 式中　R_T——T℃时热敏电阻阻值； 　　　R_0——T_0℃（通常指 0℃ 或室温）时热敏电阻阻值； 　　　B——热敏电阻的常数，与材料有关； 　　　T——被测温度
灵敏度 α_t		$$\alpha_t = \frac{\Delta R/R}{\Delta T} = -\frac{B}{T^2}$$ α_t——温度系数，负值，在常温范围为 $-(3\times10^{-2} \sim 5\times10^{-2})$/℃
优缺点	优点	具有很高的负电阻温度系数；灵敏度高；阻值大、体积可以做得很小；动态特性好
	缺点	分散性大；非线性大；长期稳定性差；互换性不好

表 8.4-3　热敏电阻器材料的分类

大分类	小分类		实例
正温度系数热敏电阻器	无机物	BaTiO₃ 系 Zn、Ti、Ni 氧化物 Si 系、硫硒碲化合物	（Ba、Sr、Pb）TiO₃ 烧结体
	有机物	石墨系 有机物	石墨、塑料 石蜡、聚乙烯、石墨
	液体	三乙烯醇混合物	三乙烯醇、水、NaCl
负温度系数热敏电阻器	单晶	金刚石、Ge、Si	金刚石热敏电阻
	多晶	迁移金属氧化物复合烧结体、无缺陷形金属氧化物烧结体多结晶单体、固溶体形多结晶氧化物 SiC 系	Mn、Co、Ni、Cu、Al 氧化物烧结体、ZrY 氧化物烧结体、还原性 TiO₃、Ge、Si
	玻璃	Ge、Fe、V 等氧化物 硫硒碲化合物 玻璃	V、P、Ba 氧化物、Fe、Ba、Cu 氧化物、Ge、Na、K 氧化物、（As₂Se₃）0.8/（Sb₂Sel）₀.₂
	有机物	芳香族化合物 聚酰亚釉	表面活性添加剂
	液体	电解质溶液 熔融硫硒碲化合物	水玻璃 As、Se、Ge 系
突变型负温度系数热敏电阻器		V、Ti 氧化物系、Ag₂S、（AgCu）、（ZnC-dHg）BaTiO₃ 单晶	V、P、（Ba. Sr）氧化物 Ag₂S-CuS

43　热电式温度传感器　热电式传感器是将温度变化转换为电量变化的装置，利用某些材料或元件的性能随温度变化的特性进行设计实现的。把温度变化转换为电阻值的传感器称为热电阻；把温度变化转换为电势的传感器称为热电偶。金属热电阻传感器的 *R-T* 关系、主要技术指标及常用调理电路分别见表 8.4-4 和表 8.4-5。热电偶的基本特性及调理电路见表 8.4-6。

表 8.4-4　金属热电阻的 R-T 关系

金属热电阻	铂 热 电 阻	铜 热 电 阻
R-T 关系	$0\sim850℃$ $$R_t=R_0(1+At+Bt^2+Ct^3)$$ $-200\sim0℃$ $$R_t=R_0[1+At+Bt^2+C(t-100)t^3]$$ 式中　R_0，R_t——0℃，t℃时的铂电阻值； 　　　A，B，C——温度系数，$A=3.908\,02\times10^{-3}℃^{-1}$， 　　　$B=-5.801\,95\times10^{-7}℃^{-2}$，$C=-4.273\,50\times10^{-12}℃^{-3}$	$-50\sim150℃$ $$R_t=R_0(1+At+Bt^2+Ct^3)$$ 式中　R_t，R_0——t℃，0℃时的铜电阻值； 　　　A，B，C——温度系数，$A=4.288\,99\times10^{-3}℃^{-1}$， 　　　$B=-2.133\times10^{-7}℃^{-2}$，$C=1.233\times10^{-9}℃^{-3}$
灵敏度（温度系数）$\alpha_t=\Delta R/R/\Delta T=A$	$a_t\approx3.9\times10^{-3}/℃$	$a_t\approx4.3\times10^{-3}/℃$

表 8.4-5　热电阻的常用调理电路

测量方法	测 量 原 理	电 路 图	备 注
电桥法	单臂电桥 $$U_{out}/U_0=\frac{\Delta R}{4R_0+2\Delta R}=\frac{AT}{4+2AT}$$ $\Delta R=R_0AT$ 式中　A——热电阻温度系数； 　　　T——被测温度； 　　　R_0——桥臂电阻		单臂电桥的输出与被测温度 T 是呈非线性关系的，可以应用乘法器将电桥的输出线性化
三线制电桥接法	$$U_1=\frac{R_2}{R_1+r_a+r_b+R_2}E-\frac{R_3}{R_3+r_c+R_t+r_b}E$$ $$=\frac{E}{2}\frac{\Delta R}{\left(1+\dfrac{\Delta r}{R}\right)(2R+\Delta R+2\Delta r)}$$ $$=\frac{E}{2}\frac{\Delta R}{(2R+\Delta R+2\Delta r)}\approx\frac{E}{2}\frac{\Delta R}{(2R+\Delta R)}$$ 式中　r_a、r_b、r_c——等效引线电阻和接触电阻； 　　　R_1、R_2、R_3——桥臂电阻 $r_a=r_b=r_c=\Delta r$，$R_1=R_2=R_3=R$	 a)　　　　b)	当热电阻传感器距离测试仪器较远时，常采用三线制接法消除引线电阻和接触电阻的影响

（续）

测量 方法	测量原理	电路图	备注
双恒流 源法	双恒流源调理电路输出电压为 $\Delta u_R = u_{R_t} - u_{R_N}$ $\quad = R_0 I_0 \left[1 + AT \right] - R_0 I_0$ $\quad = I_0 R_0 AT$ Δu_R 经差分放大器放大后得到 $u_{out} = k\Delta u_R$ 式中 R_t——热电阻； $\quad\quad R_N$——标准电阻； $\quad\quad R_0$——热电阻在 0℃时的初始值； $\quad\quad k$——放大器的放大倍数	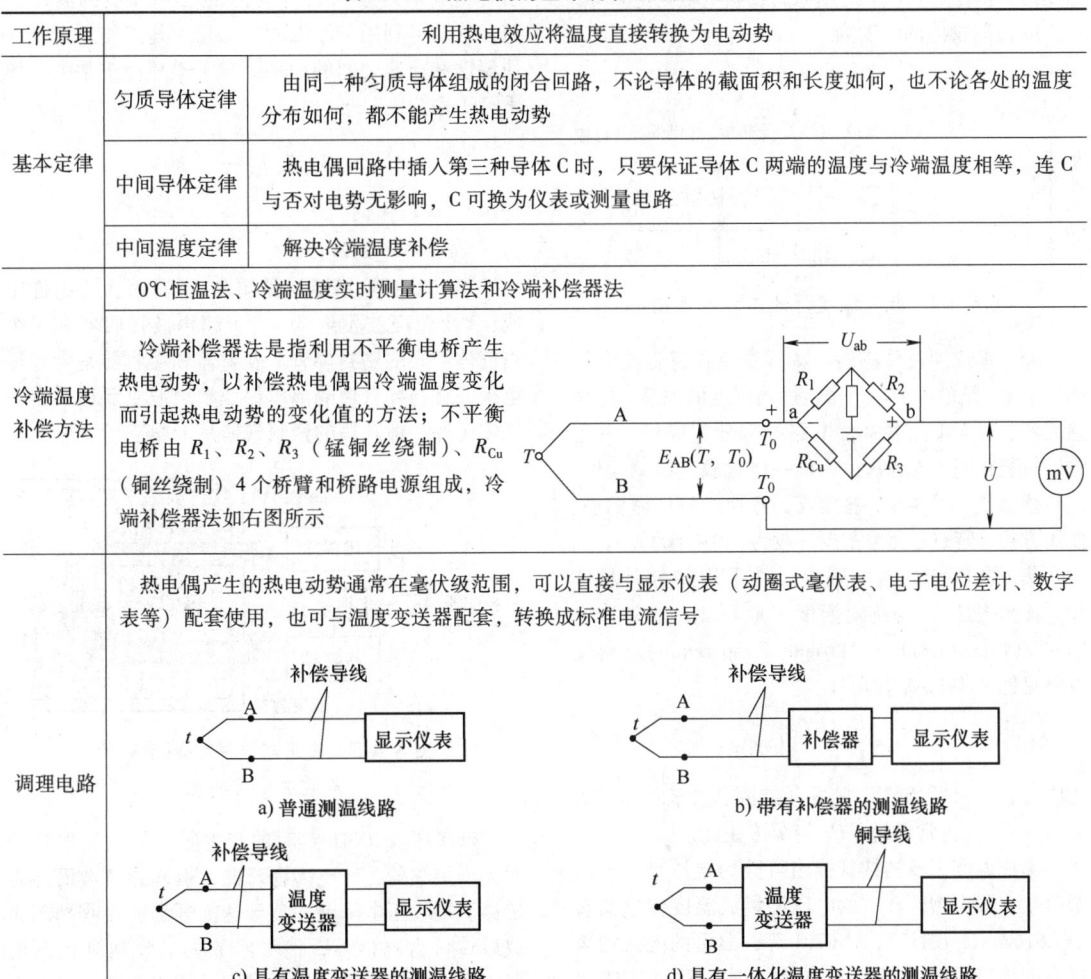	为减少自热效应， 恒流源选 1 ~ 3mA； 通常输出电压 U_t 很 小，需测量放大器 对信号进行放大

表 8.4-6　热电偶的基本特性及调理电路

工作原理		利用热电效应将温度直接转换为电动势
基本定律	匀质导体定律	由同一种匀质导体组成的闭合回路，不论导体的截面积和长度如何，也不论各处的温度分布如何，都不能产生热电动势
	中间导体定律	热电偶回路中插入第三种导体 C 时，只要保证导体 C 两端的温度与冷端温度相等，连 C 与否对电势无影响，C 可换为仪表或测量电路
	中间温度定律	解决冷端温度补偿
冷端温度 补偿方法		0℃恒温法、冷端温度实时测量计算法和冷端补偿器法
		冷端补偿器法是指利用不平衡电桥产生热电动势，以补偿热电偶因冷端温度变化而引起热电动势的变化值的方法；不平衡电桥由 R_1、R_2、R_3（锰铜丝绕制）、R_{Cu}（铜丝绕制）4 个桥臂和桥路电源组成，冷端补偿器法如右图所示	
调理电路		热电偶产生的热电动势通常在毫伏级范围，可以直接与显示仪表（动圈式毫伏表、电子电位差计、数字表等）配套使用，也可与温度变送器配套，转换成标准电流信号

（续上表调理电路栏的电路图部分）

a) 普通测温线路

b) 带有补偿器的测温线路

c) 具有温度变送器的测温线路

d) 具有一体化温度变送器的测温线路

44　辐射式温度传感器　辐射式温度传感器是利用物体的辐射能随温度变化的原理制成的。它是一种基于黑体辐射基本定律的非接触式传感器，可测量运动物体的温度，无测温上限，适合快速测温。辐射测温法包括亮度法（光学高温计）、全辐射法（辐射高温计）和比色法（比色温度计）。

全辐射法是指被测对象投射到检测元件上的是对应全波长范围的辐射能量，而能量的大小与被测对象温度之间的关系是由斯特藩-玻尔兹曼所描述的一种辐射测温方法。典型的全辐射法测温传感器是辐射温度计（热电堆）。

辐射温度计的工作原理是基于四次方定律，图 8.4-1 为辐射温度计的工作原理图。被测物体（灰体，黑度为 ε，温度为 T）辐射线由物镜聚焦在受热板上（黑体）。受热板是一种人造黑体，通常为涂黑的铂片，当吸收辐射能量后温度升高为 T_0，该温度由连接在受热板上的热电偶或热电阻测定。

则被测物体的温度为

$$T = T_0 / \sqrt[4]{\varepsilon}$$

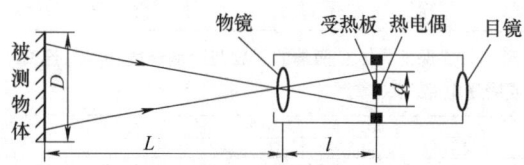

图 8.4-1　辐射温度计的工作原理图

45　集成温度传感器　集成温度传感器是利用晶体管 PN 结的电流、电压特性与温度的关系，把敏感元件、放大电路和补偿电路等部分集成化，并把它们封装在同一壳体里的一种一体化温度检测元件。该传感器具有线性好、精度高、互换性好、体积小、使用方便等特点，测温范围一般为 $-50 \sim 150℃$。

集成温度传感器的感温元件采用差分对晶体管，输出电压 U_o 与绝对温度 T 成正比，通常称为 PTAT（Proportional To Absolute Temperature）。典型电路见图 8.4-2，输出电压为

$$U_o = \frac{R_2}{R_1}\left(\frac{KT}{q}\right)\ln\gamma$$

式中　γ——VT_1 和 VT_2 的发射结面积比，当 R_2/R_1 为常数时，U_o 与 T 成正比。

集成温度传感器按其输出可分为电压型、电流型、数字输出型。典型的电压型集成温度传感器有 μPC616A/C、LM135、AN6701 等；典型的电流型集成温度传感器为 AD590、LM134；典型的数字输出型集成温度传感器有 DS1B820、ETC-800 等。

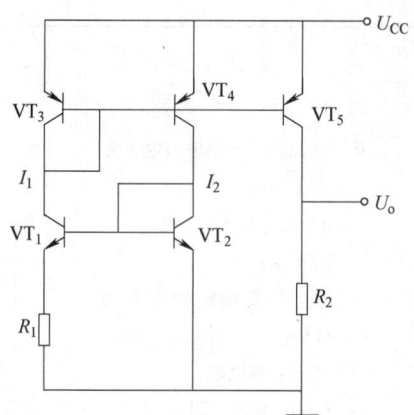

图 8.4-2　电压输出的 PTAT

46　声波温度传感器　在极限情况下，温度测量会非常困难。比如：低温范围、反应堆中的高辐射环境或是处于密封外壳内的已知介质的温度测量，这时可利用声波温度传感器。其工作原理是介质温度和声速之间的关系。在干燥环境正常大气压下，关系为

$$v \approx 331.5\sqrt{\frac{T}{273.15}}\,\text{m/s}$$

式中　v——声速；

T——绝对温度。

声波温度传感器（见图 8.4-3）由 3 个组件组成：1 个超声波发射器、1 个超声波接收器和 1 个由气体填充的密封导管。发射器和接收器是陶瓷压电板，且与导管声隔离以保证超声波主要通过密封气体传播。最常用的密封气体是干燥空气。

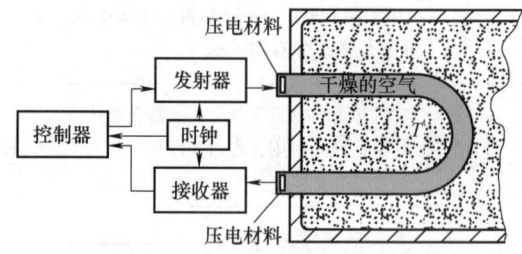

图 8.4-3　使用超声波检测系统的
声波温度传感器

低频率（100Hz）时钟产生脉冲触发发射器同时关闭接收器，压电陶瓷弯曲，引起超声波沿导管传播。接收压电陶瓷在波到达前开启，接收到超声波后转化为电信号，信号经放大后发送到控制电路。再通过沿导管的传播时间计算出声速。从而就可以从存储在查询表中的校准数字中查出相应的

温度。

47　压电温度传感器　一般来说，压电效应就是一种温度依赖现象。可根据石英晶体振荡频率的可变性来设计温度传感器。因为石英晶体是各向异性材料，因此晶片的谐振频率高度取决于其晶向，即切割角度。通过选择切割方向，可使其对温度灵敏度的影响忽略不计，或者相反，使其具有显著的温度依赖关系。谐振频率的温度依赖性可以粗略地由以下三阶多项式表示：

$$\frac{\Delta f}{f_0} = a_0 + a_1 \Delta T + a_2 \Delta T^2 + a_3 \Delta T^3$$

式中　　f_0——校准频率；

a_0、a_1、a_2、a_3——系数。

被测物体与振动晶片耦合通常很困难，因此，与热敏电阻和热电传感器相比，所有压电传感器的响应速度相对较慢。

48　光纤温度传感器　光纤温度传感器一般分为两类：一类是功能型光纤温度传感器，即利用光纤本身对温度的敏感特性实现对环境温度的传感，光纤既感知温度信息，又传输温度信息；另一类是非功能型光纤温度传感器，即光纤不参与温度传感，只起到传输温度信息的作用。

功能型光纤温度传感器是利用光纤中所传输光的光学特性（频率、相位、偏振、强度）随温度变化而变化的特点，由光纤本身构成的传感器，其分类见表 8.4-7。

表 8.4-7　功能型光纤温度传感器分类

传感方式	传感原理	传感结构	传感特点	性能参数	光纤类型
光纤干涉型温度传感器	环境温度的变化引起光纤干涉仪中参与干涉光之间相位差的变化，通过测量相位差的变化来感知被测温度	由光纤、光纤耦合器等光纤器件组成的四类光纤干涉仪：光纤 Mach-Zenhder 干涉仪、光纤 Michelson 干涉仪、光纤 Sagnac 干涉仪、光纤 Fabry-Perot 干涉仪	传感器的灵敏度取决于干涉仪中传感光纤的长度，传感光纤越长灵敏度越高	测量范围覆盖 -20～150℃；测温精度通常为±0.1℃	单模光纤
布拉格光纤光栅温度传感器	布拉格光纤光栅的反射波长随着环境温度的变化而变化，通过测量布拉格光纤光栅反射波长的信息来感知被测温度	光纤纤芯内折射率呈周期性分布的布拉格光纤光栅	温度变化量只与光栅反射波长相关，不受光源波动等因素干扰，可在一根光纤上串接多个传感节点以实现准分布式传感	测量范围：20～150℃（普通光纤光栅）、20～700℃（飞秒激光直写光纤光栅）；测温精度：±0.1℃；传感节点数：8～16 个（强反射光纤光栅）、大于100 个（弱反射光纤光栅）	单模光纤
拉曼散射型温度传感器	光纤后向拉曼散射光中反斯托克斯光的光强随着被测温度的变化而变化，通过测量反斯托克斯光强来感知被测温度	多模光纤本身作为传感介质	可对整条光纤上的温度信息进行传感	测量范围：20～150℃；测温精度：±0.1℃；空间分辨率±1m；分布式测温长度：10km	多模光纤
布理渊散射型温度传感器	光纤后向布理渊散射光的频率取决于被测温度，通过测量布理渊散射光的频移量来感知被测温度	单模光纤本身作为传感介质	可对整条光纤上的温度信息进行传感	测量范围：20～150℃；测温精度：±0.5℃；空间分辨率±1m；分布式测温长度：50km	单模光纤

非功能型光纤温度传感器是其他温度传感器获得的温度信息通过光纤进行传输的一种温度传感器，光纤只起传输光的作用，其具体分类见表 8.4-8。

表 8.4-8　非功能型光纤温度传感器分类

传感方式	传感原理	传感结构	传感特点	性能参数	光纤类型
空间热辐射型光纤温度传感器	黑体辐射光中峰值波长取决于黑体自身的温度，将黑体辐射的光耦合进光纤，通过测量光纤输出光中峰值波长的大小来感知被测温度	将光纤端头与黑体结合，通过光纤将黑体辐射的光传输至光纤输出端进行峰值波长的测量	在高温测量方面具有优势，最高可实现对 3 000℃ 高温的测量	测温范围：500~3 000℃	蓝宝石、多模光纤、光纤束
荧光辐射型光纤温度传感器	稀土元素荧光能量衰减时间取决于被测温度，通过测量荧光衰减时间来感知被测温度	在光纤端面涂上荧光材料	探针式结构，体积小	测温范围：−50~200℃；测温精度：±0.5℃	单模光纤、多模光纤、光纤束
半导体吸收型光纤温度传感器	光源发出多重波长的光照射到砷化镓等光敏半导体材料时，该材料会依据温度吸收不同波长的入射光，同时将剩余没有吸收的光反射回去，因此通过检测反射光的光谱，即可测出温度	光纤末端溅射上砷化镓等半导体材料	半导体性能稳定、可靠性高、耐高温、可长时间工作	测温范围：0~1 000℃；测温精度：±0.5℃	多模光纤、光纤束

4.2　力的测量

被测压力信号通过压力检测元件转换为电信号输出构成压力传感器，它是压力检测仪表的重要组成部分。

49　压阻式传感器　压阻式传感器主要是利用单晶硅材料的压阻效应和集成电路技术制成的传感器，单晶硅材料受到力的作用后，电阻率发生变化，通过测量电路就可得到正比于力变化的电信号输出。压阻式传感器的主要特点是灵敏度高、尺寸小、横向效应小、滞后和蠕变小，适用于动态测量。可用于压力、拉力等参数测量，广泛应用于航空、航天、航海、石油化工、地质测量等领域。

（1）压阻效应　当力作用于硅晶体时，晶体的晶格产生变形，使载流子从一个能谷向另一个能谷散射，引起载流子的迁移率发生变化，扰动了载流子纵向和横向的平均量，从而使硅的电阻发生变化。这种变化随晶体的取向不同而异，因此硅的压阻效应与晶体的取向有关。压阻式压力传感器为压阻式力传感器的主要研究内容。

压阻式压力传感器是在 N 型硅片上定域扩散 P 型杂质形成电阻条，连接成惠斯通电桥，制成压力传感器芯片。系统配置标准压力传感器的敏感芯片是根据压阻效应原理，利用半导体和微加工工艺在单晶硅上形成一个与传感器量程相应厚度的弹性膜片，再在弹性膜片上采用微电子工艺形成四个应变电阻，组成一个惠斯通电桥，当压力作用后，弹性膜片就会产生形变，形成正负两个应变区；同时材料由于压阻效应，其电阻率就要发生相应的变化。

（2）压阻式压力传感器的测压原理　压阻式压力传感器一般通过引线接入惠斯通电桥中。平时敏感芯片没有外加压力作用，电桥处于平衡状态（称为零位），当传感器受压后芯片电阻发生变化，电桥将失去平衡。若给电桥加一个恒定电流或电压电源，电桥将输出与压力对应的电压信号，这样传感器的电阻变化通过电桥转换成电压信号输出。惠斯通电桥采用恒流供电，这样电桥的输出不受温度的影响，惠斯通电桥检测出电阻值的变化，经过差分归一化放大器、输出放大器放大后，再经过电压电流的转换，变换成相应的电流信号，该电流信号通过非线性校正环路的补偿，即产生了与输入电压呈线性对应关系的 4~20mA 的标准输出信号，见图 8.4-4。

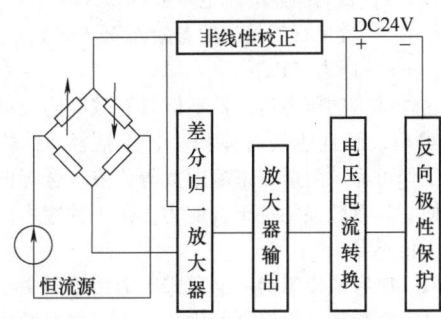

图 8.4-4　压阻式压力传感器测量原理

（3）压阻式压力传感器的特点

1）灵敏度系数比金属应变式压力传感器的大 50~100 倍。

2）由于采用集成电路工艺设计，因而尺寸小、重量轻。

3）压力分辨率高，频率响应好，综合精度高，使用寿命长。

4）由于采用半导体硅材料制作，传感器对温度比较敏感，如不采用温度补偿，其温度误差较大。

（4）压阻式压力传感器的应用举例　压阻式压力传感器又称为固态压力传感器，它具有极低的价格和较高的精度以及较好的线性特性。这种传感器采用集成工艺将电阻条集成在单晶硅膜片上，制成硅压阻芯片，并将此芯片的周边固定封装于外壳之内，引出电极引线。压阻式压力传感器的结构见图 8.4-5。其核心部分是一圆形的硅膜片。在沿某晶向切割的 N 型硅膜片上扩散四个阻值相等的 P 型电阻，构成平衡电桥。硅膜片周围用硅杯固定，其下部是与被测系统相连的高压腔，上部为低压腔，通常与大气相通。在被测压力作用下，膜片产生应力与应变，P 型电阻产生压阻效应，其电阻发生相对变化。压阻式压力传感器适用于中、底压力及微压和压差测量。其弹性敏感元件与变换元件一体化，尺寸小且可微型化，固有频率很高。

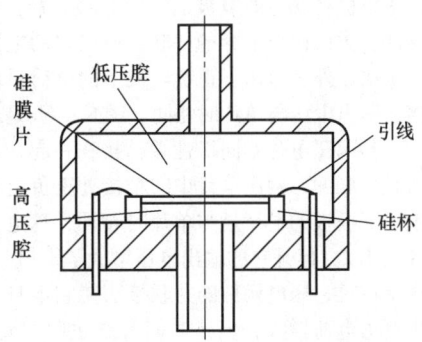

图 8.4-5　压阻式压力传感器结构

50　压电式传感器　压电式压力传感器主要基于压电效应，是利用电气元件和其他机械把待测的压力转换成为电量，再进行相关测量工作的精密仪器。压电式压力传感器主要用于动态压力的测量，比如发动机内部燃烧压力的测量等。它既可用来测量大的压力，也可以用来测量微小的压力，应用广泛。

（1）压电效应　压电效应是指某些材料在机械应力作用下，其中产生的电极化强度发生改变的现象。这种与应力相关的极化强度变化，具体表现为整个材料会产生可测量的电势差，称之为正压电效应。可以在许多天然的晶体材料（包括石英、酒石酸钾钠甚至人体骨骼）中观察到这一现象，而铌酸锂和锆钛酸铅（PZT）等工程材料则会表现出更明显的压电效应。

（2）压电式压力传感器的测压原理　压电式压力传感器的基本原理就是利用压电材料的压电效应特性，即当有力作用在压电元件上时，传感器就有电荷（或电压）输出。由于单片压电元件产生的电荷量甚微，输出电量很少，因此，在实际使用中常采用两片（或两片以上）同型号的压电元件组合在一起。因为压电材料产生的电荷是有极性的，所以压电元件的接法有两种，见图 8.4-6。

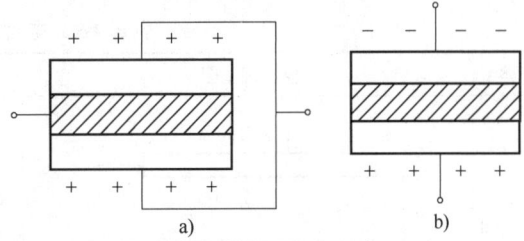

图 8.4-6　压电元件组合接法
a）并联接法　b）串联接法

图 8.4-6a 是并联接法，它是将两个压电片的负端粘接在一起，中间插入的金属电极成为压电片的

负极，正电极在两边的电极上。从电路上看，这是并联接法，类似两个电容的并联，所以它的电容量增加了 1 倍，外力作用下正负电极上的电荷量增加了 1 倍，输出电压与单片时相同。图 8.4-6b 是串联接法，它是两压电片不同极性端粘接在一起，从电路上看是串联的，两压电片中间粘接处正负电荷中和，上、下极板的电荷量与单片时相同，总电容量为单片的 1/2，但是它的输出电压增大了 1 倍。

由上可见，压电元件的并联接法使它本身电容增大，输出电荷增大，但是时间常数也随之增大，因此，并联接法适合用在测量慢变信号并且以电荷作为输出量的场合。而串联接法输出电压大，本身电容小，适宜用于以电压作输出信号，并且测量电路输入阻抗很高的场合。

压电式压力传感器的输出信号可以是电压，也可以是电荷，因此，前置放大器有两种形式：一种是电压放大器，其输出电压与输入电压成正比；另一种是电荷放大器，其输出电压与输入电荷正比。

（3）压电式压力传感器的特点　压电式传感器不能用于静态测量。由于外力作用在压电材料上产生的电荷只有在无泄漏的情况下才能保存，因而需要测量回路具有无限大的输入阻抗，但这实际上是不可能的，所以这决定了压电式传感器只能够测量动态的应力。

压电式压力传感器具有重量轻、工作可靠、结构简单、信噪比很高、灵敏度很高以及信频宽等优点。但是它也存在着某些缺点，有部分电压材料忌潮湿，因此需要采取一系列的防潮措施，而输出电流的响应又比较差，需要使用电荷放大器或者高输入阻抗电路来弥补这个缺点，使仪器更好地工作。

（4）压电式压力传感器应用举例　图 8.4-7 是一种膜片式压电式压力传感器的结构图。

为了提高灵敏度，压电元件采用两片石英晶片并联而成。两片石英晶片输出的总电荷量 Q 为

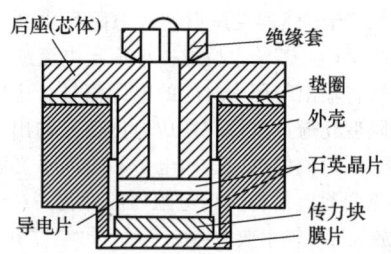

图 8.4-7　膜片式压电式压力传感器结构

$$Q = 2dAp \qquad (8.4\text{-}1)$$

式中　d——石英晶体的压电常数（C/N）；
　　　A——膜片石英晶片的有效面积（m^2）；
　　　p——压力（Pa）。

这种结构的压力传感器不但具有较高的灵敏度和分辨率，而且还具有体积小、重量轻、结构简单、工作可靠、测量频率范围宽等优点。合理的设计能使它具有较强的抗干扰能力，是一种应用广泛的压力传感器。

51　电容式传感器　电容式压力传感器由于灵敏度高、功耗低、无温漂等优势，近年来逐渐成为压力传感器研究的一大热点。电容式压力传感器的实质是将外界压力的变化量转化为电容器的电容变化。一般电容式压力传感器可以简化为平板电容器，平板电容 C 定义为

$$C = \frac{\varepsilon_0 \varepsilon_r A}{d} \qquad (8.4\text{-}2)$$

式中　C——电容；
　　　ε_0——真空介电常数；
　　　ε_r——相对介电常数；
　　　A——电容器极板面积；
　　　d——两极板间距。

根据电容器各结构参数对其电容值的影响，电容式压力传感器可分为变间距式、变面积式和变介电常数式，见表 8.4-9。

表 8.4-9　电容式压力传感器分类

类型	原　理　图	测量原理	技术特点
变间距式	压力1　δ_1　ε　C_1　公共测量电极　δ_2　ε　C_2　A　压力2	一般变间距式电容式传感器采用差动结构，由两个结构完全相同的电容式传感器构成，它们共用一个活动电极，当活动电极处于起始中心位置时，两个电容式传感器容量相等，当活动电极因压力变化而偏离中心位置时，其中一个传感器容量增加，另一个容量减小，测量两者容值之差即可反映压力变化情况	结构简单，灵敏度高，能实现微弱压力的检测

（续）

类型	原　理　图	测量原理	技术特点
变面积式	a) b) C_1 C_2 X Δx	可动极板在被测力信号的作用下发生侧向移动，导致电容有效面积变化，进而导致传感器的电容变化 变面积式压力传感器普遍采用差动式，如图 b 所示，在外力作用下，动片 1 上下移动，其将分别与 2 和 3 构成的面积差动变化，从而引起差分电容的线性变化，通过测量差分电容 ΔC，可获得相应的压力的大小	稳定性高，线性响应，一般用于大动态范围压力的检测
变介电常数式	电极 可变绝缘介质 电极	基于介电应变效应，当在传感器上施加压力时，两极板的间距和绝缘介质层的介电常数发生变化，使得传感器的输出电容值发生变化，通过检测电容变化量，即可实现压力信息测量	结构简单，量程大

52　电感式传感器　电感式压力传感器是利用电磁感应原理，把压力转换为线圈自感系数变化来实现压力测量的器件，按其结构可分为单电感和差动电感两种。电感式传感器具有结构简单、动态响应快、易实现非接触测量等突出的优点，特别适合用于酸类、碱类、氯化物、有机溶剂、液态 CO_2、氨水、PVC 粉料、灰料及油水界面等液位测量，目前在冶金、石油、化工、煤炭、水泥、粮食等行业中应用广泛。下面介绍它们的测压原理、特点及工程应用。

（1）电磁感应原理　电感式压力传感器是利用电磁感应原理来测量压力的仪表。电磁感应是指处于变化磁通量中的导体产生电动势的现象。此电动势称为感应电动势或感生电动势，若将此导体闭合成一回路，则该电动势会驱使电子流动，形成感应电流。当压力作用于膜片时，气隙大小发生改变，气隙的改变影响线圈电感的变化，处理电路可以把这个电感的变化转化成相应的信号输出，从而达到测量压力的目的。

（2）电感式压力传感器的测压原理

1）单电感式压力传感器的测压原理。单电感压力传感器的测压原理见图 8.4-8。它主要由线圈、

铁心和衔铁三部分组成。其中铁心和衔铁由导磁材料（如硅钢片或坡莫合金）制成，并且在衔铁和铁心之间有气隙 δ。

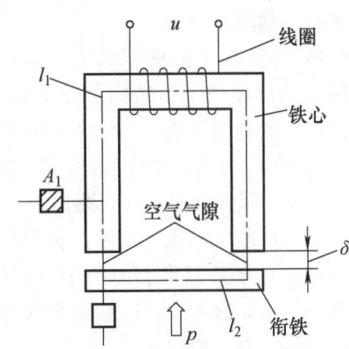

图 8.4-8　单电感式压力传感器的测压原理

设该线圈的匝数为 N，当给它通上交流电压 u 时，则线圈中就有交流电流 i 通过，从而在线圈中产生交变磁通 Φ。由磁路欧姆定律可知

$$\Phi = \frac{N_i}{R_m} \qquad (8.4\text{-}3)$$

根据自感的定义，可得该线圈的自感系数 L 为

$$L = \frac{N\Phi}{i} = \frac{N^2}{R_m} \qquad (8.4\text{-}4)$$

由于衔铁和铁心之间的气隙厚度 δ 比较小，一般在 0.1~1mm 范围内。因此，可以认为气隙磁场是均匀的。若忽略磁路铁损，则磁路的总磁阻可写成

$$R_{m} = R_{m1} + R_{m2} + R_{m0} = \frac{l_1}{\mu_1 A_1} + \frac{l_2}{\mu_2 A_2} + \frac{2\delta}{\mu_0 A_0} \qquad (8.4\text{-}5)$$

式中　l_1、l_2——铁心、衔铁的磁路长度；

　　　μ_1、μ_2——铁心、衔铁的磁导率；

　　　A_1、A_2——铁心、衔铁的横截面积；

　　　δ——气隙磁路的长度；

　　　μ_0——空气磁导率（$\mu_0 = 4\pi \times 10^{-7} \text{H/m}$）；

　　　A_0——气隙磁路的横截面积。

通常铁心和衔铁的磁导率 μ_1 和 μ_2 都远大于空气的磁导率 μ_0，因此气隙磁路的磁阻远远大于铁心和衔铁磁路的总磁阻，故铁心和衔铁磁路的磁阻可忽略，这时磁路的总磁阻可写成

$$R_{m} \approx R_{m0} = \frac{2\delta}{\mu_0 A_0} \qquad (8.4\text{-}6)$$

将式（8.4-6）代入式（8.4-4）得

$$L = \frac{N^2}{R_m} \approx \frac{N^2}{R_{m0}} = \frac{N^2 \mu_0 A_0}{2\delta} \qquad (8.4\text{-}7)$$

式（8.4-7）表明，当线圈匝数 N 一定时，电感系数 L 仅是气隙 δ 的函数。由图 8.4-8 可以看出，当衔铁受到压力 p 作用时，就使气隙 δ 发生变化，从而引起电感量 L 的变化。如果能测量出电感 L 的变化，就能知道压力 p 的大小，这就是变气隙单电感式压力传感器的测压原理。

2）差动电感式压力传感器的测压原理。变气隙差动电感式传感器的基本结构见图 8.4-9。它由两个相同的线圈和磁路组成，当位于中间的衔铁受到压力 p 的作用而上下移动时，则上下气隙 δ_1、δ_2 都发生变化，上下两个线圈的电感，一个增加而另一个减少，形成差动形式。显然，它们的变化与压力 p 大小有关。只要测出上下两个电感的变化，就可知道被测压力 p 的大小。这就是变气隙差动电感式压力传感器的测压原理。

（3）电感式压力传感器的特点　电感式压力传感器具有体积小、结构简单等优点，适宜在有振动或冲击的环境中使用。单电感式传感器测量电路主要有谐振式调幅电路和谐振式调频电路两种。变气隙单电感式传感器的变化范围与灵敏度和线性度相矛盾。为了提高灵敏度，减少非线性误差，在实际应用中，多采用差动电感式传感器。

若电感传感器为差动形式，通常采用差动交流电桥测量电路。常用的差动交流电桥测量电路主要

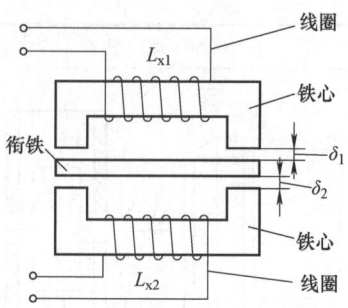

图 8.4-9　变气隙差动电感式传感器的基本结构

有电阻式和变压器式两种。变气隙差动电感式传感器与变气隙单电感式传感器相比，灵敏度提高了一倍，并且非线性误差也大大减少。变气隙差动式电感传感器的最大优点是灵敏度高，其主要缺点是线性范围小、自由行程小、制造装配困难、互换性差，因而限制了它的应用。

（4）电感式压力传感器的应用举例

1）单电感式压力传感器。图 8.4-10 是单电感式压力传感器的结构图，它由膜盒、铁心、衔铁及线圈等组成。其中衔铁与膜盒的上端连在一起。当压力 p 进入膜盒时，膜盒的顶端在压力 p 的作用下产生与压力 p 大小成正比的移动，于是衔铁也发生同样的移动，从而使气隙 δ 发生同样的变化。当给线圈加上交流电压 u 后，流过线圈的电流有效值 I 也发生变化。其关系式为

$$I = \frac{U}{\omega L} = \frac{2U}{\omega \mu_0 N^2 A_0} \delta \qquad (8.4\text{-}8)$$

式中　U——交流电压 u 的有效值；

　　　ω——交流电压 u 的角频率；

　　　μ_0——空气磁导率（$\mu_0 = 4\pi \times 10^{-7} \text{H/m}$）；

　　　N——线圈的匝数；

　　　A_0——气隙磁路的横截面积。

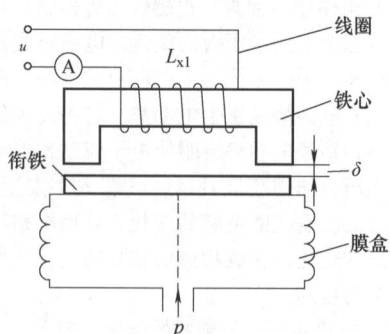

图 8.4-10　单电感式压力传感器结构

式 (8.4-8) 表明，线圈电流有效值 I 与气隙 δ 呈线性关系。用电流表测量出这个电流，就可以计算出被测压力的大小。

2）差动电感式压力传感器。图 8.4-11 为差动电感式压力传感器的结构图，它主要由 C 形弹簧管、衔铁、铁心和线圈等组成。其中，衔铁和 C 形

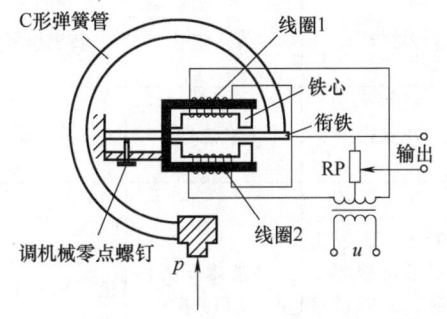

图 8.4-11　差动电感式压力传感器结构

弹簧管的自由端相连。当被测压力进入 C 形弹簧管时，C 形弹簧管产生变形，其自由端发生移动，从而带动与自由端连在一起的衔铁移动，使线圈 1 和线圈 2 中的电感发生大小相等、符号相反的变化。即一个电感量增大，而另一个电感量减小。电感的这种变化通过变压器差动交流电桥测量电路转换成交流电压输出。显然，输出电压的大小与被测压力有关，只要用检测仪表测量出输出电压，即可计算出被测压力的大小。

53　光纤压力传感器　光纤压力传感器是压力测量设备的一个重要分支。它能够将被测压力信号通过光纤测量元件转换为光信号输出。光纤压力传感器的优势是能够解决复杂环境下的压力测量问题。光纤压力传感器具有质量轻、易组网、耐腐蚀、测量精度高、安全、可靠等优点。常见光纤压力传感器的性能和特点见表 8.4-10。

表 8.4-10　常见光纤压力传感器的性能与特点

类型	光纤光栅	干涉仪	光时域反射	光纤微弯	双折射	偏振模态
传感原理	Bragg 效应：当栅区所受的压力变化时，光栅的栅距发生改变，导致其工作波长发生变化	F-P 干涉仪/M-Z 干涉仪/迈克尔逊干涉仪：敏感区受到压力时，将使光程改变，形成干涉的两光束光之间产生相位差	光纤布里渊散射：光纤中传输的光受布里渊散射产生频移，频移和散射光强与光纤的弹光特性相关，因此可以感受外界的压力变化	全反射定律：光纤沿横向受力时，产生形变，破坏了光波的全反射效应，导致传播损耗增大，输出光功率减小	弹光效应：应力的存在改变晶体的光学特性，产生感应双折射，通过检偏器可以将偏振态的变化转化为光强输出	偏振模态变化：高双折射保偏光纤在压力作用下，光纤内两个垂直本征模之间出现相位差
调制方法	波长调制型	相位调制型	光频率调制型	光强调制型	偏振调制型	相位调制型
测量范围	0~70MPa	0~100MPa	0~200kPa	0~20MPa	0~150kPa	0~100MPa
频率响应	0~1kHz	0~1kHz	0~4Hz	0~5kHz	0~3kHz	静态
精度	0.5%	0.1%	2%	1%	0.2%	0.1%
体积	小	大	小	中	大	中
温度特性	对温度很敏感	对温度敏感	对温度很敏感	不敏感	对温度敏感	不敏感
稳定性	稳定性高，抗干扰能力强	分立元件导致稳定性差	稳定性高，抗干扰能力强	受光源、外界环境干扰	分立元件导致稳定性差	稳定性高，抗干扰能力强
压力方向	轴向	横向/轴向	轴向	横向	横向/轴向	轴向

（续）

类型	光纤光栅	干涉仪	光时域反射	光纤微弯	双折射	偏振模态
加工工艺	光栅掩模、紫外曝光、飞秒加工	对准等环节较为复杂	光纤无需加工，但信号解调系统复杂	两块齿型板之间铺设光纤	对准等环节较为复杂	需要黏接在敏感材料表面
光纤作用	传感作用	传感作用	传感作用	传感作用	传感作用	传感作用
系统容量	准分布式	单点式	分布式	单点式	单点式	单点式
典型应用	机翼受力测量、混凝土承重结构压力测量、管道压力测量、油井压力测量	光纤天平、微压测量、液位测量	机翼受力测量、混凝土承重结构压力测量	岩体、混凝土梁变形与破坏的监测、车辆动态称重	储油罐压力测量、地震波检测	管道压力测量、油井压力测量

54　真空传感器　真空度指气体的稀薄程度，历史上沿用压力来表示。真空度的单位为压力单位帕斯卡（Pa）。真空区域划分主要是依据真空状态下气体分子物理特性、真空获得设备和真空测量仪表的工作范围等。真空度的测量在处理微电子晶片、光学元件、化学及其他工业应用中都非常重要，在诸如太空探索等科学研究中也具有至关重要

的地位。真空度按国家标准（GB/T 3163—2007）可划分为

1）低真空：$10^5 \sim 10^2$ Pa；
2）中真空：$10^2 \sim 10^{-1}$ Pa；
3）高真空：$10^{-5} \sim 10^{-1}$ Pa；
4）超高真空：$<10^{-5}$ Pa。

将真空计按照其工作原理进行分类，见表 8.4-11。

表 8.4-11　真空计的分类、原理、测量范围

类别	工作原理	分类	测量范围/Pa	举　例	备注
液体真空计	利用测量管内液位差来测量压力	水银柱真空计	$10^2 \sim 10^5$		与气体种类无关，是绝对真空计
		油柱真空计	$10^1 \sim 10^3$		
		基准水银柱真空计	$10^1(10^{-1}) \sim 10^4$		
		基准油柱真空计	$10^{-2}(10^{-3}) \sim 10^2$		
		压缩真空计	$10^{-1}(10^{-6}) \sim 10^3$		与气体种类无关，是绝对真空计，非理想气体的压强测量受到限制

开式U形管真空计

（续）

类别	工作原理	分类	测量范围/Pa	举　例	备注
变形真空计	利用与真空相连的容器表面受到压力的作用而产生弹性变形来测量压力值的大小	弹簧管真空计	$10^3 \sim 10^5$	压电式薄膜真空计 1—硅基板　2—真空密封 3—n 型硅　4—膜片　5—电阻桥网 6—柔性保护层　7—壳体	与气体种类无关，是绝对真空计
		膜盒真空计	$10^1 \sim 10^3$		
		薄膜电容真空计	$10^{-5} \sim 10^{-3}$		与气体种类关系较小，近似为绝对真空计
		薄膜应变真空计	$10^2 \sim 10^5$		与气体种类无关是，是绝对真空计
黏滞真空计	利用低压下气体与容器壁的动量交换即外摩擦原理	振幅衰减真空计	$10^{-3} \sim 1$	 1—驱动电机　2—膜片　3—感受电机 4—振荡器　5—示波器 U_0—极化电压　U_1—驱动电压 U_2—感受电压　p—被测电压 振膜真空计结构原理图	与气体种类有关，是相对真空计
		磁悬转子真空计	$10^{-4} \sim 1$		
		振膜真空计	$10^{-1} \sim 10^4$		
热传导真空计	是基于气体分子热传导能力在一定范围内与气体压力有关的原理制成	电阻真空计	$10^{-1}(10^{-2}) \sim 10^2$	 热偶真空计结构原理图	与气体种类有关，是相对真空计
		半导体真空计	$10^{-3} \sim 10^2$		
		热偶真空计	$10^{-1} \sim 10^2$		
		热电堆真空计	$10^{-1} \sim 10^2$		
	对流真空计		$10^2 \sim 10^5$		

（续）

类别	工作原理	分类	测量范围/Pa	举　例	备注
热阴极计	高温电子从阴极向阳极运动过程中，与气体分子发生碰撞电离，电离次数与气体的密度成正比，通过计算离子流的大小来判断气体压力	普通电离真空计	$10^{-5} \sim 10^{-1}$	 热阴极电离真空计规管及其线路示意图	与气体种类有关，是相对真空计
热阴极计		高压强电离真空计	$10^{-4} \sim 10^{2}$		
热阴极计		超高真空电离计	$10^{-9}(10^{-11}) \sim 10^{-2}$		
热阴极计		热阴极磁控计	$10^{-11}(10^{-13}) \sim 10^{-5}$		
冷阴极计	冷场发射产生电子，在正交电磁场的共同作用下，使电子与气体碰撞，最后通过产生的电流来判断气体真空度	潘宁计	$10^{-4} \sim 1$	 具有环形阳极的冷阴极电离结构原理图	

55　应变式传感器　应变式压力传感器基于应变效应，是将应变片粘贴到各种弹性元件上制成的，具有结构简单、使用方便、性能稳定、灵敏度高、速度快、测量对象多等优点，应变式压力传感器发展较早，应用范围很广。

（1）应变效应　应变片的工作原理基于导体和半导体的"应变效应"，即当导体和半导体材料发生机械变形时，其电阻值将发生变化。

（2）应变式压力传感器的测压原理及分类　当外力作用于弹性元件时，弹性元件将产生弹性变形，使粘贴在其表面的应变片也随之产生变形，导致阻值发生变化，再经相应的测量电路把这一电阻变化转换为电信号，从而完成了将外力变换为电信号的过程。

根据所使用的材料不同，应变片可分为金属应变片和半导体应变片两大类。金属应变片又可分为金属丝式应变片、金属箔式应变片和金属薄膜式应变片；半导体应变片也可分为体型半导体应变片、扩散型半导体应变片、薄膜型半导体应变片和 PN 结器件等。较常用的是金属丝式应变片、金属箔式应变片、半导体式应变片，见图 8.4-12。

根据被测介质和测量范围的不同，应变式压力传感器所用弹性元件可采用各种形式，常见的有应变筒、圆膜片、弹性梁等。

应变片只是体现了传感器受力与应变片电阻变化之间的关系，通常还必须由测量电路把应变片的电阻变化转换为电压输出，常见的测量电路有单臂、双臂和全桥三种形式。

（3）应变式压力传感器的特点

1）应变式压力传感器具有较大的测量范围，

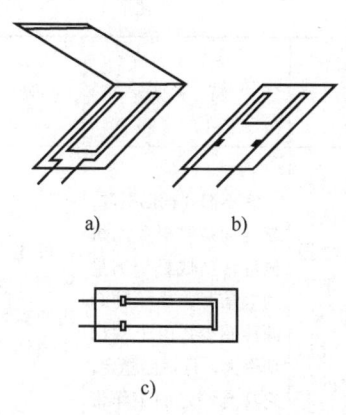

a)　　　　b)

c)

图 8.4-12　应变片结构

a）金属丝式　b）金属箔式　c）半导体式

被测压力可达几百兆帕;

2）应变式压力传感器具有良好的动态特性,适用于快速变化的压力测量;

3）由于应变片具有较大的电阻温度系数,其电阻值往往随环境温度而变化,尽管测量电桥具有一定的温度补偿作用,应变式压力传感器仍具有比较明显的温漂,还需采用其他方式进行克服。

（4）应变式压力传感器应用举例　图 8.4-13为膜片式压力传感器的结构图,它的弹性元件是平面膜片,当气体或液体压力作用在膜片上时,膜片将产生变形,粘贴在其上的另一面的应变片阻值随之改变,信号由插座引出。

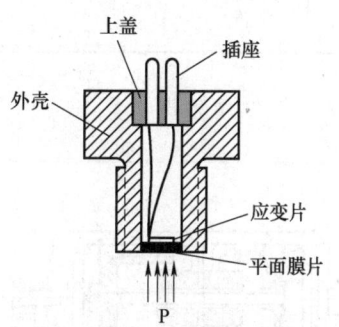

图 8.4-13　膜片式压力传感器结构

4.3　振动的测量

56　磁电式振动传感器　磁电式传感器是利用电磁感应原理,将输入的运动速度变换成感应电动势输出的传感器。它不需要辅助电源,就能把被测对象的机械能转换为易于测量的电信号,是一种有源传感器。制作磁电传感器的材料有导体、半导体、磁性体、超导体等。利用导体和磁场的相对运动产生感应电动势的电磁感应原理,可制成各种类型的磁电传感器和磁记录装置;利用强磁性体金属的各向异性磁阻效应,可制成强磁性金属磁敏器件;利用半导体材料的霍尔效应可制成霍尔元件。磁电式振动传感器是利用电磁感应原理将被测量（振动）转换成电信号的传感器,磁电式振动传感器结构原理见表8.4-12。

表 8.4-12　磁电式振动传感器的结构原理

传感器类型	结构简图	原　理	特　点	应　用
磁电式相对速度传感器	4　1　7　5　2　　3　8　6 1,8—弹簧片　2—永久磁铁 3—阻尼器　4—引线　5—芯杆 6—外壳　7—线圈	该传感器在使用时,把它与被测物体紧固在一起,当物体振动时,传感器外壳随之振动,此时线圈、阻尼器和芯杆的整体由于惯性而不随之振动,因此它们与壳体产生相对运动,位于磁路气隙间的线圈就切割磁力线,于是线圈就产生正比于振动速度的感应电动势;该电动势与速度呈一一对应关系,可直接测量速度,经过积分或微分电路便可测量位移或加速度	不需要静止的基座作为参考基准,它直接安装在振动体上进行测量	地面振动测量及机载振动监视系统

（续）

传感器类型	结构简图	原　理	特　点	应　用
磁电式绝对速度传感器	2 3 4 5 6 1 1—弹簧片　2—壳体 3—阻尼环　4—磁钢 5—线圈　6—芯轴	测量时，把传感器与被测物体紧固在一起，当物体振动时，传感器外壳随之振动，线圈、阻尼环和芯轴的整体由于惯性不随之振动，它们之间就会产生相对运动，使位于磁路气隙中的线圈切割磁力线产生正比于振动速度的感应电动势	它不需要辅助电源，就能把被测对象的机械量转换成易于测量的电信号，是一种有源传感器；由于输出功率大，且性能稳定，它具有一定的工作带宽（10~1000Hz）	可用于测量轴承座、机壳或结构的振动（相对于惯性空间的绝对振动）
动铁式磁电速度计	磁铁　N／S　v　线圈　v	由法拉第电磁感应原理可知，线圈中感应电势 $E=kv$，E 与 v 呈线性关系；式中 k 为取决于磁感应强度、线圈长度和匝数的常数，v 为振动速度	不需要外加电源，输出信号可以不经调理放大即可远距离传送	动圈式磁电速度计能直接测量线速度或角速度；动铁式磁电速度计可用于各种振动和加速度的测量

57　压电式振动传感器　压电式传感器是一种典型的发电传感器（也称有源传感器），它是以某些物质受力后在其表面产生电荷的压电效应的压电器件为核心组成的传感器，主要用于力的测量以及最终变换为力的非电量的测量，例如力、压力、加速度、力矩等。压电式传感器具有灵敏度高、频带宽、重量轻、结构简单、体积小、工作可靠等优点。在振动测量方面，主要使用压电式加速度传感器。

图 8.4-14 是压电式加速度传感器的结构原理图。图中压电元件由两片压电晶片并联连接组成；压电元件放在底座上，上面用硬弹簧或螺母将一个质量块压紧在压电晶片上。

测量时，将底座与被测量加速度的构件刚性地连接在一起，使质量块感受与构件完全相同的运动。当构件产生加速度时，质量块将产生惯性力，其方向与加速度方向相反，大小为 $F_1=ma$。此惯性力与预紧力 F_0 叠加后作用在压电元件上。使得作用在压电元件上的压力 F 为

$$F=F_0+F_1=F_0+ma \qquad (8.4-9)$$

压电元件上产生与加速度 a 对应的电荷，即

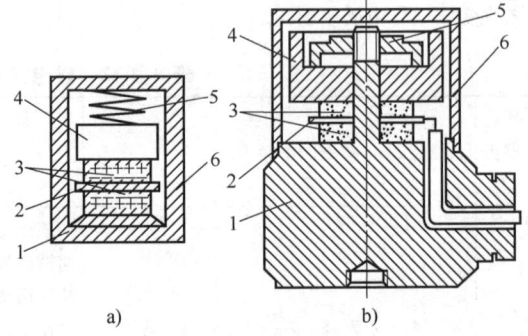

图 8.4-14　压电式加速度传感器
a）原理图　b）结构图
1—底座　2—电极　3—压电晶片　4—质量块
5—弹性元件　6—外壳

$$Q=d_{11}F=d_{11}(F_0+ma) \qquad (8.4-10)$$

式中　d_{11}——压电系数；
　　　m——质量块质量；
　　　a——构件加速度。

电荷的变化量 ΔQ 与加速度 a 成正比，如果在测量电路中增加一级或两级积分电路就能测出构件

的速度或位移量。

压电式振动传感器具有动态范围大、频率范围宽、坚固耐用、受外界干扰小以及压电材料受力自产生电荷信号不需要任何外界电源等特点，是应用最广泛的振动测量传感器。

58 电涡流式振动传感器 电涡流式振动传感器（见表8.4-13）是采用电涡流效应制成的测量物体振动量的传感器，采用的是非接触测量方式。当头部感应线圈通上高频（1~2MHz）电流时，线圈

周围产生高频磁场，与周围金属导体产生电涡流。这种传感器的线性范围随感应线圈直径增大而增大，同时传感器灵敏度减小。实际上，传感器线圈和被测导体共同组成了电涡流传感器，利用它们之间的耦合程度的变化来进行测量，再通过测量、检波、校正等电路变为线性电压（电流）的变化。必须强调的是，电涡流式传感器附件需设置放大器、检波器和滤波器，将振动信号放大并检出送到振动仪，这种装置称为电涡流式传感器的前置器。

表 8.4-13 电涡流式振动传感器分类

传感器结构/模型	原 理	原 理 图	特 点
变间隙型 1—线圈 2—框架 3—框架衬套 4—支座 5—电缆 6—插头	传感器线圈与导体平面变化会引起涡流效应的变化，从而导致线圈的电感、阻抗、品质因数变化；为使其小型化，可在线圈内加入磁心，在保证电感量相同的条件下，减少匝数，提高 Q，同时还可增大测量范围；变间隙型在测轴向位移时尽管被测导体在径向有微小位移，径向运动引起的电压变化可相互抵消，所以不会产生较大的测量误差		变间隙型电涡流式传感器的测量范围与灵敏度及线性度相矛盾，此类传感器适用于微小位移的测量场合，为减小非线性误差，实际测量中广泛采用差动方式

不同型号性能比较	型号	线性范围 /μm	线圈直径 /mm	分辨力 /μm	线性误差 （%）	使用温度 /℃
	CFZ1-1000	1000	7	1	<3	−15~80
	CFZ1-3000	3000	15	3	<3	−15~80
	CFZ1-5000	5000	28	5	<3	−15~80

| 变面积型
 | 利用被测导体与传感器线圈之间相对覆盖面积的变化，引起电涡流效应来测振动位移；由于被测体径向位移可看作是两个变间隙型，径向位移变化会导致电阻或 Q 变化，最后转换成电压输出；由于电涡流式传感器轴向灵敏度高，径向灵敏度低，而被测导体和线圈间隙会随运动而变化，可采用两传感器线圈串联的补偿方法 | | 与变间隙型电涡流式传感器相比，其测量线性范围大，线性度高 |

（续）

传感器结构/模型		原　理			原　理　图	特　点
变面积型	不同型号性能比较	线性范围/mm	线圈尺寸/mm	线性度（%）	分辨率（%）	使用温度/℃
		0~10	22×10	1	满量程的0.1%	−15~80
		0~50	60×10	1	满量程的0.1%	−15~80
		0~100	110×12	1	满量程的0.1%	−15~80

59　电阻式振动传感器　若将电阻敏感应变元件安装在弹性元件上，可以制成电阻式振动传感器。图8.4-15为悬臂梁式振动传感器，它是目前使用范围最广泛的一种电阻式振动传感器。当弹性片自由端在惯性质量块的振动下产生挠度 Δl 时，粘贴在弹性元件上的电阻应变片同步产生变形，由于电阻应变效应使得电阻应变片电阻相对振动变化发生改变。

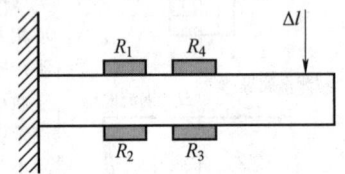

图 8.4-15　悬臂梁式振动传感器结构

电阻应变计尺寸灵活，小到0.2mm，大到150mm，可以满足各种测试情况。其应用范围也非常广泛，它可以在高温（1 000℃）、低温（−269℃）、高压（1 000个大气压）、水下、强磁场及强辐射下工作。缺点为直接粘贴式应变计粘贴工艺复杂，防潮密封技术措施难度大，长期检测稳定性较差，不可重复使用等。

60　光学式振动传感器　光学式振动测量方法既可用于相对式振动测量也可用于绝对式振动测量，具有非接触性远距离测量且抗电磁干扰能力强、测量精度高、频率响应宽、分辨率好等优点。按测量原理分类包括激光三角法、光强法、干涉法和光纤振动测量技术（见表8.4-14，表8.4-15）。

表 8.4-14　光电式振动传感器的结构原理

传感器类型	结构简图	原　理	特　点	应　用
激光三角法	半导体激光器　光电检测器　成像透镜　聚光透镜　激光束　参考平面　θ　测量平面　X′　X　a　b	激光三角法是利用几何光学成像原理，当被测目标表面相对照射光路有位移时，其在接收光路中成像位置会产生变化，使用对位置敏感的传感器，就可接收到这一信息。通过信号处理可得到被测目标位移和振动信号，测量精度小于10μm	激光三角法具有非接触、结构简单、精度适中等优点，发展也较成熟；但由于一般采用会聚光照明，目标位移会使照射光束离焦从而降低测量精度，所以被测目标的运动范围，即量程受到限制，若采用照射光自动对焦方法，则只适于静态或准静态测量	适于工业现场安装使用

（续）

传感器类型	结构简图	原理	特点	应用
光强法		光强法利用被测目标相对投射光束，或反射光束相对探测光路的位置变化导致探测光强的变化来探测振动，该方法既可是接触式的，也可是非接触式的	由于光强法具有结构简单、信号处理方便、成本较低等优势，使得这种方法在各种场合都有广泛的应用；光强法的主要局限在于光强易受光源和外界环境干扰的影响，精度不高；光强法测量振幅的分辨率一般在微米量级	光强法与光纤的结合日益紧密，进一步拓展了应用领域，可用于测量位移、振动、角速度等
干涉法		以光的干涉原理为基础，对干涉条纹进行检测，经后续处理得到被测物的动态特性信息；包括传统干涉法、F-P 干涉法、全息干涉法和数字散斑干涉法	该种技术以光波长为标尺，因而有望获得很高的测量精度和灵敏度	可用于无损检测、材料尺寸的测量等领域
光纤振动测量技术		光纤传感技术是利用光纤对某些物理量的敏感特性，将外界物理量转换成可以直接测量的信号的技术。由于光纤不仅可以作为光波的传播媒质，同时光波在光纤中传播时表征光波的特征参量会因外界因素的作用而直接或间接发生变化，由此也可将光纤用作传感元件来探测各种物理量	体积小、重量轻、耐腐蚀、抗电磁干扰、本质安全	可用于测量温度、压力、应变、磁场、电场、位移、转动等

表 8.4-15　几种光纤振动传感系统

类型	传感机理简介		技 术 特 点
基于光纤光栅测振	悬臂梁结构		以悬臂梁作为敏感结构，光纤光栅紧贴于悬臂梁表面；在振动作用下，悬臂梁表面会产生形变，从而引起光栅应变，导致光纤光栅中心波长漂移；为实现高灵敏振动检测，已发展出双悬臂梁、三角梁等结构	由于悬臂梁自身结构的原因，固有频率不高，导致工作频带比较窄，普遍带宽小于 100Hz；灵敏度典型值为 300pm/g
	顺变柱		在顺变柱体内部嵌入光纤光栅，在振动作用下，顺变柱受质量块惯性力的影响发生形变，造成其内部光纤光栅的应变；通过检测光纤光栅中心波长漂移量，即可获得外界的振动信息	1）受材料蠕动影响，温度稳定性低，长期稳定性较差 2）受顺变体性能影响，灵敏度不高，典型值为 40pm/g，响应频率为 10~300Hz
基于珐珀腔测振			光纤端面与振动膜片构成 F-P 空气腔，在振动作用下，振动膜振动，导致 F-P 腔腔长改变，进而造成光纤反射谐振波长漂移；通过检测发射波长漂移量，即可获得外界振动信息	1）测量灵敏度高，可达 50nm/g，频率响应范围宽，普遍可达 50Hz~10kHz； 2）受膜片强度影响，动态测量范围普遍小于 3g
基于散射光的分布式测振			基于瑞利散射：向待测光纤中注入探测脉冲，探测脉冲光会在传输过程中产生背向瑞利散射（RBS）；外界振动将造成 RBS 的特性（光强、偏振态、相位等）改变，并根据回波时间确定振动发生位置，以此实现振动的分布式测量 布里渊散射：向待测光纤中注入探测脉冲光，探测脉冲光会在传输过程中产生布里渊散射；布里渊散射光相对于入射光存在布里渊频移，该频移量受外界振动信号调制；通过检测布里渊频移量，即可获得外界振动信息，根据回波时间确定振动发生位置，以此实现振动的分布式测量	瑞利散射：灵敏度高，适用于微扰检测；响应速度快，典型探测频率可达 10kHz；可实现长距离高空间分辨率分布式传感，典型参数为传感长度为 5km，空间分辨率为 10m 布里渊散射：由于布里渊信号强度非常弱，需要通过多次累加平均才能获得较高的输出信噪比，因此仅适用于低频振动测量，普遍小于 10Hz，且传感距离较短，典型值为 500m

4.4 气体的测量

61 半导体式传感器 半导体气敏传感器是一种将检测到的气体成分和浓度转换为电信号的传感器，根据这些电信号的强弱就可以获得与待测气体在环境中存在情况有关的信息，从而可以进行检测、监控、报警，还可以通过接口电路与计算机或单片机组成自动检测、控制和报警系统。半导体气敏传感器的分类见表 8.4-16。

表 8.4-16 半导体气敏传感器的分类

	主要的物理特性	传感器举例	工作温度	代表性被测物质
电阻式	表面控制层	氧化锡、氧化铅	室温~450℃	可燃性气体
	体控制层	$La_{1-x}Sr_xC_OO_3$、r-Fe_2O_3、氧化钛、氧化钴、氧化镁、氧化锡	300~450℃，700℃ 以上	酒精、可燃性气体、氧气
非电阻式	表面电位	氧化银	室温	硫醇
	二极管整流特性	铂/硫化镉 铂/氧化钛	室温~200℃	氢气、一氧化碳、酒精
	晶体管特性	铂栅 MOS 场效应晶体管	150℃	氢气、硫化氢

62 催化燃烧式传感器 催化燃烧式气体探测器多是为检测可燃气体泄漏，其主要设计结构就是催化燃烧气体传感器内均包含有敏感元件和参考元件。当环境中没有可燃气体时，电桥中催化元件不会发生反应，这时电路处于平衡状态，不会有输出量；而当存在可燃气体时，由于催化元件发生氧化反应，产生无焰燃烧，使得电桥不再平衡，此时，电桥的输出信号与可燃气体的浓度呈线性关系。该传感器主要用于可燃性气体的检测，具有输出信号线性度好，指数可靠，价格便宜，不会与其他非可燃性气体发生交叉干扰的优点。催化燃烧式气体传感器（见图 8.4-16）的催化剂种类见表 8.4-17。

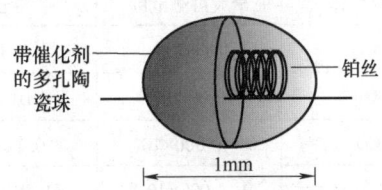

图 8.4-16 催化燃烧式气体传感器的敏感元件结构

表 8.4-17 催化燃烧式气体传感器的催化剂种类

催化剂种类	材 料	特 点
贵金属催化剂	Pd（钯）	价格昂贵
	Pt（铂）	热稳定性差
	Rh（铑）	抗中毒能力差
金属氧化物催化剂	钙钛矿	热稳定性一般，存在高温烧结的问题，表面积较小
	六铝酸盐	热稳定性高，抗热冲击型好，机械强度高
	Co、Mo、Mn、Ni、Cu 等过渡金属的氧化物	活性好，高温下会与载体 Al_2O_3 反应，降低活性

63 电化学式传感器 电化学式传感器以电化学半电池为基础，由一对贵金属电极组成的电极系统，充以特定的电解液（与被测气体有关）并经全密封封装组成（见图 8.4-17）。传感器中另一个重要部件是半通透膜，它可选择性地让被测气体分子通过扩散方式进入传感器电解液，将大部分干扰物质的分子阻隔掉，因而有效减少干扰。透过的气体在工作电极上，在水分子的参与下，发生氧化还原反应，引起电子转移而形成与被测气体浓度有关的电极电流或电势。常见气体的电化学反应如下：

氧气： $O_2+2H_2O+4e^-\rightarrow4OH^-$ (8.4-11)

一氧化碳：$CO+H_2O \rightarrow CO_2+2H^+ +2e^-$　(8.4-12)
甲醛：　$HCHO+H_2O \rightarrow CO_2+4H^+ +4e^-$　(8.4-13)

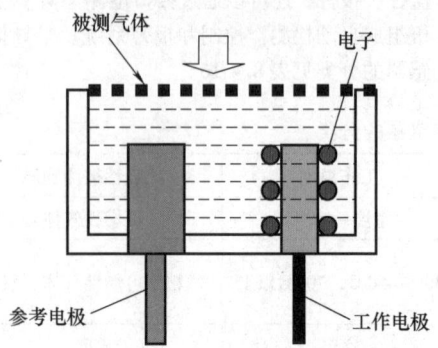

被测气体

电子

参考电极　　　　工作电极

图 8.4-17　电化学传感器检测原理图

传感器工作的稳定性取决于参考电极电位的稳定性。为保证参考电极电位的稳定，可引入第三电极，又称平衡电极，在该电极上施加适当的偏压，

偏压与参考电极上形成的电位相反，以保证总参考电位为零。

电化学传感器可用于绝大多数游离态小分子的检测。一般说，凡是能与某种特定电解质溶液发生氧化还原反应的分子都可通过电化学传感器检测法进行定量分析，见表 8.4-18。

64　红外吸收法　红外吸收法是通过分析气体分子对红外光的吸收光谱峰位置和吸收强度，完成对气体分子的识别以及含量测定。其利用红外光源发出一系列光谱连续的红外光波（范围在 0.75～100μm），这一光谱连续的红外光波进入测量气室并由气体吸收，最后光谱仪获取气体红外吸收光谱图。典型的物质的红外吸收光谱见图 8.4-18，为百分透光度（$T\%$）或吸光度（A）对入射光波长 λ（mm）或波数（cm^{-1}）的关系曲线，波数与波长的关系为

$$\overline{\nu}\,(cm^{-1}) = 10^4/\lambda\,(\mu m)　　(8.4-14)$$

表 8.4-18　可使用电化学传感器检测的气体

可测气体	最大可测范围	最高分辨率	可测气体	最大可测范围	最高分辨率
O_2	0～100%	0.1%	H_2S	0～2 000×10⁻⁶	0.01×10⁻⁶
O_3	0～200×10⁻⁶	0.01×10⁻⁶	H_2	0～10 000×10⁻⁶	10×10⁻⁶
CO	0～40 000×10⁻⁶	0.1×10⁻⁶	HCN	0～2 000×10⁻⁶	0.01×10⁻⁶
SO_2	0～4 000×10⁻⁶	0.01×10⁻⁶	HCL	0～2 000×10⁻⁶	0.01×10⁻⁶
NO	0～2 000×10⁻⁶	0.1×10⁻⁶	PH_3	0～5×10⁻⁶	0.1×10⁻⁶
NO_2	0～2 000×10⁻⁶	0.01×10⁻⁶	C_xH_y	0～100% LEL	1% LEL
Cl_2	0～250×10⁻⁶	0.01×10⁻⁶	C_2H_4O	0～100×10⁻⁶	0.1×10⁻⁶
NH_3	0～200×10⁻⁶	0.01×10⁻⁶	HCHO	0～200×10⁻⁶	0.01×10⁻⁶

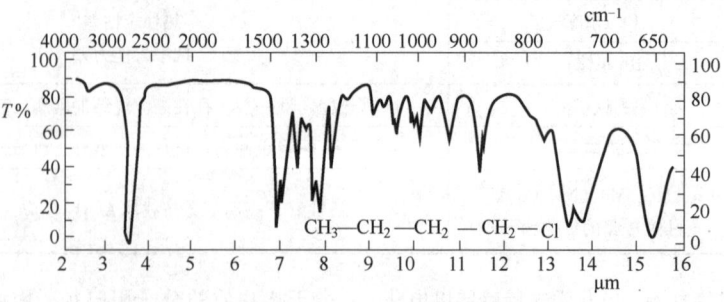

$CH_3—CH_2—CH_2—CH_2—Cl$

图 8.4-18　正丁基氯的红外吸收光谱

不同的气体在红外波段都有固定的特征光谱吸收带，根据红外谱图上的吸收峰的位置、形状、强度和数目可以判断化合物中是否存在某些官能团，以及各基团之间的关系，进而推测出未知气体的分子结构。

根据朗伯—贝尔定律，红外谱线的光吸收强度 I 与物质浓度成正比，关系为

$$I = I_0 e^{KcL}　　(8.4-15)$$

式中　I——经气体吸收后的光束的功率；

I_0——光源功率；

K——待测气体的吸收系数；

c——待测气体的浓度；

L——气室光程。

因此，通过分析红外吸收谱线的强度，即可完成气体含量定量检测。

65　光声光谱法　光声光谱法是一种基于光声效应发展起来的光谱技术，其基本结构原理图见图8.4-19。气体吸收入射光被激发至高能态后，气体分子通过无辐射弛豫的方式回到基态，产生热量，气体受热膨胀。过高灵敏声学传感器对气体腔内的声信号进行检测，即可实现气体浓度的精确分析。声传感器输出信号S_{PA}与气体浓度c的关系表示为

$$S_{PA} = s_m PF\alpha c \qquad (8.4\text{-}16)$$

式中　s_m——声学传感器灵敏度；

P——入射光功率；

F——光声池共振常数；

α——气体的光谱吸收系数。

光源、光声池和声传感器是光声光谱气体检测系统的核心器件，其性能直接决定了系统的检测精度。光声光谱采用光源为窄带红外激光光源，所采用的声传感器普遍为石英音叉。按照光声池的工作模式，光声光谱法进一步可分为非共振式和共振式两类：非共振式光声池具有结构简单、体积小、造价低等特点，较容易实现仪器化，适合于ppm量级的气体检测；共振式光声池的结构相对复杂，但共振增强效应和较高的工作频率对于改善信噪比有显著作用，因此能够获得ppb~ppt量级的极限检测灵敏度。

光声光谱法对样品的形状无特殊要求，可以用于气体、固体和液体的微量分析，且具有所需样品少、气室小、灵敏度高的技术特点。

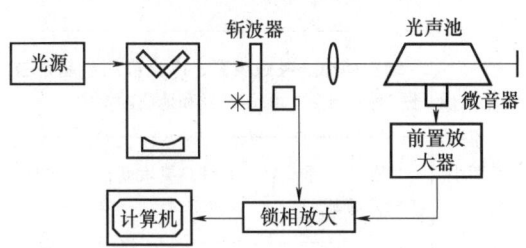

图8.4-19　光声光谱仪基本结构

66　拉曼光谱法　拉曼光谱法是基于气体分子与光之间的拉曼散射效应，通过分析气体分子的拉曼频移量及拉曼散射光强，实现气体组分和含量的分析，典型拉曼光谱法光路结构见图8.4-20。拉曼光谱法普遍采用532nm、785nm或1 064nm窄带激光器作为光源，拉曼光谱频移分析范围普遍为400~4 000cm^{-1}。

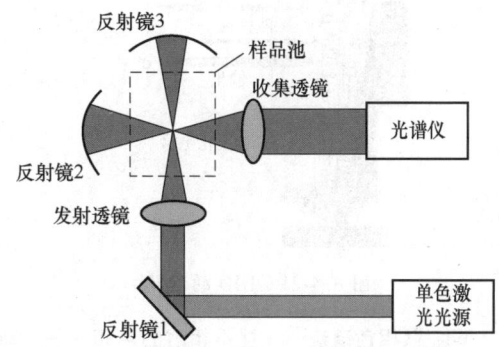

图8.4-20　拉曼光谱仪基本结构

由于气体的散射截面小、散射强度低，气体的拉曼散射信号极弱，需要对气体拉曼信号进行增强。根据拉曼信号增强机理，拉曼光谱法又分为腔增强型拉曼光谱技术、光纤增强型拉曼光谱技术以及表面增强型拉曼光谱技术。

拉曼光谱法仅需要单一波长光源即可实现多组分气体的同步测量，具有检测效率高、适用范围广的技术优势。但目前拉曼增强效果尚不理想，拉曼气体检测灵敏度依然较低，还未得到实用化应用。

67　放电离子化检测器（DID）　放电离子化检测器（DID）是非选择性、通用性很强的检测器，除了载气He以外，对任何气体都有十分灵敏的响应，检测范围可为ppb（10^{-9}）~2%，是目前测定痕量气体杂质用得最多的检测器之一。DID结构见图8.4-21。DID由上下两个小室构成，两个小室由一狭缝连接，上边的小室是放电室，超高纯的氦气充满其中，小室内有一对相距很近的柱状和针状电极，当电极两端施以高压直流电后，两极之间就会产生辉光放电，从而得到一束高能紫外线（400~500nm）。高能紫外线将放电气He原子激发至亚稳态的He*，亚稳态的He*和紫外线通过狭缝被引入下边的小室——电离室，然后具有较高能量的He*再与经色谱柱分离的由载气带到电离室的杂质分子发生非弹性碰撞并使其电离。此时在收集极上施以适当的电压收集被电离的离子，形成电流，并将其信号放大、记录，即得到被测组分的谱峰。

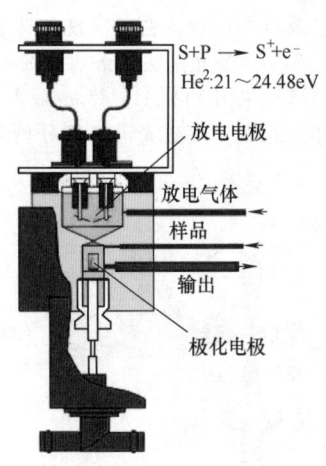

图 8.4-21　DID 的结构

68　气相色谱法　在互不相溶的两相——流动相和固定相的体系中，当两相做相对运动时，第三组分（即溶质或吸附质）连续不断地在两相之间进行分配，这种分配过程即为色谱过程。由于流动相、固定相以及溶质混合物的性质不同，在色谱过程中溶质混合物中的各组分表现出不同的色谱行为，从而使各组分彼此相互分离，这就是色谱分析法的实质。也就是说，当一种不与被分析物质发生化学反应的被称为载气的永久性气体（例如 H_2、N_2、He、Ar、CO_2 等）携带样品中各组分通过装有固定相的色谱柱时，由于试样分子与固定相分子间发生吸附、溶解、结合或离子交换，使试样分子随载气在两相之间反复多次分配，使那些分配系数只有微小差别的组分发生很大的分离效果，从而使不同组分得到完全分离，例如一个试样中含 A、B 两个组分，已知 B 组分在固定相中的分配系数大于 A，即 $K_B > K_A$，见图 8.4-22。

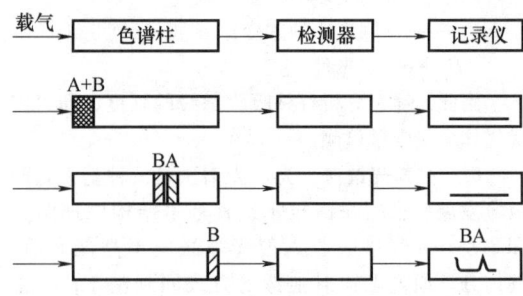

图 8.4-22　样品在色谱柱内分离示意图

当样品进入色谱柱时，组分 A、B 以一条混合谱带出现，由于组分 B 在固定相中的溶解能力比 A 大，因此组分 A 的移动速度大于 B，经过多次反复分配后，分配系数较小的组分 A 首先被带出色谱柱，而分配系数较大的组分 B 则较迟被带出色谱柱，于是样品中各组分达到分离的目的。设法将流出色谱柱某组分的浓度变化用电压、电流信号记录下来，便可逐一进行定性和定量分析。

4.5　噪声的测量

69　压电式声传感器（见表 8.4-19）　一种基于压电效应的声传感器。它的敏感元件由压电材料制成，压电材料在声信号作用下表面产生电荷，此电荷经电荷放大器和测量电路放大和变换阻抗后就成为正比于所受声压的电量输出。

表 8.4-19　压电式声传感器

类　　型		基 本 原 理	特 性 及 应 用
压电陶瓷声传感器	厚度振动换能器	利用压电陶瓷敏感元件在声信号作用下发生伸张或收缩，借助正向压电效应转换为电信号输出	工作频率一般从几百 kHz 至十几 MHz，广泛应用于超声技术中
	圆柱形压电换能器		结构简单，灵敏度高，广泛应用于超声技术、水声技术、海洋开发和地质勘探中
	复合棒压电换能器		体积小，重量轻，有较高灵敏度，广泛应用于超声领域
	压电陶瓷双叠片弯曲振动换能器		结构简单，便于安装和密封，电阻抗低，性能稳定可靠

（续）

类　型		基 本 原 理	特性及应用
压电薄膜声传感器	ZnO 压电薄膜声传感器	压电薄膜对纵向应力十分敏感，在声压作用下产生的形变转换为电信号输出	体积小、重量轻，功率小，成本低廉，结合悬臂梁结构应用广泛
	PVDF 薄膜声传感器		得益于 PVDF 良好的力学压电特性，广泛应用于超声波接收领域
	基于 PZT 压电薄膜的 MEMS 传声器		低噪声，高动态范围，性能稳定，适用于所有环境
	基于 AlN 压电薄膜的 MEMS 传声器		信噪比高，可达 68dB，可耐 400℃ 高温，密封性好，可适用于极端环境
	聚丙烯压电驻极体薄膜传感器		价格低廉，轻薄，结构简单，声阻抗低，灵敏度高，可达 0.2mV/Pa，在 300Hz~20kHz 范围内表现出良好的一致性

70　噪声传感器　噪声是由复杂声波杂乱无章组合而成的声响，它对人类的神经、心脏、血管均会产生不良刺激，在交通、工业生产急剧发展的今天，噪声已经成为不容忽视的公害。噪声的主要参数是声压、声强、声功率和声频谱。

现有的噪声测量仪一般是测量声压的声级计，声级计主要由传声器、输入级、放大（衰减级）、计权网络、检波电路和电源等部分组成。其中传声器，是将声波信号转换为电信号的传感器。最为常见的传声器有压电式和电容式两种，其次还有电动式及驻极体式。

压电式传声器又称为晶体话筒，结构简单、坚固，动态量程宽，频率响应好，但灵敏度低，受温度影响较大，多用于普通声级计。

电容式传声器的灵敏度可高达 50mV/Pa，频率范围为 1Hz~100kHz，测量动态范围为 10~170dB，在-50~150℃温度范围及 0%~100%RH 湿度范围内的输出性能几乎不变，且对机械振动敏感性小（适用于精确测量），但价格高，且需配用高稳定的直流偏压和前置放大器。

电动式传声器（动圈话筒）电阻抗小，可使用长电缆，固有噪声低，温度影响小，但体积大，灵敏度低，易受电磁干扰，频率响应不平直，对机械振动敏感，多用于普通声级计。

驻极体式传声器的基本工作原理与电容式传声器相似。结构简单、坚固，使用时不需要极化电压，电容量大，制造成本低，但高频域的频响不如电容式传声器，使用温度不超过 50℃，灵敏度比电容式低 10dB。

71　超声波的测量　超声测量主要有光纤超声测量、MEMS 超声测量。

光纤超声传感器（见表 8.4-20）是一种利用光纤作为传光介质或探测单元的一类超声波传感器，相比传统电学超声传感器其具有灵敏度高、频带响应宽、抗电磁干扰等优越特性，可广泛应用于电磁噪声严重的恶劣测量环境中。光纤超声传感器主要分为光强调制型、相位调制型、波长调制型三类。

表 8.4-20　光纤超声传感器原理及性能参数

传感类型	传感结构		基 本 原 理	灵敏度 /(μPa·Hz⁻¹)	响应频带 /kHz
光强调制型	光纤弯曲型	 声源 弯曲光纤	由于弹光效应，光纤折射率随着被测超声波的声压而改变，进而使得光纤弯曲损耗随着被测超声波的变化而变化	52.3	20~50

（续）

传感类型		传感结构	基本原理	灵敏度 /(μPa·Hz^{-1})	响应频带 /kHz
光强调制型	光纤耦合型		超声波声压改变耦合系数，进而导致耦合器输出光强随着被测声压的变化而变化	56.5	50~300
	分段光纤型		超声波导致入射光纤或接收光纤的空间位置发生偏移，进而使得输出光强随着声压的变化而变化	72.1	20~50
	光纤反射型		在超声波作用下薄膜产生振动，进而引起接收光纤接收到的光强随着超声波强度的变化而变化	10.4	20~40
	阀门阻断型		声波致使薄膜振动，进而导致光路中阀门通断，使得接收光纤接收到的光强随着被测声波强度的变化而变化	10.7	20~100
相位调制型	Mach-Zehnder型		被测超声波的作用使得信号臂（传感臂）和参考臂之间产生一个相位差，通过测量相位差的变化量便可获得被测声波信息	14.5	200~1 000
	Michelson型		被测超声波的作用使得传感臂和参考臂之间产生一个相位差，通过测量相位差的变化量便可获得被测声波信息	650.8	300~2 000

（续）

传感类型		传感结构	基本原理	灵敏度 /$(\mu Pa \cdot Hz^{-1})$	响应频带 /kHz
相位调制型	Sagnac 型	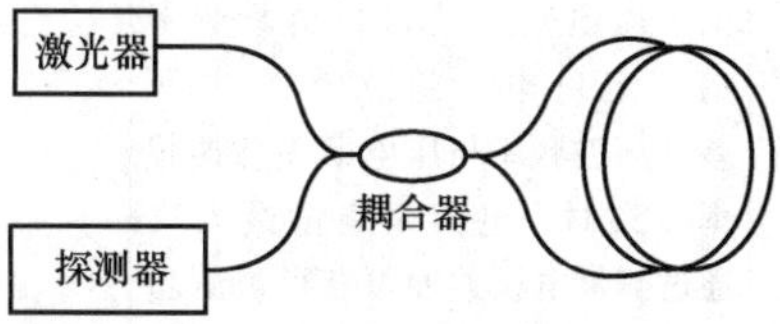	被测超声波使得 Sagnac 环中沿不同方向传播光之间相位差不同，通过测量相位差的变化量便可获得被测声波信息	450	250~2 500
	Fabry-Perot 型	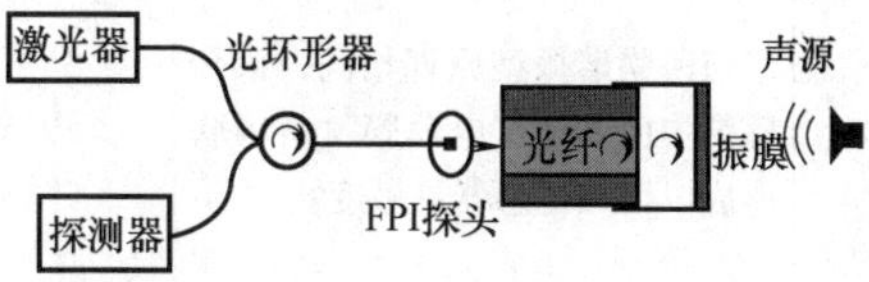	被测超声波改变腔长，导致光在腔内传播的相位改变，最终使得输出光强变化，通过测量这种光强的变化便可获得被测超声波信息	10.2	20~1 000
波长调制型	基于光纤光栅波长调制型超声传感器	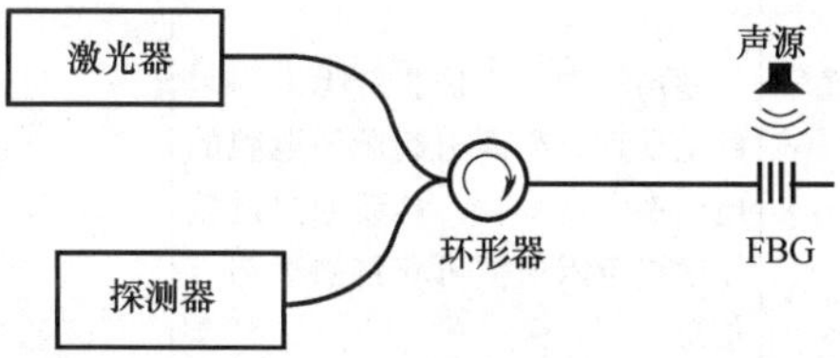	被测超声波导致光栅栅格常数发生变化，从而改变光栅反射或透射光的中心波长，通过测量中心波长的变化，便可获得被测超声信息	100	20~900

　　MEMS 超声传感器（见表 8.4-21）是一种利用 MEMS 制造工艺，将声信号转换为电信号的超声传感器，主要有微电容式、微压电式、微压阻式以及电磁感应式超声传感器 4 类。

表 8.4-21　MEMS 超声传感器原理及性能参数

传感类型		传感结构	基本原理	灵敏度 /$(\mu Pa \cdot Hz^{-1})$	响应频带 /kHz
微电容式超声传感器	体电容型	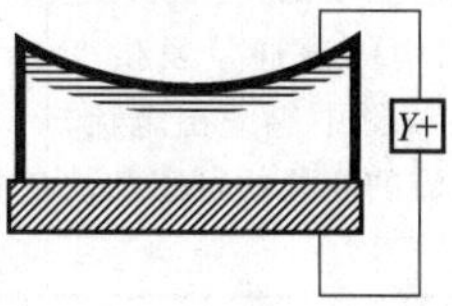	超声波使振膜弯曲，改变振膜和固定极板之间的气隙间距，从而使振膜和固定极板之间的电容发生改变，电容的变化可以反映出被测超声波的信息	25	20~80
	叉指电容型	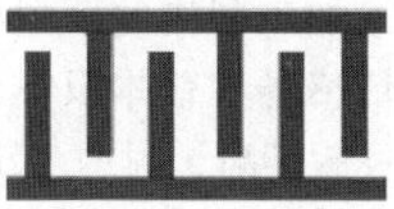	超声波使镀有叉指电容的薄膜产生形变，从而使叉指电容发生改变，电容的变化可以反映出被测超声波的信息	10	20~500

（续）

传感类型		传感结构	基本原理	灵敏度/$(\mu Pa \cdot Hz^{-1})$	响应频带/kHz
微压电式超声传感器	薄膜谐振型		超声波加载在压电材料上时，由于压电效应使得材料两侧聚集一定量电荷进而产生电压差（声波频率与压电薄膜共振频率一致时，电荷聚集量最大），通过测量电压差便可获得被测超声波信息	14.5	50~5 000
	压电堆栈型		与薄膜谐振型原理相同，该传感结构由多片压电薄膜材料串联形成以增加传感器灵敏度	9.5	300~2 000
微压阻式超声传感器	纤毛摆动型		超声波作用于仿生纤毛上引起纤毛摆动，继而引起压敏电阻的电阻率发生变化，从而通过测量压敏电阻阻值便可获得被测超声信息	70	20~70
电磁感应式超声传感器	动圈型		永磁体保持不动，线圈在声波作用下随着薄膜振动，线圈中的磁通量因此发生变化进而产生电流，通过测量线圈中的电流便可感知被测超声信息	200	20~50
	动铁型		线圈保持不动，永磁铁在超声波作用下随着振动薄膜振动，进而使得线圈中的磁通量发生变化，从而在线圈中感应出电流，通过测量电流的变化便可感知被测声波信息	120	20~40

4.6 MEMS 传感器

MEMS 是微型机械电子系统或微机电系统（Microelectromechanical Systems）的英文缩写，是指特征尺寸一般在 0.1~100μm，集微结构、微传感器、微执行器、信号处理、控制电路、接口和通信等功能为一体，可批量制作的微型器件或系统。MEMS 传感器是 MEMS 器件的一个重要分支，是指使用微加工技术加工制作的新型传感器。MEMS 传感器相对传统传感器具有体积小、重量轻、功耗低、可靠性高、灵敏度高、耐恶劣工作环境、易于集成和实现智能化等优点。目前 MEMS 传感器产品种类繁多，按照其用途分类见图 8.4-23。

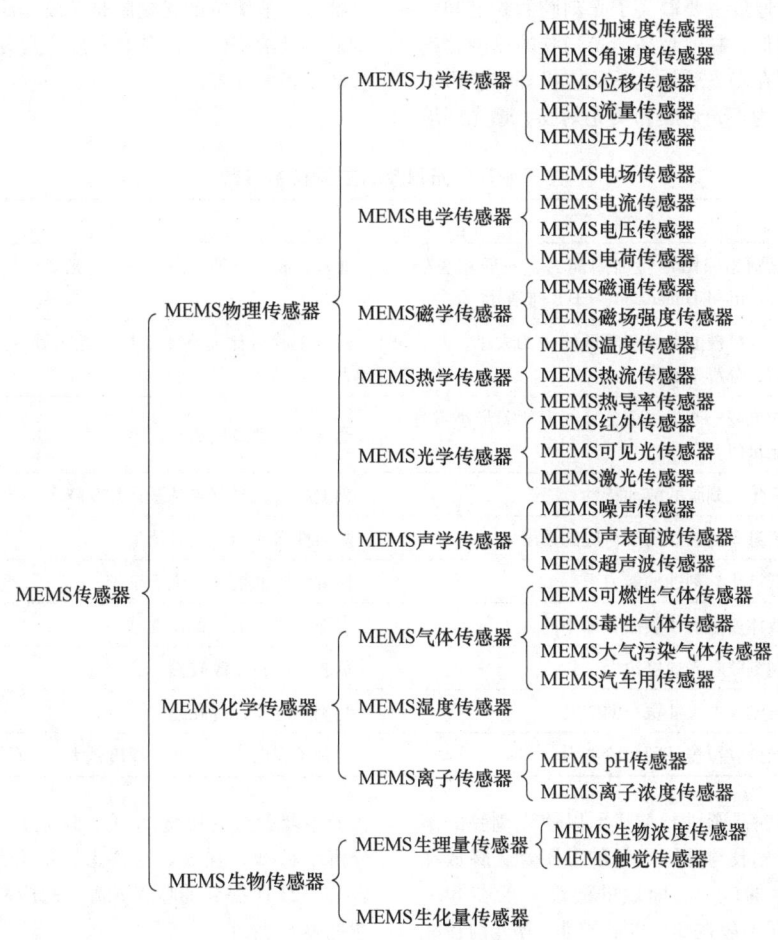

MEMS传感器
- MEMS物理传感器
  - MEMS力学传感器
    - MEMS加速度传感器
    - MEMS角速度传感器
    - MEMS位移传感器
    - MEMS流量传感器
    - MEMS压力传感器
  - MEMS电学传感器
    - MEMS电场传感器
    - MEMS电流传感器
    - MEMS电压传感器
    - MEMS电荷传感器
  - MEMS磁学传感器
    - MEMS磁通传感器
    - MEMS磁场强度传感器
  - MEMS热学传感器
    - MEMS温度传感器
    - MEMS热流传感器
    - MEMS热导率传感器
  - MEMS光学传感器
    - MEMS红外传感器
    - MEMS可见光传感器
    - MEMS激光传感器
  - MEMS声学传感器
    - MEMS噪声传感器
    - MEMS声表面波传感器
    - MEMS超声波传感器
- MEMS化学传感器
  - MEMS气体传感器
    - MEMS可燃性气体传感器
    - MEMS毒性气体传感器
    - MEMS大气污染气体传感器
    - MEMS汽车用传感器
  - MEMS湿度传感器
  - MEMS离子传感器
    - MEMS pH传感器
    - MEMS离子浓度传感器
- MEMS生物传感器
  - MEMS生理量传感器
    - MEMS生物浓度传感器
    - MEMS触觉传感器
  - MEMS生化量传感器

图 8.4-23　MEMS 传感器分类

72　微加工技术　微加工技术源于集成电路工业的半导体加工技术，是制作 MEMS 器件的主要工艺，主要包括图形转移技术光刻、刻蚀技术、薄膜沉积技术、掺杂技术和硅片键合等技术。

（1）光刻　光刻是微加工技术中使用最频繁、最关键的技术之一。它是指将掩模版上的微纳图形设计转移到涂有光刻胶晶圆（也称晶片）上的图形转移技术，包括涂胶、前烘、对准曝光、显影、坚膜等步骤。光刻主要步骤示意图见图 8.4-24。

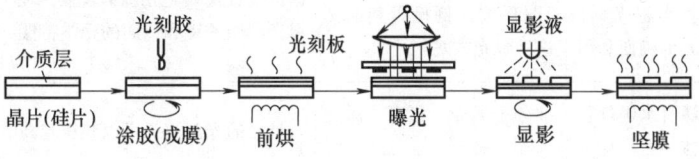

图 8.4-24　光刻主要步骤示意图

涂光刻胶前需要通过清洗、脱水烘焙和成底膜三个步骤对晶圆进行前处理，以增强光刻胶与晶圆之间的黏附性。成底膜是指在晶圆表面形成可增强其与光刻胶之间黏附性的连接剂六甲基二硅胺烷（HMDS）底膜。目前，HMDS 成底膜主要使用气相成底膜方法。成底膜后需要尽快涂胶，涂胶的方法主要有旋转涂胶法和自动喷胶法两种。喷胶法主要应用于具有深沟槽或是高立体结构的不平整衬底表面。旋转涂胶法使用十分普遍，主要包括四个步骤，即滴胶、高速旋转、甩掉多余光刻胶、去除晶圆边圈和背面多余光刻胶。滴胶量很大程度决定于光刻胶的黏度，黏度越高，相同容量下的滴胶量越大。光刻胶的厚度主要取决于光刻胶的黏度和转速大小，转速越低，黏度越高，光刻胶的厚度就越厚。光刻胶根据在曝光后其化学反应机理和显影原理的不同可以分为正光刻胶和负光刻胶。曝光区域可被显影液溶解的光刻胶是正胶，而曝光区域不可被显影液溶解的光刻胶是负胶。光刻胶的主要技术参数见表 8.4-22。

表 8.4-22　光刻胶的主要技术参数

参数	含　义	备　注
分辨率	区别相邻图形特征的能力，一般用关键尺寸（Critical Dimension，CD）来表示	通常正胶的分辨率高于负胶；光刻胶厚度越薄，分辨率越大
对比度	区别掩模上亮区和暗区能力的大小，对比度越高，分辨率越高	通常正胶对比度高于负胶；光刻胶厚度越薄，对比度越大
敏感度	光刻胶上产生一个良好图形所需最小曝光量或能量值	通常负胶敏感度高于正胶
黏度	衡量光刻胶的流动特性	黏度越大，光刻胶越厚；黏度越小，光刻胶厚度越均匀
黏附性	衡量光刻胶黏附于衬底的强度	黏附性需要经受住后续工艺
抗蚀性	抵抗化学刻蚀的能力	通常负胶的抗蚀性优于正胶
表面张力	液体产生的使表面积缩小的力	表面张力越大，覆盖性越差
曝光速度	光刻胶曝光速度快慢	负胶较快；正胶较慢
针孔密度	光刻胶中尺寸很小的空穴	光刻胶越厚，针孔越少
台阶覆盖度	光刻胶覆盖晶圆台阶能力	光刻胶表面张力越小，厚度越大，台阶覆盖能力越强

匀胶后需要对晶圆进行前烘，以使光刻胶的溶剂挥发，增强光刻胶与晶圆之间的黏附性，释放在旋转过程中产生的应力。前烘的温度一般在 85~120℃之间，时间一般在 30~90s 之间。曝光前往往使用对准标记来将光刻版与晶圆对准。影响曝光过程的主要参数有曝光方式、曝光光源、抗反射层、分辨率和曝光强度。这些参数的介绍见表 8.4-23。表 8.4-23 所提到的曝光光源及对应的波长和图形尺寸见表 8.4-24。

表 8.4-23　影响曝光的主要参数

参数	解　释	备　注
曝光方式	接触式曝光晶圆和光刻板直接接触；接近式曝光晶圆和光刻板留有 10~20μm 的间隙；投影式曝光利用光学投影将光刻板的图形按比例投影到晶圆上，步进光刻机便利用了这种曝光方式	接触式曝光可以获得较高的分辨率，但易损伤光刻板；接近式曝光分辨率较低，在 2~4μm 之间；投影式曝光利用透镜和镜面的光学特性，可以提高分辨率大小
曝光光源	光源来源有水银灯管、准分子激光、氟离子激光和等离子体	越短的光源波长可以获得越高的分辨率
抗反射层	用于反射材料表面来减小光刻胶的驻波效应	驻波效应是指反射光和入射光形成干涉，使得光强沿胶深方向分布不均匀的现象
分辨率	分辨相邻特征图形的能力	波长越短分辨率越高；透镜的半径和折射率越大，分辨率越高
曝光强度	单位面积内的光功率	曝光强度乘以曝光时间即为光刻胶所需的曝光剂量

表 8.4-24　曝光光源及对应的波长和图形尺寸

	名　　称	波长/nm	对应的图形尺寸/nm
水银灯	G 光线	436	500
	H 光线	405	
	I 光线	365	350~250
准分子激光	XeF	351	
	XeCl	308	
	KrF（DUV）	248	250~130
	ArF	193	180~220
氟离子激光	F_2	157	
激光或放电产生的等离子体	极紫外线	13.5	14 或更小

曝光后还需要对晶圆进行后烘，以减少驻波效应。后烘的温度通常需要比前烘温度高，在 110~130℃ 之间，时间约为 1min。将晶圆冷却到室温后便可进行显影，溶解掉不需要的光刻胶，将光刻版上的图案转移到光刻胶上。正胶的显影剂通常是弱碱溶液，负胶的显影剂通常是二甲苯、乙醇等有机溶剂。显影之后，需要对晶圆进行坚膜。该过程可以降低光刻胶中的溶剂，增强光刻胶的强度。坚膜的温度通常在 100~130℃ 之间，时间为 1~2min。最后需要对经过光刻过程加工的晶圆进行镜检，观测光刻效果，若光刻效果不理想需要返工操作。光刻也是唯一可以返工操作的一道工艺。

（2）刻蚀　刻蚀是指将晶圆上没有保护的部分通过化学反应或物理反应去除的一个过程。刻蚀工艺主要包括两种，即湿法刻蚀和干法刻蚀。刻蚀工艺可以通过一些指标来描述，如刻蚀速率、刻蚀均匀性、刻蚀选择比、刻蚀剖面、刻蚀偏差、负载效应、凹槽效应和微沟槽效应。这些指标的定义描述见表 8.4-25。

表 8.4-25　刻蚀参数及其描述

参　　数	描　　述
刻蚀速率	单位时间内材料被刻蚀的厚度
刻蚀均匀性	衡量刻蚀工艺的可重复性，可以用刻蚀速率均匀度来表示，刻蚀速率均匀度 =（最大刻蚀速率-最小刻蚀速率）/（最大刻蚀速率+最小刻蚀速率）
刻蚀选择比	不同材料刻蚀速率之比。通常按 $a:1$ 的方式给出，其中 a 是刻蚀衬底速率相对于刻蚀保护层速率的比值，a 一般在 10~100 之间
刻蚀剖面	两种基本刻蚀剖面：各向异性和各向同性，各向同性是在所有方向上刻蚀速率相同的刻蚀；各向异性是刻蚀速率在某一方向远大于其他方向的刻蚀；设横向刻蚀速率为 v_1，纵向刻蚀速率为 v_2，各向异性 $A=v_1/v_2$
刻蚀偏差	刻蚀偏差指刻蚀之后线宽的变化，刻蚀偏差通常由横向钻蚀引起
负载效应	指刻蚀速率与刻蚀面积有关，宏观负载效应：随着刻蚀面积的增大刻蚀剂被大量消耗，刻蚀速率减小；微观负载效应：同一晶圆上，高深宽比结构因刻蚀离子难以穿过较小的窗口，刻蚀速率变慢
凹槽效应	被刻蚀的材料与下层绝缘材料因高能离子被电场感应吸引运动发生弯曲而在截面出现狭窄侧开口的现象
微沟槽效应	侧壁上的离子前向散射造成的侧壁底部出现窄沟槽的现象

在刻蚀过程中，希望各向异性 A 越小越好，选择比越高越好，刻蚀偏差越小越好，此外，刻蚀均匀性要好、刻蚀要清洁。版图设计过程中应考虑负载效应、凹槽效应和微沟槽效应的影响。

湿法刻蚀是使用化学溶液对要去除的材料进行化学刻蚀。影响湿法刻蚀的主要参数有刻蚀溶液浓度、刻蚀时间、溶液温度和溶液的搅拌方式。刻蚀的溶液浓度、温度越高，刻蚀速率越快。湿法刻蚀往往伴随反应气体的产生，会隔绝反应溶液和刻蚀衬底，影响局部刻蚀速率，故湿法过程中往往需要进行搅拌。其中，二氧化硅的湿法刻蚀通常使用水或缓冲剂如氟化铵（NH_4F）和氢氟酸（HF）的混合溶液。氮化硅的湿法刻蚀通常使用磷酸（H_3PO_4）来刻蚀。单晶硅和多晶硅的各向同性刻蚀通常使用硝酸（HNO_3）和氢氟酸的混合液。氢氧化钾（KOH）、异丙醇（C_3H_8O）和水的混合溶液对单晶硅刻蚀时，<100>平面的刻蚀速率要远大于<111>平面的刻蚀速率，是一种各向异性刻蚀，常用来刻蚀形成 V 形槽。此外 EDP（乙二苯、对苯二酚和水的混合溶液）和 TMAH（四甲基氢氧化铵）都有类似的刻蚀效果。铝的刻蚀可以选择磷酸、醋酸（CH_3COOH）、硝酸和水的混合溶液。镍、钛的刻蚀可以选择双氧水（H_2O_2）和硫酸（H_2SO_4）的混合溶液。当刻蚀分辨率要求较高时，常采用干法刻蚀。湿法刻蚀和干法刻蚀的对比见表 8.4-26。

表 8.4-26　湿法刻蚀和干法刻蚀对比

因素	湿 法 刻 蚀	干 法 刻 蚀
腐蚀速率	高，可变	适中，可变
图形分辨率	适中，图形特征尺寸小于 $3\mu m$ 不可用	高
工艺成本	低	适中
产量	高	可控，可接受
设备费用	低	高
选择比	高	可控，可接受
刻蚀轮廓	不能刻蚀高深宽比结构	可以刻蚀高深宽比结构
可重复性	适中，采用自动化可改进	高

干法刻蚀根据刻蚀过程中是物理反应还是化学反应分为等离子体刻蚀（Plasma Etching，PE）、反应离子刻蚀（Reactive Ion Etching，RIE）和离子束刻蚀（Ion Beam Etching，IBE）。三种刻蚀的对比见表 8.4-27。

表 8.4-27　三种干法腐蚀对比

	PE	RIE	IBE
描述	腐蚀气体分子在高频电场下电离产生等离子体，离子与材料发生化学反应	在 PE 基础上，使等离子体与阳极形成偏压，加速射向正极上的晶圆	Ar、Kr 或 Xe 等惰性气体电离后加速射向材料表面，使材料原子发生溅射
RF 场	平行于片面	垂直于片面	垂直于片面
机理	化学反应	化学反应和物理轰击	物理轰击
选择性	好	较好	差
各向异性	差	较好	好
刻蚀速率	快	较快	较慢
分辨率	低	较高	高
生成物	挥发性	挥发性	非挥发性
活性基	原子、原子团、反应离子	原子团、反应离子	惰性气体离子

通常使用卤素气体刻蚀硅及其化合物，如 F_2、CF_4、C_2F_6、C_4F_8、SF_6、CHF_3、Cl_2、CCl_4、BCl_3 和 Br_2。干法刻蚀和湿法刻蚀的常用腐蚀试剂见表 8.4-28。

表 8.4-28　湿法刻蚀和干法刻蚀常用腐蚀剂对比

腐蚀材料	湿法刻蚀	干法刻蚀
硅	KOH、TMAH、EDP、HNO_3 和 HF 混合溶液	SF_6
氮化硅	H_3PO_4	CF_4
氧化硅	HF	CHF_3
铝	H_3PO_4	Cl_2

反应离子刻蚀既有较好的选择性又有较好的各向异性，是干法刻蚀中常用的工艺。但反应离子刻蚀因横向刻蚀无法进行硅深刻蚀。当需要高深宽比结构时，往往使用深反应离子（Deep Reactive Ion Etching，DRIE），又称感应耦合等离子刻蚀（Inductively Coupled Plasma，ICP）刻蚀工艺，该工艺将产生等离子体和自偏压的射频源进行独立，有效避免了 RIE 工艺中射频功率和等离子体密度之间的矛盾，同时采用 Bosch 刻蚀和钝化交替的工艺进行刻蚀，减小了 RIE 中横向刻蚀的影响，可以制作出陡直的侧壁。

（3）物理气相沉积　物理气相沉积（Physical Vapor Deposition，PVD）是指采用物理方式沉积薄膜的一种技术。金属薄膜通常采用 PVD 的方式来制备。PVD 主要包括蒸发和溅射。蒸发指把要沉积的金属加热到一定温度，使其蒸发到真空中，沉积到基片表面。加热的方式主要有电阻加热、电子束加热和高频感应加热，其中电子束加热最为常见。蒸发沉积薄膜的优点为沉积速率快，常用于厚金属的沉积。但同时存在台阶覆盖能力差、不能沉积合金的缺点。溅射是利用高能粒子轰击靶材，使其分子或原子逸出，沉积到晶圆表面的方法。溅射的台阶覆盖能力好，可以沉积金属合金，均匀性控制较好，缺点是沉积速率低，设备成本高。

（4）化学气相沉积　化学气相沉积（Chemical Vapor Deposition，CVD）是指使气态物质在晶圆的热表面发生化学反应沉积薄膜的一种技术。化学气相沉积包括常压化学气相沉积（Atmospheric Pressure Chemical Vapor Deposition，APCVD）、低压化学气相沉积（Low Pressure Chemical Vapor Deposition，LPCVD）和等离子体增强化学气相沉积（Plasma Enhanced Chemical Vapor Deposition，PECVD）。三种气相沉积对比见表 8.4-29。

表 8.4-29　三种 CVD 对比

	APCVD	LPCVD	PECVD
沉积温度/℃	$300 \sim 500$	$500 \sim 900$	$100 \sim 350$
压力/Torr[①]	760	$0.2 \sim 2$	$0.1 \sim 2$
沉积膜	SiO_2、PSG	多晶硅、SiO_2、PSG、Si_3N_4	多晶硅、Si_3N_4、SiO_2
优点	沉积速率高	均匀度和纯度较高，低应力	温度较低，台阶覆盖性能、附着性能好
缺点	均匀度和保形性差，纯度低于 LPCVD	沉积速率低于 APCVD	沉积速率低于 APCVD，密度低，较松弛
主要应用	厚氧化物	栅材料、绝缘、钝化	钝化、绝缘

① 1Torr：133.322Pa。

（5）离子注入　将所需杂质掺入晶圆的特定区域，改变其电学性能的技术称为掺杂。掺杂主要包括两种方法，即离子注入和扩散。离子注入和扩散的对比见表 8.4-30。

表 8.4-30　离子注入和扩散对比

	离子注入	扩散
温度	低温	高温
掩蔽层	光刻胶	硬掩蔽层，如二氧化硅
掺杂轮廓	非等向性掺杂轮廓	等向性掺杂轮廓

（续）

	离子注入	扩散
掺杂控制	可以独立控制掺杂浓度和结深	不能独立控制掺杂浓度和结深
浓度分布	高斯分布	表层掺杂浓度最高
结深	结深较小	结深较大
晶格缺陷	有（退火处理恢复）	无
注入剂量	范围较宽	不能超过固溶度极限

离子在能量损失后便停留在某个位置处。离子注入设备由产生注入离子的离子源、将需要注入离子分离出来的分析器、加速注入离子的加速器、将离子束扫描到整个晶圆上的扫描器以及安装晶圆的靶室组成。离子注入的杂质一般呈高斯分布，离子的能量越高，离子注入的射程越大。离子注入的分布区域见图 8.4-25a，不同离子随注入能量的投影射程变化见图 8.4-25b。

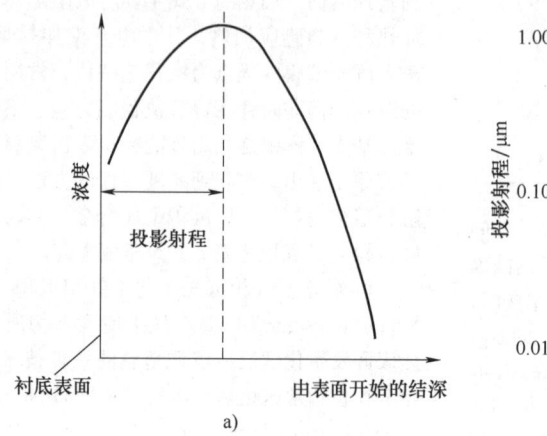

a)

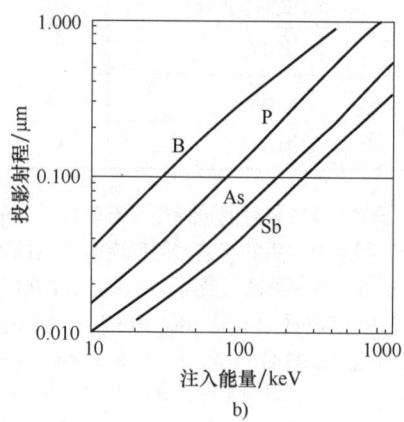

b)

图 8.4-25　离子注入浓度变化
a）浓度分布　b）不同离子在不同注入能量下的投影射程

离子注入时，因为碰撞，会对晶格造成损伤。可以通过退火来消除这些晶格损伤。退火一般在 600~1 000℃ 的氢环境下进行，此外还有激光退火、电子束退火等。若注入离子未与晶圆中的任何原子发生碰撞，则可以达到很深的位置，此现象称为"沟道效应"。沟道效应会使离子注入深度不可控，实际工艺中，会使注入方向与晶片晶轴方向偏离一个角度来抑制沟道效应，通常的偏离角度为 8° 左右。

（6）扩散　扩散是另一种掺杂方法。它是微观粒子热运动的结果。扩散必须满足两个条件，一是扩散的粒子存在浓度梯度，二是有一定的温度可以使粒子有能量从高浓度进入到低浓度的材料中。扩散浓度的分布和结深定义见图 8.4-26。

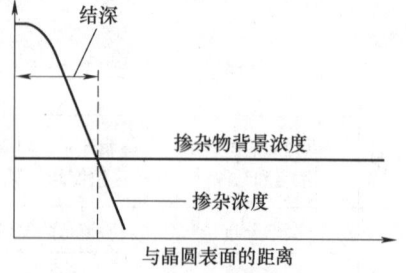

图 8.4-26　扩散浓度分布及结深定义

杂质扩散的形式有间隙式扩散、替位式扩散和间隙替位式扩散三种。扩散步骤一般分为两步，即预淀积（先在扩散窗口表层扩散一定总量的杂质）和再分布（将窗口杂质进一步向片内扩散）。扩散工艺的浓度和结深都与温度密切相关，故无法单独控制。此外，再分布时，因扩散的等向性掺杂，会有明显的横向效应。

（7）硅片键合　硅片键合是指通过物理或化学反应将硅片与硅片、硅片与其他材料（如玻璃）紧密结合起来的方法，硅片键合为复杂结构的实现提供了可能。三维结构的设计、SOI 的加工以及器件的封装都会用到硅片键合工艺。键合的两个晶圆之间表面要平整，表面粗糙度要小，表面要洁净。一般键合步骤为：清洁晶圆表面去除杂质、表面预处理、固定晶圆、晶圆对准、预键合、施加力、热或电压加强键合。硅片键合方法主要有直接键合，如熔融键合和阳极键合，其中熔融键合又包括高温熔融键合和低温熔融键合、金属中间层键合，如共晶键合和热压键合，以及绝缘中间层键合，如玻璃浆料键合和黏合剂键合。不同键合方法介绍见表 8.4-31。

73　MEMS 温度传感器　MEMS 温度传感器一般利用材料的热敏特性，实现温度到电参量的转换。按照使用方式的不同，可以分为接触式温度传感器和非接触式温度传感器。接触式温度传感器使用时需要使温度传感器与被测物体直接接触，使两者达到热平衡，测温准确；非接触测温使用时不需要与被测物体直接接触，利用被测物体的热辐射来进行测温，常用来测量温度较高物体的温度。MEMS 温度传感器按照其工作原理可以分为压阻式温度传感器、谐振式温度传感器、电容式温度传感器、热电偶式温度传感器、电阻式温度传感器、PN结式温度传感器和热释电式温度传感器。其中，压

阻式、谐振式和电容式都是利用两种材料热膨胀系数的不同，将温度变化转变为梁的形变，可以看成是双金属片式温度传感器。

表 8.4-31　不同键合方法比较

键合方法	描　述	备　注
熔融键合	使用等离子体或化学法对键合表面进行亲水处理，当键合面对准贴在一起时，硅醇键发生聚合反应，两个硅片键合在一起，在高温下退火可以加强键合强度	对键合面平整度、粗糙度、洁净度要求高，为硅硅（氧化或未氧化）直接键合；退火温度一般在700~1 000℃；采用等离子体预处理或在真空下预键可以降低退火温度到200~300℃
阳极键合	将硅片固定在阳极，含碱金属的玻璃固定在阴极，在电压的作用下，离子发生迁移，两者在键合面形成化学键 Si-O-Si，形成键合	玻璃通常选择与硅材料热膨胀系数相近的材料；温度：180~500℃，电压：200~1 000V
共晶键合	金属和硅、金属和金属在共晶点形成合金并固化实现键合	温度：250~325℃，压力：小于3kN（4英寸），可实现自平坦化
热压键合	金属之间相互扩散实现键合	温度：400~450℃，压力：小于20kN（4英寸）
玻璃浆料键合	使用玻璃浆料利用丝网印刷实现键合，玻璃浆料由铅硅酸玻璃颗粒、钡硅酸盐填充物、浆料和溶剂组成	温度：350~450℃，压力小于3kN（4英寸）；工艺简单，能实现气密性封装，但清洁度不高，对准精度低
黏合剂键合	使用如光刻胶、环氧树脂、聚酰亚胺等黏合剂实现键合	温度：200~250℃，压力小于2kN（4英寸）不能完全密封，导热导电不足，成本低

（1）MEMS 压阻式温度传感器　压阻式温度传感器的基本原理是半导体的压阻效应。温度变化时，由热膨胀系数不同的材料组成的复合梁将会发生弯曲，在其内部产生应力，应力的改变将会引起压敏电阻阻值的变化。压敏电阻可以使用离子注入或扩散掺杂工艺实现，复合梁可以使用 PVD 等成膜方法实现。最后利用惠斯顿电桥可将压敏电阻阻值的变化转换为电参量。铝的热膨胀系数是硅的 10 倍，是二氧化硅的 50 倍左右，常用来做温度敏感材料。在硅上沉积铝金属的压阻式温度传感器的结构示意图见图 8.4-27。结构中的绝缘层常采用二氧化硅和氮化硅。

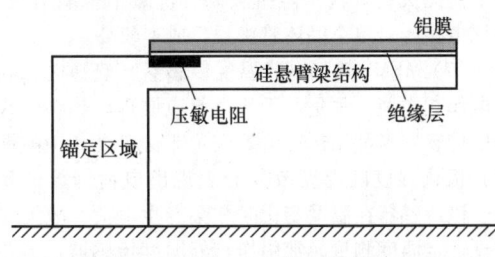

图 8.4-27　压阻式温度传感器原理示意图

（2）MEMS 谐振式温度传感器　谐振式温度传感器与压阻式类似，都是采用热膨胀系数失配材料构成复合梁，将温度的变化转换为梁的形变以及内部应力的变化。应力除了对压敏电阻的阻值产生影响外，还会对梁的谐振频率产生影响。谐振式温度传感器便是测量复合梁的谐振频率来反应温度的大小。复合梁谐振频率的测量可以使用压电材料的压电效应实现。压电材料既可以为复合梁提供振动的驱动，又可以检测复合梁振动的输出，从而测量谐振频率的大小。谐振式温度传感器的原理示意图见图 8.4-28。

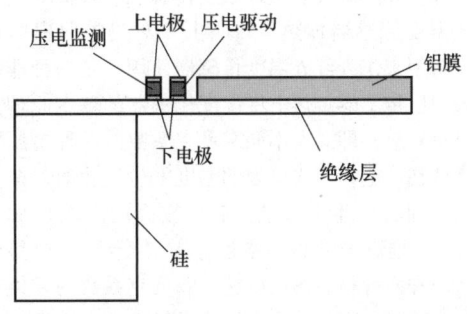

图 8.4-28　谐振式温度传感器原理示意图

（3）MEMS 电容式温度传感器　电容式温度传感器也是利用热膨胀系数失配材料构成的复合梁，将温度的变化转变为梁的形变，电介质材料在外力

作用下会发生电致伸缩增强效应,介电常数将发生变化,复合梁的电容值也将随之改变。这种电容式温度传感器的原理示意图见图 8.4-29。除了电介质的变化外,还可利用复合梁的形变,使电容极板的有效面积或是距离发生变化,从而改变电容的大小。

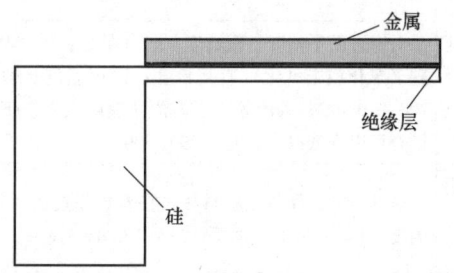

图 8.4-29　电容式温度传感器原理示意图

(4) MEMS 电阻式温度传感器　MEMS 电阻式温度传感器主要包括金属电阻式、热敏电阻式和硅热敏电阻式。金属电阻式温度传感器主要使用的是铂电阻。为了克服铂电阻体积大、贵金属消耗量大、成本高的缺点,可以将铂金属溅射在有绝缘层覆盖的硅片上制成 MEMS 电阻式温度传感器。铂电阻的厚度一般在 $1\sim2\mu m$ 之间,长度一般在数百 μm,这使得贵金属的使用量减少,降低了传感器尺寸以及缩短了热响应时间,并可批量制作。热敏电阻式的电阻温度系数比金属电阻式大许多,通常是金属氧化物,采用特殊的陶瓷焙烧工艺制作,但它由于材料和制作工艺等因素,一致性和稳定性较差。硅热敏电阻式温度传感器是利用半导体的电阻率随温度变化的特性,可以通过扩散工艺或离子注入来调节掺杂浓度和电阻值的大小,具有成本低的优点。

(5) MEMS 热电偶式温度传感器　MEMS 热电偶式温度传感器即热电堆,由多对热电偶串联而成,常用来作为红外温度传感器使用,是一种非接触温度传感器。热电堆温度传感器的基本原理是塞贝克效应,即具有不同塞贝克系数的两种金属材料串联在一起,当连接处的温度发生变化时,两个金属之间将产生电位差。温度较高的一端被称为"热结",温度较低的一端被称为"冷结"。电势差的大小和两种材料的温度差、塞贝克系数的差值成正比。除了金属材料,半导体材料也具有塞贝克效应。当温度变化时,半导体材料中的载流子会沿着温度梯度降低的方向移动,引起空间电荷积累,产生热电势。使用时通常配备一个电阻式温度传感器,来确保传感器的壳体温度等于环境温度。作为

红外温度传感器的热电堆通常由热电偶材料、介质支撑层和红外吸收区构成。为了起到良好的隔热作用,该温度传感器常使用薄膜结构。常用的热电偶材料为 N 型和 P 型多晶硅,具有塞贝克系数大、易于与 CMOS 集成的优点。此外,P 型多晶硅/金也可以作为热电偶材料,但金的成本较高,且并不是标准的集成电路工艺材料。通常使用铝材料将多个热电偶串联起来。常用的介质支撑层为二氧化硅和氮化硅,具有高热阻、良好的机械强度和热稳定性等优点。红外吸收材料需要有较高的红外吸收率和低热容,常见的有黑色金属材料(如金黑、银黑和铂黑)以及黑硅材料。MEMS 热电偶式温度传感器原理示意图见图 8.4-30。当该传感器没有红外吸收区时,可以作为普通的接触式温度传感器使用。

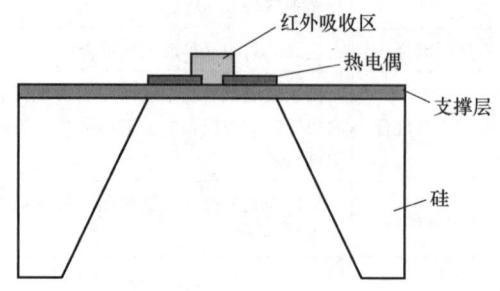

图 8.4-30　热电偶式 MEMS 温度传感器原理图

(6) MEMS PN 结式温度传感器　二极管、晶体管温度传感器是利用 PN 结的正向电压随温度的升高而下降的原理。对于硅二极管,温度每升高 1℃,PN 结的正向电压下降约为 2mV。其具有较好的线性度、尺寸小、灵敏度高和响应快的优点。单个晶体管电压对温度的灵敏度与驱动电流的大小有关。为了使温度传感器的大小与驱动电流无关,常采用与绝对温度成正比(Proportional To Absolute Temperature,PTAT)的电路。该电路输出电压为两个晶体管的基射极电压差,与绝对温度成正比和驱动电流无关,且输出阻抗较高,抗磁干扰能力强。但该电路相对单个晶体管来说,成本较高。

(7) MEMS 热释电式温度传感器　热释电式和热电偶式类似,都是基于热电效应原理。热释电式温度传感器是利用热释电效应,即材料(如钽酸锂等)极化强度随温度改变而表现出电荷释放的现象。该传感器在温度变化时才会产生电荷,故无法实现恒定温度测量。常用作红外温度传感器,多在人体感应、安防报警等场合使用。

几种不同类型的 MEMS 温度传感器对比见表 8.4-32。

表 8.4-32　MEMS 温度传感器的对比

原　理		工作范围/℃	灵敏度	线性度	与 IC 集成	成本
双金属片	压阻式	−20~40	高	好	非标准工艺	中等
	谐振式	−15~120	高（20Hz/℃）	好	非标准工艺	高
	电容式	20~100	高	差	非标准工艺	中等
电阻式	铂电阻	−260~1000	中等	甚好	非标注工艺	中等
	硅热敏	−80~180	高	差	非标准工艺	低
热电偶		−270~3500	低（热电堆高）	较好	适合	中等
PN 结		−55~180	高（−2mV/℃）	好	适合	非常低
热释电		−15~70	高	—	非标准工艺	中等

74　MEMS 压力传感器　MEMS 压力传感器指利用微加工技术制造出的能感受压力信息，并能够将感受到的压力信息按一定数学规律转换成为电信号的压力检测装置。MEMS 压力传感器是一种薄膜元件，通常由压力敏感元件和信号处理电路组成。与传统的压力传感器相比，MEMS 压力传感器具有体积小、质量轻、功耗低、可靠性高、适于批量生产、易于集成等特点，同时，在微纳量级的尺寸下可以使其实现某些传统机械传感器所不能实现的功能。MEMS 压力传感器按照物理原理可以分为电容式、压阻式、压电式、谐振式压力传感器，而按照测试压力类型可以分为绝压、表压、差压和负压传感器。

MEMS 压力传感器广泛应用于汽车行业、医疗市场、消费电子、工业电子领域。汽车行业内的应用，如轮胎压力监测系统、发动机机油压力传感器、汽车刹车系统空气压力传感器、汽车发动机进气歧管压力传感器、柴油机共轨压力传感器等；医疗市场内的应用，如胎压计、血压计、健康秤以及在连续气道正压通气机中感测压力与差流的 MEMS 压力传感器；消费电子内的应用，如洗衣机、洗碗机、电冰箱、微波炉、吸尘器、太阳能热水器等家电内都应用到了 MEMS 压力传感器；工业电子内的应用，如数字压力表、数字流量表、工业配料称重、飞机引擎监测等各种工业过程与控制应用都使用到了 MEMS 压力传感器。

（1）MEMS 电容式压力传感器　MEMS 电容式压力传感器是指硅电容式传感器，即一种基于微加工技术的利用电容敏感元件将被测压力转换成与之呈一定数学关系的电量输出的压力传感器，它的特点是输入能量低，高动态响应，自然效应小，环境适应性好。硅电容式传感器由敏感薄膜和固定电极构成，其中敏感薄膜是传感器最核心的部件，其材料、尺寸和厚度决定着传感器的性能。目前敏感薄膜的材料多采用重掺杂 P 型硅、Si_3N_4、单晶硅等，这几种材料都各有优缺点，其选择与目标要求和具体工艺相关。

硅电容式压力传感器是极间距变化型压力传感器，其原理是基于电容结构的基本理论。下式为两个平行的导电板之间绝缘并且不考虑边缘电场效应的情况下，所形成的电容表达式，

$$C = \frac{\varepsilon_0 \varepsilon_r A}{d} \tag{8.4-17}$$

式中　ε_0——真空的介电常数；

　　　ε_r——介质的相对介电常数；

　　　A——极板的相对面积；

　　　d——两极板间的距离。

极间距变化型压力传感器即通过外界压力的作用改变两极板间的距离 d 从而改变电容大小，进而检测压力的装置。它的优点是可以进行动态非接触式测量，对被测系统的影响小，灵敏度高，适用于较小位移的测量，但这种传感器的缺点是有线性误差，传感器的杂散电容对灵敏度和精度有影响，配合使用的电子线路也较为复杂。

一种硅电容式压力传感器的结构见图 8.4-31，器件由硅膜构成的可动电极和在玻璃上利用金属薄膜制成的固定电极两部分构成。当硅膜两侧的压力相等时，硅膜处于平衡状态，不发生任何变形，当硅膜两侧的压力不相等时，硅膜发生形变，引起两电极间电容的变化。

器件的加工工艺流程见图 8.4-32，第一部分主要实现对硅衬底的加工，利用硅各向异性腐蚀实现硅杯结构，并通过等离子体刻蚀生成硅膜可动电极结构，第二部分主要是在玻璃衬底上利用金属沉积工艺来实现金属固定电极结构。通过硅-玻璃阳极键合，实现玻璃上的电极与硅可动电极的互连来完

成电容结构。

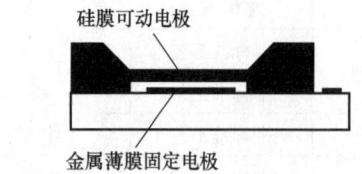

图 8.4-31　硅电容式压力传感器结构图

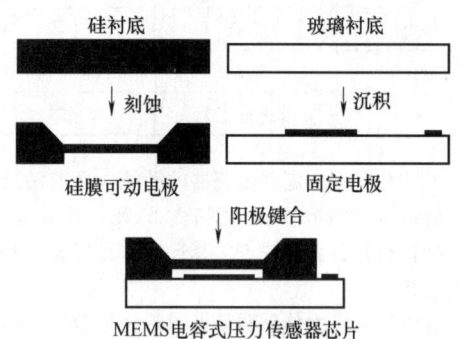

图 8.4-32　器件的加工工艺流程

（2）MEMS 压阻式压力传感器　MEMS 压阻式压力传感器是指利用单晶硅的压阻效应制成的硅压阻式压力传感器，是一种应用非常广泛且技术非常成熟的压力传感器。它的优点是频率响应快（可以检测静态和动态压力）、体积小、功耗低、灵敏度高、精度高，缺点是温度特性差且工艺复杂。

硅压阻式压力传感器需要在单晶硅膜片的特定方向上扩散一组等值半导体电阻，并将电阻接成惠斯通电桥作为压敏元件，电桥电路见图 8.4-33，当膜片受到外界压力作用时，电桥失去平衡，BD 两点间电压不为 0，在激励电源 E 的作用下，便可得到与被测压力成正比的输出电压，从而达到测量压力的目的。

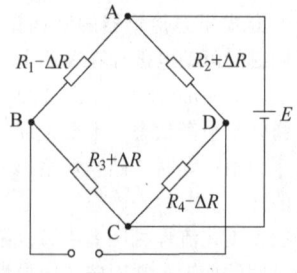

图 8.4-33　惠斯通电桥电路

硅压阻式压力传感器的结构简图见图 8.4-34，其中应力薄膜既是压敏电阻的衬底，又是外加压力的承受体，所以是压力传感元件的核心部分。当有

外加应力作用在薄膜上时，薄膜各处受到的应力是不同的。4 个压敏电阻的位置与方向设置要根据晶向和应力决定。压敏电阻是通过离子注入、光刻、干刻等工艺加工的，应力薄膜的背面需要用刻蚀的工艺加工成中间很薄的凹状结构，成为硅杯。

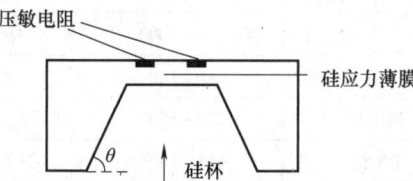

图 8.4-34　硅压阻式压力传感器结构简图

（3）MEMS 压电式压力传感器　MEMS 压电式压力传感器主要是基于压电效应制造出的压力传感器，它的优点是体积小、动态特性好、耐高温、灵敏度高、信噪比高，缺点是存在电荷泄漏的问题。

MEMS 压电式压力传感器通常是利用正压电效应制成的。正压电效应是指某些电介质在沿一定方向上受到外力的作用而变形时，其内部会产生极化现象，同时在它的两个相对表面上出现正负相反的电荷。当外力撤掉后，电介质又会恢复到不带电的状态。常见的压电材料如压电陶瓷（PZT）、聚偏氟乙烯（PVDF）等。基于压电效应的压力传感器，按敏感元件和受力机构的形式可以分为膜片式和活塞式两种，而 MEMS 压电式压力传感器指膜片式压力传感器。图 8.4-35 所示为一种 MEMS 压电式压力传感器的结构示意图，其主要结构是由压电薄膜、弹性薄膜和电极构成。在被测压力的作用下，弹性薄膜上将产生微小形变，薄膜会将被测压力传递给压电元件，再由压电元件输出与被测压力呈线性关系的电信号，进而完成对压力的测量。

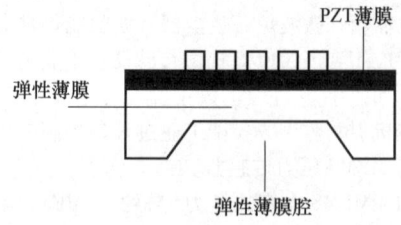

图 8.4-35　MEMS 压电式压力
传感器结构示意图

PZT 压电薄膜的制备方法主要有溅射法、溶胶-凝胶法和丝印法等。溅射法的优点是薄膜致密，厚度均匀，但溅射工艺成本较高，沉膜速度较慢，

而且组分不易控制。溶胶—凝胶法的优点在于能够与光刻工艺兼容，设备简单容易操作，组分可精确控制，而且成膜面积大、成膜均匀、工艺过程温度低等，在压电薄膜的各种制备方法中显示出独特的优势。丝印法制备的薄膜厚度可达 $100\mu m$，但这种方法制得的 PZT 薄膜需要高温退火处理，难与其他微加工工艺兼容，而且在高温处理时铅会扩散到硅中。因此，溶胶—凝胶法制备的 PZT 薄膜 MEMS 器件有着广泛的应用。

（4）MEMS 谐振式压力传感器　MEMS 谐振式压力传感器又称硅微谐振式压力传感器，是高精度压力传感器中的典型代表，在现代航空航天领域具有非常重要的作用，它通过检测谐振器的固有频率间接测量压力，不需要模/数转换，信号采集和处理方便，适用于远距离传输。硅微谐振式压力传感器体积小，功耗低，迟滞和重复性好，制作工艺利于批量生产，易于与 IC 集成，缺点是其结构与制作工艺较为复杂，且对于微小信号检测困难。谐振器的谐振频率 f 与施加在压力敏感薄膜上的轴向应力 σ 的关系式为

$$f=f_0\sqrt{1+\frac{\sigma}{\sigma_{er}}} \qquad (8.4\text{-}18)$$

式中　f_0——轴向应力 $\sigma=0$ 时谐振器的谐振频率；

σ_{er}——临界欧拉应力。

硅微谐振式压力传感器有 4 种常见的驱动方式，分别是电磁激励、光激励、静电激励和压电激励。其中静电激励方式是一种非接触的驱动方式，不会影响谐振器的振动品质因数，而且兼具响应快，功耗低，灵敏度高的优点。图 8.4-36 显示了一种由合肥工业大学科研人员设计加工的 MEMS 谐振式压力传感器的谐振器结构，谐振器主要包括质量块、谐振梁和拾振电阻。在一定压力范围内，谐振器的固有频率与待测压力有稳定的正比例对应关系，通过检测固有频率变化就可以实现压力检测。传感器制备涉及的 MEMS 工艺主要包括光刻、刻蚀、硅-硅键合、掺杂等。

（5）MEMS 绝压、表压、差压和负压传感器　绝压指绝对压力，即介质所处空间的所有压力。与此相对应的，如果绝对压力与大气压力差值是一个正值，那么这个正值就称为表压，如果绝对压力与大气压力的差值是一个负值，那么这个负值成为负压，也叫真空度，而差压指的是两个压力之间的差值，因此表压、负压都属于差压的概念，用于检测绝压、表压、负压、差压的传感器称之为绝压、表压、负压、差压传感器。

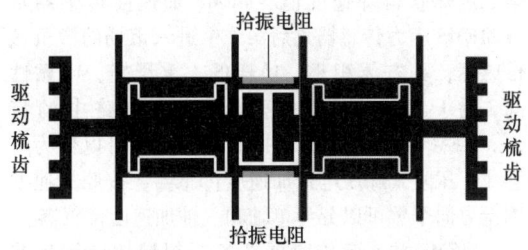

图 8.4-36　MEMS 谐振式压力传感器的
谐振器结构简图

图 8.4-37 所示为一种市面上在售的 MEMS 绝压传感器截面简图，该传感器采用了压阻式压力传感器的典型结构。为了测定大气压力变化，绝对压力传感器采用 MEMS 接合技术，将传感器芯片的内部进行真空密封。因此，能够感知与真空状态相比较大气压力的数值，也就是绝对压力值。表压传感器的结构与绝压传感器类似，不同点是表压传感器将薄膜的真空侧与大气相通，因此测量出的压力数值是被测压力与大气压的差值，即表压。负压传感器与表压传感器的结构类似，不同点在于负压传感器测量的压力小于大气压力，对薄膜的作用不是"压"，而是"吸"，输出压力值是一个负值，即负压或者真空度。

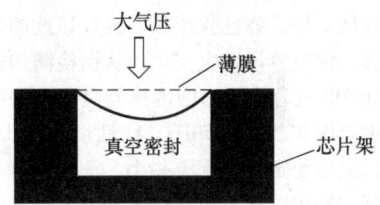

图 8.4-37　MEMS 绝压传感器截面简图

图 8.4-31 所示的硅电容式压力传感器结构即为一种 MEMS 差压传感器的结构，当硅薄膜可动电极两侧压力相同时，电容数值不发生变化，此时传感器测得的差压为 0 Pa。当硅薄膜可动电极两侧压力不同时，薄膜将发生形变，同时引起电容数值的变化，此时根据电容数值的变化可以计算出薄膜两侧的压力之差，即差压。

75　MEMS 加速度传感器　MEMS 加速度传感器指利用微加工技术制造出的能感受加速度信息，并能够将感受到的加速度信息按一定数学规律转换成为电信号的加速度检测装置。MEMS 加速度传感器通常由质量块、阻尼器、弹性元件、敏感元件和调节电路等部分组成，传感器在外界加速度的作用下，通过对质量块所受惯性力的测量，利用牛顿

第二定律获得加速度值。MEMS 加速度传感器是继 MEMS 压力传感器之后第二个进入市场的微机械传感器，具有体积小、功耗低、重量轻、可靠性高、易于集成在各种模拟和数字电路中的特点。MEMS 加速度传感器按照物理原理可以分为电容式、压阻式和压电式加速度传感器，按照加速度测量方向个数可以分为单轴和三轴加速度传感器。

MEMS 加速度传感器在各个领域的应用都非常广泛，如在汽车安全方面，加速度传感器主要用于汽车安全气囊、防抱死系统、牵引控制系统等安全性能方面；在游戏控制方面，加速度传感器可以检测上下左右的倾角变化，因此玩家可以通过前后倾斜手持设备来实现对游戏中物体的前后左右的方向控制；另外手机中的计步器、相机功能都依赖于加速度传感器的检测，计步器是通过加速度传感器检测人在走动时由于产生规律振动而生成的交流信号来计算出人走的步数，而手机相机中的加速度传感器可以检测用户手持设备的晃动幅度，当晃动过大时锁住照相快门，使所拍摄的图像保持清晰。

（1）MEMS 电容式加速度传感器　MEMS 电容式加速度传感器是基于电容原理的极间距变化型的电容传感器，其原理和 MEMS 电容式压力传感器类似，其中一个电极是固定的，另一个活动电极是弹性膜片或质量块。弹性膜片在外界加速度的作用下发生位移，使电容量发生变化，从而检测加速度的大小。MEMS 电容式加速度传感器具有电路结构简单，频率范围宽为 0~450Hz，线性度小于 1%，灵敏度高，输出稳定，温度漂移小，测量误差小，输出阻抗低，输出电量与振动加速度的关系易于计算等优点，具有较高的实际应用价值。

从力学角度看，电容式加速度传感器可以看成是一个质量—弹簧—阻尼二阶系统，见图 8.4-38，其中 k 代表弹簧的弹性系数，m 代表质量块的质量，b 是系统的阻尼，F 指外界力（加速度）的作用。电容式加速度传感器的稳态灵敏度表达式为

$$S = \frac{m}{k} = \frac{1}{\omega_n}$$　　　　（8.4-19）

由上式可见，质量块质量 m 越大，弹性系数 k 越小，系统的自然角频率 ω_n 越低，则电容式传感器的灵敏度越高。

图 8.4-39 所示为一种典型的 MEMS 电容式加速度传感器结构，当外界加速度为 0 时，质量块处于平衡位置，两差动电容相等，当外界加速度不为

0 时，质量块发生位移，两差动电容值发生变化，根据电容值的变化可以计算出被测加速度的大小。

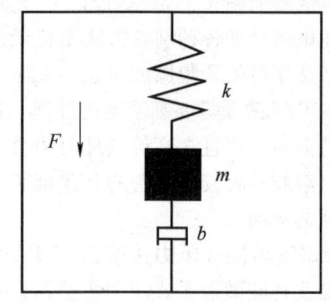

图 8.4-38　质量—弹簧—阻尼二阶系统图

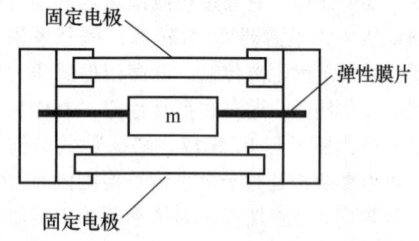

图 8.4-39　MEMS 电容式加速度传感器结构图

当前大多数 MEMS 电容式加速度传感器都是由三部分硅晶体圆片构成的，中层是由双层的 SOI 硅片制成的活动电容极板，中间的活动电容极板是由弯曲弹性连接梁所支撑，夹在上下层两块固定的电容极板之间。传感器的工艺一般采用表面工艺、体硅工艺、LIGA 工艺及 SOI+DRIE 工艺等。

（2）MEMS 压阻式加速度传感器　MEMS 压阻式加速度传感器是指利用硅的压阻效应制成的压阻式加速度传感器，它的检测原理和电桥电路图与压阻式压力传感器类似，在测量物体加速度时是基于牛顿第二定律，当物体以某一加速度运动时，传感器内的弹性元件将发生变形，该变形将引起压阻效应，电桥电路平衡被打破，从而根据桥路输出电压计算被测加速度的大小。MEMS 压阻式加速度传感器的优点是响应快、灵敏度高、精度高、易于小型化等，尤其是它的低频响应好，并且该传感器在强辐射作用下能正常工作。

MEMS 压阻式加速度传感器的核心元件由弹性梁、质量块、固定框组成，图 8.4-40 显示了一种悬臂梁式压阻式压力传感器的敏感元件结构。悬臂梁式压阻式加速度传感器是通过将加速度产生的作用加到质量块上，并将质量块的移动通过压敏电阻来测量。当加速度作用于悬臂梁自由端质量块时，悬臂梁受到弯矩作用产生的应力而发生变形，由于硅

的压阻效应，各应变电阻的电阻率发生变化，电桥失去平衡，输出电压发生变化，通过测量输出电压的变化可得到被测量的加速度值。

MEMS 压阻式压力传感器的制造工艺通常包括光刻、刻蚀、离子注入、扩散、热氧化等，其中质量块的形成是通过 KOH 各向异性深刻蚀工艺实现的，压敏电阻的制造是通过硼离子的注入、扩散等工艺实现的。

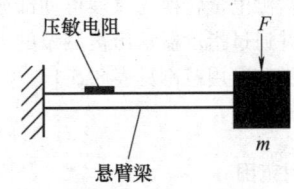

图 8.4-40　悬臂梁式压阻式压力
传感器的敏感元件结构

（3）MEMS 压电式加速度传感器　MEMS 压电式加速度传感器是基于压电效应的加速度传感器，它的原理和压电式压力传感器类似，传感元件均为压电晶体，通过测量压电材料两级的电势差来测量加速度。MEMS 压电式加速度传感器的优点是动态范围大、频率范围宽、坚固耐用、抗干扰能力强，但因其性能指标与材料特性、设计和加工工艺密切相关，因此在市场上销售的同类传感器性能的实际参数以及其稳定性和一致性差别非常大。与压阻式和电容式传感器相比，其最大的缺点是压电式加速度传感器不能测量零频率的信号。

MEMS 压电式加速度传感器的数学和物理模型与压阻式和电容式加速度传感器类似，都是通过测量二阶系统中质量块的位移来间接测量加速度。MEMS 压电式加速度传感器采用的结构与压阻式微加速度传感器类似，都采用了悬臂梁末端加质量块的振动系统结构，两者差别在于弹性梁上的敏感元件材料不同，压电式加速度传感器使用的是压电材料，而非压阻材料。图 8.4-41 显示了一种压电

式加速度传感器的结构。传感器制备工艺包括光刻、刻蚀、薄膜制备，溶胶—凝胶工艺等。

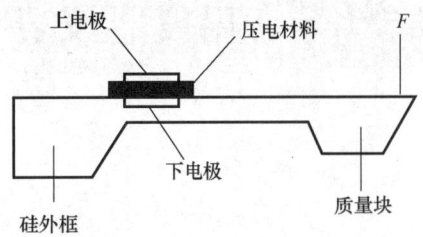

图 8.4-41　MEMS 压电式加速度
传感器结构

（4）MEMS 单轴、三轴加速度传感器　MEMS 单轴加速度传感器只采集一个轴向的加速度信号，而三轴加速度传感器同时测量三个轴向加速度信号，通常为 X、Y、Z 方向。在实际应用中，三轴加速度传感器更为常见。

图 8.4-42 所示为一种 MEMS 三轴梳齿电容式加速度传感器的结构，该结构主要包括敏感质量块、支撑弹簧梁和梳齿差分电容敏感电极对。其中，X、Y 向质量块用于检测 X、Y 轴向加速度，通过四根 L 形支撑梁连接到固定衬底上，中间的 Z 轴向质量块用于检测 Z 轴向加速度，通过一字型支撑梁连接到固定衬底上。

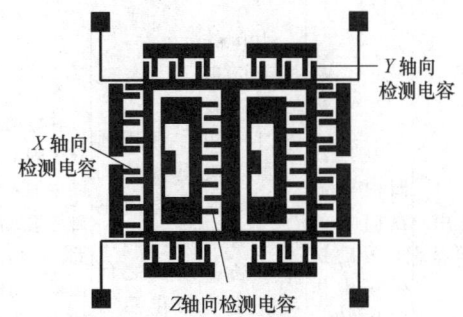

图 8.4-42　MEMS 三轴梳齿电容式
加速度传感器结构示意图

第 5 章 常用仪器仪表

5.1 电压、电流表

76 模拟仪表 模拟仪表（电测量指示仪表）

的特点是将被测电量转换为仪表可动部分的机械偏转角位移，并通过指示器示出被测量的大小。模拟指示仪表分类和应用范围见表 8.5-1。

表 8.5-1 模拟指示仪表分类和应用范围

分类	磁电系	电磁系	电动系	铁磁电动系	静电系	感应系	热电系	整流系	电子系
标志符号									
型号符号	C	T	D	D	Q	G	E	L	Z
作用原理	利用动圈内电流在固定的永久磁铁磁场中作用力动作	利用动铁片与通有电流的固定线圈之间作用力动作（吸引型），或在通电线圈磁场中动铁片与固定铁片相互排斥动作（排斥型）	利用通电流的动圈与通电流的固定线圈之间的作用力动作	在电动系仪表固定线圈中加入铁磁体组成磁路，以增加磁场，动作原理同电动系	利用静电作用力动作	利用固定交变磁场与由该磁场在导电的可动部分中所感应的电流之间作用力动作	利用磁电系测量机构测量由被测电流通过热电偶产生热电动势而工作	利用整流器将被测交流电变为直流电，再用磁电系测量机构测量	利用电子线路配合磁电系等测量机构而工作
制成仪表类型	A、V、Ω、MΩ、检流计、钳形表	A、V、Hz、$\cos\varphi$ 同步表、钳形表	A、V、W、Hz、$\cos\varphi$ 同步表	A、V、W、Hz、$\cos\varphi$	V、象限计	主要用于电能表	A、V、W	A、V、Ω、$\cos\varphi$、Hz 万用表	V、阻抗表

（续）

分类	磁电系	电磁系	电动系	铁磁电动系	静电系	感应系	热电系	整流系	电子系
工作电流	直流	交直流	交直流	交直流	交直流	交流	交（直）流	交流	交直流
测量范围 电流/A	$10^{-11} \sim 10^2$	$10^{-3} \sim 10^2$	$10^{-3} \sim 10^2$	$10^{-7} \sim 10^2$		$10^{-1} \sim 10^2$	$10^{-3} \sim 10$	$10^{-5} \sim 10$	
测量范围 电压/V	$10^{-3} \sim 10^3$	$1 \sim 10^3$	$1 \sim 10^3$	$10^{-1} \sim 10^3$	$10 \sim 5 \times 10^5$	$10 \sim 10^3$	$10 \sim 10^3$	$1 \sim 10^3$	$5 \times (10^{-3} \sim 10^2)$
测量范围 频率/Hz	直流	一般用于工频，可扩频（补偿）到 5k	一般用于工频，有的可达 10k	一般用于工频	达 10^8	用于工频	$< 10^8$	一般用于工频，有的高达 5k	一般为 10^6 均 $< 10^8$
消耗功率	小（<100mW）	较小	较大	较小	几乎不消耗	较小	小	小	较小
最高准确度级	0.05	0.1	0.05	0.2	0.1	0.5	0.2	1.0	$1.0 \sim 5.0$
分度特性	均匀	不均匀	不均匀，W 表均匀	不均匀，W 表均匀	不均匀		不均匀	接近均匀	
过载能力	小	大	小	小	大	大	小	小	

77　数字仪表　能够自动地将被测量的数值直接以数字形式显示出来（也包括记录或控制）的仪表。数字仪表是数字技术、计算技术及半导体制造技术迅猛发展的结果，目前进一步向着提高灵敏度和准确度、多功能、快速性、小型化、高可靠性及低价格等方向发展。数字仪表的主要特点如下：

1）读数清晰直观，数字显示，消除人的读数视差；

2）实现快速测量，可进行人工控制、单次采样和手工操作，为自动化测量提供条件；

3）准确度高，如数字电压表测量直流的准确度可达到满度的 0.000 1% 甚至更高，数字式频率表测量频率的准确度可以达到 1×10^{-9}；

4）输入阻抗高，可达到 10 000MΩ 以上；

5）灵敏度高，积分式数字电压表的分辨率可达 0.01μV；

6）操件简单，测量过程自动化，可以自动地判断极性、切换量程，带有微处理器的数字仪表有自校零、自校准、补偿非线性和提供自动打印及数码输出等功能；

7）可以把测量的结果输出给计算机，以便进一步计算和控制。

78　交、直流电压表　用于测量交流和直流电压量值（或两者之一），并采用模拟电表或数字显示测量结果的测量仪器。其技术条件和测试方法可参阅专业标准 GB/T 12116—2012《电子电压表通用规范》和 GB/T 7676.2—2017《直接作用模拟指示电测量仪表及其附件 第 2 部分：电流表和电压表的特殊要求》。

79　数字电压表　数字电压表（DVM）的基本功能部件是模/数转换器（A/D 转换器）和 数字显示器。通常按 A/D 转换器结构特点进行分类。主要技术指标可参阅专业标准 GB/T 14913—2008《直流数字电压表及直流模数转换器》。典型数字电压表的工作原理及分类见表 8.5-2。

表 8.5-2　典型数字电压表的工作原理及分类

类型	转换方式	工 作 原 理	准确度	分辨力	采样速度	抗干扰能力	线路结构	其他
逐次逼近型	电压→数字量	被测电压在比较器中与来自 D/A 转换器的基准电压（按等比级数从大到小逐次变化）相比较，比较结果 Δ 存入数码寄存器；当 Δ>0 时，寄存器则留；反之 Δ<0，寄存器则去	较高	较高	快	差	线路较复杂	稳定性好，易于实现快速检测
斜坡型	电压→时间→数字量	把斜坡电压与被测电压进行比较，并对斜坡电压由零变到被测电压时所需要的时间编码	较低	不高	不快	差	线路简单	成本低
双斜积分型	电压→时间→数字量	用同一积分器对被测电压做定时积分，再对标准电压做反向积分，并确定积分值返回零所需的时间，对此时间编码	较高	高	慢	强	线路较简单	稳定性好，应用广泛
电压-频率转换型	电压→频率→数字量	对被测电压积分，当积分输出达到一定电平时，标准脉冲发生器发出频率与被测电压成正比的脉冲串，并由数字频率计测量						
脉宽调制型	电压→时间→数字量	被测电压被准确地调制成脉冲宽度，再对正、负脉冲宽度之差进行计数						
余数再循环型	电压→频率→数字量	输入放大器连续放大剩余电压，放大器的输出与一个用二—十进制计数器驱动的阶梯波电压相比较，其差值（余数）又反馈到放大器输入端，如此循环比较，进而得到被测电压读数	高	高	慢	强	线路复杂	成本高，综合电气性能好
二次采样积分反馈型	电压→时间→高位数字量 电压差值→频率→低位数字量	这是一种 U/F 加反馈比较式的模数转换形式，先由 U/F 转换型原理，将被测电压计入计数器高位，再用 D/A 转换器将计入的电压反馈到输入端，用 U/F 转换器将电压的差值计入计数器低位						
三次采样积分反馈型	电压→时间→高位数字量 电压差值→时间→低位数字量零点漂移电压→时间→校零数字量	用双斜积分型原理，将被测电压计入计数器高位，再用 D/A 转换器将计入的电压反馈到积分器输入端，用双斜转换原理将电压的差值计入计数器低位，再用双斜转换原理将零点漂移电压转换成数字量，在计数器结果中减去其影响						
二次采样电感分压型	电压→时间→高位数字量 电压差值→时间→低位数字量	先用感应分压器逐次逼近方式转换被测电压成数字量，计入计数器高位，再用双斜积分原理转换逐次逼近后的剩余电压成数字量，计入计数器低位						

80　交、直流电流表　用于测量交流和直流电流量值（或两者之一），并采用模拟电表或数字显示测量结果的测量仪器。其分类方法和准确度等级可参阅专业标准 GB/T 7676.2—2017《直接作用模拟指示电测量仪表及其附件 第 2 部分：电流表和电压表的特殊要求》。

81　万用表　万用表是一种能测量电阻、直流电流和交、直流电压的可携式仪表。有些万用表还可以测量交流电流、晶体管放大倍数、电感、电容、音频电平和功率等参数。它被用来检查电机及各种电气设备的故障，也是电工电信人员的常备测试工具，准确度等级一般在 1.0 级以下。万用表的型号较多，应根据实际需要合理选用，见表 8.5-3。

表 8.5-3　万用表的选用

用　途	要　求	适 用 型 号
电机、电信工程用	灵敏度高，频率范围广，要有电流电压低量限档，不需要交流电流档	500 型，MF12，MF10，MF20，MF56，MF7，MF368，MF1S4，MF140
电机工程用	要有交流电流量程，要有大电流和高电压量程，对灵敏度要求不高	MF12，MF14，MF7，MF24，MF84，MF63，MF107
实验室用	准确度等级高，稳定性好，可选量限多，对灵敏度要求一般	MF12，MF14，MF18，MF35，MF24
湿热带用	密封性能较好，结构上防湿热、防盐雾、防霉菌	500T，108T，MF6T，MF14，MF18
化工防腐用	在化工厂和有腐蚀气体场合使用的万用表	108F，一般万用表不能长期使用
业余普及用	小型、价格低、使用简单	MF15，MF30，MF40，MF27，MF75，MF66，MF110

5.2　电测仪表附件

82　电量变送器　电量变送器是把被测电量（电流、电压、有功和无功功率、有功和无功电能、频率、相位等）变换为与之成正比的直流电量输出的装置。其直流输出量通常为 0~5V、1~5V 或 0~10mA、4~20mA 的标准信号。电量变送器的种类和原理见表 8.5-4。

表 8.5-4　电量变送器的种类和原理

种类	变　换	原 理 框 图	原理说明	备　注
交流电流、电压变送器	将被测交流电流或交流电压变换为与其呈线性比例的直流电流或直流电压	AC输入 → 补偿电路 → 有源滤波 → 直流放大 → DC输出	被测信号经输出互感器耦合，送入整流滤波电路，转换成单向脉动电流，经有源滤波输出一个非常稳定的直流信号；补偿电路用于补偿小信号时互感器铁心磁化曲线的非线性影响和改善整机温度特性	交流电流、电压变送器，还有有效值变送器，峰值变送器，超低频电流、电压变送器和展开式电压变送器等

（续）

种类	变　换	原理框图	原理说明	备　注
直流电压变送器	将各种幅值的直流电流、电压变换成标准的直流电流或直流电压	 自激振荡调制式放大器	被测直流电压经分压器输入到自激振荡调制式放大器后，得到直流电压或电流输出	
直流电流变送器			被测直流电流通过直流毫伏放大器放大，再输出给直流电压变送器	
频率变送器	将被测信号频率与所选择的中心频率偏差转换成与其呈线性比例的直流输出电流或电压		被测信号经互感器耦合，输入到整形倍频电路变换成矩形波，该信号与由晶体振荡器产生的标准信号一起加到鉴频电路，再经滤波、放大，在输出端得到一个与被测信号频率和所选中心频率偏差呈线性比例的稳定直流电流或电压输出	频率变送器一般有两种输出形式，一种以被测信号频率偏离中心频率的负向额定偏差对应直流输出的零位，正向额定偏差对应直流输出的满度值；另一种以被测信号的中心频率对应于直流输出的零位，以被测信号频率偏离中心频率的正向和负向额定偏差对应于直流输出的正、负该满度值

（续）

种类	变　换	原 理 框 图	原理说明	备　注
相位角变送器	将两个同频率、同类波形信号之间的相位角转换成与其呈线性比例的直流输出电流或电压	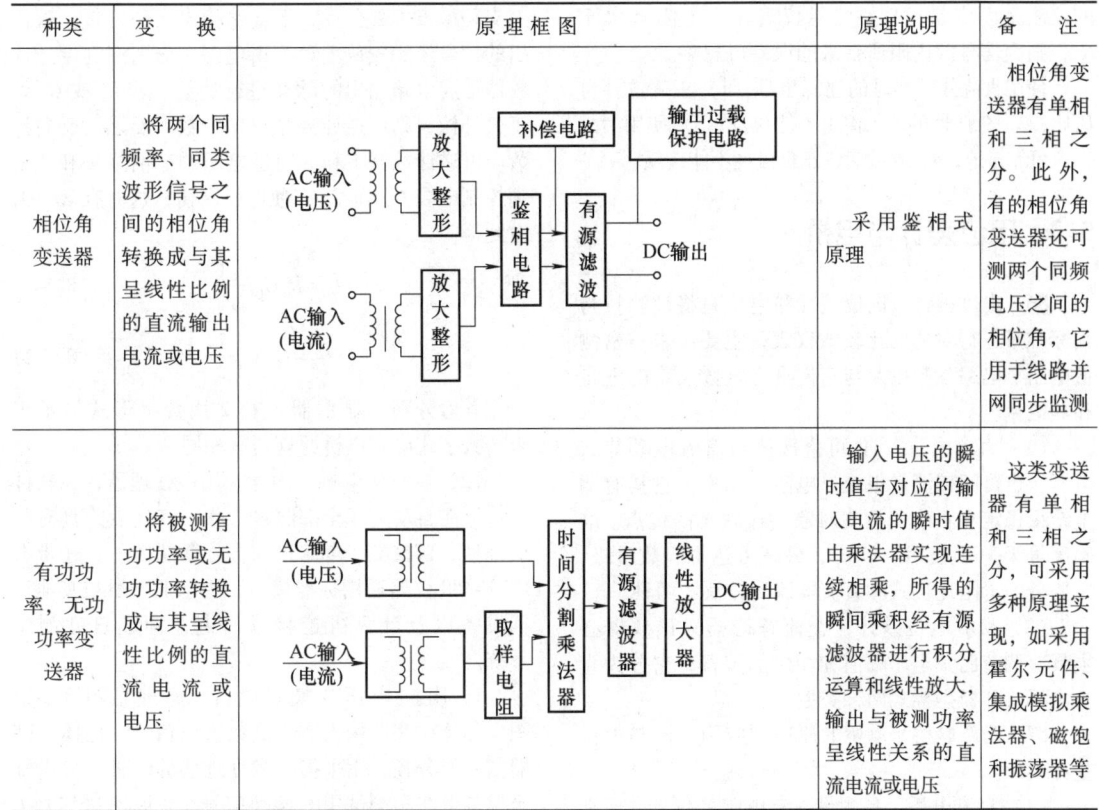	采用鉴相式原理	相位角变送器有单相和三相之分。此外，有的相位角变送器还可测两个同频电压之间的相位角，它用于线路并网同步监测
有功功率，无功功率变送器	将被测有功功率或无功功率转换成与其呈线性比例的直流电流或电压		输入电压的瞬时值与对应的输入电流的瞬时值由乘法器实现连续相乘，所得的瞬间乘积经有源滤波器进行积分运算和线性放大，输出与被测功率呈线性关系的直流电流或电压	这类变送器有单相和三相之分，可采用多种原理实现，如采用霍尔元件、集成模拟乘法器、磁饱和振荡器等

83　互感器　常用工频仪用互感器，包括电压互感器和电流互感器。电压互感器常用来扩大电压表等测量仪器的量限，电流互感器常用来扩大电流表等测量仪器的量限。准确度一般在 0.2 级以上。

（1）电压互感器　常选用双级电压互感器和有源电子补偿电压互感器。其特点见表 8.5-5。

（2）电流互感器　为了提高准确度，需要进行补偿。常用自动补偿式电流互感器。该补偿法特别适用于二次电流小的互感器，且性能稳定，线性度好。

表 8.5-5　双级电压互感器和有源电子补偿电压互感器特点

	双级电压互感器	有源电子补偿电压互感器
特点	在较低电压等级时，通常采用双铁心不分绕制的紧凑结构；在较高电压等级时，双级电压互感器常采用双铁心分开绕制的紧凑结构	由铁心线圈和电子补偿两个基本部分组成，补偿后互感器的误差由两个部分组成：1）辅助互感器 T_f 本身的误差 f 和 δ；2）标准参考互感器 T_0 自身的误差 f_0 和 δ_0，只要设计合理，这两个量均可很小
	电压比、准确度等级高，空载误差得到补偿	电压比、准确度等级高，允许负载变化范围较大

84　分流器　直流电阻式分流器主要用于扩大电流表的量限，扩大范围为几十到几千安。较小的分流器可以放在仪表外壳之内，而较大的分流器，一般都安装在仪表外壳之外（称为外附分流器）。分流器一般标明"额定电流"和"额定电压"值，当测量仪器的电压量限等于分流器的"额定电压"值时，接上分流器，则它的电流量限就等于分流器的额定电流值。

85　分压器　主要用来扩大电压表的量限，扩大范围为几十到几千伏。

分压器的结构：1）定阻输入式分压器。对被测电压 E_x 为固定负载，E_x 的内阻带来的输出电压变化不受影响；2）定阻输出式分压器。对测量 E'_x 的仪表是固定量，只要测量仪表输入电阻远大于 R_o，则因信号源内阻所带来的误差可忽略。

使用直流分压器时的注意事项：1）正确选择分压比；2）分压器的输入输出不能接反；3）使用时外壳应可靠接地；4）接线时，正负极性不能接反。

5.3　电位差计与电桥

86　电位差计　电位差计和电桥是将被测量与其标准量进行对比的比较式仪表，主要用来精密测量电压、电路参数以及与它们具有函数关系的电量和非电量。

（1）直流电位差计　可直接测量直流电动势或电压，也可间接测量电流、电阻、功率。它具有测量结果稳定和不改变被测对象工作状态的优点。准确度等级一般为 $10^{-5} \sim 10^{-4}$，最高可达 10^{-7} 数量级，主要分为电阻比例式和直流电流比较仪式两种。

（2）交流电位差计（交流补偿器）　该仪器必须具有调节已知电压幅值和相位的装置，它分为直角坐标式和极坐标式两种类型。

87　无源电桥　电桥的原理和应用范围与电位差计类似。

（1）直流电桥　是测量直流电阻的仪器。通常分为电阻比例臂电桥（包括单电桥和双电桥）和直流电流比较仪式电桥。直流单电桥特点：线路简单，适宜测量 $10 \sim 10^6 \Omega$ 的电阻；直流双电桥特点：引线电阻和接线电阻对其测量影响小，适宜测量 $10^{-6} \sim 10^4 \Omega$ 的电阻；直流电流比较仪式电桥特点：分辨力、线性度和准确度可达 10^{-7} 数量级，用于量子霍尔电阻和直流精密的电测量。

（2）交流电桥　交流电桥通常分为阻抗比例臂电桥和变压器比例臂电桥两大类。多用于精密测量交流电阻、时间常数、电容、损耗因数、自感、互感、品质因数等参数。

88　有源电桥　是一种新型电桥，其桥臂包含有源元件和无源元件，它改善了电桥的性能，降低了对屏蔽和防护的要求。该电桥多制成自动数字电桥和微型计算机化电桥。

（1）数字式电桥　数字式电感电桥原理见图 8.5-1，点画框中为桥路部分，中间支路为被测电感 L_x 和电导 G_x，上面支路为反相运算放大器 A_1、反相器 A_3 和标准电容 C_n，下面支路为反相运算放大器 A_2 与标准电阻 R_n。当电桥尚未达到平衡时，失衡信号的实部分量和虚部分量被同时送至鉴

相器 1 和 2。由于鉴相参考信号相位差 90°，使得上支路检出虚部分量，下支路检出实部分量。被检出的信号经比较放大和逻辑电路，分别控制可逆计数器形成电路输出的脉冲进行计数。若 L_x 或 G_x 处于欠补偿，则可逆计数器正向计数。反之，反向计数。可逆计数器 1 和 2 通过电压调节网络 1 和 2 分别控制电导 $G_{\beta1}$ 和 $G_{\beta2}$，使电桥平衡，这时有 $\Sigma I = 0$，由此得

$$L_x = R_1 G_{\beta1} \frac{1}{\omega^2 C_n} \tag{8.5-1}$$

$$G_x = G_2 R_{\beta2} \frac{1}{R_n} \tag{8.5-2}$$

其值分别由显示器 1 和 2 用数字形式显示出来。数字式电容电桥原理与其相同。

（2）微机化电桥　内含专用微处理器，在软件支持下能自动完成全部测量工作。其优点除具有数据处理、自校准、自修正和自诊断功能外，还带有 IEEE-488 仪器通用标准接口，用于把电桥与其他仪器设备以及计算机连接在一起，构成自动测试系统。

1）阻抗-电压变换式电桥。原理见图 8.5-2，图中晶体振荡器用来产生高频方波信号。晶体振荡器信号经分频，用来提供微处理器的时钟、自由轴坐标参考线和测试用的各种信号。正弦测试信号 $\dot{U}$ 经限流电阻 R_0 加到被测阻抗 Z_x 上。点画线框中是一个简化的有源半桥，它输出相量电压 $\dot{U}_1 = c + \mathrm{j}d$ 和 $\dot{U}_2 = a + \mathrm{j}b$，它们经选择开关 S 输入到相敏检波器。相敏检波器的参考信号来自自由轴坐标发生器，后者在微处理器控制下产生任意方向的、准确正交的直角坐标系。S 先后接通 $\dot{U}_1$ 和 $\dot{U}_2$，从而得到两者在坐标轴上的四个投影值 a、b、c 和 d，再由双斜 A/D 转换器转换成相应的数字量送到 RAM 中暂存。最后，微处理器根据由键盘键入的信息，按下式求得被测阻抗，即

$$Z_x = -R_n \frac{\dot{U}_1}{\dot{U}} = -R_n \left(\frac{ac + bd}{a^2 + b^2} + \mathrm{j} \frac{ad - bc}{a^2 + b^2} \right) \tag{8.5-3}$$

如被测电感线圈的阻抗为 $Z_x = R_x + \mathrm{j}\omega L_x$，则有

$$R_x = -R_n \frac{ac + bd}{a^2 + b^2} \tag{8.5-4}$$

$$L_x = -\frac{R_n}{\omega} \frac{ad - bc}{a^2 + b^2} \tag{8.5-5}$$

$$Q_x = -\frac{ad - bc}{ac + bd} \tag{8.5-6}$$

被测参数由显示器给出。

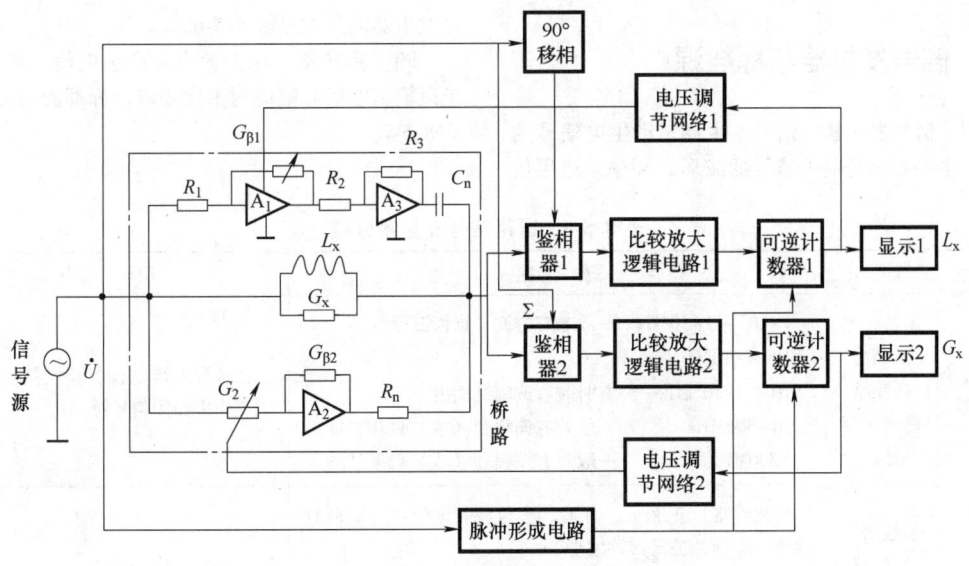

图 8.5-1 数字式电感电桥原理

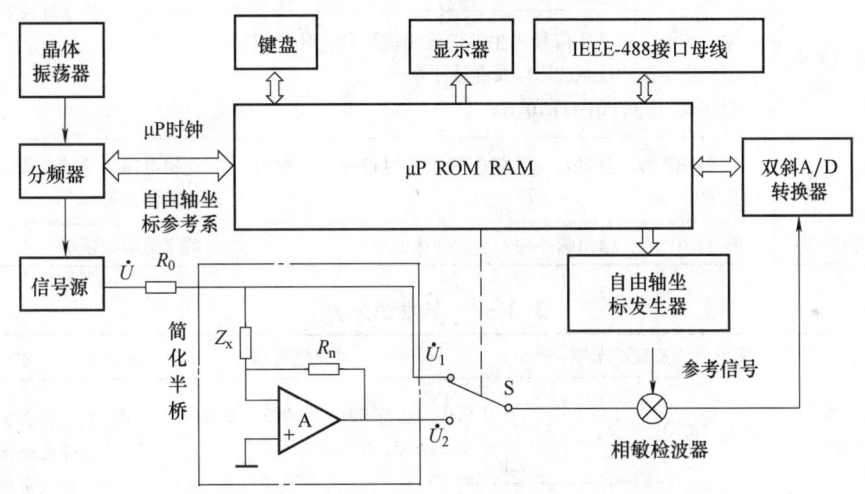

图 8.5-2 阻抗-电压变换式电桥原理框图

2) 双数字交流电源平衡式电桥。前述阻抗-电压变换式电桥目前最高准确度仅为 0.02%，而双数字交流电源平衡式电桥，其准确度可达到 1.1×10^{-6}。其原理见图 8.5-3。它与普通阻抗电桥不同之处，在于它的比例臂是由两个数字合成正弦电压发生器 Ⅰ 和 Ⅱ 构成。电桥的平衡检测器包括相敏检波器和 A/D 转换器两部分。

当电桥尚未平衡时，平衡检测器检测出失衡电压的实部与虚部并送至微处理器，再由微处理器计算出实现平衡时所需的相量电压 $\dot{U}_2$，然后通过调节正弦电压发生器 Ⅱ 使电桥达到平衡：

$$Z_x = \frac{U_1}{U_2} Z_n$$

Z_x 的虚部与实部分量由微处理器计算得到。

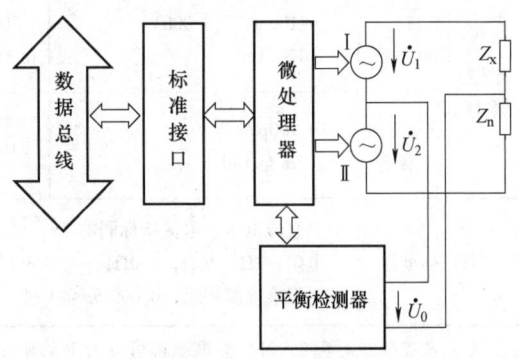

图 8.5-3 双数字交流电源平衡式电桥原理图

5.4　信号发生器与标准源

89　信号发生器　信号发生器是产生电信号的仪器，主要要求是输出信号的波形和频率。通用信号发生器的分类见表8.5-6。

90　标准源　标准源也是产生电信号的仪器，但以输出电信号幅值为主要要求。标准源的分类见表8.5-7。

表 8.5-6　通用信号发生器分类

分　类		范　围	用　途
正弦信号发生器	超低频型 低频型 高频型 超高频型 微波型	$1×10^{-3}~1×10^4$ Hz　一般兼有方波、锯齿波等波形 $10~1×10^6$ Hz $10^3~3×10^4$ kHz　有时兼有调幅波输出 $30~300$ MHz　一般兼有调幅和（或）调频功能 >300MHz　一般兼有调幅和（或）调频功能	在各种无线电设备和仪器仪表测试工作中作为信号源
函数信号发生器	函数信号发生器	输出波形：正弦波、方波、三角波、锯齿波、矩形脉冲波、尖脉冲波等多种波形 频率范围：$1~1×10^8$ Hz	各种无线电设备和仪器仪表测试
	任意波形发生器	输出波形：除函数信号发生器的输出波形外，还可以输出用户定义的任意波形以及群脉冲等 频率范围：$0.001~1×10^5$ Hz	
脉冲信号发生器	通用型	$1~1×10^8$ Hz，脉冲前、后沿、脉宽延时可变，一般可输出双脉冲	逻辑电路、换流器调试、大功率晶体管测试等
	编码型	$1~1×10^8$ Hz，输出脉冲按一定的规律编码	数字通信等领域

表 8.5-7　标准源分类

分　类		输出分段及频率范围	准确度等级	用　途
直流标准源	直流标准电压源	0~0.1~1 000V	0.000 5，0.001，0.002，0.005，0.01，0.02，0.05，0.1 级	作为标准仪器校准直流指针式电表和数字电表，在自动测试系统中作为标准信号源
	直流标准电流源	$0~1×10^{-4}~10$A	0.01，0.02，0.05，0.1，0.2 级	
交流标准源	交流标准电压源	0~100mV 至 1 000V 20Hz~1MHz	0.005，0.01，0.02，0.05，0.1，0.2，0.5 级	作为标准仪器，校准交流指针式电表和数字电表，在自动测试系统中作为正弦波交流标准信号源
	交流标准电流源	0~100μA 至 10A 20Hz 至 1MHz	0.02，0.05，0.1，0.2，0.5 级	
交直流标准源		交直流电压、电流指标同前 电阻：1Ω，10Ω，100Ω，…，1MΩ 电阻准确度等级：0.000 5~0.1级		主要用于校准指针式和数字式万用表

注：按控制方式不同，每种标准源都可分为手动和程控两种，程控方式一般有自校准、输出量扫掠功能，并带有GP-IB接口。标准电流源在1A及以上量程往往需配用跨导放大器。

5.5　计数器与示波器

91　电子计数器　由计数电路组成，用于脉冲计数。通过被测信号频率或周期与已知标准频率（如晶体振荡器）相比较的方法，可用于测频、测周期、测时间间隔等，具有准确度高、速度快、自动化程度高、显示直观、操作方便等特点。

电子计数器按用途分有：1）测量用计数器，包括通用计数器、频率计数器、时间计数器等；2）控制用计数器，主要是具有特种功能的特种计数器，包括可逆计数器、预置计数器、序列计数器、差值计数器等。

（1）通用计数器　许多产品带 GP-IB 接口，有数据压缩、自动触发功能。主要性能如下：频率测量范围一般为 DC～500MHz，扩展后可达 20GHz；

频率分辨力：每秒闸门 1Hz；

灵敏度：10～20mV；

单次时间间隔分辨力：1ns；

平均时间间隔分辨力：10ps。

（2）高速计数器　可高速测量，便于直读测量结果。目前最高计数频率可达 20GHz。

（3）倒数计数器　也可高速测量，其特点是先测周期，然后自动计算并显示被测频率。

（4）集成化电子计数器　采用大规模集成电路，实现电子计数器小型化、低成本。

92　电子示波器　是综合性电信号特性测试仪，可测信号的幅度、频率、周期和相位，还可测信号的参数，估计信号的非线性失真，对电信号进行时域分析等。特别是可用于测试脉冲信号。配合各种传感器，它可广泛用于测量各种非电量。

示波器还是一种良好的信号比较仪，能够显示任意两个互相关联的电量关系，可用作直角坐标或极坐标显示器，可用它组成自动或半自动测试仪器或测试系统，例如晶体管特性图示仪、阻抗图示仪、频谱分析仪、自动网络分析仪、逻辑分析仪等。

电子示波器的品种及其特点和应用见表 8.5-8。

表 8.5-8　常用电子示波器的原理特点及框图

分类	特　　点	应　　用
通用示波器	采用单束示波管，电子射线的垂直偏转距离正比于信号瞬时值，水平偏转距离正比于时间	用于定性和定量观测一般时域信号的波形
双踪示波器	有两个垂直通道，由电子开关控制，轮流接通 A 门和 B 门在荧光屏上显示两路波形	用来比较被测系统的输出和输入信号，研究波形变换的各级信号，观察脉冲电路各点波形、信号通过网络时的波形畸变，测量相移等
双扫描示波器	有两个独立的触发电路和扫描电路，两路扫描速度可以相差很多倍	特别适用于在观测脉冲序列的同时，仔细观察其中一个或部分脉冲的细节
数字存储示波器	由控制、取样存储和读出显示三部分组成，具有进行数据处理、存储波形、捕捉和显示瞬态单次信号的功能；在观察触发点之前的信号，具有模拟示波器无法比拟的重复性和准确度，并具有计算机 I/O 口和硬拷贝功能	长期存储波形，进行负延迟，观测单次过程和缓慢变化的信号，多种显示方式，数据处理及进行功能扩展等
取样示波器	增设了取样电路，利用非实时取样技术将高频、快速的重复信号变换为低频、慢速的信号，用通用示波器显示方法将取样变换后的信号显示出来，解决了通用示波器的频带受限问题，频带可达 50GHz	用于高频重复信号的采样

93　频谱分析仪　用于分析电信号的频率分量（频率分布），即频域分析。频谱分析仪是频域分析不可缺少的仪器。

（1）模拟式频谱仪　以模拟滤波器为基础，经过放大的信号被中心频率不同的大量窄带选频滤波器所分离，从而得出频谱图。由于只用了一个检波器，因此是非实时分析。

外差式频谱仪中频固定，采用外差方法选择所需频率分量，通过扫频振荡器达到选频目的。因此可省去大量选频滤波器。该频谱仪也是非实时分析的。

（2）数字式频谱仪

1）数字滤波法。以数字滤波器为基础，中心频率由控制器与时基电路使之顺序改变。

2）傅里叶分析法。以快速傅里叶变换（FFT）为基础，用电子计算机按快速傅里叶变换计算方法求出 $u(t)$ 的频谱，该频谱仪可得到被测信号的幅度和相位信息，且通常做成多通道形式，这样不但可以同时分析多个信号的频谱，而且可测得各信号间的关系，例如相关函数、交叉频谱等。图 8.5-4 为快速傅里叶分析仪框图，图中点画线框内各单元的功能可用计算机和相应软件来实现，即构成了虚拟频谱分析仪。

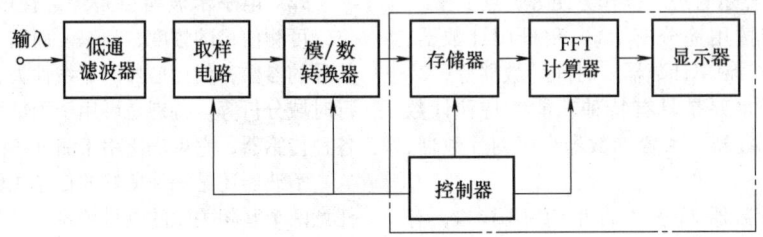

图 8.5-4　快速傅里叶分析仪框图

5.6　常用功率表与电能表

94　功率表　用于测量功率的仪表。测量无功功率的仪表称为无功功率表，测量有功功率的仪表，称为有功功率表。常用电动式或铁磁电动式功率表测量有功功率，频率较高时可用热电式和电子式功率表。功率、电能测量仪器仪表的测量范围及误差见表 8.5-9。

表 8.5-9　功率、电能测量仪器仪表的测量范围及误差

被 测 量	仪器仪表	测 量 范 围	误差（%）
直流功率	电流表、电压表	0.1mA~50A，1~600V	2.5~0.1
	功率表	1~1 000V，0.025~10A	2.5~0.1
	电位差计	由分压器、分流器测量范围而定	0.1~0.005
	数字功率表	1~600V，0.1~10A	0.1~0.01
直流电能	直流电能表		2~1
单相交流功率	功率表	1~1 000V，0.025~10A	2.5~0.1
	交流电位差计	小功率	0.5~0.1
	交直流比较仪	10~600V，0.01~10A	0.1~0.01
	数字标准功率电能表	1~600V，0.1~10A	0.1~0.01
单相交流电能	交流电能表	110~220V，1~50A	2
	数字标准功率电能表	50~400V，0.1~10A	0.2~0.02
三相交流功率和电能	三相功率表	直接接通 1~1 000V　0.025~10A	2.5~0.1
	三相电能表	由电压互感器、电流互感器测量范围而定	2~0.5
	三相标准功率电能表	50~400V，0.1~5A	0.2~0.02

95　电能表　电能表是对交、直流电能量累积计量及对电能进行管理的仪表。

目前感应式原理的电能表在安装式电能表中占主导地位。电子电能表具有低功耗、高准确度、节约金属材料、防窃电、寿命较长等优点，还可集多费率、预付费、最大需量、电力定量等多种功能于一体。与微处理器结合还能实现电能计量的智能化与联网管理，因此目前正逐步取代感应式电能表。电能表可以按表 8.5-10 进行分类。

表 8.5-10　电能表的分类

分类方式	电能仪表的种类
按测量对象	直流电能表、交流电能表
按工作原理	感应式、电动式、热电式、电子式、霍尔效应式等
按发展过程	感应式（机械式）、脉冲式（机电式）、电子式（多功能）、智能式
按用途	安装式、标准式、特殊用途仪表、电能管理仪表及系统等

（1）直流电能表　是计量任一时间内直流电能值的仪表。目前常用的有电动式和电子式直流电能表，主要用于金属冶炼、电力拖动中的直流电能的计量。

1）电动式直流电能表。一般这种原理的直流电能表准确度不高。

2）电子式直流电能表。为了改善直流电能表的准确度、温度特性、抗干扰能力，通常使用电子式直流电能表。其功率转换部分采用霍尔元件乘法器和时分割乘法器。

（2）感应式电能表　感应式电能表是应用最早、最广泛的一种交流电能计量仪表，具有价格低、可靠性高、寿命长等优点，在交流电能表领域占据极其重要的地位。

分类与应用：1）单相电能表有①单向有功电能表（用于计量单向有功电能），②单向无功电能表（用于计量单向无功电能）；2）三相电能表有①三相有功电能表，又有三相四线有功电能表（三元件）和三相三线有功电能表（二元件）两类（用于计量三相有功电能），②三相无功电能表（用于计量三相无功电能）。

当负载电流很大时，感应式电能表需与互感器配合使用。

（3）电子式电能表　核心部分是乘法器（功率转换），目前应用较多的有变跨导乘法器、时分割乘法器、霍尔效应乘法器、数字乘法器和模拟数字混合乘法器。

电子式电能表原理框图见 8.5-5。电压输入级采用电阻分压器或电压互感器；电流输入级采用分流器或电流互感器；功率转换主要是实现电压电流相乘得出与被测功率成正比的模拟量；频率转换主要是采用 $U\text{-}f$ 转换器或 $I\text{-}f$ 转换器，把模拟量转换成与功率呈正比的脉冲量；计数部分利用机械计数器或电子计数器，完成功率对时间的积分并显示。

96　用热电比较仪测量交流有功功率　热电比较仪原理见图 8.5-6。图中桥式线路的上桥臂由两个电阻 R 组成，下桥臂由两个热电偶加热丝 r_1、r_2

组成。热电偶的热电动势与加热电流的二次方呈正比，并且特性完全一致。两热电偶对接时，热电动势差值正比于功率，用记忆电位差计记忆两热电动势的差值。以直流量代替交流量接入比较仪，调整直流量，使热电动势差值与接入交流量时相等，用电位差计测此直流功率即得交流功率值。

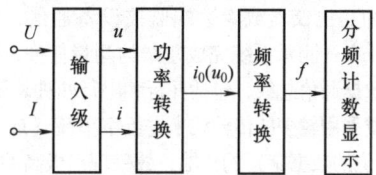

图 8.5-5　电子式电能表原理框图

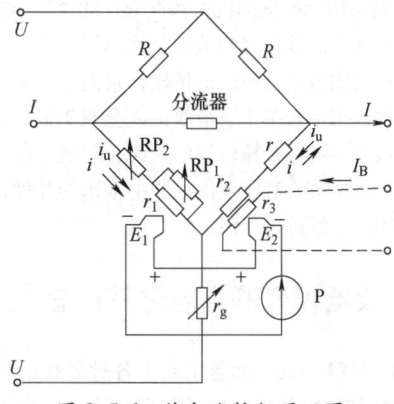

图 8.5-6　热电比较仪原理图

U—电压端钮　I—电流端钮　R—分路电阻

i_u—电压分路电流　i—电流分路电流

E_1、E_2—热电偶输出电动势

r_1、r_2—串于桥臂的热电偶加热丝电阻

r_3—补差加热电丝　I_B—补差电流

r—桥臂附加电阻　r_g—电压线路附加电阻

P—检流计

97　电能测量仪表校验装置　电能测量仪表校验装置是用来校验电测仪表误差的装置，它能向被校仪表提供电信号，并能准确地测量该信号的所有设备的组合，它也可能是一台单独的仪表。

第 6 章 仪器仪表总线

6.1 仪器仪表总线概述

仪器仪表总线用于仪器内部不同部件之间的数据交换，或者测量仪器与其他仪器以及远端监控设备之间的通信。现代以计算机为核心的智能仪器往往需要和其他仪器或者远端监控设备通信，从而组成一个分布式测量系统完成复杂的测量任务，这就需要建立数据通信总线，包括并行和串行两种总线形式。并行总线采用较多的传输线来进行字节流（或者是 16 位或 32 位的数据字）的传输，故呈现出极高的数据吞吐能力，但是往往不能传输较远的距离，其发展的主要形式是采用标准化的机箱和板卡式的仪器结构以及采用标准化的总线信号规范。与此不同，串行总线采用少量的传输线进行位流的传输，它们采用某种分层的通信协议来进行单工、半双工或全双工通信。串行通信总线往往可以传输较远的距离，有些可以组成计算机网络。本节将对在现代仪器中常用的几种标准化并行和串行总线进行介绍。

6.2 仪器仪表的标准化并行总线

98 VXI 总线 随着工业上各种各样的板卡式测试设备和测量仪器的广泛应用，这些来自不同制造商的功能各异且性能不同的设备和仪器往往需要协同工作来完成工业测量任务，因此需要一个开放的和标准化的硬软件平台来把它们进行集成，从而构成一个测试系统。另外，为了测试的需要，要求这些设备和仪器之间要能够实现互通性、同步性和严格的时序配合，并且具有足够高的数据吞吐速度。利用这个平台，新仪器和旧仪器之间以及不同制造商生产的仪器之间通过一种机架式的安装方式可以实现模块化组装，且通过标准化的硬件和软件设计可以快速组成一个系统，从而实现最大的灵活性，减少投资损失。VXI 总线标准就是基于这个应用背景而被制定出来的，它由国际上著名的几家仪器公司共同制定，并在 1992 年 9 月 17 日被 IEEE 标准局批准为 IEEE-1155-1992 标准。表 8.6-1 为 VXI 总线的结构。

表 8.6-1　VXI 总线的结构

物理上	一个 VXI 总线系统由一个主机箱构成，机箱内有一个用于安装模块化板卡的连接背板，VXI 机箱和总线提供了一个标准化的机械和电气结构，使不同功能的板卡能够被集成在一起构成仪器系统
结构上	VXI 机箱内的背板上可以安装四种尺寸的板卡：A 型（3.9in×6.3in）；B 型（9.2in×6.3in）；C 型（9.2in×13.4in）和 D 型（14.4in×13.4in）。
	VXI 定义了三个 96 针的插接式连接器 P1、P2 和 P3。A 型板卡上只有一个 P1 接口，B 型和 C 型上有 P1 和 P2 两个接口，D 型上则有 P1、P2 和 P3 三个接口，这些板卡将通过 P1、P2 和 P3 接口与 VXI 机箱内的背板插槽相连接

图 8.6-1a 和 b 给出了 VXI 机箱的结构示意图和四种板卡及其所包含的主要信号类型。

P1、P2 和 P3 接口上的信号按照功能可分为八大总线：VME 总线、时钟与同步总线、模块识别总线、触发总线、模拟加法总线、局部总线、星形总线和电源总线，其电气连接关系示意图见图 8.6-1c。局部总线是一种菊花链结构的总线，它为 50Ω 的传输线，把相邻的槽与槽连接起来，因此允许相邻的板卡之间进行直接通信。

VXI 机箱最左边的插槽通常称为"0 槽"，其中插入的板卡称为"0 槽"模块，它将发出背板时钟（例如 P1 接口上的 10MHz 时钟信号）和模块识别信号，同时它还是星形总线的中心。所谓星形总线主要用于实现任意两个板卡之间的通信，其原理是星形总线把各板卡插槽与"0 槽"进行了连接，在"0 槽"中有一个交叉矩阵开关（类似于通信上的交换机），通过对该开关进行编程可以把任意两条星形总线进行连接形成一个信号路径，从而可以建立不同槽之间的通信路径。"0 槽"模块上运行

VXI 的资源管理器软件（也可以运行于外部计算机上）。该软件将利用"0 槽"模块的功能进行系统中每个板卡的识别、逻辑地址的分配、内存配置，并用字符串通信协议建立一个层次化的逻辑主/从式控制体系和结构。

VXI 标准除电气与机械标准外，还规定了电磁兼容性（EMC）要求。除此以外，VXI 标准还对机箱供电和冷却能力提出了指标要求，并且也对板卡的电源需求和发热指标进行了规定。通信是 VXI 总线标准的另外一个重要组成部分。VXI 总线标准定

义了几种器件类型和相关的通信握手协议。为了保证开放性，VXI 标准并没有对计算机与 VXI 器件之间的通信方式进行规定。不过一般来说有三种主流方式：（1）嵌入式计算机方案。在这种方案中，计算机被制作成满足 VXI 接口标准的嵌入式板卡，然后插入 VXI 主机的"0 槽"。（2）使用外部计算机，通过 GPIB 总线与 VXI 主机相连。（3）使用高速的 MXIbus 连接器将外部计算机直接连接到 VXI 背板总线上，使外部的计算机可以像嵌入式计算机一样直接控制 VXI 背板总线上的仪器模块。

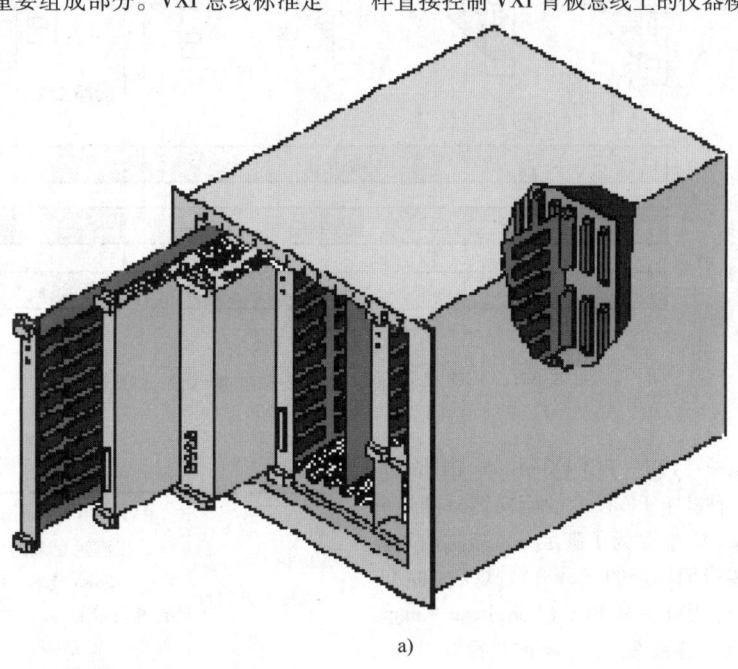

a)

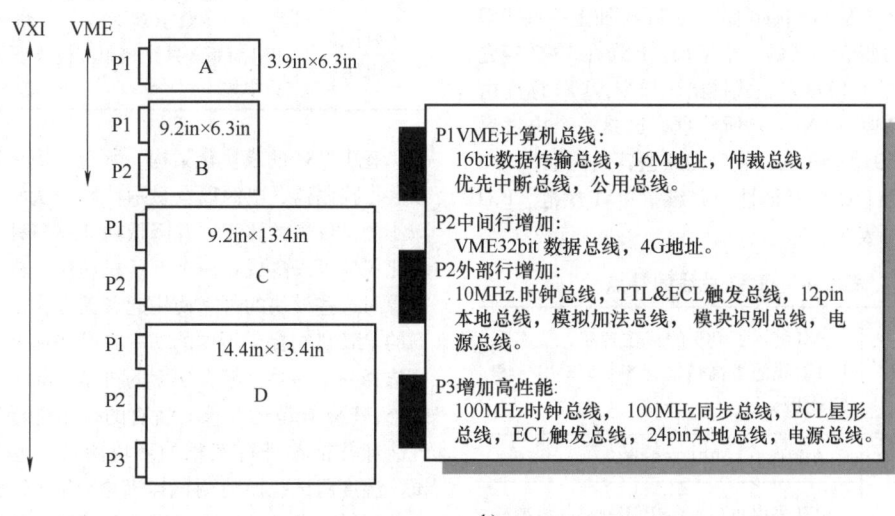

b)

图 8.6-1　VXI 机箱示意图及总线连接关系
a) VXI 机箱结构示意图　b) 四种板卡及其包含的主要信号类型

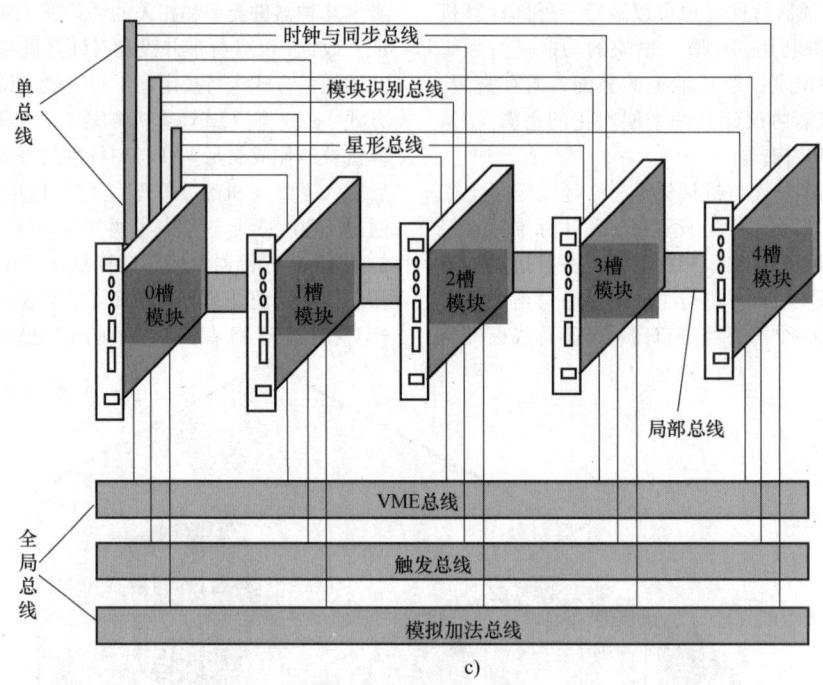

图 8.6-1　VXI 机箱示意图及总线连接关系（续）

c）板卡间的总线连接

99　PXI 总线　PXI（PCI eXtensions for Instrumentation）是一种基于 PC 技术的面向测试测量和自动化应用的平台，它是为了满足日益增加的对复杂仪器系统的需求而推出的一种开放式工业标准。从名称可以看出，PXI 是从 PCI（Peripheral Component Interconnect）总线发展过来的。简单来说，PXI 是以 PCI 及 CompactPCI 为基础再加上一些 PXI 特有的信号组合而成的一个架构。PXI 在 1997 年完成开发，并在 1998 年正式推出。如今，PXI 标准由 PXI 系统联盟（PXISA）所管理，这是一个由世界各地超过 50 家公司共同签约的联盟，共同推广 PXI 标准，确保 PXI 的互换性，并维护 PXI 规范。PXI 总线特点见表 8.6-2。

表 8.6-2　PXI 总线的特点

总线速度	PXI 继承了 PCI 的传输速率，能实现 PCI 总线的极高传输速率：132MB/s 和 528MB/s
软件兼容性	在软件上与 PCI 完全兼容
机械结构	PXI 采用和 CompactPCI 一样的机械外形结构，拥有高密度、坚固的外壳及高性能的连接器

（续）

与 PCI Express 总线的兼容性	PXI 也将 PCI Express 集成到 PXI 标准中，以满足更多的应用需求。通过利用 PCI Express 技术，PXI Express 将 PXI 中的可用带宽从 132MB/s 提高到 6GB/s，提高了 45 倍多
主要构成组件	一个 PXI 系统包含一个机箱、一个 PXI 背板、系统控制器模块以及数个外设模块

基于 PXI 的模块化架构，所有模块化仪器都可以共享控制器、电源以及显示单元，从而可以显著减小测试仪器的体积，并降低功耗。多种 I/O 和模块化仪器可以集成在一个 PXI 机箱中。模块的供电电源对这些模块的可靠使用起着关键作用，不同厂商的 PXI 机箱提供不同的功率，在选择 PXI 系统时应选择一个提供足够大功率的机箱。除了提供电源之外，PXI 规范还要求对所有的机箱进行强制的空气冷却并推荐进行完整的环境测试，包括温度测试、湿度测试、振动测试以及电流冲击测试。PXI 规范同样要求进行电磁兼容性测试以保证可以符合相关国际标准的要求。另外，基于 PXI 的这种模块化架构，也可以实现部分组件的单独升级，并且可

以使测试系统能快速利用这些升级的组件所带来的新技术。

PXI 硬件规范定义，所有的 PXI 机箱都包含一个位于机箱最左边的系统控制器插槽（槽 1），可以作为系统控制器模块的是能够运行 Windows 操作系统的嵌入式工业控制计算机，或者是运行其他实时操作系统的嵌入式控制器，也可以是来自台式机、工作站、服务器或者便携式计算机的远程控制器。

图 8.6-2 给出了 NI 公司的 NI-PXIe-1062Q 系统。这是一个高度为 3U（3×4.445cm）的八槽 PXI 系统。系统控制器模块，也就是 CPU 模块，位于机箱的左边第 1 槽，在其左方还预留了三个扩充槽位给系统控制器使用，以便插入因功能复杂而体积较大的系统控制板卡。由第 2 槽开始至第 8 槽称为外设槽，可以让用户依照本身的需求插上不同的仪器模块，其中第 2 槽又被称为星形触发控制器槽，它拥有一些特殊的功能。

PXI 系统的一个关键优势在于定时和同步特性，这可以减少不同仪器之间实现触发和同步功能

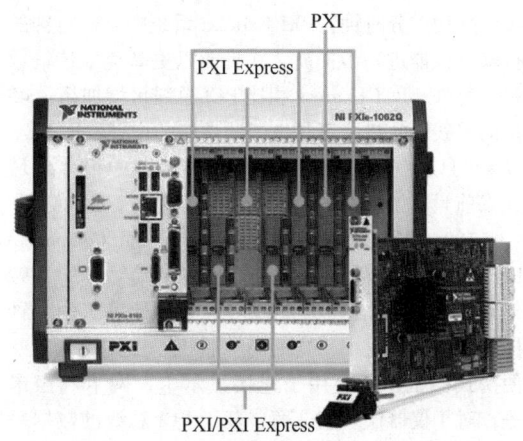

图 8.6-2　PXI 系统的内部总线实物图

的复杂性。在 PXI 机箱背板上有一个 10MHz 的参考时钟并分布到每个外设插槽，由于从时钟源到每个槽的布线都是等长的，因此每个槽上获得的时钟信号基本上是同相位的，各插槽之间的时钟偏差小于 1ns。

图 8.6-3 给出了 PXI Express 总线原理。

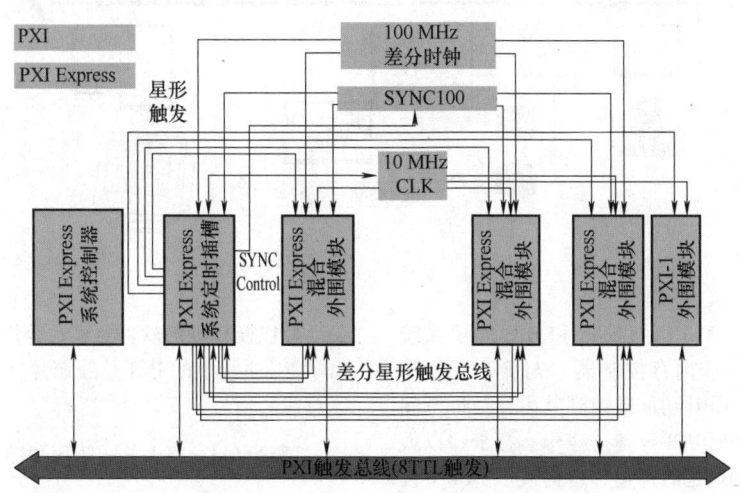

图 8.6-3　PXI Express 总线原理图

在每一个外设槽上，PXI 定义了局部总线用于连接其相邻的左边及右边的外设槽，局部总线除了可以传送数字信号外，也允许传送模拟信号。其中在 2 号槽上连接的局部总线在 PXI 的定义下，被作为另一种特殊的总线，叫作星形触发总线。这些星形触发总线被依序分别连接到其他外设槽，且彼此的走线长度都是等长的。也就是说，若在 2 号槽上同一时间通过这些星形触发总线送出触发信号，那么其他仪器模块都会在同一时间收到触发信号（因

为每个触发信号的延迟时间都相同）。因为这个原因，2 号槽也叫作星形触发控制器槽。除了参考时钟，PXI 背板上也提供由 8 条 TTL 传输线组成的触发总线，从槽 1 连接到其他外设槽，这个 8 位宽度的总线可以让多个仪器模块之间传送时钟信号、触发信号以及特定的传送协议。

以 PXI 为基础，采用了升级版 PCI Express 总线的 PXI Express 提供了更多的定时和同步功能——100MHz 的差分时钟、差分信号传输以及差分星形触发总

线。采用差分时钟，PXI Express 系统中仪器时钟的抗噪声性能进一步提高，并且能以更高速率传输数据。另外，PCI Express 相比 PCI 总线可增加超过 45 倍的总线吞吐量，正是由于此性能的增强，PXI Express 可以用于很多新型应用领域，其中很多领域在以前只能由昂贵的专用硬件来实现。

100　PCI 总线　PCI 是 Peripheral Component Interconnect（外设部件互连标准）的缩写，从 1992 年创立规范至今，PCI 总线已成为了计算机的一种标准总线，广泛用于当前高档微机、工作站，以及便携式微机，主要用于连接显示卡、网卡和声卡等。对于仪器仪表制造商，基于 PCI 总线的数据采集卡或其他模拟或数字 I/O 卡是构成以 PC 为核心的虚拟仪器的关键部件。目前该总线已经逐渐被 PCI Express 总线所取代。

PCI 是一种局部并行总线标准，是由已经淘汰的 ISA（Industry Standard Architecture）总线发展而来的独立于 CPU 且不依赖于任何具体处理器的同步 32 位或 64 位总线。从结构上看，PCI 是在 CPU 的供应商和原来的系统总线之间插入的一级总线，具体由一个桥接电路实现对这一层的管理，并实现上下之间的接口以协调数据的传送。图 8.6-4 给出了典型的 PCI 总线的系统架构。

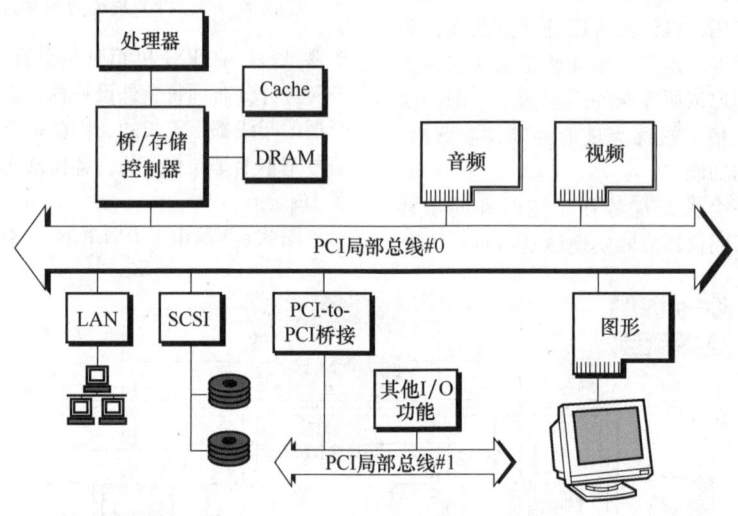

图 8.6-4　典型的 PCI 总线架构图

在这个例子中，CPU、Cache 和 DRAM 子系统通过一个 PCI 桥（或内存控制器）与 PCI 总线相连。PCI 桥提供了 CPU 访问映射到其内存地址空间或 I/O 空间内的任何 PCI 设备（声卡、显卡、以太网卡和硬盘等）的低延时通道，也提供了 PCI 主设备直接访问内存的高带宽通道。PCI 桥还提供了附加功能，例如总线仲裁和热插拔功能。同时，PCI 总线也可以通过 PCI-PCI 桥与其他 PCI 局部总线形成互联以实现扩展功能。

PCI 总线具有三种不同的工作频率，33MHz，66MHz 到现在的 133MHz，因此在不同的工作频率和总线宽度下可以实现不同的传输带宽，见表 8.6-3。可见，PCI 总线可以实现很高的数据吞吐能力。

PCI 总线的使用与具体的处理器无关，也适用于未来的处理器家族，它具有低成本、高可靠性和灵活性以及良好的软件兼容性等优点。图 8.6-5a 给出了 PC 主板上的 PCI 总线照片，图 8.6-5b 则给出了总线的信号定义。

表 8.6-3　PCI 总线频率和数据传输带宽

PCI 总线频率	位　　数	峰值带宽
33MHz	32	132MB/s
	64	264MB/s
66MHz	32	264MB/s
	64	532MB/s
133MHz	32	532MB/s
	64	1064MB/s

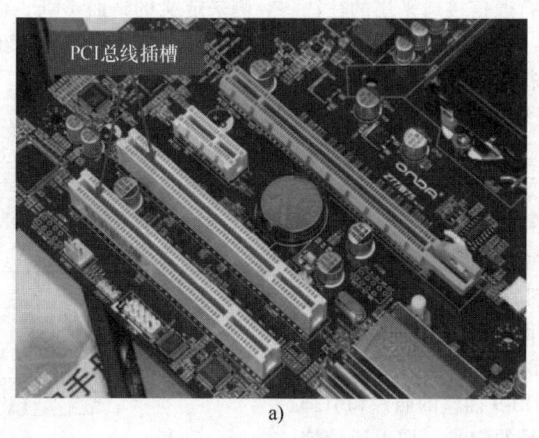

a)

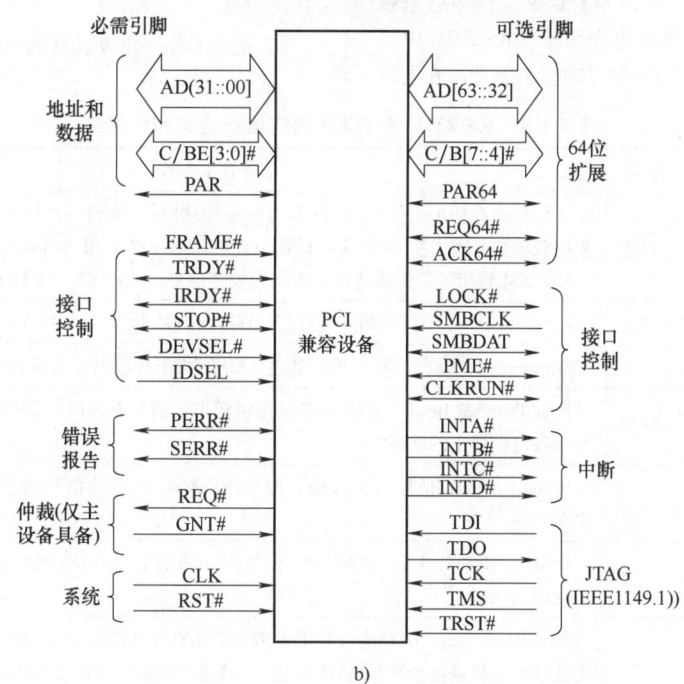

b)

图 8.6-5　PCI 总线实物照片和信号定义

a) PC 主板上的 PCI 总线实物照片　b) PCI 总线的信号定义

6.3　仪器仪表的串行总线

101　RS-232 总线　RS-232C 标准是美国 EIA（电子工业联合会）与 Bell 等公司一起开发并于 1969 年公布的串行通信协议标准，其全称为 EIA RS-232-C 标准。RS-232 标准随后几经修改，目前最新版本为 TIA/EIA-232-F，它在 1997 年被发布。在国际上 ITU-T（国际电信联合会电信标准部）也有与之对应的标准 ITU-T V. 24、V. 28 和 ISO/IEC 2110。

EIA 推出 RS-232 标准的初衷是希望在一个数字通信系统中的数据终端设备（DTE）和数据通信设备（DCE）之间建立一个接口标准。这里的 DTE 是发出数据或者最终接收数据的设备，而 DCE 是指进行数据的调制和解调或者交换和传递的设备。作为一种简单的低成本通信标准，RS-232C 目前获得了非常广泛的应用。它首先成为 PC 上的标准通信接口之一，用以连接各种计算机外设，例如鼠标、打印机和绘图仪等。其次，RS-232C 标准也被移植到各种微处理器上，作为标准的串行通信设备，经常被称为 UART（通用异步收发机）或 SCI（串行通信接口）。不过，与 RS-232C 标准的规定不同，在各种微处理器上集成的串行通信接口采用的往往是 5V 和 3.3V 的 TTL 电平，当它要与一个满足 RS-232C 标准的 DTE 或 DCE 进行连接时，需要进行电平变换，把 TTL 电平变换为 RS-232C 电平。RS-232C 不仅可以用以连接 DTE 和 DCE，也可以用于两个 DTE 之间的互连（例如两台 PC 之间，或者 PC 与外设以及其他微处理器之间）。

标准的 RS-232C 规定的机械接口是一个 25 针的插座（DB-25），它同时支持同步和异步两种通信方式，但是现在 PC 上已经很少看到 DB-25 了，而是采用一个 9 针的插座（DB-9），而且仅支持异步通信方式。图 8.6-6 给出了 DB-9 插座的照片和引脚图，表 8.6-4 中给出了各信号的定义。作为通信接口，信号线的方向必须要事先明确，RS-232C 中规定的信号名都是针对 DTE 而言的，也就是站在 PC 侧来定义的，而 DCE（通常为调制解调器）则是 DTE 通过 DB-9 接口连接的对象。

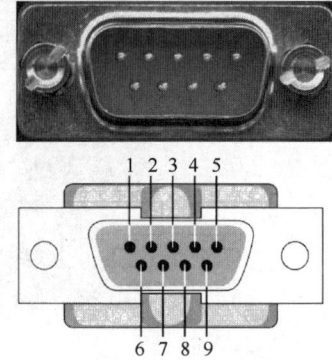

图 8.6-6　DB-9 插座的照片和引脚图

表 8.6-4　RS-232C 中 DB-9 插座信号含义和作用

引脚号	信号名	信号方向	信号含义和作用
1	DCD	DTE←DCE	Data Carrier Detect，当本地 DCE（本地 MODEM）收到远方 DCE（远方 MODEM）送来的载波信号时，使 DCD 信号有效，通知 DTE（PC）准备接收 MODEM 将接收到的载波信号解调为数字信号，通过 RXD 线发送给 PC 机
2	RXD	DTE←DCE	Received Data，DTE（PC）通过 RXD 线接收从 DCE（MODEM）发来的串行数据
3	TXD	DTE→DCE	Transmitted Data，DTE（PC）通过 TXD 将串行数据发送到 DCE（MODEM）
4	DTR	DTE→DCE	Data Terminal Ready，DTE 准备好指示，当该信号有效时（ON 状态），表明 DTE 处于设备可以使用的状态
5	GND		Signal Ground，信号的公共地，由于 RS-232C 传递的信号为单端信号，此为公共参考
6	DSR	DTE←DCE	Data Set Ready，DCE 准备好指示，当该信号有效时（ON 状态），表明 DCE 处于可以使用的状态
7	RTS	DTE→DCE	Request to Send，DTE 请求 DCE 接收来自 DTE 的数据，即如果 PC 想要向 MODEM 发送数据时，使该信号有效（ON 状态），请求 MODEM 做好接收的准备
8	CTS	DTE←DCE	Clear to Send，用来表示 DCE 准备好接收 DTE 发来的数据，是对 RTS 信号的响应，即当 MODEM 已准备好接收 PC 传来的数据时，使该信号有效（ON 状态），通知 PC 可以开始通过 TXD 发送数据了
9	RI	DTE←DCE	Ring Indicator，振铃指示信号，当 MODEM 收到交换机送来的振铃呼叫信号时，使该信号有效（ON 状态），通知 DTE 正在被呼叫

RS-232C 主要采用 UART 异步通信协议，它不发送同步时钟，而只是在发送方和接收方之间约定相同的位传送速率——波特率（Baud Rate）。通过双方的收发器自身的时钟系统来产生约定的波特率，同时通过一定的帧格式来实现双方的通信。RS-232C 的数据帧由起始位、数据位、奇偶校验位以及停止位和空闲位几个部分组成（位定义见表 8.6-5）。

表 8.6-5　UART 通信协议中帧格式的位定义

定义	位数	作　用
起始位	1	逻辑"0"，表示一个帧的开始
数据位	4~8	起始位后发送，通常采用 7 位 ASCII 码（从低位开始传送）或者一个 8 位的字节

（续）

定义	位数	作　　用
奇偶校验位	1	紧随在数据位后发送，当采用偶校验方式时，如果数据位中逻辑"1"的个数为偶数，则奇偶校验位设置为"1"；当采用奇校验方式时，如果数据位中逻辑"1"的个数为奇数，则奇偶校验位设置为"1"；奇偶校验是对被传送的数据进行正确性检查的一种简单方法，奇偶校验位和校验功能是可选的
停止位	1, 1.5 或 2	在帧的最后将发送停止位，连续的逻辑"1"电平，表示一个帧的结束
空闲位	任意	在不进行任何数据的发送时，RS-232C 的总线应该处于空闲状态，即处于逻辑"1"电平，直到一个逻辑"0"被检测到（起始位），即一个新的帧开始被传送

图 8.6-7 给出了利用 RS-232C 发送一个 ASCII 字符"A"的典型帧信号时序图。字符"A"的 ASCII 编码为"1000001B"。图 8.6-7 的帧包含了奇偶校验位，并采用了 2 位的停止位。

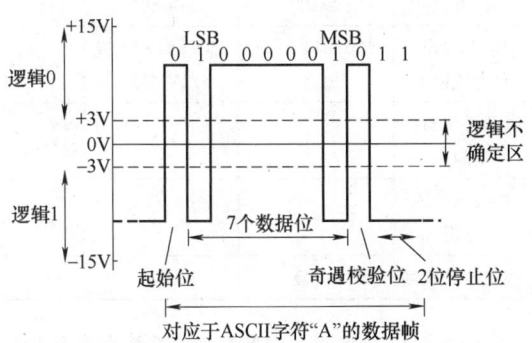

图 8.6-7　RS-232 的帧信号时序图

102　RS-422/485 总线　为了弥补 RS-232 总线通信速率低、传输距离短的缺陷，美国 EIA 制定了 TIA/EIA-422-A 标准，即"平衡电压数字接口的电气特性"，通常称为 RS-422 标准。在 RS-422 中只是规定了一种简单的实现多点通信的机制，即只有一个发送器和最多 10 个接收器能被连接到一个差分通信总线上。1983 年，在 RS-422 标准的基础上，EIA 又制定了 TIA/EIA-485 标准，其名称为"应用于多点平衡数字系统中的发送器和接收器的电气特性"，简称 RS-485 标准。RS-485 可以实现一条差分总线上最多 32 个收发器之间的真正的多点双向通信机制，它向下兼容 RS-422 协议。RS-422 和 RS-485 标准只是规定了接口的电气特性，不涉及任何接插件、电缆以及协议等方面的内容，这些都是由用户自己来定义的。

图 8.6-8 给出了 RS-422 平衡电压差分数字接口电路原理图，RS-422 采用一对平衡的差分信号线 A 和 B 来传输逻辑 1 或 0，即接收器只根据 A 线和 B 线之间的电压差（差分电压）来决定被传送的数字量。当 A 线的电位比 B 线电位高 200mV 的时候（差分电压 $U_{AB} > 200mV$），则表示数字逻辑"1"。当 A 线电位比 B 线电位低 200mV 的时候（差分电压 $U_{AB} < -200mV$），则表示数字逻辑"0"。A 线对地（GND）电压 U_{OA} 以及 B 线对地电压 U_{OB} 通常是互补的。除了有效的数字逻辑"1"和"0"以外，RS-422 还有一个第三态逻辑"Z"，在这种状态下，总线上的发送器处于关闭状态，呈现出高阻状态。与单端信号相比，采用差分电路进行信号传输可以有效降低公共地线上的噪声电压（共模电压）的影响，从而能够在较长的距离下进行信号的传输。

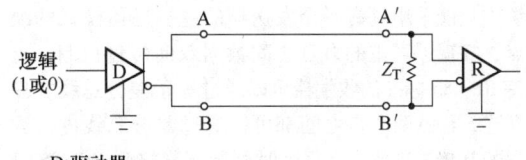

D:驱动器
R:接收器
Z_T:端接电阻

图 8.6-8　RS-422 平衡电压差分数字
接口电路原理图

RS-422 标准规定的最大传输距离为 4 000ft（约 1 219m），最大传输速率为 10Mbit/s，但是速率越快，则传送距离越近。根据经验，传送距离（单位为 m）与数据传送速率（单位为 bit/s）之间的乘积不能超过 10^8，举例来说，如果要传送 500m 的距离，则数据发送速率不能超过 200kbit/s（即 $10^8/500$）。图 8.6-8 实际上给出了一个采用 RS-422 标准实现的半双工点对点通信方案。根据 RS-422 标准，还可采用四线制来实现全双工点对点通信，即采用两对差分线进行数据传输，一对差分线用于发送，另外一对差分线用于接收。图 8.6-9 给出了四线制实现点对点全双工通信的原理图。

建立在 RS-422 标准之上，RS-485 标准主要在下列几个方面进行了改进：

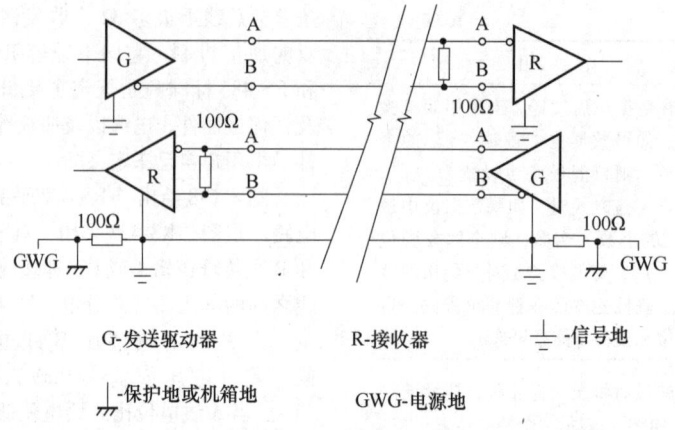

G-发送驱动器   R-接收器   ⏚-信号地

⏚-保护地或机箱地   GWG-电源地

图 8.6-9 RS-422 实现点对点全双工通信的原理图

首先，提高了收发器的共模电压承受范围。RS-422 的发送器能够承受的共模电压的范围是 $-250\text{mV} \sim 6\text{V}$，接收器能够承受的范围为 $-7 \sim 7\text{V}$。RS-485 的发送器和接收器能够承受的共模电压范围为 $-7 \sim 12\text{V}$，这种共模电压承受能力的提高源于对驱动器的输出结构的改进。由于共模电压承受能力的提高，使得 RS-485 收发器能够承受更高的地线上的压降。

其次，RS-485 标准解决了 RS-422 在多点通信系统中只能采用具有一个发送器的主从通信模式的缺点，实现了真正的多点之间数据双向传输机制。支持 RS-485 标准的收发器可以通过一条差分总线实现互连，任意两个点之间都可以通过差分总线进行数据的互传。当然，在每个时刻所有连接到 RS-485 总线上的收发器中只能有一个能够向总线上发送数据，其他发送器必须保持高阻 "Z" 状态。但是，如果发生了错误导致总线上两个发送器都处于有效状态时，那么支持 RS-485 标准的收发器内部也会进行短路电流的保护。在通信双方的 "地" 电位差异不是很大的情况下，一般不会出现收发器损坏的情况。

第三，根据标准的规定，支持 RS-485 的发送器的驱动能力相比 RS-422 有很大的提高，使得一个 RS-485 发送器能够驱动的接收器的数目从 RS-422 的 10 个增加到了 32 个。更多的收发器可以被接入到 RS-485 的差分总线上。表 8.6-6 中总结了 RS-422 与 RS-485 在电气特性上的主要差异。

表 8.6-6 RS-422 与 RS-485 电气性能差异

参数	RS-422	RS-485	单位
收发器数目	1 个发送驱动器可连接 10 个接收器	32 个收发器单元	

（续）

参数	RS-422	RS-485	单位
理论电缆长度	1 200	1 200	m
最大数据传输速率	10	>10	Mbit/s
最大共模电压	±7	$-7 \sim +12$	V
驱动器差分输出电平	$2 \leqslant \lvert V_{do} \rvert \leqslant 10$	$1.5 \leqslant \lvert V_{do} \rvert \leqslant 5$	V
驱动器负载	≥100	≥60	Ω
驱动器输出短路电流限制	150（对 GND 短路）	250（对-7V 或 +12V 短路）	mA
电源关闭时的高阻态	60	12	kΩ
接收器输入电阻	4	12	kΩ
接收器灵敏度	±200	±200	mV

图 8.6-10 给出了一个多点通信系统中多个 RS-485 收发器通过差分总线实现互连的原理图。

图中，每个 RS-485 收发器都有一个三态控制端（在 RS-422 中一般不用），通过它可以控制 RS-485 的发送器处于高阻状态，保证总线上任何时刻只有一个发送器能够发送数据。这样，通过软件握手协议对 RS-485 收发器三态控制端的操作，总线上任意点对点之间可以实现数据的双向交换。需要指出的是，由于只采用一条差分总线，RS-485 实际上只能处于半双工模式，即点与点之间不能同时进行数据的收发。注意，除了图 8.6-10 中的方式，RS-422/485 总线连接不能采用环形或星形结构。

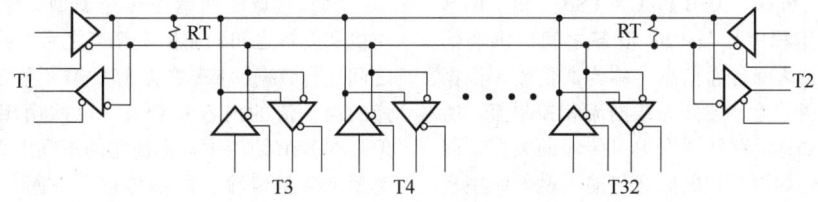

图 8.6-10　多点通信系统中多个 RS-485 收发器通过
差分总线实现互连的原理图

103　USB 总线　USB 是英文 Universal Serial Bus（通用串行总线）的缩写，是一个外设总线标准，用于规范计算机与外部设备的连接和通信，是主要应用在 PC 领域的接口技术。USB 是在 1994 年底由英特尔、康柏、IBM、Microsoft 等多家公司联合提出的。USB 协议出现过的版本有 USB1.0，USB1.1，USB2.0 以及最新的 USB3.0。在 USB1.0 和 USB1.1 版本中，只支持 1.5Mbit/s 的低速（Low Speed）模式和 12Mbit/s 的全速（Full Speed）模式。在 USB2.0 中，又加入了 480Mbit/s 的高速（High Speed）模式，而 USB3.0 更达到了超高速的 5.0Gbit/s。USB 具有很多优点，例如即插即用，传输速度快，可扩展性强，标准统一，价格便宜等。通过不断发展，USB 已经能胜任更高速率的数据传输，因此适用范围也扩大到了如外置大容量存储器、数码相机、视频系统等需要大量传输数据的外部设备中去。

USB 协议是一种主从模式的总线协议，所谓主从模式，即通信的主体为主机（Host）和设备（Device），所有的访问都是由主机发出的，而设备只是根据主机的要求提供数据或者被动接收来自主机的数据。

（1）USB 主机　USB 主机（通常是 PC）负责添加或移除 USB 设备，管理主机和 USB 设备之间的控制流及数据流，收集设备的状态，为接入的设备提供电源等。在任何 USB 系统中，只能有 1 个 USB 主机。主机中用于控制 USB 总线的控制器被称为主机控制器（Host Controller），它是硬件、固件（Firmware—主机控制器芯片内固化的程序）和软件（在 PC 上安装的设备的驱动程序以及应用程序）的组合体。在主机内部集成了 1 个根集线器（Root Hub），对外提供 1 个或多个连接 USB 设备的接口。

（2）USB 设备　USB 设备有两种：总线集线器（Hub），用于提供一个或者多个连接其他 USB 设备的接口；功能设备（Function），具有某些特定功能的设备，例如键盘、鼠标、数码相机和打印机等。当一个 USB 设备通过 USB 接口连接到主机上时，将通过 USB 总线向主机传输设备的一些信息，例如设备所支持的 USB 协议版本，以及设备的类型（例如是键盘和鼠标此类输入设备还是 U 盘和移动硬盘此类数据存储器等）。

（3）USB 总线拓扑结构　USB 设备通过 USB 总线与 USB 主机相连，USB 的物理连接是分层的星形拓扑结构，见图 8.6-11。

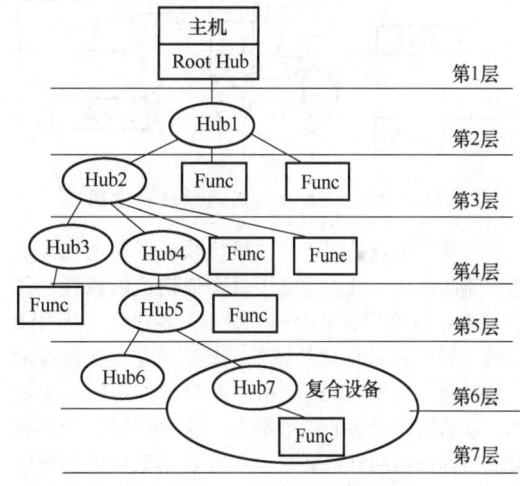

图 8.6-11　USB 的拓扑结构

USB 主机位于拓扑的中心，它每一级之间都是点对点连接，可以是主机和 Hub 或主机和功能设备之间的连接，也可以是 Hub 和其他 USB 设备的连接。为防止产生闭合回路形式的连接，USB 的星形拓扑按顺序分层是必须的。同时为了保证数据在接入设备、Hub 和主机之间的传输速度，物理连接最多不能超过 7 层（包括根层）。如果不考虑根层，则主机到 USB 设备的通信通路不能超过 5 层（即从图 8.6-11 中的第 2 层到第 6 层）。图中提到的复合设备是一类既具有功能设备的特性，又自带 Hub 的多功能设备。

（4）通信流（Communication Flow）、端点（Endpoint）和管道（Pipe）　USB 总线为 USB 主机上的客户软件（或应用程序）与 USB 设备之间提供通信服务，即在两者之间传递信息，称为通信流。根据应用的不同，通信流又被分为数据流和控制流。所谓数据流，例如移动存储器向主机传输的数据，而所谓控制流，例如键盘和鼠标这些输入设备向主机传递的控制信息。USB 允许在同一个物理总线上传输不同的通信流，但是在逻辑上，这些不同的通信流分别在各自的管道中传输，彼此之间是分离的。这些逻辑管道的一端是 USB 主机侧的属于客户软件的内存缓冲区，而另外一端则是 USB 设备上的端点。因此，所谓 USB 接口在逻辑上指的就是主机内存缓冲区、设备端点以及两者之间形成的传输通信流的一簇管道，见图 8.6-12。

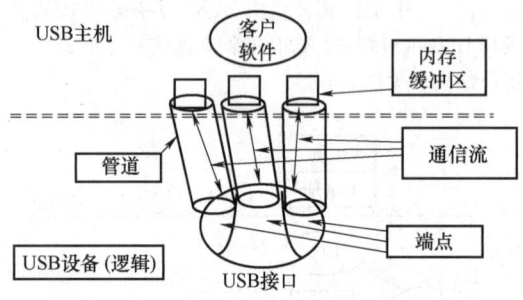

图 8.6-12　USB 接口的通信流示意图

设备的端点是用于从主机接收或者向主机传输通信流的终点，其则定义了每个通信流的属性。每个 USB 设备都拥有至少一个端点，客户程序从 USB 主机一侧所看到的 USB 设备，其实就是这些设备端点的集合。可见，USB 主机的客户软件访问一个设备，就是访问设备的各个端点，这种访问包括将数据输出到设备端点或者从设备端点读取数据，所以设备的端点是有方向性的，而且每个设备端点都只有一个单一的通信流方向，或者是输入端点（数据从设备发送到主机），或者是输出端点（数据从主机发送到设备）。USB 设备的端点还定义了此端点所能支持的通信流传输类型以及最大能接收或发送的数据长度等属性。

当 USB 设备连接到主机的时候，会被主机分配一个独一无二的设备地址。设备的每个端点则拥有不同的端点标识符，称为端点号，不过设备的端点及对应的端点号是由设备制造商来决定的。这样，主机通过向 USB 总线上的设备发送带有设备地址和端点号的报文来访问设备的端点，并且从被访问设备的输入端点获取数据，或者向输出端点发送数据，从而建立其通信流传输的管道。

（5）端点的通信流传输类型　当建立起 USB 主机和设备之间的通信流管道之后，就可以在两者之间进行数据的传输。尽管 USB 不限定在管道中传递的通信流的内容和意义（这些由用户来规定），但是在 USB 协议中根据应用的不同定义了四种传输类型：控制传输、同步传输、中断传输、批量传输。对于不同的传输类型，数据量的大小、发送-应答方式以及错误处理机制都是不同的。理论上，用户可以采用这四种传输类型中的任何一种来进行数据的传输，但是由此带来的数据的传输效率以及可靠性等则是有很大区别的。这就要求用户根据自身的应用需求选择恰当的数据传输类型。传输类型的配置是属于 USB 设备端点的属性，USB 设备制造商规定了不同端点所支持的传输类型以及数据传输能力，这些需要由设备在 USB 总线枚举阶段通过向主机发送各种具有特定格式的描述符来报告给主机。

（6）USB 设备的控制端点 0　所有的 USB 设备都被要求必须实现一个默认的端点，该端点的端点号为 0，它既可以作为输入端点也可以作为输出端点，而且支持控制传输类型。USB 主机使用这个控制端点以及默认的控制管道来初始化或者操作 USB 设备（例如，对 USB 设备的设备地址进行配置等）。端点 0 在 USB 设备被连接到主机上，或者在上电以及复位后总是可以被 USB 主机访问，因此是所有 USB 设备中最重要的一个端点，对建立主机与 USB 设备之间的通信连接至关重要。

（7）USB 的协议简述　USB 物理层规定 USB 总线采用专用的电缆和机械接口。USB 电缆中有四根不同颜色的导线：一对互相绞缠的标准规格线，用于传输差分信号 D+ 和 D−，另有一对为电源线 Vbus 和 GND，用于给设备提供 +5V 电源（见图 8.6-13a）。USB 电缆具有屏蔽层，以防止外界干扰。根据标准，USB 提供的 5V 电源能够输出 500mA 左右的电流，这个负载能力是比较强的，可以直接给许多 USB 设备来供电。USB 的物理接口具有比较多的形式，图 8.6-13b 给出了信号定义以及几种典型的接口形式：A 型、B 型和 MINI 型。在 PC 主机上主要采用的是 A 型接口，而 B 型和 MINI 型则主要应用在 USB 设备上，例如打印机、数码相机以及某些 U 盘等。

在 USB 链路层协议中，信息包是最基本的通信流，也是构成一个 USB 传输事务的基本组成部分。包的种类有令牌包、数据包、握手包和专用包。

USB 传输层协议支持 4 种传输事务来适应不同的外围设备类型与应用需求，分别是控制传输、同

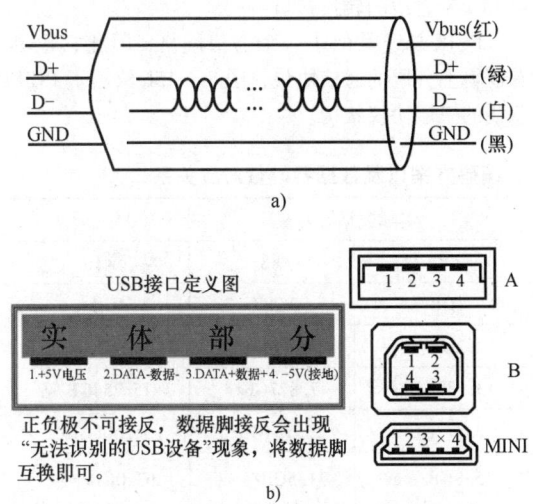

图 8.6-13　USB 总线的电缆和机械接口
a) USB 电缆示意图
b) USB 信号定义以及几种典型的接口形式

步传输、中断传输和批量传输（bulk），其中需要注意的是慢速设备仅支持控制传输与中断传输。

　　USB 主机在检测到 USB 设备插入后，要对设备进行枚举。所谓枚举就是从设备读取一些信息，知道设备是什么样的设备，如何进行通信，这样主机就可以根据这些信息来加载合适的驱动程序。

　　104　PCIE 总线　PCI Express 是继 PCI 总线之后发展起来的第三代 I/O 总线，它最早由 Intel 公司提出并推广，其目标是用于多样化的计算机和通信平台。传统的 PCI 总线是并行总线，在高频工作时的相互干扰严重制约了其速度的进一步提升。同时 PCI 总线上的所有外部设备共享 PCI 带宽，因此当有较多 PCI 设备连接时，会严重影响传输性能。PCIE 总线则采用了差分总线和串行互联方式，以点对点的形式进行数据传输，每个设备都可以单独享用带宽，从而大大提高了传输速率。除此以外，PCI 的一些关键特征，例如使用模型、指令存取机制以及软件接口、热插拔等都被 PCIE 总线继承和兼容。PCIE 总线实际上更接近一个网络通信总线，它支持数据路由和基于报文的数据传送方式，并充分考虑了在数据传送中出现服务质量（Quality of Service，QoS）问题。图 8.6-14 给出了一个基本的 PCIE 总线链路示意图。

　　如图所示，基本的 PCIE 总线链路包含两个单向差分信号对（一个发送信号对和一个接收信号对），从而在两个设备部件之间建立全双工的数据传输通道，同步时钟通过特定的编码方式被嵌入到

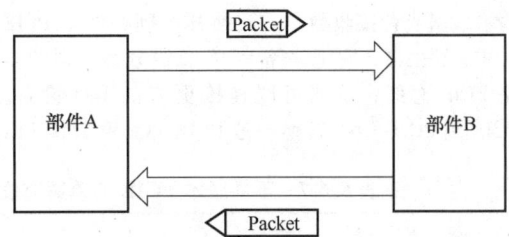

图 8.6-14　基本的 PCIE 总线链路示意图

数据报文中。由于采用了差分总线，PCIE 总线可以实现很高的通信速率。目前，PCIE 总线已经发展了 5 版，其位速率从第 1 版的 2.5Gbit/s 增加到了 25Gbit/s 或 32Gbit/s。另外，一个 PCIE 链路至少包含一个数据传输通道（即由一组发送和接收信号对构成），但是也支持更多的通道（采用×N 来表征，N 为通道数），从而可以实现更高的数据传输带宽。PCIE 标准规定了×1、×2、×4、×8、×16 以及×32 几种不同宽度的链路。PCIE 总线的有效数据带宽（用 Gbit/s 表征）并不能由位速率和通道数简单计算得到，而是取决于其特定的编码方式，这是因为 PCIE 除了传输有效数据位，还有一些非有效数据的开销位，它们决定于不同的编码方式。例如 PCIE 2.0 物理层协议中使用的是 8b/10b 编码方案，即每传输有效数据的 8 个位，实际需要发送 10 个位，这多出的 2 个位就是开销位。同理，PCIE 3.0 的物理层协议中使用的是 128b/130b 的编码方案，即每传输 128 个有效数据位，则需要发送总共 130 个位。为了与 Gbit/s 的概念进行区别，PCIE 的单通道的位速率被定义为 GT/s，即每秒钟发生的传输事件数。以 PCIE 2.0 为例，其单通道的位速率为 5GT/s，采用 8b/10b 编码，因此单通道的实际有效数据带宽（或称为数据吞吐量）为：5×8/10 = 4Gbit/s = 500MB/s，那么 4 个通道（×4）的 PCIE 链路吞吐量则等于 2GB/s。表 8.6-7 给出了不同 PCIE 版本下单通道位速率、编码方案以及实际数据吞吐量之间的对应关系。

　　PCIE 总线通过点对点的链路实现器件之间的互联和数据传输，图 8.6-15a 给出了它应用于一个计算机系统时的典型拓扑结构，图中给出的是一个层次化的总线结构实例，它包括一个根复合体（root complex）、多个端点（I/O 设备）、一个交换开关和 PCIE 到 PCI/PCI-X 转换的桥芯片。所有这些设备之间的连接均通过 PCIE 总线来实现。在这些设备中，根复合体是实现 CPU/存储器系统与所有 I/O 设备之间的枢纽。端点则代表每个 I/O 设备，它能通过 PCIE 总线向其他设备或 CPU/存储器

请求数据或者接收数据。交换开关则类似于 PCIE 总线的路由器,它把一路 PCIE 总线分为虚拟的多路 PCIE 总线,从而可以连接更多的 I/O 设备。PCIE 到 PCI/PCI-X 转换桥是 PCIE 总线和其他 PCI 或 PCI-X 总线的转换接口。

PCIE 总线类似于一个通信网络,因此它也具有逻辑上分层的通信协议,图 8.6-15b 给出了 PCIE 总线的三层协议架构。

表 8.6-7 不同版本 PCIE 的单通道位速率、编码方案以及数据吞吐量对应关系

PCIE 版本	编码方案	单通道速率	实际数据吞吐量			
			×1	×4	×8	×16
1.0	8b/10b	2.5GT/s	250MB/s	1GB/s	2GB/s	4GB/s
2.0	8b/10b	5GT/s	500MB/s	2GB/s	4GB/s	8GB/s
3.0	128b/130b	8GT/s	984.6MB/s	3.938GB/s	7.877GB/s	15.754GB/s
4.0	128b/130b	16GT/s	1.969GB/s	7.877GB/s	15.754GB/s	31.508GB/s
5.0	128b/130b	32GT/s 或 25GT/s	3.9GB/s 或 3.08GB/s	15.8GB/s 或 2.3GB/s	31.5GB/s 或 24.6GB/s	63.0GB/s 或 49.2GB/s

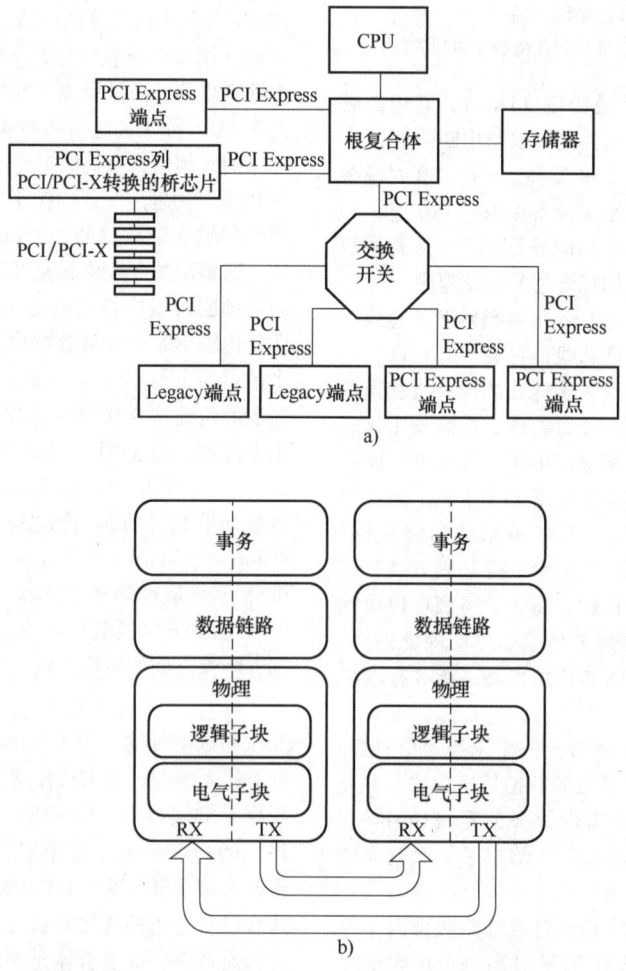

图 8.6-15 PCIE 总线的典型结构以及其分层通信协议
a) PCIE 总线应用于计算机系统的典型拓扑结构 b) PCIE 总线的分层通信协议

从逻辑上，PCIE 协议分为事务层、数据链路层和物理层，而每层都分为两个部分，一部分处理发送信息，另外一部分处理接收信息。与其他通信协议类似，PCIE 总线协议也使用报文在两个设备部件之间进行信息的传输。发送设备把要发送给接收设备的信息打包成报文，然后从事务层向物理层进行传递，当它通过其他层时，报文中会添加属于该层的额外信息。接收设备从物理层获得发送设备发来的报文，执行相反的操作，对报文进行解析，去掉报文中与该层对应的额外信息，最终获得发送设备的有效信息。具体而言，事务层的基本功能是生成和解析事务层报文，用于完成通信事务，例如读、写和其他一些特定的任务。另外，事务层也用于实现 PCIE 总线的基于信用的流量控制方式等功能。数据链路层作为事务层和物理层的中间层，主要作用是实现链路管理以及数据完整性检查，包括检错和纠错功能。物理层分为电气子模块和逻辑子模块两部分，电气子模块包括所有接口电路，例如输出驱动器、接收缓冲器、并/串转换电路、串/并转换电路、锁相环以及阻抗匹配电路等。逻辑子模块则包括一些与接口初始化和接口维护相关的逻辑功能，也包括把链路层报文编码成与接口宽度匹配的位流（或者相反的过程）等功能。

6.4 仪器仪表的网络总线

105 CAN 总线 CAN 总线全称为控制器局域网（Controller Area Network），它是一种在工业现场应用广泛的网络通信协议或工业现场总线。CAN 总线最初是由德国 Bosch 公司专门为汽车内安装的电子控制系统开发的一种总线，这种总线把汽车发动机控制单元、智能传感器、防刹车系统及车窗控制器等众多电子设备通过简单的物理总线连接在一起，并为之开发了上层网络通信协议，从而实现了设备之间控制和监测数据的交换和传递。CAN 总线传输速率较快，性能可靠，成本也不高，故很快在工业界获得了广泛应用。1991 年 Philips 公司制定并发布了 CAN 技术规范：CAN2. 0 A/B。1993 年，国际标准化组织（ISO）正式颁布 CAN 国际标准 ISO 11898。

根据图 8.6-16a 所示的标准 7 层开放系统互联（OSI）模型，CAN 协议规定了其中的数据链路层和物理层功能，其他更高层协议由用户自己来定义。图 8.6-16b 给出了一个具有多个节点的 CAN 总线的结构示意图。如图所示，CAN 总线是一条差分总线，每个节点都可以利用这条总线与其他节点实现数据的通信，它支持多主的通信方式（即组网方式），这不同于 RS-485 那种一主多从（实际上是点对点）的方式，因此 CAN 协议相比 RS-485 要复杂得多。每个 CAN 节点的典型结构是由总线收发器（实现对 CAN 总线的驱动以及差分信号的接收）、CAN 控制器（实现部分物理层功能以及全部数据链路层功能）以及 MCU（实现用户自定义的上层通信协议）三部分构成。

（1）CAN 总线的物理层特征 CAN 总线的物理层主要规定了其电平特征和位同步机制等内容。与 RS-485 相似，CAN 总线是两线的差分总线（由 CANL 和 CANH 两条信号线组成），CAN 总线可以采用双绞线或同轴电缆来构成。

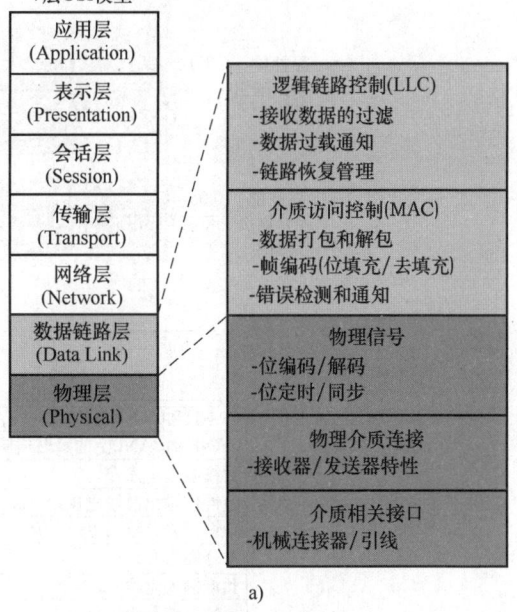

a)

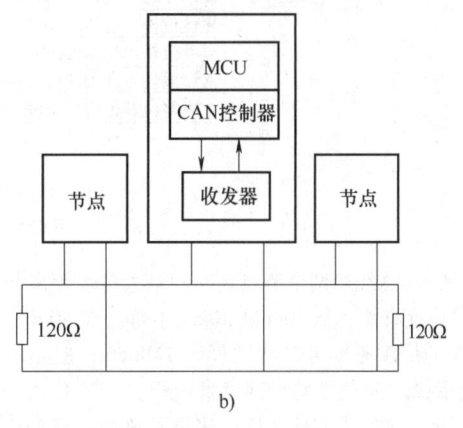

b)

图 8.6-16　CAN 总线原理
a) 7 层 OSI 网络模型　b) CAN 总线的典型连接

CAN 协议规定了两种逻辑状态：隐性（Recessive，即逻辑 1）和显性（Dominant，即逻辑 0），它们由 CANH 和 CANL 两条信号线之间的差分电压来代表。见图 8.6-17a，在"隐性"状态下，CANH 和 CANL 上输出的电压相等，相对于驱动器的电源地的电压均为 2.5V 左右，差分电压为 0。在"显性"状态下，CANH 的电压升高到 3.5V，而 CANL 则下降为 1.5V，其差分电压为 2V 左右。图 8.6-17b 给出了协议规定的 CAN 总线收发器需要满足的电压范围和输入阻抗规范。CAN 总线上的节点总是通过在 CAN 总线上发送隐性位和显性位序列来传送数字信息。

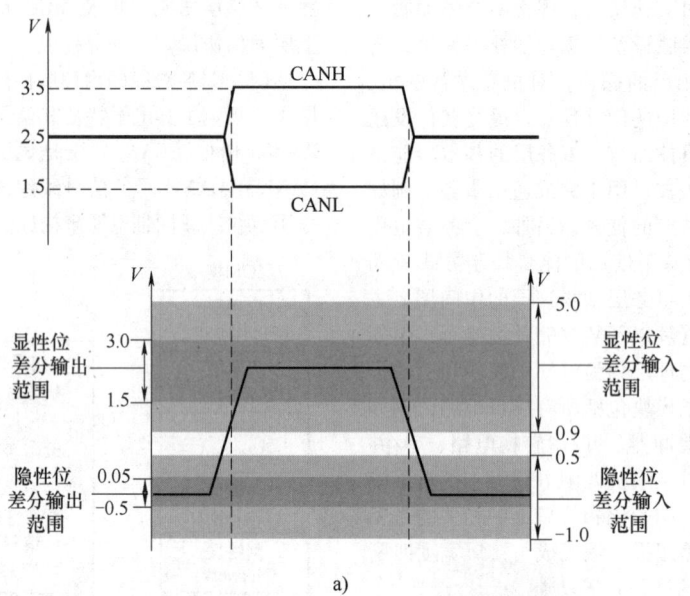

参数	ISO 11898-4	
	min	max
CANH和CANL上的DC电压/V	−3	+32
CANH和CANL上的瞬时电压/V	−150	+100
共模总线电压/V	−2.0	+7.0
隐性位输出总线电压/V	+2.0	+3.0
隐性位差分输出电压/mV	−500	+50
差分内阻/Ω	10	100
共模输入阻抗/Ω	5.0	50
显性位差分输出电压/V	+1.5	+3.0
显性位输出电压(CANH)/V	+2.75	+4.50
显性位输出电压(CANL)/V	+0.50	+2.25
常设显性位探测功能(驱动器)	不要求	
上电复位及低电压监测	不要求	

b)

图 8.6-17　CAN 总线的电平规范

a）显性和隐性位定义　b）详细电气规范

CAN 总线的两个节点之间的最大传输距离与其传输速度有关，从 40m 到 10km 不等。在 40m 以内 CAN 的传输速率可以达到最高 1Mbit/s，但是超过这个距离，则需要降低速度来运行。CAN 总线并没有规定一定要采用什么样的速率和传输距离，这些都是与应用相关的，但是当建立一个基于 CAN 总线的网络时，在这个网络内的所有节点都必须采用同样的位传输速率。CAN 总线的最大传输距离主要受到差分信号在总线上传输的延时来限制，该延时包括收发器的延时以及传输线延时。当一个数据位被传送时，延时超过一定的值会造成接收器不能正确采样到该位，就会造成传输失败。

在 CAN 总线上，一个节点发出的位流将被所有的节点接收，这些节点通过对总线上的位流进行采样来获得正确的位数据，为了保证接收节点能够在正确的时刻来采样数据位，这就需要接收节点能够与发送节点进行位速率的匹配以及位起始时刻的同步。考虑到位信号从发送节点到达某个接收节点时总是存在硬件时延。同时，尽管总线上每个节点的额定位速率是相同的，但是由于各个节点均采用各自独立的时钟源，这些时钟源之间不可避免总是存在一定的频率误差，这些因素都会对接收节点的位采样时刻造成影响，严重的时候会造成位采样的错误。CAN 总线通过一种特殊的可编程位定时以及同步/重同步技术来克服这些问题。CAN 节点的同步机制包括两种形式：硬同步和重同步，同步是由接收节点自身来完成的。

所谓硬同步，即在一个帧的开始，CAN 总线从"隐性"态转入"显性"态时，其边沿会强迫总线上所有接收节点的位定时器重启，从而使得该边沿处于每个节点位定时的同步段内。硬同步在一个帧发送期间只能进行一次，但是重同步则会多次发生。所谓重同步，即当一个帧的位流被传送期间，每当发生"隐性"位到"显性"位的跳变，该跳变边沿会引起重同步动作。重同步的主要方式是接收器通过检测总线上跳变边沿与位同步段之间的时间误差来动态调整相位缓冲段的时间份额，从而克服由于时钟源的误差所造成的采样点偏离，确保位检测的准确性。

从上述描述可以看出，CAN 总线的发送节点并不传输同步时钟给接收节点，而是通过约定的通信速率进行数据的收发，并通过起始位来通知接收器以自身的时钟来采样总线并获得数据，因此它与 UART 一样属于异步通信方式。但是，所不同的是，CAN 总线对 UART 方式进行了改进，引入了位同步方式，这种方式可以通过对相位缓冲段的延时调整来修正异步通信误差，从而使 CAN 总线可以比 UART 的位速率更快，且一次传输的数据量更大。

（2）CAN 总线的数据链路层特征　CAN 总线的数据链路层协议主要包括两个子层：介质访问控制（MAC）子层和逻辑链路控制（LLC）子层。MAC 子层是整个 CAN 协议的核心，它负责将来自 LLC 子层的报文组成帧，或者把从物理层接收到的帧解析成报文发送给 LLC 子层。同时，MAC 子层还实现仲裁、应答和错误检测等。LLC 子层则实现了报文的过滤、过载通知以及恢复链路管理等流量控制功能。

CAN 总线是一种多主机模式的总线，即总线上的每个节点都可以在任何时候向其他节点主动发送数据，但是这就会存在一个问题，即如果同时有两个节点发送数据则会产生冲突，因此冲突解决机制是 CAN 总线的一个重要特点。CAN 总线采用一种带优先级的非破坏性逐位仲裁机制（Non-destructive Bit-wise Arbitration Mechanism）。所谓非破坏性是指当采用这种冲突仲裁机制时，那些正在被发送的或者优先级比较高的数据帧在冲突时会继续完成发送而不会被中断，其传输的信息以及发送需要的时间都不产生损失。

总线冲突的情况分两种：一是当某个 CAN 节点想要发送数据时，当前 CAN 总线上有其他节点正在发送数据，二是有两个或多个 CAN 节点同时向总线发送数据。前一种情况的冲突处理比较简单，CAN 总线采用常规载波侦听技术，即一个 CAN 节点发送的数据会被所有 CAN 节点接收（包括发送节点本身），这样，当某个想要发送数据的节点侦听到总线上有数据正在发送，它就会等待直到总线空闲，然后才开始发送数据。

对于后一种冲突情况，CAN 总线采用逐位仲裁机制来解决。CAN 协议在数据帧中的仲裁场内给出了每个帧的标识符（ID 号），根据 ID 号的大小，这些帧将具有不同的优先级，ID 号低的优先级高。当两个节点同时发送数据时，具有高优先级的节点将占有总线并且把数据发送完成，而优先级低的节点检测到冲突会退出发送，等待总线空闲再发送。在这个过程中，每个发送节点均在侦听自己发出的 ID 号，如果接收与发送一致，该节点将继续进行其余位的发送，若接收与发送不一致，那么就关闭发送器，停止发送。由于高优先级节点的 ID 号小于低优先级节点的 ID 号，这意味着高优先级节点会率先在总线上发出"显性"位，这样它就会修改低优先级节点发出的"隐性"位，造成低优先级节点监测到错误而退出，自身却不受影响，这就是所谓非破坏性仲裁的机制。

106 M-Bus 总线　仪表总线（Meter-Bus，M-Bus）是一种专门为热量表远程数据传输（远程抄表）设计的总线协议，它是测量仪表数据传输数字化的一种重要技术，已经广泛应用于热量计量领域，并成为欧洲的热量计量标准的一部分（欧洲标准 EN1434-3）。欧洲能源计量领域的著名公司，如斯伦贝谢、卡卢姆普和真兰等公司生产的热量表大多遵循 EN1434-3 技术标准，支持 M-Bus 协议。除了热计量领域，它也可用于连接其他的各种消耗量仪表（如水表、电表和煤气表）、传感器和执行器，或者在未来进一步扩展到报警系统、照明系统等更广阔的领域。

M-Bus 总线是一种主从式半双工传输总线，采用主叫/应答的方式通信，即只有处于中心地位的主站（Master）发出询问后，从站（Slave）才能向主站传输数据。当计量仪表收到数据发送请求时，将当前测量的数据传送到主站（主站可以是手持单元、计算机或其他数据终端）。主站定期地读取某幢建筑中安装的计量仪表的数据。M-Bus 可以满足由电池供电或远程供电的计量仪表的特殊要求。一般而言，挂接在仪表总线上的计量仪表的数目可达数百个，数据传输距离达数千米。在总线上传送的数据具有高度的完整性和快速性。

M-Bus 是一种两线式的网络总线，原则上它可采用任一种拓扑结构建立网络，如星形、环形和总线型等，但通常采用总线型拓扑结构。典型的 M-Bus 总线系统示意图见图 8.6-18，它由 M-Bus 主站、从站（计量表）和两根连接电缆组成。不同的 M-Bus 主站可以通过其他网络与远端服务器通信，从而构成一个远程抄表系统。

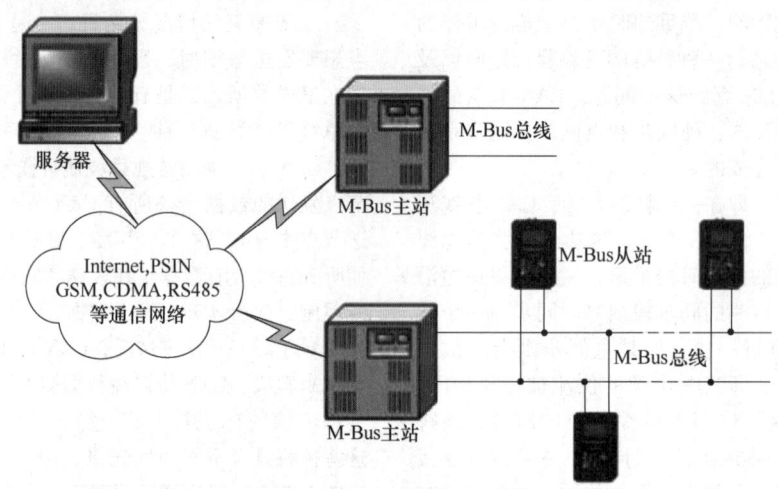

服务器

Internet,PSIN GSM,CDMA,RS485 等通信网络

M-Bus总线

M-Bus主站

M-Bus从站

M-Bus总线

M-Bus主站

图 8.6-18　典型的 M-Bus 网络总线及其构成的远程抄表系统示意图

M-Bus 的主要特点如下：1）采用两线制总线，不分正负极性，施工简单；2）采用独特的电平特征传输数字信号，抗干扰能力强，传输距离长；3）从机可以选择由总线供电，降低自身电池需求，从而降低维护成本；4）总线型的拓扑结构，扩展方便，组网成本低；5）任一从站的故障不影响整个总线的功能；6）专门设计的报文格式，满足能耗计量仪表联网和远程读数需要。M-Bus 总线协议的体系结构建立在 ISO/OSI 的 7 层参考模型上，但是由下至上只定义了物理层、数据链路层和应用层协议。M-Bus 的物理层主要定义了 M-Bus 所用的总线电缆形式、网络拓扑结构、位的定义及其他电气特性。M-Bus 的数据链路层以国际电工委员会 IEC 870-5（遥控装置和系统传输协议）为基础，规定了 M-Bus 的信号传输方式、帧格式以及主从站之间的连接过程等。M-Bus 的应用层则定义了从站计量表测量数据的数据类型和数据结构。

M-Bus 所有从站均可通过 M-Bus 总线来获取电源，两线电缆通常采用标准电话双绞线，没有正负极性之分。M-Bus 物理层位流传输具有独特的电平特征。主站到从站的位流传输通过总线电压的变化来实现，而从站到主站的位流传输则通过电流调制实现。M-Bus 协议物理层定义逻辑"1"为 MARK，逻辑"0"为 SPACE。当主站向从站发送逻辑"1"时，总线电压为 V_{mark}（≤42V），发送逻辑"0"时，电压下降 10V 以上，降到 V_{space}（≥12V）。从站向主站发送逻辑"1"时，从站从总线获取电流为 I_{mark}（≤1.5mA），发送逻辑"0"时，从站会在 I_{mark} 上叠加 11~20mA 的脉冲电流，形成 I_{space}。总线处于空闲状态时用逻辑"1"表示，此时总线电压维持在 V_{mark}，而每个从站从总线上获取电流 I_{mark}，总线上的"总电流 = I_{mark} × 从站总数"。可见，无论 M-Bus 总线处于空闲状态还是数据传输状态，总线电压都不低于 V_{space}，因此在实现数据传输的同时也可以为从站供电。M-Bus 总线上的位流传输示意图见图 8.6-19。

如图所示，虚线左边的时间段是主站到从站的位流传输，总线电压在 V_{space} 和 V_{mark} 间切换，从站电流维持 I_{mark} 不变。虚线右边的时间段是从站到主站的位流传输，从站吸收的电流在 I_{mark} 和 I_{space} 间切换，

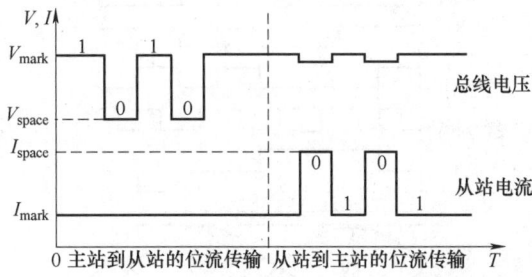

图 8.6-19 M-Bus 总线上的位流传输示意图

总线电压基本维持 V_{mark} 不变。这表明数据传输过程中任意时刻 M-Bus 总线上要么传输电压信号，要么传输电流信号，所以 M-Bus 只能在主从半双工方式下工作。主站通过检测总线上是否出现 $11 \sim 20mA$ 脉冲电流确定接收 "0" 还是 "1"。从站接收数据时，由于总线绝对电压会随着距离和总线电流变化而变化，故通过检测总线电压与动态参考电压是否相差 10V 以上来确定接收 "0" 还是 "1"。TI 公司的 M-Bus 接口芯片 TSS721A 采用的就是这种动态电平识别逻辑。

M-Bus 的数据链路层规定了总线所用的帧格式。根据物理层的特点，M-Bus 最小数据传输单位是一个字节，采用半双工异步串行传输方式（满足 IEC 870-5-1 标准），波特率为 $300 \sim 9\,600bit/s$。字节传输时先传低位（LSB），再传高位（MSB）。一个字节的传输过程按顺序包括 1 位起始位（定义为逻辑 "0"）、8 位数据位、1 位奇偶校验位、1 位停止位（定义为逻辑 "1"）共 11 比特（bit）。

M-Bus 的完整数据报文（或帧）由多个字节构成，在帧传输过程中每个字节间不允许停顿。M-Bus 的帧采用 IEC 870-5-2 标准规定的格式，包括三种：单字节帧、定长短帧和变长长帧。单字节帧 E5H 用于接收确认，定长短帧用于主站向从站发送指令，变长长帧用于主从站间的数据交换。后两种格式除了起始字节（如 10H，68H）、终止字节（16H）外，还定义了 C、A、L、CI 和 CS 字段，变长长帧封装了一个长达 252 字节的用户数据区。

M-Bus 的应用层定义了测量数据要依据的数据类型和数据结构。从站利用这些数据类型和结构将测量记录值进行编码处理，并封装在长帧的用户数据区内发送。主站则根据这些数据类型和结构的定义，对长帧的用户数据区进行相应的解码，从而获取从站的测量数据。因此用户数据区的数据类型和数据结构的定义对于 M-Bus 的应用具有重要的意义，M-Bus 在这方面针对热量表等消耗量计量仪表

的测量数据进行了专门的设计。M-Bus 定义了多种数据类型，包括无符号 BCD 整型、二进制整型、无符号二进制整型、布尔型、32 位复合型（表示测量类型和物理单位等）、32 位日期时间型、16 位日期型和浮点型等。在这些数据类型的基础上，M-Bus 还定义了两种数据结构：固定数据结构和可变数据结构。长帧的用户数据区实际上就是一个用固定数据结构或可变数据结构表示的数据块。固定数据结构分 6 个字段，依次为从站标识号码、访问次数、从站状态、被测量的类型和单位、计量表数据 1、计量表数据 2。这种数据结构只能传输两个计量表数据，且对测量记录只能进行固定长度的编码。可变数据结构分为 4 个部分，按顺序依次是固定数据头、数据记录块（DRB）、厂商数据头、厂商自定义数据块。数据记录块由若干子数据块组成，子数据块数目以及每个子数据块的类型、长度、意义都是可变的。厂商自定义数据块使得在主从站间可以按照自定义的规则交换数据，不受标准的约束，进一步增加了使用的灵活性。可变数据结构能充分满足远程读数的需要，适用于从站有多种被测量的场合。

107 以太网（Ethernet）总线 以太网（IEEE 802.3 CSMA/CS）从 20 世纪 70 年代提出并发展到现在，最终战胜了令牌总线、令牌环等技术，成为局域网的主要标准，在全球范围局域网中占主导地位。以速度的不断提升为标志，以太网技术的发展经历了标准以太网（10Mbit/s）、快速以太网（100Mbit/s）和千兆以太网（1GMbit/s）三个阶段，并向万兆以太网（10Gbit/s）方向发展。IEEE 802.3 以太网协议实际上仅规定了 OSI 网络模型的物理层和数据链路层的内容，但是与 CAN 协议不同的是以太网详细规定了信号传输介质（铜缆和光纤）的类型以及机械接口方式。

10Mbit/s 以太网物理层信号的传输使用曼彻斯特编码方法，即逻辑 "0" 通过一个由 "+" 到 "-" 的跳变沿来表示，而逻辑 "1" 则通过由 "-" 到 "+" 的跳变沿表示。由于逻辑 "0" 和 "1" 都采用跳变沿表示，故信号中没有直流，这可以有效降低对接收器传输带宽的要求，另外还能通过隔离变压器被隔离，故非常有利于抗干扰设计，实现电磁兼容和保证安全。另外，曼彻斯特编码是将同步时钟与数据通过异或逻辑合成，故接收器可从生成的数据流中提取同步时钟，这样接收器可利用该时钟实现对信号的接收。因此，以太网不同于 UART 和 CAN 总线，它属于同步通信总线。

100Mbit/s 的快速以太网，它采用 MLT-3（三

电平跳变编码）的信号编码方法。这里的"三电平"是指被传输的信号电平通常分成三种状态，分别为正电位"+V"、负电位"−V"和零电位"0"。MLT-3 的运作方式如下：用不变化的电位状态，即保持前一位的电位状态来表示二进制 0，用按照正弦波的电位顺序（0、+、0、−）变换电位状态来表示二进制 1。编码规则如下：如果下一比特是 0，则输出值与前面的值相同；如果下一比特是 1，则输出值要有一个转变。具体而言，如果前面输出的值是+V 或−V，则下一输出为 0；如果前面输出的值是 0，则下一输出的值与上一个非 0 值的符号相反。

1000Mbit/s（1Gbit/s）以太网的物理层使用 5 电平 4D-PAM5 编码，即二进制信息由 5 个电平来表示：−2，−1，0，+1，+2。每个电平代表两位比特信息，其中−2 表示二进制 00，−1 表示二进制 10，+1 表示二进制 01，而+2 表示二进制 11，还有一个电平 0 表示前向纠错码。1000Mbit/s 以太网采用了 5 类网线里全部 4 对双绞线并行地进行数据的发送或接收。这样，要实现 1000Mbit/s 的传输速率，每对线中的传输速率要求就下降到 1/4，即 250Mbit/s。由于又采用了 4D-PAM5 编码方式，每个电平表示两位比特信息，因此每对双绞线实际只需要实现 125Mbit/s 的传输速率。但 4D-PAM5 多电平编码和解码需要采用多个 D/A 或 A/D 转换器来完成，而且要求更高的传输信噪比和接收均衡性能。图 8.6-20 给出了几种不同的以太网的位编码方式图例。

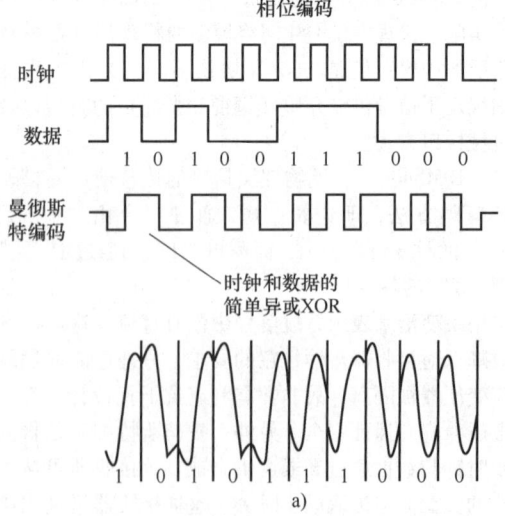

图 8.6-20　不同速率以太网的编码方式
a）10Mbit/s 的编码

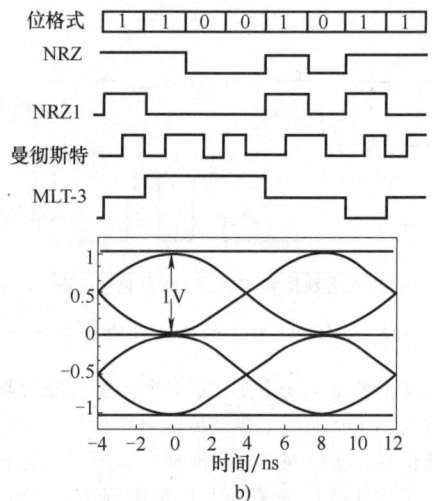

b）

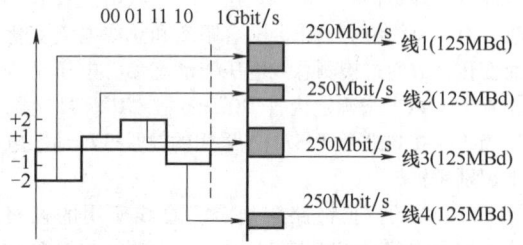

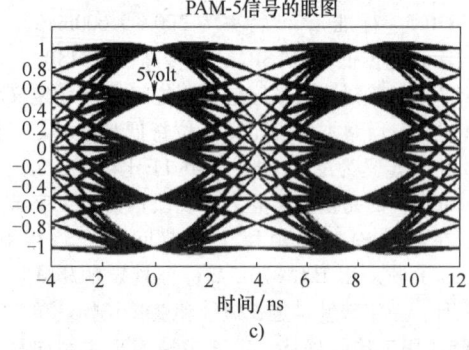

图 8.6-20　不同速率以太网的编码方式（续）
b）100Mbit/s 的编码　c）1Gbit/s 的编码

CSMA/CD 是 Carrier Sense Multiple Access/Collision Detected 的缩写，可译为"载波监听多路访问/冲突检测"。它是以太网使用的 MAC（介质访问控制）协议，主要目的是使不同设备或网络上的节点可以在多点的网络上平等地使用总线进行数据通信。所谓"载波监听"意思是网络上各个节点在发送数据前都要监听总线上有没有数据传输，若有数据传输（称总线为忙），则不发送数据。若无数据传输（称总线为空），立即发送准备好的数据。所谓"多路访问"意思是网络上所有节点收发数据共同使用同一条总线，且发送数据是广播式的。

所谓"冲突检测"，意思是若网上有两个或两个以上节点同时发送数据，则在总线上就会产生信号的混合，这将使得所有的节点都辨别不出真正的数据是什么。在一个节点发送数据的过程中，它要不断地检测自己发送的数据，看看是否在传输过程中与其他节点的数据发生冲突。若在发送过程中监听到其他的发送，则马上停止当前发送，随机延时一段时间后，再重新争用介质尝试发送。如果尝试发送的失败次数太多，则放弃发送。

CSMA/CD 控制方式的优点是原理比较简单，技术上易实现并且可靠，网络中各个节点处于平等地位，可以分布式实现，不需集中控制，也不提供优先级控制。缺点是在网络负载增大时，发送时间增长，发送效率急剧下降。以太网采用的帧结构，它主要由前导码和帧开始符、MAC 目标地址、MAC 源地址、有效数据的字节长度和最多 1500 字节的有效数据、CRC 以及帧间距构成。

IEEE 802.3 以太网协议建立了局域网上的不同节点之间的一种双向通信规范，包括机械接口标准、物理信号规范以及帧格式等，但是这仅仅是一个完整的网络协议的底层部分。为了实现更完善的网络控制以及实现与用户程序的良好接口，需要规定更高层的协议标准。TCP/IP 就是这样一种建立在 IEEE 802.3 之上的高层网络协议，它的提出不仅可以实现局域网内的计算机之间的通信，也可以实现处于不同局域网之内的两台计算机的通信，不同的局域网甚至可以采用不同的物理层和数据链路层协议，例如其中一个局域网是 IEEE 802.3 以太网，而另外一个可能是 IEEE 802.5 令牌环网。安装有 TCP/IP 的计算机网络可以实现互联互通，这样

就构成了一个 Internet，所以 TCP/IP 实际上是一套把 Internet 网上的各种系统互联起来的协议栈。

108　FF 总线　FF 总线是基金会现场总线的简称，它是现场总线的一种，由成立于 1994 年的现场总线基金会提出和制定，基金会的成员囊括了世界最重要的过程控制和生产自动化供应商和最终用户。所谓现场总线，是指安装于工厂或测试车间的现场装置之间或者现场装置与控制室内自动控制装置之间的数字式、串行和多点通信的数据总线。现场总线允许将各种现场设备，如变送器、调节阀、记录仪、显示器、可编程逻辑控制器（PLC）及手持终端和控制系统之间，通过同一总线进行双向多变量通信。

FF 总线包括低速总线（FF-H1）和高速以太网总线（FF-HSE）两种。FF-H1 总线标准在 1996 年颁布，传输波特率为 31.25kbit/s，驱动电压为 9~32VDC，电缆形式采用屏蔽双绞线，网络拓扑结构可以采用总线型、树型、菊花链型及复合型，无中继器时电缆长度应≤1 900m，分支电缆长度在 30~120m 范围内，无中继器时设备挂接数不得超过 32 台，可用中继器数不得超过 4 台。FF 总线最初还包括高速总线（FF-H2），其传输速率为 1Mbit/s 和 2.5Mbit/s。但随着工业自动化水平的提高，控制网络的实时信息传输量越来越大，H2 的设计能力已不能满足实时信息传输的带宽要求。鉴于此，现场总线基金会放弃了原有 H2 总线计划，取而代之的是将现场总线技术与成熟的高速商用以太网技术相结合的新型高速现场总线，即 FF-HSE 总线，并于 2003 年发布最终规范。FF-HSE 基于以太网和 TCP/IP，运行在 100Mbit/s 以太网上，它支持低速总线 H1 的所有功能，同时又对 H1 进行了补充和增强。图 8.6-21 给出了一个典型的 FF 总线典型网络架构图。

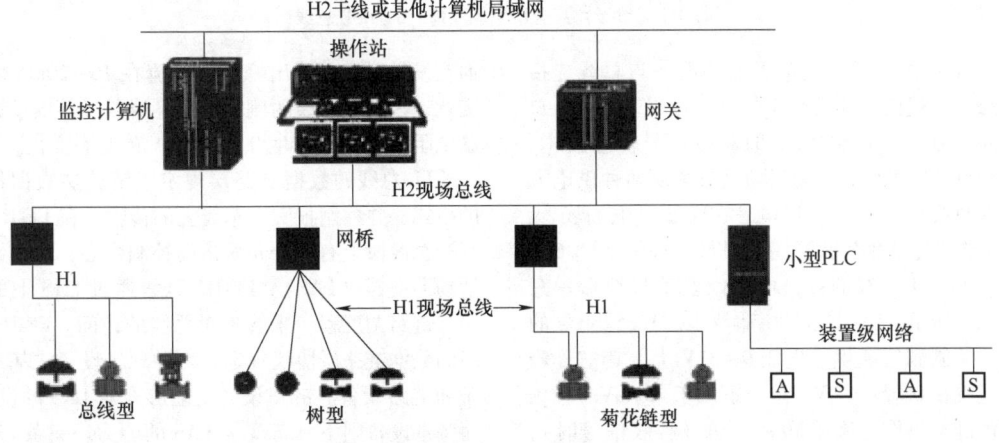

图 8.6-21　FF 总线典型网络架构图

FF 总线的协议规范建立在 ISO/OSI 标准网络模型之上，它包括三个部分：物理层、通信栈和用户层。图 8.6-22a 所示给出了 FF-H1 的分层结构，而图 8.6-22b 则给出了 FF-HSE 的分层结构。

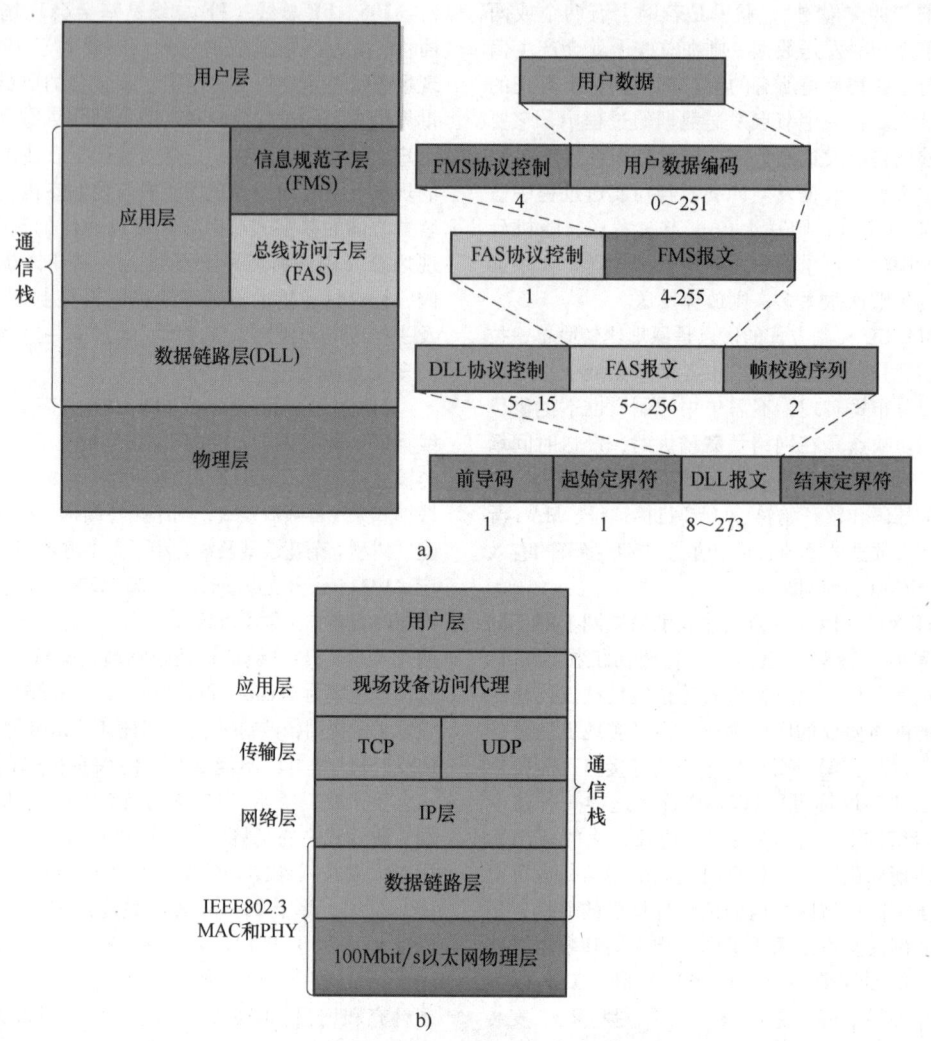

图 8.6-22　FF 总线的协议分层结构
a) H1 总线及协议分层生成原理　b) HSE 总线

FF 总线的物理层规定了现场设备与总线连接的机械和电气接口以及对应的电平标准。FF-H1 总线采用了基于 IEC 61158-2 的双线信号传输技术，采用曼彻斯特编码，并为现场设备提供两种供电方式：非总线供电和总线供电。在总线供电的场合，总线上既要传输数字信号，还要提供电源。图 8.6-23 给出了 FF-H1 总线的接口电路以及信号波形示意图。如图所示，FF-H1 的数字信号以 31.25kbit/s 的频率被调制到直流供电电压 9~32V 上，其信号峰峰值范围在 0.75~1.0V，最小不低于 150mV。现场设备的静态工作电流在 10~15mA（接收信号时），

而在发送时，其输出峰峰值电流在 15~20mA 之间变化，因此在总线两侧的负载终端器（等效动态并联电阻 50Ω）上产生 0.75~1.0V 的动态变化。

FF 总线的数据链路层规定了链路层数据报文的格式，并控制报文在总线上的传输。在 FF-H1 的每个总线段上有一个介质访问控制中心，称为链路活动调度器（LAS）。FF-H1 总线通过 LAS 上的集中式链路调度程序来管理对总线的访问。FF-H1 总线的数据链路层协议规定了两种现场设备：基本设备和链路设备。链路设备是能够充当 LAS 的设备，而基本设备则不具备变为 LAS 的能力。一条 FF 总

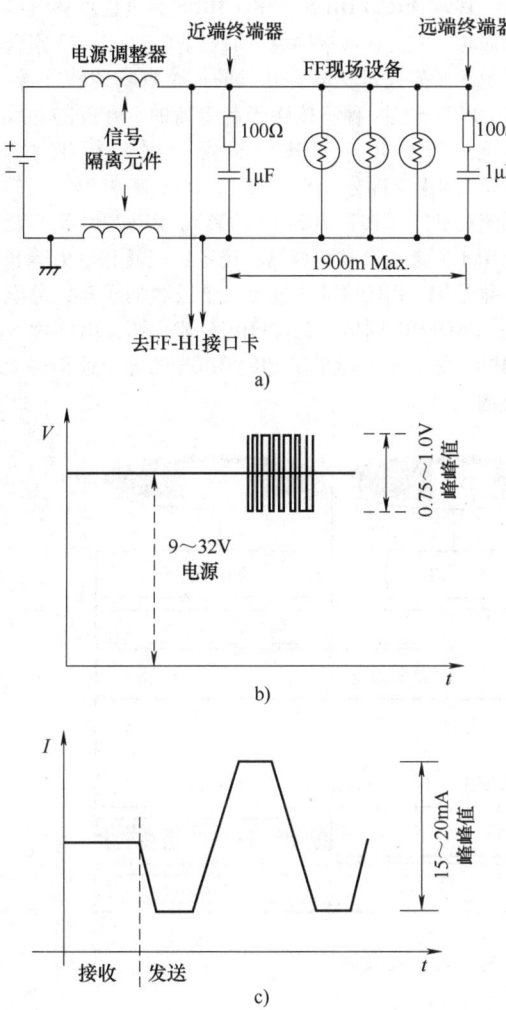

图 8.6-23　FF-H1 总线的电气接线以及
信号波形示意图
a) FF-H1 总线的电气接线图
b) 电压信号波形　c) 现场设备的电流信号

线可以有多台链路设备，如果当前 LAS 设备失效，则其他链路设备中的一台将成为 LAS。FF 总线上的通信活动分为两类：受调度通信和非受调度通信。对于受调度通信，LAS 上记录了总线上所有设备的清单和传输时刻表，LAS 将根据该时刻表对总线上所有需要周期性进行数据传输的设备进行轮询和调度。当某个现场设备的发送时刻到达时，LAS 将向该设备发出一个强制性数据（CD）。一旦收到 CD，该设备将通过"广播"方式向总线上所有设备发送数据，而那些被组态为接收方的设备会接收此数据。调度通信主要用于现场设备间传输控制回路的规律性信息和数据。非调度通信方式则是在规定的

调度时刻之外进行设备间的"非调度报文"的传输，主要用于 FF 总线上所有设备发送突发的非周期性信息，例如报警和修改设定值等。LAS 通过发送一个令牌给一个设备，允许该设备使用现场总线。当该设备收到令牌后，它就被允许发送报文，直到它发送完或者最大令牌持有时间到为止。

现场总线访问子层（FAS）属于 FF 总线应用层的一部分，它处在现场总线信息规范（FMS）子层与数据链路层之间，利用数据链路层的受调度通信和非受调度通信作为 FMS 子层和应用进程提供虚拟通信关系的报文传递服务。在 FF 总线网络中，设备之间传输信息是通过预先组态好的通信通道进行的，这种在现场总线网络中各应用层之间的通信通道称之为虚拟通信关系（VCR）。为了满足不同的应用需要，在 FF 总线中设置了三种类型的 VCR：客户/服务器型、报告分发型、发布/预订接收型，它们的区别在于 FAS 应用数据链路层进行报文传输的方式不同。

FMS 子层在整个通信模型中介于 FAS 和用户层之间。FMS 子层描述了用户应用所需要的通信服务、信息格式和行为状态等，提供了一组服务的标准报文格式。用户层的应用程序进程可采用这种标准格式在总线上相互传递信息。FMS 子层服务基于 VCR 端点来进行，不同应用进程通过使用不同的 VCR 可以进行互不干扰的通信。FMS 子层提供的服务分为有确认的服务和无确认服务。有确认的服务用于操作和控制应用对象，如读/写变量的值、访问对象字典等，它使用客户/服务器型 VCR。无确认的服务用于发布数据或通报事件，发布数据时使用发布/预订接收型 VCR，而通报事件时使用报告分发型 VCR。

FF 的用户层定义了标准的用户应用模块，包括资源模块、转换器模块和功能模块。FF 的开发者（即应用程序的编写者）主要利用用户层提供的应用模块来实现各种测控功能。资源模块定义了现场设备的属性和功能，包括设备识别号、生产厂家、序列号等一般信息以及该设备可利用的内存和 CPU 资源等。每一个设备只能有唯一的一个资源模块。转换模块定义了温度、压力、流量传感器或控制的执行器与模拟输入/输出功能模块之间的接口。功能模块则是构造一个用户控制系统所需的输入/输出模块、计算模块和复杂事件和控制动作模块。FF 定义了 10 个基本功能模块和 19 个先进功能模块。基本功能模块包括：模拟输入（AI）、模拟输出（AO）、控制选择（CS）、偏置增益（BG）、

开关量输入（DI）、开关量输出（DO）、比例调节器（P）、比例微分调节器（PD）、比例微分积分调节器（PID）和手动装载（ML）。而先进功能模块则涵盖了更为复杂的控制功能块，包括复杂输入/输出、死区、超前滞后补偿器及各种运算等。基于FF用户层的这些功能模块可以构建几乎所有的控制策略，可见其功能相当强大。FF-HSE 总线协议在以太网+TCP/IP 基础上增加了 FF 的用户层协议，它除了兼容 FF-H1 总线的基本功能模块，同时还支持所有先进功能模块，因此可实现更为复杂的离散控制或者混合系统控制以及实现不同 I/O 子系统的集成等。

109　PROFIBUS　PROFIBUS 是过程现场总线的简称，它是由 1987 年德国西门子公司等 13 家公司及 5 个研究机构联合开发的一个现场总线标准。PROFIBUS 是一种不依赖于制造商的、开放的总线标准。1999 年，PROFIBUS 成为国际标准 IEC 61158 的组成部分（Type Ⅲ），2006 年成为中国的国家标准（GB/T 20540—2006）。PROFIBUS 广泛应用于制造业、过程控制、楼宇、交通和电力等自动化领域。PROFIBUS 包含三个兼容的子集，分别是 PROFIBUS-PA、PROFIBUS-DP 和 PROFIBUS-FMS。图 8.6-24 给出了 PROFIBUS 的分层通信协议架构。

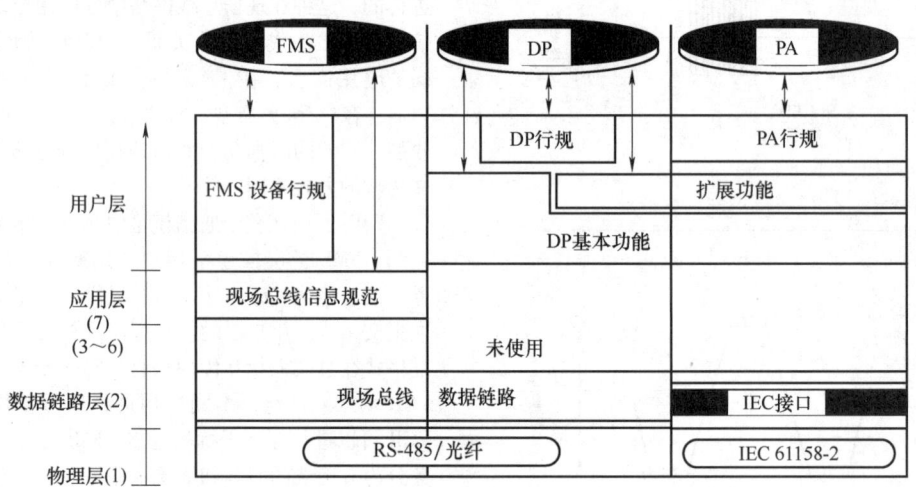

图 8.6-24　PROFIBUS 分层通信协议架构

PROFIBUS-PA 是低速现场级总线，它仅包含物理层、数据链路层和用户层协议。PROFIBUS-PA 与 FF-H1 总线的物理层相同，采用了基于 IEC 61158-2 的双线信号传输技术，采用曼彻斯特编码，可通过总线为现场设备供电，通信速率为 32.25kbit/s，主要用于连接现场智能仪表，如压力、温度、液位、流量变送器以及其他执行器，适用于要求总线供电，对安全要求（例如防爆）比较高的场合。设备的连接方式包括总线型、树型以及混合型。

PROFIBUS-DP 是高速网络，其传输速率最高可达 12Mbit/s，通信介质可采用屏蔽双绞线（符合 RS-485 标准）或者光纤。如果采用屏蔽双绞线，无中继的情况下一条 PROFIBUS-DP 总线最大可连接 32 个从站设备，而在有中继的情况下，最大可连接 126 个从站设备。PROFIBUS-DP 主要应用于主站（PC、基于 VME 总线的控制器和 PLC 等）与从站（包括传感器和阀等智能现场设备）之间的高速

数据传送，完成主站与若干个从站之间的快速循环的数据交换，同时，还提供智能化现场设备所需的非周期性通信以实现组态、诊断和报警处理等功能。PROFIBUS-PA 总线可以通过 DP/PA 耦合器与 PROFIBUS-DP 总线实现互联，耦合器实现 RS-485 信号与 IEC 61158-2 信号之间的转换。PROFIBUS-DP 可采用单主站模式或者多主站模式，主站之间采用令牌传递通信方式，而主站和从站之间则采用主从式轮询通信方式。

PROFIBUS-FMS 用于解决车间级主站之间的通信，在这一层，主机之间需要比现场层更大量的数据传输，但通信的实时性要求低于现场层，即不强调系统的响应时间。

PROFIBUS-FMS、DP 和 PA 的数据链路层是完全相同的，因此它们可以在同一个现场总线网络中存在。DP 和 FMS 的物理层也是相同的，因此它们可以基于同一条电缆（或光纤）进行通信，甚至一

个现场设备也可以同时支持两种协议，接收不同的上层协议的访问。不过，DP 和 FMS 的顶层协议是不同的，DP 没有第 7 层（应用层）协议，而 FMS 却在该层定义了现场总线的信息规范和底层接口。因此，FMS 和 DP 可以基于相同的物理网络来构建，

但是它们各自的通信服务并不相同，各自独立。图 8.6-25 给出了一个 PROFIBUS 的典型实现方案，其中给出了三种不同的协议各自的应用层级和范围。

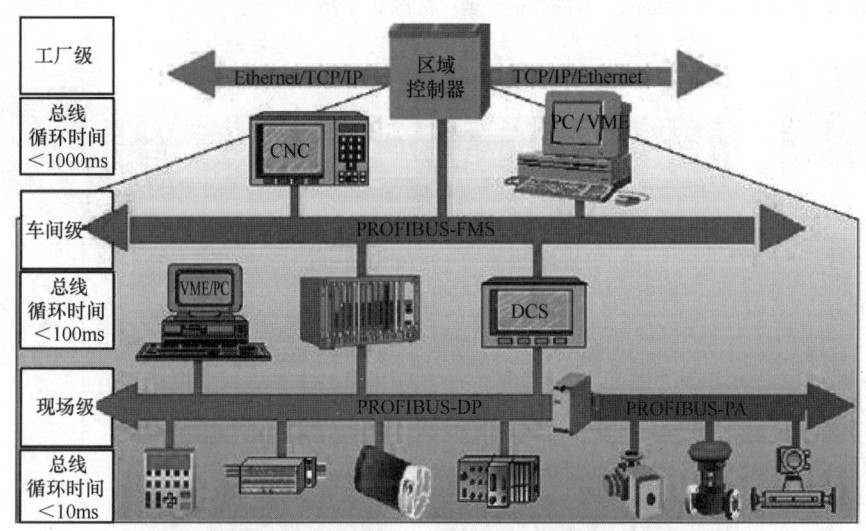

图 8.6-25 基于 PROFIBUS 的工厂自动化控制系统

在三种协议中，PROFIBUS-DP 协议是应用最广泛的，一般提到 PROFIBUS，总是指 DP。PROFI-BUS-DP 采用的是一种令牌循环与集中式轮询相结合的混合式介质访问控制方式。令牌循环是指总线上主站之间的令牌传递，集中式轮询则是指主站与从属于它的从站之间的主从轮询。在网络中，主站在获得了总线的访问控制权后，即可以向总线上发送数据。主站的总线访问控制权是通过获得令牌来得到的，主从方式则允许主站在得到令牌后与从站进行通信，通过报文的形式获取数据。从站在收到主站对它的请求报文后获得总线的访问控制权。主站授权从站获得访问控制权的过程以及从站将控制权返回给主站的过程都是隐含进行的。具体来说，当主站向从站发送一个要求返回数据的请求，那么它同时也就授权从站获得了总线的访问控制权；反过来从站在对主站的请求进行响应的同时也就将访问权返回给了主站。如果在规定的计时时钟溢出时仍然没有收到从站的响应，主站将主动收回总线的访问控制权，以进行重传或其他处理。令牌传递可以确保总线上每个主站在确定时间内都能够取得总线使用权（令牌），并且任意时刻只能有一个主站发送数据，完全避免了冲突。令牌在所有主站间循环一周的最长时间是事先规定好的，从而保证了报

文传递的实时性。系统按主站的地址构成逻辑环，令牌在规定时间内按照地址升序的顺序在主站间依次传递。

6.5 仪器仪表的通信规约

110 Modbus 通信规约 Modbus 通信规约是现场总线的协议之一，但是它没有规定物理层的相关信息，因此仅仅是一个软件规约。Modbus 协议最初由 Modicon 公司开发出来，在 1979 年末该公司成为施耐德自动化部门的一部分，现在 Modbus 已经是工业领域全球最流行的协议。Modbus 通信协议作为开放的协议，因其使用简单且不涉及知识产权，在自动化领域获得了广泛的应用。此协议支持传统的 RS-232、RS-422、RS-485 和以太网设备。许多工业设备，包括 PLC、DCS、智能仪表等都在使用 Modbus 协议作为它们之间的通信标准。有了它，不同厂商生产的控制设备可以连成工业网络，进行集中监控。目前，Modbus 通信规约已经转化为国家标准。

Modbus 规约包括了 6 个标准：1）GB/T 19582.1—2008《基于 Modbus 协议的工业自动化网络规范 第 1 部分：Modbus 应用协议》（转化自国际标准）；2）GB/T 19582.2—2008《基于 Modbus 协议的工业

自动化网络规范 第 2 部分：Modbus 协议在串行链路上的实现指南》（转化自国际标准）；3）GB/T 19582.3—2008《基于 Modbus 协议的工业自动化网络规范 第 3 部分：Modbus 协议在 TCP/IP 上的实现指南》（转化自国际标准）；4）GB/T 25919.1—2010《Modbus 测试规范 第 1 部分：Modbus 串行链路一致

性测试规范》（自主制定国家标准）；5）GB/T 25919.2—2010《Modbus 测试规范 第 2 部分：Modbus 串行链路互操作测试规范》（自主制定国家标准）；6）《Modbus/TCP 安全协议规范》。上述标准的前 3 个来自对应的国际标准，它们的主要对应关系见图 8.6-26。

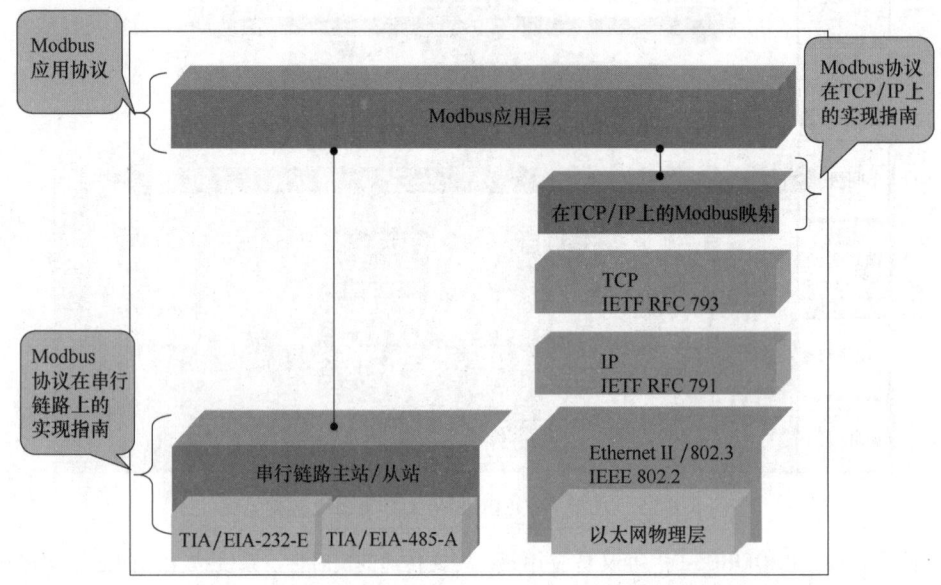

图 8.6-26　GB/T 19582—2008《基于 Modbus 协议的工业自动化网络规范》3 个标准之间的关系

GB/T 19582.1—2008 主要介绍了 Modbus 在 OSI 模型第 7 层上的应用层报文传输协议。该部分描述了 Modbus 事务处理框架内使用的功能码。Modbus 是一个请求/应答协议，功能码是 Modbus 请求/应答协议数据单元（PDU）的元素，Modbus 应用层提供功能码规定的服务，通过它在连接到不同类型的总线或网络设备之间提供客户/服务器通信。

GB/T 19582.2—2008 主要介绍了 Modbus 应用于 RS-232/422/485 串行总线之上时，对应于 OSI 模型的第二层—数据链路层的协议。该协议是一个主-从访问协议，规定了两种帧格式：Modbus/ASCII 和 Modbus/RTU。基本的帧结构包括四个部分：帧头+功能码+数据区+校验码。在 ASCII 帧模式下，一个有效数据在报文中需要两个字节来表示和传输，而在 RTU 模式下，同样一个字节数据只用一个字节来传输。可见，ASCII 传输的速率是 RTU 的一半。另外，Mobus/ASCII 采用 LRC 校验方式，而 Modbus/RTU 则采用 CRC 校验方式。一个 Modbus 主-从访问系统有一个主站，它向某个从

站发出显式命令并处理响应。从站在没有收到主站的请求时并不主动地传输数据，也不与其他从站通信。当主站发出数据请求报文，从站接收正确后就可以发送数据到主站以响应请求，而主站也可以直接发消息修改从站的数据，实现双向读写。主站会定时向从站发起请求，因此当从站产生通信故障时，主站可以诊断出来，同时如果从站恢复正常，那么通信又可以重新建立，可见 Modbus 协议比较可靠。

Modbus 还可以基于以太网和 TCP/IP 来实现通信，GB/T 19582.3—2008 标准主要介绍了 TCP/IP 上的 Modbus 报文传输服务的实现，主要内容包括：TCP/IP 上的 Modbus 概述、Modbus 客户端和服务器以及网关功能描述和对象模型实现准则。图 8.6-27 给出了一个 Modbus 网络的典型结构，该网络包含了不同的 Modbus 协议。

111　IEC 61850 通信规约　IEC 61850 是国际电工委员会（IEC）TC57 工作组 2004 年颁布的变电站通信网络和系统的一系列标准汇总，是基于网

络通信平台的变电站自动化系统唯一的国际标准。IEC 61850 规范了数据的命名、数据定义、设备行为、设备的自描述特征和通用配置语言，用于不同智能电气设备之间的信息共享和互操作。IEC 61850 不仅仅是一个单纯的通信规约，它还是数字化变电站自动化系统的标准，它用于指导变电站自动化的设计、开发、工程、维护等各个领域。该标准通过对变电站自动化系统中的对象统一建模，采用面向对象技术和独立于网络结构的抽象通信服务接口，增强了设备之间的互操作性，可以在不同的厂家之间进行无缝连接，从而大大提高了变电站自动化系统水平和安全稳定运行水平。IEC 61850 的三个主要作用：实现网络通信；变电站内信息共享和互操作；变电站的集成和工程实施。

IEC 61850 系列标准共 10 大类、14 个标准，对应电力行业标准编号 DL/T860。这些标准系列见表 8.6-8。

图 8.6-28 给出了这些不同标准之间的名称和关系。

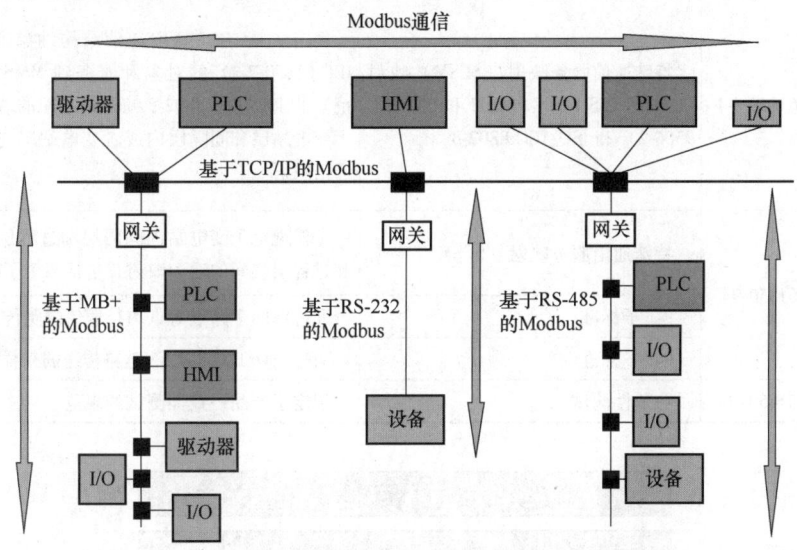

图 8.6-27 基于 Modbus 的网络体系结构

表 8.6-8 IEC 61850 的标准系列

序号	标准号	标准名	标准内容
1	IEC 61850-1	基本原则	对 IEC 61850 标准系列的概括介绍
2	IEC 61850-2	术语	整个 IEC 61850 标准中主要术语的解释
3	IEC 61850-3	基本要求	包括质量要求（可靠性、可维护性、系统可用性、轻便性、安全性），环境条件，辅助服务以及其他标准和规范
4	IEC 61850-4	系统和工程管理	包括工程要求（参数分类、工程工具和文件），系统使用周期（产品版本、工程交接、工程交接后的支持），质量保证（责任、测试设备、典型测试、系统测试、工厂验收和现场验收）
5	IEC 61850-5	对功能和设备模型的通信要求	包括逻辑节点访问、逻辑通信链路以及通信的信息块概念、功能和定义
6	IEC 61850-6	变电站自动化系统结构语言	规定了用于变电站的智能设备和系统属性配置的语言

（续）

序号	标准号	标准名	标准内容
7	IEC 61850-7	基本通信结构和模型	规定了变电站和线路（馈线）设备的基本通信结构，包括四个子标准
		7-1 子标准	原理和模型
		7-2 子标准	抽象通信服务接口（ACSI）
		7-3 子标准	通用数据分类
		7-4 子标准	兼容的逻辑节点分类和数据分类
8	IEC 61850-8-1	特殊通信服务映射（SCSM）映射到 MMS（ISO/IEC 9506-1 和 ISO/IEC 9506-2）和 ISO/IEC 8802-3	规定了 ACSI（基本通信结构抽象通信服务接口，IEC 61850-7-2）的对象和服务到 MMS（制造报文规范）和 ISO/IEC 8802-3 帧格式之间的映射；主要规范了变电站层和间隔层内或者变电站层与间隔层之间的通信映射
9	IEC 61850-9	特殊通信服务映射（SCSM）	主要规范了变电站内间隔层和过程层内或者间隔层和过程层之间的通信映射，包括两个子标准
		9-1 子标准	通过单向多路点对点串行通信链路传送的采样值
		9-2 子标准	通过 ISO/IEC 8802-3 链路传送的采样值
10	IEC 61850-10	一致性测试	规定了产品一致性测试的规范

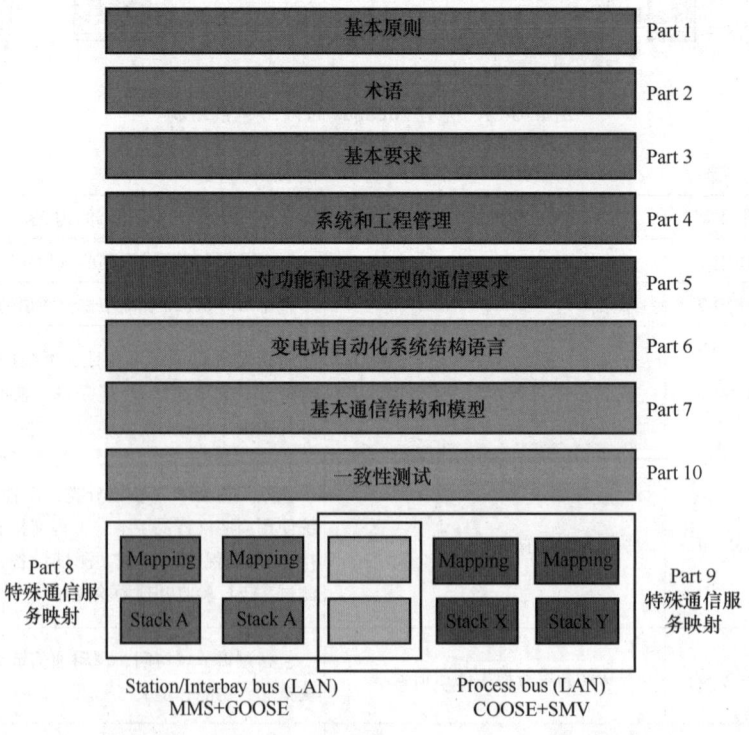

图 8.6-28　IEC 61850 系列各标准名称和关系

IEC 61850 系列标准的第一个特点是提出了变电站内信息分层的概念，将变电站通信体系分为三个层次：变电站层（或叫站控层）、间隔层和过程层，并定义了层与层之间的通信接口和通信服务。

过程层一般指变电站内一次设备与二次设备相互联系，实现信息交互的层级，主要功能包括：1）电力运行实时电压和电流波形采样。IEC 61850 过程层采用合并单元设备，它能够处理来自电流互感器和电压互感器等设备的输出信号，实现模拟量到数字量的改变，并将数字电压与电流采样值传输到过程总线（高速以太网总线），以 IEC 61850-9-2 规约接入间隔层设备，用于保护和测控设备进行分析、保护和控制。2）运行设备的状态参数检测。主要是对变压器、断路器、刀开关和母线等运行设备的温度、压力、绝缘、机械特性以及其他工作状态数据进行检测。3）操作和控制的执行与驱动。根据间隔层保护装置的指令执行相应的控制动作，例如执行跳闸、电压无功控制的投切、对断路器的遥控开合等。

间隔层位于过程层和站控层之间，间隔层设备包含了测控设备、保护设备、计量设备和录波设备等二次设备，主要作用包括：1）汇集本间隔的过程层实时检测数据；2）实施本间隔的操作闭锁功能；3）实施操作同期及其他控制功能；4）对数据采集和命令发出采用优先级控制和管理；5）实现与过程层和站控层之间的网络通信，完成数据的上传与下达。

站控层位于过程层和间隔层之上，主要包含服务器、监控系统、工程师工作站、故障信息系统等。主要任务包括：1）通过高速网络汇总全站的实时数据，按照既定标准将相关数据送往调度中心，并接收调度和控制中心有关控制命令下发到间隔层和过程层执行；2）实现站内监控和人机交互；3）不断刷新实时数据库，定时将数据转入历史数据库；4）对间隔层和过程层设备进行在线参数修改等。

图 8.6-29 给出了基于 IEC 61850 的数字化变电站层次和层间逻辑接口。

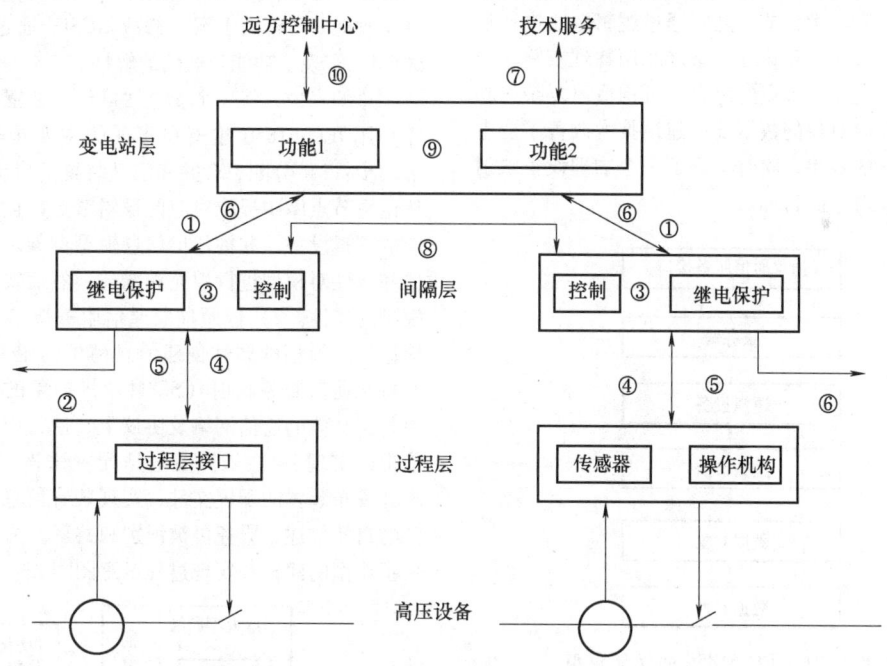

图 8.6-29　变电站自动化系统层次关系图和层间逻辑接口

如图所示，数字表示不同层次内或层次间的逻辑接口，主要包括：①间隔层和站控层之间保护数据的交换（采用 MMS 报文）；②间隔层与远方保护之间的保护数据交换（非标准范围，自定义规约）；③间隔层内部的数据交换（采用 GOOSE 报文）；④过程层与间隔层之间的采样数据交换（采用 SMV 报文）；⑤过程层与间隔层之间的控制和状态数据交换（采用 GOOSE 报文）；⑥间隔层与站控层之间的控制数据交换（采用 MMS 报文）；⑦站控层与远方控制主站的数据交换（采用 MMS 报文）；⑧间隔层不同间隔之间的数据交换，例如控制闭锁（采用 GOOSE 报文）；⑨站控层内部的数据交换（采用 MMS 报文）；⑩站控层与远方控制中心的数据交换（非标准范围，自定义规约）。IEC 61850 提供的通信报文来完成不同层间的通信和数据交换，它们分别是 MMS 报文（制造报文规范，ISO/IEC 9506 标准）、GOOSE 报文（面向通用对象的变电站事件，以太网组播报文为基础）和 SMV 报文（采样测量值报文，以太网组播报文为基础）。

IEC 61850 的第二个重要特征是面向对象的统一建模技术，面向对象统一建模也是 IEC 61850 的核心。面向对象技术的核心是对象，所有的实物（变电站、断路器、隔离开关、电能质量监测终端等）都可建模为一个对象。对象的功能有大有小，大到系统级（如变电站和发电厂等），小到单一功能（单个实时数据的监测），而 IEC 61850 用服务器表示一个设备的对象模型。服务器中包含逻辑设备，逻辑设备中包含逻辑节点（逻辑节点是 IEC 61850 所定义的最小信息交互单元），逻辑节点中则包含数据对象和数据属性，其关系见图 8.6-30。一个物理设备上可以包含多个具有不同变电站功能的逻辑节点，而各逻辑节点之间通过逻辑链路进行通信和数据的交换，各物理设备之间用物理链路来连接。通过不同逻辑节点的组合，可构造出复杂的功能模型。面向对象的数据统一建模技术改善了变电站功能集成的效率，同时实现了一个物理设备映射到多个功能对象的目标。

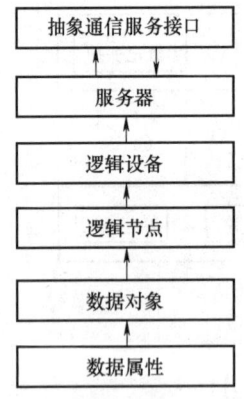

图 8.6-30　IEC 61850 的功能模型

IEC 61850 的第三个特点是数据的自描述。大部分传统电力系统信息传输是面向点的传输，传输的信息需要和控制端数据库约定好，才能进行设备状态的描述。然而 IEC 61850 标准采用数据自描述，是面向对象的，数据被接收端接收时，就可以依靠自身的说明解释，建立数据库，而不需要事先与控制端约定，简化了工作量。IEC 61850 标准提供了

80 多种逻辑节点的名字代码和 350 多种数据对象代码，23 个公用数据类，涵盖了变电站所有功能和数据对象，并且还提供了扩展新的逻辑节点的方法，规定有一套数据对象代码组成的方法。这些方法结合在一起，完全解决了面向对象的数据自我描述问题。

IEC 61850 的第四个特点是抽象通信服务接口（ACSI）与特殊通信服务映射（SCSM）的统一。标准设计出独立于具体网络应用层协议的 ACSI，解决了标准的稳定性与未来通信技术发展之间的矛盾。IEC 61850 定义了 14 类 ACSI 模型，包括：服务器模型、应用关联模型、逻辑设备模型、逻辑节点模型、数据模型、数据集模型、替换模型、整定值控制块模型、报告及日志控制块模型、通用变电站事件模型、采样值传输模型、控制模型、时间以及时间同步模型和文件传输模型。每个 ACSI 模型都由若干抽象通信模型服务组成。功能的最终实现还要通过 SCSM。SCSM 负责将抽象的功能服务映射到具体的通信网络和协议上。当通信技术发展时，只需改动 SCSM 而不需要修改 ACSI。通过 ACSI 和 SCSM，实现了功能与通信的解耦。

总的来说，将一个变电站自动化装置（物理设备）用 IEC 61850 建模和实现的主要步骤分为以下四步：1）分配、合并和定义装置的自动化功能，从逻辑节点库中提取对应的逻辑节点，创建装置对应的逻辑设备，并构建出信息模型框架。用数据对象和属性对模型进行填充和描述，然后实例化信息模型的属性。2）依照抽象通信服务接口（ACSI），根据信息模型的属性创建信息模型的服务。3）依照特殊通信服务映射（SCSM）将抽象的通信服务映射到具体的通信网络及协议上，使得服务借助通信得以实现。4）依照变电站配置语言（SCL）组织并发布装置的配置文件，实现装置信息和功能服务的自我描述，服务可被识别和共享。图 8.6-31 给出了典型的建模和实现过程示意图[2]。

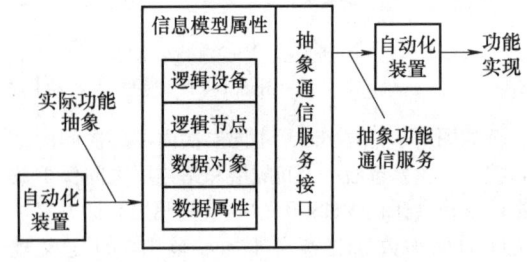

图 8.6-31　变电站自动化装置的
IEC61850 建模和实现过程

参 考 文 献

[1] 丁晖，汤晓君，等. 现代测试技术与系统设计 [M]. 西安：西安交通大学出版社，2015.

[2] 王建华，等. 电气工程师手册 [M]. 3 版. 北京：机械工业出版社，2006.

[3] 叶朝锋，徐云，迟忠君，等. 磁测量原理与技术 [M]. 北京：清华大学出版社，2018.

[4] 殷春浩，崔亦飞. 电磁测量原理及应用 [M]. 徐州：中国矿业大学出版社，2008.

[5] 孙晓华，赵晨. 基于虚拟仪器的静态磁特性自动测试仪的研制 [J]. 化工自动化及仪表，2012，39（02）：186-189.

[6] 杜永萍，李峰. 静态磁特性参数的测量研究 [J]. 电子设计工程，2010，18（5）：120-121.

[7] E. Hirota，H. Sakakima，K. Inomata. 巨磁阻器件 [M]. 邓宁，魏榕山，庞华，译. 北京：清华大学出版社，2014.

[8] 周世昌. 磁性测量 [M]. 北京：电子工业出版社，1987.

[9] 聂亚林. 非正弦波供电时磁性材料损耗的测试与研究 [D]. 南京，东南大学，2009.

[10] 机械工程手册电机工程手册编辑委员会. 电机工程手册：第 2 卷 第 6 篇，第 8 卷 第 4 篇 [M]. 2 版. 北京：机械工业出版社，1997.

[11] 唐统一. 近代电磁测量 [M]. 北京：中国计量出版社，1992.

[12] 陶时潮. 电气测量技术 [M]. 北京：中国计量出版社，1991.

[13] 李谦. 误差理论与数据处理 [M]. 西安：陕西科学技术出版社，1993.

[14] 丁振良. 误差理论与数据处理 [M]. 哈尔滨：哈尔滨工业大学出版社，1987.

[15] 电能计量手册编辑委员会. 电能计量手册 [M]. 郑州：河南科学技术出版社，1990.

[16] 穆志坚，等. 电磁计量技术 [M]. 北京：机械工业出版社，1988

[17] 李颂伦，等. 电气测试技术 [M]. 西安：西北工业大学出版社，1992.

[18] 原宏，米田明，等. 电测量仪器 [M]. 北京：中国计量出版社，1987.

[19] 张永瑞，等. 电子测量技术基础 [M]. 西安：西安电子科技大学出版社，1996.

[20] 刘君华. 电子测量技术基础 [M]. 西安：西安交通大学出版社，1999.

[21] 华中工学院电磁测量教研室. 常用电工仪表与测量 [M]. 2 版. 北京：机械工业出版社，1988.

[22] 揭秉信. 大电流测量 [M]. 北京：机械工业出版社，1987.

[23] 李大明. 磁场的测量 [M]. 北京：机械工业出版社，1993.

[24] 徐国富，等. 非电量电测工程手册 [M]. 北京：机械工业出版社，1987.

[25] 诺顿. 传感器与分析器手册 [M]. 李新，任秀桦，译. 上海：上海科学技术出版社，1989.

[26] 刘惠彬，刘立刚. 测试技术 [M]. 北京：北京航空航天大学出版社，1989.

[27] 森树正直，山崎弘郎. 传感器技术 [M]. 黄香泉，译. 北京：科学出版社，1988.

[28] 蔡其恕. 机械量测量 [M]. 北京：机械工业出版社，1983.

[29] 王魁汉. 温度测量技术 [M]. 沈阳：东北工学院出版社，1991.

[30] 陈焕生. 温度测试技术及仪表 [M]. 北京：水利电力出版社，1987.

[31] 刘瑞复，史锦珊. 光纤传感器及其应用 [M]. 北京：机械工业出版社，1987.

[32] 尤德斐. 数字化测量技术：下册 [M]. 北京：机械工业出版社，1982.

[33] 刘得新. 永胜电表厂产品综述 [J]. 电测与仪表，1987（8）：44-56.

[34] 王谨之，许顺生. 常用电子测量技术手册 [M]. 天津：天津科学技术出版社，1989.

[35] 唐统一，等. 交流电桥 [M]. 北京：机械工业出版社，1988.

[36] 蒋文焕，孙续. 电子测量 [M]. 北京：中国计量出版社，1988.

[37] GB/T 9317-2012 脉冲信号发生器通用规范 [S]. 北京：中国标准出版社，2012.

[38] GB/T 7635-2002 全国主要产品分类与代码 [S]. 北京：中国标准出版社，2002.

[39] 李崇德. 现代存储示波器原理与应用 [M]. 北京：电子工业出版社，1989.

[40] 孙圣和，刘明亮，施正豪. 现代时域测量 [M]. 哈尔滨：哈尔滨工业大学出版社，1989.

[41] 施仁，刘文江. 自动化仪表与过程控制 [M]. 北京：电子工业出版社，1991.

[42] 吴勤勤. 电动控制仪表及装置 [M]. 北京：化学工业出版社，1990.

[43] 吴勤勤. 微机化仪表及装置 [M]. 上海：华东化工学院出版社，1991.

[44] 李海青. 智能型检测仪表及控制装置 [M]. 北京：化学工业出版社，1998

[45] 徐春山. 过程控制仪表 [M]. 北京：冶金工业出版社，1995.

[46] 王立吉，等. 高频电压的计量测试 [M]. 北京：中国计量出版社，1986.

[47] 张福学. 传感器应用及其电路精选 [M]. 北京：

电子工业出版社，1993.

[48]　崔瑛，等. 110kV 无分压型光纤电压互感器 [J].
　　　高电压技术，1998，24（4）：75-78.

[49]　祁学孟，等. 光学电流传感器的进展与分析. 光纤
　　　与电缆及其应用技术 [J]. 1997，6：50-53.

[50]　陈海清，等. 高电压领域的光电式电流互感器

[J]. 高电压技术，1998，24（2）：70-72，75.

[51]　王玉敏，Modbus 协议簇简介 [J]，中国仪器仪表，
　　　2009，（12），21-26.

[52]　王哲. 基于 IEC61850 的变电站过程层与间隔层技
　　　术研究 [D]，武汉：华中科技大学，2008.

第9篇

电机

主　　编　梁得亮（西安交通大学电气工程学院）
副 主 编　贾少锋（西安交通大学电气工程学院）
参　　编　娄建勇（西安交通大学电气工程学院）
　　　　　刘　凌（西安交通大学电气工程学院）
　　　　　杜锦华（西安交通大学电气工程学院）
　　　　　寇　鹏（西安交通大学电气工程学院）
　　　　　段娜娜（西安交通大学电气工程学院）
　　　　　张那明（西安交通大学电气工程学院）
主　　审　刘崇新（西安交通大学电气工程学院）
责任编辑　刘星宁

第1章 技术基础

1.1 电机概述

1 电机的分类及应用 电机是一种用来进行电能与机械能相互转换的电磁装置。其运行原理基于电磁感应定律和电磁力定律。电机的类型和规格很多，按电机功用分类，可分为发电机、电动机、特殊用途电机。按电机电流类型分类，可分为直流电机和交流电机。交流电机可分为同步电机和异步电机。按电机相数分类，可分为单相电机及多相（常用三相）电机。按电机的容量或尺寸大小分类，可分为大、中、小、微型电机。电机还可按其他方式（如频率、转速、运动、形态，励磁磁场建立与分布等）分类。按电机功用分类及其主要用途见表 9.1-1。

2 各类电机的结构及特点 见表 9.1-2。

表 9.1-1 电机主要类型及用途

种类	名称			主要用途
发电机	1）交流发电机	汽轮发电机 水轮发电机 柴油发电机 异步发电机 中频发电机		火力发电厂及核能发电厂 水力发电厂 工厂、矿山、船舶和农村自备电源和移动电源等 余热发电和水能、风能发电 特种电源及高频加热用电源
	2）直流发电机			各种直流电源和作测速发电机用
电动机	1）交流电动机	同步电动机		驱动功率较大或转速较低的机械设备，用于大型船舶的推进器
		异步电动机	笼型异步电动机 绕线转子异步电动机 交流换向器电动机	用于驱动一般机械设备 用于要求起动转矩高、起动电流小或小范围调速的机械设备 三相换向器电动机用于驱动需要高速的机械，单相换向器电动机用于电动工具和某些家用电器中
	2）直流电动机			用于冶金、矿山、交通运输、纺织、印染、造纸、印刷以及化工和机床工业，主要驱动需要调速的机械设备
	3）交直流两用电动机			用于电动工具等
特殊用途电机	1）电动测功机 2）同步调相机 3）调相机 4）控制微特电机 5）其他特殊用途电机			测定机械功率 供给或吸收电网无功功率 改善电机功率因数 在伺服系统中作检测、反馈、执行及放大部件使用，在解算系统中作解算部件 满足特定功能用途

表 9.1-2 各类电机的结构及特点

电机类型		定子	转子	基本特点
直流电机		包括主磁极及直流励磁绕组。建立励磁磁场	包括电枢铁心及电枢绕组。感生交流电动势，流过负载电流，借换向器和电刷的作用使外电路的直流电与电枢绕组的交流电之间相互交换	调速性能优良，调速方便、平滑、范围广；改变励磁方式可获得不同的运行特性。但结构较复杂，维护工作量较大
交流电机	同步电机	包括电枢铁心及交流电枢绕组。感应交流电动势，流过负载电流①	包括磁极及直流励磁绕组。建立励磁磁场①	转速严格按同步转速运行
	异步电机	包括定子铁心及交流绕组。建立励磁磁场，同时感应交流电动势，流过励磁电流及负载电流	包括转子铁心及自成闭合回路的转子绕组。感应交流电动势，流过负载电流	转速与同步转速存在一定的差异，电机性能能满足一般机械的传动要求；结构简单，运行可靠，使用维护方便。但调速性能较差，要从电网吸收无功功率

① 小型或特殊用途的同步电机有时采用旋转电枢式，即其转子为电枢，定子为磁极。

1.2 电机的工作制与定额[1,2]

3 电机工作制 是对电机承受负载情况的说明，包括起动、电制动、空载、断能停转以及这些阶段的持续时间和先后顺序。工作制分为如下10类：

S1——连续工作制 保持在恒定负载下运行至热稳定状态。本工作制简称为S1。

S2——短时工作制 在恒定负载下按给定的时间运行，电机在该时间内不足以达到热稳定，随之停机和断能，其时间足以使电机再度冷却到与冷却介质温度之差在2K以内。本工作制简称为S2，随后应标以工作制的持续时间。例：S2 60min。

S3——断续周期工作制 按一系列相同的工作周期运行，每一周期包括一段恒定负载运行时间及一段停机和断能时间。该工作制每一周期的起动电流不会对温升有显著影响。本工作制简称为S3，随后应标以负载持续率。例：S3 25%。

S4——包括起动的断续周期工作制 按一系列相同的工作周期运行，每一周期包括一段对温升有显著影响的起动时间、一段恒定负载运行时间及一段停机和断能时间。本工作制简称为S4，随后应标以负载持续率以及归算至电动机转动惯量（J_M）和负载转动惯量（J_{ext}）。例：S4 25%、$J_M = 0.15\text{kg} \cdot \text{m}^2$、$J_{ext} = 0.7\text{kg} \cdot \text{m}^2$。

S5——包括电制动的断续周期工作制 按一系列相同的工作周期运行，每一周期包括一段起动时间、一段恒定负载运行时间、一段电制动时间及一段停机和断能时间。本工作制简称为S5，随后应标以负载持续率以及归算至电动机转轴上的电动机转动惯量（J_M）和负载转动惯量（J_{ext}）。例：S5 25%、$J_M = 0.15\text{kg} \cdot \text{m}^2$、$J_{ext} = 0.7\text{kg} \cdot \text{m}^2$。

S6——连续周期工作制 按一系列相同的工作周期运行，每周期包括一段恒定负载运行时间和一段空载运行时间，无停机和断能时间。本工作制简称为S6，随后应标以负载持续率。例：S6 40%

S7——包括电制动的连续周期工作制 按一系列相同的工作周期运行，每周期包括一段起动时间、一段恒定负载运行时间和一段电制动时间，无停机和断能时间。本工作制简称为S7，随后应标以归算至电动机转轴上的电动机转动惯量（J_M）和负载转动惯量（J_{ext}）。例：S7 $J_M = 0.4\text{kg} \cdot \text{m}^2$、$J_{ext} = 7.5\text{kg} \cdot \text{m}^2$。

S8——包括负载转速相应变化的连续周期工作制 按一系列相同的工作周期运行，每一周期包括一段按预定转速运行的恒定负载时间和一段或几段按不同转速运行的其他恒定负载时间（例如变极多速感应电动机），无停机和断能时间。本工作制简称为S8，随后应标以归算至电动机转轴上的电动机转动惯量（J_M）和负载转动惯量（J_{ext}）以及在每一转速下的负载、转速与负载持续率。例：S8 $J_M = 0.5kg \cdot m^2$，$J_{ext} = 6kg \cdot m^2$，16kW、740r/min、30%、40kW、1 460r/min、30%、25kW、980r/min、40%。

S9——负载和转速作非周期变化工作制 负载和转速在允许的范围内作非周期性变化的工作制。这种工作制包括经常性过载，其值可远远超过基准负载。本工作制简称为S9。对于本工作制中的过载概念，应选定一个以S1工作制为基准的合适的恒定负载为基准值。

S10——离散恒定负载和转速工作制 包括特定数量的离散负载（或等效负载）/转速（如可能）的工作制，每一种负载/转速组合的运行时间应足以使电机达到热稳定。在一个工作周期中的最小负载值可为零（空载或停机和断能）。本工作制简称为S10，随后应标以相应负载及其持续时间的标幺值 $P/\Delta t$ 和绝缘结构相对预期热寿命的标幺值 T_L。预期热寿命的基准值是S1连续工作制定额及其允许温升限值下的预期热寿命。停机和断能时，用 r 表示负载。例：S10 $P/\Delta t = 1.1/0.4$；$1/0.3$；$0.9/0.2$；$r/0.1$，$T_L = 0.6$。

工作制类型除用S1~S10相应的代号作标志外，还应符合下列规定：1）对S2工作制，应在代号S2后加工作时限；对S3和S6工作制，应在代号后加负载持续率。例如：S2—60min、S3—25%、S6—40%。2）对于S4和S5工作制，应在代号后加负载持续率、电动机的转动惯量 J_M 和负载的转动惯量 J_{ext}，转动惯量均为归算至电动机轴上的数值。例如：S4—25%、$J_M = 0.15kg \cdot m^2$、$J_{ext} = 0.7kg \cdot m^2$。3）对S7工作制，应在代号后加电动机的转动惯量 J_M 和负载的转动惯量 J_{ext}，转动惯量均为归算至电动机轴上的数值。例如：S7—$J_M = 0.4kg \cdot m^2$、$J_{ext} = 7.5kg \cdot m^2$。4）对S8工作制，应在代号后加电动机的转动惯量 J_M 和负载的转动惯量 J_{ext} 以及在每一转速下的负载与负载持续率，转动惯量均为归算至电动机轴上的数值。例如：S8—$J_M = 0.5kg \cdot m^2$、$J_{ext} = 6kg \cdot m^2$、16kW、740r/min 时为30%；40kW、1 460r/min 时为30%；25kW、980r/min 时为40%。5）对S10工作制，应在代号后标以相应负载及其持续时间的标幺值，$p/\Delta t = 1.1/0.4$、$1/0.3$、$0.9/0.2$；$r/0.1$、$T_L = 0.6$。

4 电机定额

（1）定额的选定 制造厂应按规定选定定额。

在选定定额时，制造厂应按下面1)~6)条中的规定选取一种定额。定额类别应标志在额定输出后。如无额定类别，则认为是连续工作制定额。

当由制造厂接入作为电机整体一部分的附件（如电抗器、电容器等）时，额定值应归算至整个组合的电源边端子处。

注：本规定不适用于电机与电源之间所接的电力变压器。

当对用静止变流器馈电或供电的电机规定定额时，应另作专门考虑。GB/T 21209—2017对在GB/T 21210—2016范围内的笼型感应电动机给出了应用导则。

（2）定额类别

1）连续工作制定额：一种定额，按其规定在满足标准的各项要求的同时，电机应能作长期运行。

这类定额对应于S1工作制，标志方法亦同S1工作制。

2）短时工作制定额：一种定额，按其规定在满足本标准的各项要求的同时，电机应能在环境温度下起动，并在规定的时限内运行。

这类定额对应于S2工作制，标志方法亦同S2工作制。

3）周期工作制定额：一种定额，按其规定在满足本标准的各项要求的同时，电机应能按指定的工作周期运行。

这类定额对应于S3~S8工作制，标志方法亦同相应的工作制。

除非另有规定，工作周期的持续时间为10min，负载持续率应为下述数值之一：15%、25%、40%、60%。

4）非周期工作制定额：一种定额，按其规定在满足本标准的各项要求的同时，电机应能作非周期运行。

这类定额对应于S9工作制，标志方法亦同S9工作制。

5）离散恒定负载和转速工作制定额：一种定额，按其规定在满足本标准的各项要求的同时，电机应能承受S10工作制的联合负载和转速做长期运行。在一个工作周期内的最大允许负载应考虑到电机的所有部件，如绝缘结构对于相对预期热寿命的指数规律的正确性、轴承温度以及其他部件的热膨胀等。除非其他相关国标或IEC标准另有规定，最大负载应不超过以S1工作制为基准的负载值的1.15倍。最小负载可为零，此时电机处于空载、停机或断能状态。

这类定额对应于 S10 工作制，标志方法亦同 S10 工作制。

注：其他相关国标或 IEC 标准允许用限制绕组温度（或温升）来取代基于 S1 工作制的负载标幺值规定的最大负载。

6）等效负载定额：一种为试验目的而规定的定额，按其规定在满足本标准各项要求的同时，电机可在恒定负载下运行直至达到热稳定，使定子绕组温升与在规定工作制的一个负载周期内的平均温升相同。

注：等效定额的定义应该考虑了一个工作周期内负载、转速和冷却的变化。

如采用这类定额，应标志为"equ"。

（3）定额类别的选定 按一般用途制造的电机应具有连续工作制定额，并能以 S1 工作制运行。

如用户未表明工作制，则认为是 S1 工作制，其定额为连续工作制定额。

对用于短时工作制定额的电机，其定额应以 S2 工作制为基准。

对用于可变负载或负载包括空载、停机和断能的电机，其定额应为以 S3~S8 工作制之一为基准的周期工作制定额。

对用于转速变化负载亦变化，包括过载的电机，其定额应为以 S9 工作制为基准的非周期工作制定额。

对用于离散恒定负载，包括过载或空载（或停机和断能）的电机，其定额应为以 S10 工作制为基准的离散恒定负载定额。

（4）各种定额类别的输出 在确定定额时：

1）对 S1~S8 工作制，其恒定负载规定值应为额定输出。

2）对 S9 和 S10 工作制，应以基于 S1 工作制的负载基准值作为额定输出。

（5）额定输出

1）直流发电机：额定输出是指接线端子处的输出功率，用瓦（W）表示。

2）交流发电机：额定输出是指接线端子处的视在功率，用伏安（V·A）连同功率因数表示。

除非与购买者另有规定，同步发电机的额定功率因数应为 0.8 滞后（过励）。

3）电动机：额定输出是指转轴上的有效机械功率，用瓦（W）表示。

注：实际上在有些国家电动机转轴上输出的机械功率是用马力［1hp 相当于 745.7W；1ch（米制马力）相当于 736W］来表示。

4）同步调相机：额定输出是指接线端子处的无功功率，在超前（欠励）或滞后（过励）的条件下，用乏（var）表示。

（6）额定电压：对在较小电压范围内运行的直流发电机，除非另有规定，其额定输出电压应对应于该电压范围内的任一数值。

（7）多种定额电机 对于多种定额电机，每种定额在各个方面都应符合本标准。

对于多速电动机，应对每一转速规定定额。

当一额定变量（输出、电压、转速等）有若干个数值或在两个限值内连续变化时，则应按这些数值或限值说明定额。本规定不适用于由交流发电机供电，且频率为固定的电源上的交流电机运行期间电压和频率变化或起动时的星-三角联结。

1.3 电机的结构、安装型式与防护类型

5 电机轴中心高 是从电机成品底脚平面至轴中心线的距离，它包括制造厂供应的绝缘垫块，但不包括电机安装时调整用垫块的厚度。轴中心高应符合表 9.1-3 的规定。轴中心高公差及平行度公差应符合表 9.1-4 的规定。中心高公差适用于在公共底板上安装的电机。平行度公差是指电机两个轴伸端面中心高之差。

表 9.1-3 轴中心高

（单位：mm）

36	40	45	50	56	63	71	80	90	100
112	132	160	180	200	225	250	280	315	355
400	450	500	560	630	710	800	900	1 000	—

表 9.1-4 轴中心高公差及平行度公差

（单位：mm）

中心高 H	中心高公差	平行度公差		
		2.5H>l	2.5H≤l≤4H	l>4H
25~50	-0.4	0.2	0.3	0.4
>50~250	-0.5	0.25	0.4	0.5
>250~630	-1.0	0.5	0.75	1.0
>630~1 000	-1.0	—	—	—

注：l 为电机轴的长度。

6 电机结构及安装型式代号 电机的结构及安装型式代号应符合 GB/T 997—2008《旋转电机结

构型式、安装型式及接线盒位置的分类（IM 代码）》的规定。代号分为两种，即规定 1 和规定 2。规定 1 的代号由"国际安装"（International Mounting）的缩写字母"IM"、代表"卧式安装"的"B"和代表"立式安装"的"V"以及 1 位或 2 位阿拉伯数字组成，如 IMB35 或 IMV14 等。B 或 V 或后面的阿拉伯数字代表不同的结构和安装特点。在 GB/T 997—2008 中明确规定了 13 种卧式安装代号和 18 种立式安装代号。

规定 1 的代号仅适用于带端盖轴承的电机，见表 9.1-5 和表 9.1-6。

表 9.1-5　卧式电机的结构及安装型式代号

代号	示意图	端盖式轴承	机座底脚	结构特点及安装型式
B3 1001		2 个	有	底脚安装
B35 2001		2 个	有	D 端端盖上的凸缘有通孔，借底脚并附用凸缘安装
B34 2101		2 个	有	D 端端盖上凸缘有通孔，借底脚并附用凸缘平面安装
B5 3001		2 个	无	D 端端盖上凸缘有通孔，借凸缘安装
B6 1051		2 个	有	安装在墙上，从 D 端看底脚在左边
B7 1061		2 个	有	安装在墙上，从 D 端看底脚在右边
B8 1071		2 个	有	安装在天花板上
B9 9101		1 个	无	借 D 端的机座端面安装
B10 4001		2 个	无	D 端机座上凸缘有通孔，借向着 D 端的凸缘平面安装

（续）

代号	示意图	端盖式轴承	机座底脚	结构特点及安装型式
B14 3601		2 个	无	D 端端盖上的凸缘有螺孔和止口，借凸缘平面安装
B15 1201		1 个	有	借底脚并附用 D 端的机座端面安装
B20 1101		2 个	有	底脚安装
B30		2 个	无	在 1~2 个端盖或机座上有 3 或 4 只搭子，借搭子安装

注：D 端为传动端。

表 9.1-6　立式电机的结构及安装型式代号

代号	示意图	端盖式轴承	机座底脚	结构特点及安装型式
V1 3011		2 个	无	D 端端盖上的凸缘有通孔，借凸缘在底部安装
V15 2011 2111		2 个	有	D 端端盖上凸缘有通孔或螺孔，有（或无）止口，安装在墙上并附用凸缘在底部安装
V2 3231		2 个	无	N 端端盖上的凸缘有通孔，借凸缘在底部安装
V3 3031		2 个	无	D 端端盖上的凸缘有通孔，借凸缘在顶部安装
V36 2031		2 个	有	D 端端盖上的凸缘有通孔，借底脚安装并附用凸缘在顶部安装

（续）

代号	示意图	端盖式轴承	机座底脚	结构特点及安装型式
V4 3211		2个	无	N端端盖上的凸缘有通孔，借凸缘在顶部安装
V5 1011		2个	有	借底脚安装
V6 1031		2个	有	借底脚安装
V8 9111		1个	无	D端无凸缘和轴承，机座上有螺孔，借D端的机座端面在底部安装
V9 9131		1个	无	D端无凸缘和轴承，机座上有螺孔，借D端的机座端面在顶部安装
V10 4031		2个	无	D端机座上的凸缘有通孔，借向着D端的凸缘平面在底部安装
V14 4031		2个	无	
V16 4131		2个	无	D端机座上的凸缘有通孔，借背着D端的凸缘平面在顶部安装
V18 3611		2个	无	D端端盖上的凸缘有螺孔和止口，借平面在底部安装
V19		2个	无	D端端盖上的凸缘有螺孔和止口，借平面在顶部安装
V21		2个	无	D端端盖上凸缘有通孔，借背着D端的凸缘平面在底部安装

（续）

代号	示意图	端盖式轴承	机座底脚	结构特点及安装型式
V30		2个	无	在一个或两个端盖上或机座上的三只或四只搭子，借搭子接触安装
V31		2个	无	

注：D端为传动端，N端为非传动端。

规定2的代号由IM连同4位阿拉伯数字组成，如IM2011。其中第一位数字表示结构型式的分类（见表9.1-7），第二位和第三位数字表示安装型式（详见GB/T 997—2008），第四位数字表示轴伸型式的分类（见表9.1-8）。规定2的代号适用于各种电机，见表9.1-9。

表 9.1-7 结构型式分类

第一位数字	说明
1	具有端盖式轴承，用底脚安装的电机
2	具有端盖式轴承，用底脚和凸缘安装的电机
3	具有端盖式轴承，其中一个端盖带凸缘，用凸缘安装的电机
4	具有端盖式轴承，机座带凸缘，用凸缘安装的电机
5	无轴承电机
6	具有端盖式轴承和座式轴承的电机
7	具有座式轴承的电机（无端盖）
8	除上述1~4以外立式的电机
9	特殊安装型式的电机

表 9.1-8 轴伸型式分类

第四位数字	轴伸型式
0	无轴伸
1	有一个圆柱形轴伸
2	有两个圆柱形轴伸
3	有一个圆锥形轴伸
4	有两个圆锥形轴伸
5	有一个带凸缘的轴伸
6	有两个带凸缘的轴伸

（续）

第四位数字	轴伸型式
7	在 D 端有带凸缘的轴伸，在 N 端有圆柱形轴伸
8	所有其他类型的轴伸

表 9.1-9　其他结构及安装型式代号举例

代号	示意图	说明
5002		无机座，有转子及转轴，无轴承
5010		有机座，以外圆支承，有转子，无转轴，无轴承
5420		有机座，带底脚，无转子，无转轴，无轴承
6010		具有端盖式轴承和座式轴承，带底脚，有底板
6600		具有端盖式轴承和两座式轴承，带底脚，无底板
6811		具有端盖式轴承和两座式轴承，无底脚，无底板
7001		具有座式轴承，无端盖，带底脚，无底板
7311		具有座式轴承，无端盖，带抬高了的底脚，有底板
7430		具有座式轴承，无端盖，带底脚，有底板
8001		无推力轴承，导轴承安排在转子下面，有转轴
8621		有推力轴承，有转轴，有飞轮，导轴承在转子上面和下面

对控制微特电机，其结构及安装型式应符合 GB/T 7346—2015《控制电机基本外形结构型式》。

7　电机防护型式代号　GB/T4942.1—2006《旋转电机外壳防护分级（IP 代码）》规定电机的防护类型有：1）防止人体接触电机内带电或转动部分和防止固体异物进入电机内部的防护等级；2）防止水进入电机内的防护等级。防护标志由字母 IP 和两个表示防护等级的表征数字组成。表征数字的意义见表 9.1-10 和表 9.1-11。根据需要还可附加特征字母，例如：

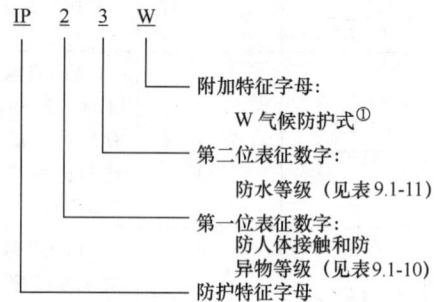

① 气候防护式电机由进风孔吸入的冷却空气先要经过一通道，然后才接触到被冷却的部件。对 IPW23型，冷却空气在此通道内至少突然改变方向不小于 90°一次并减速一次。对 IPW24 型，冷却空气（包括排出的）在此通道内至少改变方向三次，每次不小于 90°。此外应使 IPW24 型电机进口处的冷却空气速度不超过 2.8m/s。

表 9.1-10　第一位表征数字表示的防护等级

第一位表征数字	防护等级	
	简述	定义
0	无防护电机	无专门防护
1①	防止直径大于 50mm 固体进入的电机	能防止大面积人体（如手）偶然或意外地接触及接近机内带电或转动部件（但不能防故意接触），防止直径大于 50mm 的固体异物进入外壳
2①	防止直径大于 12mm 固体进入的电机	能防止手或长度不超过 80mm 物件触及或接近机内带电或转动部件，能防止直径大于 12mm 的固体异物进入机内

（续）

第一位表征数字	防护等级	
	简述	定义
3①	防止直径大于2.5mm固体进入的电机	能防止直径大于2.5mm的工具或导体触及或接近机内带电或转动部件，能防止直径大于2.5mm的固体异物进入机内
4①	防止直径大于1mm固体进入的电机	能防止直径或厚度大于1mm的导线或金属条触及或接近机内带电或转动部件，能防止直径大于1mm的固体异物进入机内
5②	防尘电机	能防止触及或接近机内带电或转动部件，不完全防止尘埃进入，但进入量不足以影响电机的正常运行

① 若固体三个相互垂直的尺寸大于"定义"栏中规定的数值时，能防止形状规则和不规则的固体异物进入。

② 这是一条一般规定，当规定了尘埃的性质（如颗粒大小、性质或纤维状或粒状等）时，试验条件可由用户和制造厂协商确定。

表 9.1-11 第二位表征数字表示的防护等级

第二位表征数字	防护等级	
	简述	定义
0	无防护电机	无专门防护
1	防滴电机	垂直滴水应无有害影响

（续）

第二位表征数字	防护等级	
	简述	定义
2	15°防滴电机	当电机从正常位置倾斜至15°以内任意角度时，垂直滴水应无有害影响
3	防淋水电机	与垂线成60°以内任一角度的淋水应无有害影响
4	防溅水电机	任意方向的溅水应无有害影响
5	防喷水电机	用喷头将水从任意方向喷向电机时，应无有害影响
6	防海浪电机	在猛烈的海浪冲击或强烈喷水时，电机的进水量不应达到有害的程度
7	防浸水电机	在规定压力下和时间内浸入水中时，电机的进水量不应达到有害的程度
8	潜水电机	按制造厂规定的条件，电机可连续浸在水中①

① 通常意味着电机是气密的。但对某些类型的电机，意味着水可以进入，但不产生有害的影响。

1.4 电机冷却方式代号

8 电机冷却方式代号 由特征字母 IC、冷却介质代号及数字组成，见 GB/T 1993—1993。

以完整的标记 IC8A1W7 和简化标记 IC81W 为例说明标记系统如下：

```
完整标记 ------------------------------------------------ IC  8  A  1  W  7
简化标记 ------------------------------------------------ IC  8     1  W  7

标志字母
冷却回路的布置
按表 9.1-13 用冷却回路布置特征数字表示
初级冷却介质
按表 9.1-12 用特征字母表示。冷却介质为空气，
在简化标记中字母 A 可省略
初级冷却介质运动的推动方法
按表 9.1-13 用推动方法特征数字表示
次级冷却介质
按表 9.1-12 用特征字母表示，冷却介质如为空气，在简化标记中字母 A 可省略
次级冷却介质运动的推动方法
```

按表 9.1-13 用推动方法特征数字表示。冷却介质为水且推动方法为 7，在简化标记中数字 7 可省略。

应优先使用简化标记法。完整标记法主要是在不能使用简化标记法的情况下才使用。

表 9.1-12　冷却介质的代号

冷却介质	代号	冷却介质	代号
空气	A	水	W
氢气	H	油	U
氮气	N	本表以外的其他冷却介质	S
氟利昂	F	尚待确定的冷却介质	Y

表 9.1-13　表征数字表示的冷却方式

冷却回路布置		推动方法	
特征数字	简要说明	特征数字	简要说明
0	自由循环	0	自由对流
1	进口管或进口通道循环	1	自循环
2	出口管或出口通道循环	2	备用
3	进出管或进出通道循环	3	备用
4	机壳表面冷却	4	备用
5	内装式冷却器（用周围环境介质）	5	内装式独立部件
6	外装式冷却器（用周围环境介质）	6	外装式独立部件
7	内装式冷却器（用远方介质）	7	分装式独立部件或冷却介质系统压力
8	外装式冷却器（用远方介质）	8	相对运动
9	分装式冷却器（用周围环境介质或远方介质）	9	其他部件

1.5　线端标志

9　电机旋转方向　对于只有一个轴伸或有两个不同直径轴伸的电机，其旋转方向是指从轴伸端或从大直径轴伸端看的转子旋转方向。若电机有两个直径相同的轴伸或没有轴伸，则看旋转方向的人：1）若一端有换向器或集电环，则应站在无换向器或集电环端；2）若一端有换向器，另一端有集电环，则应站在集电环端。若按 1）、2）会引起误解时，则需另行规定。

无换向器三相交流电机，按接线标志的字母顺序与端电压时间相序同方向时，电机为顺时针方向旋转。无换向器单相交流电机，如按图 9.1-7 接线，则电机为顺时针方向旋转。

10　电机线端标志　适用于电机向外引出的接线柱，它只说明绕组的功用和接线柱相对于绕组（如始端、末端、分接头）的安排，不涉及接线柱的具体结构及其在电机上的空间排列。电机通过其接线柱与电源或负载相连接。

接线标志一般按顺序由数字、英文大写特征字母、数字三部分组成，例如 1U2。绕组以特征字母进行区别，对各个绕组规定的特征字母见表 9.1-14。特征字母前的数字区别空间上分离或属不同电流系统但起同样作用的绕组（同一特征字母），例如并联各支路绕组、变极电机的绕组等。特征字母后的数字区别绕组连接端，始端用 1（如 U1），末端用 2（如 U2），中间的分接头从 1~2 依次用 3、4、5

等注明，见图 9.1-1。若不会引起混淆，前后数字可省去。各种电机绕组常用接线标志示例见图 9.1-1~图 9.1-11。

对控制微特电机，其线端标志应符合 GB/T7345—2008《控制电机基本技术要求》。

表 9.1-14　绕组线端标志

电机型式	绕组名称	特征字母
直流电机和单相交流换向器电机	电枢绕组	A
	换向极绕组	B
	补偿绕组	C
	串联励磁绕组	D
	并励励磁绕组	E
	他励励磁绕组	F
	直轴辅助绕组	H
	交轴辅助绕组	J
无换向器交流电机	通过直流的励磁绕组[①]	F
	三相电机次级绕组[①]	K、L、M
	初级绕组星形中点[①]	N
	次级绕组星形中点[①]	Q
	三相电机初级绕组[①]	U、V、W
	其他绕组	R、S、T、X、Y、Z

[①] 标记与绕组是在定子或转子上无关。

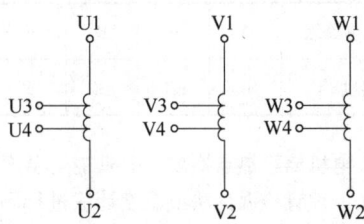

图 9.1-1　有分接线绕组，计 12 个线端的标志

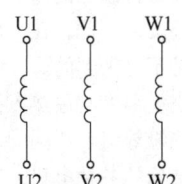

图 9.1-2　三相笼型异步电动机
开口接法时的线端标志

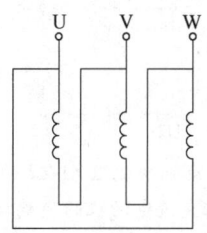

图 9.1-3　三相笼型异步电动机
三角形联结时的线端标志

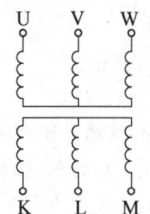

图 9.1-4　三相绕线转子异步电动机
星形联结时的线端标志

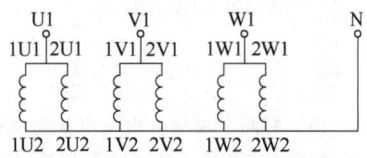
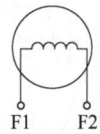

图 9.1-5　转子为直流励磁，定子有
并联支路并引出中点的
三相交流发电机的线端标志

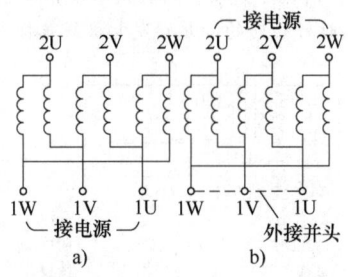

图 9.1-6　有六个引出线的双速笼型异步
电动机绕组接线及线端标志

a) 低速为串接三角形　b) 高速为并联星形

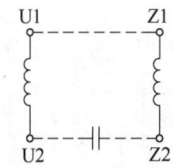

图 9.1-7　有辅助绕组 Z1-Z2 的无换向器
单相交流电动机的线端标志

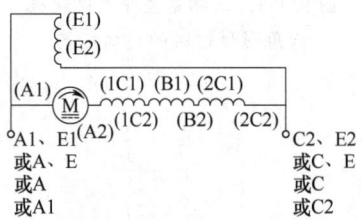

图 9.1-8　有两个线端，换向绕组和补偿绕组
交替串联的顺时针旋转的并励
直流电动机（或发电机）线端标志

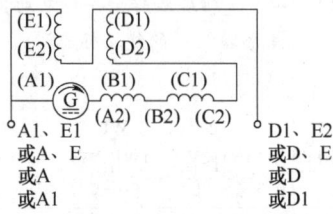

图 9.1-9　有两个线端，中间有换向绕组
和补偿绕组的并励直流电动机线端标志

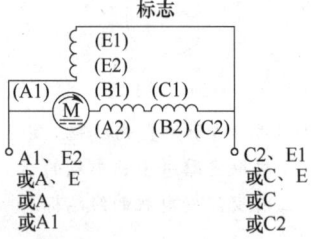

图 9.1-10　有两个线端，接有换向极和补偿线组的，
顺时针旋转的加复励发电机线端标志

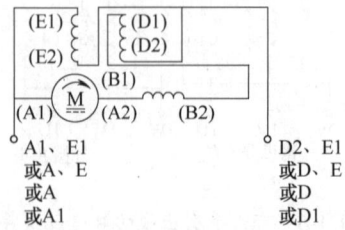

图 9.1-11　有两个线端，接有换向绕组的
顺时针旋转的加复励电动机线端标志

1.6　绝缘与温升

11　影响电机绝缘性能的因素　1）热因素，如运行时最热点温度的影响；2）电因素，如工作电压、操作过电压或大气过电压引起的电应力的影响；3）环境因素，如大气压力、周围气体的化学成分及潮湿等的影响；4）机械因素，如原动机、机械负载、运输、频繁起动或电动力等因素引起的冲击振动影响。对采用散嵌绕组的小型电机而言，热因素和环境因素是主要的；而对采用成型绕组的中、大型电机而言，电因素和机械因素起很重要的作用。

电机绝缘结构是由几种绝缘材料以一定的方式组合，并按一定的绝缘工艺处理而成。几种绝缘材料组合使用时，由于化学、物理或两者兼有的因素而发生相互作用，称为材料组合的相容性。如果材料间发生了有害的相互作用，则称该材料组合为不相容。因此，在选择电机绝缘结构时，要考虑材料组合的相容性。

12　绝缘等级和极限温度　电机绝缘结构应具有产品技术条件要求的耐热性能、耐电性能、机械强度，并能在规定的环境条件下长期使用。电机绝缘耐热性等级分为 A、E、B、F、H 级，运行时绕组绝缘最热点温度不得超过表 9.1-15 的规定。

表 9.1-15　电机绝缘耐热等级及温度极限值

绝缘耐热等级	A	E	B	F	H
极限温度/℃	105	120	130	155	180

13　电机绕组热点裕度　电机绕组温度一般是用电阻法、埋置检温计法或温度计法进行测量。电阻法测量的是绕组平均温度；温度计法测量的是表面温度；埋置检温计法虽然可以测量到绕组内部的温度，但是由于埋置检温点的限制，也不一定能测到绕组的最热点温度。因此，在一般情况下测量绕组的最热点温度是不易做到的。

实际测得的绕组温度与最热点温度之差称为热点裕度。不同的绝缘等级、不同的冷却方式和测温方法、不同绝缘结构的各种电机，其热点裕度是不同的。为了确保电机绕组绝缘最热点的温度不超过表 9.1-15 的规定，电机在额定工作条件下绕组的温升应符合 GB/T 755—2019 的规定。

1.7　电机振动和噪声

14　电机噪声　电机的主要噪声源有通风噪声、电磁噪声和机械噪声。

（1）通风噪声　它包括风扇或其他通风部件以及转子旋转形成的气体涡流噪声，风扇旋转使冷却气体周期性脉动或气体撞击障碍物而产生的单频噪声，风路中薄壁零件谐振或风路设计不合理产生的"笛声"。通风噪声强度既与风扇类型、风扇直径大小和电机转速有关，也和设计是否合理有关。

（2）电磁噪声　它是由电机气隙中定、转子磁场相互作用产生随时间和空间变化的径向力，使定子铁心和机座随时间周期性变形而引起振动，产生噪声。电磁噪声强度的大小与径向力的大小和定子铁心、转子刚度有关。

（3）机械噪声　它包括由转子机械不平衡引起的离心力所产生的机械振动和噪声，轴承振动噪声，电刷与集电环或换向器滑动接触噪声，受轴承振动激发的端盖轴向振动噪声。

对于不同类型的电机，其振动与噪声级，振动和噪声构成成分并不相同。一般来讲，高速电机振动的噪声级大，通风噪声是构成高速电机噪声的主要成分，低速电机噪声级较小，电磁噪声往往是它的主要成分。

15　电机噪声评定　可以通过听觉或用仪器测量其物理量。噪声的物理量见表 9.1-16。

表 9.1-16　评定噪声的物理量

（单位：dB）

名称	符号	定义
声压级	L_p	声压 P 与基准声压 P_0 之比的对数，即 $L_p = 20\lg(P/P_0)$，其中 $P_0 = 2\times10^{-5}\,\text{N/m}^2$
声强级	L_I	声强 I 与基准声强 I_0 之比的对数，即 $L_I = 10\lg(I/I_0)$，其中 $I_0 = 10^{-12}\,\text{W/m}^2$
声功率级	L_W	声功率 W 与基准声功率 W_0 之比的对数，即 $L_W = 10\lg(W/W_0)$，其中 $W_0 = 10^{-12}\,\text{W}$

声压级是现有一般噪声测量仪器能直接测出的物理量，但它与电机安装场所声学特性和测点到电机距离等因素有密切关系，在表述噪声强弱时不方便。近年来国际上都以 A 计权声功率级评定噪声，单位为 dB（A）。

根据 GB 10069.3—2008 及 IEC34-9，电机在单台空载稳态运行时 A 计权声功率级的噪声限值按表 9.1-17～表 9.1-19 的规定。

表 9.1-17　小功率异步电动机（IP44）A 计权声功率级（L_{WA}）噪声限值

额定功率 P_N/W	$6 < P_N \le 50$	$50 < P_N \le 250$	$250 < P_N \le 750$	$750 < P_N \le 1\,000$
同步转速 n_s/（r/min）	噪声限值/dB（A）			
1 500	60	65	70	75
3 000	65	70	75	80

表 9.1-18　小功率单相串励电动机 A 计权声功率级（L_{WA}）噪声限值

额定功率 P_N/W	$P_N \le 90$	$90 < P_N \le 180$	$180 < P_N \le 370$	$370 < P_N$
同步转速 n_s/（r/min）	噪声限值/dB（A）			
$n_N < 4\,000$	69	71	73	76
$4\,000 \le n_N < 6\,000$	71	73	75	78
$6\,000 \le n_N < 8\,000$	73	75	77	80
$8\,000 \le n_N < 12\,000$	75	77	79	82
$12\,000 \le n_N < 18\,000$	77	79	81	84
$18\,000 \le n_N$	79	81	83	86

表 9.1-19　空载最大 A 计权声功率级（L_{WA}）噪声限值

（冷却方法，IC 的代码，见 GB/T 1993—1993）（防护分级，IP 的代码，见 GB/T 4942.1—2006）

额定转速 n_N/(r/min)	$n_N \leqslant 960$			$960 < n_N \leqslant 1\,320$			$1\,320 < n_N \leqslant 1\,900$			$1\,900 < n_N \leqslant 2\,360$			$2\,360 < n_N \leqslant 3\,150$			$3\,150 < n_N \leqslant 3\,750$		
冷却方法（简单代码）	IC01 IC11 IC21[1]	IC411 IC511 IC611[2]	IC31 IC71W IC81W IC8A1[2]	IC01 IC11 IC21[1]	IC411 IC511 IC611[2]	IC31 IC71W IC81W IC8A1[2]	IC01 IC11 IC21[1]	IC411 IC511 IC611[2]	IC31 IC71W IC81W IC8A1[2]	IC01 IC11 IC21[1]	IC411 IC511 IC611[2]	IC31 IC71W IC81W IC8A1[2]	IC01 IC11 IC21[1]	IC411 IC511 IC611[2]	IC31 IC71W IC81W IC8A1[2]	IC01 IC11 IC21[1]	IC411 IC511 IC611[2]	IC31 IC71W IC81W IC8A1[2]
额定输出 P_N/kW（或 kV·A）	噪声限值/dB（A）																	
$1 \leqslant P_N \leqslant 1.1$	73	73	—	76	76	—	77	78	—	79	81	—	81	84	—	82	88	—
$1.1 < P_N \leqslant 2.2$	74	74	—	78	78	—	81	82	—	83	85	—	85	88	—	86	91	—
$2.2 < P_N \leqslant 5.5$	77	78	—	81	82	—	85	86	—	86	90	—	89	93	—	93	95	—
$5.5 < P_N \leqslant 11$	81	82	—	85	85	—	88	90	—	90	93	—	93	97	—	97	98	—
$11 < P_N \leqslant 22$	84	86	—	88	88	—	91	94	—	93	97	—	96	100	—	97	100	—
$22 < P_N \leqslant 37$	87	90	—	91	91	—	94	98	—	96	100	—	99	102	—	101	102	—
$37 < P_N \leqslant 55$	90	93	—	94	94	—	97	100	—	98	102	—	101	104	—	103	104	—
$55 < P_N \leqslant 110$	93	96	—	97	98	—	100	103	—	101	104	—	103	106	—	105	106	—
$110 < P_N \leqslant 220$	97	99	—	100	102	100	103	106	102	103	107	102	105	109	102	107	110	—
$220 < P_N \leqslant 550$	99	102	98	103	105	103	106	108	104	106	109	104	107	111	104	110	113	105
$550 < P_N \leqslant 1100$	101	105	100	106	108	105	108	111	105	108	111	105	109	112	105	111	116	106
$1100 < P_N \leqslant 2200$	103	107	102	108	110	106	109	113	106	109	113	107	110	113	107	112	118	107
$2200 < P_N \leqslant 5500$	105	109	104	110	112	—	110	115	—	111	115	—	112	115	—	114	120	109

① 典型的防护类型为 IP22 或 IP23。
② 典型的防护类型为 IP44 或 IP55。

第2章 设计基本要点

2.1 设计技术要求

16 电机设计依据 电机一般依据下列技术要求进行设计：1）电机的类型或用途（电动机、发电机、特殊用途电机）；2）与之连接的电系统对电机的要求（电流、电压、频率、相数等）；3）与之连接的机械系统及工作环境对电机的要求（几何尺寸、质量、结构及安装型式、防护类型、冷却方式、飞逸转速或超速转速、转动惯量等）；4）额定数据、运行方式和不同用途所要求的各种性能指标（功率、转速、工作制、效率、功率因数、起动性能、换向性能、励磁性能、电压变化率、电压波形畸变率、振动与噪声限值以及电机对无线电干扰的限值等）；5）电机及各组成部分承受电气、机械、热负载的能力（如绕组绝缘等级及各部分温升限值、绕组绝缘的介电强度、转子的机械强度等）；6）有关国家标准、专业标准、设计任务书以及用户提出的其他要求。此外，还应考虑生产的可能性和经济的合理性。电机常用的国家标准参见第1篇第3章。

17 电机设计基本内容 电机设计一般包括电磁设计和结构设计两部分。电磁设计是根据设计技术要求确定电机的电磁负荷、与电磁性能有关的有效部分的尺寸和绕组数据，选定材料，并核算电磁性能及有关参数。

电机设计一般需要进行多种方案的分析、比较，或采用优化设计方法，考虑电机性能、运行费用、制造成本、运行可靠性等因素，决定最优的设计。对于生产量大、使用面广的电机，一般都成系列设计及制造，设计时应充分考虑标准化、通用化、系列化的要求，对于多品种、小批量生产的电机产品，应重视模块化设计。

18 电机设计标幺值 为了便于计算和对不同设计方案或运行状态进行比较，电机设计时通常用标幺值表示电机参量。电机各参量的标幺值为其以物理量单位表示的实际值与所选定的基准值之比。

基准值的选定是任意的，通常选用的各参量的基准值见表 9.2-1。

表 9.2-1　电机各参量的基准值

参量	基准值
电压	额定相电压 U_N（V）
电流	额定相电流 I_N 或功电流 $I_W = P_N \times 10^3/(mU_N)$（A）
功率	额定视在功率 $S_N = mU_N I_N$（V·A）或额定输出功率 $P_N \times 10^3$（W）
频率	额定频率 f_N（Hz）
阻抗	U_N/I_N 或 U_N/I_W（Ω）

注：1. P_N 以 kW 计；m 为相数。

2. 各量的标幺值常用物理量符号右上角带"＊"表示。

3. 同步电机常用 I_N、S_N 为基准值；异步电机常用 I_N、$P_N \times 10^3$ 为基准值。

19 计算机在电机设计中的应用 计算机由于其突出的快速运算功能、存储功能以及逻辑判断功能，在电机设计中得到了广泛使用，使传统的电机设计方法发生了深刻变化。

作为电机设计基础的电磁设计程序，使用计算机代替繁杂的手工计算后，便可采用更加符合实际的数学模型，改进现有设计计算公式，从而提高产品设计的精度。例如，异步电动机的等效电路原是 T 形等效电路，以前为了适应手工计算需要，将其简化为 Γ 形等效电路。在使用电子计算机后就可以方便地使用 T 形电路，计算精度可提高。如果再考虑高次谐波作用，采用链形等效电路，则设计计算就更为精确。

另外，由于运用了计算机，可对较复杂的数学模型进行数值求解，从而使过去只能作粗略估算或无法计算的项目（例如稳态和瞬态热计算、瞬态现象研究、机械强度及轴承承载能力、临界转速及铁心固有频率等许多项目）的计算成为可能。这些项目正在纳入电机设计程序中，从而使电机设计计算建立在更加可靠的科学基础上。

随着计算机的计算能力不断提升，除了使用基于等效电路的电机参数计算及基于磁路公式和经验曲线的磁路法计算外，以有限元法、边界元法为代表的处理复杂结构、考虑多种材料参数的数值计算技术已经广泛地运用于电机的起动研究，稳态运行的电磁、热、力、流体场等计算当中，电机模型也不断向更为精确细致的三维、多尺度的方向发展。基于多场量的多物理场耦合计算也迅速发展，常规单向耦合，仅能完成某一场量计算后再带入下一物理场内计算，其计算的实时性和准确性受到限制。在同一时刻同时考虑多个物理间相互的影响与限制的强耦合计算，将提升计算的精准性，提供更精准的描述电机各结构、各材料的实时动态的性能和各参量动态变化过程，会成为后续计算机技术与数值计算技术的发展方向。

电机设计的最终结果是要形成图样和有关文件供制造用。由于计算机绘图技术的迅速发展，如光笔图形显示器使设计人员能在屏幕或数字化仪上进行具体的结构设计绘图，并可能通过人机对话，进行实时修改；再如精密的自动绘图机可把设计结果直接以图样的形式输出，从而使电机设计从电磁设计到结构设计，并包括绘制图样的整个过程均可以通过借助计算机来完成。

计算机辅助设计可显著提高电机设计的效率与计算精度，缩短产品的研制周期，能生成标准的图样和文件，因此，这种方法正在逐步取代以经验设计和手工绘图为特征的传统设计方法。另外，当计算机辅助设计（CAD）系统与计算机辅助制造（CAM）系统结合在一起时，可把电机产品的设计和制造过程变成一个完整的集成系统，使许多技术工作实现自动化，因此，CAD/CAM 将为电机制造厂的计算集成化提供技术基础。

2.2　电机的主要尺寸[2]

20　电机利用系数　表示电机有效部分单位体积、单位同步转速（或额定转速）的计算视在功率（或计算功率，$kV \cdot A \cdot min/m^3$ 或 $kW \cdot min/m^3$），即

$$C = \frac{S_c}{D^2 l' n} \approx 0.116 K_{dp} A B_\delta \times 10^{-3} \quad (9.2-1)$$

式中　D——交流电机定子铁心内径或直流电机电枢外径（m）；

l'——交流电机定子铁心有效长度或直流电机电枢有效长度（m）；

n——交流电机同步转速或直流电机额定转速（r/min）；

K_{dp}——绕组因数；

A——线负荷（A/m）；

B_δ——气隙磁通密度（T）；

S_c——计算视在功率（或计算功率）（$kV \cdot A$ 或 kW）。

对交流电机

$$S_c = mEI_N \times 10^{-3}$$

式中　m——定子相数；

I_N——定子额定相电流（A）；

E——满载定子绕组每相电动势（V）。

对于直流电机

$$S_c = E_a I_a \times 10^{-3}$$

式中　E_a——电枢绕组电动势（V）；

I_a——电枢绕组电流（A）。

由式（9.2-1）可见，电机利用系数正比于电磁负荷（A 与 B_δ 的乘积），反映了材料的利用水平，随着电机冷却技术的发展，材料、工艺和设计水平的提高，利用系数也有了相应的提高。另外，随着电机的特性、用途和功率大小的不同，利用系数也在一个较大的范围内变动。对于一般空气冷却的电机，其利用系数为 1.5~9；而对于直接氢冷或水冷的电机，其利用系数为 3~20。由于利用系数值对不同功率、不同冷却方式的电机变化范围颇大，主要的并不着重于研究其具体数值的大小，而着重于研究其随电磁负荷如何变化，以及明确其物理意义。

21　电磁负荷和主要尺寸比　电磁负荷 A、B_δ 值不仅决定电机的利用系数，直接影响电机有效材料用量，更为重要的是 A、B_δ 与电机的运行参数和性能（功率因数、起动性能、过载能力和直流电机的换向性能等）密切相关。

电负荷 A（A/m）表示沿定子内腔（或电枢）圆周上单位长度的安培导体数，即

$$A = \frac{Q Z_Q I}{\pi D a}$$

式中　Q——槽数；

Z_Q——每槽导体数；

I——电流（A）；

a——并联支路数。

气隙磁通密度 B_δ（T）为

$$B_\delta = \frac{2p\Phi}{\pi D l a}$$

式中　p——极对数；

　　　Φ——每极磁通（Wb）；

　　　a——平均磁通密度（对应于每极磁通 Φ）与最大磁通密度之比，对于正弦分布气隙磁场，其值等于 $2/\pi$。

提高电磁负荷乘积 AB_δ 可提高有效材料的利用率，但磁负荷 B_δ 受到铁心磁路饱和以及铁心中损耗的限制，而电负荷 A 则受导体中产生的损耗、温升及大部分由槽深所影响的漏抗的限制。电磁负荷推荐值见表 9.2-2。

表 9.2-2　电磁负荷 A、B_δ 推荐值

电磁负荷		同步电机	异步电机	直流电机
B_δ/T		0.6~1.1	0.5~0.85	0.5~1.1
$A/$ (kA/m)	空冷	30~90	20~90	20~80
	水冷	90~110	—	—
	导体直接冷却	80~250	—	—

电磁负荷及其相互关系很难用固定的原则来确定，在实际设计中，较多参考已有的同类产品的统计平均值。

电机主要尺寸比是指电机有效部分长度与直径或极距之比，其比值用 λ 表示。

对交流电机为定子铁心有效长度与极距之比，而对直流电机常指电枢铁心长度与直径之比。当电磁负荷 A、B_δ 范围初定后，按式（9.2-1）即可初步确定有效部分体积 $D^2 l'$。故 λ 值一旦选定后，即可确定电机有效部分的尺寸 D 和 l'。比值 λ 较大的电机呈细长形，一般较经济，尤其对希望转动惯量较小的调速电机较合适，但其通风冷却条件往往相对较差；比值 λ 较小的电机呈粗短形，具有较长的端部绕组，通风冷却条件相对较好。λ 值的选择往往参考实际同类电机的平均值。根据不同种类和不同用途，电机 λ 值的变化范围较大，通常为 0.5~4，甚至更大。

22　电机输出功率的限制　随着电机单机容量的增长，单位功率的有效材料消耗降低，电机效率提高。提高发电机的单机容量有很大经济意义，大型设备的电力传动，也要求电动机单机容量愈来愈大。

大型同步发电机转动部件在运行中承受很大的离心力作用，转子圆周速度受现有材料的强度限制；单机容量受最大转子直径的限制；而单位体积容量的增加受到冷却条件或铁磁材料饱和的限制。

随着冷却技术的发展，单机容量不断增长。采用超导体作励磁绕组能大大提高电机的磁负荷，这是增加单位体积容量的一个重要途径。

直流电机单机容量的增加受到允许的电枢圆周速度及换向条件的限制。

异步电动机运行时要从电网吸取无功功率，大容量的电力驱动采用同步电动机更合理，因而目前生产的异步电动机最大功率为几兆瓦。

2.3　电机绕组

23　电机绕组分类　根据所起作用不同，绕组主要分两大类：一类是产生气隙主磁通的主极励磁绕组；另一类是与主磁通相对运动产生感生电动势的电枢绕组。异步电机的定子绕组兼起励磁绕组的作用，转子绕组则产生感生电动势与电流。直流电机除电枢绕组和励磁绕组外，为了改善换向，大多装有换向绕组和补偿绕组；同步电机为了防止振荡和改善某些性能，或因起动需要，一般装有阻尼绕组或起动绕组，但对于小型电机，这些绕组往往可以省略。

交流电机中的电枢或定子绕组，简称为交流绕组；直流电机中的电枢绕组，称为直流电枢绕组。

交流绕组有多种分类方法：按绕组布置分类，有集中绕组和分布绕组；按相带分类，有 120°、60° 和 30° 相带绕组；按每极每相槽数 q 分类，有整数槽绕组和分数槽绕组；按槽内线圈边层数分类，有单层绕组、双层绕组和单双层绕组；按线圈形状和端部连接方式分类，有叠绕组、波绕组以及同心式、链式、交叉式绕组；按绕组产生的磁动势波形分类，有正弦绕组和梯形绕组。

直流电枢绕组，一般按绕组元件与换向片之间连接规律不同而分为叠绕组、波绕组和蛙绕组。

24　电机交流绕组　绕组的构成原则是：1) 在一定的导体数下，绕组的合成磁动势及电动势在空间波形分布上力求接近正弦波形，在数量上力求获得较大的基波磁动势和基波电动势，而且绕组的损耗要小，用铜量要省；2) 对多相绕组各相磁动势和电动势要对称，电阻和电抗要平衡。

交流绕组根据相数的不同，有单相、两相、三相和六相等接线方法，大多采用三相，但在小功率电机中，采用单相较多。

常用的三相交流绕组型式有单层同心式绕组、单层交叉式绕组、单层链式绕组、双层叠绕组、双层波绕组和单双层绕组。

单层绕组每槽放一个线圈边，它等效于全距分布绕组。单层同心式绕组由几何尺寸和节距不等的线圈连成同心形状的线圈组构成。单层交叉式绕组用于 q 为奇数时，绕组由线圈个数和节距不等的两种线圈构成。单层链式绕组由形状、几何尺寸和节距相同的线圈连成。

双层绕组每槽分上下两层放两个线圈边。双层绕组所有线圈的形状、几何尺寸相同，端部排列整齐，可选择有利节距，以改善电动势和磁动势波形。双层绕组分叠绕组和波绕组。叠绕组线圈的合成节距 $Y_s = Y_1 - Y_2$，常取 1；波绕组 $Y_s = Y_1 + Y_2 \approx 2\tau$（$\tau$ 为极距）。线圈节距可分为整距（$Y_1 = \tau$）、短距（$Y_1 < \tau$）或长距（$Y_1 > \tau$），但一般不用长距线圈。

双层叠绕组广泛用于大、中、小型同步电机及异步电机的定子绕组中。双层波绕组可减少线圈组之间的连接线，常用于多极数凸极同步电机，特别是水轮发电机的定子绕组及绕线转子异步电机的转子绕组。

单相交流绕组用于单相电机，一般由两个轴线在空间错开 90°（电角度）的绕组组成：一个称为工作绕组或主绕组，从电源输入功率，用以产生主磁场；另外一个称为起动绕组或辅助绕组。起动时，两个绕组磁动势在气隙中建立合成旋转磁势，起动电动机。根据不同的运行特性要求，有些单相电机的主、辅绕组占总槽数的比例分别为 2/3 和 1/3，有些单相电机则是两个绕组所占槽数相等。

单相绕组有单层、双层和正弦绕组等不同型式。单层绕组在小功率电机中使用较多，一般做成同心式绕组。双层绕组一般采用链式绕组，当采用的节距为 2τ/3 时，可以消除绕组磁动势中的 3 次谐波，有利于起动。正弦绕组从线圈的形状来看，与单层同心式绕组相似。但定子每槽内导体数不等，其目的是使磁动势分布接近于正弦波形。

正弦绕组能显著地削弱高次谐波，从而改善电机的运行性能，对控制电机，则可提高电气精度，但有些槽的槽满率较低，绕组因数较小，影响了铁心和绕组的利用率。为此，近年来出现了具有大小不同槽形的设计。

25 绕组感应电动势及绕组因数 绕组每个线圈的感应电动势可按电磁感应定律求得，若每极磁通 Φ 以频率相对于匝数为 N_c 的线圈作周期性变化，则线圈的感应电动势平均值（V）为

$$E = 4fN_c\Phi$$

对交流电机，感应电动势按有效值计算，若绕组每相串联匝数为 N，并用绕组因数 K_{dp} 来考虑线圈分布和短矩的影响，则绕组感应电动势（V）为

$$E = 4K_w f\Phi N K_{dp}$$

式中 K_w——波形因数，若气隙磁场为正弦分布，

$$K_w = \pi/(2\sqrt{2}) = 1.11。$$

感应电动势的谐波分量为

$$E_v = 4.44 f_v \Phi_v N K_{dpv}$$

式中 f_v、Φ_v、K_{dpv}——对应于 v 次谐波的频率、磁通和绕组因数。

绕组因数 K_{dp} 即是分布因数 K_d 和短距因数 K_p 的乘积，对于基波

$$K_{dp} = K_d K_p$$

对于 v 次谐波

$$K_{dpv} = K_{dv} K_{pv}$$

对于整数槽绕组，分布因数可用下式表示：

$$K_d = \frac{\sin(\pi/2m)}{q\sin(\pi/2mq)}$$

$$K_{dv} = \frac{\sin(v\pi/2m)}{q\sin(v\pi/2mq)}$$

短距因数可用下式表示：

$$K_p = \sin(\beta\pi/2)$$

$$K_{pv} = \sin(v\beta\pi/2)$$

式中 β——绕组节距比，$\beta = y/\tau$，y 为节距，τ 为极距，均以槽数计。

26 直流电枢绕组、短路绕组与磁极绕组 直流电枢绕组属于闭合绕组，通过换向器被正负电刷分成若干并联支路，并通过电刷与外电路相连。

直流电枢绕组可分为叠绕组和波绕组，以叠绕组为基础与波绕组复合还可组成蛙绕组。根据并联支路数的多少，直流电枢绕组又可分为单绕组和复绕组，如单波绕组、复波绕组等。

电枢绕组各对支路的对应元件在磁场中的位置都相同时，称为对称绕组。对称绕组的特点是：在磁极对称分布的情况下，各对支路的电动势都相等，而每对支路内部环路中的电动势之和等于零，因此，空载时绕组内部没有环流。

实际上，由于材料的不均匀性，以及各极下气隙大小的偏差，使各极下的总磁通不等，引起各对支路内感应电动势之间彼此不平衡，引起环流而使电机性能恶化。为此，可将电枢绕组中电位相等的"等电位点"用均压线连接起来，以消除各对支路间的不平衡现象。

各种绕组的应用范围如下：单波绕组主要用于正常电压、电枢电流小于 700~1 000A 的中小型直流电机中；单叠和复波绕组主要用于电枢电流大于

700~1 000A、容量为几百千瓦的电机中；两极电机一般都用单叠绕组，并联支路数为 2，不用均压线；复叠绕组并联支路数较多，用于低电压、大电流的直流电机中；蛙绕组不需接均压线，其换向性能较好，但散热条件较差，按其基本绕组（叠绕组）确定适用范围。

异步电机的笼型转子绕组及同步电机的阻尼绕组一般自成闭合回路，统称为短路绕组。

异步电机笼型转子绕组由置于铁心槽中的导条及将导条短接的端环组成。导条有圆形导条、矩形导条、梯形导条、特殊形状导条和双笼导条，主要根据电机起动性能的要求选定。常用的有铸铝笼及焊接铜（或铝）笼。随着变频技术的发展，特殊槽形和双笼导条日趋少用。

应该指出，为了避免谐波附加转矩和单向磁拉力，转子槽数的选择非常重要。同时为了改善起动性能和降低噪声，可采用导条偏斜 1~2 个定子槽距离的斜槽转子。

同步电机的阻尼绕组结构与异步电机笼型绕组结构相似。阻尼绕组可对负序电流起阻尼作用，并可抑制同步电机的振荡，提高电机运行的可靠性。对于同步电机，还可作为起动绕组使用。

主磁极绕组流过直流电流建立励磁磁场，它按所需的励磁磁动势设计。隐极同步电机的励磁绕组为同心式分布绕组，嵌在转子槽中，其励磁磁动势的波形为阶梯形波。凸极同步电机和直流电机的磁极绕组为安装在磁极铁心上的集中绕组，其磁动势的波形为矩形。

2.4　气隙磁场与磁路

27　交流绕组磁动势　交流绕组建立的基波磁动势，在同步电机内是电枢反应磁动势；而在异步电机内，它的一个分量是产生空载气隙磁场的励磁磁动势，另一个分量是用以补偿转子磁动势。

单相分布绕组中流过频率为 f 的交流电流时，产生一个在空间呈阶梯形分布、轴线相对于绕组固定不动、大小随时间交变的脉振磁动势，其脉振频率等于绕组中的电流频率。该脉振磁动势在空间的分布可分解为基波及一系列高次谐波，其表达式为

$$F(\theta,t) = \frac{2\sqrt{2}}{\pi}\frac{N}{p}I(K_{dp}\cos p\theta + \sum\frac{1}{v}K_{dpv}\cos vp\theta)\sin\omega t$$

$$= \frac{\sqrt{2}}{\pi}\frac{NK_{dp}}{p}I[\sin(\omega t - p\theta) + \sin(\omega t + p\theta)] +$$

$$\sum\frac{\sqrt{2}}{\pi}\times\frac{NK_{dpv}}{vp}I[\sin(\omega t - vp\theta) + \sin(\omega t + vp\theta)]$$

$$(9.2\text{-}2)$$

式中　N——相绕组串联匝数；

$\quad\quad I$——相电流有效值；

$\quad\quad \theta$——距离相绕组轴线的空间角度；

$\quad\quad v$、K_{dpv}——谐波的次数及绕组因数；

$\quad\quad \omega$——电流角频率，$\omega = 2\pi f$。

由式（9.2-2）可知，任何一次脉振磁动势都是由振幅相等、旋转方向相反的两个旋转磁动势波合成的。

对称三相绕组流过三相对称电流时，磁动势是三个在时间相位和空间相位都互相间隔 120°电角度的脉振磁动势合成的合成磁动势。其空间分布是一个旋转阶梯形波，见图 9.2-1。

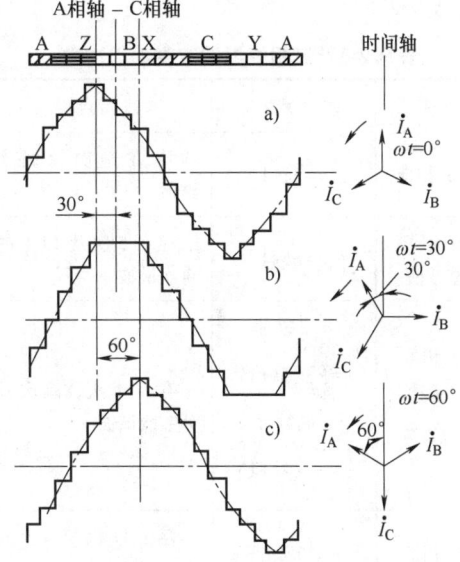

图 9.2-1　三相合成磁动势在三个
瞬时的空间分布波形

以 A 相绕组轴线为坐标起始轴，三相绕组合成磁动势表达式为

$$F(\theta,t) = \frac{3\sqrt{2}}{\pi}\frac{NI}{p}[K_{dp}\sin(\omega t - p\theta) - \frac{1}{5}K_{dp5}$$

$$\sin(\omega t - 5p\theta) + \frac{1}{7}K_{dp7}\sin(\omega t - 7p\theta) - \cdots]$$

$$(9.2\text{-}3)$$

由式（9.2-3）可知，合成基波磁动势是一个正弦分布、波幅恒定的旋转磁动势。电流在时间相位上变化的电角度数，等于磁动势在空间移过的电

角度数，其转向由超前相朝滞后相的方向旋转。当某相电流达最大值时，合成磁动势波幅就与该相绕组轴线重合。合成基波磁动势的极对数为 p，幅值为

$$F_1 = \frac{3\sqrt{2}}{\pi} \frac{NK_{dp}}{p} I$$

其转速即同步转速（r/min）为

$$n_s = \frac{60f}{p}$$

合成 v 次谐波磁动势的极对数为 vp，幅值为

$$F_v = \frac{3\sqrt{2}}{\pi} \frac{NK_{dpv}}{vp} I$$

其同步转速为

$$n_{sv} = \frac{60f}{vp} = \frac{n_s}{v}$$

对于不同的三相绕组，其所含谐波磁动势的次数见表 9.2-3。

表 9.2-3　三相绕组谐波磁动势次数

相带	谐波次数[①]	特点
120° 相带	$v = 3k+1$	存在奇次及偶次谐波
60° 相带整数槽	$v = 6k+1$	存在 5 次及以上的奇次谐波
60° 相带分数槽 $q = b + \dfrac{c}{d}$	d 奇数时 $v = \dfrac{1}{d}(6k+1)$ d 偶数时 $v = \dfrac{2}{d}(3k+1)$	存在奇次、偶次及分数次谐波
30° 相带	$v = 12k+1$[②]	存在 11 次及以上的奇次谐波

① $k = \pm 1$，± 2，$\pm 3 \cdots$

② 要求星-三角混合接法的星接部分和三角接部分的合成磁动势相等，空间互差 30° 电角度。

28　电机空载气隙磁场　在直流电机和同步电机中，由磁极绕组的直流磁动势建立；而在异步电机中，则由定子绕组的交流磁动势建立。

直流电机主极极弧形状大致有：1）匀气隙；2）偏心气隙（极弧与电枢外圆不同心，使气隙从主极中心向极尖处逐渐增大）；3）极尖削角的均匀气隙（气隙从极弧两端约 1/6 长度处至极尖逐渐增大）。后两种极弧形状可削弱由电枢反应所引起的气隙磁场畸变。

凸极同步电机的磁极极弧形状大致有两种：

1）沿极弧范围内气隙是变化的，得到接近正弦波形的磁场分布，要求气隙按照 $\delta(x) = \delta / \cos\left(\dfrac{\pi}{\tau}x\right)$（$\delta$ 为磁极中心处气隙长度）变化；

2）气隙均匀，得到近似的矩形磁场分布。

在异步电机中，气隙是均匀的，当铁心不饱和时，气隙磁场沿定子内圆的分布与每极下的励磁动势的分布波形基本一致，近似为正弦形。但在实际电机中，铁心有些饱和，因此，每极下的磁场分布呈平顶波形。

29　电机磁路计算原理　磁路计算是按给定的电机端电压求得所需的每极主磁通，进而求取磁路各部分磁通密度和磁位降，计算所需的磁动势、励磁电流以及空载特性。

磁路计算方法的依据是全电流定律 $F = \oint H \cdot dl$，即所需的总磁动势可由磁场强度的线积分求得，通常取沿磁通密度最大的路径作为积分回路。实际计算是通过求各段磁路，例如气隙、齿、轭、极身等部位磁位降的总和 $2H_x l_x$ 代替积分，求得总磁动势。图 9.2-2 表示一凸极同步电机的磁路，其磁路可分为下列 5 段：空气隙、定子齿、定子轭、磁极、转子轭。由于电机磁路中磁通变化频率一般不高，计算时都按似稳场处理。

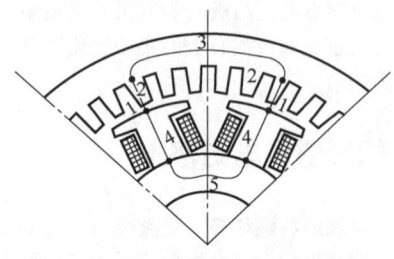

图 9.2-2　凸极同步电机的磁路

每极磁路中，空气隙的磁位降通常占较大的比例（占 60% ~ 80% 或以上）。

2.5　电感与电抗

30　电机绕组主电抗与漏电抗　多相交流绕组的每相主电抗（Ω）由下式计算：

$$X_m = \frac{4f\mu_0 m (NK_{dp})^2 \tau l'}{\pi p K_s' \delta'}$$

式中　K_s'——电机磁路总磁位降与气隙磁位降之比。

对异步电机，主电抗即为励磁电抗；对同步电机，主电抗为电枢反应电抗。其中，对隐极电机，有 $X_a = X_m$，而对凸极电机，应分解为直轴及交轴电枢反应电抗 X_{ad} 及 X_{aq}。

如果以 U_N/I_N 为基准，主电抗的标幺值为

$$X_m^* = \frac{\sqrt{2}\mu_0 k_{ap}\tau}{\pi k_\delta' \delta'} \cdot \frac{A}{B_\delta}$$

漏磁通是绕组所产生总磁通的一部分，也能在绕组中感生电动势，该电动势频率与产生该磁通的电流频率相同，并通常用漏电抗压降表示，因而每一漏电抗都与某一部分漏磁通相对应。漏磁通不参与能量转换，相应的漏电抗有槽、端部、齿冠和谐波漏抗。漏电抗 X_δ（Ω）可用下式计算：

$$X_\delta = 4\pi f\mu_0 \frac{N^2}{qp} l' \sum\lambda$$

式中　$\sum\lambda$——单位铁心有效长度的各部分比漏磁导之和，其中 λ 的计算见参考

文献［2］。

以 U_N/I_N 为基准值的漏电抗标幺值为

$$X_\delta^* = \frac{\sqrt{2}\pi\mu_0}{K_{dp}mq} \frac{A}{B_\delta} \sum\lambda$$

漏电抗与 A/B_δ 成正比。正确选择电磁负荷和通过调整电磁负荷的比值来使漏电抗值符合性能要求。例如，增加绕组匝数 N，使 A 增大而使 B_δ 降低，则漏电抗将增大；反之减少匝数，漏电抗将减小。另外改变各部分漏磁导 $\sum\lambda$ 也可改变漏电抗的大小。

31　电机电抗对电机运行性能的影响　电抗对交流电机稳态运行性能的影响见表 9.2-4。直流电机电枢绕组漏磁通因换向过程中电流的变化而变化，在换向元件中感生电抗电动势，它阻止换向电流变化，对换向不利。与该漏磁通相应的漏磁导越小，则电抗电动势越小，能改善换向。

表 9.2-4　电抗对交流电机稳态运行性能的影响

电抗	影响的变量或性能	影响情况
同步电抗 $X_d = X_{ad} + X_\sigma$（对同步电机）	短路比 K_C 与静过载系数 K_M	$K_M \propto K_C \propto 1/X_d$ 越小，静态运行稳定性越高
	电压变化率	X_d 越小，电压变化率越小
	线路充电容量	X_d 越小，允许的线路充电容量越大
	稳态短路电流	X_d 越小，稳态短路电流越大
漏电抗 X_σ（对异步电机）	过载能力（最大转矩 T_{max}）	$T_{max} \propto 1/X_\sigma$，故 X_σ 越小，过载能力越大
	起动性能（起动转矩 T_{st} 及起动电流 I_{st}）	$T_{st} \propto I_{st} \propto 1/X_\sigma$，故 X_σ 越小，起动转矩越大，但起动电流也越大
	功率因数	X_σ 小，功率因数一般较高[①]

① 若调整电磁负荷比值使 X_σ 减小，这时 X_m 也减小，使励磁电流增大，则功率因数有可能降低。

2.6　损耗

32　电机基本铁耗　在铁心中主磁通交变引起磁滞及涡流损耗（W），常按下式计算：

$$P_{Fe} = KP_{1/50}B^2\left(\frac{f}{50}\right)^{1.3} G_{Fe}$$

式中　K——考虑铁心加工、磁通密度分布不均匀等因素使铁耗增加的修正系数；
　　　$P_{1/50}$——频率为 50Hz、磁通密度为 1T 时铁心材料（硅钢片）的单位质量损耗（W/kg）；
　　　B——铁心磁通密度（T）；
　　　f——磁通交变频率（Hz）；

　　　G_{Fe}——铁心质量（kg）。

应分别计算定子或电枢铁心的齿、轭部铁耗，然后相加。正常运行时，同步电机的磁极极身主磁通不变，异步电机转子内的磁通变化频率很低，基本铁耗均可忽略。

随着对电机铁心材料进行更多的研究，利用爱泼斯坦方圈或单片法对铁心材料的磁化方式和损耗进行试验研究，获取其磁化曲线（B-H 曲线）和损耗曲线（B-P 曲线），对不同激励频率和磁通密度下的损耗进行计算，将铁心损耗可以分为三部分，即磁滞损耗、涡流损耗及附加损耗，常按下式计算：

$$P_{Fe} = (k_h B^2 f + k_e B^2 f^2 + k_a B^{1.5} f^{1.5}) G_{Fe}$$

式中　k_h——磁滞损耗系数（W/kg）；

　　　k_e——涡流损耗系数（W/kg）；

　　　k_a——附加损耗系数（W/kg）；

　　　B——磁通密度最大值（T）。

式中增加的一项是由 Bertotti 提出的附加损耗项（又称异常损耗），该损耗与磁畴与磁畴壁运动的影响相关。

33　电机绕组电阻损耗　绕组电阻损耗是电流流过绕组电阻所产生的损耗（铜耗）。按国家标准规定计算损耗时，绕组电阻应折算到与绕组绝缘等级相对应的基准工作温度。

对多相交流电机，应为各相绕组损耗之和，其电阻为直流电阻值；对直流电机，除电枢绕组的电阻损耗外，还应包括与之串联的换向绕组及补偿绕组的电阻损耗。

对带励磁绕组的同步电机或直流电机，应计入励磁绕组的损耗。

若电机有电刷与集电环或换向器时，还应计算电刷接触损耗。

34　电机杂散损耗　由定、转子绕组中电流产生的漏磁场及高次谐波磁场，以及由气隙磁导变化产生的气隙磁场变化而引起的损耗称为杂散损耗。

杂散损耗，按产生损耗有效部位，分为杂散铁耗和杂散铜耗；按产生时的工作状况，可分为空载和负载杂散损耗。空载杂散损耗基本上是杂散铁耗，常与基本铁耗一起包括在空载铁耗中。

杂散铁耗主要为表面损耗和脉振损耗。空载杂散铁耗是因定子（或转子）开槽导致磁导变化引起气隙磁通脉动，在转子（定子）表面所产生的表面损耗和进入齿中磁通脉振所产生的脉振损耗。负载杂散铁耗主要是由定子（或转子）负载电流所引起的磁动势谐波磁通，在转子（或定子）上产生的表面损耗和脉振损耗，还有由端部漏磁通在金属构件中产生的涡流损耗和斜槽笼型转子导条间横向电流在叠片铁心中引起的损耗。

杂散铜耗包括由槽漏磁通引起导体中电流集肤效应使绕组电阻值增大，以及导体由多股线并联时，因各股线所处位置不同，感生的漏磁电动势不同，以致在股线间产生环流而引起的损耗。对异步电机，还包括由定子谐波磁通在转子绕组中感生的谐波电流所产生的损耗，以及斜槽笼型转子因流动于导条间的横向电流而在导条中所产生的损耗。

应该指出，影响杂散损耗的因素较多，很难正确计算，其测试也不易精确，往往是通过测定总损耗，然后从中减去所测定的各基本损耗之和来确定。

35　电机风摩损耗　风扇及通风系统损耗取决于风扇的型式及尺寸、通风系统结构以及冷却介质密度等。电机转子表面与冷却介质的摩擦损耗取决于转子直径、长度及圆周速度，约与转子直径的 5 次方、转速的 3 次方成正比。轴承损耗取决于轴承型式、承受的比压力、轴颈圆周速度及润滑情况。电刷摩擦损耗取决于电刷的形式、比压力、接触面积、集电环或换向器的圆周速度。风摩损耗一般情况下为上述各损耗之和。

2.7　结构设计

36　电机定子机座　按安装结构型式可分为卧式和立式两种，从 GB/T 997—2022《旋转电机结构型式、安装型式及接线盒位置的分类（IM 代码）》中可看出电机各种安装结构型式。

对电机机座有以下基本要求：1）机座应具有足够的强度和刚度，使其在加工、运输、起吊、分瓣放置和运行中能承受各种机械作用力、电磁力而不致产生有害变形。通常具有足够刚度的机座，也能满足强度要求。2）机座应便于加工、运输、安装和检修。3）机座内圆空间应得到充分利用，并应满足通风冷却的要求，直流电机机座还应满足磁路要求。4）机座的中心高和底脚安装尺寸应符合有关标准和技术条件的规定。5）大型两极汽轮发电机铁心振动的双倍振幅如达到或超过 30～40μm 时，应采用隔振措施。氢冷汽轮发电机的机座应满足密封和氢爆安全的要求。6）大型水轮发电机的机座应能适应铁心热膨胀的要求，刚度应满足运输、吊装要求。7）微特电机的机座除应具有足够的强度外，还应能承受潮湿、盐雾、霉菌、温度骤变、强冲击等严酷环境条件的影响。其材料的热膨胀系数应与定子铁心的接近。

37　电机定子受力分析及变形　电机运行时定子铁心承受切向力及径向力，并传递到机座，同时承受自身的重量，机座的变形影响电机气隙均匀度，因此机座应有足够的刚度。对气隙较大的一般同步电机和直流电机，机座少量变形是允许的，可不进行精确计算。对于异步电机和功率较大的卧式同步电机以及直流电机，应计算机座变形量，机座最大变形量一般不应超过气隙长度的 1/10。

中、大型电机应计算定子的固有振动频率，以避免与气隙谐波磁场产生的径向力频率接近而产生共振。

38　电机定子绕组受力分析　定子槽部绕组承受两倍电流频率的交变电磁力，其大小正比于上、下层线圈边电流的乘积以及槽内线圈边的长度。当同槽的两线圈边电流方向相同时，电磁力将使两线圈边向槽底挤压；当两线圈边电流方向相反时，电磁力将上层线圈边压向槽楔，下层线圈边压向槽底。该电磁力使槽部绕组周期性振动，特别在发电机线端短路及电动机转子堵转时更为严重。因此，必须使导体与绝缘形成坚固的整体，防止出现事故时因绕组受力产生有害变形而损伤绝缘，以及在正常运行时避免由于振动导致槽楔松动和绝缘磨损。

绕组端部磁场与流过线圈端部的电流相互作用产生电磁力，线圈端部某单元承受的力与流过该单元的电流、单元长度及该单元处磁通密度成正比。短路时绕组端部承受非常大的应力，应注意绑扎牢靠或用端箍、支架固定。

39　电机转轴　它是电机转动部分的关键部件。它要传递转矩，承受转子全部重力和单边磁拉力，还要承受弯矩、轴向推力和扭振时所产生的交变力矩等。因此，转轴必须满足下列基本要求：

1）有足够的强度，能承受运行中可能遇到的各种负载而不致产生残余变形和疲劳破坏。2）有足够的刚度。通常转轴的最大挠度不超过单边气隙的 5%~10%。防止定、转子偏心引起不平衡磁拉力，进一步增大偏心值而产生振动或定、转子相擦。3）转轴的临界转速至少应离开电机额定转速的20%。变速电机应工作在第一临界转速之下，汽轮发电机和高速大容量异步电机则常工作在第一和第二临界转速之间，也有工作在第二和第三临界转速之间的。4）大型电机和承受周期性脉振转矩的电机（如柴油发电机）的轴系，必须使其扭振固有频率离开交变转矩频率。特别是交流变频调速的电机，因其频率随转速和负载变化，应综合考虑这一问题。

中小型电机轴的材料，常用 35、40、45 号钢，大型电机的轴常用 45 号钢或合金钢，并且轴的材料一般都应经热处理，以提高材料的机械强度和韧性。有些微型控制电机的轴用不导磁的不锈钢制成。

转轴常用结构钢的力学性能见表 9.2-5。

表 9.2-5　转轴常用结构钢的力学性能

钢种	热处理方式	截面积尺寸/mm	抗拉强度 σ_b/(N/mm²)	屈服点 σ_s (N/mm²)	冲击韧度 α_k/(J/cm²)	伸长率 δ（%）		断面收缩率（%）	
						锻造比			
						<5	≥5	<5	≥5
30	正火	≤100	450	235	29	11	12	38	29
		101~300	440	225	29	14	12	37	28
		301~500	430	215	29	14	12	32	24
		501~750	420	205	25	13	11	28	21
35	正火	≤100	480	254	29	14	12	34	26
		101~300	470	245	25	14	12	32	24
		301~500	450	225	25	13	11	30	22
		501~750	430	215	25	12	10	26	19
		751~1 000	410	205	20	11	9	24	17
40	正火	≤100	520	260	25	13	11	32	24
		101~300	500	254	25	13	11	29	22
		301~500	480	245	20	12	10	26	13
		501~750	470	235	20	11	9	24	18
		751~1 000	450	225	15	11	9	22	16

（续）

钢种	热处理方式	截面积尺寸/mm	抗拉强度 $\sigma_b/(N/mm^2)$	屈服点 σ_s（N/mm^2）	冲击韧度 $\alpha_k/(J/cm^2)$	伸长率 δ（%）		断面收缩率（%）	
						锻造比			
						<5	≥5	<5	≥5
45	正火	≤100	560	284	25	11	9	30	23
		101～300	540	274	20	11	9	28	21
		301～500	520	260	20	11	9	26	19
		501～750	500	254	15	10	8	24	18
		751～1 000	480	245	15	9	7	22	16
20SiMn	回火	—	450	225	29	—	14	—	22

第3章 电机试验、安装和维护

3.1 电机试验概述

40 电机型式试验 电机主要试验分为型式试验和检查试验。型式试验是为了确定电机的电气和机械性能是否符合产品标准和设计要求,并为产品改进提供依据。其产品标准要符合相应的国家标准所规定的"通用技术条件"。

属下列情况之一者,须进行型式试验:1)新产品试制完成时;2)设计或工艺变更导致电机某些性能发生明显变化时;3)对成批生产的电机进行定期抽试时;4)检查试验的结果与以前型式试验结果对比超出允许偏差时。

41 电机检查试验 检查试验又称为出厂试验,其目的是对每台新装配完成的电机进行检查,判断出厂产品是否合格。其内容主要是:1)对电机基本性能进行测定,如测定直流电阻、空载特性、短路特性、振动情况等;2)考核产品安全情况,如耐电压试验、短时升高电压试验、测定绝缘电阻、超速试验等。若检查试验结果未超出允许偏差,则可以出厂。

42 电机试验标准 电机的型式试验和检查试验项目应按照产品技术条件的规定进行。电机试验方法应按相应的产品标准规定的试验方法进行。例如:微电机产品的强制条件"微电机安全通用要求"要符合 GB18211—2000 标准。

43 电机试验中的自动检测 根据试验要求,预先编好程序并存入计算机内。试验时,根据试验目的再调出程序。按照程序的指令,将电机的电量(电压、电流、电阻和功率等)和非电量(频率、转矩、转速和时间等)的模拟量,经变送器和接口送入计算机变为数字量并储存起来,绘出特性曲线,给出试验结果,从而实现了自动检测中能高速自动采样,又可消除随机误差和系统误差的目的。采用微机的电机自动检测系统的框图见图 9.3-1。

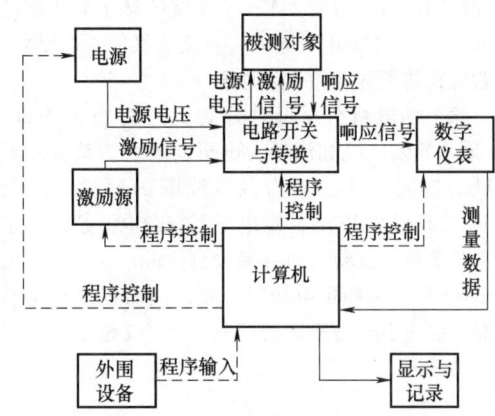

图 9.3-1 电机试验的自动检测系统框图

3.2 绝缘性能试验

44 电机绝缘电阻测定 测定电机绕组的绝缘电阻可以判断绕组的绝缘质量,还可判断绝缘是否存在受潮、沾污或其他绝缘缺陷等情况。测量绕组绝缘电阻一般选用绝缘电阻表(旧称摇表或兆欧表),其规格根据电机绕组额定电压选定,见表 9.3-1。

表 9.3-1 绝缘电阻表规格的选择

电机绕组额定电压/V	≤500	500~3 300	≥3 300
绝缘电阻表规格/V	500	1 000	2 500 及以上

对于交流电机,应分别测量每个绕组对机壳及各相间绝缘电阻。但对于绕组只是始端或末端引出机壳外,则只要测量绕组对机壳的绝缘电阻即可。对于直流电机,应分别测量电枢绕组、各励磁绕组、换向绕组、补偿绕组等绕组对机壳及相互间的绝缘电阻。测量时,绝缘电阻表的转速应接近额定值并保持大致均匀时方可记录,同时还应记录绕组的温度。由于施加直流电压而使绕组对地充电,测量后应将被测绕组对机壳放电。

45 电机短时升高电压试验 试验是在电机空载时进行，除以下规定外，试验时外施电压（电动机）或感应电动势（发电机）均为 130% 的额定电压值。

对额定励磁电流时空载电压超过额定电压的 130% 的同步电机，试验电压应为额定励磁电流时的空载电压；水轮发电机的试验电压应等于额定电压的 150%；4 极以上直流电机，试验时应使换向器相邻片间电压不超过 24V；三相绕线转子异步电动机（大型 2、4 极电机除外）及交流换向器电动机，试验应在转子静止和开路时进行。

除下列电机外，短时升高电压时间为 3min。1）对水轮发电机和汽轮发电机，绕组为单匝线圈的试验时间为 1min；为多匝线圈的试验时间为 5min。2）对在 130% 额定电压下空载电流超过额定电流的电机，试验时间可减少到 1min。3）提高试验电压至 130% 额定电压时，允许同时提高频率和转速，但应不超过额定转速的 115% 或超速试验所规定的转速。

对磁路比较饱和的发电机，在转速增加至 115% 且励磁电流已增加到允许限值时，若感应电压仍不能达到所规定的试验电压，允许在所能达到的最高电压下进行试验。

46 电机交流耐电压试验 试验电压的频率为 50Hz，并尽可能为正弦波形，其数值应符合表 9.3-2 的规定。试验电压从不超过半值开始，之后均匀地或每步以不超过全值试验电压的 5% 逐步增加到全值。电压自半值增加到全值的时间应不少于 10s。全值电压维持时间为 1min。同一台电机不能重复进行耐电压试验。若用户要求再进行一次时，试验电压不应超过表 9.3-2 规定值的 80%。绕组完全重绕时，应采用全电压值做试验；对部分绕组重绕的电机，试验电压则不超过表 9.3-2 规定值的 75%；对拆卸清理过的电机，在清理干燥后，加 1.5 倍额定电压进行试验。但对 100V 及以上的电机试验电压至少为 1 000V，额定电压低于 100V 的电机试验电压至少为 500V。

表 9.3-2 电机绕组绝缘交流耐电压试验标准值

项号	电机或部件		试验电压（有效值）
1	功率<1kW（或 kV·A）、U_N<100V 的电机绝缘绕组，但第 4~8 项除外		500V+2U_N
2	功率小于 10MW（或 MV·A）的电机绝缘绕组，但第 1、4~8 项除外[①]		1kV+2U_N，最低为 1.5kV[②]
3	10MW（或 MV·A）及以上电机绝缘绕组，但第 4~8 项除外	U_N[②]≤24kV	1kV+2U_N
		U_N[②]>24kV	按专门协议
4	直流电机的他励绕组		1kV+2 倍最高额定励磁电压，最低为 1.5kV
5	同步发电机、同步电动机和同步调相机的磁场绕组	1）额定励磁电压为 500V 及以下 额定励磁电压大于 500V	10 倍额定励磁电压，但最低为 1.5kV 4kV+2 倍额定励磁电压
		2）当电机起动时，磁场绕组短路或并联一个小于磁场绕组电阻 1/10 的电阻	10 倍额定励磁电压，但最低为 1.5kV，最高为 3.5kV
		3）当电机起动时，磁场绕组并联一个等于或大于绕组电阻 10 倍的电阻或采用带（或不带）磁场分段开关而磁场绕组开路	1kV+2 倍最高电压有效值（此电压在规定的起动条件下存在于磁场绕组的线端间，若为分段磁场绕组存在于任一段的线端间），但最低为 1.5kV[③]
6	非永久性短路（例如用变阻器起动）的异步电动机或同步感应电动机的次级绕组（一般为转子）	1）不逆转或仅在停止后才逆转的电动机	1kV+2 倍转子开路电压
		2）在运转时将电源反接而使逆转或制动的电动机	1kV+4 倍转子开路电压

（续）

项号	电机或部件		试验电压（有效值）
7	励磁机（下列两种除外）	1）同步电动机（包括同步感应电动机）接地的或在起动时不与磁场绕阻连接的励磁机	与所连接的绕组相同
		2）励磁机的他励磁场绕组	1kV + 2 倍励磁机额定电压，最低为 15kV
8	成套设备		应尽量避免做以上第 1~7 项试验。但如对新的成套设备做试验，而其每一组件已事先通过耐电压试验，则试验电压应为成套装置任一组件中最低试验电压的 80%④

① 对具有分级绝缘的电机，试验应按专门协议。

② 对有一个公共出线端的两相绕组，公式中额定电压为运行时任意两个线端间所出现的最高电压有效值。

③ 在规定的起动条件下，磁场绕组或其分段的线端间所产生的电压可用以下方法求得：适当降低电源电压进行测量，再将测得的电压按规定的起动电压与降低的电压之比来折算。

④ 对一台或多台电机作电连接的绕组，其电压应为绕组对地实际存在的最高电压。

47　电机直流耐电压试验和泄漏电流的测量　试验目的在于发现绕组端部绝缘的缺陷。直流耐电压试验与泄漏电流测量是同时进行的。电枢绕组绝缘应能承受 $3.5U_N$，直流耐电压试验时间为 1min。在 $2.5U_N$ 的直流电压作用下，最大泄漏电流超过 $20\mu A$ 时，各相泄漏电流差值应不大于最小一相泄漏电流值的 50%，且试验时泄漏电流应不随时间的延长而增大。

实验电路见图 9.3-2，调节调压器 T1 的电压，使电压逐级升至 $0.5U_N$，$1.0U_N$，$1.5U_N$，…，$3.5U_N$，每一级都持续 1min，并记录微安表的稳定电流（即泄漏电流）值。实验完毕切断电源后，被试绕组还应对地充分放电。

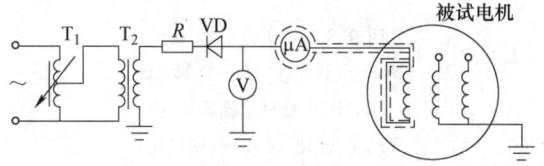

图 9.3-2　直流耐电压试验与泄漏电流测量线路

T_1—调压器　T_2—高压变压器　R—限流电阻
VD—高压硅整流器　V—高压静电压表　μA—微安表

3.3　绕组直流电阻的测量

48　电机绕组直流电阻测量方法　若用电桥法测量且被测绕组电阻大于 1Ω 时，常用单臂电桥进行测量；小于 1Ω 时，由于考虑接触电阻和引线电阻的影响，则一般用双臂电桥进行测量。双臂电桥适合于测量 $(0.001~1.0)\ \Omega$ 的电阻。每一绕组电阻至少测量三次，每次测量时必须重新调整桥臂，每次读数与三次平均值之差应不大于 0.5%，取平均值并折算成标准温度时的值，作为电阻的实际值。

用电压电流表法测量时，应采用磁电式仪表，由蓄电池或其他稳定直流电源供电。通过绕组的电流不应超过其额定电流的 10%，通电时间不应超过 2min。测量时应同时读取电压和电流值以及室温值。每一绕组电阻至少应在三种不同电流下进行测量，每次测量值与平均值之差应不大于 0.5%，取其平均值作为实际电阻值。

测量电阻时，电机转子应静止，还应准确记录环境温度以便折算。

49　电机绕组直流电阻测量时注意事项　测量绕组的直流电阻，用来校验绕组的实际电阻是否符合设计要求，检查绕组是否存在匝间短路、焊接不良或接线错误。此外，还可根据绕组的热态与冷态电阻之差，以确定绕组的平均温升。测量时应采用同一仪表测量同一绕组的热冷态电阻，尽可能减小测量误差。

绕组的直流电阻值取决于导线的长度、截面积、电阻率及绕组温度。用相同工艺生产同样形状的线圈，其导线长度和线径几乎相同。故对同一台电机而言，同样线圈的直流电阻值应相同，允许偏差为 ±2%。多相绕组的每相电阻，彼此相差也不超过 2%。

3.4　空载特性和短路特性的测定

50　直流电机

（1）**空载特性试验**　直流电机的空载特性，是当电机按他励空载发电机方式运行时，保持额定转速，求取电枢电压 U_0 与励磁电流 I_f 的关系，一般量取 9~11 个曲线点。为避免磁路的磁滞影响，励磁电流的调节必须在单一方向增加或减少。在测量中，最高电枢电压对一般电机应不高于额定电压的 130%。直流电机空载试验的目的：一是根据以上方法作出 $U_0=f(I_f)$ 曲线以便确定电机磁路的饱和程度；二是测定空载损耗，以便求取效率。空载损耗为铁耗与机械损耗之和。测定铁耗和机械损耗可用空载电动机法或空载发电机法。空载电动机法是将电机作为他励电动机以额定转速空载运行一段时间，待轴承和电刷润滑稳定后进行试验。按几个选定的励磁电流值，保持额定转速，改变电枢电压，测取电枢电流、电枢电压及励磁电流。用各点电动机的输入功率减去相应的电枢回路总损耗，即为空载损耗。以电枢电压标幺值的平方 [即 $(U_0/U_N)^2$] 为横坐标，画出空载损耗曲线，通过外推法将铁耗 P_{Fe} 与机械损耗 P_{fv} 分开，见图 9.3-3。额定工况时的铁耗可按电动机额定感应电动势 E_N/U_N 在图 9.3-3 上求得。测铁耗和机械损耗的另一方法——空载发电机法请参考 GB/T1311—2008《直流电机试验方法》。

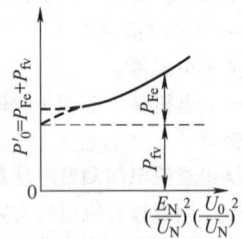

图 9.3-3　铁耗与机械损耗分离曲线
P_{Fe}—铁耗　P_{fv}—机械损耗

（2）**短路试验**　对较高电压的电机进行换向检查，单台大功率电机没有条件用回馈法加负载时也可用短路法。试验时，电机的串励绕组应接成差复励式。若电机没装串励绕组，可在主极上临时绕几匝再接成差复励式，以防止试验时产生过大的短路电流。

51　三相异步电动机

（1）**空载试验**　通过该试验可确定空载损耗和

空载电流，试验线路见图 9.3-4。试验时应先使电机空载运行足够长时间，待机械损耗稳定后再测量。调节电压应从大到小单方向进行，以免增加测量误差。电流表、电压表（有时还用互感器）最好各用三只。空载时，由于电动机的功率因数很低，应用低功率因数功率表。同类仪表的阻抗应一致，以免因阻抗不平衡而引起测量误差。

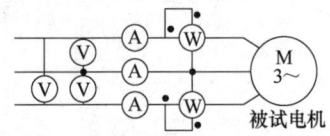

图 9.3-4　三相异步电动机空载试验接线图

空载损耗为

$$P_0' = P_{Fe} + P_{fy} = P_0 - P_{0Cu1}$$

式中　P_{0Cu1}——空载时的定子绕组铜耗，$P_{0Cu1} = 3I_0^2 R_1$。

空载损耗 P_0' 对应的曲线接近直线（对低压电机），沿该曲线的延长线与纵坐标的交点将机械损耗和铁耗分开，见图 9.3-5，$P_0' = f(U_0/U_N)^2$。

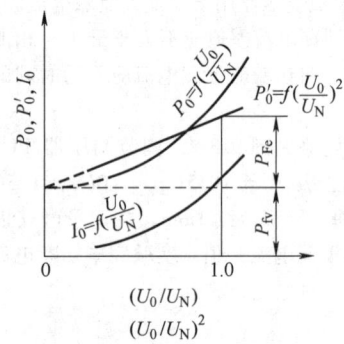

图 9.3-5　空载特性曲线
P_0—空载损耗　I_0—空载电流
U_0/U_N—空载电压标幺值
P_{Fe}—铁耗　P_{fv}—机械损耗

（2）**堵转试验（短路试验）**　其目的是为了测量电机堵转电流和堵转转矩及短路参数。试验前先确定电动机转向，以使制动臂方向朝下。然后在低电压下分别找出堵转时电流最大和转矩最小的转子位置。在这两个位置上测量堵转电流和堵转转矩。因堵转时的电机主磁场强烈去磁，漏磁路高度饱和，漏电抗减小，故堵转电流很大，试验应快速进行，以免绕组过热。每次通电时间应小于 10s。试验时电压从高到低逐步减少。试验线路与空载时的

图 9.3-4 基本相同，只是电压表和功率表的电压线圈应接在电机端。

小电机的堵转转矩 T_K 可用电子秤或测矩仪直接测量。堵转特性曲线见图 9.3-6。额定电压 U_N 时的堵转电流和堵转转矩由图 9.3-6 曲线求得。由于堵转漏电抗 X_K 随漏磁路饱和程度的增加而减小，$I_K = f(U_K)$ 不是直线关系而是指数关系。检查试验时的堵转试验，为了使 I_K 接近 I_N，可在表 9.3-3 中所列的相应堵转电压值附近测量堵转电流和损耗。

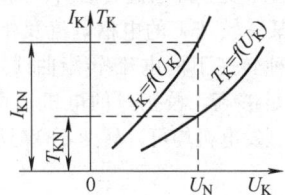

图 9.3-6　异步电机堵转特性曲线

表 9.3-3　检查试验选用的堵转电压

电动机额定电压/V	220	380	660	3 000	6 000
堵转电压/V	60	100	170	800	1 400

52　三相及单相同步电机

（1）空载试验　其目的是测定同步电机的铁耗和机械损耗以及空载特性。有阻尼绕组的电机宜用空载电动机法，无阻尼绕组的电机可用空载发电机法。试验时，电机接成他励并维持定转速，测出空载特性曲线，而且按直流电机空载试验的方法（第 50 条）将铁心损耗和机械损耗分开。当然对三相同步电机来说，空载电压 U_0 和空载电流 I_0 分别为三相中的每相电压和电流的平均值。图 9.3-3 中的纵坐标 P_0' 按下式计算：

$$P_0' = P_1 - P_{0Cu1}$$

式中　P_1——电机输入功率（W）；

　　　P_{0Cu1}——电机空载时定子绕组铜耗（W）。

对同步发电机来说，空载特性和稳态短路特性配合，可求取同步电抗的不饱和值。

（2）短路试验　此项试验是指稳态短路电枢电流 I_K 与励磁电流 I_f 变化的关系，一般按他励发电机法试验。被试电机保持额定转速，在 $I_f = 0$ 时用低阻抗导体将电枢出线端处短接，再增加励磁电流，使电枢电流约达 1.2 倍额定值，然后对 I_f 逐步减少到零，在此过程中，同时测取电枢电流 I_K 和励磁电流 I_f 共取 5~7 点。由于电枢反应为强烈去磁作用，即该曲线呈线性，则绘出稳态短路特性曲线见图 9.3-7。

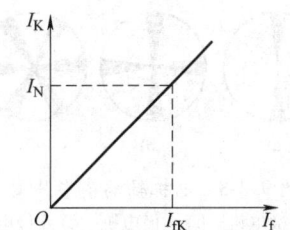

图 9.3-7　同步电机短路特性曲线

3.5　转速测量方法

53　电机转速的测量方法　测量电机的转速以每分钟转数（r/min）为单位。常采用数字式转速表、光电反射式测速仪、闪光测速仪和离心式转速表等进行测量。其中前三种的测量准确度较高，被广泛采用。而离心式转速表为机械式摩擦测量，准确度不高，测量精度为 ±1.5%FS，被测转速范围为 0~20 000r/min，现已很少使用。

光电反射式测速仪是在电机轴上粘贴一块特制的反光薄片，当已知频率的光电接收器对准轴上薄片时，电机每转一转，薄片反光一次，接收器收到一个信号。仪器内部安装的自动记录和数字显示装置能及时测量电机的转速。

闪光测速仪的闪光频率是可调的，当调到与实际转速相应的频率时，闪光灯所笼罩的旋转着的转子或轴端清晰得好像静止不动，此时闪光测速仪显示出当时电机的转速。测量范围为每分钟几十到几十万转，测量精度可达 0.003%FS，温度变化对其影响也不大。

54　电机转差率的测量方法

（1）测量转差 $\triangle n$ 求转差率　该方法适用于具有正常运行时异步电机的转差测量。测量时，将荧光灯或氖灯接在交流电源上照准电机轴端，在轴端面上标出数量与极数相同的黑白扇形片，见图 9.3-8。当电机以电动机方式运行时，扇形阴影将以 N/t 的速度逆转向旋转（N 为 t 秒钟内同一扇形阴影反向旋转的转数）。设 f 为电源频率（Hz），p 为极对数，则转差率为

$$s = \frac{p_N}{ft} \times 100\%$$

若交流电经半波整流后给荧光灯供电，则扇形阴影数将比整流前减少一半，阴影会更加清晰。

（2）测量转子电流频率 f_2 求转差率

1）感应线圈法　在电机轴伸附近旋转一只多

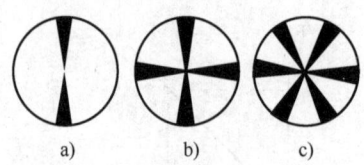

图 9.3-8　电机轴端扇形片图
a）2 极电机　b）4 极电机　c）6 极电机

匝数、带铁心的线圈。线圈与灵敏的检流计或阴极射线示波器连接。转子的漏磁通将在线圈中感生电动势，使检流计的指针或示波器光点按电动势的频率摆动。若 t 秒钟内摆动的次数为 k，则转差率为

$$s = \frac{k}{ft} \times 100\%$$

2）直读法　对绕线转子异步电机，用直流电流表测量转子绕组某一相电流的频率 f_2，则转差率为

$$s = \frac{f_2}{f} = \frac{k}{ft} \times 100\%$$

（3）测量转子转速 n 求转差率　设 n_1 为电机旋转磁场转速，n 为实测的转子转速，则转差率为

$$s = \frac{n_1 - n}{n_1} \times 100\%$$

3.6　转矩测量方法

55　测功机法　测功机是利用电磁作用测量电机稳态机械转矩的设备。它使用方便，具有较高精度。按结构可分为电动式和涡流式两种。

电动测功机通常为直流（或交流）电机。定子由独立的轴承座支撑，可以自由转动一个角度。并通过指针和刻度盘读数。电动测功机可作发电机用（即测量电动机的输出转矩），也可作电动机用（即测量发电机的输入转矩）。如果要提高测量精度，则应对测功机中一部分不能在转矩读数上反映出来的测功机风摩损耗进行校正。设测功机的风摩转矩为 T_{fw}，当测功机作发电机运行时，则应把 T_{fw} 加到测功机的转矩读数中去；而当测功机作电动机运行时，则应从转矩读数中减去 T_{fw}。还应注意使定子、转子轴承保持良好的润滑状态，应采用优质润滑油，不得采用脂类。轴上不应加装任何非必要物品。

涡流测功机是利用涡流产生电磁制动力矩来测量机械转矩的装置。它的转子为一涡流盘，相当于短路绕组；它的定子上装有直流励磁的磁极，并可以自由转动一个角度反映在转矩刻度盘上。涡流测功机只能产生制动转矩，不能作为电动机运行，只适用于测量转速上升（范围不大）而转矩下降的情况，例如测量异步电动机的机械特性曲线 $T = f(s)$。涡流测功机的误差和注意事项基本同电动测功机。

56　校正过的电机法　校正电机一般采用直流电机。校正时将校正的直流电机他励，并使电机的励磁电流保持不变。待电机的电刷、轴承等摩擦稳定后，读取某一转速下的电枢电流及相应的转矩，并绘制出几种转速下的电流-转矩曲线。该曲线的数值精度要足够高。校正过的电机法可在被试电机（电动机、发电机均可）转速不变时测量电机的稳态转矩。

57　笼型异步电动机最大转矩 T_{max} 的测定　最大转矩反映电机的过载能力，可用直接负载法或其他方法（见 GB/T 1032—2012）测定。用直接法测最大转矩时，将被试电机与负载电机（测功机或校正过的直流电机）直接通过联轴器连接。负载电机的功率约为被试电机的 3 倍，负载电机此时作为发电机运行，容量大时可向电源回馈电能。缓缓增加被试电机的负载，直到测功机的转矩读数出现最大值时为止，尽快读取此最大值和被试电机的端电压。若采用校正过的直流电机作负载时，应保持负载电机的励磁电流同校正时的值相同并恒定，同时读取转速值。根据试验时的转速和电枢电流 I_a，从对应直流电机校正曲线 $T = f(I_a)$ 上查得 T_{max} 值。若试验电压 U_t 在 U_N 附近时，最大转矩按下式修正：

$$T_{max} = T_{maxt}(U_N / U_t)^2$$

式中　T_{maxt}——在试验电压 U_t 时测得的最大转矩（N·m）。

58　笼型异步电动机最小转矩 T_{min} 的测定　异步电动机的最小转矩是谐波磁场作用的结果，它可用直接负载法或其他方法（见 GB/T 1032—2012 有关内容）测定。直接负载法是用测功机或其他转矩仪直接读取 T_{min}，或用校正过的直流（或异步）电机作为负载读取 T_{min}。用直接负载法测定 T_{min} 时负载电机是在电磁制动状态下运行。

用测功机反转法测 T_{min} 时，先将测功机低速起动，再接通被试电机电源，使机组沿被试电机的转向以低于预计出现最小转矩时的中间转速稳定运转。然后降低测功机励磁（个别情况下也可降低电枢电压），直到出现最小转矩时，测取读数。

用校正过的直流电机作负载时，先将直流电机起动并在同步转速的 1/39～1/14 范围内运转（为此，可用两台相同的直流电机接成极性相反的机组，以其电压差作为负载直流电机的电源），再接通被试电机的电源。调节直流电机的电枢电压直到电枢电流为最小值。根据这个最小电流值在电机校正曲线 $T = f(I_a)$ 上查得相应的 T_{min} 值。试验过程中，直流电机的励磁电流应与校正时的情况相符并保持恒定。

59　电机转矩测量仪法　转矩测量仪法是将被试电机的转矩通过扭矩传感器转换成与转矩成正比的电量并加以显示。该转换装置又叫转矩转速测量仪，即也可同时读取转速值，有的测量仪还可同时读出功率值。传感器装在被试电机和负载电机的中间。有外加转矩时，传感器的弹性轴产生扭转变形，其两端的信号线圈中的电动势相位差角发生变化，此变化值与外加转矩成正比。

被试电机、传感器和负载电机在安装时必须保证三轴同心，以便传感器的扭力轴因连接不良而产生外力并影响测量精度。

3.7　效率的测量

60　电机效率的测量

（1）直接法　测量电机的输出功率为 P_2，输入功率为 P_1，则效率为

$$\eta = (P_2/P_1) \times 100\%$$

当被试电机为电动机时，直接用仪表测取电机的输入功率，而输出功率按前述转矩、转速测量方法来测量转矩和转速，然后按下式计算输出功率（kW）为

$$P_2 = \frac{T_2 n}{9\,560}$$

式中　T_2——被测输出转矩（N·m）；

　　　　n——转速（r/min）。

在效率较高的情况下，这种方法会产生约 2% 的测量误差。

（2）间接法　效率的间接测定是测量和分析被试电机的各种损耗，从而确定电机的效率。设电机的输入功率为 P_1，总损耗为 $\sum p$，电机的效率为 η，则

$$发电机：\eta = \left(1 - \frac{\sum p}{P_2 + \sum p}\right) \times 100\%$$

$$电动机：\eta = \left(1 - \frac{\sum p}{P_1}\right) \times 100\%$$

3.8　电机温升的测定

61　电机温升测定的回馈法　这种方法只需一台变流机组就可补偿试验损耗。被试电机需在两台型式、功率、电压和转速均相同的情况下，即可用回馈法加负载来测定。回馈法节省电能，需要的设备少，在电机试验中被广泛采用。

（1）直流电机试验用回馈电路　由交流电动机拖动直流发电机组成的补偿损耗的回馈电路如图 9.3-9 所示。此图中间也可用一台直流电动机作为机械功率补偿的类似电路如图 9.3-10 所示（注意到此图有三个联轴器）。直流电机均接成他励式。调节直流电机 3 和 4 的励磁电流，使某台电机的励磁减弱（或增强），则这两台被试电机的电枢之间因存在电位差而产生电流。电位差越大，电流越大，调节励磁可以使两电枢电流达额定值以便测温升。励磁较弱的电机以电动机方式运行，否则以发电机方式运行。

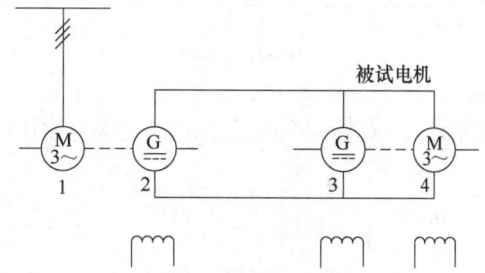

图 9.3-9　同功率直流电机电流补偿回馈试验电路

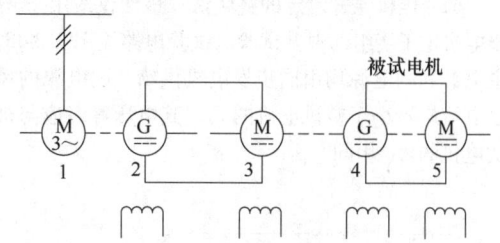

图 9.3-10　同功率直流电机机械功率
补偿回馈试验电路

（2）同步电机回馈试验电路　如图 9.3-11 所示，增加直流发电机 2 的励磁或减小直流电动机 3 的励磁，电机 2 向电机 3 供电，被试电机 4 则以发电机方式运行。反之，若减小电机 2 的励磁或增加电机 3 的励磁，电机 3 向电机 2 供电，则电机 4 以电动机方式运行。

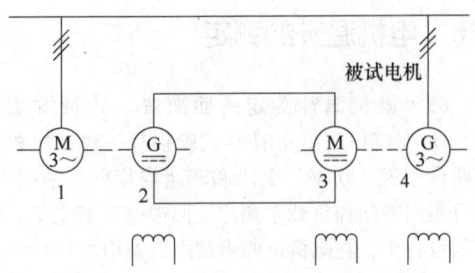

图 9.3-11　同步电机回馈试验电路

若增加（或减少）同步电机 4 的励磁，电机 4 将向（或从）电网输出（或吸收）无功功率。

（3）异步电机变频回馈电路　如图 9.3-12 所示，被试电机 1 和辅助电机 2、同步电机 3 和直流电机 4、电机 5 和电机 6 分别机械连接。电机 1 以电动机方式运行，调节电机 4 的转速，降低电机 3 的频率，使异步电机 2 以发电机方式运行。改变电机 3 的频率便可调节电机 1 的负载。使被试电机绕组电流达满载电流，以便测温升。

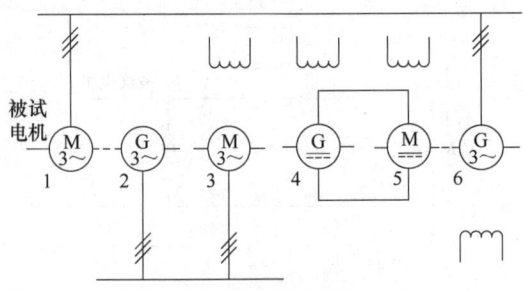

图 9.3-12　异步电机变频回馈试验电路

62　电机温升测定的叠频法　该法仅适用于异步电机定子绕组的温升试验。试验电路见图 9.3-13。主电源和副电源均由同步发电机供给。副电源的额定电流应不小于被试电机的 I_N，其电压等级应与被试电机的 U_N 相同。

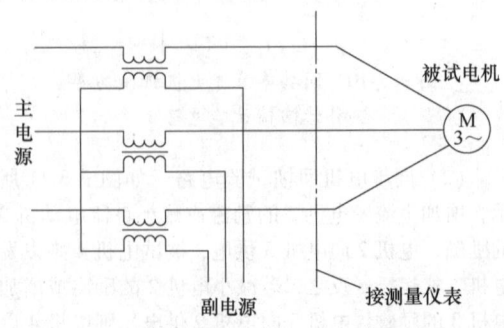

图 9.3-13　叠频法试验电路示意图

主、副电源的相序应一致。试验时，先由主电源正常起动被试电机，使其在额定电压和额定频率下空载运转，然后接通副电源。对额定频率为 50Hz 的电机，副电源频率 f' 应在 38~42Hz 范围内。调节副电源电压使被试电机的定子电流达到满载电流 I_N 值。在试验过程中，要随时调节主电源电压，使被试电机的端电压保持额定电压 U_N 值，同时保持副电源频率 f' 不变。被试电机在 U_N、I_N 的条件下进行温升试验。

在调节被试电机的负载时，若仪表指针摆动较大或被试电机和试验电源设备振动较大，应降低副电源的电压，另选择一个值进行试验。

63　电机绕组温升的测定　常用温度计法、电阻法或检温计法。一般采用电阻法。对额定功率为 200kW（或 kVA）及以上的交流电机定子绕组，可采用埋置检温计法。但对旋转或静止的单层绕组、低电阻的换向绕组和补偿绕组，不能采用电阻法和埋置检温计法测该类温升，应采用温度计法。

电阻法测得的是绕组的平均温度，铜绕组的温升 $\triangle t$（K）按下式计算：

$$\Delta t = \frac{R_2 - R_1}{R_1}(235 + t_1) + t_1 - t_0$$

式中　R_2——试验结束时的绕组热电阻（Ω）；

　　　R_1——试验开始时的绕组冷电阻（Ω）；

　　　t_1——试验开始时的绕组温度（℃）；

　　　t_0——试验结束时的冷却介质温度（℃）；

若为铝绕组，则用 225 代替上式中的 235。

电机停转后测得的绕组温度应加以修正。电机在温升稳定后断电瞬间所测温度，可用冷却曲线延长而外推到断电瞬间的方法（参见 GB/T 1032—2012 有关规定）求得，从而求得电机的温升。但是电机断电后若能在表 9.3-4 所列时间内测得第一点读数，则以此值计算电机的温升而不需外推至断电瞬间。

表 9.3-4　温升测定断电间隔时间

电机的额定功率 P/kW（或 $kV \cdot A$）	断电后间隔的时间/s
小功率电机	15
$P \leqslant 50$	30
$50 < P \leqslant 200$	90
$200 < P \leqslant 5\,000$	120
$P > 5\,000$	按专门协议

埋置检温计法是将热电偶或电阻温度计在制造过程中埋置于电机内。检温计沿圆周分布，至少埋6个，并尽量埋置于预计为最热点的各个部位。工艺上还要保证安全和测量精度。

3.9　三相同步电机电抗的测定

64　电机漏电抗 X_δ 的测定　将被试电机转子抽出，在定子铁心内腔放一个测试线圈。测试线圈直线部分与定子铁心叠厚相同，该线圈跨距等于一个极距（对分数槽绕组，等于每一极距内最大整数槽宽度）。试验时，将电枢绕组接至额定频率三相对称的电源上，适当增加电压 U（V），测量电枢绕组磁化电流 I_m（A）、输入功率 P（W）和测试线圈电压 U_1（V）。注：测试线圈，电压表应选用高内阻电压表测量。

则保梯（Potier）电抗 X_p（Ω）的近似值为

$$X_p = \sqrt{Z_p^2 - R_p^2} = \sqrt{\frac{U^2}{3I_m^2} - \left(\frac{P^2}{3I_m^2}\right)^2}$$

漏电抗 X_δ（Ω）由下列式求出：

$$X_b = \frac{U_1 N k_{dp1}}{I_m N_c}$$

$$X_\delta = X_p - X_b$$

式中　N——电枢绕组每相每支路串联匝数；

$\quad\quad$ N_c——测试线圈匝数；

$\quad\quad$ k_{dp1}——电枢绕组的基波绕组系数。

如果电枢绕组为分数槽绕组，上式中的 X_b（Ω）应该按下式计算：

$$X_b = \frac{U_1 N k_{dp1}}{I_m N_c \sin\left(\dfrac{q'}{3q} \times 90°\right)}$$

式中　q'——每一极距最大整数槽数；

$\quad\quad$ q——每极每相槽数。

65　同步电机的直、交轴同步电抗 X_d、X_q 的测定

（1）由空载短路试验求取不饱和直轴同步电抗 X_d　用试验数据相对应的标幺值绘制空载和短路两特性曲线，见图 9.3-14。在空载特性直线部分的延长线上确定对应额定电压 U_N（图中为 1.0）时的励磁电流 I_{fg}，在短路特性曲线上有对应于 I_{fg} 的短路电流 I_{BC}（对应于图中长度段），则 X_d 的不饱和标幺值为

$$X_d^* = \frac{1.0}{\overline{BC}} = \frac{I_{fk}}{I_{fg}}$$

式中　I_{fk}——短路电流为额定电流时的励磁电流。

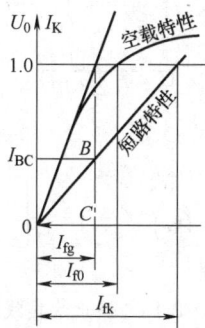

图 9.3-14　利用空载和短路曲线求 X_d

（2）反励磁法求 X_d　被试电机接到额定频率三相对称的电源上，作空载电动机运行。逐步降低励磁电流到零，变换极性后再缓慢提高励磁电流，直到失步为止。量取失步前瞬时电枢电压 U 和最大稳定电流 I，转换成标幺值后，交轴同步电抗的标幺值为

$$X_q^* = \frac{U^*}{I^*}$$

（3）低转差法求 X_d 和 X_q　将励磁绕组短路，原动机拖动同步电机转子到接近额定转速，使转差率小于 1%。在定子绕组上施加（2% ~ 15%）U_N 的三相对称低电压，其相序应与转子转向相同，电机不能牵入同步。再将励磁绕组开路，待转差率 s 稳定后（$s < 1\%$），用电压表、电流表测取电枢电压、电流的最大值和最小值，或用示波器显示电枢电压、电枢电流的波形（见图 9.3-15），并监视和记录被试电机的转差率 s。则同步电机的直、交轴同步电抗的标幺值为

$$X_d^* = U_{max}^* / I_{min}^*$$

$$X_q^* = U_{min}^* / I_{max}^*$$

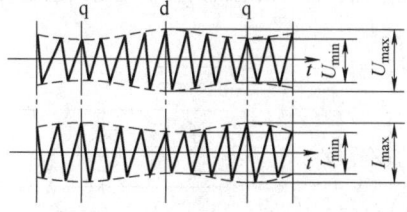

图 9.3-15　低转差法求 X_d 和 X_q 的示波图

66　同步电机瞬态电抗 X_d'、超瞬态电抗 X_d'' 和 X_q'' 的测定　用静止法求 X_d'' 和 X_q'' 的试验电路见图 9.3-16。

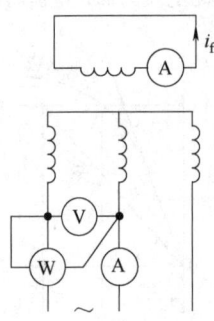

图 9.3-16　静止法接线图

励磁绕组通过交流电流表短路，任意两相电枢绕组串联后施加额定频率的单相可调低电压。缓慢转动转子位置到励磁绕组中的感应电流为最大值时为止，然后调节外施电压，使电枢电流为（5%～25%）I_N，记录此时的外施电压 U_1、电枢电流 I_1 和输入功率 P_a；再转动转子位置到励磁绕组感应电流为最小值（接近于零）为止，用和刚才相同的方法测取电压、电流和输入功率，分别用 U_2、I_2 和 P_b 表示。则 X_d'' 和 X_q'' 按下式计算：

$$X_d'' = \sqrt{Z_d''^2 - r_d''^2}$$

式中　$Z_d'' = \dfrac{U_1}{2I_1}$，$r_d'' = \dfrac{P_a}{2I_1^2}$。

当同步电机没有阻尼绕组时，上述方法测出的不是 X_d''，而是 X_d'。

$$X_q'' = \sqrt{Z_q''^2 - r_q''^2}$$

式中　$Z_q'' = \dfrac{U_2}{2I_2}$，$r_q'' = \dfrac{P_b}{2I_2^2}$。

无论同步电机有无阻尼绕组，据同步电机理论，$X_q' = X_q''$ 始终成立。

67　零序电抗 X_0 的测定　据电枢绕组接线不同，选用开口三角形法或并联法，见图 9.3-17。励磁绕组短路。将被试电机的转子拖动到额定转速并

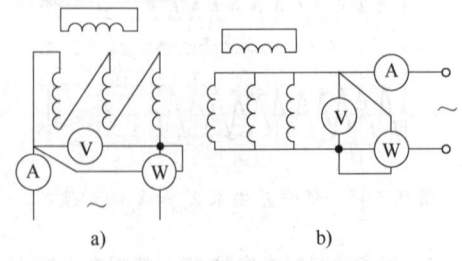

图 9.3-17　测定 X_0 的线路

a）开口三角形法　b）并联法

保持恒速，在电枢绕组上施加额定频率的单相电压。调节电压使电枢电流到（5%～25%）I_N 范围内某值后，同时量取外施电压 U、电流 I 和输入功率 P，则零序电抗 X_0 分别按下式计算：

$$X_0 = \sqrt{Z_0^2 - r_0^2}$$

式中　Z_0、r_0 的计算按接线不同而定：

若按开口三角形法　$Z_0 = \dfrac{U}{3I}$，$r_0 = \dfrac{P}{3I^2}$

若按并联法　$Z_0 = \dfrac{3U}{I}$，$r_0 = \dfrac{3P}{I^2}$

3.10　电压波形的测定

68　电压波形正弦性畸变率的测定　同步发电机的电压波形在空载和负载情况下是不相同的，它将对用电设备的性能产生不利影响。一般只要求测空载时线电压波形正弦性畸变率 K_U。测量时，发电机的电压和转速保持额定和稳定。采用以下方法均可求取 K_U 值。

1）用谐波分析仪测定基波和各次谐波电压的数值，再按下式计算：

$$K_U = \dfrac{100}{U_1} \sqrt{U_2^2 + U_3^2 + \cdots + U_n^2}$$

式中　U_1——基波电压有效值（V）；

　　　U_n——n 次谐波电压有效值（V）。

有的谐波分析仪可直接测出 K_U 和各次谐波电压与基波电压有效值之比。

2）用波形畸变率测试仪测定。

3）用示波器显示或拍摄电压波形，然后用傅里叶级数分析法对电压波形进行分析，求出各次谐波值，再用上式计算出 K_U。

69　电话谐波干扰因数的测定　该试验可与波形畸变率 K_U 的测定同时进行。用谐波分析仪测出每一谐波电压值，其测量频率从额定频率至 5 000Hz。电话谐波干扰因数（THF）（%）为

$$\text{THF} = \dfrac{100}{U} \sqrt{U_1^2 \lambda_1^2 + U_2^2 \lambda_2^2 + U_3^2 \lambda_3^2 + \cdots + U_n^2 \lambda_n^2}$$

式中　U——线电压有效值（V）

　　　U_n——n 次谐波电压有效值（V）；

　　　λ_n——相应于 n 次谐波频率的加权系数，不同频率的加权系数可从表 9.3-5 查得。

表 9.3-5　加权系数 λ_n

频率/Hz	加权系数	频率/Hz	加权系数	频率/Hz	加权系数	频率/Hz	加权系数	频率/Hz	加权系数	频率/Hz	加权系数
16.66	0.000 001 17	700	0.790	1 400	1.58	2 100	1.81	2 800	1.97	4 000	0.89
50	0.000 044 4	750	0.895	1 450	1.60	2 150	1.82	2 850	1.97	4 100	0.74
100	0.001 12	800	1.000	1 500	1.61	2 200	1.84	2 900	1.97	4 200	0.610
150	0.006 65	850	1.10	1 550	1.63	2 250	1.86	2 950	1.97	4 300	0.496
200	0.022 3	900	1.21	1 600	1.65	2 300	1.87	3 000	1.97	4 400	0.398
250	0.055 6	950	1.32	1 650	1.66	2 350	1.89	3 100	1.94	4 500	0.316
300	0.111	1 000	1.40	1 700	1.68	2 400	1.90	3 200	1.89	4 600	0.252
350	0.165	1 050	1.46	1 750	1.70	2 450	1.91	3 300	1.83	4 700	0.199
400	0.242	1 100	1.47	1 800	1.71	2 500	1.93	3 400	1.75	4 800	0.158
450	0.327	1 150	1.49	1 850	1.72	2 550	1.93	3 500	1.65	4 900	0.125
500	0.414	1 200	1.50	1 900	1.74	2 600	1.94	3 600	1.51	5 000	0.100
550	0.505	1 250	1.53	1 950	1.75	2 650	1.95	3 700	1.35		
600	0.595	1 300	1.55	2 000	1.77	2 700	1.96	3 800	1.19		
650	0.691	1 350	1.57	2 050	1.79	2 750	1.96	3 900	1.04		

3.11　转动惯量 J 的测定

70　重物降落法　在电机的轴伸处或装在其处的皮带轮上绕若干匝绳索，绳索的另一端悬挂一质量为 m（kg）的重物，见图 9.3-18。重物自由降落时，绳索带动转子转动。记录重物落下的高度 h（m）和降落时间 t（s），则转子的转动惯量 J（kg·m²）为

$$J = mr^2\left(\frac{gt^2}{2h} - 1\right)$$

式中　r——绕绳索的带轮或轴伸（没装带轮时）半径（m）；

g——重力加速度（m/s²）。

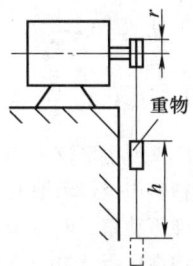

图 9.3-18　重物自由降落法求转动惯量

为了提高测试精度，应采用润滑油（非脂）润滑的轴承。对有电刷的电机，应提起电刷进行试验。重物落下的高度和时间应适当长些。

71　扭转摆动法　将电机转子用一定强度的钢丝悬挂在一支架上，见图 9.3-19。要保持转子轴线与地平面严格垂直，钢丝的轴线与转子轴线应同心，钢丝长 $l > 0.5$m。在转子静止时，将其轴线扭转 30° 角，然后释放。记录转子在 t 秒钟内往复摆动的次数 z，记录的起始点为摆动的中心（即摆速最大点）。求出摆动周期的平均值 $T = z/t$。

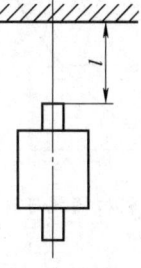

图 9.3-19　扭转摆动法求转动惯量

也可用均质的金属加工一个圆柱状假转子，以便求出实际转子的 J。假转子的质量为 m（kg），直径为 D（m）。m 与 D 的数值最好与被试转子的相

近。假转子转动惯量 J_A （kg·m²）按下式计算：

$$J_A = \frac{1}{4}mD^2$$

然后在相同条件下重复前述试验，求出假转子的摆动周期 T_a，则被试转子的转动惯量 J （kg·m²）为

$$J = J_a \frac{T^2}{T_A^2}$$

72 惰转法 较大功率的电机常用惰转法测转动惯量 J。试验时，电机以电动机方式空转一段时间，然后切断电机的全部电源使电机惰转（即惯性旋转），同时用示波器显示或记录电机惰转时转速下降曲线，见图 9.3-20。则转动惯量 J （kg·m²）为

$$J = \frac{P_{fva}}{\left(\frac{\pi}{30}\right)^2 n \frac{dn}{dt}}$$

式中 dn/dt——转速下降曲线中任意 a 点的转速变化率 [r/(min·s)]；

P_{fva}——图 9.3-21 中对应 a 点转速的机械损耗（W）。

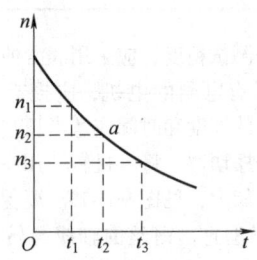

图 9.3-20 电机惰转时转速下降曲线

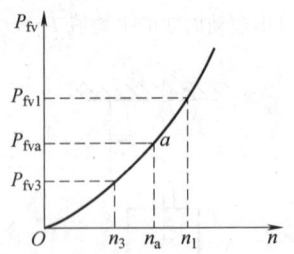

图 9.3-21 机械损耗与转速关系曲线

3.12 振动的测定

73 电机振动的测定方法 进行振动试验时，被试电机应安装在合适的基础上。为了不受外界振动源的影响，中心高 $H \leqslant 400mm$ 的电机，应放在弹

性垫上或用弹簧悬吊，弹性垫的压缩量或弹簧的拉伸量 δ （mm）应符合

$$\delta \geqslant 1.5 \times (1\,000/n)^2$$

式中 n——转速（r/min）。

对于 $H \geqslant 400mm$ 的电机，应适当地固定在刚性基础上，基础质量应大于被试电机质量的 10 倍。

被试电机轴伸应带半键，以电动机方式空转。对于立式电机，以专用支架固定在基础上，支架的质量应不大于电机质量的 1/10。对于不能以电动机方式起动的发电机，则可将被试电机与一台驱动电动机相连，注意两轴中心线应作精确校准，使驱动电动机本身的振动量不致对被试电机的振动测量有明显影响。尽可能使电机转速达到额定转速，在被试电机的两端轴承处测振速有效值（mm/s）或振幅（μm）。

GB/T 10068—2020《轴中心高为 56mm 及以上电机的机械振动 振动的测量、评定及限值》和 IEC34-14《旋转电机振动强度的测定和限值》中对转速为 600r/min 及以上电机的振动测量和电机振动限值，均有较详细的规定和描述。

3.13 噪声的测量

74 电机噪声的测量方法 电机的噪声可分通风噪声、电磁噪声和机械（电刷、轴承等）噪声三种，后两种噪声都是由振动引起的。噪声的强弱可通过仪器来检测。工程上常用声功率级和声压级表示噪声的物理量，即用声功率或声压的绝对值相对于规定基准值之比值的对数来表示，单位为 dB（即分贝），但无量纲。由于声压级与电机安装场所和测点距离有较大影响，不便使用，近年来国际上都以 A 计权的声功率级来评定噪声，它不受电机安装场所的声学特性和测点距离的影响，是一个独立参量。电机噪声的 A 计权声功率级 L_W 及其与声压级 L_P 的关系分别为

$$L_W = 10\lg\frac{W}{W_0}$$

$$L_W = L_P + 10\lg\frac{S'}{S_0} - K$$

式中 L_W——A 计权声功率级 [dB（A）]；

W——用精密声级计求取的声功率（W）；

W_0——基准声功率，$W_0 = 10^{-12}W$；

L_P——平均声压级 [dB（A）]；

S_0——基准测量面的面积，$S_0 = 1m^2$；

S——测量面的面积（m^2），若用半球面法测量，其测量半径为 r，则测量面面积 $S = 2\pi r^2$；

K——反映温度、气压和环境反射不同的一个修正值。必要时详查 GB/T 10069.1 ~ 3—2006 有关内容。

测量电机噪声时，可在自由声场、混响声场或半混响声场中进行，前两者为精确测定，需要专用试验室；后者为工程测量，可在合适场所进行，但在计算声功率级时，对环境反射和背景噪声应作修正。电机的安装条件与振动测试相同。由于被试电机的噪声与负载本身带来的噪声很难分离，故 ISO1680 仍规定用空载噪声作为考核电机噪声的基准。

详细的测定规范和方法见 GB/T 10069.1 ~ 3—2006，也可参考 ISO3746 或 ISO1680。

3.14　电机的无线电干扰的测量

75　电机无线电干扰的测量方法　电机的无线电干扰将对通信、广播、电视和电子仪器等的正常工作造成不良影响，它是由电机内部的电流、电压、磁通等物理量的突变而引起的。尤其交直流两用的电机和直流电机是典型的电机干扰源，因这类电机在运行中存在急剧电流换向问题，极端情况下可产生频谱极宽的微秒级单个高频脉冲，频谱范围可连续延伸达几百兆赫，输出高频能量约为 10^{-6}W。其干扰的程度与电机设计、制造工艺、产品质量、控制装置、电源波形和负载情况等有着一定的关系。

用无线电干扰测量仪测量电机的无线电干扰。该测量仪按检波器特性分为准峰值、峰值和平均值三种，三者的测量结果可以换算，我国采用第一种。电机无线电干扰的频率测量范围为 10kHz ~ 1 000MHz，它分为四个频段即 A（10 ~ 150kHz）、B（0.15 ~ 30MHz）、C（30 ~ 300MHz）和 D（300 ~ 1 000MHz）频率段。由于电机的无线电干扰属宽带干扰，当用点频法测量时，应按优选频率来确定测量频率点。而传导干扰和辐射干扰的测量，在测量前必须对环境先作检测。

3.15　电机的安装

76　电机安装与基础　一般运行中的电机均安装在水泥基础上。电机与负载（或原动机）相连构成了轴的传动系统，被称为电机轴系。无论电机轴系采用哪种型式，客观上，都存在着轴系中产生的各种力和不平衡磁拉力。若电机安装（或装配）不当，将使传动系统不能平稳长期运行，或使电机的定、转子的磁中心不重合产生轴向力，从而使电机有效输出减少，振动噪声增加。为此，在设计轴系时要考虑轴系中各单元所产生的各种力及其分布；安装时必须考虑轴的热膨胀和窜动，并在轴向轴的对接处留有一定的位移量（位移量的允许限值参见有关施工规程）。各轴的对接处还要保证符合允许的同轴度。

灌基础用的水泥至少应能承受单位荷重 400N/cm^2 以上。第一次灌浆后的基础表面高度应较最后竣工面低 25 ~ 40mm，并留出安置底板和调整垫板的位置。在直接承受电机或负载的基础区下部不要开孔或沟，更不能有渗积水。若基础中埋置底脚螺栓，预留的螺栓孔内应留有足够的调整空隙。在基础上安放大电机底板时，一般需经过预置和最后调整两个阶段，经检查合格后，再灌第二次浆。若有必要，可做专用有孔样板将底脚螺栓定位。灌浆时，注意防止轴承座下的绝缘垫板受潮。二次灌浆后，当混凝土强度达到设计强度的 40% ~ 50% 后，方可进行机组安装；达到 70% 以上时，才允许起动。

轴线调整是电机安装工作的关键。首先在基础上作电机的主纵轴线和主横轴线，作为全轴系校正的基准，以便检测基础尺寸、底脚螺栓孔轴线和有关装置各轴的相对位置。相互连接的联轴器的两端面应保持平行并且同心，这种轴线的调整工作又称为轴线定心。定心一般分粗调和最后细调两个过程。注意到机组轴系各单元的轴中心线是一条连续光滑的挠度曲线。图 9.3-22 为轴线定心的示意图，图 9.3-22a、c 为正确的定心，这时机组两端的轴承高度应适当提高，两者的水平仪"扬度"值（为水平仪的气泡偏离中心的读数）相等，方向相反。

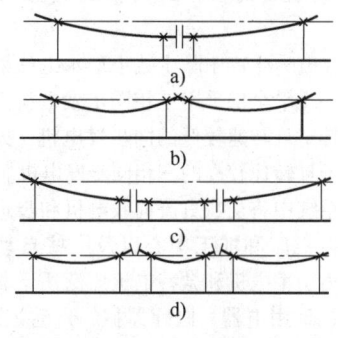

图 9.3-22　轴线定心

图 9.3-22b、d 为不正确定心，机组近联轴器端的轴承将因过载而损坏。一般通过测量轴颈水平度和联轴器径向及轴向间隙来进行机组轴线定心。精确测量联轴器的间隙，要利用专用测量工具，在两个转轴同时顺序回转 90°、180°、270° 和 360° 四个位置时，测量一组径向间隙和两组轴向间隙，然后根据测量值计算联轴器的径向和轴向偏差是否在允许偏差内。表 9.3-6 为汽轮发电机组联轴器定心的允许偏差。

表 9.3-6 汽轮发电机组联轴器定心时的允许偏差

（单位：mm）

联轴器种类	径向	轴向
刚性	0.04	0.02
半刚性	0.06	0.03
弹簧式	0.06	0.05
爪式	0.08	0.06

3.16 电机的选择、运行节能和维护

77 电机的选择[2] 正确选择一般电动机的基本原则应是：1）根据负载的工作方式是连续工作制或短时工作制或断续周期性工作制，在电动机能够胜任各种生产机械负载要求的前提下，最经济、最合理地决定电动机的功率。2）根据生产机械在技术与经济等方面的要求选择电机的电流种类，即选用交流或直流电动机。3）根据生产机械对电动机安装位置的要求及周围环境的情况选择电机的结构型式（立式或卧式，两端轴伸或一端轴伸等）和防护型式（开启式、防护式、封闭式或防爆式）。4）根据电源的情况及控制装置的要求选择电动机的额定电压，详见 GB/T 156—2017 规定。5）根据电机与机械配合的技术经济情况选择电动机的转速。

在现代电力生产中除少数小型水电站采用异步发电机外，几乎全部采用三相同步发电机。水电站采用凸极转子且转速较低的同步发电机，火电厂采用隐极转子且转速较高的三相同步发电机。

控制系统中将交、直流伺服电机和步进电机广泛用于数控机床和加工中心以及一些自动生产线上。各种小功率电机和微特电机广泛用于驱动各种电动工具、日用电器、医疗器械、自动记录仪器、钟表、农业电动小型机械、纺织机械以及汽车、飞机、电视、计算机和无线电探测装置等设备中的各种微小型运动体。控制微电机在自动控制系统中用作解算、校正、检测、执行、放大等部件，是信号转换用的。例如测速发电机、自整角机控制式运行、旋转变压器等是将机械转速（或转角差等）信号转换为电（或数值）信号；而步进电动机和交、直流伺服电动机等是将控制电脉冲（或电信号）转换为机械转角（或转速、位移等）信号；电机扩大机是作为功率器件将信号转换为输出功率，即作为功放器件。

78 电动机运行节能
（1）同步电动机的运行节能 若对小功率同步电动机采用永磁励磁后，其运行效率比采用电励磁时将提高 3%～5%。大中型同步电动机往往采用直流电励磁，若要提高系统的效率和功率因数，当增大励磁电流为温升所许可时，应使电机的功率因数调整到 1.0，实际中通常调到超前 0.9 或 0.8。大型同步电动机的效率往往比异步电动机高，即达到了运行节能的目的。这也是大型电动机（且转速低于 500r/min 的）宜选用同步电动机的原因。

（2）异步电动机的运行节能 对于一些生产机械使用的异步电动机采用适当的变频调速（也可变极、串级调速）或调节电压或控制反馈等措施后，人们发现可以降低电机损耗，以达到节能的目的，甚至可获得节电 20% 左右的明显效果。因此这些措施近年来已在生产中得到推广，详细分析和规定请参考 GB/T12497—2006。

（3）直流电动机的运行节能 小型直流电动机采用永磁励磁，可提高电动机的效率。直流电动机的调速性能优于其他电动机，因此在使用直流电动机的生产机械中，尽可能对调速控制系统采用控制节能是改善运行节能的有效办法。

79 电机的保护 当电机处于非正常工况下运行时，为使电机免受损坏并防止发生人身事故，则常采用电保护、热保护和机械保护三种保护措施。电机的电保护主要有欠电压、过电压、过载、堵转、断相、短路和漏电等保护。

电机配用的低压断路器都有欠电压脱扣装置，一旦电压下降至整定值以下或完全失压时，脱扣器将自动与主电路断开。新型低压断路器有自动重合闸机构，能使主电路在欠电压时自动断开，并能经 0.3～1s 后再自动合闸一次，若故障仍存在，主电路再次断开。因此提高了供电的可靠性。

最常用的电机过载保护器有过电流继电器和熔断器。熔断器的熔断电流一般为被保护电机额定电

流的 4~5 倍，以保证电机能顺利起动。熔断器只能在电机或整个线路发生短路时进行保护，而不能进行一般的过电流保护，故应采用热继电器进行保护。热继电器具有反时限特性，且与电机的热特性很接近。电机过载时，热元件由于温度上升而使热继电器触点动作而断开主电路。继电器一般做成三极，即三相中每相都接一个双金属片，既可作为三相过载保护，又可接成差动方式作为单相过载保护。

断相运行也是电机损坏的常见故障之一，故三相异步电动机应安装断相保护器，通过断相后电流不平衡程度可使电机自动断开主电路。

目前常采用电流动作式漏电保护断路器进行漏电保护。一旦发生漏电，通过零序电流互感器的总磁通将不为零，在互感器二次侧产生剩余电压。该电压达到规定值时，脱扣器动作，断开主电路。

电机的热保护一般采用热保护器。凡是由于通风不良环境温度过高或起动次数过于频繁等原因引起的电机过热，均采用热保护措施。热保护器主要有双金属片式和热敏电阻式。它们都直接被埋置在绕组中和轴承旁，称为装入式热保护装置。热敏元件具有正温度系数、电阻温度系数大、灵敏度高、体积小和坚固可靠等优点，故实际中常采用由它和放大器、热继电器构成的热保护器，对电机进行热保护。

电机的机械保护主要用于过转速和过转矩两种保护。前者是通过离心式调节器来实现，即利用两个球体在旋转中产生的离心力，经机械装置操作辅助触头，以控制转速或切断电源；后者则借助于安全销或转差离合器，当转矩超过限值时，离合器"打滑"从而达到过转矩保护的目的。

80　电机的维护　对电机采取有效和合理的维护是保证电机安全可靠运行的重要途径。各类电机应按其使用场合和重要程度，配置合适的润滑油和各备品、备件等。尤其安装相应的监视仪表对电机的电流、电压、温度、振动和噪声情况进行监视，并进行定期维护、定运行时间维护、控制性维护或防止性维护。要结合电机的运行情况采取相应的维护方式。

电机正常运行中的一般维护内容包括：1）监视各部位的温升不超过容许限值；2）监视电流不超过额定值；3）监视电源电压不超过规定范围；4）注意电机的气味、振动和噪声；5）经常检查轴承发热、漏油情况，及时定期更换润滑油（或脂）；6）保持电机清洁，防止异物进入电机内部；7）对有换向器的电机须保持换向器表面光洁，无机械损伤和火花灼痕；8）对有集电环的电机，应经常检查电刷与集电环的接触、电刷磨损及火花情况；9）检查通风系统，保证风路畅通无阻，出风口温度在容许范围内等。

81　一般电机常见故障的处理　这里的一般电机是以异步电动机和直流电动机为例，其常见故障及其产生的原因包括相应的处理方法见表 9.3-7。

表 9.3-7　异步电动机及直流电动机常见故障及处理

故障	可能原因	处理方法
1）不能起动	1）电源未接通	1）检查熔断器、开关触点及电机引出线有无断路，若有，则加以纠正
	2）绕组断路或短路	2）见下一条
	3）熔断器烧断	3）查出原因，排除故障，然后换上新熔断器
	4）电源电压过低	4）检查电源电压
	5）负载过大或传动机械有故障	5）更换功率较大的电机或减轻负载，将电机与负载分开，单独起动，若情况正常，应检查被传动机械，排除故障
	6）控制设备接线错误或过电流限值调得过小	6）校正接线或将过电流限值调到合适值
	7）绕线转子起动误操作	7）检查集电环的短路装置及起动变阻器的位置，起动时，应在线路内串接变阻器，并将短路装置断开
	8）直流电机电刷接触不良	8）检查刷握弹簧是否松弛，并作必要的调整以改善接触

（续）

故障	可能原因	处理方法
2）转速不正常	1）电源（或电枢）电压太低 2）笼型转子断条、脱焊或虚焊 3）绕线转子一相断路或起动变阻器接触不良 4）电刷与集电环接触不良 5）负载阻力矩过大 6）直流电机转速过高，且有剧烈火花 7）电刷不在理论中性位置 8）电枢及磁场绕组匝间短路、断路或接错线 9）磁场回路或起动变阻器接触不良，电阻过大	1）检查输入端电源（或电枢）电压，予以纠正 2）见下一条 3）查明原因，排除故障 4）调整电刷压力、改善接触 5）选用功率较大的电机或减轻负载 6）检查磁场绕组与起动器的连接是否良好、有无接错，磁场绕组有无断路 7）调整至理论中性位置 8）见下一条 9）检查磁场变阻器及励磁绕组电阻并检查接触是否良好
3）温升过高或电机冒烟	1）过载 2）三相异步电动机单相运行 3）电压过低或接线错误 4）绕组接地或匝间短路 5）定子、转子相擦 6）通风不畅，环境温度过高	1）检查负载电流，选用功率较大电机或减轻负载 2）检查熔断器及开关的触点，检查绕组有无断线，排除故障或加装单相保护装置 3）检查输入电压；如三相异步电动机的丫/△联结错误，应予改正 4）见本篇第 82 条 5）调换轴承或重新装配或排除其他机械故障 6）清除积灰，采取降温措施
4）运转声音不正常	1）定子、转子相擦 2）三相异步电动机单相运行 3）轴承缺陷 4）转子风叶碰壳	1）调换轴承或重新装配 2）断电再合闸，若不能起动，则可能有一相断路，检查电源或电动机，排除故障 3）见本篇第 83 条 4）校正风叶
5）不正常的振动	1）转子不平衡 2）轴瓦与轴颈间隙过大或过小 3）安装定心不正	1）校平衡 2）见本篇第 83 条 3）检查轴线，加以校正
6）电机绝缘电阻过低或外壳带电	1）绕组受潮，绝缘老化，接线板有污垢或引出线碰接线盒外壳 2）电源线与接地线接错 3）直流电机电枢绕组槽部或端部绝缘损坏	1）对绕组干燥处理，去除污垢或更换绕组。对引出线包绝缘。若有可能，加装漏电保护器 2）纠正接线错误 3）用低压直流电源测量片间电压，找出接地点，排除故障
7）轴承过热	见本篇第 83 条	
8）异步电动机运行时，电流表指针摆动	1）笼型转子断条、脱焊或虚焊 2）绕线转子电机一相电刷接触不良或者断路 3）绕线转子集电环短路装置接触不良	1）见本篇第 82 条 2）调整电刷压力及改善接触 3）修理或更换短路装置

（续）

故障	可能原因	处理方法
9）电刷下火花过大	1）换向极气隙不匀 2）电机过载 3）换向片间云母凸出 4）换向器表面不圆或有污垢 5）电刷压力大小不当或不匀 6）电刷所用牌号不当，尺寸不符 7）电刷刷距不等分 8）电刷在刷盒内随动性差 9）电枢绕组焊接不良或脱焊 10）电枢绕组或换向绕组短路 11）机械振动	1）调整气隙 2）降低负载或更换功率较大的电机 3）云母下刻，槽边倒角，再研磨 4）研磨或精车换向器表面，或清洁表面 5）用弹簧秤校正电刷压力 6）按制造厂原有牌号及尺寸选用电刷 7）校正电刷刷距 8）清理刷盒或将电刷略微磨小 9）用毫伏表检查片间电压，如特别高，说明焊接不良或脱焊，须重焊 10）见本篇第 82 条 11）查出振源加以改正

82　电机绕组故障的处理　由于绕组绝缘受潮、受热老化以及机械应力和电磁力的反复冲击，会造成绕组损伤。特别是电机在长期过载、过电压或欠电压及断相等任一种不正常情况下运行时，常常会引起绕组损坏。据统计，绕组故障在电机故障中占 60% 以上。

绕组故障表现为断路、匝间短路和接地三种。绕组断路常发生在绕圈端部引接线处，如直流电机电枢线圈与升高片的套并头处；笼型转子导条与端环的连接处。绕组断路主要是由于机械力的作用，加上端部绑扎不牢或接头处焊接不良，使该处绝缘磨损或焊点脱焊。可用绝缘电阻表或试灯来找出断路处，对多根导线或多支路并联的线圈，则可检查各支路电阻是否平衡。对绕组的端部断路或焊点脱焊故障，一般在修复后包上绝缘带即可，而其他原因造成的绕组损坏故障，大多需要更换绕组。

绕组匝间短路包括三相交流电机的匝间短路和直流电机换向器的片间短路。匝间短路大多是由于制造、使用不当或不正常运行所造成。短路处由于局部高温，一般用目测即可找出，也可用绝缘电阻表测匝间绝缘电阻，或用专门的短路检查器查找。直流电机换向器的片间短路可用毫伏表检查片间电压分布，低压直流电压加在约某一极距长的两换向片上，注意读数是否突然变小，就能找出短路处。高压电机可用交流电桥检测绝缘介质损耗。若短路处较易修复，则将此处修复后重新绝缘，否则重新更换绕组。

绕组接地故障是由于绕组绝缘损坏使导电部分与铁心或机械部分相碰产生的。接地点多发生在绕组伸出槽口处，可用绝缘电阻表测绝缘电阻或用试灯检查。直流电机的电枢接地，可用测量片间压降或换向片与轴间的压降寻找。绕组接地故障一般较难修复，需更换绕组。但若绕组是因绝缘受潮而接地，则可用干燥法来恢复绝缘性能。

83　电机轴承故障处理　轴承的常见故障及处理方法见表 9.3-8。

表 9.3-8　电机轴承常见故障及处理方法

故障现象	可能原因	处理方法
1）滚动轴承发热和不正常杂声	1）轴承内润滑脂过多或过少 2）滚珠（滚柱）磨损 3）轴承与轴配合过松（走内圈）或过紧 4）轴承与端盖配合过松（走外圈）或过紧	1）维持适量的润滑脂（一般为轴承室内部容积的 2/3～3/4） 2）更换轴承 3）过松时，可用金属喷镀或镶套筒；过紧时，则需重新加工 4）过松时，可用金属喷镀或镶套筒；过紧时，则需重新加工

（续）

故障现象	可能原因	处理方法
2）滑动轴承发热、漏油	1）轴颈与轴瓦间隙太小，轴瓦研刮不好 2）油环运转不灵活，压力润滑系统的油泵有故障，油路不畅通 3）润滑油牌号不合适，油内有杂质 4）油箱内油位太高 5）轴承挡油盖密封不好；轴承座上下接合面间隙过大	1）研刮轴瓦，使轴颈与轴瓦间隙合适 2）更换新油环，排除油路系统故障，保证有足够的润滑油量 3）换用合适的润滑油，清除杂质 4）减少油量 5）改进轴承挡油盖的密封结构，研刮轴承座上下接合面使之密合

84　电机换向器常见故障的处理　具有换向器的电机在使用中，电机故障多数是出自换向器本身。换向器常见故障的处理方法见表 9.3-9。

表 9.3-9　换向器常见故障的处理方法

故障	可能原因	处理方法
片间短路	1）片间云母损坏 2）换向器 3° 锥面因涂封绝缘处理不好，进入金属异物	1）更换片间云母 2）清除金属异物，3° 锥面间隙处作绝缘涂封处理
接地	1）V 形绝缘环 30° 锥面损坏 2）换向器内部进入金属异物 3）换向器 V 形绝缘环 3° 锥面有粉尘，产生爬电	1）更换 V 形绝缘环 2）消除异物（解体后） 3）消除粉尘，加强涂封，提高表面绝缘电阻
外圆变形	1）片间绝缘、V 形绝缘环产生热收缩 2）换向器压圈、螺帽等紧固件松动	1）在换向器热态下对称均匀地旋紧螺母 2）换向器外圆偏摆超过规定时，应采取措施车削外圆
升高片断裂	1）电机扭振和机械力反复冲击，使升高片根部疲劳而断裂 2）升高片材质硬脆 3）升高片机械碰伤	1）改进升高片结构，提高固有频率，防止发生谐振 2）局部更换升高片 3）局部更换升高片

第4章 同步电机

4.1 同步电机的类型与结构

85 同步电机主要类型及用途 同步电机主要用作发电机，如汽轮、水轮、柴油发电机等；也用作电动机，如同步电动机、磁阻同步电动机、磁滞同步电动机等用来驱动恒速运转的中、大型机械，如鼓风机、水泵、球磨机、压缩机、轧钢机及小型、微型设备仪器或作控制元件等；还可用作调相机，向电网输送电感性或电容性的无功功率。

86 同步电机结构概况 同步电机按其结构可分为旋转电枢（见图9.4-1a）和旋转磁极（见图9.4-1b、c）两种型式，一般采用后者。后者又可分为隐极式和凸极式两种结构（见图9.4-1b、c）。隐极电机的转子为圆柱形，气隙是均匀的，凸极电机的气隙是不均匀的。汽轮发电机转子一般为隐极结构，水轮发电机为凸极结构。

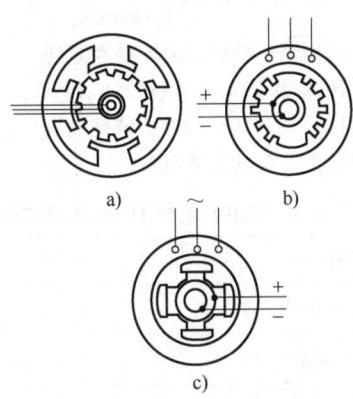

图 9.4-1 同步电机基本结构
a）旋转电枢式 b）隐极式 c）凸极式

根据原动机或负载机械的需要，同步电机有立式和卧式两种结构。由汽轮机和内燃机驱动的发电机大多数为卧式结构；大型低速水轮发电机则为立式结构；中速及以上的中、小型水轮发电机以及同步电动机为立式或卧式结构。

此外，同步电机的磁路结构尚有永磁式、开关磁阻式、磁阻式、爪极式及感应子式。

87 同步电机冷却 水轮发电机多为间接空气冷却，1 000kV·A以下的常采用开启式通风；1 000kV·A以上的多采用管道通风；4 000kV·A以上的则采用空气冷却器闭路循环空气冷却。仅在功率很大时，定子、转子绕组才采用由冷却介质在导线内部直接冷却的方式。

50MW以下的汽轮发电机都用间接空气冷却，通常采用闭路循环通风系统。50~200MW的汽轮发电机一般用氢外冷；定子氢外冷、转子氢内冷约可达1 000MW；3 600r/min定子水内冷、转子氢内冷的单机容量约可达1 350MW。定子、转子都采用水内冷时，3 600r/min的汽轮发电机单机容量约可达1 800MW。

4.2 同步发电机工作原理

88 同步电机电动势 正常运行时，转子以同步速度旋转着，当励磁绕组通入直流电流时，便产生机械旋转磁场，该磁场在定子绕组中产生感应电动势，其波形与气隙磁通密度波形相同。该电动势的基波分量（V）为

$$E_0 = 4.44 f k_{dp1} N \Phi_1$$

式中 f——频率（Hz）；

$\quad k_{dp1}$——基波绕组系数；

$\quad N$——每相串联匝数；

$\quad \Phi_1$——每极基波磁通（Wb）。

实际每相电动势的有效值（V）应用下式计算：

$$E_\phi = \sqrt{E_1^2 + E_3^2 + E_5^2 + \cdots}$$

对于对称的三相绕组，线电压中不含3及3的整数倍次谐波电动势，故其线电压（V）为

$$E_1 = \sqrt{3}\sqrt{E_1^2 + E_5^2 + E_7^2 + \cdots}$$

发电机电动势中存在高次谐波电动势，使电动势波形变坏。必须采用各种方法削弱各次谐波电动势，特别是5次及7次谐波电动势。

89 电压波形标准 GB 755—2008用线电压波

形正弦性畸变率 k_u 和电话谐波因数 THF 规定电压波形的质量。k_u 和 THF 应不超过表 9.4-1 的规定。

表 9.4-1　k_u 和 THF 的限值

额定容量 S_N/kW（或 kV·A）	<10	10~300	>300~1 000	>1 000~5 000	>5 000
波形畸变率 k_u（%）	另行规定	10	5		
电话谐波因数 THF（%）	—	—	5	3	1.5

90　同步电机电枢反应　同步电机正常运行时，气隙中存在两个磁动势：一个是转子励磁后产生的转子磁动势 $\dot{F}_{f1}$（只考虑基波分量）；另一个是电枢三相电流产生的磁动势 $\dot{F}_a$（电枢反应磁动势基波分量）。这两个磁动势在气隙内同向同速旋转，故可合成为基波气隙磁动势 $\dot{F}_\delta$，即

$$\dot{F}_{f1}+\dot{F}_a=\dot{F}_\delta$$

当电枢电流 $\dot{I}$ 滞后于电动势 $\dot{E}_0$ 时，电枢反应磁动势 $\dot{F}_a$ 使气隙磁场减弱；当电枢电流 $\dot{I}$ 超前于 $\dot{E}_0$ 时，$\dot{F}_a$ 使气隙磁场增强，见图 9.4-2。

91　同步发电机电压方程式及相量图

对于隐极同步发电机

$$\dot{E}_0=\dot{U}+\dot{I}R_a+j\dot{I}X_t$$

式中　X_t——隐极电机同步电抗，$X_t=X_\sigma+X_a$。

隐极同步发电机的电动势-磁动势相量图见图 9.4-2。

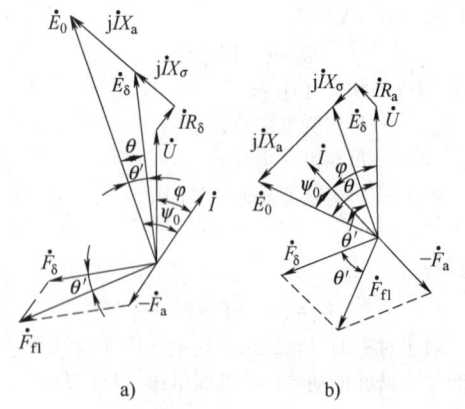

a)　　　　　　　　b)

图 9.4-2　隐极同步发电机的电动势-磁动势相量图
a) $\dot{I}$ 滞后于 $\dot{U}$　b) $\dot{I}$ 超前于 $\dot{U}$

对于凸极同步发电机

$$\dot{E}_0=\dot{U}+\dot{I}R_a+j\dot{I}_dX_d+j\dot{I}_qX_q$$

式中　X_d——凸极同步发电机直轴同步电抗，$X_d=X_\sigma+X_{ad}$；
　　　　X_q——凸极同步发电机交轴同步电抗，$X_q=X_\sigma+X_{aq}$。

凸极同步发电机相量图见图 9.4-3，图中 $\dot{I}$ 与 $\dot{E}_0$ 之夹角 φ_0 称为内功率因数角，$\dot{E}_0$ 与 $\dot{U}$ 之夹角 θ 称为功角。

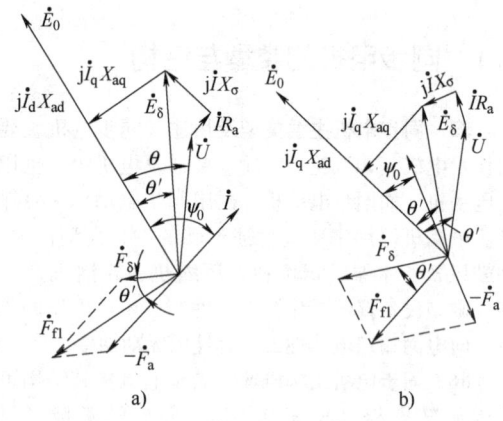

a)　　　　　　　　b)

图 9.4-3　凸极同步发电机电动势-磁动势相量
a) $\dot{I}$ 滞后于 $\dot{U}$　b) $\dot{I}$ 超前于 $\dot{U}$

隐极电机：$\varphi_0=\arctan\dfrac{U\sin\varphi+IX_t}{U\cos\varphi+IR_a}$

凸极电机：$\varphi_0=\arctan\dfrac{U\sin\varphi+IX_q}{U\cos\varphi+IR_a}$

92　同步发电机单机运行特性曲线　特性曲线共五种，用来测定电机电抗，如 X_t、X_d、X_p（X_p 为保梯电抗）及其运行特性。特性曲线见表 9.4-2，其曲线图参见各类电机学图书。

表 9.4-2　同步发电机的运行特性曲线

特性名称	条件
空载特性 $U_0=f(I_f)$	$n=n_N$，$I=0$
负载特性 $U_0=f(I_f)$	$n=n_N$，$I=I_N$，$\cos\varphi=$常数
稳态短路特性 $I_k=f(I_f)$	$n=n_N$，$U=0$
调整特性 $I_f=f(I)$	$n=n_N$，$U=U_N$，$\cos\varphi=$常数
外特性 $U=f(I)$	$n=n_N$，$I_f=$常数，$\cos\varphi=$常数

93　同步发电机稳态电压调整率　表征具有自动励磁调节装置的发电机维持恒压性能的水平。当发电机的输出功率从零变化到额定值或从额定值变化到零时，功率因数在 1.0~0.8（滞后）范围内变

化，发电机的转速变化不超过允许的转速变化率 Δn（一般规定 $\Delta n \leqslant 5\%$）。用额定电压百分数表示的最大电压变化，称为稳态电压调整率 ΔU，有

$$\Delta U = \frac{U_1 - U_N}{U_N} \times 100\%$$

式中　U_N——额定电压（V）；

　　　U_1——在规定的负载变化范围（包括空载和额定负载）内，与 U_N 相差最大的稳态电压（三相平均值）（V）。

ΔU 一般规定为三级：$\pm 1\%$、$\pm 2.5\%$、$\pm 5\%$。发电机的 ΔU 应小于相应级别规定的指标。

94　同步电机功角特性及静态稳定

（1）同步电机的电磁功率 P_{em}（不计定子绕组电阻）与功角 θ 的关系如下：

隐极电机：$P_{em} = m\dfrac{E_0 U}{X_t}\sin\theta$

凸极电机：$P_{em} = m\dfrac{E_0 U}{X_d}\sin\theta + \dfrac{X_d - X_q}{2 X_d X_q} m U^2 \sin 2\theta$

（2）同步电机受到微小的扰动后，具有恢复原来工作状态的能力，称为静态稳定，其条件为

$$\frac{\mathrm{d}P_{em}}{\mathrm{d}\theta} > \frac{\mathrm{d}P}{\mathrm{d}\theta}$$

式中　P——原动机或负载的功率。

（3）静态过载系数 K_M，K_M 大则静稳定性高，为最大电磁功率 P_{emax} 与额定功率之比：

$$K_M = \frac{P_{emax}}{P_N} = K_e \frac{I_{fN}}{I_{f0}} \frac{1}{\cos\varphi_N}$$

式中　I_{fN}——额定负载时的励磁电流；

　　　I_{f0}——空载额定电压时的励磁电流；

　　　K_e——短路比；

　　　$\cos\varphi_N$——额定功率因数。

95　发电机稳态持续不对称运行　当三相不对称负载下运行时，电机中除正序电流外，还会出现负序、零序电流，甚至出现一系列高次谐波电流。这将导致电机过热、过电压及产生振动等。为此对负序电流 I_2 与额定电流 I_N 之比，应予以必要的限制。任一相电流不超过 I_N，允许电机长期工作的 I_2/I_N 及短时故障运行的 $(I_2/I_N)^2 t$ 的最大值应不超过表 9.4-3 的规定，以避免发生转子过热。

表 9.4-3　I_2 的最大允许值和 $(I_2/I_N)^2 t$ 最大值

项号	电机型式		连续运行的最大 I_2/I_N [①]	故障运行的最大 $(I_2/I_N)^2 t$ [②]/s
1	间接冷却	电动机	0.10	20
		发电机	0.08	20
		同步调相机	0.10	20
2	直接冷却（内冷）定子和/或励磁绕组	电动机	0.08	15
		发电机	0.05	15
		同步调相机	0.08	15
3	间接冷却	转子　空冷	0.10	15
		氢冷	0.10	10
4	直接内冷转子	$S_N \leqslant 350\mathrm{MV \cdot A}$	0.08	8
		$350\mathrm{MV \cdot A} < S_N \leqslant 900\mathrm{MV \cdot A}$		
		$900\mathrm{MV \cdot A} < S_N \leqslant 1\,250\mathrm{MV \cdot A}$		5
		$1\,250\mathrm{MV \cdot A} < S_N \leqslant 1\,600\mathrm{MV \cdot A}$	0.08	5

① I_2/I_N 按下式计算：$I_2/I_N = 0.08 - (S_N - 350) \times 10^{-4}/3$。

② $(I_2/I_N)^2 t$ 按下式计算：$(I_2/I_N)^2 t = 8 - 0.054\,5(S_N - 350)$，式中 S_N 为额定视在功率（MV·A）。

96　同步发电机并联投入的条件　为了避免并网时出现强烈的冲击电流，投入并网的同步发电机应满足：1）机端电压的有效值与电网电压有效值相等，相位相同；2）发电机和电网的相序相同；3）发电机和电网的频率相等。

核算机组的冲击电流，如小于 $0.74 I_N / X_d''^*$

（$X''_d{}^*$ 为直轴超瞬态电抗的标幺值），可采用自同步法并网。

4.3　电抗与时间常数

97　直轴同步电抗 X_d 和交轴同步电抗 X_q

$$\left.\begin{array}{l} X_d = X_\sigma + X_{ad} \\ X_q = X_\sigma + X_{aq} \end{array}\right\}$$

式中　X_σ——定子漏电抗；

　X_{ad}、X_{aq}——直轴、交轴电枢反应电抗。

98　直轴超瞬态电抗 X''_d 和交轴超瞬态电抗 X''_q　它们是有阻尼绕组的电机突然短路初瞬时（$t=0$）所呈现的直轴和交轴电抗。由于此时电枢反应磁通被挤到沿阻尼和励磁绕组漏磁通的路径上，X''_d 比 X_d 小得多。

$$\left.\begin{array}{l} X''_d = X_\sigma + \dfrac{1}{\dfrac{1}{X_{ad}} + \dfrac{1}{X_{\sigma f}} + \dfrac{1}{X_{Dd}}} \\[4mm] X''_q = X_\sigma + \dfrac{1}{\dfrac{1}{X_{aq}} + \dfrac{1}{X_{\sigma f}} + \dfrac{1}{X_{Dq}}} \end{array}\right\}$$

式中　$X_{\sigma f}$——励磁绕组漏电抗；

　X_{Dd}——直轴阻尼绕组漏电抗；

　X_{Dq}——交轴阻尼绕组漏电抗。

99　直轴瞬态电抗 X'_d 和交轴瞬态电抗 X'_q　在有阻尼绕组的电机突然短路瞬间，当阻尼绕组中的电流衰减完毕（或无阻尼绕组电机在短路初瞬时）所呈现的直轴和交轴电抗。此时电枢反应磁通可以穿过阻尼绕组，定子电流的周期分量由 X'_d 所限制。

$$\left.\begin{array}{l} X'_d = X_\sigma + \dfrac{1}{\dfrac{1}{X_{ad}} + \dfrac{1}{X_{\sigma f}}} \\[4mm] X'_q = X_q \end{array}\right\}$$

100　负序电抗 X_2 和零序电抗 X_0

（1）负序电抗 X_2　如果发电机的三相负载阻抗不等，一般用对称分量法把不对称的电压和电流看成是三相正序、负序和零序对称电压和电流的叠加。对应于不同相序电流的阻抗是不同的。当转子正向同步旋转，励磁组短路，电枢绕组加上一组对称的负序电压时，负序电枢电流所遇到的阻抗称为负序阻抗，相应的电抗就是负序电抗 X_2：

$$\left.\begin{array}{l} \text{当 } X''_d \approx X''_q \text{时}, X_2 = \dfrac{1}{2}(X''_d + X''_q) \\[2mm] \text{当 } X''_d \leqslant X''_q \text{时}, X_2 = \sqrt{X''_d X''_q} \\[2mm] \text{无阻尼绕组电机}, X_2 = \dfrac{1}{2}(X'_d + X_q) \end{array}\right\}$$

（2）零序电抗 X_0　当转子正向同步旋转，励磁组短接时，电枢通过的零序电流所遇到阻抗，称为零序阻抗，相应的电抗即为零序电抗 X_0，$X_0 < X_\sigma$。

101　电流衰减时间常数

（1）定子绕组短路时，瞬变电流衰减时间常数

$$T'_d = T'_{d0} \frac{X'_d}{X_d}$$

式中　T'_d——定子绕组开路时励磁绕组时间常数；

　T'_{d0}——励磁绕组电感（H）/励磁绕组电阻（Ω）。

（2）定子电流非周期分量衰减时间常数（s）

$$T_a = \frac{1}{r_a} \frac{2 X''_d X''_q}{X''_d + X''_q}$$

式中　r_a——定子绕组相电阻（式中参数均为标幺值）。

（3）定子电流超瞬变分量衰减时间常数 T''_d（s）

$$T''_d \approx \frac{1}{8} T'_d$$

同步电机电抗及其时间常数典型值见表 9.4-4。

表 9.4-4　同步电机主要参数典型值（不饱和[①]）

参数	X_d	X_q	X'_d	X''_d	X''_q	T'_{d0}/s	T'_d/s	T_a/s
汽轮发电机	$\dfrac{1.8}{1.5\sim2.4}$	$\dfrac{1.8}{1.5\sim2.4}$	$\dfrac{0.23}{0.15\sim0.31}$	$\dfrac{0.15}{0.10\sim0.20}$	$(1\sim1.1)X''_d$	$\dfrac{6}{5\sim12}$	$\dfrac{0.85}{0.8\sim1.3}$	$\dfrac{0.2}{0.05\sim0.22}$
有阻尼绕组凸极电机	$\dfrac{0.95}{0.7\sim1.3}$	$\dfrac{0.71}{0.54\sim0.8}$	$\dfrac{0.33}{0.24\sim0.4}$	$\dfrac{0.21}{0.16\sim0.35}$	$(1\sim1.1)X''_d$	$\dfrac{6.1}{1.77\sim10.3}$	$\dfrac{1.8}{0.56\sim3.1}$	$\dfrac{0.2}{0.08\sim0.33}$
无阻尼绕组凸极电机	$\dfrac{0.95}{0.7\sim1.3}$	$\dfrac{0.71}{0.54\sim0.8}$	$\dfrac{0.3}{0.2\sim0.4}$	$\dfrac{0.25}{0.15\sim0.35}$	$(2\sim2.3)X''_d$	$\dfrac{6.1}{1.77\sim10.3}$	$\dfrac{1.8}{0.56\sim3.1}$	$\dfrac{0.35}{0.15\sim0.55}$

（续）

参数	X_d	X_q	X_d'	X_d''	X_q''	T_{d0}'/s	T_d'/s	T_a/s
同步调相机	$\dfrac{1.7}{1.4\sim2.5}$	$\dfrac{0.88}{0.7\sim1.3}$	$\dfrac{0.31}{0.22\sim0.42}$	$\dfrac{0.16}{0.14\sim0.22}$	$\dfrac{0.17}{0.15\sim0.24}$	$\dfrac{7.8}{5.6\sim10}$	$\dfrac{0.13}{0.77\sim1.75}$	$\dfrac{0.15}{0.08\sim0.22}$

注：时间常数以秒计，电抗为标幺值。

① 相应的饱和电抗：$X_{d0}'\approx0.7X_d'$（隐极）；$X_{d0}'\approx0.9X_d'$（凸极）；$X_{q0}'\approx0.9X_q'$；$X_{d0}''\approx0.85X_d''$；$X_{q0}''\approx0.85X_q''$。

4.4 突然短路

102 三相绕组突然短路 三相突然短路时定子电流（A相）的表达式

$$i_{ka}=E\left\{\left[\left(\frac{1}{X_d''}-\frac{1}{X_d'}\right)e^{-t/T_d''}+\frac{1}{X_d}+\left(\frac{1}{X_d'}-\frac{1}{X_d}\right)e^{-t/T_d'}\right]\cos(\omega t+\theta_0)-\left[\frac{1}{2}\left(\frac{1}{X_d''}+\frac{1}{X_q''}\right)\cos\theta_0+\frac{1}{2}\left(\frac{1}{X_d''}-\frac{1}{X_q''}\right)\cos(2\omega t+\theta_0)\right]e^{-t/T_a}\right\}$$

若在空载时线端三相突然短路，则短路冲击电流的幅值为

$$i_{kmax}=\sqrt{2}E\left[\left(\frac{1}{X_d''}-\frac{1}{X_d'}\right)e^{-t/T_d''}+\frac{1}{X_d'}+\frac{1}{X_d''}e^{-t/T_a}\right]$$

103 两相绕组突然短路

（1）突然短路电流

$$i_b=-i_c=\sqrt{3}E\left\{\left[\left(\frac{1}{X_d''+X_2}-\frac{1}{X_d'+X_2}\right)e^{-t/T_{d2}''}+\left(\frac{1}{X_d'+X_2}-\frac{1}{X_d+X_2}\right)e^{-t/T_{d2}'}+\frac{1}{X_d+X_2}\right]\left[\sin(\omega t+\theta_0)-b\sin3(\omega t+\theta_0)+b^2\sin5(\omega t+\theta_0)-\cdots\right]-\left[\frac{1}{2}-b\cos2(\omega t+\theta_0)+b^2\cos4(\omega t+\theta_0)-\cdots\right]\frac{\sin\theta_0}{X_2}e^{-t/T_{a2}}\right\}$$

式中 $X_2=\sqrt{X_d''X_q''}$

$$T_{d2}''=T_d''\left(\frac{X_d''+X_2}{X_d'+X_2}\right)\left(\frac{X_d'}{X_d''}\right)$$

$$T_{d2}'=T_{d0}''\left(\frac{X_d''+X_2}{X_d'+X_2}\right)\left(\frac{X_d'}{X_d''}\right)$$

$$T_{a2}=X_2/r_a$$

$$b=\frac{\sqrt{X_q''}-\sqrt{X_d''}}{\sqrt{X_q''}+\sqrt{X_d''}}$$

略去阻尼，短路电流

$$i_b=-i_c=\sqrt{3}E\frac{\sin(\omega t+\theta_0)-\sin\theta_0}{X_d''+X_q''-(X_d''-X_q'')\cos2(\omega t+\theta_0)}$$

（2）开路相可能发生的最大过电压

$$U_{amax}=E\left(2\frac{X_q''}{X_d''}-1\right)$$

当电机有强阻尼绕组时，$X_d''\approx X_q''$，开路相不会发生过电压；若无阻尼绕组，$U_{amax}=(4\sim5)E$，将产生严重过电压。

104 单相绕组突然短路

（1）突然短路电流

$$i_a=3E\left\{\left[\left(\frac{1}{X_d''+X_2+X_0}-\frac{1}{X_d'+X_2+X_0}\right)e^{-t/T_{d1}''}+\frac{1}{X_d+X_2+X_0}+\left(\frac{1}{X_d'+X_2+X_0}-\frac{1}{X_d+X_2+X_0}\right)e^{-t/T_{d1}'}\right]\left[\cos(\omega t+\theta_0)+b_0\cos3(\omega t+\theta_0)+b_0^2\sin5(\omega t+\theta_0)+\cdots\right]-\left[\frac{1}{2}+b_0\cos2(\omega t+\theta_0)+b_0^2\cos4(\omega t+\theta_0)+\cdots\right]\frac{\cos\theta_0}{X_2+X_0/2}e^{-t/T_{a1}}\right\}$$

式中 $X_2=\sqrt{(X_d''+X_0/2)(X_q''+X_0/2)}-X_0/2$

$$T_{d1}''=T_d''\left(\frac{X_d''+X_2+X_0}{X_d'+X_2+X_0}\right)\left(\frac{X_d'}{X_d''}\right)$$

$$T_{d1}'=T_{d0}'\left(\frac{X_d'+X_2+X_0}{X_d+X_2+X_0}\right)$$

$$T_{a1}=\frac{2X_2+X_0}{2r_a+r_0}$$

$$b_0=\frac{\sqrt{X_q''+X_0/2}-\sqrt{X_d''+X_0/2}}{\sqrt{X_q''+X_0/2}+\sqrt{X_d''+X_0/2}}$$

（2）开路相最大电压（$\theta_0 = 0$ 时）

$$U_{bcmax} = \sqrt{3}\,E\left(2\,\frac{X_q'' + X_0/2}{X_d'' + X_0/2} - 1\right)$$

105　突然短路时的脉振转矩　三相突然短路时脉振转矩可达额定转矩的 6 倍（凸极电机）、10 倍（4 极汽轮发电机）或 14 倍（2 极汽轮发电机）。单相突然短路时，脉振转矩的最大值可达额定转矩的十余倍。三种短路情况下出现的最大脉振电磁转矩近似值计算公式和短路电流见表 9.4-5。

表 9.4-5　短路电流和最大脉振电磁转矩

短路形式		三相	二相	单相
最大脉振转矩		$\dfrac{E^2}{x_d''}$	$\dfrac{3\sqrt{3}\,E^2}{2\,(X_d''+X_2)}\left[1+17\left(\dfrac{X_2-X_d''}{X_2+X_d''}\right)^2\right]$	$\dfrac{3\sqrt{3}\,E^2}{2\,(X_d''+X_2+X_0)}\left[1+17\left(\dfrac{X_2-X_d''}{X_2+X_d''}\right)^2\right]$
最大平均转矩		$\left(\dfrac{E}{X_d''}\right)^2 r_a$ [①]	$\dfrac{E^2}{(X_d''+X_2)^2}\,(2r_2$ [①]$)$	$\dfrac{E^2}{(X_d''+X_2+X_0)}\,(2r_2+r_0$ [①]$)$
短路电流分量	超瞬变分量（有效值）	$\dfrac{E}{X_d''}$	$\dfrac{\sqrt{3}\,E}{X_d''+X_2}$	$\dfrac{3E}{X_d''+X_2+X_0}$
	瞬变分量（有效值）	$\dfrac{E}{X_d'}$	$\dfrac{\sqrt{3}\,E}{X_d'+X_2}$	$\dfrac{3E}{X_d'+X_2+X_0}$
	稳态分量（有效值）	$\dfrac{E}{X_d}$	$\dfrac{\sqrt{3}\,E}{X_d+X_2}$	$\dfrac{3E}{X_d+X_2+X_0}$
	非周期分量最大值	$\dfrac{\sqrt{2}\,E}{X_d''}$	$\dfrac{\sqrt{2}\times\sqrt{3}\,E}{X_d''+X_2}$	$\dfrac{\sqrt{2}\times3E}{X_d''+X_2+X_0}$

① r_a、r_2 和 r_0 分别为定子绕组相电阻、负序电阻和零序电阻（标幺值）。

106　电机振荡特性　励磁调节器及调速器失控、原动机或负载的转矩不均匀、外部负荷不稳定，以及励磁或端电压发生变化等因素，都可能导致电机发生振荡。振荡时，电机的转速、电流、电压、功率及转矩等均发生周期性的变化，其幅值甚至可达到危险的数值。这种振荡对电机本身及其相连的电网和用电设备极为不利。

为防止发生振荡，机组自由振荡角频率 ω_0 与原动机或负载机械不均匀转矩中任一次谐波分量振荡角频率之差应大于 +20% 或小于 −20%。必要时应调整机组的转动惯量 J，以改变 ω_0，同时适当加强阻尼，降低振荡强度。

107　比整步功率和比阻尼转矩

（1）比整步功率 P_{syn}　电磁功率对功角的导数，即 $P_{syn} = dP_{em}/d\theta$，称为比整步功率。电机稳定运行的条件是 $P_{syn} > 0$，P_{syn} 越大，电机的整步能力越强。比整步转矩 $T_{syn} = P_{syn}/\omega$。

为了简化计算，忽略定子电阻的影响，通常以额定功率 P_N（W）除以额定功角 θ_N（rad）作为额定负载时的 P_{syn}（W/rad）。如取 $U = 1$，$I = 1$，X_q 为标幺值，有

$$\theta_N = \arctan\frac{X_q\cos\varphi}{X_q\sin\varphi+1}$$

$$P_{syn} = P_N/\theta_N$$

$$T_{syn} = P_{syn}/(2\pi f)$$

式中　T_{syn}——比整步转矩（N·m）。

（2）比阻尼转矩 T_d　它是每秒功角变化 1（电）弧度电机轴功率的变化（标幺值）。其大小主要取决于电机的阻尼构造，并受励磁、振荡频率和平均负载的影响。额定负载时，$T_d \approx 0.02$（标幺值），但有时也与此值相差较多。

（3）自由振荡角频率 ω_0　不考虑阻尼时，机组的自由振荡角频率（rad/s）

$$\omega_0 = \sqrt{\frac{pT_{syn}}{J}}$$

式中 p——电机极对数；

  J——机组的转动惯量（$kg \cdot m^2$）；

改变 J，可以改变 ω_0。

108 调速器和电压调节器 当电机的输入转矩或负载变化时，调速器通过改变输入转矩以使发电机的转速保持不变，电压调节器通过改变励磁电流使电压保持在所需的数值。转速和励磁的调节几乎是同时进行的，并相互有一定的影响。调速器和电压调节器有时会由于其自身的振荡和动态特性影响发电机的特性，例如使电机的转速和电压产生振荡。因此，应注意使之适合机组的工作要求。为了使调速器和电压调节器有充裕的调节时间，增加飞轮力矩一般是有利的。在水轮机调速过程中，水轮发电机飞轮力矩的作用尤为重要。为避免在卸载关闸时在进水管内产生过高的压力，有意使调速系统的反应延迟。

109 电机的动态稳定 由于负载突变及各种短路故障，往往对电机的正常运行产生强烈的干扰。电机如能维持稳定运行，称为动态稳定。在瞬变情况下，影响电磁功率的电动势和电抗都是瞬时值，即 $P'_{em} = mE'_0 U\sin\theta / X'_d$，此时的 $P'_{em} = f(\theta)$ 称为动态功角特性。因为 E'_0 下降不多，且 $X'_d < X_d$，如电网电压下降不多，动态功角特性反而会高于静态特性。实际上，在突加负载或发生短路故障时，电网电压会显著下降，因此，应采取一定的措施，以保持动态功角特性不过分低于静态特性。

主要措施：1) 设计时，适当降低 X'_d；2) 出现类似情况时，励磁系统能进行快速强行励磁；3) 迅速排除故障。

4.5 励磁

110 对同步电机励磁系统的要求

（1）对同步发电机和调相机励磁系统的要求

1) 按主机负载情况自动调节励磁电流，使发电机的端电压符合要求，并输出一定的无功功率；2) 顶值电压和电压增长速度应符合要求；3) 反应速度快（反应时间短）；4) 突甩负载时，应对主机强行减磁；5) 并联运行时，使机组的无功功率分配合理；6) 定子绕组出现匝间短路时，进行灭磁。

（2）对同步电动机励磁系统的要求 1) 对带重载起动及有自动再同步要求的电动机，在起动过程中，励磁绕组应经一电阻器短路（电阻值为励磁绕组电阻的 7~10 倍）。当转速达到 95% 同步转速时，将电阻器切除并投入励磁。2) 为改善电网功率因数，励磁系统应按无功电流恒定或功率因数恒定进行调节。3) 当电网电压降低或过载时应进行强励。4) 停机时，应自动进行灭磁。

励磁系统常用的整流电路有三相半控桥式整流电路和三相全控桥式整流电路两种，另外还有三相桥式不可控整流电路通常用于供给大型发电机励磁电流，具体参见第 5 篇电力电子技术有关章节。

111 自励磁系统 由同步发电机本身供电的励磁系统，其特点是反应速度快，能快速灭磁和减磁，结构简单，体积小。

主要有自并励系统、交流侧串联自复励系统、直流侧并联自复励系统、不可控移相复励系统、双绕组电抗分流励磁系统、谐波励磁系统六种。

112 他励静止整流器励磁系统 分不可控和可控两种励磁系统（见图9.4-4a、b）。前者适用于 100MW 以上的汽轮发电机，后者适用于对顶值电压和电压增长速度要求较高的电机。

113 直流电机励磁系统 直流励磁机多与同步电机同轴连接，顶值电压倍数为 1.5~2，电压增长速度为 1.3~2.0 倍/s。因为换向问题，高速同轴直流电机的容量受到限制，加之直流电机维护工作量大，所以这种励磁方式正在被硅整流器件所组成的各种励磁方式所代替。

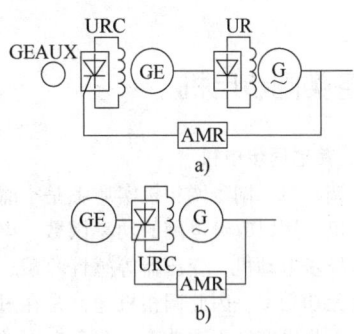

图 9.4-4 他励整流器励磁系统

a) 不可控系统 b) 可控系统

G—同步发电机 GE—同轴交流励磁机

GEAUX—同轴恒压副励磁机

URC—可控整流器 UR—整流器

AMR—自动励磁调节器

114 无刷励磁系统 图 9.4-5 所示系统适用于各种同步发电机。交流励磁机 GE 为旋转电枢式同步发电机，电枢电流经安装在同轴上的旋转整流器 UR 整流后直接引至主机励磁绕组，不需要集电环和电刷。通过调节 GE 的励磁来调节主发电机的励磁。

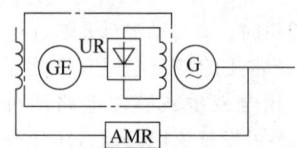

图 9.4-5　同步发电机无刷励磁系统
G—同步发电机　UR—整流器
GE—交流励磁机　AMR—自动励磁调节器

同步电动机也逐步采用无刷励磁系统。同步电动机由同轴的交流励磁机 GE 励磁，投励触发装置 AT 控制晶闸管的导通，可以实现顺极性投励。晶闸管只起开关作用，起动时，晶闸管不导通；接近同步速时，晶闸管导通，投入励磁，同步电动机牵入同步。原理见图 9.4-6。

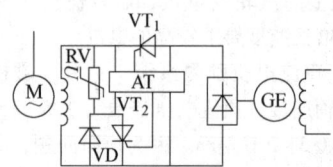

图 9.4-6　同步电动机无刷励磁线路
M—同步电动机　AT—投励触发装置
VT$_1$、VT$_2$—晶闸管　GE—交流励磁机

4.6　各类同步电机

115　其他同步电机

（1）调相机　同步调相机实质上是空载运行的同步电动机，用以改善电网的功率因数。电网的负载大多是异步电动机、变压器等感性负载，从电网吸收感性无功功率。因此调相机通常是在过励状态下运行，吸收电容性无功功率，改善电网的功率因数。有时电网轻载，因长距离输电线电容的影响，使受电端电压升高，此时调相机应在欠励状态下运行，吸收电感性无功功率，使电网电压稳定。

（2）发电电动机　这是抽水蓄能电站中既可作发电机又可作电动机运行的同步电机。当电网电量有余时，它作为电动机带动水泵水轮机抽水，将电能转换成水的位能储存起来；当电网出现高峰负荷时，它作为发电机运行，再将水能转换成电能，起

调节峰荷的作用。发电电动机：1）应兼顾发电机和电动机两种运行性能的要求；2）起动较频繁，应注意绕组的固定，推力轴承要有保护措施；3）可逆式机组在发电机和电动机两种工作状态下旋转方向相反。因此，电机的风扇在正、反向旋转时应有同样的冷却效果；轴承在正、反方向能安全运行；定子引出线需改变相序等。为了提高水泵水轮机作为水泵运行时的效率，发电电动机作为电动机运行时转速应提高，即需相应地改变电机极数。

（3）调速永磁同步电动机　其定子与三相异步电机相同，转子为永磁转子，转子上没有笼型起动绕组。必须使用变频器驱动，采用低频低压同步起动，逐步升频升压，直至额定频率、额定电压运行。

（4）自同步永磁同步电动机　该类电机定子与三相异步电机相同，转子为永磁转子，转子上没有笼型起动绕组。该类电机又叫无刷直流电机，分为两类：一类具有转子位置传感器，叫作有位置传感器无刷直流电机；另一类无转子位置传感器，叫作无位置传感器无刷直流电机。无刷直流电机由无刷电机控制器驱动，电流基本为方波，故又叫方波永磁同步电机。

（5）高速永磁电动机　该类电机结构与调速永磁同步电动机相同。但是，电机转速高，电机转子应细长，以减少其转动惯量；转子磁钢外加不锈钢套，以增加转子的机械强度；根据不同需要，可采用机械轴承、磁悬浮轴承、动态气悬浮轴承。为了减少定子铁耗，应采用高档导磁材料，并设计在磁不饱和区；定子绕组采用多股并绕，以减少电流的集肤效应。该类电机为功率密集型电机，损耗也很集中，冷却散热根据不同情况采用风冷、水冷、油冷。该类电机的开发，将使高速下才能具有好性能的设备得到发展，例如利用空气的压缩与膨胀制冷系统，将使原来使用齿轮增速箱的设备省去增速箱，例如高速风机。该类电机采用变频器驱动，也可以采用无刷直流电机控制器驱动。

（6）三相永磁发电机　小型三相永磁发电机多用于汽车，亦可设计成 500kW 以上、400Hz 永磁发电机，具有重量轻、效率高的特点。

（7）高速永磁发电机　主要用于小型燃气轮机发电机系统，转速在 60 000r/min 以上，其轴承多用气体轴承。功率多在 100kW 左右。

116　各类同步发电机主要参数　主要参数见表 9.4-6～表 9.4-9。

表 9.4-6　400V 小型水轮发电机容量、转速和定子铁心外径的关系

定子铁心外径 D_1/mm	额定转速 n_N/(r/min)							
	1 500	1 000	750	600	500	428	375	300
	额定容量 S_N/(kV·A)							
368	18							
	26	18						
423	40	26						
	55	40						
493		55	40					
		75	55					
590		100	75					
		125	100					
		160	125					
740		200	160	125				
		250	200	160				
850		320	250	200	160	125		
		400	320	250	200	160		
990		500	400	320	250	200	160	125
					320	250	200	160

表 9.4-7　400V 小型柴油发电机容量与转速和机座中心高的关系

轴中心高 H/mm	额定转速 n_N (r/min)		
	1 500	1 000	750
	额定容量 S_N/(kV·A)		
180	10		
	12		
	16		
200	20		
	24		
225	30		
	40		
	50		
250	64	40	
	75	50	
280	90	64	50
	120	75	64
355	150	90	75
	200	120	90
	250	160	120

表9.4-8 中、大容量水轮发电机典型产品主要参数

额定容量 S_N/ (kV·A)	额定电压 U_N /kV	额定功率因数 $\cos\varphi_N$	额定转速 n_N/ (r/min)	飞逸转速 n_r/ (r/min)	定子铁心内径 D_{i1}/cm	定子铁心长度 l_{i1}/cm	瞬变电抗 X'_d(%)	短路比 K_c	转动惯量 J/(Mkg·m²)	效率 η（%）	推力负荷 F/MN	结构型式
1 000	6.3	0.8	1 000	1 800	81	44	17.63	–	1.3×10^{-3}	94.5	–	–
750	6.3	0.8	750	1 635	86	37	22.8	–	5.097×10^{-4}	93	–	–
625	6.3	0.8	600	–	86	36	24.5	–	–	93.1	–	–
2 000	6.3	0.8	1 000	1 900	99	49	23	–	3.313×10^{-4}	94.5	–	–
2 500	6.3	0.8	750	–	106	72	23.6	–	–	95.6	–	–
1 560	6.3	0.8	600	1 362	110	61	23.7	–	4.995×10^{-4}	95.3	–	–
1 000	6.3	0.8	500	1 210	110	44	25.9	–	4.256×10^{-4}	94	–	–
5 000	6.3	0.8	1 000	–	126	81	22.9	–	–	95	–	–
4 000	6.3	0.8	750	–	132	74	20.6	–	–	95.6	–	–
2 000	6.3	0.8	500	900	138	54	23	–	1.249×10^{-3}	95	–	–
3 130	6.3	0.8	600	1 068	139.8	74	22.4	–	2.65×10^{-3}	95	–	–
1 000	6.3	0.8	428	834.6	178.5	21	19.6	–	1.656×10^{-4}	–	–	–
1 560	6.3	0.8	375	832.5	183	36	24.8	–	3.058×10^{-3}	94	–	–
2 000	6.3	0.8	300	549	220	35	28.45	–	6.626×10^{-3}	94.5	–	–
1 560	6.3	0.8	250	457.5	230	40	18.7	–	4.995×10^{-3}	94.4	–	–
1 000	6.3	0.8	214	395.9	230	28	24.2	–	5.35×10^{-3}	92	–	–
5 000	6.3	0.8	300	660	285	52	22.5	–	0.0224	95.3	–	–
12 500	10.5	0.8	187.5	350	380	113	25.66	1.25	0.163	96.72	1.27	悬式
23 125	10.5	0.865	300	600	369	120	23.4	1.052	0.150	97.19	2	悬式
31 250	10.5	0.8	375	725	338	132	27.74	1.138	0.117	97.22	2.16	悬式
43 500	13.8	0.85	500	820	340	125	25.4	0.953	0.091 7	96.75	2.16	悬式
5 000	10.5	0.9	125	250	796	120	25.3	1.36	1.876	97.61	6.38	全伞式
72 200	10.5	0.9	214	380	568	180	29	1.062	1.088	97.92	5	悬式
88 240	13.8	0.85	150	290	781	156	30.3	1.3	2.849	97.6	6.47	悬式
111 000	13.8	0.9	150	330	781	210	33.3	1.36	4.370	98.16	9.31	悬式
176 500	15.75	0.85	100	218	1 208	180	31.42	1.115	12.997	98.14	13.7	全伞式
194 200	13.8	0.875	54.6	120	1 699	200	30.55	1.563	42.99	97.94	37.3	半伞式
240 000	15.75	0.875	150	285	948	240	33.53	1.065	8.257	98.175	13.7	半伞式
257 000	15.75	0.875	125	250	1 175	202	31.25	1.175	13.76	98.34	15.7	悬式
343 000	18	0.857	125	250	1 190	160	42.5	0.84	13.25	97.46	15.5	半伞式
342 900	18	0.857	125	260	1 134	275	36	1.114	17.48	98.44	17.7	悬式
14 300	13.8	0.875	62.5	140	1 500	159	36	1.268	22.5	97.96	32.3	伞式
14 300	13.8	0.875	62.2	140	1 500	159	36.39	1.241	22.5	98.03	29.4	伞式

表9.4-9　两极3 000r/min 汽轮发电机典型产品的主要参数

型号	QF-3-2	QF-6-2	QF-12-2	QF-25-2	QFQ-50-2	SOF-50-2	QFS-60-2	SOF-100-2	TON-100-2	QFS-125-2	QFSS-200-2	QFQS-200-2	QFS-300-2	QFSN-600-2
额定容量 S_N/(MV·A)	3.75	7.5	15	31.25	62.5	62.5	75	117.6	112.5	147	235	235	353	670
额定电压 U_N/kV	6.3	6.3	6.3	6.3	10.5	10.5	10.5	10.5	10.5	13.8	15.75	15.75	18	20
额定功率因数 $\cos\varphi_N$	0.8	0.8	0.8	0.8	0.8	0.8	0.8	0.85	0.85	0.85	0.85	0.85	0.85	0.9
额定电流 I_N/kA	0.344	0.688	1.375	2.68	3.44	3.44	4.125	6.47	6.475	6.15	8.625	8.625	11.32	19
定子内径 D_{i1}/cm	56	65.6	76	86.6	100	92	92	92	104	112.8	114	115	115	127
定子铁心长 l_{t1}/cm	122	140	170	270	310	253	275	303	310	345	542	537	542	549.36
转子外径 D_2/cm	53.2	62	71.2	81.2	92	82.4	82.4	91	100	100	100	101	110	109.22
转子铁心长 l_{t2}/cm	125	145	175	280	325	255	285	300	325	350	540	547	540	589.28
机座外径/cm	160	198	200	249.6	366	265	293	312	401	330	370	385	330	411
定子重/t	6.1	11.6	18.5	42	98.9	45	52	71.5	110.7	93	123	189	157	325
转子重/t	3.5	5.3	7.8	16	25.1	17.8	18	24.7	29.3	32	46	42.8	60	67
总重/t	13	21.2	31.7	68.8	145	75.9	75	110	183.2	131	236	300	226	498
效率（%）	95.3	96.4	97.64	97.78	98.5	98.31	98.06	98.43	98.71	98.35	98.32	98.6	98.61	98.77
总长/cm	439	486	534.9	681	800	810	833	856.5	862.5	927.5	1 178	1 068	1 243	1 262.4
线负荷 A/(A/cm)	470	561	623	630	790	1 000	1 200	1 189	1 095	1 237	1 290	1 290	1 545	2 026
气隙磁通密度 B_δ/T	0.654	0.688	0.76	0.764	0.802	0.91	0.82	0.914	0.822	0.828	0.812	0.798	0.825	1.107
定子槽数 Z_1	60	42	54	60	72	42	42	60	60	36	54	54	54	42
转子槽数 Z_2	20	24	24	28	28	28	24	28	32	28	30	32	32	32
短路比 K_c	0.64	0.56	0.64	0.58	0.62	0.68	0.54	0.67	0.61	0.57	0.56	0.55	0.47	0.55
满载励磁电压 U_{fN}/V	79	115	186	176	269	172	220	245	271	265	384	445	483	710.5
满载励磁电流 I_{fN}/A	213	248	244	367	520	1 089	1 310	1 398	1 614	1 635	1 605	1 763	1 844	477.5
励磁功率 P_{fN}/kW	19.2	28.2	45.4	65	140	197	290	361	438	430	614	785	890	5 898
直轴同步电抗 X_d（%）	194	206	190	195	186	163	209	163	181	187	190	190	226	3 250
瞬变电抗 X_d'（%）	17	19.9	20	19.6	20	19.7	25.8	22.8	28.6	25.7	22.2	24.5	26.9	208.6
超瞬变电抗 X_d''（%）	10.33	12.39	12.21	12.22	12.4	14.75	16.25	15.77	18.3	18	14.23	14.13	16.7	25.9
														21.8

第5章 直流电机

5.1 直流电机的结构及分类

117 直流电机的分类 直流电机的运行特性随励磁方式而异，通常按励磁方式分类；其励磁由电机本身供给的，分为并励、复励和串励直流电机；由另外的电源如晶闸管变流器供电的，称为他励直流电机；由永磁体励磁的，称为永磁直流电机。

118 直流电机结构概述 直流电机定子主要由主磁极、换向极、机座、端盖、电刷架与电刷等组成，转子由电枢铁心及绕组、换向器、轴、轴承等组成，大多为鼓风机强迫通风冷却，部分为自扇风冷却。某些直流电机配有冷却器、空气过滤器、测速发电机、速度继电器、制动器及其他监测保护装置。

由于功率大小、运行性能、通风冷却方式及使用环境条件不同，大、中、小型直流电机结构有较大差异，典型结构见图9.5-1。

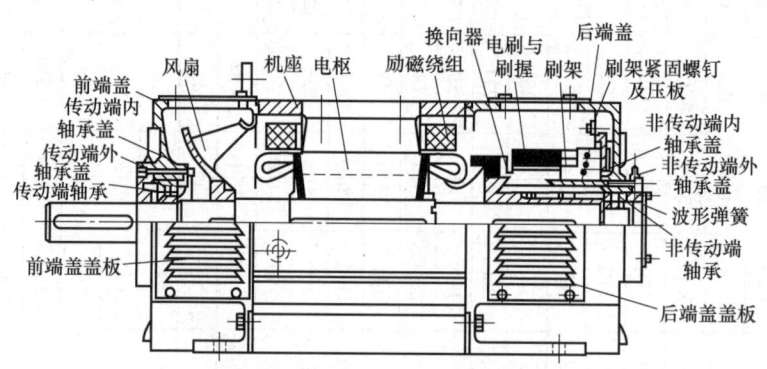

图9.5-1 小型直流电机结构

119 直流电机主极与换向极 主极由其铁心及励磁绕组组成，其作用是当励磁绕组通入励磁电流后，产生直流电机主磁通。主极励磁绕组可分为他励、并励、串励、复励绕组。换向绕组与电枢绕组串联，其产生的磁通为换向磁通，用以抵消电枢反应磁通，并且在换向元件中感应换向电动势 e_k 抵消电抗电动势 e_r 改善电机的换向性能。

主极与换向极冲片用 $1\sim2\mathrm{mm}$ 钢板冲制，小型电机换向极铁心也有用整块型钢制成；部分小型电机的主极和换向极连同磁轭用0.5mm硅钢片冲制。

磁极与磁轭之间，除部分小型电机外，一般置有黄铜及其他非导磁材料制成的垫片，以调节气隙长度。

永磁直流电机主极由永磁体铁心和极靴组成，无励磁绕组，极靴可制成带有补偿槽的。主磁极铁心为铁氧体、钕铁硼等成型永磁体。主极铁心上可设置磁化绕组，用作充磁、保磁和去磁。

120 直流电机机座及磁轭 机座及磁轭用钢板焊接、铸钢或冲片叠压制成（即叠片机座），冲片一般用 1.5mm 钢板冲制。小型电机也有用 0.5mm 硅钢片冲制的。机座外形有圆筒形和不等边八角形。大型电机采用分半机座。

121 电刷和刷架 刷架支承刷杆及刷握，并固定各组刷杆间的相互位置。常用的刷握有直、斜两种。刷架能沿圆周方向移动，便于调整电刷中心位置。电刷压力通常取 $1.5\sim2.7\mathrm{N/cm^2}$，在振动较大的场所取 $3\sim5\mathrm{N/cm^2}$。刷压相差不得超过平均值的 10%。电刷应根据电机的工作条件，结合电刷的性能正确选用。

在合适的换向区宽度下，电刷宽度应覆盖适当数量的换向片。当换向器圆周速度为 20 ~ 30m/s，空气湿度为含水 6 ~ 12g/m³ 时，电刷的正常磨损量是每工作 1 000h 为 3 ~ 5mm。通常使用整块电刷，拼块或分层电刷则用于换向较困难的电机。

122　直流电机电枢铁心　由表面涂有绝缘层的 0.5mm 厚硅钢片冲片叠装而成，一般直径 1m 及以下采用整圆冲片，大于 1m 的采用扇形冲片。冲片上均布半开口的梨形槽或开口的矩形槽。一般直径 200mm 及以下的电枢采用梨形槽，用槽楔，也可用无纬玻璃丝带或无磁性钢丝绑扎固定。电枢直径大于 145mm 的冲片常带有轴向通风孔。电枢直径 210mm 及以上而铁心较长时，则根据通风散热需要，铁心每隔 70 ~ 100mm 安放 10mm 的径向通风沟。为了降低电机噪声，电枢铁心大都采用斜槽，一般沿轴线斜一个槽距。铁心两端由端板压紧。中、小型直流电机的铁心直接安装在转轴上；大型直流电机的铁心安装在电枢支架上。

123　直流电机电枢绕组　一般是双层绕组，绕组线圈的两个边分别置于沿电枢表面等于或接近于一个极距的两个槽的上下层。一线圈的始端与终端按一定的规律与换向片连接，形成一个或几个闭合回路，并通过换向器上的电刷形成若干个并联支路。

根据绕组与换向片连接规律的不同，直流电机电枢绕组可分为单叠绕组、复叠绕组，单波绕组、复波绕组、单蛙绕组、复蛙绕组。绕组组成的细节参见电机学。电枢绕组的主要作用是产生电动势及电磁转矩。

124　换向器　由冷拉梯形铜排（或银、镉、锆等合金梯排）、云母片、压圈和套筒等组成的圆筒形构件。铜排片即换向片之间由云母片绝缘。换向片与电枢线圈按一定规律连接。与电刷配合将电枢绕组中的交流电动势整流成直流电动势，故换向器又称为整流子。与电刷配合，将直流电流导入电枢绕组，使电枢电流与主磁通作用产生电磁转矩，电枢自行转动，形成直流电动机。换向器有拱形、塑料、紧圈式和绑扎式四种。

125　补偿绕组　在大型直流电机中，主极极靴表面开槽，槽内置补偿绕组。补偿绕组与电枢绕组串联，其产生的磁动势与电枢反应磁动势极性相反，抵消了电枢反应磁动势；对改善换向、减少火花起重要作用。

5.2　直流电机工作原理

126　直流电机电枢电动势与电磁转矩　电枢旋转时，电枢绕组感生电枢电动势 E_a（V）为

$$E_a = C_e n \Phi$$

$$C_e = \frac{pN}{60a}$$

电枢绕组流过电流 I_a 和气隙磁场相互作用产生电磁转矩 T_{em}（N·m）为

$$T_{em} = C_T \Phi I_a$$

$$C_T = \frac{pN}{2\pi a}$$

式中　p——极对数；

$\quad\ a$——支路对数；

$\quad\ N$——电枢总导体数；

$\quad\ \Phi$——每极磁通；

$\quad\ I_a$——电枢电流。

127　直流电机电动势平衡方程式

直流发电机：$E_a = U + I_a R_a + \Delta U_b$

直流电动机：$E_a = U - I_a R_a - \Delta U_b$

128　直流电机中的功率关系　直流电机中的电磁功率（W）与电磁转矩关系如下：

$$P_{em} = T_{em} \Omega = E_a I_a$$

若空载转矩为 T_0，则直流电机轴转矩（N·m）

直流发电机轴转矩 $T_1 = T_{em} + T_0$

直流电动机轴转矩 $T_2 = T_{em} - T_0$

直流电机输入、输出功率（W）

直流发电机输入功率 $P_1 = T_1 \Omega = T_1 \dfrac{2\pi n}{60} = P_{em} + P_0$

直流电动机输出功率 $P_2 = P_{em} - P_0$

129　直流电机电枢反应　电机空载时，主极励磁绕组磁动势产生相应的空载气隙磁场，电机负载时，电枢绕组中电流产生电枢磁动势 F_a，气隙磁场将由励磁磁动势和电枢磁动势的合成磁动势所决定，电枢磁动势对气隙磁场的影响，称为电枢反应。无补偿绕组的直流电机，并且电刷在几何中线位置上，则电枢磁动势的轴线在交轴上，即全部为交轴电枢磁动势 F_{aq}，电枢反应的存在使气隙磁场畸变，铁心的饱和将造成每极磁通路有减少，物理中性线位置偏离几何中线，部分换向器片间电压升高。

当电刷位置偏离几何中性线角时，电枢磁动势可分解为交轴电枢磁动势和直轴电枢磁势两个分量，有可能对主极磁场起增磁作用，也有可能起去

磁作用。当直流电机是超越或延迟换向时，对气隙磁场也有增磁或去磁作用。

直流电机有补偿绕组而没有完全补偿时，亦存在电枢反应。

5.3 直流电机工作特性

130 自励发电的条件 1）电机磁极要有剩磁；2）励磁绕组接线要正确；3）励磁电路总电阻小于临界场阻。

131 直流发电机的主要工作特性 有空载特性 $U_0=f(I_f)$、负载特性 $U=f(I_f)$、外特性 $U=f(I_a)$、调整特性 $I_f=f(I_a)$ 和效率特性 $\eta=f(P_2)$ 等，其中以外特性较为重要。直流发电机工作特性曲线参见各种电机学教材。

并、串励绕组接成同向极性时，称为积励发电机。复励发电机中，负载电流增加时，其端电压的变化取决于串、并励绕组的安匝比。$U_N=U_0$ 为平复励；$U_N>U_0$ 为过复励；$U_N<U_0$ 为欠复励。串、并励绕组接成反向极性时，称为差复励直流发电机，其端电压随负载电流增加而迅速下降。

132 直流电动机的工作特性 直流电动机的电枢电流 I_a、转速 n、电磁转矩 T_{em} 和输出功率 P_2 之间的关系，表征着它的工作特性。以端电压作为常值，电枢回路不串入外加电阻，他励、并励励磁电流保持额定值不变，作为分析工作特性的基础。直流电动机的工作特性有转速特性 $n=f(I_a)$、转矩特性 $T_2=f(I_a)$、机械特性 $n=f(T_{em})$ 和效率特性 $\eta=f(P_2)$，其中以转速、转矩两种特性较重要。直流电动机工作特性曲线参见各种电机学教材。

他、并励直流电动机的转速特性较硬，一般其转速随着电枢电流的增加而略有下降。但当并励直流电动机削弱磁场增速或过载时，电枢反应去磁效应较显著，随负载的增加而转速上升，其转速特性曲线上翘，会引起不稳定运行。可通过设稳定绕组（带少量匝数的串励绕组），使在削弱磁场增速或过载时它能稳定运行。这种方式实际上即为复励。

串励电动机在轻载时励磁电流很小，转速很高，因此不容许空载或轻载运行；负载增大，转速迅速下降，转速特性较软，有较高的输出转矩。

复励电动机可采用适当的并励安匝与串励安匝，决定空载转速，并使转速特性较软，介于并励与串励之间。

保持他励、并励电动机在空载状态下的端电压为常值，改变励磁电流时得到转速与励磁电流的关系曲线，即空载励磁转速特性，此曲线近似于双曲线。励磁电流接近零时，转速会上升到不安全的高速，故励磁回路绝对不允许断路。

133 直流电动机的起动、制动及反转 小型直流电动机可以直接起动；中、大型直流电动机可采用电枢回路串电阻起动和降压起动等，其起动转矩较大。由变流装置供电的他励电动机，可借调节电枢电压实现起动。

直流电动机电磁制动方法有能耗制动、反接制动与反馈制动三种。

改变直流电动机转向的方法有单独改变电枢电流的方向与单独改变励磁电流的方向两种。若为复励直流电动机，单独改变励磁电流方向时应同时改变并励与串励绕组电流方向，以实现不改变电机积复励的性质。

134 直流电动机调速 其转速公式为

$$n=\frac{U-I_aR_a-\Delta u_b}{C_e\Phi}$$

（1）励磁恒定，调节电枢电压，即恒转矩调速。电机转速在基本额定转速以下。可用晶闸管变流器供电。

（2）电枢电压恒定，调节励磁电流，即削弱磁场恒功率调速。电机转速在基本额定转速以上。

（3）励磁恒定，电枢回路串电阻调速。电机转速在基本额定转速以下。此种方法调速电阻耗电较多，但能够实现四象限运行。

并励电动机调节电枢电压调速，只限于空载特性曲线饱和范围内。对于自带风扇通风冷却的直流电动机，在调节电枢电压调速运行时，由于冷却风量随转速下降而正比减少，只有降低输出转矩才能连续运行。

5.4 晶闸管整流器供电的直流电动机

135 晶闸管变流器的主回路 一般 10kW 以下的直流电动机应用单相全控桥式整流电路，10～300kW 的直流电动机应用三相全控（或半控）桥式整流电路；300kW 以上的直流电动机常用三相及多相全控桥式整流电路。用三相全控桥式变流器供电时，直流电动机可不带平波电抗器；用单相全控桥式变流器供电时，直流电动机必须带有平波电抗器或降低电动机输出功率。交流电网电压与直流电动机额定电压配合关系见表 9.5-1。

表 9.5-1 交流电网电压与直流电动机额定电压的配合关系

交流电网电压/V	直流电动机额定电压（平均值）/V
单相 220	160
三相 380	440（不可逆）、 400（可逆）

136 晶闸管整流器的触发电路 晶闸管电路对触发的要求是：1）应具有足够的触发电压和触发电流；2）触发脉冲应有一定宽度或采用脉冲列触发；3）触发脉冲应具有足够大的移相范围。

触发电路大体上由同步环节、移相环节、脉冲形成主环节及脉冲输出环节组成。目前多采用 KJ004、KJ041、KJ042 等系列集成触发组件组成触发电路。

137 PI 调节器 直流电机调速系统一般由直流电机、测速发电机、晶闸管电路、触发电路、电流调节器（ACR）及速度调节器（ASR）串级连接组成。ASR 实现速度负反馈，ACR 实现电流截止负反馈。ACR 和 ASR 多为比例积分（PI）调节器，它由模拟电路或数字电路构成。

138 晶闸管直流调速系统的优缺点

（1）优点：晶闸管整流电源调节响应快，系统内部压降小，没有旋转体，因而噪声小，日常维护工作量小。

（2）缺点：由于直流电流为脉动电流，电机内部损耗增加，电机发热增加，与直流发电机供电相比，$\mathrm{d}i/\mathrm{d}t$ 大，使直流电机换向性能恶化。

（3）为了克服上述缺点，应在直流电机设计及变流器电路方面采取相应措施，例如电路串联平波电抗器等。

5.5 直流电机换向

139 直流电机换向过程 电枢旋转时，随着电枢绕组元件被电刷短接从绕组的一个支路转移到另一个支路，元件内的电流将由原来的方向改变到相反的方向，绕组元件在被电刷短接期间的电流变化过程，称为换向。电枢转一转，电枢绕组各元件被电刷短接 $2p$ 次，也就是电流变换方向 $2p$ 次。换向过程中被电刷短接的元件，称为换向元件；它从换向开始到结束所经历的时间，称为换向周期，历时很短。换向元件中电流 i 的变化规律如下：

$$i=i_{a}\left(1-\frac{2t}{T_{k}}\right)+\frac{\sum e}{R}\cdot\frac{1}{\left(\dfrac{T_{k}}{t}+\dfrac{T_{k}}{T_{k}-t}\right)}=i_{L}+i_{k}$$

式中 i_{a}——支路电流（A）；

　　R——电刷总接触电阻（Ω）；

　　$\sum e$——换向元件内电抗电动势 e_{R} 和切割电动势 e_{S} 的合成电动势（V），$\sum e=e_{R}+e_{S}$；

　　i_{L}——直线换向电流（A）；

　　i_{k}——附加换向电流，亦即由 $\sum e$ 所产生的电流（A）。

对换向过程，按换向元件中电流 i 的变化（电流曲线）分为直线换向、延迟换向和超越换向三种类型。其中直线换向时前后刷边电流密度相等，电刷下不易产生火花，且换向元件电流只产生交轴磁动势。

140 电机的火花等级 直流电机的换向检查是：在电机接近实际工作温度和电刷位置维持不变的情况下，检查空载和不同负载时电刷下火花的状况及其对换向器表面的影响。换向的好坏以火花等级（见表 9.5-2）来衡量，换向检查通常在负载试验后进行。

表 9.5-2 火花等级

火花等级	电刷下火花的程度	换向器及电刷的状态
1	无火花（黑暗换向）	换向器上没有黑痕及电刷上没有灼痕
$1\frac{1}{4}$	电刷边缘仅小部分（$1/5 \sim 1/4$ 刷边长）有断续的几点点状火花	换向器上没有黑痕及电刷上没有灼痕
$1\frac{1}{2}$	电刷边缘大部分（大于 $1/2$ 刷边长）有连续的较稀的颗粒状火花	换向器上有黑痕，但不发展，用汽油即能擦去，同时在电刷上有轻微灼痕
2	电刷边缘大部分或全部有连续的较密的颗粒状火花，开始有断续的舌状火花	换向器上有黑痕，用汽油不能擦除，同时电刷上有灼痕，如短时出现这一级火花，换向器上不出现灼痕，电刷不烧焦或损坏

（续）

火花等级	电刷下火花的程度	换向器及电刷的状态
3	电刷整个边缘有强烈的舌状火花，伴有爆裂声音	换向器上黑痕较严重，用汽油不能擦除，同时电刷上有灼痕。如在这一级火花等级下短时运行，则换向器上将出现灼痕，同时电刷将被烧焦或损坏

如无特殊要求，从空载到满载，火花不应超过 $1\frac{1}{2}$ 级。

141　无火花换向区试验　无火花换向区是指电机在规定负载范围内保持无火花换向时换向极磁场强度的范围。用它来判断换向的品质，检查换向极产生换向电动势抵消电抗电动势的补偿特性。用于成品调整试验时，是调整换向极气隙以及换向绕组匝数取得满意换向的方法。无火花换向区在额定负载点的宽窄，是衡量换向能力强弱的标志。无火花换向区以横坐标对称分布，说明电刷位置正确；无火花换向区在过载时还未闭合，表明电机换向能力强。电机调速至高速时，无火花换向区较基速时窄，并相对于横坐标向下有一定偏移。具体实验方法参见 GB/T1311—2008。

142　电刷接触压降试验　用来检查换向极补偿特性。不同的换向类型沿电刷宽度闭合路径的换向电流分布不同，则电流密度分布也就不同，形成不同的电刷接触压降。试验方法见图 9.5-2a，当电机在给定的负载下，沿电刷宽度测量电刷和换向器接触处 3~5 点的电刷接触压降 ΔU，绘制电刷宽度上电刷接触压降的分布曲线，见图 9.5-2b。正确换向时，分布曲线呈直线；换向极补偿偏弱时，曲线下降；换向极补偿偏强时，曲线上翘。这项试验虽然仅能定性，但直观、易行。

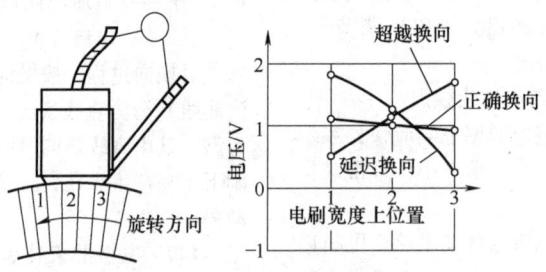

图 9.5-2　电刷接触压降试验
a）试验方法　b）电刷接触压降在电刷宽度上的分布曲线

143　直流电机火花成因　1）换向火花，由延迟换向或超越换向引起；2）电位差火花，由于电枢反应使气隙磁场畸变，使某些元件感应电动势过高引起换向器片间电压升高，片间放电引起火花；3）环火，电枢电流突然猛增，引起换向器整个圆周出现环火，两电刷为电弧短路；4）机械性火花，换向器偏心、换向片有毛刺、电刷与刷盒配合不当、电刷压力不合适、电机振动等，使得电流时断时通，引起火花；5）化学因素，如果环境条件不能使换向器表面形成薄薄的氧化层，说明换向器没有达到为保证良好换向所必需的稳定状态；6）故障性火花，电机出了故障，如绕组短路、断路、接地等，引起火花。

5.6　直流电机系列及专用直流电机

144　系列直流电动机　提供 Z2、Z4、ZD2、ZF2、ZJZ、ZD3 系列直流电动机数据（见表 9.5-3 ~ 表 9.5-7）。直径超过 1m 的大型直流电动机，主要分为轧钢机电动机和卷扬机电动机两类。国产大型可逆转电动机，转矩范围为 200~1 500kN·m，功率范围为 1 600~6 300kW，弱磁调速比一般为 1：1.6~1：2.0。J/T_N 最高可达 0.058 6~0.039 1kg·m²/（N·m）。国产不可逆直流电动机转矩为 25~500kN·m，功率在 800~5 700kW 之间，弱磁调速比一般为 1：3 左右。$P_N n_{max}$ 最高达 2.5~3.2×10⁶kW·r/min。国产卷扬机用直流电动机转速最低为 20r/min，功率为 2 850kW。

表 9.5-3　Z2 系列小型直流电动机技术数据

外壳防护等级：IP23；基本冷却方式：IC01；绝缘等级：B 和 F；功率：0.4~200kW；电压：110V、220V；转速：600~3 000r/min；励磁方式：他励、并励（带有少量串励绕组）

电机型号	额定功率/kW				
	3 000r/min	1 500r/min	1 000r/min	750r/min	600r/min
Z2-11	0.8 (75)	0.4 (67)			
12	1.1 (76.5)	0.6 (71)			
Z2-21	1-5 (78)	0.8 (73.5)	0.4 (66)		
22	2.2 (80)	1.1 (76.5)	0.6 (71.5)		
Z2-31	3 (79.5)	1.5 (78.5)	0.8 (73.5)	0.6 (70)	
32	4 (81)	2.2 (81)	1.1 (76)	0.8 (73.5)	
Z2-41	5.5 (82)	3 (80)	1.5 (76.5)	1.1 (71.5)	
42	7.5 (82.5)	4 (81.5)	2.2 (78.5)	1.5 (73.5)	
Z2-51	10 (83)	5.5 (82.5)	3 (79.5)	2.2 (77)	
52	13 (83.5)	7.5 (83.5)	4 (81.5)	3 (78.5)	
Z2-61	17 (81)	10 (81.5)	5.5 (82.5)	4 (79)	
62	22 (85)	13 (85)	7.5 (82.5)	5.5 (80)	
Z2-71	30 (85.5)	17 (86)	10 (83)	7.5 (81)	
72	40 (86.5)	22 (86.5)	13 (83.5)	10 (81.5)	
Z2-81		30 (87)	17 (81)	13 (82)	
82		40 (87.5)	22 (84.5)	17 (83)	
Z2-91		55 (88)	30 (86)	22 (81)	17 (81)
92		75 (88.5)	40 (86.5)	30 (85)	22 (83.5)
Z2-101		100 (89)	55 (87.5)	40 (86)	30 (84.5)
102		125 (89.5)	75 (88.5)	55 (86.5)	40 (85)
Z2-111		160 (90)	100 (89)	75 (88)	55 (86.5)
112		200 (90)	125 (89.5)		

注：1. 粗线框内电动机的电压有 110V 及 220V 两种，框外电动机电压仅有 220V 一种。

2. 额定功率 kW 数后括号内的数字是 220V 电动机的效率百分值。

表 9.5-4　ZJZ 系列中型直流电动机技术数据

外壳防护型式：IP44，IP21；冷却方式：IC16、IC17、IC37

静止整流电源供电及励磁，励磁电压：110V、220V

F 级绝缘，定子、转子均整体真空浸漆，允许提高出力 15% 长期运行

额定电压：200V、220V、250V、315V、330V、400V、440V、500V、630V、660V、750V、800V、1 000V 13 个等级

全系列共有 623V 个规格（详见样本）。

表中只列出 220V、440V、750V 的部分规格；额定功率：（61~1 480）kW；基速：（45~1 437）r/min

（续）

电机型号	630r/min			500r/min			400r/min			320r/min			250r/min		
	功率/kW	n_{max}/(r/min)	效率 $\eta(\%)$	功率/kW	n_{max}/(r/min)	效率 $\eta(\%)$	功率/kW	n_{max}/(r/min)	效率 $\eta(\%)$	功率/kW	n_{max}/(r/min)	效率 $\eta(\%)$	功率/kW	n_{max}/(r/min)	效率 $\eta(\%)$
ZJZ121-1							73	1 150	83						
ZJZ122-1	158	1 700	89.8							72	1 000	81.8			
ZJZ123-1				157	1 500	89.2							71	750	80.6
ZJZ124-1							155	1 250	88.1						
ZJZ121-2				95	1 500	86.4									
ZJZ122-2							94	1 200	85.5						
ZJZ123-2	200	1 500	90.9							93	1 000	84.5			
ZJZ124-2				198	1 350	90.0							91	750	82.7
ZJZ121-3	122	1 700	88.0												
ZJZ122-3				121	1 500	87.3									
ZJZ123-3							120	1 250	86.6						
ZJZ124-3										119	1 000	95.9			
ZJZ122-4	157	1 650	89.2												
ZJZ123-4				156	1 500	88.6									
ZJZ124-4							154	1 300	87.5						
ZJZ142-1	322	1 500	91.5							150	900	85.2			
ZJZ143-1				320	1 350	90.9							148	750	84.1
ZJZ144-1							318	1 250	90.3						
ZJZ141-2				195	1 500	88.6									
ZJZ142-2							194	1 200	88.1						
ZJZ143-2	406	1 350	92.3							192	1 200	87.3			
ZJZ144-2				404	1 200	91.8							190	1 000	86.4
ZJZ141-3	246	1 500	89.5												
ZJZ142-3				244	1 400	88.7									
ZJZ143-3										243	1 000	88.4			
ZJZ144-3	508	1 100	92.4										240	1 000	87.3
ZJZ142-4	319	1 450	90.6												
ZJZ143-4				318	1 350	90.3									
ZJZ144-4							315	1 200	89.5						
ZJZ161-1	507	1 250	92.2							239	900	87.3			
ZJZ162-1				505	1 100	91.8							237	750	86.2
ZJZ163-1							502	1 000	91.3						
ZJZ164-1	876	850	93.4							499	850	90.7			
ZJZ161-2							312	1 200	86.6						
ZJZ162-2	651	1 100	92.5							310	900	88.1			
ZJZ163-2				649	1 000	92.2							306	750	86.9
ZJZ164-2							646	850	91.8						

（续）

电机型号	630r/min			500r/min			400r/min			320r/min			250r/min		
	功率/kW	n_{max}/(r/min)	效率η(%)	功率/kW	n_{max}/(r/min)	效率η(%)	功率/kW	n_{max}/(r/min)	效率η(%)	功率/kW	n_{max}/(r/min)	效率η(%)	功率/kW	n_{max}/(r/min)	效率η(%)
ZJZ161-3				396	1 250	90.0									
ZJZ162-3							373	1 100	89.3						
ZJZ163-3	818	1 000	93.0							390	900	88.6			
ZJZ164-3				815	850	92.6							386	850	87.7
ZJZ161-4	502	1 250	91.3												
ZJZ162-4				500	1 200	90.9									
ZJZ163-4							498	1 050	90.5						
ZJZ164-4	1 028	950	93.5							494	850	89.8			
ZJZ181-1				868	1 050	92.5				490	750	89.1			
ZJZ182-1							865	950	92.2				487	600	88.5
ZJZ183-1										860	780	91.7			
ZJZ184-1													853	630	90.9
ZJZ181-2	1 120	1 000	93.3				638	900	90.6						
ZJZ182-2				1 117	900	93.1				634	750	90.1			
ZJZ183-2							1 113	100	92.7				629	600	89.1
ZJZ184-2										1 106	700	92.1			
ZJZ181-3				807	1 000	91.7									
ZJZ182-3	1 405	860	93.7				808	850	91.2						
ZJZ183-3				1 402	800	93.5				798	750	90.7			
ZJZ184-3							1 396	650	93.1				790	600	89.8
ZJZ181-4				1 020	1 000	92.8							480	600	88.4
ZJZ182-4				1 018	850	92.5									
ZJZ183-4							1 013	750	92.1						
ZJZ184-4										1 006	650	91.5			

145 专用直流电机

（1）起重、冶金用直流电动机 转速范围为 $35\sim4\,100\mathrm{N\cdot m}$（正在扩展到 $14\,000\mathrm{N\cdot m}$），电动机可用晶闸管变流器供电，电压为 220V 或 440V，结构坚固，转动惯量小，过载能力大，调速范围宽，能承受振动、冲击、频繁起动和制动，快速正反转，广泛使用于轧机辅传动、起重运输设备、挖掘和港口机械中。

（2）直流测功机 它是定子具有独立支撑，可对转轴自由摆动，机壳上带有力臂可以测量转矩的特殊结构的他励直流电机，用于测量动力机械的输出转矩及风机、泵、发电机等的输入转矩。

国外已制造出 150～250kW、700～900r/min、15～75kW、10 000～15 000r/min 的直流测功机，为了对燃气轮机等高速机械进行测量，还制造出了通过星齿轮增速的转速达 15 000r/min 的 1 800kW 直流测功机和转速达 100 000r/min 的 700kW 直流测功机。

（3）船用直流电机 包括恒速发电机、变速发电机、充电发电机、一般电动机、起重用电动机、自动舵电机组、幅压电动机，要求防潮、防霉、防盐雾、防水、耐振动、耐冲击，换向性能好，能抑制无线电干扰。

（4）汽车用直流电机 汽车发电机额定电压为 14V 或 28V，输出电流为 18～120A，调节器调节励磁电流，使电压保持在一定范围内。汽车起动机，30s 短时工作制，额定电压为 12V 或 24V，由蓄电池组供电，功率为 0.5～11kW，有串励磁与永磁两种。

（5）励磁机 它是一种他励或并励直流发电机，其特性参数有最低稳定电压、电压稳定系数、顶值电压和强励电流等。励磁机用作汽轮发电机、水轮发电机、同步调相机和同步电动机的励磁电源，也可用作直流电机的励磁电源。随着晶闸管整流励磁系统、无刷励磁系统、交流励磁机和其他励磁方式的发展，直流励磁机已被逐步取代。

（6）直流牵引电动机　直流牵引电动机用于铁道干线电力机车、工矿电机车、城市电车、地铁火车等作为牵引动力，一般为直流串励和脉流串励电动机，由直流牵引发电机或晶闸管变流电源供电。直流牵引电动机正逐步被变频调速的异步牵引电动机取代。

（7）单极电机　单极电机是一种应用单极感应原理，不需要换向的无换向器直流电机，可作发电机，亦可作电动机运行，结构上有圆盘式和圆筒式两种。单极直流发电机电压低，电流大，适合电解铝和铜、制氯、加速器等需要大电流、低压直流电源的场合，采用钠钾集电装置后，电压可达50V，容量可达10MW。

单极直流电动机，近年来采用超导技术，有了迅速的发展。

（8）永磁直流电动机　在小功率永磁直流电动机的基础上，我国已开发出0.5~220kW钕铁硼直流电动机系列，该系列直流电动机电压为160V、440V，恒转矩调速到20r/min时仍能稳定运行。可采用晶闸管变流器供电。由于钕铁硼温度系数大，使用时注意温度不应超过120℃。

（9）无换向器电动机　无换向器电动机是一种交流调速电机，它由一台三相同步电机、一台逆变装置和一个安装在电机轴端的位置检测器组成。逆变装置和位置检测器两者结合所起的作用相当于直流电动机的换向器与电刷，但没有滑动接触，不产生火花。该类电机又叫无刷直流电动机。无换向器电动机的调速特性与直流电动机相似，起动平稳，调速比可达1：100以上。过载能力受逆变装置（同步电机参数也有很大影响）功率器件额定值

的限制，一般仅为2倍额定转矩，不及直流电动机。高于额定转速时，无换向器电动机恒功率运行；低于额定转速时，恒转矩运行。以上说明无刷直流电动机特点主要受调速器——逆变器电压、电流额定值的影响。

这种电动机多为无刷结构，500kW以下的有爪极式、磁阻式和永磁式，更大容量的一般为无刷同步电动机。磁阻式无换向器电动机又叫磁阻电机，永磁式无换向器电动机又叫无刷直流电机。电机经由逆变装置供电，定子电流为非正弦波，设计时应予注意。逆变装置有交流-交流和交流-直流-交流两种。交-交逆变装置功率器件一般用晶闸管，交-直-交逆变装置功率器件一般用IGBT等智能功率器件。

（10）无刷直流电动机　无刷直流电动机（Brushless Direct Current Motor，BLDCM）是采用方波自控式永磁同步电动机，以霍尔传感器取代电刷换向器，以钕铁硼、钐钴等作为转子的永磁材料；产品性能超越传统直流电机的所有优点，同时又克服了直流电机电刷、集电环的缺点，是当今最理想的调速电机。

无刷直流电机具有高效率、高转矩、高精度的三高特点；同时体积小、重量轻，可做成各种体积和形状，是当今效率最高的调速电机。与传统直流有刷电机或交流变频调速相比，均有更好的性能。在牵引电机电瓶车行业，用它来取代传统直流有刷电机时，除可以达到更高效率、更高起动转矩等特性外，由于采用方波驱动，让铅酸蓄电池有时间修补电极板，可以延长蓄电池的寿命，提高约1.3倍的电池容量，大大地改善了电瓶车的性能，见图9.5-3。

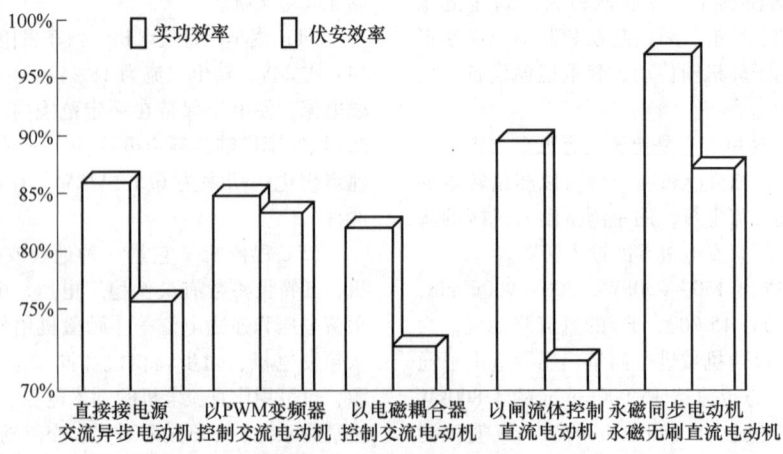

图9.5-3　美国能源部对各种驱动电动机的效率比较

表 9.5-5　Z4 系列小型直流电动机技术数据表

外壳防护等级：IP23/IP21S；基本冷却方式：IC06；适合晶闸管变流器供电；绝缘等级：F；

功率：0.75~450kW；电压：160V、440V；转速：400~3 000r/min；励磁方式：他励；励磁电压：180V

电机型号	3 000r/min			1 500r/min			1 000r/min			750r/min			600r/min			500r/min			400r/min		
	功率/kW	n_{max}/(r/min)	η(%)	功率/kW	n_{max}/(r/min)	η(%)	功率/kW	n_{max}/(r/min)	η(%)	功率/kW	n_{max}/(r/min)	η(%)	功率/kW	n_{max}/(r/min)	η(%)	功率/kW	n_{max}/(r/min)	η(%)	功率/kW	n_{max}/(r/min)	η(%)
Z4-90/04	2.2	4 000		1.1	3 000		0.75	2 000													
-90/06	3	4 000		1.5	3 000		1.1	2 000													
Z4-100/04	4	4 000		2.2	3 000		1.5	2 000													
100/05	5.5	4 000		3	3 000		2.2	2 000													
100/07	7.5	4 000		4	3 000		3	2 000													
Z4-112/06	11	4 000		5.5	3 000		4	2 000													
112/08	15	4 000		7.5	3 000		5.5	2 000													
Z4-132/02	18.5	4 000		11	3 000		7.5	2 000													
132/04	22	3 600		15	3 000		11	2 000													
132/06	30	3 600		18.5	3 000		15	2 000													
Z4-160/02	37	3 500		22	3 000		18.5	2 000													
160/04	45	3 500		30	3 000		22	2 000													
160/06	55	500		37	3 000	86.5	30	2 000	83.5	18.5	1 900	78	15	2 000	74						
Z4-180/02	75	3 400	90.5	45	3 000	87	37	2 000	83.5	22	1 700	79.5	18.5	1 600	76.5						
180/04				55	3 000	87	45	2 000	85.5	30	2 250	81	22	1 250	76.5						
180/06																					
180/08	90	3 400	91	75	3 000	89.5	55	2 000	86.5	37	2 000	83.5	30	1 600	80						
Z4-200/04	110	3 300	91.5	90	3 000	89.5	75	1 450	86.5	45	1 400	85	37	1 600	82	22	1 350	78.5			
200/06				110	3 000	89.5										30	750	80			
200/08	132	3 200	92.5				90	2 000	87.5	55	1 600	84	45	1 800	80.5						
Z4-225/06				132	2 400	90.5				75	2 250	85	55	1 200	82.5	37	1 600	78.5			
225/08																45	1 400	78.5			
225/10																					

（续）

电机型号	3000r/min			1500r/min			1000r/min			750r/min			600r/min			500r/min			400r/min		
	功率/kW	n_{max}/(r/min)	效率η(%)	功率/kW	n_{max}/(r/min)	效率η(%)	功率/kW	n_{max}/(r/min)	效率η(%)	功率/kW	n_{max}/(r/min)	效率η(%)	功率/kW	n_{max}/(r/min)	效率η(%)	功率/kW	n_{max}/(r/min)	效率η(%)	功率/kW	n_{max}/(r/min)	效率η(%)
Z4-250/06				160	2 100	90.5	110	2 000	87.5							55	1 100	81.5			
250/08				185	2 200	90				90	2 250	86	75	2 000	84						
250/10				200	2 400	90.5	132	2 000	88.5	110	1 900	86.5									
250/12				220	2 400	91.5	160	2 000	89				90	2 000	85	75	1 900	83			
Z4-280/08				250	2 000	91.5	185	1 800	90	132	1 600	87	110	1 700	85						
280/10				280	1 800	91.5	200	2 000	90.5	160	1 700	88.5				90	1900	85			
280/12				315	1 800	92	220	2 000	91	185	1 900	89	132	2 000	86.5						
280/14				355	1 800	92.5	250	1 800	91							110	1 600	85.5			
Z4-315/12							280	1 600	91	200	1 900	89.5	160	1 900	87.5	132	1 600	85.5	110	1 200	84
315/14							315	1 600	91.5	250	1 600	90	185	1 600	88.5	160	1 500	86.5			
315/16							355	1 600	92	280	1 600	90	200	1 500	88.5				132	1 200	85.5
315/18							400	1 600	92.5	315	1 600	91	250	1 600	89	185	1 500	87.5	160	1 200	85.5
Z4-355/14							450	1 500	92.5	355	1 500	91	280	1 600	90	200	1 500	87.5	185	1 200	85.5
355/16										400	1 600	91.5	315	1 500	90.5	250	1 600	89	200	1 200	87
355/18										450	1 500	92	355	1 600	91	315	1 500	89	220	1 200	89.5
355/20													400	1 600	91	355	1 600	89	250	1 200	89

注：1. 粗线框内电动机的电压有 160V 及 440V 两种，框外电动机的电压仅有 440V 一种。

2. n_{max} 是电动机在削弱磁场恒功率运行下的最高转速。

3. 效率是 440V 电动机的效率。

4. 中心高 110 及以下为 2 极，112 及以上为 4 极。不带串励绕组。中心高 280 及以下无补偿绕组；中心高 315、355 有补偿绕组。

表 9.5-6　ZF2、ZD2 系列中型直流电动机技术数据表

外壳防护等级：IP23；基本冷却方式：ZF2 为 IC01 或 IC37，ZD2 为 IC06 或 IC37；绝缘等级：B；功率：55～1 000kW；电压：220、330、440、660V；转速：320～1 000r/min；励磁方式：他励、励磁；电压：110V 或 220V

（1）无补偿绕组：

电机型号	1 000/1 500r/min	600/1 200r/min	500/1 200r/min
	额定功率/kW	额定功率/kW	额定功率/kW
ZD2-112-1	160(91.5)	100(89.8)	75(89.5)

（2）有补偿绕组：

额定功率/kW（额定电压/V：220、330、440、660）

电机型号	1 000/1 500 或 500/1 000				750/1 500				600/1 200				400/1 200 或 400/1 000				320/1 200 或 320/1 000			
额定电压/V	220	330	440	660	220	330	440	660	220	330	440	660	220	330	440	660	220	330	440	660
ZD2-121-1B	100(88.4)		100(89.5)		75(87.4)												55(84.7)			
ZD2-122-1B			125(90.5)		100(88)												75(87)			
ZD2-122-2B	125(90.5)																			
ZD2-123-1B			160(91.4)		125(89.8)				125(89.9)				100(89)				100(87.4)		100(88.4)	
ZD2-123-2B	160(90.5)																			
ZD2-131-1B			200(91.8)		160(90.3)				160(90.0)										125(88.8)	
ZD2-131-2B	200(90)																			
ZD2-132-1B			250(92.7)		200(90)				200(91.2)								125(88)		160(88.9)	
ZD2-132-2B	250(91.6)																160(89.2)			
ZD2-151-1B	320(90.6)		320(92)		250(90.2)	250(90)											200(87.4)		200(89.1)	
ZD2-152-2B	400(91.5)		400(93.2)		320(90.3)				320(92.7)								250(89.5)	250(90.2)		
ZD2-153-1B	500(93)	500(93)		500(93)											400(92.2)		320(90.3)		320(91.1)	
ZD2-172-1B	630(91.8)	630(91.8)		630(92.5)			500(91)											400(90.5)	400(90.9)	
ZD2-173-1B				800(93.2)												630(92.7)		630(92.7)	500(91.6)	
ZD2-174-1B				1 000(94.1)												800(93.2)				630(92.7)

注：1. 额定功率千瓦数后括号内的数值是电动机效率。

2. 型号为 ZD2-151-1B 至 ZD2-174-1B 的电动机的允许最高转速为 1 000r/min。变速范围相应地为 500/1 000、400/1 000、320/1 000、320/1 000r/min。

表 9.5-7　ZD3 系列中型直流电动机技术数据表

外壳防护型式: IP23、IP44; 基本冷却方式: IC06 或 IC37; 励磁方式: 他励; 励磁电压: 110V 或 220V; 绝缘等级: F; 适用领域: 适合晶闸管变流器供电

额定功率/kW

电机型号	转速/(r/min) 1000 (220)	1000 (330)	1000 (440)	1000 (660)	800 (220)	800 (330)	800 (440)	800 (660)	630 (220)	630 (330)	630 (440)	630 (660)	500 (220)	500 (330)	500 (440)	500 (660)	400 (220)	400 (330)	400 (440)	400 (660)	320 (220)	320 (330)	320 (440)	320 (660)	250 (220)	250 (330)	250 (440)	250 (660)	200 (220)	200 (330)	200 (440)	200 (660)
ZD3-315-S	125	125			100	100			80	80			63	63			50	50			50											
M	160	125			125	100			100	80			80	63			63	50			50				50							
L		160	125		160	125	100		125	100	80		100	80	63		80	63	50		63				63							
ZD3-355-S	200				200				160				125				100				80											
M	250	200			250	200	160		200	160	125		160	125	100		125	100	80		100	80	63		80	63	50		63	50		
L		250	200			250	200		200	160	125		160	125	100		125	100	80		100	80	63		80	63			63			
ZD3-400-S	320	320			250	250			200	200			160	160			125	125			100	100	80		80	80	63		63			
M	400	400	320		320	320	250		250	250	200		200	200	160		160	160	125		125	125	100		100	100	80		100	100		
L		400	320		400	400	320		320	320	250		250	250	200		200	200	160		160	160	125		125	125	100		125			
ZD3-450-S	500	500	400		500	500	400		400	400	320		320	320	250		250	250	200		200	200	160		160	160	125					
M			500	500	500	500	400		400	400	320		320	320	250		250	250	200		200	200	160		200	200	160					
L			630	500	630	630	500		500	500	400		400	400	320		320	320	250		250	250	200		250	250	200					
X								400	320	200			400												200				200			
ZD3-500-S	500	500			500	500			630	630			500	500			400	400			320	320			250	250			200	200		
M		630	630		630	630	500		630	630	500		630	630	500		400	400	320		400	400	250		320	320	250		250	250		
L			800	800	800	800	630		800	800	630		800	800	630		500	500	320		400	400			320	320			250			
ZD3-560-S		800	800	800		800	800		630	630	630		800	800			630	630			500	500			400				320	320	220	
M			800	800			800	800	800	800	630		800	800			800	630			630	630	400		500	500			400	400	400	
L											800				1000		800	800			630	630	500		630	630	500		500	500	500	500
X							1000				1000				1000		1000				800	800			630	630			500	500		

注: 1. 各电机型号允许最高转速, ZD3-315、ZD3-355 和 ZD3-400 是 1 500r/min; ZD3-450、ZD3-500 是 1 200r/min; ZD3-560 是 1 000r/min。

2. 削弱磁场恒功率运行下允许最高转速与基速之比为 3 : 1。

无刷直流电动机在先进国家已大量应用于军事工业、信息业（IT）、办公设备（OA）、家电业（HA）、DIY 手动工具、伺服系统、电动汽车、电瓶车、磁悬浮列车等中。

由于无刷直流电动机具有上述的三高特性，故其非常适合用于 24h 连续运转的产业机械及空调冷冻主机、风机水泵、空气压缩机负载、低速高转矩

及高频度正反转的负载，更适合用于机床工作母机及牵引机械的驱动，其稳速运转精度不仅比直流有刷电动机更高，而且比矢量控制或直接转矩控制速度闭环的变频驱动也要高，性能价格比好，是现代化调速驱动的最佳选择。表 9.5-8 给出 4 极无刷直流电动机一些数据。

表 9.5-8　有位置传感器无刷直流电动机技术数据

容量	无刷直流电动机 1 500r/min/4 极					
输出功率	机座号 F#	电压/V	额定电流/A	效率（%）	cosφ	输出转矩/（N·m）
16W	45	220	0.28	70	0.93	0.25
25W	45	220	0.42	70.3	0.93	0.38
60W	50	220	0.52	75.1	0.93	0.51
90W	56	220	0.8	81.4	0.93	0.64
120W	56	220	0.87	84.2	0.93	0.96
180W	63	220	1.26	85.1	0.93	1.4
250W	63	220	1.44	85.1	0.93	2.36
370W	71	220	2.1	85.9	0.93	3.5
550W	80L	220	3.13	85.9	0.93	4.78
750W	80L	220	4.26	86	0.93	7
1.1kW	90	220	6.1	88.1	0.93	9.55
1.5kW	90	220	8.2	89.4	0.93	9.55
2.2kW	100L	380	4	90.2	0.93	14
3kW	100L	380	5.33	90.8	0.93	19.1
4kW	112M	380	6.99	91	0.93	25.47
5.5W	132S	380	9.62	91.5	0.93	35
7.5kW	132M	380	12.3	92.6	0.95	47.76
11kW	160M	380	18.6	93.1	0.95	76.6
15kW	160L	380	25.36	93.3	0.95	95.5
18.5kW	180M	380	30.34	94	0.95	117.8
22kW	180L	380	37	95	0.95	145
30kW	200L	380	49.35	96.3	0.96	191
37kW	225S	380	60.87	96.3	0.96	235.6
45kW	225M	380	73.96	96.4	0.96	286.5
55kW	250M	380	96.4	96.4	0.96	350
75kW	280S	380	121.88	96.5	0.97	478
90kW	280M	380	143	96.7	0.99	573
110kW	315S	380	176	97	0.99	700

（续）

容量	无刷直流电动机 1 500r/min/4 极					
输出功率	机座号 F#	电压/V	额定电流/A	效率（%）	cosφ	输出转矩/（N·m）
132kW	315M	380	209	97	0.99	840
160kW	315M	380	253	97	0.99	1 019
167kW	315L	380	296	97	0.99	1 190
200kW	355S	380	317	97	0.99	1 273
220kW	355S	380	348	97	0.99	1 400
250kW	355M	380	396	97	0.99	1 592
315kW	355L	380	489	97	0.99	2 006
350kW	400S	380	554	97	0.99	2 229
400kW	400M	380	634	97	0.99	2 547

146　直流电机的励磁方式　直流电机的励磁方式是指对励磁绕组如何供电，产生励磁磁通势而建立主磁场的问题。根据励磁方式的不同，直流电机可以分为以下几种类型。

（1）他励直流电机　励磁绕组与电枢绕组无连接关系，而由其他直流电源对励磁绕组供电的直流电机称为他励直流电机，接线如图 9.5-4a 所示。图中 M 表示电动机，若为发电机，则用 G 表示。永磁直流电机也可看作他励直流电机。

（2）并励直流电机　并励直流电机的励磁绕组与电枢绕组相并联，接线如图 9.5-4b 所示。作为并励发电机来说，是电机本身发出来的端电压为励磁绕组供电；作为并励电动机来说，励磁绕组与电枢共用同一电源，从性能上讲与他励直流电动机相同。

（3）串励直流电机　串励直流电机的励磁绕组与电枢绕组串联后，再接于直流电源，接线如图 9.5-4c 所示。这种直流电机的励磁电流就是电枢电流。

（4）复励直流电机　复励直流电机有并励和串励两个励磁绕组，接线如图 9.5-4d 所示。若串励绕组产生的磁通势与并励绕组产生的磁通势方向相同称为积复励。若两个磁通势方向相反，则称为差复励。

不同励磁方式的直流电机有着不同的特性。一般情况直流电动机的主要励磁方式是并励式、串励式和复励式，直流发电机的主要励磁方式是他励式、并励式和和复励式。

147　直流测速发电机　按照励磁方式划分，直流测速发电机有两种型式，分别是永磁式和电励

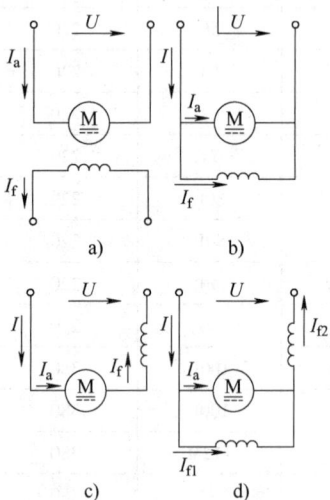

图 9.5-4　直流电机励磁方式

磁式。永磁式直流测速发电机的定子磁极由永久磁钢制成，没有励磁绕组，如图 9.5-5a 所示。电励磁式直流测速发电机的定子励磁绕组由外部电源供电，通电时产生磁场，如图 9.5-5b 所示。

目前常用的是永磁式直流测速发电机，因为它结构简单，省去励磁电流，便于使用，并且温度变化对励磁磁通的影响也小，但缺点是永磁材料的价格略贵。

永磁式直流测速发电机按其应用场合不同，可以分为普通速度电机和低速电机。前者工作转速一般在几千转每分以上，最高可达 1×10^4 r/min 以上；而后者一般在几百转每分以下，最低可达 1r/min 以下。由于低速测速发电机能和低速力矩电动机直接

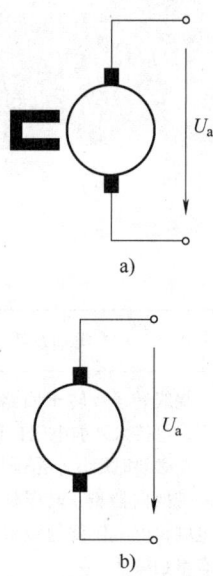

图 9.5-5 直流测速发电机
a）永磁式直流测速发电机 b）电励磁式直流测速发电机

耦合，免去笨重的齿轮传动装置，消除了由于齿轮间隙带来的误差，提高了系统的精度和刚度，因而其在国防、科研和工业生产的各种精密自动化技术中得到广泛应用。

148 无刷直流电动机 无刷直流电动机是将普通直流电动机的定子与转子进行了互换。其转子为永久磁铁产生气隙磁通：定子为电枢，由多相绕组组成。在结构上，它与永磁同步电动机类似。无刷直流电动机定子的结构与普通的同步电动机或感应电动机相同，在铁心中嵌入多相绕组（三相、四相、五相不等）。绕组可接成星形或三角形，并分别与逆变器的各功率管相连，以便进行合理换相。转子多采用钐钴或钕铁硼等高矫顽力、高剩磁密度的稀土材料，由于磁极中磁性材料所放位置的不同，可以分为表面式磁极、嵌入式磁极和环形磁极。由于电动机本体为永磁电机，所以习惯上把无刷直流电动机也叫作永磁无刷直流电动机。

149 有刷直流电动机 有刷直流电动机可划分为永磁直流电动机和电磁直流电动机。永磁直流电动机划分为稀土永磁直流电动机、铁氧体永磁直流电动机和铝镍钴永磁直流电动机。

稀土永磁直流电动机：体积小且性能更好，但价格昂贵，主要用于航天、计算机、井下仪器等。

铁氧体永磁直流电动机：由铁氧体材料制成的磁极体，廉价且性能良好，广泛用于家用电器、汽车、玩具、电动工具等领域。

铝镍钴永磁直流电动机：需要消耗大量的贵重金属、价格较高，但对高温的适应性好，用于环境温度较高或对电动机的温度稳定性要求较高的场合。

150 直流伺服电动机 直流伺服电动机是自动控制系统中具有特殊用途的直流电动机。它的工作原理、基本结构及内部电磁关系和一般用途的直流电动机相同，驱动用的直流电动机广泛应用于工业自动化。

直流伺服电动机与直流测速发电机一样，有永磁式和电励磁式两种基本结构类型。电励磁式直流伺服电动机按励磁方式不同又分为他励、并励、串励和复励四种；永磁式直流伺服电动机也可看作是一种他励直流电动机。

在一般情况下，系统中的直流伺服电动机大部分时间是处于电动机工作状态。但是当控制信号或负载发生变化时，电动机则从一个稳定状态过渡到另一个稳定状态。在这个过渡过程中，电动机的工作状态就可能发生变化。在设计放大器和分析系统动态特性时都必须考虑这种变化。

第6章 异步电机

6.1 异步电机分类及结构

151 异步电机主要类型、用途和基本结构

异步电动机广泛用于驱动机床、水泵、鼓风机、压缩机、起重卷扬设备、矿山机械、轻工机械、农副产品加工机械等大多数工农业生产机械以及家用电器和医疗器械等中。异步电机因为较低的成本、较高的可靠性等优点当下还被用于十分热门的新能源汽车中。异步电动机在各种电动机中应用最广、需求量最大，电力传动机械中有90%左右由异步电动机驱动，其用电量约占电网总负荷的一半以上。

异步电动机一般为系列产品，其系列、品种、规格繁多，主要按表9.6-1所示方式分类。一般用途异步电动机多为连续工作制（S1）；安装型式多为IMB3、IMB5、IMB35、IMV1；防护类型多为IP23、IP44、IP24W；冷却方式多为IC01、IC411、IC511、IC611；绕组绝缘多为B、F级。一般用途三相异步电动机的典型结构见图9.6-1和图9.6-2。

表9.6-1 异步电动机主要分类

分类方式	类别及特点
系列产品用途	基本系列：产量最大、使用最广的一般用途系列 派生系列：为适应某些使用要求在基本系列基础上作某些改变而导出的系列 专用系列：为适应某种特殊需要而专门设计制造的系列
电源相数	单相、三相
转子结构型式	笼型转子：绕组本身自成闭合回路，整个转子形成一坚实整体，结构简单牢固，应用最广泛

（续）

分类方式	类别及特点
转子结构型式	绕线转子：转子回路有集电环和电刷，可接入外加电阻以改善起动性能，并在必要时用作小范围调速 带换向器型：转子回路有换向器和电刷，可用作调速或高速运行，并具有串励特性
电机尺寸或功率	大型电机：定子铁心外径 $D_1 >$ 1 000mm或电机中心高 $H > 630$mm 中型电机：D_1 为 500~1 000mm或 H 为 355~630mm 小型电机：D_1 为 100~500mm或 H 为 80~315mm 小功率电机：折算至 1 500r/min 时连续额定功率不超过 1.1kW

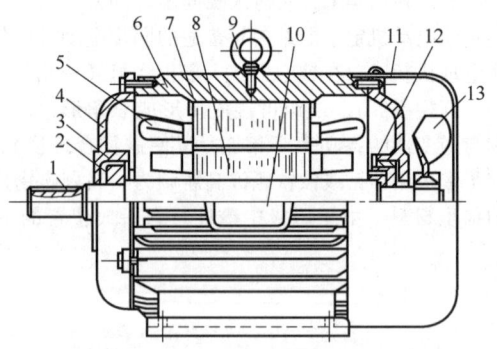

图9.6-1 小型笼型异步电动机
（IMB3、IP44、IC0141）
1—轴 2—弹簧片 3—轴承 4—端盖 5—定子绕组
6—机座 7—定子铁心 8—转子铁心 9—吊攀
10—接线盒 11—风罩 12—轴承内盖 13—风扇

152 异步电动机铭牌、额定数据及主要技术

指标 异步电动机应在铭牌上表明：相数、额定频率（Hz）、额定功率（W、kW或MW）、额定电

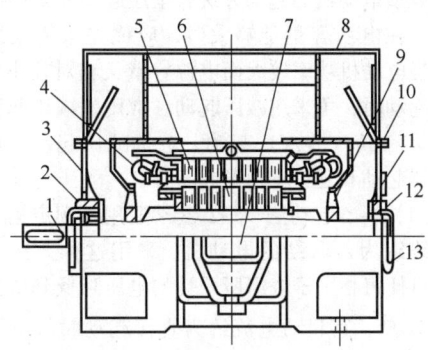

图 9.6-2 大中型笼型异步电动机
（IMB3、IP23、IC01）

1—轴 2—轴承 3—端盖 4—定子绕组
5—定子铁心 6—转子铁心 7—接线盒
8—顶罩 9—风扇 10—机座 11—轴
承内盖 12—轴承外盖 13—排油器

压（V）、额定电流（A）、额定功率因数、转子绕
组开路电压（V）及额定转子电流（A）（仅对绕

线转子异步电动机）、额定转速（r/min）、绝缘等
级或温升、电机冷却方式、安装形式及电机总重
量、出厂年月及制造厂厂名。

异步电动机主要技术指标有：1）效率 η：电
动机输出机械功率与输入电功率之比，通常用百分
数表示；2）功率因数 $\cos\varphi$：电动机输入有功功率
与视在功率之比；3）堵转电流 I_k：电动机在额定
电压、额定频率和转子堵住时，从供电回路输入的
稳态电流有效值；4）堵转转矩 T_k：额定电压、额
定频率和转子堵住时，电动机所产生转矩的最小测
得值；5）最大转矩 T_{max}：电动机在额定电压、额
定频率和运行温度下，转速不发生突降时所产生的
最大转矩；6）噪声：电动机在空载稳态运行时，A
计权声功率级 dB（A）（目前国际上有考核电机负
载运行时噪声的趋势）；7）振动：电动机在空载稳
态运行时，振动速度有效值（mm/s）或振幅
值（低速电机，$n_s < 600$ r/min）。

基本系列三相异步电动机的主要技术数据见
表 9.6-2。

表 9.6-2　基本系列三相异步电动机主要技术数据

系列型号	转子型式	防护型式	中心高/mm	功率/kW	电压/V	η（%）	$\cos\varphi$	$\dfrac{I_k}{I_N}$	$\dfrac{T_k}{T_N}$	$\dfrac{T_{max}}{T_N}$
Y	笼型	IP44	80~355	0.55~315	380	72.5~95.2	0.70~0.90	5.5~7.1	1.2~2.4	2.0~2.3
		IP23	160~355	5.5~355	380	83.5~94.5	0.70~0.90	5.5~7.0	1.0~2.2	1.8~2.2
		IP23	355~630	220~2 800	6 000	91.4~96.2	0.73~0.89	5.5~6.5	0.60~0.80	1.6~1.8
		IP23	710~1 000	630~10 000	6 000 10 000	90.5~94.0	0.72~0.86	6.5	0.5~0.7	1.8
YR	绕线型	IP23	160~355	4~355	380	81~94.3	0.71~0.89	—	—	1.8~3.0
		IP23	355~630	220~2 500	6 000	90.4~95.7	0.72~0.87	—	—	1.8
		IP23	710~1 000	630~5 600	6 000	92.3~96.5	0.72~0.87	—	—	1.8

6.2　异步电动机的运行特性[3]

153　异步电动机运行特性曲线　运行特性是
指电机在额定电压和额定频率下运行时，转子转速
n、电磁转矩 T_{em}、功率因数 $\cos\varphi$、定子电流 I_s 和输
出功率 P_2 的关系。图 9.6-3 以标幺值示出一般用途
异步电动机典型的运行特性曲线。

由图可知，1）从空载到满载范围运行时，转
子转速稍有下降，一般用途小型电动机满载转差率
为 0.015~0.05，即满载额定转速仅比同步转速低
1.5%~5%；2）轻载时效率及功率因数很低，而当

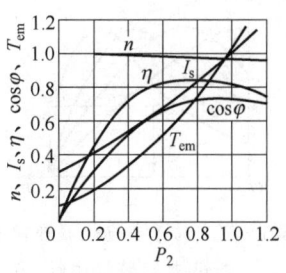

图 9.6-3　运行特性曲线

负载增加到大约 50% 额定值以上时，η、$\cos\varphi$ 很高
且变化很小；3）电磁转矩及定子电流随负载增大

而增加。

154　异步电动机负载率　负载率是指电动机运行时实际输出功率与额定功率之比。对于一般设计的电动机，负载率在 0.5~1.0 范围内效率变化很小，在 0.75 左右时效率最高。功率因数在负载率为 1.0 左右时最高，负载降低时，功率因数明显下降，超过额定负载后，功率因数趋于下降。

异步电动机的效率和功率因数都在额定负载附近达到最大值，因此，根据负载大小合理选择电动机的额定功率，对节能有很大意义，特别是对长期运行的连续工作制电机意义更大。

6.3　异步电动机的起动、制动、调速和节能[4,5]

155　异步电动机的起动方法　异步电动机的起动包括从接通电源到电动机达到额定转速的全过程。需要考虑的主要因素是最初起动转矩（堵转转矩）和最初起动电流（堵转电流）。不同类型转子绕组的电动机，具有不同的起动特性，见图 9.6-4 和图 9.6-5。

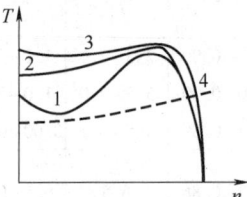

图 9.6-4　笼型电动机的转矩-转速特性曲线
1——一般单笼型电动机　2——深槽单笼型电动机
3——双笼型电动机　4——被驱动机械的机械特性曲线

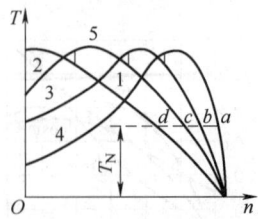

图 9.6-5　绕线转子电动机接变阻器时的
转矩-转速特性曲线
1—转子回路中接有起动变阻器全部电阻
2、3—回路中起动变阻器部分切除
4—回路中起动变阻器全部切除
5—回路中起动变阻器电阻随转速提高而逐级切除

笼型电动机的起动方法有全压起动和减压起动两种。在电源容量足够大时，应优先采用全压起动。当电动机功率较大而电源容量又相对较小，且轻载起动时，可采用减压起动。常用的减压起动方法有星-三角（丫-△）起动、电抗减压起动、自耦变压器起动和延边三角形起动等。

（1）丫-△起动法　丫-△起动适用于额定运行时定子绕组为△联结的电动机。采用这种方法起动时，可使每相定子绕组所承受的电压降低到电源电压的 $1/\sqrt{3}$，其起动电流约为直接起动时线电流的 $1/\sqrt{3}$，起动转矩约为直接起动时的起动转矩的 1/3。所以这种起动方法只适用于空载或轻载起动的场合。

（2）电抗减压起动法　定子绕组串接电抗器的减压起动，通常应用于高压电动机。采用这种起动方法，电动机电流按其端电压的比例降低，而其起动转矩则按其端电压二次方的比例降低。

（3）自耦变压器起动法（补偿起动法）　这种方法多用于大中型电机。采用自耦变压器起动，电动机的起动电流与起动转矩都按其端电压二次方的比例降低，与串接电抗器起动相比，该方法的优点是电动机在同样降低的端电压下，电源供电电流较小。

（4）延边三角形（△）起动法　延边 △ 起动法适用于额定运行时定子绕组为 △ 联结的电动机。应用这种方法起动时，定子绕组作延边 △ 联结，待电动机接近额定转速时，再换接为 △ 联结，见图 9.6-6。这种方法与丫-△起动法相比，其优点是可以设计成不同抽头比例，以获得较高的起动转矩，但起动电流将偏大，缺点是定子绕组比较复杂。

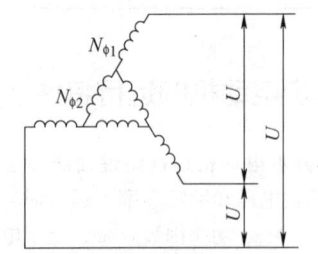

图 9.6-6　延边三角形（△）的接法

绕线转子电动机起动方法有：

（1）起动变阻器起动法　对于功率较小的电动机可采用一般三相变阻器或油浸起动变阻器，对于功率较大的电动机则采用水电阻。接入转子回路的电阻阻值逐级改变，将获得以不同转矩曲线线段连接而成的一条起动特性曲线。

（2）频敏变阻器起动法　接在转子回路中的频敏变阻器是一种无触点电磁元件，相当于一个铁心损耗很大的三相电抗器。在起动过程中，频敏变阻器的电抗值和对应于铁心涡流损耗的等效电阻值随着转子电流频率的减小而自动下降。因此，不需经过分级切换电阻就可以使电机平稳地起动。

（3）谐波起动法　谐波起动电动机定、转子各装一套绕组，其绕组均采用特殊设计，并可通过开关换接成"起动"和"运行"两种连接方式。当定子绕组按"运行方式"连接而接入电网时，定子磁动势产生一个很强的工作磁场，即基波磁场。当定子绕组按"起动方式"连接而接入电网时，定子磁动势产生一个或几个很强的磁场，其极数与基波不同，称为起动谐波磁场。在电动机起动时，可由起动谐波磁场单独作用，亦可使起动谐波和基波磁场同时作用。转子绕组设计成由起动谐波和基波各自感生转子电流，并有各自的回路。起动谐波产生的电流所经回路具有较大的电阻，而基波产生的电流所经回路的电阻却很小。这样，在起动时由于转子电阻大，其起动电流小、起动转矩大。当转速上升到接近额定转速时，通过开关把定子绕组改为按"运行方式"连接并接入电网，则起动谐波被消除，电动机在基波作用下进行正常运行。

156　异步电动机的制动方法　根据被驱动机械的需要，有时对小型异步电动机有制动要求。其制动方法有：

（1）发电制动（再生制动）　当转子转速在外加转矩作用下大于同步转速时，电机处于发电机状态，产生制动转矩，从而对外加转矩起制动作用。

（2）反接制动　短时改变电动机的相序，旋转磁场反向，使电动机产生的转矩与负载惯性转矩反向，起到制动作用。

（3）动力制动（能耗制动）　当电动机与交流电源断开后，立即将直流电源加在定子绕组上，这样就在气隙中产生一个静止磁场，从而在转子绕组中感生电动势和电流，消耗动能产生制动作用。

（4）机械制动　通常主要指电磁机械制动。在切断电动机电源的同时，也切断制动机构中克服弹簧压力的电磁铁电源，使制动闸受弹簧压力迅速动作，制动闸使电动机停转。通过调节制动闸的弹簧压力可改变制动力矩。

157　异步电动机的调速方法　异步电动机的转速表达式为

$$n = n_{\mathrm{s}}(1-s) = \frac{60f}{p}(1-s) \qquad (9.6\text{-}1)$$

式中　f——电源的标准频率；

p——电动机的极对数；

s——转差率。

由式（9.6-1）可知，实现异步电动机转速的调节有变极调速、变频调速、调压调速三种方法。此外还有绕线式转子串接可变电阻调速、绕线转子串级调速和斩波调速。

（1）变极调速　改变电机定子绕组的极对数，就可以改变旋转磁场及转子的转速。变更绕组极对数的方法有：1）将一套绕组中部分线圈按一定规律改接，以改变其电流方向或（与）相号来变更极对数，常用于倍极比为 2:1 的双速或双速式三速电机；2）定子槽内嵌两套不同极对数的独立绕组，只用于非倍极比的远速比双速电机；3）定子槽内嵌两套不同极对数的独立绕组，每一套绕组又可改接以变更其极对数，适用于三速或四速电机。

一套绕组实现变极的原理见图 9.6-7。其中图 a 为 2 极绕组接线，当绕组的一半线圈反接时，便改变了绕组的极数，见图 b，成为 4 极绕组。这是倍极比变极的原理。对非倍极比可按幅调制法或槽电动势星形图分析方法、对称轴线法等确定各槽线圈的相号和连接方向。基本要求是两种极数下绕组均对称，绕组系数都比较高，出线端较少。在部分线圈反接的同时，改变部分线圈的相号而获得的变极绕组，常称为换相变极绕组，这种绕组在两种极数下的绕组利用率都相当高，但出线端一般较多。

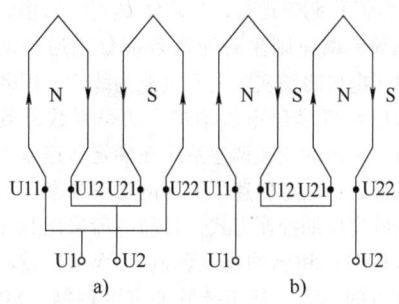

图 9.6-7　倍极比变极原理
a）2 极　b）4 极

（2）调压调速　异步电动机在不同的定子电压下有不同的转矩特性，见图 9.6-8，调节定子电压可改变电动机运行转差率，从而获得不同转速，例如在恒转矩负载下，对于不同电压，电动机相应运行于转矩特性上的 a、b、c 点。为扩大调速范围多用高电阻笼型转子或串接变阻器的绕线型转子电动机。为克服调压调速的机械特性软的缺点，一般都引入速度负反馈，以便有较硬的调速特性。

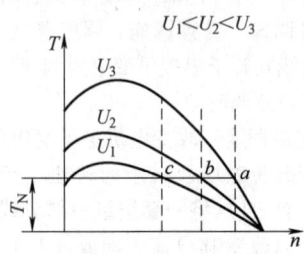

$U_1 < U_2 < U_3$

图 9.6-8　调压调速的特性

（3）变频调速　改变电源频率可以调节电动机同步转速，从而实现电动机的平滑调速。如电源电压 U_1、频率 f 与电磁转矩 T_{em} 或电磁功率 P_{em} 的变化满足下列关系式：

$$\frac{U_1}{f\sqrt{T_{em}}} = 常值$$

或

$$\frac{U_1}{\sqrt{fP_{em}}} = 常值$$

并假设磁路为线性时，异步电动机的效率、功率因数、最大转矩倍数和绝对转差（$n_2 - n$）几乎不变。因此如要求恒转矩（$T_{em} =$ 常值）调速运行，必须使电源电压与频率成比例变化，即 $U_1/f =$ 常值，这时气隙主磁通及磁路各部分磁通密度基本不变，电动机性能也几乎不变。如要求恒功率（$P_{em} =$ 常值）调速运行，必须使 $U_1/\sqrt{f} =$ 常值，这时如降低频率调速则主磁通及各部分磁通密度将增加，由于电机磁路实际上不可能为线性，因此低速运行时电动机励磁电流增加，功率因数及效率下降。因而常用的变频调速系统在额定转速以下为恒转矩调速，在额定转速以上为恒功率调速。

变频变压的控制方式，目前一般采用脉冲幅值调制（PAM）和脉冲宽度调制（PWM）技术。由于计算机的引入，使正弦脉冲宽度调制（SPWM）技术获得了广泛的应用。为了提高交流变频调速系统的动态性能，提出了转子磁链定向的矢量变换控制方法。随着电机控制理论的发展，又提出了磁场加速法，后又演变为转差矢量控制法。采用转差矢量控制方法后，异步电动机的调速性能可与直流电动机相媲美。同时，随着新型功率器件，如绝缘栅双极型晶体管（IGBT）的出现，其开关频率可达 $20 \sim 30kHz$，使电机噪声和振动大为改善，达到普

通异步电动机的水平。

（4）绕线式转子串接可变电阻调速　调节绕线转子电路中串接的变阻器的阻值就可达到调速的目的。从图 9.6-5 中可以看出，当负载转矩为 T_N 时，改变变阻器的阻值可使电动机分别稳定运行于机械特性曲线 a、b、c、d 点上，以得到不同的转速，但此时有一部分功率消耗在调节变阻器内，使运行效率降低。因此，虽然串接电阻调速的方法简单、操作方便和价格便宜，但效率低、经济性差。

（5）绕线转子串级调速　通过在绕线转子回路中引入外加电动势以改变电动机运行转差率来获得不同转速。电动机串级调速一般有两种：1）机械串级调速，外加电动势由直流电动机产生，其调速原理见图 9.6-9；2）电气串级调速，外加电动势由晶闸管逆变器产生，其调速原理见图 9.6-10。绕线转子电动机串级调速能把随转速降低而增加的转子转差功率 sP_{em} 大部分回馈主轴或电网，恒转矩调速过程中电动机转子回路电流及电阻损耗基本不变，故电动机调速运行的效率较高。

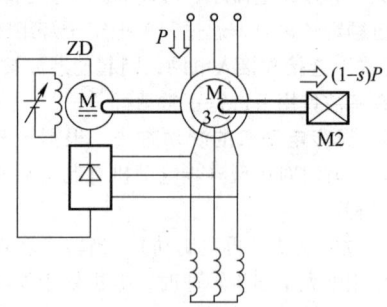

图 9.6-9　异步电动机机械串级调速原理图
ZD—直流电动机供电回路
M2—被驱动的机械

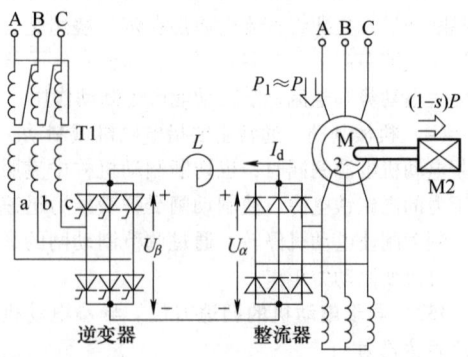

图 9.6-10　异步电动机电气串级调速原理图

（6）斩波调速　系统原理见图9.6-11。绕线转子异步电动机的转子输出电压接至三相整流器，并通过斩波器与逆变器连接。斩波器可采用普通晶闸管、门极关断（GTO）晶闸管或大功率晶体管（GTR）等功率器件组成。

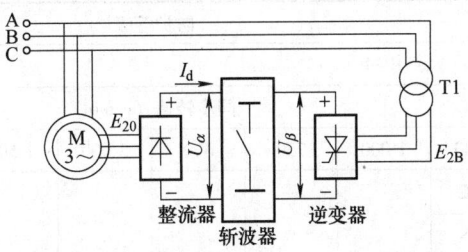

图9.6-11　异步电动机斩波式串级调速原理图

调节斩波器开关闭合时间的长短，可改变逆变器的空载逆变电压 U_β，使之与整流电压 U_d 相平衡，从而达到电动机调速的目的。

158　异步电动机的经济运行　它是指在满足被拖动机械运行要求时，以节能和提高综合经济效益为原则，合理选择电动机的类型、运行方式和功率匹配，使电动机在效率高、损耗低、经济效益好的状态下运行。

电动机经济运行参数包括：

（1）负载率 β　电动机的实际输出功率与额定功率之比，即

$$\beta = \frac{P_2}{P_N} \times 100\%$$

（2）运行效率 η　电动机的实际输出功率与对应的输入功率之比，即

$$\eta = \frac{P_2}{P_1} \times 100\%$$

（3）综合运行效率 η_C　电动机实际输出功率与对应的综合输入功率之比，综合输入功率等于输出功率与综合功率损耗之和，即

$$\eta_C = \frac{P_2}{P_2 + \sum P_C} \times 100\%$$

式中　$\sum P_C$——综合功率损耗（kW）。

（4）有功经济负载率 β_p　电动机运行效率最高时对应的负载率，即

$$\beta_p = \sqrt{\frac{P_0}{(1/\eta_N - 1)P_N - P_0}} \times 100\%$$

式中　P_0——电动机的空载输入功率（kW）；
　　　P_N——电动机额定输出功率（kW）；
　　　η_N——电动机额定功率时的效率。

（5）综合经济负载率 β_C　电动机综合运行效率最高时对应的负载率，即

$$\beta_C = \sqrt{\frac{P_0 + K_Q Q_0}{(1/\eta_N - 1)P_N - P_0 + \left(\frac{P_N}{\eta_N}\tan\varphi_N - Q_0\right)K_Q}} \times 100\%$$

式中　Q_0——电动机空载时的无功功率（kvar）；
　　　K_Q——无功经济当量（kW/kvar）；
　　　$\tan\varphi_N$——由电动机额定功率因数 $\cos\varphi_N$ 求得的正切函数。

（6）额定综合运行效率 η_{CN}　电动机额定输出功率时的综合运行效率，即

$$\eta_{CN} = \frac{\eta_N}{1 + K_Q \tan\varphi_N}$$

经济运行的判别：当电动机的综合运行效率亦满足下式时称为经济运行：

$$\eta_C > \eta_{CN}$$

当 η_C 与 η_{CN} 之比在容差范围内时，为一般运行。对于 $P_N \leq 50kW$ 的电动机：

$$[\eta_{CN} - 0.15(1 - \eta_{CN})] < \eta_C < \eta_{CN}$$

对于 $P_N > 50kW$ 的电动机：

$$[\eta_{CN} - 0.1(1 - \eta_{CN})] < \eta_C < \eta_{CN}$$

当 η_C 与 η_{CN} 之比在容差范围以外时，为非经济运行。对于 $P_N \leq 50kW$ 的电动机：

$$\eta_C < [\eta_{CN} - 0.15(1 - \eta_{CN})]$$

对于 $P_N > 50kW$ 的电动机：

$$\eta_C < [\eta_{CN} - 0.1(1 - \eta_{CN})]$$

6.4　一般用途及派生、专用异步电动机

159　一般用途异步电动机　它是应用面最广的系列产品，其中 Y 系列为笼型转子三相异步电动机系列，YR 系列为绕线转子三相异步电动机系列。额定电压分别为 380V、6kV、10kV 的一般用途低

压、高压异步电动机的机座号与其转速、功率的对应关系分别见表 9.6-3~表 9.6-7。

160　主要派生及专用异步电动机的特点及适用范围　见表 9.6-8。

表 9.6-3　Y 系列电动机功率、机座号与同步转速的对应关系（380V）（单位：kW）

机座号		防护等级									
		IP44					IP23				
		同步转速（r/min）									
		3 000	1 500	1 000	750	600	3 000	1 500	1 000	750	600
63	1	0.18	0.12		—						
	2	0.25	0.18								
71	1	0.37	0.25	—	—						
	2	0.55	0.37								
80	1	0.75	0.55		—						
	2	1.1	0.75								
90S		1.5	1.1	0.75	—						
90L		2.2	1.5	1.1	—			—			
100L	1	3	2.2	1.5	—						
	2		3								
112M		4	4	2.2	—						
132S	1	5.5	5.5	3	2.2						
	2	7.5									
132M	1	—	7.5	4	3						
	2			5.5							
160M	1	11	11	7.5	4	—	15	11	7.5	5.5	—
	2	15			5.5						
160L	1	18.5	15	11	7.5		18.5	15	11	7.5	
	2						22	18.5			
180M		22	18.5	—	—		30	22	15	11	
180L		—	22	15	11		37	30	18.5	15	
200M		—	—	—	—		45	37	22	18.5	
200L	1	30	30	18.5	15	—	55	45	30	22	—
	2	37		22							
225S		—	37	—	18.5		—	—	—	—	
225M		45	45	30	22		75	55	37	30	
250S		—	—	—	—		90	75	45	37	
250M		55	55	37	30		110	90	55	45	
280S		75	75	45	37		—	110	75	55	

（续）

机座号		防护等级									
		IP44					IP23				
		同步转速（r/min）									
		3 000	1 500	1 000	750	600	3 000	1 500	1 000	750	600
280M		90	90	55	45	—	132	132	90	75	—
315S		110	110	75	55	45	160	160	110	90	55
315M	1	132	132	90	75	55	185	185			
	2						200	200	132	110	75
	3						220	220	160	132	90
	4						250	250			
315L	1	160	160	110	90	—	—	—	—	—	—
	2	200	200	132	110	75					
355M	1	(220) 250	(220) 250	160 (185) 200	132 160	90 110	280 315	280 315	185 200 220 250	160 185 200	—110 132
	2										
	3										
	4										
355L	1	(280) 315	(280) 315	(220) 250	(185) 200	132	355	355	280	220	160
	2						—	—	—	250	185

注：括号内的功率不推荐采用。

表 9.6-4　YR 系列电动机功率、机座号与同步转速的对应关系（380V）（单位：kW）

机座号		防护等级						
		IP44			IP23			
		同步转速（r/min）						
		1 500	1 000	750	1 500	1 000	750	600
132M	1	4	3	—	—	—	—	
	2	5.5	4					
160M		7.5	5.5	4	7.5	5.5	4	
160L		11	7.5	5.5	11 15	7.5	5.5	
180M		—	—	—	18.5	11	7.5	—
180L		15	11	7.5	22	15	11	
200M			—	—	18.5	11	7.5	
200L		18.5 22	15	11	37	22	18.5	

（续）

机座号	防护等级						
	IP44			IP23			
	同步转速（r/min）						
	1 500	1 000	750	1 500	1 000	750	600
225M	30	18.5	15	45	30	22	
		22	18.5	55	37	30	
250S	—	—	—	75	45	37	—
250M	37	30	22	90	55	45	
	45	37	30				
280S	55	45	37	110	75	55	
280M	75	55	45	132	90	75	
315S	90	75	55	160	110	90	55
315M	110	90	75	185	132	110	75
				200	160	132	90
				220	—	—	—
				250			
315L	132	110	90	—	—	—	—
355M	—	—	—	280	185	160	110
				315	200	185	132
355M	—	—	—		220	200	—
					250	—	
355L	—	—	—	355	280	220	160
						250	185

表 9.6-5　Y、YR 系列（6kV、IP23、H355～630）电动机功率与机座号、同步转速的对应关系

（单位：kW）

机座号	Y 系列					YR 系列				
	同步转速（r/min）									
	1 500	1 000	750	600	500	1 500	1 000	750	600	500
355	220	—	—	—	—	—	—	—	—	—
	250	—				220				
	280	220				250				
	315	250				280				
400	355	—	—	—	—	315	220	—	—	—
	400	280	—			355	250	—		
	450	315	220			400	280	220		
	500	355	250			450	315	250		
	560	400	280			500	355	280		

（续）

机座号	Y 系列					YR 系列				
	同步转速（r/min）									
	1 500	1 000	750	600	500	1 500	1 000	750	600	500
450	630 710 800 900	450 500 560 630	315 355 400 450	220 250 280 315 355	— — — 200 250	560 630 710 800	400 450 500 560	315 355 400 450	220 250 280 315 355	— — — 220 250
500	1 000 1 120 1 250 1 400	710 800 900 1 000	500 560 630 710	455 450 500 560 630	280 315 355 400 450	900 1 000 1 120 1 250	630 710 800 900	500 560 630 710	400 450 500 560	280 315 255 400 450
560	1 600 1 800 2 000	1 120 1 250 1 400	800 900 1 000	710 800 900	522 560 630	1 400 1 600 1 800	1 000 1 120 1 250	800 900 1 000	630 710 800	500 560 630
630	2 240 2 500 2 800	1 600 1 800 2 000	1 120 1 252 1 400 1 600	1 000 1 120 1 250 1 400	710 800 900 1 000	2 000 2 240 2 500	1 400 1 600 1 800	1 120 1 250 1 400 1 600	900 1 000 1 120 1 250	710 800 900 1 000

表 9.6-6　Y、YR 系列（6kV、IP23、H710～1 000）电动机功率与机座号、同步转速的对应关系

（单位：kW）

机座号	Y 系列						YR 系列					
	同步转速（r/min）											
	1 500	1 000	750	600	500	375	1 500	1 000	750	600	500	375
710	3 150 3 550 4 000 4 500	2 240 2 500 2 800 3 150	1 800 2 000 2 240 —	1 600 1 800 2 000 —	1 120 1 250 1 400 —	630 710 800 900	2 800 3 150 3 550 4 000	2 000 2 240 2 500 2 800	1 800 2 000 2 240 —	1 400 1 600 1 800 —	1 120 1 250 1 400 —	630 710 800 900
800	5 000 5 600 6 300 —	3 550 4 000 4 500 5 000	2 500 2 800 3 150 3 550	2 240 2 500 2 800 —	1 600 1 800 2 000 2 240	1 000 1 120 1 250 1 400	4 500 5 000 5 600 —	3 150 3 550 4 000 4 500	2 500 2 800 3 150 —	2 000 2 240 2 500 —	1 600 1 800 2 000 2 240	1 000 1 120 1 250 1 400
900	7 100 8 000 9 000 —	5 600 6 300 7 100 —	4 000 4 500 5 000 —	3 150 3 550 4 000 4 500	2 500 2 800 3 150 —	1 600 1 800 2 000 —	—	—	3 550 4 000 4 500 —	2 800 3 150 3 550 4 000	2 500 2800 3150 —	1 600 1 800 2 000 —
1 000	—	8 000 9 000 10 000 —	5 600 6 300 7 100 —	5 000 5 600 6 300 7 100	3 550 4 000 4 500 5 000	2 240 2 500 2 800 —				4 500 5 000 5 600 —	3 550 4 000 4 500 5 000	2 240 2 500 2 800 —

表 9.6-7　Y、YR 系列（10kV、IP23、H710~1000）**电动机功率与机座号、同步转速的对应关系**

（单位：kW）

机座号	Y 系列					YR 系列				
	同步转速（r/min）									
	1 500	1 000	750	600	500	1 500	1 000	750	600	500
710	2 500 2 800 3 150 3 550	2 000 2 240 2 500 —	— 	— 	— 	2 500 2 800 3 150 3 550	2 000 2 240 2 500	— 	— 	—
800	4 000 4 500 5 000 4 600	2 800 3 150 3 550	2 500 2 800 —	— 	— 	4 000 4 500 5 000 5 600	2 800 3 150 3 550	2 500 2 800	— 	—
900	6 300 7 100 8 000	4 000 4 500 5 000 5 600	3 150 3 550 5 000	2 500 2 800	— 		4 000 4 500 5 000	3 150 3 550	2 500 2 800	—
1 000	9 000 10 000 —	6 300 7 100 8 000	4 000 4 500 5 000	3 150 3 550	2 500 2 800 3 150 3 550			4 000 4 500 5 000	3 150 3 550	2 550 2 800 3 150 3 550

表 9.6-8　主要派生及专用异步电动机的特点及适用范围

产品型号名称	性能和结构特点	适用范围	产品规格
YD 变极多速异步电动机	见本篇第 162 条	用于驱动需有级变速的设备	H80~280，0.35~82kW，9 种极比，103 个规格
YH 高转差率异步电动机	断续周期工作制，笼型转子用高电阻铝合金浇铸	用于驱动惯性矩较大及具有冲击性负载的机械	H80~280，0.55~90kW，2~8 极，58 个规格
YLJ 力矩异步电动机	见本篇第 163 条	用于恒张力、恒线速传动及恒转矩转动	0.49~196N·m，2~6 极
自制动异步电动机	见本篇第 164 条附加直流电磁制动器	用于驱动要求快速、准确停车的设备	见本篇 164 条
YEZ、YEZR 锥形转子制动异步电动机	—	同上	
YX 高效率异步电动机	见本篇第 165 条	用于驱动长期连续运行且负载率较高的设备	H100~280，1.5~90kW，2~6 极，43 个规格
YZC 低振动低噪声异步电动机	转动部分精密平衡，用低噪声轴承，提高轴承室精度等，以降低振动噪声	用于精密机床传动	H80~160，0.55~18.5kW，2~8 极，36 个规格
YTD 电梯异步电动机	短时工作制，双速（一般为 6/24 极），笼型转子导条用高电阻合金	用于电梯升降动力	H200~250，4~22kW，（6/24 极），6 个规格

（续）

产品型号名称	性能和结构特点	适用范围	产品规格
YDF 电动阀门用异步电动机	短时工作制，高起动转矩及低转动惯量，电机与阀门组合成整体	用于自动开闭输油、输气管线上阀门	4 极，0.09~30kW，18 个规格
YM 木工专用异步电动机	转动惯量小，过载能力大，有多种形状和尺寸的轴伸	用于各种木工机械的传动	H71~100，0.55~7.5kW，2 极、4/2 极，10 个规格
YG 辊道用异步电动机	定子绕组用 H 级绝缘，笼型转子用高电阻铝合金浇铸，起动转矩大，能频繁起动、正反转	用于轧钢辊道传动	—
YZ、YZR 冶金及起重用异步电动机	见本篇第 166 条	用于驱动冶金辅助设备及各种起重机械	笼型转子，H112~250，1.5~30kW；绕线型转子，H112~400，1.5~200kW
YCJ 齿轮减速异步电动机	一般用途电动机与圆柱齿轮减速器组成一体	用于驱动低速、大转矩的机械设备	H71~280，0.55~15kW，15~600r/min
YXJ 摆线针轮减速异步电动机	一般用途电动机与摆线针轮减速器组成一体，减速比大	用于驱动低速、大转矩的机械设备	H80~280，0.55~55kW，传动比单级 11~87，双级 121~7569
YW、YF、YWF 防腐蚀、户外及户外防腐蚀异步电动机	防护等级 IP54 或 IP55，结构、材料选用及工艺上采用防腐蚀措施及密封措施	适用于腐蚀性气体或粉尘的户内、户外场所	H80~280，0.55~90kW，2~8 极，每一系列 65 个规格
防爆异步电动机	见本篇第 167 条	见本篇第 167 条	H80~280，0.55~90kW，2~8 极，81 个规格
YLB 立式深井泵异步电动机	立式电机带空心轴，水泵轴穿过电机空心轴在顶端连接，只允许单方向旋转	用于长轴深井泵配套，组成深井电泵，供工农业提水或灌溉	H132~280，5.5~132kW，2、4 极，20 个规格
YQS 井用潜水异步电动机（充水）	见本篇第 168 条	用于与潜水泵配套，组成潜水电泵，潜入井下提水或灌溉	D150~300（适用井径），3~132kW，2 极，43 规格
YQSY 井用潜水异步电动机（充油）	见本篇第 168 条	同上	同上
QS、QY、QX 浅水潜水异步电泵	QS 充水式，QY 充油式，QX 干式	潜入 0.5~3m 浅水中提水，广泛用于农田、城建等	QS2.2~7.5kW，2 极 QY2.2~4kW，2 极 QX0.55~7.5kW，2 极
YQY 井用潜油异步电动机	见本篇第 169 条	用于与深井油泵配套组成潜油电泵，潜入油井直接提油	12.5~50kW，2 极，16 个规格
YTZ 钻井用异步电动机	电机细长，铁心分段装中间滑动轴承，内部充油保压，通过减速器、防振器与钻头连接，电机过载能力大	用于各种地层勘探，作钻井动力驱动钻头	—

（续）

产品型号名称	性能和结构特点	适用范围	产品规格
YP 屏蔽异步电动机	定、转子分别用屏蔽套保护，电机与泵组成一密封整体，能在一定压力和温度下保证无泄漏输送液体	用于输送不含颗粒的剧毒、易燃、放射性、腐蚀性液体	0.75～37kW，2 极，14 个规格
YQF、YRQF 气候防护型异步电动机	见本篇第 170 条	见本篇第 170 条	—
复合转子异步电动机	笼型转子铁心外加一层实心铁心，额定运行时具有一般笼型转子性能指标，堵转时起动品质因数高	广泛使用于频繁起动和电网容量相对较小的场合	—
振动异步电动机	电动机带偏心块，使其本身整体产生振动	用于传送带上的物料传输及建筑机械	额定激振力 1～140kN，0.09～10kW，2、4、6、8 极

161　电磁调速异步电动机　它由一般用途笼型异步电动机、电磁转差离合器组成。离合器包括电枢、磁极和励磁线圈等基本部件，当励磁线圈通以直流电时，沿气隙圆周各爪极将形成若干对极性交替的磁极。当电枢随传动电动机旋转时，将感应产生涡流，此涡流与磁通相互作用而产生转矩，驱动带磁极的转子同相旋转，见图 9.6-12。改变离合器的励磁电流即可调节离合器的输出转矩和转速，但其本身的机械特性很软。采用带速度负反馈的晶闸管控制器，可获得如图 9.6-13 的机械特性。

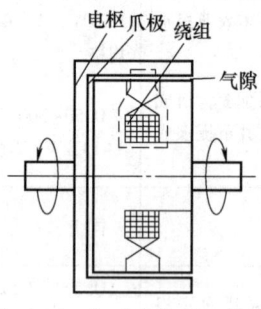

图 9.6-12　电磁离合器工作原理

离合器电枢的涡流损耗随转速降低而增加，效率 η 也随之降低，$\eta \approx 1 - s$。因而随转速的降低，对恒转矩负载，电动机输入功率基本不变；而对风机负载，输入功率可以减少。

162　变极多速异步电动机　其变极变速原理参见本篇第 157 条。其极比有 4/2、6/4、8/4、12/6、6/4/2、8/4/2、8/6/4、12/8/6/4。双速电机用 △/YY 接法；三速电机用 Y/△/YY 或 △/Y/YY 接法；四速

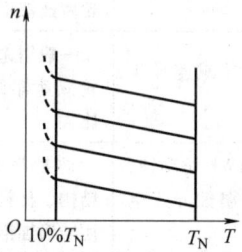

图 9.6-13　电磁调速异步电动机机械特性

电机用 △/△/YY/YY 接法。

163　力矩异步电动机　其机械特性见图 9.6-14，有近似卷绕特性（恒功率）和近似异辊特性（恒转矩）两类。力矩电动机从接近同步转速开始直至堵转都能恒定运行，一般以堵转时输出转矩作为额定值。力矩电动机的笼型转子导条常用电阻率较高的黄铜制成，或用整块实心钢转子。输出力矩较大者，通常采用防滴式结构，并用背包式风机进行冷却。

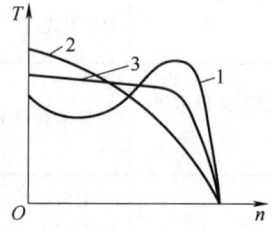

图 9.6-14　力矩电动机与一般电动机的机械特性
1——般用途电动机　2—卷绕型力矩电动机
3—导辊型力矩电动机

在需要将产品卷绕在辊筒上的传动中，卷筒直径随着卷绕物加厚而逐步增大的全过程，要求恒张力、恒线速度转动。在卷径比（卷筒至今终值与初值之比）为1~2范围内，卷绕型力矩电动机的特性接近于卷绕特性要求。

开卷时要求电动机的转向与产品传送的方向相反，从而产生一个制动力矩使开卷的产品始终保持张紧。

导辊传动中传送产品的过程要求恒张力传动，而导辊直径不变，即要求恒转矩特性。导辊传动力矩电动机能在较宽的转速范围内接近导辊特性。

力矩异步电动机与带速度负反馈的晶闸管交流调压装置组成的调压调速系统，适用于风机型或恒转矩负载。用于调速的力矩电动机应设计成在额定电压下最高转速运转时输出额定转矩。

164 自制动异步电动机 它是一种自身带断电制动机构的电动机，广泛用作单梁吊车与行走机构等的动力，其基准工作制为S3，负载持续率为25%或40%，常用的结构型式有旁磁式（YEP）、锥形转子式（YEZ、YEZR）及附加直流电磁制动器（YEJ）三种。

YEP型电动机由装在风扇外圈上的非金属制动环与罩壳上的锥形制动圈相摩擦而产生制动力矩。摩擦面上压力由弹簧产生。电动机定子铁心比转子铁心稍长，对应于定子铁心伸长部分的转子轴上装置分磁铁。定子通电后在分磁铁上产生轴向磁吸力，将与制动机构相连的衔铁吸上，使制动环与制动圈脱开，电动机开始转动。定子断电时制动环复位，使转子迅速制动停转。有4、6极18个规格，H80~160，0.55~45kW。

YEZ、YEZR型电动机的定子内圈、转子外圈都呈锥形，定子通电后定子、转子间产生轴向磁吸力，使转子轴向移动并使制动环与制动圈脱开，产品分笼型转子，H71~180，0.25~22kW；绕线型转子，H90~125，0.75~45kW。YEJ型电动机带有直流制动器，产品有2~8极53个规格，H80~225，0.55~45kW。

165 高效率异步电动机 主要适用于年运行时间长、负载率较高的场合，以期获得较大的节能效果。这种电机不仅在额定负载时具有较高的效率，而且在50%~100%负载率的范围内具有比较平坦的效率特性。

在基本系列三相异步电动机的基础上，适当增加用铜量与用铁量，以降低电机铜耗与铁耗。还应当采用下述措施，对降低电机损耗、提高电机效率

均有一定的效果：1）合理选择槽配合：采用少槽-近槽配合，同时适当增加定、转子槽数，可以减少电机杂散损耗约20%。2）采用正弦绕组：正弦绕组不仅可减小电机的相带谐波，改善气隙磁动势波形，使其接近正弦分布，而且能提高绕组的基波分布因数，从而减少电机杂散损耗约30%，效率可提高0.5%左右。3）采用较好的导磁材料及冲片退火处理：采用比铁耗（单位质量铁耗）较低的导磁材料，可降低电机的铁耗，同时对冲片进行退火处理，可减少电机铁耗10%左右。4）合理设计风扇：高效率电机的热负荷要比基本系列电机的低，因此在满足电机温升的前提下，应合理选择风扇结构和参数，尽可能降低风扇功率损耗，以提高电机效率。

166 冶金及起重用异步电动机 能承受频繁起动、制动及逆转，经受机械振动及冲击，并能在金属粉尘与高温环境下工作。电动机基准工作制主要为S3，负载持续率为40%。一般环境温度为40℃，用F级绝缘，防护等级为IP44；冶金用环境温度为60℃，用H级绝缘，防护等级为IP54。

这种电动机大多为绕线转子电动机，功率不大的也可用笼型转子（硅铝合金或铝锰合金压铸）电动机。电机具有较大的过载能力（T_{max}为恒定转矩T_N的2.5~3.0倍），磁负荷及气隙都比较大。电机较细长，以降低转动惯量。

167 防爆异步电动机 主要用于煤炭、石油、化工等行业。目前除YB、YA系列外，还派生有户外、防腐、风机用、管道泵用、潜水泵用、电动葫芦用和多速等系列电动机。其设计和制造应符合GB3836.1~4—2021的规定。

防爆电机的使用场所分爆炸性气体环境和爆炸性粉尘环境。本条中介绍的防爆电机主要指爆炸性气体环境用防爆电机。

防爆电机的防爆形式主要有隔爆型"d"、增安型"e"、无火花型"n"和正压型"p"。

防爆电机分两类：Ⅰ类为煤矿用防爆电机，Ⅱ类为工厂用防爆电机。Ⅰ类防爆电机部分温度组别，其允许的最高表面温度为150℃（表面可能堆积粉尘时）或450℃（采取措施防止堆积粉尘时）。Ⅱ类防爆电机按其允许最高表面温度分为T1~T6六个温度组别，见表9.6-9。Ⅱ类防爆电机按适用于爆炸性气体混合物最大试验安全间隙的大小（即传爆能力的强弱）分为A、B、C三级。其余防爆电机不分级。

表 9.6-9　Ⅱ类防爆电机允许最高表面温度值

温度组别	T1	T2	T3	T4	T5	T6
允许最高表面温度/℃	450	300	200	135	100	85

168　潜水异步电动机　它是与潜水泵组成一体潜入水下工作的立式三相笼型异步电动机，广泛用于排灌和高原山区汲水。常用的有井用冲水式（YQS）、井用充油式（YQSY）潜水电动机及浅水潜水电泵。

YQS 型电动机因受进径限制，其外形细长，电机内腔充满各种清水，各止口结合面以"O"形圈密封，轴伸端装有防砂密封装置。定子绕组通常采用聚乙烯尼龙护套耐水电磁线，以穿线工艺下线，绕组与引出电缆的接头用自粘胶带包扎。电机的轴承以水作润滑剂，零部件必须采取必要的防锈、防腐蚀措施。

YQSY 型电动机内腔充满变压器油，其密封方式与 YQS 型基本相同。其定子绕组采用加强绝缘的耐油、耐水漆包线以穿线工艺下线。绕组与引出电缆的接头要求密封可靠。电机下端装有保压装置，保证电机内部油压稍大于外部水压，并有贫油保护装置。

浅水潜水电泵潜入 0.5~3m 浅水中提水，电机分为充水式、充油式及干式三种类型。

169　井用潜油异步电动机　一般为 2 极的立式三相笼型异步电动机，它与多级离心泵组成潜油电泵，可潜入几百米至 3 000m 深的油井中，连续可靠地抽取含腐蚀性物质的高温高压原油或井液。电动机运行环境中的井液温度可达 45~90℃，井底层压力达 1 000~2 000N/cm²。

潜油电机内腔充油密封，由定子、转子、基本支撑件、引出线装置和循环过滤器组成。其主要特点是电机非常细长，定子、转子铁心分为若干段，定子各段间用黄铜冲片隔开，每段转子铁心具有独立的笼型绕组，各段转子间装有中间滑动轴承，其青铜轴套固定在轴上，轴瓦固定在定子黄铜冲片的内圆上。滑动轴承和黄铜冲片等组成基本支撑件，用以保持定子、转子在正常位置。循环过滤器用泵叶轮、过滤桶、过滤网及永久磁铁组成，起过滤和循环油液的作用。电机定子绕组导线绝缘及槽绝缘一般采用聚酰亚胺薄膜，用穿线工艺嵌线，绕组嵌线和连接后用环氧树脂真空加压浇筑，固化成型。

在电机与油泵之间有保护器，起密封盒调节油压作用，一般采用连通式保护器，其作用通过端面机械密封装置和充以高比重的氟油来实现。此外，

潜油电机还带有运行控制和保护装置，以提高其运行可靠性。

170　气候防护型异步电动机　在规定的气候下，即在使用环境的最大降雨强度为 6mm/min，太阳辐射最大强度为 1120W/m²，并在有砂尘、冰、雪、霜、露等气候条件下正常运行。它广泛用于石油化工厂、炼油厂、化肥厂、水泥厂、发电厂等要求露天安装设备的工矿企业中。

气候防护型电动机是一种开启式电动机，外壳保护等级选用 IPW24。附加防护要求为因大风或暴风而进入电动机的高速空气和气载颗粒不应进入直接导向电动机本身带电部件的内通风道。进入电动机带电部件的正常通风道应用挡板或独立的空腔，进风至少有三次不小于 90°的转弯，出风有两次不小于 90°的转弯。此外，冷空气进风通道内应设置一个不大于 3m/s 的低速区，以便使带入尘粒沉降。

大中型箱式结构电动机的气候防护要求由装在电机顶部的外罩来满足。

对于气候防护型电动机，由于采用将外部的冷空气吸入电机内部的方式，对线圈和铁心等发热部件表面直接进行冷却，故冷却效果较好。改变进风通道面积大小，可以使电机的输出功率维持在基本系列防滴式电机的水平。YQF（笼型）、YRQF（绕线型）气候防护型电动机的机座号、功率和同步转速的对应关系与一般 Y、YR 系列（IP23）的相同。电动机采用 F 级绝缘，温升按 B 级考核，对装有过滤器的气候防护型电动机，因为过滤器有较大风阻，长期使用还会出现阻塞等情况，电动机温升有可能比不装过滤器的电动机高。通常，过滤器是可拆卸式的，应经常清洗。

6.5　三相异步电机的特殊应用及特殊结构异步电机

171　异步发电机　当异步电机定子三相绕组接入电网，并用原动机驱动电机转子使其转速超过同步转速时，电机即作发电机运行，向电网输送功率。异步发电机要从电网吸取无功电流来励磁，使电网功率因数变坏。异步发电机的特性可用与式（9.6-1）相同的方程进行分析，但应注意此时转差率 $s<0$。

如需异步发电机单独运行，可在其定子端并联一组适当容量的电容器，只要电机本身有微量剩磁（无剩磁时可用电池接在定子绕组上充电以获得剩磁），由原动机驱动电机转子即能建立电压发电。

异步发电机的自励过程见图 9.6-15，图中 E_S 为剩磁电压，空载特性曲线 $U_S = f(I_0)$ 和电容器伏安特性曲线 $U_C = f(I_C)$ 的交点 A 为发电机的空载运行点，空载时流过定子绕组的电流是由电容器供给的励磁电流，建立电压 U_0，电容量愈大或转速愈高，则 U_0 也愈高。发电机的频率取决于定子绕组阻抗与电容器构成的振荡回路的固有频率，电容量变化也会使频率变化。负载变化对异步发电机的端电压及频率影响较大，运行中必须相应调节电容量以维持端电压的相对稳定。

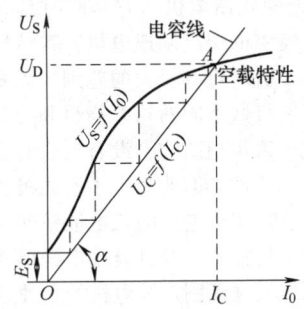

图 9.6-15 异步发电机的自励过程

172 直线电机 旋转电机沿径向剖开并展开成直线就成为直线电机，它不需要中间转换装置就能把电能直接转换为直线运动的机械能，具有速度快、结构简单、运行可靠、成本低等优点，用于交通、运输及机械传送装置等需要直线运动的场合。

常用的直线电机为直线异步（感应）电动机，按其结构特征可分为扁平型和管型两类。电动机三相初级绕组，由三相电源供电，次级为金属平板或展开为直线的笼型结构（扁平型）；将扁平型电机沿轴向卷成圆筒状即成为管型电机，见图 9.6-16。电动机既可以做成初级（或次级）移动而次级（或初级）固定的，也可以做成短初级或短次级的。扁平型电动机还可做成单边型（只有一个初级）或双边型（有两个面对面的初级）。图 9.6-17a、b 分别为短初级的单边型直线电机和短次级的单边型直线电机。图 9.6-18a、图 b 分别为短初级的双边型直线电机和短次级的双边型直线电机。

高速地面运输常用短初级双边型直线感应电动机；短行程往复式驱动器常用管型直线电动机。

当初级绕组电流频率为 f，绕组极距为 τ 时，则气隙磁场移动速度（同步速度）为 $v_s = 2\tau f$，转子做直线运动的速度 v 为

$$v = v_s(1-s) = 2\tau f(1-s)$$

式中 s——转差率。

由于直线电机的磁路不连续，其定子和转子之间的气隙中除存在行波磁场外还存在脉振磁场，同时当次级某导体进入或离开气隙时，由于磁场发生突然变化，将感应产生涡流，这种端部效应必在次级产生附加损耗和附加的制动力。另外，直线电机初级三相绕组在空间上位置不对称，而三相电抗不对称会使电机运行时三相电流不平衡。其气隙也比一般旋转电机大得多，故电机励磁电流大，功率因数较差。有端部效应的实际单边直线感应电动机与不考虑端部效应的理想单边直线感应电动机的效率、推力对比示例见图 9.6-19。

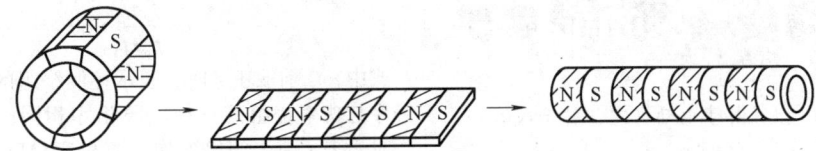

图 9.6-16 由旋转电机变为管型直线电机的演变过程

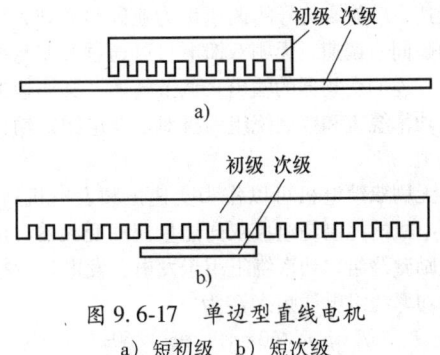

图 9.6-17 单边型直线电机

a）短初级 b）短次级

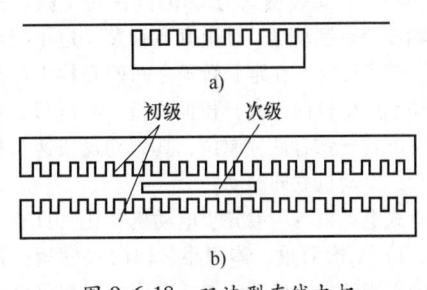

图 9.6-18 双边型直线电机

a）短初级 b）短次级

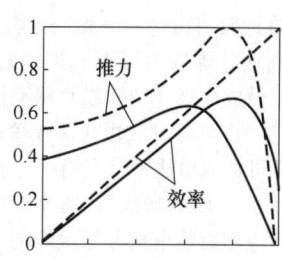

图 9.6-19 直线电机效率、推力与转差率关系
—实际的单边直线感应电动机
---理想的单边直线感应电动机

此外，还有直线同步电动机，它具有三相电枢绕组和直流励磁的磁场，常用的有磁场移动式和磁阻式直线电动机。还可采用超导励磁绕组来产生励磁磁场。

173 盘式异步电动机 它是一种特殊结构型式的异步电动机，用于重载、频繁起动、快速制动的场合，可制成密封的屏蔽泵和交流伺服电动机。

盘式异步电动机的定、转子皆为平面盘形，两者的铁心由冷轧硅钢卷带连续冲槽后卷绕而成，见图 9.6-20。定子绕组嵌入定子铁心端面靠近转子侧的槽内。转子铸铝带短路环。

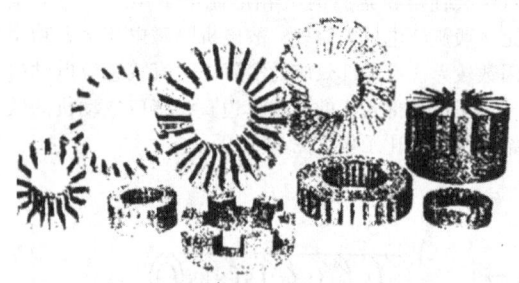

图 9.6-20 盘式异步电动机定、转子铁心

盘式电动机为自然冷却，其防护等级为 IP44。机座和端盖用钢板制成，机座不带底脚，端盖为带凸缘的法兰，安装型式为 IMB5。在转子铁心非轴伸端侧面装有制动盘，轴上套有弹簧。定子绕组通电后，转子旋转。在定、转子之间的磁拉力作用下转子铁心产生轴向位移，拉伸弹簧。断电后，在弹簧作用下转子铁心恢复原位，其制动盘快速与机座相吻合，电动机立即制动。

盘式电动机与一般异步电动机相比，具有下列特点：1）结构简单、体积小、轴向尺寸短。许多受空间限制的机械传动装置、日用电器都可采用盘式电动机，以代替一般异步电动机。2）节约原材料、槽冲模简单、成本低。一般异步电动机的定、转子铁心是由带槽的圆形硅钢片叠压而成，硅钢片利用率低。而盘式电动机的铁心是由连续冲槽成形的硅钢带卷绕而成。定、转子铁心的厚度等于硅钢带的宽度。因此，硅钢片的利用率可较大地提高。3）定、转子散热条件好，适于频繁起动和快速制动。

盘式电动机定、转子铁心的冲槽和卷绕要求精度高。因此，需添置专用的定、转子铁心自动冲卷装置。

174 无刷双馈电机 它是同时具有同步电机和异步电机特点的交流调速电机，其结构和运行原理与传统的交流电机有较大的差别。无刷双馈电机的定子上具有极数不同的功率绕组和控制绕组，转子采用笼型或磁阻型结构，没有电刷与集电环。通过电机转子的磁动势谐波对定子不同极数的旋转磁场进行调制，来实现电机的机电能量转换。如果改变控制绕组的连接方式及其外加电源的频率、幅值和相位，可以实现无刷双馈电机的多种运行方式。

无刷双馈电机工作原理见图 9.6-21，其中定子绕组由两套彼此独立的极对数不等（$p_p \neq p_c$）的三相对称绕组构成，转子为笼型结构。当功率绕组接入工频（f_p）电源，控制绕组接入变频（f_c）电源后（一般情况下 $f_p \neq f_c$），由于两套定子绕组同时有电流流过，因此在气隙中产生两个不同极对数的磁场。这两个磁场通过转子的调制发生交叉耦合，构成了实现能量传递转换的基础，稳态运行时电机的转速 n 与 p_p、p_c、f_p 及 f_c 的关系为

$$n = \frac{f_p \pm f_c}{p_p \pm p_c} \times 60$$

式中，f_c 前取正号时，表示控制绕组的三相电源相序与功率绕组的三相电源相序相同；f_c 前取负号时，表示两个绕组外加电源相序相反。式中表明，当 p_p、p_c、f_p 一定时，改变 f_c 可使电机转速随 f_c 改变；当 $f_c = 0$ 时，无刷双馈电机的转速称为自然同步转速，f_c 前取负号的调速称为亚同步调速，反之称为超同步调速。无刷双馈电机可通过改变与控制绕组相连的变频器的输出来调节转速，其调速的范围与功率绕组和控制绕组的极对数及电源的输出频率有关。

无刷双馈电机可以作为变速恒频发电机运行，此时电机的控制绕组接双向能量流动变频器，用作交流励磁绕组。功率绕组用于发电，发电运行模式下，功率绕组电气频率 f_p 为

$$f_p = p_n n_p / 60 = n(p_p \pm p_c) / 60 \pm f_c$$

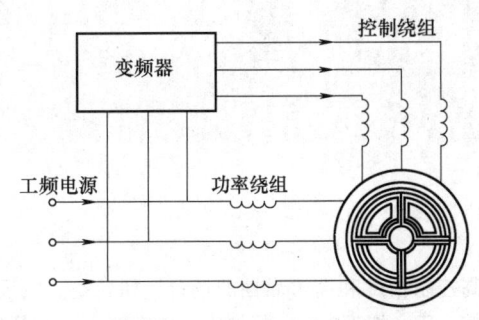

图 9.6-21 无刷双馈电机原理图

当转速 n 变化时，控制变频器频率 f_c 即可使功率绕组输出频率保持不变，从而实现变速恒频发电。该种电机可以用作风力发电机。

175 高功率密度感应电机 高功率密度感应电机用于电动汽车、公共交通领域。要求电机在有限的空间内提供较高的功率以驱动负载。

由式（9.2-1）可知，电机功率密度的提升方法有：使用电磁性能更好、损耗更低的铁磁材料，并优化电机内电磁设计；增加电源频率以提高电机的额定转速；合理调整子绕组线负荷和气隙磁通密度，提高电磁负荷；使用合适的冷却介质和冷却方式，优化冷却结构，增加散热系数，提高电机的散热速度。

高功率密度电机的额定转速均在万转以上，有些高速电机转速甚至达到数十万转，电机的供电频率也都在 200Hz 以上。高功率密度电机需要适当增加轴径，并且使用机械强度更高且适用于高速场合的轴承。

为了提高功率密度，在设计时常采用较高的电磁负荷，以提高电机转矩密度，直接导致电机的损耗密度相应的增大，同时电机小型化也带来了严重的温升问题。为了降低电机温升、延长电机寿命，提高电机的散热能力十分关键，这也是高功率密度电机需要解决的关键问题之一。常用的电机冷却方式有风冷、液冷。电动汽车常用的散热方式有水冷和以油冷为代表的液冷，除了介质不同外，还存在不同散热结构如螺旋结构、圆形结构等。

第 7 章　永磁电机

7.1　永磁电机概述

176　永磁电机分类及特点　永磁电机因为功率密度高和效率高的显著优点广泛应用于航空航天、国防、工农业生产和日常生活的各个领域。永磁电机的种类繁多，根据功能大致可分为永磁发电机和永磁电动机两大类，永磁电动机又可分为永磁直流电动机和永磁交流电动机（永磁同步电动机）。

永磁发电机与传统的发电机相比不需要集电环和电刷装置，结构简单，减少了故障率。采用永磁材料后还可以增大气隙磁通密度，提高功率质量比。当代航空、航天用发电机已开始采用永磁发电机，其典型产品包括美国通用电气公司制造的 $150kV \cdot A$、14 极 12 000 ~ 21 000r/min 和 100kV · A、60 000r/min 的稀土钴永磁同步发电机。永磁发电机也用作大型汽轮发电机的副励磁机，20 世纪 80 年代我国研制成功当时世界上容量最大的 40 ~ 160kV · A 永磁副励磁机，配备 200 ~ 600MW 汽轮发电机后大大提高电站运行的可靠性。目前，独立电源用的内燃机驱动小型发电机、车用永磁发电机、风轮直接驱动的小型永磁风力发电机正在逐步推广。

永磁直流电动机按照有无电刷可以分为永磁有刷直流电动机（常简称为永磁直流电动机）和永磁直流无刷电动机。永磁直流电动机是由永磁体建立励磁磁场的直流电动机，既保留了电励磁直流电动机良好的调速特性和机械特性，还因省去了励磁绕组和励磁损耗而具有结构工艺简单、体积小、用铜量少、效率高等特点。因而从家用电器、便携式电子设备、电动工具到要求有良好动态性能的精密速度和位置传动系统都大量应用永磁直流电动机。500W 以下的微型直流电动机中，永磁电机占 92%，而 10W 以下的永磁电机占 99% 以上。永磁直流无刷电动机由电动机主体和驱动器组成，利用变频器供电，具有响应快速、较大的起动转矩、从零转速至额定转速具备可提供额定转矩的性能，主要应用

于高控制精度和高可靠性的场合，如航空、航天、数控机床、加工中心、机器人、电动汽车、计算机外围设备等。

永磁同步电动机与感应电动机相比，不需要无功励磁电流，可以显著提高功率因数（可达到 1，甚至容性），减少了定子电流和定子电阻损耗，而且在稳定运行时没有转子铜耗，进而可以减小风扇（小容量电机甚至可以去掉风扇）和相应的风摩损耗，效率比同规格感应电动机可提高 2% ~ 8%。特别是，永磁同步电动机在 25% ~ 120% 额定负载范围内均可保持较高的效率和功率因数，使轻载运行时节能效果更为显著。这类电机因为没有自起动能力，一般都在转子上设置起动绕组，被称为异步起动永磁同步电动机。目前主要应用在油田、纺织化纤工业、陶瓷玻璃工业和年运行时间长的风机水泵等领域。我国自主研发的高效高起动转矩钕铁硼永磁同步电动机在油田应用中可以解决"大马拉小车"问题，起动转矩比感应电动机大 50% ~ 100%，可以替代大一个机座号的感应电动机，节电率在 20% 左右。目前 1 120kW 永磁同步电动机是世界上功率最大的异步起动高效稀土永磁电动机，效率高于 96.5%（同规格电动机效率为 95%），功率因数为 0.94，可以替代比它大 1 ~ 2 个功率等级的普通电动机。

目前应用比较广泛的永磁电动机包括永磁直流电动机、异步起动永磁同步电动机、调速永磁同步电动机、永磁直流无刷电动机、轴向磁通永磁电动机、横向磁通永磁电动机、定子永磁型电动机、定转子双永磁型电动机等机型。

177　永磁电机转子磁路结构　永磁电机也由定子、转子和端环等部件构成，定子与普通感应电机基本相同，而转子则是由永磁材料制成的一定极对数的永磁体。永磁电机与其他电机最重要的区别在于转子磁路结构，决定了其运行性能、控制系统、制造工艺和适用场合。根据永磁体分布位置的不同，主要分为表贴式、内嵌式和爪极式，表 9.7-1 列出了常用的转子磁路结构、特点和适用范围，其中每一

种根据永磁体形状的不同又可以细分为多种结构。此外，永磁直流电动机和外转子永磁同步电动机除永磁体放置位置和本文所述有异外，其他均相同，这里不单独讨论。

表 9.7-1　永磁电机转子磁路结构、特点和适用范围

类型	示意图	特点		适用范围
		优点	缺点	
表贴式		结构简单、制造成本低、转动惯量小。永磁磁极易于优化设计，在正弦波永磁电动机中可显著提高电机乃至系统的性能	电机定子和转子之间的有效气隙较大，定子的电感较小	适用于矩形波永磁电动机和恒功率运行范围不宽的正弦波永磁电动机。不适用于异步起动永磁同步电动机
内嵌式	插入式	制造工艺简单，可充分利用转子磁路的不对称性所产生的磁阻转矩，提高电机功率密度，动态性能比表贴式的有所改善	漏磁系数和制造成本比表贴式的高	常用于调速永磁同步电动机，不适用于异步起动永磁同步电动机
	径向式	漏磁系数小、转轴上不需要采取隔磁措施、极弧系数易于控制、转子冲片机械强度高、安装永磁体后转子不易变形、结构简单、运行可靠	气隙磁通密度相对切向式的低。交轴电枢反应对气隙磁场影响大，容易使负载气隙磁场畸变	适用于转速要求较高的电动机。要求电动机易于"弱磁"扩速
	切向式	一个极距下的磁通由相邻两个磁极并联提供，可以得到更大的每极磁通。磁阻转矩占总转矩的比例可达40%	漏磁系数较大，需采取相应的隔磁措施，制造工艺和制造成本较径向式结构有所增加	极数多，要求气隙磁通密度高的永磁电动机。要求扩展电动机的恒功率运行范围时
	混合式	集中了径向和切向式的优点	结构和制造工艺均较复杂，制造成本也比较高	结合径向式和切向式的适用范围
爪极式		永磁体形状简单，利用率高。气隙磁场稳定，永磁体抗去磁能力强	爪极结构复杂。电机转速高或容量大时，需要采取专门的紧固措施，增大气隙。质量较前几种增加。脉动损耗大，效率下降	适用于极数较多或频率较高的中频永磁电动机

178　永磁材料性能和选用　永磁电机的性能、设计制造特点和应用范围都与永磁材料的性能密切相关。永磁材料种类众多，性能差别很大，只有全面了解后才能做到设计合理，使用得当。永磁材料

磁性能的主要参数包括退磁曲线、回复线、内禀退磁曲线和稳定性。其中，稳定性又包括热稳定性、磁稳定性、化学稳定性和时间稳定性。目前常用的永磁材料包括铝镍钴永磁材料、铁氧体永磁材料、稀土钴永磁材料、钕铁硼永磁材料和粘结永磁材料。现有的永磁电机中广泛采用钕铁硼材料；而对于性能和可靠性要求较高而价格不是主要考虑因素的场合常采用 2∶17 型的稀土钴永磁材料，在高温情况和退磁磁场大的场合常用 1∶5 型稀土钴永磁材料；对于性能要求一般、体积质量限制不严、主要考虑价格因素的场合优先考虑铁氧体永磁材料；在工作温度超过 300℃ 或对温度稳定性有严格要求的场合优先采用铝镍钴永磁材料；在批量生产大且磁极形状复杂的场合优先采用粘结永磁材料。在设计永磁电机时首先要选择适宜的永磁材料品种和具体的性能指标。永磁材料的选择应能保证电机气隙中有足够大的气隙磁场和规定的电机性能指标；在限定的环境条件、工作温度和使用条件下应能保证磁性能的稳定性；有良好的机械性能，以方便加工和装配；经济性要好，价格适宜。具体选用时，应对多种方案的性能、工艺、成本进行全面分析比较来确定。

在永磁材料的应用上还有以下几点需要注意：

1）永磁材料的实际磁性能与生产厂的具体制造工艺有关，其值与标准规定的数据之间往往存在一定的偏差。同一种牌号的永磁材料，不同工厂或同一工厂不同批次之间往往都会存在一定的磁性能差别。而且，标准种规定的性能数据是以特定形状和尺寸的试样（例如钕铁硼永磁材料的标准试样为 $\Phi 10\times 7\mathrm{mm}$ 的圆柱）的测试性能为依据的，对于电机中实际采用的永磁体形状和尺寸，其磁性能与标准数据之间也会存在一定的差别。另外，充磁机的容量大小和充磁方法都会影响永磁体磁化状态的均匀性，影响磁性能。因此，为提高电机设计计算的准确性，需要向生产厂家索取该批号的实际尺寸的永磁体在室温和工作温度下的实测退磁曲线，在有条件时最好能抽样直接测量出退磁曲线，这样比较稳妥。对于一致性要求高的电机，更需对永磁材料逐片进行检测。

2）永磁材料的磁性能除与合金成分和制造工艺有关外，还与磁场热处理工艺有关，所谓磁场热处理，就是永磁材料在分解反应过程中施加外加磁场，经过磁场热处理后，永磁材料的磁性能提高，而且带有方向性，顺磁场方向最大，垂直磁场方向最小，这叫作各向异性。对于没有经过磁场热处理

的永磁材料，磁性能没有方向性，称为各向同性。应该注意，对于各向异性的永磁体，充磁时的磁场方向应与磁场热处理时的磁场方向一致，否则磁性能反而会有所降低。

3）根据规定，永磁材料由室温升到最高工作温度并保温一定时间后再冷却到室温，其开路磁通允许有不大于 5% 的不可逆损失。因此为了保证永磁电机在运行过程中性能稳定，不发生明显的不可逆退磁，在使用前应先进行稳磁处理（或叫老化处理），其办法是将充磁后的永磁材料升温至预计最高工作温度并保温一定时间（一般为 2~4h），以预先消除这部分不可逆损失。铁氧体永磁材料则不同，由于它的矫顽力温度系数为正值，温度越低、矫顽力越小，故需进行负温稳磁处理。其办法是得充磁后的铁氧体永磁材料放在低温箱中，冷冻至使用环境的最低温度（最好再低 10℃ 左右）保温 2~4h。需要指出的是，经过高温或负温稳磁处理后，不能再对永磁体充磁；如有必要再次充磁，则需重新进行高温和负温稳磁处理。

7.2　永磁电机磁路计算

179　永磁电机分类及特点　永磁体向外磁路所提供的总磁通 Φ_m 可分为两部分，一部分与电枢绕组匝链，称为主磁通（即每极气隙磁通）Φ_δ；另一部分不与电枢绕组匝链，称为漏磁通 Φ_σ。相应地将永磁体以外的磁路（以后称外磁路）分为主磁路和漏磁路，相应的磁导分别称为主磁导 Λ_δ 和漏磁导 Λ_σ。永磁电机实际的外磁路比较复杂，分析时可根据其磁通分布情况分成许多段，再经串、并联进行组合。主磁导和漏磁导是各段磁路磁导的合成。在空载情况下外磁路的等效磁路见图 9.7-1。

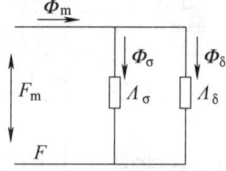

图 9.7-1　空载时外磁路的等效电路

在负载运行时，根据电机原理可知，主磁路中增加了电枢磁动势，设每对极磁路中的电枢磁动势为 F_a（既有直轴电枢磁动势的作用，又有交轴电枢磁动势的等效作用），其相应的等效磁路见图 9.7-2。根据对励磁磁场作用的不同，F_a 起增磁或去磁作

用。本书规定，起去磁作用时，F_a 为正值；起增磁作用时，F_a 为负值。

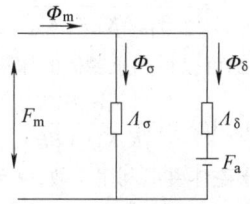

图 9.7-2 负载时外磁路的等效磁路

180 永磁电机的等效磁路 负载时永磁电机总的等效磁路见图 9.7-3。令 $F_a = 0$，即得到空载时的等效磁路。对于不同的永磁电机，等效磁路的具体构成将有所区别。

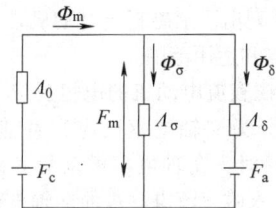

图 9.7-3 负载时永磁电机的磁动势源等效磁路

181 主磁导和漏磁导 永磁电机的主磁路通常包括气隙、定（转）子齿、轭等几部分。可以用通常的磁路计算法求取在主磁通 Φ_δ 情况下各段磁路磁位差的总和 $\sum F$，得出曲线 $\Phi_\delta = f(\sum F)$。则在某一 Φ_δ 时主磁路的主磁导 Λ_δ（H）为

$$\Lambda_\delta = \frac{\Phi_\delta}{\sum F}$$

式中 Φ_δ——每极气隙磁通（Wb）；

$\sum F$——每对极主磁路的总磁位差（A）。

漏磁导 Λ_σ 的计算更为繁杂，并且也很难计算得十分准确。有的电机，漏磁路路径的大部分是空气，铁心部分的影响通常可以忽略，则 $\Phi_\delta = f(F_\sigma)$ 基本上是一条直线，即 Λ_σ 基本上是常数。有的电机，例如永磁同步电动机的内置径向式磁路结构，漏磁路中有一段高度饱和的铁心，$\Phi_\delta = f(F_\sigma)$ 是一条曲线，即 Λ_σ 不是常数。通常这需要通过电磁场计算来求取。

182 漏磁系数和空载漏磁系数 永磁体向外磁路提供的总磁通 Φ_m 与外磁路的主磁通 Φ_δ 之比被称为漏磁系数 σ，即

$$\sigma = \frac{\Phi_m}{\Phi_\delta} = \frac{\Phi_\delta + \Phi_\sigma}{\Phi_\delta} = 1 + \frac{\Phi_\sigma}{\Phi_\delta}$$

在电机永磁材料的形状和尺寸、气隙和外磁路尺寸一定的情况下，σ 随负载情况不同，即主磁路和漏磁路的饱和程度不同而变化，不是常数。

空载时，$F_a = 0$。从等效磁路图可以看出，在此情况下空载总磁通与空载主磁通之比在数值上等于外磁路的合成磁导与主磁导之比。因此，空载时的漏磁系数 σ_0 还可以用磁导表示为

$$\sigma_0 = \frac{\Lambda_\delta + \Lambda_\sigma}{\Lambda_\delta} = 1 + \frac{\Lambda_\sigma}{\Lambda_\delta}$$

空载漏磁系数 σ_0 是一个很重要的参数。一方面，σ_0 大表明漏磁导 Λ_σ 相对较大，$\Lambda_\sigma = (\sigma_0 - 1)\Lambda_\delta$，在永磁体提供总磁通一定时，漏磁通相对较大而主磁通相对较小，永磁体的利用率就差。另一方面，σ_0 大表明对电枢反应的分流作用大，电枢反应对永磁体两端的实际作用值 F_a' 就小，永磁体的抗去磁能力就强。因此设计时要综合考虑，选取合适的 σ_0 值。

183 永磁体最佳工作点 在设计永磁电机时，为了充分利用永磁材料，缩小永磁体和整个电机的尺寸，应该力求用最小的永磁体体积在气隙中建立具有最大磁能的磁场。

假设永磁材料的退磁曲线为直线。设永磁体所提供的磁通为 Φ_D，磁动势为 F_D，则磁能（J）为

$$\frac{1}{2}\Phi_D F_D = \frac{1}{2}BA_m H h_{MP} \times 10^{-6} = \frac{1}{2}(BH)V_m \times 10^{-6}$$

由此得永磁体的体积（cm^3）为

$$V_m = \frac{\Phi_D F_D}{(BH)} \times 10^{-6}$$

由上式可以看出，在 $\Phi_D F_D$ 不变的情况下，永磁体的体积与其工作点的磁能积（BH）成反比。因此，应该使永磁体工作点位于回复线上有最大磁能积的点。从图 9.7-4 的永磁体工作图中可以看出，永磁体的磁能 $\Phi_D F_D / 2$ 正比于四边形的面积 $A\Phi_D O F_D$。若想获得最大的磁能，必须使四边形 $A\Phi_D O F_D$ 的面积最大。由数学可知，当工作点 A 在回复线的中点时，四边形的面积最大，即永磁体具有最大的磁通。

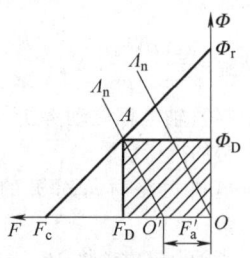

图 9.7-4 最大磁能时的永磁体工作图

184　永磁体体积的估算　设计永磁电机时，在选择永磁材料牌号和磁路结构形式后要先确定永磁体的体积和尺寸。而且稀土永磁材料的价格很贵，单位输出功率所需永磁体体积通常是衡量电机设计优劣的重要指标之一。这里以隐极永磁同步电机为例，给出计算永磁体体积的公式。

永磁同步发电机的额定容量（kV·A）为

$$P_N = mU_N I_N \times 10^{-3}$$

式中　m——相数；

U_N——发电机的额定相电压（V）；

I_N——发电机的额定相电流（A）。

应用隐极同步发电机的相量图（见图 9.7-5），并假设不考虑电枢绕组电阻，可进一步得到额定功率和空载电动势的关系

$$P_N = mE_0 I_k K_u \times 10^{-3}$$

式中　K_u——电压系数，有

$$K_u = \frac{U_N}{E_0}\left[\sqrt{1-\left(\frac{U_N}{E_0}\right)^2 \cos^2\varphi} - \frac{U_N}{E_0}\sin\varphi\right]$$

它由相对电压 U_N/E_0 和功率因数 $\cos\varphi$ 的大小决定，即取决于发电机外特性的硬度；

I_k——三相稳定短路电流（A），$I_k = E_0/X_S$。

$$E_0 = 4.44fNK_{dp}\Phi_{\delta 0}K_\Phi = \frac{4.44fNK_{dp}K_\Phi\Phi_{m0}}{\sigma_0}$$

式中　K_Φ——气隙磁通的波形系数；

K_{dp}——绕组因数；

N——每相串联匝数。

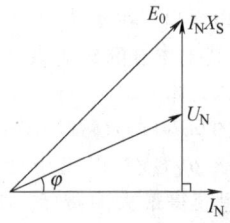

图 9.7-5　隐极同步发电机相量图

三相稳态短路时，折算到转子的直轴电枢磁动势（A）为

$$F_{adk} = \frac{\sqrt{2}m}{\pi}\frac{NK_{dp}}{p}I_k K_{ad} = \frac{F_{mk}}{2K_{Fd}}$$

式中　K_{ad}——将直轴电枢磁动势折算到转子磁动势的折算系数；

F_{mk}——电机短路时每对极的永磁体磁动势（A）；

K_{Fd}——直轴电枢磁动势 $2F_{adk}$ 的倍数，有

$$K_{Fd} = \frac{F_{mk}}{2F_{adk}}$$

故

$$I_k = \frac{\pi}{2\sqrt{2}m}\frac{pF_{mk}}{NK_{dp}K_{ad}K_{Fd}}$$

经过整理，可以得到永磁体的体积（cm³）为

$$V_m = ph_{Mp}A_m = 51\frac{p_N\sigma_0 K_{ad}K_{Fd}}{fK_u K_\Phi C(BH)_{max}}\times 10^6$$

式中　C——永磁体磁能利用系数，$C = b_{m0}h_{mk}$。

7.3　永磁直流电动机

185　永磁直流电动机的磁极结构　永磁直流电动机的磁极是用永磁材料（或加上铁磁材料）制成的，以提供电动机所需的励磁磁动势。永磁直流电动机的磁极结构型式较多，与永磁材料的性能有关。表 9.7-2 列出了永磁直流电动机常用的磁极结构型式、特点和适用范围。

186　永磁直流电动机的电枢反应　永磁电机的电枢反应分为交轴电枢反应和直轴电枢反应。当磁极无极靴时，交轴电枢磁动势和磁场的分布见图 9.7-6。永磁直流电动机的交轴电枢反应磁场分布近似三角形而不是马鞍形，其最大磁通密度发生在交轴上，这也是永磁直流电动机交轴电枢反应区别于电励磁电机的一个特点。当电枢齿饱和时，一半极下增磁的效应要比另一半极下去磁的效应弱一些，是一个极下的总磁通有所减小，表现出一定的去磁效应。但对无极靴的永磁直流电动机来说，电枢反应磁场要经过磁导率接近空气的永磁体，对气隙磁场的去磁效应不明显，通常不考虑。无极靴时交轴电枢磁动势直接作用在永磁体上，特别是产生去磁效应一侧的磁极极尖处，交轴电枢磁动势最大，容易使永磁体产生不可逆退磁。有极靴时，交轴电枢反应磁通经极靴闭合，对永磁体基本上无影响，只对气隙磁场有影响，引起气隙磁场畸变。

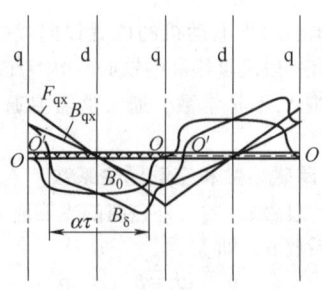

图 9.7-6　电枢磁动势和气隙合成磁场分布

表 9.7-2 永磁直流电动机磁极结构型式、特点和适用范围

永磁材料		磁极结构		特点	适用范围
品种	常用材料	特征	示意图		
铝镍钴系磁钢	LNG32 LNG32H LNGT32 LNG25C （绕结）	圆筒式 （外壳为铝合金）		结构简单，制造方便，外形尺寸小，便于大批生产。 抗去磁能力低，磁钢利用率较差，换向不利	40W 及以下电机
	LNG32 LNG32H LNG52	改进圆筒式 （外壳为铝合金）		磁钢利用率较好，抗去磁能力较强，安装方便。 形状复杂，加工较难	20W 以上电机
	LNG32 LNG32H LNG52	带软铁磁极式 （外壳为铝合金）		无需磨内圆及外圆，抗去磁能力强，磁钢利用率高，有利于换向，结构复杂	20~80W 电机
	LNG32	端面式 （外壳为铝合金）		极靴长，漏磁通大，抗去磁能力强，结构复杂	40W 以下电机
铁氧体永磁	Y30 Y15H Y20H	瓦块式 （钢板外壳兼作磁轭）		适用于各向异性材料，结构简单，便于大批生产，磁钢利用率高，是常用的形式，但气隙磁通密度低	200W 以下电机

（续）

永磁材料		磁极结构		特点	适用范围
品种	常用材料	特征	示意图		
铁氧体永磁	Y30 Y35 Y20H	带聚集形极靴瓦块式（钢板外壳）		适用于各向异性材料，聚集磁通提高气隙磁通密度，抗去磁能力强，制造较困难	100W 以上电机
	Y10T Y15Z Y20H	圆筒式（钢板外壳）		多用各向同性材料，磁性能差，结构简单，便于大批生产	10W 以下电机
铁氧体或稀土永磁	LNG32 Y30	多极式（外壳为铝合金）		具有带聚集型极靴瓦块式特点	100W 以上电机
	Y30 Y35 Y25H XG NFB	方形 4 极式		具有带聚集型极靴瓦块式特点	100W 以上电机
稀土永磁	XG NFB	瓦块式（钢板外壳）		结构简单，材料利用率高	要求体积小或其他特殊要求电机
	XG NFB	补助极式（钢板外壳）		永磁体用量少，具有串励特性	单向运转、低压、大电流电机

187 永磁直流电动机的工作特性 永磁直流电动机是由永磁体建立励磁磁场，在运行中其励磁磁动势及磁通难以调节，它的各种特性与直流电动机相似，见图9.7-7和图9.7-8。其特点是机械特性较硬、线性较好、效率较高（功率在300W以内时，永磁直流电动机的效率比同容量电磁式直流电动机的高10%~20%）。

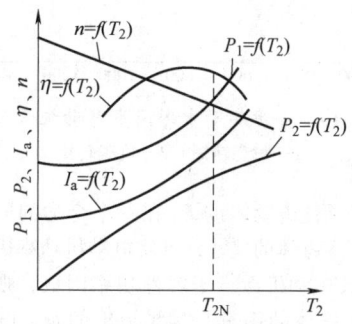

图9.7-7 永磁直流电动机的工作特性

T_2—输出转矩 T_{2N}—额定输出转矩

P_1—输入功率 P_2—输出功率

I_a—电枢电流 η—效率 n—转速

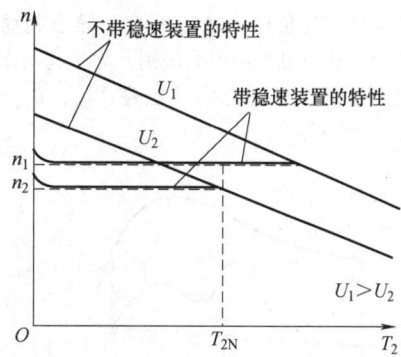

图9.7-8 永磁直流电动机的机械特性

U_1、U_2—输入电压 T_2—输出转矩

T_{2N}—额定输出转矩 n、n_1、n_2—转速

188 永磁直流电动机的调速与稳速 常用调节电枢电压或调节磁分路，以改变磁通大小的方法来调节转速，各种稳速方法见表9.7-3。带有稳速装置的直流电动机称为稳速直流电动机，它在一定范围内具有恒定转速特性，体积小、效率高。

表9.7-3 永磁直流电动机稳速方法及其特点和应用

稳速方法	特点	应用
机械稳速	用离心开关闭合，使电枢电路的串接电阻或电枢绕组通、断而稳速	用于普及型直流电唱机。电动机领域逐渐被淘汰
电子稳速	利用反电动势变化使电枢绕组与外电路电阻组成的电桥失去平衡来控制转速，稳速精度多在1%以下，好的也可达0.1%	用于电唱机、盒式录音机、录像机
电压伺服稳速	利用直流测速发电机电压或交流测速发电机电压，经振幅检波后比较控制电动机电压	用于较高电源电压（如12V以上）或稳速精度要求较高的装置
频率伺服稳速	反馈通道采用数字脉冲方式，利用斜率检波或脉冲检波，稳速精度高，小型化	用于磁记录、广播电视录像、立体声电唱机等精密控制装置
锁相伺服稳速	应用锁相伺服控制，把电动机转速锁定在输入信号的频率上，稳速精度最高	用于高品质的录音、录像设备及测试仪器

7.4 异步起动永磁同步电机

189 异步起动永磁同步电机结构 异步起动永磁同步电机的定子与一般用途异步电动机的没有根本区别，其转子是在表9.7-1的永磁电机转子结构外侧增加起动笼条（除了表贴式和插入式之外的其他转子）。

190 起动过程中的电磁转矩 永磁同步电动机由于在转子上安放了永磁体，使得其起动过程比感应电动机更为复杂。在起动过程中既有平均转矩，又有脉动转矩，且这些转矩的幅值均随电动机转速的改变而变化。电动机起动时，永磁体建立的磁场在定子绕组中感生附加电流，它与永磁体建立的磁场相互作用产生发电机转矩 T_g。凸极效应相当于磁阻电机，有负序分量转矩 T_b，异步起动转矩 T_a 曲线与异步电动机的没有区别。异步起动永磁同步电动机起动过程的合成转矩是 T_{com}，$T_{com} = T_g + T_b + T_a$，见图9.7-9。

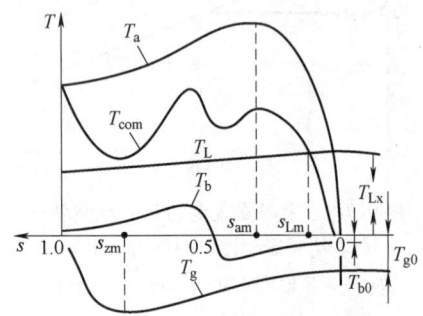

图 9.7-9　异步起动永磁同步电动机在
异步起动时的机械特性曲线

T_g—发电机转矩

T_b—磁阻负序分量转矩

T_a—起动过程中产生的异步转矩

T_L—负载转矩　T_{com}—合成转矩

191　起动过程中的定子电流　永磁同步电动机起动过程中，定子绕组中流过三个分量的电流，即频率为 f 的电流 i_a、磁阻负序分量磁场感生的频率为 $(1-2s)f$ 的电流 i_b 和永磁气隙磁场感生的频率为 $(1-s)f$ 的电流 i_g。因此起动电流的有效值

$$I_{st} = \sqrt{I_a^2 + I_b^2 + I_g^2}$$

由此可知，永磁同步电动机的起动电流比同规格的普通感应电动机的大。

192　牵入同步过程　电动机能否达到同步转速，既与电动机的负载转矩、牵入同步时的脉动转矩和系统（包括电动机和负载）的转动惯量有关，也与电动机平均转矩-转速特性曲线在接近同步转速时的陡坡有关。电动机从接近同步转速开始到牵入同步过程中，如果电磁转矩足够大，则使电动机升速到超过同步转速，然后又减速，使转子转速围绕同步转速振荡。由于稳态同步转矩的作用，使振荡衰减，转子逐渐牵入同步。这反映在转矩-转速轨迹上（见图9.7-10）为一系列顺时针方向旋转的近似椭圆的曲线，电动机的转差率在接近零的最小值和最大值之间变动。

193　提高功率密度和起动性能的措施　E_0 对电动机的功率因数影响很大，要提高电动机的功率

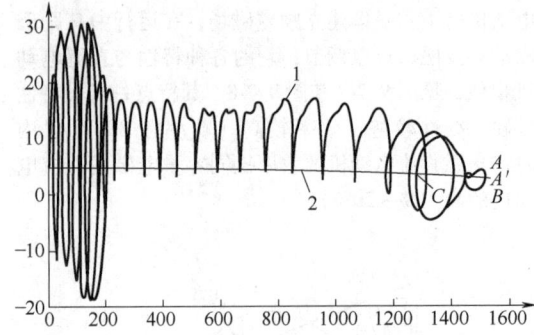

图 9.7-10　异步起动永磁同步电动机牵入同步
1—瞬态转矩　2—负载转矩

因数，必须使电动机的 E_0 在一个合适的取值范围内。调节永磁体的尺寸，可使电动机功率因数接近 1。如要使电动机运行于容性功率因数，则需更多地增大永磁体的用量。需要指出的是，电动机不同，功率因数与电动机 E_0 的关系曲线也不一样，而且电动机功率因数的大小还与电动机的其他参数（如 X_d、X_q 和 σ_0 等）有着密切的关系。

设计中可通过两个途径来提高 E_0，即增大绕组串联匝数和增加永磁体用量。前者只能在电动机起动转矩、最小转矩、失步转矩和牵入同步能力有裕度的前提下方可进行，而后者则要考虑到不使电动机磁路过于饱和和制造成本不能过高。

永磁同步电动机具有较高的空载反电动势 E_0，可提高稳定运行时的功率因数，设计高功率因数的永磁同步电动机是提高电动机效率的一条重要途径。

为减小永磁同步电动机的铁耗，一般采用单位损耗较小的铁磁材料，并配合以气隙磁场波形的优化设计，以减小谐波造成的附加损耗。减小永磁同步电动机的机械损耗的措施与设计其他种类的电机时所采取的措施类似。永磁同步电动机杂散损耗比同规格感应电动机的要大。选取合适的定、转子槽配合，采用Y联结双层短距绕组或正弦绕组，合理设计极弧系数，减小槽开口宽度或采用闭口槽，将定子斜一定的距离，适当加大气隙长度等都是减小电动机杂散损耗的有效途径。

7.5　调速永磁同步电机

194　调速永磁同步电机 dq 轴数学模型　在理想化假设的前提下，可以得到调速永磁同步电机的电压、磁链、电磁转矩和机械运动方程如下：

电压方程为

$$u_d = \frac{d\psi_d}{dt} - \omega\psi_d + R_1 i_d$$

$$u_q = \frac{d\psi_q}{dt} + \omega\psi_q + R_1 i_q$$

$$0 = \frac{d\psi_{2d}}{dt} + R_{2d} i_{2d}$$

$$0 = \frac{d\psi_{2q}}{dt} + R_{2q} i_{2q}$$

磁链方程为

$$\psi_d = L_d i_d + L_{md} i_{2d} + L_{md} i_f$$

$$\psi_q = L_q i_q + L_{mq} i_{2q}$$

$$\psi_{2d} = L_{2d} i_{2d} + L_{md} i_d + L_{md} i_f$$

$$\psi_{2q} = L_{2q} i_{2q} + L_{mq} i_q + L_{mq} i_f$$

电磁转矩方程为

$$T_{em} = p(\psi_d i_q - \psi_q i_d)$$

机械运动方程为

$$J\frac{d\Omega}{dt} = T_{em} - T_L - R_\Omega \Omega$$

式中 u——电压；

i——电流；

ψ——磁链；

d、q——下标，分别表示定子的 d、q 分量；

2d、2q——下标，分别表示转子的 d、q 分量

L_{md}、L_{mq}——定、转子间的 d、q 轴互电感；

L_d、L_q——定子绕组的 d、q 轴电感；

L_{2d}、L_{2q}——转子绕组的 d、q 轴电感；

i_f——永磁体的等效励磁电流；

J——转子惯量；

R_Ω——阻力系数；

T_L——负载转矩。

195   调速永磁同步电机的矢量控制原理   矢

量控制是对电动机定子电流矢量相位和幅值的控制。当永磁体的励磁磁链和直、交轴电感确定后，电动机的转矩便取决于定子电流的空间矢量 i_s，而 i_s 的大小和相位又取决于 i_d 和 i_q，也就是说控制 i_d 和 i_q 便可以控制电动机的转矩。一定的转速和转矩对应于一定的 i_d^* 和 i_q^*，通过这两个电流的控制，使实际 i_d 和 i_q 跟踪指令值 i_d^* 和 i_q^*，便实现了电动机转矩和转速的控制。

196   调速永磁同步电机的矢量控制方法   永磁同步电动机用途不同，电动机电流矢量的控制方法也各不相同。可采用的控制方法主要有 $i_d = 0$ 控制、$\cos\varphi = 1$ 控制、恒磁链控制、最大转矩/电流控制、弱磁控制、最大功率控制等。不同的电流控制方法具有不同的优缺点，如 $i_d = 0$ 最为简单，$\cos\varphi = 1$ 可降低与之匹配的逆变器的容量，恒磁链控制可增大电动机的最大输出转矩。

这里以 $i_d = 0$ 控制为例，介绍一下调速永磁同步电动机的矢量控制方法。

图 9.7-11 为 $i_d = 0$ 控制系统简图。图中 ω 和 θ 为检测出的电动机转速和角度空间位移，i_U、i_V、i_W 为检测出的实际定子三相电流值。

在图 9.7-11 中采用了三个串联的闭环分别实现电动机的位置、速度和转矩控制。转子位置实际值与指令值的差值作为位置控制器的输入，其输出信号作为速度的指令值，并与实际速度比较后，作为速度控制器的输入。速度控制器的输出即为转矩的指令值。转矩的实际值可根据给定的励磁磁链和经矢量变换（$e^{-j\theta}$ 变换）后实际的 i_d、i_q 由转矩公式求出。实际转矩信号与转矩指令值的差值经转矩控制器和矢量逆变换 $e^{j\theta}$ 后，即可得到电动机三相电流的指令值，再经电流控制器便可实现电动机的控制。

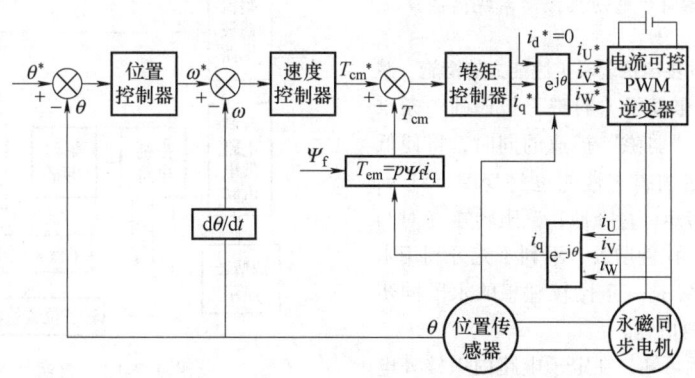

图 9.7-11 $i_d = 0$ 控制系统简图

197　调速永磁同步电机控制系统　调速永磁同步电机的控制主要是基于对定子电流的幅值和相位的控制，即对定子电流进行矢量控制。图 9.7-12 是一个典型的永磁同步电动机传动系统简图。其中，传感器（图中采用光电编码器）的输出经处理后可得到电动机转子的位置信号 θ 和转速信号 ω。转速信号与速度指令比较后的偏差被作为速变控制器的输入信号。速度控制器是一个比例积分调节器，它的输出信号连同系统电流控制算法所确定的直轴电流一起，经 $e^{j\theta}$ 坐标变换得到作为电流控制器输入的三相电流指令值，电流控制器利用事先制定的策略，根据检测出的实际定子三相电流与电流指令值之间的偏差产生控制逆变器功率器件导通和关断的控制信号，从而实现了永磁同步电动机的电流控制。电机设计的最终结果是要形成图样和有关文件供制造用。由于计算机绘图技术的迅速发展，如光笔图形显示器使设计人员能在屏幕或数字化仪上进行具体的结构设计绘图，并可能通过人机对话，进行实时修改。再如精密的自动绘图机可把设计结果直接以图样的形式输出，从而使电机设计从电磁设计到结构设计，并包括绘制图样的整个过程均可以借助于计算机来完成。

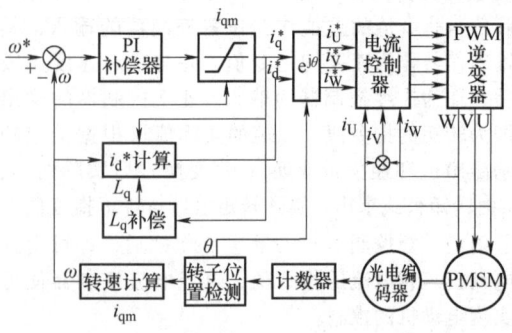

图 9.7-12　永磁同步电动机传动系统简图

198　提高永磁同步电机弱磁扩速能力的措施　减小 Ψ_f 是对永磁同步电动机"弱磁"扩速的一条重要途径，但减小 Ψ_f "弱磁"扩速的同时，将使低速转矩变小，电动机的瞬态性能也将变差。且 Ψ_f 过小使转矩中永磁转矩分量降低，磁阻转矩（对凸极永磁同步电动机）比例增大，不利于充分利用永磁体的磁能。增大 L_d 是一条比较理想的永磁同步电动机"弱磁"扩速措施。

由电压极限方程可知，在定子电路内串接外电感，也可以起到扩速的功能，这实际上相当于从电路上人为地增大了电动机的直轴电感。

在要求弱磁扩速范围宽且高转速运行的永磁同步电动机中，也常采用内置式转子结构，利用直轴同步电感大、磁阻转矩比例高的特点，提高其弱磁扩速能力。

7.6　永磁直流无刷电机

199　永磁直流无刷电机运行原理　电动机本体与永磁同步电动机相似。它的定子铁心中安放有多相绕组。转子上有永磁体，它在定、转子间的气隙中产生一定极对数的磁场。各相绕组与电子换向电路的功率开关连接。功率开关在转子位置传感器给出的换向信号控制下，将各相绕组依一定顺序与直流电源接通或断开（换向）。流过绕组的电流与转子磁场相互作用而产生电磁转矩，使转子旋转。转子位置传感器的作用是检测永磁转子与定子相绕组之间的相对位置，以确定各相绕组在合适的时刻进行换向。传感器信号在换向信号转换电路中转换成正确顺序的逻辑信号，用来控制功率开关的导通与截止。

200　永磁直流无刷电机调速和控制　和直流电动机一样，当 U 变化时即改变 n_0，电动机可以进行无级调速。但实际的无刷直流机调速系统由电子换向电路和转子位置检测器代替传统直流电动机的机械换向装置而组成，把检测到的端电压信号送到 DSP，计算出电动机的转速，再与给定的转速比较，输出 PWM 信号，控制开关管的通断，从而控制电动机电流（电压）大小，使电动机的转速变化。其调速原理是通过电子开关把交变的方波电流送入定子绕组，由开关频率的变化引起电动机转速的变化。其控制系统原理框图见图 9.7-13。

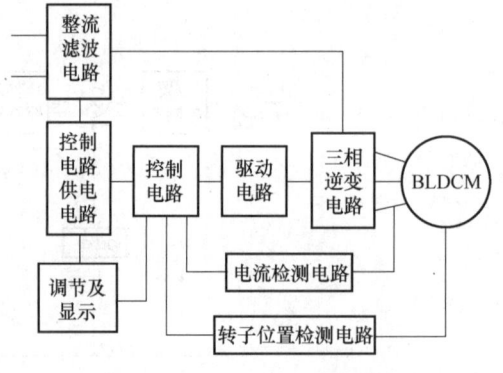

图 9.7-13　系统控制框图

201　永磁直流无刷电机换相转矩的降低　永磁

直流无刷电机在工作时，每次换相相隔 60° 电角度。在换相期间，尽管关断相上的开关管已经关断，但由于电机绕组电感的存在，电流不可能一下减为零，总是会通过相应的续流二极管进行续流，随之再衰减至零。这就是产生换向转矩脉动的主要原因，大的转矩脉动会造成电机抖动，降低系统的可靠性。抑制永磁直流无刷电机换相转矩脉动的方法可以分为：

（1）电流反馈调节法　非换相相电流的变动导致换相转矩波动，电流反馈调节法就是使换相相电流保持恒定，从而使转矩波动为零。一般来说，电流反馈控制可以分为两种形式，即直流侧电流反馈控制和交流测电流反馈控制。直流侧电流反馈控制的电流反馈信号由直流母线取出。交流侧电流反馈控制的电流反馈控制信号由交流侧取出。

在电流反馈闭环控制中，常采用滞环电流控制法。其基本原理是电流环采用环电流调节器，通过比较设定电流和实际电流，由实际电流的幅值和滞环宽度的大小决定滞环电流调节控制器的输出。滞环电流控制法的特点是：应用简单、快速性好，具有限流能力。滞环电流控制法可以分为三种情况：由上升相电流控制、由非换相相电流控制和由三相相电流独立控制。

（2）重叠换相法　在高速段抑制换相转矩波动较成熟的方法是重叠换相法。其基本原理是：换相时本应立即关断的功率开关器件并不是立即关断，而是延长了一个时间间隔；将尚不应开通的开关器件提前开通。

（3）PWM 斩波法　PWM 斩波法与交流侧电流反馈控制法较类似，即开关器件在断开前、导通后进行一定频率的斩波，控制换相过程中绕组的端电压，使得各换相电流上升和下降的速率相等，补偿总电流幅值的变化，抑制换相转矩波动。

（4）电流预测控制法　电流预测控制法能够在全速度范围内有效抑制换相转矩波动，它以换相电流为研究对象，推导出电机在高速区和低速区运行时的换相电流预测控制规则，确保换相期间关断相的电流下降率和电流上升率相等，从而使非换相绕组的相电流在换相期间保持恒定，减小换相转矩波动，同时在该方法中结合使用了消除直流母线负电流的方法，使换相转矩波动得到进一步的抑制。

（5）转矩直接控制法　转矩直接控制法采用两相导电方式，无须坐标变换，并在绕组换相期间考虑了直流电源的有限供电能力。在换相期间，当控制上升相绕组对应开关管的占空比达到 100% 时，

若仍存在转矩波动，就导通下降相绕组对应的开关管，进行斩波控制，降低下降相电流的下降速率，而该开关管的占空比可以通过计算得到。

（6）转矩闭环控制法　转矩闭环控制法，以电机的瞬时转矩为控制对象，根据实际转矩反馈信号，通过转矩调节器实现对瞬时转矩的直接控制，从而减小转矩脉动。

7.7　轴向磁通永磁电机

202　轴向磁通永磁电机的结构和特点　轴向磁通永磁电机也称盘式永磁电机。轴向磁通永磁电机气隙呈平面型，气隙磁场沿着轴向分布。轴向磁通永磁电机结构多样，按照定转子数目以及定转子相对位置可分为四类：单定转子结构、双定子中间转子结构、双转子中间定子结构和多盘式结构。涉及铜耗、铁耗、散热以及绕组绕线方式等多种问题。依据磁通闭合路径的不同，定子可采用有铁心或无铁心结构，有铁心定子又可以分为有槽和无槽两种形式。为了减小转矩脉动，也可以采用斜槽结构。轴向磁通永磁电机定子绕组有两种常用形式，即为鼓形绕组和环形绕组。永磁体的排列方式与径向永磁电机类似，可以是表贴式、内嵌式或 Halbach 形式。

目前国内外已经开发了许多不同种类、不同结构的轴向磁通永磁电机，其中应用最为广泛的包括盘式永磁直流电动机（见图 9.7-14）、盘式永磁同步电动机（见图 9.7-15）和盘式无刷直流电动机。

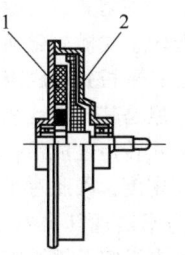 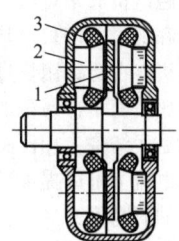

图 9.7-14　双边永磁体盘式永磁直流电动机结构图
1—永磁体　2—电枢

图 9.7-15　盘式永磁同步电动机（中间转子结构）
1—转子　2—定子铁心 3—定子绕组

基于轴向磁通永磁电机优良的性能和较短的轴向尺寸，它被广泛应用于机器人、计算机外围设备、汽车空调器、录像机、办公自动化用品、电动汽车和家用电器等场合。

203 轴向磁通永磁电机的设计特点 设计轴向磁通永磁电机时，其外形尺寸需要满足安装要求，当外径给定时，可以通过确定最佳的直径比获得最大输出功率，由于盘式永磁电机绕组在内径处导线密集，电负荷最大，如果此处电负荷过高，会引起电枢绕组局部过热。所以，应根据内径处电负荷不超过允许值进行设计。如外径和最大负荷一定，轴向磁通永磁电机的电枢直径比为$\sqrt{3}$时可以获得最大输出功率。在实际设计时，直径比的选择还应该综合考虑用铜量、效率、漏磁等因素。如果产生一定的电动势，电枢直径比越大，所需要的匝数就越小，从而减少端部用铜量。然而，内径过小时会增加导线安放困难，同时，电枢直径比增大还会引起漏磁通增加。一般的，轴向磁通永磁电机的直径比在 1.5~2.2 之间，对于小型电机取 1.5~1.73；对于大型电机取 1.7~2.2。

204 轴向磁通永磁电机的工作特性 轴向磁通永磁电机的气隙是平面型的，气隙磁场是轴向的，应用最为广泛的有盘式永磁直流电机、盘式永磁同步电机和盘式无刷直流电机等，从工作原理与工作特性上来说和普通径向磁通永磁电机没有本质上的区别。

7.8 横向磁通永磁电机

205 横向磁通永磁电机的结构和特点 横向磁通永磁电机是指磁通所在平面垂直于电机的旋转方向的永磁电机，根据拓扑结构的不同，横向磁通永磁电机通常可以分为平板式、磁阻式、无源转子式和聚磁式四种。其中，无源转子式横向磁通永磁电机存在磁钢用量过多的缺点；平板式和磁阻式结构比较简单，易于加工制造，但是其转矩性能弱于聚磁式结构；相比而言，聚磁式转矩性能最佳，相同电流下可以提供最大的转矩密度，因此对于聚磁式的研究最为广泛。但是，为了实现其聚磁效应，现有聚磁式结构比较复杂，且电机定子铁心需要使用性能相对较低的软磁材料，无法采用硅钢叠片等传统电机制造工艺，导致此类电机存在主磁通减小、漏磁通增加和铁耗增大等问题，电机的功率因数大大降低。

图 9.7-16 所示为一种横向磁通永磁电机示意图，为了清晰表示，选 y 轴与某个铁心的中心线重合，电机的旋转方向 ω 平行于 xy 平面，而磁通在 C 型铁心中，即磁力线在 zy 平面中，转速 ω 垂直于 zy 平面。

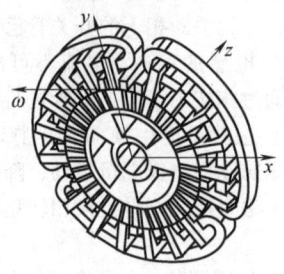

图 9.7-16 横向磁通永磁电机示意图

与传统结构的永磁电机相比，有以下优点：

1）定子各相是相互独立的，各相之间没有耦合，便于设计为多相结构，具有良好的控制特性。

2）它的许多参数是独立的，可以任意选择。设计自由，可以根据需要调整磁路尺寸，选择线圈的规格和匝数。

3）比传统电机转矩密度大。

4）体积小，质量轻，效率高。

206 横向磁通永磁电机的设计特点 横向磁通永磁电机是矛盾统一体，主要表现在制造工艺与转矩密度及功率因数的矛盾上。结构简单的电机性能指标较低，但较易制造，性能指标高的电机结构复杂，但加工工艺困难。不同结构的横向磁通永磁电机都有各自的特点，并没有简单的优劣之分。要想提高横向磁通永磁电机的性能，需要从结构、铁心材料、加工工艺三个方面改进。因此，在现有的加工工艺水平下，应该主要从电机结构设计和铁心材料两个方面进行深入的研究。

在结构设计方面，目前国内外的横向磁通永磁电机的定子结构基本上采用圆周方向均匀分布的方式，每两个定子铁心之间存在较大的间隙，而在一定程度上造成空间浪费。可以考虑将定子做成一体的想法，同时通过计算选择合适的齿形与壁厚，进而使磁力线所通过的面积近似相等。采用这种思路，可以有效地减小电机尺寸，但同时也给加工、制造、装配工艺增加了难度。

在铁心材料方面，目前横向磁通永磁电机的定子一般为软铁、硅钢片或者软磁复合材料（SMC），可以根据不同的应用场合选择相应的材料。由硅钢片叠压制成的定子铁心制造简便、工艺性较好，要求定子形状规则且磁力线方向在同一个平面内，但工作频率受限制，适用于低频电机，采用软磁复合材料制成的定子铁心可以定向三维磁通，涡流损耗小，适用于高频电机，但饱和磁通密度和最大磁导率较低。结合不同的应用场合，选用适合的材料才能最大限度地发挥材料的性能。

207 横向磁通永磁电机的工作特性 这里通过简单结构电机主磁路中的闭合磁力线对横向磁通永磁电机的工作特性进行描述。图 9.7-17 为典型的聚磁结构横向磁通永磁电机，它采用双边结构，永磁体均匀地分布在转子表面，相邻的永磁体极性相反，磁通在 U 形定子铁心内磁力线所在平面垂直于电机的旋转方向。

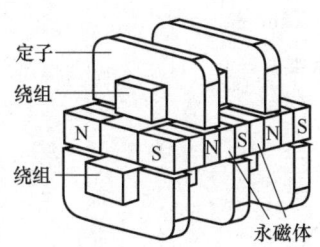

图 9.7-17 聚磁结构横向磁通永磁电机

当定子线圈通电时，U 形定子元件中会产生径向和轴向磁场，通过定子元件的一个齿部到转子，再到另一个齿部形成了磁力线回路。可以等效地把定子两个齿部看成两个不同的磁极，根据同性相斥、异性相吸的原理，定子磁场和转子永磁体产生的磁场相互作用，使转子转动。当转子每转过一个极距时，只要相应地改变线圈中的电流方向，就可以使转子连续转动。

横向磁通永磁电机的每相绕组环绕所有 U 形定子铁心，定子齿槽结构和电枢线圈在空间上相互垂直，因而铁心尺寸和通电线圈的大小相互独立，在一定范围内可以任意选择，这是横向磁通永磁电机的优势所在。由于定子各相之间没有耦合，便于设计为多相结构，具有良好的控制特性，同时由于横向磁通永磁电机具有较高的转矩密度，在相同转矩下，它的体积和重量相对于传统结构电机较小。

7.9 定子永磁型电机

208 定子永磁型电机的结构和特点 传统转子永磁型电机通常需要对转子采取特别加固措施以克服高速运转时的离心力，如安装由非金属纤维材料或不锈钢制成的套筒等，不仅导致其结构复杂、制造成本高，而且增大了等效气隙，降低了电机性能。同时，永磁体安放在转子上，散热困难。为克服上述转子永磁型电机的缺点，近年出现了将永磁体安置于定子侧的定子永磁型无刷电机，受到了日益广泛的关注。定子永磁型无刷电机的特点是永磁

体和电枢绕组均位于定子侧，方便对永磁体和电枢绕组直接冷却，且能通过"永磁+电励磁"的方式达成混合励磁模式，实现对电机气隙磁场的直接控制，获得宽范围的调速能力。此外电机的凸极转子既无永磁体也无绕组，结构简单可靠，适合高速运行，兼具功率密度高、效率高、容错性能好、控制灵活等特点。

早在 1955 年，美国学者 Rauch 和 Johnson 就开始研究永磁体放置于定子上的新型永磁无刷电机，为一台单相永磁发电机（见图 9.7-18）。

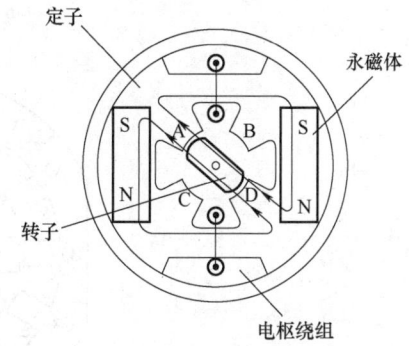

图 9.7-18 1955 年定子永磁型电机结构

（1）定子永磁型电机的结构 其三种典型结构分别为：双凸极永磁（Doubly-Salient Permanent Magnet, DSPM）电机；磁通反向永磁（Flux Reversal Permanent Magnet, FRPM）电机；磁通切换永磁（Flux-Switching Permanent Magnet, FSPM）电机。

1）双凸极永磁电机：切向充磁的永磁体内嵌在电机定子轭部。随着转子旋转，集中电枢绕组中会匝链单极性的永磁磁通，如图 9.7-19 和图 9.7-20 所示。通过转子的直槽和斜槽设计，可以分别得到近似方波的反电动势波形和正弦反电动势波形，可分别采用无刷直流（BLDC）和无刷正弦交流（BLAC）的控制。

2）磁通反向永磁电机：特点是将永磁体直接安装在定子齿表面。典型结构是在每个定子齿与气隙接触的表面安装两块磁化方向相反的永磁体，当转子旋转到不同极性的永磁体下面并与定子齿对齐时，永磁磁通就会在定子绕组中匝链极性和数值都随转子位置而变化的磁链并感应出电动势，如图 9.7-21 所示。

由于永磁体直接暴露在气隙中，因此相邻永磁体之间的漏磁较为严重，永磁体涡流损耗也较大，并且功率因数较低，这些因素在一定程度上限制了该电机的发展。

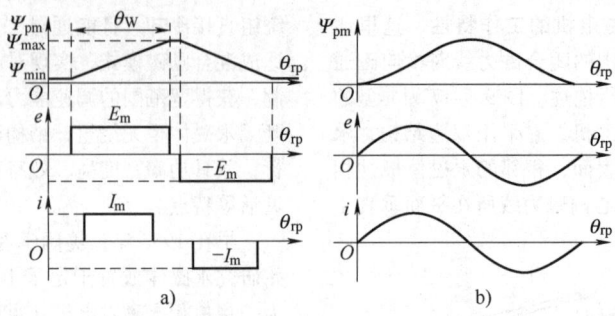

图 9.7-19　DSPM 电机运行原理

a) 转子直槽　b) 转子斜槽

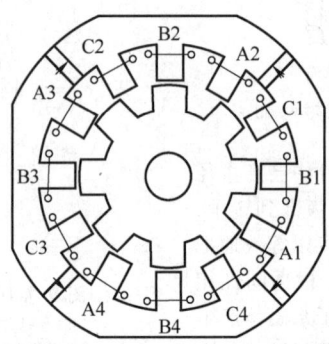

图 9.7-20　DSPM 电机结构示意图

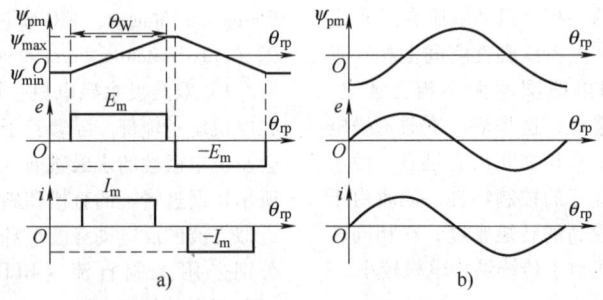

图 9.7-21　FRPM 电机运行原理

a) 转子直槽　b) 转子斜槽

3) 磁通切换永磁电机: 又名开关磁链永磁电机, 其结构特点是定子由多个 U 形导磁铁心单元依次紧贴拼装而成, 每两块导磁铁心单元之间嵌有一块永磁体, 永磁体沿切向交替充磁。U 形导磁铁心围成的定子槽中布置有电枢绕组。当转子齿与同一相线圈下分属于两个 U 形单元的定子齿分别对齐时, 绕组里匝链的永磁磁链极性会改变, 实现了所谓 "磁通切换", 如图 9.7-22 所示。因此, 随转子位置变化, 在磁通切换永磁电机的电枢绕组中会匝链交变的永磁磁链, 进而产生感应电动势。

三相磁通切换永磁电机的永磁磁链和空载电动势都比较正弦。此外, 磁通切换永磁电机有多种定转子齿槽配合方式。在绕组布置方式上, 磁通切换永磁电机还可分为全齿绕组和交替绕组等。图 9.7-23c、d 中的交替绕组结构, 在没有绕组的定子齿中不再插入永磁体, 相邻两个 E 形模块完全独立, 适合于模块化制造。

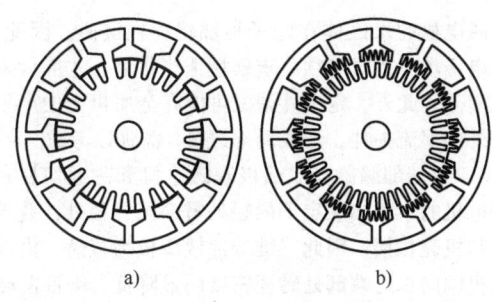

图 9.7-22 多级 FSPM 电机结构示意图
a）定子表贴式 b）定子内嵌式

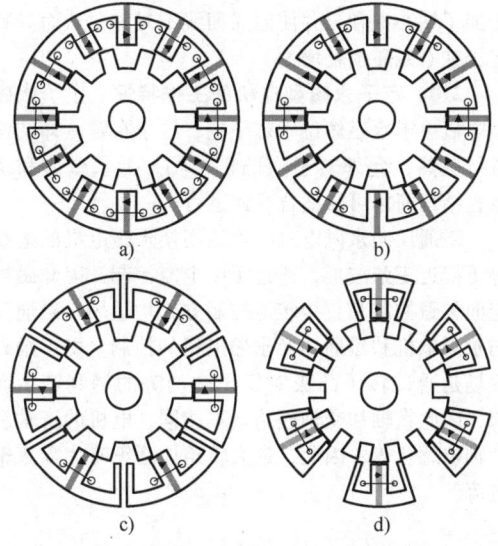

图 9.7-23 FSPM 电机全齿绕组和交替绕组模式
a）全齿绕组 b）交替绕组 1
c）交替绕组 2 d）交替绕组 3

（2）定子永磁型电机的特点 定子永磁型电机的三类拓扑在结构上既有共性，又有个体差异性（见表 9.7-4）。其共性主要体现在：

1）转矩产生机理相同。传统的直流电机、感应电机以及同步电机，都属于双边磁场电机，即励磁磁场与电枢磁场分属于电机定转子的不同侧，定转子之间的相对运动使电枢绕组中的磁链发生交变，从而感应出电动势，当电枢绕组中通入电流后，电流与电动势相互作用实现机电能量转换。而定子永磁型电机的励磁源和电枢绕组都位于定子，通过转子凸极对定子静止励磁源的调制作用，使定子绕组中的磁链发生交变，从而产生感应电动势与电磁转矩，实现机电能量转换。

2）定、转子铁心均为（准）凸极结构。

3）永磁体和电枢绕组均位于定子，方便对永磁体进行直接冷却，从而控制其温升。

4）凸极转子仅由导磁材料构成，无任何永磁体和绕组，结构简单可靠，并且易于和负载直接耦合。

5）电枢绕组多为集中式绕组，端部短，用铜少，绕组的电阻小，铜耗低。

另一方面，由于永磁体用量和布置方式不同，导致不同类型的定子永磁型电机呈现出不同的性能和特点。比如，双凸极永磁电机的永磁体用量较少，磁链为单极性，其转矩密度也相对较低；而磁通切换永磁电机的永磁体用量较多，并且磁链为双极性，其转矩密度较高。此外，感应电动势波形也不同，双凸极永磁电机电动势波形基本呈梯形波，更适合采用梯形波控制模式，而磁通反向和磁通切换永磁电机的电动势更接近正弦波形，更适合正弦电流控制方式等。

209 定子永磁型电机的设计特点 由于定子永磁型电机的结构和转矩产生机理与传统转子永磁型电机有明显区别，加上凸极齿尖等处的局部饱和明显，以及直流偏置磁场、定子外漏磁等特有的电磁现象，因此，定子永磁型电机的分析设计方法值得特别关注。表 9.7-4 中比较了三种定子永磁型电机的主要特性。

表 9.7-4 定子永磁型电机主要特性比较

特性	电机种类		
	双凸极永磁电机	磁通反向永磁电机	磁通切换永磁电机
转矩产生机理	定子直流励磁源与转子凸极效应相互作用产生电磁转矩，磁阻转矩可忽略不计		
定子	凸极铁心及永磁体和绕组		
转子	凸极铁心，直槽（可斜槽）		
电枢绕组	大部分为集中式绕组，少量为叠绕组		
永磁体位置	定子轭	定子齿表面	定子齿中
磁体用量	较少	中等	较多
永磁磁链极性	单极性	双极性	双极性
空载感应电动势	非正弦，正负不对称	非正弦，正负对称	正弦，正负对称
磁路	三相不对称	三相对称	三相对称
转矩密度	较低	中等	较高

$$D_{si}^2 l_e = \frac{P_2}{\frac{0.87\pi^2}{120} \frac{p_r}{p_s} k_d k_e k_i k_s A_s B_\delta n_s \eta}$$

式中 P_2——电机输出功率;

$\quad D_{si}$——定子内径;

$\quad l_e$——铁心叠长;

$\quad p_s$、p_r——双凸极永磁电机的定子齿数和转子齿数;

$\quad k_d$——梯形槽因子;

$\quad k_e$——电机电动势系数;

$\quad k_i$——电机电流波形因子;

$\quad k_s$——定转子电负荷的比值;

$\quad A_s$——定子线负荷;

$\quad B_\delta$——磁负荷;

$\quad n_s$——额定转速;

$\quad \eta$——电机效率。

定子永磁型电机的分析与设计方法主要有有限元法和磁网络法。有限元法计算精度高、适应性强,但工作量大、效率低。而磁网络法多采用等效磁网络建模方法,定子永磁型电机等效磁网络模型如图9.7-24所示。随着转子位置不同,该网络结构会自动改变。其中 p_{YS}、p_{PS}、p_{YR}、p_{PR} 分别为定子轭、定子齿、转子轭、转子齿的磁导; p_{PL}、p_{PYL}、p_{PM} 分别为定子极间漏磁导、定子轭漏磁导和永磁体漏磁导; F_A、F_{PM} 分别为电枢电流磁动势和永磁磁动势。

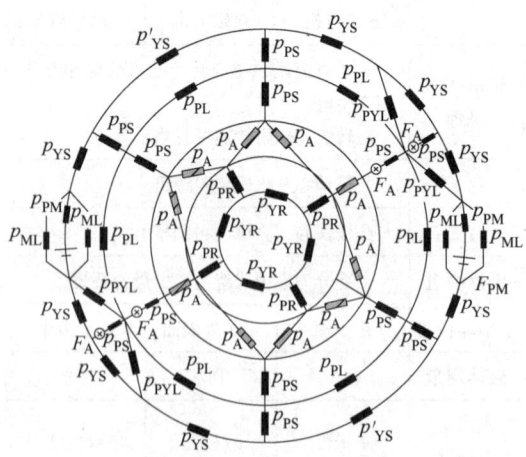

图 9.7-24 定子永磁型电机

定子永磁型电机由于永磁体位于定子,带来了一些转子永磁型电机所没有的特殊电磁现象,主要包括:

1) 定子外漏磁。双凸极永磁电机和磁通切换永磁电机的永磁体在定子轭部将存在漏磁。因此,在电磁场分析时必须将求解域适当扩展,才能计入此漏磁。此外,定子外漏磁可能在金属机壳中产生额外的涡流损耗,形成局部过热,需加以考虑。

2) 端部漏磁。双凸极永磁电机和磁通切换永磁电机的永磁体从定子内径处贯穿至外径处,并直接与机壳相接,因此三维端部效应较为显著。沿着电机轴向靠近端部处磁通密度明显降低。端部漏磁效应导致电枢绕组磁链损失 5%~15%。

3) 直流偏置磁场及其对铁耗的影响。永磁体位于电机定子使得定子铁心中存在直流偏置磁场,增加了铁心饱和,并使磁滞回线不对称,从而导致定子铁心磁滞损耗增大。

210 定子永磁型电机的工作特性 定子永磁型电机由于永磁体位于定子上,易于布置冷却结构进行散热,此外转子为凸极结构,无永磁体和绕组,结构简单可靠适合高速运行。

磁通反向永磁电机和磁通切换永磁电机的电动势更接近正弦波形,适合正弦电流控制,因此磁场定向矢量控制和直接转矩控制方式均适用于磁通反向永磁电机和磁通切换永磁电机的控制。由于励磁磁场是通过转子凸极对定子磁动势的调制产生而来,因此直轴和交轴磁路基本相同,电机的直轴和交轴电感相等,因此,最大转矩控制策略为零直轴电流。

7.10 定转子双永磁型电机

211 定转子双永磁型电机的结构和特点 为进一步提高电机功率密度,结合定子永磁型电机的优势,定转子双永磁型电机拓扑应运而生(见图9.7-25)。该电机的结构特点是:在定子侧和转子侧都布置有磁体,整个电机等效为转子永磁型电机与定子永磁型电机的巧妙结合,定子侧永磁电机遵循磁场调制原理工作,而转子侧永磁电机可以为常规转子永磁电机,也可以为磁场调制永磁游标电机。转子侧一般采用交替极结构,定子侧永磁体放置在槽口,多采用 Halbach 结构,即每一极永磁体由多块磁钢构成。绕组可采用单齿绕集中绕组,也可采用分布式重叠绕组。

定转子双永磁型电机结构的巧妙之处,是利用转子交替极结构的凸极去调制静止的定子永磁,产生定子永磁励磁磁场,与转子永磁体产生的磁场叠加共同形成励磁磁场。合成励磁磁场匝链定子电枢绕组,产生感应电动势,与电枢绕组电流作用产生

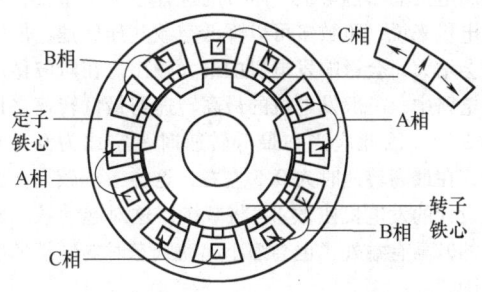

图 9.7-25 定转子双永磁型电机

电磁转矩。

由于励磁磁场由定子和转子两部分产生，因此即使某一部分永磁体出现退磁故障，仍能保证输出一定的转矩，因此具有较强的容错能力。

212 定转子双永磁型电机的设计特点 定转子双永磁型电机在设计时，需要兼顾定/转子永磁体的材料和磁化方式选择，尤其要注意永磁体的磁化方向，保证气隙磁场处于增强的状态。此外，要校核永磁体是否会发生退磁等，以及选择合适的极比以及绕组类型，兼顾转矩密度与功率因数。

213 定转子双永磁型电机的工作特性 定转子双永磁型电机的反电动势由定子和转子永磁体两部分激励产生，转矩也由两部分产生。因此，相比于单永磁电机，即使定子或者转子部分永磁体发生退磁故障，也能保证转矩的输出。因此，容错能力大为提高。与转子永磁型电机类似，定转子双永磁型电机的控制可以采用磁场定向矢量控制或直接转矩控制方式，且直轴和交轴电感基本相等，因此最大转矩控制策略为零直轴电流。

7.11 其他永磁电机

214 永磁直线电机 永磁直线电机是一种不需要中间转换装置而将电量转换为直线运动的机电元件，具有速度快、结构简单、工作稳定、灵敏度高、成本低等优点。永磁直线电机有多种形式，原则上对于每一种永磁旋转电机都有其相应的永磁直线电机。通常按照工作原理来分，可以分为永磁无刷和永磁同步直线电机；按结构分，可以分为平板形、圆筒形、U形永磁直线电机；按次级与初级的长短来分，可以分为长初级和短初级永磁直线电机。

永磁直线电机是由旋转电机演变而来的，其演变过程见图 9.7-26。

同电励磁交流电机一样，直线式永磁交流电机的初级 m 相绕组通入 m 相电流后，将自会产生一

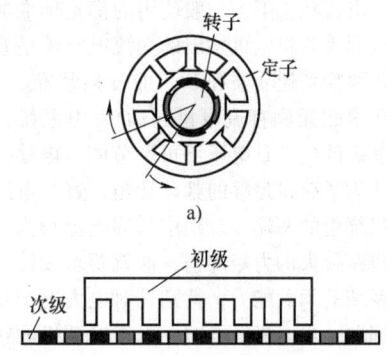

b)

图 9.7-26 永磁直线电机的形成
a）旋转电机 b）直线电机

个气隙基波磁场，但是这个磁场波是直线移动的，即为行波磁场，其速度 v_s 称为同步速度，且

$$v_s = 2\tau f$$

式中 τ——极距（m）；

f——绕组中电流的频率（Hz）。

行波磁场和永磁体产生的磁场相互作用会产生电磁力，若固定初级，则次级将沿着行波磁场方向以速度 v 做直线运动。当然改变初级绕组的通电相序即可改变次级运动的方向。

215 永磁起动/发电机[6] 随着电力电子技术的发展和新型电机的出现，起动/发电机系统受到越来越多的关注，在航天、汽车领域得到了广泛的应用。起动/发电机系统的基本思路就是利用电机的可逆原理，在发电机起动阶段，电机作为电动机运行，将电能转化为机械能，带动发电机起动。起动结束之后，发电机转化为原动机，电机转化为发电机运行，将机械能转化为电能。

大功率起动/发电系统，要求电机具有较高的功率密度、较高的效率和较宽的转速范围。此外，由于工作在发动机附近，振动与热环境较差，要求电机结构坚固。永磁电机作为起动/发电机相比传统电机在功率密度、效率、噪声、调速范围等方面有一定的优势，是近年来的研究热点。目前广泛使用的永磁无刷直流电机的起动/发电系统理论上是永磁无刷直流电动机和永磁同步发电机的结合。但要充当起动/发电双功能系统，设计时要兼顾两个方面来综合考虑。首先，对于电动机状态来说，由于没有机械换向器，绕组电流的换向要通过电力电子变换器来完成，为了测得转子的位置要添加位置传感器。起动时低压大电流、大转矩是难点。其

次，在发电机状态下，一般使用的都是标准的直流电压。因而需要将电机发出的交流电整流呈直流电输出，需要配备逆变器和DC-DC变换装置。

对于永磁无刷直流电机起动/发电系统，电机起动时使用的电源是电压不可调节的蓄电池。电机起动时，为了获得足够的起动转矩，直流电压直接加在电机绕组的两端，绕组中瞬间电流很大，对机械设备也有很大的力矩冲击，这就要求设计时要充分考虑系统的承载能力，特别是对电力电子变换器的选择问题。当电机发电时，由于发动机的转速并不是稳定的，这样就决定了发出来的电压并不是恒定的，整流出来的电压也不是标准电压，对于永磁电机来说，不能像传统的电励磁电机那样通过调节励磁来改变电压，这就需要通过控制在输出端进行调节，达到电压稳定的目的。另外，同样是因为永磁体的励磁，一旦绕组内部发生短路，也不能通过切断励磁的方式解决。故还需要一套机构使得短路时保证电机与发动机能可靠脱离。

稀土永磁无刷直流起动/发电机不是单独的电动机，也不是单独的发电机，而是两者的有机结合。因此在设计这种电机时，不能只考虑某一个状态，而要全面考虑，反复校核。一般情况下，需给出以下2种工作状态的性能指标要求。

1) 起动状态下的额定电压 U（DC）、空载转速 n、额定转速 n_{aN}、额定转矩 T_{aN}、额定电流 I_{aN}、工作状态为短时工作制。

2) 发电状态下的额定电压 $U\%$（DC）、工作转速范围、额定输出功率 P、过载能力、稳压精度、工作状态为连续工作制。

根据用户的要求，有时也需要给出起动时间和发动机的起动力矩曲线以及外形尺寸要求等。根据用户给出的性能指标要求，首先可以分别估算2种状态下电机需要的体积 V_1 和 V_2 并取其中较大者 $V=\{V_1, V_2\}$ 作为该电机的估算体积，然后进行发电机状态计算。待发电机状态计算完成后，电机的各种电磁参数已经完全确定（如匝数、线径、磁钢大小、极数等），对起动状态只能进行校核计算。在校核过程中，如发现某一个参数需要调整，则按起动状态所需参数进行调整，然后再校核发电机状态。如此反复校核，最终获得对两种状态都比较满意的计算结果。

在起动/发电机的设计过程中，要注意两者的匹配问题。在所有的参数中，磁钢和绕组匝数的选择十分重要。一般情况下，磁钢采用性能高的钐钴磁钢，这样不但可以提高电机的功率密度，还可以

提高电机的耐温等级。匝数的选择也非常重要，对发电机来说，匝数多可以降低空载建压转速，但感抗会增大，会影响发电机的最大输出。在斩波稳压的电路中，一般发电机的最高转速与最低转速之比为 2∶1，因此应当在最低转速时占空比为 0.9 左右，在最高转速时为 0.5 左右，这样效率较高。由此设计的发电机匝数 W_p 将减少，这对起动状态转速的升高有益处，也会缩小起动状态时弱磁扩速的范围。

216　永磁型平面电机　平面电机可以认为是直线电机在结构方面的一种演变，它可以看作是直线电机沿横向的扩展，将单一的直线运动演变成整个平面的运动。在转变的过程中，直线电机的初级和次级分别对应转变为二维平面内平面电机的动子（定子）和定子（动子）。动子和定子的磁场相互作用在平面内产生两种相互垂直作用的电磁推力，从而实现了平面电机的平面运动。永磁同步平面电机通常由永磁阵列、线圈阵列和支撑结构组成。永磁同步平面电机的电磁推力是永磁阵列产生的磁场与线圈阵列中的电流相互作用的结果。

根据永磁阵列和线圈阵列的布置方式，所有的永磁同步平面电机大体可以分为两种：一种是永磁阵列固定在动子上，线圈阵列固定在定子上，这种平面电机被称为动磁式永磁同步平面电机；另外一种正好与此相反，永磁阵列固定在定子上，线圈阵列固定在动子上，这种平面电机被称为动圈式永磁同步平面电机。这两种形式的电机在运行原理上没有本质的区别，只是在配件连接、散热等问题上具有不同的特点。

随着研究的深入，永磁同步平面电机呈现出了各式各样的结构形式。根据永磁阵列和线圈阵列的结构形式可以将目前各国学者提出的永磁同步平面电机大体分为组合式永磁同步平面电机、半组合式永磁同步平面电机、绕组层叠式永磁同步平面电机（见图9.7-27）和对称式永磁同步平面电机4类。

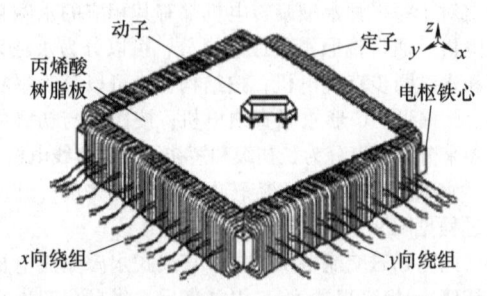

图 9.7-27　绕组层叠式平面电机整体结构示意图

7.12 永磁电机特有问题综述

217 永磁电机齿槽转矩概述和抑制措施[7]

永磁电机的齿槽转矩是指电枢绕组开路时，由永磁体产生的磁场与电枢齿槽作用产生的转矩。该转矩随转子位置改变呈现周期性变化，周期大小由永磁电机的磁极数与槽数决定。实际上齿槽转矩是转子转动时电机中的静磁能变化率。由于永磁体和铁心中的静磁能变化很小可以忽略，故电机的静磁能近似等于气隙中的静磁能。当铁心有齿槽时，磁场能量随定子和转子的相对位置发生变化，并向着磁能积变小的方向产生转矩，即齿槽转矩，从本质上而言是永磁体磁场与齿槽间的作用力的切向分量。齿槽转矩总是试图将转子定位在某一位置，又称齿槽定位转矩。齿槽转矩与定子电流无关，是定转子相对位置的函数，与电机齿槽的结构和尺寸有很大关系。准确考虑齿槽结构对电机气隙磁场的影响是分析计算齿槽转矩的关键。齿槽转矩引起永磁电机转矩和速度波动，使电机产生振动和噪声，当脉动转矩的频率与电枢电流谐振频率一致时，会产生共振，势必会放大齿槽转矩的振动和噪声，严重影响电机的定位精度和伺服性能，尤其在低速时影响更为严重。

永磁电机的定转子结构、气隙长度，以及定转子的配合，即极数和槽数配合等，都对齿槽转矩有一定的影响。综合国内外研究成果，抑制齿槽转矩的方法可归纳为三大类：第一，从定子结构考虑，改变定子铁心参数的方法；第二，从转子结构考虑，改变永磁极参数的方法；第三，从定转子结构配合考虑，即合理选择极数和槽数，也就是通常所说的极槽配合。

在工程实际中，永磁电机的加工装配必然会存在加工误差。定、转子加工误差或缺陷的存在将会对齿槽转矩产生一定的影响。

除通过优化电机本体的结构参数达到齿槽转矩最小化目的外，还可以从控制策略的角度着眼，通过先进的控制算法对齿槽转矩加以抵消，如依据经典控制理论的谐波电流控制、力矩观测控制等，是被动式的抑制方法。近几年来，随着计算机技术和人工智能技术的发展，现代智能控制理论，如自适应控制、专家系统、模糊控制，以及人工神经网络技术等，开始深入地应用于电机控制领域。

218 永磁体抗退磁能力分析[8]

不同的永磁材料，由于其化学结构、晶体结构等方面的不同，退磁机理不尽相同，以永磁电机中应用最广泛的烧结钕铁硼永磁材料为例，影响其发生不可逆退磁的主要因素有温度、外磁场、化学、振动、时效等。

为了防止永磁电机永磁体失磁，除了对永磁体本体进行改造外，在永磁体使用中一般从永磁材料选取、永磁电机设计、永磁电机装配工艺、永磁电机使用四个方面采取措施，降低失磁风险。对于永磁电机设计工作者主要从永磁电机设计及使用角度出发防止永磁体退磁，主要分为静态预防方案和动态监测技术。

静态预防方案是从电机设计角度出发，优化磁路，降低退磁风险。而静态预防技术在分析方法上又分为磁网络分析法、有限元分析法、磁场重建法、多领域综合仿真分析法。

永磁电机的永磁体退磁研究不仅在设计过程中进行仿真研究，防止永磁体退磁，很多学者还研究在电机运行中，即使用中进行动态监测永磁体的状态，监测永磁体是否发生退磁。而动态监测技术则又分为开环动态监测及动态监测辅助闭环控制两种类型。前者仅通过永磁电机的相关参数进行检测，进而间接得到永磁体的状态信息，并不采取闭环控制；后者则检测间接得到的永磁体状态信息，同时根据其状态信息进行动态控制，以防止发生更严重的退磁。

目前，虽然国内外对永磁电机防退磁技术进行了大量的研究，但是仍然存在一定的局限性，主要在于：

1）静态预防方案有助于从设计角度避免可能存在的失磁风险，但难以对电机运行中的不可逆退磁进行控制，属于离线分析方法；

2）动态监测技术可以动态监测永磁体的状态，但当监测到永磁体磁场状态有改变时，表明永磁体已经发生不可逆退磁现象，仅能动态防止电机退磁状况的恶化，并不能防止永磁体不可逆退磁的发生。

219 转子永磁体涡流损耗分析及降低措施

从产生因素角度，永磁体涡流损耗分为：①由于定子铁心开槽导致的磁导谐波产生的永磁体涡流损耗；②定子绕组分布，基波电流导致的空间谐波磁场产生的永磁体涡流损耗；③定子电流时间谐波产生的永磁体涡流损耗。

它有以下几个特点：

1）永磁体涡流损耗在永磁体中分布的总体趋势是表面大、四周大、中间小，四个端点的永磁体涡流损耗小；

2) 从产生因素角度分析，时间谐波是变频器供电永磁同步电机永磁体涡流损耗产生的主要因素；

3) 永磁体涡流损耗的分布受永磁体形状的影响，最大永磁体涡流损耗的位置在永磁体轴向和周向较长的边线上；

4) 通过涡流密度线，能够非常好地理解永磁体涡流损耗的分布特性；

5) 通过永磁体涡流损耗分块平均分布的方式确定了永磁体局部温升最热点在永磁体涡流损耗最大点附近，而非永磁体中间部位；

6) 对于轴向长度大于周向长度的永磁体，永磁体涡流损耗的周向分段平均分布是替代分块平均分布的更适用于工程计算的方法。

要想减少永磁体涡流损耗有两条途径：其一为尽量减少以上提到的产生磁场交变的激励源（但往往代价很大，甚至某些是电磁机理带来的如集中分数槽拓扑时，定子磁路的不对称是必需的）；其二为永磁体分段绝缘处理，提高涡流内阻，以减少涡流损耗。

第 8 章 磁阻电机

8.1 磁阻电机概述

220 磁阻电机分类及结构 磁阻电机是一种连续运行的电气传动装置，其结构及工作原理与传统的交、直流电机有很大的区别。它不依靠定、转子绕组电流所产生磁场的相互作用而产生转矩，而是依靠"磁阻最小原理"产生转矩。磁阻力矩的产生可用图9.8-1中磁力线被扭斜的形象加以描述。

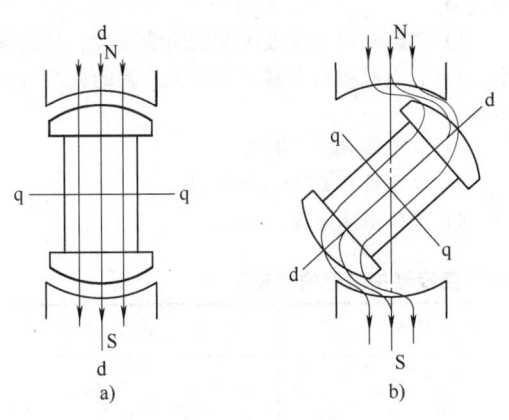

图 9.8-1 磁阻力矩产生原理

当磁阻式同步电机转子的 d 轴与定子的磁极中心线重合时，磁力线和 d 轴平行通过气隙、转子。但当转子处于图9.8-1b所示的位置时，磁力线被扭斜，而磁力线的闭合回路磁阻应最小，所以产生一个切向力 F，在切向力 F 的作用下，转子沿逆时针方向转动，力求回到图9.8-1a的状态。当定子为三相或二相或单相电容分相运行时，在空间产生一个旋转磁场，旋转磁场的旋转相当于图9.8-1中定子磁极 N、S 在空间旋转，转子不动则定子磁极和转子之间必然出现图9.8-1b所示的状态，切向力 F 必然产生，所以在 F 作用下转子沿旋转磁场方向旋转。

在转子旋转时，磁路的磁阻要有尽可能大的变化。因此此类电机的定、转子均采用双凸极结构，并用硅钢片叠制而成。在每个定子磁极上都装有简单的集中绕组，并把径向相对的两个定子磁极上的绕组以串联或并联的方式构成一相。在转子上无任何绕组，也无永磁体。按照电动机的相数，可分为奇数相和偶数相；按照电动机的磁路结构，可分为两极型长磁路结构和四极型短磁路结构；按照电动机的通电励磁模式，有单相励磁和多相励磁之分；按照电动机的结构特点，可以分为开关磁阻、同步磁阻、游标磁阻、永磁磁阻等电动机。

221 磁阻电机应用 依靠磁阻转矩工作的电机，由于结构简单、运行可靠，获得了广泛的应用。在某些情况下，这种电机或装置还有体积小、重量轻、出力大的优点，在众多领域得到了成功的开发应用。比较常用的开关磁阻电机的突出特点是效率高、节能效果好、调速范围广、无起动冲击电流、起动转矩大、控制灵活。此外还有结构简单、坚固可靠、成本低等优点。除在通用场合可以取代已有的电气传动调速系统（如直流调速、变频调速系统）外，还十分适用于运输车辆驱动、龙门刨床、各种机械等需要重载起动、频繁起动及正反转切换、长期低速运动等场合。而同步磁阻电机具有坚固可靠、高效节能、调速范围广、维护方便等特点。其转子上没有永磁体，没有失磁风险，效率长期稳定，满足工业自动化如纺织、风机水泵、传送带、交通运输等各个行业的调速驱动需求，是交流驱动领域的一种高性价比调速驱动解决方案。

8.2 开关磁阻电机

222 开关磁阻电机的基本结构、原理与特点
开关磁阻电机的定、转子均做成凸极。定子各极上绕有集中绕组，在径向相对两极处的绕组串联并构成一相；转子铁心上无绕组。定、转子冲片结构见图9.8-2。开关磁阻电机仍是一种执行用的微特电机，它实质上是一种高速大步距的磁阻式步进电机，因此其运行原理也就和磁阻式步进电机基本相同。原理区别在于开关磁阻电机必须有位置检测装置，以保持转子位置与各相励磁电流的导通有着严格对应关系，电流脉冲宽度可以任意调节；其控制器和驱动器也与磁阻式步进电机的有所不同。

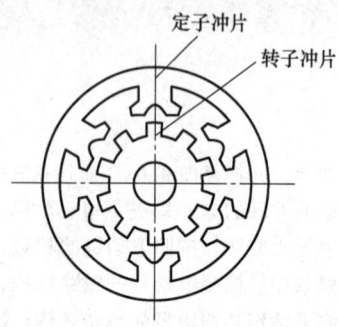

图 9.8-2 开关磁阻电机定、转子冲片结构

开关磁阻电机的定子极数 t_s、转子极数 t_r 及电机相数 m 应满足：$t_s = 2m$ 和 $t_r = 2(m\pm1)$。当 $t_r > t_s$ 时，转子转向与各相轮流通电形成的磁轴旋转方向相同；当 $t_r < t_s$ 时，转子旋转方向与磁轴旋转方向相反。为了尽可能地减小电感值，通常选取 $t_r < t_s$，即按 $t_r = 2(m-1)$ 关系选取 t_r 值。开关磁阻电机的相数一般取三或四相。

开关磁阻电机主要优点是：1）适应性强。可以通过对电流的导通、断开和电流幅值的控制，得到不同的转矩-转速、功率-转速特性。并能适应恒功率驱动、恒转矩驱动、泵类负载等各种驱动的需要。2）成本较低、可靠性高。电机结构较简单，转子无绕组适合于高速运行。转矩与电流极性无关，电流励磁只需单方向，驱动电路简单易做，质量易保证。3）电机损耗小。与其他伺服电机等执行部件相比，它能在较宽的调速范围内还可保证很高的效率。

但是，开关磁阻电机仍有振动和噪声稍大、转矩和转速波动较大、调速范围不够宽广等缺点。

223 开关磁阻电机功率变换器拓扑及设计

功率变换器是开关磁阻电机驱动系统的重要组成部分，其拓扑结构具有多种形式，区别主要在于回收绕组释放磁场能量的方法不同。表 9.8-1 给出了几种常用的功率变换器主电路的比较，在设计时可以参考。

224 开关磁阻电机线性模型及相电流磁链波形　在如下假设条件下可以得到开关磁阻电机的线性模型。

1）忽略磁通边缘效应和磁路非线性，且磁导率 $\mu = \infty$，因此绕组电感 L 是转子位置的分段线性函数。

2）忽略所有功率损耗。

3）功率管开关动作瞬时完成。

4）电机恒速运转。

表 9.8-1　开关磁阻电机常用的功率变换器主电路的比较

拓扑名称	电路拓扑	优点	缺点
不对称半桥式		相与相之间完全独立，效率高	每相需要两个主开关
双绕组式		能量回馈迅速，器件少，效率高	接线多，关断脉冲高，铜线利用率低

（续）

拓扑名称	电路拓扑	优点	缺点
分裂式		器件少，能量回馈迅速	相间独立性差，仅适用于偶数相，要求双极性电源
存储电容式		效率高	器件数量多，要用两个储能电容，关断角受限制
再生式		器件少，能量回馈迅速，效率高，易实现	需要附加一个开关，关断角受限制
最少主开关式		主开关器件少，可增加相数	相电流下降时间增加，两开关绕组的公共开关热耗大

绕组电感 L 与转子位置角 θ 的关系见图 9.8-3。其中，θ_u 为不对齐位置或最小电感位置；θ_1 为临界重叠位置；θ_{hr} 为半重叠位置；θ_a 为对齐位置或最大电感位置；θ_2 为定子励磁极刚好与转子磁极完全重叠位置（假设转子极宽度大于或等于定子磁极宽度）；θ_3 为定子励磁极与转子磁极临界脱离完全重叠的位置；θ_4 为定子时磁极后极边与转子极后极边临界相离的位置，故绕组电感与转子位移角的关系可用函数表示为

$$L(\theta)=\begin{cases} L_{min} & (\theta_{-1}\leqslant\theta\leqslant\theta_1) \\ K(\theta-\theta_1)+L_{min} & (\theta_1<\theta<\theta_2) \\ L_{max} & (\theta_2\leqslant\theta\leqslant\theta_3) \\ L_{max}-K(\theta-\theta_1) & (\theta_3<\theta\leqslant\theta_4) \end{cases}$$

式中 $K=\dfrac{L_{max}-L_{min}}{\theta_2-\theta_1}=\dfrac{L_{max}-L_{min}}{\beta_s}$；

β_s——定子磁极极弧。

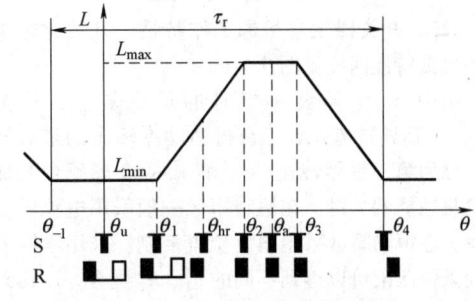

图 9.8-3　绕组电感 L 与转子位置角 θ 在转子极距 τ_r 内的关系曲线

一相绕组磁链波形在角度位置控制时为等腰三角波，在电流斩波控制时为梯形锯齿波，见图9.8-4。

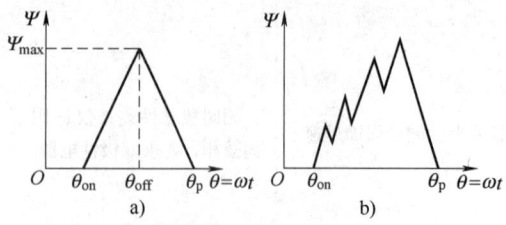

图9.8-4　一相绕组磁链波形
a）角度位置控制　b）电流斩波控制

求解磁链方程可得到绕组电流波形，对结构一定的电机，当转速、电压恒定时，绕组电流波形与控制参数有关，开通角对电流波形的影响尤为明显。图9.8-5为三种不同开通角的 θ_{on} 电流波形。

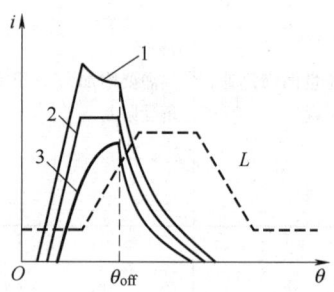

图9.8-5　角度位置控制、不同开通角时的
绕组电流波形
1—$\theta_{on} < \theta_2 - L_{min}/K$
2—$\theta_{on} = \theta_2 - L_{min}/K$
3—$\theta_{on} > \theta_2 - L_{min}/K$

在电机线性模型下，由电机机电关系式可推出其电机转矩表达式，即

$$T_e = \frac{1}{2} i^2 \frac{\partial L}{\partial \theta} = \frac{1}{2} i^2 \frac{dL}{d\theta}$$

225　开关磁阻电机的工作特性　开关磁阻电机的机械特性曲线见图9.8-6。

图中 n_1 是最大转矩时的最高转速，称为（第一）临界转速；n_2 是获得恒功率输出的最高转速，称为第二临界转速。n_1 和 n_2 的合理配合是保证电机性能的关键。在恒转矩区一般采用电流斩波控制，在恒功率区采用角度位置控制。采用不同的可控条件匹配可以得到不同的 n_1、n_2 配合，以得到所需要的机械特性。

226　开关磁阻电机起动及基本调速控制方法　为

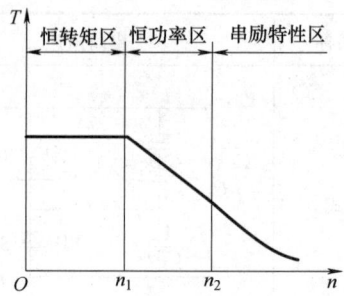

图9.8-6　开关磁阻电机典型机械特性

了避免过大的电流和磁链峰值，取得恒转矩的特性，开关磁阻电机起动时常采用电流斩波控制。使电机的 θ_{on} 和 θ_{off} 保持不变，通过控制斩波电流来调节电流的峰值，从而调节电机转矩和转速。电流斩波控制方式见图9.8-7。

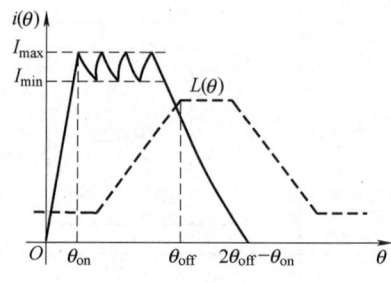

图9.8-7　电流斩波控制方式

当加在电机两端电压 U_s 大小不变时，可通过调节主开关器件的开通角 θ_{on} 和关断角 θ_{off} 来调速，此方法便称之为角度位置控制。角度位置控制是通过控制 θ_{on} 和 θ_{off} 来改变电流波形以及电流波形与绕组电感波形的相对位置，这样就可以改变电机的转速。角度位置控制简化波形见图9.8-8。

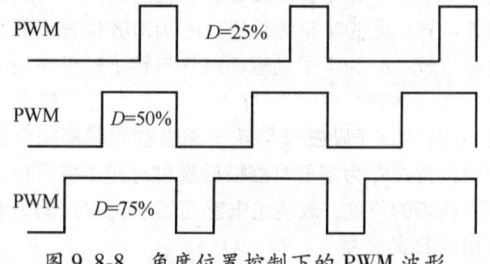

图9.8-8　角度位置控制下的PWM波形

当电机的开通角与关断角固定不变时，让功率变换器按脉冲宽度调制（PWM）的方式来工作。PWM波的周期固定不变，通过改变占空比的大小，调节施加在电机绕组两端的有效电压，从而达到调

节电流的目的，最终实现转矩、转速的调节，这便是电压斩波控制方式。图 9.8-9 为该控制方式下的绕组电流曲线。

227　开关磁阻电机控制系统　开关磁阻电机的驱动系统主要由电机本身、功率变换器（或称逆变器）、控制器和检测器等四部分组成，其框图见图 9.8-10。

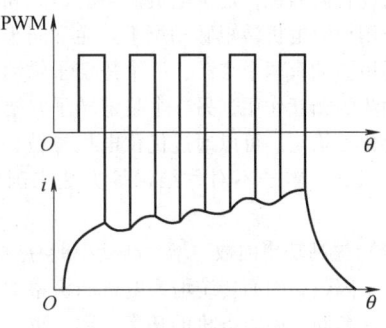

图 9.8-9　电压 PWM 控制方式

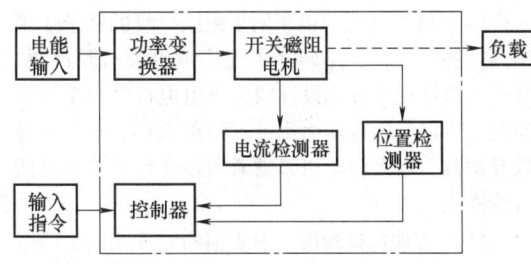

图 9.8-10　开关磁阻电机驱动系统框图

228　开关磁阻电机的工作特性　开关磁阻电机因其具有可靠性高、非常宽的调速范围、高效率、可缺相运行等优点，目前已经被成功应用于飞机电源系统、混合动力汽车的起动/发电机，以及风力发电系统。在起动/发电机领域，发动机点火之前，开关磁阻电机作为电动机来起动发动机；在点火之后，发动机又反过来带动开关磁阻电机发电。于是一台开关磁阻电机既具有起动功能，又具有发电功能。系统的控制框图可以采用图 9.8-11 的结构。该系统为双闭环控制结构，外环为电压环，内环为功率环。电压环的误差信号经调节后作为功率环的给定信号，功率环的误差由开关角度的调整来减小。在起动阶段，外环开环，内环用来控制相电流。为了加快起动过程，电流给定为电机允许的最大电流值。在发电阶段，外环调节使得输出电压恒定，内环功率调节加快了输出电压的动态响应。

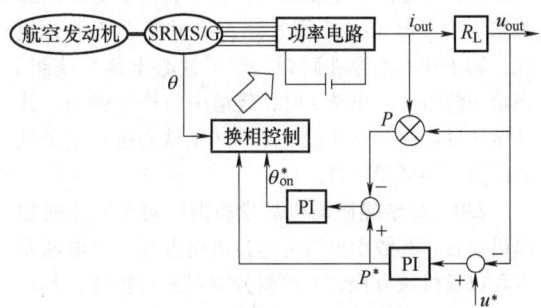

图 9.8-11　开关磁阻起动/发电机系统的控制框图

8.3　同步磁阻电机[9]

229　同步磁阻电机基本结构及原理　同步磁阻电机是通过 d 轴和 q 轴磁阻的差异产生转矩驱动的电机。从 20 世纪 20 年代发展到现在主要经历了三个阶段的发展，70 年代后提出讨论的"第三代同步磁阻电机"克服了前面二代电机凸极率、转矩密度、效率和功率因数低的缺点，其转子基本结构大致有两种。其中图 9.8-12a 为轴向叠压式转子，将导磁材料和非导磁材料按一定厚度比沿轴向交替叠压。由于叠片磁导率高度各向异性，这种转子能产生交大的凸极比，因而电机转矩密度、效率和功率因数都较高，但电机加工过程复杂，同时机械强度较低，因而工业推广受到限制。图 9.8-12b 为横向叠压式转子，通过在转子硅钢片中冲压多个空气磁障来产生 d 轴与 q 轴磁阻差异。这种电机加工成本低，更适合工业大批量生产。

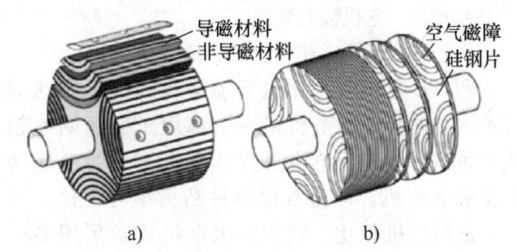

图 9.8-12　第三代同步磁阻电机转子
a）轴向叠压式　b）横向叠压式

同步磁阻电机的运行原理与开关磁阻电机一样，都是遵循磁阻最小原理，即磁通总是沿着磁阻最小的路径闭合。由于同步磁阻电机转子结构较为特殊，凸极性较大，导致不同的气隙位置对应的磁阻也不同，而磁通总是沿着磁阻最小的路径闭合，因此会产生磁阻转矩驱动电机转子转动。电机内部磁路由定子铁心、工作气隙、转子铁心三部分组成，转子铁心不存在励磁，定子铁心上绕有绕组。当定子绕组通入电流 i 时，绕组中将产生磁通，并从定子铁心的一端穿过气隙和转子铁心进入定子铁心的另一端形成闭合。

230　同步磁阻电机数学模型　对于同步磁阻电机而言，其数学模型可通过电路方程、机电联系方程以及机械方程这 3 种微分方程进行描述，其任意相电压平衡方程描述如下：

$$V=RI+\frac{\mathrm{d}\psi(\gamma,I)}{\mathrm{d}t}$$

式中　V、R、I、ψ——此相绕组的电压、电阻、电流以及磁链；

γ——转子位置角。

将力学定律作为理论依据，则转子的机械运动方程可表示为

$$T_z-T_d-\mu\omega_r=J_r\frac{\mathrm{d}\omega_r}{\mathrm{d}t}$$

式中　T_z——合成电磁转矩；

T_d——负载转矩；

μ——摩擦系数；

J_r——转子转动惯量；

ω_r——转子角速度。

同一般交流电机的工作特性相似，其电磁转矩的表达式可以表示为

$$T_M=\frac{3}{2}p_n(\psi_d i_q-\psi_q i_d)=\frac{3}{2}p_n i_d i_q(L_d-L_q)$$

$$=\frac{3}{2}\frac{p_n}{2}i_s^2(L_d-L_q)$$

式中　p_n——电机极对数；

i_s——定子三相电流合成矢量大小。

和异步电机常采用自起动运行和变频调速运行不同，同步磁阻电机基本上都用于变频调速领域。虽然同步磁阻电机可设计成带笼条的自起动同步磁阻电机，但通常以牺牲凸极率为代价。和开关磁阻电机相比，同步磁阻电机通常采用多层磁障结构的圆柱形转子。每一层磁块通过细薄的磁桥连接，转子鲁棒性和可靠性不如开关磁阻电机。同步磁阻电机驱动电路需要六桥臂的逆变器，控制方式需要 PWM 斩波形成的正弦电流，因而驱动器成本高、控制难度大。但额定工况下同步磁阻电机的转矩脉动更小、振动与噪声更低，因而效率往往更高。

231　同步磁阻电机设计特点　同步磁阻电机的设计主要从高性能、低成本角度出发，包括以下几个原则：

（1）增大转矩密度　同步磁阻电机的输出转矩正比于 d 轴与 q 轴电感差值，因而增大同步磁阻电机转矩密度的主旨在于提高电机 d 轴与 q 轴电感差值。

（2）削弱转矩脉动　由于同步磁阻电机转子表现出高度各向异性，定子电负荷中的谐波和转子凸极性作用导致电机转矩脉动严重。通常同步磁阻电机的转矩脉动有两个来源：一个是定子磁动势和转子磁动势的相互作用，另一个是定转子开槽引起的磁阻变化不均匀。可以通过优化电机参数、采用不同叠片组合、转子不对称结构等方法来削弱转矩脉动。

（3）提高功率因数　增大凸极率能有效提高电机的功率因数，因而传统增大电机凸极率的措施都可用于提高同步磁阻电机的功率因数。也可以在磁障中插入少量的永磁体辅助励磁，将同步磁阻电机变为永磁辅助同步磁阻电机。

（4）减小铁耗　由于同步磁阻电机的转子表现出高度各向异性，定转子磁通密度谐波含量严重，减小电机铁耗是优化设计同步磁阻电机的一个核心问题。可以采用合理优化磁障张角大小、定转子等效开槽数，增大转子相邻磁障间导磁块宽度等方法减少铁耗。

（5）增加机械强度　对于横向叠片式同步磁阻电机，磁障在转子铁心内，因而需要连接磁桥以维持电机运行时的机械强度。磁桥设计得过厚，转子凸极率显著减小，从而降低电磁性能；磁桥设计得过薄，电机机械应力增大。因而磁桥的设计是高电磁性能和强机械性能的权衡考虑。

232　同步磁阻电机应用　同步磁阻电机具有坚固可靠、高效节能、调速范围广、维护方便等特点。其转子上没有永磁体，没有失磁风险，效率长期稳定，能够在不增加电机成本的情况下提高电机效率，响应国家节能减排号召，满足工业自动化如纺织、风机水泵、传送带、交通运输等各个行业的调速驱动需求，是交流驱动领域的一种高性价比调速驱动解决方案，具有巨大的发展潜力。

8.4　游标磁阻电机

233　游标磁阻电机基本结构及原理　游标磁阻电机一般采用双凸极结构，定子齿数和转子齿数不相等。从磁导的角度来看，转子很小的位置移动

可以带来较大的气隙磁导轴线移动，与游标卡尺具有相似之处，故命名为游标电机。

根据绕组数量以及绕组的特点，大致可分为：

（1）双交流绕组游标磁阻电机　该电机定子上有两套三相绕组，其中一套为控制绕组，极对数 P_e；一套为功率绕组，极对数 P_a，如图 9.8-13 所示。定转子铁心也采用双凸极结构。这类电机需满足下述极对数关系：

$$N_s - N_r = P_a - P_e$$

式中　N_s、N_r——定子和转子槽数。

在转速发生变化时，通过调节控制绕组的电频率，可以维持功率绕组的频率维持不变，即机械转速和电频率满足下述关系：

$$\omega_r = \frac{\omega_a - \omega_e}{N_r}$$

式中　ω_a 和 ω_e——功率绕组和控制绕组的电频率；
　　　ω_r——转子的机械频率。

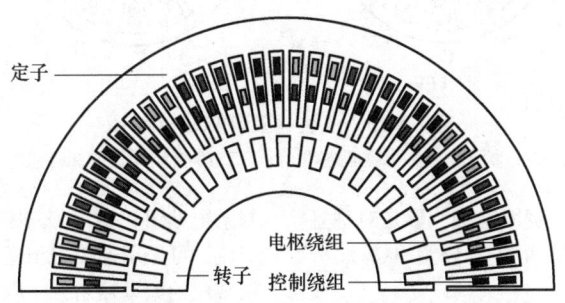

图 9.8-13　定子双交流绕组游标磁阻电机

双交流绕组游标磁阻电机也可将控制绕组放置于转子侧，但需要电刷和集电环等装置，可靠性有所降低。该电机在变速恒频发电，如风力发电等领域具有一定应用前景。

（2）定子直流励磁游标磁阻电机　仍采用双凸极结构，在定子上具有两套绕组，一套为均匀排布的直流励磁绕组，另一套为对称的电枢绕组，如图 9.8-14 所示。励磁和电枢绕组既可以为单齿绕集中绕组，也可以为整距绕组。电机的结构特点为：1）转子为凸极结构，无任何绕组和磁钢，无需集电环和电刷，适合高速运行，可靠性高；2）主要损耗都集中在定子上，有利于布置良好的冷却结构，提高电机的转矩密度；3）气隙磁场可以通过励磁电流灵活调节，电机调速范围宽，并且适合在不同工况下的效率优化。在航空起动发电、新能源汽车驱动等要求高速、环境恶劣的领域具有良好的应用前景。

该电机结构上存在三个电磁功能单元：

1）通入直流的励磁绕组——静止的励磁磁动势产生单元；

2）采用凸极结构的转子——旋转的磁导调制单元；

3）通入三相交流的三相电枢绕组——旋转电枢磁动势产生单元。

其工作原理为：首先，励磁绕组通入直流后在

气隙中产生一个多极的静止磁动势；在旋转转子凸极的调制作用下，在气隙中产生旋转励磁磁场，匝链电枢绕组，产生感应电动势；与电枢绕组所通入的对称交流作用产生平均转矩。

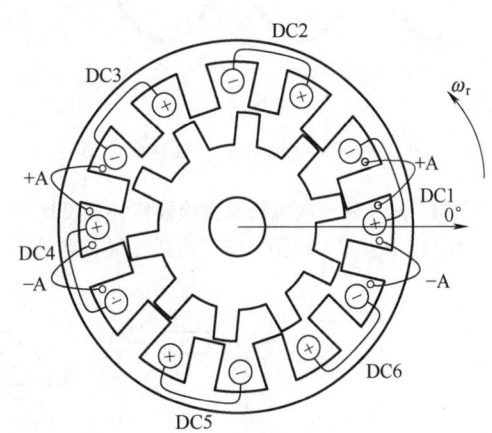

图 9.8-14　定子直流励磁游标磁阻电机

（3）直流偏置游标磁阻电机　采用双凸极结构，但定子上只有一套绕组，可视为是由定子直流励磁游标磁阻电机中的励磁绕组和电枢绕组合并而来，如图 9.8-15 所示。将电枢绕组的各相线圈按照特定的顺序连接，将直流和正弦交流通入到相同的线圈中，此时绕组中既含有直流分量也含有交流分量。电机的转矩产生原理与定子直流励磁游标磁阻

电机类似：绕组直流分量产生励磁磁场，在绕组中感应交流电动势，绕组交流分量与感应的电动势作用产生平均转矩。

该电机在大幅简化绕组结构的同时，由于充分利用了导体的通流能力，因此大幅度降低了铜耗，显著提高了电机的输出转矩能力。

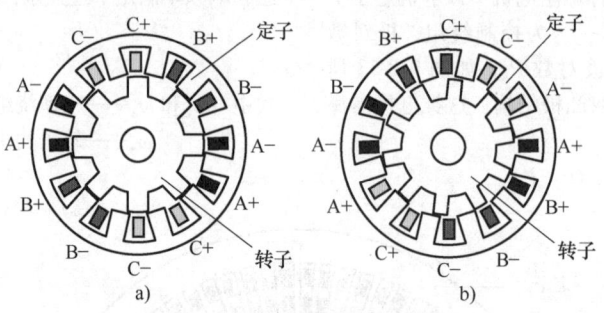

图 9.8-15 直流偏置游标磁阻电机

a）12/8 直流偏置游标磁阻电机 b）12/10 直流偏置游标磁阻电机

经理论分析，该电机的绕组电感波形是对称且单极性的。电感谐波主要为恒定分量和基波分量（见图 9.8-16）。

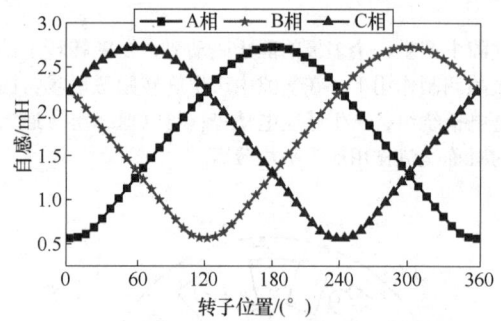

图 9.8-16 电机三相绕组自感波形

234 游标磁阻电机功率变换器拓扑及设计

1）定子直流励磁游标磁阻电机：最基本的控制系统见图 9.8-17。三相电枢绕组需通入三相对称交流，可采用通用三相逆变器供电，控制策略可采用常规的矢量控制方法以实现对电机的转速和转矩的控制，而励磁绕组需通入可调直流，可采用 DC/DC 变换器实现对励磁电流大小的控制。此外，也可以将励磁绕组的驱动桥臂与三相逆变器集成到一起。

2）直流偏置游标磁阻电机：针对不同槽极配合，由于线圈中通入的绕组需产生的磁动势极对数不同，因此存在不同的直流注入方式。当每相中的直流同向时，绕组电流为

$$i_A = I_{dc} + \sqrt{2}I_{ac}\sin(\omega_e t + \alpha)$$

$$i_B = I_{dc} + \sqrt{2}I_{ac}\sin\left(\omega_e t + \alpha - \frac{2}{3}\pi\right)$$

$$i_C = I_{dc} + \sqrt{2}I_{ac}\sin\left(\omega_e t + \alpha + \frac{2}{3}\pi\right)$$

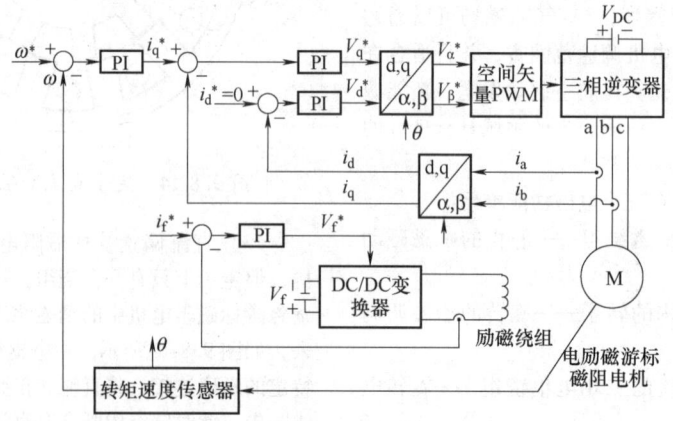

图 9.8-17 定子直流励磁游标磁阻电机控制系统框图

此外，也可将一相绕组的线圈分成两组，一组为正直流，另一组为负直流，绕组电流表达式为

$$i_{A+} = \sqrt{2}I_{ac}\sin(\omega_e t + \alpha) + I_{dc}$$

$$i_{A-} = \sqrt{2}I_{ac}\sin(\omega_e t + \alpha) - I_{dc}$$

$$i_{B+} = \sqrt{2}I_{ac}\sin(\omega_e t + \alpha - 2\pi/3) + I_{dc}$$

$$i_{B-} = \sqrt{2}I_{ac}\sin(\omega_e t + \alpha - 2\pi/3) - I_{dc}$$

$$i_{C+} = \sqrt{2}I_{ac}\sin(\omega_e t + \alpha + 2\pi/3) + I_{dc}$$

$$i_{C-} = \sqrt{2}I_{ac}\sin(\omega_e t + \alpha + 2\pi/3) - I_{dc}$$

对图 9.8-18a 和 b 的电机，所配套的变换器拓扑见图 9.8-19a，与开关磁阻电机类似；对图 9.8-18c~f 的电机，所配套的变换器拓扑为六相逆变电路，见图 9.8-18b，与一般的六相或双三相电机类似。

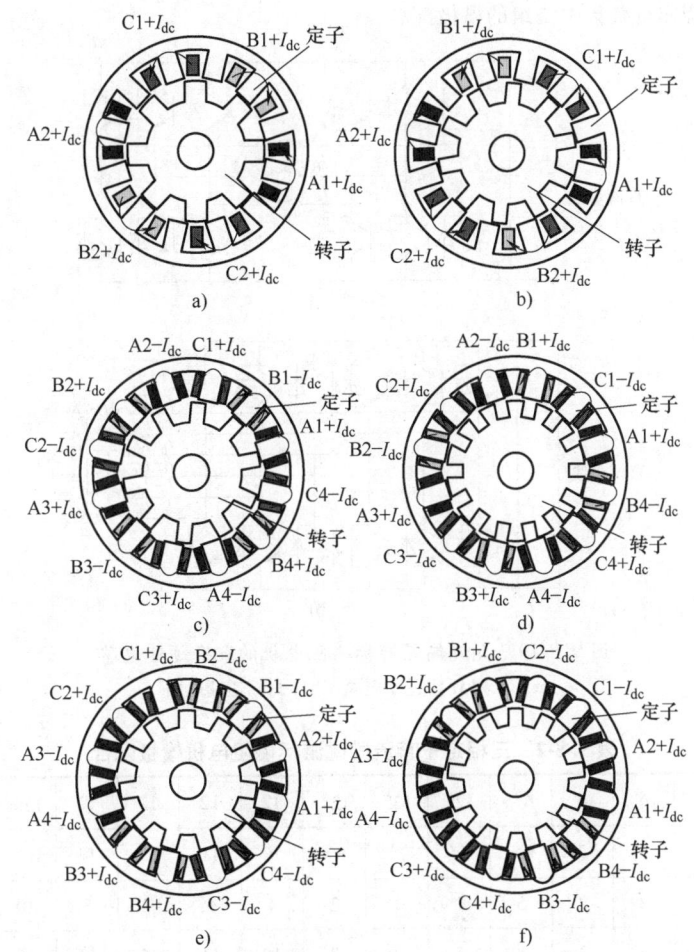

图 9.8-18　定子槽数为 12 的若干直流偏置
游标磁阻电机槽极配合

a）12/8 电机　b）12/10 单层绕组电机　c）12/10 双层绕组电机　d）12/14 电机
e）12/11 电机　f）12/13 电机

235　游标磁阻电机设计特点　游标磁阻电机在设计时，首先需要考虑的是选择合适的槽极配合，不同槽极配合的电机，其电磁特性差异很大。以定子直流励磁游标磁阻电机为例，其槽极配合关系为

$$\begin{cases} N_S = nm \\ N_s = 2n \\ p_a = |N_{dc} \mp N_r| \end{cases}$$

式中　　m——相数；

n——正整数。

为评估槽极配合对电机性能的影响，引入极比的定义。极比定义为：转子极对数与定子电枢绕组极对数之比，即

$$G_e = \frac{N_r}{p_a} \qquad (9.8\text{-}1)$$

根据式（9.8-1），表 9.8-2 中总结了三相定子直流励磁游标磁阻电机可行的槽极配合。其中符号"&"代表电枢绕组为叠绕组的槽极配合；"＊"代表电枢绕组为单齿绕非重叠集中绕组的槽极配合，

但绕组系数相对较低；其余的为绕组系数较高的非重叠集中绕组方案。同时还发现，对于非重叠集中绕组方案，当定转子槽数满足关系 $N_r = N_s \pm 1$，比如 6/5、6/7、12/11、12/13、18/17 以及 18/19 时，其绕组系数在非重叠集中绕组方案中最高。此外可以看出，分数槽非重叠集中绕组的极比一般都较低，不大于 4，而叠绕组的极比都较高，一般都大于 4。

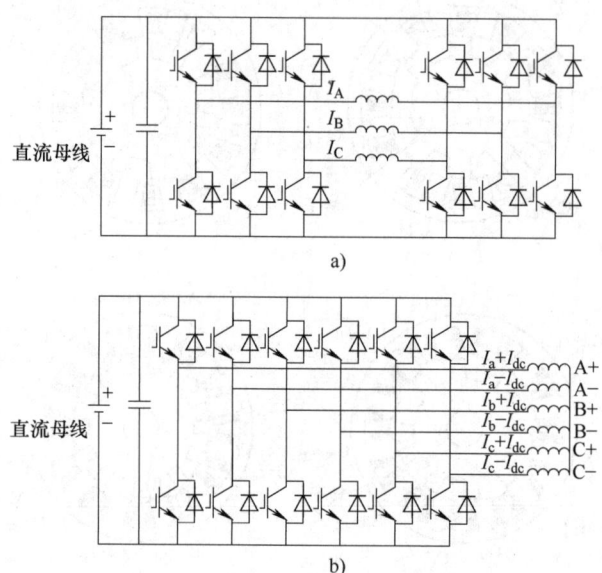

图 9.8-19　直流偏置游标磁阻电机的配套逆变电路

a) 三相 H 桥逆变电路　b) 六相逆变电路

表 9.8-2　三相定子直流励磁游标磁阻电机槽极配合

定子槽数	6&	6	6	6*	12&	12&	12&	12	12	12	12	12*	12&	12*	12&
转子槽数	4&	5	7	8*	5&	7&	8&	10	11	13	14	16*	16&	17*	17&
电枢绕组极对数	1	2	2	5	1	1	2	4	5	7	8	10	2	11	1
电频率倍数	4	5	7	8	5	7	8	10	11	13	14	16	16	17	17
每极每相槽数	1	1/2	1/4	1/5	2	2	1	1/2	2/5	2/7	1/4	1/5	1	2/11	2
线圈跨距	3	1	1	1	6	6	3	1	1	1	1	1	3	1	6
电枢绕组系数	1	0.866	0.866	0.5	0.966	0.966	1	0.866	0.933	0.933	0.866	0.5	1	0.5	0.966
极比	4/1	5/2	7/2	8/5	5/1	7/1	4/1	5/2	11/5	13/7	7/4	8/5	8/1	17/11	17/1
定子槽数	18&	18&	18&	18&	18	18&	18	18&	18	18	18&	18	18	18	18
转子槽数	7&	8&	10&	11&	11	12&	12	13&	13	14	14&	15	16	17	19
电枢绕组极对数	2	1	1	2	7	3	6	4	5	5	4	6	7	8	10

（续）

电频率倍数	7	8	10	11	11	12	12	13	13	14	14	15	16	17	19
每极每相槽数	3/2	3	3	3/2	3/7	1	1/2	3/4	3/5	3/5	3/4	1/2	3/7	3/8	3/10
线圈跨距	4	9	9	4	1	3	1	2	1	1	2	1	1	1	1
电枢绕组系数	0.945	0.960	0.960	0.945	0.902	1	0.866	0.945	0.735	0.735	0.945	0.866	0.902	0.945	0.945
极比	7/2	8/1	10/1	11/2	11/7	4/1	2/1	13/4	13/5	14/5	7/2	5/2	16/7	17/8	19/10

不同槽极配合电机的电磁性能各项指标差别很大。但其一般性规律如下：

1）采用单齿绕电枢绕组的槽极配合，极比较小；采用叠绕式电枢绕组的槽极配合，极比较大。极比越大，反电动势和转矩越高，但电机受铁心的饱和影响也越大，电机的非线性特性越明显。

2）齿槽转矩和转矩脉动可以由定子和转子槽数的组合来判定。定转子槽数的最小公倍数越大，齿槽转矩和转矩脉动越小，转矩品质越好。

3）功率因数与极比有关。极比越大，功率因数越低。

4）当转子槽数为奇数时，电机存在不平衡磁拉力的问题。且极比越大，不平衡磁拉力现象越严重。

236 游标磁阻电机工作特性　游标磁阻电机在结构上采用双凸极结构，转子无任何绕组，无需集电环和电刷，结构简单可靠。通过合理选择槽极配合，可以获得媲美传统交流电机一样的正弦电动势以及平滑的转矩波形。其不足之处是功率因数仍然偏低，电枢绕组采用正弦交流控制。

237 游标磁阻电机应用　游标磁阻电机在保留了开关磁阻电机结构优势的同时，提高了电机系统的特性。此外电机可靠性高，适合超高速运行，在航空航天、极端应用环境等具有一定的应用价值。

8.5 其他磁阻电机[10]

238 永磁辅助同步磁阻电机　该电机的转子通常采用内置式多层磁障结构来获得较高的磁阻转矩。图9.8-20为常见的3种转子结构，分别为V形、C形和U形转子。由于导磁桥的宽度通常较小，因此，转子的机械强度问题是永磁辅助同步磁阻电机设计和制造的难点之一。导磁桥设计的过厚会明显降低转子的凸极率，从而牺牲电机的转矩性能；导磁桥设计的过薄会导致电机的机械应力过

大，引起转子形变。综上，进行导磁桥设计时，必须综合考虑电机的电磁性能和机械强度。

另外，永磁辅助同步磁阻电机固有的高转矩脉动严重影响了转矩输出的平滑度，如何降低转矩脉动已成为电机设计者必须面临的难题。抑制转矩脉动的方法可以分为2大类，第1类方法是从电机本体设计入手，通过改善或改变电机的结构来优化电机磁场分布，进而削弱引起转矩脉动的主要谐波；第2类方法是从电机控制策略出发，通过优化控制策略来改善电机的电流波形，抑制电枢磁场谐波或在系统中特定位置对电机的转矩脉动进行反馈补偿，使得电机输出转矩更加平滑。

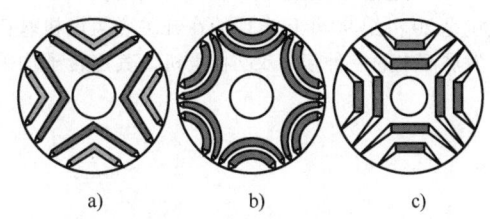

图 9.8-20　常见的3种转子结构
a）V形　b）C形　c）U形

与此同时，对永磁辅助同步磁阻电机的可靠性研究同样尤为关键。传统的三相电机在发生绕组开路、短路等故障时，电机输出转矩会急剧下降并伴随着剧烈振动，以至电机不能正常工作，甚至带来致命性影响，导致灾难性事故。因此，要求驱动电机在发生故障时具有一定的容错能力，从而使整个系统的工作性能不受或少受影响。

239 无刷双馈磁阻电机　磁阻型转子的无刷双馈电机具备笼型转子电机的大部分优点，且转子结构简单，制造成本低廉，吸引了越来越多的关注。该电机的定子结构与笼型转子电机一致，基本可以套用标准交流电机定子冲片。转子结构类似于同步磁阻电机的转子。其结构图见图9.8-21。

无刷双馈磁阻电机定子的绕组由2套极对数不

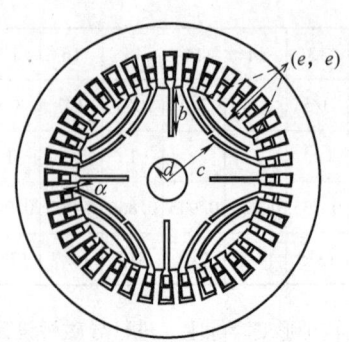

图 9.8-21 无刷双馈磁阻电机截面图

等的三相对称绕组构成,一套为功率绕组,极对数为 p_{p},接电网三相电源;另一套为控制绕组,极对数为 p_{c},接一个四象限运行的变频电源。2 套绕组在各自的电源激励下,p_{p} 对极旋转磁场在定子绕组中产生的感应电动势应在 p_{c} 对极绕组的 3 个出线端无电动势差,不会引起功率绕组的附加电流;同理,p_{c} 对极旋转磁场在定子绕组中的感应电动势也应在 p_{p} 对极绕组的出线端间无电动势差,不引起变频电源的附加电流。根据无刷双馈磁阻电机的原理,通常转子极数选择原则为 $p_{\mathrm{r}}=p_{\mathrm{c}}+p_{\mathrm{p}}$。

240 磁通切换型磁阻电机 磁通切换型磁阻电机是 20 世纪 90 年代出现的在开关磁阻电机基础上发展而来的一种新型双凸极电机。其定转子均采用凸极结构,转子上既无永磁体也无绕组,具有结构简单、适合高速运行、可靠性高等诸多优点。相对于开关磁阻电机还具有绕组利用率高、控制电路简单等优势。按其励磁方式的不同,可分为电励磁、永磁体励磁及混合励磁。混合励磁结构又可以分为串联混合励磁与并联混合励磁。

磁通切换型磁阻电机从出现发展到今日,不同研究机构及专家学者对该种新型电机进行了一系列的探索,推出了不同相数、不同结构以及不同励磁方式的磁通切换型磁阻电机。三相永磁磁通切换型磁阻电机因为优势突出其研究成果最为丰富,其典型结构见图 9.8-22。其研究的主要方向包括电机本体拓扑结构的研究、电机分析方法的研究、电机性能及优化的研究、电机机电一体化控制的研究等。

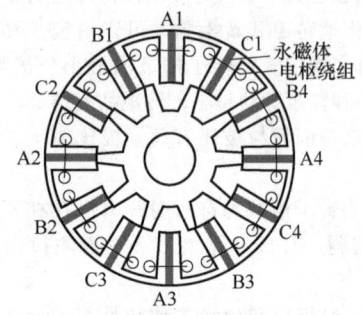

图 9.8-22 三相永磁磁通切换型磁阻电机截面图

第9章 小功率电动机

9.1 小功率电动机类型及特点

241 小功率电动机的类型 小功率电动机是指折算至 1 500r/min 时连续额定功率不超过 1.1kW 的电动机，亦称分马力电动机。按工作原理区分，其主要类型见表 9.9-1。

表 9.9-1 小功率电动机分类

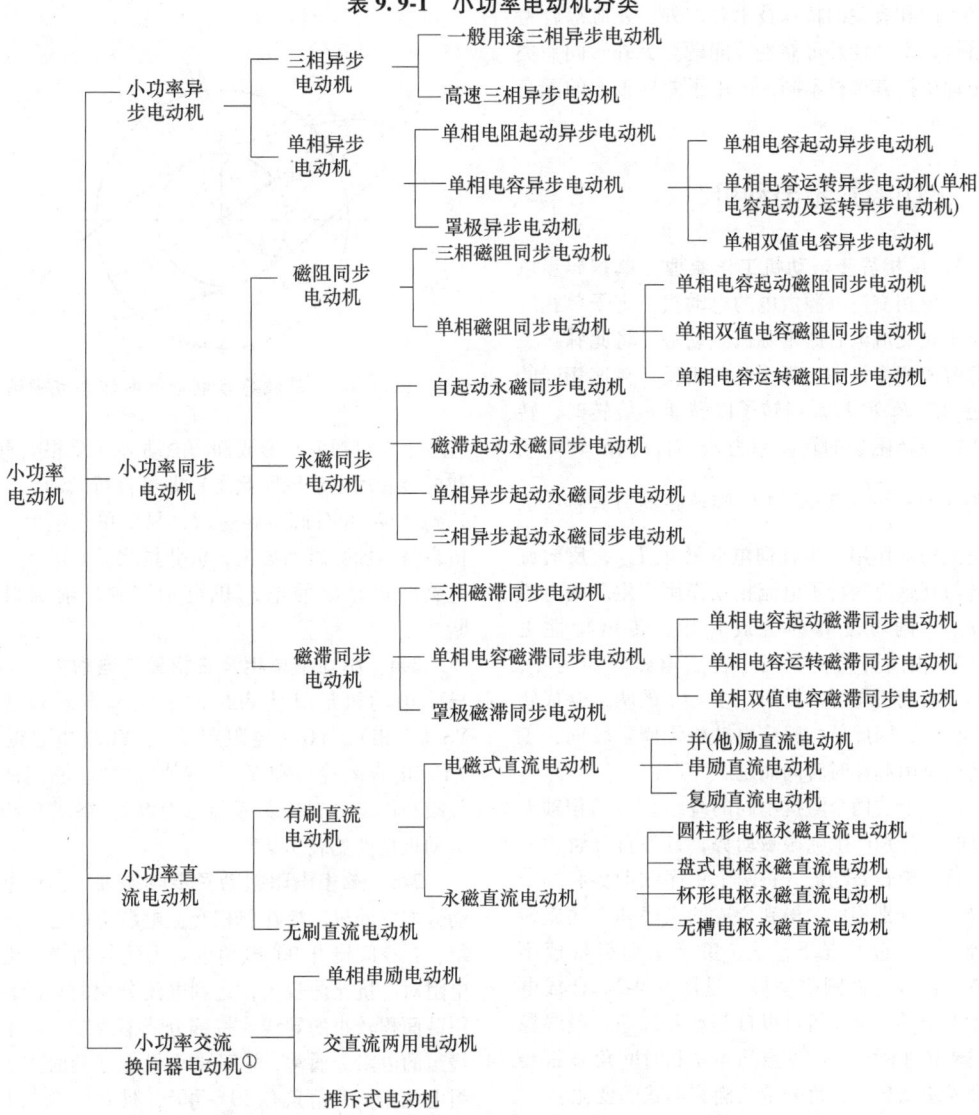

① 小功率交流换向器电动机是另一类异步电动机。

这类电动机广泛用于办公设备、音响器具、计时及定时器、园艺工具、家用电器、取暖及空调设备、车辆电器设备、自动控制及测试仪器、医疗器械、电动工具、小型机床、计算机以及其他工业、农业、交通乃至日常生活的各个方面。

242 小功率电动机的特点 小功率电动机的主要特点及基本技术要求为：1）规定用途和特殊用途的产品居多，其技术条件、型式、基本参数与尺寸等随配套主机的要求不同而异。2）产品多适用于单相电源及低压直流电源。3）产品设计要适应自动化、大批量生产的要求，并力求结构简单、体积小、质量小、价格低。要求产品的振动小、噪声小、安全性好。4）产品的制造与选用，除了要考虑基本的和有关的特殊技术要求外，还应综合考虑经济性、安全性及可靠性等问题。另外，同一类型的电动机按其选材不同，可用于差异很大的配套产品。

9.2　小功率异步电动机

243 单相异步电动机工作原理 单相异步电动机是由单相交流电源供电的电动机。定子单绕组通以单相交流电后产生脉振磁势，将此脉振磁动势分解成两个大小相等、转向相反、转速相同的旋转磁动势 F_f 和 F_b。当转子以转速 n 旋转时，转子对正向旋转磁场的转差率为 s，对反向旋转磁场的转差率为 $\frac{-n_s-n}{-n_s}=2-s$。正向旋转磁场与其感应的转子电流相互作用产生正向电磁转矩 T_{emf}，反向旋转磁场与其感应的转子电流相互作用产生反向电磁转矩 T_{emb}，两者之和为合成转矩。转矩特性见图 9.9-1。由图可见 $s=1$ 时，合成电磁转矩为零，单相异步电动机无起动转矩。在 $s=1$ 的两边合成转矩是对称的，因此单相感应电动机无固定转向，工作时转向将由起动时转向而定。

当定子上放两个阻抗不同的绕组且空间相轴夹角为 θ 时，分别产生脉振磁动势，且各自分解为一对正、负序旋转磁动势，将两个正序磁动势和两个负序磁动势分别相加，得到合成的正序和负序旋转磁动势。在一般情况下，正、负序磁动势幅值不等，最后合成为椭圆磁动势，见图 9.9-2。合成电磁转矩大于零，电动机可以自起动并加速，最终稳定在同步转速附近。改变空间角 θ 和时间角 φ 都会引起合成磁动势正、负分量及椭圆形状的变化。

因此，单绕组运行单相电动机只需要在起动时

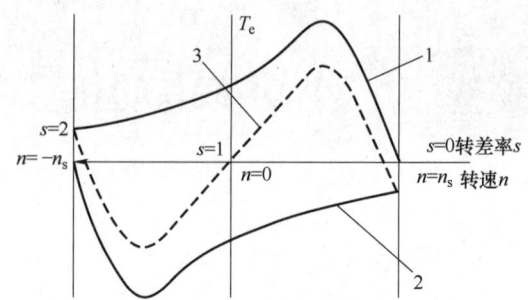

图 9.9-1　单绕组单相异步电动机转矩特性
1—正向电磁转矩 T_{emf}
2—反向电磁转矩 T_{emb}
3—合成电磁转矩

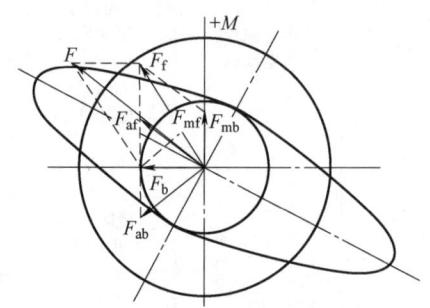

图 9.9-2　单相异步电动机气隙合成磁场

有一个绕组辅助它形成椭圆磁动势（单相电阻起动和电容起动电动机属此类）即可自行起动，当转速达到 70%～85% 同步转速时，只要单绕组单相电动机自身的椭圆磁动势正、负分量之差足够大，合成电磁转矩足以使电动机继续加速，辅绕组可以断开。

244 小功率单相及三相异步电动机 小功率异步电动机最具代表性的五大基本系列型号为 YS（三相）、YU（电阻起动）、YC（电容起动）、YY（电容运转）和 YL（双值电容），它们的功率等级和机座号对应关系见表 9.9-2。各类单相异步电动机特性见表 9.9-3。

245 单相电阻起动异步电动机 亦称电阻起动分相电动机。接在单相交流电源上的主、副两绕组，在空间错开 90° 电角度。为使其副绕组电路的电阻对电抗比值较大，达到电流分相的目的，常使用截面积较小的导线或将部分线圈反绕，以增大副绕组的电阻。通常，这种电动机在起动时主、副绕组电流相位差角只有 30°～40°，具有中等大小的起动转矩及较大的起动电流，常见产品的功率为 60～

370W，其价格较电容起动电机便宜。它适用于小型机床、鼓风机、医疗器械等。

表 9.9-2　小功率异步电动机基本系列功率等级和机座号

机座号	铁心代号	YS系列 同步转速/(r/min) 功率/W				YU系列 同步转速/(r/min) 功率/W		YC系列 同步转速/(r/min) 功率/W			YY系列 同步转速/(r/min) 功率/W		YL系列 同步转速/(r/min) 功率/W	
		3 000	1 500	1 000	750	3 000	1 500	3 000	1 500	1 000	3 000	1 500	3 000	1 500
45	1	10	10	—	—	—	—	—	—	—	16	10	—	—
	2	25	16	—	—	—	—	—	—	—	25	16	—	—
50	1	40	25	—	—	—	—	—	—	—	40	25	—	—
	2	60	40	—	—	—	—	—	—	—	60	40	—	—
56	1	90	60	—	—	—	—	—	—	—	90	60	—	—
	2	120	90	—	—	—	—	—	—	—	120	90	—	—
63	1	180	120	—	—	90	60	—	—	—	180	120	—	—
	2	250	180	—	—	120	90	—	—	—	250	180	—	—
71	1	370	250	180	90	180	120	180	120	—	370	250	370	250
	2	550	370	250	120	250	180	250	180	—	550	370	550	370
80	1	750	550	370	180	370	250	370	250	—	750	550	750	550
	2	1 100	750	550	250	550	370	550	370	—	1 100	750	1100	750
90	S	—	1 500	1 100	750	750	550	750	550	250	1 500	1 100	1 500	1 100
	L	—	2 200	1 500	1 100	1 100	750	1 100	750	370	2 000	1 500	2 200	1 500
100L	1	—	—	—	—	—	—	1 500	1 100	550	—	—	3 000	2 200
	2	—	—	—	—	—	—	2 200	1 500	750	—	—	—	3 000
112M		—	—	—	—	—	—	3 000	2 200	1 100	—	—	—	—
132	S	—	—	—	—	—	—	3 700	3 000	1 500	—	—	—	—
	M	—	—	—	—	—	—	3 700	2 200	—	—	—	—	—

246　单相电容起动异步电动机　起动时副绕组串接电容器与主绕组接到同一电源上，转速升高后副绕组电路即被切断。正确选择电容值，使副绕组电流相位接近超前于主绕组电流相位 $\pi/2$，此时起动电流较小而最初起动转矩较大。

通常，单相电容起动电动机单机的功率多在120W以上。功率过小时，电机性能反而变坏；3~4kW以下者已经系列生产；功率更大者，只在个别场合使用。它适用于小型空气压缩机、制冷压缩机、磨粉机、医疗器械及农业机械等需要高起动转矩的场合。

247　单相电容运转异步电动机　无论在起动或运转时，其副绕组与电容器值根据在给定负载下，使电机接近工作于圆形旋转磁场这个条件来选择，因而电机运行性能较好：效率及功率因数、过载能力都较高，噪声小，且接线简单、无起动开关，但起动转矩较小，空载或轻载运转时由于负序电流较大，电机温升较高。这类电动机广泛用于电风扇、洗衣机及空调器等要求起动转矩小且与工作机械固定连接的设备中，是用途最广的单相异步电动机。

表 9.9-3 各类单相异步电动机特性

电动机类型	电阻起动	电容起动	电容运转	电容起动运转	电阻起动
接线原理图					
机械特性曲线 $T/T_N=f(n)$；T/T_N—输出转矩倍数；T_N—额定输出转矩；n—转速					
最大转矩倍数	≥1.8	≥1.8	≥1.7	≥1.7	
堵转转矩倍数	0.8~1.7	2.0~3.0	0.30~0.60	1.7~1.8	
堵转电流倍数	6~9	4.5~6.5	5~5	4.5~6.5	
功率范围/W	60~1 100	120~3 700	6~2 200	250~3 000	
机座号	63~90	71~132	45~90	71~100	
额定电压/V	220	220	220	220	
同步转速/(r/min)	1 500、3 000	1 000、1 500/3 000	1 500、3 000	1 500、3 000	

9.3　小功率交流换向器电动机

248　小功率交流换向器电动机的类型与结构
小功率交流换向器电动机是指转子上带有换向器而且使用交流电源的小功率电动机,一般为单向。常用的小功率交流换向器电动机,其功率不大于1 500W。根据用途和结构特点,主要分为单相串励电动机、交直流两用电动机和推斥式电动机三种形式。其典型结构见图9.9-3。它用于电动工具、医疗器械、日用电器、小型机床等中。

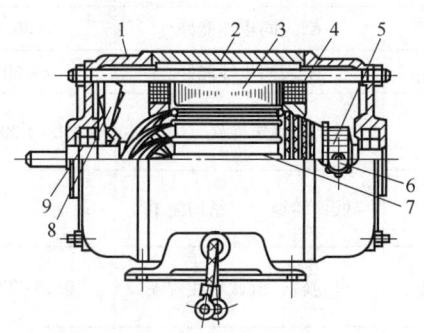

图 9.9-3　单相串励电动机结构
1—端盖　2—机壳　3—定子铁心　4—定子绕组
5—换向器　6—电刷装置　7—电枢
8—风扇　9—轴承

249　单相串励电动机原理　单相串励电动机定子多为一对凸极,电枢绕组为双层绕组,有换向器相接,有一对并联支路;励磁绕组与电枢绕组串联。功率较小的电机没有换向极;小功率电动机,可将电刷的位置逆转向移动一个角度,或者当电刷仍维持在磁极集合中心线位置,但电枢绕组元件与换相片的焊头位置顺着转向偏移1~2片,使电枢绕组轴线逆转向移位10°~30°。

单相串励电动机的定子绕组与电枢绕组是串联的。当电源交变时,定子磁场的极性和转子电流或由其产生的磁场同时变换方向,根据左手定则,电磁力的方向不会改变,转子始终维持一个恒定的转向。电动机的转速与技术和电源频率之间也没有严格的关系,即转速不受电源频率的限制,因此单相串励电动机的转速可以在大范围内进行调节。

250　串励电动机的工作特性　在给定的外施电压条件下,单相串励电动机的转速、电流、输出功率、效率、功率因数和转矩的关系称为工作特性,见图9.9-4。

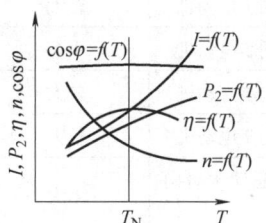

图 9.9-4　串励电动机工作特性

251　串励电动机的调速　串励电动机转速主要与端电压及励磁磁通相关,调节励磁或端电压均可以实现调速。利用自耦变压器向电动机供电或在电动机供电回路中串联抽头分级的电抗器,可以方便地调节串励电动机的转速。在电动机供电回路中串接平滑可调的电阻器或分级的电阻器,也可以实现调速。串励电动机比较理想的调速方法是,通过在主回路中串接晶闸管或经全波整流后再串接晶闸管,用调节晶闸管的触发延迟角改变直流电压的平均值进行调速。

9.4　小功率电动机应用

252　电动机类型的选用　应根据电源、负载功率、转速、环境条件、对机械特性的要求及其他要求来选用适当类型的电动机。各种小功率电动机的特点及应用见表9.9-4。

表 9.9-4　小功率电动机的特点及应用

电机种类	性能特点				功率范围/W
	起动转矩	力能指标	转速特点	其他	
三相异步电动机	较大 $T_{st0} > 2.2$	高	变化不大	可逆转	10 以上
单相电阻起动异步电动机	中等 $T_{st0} = 1.1 \sim 1.6$	不高	变化不大	可逆转,起动电流大	60 ~ 370
单相电容起动异步电动机	大 $T_{st0} = 2.5 \sim 2.8$	不高	变化不大	起动电流中等,可逆转	120 ~ 370

（续）

电机种类	性能特点				功率范围/W
	起动转矩	力能指标	转速特点	其他	
单相电容运转异步电动机	小 $T_{st0}=0.35\sim0.6$	高	可调速	噪声低，可逆转，不宜轻载运行	$6\sim1\,100$
单相双值电容异步电动机	大 $T_{st0}>1.8$	高	可调速	噪声低	$180\sim3\,000$
罩极异步电动机	小 $T_{st0}<0.5$	低	可调速	不能逆转	$2\sim40$
三相磁阻同步电动机	较大	不高	恒定	—	$40\sim550$
单相磁阻同步电动机	中等	不高	恒定	—	$60\sim370$
三相磁滞同步电动机	较大	较低	恒定	牵入同步性能好	$6\sim80$
单相磁滞同步电动机	较大	较低	恒定	牵入同步性能好	$0.6\sim60$
三相异步起动永磁同步电动机	不大	高	恒定	稳定性好	$250\sim4\,000$
单相爪极式永磁同步电动机	小	低	恒定	低速转矩大，结构简单	小于3
永磁直流电动机	较大 $T_{st0}=21\sim5$	高	可调速	可逆转，机械特性较硬	$0.15\sim77$
单相串励电动机	大	高	调速宽、转速高	可逆转，机械特性软	$8\sim750$
无刷直流电动机	较大	高	可调速	无火花，噪声低	—

电机种类	转速[1]/(r/min)	同机座号电机功率约数	典型应用
三相异步电动机	3 000、1 500	100	有三相电源场所，如小型机床、泵、电站
单相电阻起动异步电动机	3 000、1 500	50	低惯量、不常起动、转速基本不变的机械，如小车床、鼓风机、医疗器械
单相电容起动异步电动机	3 000、1 500	50	驱动空压机、泵、制冷压缩机等要求负载起动的机械
单相电容运转异步电动机	3 000、1 500	75	直接与工作机械连接，要求噪声低的场合，如风扇、通风机、洗衣机
单相双值电容异步电动机	3 000、1 500	80~100	负载起动及要求噪声低的场合，如小型机床、泵、家用电器
罩极异步电动机	3 000、1 500	25	起动转矩要求不高、运行时间短的场合，如排风扇、排风机、小型器械
三相磁阻同步电动机	3 000、1 500	67	用于功率较大的恒转速驱动，如音响、摄影、通信装置
单相磁阻同步电动机	3 000、1 500	32~50	同途同上，电源为单相
三相磁滞同步电动机	3 000、1 500	45~50	自动记录装置、音响装置、仪表等驱动

（续）

电机种类	转速[1]/(r/min)	同机座号电机功率约数	典型应用
单相磁滞同步电动机	3 000、1 500	35~40	录音机、自动记录装置、音响设备、仪器仪表驱动
三相异步起动永磁同步电动机	3 000、1 500	80~100	恒速连续工作机械的驱动，如化纤、纺织机械
单相爪极式永磁同步电动机	375~500	—	低速或恒速驱动，如转页式风扇、自动记录仪表等
永磁直流电动机	1 500~3 000、3 000~120 000	65~70	小功率直流驱动，如摄影、电动玩具、电动工具、汽车电器、音响设备
单相串励电动机	4 000~20 000	110~160	转速随负载变化或高速驱动，如电动工具、吸尘器等
无刷直流电动机	—	—	要求低噪声、无火花场合，如宇航设备、摄影机等

① 对异步电动机指同步转速。

第10章 微特电机

10.1 微特电机概述

253 微特电机的分类和用途 微特电机主要包括控制微电机和一些特殊微电机,被用于自动系统和计算装置中实现信号(有时为能量)的检测、解算、执行、转换或放大等功能。微特电机的功率一般从数百毫瓦到数百瓦,质量从数十克到数千克,机座外径不足130mm。

常规旋转电机偏重于起动和运行时的力能指标。而微特电机则偏重于特性的高精度、可靠性和快速响应。随着科学技术的进步,微特电机应用领域不断地被拓宽,微特电机的技术趋向更高层次地发展。

根据微特电机的功能,大致可分为以下五类:1)测位用微特电机。如自整角机、旋转变压器、感应同步器、感应移相器和编码器等,它可将机械角度或位移进行直接指示、变换或远距离传输,有的还可以作为解算元件。2)测速用微电机。如交流和直流的测速发电机,它可将机械转角转换成电压或脉冲信号输出,也可作为解算和阻尼元件。3)执行用微电机。如交流和直流伺服电动机、步进电动机、力矩电动机和无刷直流电动机以及开关磁阻电动机等。它可快速准确地执行频繁变化的指令,带动负载去完成规定动作,即将控制电信号(或电脉冲)转换为机械转动信号。4)特殊微特电机。如低速永磁同步电动机、谐波电动机、静电电动机、超声波电动机、磁性编码器等,它们具有特殊的结构和原理及运行方式,按不同的性能和特点分别适用于相应的特殊场合。5)放大用微特电机。如电机扩大机和磁放大器,可对输入量或反馈量进行放大、校正或变换,以控制执行元件按照预定要求运动。

254 自控系统对微特电机的要求

(1)可靠性高 系统中元器件的高可靠性是确保系统高可靠性的基础,因此要求使用中的微特电机能在恶劣环境(高空、高温、高湿、冲击和振动)下仍可靠地工作,失效率最低。

(2)精度高 测位和测速用的微特电机的精度,主要用静态误差、动态误差和工作环境的变化、电源电压及频率变化引起输出特性的漂移等指标来考查;执行用和放大用的微特电机的精度,主要用线性度和不灵敏区等指标来考查。微特电机的精度对自动控制系统的精度有直接影响,故高精度的自动控制系统必须有相应高精度的微特电机来支撑。

(3)响应快速 尤其是执行用微特电机要具备快速响应的能力。表征响应快速的主要指标有机电时间常数、最大理论加速度和功率变化率等。微特电机对信号的响应能力远低于同系统中的其他元器件,因此几项主要指标是决定系统既响应快速又工作可靠的关键因素。

10.2 测速发电机

255 测速发电机的分类、特点和用途 测速发电机是一种将机械转速转换为电信号的机电元件。它分为直流和交流两类。直流测速发电机又有他励、永磁及无刷几种,其结构和工作原理与普通小型直流发电机相同,若作为解算元件,则要求其输出电压的线性误差和温度误差更小。交流测速发电机又分为同步和异步两种。同步测速发电机包括永磁式、感应子式和脉冲式,它们的特点是除输出电压的幅值与转速成正比外,频率也随转速而变化。异步测速发电机中应用最广的是杯型(非笼型)转子异步测速发电机,其结构见图9.10-1。转子是由高电阻的非磁性金属(如硅锰青铜)制成的薄壁杯,杯型内外侧的内定子和外定子铁心构成了磁路。定子上嵌有空间相差90°电角度的两相绕组即励磁绕组和输出绕组。其工作原理见图9.10-2,当以频率f、电压U_1施加在励磁绕组W_1后,内、外定子间的气隙中会产生一个与W_1轴线一致、频率为f的脉振磁通Φ_1。转子堵转时,Φ_1与输出绕组W_2轴线垂直,则W_2不会感应电动势。转子旋转时，杯型转子切割磁通 Φ_1，从而在转子中产生与转速成正比的电动势和电流，此电流产生脉振磁通 Φ_2，其频率与励磁频率 f 相同。Φ_2 幅值的位置在空间是固定的并与 W_2 轴线重合，Φ_2 在 W_2 中感应出频率为 f 的输出电压 U_2。U_2 的大小与转子转速 n 成正比，而 f 与 n 却无关。转向相反时，输出电压的相位也相反。

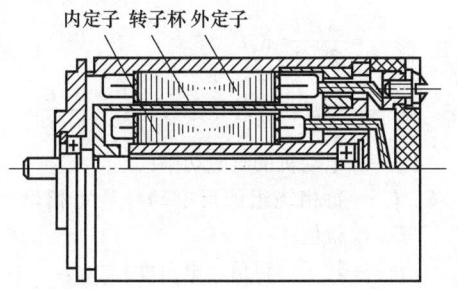

图 9.10-1　杯型转子异步测速发电机结构

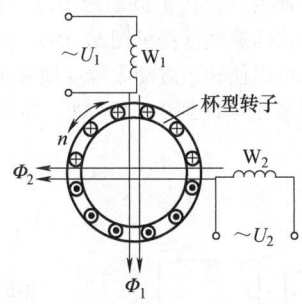

图 9.10-2　杯型转子异步测速发电机原理图

测速发电机在系统中的主要用途及系统对它的要求如下：1）作阻尼元件：要求输出斜率尽可能大；2）作解算元件（即进行微积分运算时）：要求线性误差小、温度误差小；3）作测量元件：要求测速时的线性误差小，并有相当的输出斜率。

256　测速发电机输出斜率、最大线性工作转速和线性误差

（1）输出斜率 u_n　它是额定励磁时测速发电机单位转速（1 000r/min）产生的输出电压。

（2）最大线性工作转速　交、直流测速发电机工作时都限定在一定转速范围之内，其最高工作转速被称为最大线性工作转速。异步测速发电机的最大线性工作转速一般设计在同步转速的 25%～30% 范围内；直流测速发电机的最大线性工作转速规定为额定转速。

（3）线性误差 δ_L（%）　它是测速发电机在最大线性工作转速范围内，实际与理想输出电压之差

对最大线性工作转速时输出电压之比。

交、直流测速发电机的产品质量标准应分别符合 JB/T 56023—1992 和 GB/T 13633—2015 标准。

10.3　伺服电动机

257　伺服电动机的特点、类型和用途　伺服电动机是一种将控制电压信号转换为机械转动或位移的执行元件，分为交、直流两类。交流伺服电动机又分为同步型和异步型两类。

同步型永磁交流伺服电动机已广泛应用于高性能的伺服系统，是目前伺服领域中发展最快的一个分支。20 世纪 80 年代后开始飞跃，它融电机与控制于一体，技术含量高，控制性能好。它属于一个整体系统，该系统由永磁电机本体、驱动器、控制器、编码器（或叫位置传感器和速度传感器）等组成。按电机本体的结构形式将该电机分为圆柱形和盘式两种结构。按驱动器的控制方式又可将其分为矩形波驱动和正弦波驱动两种方式。典型的电机本体定子槽中布有三相对称绕组，转子磁轭表面贴有小块永磁体，在其外面缠绕玻璃纤维带，且用树脂固化。同步型永磁交流伺服电动机的机械特性与异步变频调速类似，较低速时具有恒转矩特性；较高速时具有恒功率特性。

异步型交流伺服电动机分为杯型转子和笼型转子两种。该伺服电动机的两相控制电信号均为交流电压。杯型转子用非磁性的铝、铜或铁磁性的钢制成，定子分为内、外定子两部分，内定子铁心为圆柱形且无绕组；外定子铁心中嵌有空间相差 90° 电角度的两相绕组（即励磁绕组和控制绕组）。杯型转子在内、外定子铁心间的气隙中自由转动，由于转子的转动惯量小，没有齿和槽，故运转平滑，响应快速，但其励磁电流和体积都较笼型转子的稍大。笼型伺服电动机的工作原理与两相异步电动机相同。定子与前者的定子相同。当定子励磁绕组外加电压 U_j 后，控制绕组只要存在控制信号电压 U_k（$\dot{U}_k$ 与 $\dot{U}_j$ 相位差一般为 90°），电机便产生旋转磁场使之转动。为了减小转动惯量，笼型转子铁心的直径与轴向长度之比要小。笼型转子交流伺服电动机结构简单、坚固耐用，但由于其定、转子均有齿和槽，故在低速运行（即 U_k 小）时不够平滑。两相交流伺服电动机的移相方法可以在励磁相中串、并联电容器；也可以通过观察示波器波形选择可调电容器的电容值。为了改善控制相的功率因数，也可在控制相并联电容 C_k。但 C_k 不能过大，

否则会引起单相供电时的自转。

直流伺服电动机的工作原理和结构与一般小功率直流电动机相同，但为了降低转子转动惯量和减少机电时间常数，电枢设计成细长形的；为了改善起动性能，电枢采用斜槽。永磁式直流伺服电动机体积小，不需要励磁功率，故应用较广泛。他励式直流伺服电动机需要励磁电源，存在励磁损耗，故在输出功率相同时，效率比永磁式低，而体积也较大。

此外，还有杯型电枢直流伺服电动机、印制绕组直流伺服电动机、无刷直流伺服电动机等。分析类同而从略。

258 同步型永磁交流伺服电动机的正弦波驱动方式　同步型永磁交流伺服电动机按其控制原理可分为正弦波驱动和矩形波驱动方式两类。而正弦波驱动是一种高性能的驱动方式，绕组中的电流是连续的，转矩波动小，低速平稳性好，转子绝对型编码器分辨率高，但驱动器电流环结构复杂，成本较高。

该伺服控制系统中，电机每相绕组的反电动势和输入相电流的波形均呈正弦波。正弦波驱动的永磁交流伺服电动机的反电动势和相电流的频率由转子转速决定，正弦波电流由电路强制产生并由驱动

器强迫相电流与其反电动势同相。这些都是要通过转子位置传感器检测出转子相对于定子的绝对位置，并由伺服驱动器电流环来实现。该电动机的输出转矩（N·m）为

$$
\begin{aligned}
T_2 \approx \frac{P_M}{\Omega} &= \frac{1}{\Omega}(e_A i_A + e_B i_B + e_C i_C)\\
&= \frac{EI}{\Omega}\left[\sin^2\theta + \sin^2\left(\theta - \frac{2\pi}{3}\right) + \sin^2\left(\theta - \frac{4\pi}{3}\right)\right]\\
&= \frac{3}{2}\frac{EI}{\Omega} = K_T I
\end{aligned}
$$

式中　K_T——电动机的转矩常数，$K_T = \dfrac{3}{2}\dfrac{E}{\Omega}$；

　　　P_M——电动机的电磁功率；

　　E,I——每相绕组的反电动势和每相电流的幅值；

　　　θ——转子的转角（电角度）。

以上分析表明，正弦波驱动的永磁交流伺服电动机具有线性的转矩-电流特性。理论上转矩波动为零。若设计得好，转矩波动能小于 3%。正弦波伺服驱动方式的原理框图见图 9.10-3。良好的设计和控制策略可以使转矩波动大幅度地减少，而且伺服系统的调速比可达到 1∶10 000，即调速性能十分优越。

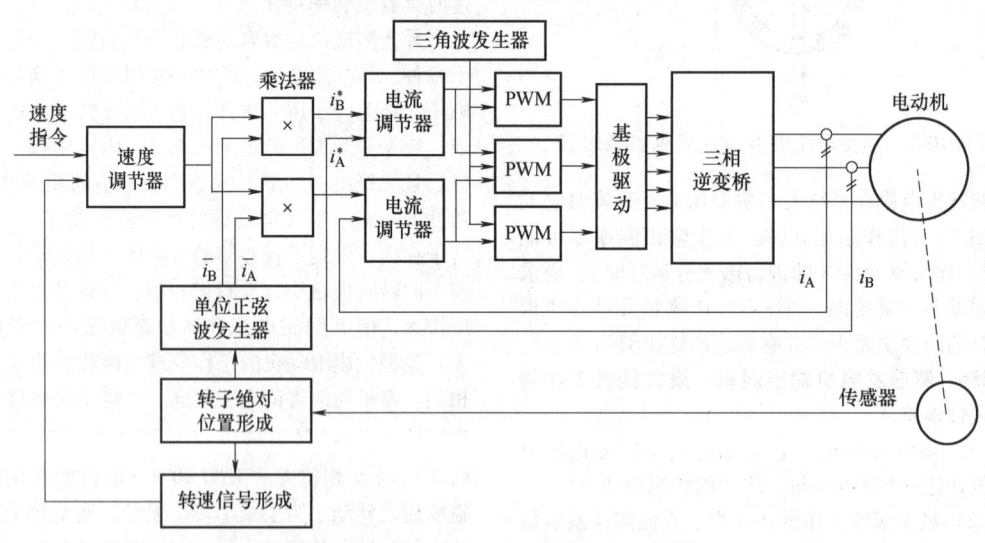

图 9.10-3　正弦波伺服驱动方式的原理框图

259 异步型和直流伺服电动机的控制方式
两相伺服电动机常用的控制方式有幅值控制（改变电压的大小）、相位控制（改变电压的相位）和幅相控制（也称电容控制）。

幅值控制时，励磁电压 U_j 为常数，控制电压

$\dot{U}_k$ 和励磁电压 $\dot{U}_j$ 的相位差 β 为 90°，改变 $\dot{U}_k$ 的幅值，可实现对电动机的控制，U_k 大，n 大；U_k 小，n 小；$U_k = 0$，$n = 0$。相位控制时，励磁电压 $\dot{U}_j$ 与控制电压 $\dot{U}_k$ 的大小保持不变，使 $\dot{U}_k$ 与 $\dot{U}_j$ 的相位差 β

在 0~±90°之间变化，可实现对电动机的控制，β 减小，n 也减小；β 为 0 时，转速 n 也为零，即电机停转。幅相控制时，在励磁绕组中串一电容后接电源电压 $\dot{U}_1$，励磁电压 $\dot{U}_j = \dot{U}_1 - \dot{U}_C$，控制绕组上的电压 $\dot{U}_k$ 与电源电压 $\dot{U}_1$ 同相位。在改变 $\dot{U}_k$ 的幅值的

同时，由于转子的耦合作用，励磁绕组中电流要发生变化。故 $\dot{U}_j$ 和 $\dot{U}_k$ 之间的幅值及相位都随之改变，即为幅值和相位复合的控制方式。三种控制方式比较见表 9.10-1。

表 9.10-1　三种控制方式比较

控制方式	机械特性非线性度	调节特性非线性度	输出功率	效率	控制功率	电机温升	线路组成
幅值控制	中	大	中	高	小	低	一般
相位控制	小	中	小	低	大	高	复杂
幅相控制	大	小	大	中	小	小	简单

　　直流伺服电动机的控制方式有电枢控制（即控制电枢电压大小）和磁场控制（即控制励磁电流值）。前者较常用，因其机械特性和调节特性的线性度好，不转时损耗小，电感小，快速响应好；后者只在特殊情况下使用，其控制功率很小，但不转时损耗较大，响应性较差。

　　260　异步型和直流伺服电动机的机械特性和调节特性　在规定的输入条件下，输出转矩与转速的关系 $T_2 = f(n)$ 被定义为伺服电动机的机械特性。对应曲线都是下倾的，理想的机械特性曲线是一条下倾直线。在幅值控制（或直流的电枢控制）时，不同的控制电压，交流伺服电动机的各条机械特性曲线有不同的斜率，见图 9.10-4；直流伺服电动机的机械特性是一组相互平行的线，见图 9.10-5。机械特性的非线性度 K_m 是指在规定条件下，实际机械特性与理想机械特性之间转速之差 Δn 与空载转速 n_0 之比的最大值，亦即

$$K_m = \Delta n / n_0 \times 100\%$$

式中，K_m 值越小，机械特性越接近线性。通常 $K_m \leqslant (15 \sim 25)\%$，要求较高的 $K_m \leqslant (10 \sim 15)\%$。$K_m$ 的计算见图 9.10-6。

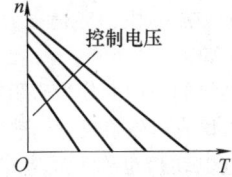

图 9.10-4　交流伺服电动机的机械特性

　　伺服电动机在规定的负载转矩和励磁条件下，转速随控制电压大小（或相位差的正弦值）变化的关系称为调节特性。理想的调节特性曲线也是一条

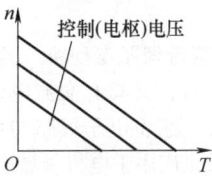

图 9.10-5　直流伺服电动机的机械特性

直线。调节特性的非线性度越小，系统的动态误差就越小。同理，实际调节特性与理想调节特性间转速差 Δn 与额定控制电压时转速 n_e 之比的最大值 K_v，定义为调节特性非线性度。通常 $K_v \leqslant (20 \sim 25)\%$。$K_v$ 的计算见图 9.10-7。

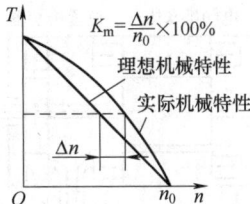

图 9.10-6　机械特性非线性度的计算

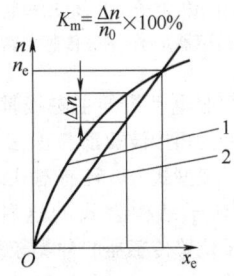

图 9.10-7　调节特性的非线性度计算
1—实际调节特性　2—理想调节特性

261　伺服电动机常用技术指标　有额定电压、频率、堵转电流、堵转转矩、空载转速、额定输出功率、机电时间常数（τ_m）、空载起动电压等八个。这里仅介绍后两个。

机电时间常数 τ_m：是指伺服电动机在空载时施加电压后转速上升快慢的度量。对于两相伺服电动机，它可以由电动机转动惯量 J_m、空载转速 n_0 和堵转转矩 T_s 表示为 $\tau_m = J_m n_0 / T_s$。

空载起动电压：是指伺服电动机在空载和额定励磁电压情况下，使转子在任意位置起动并能连续运转时所施加的最小控制电压。其标幺值对于伺服电动机来说，为 2%～12%。

交、直流伺服电动机的质量要符合 GB/T 7344—2015、JB/T 2663—1999 和 GB/T 14817—2008 等标准。

262　无刷直流伺服电动机　这种电机既具有直流电动机的特性，又具有交流电动机结构简单、运行可靠的优点。它将电子线路与电机融为一体，将先进的电子技术应用于电机领域。无刷直流伺服电动机主要由电动机本体、转子位置传感器和电子换向（或叫电子开关）电路三部分组成，它的原理结构示意图见图 9.10-8。图中直流电源通过电子换向电路向电动机定子绕组供电，电动机转子的旋转位置由位置传感器检测并提供信号，去触发开关电路中的电子开关器件使之导通或截止，从而控制电动机转子的旋转。

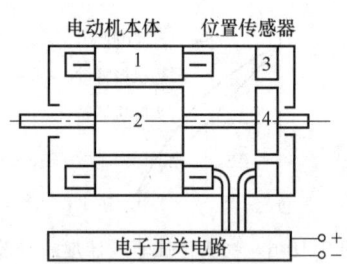

图 9.10-8　无刷直流伺服电动机的原理结构示意图
1—电动机定子　2—电动机转子
3—传感器定子　4—传感器转子

无刷直流伺服电动机的主磁极都是永磁式的，其控制方式可分为矩形波驱动与正弦波驱动。该电机结构型式除一般型式外，还有盘式结构和外转子结构型式。外转子结构型式的这种电机结构见图 9.10-9。转子位置传感器的种类较多，应用广泛的是电磁感应式、光电式、霍尔集成电路式等。

无刷直流伺服电动机的优点是：1）寿命长、

可靠性高，不必经常维修；2）不存在换向问题，无火花，安全，无线电干扰小，防爆性好，机械噪声低；3）可在高空及有腐蚀性气体的环境中工作；4）与电子线路结合，使用灵活性将更强。

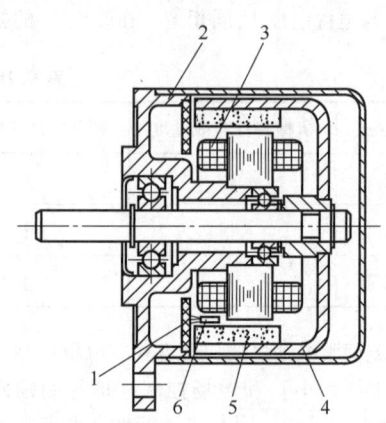

图 9.10-9　外转子式无刷直流伺服电动机结构
1—基板　2—机壳　3—绕组　4—转子
5—永磁体　6—霍尔集成电路

10.4　步进电动机[11]

263　步进电动机的类型、用途和原理　步进电动机是一种将数字脉冲电信号转换为机械角位移或线位移的执行元件。它需用专用电源供给电脉冲，每输入一个脉冲，电动机转子就转过一个小角度或前进一"步"，故而得名。位移量与输入脉冲数成正比，其速度与脉冲频率成正比。它可在宽广的范围内通过脉冲频率来调速，能快速起动、制动和反转。它具有较好的开环稳定性，若对精度和速度控制要求更高，也可采用闭环控制技术。它易与电子计算机或其他数字元器件接口，广泛用于数控机床、通信和雷达设备、加工中心、自动绘图仪、医疗设备、军用仪器和尖端设备等中。它还具有自锁定位能力强、响应快、寿命长、结构简单等优点。

按步进电动机的原理可分为磁阻式、永磁式和混合式三类。这里先以磁阻式为例进行介绍。

磁阻式步进电动机也称为反应式步进电动机。其工作原理是利用了物理学上"磁通总是力图使自己所通过的路径磁阻最小"所产生的磁阻转矩，使该电动机一步步转动的。以三相磁阻式步进电动机为例（见图 9.10-10），电源若按相序 A—B—C 的顺序通电，即 A 相先通电，而 B、C 相断电；再 B

相通电，同时 A、C 相断电；后 C 相通电，并同时 A、B 相断电；按此规律反复，此图中的转子就每一步 60° 的连续旋转。每变换一次通电方式称为一拍，转子受到磁阻转矩就转过一步（此例为 60°），相应的角度称为步距角 α。

它也可以不同的通电方式运行。例如：1）按 A—C—B—A 顺序通电，转子将反转运行，前两种情况称为三相单三拍运行；2）按 AB→BC→CA→AB 顺序两相同时通电，转子每走一步仍是 60°，称为三相双三拍运行；3）若按 A→AB→B→BC→C→CA→A 顺序通电，则称三相（单双）六拍运行，其步距角等于 30°。所以步进电动机可有两个步距角。实际使用中的步距角是很小的，可以小于 1°。步距角越小，相数 m 越多，拍数 m_1 越大，转子齿数 t_r 越多（图 9.10-10 中 $t_r = 2$），故 $\alpha = 360°/(m_1 t_r)$。

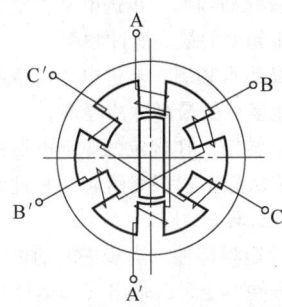

图 9.10-10 三相磁阻式步进电动机原理图

磁阻式步进电动机还可做成四、五、六和八相，其工作原理与三相的是基本相同的。磁阻式步进电动机在结构上分为单段式和多段式两种。图 9.10-11 和图 9.10-12 分别表示了它们的典型结构。磁阻式步进电动机的定子磁极表面布有小齿，转子沿外圆周上也均布着小齿，转子齿距和齿形与定子小齿相同，定子每个磁极上均绕有控制绕组，见图 9.10-13。上述多段式结构的定、转子沿轴向分为 m 段，即段数与相数相同，定子每段铁心上只绕一相控制绕组，可认为是多台单段式该种电机的组合。

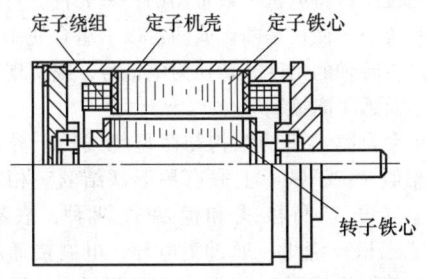

图 9.10-11 单段式的磁阻式步进电动机结构

264 永磁式和混合式步进电动机 永磁式步进电动机的永磁体建立的磁场与定子绕组电流产生的磁场相互作用而产生转矩，使转子运转。其典型结构见图 9.10-14。定子上为两相或多相绕组，永磁转子上有一对或多对极的磁极。图中以两对极为例。当定子绕组按 A→B→（→A）→（→B）→A 顺序通以直流电时，转子将按顺时针方向以步距角 45° 的方式旋转。若按相反的顺序通电，则转子按逆时针方向旋转。这种电机通常做成两相或四相。其步距角 $\alpha = 360/(2pm)$，其中 p 和 m 分别表示电机的极对数和相数。

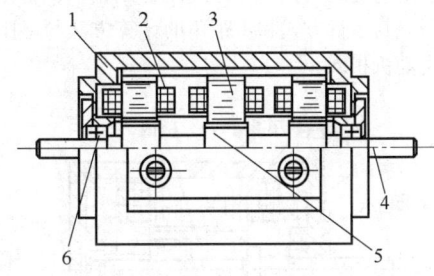

图 9.10-12 多段式的磁阻式步进电动机结构
1—定子机壳 2—定子绕组
3—定子铁心 4—转轴
5—转子铁心 6—轴承

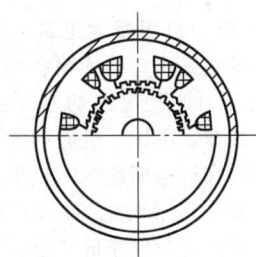

图 9.10-13 磁阻式步进电动机的横断面

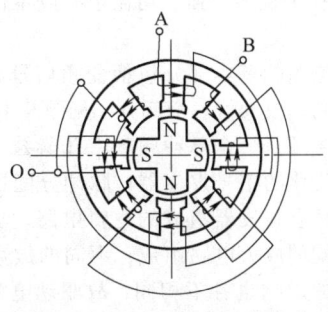

图 9.10-14 两相永磁式步进
电动机的原理结构

混合式步进电动机兼有磁阻式和永磁式步进电动机的部分特征。其定子结构与磁阻式的相似，定子冲片有大极（或大齿），每个极上有控制绕组和小齿。其转子结构与永磁低速同步电动机的相同。定、转子冲片可与相应的永磁低速同步电动机的通用。两段转子铁心均布有齿槽，其齿距与定子小齿齿距相同。两段铁心之间装有轴向磁化的磁钢，见图 9.10-15。该电机结构也有单段式和多段式之分。无论单段式转子还是多段式转子，磁钢两侧的两段转子铁心均为错开 1/2 转子齿距。混合式步进电动机同一相的两个磁极在空间相差 180° 机械角度，两个磁极上的绕组所产生 NS 极性必须相同，否则无法运行。其运行方式和步距角的计算方法与磁阻式步进电动机相同。

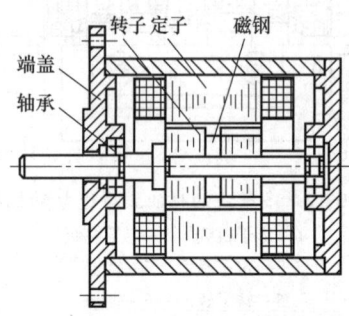

图 9.10-15　混合式步进电动机结构（单段式）

265　步进电动机用驱动电源　驱动电源与受控的步进电动机是决定该伺服系统运行性能的有机整体。因此对驱动电源的基本要求是：1）电源的相数、拍数、电压、电流应与步进电动机的需要相适应。在通电周期内能提供足够大的电功率以及符合规定波形的电流。2）能满足步进电动机起动频率和运行频率的要求，并能实现规定的频率自动改变。3）在保证步进电动机能获得良好性能的前提下，驱动电源应运行可靠、性能稳定、抗干扰能力强、功耗小、成本低和维修方便。

驱动电源的基本部分包括变频信号源、脉冲分配器、功率放大器三个部分，见图 9.10-16。其中变频信号源是一个脉冲频率由几赫兹到几万赫兹可连续变化的信号发生器；脉冲分配器是由门电路和双稳态触发器组成的逻辑电路；功率放大器可由不同的放大电路组成，不同的放大电路对电机性能的影响也各不相同，故驱动电源往往以功率放大器的型式进行分类。例如按脉冲极性划分有单向脉冲电源和双极电源之分。而单向脉冲电源

又可分为单一电压型、调频调压型、高低压切换型、斩波恒流型、带电流检测型、平滑电路型和细分电路型等。

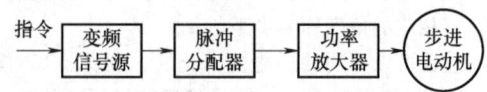

图 9.10-16　驱动电源框图

266　步进电动机的技术指标举例

（1）步距角误差　它是指实际步距角与理论步距角的偏差。

（2）最大静转矩　在规定励磁状态下，步进电动机的静态转矩 T 与转子失调角 θ 的关系，即矩角特性 $T=f(\theta)$，对应曲线上静态转矩的最大值称为最大静转矩。

（3）空载起动频率　步进电动机空载时，能保持不失步而能起动的最高脉冲频率。

（4）最高运行频率　步进电动机空载时，能保持不失步而能运行的最高脉冲频率。

（5）起动转矩　在规定的驱动电源接通时，步进电动机转子从静止状态突然起动并且不失步所能带动的最大负载转矩。

（6）运行矩频特性　当步进电动机的负载转动惯量及其他条件不变时，牵出（即运行）转矩与牵出频率变化的关系。

（7）运行惯频特性　当步进电动机的负载转矩及其他条件不变时，运行（牵出）频率与最大负载转动惯量变化的关系。

（8）起动惯频特性　当步进电动机的负载转矩及其他条件不变时，起动（牵入）频率与负载转动惯量变化的关系。

此外，还有温升、噪声、位置误差等指标。

10.5　自整角机

267　自整角机的特点、类型和用途　自整角机是测位用微特电机中最常用的一种元件。自整角机在系统中，往往是两台或两台以上组合使用。其功能是将转轴的角度差转换为电信号，或实现远距离指示及远距离控制等。

单台自整角机的结构与微型绕线转子异步电动机相似，定子铁心上嵌有星形联结的三相对称绕组。转子有凸极式和隐极式两种，嵌有单相（或三相）绕组，通过集电环、电刷接通励磁电源。其结构见图 9.10-17。若以环形变压器（见

图 9.10-18）替代电刷和集电环，则成为带环形变压器的无刷自整角机。当然图 9.10-17 的又叫有刷自整角机了。

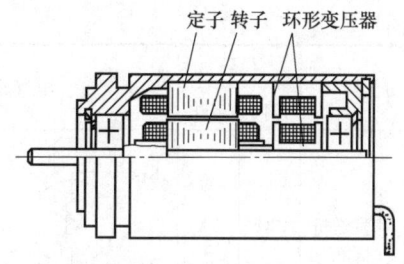

图 9.10-18 无刷自整角机

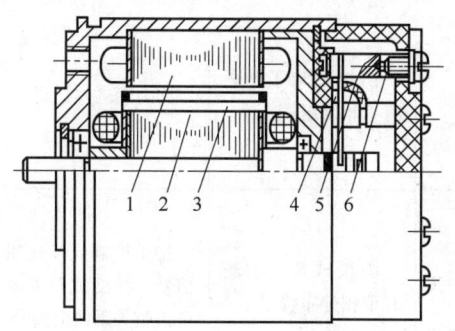

图 9.10-17 自整角机的结构
1—定子 2—转子 3—阻尼绕组
4—电刷 5—接线柱 6—集电环

按自整角机在系统中的功用可分为力矩式和控制式；按结构型式可分为有接触式和无接触式（或叫有刷和无刷）；按转子型式可分为隐极式和凸极式；按励磁方式可分为单相和三相。当然还有其他分类方式，这里主要介绍应用最广的。其分类、代号、电气原理图、结构特征和相应的功用见表 9.10-2。

表 9.10-2 自整角机的分类及比较

分类		代号		电气原理图	结构特征	功用
		国内	国际			
力矩式	发送机	ZLF	TX		凸极式转子，嵌有单相绕组	将转子转角变换成电信号输出
	接收机	ZLJ	TR		凸极式转子，嵌有单相绕组和阻尼绕组，或带机械阻尼器	接收力矩式发送机的电信号，转变成转子的机械角输出
	差动发送机	ZCF	TDX		隐极式转子，嵌有三相星形绕组	串接于力矩式发送机与接收机间，将发送机转角及自身转角的和（或差）转变为电信号，输至接收机
	差动接收机	ZCJ	TDR		同力矩式差动发送机，但带有机械阻尼器	串接于两个力矩式发送机间，接收其电信号，并使自身转子转角为两发送机转角的和（或差）

（续）

分类		代号		电气原理图	结构特征	功用
		国内	国际			
控制式	发送机	ZKF	CX	R_1 R_2 S_2 S_1 S_3	凸极式转子，嵌有单相绕组	同力矩式发送机
	变压器	ZKB	TX	S_2 S_3 S_1 R_1 R_2	隐极式转子，嵌有单相分布绕组	接受控制式发送机的信号，转变成与失调角呈正弦关系的电信号
	差动发送机	ZKC	CDX	S_2 S_3 S_1 R_2 R_1 R_3	隐极式转子，嵌有三相星形绕组	串接与发送机和变压器间，将发送机转角及其自身转角的和（或差）转变成电信号，输至变压器

注：1. 各类自整角机的定子皆为隐极式结构，并嵌有三相星形绕组，其出线端以 S_1、S_2、S_3 表示，转子绕组出线端以 R_1、R_2、R_3 表示。

2. 电气原理图中定、转子绕组的相对位置，即为该自整角机的基准电气零位。

3. 表中国内代号：Z—自整角机；L—力矩式；K—控制式；C—差动式；J—接收机；F—发送机；B—变压器。

268　力矩式自整角机的工作原理　设一对自整角机作力矩式运行接线见图 9.10-19。

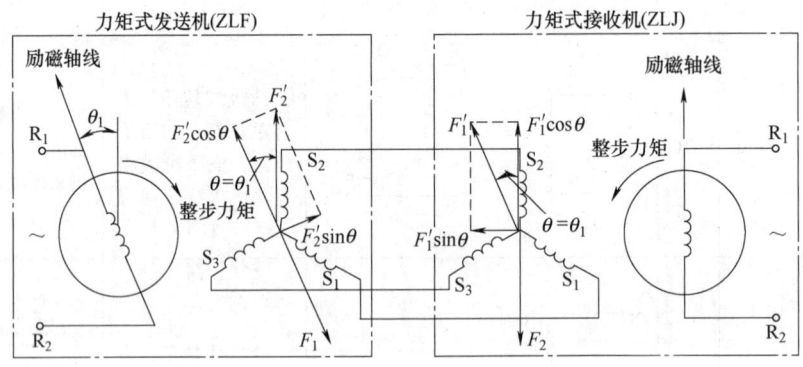

图 9.10-19　ZLF-ZLJ 的工作原理

左方为发送机，右方为接收机，R_1、R_2 是转子单相绕组引出线，S_1、S_2、S_3 是定子绕组引出线。当两机的转子绕组接通电源励磁分别产生脉振磁场时，在 ZLF 的三相定子绕组中感应的相电动势为

$$E_{31} = E_m \sin\theta_1$$
$$E_{23} = E_m \sin(\theta_1 + 120°)$$

$$E_{12} = E_m \sin(\theta_1 + 240°)$$

式中　E_m——定、转子绕组轴线重合时，在每相定子绕组中感生的最大电动势；

θ_1——ZLF 转子偏离基准电气零位逆时针方向旋转的角度。

基准电气零位为 ZLF 和 ZLJ 的转子绕组处于相同位置，即无失调角时的位置，本例的零位与两机

定子 S_2 绕组轴线一致。

同理，ZLJ 的定子绕组也将按同样规律感应电动势，只是接收机的转子对应转角用 θ_2 表示（此例 $\theta_2 = 0$）。图中若 ZLJ 与 ZLF 的转子绕组轴线重合，即失调角 $\theta = \theta_1 - \theta_2 = 0°$ 时，两机感生电动势完全相等，定子绕组中无电流。而当 ZLF 转子转过 θ_1 时 ZLJ 转子仍在基准电气零位，即失调角 $\theta = \theta_1 - \theta_2 \neq 0$ 时，两机定子绕组中对应相电动势不相等，因而两定子绕组间便有电流流过，此电流与两转子绕组所建磁场相互作用，产生电磁力和整步转矩。由于发送机的转轴与主令轴相接，则整步转矩只能使接收机的转子跟随发送机的转子转动 θ 角度，使 θ 角趋于零，θ 到零时两定子绕组的对应电动势又变相等，电流又为零，系统又达到新的协调位置。因此力矩式自整角机具有"自动跟踪"或"随动"的功能，一旦发送机转子旋转，接收机转子就会跟着同步旋转。系统的工作过程实质上也是不断失调，又不断协调的过程，以下再对整步转矩作进一步说明。

图 9.10-19 中，F_1 和 F_1' 表示了 ZLF 单独加励磁而 ZLJ 不励磁时，分别在两机定子绕组中建立的磁动势；F_2 和 F_2' 表示了 ZLJ 单独加励磁而 ZLF 不励磁时，分别在两机定子绕组中建立的磁动势。

注意：F_1' 和 F_1 对应反向，F_2' 与 F_2 对应反向，又因两机结构和参数相同，则

$$F_1' = F_2' = F_1 = F_2 = F$$

在 ZLJ 中，若把磁动势 F_1' 分解成与 ZLJ 励磁轴线重合和垂直的两个分量，则仅垂直分量 $F_1' \sin\theta$ 与 ZLJ 的转子磁通 Φ 的相互作用就产生了整步转矩 T（N·m），故

$$T = K\Phi F \sin\theta$$

式中　K——比例常数。

由于发送机与接收机之间存在失调角 θ，才会产生整步转矩 T，两者的关系见图 9.10-20。曲线的形状近似于正弦，在失调角 $\theta = \pi/2$ 附近 T 达到最大值。T 为负值时表示转向与正值时相反。

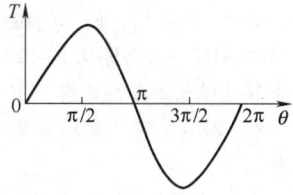

图 9.10-20　整步转矩和共调角的关系

若要求接收机所指示两个指令角的和或差时，则可在发送机与接收机之间接一台力矩式差动发送机（ZCF），则接收机所指示的角度即为发送机转角 θ_1 和差动发送机转角 θ_2 之和（两机转向相反时）或差（两机转向相同时），见图 9.10-21。同理，若在两台发送机（ZLF 和 ZCF）之间接上一台力矩式差动接收机（ZCJ），亦能达到同样的目的，见图 9.10-22。

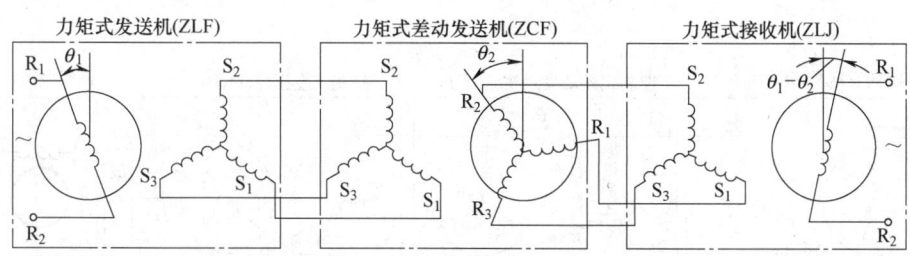

图 9.10-21　ZLF-ZCF-ZLJ 的工作原理

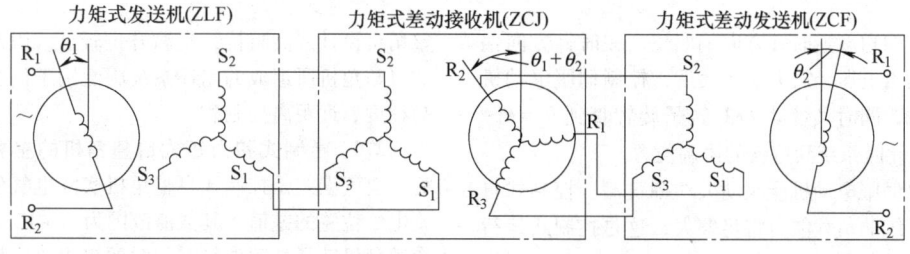

图 9.10-22　ZLF-ZCJ-ZCF 的工作原理

力矩式自整角机角度传递系统存在如下缺点：整步转矩较小，只能拖刻度盘和指针类轻负载；角位传递误差稍高达 1°～2°；属低阻抗机电元件，工作时温升稍高；当负载增大，转速提高时，将引起转矩减少，误差也进一步增加。

269　控制式自整角机的工作原理　其电路见图 9.10-23，比较图 9.10-19 可知，在控制式自整机系统中，接收机（这里为 ZKB）的转子绕组不接电源而与放大器连接。其发送机的工作原理与 ZLF 的相同，在转子励磁后，ZKF 的定子绕组感应电动势产生电流，此电流分别在 ZKF 和 ZKB 的定子绕组中建立脉动磁动势 F_1 和 F_1'，F_1 与励磁轴线相反，F_1' 与 F_1 对应方向相反，参考图 9.10-19 中的 ZLF 接线。由于 ZKF 转子轴与主令轴相连，主令轴发出指令后便固定下来，ZKB 的定子磁动势便在其转子绕组感生电压为

$$U_2 = U_{2m}\sin\theta$$

式中　U_{2m}——ZKB 转子绕组的最大输出电压（V）；

θ——ZKF 与 ZKB 之间的失调角，$\theta = \theta_1 - \theta_2$，逆时针转向时取正，否则取负。

虽然 ZKB 属于旋转电机，但自整角机控制式运行是在变压器状态下，故把 ZKB 称为自整角变压器。若 ZKB 和 ZKF 都处于基准电气零位（图中当 $\theta_1 = \theta_2 = 0$）时，实际 ZKB 转子绕组轴线与定子磁场轴线垂直，转子绕组的 $U_2 = 0$，放大器无输出电压，系统停止转动，系统处于协调位置，此时失调角 $\theta = \theta_1 - \theta_2 = 0$。只有 $\theta_1 \neq \theta_2$ 时，失调角 $\theta \neq 0$，$U_2 \neq 0$，系统方能运转，使 θ 趋于零，直到 $\theta = 0$，$U_2 = 0$，系统又进入新的协调位置。

在控制式发送机（ZKF）与控制式变压器（ZKB）之间接上一台控制式差动发送机（ZKC），见图 9.10-24，则 ZKB 的输出电压 U_2 将是 ZKF 和 ZKC 两者转子转角之差（$\theta_1 - \theta_1'$）与 ZKB 转角 θ_2 之间的失调角 $(\theta_1 - \theta_1') - \theta_2$ 的正弦函数，即

$$U_2 = U_{2m}\sin\left[(\theta_1 - \theta_1') - \theta_2\right]$$

式中　θ_1'——ZKC 转子的转角。

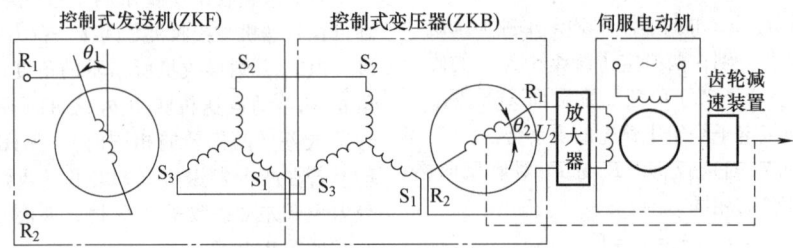

图 9.10-23　ZKF-ZKB 的工作原理

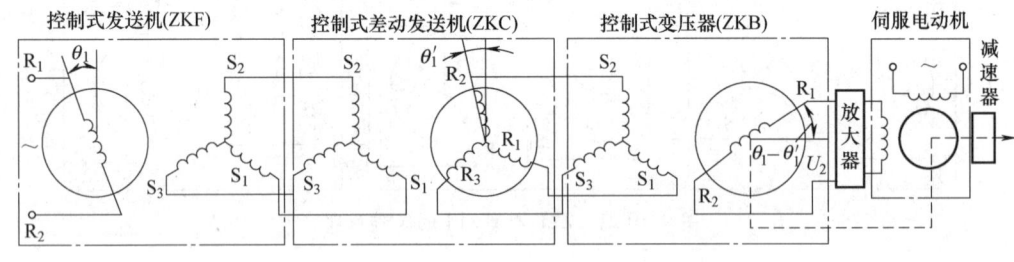

图 9.10-24　ZKF-ZKC-ZKB 的工作原理

转角的角度逆时针方向偏取正，顺时针方向偏取负。输出电压经放大器放大后，控制伺服电动机驱动负载，同时又带动 ZKB 转子旋转直到 $\theta_2 = \theta_1 - \theta_1'$ 为止。此时系统到达新的协调位置。

只要伺服电动机能驱动大功率负载，控制式自整角机系统的负载能力将足够大，这是控制式运行的主要优点。其次，控制式运行的电气误差和系统传递误差远比力矩式运行小。再加上可把控制式自整角机设计成高阻抗，其温升也较低。因此，控制式自整角机所组成的闭环系统广泛用于伺服机构的高精度、远距离控制。

270　控制式和力矩式自整角机的主要技术指标　电气误差是控制式自整角机实际电气位置与理论电气位置的差值。其数值范围为 3′～15′。控制式自整角机转子处于电气零位时的输出电压称为零位电压，也称为剩余电压。零位电压的数值范围在

50～180mV。它的频率由与输入电压的频率相同，但时间相位与输出电压正交的基波分量和励磁电压频率奇数倍的谐波分量组成。比电压是 ZKF 和 ZKB 成对运行、在协调位置附近单位失调角（取 1°）时，ZKB 的输出电压。其数值范围在每度几十毫伏到每度几伏之间。

力矩式自整角机实际电气零位与理论电气零位的差值，称为电气零位，其误差范围为 3′～10′。比整步转矩是同型号的 ZLF 和 ZLJ 成对运行，在协调位置附近单位失调角（取 1°）时，在两者转轴上所产生的整步转矩。静态误差是同型号的 ZLF 和 ZLJ 成对运行，两者的转子转角之差，其范围为 0.5°～2°。

自整角机的质量要符合 GB/T13138—2020。

271　自整角伺服力矩机　由控制式自整角发送机（ZKF 或 CX）、控制式自整角变压器（ZKB 或 CT）和交流（或直流）力矩伺服电动机（SM）及电子放大器组装成一体，这种组合化电机称为自整角伺服力矩机，见图 9.10-25。其优点有可靠性好、设计简化、使用方便、价格低廉、易于维修、尺寸小、质量轻、无齿轮、输出信号平滑、噪声低、加速性能优良等。

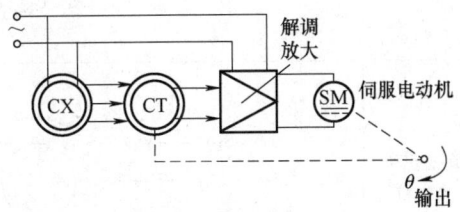

图 9.10-25　自整角伺服力矩机

表 9.10-3　旋转变压器的分类及比较

名称	代号	电气原理图	基本关系式	用途
正余弦旋转变压器	XZ		$U_{R1}=k_{u}U_{S1}\cos\theta$ $U_{R2}=-k_{u}U_{S1}\sin\theta$	坐标变换、三角运算、单相移相器、角度-数字转换、角度数据传输等
正余弦旋转变压器	XZ		$U_{S1}=U\sin\omega t\ U_{S2}=U\cos\omega t$ $U_{R1}=k_{u}U\sin(\omega t+\theta)$ $U_{R2}=k_{u}U\cos(\omega t+\theta)$	两相移相器
线性旋转变压器	XX		$U_{R1}=\dfrac{k_{u}U\sin(\omega t+\theta)}{1+k_{u}\cos\theta}$ $k_{u}=0.56\sim 0.6$	在一定转角范围内用作机械角与电信号的线性变换
比例式旋转变压器	XL		$U_{R1}=k_{u}U_{S1}\cos\theta$	匹配阻抗和调节电压

（续）

名称	代号	电气原理图	基本关系式	用途
旋变发送机	XF		$U_{S1} = k_u U_{R1} \cos\theta_1$ $U_{S2} = k_u U_{R1} \sin\theta_1$	数据传输
旋变差动发送机	XC		$U_{R1} = U_{R1} \cos(\theta_1 - \theta_2)$ $U_{R2} = U_{R1} \sin(\theta_1 - \theta_2)$	数据传输
旋变变压器	XB		$U''_{R2} = U_{R1} \sin(\theta_1 - \theta_2 - \theta_3)$	数据传输
特种函数旋转变压器（正割、倒数、对数、弹道函数）			实现角位特种函数变换，满足解算装置需要	

注：1. θ_1、θ_2、θ_3 分别为 XF、XC、XB 的转子转角。

2. k_u 为变压比，指在规定励磁条件下，最大空载输出电压的基波分量与励磁电压的基波分量之比。

272 正余弦和线性旋转变压器的工作原理

见表 9.10-3 的第一个图。若在定子绕组 S_1S_3 上施加交流电压 U_{S1} 产生励磁磁通，绕组 S_2S_4 短路，转子在原来的基准电气零位若逆时针转过 θ 角，则转子两绕组 R_1R_3 和 R_2R_4 中所感生的电压分别为

$$U_{R1} = k_u U_{S1} \cos\theta$$
$$U_{R2} = -k_u U_{S1} \sin\theta$$

同理，若在定子绕组 S_2S_4 上施加交流电压 U_{S2} 产生励磁磁通，绕组 S_1S_3 短路，转子在原基准电气零位逆时针转过 θ 角，则转子绕组 R_1R_3 和 R_2R_4 中所感生的电压又分别为

$$U_{R1} = k_u U_{S2} \sin\theta$$
$$U_{R2} = k_u U_{S2} \cos\theta$$

若绕组 S_1S_3 和 S_2S_4 同时分别施加交流电压 U_{S1} 和 U_{S2}，见表 9.10-3 的第二个图，则转子输出绕组所感生的电压分别为

$$U_{R1} = k_u U_{S1} \cos\theta + k_u U_{S2} \sin\theta$$
$$U_{R2} = k_u U_{S2} \cos\theta - k_u U_{S1} \sin\theta$$

如果将 $U_{S1} = U\sin\omega t$、$U_{S2} = U\cos\omega t$（U 为外施电压基波幅值，ω 为电源角频率）代入上式可得

$$U_{R1} = k_u U\sin(\omega t + \theta)$$
$$U_{R2} = k_u U\cos(\omega t + \theta)$$

以上两式便为正余弦旋转变压器作为两相移相器的工作原理表达式。

而对于线性旋转变压器，也是由上述旋转变压器改进而来的，见表 9.10-3 的第三个图。将正余弦旋转变压器的定子绕组 S_1S_3 与转子绕组 R_1R_3 串联，作为一次侧的励磁方。励磁方施加交流电压 U_{S1} 后，转子绕组 R_2R_4 上输出的电压 U_{R2} 与转子转角 θ 由下式表示：

$$U_{R2} = \frac{k_u U_{S1} \sin\theta}{1 + k_u \cos\theta}$$

当变比 k_u 取 0.55 ~ 0.6，并且转子转角 θ 在 ±60° 范围内时，输出电压 U_{R2} 与转角 θ 呈良好的线性关系。

273 旋转变压器的主要技术指标 正余弦旋转变压器一相励磁绕组额定励磁，另一相短接。在不同转角下，两相输出电压的实际值与理论值的差

值对最大理论输出电压之比，称为正余弦函数误差 δ_S，误差范围为 $0.05\% \sim 0.2\%$。

线性旋转变压器在工作转角范围内，不同转角时，和最大输出电压同相的输出电压的基波分量与理论值的差值对最大理论输出电压之比，称为线性误差 δ_L，其误差范围为 $0.06\% \sim 0.22\%$。产生误差 δ_L 和 δ_S 的主要原因是加工不良、磁性材料非线性等。

转子处于电气零位时的输出电压（由与励磁电压频率相同，但相位相差 $90°$ 的基波分量和励磁频率奇数倍的谐波分量组成）称为零位电压 $\triangle U_0$。其数值范围为额定输出电压的 $0.05\% \sim 0.3\%$。若 $\triangle U_0$ 过高，将使放大器饱和。产生 $\triangle U_0$ 的主要原因是磁性材料非线性、气隙不均匀及铁心错位等因素所引起。

旋转变压器的质量要符合 GB/T10241—2020《旋转变压器通用技术条件》。

旋变发送机、旋变差动发送机、旋变变压器在不同转角位置下，两个输出绕组的电压比所对应的正切或余切角度与实际转角之差，称为电气误差 $\triangle\theta_e$，其误差范围为 $3' \sim 12'$。若 $\triangle\theta_e$ 大，将使数据传输系统的精度下降。电气误差是函数误差、零位误差、变比误差等的综合误差，是确定数据传输旋转变压器（这里又可叫四线自整角机）精度等级的技术指标。

274　旋变发送机（XF）、旋变差动发送机（XC）及旋变变压器（XB）的工作原理　由 XF、XC 和 XB 构成的角度数据传输系统（见图 9.10-26）与由 ZKF、ZKC、ZKB 组成的自整角机角度数据传输系统（见图 9.10-24）具有相同的功能。而在这里也能精确地传输旋变发送机的转子转角 θ_1 与旋变差动发送机的转子转角 θ_2 之差角 $\theta_1-\theta_2$（θ_1 及 θ_2 角逆时针偏取正，顺时针偏取负）。当然，以上 XF、XC 和 XB 这三种旋转变压器本身的电磁原理和结构与普通正余弦旋转变压器的完全相同。

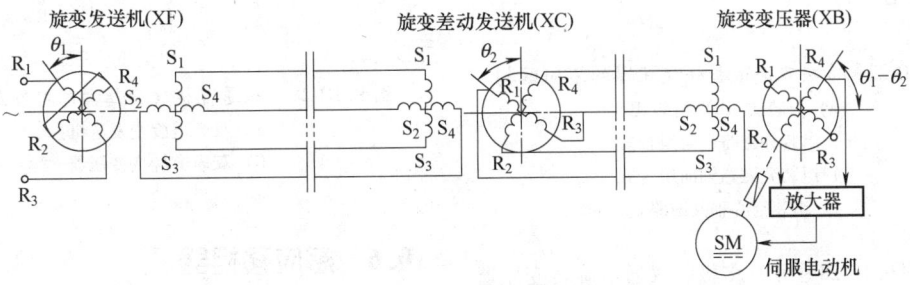

图 9.10-26　XF-XC-XB 构成的角度数据传输系统

若正余弦旋转变压器（XZ）的输出绕组接一相或两相不对称负载时，负载电流产生电枢反应，使气隙的正弦磁场波形畸变，导致输出电压与转子转角成正弦函数的关系产生偏差，造成解算精度和数据传输精度降低。因此，为了提高精度，应注意保持两相输出绕组上接的负载对称（称为副方补偿），或将励磁方的正交绕组短接（称为原方补偿）或者两者兼有（即对旋转变压器进行原、副方补偿）。

275　多极旋转变压器与双通道旋转变压器的分类、结构和原理　一般正余弦旋转变压器只有一对极，其电角度等于机械角度，若极对数为 p，电角度用机械角表示只有 $1/p$，故 p 对极的旋转变压器的电气误差反映到机械角度只有 $1/p$，即将误差降到 $1/p$。多极旋转变压器就是基于此原理设计的。极对数通常有 5、15、30、60、36、72、2、4、8、

16、32、64、128 等。电气误差已从角分级提高到角秒级。为便于在双通道的数据传输系统中使用，可在多极旋转变压器（精机）的定、转子铁心中各附加一套一对极的绕组（粗机），亦即双通道旋转变压器。

多极、双通道旋转变压器有多极旋变发送机（XFD）、多极旋变变压器（XBD）、双通道旋变发送机（XFS）、双通道旋变变压器（XBS）等类型。

它的基本结构见图 9.10-27。双通道旋转变压器是由"粗机"和"精机"组合成一体的旋转变压器，可分为分装式和组装式两大类。组装式的定、转子装在同一机壳内，分装式即为分离式装配。组装式又可分为分磁路和共磁路两种结构，它通过电刷和集电环引入或输出电信号。分装式一般都为共磁路结构，通常不带电刷和集电环。

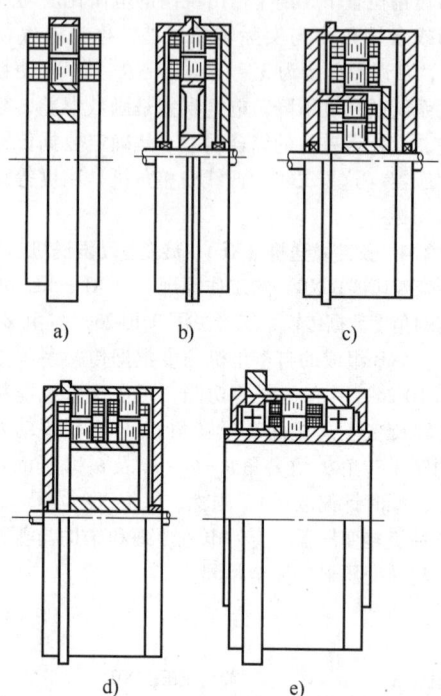

图 9.10-27　多极双通道旋转变压器的不同结构
　　　　a）分装式　b）组装式
　　　　c）组装分磁路径向组合式
　　　　d）组装分磁路轴向组合式
　　　　e）组装空心轴共磁路式

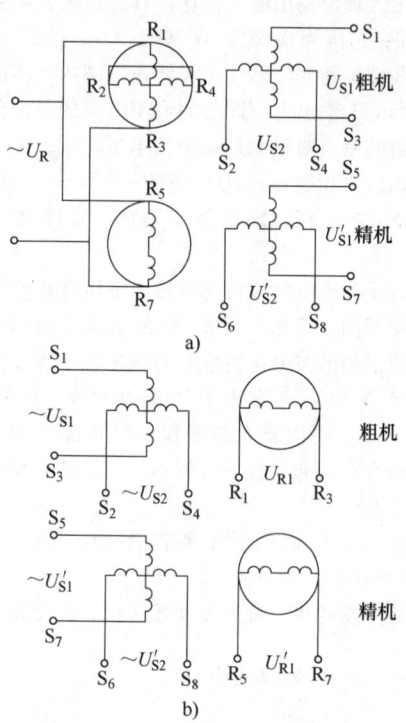

图 9.10-28　双通道旋转变压器的电气原理图
　　　　a）双通道旋变发送机
　　　　b）双通道旋变变压器

如图 9.10-28 所示，多极、双通道旋转变压器与一对极旋转变压器的工作原理相似。当转子绕组或定子绕组励磁后，在气隙中产生多对极的磁场，输出绕组所感生之电压为与转子转角 θ 成 p 倍关系的正余弦函数（p 为精机的极对数）。双通道旋转变压器能同时输出与转角 θ 成一倍和 p 倍关系的两种正余弦电压，各式分别为

$$\left.\begin{array}{l} U_{S1}=k_{u1}U_R\cos\left(\theta+\theta_{0p}\right) \\ U_{S2}=k_{u1}U_R\sin\left(\theta+\theta_{0p}\right) \end{array}\right\}\text{XFS 粗机}$$

$$\left.\begin{array}{l} U'_{S1}=k_{u1}U_R\cos p\theta \\ U'_{S2}=k_{u1}U_R\sin p\theta \end{array}\right\}\text{XFS 精机及 XFD}$$

$$U_{R1}=k_{u1}U_{S2}\cos\left(\theta+\theta_{0p}\right)-k_{u1}U_{S1}\sin\left(+\theta_{0p}\right)\quad\text{XBS 粗机}$$

$$U'_{R1}=k_{up}U'_{S2}\cos p\theta-k_{up}U'_{S1}\sin p\theta\quad\text{XBS 精机}$$

式中　k_{u1}、k_{up}——粗机和精机的变压比；
　　　θ_{0p}——粗、精机间的电气零位偏差（°）；
　　　θ——转子转角（°）。

多极和双通道旋转变压器的质量要符合 GB/T 10404—2017《多极和双通道旋转变压器通用技术条件》。

10.6　感应移相器

276　感应移相器的结构和原理　感应移相器的实质是正余弦旋转变压器的一种特殊使用情况，故也称为"移相旋转变压器"。但由于感应移相器的励磁电压较低，使用频率范围广，故已自成产品。

使用时需将它的一次侧交流励磁，二次侧输出电压幅值是恒定的。它的一、二次相位差与转子转角呈线性函数关系。感应移相器有两种移相接法，即阻容移相法和正交励磁移相法。

阻容移相法仅需要单相励磁，其电路见图 9.10-29。图中当 R 选得足够大，"旋转变压器"短路输出阻抗较小而可忽略时，移相元件的参数应满足下式要求：

$$R=\frac{1}{2\pi fC}$$

式中　f——励磁频率；
　　　R——无感电阻；
　　　C——电容。

此时移相器的输出电压为

$$\dot{U}_2 = k_{\mathrm{u}} \frac{\dot{U}_1}{\sqrt{2}} e^{\mathrm{j}(\theta - 45°)}$$

式中　k_{u}——"旋转变压器"的电压比。

若"旋转变压器"短路输出阻抗较大而不可忽略时,移相元件应满足下式要求:

$$R + R_{20} = \frac{1}{2\pi f C} - X_{20}$$

式中　R_{20}——输出绕组端的短路输出电阻;

X_{20}——输出绕组端的短路输出电抗。

此时移相器的输出电压为

$$\dot{U}_2 = k_{\mathrm{y}} \dot{U}_1 \left(e^{\mathrm{j}\theta} + \mathrm{j} \frac{R_{20} - X_{20}}{R + Z_{20}} \cos\theta \right)$$

式中　k_{y}——与电机参数有关的复常数;

Z_{20}——旋转变压器的短路输出阻抗,$Z_{20} = R_{20} + \mathrm{j}X_{20}$。

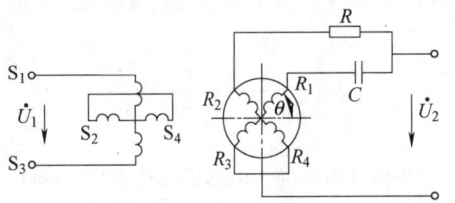

图 9.10-29　感应移相器电路

两相正交励磁法需要两相正交电源,只需单相输出,其电路见图 9.10-30。仍然由正余弦旋转变压器改进,将其输入绕组分别接正交励磁电压,其转子绕组(只用一个)输出电压 U_2 的相位随转子转角 θ 变化而成线性变化,即构成两相感应移相器。

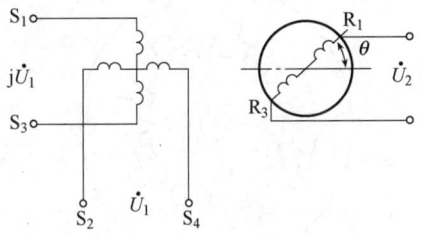

图 9.10-30　两相感应移相器电路

其输出电压 $\dot{U}_2$ 为

$$\dot{U}_2 = k_{\mathrm{u}} \dot{U}_1 e^{\mathrm{j}\theta}$$

对移相精度要求不高的场合,可以选用这种能符合使用要求和误差范围的正余弦旋转变压器作为

感应移相器用,就不必特殊设计和制造感应移相器了。

多极和双通道感应移相器的质量要符合 GB/T 10403—2007《多极和双通道感应移相器通用技术条件》。

10.7　其他微特电机

277　感应同步器　它是一种基于多极旋转变压器工作原理的高精度测位用微特电机,有圆盘式和直线式两种。圆盘式的绕组示意图见图 9.10-31。

它们的定、转子(或定、滑尺)都是用约 10mm 厚钢板(或铝合金等)制成的环头基板,基板上有绝缘层,再粘压一层铜箔后制作成导片串联成印制绕组。定子(或定尺)绕组分成若干组,相邻两组相差半个极距,分别为正弦和余弦绕组,各正弦或余弦绕组各自串联连接。转子(或滑尺)绕组串联连接,每一根导体相当于一个极,相邻两导体间的距离为一个极距。感应同步器的工作原理与多极旋转变压器相似,例如旋转式感应同步器的转子为单相励磁绕组,定子为正、余弦输出绕组。当转子绕组励磁后,正、余弦绕组输出电动势分别为

$$E_{\mathrm{S}} = E_{\mathrm{m}} \sin p\theta$$
$$E_{\mathrm{C}} = E_{\mathrm{m}} \cos p\theta$$

式中　E_{m}——最大输出电动势;

θ——余弦绕组与励磁绕组轴线间的机械角位移。

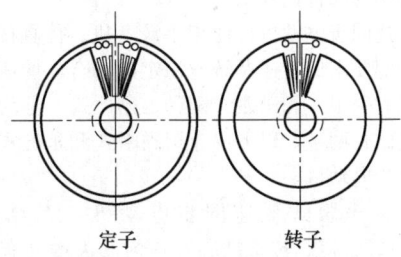

定子　　　　转子

图 9.10-31　圆盘式感应同步器绕组

故转子旋转一周,正弦和余弦绕组输出电动势 E_{S} 和 E_{C} 要变化 p 个周期。圆盘式感应同步器可做成很多极对,故精度高。例如 720 极的圆盘式感应同步器的精度可达±（1″~2″）。

直线式感应同步器(见图 9.10-32)可看成是将以上的圆盘式(也叫旋转式)感应同步器的绕组沿半径方向剖开再展开到平面上。

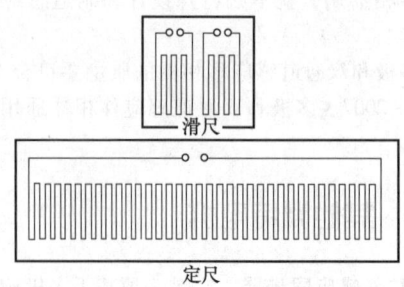

图 9.10-32　直线式感应同步器绕组

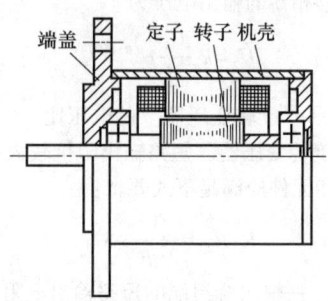

图 9.10-33　磁阻式低速同步电动机结构

原来的定子和转子现在就分别称为定尺和滑尺。为此，只要将圆盘式感应同步器的输出电动势公式中的电角度 $p\theta$ 替换成 $\pi x/\tau$，则直线式感应同步器的输出电动势公式为

$$E_S = E_m \sin\left(\frac{\pi}{\tau}x\right)$$

$$E_C = E_m \cos\left(\frac{\pi}{\tau}x\right)$$

式中　x——直线式感应同步器滑尺的位移。

通常，直线式感应同步器的单相励磁绕组放在定尺上，而将正、余弦输出绕组放在滑尺上。

278　低速同步电动机　低速同步电动机是利用定、转子齿槽磁阻效应，不需经机械减速而获得低转速的同步电动机。在工频时，其转速仅为每分钟几十到几百转，而且转速稳定度很高，电机振动和噪声很小，在起动、堵转和正常运行时的电流变化不大。若通以脉冲电源，又可作步进电动机使用，只是起动转矩较小。该电机效率仅为 30% 左右，功率为几百瓦及以下。

低速同步电动机广泛用于录音机、传真机、计测装置等要求低转速及转速稳定的场合。低速同步电动机有磁阻式和励磁式两种，励磁式又分为永磁式和电磁式两种。以下仅介绍磁阻式和永磁式两种低速同步电动机。

（1）磁阻式低速同步电动机　其结构见图 9.10-33。定、转子铁心有均匀的齿槽（有的定子铁心开有大小齿槽，其小齿均布在大齿齿面上），定子槽中嵌有两相、三相或单相绕组，转子上没有绕组。

磁阻式低速同步电动机的工作原理见图 9.10-34。定子齿数 t_s、转子齿数 t_r 和极对数 p 应满足以下条件：

$$t_r = t_s \pm p$$

设电机为两极，当定子绕组通电后某瞬间所产生的两极旋转磁场轴线为图中 A-A，恰好定子齿 1

和 9 的中心线重合。由于磁力线总是力图使自己所经过的磁路磁阻为最小，故转子齿 1 和 10 将被吸引至与定子齿 1 和 9 对齐的位置上。同理，当旋转磁场轴线转过一个定子齿距到图中 B-B 位置时，转子齿 2 和 11 将被吸引至定子齿 2 和 10 对齐的位置上，这样定子旋转磁场转过了 $2\pi/t_s$ 弧度，而转子仅转过（$2\pi/t_s - 2\pi/t_r$）弧度，则两者的速度比为

$$K = \frac{\dfrac{2\pi}{t_s}}{\dfrac{2\pi}{t_s} - \dfrac{2\pi}{t_r}} = \frac{t_r}{t_r - t_s} = \pm\frac{t_r}{p}$$

故磁阻式低速同步电动机的转速（r/min）为

$$n = \frac{n_s}{K} = \frac{\dfrac{60f}{p}}{\pm\dfrac{t_r}{p}} = \pm\frac{60f}{t_r}$$

式中　n_s——定子旋转磁场的转速（r/min）；
　　　f——电源频率（Hz）。

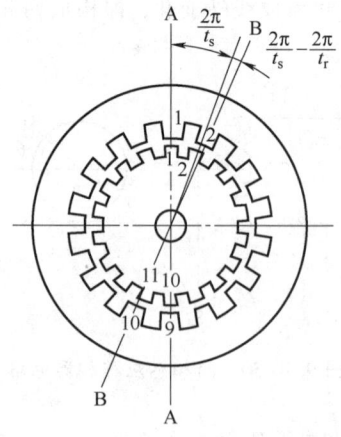

图 9.10-34　磁阻式低速同步电动机工作原理图

因此，不同 t_r 可获得不同的低速，当（$t_r - t_s$）> 0 时，转子转向与定子旋转磁场方向相同，则转子

的转速 n 取"+";反之,取"-"。

(2)永磁式低速同步电动机 其结构见图9.10-35,图中为轴向励磁结构,也有用径向励磁但很少用之。永磁式低速同步电动机定子结构与磁阻式的相同,转子铁心分成两段,中间放置轴向充磁的环形磁钢,转子铁心可用整块钢铣出均布的齿槽,或由硅钢片冲制后叠压而成,两端铁心在径向错开半个齿距。定子齿数 t_s、转子齿数 t_r 和定子绕组极对数 p 应满足如下条件:

$$t_r = t_s \pm p$$

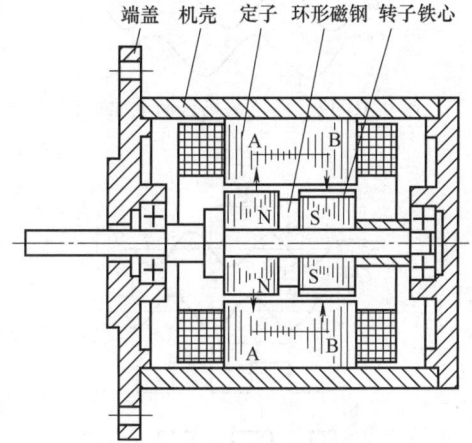

图 9.10-35　永磁式低速同步电动机结构

图中虚线表示磁回路。其工作原理见图9.10-36。

若定子绕组极对数 p 为 2,见图 9.10-36a,定子旋转磁场的轴线分别与定子齿1、5、9、13的中心线重合。由于定、转子磁场的相互作用(即同极性相斥、异极性相吸),转子力图使其齿1、10与定子齿1、9,转子齿5、6之间的槽与定子齿5以及转子齿14、15之间的槽与定子齿13分别处于对齐位置。同理,当定子旋转磁场按顺时针方向转过一个定子齿距时,转子则力图转到其齿2、11与定子齿2、10对齐的位置上,即定子旋转磁场转过了 $2\pi/t_s$ 弧度,而转子仅转过($2\pi/t_s - 2\pi/t_r$)弧度,故定子旋转磁场与转子的转速比为

$$K = \frac{\dfrac{2\pi}{t_s}}{\dfrac{2\pi}{t_s} - \dfrac{2\pi}{t_r}} = \frac{t_r}{t_r - t_s} = \pm \frac{t_r}{p}$$

故永磁式低速同步电动机的转子转速(r/min)为

$$n = \frac{n_s}{K} = \frac{\dfrac{60f}{p}}{\pm \dfrac{t_r}{K}} = \pm \frac{60f}{t_r}$$

式中　n_s——定子旋转磁场的同步转速(r/min);

　　　f——电源频率(Hz)。

图 9.10-36b 中在 B—B 截面上,定、转子磁场的相互作用,可以得到与上述相同的结论。由于左右两转子铁心在径向错开半个齿距,故所产生的转矩方向是一致的。

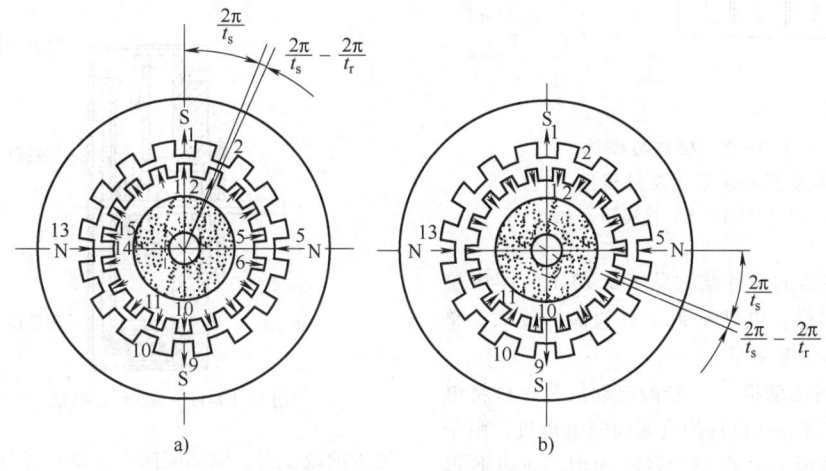

图 9.10-36　永磁式低速同步电动机的工作原理图
a)A—A 截面　b)B—B 截面

由此可见,不同的 t_r 可得到不同的转速。当 $t_r - t_s > 0$ 时,若转子旋转磁场方向与定子旋转磁场方向相同,则公式中的 n 取"+"号;否则取"-"号。

永磁式低速同步电动机比磁阻式低速同步电动

机有较大的自起动能力。

279 磁性编码器 磁性编码器是一种比较理想的测位元件,在自动控制系统中,可用作位置检测或速度检测。它是一种新型编码器,其工作原理是基于某些材料的磁阻效应,即材料的电阻随着外加磁场的变化而增大或减小的现象。图 9.10-37 为磁性编码器的结构示意图,展开图见 9.10-38a。当磁鼓转动一个节距 λ 时,磁性传感器 $R_1 \sim R_8$ 的电阻变化,见图 9.10-39。根据其接线图(见图 9.10-38b)得到图 9.10-40 的电桥输出及经整形后编码器的输出波形。

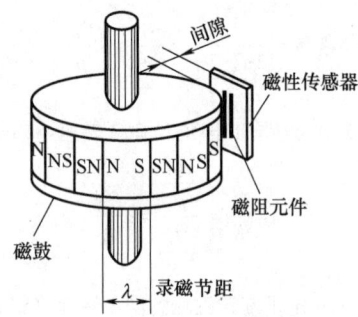

图 9.10-37 磁性编码器的结构

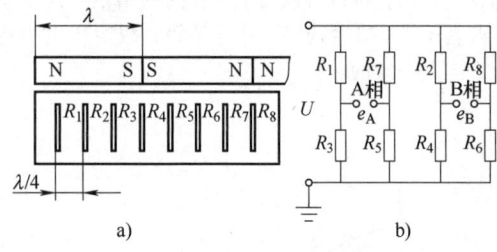

a) b)

图 9.10-38 磁鼓与磁性
传感器的展开图及接线图
a) 展开图 b) 接线图

磁性编码器的一种结构见图 9.10-41,图中旋转磁极即为磁鼓,电路基板上有检波、放大、整形、倍频或细分电路等。

280 音圈电动机[12] 音圈电动机是一种将电信号转换成往复直线位移的直流伺服电动机,由于该电动机的线圈与扬声器的音圈相似,故以此得名。它有长音圈式和短音圈式两种,后者与前者相比,电动机的快速响应和动态稳定性能有进一步提高。图 9.10-42 的点画线框内是一台圆柱形音圈电动机。当动圈通以直流电流时,则与磁钢的磁场相互作用而产生电磁力 f,带动动圈向左运动。当电

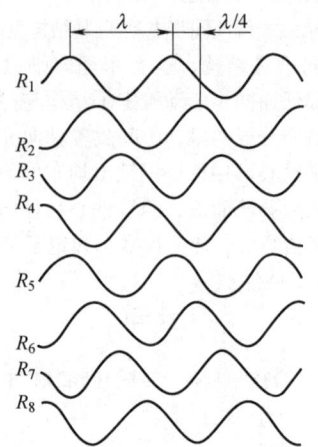

图 9.10-39 磁性编码器的电阻变化

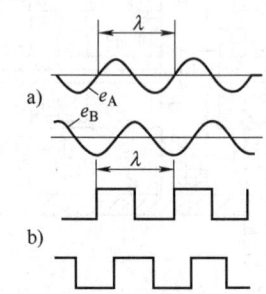

图 9.10-40 磁性编码器的输出
a) 电桥的输出 b) 编码器的输出

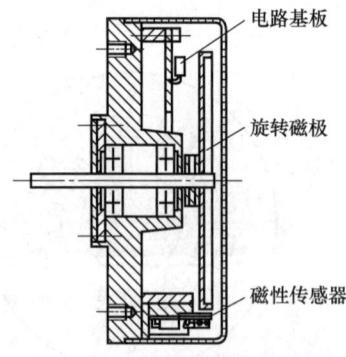

图 9.10-41 磁性编码器的结构

流方向改变时,则动圈向右运动。若线圈中输入可控的电流信号,则动圈可按电流指令做左右的往复运动。

由于直流直线伺服电动机的推力与动圈电流成正比,速度与动圈电压成正比,故具有良好的线性控制特性,它与闭环控制系统配合,可以进行精密

调节或控制，适用于计算机磁盘驱动器的磁头定位系统和机器人等精密伺服定位系统。

图 9.10-42 是音圈电动机的应用实例。当计算机发出指令要磁头到磁盘的某一磁道存取信息时，音圈电动机立即响应并带动小车运动。通过位置和速度反馈控制，小车上的磁头能迅速而正确地到达所要求的磁道上。音圈电动机的定位精度可达十分之几微米。

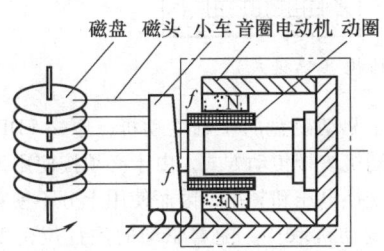

图 9.10-42　磁盘存储器结构

281　超声波电动机[13,14]　超声波电动机是1981 年日本研制成的一种新型微特电机。它克服了传统压电电动机转换效率低和变位微小的缺点，具有体积小、质量小、转矩大、快速响应好、无需减速机构就可获得稳定的低速等优点。超声波电动机有驻波式和行波式两种。它在工作时，一般需要由 20~200kHz 专用高频电源供电，它既可作精密驱动元件，也可作速度和位置伺服系统中的执行元件，现已开始在 X-Y 记录仪、钟表、摄影机镜头驱动及办公自动化等设备中使用。该电动机由运动体和振动体两部分组成，没有绕组、磁体及绝缘结构。超声波电动机的工作原理是利用压电陶瓷的逆电压效应进行机电信号传递或能量转换的。

282　微特直线电动机[15]　直线电动机是一种不需要中间转换装置而将电量转换为直线运动的机电元件。在自动控制系统中，采用直线电动机作为驱动、仪表和信号元件更加广泛，还可用于快速记录仪、雷达天线系统中的直线自整角机、录音磁头等装置中。

直线电动机有多种形式，原则上对于每一种旋转电动机都有其相应的直线电动机。通常，按工作原理来分，可将其分为直线直流电动机、直线感应电动机、直线同步电动机以及直线步进电动机等；按结构来分，可将其分为平面型（含单平面和双边型）直线电动机、圆筒型直线电动机；按次级与初级的长短来分，可将其分为长初级（即短次级）和短初级（即长次级）直线电动机。

微特直线感应电动机是由旋转电动机演变而来的，其演变过程见图 9.10-43。若将图 9.10-43b 中平面型直线电动机的初级和次级依前后方向卷曲，即成为圆筒型直线感应电动机，见图 9.10-44。

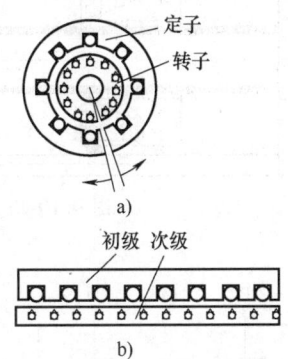

图 9.10-43　直线电动机的形成
a）旋转电动机　b）直线电动机

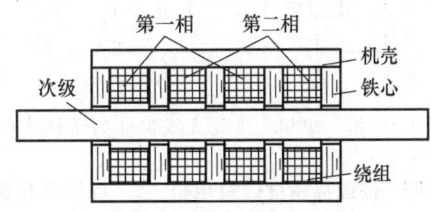

图 9.10-44　两相圆筒型直线感应电动机

这两种电机的初级的 m 相绕组通入 m 相电流后，将会自动产生一个气隙基波磁场，但是这个磁场波是直线移动的，即为行波磁场，其速度 v_s 称为同步线速度，且

$$v_s = 2f\tau$$

式中　τ——极距（m）；
　　　f——绕组中电流的频率（Hz）。

在行波磁场的作用下，自成闭路的次级导条将产生感应电动势和感生电流，载流的导条在行波磁场作用下产生电磁力。若固定初级，则次级将顺着行波磁场方向以速度 v 做直线运动，则转差率为

$$s = \frac{v_s - v}{v_s}$$

即次级移动速度为

$$v = v_s(1-s) = 2f\tau(1-s)$$

当然改变直线电动机初级绕组的通电相序，即可改变次级运动的方向。以上也是交流（异步型）伺服电动机的工作原理。

直线电磁式或直线直流伺服电动机结构见图 9.10-45；四相反应式直线步进电动机结构见图 9.10-46。

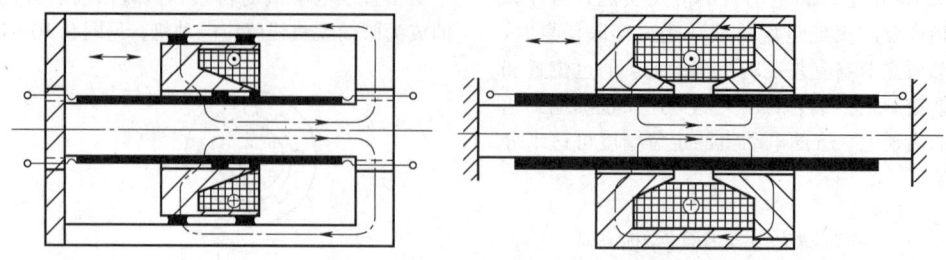

图 9.10-45　直线直流伺服电动机结构（单极式）

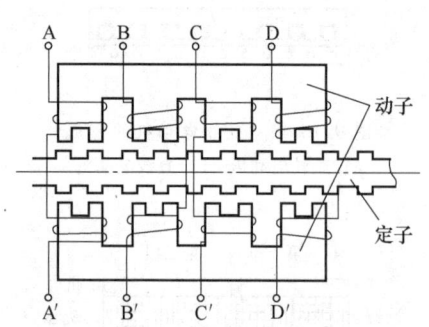

图 9.10-46　四相反应式直线步进电动机结构

283　高速高精度微特电机[17]　高速高精度微特电机可提供稳定的角动量输出和角速度输出，适用于需要高速稳定旋转的场合。高速高精度微特电机从电磁形式上可分为永磁同步电机和磁滞同步电机两种，从轴承形式上可分为气体动压轴承和精密球轴承两类，均具有高精度、高转速、高转速稳定性、长寿命、高效率等优点。

中国船舶重工集团公司第七〇七研究所开发的一款高速高精度微特电机采用气体动压轴承支撑技术、独特的无铁心定子设计及加工技术，显著降低了电机功耗，延长了电机的使用寿命；其采用两相或三相永磁电机无位置传感器锁频锁相控制，辅以精密的动平衡控制技术，大幅提升了电机的转速稳定度和轴旋转精度。

高速高精度微特电机在数控机床、纺织机械、医疗器械、激光打印机、计算机硬盘、计算机光驱、计算机 CPU、CD/DVD 播放器、医用高速离心泵、工业真空泵等领域拥有广阔的市场应用前景。

284　软盘驱动器用微特电机[19]　它是应用于软盘驱动器（FDD）的电机。目前在 FDD 中主要应用了两种精密型微特电机（见图 9.10-47）。

对于驱动磁盘的主轴电动机，原先 FDD 采用交流电动机皮带传动方式，由于必须按使用地区的不同来变换电压和频率，因而使用十分不便；后来被直流电动机取代。随着驱动的磁盘位密度的提高，从提高运转精度和可靠性出发，又用无刷直流电动机替代了有刷直流电动机，并将电动机和驱动器的主轴做成一体，直接驱动磁盘。这已成为当前 FDD 驱动的主流方式。

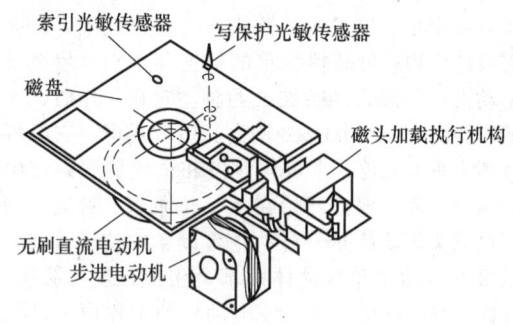

图 9.10-47　软盘驱动器的内部结构

FDD 直接驱动主轴的无刷直流电动机，一般有两种类型：一种是轴向气隙型扁平结构的电动机，另一种是轴向气隙型片状结构的电动机（见图 9.10-48）。电动机转速一般为 300～360r/min。薄型化直流无刷电动机厚度一般为 10～7mm 甚至 4～5mm。在 3.5mm 薄型 FDD 中，片状结构直流无刷电动机的驱动印刷电路板、芯片和片状元器件采用表面安装工艺进行制造。

驱动并定位磁头的步进电动机，被用来使用磁头进行磁盘道间随机存取信息，也应用了两种类型的步进电动机：永磁步进电动机（PM 型）和混合式步进电动机（HB 型，即感应子式永磁步进电动机）。PM 型成本较低，但步距较大，有 18°、15°、7.5°三种，并且定位转矩较小；HB 型步距精度高、定位转矩大、步距角小，有 3.6°、1.8°两种，也有个别类型的 FDD 使用直线步进电动机。

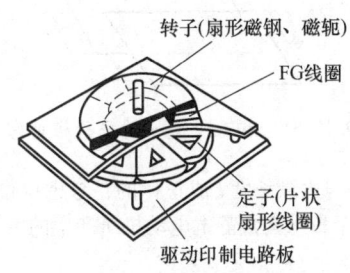

图 9.10-48　片状结构无刷直流电动机

285　双开槽电机[18]　双开槽电机是微特电机的主要机种。与传统的感应电机、直流电机不同的是，它是基于定转子齿槽效应转矩机理的电机。哈尔滨工业大学程树康教授等专家经过 20 多年的研究，在几代人的共同努力下，对双开槽电机的基础理论、工程设计、计算分析、制造和新产品开发进行了一系列研究，取得了重要成果。

双开槽电机转矩的产生基于定转子齿槽效应，这是与传统结构电机的最大差别。因为不能像传统电机那样简单地用气隙系数来近似考虑齿槽的影响，所以这使双开槽电机的计算变得很复杂。程树康教授谈到，在 20 世纪 70 年代初期，其课题组以线性分析方法——"气隙比磁导法模型"为基础，建立了双开槽电机的较完整的工程实用计算和设计方法。这种方法由于它比较完整、应用方便，加上适当的经验修正后使其与实际较接近，在一定程度上能指导实践，所以在当时的工程上得到了广泛的应用。但是，所有的线性分析方法，包括气隙比磁导法在内，其根本的不足是将定、转子铁心表面看成是等位面，仅考虑气隙部分的磁能及其变化，而忽略了铁心部分的磁能及其变化，从而与实际情况有较大出入。这种情况下，线性模型不得不加以修正，这些修正，不仅局限性都较大，而且对双开槽电机的深入分析及优化设计作用不大。基础理论和工程应用研究的实践，使研究者深刻体会到线性模型的不足和建立精确模型的迫切性。

实际上，双开槽电机内部的磁系统既是高度非线性的，又是变非线性的。程树康教授课题组于 20 世纪 80 年代初提出了一种新的场、路结合模型——"齿层比磁导法"。具体来讲，就是对双开槽电机的关键部分齿层区域，包括气隙和定转子齿层铁心，用数值计算方法进行计算，将求解后的磁参数——齿层比磁导作为集中参数与电机其他部分磁路构成一个等值的非线性磁网络。通过对该磁网络进行求解，可以精确计算双开槽电机的特性和参数。该方法能适应高饱和度和变饱和度情况，并能适应多相绕组通电的复杂组合情况，具有很强的实用性。齿层比磁导法把场计算的精确性和路分析的简明性结合在一起，具有足够的精度，应用起来又较方便。课题组通过建立适合工程应用的齿层磁参量数据库，可以针对具体电机直接计算，可计算从不饱和到深饱和的所有情况下各气隙时的保持转矩特性；可计算在恒转速条件下旋转电压与绕组电流的关系曲线，对旋转电压进行较确切的定量研究。

程树康教授课题组运用所研究的方法设计了一系列性能良好的双开槽电机，如正交圆柱结构三自由度电机（见图 9.10-49）、共永磁体平面两自由度直线电机、多气隙电机和 VR 直接驱动电机、混合磁路多边耦合电机及混合磁路多边耦合直线电机。发明和设计的电机具有的一机多功能性、高功率密度和高性能体积比等特点，可提高产品性能，节约设计计算时间，减少电机的试制环节和试制、生产材料。伴随着批量生产时材料的节约，与进口产品相比，具有更大的优势，该类电机是自控、信息、产业机械等的重要机电控制和驱动部件。该类电机性能的提高将促进各类应用系统和整机性能的进一步提高，因此具有较好的社会效益。

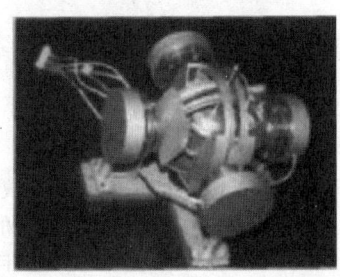

图 9.10-49　正交圆柱结构三自由度电机

286　静电电动机[20]　静电电动机的运行原理有两种：一种是利用介电弛豫原理，另一种是利用电容可变原理。利用介电弛豫原理的静电电动机一般被称为静电感应电动机或异步介电感应静电电动机。其具体原理如下：如果将一个介电转子置于旋转电场中，那么就会在转子表面感应出电荷，由于介电弛豫，这些电荷滞后于旋转电场，这些感应电荷与旋转电场之间的偏移就产生了一个作用在转子上的转矩。如果转子由多种介质构成，那么不同的介电弛豫过程就会被叠加，在不同的频率下起作用。由于电动机运行时，转子的角速度小于旋转电场的角速度，因此这种电动机被称之为"异步"，电动机的转矩与效率都取决于转子角速度与旋转电场角速度的比。图 9.10-50 所示的是异步介电感应静电电动机的结构示意简图。电极静止放置，相差 90°相角的两个电压用来产生旋转电场。

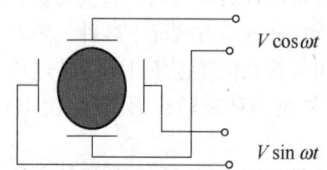

图 9.10-50　异步介电感应静电电动机的示意简图

利用电容可变原理的静电电动机就是指利用带电极板之间基于静电能的能量变化趋势产生机械位移，这种作用力使两个电极趋于互相接近并达到一能量最小的稳定位置。电动机的定子为静止电极，转子为移动电极，通过限制转子向定子方向移动的自由度，就可以使转子获得一个单一方向的位移。现以平行板电容器为例，具体说明静电电动机的电容可变原理。

对中间带有绝缘层的平行极板电容器的两极板间施加电压 V，则电容器的电能为

$$W_e = -\frac{\varepsilon_r \varepsilon_0 \omega l V^2}{2d}$$

这里的负号是考虑电压源能量损失的结果。

式中　ω——极板的宽度；

$\quad\quad l$——极板的长度；

$\quad\quad d$——两个极板间的距离；

$\quad\quad \varepsilon_0$ 和 ε_r——真空介电常数和相对介电常数。

如果要计算在 ω、d、l 这三个方向上的任意一个方向的力，可以通过计算电能在这一方向上的负的偏导数得到。如图 9.10-51 所示，假如平行板电容器的两个极板在 ω 方向不完全对准，互相重叠 x，则在这种情况下计算在 ω 方向的力，首先计算此时电容器的电能（不考虑边缘效应），对电能在 x 方向取负的偏导数，得到 ω 方向的力为

$$F_\omega = -\frac{\partial U}{\partial x} = \frac{1}{2}\frac{\varepsilon_r \varepsilon_0 l V^2}{d}$$

如果上面的极板为固定端，下面的极板为移动端，那么这个平行于极板的力 F_ω 就会试图将下面的移动极板与上面的固定极板相互对准，从而产生了一个沿 ω 方向的运动。

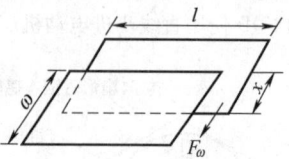

图 9.10-51　相互重叠 x 的平行板电容器

F_ω 是与边缘长度 l 成正比的，考虑单位长度力 f_ω，用这个量来衡量静电电动机所产生的力：

$$f_\omega = \frac{F_\omega}{l} = \frac{1}{2}\frac{\varepsilon_r \varepsilon_0 V^2}{d} = \frac{1}{2}\varepsilon_r \varepsilon_0 d E^2$$

式中　$E = V/d$。

因此对于这类静电电动机要获得较大的力，就要在保证绝缘材料不被击穿的前提下，尽可能地施加较大的电场，缩小定转子电极之间的间隙。

287　电介质电动机[21]　电介质电动机就是指转子采用电介质材料的电动机。电介质电动机是研究电介质材料特性的成果。电介质在外电场的作用下可以被极化，其表面呈现极化电荷，如果还带有微量的导电性时，则其表面还同时存在感生的自由电荷，电介质电动机就是利用定子电场与电介质转子表面电荷相作用产生机械转动的电动机。与电磁式电动机一样，处于定子电场中的电介质转子由外界驱动时也可以感生出电动势，这就是电介质发电机。下面介绍液浸电介质电动机的原理。

转子和电极先不浸在中间体（液态电介质）里，给电极加电压产生电场。电荷的分布见图 9.10-52，$\pm\sigma_0$ 为电极电荷密度，$\pm\sigma_1$ 为转子极化电荷密度，然后将电极和转子都浸于中间体，中间体除被极化外，还发生电离，这时中间体就产生 $\pm\sigma_2$ 的电荷。在转子左侧，中间体的负离子向正极移动并被正电荷中和，正离子被推向转子左表面，在转子右侧，则正离子向负极移动并与负电荷中和，而负离子被推向转子右表面。这时电极的电荷变为 $\pm(\sigma_0 - \sigma_2)$，而在转子左表面正离子不断堆积起来，右表面负离子不断堆积起来，见图 9.10-53，这样不断堆积的结果使电荷量越来越多，但不能无限地继续堆积下去，到达一定程度，就会改变转子的极性，使转子电荷变为如图 9.10-54 所示。这时转子两侧表面的电荷与其相对应的定子为同极性，根据流体动力学中的泵效应（在略微导电的流体中加上一个电场，该电场产生半静态的电动势波，同时在流体界面感生电荷，这个半静态电动势波与流体界面的表面感生电荷相互作用，使流体发生运动）中间体要发生运动，因此，如图 9.10-55 所示那样转子表面电荷

与电极相斥，结果在顺时针方向旋转起来，转子转过 90°时，原来靠近正极的一侧转到上面，靠近负极的一侧转到下面，而上面呈正极，下面呈负极，这时靠近两极的转子两侧又要重复上述的过程，转过 90°时，上面又是呈正极，下面又是呈负极。上面呈正、下面呈负这一现象，有点像直流电动机的整流作用，转 180°后，又回到图 9.10-53 所示的情形。所以转子能连续不断旋转。

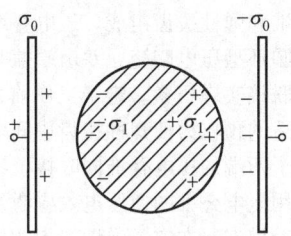

图 9.10-52　真空时电荷分布

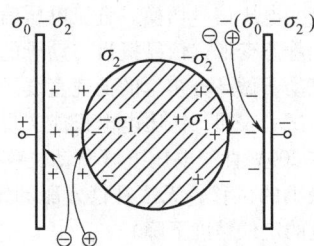

图 9.10-53　浸入中间体的电荷分布

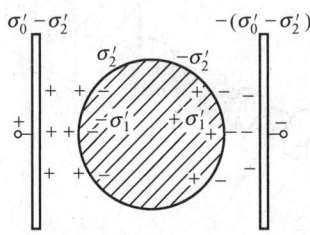

图 9.10-54　转子极性改变

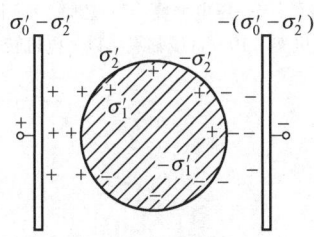

图 9.10-55　转子转过 1/4 转时，其上面的
表面极性为正，下面极性为负

288　稀土超磁滞伸缩电机[22]　图 9.10-56 给出了一种超磁滞伸缩电机的基本结构。它由三部分组成：一个大尺寸的 Terfenol-D 棒，以及固定该棒的定子管和用来产生磁场的线圈。Terfenol-D 棒紧密配合装在定子管里，其中一头连在一结实的支撑结构上，定子管外面绕有一组线圈，用以产生交变磁场。

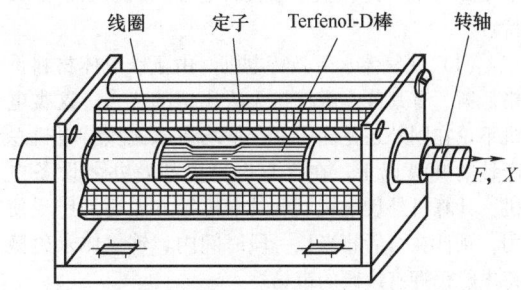

图 9.10-56　超磁滞伸缩电机的基本结构

其工作原理是：线圈通电后产生交变磁场，磁场从定子管一端向另一端移动时，使得 Terfenol-D 棒交替收缩、拉长并夹住自己，从而在管内产生蚕形运动。通过控制磁场来控制 Terfenol-D 棒的运动速度、棒的力和位置。

由于 Terfenol-D 棒在正反方向磁场中都是伸长的，故所产生的机械运动的输出频率是外加输入频率的 2 倍。这个非线性可通过在棒上加一个恒定的偏置磁场来消除，以获得最大的动态磁滞伸缩系数和最高的机电耦合系数。偏磁场可用永磁体或在驱动线圈中加一个恒定电流来产生。

289　磁驱动微纳米电机[23]　磁驱动微纳米电机是外场驱动电机的一种，该电机的动力是由电流产生的磁场或者磁性材料提供的。与其他推动机制相比，磁驱动具有良好的生物相容性和对细胞无损的能量传输机制，是微纳米电机最具前途的驱动方法之一。因为微纳米电机的运动是通过外部磁场控制的，所以不需要任何燃料，并且具有输出力大、输入阻抗低、驱动电压小等特点。磁驱动微纳米电机通常由电导体或线圈系统，软磁或硬磁材料以及绝缘和嵌入电介质组成，目前已知的磁性材料主要包括铁、钴、镍及其合金等。与其他材料相比，金属镍在微纳米电机制造中应用最为广泛，镍可以通过微电铸、蒸发镀或者磁控溅射的方式获得。微纳米电机的运动取决于磁力的大小和方向，总体结构尺寸通常在几厘米的范围内，而执行结构尺寸在微米范围内。磁驱动微电纳米机按照运动输出的形式可分为线性微纳米电机和旋转微纳米电机。磁滞驱动作为一种不需要任何燃料的驱动方法，是用于驱动微纳米电机的重要技术手段，已经引起研究者的广泛关注。当前的磁驱动微纳米电机的研究仍处于初级阶段，但很多学者逐渐把磁驱动微纳米电机应用于生物实验，例如精确靶向药物、细胞运输以及微创手术等。

290　永磁微特电机[24]　永磁微特电机可依其采用的永磁材料进行分类，它们在使用上各具特点。

（1）铁氧体永磁微特电机　由于铁氧体材料价格低廉，有其他永磁材料无法比拟的优点，这类电机不论在国外还是国内其产量均占永磁微特电机总产量的 90% 以上，在汽车电器电机、办公设备电机、计算机外设电机、玩具电机等方面得到广泛使用，预计在今后相当长一段时间内，铁氧体永磁微特电机仍拥有广阔的市场。

（2）铝镍钴永磁微特电机　铝镍钴永磁材料具有较好的磁性能（高剩磁及高磁能积），较高的温度稳定性，其性能优于铁氧体而次于稀土永磁体，价格亦高于铁氧体而低于稀土永磁体，加工性能良好，价格适中。铝镍钴永磁电机在军用微特电机、精密微特电机如高精度直流伺服电动机、直流力矩电机、线绕杯形转子电动机、永磁同步电动机、永磁感应子式步进电动机、低速同步电动机、直流测速发电机、有限转角力矩电机和测速发电机等产品中得到了广泛应用。

（3）稀土永磁微特电机　稀土永磁材料的磁性特别好，有数倍于铝镍钴磁体的高磁能积，但由于价格昂贵，所以这类电机起初仅用于军用方面，如航空用无刷直流电动机、稀土力矩电动机等。近年来，随着科技的进步，对电子电器产品提出了高效、小型化的需求，这就要求微特电机体积小、重量轻。为了保持或增加电机性能，必须采用高性能的永磁材料。稀土磁钢的发展，特别是钕铁硼的出现大大加快了稀土永磁微特电机的推广进程。今后，随着钕铁硼价格的降低，固有缺点的进一步克服，稀土永磁微特电机将成为极有发展前途的一类永磁电机。

291　宏微直线压电电机[25]　压电电机是利用压电材料在施加电场后形状改变的原理而制成的电机。宏微直线压电电机具有分辨率高、响应快、体积小和效率高等优点，广泛应用在超精密加工领域。宏驱动部分完成电机高速度、大行程和低分辨率的工作，微驱动部分则负责行程小、分辨率高的任务，并用来补偿宏驱动位移误差和抑制残余振动。

图 9.10-57 为压电电机的结构分解图。电机动子即为电机的输出轴，电机定子由左右两端的端盖、压电叠堆和弹性拨齿组成。压电叠堆为多片沿轴向极化的圆环型压电陶瓷，并由端盖与弹性拨齿之间的螺纹联接实现压紧。定子工作前，调整紧固螺栓施加合适的预压力使弹性拨齿中间的拨齿夹紧动子。当定子两端的压电叠堆同时接上特定的交变电压后，利用压电叠堆的逆压电效应激发出定子工作所需的振动模态，在定子弹性拨齿的拨齿处形成椭圆运动轨迹，依靠动子与拨齿的摩擦，从而驱动电机动子做大行程的高速直线运动，即宏驱动运动。当把交变电压信号切换成直流电压信号后，压电叠堆发生静态变形，依靠拨齿与动子的摩擦，从而驱动电机动子做高分辨率的低速直线运动，即微驱动运动。试验表明，该压电电机能实现宏、微直线运动，在 200V 直流电压下微驱动位移仅为在实际应用中较小的位移，无法补偿宏驱动定位误差，造成该电机的定位精度下降。

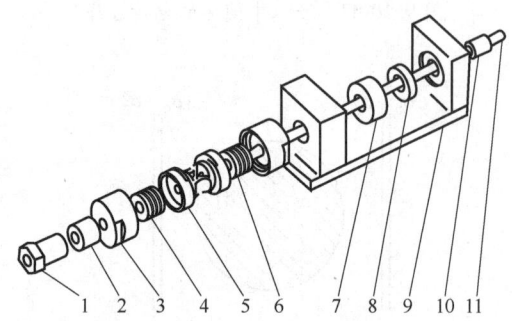

图 9.10-57　压电电机结构分解
1—紧固螺栓　2—光轴　3—端盖　4—接线端子
5—弹性拨齿　6—压电堆叠　7—套筒　8—橡胶垫圈
9—机架　10—直线轴承　11—电机转子

第11章 电机系统及集成

11.1 集成电机

292 集成电机结构特点 目前实际应用中的驱动器与电机本体分离的布置形式，存在电缆引线长度和体积增加、布线复杂、抗干扰能力差等问题。集成电机，是指将控制器、驱动器、编码器和电机本体集成（见图9.11-1）。与传统的分离式电机系统相比，集成电机的主要优点包括：

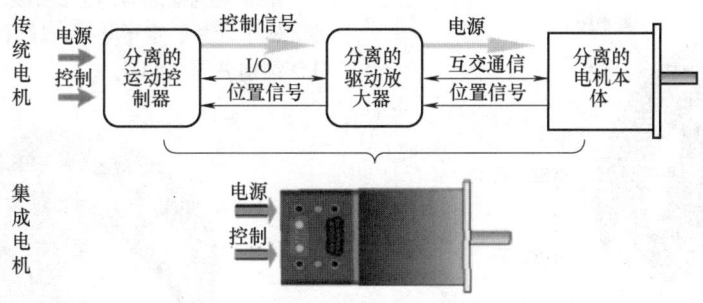

图 9.11-1 传统电机与集成电机示意图

1）可极大缩短变频器与电机之间的线缆长度，简化系统。

2）不存在反射波的影响。脉宽调制（PWM）技术给系统带来了高次谐波，存在过电压的风险，影响系统的安全性和可靠性，增加系统的电压应力。而集成电机由于引线很短，几乎不存在这种现象。

3）抗干扰能力强、可靠性高。在复杂电磁环境中运行时，分离式电机系统的电缆上可能会感应出电压或电流，给系统带来差模或共模干扰，严重时会影响系统的运行。而集成电机的引线置于机壳内部，大大提高了对外界的抗干扰能力，增强了可靠性。

4）体积小、质量轻，提高了系统功率密度。

5）降低材料成本及维护成本。

上述优点使得集成电机在对体积和质量严格受控、抗干扰性要求高的航空航天、军事、机器人等领域具有良好的应用前景。然而，集成化在缩小整机体积和重量的同时，也带来了一些严峻的技术挑战。首先，整机功率密度提高的同时，由于总损耗未变，体积减小使得损耗密度增加，给整机散热带来问题；另外，控制器、驱动器、编码器之间距离的缩短，增加了内部元器件间的电磁干扰问题。因此，合理的一体化热结构设计与电磁兼容设计，是提高集成电机可靠性的关键。

集成电机的热结构设计和母线电容选择至关重要。由于集成电机的散热较为困难，且为进一步提高功率密度，需采用风冷、水冷等强冷却结构。母线电容容量太小会带来母线电流的波动，容量太大会导致尺寸过大，极大地影响集成电机的体积。

293 集成电机应用 目前，已有多家国外电机公司，如德国的 Denken 和 Bosch 公司，美国的 Servida 公司，瑞士 ABB 公司等，推出了集成电机产品，已在市场上销售，产品功能都比较全面，均集成了控制器和驱动器，接通电源即可运行。受限于电机的电磁兼容性和散热等问题，集成电机产品多为中小功率电机。大功率集成电机的研发，需要重视热结构的设计。

11.2 电机系统与负载的集成

294 电机系统与负载的集成概述 随着电机

拓扑、类型的丰富和多样化，针对不同负载，通过合理选择电机拓扑及转子形状，采取使电机与负载共用转子的形式，可以大幅度减小系统体积，提高系统功率密度和传动效率。比较典型的结构为电机与风机/泵类、车轮、螺旋桨的集成。

295　电机系统与压缩机/风机/泵类的集成　以轴流式压缩机为例，通过对电机的转子形状进行设计，使得电机的转子既能产生电磁转矩，还具有压缩空气的功能，使得系统更加紧凑，还能提高系统的效率（见图 9.11-2）。对此，要求电机转子的形状为凸极结构，此外，还要求电机转子能在高转速下实现可靠运行。开关磁阻、开关磁链等电机均为可选的电机类型。

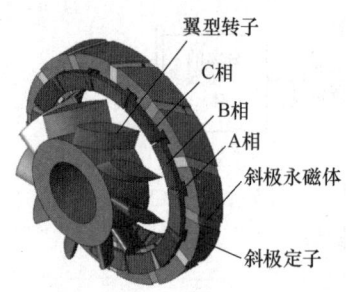

图 9.11-2　轴流式压缩机与电机的集成

296　电机系统与推进器的集成　集成电机推进器是一种集电机本体及其控制器、螺旋桨于一身的电力推进装置，放置在舱外，取消了尾轴与冷却系统，具有集成度高、布置灵活、效率高、特征信号低等优点。它的主要特点是将推进电机和螺旋桨集成在一起，通过导管固定，使它们成为一个整体。其基本工作原理是：转子直接带动螺旋桨旋转，产生的推力推动航行器前进，通过对推进电机的控制来实现对螺旋桨的调速与转向控制。

集成电机推进器重量在几千克到几十千克。运行功率从几千瓦到几兆瓦不等。在叶型上，较为常见的有 KA 型桨、B 型桨和 G 型桨。在形状上，可以把集成电机推进器分为有导管桨和无导管桨。导管桨主要是为了提高大负荷螺旋桨的功率而设计的，而小型推进装置在工作时功率不大、波动较小，因此无导管螺旋桨较为常见。在结构设计上，又可以分为有轴集成电机推进器和无轴集成电机推进器。有轴集成电机推进器的特点是把电机转子和螺旋桨集成在一起，省去传动轴和电机冷却系统。无轴集成电机推进器的特点与有轴集成电机推进器大致相同，但无轴集成电机推

进器必须为导管桨且在设计导管时必须集成定子绕组、定子励磁材料、位置传感器和支撑轴承，设计过程非常复杂。

集成电机推进器的主要优点：

1）低噪声和高效率：集成电机推进器直接悬挂在航行器外，省去了传动轴等结构，再加上导管的屏蔽作用，使得航行时的噪声大大降低，并且使得推进效率大幅度提高。

2）可靠性高：集成电机推进器结构紧凑，节省了空间和重量。此外推进器悬挂在舱室外，维修方便，提高了系统的可靠性。

3）集成电机推进器是一种更为彻底的电力推进方式。

集成电机推进器的主要结构包括推进电机、螺旋桨转子叶片、定子叶片、导管和相关轴承等。其具体结构见图 9.11-3。

图 9.11-3　集成电机推进器示意图

受安装空间限制，集成电机推进器的推进电机与传统推进电机相比，在结构形式上也有较大差异，整体成扁平状，电机整体结构尺寸偏小。

集成电机推进器的发展趋势是：

1）大功率化及更高集成度；

2）产品化、多应用领域以及向更大限度地发挥其结构、效率、噪声等优势的方向发展。

考虑到高功率密度的要求，集成电机推进器多采用永磁电机，而与传统永磁电机相比，其主要特点为：

1）由于水动力性能要求，推进电机需放置于尺寸较薄的推进器导管内，电机尺寸受到约束，整体结构呈紧凑型扁平化结构；

2）考虑到密封性，电机定子和转子间布置的密封套筒会导致电机气隙较大，为 2~3 倍的传统电机气隙。

3）同时，电机的热负荷一般选择较高，以获得较高的功率密度。

11.3　直驱式电机系统

297　直驱式电机系统概述　直驱式电机系统是指驱动电机与负载同轴直接相连，而不通过齿轮箱或皮带等变速机构进行连接。系统结构大大简化，具有高精度、高动态响应、便于安装维护、噪音低、机械刚度高以及可靠性高等一系列优点。它可应用于伺服系统、大功率风力发电系统、燃气轮机发电系统等。

298　高速电机系统特点　高速电机可以用难度值的概念来定义，所谓难度值就是转速与功率平方根的乘积，一般认为难度值超过 10 的 5 次方就属于高速电机。高速电机具有体积小、功率密度大、系统效率高、转动惯量小、动态响应快等优点。常见高速电机的类型包括感应电机、永磁电机、开关磁阻电机等。其中高速永磁电机由于无需励磁绕组，具有功率密度高、效率高、高效、转速范围宽等优点而备受青睐。大容量、高速电机在微型燃气轮机发电、大型企业废热回收发电系统、大型离心式空气压缩机、飞轮储能、大型高速加工中心等方面有诸多的应用需求。

高转速使得电机具有高功率密度优势的同时，也带来了挑战：一方面，高速电机的损耗密度和工作温升较普通电机有显著增大，其冷却和散热需要特殊设计。另一方面，高速电机的基波频率提高，使得绕组电流中包含一系列高次谐波，增加电机损耗；尤其是高频磁场会在高速永磁电机转子护套和永磁体内产生涡流，形成涡流损耗，使得高速电机转子热问题尤为突出。由于永磁体在高温环境下易出现热退磁问题，因此若热管理设计不当，将会威胁高速永磁电机的安全可靠运行。

（1）发展方向　目前，高速电机有两个发展方向：一是超高速，最高转速已达 50 万 r/min；另一个是大功率（一般为兆瓦级），用于集成直驱式压缩机和蒸汽轮机发电等场合。

（2）转子损耗与热分析　转子损耗包括空气摩擦损耗和高频涡流损耗。高速永磁电机在工作状态下，转子由于高速旋转产生很大的离心力，所以需要在永磁体外加以保护套。护套材料是影响转子涡流损耗最主要的因素之一，现有的护套材料一般可分为金属护套（Inconel718、钛合金）和非金属护套（Kevlar、碳、玻璃纤维）两种。与合金金属护套相比，非金属护套更薄，产生较低的涡流损耗，但其热导率低，不利于永磁体散热。稀土永磁材料

电导率较高、耐热性能较差，在高速运行时，稀土永磁电机的永磁体涡流损耗不能忽略。

（3）冷却结构　定子通常采用的冷却方式有空气冷却、定子外侧水冷、定子密闭强油冷却等。采用空气冷却结构时，电机一般为开启式结构，电机通过支撑板筋固定在进气通道内，空气吹拂电机外机壳，并穿过电机气隙直接冷却定子绕组端部、转子和定子铁心。水冷系统一般是在定子铁心外侧设置水道，由循环的水路将电机热量带走。对于定子密闭强油冷却系统，冷却介质直接作用于电机定子侧各组件。此外，还有学者提出了定子套小孔隙油冷、定子槽安装冷却管及定子端部喷雾散热的冷却方式。

（4）轴承　主要采用滚动轴承、电磁轴承和弹性箔片气体轴承的支承方式。电磁轴承和电机类似，需要一定的尺寸空间安装轴承的定子和转子，且需要按照位移传感器进行主动控制。陶瓷具有较高的硬度、低密度、高弹性模量、耐高温、热膨胀系数小、热传导率小等优点，用陶瓷制造的轴承滚珠，不仅可减轻轴承重量，而且因滚珠的离心力很小，对轴承的温升、摩擦磨损、使用寿命均有益处。陶瓷球还可以提高弹性模量，这既缩短了轴承的启动时间，又提高了轴承的精度与刚性。此外，由于陶瓷与钢亲和力极小，滚珠与滚道之间不会出现粘结，可以提高轴承的高温性能和寿命。弹性箔片气体轴承结构简单、体积小、重量轻，由于采用柔性的金属箔片作为支承元件，并利用动压气体作为润滑剂，因此可以在很高的温度下可靠工作。在高温、高速支承技术方面，和其他轴承相比，弹性箔片气体轴承具有很多独特的优势。

299　低速大转矩电机系统

（1）定义与优点　一般是指转速低于 500r/min、转矩大于 500N·m，用于直接驱动的电机，当转速低于 50r/min 为超低速电机。采用低速大转矩电机直接驱动低速负载，可以省去故障率较高的减速机构，提高传动效率，具有效率高、结构紧凑、振动噪声小、运行维护费用低的优点，在工业生产、油田开采、风力发电、港口起重和舰船推进等领域有极其广泛的应用前景。

（2）类型　低速大转矩电机转速极低，同时需求的转矩较大，因此电机体积和重量较大，电机极数往往较多。感应电机在极数较多时，励磁电流增加使功率因数和效率严重降低，电机性能急剧恶化，因此并不适合应用在低速大转矩电机上。而永磁电机的气隙磁场由永磁体激励，不存在励磁电

流，电机极对数可以设计得很高。相比于感应电机，永磁电机的功率因数和效率更高。此外，在风力发电等场合，低速大转矩永磁直驱电机多采用表贴式外转子结构，转子结构较为简单，同时气隙半径较大，提高了功率密度。考虑到成本较低的优势，电励磁同步电机也在部分场合得到了应用。

（3）主要技术指标及发展趋势　低速大转矩电机系统，即使采用永磁电机，仍存在体积和重量较大的问题，造成加工、运输和安装困难，严重制约其推广应用和超低速化发展。因此，转矩密度是低速大转矩电机系统最主要的性能指标。为了提高转矩密度，可采取的主要措施包括：1）采用分数槽集中绕组。分数槽集中绕组是指绕组的每极每相槽数小于1，即电机的槽数和极数比较接近。分数槽绕组最大的特点是端部短且不重叠，缩短了无用的端部体积，降低了端部铜耗，且绕组的互感相对较小，甚至部分绕组可实现零互感，易于实现自动化加工，降低电机运输和安装费用。2）采用模块化结构，方便电机的制造与维护。

11.4　电机系统与电磁式调速机构的集成

300　电磁式调速机构概述　电磁式调速机构，是指遵循电磁转换原理，采用电磁场作能量载体，改变系统输入和输出转速关系的装置。电磁式调速机构主要包括磁力联轴器和磁力齿轮两种。

301　磁力联轴器　它是一种通过永磁体的磁力将原动机与工作机连接起来的新型联轴器。与机械联轴器相比，其最大优势是通过磁力传递转矩，实现主动轴和从动轴的连接，中间没有其他器件，实现了精密封，可提高密封水平，防止泄漏，进而达到保护环境、节约资源、保障人员健康的目的。因此广泛地应用在各种需要密封的工业设备中，如流体输送泵、真空设备、搅拌器、潜水机械等。磁力联轴器的种类很多，按照其结构形式，可分为圆筒式和圆盘式；按照磁力联轴器的耦合原理，可分为同步式、涡流式、磁滞式以及磁阻式；按照磁力联轴器的运动方式，可分为转动式、直线运动式以及复合运动式；按照磁力联轴器永磁体的排列方式，可分为间歇分散式和组合推拉式。图9.11-4所示为圆筒式磁力联轴器以及圆盘式磁力联轴器的实物图。

磁力联轴器的研究最早可追溯到20世纪30年代，随着高性能钕铁硼永磁体的问世，磁力联轴器

图 9.11-4　磁力联轴器实物图
a）圆筒式　b）圆盘式

也进入了快速发展的阶段，开始应用到越来越多的领域中。到目前为止，磁力联轴器已走向标准化、系列化、微型化和大型化，设计也越来越复杂。

磁力联轴器由五个部分组成：外导磁体、外磁钢、隔离套、内导磁体、内磁钢。其中外导磁体和外磁钢构成与主动轴相连的外转子，内导磁体和内磁钢构成与从动轴相连的内转子。内、外磁钢由轴向或径向充磁的永磁体组成，不同极性的永磁体交替排列，并安装在内、外导磁体上。导磁体一般为高导磁材料，为磁力线提供通路。隔离套一般由低电导率材料制成，将内外转子隔离开来，实现静密封。

磁力联轴器的结构以及工作原理使其具备了在某些应用领域的突出优势。首先，从动轴部分被保护在机体内部不需要伸出机壳，从动密封转变为静密封，可取消各种轴封装置，实现零泄漏。第二，缓冲抗振性能优良，对系统的位移变化不敏感，改善了系统的动态性能。第三，额定转矩时可实现同步旋转，内外转子之间无摩擦，因此工作寿命长、可靠性高。第四，隔离了主动轴与从动轴之间的热传导，并可以方便地添加冷却系统。第五，当转矩过大时，内外磁钢发生打滑，实现过载保护。

302　磁齿轮　磁齿轮是一种靠磁场耦合来传递动力的装置。与机械齿轮相比，制造安装简单；无接触，不会产生摩擦，噪声更小；自身具备过载保护能力；不需要润滑、维护，构件拆卸、安装过程简单；正常运行情况下，不会对系统造成较大的冲击。磁齿轮最早始于1913年，但受当时永磁材料的限制，早期磁齿轮的传动能力较差、转矩密度较低，没有得到重视。随着材料研究以及相关理论的不断深入，自21世纪初以来新型磁齿轮的出现，大幅提高了磁齿轮的转矩、传动比和运行性能，使其有希望替代机械齿轮。磁齿轮用途更为广泛，可用于电机、水力风力发电、太空无重力传动等。当前提高磁齿轮转矩密度和传动比仍是其研究和发展的主要方向。而磁齿轮技术的历次发展，都离不开拓扑结构和所用材料的革新。目前，磁场调制式齿

轮大幅提高了转矩密度（高达 $100kN \cdot m/m^3$），具有良好的应用前景。

303　磁齿轮永磁复合电机　磁齿轮永磁复合电机是指将传统电机，尤其是永磁电机和磁齿轮相结合的一类直驱电机。磁齿轮永磁复合电机与永磁游标电机类似，运行原理都基于"磁场调制效应"：由转子永磁体激励的多极旋转磁场在调制环（或调制齿）的调制作用下，与定子绕组产生的少极旋转磁场相互作用，实现机电能量转换和转矩传递。利用磁场"自增速"效果，定子绕组可按电机高速谐波磁场的极对数进行设计，使得电机的结构简化，定子槽数大大减少，绕组绕制简便，整机体积和质量降低，转矩密度得到较大提升。如图 9.11-5 所示，磁齿轮永磁复合电机的典型结构是将永磁无刷直流电机内置入磁齿轮中，使得磁齿轮的内转子与永磁无刷电机转子共用，以磁齿轮结构的外转子作为复合电机的输出部件，从而省去了传统机械齿轮箱的结构，使得复合电机兼具永磁无刷电机的高效率和磁齿轮电机高转矩密度的优势，在需要低速大转矩的应用场合具有良好的前景。然而磁齿轮永磁复合电机通常包含多层气隙，由两个旋转部分和 1~2 个固定部分组成，机械结构较为复杂，生产加工难度大，限制了其发展应用。另外，磁场调制作用利用定子中有效谐波磁场传递转矩和能量，存在功率因数和效率偏低的缺点。

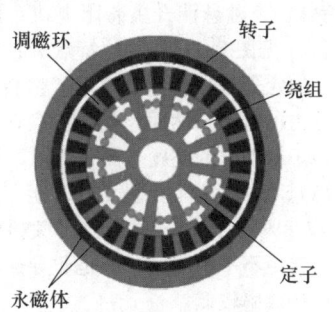

图 9.11-5　磁齿轮永磁复合电机

在磁齿轮永磁复合电机的基础上，研究人员通过分析其遵循的磁场调制原理，进一步简化电机结构，最终形成了广义的磁场调制式电机。磁场调制式电机的结构更加简单，且永磁体用量更少。典型结构主要包括含专用调制环的双气隙结构以及调制环与定子齿集成的单气隙游标永磁电机结构。含专用调制环的双气隙结构具有两个可旋转部件，结合定子绕组的设计，可实现多机械与多电端口的能量转换，在混合动力汽车动力分配系统

上具有良好的应用前景。而单气隙游标永磁电机结构可靠，通过优化定子齿形状，也可以获得较高的转矩密度。

11.5　电机系统与驱动控制系统的集成

304　电动汽车三合一电驱系统　随着电动汽车技术的不断演进，集成化、模块化设计成为未来发展的主流趋势。电动汽车三合一电驱系统技术是指将电控、电机和减速器集成为一体的技术（见图 9.11-6）。三合一电驱系统简化了零部件之间的外部布线，达到轻量化、节约成本等目的。此外，使得整车各系统布局更加灵活，也使得乘客可以获得最大化的乘坐空间，以及宽敞的车辆储物空间。其特点是：

1）高度集成化，进行高度整合后将动力电机、电机功率控制逆变器和变速箱合三为一。

2）简化冷却管路和功率驱动线缆，模块内部集成大功率交流驱动母线进一步降低线缆成本。其难点是集成化后振动噪声的控制，以及散热能力的提高等。

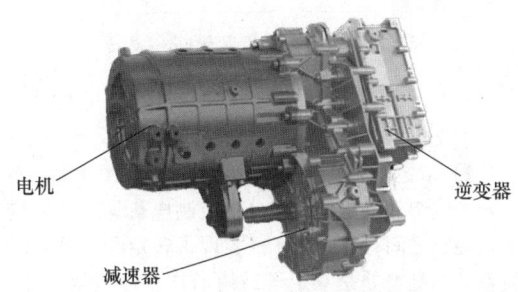

图 9.11-6　电动汽车三合一电驱系统

305　矿用变频一体化电机系统　传统分体安装的矿用电动机和变频器之间的电缆会形成大量的电磁污染，导致其余用电设备使用时的可靠性降低，甚至出现误动作的情况。采用增加滤波电抗器或者提高变频器载波频率的方法可减小电磁干扰，但受实际所限并不能非常好地解决电磁兼容问题。因此，矿用变频一体机成为矿用电机驱动系统的趋势。

11.6　特种电机系统

306　磁悬浮电机系统

（1）磁悬浮电机　采用磁悬浮轴承原理来支撑转子的电机称为磁悬浮电机，见图 9.11-7。目前，

多数磁悬浮电机类型为开关磁阻电机，其原理是利用定、转子齿极间既产生径向悬浮力又产生切向转矩的特性。这种电机不仅继承了开关磁阻电机控制灵活、结构可靠、成本低、容错能力强的特点，并且保留了磁轴承能耗低、无机械损耗等优良性能。此外，永磁电机、同步磁阻电机也受到关注。

（2）分类 根据电机所含悬浮绕组和转矩绕组的特性，磁悬浮电机的类型可以分为双绕组式、单绕组式和混合式三类。双绕组式的特点是：在每个定子极上另外添加一套悬浮绕组用以产生偏置磁场，从而生成径向悬浮力，维持转子稳定悬浮。其缺点是产生转矩和悬浮力的磁场在磁路上存在耦合，控制较为复杂。

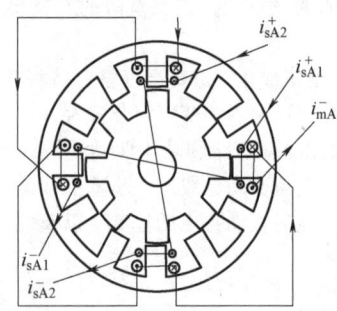

图 9.11-7 12/8 极双绕组磁悬浮
开关磁阻电机结构

双绕组磁悬浮电机又包含以下几种：

1）双定子磁悬浮开关磁阻电机（见图 9.11-8）：内定子绕组和外定子绕组分别控制电机悬浮力和转矩，磁路之间存在隔离，故实现了转矩和悬浮力的解耦。不足之处是双定子结构增加了电机复杂度，此外单纯依靠内定子提供悬浮力，可能存在悬浮力不足的问题。

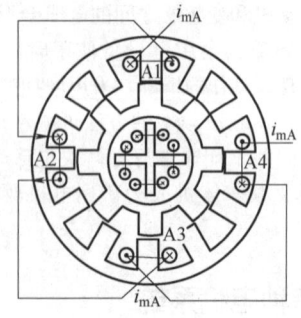

图 9.11-8 双定子磁悬浮开关磁阻电机结构

2）混合定子齿磁悬浮开关磁阻电机（见图 9.11-9 和图 9.11-10）：定子齿为不等宽结构，

宽齿极上的绕组控制悬浮力，窄齿极上的绕组控制转矩。其特点是可有效降低转矩和悬浮力的耦合。而缺点是转矩脉动大、转矩密度低。

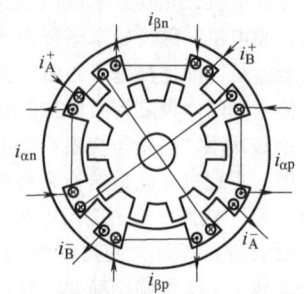

图 9.11-9 8/10 极混合定子齿磁
悬浮开关磁阻电机结构

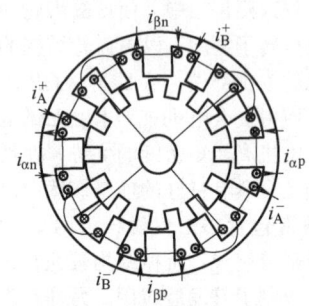

图 9.11-10 12/14 极混合定子齿磁
悬浮开关磁阻电机结构

3）特殊定子磁悬浮开关磁阻电机：12/8 极平行定子结构（见图 9.11-11）的特点为：转矩绕组的电感为一恒定值，故悬浮电流不产生转矩，实现转矩和悬浮力的解耦，然而此类电机存在各相转矩不平衡、转矩脉动大的问题。图 9.11-12 为 12/8 极双凸定子磁悬浮开关磁阻电机，其转矩、悬浮力解耦原理和 12/8 极平行定子磁悬浮开关磁阻电机相同，解决了转矩不平衡问题，但是非导通相仍然存在磁通，运行效率较低。

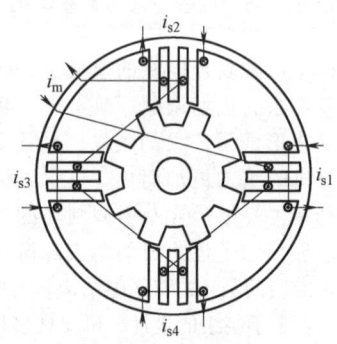

图 9.11-11 平行定子磁悬浮开关磁阻电机拓扑

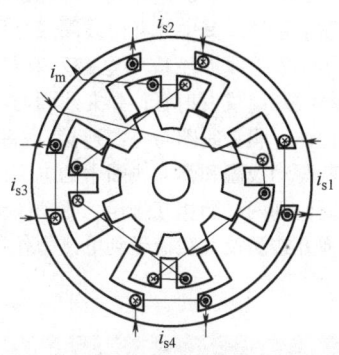

图 9.11-12　双凸定子磁悬浮开关
磁阻电机拓扑结构

4）单绕组磁悬浮开关磁阻电机（见图 9.11-13）：该结构每个绕组齿极上只有一套绕组，且采用单独电流控制，绕组电流可等效为转矩电流分量和悬浮电流分量，转矩电流控制切向转矩，悬浮电流控制径向悬浮力，控制两个输入量实现电机的转动和悬浮。单绕组磁悬浮开关磁阻电机相对于双绕组电机，每个绕组独立控制，具有控制灵活、绕组利用率高、运行高效、结构简单的特点。

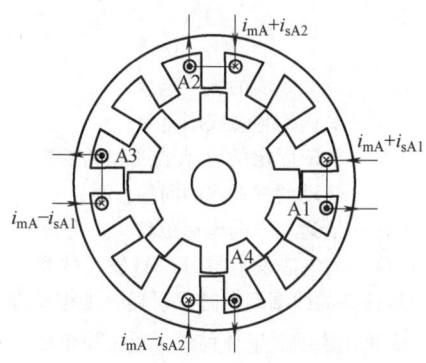

图 9.11-13　12/8 极单绕组磁悬浮
开关磁阻电机结构

307　电磁弹射/发射　电磁发射（Electro Magnetic Launch，EML）是一种全新概念的发射方式。电磁发射技术在军事和民用领域都具有广阔的应用前景。

电磁发射装置的种类很多，其中技术较为成熟的有电磁弹射、电磁轨道炮、电磁推射等。按照发射长度和出口速度的不同，电磁发射技术可分为电磁轨道炮技术（发射长度 10m 级，末速度可达 3km/s）、电磁弹射技术（发射长度 100m 级，末速度可达 100m/s）、电磁推射技术（发射长度 1 000m

级，末速度可达 8km/s），三种技术的基本原理相同，涉及的具体关键技术有一定差别，但总的技术可概括为高能量密度储能技术、大容量功率变换技术、大功率直线电机技术和新型网络控制技术，见图 9.11-14。

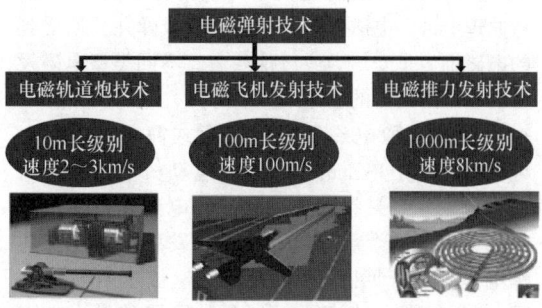

图 9.11-14　电磁发射技术的分类

（1）电磁发射装置系统组成　图 9.11-15 为电磁发射装置系统构成图，它由脉冲储能系统、脉冲变流系统、脉冲直线电机和控制系统四部分组成，发射前通过脉冲储能系统将能量在较长时间内蓄积起来，发射时通过将脉冲变流系统调节的瞬时超大输出功率给脉冲直线电机，产生电磁力推动负载至预定速度，控制系统实现信息流对能量流的精准控制。

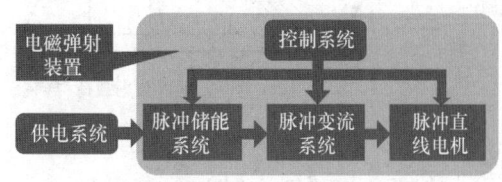

图 9.11-15　电磁发射装置系统的组成

（2）电磁发射原理　电磁发射器是完全利用电磁力推进射弹的，即全部是利用电磁能工作的。电磁发射器包括轨道型电磁发射器、线圈感应型电磁发射器和重接型电磁发射器。所有的电磁发射器，其实质都是按电动机原理工作的。从电动力学角度看，所有电磁发射用的推力，都来自洛伦兹力。假设，携带电量 q 的带电质点在以速度 v 通过磁通密度为 B 的磁场时，要受到一个洛伦兹力 F_1 作用，有

$$F_1 = q(v \times B) \tag{11.6-1}$$

若载流导体处在磁通密度 B 的磁场中，根据安培定律，即导体电流 I 和导体长度元 dl 构成的任一电流元 Idl 所受到的安培力 F_A 为

$$dF_A = Idl \times B \tag{11.6-2}$$

首先用毕奥-萨伐尔-拉普拉斯定律可求得 B 值，然后用积分法可求出整个载流导体上各电流元所受力的总和。在不同情况下，在导轨型电磁发射器（见图 9.11-16）或线圈感应型电磁发射器（见图 9.11-17）和重接型电磁发射器（图 9.11-18）中，发射组件受的力是安培力或洛伦兹力。因此，从原理上讲，电磁发射组件（电枢或弹丸）所受到的电磁推力是安培力或洛伦兹力。不同类型电磁发射器有不同的力的表达式。

1) 导道型电磁发射器的形式简单，本质上可认为是一个单匝的直流直线电动机，目前研究比较成熟，是最接近实用的一种电磁发射器。它由两条平行的金属导轨、电枢、发射载荷及高功率电源组成，见图 9.11-16，电枢位于两导轨之间，起到开关和短路作用；导轨除了传导大电流外，还要为电枢和发射载荷的运动做导向。电源放电时，电流流经两平行导轨产生磁场，该磁场与流经电枢的电流相互作用，产生洛伦兹力，推动电枢和发射载荷沿着导轨加速运动，从而获得高速度。

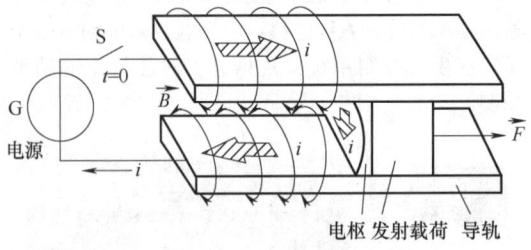

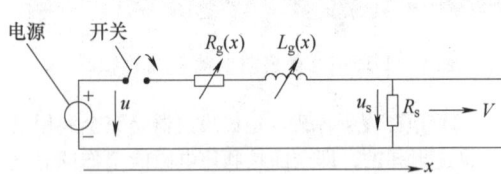

图 9.11-16　导轨型电磁发射器原理图

图 9.11-16 所示的导轨型电磁发射器中推动电枢（或弹丸）的电磁力

$$F_r = \frac{1}{2} L_r' I^2 \qquad (11.6\text{-}3)$$

式中　L_r'——导轨型电磁发射器中导轨的电感梯度；

　　　I——通过导轨及电枢的电流。

2) 线圈感应型电磁发射器的本质上为直线电动机，其工作机理是利用脉冲或交变电流产生变化的磁场，使弹丸内感应出涡流，变化的磁场与涡流

作用产生电磁力，从而加速弹丸，因此也称之为感应式电磁发射系统。其中弹丸由线圈或金属材料构成。图 9.11-17 是线圈感应型电磁发射器原理图，若干个驱动线圈组成发射管，弹丸线圈与有效载荷固连组成抛体，驱动线圈与电源连接。根据电磁感应定律，若驱动线圈和弹丸线圈中的电流同时存在且方向相反，则两线圈相互排斥。驱动线圈一般固定不动，弹丸线圈及其载荷受到电磁力作用而被发射出去。

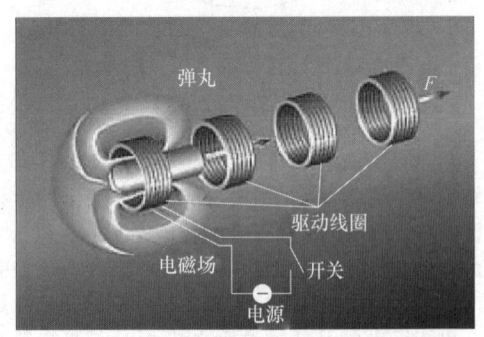

图 9.11-17　线圈感应型电磁发射器原理图

对图 9.11-17 所示的发射器，弹丸所受的推力

$$F_e = i_d^2 \frac{M}{L_p} \frac{dM}{dx} \qquad (11.6\text{-}4)$$

式中　i_d——驱动线圈的脉冲电流；

　　　L_p——其内的弹丸线圈自感；

　　　M——外部固定的驱动线圈和内部携带射弹运动的弹丸线圈间的互感；

　　dM/dx——沿运动方向坐标距离 x 的互感梯度。

3) 重接型电磁发射器是电磁发射的最新发展形式，是特殊的线圈型电磁发射器。工作原理描述为磁力线重接推动发射体前进。重接型电磁发射器要求发射体进入驱动线圈前有一定的初速度。重接型电磁发射器是一种无管炮，不存在发射装置烧蚀的问题，系统装置的复杂程度低；它的发射体所受的峰值压力和平均压力之差很小，稳定性好；重接型的能量转换效率高，可以产生更大的加速度，且发射质量增大加速度并不下降，适于发射大质量载荷。

对于图 9.11-18 所示的发射器，弹丸所受的力

$$F_{rc} = \frac{1}{2} L_{rc}' i_d^2 = \frac{m A_{pe} p}{A_b \rho_p l_p} \qquad (11.6\text{-}5)$$

式中　i_d 和 L_{rc}'——重接发射器驱动线圈的电流和电感梯度；

　　　m——弹丸质量；

A_{pe}——磁压力 p 对射弹的有效作用面积；

A_b——射弹尾端横截面积；

l_p——密度为 ρ_p 的射弹的长度。

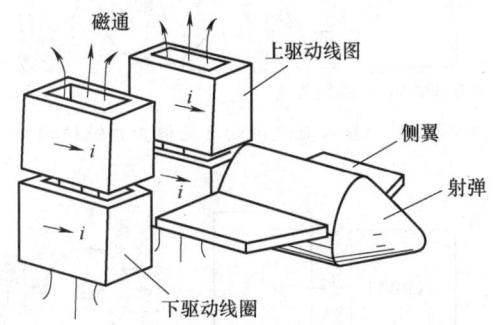

图 9.11-18　平板弹丸重接型电磁发射器原理图

308　飞轮储能　典型的飞轮储能结构见图 9.11-19，主要包括轴承、驱动电机、飞轮、电机驱动器等。为了减小飞轮产生的风磨损耗，往往将驱动电机、飞轮等封闭在真空室中。为了进一步减小损耗，提高飞轮储能系统的运行效率，可采用磁悬浮轴承等技术。飞轮储能系统已被广泛应用于电动汽车、铁路、风力发电、电网调节、不间断电源等领域。

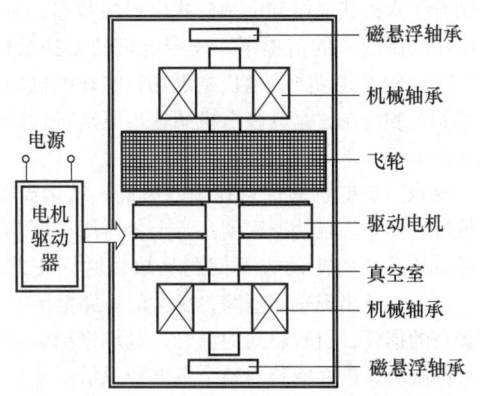

图 9.11-19　飞轮储能系统主要结构

飞轮是飞轮储能系统的核心部件，为了提高飞轮的转速，需要克服高速时的旋转张力。铁、钛合金、铝合金和其他复合材料被先后用于飞轮的制造上，使得如今的飞轮储能系统转速可以达到 100 000r/min 以上。飞轮储能系统的储能容量可通过下式得到：

$$E = \frac{1}{2}J\omega_m^2 \qquad (11.6\text{-}6)$$

式中　E、J 和 ω_m——飞轮存储的能量、转动惯量和旋转的机械角速度。

飞轮的转动惯量可进一步表达为

$$J = \frac{1}{2}mr^2 = \frac{1}{2}\rho l\pi r^4 \qquad (11.6\text{-}7)$$

式中　m、r、ρ 和 l——飞轮的质量、半径、密度和高度。

上式表明，使用密度大的材料、增大飞轮半径和提高飞轮转速都可以提高飞轮储能系统的储能容量。

轴承是飞轮储能系统的重要组成部分，轴承的选择将影响系统损耗和效率。机械轴承在高速运行时，摩擦损耗大、寿命短且需要润滑和定期维护，在真空状态下会提高系统温升。磁悬浮轴承寿命长、损耗小、响应速度快，适合运行在高速状态。其缺点是需要相应的控制系统，当磁力轴承失效或者过载时，系统将不能继续工作。磁悬浮轴承可进一步分为被动磁悬浮轴承、主动磁悬浮轴承和超导磁悬浮轴承。被动磁悬浮轴承由永磁体组成，由于依靠永磁体的吸力，所以被动式磁悬浮轴承不具备自稳性，往往需要和其他类型的轴承混合使用，但其具有结构简单、成本低、损耗小的优势。主动磁悬浮轴承由线圈、位置传感器和控制驱动器构成；通过实时调整电磁力，控制轴的位置；具有控制能力强的优势，同时也存在控制复杂等缺点；和机械轴承配合使用可以提高性价比和稳定性。超导磁悬浮轴承利用超导材料的钉扎特性，和永磁体产生斥力，可以实现自稳悬浮，其具有寿命长、稳定性好的优势，以及低温制冷要求高、成本高的缺点。

电机是飞轮储能系统机械能和电能的转化通道。电动运行时将电能转化为动能存储在飞轮中；发电运行时，将动能转化为电能释放到外界。可选的电机类型较多，比如永磁同步电机、感应电机、直流无刷电机、开关磁阻电机等。永磁同步电机功率密度高、效率高，是飞轮储能驱动电机的首选。一般永磁电机设计为无铁心结构，以减小待机状态下的损耗。

由于飞轮储能系统的工作模式，要求其驱动电机具有图 9.11-20 所示的工作状态。

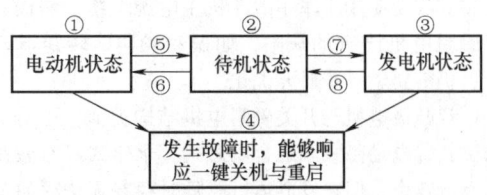

图 9.11-20　飞轮储能驱动电机运行状态框图

由于飞轮储能系统有充电和放电模式，所以变流器也是双向的。图 9.11-21 为一种典型的飞轮储能系统的变流器拓扑结构。

图 9.11-21 所示拓扑为接在直流网中的飞轮储能系统，系统的直流母线与直流网相连。图 9.11-22 为图 9.11-21 所示拓扑结构下的典型控制框图。

如图 9.11-22 所示，当飞轮储能运行于充电状态时，变流器控制方式为转速外环、电流内环；当飞轮储能运行于放电状态时，变流器控制方式为电压外环、电流内环。

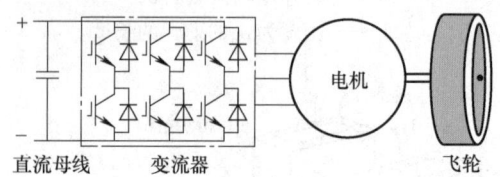

图 9.11-21　接入直流网的飞轮储能系统结构图

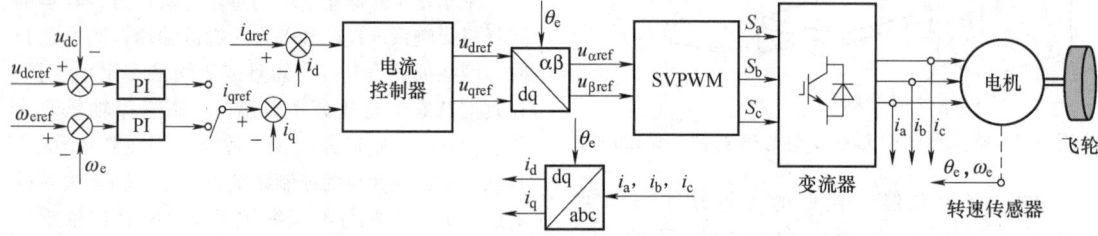

图 9.11-22　接入直流网的飞轮驱动电机控制框图

309　起动发电机　起动发电机是利用电机的可逆原理，使得与发动机连接的发电机兼作发动机起动时的起动机，在飞机、车辆上具有广泛的应用。高可靠性和轻量化是其重要的技术指标。

航空发动机起动发电是起动发电机最重要的应用场合，可选的电机类型主要有有刷直流电机、三级式无刷同步电机、异步电机、开关磁阻电机和双凸极电机。有刷直流电机普遍应用于小型飞机和直升机中的低压直流电源系统。受电刷、集电环等结构的限制，不宜用于高速场合，无法应用于高压直流电源系统。三级式无刷同步电机是由主发电机、副励磁机和整流器所组成，系统重量大，结构比较复杂，占用空间较大，可靠性较低。

由异步电机（笼型或双馈式）构成的起动发电机系统，其优势在于效率高、可靠性高、结构简单、适合高转速运行、噪声小，其缺点是需无功励磁，发电工况下需要变换器维持整个系统的功率平衡，零速时刻起动发动机的起动转矩略小。

基于开关磁阻电机所构成的起动发电机系统的优点是结构简单、适合高转速运行、效率高。国外已将其成功应用于军用战斗机主电源系统。然而开关磁阻电机固有的缺陷，如振动噪声、转矩脉动等，仍需要进一步研究优化。

双凸极电机与开关磁阻电机结构类似，可分为永磁式、电励磁式和混合励磁式。永磁式具有较高的运行效率，但在发电运行故障时存在无法灭磁的不足。电励磁式是在定子侧用励磁绕组代替永磁，通过改变励磁电流来调节气隙磁场的大小，其优势在于电机在电动工况下调速性能好，发电工况下无需功率变换器和转子位置传感器。电励磁式电机的主要不足是由于定子侧励磁绕组的存在，导致系统功率密度降低，不适用于航空领域。混合励磁式电机结合了永磁式电机和电励磁式电机的特点，在保持电机较高效率的前提下，改变电机的拓扑结构，由两种励磁源共同产生电机主磁场，实现电机的主磁场调节和控制，是改善电机调速、驱动特性的一类新型电机。

永磁同步电机的优点在于效率高、结构简单、质量轻、体积小且功率密度高，十分适用于航空工业领域。需要解决的主要问题是故障时灭磁的问题，绕组一旦出现匝间短路，巨大的短路电流会造成较高的损耗，引起较高的温升，对绕组绝缘构成极大的威胁，进而威胁到整个主电源系统。永磁起动发电机需通过合理的参数设计来抑制短路电流，降低短路故障对系统的危害。

310　补偿脉冲发电机　随着新概念武器的迅猛发展，高功率脉冲电源的小型化和轻型化需求越来越紧迫。相比于电池组、电容器组、电感器组等电源类型，补偿脉冲发电机在体积、重量、功率密度、能量密度等多方面综合性能均最优，是新概念武器系统最理想的电源。

补偿脉冲发电机是一种利用磁通压缩原理降低电机内部的瞬态电感，从而输出极高幅值电流的特殊的同步电机，工作时先将能量以动能的形式存储在电机转子内，然后以高功率脉冲电能的形式输出给电磁炮负载。补偿脉冲发电机的运行工况与一般发电机差异较大。为获得更高的能量密度，补偿脉冲发电机的工作转速一般较高，电机转子会受到较大的离心力，其次，由于补偿脉冲发电机放电时的放电电流较大，电机内部会产生较强的磁场，导致电机在放电时受到较大的电磁转矩冲击。此外，考虑到常规的铁磁材料会发生饱和，并且金属材料的强度极限较低，因此采用非导磁的复合材料制作电机的结构部件已成为趋势。

补偿脉冲发电机可以看作是脉冲电源与惯性储能技术的结合。补偿脉冲发电机是在普通发电机的基础上加入了一套补偿机构，电机放电时，利用补偿机构内的电流抵消电枢反应磁场，相当于压缩了电枢反应产生的磁通，从而达到降低电机绕组的暂态阻抗，产生高幅值脉冲电流的目的。

按照输出脉冲电流波形的不同，可将补偿脉冲发电机的补偿元件分成主动式、被动式、选择被动式三种补偿方式。主动式是专设一套补偿绕组，通过集电环和电刷与电枢绕组串联连接。负载时，电枢绕组和补偿绕组间的互感随定、转子相对运动而周期性变化。当两绕组轴线反向重合时补偿效果最好，此时补偿脉冲发电机的内电感近似等于两绕组漏电感之和，可产生很窄的尖峰脉冲波形；选择被动式是利用非均匀屏蔽或短接补偿绕组，得到近似于方波的脉冲波形；而被动式中的补偿元件是一个非磁性、厚度均匀、导电性能良好的铝制圆筒（补偿筒），安装在励磁绕组和电枢绕组之间且与励磁绕组保持相对静止。当电枢绕组对负载放电时，补偿筒中感应产生涡流阻止电枢反应磁场穿过，电枢反应磁场被压缩在补偿筒与电枢绕组之间的气隙中，从而使电机内电感大大降低。由于补偿筒是连续的，所以无论转子处于何种位置，电枢反应磁通都得到同样的补偿而使电枢绕组具有恒定的低电感，它近似等于电枢绕组的漏电感。显然，当气隙磁场正弦分布时，电流脉冲波形也近似为正弦波。上述三种补偿方式下典型电流脉冲波形示意图见图9.11-23。

针对补偿脉冲发电机对高功率密度和能量密度的追求，研究人员提出了多种新颖的拓扑结构，不断降低系统的体积，在结构上主要有以下两大特点：

（1）非铁心结构　空心结构可有效提升电机功率密度与能量密度。采用强度高、密度小的复合材料，使空心转子的最高线速度达到铁心电机的两倍

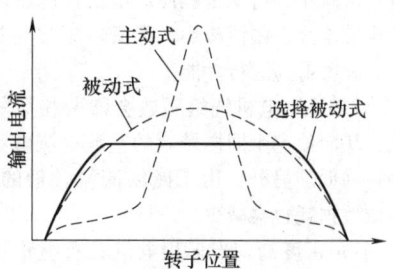

图 9.11-23　三种基本补偿方式下的典型电流脉冲波形

以上，极大地提升了转子的储能密度，同时复合材料的磁导率接近空气磁导率，一方面降低了绕组电感，另一方面也可以不受铁磁材料磁路饱和的限制，使电机的气隙磁通密度增大，从而提高了电机的功率密度。

（2）转子结构　补偿脉冲发电机存储的能量全部集中在转子中，转子的储能密度与其外径的平方成正比，即相同质量的情况下边缘部分的储能更多，采用中空的转子结构，可有效地提升电机的储能密度。

311　多相电机　与传统三相电机相比，多相电机不仅具有转矩密度高、效率高、转矩脉动小等突出优点，此外还具有相数冗余的优点，增加控制的自由度，当电机某些相发生故障时可隔离故障相，通过合理地调整剩余正常相绕组中的电流，就可以使得电机能够以合理的性能指标容错运行。

多相电机的类型主要包含多相感应电机、多相同步磁阻电机和多相永磁电机，而多相永磁电机具有更高的转矩密度、效率和系统功率密度。

根据绕组接法的不同，多相电机可以分为对称绕组多相电机和不对称绕组多相电机。对称绕组多相电机的相数一般为奇数，各相绕组在空间上对称分布，相邻相绕组在空间上的夹角为 $2\pi/m$ 电角度（m 为相数）。不对称绕组多相电机的绕组一般由 n 个 m 相对称绕组单元构成，各 m 相绕组单元之间在空间上互差 $\pi/(nm)$ 电角度，此种情况下电机的相数为 nm 相。不对称绕组多相电机又可称为裂相电机。相比于三相电机，多相电机由于相数的增大，不但具有性能上的优势，而且能够实现一些三相电机所不具备的功能，主要源自多相结构所带来的更多控制自由度和设计自由度。多相电机的突出优点包括：

1）转矩波动小。电机相数增大，可以消除低次磁动势谐波，使绕组磁动势的波形更加正弦，谐

波含量显著减小，特别是能使对电机性能影响较大的谐波次数增大、幅值减小，降低转矩波动及振动噪声，并改善低速运行性能。

2) 效率高。电机绕组系数会随着相数的增加而增大，从而使产生同样转矩的基波电流减小，定子的铜耗降低。另外，由于磁场谐波含量的降低，电机的谐波损耗也会减少。

3) 转矩密度高。当多相电机具有整距集中绕组，即为非正弦多相电机时，在相同的电流有效值情况下，可在绕组中注入谐波电流来提高转矩输出。

4) 容错能力更强、可靠性高。多相电机由于相数多，当有一相至几相（最多 $m-3$ 相）出现开路故障时，通过适当的控制策略可以维持高性能运行。

5) 设计自由度更多。多相电机的绕组形式以及电流形式多种多样，设计的灵活度更高。

多相电机及其系统的主要缺点是系统结构复杂、功率开关器件数量较多，成本较高。因此适合应用于大功率场合，在通用场合的应用中并没有太多的优势。

在电机发生故障时，主要是基于故障前后绕组磁动势不变的原则来重构非故障相电流进行控制。主要的控制策略包含幅值相等原则和铜耗最小原则。

312 双余度电机 为适应航空航天等环境复杂、真空度高、辐射强、温度变化范围大的特殊应用环境，对电机的可靠性指标提出了极高的要求。余度在可靠性工程中定义为用多套设备协同完成既定的功能。采用余度技术是提高电机可靠性的一种有效手段。余度技术即采用多个相同部件协调完成一项工作，其关键在于部件或系统的备份方法。

电机中的余度包括电机本体及电机控制两个方面，余度控制主要包括电机在发生故障情况下余度之间的切换方式和多个余度的最优控制等。而电机本体研究则主要集中在绕组的设计方面。双余度电机与普通电机最大的不同点在于，双余度电机具备双套电枢绕组，本身具有冗余性。下面介绍目前几种典型的双余度电机的方案：

1) 串联式双余度电机，见图 9.11-24，其结构特点是电机具备两套独立的定子，两套定子同壳体安装，两套转子共用一个电机轴，相当于将两套独立电机的电机轴硬性连接在同一轴线上。

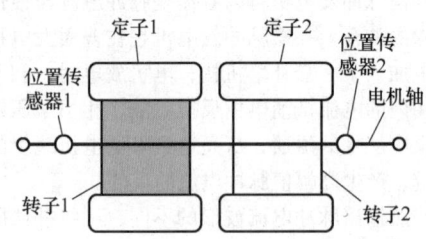

图 9.11-24 串联式双余度电机结构示意图

2) 并联式双余度电机的特点是只有一套定子，定子铁心上隔槽嵌放着两套独立的电枢绕组及相应的两套独立的转子位置传感器，共用电机轴及转子，形成并联式双余度结构。其结构示意图见图 9.11-25。

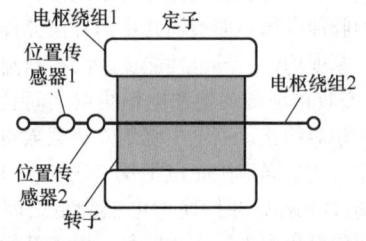

图 9.11-25 并联式双余度电机结构示意图

第 12 章 电机常用材料及其进展

12.1 导磁材料

313 冷轧硅钢片 冷轧硅钢片分为非取向和单取向两种。

（1）冷轧非取向硅钢片 经冷轧达到成品厚度。冷轧配合热处理，破坏了晶粒取向，使材料基本上具有各向同性。含硅量低于取向硅钢，因而机械强度更高。材料厚度常有 0.35mm 和 0.5mm 两

种，主要用于电机铁心，又称为冷轧电机硅钢片，品种和主要性能见表 9.12-1。

（2）冷轧单取向硅钢片 磁性有强烈各向异性，轧制方向是性能的择优方向。铁心损耗比非取向硅钢片低得多。磁性能、塑性、表面质量比热轧硅钢片更优越，带材平整，使材料的填充系数增加 2%~3%；主要用于制造变压器，又称为冷轧变压器硅钢片。其品种和主要性能见表 9.12-2。

表 9.12-1 冷轧非取向硅钢片性能

厚度/mm	牌号	铁损 $P_{15/50}$/(W/kg) ≤	磁通密度 B_{10}/T ≥	理论密度 d/(g/cm³)
0.35	DW270-35	2.70	1.58	7.60
	DW310-35	3.10	1.60	7.65
	DW250-35	3.60	1.61	7.65
	DW435-35	4.35	1.65	7.70
	DW500-35	5.00	1.65	7.75
	DW550-35	5.50	1.66	7.75
0.50	DW315-50	3.15	1.58	7.60
	DW360-50	3.60	1.60	7.65
	DW400-50	4.00	1.61	7.65
	DW465-50	4.65	1.65	7.70
	DW540-50	5.40	1.65	7.75
	DW620-50	6.20	1.66	7.75
	DW800-50	8.00	1.69	7.80

表 9.12-2 冷轧单取向硅钢片性能

厚度/mm	牌号	铁损 $P_{15/50}$/(W/kg) ≤	磁通密度 B_{10}/T ≥	理论密度 d/(g/cm³)
0.30	DQ122G-30[①]	1.22	1.88	7.65
	DQ133G-30[①]	1.33	1.88	
	DQ133-30	1.33	1.79	
	DQ147-30	1.47	1.77	
	DQ162-30	1.62	1.74	
	DQ179-30	1.79	1.71	
	DQ196-30	1.96	1.68	

（续）

厚度/mm	牌号	铁损 $P_{15/50}$/(W/kg) ≤	磁通密度 B_{10}/T ≥	理论密度 d/(g/cm³)
0.35	DQ126G-35[①]	1.26	1.88	7.65
	DQ137G-35[①]	1.37	1.88	
	DQ151-35	1.51	1.77	
	DQ166-35	1.66	1.74	
	DQ183-35	1.83	1.71	
	DQ200-35	2.00	1.68	
	DQ230-35	2.30	1.63	

① 牌号中的 G 表示高磁感应取向。

314 热轧硅钢片 它是磁性并不取向的硅钢片，磁性能和规格见表 9.12-3。热轧硅钢片分下列两种：

(1) 低硅钢片 硅含量 1%～2%，B_s 高，力学性能好，厚度一般为 0.5mm，主要用于电机转子，又称热轧电机硅钢片；

(2) 高硅钢片 含硅量 3%～5%，损耗低，磁导率高，厚度多为 0.35mm，主要用于变压器铁心，又称为热轧变压器硅钢片。

表 9.12-3 热轧硅钢片的厚度和性能

牌号	厚度/mm	磁通密度[①]/T ≥					铁损[②]/(W/kg) ≤			
		B_5	B_{10}	B_{25}	B_{50}	B_{100}	$P_{10/50}$	$P_{15/50}$	$P_{7.5/400}$	$P_{10/400}$
DR530-50	0.50	—	—	1.51	1.61	1.74	2.20	5.30	—	—
DR510-50	0.50	—	—	1.54	1.64	1.76	2.10	5.10	—	—
DR490-50	0.50	—	—	1.56	1.66	1.77	2.00	4.90	—	—
DR450-50	0.50	—	—	1.54	1.64	1.76	1.85	4.50	—	—
DR440-50	0.50	—	—	1.46	1.57	1.71	—	4.40	—	—
DR420-50	0.50	—	—	1.54	1.64	1.76	1.80	4.20	—	—
DR405-50	0.50	—	—	1.50	1.61	1.74	1.80	4.05	—	—
DR400-50	0.50	—	—	1.54	1.64	1.76	1.65	4.00	—	—
DR360-50	0.50	—	—	1.45	1.56	1.68	1.60	3.60	—	—
DR315-50	0.50	—	—	1.45	1.56	1.68	1.35	3.15	—	—
DR290-50	0.50	—	—	1.44	1.55	1.67	1.20	2.90	—	—
DR265-50	0.50	—	—	1.44	1.55	1.67	1.10	2.65	—	—
DR360-35	0.35	—	—	1.46	1.57	1.71	1.60	3.60	—	—
DR325-35	0.35	—	—	1.50	1.61	1.74	1.40	3.25	—	—
DR320-35	0.35	—	—	1.45	1.56	1.68	1.35	3.20	—	—
DR280-35	0.35	—	—	1.45	1.56	1.68	1.15	2.80	—	—
DR255-35	0.35	—	—	1.44	1.54	1.66	1.05	2.55	—	—
DR225-35	0.35	—	—	1.44	1.54	1.66	0.90	2.55	—	—
DR1750G-35	0.35	1.23	1.32	1.44	—	—	—	—	10.00	17.50
DR1250G-20	0.20	1.21	1.30	1.42	—	—	—	—	7.20	12.50
DR1100G-10	0.10	1.20	1.29	1.40	—	—	—	—	6.30	11.00

① B_5、B_{25} 表示磁场强度为 5A/cm 和 25A/cm 时，基本换向磁化曲线上的磁通密度，其他类推。

② $P_{10/50}$ 和 $P_{7.5/400}$ 表示波形为正弦形，频率分别为 50Hz 和 400Hz，磁通密度峰值分别为 1.0T 和 0.75T 时，每千克材料的功率损耗（W），其他类推。

315 软磁复合材料 软磁复合材料(SMC)是一种将铁粉颗粒表面覆盖着绝缘层和起粘合作用的有机材料后,再采用粉末冶金工艺将其压制成型的块状材料。与传统的电工硅钢片相比,软磁复合材料具有磁热各向同性、低损耗、易加工、低成本等优点,可以广泛应用于球形电机、爪极电机、横向磁通电机等具有三维磁路拓扑结构的电磁装置中。

316 非晶合金 非晶合金是将铁、硼、硅、镍、钴和碳等为主的材料熔化后,在液态下以 $10^6 K/s$ 的速度冷却,从钢液到金属薄片一次成型。其固态合金没有晶格、晶界存在,因此,称为非晶态合金,亦称非晶合金。非晶合金分为铁基非晶合金、铁镍基非晶合金和钴基非晶合金三大类。

(1) 铁基非晶合金 主要元素是铁、硅、硼、碳、磷等,它们的特点是磁性强(饱和磁通密度可达 1.4~1.7T)、磁导率、励磁电流和铁损等软磁性能优于硅钢片,价格便宜,特别是铁损低(为取向硅钢片的 1/5~1/3),代替硅钢片做配电变压器可降低铁损 60%~70%。它广泛应用于中低频变压器的铁心(一般在 10kHz 以下),例如配电变压器、中频变压器、大功率电感、电抗器等。

(2) 铁镍基非晶合金 主要由铁、镍、硅、硼、磷等组成,具有中等的饱和磁通密度(为 1T 以下),较高的初始磁导率及很高的最大磁导率,并经磁场处理后可得到很好的矩形磁滞回线。它是国内开发最早、用量最大的非晶合金,可以代替硅钢片或者坡莫合金,用作高要求的中低频变压器铁心,例如漏电开关互感器。

(3) 钴基非晶合金 由钴和硅、硼等组成,有时为了获得某些特殊的性能还需添加其他元素。其特征是:饱和磁滞伸缩系数接近于零,对应力不敏感,具有优良的软磁性能,具有极高的初始磁导率和最大磁导率,很低的矫顽力和高频损耗,同时又具有很高的机械强度、很好的韧性及耐磨性。它是非晶材料中性能最佳、价格最高的材料,和坡莫合金、Fe-Si-Al 合金以及超微晶铁基合金等软磁合金并称为高磁导率合金。钴基合金窄带作为传感器敏感材料大量应用于图书馆及超市防窃装置,另外尤其适合用于高频开关电源和脉冲变压器。

317 超薄铁心 超薄型硅钢片铁心(简称超薄铁心),有以下几个特点:

1) 其硅钢片的铁心磁通密度更高,与普通的硅钢片铁心相比,其铁心的功率更大,效率更高。

2) 其硅钢片的体积更小,在高频下的功耗比较小,温度上升比较慢,这也导致温度方面超薄铁芯的性能好,铁损更小,更加耐用。

3) 硅钢片的工艺性能方面更加精细,在普通硅钢片加工过程中,其切口有些会加工比较粗糙而出现掉渣的现象,而超薄型硅钢片则加工更加精细,不仅不会出现掉渣现象,其加工的工艺也略胜一筹。铁心的磁性稳定性能好,不会出现失效现象,其高压稳定性能也会增加。

4) 超薄型硅钢片的性能优良,因此其大部分被应用于医学和环保除尘、水处理、电源等高端设备上,应用在不同种类的高频电源和脉冲变压器上,但是相对普通的硅钢片来说,超薄型硅钢片的价格还是略高的。

12.2 永磁材料

318 永磁材料综述 表征永磁材料品质的主要因素是矫顽力 H_{CB}、剩余磁通密度 B_r、最大磁能积 $(BH)_{max}$ 以及磁稳定性。当永磁体在静态条件下工作(如磁电式仪表中)时,工作点在图 9.12-1 中 OD 负载线上;当永磁体在动态条件下工作(如永磁电机中)时,工作状态在图中两个磁化状态 A 和 A' 所决定的回复线上往复变化移动。常用的永磁材料的磁性能见表 9.12-4。

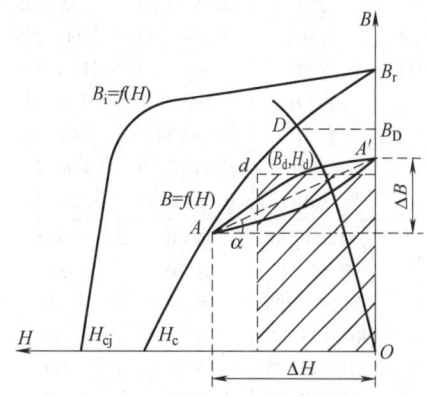

图 9.12-1 永磁体特性曲线

319 铁氧体 化学组成用 $MO \cdot n Fe_2O_3$ 表示,其中 M 为 Ba、Sr、Pb 中的一种或两种以上的二价金属离子,$n \approx 5.0~6.0$。材料分各向同性和各向异性两类。它的矫顽力高、失效变化少、电阻率高、密度小、不含镍和钴元素、廉价、原材料来源丰富,许多场合用来代替铝镍钴合金,因而目前产量最大。虽然其最大磁能积不高,但是最大回复磁能积较大,宜用作在动态条件下工作的永磁体，例如用于各种永磁电机。其缺点是剩磁较低，磁感应温度系数较大，不宜用于电工测量仪表；此外在低温下会不可逆退磁，耐机械冲击能力较弱。

表 9.12-4　永磁材料的磁性能

种类	牌号	剩磁 B_r/T	矫顽力 H_{CB}/(kA/m)	最大磁能积 $(BH)_{max}$/(kJ/m³)	μ_{rec}	磁温度系数 α_B/[μm/(m·K)]	居里点 T_C/℃	B_S/(kA/m)
铝镍钴合金	LN10①	0.60	40	9.6	4.5~5.5	−220	760	200
	LNG12	0.70	40	12	6.0~7.0	—	810	240
	LNG34	1.20	44	34	4.0~5.0		—	240
	LNG37	1.20	48	37	3.0~4.5	−160	890	240
	LNGT28	1.00	58	28	3.5~5.5		860	—
	LNGT38	0.80	110	38	1.5~2.5	−200	850	400
	LNGT36J	0.70	140	36	1.5~2.5	—		—
	LNG44	1.25	52	44	2.5~4.0	−160	—	240
	LNG52	1.30	56	52	1.5~3.0	−160	890	240
	LNGT60	0.90	110	60	1.5~2.5	−200~−250	850	400
	LNGT72	1.05	112	72	1.5~2.5	−200~−250	850	400
	FLN8①	0.52	40	8	4.5~5.5		760	200
	FLNG28	1.05	46	28	4.0~5.0		890	240
	FLNG34	1.12	47	34	3.0~4.5		890	240
	FLNG T31	0.76	107	31	2.0~4.0		850	400
	FLNG T33J	0.65	136	33	1.5~3.5		—	—
铁氧体永磁材料	Y10T①	≥0.20	128~160	6.4~9.6			450	
	Y15	0.28~0.36	128~192	14.3~17.5			450~460	
	T20	0.32~0.38	128~192	18.3~21.5			450~460	
	Y25	0.35~0.39	152~208	22.3~25.5			450~460	
	Y30	0.38~0.42	160~216	26.3~29.5	1.05~1.3	−1800~−2000	450~460	800
	Y35	0.40~0.44	176~216	30.3~33.4			450~460	
	Y15H	≥0.31	232~248	≥17.5			460	
	Y20H	≥0.34	248~264	≥21.5			460	
	Y25BH	0.36~0.39	176~216	23.9~27.1			460	
	Y30BH	0.38~0.40	224~240	27.1~30.3			460	
稀土钴永磁材料	XGS80/36	0.60	320	64~88	1.10	−900	450~500	1600
	XGS96/40	0.70	360	88~104	1.10	−900	450~500	1600
	XGS112/96	0.73	520	104~120	1.05~1.10	−500	700~750	2440
	XGS128/120	0.78	560	120~135	1.05~1.10	−500	700~750	2400
	XGS144/120	0.84	600	135~150	1.05~1.10	−500	700~750	2400
	XGS144/56	0.84	520	140~150	1.00~1.05	−500	700~750	2400
	XGS160/96	0.88	640	150~184	1.05~1.10	−500	700~750	3200
	XGS196/96	0.96	690	184~207	1.05~1.10	−500	700~750	3200
	XGS169/42	0.96	400	184~200	1.00~1.05	−300	800~850	1600
	XGS208/44	1.02	420	200~220	1.00~1.05	−300	800~850	1600
	XGS240/46	1.06	440	220~250	1.00~1.05	−300	800~850	1600
可加工永磁材料	2J83	1.05	45	24~32	—	—	—	—
	2J84	1.20	52	32~40				
	2J85	1.30	44	40~48				

①表示各向同性；其他为各向异性。

320　铝镍钴　组织结构稳定，剩磁较大，磁感应温度系数小，居里点高，矫顽力和最大磁能积值在用此材料中居中等水平，目前在我国电机、电气工业中应用较多。对于特大的和极小的以及异形的永磁体，其特性会下降。各向异性永磁体，非最佳磁方向的磁特性仅为最优磁特性方向的 1/3，因此使用时，永磁体的形状要与最优磁性方向一致。它的加工性差，因此要求体积小、尺寸精度高的永磁体多采用粉末烧结铝镍钴合金。

321　钕铁硼　第三代稀土永磁材料，远优于第一、第二代材料。其主要特性见表 9.12-5 和表 9.12-6。

表 9.12-5　钕铁硼合金的物理特性

密度 /(g/cm^3)	硬度 HV	电阻率 /$(\mu\Omega \cdot m)$	压缩强度 /MPa	热膨胀系数/ $[\mu m/(m \cdot K)]$	
				垂直取向方向	平行取向方向
7.3~7.5	500~600	1.4~1.6	740~810	-4.6~-5.0	3.2~3.6

表 9.12-6　钕铁硼合金的主要磁特性

牌号[①]	磁性能				国际和国外标准	
	$(BH)_{max}/(kJ/m^3)$	B_r/T	$H_{CB}/(kA/m)$	$H_{CJ}/(kA/m) \geqslant$	IEC	MMPA
NTP208G	192~224	1.03~1.10	720~800	1350	R7-1-6	—
NTP208C	192~224	1.03~1.10	720~740	1 600	R7-1-1	26/20
NTP240D	224~256	1.10~1.18	640~720	800	R7-1-4	—
NTP240Z	224~256	1.10~1.18	760~880	1 120	—	—
NTP240G	224~256	1.10~1.18	760~880	1 350	—	30/18
NTP272D	256~288	1.18~1.25	640~720	800	—	—
NTP272Z	256~288	1.18~1.25	800~880	1 120	—	—

① 牌号用主要成分"钕""铁""硼"汉语拼音第一个字母组合作为前缀，后面的数字表示该材料最大的磁能的标准值，数字后面的字母"D""Z""G""C"分别表示低、中、高和超高磁极化强度矫顽力。

322　钐钴　第二代稀土永磁材料，主要分为 1:5 型（$SmCo_5$）和 2:17 型（Sm_2Co_{17}）两种。其主要特点是磁性能高，温度性能好；最高温度可达 250~350℃，与钕铁硼磁铁相比，钐钴更适合工作在高温环境中；很适合用来制造各种高性能的永磁电机及工作环境十分复杂的应用产品。另外，钐钴磁铁的抗锈蚀能力极强，其表面一般不需要电镀处理。由于钐钴磁铁中的主要成分钐在地球上的储量极低，故其价格十分昂贵。

323　少（无）稀土永磁材料　不含稀土的硬磁材料体系在未来的应用前景非常广泛，未来的硬磁材料肯定是多元化的，而不仅仅是单一性的稀土永磁材料。下面是几种具有代表性的不含稀土的硬磁材料。

（1）MnBi 合金　MnBi 合金具有多种不同寻常的磁性能，如高磁能积、磁光特征、磁滞伸缩效应等。MnBi 合金作为磁性材料具有一定的研究价值，主要可用于磁记录，同时可以作为特别用处的永磁原料，在很多领域得到应用。

（2）ConC 化合物　钴基材料 ConC，因其六方紧密堆积的钴具有很强的硬磁性，以及非常大的各向异性，磁性能整体上比较优越。

324　锰基化合物　重稀土元素钆、铽、镝、钬和铒等拥有很大的原子磁矩，但是这些元素与铁或钴却难以合成具有应用前景的稀土——铁永磁材料。铁基稀土化合物的研究已经很多，而锰基稀土化合物的研究，尤其是在永磁方面的研究却不多见。事实上，锰元素在某些化合物中的原子磁矩很大，甚至超过 4，而且居里温度也很高。已有的对于 GdMnSi 和 GdCoSi 的研究指出，相较于后者，前者在 77K 温度下分子磁矩比后者大很多，居里温度达到 315K，而后者的居里温度低于室温。锰基化合物具有很好的发展前景。

12.3　导电材料

325　电机导电材料综述　导体是其中电荷能自由响应外电场做无规则运动形成电流的一大类物

质。导体最重要的特性是导体电导率或导体电阻率，见表 9.12-7。金属是最重要的导体材料，电子自由运动使金属导电性高，金属兼有机械强度高、易加工、可焊接、不可氧化、资源丰富等优点，因此在电气、电子工程中得到广泛应用，例如制作各种输电线、电磁线、信号线和通信电缆、焊料、熔丝、电池极板、电力设备仪表和元件的导电零件等。电碳和聚合物导体的导电性是由于电子和其他电荷的迁移运动，温度升高可能使晶格热运动加强而降低电导率，也可能使其中的电荷受到更强的热激发作用而提高电导率。

表 9.12-7　金属导体材料的特性

特性	说明
导体电阻率 ρ 导体电导率 σ	$\rho = R(A/L)$，式中，R 为电阻（Ω）；A 为截面积（mm^2）；L 为导体长度（m）；ρ 的单位为 $\mu\Omega \cdot m$（$1\mu\Omega \cdot m = 1\Omega \cdot mm^2/m$），$\sigma = 1/\rho$（MS/m）。常用金属，$\rho$（20℃）为 0.0162~1；电碳和聚合物导体，ρ 为 0.1~310
电阻温度系数 α、β 平均电阻温度系数 $\overline{\alpha}$	金属电阻随温度升高而增大。线性关系时，电阻温度系数为 α；抛物线特性时，系数有一次温度系数 α 和二次温度系数 β。比较复杂时，采用平均电阻温度系数
平均对铜电动势 $\overline{E}_{Cu}$	铜和其他金属组成回路后，接点在 0~100℃ 温度范围内，两个接点间每度温差所产生的电动势

影响导电金属电阻的因素主要有温度、杂质、冷变形和退火。温度升高、杂质导致的晶格畸变越大、冷变形程度越高，都会使电阻增大（在一定的使用温度范围内，电阻温度系数为常数），导电合金的导电性能通常低于相应的纯金属。退火可使冷变形金属减少晶体缺陷、消除内应力，从而使电阻降低到原有水平。

影响导电金属力学性能的因素有纯度、晶粒大小、冷变形度以及热处理工艺等。冷变形是提高金属强度的最有效的方法，通过控制冷变形度和热处理工艺可获得不同硬度的产品。导电合金和复合导体可显著提高机械强度、耐热等综合性能，甚至获得特殊的磁性等不同特性。

326　铝线　铝的导电性（$\sigma = 61\%IACS$）仅次于铜，机械强度为铜的一半，密度为铜的 30%，耐腐蚀，易加工，表面形成的致密 Al_2O_3 膜可防止进一步的氧化，而且资源丰富，价格比铜低，因此除对导体尺寸及机械强度等有特殊要求的场合，应优先采用铝作导电材料。铝的长期工作温度不宜超过 90℃，短期工作温度不宜超过 120℃。

铝合金能提高铝的热稳定性和机械强度，电工用导电铝合金特性和用途见表 9.12-8。

表 9.12-8　电工用导电铝合金特性和用途

铝合金	σ（%IACS）	σ_b/MPa	主要用途（导线、电工产品导电铸件和外壳、极板等）
铝镁硅	52~60	304~407	经热处理，高强度，用于架空导线
铝镁	53~56	225~255	中强度，用于架空导线和接触线；软线，用于电线电缆线芯
铝镁铁	58~60	113~117.6	电线电缆线芯、电磁线
铝镁铁铜	58~60	113~127	
铝镁硅铁	53	113	
铝锆	58~60	176~186	耐热，用于架空导线和汇流排
铝铁	61	88	强度略高于铝，适用范围同铝，需铸连轧工艺生产
铝硅	50~53	255~323	加工特性好，可拉制成特细线，用于电子工业连接线
铝稀土	61	157~196	适合普铝成分中加入少量 Re，达到电工铝性能要求

为了提高其耐热性和机械强度等，可在尽量少降低电导率的前提下，在铝中添加镁、硅、铁等形成。热处理型铝镁硅合金等可用作架空线和电车线等；非热处理型铝铁等合金，适用于制造电线、电缆线芯和电磁线等。

铝及铝合金表面因形成的氧化膜而不宜焊接。铝、铜焊接时易形成脆性的 $CuAl_2$ 化合物。铝和铝的焊接可采用氩弧焊、气焊、冷压焊和钎焊等；铝和铜的焊接可采用电容储能焊、冷压焊、摩擦压接

焊和钎焊等。此外套管连接法对连接铝-铝、铝-铜也用得很成功。

327 铜线 导电用铜中铜含量超过 99.90%，具有高的电导率，见表 9.12-9。冷变形度达到 90% 的硬铜，用作输电线、架空导线、电线、开关零件、换向器片等；经过 $450\sim600℃$ 退火的软铜，用作各种绝缘电线电缆的线芯。氧含量低于 0.003% 的无氧铜适用于电子器件、耐高温导体、超导线的复合基体等。

表 9.12-9 导电用铜的主要性能

	ρ (20℃) /($\mu\Omega\cdot m$)	$\bar{\alpha}$ (20℃) /mK^{-1}	E (20℃) /MPa	屈服强度 /MPa	抗拉强度/MPa	疲劳极限/MPa	蠕变极限/MPa
软态	0.017 24①	3.93	112 700	58.8~78.4	196~235	58.8~68.6	20℃：68.6
硬态	0.017 77	3.81		294~374	343~441	108.8~117.6	200℃：49.0 400℃：13.7

① 对应退火工业纯铜 $\sigma=58MS/m$，IEC 规定为标准导电率，以 100%IACS 表示。

328 铜合金 在铜中添加少量的单质或化合物元素可构成铜合金，电工用导电铜合金特性和用途见表 9.12-10。

表 9.12-10 电工用导电铜合金特性和用途

铜合金	σ/(MS/m)	σ_b/MPa	主要用途
银铜	40~56	370~490	换向器片、点焊电极、电机绕组、通信线、引线、导线、高热应力下焊低碳钢用电极轮
镉铜	48~52	400~500	电阻焊电极、零件、架空导线、高强度绝缘线、通信线、滑接导线
镧铜	56	390~400	电机换向器、导线
锆铜	50~52	400~500	高速电机换向器、深井油井电缆芯、二极管引线、导线、开关零件
铬铜	41~48	410~520	电阻焊电极、电极支撑座、开关零件、凸焊的大型模具
铬锆铜	43~52	460~600	电阻焊电极，适用于焊低碳钢或涂层钢板或强规范钢板；二极管引线
铍铜	10~26	650~1 085	焊不锈钢、耐热钢用电极、镶嵌电极、凸焊模具、弹簧、极大应力下的电极撑杆和轴、导电嘴、无火花工具、弹簧
镍硅铜	23~26	600~800	闪光焊焊块、电极握杆、轴、臂、集电环、衬套、导电弹簧、输电线路耐蚀紧固件
镍锡铜	6	600~1 440	继电器、电位器、微动开关、接插件、传感器敏感元件
镍钛铜	23~35	560~830	闪光焊对焊块、点焊电极、CO_2 保护焊导电嘴
镍磷铜	35~40	600	导电弹簧、接线柱、接线夹、高强度导电零件
钛铜	6~26	650~1 200	电焊机电极、高强度导电零件、弹簧、架空导线

（续）

铜合金	$\sigma/(MS/m)$	σ_b/MPa	主要用途
铁铜	30~40	400~450	电真空器件结构材料、电器接触桥
氧化铝铜	45~54	441~600	电阻焊电极，特别适用于焊接涂层钢板，电机绕组、换向器、热电偶导线、耐高温导线、真空管耐温元件

329 碳纳米管 碳纳米管作为一维纳米材料，重量轻，六边形结构连接完美，具有许多异常的力学、电学和化学性能。近些年随着碳纳米管及纳米材料研究的深入，其广阔的应用前景也不断地展现出来。

碳纳米管，又名巴基管，是一种具有特殊结构（径向尺寸为纳米量级，轴向尺寸为微米量级，管子两端基本上都封口）的一维量子材料。碳纳米管主要由呈六边形排列的碳原子构成数层到数十层的同轴圆管。层与层之间保持固定的距离，约0.34nm，直径一般为2~20 nm。并且根据碳六边形沿轴向的不同取向可以将其分成锯齿形、扶手椅形和螺旋形三种。其中螺旋形碳纳米管具有手性，而锯齿形和扶手椅形碳纳米管没有手性。

330 石墨烯涂层导体（超级铜线） 石墨烯是一种由碳原子以 sp^2 杂化轨道组成六角型呈蜂巢晶格的二维碳纳米材料。

石墨烯具有优异的光学、电学、力学特性，在材料学、微纳加工、能源、生物医学和药物传递等方面具有重要的应用前景，被认为是一种未来革命性的材料。

石墨烯在室温下的载流子迁移率约为15 000cm²/（V·s），这一数值超过了硅材料的10倍，是已知载流子迁移率最高的物质锑化铟（InSb）的两倍以上。在某些特定条件如低温下，石墨烯的载流子迁移率甚至可高达250 000cm²/（V·s）。与很多材料不一样，石墨烯的电子迁移率受温度变化的影响较小，50~500K 之间的任何温度下，单层石墨烯的电子迁移率都在 15 000cm²/（V·s）左右。

近年来，为了降低电阻，有学者尝试在铜材料上附着碳纳米管材料。它的导电率是 10 倍于铜，电流容量 100 倍于铜，热传导效率 10 倍于铜，强度是铜的 300 倍，重量仅为铜的1/6~1/4。这种技术能够使电阻大幅度下降，将会带来铜耗的直接降低，无论是低速大转矩工况，还是高速弱磁工况都会受益，效率得到全面提升。

331 超导材料 许多元素、合金、化合物的直流电阻一般随温度降低而减少，超导体处于正常态时也有电阻，但在一定低温下电阻突然消失（<$10^{-28}\mu\Omega \cdot m$，目前测不出），电阻消失时处于超导态。超导体的两个相互独立的基本特性是零电阻和抗磁性。超导体中传导超导电流的超导电子是结合成对的，超导电子对不能互相独立地运动，而只能以关联的形式作集体运动，在该电子对所在的空间范围内的所有其他电子对，在动量上彼此关联成为有序的集体，因此超导电子对运动时不同于普通电子，不会被晶体缺陷和晶格振动散射而产生电阻，从而出现电阻消失现象。超导体基本名词术语见表 9.12-11。

表 9.12-11 超导体基本名词术语

名词术语	说明
超导性	在适当条件下，电阻突然消失并呈现强抗磁的特性
迈斯纳效应	超导体处于超导态时，其体内磁通被排出体外而呈现完全抗磁性的现象
混合态	磁通以量子化的磁通线形式穿透第二类超导体，使超导态和正常态混合共存时所处的热力学状态
穿透深度 λ	外磁场穿透超导体表面的厚度
电子对	在电子-声子相互作用或其他机制作用下，两个电子形成一种束缚态。其动量和自旋态严格相互关联，它们作为一个整体，在超导体中运动不被晶格散射
相干长度 ξ_0	超导体内电子间空间相互关联范围的特征量，可被认为是电子对的尺寸

（续）

名词术语	说明
G-L 参数 K	穿透深度 λ 和相干长度 ξ_0 之比
临界温度 T_c	当电流、磁场及其他外部条件（如应力、辐射）保持为零或足够低而不影响转变测量时，超导体呈现超导态特征的最高温度。一般可通过电阻、磁化率或比热转变来测定
临界磁场 H_c	一定温度下，电流和其他外部条件保持为零或足够低而不影响转变测量时，第 I 类超导体突然从超导态转变为正常态的外磁场强度
上临界磁场 H_{c2}	磁通完全穿入第 II 类超导体，体内磁通密度 $B=\mu_0 H$，样品开始由混合态转变为正常态的最大外磁场强度
下临界磁场 H_{c1}	第 II 类超导体开始偏离完全抗磁性，磁能开始穿入样品内部的外磁场强度
洛伦兹力	第 II 类超导体中磁通线分布不均匀，由于同向磁通线间有相斥作用而导致合力不为零而使磁通线受到的电磁力
磁通钉扎	超导导体内的缺陷阻止磁通线运动的作用
临界电流 I_c	在给定的温度和磁场下，超导体保持超导态时能传输的最大电流
复合超导体基体	复合超导体中，在长度方向上连接，并在正常工作条件下不超导的金属、合金或其混合材料
高 T_c 超导体	T_c 高于液氮温度的氧化物超导体

根据磁场中不同的磁化特性分为 I 类和 II 类超导体。

I 类超导体是除 Nb、V、Tc 外的一般元素超导体。特点是界面能为正，$K<1/\sqrt{2}$，磁化曲线见图 9.12-2。H_c 小于 $10^3 O_e$ $[1O_e=(10^3/4\pi)\ \text{A/m}]$。I 类超导体的电流仅在表面附近 λ 深度内流动，当表面上产生的磁场达到 H_c（A/m）时的电流值就是 I_c（A）。圆柱形导体的电流值为

$$I_c=(5/4\pi)\times10^3 rH_c$$

式中　r——半径（cm）。

II 类超导体主要是合金和化合物。特点是界面能为负，$K>1/\sqrt{2}$，负界面能是存在混合态的原因。磁化曲线见图 9.12-2（均匀的 II 类和不均匀的 II 类）。超导体 λ 的差别至多为 2~3 倍，而 ξ 的变化可达 3 个数量级，因此通过改变 ξ 可使 I 类变为 II 类。因此 $\xi\propto L$（L 为超导体自由电子平均自由程），所以可通过加入其他元素等方法减少 L，以便减少 ξ，增大 K。

磁通线的物理图案见图 9.12-3。进入超导体内（和超导回路中）的磁通量只能是磁通量子 Φ_0 的整数倍，$\Phi_0=2.07\times10H-15\text{Wb}$。

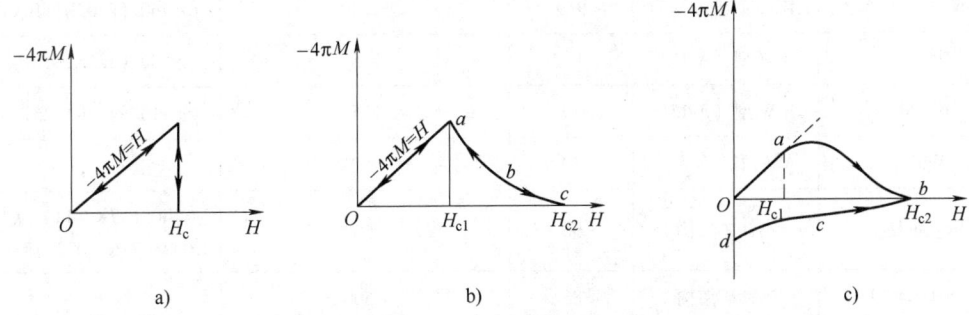

图 9.12-2　超导体的磁化曲线
a) I 类超导体　b) 均匀的 II 类超导体　c) 不均匀的 II 类超导体

II类超导体的性质对位错、脱溶相等各种晶体缺陷很敏感。均匀的II类超导体处在混合态时，磁通线会在洛伦兹力作用下运动而产生电场，感生电动势，引起能量损耗，因此不具有无阻负载电流的能力。不均匀的II类超导体，存在着磁滞回线（见图9.12-2）类似于硬磁材料的磁化曲线，因而又叫硬超导体。缺陷的钉扎作用使硬超导体处于混合态时可以无阻地传输巨大的直流电流，其 I_c 与超导体的横截面积成正比。

I类、II类超导体在交变磁场中都会出现交流损耗。处于抗磁态的超导体，在频率小于 10^{10} Hz 时，不会有显著的交流损耗。处在混合态时的交流损耗包括：1）磁滞损耗，源于晶体缺陷对于磁通线的钉扎；2）粘滞损耗，是磁通线芯中正常电子运动时产生的能量损耗。频率小于 10^6 Hz 时主要是磁滞损耗，大于 10^6 Hz 时主要是粘滞损耗。

磁通线格子及单根磁通线的物理图案见图9.12-3。

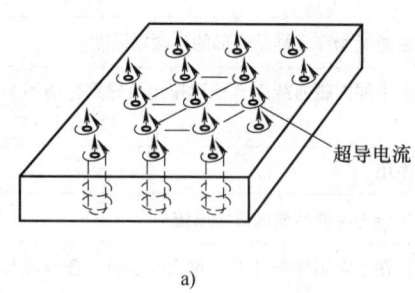

a)

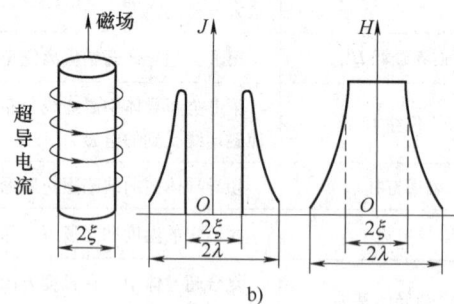

b)

图 9.12-3　磁通线格子及单根磁通线的物理图案

合金和化合物超导材料超导体种类很多，最常见超导体的超导性能见表9.12-12。

合金超导体的超导性能和可加工性好，易于和稳定化金属基体复合加工成各种形状的材料，对应力、应变不敏感，成本较低。NbTi 合金是应用最广泛的超导体，常用构成成本（摩尔分数）是 Nb：60% 和 TiNb：66%Ti。前者具有较多的 H_{c2}，更适合用于高场；后者在低场下具有较高的临界电流密度 J_c。三元合金 NbTiTa 的 H_{c2} 比 NbTi 稍高。

表 9.12-12　一些超导体的超导性能

超导体	晶型	T_c/K	H_{c2} (4.2K)/$[$ (1/4π) MA/m$]$	J_c/(kA/cm^2)
Nb	体心立方（A_2）	9.25	3.9	—
Pb	面心立方（A_1）	7.2	H_c = 63.9kA/m（I类超导体）	—
Nb-（60%~70%）Ti	体心立方（A_2）	9.3~9.7	120~110	400 (4.2K, 5T)
Nb-（60%~70%）Ta	体心立方（A_2）	9.9	124	160 (2.05K, 10T)
Nb$_3$Sn	B-W 型（A-15）	18.3	225	80 (4.2K, 12T)
Nb$_3$Al	B-W 型（A-15）	19	295	10 (4.2K, 25T)
MgB$_2$	AlB$_2$ 型（C-32）	39	~170	
YBa$_2$Cu$_3$O$_{7-x}$	钙钛矿结构	90	~500	140 (77K, 1T) 块材 1 000 (77K, 0T) 涂层导体
Bi$_2$Si$_2$CaCu$_2$O$_x$	钙钛矿结构	85	~500	
Bi$_2$Si$_2$CaCu$_3$O$_x$	钙钛矿结构	110	~500	13 (77K, 0T) 千米长带 70 (77K, 0T) 轧制短样

从表 9.12-12 可知, 一些化合物超导体的性能较 NbTi 优越, Nb_3Sn 是应用最普遍的化合物超导体, 其超导性能随制备方法有所差异。掺 Ti 的 Nb_3Sn 有更好的高场性能。

2001 年 1 月发现的超导材料二硼化镁 MgB_2 是一种简单二元金属间化合物, 属于六方晶系结构, 每个晶胞有三个原子, 有镁和硼按 1:2 比例结合。MgB_2 是各向同性的第二类超导体, 不存在高温超导体中难克服的弱连接问题, 而且容易加工和成材。MgB_2 超导体以其优越性能而受到广泛重视, 但制备工艺还有待进一步研发。

高 T_c 氧化物超导体是一种具有钙钛矿结构的层状超导体, 晶胞中含有不同层次的 Cu-O 面, 其 T_c 和超导相晶胞中 Cu-O 面的层数有关。$YBa_2Cu_3O_{7-x}$ 存在正交结构的超导相, 而非超导相具有四方晶体结构。$Bi_2Sr_2Ca_{n-1}O_x$ (n 为晶胞中 Cu-O 面的层数) 有三种 Cu-O 面层数不等的超导相, 添加适量 Pb, 能大大提高 T_c 超导体的层状结构, 使其导电性显示出高度的各向异性。

使用超导材料的应用中的主要问题是超导体需和基体金属、加固材料和绝缘材料等复合后才能形成磁热稳定、结构强固、适用于纸杯超导装置的实用超导材料。图 9.12-4 为 NbTi 多芯复合体的结构示意图, 一般芯径为 $1 \sim 100 \mu m$, 复合体线径小于 0.2cm, 拧扭节距为 1cm。低交流损耗的 Cu-CuNi 基复合体可作交流用材。为了传输大电流和降低自场效应, 将多芯复合体作为股线绞成缆线或编制成编织带, 可用于绕制中、大型磁铁。冷冻稳定复合体 (见图 9.12-5a) 强度高、稳定、可靠, 但全电流密度低, 主要用于大型磁体。青铜法 Nb_3Sn 多芯复合体典型截面图见图 9.12-5b。为了进一步改善动态稳定性, 减小基体的横向平均电阻率, 可在 CuSn 基体中嵌入无氧铜, 并用 Ta 作扩散阻隔层。Nb_3Sn 层厚常在 $10 \mu m$ 量级。Nb_3Sn 多芯复合体亦可制成绞缆线和编织带。

高温超导体的 ξ 短, 各向异性大, 从制备工艺上应尽可能减少弱连接的影响, 使晶粒定向排列。已达实用化的有 Ag 包套法制备的 Bi 系多芯带和熔融织构法制备的 Y 系块材。典型样品照片见图 9.12-6。

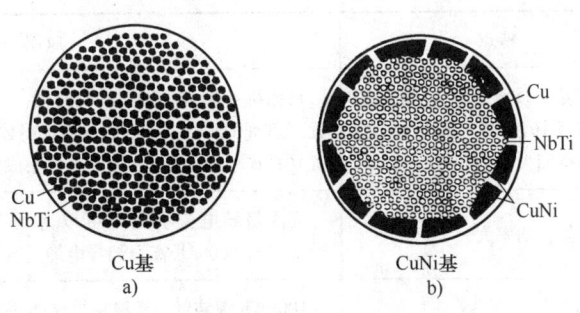

图 9.12-4 NbTi 多芯复合体

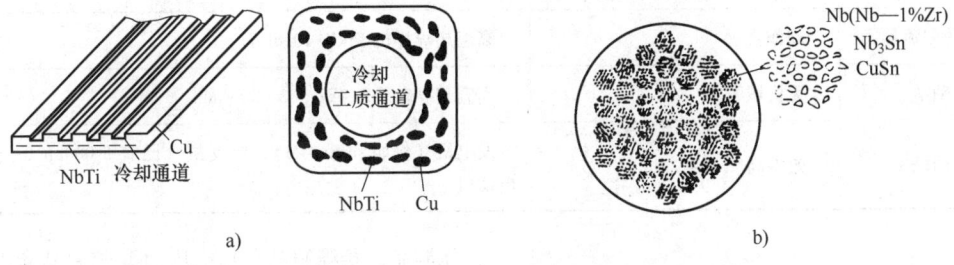

图 9.12-5 绞缆线、编织带和复合导体

YBCO ($YBa_2Cu_3O_{7-x}$) 涂层导体, 是将 YBCO 外延沉积到带状基体或基底上, 使基带上的 YBCO 最终具有非常高的一致取向度。这种单晶体的涂层, 其厚度一般为微米量级。由于 YBCO 涂层导体具有比铋系材料更好的电磁特性, 因此是液氮温区更佳的实用化材料。目前, 生产的 YBCO 涂层导体, 长度还只达到 10m 数量级 (I_c 性能可以达到 $250 \sim 270 A/cm$ 范围), 需要有更成熟的生产工艺来

实现实用化。

超导体的一些应用见表 9.12-13。应用对于材料的要求是 T_c、H_{c2}、J_c 高，交流损耗低，磁、热稳定性好，线材长度足够及价格合理。对于低温超导材料，要着重研究在提高性能的同时降低成本的技术；对于高温超导材料，要着重研究制备线材和大型块材的技术。

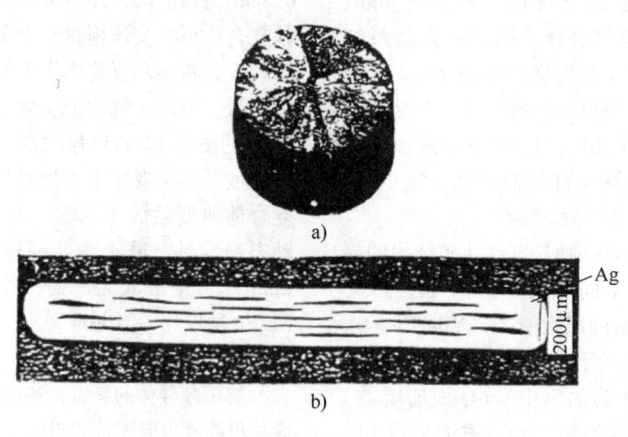

图 9.12-6　实用高温超导块材和多芯带
a）YBCO 块材　b）BiSrCaCuO 多芯带

表 9.12-13　超导体的一些应用

超导装置	特点	应用
磁体	体积小、质量轻、磁场强度高、磁场梯度大、磁场稳定、强磁场空间大和均匀性好	对撞机（例如 LHT）、加速器（例如 Spring-8）、核聚变装置（例如 ITER）、高温超导内插磁体（24T，4.2K）；磁分离装置（选矿、水处理）、医用磁共振成像装置（已有近万台）
电力电缆	损耗低、功率大	高温超导电流引线（可以达到 10kA）；高温超导输电电缆（已有 600m 长高温超导电缆运行在电网上）
能量存储	效率高	100kWh 级装置；高温超导储能飞轮（已有 100Wh 装置，正在设计 MWh 级）
磁悬浮列车	高速	日本的山梨线
故障限流器	动作快	高温超导样机 15kV/10.6kA
轴承	无机械摩擦	高温超导轴承 2.4kg，33 000r/min
电动机械	效率高	发电机（例如 super GM）；电动机（已有 5 000hp 高温超导电动机）

12.4　绝缘材料

332　电机绝缘材料综述　我国绝缘材料行业是一个高度分散的行业，绝缘材料分为电气绝缘用漆，电气绝缘用树脂浸渍纤维制品，电气绝缘用层压制品、卷绕制品、真空压力浸胶制品和引拔制品，电气绝缘用塑胶制品，电气绝缘用云母制品，电气绝缘用胶粘带、薄膜、柔软复合材料，电气绝缘用纤维制品，绝缘液体八大类。

333　电工纸板和布板

（1）电工纸板　电工纸板是以高纯度 100% 硫酸

盐木浆经高压加工制成的纸板，其化学纯度高、机械强度高，有较大的紧度、较小的收缩性、很好的平整性，浸油以后兼有机械性能和电气性能。它适用于油浸式电力变压器和电抗器、电容器、开关等。

（2）布板　又称酚醛层压布板、棉布板、3025，是由酚醛树脂和棉布制成，常态下具有良好的电气性能和机械性能。它适用于作机械、电机、电器设备中要求具有一定机械性能和电气性能的绝缘结构零部件，并可在变压器油中使用。

334　绝缘薄膜和复合材料　电工绝缘薄膜是厚度小于 0.5mm 的高分子薄片材料，性能和用途见表 9.12-14。

表 9.12-14　常用电工薄膜的性能和用途

性能和用途		聚酯薄膜	聚丙烯薄膜	聚酰亚胺薄膜	聚四氟乙烯薄膜	聚苯乙烯薄膜	聚乙烯薄膜	聚碳酸酯薄膜
使用温度/℃		−180~125	−40~105	−269~250	−250~250	85	−60~80 110[1]	−100~132 146[2]
抗拉强度/MPa	纵	140~200	>120	≥98	>10	>50	9.8~17.6 15~25[1]	58~82[2]
	横	140~200	>170	≥137	>30			106~240
E_b/(MV/m)		>130	>150	100~150		>116	>40	>145
$\tan\delta/10^{-3}$		>5 <20[3]	<0.3	<10	0.5 0.2[3]	3[3]	0.4[3]	0.8~2.5 0.8[3]
ε_r（50Hz）		3.2	2.2	<4	1.8~2.2	2.3~2.7[3]	2.9[3]	2.9[3]
主要途径		电机、变压器、电容器、电缆、复合制品、粘带磁带基材	电容器、电缆、电机绝缘、粘带基材、驻极体	电机绝缘、粘带、印制电路板基材	电机、电气绝缘、电容器、印制电路板基材	高频电缆、高频电容器	电缆、电容器、超导绝缘	电机、电容器、薄膜开关、扬声器

① 辐照交联聚乙烯薄膜。

② 取向前。

③ 1MHz 下测量。

（1）常用电工薄膜　其中聚丙烯薄膜有普通型、粗化型和金属化型三种，粗化型易于浸渍绝缘油。聚丙烯和聚酯薄膜是双轴定向薄膜，机械强度高。聚酰亚胺薄膜不燃、耐辐照。聚四氟乙烯薄膜不燃。缺点：聚酯乙烯薄膜不耐热、力学性能差；聚酯薄膜耐碱性、耐电晕性较差，易水解；聚四氟乙烯薄膜机械强度低，尺寸稳定性差，与其他材料的粘合力极差。经过改进的全氟乙丙烯薄膜热封性比较好。其他氟塑料薄膜还有聚偏二氟乙烯薄膜、乙烯-四氟乙烯共聚物薄膜、乙烯-三氟氯乙烯薄膜等。

（2）新型薄膜　新型薄膜耐高温：H~C 级有聚醚醚酮薄膜，H 级有聚芳酰胺、聚苯硫醚、聚醚砜薄膜。F 级有聚酰胺亚胺、聚海因、聚噁二唑、聚芳酯和聚对苯二甲酸丁二酯薄膜。特高 E_b 有聚醚醚酮薄膜、特高 ρ_v 有聚醚砜薄膜；耐辐照、阻燃或耐热方面有聚醚醚酮、聚苯硫醚薄膜。

335　柔软复合材料　柔软复合材料和复合纸，由薄膜和纸复合而成。

电工用柔软复合材料（复合制品）多数是用聚酯和聚酰亚胺薄膜复合 Nomex 等绝缘纸，经浸渍压制后制成。复合纸采用聚丙烯薄膜和木浆纤维纸，以聚丙烯树脂挤出料为粘合剂，经挤压复合而成。复合制品或复合纸具有薄膜材料和纤维材料的综合特性，能明显改善薄膜的抗撕性和浸渍性。制品的性能见表 9.12-15。

表 9.12-15 柔软复合材料性能

性能			聚酯薄膜-绝缘纸	聚酯薄膜-聚酯纤维纸（DMD）	聚酯薄膜-聚酯酰胺纤维纸（NMN）	聚酰亚胺薄膜-聚芳酰胺纤维纸（NHN）	聚丙烯薄膜-木浆纤维纸（复合纸）
工作温度/℃			120	130~155	155	180	
定量/(g/cm²)			2.25~2.75	2.08~2.32	1.73~1.97	1.75~2.05	密度：0.92g/cm³
抗拉强度/MPa	纵	弯折前	60~95	80~85	80~95	80~90	53.8
		弯折后	40~41；≥70	60~65	40~55	—	
	横	弯折前	45~50；60~65	60~65	50~65	50~60	34.6
		弯折后	25~27；≥40	50~55	30~45	—	
边缘抗撕力/N	纵		190~210	—	—	—	剥离强度：63.6kN/m
	横		200~220	—	—	—	
E_b/(MV/m)			30~50	45~55	35~45	40~45	138
主要用途			电机槽绝缘和端部绝缘			电机、干式变压器绝缘	高压充油电缆绝缘

336 绝缘漆布 它是以各种电工用布作底材，浸渍或涂布绝缘漆后经烘干制成的柔软绝缘材料。电工用布有棉布、玻璃布、涤玻布、蚕丝绸、棉涤纶和涤纶绸。玻璃布耐热性好，吸潮少；涤玻布中织入聚酯纤维，柔软性较好。绝缘漆布品种：H 级有聚酰亚胺、硅橡胶、有机硅玻璃漆布；F 级有聚酯玻璃漆布；B 级有醇酸玻璃漆布和沥青醇酸漆布；A 级有油性漆布。绝缘漆布单独或与其他材料复合，广泛用作电机、电气的绝缘和导线绕包绝缘。

337 云母带和云母板

（1）云母带和软质云母板 在室温下具有柔软性和可绕性，由片云母/粉云母纸与胶粘剂、补强材料制成。云母箔是在低温低压力下压制成的薄板，也有一定的柔软性。所用胶粘剂：H 级以有机硅胶粘剂为主，F 级以桐马环氧、酚醛环氧胶粘剂等为主。云母带和云母板电气性能、耐电晕性好，云母含量愈大，则耐电晕性愈高。云母带经过分切，按含胶量分为多胶、少胶、中胶三种云母带，主要用于高压大中型电机主绝缘和耐火电缆绝缘，其中少胶云母带适用于真空压力浸渍工艺的电机线圈绝缘。柔软、塑型云母板主要用于中小电机槽绝缘和端部层间绝缘。云母箔主要用于电机条型线圈的卷烘绝缘和电器部件模压成型绝缘。

（2）硬质云母板 硬质云母板由热固性胶粘剂粘合片云母或粉云母纸制成，电气性能好，E_b 达 18~40MV/m，采用聚酰亚胺、磷酸盐、有机硅、二苯醚胶粘剂，耐热等级为 H 级；采用虫胶和环氧胶粘剂，耐热等级为 B 级。其中塑型云母板在低温低压性下成型，可塑性好，主要用于塑制直流电机环形器 V 形绝缘环和其他成型绝缘件；衬垫云母板和环形器云母板在高温高压下成型，衬垫云母板可加工性好，主要用于加工各种电器设备垫片、垫圈等绝缘件；换向器云母板胶含量低（≤6%），冷、热收缩率小（25℃ 时，≤9%；160℃ 时，≤1.4%~2.5%），厚度均匀性好，主要用于加工直流电机换向器片间绝缘。改性有机硅粉云母板采用金云母大鳞片云母纸，性能好且价低，用于 H 级换向器。耐热粉云母板粘合剂用磷酸盐和特殊有机硅树脂，纸有白粉云母纸、金粉云母纸或合成粉云母纸，在高温高压下成型，耐热粉云母板胶含量少，耐潮、耐水，E_b 低于 46~69MV/m，在 500℃ 下热失重（质量减少）低于 1%，在 900℃ 冷热冲击下不变形，工作温度可达 600~1 000℃，可加工性好，主要用作耐高温电气设备和家用电器绝缘。

338 热处理玻璃纤维

（1）绝缘子玻璃 制造玻璃绝缘子的玻璃是高碱玻璃。玻璃的绝缘强度超过瓷，但力学性能和冷热急变性能差。玻璃经特殊的热处理即钢化后，其机、热、电性能都得到提高。

（2）电真空玻璃 主要品种有硼硅酸盐玻璃、铝硅酸盐玻璃、钠玻璃和石英玻璃，用于制造电真空器件、灯泡和灯管等。

（3）玻璃陶瓷 由玻璃料经适当热处理析出微晶后制成的陶瓷状材料，微晶化后，抗弯强度和硬度提高，表面光滑，有玻璃光泽，可像玻璃一样进行成型加工。

（4）低熔点玻璃（玻璃焊药） 以 B_2O_3-PbO-ZnO 系或 B_2O_3-PbO-SiO_2 系为基材配置而成，可在较低的温度下焊接金属、陶瓷、玻璃，适用于制作电子和半导体器件的密封或焊封材料、硅半导体器件的钝化膜。

339 芳纶 芳纶是一种综合性能优良的耐高温特种纤维，具有优异的热稳定性，可在 220℃ 使用 10 年以上，240℃ 下受热 1 000h，机械强度仍保持原有的 65%，在 370℃ 以上才分解出少量气体；具有阻燃性，高温燃烧时表面碳化，不助燃，不产生熔滴；具有电绝缘性，芳纶绝缘纸耐击穿电压可达到 10 万 V/mm。另外，还具有可纺性、化学稳定性和耐辐射性，在电绝缘纸、高温过滤材料、防护服装、消防服装、蜂窝结构材料等方面有广泛用途。

340 聚四氟乙烯 聚四氟乙烯（Teflon 或 PT-FE），是由四氟乙烯经聚合而成的高分子化合物，具有优良的化学稳定性、耐腐蚀性、密封性、高润滑不粘性、电绝缘性和良好的抗老化耐力；能在 -180 ~ 250℃ 的温度下长期工作，除熔融碱金属、三氟化氯、五氟化氯和液氟外，能耐其他一切化学药品，在水中煮沸也不起变化。

它可用作工程塑料，可制成聚四氟乙烯管、棒、带、板、薄膜等，一般应用于性能要求较高的耐腐蚀的管道、容器、泵、阀以及雷达、高频通信器材、无线电器材等。各种聚四氟圈、聚四氟垫片、聚四氟盘根等广泛用于各类防腐管道法兰密封。此外，也可以用于抽丝，从而得到聚四氟乙烯纤维——氟纶（国外商品名为特氟纶）。目前，各类聚四氟乙烯制品已在化工、机械、电子、电器、军工、航天、环保和桥梁等国民经济领域中起到了举足轻重的作用。四氟乙烯共聚物，由 30~81mol% 的四氟乙烯与 70 ~ 19mol% 的至少一种其他单体构成，并且该聚合物的链末端是碳酸酯末端，其熔体流速（200℃，5kg 荷重）为 0.1 ~ 100g/10min 以及其熔点为 90 ~ 200℃。该四氟乙烯能够在维持氟树脂所固有的优良耐化学品性、耐气候性、耐溶剂性、非粘附性、电绝缘性、防污性和阻燃性的条件下与常规树脂等其他材料直接而牢固地粘合，它能在比以往氟树脂更低的温度下成型，可以与没有耐热性的常规树脂一起热熔粘合或共挤出，从而可以在低温下成型。

参 考 文 献

［1］ 中国电器工业协会. 旋转电机 定额和性能：GB/T 755—2019 ［S］. 北京：中国标准出版社，2019.

［2］ 上海电器科学研究所《中小型电机设计手册》编写组. 中小型电机设计手册 ［M］. 北京：机械工业出版社，1994.

［3］ 许实章. 电机学 ［M］. 北京：机械工业出版社，1990.

［4］ 张城生. 4/6 极双速绕组的研究 ［J］. 中小型电机，1978，（6）.

［5］ 顾绳谷. 电机及拖动基础 ［M］北京：机械工业出版社，1995.

［6］ 范晶彦，陈顺利. 探讨航空稀土永磁无刷直流起动发电机的设计特点 ［J］. 微电机，2018，51 （3）：78-81.

［7］ 汪旭东，许孝桌，封海潮，等. 永磁电机齿槽转矩综合抑制方法研究现状及展望 ［J］. 微电机，2009，42 （12）.

［8］ 陈萍，唐任远，佟文明，等. 高功率密度永磁同步电机永磁体涡流损耗分布规律 ［J］. 电工技术学报，2015，30 （6）.

［9］ 沈建新，蔡顺，袁赛赛. 同步磁阻电机分析与设计（连载之一）概述 ［J］. 微电机，2016，49 （10）：72-79，83.

［10］ 张宗盛. 混合励磁磁通切换型磁阻电机系统的研究 ［D］. 济南：山东大学，2015.

［11］ 陈隆昌，阎治安，刘新正. 控制电机 ［M］. 西安：西安电子科技大学出版社，2000.

［12］ 谭作武，等. 往复电动机 ［M］. 北京：北京出版社，1991.

［13］ 德岛晃，等. 超音波モータ ［J］. 机械设计，1987，31 （17）.

［14］ 超音波モータの制作方法. 日本：昭 62—193772 ［P］.

［15］ 《电机工程手册》第 2 版编辑委员会. 电机工程手册：第 6 篇 ［M］. 北京：机械工业出版社，1996.

［16］ 杨顺昌. 无刷双馈电机的电磁设计特点 ［J］. 中国电机工程学报，2001，21 （7）.

［17］ 中国船舶重工集团公司第七〇七研究所. 高速高精度微特电机 ［J］. 军民两用技术与产品，2017 （23）.

[18] 张立红. 双开槽电机——微特电机的宠儿 [J]. 中国科技奖励, 2007 (2)：20-23.

[19] 张思明. 软盘驱动器用微特电机 [J]. 电世界, 1996, 37 (5)：4-5.

[20] 王新利, 程树康. 静电电动机及其研究发展状况 [J]. 微特电机, 2001 (6)：12-13.

[21] 陆传强, 傅晓英. 电介质电动机 [J]. 微特电机, 1975 (3)：18-20.

[22] 唐苏亚. 稀土超磁滞伸缩电机及其应用 [J]. 微电机 (伺服技术), 2004 (2)：40-41.

[23] 曹富林, 许立忠. NEMS 外场驱动微电机研究进展 [J]. 微特电机, 2019, 47 (3)：77-81.

[24] 朱昱, 王丽萍. 永磁微特电机及永磁材料应用 [J]. 机械工程师, 2005 (9)：132-133.

[25] 张铁民, 李晟华, 梁莉, 等. 宏微直线压电电机微驱动机构设计与分析 [J]. 振动、测试与诊断, 2017, 37 (4)：692-697.

第 **10** 篇

变压器、电抗器和电容器

主　　编　张冠军（西安交通大学电气工程学院）

副 主 编　董　明（西安交通大学电气工程学院）

参　　编　张冠军（西安交通大学电气工程学院）

　　　　　董　明（西安交通大学电气工程学院）

　　　　　穆海宝（西安交通大学电气工程学院）

　　　　　李　元（西安交通大学电气工程学院）

　　　　　任　明（西安交通大学电气工程学院）

　　　　　张大宁（西安交通大学电气工程学院）

　　　　　张崇兴（西安交通大学电气工程学院）

主　　审　刘　杰（沈阳变压器研究院有限公司）

　　　　　郭天兴（西安布伦帕电力无功补偿技术有限公司）

责任编辑　刘星宁

第1章 电力变压器

1.1 概述

1 电力变压器用途和分类 电力变压器按用途可分为升压、降压（配电）和联络变压器，见图 10.1-1；还可以按相数分为单相和三相变压器；按绕组数分为双绕组、三绕组和自耦变压器；按绝缘介质可分为液浸式变压器、干式变压器、SF_6 气体绝缘变压器等。

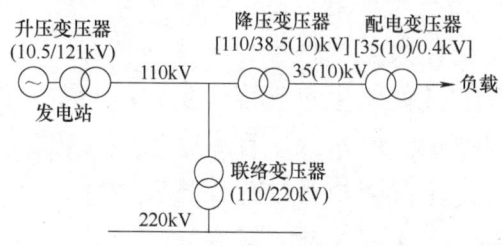

图 10.1-1 电力变压器用途举例

2 电力变压器工作原理 变压器是用来变换交流电压和电流而传输交流电能的一种静止电机。以单相变压器为例，变压器的工作原理见图 10.1-2。当匝数为 N_1 的一次绕组 AX 接到频率为 f、电压为 U_1 的交流电源上时，由励磁电流 I_0 在铁心中产生主磁通 Φ_z，从而在一、二次绕组中感应出电动势 E_1 和 E_2，匝数为 N_2 的二次绕组 ax 端产生电压 U_2。当二次绕组接有负载 Z 时，一、二次绕组中流通电流 I_1 和 I_2。

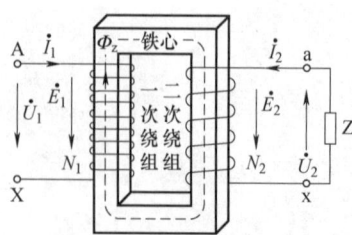

图 10.1-2 变压器工作原理图

为了分析它的基本原理，可首先按理想变压器

来处理，即忽略励磁磁动势、绕组的电阻和电抗的影响，由电压方程式 $U_1 = E_1 = 4.44 f N_1 \Phi_{zm}$ 和 $U_2 = E_2 = 4.44 f N_2 \Phi_{zm}$，得电压变换关系为

$$U_1/U_2 = E_1/E_2 = N_1/N_2 = K$$

式中，K 为电压比，由磁动势平衡关系式 $I_1 N_1 = I_2 N_2$，故有 $I_1/I_2 = N_2/N_1 = 1/K$，从而得变压器传输电能的容量为

$$S_1 = U_1 I_1 = U_2 I_2 = S_2$$

由于实际变压器需要励磁磁动势，$\dot{I}_0 N_1 = \dot{I}_1 N_1 - \dot{I}_2 N_2$，则电流变换关系为

$$\dot{I}_1 = \dot{I}_0 + \frac{1}{K}\dot{I}_2$$

如果考虑一、二次绕组的电阻 r_1、r_2 和电抗 x_1、x_2 产生的压降，根据基尔霍夫第二定律，其电压方程式为

$$\dot{U}_1 = -\dot{E}_1 + \dot{I}_1 r_1 + j\dot{I}_1 x_1$$

3 变压器等效电路 变压器的电压和电流的关系通过等效变换，可将一、二次电路化为一个电路来描绘，以便于计算。图 10.1-3 所示的等效电路是用电压比 K 折合了参数的二次电路（包括负载阻抗）与励磁电路并联后再与一次电路串联的电路。

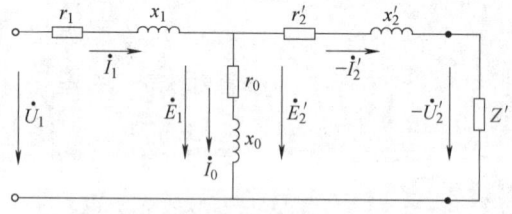

图 10.1-3 双绕组变压器的等效电路

4 变压器相量图 变压器的电压和电流的关系，用相量图来表示比较直观。与双绕组等效变压器的等效电路一样，它是将二次电路参数用电压比 K 折合到一次后（或者反之）绘制的，其绘制顺序如下：选一水平正向相量为主磁通 Φ_z；画出超前 Φ_z 为 θ_0 角的空载电流 $\dot{I}_0$；画出滞后 Φ_z 为 90° 的一、二次绕组的电动势 $\dot{E}_1$、$\dot{E}_2$；根据负载性质即

由 $\cos\varphi_2$ 画出二次电流 I_2'，再以 I_2' 与 $\dot{I}_0$ 合成为一次电流 $\dot{I}_1$。则$-\dot{E}_1$加（$\dot{I}_1r_1+\mathrm{j}\dot{I}_1x_1$）得 $\dot{U}_1$，$\dot{E}_2$ 减（$I_2'+\mathrm{j}I_2'$）得 $\dot{U}_2'$，见图 10.1-4。

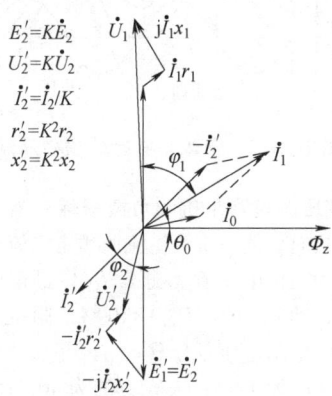

$$E_2'=K\dot{E}_2$$
$$U_2'=K\dot{U}_2$$
$$\dot{I}_2'=\dot{I}_2/K$$
$$r_2'=K^2r_2$$
$$x_2'=K^2x_2$$

图 10.1-4　双绕组变压器相量图

5　三绕组变压器　每相有三个绕组，见图 10.1-5。三绕组变压器的一次绕组的容量必大于或等于二、三次绕组的容量。三个绕组的容量百分比按高压、中压和低压顺序有 100/100/100、100/100/50 和 100/50/100 三种，此时二、三次侧不能均满载运行。一般三次绕组电压较低，多用于近区供电或接无功补偿设备。三绕组变压器有三个电压比和三个阻抗值。

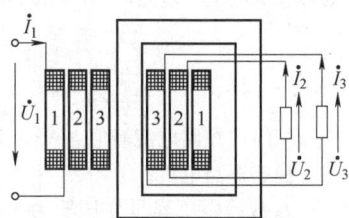

图 10.1-5　三绕组变压器示意图

6　自耦变压器　至少有两个绕组并具有公共部分的变压器称为自耦变压器，即两个绕组之间既有电的联系，又有磁的联系。降压自耦变压器的示意图和接线图见图 10.1-6。理想情况下电压比和电流比与双绕组变压器一样，传输容量（通过容量）也一样，即 $S_1=U_1I_1=U_2I_2=S_2$。

但是由接线图可知，公共绕组中电流为
$$I=I_2-I_1=I_2-I_2/K=I_2(1-1/K)$$
而串联绕组电压为
$$U=U_1-U_2=U_1-U_1/K=U_1(1-1/K)$$
所以串联绕组的容量为

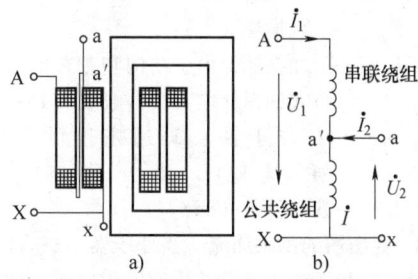

图 10.1-6　双绕组降压自耦变压器
a) 示意图　b) 接线图

$$S_{Aa'}=UI_1=U_1I_1(1-1/K)$$
公共绕组的容量为
$$S_{a'x}=U_2I=U_2I_2(1-1/K)=S_{Aa'}$$
因此绕组容量，即变压器结构容量小于其通过容量，它们的比值（$1-1/K$）就是效益系数，即
$$\frac{S_{Aa'}}{S_1}=\frac{S_{a'x}}{S_2}=\left(1-\frac{1}{K}\right)<1$$

电压比 K 越小，（$1-1/K$）也越小，自耦变压器损耗越小，重量也就越轻，越经济。自耦变压器目前在超高压电网中应用很普遍。

1.2　特性与参数

7　变压器空载电流和空载损耗　当变压器二次绕组开路，一次绕组施加额定频率的额定电压时，其中所流通的电流称为空载电流 I_0，它又称为励磁电流，$I_0=\sqrt{I_{0a}^2+I_{0r}^2}$。通常 I_0 以额定电流的百分数表示，即 $I_0\%=(I_0/I_{1N})\times100\%=0.3\%\sim2\%$，变压器容量越大，其值越小。

空载电流的无功分量 I_{0r} 的波形是含有奇次谐波的非正弦波形，各次谐波的含量见表 10.1-1。

表 10.1-1　励磁电流谐波分量（基波%）

谐波分量	含量（基波%）
基波	100
3 次谐波	40~50
5 次谐波	10~25
7 次谐波	5~10
9 次谐波	3~6
11 次谐波	1~3

空载电流的有功分量 I_{0a} 是相当于空载损耗 P_0 的分量。忽略一次绕组电阻损耗的空载损耗又称为铁耗。空载损耗 P_0 的计算式为

$$P_0 = K_0 p_t G_t$$

式中　P_0——空载损耗（W）；

　　　K_0——附加损耗，由于结构和工艺的原因所引起的损耗增大，一般取 1.15~1.3；

　　　p_t——对应于铁心磁通密度的单位损耗（W/kg）；

　　　G_t——铁心质量（kg）。

8　变压器的励磁涌流　当变压器空载合闸时，由于铁心饱和而产生很大的瞬间励磁电流，称为励磁涌流。励磁涌流大大地超过稳态的空载电流，甚至可达到额定电流的 5 倍及以上。

励磁涌流与合闸时铁心的剩磁 Φ_r、电压相角 φ 有关。合闸时 $\varphi = 0$，Φ_m 在半波内能变化到 $2\Phi_m$；当与 Φ_r 同向时，将增加到 $2\Phi_m + \Phi_r$，励磁涌流更为严重，见图 10.1-7。变压器容量越大，其持续时间越长，可达 5~10s。在三相变压器中，这一过渡现象总会在某一相中产生，并可能导致差动继电器的误动作，有时需重合闸几次。因此，在差动保护的整定中应避开励磁涌流的影响。

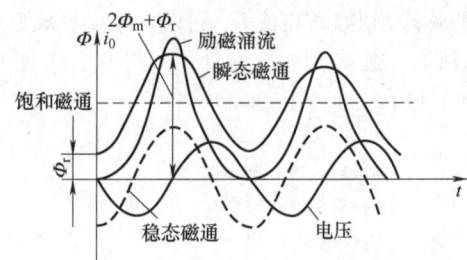

图 10.1-7　空载合闸时的励磁涌流

9　变压器短路阻抗和负载损耗　当变压器二次绕组短接时，使一次绕组流通额定电流而施加的电压，称为阻抗电压 U_z。通常 U_z 以额定电压的百分数表示，即 $u_z = (U_z / U_{1N}) \times 100\%$。阻抗电压百分数由电抗、电阻电压百分数 u_x、u_r 组成。中小容量变压器 u_x/u_r 为 1~5，大容量的为 10~15。通常，阻抗电压的百分值 u_z（%）即为短路阻抗的百分值。短路阻抗大小与变压器成本和性能、系统稳定和供电质量有关。标准规定电力变压器的短路阻抗值见表 10.1-2。

表 10.1-2　双绕组变压器标准短路阻抗

电压等级/kV	6~10	35	66	110	220	330	500
短路阻抗（%）	4~4.5	6.5~8	8~9	10.5	12~14	14~15	14~16

变压器中，当一、二次绕组流过额定电流时所产生的损耗为负载损耗 P_f，P_f 等于最大一对绕组的电阻损耗加入附加损耗（导线的涡流损耗、并绕导线的环流损耗、结构损耗和引线损耗等）。电阻损耗 P_r 又称为铜耗，有

$$P_r = K_r j^2 G$$

式中　P_r——电阻损耗，又称为铜耗（W）；

　　　K_r——系数，铜线为 2.4，铝线为 13.22；

　　　j——75℃时电流密度（A/mm²）；

　　　G——绕组总质量（kg）。

10　变压器短路电流　绕组内电流与漏磁通相作用，产生与电流平方成正比的电磁力。当与轴向漏磁通作用时，使内、外绕组产生压缩和拉伸的辐向力；而与横向漏磁通作用时，产生轴向力。在正常运行时，这些电磁力均不大。

当变压器二次侧突然短路时，绕组内短路电流峰值为

$$I_{sm} = \sqrt{2} K_s I_s = \sqrt{2} K_s \frac{100}{u_z + u_s} I_{\phi N}$$

式中　I_{sm}——绕组内短路电流峰值（A）；

　　　I_s——稳态短路电流；

　　　K_s——系数，中小容量变压器为 1.2~1.4，大容量时为 1.7~1.8；

　　　$I_{\phi N}$——额定相电流；

　　　u_z——变压器短路阻抗百分数；

　　　u_s——系统短路阻抗百分数，$u_s = S_N / S_s \times 100\%$；

　　　S_s——系统短路视在容量，见表 10.1-3。

表 10.1-3　系统的短路视在容量

电压等级/kV	6、10	35	66	110	220	330	500
S_s/MVA	500	1 500	3 000	8 000	15 000	30 000	50 000

可见，I_{sm} 可达到额定相电流 $I_{\phi N}$ 的十几倍到几十倍，因此短路电磁力为正常运行时的几百倍到上千倍。当变压器绕组结构或压紧不合理时，巨大的短路电磁力可能使绕组变形、松散、垮塌，导致

变压器损坏，这种事故在运行中并不少见。

11 变压器效率 变压器的效率为

$$\eta = \frac{输出功率}{输出功率+空载损耗+负载损耗} \times 100\%$$

在任意负载（以负载率 $K_2 = I_2/I_{2N}$ 表示）时

$$\eta = \frac{K_2 S_{2N} \cos\varphi_2}{K_2 S_{2N} \cos\varphi_2 + P_0 + K_2^2 P_f} \times 100\%$$

当 $K_2 = \sqrt{P_0/P_f}$ 时，η 最大。中小型变压器 η 在95%以上，大型变压器 η 在99%以上。

12 变压器电压调整率 变压器在负载运行时，由于阻抗降压，二次电压将随负载电流和负载功率因数的变化而变化。相应变压器的电压调整率为

$$\varepsilon\% = \frac{U_{2N} - U_2}{U_{2N}}\% \approx K_2(u_r\cos\varphi_2 + u_x\sin\varphi_2)$$

$\cos\varphi_2 = 1$ 时，$\varepsilon = K_2 u_r$，因 $u_r < u_x$，故 ε 最小；$\cos\varphi_2 = 0$ 时，$\varepsilon = K_2 u_x$，故 ε 最大。

变压器的特性见表10.1-4。

表 10.1-4　6/10kV、30~1 600kVA、Yyn0 联结双绕组无励磁调压配电变压器特性

额定容量/kVA	空载损耗/kW	负载损耗/kW	空载电流（%）	短路阻抗（%）
30	0.13	0.60	2.1	
50	0.17	0.87	2.0	
63	0.20	1.04	1.9	
80	0.25	1.25	1.8	
100	0.29	1.50	1.6	
125	0.34	1.80	1.5	
160	0.40	2.20	1.4	4
200	0.48	2.60	1.3	
250	0.56	3.05	1.2	
315	0.67	6.65	1.1	
400	0.80	4.30	1.0	
500	0.96	5.15	1.0	
630	1.15	6.20	0.9	
800	1.40	7.50	0.8	
1 000	1.70	10.30	0.7	4.5
1 250	1.95	12.00	0.6	
1 600	2.35	14.50	0.6	

1.3 数据

13 变压器额定容量 额定容量以视在功率值表示，见表10.1-5。

14 变压器额定电压组合 见表10.1-6。

表 10.1-5　三相变压器额定容量　　　　（单位：kVA）

—	125	1 250	12 500	(120 000)
—	160	1 600	16 000	(150 000)
—	200	2 000	20 000	(180 000)
—	250	2 500	25 000	(240 000)
(30)	315	3 150	31 500	(180 000)
—	400	4 000	40 000	(240 000)
50	500	5 000	50 000	(300 000)
63	630	6 300	63 000	(360 000)
80	800	8 000	(90 000)	(370 000)
100	1 000	10 000	—	等

注：除括号内数值外为优先系数。组成三相变压器组的单相变压器为表中数值的 1/3，其余用途的单相变压器与表中数值相同。

表 10.1-6　油浸式电力变压器额定电压组合

容量/kVA	电压组合/kV			联结组标号
	高压	中压	低压	
30~1 600	6、10		0.4	Yyn0
630~6 300	6、10		3.15~6.3	Yd11
50~1 600	35		0.4	Yyn0
800~6 300	35（38.5）		3.15~10.5（3.3~11）	Yd11
8 000~31 500	35（38.5）		3.15~10.5（3.3~11）	YNd11
6 300~120 000	110（121）		6.3、11（10.5~13.8）	YNd11
6 300~63 000	110（121）	38.5	6.3、11（10.5~13.8）	YNyn0d11
31 500~1 200	220（242）		6.3~13.8（38.5）	YNd11（YNyn0）
31 500~63 000	220（242）	121	6.3~13.8（38.5）	YNyn0d11（YNyn0yn0）
63 000~120 000	220（242）	121	10.5~13.8（38.5）	YNa0d11（YNa0yn0）
90 000~720 000	330（363）	121（115）	10.5~38.5	YNd11
360 000~860 000	500（525）		15.75~27	YNd11
100 000~260 000	500/$\sqrt{3}$（550/$\sqrt{3}$）		13.8~24（36，66）	II0
120 000~333 000	500/$\sqrt{3}$（550/$\sqrt{3}$）	230/$\sqrt{3}$（242/$\sqrt{3}$）	15.75~66（36，66）	Ia0I0

15　变压器联结组　单相变压器相绕组只能连接成 I 形。三相变压器和三相变压器组可连接成星形、三角形和曲折形，对于高压绕组分别用 Y、D、Z 表示；对中、低压绕组分别用 y、d、z 表示；有中性点引出时则用 YN、ZN 和 yn、zn 表示。自耦变压器有公共部分的两绕组中额定电压较低的一个用 a 表示。

不同侧绕组间电压相量有相位移，通常用时钟序数表示。高压绕组的电压相量取作指定 0 点位置，中、低压绕组电压相量所指的小时数就是联结组别。双绕组变压器常用联结组见表 10.1-7。

表 10.1-7　双绕组变压器常用的联结组

联结组	相量图和接线图	特性及应用
单相 I I$_0$		用于单相变压器时没有单独特性。不能接成 Yy 联结的三相变压器，因此时 3 次谐波磁通完全在铁心中流通，3 次谐波电压较大，对绕组绝缘极为不利；能接成其他联结的三相变压器组
三相 Y yn0		绕组导线填充系数大，机械强度高，绝缘用量少，可以实现三相四线制供电，常用于小容量三相三柱式铁心的配电变压器上。但有 3 次谐波磁通（数量上不是很大），将在金属结构件中引起涡流损耗

（续）

联结组	相量图和接线图	特性及应用
三相 Y zn11		在二次或一次侧遭受冲击过电压时，同一心柱上的两个半绕组的磁动势互相抵消，一次侧不会感应过电压或逆变过电压，适用于防雷性能高的配电变压器。但二次绕组需增加 15.5% 的材料用量
三相 Y d11		二次侧采用三角形联结，3 次谐波电流可以循环流动，消除了 3 次谐波电压。中性点不引出，常用于中性点非有效接地的大、中型变压器以及城网供电的配电变压器上
三相 YN d11		特性同上。中性点引出，一次侧中性点是稳定的，用于中性点有效接地的大型高压变压器上

16　变压器绝缘水平　变压器绝缘水平是与避雷器保护水平等相配合的绝缘强度，因此绝缘水平就是耐受的过电压值，并决定于设备的最高电压 U_m。绕组的所有出线端都具有相同的对地工频耐受电压的绕组绝缘，称为全绝缘；绕组的接地端或中性点的绝缘水平较线端为低的绕组绝缘，称为分级绝缘。

17　变压器冷却方式与温升限值　见表 10.1-8

和表 10.1-9。

18　变压器调压方式　一般是在高压绕组上抽出适当的分接头，以无励磁调压（一次与电网断开）和有载调压（二次带负载）方式进行中性点、中部和线端的调压。通过改变高（中）压绕组匝数改变电压比，达到调压的目的。调压形式见图 10.1-8 和图 10.1-9；调压方式和范围见表 10.1-10。

表 10.1-8　冷却方式的字母代号

各种冷却方式		字母代号	各种冷却方式		字母代号
冷却介质的种类	矿物油或燃点不大于 300℃ 的合成绝缘液体	O	循环种类	自然循环	N
				强迫循环（油非导向）	F
	燃点大于 300℃ 的绝缘液体	K		强迫导向油循环	D
	燃点不可测出的绝缘液体	L	冷却方式代号举例[①]	油浸自冷	ONAN
	气体	G		油浸风冷	ONAF
	水	W		强油风冷	OFAF
	空气	A		强油水冷	OFWF

① 由四个代号排列来标志，依次为绕组冷却介质及其循环种类、外部冷却介质及其循环种类。

表 10.1-9　变压器的温升限值

型式	部位	温升限值/K
油浸式	绕组平均温升（绝缘耐热等级 A） 顶层油（油与大气直接接触） 顶层油（油不与大气直接接触） 铁心本体 油箱及结构件表面	65（电阻法测量值） 55（温度计测量值） 60（温度计测量值） 使相邻绝缘材料不受损伤的温升 80
干式	绕组：绝缘耐热等级 A 　　　　　　　　E 　　　　　　　　B 　　　　　　　　F 　　　　　　　　H 　　　　　　　　C	60 75 80（均为电阻法测量值） 100 125 150
	铁心和其他部分	使铁心本体和其他部分不受损伤的温升

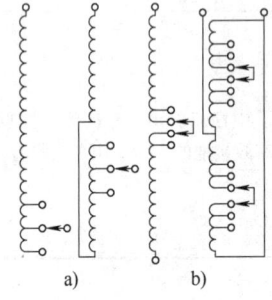

图 10.1-8　无励磁调压常用的形式
a）中性点调压　b）中部调压

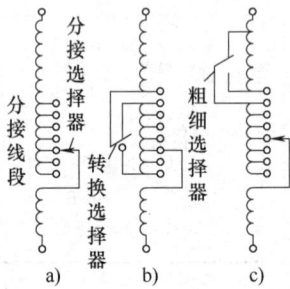

图 10.1-9　有载调压常用的形式
（中性点或线端调压时无下部或上部线匝）
a）线性调压　b）正反调压　c）粗细调压

表 10.1-10　电力变压器调压方式和范围

方式	额定电压/kV	调压范围（%）	分接间隔（%）	级数	常用调压形式	分接开关
无励磁调压	6~66[①]	±5	5	3	中性点、中部调压	中性点、中部开关
	35~220[②]	±2×2.5	2.5	5	中部调压	中部开关
有载调压	6、10	±4×2.5	2.5	9	中性点、中部调压	有载分接开关
	35	±3×2.5	2.5	7	中性点、中部调压	有载分接开关
	66~220	±8×1.25	1.25	17	中性点调压	有载分接开关

① 35kV 级是 6 300kVA 及以下，66kV 级是 5 000kVA 以下。

② 35kV 级是 8 000kVA 及以下，66kV 级是 6 300kVA 及以上。

1.4　结构

19　变压器结构组成　见表 10.1-11 和图 10.1-10。

20　变压器铁心　它是变压器的导磁回路，分为心式和壳式两种，由 0.18~0.30mm 厚的冷轧晶粒取向电工钢片（或非晶态合金带材）叠积或卷制而成。目前，变压器一般都采用心式铁心，常用的心式铁心的结构见图 10.1-11。为了消除铁心及金属附件在电场作用下所产生的电位差以免造成放电，铁心及其金属附件应可靠接地。

表 10.1-11　油浸变压器结构组成的概况

```
        ┌ 铁心
  ┌器身 ┤ 绕组
  │     └ 引线及绝缘
  │     ┌ 油箱本体（箱盖、箱壁和箱底或上、下节油箱等）
  ├油箱 ┤
  │     └ 油箱附件（放油阀门、活门、小车、油样活门、接地螺栓、铭牌等）
 ─┤ 调压装置—无励磁分接开关、有载分接开关
  │ 冷却装置—散热器、冷却器
  │ 保护装置—储油柜、油位计、安全气道或压力释放阀、吸湿器、测温元件、净油器、气体继电器等
  └ 出线装置（套管）—高压、中压和低压套管、电缆出线盒等
```

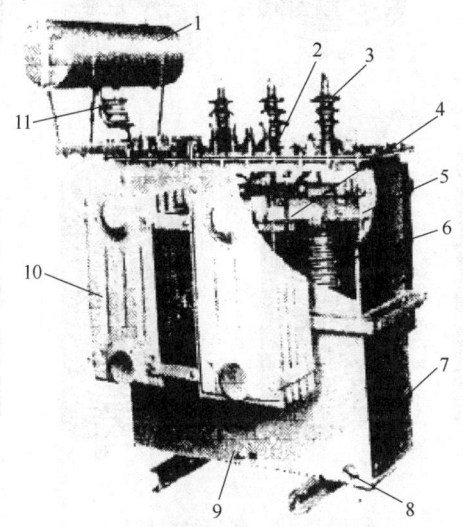

图 10.1-10　小型油浸变压器的结构

1—储油柜　2—分接开关　3—套管　4—引线　5—铁心　6—绕组　7—油箱　8—油门
9—接地螺栓　10—散热器　11—吸湿器

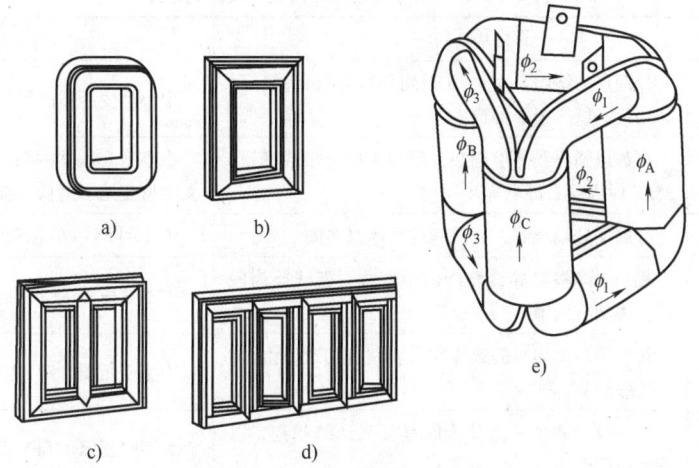

图 10.1-11　常用的心式铁心结构

a）单相卷铁心　b）单相双柱式叠铁心　c）三相三柱式叠铁心

d）大型三相五柱式叠铁心　e）三角形立体卷铁心

21　变压器绕组　它是变压器的导电回路，一般是同心地套在铁心的心柱上，由铜、铝的圆、扁导线配合绝缘零件绕制而成。绕组的形式、结构和适用范围见图 10.1-12 和表 10.1-12。当并绕导线等于或大于两根时，必须进行换位。

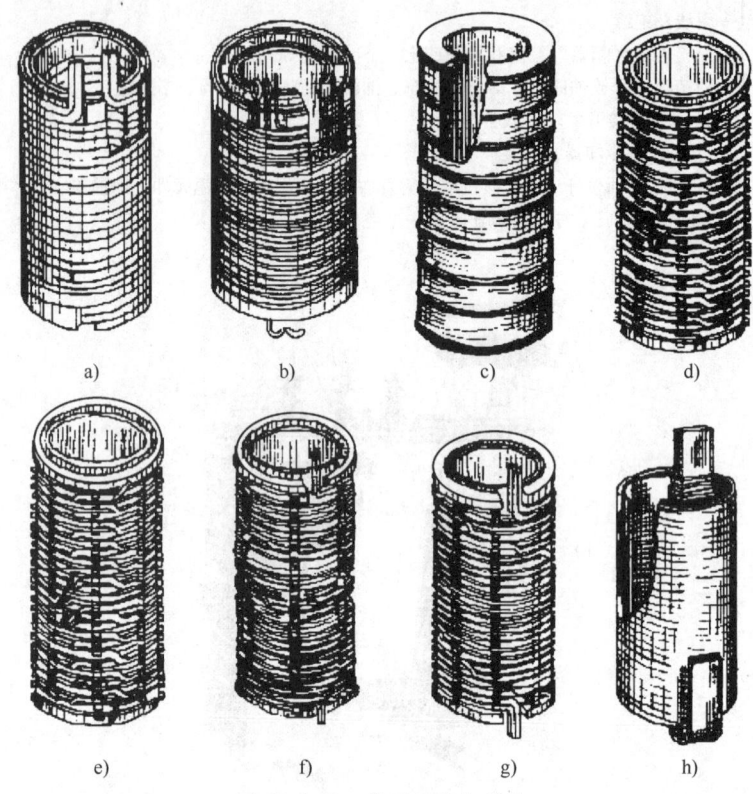

a)　　　　　　b)　　　　　　c)　　　　　　d)

e)　　　　　　f)　　　　　　g)　　　　　　h)

图 10.1-12　常用的绕组结构

a）双层式　b）多层式　c）分段式　d）连续式　e）纠结式　f）单螺旋式　g）双螺旋式　h）箔式

注：主绝缘为纸筒、端圈、角环、相间隔板和引线绝缘等；纵绝缘为段间绝缘（垫块、纸圈）和层间绝缘等。

表 10.1-12　常用绕组的特征和适用范围

绕组型式	基本特征	适用范围
双层式	分两层的绕组，由 1~6 根扁导线并绕而成，层间用瓦楞纸等形成油道	中小型变压器的低压绕组
多层式	多数以圆导线分层绕制，层间为电缆纸或油道，35kV 时内层有静电屏	中小型变压器的高压绕组，国外也用于大中型变压器的低压绕组
分段式	分层又分段绕制，段间放置绝缘垫圈	中小型 35~66kV 变压器的高压绕组
单、双、四螺旋式	相当于多根扁导线叠绕的单层式，但线匝为段式，段间有油道	大中型变压器的低压绕组或大电流绕组
连续式	相当于一段多匝的螺旋式，段间有油道，由 1~6 根扁导线绕制	中型变压器 3~110kVA 的高、低压绕组
纠结式	与连续式相似，但其段间是交叉纠结相连，以增大匝间电容	大型变压器 110kV 及以上的高压绕组
箔式	一般是一层为一匝的多层式，用铝箔或铜箔绕制	中小型变压器的低压或高压绕组

22　变压器绝缘　变压器的绝缘分类见表 10.1-13；内部绝缘结构见图 10.1-13；外部绝缘最短距离见表 10.1-14。

表 10.1-13　变压器的绝缘分类

```
        ┌─内部绝缘（油箱内绝缘）┌─主绝缘：绕组（或引线）对地、对其他绕组（或引线）之间的绝缘
        │                      └─纵绝缘：同一绕组上各点之间或其相应引线之间的绝缘
        │
        └─外部绝缘（空气中的绝缘）┌─套管本身的外部绝缘
                               └─套管间及套管对地的绝缘
```

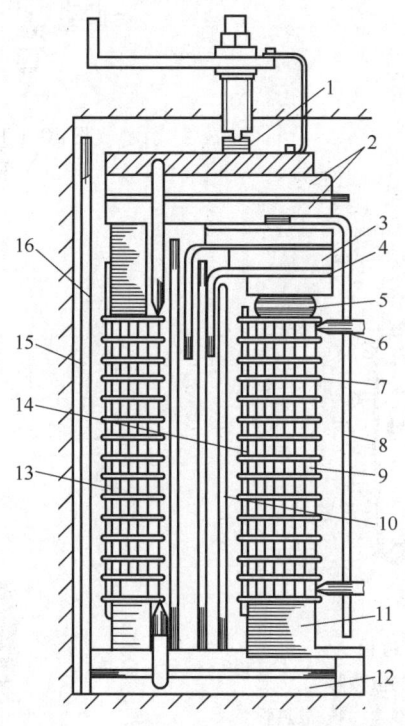

图 10.1-13　中型变压器的内部绝缘结构

1—压钉绝缘　2—上铁轭绝缘　3、4—角环　5—静电环　6—引线绝缘　7—段间绝缘
8—相间隔板　9—匝间绝缘　10—绕组间绝缘（纸筒）　11—绕组端绝缘（端圈）
12—下铁轭绝缘　13—低压绕组　14—高压绕组　15—铁心　16—绕组铁心间绝缘（纸筒）

表 10.1-14　变压器外部绝缘的最短距离　　（单位：mm）

电压等级/kV	套管带电部分间		套管带电部分对地间	
	海拔 ≤1 000m	海拔 1 001~2 500m	海拔 ≤1 000m	海拔 1 001~2 500m
6	80	95	80	95
10	110	130	110	130
15	150	180	150	180
35	300	350	320	370
110	840	970	880	1 100

23　变压器冷却装置　小型油浸自冷变压器的冷却装置采用空气自然循环冷却的散热器；中型油浸风冷变压器则采用吹风冷却的散热器，使冷却效率提高近一倍，见图 10.1-14。大型强油风冷和强油水冷变压器采用风冷却器和水冷却器，冷却效率能进一步提高。它们都是用油泵强迫循环，使油与冷却介质（空气或水）进行热交换。但这两种冷却器的辅机损耗占全部损耗的 5% 左右。冷却器的结构原理见图 10.1-15。

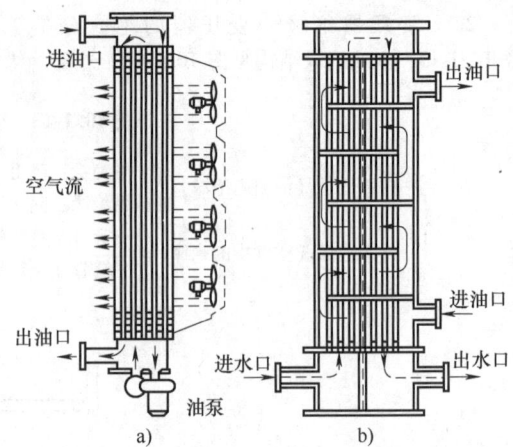

图 10.1-15　冷却器的结构原理图
a) 风冷却器　b) 水冷却器

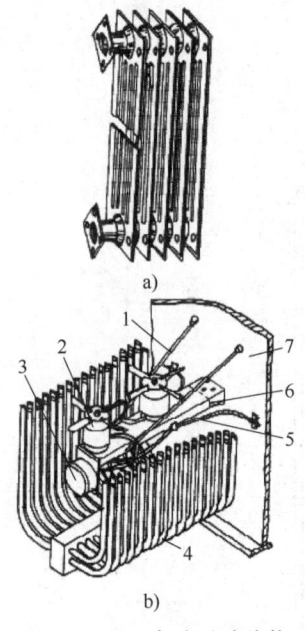

图 10.1-14　散热器的结构
a) 片式散热器　b) 吹风冷的散热器

1—拉杆　2—电动机和风扇　3—接线盒　4—散热管
5—电缆　6—支板　7—变压器油箱壁

24　变压器调压装置　无励磁分接开关是用于进行无励磁调压的装置。中性点和中部调压时采用的三相无励磁分接开关及其与绕组的接线图，分别见图 10.1-16 和图 10.1-17。110kV 及以上的变压器一般采用单相无励磁分接开关。

有载分接开关是用于进行有载调压的装置。35kV 以上的变压器调压装置，一般由快速切换电流的切换开关和选择分接头的选择器组成（组合式），通过电流为 200 ~ 1 600A，级电压可至 3 000V。分接选择器在不带电情况下，一个分接头断开前，下一个分接头要接入，所以分为单、双数分接选择器；切换开关在带电切换分接时，要短接（桥接）两个分接头，所以有左、右两组触头以轮换接通，并在其间接入电阻或电抗以限制短路电

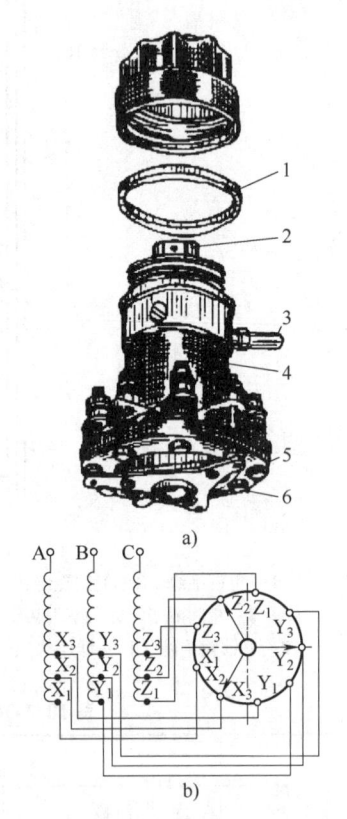

图 10.1-16　10kV 级三相中性点调压
无励磁分接开关
a) 结构　b) 与绕组的接线

1—密封垫圈　2—操动螺母　3—定位钉
4—绝缘盘　5—定触头　6—动触头

流。其切换程序（由 3 分接切换到 4 分接）见图 10.1-18，分为选择（离开 2 分接）、选择结

束（接入 4 分接）、切换（离开左触头）和切换结束（接通右触头）四个过程。有时为了增大调压级数，还要有转换选择器或粗选择器。35kV 及以下的，切换开关和选择器可合为一体，称为有载分接选择开关（复合式），其通过电流一般小于 500A、级电压小于 1 500V。有载分接开关还带有电动驱动机构。开关结构和接线图分别见图 10.1-19 和图 10.1-20。

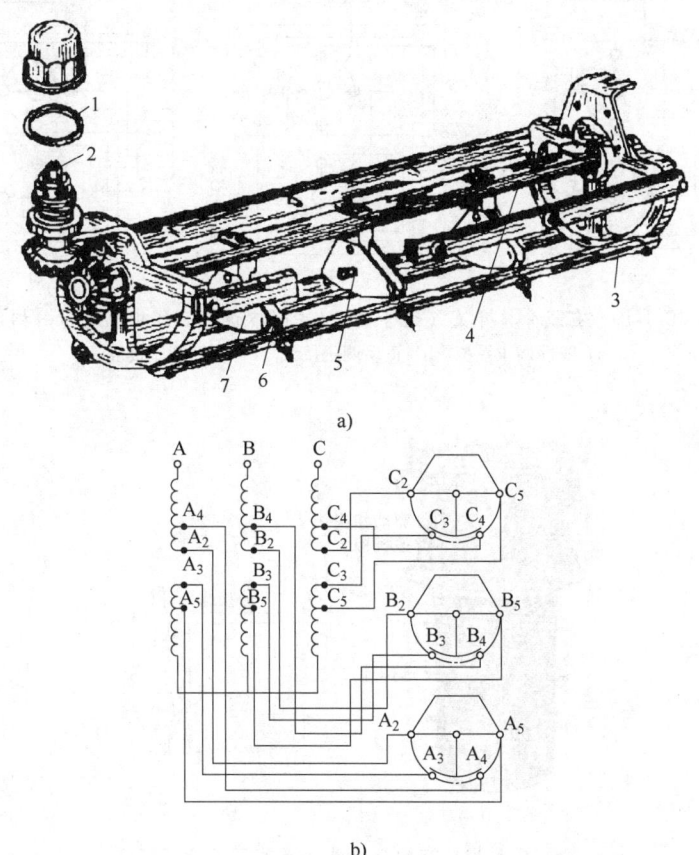

图 10.1-17　35kV 级三相中部调压无励磁分接开关

a）结构　b）与绕组的接线

1—密封垫圈　2—操动螺母　3—绝缘杆　4—绝缘轴　5—弹簧　6—定触头　7—动触头

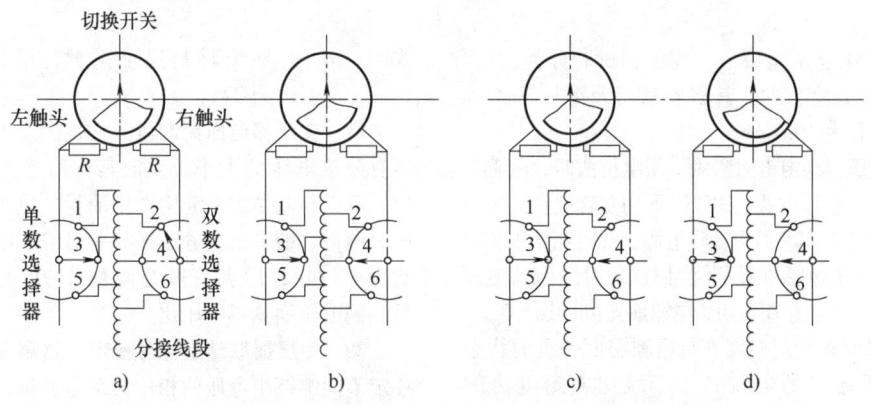

图 10.1-18　双电阻式有载分接开关的动作顺序

a）选择　b）选择结束　c）切换　d）切换结束

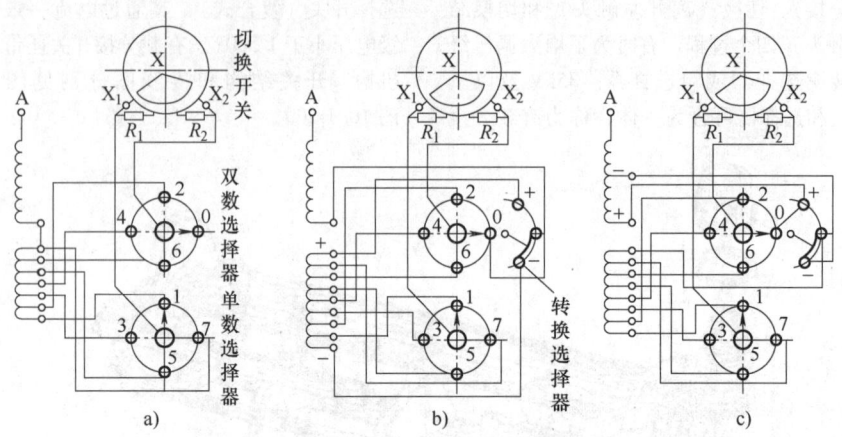

图 10.1-19　有载分接开关（组合式）（中性点调压且图中只表示一相）

a）线性调压系统　b）正反调压接线　c）粗细调压接线

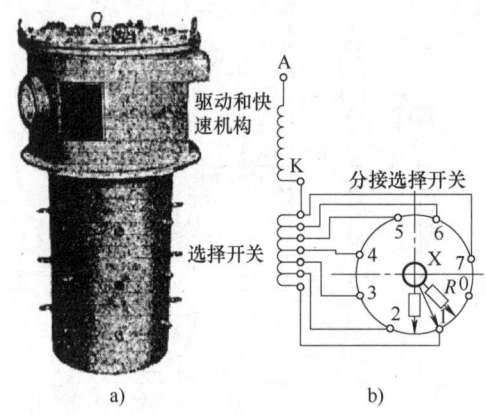

图 10.1-20　有载分接选择开关（复合式）

a）外形　b）与绕组的接线

1.5　试验

25　变压器试验项目　变压器试验分为例行、型式和特殊试验三种。其试验项目及允许偏差见表 10.1-15 和表 10.1-16。

26　变压器绕组电阻测量　用电桥法时，电阻在 10Ω 及以上用单臂电桥，10Ω 以下用双臂电桥。用压降法时，则以 2~12V 蓄电池作电源，此时电压表和电流表的接线应直接接在被测绕组的端子上，且待电流稳定后接入电压表，而在切断电源前先切断电压表。

测量时要在绕组温度 θ 与周围温度一致的状态下进行，所通过的电流要小于绕组额定电流的 20%，以免发热而引起误差。测量值 R_θ 要以温度换算系数 K_θ 换算到参考温度（A、B、E 绝缘耐热等级为 75℃）

$$R_{75℃} = K_\theta R_\theta = \frac{\alpha + 75}{\alpha + \theta} R_\theta$$

式中　α——导线材料温度系数，铜为 235，铝为 225。

27　变压器电压比测量　它是测量不同侧绕组所有分接电压的大小，验证其比值是否等于电压比。可以与联结组一起用电桥测量，也可以用双电压表测量。前者是用分压器与一对绕组电压平衡而测得电压比；后者一般是施加 100V 电压，测量另一侧电压而算得电压比。

28　变压器联结组标号检定　这项实验是通过校定不同侧绕组电压的相位关系来验证其相位移组别，即检定联结组是否正确，有直流法、交流法和电桥法三种。

表 10.1-15　变压器试验项目

例行试验项目	型式试验项目
1）绕组电阻测量	1）温升试验
2）电压比测量	2）绝缘试验[2]
3）联结组标号检定	特殊试验项目
4）短路阻抗和负载损耗测量	1）绝缘试验
5）空载电流和空载损耗测量	2）三相变压器零序阻抗测量
6）绝缘特性测定	3）短路承受能力试验
7）绝缘试验[1]	4）声级测量
8）有载分接开关试验	5）空载电流谐波分量测量
9）绝缘油试验	6）风扇电机和油泵电机吸取功率的测量

[1] 在例行、型式和特殊试验中所指的绝缘试验包括外施高压、感应耐压和局部放电、雷电全波冲击、截波冲击、操作冲击等试验。

[2] 如果是重复的绝缘试验，试验电压应降低到原来值的 85%。

表 10.1-16　试验数据的允许偏差

项目		允许偏差	
1）空载损耗		+15%	
2）负载损耗		+15%	
3）总损耗		+10%	
4）空载电压比		取下列两值中较小者：a）规定电压比的（±0.5%；b）额定电流下实际阻抗百分数的±10%	
5）短路阻抗	有两个独立绕组的变压器或多绕组变压器中规定的第一对独立绕组	主分接	当阻抗值≥10%，±7.5% 当阻抗值<10%，±10%
		其他分接	当阻抗值≥10%，±10% 当阻抗值<10%，±15%
6）空载电流		+30%	

注：此外绕组电阻不平衡率小于 2%，但 1 600kVA 以下配电变压器相电阻不平衡率最大可取 4%。

交流双电压表法是从高压侧施加不超过 350V 的单相或三相交流电压，短接一对相应的高、低压端子，测量其余高、低压间的电压。变压器的测量见图 10.1-21。如 $U_A > U_{Xx}$，则高、低压电压相量同相位（相位移为 0 点），联结组标号为 II0；反之为反相位（相位移为 6 点），联结组标号为 II6。对于三相变压器的测量，需测量三次。如 $U_{Bb} = (K-1)U_S$，而 $U_{Cb} = U_{Bc} = \sqrt{1-K+K_2 U_S}$，则联结组标号为 Yy0，如 $U_{Bb} = U_{Bc} = \sqrt{1-\sqrt{3}K+K+K^2 U_S}$，而 $U_{Cb} = \sqrt{1+K^2 U_S}$，则联结组标号为 Yd11（式中，$U_S$ 为试验时低压线电压；K 为电压比）。

29　变压器绝缘特性测定

（1）变压器绝缘电阻　一般是指用 2 500V、10 000MΩ 的绝缘电阻表加压 60s 后所读取的数值 R_{60}。由于绝缘电阻稳定快慢不同，产品几何尺寸、结构、材质不同，所以 R_{60} 无统一标准值，通常与

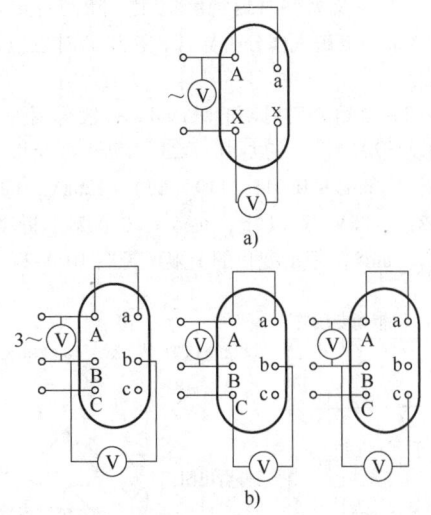

图 10.1-21　用交流法校正电压相量关系
a）单相变压器　b）三相变压器

同类产品进行比较而判别其绝缘的好坏。为了概略地限定 R_{60}，且表示其随温度变化的关系，也可给出如图 10.1-22 所示的下限值。

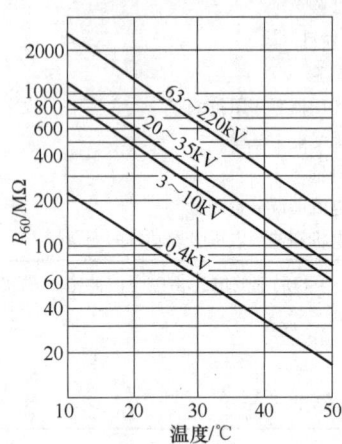

图 10.1-22　R_{60} 下限值及其与温度的关系

吸收比 R_{60}/R_{15} 是加电压 60s 和 15s 时的绝缘电阻的比值，通常大型变压器需进行测量。现在大型变压器还采用极化指数，即 R_{600}/R_{60}（10min/1min）。

63kV 级及以上的产品，应 $R_{60}/R_{15} \geqslant 1.3$ 或 $R_{600}/R_{60} \geqslant 1.5$ 或 $R_{60} \geqslant 10\ 000$MΩ，否则绝缘有可能受潮或老化严重。

（2）铁心/夹件绝缘电阻　采用 2 500V（老旧变压器 1 000V）绝缘电阻表，加压 60s 后读取绝缘电阻值。除注意绝缘电阻的大小外，要特别注意绝缘电阻的变化趋势。夹件引出接地的，应分别测量铁心对夹件及夹件对地绝缘电阻。除例行试验之外，当油中溶解气体分析异常，在诊断时也应进行本项目。

（3）绕组介质损耗正切 tanδ　一般采用平衡电桥的反接法测量，见图 10.1-23。35kV 级及以下的产品，应 tanδ ≤ 0.015；110（66）~ 220kV，tanδ ≤ 0.008；330kV 及以上，tanδ ≤ 0.005（折算到 20℃）。tanδ 随温度变化的上限值见图 10.1-24。

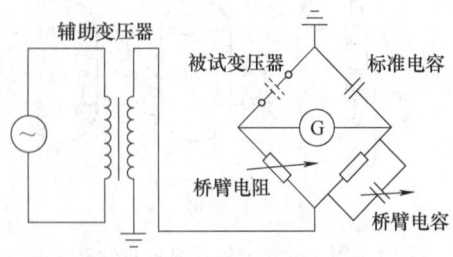

图 10.1-23　tanδ 测量接线图

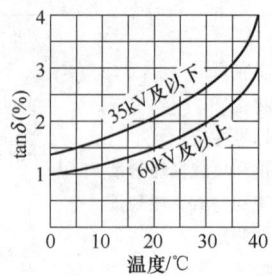

图 10.1-24　tanδ 上限值及其与温度的关系

30　变压器阻抗试验　它是测量短路阻抗和负载损耗的试验。三相变压器阻抗试验是将低压绕组短路，从高压绕组通入额定频率的额定电流。测量方法有一功率表、二功率表和三功率表法。图 10.1-25 是三功率表法的一种接线图。负载损耗为功率表读数之和，电压表读数为阻抗电压。阻抗电压试验值要换算成额定电压百分值，这也就是短路阻抗的百分值；负载损耗试验值要分为电阻损耗和附加损耗并分别换算到 75℃，当附加损耗 P_{fj} 小于电阻损耗 $\sum I^2 R_\theta$ 的一半时，则

$$P_{\text{f}75℃} = K_\theta \sum I^2 R_\theta + P_{\text{fj}}/K_\theta$$

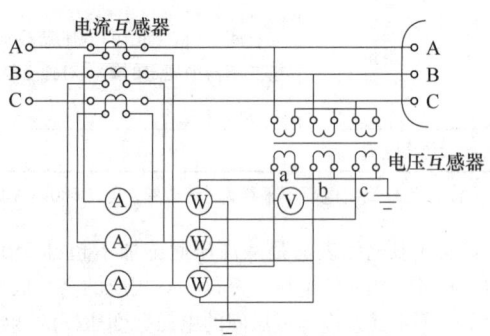

图 10.1-25　三相变压器阻抗试验接线图

31　变压器空载试验　它是测量空载电流和空载损耗的试验。其接线图与阻抗试验的相类似，只是在低压绕组上施加额定频率的正弦波电压，而其余绕组开路，即可测得空载电流和空载损耗。如施加的电压为非正弦波，则应按电压表读数的平均值施加额定电压进行测量，并按下式校正：

$$P_0 = \frac{损耗测量值}{p_1 + kp_2}$$

式中　p_1、p_2——对取向电工钢片，均为 0.5；

　　　　k——有效值电压表与平均值电压表读数之比的平方。

32　变压器声级测量　噪声水平测量是利用声

级计，在距基准发射面距离 X 的轮廓线上进行多点声压级测量。自冷式（风冷式为风扇停止运行时）$X=0.3\text{m}$、风冷式 $X=2\text{m}$。测量点间距 $D\leqslant1\text{m}$，见图 10.1-26。当油箱高度 $H<2.5\text{m}$ 时，轮廓线在 $H/2$ 的水平面上；$H\geqslant2.5\text{m}$ 时，则在 $H/3$ 和 $2H/3$ 的两个水平面上。

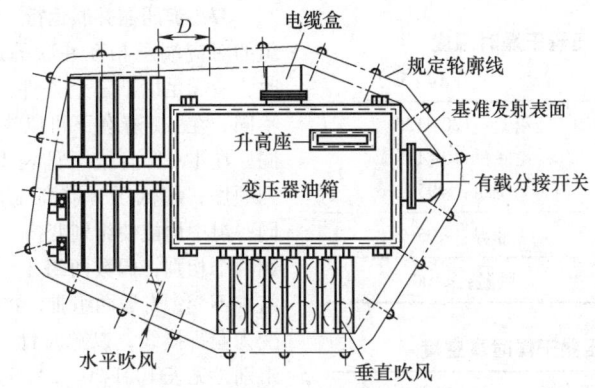

图 10.1-26　冷却器安装在变压器油箱上噪声测量时声级计的位置

1.6　运输与安装

33　变压器运输　变压器可由公路、铁路和水路运输，短途运输时还可用滚杠拖运等。铁路运输一则受铁路运输界限的限制（见图 10.1-27）；二则受运输货车吨位的限制（最大为 224t）。因此，除小型变压器可以整体运输外，大型变压器通常是拆下组件进行拆卸运输，运输时应安装冲撞记录仪。若重量仍超重，则需放油而充以 9.8～29.4kPa 的氮气进行充气运输。本体运输倾斜角一般不宜超过 15°。此外，如采用公路运输，则根据运输路径等的不同，也有一定的限制。

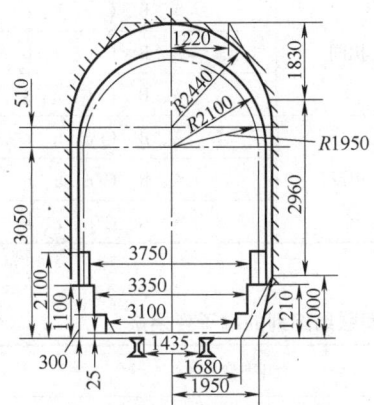

图 10.1-27　铁路运输的界限尺寸

34　变压器安装　变压器到达现场后，应立即检查其组件及附件以及密封是否完好。充氮气运输

的变压器，其氮气压力不低于 $0.98\times10^4\text{Pa}$。

在进行器身检查时，应遵守下列规定：1）周围气温不宜低于 0℃，而器身温度不宜低于周围气温。2）空气相对湿度不超过 65% 时器身暴露时间为 16h 以下，不超过 75% 时为 12h 以下；电压等级越高，允许的暴露时间越短。3）大型变压器在起吊上节钟罩油箱时，要拆除上部定位钉、与上节油箱相连的导油管及固定高压引线的绝缘件，并将高压引线固定在器身上，防止其根部绝缘损伤。应着重检查器身各部分绝缘件、紧固件的状况，注意勿将脏污杂物等带入器身内。4）注油前要检查油质，并用合格的油冲洗，110kV 及以上的变压器要真空注油，500kV 级要进行热油循环处理。5）检查连气管是否畅通，保护装置是否灵敏。对于紧固密封结构件，要严防漏油，并进行电压比等试验。

如果是充氮气运输的变压器，则吊罩后应在空气中暴露 15min，然后检查。

35　变压器保管　变压器不能及时安装，应妥善保管。在保管期间，三个月检查一次油位，六个月检查一次油的绝缘强度，以防受潮。拆卸运输的变压器要在三个月内安装好储油柜，并应注意以下几点：1）散热器（冷却器）、安全气道等应加密封；2）风扇、油泵、气体继电器和各种表计应放在干燥室内；3）充油式套管宜竖立于支架上；4）变压器油要分牌号储存在清洁容器内；5）继续充氮气保存变压器，则氮气压力也应保持为 9.8～29.4kPa。

36　变压器干燥　变压器受潮而需要干燥时，可采用真空干燥、热风真空干燥和不抽真空干燥等方法。现场一般利用油箱加热，这时各部分的温度和真空度见表 10.1-17 和表 10.1-18。

绕组绝缘电阻回升后 6h 内保持稳定，且无凝结水，则可认为干燥完毕。

表 10.1-17　变压器干燥时温度

（单位：℃）

不带油时	箱壁：120~125
	箱底：110~115
	绕组：<95
带油时	油温：<95
热风干燥时	风温：<100

表 10.1-18　变压器干燥时真空度

电压等级/kV	容量/kVA	真空度/kPa
220 及以上	所有变压器	80
110、66	20 000 及以上	67
110、66	16 000 及以下	51
35	4 000 及以上	51

1.7　运行与维护

37　变压器并联运行　几台变压器一、二次绕组的对应端子相互并联的运行称为并联运行。此时，应满足以下三个条件：1）联结组别相同。如不同，在一定条件下可以改变其线端排列而使其相同。在Ⅰ~Ⅳ各组（见表 10.1-19）中改变端子排列顺序，使低压（或高压）相位移动 120°，则在同一组中均能使组别变换。在不同组间，相应地对调两个相别，偶数两组Ⅰ、Ⅱ中线电压相位不变，组别不变；奇数两组Ⅲ、Ⅳ中则使原来的右行接线变为左行接线，以顺时针 2h 改变，组间亦可变换组别，见表 10.1-20。2）电压比相同。如不同，只要任何一台都不会过载时也可以并联运行，但应避免空载运行。3）阻抗电压相同。如不同，只要任何一台都不会过载时也可并联运行，这时应使容量大的变压器的阻抗电压偏小一些，以改善负载的分配。

表 10.1-19　三相变压器同组中联结组别的端子变换法

组类	组别	相位移/（°）	联结组	极性	线端排列
偶数组Ⅰ	0	0	Yy	相同	A、B、C/a、b、c
	4	120	Dd		A、B、C/c、a、b
	8	240	Dz		A、B、C/b、c、a
偶数组Ⅱ	6	180	Yy	相反	A、B、C/a、b、c
	10	300	Dd		A、B、C/c、a、b
	2	60	Dz		A、B、C/b、c、a
奇数组Ⅲ	11	330	Yd	相同	A、B、C/a、b、c
	3	90	D①y		A、B、C/c、a、b
	7	210	Yz		A、B、C/b、c、a
奇数组Ⅳ	0	0	Yd	相反	A、B、C/a、b、c
	4	120	D①d		A、B、C/c、a、b
	8	240	Dz		A、B、C/b、c、a

① 此处 D 形接线为左行接线，其余 D、d、z 形接线均为右行接线。

表 10.1-20　Y、d、y、z 组合奇数组Ⅲ、Ⅳ间联结组别的端子变换法

线端排列	组别变换	
A、B、C/a、b、c	11、3、7	5、9、1
C、B、A（A、C、B 或 B、A、C） c、b、a（a、c、b 或 b、a、c）	1、5、9	7、11、3

38　变压器运行寿命　变压器的寿命取决于绝缘的老化程度，而绝缘的老化速率又主要取决于运行的温度。A 级绝缘的油浸式变压器在额定负载下，绕组平均温升为 65K，最热点温升为 78K，年平均环境温度为 20℃，此时最热点温度为 98℃（θ_{cr}）。在这个温度下，变压器一般运行 20 年。变压器过载，则最热点温度（θ_c）升高（不得超过 140℃）。目前，油浸式变压器的寿命是按温度每增加 6℃，寿命减少一半（六度定则）来决定，则有

$$相对寿命损失\ V = \frac{\theta_c 时寿命}{\theta_{cr} 时寿命} = 2^{(\theta_c - \theta_{cr})/6}$$
$$= 10^{(\theta_c - 98)/19.93}$$

其值见表 10.1-21。由表可知，当 $\theta_c < 80℃$ 时，V 可忽略不计。当 θ_c 较高时，如每日寿命损失要相当于 98℃ 下运行的正常寿命损失，则每日运行的小时数 $t = 24 \times 10^{(\theta_c - 98)/19.93}$，其值见表 10.1-22。

表 10.1-21　不同热点温度下相对寿命损失

$\theta_c/℃$	V	$\theta_c/℃$	V
80	0.125		
86	0.25	116	8.0
92	0.5	122	16.0
98	1.0	128	32.0
104	2.0	134	64.0
110	4.0	140	128.0

表 10.1-22　不同最热点温度下每日允许运行小时数

每日小时数	$\theta_c/℃$	每日小时数	$\theta_c/℃$
24	98	3	116
16	101.5	2	119.5
12	104	1.5	122
8	107.5	1.0	125.5
6	110	0.75	128
4	113.5	0.5	131.5

39　变压器过载运行　考虑正常温度变化所相对应的允许过载率 K_2 和允许运行时间，见表 10.1-23。表中 $K_2 \leqslant 1.5$ 为正常过载运行，$K_2 > 1.5$ 为事故过载运行，而等效起始负载率 K_1 是把实际日负载曲线简化为直角曲线而得到的，见图 10.1-28。关于过载运行的规定还可参阅国标 GB/T 15164—1994 及电力行业标准 DL/T 572—2021。油浸式变压器在风扇、油泵和水泵全部切除时允许带额定负载运行的时间见表 10.1-24。

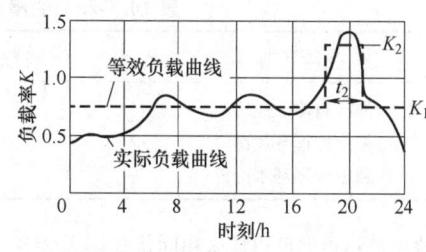

图 10.1-28　变压器日负载曲线

表 10.1-23　油浸式变压器过载运行时的允许过载率 K_2

1）油浸自冷和风冷，热时间常数 3h

等效起始负载率 K_1		0.50			0.70			0.90			1.00	
冷却介质温度/℃		0	20	40	0	20	40	0	20	40	0	20	40
过载时间 t_2/h	0.5	+	+	1.77	+	1.93	1.58	+	1.69	—	1.93	—	—
	2	1.73	1.53	1.30	1.67	1.46	1.18	1.58	1.32	—	1.52	—	—
	6	1.37	1.21	1.01	1.35	1.18	0.96	1.32	1.12	—	1.30	—	—
	24	1.16	1.00	0.82	1.16	1.00	0.82	1.16	1.00	—	1.16	—	—

2）强油循环风冷和水冷，热时间常数 2h

等效起始负载率 K_1	0.50			0.70			0.90			1.00		
冷却介质温度/℃	0	20	40	0	20	40	0	20	40	0	20	40

（续）

2) 强油循环风冷和水冷，热时间常数 2h

过载时间 t_2/h	0.5	1.73	1.57	1.39	1.68	1.51	1.31	1.60	1.41	—	1.55	—	—
	2	1.45	1.30	1.14	1.42	1.27	1.10	1.38	1.21	—	1.36	—	—
	6	1.26	1.12	0.97	1.26	1.11	0.95	1.24	1.09	—	1.23	—	—
	24	1.14	1.00	0.84	1.14	1.00	0.84	1.14	1.00	—	1.14	—	—

注："+"表示 $K_2 > 2.0$；表中只列出部分数值。

表 10.1-24　油浸式变压器在风扇、油泵和水泵全部切除时允许带额定负载运行的时间

风冷式	环境温度/℃	-10	0	10	20	30	40
	运行时间/h	35	15	8	4	2	1
强油循环风冷和水冷式		允许运行时间为 10min					

注：如油面温度尚未达到 75℃，可以继续运行到 75℃，但不应该超过 1h。

40　变压器过载检测　为了决定变压器的过载能力，需检测变压器的温度，尤其是绕组等的最热点温度。顶层油温一般是采用温度计、电阻温度计和信号温度计直接测量的，运行中不得超过表 10.1-25 所示的数值。

表 10.1-25　油浸式变压器顶层油温运行规定值

冷却方式	冷却介质最高温度/℃	最高顶层油温/℃
油浸自冷、风冷	40	95
强迫油循环风冷	40	85
强迫油循环水冷	30	70

绕组最热点温度以往采用间接式测温装置，见图 10.1-29。它借助于电流互感器按负载进行加热，通过电桥测量电阻以决定绕组平均温度再推测出最热点温度，所以实质上只是一种模拟测温装置。迄今为止，已开发出分别利用振动、压力和光波与温度的关系的直接测量绕组热点温度的装置，其中以光纤测温装置较为成熟。图 10.1-30 为利用光导纤维来直接测温的系统。

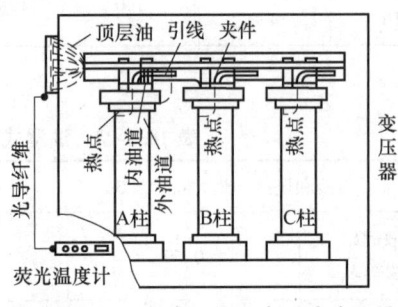

图 10.1-30　光导纤维温度测量系统图

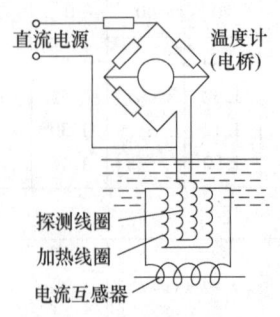

图 10.1-29　间接式测温装置

41　变压器安全保护装置　气体继电器、压力释放器、安全气道（均是 800kVA 及以上用）以及接地螺栓是变压器的安全保护装置。挡板式气体继电器在变压器内部故障而产生气体使油面下降时，开口杯下降使上干簧触点接通而报警，见图 10.1-31；当气体量多时冲击挡板，使下干簧触点接通而切断变压器。其放气塞可取出气体，安装时应有 2%~4% 的升高坡度。压力释放器结构见图 10.1-32。当油箱内部压力大于 49kPa 时释放压力，压力释放后可自动复位密封，并可发出声信号和光信号报警。

42　变压器预防性试验　见表 10.1-26。

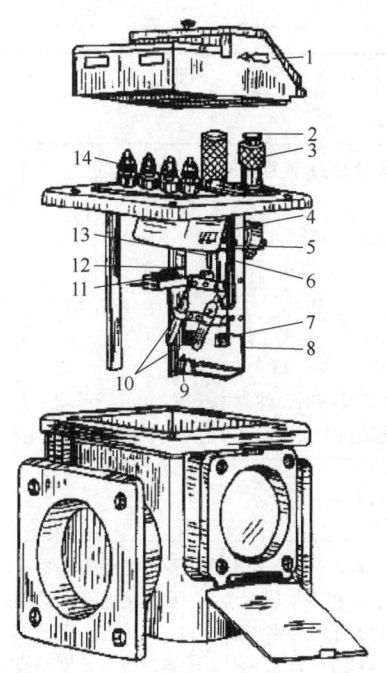

图 10.1-31　挡板式气体继电器

1—储油柜　2—顶钉　3—嘴子　4—重锤　5—上磁铁
和开口杯　6—上干簧触点　7—下磁铁　8—挡板
9—螺杆　10—下干簧触点　11—调节杆　12—弹簧
13—探针　14—出线端子

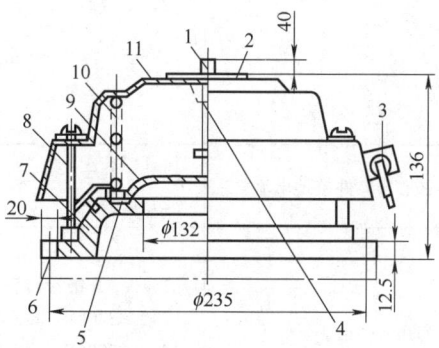

图 10.1-32　压力释放器

1—标志杆　2—铭牌　3—接线盒　4—胶套
5—密封垫圈　6—安装孔　7—阀座　8—螺杆
9—膜盘　10—弹簧　11—护罩

表 10.1-26　电力变压器预防试验项目和标准

项目	周期	标准
红外测温	1) ≥330kV：1 个月 2) 220kV：3 个月 3) ≤110kV：6 个月 4) 必要时	各部位无异常温升现象，检测和分析方法参考 DL/T-664
油中溶解气体分析	1) A、B 级检修后，66kV 及以上：1 天、4 天、10 天、30 天 2) 运行中电网侧： 750kV：1 个月 330kV~500kV：3 个月 220kV：6 个月 35kV~110kV：1 年 3) 运行中发电侧： 120MVA 及以上的发电厂主变压器为 6 个月；8MVA 及以上的变压器为 1 年；8MVA 以下的油浸式变压器自行规定 4) 必要时	按 DL/T722 判断是否符合要求： 1) 新装变压器油中 H_2 与烃类气体含量（μL/L）任一项不宜超过下列数值： 500kV 及以上，总烃：20；H_2：10；C_2H_2：0.1 330kV 及以下，总烃：20；H_2：30；C_2H_2：0.1 2) 运行变压器油中 H_2 与烃类气体含量（μL/L）超过下列任何一项值时应引起注意： 总烃：150；H_2：150 C_2H_2：5（35~220kV），1（330kV 及以上） 3) 烃类气体总和的产气速率大于 6mL/d（开放式）和 12mL/d（密封式），或相对产气速率大于 10%/月，则认为设备有异常（对乙炔<0.1μL/L、总烃小于新设备投运要求时，总烃的绝对产气率可不作分析）。氢气的产气速率大于 5mL/d（开放式）和 10mL/d（密封式），则认为设备有异常

（续）

项目	周期	标准
绝缘油试验		见表 10.1-28
油中糠醛含量（mg/L）	1）10 年 2）必要时	1）含量超过下列值时，一般为非正常老化，需跟踪检测： 运行年限　糠醛含量 1~5　　　　0.1 5~10　　　 0.2 10~15　　　0.4 15~20　　　0.75 2）跟踪检测时，注意增长率 3）测试值大于 4mg/L 时，认为绝缘老化已比较严重
铁心、夹件接地电流	1）1 个月 2）必要时	≤100mA
绕组直流电阻	1）A、B 级检修后 2）≥330kV：≤3 年 3）≤220kV：≤6 年 4）必要时	1）1 600kVA 以上变压器，各相绕组电阻相互间的差别不应大于三相平均值的 2%，无中性点引出的绕组，线间差别不应大于三相平均值的 1% 2）1 600kVA 及以下的变压器，相间差别不应大于三相平均值的 4%，线间差别不应大于三相平均值的 2% 3）与以前相同部位测得值比较，其变化不应大于 2%
绕组连同套管的绝缘电阻、吸收比或极化指数	1）A、B 级检修后 2）≥330kV：≤3 年 3）≤220kV：≤6 年 4）必要时	1）绝缘电阻换算至同一温度下，与前一次测试结果相比应无明显变化，不宜低于上次值的 70% 或不低于 10 000MΩ 2）电压等级为 35kV 及以上且容量在 4 000kVA 及以上时，应测量吸收比。吸收比与产品出厂值比较无明显差别，吸收比（10~30℃范围）在常温下不低于 1.3；当 R_{60} 大于 3 000MΩ（20℃）时，吸收比可不做要求 3）电压等级为 220kV 及以上且容量在 120MVA 及以上时，宜用 5 000V 绝缘电阻表测量极化指数。测得值与产品出厂值比较无明显差别，在常温下不低于 1.5；当 R_{60} 大于 10 000MΩ（20℃）时，极化指数可不做要求
绕组连同套管的介质损耗因数及电容量	1）A、B 级检修后 2）≥330kV：≤3 年 3）≤220kV：≤6 年 4）必要时	1）20℃时 tgδ 不大于下列数值： 750kV　　　　　0.5% 330kV ~500kV　0.6% 110kV~220kV　0.8% 35kV　　　　　 1.5% 2）tgδ 值与历年的数值比较不应有显著变化（一般不大于 30%） 3）试验电压如下： 绕组电压 10kV 及以上 ⎮ 10kV 绕组电压 10kV 以下 ⎮ U_n
绕组连同套管的外施耐压试验	1）A 级检修后 2）必要时	全部更换绕组时，按出厂试验电压值；部分更换绕组时，按出厂试验电压值的 0.8 倍

（续）

项目	周期	标准
感应电压试验	1）A、B 级检修后 2）≥330kV：≤3 年 3）≤220kV：≤6 年 4）必要时	感应耐压为出厂试验值的 80%
局部放电测量	110kV 及以上： 1）A 级检修后 2）必要时	局放测量电压为 $1.58U_n/\sqrt{3}$ 时，局放水平不大于 250pC，局部放电水平增量不超过 50pC，在试验期间最后 20min 局放水平无突然持续增加；局放测量电压为 $1.2U_n/\sqrt{3}$ 时，放电量不应大于 100pC，试验电压无突然下降
铁心及夹件绝缘电阻	1）A、B 级检修后 2）≥330kV：≤3 年 3）≤220kV：≤6 年 4）必要时	1）66kV 及以上：不宜低于 100MΩ 35kV 及以下：不宜低于 10MΩ 2）与以前测试结果相比无显著差别 3）运行中铁心接地电流不宜大于 0.1A 4）运行中夹件接地电流不宜大于 0.3A
穿心螺栓、铁轭夹件、绑扎钢带、铁心、绕组压环及屏蔽等的绝缘电阻	A、B 级检修时	220kV 及以上：不宜低于 500MΩ 110kV 及以下：不宜低于 100MΩ
绕组所有分接的电压比	1）A 级检修后 2）分接开关引线拆装后 3）必要时	1）各分接的电压比与铭牌值相比应无明显差别，且符合规律 2）35kV 以下，电压比小于 3 的变压器电压比允许偏差为 ±1%；其他所有变压器：额定分接电压比允许偏差为 5% 其他分接的电压比应在变压器阻抗电压值（%）的 1/10 以内，但偏差不得超过 ±1%
校核三相变压器的组别或单相变压器极性	1）更换绕组后 2）必要时	必须与变压器铭牌和顶盖上的端子标志相一致
空载电流和空载损耗	1）更换绕组后 2）必要时	与前次试验值相比无明显变化
短路阻抗	1）A 级检修后 2）≥330kV：≤3 年 3）≤220kV：≤6 年 4）必要时	短路阻抗纵比相对变化绝对值不大于： 1）≥330kV：1.6% 2）≤220kV：2.0%
频率响应测试	1）A 级检修后 2）≥330kV：≤3 年 3）≤220kV：≤6 年 4）必要时	采用频率响应分析法与初始结果相比，或三相之间结果相比无明显差别，无初始记录时可与同型号同厂家对比，判断标准参考 DL/T 911 的要求
全电压下空载合闸	更换绕组后	1）全部更换绕组，空载合闸 5 次，每次间隔不少于 5min 2）部分更换绕组，空载合闸 3 次，每次间隔不少于 5min
测温装置校验及其二次回路试验	1）A、B 级检修后 2）≥330kV：≤3 年 3）≤220kV：≤6 年 4）必要时	1）按设备的技术要求 2）密封良好，指示正确，测温电阻值应和出厂值相符 3）绝缘电阻不宜低于 1MΩ

（续）

项目	周期	标准
气体继电器校验及其二次回路试验	1）A、B 级检修后 2）≥330kV：≤3 年 3）≤220kV：≤6 年 4）必要时	1）按设备的技术要求 2）整定值符合运行规程要求，动作正确 3）绝缘电阻不宜低于 1MΩ
压力释放器校验及其二次回路试验	1）A、B 级检修后 2）≥330kV：≤3 年 3）≤220kV：≤6 年 4）必要时	1）动作值与铭牌值相差应在 ±10% 范围内或符合制造厂规定 2）绝缘电阻不宜低于 1MΩ
冷却装置及二次回路检查试验	1）A、B 级检修后 2）≥330kV：≤3 年 3）≤220kV：≤6 年 4）必要时	1）流向、温升和声响正常，无渗漏油 2）强油水冷装置的检查和试验，按制造厂规定 3）绝缘电阻不宜低于 1MΩ
整体密封检查	1）A 级检修后 2）必要时	1）35kV 及以下管状和平面油箱变压器采用超过油枕顶部 0.6m 油柱试验（约 5kPa 压力），，对于波纹油箱和有散热器的油箱采用超过油枕顶部 0.3m 油柱试验（约 2.5kPa 压力），试验时间 12h 无渗漏 2）110kV 及以上变压器在油枕顶部施加 0.035MPa 压力，试验持续时间 24h 无渗漏
电容型套管	按 DL/T596—2021《电力设备预防性试验规程》判断是否符合要求	
绝缘纸（板）聚合度	必要时［怀疑纸（板）老化时］	按 DL/T 984 判断是否符合要求
绝缘纸（板）含水量	必要时［怀疑纸（板）受潮时］	水分（质量分数）不宜大于下列值： 500kV 及以上：1% 330kV：2% 220kV：3%
噪声测量	必要时（发现噪声异常时）	与初值比较无明显变化
箱壳振动	必要时（发现箱壳振动异常时，或噪声异常时）	与初值比不应有明显差别
中性点直流检测	必要时	与初值比不应有明显差别

1.8　状态检测与诊断

43　变压器状态检测　变压器状态检测的手段主要包括例行试验、诊断性试验和在线监测等。其中例行试验通常按周期进行，诊断性试验只在诊断设备状态时根据设备情况有选择地进行。

（1）例行试验　根据输变电设备状态检修试验规程，新变压器投运满 1 年（220kV 及以上）或满 1~2 年（110kV/66kV），以及停运 6 个月以上重新投运前的变压器，应进行例行试验。对核心部件或主体进行解体性检修后重新投运的变压器，可参照新变压器要求执行。

现场备用变压器应视同运行变压器进行例行试验：备用变压器投运前应对其进行例行试验；若更换的是新变压器，投运前应按交接试验要求进行试验。

除特别说明，所有电容和介质损耗因数一并测量的试验，试验电压均为10kV。

在进行与环境温度、湿度有关的试验时，除专门规定的情形之外，环境相对湿度不宜大于80%，环境温度不宜低于5℃，绝缘表面应清洁、干燥。

油浸式电力变压器例行试验和检查项目见表10.1-27。

表 10.1-27 油浸式电力变压器例行试验和检查项目

例行试验和检查项目	基准周期	要求
红外热像检测	1）330kV 及以上：1月 2）220kV：3月 3）110kV/66kV：半年 4）35kV 及以下：1年	无异常
油中溶解气体分析	1）330kV 及以上：3月 2）220kV：半年 3）35~110（66）kV：1年	1）乙炔≤1μL/L（330kV 及以上） ≤5μL/L（其他）（注意值） 2）氢气≤150uL/L（注意值） 3）总烃≤150μL/L（注意值） 4）绝对产气速率： ≤12mL/d（隔膜式）（注意值） 或≤6mL/d（开放式）（注意值） 5）相对产气速率： ≤10%/月（注意值）
绕组电阻	220kV 及以上：3年	1）1.6MVA 以上的变压器，各相绕组电阻相间的差别不应大于三相平均值的2%（警示值），无中性点引出的绕组，线间差别不应大于三相平均值的1%（注意值）；1.6MVA 及以下的变压器，相间差别一般不大于三相平均值的4%（警示值），线间平均值一般不大于三相平均值的2%（注意值） 2）同相初值差不超过±2%（警示值）
绝缘油例行试验	1）330kV 及以上：1年 2）220kV 及以下：3年	见表10.1-28
套管试验	110（66）kV 及以上：3年	按 DL/T 393—2010《输变电设备状态检修试验规程》判断是否符合要求
铁心绝缘电阻	1）110（66）kV 及以上：3年 2）35kV 及以下：4年	≥100MΩ（新投运1 000MΩ）（注意值）
绕组绝缘电阻	1）110（66）kV 及以上：3年 2）35kV 及以下：4年	1）绝缘电阻无显著下降 2）吸收比≥1.3 或极化指数≥1.5 或绝缘电阻≥10 000MΩ（注意值）
绕组绝缘介质损耗因数（20℃）	1）110（66）kV 及以上：3年 2）35kV 及以下：4年	1）330kV 及以上：≤0005（注意值） 2）110（66）~220kV 及以下：≤0.008（注意值） 3）35kV 及以下：≤0.015（注意值）
测温装置检查	1）110（66）kV 及以上：3年 2）35kV 及以下：4年	无异常

（续）

例行试验和检查项目	基准周期	要求
气体继电器检查	1）110（66）kV 及以上：3 年 2）35kV 及以下：4 年	无异常
冷却装置检查	1）110（66）kV 及以上：3 年 2）35kV 及以下：4 年	无异常
压力释放装置检查	解体性检修时	无异常

各项例行试验的具体说明如下：

1）红外热像检测　检测变压器箱体、储油柜、套管、引线接头及电缆等，红外热像图显示应无异常温升、温差和/或相对温差。

2）油中溶解气体分析　除例行试验外，新投运、对核心部件或主体进行解体性检修后重新投运的变压器，在投运后的第 4、10、30 天各进行一次本项试验。若有增长趋势，即使小于注意值，也应缩短试验周期。烃类气体含量较高时，应计算总烃的产气速率。

3）绕组电阻　有中性点引出线时，应测量各相绕组的电阻；若无中性点引出线，可测量各线间电阻，然后换算到相绕组。

4）绝缘油例行试验　见表 10.1-28。

5）套管试验　见表 10.1-29。

表 10.1-28　绝缘油例行试验项目

例行试验项目	要求
视觉检查	透明，无杂质和悬浮物
击穿电压	≥50kV（警示值），500kV 及以上 ≥45kV（警示值），330kV ≥40kV（警示值），220kV ≥35kV（警示值），110kV/66kV
水分	≤15mgL（注意值），330kV 及以上 ≤25mgL（注意值），220kV 及以下
介质损耗因数（90℃）	≤0.02（注意值），500kV 及以上 ≤004（注意值），330kV 及以下
酸值	≤0.1mg（KOH）/g（注意值）
油中含气量（v/v）	330kV 及以上变压器、电抗器：≤3%

表 10.1-29　高压套管例行试验项目

例行试验项目	要求
红外热像检测	无异常
绝缘电阻	1）主绝缘：≥10 000MΩ（注意值） 2）末屏对地：≥1 000MΩ（注意值）

（续）

例行试验项目	要求
电容量和介质损耗（20℃） （电容型）	1）电容量初值差不超过±5%（警示值） 2）介质损耗因数符合下列要求： 500kV 及以上：≤0.006（注意值） 其他（注意值）： 油浸纸：≤0.007 聚四氟乙烯缠绕绝缘：≤0.005 树脂浸纸：≤0.007 树脂粘纸（胶纸绝缘）：≤0.015
SF_6 气体湿度（充气）	符合设备技术文件要求

6）铁心绝缘电阻　绝缘电阻测量采用 2 500V（老旧变压器 1 000V）绝缘电阻表。除注意绝缘电阻的大小外，要特别注意绝缘电阻的变化趋势。夹件引出接地的，应分别测量铁心对夹件及夹件对地绝缘电阻。

除例行试验之外，若油中溶解气体分析异常，在诊断时也应进行本项目。

7）绕组绝缘电阻　测量时，铁心、外壳及非被测绕组应接地，被测绕组应短路，套管表面应清洁、干燥。采用 5 000V 绝缘电阻表测量。测量宜在顶层油温低于 50℃时进行，并记录顶层油温。

8）绕组绝缘介质损耗因数　测量宜在顶层油温低于 50℃且高于 0℃时进行，测量时记录顶层油温和空气相对湿度，非被测绕组及外壳接地。必要时分别测量被测绕组对地、被测绕组对其他绕组的绝缘介质损耗因数。

（2）诊断性试验　诊断性试验指的是在巡检、带电测试、在线监测、例行试验等发现设备状态不良，或经受了不良工况，或受家族缺陷警示，或连续运行了较长时间等情况下，为进一步评估设备状态进行的试验。油浸式电力变压器诊断性试验项目见表 10.1-30。

表 10.1-30　油浸式电力变压器诊断性试验项目

诊断性试验项目	要求
空载电流和空载损耗	见具体说明 1）
短路阻抗	初值差不超过±3%（注意值）
感应耐压和局部放电	感应耐压：出厂试验值的 80% 局部放电：$1.3U_m/\sqrt{3}$ 下：≤300pC（注意值），U_m 为设备最高电压
绕组频率响应分析	见具体说明 4）
绕组各分接位置电压比	初值差不超过±0.5%（额定分接位置） ±1.0%（其他）（警示值）
直流偏磁水平检测（变压器）	见具体说明 6）
绝缘纸聚合度	聚合度≥250（注意值）
绝缘油诊断性试验	见 Q/GDW 1168—2013
整体密封性能检查	无油渗漏
铁心接地电流	≤100mA（注意值）
声级及振动	符合设备技术文件要求

（续）

诊断性试验项目	要求
绕组直流泄漏电流	见具体说明 11)
外施耐压试验	出厂试验值的 80%

各项诊断性试验的具体说明如下：

1) 空载电流和空载损耗　诊断铁心结构缺陷、匝间绝缘损坏等可进行本项目。试验电压尽可能接近额定值。试验电压值和接线应与上次试验保持一致。测量结果与上次相比不应有明显差异。对单相变压器相间或三相变压器两个边相，空载电流差异不应超过 10%。分析时一并注意空载损耗的变化。

2) 短路阻抗　诊断绕组是否发生变形时进行本项目。应在最大分接位置和相同电流下测量。试验电流可用额定电流，亦可低于额定值，但不应小于 5A。

3) 感应耐压和局部放电　验证绝缘强度或诊断是否存在局部放电缺陷时进行本项目。感应电压的频率应在 100～400Hz。电压为出厂试验值的 80%，时间应在 15~60s 之间。试验方法参考 GB/T 1094.3—2017。

4) 绕组频率响应分析　诊断是否发生绕组变形时进行本项目。

5) 绕组各分接位置电压比　对核心部件或主体进行解体性检修之后或怀疑绕组存在缺陷时进行本项目。结果应与铭牌标识一致。

6) 直流偏磁水平检测　当变压器声响、振动异常时进行本项目。

7) 绝缘材料聚合度　诊断绝缘老化程度时进行本项目。

8) 整体密封性能检查　对核心部件或主体进行解体性检修之后或重新进行密封处理之后进行本项目。

9) 铁心接地电流　在运行条件下测量流经接地线的电流，大于 100mA 时应予注意。

10) 声级及振动　当噪声异常时可定量测量变压器声级和振动。

11) 绕组直流泄漏电流　怀疑绝缘存在受潮等缺陷时进行本项目。

12) 外施耐压试验　仅对中性点和低压绕组进行，耐受电压为出厂试验值的 80%，时间为 60s。

（3）在线监测　在线监测指在变压器运行情况下，对其运行状况进行连续或周期性地自动监视检测。在线监测装置通常安装在被监测变压器上或附近，用以自动采集、处理和发送被监测设备状态信息的监测装置（含传感器）。监测装置能通过现场总线、以太网、无线等通信方式与综合监测单元通信或直接与站端监测单元通信。在线监测装置等同于智能变电站中监测 IED 与传感器的组合。

变压器在线监测系统在逻辑上由过程层、间隔层和站控层组成，见图 10.1-33。

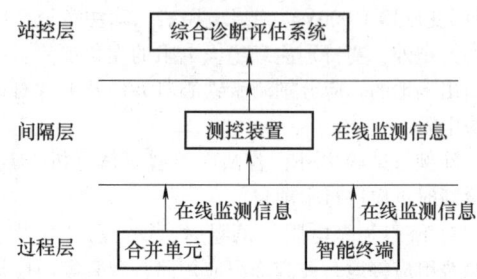

图 10.1-33　变压器在线监测与诊断评估系统

变压器在线监测装置主要包括油中溶解气体监测装置、铁心和夹件接地电流监测装置、油中含水量监测装置、局部放电监测装置、油温监测装置、套管监测装置、有载分接开关监测装置等。

44　变压器故障诊断　故障诊断即根据巡检、例行试验、诊断性试验、在线监测、带电测试等手段测量得到变压器的状态变量，并对变压器的故障进行识别和类型判断。国家电网公司企业标准 Q/GDW169—2008《油浸式变压器（电抗器）状态评价导则》给出了变压器缺陷及故障的典型状态参量和诊断要点，见表 10.1-31。

变压器内部绝缘的电或热故障会使固体绝缘材料和绝缘油分解，其产物中通常包含各种低分子烃类气体及一氧化碳、二氧化碳等气体。不同故障的机制和形式不同，产生的气体类型和数量也不同，因此可以通过油中溶解气体的种类和数量对变压器内部故障进行判断。

根据油中溶解气体来判断故障类型，目前比较成熟的方法包括特征气体法和三比值法。表 10.1-32 给出了特征气体法的不同故障类型产生的典型气体种类。表 10.1-33、表 10.1-34 和表 10.1-35 给出了三比值法的判别方法。

表 10.1-31　变压器典型缺陷和故障的诊断方法及参量特征

变压器缺陷	缺陷诊断的方法和内容	诊断的关键点
绝缘受潮	色谱分析、绝缘电阻吸收比和极化指数，介损，油含水量、含气量、击穿电压和体积电阻率，局部绝缘的介损测试，铁心绝缘电阻和介损	绝缘的介损升高、绝缘油含水量
铁心过热	油色谱（CO 和 CO_2 增长不明显），铁心外引接地处电流，空载试验，铁心绝缘电阻和介损	测试铁心外引接地电流，确认是否多点接地；不能排除铁心段间短路
磁屏蔽放电和过热	油色谱（总烃升高，早期乙炔比例较高，后期以总烃为主），测试局部放电的超声波，排除电流回路过热	局部放电的超声波测量值与负荷电流密切有关
零序磁通引起铁心夹件过热	油色谱（CO 和 CO_2 增长不明显），铁心外引接地处电流，空载试验，铁心绝缘电阻和介损	在排除铁心多点接地和段间短路后，对于全星形或带稳定绕组的全星形变压器要注意
电流回路过热	油色谱（注意 CO 和 CO_2 的增长是否明显），绕组直流电阻，低电压短路试验	绕组直流电阻增大
无载分接开关放电和过热	油色谱（CO 和 CO_2 增长不明显，有时乙炔比例较高），绕组直流电阻，测试局部放电超声波	部放电的超声波测量值与分接开关的位置相关；绕组直流电阻增大
绕组变形	油色谱，低电压空载和短路试验，变比，频响试验，绕组绝缘介损和电容量测试	绕组短路阻抗或频响变化和电容量测试
绕组匝层间短路	油色谱，低电压空载和短路试验，变比，绕组直流电阻试验	低电压空载和短路试验，变比测试
局部放电	油色谱，绕组直流电阻，变比，低电压空载和短路试验，油的全面试验，包括带电度、含气量和含水量等，运行中局部放电超声波测量，现场局部放电试验	先确认是否油流放电；运行中局部放电超声信号强度是否与负荷密切有关；现场局部放电施加电压不宜超过额定电压
油流放电	绕组中性点油流静电电流，油色谱、带电度、介损、含气量、体积电阻率和油中含铜量等测试，额定电压下的局部放电（包括超声波测试）	油带电度等特性试验，油流带电试验
电弧放电	油色谱，绕组直流电阻，变比，低电压空载和短路试验	是否涉及固体绝缘
悬浮放电	油色谱，绕组直流电阻，变比，低电压空载和短路试验，电压不高的感应和外施电压下局部放电试验，运行中局部放电超声波测量	是否涉及固体绝缘；是否与负荷密切有关
绝缘老化	油色谱，油中糠醛、介损、含气量和体积电阻率测试，绕组绝缘电阻和介损	油中糠醛、聚合度
绝缘油劣化（区别受潮）	油色谱，油介损、含水量、击穿电压、含气量和体积电阻率测试，绕组绝缘电阻和介损（绕组间和对地分别测试），铁心对地绝缘电阻和介损	涉及固体绝缘多的介损大，而涉及绝缘油多的介损小，特别是铁心对地介损小，可判断油劣化

（续）

变压器缺陷	缺陷诊断的方法和内容	诊断的关键点
变压器轻瓦斯频繁动作（冷却器进空气）	油和瓦斯气色谱	油和瓦斯气色谱正常，仅氢气稍高

表 10.1-32　不同故障类型产生的气体

故障类型	主要气体成分	次要气体成分
油过热	CH_4，C_2H_4	H_2，C_2H_6
油和纸过热	CH_4，C_2H_4，CO，CO_2	H_2，C_2H_6
油纸绝缘中局部放电	H_2，CH_4，CO	C_2H_2，C_2H_6，CO_2
油中火花放电	H_2，C_2H_2	
油中电弧	H_2，C_2H_2	CH_4，C_2H_4，C_2H_6
油和纸中电弧	H_2，C_2H_2，CO，CO_2	CH_4，C_2H_4，C_2H_6

注：进水受潮或油中气泡可能使氢含量升高。

表 10.1-33　气体比值编码规则

气体比值范围	比值范围的编码		
	C_2H_2/C_2H_4	CH_4/H_2	C_2H_4/C_2H_6
<0.1	0	1	0
0.1~1	1	0	0
1~3	1	2	1
≥3	2	2	2

表 10.1-34　故障类型判断方法

编码组合			故障类型判断	故障实例（参考）
C_2H_2/C_2H_4	CH_4/H_2	C_2H_4/C_2H_6		
0	0	1	低温过热（低于150℃）	绝缘导线过热，注意 CO 和 CO_2 含量和 CO_2/CO 值
	2	0	低温过热（150~300℃）	分接开关接触不良，引线夹件螺钉松动或接头焊接不良，涡流引起铜过热，铁心漏磁，局部短路，层间绝缘不良，铁心多点接地等
	2	1	中温过热（300~700℃）	
	0，1，2	2	高温过热（高于700℃）	
	1	0	局部放电	高湿度、高含气量引起油中低能量密度的局部放电
1	0，1	0，1，2	低能放电	引线对电位未固定的部件之间连续火花放电，分接抽头引线和油隙闪络，不同电位之间的油中火花放电或悬浮电位之间的火花放电
	2	0，1，2	低能放电兼过热	

（续）

编码组合			故障类型判断	故障实例（参考）
C_2H_2/C_2H_4	CH_4/H_2	C_2H_4/C_2H_6		
2	0, 1	0, 1, 2	电弧放电	线圈匝间、层间短路，相间闪络、分接头引线间油隙闪络、引线对箱壳放电、线圈熔断、分接开关飞弧、因环路电流引起电弧、引线对其他接地体放电等
	2	0, 1, 2	电弧放电兼过热	

表 10.1-35　溶解气体分析解释表

情况	特征故障	C_2H_2/C_2H_4	CH_4/H_2	C_2H_4/C_2H_6
PD	局部放电	NS[①]	<0.1	<0.2
D1	低能量局部放电	>1	0.1~0.5	>1
D2	高能量局部放电	0.6~2.5	0.1~1	>2
T1	热故障 $t<300℃$	NS[①]	>1，但 NS[①]>1	<1
T2	热故障 $300℃<t<700℃$	<0.1	>1	1~4
T3	热故障 $t>700℃$	<0.2[②]	>1	>4

注：1. 上述比值在不同地区可稍有不同。

　　2. 以上比值在至少上述气体之一超过正常值并超过正常增长率时计算才有效。

　　3. 在套管中 $CH_4/H_2<0.7$ 为局部放电。

　　4. 气体比值落在极限范围之外，而不对应于本表中的某个故障特征，可认为是混合故障或一种新的故障。

① NS 表示无论什么数值均无意义。

② C_2H_2 的总量增加，表明热点温度增加，高于 1 000℃。

45　变压器智能化　变压器智能化最基本的特征应具备对其自身和外部信息及状态的自我分析、管理和交流的能力。其基本特征包括感知、记忆、交互、执行、处理，见图 10.1-34。

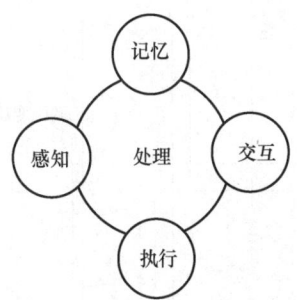

图 10.1-34　变压器智能化基本特征

各基本特征详细定义如下：

1）感知：通过各类传感器获取与变压器状态相关的信息，并将这些信息实时传递给处理分析系统；

2）记忆：本地永久记忆系统，实时记录有效信息，为分析决策提供历史依据；

3）交互：指人机交互、设备之间交互及远程交互，通过网络、人机界面或传感器实现；

4）执行：将决策、调节、动作信息传递给执行单元，实现自我管理；

5）处理：对与变压器自身相关的信息进行处理、分析、决策。它是智能化核心，通过对大量实时数据、历史数据和交互指令的分析、处理，给出执行指令和决策结果，并管理自身的所有信息。

通过以上特征，变压器智能化可以定义为：变压器能够通过网络与其他设备或系统进行交互，其内部嵌入的各类传感器和执行器在智能化单元的管理下，保证变压器在安全、可靠、经济条件下运行。出厂时将该产品的各种特性参数和结构信息植入智能化单元，运行过程中利用传感器收集实时信息，自动分析目前的工作状态，与其他系统实时交互信息，同时接受其他系统的相关数据和指令，调整自身的运行状态。该定义也可以作为判断智能化变压器的标准。

第2章 特高压交流变压器和换流变压器

2.1 特高压交流变压器

46 基本原理与主要参数 特高压交流变压器的基本工作原理与普通电力变压器相同，但在油箱、铁心结构、调压方式、绝缘设计、漏磁和机械设计等方面有其自身特点。特高压交流变压器容量大、绕组多、绝缘水平高，导致其质量和体积都很大。采用主变和调变分体结构，可保证调变故障时，变压器主体仍可单独运行，同时便于制造和运输，提升了系统可靠性。铁心有三主柱、两旁轭和两主柱、两旁轭等各种结构。调压方式分为无励磁调压（调压范围为±4×1.25%）和有载调压（调压范围为±10×0.5%）。有载调压可更好地解决特高压电网无功电压控制难题，提高特高压电网运行灵活性。两种调压类型的特高压变压器均为主变和调变分箱布置结构。

特高压交流变压器的主要参数包括型式（单相、双绕组、油浸式）、调压方式（中性点无励磁调压、有载调压）、额定容量、电压组合、分接范围、联结组标号、空载损耗、负载损耗、空载电流及短路阻抗等。

47 型式与接线方式 受变压器制造难度、可靠性、运输等因素限制，特高压交流变压器通常采用单相式变压器。

对中性点变磁通调压型式，特高压交流变压器通常采用分体式设计，即将一台单相变压器设计成两台独立箱体的变压器，其中一台为主体变压器，串联绕组、公共绕组、低压绕组布置在该变压器箱体内；另一台为调压变压器，调压绕组、励磁绕组、低压励磁绕组、低压补偿绕组、无励磁分接开关均布置在该变压器箱体内。两台变压器分离布置，无油路、磁路联系，但需要利用母线实现两者的电气连接，线圈接线图见图10.2-1。

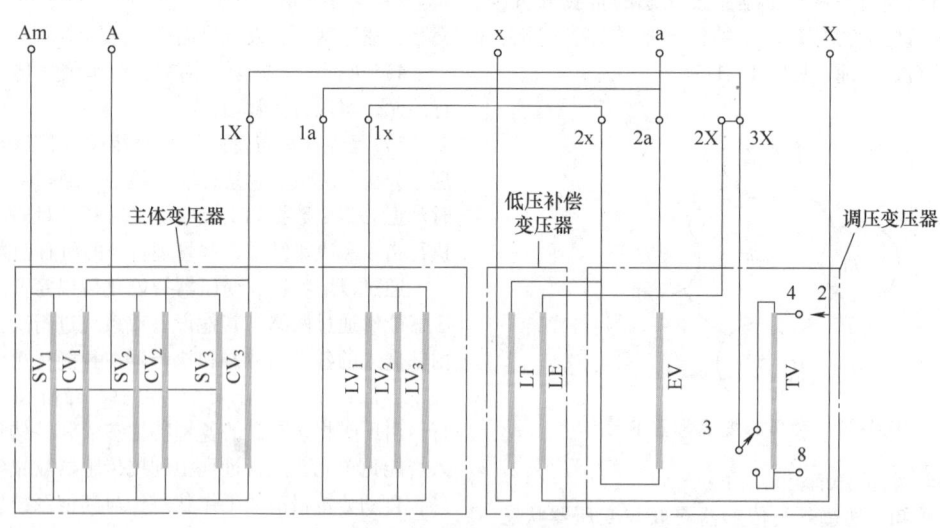

图 10.2-1 变压器线圈接线图

SV—高压线圈　CV—中压线圈　LV—低压线圈　EV—励磁线圈　TV—调压线圈

LT—低压补偿线圈　LE—低压励磁线圈

48 出厂试验及交接试验 特高压交流变压器出厂试验包括以下项目：绕组直流电阻测量、电压比测量和联结组标号检定、短路阻抗和负载损耗测量、空载电流和空载损耗测量、绕组绝缘系统的介质损耗因数和电容量测量、套管的介质损耗因数和电容量测量、绕组对地及绕组间绝缘电阻测量、吸收比及极化指数测量、铁心及夹件的绝缘电阻测量、带有局部放电测量的长时感应电压试验、中压短时感应耐受试验、低压绕组雷电全波冲击试验、带有局部放电测量的低压绕组外施耐压试验、中性点外施耐压试验、绕组频率响应特性试验、空载电流谐波测量、长时间空载试验、1.1 倍过电流试验、风扇和油泵电机的吸收功率测量、变压器密封试验、绝缘油试验、套管型电流互感器试验等。

特高压交流变压器的交接试验应按主体变压器试验、调压补偿变压器试验和整体试验进行，并应包括下列试验内容：

主体变压器试验项目应包括密封试验，绕组连同套管的直流电阻测量，绕组电压比测量，引出线的极性检查，绕组连同套管的绝缘电阻、吸收比、极化指数、介质损耗因数和电容量的测量，铁心及夹件的绝缘电阻测量，套管试验，套管电流互感器试验，绝缘油试验，油中溶解气体分析试验，低电压空载试验，绕组连同套管的外施工频电压试验，绕组连同套管的长时感应电压试验（带局部放电测量），绕组频率响应特性测量，小电流下短路阻抗测量等。

调压补偿变压器试验项目应包括密封试验，绕组连同套管的直流电阻测量，绕组所有分接头的电压比测量，变压器引出线的极性检查，绕组连同套管的绝缘电阻、吸收比、极化指数、介质损耗因数和电容量的测量，铁心及夹件的绝缘电阻测量，套管试验，套管电流互感器试验，绝缘油试验，油中溶解气体分析试验，低电压空载试验，绕组连同套管的外施工频耐压试验，绕组连同套管的长时感应电压试验（带局部放电测量），绕组频率响应特性测量，小电流下短路阻抗测量等。

整体试验项目应包括绕组所有分接头的电压比测量、引出线的极性和联结组别检查、额定电压下的冲击合闸试验、声级测量等。

49　绝缘强度与抗短路能力　变压器采用合理的绝缘结构、优良的绝缘材料和绕组稳定设计，确保足够的绝缘强度和抗短路能力。

50　运行与维护　特高压交流变压器应进行油位和油温监测、油色谱监测、箱体和冷却系统监视。

2.2　特高压换流变压器

51　基本原理　换流变压器是超/特高压直流输电工程中的关键设备，是交、直流输电系统中的换流、逆变两端接口的核心设备，要求其具有高可靠性和高技术性能，见图 10.2-2。由于换流变压器运行中长时间承受交、直流电场、磁场的共同作用，故其结构设计特殊、复杂，关键技术高难，对制造环境和加工质量要求严格。

图 10.2-2　换流变压器

在直流输电系统中换流变压器的关键作用包括不同的绕组联结方式保证等幅的换相电压；转换交流电压与换相电压；缓冲并抑制雷电冲击过电压波；隔离交直流部分至绝缘状态；漏电抗能抑制故障电流的影响。

图 10.2-3 为高压直流输电系统接线示意图。直流输电系统除了包括换流站和逆变站以外，还包括接地极、接地极输电线路和直流输电线路。换流站连接交流系统和直流系统，实现直流和交流的转换。

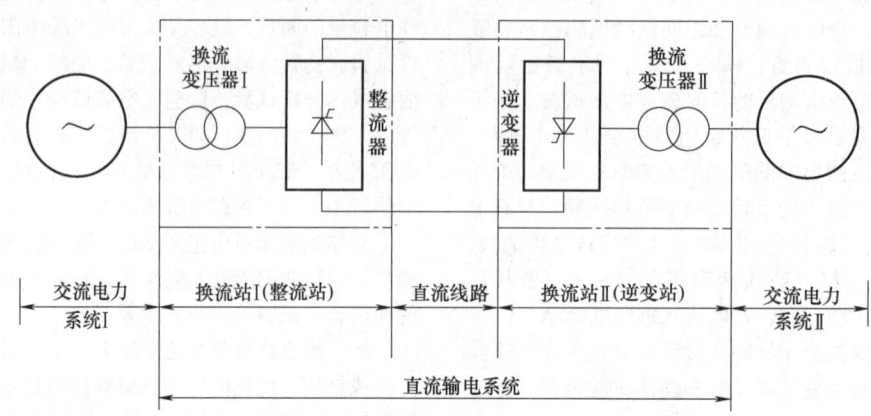

图 10.2-3　高压直流输电系统接线

影响换流变压器性能的主要因素有短路阻抗、绝缘、谐波、有载调压和直流偏磁等。

52　型式与接线方式　见表 10.2-1。

表 10.2-1　常规换流变压器型式方案比较

接线方案	单相三绕组	单相双绕组
换流变压器容量（单台）	590MVA	295MVA
接线方式	$Y_0/Y/\triangle$	Y_0/Y、$Y_0/\triangle$
换流变压器总台数	6+1	12+2
运输重量	约 450t	约 260t
运输尺寸（L×W×H）	13m×3.5m×4.9m	9.5m×4.4m×4.7m

换流变压器与电力系统的连接方式（见图 10.2-4）：

1）换流变压器作为换流站的主要设备，一侧与交流系统相连，另一侧通过换流阀与直流系统相连。

2）直流输电系统中把连接在直流输电线和换流站地电位之间的换流阀桥称为一个极。

3）工程实际中单极基本上均采用 2 个六脉冲阀桥串联形成一个 12 脉冲阀桥，以增大直流电流的平滑度，减少谐波电流分量。

4）通常采用单相双绕组，YY 接换流变压器和 YD 接换流变压器串联而成，两者相位相差 30°。

53　出厂试验及交接试验

（1）例行试验　下列试验应在所有的换流变压器上进行，但不必依次遵循下述顺序：

——联结组标号检定（按 GB 1094.1—2013）；

——电压比测量（按 GB 1094.1—2013）；

——绕组电阻测量（按 GB 1094.1—2013）；

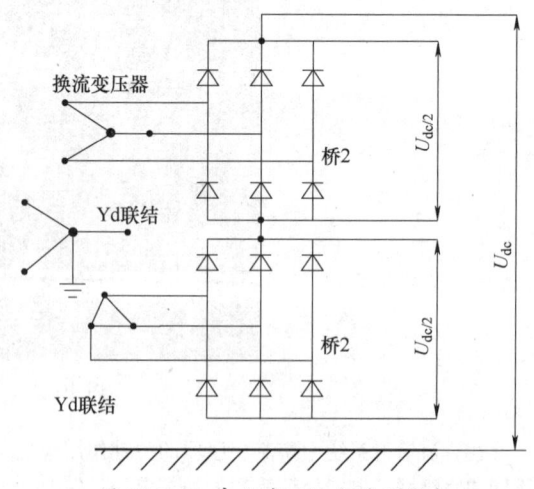

图 10.2-4　高压直流输电系统接线

——空载损耗和空载电流测量（按 GB 1094.1—2013）；

——负载损耗和短路阻抗测量（几个主要的分接）（按 GB 1094.1—2013）；

——绝缘油试验（按 GB/T 17623—2017）；

——操作冲击试验（按 GB 1094.4—2005）；

——雷电全波冲击试验（按 GB 1094.4—2005）。

——包括局部放电测量和声波探测测量的外施直流电压耐受试验（按 GB/T 18494.2—2022）；

——包括局部放电测量的极性反转试验（按 GB/T 18494.2—2022）；

——外施交流电压耐受试验和局部放电测量（按 GB/T 18494.2—2022 及 GB 1094.3—2003）；

——感应电压试验和局部放电测量（按 GB/T 18494.2—2022 及 GB 1094.3—2003）；

——绝缘电阻测量（按 GB 1094.1—2013）；

——铁心绝缘及其相关绝缘的试验（按 GB 1094.1—2013）。

应在上述试验过程的开始、中途和结束时分别抽取供分析用的油样。在试验过程中途的油样抽取，应在用户与制造单位协商一致的一些重要试验项目做完后进行。油样分析应先对试验过程开始和试验过程结束时所抽取的油样进行分析。如果油样分析检测结果有差异，则还要对中途抽取的油样进行分析。

（2）型式试验　下列试验应在每种型式的换流变压器中的一台上进行，但不必依次遵循下述所给出的顺序：雷电截波冲击试验（按 GB 1094.4—2005）；温升试验（按 GB 1094.2—2013）；声级测定（按 GB/T 1094.10—2022）；冷却设备的声级测定（按 GB/T 1094.10—2022）。

如果用户有特殊要求，应进行下列试验，但不必依次遵循下述顺序：

——重复的冲击波形（RSO）测量；

——短路承受能力试验（按 GB 1094.5—2008）；

——负载损耗和短路阻抗测量（其他分接）（按 GB 1094.1—2013 和 GB/T 18494.1—2014）；

——零序阻抗测量（按 GB 1094.1—2013）；

——负载电流试验（按 GB 1094.1—2013）。

（3）交接试验　用户与制造单位协商的交接试验应在现场进行。交接试验项目至少应包括带有局部放电测量的感应电压试验及外施交流电压耐受试验在内。

54　关键特性

（1）直流运行中产生的陡波对绕组纵绝缘的作用和影响　在特高压换流变压器设计制造中，阀侧绕组纵绝缘除了要考虑雷电冲击过电压、操作冲击过电压提高的影响外，特高压直流输电系统在运行中产生的陡波过电压对换流变压器阀侧绕组纵绝缘的作用。

（2）交、直流复合电场作用下局部放电　特高压换流变压器处于高的交、直流复合电场作用下，复杂的绝缘结构导致局部放电发生的概率大大增加，为了预防特高压换流变压器局部放电发生，保证换流变压器的绝缘可靠性，应对特高压换流变压器进行相关的绝缘试验。

（3）阀侧出线装置　由于换流变压器阀侧出线处的结构非常复杂，电场分布变化很大，出线装置是特高压换流变压器套管的关键部位，为了保证换流变压器正常运行不发生套管内部放电，应对特高压换流变压器阀侧出线装置进行相关的绝缘试验。

（4）阀侧引线布置　特高压换流变压器的运输尺寸由换流变压器的技术性能参数和机构确定。换流变压器阀侧引线结构可以采用放置在油箱内部的方式，通过合理地设置绝缘筒的数量以及合适的引线安装位置，最大限度缩短引线均压管道油箱以及铁心等接地位置的绝缘距离，减小换流变压器的尺寸。

55　运行与维护　特高压换流变压器应重点关注直流偏磁、损耗和噪声等，其他参考特高压交流变压器的运行与维护。

第3章 特种变压器

3.1 特种变压器概述

56 特种变压器分类 见表 10.3-1。

表 10.3-1 特种变压器分类

名称	用途	特点	标准代号
干式变压器	用于地下铁道、楼宇等防火要求较高的场所,目前已在城网供电中广为采用	无绝缘油,不易着火,便于维护检修	GB 6450—1986
矿用变压器	矿用电力变压器和电钻及照明变压器分别用于煤矿中无和有爆炸危险场所,供电气传动及照明用电	外壳机械强度较高,进出线采用电缆;隔爆型要符合隔爆标准	JB/T 3955—2016
试验变压器	用于对各种电工产品、绝缘材料等进行绝缘性能试验	高压绕组电压高、电流小、尾端接地。为短时工作制	JB/T 9641—2022
电炉变压器	各种金属冶炼、热处理、石墨化、电渣重熔等	低压侧电压低、电流大,能大范围调节电压	JB/T 9641—2022
整流变压器(变流变压器)	用于电化学、牵引、电气传动、直流输电、电镀、励磁、充电、调速、静电除尘等	低压侧电压低、电流大,能大范围调节电压	JB/T 8636—1997 JB/T 3171—1982 JB/DQ 2113—1984
高压直流换流变压器	用于实现高压直流输电	谐波含量高,电应力复杂,绝缘要求高,损耗和噪声突出,存在直流偏磁问题	GB/T 18494.2—2022 DL/T 354—2019 DL/T 1798—2018
T形接线变压器	用于金属冶炼、电气化铁道等	三相可变二相或两个单相	
脉冲变压器	用于产生持续时间短的高压脉冲电压,驱动脉冲电场和放电等离子体等	产生高压脉冲电压,利用铁心的磁饱和性能把输入的正弦波电压变成窄脉冲形输出电压	GJB 2829A—2013 BS 9733—1985
电力电子变压器	用电力电子器件和高频变压器实现传统铁心式变压器的功能,有望取代传统变压器	体积和重量小,无需绝缘油,高频变压器替代了传统的工频变压器	T/CEC 325—2020 T/CEC 326—2020 T/CEC 505—2021

（续）

名称	用途	特点	标准代号
牵引变压器	用于轨道交通的牵引，将三相电力系统的电能传输给两个各自带负载的单相牵引线路	把三相系统变成二相系统，运行中短路频繁发生，抗过载能力要求高	IEC 60310：2016 TB/T 1680—2006 GB/T 25120—2010
环保型变压器	实现变压器的环保	采用环保型气体、液体和固体绝缘介质	DL/T 1811—2018 Q/GDW 11659—2016 IEEE Std C57.147：2018

3.2 干式变压器

57 干式变压器分类及特点 干式变压器有下列几种类型：

（1）浸渍式 以往传统的干式变压器多为浸渍式。这种结构是由油浸式变压器演化而来的，它的低压绕组一般为层式，高压绕组一般为饼式。通常把绕制完成的绕组浸以绝缘漆（近代已采用真空浸漆工艺），故名浸渍式。根据所选用绝缘材料的不同，可以分别制成 B 级、E 级、F 级和 H 级的浸渍式干式变压器。它又称为非包封式干式变压器。

浸渍式的优点是工艺简单，成本较低。但缺点是容易吸潮，投运前需要预热，整个产品的可靠性较差。

（2）浇注式 用环氧树脂或其他树脂浇注以形成产品的主、纵绝缘，又称为包封式干式变压器。它具有体积小、结构简单、便于维护、可靠性高等优点。目前，无论在国内或国外，它已成为干式变压器的主流。国产的环氧浇注式干式变压器最大容量已达 25MVA，最高电压为 35kV，噪声低、耐受短路冲击能力等指标已接近国际先进水平。

干式变压器具有体积小、重量轻、安装容易、维修方便、没有火灾和爆炸危险等特点，特别适用于需求防火、防爆的场所。

58 干式变压器技术参数 国产的环氧浇注干式变压器的技术参数见表 10.3-2。

表 10.3-2 国产环氧浇注干式变压器技术数据

型号	容量/kVA	电压/V	阻抗电压（%）	外形尺寸（A/mm）×（B/mm）×（C/mm）	总损耗/W	总重/kg
SC（B）10-630/10	630	10 000±2×2.5%/400	6	1 630×1 070×1 595	7 060	2 440
SC（B）10-800/10	800	10 000±2×2.5%/400	6	1 630×1 070×1 950	8 280	2 920
SC（B）10-1000/10	1 000	10 000±2×2.5%/400	6	1 720×1 070×1 950	9 680	3 480
SC（B）10-1250/10	1 250	10 000±2×2.5%/400	6	1 890×1 070×1 990	11 520	4 190
SC（B）10-1600/10	1 600	10 000±2×2.5%/400	6	1 980×1 070×2 060	13 870	4 890
SC（B）10-2000/10	2 000	10 000±2×2.5%/400	6	2 050×1 070×2 235	16 850	5 880

3.3 矿用变压器

59 矿用变压器特殊要求 矿用变压器可安装在矿井内虽有煤尘和沼气但无爆炸危险的场所。矿用隔爆型电钻变压器、照明变压器可安装在矿井内有煤尘和沼气且有爆炸危险的场所。

特殊要求是：1）为防止在矿井内因碰撞而发生事故，矿用变压器规定不装储油柜，但在箱盖下部必须有防冷凝水措施。2）矿用电钻、照明变压器内部裸露带电部分之间，以及裸露带电部分与金属外壳之间，其漏电距离与空气间隙的最小值应符合 GB 3836.1~4-2010 规定。3）矿用电钻、照明变压器高低压接线板与外面的连接应采用电缆，经由出线管引出。此出线管应能可靠地将电缆密封，并装有压紧装置，要分别加以标记。4）矿用电钻、照明变压器的隔爆面，应作防锈处理。5）矿用变压器箱盖上应装有能防滴防溅的塞子，当温度升降时，可以保证自由呼吸，且应保证此塞子发生堵塞情况时，变压器油箱内部压力不超过 0.1MPa。6）矿用变压器允许在与水平面成 35°的倾斜巷道内运输。

60　矿用变压器技术参数　见表 10.3-3。

表 10.3-3　矿用变压器技术参数

类别	型号	额定容量/kVA	高压额定电压/V	低压额定电压/V	联结组标号
矿用照明变压器	KDG-0.5/0.38	0.5	380（660）（1 140）	127	IIO
	KDG-1.5/0.38	1.0			
	KDG-1.6/0.38	1.6			
矿用电钻变压器	KSG-1.6/0.66	1.6	660/380（1 140）	127（133）	YD d110
	KSG-2.5/0.66	2.5			
	KSG-4.0/0.66	4.0			
矿用电力变压器	KS-50/6	50	6 000	690/400	Yy0d11
	KS-100/6	100			
	KS-200/6	200			
	KS-315/6	315			
	KS-400/6	400		1 200/690	
	KS-500/6	500			
	KS-630/6	630			

注：亦可选用括号内数字。

61　矿用成套变电站　用于煤矿中爆炸危险场所，一般均为干式密封装置。箱壳的全部接合面均符合隔爆要求，并应能承受 0.8MPa 的内部压力。

容量等级为 200、315、500、630、800、1 000kVA 的隔爆型变压器常与高低压隔爆型开关箱组合成矿用成套变电站。隔爆型变压器的一次绕组具有 -4%、-8%或±5%的分接头，箱内有接线板以供变换分接用。二次电压可为 400、600 或 1 200V。箱底设有带滚轮的拖撬，以供设备移动之用。

为适应坑道运输，要求矿用成套变电站的外形尺寸要小，特别是高度要低，故其铁心柱直径均比较大。隔爆型变压器的绝缘耐热等级均为 H 级。产品应按 GB 3836.1~4—2010 进行防潮和隔爆试验。

62　矿用变压器使用与维修　变压器运行前应检查油箱中各种附件是否齐全完好，高低压出线套管有无破损，油箱有无渗漏油，并且至少要通过下列各项试验，确认产品无任何问题时方可投入运行：1）测量绕组电阻，且与出厂数值做比较，以确定是否有断头、接触不良情况；2）测量电压比，其误差≤0.5%；3）试验绝缘性能，其绝缘电阻值应不低于出厂数值的 70%，外施耐压和感应耐压试验值应在出厂数值的 85%情况下进行。

使用中的注意事项：1）当起吊变压器时，应使全部吊攀同时着力。吊绳与垂直线之间夹角应小于 30°。2）当需要调整变压器输出电压时，对油浸式矿用变压器可通过分接开关进行，对矿用成套变电站则要在外壳的分接板上进行。欲提高二次电压时，应接负分接位置，反之则接正分接位置。3）成套变电站外壳下部装有放水塞，遇有潮气冷凝成水流至外壳底部时，可以通过放水塞放出，以免壳内积水。4）变压器应定期检查和修理。5）变压器在运输、储存和使用时必须防止雨淋和受潮。

3.4　试验变压器及其组合

63　试验变压器特点　试验变压器有下列特点：1）二次电压较高而电流较小。单台试验变压器二次电压可达 750kV 以上，电流通常为 0.1~1A，但对于电容量较大的电缆和大型电机等负载，电流最大可达 4A。2）一般为单相，户内装置。3）二次绕组首末端绝缘水平不同。首端为高电位，而末端直接接地或通过电流表接地。4）产品多为短时工作制，允许使用时间为半小时。但对于某些试验，例如瓷套管的外绝缘污秽试验、线路的电晕试验以及电缆试验等，则要求试验变压器的使用时间为数小时乃至长期连续使用。

64　试验变压器结构　试验变压器有下列几种结构型式：

（1）单套管式　其外形和接线原理图见图 10.3-1。这种结构的二次绕组首端用高压套管引出，末端直接接地或用低压套管引出。高压绕组通常采用分段式或层式，低压绕组为层式。高压绕组在外，低压绕组在内靠近铁心柱。两个绕组之间设有专供测量输出电压的测量绕组。其匝数通常为高压输出绕组匝数的千分之一。测量绕组的外面设有接地电平，以保证人身和仪表的安全。

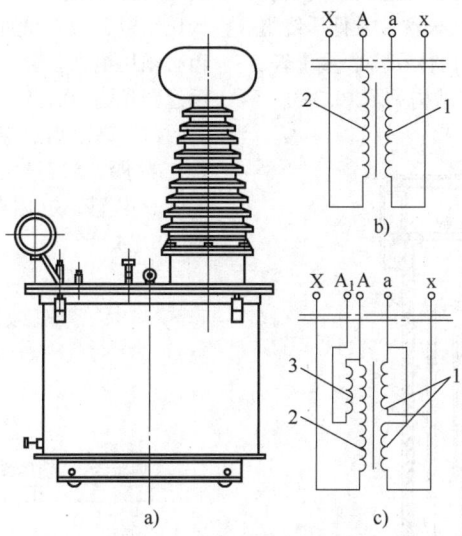

图 10.3-1　单套管式结构

a）外形图　b）无串级励磁绕组时的接线原理图　c）有串级励磁绕组时的接线原理图
1—低压绕组　2—高压绕组　3—串级励磁绕组

（2）双套管式　图 10.3-2 中的每台试验变压器均为双套管式结构。这种结构的二次高压绕组两端都用高压套管引出，铁心是单相双柱式。绕组在左铁心柱上的位置，由内向外依次为：平衡绕组、高压绕组、低压绕组；在右铁心柱上则为：平衡绕组、高压绕组、串级励磁绕组。左右两柱的高压绕组互相串联，联结点（中点）接铁心。左右两柱的平衡绕组以同极性互相并联，其一个联结点也接铁心。铁心与油箱均取高压绕组一半（中点）的电位，因高压绕组末端接地，故油箱与地之间必须用支柱绝缘子支撑起来。

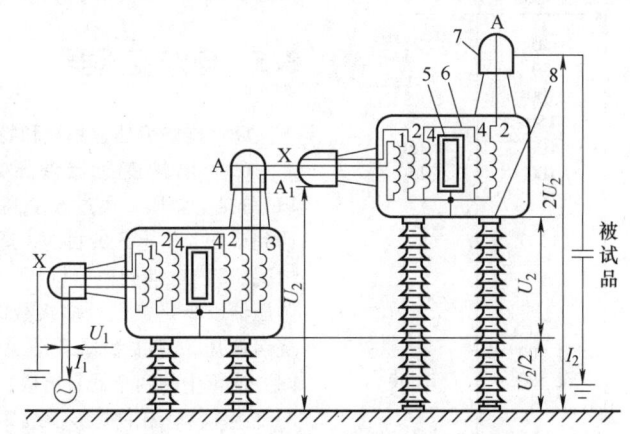

图 10.3-2　两台双套管式变压器串级联结示意图
1—低压绕组　2—高压绕组　3—串级励磁绕组　4—平衡绕组　5—铁心　6—油箱
7—套管　8—支柱绝缘子

（3）绝缘筒式 这种结构是以绝缘筒代替油箱和两个高压套管，绝缘筒既作容器又作外绝缘。它实质上是双套管式的一种派生结构。铁心亦为双柱式带二分之一电压。但双柱不是左右排列而是上下排列。整个铁心对地须用绝缘件支撑起来。高压绕组首端 A 与金属上盖连在一起，末端 X 及低压绕组两端 a、x 从底座引出。这种结构体积小、重量轻，常用于250kVA 及以下产品。其结构见图 10.3-3。

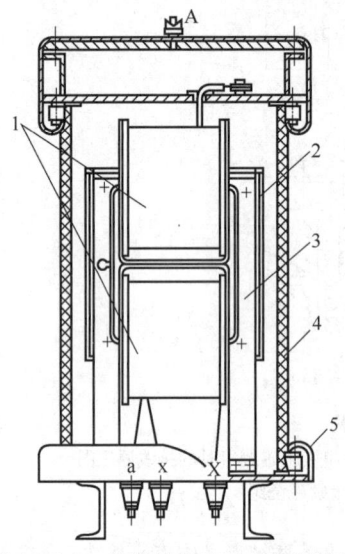

图 10.3-3 绝缘筒式试验变压器结构
1—绕组 2—铁心 3—绝缘件
4—绝缘筒 5—屏蔽罩

65 试验变压器规范 见表 10.3-4。

表 10.3-4 试验变压器规范

额定容量/kVA	高压绕组的额定电压/kV		
3	5	10	25
5	35	50	
10	50	100	
25	100	150	
50	50	100	150
100	50	100	150
150	150		
200	250		
250	250		
300	300	500	
500	500		
750	750		
1 000	1 000	1 500	
1 500	750	1 500	2 250
2 000	2 250		
2 250	2 250		
3 000	750		
6 000	1 500		
9 000	2 250		

66 试验变压器使用方式 分为单台式和串级式两种。串级式将两台或多台试验变压器的高压绕组的首末端子彼此串联，串级后的总输出电压为各台试验变压器输出电压之和。后一台的低压绕组由前一台高压端的串级励磁绕组供电，因此后一台的低压绕组、铁心和油箱对地电位均相应提高，故油箱必须用绝缘套管支撑起来。两台试验变压器串联示意图见图 10.3-2。

67 串联谐振装置 对于高压电缆的工频试验，要求设备容量大、时间长、波形好，通常采用电容、电感、电阻的串联谐振方式，其接线见图 10.3-4。

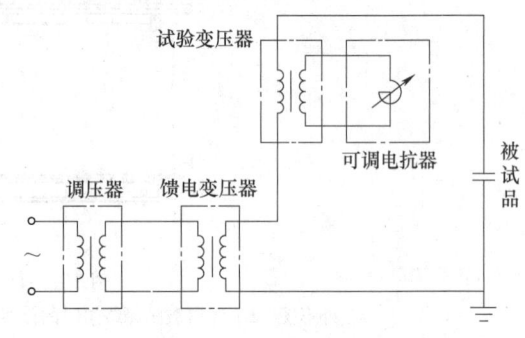

图 10.3-4 串联谐振装置接线图

采用串联谐振回路的优点是：1）在谐振条件下，仅需要供给试验回路的有功损失，其电源容量可减少到原来的十几分之一；2）当被试品击穿时，谐振条件受到破坏，回路阻抗增加，短路电流得以抑制，从而避免变压器过载和被试品的烧穿；3）试验回路不需另设保护电阻；4）能获得符合试验要求的正弦波电源。

3.5 电炉变压器

68 电炉变压器用途和特点 见表 10.3-5。

69 电炉变压器调压方式 有下列三种：1）分接头调压。通过改变高压绕组的分接头以期达到改变二次电压的目的，适用于调压范围较小的情况。2）自耦调压器调压。采用一个单独的自耦调压器以满足大范围多级数的电压调节。3）第三绕组调压。其接线原理图见图 10.3-5。它由装于同一油箱中的两个器身组成，其一装有与电网相连的绕组 1、输出的低压绕组 2 以及带抽头的第三绕组 3；其二装有高低压绕组 4 和 5，分别与绕组 3 和 2 并联与串联。通过绕组 3 的分接头变换，使绕组 4 和 5 的端电压以及输出电压 U_2 得到改变。

表 10.3-5　电炉变压器的用途和特点

序号	用途	特点
1	三相炼钢电弧炉用	熔化期允许有 20% 的过载。因容易发生短路而必须使用高阻抗值变压器的情况下，其阻抗值的大小必须使短路电流值不超过额定电流的 3~4 倍；绕组排列方式：中小型为交叠式，大型为同心式。有此特殊用途的电炉，特别是在低电压、大电流的情况下，也用直流供电
2	三相矿热炉用（用于制取电石、铁合金、硅化合物、纯硅等）	矿热炉是一种电阻电弧炉，添料出料不停电，负载稳定，不会发生电极间短路；由于炉料电阻的变化，要求变压器能多级调压，小型炉 5 级，中型炉 8~15 级，大型炉 27 级。大型密闭式矿热炉要能分相有载调压
3	单相电弧炉用（用于熔炼铜、铜合金，熔化生铁）	容量较小，不带电抗器，变压器短路阻抗为 20%~24%；不需要调压；绕组为交叠式排列
4	电阻炉用（用于机械零件加热、热处理、粉末冶金烧结、有色金属熔炼）	容量常为数百千伏安，大电炉由几台变压器分别供电，便于分段控制炉温；一次侧带分接头，有 5~7 级无励磁调压；绕组多为同心式排列；一次侧 380V 时多做成干式，6~10kV 时做成油浸式
5	盐浴炉用（用于工具和机械零件热处理）	容量常在 100kVA 以下，二次电压为 5.5~17.5V；有 5~7 级无励磁调压；绕组多为同心式排列，低压在外，用铜排卷制；也有用交叠式，低压绕组为铸铝的
6	单相石墨化炉用（用于电刷、电磁、金刚砂的加热，使之石墨化）	负载为间断性，一台变压器轮流为几台电炉供电；要求至少有 13 级有载调压，每级为 2~3V；工作稳定，变压器短路阻抗为 10% 以下
7	工频感应炉用（用以熔化黑色和有色金属）	可采用 T 形接线变压器，亦可以选用三相变压器，而以电炉的感应圈、电感、电容构成三相对称负载；要求变压器有较多的调压级数；绕组多为同心式排列
8	电渣重熔用（用以将小钢锭精熔成大钢锭）	变压器多为单相；二次电压从数十伏至一百多伏，有 5~17 级调压；绕组多为交叠式排列
9	钢包炉用	用于精炼钢水，也是一种电弧炉，但电弧较平稳，基本上不存在短路的可能，结构基本上与炼钢电弧炉相似

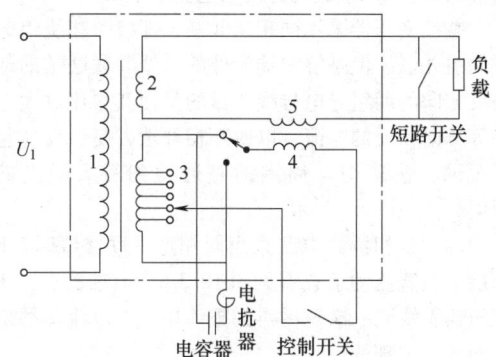

图 10.3-5　第三绕组调压接线原理图

这种调压方法的特点是：1）输出电压 U_2 成等差级数变化；2）第三绕组以及有载分接开关的电压、电流值可以人为地选择；3）运行时第三绕组中的电流值与负载电流值成正比，可以通过它来监视、控制负载电流；4）第三绕组端子可外接补偿电容器，以提高功率因数；5）变压器的技术经济指标较好。

70　电炉变压器绕组型式　绕组排列有交叠式、同心式两种。交叠式的特点是：高低压绕组出头均在外侧，便于引出。短路时轴向力较大，但可以采取措施压紧。

图 10.3-6a 为多根导线并联的双饼式 8 字绕组，它适用于三匝及以上的情况；图 10.3-6b 为铜、铝板弯制的 8 字绕组，它适用于一至两匝的情况；另外还有介于这两种型式之间的用铜排卷的 8 字绕组。

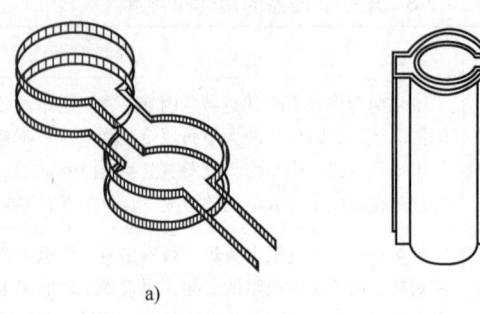

图 10.3-6　8 字绕组结构
a) 双饼式　b) 板式

71　电炉变压器限流电抗　炼钢用电弧炉变压器，要求在炼钢初期具有较大的电抗，以限制频繁出现的短路电流。对该限流电抗，目前国内采用的型式有：1）一次侧单独加装铁心电抗器或者采用与铁心共轭的电抗器；2）采用改变交叠式绕组漏磁组数多少的办法以得到不同数值的电抗；3）采用改变漏磁空道大小的办法实现电抗值的改变，该办法的技术经济效果最好。

图 10.3-5 中与补偿电容器相串联的电抗器是为限制电容器两端短路而产生的极大短路电流而设置（参见本篇第 76 条）。

72　电炉变压器电容补偿　有的电炉运行时功率因数很低，常需要在电炉变压器的第三绕组端子处接有补偿电容。补偿电容的容量亦即第三绕组所提供的容量。

图 10.3-7 给出了此种变压器各绕组电流流动示意图及其相量图。

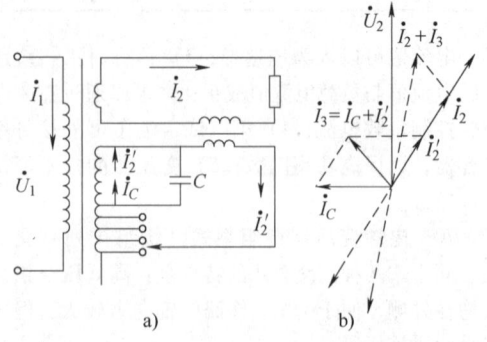

图 10.3-7　有补偿电容情况下电炉
变压器工作原理图
a) 电流流动示意图　b) 相量图

73　电炉变压器三次开断　为避免因电炉装料、卸料及故障下变压器与网路连接的超高压开关

的频繁操作，特设计了图 10.3-5 所示的三次开断电路。

当电炉需停电时，先打开接在变压器三次绕组上的控制开关（此时电炉中尚有电流通过），然后合上变压器与电炉间的短路开关（此时电炉中已无电流通过），便可进行炉子的装、卸料以及排除故障等工作。此时接于变压器一次侧的超高压开关仅仅起保护电炉变压器的作用。

在操作过程中，由于控制开关的断开和短路开关的闭合，导致绕组 2 的电压全部加在绕组 5 上，此时需注意防止变压器铁心的过饱和。所以，这种方式只有当 $U_{2N} \approx U_{5N}$ 时才适用。

3.6　整流变压器（变流变压器）

74　整流变压器同相逆并联　大型大电流整流装置多采用同相逆并联接线，这样做可以解决如下问题：1）各部分的局部过热；2）变压器二次侧的阻抗增大；3）整流元件间的电流不平衡。

整流变压器采用同相逆并联，即将每相绕组分成两组并联，但是绕组端头外的引线并联联结的却是反方向的两组导电母线，目的是使其中流过大小相等方向相反的电流，以便互相补偿，使引线（包括短网、整流柜）周围的磁通得到最大限度的抵消。

两个三相桥式电路采用同相逆并联接线时，B 相绕组电流流动示意图见图 10.3-8。不难看出，从变压器引线到二次短网再到整流柜，电流流动都是两两成对出现的。

75　整流变压器移相　整流器组交流侧（网侧）谐波含量与等效相数的多少密切相关，故提高等效相数是抑制谐波的重要措施，而提高等效相数主要是通过移相手段实现的。

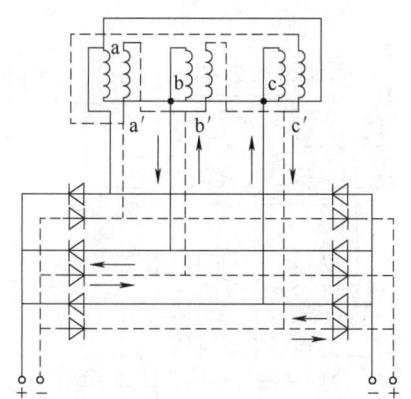

图 10.3-8　三相桥式电路同相逆并联联结

在自耦调压变压器或整流变压器一次绕组上移相是最常用的办法。

由四台变压器组成的等效 24 相高、低压绕组相量图见图 10.3-9。尽管移相绕组接于高压侧，但四台变压器的高压侧（一次侧）均同时连接于同一个电网上，因此在变压器的低压侧（二次侧）四台变压器之间存在着 15° 的相角差。

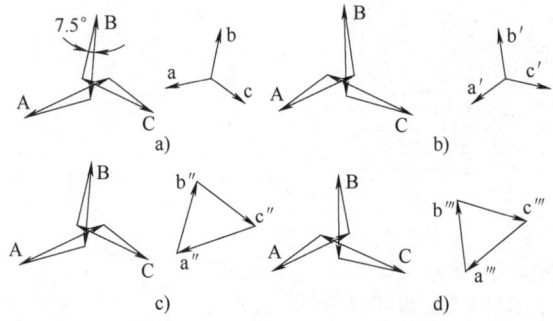

图 10.3-9　等效 24 相绕组相量图
a）第一台：Yy 联结左移 7.5°，6 相
b）第二台：Yy 联结右移 7.5°，6 相
c）第三台：Yd 联结左移 7.5°，6 相
d）第四台：Yd 联结右移 7.5°，6 相

76　三次绕组的限流问题　大容量带有外接补偿电容的三次绕组的变压器，此三次绕组的容量比高压绕组的容量小，因此一旦在补偿电容处，亦即在三次绕组端子处发生短路，流经此三次绕组的短路电流倍数将比其他绕组的短路电流倍数大得多。为此，必须特殊考虑此三次绕组的机械强度，并且应该在三次回路中串联限流电抗器，以限制其短路电流（见图 10.3-5）。

串联限流电抗器阻抗值的大小与三次绕组阻抗、三次绕组端电压有关，因为这三者电压的相量和是一常数，这一常数刚好等于补偿电容器的额定电压。由于电抗器中流过的是电容电流，负载情况下将导致三次绕组输出电压的升高，甚至超过补偿电容器的额定电压，这将是危险的。

77　平衡电抗器　为使两组非同期换相的整流电路能同时并联工作，其间必须接平衡电抗器，以平衡非同期换相组之间的暂态电压差。不接平衡电抗器时，两组电路中只有瞬时电压高的一相导通，故两组电路只能交替工作而不是并联工作。

变压器和平衡电抗器的接线图见图 10.3-10。平衡电抗器本身的接线原理图见图 10.3-11。不难看出，平衡电抗器的两个支路对于交流而言是串联的，对于直流而言则又是并联的。

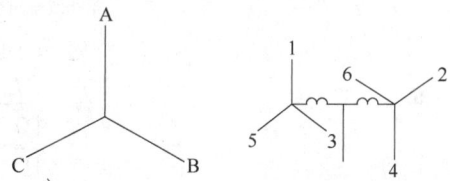

图 10.3-10　变压器和平衡电抗器的接线图

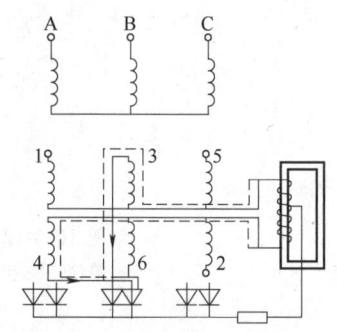

图 10.3-11　平衡电抗器接线原理图

3.7　高压直流换流变压器

78　联结结构　高压直流换流变压器的工作原理是将网侧交流电压通过变压器变为阀侧交流电压，再经换流阀整流为直流电压。为提高整流效率，换流阀通常由 2 个 6 脉动换流器组成，阀侧绕组有 2 组，一组为 Y 联结，一组为 D 联结。因此高压直流换流变压器的结构选型方案通常有 3 种，见图 10.3-12：1）由 3 台单相三绕组变压器构成；2）由 2 台三相双绕组变压器构成；3）由 6 台单相双绕组变压器构成。

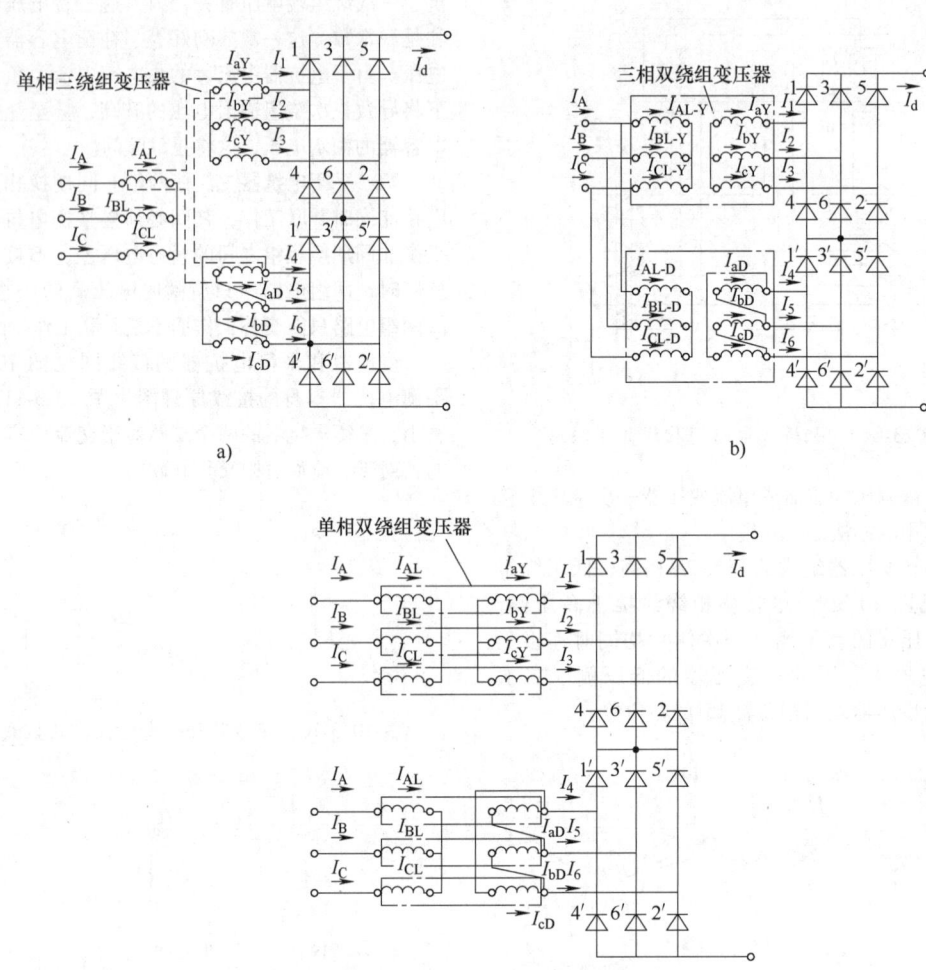

图 10.3-12　高压直流换流变压器结构选型

a) 单相三绕组变压器 3 台　b) 三相双绕组变压器 2 台

c) 单相双绕组变压器 6 台

79　绝缘设计　普通电力变压器高压绕组中性点通常直接接地或经小电感接地，其绝缘水平与高压端相比可降低很多。而换流变压器阀侧绕组电位取决于某一任意瞬间换流阀导通的组合情况，因此阀侧绕组必须按全绝缘制造，导致换流变压器阀侧绕组端部对上下铁轭的电压及距离要比普通电力变压器大很多。

换流变压器直流出线装置的绝缘设计包括均压球的直径和高度、出线装置筒的内径、引线绝缘的结构、绝缘屏蔽的位置和尺寸等，通常采用电极覆盖和分隔油隙的方法改善直流电场分布，从而确定合理的绝缘结构，基本结构见图 10.3-13。

80　其他设计方面　当阀的控制极触发脉冲的相位角不均匀时，换流变压器二次绕组内将有直流电流流过，形成直流偏磁，使励磁电流增大，且励磁电流中还将出现偶次项的高次谐波分量。为降低直流偏磁造成的影响，可采用磁导率较小，但饱和磁通密度较大的铁心。

换流变压器中性点接地时，若发生单极接地事故，则接地电流将经交流系统迂回流经换流变压器等设备，从而使电流互感器铁心饱和，并造成保护继电器的误动作，使换流变压器受到直流偏磁等危害。为避免因接地导致上述后果，可在换流变压器的一次侧中性点经小电阻接地。

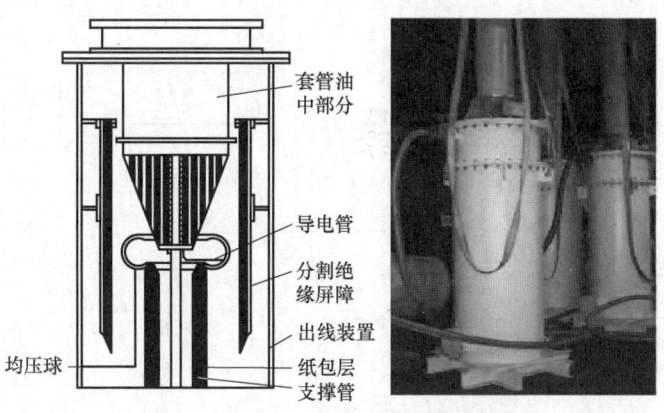

图 10.3-13　直流出线装置的基本绝缘结构

3.8　T 形联结变压器

81　T 形联结变压器原理　T 形联结又称为 Scott 联结，可以把三相电源变成两相电源，通常由称作 T 变和 M 变的两个单相变压器组成。其接线原理图见图 10.3-14。这种变压器常用在铁道电气化等场所，也是一种早年就有的一种变压器。T 变满载而 M 变空载以及 M 变满载而 T 变空载时的电流分布情况见图 10.3-15。图中是假定变压器电压比为 1，而负载电流为 100%。T 变、M 变均满载时的电流分布及其相量图见图 10.3-16。

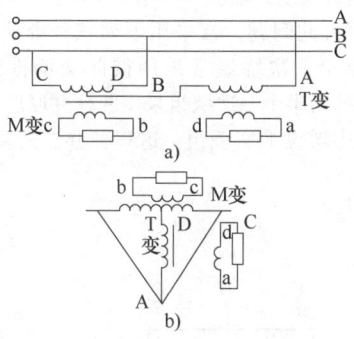

图 10.3-14　T 形联结变压器原理图
a）接线图　b）原理示意图

不难看出，一次侧 B 相、C 相绕组中流过两种电流，取 M 变 100% 的电流以及 T 变 50% 的电流，且这两种电流方向相互垂直，故合成后大小同 A 相电流一样，亦为 115.5%。此时一次侧各相电流为

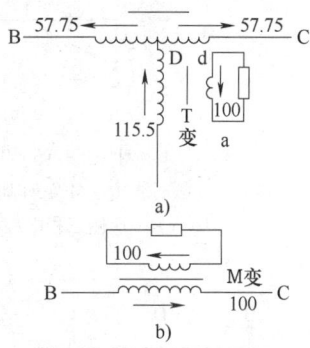

图 10.3-15　T 变、M 变分别满载时电流分布
a）T 变满载而 M 变空载　b）M 变满载而 T 变空载

$$\dot{I}_A = -\dot{I}_2 T \frac{U_2}{0.866U_1} = -155 \frac{U_2}{U_1}\dot{I}_2$$

$$\dot{I}_B = -\frac{\dot{I}_A}{2} - \dot{I}_{2M}\frac{U_2}{U_1} = \frac{1}{2\times0.866}\frac{U_2}{U_1}\dot{I}_2 + \frac{U_2}{U_1}j\,\dot{I}_2$$

$$= 1.155\frac{U_2}{U_1}(0.5+j\,0.866)\dot{I}_2$$

$$\dot{I}_C = -\frac{\dot{I}_A}{2} - \dot{I}_{2M}\frac{U_2}{U_1} = \frac{1}{2\times0.866}\frac{U_2}{U_1}\dot{I}_2 + \frac{U_2}{U_1}j\,\dot{I}_2$$

$$= 1.155\frac{U_2}{U_1}(0.5-j\,0.866)\dot{I}_2$$

从上列各式可知，在二次侧负载性质相同以及负载电流大小相等的情况下，一次侧三相电流的大小相等而相位差为 120°。

82　T 形联结变压器阻抗　如果 M 变一次绕组结构布置不够理想，则会出现阻抗过大，导致二次侧三相电压严重不平衡。M 变一次绕组布置不合理情况见图 10.3-17。

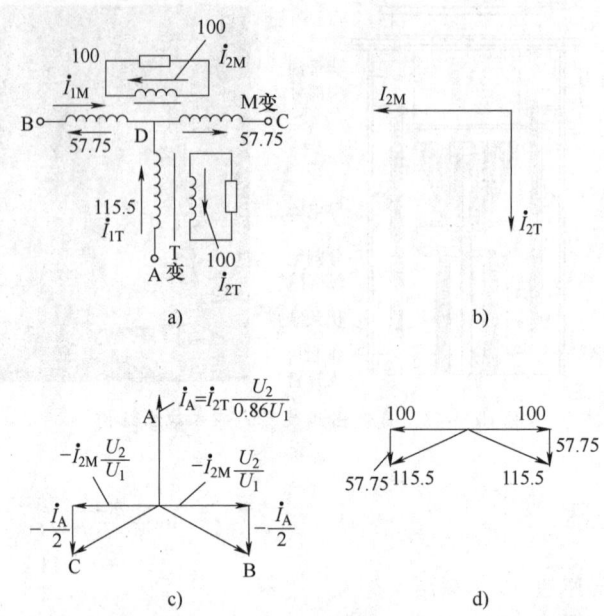

图 10.3-16　T 变、M 变均满载时电流分布及相量图

a) T 变、M 变均满载时电流分布　b) T 变、M 变二次电流相量图

c) 一次侧三相电流相量图　d) 一次侧 B 相及 C 相电流合成相量图

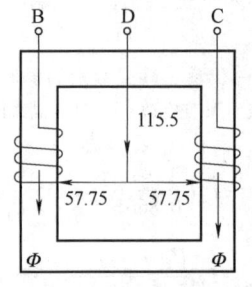

图 10.3-17　M 变一次绕组布置不合理情况

从图 10.3-17 不难看出，从 T 变一次绕组中流

进 M 变一次绕组两臂中的两个 57.75% 电流，在每个铁心柱中所产生的磁动势都没有得到平衡。结果对于从 T 变流进的电流而言，B、C 两相变成了一个电抗绕组，在负载下产生很大的压降，导致一次电压严重不平衡。为此必须设法增加 B、C 相绕组各自的耦合程度，以减少其电压降落。

为解决此问题，常采用下列三种办法：1) M变的两半个一次绕组常采用彼此交错排列方式；2) M 变的两半个一次绕组采用两柱并联联结方式；3) M 变中增设平衡绕组。这三种办法的接线图见图 10.3-18。

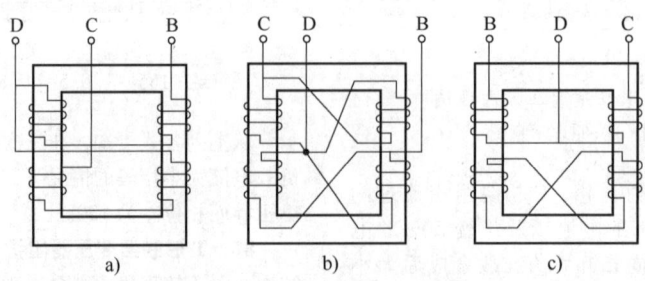

图 10.3-18　减少阻抗的三种接线图

a) 交叠排列　b) 并联联结　c) 增设平衡绕组

3.9　脉冲变压器

83　基本原理　脉冲变压器是变压器的一种特殊类型，所有脉冲变压器的基本原理与一般普通变压器相同，但它所变换的不是正弦电压，而是脉冲电压，且铁心的磁化过程也是有区别的。脉冲变压器是利用铁心的磁饱和性能把输入的正弦波电压变成窄脉冲形输出电压的变压器。其基本工作原理见图 10.3-19，在脉冲电压作用下，一次绕组内产生瞬态的脉冲电流，从而在铁心中激发起随时间变化的磁通量。变化的磁通量又在二次绕组中产生感应电动势和感应电流，它反过来通过互感磁通又影响到一次绕组。

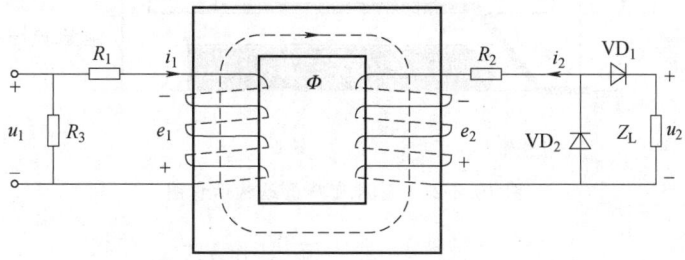

图 10.3-19　脉冲变压器原理图

一次绕组输入电压 u_1 是正弦波，在左边铁心中产生正弦磁通 Φ_1。右边铁心中磁通 Φ_2 高度饱和，是平顶波，它只有在零值附近发生变化，并立即饱和达到定值。当 Φ_2 过零值的瞬间，在二次绕组中就感应出极陡的窄脉冲电动势 e_2。磁分路有气隙存在，Φ_σ 基本上按线性变化，与漏磁通相似，其作用在于保证 Φ_1 为正弦波。

脉冲变压器工作的等效电路见图 10.3-20。

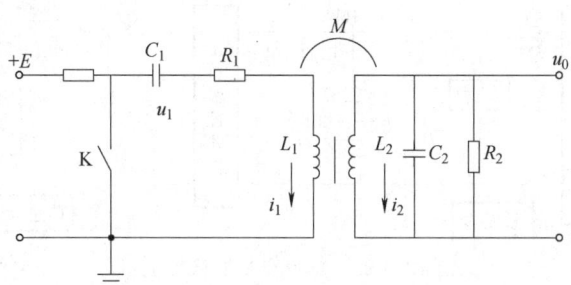

图 10.3-20　脉冲变压器工作的等效电路

图中，R_1、R_2 分别为一、二次侧等效电阻，L_1、L_2 分别为一、二次侧变压器等效电感，C_1、C_2 为一、二次侧等效电容。

由图 10.3-20 可得

$$\begin{cases} i_1 = C_1 \dfrac{\mathrm{d}u_1}{\mathrm{d}t} \\ i_2 = C_2 \dfrac{\mathrm{d}u_0}{\mathrm{d}t} + \dfrac{u_0}{R} \end{cases}$$

分析电路，列出脉冲变压器一、二次侧回路的微分方程

$$\begin{cases} u_1 + i_1 R_1 + L_1 \dfrac{\mathrm{d}i_1}{\mathrm{d}t} + M \dfrac{\mathrm{d}i_2}{\mathrm{d}t} = 0 \\ u_0 + L_2 \dfrac{\mathrm{d}i_2}{\mathrm{d}t} + M \dfrac{\mathrm{d}i_1}{\mathrm{d}t} = 0 \end{cases}$$

初始条件为：$u_1(0) = E_0$，$u_0(0) = 0$。经过数学推导可得脉冲变压器的二次输出电压为

$$u_0(t) = \rho E_0 \sqrt{\dfrac{L_2}{L_1}} \left(\mathrm{e}^{-\beta t} \cos\varphi_2 t - \mathrm{e}^{-\alpha t} \cos\varphi_1 t \right)$$

式中　ρ——电压传输系数；

α、β——衰减因子，与高压脉冲变压器的耦合系数、一二次调谐比等有关。

高压脉冲变压器输出电压由两个不同频率的衰减余弦信号叠加而成，其输出幅度和脉冲宽度取决于变压器的一二次参数、储能电容以及耦合系数。因此，调节一二次参数、储能电容，就可获得不同宽度、幅度、能量的高压脉冲。

84　结构　脉冲变压器的结构和一般的控制变压器类似，由导电的绕组和导磁的铁心构成了脉冲

变压器的核心部分（见图 10.3-21）。不过绝大多数脉冲变压器铁心做成环形，材料一般为坡莫合金或锰锌铁氧体等；脉冲变压器具有两套或三套绕组，

第三套绕组通常被用于改善某种性能，通过改变二次绕组的绕向来改变输出端脉冲信号的极性。

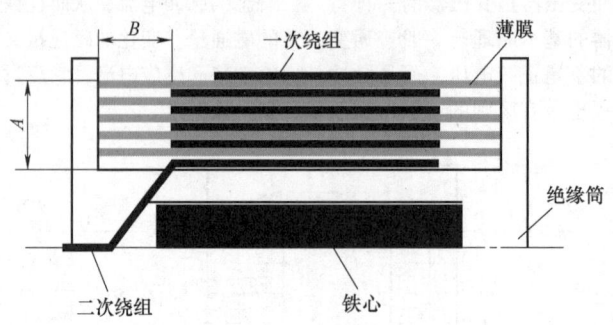

图 10.3-21　脉冲变压器结构示意图

85　主要参数

1）高压脉冲变压器的输入参数：储能电容、耐压值、充电电压、充电电流、开关导通时间、输入波形、输入脉冲电压、工作方式。

2）高压脉冲变压器的输出参数：输出波形、输出脉冲、电压范围、波形半宽度、输出脉冲电流、工作方式。

86　试验　按图 10.3-22 所示的试验框图对高压脉冲变压器进行加电试验。调节可调高压直流电源对储能电容器 C 充电，按动触发器使高压开关 K 导通，储能电容器 C 放电，高压脉冲变压器产生高压脉冲，由分压器取样，通过示波器观察波形。

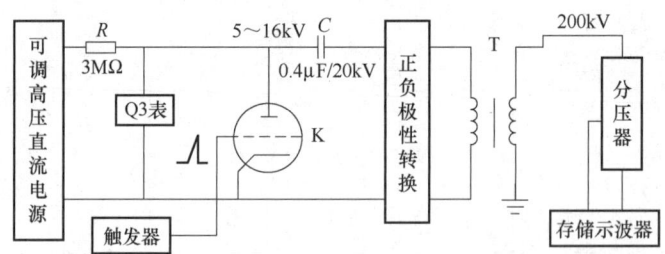

图 10.3-22　脉冲变压器试验框图

3.10　电力电子变压器

87　基本原理　电力电子变压器由一、二次功率变换器以及联系两者之间的高频变压器组成。从输入输出特性看，相当于交/交变换。其基本工作原理为输入的工频电压经过一次功率变换器调制为高频交流电压，通过高频变压器耦合至二次侧，再通过二次功率变换器将其转换为所要求的电压。

图 10.3-23 为单相电力电子变压器原理示意。图 10.3-23 中所有开关为双向开关，即由两个 IGBT 和二极管相对连接，可以使电流双向流动。一次开关 SW₁、SW₂、SW₃、SW₄ 和二次开关 SW₁′、SW₂′、SW₃′、SW₄′ 分别工作在同步状态。在高频变压器一次换流开关 SW₁、SW₂、SW₃ 和 SW₄ 的交替导通下，工频交流电被调制成高频电压，该高频电压经过变压器耦合到二次侧，再经过二次换流开关 SW₁′、SW₂′、SW₃′ 和 SW₄′ 交替导通换流之后，还原成工频的交流电。

88　拓扑结构及分类　电力电子变压器的拓扑结构可以根据电能变换次数分为三类：单级型、双级型和三级型，其中双级型结构又可分为具有高压直流环节和具有低压直流环节两种，见图 10.3-24。

单级型电力电子变压器输入的工频交流高压被调制为高频交流电压，耦合到二次侧后被还原为工频交流电压。其典型结构见图 10.3-25。

双级型电力电子变压器可以分为具有高压直流环节和具有低压直流环节两种。具有高压直流环节是将工频高压交流电整流为高压直流后，经过含有高频降压变压器的隔离型逆变器转换为低压交流。

具有低压直流环节是先通过隔离型整流器将工频高压交流电转换为低压直流，再逆变为低压交流。

图 10.3-26 为具有低压直流环节的典型电力电子变压器结构。

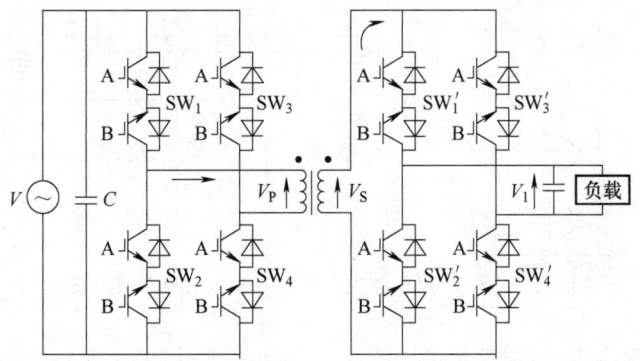

图 10.3-23　单相电力电子变压器原理图

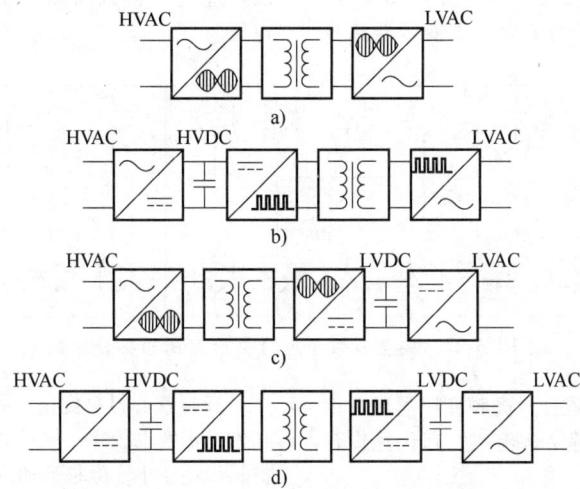

图 10.3-24　电力电子变压器拓扑结构的分类

a）单级型电力电子变压器　b）具有高压直流环节的双级型电力电子变压器

c）具有低压直流环节的双级型电力电子变压器　d）三级型电力电子变压器

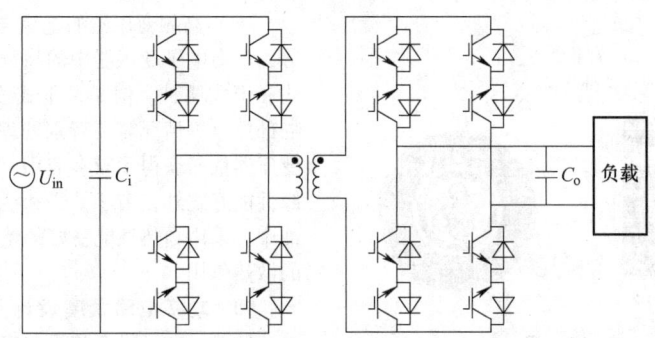

图 10.3-25　单级型电力电子变压器典型结构

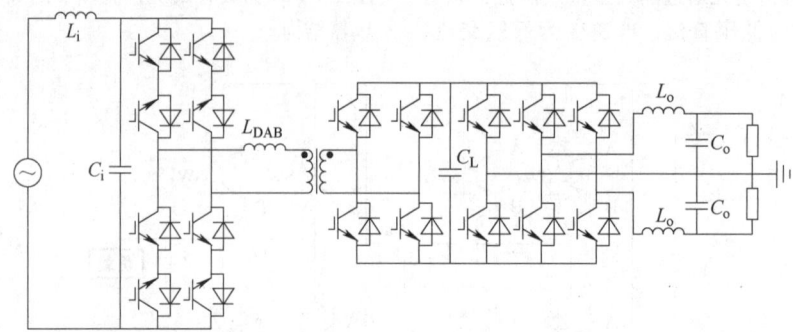

图 10.3-26　基于 DAB 整流器的双级型电力电子变压器结构

三级型电力电子变压器：工频交流电压经过 AC/DC 变换器整流后变为直流，再通过一个含有高频变压器的 DC/DC 变换器进行直流变压，最后经 DC/AC 逆变为所需的交流电压。图 10.3-27 所示的就是一种典型的三级型电力电子变压器拓扑

结构，三相工频交流电压整流后得到的直流电压，在高频变压器的一次侧被单相全桥逆变电路调制为高频方波，耦合到二次侧后被还原为直流电压，最后通过逆变得到所需要的三相或单相工频交流电压。

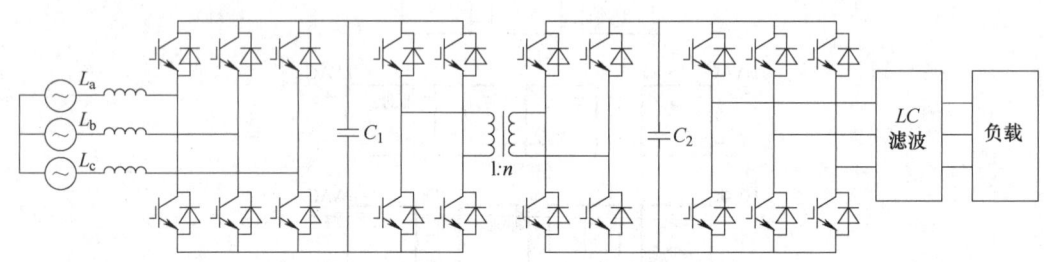

图 10.3-27　典型三级型电力电子变压器拓扑结构

89　高频变压器优化设计　高频变压器通常由绕组、铁心、绝缘/散热等结构组成，其优化设计主要是围绕这些环节展开。

（1）绕组与铁心绕制形式的优化　采用同轴电缆型绕组，将同轴电缆的内、外导电层分别作为变压器的一、二次绕组，然后将同轴电缆绕制在铁心上，典型的结构图见图 10.3-28。可以实现极低的漏电感，磁场分布与发热更加均匀。

（2）铁心材料优化　硅钢具有较高磁导率，饱和磁通密度也较高，但是高频下损耗较大；铁氧体材料损耗较小，但是饱和磁通密度较低，制造铁心时体积较大。综合考虑功率密度与损耗，纳米晶材料可以作为优化选择，纳米晶材料的饱和磁通密度一般远高于铁氧体，其损耗在多种材料中最小。图 10.3-29 是利用 AP 法（面积乘积法）设计的高频变压器磁心结构。

（3）高频变压器的绝缘与冷却　从绝缘形式划分，电力电子变压器中的高频变压器可以分为油浸式和干式两种。但是，干式变压器的散热、绝缘、局部放电等情况需要特别处理。因此，油浸式高频变压器依然获得了较多应用。油浸式变压器除去绝缘性能好之外，由于铁心和绕组都可以浸泡在绝缘油中，采用导热性能良好的绝缘油还可以起到很好的散热作用。

90　功率电路紧凑设计　在满足系统局部放电、散热、电气隔离和机械应力要求等多种约束的情况下，通过合理的硬件布局与设计，尽可能降低

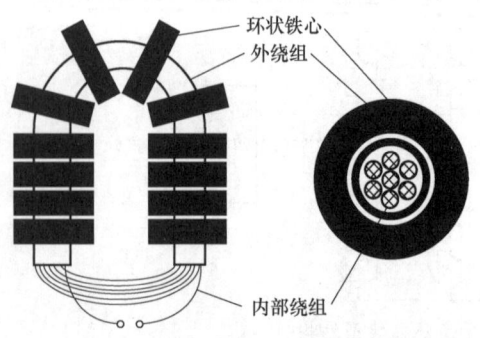

图 10.3-28　高频变压器的同轴电缆型绕组

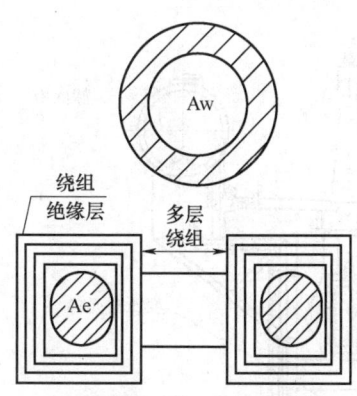

图 10.3-29　环形磁心结构图

系统的体积，是提高电力电子变压器功率密度的关键技术。电力电子变压器功率电路紧凑设计主要包含以下三方面技术。

（1）变压器主电路紧凑化设计　电力电子变压器主电路中通常存在大量的子模块（如半桥或全桥模块）。在子模块内部，开关器件通常与直流电容采用层叠母排连接，能够极大地提高子模块的紧凑程度。此外，电力电子变压器的功率子模块设计当中通常还需要采用特殊结构（如增加均压环、金属部件钝化处理等）或特殊绝缘材料等方法，实现紧凑空间内的电磁兼容性及绝缘特性。

（2）绝缘设计的紧凑化　绝缘设计是在保证安全的情况下，缩短元器件之间的布置距离，实现良好的电磁兼容性和散热以及电、磁、热等在内的多物理场耦合优化，如在高位侧元器件外增加用以均衡电场的防护罩；采用性能更好的绝缘材料，如环氧树脂等。

（3）冷却的紧凑化　冷却主要包括自然冷却、强迫风冷、水冷和油冷等方法，为实现紧凑设计，可以根据不同元器件发热情况，采用不同的冷却设计。如直流电容、谐振电容、滤波电抗器等元件，发热较少，可采用自然冷却，避免体积过大、功率密度降低。而功率半导体器件由于损耗较大，一般采用去离子水冷方式，在固定开关器件的散热片上安装水冷板，通过外部水冷装置的循环实现开关器件冷却。高频变压器也可采用水冷方式进行冷却，实现不同电位器件冷却水路相通，方便水路设计，进一步提高功率密度。

3.11　牵引变压器

91　基本原理　牵引变压器是将三相电力系统的电能传输给两个各自带负载的单相牵引电路。两个单相牵引电路分别给上、下行机车供电，在理想的情况下，两个单相负载相同，可以将牵引变压器视为用作三相变两相的变压器。以最基本的纯单相接线变压器为例，工作原理见图 10.3-30。牵引变压器的一次侧跨接于三相电力系统的两相；二次侧一端与牵引侧母线连接，上引到供电臂，另一端与轨道和接地网连接。单相牵引变压器的高压绕组两端都接高压，两端对绝缘的要求相同，且需要采用全绝缘。

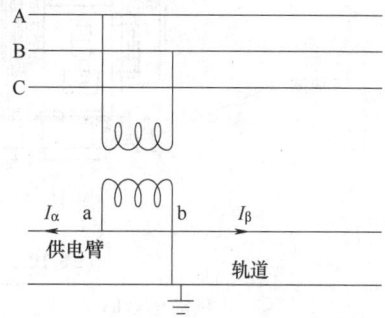

图 10.3-30　牵引变压器基本原理

其中，一次和二次电流关系为

$$\begin{bmatrix} I_A \\ I_B \\ I_C \end{bmatrix} = \frac{1}{K_T} \begin{bmatrix} 1 & 1 \\ -1 & -1 \\ 0 & 0 \end{bmatrix} \begin{bmatrix} I_\alpha \\ I_\beta \end{bmatrix}$$

92　结构　牵引变压器多采用油浸式变压器。油浸式牵引变压器外观见图 10.3-31，从外观上看，牵引变压器与电力变压器类似，包括高压套管、低压套管、变压器壳体、储油柜、散热器、端子箱等基本构件，内部包含高压和低压绕组、铁心、各种支撑结构、绝缘纸板和绝缘油。因此，牵引变压器与同等级别电力变压器的绝缘结构大致相同，通常分为在油箱内部的内绝缘和在空气中的外绝缘。

93　主要参数　牵引变压器额定容量、电压组合及性能参数应符合表 10.3-6 的规定。

94　工作特性　牵引变压器主要有以下工作特点：

1）牵引变压器能够把三相系统变成二相系统，并提高二次侧输出功率；当二次侧二相输出负载相等时，一次侧三相电流是平衡对称（无负序电流或者负序电流大大降低）；三相系统为 YN 结线和中性点引出，以便高压绕组可以采用分级绝缘。为了改善磁通和感应电动势的波形，在二相系统中具有三角形联结绕组以便提供三次谐波电流回路。

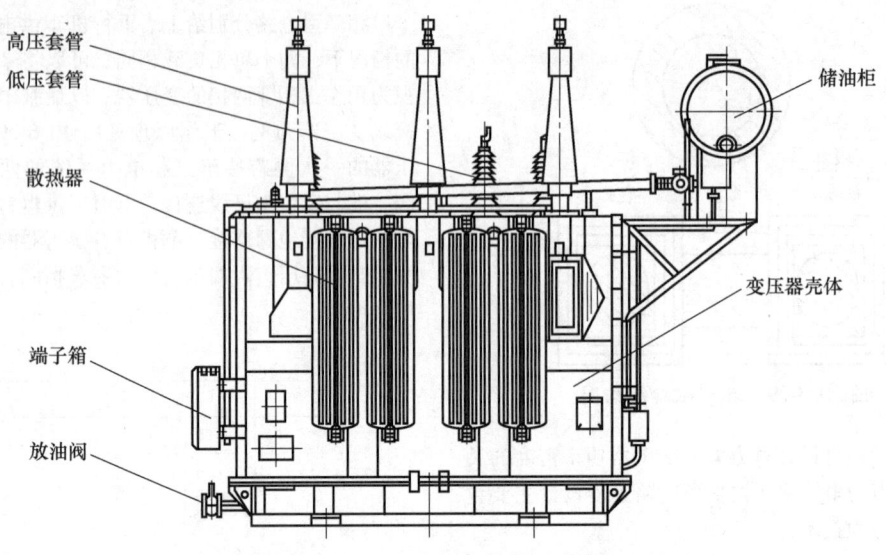

图 10. 3-31　油浸式牵引变压器外观

表 10.3-6　牵引变压器主要参数

额定容量/kVA	额定电压/kV		空载损耗/kW	负载损耗/kW	空载电流（%）	短路阻抗（%）
	一次侧	二次侧				
10 000			12. 5	61	0. 55	
12 500			14. 5	73	0. 50	
16 000			17. 0	89	0. 45	
20 000			18. 5	106	0. 40	
25 000	110±2×2. 5%	27. 5	22. 5	125	0. 35	10. 5
31 500			26. 5	149	0. 30	
40 000			29. 5	177	0. 25	
50 000			36. 5	220	0. 20	
63 000			45. 0	265	0. 20	

注：表中损耗值为最高限值，选择其他的损耗值由制造单位和用户协商确定。

2）牵引变压器具有短时的过载能力。按照负载曲线运行，且各部位温升不超过允许值、最热点温度不超过 140℃，油顶层温度不超过 105℃ 时，75% 额定电流过载持续 240min，150% 额定电流过载持续 60min，200% 额定电流过载持续 20min，300% 额定电流过载持续 2 min。此外，牵引变压器还具有在 105% 过励磁下满负载连续运行和 110% 过励磁下空载连续运行的能力。

3）牵引变压器在运行中短路频繁发生，在设计和制造时，采取了有效措施来增加电气强度、机械强度以及抗短路能力。按照 GB1094 系列国家标准提供的试验方法，进行承受短路的耐热能力（2s）和动稳定性能（0.5s）试验，变压器各部分不出现热损伤和机械损伤。牵引变压器可承受大于 70~100 次/年（其中 50% 为近端短路）的频繁短路电流的冲击，在一次侧额定电压、二次侧短路持续时间 2s，并且在 3s 内连续承受两次冲击，不产生热损伤和机械损伤。

3. 12　其他型式变压器

95　海上风电变压器　海上风电变压器与常规

变压器的要求不同，由于其特殊的使用场景，通常对其有体积小、重量轻、外壳防护等级高、保护控制集成度高等要求。海上风电变压器的特点见表 10.3-7。

表 10.3-7 海上风电变压器特点

类别	名称	情况说明
电气设计	特快速暂态过电压（VFTO）	断路器分合闸操作会产生特快速暂态过电压，此电压主要频率与绕组固有频率一致时，绕组可能产生共振，产生高于正常电压水平数倍的过电压
	谐波电压电流	谐波会在变压器内产生额外热量，涡流损耗的不均匀分布导致风电变压器绕组内可能产生局部过热，需要对散热进行特殊设计
	频繁高低负载循环	与常规配电变压器相比，频繁负载循环的累积作用使风电变压器存在更高的绝缘失效风险，其中干式变压器更为严重
机械设计	机械振动	风电变压器放置在不同位置的抗震要求不同，如塔架内、机舱内等
	压力保护系统	为应对液浸式变压器燃烧爆炸的风险，需要合理有效的压力保护系统，以便在发生故障时有效泄压
	低电压穿越	低电压穿越对风电变压器提出更高的电、磁、热、机械应力的要求
热设计	绕组热点温升	绕组热点温升时影响变压器寿命和绝缘老化的重要指标。使用合成酯与矿物油的风电变压器，热点温升存在差异
	冷却系统	海上风电变压器的安装位置为塔架内或机舱内，冷却方式需要与整机集成，进行特殊设计
材料	合成酯、天然酯	对于塔内变压器，需要使用合成酯或天然酯，其特性与矿物油存在差异
	防腐涂层	海上风电变压器的工作环境恶劣，对其外壳防护具有更高要求

96 天然酯和合成酯类变压器 酯来源于酒精和脂肪酸反应产生的化学链，酯链仅存在于天然酯和合成酯中，矿物油和硅油中都不存在酯链。

合成酯为化学合成物，由多元醇与天然或合成的羧基酸化合构成。其化学链中的羧基酸都是饱和的，这是合成酯化学性能稳定的主要原因。合成酯的黏度高于矿物油，燃点和闪点远高于矿物油。

天然酯绝缘液在饱和状态可分解为单个、两个或三个不饱和的脂肪酸。饱和脂肪酸在化学性能上是稳定的，但黏度较高；三倍不饱和脂肪酸的黏度系数较低，但在氧化条件下性能极不稳定。因此天然酯必须添加一定量的抗氧化剂，通常在 1% 以下，此外，为避免添加的抗氧化剂导致天然酯导电性能增强，天然酯具有一个不饱和脂肪酸是适宜的。

根据 IEC 61039 及 OECD 301 标准，各类变压器油的燃点见表 10.3-8，生物降解规定表 10.3-9。

表 10.3-8 IEC 61039 变压器油燃点分类

变压器油名称	燃点/℃	分类
矿物油	~170	0
合成酯	>300	K
天然酯	>300	K
硅油	>300	K

表 10.3-9 OECD 301 变压器油生物降解分类

变压器油名称	OECD 301 标准
矿物油	不能降解
合成酯	完全降解
天然酯	完全降解
硅油	不能降解

97 气体绝缘变压器 气体绝缘变压器一般是指用于各种高压电力、电气设备检测和预防性试验的充气式升压试验变压器。

IEC 60076-15 中对气体绝缘变压器的气体要求：制造方应规定气体绝缘变压器内的最大允许水分的露点不应高于－20℃。如在其他温度下测量，则应对测量值做适当修改。全新和重复利用的 SF_6 绝缘气体应符合 IEC 60376 和 IEC 60480 的规定，对于其他气体，应由供需双方协商确定。充气前 SF_6 纯度应不低于97%。

IEC 60076-15 规定气体绝缘变压器的冷却方式采用下面四个字母进行标识：

第一个字母（表示内部冷却介质）：G 为绝缘气体。

第二个字母（表示内部冷却介质的循环方式）：N 为在冷却设备和绕组中自然循环；F 为在冷却设备中强迫循环，在绕组中自然循环；D 为在冷却设备中强迫循环，且至少在主要绕组内部强迫导向循环。

第三个字母（表示外部冷却介质）：A 为空气；W 为水。

第四个字母（表示外部冷却介质的循环方式）：N 为自然对流；F 为强迫循环。

通常气体绝缘变压器的冷却方式是多种冷却方式的组合，如 GNAN/GFAN 或 GNAN/GDAN 等。与油浸式变压器相比，气体绝缘变压器的自然冷却能力与强迫冷却能力的比值较小，且成本较高。因此气体绝缘变压器需要选择耐热等级较高的绝缘材料。IEC 60076-15 给出了绕组不同平均温升数值，见表 10.3-10。

表 10.3-10　不同耐热等级的绝缘材料对应的绕组平均温升

耐热等级	绝缘系统温度/℃	绕组平均温升/℃
A	105	60
E	120	75
B	130	80
F	155	100
G	180	125
N	200	135
R	220	150

98　硅油变压器　硅油的燃点和生物降解分类见表 10.3-9 和表 10.3-10。

相较于矿物油，硅油具有更高的热稳定性，更高的击穿电压、介电常数和体积电阻率，更低的介质损耗，更大的黏度、密度以及热膨胀系数。由于硅油存在对局部放电以及击穿分解物敏感、耐电和

火花的稳定性较低，且在击穿电压反复作用下，绝缘强度会有所降低等因素，其通常用于 35kV 以下级别的变压器中。

变压器中常见材料，如金属（钢、铜），橡胶（天然橡胶、异丁烯橡胶、氟橡胶），绝缘材料（绝缘纸、绝缘纸板、聚酰亚胺、聚四氟乙烯、聚乙烯、聚丙烯、Nomex 纸等）经过试验被证明与硅油是相容的。但硅油能够从天然橡胶和异烯橡胶中吸附增塑剂，因此在使用橡胶时应事先进行试验。此外，硅油也能与黄铜、硅橡胶兼容。

由于硅油与矿物油的性能不同，硅油变压器的结构与矿物油变压器也存在差异，见表 10.3-11。

表 10.3-11　硅油变压器与矿物油变压器结构差异

结构名称	差异
变压器油箱	硅油变压器的油箱通常采用以下设计：①带金属波纹片式膨胀器的无储油柜结构；②更大容积的储油柜结构；③全密封的无储油柜结构：波纹油箱的波纹片为硅油提供膨胀空间，并在波纹部分加一段平滑箱壁，用于安装气垫，箱盖上安装安全阀
冷却油道	尽量选用黏度较低的硅油，适当增大油道横截面积，或通过分割线圈来增加冷却油道数目，或增设油泵以促进循环
密封胶圈	选用抗老化的弹性较大的胶圈，变压器装配时采用真空注油
绝缘材料	绝缘材料应为 F 级或 H 级耐热等级

99　非晶合金变压器　非晶合金变压器的结构与材料特点，见表 10.3-12。

表 10.3-12　非晶合金变压器结构特点

结构名称	结构特点
铁心	由四个单独铁心框在同一平面内组成三相五柱式，经退火处理，带有交叉铁轭接缝，截面形状呈长方形
绕组	长方形截面，可单独绕制成型的，双层或多层矩形层式
油箱	全密封免维护的波纹结构

第4章 互感器

4.1 互感器概述

100 互感器分类 见表10.4-1和表10.4-2。

表10.4-1 常用互感器的分类

类别	型式	特点	标准
电磁式电压互感器	单相干式	采用环氧浇注或其他干式绝缘，维护简单，误差稳定。不接地型供相间联结用，按V或△联结运行；接地型供相地间联结用，均接YNyn，开口三角形联结运行。由剩余电压绕组构成的剩余电压回路供输出零序电压用	GB 1207—2006 IEC 60044-2
	单相油浸式	采用油纸绝缘，误差稳定。有不接地型与接地型两种	
	串级油浸式	采用油纸绝缘，绝缘分级数与额定电压有关，误差稳定，只能设计成接地型	
	SF$_6$气体绝缘式	采用SF$_6$气体，误差稳定，只生产接地型。单相式用于分相全封闭组合电器；三相式由三台单相互感器构成，用于三相共箱全封闭组合电器。另外，还有独立式单相SF$_6$气体绝缘互感器，用于一般开敞式变电站	
电容式电压互感器	单相油浸式	是由电容分压器和电磁单元构成，高压电容器可兼作载波耦合电容器使用，只能设计成接地型。分离式电容分压器和电磁单元分装成两个独立的整体，两部分仅有电气上的联系，检修方便，结构上比较松散；单柱式电容分压器叠装在电磁单元之上，结构紧凑，检修困难	GB/T 4703—2007 IEC 60044-5 IEC 358
电流互感器	干式	采用环氧浇注或其他干式绝缘，维护简单；有贯穿式、母线式、支柱式三种，用于开关柜，或安装在发电机回路中	GB 1208—2006 IEC 6044-1
	油浸式	采用油纸绝缘，有正立式和倒立式两种	
	装入式	结构中无一次绕组及其主绝缘，装于变压器、断路器的套管上和全封闭组合电器室内	
	SF$_6$气体绝缘式	倒立式，外绝缘用硅橡胶复合绝缘套或高强度电瓷套	
零序电流互感器	干式	有电缆和母线式之分，与电流继电器或与接地型电压互感器的剩余电压回路和功率方向继电器构成中性点绝缘系统的单相接地保护装置。该保护装置有选择性，不需要进行选线操作，避免了非故障线路的停电和较长时间的寻找故障的操作过程	

（续）

类别	型式	特点	标准
组合互感器	油浸式	采用油纸绝缘和环氧浇注式，电流互感器与电压互感器同装于一个容器内，适用于线路变压器组和桥式主接线及中压计量装置	GB 17201—2007 IEC 44-3
直流互感器	油浸式或干式	直流电流互感器实质上是利用安匝相等原理工作的饱和电抗器，直流电压互感器系将直流电流互感器与高压线性电阻串联至高压直流线路两端，使流经直流电流互感器的电流与电压成正比。高压直流互感器为油浸式，用于直流输电线路；低压直流互感器为干式，用于测量直流强电流	

表 10.4-2　电子式互感器的分类

类别	特点	标准
光学传感电子式电流互感器	高压回路用光学器件作传感，光纤作传输；高压无电源，结构简单，误差不稳定。有全光纤式和磁光玻璃两种形式	IEC 60044-8
混合式光电电子式电流互感器	高压采用罗戈夫斯基线圈或铁心线圈式传感器，经电光变换（调制）后，电流信息由光纤传输到光电位再经光电变换输出模拟量或数字量。高压有电源，结构复杂，但误差稳定	
光学传感无分压电子式电压互感器	高压直接用电光晶体（BGO 晶体）作传感器，光纤作传输，经 DSP 和计算机作二次变换输出模拟量或数字量。结构简单，高压无源，但误差不稳定	IEC 60044-7
分压型电子式电压互感器	高压通过分压器分压至低电位后经二次变换，输出模拟量或数字量信号。分压器有电容分压器、电阻分压器及陶瓷电容分压器等形式。电容、电阻分压型，结构简单易于制造，误差较不稳定；陶瓷分压型结构复杂，误差稳定	
组合电子式互感器	由电子式电流互感器和电压互感器组装成一体，同时输出电流和电压信号（模拟量或数字量）	

101　互感器用途　1）与测量仪表配合，对线路的电压、电流、电能等进行测量，与继电保护装置配合，对电力系统和设备实施保护；2）使测量仪表、继电保护装置与线路高电压隔离，以保证运行人员和二次设备的安全；3）将线路电压与电流变换成统一的标准值，以利于仪表和继电保护装置的标准化。

4.2　电磁式电压互感器

102　工作原理　电磁式电压互感器的一次绕组直接并联于一次回路中，一次绕组上的电压取决于一次回路上的电压；二次绕组与一次绕组无电的耦合，是通过磁耦合；二次绕组通常接的是一些仪表、仪器及保护装置，容量一般均在几十至几百

VA，所以负载很小，而且是恒定的。所以电压互感器的一次侧可视为一个电压源，基本不受二次负载的影响；正常运行时，电压互感器二次侧由于负载较小，基本处于开路状态，电压互感器二次电压基本等于二次侧感应电动势，取决于一次系统电压。电压互感器的输出容量很小，接近于空载运行，其一次侧端电压取决于系统，而与互感器的二次负载无关。

图 10.4-1 为双绕组电压互感器的等效电路和相量图。由于 $-\dot{I}_2[(r_1+r_2')+\mathrm{j}(x_1+x_2')]$ 和 $\dot{I}_0(r_1+r_2')$ 的影响，一次电压相量 $\dot{U}_1$ 与折算到一次侧的二次电压相量 $-\dot{U}_2$ 数值不相等，相位也有差异，这就引起了误差。误差是个复数，通常用电压误差和相位差来表示。

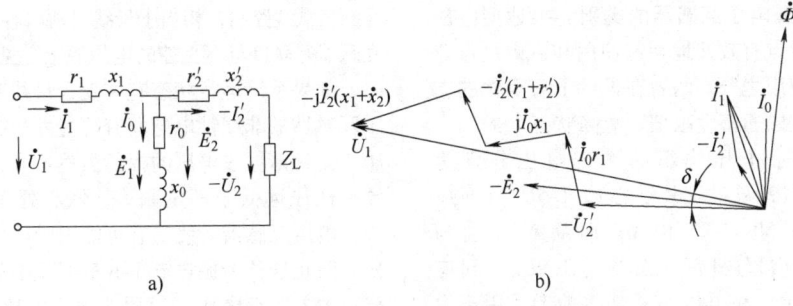

图 10.4-1 双绕组电压互感器的等效电路和相量图

a) 等效电路 b) 相量图

电压误差 f 为

$$f = \frac{K_n U_2 - U_1}{U_1} \times 100\%$$

式中　K_n——额定电压比;

U_2、U_1——实际一次、二次电压（V）。

当 $K_n U_2 > U_1$ 时，f 为正值；反之，f 为负值。

相位差 δ 是实际一次电压相量与转过 180° 后二次电压相量之间的夹角（'）。转 180° 过后的二次电压相量超前于一次电压相量时，δ 为正值；反之，δ 为负值。

由于电压互感器的短路阻抗很小，故可将其误差分为空载误差和负载误差两部分，前者与互感器的空载电流和一次绕组阻抗有关，且与一次电压成非线性关系；而后者则与互感器的负载和短路阻抗有关，且与负载呈线性关系。电压互感器的稳态短路电流一般为其额定负载电流的几十倍到几百倍，二次侧一旦短路，有损坏互感器的危险。

103　测量用电压互感器　其标准准确级及其误差限值见表 10.4-3。

104　保护用电压互感器　其标准准确级及其误差限值见表 10.4-4。接地型电压互感器的剩余电压绕组的准确级为 6P 级。

表 10.4-3　测量用电压互感器的标准准确级及其误差限值

准确级	电压范围（%）	负载范围（%）	误差限值±	
			电压误差（%）	相位差/（'）
0.1	（80~120）U_{1n}	（25~100）S_{2n}	0.1	5
0.2			0.2	10
0.5			0.5	20
1			1.0	40
3			3.0	/

注：1. 对具有多个二次绕组的互感器，在其他二次绕组带有其额定负载的 0~100% 间的任一负载时，各二次绕组应在规定的负载范围内符合规定的测量准确级。

2. U_{1n} 为额定一次电压；S_{2n} 为额定二次负载。

表 10.4-4　保护用电压互感器的标准准确级及其误差限值

准确级	电压范围（%）		负载范围（%）	误差限值±	
	中性点有效接地系统用	中性点非有效接地系统用		电压误差（%）	相位差/（'）
3P	（5~150）U_{1n}	（5~190）U_{1n}	（25~100）S_{2n}	3.0	120
6P				6.0	240

注：1. 在 2% U_{1n} 下的误差限值为表列限值的两倍。

2. 对具有多个二次绕组（含剩余电压绕组，本注下同）的互感器，在其他二次绕组带有其额定负载的 25%~100% 间的任一负载时，各二次绕组应在规定的负载范围内符合规定的保护准确级。如果某一绕组只有偶然短时负载，或仅作剩余电压绕组使用时，它对其余绕组的影响可以忽略不计。

105　接地型电压互感器的类别　接地型电压互感器有供中性点有效接地系统使用和供中性点非有效接地系统使用之分，两者在设计上有很大的差别，前者的额定磁通密度限值、故障状态下的额定电压因数和剩余电压绕组的额定电压分别为 $(1.05\sim1.2)$ T（冷轧硅钢片铁心）、$1.5U_{1n}$（对应的额定时间为 30s）和 100V；而后者分别为 $(0.75\sim0.8)$ T（冷轧硅钢片铁心）、$1.9U_{1n}$（对应的额定时间为 8h）和 $100/3$V。如将前者误用于中性点非有效接地系统，在正常运行时，会使系统发生并联谐振过电压的概率增加；在故障状态下，会使互感器损坏。如将后者误用于中性点有效接地系统，在故障状态下，则会因剩余电压回路输出电压过高而使继电保护装置损坏。

106　铁磁谐振　在中性点非有效接地系统中，当开断负载线路后，相当于母线对地电容和接地型电压互感器并联接至不受控的电压源上，见图 10.4-2。此时，如果系统运行状态有突变，母线对地电容与电压互感器的非线性电感间有可能发生并联谐振过电压。这种谐振过电压的幅值虽然不高，但因过电压频率往往远低于额定频率，铁心处于高度饱和状态，电压互感器的绕组有可能因励磁电流过大而损伤。防止这种谐振过电压的最有效措施是，调整母线对地电容与电压互感器非线性电感的配合条件，例如，在结构上适当降低电压互感器的额定磁通密度；而抑制这种谐振过电压更有效的措施是，在电压互感器的剩余电压回路中接入适当的阻尼电阻，或在互感器高压侧中点经一电阻接地或经高直流电阻的电压互感器接地。

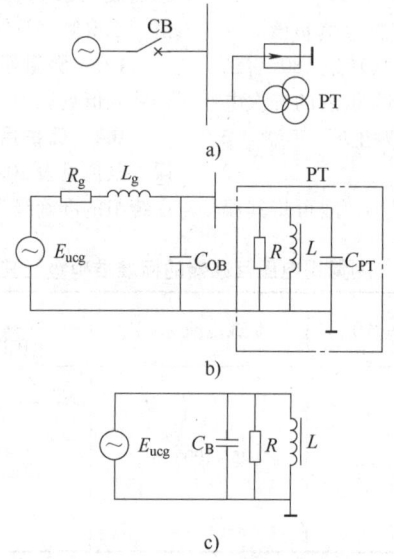

图 10.4-2　中性点非有效接地系统中的并联谐振电路

a) 系统主接线　b) 等效电路　c) 简化等效电路

E_{ucg}—不受控电压源电动势　R_g—电源电阻　L_g—电源漏电感

R—电压互感器的损耗等效电阻　L—电压互感器的非线性电感　C_{PT}—电压互感器的等效对地电容　C_{OB}—母线及与母线连接的其他设备的对地电容

C_B—母线对地电容，$C_B = C_{OB} + C_{PT}$

在中性点有效接地系统中，当采用带断口均压电容的断路器开断空载母线时，断路器的断口均压电容、母线对地电容和接地型电压互感器的非线性电感间有可能发生串联谐振，并有可能使电压互感器损坏。图 10.4-3 为其谐振电路。防止这种谐振过电压的最有效措施是，改变系统操作方式，避免构成串联谐振回路，或适当选取电压互感器的励磁特性。由于这种谐振过电压不是零序性质的，因此，在接地型电压互感器的二次绕组或剩余电压绕组中加阻尼电阻所起的抑制作用，要比在剩余电压回路中加阻尼电阻大。消除这种铁磁谐振的最根本的办法是采用电容式电压互感器替代电磁式电压互感器。

107　电磁式电压互感器误差测量　测量线路见

图 10.4-4。测量时，一次绕组施加额定频率，波形为实际正弦波的电压，其值和被试互感器连接的二次负载按表 10.4-3 或表 10.4-4 的规定，底座或油箱以及运行中应接地的各绕组端子均必须可靠接地。

当标准电压互感器的准确级比被试互感器高两级，而其实际误差小于被试互感器允许误差的 1/5 时，标准互感器的误差可略去不计，检验器的读数就是被试互感器的误差。

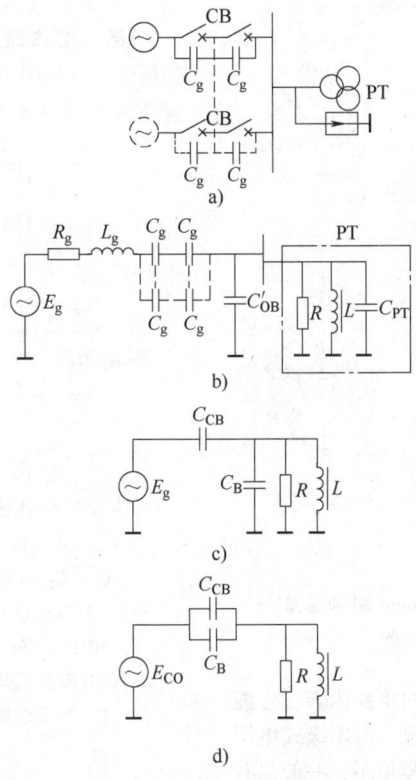

图 10.4-3　中性点有效接地系统中的串联谐振电路

a）系统主接线　b）等效电路　c）简化等效电路　d）计算电压互感器谐振过电压的等效电路

E_g—电源电动势　C_g—断路器每个断口的均压电容　C_{PT}—电压互感器

的等效对地电容　C_{CB}—断路器等值断口均压电容，$C_{CB} = C_g/(n_1 n_2)$

（n_1 为每台断路器断口数，n_2 为断路器并联台数）　C_B—母线对地电容，$C_B = C'_{OB} + C_{PT}$

$E_{CO} = E_g C_{CB}/(C_{CB} + C_B)$　C'_{OB}—母线及母线上其他设备的对地电容

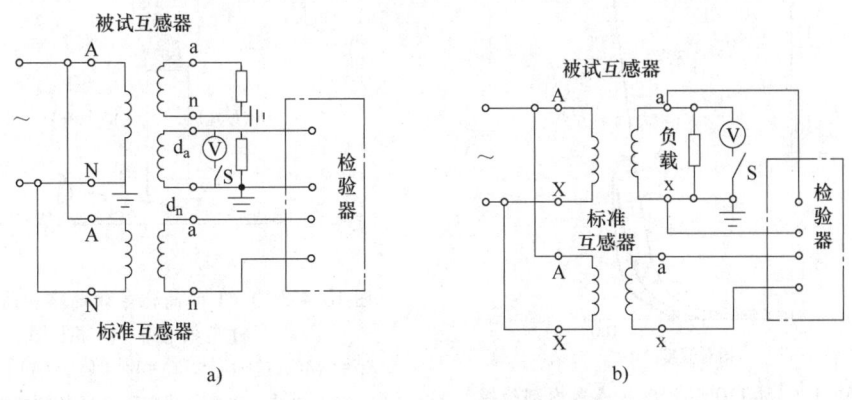

图 10.4-4　电压互感器误差测量线路

a）接地型　b）不接地型

108　电压互感器 tanδ 测量　对不接地型油浸电压互感器，应采用外施电压法；对接地型油浸电压互感器，宜采用感应电压法，测量线路见图 10.4-5。

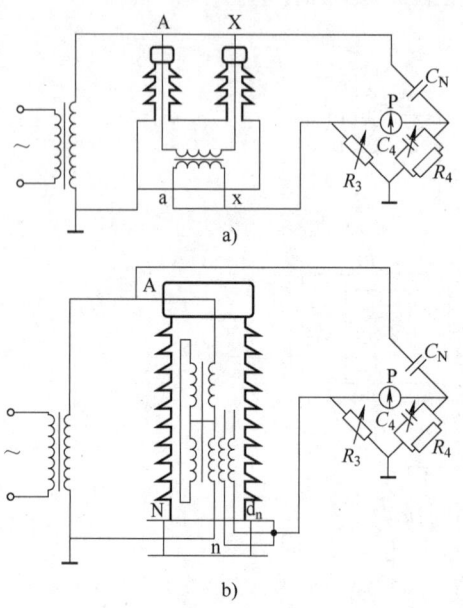

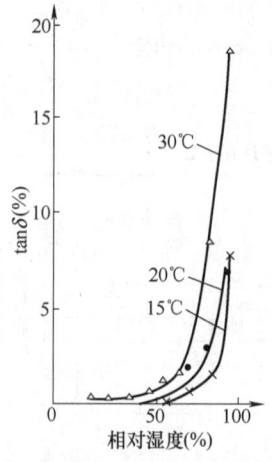

图 10.4-5　油浸电压互感器 tanδ 测量线路

a) 不接地型　b) 接地型

tanδ 测量是绝缘预防性检查的重要内容，它能综合地反映互感器的内部绝缘状况。对串级式电压互感器，由于一次绕组的纵向电容很小，一般只有 20~40pF，当采用感应法测量时，必须严格控制环境湿度，以减小外部绝缘泄漏电流和杂散电容损耗对互感器内绝缘 tanδ 测量结果的影响。图 10.4-6

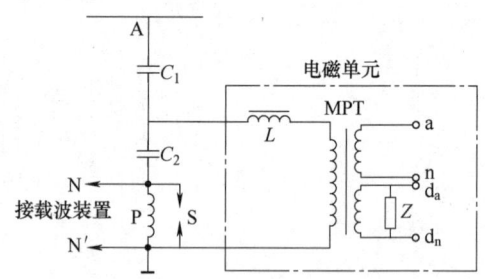

图 10.4-6　JCC1M-110 型电压互感器内部绝缘 tanδ（感应电压法）与环境温度和相对湿度的关系

为根据 JCC1M-110 型电压互感器实测数据绘制的内部绝缘 tanδ 与环境温度和相对湿度的关系。

4.3　电容式电压互感器

109　工作原理　电容式电压互感器（CVT）的原理线路见图 10.4-7。其简化等效电路和简化相量图见图 10.4-8。

图 10.4-7　CVT 的原理线路

A、N、N′——次出现端子　a、n—二次绕组出现端子

d_a、d_n—剩余电压绕组出现端子

C_1、C_2—电容分压器的高压、中压电容器

L—补偿电抗器，用于补偿电容分压器的容抗

MPT—中间电磁式电压互感器，用于降低电容分压器的输出电压和负载阻抗变换

P—排流线圈　S—保护间隙　Z—阻尼器

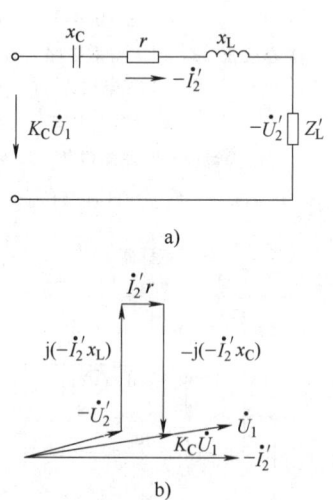

图 10.4-8　CVT 的简化等效电路和简化相量图

a) 等效电路　b) 相量图

$K_C = C_1/C_2(C_1+C_2)$　$x_C = 1/[\omega(C_1+C_2)]$　x_L—等效电抗，由 L 的感抗和 MPT 的漏抗组成

r—等效电阻，由 L、MPT 和 C_1、C_2 的等效电阻组成

在理想情况下，x_C 与 x_L 呈谐振状态，即剩余电抗 $\triangle x = x_L - x_C = 0$，CVT 的误差仅与 r 上的电压降有关。事实上，由于 L 并非是理想的线性元件以及其他因素的影响，将使 x_C 与 x_L 脱离谐振状态，即 $\triangle x \neq 0$，CVT 的误差取决于 r 和 $\triangle x$ 上的电压降。

110　影响电容式电压互感器误差的外部因素　CVT 的误差除受一次电压和负载的影响外，还随电源频率和环境温度的变动而改变。根据 GB/T 4703—2007 的规定，在参考频率范围（对测量用准确级，为 99%~101% 额定频率；对保护用准确级，为 96%~102% 额定频率）和参考温度范围内，CVT 的误差应满足相应准确级的要求。

111　铁磁谐振及其阻尼　CVT 回路中有电容分压器以及带铁心的补偿电抗器和中间电磁式电压互感器，具备产生铁磁谐振的必要条件。当 CVT 一次侧突然接入系统或二次侧发生短路后又突然消除短路时，在暂态过电压的作用下，中间电磁式电压互感器铁心饱和，励磁电感下降，回路的固有振荡频率将上升到额定频率的 1/3、1/5…因而可能出现某一分数谐波振荡，最常见的为 1/3 分数谐波振荡。由于电源不断供给能量，回路中如无足够的阻尼，将发生持续的分数谐波铁磁谐振，其过电压幅值可达额定电压的 2~4 倍。这样，不仅会危及中压电容器、补偿电抗器和中间电磁式电压互感器，而且会使 CVT 输出虚假的故障电压信号。

为此，在 GB/T 4703—2007 中作了如下规定：1）当电压为 $1.2U_{1n}$ 而负载实际上为零时，CVT 的二次侧短路后又突然消除短路，其二次电压峰值应在频率的 10 个周期之内恢复到与短路前的正常值相差不大于 10% 的电压值。2）在与故障状态下的额定电压因数相对应的电压而负载实际上为零的情况下，CVT 的二次侧短路后又突然消除短路，其铁磁谐振的持续时间应不超 2s。

阻尼器通常接在剩余的电压绕组的出线端子间，其分类见表 10.4-5。

表 10.4-5　阻尼器的分类

类型	原理电路	特点
固定接入型	R	阻尼效果好，但影响 CVT 在正常运行时的误差特性，国产 110~330kV 的 CVT 仍采用
谐振型	C　L　R	C 和 L 在额定频率下调整到并联谐振状态，阻尼回路在正常运行时呈现高阻抗，只是由于调谐不可能十分理想以及电源不可避免地含有少量的高次谐波分量，才有很小的电流通过阻尼回路，它对 CVT 在正常运行时的误差特性影响可以忽略。当出现分数谐波振荡时，L、C 偏离并联谐振状态，流过阻尼回路的电流急骤增加，在阻尼元件上瞬时消耗很大功率，国产 500kV 的 CVT 曾采用，并推广到国产 110~330kV 的 CVT
饱和电抗器型	L　R	以饱和电抗器 L 作无触点开关。在铁磁谐振过电压下，L 深度饱和，感抗急骤减小，阻尼元件瞬时接入。结构简单，运行可靠，但要求 L 有明显的饱和点，工作点亦应合理，以免在正常运行时产生谐波，瑞典 ASEA 公司生产的 CVT 首先采用，后国产 CVT 也推广采用
电子型	V_{Th}　Z	以晶闸管 V_{Th} 作无触点开关。当出现铁磁谐振时，V_{Th} 立即导通，将阻尼元件 Z 接入。它采用较为复杂的线路，对元件的稳定性和可靠性的要求甚高。但阻尼效果好，并能改善瞬变响应特性，是一种比较理想的阻尼器

112　电容式电压互感器瞬变响应特性　当 CVT 的一次侧发生对地短路时，由于电容分压器、补偿电抗器和中间电磁式电压互感器等储能元件上残存有一定的能量，回路中将出现低频衰减振荡或指数衰减过程，二次电压不能立即衰减到零，而需要经过一个短暂的时间，瞬变响应特性对高速动作的继电保护装置至关重要。因此，在 GB/T 4703—2007 中规定：在将 CVT 一次接线端与接地端之间的电源短路后，CVT 的二次输出电压应在额定频率的一个周期内，衰减到短路前电压峰值的 10%。

4.4　电流互感器

113　工作原理　电流互感器的一次绕组与线路串联，二次绕组与测量仪表或继电器的电流线圈连接，接近于短路状态，其一次电流取决于线路的负载，与互感器的二次负载无关，这是电流互感器与变压器的主要区别。

图 10.4-9 为电流互感器的等效电路和相量图。由于 $\dot{I}_0$ 的影响，一次电流相量 $\dot{I}_1$ 与折算到一次侧的二次电流 $\dot{I}_2'$ 在数值和相位上都不相同，同样存在电流误差和相位差。

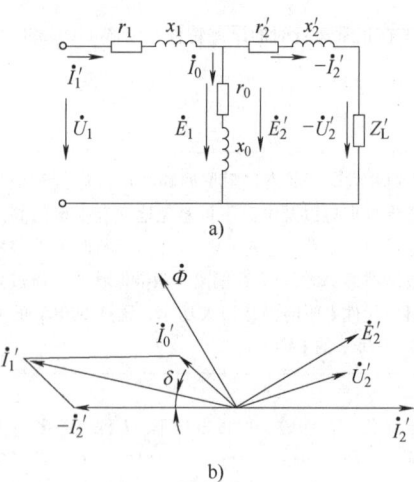

图 10.4-9　电流互感器的等效电路和相量图
a) 等效电路　b) 相量图

在正常运行状态下，电流互感器的一次磁动势与二次磁动势基本平衡，励磁磁动势很小，铁心中的磁通密度和二次绕组的感应电动势都不高。在电流互感器的二次回路发生开路故障时，一次磁动势全部用于励磁，铁心深度饱和，磁通为平顶波，感应电动势为尖峰波，见图 10.4-10，二次绕组两端

将出现危险的过电压。因此，必须从根本上采取措施，杜绝这类事故的发生。

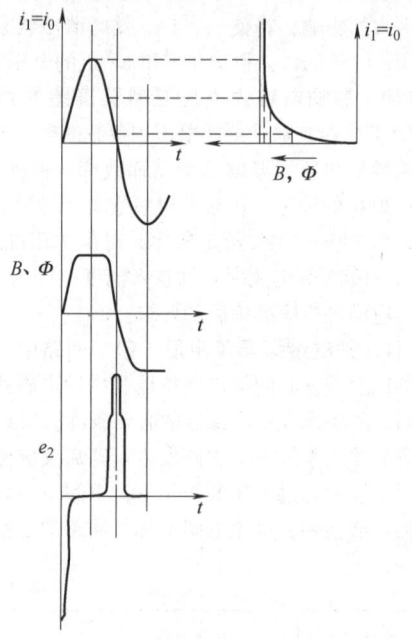

图 10.4-10　运行中的电流互感器二次开路时的励磁电流、磁通和感应电动势波形

114　测量用电流互感器　其电流误差 f 为

$$f = \frac{K_n I_2 - I_1}{I_1} \times 100\%$$

式中　K_n——额定电流比；

I_1、I_2——实际一次、二次电流（A）。

当 $K_n I_2 > I_1$ 时，f 为正值；反之，为负值。

相位差 δ 是实际一次电流相量与转过 180° 后二次电流相量间的夹角（'）。转过 180° 的二次电流超前于一次电流相量时，δ 为正值；反之，为负值。

测量用电流互感器的标准准级级及其误差限值见表 10.4-6（按 GB 1208—2006）。

115　一般保护用电流互感器　它是按变换稳态一次短路电流设计的。由于铁心中的磁通密度比测量用电流互感器高得多，励磁电流和二次电流中均含有不可忽视的高次谐波分量，见图 10.4-11，其在一次短路电流下的误差用复合误差 ε_C（%）表示：

$$\varepsilon_C = \frac{100}{I_1} \sqrt{\frac{1}{T} \int_0^T (K_n i_2 - i_1)^2 \mathrm{d}t}$$

式中　I_1、i_1——一次电流的有效值与瞬时值（kA）；

i_2——二次电流的瞬时值（kA）；

T——周期（s）。

表 10.4-6　测量用电流互感器的标准准确级及其误差限值

准确级	负载范围	在下列额定电流百分数时											
		电流误差，±（%）						相位差，±/（′）					
		1	5	20	50	100	120	1	5	20	50	100	120
0.2S	（25~100）%× S_{2n}	0.75	0.35	0.2	—	0.2	0.2	30	15	10	—	10	10
0.5S		1.5	0.75	0.5	—	0.5	0.5	90	45	30	—	30	30
0.1		—	0.4	0.2	—	0.1	0.1	—	15	8	—	5	5
0.2		—	0.75	0.35	—	0.2	0.2	—	30	15	—	10	10
0.5		—	15	0.75	—	0.5	0.5	—	90	45	—	30	30
1		—	3.0	1.5	—	1.0	1.0	—	180	90	—	60	60
3	（50~100）%× S_{2n}	—	—	3	—	3		不予规定					
5		—	—	5	—	5							

注：0.2S 和 0.5S 级为特殊用途的电流互感器（要求在额定电流 5A 的 1%~120% 之间的某一电流下能作准确测量），其额定二次电流仅为 5A。

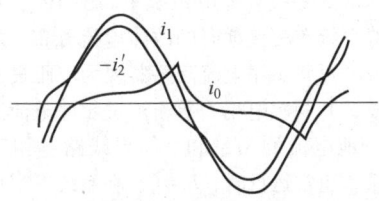

图 10.4-11　一般保护用电流互感器
在短路电流下的电流波形

一般保护用电流互感器的标准准确级及其误差限值见表 10.4-7。

表 10.4-7　一般保护用电流互感器的标准准确级及其误差限值

准确级	电流误差，±（%）	相位差，±/（′）	复合误差（%）（在额定准确限值的一次电流时）
	在额定一次电流时		
5P	1	60	5
10P	3	—	10

116　暂态保护用电流互感器　按变换暂态一次短路电流设计（GB 16847—1997），其分类见表 10.4-8，适合与高速动作的继电保护装置和断路器相配合。主要用于 220kV 以上电压的超高压系统中。

表 10.4-8　暂态保护用电流互感器的分类

准确级	特点
TPS	低漏磁，匝比误差不超过±0.25%，控制二次励磁特性，无剩磁限值
TPX	控制变换暂态一次短路电流的总误差，无剩磁限值
TPY	与 TPX 级相似，但剩磁不超过饱和磁通密度的 10%
TPZ	只控制变换暂态一次短路电流对称分量的误差，剩磁可忽略不计

TPX 和 TPY 级的暂态误差 $\hat{\varepsilon}_{ac}$ 为

$$\hat{\varepsilon}_{ac} = \frac{(K_n i_2 - i_1)}{\sqrt{2} I_{1sc}} \times 100\%$$

式中　$(K_n i_2 - i_1)$——误差电流中的对称分量最大瞬时值（kA）；

　　　I_{1sc}——一次短路电流对称分量的有效值（kA）。

TPZ 级的暂态误差 $\hat{\varepsilon}_{ac}$

$$\hat{\varepsilon}_{ac} = \frac{(K_n i_{2ac} - i_{1ac})}{\sqrt{2} I_{1sc}} \times 100\%$$

式中　$(K_n i_{2ac} - i_{1ac})$——误差电流中的对称分量最大瞬时值（kA）。

各准确级在额定电流和额定负载下的误差限值见表 10.4-9，暂态误差限值见表 10.4-10。

表 10.4-9　额定电流和额定负载下的误差限值

准确级	电流误差，±（％）	相位差，±/（′）
TPX	0.5	±30
TPY	1	±60
TPZ	1	180±18

表 10.4-10　暂态误差限值

准确级	TPX	TPY	TPZ
暂态误差限值（％）	10	10	10

保证暂态误差的条件为：1）系统短路回路的时间常数不大于规定值；2）一次短路电流对称分量的有效值不大于与对称短路电流系数相对应的电流值；3）一次短路电流的非对称分量为任意值；4）二次负载不大于规定值；5）工作循环不超出规定。

工作循环有 C—O 和 C—O—C—O（C 为短路；O 为开断）两种方式。图 10.4-12 为 TPY 级在工作循环 C—O—C—O（两个 C—O 具有相同偏移幅值的一次短路电流）下的磁通密度波形。受 B_{dr} 的影响，后一个 C—O 的磁通密度包络线不是 F，二是 F'。因此 C—O—C—O 比 C—O 更为严格。

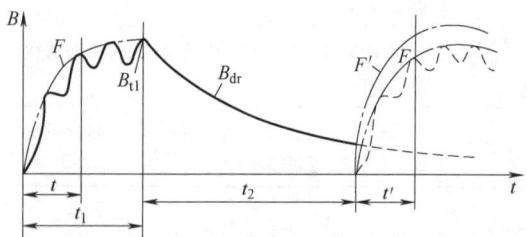

图 10.4-12　TPY 级在 C—O—C—O 下的磁通密度波形

t'—继电保护装置动作时间　t_1—一次短路电流持续时间　t_2—无电流间隙时间　B_{dr}—动态剩余磁通密度　F、F'—磁通密度包络线

对 TPX 级，由于剩磁很高，不适用于有磁累积效应的 C—O—C—O 工作循环。

117　测量用电流互感器的误差测量　一般采用图 10.4-13 所示线路。被试互感器二次所接负载（包括连接线）与规定的偏差应不超过±3%。

测量前，应先检查被试互感器的极性，并退

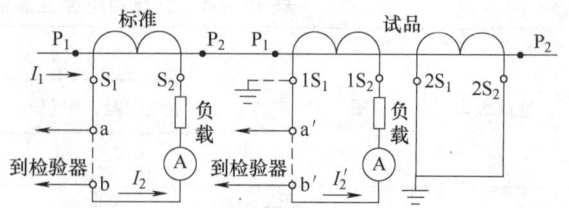

图 10.4-13　测量用电流互感器的误差测量线路

磁。检查极性可在带有极性指示器的误差检验器上进行。退磁可根据互感器的具体情况，采用大负载退磁或强磁场退磁。

测量时，一次回路通以额定频率且为实际正弦波的电流。当标准互感器的准确级比被试互感器高两级，且其实际误差小于被试互感器允许误差的 1/5 时，标准互感器的误差可忽略不计，检验器的读数就是被试互感器的误差。

4.5　零序电流互感器

118　工作原理　零序电流互感器主要用于中性点绝缘的 3～10kV 配电系统中。图 10.4-14 为中性点绝缘系统单相接地时的故障电流分布。从变换电流出发，可将零序电流互感器视为单匝贯穿式电流互感器，其一次电流 $\dot{I}_1$ 等于流过零序电流互感器的三相对地电流的相量和。如果线路各相容抗平衡，在系统正常运行时，$\dot{I}_1 = 0$；在系统发生单相接地故障时，$\dot{I}_1$ 视不同的接地性质而异。

（1）单相金属性接地故障（例如线路 l_1 的 A 相）　图 10.4-15 为其等效电路和相量图。故障线路零序电流互感器的 $\dot{I}_1 = -\dot{I}_e + \dot{I}_{eC1}$。由于 $\dot{I}_{eC1}$ 很小，故可以认为，$\dot{I}_1$ 较各条线路，包括故障线路本身的对地电容电流相差 180° 即较零序电压滞后 90°；而非故障线路零序电流互感器的 $\dot{I}_1$ 则为线路本身的对地电容电流，且较 $\dot{U}_0$ 超前 90°。这是确定保护装置选择性的依据。

（2）单相非金属性不完全接地故障（例如线路 l_1 的 A 相）　图 10.4-16 为其等效电路和相量图。当 R_e 由 0→∞ 时，$\dot{U}_{ke}$ 由 0→$\dot{U}_{\phi k}$，$\dot{U}_0$ 由 $-\dot{U}_{\phi A}$→0，故障线路零序电流互感器的 $\dot{I}_1$ 则由 $\left\{ -3\dot{U}_0 \left[\dfrac{1}{Z} + j\omega (C_\Sigma - C_1) \right] \right\}$→0；当 R_e 为某个中间值时，中性点沿以 $U_{\phi k}$ 为直径的半圆周由 O' 移至 O''，$3\dot{U}_0$ 即 O''OD，其两端分别沿上述半圆周 ODE 半圆移动。故障线

路和非故障线路零序电流互感器一次电流的有效值皆为金属性接地故障时的 $\sqrt{1-\left(\dfrac{U_{ke}}{U_{\phi k}}\right)^2}$ 倍，而它们之间的相对相位关系未改变。

另外，零序电流互感器的保护灵敏度以其二次电流达到继电器整定电流时的一次电流（最小动作电流）来表示。

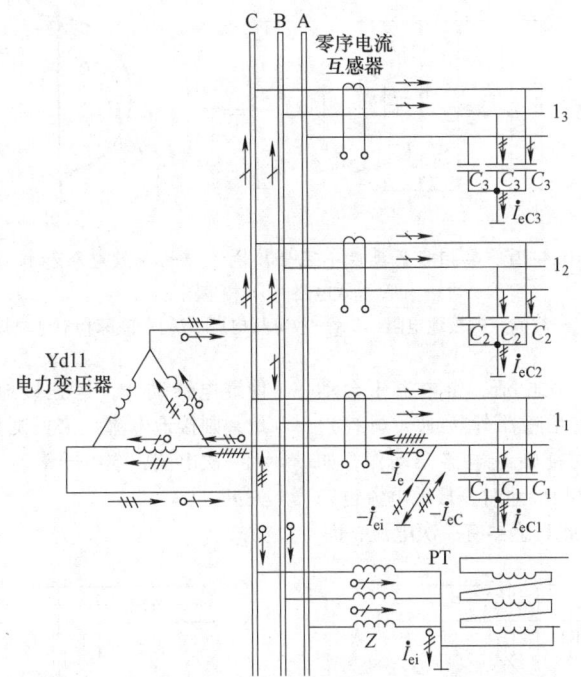

图 10.4-14　中性点绝缘系统单相接地时的故障电流分布

$\dot{I}_{eC}$—所有投入运行线路对地电容电流的总和，

$$\dot{I}_{eC}=\dot{I}_{eC1}+\dot{I}_{eC2}+\dot{I}_{eC3}$$

$-\dot{I}_{e}$—经故障线路故障点和零序电流互感器安装处回馈至系统的电流，$-\dot{I}_{e}=-\dot{I}_{eC}-\dot{I}_{ei}$

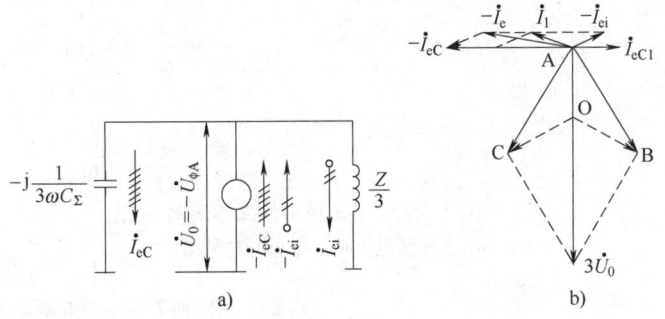

图 10.4-15　单相金属性接地故障的等效电路和相量图

a）等效电路　b）相量图

$C_{\Sigma}=C_1+C_2+C_3$　Z—折算到一次侧的接地型电压互感器的单相对地阻抗

此外，电缆型零序电流互感器使用时须注意：电缆接地线必须穿过互感器内部再接地。如

图 10.4-17a 所示，在正常运行时，由于三相对地电容不对称而产生的零序电流来回经过互感器内，故

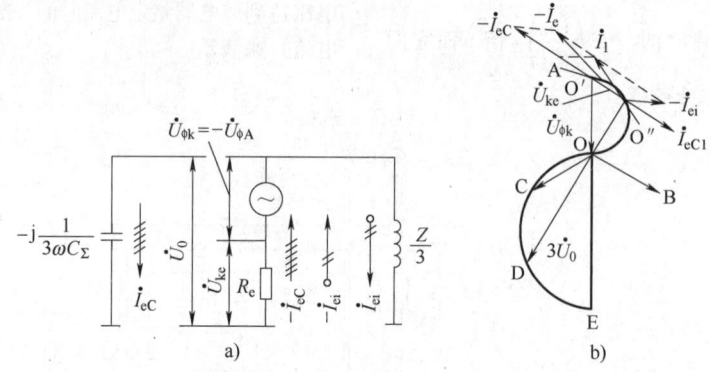

图 10.4-16　单相非金属性不完全接地故障的等效电路和相量图

a) 等效电路　b) 相量图

R_e—故障点的接地电阻　$U_{\phi k}$—故障相电压　U_{ke}—故障相对地电压

相互抵消而使互感器无一次电流，继电器不会动作。相反，如果接地线在互感器外接地（虚线），则互感器有一次电流而可能使继电器误动作，如图 10.4-17b 所示，出现单相接地时，接地电流也来回通过互感器内三次，因此互感器有一次电流，而

使继电器动作，保证接地报警。反之，如虚线接地，则接地电流只来回通过互感器内两次而抵消，无一次电流，继电器不动作，不报警，接地保护将失灵。

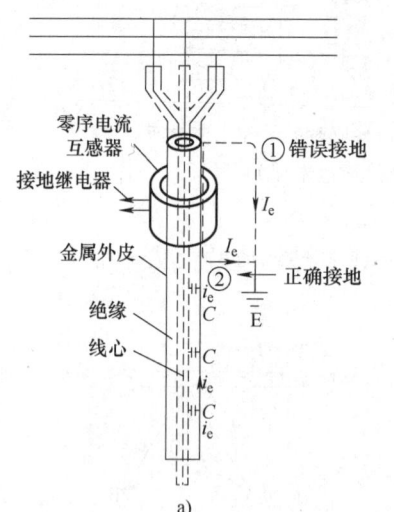

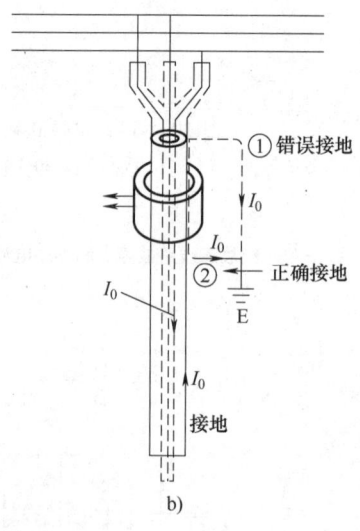

图 10.4-17　电缆型零序电流互感器的运行

a) 不平衡电压时　b) 接地故障时

4.6　电子式电流互感器

119　结构与参数　IEC 60044-8 和 GB/T 20840.8 规定了电子式电流互感器的一般结构，见图 10.4-18。但对于某种具体结构，电子式电流互感器中的所有单元不都是必需的，如光学传感

需要一次转换器和一次电源。根据一次传感器的不同而有不同的结构形式，一次传感器有光学传感器件（包括磁光玻璃、全光纤等）、罗戈夫斯基线圈（空心线圈）电流互感器、铁心线圈式低功率电流互感器（LPCT）等。传输系统有铜线传输和光纤传输。一次转换为电-光转换（光纤传输），有各种调制方法，如 U-f 调制、A/D 转换、电流脉宽调

制等。二次转换即为光-电变换，或称为解调器。

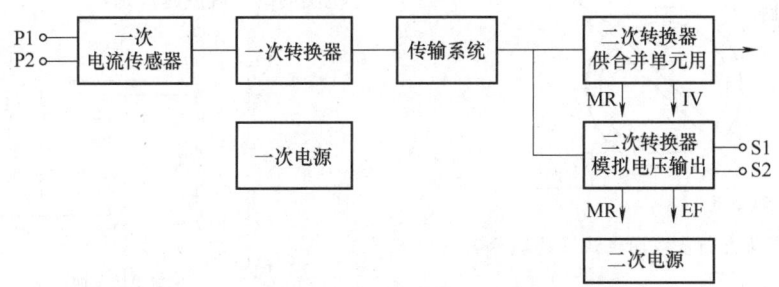

图 10.4-18 单相电子式电流互感器通用框图
IV—输出无效 EF—设备失效 MR—维修申请

电子式电流互感器的输出有模拟量和数字量两种输出形式，模拟量输出为二次电压方均根值，IEC60044-8 规定了其额定值的标准值为 22.5mV、150mV、200mV、225mV、4V，其中 4V 仅用于测量。额定负载的标准值为 2kΩ、20kΩ 和 2MΩ。电子式电流互感器输出数值量（十六进制），其额定值：测量用为 2D4H（十进制为 11585）；保护用为 01CFH（十进制为 463）。

电子式电流互感器的使用环境条件、绝缘耐压要求及准确度要求与电磁式电流互感器相同，不同的是增加了电磁兼容（EMC）的特殊要求和误差与频率、温度变化的稳定性要求，后者正是制造电子式电流互感器的关键技术。

120 光学电流互感器 光学电流互感器基于法拉第效应原理。当一束线偏振光穿过透明光介质时，若在光波传播方向施加一外磁场，则其偏振面将旋转 θ 角，有

$$\theta = VHL$$

式中 V——维尔德常数，由介质和光波的波长决定，它表征了介质的磁光特性；

H——磁场在光传播方向的分量；

L——光通过物质的光程。

如此，通过测量电流导体周围线偏振光偏振面的变化，就可间接地测量出导体中的电流值。利用法拉第磁光效应的电流互感器有块状玻璃（磁光玻璃）和全光纤等形式。磁光电流互感器原理见图 10.4-19。由于磁场强度 H 是由电流 I 产生的，所以 $\theta = VKI$，其中 K 为只和磁光材料中的通光路径及通流导体的相对位置有关的常数。当通光路径为围绕通流导体一周时，$K=1$，因此，只要测定 θ 的大小，即可测出通流导体的电流。

全光纤型电流互感器是指传感部分和光传输部分都采用光纤，其光纤一般选用单模光纤。全光纤

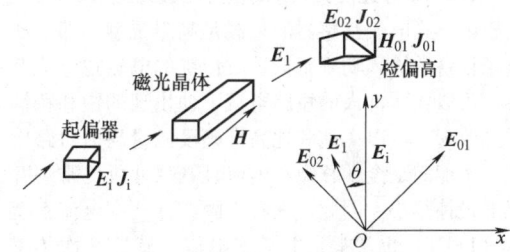

图 10.4-19 磁光电流互感器原理图
J、E—各部分光的发光强度及电场矢量 H—磁场强度

型电流互感器一般也基于法拉第磁光效应原理。

121 罗戈夫斯基线圈（空心线圈）**互感器** 由于电子式电流互感器输出信号极小，负载是高阻抗，罗戈夫斯基线圈在冲击大电流测量中得到广泛应用。罗戈夫斯基线圈电流互感器原理图见图 10.4-20。它一般由线圈和信号处理电路两部分组成；由若干匝导线均匀对称地绕制在一定形状和尺寸的非铁磁材料上制成，一次侧导体垂直穿过骨架中心，当导体中流过变化的电流，则导体周围产生变化的磁场，由电磁感应原理知线圈输出端产生感应电动势。R_m 为终端电阻，$i(t)$ 为被测电流，$e(t)$ 为感应电压，R 为线圈等效半径，D 为骨架外直径，d 为骨架内直径，h 为骨架截面高度，c 为骨架截面厚度。假设穿过线圈的载流导体为一匝，且被测电流为 $i(t)$，根据安培环路定律，对于任意形状截面的圆环形线圈，其二次输出电压近似为

$$e(t) = \mu_0 NA \frac{\partial i_p(t)}{\partial t} = M \frac{\partial i_p(t)}{\partial t}$$

式中 M——传感器的互感，$M = \mu_0 NA$，$\mu_0 = 4\pi \times 10^{-7}$（H/m）。

罗戈夫斯基线圈的输出电压与电流导数成正比，因此，通常要经过积分环节而使输出电压与输

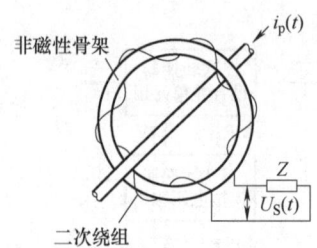

图 10.4-20　罗戈夫斯基线圈电流互感器原理图

入电流成正比。在实际应用中，罗戈夫斯基线圈本体不带积分器，已免去电子器件（积分环节由继电器实现）。

122　铁心线圈式低功率电流互感器（LPCT）
由于电子式电流互感器的负载是高阻抗型，即二次电子设备的输入功率很低，故传统的电磁式电流互感器可以在非常大的短路电流下使出现的饱和特性得到改善，可以无饱和地高准确度测量高值短路电流，也能满足全偏移短路电流且其尺寸可比常规互感器设计得小。因此，铁心线圈式低功率电流互感器（LPCT）也常常是电子式电流互感器一次传感器的一种最易实现的形式。LPCT 与常规的电磁式电流互感器相同，只是二次绕组回路多了一个并联电阻 R_{sh}，见图 10.4-21。并联电阻 R_{sh} 的设计要求为使得 LPCT 的功率消耗接近于零，二次电流在并联电阻上产生的压降 U_s 正比于一次电流且同相位。

LPCT 内部损耗和负载要求的二次功率越小，其测量范围内的准确度越理想。

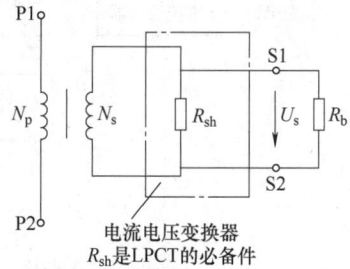

图 10.4-21　铁心线圈式低功率电流互感器电路

高压及超高压电子式电流互感器采用 LPCT，与罗戈夫斯基线圈电流互感器一样都属于有源型传感器。

4.7　电子式电压互感器

123　结构与参数　IEC 60044-7 提出了电子式电压互感器结构的通用框图，见图 10.4-22。对于某些具体结构的电子式电压互感器，并非所有部分（模拟量输出）都有，例如，一次电压传感器采用电光晶体（BGO）的电子式电压互感器，就没有一次转换器和一次电源。

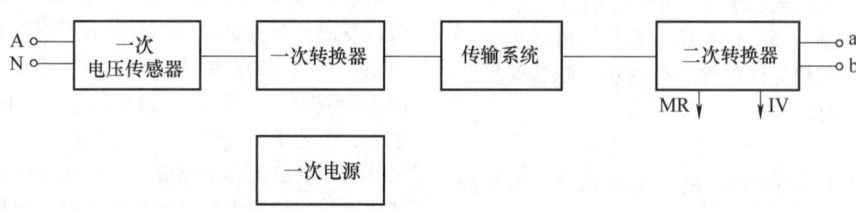

图 10.4-22　单相电子式电压互感器模拟量输出结构通用框图

电子式电压互感器的一次电压传感器有光学传感器、分压型传感器（包括电容分压型和电阻分压型）。电子式电压互感器的输出有模拟量输出和数字量输出。模拟量输出的额定二次电压的标准值为 1.625V、2V、3.25V、4V、6.5V（用于单相系统或三相系统线间的电压互感器）及 $1.625/\sqrt{3}$ V、$2/\sqrt{3}$ V、$3.25/\sqrt{3}$、$4/\sqrt{3}$ V、$6.5/\sqrt{3}$ V（用于三相系统相对地间的电压互感器）。数字量输出的标准值为 2041H（十进制为 11585），模拟量输出直接与二次电子设备连接，数字量输出与合并单元进行数据处理后传输至二次电子设备。

电子式电压互感器的使用环境条件、绝缘耐压要求等与常规电压互感器相同，不同的是增加了电磁兼容（EMC）要求及误差与电源频率及温度稳定性的特殊要求，后者往往也是制造电子式电压互感器的关键技术。

124　电子式电压互感器光学传感器　光学传感器有电光晶体（BGO—$Bi_4Ge_3O_{12}$晶体）型和全光纤型。电光晶体型利用某些光学介质在外电场作用下折射率随外电场而线性变化的特性，此称为 Pockels 效应或线性电光效应。在高电压测量中普遍采用既无自然双折射又无旋转性的 BGO 晶体。在没有外电场作用下，BGO 晶体为各向同性，当存在外电场时，晶体变为各向异性的双轴晶体，从而导致其折射率和通过晶体的光偏振态发生变化。应用光的干涉原理，可以测定由于外电场的作用而引起的通过晶体的光参量的变化从而实现电场或电压的测量。根据结构的不同，有纵向和横向调制电压两种形式。纵向调制电压光学传感器结构示意图见图 10.4-23。

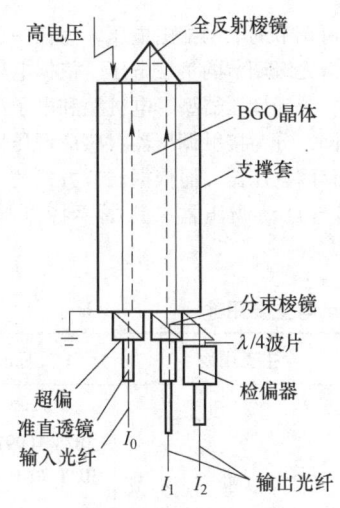

图 10.4-23　纵向调制电压光学传感器结构

由图可见，BGO 晶体要承受运行中高压对地的全电压。因此，此种结构对 BGO 晶体绝缘要求十分严格，即 BGO 晶体是电子式电压互感器的关键部件。

125　分压型一次电压传感器　分压型一次电压传感器普遍采用电容分压型和电阻分压型。电容分压型与普通电容分压器没有什么区别，只是分压比普通的大得多，即分压电容直接处于低压电位。

电阻分压型，亦与普通的电阻分压器完全相同。

电容分压型一般用于高压乃至超高压电子式电压互感器中，电阻分压型一般用于中压（35kV 及以下）电子式电压互感器中。GIS 或 H. GIS 由于结构的原因常采用电容分压型。

第 5 章 调压器

5.1 调压器概述

126 调压器分类、特点与用途 调压器是一种能给负载以可调电压的调压电源。它广泛应用于工农业生产、交通运输、电信、广播电视、国防、军工、医疗卫生、科学试验和家用电器等中,它能转变一不可调节的电网配电电压,为任一可在一定范围内平滑无级调节的负载电压。依据电磁作用原理的不同,分为变压器型、电机型和电子型。依据结构的不同,分为接触调压器、感应调压器、磁性调压器和移圈调压器。而依据调节方式的不同,分为调压器与自动调压器。其主要特点与用途见表 10.5-1。

表 10.5-1 调压器与自动调压器的特点与主要用途

	产品名称	容量范围/kVA	特点	主要用途	标准
变压器型	接触调压器	≤100 >0.5	效率高,电压波形及调压特性好,体积小,重量轻	适用于实验室、小型工业电炉、电信、家用电器、小型整流等设备中调节或稳定电压	JB/T 10091—2001 JB/T 7070.1—2002
	接触自动调压器	≤100 >0.5	效率高,体积小,重量轻,稳压精度高,反应速度快		JB/T 10089—2001 JB/T 7070.1—2002
	移圈调压器	≤2 250 >10	调压范围大,电压波形较好,效率较低,空载电流较大	适用于高压试验及中小型整流等设备中调节电压	JB/DQ 2094—1983
	磁性调压器	≤1 000 >10	无传动机构,便于实现自动控制,调压范围与负载量成正比,非额定运行时波形差,三相结构复杂	最适用于低电压、大电流工业电炉控温	JB/T 10092—2000 JB/T 7070.3—2002
电机型	感应调压器	≤1 900 >10	调压范围宽,电压波形及调压特性较好	适用于一般试验电源、发电机励磁、工业电炉控温、中小型整流、电信、冶金、煤矿、化工、纺织等设备中调节或稳定电压	JB/T 10093—2000 JB/T 7070.2—2002
	感应自动调压器	≤4 000 >10	稳压精度高,反应速度较慢		JB/T10090—2001 JB/T 7070.2—2002

（续）

	产品名称	容量范围/kVA	特点	主要用途	标准
电子型	晶闸管调压器	≤450 >0.5	效率高，节能效果好，电压波形差	适用于调光、调温及整流	JB/T 3283—2010
	晶闸管自动调压器	≤100 >0.5	稳压精度最高，反应速度最快，效率高，体积小，重量轻	适用于计算机等设备中稳压	
	晶闸管调压器	≤450 >0.5	效率高，重量轻，体积小，功率因数较低，线路冲击大	最适用于电炉控温	JB/T 3283—2010

5.2 调压器原理、结构、主要技术数据、使用和维护

127 接触调压器

（1）原理和结构 接触调压器是一种电压比连续可调的自耦变压器，分为环式和柱式两类。工作原理及绕组接线见图 10.5-1，N 为调节绕组 T_r 总匝数，N_1 为一次侧匝数，N_2 为二次侧匝数。电刷被传动机构带动，在调节绕组的接触表面上滑动或滚动时，N_2 在 $0 \sim N$ 范围内变化。二次电压 U_2 随 N_2 的变化得到调节，从最小值 $U_{2min} = 0$ 变化至最大值 $U_{2max} = (U_1/N_1)N$。

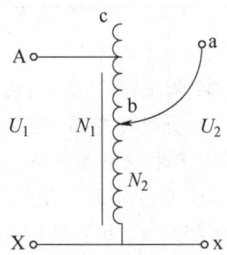

图 10.5-1 接触调压器的工作原理图

接触调压器因铁心结构的不同，有环式和柱式（单相两柱、三相三柱）两种，均采用冷轧取向变压器硅钢片制成。环式铁心，用硅钢带卷绕经热处理而成，多用于单相容量 10kVA 及以下；柱式铁心，用硅钢片叠积而成，多用于单相、三相容量大于 30kVA。

绕组一般均采用高强度漆包圆铜线或扁铜线绕制。一个环形铁心仅有一个单层筒式绕组（调节绕组 T_r），直接绕在绝缘的铁心上。柱形铁心的每个

柱上，有内外两个绕组。内绕组为补偿绕组 B_r，多层分段式；外绕组为调节绕组 T_r，单层筒式。调节绕组与电刷接触的部位，磨削后，表面经特殊处理（耐磨、耐腐蚀）成为光洁导电的表面。

电刷一般采用 D308 电化石墨或 J105 紫铜石墨制成。电刷也有呈矩形的滑动电刷与呈轮形的滚动电刷两种。电刷与调节绕组导电表面接触的方式，有滑动接触与滚动接触两种。与绕组导电表面接触是否良好，直接关系到接触调压器的使用寿命。

（2）主要技术数据 见表 10.5-2。

（3）使用与维护 电刷接触不良，会产生火花灼痕或触点过热。应定期更换磨损的电刷，并清除绕组接触表面灼痕和污垢，使之光洁。调节电压要缓慢均匀。调压器可恒电流输出，不可恒功率输出。如无平衡电抗，调压器不可并联使用。

128 移圈调压器

（1）原理与结构 图 10.5-2 为移圈调压器的单元结构示意图和典型接线原理图。

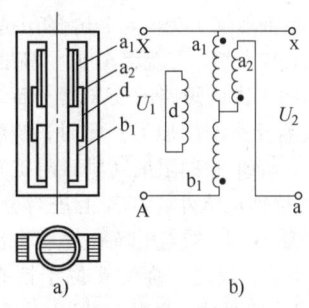

图 10.5-2 移圈调压器结构和接线原理图
a）结构 b）接线原理图

铁心为单相单柱两旁轭式或三旁轭式。它有一个主绕组 a_1 和一个辅助绕组 b_1，两者匝数相等，

反向串联，对称地套装在铁心柱的上、下两半部分。主绕组 a_1、a_2 可以连接成自耦式或双圈式。另外还有一个自身短路的动绕组 d，套装在绕组 a_1、a_2 和 b_1 的外面，留有一定的间隙，传动机构带动其上下移动，而不与它们相摩擦。各绕组均为多层圆筒式，高度相等。

表 10.5-2　环式接触调压器的主要技术数据

额定容量/kVA	相数	额定输入电压/V	额定输出电压/V	空载电流(%)	效率(%)	满载电压降/V	空载输出电压波形畸变率(%)	起始电压/V	过载能力	
									过载(%)	过载时间/min
0.2				11	95.2					
0.5	单相	220	0~250			≤3	≤3	≤1		
1										
2									20	≤60
3										
4										
5										
7										
10										
15									40	≤30
20										
30				2.2	98.2					
3				5.5	96.6					
6										
9									60	≤5
12	三相	380	0~430			≤9	≤3	≤$\sqrt{3}$		
15										
20										
30				2.2	98.3					

图 10.5-2b 中，接通电源 U_1，通过传动机构带动绕组 d，沿铁心柱高度方向上下移动，改变它与绕组 a_1、b_1 之间的相对位置，也改变了它与它们之间形成的磁路状态，以及主磁通和漏磁通的分布与耦合关系，因而改变了绕组 a_1、b_1 的阻抗值。当绕组 d 位于铁心柱上端，与绕组 a_1 同一高度时，两者形成一个如同二次侧短路的变压器，而绕组 b_1 如同一个二次侧开路的变压器；此时，绕组 a_1 的总阻抗值最小，绕组 b_1 的阻抗（励磁阻抗）值最大，U_1 按两者阻抗值的大小，在其上进行分配，绕组 a_1 的电压降最小，b_1 的电压降最大，因此，输出电压 U_2 为最小值。反之，绕组 d 位于铁心柱下端，与绕组 b_1 同一高度时，绕组 b_1 与 d 形成一个二次侧短路的变压器，绕组 a_1 为一个二次侧开路的变压器，绕组 a_1 的电压降最大，b_1 的电压降最小，U_2 为最大值。可见，动绕组 d 自铁心柱上端逐渐向下移动至下端，U_2 即由接近于零的最小值逐渐增大至最大值。

三个单相移圈调压器单元，对称地安装在一个底座平面上，三个动绕组共用一套传动机构，可连接成三相或并联成单相大容量的移圈调压器。

动绕组位于铁心柱中间、上端与下端三个位置时，U 降落在绕组 a、b 上的两个电压降分量，根据各自的磁路状态，在铁心窗口空间和沿铁心柱高度，建立自己的励磁磁动势和主磁通。主磁通在铁心中的分布极不均匀，且穿过窗口空间构成回路，这是与一般变压器截然不同的。移圈调压器空载特性的计算就是基于这一主磁通分布的。

移圈调压器的空载调压特性和短路阻抗电压特性见图 10.5-3。图中，x 为动绕组 d 的相对位移，在铁心柱上端 $x=0$，在铁心柱中间 $x=0.5$，在铁心柱下端 $x=1$。

（2）主要技术数据　见表 10.5-3。

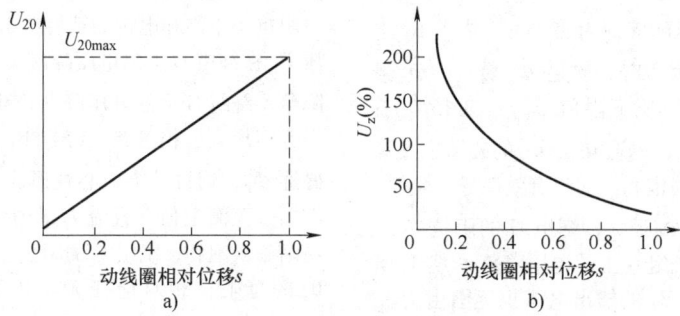

图 10.5-3　移圈调压器特性曲线

a）空载调压特性　b）短路阻抗电压特性

表 10.5-3　移圈调压器的主要技术数据

额定容量/kVA		相数	额定输入/输出电压/V	空载电流（%）	效率（%）
50	500				
100	800				
160	1 000		220/23～230		
200	1 250	单相	380/40～400	≤30	92.5～97.5
250	1 600	三相	6 000/160～6 300		
315	2 000		10 000/260～10 500		
400	2 250				

（3）使用与维护　图 10.5-3 所示的短路阻抗电压特性曲线表明，当负载突然减小或断开时，输出电压会突然升高，在使用中必须注意这一特点。

在结构中设有电气与机械限位，当调节输出电压接近于上、下极限值时，应采用点动调节，以免绕组 3 超调而被卡着不动。

在检修中应注意动绕组不可开路，绕组 a₁ 与 b₁ 不可正向串联，b₁ 不可置于铁心柱上端。

输入端开路，输出端接入电路，可成为一个可调电感。其他可参照一般电力变压器。

129　磁性调压器

（1）原理与结构　磁性调压器具有饱和电抗器和变压器双重特性，两种特性的电路和磁路均有联系。利用饱和电抗器电抗可调的电路特性，调节变压器特性电路的输入电压，从而实现调节磁性调压器输出电压的目的。

单相磁性调压器接线原理图见图 10.5-4。一般将具有变压器特性的一、二次绕组 B_1、B_2 套装在居中的两个短铁心柱上；具有饱和电抗器特性的电抗绕组 G、直流控制绕组 K 套装在两边长铁心柱上，反之亦可。两柱绕组 B_1、B_2 按变压器原理各自串联，联结成双圈式或自耦式；电抗绕组 G 和直

流控制绕组 K 按电抗器原理联结，由于两柱磁通不等，绕组 G 和绕组 K 不可并联；两柱绕组 G 可以串联或并联，以并联为佳。两柱绕组 K 应串联，不可并联。绕组 G 与绕组 B_1 串联。

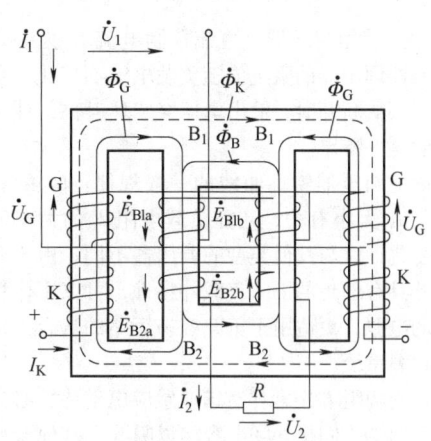

图 10.5-4　磁性调压器接线原理图

一次侧接上电源 $\dot{U}_1$，二次侧接上额定负载电阻 R。当直流控制电流 $I_K = 0$ 时，饱和电抗器特性磁通 $\dot{\Phi}_G$ 的磁路，不受直流磁化，交流有效磁导率最大，

绕组 G 的励磁阻抗>>绕组 B_1 的总阻抗，电源电压 $\dot{U}_1$ 在绕组 G 上的电压降落约为 99.5%，绕组 B_1 上的输出电压降落约为 10%，磁通 $\dot{\Phi}_G$ 最大，$\dot{\Phi}_B$ 最小，绕组 B_2 的输出电压下限值 $U_{2\min} \approx 0.15U_{2\max}$；逐渐增大 I_K 至额定值，磁通 $\dot{\Phi}_G$、$\dot{\Phi}_B$ 的磁路也逐渐被直流 I_K 高度磁化而饱和，交流有效磁导率最小，磁通 $\dot{\Phi}_G$ 最小，$\dot{\Phi}_K$、$\dot{\Phi}_B$ 最大，绕组 G 的阻抗<<绕组 B_1 的总阻抗，在绕组 G 上的电压降落<<绕组 B_1 上的电压降落，绕组 B_2 的输出电压也逐渐由 $U_{2\min}$ 升高到上限值 $U_{2\max}$。

三相磁性调压器一般均用三个单相进行组合，三个交流电路联结成三相，三个直流电路串联。它的工作原理与单相磁性调压器基本相同。当直流控制电流 $I_K = 0$ 时，变压器特性一次绕组 B_1 的总阻抗小于饱和电抗器特性绕组 G 的阻抗，电源电压 U_1 在绕组 G 上的电压降落大于绕组 B_1 上的电压降落，绕组 G 上的电压降落产生的磁通 $\dot{\Phi}_G$ 通过六个旁轭形成三相磁路，绕组 B_1 上的电压降产生的磁通 $\dot{\Phi}_B$，通过三个中心柱形成三相磁路；当 I_K 逐渐增大至额定值，直流 I_K 产生的磁通使六个旁轭逐渐趋于饱和，绕组 G 的阻抗逐渐变至最小，绕组 B_1 的总阻抗相对地变大，电压降落也增大为约 99%，$\dot{\Phi}_G$ 减少，$\dot{\Phi}_B$ 增大，并通过三个中心柱形成三相磁路，二次输出电压逐渐增大至上限值 $U_{2\max}$。

（2）主要技术数据　见表 10.5-4。

表 10.5-4　磁性调压器的主要技术数据

额定容量/kVA	相数	额定输入/输出电压/V	空载电流（%）	效率（%）
5　　　125				
10　　　160		380/5～35		
16　　　200		380/7～70		
20　　　250	单相	10 000/20～140	2～3	90～97
30　　　315		10 000/40～280		
40　　　400		380/5～35		
50　　　500		380/7～70		
63　　　630	单相	10 000/20～140	2～3	90～97
80　　　800		10 000/40～280		
100　　1 000				

（3）使用与维护　直流控制电流 I_K 为一定值时，磁性调压器的阻抗值随负载电流而变化，负载突然减小或断开时，输出电压会突然升高，使用中应注意这一特点。

磁性调压器特性曲线的一般规律：U_2 的调节范围与 I_K 大小有关，还随负载电阻 R 的大小而有较大变化，这与其他类型的调压器不同。由于磁性调压器具有理想的下坠负载外特性，可以用作恒流负载的电源，更适用于负载容易短路的场合，例如自动控温系统。

控制绕组 K 中常伴有谐波感应电动势，必要时可在其两端之间接并联电容加以吸收。其他参照一般电力变压器。

130　感应调压器

（1）原理与结构　感应调压器的结构和电磁原理类似堵转的绕线转子异步电动机，能量转换关系类似自耦变压器，它是借助手轮或伺服电机带动齿轮减速机构，使定子和转子产生相对角位移，从而改变定子或转子绕组感应电动势的相位（三相）、幅值（单相），达到调节输出电压的目的。感应调压器有三相和单相之分，其工作原理分述如下。

1）三相感应调压器工作原理　定、转子绕组间的联结法常为自耦式 Y 联结，绕组 g 通常置于转子上，绕组 c_2 置于定子上。当绕组 g 接上一次电压 $\dot{U}_1$ 后，励磁磁动势在气隙中产生旋转磁场 $\dot{\Phi}$，以同步转速切割绕组 c_2 和 g，分别产生感应电动势，转子逆着磁场方向作角位移 φ 时，空载输出电压

$$U_{20} = \sqrt{U_1^2 + E_{c2}^2 - 2U_1 E_{c2}\cos(180 - \varphi)}$$

式中　φ——电角度，当 φ 在 0～180° 变化时，U_{20} 由最大值 $U_1 + E_{c2}$ 平滑地变化至最小值 $U_1 - E_{c2}$。

三相感应调压器负载运行的工作状态，与变压器负载运行基本相同。其不同点是，即使保持负载电流的大小不变，输出电压、输入电流和公共绕组电流的大小和相位，都随转子角位移而变化。

2) 单相感应调压器的工作原理　定、转子绕组间常为自耦式联结，绕组通常置于定子上，绕组 c_2 置于转子上。当绕组 g 接上一次电压 $\dot U_1$ 后，励磁磁动势在气隙中产生一单相脉动磁场。当绕组 c_2 和 g 的轴线重合时，绕组 c_2 的感应电动势为最大值 E_{c2max}，转子作角位移 φ，绕组 c_2 匝链的磁通量相应地发生变化，它的感应电动势 $\dot E_{c2}$ 的大小随之变化，其方向与公共绕组感应电动势 $\dot E_g$ 相同或相反。空载输出电压

$$U_{20} \approx U_1 + E_{c2max}\cos\varphi$$

当 φ 在 0~180° 变化时，U_{20} 由最大值 $U_1 + E_{c2max}$ 平滑地变化至最小值 $U_1 - E_{c2max}$。

单相感应调压器负载运行时，次级电流 I_2 在绕组 c_2 中产生一个磁动势。当绕组 g、c_2 的轴线互相重合时，磁动势 $I_2 k_{c2} W_{c2}$ 将被初级电流 I_g 在绕组 g 中产生的磁动势 $I_g k_g W_g$ 所平衡；当绕组 g、c_2 的轴线不重合时，磁动势 $I_2 k_{c2} W_{c2}$ 将不会完全被磁动势 $I_g k_g W_g$ 所平衡。因而，绕组的漏抗增大，附加损耗也增大。为了消除这一弊端，在绕组 g 的同一侧，设置一个自身短路而又与绕组轴线相差电角度 φ 的绕组 b，磁动势 $I_2 k_{c2} W_{c2}$ 将完全被绕组 g、b 的磁动势所平衡。

单相感应调压器的磁动势平衡式

$$\dot I_g k_g W_g + \dot I_2 k_{c2} W_{c2}\cos\varphi = \dot I_0 k_g W_g$$

结构特点：1) 感应调压器多制成立式，容量小于 10kVA 的也可为卧式。中小容量的均制成两极，大容量的，制造工艺比较复杂时，可制成 4 极。冷却方式，一般为干式自冷或油浸自冷，特殊环境使用时，可为强迫风冷。2) 感应调压器的铁心与一般电机相比较，气隙直径较大，气隙较小，定、转子槽数较少。定、转子采用开口槽时，会影响气隙磁场分布的均匀度，为此可将定子或转子铁心扭斜一槽，或采用磁性槽楔，以改善磁场的分布。3) 感应调压器定、转子绕组导线，多采用高强度漆包圆铜线和双玻璃丝包扁铜线，单相多采用单层同心式绕组，大容量的可采用双层叠绕组；小容量的可采用单层同心式绕组。绕组对地绝缘，软绕组槽底衬垫聚酯薄膜和树脂漆布；低压硬绕组采用树脂绝缘带包扎，高压硬绕组，干式气冷的采用环氧粉云母带包扎，油浸自冷的采用电气用聚丙烯包扎。4) 一般采用二级蜗轮蜗杆传动机构，其中设有机械弹性限位和电气保护限位。在第二级蜗轮与转轴的连接中，可设置 1~2 个黄铜保险销，当感应调压器受到负载冲击或短路时，保护传动机构不受损坏。为了减少单相感应调压器的振动和噪声，还可在第二级蜗轮与转轴之间采用弹性连接。

（2）主要技术数据　见表 10.5-5。

表 10.5-5　油浸自冷感应调压器主要技术数据

额定容量/kVA	额定电压/V	空载电流（%）	效率（%）	空载输出电压 U_{20} 畸变率（%）	过载能力 过载（%）	过载时间/min	U_{20} 下限值（%）	噪声/dB
12.5 16 20 25 40 50 63 80 100 125	160 200 250 315 400 500 630 800 1 000 1 250	220/0~400 380/0~420 380/0~500 380/0~650 6 000/0~6 300 10 000/0~10 500 10~14.5	93.6~97.5	单相 $U_{20} < 30\%$ 时 ≤10 $U_{20} > 30\%$ 时 ≤5 三相 $U_{20} < 20\%$ 时 ≤10 $U_{20} > 20\%$ 时 ≤5	25 50 75 100	≤120 ≤60 ≤20 ≤10	≤5	≤85

（3）使用与维护　感应调压器的短路阻抗电压变化率很大，输出电压会因负载电流的突然减小而突然上升，必须特别予以注意。感应调压器的输出电流是一定的，输出功率随着输出电压的减小而减小。如果将感应调压器的输入端开路，输出端接入电路，便成为一个可调电感。

三相感应调压器输出电压的相位是变化的，不能并联使用。

其他参照一般电力变压器与感应电机。

131　自动调压器

（1）原理与结构　感应自动调压器，主要由特殊设计的感应调压器 T_a 与自动控制器 Q_a 组成，其特点与用途见表 10.5-6。图 10.5-5 是以特殊设计的感应调压器为主回路，自动控制器 Q_a 为控制回路，可以组成一个闭环控制系统的感应自动调压器。当电源电压或负载电流波动时，从感应调压器 T_a 输出端取得的电压偏差信号，经 Q_a 的量测、比较和放大后，驱动感应调压器的伺服电机 SM，带动转子进行自动调节，使输出电压恢复到额定值的精度范围内，达到稳压的目的。

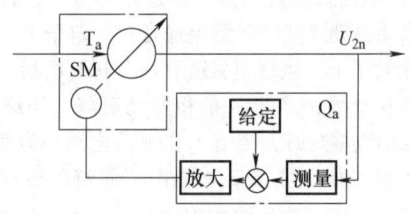

图 10.5-5　自动调压器系统

感应自动调压器的控制回路，分为有触点与无触点控制系统两种。自动调压器（感应或接触）两种系统的特点和应用范围见表 10.5-6。

表 10.5-6　自动调压器有触点与无触点控制的特点和应用范围

控制方式		有触点控制系统	无触点控制系统	
		通断控制	通断控制	连续控制
伺服电机	接触自动调压器	单相微电机		
	感应自动调压器	三相交流电动机		他励式直流电动机；三相绕线转子异步电动机；两相电动机
	净化稳压器			
稳压精度	接触自动调压器	±(1~4)%		
	感应自动调压器	±1%		±1%
	净化稳压器		±(3~5)%	
应用范围		接触自动调压器；2 000kVA 及以上感应自动调压器	净化稳压器	2 000kVA 以上感应自动调压器

控制系统原理：1）电压瞬态保护。用于抑制电源电压中出现的瞬时高次谐波，使控制线路工作稳定。2）直流稳压电源。用于对控制线路各环节供电和提供基准电压。3）信号电压测量。用于测量从电压暂态保护环节送来的调压器输出端电压值，如果电网电压比较平衡，三相负载也比较平衡，只需测量任一相的电压即可；否则，应测三相电压的平均值。4）负载欠电压、失电压和过电压保护。有两种作用：一是当自动调压器输出端任一相由于故障引起的电压过低或失电压，以至其他两相电压过高时，保护环节直接通过鉴别器，使升压、降压控制均不动作；二是当自动调压器输出端的任一相由于故障引起的电压超过某一定值时，保护环节直接通过鉴别器和降压控制，降低电压。5）负载电压稳定值设定。用于设定负载所需的工作电压值为基准值，在鉴别器中与信号电压测量环节送

来的信号电压值相比较，如有差异，通过鉴别器控制升压、降压控制，升高或降低自动调压器输出端电压，恢复至负载所需的正常工作电压值。6）负载电压稳定精度设定。用于设定负载所需的工作电压的稳定精度，在鉴别器中与信号电压相比较，如超出此精度范围，通过鉴别器控制升压、降压控制，升高或降低自动调压器输出端电压，使其恢复到此精度范围内。7）鉴别器。像人的大脑一样，各个环节传来的信息，在其中进行综合处理，最后判别是升压控制工作，还是降压工作，或两者均不工作，或通过快速制动，使两者均工作。8）快速制动。如果负载工作电压所需稳定精度要求较高，不采取措施，将会产生振荡，负载电压不断来回调整，不能稳定。采用快速制动环节，当自动调压器输出电压进入稳定精度范围内时，快速制动环节发出信号，使升压、降压控制瞬间同时工作，可逆伺

服电机立即制动不至于产生超调而引起振荡。无触点控制系统中，如属连续控制，则无此环节。

9）升压控制、降压控制。接受鉴别器的升压或降压指令信息后立即工作，控制伺服电机，升高或降低自动调压器输出端电压，直至此电压进入稳定精度范围内时停止工作，或接受快速制动环节的信息，瞬间同时工作，制动伺服电机。

（2）主要技术数据 见表 10.5-7 和表 10.5-8。

表 10.5-7 接触自动调压器主要技术数据

额定容量/kVA	相数	输入输出电压/V	输入电压波动范围（%）	效率（%）	空载电流（%）	稳压精度（%）	反应速度/s	空载输出电压波形畸变率（%）
0.1 0.2 0.3 0.5 1 2 3	4 5 7 10 15 20 30	单相	220	±10 ±15 ±20 +10 −15	90～96.5	26.4～3.4	±0.25 ±0.5 ±1 ±2 ±3 ±4	≤0.5 ≤1 ≤3 ≤4	≤3
3 6 9 10	12 15 20 30	三相	380	+10 −20	95.8～96.5	9.2～3.4			

表 10.5-8 感应自动调压器主要技术数据

额定容量/kVA	输入输出电压/V	相数	输入电压波动范围（%）	效率（%）	空载电流（%）	稳压精度（%）	精度调节范围（%）	空载输出电压波形（%）	噪声/dB	过载能力	
										过载（%）	过载时间/min
25 40 63	35 56 90	220	单相		96.2 97.8	8.1 5.3			≤5			
40 63 100 160 250 400 630	56 90 140 225 350 560 900	380	三相	±20 +10 −15	96.2 98.6	7.4 3.8	±1	±1～5	≤2.5	≤85	30 45 60 75 100	120 80 45 20 10
1 000 1 600 2 500	1 400 2 250 3 500	6 000 10 000			98.2 99	8.6 3.8						
3 500 5 600				±10	99.3 99.4	3.2 2.5						

（3）馈线自动调压器　馈线自动调压器作为自动调压器的特例，是一种由可以自动调节变比而保证恒定输出电压的三相自耦变压器、三相有载调压分接开关以及自动调节器构成，它可以在 20% 的范围内对输入电压进行自动调节。

1）原理与结构。馈线自动调压器系统见图 10.5-6。自耦式调压器三柱式铁心上共有三个绕组，分别

是三相并励绕组、三相串励绕组和单相控制绕组。其中三相串励绕组是有多个抽头的三相绕组，这些抽头通过分接开关的不同接点串联在输入与输出之间，它用来调节输入绕组匝数；三相并励绕组为自耦变压器的公共绕组，可以产生传递能量的磁场；单相控制绕组作为并励绕组，在一相的二次侧来提供控制器所需的工作电源和采样信号。

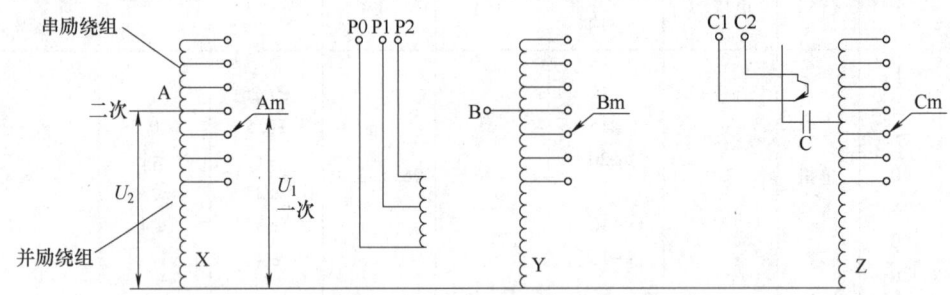

图 10.5-6　馈线自动调压器系统

有载分接开关是可在带负载的情况下转换触点的开关。通过转换分接开关的触点可以调节变压器变比来改变其输出电压。根据不同的调压要求，一般分接开关的档位设为 7、9、15 档三种，用户可根据实际调压要求进行选择。

2）功能与特点。采用自耦式调压结构，使整个装置的容量大而体积小，结构简单，便于安装维护；自动跟踪输出电压变化调整分接开关档位，电压调整精度高，动作可靠；用户可以根据运行要求调整电压基准、动作延时、次数限定，灵活方便；设有当前档位、最高档位和最低档位显示，并可以

显示电路电压、电流、日动作次数、总动作次数及基准值；设有过电流、欠电压保护，在线路过电流、欠电压时控制器自动闭锁；控制器采用工业级控制芯片，可靠性高，抗干扰能力强，且具有遥控、遥信、遥调、遥测功能。

（4）使用与维护　自动调压器控制系统中，由于电源电压或负载的频率波动，自动调压器也随之频繁地正反向起动，起动电流大，因此中间继电器、接触器或晶闸管受到频繁的冲击，应经常检测维护。

第6章 电抗器

6.1 电抗器概述

132 电抗器分类与结构 电抗器是在电器中用于限流、稳流、无功补偿、移相等的一种电感元件。电抗器有三种基本类型：空心式、铁心式和饱和式。此外近年来出现一种结合空心式和铁心式特点的干式半铁心电抗器，而变压器式可控电抗器也是值得关注的发展方向，见表10.6-1。

表 10.6-1 电抗器分类与结构

名称	用途	特点	结构	标准代号
空心电抗器	接于交流电力系统中，用以限制短路电流、补偿输电系统中容性电流	磁路的磁导小，电抗值也小，电感值为常数，无饱和现象，绝缘良好的包封绕组式可用于户外	无铁心，有带磁屏蔽及带磁分路等形式，绕组有浸渍式、包封式和水泥浇注式等	GB/T 10229—1988
铁心电抗器	用于补偿输电系统中容性电流；抵消一相接地故障时电容电流；降压起动；滤波；限流等	磁导大，电抗值也大，有饱和现象。体积较小	磁路由带有气隙的铁心形成，有闭合式和带气隙式的区别	GB/T 10229—1988 JB/T 8751—1998
饱和电抗器	用于调节负载电流和功率；调节整流装置的直流输出电压	磁路为一个闭合铁心，利用磁性材料的非线性特点进行工作。实际上它是可变电感		

6.2 电抗器原理、结构、使用和维护

133 空心限流电抗器

（1）型式与排列 限流电抗器一般为空心式，电压小于 35kV 时制成干式，35kV 以上时制成油浸式。

10kV 以下、150~3 000A 的老式空心式电抗器通常都是混凝土结构，绕组用电缆绕好后，用混凝土浇筑支柱，使电缆、支柱形成牢固的整体，故又称为水泥电抗器。它常制成单相，其三相结合排列方式见图10.6-1。它的结构简单，成本低，运行可靠，维护方便。水泥电抗器属户内装置。

400A 以上的水泥电抗器，其绕组均用两根以上电缆并绕。为使并联支路中电流分配均匀，各并联支路应进行换位。

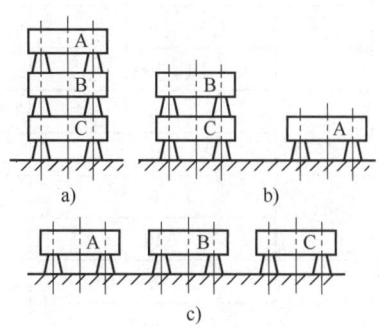

图 10.6-1 三相结合排列方式
a）三相垂直重叠 b）两相垂直重叠，一相并列
c）三相并列

水泥电抗器一般用 DKL 型铝电缆绕制，电缆绝缘为每边包电缆纸 0.72mm，再绕包棉纱编织带或玻璃布带作护套。1 000A 以上大电流电抗器用的

电缆，为减少涡流损耗，每股绞线也应包纸，互相绝缘。

包封绝缘空心干式限流电抗器现已发展成户外型，并已得到应用。

带中间抽头的限流电抗器，称为分裂电抗器。使用分裂电抗器时，中间端子接电源，首、末端子接负载。正常工作时，分裂电抗器的两臂（即两支路）电流方向相反，而两臂绕组绕向相同。由于互感的影响，每臂的有效电感很小，压降不大。当其中一臂所接线路发生短路故障时，电流将急剧增大，而另一臂的电流却不大，对短路臂的互感影响可以忽略，短路臂的有效电感增大，限流作用显著。

限流电抗器的磁通在空气中成回路，安装场所的屋顶、墙壁和地面如有钢铁等导磁材料存在，会在其中引起发热。所以，安装限流电抗器时，对屋顶、四壁和地面应保持一定的距离（见图 10.6-2）：距屋顶 $A>R$；距四壁 $B>2R$；距地面 $C>R$。

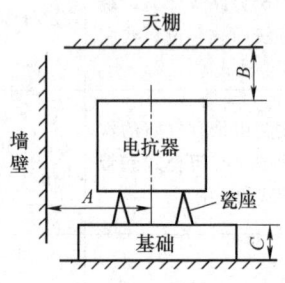

图 10.6-2　电抗器安装距离

（2）额定值与规格　空心限流电抗器的额定电流，是指每相电抗器绕组所容许的长期通过电流。额定工作电压，是指所连接的交流电力系统的额定工作电压。而空心限流电抗器的百分值是指电抗器在额定电流下绕组两端的电压降与系统每相电压之比的百分值，即

$$电抗百分值 = \frac{\Delta U}{\dfrac{U_H}{\sqrt{3}}} \times 100 = \frac{\sqrt{3} X_H I_H}{U_H} \times 100 = \frac{54.4 I_H L_H}{U_H}$$

式中　ΔU——绕组两端电压降（V）；
　　　U_H——额定工作电压（V）；
　　　X_H——绕组电抗（Ω）；
　　　I_H——额定电流（A）；
　　　L_H——绕组电感（mH）。

空心限流电抗器额定电压、额定电流、额定电抗百分值的标准组合见表 10.6-2。

对于空心多层式绕组电抗器，其电感为

$$L = \frac{0.08 d_{cp}^2 n^2 \times 10^{-3}}{3 d_{cp} + 9H + 10d}$$

式中　L——多层式绕组电抗器电感（mH）；
　　　d——绕组厚度（cm）；
　　　n——绕组匝数；
　　　H——绕组高度（cm）；
　　　d_{cp}——绕组平均直径（cm）。

表 10.6-2　限流电抗器标准组合

额定电流/A	额定工作电压/kV	绕组电抗百分值（%）				
200	6	3	4	5	6	8
	10	4	5	6	8	
400	6	4	5	6	8	
	10	4	5	6	8	
600	6	4	5	6	8	
	10	4	5	6	8	
800	6	4	5	6	8	
	10	4	5	6	8	
1 000	6	5	6	8	10	
	10	6	8	10		
1 500	6	5	6	8		
	10	6	8	10		

（续）

额定电流/A	额定工作电压/kV	绕组电抗百分值（%）				
2 000	6	6	8	10		
	10	6	8	10		
3 000	6	8	10			
	10	8	10			

（3）使用与维护　空心限流电抗器在安装时需注意下列几点：

1）因为电抗器安装场所的天棚、地板及墙壁中存在着金属钢筋，因此要求电抗器与它们之间保持一定距离，见图 10.6-2。尺寸 A、B、C 值要求如下：

A ≥电抗器绕组外径（mm）

B ≥（电抗器混凝土柱外径/2）-130（mm）

C ≥（电抗器混凝土柱外径/2）-325（mm）

2）选用图 10.6-1a、b 两种排列方式时必须注意保持电抗器的相序，因为通常 B 相绕组匝数少，并且绕制方向也相反。

3）安装电抗器时，支撑瓷座上下端均应放置纸垫圈，以保持接触良好。如瓷座与混凝土柱间或与基础间接触处不平，则应增放纸垫圈将其垫平垫实。

4）电抗器引线铝排与汇流排接触处要紧密、可靠，防止由于接触表面不平、不洁、螺栓松动而引起局部过热。

5）运行中每次短路后，需检查螺栓是否松动、绕组是否变形、电缆线匝导体及绝缘有无烧毁、支撑瓷座有无破裂等情况。

134　并联电抗器和半铁心电抗器

（1）并联电抗器

1）原理与规格。并联电抗器是铁心式电抗器的一种，在超高压、远距离输电系统中，并联电抗器用于补偿线路的电容性充电电流，限制系统的工频电压升高和操作过电压，从而降低系统的绝缘水平，保证线路的可靠运行。由于它所产生的感性电流抵消了容性电流，因而减少了网路合闸和甩负载时的过电压倍数。并联电抗器规格见表 10.6-3。

表 10.6-3　并联电抗器规格

额定电压/kV	额定容量/MVA	相数	冷却方式
363	30	1	强油冷却
500	50	1	自冷

超高压并联电抗器都是油浸式，一般为铁心式结构；有时也做成空心壳式结构。这两种结构具有不同的饱和特性：铁心式结构通常在 120%~150% 额定电压以下可以保持线性，饱和以后的增量电感值一般为额定电压的 25%~50%，最大可达 70%；空心壳式结构的线性范围和饱和以后的增量电感值可以做得更大。

超高压并联电抗器一般做成单相。并联电抗器为连续工作制。

在中等电压等级系统中，并联电抗器也用来防止轻载时工频电压升高，或与电容器相配合调节系统的无功功率。中等电压等级的并联电抗器可以是油浸铁心式或空心干式。油浸铁心式通常做成三相，空心干式通常做成单相，都是户外装置。

2）结构。并联电抗器按有无主铁心柱，可分为铁心式和空心壳式两种。

空心壳式电抗器的特点是：加工制造简单，振动和噪声小，漏磁小，因而结构件中附加损耗小，但因无主铁心柱，磁通密度低，铜线用量较大，导线中附加损耗也大。

铁心式电抗器的主铁心柱是由铁心饼和气隙隔板交叠放置后由螺杆轴向拉紧而成。磁通穿过气隙（见图 10.6-3），其中一部分将从气隙外缘绕过，而此绕过的磁通垂直进入铁心饼的叠板面，这将在硅钢片中产生很大的涡流损耗。为此，铁心饼中的硅钢片常常不是叠成板状，而是制成所谓辐射式，见图 10.6-4。

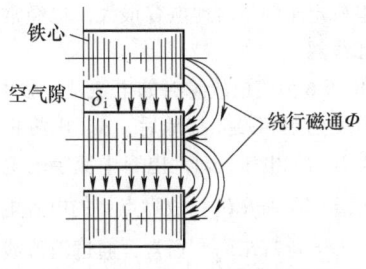

图 10.6-3　间隙中磁通的扩散

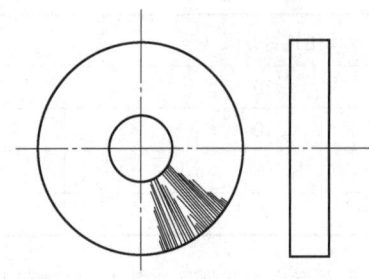

图 10.6-4　辐射形铁心

　　并联电抗器绕组导线常采用换位导线，以减少其中的涡流损耗。

　　（2）半铁心电抗器

　　1）原理与特点。半铁心电抗器是铁心式电抗器的一种，目前大多做成干式。其特点是在干式空心电抗器的线圈中放入导磁体心柱，它综合了干式

空心电抗器和干式铁心电抗器结构的优点。与同容量干式空心并联电抗器相比，半铁心并联电抗器运行时电能损耗降低了 25%～35%，直径缩小了 25%～35%，节约占地面积 20% 左右，具有噪声低、电抗线性度好、抗短路冲击能力强等优点。其主要特点是：与空心电抗器相比较，在同等容量下，线圈的直径可大幅度缩小，导线用量大大减少，损耗也随之大幅度降低。铁心结构为圆柱形，形状十分简单。半铁心电抗器的铁心柱经整体真空环氧浇注成型后密实而且整体性很好，运行时振动极小，噪声很低。尤其是铁心柱经整体真空环氧浇注成型，再经特殊的防护措施处理后，可直接使用于户外，不受任何环境条件的限制。

　　2）特性。干式半铁心电抗器的伏安特性在 2 倍额定电压以下的范围内仍为线性。图 10.6-5 是干式半铁心电抗器的伏安特性。

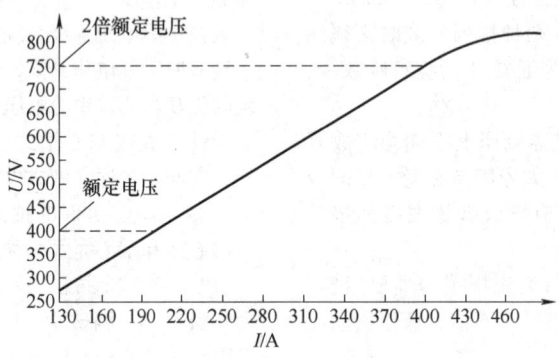

图 10.6-5　干式半铁心电抗器的伏安特性

135　消弧线圈

　　（1）原理　在中性点不接地系统中，变压器的中性点常通过消弧线圈接地。它的作用是：当三相线路的一相发生单相接地故障时，可以产生电感电流，抵消由线路对地电容引起的电容电流，从而消除因电容电流存在而引起的故障点的电弧持续，避免故障范围扩大，提高电力系统供电的可靠性。大容量发电机定子绕组对地电容很大，也经常在中性点接消弧线圈。

　　图 10.6-6 为接地故障时的电流流动及相量图，图中 d 点发生单相弧光接地后，A、B 两相线对地电位即上升为线电压，对地电容中流经的电容电流为 $I_{CA}=I_{CB}=\sqrt{3}\times2\pi fCU_{\phi}$，故障点 d 的电容电流 $\dot{I}_C=\dot{i}_{CA}+\dot{i}_{CB}$，$I_C=3\times2\pi fCU_{\phi}$。通常，通过消弧线圈的电流 I_L 稍大于 I_C，消弧线圈的容抗稍小于 $2\pi fC/3$（过补偿）。单相接地以后，变压器中性点的电压

上升为 U_{ϕ}，故消弧线圈的容量为

$$S=U_{\phi}I_L\times10^{-3}$$

　　对地电容随路线长短而变化，故消弧线圈通常都带有无励磁调换的分接头，35kV 级及以下有 5 个分接头，最大电抗与最小电抗之比为 2∶1。

　　消弧线圈的试验电压与相同电压等级的电力变压器一样。线圈为全绝缘，但接地端对地只要求 25kV、1min 的工频耐压试验。

　　（2）额定值与规格　消弧线圈的额定容量是指最大电流分接时的容量。其额定电压是指所接网络的额定电压。消弧线圈的额定使用条件与油浸电力变压器相同，其额定载流时间见表 10.6-4。

　　消弧线圈一般带有一个 100V 左右的辅助绕组，供信号和控制用，另外在接地端串接有电流互感器。60kV 级消弧线圈还带有一个二次绕组，接到一个可以短时工作的电阻，接通电阻可以增加接地故障电流中的有功分量，便于经由继电保护查找故障点。

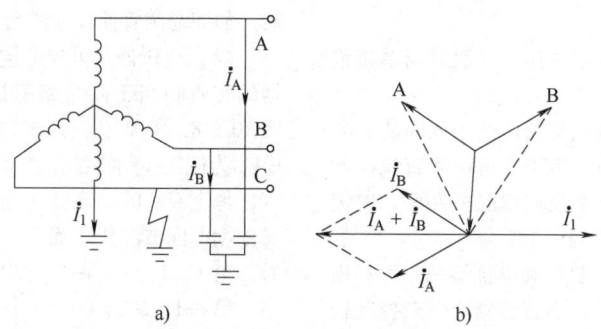

图 10.6-6　C 相接地故障时的电流流动及相量图
a）电流流动方向　b）相量图

表 10.6-4　各分接载流时间

电压等级/kV	分接数	各分接位置的载流时间/h								
		1	2	3	4	5	6	7	8	9
≤10	5	长期	长期	8	4	2.5				
35~110	9	长期	长期	长期	8	6	5	4	3	2.5

　　因为消弧线圈实际上只在系统故障时短时工作，所以对温升的规定见表 10.6-5。

**表 10.6-5　油浸式（A 级绝缘）消弧线圈
短时工作温升的规定**

	长期工作的分接位置下	2h 连续工作的分接位置下	30min 连续工作的二次绕组
温升/℃	≤80	≤100	≤120

　　（3）结构　消弧线圈也是一种铁心电抗器，铁心采用口字形，铁心柱中间带有气隙。尽管运行中消弧线圈的一端是接地的，但是在设计制造时，消弧线圈却有全绝缘和分级绝缘之分。额定电压在 35kV 以下的为全绝缘结构，高于 35kV 的为分级绝缘结构。所有消弧线圈产品，除主绕组外，尚备有一个电表绕组，用于外接电压表，以便监视消弧线圈的运行状态和事故状态。对于 63kV 以上电压的产品，有少数用户尚要求备有供外接电阻器的二次副绕组，用以查找接地故障点。

　　消弧线圈主绕组的接地端装有供测量接地电流用的电流互感器。

　　为调整阻抗的大小，消弧线圈还装有分接开关。如装设有分接开关，则可实现自动跟踪调谐。

　　（4）试验　有的消弧线圈试验项目在方法上与变压器并不相同。例如感应耐压试验并不要求被试品必须具备两个绕组，而只是将提高至少一倍的电压和频率施加于消弧线圈绕组的两端即可。试验电路见图 10.6-7。

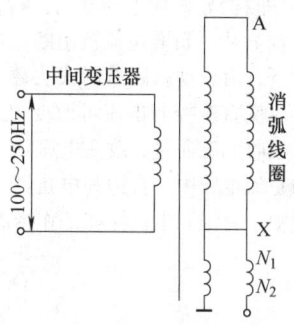

图 10.6-7　消弧线圈绝缘试验电路

　　分级绝缘结构的消弧线圈，其绕组首尾端绝缘水平不同，故做绝缘试验时必须采用频率为 100~250Hz 的发电机供电，适当地选择中间变压器，以保证试验时消弧线圈的首端承受额定试验电压，尾端等于或小于其额定试验电压。

　　为考核尾端绝缘水平，只需将整个消弧线圈主绕组按尾端绝缘水平对地做工频耐压试验即可。

136　饱和电抗器和变压器式可控电抗器

　　（1）扼流式饱和电抗器　它是一个电抗值可变化（可控制）的电抗器，简略地说，是利用磁性材料的交流有效磁导率随直流控制电流的磁化作用而变化的原理来改变交流有效电抗值，从而改变交流回路中的电流。直流电流加大，交流有效磁导率降低，有效电抗值减小。

三相饱和电抗器现今很少用，一般只用单相饱和电抗器。

实际采用的单相饱和电抗器由两个相同的铁心组成。每个铁心上均绕有交流工作绕组和直流控制绕组，两个铁心的交流绕组反向串联或并联，直流绕组顺向串联（也可以合为一个）。

（2）自饱和电抗器　自饱和电抗器是一种利用铁磁材料的饱和特性，以较小的直流功率来控制较大的交流负载的一种电器。它的交流工作绕组串接在整流装置的整流臂中，直流控制绕组接控制电源。直流控制绕组的绕向应使控制电流在铁心中所造成的磁动势方向与交流负载电流的磁动势方向相反。由于整流器件的反向阻断作用，在负半周中交流绕组电流为零，铁心只处在直流控制电流的磁动势作用下，所以只要很小的磁动势就足以使铁心去磁；因此，去磁特性（控制特性）与铁心的动态磁滞回线有密切关系。

自饱和电抗器的控制电流来自平滑的直流电源。交流的正半周（工作半周）中，在负载电流的正向强磁场作用下，铁心趋向饱和，饱和以前所吸收的磁通量即构成整直电压的电压降。在负半周（控制半周）中，负载电流被阻断，在直流磁场强度的作用下，沿着动态磁滞回线去磁，B 值回到反向极值，改变直流控制电流可改变 $B_{\min}$，由此改变正半周所吸收的磁通量，改变电压降。

在三相整流电路中，自饱和电抗器接入整流电路的每个臂中。自饱和电抗器在工作半周中因磁化而吸收磁通量，反映在整流电路中是各相导通的滞后，如同晶闸管使导通滞后一样。

（3）变压器式可控电抗器　变压器式可控电抗器的实质相当于高短路阻抗的多绕组变压器，见图 10.6-8，HVW 为高压工作绕组，CW_1、CW_2、…、CW_n 为低压控制绕组，各个 CW 中串接反并联晶闸管，每个 CW 的功率是电抗器额定功率的一部分，其依据电网谐波要求而定。当第 i 个 CW 投入工作时，第 1、2、…、$i-1$ 个 CW 绕组均工作于短路状态，第 $i+1$、$i+2$、…、n 个 CW 绕组均工作于开路状态，可以认为其中没有谐波电流存在。这样，工作绕组 HVW 中的电流谐波只由第 i 个控制绕组 CW_i 的晶闸管的导通程度来决定，因此，当依次把 CW 投入工作并正确控制晶闸管的导通和关断时，可控电抗器的功率就可以从空载功率到额定功率连续自动变化，而且满足谐波的要求。

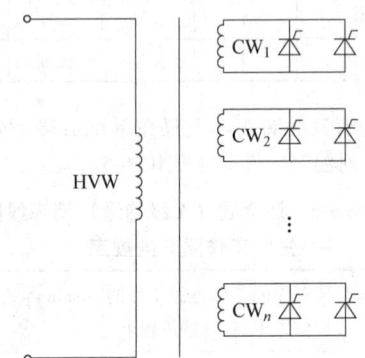

图 10.6-8　变压器式可控电抗器原理图

第7章 电力电容器

7.1 电力电容器概述

137 电力电容器分类和用途 见表 10.7-1。

表 10.7-1 电力电容器的分类和用途

系列代号	类别	额定电压-容量-电容值	标准号	主要用途
B	高压并联电容器	1.05~35.00kV 30~334kvar 1 000~5 000kvar	GB/T 11024.1—2019 IEC 60871	提高电力系统及负载的功率因数，改善电压质量，降低电路损耗
	低压并联电容器	0.23~1.00kV 5~50kvar	GB/T 17886.1—1999 IEC 60931	
	自愈式低压并联电容器	0.23~1.00kV 1~150kvar	GB/T 12747.1—2017 GB/T 12747.2—2017 IEC 60831	
	集合式并联电容器	3.15~38.50kV 单相 1 667~10 000kvar 三相 1 000~20 000kvar	JB/T 7112—2000	
C	串联电容器	0.6~2.0kV 50~400kvar	GB/T 6115.1—2008 IEC 60143-1	减少电路电压降落，提高输电线路的输送容量和稳定性，控制电力潮流分布
A	高压交流滤波电容器	1.25~18.00kV 30~334kvar	IEC 60871—1990	滤除电力系统或负载的高次谐波，并提高电力系统的功率因数
E	交流电动机电容器	0.11~0.66kV 1.0~10.0μF	GB 3667—1997 IEC 60252	单相异步电容分相电动机起动或增大转矩，三相异步电动机单相运行
O	耦合电容器及电容分压器	$10/\sqrt{3}$~$500/\sqrt{3}$kV 3 500~20 000pF	JB/T 8169—1999 IEC 60358	载波通信、测量、保护和控制以及抽取电能
R	电热电容器	0.375~3.000kV 90~3 200kvar	JB/T 7110—1993 IEC 60110	用于 40~24 000Hz 感应加热设备，提高功率因数或改善回路特性
J	断路器用电容器	40~180kV 1 000~3 900pF		并联接在交流高压断路器的断口，以均匀电压分布

（续）

系列代号	类别	额定电压-容量-电容值	标准号	主要用途
M	脉冲电容器	1～500kV 0.002～400.000μF	JB/T 8168—1999	主要用于冲击电压、冲击电流发生器、冲击分压器、振荡回路和连续脉冲装置
Y	压缩气体 标准电容器	10～1 200kV 20～100pF	JB/T 1811—2011	与高压电桥配合，用于测量介质损耗角正切和电容，也可用作分压电容器
F	保护电容器	$105/\sqrt{3}$～$20/\sqrt{3}$ kV 0.01～6.80μF		用于降低过电压的峰值，配合避雷器保护发电机和电动机
D	直流滤波电容器	12～100kV 0.01～680.00μF		用于高压整流滤波装置及高压直流输电系统

138　电容器介质　目前常用的电力电容器介质见表 10.7-2。

表 10.7-2　电力电容器常用介质

种类	材料名称
固体介质	聚丙烯薄膜、聚酯薄膜、电容器纸
液体介质	十二烷基苯、二芳基乙烷、苄基甲苯、蓖麻油、SAS-40
气体介质	六氟化硫、氮气、空气

电容器的性能决定于所用介质材料、结构和制造工艺。对电容器介质要求：耐电强度高、电容率大、损耗角正切（tanδ）小、体积电阻率高、耐老化性能好、对人体无害或基本无害。

139　电容器的额定值和性能参数

（1）额定值　直流电容器的储能 W（J）为

$$W = \frac{1}{2} C U_n^2$$

式中　C——额定电容（F）；

　　　U_n——额定电压（V）。

交流电容器的额定容量或额定无功功率 Q（kvar）为

$$Q = 2\pi f C U_n^2$$

式中　C——额定电容（μF）；

　　　U_n——额定电压（kV）；

　　　f——频率（Hz）。

（2）性能参数　在交流电压作用下，电容器内部介质、内部熔丝、内部放电器件和内部连接导线等会产生一定的损耗，这些损耗的总和就是电容器的有功损耗，其值为

$$P = 2\pi f C U_n^2 \tan\delta = Q\tan\delta$$

式中　P——电容器的损耗功率；

　　　Q——电容器的容量。

电容器损耗角正切 $\tan\delta = P/Q$ 是表征交流电容器性能的重要参数，在一定程度上反映电容器介质材料和制造工艺等内在质量的优劣及电容器经多年运行后其内部介质的老化程度。

交流电容器的 tanδ 随外施电压和温度而变化。图 10.7-1 给出了不同介质的 tanδ 随温度变化的特性曲线。电容器介质的相对电容率 ε_r 是决定电容量 C 的一个重要参数。不同介质的 ε_r 值与温度的关系见图 10.7-2。

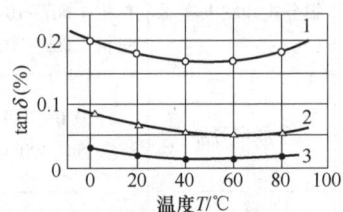

图 10.7-1　不同介质的 tanδ-温度特性
1—纸介质电容器　2—膜/纸复合介质电容器
3—全膜介质电容器

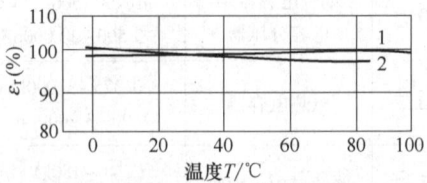

图 10.7-2　ε_r 与温度的关系（浸烷基苯）
1—纸介质　2—膜纸复合介质

电容器的绝缘电阻 R 与电容 C 的乘积是一个与电容器极板面积和极间介质厚度无关，而仅取决于介质的体积电阻率 ρ_v 和介电系数 ε 的值，称为自放电时间常数 RC。它是表征电容器，特别是直流电容器性能优劣和制造工艺是否良好的重要参数。

电容器必须能经受住在相应标准中所规定的各种电压的作用，即应有一定的击穿电压和局部放电起始电压。电容器的击穿电压随温度而变化，而局部放电起始场强（等于局部放电起始电压与介质厚度之比）与温度及极间介质厚度有关。不同的液体介质浸渍的电容器低温时的局部放电性能相差较大。

140　电容器试验和标准　电容器制造商要对产品进行例行试验（或称为出厂试验）和型式试验，用户收到产品后要进行验收试验，其相应的性能要求参见各自的标准。验收试验项目、方法及要求见表 10.7-3。极对壳工频短时试验电压见表 10.7-4。对电容器进行电压试验时，要注意试品端子间的电压常高于变压器低压侧电压乘以电压比计算得到的二次电压，因此不可在变压器的一次侧测量试验电压，而应在被试电容器上直接用静电电压表或通过电压互感器来测量，以免试品端电压超过试验电压而被损坏。做直流耐压试验时，要特别注意安全，及时释放电容器上存储的电荷。电容器 $\tan\delta$ 的测量应采用高压电桥，并需通过电阻分流器或电流互感器来扩大电桥的量程。

表 10.7-3　电力电容器的验收试验

试验项目	方法和要求
密封性试验	各焊缝及密封处应无渗漏油
电容的测量	电容偏差不超过额定值的 +5% 和 -5%
极间电压试验	工频交流试验电压：$2.15U_n \times 75\%$，历时 10s；直流试验电压：$4.3U_n \times 75\%$，历时 10s
极对壳电压试验	试验电压为表 10.7-4 值的 75%，历时 1min
$\tan\delta$ 的测量（折算到 20℃）	油纸电容器：1kV 以下的不大于 0.4%，高于 1kV 的不大于 0.3%；膜纸复合介质电容器：1kV 以上的不大于 0.12%；全膜介质电容器不大于 0.04%
合闸试验	额定网络电压下，对电压组进行 3 次合闸试验，外部熔丝不应动作，电容器组各相电流差不应有明显变化（一般不超过 5%）

表 10.7-4　极对壳工频短时试验电压　　　　　（单位：kV）

电容器的额定电压	0.23 0.4 0.525	1.05	3.15	6.3 $6.6/\sqrt{3}$	10.5 11 $11/\sqrt{3}$	19
工频短时试验电压	3	5	18	25	35 (42)	55

7.2　并联电容器及其成套装置

141　并联无功补偿原理　图 10.7-3 为电力负载的等效电路与相量图。由图可见，闭合开关 S 将并联电容器投入电网后，由于电容器的容性电流 I_C 的相位正好与电抗 L 的感性电流 I_L 的相位相差 180°，线路电流从 I_0 减少到 I，功率因数从 $\cos\varphi_0$ 提高到 $\cos\varphi_1$，电路损耗和电压降落随之减小，设备的有效容量和裕度相应增大。

142　并联电容器的结构与工艺　电容器的结构见图 10.7-4。电容器的主要工艺流程：

元件卷制→芯子压装→预烘→装配→真空干燥浸渍→封口

电容器的工艺要求很高，元件、绝缘件的制造和装配均应在高度洁净的环境中进行，按工艺要求对电容器进行严格的真空干燥浸渍处理，除去水分和空气，经过预处理的洁净绝缘油进行充分的浸渍，最后封口。各道主要工序之间尚有各项中间试验，最后有出厂前的检查试验。生产环境对电容器质量有很大的影响。此外，保持电容器的密封性对电容器的使用寿命和可靠性是十分重要的。

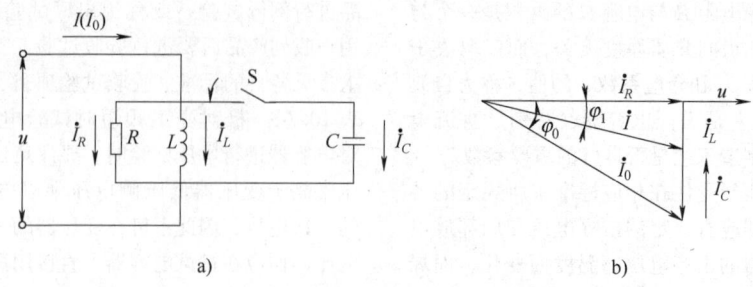

图 10.7-3　电力负载的等效电路与相量图

a）等效电路　b）相量图

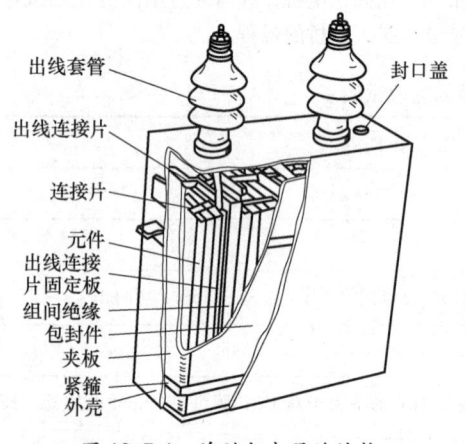

图 10.7-4　并联电容器的结构

143　无功补偿容量的确定方法　电网或感性

负载进行无功补偿所需的并联电容器的无功输出容量（kvar）为

$$Q_C = P(\tan\varphi_1 - \tan\varphi_2)$$

式中　　$\tan\varphi_1$、$\tan\varphi_2$——补偿前、后功率因数角的正切值；

　　　　　　P——电网或负载有功功率（kW）。

144　并联电容器装置组成的接线　并联电容器成套装置通常由主电容器、串联电抗器、放电线圈、熔断器、断路器、继电保护和控制屏等部分组成，其主接线见图 10.7-5。为避免电容器击穿造成相间短路而引发箱壳爆炸的恶性事故发生，高压并联电容器装置通常采用星形联结，选用单相、额定电压为线电压的 $1/\sqrt{3}$ 的电容器作为主电容器。低压并联电容器装置目前主要采用自愈式电容器，在三相电容器内常连接成三角形接线。

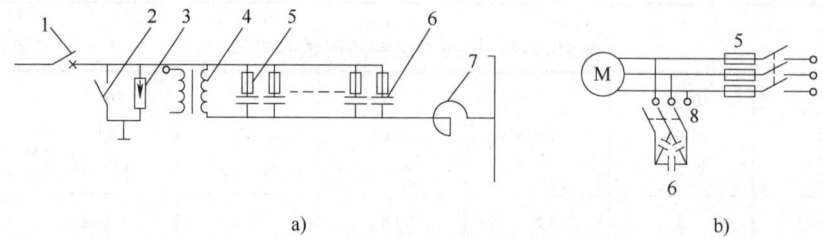

图 10.7-5　并联电容器装置的主接线原理图

a）高压并联电容器装置主接线　b）低压并联电容器主接线

1—断路器　2—接地开关　3—避雷器　4—放电线圈　5—熔断器　6—电容器

7—串联电抗器　8—开关

高压并联电容器装置中加入串联电抗器，主要是为了防止电容器的合闸涌流；同时，根据输配电系统中常含有谐波，电抗率不合适可能会引起某些谐波分量放大。此外，还有助于防止和减轻开断电容器组时产生重燃过电压。其容量可按下式选取：

$$X_L > (X_C/n^2) \times 100\%$$

式中　　X_C——电容器组的容抗；

　　　　　　X_C——串联电抗器的感抗；

　　　　　　n——高次谐波的次数。

从安全以及限制涌流和过电压的要求出发，在并联电容器内部应设置放电电阻，此电阻能在 10min 内把电容器上的残留电压 $\sqrt{2}U_n$ 降到 75V 或更低。当电容器可能在很短的时间间隔内投、切时，在电容器组的端子上应如图 10.7-5a 所示并接放电线圈，使电容器再次接入时，端子上的电压不高于其额定电压有效值的 10%。放电线圈的二次线圈还可作电压测量和继电保护用。

电容器组投入时，电容器两端会产生暂态过电压，并且电容器会流过数倍额定电流的涌流；电容器组开断时，如果断路器触头间发生重燃，电容器要经受高倍数的过电压。因此，选取断路器时要求触头间绝缘恢复时不发生重燃，能耐受合闸时的高频涌流。

145　并联电容器的使用、保护和维护　可根据网络电压、功率因数和无功功率进行自动投切电容器，也可按规定的时间表进行自动投切或手动投切。

为了保护电容器，应装设过电压、过电流和失电压等保护装置，以防止因系统异常现象损坏电容器。发生故障时，应及时检出故障，并用参数相近的电容器来取代故障电容器。

应对电容器进行定期停电检查并清扫电容器的箱壳，注意是否有套管和接线端子松动、油漆脱落、渗漏油及外壳变形，并进行必要的处理。

146　静止无功补偿装置　由并联电容器组和并联电抗器组及晶闸管开关组成。晶闸管对电抗器进行快速相控，调节无功输出，具有反应迅速的特点，可消除或减轻大功率闪变负载所引起的电压波动。

7.3　串联电容器及其装置

147　串联电容器　主要用于补偿输电线路的电感，以减小输电线路电压的降落，提高输送容量和稳定性，以及控制环形系统中电力潮流分布。额定电压在 1kV 及以下的串联电容器内部元件全部并联，每个元件上均串有内部熔丝。串联电容器承受电路全部电流，运行中常会受到过电流和过电压的作用，所以要求它具备较强的承受过负载作用的能力，见表 10.7-5。

表 10.7-5　串联电容器典型的耐受过负载和摇摆电流的能力

电流	持续时间	典型的范围（pu）	最常见的值（pu）
额定电流	连续	1.0	1.0
1.1×额定电流	每 12h 中 8h	1.1	1.1
紧急情况过负载（I_{EL}）	30min	1.2~1.6	1.35~1.50
摇摆	1s~10s	1.7~2.5	1.7~2.0

148　串联电容器装置　串联电容器补偿装置的典型接线见图 10.7-6。装置中的放电间隙的动作电压通常应整定在电容器组额定电压的 2.5~3.5 倍，当放电间隙燃弧时，电容器的放电电流峰值由阻尼电阻或阻尼电抗器加以限制，使其不超过电容器额定电流的 100 倍。

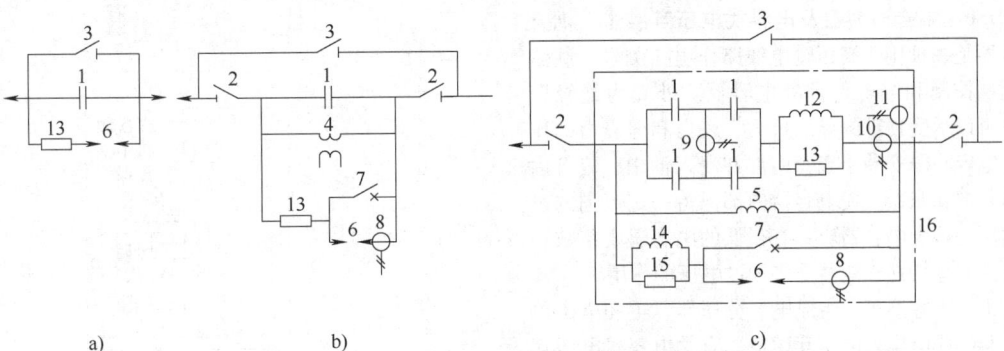

图 10.7-6　串联电容器补偿装置的典型接线

a）容量 300kvar　b）容量 2 000kvar　c）容量大于 10 000kvar

1—电容器　2—隔离开关　3—旁路隔离开关　4—放电装置（电压互感器）　5—放电电抗器　6—放电间隙
7—旁路用的断路器或负载开关　8—放电间隙保护用电流互感器　9—不平衡保护用电流互感器
10—不平衡、次谐波及过负载保护用电流互感器　11—台架故障保护用电流互感器　12—阻尼电抗器
13—阻尼电阻器　14—附加阻尼电抗器　15—附加阻尼电阻器　16—绝缘台架

7.4　其他电容器

149　脉冲电容器　脉冲电容器的特点是能够通过电容器将静电能量存储起来，在需要的某一瞬间，在极短的时间间隔内将所存储的能量迅速释放出来，形成强大的冲击电流和强大的冲击功率，广泛用于高电压试验技术、高能物理、激光技术和地质探矿等领域。它与交流电容器的区别是工作电场强度高，要求内部电感小，应用工况不同，工作状态也不同，可能是时间较长的间歇式工作，也可能是多次循环式工作。脉冲电容器的使用寿命与其储能密度、工作状态（振荡放电、非振荡放电、反向率、重复频率）及电感大小有关。储能密度越高，反向率和重复频度越高，电感越小，其寿命就越短。为了降低脉冲电容器的固有电感，在元件结构、内部引线、出线套管等方面常采用许多特殊措施，例如，用铝箔凸出的无感元件结构，电流相反的引出线尽量靠近，采用盘形瓷套或绝缘顶盖等。

脉冲电容器品种规格繁多，用户应根据使用目的和要求从中选取。我国生产的脉冲电容器，其最高工作电压达到 500kV，最大容量达到 1 000μF，电感可小至 30nH。脉冲电容器的使用寿命是指在规定的工作条件下充放电的次数，通常都在 10 000 次以上。使用时要注意脉冲电容器放电完成存放一段时间后，在电容器的端子上常会出现可能危害人身安全和测量仪表的电压。因此，操作人员接触电容器的接线端子之前，必须用接地棒先行放电，然后将两个端子用导线短接，使电容器充分放电。

150　耦合电容器及电容式电压互感器　耦合电容器是一种用于高压输电线路作电压测量、载波通信、控制和继电保护的电容器。外壳为绝缘瓷套，可以承受顶部的导线拉力、风力和地震力的作用，电容心子安装于瓷套内部并浸入油中，装有内置或外部膨胀器，使电容器内部保持一定范围的过剩油压。耦合电容器应具有很低的电容温度系数和良好的频率特性，能经受多种过电压的作用。

耦合电容器可以组成电容分压器，再和电磁单元一起组成电容式电压互感器。有关电容式电压互感器的内容可参见本篇第 109~112 条。

151　电热电容器　主要用于提高感应加热设备的功率因数，额定频率为 40~24 000Hz，额定电压为 375~2 000V，额定容量为 15~3 300kvar，分为空气自冷和水冷式两种。使用水冷式电容器时必须先通水后投运，先开断电容器后停水，在运行过程中一旦出现停水、水量不足或水温超过 +40℃ 等情况，应立即退出运行，查出原因并排除缺陷后才可再次投运。冬天停运时要及时排尽水管中的积水，以免冻裂冷却水管。电热电容器所用的冷却水应为不含杂质的软水，水的硬度不大于 10 度，pH 值应为 6~9，总的固体杂质含量不超过 250mg/L。随着全膜介质电热电容器的出现，发热功率减小，也有自冷式电热电容器，在运行中无需通水冷却。电热电容器有一定的过负载能力，允许在 $1.35I_n$ 下长期运行，每 24h 可在 $1.1U_n$ 下运行 4h，极间和极对壳之间的瞬时过电压不超过 $2\sqrt{2}U_n$，最大峰值电压不超过 $1.65U_n$，故障情况下能承受 $2.15U_n$ 峰值电压 2s。

152　交流滤波电容器及其装置　为了防止高次谐波对公用电网及电器设备造成危害，应在大功率高次谐波源附近装设如图 10.7-7 所示的交流滤波电容器装置，把高次谐波就地消除。从图中可以看出，滤波装置中的电容器既要经受基波电压的作用，又要经受高次谐波电压的作用，它的工作状态比并联电容器要严峻得多，因此应选用专用的交流滤波电容器。交流滤波电容器的结构与并联电容器基本相同，需根据流入电容器的谐波电流和工频电压而选择电容器的相关参数。交流滤波电容器的额定容量是指额定基波容量和额定谐波容量的算术和，不等于额定电压和额定电流的乘积。额定电流用额定基波电流和各次额定谐波电流方均根值表

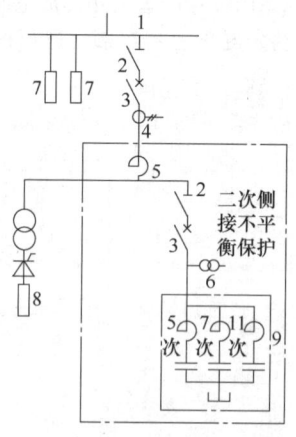

图 10.7-7　带限流电抗器的中、小型滤波成套装置原理图

1—高压母线　2—母线　3—断路器　4—电流互感器
5—限流电抗器　6—电压互感器　7——般负载
8—变流器负载　9—滤波支路

示。额定频率是指基波频率。选用电容器时，应选用其温度类别与运行地点的环境空气温度相适应的电容器，如果环境空气温度超过电容器的温度类别，电容器的寿命将会缩短。如果环境空气温度低于电容器的下限温度，则应另选能在此低温下投切、运行的电容器，或采取防寒措施。

153　直流滤波电容器及其装置　直流滤波电容器是一种主要用于削弱直流回路中的纹波信号，使输出波形更平稳的滤波电容器。直流滤波电容器

作为换流站的重要设备，并联装设在直流高压母线和中性母线之间，是抑制高压直流输电系统直流侧谐波的最有效手段。图 10.7-8 为直流输电系统直流滤波装置接线原理图。直流滤波电容器串联可以提高耐压能力，并联加大容量可平稳输出电流。电容器内部装有熔丝，当电容器出现故障时，可以保护未故障电容器不被损坏。高压直流输电系统直流滤波装置的噪声、复杂气象条件下的机械性能、抗振性能，在工程中需切实关注。

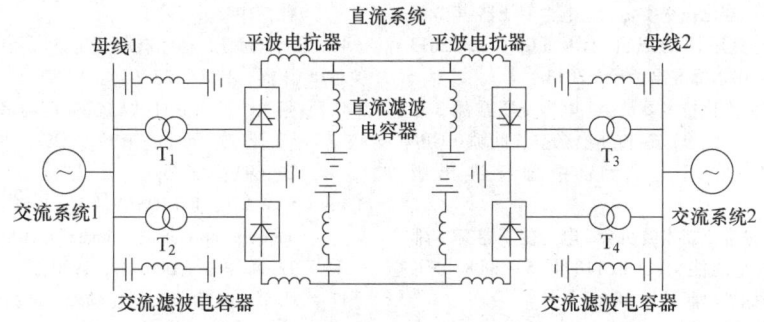

图 10.7-8　直流输电系统直流滤波装置接线原理图

参 考 文 献

[1]　机械工程手册电机工程手册编辑委员会. 电机工程手册：第 4 卷第 2 篇［M］. 2 版. 北京：机械工业出版社，1996.

[2]　章名涛. 电机学：上册［M］. 北京：科学出版社，1973.

[3]　朱英浩. 分裂变压器［J］. 变压器，1976，13（4）.

[4]　日本电气学会. 电工技术手册：第 2 卷第 16 篇［M］. 韩忠民，译. 北京：机械工业出版社，1984.

[5]　变压器手册编写组. 电力变压器手册［M］. 沈阳：辽宁科学技术出版社，1990.

[6]　沈阳变压器研究所. 变压器铁心制造［M］. 北京：机械工业出版社，1983.

[7]　沈阳变压器研究所. 变压器线圈制造［M］. 北京：机械工业出版社，1983.

[8]　王文铮. 变压器的有载分接开关［J］. 变压器，1973，10（3）.

[9]　全国变压器标准化技术委员会. 电力变压器试验导则：JB/T501—2020［S］. 北京：机械工业出版社，2020.

[10]　沈阳变压器厂. 变压器试验［M］. 北京：机械工业出版社，1980.

[11]　国家质检总局. 变压器和电抗器的声级测定：GB7328—1987［S］. 北京：中国标准出版社，1987.

[12]　中国电力科学研究院. 电气装置安装工程电气设备交接试验标准：GB50150—2016［S］. 北京：中国

[13]　电力行业电力变压器标准化技术委员会. 电力变压器运行规程：DL/T572—2010［S］. 北京：中国电力出版社，2010.

[14]　陈叔涛，等. 电力变压器的并联运行［M］. 北京：机械工业出版社，1984.

[15]　国际电工委员会. 电力变压器第 7 部分：油浸电力变压器装载指南：IEC60076-7-2018［S］. 日内瓦：国际电工委员会，2005.

[16]　MCNUTT W J, et al. Direct measurement of transformer winding hot spot temperature［J］. IEEE PAS., 1984（6）.

[17]　罗元亮. QJ180 型气体继电器［J］. 变压器，1977，14（1）.

[18]　全国电力设备状态维修与在线监测标准化技术委员会. 电力设备预防性试验规程：DL/T596—2021［S］. 北京：中国电力出版社，2021.

[19]　全国电力设备状态维修与在线监测标准化技术委员会. 变压器油中溶解气体分析和判断导则：DL/T722—2014［S］. 北京：中国电力出版社，2014.

[20]　应百川. 变压器内部故障检测与分析判断方法［J］. 变压器，1985，22（1）.

[21]　TSUKIOLA H, et al. New apparatus for detecting H_2, CO, and CH_4 dissoloved in transformer oil［J］. IEEE EI, 1983（4）.

[22]　FOSCHUM H. Special problems in partial discharge

measurement on transformer [J]. ELIN-Zeitschrift, 1983 [2].

[23]　沈阳变压器研究所. 试验变压器的设计 [J]. 变压器, 1972, 9 (2).

[24]　冶金工业设计院. 硅整流所电力设计 [M]. 北京: 冶金工业出版社, 1983.

[25]　关内明. 关于 T 形接法变压器的研究 [J]. 变压器, 1976, 13 (1).

[26]　全国变压器标准化技术委员会. 电力变压器 第 1 部分: 总则: GB/T1094. 1—2013 [S]. 北京: 中国标准出版社, 2013.

[27]　全国变压器标准化技术委员会. 电力变压器 第 2 部分: 液浸式变压器的温升: GB/T1094. 2—2013 [S]. 北京: 中国标准出版社, 2013.

[28]　全国变压器标准化技术委员会. 电力变压器 第 3 部分: 绝缘水平、绝缘试验和外绝缘空气间隙: GB/T1094. 3—2017 [S]. 北京: 中国标准出版社, 2017.

[29]　全国变压器标准化技术委员会. 电力变压器 第 5 部分: 承受短路的能力: GB/T1094. 5—2008 [S]. 北京: 中国标准出版社, 2008.

[30]　全国变压器标准化技术委员会. 电力变压器 第 11 部分: 干式变压器: GB/T1094. 11—2022 [S]. 北京: 中国标准出版社, 2022.

[31]　全国变压器标准化技术委员会. 电力变压器 第 6 部分: 电抗器: GB/T1094. 6—2011 [S]. 北京: 中国标准出版社, 2011.

[32]　全国变压器标准化技术委员会. 电力变压器应用导则: GB/T13499—2002 [S]. 北京: 中国标准出版社, 2002.

[33]　全国变压器标准化技术委员会. 电力变压器 第 7 部分: 油浸式电力变压器负载导则: GB/T1094. 7—2008 [S]. 北京: 中国标准出版社, 2008.

[34]　全国变压器标准化技术委员会. 油浸式电力变压器技术参数和要求: GB/T6451—2015 [S]. 北京: 中国标准出版社, 2015.

[35]　全国变压器标准化技术委员会. 干式电力变压器技术参数和要求: GB/T10228—2015 [S]. 北京: 中国标准出版社, 2015.

[36]　全国互感器标准化技术委员会. 互感器 第 3 部分: 电磁式电压互感器的补充技术要求: GB/T20840. 3—2013 [S]. 北京: 中国标准出版社, 2013.

[37]　全国互感器标准化技术委员会. 互感器 第 5 部分: 电容式电压互感器的补充技术要求: GB/T20840. 5—2013 [S]. 北京: 中国标准出版社, 2013.

[38]　袁季修. 电流互感器和电压互感器 [M]. 北京: 中国电力出版社, 2011.

[39]　全国互感器标准化技术委员会. 互感器 第 4 部分: 组合互感器的补充技术要求: GB/T20840. 4—2015

[S]. 北京: 中国标准出版社, 2015.

[40]　全国互感器标准化技术委员会. 互感器 第 2 部分: 电流互感器的补充技术要求: GB/T20840. 2—2014 [S]. 北京: 中国标准出版社, 2014.

[41]　王遵. 断路器均压电容引起的铁磁谐振及防止措施 [J]. 电力技术, 1985 (5).

[42]　FRANKLIN A C, FRANKLIN D P. The J&P transformer book (A practical technology of the power transformer) [M]. 11th ed. Boston: Butterworths, 1983.

[43]　C. B. 瓦修京斯基. 变压器的理论与计算 [M]. 崔立君, 杜恩田, 等译. 北京: 机械工业出版社, 1983.

[44]　上官远定. 移相有载调压整流变压器线路 [J]. 变压器, 1990, 27 (3): 17-22.

[45]　张洪. 三相五柱式整流变压器和平衡电抗器计算 [J]. 变压器, 1992, 29 (8): 2-10; 1992, 29 (9): 23-26.

[46]　SAWA T, KUROSAWA K, KAMINISHI T. Development of optical instrument transformers [J]. IEEE Trans. Power Delivery, 1990, 5 (2): 884-890.

[47]　张军, 肖耀荣, 刘在勤. 互感器设计 [G]. 沈阳: 沈阳变压器研究所, 1993.

[48]　尹克宁. 电流互感器的过渡特性 [J]. 变压器, 1975, 12 (3): 1-15.

[49]　姚奎之. 磁饱和电抗器的工程近似设计计算方法 [J]. 变压器, 1987, 24 (10): 2-6.

[50]　朱仙福, 朱敏复. 平波电抗器的设计与计算 [J]. 变压器, 1989, 26 (3): 2-6.

[51]　房金兰. 电力电容器行业目前技术水平和发展趋势 [J]. 电力电容器, 1992 (3).

[52]　王国伟. 国产 M/DBT 苄基甲苯新浸渍剂的研制和开发 [J]. 电力电容器, 1992 (2).

[53]　IEEE Power & Energy Society. IEEE Guide for Application of Shunt Power Capacitors: IEEE STd 1036-2010 [S]. New York: Institute of Electrical and Electronics Engineers, Inc, 2010.

[54]　全国电力电容器标准化技术委员会. 标称电压 1 000V 以上交流电力系统用并联电容器 第 4 部分: 内部熔丝: GB/T11024. 4—2019 [S]. 北京: 中国标准出版社: 2019.

[55]　全国变压器标准化技术委员会. 并联电容器用内部熔丝和内部过压力隔离器: JB/T8170—1995 [S]. 北京: 中国标准出版社, 1995.

[56]　全国电力电容器标准化技术委员会. 标称电压 1 000V 及以下交流电力系统用自愈式并联电容器: GB/T12747—2017 [S]. 北京: 中国标准出版社, 2017.

[57]　张懿. 乾元变并联电容器对电网谐波的影响及应对措施 [D]. 北京: 华北电力大学, 2015.

[58]　全国变压器标准化技术委员会. 高压并联电容器用串联电抗器: JB/T5346—2014 [S]. 北京: 中国标

准出版社，2014.

[59]　全国电力电容器标准化技术委员会. 脉冲电容器及直流电容器：JB/T8168—1995［S］. 北京：中国标准出版社，1995.

[60]　全国电力电容器标准化技术委员会. 耦合电容器及电容分压器 第 1 部分：总 则：GB/T19749. 1—2016［S］. 北京：中国标准出版社，2016.

[61]　全国互感器标准化技术委员会. 互感器 第 5 部分：电容式电压互感器的补充技术要求：GB/T20840. 5—2013［S］. 北京：中国标准出版社，2013.

[62]　浙江制造国际认证联盟. 感应加热装置用电力电容器（电热电容器）：T/ZZB0764—2018［S］. 杭州：浙江省品牌建设联合会，2018.

[63]　全国电力电容器标准化技术委员会. 耦合电容器及电容分压器 第 3 部分：用于谐波滤波器的交流或直流耦合电容器：GB/T19749. 3—2022［S］. 北京：中国标准出版社，2022.

[64]　谢恒堃. 电气绝缘结构设计原理：下册［M］. 北京：机械工业出版社，1993.

第 **11** 篇

开关保护设备

主　编　马志瀛（西安交通大学电气工程学院）

耿英三（西安交通大学电气工程学院）

荣命哲（西安交通大学电气工程学院）

参　编　宋国兵（西安交通大学电气工程学院）

郭　洁（西安交通大学电气工程学院）

曹五顺（西安交通大学电气工程学院）

主　审　季慧玉（上海电器科学研究院）

李松乔（中国西电集团有限公司）

文明浩（华中科技大学）

何计谋（西安西电避雷器有限公司）

责任编辑　杨　琼

第1章 开关设备的一般问题[1]

1.1 绝缘与绝缘结构

1 开关设备绝缘特点 开关设备不同相的带电导体、各相带电导体对地以及各相断开的两个触头之间，应能承受标准中所规定的最高工作电压的长期作用和大气过电压、内过电压的短时作用。开关设备绝缘的主要特点是具有断口绝缘，对起隔离作用的断口，其绝缘强度要求更高。按开关设备绝缘结构所处的工作条件，可分为以下两类：1）外绝缘：即以大气为绝缘介质的绝缘结构部分，外绝缘的主要特点是电气强度和大气条件有关，由大气间隙的击穿强度或由大气中沿固体绝缘表面的闪络强度所决定；2）内绝缘：不直接以大气为绝缘介质，而以油、压缩空气、真空、SF_6 等为绝缘介质的绝缘结构部分，特点是电气强度和大气条件无关，由介质中间隙的击穿强度或沿介质中固体绝缘表面的闪络强度所决定。

2 绝缘距离的确定 要综合考虑安全与经济两个方面的因素。对高压开关设备，一般用设备所需承受的绝缘试验电压，乘上一个系数，得出参考电压值 $U_{ref}(kV)$，再根据 U_{ref}，从已有的 U-d 试验曲线查出，或按经验公式算出所需的绝缘距离。U_{ref} 一般可按下式确定：

$$U_{ref} = K_1 K_2 U_1 \qquad (11.1-1)$$

式中 K_1——放电电压与试验电压之比，一般取 $K_1 = 1.1$；

$\quad K_2$——安全系数，可根据不同情况在 $1.05 \sim 1.4$ 间选取；

$\quad U_1$——设备所需耐受的工频或冲击试验电压（kV）。

低压电器中，电气间隙与由额定电压确定的相对地电压、安装类别、污染等级有关。其最小值可查相关标准。

爬电距离与电器的额定绝缘电压或工作电压、污染等级和绝缘材料组别有关。绝缘材料可按它们的相对漏电起痕指数（CTI）划分为以下四个组别：

绝缘材料组别Ⅰ：$CTI \geq 600$；

绝缘材料组别Ⅱ：$600 > CTI \geq 400$；

绝缘材料组别Ⅲ$_a$：$400 > CTI \geq 175$；

绝缘材料组别Ⅲ$_b$：$175 > CTI \geq 100$

污染等级按电器或电器部件的周围环境来定，分为四级。

污染等级 1：无污染或仅有干燥的非导电性的污染；

污染等级 2：一般仅有非导电性污染，但必须考虑因偶然凝露造成短暂的导电性污染；

污染等级 3：有导电性污染或由预期的凝露使干燥的非导电性污染变成导电性污染；

污染等级 4：造成持久性的导电性污染，例如由导电尘埃或雨雪所造成的污染。

3 电压分布及均压措施 处在均匀电场中的绝缘介质能得到最充分的利用。但开关设备中多为稍不均匀或很不均匀的电场，为了提高相同尺寸下电极间的耐压值，可采取下列措施：1）改善电极外形，以降低电场强度；当结构上难以做到，或由于电弧严重烧损电极时，应对此电极采取屏蔽措施。安装、检修设备内部时，应避免在电极上散落金属或非金属异物，以防止电极表面出现小曲率半径的突出点；2）改善电容分布，126kV 及以上开关设备的绝缘子大多采用多个套管或多根绝缘支柱串接而成，由于连接处金属法兰对地电容的影响，使各个套管（或绝缘子）之间的电压分布不均匀，为此需装设均压环或并以均压电容；3）合理使用不同的电介质，避免由于引入大介质常数的电介质后，使介质常数小的电介质中的电场强度过分增高而导致损伤绝缘。

1.2 电路开断过程及电弧

4 气体电弧的特性 气体电弧是一种自持气体放电，主要特征是温度高（10^4K 级），热电离度大，电流密度大（$10^4 A/cm^2$ 级），弧柱的电位梯度低（几十至几百伏每厘米）。它通常由三部分组成：

阴极区、阳极区及弧柱区，见图11.1-1。

在气体电弧的阴极和阳极上有明亮的斑点，其温度常超过触头（电极）金属材料的气化温度。视弧柱周围的冷却条件，弧柱中心温度可达五六千度至几万度。触头之间的电弧压降 U_a 由阴极压降 U_-、阳极压降 U_+ 和弧柱压降 U_n 三部分组成。如果两个电极（触头）相距很近，此电弧称为短弧，其特性主要由阴极区内的物理过程所决定；如果电极（触头）间的距离很大，则称为长弧，其特性主要由弧柱中的物理过程所决定。按弧柱横截面中电导率的差异，可将弧柱横截面分为弧心和弧套两部分，见图 11.1-1b，弧心是导电的核心部分，其中粒子的热电离度大，电导率高，几乎所有的电弧电流都从弧心通过；弧套是包围弧心的高温气体层，其中的粒子一般处于热分解状态，其电导率极低，在弧心和弧套的交界处，电导率的变化很大。当电弧电流增大时，输入弧柱的能量增加，弧套内层温度升高，弧心截面扩大。弧心主要以径向散热方式，通过弧套向外散失热量。

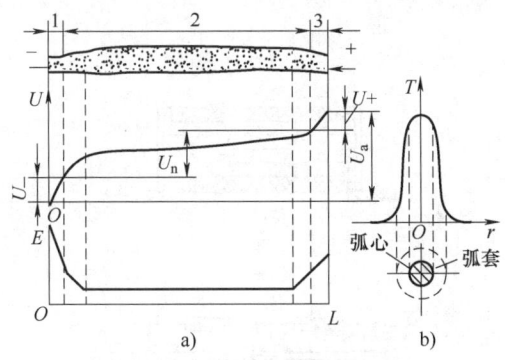

图 11.1-1　气体电弧的组成示意图
a）电弧三个区域的电位降和电位梯度的分布
b）弧柱的组成及其径向温度分布
1—阴极电位降区　2—弧柱区
3—阳极电位降区

电弧电压降与流过电弧的电流的关系曲线称为伏安特性，是电弧的一个重要特性。由于弧柱中的热惯性，交流电弧与直流电弧的伏安特性差异很大，见图 11.1-2、图 11.1-3。

5　真空电弧的特性　维持真空电弧的介质是阴、阳极斑点所产生的金属蒸气。真空电弧有两种显著不同的形态，即中小电流下的扩散型电弧和大电流下的聚集型电弧。

（1）扩散型电弧　当采用铜电极、开断电流为6kA 以下时，阴极表面上有许多分裂而明亮的阴极

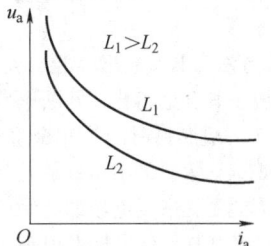

图 11.1-2　直流电弧的伏安特性
L—弧长

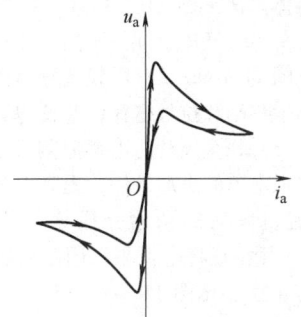

图 11.1-3　交流电弧的伏安特性

斑点，并不停地运动（通常由极中心向边缘运动），由于这种电弧的生成物少，弧区的金属蒸气压力低，带电离子密度小，中性金属原子和电子碰撞概率很小，电弧能量小，电流过零后，触头上不会再产生阴极斑点，触头间隙的介质绝缘强度恢复得非常迅速，如果触头开距足够大，扩散型电弧很容易熄灭。

（2）聚集型电弧　自由燃烧的铜电极真空电弧的电流超过 10^4A 时，阴极斑点不再向四周扩散，而是聚集成一个或几个阴极斑点团，其直径可达 $1\sim2$cm。这时，阴极和阳极表面均出现强烈的光柱。若不受外磁场作用，斑点团只以很低的速度移动或静止不动，电极表面被局部加热而严重熔化。这种电弧有很高的蒸气压（一般在一个大气压以上），它在许多方面和高气压电弧相似，即生成物多，弧区带电离子密度大，粒子碰撞概率大，电弧电压比扩散型电弧要高得多，因此难以灭弧，应设法避免出现这类状态。

（3）伏安特性　与高气压电弧的负伏安特性相反，电流越大，电弧电压越高，即具有正的伏安特性。电极为铜时：0~1kA 之间，电弧电压几乎不随电流的变化而变化，1~6.5kA 之间，电弧电压随电流的增加而明显增大，从 20V 左右提高到 40V 左

右；电流超过 6.5kA 时，电弧电压突然升高到 100V 以上。

6　灭弧方法　电弧放出的能量大，温度极高，可使一切金属及其合金熔化，开断电路时，应在很短的时间内（一般燃弧时间为几个毫秒到 20ms 左右）将电弧熄灭。灭弧的根本目的是将能导电的弧柱间隙转变为能耐受恢复电压的绝缘间隙。基本方法是冷却电极及弧柱，使电极发射带电粒子的能力大为降低，甚至不能发射带电粒子，并使弧柱中带电粒子复合成为不导电的中性粒子，扩散弧柱中的带电粒子亦是一种有效的措施。

灭弧具体方法见图 11.1-4：1）在气体或液体灭弧介质（如 SF_6 气体及开关油）中用机械方法拉长电弧，见图 11.1-4a；2）用载流导体中电流自身产生的磁场来移动和拉长电弧，并使电弧冷却，见图 11.1-4b；3）用金属片将电弧分割成很多串联的短弧，以增强电弧的冷却条件，提高电弧电压和增加交流电流过零后的初始介质恢复强度，见图 11.1-4c；4）用磁场将电弧驱入用耐弧材料制成的狭缝中冷却电弧，见图 11.1-4d；5）借助于外能，用高速流动的灭弧介质（如 SF_6 气体、压缩空气、开关油等）吹弧，见图 11.1-4e；6）利用电弧自身的能量使固体产气材料（纤维板、有机玻璃等）、开关油分解产生高压气流灭弧，见图 11.1-4f；7）用石英砂冷却电弧，见图 11.1-4g；8）利用等离子体在真空中快速扩散灭弧，见图11.1-4h。

灭弧后，不要因触头（电极）表面过度烧伤以及触头之间的固体或液体绝缘材料过度炭化污染，而显著降低分开的触头（电极）之间的绝缘强度，以致间隙在恢复电压的作用下被击穿，使电弧重燃。

7　电路的开断过程　不论是交流电路，还是直流电路的关合或开断⊖，其方法都是将供电端与受电端中间某一小段电路的阻抗在很短的时间内（一般为百分之几秒），由接近于零值变为接近于无穷大值（即开断）；或者相反，由接近于无穷大值变为接近于零值（即关合）。由一种状态转换到另一种状态，总要经过一个或长或短的过渡过程。按照被开断电流的大小、电流与电压之间的相位差、开断后断口之间电压的波形及幅值大小等方面的差异，可将电路的开断按其性质分为四大类，见表 11.1-1。

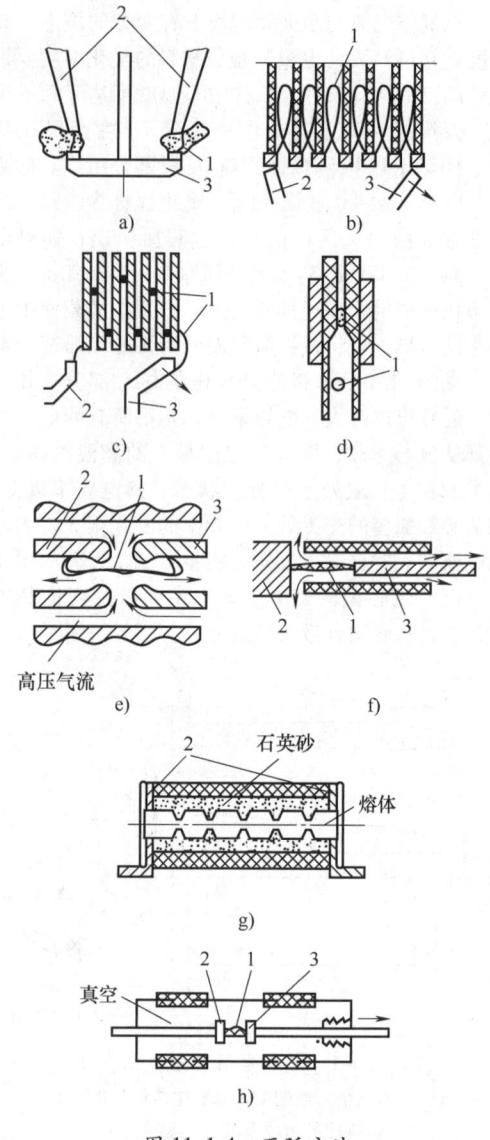

图 11.1-4　灭弧方法

a) 用机械方法拉长电弧　b) 用磁场拉长电弧
c) 用金属片分割电弧　d) 用磁场驱赶电弧
e) 用灭弧介质吹弧　f) 自能灭弧
g) 用石英砂冷却电弧
h) 用等离子体灭弧
1—电弧　2—静触头或导电板　3—动触头

⊖　在电工名词术语国家标准中规定：对于高压开关，应为电路的关合与开断；对于低压电器，则应为电路的接通与分断。

表 11.1-1 电路开断的类型及特点

类型	大电流开断（感性）	电容电流开断	小电感电流开断	负载电流开断
举例	1）一般短路故障 2）近区故障 3）失步	1）电容器组 2）空载长线 3）空载电缆	1）空载变压器 2）并联电抗器 3）空载电动机	输配电线路的负载电流
被开断的电流	$I_s \gg I_n$	$I_C \le I_n$	$I_L \le I_n$	$I_B \approx I_n$
$\cos\varphi$	≤0.15	≈0	≈0	>0.6
开断特点及对开关设备的要求	恢复电压的幅值高（尤其是失步开断），上升速度快（尤其是近区故障），开断条件最苛刻。灭弧室烧损严重，且要承受很大的机械负荷	电流过零时（交流），易于熄弧，但在结构设计时要防止由于熄弧后绝缘距离不够或触头（电极）之间绝缘强度恢复慢等原因，当恢复电压较高时发生重击穿，引起危及设备或线路绝缘的过电压	由于电感数值大，开断电流小，当灭弧室开断小电流的能力过强时，可迫使电流提前强迫过零，引起危险的过电压，设计断路器时，要设法减小截流值，或在开断时接入中值电阻，抑制过电压数值	恢复电压的幅值不高，上升速度亦慢，一般易于开断。对开关设备的主要要求是：增加允许连续开断的次数

注：I_n—额定电流；I_s—短路电流；I_C—电容电流；I_L—电感电流；I_B—负载电流。

8 开断、关合时所产生的过电压及其限制措施 为抑制开关在关合、开断时可能出现的危险过电压（见表 11.1-1），一般从两个方面采取措施：一是降低过电压波头的陡度，以改善某些设备（如变压器、电机）绕组匝间的电压分布；二是降低过电压的幅值。具体做法是：1）负载端并联电容，以降低过电压波头的陡度；2）将串联的 RC 并联在负载进线端以降低过电压波头陡度及其幅值；3）开断电容电流时，尽量使开关不重燃；4）气体绝缘金属封闭开关设备组合电器（GIS）中隔离开关静触头上加合适的合闸电阻，以抑制高频过电压。

1.3 载流导体与电接触

9 载流导体发热及允许温升 根据热平衡原理，无限长均匀截面载流导体发热过程为

$$\tau = \frac{P}{K_T S}\left(1-e^{-\frac{t}{T}}\right) \qquad (11.1-2)$$

式中 τ——载流导体的温升（K）；

K_T——导体周围介质的综合散热系数 $[W/(m^2 \cdot K)]$。K_T 与周围介质的种类和情况、发热体的表面状况、温升、结构等有关。一般用实验方法确定。例如，对电磁铁线圈，试验得到其 K_T 值在 10~13 之间；

P——单位长度导体消耗的功率（W）；

S——单位长度导体的散热表面积（m^2）；

t——通电时间（s）；

T——单位长度导体的热时间常数（s），$T = Gc/(K_T S)$；

c——单位质量导体的比热容 $[W \cdot s/(g \cdot K)]$；

G——单位长度导体的质量（g）。

式（11.1-2）中，当 $t=0$ 时，$\tau=0$，即开始通电前导体的温升为零；当 $t \to \infty$ 时，$\tau = \tau_m = P/(K_T S)$，即当通电时间延续到无限长以后，导体的温升便达到最大值 τ_m（即稳定温升）。在实际应用中，当 $t \ge 4T$ 以后，导体温升已达最大值的 98.2% 以上，这时可近似地认为导体温升已达到稳定值。

式（11.1-2）仅导出稳定温升的概念。对电器来说，重要的是接线端和触头的温升，它应不使接触处接触状态恶化，不损坏连接导线的绝缘。有关高低压开关设备和控制设备的最大允许发热温度和允许温升可参见相关资料。

10 电动力 指载流导体之间所受的作用力。两载流导体或两段载流导体间的电动力 F（N）按下式计算

$$F = K_c \lambda i_1 i_2 \times 10^{-7} \qquad (11.1-3)$$

式中 K_c——回路系数，其值与导体的形状、尺寸、导体间的相互位置有关；

λ——截面系数，圆形导体取 1，矩形截面导体的截面系数参见参考文献 [1]；

i_1、i_2——两载流导体电流的瞬时值（A）。

11　电接触的分类及要求　两个及两个以上导电零件通过机械连接方式（用螺钉连接或用弹簧压紧）互相接触，以实现导电的目的，称为电接触。电接触有三种工作方式：

（1）固定接触　用紧固件（如螺钉或铆钉等）压紧的电接触，在工作过程中没有相对运动。见图 11.1-5a。

（2）可分接触　见图 11.1-5b。它是在工作过程中可以分开的电接触。实现电接触的导电零件称为触头。触头在闭合时一般是靠弹簧保证必需的接触压力。

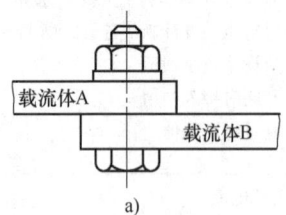

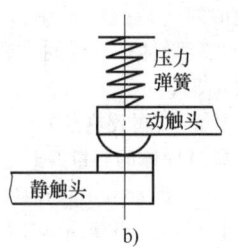

图 11.1-5　电接触示意图
a）固定电接触　b）可分电接触

（3）滑动及滚动接触　它是在工作过程中，触头间可以互相滑动或滚动但不能分开的电接触，如平面控制器的触头、高压开关中的中间触头。

对电接触的基本要求：1）长期工作中，要求触头长期通过额定电流时温升不致过分升高，接触电阻稳定。2）在通过短路电流时，有足够的动热稳定性，触头不致熔焊，也不发生触头材料喷溅。3）在接通（或关合）规定的额定短路电流时不发生熔焊或严重烧损。4）在分断过程中，触头的磨损少，以满足分断短路电流和电寿命次数的要求。

12　电接触型式与接触电阻

（1）电接触型式　按接触面外形几何形状有三类：点接触、线接触和面接触，见图 11.1-6。事实上，无论是点接触、线接触或面接触，其实际接触均为若干点接触分布于小面积（点）、狭长区域（线）或一个平面（面）上。

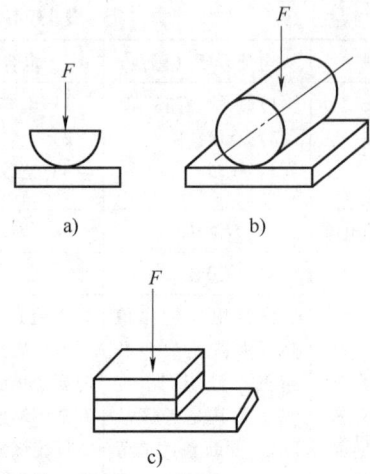

图 11.1-6　接触的型式
a）点接触　b）线接触　c）面接触

在实际应用中，当额定电流较大时，常将多个点接触（或线、面接触）的触指、触片并联，这样就可使加在触头上的压力相同的条件下，提高触头的通流能力及动热稳定电流值；或在相同的通流能力、动热稳定电流值下，减少加在触头上的压力，降低合、分操作中的摩擦阻力，从而可减小机构的操作功。

（2）接触电阻　由收缩电阻 R_c 和表面膜电阻 R_s 组成，即 $R_J = R_c + R_s$。但实际上接触电阻 R_J（$m\Omega$）可用下列经验公式计算：

$$R_J = \frac{K_J}{(0.1F)^n} \qquad (11.1-4)$$

式中　K_J——与触头材料的物理化学性质以及接触表面情况有关的系数，可参见有关资料；

F——接触压力（N）；

n——与接触形式、压力范围和实际接触面的数目等因素有关的指数。实验证明，在压力不太大的范围内，对于点接触 $n = 0.5$，线接触 $n = 0.7$，面接触 $n = 1$。

式（11.1-4）表明，接触电阻与压力、接触形式、材料、接触表面情况有关，而与触头大小无关。要使接触电阻小且稳定，首先必须保证足够的接触压力，合理选择接触型式和触头材料，在工艺上应选择适当的加工方法，使接触表面有一定的低粗糙度。另外，还应注意接触表面的清洁，采取各种措施，避免表面膜的增长，或在设计机构时，使触头得到滑动，将表面膜清除。若触头上有水分、尘埃、油及其他活性化学物质（如硫化物及酸或碱性体）等形成的表面膜，可使接触电阻增加数十至几百倍。为了防止氧化，常采用不易氧化或氧化物电阻系数小的材料作为易氧化触头的防护层。同时还要注意减小接触面处的化学腐蚀和电化学效应，采用电化次序相等或相近的材料组成接触连接。力求避免铝铜接触，难以避免时，则一定要使接触处表面搪锡，或加一种导电胶，对接触面进行保护。

1.4　电磁系统与电磁力

13　电磁系统结构型式及特点　电器的电磁系统分为交流和直流两大类。交流电磁铁 $U \approx E$，即磁链 $\Psi =$ 常数，吸力 F_- 正比于 U^2，而反比于 σ_Ψ^2（σ_Ψ—磁链的漏磁系数），即 $F_- \propto \left(\dfrac{U}{\sigma_\Psi}\right)^2$。工作气隙 δ 的变化，对 σ_Ψ 有一定影响，但影响不大，因此 $F_- = f(\delta)$ 曲线比较平坦。直流电磁铁 $IN =$ 常数，吸力 F_- 正比于 $(IN)^2$，反比于 σ_Φ^2（σ_Φ—磁通的漏磁系数）和 δ^2，即 $F_- \propto \left(\dfrac{IN}{\sigma_\Phi \delta}\right)^2$。$F_-$ 除受 σ_Φ 的影响外，同时还受 δ 的影响，因此 $F_- = f(\delta)$ 曲线比较陡峭，见图 11.1-7。交直流电磁铁的比较见表 11.1-2。

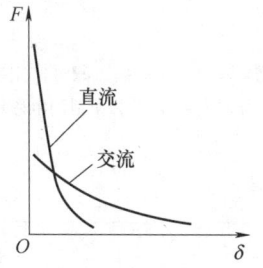

图 11.1-7　交直流电磁铁 $F = f(\delta)$ 特性比较

表 11.1-2　交直流电磁铁的比较

项　　目	直流	交流	说　　明
铁心	圆柱体	叠片	交流有铁耗，直流的防剩磁的气隙比交流的长
振动噪声	无	有	交流有脉动电磁吸力 F_-，直流无
机械强度	强	弱	交流铁心叠压成型，机械强度差
起动电流	$0 \to I_c$	$nI_c \to I_c$	交流电抗与气隙近似地成反比
吸合时间	慢	快	直流时间常数大，磁通建立缓慢
吸力特性	陡	平坦	见图 11.1-7
操作频率	高	低	交流铁心机械强度差，起动电流大，线圈温度高
线圈形状	细长	扁平	采用扁平线圈，改善交流电磁铁特性配合

电磁铁结构形状不同，工作特性也不相同。即使同一结构形状，在几何尺寸或电磁参数发生改变时，电器的工作特性也随之变化，见表 11.1-2、11.1-3。表 11.1-3 中第 1~3 图表示电流、电压、磁路饱和等电磁参数对静态吸力特性的影响，第 4~6 图表示磁系统几何尺寸对静态吸力特性的影响。

14　电磁系统的选择、电磁力计算　选择电磁系统时，力求吸力特性和反力特性合理配合，使吸合时的碰撞能量为最小。

表 11.1-3　典型电磁系统特性的分析比较

结构形式	工作特性	说　　明
		电压对静态吸力特性的影响。当 $U \approx E$、F_- 为交流电磁力时：$$F_- \propto \left(\frac{U}{\sigma_\Psi}\right)^2$$ 1）在相同电压下，吸力仅受 σ_Ψ 的影响；2）在不同电压下还受 U 的影响，U 越小，吸力特性越平坦；3）适用作为交流接触器的磁系统

（续）

结构形式	工作特性	说明
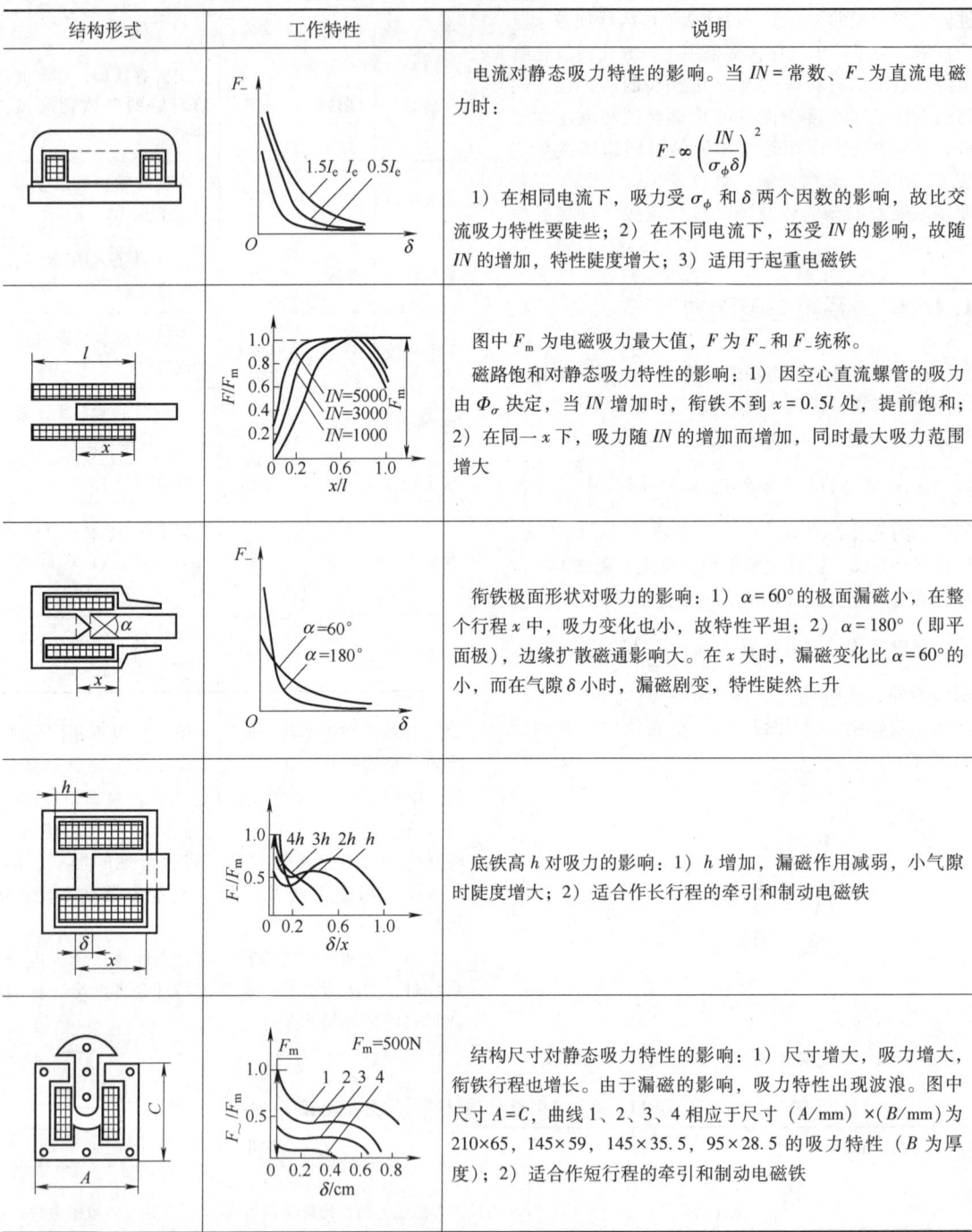		电流对静态吸力特性的影响。当 IN = 常数、F_- 为直流电磁力时：$$F_- \propto \left(\frac{IN}{\sigma_\phi \delta}\right)^2$$ 1）在相同电流下，吸力受 σ_ϕ 和 δ 两个因数的影响，故比交流吸力特性要陡些；2）在不同电流下，还受 IN 的影响，故随 IN 的增加，特性陡度增大；3）适用于起重电磁铁
		图中 F_m 为电磁吸力最大值，F 为 F_- 和 $F_\sim$ 统称。磁路饱和对静态吸力特性的影响：1）因空心直流螺管的吸力由 Φ_σ 决定，当 IN 增加时，衔铁不到 $x = 0.5l$ 处，提前饱和；2）在同一 x 下，吸力随 IN 的增加而增加，同时最大吸力范围增大
		衔铁极面形状对吸力的影响：1）$\alpha = 60°$ 的极面漏磁小，在整个行程 x 中，吸力变化也小，故特性平坦；2）$\alpha = 180°$（即平面极），边缘扩散磁通影响大。在 x 大时，漏磁变化比 $\alpha = 60°$ 的小，而在气隙 δ 小时，漏磁剧变，特性陡然上升
		底铁高 h 对吸力的影响：1）h 增加，漏磁作用减弱，小气隙时陡度增大；2）适合作长行程的牵引和制动电磁铁
		结构尺寸对静态吸力特性的影响：1）尺寸增大，吸力增大，衔铁行程也增长。由于漏磁的影响，吸力特性出现波浪。图中尺寸 $A = C$，曲线 1、2、3、4 相应于尺寸 $(A/mm) \times (B/mm)$ 为 210×65，145×59，145×35.5，95×28.5 的吸力特性（B 为厚度）；2）适合作短行程的牵引和制动电磁铁

除表 11.1-3 外，还有一种拍合式电磁铁，其吸力特性也比较陡，但改变极靴的尺寸可以在较宽的范围内获得所需要的特性，它被广泛地用于直流接触器和继电器中。

现在，有些交流接触器的电磁系统采用交流吸合、直流运行。特别是在 55kW 以上应用甚广。采用这种方式的原因：1）交流电磁系统导磁体和分磁环消耗大量电能，改用直流维持吸合，则可大量节能；2）改用直流维持吸合，可大大减少运行中的噪声。直流运行方式特别适用于操作频率不高的场所，而在操作频率极高的场所应用意义不大。

电磁力计算主要是计算电磁系统的静特性和稳定状态下衔铁极缓慢运动时电磁吸力同衔铁行程的关系，即 $F=f(\delta)$。

1.5 传动和力（或力矩）特性的配合

15 传动方式及基本要求 机械开关装置的操动部分由操动机构、传动系统及动静触头系统三部分组成。操动机构的任务是将各种形态的能转变为便于操作的机械能，其输出的形式为转动或直动。传动系统的任务是将机构输出的能传送到触头系统，使触头按某种规律作直线或旋转运动（根据关合、开断的需要）。由于操动机构一般处在地电位，故传动系统中必须有能承受绝缘试验电压的绝缘件。常用的传动方式及其特点见表 11.1-4。国内外多年来统计资料表明，断路器、负荷开关等 60% ~ 80% 的故障属于机械故障，故对传动系统的基本要求是可靠性高及能快速响应。

表 11.1-4 常用的传动方式及其特点

方式	特点	适用范围
机械传动	传动可靠，传递信号快，同步性能好，零件加工精度要求较低，调整方便，维护容易，但传递大功率时，运动速度较低，冲击力大	广泛使用于各类高低压开关设备
液压传动	动作平衡，传动力大，速度高且易调节，运动部分质量轻，机械寿命长，但工作压力高，结构较复杂，零件加工要求高，传动特性受环境温度影响	要求传送功率大的各类高压开关设备
压缩空气传动	使用压力远较液压传动低，环境温度对特性基本无影响，但动作准确性及平衡性不如液压机构	各类高压开关设备
混合传动	根据具体要求，将上述传动方式组合在一起，以扬长避短，但一般结构较复杂	各类高压开关设备

16 力（力矩）特性的配合 开关动触头的行程、超程、刚分速度、最大分闸速度及刚合速度等，是保证开关设备的开断和关合性能（尤其是短路故障时）的重要前提条件，故操作系统应做到：1）操动机构和触头系统的运动特性接近各自的最佳工况；2）整个操动系统平稳可靠。为达到上述目的，关键是处理好机构的吸力特性和开关本体负载特性的配合问题。图 11.1-8 曲线 1 是根据各类反力矩计算出来的开关本体的负载特性，一般情况是：接近于合闸终点，归化到动触头上的反力（力矩）越大，到达刚合点之后，由于弹簧或其他缓冲器的作用，反力突然增大。图 11.1-8 曲线 2~4 表示采用大小不同的操作能源时得出的吸力特性。合理的评价应是在保证顺利完成分、合闸操作的前提下，合闸功尽可能小，这样可将操动机构做得比较轻巧，也可减少操动系统的冲击及振动。因此，相交配合（采用曲线 2 使吸力特性和负载特性相交）应是较好的配合。至于在何处相交为最好，这取决于开关行程的长短、关合短路电流的大小及产品的具体结构，一般以机械操作试验、开断及关合试验进行校核。

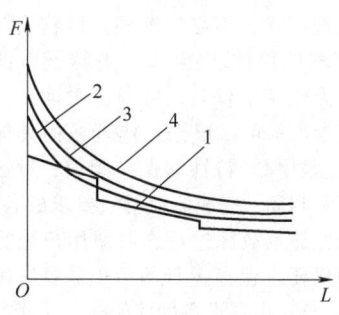

图 11.1-8 负载特性与吸力
特性的配合示意图

断路器、负荷开关及接触器的分合闸速度较高，而触头的行程并不大，要使触头在分、合闸终了时能很快而且平稳地停下来，必须使用缓冲器，否则会产生巨大的冲击力，引起设备剧烈振动，妨碍分、合闸锁扣的正常工作，导致操作失误，甚至使零部件产生变形或损伤。开关设备常用的缓冲器及其特点见表 11.1-5。

表 11.1-5　常用的缓冲器及其特点

类　　别	优　　点	缺　　点	使　用　场　所
橡胶缓冲器	结构简单、反弹力小	低温时弹性下降，影响缓冲的效果	止位缓冲及迟冲能量不大的场所
弹簧缓冲器	结构简单，使用方便，特性不受温度的影响。合闸缓冲和分闸弹簧一并考虑时，可提高刚分速度	有较大的反弹力	多用作合闸缓冲器
油缓冲器	体积小，制动力大，无反冲力，合理设计可得到快速、均匀的制动效果	工作特性与环境温度有关，为防止漏油，对工艺的要求较高	要求制动力大的场所
气体缓冲器	制动力大，特性稳定	制动过程中有较大的反弹力，气压低时尺寸较大	多用在用压缩气体灭弧的开关中

1.6　开关设备的智能化[2]

17　智能开关设备的基本特点　1）现场参量处理数字化，不仅大大提高了测量和保护精度，减小了产品保护特性的分散性，而且可以通过软件改变处理算法，不需修改硬件结构设计，就可以实现不同的保护功能。2）电器设备的多功能化，如作为数字化仪表，可以实时地显示要求的各种运行参数；可以根据工作现场的具体情况设置保护类型、保护特性和保护阈值；对运行状态进行分析和判断，完成监控对象要求的各种保护；真实记录并显示故障过程，以便用户进行事故分析；按用户要求保存运行的历史数据，编制并打印报表等。3）电器设备的网络化，采用数字通信技术，组成电器智能化通信网络，完成信息的传输，实现网络化的管理、设备资源的共享。4）真正实现分布式管理与控制，智能开关设备的监控单元能够完成对电器设备本身及其监管对象要求的全部监控和保护，使现场设备具有完善的、独立的处理事故和完成不同操作的能力，可以组建成完全不同于集中控制或集散控制系统的分布式控制系统。5）可以组成真正的全开放式系统，采用计算机通信网络中的分层模型建立起来的电器智能化通信网络，可以把不同生产厂商、不同类型但具有相同通信协议的智能电器互连，实现资源共享，不同厂商产品可以互换，达到系统的最优组合。通过网络互连技术，还可以把不同地域、不同类型的电器智能化通信网络连接起来，实现全国乃至世界范围内的开放式系统。

18　智能开关设备的一般组成结构　智能开关设备由一次电路中的开关电器元件和一个物理结构上相对独立的智能监控单元组成。开关设备一次元件应包含开关柜内所有安装在一次电路侧的电器元件，如电压互感器、电流互感器、隔离开关、执行电器（断路器、接触器、负荷开关）、接地开关等。

智能监控单元含有输入、中央处理与控制、输出、监测及通信等主要模块。

第2章 高压开关及高压熔断器[1]

2.1 高压开关概述

19 高压开关的定义、功能与分类 高压开关是用于开断和关合电压 ≥3kV 线路的机械开关装置。通常可按其功能分为表 11.2-1 所列的 8 种（含高压熔断器）。此外，还可按交流与直流、户内与户外、灭弧介质、用途与结构特征等进行分类。

表 11.2-1 高压开关的分类与功能

分类	主要作用	正常负载电流			短路电流			标准号
		长期承载	开断	关合	短时承载	开断	关合	
断路器	控制、保护	○	○	○	○	○	○	IEC 62271—100；GB 1984—2003
负荷开关	控制	○	○	○	○		(○)	IEC 60265；GB 3804—2004；GB/T 14810—1993
隔离开关	保护、安全隔离	○	○		○			IEC 62271—102；GB 1985—2004
接地开关	保护				○		(○)	IEC 62271—102；GB 1985—2004
重合器	控制、保护	○	○	○	○	○	○	JB 7570—1994
分段器	控制	○	(○)	(○)	○		(○)	JB 7569—1994
接触器	控制	○	○	○	○	(○)	(○)	IEC 60470；GB/T 14808—2001
熔断器	保护	○			○	○		IEC 60282.1~2；GB/T 15166.2~4—1994

注：○—有此功能；（○）—有的具有此功能。

20 高压开关的基本组成部分及功能 各种高压开关均由五个基本部分所组成，见表11.2-2，其中操动机构可根据性能要求选配。

21 高压开关的主要技术参数 见表 11.2-3。

表 11.2-2 高压开关的基本组成部分及功能

组成部分	功能	主要零部件
合分单元	开断及关合线路、安全隔离电源、使停运线路及设备可靠接地	主导电回路、主触头、主灭弧室、辅助灭弧室、辅助触头、并联电阻、并联电容
绝缘支撑	可靠支撑合分单元，并保证各种绝缘要求	瓷、环氧树脂、SMC、DMC 及其他绝缘材料制成的支柱、管、棒及其他制品
操作传动件	给合分单元的触头、动作阀门或其他操作元件传递操作指令及能量	各种连杆、拐臂、齿轮、绝缘拉杆或转动绝缘棒管、气动、液压管道等
基座	合分单元及整台产品的支承和安装基础	底座、金属壳体
操动机构	执行操作指令、提供操作能量、实现各种分合闸操作程序	弹簧、电磁、液压、气动、手动机构的本体及其配件

表 11.2-3　高压开关主要技术参数

名称	符号	单位	定义
额定电压	U_r	kV	根据规定的工作条件，由制造厂确定的电压。其数值等于所在系统的系统最高电压，线电压有效值
额定绝缘水平		kV	表征产品绝缘耐受能力的一组电压值，≤363kV：额定雷电冲击和短时工频耐受电压；≥363kV：额定操作和雷电冲击耐受电压
额定电流	I_r	A	由制造厂规定的开关可以长期承受的电流有效值
额定短路开断电流	I_{rb}	kA	在规定条件下，开关能正常开断的最大短路电流有效值
额定短路关合电流	I_{rm}	kA	在规定条件下，开关能正常关合的最大短路峰值电流
额定短时耐受电流	I_{sw}	kA	开关在闭合位置下，在规定时间内能耐受的最大短路电流有效值
额定峰值耐受电流	I_{pw}	kA	开关在闭合位置下，能耐受的最大短路峰值电流
开断时间	t_b	s 或 ms	从开关接到分闸命令起至各极中的电弧最终熄灭为止的一段时间
关合时间	t_c	s 或 ms	从开关接到合闸命令起至某一极中首先流过电流瞬间为止的时间

注：额定短时耐受电流和额定短路开断电流数值相等；额定短路关合电流和额定峰值耐受电流数值相等，且为额定短路开断电流的 2.5 倍。

2.2　高压交流断路器

22　高压交流断路器的定义与分类　断路器是能关合、承载以及开断正常电路条件下的电流，也能在规定的异常电路条件（例如短路）下关合、承载一定时间和开断电流的机械开关器件。高压断路器的最常用且按标准定义的分类是按触头所处的介质或环境条件来划分，它的分类及主要特点见表 11.2-4。也可根据用途分为发电机保护用、输电用、配电用和特殊用途高压断路器。随着对断路器少维护、免维护要求的发展，也可将断路器分为一般（E_1 级）断路器和少维护（E_2 级）断路器（一种设计在预期使用寿命内，主回路开断用的零件不需要维护，而其他零件只需少量维护的断路器，现在只适用于额定电压不大于 52kV）。

表 11.2-4　高压交流断路器的分类及其主要特点

类别		灭弧方式或特征	优缺点
油	多油	均具有灭弧室，油中自能式油气吹熄灭电弧	结构简单，制造方便，成本较低，技术性能较差，维修工作量大，油易燃易爆，并可能引发次生事故，已被列入淘汰产品
	少油		
压缩空气		利用压缩空气气吹熄灭电弧	通流及开断能力大，动作时间短，结构复杂，工艺要求高，噪声大，需配置压缩空气系统，除大电流发电机保护用断路器外，已属淘汰产品
六氟化硫（SF_6）		利用 SF_6 气体的特异的热化学性和强电负性，并靠电弧和气体的相对运动来熄灭电弧	通流能力和开断能力大，断口电压高，技术性能好，电寿命长，结构较简单，但工艺要求高
真空		在高真空容器中使电弧熄灭	开断能力大，技术性能好，操作功小，寿命长，适于频繁操作，少维修，环境污染小，在电感性小电流和容性电流开断时可能产生操作过电压
磁吹		应用磁场及缝隙在空气中冷却熄灭电弧	额定电压低，技术参数差，结构复杂，体积大，仅用于户内，已很少使用
固体产气		利用固体产气材料受电弧作用分解气体气吹熄灭电弧	结构简单，制造方便，重量轻。技术参数低，噪声较大，检修工作量大，用于户外时易受环境条件的影响

23　高压断路器的结构型式　不同类型的高压断路器,其总体结构型式十分相似,按灭弧室安装的不同可分为外壳接地断路器和外壳带电断路器两种。从外观型式的高压断路器结构分类示例见表 11.2-5。

24　六氟化硫(SF$_6$)断路器　触头在 SF$_6$ 气体中接通和开断的断路器称为 SF$_6$ 断路器。由于 SF$_6$ 气体的价格较贵及排放引起的环境污染,断路器在操作过程中,不能将 SF$_6$ 气体排向大气,整个断路器的 SF$_6$ 气体应在一个密闭的系统中。SF$_6$ 断路器具有很多优点:断口电压高、开断能力强、允许连续开断短路电流次数多、可作频繁操作、开断感性小电流时截流值小等。近年来,在额定电压为 72.5kV 及以上的高压及超高压系统中,SF$_6$ 断路器已成为主导产品;在 12~40.5kV 的中高压系统中也得到较多的应用。

(1)总体结构分类　SF$_6$ 断路器按使用场所可分为户外式和户内式;按总体结构布置可分为瓷瓶支持式、落地罐式和手车式(中高压)(参见表 11.2-5)。

表 11.2-5　高压断路器结构分类示例

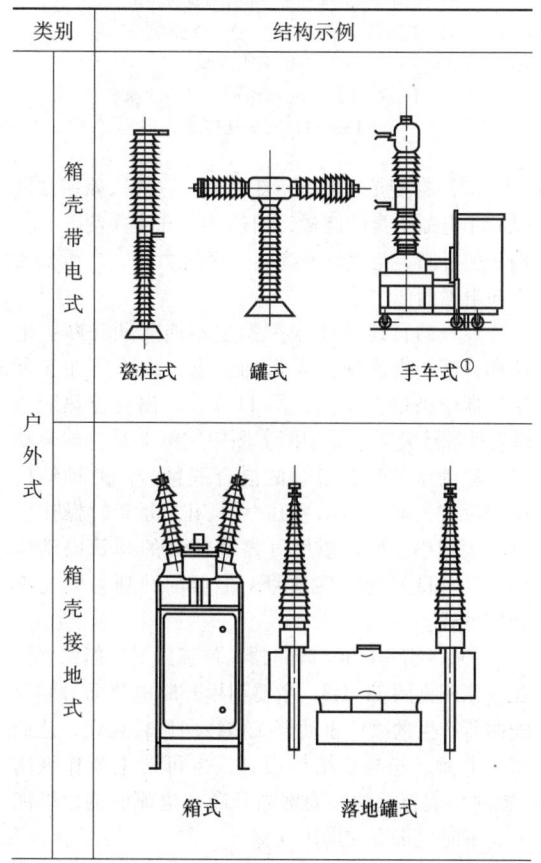

类别	结构示例
户外式 箱壳带电式	瓷柱式　罐式　手车式①
户外式 箱壳接地式	箱式　落地罐式

(续)

类别	结构示例
户内式 固定式	悬挂式　落地式
户内式 手车式	悬挂式车　落地式车

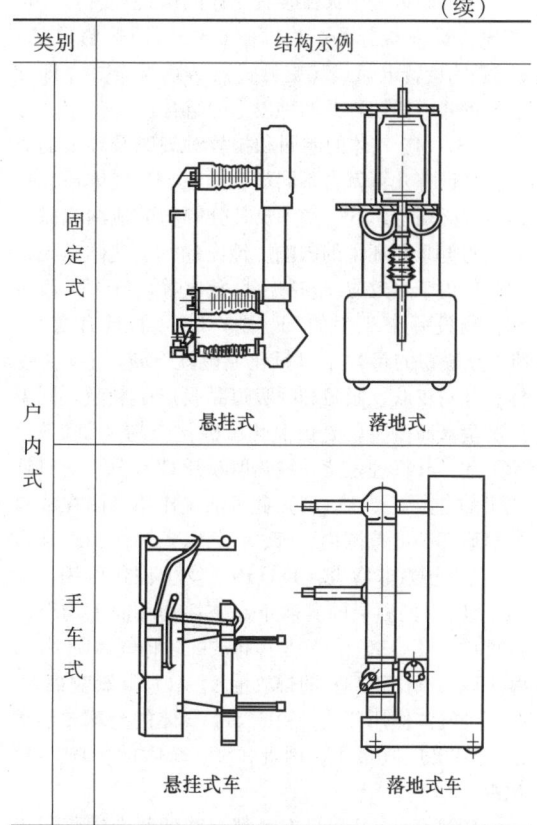

① 该型式也可用于户内配电装置。

(2)灭弧原理与灭弧装置　SF$_6$ 气体中电弧的熄灭原理与空气电弧和油中电弧是不同的,它并不一定依靠气流(吹弧)等的压力梯度所形成的等熵冷却,而主要是利用 SF$_6$ 气体的特异的热化学性和强电负性,才使 SF$_6$ 气体具有特别强的灭弧能力。供给大量新鲜的 SF$_6$ 的中性分子并使之与电弧接触是灭弧的有效方法。这也就是 SF$_6$ 断路器灭弧的基本原理。

按使 SF$_6$ 气体运动所利用的能源不同,可将 SF$_6$ 断路器灭弧装置分成三类:1)外能式灭弧装置:主要利用预先贮存的高压力 SF$_6$ 气体或分断过程中依靠操作力使活塞压缩灭弧室中的 SF$_6$ 气体产生压力差,在开断时将 SF$_6$ 气体吹向电弧而使之熄灭;2)自能式灭弧装置:主要利用电弧本身的能量使 SF$_6$ 气体受热膨胀而产生压力差,在开断时将 SF$_6$ 气体吹向电弧而使之熄灭,或者利用开断电流本身靠通电线圈形成垂直于电弧的磁场,使电弧在 SF$_6$ 气体中旋转运动而使之熄灭;3)综合式灭弧装置:既利用电弧(或开断电流)自身的能量,也利用部分外界能量的综合式灭弧装置。

按开断过程中灭弧装置工作的原理和特点，可将 SF_6 断路器分为：1）压气式；2）热膨胀式；3）磁吹旋转电弧式（旋弧式）；4）混合式，即前三种形式中任两种及两种以上的组合。

（3）SF_6 气体的泄漏和排放对健康及环境的影响　现已有几百万台不同类型的充 SF_6 气体单元在运行，必须考虑 SF_6 气体及其分解物的泄漏和排放对人身健康和环境的影响。纯净的 SF_6 气体是无毒的，但由于热效应（包括燃弧、放电等）在开关设备和控制设备中产生的 SF_6 副产物可能具有毒性。SF_6 分解物的毒性是以氟化亚硫酰 SOF_2 气体为主体，能对皮肤、眼睛和呼吸道黏膜产生刺激。同温层的臭氧减少主要是由氯化氟碳化合物（CFC 族）所引起，其机理是紫外线辐射断开 CFC 分子键时释放出的自由氯原子（Cl）起了催化作用。而在临界臭氧破坏高度范围内，SF_6 不发生光解作用，来自 SF_6 的原子氟非常少，并且还不发生催化作用。显然，SF_6 对同温层的臭氧不起破坏作用。平均全球温度增加（温室效应）是由排放的各种气体所引起，其中以二氧化碳 CO_2 的排放量最多，所起影响最大。与其他气体作用相比，由于 SF_6 气体的全球升温潜能（GWP）值最大，因此，SF_6 气体的影响不可忽视。

1997 年 12 月在日本京都召开的联合国气候大会上通过了《联合国气候变化框架公约　京都议定书》（简称《京都议定书》），截至 2004 年底核准的国家和地区超过规定的 55 个，核准国家和地区的温室气体的排放量超过全球的 55%。因此《京都议定书》已于 2005 年 2 月正式生效。

SF_6 气体被《京都议定书》的附录 A 中列为六种温室气体之一，被要求限制排放。根据《京都议定书》的规定，为减少 SF_6 气体的排放，电气设备制造业和使用行业也需作出应尽的责任。

25　六氟化硫断路器灭弧结构

（1）压气式 SF_6 断路器　早期气吹式 SF_6 断路器采用的是双压式，断路器中设置有高压力和低压力两种 SF_6 气体的压力系统，高压力气体用在断路器分断过程中作为吹弧用。随着单压式 SF_6 断路器性能的完善，双压式已被完全取代。单压式（压气式）SF_6 断路器是在双压式基础上发展起来的，断路器在静止常态（无论是闭合位置或断开位置）时，只有单一压力的 SF_6 气体系统。在开断过程中，利用触头及压气缸的运动（活塞为静止的）产生压气作用，在触头喷口间产生气流吹弧。单压式灭弧室具有定熄弧距、变熄弧距两种结构类型，见

图 11.2-1。对于压气式 SF_6 断路器，提供尽可能大的分断操作力是提高开断能力的有力措施。所以它的分断操作力要比同参数的其他类型断路器大得多。

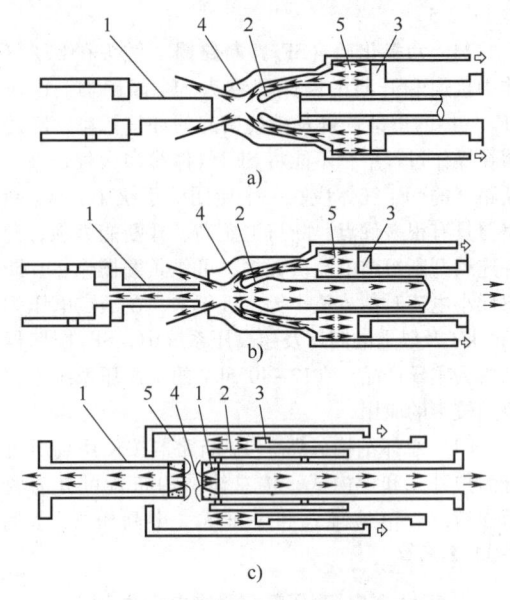

图 11.2-1　单压式灭弧原理
a）变熄弧距单吹　b）变熄弧距部分双吹
c）定熄弧距双吹
1—静触头　2—动触头　3—活塞
4—喷口　5—压气室

（2）自能热膨胀 SF_6 断路器　它的灭弧室主要是利用电弧本身的能量，加热 SF_6 气体并使贮气缸内压力升高，与气缸外产生一个压力差，产生气流吹向电弧而使之熄灭。

纯粹的自能热膨胀灭弧室不能兼顾开断大电流和开断小电流两者矛盾的要求，故难于在实际断路器中被单独使用。图 11.2-2 示出自能热膨胀 SF_6 断路器灭弧室原理图。图中实际上是自能热膨胀与辅助压气两者组合的混合式结构。此种结构由于没有大面积的活塞压气作用，分断时操作力可大大减小，可以使用可靠性较高的弹簧操动机构，具有良好的发展前景。但目前开断参数还不如压气式。

（3）旋弧式 SF_6 断路器　旋弧式 SF_6 断路器灭弧室原理见图 11.2-3，主要利用开断电流通过驱弧线圈所产生的磁场驱动电弧作径向旋转运动，从而熄灭电弧。若改变结构设计，也可使电弧作纵向（轴向）旋转运动。为增强开断小电流时的熄弧能力，有时也带有辅助压气室。

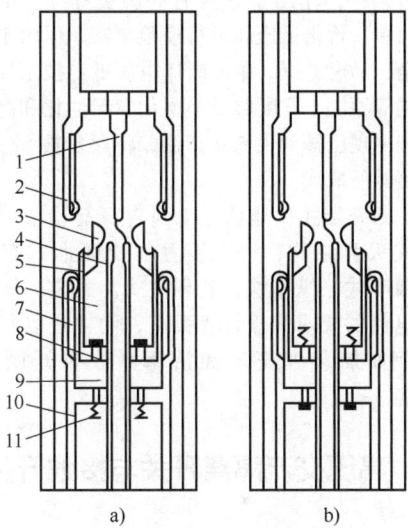

图 11.2-2　自膨胀灭弧原理
a) 短路电流开断　b) 小电流开断
1—静弧触头　2—主触头　3—喷口　4—动弧
触头　5—主触头　6—压力室　7—中间触头
8—阀　9—辅助压气室　10—气缸　11—阀

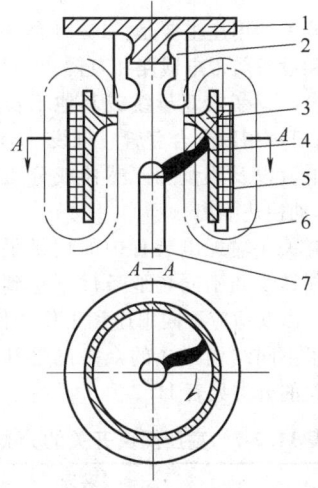

图 11.2-3　旋弧式 SF_6 断路器灭弧室原理图
1—静触头座　2—静触指　3—圆筒电极　4—电弧
5—驱弧线圈　6—磁通　7—动触杆

26　高压交流真空断路器　触头在高真空容器中关合和开断的断路器称为真空断路器。

（1）真空断路器的分类　真空断路器的分类见表 11.2-6。真空断路器主要用在 40.5kV 及以下的中高压系统中，现正在发展制造更高电压等级的单断口真空断路器。

表 11.2-6　真空断路器的分类

分类方式	基本类型	特点
按真空灭弧室中控制电弧的方式	简单开断	电弧在触头上的运动不受特定磁场的控制，适用于小容量真空断路器，额定短路开断电流不大于 6kA
	横磁场型	电弧受到与电弧轴线垂直的横向磁场的驱动。15kV 以下时，额定短路开断电流可达 50kA；40.5kV 时，可为 31.5kA
	纵磁场型	电弧受到与电弧轴线平行的纵向磁场的控制。15kV 以下时，额定短路开断电流可达 100kA；40.5kV 时，可为 31.5kA
按使用场所	户内型	只适用于户内，不受户外环境影响
	户外型	只适用于户外，应考虑凝露对真空灭弧室的影响
按每极所串联的真空灭弧室数	单断口	每极用一个真空灭弧室
	双断口	每极用两个真空灭弧室串联
	多断口	每极用多个真空灭弧室串联

（2）真空断路器的结构　真空灭弧室可安装在任何方向上工作，使断路器的结构设计较为自由。各种结构形式都能适用，常用的型式为落地式、悬挂式、手车式、箱式和综合式等。真空断路器常配用电磁操动机构和手力或电动储能的弹簧操动机构。真空断路器的机械寿命很长，操动机构应与之匹配，也必须有很长的机械寿命。最近出现的永磁式操动机构，具有良好的发展前景。

（3）真空灭弧室　又称作真空开关管，是真空断路器关键的执行部件，其典型的结构示于图 11.2-4 中。真空灭弧室由端盖、绝缘外壳和波纹管构成密封的壳体，灭弧室内应抽成高真空（内部压力应低于 10^{-2}Pa），利用波纹管的纵向可伸缩性，才能从真空灭弧室外部用机械方法操动动触头，而又不破坏灭弧室的气密性。绝缘外壳常用玻璃或高氧化铝陶瓷做成。触头结构和大小是影响真空断路器开断能力的最重要因素，可分简单圆片触头、横磁场触头和纵磁场触头三类，从结构上又有螺旋槽触头、杯状触头、线圈型触头等。屏蔽罩的作用是吸收燃弧过程中放出的金属蒸气和液滴以增大开断能力，防止金属蒸气沉积到绝缘外壳的内表面以保证绝缘强度，还能起均压作用，改善绝缘特性。由于屏蔽罩的多种布置方式构成了真空灭弧室的多种外形结构。真空灭弧室是一个密封的整体元件，内部零件不需要维护，因此由它组成的真空断路器属于少维护的断路器。

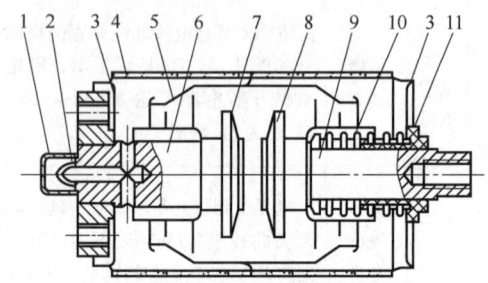

图 11.2-4　真空灭弧室的典型结构
1—保护帽　2—排气管　3—端盖　4—绝缘外壳
5—屏蔽罩　6—静导电杆　7—静触头　8—动触
头　9—动导电杆　10—波纹管　11—导向套

（4）真空断路器的操作过电压　操作过电压类型可分为：1）截流过电压，在开断电感性小电流时发生截流而引起；2）接通过电压，关合容性负载时产生，一般不超过 3 倍；3）开断容性负载时重击穿所引起的过电压；4）多次重燃过电压（或称电压级升），这是真空断路器在某些特定条件下所特有的，它的幅值不一定很高，但前沿陡度大，从而导致负载绕组匝间绝缘的破坏。在使用真空断路器时，应针对使用条件和可能产生的过电压类型合理选用抑制过电压措施。常用并联电容、阻容串联回路（R-C）、氧化锌压敏电阻、阀式避雷器等保护措施和采用低截流和无重击穿的真空断路器来降低或防止真空断路器的操作过电压。

27　高压油断路器　触头在油中关合和开断的断路器称为油断路器。可按是否带有接地金属油箱而分为接地箱壳的多油断路器和带电箱壳的少油断路器。当电弧在油中燃烧时，油被蒸发和汽化，在电弧周围产生大量的气体而形成气泡，其中最主要的气体是氢气，有利于电弧热量的散失，故比空气中熄弧能力强。但静止油中电弧的熄弧能力很有局限。后又设计出油断路器灭弧室，它是由绝缘材料制成的限制电弧燃烧并产生高速油气流对电弧进行强烈吹拂而使电弧熄灭的一种装置，使开断能力有了较大的提高。油断路器已用

了一百余年，作出了它应有的历史作用，尽管它制造简单、价格低廉和运行经验丰富，但由于用油不安全、易燃易爆，单元断口电压低，技术性能受到限制等原因，在断路器小型化、无油化和高性能的进程中现已被列入淘汰产品，将逐步被 SF_6 和真空断路器所取代。

油断路器主要是依靠电弧自身能量来熄弧的自能式灭弧结构，灭弧装置的吹弧形式有纵吹式、横吹式、纵横吹式和环吹式。通常，按照开断大电流的要求来设计灭弧室，而辅之以其他措施（例如加装弹簧压油活塞）改善开断小电流性能。

2.3　高压交流隔离开关与接地开关

28　高压隔离开关的定义、用途与分类　隔离开关的定义是：在分闸位置时，提供一按规定要求的隔离断口的机械开关装置。当开断或闭合微小电流时，或当隔离开关的每极两接线端子间的电压变动很小时，隔离开关能使电路分和合。它也能承载异常条件（例如短路）下规定时间内的电流。

隔离开关的用途主要是：1）使需要检修或分段的线路和设备与带电线路相互隔离；2）带电进行分闸、合闸、变换双母线或其他不长的并联线路的接线；3）用以分合套管、母线、不长的电缆等的充电电流以及测量用互感器或分压器等的电流；4）自动快速隔离。

隔离开关在输配电装置中的用量很大，为了满足在不同结线和不同场地条件下达到经济、合理的布置，以及适应不同用途和工作条件的要求，发展形成了不同结构形式的众多品种和规格。高压隔离开关的分类见表 11.2-7。

表 11.2-7　高压隔离开关的分类

分类方式	类别
按安装场所	户内、户外
按附装接地开关情况	不接地、一端接地、两端接地
按操作方式	用钩棒、用操动机构
按使用特性	一般输配电用、大电流母线用、变压器中性点用、快速分闸用
按结构型式	见表 11.2-8

29　高压隔离开关的结构型式及其特点　见表 11.2-8。

表 11.2-8　高压隔离开关的结构型式及其特点

结构形式			特点		
			相间距离	分闸后闸刀情况	其他
水平断口	双柱式	平开式（中央开断）	大	不占上部空间	瓷柱兼受较大弯矩和扭矩
		立开式（中央开断）	小	占上部空间	每侧都有支持与操作瓷柱
	三柱（双断口）式	平开式	较小	不占上部空间	纵向长度大；瓷柱分别受弯矩或扭矩；易于作组合电器
		立开式	小	占上部空间	纵向长度大；闸刀传动结构较复杂；易于作组合电器
	直臂式		小	上部占空间大	
	伸缩插入式	瓷柱转动	小	占上部空间	
		瓷柱摆动	小	占上部空间	瓷柱受较大弯矩；适用于较低电压级
		瓷柱移动	小	占用空间小	底座滚动，瓷柱受较大弯矩，引线移、摆幅度大
垂直断口	单柱（伸缩）式	直臂式	小	一侧占空间大	闸刀运动轨迹大
		偏折式	小	一侧占空间	
		对折式	小	两侧占空间	触头钳夹范围大

30　高压接地开关的定义、用途与分类　接地开关是使电路的部件接地的机械开关器件，能在规定的时间内耐受异常条件下的电流（例如短路电流），但不要求承载正常电路条件下的电流。接地开关可能也有短路关合能力。它主要用来为检修工作的安全而提供可靠的接地。

接地开关的分类：按安装场所，可分为户内与户外；按操作方式，分为用钩棒与用操动机构；按使用特性，分为一般接地开关与快速接地开关。接地开关可以制成单独设备，也可与隔离开关等组合在一起。

户内用的接地开关大多使用在开关柜中，通常都要求它们具有关合短路电流的能力。户外用的接地开关一般不具有关合短路电流的能力。只有少量快速接地开关具有关合短路电流的能力，用以满足特殊需要。

一般接地开关通常配用手力操动机构，结构较为简单。快速接地开关又称接地短路器，它能自动合闸，造成预定的接地短路，使与之相连的熔断器动作或上一级断路器跳闸，实现系统故障保护。快速接地开关必须配用动力式操动机构。

2.4　高压交流负荷开关与高压接触器

31　高压负荷开关　负荷开关是指能够关合、承载以及开断在正常电路条件（包括规定的过载操作条件）下的电流，也能在一定时间内承载规定的异常电路条件（例如短路）下的电流的机械开关器件。它能关合但不能开断短路电流。负荷开关的开断能力技术要求较断路器低，因而结构简单、价格便宜，用途十分广泛。它可以安装在配电变压器高压侧，也可以用于配电线路上，作为线路自动分段控制设备或某些用电设备（如电动机等）投切的自动控制设备，能组成环网供电单元，还可以与高压限流熔断器组合使用，起到断路器的功能。高压负荷开关分类和特点见表 11.2-9。

表 11. 2-9　高压负荷开关分类和特点

分类方式	类别	特点
按结构原理	产气式	利用电弧能量使固体产气材料分解和汽化，产生气体吹弧。结构简单、开断性能一般，有可见断口，参数偏低，电寿命短，成本低
	压气式	压气活塞与动触头联动，压缩空气吹弧。结构简单，开断特性好，有可见断口，参数偏低，电寿命短，成本低
	六氟化硫（SF_6）	利用压气和旋弧原理熄弧。断口电压可高，开断性能好，电寿命长，适用范围广，但结构较复杂，成本偏高，适用于 GIS 中
	真空	在高真空容器中关合和开断。开断能力强，尺寸小，重量轻，电寿命长、少维护，但成本偏高。要考虑截流过电压。也能用于 C-GIS 中
按使用场所	户内式	只适用于户内
	户外式	适用于户外或柱上使用
按功能	通用负荷开关	具有全部开合功能的负荷开关
	专用负荷开关	只具有一种或多种开合功能的负荷开关
按灭弧室与隔离断口的连接	串联型	灭弧系统与隔离断口串联，两者均为主导电回路的一部分
	并联型	灭弧系统与隔离断口并联，在闭合位置时，灭弧室被主导电杆短接，灭弧室的动热稳定性要求低
按工况	二工位	只有合闸和分闸两个工况位置，即普通的负荷开关
	三工位	具有合闸、分闸、接地三个工况位置，即集负荷开关与接地开关于一体，其结构紧凑，可靠性高

32　高压接触器　接触器是指不用手操作的，只有一个休止位置的，能关合、承载和开断正常电路条件（包括操作过载条件）下的电流的机械开关器件。有的可能具有短路开断和关合能力。接触器适用于控制操作频繁的回路，主要控制对象为高压电动机、变压器和电容器组等。接触器与限流熔断器组合作为电动机的控制和保护，其技术经济效果更佳。

高压接触器的分类：1）按灭弧介质可分为空气接触器、真空接触器、SF_6 接触器和其他接触器；2）按控制方式可分为电磁式、气动式、电磁气动式、其他；3）按保持方式可分为无锁扣和有锁扣两种（锁扣和锁扣的释放可以是机械的、电磁的、气压的等。因为锁扣，锁扣接触器实际上要求第二个休止位置，严格地说，按接触器定义它不是接触器。然而，由于锁扣的接触器在其使用和设计两方面比之任何其他开关器件分类，通常较接近于接触器，因此，考虑了专门要求，它遵照接触器规程，应该是合适的）。

高压接触器有长期工作制、间断工作制、短时工作制三种额定工作方式。它决定了额定电流（分别以额定发热电流和额定工作电流表征）水平。接触器的性能要求还与使用类别有关。机械寿命次数高达（10~300）万次，电寿命为机械寿命的 20%~80%。其他性能要求可参见有关交流高压接触器标准。

2.5　高压交流重合器与分段器

33　高压交流自动重合器　重合器是指能够按照预定的开断和重合顺序在交流线路中自动进行开断和重合操作，并在其后自动复位或闭锁和自具（不需要外加能源）控制、保护功能的高压开关设备。

重合器具有断路器的控制和保护功能，并能最多完成三次自动重合闸操作，但目前其额定参数不如断路器高，适用于中高压（40.5kV 以下）配电系统，当与分段器、熔断器配合使用时，只切除存在永久性故障的系统最小部分区域，能使系统其余完好部分继续供电，从而保证了用电的可靠性。重合器总体一般为户外柱上用箱式结构，三极重合器为共箱式，由箱体、灭弧室、操动机构、控制器和进、出线套管等主要部件构成。电子控制器安装于箱体外侧的小室内。高压自动重合器分类及主要特点见表 11.2-10。

重合器自动化程度高，变电站可无人值班、有线或无线遥控，为调度自动化创造条件。

表 11.2-10　高压自动重合器分类及主要特点

分类	种类	技术性能	运行维修
按灭弧原理分类	油重合器	灭弧室在变压器油中，变压器油兼作灭弧和绝缘介质或液压工质。结构简单，开断电流小，电寿命短，开断以后变压器油绝缘性能降低，整机质量大	不检修周期短，现场维护工作量大，需要油处理设备，但检修维护技术要求低
	六氟化硫重合器	以 SF_6 气体作灭弧和绝缘介质。开断能力强，触头烧损轻微，电寿命长，操作过电压低，无火灾危险；结构紧凑，质量小，操作功小。加工精度较高，密封要求严格	不检修周期长，维护工作量小
	真空重合器	为解决真空灭弧室外绝缘，需要将其浸入变压器油或 SF_6 气体中。前者仍用油且加大整机重量，后者密封要求严。开断能力强，电寿命长，操作功小	不检修周期长，现场维护工作量很小
按控制原理分类	液压控制重合器	采用滑阀、活塞和逆止阀等液压元件来实现控制。最小分闸电流、时间电流特性和记忆时间等在现场不能调整，且受环境温度影响抗电、磁干扰	运行灵活性差，选择配合困难，维护工作量小
	电子控制重合器	用分立元件、集成块或单片机实现控制。最小分闸电流、时间电流特性和复位时间等都可以在现场整定，且设定范围宽、灵活方便，结构比较复杂	易配合，适应性强必须定期检查和更换电池

34　高压交流自动分段器　分段器是一种能够记忆通过故障电流的次数，并在达到整定的次数后，在无电压或无电流下自动分闸的高压开关设备。某些分段器可具有关合短路电流及开断与关合负载电流的能力，但无开断短路电流能力。分段器必须与断路器或重合器配合使用，主要用于中高压配电架空线路的控制和保护。分段器的分类与重合器分类原则相同，可参见表 11.2-10 中的分类方式与种类；只是分段器可无电流分闸，对此种分段器不需要设置灭弧室，可在空气中断开，因而比表 11.2-10 多一种空气式分段器。分段器需要有自动分闸装置，可采用分闸弹簧或自动跌落装置；合闸则可采用小型的手力储能弹簧机构或钩棒。

2.6　高压交流熔断器

35　高压交流熔断器的定义与分类　熔断器是电力系统中过载和短路故障的保护设备，是当电流超过给定值一定时间，通过熔化一个或几个特殊设计的和配合的组件，用分断电流来切断电路的器件。它具有结构简单、体积小、价格便宜、维护方便、保护动作可靠和消除短路故障时间短等优点。高压交流熔断器的分类见表 11.2-11。

表 11.2-11　高压交流熔断器的分类

分类方式		熔断器分类名称
性能		限流式、非限流式
保护范围		通用、后备、全范围
熄弧方式		角状式（大气中熄弧）、石英砂填料式、喷射式、SF_6 旋弧式、真空
安装场所		户外、户内
保护对象		变压器、发电机、电动机、电压互感器、单台并联电容器、电容器组、供电线路、不指定对象
结构	型式	插入式、母线式、跌落式、非跌落式、开启式、混合式
	极数	单极、三极
	底座绝缘子	单柱、双柱

选用熔断器时，除额定电压须与系统最高电压要求相一致外，由于一种规格的熔断器底座可安装不同额定电流的熔断件使用，如果选用的熔断件额定电流小于熔断器底座额定电流，则熔断器的实际额定电流应是所配用的熔断件的额定电流。

在三相回路中一相或两相的熔断件已动作，除确切知道没有过电流通过未动作的熔断件外，应更换所有 3 个熔断件。熔断器并非操作用电器，不能用来合分空载变压器和负载。

36 高压限流式熔断器 限流式熔断器是以其熔断件所具备的功能在规定电流范围内动作时将电流限制到低于预期电流峰值的熔断器，最常用的即是以石英砂作为熔断件填充物的石英砂熔断器。限流熔断器的结构原理示于图 11.2-5 中。

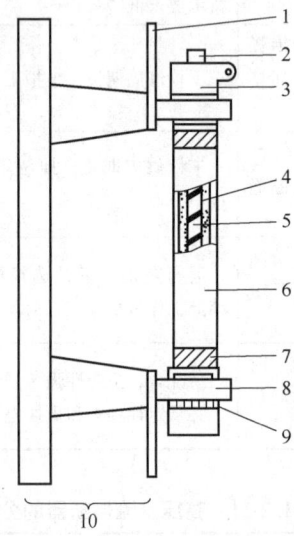

图 11.2-5 限流熔断器的结构原理图
1—端子 2—撞击器或指示器 3—载熔件
4—石英砂 5—熔体 6—熔断件 7—熔断件触头 8—熔断器底座触头 9—载熔件触头 10—熔断器底座

石英砂熔断件的整个熔体放置在充满石英砂的密闭绝缘管（由陶瓷或环氧树脂玻璃布制成）中，它的全部动作过程都发生在密闭管子内，熄弧时无巨大的气流冲出管外。熔体根据额定电压、额定电流、使用类型等做成不同形状、截面和长度。额定电压越高则熔体越长。为了降低动作时的操作过电压，常设计成变截面熔体。无论丝状或带状熔体，均采用多根并联以增大额定电流；但每一绝缘管所能承载的电流受到管子外表面积的限制，当熔断件要求较大额定电流时，常将单管并联构成双并联或三并联熔断件等。石英砂熔断件装有撞击器或指示装置（保护电压互感器用的熔断件除外），在熔断件主熔体熔断后，撞击器或指示装置动作，使其他电器或指示器动作并兼作熔断件的动作指示标志。

37 高压跌落式熔断器 喷射式熔断器是由电弧产生的气体喷射来完成开断动作的一种熔断器。它的熔断件（俗称熔丝）装在载熔件中。当熔体熔断产生电弧时，载熔件的熔管在电弧作用下产生大量气体，使管内压力增加，并从熔管开口端向外喷射而吹弧。此类熔断器需等待电流自然过零时才能开断电路，没有限流作用。

喷射式熔断器中使用最多的是跌落式熔断器，它是一种在熔断器动作后，载熔件自动跌落到一个位置以提供隔离功能的熔断器。它用于户外装置。为满足自动跌落的要求，载熔件上设置有可拉紧固定的活动关节部件。图 11.2-6 示出跌落式熔断器的一种结构。其载熔件的活动关节部件设在载熔件的下触头与其底座上。绝缘熔管是载熔件的主体，它一般由内产气灭弧管和外保护管复合而成。采用纽扣式熔断件，使载熔件上端封闭而下端开启，形成逐级排气的结构，较有效地解决了开断大小电流之间的矛盾，提高了开断能力，并降低了开断下限值。熔体熔断后，一方面在管内产生电弧，产生大量气体向外喷射，使电弧熄灭并开断电路；另一方面活动关节被释放，载熔件上触头 6 从固定的片状触指 4 中松脱，灭弧后载熔件 7 靠本身重力绕轴 10 顺时针旋转而跌落，并形成明显可见的隔离间隙。动作后的纽扣式熔断件需要更换。

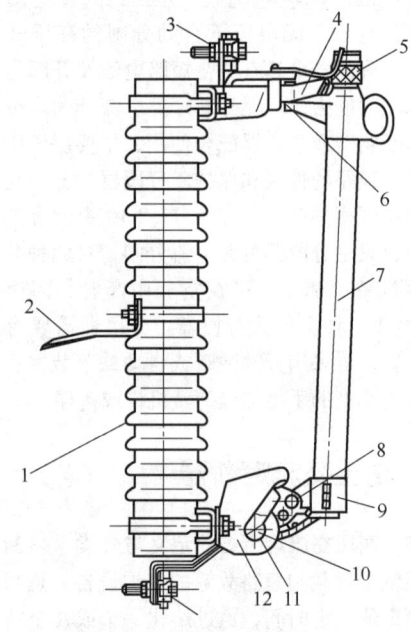

图 11.2-6 跌落式熔断器的结构
1—绝缘子 2—连接板 3—端子 4—片状触指
5—释压帽 6—载熔件触头 7—载熔件
8、10—转轴 9—下触头座 11—缺口 12—支座

38　高压交流并联电容器单台保护用熔断器
熔断器的一种结构安装示意图见图 11.2-7。该熔断器通常用于开断容性电流，且电流值不大，常采用单端排气的喷射式结构，载熔件上端用管帽封闭，直接固定连接于母排上，不需要起对地绝缘和安装作用的熔断器底座，使结构简化。由于并联电容器单台保护的特殊性，此类熔断器应有足够的灵敏度，在电容器的内部故障发展出现爆裂前（即在低过载电流下）应快速动作，使故障电容器退出运行。此类熔断器应具有规定的小容性电流到额定容性电流的开断能力、能耐受反复放电的 $I^2 t$ 作用的能力和足够的放电电流开断能力；当熔断器用于可能流过感性电流处时，还应有一定的感性电流开断能力。在选用此类熔断器时，必须注意当电源是中性点不接地系统且并联电容器组为三相星形联结时，熔断器断口的电压只是系统的相电压。

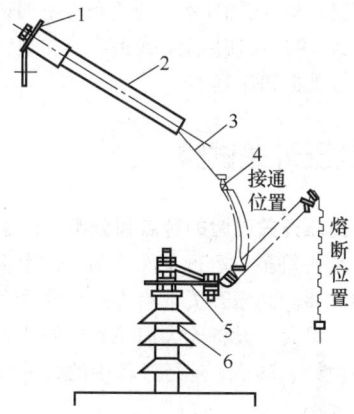

图 11.2-7　并联电容器单台保护用
熔断器结构安装示意图
1—导电连接板　2—载熔件　3—熔断
件软连接线（尾线）　4—开断弹簧
5—安装板　6—电容器出线端子

2.7　高压开关操动机构

39　高压开关操动机构的分类及特点　操动机构是高压开关的重要组成部分。当它接受操作指令后，能使开关装置准确地合闸和分闸。它可与开关本体制成一体，也可做成独立的产品，供各类开关本体配用。对操动机构的主要要求是：1）准确地执行操作指令，并发出相应的切换信号；2）要有足够大的操作功，准确无误地使开关装置合闸或分闸，分合闸速度和特性应满足要求；3）合分闸过程中平稳、振动小；4）在各种外力作用下使开关

装置可靠地保持在相应的合、分闸位置；5）具有自保护用或保护开关本体、其他设备及人身安全所需的联锁装置。

由于高压开关设备的类型和规格繁多，合分的任务和要求不同，操动机构必须与之匹配，因此品种规格也非常多。一种高压开关产品可以配用不同的操动机构，一种操动机构也可用于不同的产品。操动机构按合闸所用能源可分为：手动、手力储能、电动机、电磁、重锤、弹簧、气动、液压等类型；按合闸能量的提供方式又可分为直接作用式和间接作用式两大类。手力、电动机和电磁操动机构为直接作用式，合闸能量在合闸过程中直接取自能源，提高开关装置的合闸速度主要只能靠增加合闸装置的功率来实现。间接作用式操动机构的合闸能量是预先由弹簧、气压等积累的，其合闸过程与提供能源的状况基本上无关。

断路器用操动机构的技术要求高，除上述基本要求外，还需要完成快速重合闸操作，具备防跳跃、自动复位和闭锁等功能。

40　高压开关慢速操动机构的结构原理　慢速操动机构主要用于直接操动分合闸速度低的隔离开关及接地开关。但如果在快速隔离开关、接地开关及负荷开关本体上装有用于快速分合闸的弹簧，则亦可以用慢速操动机构使分合闸弹簧储能，当弹簧过中后，使上述开关快速分闸和合闸。1）手力操动机构　它基本上是一个带手柄的四连杆机构。当操动手柄绕固定轴转动时，通过四连杆机构传动带动操作开关的拉杆，完成开关的合闸或分闸。2）电动机—机械操动机构　用电动机作为动力源，其功率根据主轴最大输出力矩选择，电动机经齿轮传动减速后，使操作开关用的主轴低速转动，带动开关慢速分合闸。3）电动机—液压操动机构　由电动机带动齿轮泵，使泵一侧管路的油压升高，高压油流推动带有齿条的活塞运动，齿条又带动主轴旋转，使开关慢速分合闸。

41　高压断路器操动机构的主要类型
（1）直流电磁操动机构　它依靠电磁力进行合闸操作。其优点是结构简单，工作可靠，成本低，易满足断路器本体要求；缺点是消耗功率大、合闸时间长。图 11.2-8 为直流电磁操动机构（在合闸位置）的结构示例，它主要由合闸电磁铁、传动部分及脱机部分组成。图中 B 点受脱扣板 5、连杆和弹簧的制约。分闸时，脱扣器 4 推动脱扣板 5 向上运动，B 点变为活动点，在分闸弹簧力作用下，滚轮 H 脱离支架 7，D 点跟着逆时针方向转动，带

动动触头分闸。合闸时，合闸电磁铁铁心 1 向上运动，推动滚轮 H 上升，带动 D 点顺时针方向转动，使断路器合闸。

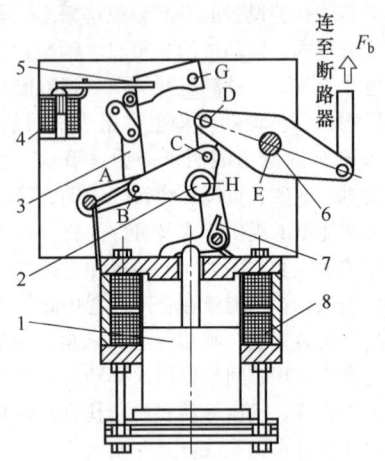

图 11.2-8　直流电磁操动机构

1—合闸铁心　2—滚轮　3—自由脱扣构件
4—脱扣器　5—脱扣板　6—主轴
7—支架　8—合闸线圈

（2）弹簧操动机构　它依靠储能弹簧进行合、分闸操作，对弹簧储能可以用电机，也可以用手力。具有合、分闸脱扣装置的弹簧机构能完成断路器的合闸操作、分闸操作、合分操作和不成功自动重合闸操作。40.5kV 以下的断路器已大量配用弹簧机构，在 245kV 及以下自能热膨胀 SF_6 断路器也配用弹簧机构。随着超高压断路器操作力减小和弹簧机构性能的完善，弹簧操动机构也可在更高电压等级的断路器中配用。

（3）液压操动机构　它是采用高压气—液动力装置或强力弹簧—液动力装置的操动机构，它用高压油泵将油压入高压力容器内（靠气体或强力弹簧压缩），获得高压力和高能量。断路器设置一工作缸，靠高压油充入工作缸使活塞运动，活塞杆带动断路器的传动系统使触头合闸；若将工作缸的高压油泄入油箱，工作缸活塞在另一侧油压的作用下反方向运动，活塞杆就能带动断路器触头分闸。

液压操动机构具有体积小，操作功大，操作平稳，无噪声，交流操作，便于自动调节和控制等优点，但也存在液压阀结构比较复杂，零部件加工精度要求高，渗油等缺点。

（4）气动操动机构　它是利用压缩空气作为操动能源。用压缩空气推动活塞杆使断路器合闸或分闸。目前常用压缩空气单方向操动活塞的结构，既可用压缩空气推动活塞杆使断路器合闸，与此同时

使分闸弹簧储能并扣住，断路器在脱扣后靠分闸弹簧已储能的力来实现分闸；也可用压缩空气推动活塞杆使断路器分闸，而用弹簧力合闸。气动操动机构的优点是可做成各种不同操动力的机构、交流操作、结构也不复杂；缺点是操动时噪声大，需要压缩空气源或合适的空压设备。

42　高压开关操动机构的可靠性　高压开关在运行中发生的事故很大一部分是由操动机构引起的，如拒动、未接到指令自动断开、机械特性变坏、局部损坏、烧毁线圈、辅助开关不切换、渗油、进水和过量漏气等。这些事故都有可能造成电力网停电或开关设备本身的损坏。提高高压开关操动机构的可靠性，已经成为提高高压开关设备运行可靠性的最重要内容之一。为提高操动机构的可靠性，应尽量做到以下几点：1）机构设计和结构布置合理化；2）严格进行原材料和生产过程的检验和质量控制；3）增加在不同环境条件下的试验及增加试验次数；4）在使用上必须遵守操作规程，加强管理，精心维护和保养。

2.8　高压开关试验

43　高压开关试验的特点和分类　由于高压开关品种、结构繁多，运行条件苛刻，作用重大，因此试验很重要。高压开关试验特点是项目多、技术复杂、工作量大、设备庞大而昂贵、场地大等。高压开关在设计、制造、运行过程中的各种试验可以划分为三大类：

（1）研究性试验　产品设计制造前所进行的必要试验，用以确定设计的依据和结构参数。

（2）产品试验　产品在设计制造和生产过程中的试验，也是试验的主要部分，可分为：1）型式试验：其目的是对某一高压开关产品的结构、性能、质量按有关标准进行全面的考核，型式试验项目最为齐全；2）参考性试验：为型式试验以外的附加的性能验证试验，或由制造厂与用户协商确定的试验；3）试运行试验：由于型式试验大多是在试验室中进行的模拟性试验，因此产品在定型前还必须经过一段时期的工业实际运行的考核，才能正式定型生产；4）出厂试验：目的是为了保证每一台产品的可靠性，监督产品的制造质量。每台产品均需通过全部出厂试验项目才能出厂。

（3）现场试验　包括设备安装或检修后的调整试验和运行设备定期进行的预防性试验。

44　高压开关试验项目　高压开关主要型式试

验项目见表 11.2-12。

表 11.2-12　高压开关主要型式试验项目

序号	试验项目		适用产品							
	性能	名称	断路器	负荷开关	隔离开关	接地开关	重合器	分段器	接触器	熔断器
1	机械性能	机械操作试验	○	○	○	○	○	○	○	(○)
2		机械特性试验	○	○	(○)	(○)	○	○	○	
3		机械耐久试验	○	○	○	○	○	○	○	
4	载流性能	温升试验	○	○	○	○	○	○	○	○
5		回路电阻测量	○	○	○		○	○	○	○
6		短时耐受电流试验	○	○	○	○	○	○	○	○
7		峰值耐受电流试验	○	○	○	○	○	○	○	○
8	开断与关合性能	短路开断能力试验	○				○		(○)	○
9		短路关合能力试验	○	(○)		(○)	○	(○)	(○)	
10		近区故障开断试验	(○)							
11		线路充电电流开合试验	(○)	(○)	(○)		(○)	(○)		
12		电容器组开合试验	(○)	(○)			(○)		(○)	
13		额定关合和开断能力试验		○				(○)	○	
14	绝缘性能	冲击电压试验	○	○	○	○	○	○	○	○
15		工频电压试验	○	○	○	○	○	○	○	○
16		局部放电测量	(○)							
17		无线电干扰电压试验	(○)	(○)	(○)	(○)				

注：○—要做；（○）—有的要做，有的不要做。

第3章 低压开关保护设备[1]

3.1 低压电器概述

45 低压电器的定义 低压电器通常是指工作在交流电压为 1 000V 或直流 1 500V 以下电路中的电器设备。低压电器广泛应用于发电、输电、配电等场所与电气传动和自动控制设备中，它对电能的生产、输送、分配与应用起着转换、控制、保护与调节等作用。

46 低压电器的分类与用途 见表 11.3-1。工作条件下和特殊环境使用的各类低压电器通常在基本系列产品的基础上派生，构成如防爆、船舶、化工、热带、高原以及牵引电器等。

低压电器可以指定一种或多种安装类别，见表 11.3-2。

表 11.3-1　低压电器的分类与用途

分类名称		主要品种	用途
配电电器	断路器	万能式空气断路器、塑料外壳式断路器、限流式断路器、直流快速断路器、灭磁断路器、漏电保护断路器	用于交、直流线路过载、短路或欠电压保护、不频繁通断操作电路，灭磁断路器用于发电机励磁电路保护，剩余电流保护断路器用于人身触电保护
	熔断器	有填料封闭管式熔断器、保护半导体器件熔断器、无填料密闭管式熔断器、自复熔断器	用作交、直流线路和设备的短路和过载保护
	刀开关	熔断器式刀开关、大电流刀开关、负荷开关	用作电路隔离，也能接通与分断电路额定电流
	转换开关	组合开关、换向开关	主要作为两种及以上电源或负载的转换和通断电路用
控制电器	接触器	交流接触器、直流接触器、真空接触器、半导体接触器	用作远距离频繁地起动或控制交、直流电动机以及接通分断正常工作的主电路和控制电路
	控制继电器	电流继电器、电压继电器、时间继电器、中间继电器、热过载继电器、温度继电器	在控制系统中，作控制其他电器或作主电路的保护之用
	起动器	电磁起动器、手动起动器、农用起动器、自耦减压起动器、Y-△起动器	用作交流电动机的起动或正反向控制
	控制器	凸轮控制器、平面控制器	用于电气控制设备中转换回路或励磁回路的接法，以达到电动机起动、换向和调速
	主令电器	按钮、限位开关、微动开关、万能转换开关	用作接通、分断控制电路，以发布命令或用作程序控制
	电阻器	铁基合金电阻器	用作改变电路参数或变电能为热能
	变阻器	励磁变阻器、起动变阻器、频敏变阻器	用作发电机调压以及电动机的平滑起动和调速
	电磁铁	起重电磁铁、牵引电磁铁、制动电磁铁	用于起重操纵或牵引机械装置

表 11.3-2　低压电器的安装类别

产品名称	安装类别			
	Ⅰ	Ⅱ	Ⅲ	Ⅳ
低压熔断器	—	✓	✓	✓
隔离器、开关、隔离开关及熔断器组合	—	✓	✓	✓
低压断路器	—	✓	✓	✓
低压接触器	—	✓	✓	—
低压电动机起动器	—	✓	✓	—
控制电路电器和开关元件	✓	✓	✓	—

注：安装类别Ⅰ—信号水平级；Ⅱ—负载水平级；Ⅲ—配电及控制水平级；Ⅳ—电源水平级。

3.2　低压断路器

47　低压断路器的结构简述

（1）万能式断路器　所有零件都装在一个绝缘的金属框架内，常为开启式，可装设多种附件，更换触头和部件较为方便，因此多用作电源端总开关。一个系列一般设计成 3~4 个框架等级。每个框架中可包括几档额定电流。万能式断路器可分为选择型和非选择型两类，选择型断路器的短延时一般在 0.1~0.6s 之间。过电流脱扣器有电磁式、热双金属式和电子式等几种。图 11.3-1 为万能式断路器的结构图。随着电子技术的发展新近又推出了智能化脱扣器，装有这种脱扣器的断路器可在极短时间（例如 200ms）内完成电路外部任何故障和断路器内部故障（包括自诊断功能）的保护，实现选择性断开，并具有动作显示、记录和报警等功能，整定电流和故障电流（过载电流或短路电流）可在脱扣器面板上显示出来，其框图见图 11.3-2。

（2）塑料外壳式断路器　除接线端子外，触头、灭弧室、脱扣器和操作机构都装于一个塑料外壳中。一般不考虑维修，适于作支路的保护开关。大多数为手动操作，额定电流较大的（200A 以上）也可附带电动机操作。图 11.3-3 为塑料外壳式断路器的结构图。塑料外壳式断路器可分工业用和非熟练人员用两类。前者适用于工厂、企业的动力配电，后者多用于照明电路和民用建筑内电气设备的配电和保护。

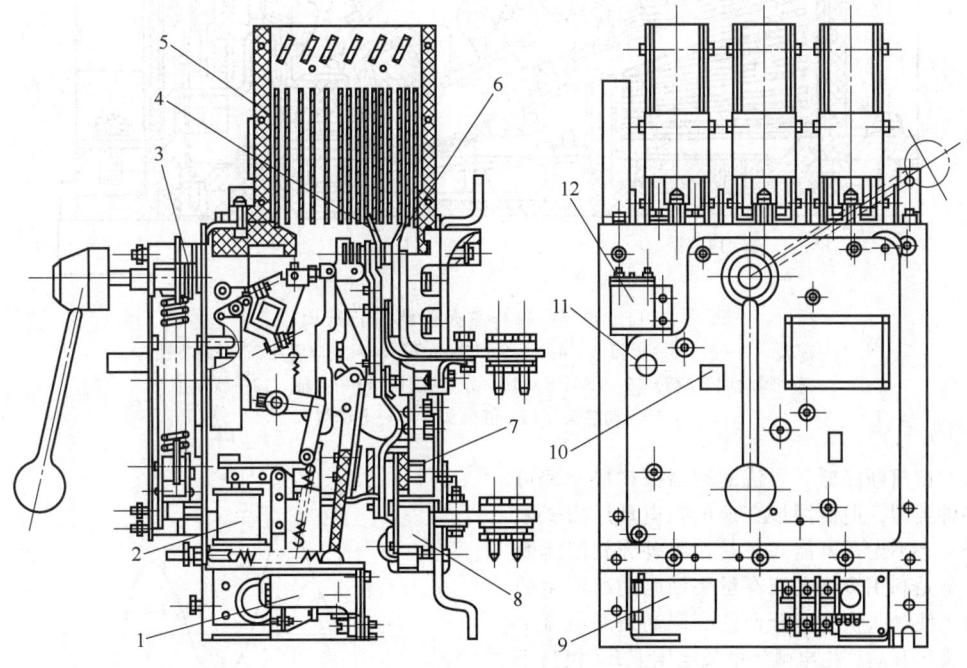

图 11.3-1　万能式断路器的结构

1—热继电器或半导体式脱扣器　2—欠电压脱扣器　3—操作机构　4—动弧触头
5—灭弧室　6—静弧触头　7—电磁脱扣器　8—互感器　9—失压延时装置
10—分合指示器　11—脱扣轴　12—分励脱扣器

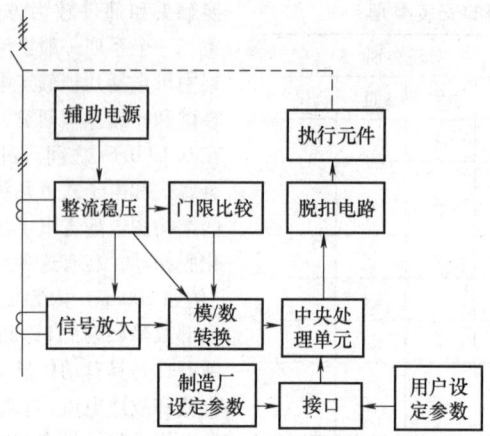

图 11.3-2　交流智能化脱扣器框图

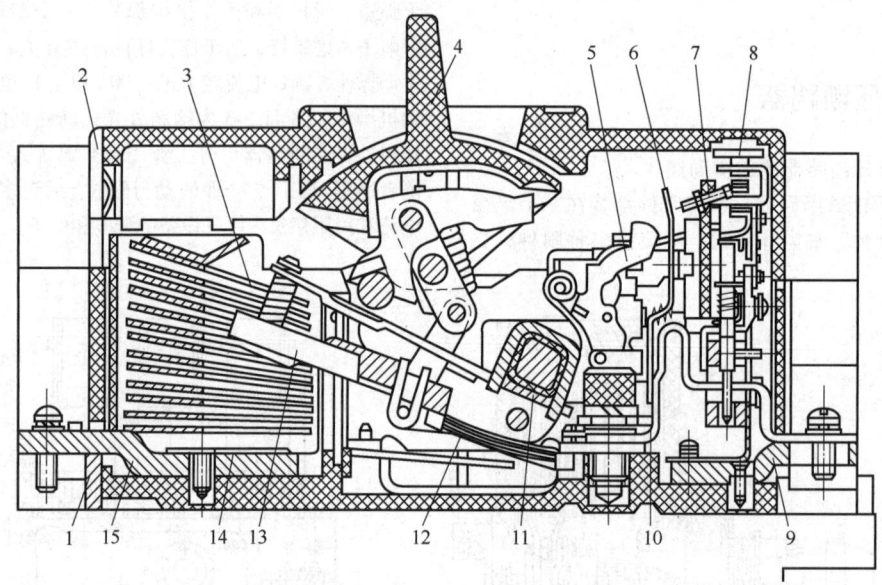

图 11.3-3　塑料外壳式断路器的结构

1—基座　2—盖　3—灭弧室　4—手柄　5—扣板　6—双金属片　7—调节螺钉
8—瞬时调节旋转　9—下母线　10—发热元件　11—主轴　12—软联接
13—动触头　14—静触头　15—上母线

（3）限流断路器　限流断路器按构成原理可分为多种类型，但使用最普遍的是电动斥力式限流断路器。不论是万能式还是塑料外壳式限流断路器，都是利用短路电流在触头回路间所产生的电动力，使触头快速斥开而达到限制短路电流上升，触头斥开后产生电弧，电弧电压上升（相当于电弧电阻增加），从而限制短路电流增加。触头在真空中，则电弧电压很低，难以利用电弧达到限流目的。图 11.3-4 表示限流分断与非限流分断的电流波形图。

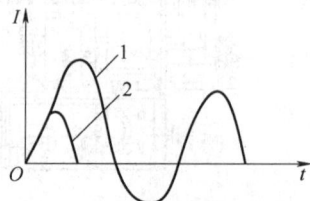

图 11.3-4　限流分断与非限流
分断的电流波形
1——一般交流断路器分断电流波形
2——限流断路器分断电流波形

（4）剩余电流保护断路器（漏电保护断路器）
有电磁式电流动作型、电压动作型和晶体管式电流动作型三种。电磁式电流动作型剩余电流保护断路器是在塑料外壳断路器中增加一个能检测剩余电流的剩余电流互感器和灵敏脱扣器。当出现漏电或人身触及相线（火线）时，剩余电流互感器的二次侧就感应出信号电流，使灵敏脱扣器动作，断路器快速断开。

（5）直流快速断路器　有电磁保持式和电磁感应斥力式两种。电磁保持式直流断路器在快速电磁铁的去磁线圈中的电流达到一定值时，衔铁所受的吸力骤减，机构在弹簧作用下迅速向断开位置运动而使触头断开。

电磁感应斥力式直流快速断路器是利用储能的电容器，向斥力线圈放电，同时在斥力线圈上面的铝盘中感应出涡流，利用这两种电流的相互作用，产生巨大的电动力，使铝盘快速斥开，断路器断开。

48　低压断路器的选用要点　1）断路器的额定电压≥线路额定电压；2）断路器的额定电流与过电流脱扣器的额定电流≥线路计算负载电流；3）断路器的额定短路通断能力≥线路中最大短路电流，注意进出线端的短路通断能力是否相等；4）断路器欠电压脱扣器额定电压=线路额定电压；5）选择型配电断路器需考虑短延时短路通断能力和延时梯级的配合；6）选择电动机保护用断路器需考虑电动机的起动电流并使其在起动时间内不动作。笼型感应电动机的起动电流按 8~15 倍额定电流计算；7）直流快速断路器需考虑过电流脱扣器的动作方向（极性）、短路电流上升率 di/dt；8）漏电保护断路器需选择合理的漏电动作电流和漏电不动作电流。注意能否断开短路电流，如不能断开短路电流则需和适当的熔断器配合使用。

3.3　低压熔断器

49　低压熔断器的用途与分类　1）低压熔断器的用途　低压熔断器是低压配电系统中的保护元件之一，主要用作短路保护，有时也可用作过载保护之用。通过熔断器的熔化特性和熔断特性的配合以及熔断器与其他电器的配合，在一定的短路电流范围内可达到选择性保护。2）低压熔断器的分类

低压熔断器按结构型式可分为：半封闭插入式熔断器、无填料密闭管式熔断器、有填料封闭管式熔断器及自复熔断器（很少应用）四类。

50　低压熔断器的结构与工作原理　低压熔断器是以自身产生的热量使其熔断体熔化而自动分断电路的。当通过熔断体的电流大于规定值，熔断体熔断而实现过载和短路保护。

半封闭插入式熔断器和无填料密闭管式熔断器过去虽然应用很广，但趋向淘汰，应选用有填料封闭管式熔断器。

有填料封闭管式熔断器按使用对象可分为：专职人员使用的熔断器（亦称一般工业用熔断器）、非熟练人员使用的熔断器和保护半导体器件熔断器三种。

有填料熔断器多采用石英砂作填料，用铜片作熔体材料。用陶瓷作熔管制成的熔断器称有填料封闭管式熔断器。适当改变熔体结构，可改善低过载倍数（2 倍额定电流）的分断能力。这种熔断器称为全范围熔断器。有填料封闭管式熔断器的结构如图 11.3-5 所示。小电流（100A 以下）的管状熔体，置于一底座中，就成为螺旋式熔断器。其结构见图 11.3-6。熔断体用螺纹的瓷盖固定于瓷底座中。

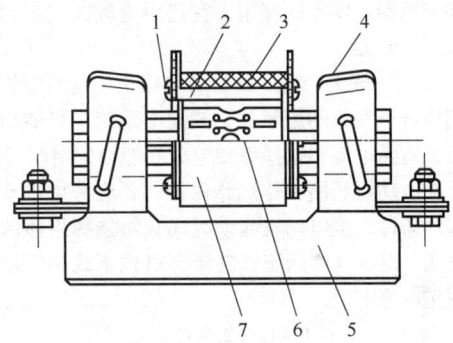

图 11.3-5　有填料封闭管式熔断器的结构
1—熔断指示器　2—石英砂填料　3—熔管
4—触刀　5—底座　6—熔体　7—熔断体

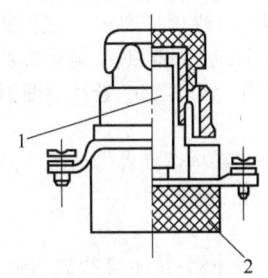

图 11.3-6　有填料螺旋式熔断器的结构
1—熔断体　2—底座

51　一般工业用低压熔断器　专职人员使用的熔断器最小额定分断能力为直流 25kA、交流 50kA，对熔断器的防护等级没有要求。按结构可分为：刀

型触头熔断器、螺栓连接熔断器、圆筒形帽熔断器。其外形尺寸、安装尺寸及主要特性参见 IEC 60269-4—1∶2002。

52　保护半导体器件熔断器　最小额定分断能力为 50kA，其安装尺寸、主要特性参见 IEC—60269。

53　非熟练人员使用的熔断器　普遍用于家庭电气设备的电路中，其特点是有防护等级要求，并对其安全性指标（如防火）、防护等级进行考核。其最小额定分断能力，额定电压低于 240V 为 6kA，额定电压 240~500V 时为 20kA。螺旋式熔断器作为家用较为合适，体积小，额定分断能力可达 50kA。半封闭插入式非熟练人员使用的熔断器，支持的额定电流分为 10A、15A、60A、100A 四档，额定分断能力低（750~4000A），价格低廉，我国目前仍广泛使用。

54　低压熔断器的选用　应根据使用场合选择适当的型式。例如，作电网配电用，应选用一般工业用熔断器；作硅元件保护，则应选择保护半导体器件熔断器；供家庭使用，宜选用螺旋式或半封闭插入式熔断器。

（1）一般工业用熔断器的选用　按电网电压选用相应电压等级的熔断器。按配电系统中可能出现的最大短路电流，选择有相应分断能力的熔断器。

在电动机回路中作短路保护时，应考虑电动机的起动条件，按电动机起动时间长短选择熔体的额定电流。对起动时间不长的场合可按下式决定熔体的额定电流 I_n。

$$I_n = I_d / (2.5 \sim 3)$$

对起动时间长或较频繁起动（如起重机电动机起动）的场合，按下式决定熔体的额定电流 I_n。

$$I_n = I_d / (1.6 \sim 2.0)$$

式中　I_d——电动机的起动电流（A）。

为了满足选择性保护要求，上下级熔断器应根据其保护特性曲线上的数据及实际误差来选择。一般老产品的选择比为 2∶1，新型熔断器的选择比为 1.6∶1。

（2）保护半导体熔断器的选用　使用于小容量变流装置时，按下式选用：

$$I_{nR} = 1.57 I_{th}$$

式中　I_{nR}——保护半导体熔断器的额定电流有效值（A）；

I_{th}——半导体器件的额定电流平均值（A）。

在大容量变流装置中，桥臂的并联支路数根据系统短路电流的大小来确定，每一支路由硅元件与保护半导体器件熔断器组成。为保证发生内部故障时变流装置仍能继续供电，与故障元件串联的熔断器必须熔断，而完好的硅元件和串联的熔断器不能损坏。因此，必须使与故障元件串联的熔断器的熔断 I^2t 值小于串联在桥臂上的全部熔断器熔化 I^2t 值。如果为保护其他臂硅元件使之不致损坏，应满足下式要求：

$$m \geqslant \frac{1}{K} \sqrt{A_{RD} / A_K}$$

式中　m——并联支路数；

K——动态均流系数（一般取 0.5~0.6）；

A_{RD}——熔断器最大熔断 I^2t 值（A^2s）；

A_K——硅元件浪涌 I^2t 值（A^2s）。

经验证明，如果 m 小于 4，则难于达到上述保护要求。此外，还应考虑避免因多次故障电流冲击而引起的熔体老化，适当增加并联支路数。

3.4　刀开关、隔离器、隔离开关及其组合电器

55　刀开关、隔离器、隔离开关及其组合电器的用途　刀开关、隔离器、隔离开关主要用于不频繁地接通和分断电路。多层组合开关是刀形开关的另一种型式，也用于转换电路，从一组联接转换到另一组联接。适用于额定电流 100A 以下的电路。

刀开关、隔离器、隔离开关和熔断器组合具有一定的接通分断能力和足够的短路分断能力，可作为手动不频繁地接通分断电路以及作电路的短路保护和隔离之用，其短路分断能力由组合中熔断器的短路分断能力而定。

3.5　低压接触器与起动器

56　低压接触器　是电气传动和自动控制系统中应用最广的一种电器，它适用于远距离频繁地接通和分断交、直流主电路及大容量控制电路。其主要控制对象是电动机，也可用于控制照明设备、电焊机、电容器、电热设备等其他负载。

接触器主要有交流接触器和直流接触器两种。其分类见表 11.3-3，使用类别和用途见表 11.3-4。

表 11.3-3　接触器的分类

分类原则	分类名称
按主触头所控制电流种类	交流、直流
按主触头极数	单极、双极、多极
按辅助触点类别	常开式、常闭式、常开常闭兼有式

（续）

分类原则	分类名称
按操作电磁系统的控制电源种类	交流、直流
按灭弧介质	空气式、真空式、其他气体
按有无灭弧室	有灭弧室、无灭弧室

表 11.3-4　接触器的使用类别和用途

种类	使用类别代号	用途
交流接触器	AC-1	无感或微感负载、电阻炉
	AC-2	绕线转子感应电动机的起动、分断
	AC-3	笼型感应电动机的起动、运转中分断
	AC-4	笼型感应电动机的起动、反接制动或反向运转、点动
	AC-5a	放电灯的通断
	AC-5b	白炽灯的通断
	AC-6a	变压器的通断
	AC-6b	电容器组的通断
	AC-7a	家用电器和类似用途的低感负载
	AC-7b	家用的电动机负载
	AC-8a	具有手动复位过载脱扣器的密封制冷压缩机中的电动机控制
	AC-8b	具有自动复位过载脱扣器的密封制冷压缩机中的电动机控制
直流接触器	DC-1	无感或微感负载、电阻炉
	DC-3	并励电动机的起动、反接制动或反向运转、点动、电动机在动态中分断
	DC-5	串励电动机的起动、反接制动或反向运转、点动、电动机在动态中分断
	DC-6	白炽灯的通断

57　低压交流接触器　其典型结构可分为双断点直动式（见图 11.3-7）和单断点转动式平面布置两种。前者结构紧凑、体积小、重量轻；后者维护方便，可方便地派生为单极、双极和多极结构，但体积和安装面积较大。

58　低压直流接触器　其动作原理和交流接触器相似。中大容量直流接触器常采用单断点平面布

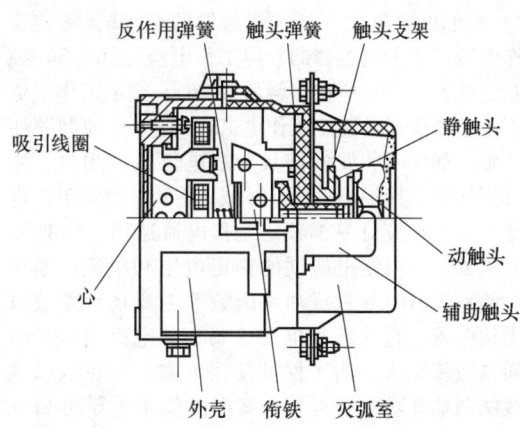

图 11.3-7　交流接触器的结构原理图

（图中标注：反作用弹簧、触头弹簧、触头支架、吸引线圈、静触头、动触头、辅助触头、外壳、衔铁、灭弧室、心）

置整体结构，小容量直流接触器采用双断点立体布置结构。

59　低压真空接触器　组成部分与一般空气式接触器相似，不同的是真空接触器的触头密封在真空灭弧室中。与一般空气式接触器相比，真空接触器燃弧时间短，工作更可靠。缺点是存在截流过电压。

60　半导体接触器　其原理接线图见图 11.3-8。每相用两只晶闸管反向并联或用一只双向晶闸管代替。它无可动部分，寿命长，动作快，操作频率可高达 10 000 次/h，不受爆炸、粉尘、有害气体影响，耐冲击振动。

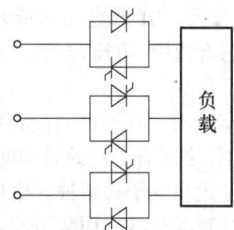

图 11.3-8　半导体接触器原理接线图

61　低压接触器的选用

（1）用于控制电动机负载　接触器的额定工作电压、电流（功率）和额定操作频率均不得低于电动机的相应值。当用于断续周期工作制或短时工作制时，接触器的额定发热电流应不低于电动机实际运行的等效电流。应按电动机的类型和实际使用的要求，选用有相应使用类别技术数据的接触器。

（2）用于控制非电动机负载　1）控制电热设备　一般接触器的 AC-1 使用类别，额定工作电流等于或大于电热设备的额定电流。电热设备一般为多路单极并联运行，可将多极接触器并联，以提高其允许负载电流。三极并联时，长期载流能力可增至 2.5 倍；两极并联时，可增至 1.8 倍。

2）控制电容器　一般按接触器的AC-6b，额定工作电流不小于电容器的额定工作电流选用。3）控制变压器　一般应按接触器AC-6a，额定工作电流不小于变压器的额定工作电流选用。4）控制照明装置　如照明装置的灯具为放电灯或白炽灯，则分别按交流接触器的AC-5a或AC-5b，额定工作电流不小于相应灯具的额定工作电流选用。5）控制电磁铁　应根据电磁铁的额定电压和电流、通电持续率和时间常数或功率因数等主要技术参数选用接触器。直流起重电磁铁属于高电感负载，时间常数特别大，为了保证使用可靠，常在电磁铁线圈两端并联一个电阻，其电阻值不大于电磁铁线圈电阻值的5倍。

62　起动器　大多数由通用型接触器、热继电器、控制按钮等标准元件按一定方式组合而成，它能控制电动机起动、停止或反向，并具有过载、失压保护功能。

3.6　控制继电器

63　控制继电器的结构简述

（1）电磁式控制继电器　通过电磁吸合和释放原理而动作的继电器，基本结构与接触器类同，由电磁系统、触头系统和反力系统三个部分组成，由于它的接通能力小，而无需灭弧装置。磁系统结构常采用Π形拍合式、Ⅲ形直动式或转动式及螺管直动式三种。它有通用（电压、电流）继电器，中间继电器等。

（2）时间继电器　在继电器接收信号到执行元件（如触头）动作之间有一定的时间间隔的继电器。它又可分为电磁式和电子式两种。电磁式时间继电器是在电磁式控制继电器上加装阻尼或机械阻尼装置（如油杯、钟表机构等）构成。电子式时间继电器延时范围广、精确度高、调节方便、返回时间短、功耗小、寿命长，因而使用越来越广，其输出可以是有触点的，也可以是无触点的。电子式时间继电器原理框图见图11.3-9。

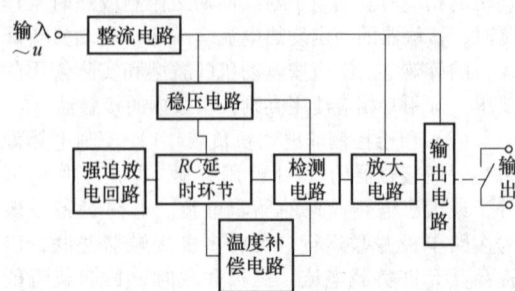

图 11.3-9　电子式时间继电器原理框图

（3）热过载继电器　通过双金属片流过电流而发热弯曲推动执行机构动作的继电器。它主要由电流调节机构、动作机构以及热元件组成。

现代热过载继电器大多为三相式结构，具有断相保护、温度补偿、整定电流可以调节、可以自动或手动复位等。带断相保护的热过载继电器见图11.3-10。对热过载继电器，除要求有良好的保护特性外，还要求有一定的耐受过电流能力，以和系统开关元件（如接触器）和保护元件（如熔断器）的特性相协调。新一代热过载继电器增加了脱扣机构动作灵活性检查、动作指示以及手动断开试验按钮。

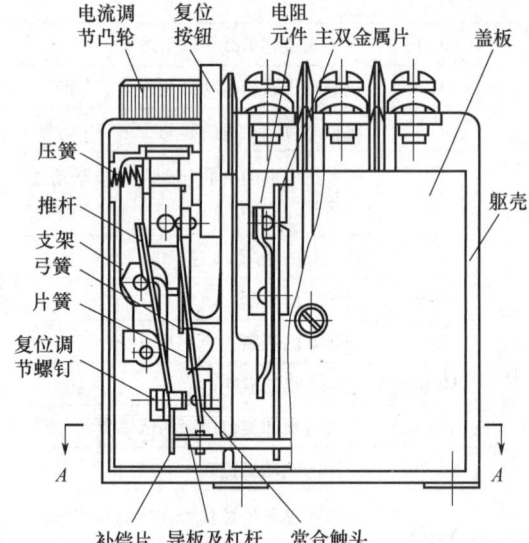

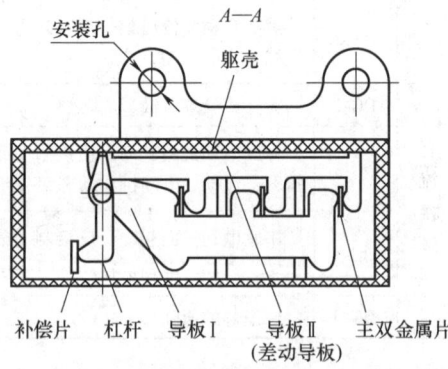

图 11.3-10　带断相保护的热过载继电器

64　控制继电器的选用

（1）电磁式控制继电器选用时，电磁线圈电压或电流应满足要求，按被控制对象的电压、电流和负载性质及要求来选择。若控制电流超过继电器触头额定电流时，可将触头并联使用。

电磁式过电流继电器具有图 11.3-11 所示的工作特性，应根据保护对象的不同要求选用。

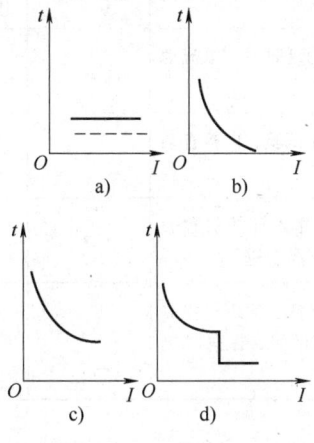

图 11.3-11　电磁式过电流继电器的工作特性

a）瞬时动作（虚线）和定时限动作（实线）特性　b）、c）反时限动作特性 d）反时限与瞬时动作特性

（2）时间继电器的选用，应注意延时时间和延时方式（如常开延时或常闭延时）对要求延时较长的可选用同步电动机式时间继电器。

（3）热过载继电器主要用于长期或间断长期工作的轻负载电动机的保护。选用时应注意被保护电动机的型号、容量、使用场合、工作制、起动电流倍数、负载性质等，在条件满足的情况下，一般按电动机的额定电流选取，或者根据工艺流程的要求以及电动机实际负载，选取热过载继电器的整定值为 0.95~1.05 倍电动机额定电流。

当电动机起动时间不大于 1s、起动电流倍数为 6 倍、通电持续率为 60% 且电动机满载工作时，用于反复短时工作电动机的每小时允许操作频率为 40~50 次，热过载继电器不适用密接通断（点动）工作及正反转工作电动机的保护。

3.7　低压电器试验

65　低压电器的基本试验　试验项目与内容见表 11.3-5。

表 11.3-5　低压电器试验项目表

序号	试验项目	试验内容	型式试验	常规（出厂）试验
1	一般检查	检查电器的外形尺寸及安装尺寸、电气间隙与爬电距离、触头开距、超行程、压力、操作力以及安装质量	✓	✓
2	电压降检查	对被试电器通以恒定直流电流，用仪表直接测量被测部分两端的电压降，以了解电器各部位的导电情况	视电器种类而定	✓
3	温升试验	用低压电源进行，测量电器各部件（包括触头、导电部件和易接触的外壳表面及操作手柄）的温升	✓	
4	绝缘电阻测量	用绝缘电阻表测量电器绝缘表面的阻值，在一般条件不得小于 10MΩ	✓	✓
5	介电性能试验	进行工频耐压试验，以考核电器的绝缘水平。在电气间隙小于标准规定时，尚须进行脉冲耐压试验	✓	✓
6	耐潮试验	在规定的温度湿度条件下进行，考核在湿热条件下电器的绝缘性能	✓	
7	额定接通与分断能力试验	接通与分断可分别试验，但必须在同一台试品上进行。如果条件具备，则接通与分断应当是一个连续的程序，不应分开。主电路和辅助触头都应进行	✓	
8	短路接通与分断能力试验	在规定的电流、电压、cosφ 或时间常数条件下进行。熔断器只进行分断能力试验	✓	
9	短时耐受电流能力试验	考核短路电流的热效应和电动力效应对电器的影响，一种电器可以有几种（如 1s、0.4s、0.2s 等）短时耐受电流	✓	

（续）

序号	试验项目	试验内容	型式试验	常规(出厂) 试验
10	动作特性试验	确定电器的动作误差和在规定电流作用下的延时值、电流动作值可用低压电流进行	✓	✓
11	操作性能试验	需动作的电器，要进行一定次数的操作性能试验，以检查动作的可靠性	✓	✓
12	寿命试验	分机械寿命和电寿命试验，用闭合断开操作循环的次数表示。有的电器，如断路器要求两者在同一台试品上进行	✓	
13	电磁兼容性（EMC）试验	考核电子电器在电磁干扰作用下工作的可靠性。应进行辐射试验、冲击电压试验、电气快速瞬态/脉冲群试验、振荡波抗扰性试验	✓	

第4章 保护继电器与继电保护装置

4.1 继电保护概述

66 保护继电器与继电保护装置的功能

（1）保护继电器与继电保护装置 保护继电器是一种具有保护功能的继电器，当输入量达到设定值时，输出电路将发生预定的阶跃变化。它实现了控制系统（又称输入回路）和被控制系统（又称输出回路）之间的互动。

保护继电器多被设计用来检测被保护对象的某种特定故障或不正常状态，而继电保护装置一般是由多个保护继电器组合而成，使得一个装置同时具有若干功能。包括向运行值班人员发出警告信号，或者直接向所控制的断路器发出跳闸命令，以终止某些影响电网安全运行事件的发生与发展。

（2）基本用途 保护继电器与继电保护装置是保证电力系统安全运行的重要设备。它们的共同特点是当被保护电力设备发生故障或异常运行时，动作于断路器跳闸或发出告警信号，即：1）自动、迅速、有选择性地将故障电力元件从电力系统中切除，使故障电力元件免于继续遭到破坏，保证其他无故障部分迅速恢复正常运行；2）反应电力元件的不正常运行状态，并根据运行维护的条件（如有无值班人员）而动作于信号，以便值班员及时处理，或由装置自动进行调整，或将那些继续运行就会引起损坏或发展成为事故的电力元件予以切除；3）继电保护装置还可以与电力系统中的其他自动化装置配合，在条件允许时采取预定措施缩短事故停电时间，尽快恢复供电，从而提高电力系统运行的可靠性。

（3）保护范围 为了保证电力系统任何地方发生故障都能够被快速可靠切除，每个电力元件都必须配备相应的继电保护装置，继电保护装置负责的保护范围叫作保护区，相邻继电保护装置的保护范围之间有重叠区域，重叠区域越小越好。图11.4-1用虚线给出了发电机保护、变压器保护、母线保护、线路保护、用户设备保护的保护范围示意图。

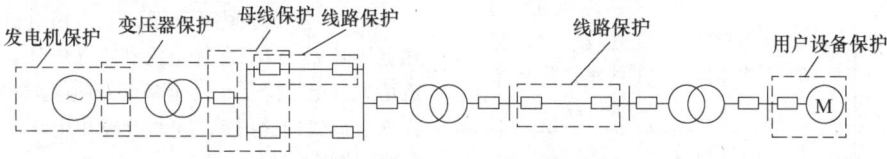

图 11.4-1　保护范围划分示意图

67 电力系统与电力元件对继电保护的基本要求

为了满足电力元件及其所在的电力系统对故障切除的要求，继电保护装置在技术上必须满足：选择性、速动性、灵敏性和可靠性四个方面的基本要求。

（1）选择性 选择性就是指电力系统发生故障时，继电保护装置仅将故障电力元件从系统中切除，保持非故障部分继续运行，以尽量缩小停电范围。

（2）速动性 速动性是指保护装置应能尽快地切除故障。其目的是提高电力系统稳定性，减轻电力元件损坏程度，缩小故障波及范围。

（3）灵敏性 指在规定的保护范围内，对故障情况的反应能力。满足灵敏性要求的保护装置应在区内故障时，不论故障点的位置与故障的类型如何，都能灵敏、正确地反应。

（4）可靠性 当被保护设备发生属于该保护应该反应的故障时，该保护应不会拒绝动作；当被保护系统发生不属于该保护应该反应的故障时，不误动作。

68 继电保护装置的分类

（1）按构成保护装置的电气元件类型分类 继电保护装置可分为模拟式和数字式。机电型、整流型、晶体管型和集成电路型继电保护装置，它们直接输入的信号为连续的模拟量，属于模拟式保护；而采用微处理机和微型计算机的保护装置，它们将模拟量经模/数转换后变为数字量进行分析处理，属于数字式保护。

（2）按保护原理分类　按保护原理分类主要有电流保护、电压保护、距离保护、纵联电流差动保护等。

（3）按被保护对象分类　按被保护对象分类主要有线路保护、母线保护、发电机保护、变压器保护、电动机保护等。

（4）按保护功能分类　有短路故障保护和异常运行保护。前者又可分为主保护、后备保护；后者又可分为过负荷保护、失磁保护、失步保护、低频保护、非全相运行保护等。

继电保护的种类及主要用途见表 11.4-1。

表 11.4-1　继电保护的种类及主要用途

种类		主要用途
（1）差动保护装置	（1）纵联差动保护 （2）横联差动保护	发电机、变压器、电动机、电抗器
	（3）母线差动保护	发电机、线路、母线
（2）电流保护装置	（1）电流速断保护 （2）定时限保护 （3）反时限保护	发电机、变压器、线路、电动机
（3）电压保护装置	（1）欠电压保护 （2）过电压保护	发电机、变压器、母线、线路、发电机、变压器
（4）方向保护装置	（1）功率方向保护 （2）故障分量方向保护	线路、变压器
（5）距离保护装置		线路
（6）纵联保护装置		线路
（7）定子接地保护装置		发电机
（8）转子接地保护装置		发电机
（9）失磁保护装置		发电机、同步电动机
（10）失步保护装置		发电机、同步电动机
（11）瓦斯保护装置		变压器
（12）过激磁保护装置		变压器、发电机
（13）逆功率保护装置		发电机
（14）定子绕组匝间保护装置		发电机

69　故障类型与故障特征

（1）故障类型　故障大类分为短路和开路，其中：

1）短路故障。是指一相或多相载流导体接地或不通过负荷构成回路，由于此时故障点的阻抗小，致使电流瞬时升高、电压下降。

2）开路故障。指电力系统一相或者多相导体非正常断开的情况。

根据故障电气量的表象，又可分为对称故障和非对称故障，其中：

1）对称故障。是指三相同时发生故障，三相的故障电流与相位差皆相等。

2）非对称故障。除了对称故障以外的故障类型都是不对称故障，包括单相（开路）接地，两相（开路）短路，两相短路接地故障。

在三相系统中，短路故障又可分成三相短路、两相短路、两相接地短路、单相接地短路等多种。以中性点直接接地系统为例，各种短路故障具有如下特征：

1）三相短路故障。①短路电压电流中没有零序和负序分量；②三相电流增大、三相电压降低；③三个故障相的短路电流值相等，互差120°。

2）两相短路故障。①短路电压电流中没有零序分量；②两故障相中的短路电流的绝对值相等，方向相反；③两故障相在短路点处电压相等，幅值为非故障相电压的一半，相位与非故障相电压相差180°。

3）两相接地短路故障。①两相电流增大、两相电压降低；②有零序电流和零序电压；③两相电流增大且电压降低；④短路点处两故障相电压等于零（金属性短路时）；⑤两故障相电压的幅值相等（序阻抗相等时）。

4）单相接地短路故障。①故障相电流增大、故障相电压降低；②短路电压电流中有零序分量；③短路点各序电流大小相等，方向相同；④两非故障相电压的幅值相等（序阻抗相等时）。

（2）故障特征

1）电流变化。当设备发生故障时，重要特征之一是电流急剧增大，即连接短路点与电源的电气设备中的电流增大。当电流超过某一预定值时，仅反应于电流升高而动作的保护装置动作，该类保护装置称之为过电流保护。离故障点越近，短路电流越大，往往采用阶段式配合来满足设备对保护功能的需求。

2）测量阻抗变化。保护安装处电压与电流间的比值，即测量阻抗将发生变化。当短路点距测量点近时，其测量阻抗小，动作时间短；当短路点距保护安装处远时，其测量阻抗大，动作时间增加。因线路的阻抗值与距离成正比，所以阻抗保护也叫距离保护。

3）两侧电气量关系发生变化。被保护对象发生故障后，其原有状态被改变，表现为被保护对象两侧电气量信息（电流、功率、电压与电流的比值等）呈现差异性，利用该特征可构成相应的纵联保护（电流差动、方向、距离、相差）。

4）出现暂态波过程。在线路上发生故障时，会出现向线路两端传播的行波，行波在线路上的传播过程除具有延迟与衰减特征外，行波在传播过程中还具有折反射特征，利用这些特征构造的保护，称为行波保护。

5）被保护对象拓扑参数变化。故障后被保护对象中出现非绝缘支路，其等效模型的拓扑与参数将发生改变，利用该特征的保护称为参数识别保护与模型识别保护。

70　继电保护原理

（1）按利用的电气量特征分类　利用单端电气量特征构成的保护原理，如过电流保护、低电压保护、距离保护等；利用双/多端电气量特征构成的保护原理，如纵联电流差动保护、纵联方向保护、纵联距离保护等。其中：

1）过电流保护。过电流保护就是反映电流超过设定门槛值而动作的保护装置。多采用阶段配合方式来保证选择性，广泛应用的三段式电流保护指的是电流速断（也称过电流保护Ⅰ段）、限时电流速断（也称过电流保护Ⅱ段）、定时限过电流保护（也称过电流保护Ⅲ段）。根据短路类型的不同，可构成反应相间短路的相间电流保护，也可构成反应发生接地故障出现零序电流而动作的零序电流保护。

2）低电压保护。反映电压降低而动作的保护装置称为低电压保护，也称欠电压保护。和电流保护一样，电压保护也可作成多段式，有瞬时电压速断、限时电压速断和低电压保护。

3）距离保护。反映故障点至保护安装处之间的距离远近（或阻抗大小）而动作的保护装置。往往也采用阶段式配合来满足选择性。

4）纵联电流差动保护。反映被保护对象各端电流（以流入被保护对象为正）之和大于门槛而动作的保护装置。电流差动保护原理建立在基尔霍夫电流定律的基础之上，它具有良好的选择性，能灵敏、快速地切除保护对象区内的故障，被广泛地应

用在能够方便地取得被保护元件各端电流的发电机保护、变压器保护、大型电动机保护中。在通信条件具备的情况下，也常用于保护电力线路。

5）纵联方向保护。反映被保护对象各端电气量方向（如功率方向、电流方向）而动作的保护装置。需要传送电气量方向信息，各端根据本端电气量信息和收到的对端电气量信息决定保护是否应该动作。

6）纵联距离保护。反映被保护对象各端阻抗测量信息而动作的保护装置。往往以线路上装有方向性的距离保护装置作为基本保护，通过增加相应的通信设备，利用通信通道传递信息构成纵联距离保护。

（2）按利用的电气量来源分类　单端量保护和纵联保护。其中：

1）单端量保护。反映单端电气量而动作的保护装置。它利用单侧电气量信息与被保护对象的关系判别区内故障和区外故障。保护原理有过电流保护、低电压保护、距离保护等。

2）纵联保护。利用被保护对象各端电气量之间的关系而动作的保护装置。通信通道是纵联保护装置的重要组成部分，常见的通信方式有导引线、载波、微波、光纤、无线，常用的保护原理有纵联电流差动、纵联方向、纵联距离等。

71　继电保护的整定与配合　整定是继电保护装置发挥其保护功能的基础。对具有配合关系的每个继电保护装置赋予恰当的整定值，使它们能够有效配合，方可满足被保护元件/系统对故障隔离的需求。下面以电力线路三段式电流保护为例，阐述继电保护的整定与配合。

（1）电流速断保护　电流速断保护也称电流保护Ⅰ段，它反映电流迅速增大而动作，能够无时限地切除故障。

现以图 11.4-2 为例对电流速断保护整定进行说明。

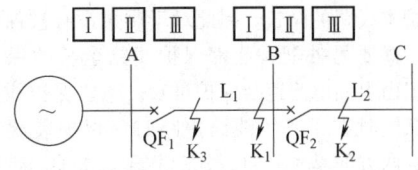

图 11.4-2　阶段式电流保护范围配合分析图

满足选择性是继电保护整定遵从的主要原则。对于断路器 QF_1 而言，希望能够尽快切除 AB 段上发生的短路故障（如 K_1、K_3），而不反映 BC 段上

发生的故障 K_2，在断路器 QF_2 失灵的情况下，QF_1 会帮助 QF_2 切除故障 K_2。因此，断路器 QF_1 所配备的电流速断保护必须躲过线路 BC 段的任何故障，也就是说必须躲过 B 点可能产生的最大短路电流 I_{kBmax}。因此，电流速断保护的整定原则是按躲过线路末端最大短路电流值进行整定，即

$$I_{set1} > I_{kBmax} = \frac{E_\varphi}{Z_{smin} + Z_{AB}} \quad (11.4-1)$$

式中　I_{set1}——整定值；

E_φ——系统等效电源的相电动势；

Z_{smin}——保护安装处到系统等效电源之间的最小阻抗（对应于最大运行方式）；

Z_{AB}——短路点到保护安装处之间的阻抗。

此时动作电流为

$$I_{set1}^{I} = K_{rel}^{I} I_{kBmax} \quad (11.4-2)$$

式中　K_{rel}^{I}——可靠系数，其值一般取为 1.2~1.3。考虑实际短路电流可能大于计算值并留有一定的裕度。

因此设定的整定值无法保证线路全长，在实际的生产中要求该保护的最小保护范围必须是大于线路全长的 15%~20%。最小保护范围发生在系统处于最小运行方式下（即电源阻抗为 Z_{smax}），线路的末端发生两相短路时。最小保护范围计算公式为

$$I_{set1}^{I} = \frac{\sqrt{3}}{2} \frac{E_\varphi}{Z_{smax} + Z_1 L_{min}} \quad (11.4-3)$$

式中　Z_1——线路单位长度的正序阻抗；

L_{min}——电流速断保护的最小保护范围对应的线路长度。

电流速断保护的优缺点：电流速断保护结构简单，只需要设定一个整定值大于该线路末端最大的短路电流值即可。此外，由于该装置没有设定任何时限，所以能够快速切除故障。该保护最大的缺点就是不能够保护线路的全长，当运行方式变化较大时，甚至保护范围很小。

（2）限时电流速断保护　由于电流速断保护无法保护本线路的全长，因此对于剩余没有被保护的线路，需要另外配备能够保护线路全长的保护装置。但由上面电流速断保护可知，想要保护线路全长，又同时在下一级线路短路时该保护装置不动作，这两方面是矛盾的。分析发现，通过加带时限的保护装置可以解决这个矛盾，从而产生了限时电流速断保护，即电流保护 II 段。

仍然以图 11.4-2 为例进行说明，当 AB 段发生故障时，首先 QF_1 配备的电流保护 I 段可以快速切除近区故障，而对于 AB 段剩下没有被保护到的区

域，希望限时电流速断保护（电流保护 II 段）装置能够负责。由于 AB 线路末端和 BC 线路始端短路电流差别不大，如欲保护 AB 线路的全长，QF_1 配备的电流保护 II 段的保护范围不可避免地会延伸到 BC 线路当中。如果 QF_1 的电流保护 II 段可以与 QF_2 的电流保护 I 段保护配合，即 QF_1 的电流保护 II 段的动作电流定值更高、动作延时更长，则 QF_1 的电流保护 II 段既不会先于 QF_2 的电流保护 I 段切除 BC 线路上的故障，又可以保护 AB 线路上 QF_1 的电流保护 I 段不能保护的远端区域。

因此限时电流速断保护的整定原则是与下一级线路的电流保护 I 段相配合。即

$$I_{set1}^{II} > K_{rel}^{II} I_{set2}^{I}$$
$$T_1^{II} = T_2^{I} + \Delta T \quad (11.4-4)$$

式中　I_{set1}^{II}——AB 线路配备的电流保护 II 段的整定值；

K_{rel}^{II}——可靠系数，一般取 1.1~1.2；

I_{set2}^{I}——BC 线路配备的电流保护 I 段的整定值；

T_1^{II}——AB 线路上电流保护 II 段的动作时限；

T_2^{I}——BC 线路上电流保护 I 段的动作时限；

ΔT——一般取 0.3~0.5s。

灵敏度校验：由于 AB 线路上电流保护 II 段要能够保护本线路的全长，所以用最不利于该保护动作的运行方式、故障类型、故障位置对其进行校验，即最小运行方式下、AB 线路末端的两相短路来校验，采用灵敏度系数 K_{sen} 来进行衡量，则有

$$K_{sen} = \frac{I_{kBmin}}{I_{set2}^{II}} \quad (11.4-5)$$

式中　I_{kBmin}——最小运行方式下、AB 线路末端 B 点的两相短路电流。

限时电流速断保护的优缺点：其优点是可以保护本线路的全长，并且有着较高的灵敏度。缺点是故障切除带有一定的时限。

（3）定时限过电流保护　电流速断保证了近区故障的快速切除，限时电流速断保证了远端故障的及时切除，它们共同构成了被保护线路的主保护。如果由于故障电阻大或断路器拒动等原因，造成主保护未能反映故障或无法隔离故障，则需要有备用措施。能够在主保护不动的情况下，起到备用作用的保护，称之为后备保护。

定时限过电流保护，即电流保护 III 段，既可作为本级线路的近后备保护，又可作为相邻线路的远

后备保护。电流保护Ⅲ段按照被保护线路的最大负荷电流 I_{Lmax} 整定，并与相邻线路的电流保护Ⅲ段存在电流定值和动作时限上的配合关系，即

$$I_{set}^{Ⅲ} = \frac{K_{rel}^{Ⅲ} K_{ss}}{K_{re}} I_{Lmax} \qquad (11.4\text{-}6)$$

式中　$K_{rel}^{Ⅲ}$——可靠系数，一般采用 1.15~1.25；

K_{ss}——自起动系数，数值大于 1，应由网络具体接线和负荷性质确定；

K_{re}——电流继电器的返回系数，一般采用 0.85；

I_{Lmax}——最大负荷电流。

动作时限的整定是按照比配合保护高一个固定延时进行整定，即

$$T_1^{Ⅲ} = T_2^{Ⅲ} + \Delta T \qquad (11.4\text{-}7)$$

定时限过电流保护采用最小运行方式下本线路末端两相短路时的电流校验，一般要求 $K_{sen} \geq 1.3 \sim 1.5$，作为远后备的时候要求 $K_{sen} \geq 1.1 \sim 1.2$。

定时限过电流保护的优缺点：其优点是动作电流小，灵敏度更高，保护范围可以达到本线路和相邻线路的全长。缺点是多级配合下动作延时长。

三段式保护各段均反映电流增大而动作，但三者的电流整定值不同，动作时间也存在差异。电流速断保护简单可靠，动作迅速，但不能保护线路全长；限时电流速断保护能保护本条线路全长，但不能作为相邻线路的后备保护。为了迅速、可靠地切除故障，往往将电流速断保护、限时电流速断保护、定时限过电流保护三种电流保护组合在一起构成一整套完整的电流保护方案。

4.2　主设备保护

72　主设备保护类型

（1）基本分类　电力系统中用于发电机、变压器、电抗器、电动机、母线等设备的继电保护装置称为主设备保护。每一保护还可以进一步地明确，如发电机保护、变压器保护、母线保护。

（2）主要用途　发电机保护是发电机安全运行的保障，对保证电力系统的正常工作起着决定性的作用，同时发电机本身也是十分贵重的电气设备，因此，应该针对各种不同的故障类型和不正常工作状态，装设性能完善的继电保护装置。主要分为发电机纵差保护、发电机匝间保护、发电机相间后备保护、发电机定子接地保护、发电机转子接地保护、发电机定子过负荷保护、发电机失磁保护、发电机频率保护等。

变压器保护是保证变压器安全运行的重要设备，设置性能良好、动作可靠的保护装置，对保证变压器的正常运行和电力系统的安全可靠性运行至关重要。主要分为瓦斯保护、纵联差动保护、变压器相间短路后备保护、变压器接地故障的后备保护、过励磁保护等。

母线保护是保证电网安全稳定运行的重要设备，它的可靠性、灵敏性和快速性对保证整个区域电网的安全运行具有决定性作用。母线保护一般配备差动保护，如完全电流差动保护、电流比相式母线保护等。

73　发电机、变压器的主保护　发电机、变压器的内部故障是指其绕组的相间、匝间短路，以及接地故障。发生上述故障时，会产生很大的故障电流。因此，大型设备主保护都配备有针对各种故障或异常工况的专项保护功能。

（1）发电机差动保护　一般指发电机比率差动保护，是一种比较发电机两端电流大小和方向的保护，它能很灵敏地反应并切除发电机绕组及引出线相间故障，是发电机相间短路的主保护。

将发电机两端流过方向相同、大小相等的电流称为穿越性电流，而方向相反的电流称为非穿越性电流。作为主保护，发电机比率制动差动保护是以非穿越性电流作为动作量、以穿越性电流作为制动量，来区分被保护元件的正常、故障和非正常运行状态的。发电机纵差保护原理接线见图 11.4-3。

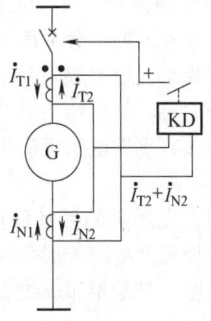

图 11.4-3　发电机纵差保护原理接线

正常运行状态，穿越性电流即为负荷电流，非穿越性电流理论上为零。内部相间短路状态，非穿越性电流剧增。当外部故障时，穿越性电流剧增。在上述三个状态中，差动保护能灵敏反应内部相间短路状态并能动作出口，从而达到保护发电机绕组的目的，而在正常运行和区外故障时可靠不动作。

（2）变压器差动保护　差动保护作为变压器的主保护，能反映变压器内部相间短路故障、单相接

地故障（取决于中性点接地方式），它是由变压器各侧绕组中电流的幅值和相位进行比较而构成的保护。

变压器绕组的各侧均装设电流互感器，选择合适的电流互感器变比和接线形式，保证变压器在发生内部故障情况下，差动继电器线圈中流过的电流是两侧电流互感器的二次电流差，即差动继电器接在差动回路中，变压器纵差保护原理接线见图 11.4-4。

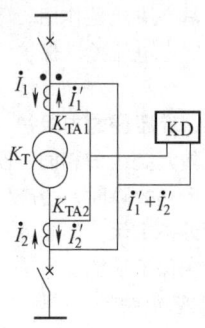

图 11.4-4　变压器纵差保护原理接线

从理论上讲，正常运行及外部故障时，差动回路电流为零。实际上由于变压器励磁电流、电流互感器特性等因素，导致正常运行和外部短路时，差动回路中仍有不平衡电流流过。由于不平衡电流和非周期分量的存在，差动保护存在误动风险；动作电流需要按照躲过外部短路时最大不平衡电流整定，且需要考虑励磁涌流的影响。

（3）发电机匝间保护　发电机匝间保护一般用于发电机定子绕组在其同一分支匝间或同相不同分支间短路故障的保护。该类故障会出现发电机机端相对于中性点不对称，从而产生纵向零序电压，利用纵向零序电压来判别发电机匝间短路是可行的保护原理之一。

74　发电机、变压器的后备保护　为发电机、变压器设置的反应短路故障的后备保护，既可作为本设备的后备保护，又是相邻母线或断路器拒动的后备保护。反应相间短路的后备保护有低电压起动过电流保护及低阻抗保护两种。反应单相接地短路的后备保护往往采用零序保护。

（1）低电压起动过电流保护　为了防止变压器过载的时候引起保护装置误动，原有过电流保护一般装有低电压起动元件，当电流元件和电压元件同时动作，并经设定延时，保护出口跳闸。采用低压继电器后，电流继电器的整定值就可以不再考虑并联运行变压器切除或电动机自起动时可能出现的最大负荷，而是按照大于变压器的额定电流整定。

（2）低阻抗保护　低阻抗保护可作为发电机和变压器的相间故障后备保护。通常采用偏移特性圆（或椭圆）特性，正方向指向被保护发电机（或变压器），特性角典型值约为85°，发-变低阻抗保护特性圆见图 11.4-5。当测量阻抗进入阻抗圆，则经一定延时动作于跳闸。

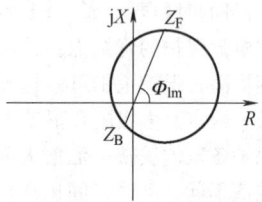

图 11.4-5　发-变低阻抗保护特性圆

（3）变压器零序保护　作为接地故障的后备保护，设有变压器零序电流和零序电压保护，它们是整个电网接地保护的组成部分，它的配置与整定必须和电网接地保护相配合。对全绝缘变压器除装置零序电流保护外，还增设零序过电压保护，当电力网单相接地失去接地中性点时，零序过电压保护经0.3~0.5s时限动作于断开变压器各侧断路器。对分级绝缘变压器、中性点装设放电间隙时，除按规定装设零序电流保护外，还增设反应零序电压和间隙放电电流的零序电流电压保护。零序电流保护的逻辑框图如图 11.4-6 所示。

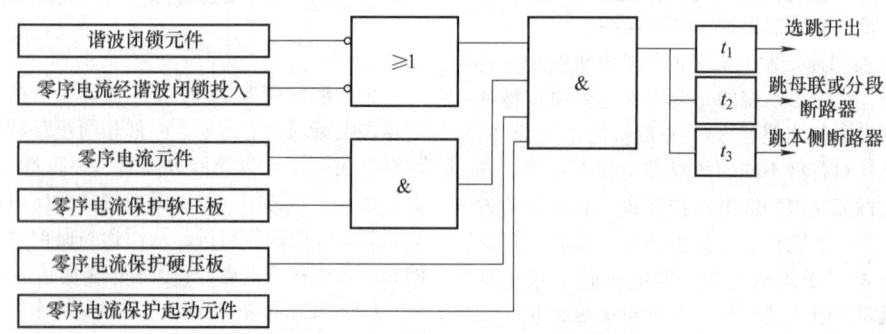

图 11.4-6　零序电流保护的逻辑框图

由图 11.4-6 可知，为了防止变压器和应涌流对零序电流保护的影响，保护设有谐波闭锁功能，当谐波含量超过一定比例时，闭锁零电流保护。

75 发电机励磁回路接地保护 励磁回路一点接地保护构成原理有叠加直流电压式保护、直流电桥式保护和测量转子对地导纳式保护等方式。前两种由于有死区且不易调整，一般不在大机组中使用。目前常用的励磁回路接地保护是采用叠加交流电压来测量转子对地导纳的方法构成的。通常转子一点接地保护仅用于信号。

（1）叠加直流电压式保护 在转子一点接地保护中采用的叠加直流电源，可以采用外加电源，也可以采用由保护装置自产直流电压。其中外加直流电源通常是将发电机机端 TV 二次某一相间电压通过单相桥式整流后获得，自产直流电压可将保护装置所用的直流电源经过隔离变换后供转子一点接地保护用。将直流电压经继电器顺向注入转子的负端与大地之间，当发生转子接地故障时，流过继电器的电流大于继电器动作电流，保护起动。利用叠加直流电压原理构成的一点接地保护，其原理见图 11.4-7。

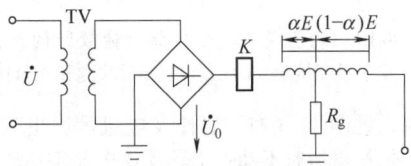

图 11.4-7 叠加直流电压式一点接地保护原理

由图 11.4-7 可知，R_g 为发生接地故障时的接地电阻。保护装置通过改变测量回路内阻得到两个电流测量值，根据两个电流的大小，通过解方程组消去不确定的励磁回路电压值 αE 后，便可计算出接地电阻值 R_g。

该保护将一直流电压 U_0 顺向加到转子的一端与地之间。在正常工况下，发电机转子绕组或励磁回路不接地，外加直流电压不会产生电流。当转子绕组或励磁回路中发生一点接地时，则外加直流电压通过部分转子绕组、接地电阻、发电机大轴构成回路，产生电流，当流过继电器 K 的电流大于继电器动作电流，保护起动。其回路电流可表示为

$$I = \frac{U_0 + \alpha E}{R_k + R_g} \tag{11.4-8}$$

式中 α——转子绕组接地点的分压系数；

E——转子绕组电压；

R_k——串流继电器的内阻。

该保护原理没有死区，但由于励磁电压的作用，在转子上不同点接地时，流过继电器的电流不同，灵敏度相差较大。

（2）直流电桥式保护 利用电桥平衡原理构成的电桥式接地保护原理见图 11.4-8，发电机转子对地绝缘的分布电阻看作接于励磁绕组中点与地之间的一个集中电阻为 R_g。通过励磁绕组电阻 R_1、外接电阻 R_2、对地绝缘电阻 R_g，以及继电器 J 构成平衡桥。正常情况下，励磁绕组对地绝缘良好，电桥平衡，继电器 J 中无电流流过，保护不动作；当励磁绕组上某一点发生绝缘损坏，经过渡电阻 R 接地时，电桥失去平衡。当流过继电器的电流大于继电器的动作电流时，继电器动作。

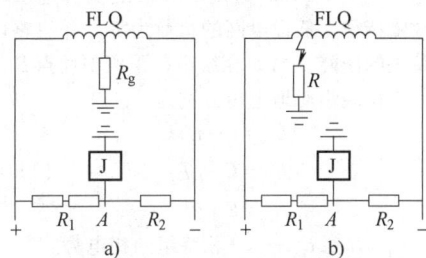

图 11.4-8 电桥式接地保护原理

a）正常情况 b）经过渡电阻接地

（3）测量转子对地导纳式保护 当发电机转子回路对地电导和对地电纳变化时，发电机转子回路对地测量导纳的轨迹分别是一组等电导圆和等电纳圆。要使继电器只反应转子回路对地绝缘电阻，在绝缘电阻下降到一定数值时动作，则继电器的整定特性只要与某一指定的等电导圆相重合即可。这样无论沿着哪一个等电纳圆进入整定圆，其动作电导（或电阻）必相同。在送加相同电压情况下，电导变化可通过判断电流来实现。测量转子绕组对地导纳的励磁回路一点接地保护，可以反映励磁回路任意接地故障，没有死区，且灵敏度系数理论上不受对地电容影响。动作边界圆见图 11.4-9。

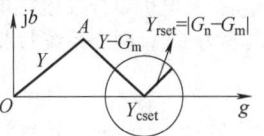

图 11.4-9 动作边界圆

图 11.4-9 中圆心为 $Y_{cset} = G_m$，半径为 $Y_{rset} = |G_n - G_m|$。动作导纳为 $Y_{act} = |G_n - G_m|$，制动导纳为 $Y_{brk} = |Y - G_m|$，整定圆内为动作区，即转子绕组对地绝缘电阻 R_e 下降到一定值，$Y = 1/Z$ 进入圆内时，

$|Y-G_m|<|G_n-G_m|$，保护装置发出信号。

76　发电机单相定子接地保护

（1）基本概念　发电机单相定子接地最为常见。定子单相接地后，接地电流经故障点、三相对地电容、三相定子绕组构成通路。当接地电流较大能在故障点引起电弧时，将使定子绕组的绝缘和定子铁心烧坏，也容易发展成危害更大的定子绕组相间或匝间短路，因此，应装设发电机定子绕组单相接地保护。定子绕组单相接地保护包含三次谐波接地保护和零序电压保护。其中零序电压保护根据越靠近机端，故障点的零序电压越高，利用基波零序电压构成定子单相接地保护。

（2）故障特征　定子绕组发生单相接地故障的示意图见图 11.4-10。为便于分析发电机定子单相接地故障特征，假设电网的负荷为零，并忽略电源和线路上的压降。当 A 相绕组在距离中性点 β 处接地时，三相绕组对地电压分别为

$$U_{ag} = (1-\beta)E_a$$
$$U_{bg} = E_b - \beta E_a \qquad (11.4\text{-}9)$$
$$U_{cg} = E_c - \beta E_a$$

式中　E_a，E_b，E_c——三相绕组的相电势。

此时，零序电压为

$$U_0 = (U_{ag} + U_{bg} + U_{cg})/3 = -\beta E_a \qquad (11.4\text{-}10)$$

接地电流为

$$I_0 = -j3\omega(C_f + C_w)\beta E_a \qquad (11.4\text{-}11)$$

由式（11.4-9）和式（11.4-10）可知：零序电压与 β 成正比，当在中性点短路时，零序电压为零；当在机端发生接地时（$\beta=1$），定子零序电压和零序电流达到最大，此时 B、C 相对地电压将变为原来的 $\sqrt{3}$ 倍，零序电容电流值为 $3\omega(C_f + C_w)E_a$，并且零序电流相位超前零序电压 $90°$。

发电机定子绕组某一相任意点单相接地时，因绕组感抗远小于容抗，可以忽略不计，故流过接地点的电流是在零序电压作用下各经相对地电容产生的容性零序电流。由此可作出发电机内部单相接地的零序等效网络，见图 11.4-11。图中发电机本身对地电容为 C_{0G}，发电机以外发电机电压网络每相对地的等效电容为 C_{0S}，则全系统每相零序电容电流为

$$\dot{I}_{k0(\alpha)} = \frac{\dot{I}_{k0(\alpha)}}{X_{C\Sigma}} = -j\alpha\omega \dot{E}_A(C_{0G} + C_{0S}) \qquad (11.4\text{-}12)$$

因此发电机内部故障时故障点总的接地电流，即零序电流为

$$3\dot{I}_{k0(\alpha)} = -j3\alpha \dot{E}_A \omega(C_{0G} + C_{0S}) \qquad (11.4\text{-}13)$$

当发电机外部单相接地时，流过发电机零序电流互感器 T_{A0} 的零序电流为发电机本身的总对地电

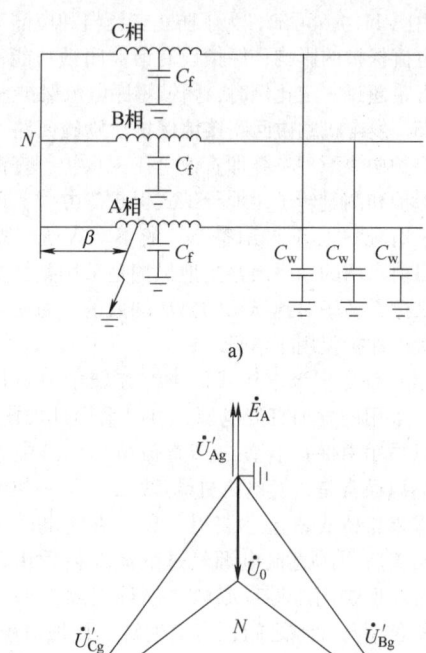

a)

b)

图 11.4-10　定子绕组发生单相接地故障的示意图
a）定子单相接地　b）开口三角零序电压相量图

容电流，见图 11.4-11。要使发电机零序电流保护在外部单相接地时不动作，其动作电流定值必须按大于发电机本身的三相电容电流之和整定。

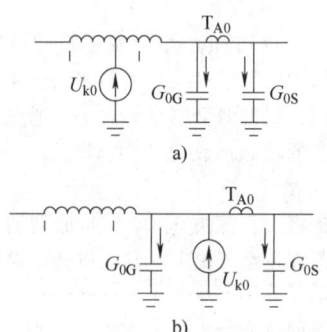

a)

b)

图 11.4-11　单相接地故障时的零序等效网络
a）发电机内部故障　b）发电机外部故障

（3）保护原理

1）定子接地零序电流保护。利用发电机定子绕组接地故障时的零序电流，可构成零序电流保护。当发电机定子绕组在中性点附近接地时，通过系统的接地电容电流也很小，保护将不能起动，因此零序电流保护不可避免地存在一定的死区。为了

减小死区的范围，应在满足发电机外部接地时动作选择性的前提下尽量降低保护的起动电流。

2）利用零序电压构成的定子单相接地保护。越靠近机端，故障点的零序电压越高，利用基波零序电压可构成定子单相接地保护。基波零序电压保护的动作电压应按躲过正常运行时中性点单相电压互感器或机端三相电压互感器开口三角形绕组的最大不平衡电压整定。

3）三次谐波接地保护。三次谐波接地保护利用机端三次谐波电压与中性点三次谐波电压的比值构成。在正常运行工况下，中性点处三次谐波电压要比机端的三次谐波电压大；当中性点附近发生接地故障时，机端的三次谐波电压增大，而中性点处的三次谐波电压则降低。利用接地前后三次谐波电压的变化特点，可以构成基于三次谐波电压的定子单相接地保护。

当发电机定子绕组发生金属性单相接地时，设接地点发生在距中性点 α 处，此时不管发电机中性点是否接有消弧线圈，总是有 $U_{N3} = \alpha E_3$ 和 $U_{S3} = (1-\alpha)E_3$，两者相比，得：

$$\frac{U_{S3}}{U_{N3}} = \frac{1-\alpha}{\alpha} \tag{11.4-14}$$

式中　U_{N3}——中性点三次谐波电压；

$\quad\quad U_{S3}$——机端三次谐波电压。

中性点和机端三次谐波电压随故障点 α 的变化曲线见图 11.4-12。

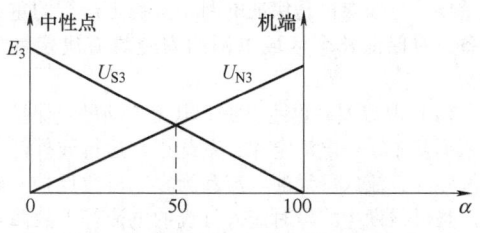

图 11.4-12　中性点和机端三次谐波
电压随故障点 α 的变化曲线

如果用机端三次电压 U_{S3} 作为动作量，而用中性点三次谐波电压 U_{N3} 时作为制动量来构成接地保护。且当 $U_{S3} \geqslant U_{N3}$ 时作为保护的动作条件，则在正常运行时保护是不可能动作的，而当中性点附近发生接地时，则有较高的灵敏度。此接地保护可以反应距中性点 50% 范围内的接地故障，当故障点越靠近中性点时，则灵敏度越高。

利用基波零序电压构成的接地保护，则可以反应 $\alpha > 0.15$ 范围内的单相接地故障。当故障点越靠近机端时，保护的灵敏度越高。

两种原理的保护具有优势互补的特点。利用三

次谐波电压比值和基波零序电压的组合可构成 100% 定子绕组单相接地保护。

77　发电机负序电流保护

（1）基本概念　不对称故障，不对称负荷，或励磁电流谐波分量过大，都会在发电机定子绕组产生负序电流，从而在发电机转子中产生贯穿转子本体、槽楔和转子端部等部件的倍频电流，导致高温。因此，必须采用能够反应转子表面过热的负序电流保护。

（2）故障特征　发电机在正常运行时，电枢绕组中只有正序电流而没有负序电流和零序电流。当故障或负荷导致不对称运行时，便会产生负序电流，当负序电流增加到一定数值后，对转子机械强度和励磁绕组热稳定都有明显的影响，并产生较大的危害。

通过测量负序电流的大小可以判别是否发生故障。负序电流保护按其动作时限分为定时限和反时限两种。其中前者用于中型发电机，后者用于大型发电机。

（3）保护原理

1）定时限负序过电流保护。对表面冷却的汽轮发电机和水轮发电机，大都采用两段式定时限负序过电流保护，其中起动电流的整定计算如下：

动作于信号的保护部分，按躲开发电机长期允许的负序电流和最大负荷时不平衡电流整定，一般情况下取：

$$I_{set1} = 0.1 I_{ef} \tag{11.4-15}$$

式中　I_{ef}——发电机流过的额定电流值。

动作于跳闸的保护部分，保护的起动电流按下面两个条件整定：按转子发热条件、与相邻元件的负序电流后备保护配合，整定值为

$$I_{set2} \leqslant \sqrt{\frac{A}{T}} \tag{11.4-16}$$

$$I_{set2} = K_{ph} I_{js2}$$

式中　A——发电机允许过热的时间常数；

$\quad\quad T$——值班人员采取措施消除负序电流的时间，一般选取 120s；

$\quad\quad K_{ph}$——配合系数，一般选取 1.1；

$\quad\quad I_{js2}$——外部故障时流过升压变压器的负序短路电流与其负序电流保护起动值相等时，流过被保护发电机的负序短路电流。

负序电流热稳定时间常数较小的大型发电机，采用定时限两段负序电流保护，在与发电机允许负序电流时间曲线上难以配合，往往采用反时限负序过电流保护。

2）反时限负序过电流保护。反时限负序过电

流保护反应负序电流增大，其动作时间与负序电流成反比。通常采用图 11.4-13 所示的配合方式。图中的曲线 1 是发电机允许负序电流曲线，由 $t=A/I_2$ 在绝热过程中得到，其中 I_2 为流过发电机的负序电流。为了充分利用发电机转子温升裕度及发热过程中的散热影响，避免发电机还没有到大危险状态时被切除，引入一个修正系数 α，这样发电机最大允许负序电流与时间的关系为

$$t=\frac{A}{I_2^2-\alpha} \qquad (11.4-17)$$

式中　α——修正系数，与发电机转子温升裕度、
　　　　　散热等因素相关。

发电机最大允许负序电流与时间曲线如图 11.4-13 中曲线 2 所示。要求反时限负序过电流保护的时限特性为曲线 1，两个曲线之间有个裕度。为安全起见可选择一反时限特性曲线在曲线 1 之下，在发热量到达极限值之前将发电机切除，这可根据对发电机转子温升裕度了解的程度而定。

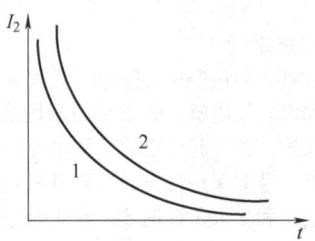

图 11.4-13　负序过电流保护反时限动作
特性与允许负序电流曲线的配合

动作电流按照发电机在长期允许的负序电流下能可靠返回的条件整定。

78　发电机失磁保护　导致发电机失磁的原因包括：励磁回路开路、励磁绕组断线、灭磁开关误动作、励磁调节装置的自动开关误动、可控硅励磁装置中部分元件损坏；励磁绕组由于长期发热，绝缘老化或损坏引起短路等。

发电机失磁后，将带来系统电压严重下降，并进入异步运行状态，一方面转子产生的差频电流引起转子附加温升，另一方面发电机定子、转子都承受很大的振动。

发电机失磁瞬间，输出的有功功率和无功功率减小，随着发电机转速逐渐增加并伴随着吸收感性无功功率，随后进入异步运行状态。

发电机失磁保护是在发电机的励磁突然消失或部分消失时动作于发电机出口断路器，使发电机脱离电网，防止发电机损坏和保护电网稳定运行的保护装置。

常见的发电机失磁保护由低电压判据、定子侧阻抗判据、转子低电压判据和发电机的变励磁电压判据组成。

79　过励磁保护　铁磁式变压器和发电机在过励磁情况下会导致铁损增加、铁心温度上升的现象，严重时会造成设备因过热而损坏，因此要配备过励磁保护。

当发电机与主变压器之间无断路器而共用一套过励磁保护时，其整定值按发电机或变压器过励磁能力较低的要求整定。当发电机及变压器间有断路器而分别配置过励磁保护时，其定值按发电机与变压器允许的不同过励磁倍数分别整定。

80　发电机逆功率保护　当汽轮机主汽门关闭而发电机出口断路器未跳闸时，发电机将变为电动机运行，从系统中吸取有功功率，拖动汽轮机旋转，功率的方向由母线流向发电机，这就是逆功率。发电机逆功率保护主要用于保护汽轮机不受损害。

81　发电机-变压器组的保护配置原则　在满足继电保护的可靠性、选择性、灵敏性、速动性的基础上，结合一次系统配置、设备型号、容量进行配置，以达到减少停机次数，缩短恢复时间的目的。保护的出口一般包括以下几种：停机、解列、解列灭磁、减出力、缩小故障影响范围、程序跳闸、减励磁、励磁切换、厂用电源切换、信号等。

82　母线保护　母线是电能汇聚与分配的枢纽，对电力系统的安全、可靠、灵活、经济运行至关重要，母线保护是保证电网安全稳定运行的重要设备，对保证整个区域电网的安全具有决定性的意义。

（1）电流差动母线保护　电流差动母线保护原理依据基尔霍夫电流定律，系统正常运行或外部发生故障时，流入母线的电流和为零，母线保护不动作。当母线发生故障时流入母线的电流等于故障点电流，母线保护将会动作。母线差动保护的原理接线图见图 11.4-14。

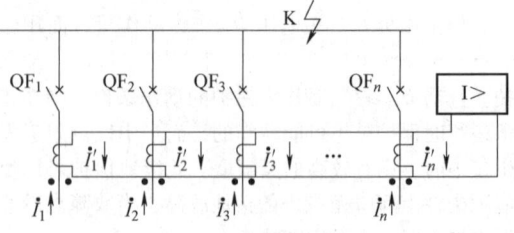

图 11.4-14　母线差动保护的原理接线图

（2）具有制动特性的母线差动保护　根据制动特性的不同，可将母线差动保护分为：比率差动、大电流范围制动、复式比率差动。比率差动继电保

护的原理是采用一次的穿越电流作为制动电流，母线保护动作电流随制动电流的变化而变化，从而使其在母线区外故障时能够有一定的制动能力。

4.3　线路保护

83　线路保护概述　线路故障分为短路和开路两类。根据故障电气量的表象又分为对称故障和非对称故障，以短路故障为例，对称故障是电力系统三相同时发生故障。不对称故障包括单相接地、两相短路、两相短路接地故障。

线路保护装置往往利用如下电气量变化来识别故障：

1）反映电气量增加：过电流、过电压。

2）反映电气量减少：低电压保护。

3）反映阻抗的变化：距离保护（阻抗保护）。

4）反映被保护元件两端电气量的变化：纵联保护。

84　线路过电流保护

（1）相间电流保护　相间电流保护分有阶段特性定时限过电流保护和反时限过电流保护两种，一般用于保护配电网。定时限过电流保护装置一般设置三段或四段。反时限过电流保护装置的时间电流特性为

$$t = K/((I/I_s)^\alpha - 1) \qquad (11.4\text{-}18)$$

式中　t——动作时间；

K——整定时间常数；

I——短路电流；

I_s——动作电流；

α——函数的指数，其取值大小决定了反时限的程度。

（2）零序电流保护　零序电流保护装置广泛配备在各种电压等级的中性点直接接地系统，用来保护线路的单相接地和两相接地故障。由于零序电流保护装置接线简单、安全可靠、灵敏度高，因此得到了广泛使用。

85　线路距离保护　由于电流保护受故障类型和运行方式的影响灵敏度低，因而在直接接地系统中常采用相间距离和接地距离分别切除相间或接地故障，距离保护性能稳定，不受运行方式和故障类型的影响。

测量阻抗通常用 Z_m 来表示，它定义为保护安装处测量电压 $\dot{U}_m$ 与测量电流 $\dot{I}_m$ 之比，即

$$Z_m = \frac{\dot{U}_m}{\dot{I}_m} \qquad (11.4\text{-}19)$$

Z_m 为一复数，可以表达为极坐标形式或直角坐标形

式，即

$$Z_m = |Z_m| \angle \varphi_m = R_m + jX_m \qquad (11.4\text{-}20)$$

式中　$|Z_m|$——测量阻抗的阻抗值；

φ_m——测量阻抗的阻抗角；

R_m——测量阻抗的实部，称为测量电阻；

X_m——测量阻抗的虚部，称为测量电抗。

距离保护常用的特性有圆、四边形等特性，见图 11.4-15，当测量阻抗处于特定形状内时，保护动作。形状外定为非动作区。

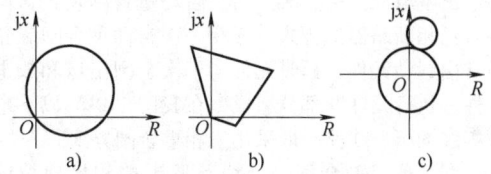

图 11.4-15　距离元件特性

a）方向圆特性　b）四边形特性　c）故障分量特性

影响距离保护性能的因素有线路长度、暂态过程、过渡电阻、系统振荡、串补电容、电压回路断线等。

86　线路纵联保护　线路纵联保护是利用通信通道传递线路远端信息实现故障判别的保护原理，纵联保护从原理上可分为纵联电流差动保护、纵联方向保护、纵联距离保护、纵联电流相位保护等。根据利用的通信通道类型不同，可分为：1）电力线载波纵联保护（简称高频保护）；2）微波纵联保护（简称微波保护）；3）光纤纵联保护（简称光纤保护）；4）导引线纵联保护（简称导引线保护）。

4.4　自动重合闸

87　重合闸的类型与功能　自动重合闸是线路的断路器因某种故障原因分闸后，利用机械装置或继电保护装置使其自动重新合闸的设施。鉴于架空线路以瞬时性故障为主，自动重合闸常配备于架空线路，用于提高线路运行可靠性和电力系统并列运行稳定性，也可用于纠正断路器本身机构不良或继电保护误动等原因引起的误跳闸。

按照重合闸的动作次数，可以分为一次重合闸和二次（多次）重合闸。按照重合闸的应用场合，可以分为单侧电源重合闸和双侧电源重合闸。按照重合闸作用于断路器的方式，可以分为三相重合闸、单相重合闸以及综合重合闸。

一般来说，自动重合闸装置分为四种运行状态：单相重合闸、综合重合闸、三相重合闸、停用重合闸。

其他需要考虑的因素包括：手动跳闸或通过遥控装置将断路器断开时，重合闸不应动作。自动重合闸在动作以后应能经预先整定的时间后自动复归，为下一次动作做准备。自动重合闸与继电保护的配合，以加速故障的切除。双侧电源线路上重合闸时，应考虑同期问题。此外，当断路器处于不正常状态而不允许重合时，自动重合闸装置应具有接收外来闭锁信号的功能。

88　三相重合闸　三相重合闸是指线路三相断路器被继电保护装置跳开后，自动重合闸装置再同时合三相断路器的方式。三相一次自动重合闸装置通常由起动元件、延时元件、一次合闸出口和放电元件、执行元件四部分组成。在我国 110kV 以下电压等级的架空线路一般采用三相重合闸方式。

89　单相重合闸　当线路发生单相接地故障时，保护动作只断开故障相的断路器，然后进行单相重合。若为瞬时性故障，则重合后便可恢复运行；若为永久性故障，对于不允许长期非全相运行的系统，则重合后保护跳开三相断路器，不再重合。单相重合闸装置除了配备三相重合闸装置必备的元件外，还需要配备故障选相元件。在我国，单相重合闸在 220~500kV 线路上获得广泛应用。

90　综合重合闸　综合重合闸指综合单相重合和三相重合的特点，即当线路发生单相接地故障时，继电保护跳开故障相，重合闸装置单相重合。当线路上发生相间故障时，继电保护跳开三相线路，重合闸装置进行三相重合闸。

综合重合闸利用切换开关，可实现四种重合方式：综合重合闸方式、三相重合闸方式、单相重合闸方式、停用重合闸方式。

91　自适应重合闸　自适应重合闸属于自适应继电保护的范畴，指继电保护跳开故障线后，如果是瞬时性故障且故障点电弧已消失则重合，如果是永久性故障或电弧不消失则不予重合。因此，自适应重合闸的核心内容为故障性质判别。此外，也有通过对重合时序的优化来限制重合过电压，通过对重合时机的优化来提升系统稳定性。

第 5 章　避雷器[1]

5.1　避雷器概述

92　避雷器的定义与工作原理　避雷器是一种最广泛有效的过电压限制器。它与被保护的电气设备并联运行，避雷器与被保护设备连接示意图见图11.5-1。当作用电压超过一定幅值后，避雷器动作泄放大量的电荷，限制作用在被保护电气设备两端子间的电压，有效保护电气设备免遭过电压损坏。当瞬态过电压作用后，能使系统迅速恢复正常工作状态。

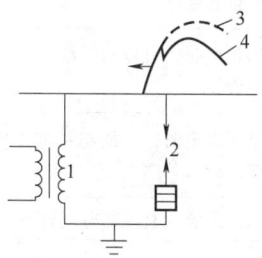

图 11.5-1　避雷器与被保护设备连接示意图
1—被保护变压器　2—避雷器
3—未被限制的过电压　4—被限制的过电压

93　避雷器的分类及使用场所　目前应用的避雷器主要有：无间隙金属氧化物避雷器、有间隙金属氧化物避雷器和管式避雷器。无间隙金属氧化物避雷器具有优异的非线性 V-A 特性、大的通流容量和持久的抗老化能力，可以有效抑制高幅值的操作过电压和雷电过电压等。有间隙金属氧化物避雷器包括：有串联间隙金属氧化物避雷器和有并联间隙金属氧化物避雷器，是利用金属氧化物非线性电阻片（以下简称电阻片）与放电间隙的协调配合，有效降低残压，保护电气设备免遭过电压损坏。管式避雷器是利用间隙与被保护设备 V-S 特性的合理配合和间隙的熄弧特性，作为变电站进线段保护的辅助手段，用来保护容量小、重要性不大的变电站、电气设备及架空线路薄弱绝缘路段免遭过电压损坏。

金属氧化物避雷器依据外套材料不同又分为瓷外套金属氧化物避雷器、复合外套金属氧化物避雷器、气体绝缘金属封闭金属氧化物避雷器（GIS 避雷器）、液浸型金属氧化物避雷器、分离型及外壳不带电型金属氧化物避雷器等。

避雷器的分类和使用场所见表 11.5-1。

表 11.5-1　避雷器的分类和使用场所

类别与名称			型式代号	使用场所
金属氧化物避雷器	交流系统用	瓷外套		
		无间隙金属氧化物避雷器	YW	使用于 3~1000kV 交流系统，保护电站设备、发电机、配电设备、电动机、线路绝缘以及发电机中性点、变压器中性点等
		有串联间隙金属氧化物避雷器	YC	使用于 3~1000kV 交流系统，保护配电变压器、电缆头、电站设备、线路绝缘等，与 YW 相比各有其特点
		有并联间隙金属氧化物避雷器	YB	保护旋转电机和对保护性能有特殊要求的电气设备。可控并联间隙金属氧化物避雷器主要用于深度限制系统操作过电压

（续）

类别与名称			型式代号	使用场所
金属氧化物避雷器	交流系统用	复合外套 无间隙金属氧化物避雷器	YHW	用于 3~1000kV 交流系统，保护电站设备、发电机、配电设备、电动机、线路绝缘以及发电机中性点、变压器中性点等。尤其适宜于要求重量轻、爬距大、体积小、耐污强的场所
		有串联间隙金属氧化物避雷器	YHC	用于 3~1000kV 交流系统，保护配电变压器、电缆头、电站设备、线路绝缘等，与 YHW 相比各有其特点
		有并联间隙金属氧化物避雷器	YHB	保护旋转电机和对保护性能有特殊要求的电气设备。更适宜于要求重量轻、爬距大、体积小、耐污强的场所。可控并联间隙金属氧化物避雷器主要用于深度限制系统操作过电压
		GIS 无间隙金属氧化物避雷器	YWF	用于 GIS 电站，保护 GIS 电站设备
		液浸型金属氧化物避雷器	YW-YJ	浸在绝缘液体中保护电气设备内部零部件绝缘
		分离型及外壳不带电型金属氧化物避雷器	YW-S YW-D	具有绝缘和（或）屏蔽外套，安装在柜体内保护配电设备和回路
		带电插拔避雷器	YW-F	在回路带电时，可以与系统连接和断开，用于保护配电设备
		不带电插拔避雷器	YW-P	在回路不带电时，才能与系统连接和断开，用于保护配电设备
	直流系统用	瓷外套 无间隙金属氧化物避雷器	YWL	保护直流系统、直流场电气设备
		复合外套 无间隙金属氧化物避雷器 有串联间隙金属氧化物避雷器	YHWL YHCL	用于保护直流系统电气设备及直流线路绝缘
排气式避雷器			GWX	电站进线和线路薄弱绝缘的保护，如用作大跨度和交叉档的保护，也可与电缆段相配合，在直流电机的防雷保护中起限流作用

5.2　避雷器的主要电气性能与结构

94　交流无间隙金属氧化物避雷器

（1）主要电气特性

1）V-A 特性。V-A 特性是无间隙金属氧化物避雷器的主旨特性，它决定着避雷器的保护特性、能量吸收特性和可靠性等。无间隙金属氧化物避雷器的核心元件电阻片有优异的非线性 V-A 特性和大的通流能力，金属氧化物避雷器电阻片典型 V-A 特性和等效电路见图 11.5-2。使得无间隙金属氧化物避雷器在持续运行电压下仅流过微安级的漏电流，动作后无工频续流，在过电压作用下呈现低阻抗，具有动作响应快、限制雷电过电压和操作过电压及能量吸收能力强等一系列优点。

2）保护特性。无间隙金属氧化物避雷器的保护特性由其雷电冲击残压、操作冲击残压和陡波冲击电流残压等决定，分别与被保护设备的额定雷电冲击耐受电压、额定操作冲击耐受电压和雷电冲击截波耐受电压相配合，通常用压比（标称放电电流或操作冲击电流下残压与工频参考电压峰值或直流参考电压平均值之比）来表征其保护特性。

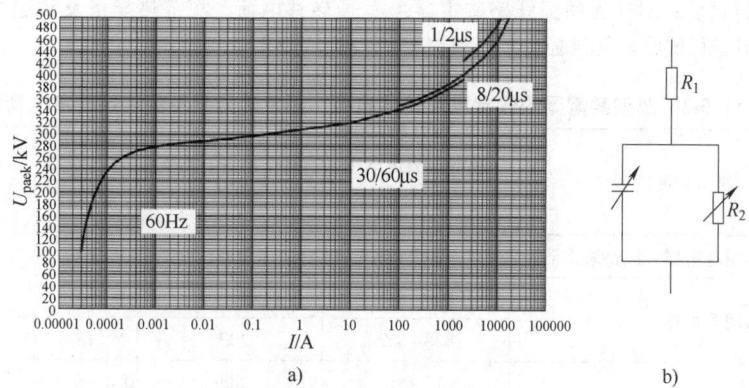

图 11.5-2　金属氧化物避雷器电阻片典型 V-A 特性和等效电路

a）V-A 特性　b）等效电路

3）能量吸收特性。无间隙金属氧化物避雷器在抑制过电压时吸收雷电过电压、操作过电压等的能量，其必须具备相应的能量吸收能力。一般用重复转移电荷来表征。操作过电压、雷电过电压下的重复转移电荷用方波、正弦半波、8/20 雷电冲击电流耐受和大电流冲击耐受试验考核。

4）动作负载。无间隙金属氧化物避雷器应能耐受操作冲击的能量或者雷电冲击的转移电荷，并且在接下来施加的暂时过电压和随后施加的持续运行电压的情况下能够热稳定。无间隙金属氧化物避雷器应能通过规定的动作负载试验验证。依据 GB 11032—2020《交流无间隙金属氧化物避雷器》要求，电站类无间隙金属氧化物避雷器须进行采用长持续时间冲击电流或正弦半波冲击电流注入额定热能量的动作负载试验考核；配电类无间隙金属氧化物避雷器须进行采用雷电冲击电流注入额定热转移电荷的动作负载试验考核。

5）工频耐受电压-时间特性。工频耐受电压-时间特性是表征交流无间隙金属氧化物避雷器耐受一定时间工频暂时过电压能力的重要参数。

6）外绝缘特性。无间隙金属氧化物避雷器应具有符合 GB 311.1—2012《绝缘配合　第 1 部分：定义、原则和规则》中对高压电器外绝缘要求的耐受特性。复合外套避雷器外绝缘还应通过气候老化试验考核。

外绝缘最小统一爬电比距应符合下列要求：a 级很轻污秽地区 22mm/kV；b 级轻污秽地区 27.8mm/kV；c 级中等污秽地区 34.7mm/kV；d 级重污秽地区 43.3mm/kV；e 级很重污秽地区 53.7mm/kV。d 级及以上重污秽地区用避雷器应通过污秽试验考核。

7）密封性能。避雷器必须具有持久、可靠的密封，在避雷器寿命期内，不应因密封不良而影响避雷器的运行特性。

（2）主要性能参数

1）额定电压。通过工频电压耐受时间特性试验和动作负载试验验证，允许施加到避雷器端子间持续 10s 的最大工频过电压方均根值。

2）持续运行电压。允许持续地施加在无间隙金属氧化物避雷器端子间的工频电压方均根值。

3）工频参考电压和直流参考电压。在无间隙金属氧化物避雷器通过规定的工频参考电流时测出的工频电压峰值除以 $\sqrt{2}$ 的商称为无间隙金属氧化物避雷器的工频参考电压。在无间隙金属氧化物避雷器通过规定的直流参考电流时测出的直流电压平均值，称为无间隙金属氧化物避雷器的直流参考电压。对于多元件串联组成的避雷器，其参考电压为各元件参考电压之和。

4）标称放电电流和残压。用于避雷器分类的 8/20 雷电冲击电流峰值称为标称放电电流。放电电流流过避雷器时其两端的电压峰值称为残压。

5）持续电流。在持续运行电压下流过无间隙金属氧化物避雷器的电流（包括阻性分量和容性分量）。其值会随温度、杂散电容和外部污秽情况而变化。持续电流是反映运行中无间隙金属氧化物避雷器特性稳定性的重要参数。

6）重复转移电荷。重复转移电荷是表征避雷器通流能力的指标，其是指由单次和多次冲击电流产生，通过避雷器转移，并且不会引起电阻片的损坏或者不可接受的电气性能劣化。

对于电站类避雷器，采用视在总持续时间为 2~4ms 长持续时间冲击电流或 2~4ms 的正弦半波冲击电流进行试验；对于配电类避雷器，采用 8/20

雷电冲击电流进行试验；对于无间隙线路避雷器，采用雷电冲击放电进行试验。典型避雷器的额定重复转移电荷、额定热能量及额定热转移电荷值见表 11.5-2。

表 11.5-2　典型避雷器的额定重复转移电荷、额定热能量及额定热转移电荷值

标称放电电流/kA	避雷器使用场合	避雷器额定电压（有效值）/kV	操作冲击电流值（峰值）/A	Q_{rs}/C	W_{th}/（kJ/kV）	Q_{th}/C
20	电站用避雷器、线路避雷器	420~468	2000	3.6	14	—
	电站用避雷器	600~648	2000	5.2	16	—
		828~852	2000	18	60	—
10	电站用避雷器	17~51	500	0.4—0.6[①]	—	1.1
		84~108	500	1.0	4	—
		192~216	500	1.2	6	—
		288~324	1000	2.0	7	—
		420~468	2000	3.2	10	—
	线路避雷器	54	500	0.6	—	1.1
		96	500	1.0	4	—
		108~114	500	1.2	6	—
		216	500	1.2	6	—
		312~324	1000	2.0	7	—
		444~468	2000	3.2	10	—
	电气化铁道用避雷器	42~84	500	1.0	4	—
5	并联补偿电容器用避雷器[②]	5~90	500	0.8	3.5	—
	电站用避雷器	5~51	250	0.2—0.3[①]	—	0.7
		84~108	500	1.0	4	—
	线路避雷器	17~34	250	0.2	—	0.7
		51~54	250	0.6	—	0.7
		96	500	1.0	4	—
5	线路避雷器	108	500	1.2	6	—
	发电机用避雷器	4~25	250	0.6	—	0.7
	电气化铁道用避雷器	42~84	500	0.8	3.5	—
	配电用避雷器	5~17	100	0.2	—	0.7
		26~34	250	0.2	—	0.7
2.5	电动机用避雷器	4~13.5	100	0.3	—	0.45
1.5	变压器中性点用避雷器	60~207	500	0.6	—	0.7
	电机中性点用避雷器	2.4~15.2	100	0.3	—	0.45
	低压用避雷器	0.28~0.50	—	0.1	—	0.2

① 经供需双方协商可以选取该栏斜线下之数据。

② 如有更高要求，由供需双方协商。

典型的交流无间隙金属氧化物避雷器额定电压的级差见表 11.5-3，大电流冲击耐受试验电流值见表 11.5-4。性能参数见 GB/T 11032—2020《交流无间隙金属氧化物避雷器》、DL/T 815—2021《交流输电线路用复合外套金属氧化物避雷器》等标准。

表 11.5-3　避雷器额定电压的级差

额定电压范围 （有效值）/kV	额定电压级差 （有效值）/kV
<3	不作规定
3~30	1
30~54	3
54~288	6
288~396	12
396~756	24

注：其他额定电压值也可接受。

表 11.5-4　大电流冲击耐受试验电流值

避雷器标称放电电流等级	大电流冲击 电流（峰值）/kA
20kA、10kA	100
5kA	65
2.5kA	25
1.5kA	10

95　直流无间隙金属氧化物避雷器　直流无间隙金属氧化物避雷器依据其安装地点和被保护设备不同，其电气参数差异较大。

（1）主要电气特性

1）V-A 特性。V-A 特性是直流无间隙金属氧化物避雷器的主旨特性，它决定着避雷器的保护特性、能量吸收特性和可靠性等。

2）保护特性。直流无间隙金属氧化物避雷器的保护特性由陡波、雷电、操作及缓波前冲击电流下残压等决定，分别与被保护设备的额定雷电冲击耐受电压、额定操作冲击耐受电压和雷电冲击截波耐受电压相配合。

3）能量耐受特性。直流无间隙金属氧化物避雷器在抑制过电压时将要吸收陡波、雷电、操作及缓波前过电压等能量，其必须具备相应的能量耐受能力。避雷器应进行规定的能量耐受试验考核。

4）动作负载特性。直流无间隙金属氧化物避雷器应能耐受规定的动作负载试验，这些负载不应引起避雷器的损坏或热崩溃。依据 GB/T 22389—2008《高压直流换流站无间隙金属氧化物避雷器导则》的要求，进行动作负载试验考核。

5）外绝缘和耐污特性。直流无间隙金属氧化物避雷器应具有符合高压直流输电工程规范对高压直流换流站各种避雷器外绝缘水平的要求。复合外套直流避雷器外绝缘还应通过气候老化试验考核。

6）密封性能。避雷器必须具有持久、可靠的密封，在避雷器寿命期内，不应因密封不良而影响避雷器的运行特性。

（2）主要性能参数

1）额定电压。施加到直流无间隙金属氧化物避雷器端子间的最大允许工作电压，它是表征直流无间隙金属氧化物避雷器运行特性的重要参数。

2）持续运行电压。允许持久地施加在避雷器端子间的工作电压，其由直流电压叠加谐波电压组成。持续运行电压分为三个不同的值：

① 最大峰值持续运行电压（PCOV）：包括换相过冲的最高持续运行电压峰值。

② 峰值持续运行电压（CCOV）：不包括换相过冲的最高持续运行电压峰值。

③ 等效持续运行电压（ECOV）：等同于在实际持续运行下产生相同功耗的电压值。

3）配合电流。用于系统绝缘配合，确定避雷器最大残压的电流称为配合电流。配合电流分为以下四种：

① 陡波冲击电流：视在波前时间为 1μs 的冲击电流。

② 雷电冲击电流：波形为 8/20μs 的冲击电流。

③ 操作冲击电流：视在波前时间大于 30μs 但小于 100μs，视在波尾半峰值时间约为视在波前时间 2 倍的冲击放电电流。

④ 缓波前操作冲击电流：视在波前时间为（1000±100）μs，半峰时间约为波前时间 2 倍的冲击电流峰值。

4）工频参考电压和直流参考电压。在直流无间隙金属氧化物避雷器通过规定的工频参考电流时测出的工频电压最大值除以 $\sqrt{2}$ 的商，称为直流无间隙金属氧化物避雷器的工频参考电压。在直流无间隙金属氧化物避雷器通过规定的直流参考电流时测出的直流电压平均值，称为直流无间隙金属氧化物避雷器的直流参考电压。对于多元件串联组成的避雷器，其参考电压为各元件参考电压之和。

5）残压。在直流无间隙金属氧化物避雷器流过各种规定的配合电流时其两端的电压峰值称为残压。

6）持续电流。施加持续运行电压时流过直流无间隙金属氧化物避雷器的电流。它由阻性分量和容性分量组成，包括由谐波产生的分量。

典型直流无间隙金属氧化物避雷器的其他性能和参数参见 GB/T 22389—2008《高压直流换流站无间隙金属氧化物避雷器导则》、GB/T 25083—2010《±800kV 直流系统用金属氧化物避雷器》及 NB/T 42049—2015《3kV 及以下直流系统用无间隙金属氧化物避雷器》等标准。

96　交流有间隙金属氧化物避雷器

（1）主要电气性能

1）电阻片 V-A 特性。电阻片是有间隙金属氧化物避雷器的重要元件，电阻片的 V-A 特性决定着避雷器的保护特性、能量吸收特性和熄弧能力。电阻片优异的 V-A 特性可保证有间隙金属氧化物避雷器在冲击电流下残压低、工频续流/漏电流小、能量吸收能力更强。

2）V-S 特性。V-S 特性是有间隙金属氧化物避雷器的重要特性，它决定着避雷器的保护特性。有间隙金属氧化物避雷器的 V-S 特性必须与被保护设备的额定雷电冲击耐受电压、额定操作冲击耐受电压和雷电冲击截波耐受电压合理配合，见图 11.5-3。

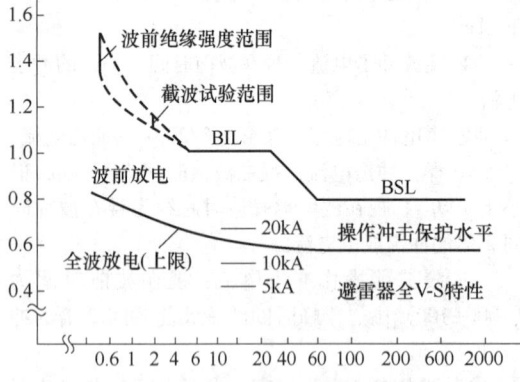

图 11.5-3　避雷器与被保护设备 V-S 特性的配合

3）保护特性。有间隙金属氧化物避雷器的保护性能由其雷电冲击放电电压、雷电冲击残压、操作冲击放电电压、操作冲击残压和陡波放电电压、陡波冲击电流残压等共同决定，分别与被保护设备的额定雷电冲击耐受电压、额定操作冲击耐受电压和雷电冲击截波耐受电压相配合。

4）能量吸收特性。避雷器在抑制过电压时吸收雷电过电压、操作过电压等能量，其必须具备相应的能量吸收能力。一般用通流容量来表征。操作过电压、雷电过电压下的通流容量分别用长持续时间冲击耐受和大电流冲击耐受试验考核。

5）动作负载特性。避雷器应能耐受运行过程中出现的各种组合的动作负载试验，这些负载不应引起避雷器损坏或热崩溃。

6）外绝缘性能。有间隙金属氧化物避雷器的外绝缘耐受特性应符合 GB/T 311.1—2012《绝缘配合　第 1 部分：定义、原则和规则》的规定。复合外套避雷器还应通过气候老化试验考核。

外绝缘最小统一爬电比距应符合下列要求：a 级很轻污秽地区 22mm/kV；b 级轻污秽地区 27.8mm/kV；c 级中等污秽地区 34.7mm/kV；d 级重污秽地区 43.3mm/kV；e 级很重污秽地区 53.7mm/kV。d 级及以上重污秽地区用有内间隙的金属氧化物避雷器应通过污秽试验考核。对于有外串联间隙有间隙金属氧化物避雷器应通过工频续流遮断试验的考核。

7）密封性能。避雷器必须具有持久、可靠的密封，在避雷器寿命期内，不应因密封不良而影响避雷器的运行特性。

（2）主要电气参数

1）额定电压。施加在有间隙金属氧化物避雷器端子间的最大允许工频电压有效值，按照此电压设计的避雷器能在所规定的动作负载试验（或续流遮断试验）中确定的暂时过电压下正确地工作。

2）避雷器持续运行电压。允许连续施加在有间隙金属氧化物避雷器两端的工频电压有效值。

3）工频放电电压。施加于有间隙金属氧化物避雷器端子间使避雷器全部间隙击穿放电时，至少 5 次连续测得的工频电压峰值的平均值除以 $\sqrt{2}$ 的商。

4）冲击放电电压。以给定波形和极性的冲击电压施加到有间隙金属氧化物避雷器上，在其放电之前所达到的电压最大值，至少为 5 次连续冲击放电电压的平均值。分为 1.2/50 标准雷电冲击放电电压、波前冲击放电电压和操作冲击放电电压。

5）放电电流和残压。有间隙金属氧化物避雷器间隙放电动作时，通过有间隙金属氧化物避雷器的冲击电流称为有间隙金属氧化物避雷器的放电电流。用作划分避雷器等级的具有 8/20 波形的放电电流峰值（以 kA 为单位），称为有间隙金属氧化物避雷器的标称放电电流，其幅值分为 30kA、20kA、10kA、5kA、2.5kA、1.5kA、1kA 等；放电电流通过有间隙金属氧化物避雷器时，其端子间的最大电压峰值称为残压。

6) 通流容量。有间隙金属氧化物避雷器耐受放电电流的能力称为通流容量，在规定的波形（2ms 方波冲击电流和雷电冲击放电电流）下有间隙金属氧化物避雷器耐受冲击电流的能力。

7) 直流泄漏电流。对于有内间隙避雷器，在规定的直流电压下流过避雷器的泄漏电流应符合相应避雷器标准要求。

其他电气特能及参数参见 GB/T 32520—2016《交流 1kV 以上架空输电和配电线路用带外串联间隙金属氧化物避雷器（EGLA）》、GB/T 28182—2011《额定电压 52kV 及以下带串联间隙避雷器》、DL/T 815—2012《交流输电线路用复合外套金属氧化物避雷器》、QGDW 1779—2013《1000kV 交流输电线路用带串联间隙复合外套金属氧化物避雷器技术规范》、Q/GDW11453—2015《750kV 交流输电线路用带串联间隙复合外套金属氧化物避雷器技术规范》和 JB/T 10609—2006《交流三相组合式有串联间隙金属氧化物避雷器》等标准。

97　直流有间隙金属氧化物避雷器　目前使用的直流有间隙金属氧化物避雷器主要为复合外套带外串联间隙金属氧化物避雷器，用于直流输电线路，并联连接在线路绝缘子的两端，用于限制直流输电线路雷电过电压。

（1）主要电气性能

1) 雷电冲击 V-S 特性。雷电冲击（放电时间在 1~10μs）V-S 特性决定着直流有间隙金属氧化物避雷器的保护特性，V-S 特性曲线应比被保护对象（绝缘子或塔头空气间隙）的雷电冲击 V-S 特性曲线至少低 15%。

2) 雷电放电能力。雷电放电能力是直流线路用有间隙金属氧化物避雷器的重要特性。它表征直流线路用有间隙金属氧化物避雷器耐受几十微秒电流波（包含多重雷击）的雷电放电能力。

3) 直流电压和操作冲击电压耐受特性。直流电压和操作冲击电压耐受特性是保证直流线路用有间隙金属氧化物避雷器正确工作和可靠运行的重要参数，它决定着线路避雷器串联间隙的最小距离。直流线路用有间隙金属氧化物避雷器需要具有可靠的直流电压耐受性能和规定的操作冲击电压耐受性能。

4) 续流遮断特性。续流遮断特性是表征直流线路用有间隙金属氧化物避雷器在雷电冲击下串联间隙放电后，在考虑湿和污秽的大气环境中遮断续流、迅速恢复正常工作状态的能力。

5) 雷电冲击动作负载特性。避雷器应能耐受运行过程中出现的各种组合的雷电冲击动作负载试验，这些负载不应引起避雷器损坏或热崩溃。避雷器应通过规定的雷电冲击动作负载试验的考核。

6) 外绝缘性能和耐污性能。直流线路用有间隙金属氧化物避雷器本体外绝缘必须具有与雷电冲击保护水平相适应的雷电冲击耐受电压水平。雷电冲击耐受电压应不低于 1.3 倍雷电冲击保护水平，直流耐受电压应不低于系统最高运行电压的 1.2 倍。

由于直流线路用有间隙金属氧化物的续流包括本体的内部电流和绝缘外套表面的污秽电流，绝缘外套的爬电距离越大，外套表面的污秽电流越小，越有利于提高续流遮断能力。对于纯空气间隙线路避雷器，线路避雷器本体的爬电比距应不低于 25mm/kV。

7) 密封性能。直流线路用有间隙金属氧化物避雷器本体应有可靠的密封，在线路避雷器寿命期间内不应因密封不良而影响运行性能。

（2）主要电气参数

1) 额定电压。允许施加在直流有串联间隙金属氧化物避雷器端子间的最大直流电压，按照此电压所设计的线路避雷器，能在此电压下正确工作，可靠遮断续流。直流线路用有串联间隙金属氧化物避雷器的额定电压不得低于安装点的最高运行电压，典型额定电压值见表 11.5-5。

表 11.5-5　直流线路用有串联间隙金属氧化物避雷器的典型额定电压值

系统额定电压/kV	线路避雷器额定电压/kV
±400	412
±500	515
±660	680
±800	816
±1100	1122

2) 持续运行电压。持续运行电压为直流线路有间隙金属氧化物避雷器安装点处的最高运行电压。

3）直流和操作冲击耐受电压。直流线路有间隙金属氧化物避雷器直流耐受电压值应不低于线路最高运行电压的 1.2 倍，操作冲击耐受电压值应不低于系统最高操作过电压或规定的操作过电压。直流耐受电压典型值见表 11.5-6。

表 11.5-6　直流耐受电压典型值

系统额定电压/kV	直流耐受电压/kV
±400	494
±500	618
±660	816
±800	979
±1100	1346

4）雷电冲击放电电压。直流线路有间隙金属氧化物避雷器在规定的雷电过电压下应可靠动作。直流线路有间隙金属氧化物避雷器雷电冲击 50% 放电电压应不高于线路绝缘水平雷电冲击 50% 放电电压的 82%。如有必要，线路避雷器雷电冲击 50% 放电电压也可取不高于线路绝缘水平雷电冲击 50% 放电电压的 75%。雷电冲击 50% 放电电压的典型值见 DL/T 2109—2020 表 B.1。

5）放电电流和残压。直流线路有间隙金属氧化物避雷器间隙放电动作时，通过有间隙金属氧化物避雷器的冲击电流称为有间隙金属氧化物避雷器的放电电流。用作划分避雷器等级的具有 8/20 波形的放电电流峰值（以 kA 为单位），称为有间隙金属氧化物避雷器的标称放电电流；放电电流通过直流线路有间隙金属氧化物避雷器时，其端子间的最大电压峰值称为残压；直流线路有间隙金属氧化物避雷器的残压应与其雷电冲击 V-S 特性曲线相配合。典型标称放电电流见表 11.5-7，残压推荐值见表 11.5-8。

表 11.5-7　典型标称放电电流

系统额定电压/kV	线路避雷器标称放电电流（峰值）/kA
±400	20
±500	20
±660	30
±800	30
±1100	30

表 11.5-8　残压推荐值

系统额定电压/kV	标称放电电流下残压（峰值）/kV
±400	≤814
±500	≤1030
±660	≤1360
±800	≤1632
±1100	≤2244

6）雷电放电能力。雷电放电能力是直流线路用有间隙金属氧化物避雷器的重要特性。它表征直流线路用有间隙金属氧化物避雷器耐受几十微秒电流波（包含多重雷击）的雷电放电能力。线路避雷器雷电放电能力典型要求值见表 11.5-9。

表 11.5-9　线路避雷器雷电放电能力典型要求值

系统额定电压/kV	雷电放电能力/C
±400	≥1.4
±500	≥1.4
±660	≥2.4
±800	≥2.4
±1100	≥2.4

7）泄漏电流。在规定的直流电压下，流过有间隙金属氧化物避雷器本体的泄漏电流应符合相应避雷器标准要求。

其他电气特能及参数参见 JB/T 9672.1—2013《串联间隙金属氧化物避雷器第 1 部分：3kV 及以下直流系统用有串联间隙金属氧化物避雷器》等标准。

98　排气式避雷器　目前的排气式避雷器主要用作交流变电站进线段保护的辅助手段，用来保护容量小、重要性不大的变电站及输电线路上个别的薄弱绝缘路段。如用作大跨度和交叉档的雷电过电压防护，也可与电缆段相配合，在电机的防雷保护中起限流作用。排气式避雷器见图 11.5-4。

（1）主要电气性能

1）V-S 特性。V-S 特性是排气式避雷器的重要特性，它决定着排气式避雷器的保护特性和熄弧可

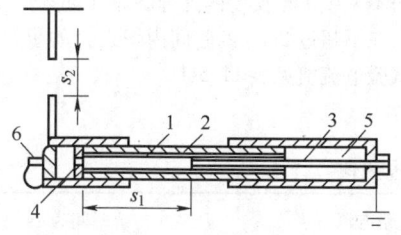

图 11.5-4 排气式避雷器

1—产气管 2—胶木管 3—棒电极 4—环电极
5—贮气室 6—动作指示器 s_1、s_2—内、外间隙

靠性。排气式避雷器的 V-S 特性必须与被保护设备的额定雷电冲击耐受电压、额定操作冲击耐受电压和雷电冲击截波耐受电压合理配合。

2）灭弧特性。灭弧特性是排气式避雷器的重要特性，表征着避雷器在瞬态过电压过后能迅速切断工频续流、恢复正常工作状态的能力。

3）通流特性。排气式避雷器多次动作时承受流经避雷器电流的能力，是表征避雷器性能稳定性的重要指标。

（2）主要性能参数

1）额定工作电压。排气式避雷器应用的系统额定电压，在此电压下能够正确工作。

2）灭弧电压。排气式避雷器能够可靠切断工频续流，其端子间的最大允许工频电压有效值。

3）持续运行电压。长期施加在排气式避雷器两端子间的系统持续运行电压有效值。

4）工频放电电压。施加于排气式避雷器端子间使排气式避雷器全部间隙击穿放电时，至少 5 次连续测得的工频电压峰值的平均值除以 $\sqrt{2}$ 的商，

在系统最大暂时工频过电压下排气式避雷器不放电。

5）冲击放电电压。以给定波形和极性的冲击电压施加到排气式避雷器上，在其放电之前所达到的电压最大值，至少为 5 次连续冲击放电电压的平均值。分为 1.2/50μs 标准雷电冲击放电电压、波前冲击放电电压和操作冲击放电电压。冲击放电电压应与被保护设备的绝缘耐受电压合理配合。

6）切断续流电流。排气式避雷器动作时，能够可靠切断工频续流且不发生管壁爆炸的最小工频续流和最大工频续流有效值。

5.3 避雷器的机械性能

避雷器应具有耐受安装环境下的机械负荷、地震负荷和内部短路时高气压负荷的能力。

（1）机械负荷性能 避雷器应在运行环境的机械负荷综合作用下安全可靠运行。当避雷器非悬挂安装使用时，主要承受的机械负荷是抗弯负荷，应具有抗弯负荷能力，需进行抗弯负荷试验考核。当避雷器悬挂使用时，主要承受的机械负荷是拉伸负荷，应具有抗拉伸负荷能力，需进行拉伸负荷试验考核。

1）抗弯负荷。在避雷器顶端承受导线的最大允许水平拉力 F_1 和风压力 F_2 共同作用力的 2.5 倍机械负荷作用下耐受 60～90s 而不损坏，并可靠运行。

① 避雷器顶端最大允许水平拉力 F_1 见表 11.5-10。

表 11.5-10 避雷器顶端最大允许水平拉力 F_1

避雷器额定电压（有效值）/kV	2.4～34	42～72	84～216	288～468	600～648	828～852
最大允许水平拉力/N	147	294	490，980	980，1 470	水平横向 2 500 水平纵向 2 500	水平横向 4 000 水平纵向 4 000

② 风压力折算到避雷器顶部作用于避雷器上的风压力 F_2。

$$F_2 = \frac{v_0^2}{16} \alpha S \times 9.8$$

式中 F_2——作用于避雷器上的风压力（N）；

v_0——最大风速（m/s）；

α——空气动力系数，它依风速大小而定。当 $v_0 \leqslant 34$m/s 时，$\alpha = 0.8$；

S——避雷器的迎风面积（应考虑表面覆冰厚度 20mm）（m^2）。

2）拉伸负荷。避雷器应能耐受避雷器自重的 15 倍的额定拉伸负荷而不损坏。

（2）抗地震负荷性能。使用在地震烈度 7 度以上地区的非悬挂安装的避雷器，应进行相应的地震试验考核。

（3）短路性能。避雷器应具有能耐受内部短路电流而不发生不可接受的外套爆炸（如果产生了明火，应在不超过 2min 的时间内熄灭）的短路性能，短路试验电流值见表 11.5-11。

表 11.5-11　短路试验电流值

避雷器等级 （标称放电电流）/kA	额定短路电流 I_s/kA	降低的短路电流 ±10%/kA		持续时间为 1s[①] 的 小短路电流/A
20 或 10	80	50	25	600±200
20 或 10	63	25	12	600±200
20 或 10	50	25	12	600±200
20 或 10	40	25	12	600±200
20 或 10	31.5	12	6	600±200
20、10 或 5	20	12	6	600±200
10 或 5	16	6	3	600±200
10、5、2.5 或 1.5	10	6	3	600±200
10、5、2.5 或 1.5	5	3	1.5	600±200
10、5、2.5 或 1.5	2.5	—	—	600±200
10、5、2.5 或 1.5	1	—	—	供需双方协商确定的 幅值和时间
10、5、2.5 或 1.5	<1[②]	—	—	供需双方协商确定的 幅值和时间

注：如果对于在表中的某一额定短路电流值下避雷器通过了试验验证，则可认为该类避雷器在低于该值的任何额定短路电流值下也通过了试验验证。

① 对于安装在谐振接地或中性点不接地系统的避雷器，经由供需双方达成协议后，可将试验持续时间延长超过 1s，最长 30min。这时小短路电流应降低至（50±20）A，试验试品和验收准则应经供需双方协商确定。

② 在这种情况下，大电流试验不要求。

5.4　避雷器的结构

99　交流无间隙金属氧化物避雷器结构　交流无间隙金属氧化物避雷器没有放电间隙，结构上仅由电阻片、绝缘外套、紧固件和压力释放装置等组成。电阻片是无间隙金属氧化物避雷器的核心工作元件，由氧化锌为主要材料制成，外形呈圆饼状或环状，两端面喷涂有金属电极，侧面涂有高阻层绝缘釉以防沿面闪络，非线性金属氧化物电阻片的外形见图 11.5-5。

依据对无间隙金属氧化物避雷器抗老化性能、保护性能和通流能力的要求，可采用若干电阻片叠

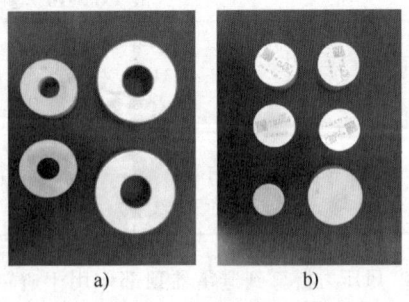

图 11.5-5　非线性金属氧化物电阻片的外形
a）环状电阻片　b）圆饼状电阻片

装呈单柱或多柱并联（电阻片并联可提高能量吸收能力和改善保护特性），并密封于单节或多节绝缘

外套内，高低压端分别由外套两端金属附件引出。避雷器内部常采用高纯度 N_2 气体、SF_6 气体、石英砂等导热、阻弧、绝缘材料作为填充材料，以提高避雷器电气、防爆性能。复合外套金属氧化物避雷器多采用填充硅橡胶和无气隙整体模压结构，压力释放多采用绝缘筒侧面开槽结构。额定电压 100kV 以上的避雷器常设置均压环、并联陶瓷电容器等均压措施改善避雷器电压分布。避雷器绝缘底座用于安装放电计数器、监测器等装置。无间隙金属氧化物避雷器的外形结构示意图见图 11.5-6。

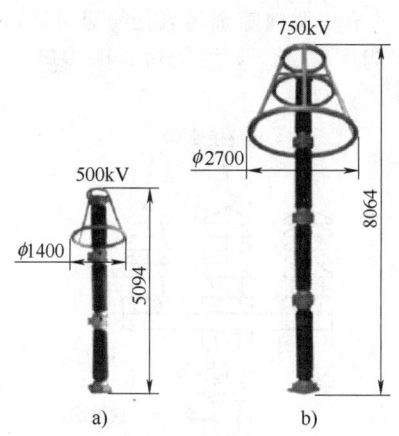

图 11.5-6　无间隙金属氧化物
避雷器的外形结构示意图
a）500kV 无间隙避雷器　b）750kV 无间隙避雷器

100　直流无间隙金属氧化物避雷器结构　直流无间隙金属氧化物避雷器结构与交流无间隙金属氧化物避雷器结构类似，没有放电间隙，仅由电阻片、绝缘外套、紧固件和压力释放装置等组成。主要不同之处在于依据安装地点、持续运行电压和吸收能量的不同，直流无间隙金属氧化物避雷器的屏蔽（或均压）方式、外绝缘要求和电阻片并联柱数结构会不同。

101　交流有间隙金属氧化物避雷器结构　交流有间隙金属氧化物避雷器包括有串联间隙金属氧化物避雷器和有并联间隙金属氧化物避雷器。有串联间隙金属氧化物避雷器结构上主要由电阻片组成的避雷器本体 R 与间隙 F 电气上串联组成（见图 11.5-7a），间隙结构主要有空气间隙（单间隙、多间隙）和带绝缘支撑件的空气间隙，其中单间隙和带绝缘支撑件的空气单间隙主要用于线路型有外串联间隙避雷器中。电阻片的主要作用是吸收过电压能量和限制工频续流；间隙的主要作用是正常运行电压下使电阻片与系统电气隔离，而在威胁设备

绝缘的过电压作用下间隙放电，并随后切断工频续流。

有并联间隙金属氧化物避雷器结构上主要由电阻片组成的本体单元 R_1、R_2 与 R_2 电气上并联的间隙 F 组成（见图 11.5-7b）。本体单元 R_1、R_2 是避雷器的主要工作元件，依据保护特性要求，间隙 F 通过放电和灭弧控制被并联的 R_2 的接入或退出，以有效降低有并联间隙金属氧化物避雷器的运行荷电率和残压。

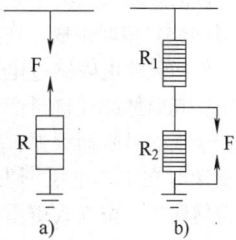

图 11.5-7　交流有间隙金属氧化物避雷器结构示意图
a）有串联间隙金属氧化物避雷器
b）有并联间隙金属氧化物避雷器

可控避雷器是一种新型的有并联间隙金属氧化物避雷器，由避雷器本体和断路器或电力电子开关构成的控制单元组成，可控避雷器结构示意图见图 11.5-8。断路器或电力电子开关控制与其并联的电阻片可控单元的接入或退出，大幅降低了避雷器的运行荷电率和残压，提高了保护特性和运行可靠性，可控避雷器主要用于超、特高压输电系统深度限制操作过电压。

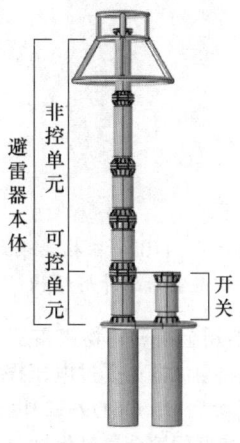

图 11.5-8　可控避雷器结构示意图

102　直流有间隙金属氧化物避雷器结构　目前直流有间隙金属氧化物避雷器主要是带外串联间隙金属氧化物避雷器，用于直流输电线路限制雷电

过电压。直流线路用有串联间隙金属氧化物避雷器结构与交流有间隙金属氧化物避雷器结构类似，主要由避雷器本体和外间隙串联组成，绝缘外套主要为复合外套。在系统可能出现的最大直流电压和操作过电压下不动作，避雷器本体电阻片的主要作用是吸收雷电过电压能量和限制直流续流，间隙的主要作用是在威胁线路绝缘的雷电冲击过电压作用下放电，并随后切断直流续流。

103　排气式避雷器结构　排气式避雷器通常由一个与大气相连的外间隙和一个装在产气管内的内间隙（即灭弧间隙）串联组成。在威胁设备绝缘的过电压下内、外间隙放电限制过电压，依靠冲击电流和续流作用，其内部产气材料产生的高压气流对内间隙电弧产生强烈纵吹而灭弧，外间隙主要防止在产气管壁受潮时在工作电压下发生沿面闪络，导致排气式避雷器误动。排气式避雷器结构示意图见图 11.5-4。

104　特殊用途金属氧化物避雷器

1）GIS 避雷器。用于保护 GIS 变电站设备的气体绝缘金属封闭无间隙金属氧化物避雷器（GIS 避雷器），通常内部充有大于 10^5 Pa 的绝缘气体，外壳为金属材料并牢固接地，110kV 三相共罐式 GIS 避雷器的外形结构见图 11.5-9。其性能参数和试验方法参见 GB/T 11032—2020《交流无间隙金属氧化物避雷器》。

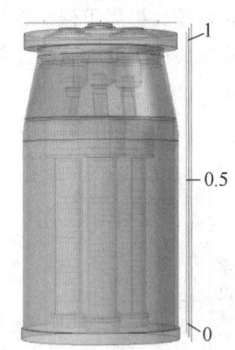

图 11.5-9　110kV 三相共罐式 GIS
避雷器的外形结构

2）阻波器用金属氧化物避雷器。用于保护交流电力系统线路阻波器免受过电压损害，其性能参数和试验方法参见 JB/T 6479—2014《交流电力系统阻波器用有串联间隙金属氧化物避雷器》。

3）并联补偿电容器用金属氧化物避雷器。用于保护并联补偿电容器组（包括静止补偿装置）免受过电压损害，其性能参数和试验方法见 GB/T 11032—2020《交流无间隙金属氧化物避雷器》。

4）电缆保护器。用于限制 110kV 及以上单芯电力电缆护层过电压。

5）三相组合式金属氧化物避雷器。由四个元件组成，四个元件的一端连接成中性点，其中三个元件的另一端分别与被保护设备的 A、B、C 三相连接，一个元件的另一端接地构成的避雷器，能同时限制相-地及相-相过电压，典型的四单元三相组合式金属氧化物避雷器的外形结构见图 11.5-10。其性能参数和试验方法参见 JB/T 10609—2006《交流三相组合式有串联间隙金属氧化物避雷器》、JB/T 10496—2005《交流三相组合式无间隙金属氧化物避雷器》。

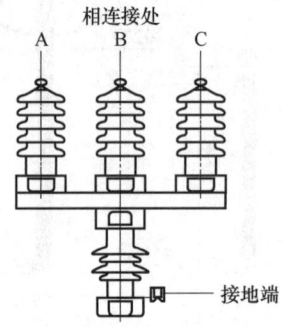

图 11.5-10　典型的四单元三相组合式金属
氧化物避雷器的外形结构

6）输电线路用金属氧化物避雷器。并联连接在线路绝缘子两端，用于限制线路上的雷电过电压及操作过电压，可有效降低线路跳闸率，其性能参数和试验方法参见 DL/T 815—2021《交流输电线路用复合外套金属氧化物避雷器》。

7）液浸型避雷器。浸在绝缘液体中的避雷器，用于保护设备内部局部绝缘免遭过电压损坏。

8）分离型及外壳不带电型金属氧化物避雷器。具有绝缘和（或）屏蔽外套的避雷器，装在柜体内保护配电设备和回路。

9）限压器。并联于串联补偿电容器两端，用于保护串联补偿电容器免遭过电压损坏，其通流容量大、残压低，多采用多单元并联结构[1]。

5.5　避雷器试验

105　交流无间隙金属氧化物避雷器试验　交流金属氧化物避雷器的型式试验、例行试验和抽样试验项目及试验方法依据 GB/T 11032—2020《交流无间隙金属氧化物避雷器》、DL/T 815—2021《交流输电线路用复合外套金属氧化物避雷器》、JB/T 10496—2005《交流三相组合式无间隙金属氧化物避雷器》等标准进行。

106 直流无间隙金属氧化物避雷器试验 直流无间隙金属氧化物避雷器的型式试验、例行试验和抽样试验及试验方法依据 GB/T 22389—2008《高压直流换流站无间隙金属氧化物避雷器导则》、GB/T 25083—2010《±800kV 直流系统用金属氧化物避雷器》、NB/T 42049—2015《3kV 及以下直流系统用无间隙金属氧化物避雷器》和 Q/GDW 11864—2018《±1100kV 直流输电线路用复合外套无间隙金属氧化物避雷器》等标准进行。

107 交流有串联间隙金属氧化物避雷器试验 交流有串联间隙金属氧化物避雷器的型式试验、例行试验和抽样试验项目及试验方法依据 GB/T 32520—2016《交流 1kV 以上架空输电和配电线路用带外串联间隙金属氧化物避雷器》、GB/T 28182—2011《额定电压 52kV 及以下带串联间隙避雷器》、DL/T 815—2021《交流输电线路用复合外套金属氧化物避雷器》、QGDW 1779—2013《1000kV 交流输电线路用带串联间隙复合外套金属氧化物避雷器技术规范》、Q/GDW11453—2015《750kV 交流输电线路用带串联间隙复合外套金属氧化物避雷器技术规范》和 JB/T 10609—2006《交流三相组合式有串联间隙金属氧化物避雷器》等标准进行。

108 直流有串联间隙金属氧化物避雷器试验 直流有串联间隙金属氧化物避雷器的型式试验、例行试验和抽样试验及试验方法依据 DL/T 2109—2020《直流输电线路用复合外套带外串联间隙金属氧化物避雷器选用导则》、JB/T 9672.1—2013《串联间隙金属氧化物避雷器 第 1 部分：3kV 及以下直流系统用有串联间隙金属氧化物避雷器》等标准进行。

5.6 避雷器的选择、运行和维护

109 避雷器的选择及安装注意事项 标称电压 1kV 以上的交流三相电力系统中使用的交流无间隙金属氧化物避雷器和带间隙金属氧化物避雷器的选择参见 GB/T 28547—2012《交流金属氧化物避雷器选择和使用导则》、IEC 60099-5：2018《避雷器 第五部分 选择和使用导则》。

直流无间隙金属氧化物避雷器的选择参见 GB/T 22389—2008《高压直流换流站无间隙金属氧化物避雷器导则》或 IEC 60099-9：2014《高压直流换流站无间隙金属氧化物避雷器》。

直流有间隙金属氧化物避雷器的选择参见 DL/T 2109—2020《直流输电线路用复合外套带外串联间隙金属氧化物避雷器选用导则》。

避雷器的安装注意事项：

（1）避雷器应严格按照设计位置和产品使用说明书的安装方式安装，顶部引线水平拉力不得超过规定的避雷器最大水平允许拉力值。

（2）线路用有外串联间隙金属氧化物避雷器在选取线路避雷器的安装点时，应结合输电线路的重要程度、沿线的雷电活动情况，合理选取易击点和易击段。

（3）避雷器周围应有足够的空间，应不小于设备最小相-地距离、相间距离要求。以免周围物体影响避雷器电压分布，从而影响有间隙避雷器的放电电压或增大无间隙金属氧化物避雷器局部荷电率。

（4）对无互换性的多节元件组成的避雷器，应严格按照制造厂规定的安装方式，按元件编号顺序叠装，防止不同避雷器的元件混淆和同一避雷器各元件位置颠倒。

（5）若避雷器带有放电计数器或监测器时，当放电计数器或监测器与避雷器分离安装时，应尽可能紧靠避雷器安装，过长的引下线产生的电感压降会导致避雷器绝缘底座闪络和影响避雷器的保护水平。

110 避雷器的运行、维护

（1）对运行中的避雷器应按相关标准进行电气设备运维建档，并按要求进行例行监测和定期的预防性试验，并进行评价记录。

（2）额定电压≥42kV 的无间隙金属氧化物避雷器和有间隙金属氧化物避雷器应装配放电计数器或监测器，以监视避雷器的动作次数和持续电流。

（3）避雷器应按 DL/T 596—2021《电力设备预防性试验规程》规定的预防性试验项目、周期对避雷器进行预防性试验。

（4）性能参数不符合规定值的避雷器应及时退出运行。

无间隙金属氧化物避雷器、线路用有外串联间隙金属氧化物避雷器和 GIS 避雷器预防性试验项目、周期和要求分别见表 11.5-12～表 11.5-14。

表 11.5-12　无间隙金属氧化物避雷器预防性试验项目、周期和要求

序号	项目	周期	要求	说明
1	绝缘电阻	1）发电厂、变电站避雷器每年雷雨季节前 2）必要时	1）35kV 以上，不低于 2500MΩ 2）35kV 及以下，不低于 1000MΩ	采用 2500V 及以上兆欧表
2	直流 1mA 参考电压（U_{1mA}）及 $0.75U_{1mA}$ 下的泄漏电流	1）发电厂、变电站避雷器每年雷雨季前 2）必要时	1）U_{1mA}不得低于技术条件规定值 2）U_{1mA}实测值与初始值或制造厂规定值比较，变化不应大于±5% 3）$0.75U_{1mA}$下的泄漏电流不应大于 50μA 或按制造厂规定	1）应记录试验时的环境温度和相对湿度 2）测量电流的导线应使用屏蔽线 3）初始值系指交接试验或投运时的试验测量值
3	运行电压下的持续电流	1）110kV 及以上新投运避雷器 3 个月后测量一次；以后每半年测量一次；运行 1 年后每年雷雨季节前测量 1 次 2）必要时	1）交流避雷器测量全电流、阻性电流或功率损耗，直流避雷器测量泄漏电流，测量值与初始值比较，不应有明显变化 2）交流避雷器当阻性电流增加 50%、直流避雷器当泄漏电流增加 50%时应分析原因，加强监测、缩短检测周期；当阻性电流、泄漏电流增加 1 倍时必须停电检查	应记录测量时的环境温度、相对湿度和运行电压。测量宜在瓷套表面干燥时进行。应注意相间干扰的影响
4	工频参考电压	必要时	应符合 GB/T 11032—2020《交流无间隙金属氧化物避雷器》或制造厂规定	1）测量环境温度（20±15）℃ 2）应对每个元件单独进行测量，整相避雷器有一个元件不合格，应更换该节元件或更换整相避雷器
5	底座绝缘电阻	1）发电厂、变电站避雷器每年雷雨季前 2）必要时	不小于 100MΩ	采用 2500V 及以上兆欧表
6	检查放电计数器或监测器的动作情况	1）发电厂、变电站避雷器、线路避雷器每年雷雨季前 2）必要时	测试 3~5 次，均应正常动作，并记录动作次数，测试后计数器指示应调至为零	
7	外观检查	线路避雷器每年雷雨季前	外观、附件应完好无缺少或损坏	

表 11.5-13　线路用有外串联间隙金属氧化物避雷器预防性试验项目、周期和要求

序号	项目	周期	要求	说明
1	外观检查	每年雷雨季节前	外观、附件应完好无缺少或损坏	—
2	检查放电计数器动作情况	1）每年雷雨季前 2）必要时	外观应完好，并记录动作次数	—

表 11.5-14　GIS 避雷器预防性试验项目、周期和要求

序号	项目		周期	要求	说明
1	GIS避雷器内气体的湿度以及气体的其他检测项目	湿度（20℃）	1）大修后 2）必要时	GIS避雷器内部：新充气后不大于150μL/L 运行中不大于300μL/L	1）按 GB/T 12022—2014《工业六氟化硫》、SD 306—1989《六氟化硫气体中水分含量测定法（电解法）》和 DL/T 506—2018《六氟化硫电气设备中绝缘气体湿度测量方法》进行 2）新装及大修后1年内复测1次，如湿度符合要求，则正常运行中1~3年复测1次 3）周期中的"必要时"指新装及新充气后1年内复测湿度不符合要求或漏气超过表11.5-14中序号1和序号6的要求和设备异常时，按实际情况增加的检测
		密度（标准状态下）	必要时	6.16g/L	按 SD 308《六氟化硫新气中密度测定法》进行
		毒性	必要时	无毒	按 SD 312《六氟化硫气体毒性生物试验方法》进行
		酸度	必要时	≤0.3μg/g	按 SD 307《六氟化硫新气中酸度测定法》或用检测管进行测量
		四氟化碳（质量分数）	必要时	1）检修后≤0.05% 2）运行中≤0.1%	按 SD 311《六氟化硫新气中空气—四氟化碳的气相色谱测定法》进行
		空气（质量分数）	必要时	1）检修后≤0.05% 2）运行中≤0.2%	按 SD 311《六氟化硫新气中空气—四氟化碳的气相色谱测定法》进行
		可水解氟化物	必要时	≤1.0μg/g	按 SD 309《六氟化碳气体中可水解氟化物含量测定法》进行
		矿物油	必要时	≤10μg/g	按 SD 310《六氟化硫气体中矿物油含量测定法（红外光谱法）》进行

（续）

序号	项目	周期	要求	说明
2	直流 1mA 参考电压（U_{1mA}）及 0.75U_{1mA} 下的泄漏电流	1）发电厂、变电站避雷器每年雷雨季前 2）必要时	1）U_{1mA} 不得低于技术条件规定值 2）U_{1mA} 实测值与初始值或制造厂规定值比较，变化不应大于±5% 3）0.75U_{1mA} 下的泄漏电流不应大于 50μA 或按制造厂规定	1）应记录试验时的环境温度和相对湿度 2）测量电流的导线应使用屏蔽线 3）初始值系指交接试验或投运时的试验测量值
3	工频参考电压	必要时	应符合 GB/T 11032—2020《交流无间隙金属氧化物避雷器》或制造厂规定	测量环境温度（20±15）℃
4	运行电压下的持续电流	1）投运第一年每季测一次后，以后每年雷雨季节前测 1 次 2）必要时	1）交流避雷器测量全电流、阻性电流或功率损耗，直流避雷器测量泄漏电流，测量值与初始值比较，不应有明显变化 2）交流避雷器当阻性电流增加 50%、直流避雷器当泄漏电流增加 50% 时应分析原因，加强监测、缩短检测周期；当阻性电流、泄漏电流增加 1 倍时必须停电检查	应记录测量时的环境温度、相对湿度和运行电压
5	检查放电计数器或监测器的动作情况	1）发电厂、变电站避雷器每年雷雨季节前 2）必要时	测试 3~5 次，均应正常动作	—
6	密封性检查	1）大修后 2）必要时	年漏气率不大于 1% 或按制造厂要求	按 GB/T 11032—2020《交流无间隙金属氧化物避雷器》进行

第6章 成套开关设备[1]

6.1 成套开关设备概述

111 成套开关设备的定义及特点 成套开关设备是以开关设备为主体，将其他各种电器元件按一定主接线要求组装为一体而构成的成套电气设备。可用于发电、输电、配电和电能转换等系统中。成套开关设备除一次电器元件外，还包括控制、测量、保护和调整等方面的装置与电气连接、辅件、外壳等有机地组合在一起。

成套开关设备由于从电力系统实际出发，考虑了性能参数的合理配合及电器元件的合理布置，因而具有占地面积小、安装与使用方便、运行安全可靠、适于工厂大批量生产等优点。

112 成套开关设备接线方案 是成套开关设备功能的标志。它是根据电力系统主接线要求，针对使用场合与控制对象，并结合主要电器元件特点确定的，包括电能汇集、输送、分配以及计量和保护等多种功能的标准电气线路。每种型号成套开关设备有数十种，甚至上百种一次接线单元方案。当一个单元方案不能满足一种主回路接线要求时，可以用几个单元方案组合，高压成套开关设备单元方案组合的主结线示例见图11.6-1。

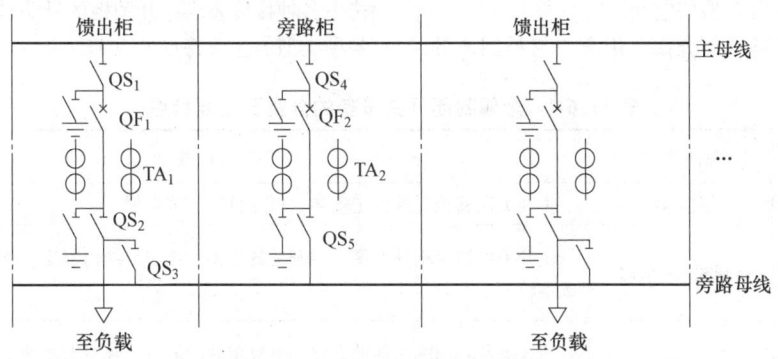

图 11.6-1 由单元方案组合的主结线

QS—隔离开关 QF—断路器 TA—电流互感器

113 成套开关设备操作程序及联锁 统计表明，带负载拉、合隔离开关、误操作断路器、母线或设备接地时误合隔离开关、往带电母线或设备主回路上挂地线以及工作人员误入带电间隔接触带电体五种误操作是成套开关设备事故的主要原因，危害最大。因此成套开关设备各组成部件之间设置可靠的联锁和闭锁装置，对于保证操作程序的正确性是十分必要的。

常用的联锁方式有：机械联锁、程序锁和电气联锁。机械联锁具有操作简便、直观和可靠性高的特点，因而在设计时应优先采用。若需要联锁的元件相隔较远或联锁的程序比较复杂，可采取程序锁和电气联锁的方式。

一般在下述环节应设置联锁：1) 主开关(如断路器)与控制室模拟盘之间，防止误分合主开关；2) 断路器和负荷开关与隔离开关或隔离触头之间，只有当主开关处于分断位置才能操作隔离开关或隔离触头(适用于单母线系统)；在隔离开关或隔离触头操作过程中，主开关不能被操作；3) 接地开关与隔离开关或一次导电回路之间，只有当隔离开关打开，接地开关所在的回路不带电时，才可能操作接地开关合闸；在接地开关处于合闸位置时，不能操作隔离开关，以防回路接地时送电；4) 接地开关或一次导电回路与柜门之间，只有当接地开关合闸，一次回路不带电时才能打开柜门，只有当柜门关闭并锁定且接地开关分闸后，才能对一次回路送电；5）手车柜的二次插头与主开关之间，只有当二次插头插合即二次线路接通后，主开关才能合闸，当主开关处于合闸状态时，二次插头不能被拔下。

114　成套开关设备的外壳及其接地　成套开关设备外壳的基本作用是防护和支承。作为支承件，必须具有足够的机械强度和刚度，保证装置的整体稳固性，特别是在内部故障条件下，不能出现变形或折断，避免扩大故障的外部影响。防护作用包含三个方面：1）防止人体接近带电部分和触及运动部件，常用的有三个防护等级，IP2X级能阻止手指或直径大于 12mm 的类似物体；IP3X 级能阻止直径或厚度大于 2.5mm 的工具或金属线；IP4X 级能阻止直径或厚度大于 1mm 的金属线或细长片状物体。2）防止外部因素（如小动物侵入、气候和环境因素等）影响内部设备。3）防止设备受到意外的机械冲击。外壳的外形尺寸应满足内装电器元件的对地和相间绝缘距离的要求，并提供必要的安装和检修空间。

成套开关设备的外壳都是用金属材料制成的。

运行中，外壳及其他不属于主回路或辅助回路的所有金属部件都必须牢靠地接地。接地导体应沿整个开关设备和控制设备的长度延伸方向布设。如果导体是铜制的，其电流密度应保证在规定的接地故障条件下不超过 $200A/mm^2$，并确保接地系统的连续性。

对于 SF_6 气体绝缘金属封闭开关设备，其外壳也是 SF_6 气体的容器，应能耐受运行中出现的正常压力和瞬时压力的升高。因此，对其机械强度和气密封要求很高，必须按压力容器进行设计和检验。

6.2　金属封闭开关设备

115　金属封闭开关设备的定义与分类　金属封闭开关设备（简称开关柜）是由封闭于接地的金属外壳内的主开关（如断路器）、隔离开关（或隔离触头）、互感器、避雷器、母线等一次元件及控制、测量、保护装置组成的成套电器。

开关柜主要用于电力系统中，作接受与分配电能之用。它具有多种一次接线方案，可满足电力系统中各种接线要求。开关柜的种类较多，其分类和各种类型的主要特点见表 11.6-1。

表 11.6-1　金属封闭开关设备的分类及主要特点

分类方式	基本类型	主要特点
按主开关与柜体的配合方式	固定式	主开关及其他元件固定安装，可靠性高，成本低
	移开式（手车式）	主开关可移至柜外，便于主开关的更换、维修、结构紧凑，绝缘结构较复杂，成本较高
按开关柜隔室的构成形式	铠装型	主开关及其两端相连的元件均具有单独的隔室，隔室由接地的金属隔板构成，可靠性高
	间隔型	隔室的设置与铠装型一样，但隔室的隔板用绝缘材料，结构紧凑
	箱型	隔室的数目少于铠装和间隔型
按主母线系统	单母线	进出线均与一组母线直接相连，检修主开关和主母线时需对负载停电
	单母线带旁路	可由单母线柜派生，检修主开关时可由旁路开关经旁路母线供电
	双母线	进出线可由一组母线转换至另一组母线，一路母线退出时，由另一路母线供电
按柜内绝缘介质	主要以大气绝缘	结构比较简单、成本低、使用场所受环境条件限制
	气体绝缘（SF_6）	可用于高湿、严重污染、高海拔等严酷条件场所，体积小、成本较高
按使用场所	户内	使用于户内
	户外	具有防雨、防晒、隔热等措施，用于户外

116 高压成套开关设备

（1）固定式金属封闭开关设备 固定式金属封闭开关设备（简称固定柜）是指主开关（如断路器）或其他某些一次元件固定安装在金属外壳内的开关柜。固定柜分三种类型：铠装型、间隔型和箱型。每一种类型又可以有单母线柜、单母线带旁路母线柜和双母线柜。固定柜的结构一般比较简单，易于

生产，具有运行可靠性较高、操作简便等特点。但是由于固定柜中主开关的检修和更换不如手车柜方便，体积也比较大，它的发展一度受到影响。近年来由于真空断路器、SF_6 断路器等主开关的广泛采用及气体绝缘技术在固定柜中的应用，使开关柜的体积减小，不检修周期大大增长，固定柜重新受到人们的重视。双母线固定柜结构简图见图 11.6-2。

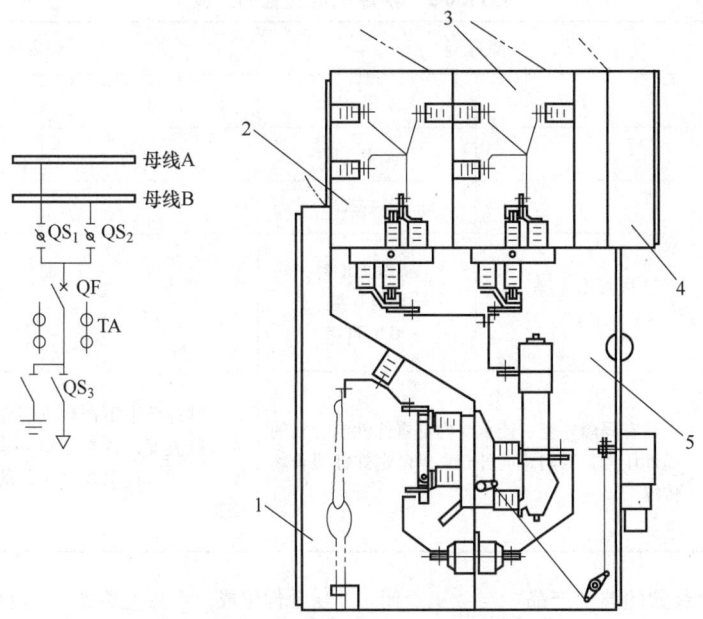

图 11.6-2 双母线固定柜结构简图
1—电缆室 2—主母线 A 3—主母线 B
4—继电器室 5—断路器室

（2）移开式金属封闭开关设备（简称手车柜）指主开关（如断路器）或其他某些一次元件安装在可移动的手车上，这些元件与柜内固定安装的电器元件之间一般通过隔离触头插入静触头实现电气联通。操作手车可使车上的元件（如断路器）从所在回路断开，并可随车移至柜外。因而对这些元件的检测、维护和更换都很方便。柜内手车还可与同类型备用手车互换。当柜内手车移出检修时，可将同类型备用手车推入继续供电，可大大地缩短检修停电的时间。手车柜还具有结构紧凑、体积小的特点。为保证手车柜隔离触头接触良好并具有良好的互换性能，生产中要求有较高的加工精度和很好的工艺装备。

手车柜分为三种类型：铠装型、间隔型和箱型。每一种类型又可以有单母线柜、单母线带旁路柜和双母线柜。BB1—12 型箱式手车开关柜见图 11.6-3。

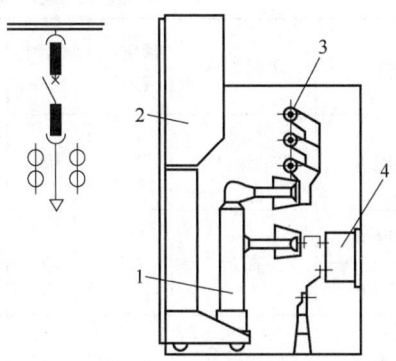

图 11.6-3 BB1—12 型箱式手车开关柜
1—断路器手车 2—继电器仪表室
3—主母线 4—电流互感器

6.3 防爆配电装置

117 防爆配电装置的分类与特点 防爆配电

装置系指使用于爆炸危险环境而不会引起周围爆炸的开关设备。与金属封闭开关设备相同，防爆配电装置由配电所需的控制、保护与测量等一次元件及相应的仪表和继电保护等二次元件组成。

按产品防爆措施的不同，可确定防爆配电装置的不同型式，如隔爆型、增安型、正压型等。防爆产品有两类：Ⅰ类——煤矿用；Ⅱ类——工厂用。Ⅱ类防爆产品按其适用于爆炸性气体混合物的最大试验安全间隙或最小点燃电流比划分为 A、B、C 三级，按其最高表面温度，划分为 $T_1 \sim T_6$ 六组。防爆配电装置的分类见表 11.6-2。

表 11.6-2　防爆配电装置的分类

型式	隔爆型		增安型	
类别	Ⅰ	Ⅱ	Ⅰ	Ⅱ
级别		A、B、C		A、B、C
温度组别		$T_1 \sim T_6$		$T_1 \sim T_6$
防爆标志示例	隔爆型Ⅰ类 d Ⅰ	隔爆型Ⅱ类 B 级 6 组 d ⅡBT$_6$	增安型Ⅰ类 e Ⅰ	增安型Ⅱ类 A 级 1 组 e ⅡAT$_1$
结构特征		具有隔爆外壳，能承受内部爆炸性混合物的爆炸压力，并阻止向外壳周围的爆炸性混合物传爆		正常运行中不产生点燃爆炸性混合物的火花或危险温度，并在结构上采取措施提高其安全度。正常运行中发生火花的部位制成独立隔爆结构

118　防爆配电装置的典型产品　与金属封闭开关设备相同，防爆配电装置由配电所需的控制、保护与测量等一次元件及相应仪表和继电保护等二次元件组成。产品主要技术参数和特点见表 11.6-3。固定式真空防爆配电装置见图 11.6-4。

表 11.6-3　防爆配电装置的主要技术参数

型号	灭弧原理	额定电压/kV	额定电流/A	额定开断电流/kA	结构特点
BGP7-6	少油纵横吹	7.2	400	10	方箱形单箱体、固定式结构，少油纵横吹灭弧结构，配手动、电动弹簧机构，可远方分、合闸操作
BGP6-6	真空	7.2	400	10	方箱形单箱体、手车式结构，真空灭弧结构，配手动弹簧机构
BGP9-6				12.5	
BGP19-6	真空	7.2	400	12.5	方箱形单箱体、手车式结构，真空灭弧结构，配电动弹簧机构，可远方操作
BGP2-6	真空	7.2	300	10	方箱形单箱体、固定式结构，真空灭弧结构，配手动弹簧机构
BGP5-6	真空		400		
BGP1-6	SF$_6$	7.2	400	10	方箱形单箱体、固定式结构，SF$_6$ 压气式断路器，配手动弹簧机构

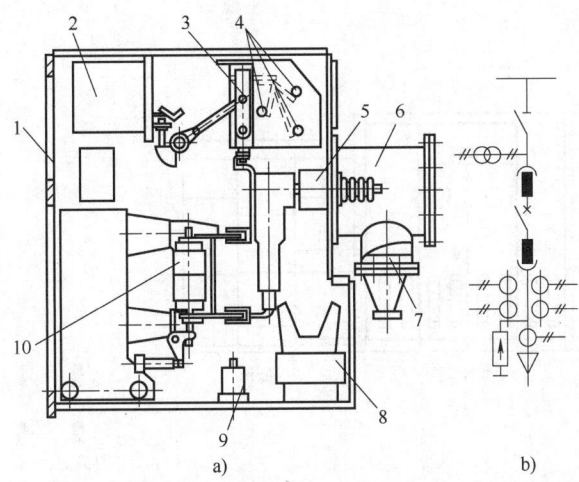

图 11.6-4 固定式真空防爆配电装置

a）典型结构图 b）主接线方案

1—箱体 2—继电保护装置 3—隔离开关 4—进线端子 5—电流互感器 6—负载接线箱
7—零序电流互感器 8—三相电压互感器，接于序号隔离开关（3）与真空断路器（10）之间
9—压敏电阻 10—真空断路器

6.4 预装式变（配）电站

119 预装式变（配）电站的特点与分类 预装式变（配）电站（以下简称：预装式电站）由高压开关设备、电力变压器、低压开关设备及其相互的连接和辅助设备紧凑组合而成。通常按主接线和元器件要求不同，以一定方式布置于一个或几个箱体内，故又称箱式变电站。

与常规变（配）电站不同，预装式电站是由工厂设计和制造，并经过型式试验的考核，具有结构紧凑、占地少、可靠性高、安装简捷、标准化系列性强、易于与环境协调、使用灵活、便于移动等特点。主要用于 3~35kV（特别是 10kV）级中压系统，作接受分配电能之用。预装式变电站常见的分类方式及基本分类见表 11.6-4。

表 11.6-4 预装式变电站常见的分类
方式及基本分类

序号	分类方式	基本分类
1	安装场所	户内、户外
2	构成形式	整体、分体
3	使用环境	一般环境、特殊环境
4	封闭程度	全封闭、半封闭、敞开
5	移动方式	车载移动式、可移式、台装式

（续）

序号	分类方式	基本分类
6	高压主接线	终端、双端、环网
7	安装方式	地面、地下、半地下

120 预装式变（配）电站的结构

（1）户内型预装式电站 主要用于高层建筑、地铁及一些厂矿企业等户内场合。由于安装、运输等方面的限制，若容量大时，一般为金属封闭的分体形式。高、低压开关设备按主接线要求，由若干柜体组成，变压器单独构成一个隔室，由工厂预制后在现场进行拼装和电气连接。

ZBN 1-400/12 户内预装式变电站的总体结构及主接线图见图 11.6-5。高、低压开关设备采用定型的轻小开关柜；变压器为干式，并采用防护式拼装结构组成变压器柜，面板和后盖板都设置通风孔进行自然通风；面板上装带电显示装置和防误入带电变压器柜的电气联锁，壳体防护等级为 IP2X。

（2）户外型预装式电站 型式多样，但为满足户外使用条件，通常采用封闭形式，共用一个或几个壳体，只在采取特殊措施或电压等级较高时才采取敞开或半封闭的形式。

ZBW-500/12 预装式电站的总体结构见图 11.6-6。采用整体运输结构，高压柜能实现环网供电和双线供电等方式，并能与多种定型的开关柜和环网柜兼容；低压柜设计有自动无功补偿和计量单元。变压器可选用油浸式或干式。

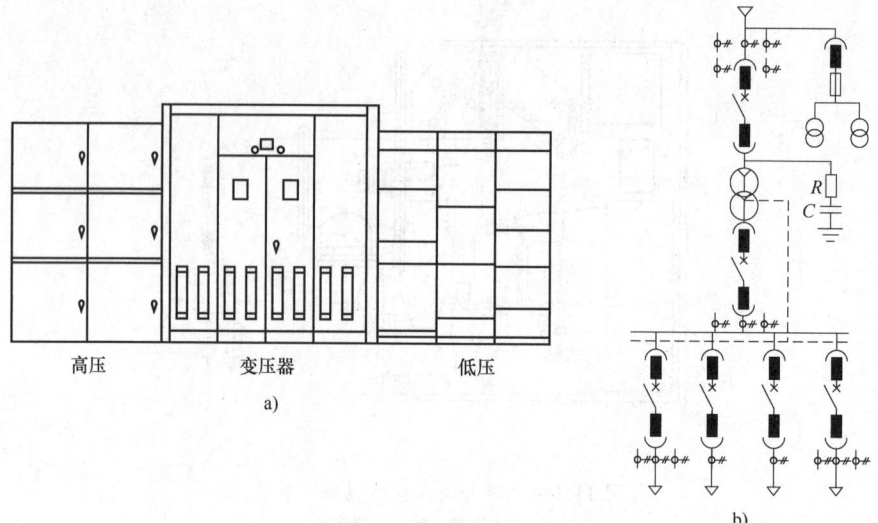

图 11.6-5　ZBN 1-400/12 户内预装式变电站的总体结构及主接线图
a）组装正视图　b）线路图

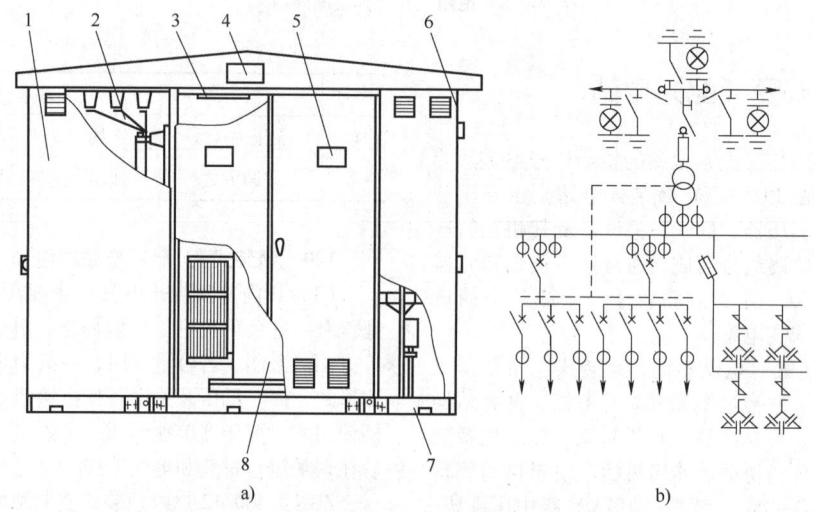

图 11.6-6　ZBW-500/12 预装式电站的总体结构
a）组装正视图　b）线路图
1—壳体总装　2—高压柜总装　3—排风扇装配　4—铭牌
5、6—标牌和警告牌　7—低压柜总装　8—变压器装配

6.5　气体绝缘金属封闭开关设备

121　气体绝缘金属封闭开关设备的组成与特点　气体绝缘金属封闭开关设备是指采用（至少部分地采用）高于大气压的气体作为绝缘介质的金属封闭开关设备，简称 GIS。当前多采用 SF_6 气体作为绝缘介质，因此绝缘气体几乎都是指 SF_6 气体。

GIS 典型结构见图 11.6-7，由断路器、隔离开关、电压互感器、避雷器、母线、电缆终端盒或（和）出线套管等高压电器元件按主接线要求组合而成。

功能单元是 GIS 的基本组合单元。每个功能单元包括共同完成一种功能的所有主回路和辅助回路元件，通常每套 GIS 具有若干不同功能单元，如架空进（出）线单元、电缆进（出）线单元、变压器单元、母线联络单元、计量与保护单元等。

在结构上，GIS 的高压带电部分置于接地的金属外壳中，壳体内充有绝缘气体。辅助回路分别集中配置在各元件或（和）单元的控制柜中。在总体配置上，通常采用一个功能单元占用一个隔位（亦

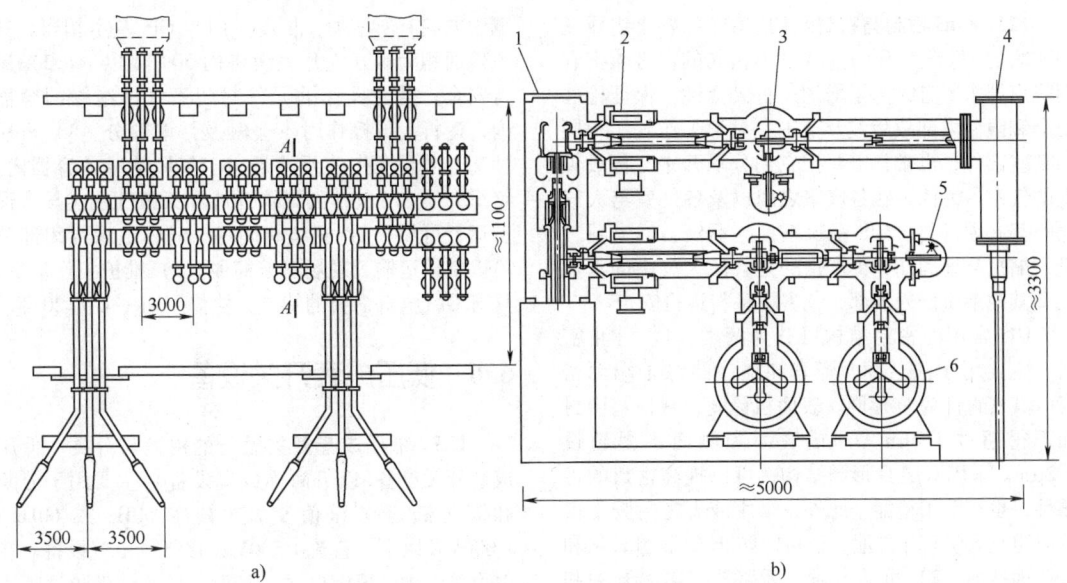

图 11.6-7　252kV GIS（圆筒形）一例

a）总体配置图　b）内部构造图（A-A 旋转放大）

1—断路器　2—电流互感器　3—隔离开关　4—电缆终端　5—接地开关　6—母线

称间隔），并以其宽度尺寸或占用空间大小作为衡量小形化程度的主要指标。

GIS 与传统型电器相比有如下特点：1）外形尺寸显著减小。126～550kV GIS 的占地面积只有传统型开关站的 30%～15%，而占用的空间只有 20%～10%；2）运行安全。全部高压带电部件都置于密封外壳内，运行人员不会触及，也没有火灾危险；3）可靠性高，各元件工作不受外界环境和气候条件影响；4）GIS 可以整体或若干元件组合成一体运输，现场安装简便。运行期间，电寿命长，维护工作量很少；5）GIS 既无明显的噪声，也不会产生

无线电干扰，因此对环境没有不良的影响。

GIS 制造要求比较严，因放电或开断电弧后 SF₆ 气体有一定的毒性，需按要求进行处理。

GIS 特别适宜在负载集中、用地紧张的城市中心变电所，地势险峻、施工困难的山区水电站，污秽严重、多地震（近年来在发生大地震地区运行的 GIS 都完好无损）和高海拔地区以及其他特别用途和场所使用。对于变电所扩建或升压也特别方便。此外，由于它最大限度地减少或避免了大气外绝缘，向超高压和特高压等级发展最为有利。

122　GIS 结构形式　见表 11.6-5。

表 11.6-5　GIS 按结构形式分类

类别	柜形		圆筒形			
	箱型	铠装型	单相一壳型	部分三相一壳型	全三相一壳型	复合三相一壳型
结构特征	一个或几个功能单元共用一个柜形外壳。空间利用率高，安装与使用方便 柜体承受内压能力较差，柜内电场均匀性较差	一个或几个功能单元共用一个柜形外壳。元件间用金属隔板隔离，安装使用方便 柜体结构复杂，对制造工艺要求较高	各相主回路有独立的圆筒外壳。构成同轴圆筒电极系统，电场较均匀，不会发生相间短路故障，制造方便 外壳数量多，密封环节多，损耗较大	一般仅三相主母线共用一个圆筒外壳。结构简化，走线方便，总体配置整齐、美观 分支回路中各元件仍保持单相一壳型特征	三相导体呈三角形置面，共用一个圆筒外壳，外壳数量少，密封面小，运输安装方便，损耗小 有发生相间短路故障和三相短路可能性，制造难度较大	若干相关元件的三相共用一个圆筒外壳。外壳数量更少，密封面、尺寸更小 内部电场均匀程度较差，要考虑各元件间的相互影响，制造难度更大
应用	各种电压等级 GIS 广泛采用		72.5～550kV GIS 应用较多		广泛用于≤145kVGIS	≤84kVGIS 应用较多

123　GIS 密封与密封结构　GIS 的各个组成元件所需的 SF_6 气体压力通常是不相同的，必须把它们隔离开来。有时为了增加运行灵活性，保证检修安全和限制内部故障波及范围，对于工作气压相同的某些部件，也常常需要把它们分隔开来，构成独立的气室。为此，在各气室之间以及各气室与大气之间都必须密封。GIS 密封不良，不仅会增大漏气量，缩短补气周期，更严重的是会使大气中的水蒸气和其他杂质侵入内部，危害设备与运行安全。

GIS 常用的密封结构可分为两类：1）静止密封　主要用于法兰面、瓷套和浇注绝缘子端面密封。其密封件为 O 形圈。表面粗糙度参数值：密封面不得超过 $1.6\mu m$，沟槽底面和侧面不得超过 $3.2\mu m$。采用双层 O 形圈结构，可以提高密封的可靠性，也有助于检漏。此外，采用液态密封胶不仅可以阻止 SF_6 气体外泄，还可以防止 O 形圈氧化和法兰面锈蚀。2）可动密封　断路器、隔离开关和接地开关操动杆（轴）等部位均需可动密封。有两种密封形式：一种是直动密封，运动轴沿轴向运动，速度较高。常用 O 形密封圈加非油性脂或具有自润滑能力的多重组合密封结构；另一种是转动密封，运动轴沿轴心线旋转，线速度较低。常采用 V 形（或唇形）圈加油封或具有自润滑能力的多重 V 形圈组合结构。

衡量 GIS 密封性好坏的指标是相对漏气率。密封性能较好的 GIS 能做到年漏气率小于 1%。连续运行十年以上无需补气。要达到这个指标，必须选取合适的密封结构和密封材料。保证密封面和密封件的加工精度和降低表面粗糙度；必须严格控制装配质量和清洁度；此外，对于制作充气容器的材料也应合理选择，严格检验，排除密封容器的某些先天性缺陷。

GIS 所用密封材料必须具有渗透率低、抗老化性能好、能耐受 SF_6 电弧分解物作用、高低温适应性好等特点。目前，普遍应用氯丁橡胶和乙丙橡胶，有些场合也用聚四氟乙烯等塑料制品。

124　混合式气体绝缘金属封闭开关设备（HGIS）　混合式气体绝缘金属封闭开关设备（HGIS）将断路器、隔离/接地开关、电流互感器等封闭于充有绝缘气体的容器内，而对发生事故概率极低的母线、电压互感器、避雷器等一些不需要操作的设备和元件采用敞开式进行布置。HGIS 既具有 GIS 的优点，又具有敞开式开关设备 AIS 造价低廉的特点。

HGIS 多应用于土地昂贵或耕地面积较少的地区，特别适合架空线进出较多的变电站，占地面积比 GIS 增加不多，但可以节省主母线和分支母线的投资。

HGIS 具有如下特点：1）所用空间及占地面积少。由于采用敞开式母线，与 GIS 相比，开关设备宽度方向有所增加，长度方向与 GIS 基本相当。其占地面积为敞开式开关设备的 50%或以下。2）运行安全。需要操作的元件封闭于气体绝缘的容器内，运行人员操作时不会触及带电部分。3）可靠性高。需要操作的元件封闭于气体绝缘的容器内，绝缘介质 SF_6 气体的绝缘性能和灭弧性能优异，设备运行可靠。4）安装时间短。气体绝缘封闭部分可以整体运输，现场安装简便。5）维护工作量少。具有 GIS 电寿命长的特点，检修周期一般为 20 年。

6.6　低压成套开关设备

125　低压成套开关设备的用途与分类　低压成套开关设备（以下简称成套设备）主要用于分断和接通额定电压值交流（频率 50Hz 或 60Hz）1 000V 及以下；直流 1 500V 及以下的电气设备。在电力系统中主要起开关、控制、监视、保护、隔离的作用。其分类见表 11.6-6。

表 11.6-6　成套设备的分类方法

分类方法		内容
按外形设计分	开启式	由支撑电气设备的柜架组成，其带电部件易被触及
	面板固定式	正面至少是 IP2X 防护等级的开启式设备。其他面仍易触及带电体
	封闭式　柜型	立放在地面上的一种封闭式装置。由一个或几个柜架单元，框架单元组成
	封闭式　柜组型	数个柜机械地连成一体的一种组合体
	封闭式　箱型	指安装在垂直面上的一种封闭式装置
	封闭式　箱组型	多个箱机械地连接在一起的一种组合体
	封闭式　单元隔离式	具有独立的单元，母线和电缆之间也有隔离
	封闭式　抽出式	内装一个或数个抽出式功能单元的封闭式装置
按安装场所分		户内式和户外式
按部件的安装分		固定式、可移式和抽出式
接产品的用途分		用于动力、动力中心、控制、控制中心、照明、无功功率补偿、箱式变（配）电站、直流开关设备及母线干线系统等

126 封闭式动力配电柜 见图 11.6-8。开关、保护和监测控制等电器元件安装在一个用钢板制成的封闭的外壳中，可靠墙或不靠墙垂直安装。外壳的防护等级一般应不低于 IP31。柜内电器元件为平面多回路布置，每条回路之间可以不加隔离措施，也可采用接地的金属板或绝缘板进行隔离。电器元件的布置应使操作人员或维修人员便于识别和更换易损元件；配电柜的门应备有门锁，以防止非操作人员任意开启。通常，门与主开关的操作有机械联锁：主开关处于分断位置后门才能打开，反之只有在门关闭之后，主开关才能操作接通。在某些情况下，门与主开关不能采用机械联锁时，柜内的带电部分应尽可能用绝缘板隔离，防止检修人员触及带电部分。封闭式配电柜主要作为工艺现场的配电，要求能适应现场不同的布线。配电柜应具备从顶部进出线和从底部进出线的可能性，可单独安装或并列安装。

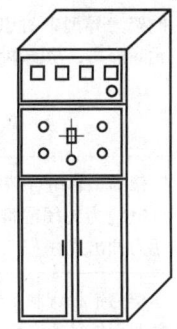

图 11.6-8 固定安装封闭式成套设备

127 抽出式成套开关设备 由垂直安装于地面的内装一个或数个抽出式功能单元的封闭式柜体构成，见图 11.6-9。主要技术要求和参数应符合 GB/T 24274《低压抽出式成套开关设备和控制设备》的规定。各功能单元之间、功能单元与母线、电缆之间用阻燃绝缘材料或接地的金属板隔离。发生短路时能及时排出热气体，避免设备损坏并不应影响相邻隔室功能单元的工作。功能单元在隔室中移动时具有连接位置、试验位置、断开位置。主电路插件的裸带电部件与母线的带电部分的间隔距离应大于 25mm。相同规格的功能单元具有互换性。短路事故后其互换性不致破坏。具备联锁机构，只有当主电路断开后才能抽出或重新插入。

设备的进出线连接能上进上出，下进下出或上进下出。与外部引线连接后不降低设备的防护等线。母线、分支线与主电路接插件带电部件之间及其对接地金属之间的电气间隙和爬电距离，在额定绝缘电压 380~660V 时一般不小于 20mm。

框架为垂直地面安装的自撑式结构，用型材或钢板弯制，采用焊接或组装连接构成。

抽出式成套开关特点：当任何一个功能单元发生事故后，可迅速地更换备用功能单元。互换性、可靠性、安全性高，适用于供电连续性要求高的系统作为动力配电和电动机控制中心。

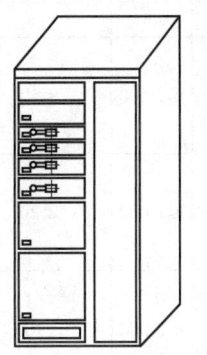

图 11.6-9 抽出式成套设备

128 照明配电箱、插座箱、计量箱 简称三箱，主要用于企业、机关、学校、住宅、宾馆等场所，作为照明配电、移动用电设备、线路转换及电能计量用。由于照明配电箱悬挂于墙上或嵌入墙中，它的造型和色彩要与房间的装饰相协调，外型和色彩应多样化。为保证用电安全，配电箱的供电系统可为三相五线或单相三线制，即除中性母线外还要设置一根接地母线。接地母线与建筑物的接地点相连，每条回路提供一个端子，以便引到用电设备的接地点上，以保证接地的连续性和可靠性。也可装设漏电开关，用以防止因导线漏电而引起的火灾和人体触电事故。

129 低压成套开关设备的主要技术数据 见表 11.6-7。

表 11.6-7 低压成套开关设备的主要技术数据

型号	额定电压/V	水平母线		外形尺寸/mm			防护等级	结构特点
		额定电流/A	额定短时耐受电流/kA	宽	深	高		
PGL3	380	≤3200	≤50	600 800 1 000	600 800	2 200	IP30	框架为钢板弯制焊接 元件固定安装

（续）

型号	额定电压/V	水平母线		外形尺寸/mm			防护等级	结构特点
		额定电流/A	额定短时耐受电流/kA	宽	深	高		
GGL1	380 660	≤2 500	≤50	600 800	600 1 000	2 200	IP30	框架采用矩形钢管组装式 元件固定安装
GCK1	380 660	≤2 500	≤50	600 800 1 000	500 1 000	2 200	IP40 IP30	框架为异型钢材组合装配式，功能单元、母线、电缆为封闭隔离独立隔室，功能单元为抽出式
GCL1	380 660	≤3 200	≤80	600 800 1 000	1 100	2 200	IP30	
GBD1	380 660	≤2 500	≤50	800 1 000	1 000	2 200	IP40	框架为异型钢材组合装配式，功能单元间隔离，功能单元为固定安装式
GBL1	380	≤1 000	≤30	400 600 800	400	1 800	IP30	
MNS	380 660	≤5 000	≤100	600 800 1 000	600 1 000	2 200	IP30 IP40	框架为型材组合装配式，功能单元、母线电缆为封闭隔离独立隔室，功能单元为抽出式
XGM1 XGZ1 XGC1	220 380	≤63	额定漏电动作电流： 主电路<0.1A 分支电路<0.03A					框架为钢板弯制 电器元件导轨安装 可嵌墙或挂墙安装
GYB1	高压进线 10kV、低压出线 380V 变压器最大容量 800kVA。外形尺寸按载重汽车的装载尺寸设计						IP30	结构为钢板焊接整体式，高压室、变压器室、低压室成一体。箱体采用薄钢板加装条形复板，减少了日照辐射、增大了通风面积

参 考 文 献

［1］《机械工程手册》《电机工程手册》编辑委员会. 电机工程手册：第 4 卷. 第 3～5，7 篇 [M]. 2 版. 北京：机械工业出版社，1997.

［2］宋政湘，等. 电器智能化原理及应用 [M]. 北京：电子工业出版社，2015.

［3］张保会，等. 电力系统继电保护 [M]. 北京：中国电力出版社，2010.

［4］陈德树，等. 微机继电保护 [M]. 北京：中国电力出版社，2000.

［5］杨奇逊，等. 微型机继电保护基础 [M]. 4 版. 北京：中国电力出版社，2013.

［6］能源部西北电力设计院. 电力工程电气设计手册电气二次部分 [M]. 北京：中国电力出版社，1991.

［7］GB/T 34869—2017《串联补偿装置电容器组保护用金属氧化物限流器》.

第 **12** 篇

自动控制

主　　编　廖培金（西安交通大学电气工程学院）

参　　编　周佃民（宝武清洁能源有限公司）

　　　　　彭书涛（国网陕西省电力有限公司电力科学研究院）

　　　　　杨春祥（国网甘肃省电力有限公司调度中心）

主　　审　尤昌德（西安交通大学自动化学院）

责任编辑　朱　林

第1章 概 论

1.1 自动控制系统的基本概念

1 自动控制和自动控制系统　自动控制就是无人直接参与下，应用检测仪表和控制装置对设备或过程进行控制，使其达到预期的状态或性能指标。

一个自动控制系统主要由控制器和控制对象两大部分组成。控制对象是指被控制的设备或过程，表征设备或过程运行状态且需要加以控制的行为参数称为系统的输出（量）或被控参数。对控制对象产生控制作用的整套自动化仪表或装置称为控制器。希望系统输出应具有的变化规律称为系统的参考输入。

控制系统归纳起来应满足以下两个方面的性能要求：1）跟随输入。控制系统的输出量应跟随参考输入的变化而变化。在一些控制系统中，参考输入不随时间变化，因此输出量也保持恒定。而在另一些系统中，如雷达天线跟踪飞行目标的控制系统中、弧焊机器人末端跟踪焊缝轨迹的控制系统中，参考输入则是随时间变化的运动轨迹，要求控制系统的输出能够跟踪输入轨迹的变化而变化。2）抗干扰。控制系统还受到外界干扰（扰动）的影响，使系统输出偏离参考输入。因此，控制的目标除了跟随输入外，还要求控制系统具有抗干扰的能力，即输出量（被控参数）尽量不受干扰的影响。

1.2 自动控制系统的分类

2 控制系统按系统结构分类

（1）开环控制系统　如果控制器与控制对象之间只有正向作用而没有反向作用，见图 12.1-1a，这样的控制系统称为开环控制系统。开环系统没有输出反馈，误差不能得到纠正，因而控制准确度不高。如果扰动因素较少，并且能够测量，可以对扰动进行补偿，如图中虚线所示。

（2）闭环控制系统　如果控制器与控制对象之

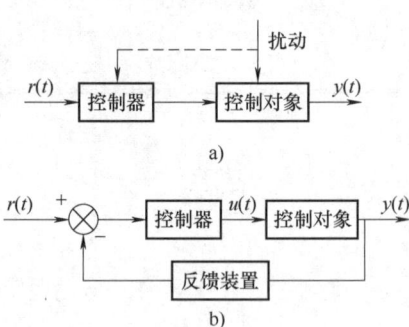

图 12.1-1　开环控制系统和闭环控制系统
a）开环控制系统　b）闭环控制系统

间既有正向作用又有反向作用，这样的控制系统称为闭环控制系统。在图 12.1-1b 中，系统输出通过负反馈与参考输入比较，得到误差，而控制作用 $u(t)$ 是根据误差产生的。因此，闭环控制系统也称为反馈控制系统。由于输出反馈作用，被控参数受干扰的影响将会减小甚至消除，从而提高了控制准确度。同时，被控参数对系统内部元件参数的变化（内扰）不敏感，因而降低了对除反馈环节外其他环节的要求。然而，由于引入输出反馈，可能产生振荡或稳定性的问题。

（3）复合控制系统　复合控制是前馈和反馈相结合的一种控制方式。

3 控制系统按任务分类　1）调节系统。参考输入恒定的控制系统称为调节系统，又称定值控制系统，调节系统的任务是在任何扰动作用下使被控参数维持在恒定的期望数值。2）随动控制系统。若参考输入随时间任意变化，控制系统的输出应能以一定的准确度跟随参考输入变化而变化，这种系统称为随动控制系统或跟踪系统。3）程序控制系统。参考输入按预先安排好的规律变化的控制系统。

4 控制系统按数学模型分类

（1）线性控制系统　若系统中各个组成环节的动态特性都可以用线性微分（或差分）方程描述，这种系统称为线性控制系统。线性系统可利用叠加原理求解。进一步，如果线性系统的特性（结构和参数）不随时间变化，则可以用线性常系数微分方程描述，这种系统称为线性定常（或线性时不变 LTI）系统。如果线性微分方程中，有系数是时间的函数，则对应的系统称为线性时变系统。

（2）非线性控制系统　若系统中存在非线性元件，系统的动态过程就必须用非线性微分方程描述，这种系统称为非线性控制系统。对于非线性系统，叠加原理是不适用的。对于非本质的非线性特性，其输入—输出曲线可以在变量变化范围不大时用直线代替曲线，简化为线性关系处理。而对于本质非线性特性，输入—输出关系或具有间断点、折断点，或具有非单值关系，就必须用非线性控制理论进行分析和设计。

5　控制系统按信号分类

（1）连续控制系统　连续控制系统中各组成环节的输入、输出信号都是连续时间变量的函数。连续控制系统的动态过程一般用微分方程描述。

（2）离散控制系统　离散系统中某些环节的输入或输出信号在时间上是离散的，即间断地仅在离散的采样时刻取值。离散控制系统通常分为采样控制系统和数字控制系统两大类。常见的离散控制系统见图 12.1-2。在采样系统中，连续信号经过采样变成脉冲序列信号；而在数字控制系统中，采样信号还需要量化为数字编码信号。离散系统的动态过程一般用差分方程来描述。

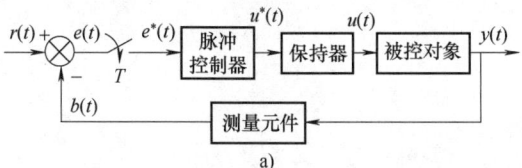

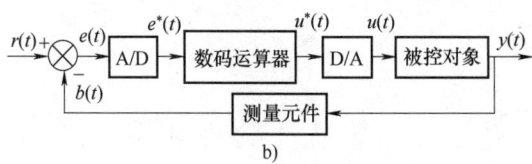

图 12.1-2　常见的离散控制系统
a) 采样控制系统　b) 数字控制系统

6　单变量与多变量控制系统

只有一个参考输入量和一个输出量的控制系统称为单变量（SISO）控制系统。如果一个控制系统的参考输入量多于一个，或输出量多于一个，则称为多变量（MIMO）控制系统。

除上述分类方法外，控制系统还可按系统的规模划分为一般系统、大系统和巨系统；也可按系统所具有的智能化程度高低划分为普通系统和智能系统。

1.3　自动控制系统的性能要求

7　自动控制系统的性能要求　可概括为三个方面：稳定性、准确性和快速性。对于调节系统，要求能快速地克服扰动影响，使被控参数准确地恢复到给定值；对于随动系统，既要求输出能快速准确地跟随参考输入的变化而变化，而又不受扰动的影响。

8　控制系统的阶跃响应和性能指标　阶跃信号 $[u_s(t)]$ 兼有瞬时突变和保持恒定的特点，用它作为参考输入可以全面地考验系统在稳定性、快速性和准确性等方面的表现。对于随动系统，除阶跃信号外，有时还用斜坡信号 $[r(t) = t\,u_s(t)]$ 和抛物线信号 $[(t^2/2)\,u_s(t)]$ 作为典型试验信号。控制系统在单位阶跃输入作用下的暂态响应见图 12.1-3。

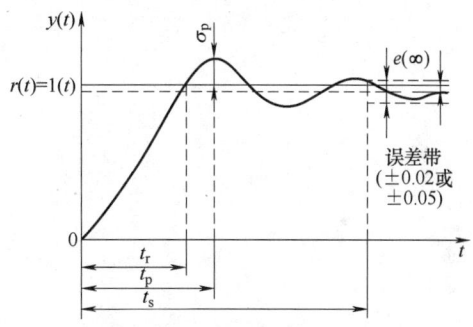

图 12.1-3　系统单位阶跃响应

系统性能指标定义如下：

（1）稳态误差　暂态过程结束后，系统进入稳态时的输出 $y(\infty)$ 与期望值之差。

（2）超调量　暂态过程中，系统输出与稳态输出 $y(\infty)$ 之间的最大偏差，即

$$\sigma\% = \frac{y_{max} - y(\infty)}{y(\infty)} \times 100\% \qquad (12.1\text{-}1)$$

（3）调节时间　系统输出达到新的稳态值所需要的过渡过程时间。调节时间 t_s 定义为

当 $t \geq t_s$ 时，$|y(t) - y(\infty)| \leq \Delta$

式中　Δ——误差带，一般取 $y(\infty)$ 的 2% 或 5%。

除上述指标外，还有一些其他指标，如上升时间 t_r，即系统输出第一次达到稳态值所需的时间；峰值时间 t_p，即系统输出达到最大值 y_{max} 所需的时间；衰减率，即系统输出的相邻两个符号相同的峰值衰减的百分数。

9　误差积分指标　误差积分指标是一种综合性能指标，它是在单位阶跃信号作用下系统误差的函数的积分值。常用的误差积分指标有如下几种：

误差平方积分指标（ISE）

$$J_1 = \int_0^\infty e^2(t)\,\mathrm{d}t \qquad (12.1\text{-}2)$$

误差绝对值积分指标（IAE）

$$J_2 = \int_0^\infty |e(t)|\,\mathrm{d}t \qquad (12.1\text{-}3)$$

时间乘误差绝对值积分指标（ITAE）

$$J_3 = \int_0^\infty t\,|e(t)|\,\mathrm{d}t \qquad (12.1\text{-}4)$$

时间乘误差平方积分指标（ITSE）

$$J_4 = \int_0^\infty t\,e^2(t)\,\mathrm{d}t \qquad (12.1\text{-}5)$$

无论采用哪一种误差积分指标，指标值愈小，整个响应过程中总体说来误差愈小。ISE 和 IAE 对于不同时间的误差同等对待。而在 ITAE 和 ITSE 中，由于误差的权重随时间增大，因而有利于消除暂态过程后期的"爬行"现象。

10　鲁棒性（稳健性）　指系统抵御各种摄动因素影响的能力，如系统结构和参数的不确定性，以及外界干扰。引起系统结构变异或参数摄动的原因是多方面的，如由于对象的模型误差、元器件制造公差及老化、零部件磨损和系统运行环境的变化等。系统性能受参数摄动影响的属性称为系统的参数灵敏度。如果一个控制系统对上述摄动因素的灵敏度低，则称该系统的鲁棒性好。

第2章 线性定常（LTI）控制系统的数学模型

2.1 控制系统模型的建立

11 控制系统的模型 描述控制系统动态特性的数学表达式称为系统的数学模型，它是分析和设计系统的依据。数学模型应当既能够准确地反映系统的动态特性，又具有较简单的形式。实际系统都程度不同地存在非线性和分布参数特性，如果这些因素影响不大，则可忽略不计。系统在正常工作点附近变化时，可以用线性化模型来处理；但当系统在大范围内变化时采用线性化的模型就会带来较大误差。

可以根据系统内部的变化机理写出有关的运动方程，或者通过实验测取系统的输入-输出数据，然后对这些数据进行处理，从而建立系统的数学模型。前者是机理法，后者是测试法，又称系统辨识。

12 微分方程和差分方程 微分方程是连续系统最基本的数学模型，可按下列步骤建立：

1）将系统划分为单向环节，并确定各个环节的输入量、输出量。单向环节是指后面的环节无负载效应，即后面的环节存在与否对该环节的动态特性没有影响。

2）根据系统内部机理，通过简化、线性化、增量化建立各个环节的微分方程。

3）消去中间变量，保留系统的输入量、输出量，得出系统的微分方程。

4）整理成标准形式，将含输出量的项写在方程左端，含输入量的项写在右端，并将各导数项按降阶排列。设 $n \geqslant m$，则单输入-单输出系统的微分方程的一般形式为

$$y^{(n)}(t) + a_1 y^{(n-1)}(t) + \cdots + a_{n-1}\dot{y}(t) + a_n y(t)$$
$$= b_0 u^{(m)}(t) + b_1 u^{(m-1)}(t) + \cdots + b_{m-1}\dot{u}(t) + b_m u(t)$$
$$(12.2\text{-}1)$$

离散系统在某一时刻 kT 的输出 $y(k)$，可能既与同一时刻的输入 $u(k)$ 有关，又与过去时刻的输入 $u(k-1)$，$\cdots$，$u(k-m)$ 有关，而且还与过去时刻的输出 $y(k-1)$，$\cdots$，$y(k-n)$ 有关。因此，$n \geqslant m$ 时，输入和输出之间的关系可表示为

$$y(k) + a_1 y(k-1) + \cdots + a_n y(k-n)$$
$$= b_0 u(k) + b_1 u(k-1) + \cdots + b_m u(k-m) \quad (12.2\text{-}2)$$

不失一般性，可以假定 $u(k) = 0$，$y(k) = 0$，$k < 0$。设 $n \geqslant m$，则上述系统也可以表示为

$$y(k+n) + a_1 y(k+n-1) + \cdots + a_n y(k)$$
$$= b_0 u(k+m) + b_1 u(k+m-1) + \cdots + b_m u(k) \quad (12.2\text{-}3)$$

13 传递函数 通过求解微分方程对系统动态过程进行分析是十分繁琐的，为此，可用拉氏（Laplace）变换，将微分方程变成代数方程。一个线性定常系统，当初始条件为零时，输出的拉氏变换与输入的拉氏变换之比，称为该系统的传递函数，即

$$G(s) = \frac{Y(s)}{R(s)}\bigg|_{\text{初始条件为零}} \quad (12.2\text{-}4)$$

式中 $G(s)$ ——系统传递函数；

$R(s)$，$Y(s)$ ——系统输入与输出的拉氏变换。

对于微分方程（12.2-1）描述的系统，假定输入是在 $t = 0$ 时开始作用于系统，并且初始条件为零，即 $u(0) = \dot{u}(0) = \cdots = u^{(m-1)}(0) = 0$，$y(0) = \dot{y}(0) = \cdots = y^{n-1}(0) = 0$。对式（12.2-1）进行拉氏变换，设 $n \geqslant m$，得

$$G(s) = \frac{b_0 s^m + b_1 s^{m-1} + \cdots + b_{m-1}s + b_m}{s^n + a_1 s^{n-1} + \cdots + a_{n-1}s + a_n}$$
$$= \frac{b_0(s-z_1)\cdots(s-z_m)}{(s-p_1)\cdots(s-p_n)} \quad (12.2\text{-}5)$$

式中 z_1，$\cdots$，z_m ——传递函数的零点；

p_1，$\cdots$，p_n ——极点。

传递函数完全取决于系统本身的结构和参数，而与输入信号无关。传递函数 $G(s)$ 的拉氏反变换 $g(t)$ 就是系统在单位脉冲信号 $\delta(t)$ 输入时的响应，即单位脉冲响应。传递函数的极点是系统的特征根，它们决定了系统固有的自由运动模态 $e^{p_i t}$，$i = 1$，$\cdots$，n，见表12.2-1。系统的零状态响应是由输入的极点对应的模态和传递函数极点对

应的模态的线性组合；而传递函数零点则影响各个模态在系统响应中的相对大小。一些典型环节的传递函数及单位阶跃响应见表 12.2-2。

表 12.2-1　极点和对应的模态

极点类型	模态
单重实数极点 p	e^{pt}
单重复数极点 $\alpha \pm j\beta$	$e^{\alpha t}\cos\beta t$，$e^{\alpha t}\sin\beta t$
r 重实数极点 p	e^{pt}，te^{pt}，$\cdots$，$t^{r-1}e^{pt}$
r 重复数极点 $\alpha \pm j\beta$	$e^{\alpha t}\cos\beta t$，$e^{\alpha t}\sin\beta t$，$te^{\alpha t}\cos\beta t$，$te^{\alpha t}\sin\beta t$，$\cdots$，$t^{r-1}e^{\alpha t}\cos\beta t$，$t^{r-1}e^{\alpha t}\sin\beta t$

表 12.2-2　典型环节的传递函数及单位阶跃响应

环节名称	传递函数	单位阶跃响应
比例环节	K	
非周期环节	$K/(Ts+1)$	
积分环节	K/s	
实际微分环节	$KTs/(Ts+1)$	

（续）

环节名称	传递函数	单位阶跃响应
振荡环节	$K/(T^2s^2+2\zeta Ts+1)$	
延迟环节	$e^{-\tau s}$	

脉冲传递函数，又称 z 传递函数，定义为零初始条件下离散控制系统输出的 z 变换与输入的 z 变换之比，记之为 $G(z)$，即

$$G(z) \triangleq \frac{Y(z)}{R(z)}\bigg|_{\text{零初始条件}} \qquad (12.2\text{-}6)$$

考虑由 n 阶差分方程式（12.2-2）描述的离散控制系统。对差分方程进行 z 变换，假设系统初始条件为零，利用平移定理，可得系统（12.2-2）的脉冲传递函数

$$G(z) = \frac{Y(z)}{R(z)} = \frac{b_0 + b_1 z^{-1} + \cdots + b_m z^{-m}}{1 + a_1 z^{-1} + \cdots + a_{n-1} z^{-n+1} + a_n z^{-n}}$$

$$(12.2\text{-}7)$$

在脉冲传递函数中，z^{-1} 称为一步延迟环节。与连续系统中的积分器 s^{-1} 相仿，z^{-1} 用于离散系统中，表示不同采样时刻状态之间的关系。

2.2　控制系统传递函数

14　系统结构图及等效变换　控制系统的结构图，又称为功能图或方块图，是系统中各个环节的传递函数和信号流向的图解表示。对于复杂系统，可以通过结构图等效变换求出系统的传递函数。等效变换的原则是输入输出等效，见表 12.2-3。

表 12.2-3　功能图简化原则

联结方式	功能图	等效环节功能图	等效环节传递函数
串联			$G(s)=G_1(s)G_2(s)$
并联			$G(s)=G_1(s)+G_2(s)$

（续）

联结方式	功能图	等效环节功能图	等效环节传递函数
反馈联结	$R(s)+$ $E(s)$ $G(s)$ $Y(s)$ $F(s)$ $-$ $H(s)$	$R(s)$ $W(s)$ $Y(s)$	$W(s)=\dfrac{G(s)}{1+G(s)H(s)}=\dfrac{G(s)}{1+G_{\mathrm{o}}(s)}$
单位反馈联结	$R(s)+$ $G(s)$ $Y(s)$ $-$	$R(s)$ $W(s)$ $Y(s)$	$W(s)=\dfrac{G(s)}{1+G(s)}$

表中对于反馈联结的闭环系统有以下定义：

前向通道传递函数 $G(s)$：

输出量 $Y(s)$ 与作用误差信号 $E(s)$ 之比

反馈通道传递函数 $H(s)$：

反馈信号 $F(s)$ 与输出 $Y(s)$ 之比

开环传递函数 $G_{\mathrm{o}}(s)=G(s)H(s)$：

反馈信号 $F(s)$ 与作用误差信号 $E(s)$ 之比

闭环传递函数 $W(s)$：

输出量 $Y(s)$ 与输入量 $R(s)$ 之比

15　信号流图　信号流图是线性代数方程组的一种图解表示。当控制系统的微分方程组经过拉氏变换变成以 s 为变量的代数方程组后，就可画出系统的信号流图。当然，也可以根据系统的方块图画出信号流图，见图 12.2-1。

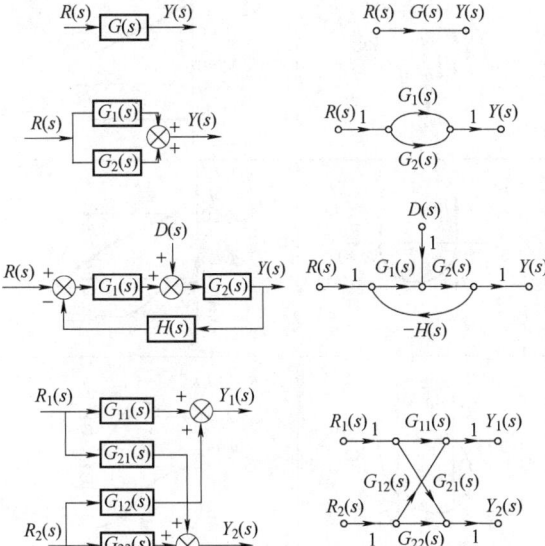

图 12.2-1　结构图与对应的信号流图

信号流图中的每个节点代表一个变量，两个节点间的传递函数称为支路增益，每个变量等于所有指向该节点的支路的增益与相应节点变量的乘积之和。一个通路的增益是构成该通路的各支路增益的

乘积。起始并终止在同一节点的通路称为回路。应用信号流图计算系统输入-输出总增益（系统传递函数）的梅逊（Mason）公式为

$$P=\frac{\displaystyle\sum_{k=1}^{n} P_k \Delta_k}{\Delta}$$

$$\Delta=1-\Sigma L_1+\Sigma L_2+\cdots+(-1)^m \Sigma L_m \quad (12.2\text{-}8)$$

式中　P_k——从输入节点（源节点）到输出节点（汇节点）的第 k 条前向通路的增益；

Δ_k——Δ 中与第 k 条前向通路不接触的部分；

ΣL_1——所有不同回路增益之和；

ΣL_2——任何两个互不接触回路增益乘积之和；

ΣL_m——任何 m 个互不接触回路增益乘积之和。

2.3　控制系统的频域模型

16　频率特性　稳定的线性系统在正弦信号输入下，由于系统固有的运动模态将随时间衰减到零，稳态输出响应为同频的正弦信号。稳态输出与输入信号的幅值比和相位差是频率的函数，称为系统的频率特性。只要将传递函数中的复变量 s 替换为 $\mathrm{j}\omega$，就可得到频率特性的复数表达式。

（1）幅相频率特性　频率特性的复数形式为

$$G(\mathrm{j}\omega)=P(\omega)+\mathrm{j}Q(\omega) \quad (12.2\text{-}9)$$

式中　$P(\omega)$ 和 $Q(\omega)$——频率特性的实部和虚部。若用幅值比和相位差表示，可得到幅相频率特性

$$G(\mathrm{j}\omega)=M(\omega)\mathrm{e}^{\mathrm{j}\varphi(\omega)}=|G(\mathrm{j}\omega)|\,\underline{/G(\mathrm{j}\omega)} \quad (12.2\text{-}10)$$

$$M(\omega)=\sqrt{P^2(\omega)+Q^2(\omega)}$$

$$\varphi(\omega) = \arctan \frac{Q(\omega)}{P(\omega)}$$

式中　$M(\omega)$——幅频特性；

$\varphi(\omega)$——相频特性，它们都是频率的函数。

将不同频率下的 $M(\omega)$ 和 $\varphi(\omega)$ 作为矢径和极角在 $G(s)$ 平面绘制的曲线，称为系统（或环节）的幅相频率特性，又称频率特性的极坐标图。幅相频率特性也可以通过实验测取，这时输入信号频率 ω 的变化范围通常取 0 到 ∞ 。

（2）对数频率特性　利用开环频率特性研究闭环系统的动态、稳态性能是频率法的一大优点。系统的开环频率特性等于回路中各串联环节的频率特性的乘积

$$G(\mathrm{j}\omega) = G_1(\mathrm{j}\omega) G_2(\mathrm{j}\omega) \cdots G_n(\mathrm{j}\omega) = M(\omega) \mathrm{e}^{\mathrm{j}\varphi(\omega)}$$

$$(12.2\text{-}11)$$

$$M(\omega) = M_1(\omega) M_2(\omega) \cdots M_n(\omega)$$

$$\varphi(\omega) = \varphi_1(\omega) + \varphi_2(\omega) + \cdots + \varphi_n(\omega)$$

将幅值 $M(\omega)$ 用 dB（分贝）表示，得

$$L(\omega) = 20\lg M(\omega) = 20\lg M_1(\omega) + 20\lg M_2(\omega) + \cdots +$$

$$20\lg M_n(\omega) = \sum_{i=1}^{n} 20\lg M_i(\omega) = \sum_{i=1}^{n} L_i(\omega)$$

$$(12.2\text{-}12)$$

以频率 ω 为横坐标（对数分度），以 $L(\omega)$ 和 $\varphi(\omega)$ 为纵坐标（均匀分度）的开环幅频和相频特性曲线又称为伯德（Bode）图，它表示了系统的对数频率特性。

17　典型环节的频率特性　典型环节频率特性表达式及极坐标图和 Bode 图见表 12.2-4。

表 12.2-4　典型环节的频率特性

环节名称	频率特性	幅相频率特性图	对数频率特性图
比例环节 $G(s) = K$	$G(\mathrm{j}\omega) = K\mathrm{e}^{\mathrm{j}0}$ $L(\omega) = 20\lg K$ $\varphi(\omega) = 0$		
积分环节 $G(s) = 1/s$	$G(\mathrm{j}\omega) = \dfrac{1}{\omega}\mathrm{e}^{-\mathrm{j}\frac{\pi}{2}}$ $L(\omega) = -20\lg \omega$ $\varphi(\omega) = -\dfrac{\pi}{2}$		
非周期环节 $G(s) = 1/(Ts+1)$	$M(\omega) = \dfrac{1}{\sqrt{1+\omega^2 T^2}}$ $\varphi(\omega) = -\arctan \omega T$ $L(\omega) = -20\lg \sqrt{1+\omega^2 T^2}$		
振荡环节 $G(s) = 1/(T^2 s^2 + 2\zeta Ts + 1)$	$M(\omega) = \dfrac{1}{\sqrt{(1-\omega^2 T^2)^2 + (2\zeta\omega T)^2}}$ $\varphi(\omega) = -\arctan \dfrac{2\zeta\omega T}{1-\omega^2 T^2}$		
延迟环节 $G(s) = \mathrm{e}^{-\tau s}$	$G(\mathrm{j}\omega) = \mathrm{e}^{-\mathrm{j}\omega\tau}$ $L(\omega) = 0$ $\varphi(\omega) = -\omega\tau$		

若干个典型环节串联时，只需分别将各环节的对数幅频特性曲线和相频特性曲线叠加即可得到总的频率特性。在右半 s 平面既无极点又无零点并且不存在延迟环节的系统称为最小相位系统。在具有相同幅频特性的系统中，最小相位系统的相位变化范围是最小的。

2.4 控制系统的状态空间模型

18 动态方程 能完全决定系统运动状态的最小一组独立变量 $x_1(t), x_2(t), \cdots, x_n(t)$ 称为状态变量。已知系统在初始时刻 t_0 的状态变量 $x_1(t_0)$, $x_2(t_0), \cdots, x_n(t_0)$，以及 $t \geqslant t_0$ 时的控制作用 $u(t)$，就可以唯一地确定系统在 $t \geqslant t_0$ 时的状态。由状态变量 $x_1, \cdots, x_n$ 为坐标所构成的 n 维空间称为状态空间，列向量 $(x_1(t), \cdots, x_n(t))^{\mathrm{T}}$ 称为时刻 t 的状态向量，简称状态，它对应状态空间中的一个点，状态点随时间在状态空间中的运动曲线称为系统的状态轨迹。

线性定常系统的状态空间表达式为

$$\dot{x}(t) = Ax(t) + Bu(t) \qquad (12.2\text{-}13)$$
$$y(t) = Cx(t) + Du(t) \qquad (12.2\text{-}14)$$

式中　　$x(t)$——n 维状态向量；

$\dot{x}(t)$——状态对时间的一阶导数 $\dfrac{\mathrm{d}}{\mathrm{d}t}x(t)$；

$y(t)$——m 维输出向量；

$u(t)$——r 维输入向量；

A、B、C、D——$n{\times}n$、$n{\times}r$、$m{\times}n$、$m{\times}r$ 矩阵。

式 (12.2-13) 称为状态方程，式 (12.2-14) 称为输出方程，状态方程和输出方程统称为系统的动态方程。通常，系统可以简记为 $\Sigma(A, B, C, D)$。

令初始状态 $x(0) = 0$，对动态方程进行拉氏变换，可得系统传递函数 (矩阵)

$$G(s) = C[sI - A]^{-1}B + D = \frac{C\,\mathrm{adj}[sI - A]^{-1}B}{\det(sI - A)} + D$$

$$(12.2\text{-}15)$$

式中　行列式 $\det(sI - A)$——系统的特征多项式，它的根称为特征根。

多输入多输出离散系统的状态方程的一般形式为

$$x(k+1) = Fx(k) + Gu(k) \qquad (12.2\text{-}16)$$
$$y(k) = Cx(k) + Du(k) \qquad (12.2\text{-}17)$$

式中　$u(k)$——r 维输入向量；

$y(k)$——m 维输出向量。

连续的控制对象 $\Sigma(A, B, C, D)$ 可离散化为式 (12.2-16) 和式 (12.2-17)，其中

$$F = \mathrm{e}^{AT}, \quad G = \int_0^T \mathrm{e}^{At}\mathrm{d}t \quad T \text{ 为采样周期}$$

$$(12.2\text{-}18)$$

19 标准型 动态方程表示了系统的状态变量与输入输出之间的关系，是系统完整的描述。对于同一控制系统，状态变量的选择不是唯一的，但状态变量的个数是不变的，它等于系统的阶次；并且系统的特征根和传递函数 (矩阵) 也是不变的。传递函数对应的动态方程不是唯一的，其中与传递函数阶次相等的那一类称为传递函数的最小实现。为了方便，通常使用几种标准型，如能控标准型、能观标准型、基于特征值的标准型 (约当型、对角线型)。

例如对于单输入单输出系统

$$G(s) = \frac{b_1 s^{m-1} + \cdots + b_{m-1}s + b_m}{s^n + a_1 s^{n-1} + \cdots + a_{n-1}s + a_n} \quad (12.2\text{-}19)$$

能控标准型为

$$A_c = \begin{pmatrix} 0 & 1 & 0 & \cdots & 0 \\ 0 & 0 & 1 & \cdots & 0 \\ \vdots & \vdots & \vdots & \cdots & \vdots \\ 0 & 0 & 0 & \cdots & 1 \\ -a_n & -a_{n-1} & -a_{n-2} & \cdots & -a_1 \end{pmatrix}$$

$$B_c = \begin{pmatrix} 0 \\ \vdots \\ 0 \\ 1 \end{pmatrix} \qquad (12.2\text{-}20)$$

$$C_c = \begin{pmatrix} b_m & b_{m-1} & \cdots & b_0 & 0 & \cdots & 0 \end{pmatrix}$$

能观标准型为

$$A_o = \begin{pmatrix} 0 & 0 & \cdots & 0 & -a_n \\ 1 & 0 & \cdots & 0 & -a_{n-1} \\ 0 & 1 & \cdots & 0 & -a_{n-2} \\ \vdots & \vdots & & \vdots & \vdots \\ 0 & 0 & \cdots & 1 & -a_1 \end{pmatrix} = A_c^{\mathrm{T}}$$

$$B_o = \begin{pmatrix} b_m \\ b_{m-1} \\ \vdots \\ b_0 \\ 0 \\ \vdots \\ 0 \end{pmatrix} = C_c^{\mathrm{T}} \qquad (12.2\text{-}21)$$

$$C_o = \begin{pmatrix} 0 & \cdots & 0 & 1 \end{pmatrix} = B_c^{\mathrm{T}}$$

状态空间模型借助数字计算机可实现对多输入多输出 (MIMO) 系统、时变系统、非线性系统的最优控制、自适应控制等。

20 线性定常系统状态方程的求解 线性定常

系统(12.2-13) 在 $u(t) \equiv 0$ 时的自由运动是状态方程的齐次解。

$$x(t) = e^{A(t-t_0)}x(t_0) \qquad (12.2\text{-}22)$$

式中　$x(t_0) = x_0$——初始状态；

　　　$e^{A(t-t_0)}$——矩阵指数，又称状态转移矩阵，定义为

$$e^{A(t-t_0)} = I + A(t-t_0) + \frac{A^2(t-t_0)^2}{2!}$$
$$+ \cdots + \frac{A^k(t-t_0)^k}{k!} + \cdots \qquad (12.2\text{-}23)$$

状态转移矩阵也可通过对式(12.2-13) 进行拉氏变换求解：

$$e^{At} = L^{-1}\left[(sI-A)^{-1} \right] = L^{-1}\left[\frac{\mathrm{adj}(sI-A)}{\det(sI-A)} \right]$$
$$(12.2\text{-}24)$$

若 $u(t) \neq 0$，线性定常系统的运动是状态方程的非齐次解：

$$x(t) = e^{A(t-t_0)}x(t_0) + \int_{t_0}^{t} e^{A(t-\tau)}Bu(\tau)\mathrm{d}\tau$$
$$(12.2\text{-}25)$$

第3章 线性连续控制系统分析概要

3.1 控制系统的能控性和能观性

21 能控性与能观性 对于控制系统 $\Sigma(A,B,C,D)$，如果存在一个控制作用 $u(t)$，能在有限时间 t 内，使系统从任意初始状态 $x(t_0)$ 转移到另外一个任意的状态 $x(t)$，则称系统状态完全能控，简称系统能控。能控性讨论输入对状态的控制能力，只取决于矩阵 A、B。系统 $\Sigma(A,B,C,D)$，对于任意初始时刻 t_0，若能在有限时间 $t>t_0$ 之内，根据从 t_0 到 t 系统输出向量测值，唯一地确定在初始时刻 t_0 的状态 $x(t_0)$，则称系统状态完全能观，简称系统能观。能观性讨论输出对状态的反映能力，只取决于矩阵 A、C。

22 能控性与能观性的判据

（1）能控性的代数判据 线性连续定常系统能控的充分必要条件是能控性矩阵

$$S_c = (B, AB, \cdots, A^{n-1}B) \qquad (12.3\text{-}1)$$

的秩为 n，即 $\mathrm{rank} S_c = n$，这里 n 为系统的阶次。

（2）能观性的代数判据 线性定常系统能观的充分必要条件是能观性矩阵

$$S_o = \begin{pmatrix} C \\ CA \\ \vdots \\ CA^{n-1} \end{pmatrix} \qquad (12.3\text{-}2)$$

的秩为 n，即 $\mathrm{rank} S_o = n$，这里 n 为系统的阶次。

（3）能控性与能观性的对偶关系 两个系统 $\Sigma_1(A_1,B_1,C_1)$ 和 $\Sigma_2(A_2,B_2,C_2)$，如果满足 $A_2 = A_1^{\mathrm{T}}$，$B_2 = C_1^{\mathrm{T}}$，$C_2 = B_1^{\mathrm{T}}$，则称 Σ_1 与 Σ_2 互为对偶。由能控性和能观性的代数判据可以证明，系统 Σ_1 的能控性等价于系统 Σ_2 的能观性，系统 Σ_1 的能观性等价于系统 Σ_2 的能控性。反之亦然。

一般说来，系统中可能存在着既能控又能观、能控但不能观、不能控但能观、既不能控又不能观的四个部分。传递函数只表征系统既能控又能观的那一部分。只有当系统的状态既完全能控又完全能观时，传递函数才能完全表征这个系统。

离散控制系统的能控能观判据和连续系统相仿。但应注意，能控能观的连续系统在某些采样周期下经过离散化后，有可能不再是能控或能观的了。

3.2 控制系统的稳定性

23 李雅普诺夫（Lyapunov）稳定与渐近稳定 稳定性是指系统处在平衡状态，受到扰动后，恢复原有的平衡状态的能力。因此，稳定性是由系统自由运动的特性决定的。系统自由运动状态方程为

$$\dot{x}(t) = f(x(t), t) \qquad (12.3\text{-}3)$$

系统处于平衡状态 x_e 时，$\dot{x}_e = 0$，系统将永远处在 x_e。假设在时刻 t_0，系统在瞬时扰动作用下，从 x_e 转移到 $x(t_0) = x_0$。这个 $x(t_0)$ 就是扰动结束后（$t>t_0$）系统自由运动的初始状态。如果对于 x_e 任意小的邻域 $S(\varepsilon)$，总存在一个与之有关的球域 $S(\delta)$，当 $t>t_0$ 时，从 $S(\delta)$ 内任一状态 x_0 出发的 $x(t)$ 的轨迹始终保持在 $S(\varepsilon)$ 内，则称系统在平衡状态 x_e 是稳定的，或更确切地说，是在李雅普诺夫意义下稳定的。进一步，如果随时间系统最终能回到原有平衡状态 x_e，则称系统在平衡状态 x_e 渐近稳定。如果对于平衡状态 x_e，无论 $S(\varepsilon)$ 和 $S(\delta)$ 多么小，有从 $S(\delta)$ 内出发的状态轨迹最终将超越 $S(\varepsilon)$ 范围，则称系统在平衡状态 x_e 不稳定。上述稳定概念，可用图 12.3-1 中二阶系统状态轨迹来说明。

24 线性定常系统的稳定性 线性定常系统的自由运动是由系统特征根决定的运动模态的线性组合，因此它的稳定性与原来的平衡状态和扰动的形式、大小无关。系统的特征多项式为

$$\Delta(s) = \det(sI - A) = a_n s^n + a_{n-1} s^{n-1} + \cdots + a_1 s + a_0$$
$$(12.3\text{-}4)$$

系统特征根及对应的自由运动模态的类型见表 12.2-1。线性定常系统渐近稳定的充分必要条件是系统所有特征根的实部均为负（即位于左半 s 平面，不包括 $j\omega$ 轴）。这时，所有自由运动模态都随

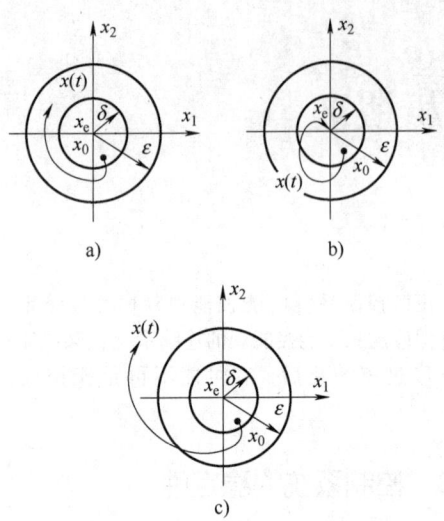

图 12.3-1　二阶系统的稳定性
a）稳定　b）渐近稳定　c）不稳定

时间按指数规律衰减到零，系统最终将恢复到原来的平衡状态。

利用传递函数讨论系统稳定性时，相应的稳定性称为有界输入有界输出（BIBO）稳定性。它定义为：在零初始状态下，如果对任意有界输入（$|r(t)|<M<\infty$），系统输出也有界（$|y(t)|<N<\infty$）。系统 BIBO 稳定的充分必要条件是闭环传递函数的所有极点均位于 s 平面的左半开平面。系统渐近稳定必然 BIBO 稳定；而 BIBO 稳定的系统只有当其传递函数完全表征系统时或者传递函数不能表征那些系统特征根的实部均为负时，系统才是渐近稳定的。

离散控制系统稳定的充分必要条件是系统的全部特征根或闭环脉冲传递函数的极点都位于 z 平面上以原点为中心的单位圆内部。

25　劳斯（Routh）判据　应用劳斯判据时，先按特征多项式（12.3-4）的系数构造劳斯阵列

$$
\begin{array}{c|cccc}
s^n & a_n & a_{n-2} & a_{n-4} & a_{n-6} & \cdots \\
s^{n-1} & a_{n-1} & a_{n-3} & a_{n-5} & a_{n-7} & \cdots \\
s^{n-2} & b_1 & b_2 & b_3 & b_4 & \\
s^{n-3} & c_1 & c_2 & c_3 & c_4 & \cdots \\
s^{n-4} & d_1 & d_2 & d_3 & d_4 & \\
\vdots & \vdots & \vdots & \vdots & & \\
s^2 & e_1 & e_2 & & & \\
s^1 & f_1 & & & & \\
s^0 & a_0 & & & &
\end{array}
$$

阵列中第一行和第二行元素按特征方程直接填写，

第三行元素按下式计算：

$$b_1 = \dfrac{-\begin{vmatrix} a_n & a_{n-2} \\ a_{n-1} & a_{n-3} \end{vmatrix}}{a_{n-1}}, \quad b_2 = \dfrac{-\begin{vmatrix} a_n & a_{n-4} \\ a_{n-1} & a_{n-5} \end{vmatrix}}{a_{n-1}},$$

$$b_3 = \dfrac{-\begin{vmatrix} a_n & a_{n-6} \\ a_{n-1} & a_{n-7} \end{vmatrix}}{a_{n-1}}, \quad \cdots\cdots$$

直到其余的 b_i 均为零为止。第四行由第二行和第三行按同样的方法产生，依次类推。当且仅当劳斯阵列中第一列所有元素符号相同时，所有特征根的实部均为负，系统稳定；若第一列元素符号改变，则符号改变次数等于实部为正的特征根个数。

26　奈奎斯特（Nyquist）判据　假定系统在右半 s 平面没有开环极点，当频率 ω 从 0 变化到 ∞ 时，如果开环幅相特性曲线 $G(j\omega)H(j\omega)$ 不包围 $(-1, j0)$ 点，闭环系统稳定；如果通过 $(-1, j0)$ 点，系统有位于 $j\omega$ 轴上的闭环极点；如果顺时针包围 $(-1, j0)$ 点 N 次，系统有 $2N$ 个闭环极点位于右半 s 平面。在后两种情况下，系统都不稳定。见图 12.3-2。

如果系统在右半 s 平面有 P 个开环极点，当频率 ω 从 0 变化到 ∞ 时，开环幅相特性曲线 $G(j\omega)H(j\omega)$ 逆时针包围 $(-1, j0)$ 点的次数为 N，则当 $N = P/2$ 时，闭环系统是稳定的；否则不稳定，系统有 $(P-2N)$ 个闭环极点位于右半 s 平面。

在最小相位系统的对数开环频率特性曲线上，使 $\varphi(\omega) = -180°$ 的频率称为相位交界频率，记之为 ω_o，若 $20\lg|G(j\omega_o)H(j\omega_o)|<0$，说明幅值小于 1，开环幅相特性曲线不包围 $(-1, j0)$ 点，闭环系统稳定；否则不稳定，系统或具有虚数闭环极点，或具有实部为正的闭环极点。

如果最小相位系统中含有 ν 个积分环节 $1/s$，可起始于 $G(s)H(s)$ 平面的正实轴，半径为 ∞，顺时针旋转 $\nu \cdot \dfrac{\pi}{2}$ 绘制虚弧线与 $G(j\omega)H(j\omega)$ 的低频段相连，然后利用奈奎斯特判据确定闭环系统的稳定性。图 12.3-3 对应的系统具有两个积分环节。

27　稳定裕量　实际系统的模型总存在误差，参数也随运行条件而变化。因此，一个工程上可用的系统，不仅应当稳定，而且必须有一定的稳定裕量。最小相位系统稳定裕量是指幅相开环特性曲线与 $(-1, j0)$ 点的距离，它可以同时用下面两个指标表示。

（1）相位裕量　相位裕量定义为

$$\gamma = 180° + \varphi(\omega_c) \tag{12.3-5}$$

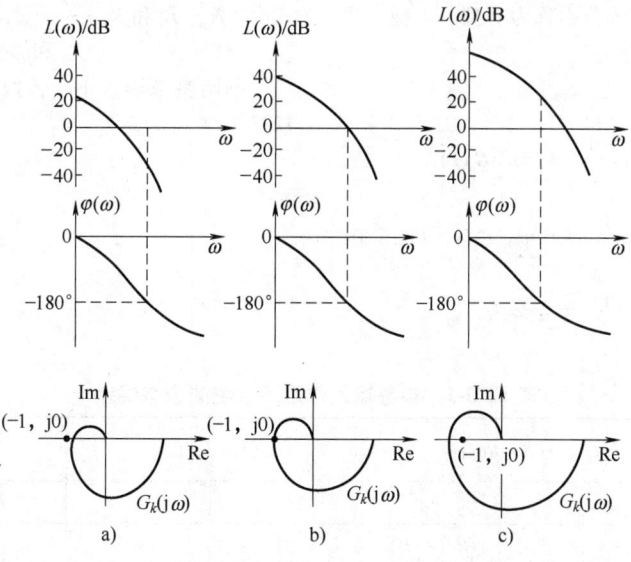

图 12.3-2　最小相位系统的奈奎斯特判据

a) 稳定　b) 不稳定　c) 不稳定

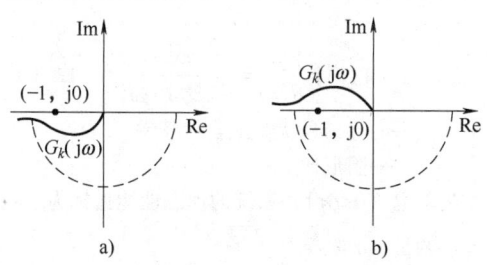

图 12.3-3　Ⅱ型系统的奈奎斯特判据

a) 稳定　b) 不稳定

式中　ω_c——幅值交界频率，又称穿越频率，$|G(j\omega_c)H(j\omega_c)|=1$。$\gamma>0$，系统稳定，否则不稳定。通常要求 γ 在 $30° \sim 60°$ 之间。

（2）幅值裕量　幅值裕量定义为

$$K_g = 1/|G(j\omega_o)H(j\omega_o)|$$

或　$K_g(\mathrm{dB}) = -20\lg|G(j\omega_o)H(j\omega_o)|$　（12.3-6）

式中　ω_o——相位交界频率。

$K_g(\mathrm{dB})>0$，系统稳定，通常要求 $K_g(\mathrm{dB})$ 在 $6 \sim 8\mathrm{dB}$ 之间。

3.3　控制系统的稳态误差

28　稳态误差　典型闭环控制系统见图 12.3-4。系统在输入信号作用下，由原来的平衡状态过渡到新的稳态。稳态时，系统的实际输出与希望输出之间的偏差，称为稳态误差，即

$$e_{ss} = \lim_{t\to\infty}e(t) = \lim_{t\to\infty}\left[\hat{y}(t)-y(t)\right]　(12.3-7)$$

式中　$\hat{y}(t)$——希望输出；

$y(t)$——实际输出。

在系统分析和设计中，通常将输出反馈信号 $f(t)$ 与参考输入 $r(t)$ 之差定义为误差，即 $e(t)=r(t)-f(t)$。

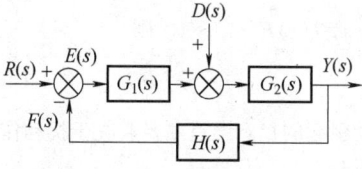

图 12.3-4　典型闭环控制系统

29　参考输入作用下的稳态误差　图 12.3-4 中，令扰动 $D(S)=0$，系统相对参考输入的误差传递函数为

$$\frac{E(s)}{R(s)} = \frac{1}{1+G_1(s)G_2(s)H(s)} = \frac{1}{1+G_o(s)}$$

（12.3-8）

显然，误差只与开环传递函数 $G_o(s)=G_1(s)G_2(s)H(s)$ 和输入信号有关。在分析稳态误差时，系统开环传递函数一般应写成如下形式

$$G_o(s) = \frac{K(T_a s+1)(T_b s+1)\cdots+(T_m s+1)}{s^v(T_{v+1}s+1)(T_{v+2}s+1)\cdots(T_\nu s+1)}$$

（12.3-9）

式中　K——系统开环增益；

ν——前向通道中积分环节的个数，称为无差度，通常 $\nu \leqslant 2$。

当 $\nu=0$, 1, 2, 系统分别称为 0 型、I 型、II 型系统。稳态误差

$$e_{ss}=\lim_{t\to\infty}e(t)=\lim_{s\to0}sE(s)=$$

$$\lim_{s\to0}\frac{sR(s)}{1+G_o(s)}=\begin{cases}\frac{1}{1+K_p} & R(s)=\frac{1}{s} & K_p=\lim_{s\to0}G_o(s)\\[2mm]\frac{1}{K_v} & R(s)=\frac{1}{s^2} & K_v=\lim_{s\to0}sG_o(s) \quad(12.3\text{-}10)\\[2mm]\frac{1}{K_a} & R(s)=\frac{1}{s^3} & K_a=\lim_{s\to0}s^2G_o(s)\end{cases}$$

式中　K_p、K_v 和 K_a——位置误差系数、速度误差系数和加速度误差系数。

不同参考输入下, 各型系统的稳态误差见表 12.3-1。

表 12.3-1　参考输入作用下系统的稳态误差

系统无差度 ν	$r(t)=Ru(t)$		$r(t)=Rtu(t)$		$r(t)=\frac{R}{2}t^2u(t)$	
	K_p	e_{ss}	K_v	e_{ss}	K_a	e_{ss}
0	K	$R/(1+K)$	0	∞	0	∞
1	∞	0	K	R/K	0	∞
2	∞	0	∞	0	K	R/K

30　扰动引起的稳态误差　对于图 12.3-4 所示的系统, 令参考输入 $R(s)=0$, 扰动 $D(s)$ 引起的误差为

$$E_D(s)=-\frac{G_2(s)H(s)}{1+G_1(s)G_2(s)H(s)}D(s) \quad(12.3\text{-}11)$$

如果 $|G_1(s)G_2(s)H(s)|\gg1$, 则

$$E_D(s)\approx\frac{1}{G_1(s)}D(s) \quad(12.3\text{-}12)$$

可见扰动引起的稳态误差主要取决于扰动作用点前的环节 $G_1(s)$。

系统实际工作时的误差是参考输入和扰动单独作用时产生的误差的叠加。

31　改善系统稳态误差的措施　1) 增加系统前向通道中积分环节的个数; 在扰动作用点前引入积分环节可以降低或消除扰动作用产生的稳态误差。但增加积分环节会影响系统的动态特性和稳定性, 前向通道中积分环节一般不得超过两个。2) 增大开环增益, 可提高系统跟随参考输入的能力; 提高扰动作用点前的增益可降低扰动引起的稳态误差。但开环增益过大会影响系统的动态特性和稳定性。3) 采用复合控制。

3.4　控制系统的动态性能分析

32　二阶系统动态性能指标　典型二阶系统的闭环传递函数为

$$W(s)=\frac{Y(s)}{R(s)}=\frac{\omega_n^2}{s^2+2\zeta\omega_n+\omega_n^2} \quad(12.3\text{-}13)$$

式中　ω_n——系统的无阻尼自然频率;
　　　ζ——阻尼比。

欠阻尼 $(0<\zeta<1)$ 系统的动态性能指标为

过调量　$\sigma\%=e^{-\pi\zeta/\sqrt{1-\zeta^2}}$

上升时间　$t_r=\frac{\pi-\arccos\zeta}{\omega_d}$

调整时间　$t_s=\frac{3}{\zeta\omega_n}$, $\Delta=0.05$;

　　　　　$t_s=\frac{4}{\zeta\omega_n}$, $\Delta=0.02$

式中　$\omega_d=\omega_n\sqrt{1-\zeta^2}$——系统的阻尼振荡频率。

33　由频率特性估计系统性能指标　对于典型二阶系统, 时域性能指标 $(\sigma\%, t_s)$, 是由 ω_n 和 ζ 决定的。而 ω_n 和 ζ 与开环频率特性 (γ, ω_c), 和闭环频率特性 (ω_b, M_r) 之间存在以下准确的关系:

$$\gamma=\arctan\frac{2\zeta}{\sqrt{\sqrt{1+4\zeta^2}-2\zeta^2}}$$

$$\omega_c=\omega_n\sqrt{\sqrt{1+4\zeta^2}-2\zeta^2}$$

$$\omega_r=\omega_n\sqrt{1-2\zeta^2}$$

$$M_r=\frac{1}{2\zeta\sqrt{1-\zeta^2}} \quad(12.3\text{-}14)$$

对于高阶系统，可利用以下近似关系：

$$M_r \approx \frac{1}{\sin\gamma} \qquad \omega_b \approx \frac{\omega_c}{\sqrt{\cos^2\gamma+1}-\cos\gamma}$$

$$(12.3\text{-}15)$$

式中　ω_c 和 γ——开环增益交界频率和相位裕量；

ω_b 和 M_r——闭环系统的频宽和谐振峰。ω_b 愈大，系统响应速度愈快。

γ 在 $30° \sim 70°$ 之间时，ω_b 与 ω_c 之比在 $2.19 \sim 1.4$ 之间变化。

闭环谐振峰 M_r 与超调量 $\sigma\%$ 之间的关系可以用下面近似公式表达：

$$\sigma = 0.16 + 0.4(M_r - 1) \qquad (12.3\text{-}16)$$

$$M_r = \frac{\sigma - 0.16}{0.4} + 1$$

其中，$1.1 \leqslant M_r \leqslant 2$，$0.2 \leqslant \sigma \leqslant 0.56$。

3.5　根轨迹法

34　根轨迹和根轨迹方程　控制系统的稳定性和运动模态由闭环极点（系统特征根）在 s 平面上的位置决定。掌握系统参数变化时闭环极点在 s 平面上位置如何改变是很重要的。

根轨迹是指当系统某个参数（如增益）从 0 变化到 ∞ 时，系统特征根在 s 平面上移动的轨迹。以增益作为参变量的根轨迹称为常规根轨迹，以其他参数作为参变量的称为广义根轨迹。系统的特征方程也可写成为

$$1 + G(s)H(s) = 0 \quad 或 \quad G(s)H(s) = -1$$

$$(12.3\text{-}17)$$

式中　$G(s)H(s)$——系统的开环传递函数：

$$G(s)H(s) = \frac{K(s-z_1)\cdots(s-z_m)}{(s-p_1)\cdots(s-p_n)} \quad n \geqslant m$$

$$(12.3\text{-}18)$$

式中　　　K——根轨迹增益；

$z_1, \cdots, z_m$——开环零点；

$p_1, \cdots, p_n$——开环极点。

比较式（12.3-17）和式（12.3-18），可知根轨迹上的点应满足以下两个基本条件：

（1）幅角条件：设 $k = 0, \pm 1, \pm 2, \cdots$

$$\sum_{i=1}^{m} \angle s - z_i - \sum_{j=1}^{n} \angle s - p_i = (2k+1)180°$$

$$(12.3\text{-}19)$$

（2）模条件：　$K = \dfrac{\prod\limits_{j=1}^{n} |s - p_j|}{\prod\limits_{i=1}^{m} |s - z_i|}$ （12.3-20）

如果 s 平面某一点满足幅角条件，它必定是系统的特征根，该点对应的增益 K 值可根据模条件确定。根轨迹的分支数等于开环极点数（n），且对称于实轴，n 条分支起始于开环极点，终止于 m 个开环零点，有（$n-m$）条分支将伸展到无限远处，并呈对称发散状。若实轴上某区间右方的开环零极点数是奇数，该区间一定是根轨迹。根轨迹的大致形状可以在完成渐近线、根轨迹分支的交点、出射角、入射角、以及与虚轴的交点的计算后构画出来。典型系统的根轨迹见图 12.3-5。

35　高阶系统的主导极点　系统暂态响应中的自由分量是由系统闭环极点对应的模态的线性组合。对于稳定的高阶系统，如果忽略那些幅值相对很小、持续时间相对很短的模态，只保留那些起主导作用的模态，原来的高阶系统就可以用低阶系统来近似分析。下面两种情况下，高阶系统可以降阶处理。如果有一对零、极点十分接近，则该极点对应的模态幅值很小，可以忽略；如果某极点距 $j\omega$ 轴很远，则对应的模态衰减很快，且幅值很小，可以忽略。按上述方法处理后所剩下的极点称为系统的主导极点。如果主导极点只包括一对共轭复数极点（工程上通常希望高阶系统的暂态响应呈衰减振荡过程），高阶系统就可以近似为二阶系统来分析设计。在进行系统降阶处理时，应注意保持系统稳态增益不变。

36　由根轨迹估计系统动态性能　二阶欠阻尼系统极点在 s 平面的位置与参数的关系为

$$|op_1| = \omega_n, \quad \alpha = \arccos\zeta \qquad (12.3\text{-}21)$$

由该式可以画出等 ζ（阻尼比）线、等 t_s（调整时间）线、等 ω_d（阻尼振荡频率）线。对于高阶系统，在根轨迹靠近虚轴的分支上，确定一对共轭复数主导极点，求出对应的 K 值，并验证这对极点是否构成主导极点，主导极点确定后即可根据二阶系统公式估计高阶系统的性能指标。

根轨迹法常用于快速的近似设计。首先根据给定的系统性能指标，画出等 ζ、等 t_s、等 ω_d 线，见图 12.3-6，从而决定闭环主导极点在 s 平面上希望的分布位置，然后确定 K 值。如果单纯调整 K 不能达到要求，则需要引入校正装置。

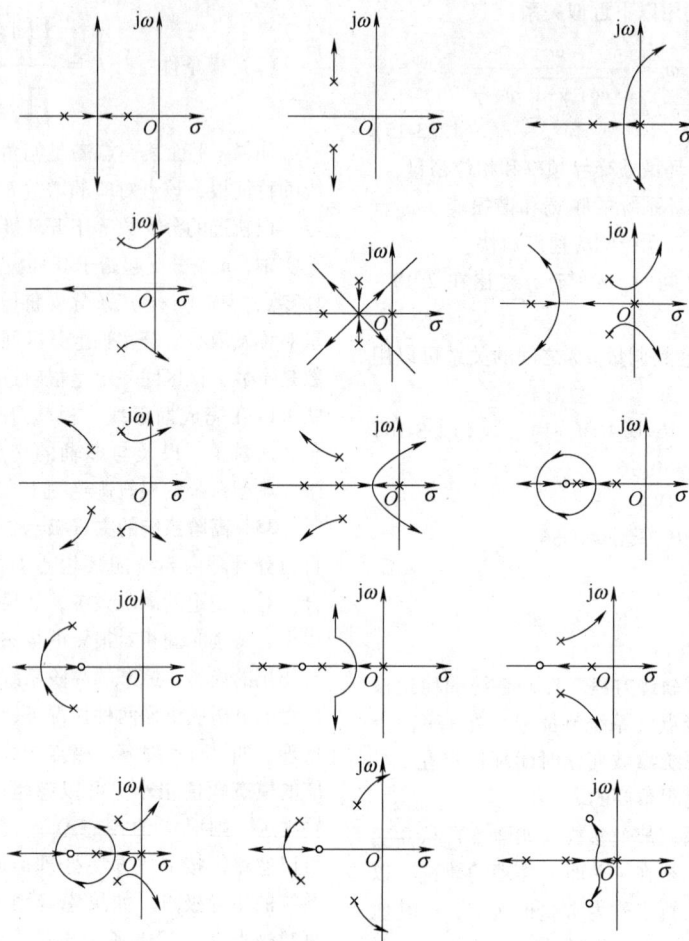

图 12.3-5　典型系统开环零、极点分布和根轨迹

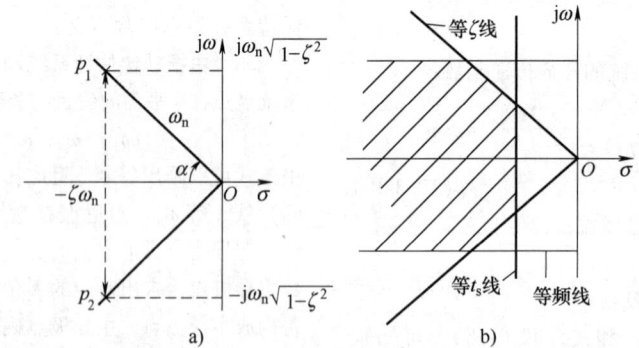

图 12.3-6　二阶系统特征根位置与动态性能的关系

第4章 线性连续控制系统设计概要

4.1 控制系统设计的基本概念

37 基本控制规律 用经典法设计控制系统时,若原系统不满足性能指标,则需要引入校正(补偿)装置。校正装置按接入系统的方式有串联校正、并联校正和复合控制。控制系统校正见图 12.4-1。

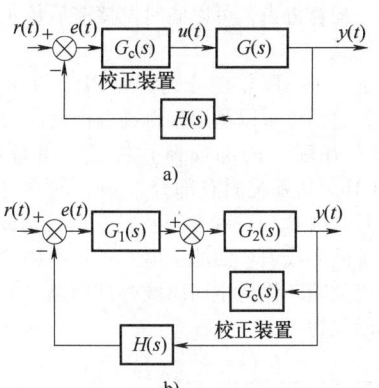

图 12.4-1 控制系统校正
a) 串联校正 b) 并联校正

校正装置对误差信号所进行的运算称为系统的控制规律,串联校正装置根据所实现的控制规律可分为比例、积分、比例加积分、比例加微分、比例加积分加微分控制器等。

(1)比例(P)控制器 比例控制器的传递函数为

$$G_c(s) = K_P \qquad (12.4-1)$$

它的作用是调整系统的开环增益以满足稳态误差和响应速度的要求。但 K_P 过大往往会导致动态特性和稳定性恶化。

(2)比例加积分(PI)控制器 比例加积分控制器的传递函数为

$$G_c(s) = K_P + \frac{K_I}{s} \qquad (12.4-2)$$

它的输出信号包含误差信号的积分,这样即使当误差衰减到零以后,控制器仍保持一定的作用。PI 控制器最主要的作用是提高系统无差度。如果原系统对于给定输入的稳态误差是一常数,引入 PI 控制器后,只要系统稳定,稳态误差将变为零。但 PI 控制器会使系统响应趋缓,稳定性变差。工程上采用的 PI 控制器通常取

$$G_c(s) = K\frac{\tau_I s + 1}{T_I s + 1} \qquad T_I > \tau_I \qquad (12.4-3)$$

(3)比例加微分(PD)控制器 比例加微分控制器的传递函数为

$$G_c(s) = K_P + K_D s \qquad (12.4-4)$$

所产生的控制作用不仅反映误差而且还反映误差的变化率。微分控制使系统阻尼比增加,起降低超调量、减小调节时间的作用。然而它给系统引入了一个零点,在使系统响应加快的同时,使超调量增大。因此,在 PD 控制器中,K_D 不宜过大。工程上采用的 PD 控制器通常取

$$G_c(s) = K\frac{T_D s + 1}{\tau_D s + 1} \quad T_D > \tau_D \quad 或 \quad G_c(s) = \frac{KTs}{Ts+1} \qquad (12.4-5)$$

(4)比例加积分加微分(PID)控制器 PD 控制器虽能改善系统阻尼,但对稳态性能改善甚微;PI 控制器虽能提高系统的无差度,但却带来上升时间和调节时间增大的影响。PID 控制器的传递函数:

$$G_c(s) = K_P + K_D s + K_I/s \qquad (12.4-6)$$

它综合了比例、微分、积分控制规律的优点。工程上采用的 PID 控制器通常取

$$G_c(s) = K \cdot \frac{(\tau_I s + 1)(T_D s + 1)}{(T_I s + 1)(\tau_D s + 1)} \quad T_I > \tau_I > T_D > \tau_D$$

$$(12.4-7)$$

38 基于最优二阶模型的 PID 校正 以典型二阶系统的开环传递函数:

$$G_o(s) = \frac{K}{s(Ts+1)}, KT < 1, \omega_n = \sqrt{K/T}, \zeta = \frac{1}{2}\sqrt{\frac{1}{KT}}$$

$$(12.4-8)$$

作为开环模型。通常把 $\zeta = 0.707$,即 $KT = 1/2$ 的情况称为二阶"最优"模型。它对应的相位裕量 $\gamma = 63°$,过调量 $\sigma\% = 4.6\%$,$t_s = 6T(\Delta = \pm 5\%)$。对于

不同的控制对象可按表 12.4-1 引入控制器，得到二阶最优模型。

表 12.4-1　基于最优二阶模型的 PID 校正（$T_1>T_2>T_3$）

被控对象 $G_p(s)$	$\dfrac{K_1}{T_1s+1}$	$\dfrac{K_1}{(T_1s+1)(T_2s+1)}$	$\dfrac{K}{(T_1s+1)(T_2s+1)(T_3s+1)}$
控制器 $G_c(s)$	$\dfrac{1}{2K_1T_1s}$	$\dfrac{T_1s+1}{2K_1T_2s}$	$\dfrac{(T_1s+1)(T_2s+1)}{2KT_3s}$

4.2　控制系统校正

39　超前校正　超前校正装置的传递函数为

$$G_c(s)=\frac{\alpha Ts+1}{Ts+1}\quad \alpha>1 \qquad (12.4\text{-}9)$$

其对数频率特性见图 12.4-2a，在两个转折频率的几何中心处，$\omega_m=\dfrac{1}{\sqrt{\alpha}\,T}$，提供的超前相角最大，$\varphi_m=\arcsin\dfrac{\alpha-1}{\alpha+1}$，幅值 $L(\omega_m)=10\lg\alpha$。将 ω_m 取为校正后系统的穿越频率，可以增加相位裕量，改善系统的动态性能，加快响应速度。

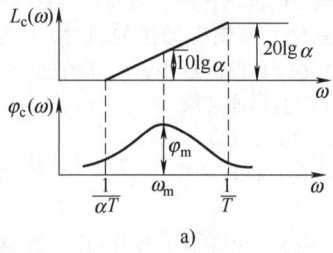

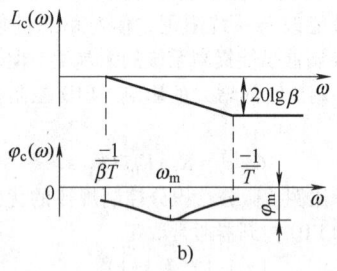

图 12.4-2　超前和滞后校正的频率特性
a）超前校正　b）滞后校正

40　滞后校正　滞后校正装置的传递函数为

$$G_c(s)=\frac{Ts+1}{\beta Ts+1}\quad \beta>1 \qquad (12.4\text{-}10)$$

其对数频率特性见图 12.4-2b。滞后校正是利用在中、高频段衰减的特性，使穿越频率向较低方向移动而同时保持相频特性曲线形状在穿越频率附近不变，从而提高系统相位裕量。为了尽量减小装置的相位滞后影响，转折频率 $1/T$ 应远远低于校正后系

统的穿越频率。

41　滞后—超前校正　滞后超前校正装置的传递函数为

$$G_c(s)=\frac{(T_1s+1)(\alpha T_2s+1)}{(\beta T_1s+1)(T_2s+1)} \qquad (12.4\text{-}11)$$

$$\frac{1}{\beta T_1}<\frac{1}{T_1}\ll\frac{1}{\alpha T_2}<\frac{1}{T_2}$$

相位滞后与超前的作用分别发生在低频段和中频段。如果配合得当，可以同时发挥滞后校正和超前校正的优点。

以上三种串联校正分别实现 PD、PI 和 PID 控制规律，它们也可以利用根轨迹进行设计。

42　并联（局部反馈）**校正**　并联校正见图 12.4-1b。从系统固有部分 $G_2(s)$ 的输出端引出反馈信号，由 $G_2(s)$ 和校正装置 $G_c(s)$ 构成的回路称为局部闭环或内环回路。由 $G_1(s)$ 与内环回路串联后构成的闭环称为主回路或外环回路。局部闭环的传递函数为

$$\frac{Y(s)}{R_1(s)}=\frac{G_2(s)}{1+G_2(s)G_c(s)}$$

$$\approx\begin{cases}G_2(s) & \text{如}\ |G_2(s)G_c(s)|\ll1 \\[2mm] \dfrac{1}{G_c(s)} & \text{如}\ |G_2(s)G_c(s)|\gg1\end{cases}$$

$$(12.4\text{-}12)$$

该式表明，选择适当的 $G_c(s)$，可以在一定的频率范围内，将控制对象的特性改造成 $G_c(s)$ 的倒数，这就是综合局部反馈的基本原则。局部反馈校正具有以下优点：1）有局部反馈校正的系统对于控制对象参数的摄动的敏感度较低；2）局部负反馈使作用在内环回路（包括控制对象）上的各种扰动被削弱了。

工程上常用的速度反馈 $G_c(s)=K_c s$ 就是一种局部反馈，它能起到增加控制对象 $G_2(s)$ 的阻尼的作用，效果相当于串联超前校正；然而它降低了开环增益。而速度微分反馈，$G_c(s)=\dfrac{K_c T_c s^2}{T_c s+1}$，相当于控制对象 $G_2(s)$ 前串联一个滞后-超前校正。当控制对象 $G_2(s)$ 为一惰性环节，不易取得速度信号时，采用比例反馈 $G_c(s)=K_c$，仍可起减小对象时间常

4.3　复合控制

43　跟随输入的复合控制　增加前向通道中积分环节个数或提高开环增益，虽然可改善稳态性能，但会引起系统动态性能恶化。这种情况下，通常可采用复合控制来减小稳态误差。

为了减小系统对参考输入的稳态误差，可引入前馈控制 $G_r(s)$，见图 12.4-3a。系统误差为

$$E(s) = R(s) - Y(s) = \frac{1 - G_r(s)G_2(s)}{1 + G_1(s)G_2(s)}R(s)$$

$$(12.4\text{-}13)$$

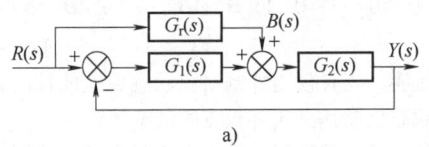

a)

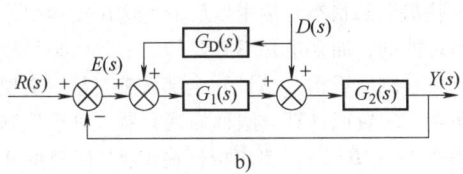

b)

图 12.4-3　复合控制
a) 跟随参考输入的复合控制　b) 抗干扰的复合控制

取 $G_r(s) = \dfrac{1}{G_2(s)}$，则可完全补偿控制对象 $G_2(s)$ 的惯性，达到"无偏差"跟踪。

对 $G_2(s)$ 完全补偿往往很难实现，只能部分地补偿。假设

$$\frac{1}{G_2(s)} = f_1 s + f_2 s^2 + \cdots \qquad (12.4\text{-}14)$$

可以证明，引入前馈控制 $G_r(s) = f_1 s$，如果原系统在斜坡输入下稳度误差不为零（Ⅰ型），就可使之变为零，相当于将原来的 Ⅰ 型系统变成将 Ⅱ 型系统；若取 $G_r(s) = f_1 s + f_2 s^2$ 就可以将原来的 Ⅰ 型系统变成为Ⅲ型系统。

44　抗干扰的复合控制　图 12.4-3b 所示是对扰动进行补偿的复合控制系统。误差对扰动的传递函数为

$$\frac{E(s)}{D(s)} = \frac{-[G_n(s) + G_1(s)G_D(s)]G_2(s)}{1 + G_1(s)G_2(s)}$$

$$(12.4\text{-}15)$$

若取扰动补偿环节

$$G_D(s) = -\frac{1}{G_1(s)} \qquad (12.4\text{-}16)$$

就可以使扰动对输出不产生影响，实现了系统对扰动的完全补偿。从上式求出的 $G_D(s)$ 的分子的阶次可能高于分母的阶次，往往很难实现。这时，可按

$$G_D(0) = \lim_{s \to 0} G_D(s) = \lim_{s \to 0}\left[-\frac{1}{G_1(s)}\right]$$

$$(12.4\text{-}17)$$

设计，虽不能做到 $e(t) \equiv 0$，但可以消除阶跃型扰动产生的稳态误差，实现对阶跃型扰动的静态补偿。

4.4　标准传递函数综合法

45　基于 ITAE 准则的标准传递函数综合法　标准传递函数综合法首先通过对某种性能指标极小化求得期望的闭环传递函数，称为标准传递函数，然后再确定串联校正装置的传递函数。

时间乘误差绝对值积分（ITAE）准则，参见式（12.1-4），能够限制长时间持续的暂态过程，即"爬行"现象，它的表达式为

$$J = \int_0^\infty t\,|e(t)|\,\mathrm{d}t \qquad (12.4\text{-}18)$$

工程中广泛应用的 Ⅰ 型和 Ⅱ 型系统的闭环传递函数可以设为

$$W(s) = \frac{b_m s^m + b_{m-1}s^{m-1} + \cdots + b_1 s + b_0}{s^n + a_{n-1}s^{n-1} + \cdots + a_1 s + a_0}$$

$$(12.4\text{-}19)$$

不难看出，对于 Ⅰ 型系统 $b_0 = a_0$，Ⅱ 型系统 $b_0 = a_0$，$b_1 = a_1$。

阶跃输入下稳态误差为零的闭环传递函数 $W(s)$ 有很多可能的形式。其中，分子仅包含 b_0，且 $b_0 = a_0$ 的称为阶跃零误差系统；分子仅包含 $b_1 s + b_0$，且 $b_0 = a_0$，$b_1 = a_1$ 的称为斜坡零误差系统。对于这两种系统，可直接利用已推导出的使 ITAE 性能指标最小的标准传递函数。

46　基于巴特沃思（Butterworth）滤波器的标准传递函数综合法　一般控制系统的闭环频率特性都希望具有低通滤波器的性质。设系统频宽为 ω_b，要求幅频 $|W(j\omega)|$ 当 $0 < \omega < \omega_b$ 时尽量接近于 1，而当 $\omega > \omega_b$ 时，迅速衰减到零，以抑制高频干扰。巴特沃思滤波器就是按照这个要求设计的，其频率特性为

$$|W(j\omega)|^2 = \frac{1}{1 + (\omega/\omega_b)^{2n}} = \begin{cases} 1 & \omega \ll \omega_b \\ 0.5 & \omega = \omega_b \\ 0 & \omega \gg \omega_b \end{cases}$$

$$(12.4\text{-}20)$$

当阶数 n 愈大时，$W(j\omega)$ 的低频段越平坦，高频

段下降越陡。

可直接利用根据式（12.4-20）推导出的不同阶数 n 的传递函数 $W(s)$ 的表达式。

根据标准传递函数综合串联校正装置，设单位反馈系统的闭环传递函数为 $W(s)$，控制对象和校正装置传递函数分别为 $G_\mathrm{P}(s)$ 和 $G_\mathrm{c}(s)$，则

$$W(s)=\frac{G_\mathrm{c}(s)G_\mathrm{P}(s)}{1+G_\mathrm{c}(s)G_\mathrm{P}(s)} \quad G_\mathrm{c}(s)=\frac{W(s)}{G_\mathrm{P}(s)[1-W(s)]}$$

（12.4-21）

由于在确定标准传递函数时不能照顾到系统固有部分的 $G_\mathrm{P}(s)$，因而综合得到的 $G_\mathrm{c}(s)$ 往往比较复杂，实现比较困难，这时可采用数字计算机作为控制手段来实现。

4.5　状态反馈和状态观测器

47　极点配置设计法　状态反馈不但能实现闭环系统极点的任意配置，而且也是实现系统解耦和最优控制的主要手段。输出反馈可看成部分的状态反馈，效果显然没有状态反馈好。

极点配置法是一种基于状态空间模型的设计方法，也称时域法或现代设计方法。利用极点配置法时，首先设计调节系统（相当于参考输入 $r=0$），见图 12.4-4a，然后在此基础上引入参考输入，最终完成跟踪系统的设计。控制器由观测器和控制规律两部分组成。观测器的作用是根据输出量 y 和控制量 u 重构系统的状态，用于状态反馈。

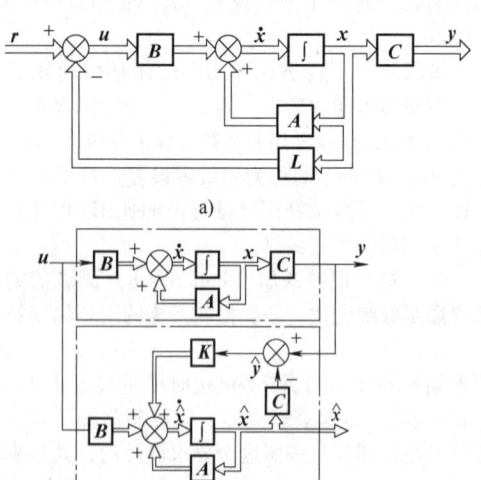

图 12.4-4　按极点配置法设计的调节系统
a）状态反馈控制　b）渐近状态观测器

为了便于讨论，考虑单输入单输出控制对象

$$\dot{x}=Ax+Bu \quad (12.4\text{-}22)$$

设控制规律采用线性状态反馈

$$u=-Lx \quad (12.4\text{-}23)$$

则闭环系统的状态方程为

$$\dot{x}=(A-BL)x \quad (12.4\text{-}24)$$

闭环系统的特征方程为

$$\Delta_\mathrm{c}(s)=\det(sI-(A-BL))=0 \quad (12.4\text{-}25)$$

若根据性能要求确定的期望的极点为 $p_1,\cdots,p_n$，则有

$$\det(sI-(A-BL))=(s-p_1)\cdots(s-p_n) \quad (12.4\text{-}26)$$

反馈增益矩阵 $L_{n\times1}$ 的每个元素可用待定系数法从上式得到。也可根据下式计算

$$L=(0\ 0\ \cdots\ 0\ 1)[B\ AB\ \cdots\ A^{n-1}B]^{-1}\Delta_\mathrm{c}(A) \quad (12.4\text{-}27)$$

该式表明，当且仅当控制对象状态完全能控时，可通过状态反馈达到闭环极点的任意配置。

48　状态观测器　按极点配置设计的控制规律要求获得全部状态变量用以反馈。这在实际中往往是不可能的，而且也是不必要的。为此，必须根据输出的量测值重构（估计）全部状态变量。实现状态重构的装置或计算方法称为观测器。对于控制对象模型 $\Sigma(A,B,C)$，要求根据输出 y，控制量 u 及模型参数 (A,B,C) 重构系统的状态，记之为 $\hat{x}$，见图 12.4-4b，其数学描述为

$$\dot{\hat{x}}=A\hat{x}+Bu+K(y-C\hat{x})=(A-KC)\hat{x}+Bu+Ky \quad (12.4\text{-}28)$$

其中，K 称为观测器的增益矩阵。将式（12.4-22）减去式（12.4-28），得

$$\dot{\tilde{x}}=(A-KC)\tilde{x} \quad (12.4\text{-}29)$$

式中，$\tilde{x}=x-\hat{x}$ 为估计误差，从式（12.4-29）可知观测器的特征方程为

$$\Delta_\mathrm{o}(s)=\det(sI-(A-KC)) \quad (12.4\text{-}30)$$

若根据 $\hat{x}$ 逼近 x 的方式确定观测器的极点为 $\beta_1,\cdots,\beta_n$，则有

$$\det(sI-(A-KC))=(s-\beta_1)\cdots(s-\beta_n) \quad (12.4\text{-}31)$$

将上式展开，利用待定系数法可求出 K 的每个元素。也可按下式计算：

$$K=\Delta_\mathrm{o}(A)\begin{pmatrix} C \\ CA \\ \vdots \\ CA^{n-1} \end{pmatrix}^{-1}\begin{pmatrix} 0 \\ \vdots \\ 0 \\ 1 \end{pmatrix} \quad (12.4\text{-}32)$$

该式表明，当且仅当控制对象状态能观时，$\hat{x}$ 能以

希望的方式逼近 x。

以上利用极点配置法分别设计出控制规律和观测器。整个闭环系统的状态为 $[x \quad \hat{x}]^T$，可以证明，它的特征方程为 $\Delta(s) = \Delta_c(s) \cdot \Delta_o(s)$。这表明，闭环系统的极点就是由状态反馈所决定的极点（控制极点）和观测器极点两部分组成，这个性质称为分离性原理，它使得控制器的设计可以分开为独立的两个步骤来进行。控制极点反映了对闭环系统的动态性能要求；观测器极点是附加极点。为了尽量减小观测器极点对系统性能的影响，它们离 $j\omega$ 轴的距离应远远大于控制极点离 $j\omega$ 轴的距离，这和 $\hat{x}$ 快速跟踪 x 的要求也是一致的。

上面讨论的状态观测器和被控对象的维数相同，故称为全维状态观测器。其实，有些状态变量可以由输出量测值而不必通过观测器得到。只要对象状态能观，若输出矩阵 C 的秩为 m，可以用 $n\text{-}m$ 维的降维状态观测器代替全维观测器。

49　解耦控制　又称为一对一控制。一般多输入多输出控制系统的每个输入分量和各个输出分量都关联。解耦就是设计合适的控制器使闭环系统的输入分量和输出分量之间存在一一对应关系。解耦系统的传递函数矩阵为对角矩阵，它可以当作一组独立的单变量系统来处理。实现系统解耦有两种方法。

（1）前馈补偿器 $G_r(s)$ 串联在待解耦系统 $G_p(s)$ 之前，使补偿后整个系统的传递函数矩阵为对角线形的有理函数矩阵 $G(s) = G_r(s) \cdot G_p(s)$。给定 $G(s)$，只要 $G_p(s)$ 非奇异，即可确定 $G_r(s) = G(s) \cdot G_p^{-1}(s)$。但 $G_r(s)$ 的引入将使系统的阶次（维数）增加。

（2）状态反馈解耦　状态反馈解耦的结构图见图 12.4-5。图中虚线框内为原待解耦系统 $\Sigma_o(A, B, C)$，K 是 $m \times n$ 实常数矩阵，H 是 $m \times m$ 实常数非奇异矩阵，v 和 y 分别为 m 维输入和输出向量。如果原系统 $\Sigma_o(A, B, C)$ 满足一定条件，状态反馈闭环系统将是一个解耦系统，其传递函数矩阵为对角阵 $\mathrm{diag}\left[\dfrac{1}{s^{d_i+1}} \quad \cdots \quad \dfrac{1}{s^{d_n+1}}\right]$，其中 d_i 是满足下列不等式

$$C_i A^l B \neq 0 \quad l = 0, 1, \cdots, m \quad (12.4\text{-}33)$$

的一个最小 l，其中 C_i 是系统输出矩阵 C 中的第 i 行向量，$i = 1, 2, \cdots, m$。

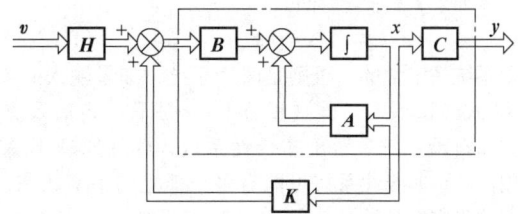

图 12.4-5　状态反馈解耦系统

第5章　非线性控制系统

5.1　非线性控制系统的基本概念

50　非线性控制系统　控制系统中，若有一个或几个环节是非线性的，这种控制系统称为非线性控制系统。非线性系统通常用非线性微分方程表示：

$$\dot{x} = f(x, u, t) \qquad (12.5\text{-}1)$$

式中　f——连续可微的非线性向量函数。

如果 f 不显含时间 t，

$$\dot{x} = f(x, u) \qquad (12.5\text{-}2)$$

则系统是定常的，否则是时变系统。如果输入 $u = 0$，式（12.5-2）、式（12.5-1）分别称为自治系统和非自治系统。对于非线性系统，叠加原理不适用。一个非线性系统可能有多个孤立的平衡状态，因此稳定性是针对各个平衡状态而言的，并不存在"系统稳定"的笼统概念。稳定性与输入信号和初始状态密切相关，暂态响应特性也会因初始状态和输入信号大小而迥然不同。

51　非线性系统的复杂性　非线性系统会产生线性系统中不可能见到的一些现象。

（1）极限环　非线性系统可能在没有外来激励时产生固定幅值和固定周期的振荡。这种振荡称为极限环或自持振荡。考虑范德堡（Van der Pol）方程

$$m\ddot{x} + 2c(x^2 - 1)\dot{x} + kx = 0 \qquad (12.5\text{-}3)$$

式中　m、c 和 k——正常数。

范德堡方程常用来描述非线性阻尼的质点-弹簧系统或含有非线性电阻的 RLC 电路。当 $|x| > 1$ 时，阻尼为正，系统向外界释放能量，运动趋向收敛；当 $|x| < 1$ 时，阻尼为负，系统从外界吸收能量，运动趋向发散。系统的运动既不无限增长，又不衰减到零，只能持续振荡。与线性系统等幅振荡不同，非线性自持振荡的幅值与初始状态无关，并且不易受系统参数变化的影响。

（2）混沌　稳定的线性系统的初始条件的微小改变只能引起系统输出的微小变化。然而，非线性系统的输出对初始状态极为敏感，这种现象称为混沌。混沌运动并不是随机过程，它所涉及的模型、输入以及初始状态不存在不确定性。

作为混沌运动的一个例子，考虑非线性微分方程

$$\ddot{x} + 0.1\dot{x} + x^5 = 6\sin t \qquad (12.5\text{-}4)$$

它描述机械结构在大的弹性挠曲和小阻尼下的正弦受迫运动。图 12.5-1 给出了对于两个几乎相同的初始状态 $x(0) = 3$，$\dot{x}(0) = 4$ 和 $x(0) = 3.01$，$\dot{x}(0) = 4.01$ 的响应。由于式（12.5-4）中存在强非线性项 x^5，经过一段时间后，两个响应将大不相同。

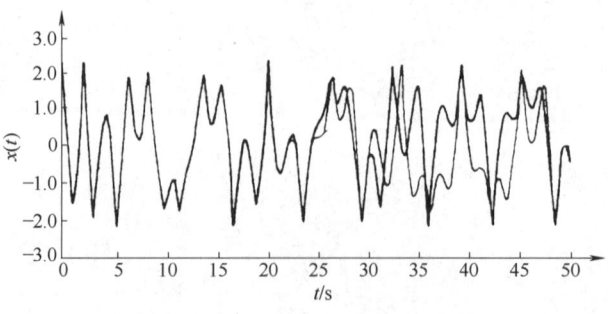

图 12.5-1　非线性系统的混沌特性

对于给定的系统，如果初始状态或输入使系统运行在强非线性区域，产生混沌的可能性就会增大。混沌现象的存在使长期运行时系统的响应不能准确地预测。因此，系统在什么情况下进入混沌，以及当进入混沌后如何才能退出混沌，是反馈控制中应当注意的问题。

（3）分歧（分支、分岔）　非线性系统的参数发生变化时，平衡点的个数和稳定性也可能变化，这就是分歧现象。使系统特性发生变化的参数值，称为临界值或分歧值。考虑无阻尼达芬（Duffing）方程

$$\ddot{x} + ax + x^3 = 0 \qquad (12.5\text{-}5)$$

描述的系统。当参数 a 由正变为负时，原来唯一的平衡点 $(0,0)$ 分裂为三个平衡点 $(0,0)$，$(\sqrt{-a},0)$，$(-\sqrt{-a},0)$，见图 12.5-2a。$a=0$ 为临界分歧值。这类分歧因平衡点-参数曲线的形状而得名为音叉分歧。

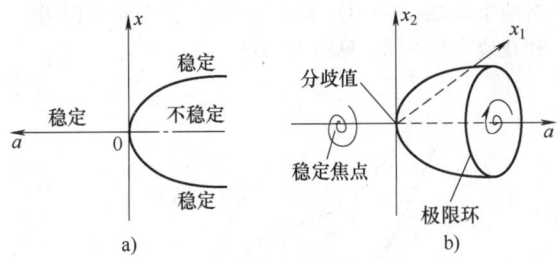

图 12.5-2　分歧现象
a）音叉分歧　b）Hopf 分歧

有的分歧涉及参数变化时出现极限环的现象。考虑系统

$$\dot{x}_1 = -x_2 + x_1[a - (x_1^2 + x_2^2)]$$

$$\dot{x}_2 = x_1 + x_2[a - (x_1^2 + x_2^2)] \qquad (12.5\text{-}6)$$

对参数 $a \leq 0$，系统有唯一的渐近稳定焦点 $(0,0)$；当 a 变为正时，$(0,0)$ 变为不稳定焦点，这时系统还出现一个稳定的极限环 $x_1^2 + x_2^2 = a$，见图 12.5-2b。这类分歧称为霍普夫（Hopf）分歧。

非线性系统还可能表现出其他特殊现象，如多值响应、跳跃谐振、分谐波振荡及频率牵引、停滞等。

52　典型非线性特性　非线性可分为固有非线性和人为非线性两大类。固有非线性是指系统环节固有的非线性特性，如饱和、死区、间隙、滞环、静摩擦和库仑摩擦等；而人为非线性则是为了改善控制系统的性能或者简化系统的结构，由设计者引入的一些非线性特性，如继电特性和 Bang-bang 最优控制规律等。

5.2　非线性系统的稳定性分析

53　非线性系统稳定性分析的线性近似法　线性近似法又称李雅普诺夫第一方法。考虑非线性自治系统［式（12.5-2）］，将 $f(x)$ 在平衡状态 x_e 附近按泰勒级数展开，并注意到在平衡状态 x_e，$f(x_e)=0$，有

$$f(x) = \left.\frac{\partial f}{\partial x}\right|_{x=x_e} \tilde{x} + g(x_e, \tilde{x}) \qquad (12.5\text{-}7)$$

其中，$\tilde{x}=x-x_e$ 是偏差向量，$g(x_e, \tilde{x})$ 是级数中所有 $\tilde{x}$ 等于和高于二阶的项，而

$$\left.\frac{\partial f}{\partial x}\right|_{x=x_e} = \begin{pmatrix} \frac{\partial f_1}{\partial x_1} & \cdots & \frac{\partial f_1}{\partial x_n} \\ \vdots & \cdots & \vdots \\ \frac{\partial f_n}{\partial x_1} & \cdots & \frac{\partial f_n}{\partial x_n} \end{pmatrix}_{x=x_e} = A$$

$$(12.5\text{-}8)$$

称为雅可比矩阵。非线性系统［式（12.5-2）］在平衡状态 x_e 邻域的线性化近似模型为

$$\dot{\tilde{x}} = A\tilde{x} \qquad (12.5\text{-}9)$$

李雅普诺夫证明了：如果 A 的所有特征值的实部均为负，则线性化近似模型渐近稳定，并且原非线性系统的平衡状态 x_e 也是渐近稳定的；只要 A 有一个特征值的实部为正，则线性化模型不稳定，原非线性系统的平衡状态 x_e 也不稳定；如果 A 的所有特征值的实部均不为正，但至少有一个特征值的实部为零，则线性化模型在李雅普诺夫意义下稳定，但在这种情况下，不能对非线性系统得出任何结论，原非线性系统的平衡状态 x_e 是否稳定取决于被忽略的高阶项。

54　李雅普诺夫直接法　简称直接法，又称李雅普诺夫第二方法。它可以不求解系统的运动方程，直接用李雅普诺夫稳定性定理判断平衡点的稳定性。

定理 1：设自治系统的状态方程为
$$\dot{x}=f(x) \quad 平衡状态 x_e=0 \quad f(0)=0 \quad (t \geq t_0)$$

$$(12.5\text{-}10)$$

若存在一个具有连续一阶偏导数的标量函数 $V(x)$，且满足下列条件：1）$V(x)>0$，即 $V(x)$ 是正定的，2）$\dot{V}(x) \leq 0$，即 $\dot{V}(x)$ 是负半定的，则系统的平衡状态 $x_e=0$ 在李雅普诺夫意义下稳定。

定理 2：对于系统（12.5-10），若存在一个具有连续一阶偏导数的标量函数 $V(x)$，且满足下列条件：1）$V(x)$ 是正定的，2）$\dot{V}(x)$ 是负定的，则系统的平衡状态 $x_e=0$ 是渐近稳定的。进一步，若 3）当 $\|x\| \to \infty$ 时，$V(x) \to \infty$，则系统的平衡状

态 $x_e = 0$ 是大范围（全局）渐近稳定的。

定理 3：对于系统（12.5-10），若存在一个具有连续一阶偏导数的标量函数 $V(x)$，且满足下列条件：1）$V(x)$ 是正定的，2）$\dot{V}(x)$ 是负半定的，而且，除了原点外，系统状态轨迹上 $\dot{V}(x)$ 不恒为零，则系统的平衡状态 $x_e = 0$ 是渐近稳定的。

定理 4：对于系统（12.5-10），若存在一个具有连续一阶偏导数的标量函数 $W(x)$，且满足下列条件：1）$W(x)$ 在原点的某一邻域内是正定的，2）$\dot{W}(x)$ 在同样的邻域内也是正定的，则系统的平衡状态 $x_e = 0$ 是不稳定的。

关于李雅普诺夫稳定性定理的说明：1）上面四个定理讨论的是平衡状态在原点时的稳定性。对于不在原点的平衡状态，可以通过坐标变换平移到坐标原点。2）定理 1~3 中的标量函数 $V(x)$ 称为李雅普诺夫函数，它可以看作自治系统受瞬时扰动而获得的"能量"，而 $\dot{V}(x)$ 表示该能量衰减的速度。李雅普诺夫函数的选择尚无通用方法。对于同一个系统，可以存在多个李雅普诺夫函数。3）定理 1~3 仅是稳定的充分条件，不是必要条件。4）关于非自治系统的稳定性，见参考文献［12］。

5.3　相平面法

55　相轨迹和相平面图

（1）相平面法　求解二阶系统的一种图解方法。考虑非线性二阶系统：
$$\dot{x}_1 = f_1(x_1, x_2)$$
$$\dot{x}_2 = f_2(x_1, x_2) \qquad (12.5\text{-}11)$$
它的状态空间是以 x_1 为横坐标，x_2 为纵坐标的平面，通常称为相平面。给定初始状态 $x(0) = x_0$，方程（12.5-11）确定一个解 $x(t)$。当时间 t 变化时，状态点 (x_1, x_2) 在相平面上运动，形成一条曲线，称为相轨迹。对于各种可能的初始状态，可以得到一族相轨迹。相平面和相轨迹族总称为相平面图或相图。

（2）相轨迹的斜率　二阶系统可以表示为微分方程
$$\ddot{x} + f(x, \dot{x}) = 0 \qquad (12.5\text{-}12)$$
选取状态变量 $x_1 = x$，$x_2 = \dot{x}$，则可得到相轨迹的斜率为
$$\frac{dx_2}{dx_1} = \frac{dx_2}{dt} \bigg/ \frac{dx_1}{dt} = \frac{-f(x_1, x_2)}{\dot{x}} \qquad (12.5\text{-}13)$$

若相轨迹与 x 轴相交，且在交点上 $f(x_1, x_2) \neq 0$，则相轨迹曲线与 x 轴垂直相交。

（3）奇点　相平面上的一个点 $(x, \dot{x})$ 只要不同时满足 $\dot{x} = 0$ 和 $f(x, \dot{x}) = 0$，则通过该点的相轨迹的斜率就由式（12.5-13）唯一确定，这种点称为常点，通过常点的相轨迹只有一条。同时满足 $\dot{x} = 0$ 和 $f(x, \dot{x}) = 0$ 的点称为奇点（平衡点）。通过奇点的相轨迹不止一条，且斜率不同。线性系统一般只有一个奇点，或者可能存在一个连续分布的奇点集合。然而，非线性系统往往具有一个以上的孤立奇点。例如，系统
$$\ddot{x} + 0.6\dot{x} + 3x + x^2 = 0 \qquad (12.5\text{-}14)$$
有两个奇点：$(0, 0)$ 和 $(-3, 0)$。两个奇点附近，相轨迹完全不同，见图 12.5-3。

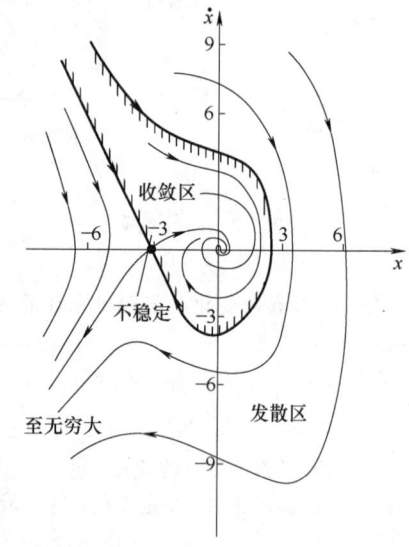

图 12.5-3　非线性系统［式（12.5-14）］的相图

56　极限环的稳定性　相平面上极限环是一条孤立的封闭相轨迹。孤立和封闭反映了极限周期运动的特征。极限环附近的相轨迹要么收敛于它，要么从它发散。极限环内部（外部）的相轨迹，永远不可能穿过极限环进入它的外部（内部）。极限环按稳定性可分为三类（见图 12.5-4）：1）稳定极限环。当 $t \to \infty$ 时，极限环附近的所有相轨迹都收敛于该极限环；这种极限环对应稳定的自持振荡。2）不稳定极限环。当 $t \to \infty$ 时，极限环附近所有相轨迹都逐渐远离该极限环；3）半稳定极限环。当 $t \to \infty$ 时，极限环内部（外部）的相轨迹都收敛于该极限环；而极限环外部（内部）的相轨迹都从该极限环发散。

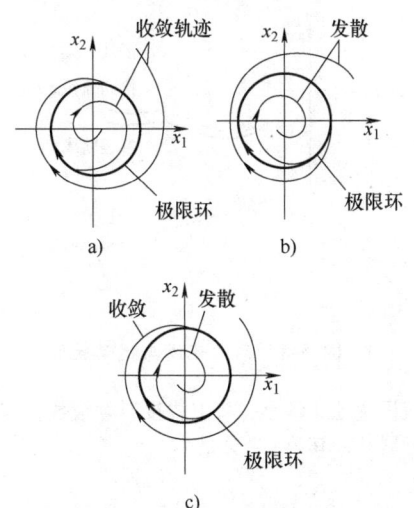

图 12.5-4 稳定、不稳定和半稳定极限环

a）稳定极限环 b）不稳定极限环 c）半稳定极限环

5.4 描述函数法

57 描述函数 描述函数是线性系统频率响应概念的推广。假定非线性系统可以看成由一个非线性环节 N 和线性部分 $G(s)$ 串联组成，见图 12.5-5。

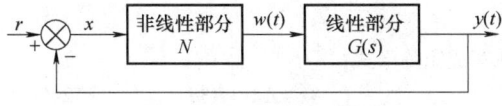

图 12.5-5 非线性系统

假设 N 的输入是正弦信号 $x(t) = A\sin\omega t$，输出为周期信号

$$w(t) = W_0 + \sum_{x=1}^{\infty}(a_k \sin k\omega t + b_k \sin k\omega t)$$
$$= W_0 + \sum_{k=1}^{\infty}W_k \sin(k\omega t + \phi_k) \quad (12.5\text{-}15)$$

由直流分量 W_0、基波和高次谐波组成。在 $w(t)$ 作用下，系统的线性部分 $G(s)$ 的输出 $y(t)$ 也包含有相应的频率分量；各个分量的幅值和相位取决于 $w(t)$ 中各次谐波的幅值和相位，以及线性部分的频率特性 $G(j\omega)$。

若非线性特性 N 关于原点对称，则 $w(t)$ 中直流分量为零，同时假设 $w(t)$ 中的谐波分量相对于基波很小，并且线性部分 $G(j\omega)$ 具有较好的低通滤波特性，则 $y(t)$ 中无直流分量，谐波分量也很小。这时可认为在非线性环节的输出 $w(t)$ 中，只有基波 $w_1(t) = W_1\sin(\omega t + \phi_1)$ 起作用，非线性环节的特性就可用输出中基波分量 $w_1(t)$ 与输入信号

$x(t)$ 之间的关系近似描述。

非线性元件的描述函数定义为输出中基波分量与正弦输入的复数符号之比

$$N(A,\omega) = \frac{W_1}{A}\mathrm{e}^{\mathrm{j}\phi_1} \quad (12.5\text{-}16)$$

若非线性环节中不包含储能元件，$w(t)$ 则与频率无关，描述函数只是输入的振幅的函数，$N = N(A)$。如果非线性环节的特性是单值且关于原点对称，$w(t)$ 为奇函数。式（12.5-15）中，$W_0 = 0$，$b_k = 0$，$\phi_k = 0$，描述函数是实数型非线性增益。

描述函数与线性系统的频率特性函数虽然都是用正弦输入和输出信号表示，但描述函数是振幅和频率的函数，而线性系统的频率特性与输入信号振幅无关。

58 非线性系统的描述函数分析 描述函数可以用来分析非线性系统的稳定性，判断系统是否存在极限环并确定极限环的幅值和频率。如果图 12.5-5 中的非线性特性与频率 ω 无关，系统存在自持振荡的必要条件为

$$N(A)G(j\omega) + 1 = 0 \quad G(j\omega) = -\frac{1}{N(A)}$$
$$(12.5\text{-}17)$$

如果系统的线性部分是最小相位的，根据奈奎斯特稳定性判据：当 ω 从 $-\infty$ 变到 $+\infty$ 时，若 $-1/N(A)$ 曲线没有被 $G(j\omega)$ 曲线包围，见图 12.5-6a，则系统是稳定的；若 $-1/N(A)$ 曲线被 $G(j\omega)$ 曲线包围，见图 12.5-6b，则系统是不稳定的；若 $-1/N(A)$ 曲线与 $G(j\omega)$ 曲线相交，见图 12.5-6c，则系统有可能产生自持振荡，其振幅和频率为交点上 $-1/N(A)$ 曲线的 A 值与 $G(j\omega)$ 曲线的 ω 值。若在交点处，当幅值 A 增大时，$-1/N(A)$ 曲线向 $G(j\omega)$ 曲线包围区域以内移动，则该交点的自持振荡是不稳定的，如图 12.5-6c 中的 b 点。反之，当 A 增大时，$-1/N(A)$ 曲线向 $G(j\omega)$ 曲线包围区域以外移动，则该交点的自持振荡是稳定的，如图 12.5-6c 中的 a 点就对应着稳定的自持振荡。

描述函数法是近似方法，如果曲线 $-1/N(A)$ 与 $G(j\omega)$ 几乎垂直相交，则所得结果的准确度比较高。若曲线 $-1/N(A)$ 与 $G(j\omega)$ 几乎相切，则以上判断的准确性在很大程度上依赖于 $G(j\omega)$ 的低通滤波特性。

若描述函数同时为振幅和频率的函数，即 $N = N(A,\omega)$，则可按图 12.5-7 绘制曲线族 $N(A,\omega)G(j\omega)$。复平面上曲线 $N(A,\omega)G(j\omega)$ 穿过 $(-1,0)$ 点表示可能产生自持振荡，振幅为该曲线的 A 值，频率为点 $(-1,0)$ 上的 ω 值。

在非线性控制系统中，应用描述函数法可以通

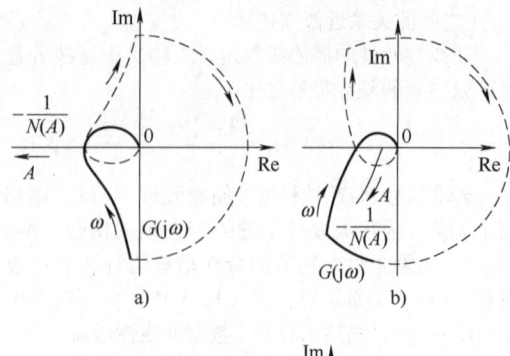

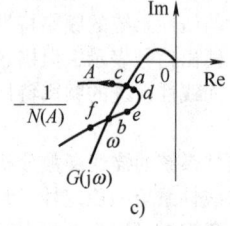

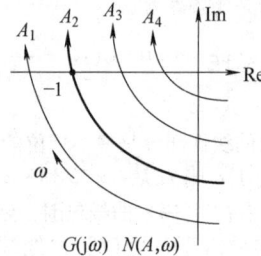

图 12.5-6 非线性系统的稳定性

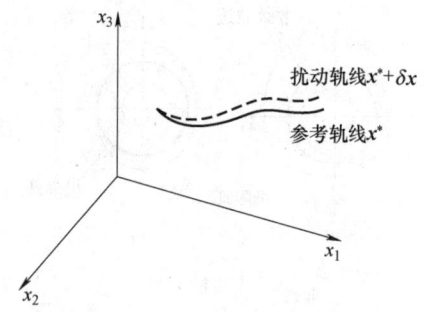

图 12.5-8 参考轨线与扰动轨线

由于假设扰动非常小，将上式按泰勒级数在参考轨迹附近展开，其第 j 个分量为

$$\dot{x}_j^* + \delta \dot{x}_j \approx f_j(\boldsymbol{x}^*,\boldsymbol{u}^*) + \frac{\partial f_j}{\partial x_1}\delta x_1 + \cdots +$$

$$\frac{\partial f_j}{\partial x_n}\delta x_n + \frac{\partial f_j}{\partial u_1}\delta u_1 + \cdots + \frac{\partial f_j}{\partial u_r}\delta u_r$$

$$(12.5-21)$$

利用式（12.5-19），式（12.5-21）变为

$$\delta \dot{x}_j = \frac{\partial f_j}{\partial x_1}\delta x_1 + \cdots + \frac{\partial f_j}{\partial x_m}\delta x_m + \frac{\partial f_j}{\partial u_1}\delta u_1 + \cdots +$$

$$\frac{\partial f_j}{\partial u_r}\delta u_r \quad j = 1,2,3,\cdots,n$$

$$(12.5-22)$$

或写成矩阵形式：

$$\delta \dot{\boldsymbol{x}} = \boldsymbol{A}\delta\boldsymbol{x} + \boldsymbol{B}\delta\boldsymbol{u} \qquad (12.5-23)$$

式中 $\boldsymbol{A}$ 和 $\boldsymbol{B}$——雅可比（Jacobian）矩阵

$$\boldsymbol{A} = \begin{pmatrix} \dfrac{\partial f_1}{\partial x_1} & \cdots & \dfrac{\partial f_1}{\partial x_n} \\ \vdots & \ddots & \vdots \\ \dfrac{\partial f_n}{\partial x_1} & \cdots & \dfrac{\partial f_n}{\partial x_n} \end{pmatrix}_{\substack{x=x^* \\ u=u^*}}$$

$$\boldsymbol{B} = \begin{pmatrix} \dfrac{\partial f_1}{\partial u_1} & \cdots & \dfrac{\partial f_1}{\partial u_r} \\ \vdots & \ddots & \vdots \\ \dfrac{\partial f_n}{\partial u_1} & \cdots & \dfrac{\partial f_n}{\partial u_r} \end{pmatrix}_{\substack{x=x^* \\ u=u^*}} \quad (12.5-24)$$

雅可比矩阵中所有偏导数均是沿参考轨道求值的。方程（12.5-23）非常重要，它说明尽管描述参考轨道的原始微分方程是非线性的，但是在小扰动下可以进行线性化处理。这种方法又称为小扰动法或摄动法。

60 反馈线性化 反馈线性化是 20 世纪 80 年

图 12.5-7 方程 $G(j\omega)N(A,\omega)+1=0$ 的图解法

过降低系统增益、引入校正网络或速度反馈，来消除不希望产生的自持振荡。

5.5 非线性系统的线性化

59 线性化近似方法 若非线性系统只限于在指定的工作点附近变化，或只限于在期望的参考轨线附近小扰动，则可以通过线性化来处理。考虑系统

$$\dot{\boldsymbol{x}} = \boldsymbol{f}(\boldsymbol{x},\boldsymbol{u}) \qquad (12.5-18)$$

它的参考轨线满足方程

$$\dot{\boldsymbol{x}}^* = \boldsymbol{f}(\boldsymbol{x}^*,\boldsymbol{u}^*) \qquad (12.5-19)$$

如图 12.5-8 中实线表示。参考输入 $\boldsymbol{u}^*(t)$ 产生参考轨线 $\boldsymbol{x}^*(t)$。系统的实际轨线在图中用虚线表示，它与参考轨线之间的关系为：$\boldsymbol{x} = \boldsymbol{x}^* + \delta\boldsymbol{x}$，$\boldsymbol{u} = \boldsymbol{u}^* + \delta\boldsymbol{u}$。

系统的原始非线性方程（12.5-18）可以表示为

$$\frac{\mathrm{d}}{\mathrm{d}t}(\boldsymbol{x}^* + \delta\boldsymbol{x}) = \dot{\boldsymbol{x}}^* + \delta\dot{\boldsymbol{x}} = \boldsymbol{f}(\boldsymbol{x}^* + \delta\boldsymbol{x}, \boldsymbol{u}^* + \delta\boldsymbol{u})$$

$$(12.5-20)$$

代发展起来的一种新颖的非线性控制设计方法。它的基本思想是通过代数变换将一个非线性系统的动态特性全部地或部分地变换成线性动态特性，从而可以应用成熟的线性控制方法。与处理小扰动的线性化方法完全不同，反馈线性化是通过严格的状态变换与反馈而达到的。

最简单形式的反馈线性化，就是抵消非线性并施加一个期望的线性动态特性。假定系统由能控标准型表示，即

$$\frac{\mathrm{d}}{\mathrm{d}t}\begin{pmatrix}x_1\\\vdots\\x_{n-1}\\x_n\end{pmatrix}=\begin{pmatrix}x_2\\\vdots\\x_n\\f(x)+b(x)u\end{pmatrix} \quad (12.5\text{-}25)$$

式中，$x=[x,\dot{x},\cdots,x^{(n-1)}]^{\mathrm{T}}$ 是状态向量，x 是标量输出，$f(x)$ 和 $b(x)$ 是状态的非线性函数，u 为标量控制输入。在上式中，若选取控制输入

$$u=\frac{\nu-f(x)}{b(x)} \quad (12.5\text{-}26)$$

就能抵消掉非线性而得到一个简单的输入-输出关系

$$x^{(n)}=\nu \quad (12.5\text{-}27)$$

控制律可取为

$$\nu=-a_0x-a_1\dot{x}-\cdots-a_{n-1}x^{(n-1)} \quad (12.5\text{-}28)$$

选择系数 $a_i,i=0,1,\cdots,n-1$，使多项式 $s^n+a_{n-1}s^{n-1}+\cdots+a_1s+a_0$ 所有特征根的实部均为负，从而保证系统

$$x^{(n)}+a_{n-1}x^{(n-1)}+\cdots+a_1\dot{x}+a_0x=0 \quad (12.5\text{-}29)$$

具有指数衰减的特性，即 $\lim\limits_{t\to\infty}x(t)\to0$。

对于跟踪参考轨迹 $x_\mathrm{d}(t)$ 的系统，可取

$$\nu=x_\mathrm{d}^{(n)}-a_0e-a_1\dot{e}-\cdots-a_{n-1}e^{(n-1)} \quad (12.5\text{-}30)$$

其中，$e=x(t)-x_\mathrm{d}(t)$ 为跟踪误差，该控制律可以保证 $e(t)$ 按指数规律衰减到零，从而实现指数收敛跟踪。

反馈线性化分为输入-状态线性化和输入-输出线性化两大类。输入-状态线性化可实现系统完全线性化，而输入-输出线性化只能实现部分的线性化。这两种方法已成功地应用于一些工程实际问题。然而，反馈线性化方法也存在以下局限性：1）并不对所有的非线性系统都适用；2）要求对全部状态量进行测量；3）当参数不确定或模型未包括对象某些动态特性时，系统鲁棒性没有保障。

5.6　非线性设计工具

61　滑模控制

滑模控制是一种变结构控制。考虑系统

$$\dot{x}=f(x,u,t) \quad x\in R^n,\ u\in R \quad (12.5\text{-}31)$$

假定存在一个切换函数（也称滑模函数）$s(x)$，$s\in R$，满足两个条件：1）可微；2）过原点，$s(0)=0$。按切换函数值，$s(x)>0$，$s(x)<0$ 和 $s(x)=0$，状态空间可分为三个区域。所有满足 $s(x)=0$ 的状态点组成的超曲面称为滑模流形（或滑模曲面、切换曲面）。滑模控制包含两个内容：1）选择 $s(x)$；2）设计滑模控制 $u_+(t)$ 和 $u_-(t)$，使系统分别从 $s(x)>0$ 和 $s(x)<0$ 所对应的区域，向滑模流形运动，并且在有限时间内到达滑模流形。在滑模流形上，系统渐近地收敛到原点。可见，滑模控制是通过到达和滑动两个过程来实现的。只要知道系统动态特性 f 的摄动范围，就能够确定滑模控制量，$u_+(t)$ 和 $u_-(t)$。也就是说，滑模控制对于模型的不确定性具有鲁棒性。而在滑动阶段，系统在滑模流形上的运动则完全受制于 $s(x)=0$，并不受 f 影响。

欲使滑模流形外的状态点运动到滑模流形 $s(x)=0$ 上，需满足能达性条件 $s(x)\dot{s}(x)\le0$ 据此，可以构造李雅普诺夫函数，$V(x)=s^2(x)/2$。如果

$$\dot{V}(x)=\frac{\mathrm{d}}{\mathrm{d}t}\left(\frac{1}{2}s^2(x)\right)=s(x)\dot{s}(x)<0$$

$$(12.5\text{-}32)$$

状态 $x(t)$ 都将沿着运动轨迹，收敛到滑模流形，且不会再离开滑模流形 $s(x)=0$。

应当指出，由于系统存在延迟和未被建模的高频模态，以及执行机构带宽限制，状态轨迹可能不会理想地保持在滑模流形内，而是在其附近来回穿梭，这就是所谓的抖振现象。如何降低抖振也是滑模控制设计中的重要问题。

下面举例说明滑模控制的要义。考虑二阶系统

$$\dot{x}=x_2$$

$$\dot{x}_2=h(x_1,x_2)+g(x_1,x_2)u$$

式中，h 和 g 的不确定性有界，在所有状态点 (x_1,x_2) 上，$g(x_1,x_2)\geqslant g_0>0$。这里的任务是设计一个状态反馈规律，使系统运动渐近收敛到原点 $\mathbf{0}=(0,0)$。

1）选择 $s(x)=ax_1+x_2$，滑模流形为 $s(x)=ax_1+x_2=0\Rightarrow\dot{x}_1=-ax_1$。取 $a>0$，则当 $t\to\infty$ 时，$x_1(t)$ 连同 $x_2(t)$ 将按指数规律衰减到零，即，$x(t)\to\mathbf{0}$。

2）确定滑模控制 $u(t)$。$s(x)$ 对时间的导数 $\dot{s}=a\dot{x}_1+\dot{x}_2=ax_2+h(x_1,x_2)+g(x_1,x_2)u$。

假设 h 和 g 满足有界条件

$$\left|\frac{ax_2+h(x_1,x_2)}{g(x_1,x_2)}\right|\le\rho(x_1,x_2),\quad\forall(x_1,x_2)\in\mathbf{R}^2$$

取李雅普诺夫函数 $V(x_1, x_2) = \dfrac{1}{2} s^2(x_1, x_2)$，则

$$\dot{V} = s\dot{s} = s[ax_2 + h(x_1, x_2) + g(x_1, x_2)u] \leqslant g(x_1, x_2)$$
$$|s|\rho(x_1, x_2) + sg(x_1, x_2)u$$
$$= g(x_1, x_2)|s|\left[\rho(x_1, x_2) + \frac{s}{|s|}u\right] = g(x_1, x_2)$$
$$|s|[\rho(x_1, x_2) + u\mathrm{sgn}(s)]$$

选取控制量 $u(t) = -\beta(\boldsymbol{x})\mathrm{sgn}(s)$，$\beta(\boldsymbol{x}) \geqslant \rho(\boldsymbol{x}) + \beta_0$，$\beta_0 > 0$，则有

$$\dot{V} \leqslant g(\boldsymbol{x})|s|[\rho(\boldsymbol{x}) - (\rho(\boldsymbol{x}) + \beta_0)] \leqslant -|s|g(\boldsymbol{x})\beta_0 <$$
$$= |s|g_0\beta_0 < 0 \Rightarrow V \to 0 \Rightarrow s \to 0$$

下面证明，$\boldsymbol{x}(t)$ 在有限时间内到达滑模流形 $s(\boldsymbol{x}) = 0$。到达阶段中，$s(\boldsymbol{x}(t)) = s(t) \neq 0$，

$$\dot{s} = a\dot{x}_1 + \dot{x}_2 = ax_2 + h(\boldsymbol{x}) + g(\boldsymbol{x})u, \quad u = -\beta(\boldsymbol{x})\mathrm{sgn}(s)$$

令 $w(t) = \sqrt{2V} = |s(t)|$。显然，$w(t)$ 和 $s(t)$ 同时衰减到零。又因为

$$\dot{w} = \frac{\mathrm{d}}{\mathrm{d}t}\sqrt{2V} = \frac{\dot{V}}{\sqrt{2V}} = \frac{\dot{V}}{|s|} \leqslant -g_0\beta_0$$

这说明 $w(t)$ 及 $s(t)$ 的衰减速度大于或等于 $g_0\beta_0$，所以 $w(s(t)) \leqslant w(s(0)) - g_0\beta_0 t$，$|s(t)| \leqslant |s(0)| - g_0\beta_0 t$。系统将在不超过 $\dfrac{|s(0)|}{g_0\beta_0}$ 的时间内到达滑模流形。

62　李雅普诺夫再设计

考虑受扰系统：

$$\dot{\boldsymbol{x}} = \boldsymbol{f}(t, \boldsymbol{x}) + \boldsymbol{G}(t, \boldsymbol{x})[\boldsymbol{u} + \boldsymbol{\delta}(t, \boldsymbol{x}, \boldsymbol{u})]$$
$$(12.5\text{-}33)$$

其中，$\boldsymbol{x} \in \boldsymbol{R}^n$ 是状态，$\boldsymbol{u} \in \boldsymbol{R}^m$ 是控制输入，$\boldsymbol{f}$ 和 $\boldsymbol{G}$ 明确给定；而不确定项 $\boldsymbol{\delta}(t, \boldsymbol{x}, \boldsymbol{u})$ 未知，它是由于模型简化或参数摄动等因素而产生的。第一步，暂不考虑 $\boldsymbol{\delta}(t, \boldsymbol{x}, \boldsymbol{u})$，有

$$\dot{\boldsymbol{x}} = \boldsymbol{f}(t, \boldsymbol{x}) + \boldsymbol{G}(t, \boldsymbol{x})\boldsymbol{u} \qquad (12.5\text{-}34)$$

称为（12.5-33）的标称模型。可以设计状态反馈控制规律 $\boldsymbol{u} = \boldsymbol{\psi}(t, \boldsymbol{x})$，使标称闭环系统

$$\dot{\boldsymbol{x}} = \boldsymbol{f}(t, \boldsymbol{x}) + \boldsymbol{G}(t, \boldsymbol{x})\boldsymbol{\psi}(t, \boldsymbol{x}) \qquad (12.5\text{-}35)$$

在原点 $\boldsymbol{x} = \boldsymbol{0}$ 一致渐近稳定。假设标称模型的李雅普诺夫函数 $V(t, \boldsymbol{x})$ 满足以下不等式

$$a_1(\|\boldsymbol{x}\|) \leqslant V(t, \boldsymbol{x}) \leqslant a_2(\|\boldsymbol{x}\|) \qquad (12.5\text{-}36)$$

$$\dot{V}(t, \boldsymbol{x}) = \frac{\partial}{\partial t}V(t, \boldsymbol{x}) + \frac{\partial}{\partial \boldsymbol{x}}V(t, \boldsymbol{x})[\boldsymbol{f}(t, \boldsymbol{x}) +$$
$$\boldsymbol{G}(t, \boldsymbol{x})\boldsymbol{\psi}(t, \boldsymbol{x})] \leqslant -a_3(\|\boldsymbol{x}\|) \qquad (12.5\text{-}37)$$

两个不等式中，$\|\boldsymbol{x}\|$ 是 $\boldsymbol{x}$ 的范数；a_1，a_2 和 a_3 是 K 类函数［严格递增，且 $a(0) = 0$］。

第二步，针对不确定项 $\boldsymbol{\delta}(t, \boldsymbol{x}, \boldsymbol{u})$，设计一个附加反馈控制 $\boldsymbol{v}$，使受扰系统式（12.5-33）在总的

控制 $\boldsymbol{u} = \boldsymbol{\psi}(t, \boldsymbol{x}) + \boldsymbol{v}$ 作用下，在原点一致渐近稳定。这里 $\boldsymbol{v}$ 的设计称为李雅普诺夫再设计。进一步假设当 $\boldsymbol{u} = \boldsymbol{\psi}(t, \boldsymbol{x}) + \boldsymbol{v}$ 时，不确定项的大小满足

$$\|\boldsymbol{\delta}(t, \boldsymbol{x}, \boldsymbol{\psi}(t, \boldsymbol{x}) + \boldsymbol{v})\| \leqslant \rho(t, \boldsymbol{x}) + \kappa_0\|\boldsymbol{v}\|, \quad 0 \leqslant \kappa_0 < 1$$
$$(12.5\text{-}38)$$

式中，函数 ρ 非负且连续，可理解为不确定项的边界。下面证明，给定李雅普诺夫函数 $V(t, \boldsymbol{x})$ 以及函数 $\rho(t, \boldsymbol{x})$ 和常数 κ_0，就能够设计附加反馈控制。

现在考虑受扰系统式（12.5-33），代入 $\boldsymbol{u} = \boldsymbol{\psi}(t, \boldsymbol{x}) + \boldsymbol{v}$，有

$$\dot{\boldsymbol{x}} = \boldsymbol{f}(t, \boldsymbol{x}) + \boldsymbol{G}(t, \boldsymbol{x})\boldsymbol{\psi}(t, \boldsymbol{x}) + \boldsymbol{G}(t, \boldsymbol{x})$$
$$[\boldsymbol{v} + \boldsymbol{\delta}(t, \boldsymbol{x}, \boldsymbol{\psi}(t, \boldsymbol{x}) + \boldsymbol{v})] \qquad (12.5\text{-}39)$$

引入扰动项后，标称闭环系统（12.5-34）的 $V(t, \boldsymbol{x})$ 沿式（12.5-39）轨迹对时间的导数

$$\dot{V} = \frac{\partial V}{\partial t} + \frac{\partial V}{\partial \boldsymbol{x}}(\boldsymbol{f} + \boldsymbol{G}\boldsymbol{\psi}) + \frac{\partial V}{\partial \boldsymbol{x}}\boldsymbol{G}(\boldsymbol{v} + \boldsymbol{\delta}) \leqslant$$
$$-a_3(\|\boldsymbol{x}\|) + \frac{\partial V}{\partial \boldsymbol{x}}\boldsymbol{G}(\boldsymbol{v} + \boldsymbol{\delta}) \qquad (12.5\text{-}40)$$

其中，$[\partial V/\partial \boldsymbol{x}]\boldsymbol{G}$ 为 m 维行向量，令 $\boldsymbol{w}^{\mathrm{T}} = [\partial V/\partial \boldsymbol{x}]\boldsymbol{G}$，则不等式（12.5-40）可写为

$$\dot{V} \leqslant -a_3(\|\boldsymbol{x}\|) + \boldsymbol{w}^{\mathrm{T}}\boldsymbol{v} + \boldsymbol{w}^{\mathrm{T}}\boldsymbol{\delta} \qquad (12.5\text{-}41)$$

上式中，第一项是无扰动标称系统的李雅普诺夫函数对时间的导数的上界函数，见不等式（12.5-37）；第二项和第三项分别表示附加控制 $\boldsymbol{v}$ 和不确定项 $\boldsymbol{\delta}$ 对稳定性的影响。显然，只要知道不确定项 $\boldsymbol{\delta}$ 的边界，就能够选择出 $\boldsymbol{v}$ 使 $\boldsymbol{w}^{\mathrm{T}}\boldsymbol{v} + \boldsymbol{w}^{\mathrm{T}}\boldsymbol{\delta} < 0$，进而使 $\dot{V}$ 在 $\boldsymbol{\delta}$ 存在情况下仍保持负定，从而消除不确定性对稳定性的影响。限于篇幅，下面仅介绍一种方法。

假设，在欧几里得范数 $\|\boldsymbol{x}\|_2 = \sqrt{x_1^2 + \cdots + x_n^2} = (\boldsymbol{x}^{\mathrm{T}}\boldsymbol{x})^{\frac{1}{2}}$ 下，不等式（12.5-38）成立，

$$\|\boldsymbol{\delta}(t, \boldsymbol{x}, \boldsymbol{\psi}(t, \boldsymbol{x}) + \boldsymbol{v})\|_2 \leqslant \rho(t, \boldsymbol{x}) + \kappa_0\|\boldsymbol{v}\|_2, 0 \leqslant \kappa_0 < 1$$

则有 $\boldsymbol{w}^{\mathrm{T}}\boldsymbol{v} + \boldsymbol{w}^{\mathrm{T}}\boldsymbol{\delta} \leqslant \boldsymbol{w}^{\mathrm{T}}\boldsymbol{v} + \|\boldsymbol{w}\|_2\|\boldsymbol{\delta}\|_2 \leqslant \boldsymbol{w}^{\mathrm{T}}\boldsymbol{v} + \|\boldsymbol{w}\|_2$ $[\rho(t, \boldsymbol{x}) + \kappa_0\|\boldsymbol{v}\|_2]$

取 $\boldsymbol{v} = -\eta(t, \boldsymbol{x})\dfrac{\boldsymbol{w}}{\|\boldsymbol{w}\|_2}$，$\eta(t, \boldsymbol{x}) \geqslant 0$，代入上式，得到

$$\boldsymbol{w}^{\mathrm{T}}\boldsymbol{v} + \boldsymbol{w}^{\mathrm{T}}\boldsymbol{\delta} \leqslant -\eta\|\boldsymbol{w}\|_2 + \rho\|\boldsymbol{w}\|_2 + \kappa_0\eta\|\boldsymbol{w}\|_2 = [\rho - (1 - \kappa_0)\eta]\|\boldsymbol{w}\|_2$$

不难看出，选择 $\eta(t, \boldsymbol{x}) \geqslant \dfrac{\rho(t, \boldsymbol{x})}{1 - \kappa_0}$，即可使 $\boldsymbol{w}^{\mathrm{T}}\boldsymbol{v} + \boldsymbol{w}^{\mathrm{T}}\boldsymbol{\delta} \leqslant 0$，$\dot{V}(t, \boldsymbol{x}) < 0$。

63　反步法

反步法可用来为级联系统设计状

态反馈。反步法设计中，首先从最后一级开始进行状态反馈设计，使其渐近稳定。紧接着再为由最后一级与其毗邻的前一级组成的复合系统进行设计，使其渐近稳定。以此类推，从后级向前级，直至拓展到最前一级，整个系统的镇定设计完成为止。每步设计中所使用的李雅普诺夫函数，可以逐次累加而得到。考虑单输入系统

$$\dot{\boldsymbol{\eta}} = f(\boldsymbol{\eta}) + g(\boldsymbol{\eta})\xi \qquad (12.5\text{-}42.1)$$
$$\dot{\xi} = u \qquad (12.5\text{-}42.2)$$

其中，$[\boldsymbol{\eta}^T, \xi]^T \in R^{(n+1)}$ 是状态，$u \in R$ 是控制输入。函数 $f: D \to R^n$ 和 $g: D \to R^n$ 在包含原点 ($\boldsymbol{\eta} = 0, \xi = 0$) 的定义域 $D \in R^n$ 中光滑，且 $f(0) = 0$。这是一个两级串联系统：式 (12.5-42.1) 是后级，输入为 ξ，式 (12.5-42.2) 是前级，输入为 u。这里的任务是设计一个状态反馈 $\xi = \phi(\boldsymbol{\eta})$，$\phi(0) = 0$，使系统 $\dot{\boldsymbol{\eta}} = f(\boldsymbol{\eta}) + g(\boldsymbol{\eta})\phi(\boldsymbol{\eta})$ 在原点渐近稳定。假设存在这样的状态反馈规律，并且李雅普诺夫函数 $V(\boldsymbol{\eta})$ 光滑，正定；$\dot{V}(\boldsymbol{\eta})$ 满足不等式

$$\dot{V} = \frac{\partial V}{\partial \boldsymbol{\eta}}[f(\boldsymbol{\eta}) + g(\boldsymbol{\eta})\phi(\boldsymbol{\eta})] \leqslant -w(\boldsymbol{\eta}), \ \forall \boldsymbol{\eta} \in D$$

$$(12.5\text{-}43)$$

其中 $w(\boldsymbol{\eta})$ 正定。在式 (12.5-42.1) 右边同时加减一项 $g(\boldsymbol{\eta})\phi(\boldsymbol{\eta})$，整理可得

$$\dot{\boldsymbol{\eta}} = [f(\boldsymbol{\eta}) + g(\boldsymbol{\eta})\phi(\boldsymbol{\eta})] + g(\boldsymbol{\eta})[\xi - \phi(\boldsymbol{\eta})]$$

$$(12.5\text{-}44)$$

再将 $z = \xi - \phi(\boldsymbol{\eta})$ 代入式 (12.5-42.1) 和式 (12.5-42.2)，得到

$$\dot{\boldsymbol{\eta}} = [f(\boldsymbol{\eta}) + g(\boldsymbol{\eta})\phi(\boldsymbol{\eta})] + g(\boldsymbol{\eta})z \qquad (12.5\text{-}45)$$
$$\dot{z} = u - \dot{\phi}(\boldsymbol{\eta}) = v$$

其中，$\dot{\phi}(\boldsymbol{\eta}) = \frac{\partial \phi}{\partial \boldsymbol{\eta}}\dot{\boldsymbol{\eta}} = \frac{\partial \phi}{\partial \boldsymbol{\eta}}[f(\boldsymbol{\eta}) + g(\boldsymbol{\eta})\phi(\boldsymbol{\eta})]$。系统 (12.5-45) 与系统 (12.5-42) 结构相似，区别仅在于，系统 (12.5-45) 当输入为零时，其李雅普诺夫函数 $V(\boldsymbol{\eta})$ 的导数负定，见式 (12.5-43)，原点渐近稳定。加入状态变量 z 后，复合系统的李雅普诺夫函数 $V_c(\boldsymbol{\eta}, z)$ 可以在 $V(\boldsymbol{\eta})$ 上累加关于 z 的一项而得到。这里取 $V_c(\boldsymbol{\eta}, z) = V(\boldsymbol{\eta}) + z^2/2$，可得到

$$\dot{V}_c(\boldsymbol{\eta}, z) = \dot{V}(\boldsymbol{\eta}) + z\dot{z} = \frac{\partial V(\boldsymbol{\eta})}{\partial \boldsymbol{\eta}}\dot{\boldsymbol{\eta}} + zv$$

$$= \frac{\partial V(\boldsymbol{\eta})}{\partial \boldsymbol{\eta}}[f(\boldsymbol{\eta}) + g(\boldsymbol{\eta})\phi(\boldsymbol{\eta}) + g(\boldsymbol{\eta})z] + zv$$

$$= \frac{\partial V(\boldsymbol{\eta})}{\partial \boldsymbol{\eta}}[f(\boldsymbol{\eta}) + g(\boldsymbol{\eta})\phi(\boldsymbol{\eta})] + \frac{\partial V(\boldsymbol{\eta})}{\partial \boldsymbol{\eta}}g(\boldsymbol{\eta})z + zv$$

$$\leqslant -w(\boldsymbol{\eta}) + \frac{\partial V(\boldsymbol{\eta})}{\partial \boldsymbol{\eta}}g(\boldsymbol{\eta})z + zv \qquad (12.5\text{-}46)$$

选择 $v = -\frac{\partial V(\boldsymbol{\eta})}{\partial \boldsymbol{\eta}}g(\boldsymbol{\eta}) - kz$，$k > 0$，则 $\dot{V}(\boldsymbol{\eta}, z) \leqslant -w(\boldsymbol{\eta}) - \kappa z^2$，必为负定。这说明原点 ($\boldsymbol{\eta} = 0, z = 0$) 是渐近稳定的。由于 $z = \xi - \phi(\boldsymbol{\eta})$ 且 $\phi(0) = 0$，所以原点 ($\boldsymbol{\eta} = 0, \xi = 0$) 必然渐近稳定。将 ϕ, v, z 代入，可得到 $[\boldsymbol{\eta}^T, \xi]^T$ 空间中的状态反馈控制规律

$$u = \dot{\phi} + v = \frac{\partial \phi}{\partial \boldsymbol{\eta}}[f(\boldsymbol{\eta}) + g(\boldsymbol{\eta})\phi(\boldsymbol{\eta})]$$

$$- \frac{\partial V}{\partial \boldsymbol{\eta}}g(\boldsymbol{\eta}) - \kappa(\xi - \phi(\boldsymbol{\eta}))$$

64　基于无源性的控制

考虑 m 输入 m 输出系统

$$\dot{x} = f(x, u)$$
$$y = h(x) \qquad (12.5\text{-}47)$$

对于所有 ($x \in R^n, u \in R^m, y \in R^m$)，$f(x, u)$ 是局部利普希茨 (Lipschitz) 的，$h(x)$ 是连续函数。假设：1) $f(0, 0) = 0$，即原点 $x = 0$ 是一个开环平衡点；2) $h(0) = 0$。如果存在一个连续可微的半正定函数 $V(x)$，满足

$$u^T y \geqslant \dot{V} = \frac{\partial V}{\partial x}f(x, u), \ \forall (x, u) \in R^n \times R^m$$

$$(12.5\text{-}48)$$

则系统 (12.5-47) 是无源的。$V(x)$ 称为存储函数，也可看作为能量存储函数。不等式 (12.5-48) 可以这样解释：无源系统内部储存的能量 $V(x)$ 对时间的导数，即功率，小于 (内部存在耗能元件) 或等于 (内部不存在耗能元件) 从外部输入的功率 $u^T y$。进一步，如果 $f(x, 0) = 0$ 的解中，除了平凡解 $x(t) \equiv 0$ 外，其他的解 $x(t)$ 都不在集合 $\{x \mid h(x) = 0\}$ 中，则系统是零状态能观的。下面介绍基于无源性的控制的基本定理。

定理：如果系统 (12.5-48) 是无源的，其 $V(x)$ 是径向无界的正定函数，并且是零状态能观的，则存在输出反馈 $u = -\varphi(y)$，使原点 $x = 0$ 全局稳定。这里 $\varphi(y)$ 是局部利普希茨函数，并满足 $\varphi(0) = 0$ 和 $y^T\varphi(y) > 0$，$y \neq 0$。

证明：考虑闭环系统 $\dot{x} = f(x, -\varphi(y))$，用存储函数 $V(x)$ 作为李雅普诺夫函数。因系统无源，

$$\dot{V} = \frac{\partial V}{\partial x}f(x, -\varphi(y)) \leqslant -\varphi^T(y)y = -y^T\varphi(y) \leqslant 0$$，即李

雅普诺夫函数的导数负半定，且 $y = 0 \Leftrightarrow \dot{V} = 0$。又因为系统是零状态能观的，$y \equiv 0 \Rightarrow u \equiv 0 \Rightarrow x \equiv 0$。所以，根据不变性原理，原点是全局渐近稳定的。

存储函数可以想象为系统能量，作为备选的李雅普诺夫函数。由于无源系统具有稳定的原点（能量为零），状态 $x(t) \neq 0$ 时，系统不断耗散能量，直至能量殆尽，才能使 $x(t) \to 0$。这就需要通过输出反馈 $u = -\varphi(y)$ 向系统注入阻尼。φ 的选择自由度很大，除必须满足 $\varphi(0) = 0$，和 $y^T\varphi(y) > 0, y \neq 0$ 外，只要满足对输入量 u 的幅值约束即可。

注意，基本定理只适用于无源系统。如果能把非无源系统转化成无源系统，将会大大扩展定理的应用范围。例如，对于 $\dot{x} = f(x) + G(x)u$ 这类系统。如果存在一个径向无界，正定的可微函数 $V(x)$，且 $\frac{\partial V}{\partial x} f(x) \leq 0, \forall x \in R^n$，可以定义 $y = h(x) = \left[\frac{\partial V}{\partial x} G(x)\right]^T$，使

$$u^T y = y^T u = \left[\frac{\partial V}{\partial x} G(x)\right] u = \frac{\partial V}{\partial x}[\dot{x} - f(x)]$$
$$= \frac{\partial V}{\partial x}\dot{x} - \frac{\partial V}{\partial x}f(x) \geq \frac{\partial V}{\partial x}\dot{x} = \dot{V}$$

这说明，对于输入 u 和输出 $y = \left[\frac{\partial V}{\partial x} G(x)\right]^T$，系统 $\dot{x} = f(x) + G(x)u$ 是无源的。

例 给定系统 $\dot{x}_1 = x_2$，$\dot{x}_2 = -x_1^3 + u$，设计状态反馈使系统全局稳定。

（1）按无源性要求选取输出函数：这是一个二阶单输入单输出系统，$y = h(x)$。

先检查系统的开环稳定性。这时 $u = 0$，取 $V(x) = x_1^4/4 + x_2^2/2$，则 $\dot{V} = x_1^3\dot{x}_1 + x_2\dot{x}_2 = x_1^3 x_2 - x_1^3 x_2 = 0$，系统开环稳定。为了使系统无源，可选取输出函数 $y = h(x) = \left[\frac{\partial V}{\partial x} G(x)\right]^T = \left\{[x_1^3 \quad x_2]\begin{bmatrix} 0 \\ 1 \end{bmatrix}\right\}^T = x_2$

无源性检验：引入输出反馈后，$\dot{V} = \frac{\partial V}{\partial x}[f(x) + G(x, u)] = [x_1^3 \quad x_2]\left\{\begin{bmatrix} x_2 \\ -x_1^3 \end{bmatrix} + \begin{bmatrix} 0 \\ 1 \end{bmatrix}u\right\} = x_2 u = yu$

满足 $y^T u \geq \dot{V}$，系统是无源的。

（2）检验零状态能观性。联立 $u = 0$，$\dot{x}_1 = x_2$，$\dot{x}_2 = -x_1^3 + u$，$y = x_2$ 可知：除了 $(0, 0)$ 外，$\dot{x} = f(x, u)|_{u=0} = f(x, 0)$ 的解都不在集合 $\{x \in R^n | y = h(x) = 0\}$ 中，系统满足零状态能观条件。

（3）设计输出反馈使系统全局稳定。根据输出反馈必须满足的两个条件

1）$\phi(0) = 0$，2）$y\phi(y) > 0, y \neq 0$；可取 $u = -\phi(y) = -ky = -kx_2, k > 0$。

根据基本定理，引入反馈 $-\phi(y)$ 后，系统在原点全局渐近稳定。

65 高增益观测器 高增益观测器对系统模型参数的不确定性具有很好的鲁棒性。考虑非线性系统

$$\dot{x} = Ax + g(y, u) \tag{12.5-49}$$
$$y = Cx$$

其中（A, C）是能观的。系统（12.5-49）的状态观测器和估计误差 $\tilde{x} = x - \hat{x}$ 方程为

$$\dot{\hat{x}} = A\hat{x} + g_0(y, u) + H(y - C\hat{x}) \tag{12.5-50}$$
$$\dot{\tilde{x}} = (A - HC)\tilde{x}$$

如果观测器中的 g_0 与控制对象的非线性完全相同（准确建模 $g_0 \equiv g$），只要设计 H 使 $A - HC$ 为赫尔维茨（Hurwitz）矩阵（所有特征值实部为负），就能保证状态估计误差渐近地衰减到零。但一般情况下，g_0 具有不确定性，它被称为控制对象 g 的标称模型。可见，除非对象非线性 g 能被准确建模（$g_0 \equiv g$），否则标称模型 g_0 带来的任何偏差都会影响到估计值和估计误差。综上所述，观测器估计误差方程为

$$\dot{\tilde{x}} = (A - HC)\tilde{x} + g(y, u) - g_0(y, u) \tag{12.5-51}$$

下面证明，高增益观测器可以抑制消除由于建模不确定性而引起的估计误差。也就是说，当观测器的增益足够高时，输出反馈控制器能够达到状态反馈控制器的性能。

考虑单输入单输出二阶非线性系统：$\dot{x}_1 = x_2$，$\dot{x}_2 = \phi(x, u)$，$y = x_1$

假设在一个状态反馈控制规律 $u = \gamma(x)$ 下，闭环系统 $\dot{x}_1 = x_2$，$\dot{x}_2 = \phi(x, \gamma(x))$ 在原点渐近稳定。现在要通过状态观测器来实现状态反馈控制，即 $u = \gamma(\hat{x})$。设观测器增益为 $h = [h_1 \quad h_2]^T$，则：$\dot{\hat{x}}_1 = \hat{x}_2 + h_1(y - \hat{x}_1)$，$\dot{\hat{x}}_2 = \phi_0(\hat{x}, u) + h_2(y - \hat{x}_1)$

其中 $\phi_0(x, u)$ 是 $\phi(x, u)$ 的标称模型。估计误差 $\tilde{x}_1 = x_1 - \hat{x}_1$，$\tilde{x}_2 = x_2 - \hat{x}_2$ 满足方程

$$\dot{\tilde{x}}_1 = -h_1\tilde{x}_1 + \tilde{x}_2, \quad \dot{\tilde{x}}_2 = -h_2\tilde{x}_1 + \phi(x, \gamma(x))$$
$$-\phi_0(\hat{x}, \gamma(\hat{x})) = -h_2\tilde{x}_1 + \delta(x, \hat{x})$$

选择 $h = [h_1 \quad h_2]^T$，使得，随着 $t \to \infty$，估计误差 $\tilde{x}(t) \to 0$。在不存在扰动项的情况下，$\delta(x, \hat{x}) \equiv 0$，只要选取 h_1 和 h_2 使

$$A_0 = A - hc = \begin{bmatrix} 0 & 1 \\ 0 & 0 \end{bmatrix} - \begin{bmatrix} h_1 \\ h_2 \end{bmatrix}[1 \quad 0] = \begin{bmatrix} -h_1 & 1 \\ -h_2 & 0 \end{bmatrix}$$

是赫尔维茨的，就能实现估计误差的渐近收敛。本例中，对于任意正常数 h_1 和 h_2，A_0 都是赫尔维茨

的。然而，如果 $\delta \neq 0$，h 的设计还必须兼顾到如何消除估计误差 $\tilde{x}$ 中由 δ 引起的那一部分。从估计误差方程，不难推导出从 δ 到 $\tilde{x}$ 的传递函数

$$G_0(s) = \frac{1}{s^2 + h_1 s + h_2} \begin{bmatrix} 1 \\ s + h_1 \end{bmatrix}$$

如果 $G_0(s) \equiv 0$，则 δ 不会引起估计误差。这种理想条件实际应用中不可能满足。但从 $G_0(s)$ 的表达式不难看出，选择 $h_2 \gg h_1 \gg 1$，可以使 $G_0(s)$ 的模值任意小。如果取 $h_1 = a_1/\varepsilon$，$h_2 = a_2/\varepsilon^2$，a_1，a_2，ε 为正常数，且 $\varepsilon \ll 1$，可得到

$$G_0(s) = \frac{\varepsilon}{(\varepsilon s)^2 + a_1 \varepsilon s + a_2} \begin{bmatrix} \varepsilon \\ \varepsilon s + a_1 \end{bmatrix}, \lim_{\varepsilon \to 0} G_0(s) = \mathbf{0}$$

可见，随着增益提高，观测器对模型参数扰动的抑制作用会增强。

现引入新的估计误差变量 $\eta_1 = \tilde{x}_1/\varepsilon$，$\eta_2 = \tilde{x}_2$，它们满足奇异扰动方程

$$\varepsilon \dot{\eta}_1 = -a_1 \eta_1 + \eta_2, \quad \varepsilon \dot{\eta}_2 = -a_2 \eta_1 + \varepsilon \delta(x, \tilde{x})$$

显然，减小 ε 即可减小扰动 δ 的影响。但从上式不难看到，只要 $\hat{x}_1(0) \neq x_1(0)$，则 $\eta_1(0)$ 为 $O(1/\varepsilon)$。因此在奇异扰动方程的解中，必然包含一项，形如 $(1/\varepsilon)e^{-at}$，$a > 0$。而随着 $\varepsilon \to 0$，$(1/\varepsilon)e^{-at}$ 趋近于一个冲激函数，这种特性称为"峰化"现象。必须强调，峰化是在 $h_2 \gg h_1 \gg 1$ 时高增益观测器的固有特性，并非由于引入新的误差量（η_1，η_2）而引起的。幸运的是，可以在希望的紧区域外采用饱和控制，来产生一个缓冲，从而保护设备免受峰化作用冲击。

第6章 最优控制和自适应控制

6.1 最优控制

66 基于变分法的最优控制问题求解 最优控制是经典控制理论发展到现代控制理论的重要标志之一。这里"最优"一词指的是相对于某一给定性能指标最优，如使控制过程的时间最短，燃料消耗最少，或者误差最小，而不是任何性能指标下都是最优的。

给定受控系统的状态方程

$$\dot{x} = f(x, u, t) \tag{12.6-1}$$

寻求不受约束的控制向量 u，使系统从初始状态

$$x(t_0) = x_0 \tag{12.6-2}$$

在时间间隔 $[t_0, t_f]$ 内转移到 $x(t_f)$ 且满足等式约束

$$g[x(t_f), t_f] = 0 \tag{12.6-3}$$

这里 g 为 q 维向量函数；并使指标 J 取极值

$$J = S[x(t_f), t_f] + \int_0^{t_f} L(x, u, t)\, dt \tag{12.6-4}$$

利用变分法求解最优控制时，首先构造哈密尔顿函数 H 和增广泛函 J_a

$$H = L(x, u, t) + \lambda^T f(x, u, t) = H(x, u, \lambda, t) \tag{12.6-5}$$

$$J_a = S[x(t_f), t_f] + \nu^T g[x(t_f), t_f] + \int_{t_0}^{t_f} [H(x, u, \lambda, t) - \lambda^T \dot{x}]\, dt \tag{12.6-6}$$

式中 λ——n 维、ν 为 q 维拉格朗日乘子向量。

由变分 $\delta J_a = 0$ 导出的极值必要条件为：

伴随方程 $\quad \dot{\lambda} = -\dfrac{\partial H}{\partial x} \tag{12.6-7}$

状态方程 $\quad \dot{x} = f(x, u, t) = \dfrac{\partial H}{\partial \lambda} \tag{12.6-8}$

控制方程 $\quad \dfrac{\partial H}{\partial u} = 0 \tag{12.6-9}$

终端约束 $\quad g[x(t_f), t_f] = 0 \tag{12.6-10}$

横截条件 $\quad \lambda(t_f) = \dfrac{\partial S}{\partial x(t_f)} + \dfrac{\partial g^T}{\partial x(t_f)} \nu \tag{12.6-11}$

用计算机联立求解上面五个方程，可得到最优控制问题的数值解。

67 极小值原理与动态规划 用变分法求解最优控制问题时，均假定控制 u 不受约束，并且存在唯一的偏导数 $\partial H / \partial u$。然而任何实际的控制量均限制在容许范围内变化，即

$$u \in \Omega \quad \text{或} \quad |u_i| \leqslant a_j,\ i = 1, \cdots, r \tag{12.6-12}$$

有些问题中 $\partial H / \partial u$ 不存在，在这些情况下，可利用极小值原理求解。

极小值原理：使性能指标取极小的最优控制，必定是容许控制中使 H 取极小的控制，即满足

$$H(x^*, \lambda^*, u^*, t) \leqslant H(x^*, \lambda^*, u, t) \quad u \in \Omega \tag{12.6-13}$$

利用极小值原理求解有输入约束的最优控制问题的步骤为：1）用式（12.6-13）取代控制方程（12.6-9）；2）对于任意 x，λ，按照使 H 极小（全局极小）的原则预选 u，获得一组 u 的候选函数；3）利用 u 的候选函数，与伴随方程、状态方程、终端约束和横截条件联立确定最优解。

动态规划是利用最优性原理来解决离散系统多级决策问题，也可用来解决有输入约束的最优控制问题。最优性原理是：设 $t_1 \in [t_0, t_f]$，则自 t_1 至 t_f 的最优控制序列，必与由 t_0 至 t_f 的最优控制序列中的 t_1 至 t_f 那部分序列相一致；自 $x(t_1)$ 出发的最优轨线，必与由 $x(t_0)$ 出发的最优轨线中 t_1 至 t_f 的那部分相重合。

动态规划法把一个难于处理的多级决策过程化为一个多次一步决策的问题。连续系统最优化问题可以通过离散化，成为一个多阶段决策问题，再用离散动态规划求其最优控制并使它逼近连续系统的最优控制。动态规划求解最优问题与变分法、极小值原理所得的结果相同。

68 线性系统二次型性能指标的最优控制 线性系统的二次型性能指标的一般形式为

$$J = \frac{1}{2} x^T(t_f) S x(t_f) + \frac{1}{2} \int_{t_0}^{t_f} [x^T(t) Q(t) x(t) + u^T(t) R(t) u(t)]\, dt \tag{12.6-14}$$

式中　S、$Q(t)$、$R(t)$——对称权矩阵，S、$Q(t)$ 半正定，$R(t)$ 正定。

J 中的第一项 $x^T(t_f)Sx(t_f)$ 是强调状态的终值为最小，积分符号里面的两项分别代表 t_0 到 t_f 期间的累积误差和控制能量的消耗。终端时刻 t_f 有限时，称为有限时间调节器问题；t_f 无限时，称为无限时间调节器问题。

（1）有限时间状态调节器　已知线性时变系统

$$\dot{x}(t) = A(t)x(t) + B(t)u(t) \quad x(t_0) = x_0$$
$$(12.6\text{-}15)$$

可按下列步骤求解最优控制律 $u^*(t)$，使式（12.6-14）中性能指标最小：

$$u^*(t) = -R^{-1}B^TP(t)x^*(t) \quad (12.6\text{-}16)$$

其中，$n×n$ 增益矩阵 $P(t)$ 是下列黎卡提（Riccati）方程的终值问题的解

$$\dot{P}(t) = P(t)B(t)R^{-1}(t)B^T(t)P(t) -$$
$$A^T(t)P(t) - P(t)A(t) - Q(t)$$
$$P(t_f) = S \quad (12.6\text{-}17)$$

$x^*(t)$ 是最优轨线，它是下列微分方程初值问题的解

$$\dot{x}(t) = [A(t) - B(t)R^{-1}(t)B^T(t)P(t)]x(t)$$
$$x(t_0) = x_0 \quad (12.6\text{-}18)$$

由于 $P(t)$ 是时变矩阵，有限时间状态最优调节器系统甚至当系数矩阵 $A(t)$、$B(t)$ 以及权矩阵 $Q(t)$、$R(t)$ 都是常数矩阵时也是时变的。

（2）定常状态调节器　对于线性定常系统 $\sum(A,B,C)$，当 $t_f \to \infty$ 时，$P(t)$ 变成为常数矩阵，最优状态调节器是一个定常的反馈系统。这时，式（12.6-14）中 $S=0$，Q、R 为常数矩阵。存在唯一的最优控制规律

$$u^*(t) = -R^{-1}B^TPx^*(t) \quad (12.6\text{-}19)$$

式中　P——下列黎卡提代数方程的非负定解

$$PBR^{-1}B^TP - A^TP - PA - Q = 0 \quad (12.6\text{-}20)$$

最优轨线 $x^*(t)$ 是下列线性定常齐次方程的初值问题的解

$$\dot{x}(t) = (A - BR^{-1}B^TP)x(t) \quad x(t_0) = x_0$$
$$(12.6\text{-}21)$$

以上状态调节器问题的结果可以推广到最优输出调节器问题。

（3）最优跟踪问题　最优状态调节器只能克服脉冲型扰动对系统状态的影响。工程上关心的另一类问题是最优跟踪，即要求系统输出 $y(t)$ 尽量接近给定的期望轨线 $y_d(t)$，并使某种性能指标为最小。最优跟踪的二次型性能指标可定义为

$$J = \frac{1}{2}e^T(t_f)Se(t_f) + \frac{1}{2}\int_{t_0}^{t_f}[e^T(t)Q(t)e(t) +$$
$$u^T(t)R(t)u(t)]dt \quad (12.6\text{-}22)$$

式中，$e(t) = y_d(t) - y(t)$ 为跟踪误差，t_f 固定，S、$Q(t)$ 半正定，$R(t)$ 正定。

完全能观的线性时变系统 $\sum(A(t), B(t), C(t))$ 最优跟踪问题的解存在且唯一，即

$$u^*(t) = -R^{-1}(t)B^T(t)[P(t)x^*(t) - v(t)]$$
$$(12.6\text{-}23)$$

式中，$P(t)$ 是下列黎卡提方程终值问题的解：

$$\dot{P}(t) = P(t)B(t)R^{-1}(t)B^T(t)P(t) - A^T(t)P(t) -$$
$$P(t)A(t) - C^T(t)Q(t)C(t)$$
$$P(t_f) = C^T(t)SC(t) \quad (12.6\text{-}24)$$

n 维向量 $v(t)$ 是下列微分方程终值问题的解：

$$\dot{v}(t) = -[A(t) - B(t)R^{-1}(t)B^T(t)P(t)]^Tv(t) -$$
$$C^T(t)Q(t)y_d(t)$$
$$v(t_f) = C^T(t)Sy_d(t_f) \quad (12.6\text{-}25)$$

最优轨线 $x^*(t)$ 是下列微分方程初值问题的解：

$$\dot{x}(t) = [A(t) - B(t)R^{-1}(t)B^T(t)P(t)]$$
$$x(t) + B(t)R^{-1}(t)B^T(t)v(t)$$
$$x(t_0) = x_0 \quad (12.6\text{-}26)$$

控制规律（12.6-23）中，状态线性反馈 $(-R^{-1}(t)B^T(t)P(t)x(t))$ 构成最优跟踪系统的闭环部分。$R^{-1}(t)B^T(t)v(t)$ 可以看成是系统的外部控制输入。

69　卡尔曼（Kalman）滤波器　卡尔曼滤波器具有自适应增益调节能力。与维纳（Wiener）滤波器相比，卡尔曼滤波器容易通过程序在数字计算机上实现，并且适用于非平稳过程（时变状态空间模型）和非线性系统。

给定离散时间状态方程和输出方程

$$x(k+1) = F(k)x(k) + G(k)u(k) + w(k)$$
$$(12.6\text{-}27)$$

$$y(k) = C(k)x(k) + v(k)$$

式中　$w(k)$——系统噪声；

$v(k)$——测量噪声。

假定 $w(k)$ 和 $v(k)$ 是不相关的零均值高斯白噪声，$x(0)$ 是高斯随机向量。它们满足：

$$E[w(k)] = 0$$
$$E[w(j)w^T(k)] = Q(k)\delta_{ik} \quad Q(k) \text{ 半正定}$$
$$E[v(k)] = 0$$
$$E[v(j)v^T(k)] = R(k)\delta_{ik} \quad R(k) \text{ 正定}$$
$$E[x(0)] = \bar{x}(0)$$
$$E\{[x(0) - \bar{x}(0)][x(0) - \bar{x}(0)]^T\} = P_0$$
$$E\{[x(0) - \bar{x}(0)]w^T(k)\} = 0$$

$$E\left\{\left[x(0)-\overline{x}(0)\right]v^{\mathrm{T}}(k)\right\}=0$$

其中，当 $j=k$ 时 $\delta_{ik}=1$，$j\neq k$ 时 $\delta_{ik}=0$，E 表示均值，P 为协方差矩阵。

卡尔曼滤波是按照系统的运动规律，利用输出量测值序列和估计误差协方差矩阵 $P(k)$ 不断地对状态估计值进行修正的递推过程。最优估计的判据是估计误差协方差 $P(k)$ 达到极小值。$P(k)$ 极小意味着估计误差 $e(k)=x(k)-\hat{x}(k)$ 的均方值 $E\left[e^{\mathrm{T}}(k)e(k)\right]$ 为极小。

给定 $y(0),y(1),\cdots,y(k)$ 估计 $x(n)$ 的问题，可分为：滤波，确定当前最优估计 $\hat{x}(k)$；预估，当 $n>k$ 时，确定最优估计 $\hat{x}(n)$；平滑，当 $0\leqslant n<k$ 时，确定最优估计 $\hat{x}(n)$。

（1）离散系统［式（12.6-27）］的预估型卡尔曼滤波器算法如下：

$$\hat{x}(0)=\overline{x}(0)\qquad P(0)=P_0$$

卡尔曼增益：

$$K_{\mathrm{e}}(k)=F(k)P(k)C^{\mathrm{T}}(k)\left[R(k)+C(k)P(k)C^{\mathrm{T}}(k)\right]^{-1}$$

$$\hat{x}(k+1)=F(k)\hat{x}(k)+G(k)u(k)+K_{\mathrm{e}}(k)\left[y(k)-C(k)\hat{x}(k)\right]$$

$$P(k+1)=Q(k)+\left[F(k)-K_{\mathrm{e}}(k)C(k)\right]P(k)F^{\mathrm{T}}(k)$$

离散系统［式（12.6-27）］的当前估计型卡尔曼滤波器算法如下：

初始化：　$z(0)=\overline{x}(0)$，$N(0)=P_0$

$$K_{\mathrm{e}}(0)=N(0)C^{\mathrm{T}}(0)\left[R(0)+C(0)N(0)C^{\mathrm{T}}(0)\right]^{-1}$$

$$\hat{x}(0)=z(0)+K_{\mathrm{e}}(0)\left[y(0)-C(0)z(0)\right]$$

$$P(0)=\left[I-K_{\mathrm{e}}(0)C(0)\right]N(0)$$

递推方程：

$$z(k+1)=F(k)\hat{x}(k)+G(k)u(k)$$

$$N(k+1)=F(k)P(k)F^{\mathrm{T}}(k)+Q(k)$$

$$K_{\mathrm{e}}(k+1)=N(k+1)C^{\mathrm{T}}(k+1)\left[R(k+1)+C(k+1)N(k+1)C^{\mathrm{T}}(k+1)\right]^{-1}$$

$$\hat{x}(k+1)=z(k+1)+K_{\mathrm{e}}(k+1)\left[y(k+1)-C(k+1)z(k+1)\right]$$

$$P(k+1)=\left[I-K_{\mathrm{e}}(k+1)C(k+1)\right]N(k+1)$$

（2）稳态卡尔曼滤波器　系统［式（12.6-27）］进入稳态以后，$F(k)$、$G(k)$、$C(k)$、$R(k)$ 和 $Q(k)$ 都变成为常数矩阵。如果系统能观能控，卡尔曼增益 $K_{\mathrm{e}}(k)$ 和估计误差协方差将趋于常数矩阵。

稳态预估型卡尔曼滤波算法为

$$\hat{x}(k+1)=F\hat{x}(k)+Gu(k)+K_{\mathrm{e}}\left[y(k)-C\hat{x}(k)\right]$$

$$K_{\mathrm{e}}=FPC^{\mathrm{T}}\left(R+CPC^{\mathrm{T}}\right)^{-1}$$

$$P=Q+FPF^{\mathrm{T}}-FPC^{\mathrm{T}}\left(R+CPC^{\mathrm{T}}\right)^{-1}CPF^{\mathrm{T}}$$

稳态当前估计型卡尔曼滤波算法为

$$z(k+1)=F\hat{x}(k)+Gu(k)$$

$$\hat{x}(k+1)=z(k+1)+K_{\mathrm{e}}\left[y(k+1)-Cz(k+1)\right]$$

$$K_{\mathrm{e}}=NC^{\mathrm{T}}\left(R+CNC^{\mathrm{T}}\right)^{-1}$$

$$N=Q+FNF^{\mathrm{T}}-FNC^{\mathrm{T}}\left(R+CNC^{\mathrm{T}}\right)^{-1}CNF^{\mathrm{T}}$$

70　系统辨识　仅仅应用物理定律来建立对象的精确数学模型，通常是不可能的，对象某些参数必须由试验确定。通过试验建立模型并估计最优参数值叫作系统辨识。对于给定的任务，在同一类数学模型中，应当选择那些既能反映对象的动态性能，同时参数数目又最少的模型。

在进行系统辨识时，必须引入一个性能指标来衡量模型与实验数据符合的程度，一般可取为误差的平方和。这样就可以通过最小二乘法来进行参数最优估计。考虑图 12.6-1 中的真实对象和它的模型，真实对象 $G(z,\xi)$ 不全已知，其中 ξ 代表设计者尚不得知的因素。假设用系统运动机理得到的脉冲传递函数为

$$G(z)=\frac{b_0+b_1z^{-1}+b_2z^{-2}+\cdots+b_nz^{-n}}{1+a_1z^{-1}+a_2z^{-2}+\cdots+a_nz^{-n}}\quad(12.6\text{-}28)$$

系数 a_1，a_2，$\cdots$，a_n 和 b_0，b_1，$\cdots$，b_n 是系统的参数。输入序列 $u(0),u(1),\cdots,u(N)$ 将激励起对象的全部固有模态，得到的输出序列为 $y(0),y(1),\cdots,y(N)$。

图 12.6-1　数学模型与真实
对象之间的输出误差

根据式（12.6-28），$y(k)$ 的估计值

$$\hat{y}(k)=-a_1y(k-1)-a_2y(k-2)-\cdots-a_ny(k-n)+b_0u(k)+b_1u(k-1)+\cdots+b_nu(k-n)$$

参数估计值误差定义为 $\varepsilon(k)=y(k)-\hat{y}(k)$，则

$$y(k)=-a_1y(k-1)-a_2y(k-2)-\cdots-a_ny(k-n)+b_0u(k)+b_1u(k-1)+\cdots+b_nu(k-n)+\varepsilon(k)$$

写成矩阵形式：

$$y(N)=H(N)P(N)+\varepsilon(N)$$

式中：

$$y(N)=\begin{pmatrix}y(n)\\y(n+1)\\\vdots\\y(N)\end{pmatrix},\ \varepsilon(N)=\begin{pmatrix}\varepsilon(n)\\\varepsilon(n+1)\\\vdots\\\varepsilon(N)\end{pmatrix},$$

$$\boldsymbol{P}(N) = \begin{pmatrix} -a_1 \\ -a_2 \\ \vdots \\ -a_n \\ b_0 \\ b_1 \\ \vdots \\ b_n \end{pmatrix} = \begin{pmatrix} -a_1(N) \\ -a_2(N) \\ \vdots \\ -a_n(N) \\ b_0(N) \\ b_1(N) \\ \vdots \\ b_n(N) \end{pmatrix}$$

$$\boldsymbol{H}(N) = \begin{pmatrix} y(n-1) & \cdots & \cdots & y(0) \\ y(n) & & & y(1) \\ \vdots & & & \vdots \\ y(N-1) & \cdots & \cdots & y(N-n) \\ u(n) & \cdots & & u(0) \\ u(n+1) & & & u(1) \\ \vdots & & & \vdots \\ u(N) & \cdots & & u(N-n) \end{pmatrix}$$

参数估计性能指标定义为

$$J_N = \frac{1}{2} \sum_{k=n}^{N} \boldsymbol{\varepsilon}^2(k) = \frac{1}{2} \boldsymbol{\varepsilon}^{\mathrm{T}}(N) \boldsymbol{\varepsilon}(N)$$

参数最优估计为

$$\hat{\boldsymbol{p}}(N) = \left[\boldsymbol{H}^{\mathrm{T}}(N) \boldsymbol{H}(N) \right]^{-1} \boldsymbol{H}^{\mathrm{T}}(N) \boldsymbol{y}(N)$$

为了保证 $\boldsymbol{H}^{\mathrm{T}}(N) \boldsymbol{H}(N)$ 的逆存在，输入序列应当充分地随时间而变化，不能像阶跃信号那样的常量函数。

通常，观测值按顺序获得，希望随 N 增加顺序得到最小二乘估计值。这就是递推辨识，它使参数估计随着 N 增加而改进。当得到新数据 $u(N+1)$ 和 $y(N+1)$ 时，参数估计值更新为

$$\hat{\boldsymbol{p}}(N+1) = \hat{\boldsymbol{p}}(N) + \boldsymbol{K}(N+1)\left[\boldsymbol{y}(N+1) - \boldsymbol{h}(N+1)\hat{\boldsymbol{p}}(N)\right]$$

式中：

$$\boldsymbol{h}(N+1) = \left[y(N) \quad y(N-1) \quad \cdots \quad y(N-n+1) \right.$$
$$\left. u(N+1) \quad u(N) \quad \cdots \quad u(N-n+1) \right]$$

$$\boldsymbol{K}(N+1) = \frac{\left[\boldsymbol{H}^{\mathrm{T}}(N) \boldsymbol{H}(N) \right]^{-1} \boldsymbol{h}^{\mathrm{T}}(N+1)}{1 + \boldsymbol{h}(N+1) \left[\boldsymbol{H}^{\mathrm{T}}(N) \boldsymbol{H}(N) \right]^{-1} \boldsymbol{h}^{\mathrm{T}}(N+1)}$$

在系统辨识中，有时对不同的误差取不同的权重，这时参数估计的性能指标定义为

$$J_N = \frac{1}{2} \boldsymbol{\varepsilon}^{\mathrm{T}}(N) \boldsymbol{W}(N) \boldsymbol{\varepsilon}(N)$$

式中　$\boldsymbol{W}(N)$——正定权矩阵。

确定辨识系统模型的阶数及滞后时间叫作阶数辨识。对于最小二乘法，当其参数估计无偏时，估计误差序列应当是白噪声序列，且与输入序列不相关。因此可以计算误差序列自相关函数或检查误差

序列与输入序列的相关情况来确定阶数。

除最小二乘法外，还采用其他一些方法进行系统辨识，如广义最小二乘法、增广矩阵法、极大似然法、随机逼近法、相关分析法、辅助变量法。

6.2　自适应控制

71　模型参考自适应控制系统　自适应控制器具有修正本身特性参数以适应对象和扰动的动态特性变化的能力。比较成熟的自适应控制系统有两大类。

模型参考自适应控制系统由参考模型、被控对象、反馈控制器和调整控制器参数的自适应机构组成，见图 12.6-2a。它由两个环路组成。其中，内环是由被控对象和控制器组成的普通反馈回路，而控制器的参数则由外环调整。参考模型的输出 y_{m} 直接反映了对象如何理想地响应参考输入 $\boldsymbol{r}$。

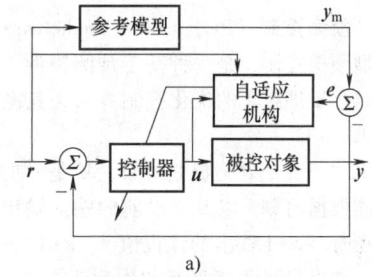

a)

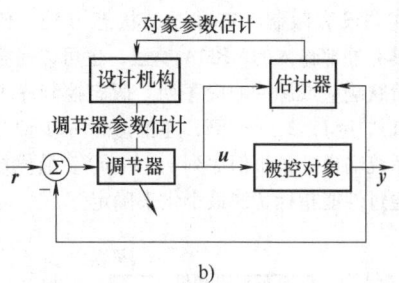

b)

图 12.6-2　自适应控制系统

a)　模型参考自适应控制系统　b)　自校正调节器

当参考输入 $r(t)$ 同时加到系统和参考模型的入口时，由于对象的初始参数未知，控制器的初始参数不可能调整得很好。开始运行时，系统输出 $y(t)$ 与模型输出 $y_{\mathrm{m}}(t)$ 不可能完全一致，存在偏差 $e(t)$。由 $e(t)$ 驱动自适应机构，改变控制器的参数，使 $y(t)$ 逐步逼近 $y_{\mathrm{m}}(t)$，直到 $y(t) = y_{\mathrm{m}}(t)$ 为止。当对象特性在运行中发生变化时，控制器参数的自适应调整过程与上述过程完全一样。

设计模型参考自适应系统的核心问题是如何设计自适应调整律（自适应机构的算法），可以利用

局部参数优化方法或者李雅普诺夫稳定性理论和波波夫（Popov）超稳定性理论来设计。

72 自校正调节器（STR） STR（Self-tuning Regulator）的结构见图 12.6-2b。其中估计器是用来对被控对象数学模型进行在线辨识。由于估计的是对象参数，调节器参数还要经过设计机构才能得到。自适应调节器也可以看成由内环和外环组成。调节器的参数由递推参数估计器和设计机构组成的外环进行校正。系统的过程建模和控制设计都是自动进行，每个采样周期都要更新一次。

由于调节器的控制规律是多种多样的，如 PID 调节、误差积分指标调节等，而且参数估计的方法也是多种多样的，因此自校正调节器的方案可以采用各种不同的控制规律和估计方法来设计。

6.3 预测控制

73 预测控制（PC） PC（Predictive Control）又称模型预报控制，是一种基于预测模型、滚动实施，并结合反馈校正的优化控制算法，其系统结构图见图 12.6-3。

图 12.6-3 中，P 为控制对象，M 是 P 的预测模型，它能根据时刻 k 以及 k 以前的输入输出值，给出系统在时刻 $k+1$ 输出的预报值 $\hat{y}_m(k+1)$，称为一步预报。这里只强调模型 M 的预测功能，而对其结构形式并没有限制。它可以是状态方程、传递函数、具有外部输入的 ARMA 模型，也可以是控制对象的阶跃响应或脉冲响应序列。假定控制序列为 $u'(k+j-1)$，$j=1$，2，$\cdots$，N，递推进行一步预报就能产生系统输出的预报值序列 $\hat{y}_m(k+m)$。最优控制量可以通过性能指标 J 的最小化来确定。

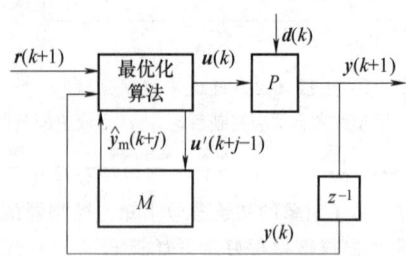

图 12.6-3 预测控制系统结构

$$J = \sum_{j=1}^{N_P} \left[r(k+j) - \hat{y}_m(k+j) \right]^2 + \sum_{j=1}^{N_c} \lambda_i \left[u'(k+j-1) - u'(k+j-2) \right]^2$$

$$(12.6\text{-}29)$$

其中，N_P 和 N_c 称为预报区间和控制区间，指标 j 的第一项的作用是保证系统跟踪参考输入的能力，第二项限制控制量的增量，从而使控制作用平滑。利用最优化算法可以求得最优的控制序列 $u(k)$，$u(k+1)$，$\cdots$，$u(k+N_c-1)$，但任意时刻 k 只用 $u(k)$ 作为真正的控制量作用于 P。到了时刻 $k+1$，由于又获得了量测数据 $y(k+1)$，可以重复递推预测和优化求解的过程，再将新的 $u(k+1)$ 作用于 P。这样，在每个采样时刻都重复进行一次优化计算，这就是所谓的"滚动优化"。滚动优化不仅大大减小了计算量，而且能及时纠正因模型不准或扰动引起的预报误差，从而增强控制系统的鲁棒性。

在时刻 $k+1$，根据量测值 $y(k+1)$，可以得到预测误差 $e(k+1) = y(k+1) - \hat{y}(k+1)$，用来修正预测模型，以克服预测模型失配和时变的影响；或者当对象时变性不显著时，可以直接用来修正未来的预测值。这种利用量测数据对预测模型的误差进行的反馈校正构成了闭环控制，进一步增强了预测控制系统的鲁棒性。

常用的预测控制算法有动态矩阵控制（DMC）、模型算法控制（MAC）和广义预测控制（GPC）。

6.4 H_∞ 控制

74 标准 H_∞ 控制问题

H_∞ 控制理论在现代鲁棒控制研究领域中受到广泛重视。各种 H_∞ 控制问题可以用图 12.6-4 表示。图中，$w \in R^l$ 是外部输入，包括参考输入信号、干扰和传感器噪声；$z \in R^p$ 是受控输出，包括调节误差、跟踪误差、执行机构输出信号；$u \in R^r$ 是控制器的输出，也是对象的控制输入信号；$y \in R^m$ 是量测输出量。

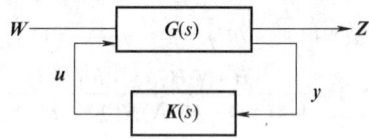

图 12.6-4 具有不确定性的反馈控制系统

图中 G 和 K 分别表示广义受控装置和控制器。应当指出，广义受控装置并不等同于实际控制对象。系统的输入（w，u）与输出（z，y）之间的关系为

$$\begin{bmatrix} z \\ y \end{bmatrix} = \begin{bmatrix} G_{11} & G_{12} \\ G_{21} & G_{22} \end{bmatrix} \begin{bmatrix} w \\ u \end{bmatrix}, \quad u = Ky \quad (12.6\text{-}30)$$

如果（$I-G_{22}K$）是可逆的真实有理函数矩阵，

消去上式中的 u 和 y，可得到受控输出 $z=[G_{11}+G_{12}(I-G_{22}K)^{-1}G_{21}]w$。于是，从外部输入 w 到控制输出 z 的传递函数为

$$T_{w-z}=T(G,K)=G_{11}+G_{12}(I-G_{22}K)^{-1}G_{21}$$

（12.6-31）

H_∞ 标准控制问题是：给定 G，求一个真实有理的控制矩阵 K，在 K 镇定 G 的情况下，使传递函数矩阵 T_{w-z} 的 H_∞ 范数极小化，即 $\min\|T(G,K)\|_\infty$；或者，寻找一个真实有理控制矩阵 K，使 K 镇定 G，且使 $\min\|T(G,K)\|_\infty<\gamma$，$0<\gamma\in R$。前者称为 H_∞ 最优问题，后者称为 H_∞ 次优问题。

这里，H_∞ 空间由在开右半平面解析并有界的函数矩阵组成。H_∞ 空间中，函数矩阵的范数定义为

$$\|T\|_\infty=\sup\overline{\sigma}[T(s)]=\sup\overline{\sigma}[T(j\omega)]$$，式中 $\overline{\sigma}(T)$

是矩阵 T 的最大奇异值。RH_∞ 是 H_∞ 的实有理子空间，由所有正则实有理传递函数矩阵构成。按照上述定义，信号的 ∞-范数就是信号绝对值的上确界，$\|u(t)\|_\infty=\sup|u(t)|$，即该信号的最大幅值；单变量系统的 ∞-范数就是 $\|G(j\omega)\|_\infty=\sup|G(j\omega)|$，即复平面上 Nyquist 曲线与原点之间的最大距离，或者是 Bode 幅频特性图的峰值。

广义受控装置 G 并不一定等同于实际的控制对象。即便是对于同一个受控装置，设计目标不同，对应的 G 也可能不相同。这里仅介绍针对两种设计目标的广义受控装置。

鲁棒镇定问题 图 12.6-5 中，P 为标称系统，实际控制对象是 $P+\Delta P$，ΔP 是加形摄动，并满足 $\|\Delta P(j\omega)\|_\infty<|r(j\omega)|$，$0\leqslant\omega\leqslant\infty$，$r\in RH_\infty$。鲁棒镇定的目标就是找到一个真实有理矩阵 K，镇定不确定系统 $P+\Delta P$。可以证明，K 能镇定所有不确定系统 $P+\Delta P$ 的充分必要条件是：K 能镇定标称系统 P，且满足 $\|rK(I-PK)^{-1}\|_\infty\leqslant1$。据此，参照式（12.6-31），定义 $G=\begin{bmatrix}G_{11}&G_{12}\\G_{21}&G_{22}\end{bmatrix}=\begin{bmatrix}0&rI\\I&P\end{bmatrix}$，就可以将鲁棒镇定问题转化为标准 H_∞ 控制问题。

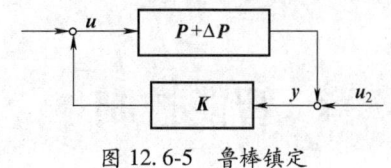

图 12.6-5　鲁棒镇定

灵敏度极小化问题 图 12.6-6 中，P 为控制对象，C 为控制器，W 为作用在系统上的干扰信号，Z 为控制系统的输出。

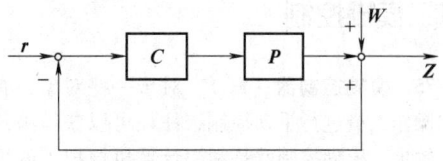

图 12.6-6　灵敏度极小化

从 w 到 z 的闭环传递函数就是系统的灵敏度函数，$S=(I+PC)^{-1}$。理想情况下，$S=0$。灵敏度极小化问题实质上就是设计一个控制器 C，在镇定系统的同时，使 $\|S(j\omega)\|_\infty$，即灵敏度函数的上确界，极小化。这相当于在最坏情况下使干扰对输出的影响最小。然而，由于对象 P 和控制器 C 的频率响应都属"低通"类型，在低频段，$\|PC\|_\infty$ 很大，$\|S(j\omega)\|_\infty$ 很小；随着频率上升，$PC\to0$，$S(j\omega)\to I$。考虑到低频段对于控制系统的性能至关重要，所以引入随频率衰减的频率加权函数 W，再对 $\|WS\|_\infty=\sup|W(j\omega)S(j\omega)|$，$0<\omega<\infty$，进行极小化。不难推导出，$WS=W(I+PC)^{-1}=W-WPC(I+PC)^{-1}$。比照式（12.6-31），灵敏度极小化问题的广义对象和控制器可分别取为

$$G=\begin{bmatrix}G_{11}&G_{12}\\G_{21}&G_{22}\end{bmatrix}=\begin{bmatrix}W&-WP\\I&-P\end{bmatrix},\ K=C$$

第7章 智能控制

7.1 模糊控制

75 模糊控制器（FC） 对于一些对象，有经验的操作人员进行手动控制，往往可以获得满意的控制效果。模糊控制就是利用计算机模拟人的思维方式，按照人的操作规则进行控制，也就是利用计算机来实现人的控制经验。

操作人员的控制经验一般是由语言来表达的，这些由语言表达的控制规则具有相当的模糊性，如人工控制水箱水位的经验可以表达为：1）若水箱无水或水位很低，则开大阀门；2）若水位和期望水位相差不太大，则关小阀门；3）若水位接近期望水位，则把阀门关得很小；…

这些经验规则都是用模糊条件语句表达的；其中"很低"、"接近"、"开大"、"关小"、"关得很小"这些表示水位状态和控制阀门动作的概念都有模糊性。模糊数学可以用来描述过程变量和控制作用的这些模糊概念及它们之间的关系，再根据这些模糊关系及每一时刻过程变量的检测值用模糊逻辑推理的方法得出该时刻的控制量。

模糊控制系统的结构与一般计算机数字控制系统类似，只是其控制器是模糊控制器（FC）。FC利用计算机或VLSI模糊芯片实现模糊控制算法，其结构见图12.7-1。

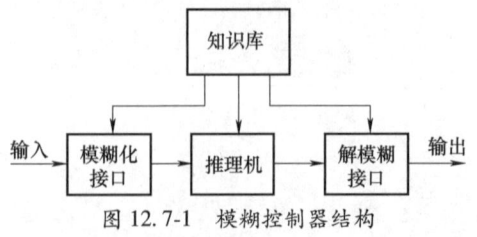

图 12.7-1 模糊控制器结构

（1）**模糊化和解模糊接口** 计算机仿照人的思维进行模糊控制，而人的大脑中的控制经验是由模糊条件语句构成的模糊控制规则，因此需要把输入信号由精确量转化为模糊量。模糊化首先把输入信号的采样值转化到相应论域上的一个点（量程变换），然后

再把它转化为该论域上的一个模糊子集。与模糊化相反，解模糊过程将从推理机得到的模糊控制作用转化为精确的控制量，它是输出论域上的一个点，再通过量程转换转化为输出的物理量值。

（2）**知识库**（Knowledge Base） 由数据库和规则库组成，存放应用领域方面的知识。

1）数据库。所有输入、输出变量所对应的论域以及这些论域上所定义的规则库中所用的全部模糊子集的定义都存放在数据库中。对于离散论域，模糊子集在数据库中存放的是它在各个离散点上的隶属度；对于连续论域，模糊子集在数据库中存放它的隶属函数。在推理过程中，数据库向接口提供相关论域的数据。

2）规则库。控制规则是对控制对象进行控制的一个知识模型，不是传统的数学模型，它们是用模糊条件语句表达的。例如，对两输入、单输出的模糊控制器，输入对应的语言变量分别记为 x 和 y，输出作用对应的语言变量记为 z，假设 x、y、z 语言值的集合分别为

$$x:\{A_i \mid i=1,\cdots,m\}, \quad y:\{B_i \mid i=1,\cdots,n\},$$
$$z:\{C_{ij} \mid i=1,\cdots,m; j=1,\cdots,n\}$$

那么模糊控制规则可以表达为如下形式：

若 x 是 A_1 且 y 是 B_1 则 z 是 C_{11} 否则

若 x 是 A_1 且 y 是 B_2 则 z 是 C_{12} 否则

…………

若 x 是 A_m 且 y 是 B_n 则 z 是 C_{mn} （12.7-1）

实际应用中，输入输出模糊语言变量的辞集，也就是相应输入输出论域的模糊子集，常用标示符标记，如 NB（负大）、NM（负中）、NS（负小）、NO（负零）、ZO（零）、PO（正零）、PS（正小）、PM（正中）、PB（正大）等。表12.7-1中归纳了 $8×7=56$ 条模糊条件语句。

表 12.7-1 模糊控制规则表

z／x y	NB	NM	NS	ZO	PS	PM	PB
NB	PB	PB	PB	PB	PM	ZO	ZO
NM	PB	PB	PB	PB	PM	ZO	ZO

（续）

z／x y	NB	NM	NS	ZO	PS	PM	PB
NS	PM	PM	PM	PS	ZO	NS	NS
NO	PM	PM	PS	ZO	NS	NM	NM
PO	PM	PM	PS	ZO	NS	NM	NM
PS	PS	PS	ZO	NS	NM	NM	NM
PM	ZO	ZO	NM	NB	NB	NB	NB
PB	ZO	ZO	NM	NB	NB	NB	NB

（3）推理机（Inference Mechanism） 建立了模糊控制规则，对于每个采样时刻的输入，推理机就可以按照模糊推理的合成规则进行计算从而求得控制作用。对于两输入单输出的模糊控制器的情况，推理机可由图 12.7-2 说明。

图 12.7-2 中"R"表示由式（12.7-1）所列的规则库的控制规则导出的输入和输出之间的模糊关系，"。"表示模糊推理合成规则的合成运算。模糊关系 $R \in F(X \times Y \times Z)$ 可以看成一个转换器，当输入为 A' 且 B' 时，转换为输出 C'。目前应用最广泛的是模糊控制的创始人 Mamdani 提出的模糊推理方式，即模糊关系用 Mamdani 的最小规则的定义，合成用"$\vee - \wedge$"运算。

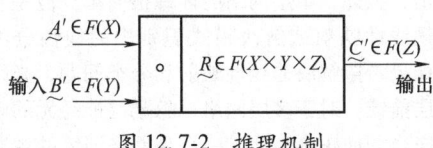

图 12.7-2 推理机制

7.2 基于人工神经元网络的非线性控制

76 神经元 人工神经元网络的研究始于 20 世纪 50 年代末 60 年代初，由于它能对非线性控制系统进行描述和处理，80 年代中期以后得到了普遍重视和发展。

神经元是神经网络的基本单元，结构见图 12.7-3，输入为 x_1，x_2，…，x_N，输入的阈值为 w_0（可看成为一个数值为 -1 的输入量），神经元的输入和输出 z 之间的关系为

$$y(x) = \sum_{i=1}^{N} w_i x_i + w_0 \quad z(x) = f(y)$$

（12.7-2）

其中，w_1，w_2，…，w_N 是输入 x_1，x_2，…，x_N 对神经元的权重。改变权重就可以改变神经元网络的

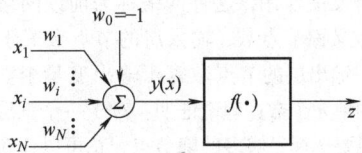

图 12.7-3 神经元基本结构

特性。$f(y)$ 是非线性激励函数，最常用的见图 12.7-4。

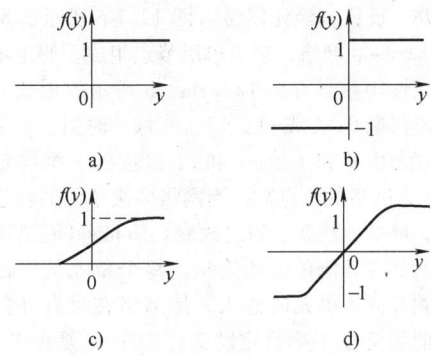

图 12.7-4 神经元中常用的非线性激励函数
a) $f(y) = 1(y)$ b) $f(y) = \mathrm{sgn}(y)$
c) $f(y) = \dfrac{1}{1 + \mathrm{e}^{-y}}$ d) $f(y) = \dfrac{1 - \mathrm{e}^{-sy}}{1 + \mathrm{e}^{sy}}$

77 前馈神经元网络 最常用的神经元网络有前馈网络和反馈网络。一般前馈网络具有多层结构，至少为三层。图 12.7-5 所示的前馈网络中，第一层称为输入层，第二层称为隐藏层，第三层称为输出层。输入层单元的作用只是将输入信号送到隐藏层各单元的输入端，并不做任何计算。隐藏层和输出层的单元都是神经元，具有运算功能。它们的非线性激励函数 $f(\cdot)$ 一般采用 Sigmoid 函数，见图 12.7-4c、d。

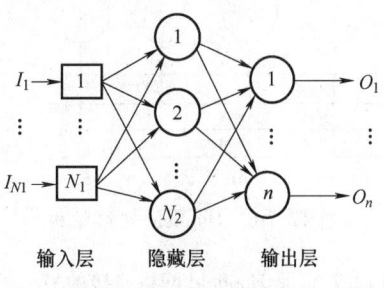

输入层　　隐藏层　　输出层
图 12.7-5 三层前馈网络

图 12.7-5 中，各层中每一个单元的输出都直接与紧接的下一层的各单元的输入端相连接，层与层

之间没有反馈作用，这种网络称为前馈网络。各层的单元数又称节点数，输入层的节点数等于输入变量个数，输出层的节点数等于输出变量个数。至于隐藏层的单元个数，理论证明：对于一个三层的前馈网络，只要选择足够多的隐节点，总可以任意逼近一个平滑的非线性函数。这样，前馈网络就可以用来实现非线性系统的建模、辨识和控制。隐藏层的节点数可以逐步由少增多，通过仿真试验，直到逼近的非线性函数达到要求的精度。

78 反馈神经元网络 图 12.7-6 所示的网络称为 Hopfield 网络，它由单层节点组成。假定单元的非线性函数具有图 12.7-4a、b 所示的形式，即其输出仅取 0，1 或 −1，+1。在每一时刻，整个网络的状态由 0 和 1 或 −1 和 +1 组成的 n 维向量表示，n 为网络的节点数。当网络中某单元的状态改变时，网络的状态也随之改变。Hopfield 网络中每一单元都与其他单元相连接。每个单元的输出又反馈到其他各单元的输入，使网络在没有外部输入时能保持在一个稳定状态。图中 w_{ji} 是由单元 i 到单元 j 的权重。权重表示单元相互连接的强度。数学分析表明，由于 Hopfield 网络中 $w_{ji} = w_{ij}$，网络的状态能够收敛，即最终能够达到一个稳定的状态。

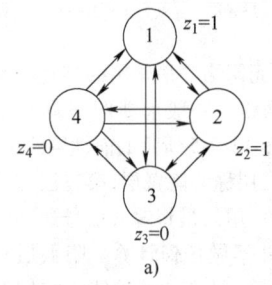

a)

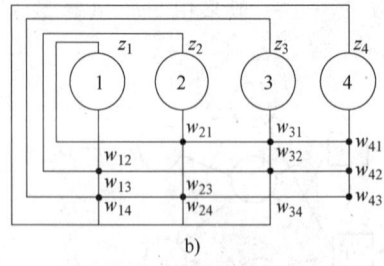

b)

图 12.7-6 Hopfield 网络结构

图 12.7-6b 是 Hopfield 网络连接的另一种表示。图中，处理单元排成一横行，用圆圈表示，单元之间的相互连接用单元下面的网格表示。网格的交点表示权重。权重如何进行初始设定，则依赖于具体

的应用。Hopfield 网络的每一个状态都与一个"能量值"对应。网络中单元状态的改变是随机地、异步地进行，与生物神经元受到随机的外界刺激而发生的改变方式相似。如果网络的能量随着状态的改变而愈来愈小，最终将达到一个稳定的状态。一个 Hopfield 网络可以有许多不同的稳定状态，它们可能对应局部极小值和全局极小值。因此，Hopfield 网络可以用于系统优化计算和模式识别中的联想记忆。

79 神经元网络的学习 利用一批已知的输入、输出数据集合来自动调节网络的权重，使网络获得要求的输入输出特性，称为网络的学习或训练。由于希望的输出是给定的，好像有教师示教一样，所以也称为监督训练。经过足够多的已知的输入输出模式的训练以后，网络就能够将训练模式以外的新的输入向量正确地映射成为希望的输出向量。

训练前馈神经网络时，首先将输入加到前馈网络的输入端，利用网络的实际输出与希望输出之间的误差来改变网络的权重，直到使数据集合中所有输入输出对（模式）的误差的均方值达到最小，网络就能产生希望的综合响应。

单层网络每个神经元的正确响应就是网络希望的输出，因此，单层网络的训练很简单。但是它只能实现线性映射或解决模式识别中的线性分类问题，如果希望解决非线性映射和分类问题，必须采用多层前馈。对于多层网络，隐藏层神经元的响应要求应当如何正确表达，一直是网络训练的主要障碍。直到最近误差反传算法的出现，训练多层前馈网络才成为可能。误差反传首先利用输出层的实际输出与希望输出之间的误差反传传播到隐藏层，形成隐藏层输出节点的误差，再利用最小均方误差算法或其他算法不断改进神经元的权重，从而达到网络训练的目的。

80 基于神经元网络的系统辨识和控制 作为一种建模方法，可利用非线性系统的输入输出数据训练神经元网络，使对象的动态特性和复杂映射关系隐含在网络之中。

（1）前馈建模 训练一个神经元网络使其描述一个系统的前馈部分的动态特性称为前馈建模。将神经元网络与辨识对象并联，对象输出与网络输出之间的误差，即预报误差，可用来训练网络。这是一种监督学习，对象的输出是学习的目标值。多层前馈神经元网络和预报误差直接反传算法是一种可行的训练算法。为了将对象的动态特性引入到网络中，最直接的办法是增加神经元网络的输入，将对

象过去的输入和输出量引入网络。

（2）逆建模 动态系统的逆建模一般有以下几种方法：

1）直接法。图12.7-7中，在对象P的输入端施加一组控制信号u，输出信号y作为神经网络NN_c的输入，神经网络的输出为u_c。用误差$e=u-u_c$训练NN_c，使得$e→0$，这样经过充分训练以后，神经网络NN_c即成为对象的逆模型。

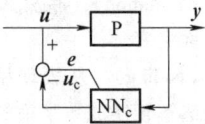

图12.7-7 用直接法训练逆模型

直接法的原理简单，但其训练集的分布范围必然大于其工作范围，因此它不是"目标指引的"。直接法的另一个缺点是它只能离线进行训练。

2）间接法。图12.7-8中，NN_m是一个已经训练好的正模型，被训练的逆模型NN_c串联在它前面，构成前馈控制。参考输入与NN_m的输出之间的误差信号$e=r-y_m$经过NN_m反传即可修正NN_c的权系数。经过充分训练以后，$e→0$，NN_c即可作为对象的逆模型。

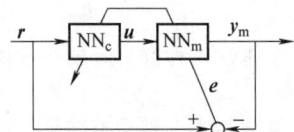

图12.7-8 用间接法训练逆模型

用间接法训练逆模型时，训练样本r和y_m的工作范围通常是已知的，所以训练是"目标指引的"。另外，间接法还具有可以在线训练的优点。但是在训练NN_c的过程中，如果NN_c参数的初值选择不当，控制系统有可能不稳定。

（3）反馈误差法 反馈误差法是一种前馈-反馈控制系统。图12.7-9中，反馈控制器K可以是常规控制器或模糊控制器，神经网络NN_c作为前馈控制器，对象的控制量$u=u_f+u_c$。训练的开始时，即使NN_c的参数不合适，但由于K的作用仍能使控制系统稳定工作。NN_c是以u_f作为偏差信号进行学习的，经过充分的训练以后，$u_f→0$，$u_c→u$，这时$y→r$，$e→0$，反馈控制不再起作用，此时NN_c即训练成为对象的逆模型。

反馈误差法是"目标指引的"，通常是在线训

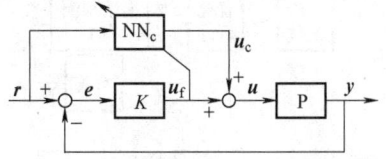

图12.7-9 用反馈误差法训练逆模型

练的，当然也可以离线运行。

81 基于神经元网络的几种控制结构 动态系统模型及其逆可直接用于控制，下面讨论几种比较可行的控制方案。

（1）监督控制 许多控制系统由人来提供反馈控制作用。对于一些特殊任务，实际上很难获得被控对象的解析的数学模型，因此只能设计模拟操作人员作用的拟人控制器。这类控制方式称为监督控制，它可用神经元网络或专家系统来实现。在这里，训练神经元网络类似于学习获得操作人员的前馈网络模型。网络的输入利用从系统传感器得到的反馈信息，输出尽可能接近操作人员的控制作用。

（2）直接逆控制 直接逆控制将对象的逆模型直接与对象串联，为的是使组合系统实现恒等映射。这时网络的作用相当于开环控制器。由于缺乏反馈，这种方法的鲁棒性较差。可以通过在线学习，对逆模型的参数进行在线调整，使鲁棒性局部得到改善。

（3）模型参考控制 图12.7-10中，稳定的参考模型的输出是闭环系统的希望输出，控制目标是使对象输出$y_p(t)$渐近趋近参考模型的输出$y_m(t)$。

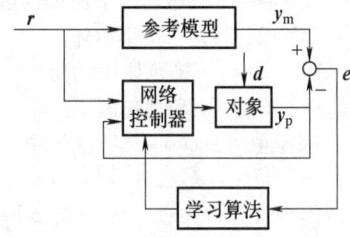

图12.7-10 非线性系统的模型参考控制结构

（4）预测控制 图12.7-11a中，网络预测模型用来使产生的对象未来的输出送入一个优化程序，算出适当的控制u，优化的约束条件是对象的动态模型。

进一步，训练一个网络控制器来产生与优化程序相同的u。一旦训练完成，优化程序就用固定的网络控制器代替，见图12.7-11b。

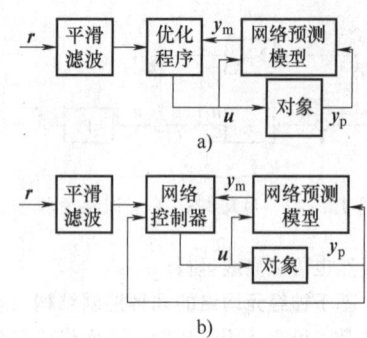

图 12.7-11　基于神经元网络的预测控制

7.3　遗传算法

82　遗传算法的基本概念　遗传算法是建立在生物自然选择和遗传学概念上的一种搜索最优解的方法。对于给定的优化问题，每个可能的解（备选解）称为个体，所有个体组成一个种群。与生物基因遗传类似，个体经过基因重组（交叉）和变异运算产生后代。交叉和变异操作一代又一代重复执行，直至收敛到最优解或足够好的解。每个个体，根据其对应的目标函数值，被赋予一个适应度函数值。适应值大的个体将会给予较多的机会交配，繁殖更多的适应性强的个体。这符合达尔文的"适者生存"理念。在求解复杂的组合优化问题时，相对于常规优化算法，遗传算法能够在"足够短的"时间内搜索到"足够好的"解。下面介绍遗传算法中常用的术语。

（1）染色体（chromosome）　遗传物质的载体，由多个基因组成的一个码串。一个可能的解（备选解）经过基因编码，就是一个染色体。

（2）基因（gene）　染色体中的每一位，控制生物性状的基本单元，又称遗传因子。

（3）基因位值（alleles）　染色体中，基因取的值。

（4）基因型（genotype）　为使遗传算法容易辨识和处理，备选解必须变换成一个数字串，即一个完整的染色体，称为基因型，又称为遗传算法的内部解。

（5）表现型（phenotype）　真实情景中问题的解的表达形式，又称为遗传算法的外部解。

（6）个体（individual）　优化问题的一个可能的、用染色体表示的解。

（7）群体（population）　优化问题的所有可能的用染色体表征的个体的集合，又称种群。种群内的个体数目称为群体规模。

（8）适应度函数（fitness）　衡量每个个体对环境适应的程度，又称适应值函数，它和优化的目标函数直接相关。

（9）选择（selection）　用某种策略或规则从群体中选出若干个体的操作，又称复制。

（10）交叉（crossover）　两个染色体基因重新组合的操作，又称杂交。

（11）变异（mutation）　偶然发生的遗传因子突变的操作，又称突变。

（12）编码（coding）　从表现型到基因型的变换，也就是将备选解转换成数字串的过程。

（13）解码（decoding）　从基因型到表现型的变换。每代进化操作中，在重新计算新一代个体的适应值之前，必需先执行一次解码操作。所以，遗传算法要求快速解码运算。

遗传算法的主要步骤是：

1）种群初始化：随机地产生一个初始种群；

2）计算当前一代（k 代）种群中每个个体的适应度函数值；

3）进行选择操作，选出适应值较大的个体进行复制，同时淘汰适应值较小的个体；

4）对选中的个体进行交叉操作；

5）对交叉生成的个体进行变异操作，生成新个体；

6）将新个体注入种群，形成新一代种群，代次 $k \rightarrow k+1$；

7）判断算法终止准则是否满足，若满足则输出搜索结果，算法完成，否则转向步骤2），算法继续循环执行。

83　亲本选择　选择适应值较大的个体交配繁殖，同时淘汰适应值较小的个体。但也要防止在不多的几代繁殖后，适应值极大的个体占据整个种群，导致种群中的解互相之间很接近，使种群丧失多样性。维持种群多样性对遗传算法的成功极其重要。由适应性极强的个体占领种群的这种情况称之为"过早收敛"，它使算法可能陷入局部最优。然而，如果种群多样性过高，虽然增大了算法收敛到全局最优解的机会，但却降低了算法收敛速度。

（1）基于适应度的按比例选择　每个个体被选中作为父代的概率与该个体的相对适应值成正比。这样，适应性较强的个体将获得较多的机会交配，将自己的特征传播到下一代。这种策略鼓励种群中那些适应度函数值较大的个体，通过逐代演化，变得越来越好。

1）轮盘赌选择：首先求出个体相对适应值

$$rel_i = f(x_i) / \sum_{j=1}^{N} f(x_j)$$，其中，$f(x_i)$ 是个体 x_i 的适应值，N 为种群规模。

按 rel_i 值大小，将轮盘按比例分成 N 个扇形区域，然后产生一个随机数。随机数落入轮盘的那一个区域所对应的个体就被选中。显然，rel_i 越大，x_i 被选中概率越高。

2）随机历遍采样：与轮盘赌相似，不同之处是每次产生多个随机数。这些随机数落入的那些区域所对应的个体都被选中，即父代个体选择一次完成。随机历遍采样策略同样也鼓励适应度较高的个体，它们至少被选中一次。

（2）锦标赛选择　从种群中随机抽取 k 个个体，从中选择适应值最大的作为父代，再用同样的方法选出下一个父代。采用这种策略时，适应值大的个体不受交叉和变异影响；缺点是有可能陷入局部最优。

（3）排位次选择　如果种群中个体的适应值相互之间很接近，就适合采用排位次选择。这种情况下，如果采用轮盘赌或随机历遍采样选择，每个个体被选中的概率几乎相等，这样就失去了"择优而选"的动力，算法出现停滞或做出错误选择。为了克服这种困难，可以按适应值大小将个体从高到低排位，再按照位次高低给个体分配选择概率。显然，排位高的个体将被赋予更多机会被选中。

84　交叉操作　交叉运算类似于生物杂交，又称基因重组。交叉操作每次作用于两个被选中的个体，产生两个子代个体；每个子代都继承了两个父代个体的遗传基因。两个子代个体与父代个体不同，并且彼此也不相同。

（1）单点交叉　随机产生一个交叉位置，在交叉位将双亲的基因码链截断，然后互换尾部，生成两个新个体。下面是两个 5 位数字串的交叉操作，交叉位置是第 3 位。

$$\left.\begin{array}{l} A = 11010 \\ B = 01011 \end{array}\right\} \Rightarrow \left.\begin{array}{l} A = 110\,|10 \\ B = 010\,|11 \end{array}\right\} \Rightarrow \left\{\begin{array}{l} A' = 110\,|11 \\ B' = 010\,|10 \end{array}\right.$$

（2）多点交叉　随机产生 k 个交叉位置，将数字串分成 $k+1$ 段。第 1 个与第 2 个交叉位置之间，双亲个体之间的基因位值互换；第 2 个与第 3 个交叉位置之间，不进行互换；第 3 个与第 4 个交叉位置之间，进行互换，以此类推。例如：

$$\left.\begin{array}{l} A = 110100110101 \\ B = 010101100110 \end{array}\right\} \Rightarrow \left.\begin{array}{l} A = 110\,|1001\,|101\,|01 \\ B = 010\,|1011\,|001\,|10 \end{array}\right\} \Rightarrow$$

$$\left\{\begin{array}{l} A' = 110\,|1011\,|101\,|10 \\ B' = 010\,|1001\,|001\,|01 \end{array}\right.$$

（3）一致交叉　不是将染色体分成几段后处理，而是各个基因分别处理。为了能实现控制子代个体 A'（或 B'）的遗传基因中，哪些来自父代个体 A，哪些来自父代个体 B，可设置一个与染色体同字长的二进制屏蔽码，屏蔽码某一位如果是 0，子代个体 $A'(B')$ 的这一位从父代个体 $A(B)$ 复制而来；如果屏蔽位是 1，$A'(B')$ 的这一位来自父代个体 B（或 A）。例如：

$$\left.\begin{array}{l} A = 00111 \\ B = 11110 \end{array}\right\} \text{屏蔽码：} 01001 \Rightarrow \left\{\begin{array}{l} A' = 01110 \\ B' = 10111 \end{array}\right.$$

85　变异操作　变异操作模仿生物进化过程中偶然发生的基因突变现象，相当于对染色体进行随机的局部调整，生成新的染色体，从而提高种群的多样性。遗传算法中，突变操作就是在当前解的邻域内探索新解，从而防止陷入局部最优，这对保证算法收敛至为关键。

（1）位翻转变异　随机选一位或几位，对这一位或这几位进行数码翻转。例如，

数字串 011101，随机选两位（第 3、5）翻转，得到 010111。

（2）交换变异　随机选取染色体中两个位置，这两个位置上的值互相交换。

（3）逆变异　将染色体中某一段的数字序列的顺序反转。

（4）乱扰（洗牌）变异　染色体中取一基因子集，重新随机地安排基因值的位置。

综上所述，选择操作识别并鼓励适应值较大的个体交配繁殖，而淘汰适应值较小的个体。交叉操作对两个个体基因码进行重新组合，期望形成适应值更大的两个新一代个体。变异操作则是对个体进行局部改变，期望产生更好的子代个体。上述说法的正确性虽然尚未得到严格证明，但可以相信，即使交叉和变异操作产生了适应值更小的个体，它们也会在下一代通过选择操作而被淘汰出局。相反地，交叉和变异操作产生的适应值更大的个体的优点会通过一代又一代遗传操作而不断强化。

86　遗传算法的控制参数和终止准则

1）种群规模 N 太小时，由于样本量太小，不可能搜索到好的解。然而增大种群规模，虽然可以避免过早收敛，但所需的计算量也随之增大，导致收敛率降低。

2）交叉率 p_c 是交叉操作应用的频率。在每代群体中，只有 $p_c N$ 个染色体进行交叉操作，其他

$(1-p_c)N$ 个直接复制到下一代种群。交叉率越高，个体更新就越快。然而，如果交叉率过高，原本适应度高的个体被破坏的概率就更大；如果交叉率过低，有可能导致搜索过程缓慢，甚至停滞。

3）变异率 p_m 是每代种群中，每个染色体的每一位随机改变的概率。因此每代大约执行 $p_m NL$ 次变异操作，其中 L 是染色体字长。相对于交叉率，变异率一般很小。如果无限制地提高变异率，将使遗传算法退化为随机搜索。

4）终止准则，又称收敛准则。遗传算法中，很多控制转移规则是随机性的，每代个体（也就是解）在解空间内的位置也是不确定的。因此不能像传统优化方法那样，根据前后两代解之间的距离大小来判断算法是否达到收敛。遗传算法常用的终止准则有

① 个体的适应度函数达到了问题的最优解所对应的值；

② 在设定的连续 X 代遗传操作后，解的适应度函数值无明显提高；

③ 迭代次数已经达到预先设定最大的算法执行代数。

7.4　人工免疫系统

87　免疫系统的基本概念　人工免疫系统（Artificial immune system，AIS）是模仿自然免疫功能的一种智能控制方法。生物免疫系统是生物固有的能区分自体与非自体物质（细菌、病毒和真菌），并能将外来病原体杀灭的自身防御系统。免疫分为非特异性的先天性免疫和特异性的后天免疫，即适应式免疫。借鉴生物免疫的人工免疫系统能实现记忆学习、噪声忍耐、无教师学习、自组织等进化学习机理。其中，自己-非己识别机理启发督促系统进行控制决策，耐受诱导和维持机理抑制系统噪声，免疫机制可用于自适应控制。免疫系统中常用的术语介绍如下：

（1）病原体　任何有害的非自体物质，通常指细菌、病毒、真菌等外源性微生物。

（2）抗原　能够诱发免疫系统产生免疫应答，并能与相应的免疫应答产物（即抗体）发生反应的物质。人工免疫系统中，抗原对应于优化问题。

（3）抗体　受到抗原刺激，免疫细胞转化为浆细胞并产生免疫球蛋白，附着在刺激免疫系统的抗原上，并与之相互作用。这种免疫球蛋白就是抗体，又称受体。人工免疫系统中，抗体对应于优化

问题的备选（可行）解。

（4）亲和力　抗体结合基与抗原决定基之间的结合强度。通常，两者形状结构越互补，结合强度越高。

（5）胸腺　位于上胸中部胸骨之后的重要淋巴器官。

（6）T细胞　胸腺里成熟的淋巴细胞，具有通过细胞表面的受体识别特异性病原的能力。

（7）B细胞　骨髓里形成的淋巴细胞，受某一种抗原刺激后，会分裂繁殖子代细胞，形成大量的抗体，进入血液。

（8）免疫应答　T细胞和B细胞等淋巴细胞识别抗原，产生激活、增殖、分化等一系列免疫响应，并将抗原灭活及清除的全过程。

（9）免疫识别　免疫系统将不属于机体自身健全组织的外来有害物质杀灭，就要首先要辨别自身物质和非自身物质。这就是免疫识别，它是由巨噬细胞和淋巴细胞进行的，通过抗原表面的抗原决定簇来实现。

（10）免疫记忆　T细胞和B细胞等免疫淋巴细胞均具有针对某一种抗原的记忆能力，使得免疫系统再次接触到这一种抗原时，做出更快速和更有效的免疫应答。

（11）免疫调节　免疫系统中的免疫细胞和免疫分子之间，以及与其他系统（如神经和内分泌系统）之间的相互作用，使得免疫应答以最恰当的形式使机体维持在最适当的水平。

88　人工免疫系统机理　生物免疫系统的主要功能是：免疫防御、免疫自稳（维持体内平衡）和免疫监视。病原体多种多样，且随时间变异，为了能够在如此复杂的环境里稳定可靠地发挥这三大功能，生物免疫系统是一个由大约 10^7 个免疫子网构成的高冗余度大规模网络。其中的信息处理与防御功能和机理可以被借鉴模仿，用来为复杂的工程控制问题提供新的解决思路、理论和方法。

（1）记忆学习　第一次接触到某种抗原时，免疫系统应答（响应）较慢，并且只产生少量抗体。而当第二次接触同类抗原时，应答很快，并且产生超过第一次几个数量级的抗体，抗体与抗原之间的亲和力也急剧增强。这说明，通过第一次接触抗原时的"学习"和"记忆"，免疫系统当再次遇到同类抗原时，响应才会如此强烈有效。

（2）反馈机制　抗原（A_g）进入机体后，将信息传递给T细胞（T_H 和 T_S），T_H 和 T_S 将分泌白细胞介素，然后共同刺激B细胞。经过一段时间

后，B 细胞就会产生抗体来清除抗原。T_H 细胞是辅助 T 细胞；而 T_S 是抑制 T 细胞，对 T_H 细胞的产生起抑制作用。当入侵抗原较多时，机体内 T_H 细胞也较多，而 T_S 细胞却很少，从而产生很多 B 细胞和抗体。而随着机体内抗原减少，T_S 细胞数量增加，抑制 T_H 细胞的产生，从而 B 细胞和抗体数量随之减少。可见，抗原、抗体、B 细胞、辅助 T 细胞和抑制 T 细胞之间的反应，体现了反馈机理。

（3）克隆选择 克隆是指生物体通过体细胞进行的无性繁殖，以及由无性繁殖形成的基因完全相同的后代个体组成的种群。哺乳动物后天免疫过程中，淋巴细胞 B 和 T 逐渐改善，这就是亲和度成熟的过程。免疫细胞的选择标准是抗体-抗原之间互动的亲和度，繁殖的方式是细胞分裂，其多样性则是靠变异来促进维持。只有能识别抗原的细胞才被免疫系统选中，分裂扩增。细胞与某种病原体之间亲和度越高，被复制数量就越多。这样，当任何一种抗原入侵时，都能通过记忆学习找到能识别和杀灭这种抗原的免疫细胞克隆，使之激活，分裂繁殖，强化免疫应答，从而最终清除这种抗原。正是因为有克隆选择，抗体的种类远多于抗原的种类。抗体多样性可用来优化搜索过程，使对应不同抗原的抗体不断地进化，避免陷入局部最优，从而提高全局搜索能力。

（4）免疫网络 1973 年，耶纳（Jerne）根据现代免疫学对抗体分子独特型的认识，在克隆选择理论的基础上，提出了免疫网络学说。耶纳认为：任何抗体分子或淋巴细胞的抗原受体都存在着独特型，它们可以被机体中另一些淋巴细胞识别而刺激诱发产生抗独特型抗体。独特型和抗独特型之间的相互识别使免疫系统内部构成"网络"关系，在免疫调节中起重要作用。耶纳的免疫网络学说强调了免疫系统是由细胞克隆之间相互联系、相互制约而构成的对立统一整体。一个完备的免疫系统中不同的抗体之间也可以产生相互作用。免疫系统淋巴细胞上分布的特异抗原受体可变区组成内网络，通过免疫细胞相互识别可变区上的抗原决定簇，来实现免疫功能。而对外来抗原的应答，则是在识别自身抗原后的反应。1991 年，Varela 和 Coutinbo 提出的免疫网络模型突出了免疫网络的三个特征：1）网络结构，即分子与细胞间的相互作用和连接构造形式；2）免疫动态，指网络连接和浓度以及亲和度随时间的变化；3）稳态特性，免疫系统连续平稳地产生抗体，同时剔除凋亡细胞。免疫网络算法可用网络图表示。其中节点代表抗体（或产生抗体的

细胞），训练算法则是根据亲和度来增加和修剪节点之间的边。免疫网络算法可应用于控制、数据直观化、聚类和优化。

自然免疫中的其他机理，如分布式自治、自组织存储、免疫耐受诱导和维持等，也可被借鉴用来解决复杂的工程控制问题。

89 人工免疫系统的基本方法和算法流程

基本免疫方法包括：

（1）免疫识别

1）定义自己（Self）为一个字符串集合 S，每个字符串有 n 个字符组成，代表一个行为模式；2）产生一个初始监测器集合 R，其中每一个监测器都须经过选择，都不能与集合 S 中的任何一个字符相匹配，若匹配就被删除；3）不断对照集合 R 监测集合 S 的变化，一旦发生任何匹配，则表示集合 S 发生了变化，说明有外来抗原侵入。

（2）免疫学习

1）对同一抗原重复学习，强化学习；2）亲和度成熟，个体经过遗传操作后亲和度逐步提高，又称遗传学习；3）低度重复感染，重复训练过程；4）对于内生和外来抗原的交叉应答，联想式学习。

（3）免疫记忆 第一次接触到某一种抗原时，淋巴细胞需经过一定时间才能更好地识别出抗原，然后以最优抗体的形式保留住关于这一种抗原的记忆信息。这样，当免疫系统再次遇到相同的或结构相似的抗原时，联想记忆将发挥作用，使应答速度和强度大大提高。

（4）克隆选择

1）阳性（肯定）选择，使 B 和 T 淋巴细胞对抗原的应答逐步增强，其亲和度逐步提高而"成熟"的过程；2）阴性（否定）选择，识别并剔除凋亡的 T 细胞。阴性选择算法可用于分类和模式识别问题，例如异常检测。

人工免疫算法的基本步骤如下：

1）抗原识别：根据优化问题的目标函数和约束条件构造合适的亲和度函数。

2）确定抗体（备选解）的编码方式。

3）产生初始抗体：在解空间中随机产生 N 个备选抗体，N 为群体规模。

4）对种群中的每一个个体进行亲和度评价。抗体与抗原之间的亲和度越大，两者之间越互补，匹配度越高。

5）判断终止准则是否满足，如果满足，算法终止，输出结果；否则，继续执行。

6）计算抗体浓度和激励度：抗体激励度是对

抗体质量的最终评价结果，通常亲和度大、浓度低的抗体具有较大的激励度。

7）进行免疫处理，包括

① 免疫选择：根据抗体的激励度选择对哪些抗体进行克隆操作。一般，激励度高的抗体更可能被选中。

② 克隆：将免疫选择算子选中的抗体进行复制。

③ 变异：二进制编码算法中，从变异源抗体串中随机选取几位元，进行翻转；实数变异算子中，在变异源个体中引入一个小扰动。

④ 克隆抑制：对经过变异后的克隆体进行再选择，抑制其中亲和度低的抗体。

8）种群刷新，以随机生成的新抗体代替当前种群中激励度较低的抗体，形成新一代抗体种群，转至步骤4）。

第8章 控制系统 MATLAB 仿真

8.1 MATLAB 概述

90 MATLAB 简介 科学计算应用软件平台 MATLAB（MATrix LABoratory）最早用于矩阵数值计算。随着版本不断更新，MATLAB 已扩充了更多功能，如数值计算、符号运算、图形处理和各种功能强大的工具箱。MATLAB 现已成为几乎所有学科领域中普遍采用的计算、分析、设计以及教学软件系统。

MATLAB 具有以下优点：1）功能强大，可以方便地处理科学研究和工程实践中各类问题，如矩阵变换及计算、多项式运算、微积分、线性与非线性方程求解、常微分方程求解、偏微分方程求解、插值与拟合、统计及优化等；2）语言简单，由于它是用 C 语言开发的，因此它的程序流控制语句与 C 语言基本相同，初学者很容易掌握；3）扩充能力强，便于使用者二次开发；4）丰富的函数库，编程效率高。

8.2 MATLAB 基础

91 MATLAB 的变量和常量 变量是 MATLAB 的基本要素之一，但 MATLAB 并不要求对所使用的变量进行事先声明，也不需要指定变量类型，它会自动根据所赋予变量的值或对变量所进行的操作来确定变量的类型。在赋值的过程中如果变量已存在，则 MATLAB 将用新值代替旧值，并以新的变量类型代替旧的变量类型。

MATLAB 中，定义变量须遵守以下原则：1）变量名字母区分大小写；2）变量名长度不超过 31 个字符，超过 31 个之后的字符将被忽略；3）变量名以字母开头，中间可包含字母、数字、下划线，但不得使用标点符号。需要注意的是，在 MATLAB 语言中，变量名存在作用域的问题。

MATLAB 中，常量除了数字、字符外，还有预先设定的默认常量，常用的见表 12.8-1。

表 12.8-1 默认常量

常量名	i, j	pi	NaN	Inf
常量含义	虚数单位，定义为 $\sqrt{-1}$	圆周率	表示不定值	无穷大

例如：
> ＞＞C=pi;

表示将常量 pi 赋值给变量 C，其中"＞＞"是 MATLAB 的命令提示符。上面的命令在运行结束后不能在 MATLAB 的命令窗口显示变量 C 的值。如果想知道变量 C 是否已被赋值，需要通过 MATLAB 的工作空间管理窗口查询或者采用下面的输入方式：
> ＞＞C=pi

执行完毕后在 MATLAB 的命令窗口给出这样的结果：
> C = 3.141 6

也就是说，在 MATLAB 中，语句末尾无";"标点时，将输出这条命令的结果；有";"标点时，则不输出结果。

只有对一个变量赋值后，才可以使用这个变量，对其进行允许的操作。例如：
> ＞＞D = C+5

表示将变量 C 加上数字常量 5 后，再赋值给变量 D。如果 C 还没被赋值，则 MATLAB 会报错。常用的数学运算符见表 12.8-2。

表 12.8-2 常用数学运算符

数学运算符	+	−	*	/	^
含义	加	减	乘	除	幂

除了常用的数学运算符外，MATLAB 还提供完备的数学计算函数。例如：
> ＞＞D = sqrt（C）

表示将 C 开平方后赋值给 D。有关这些函数，MAT-LAB 的帮助文档中有详细说明。

92　MATLAB 的矩阵　MATLAB 中，要使用矩阵首先要建立矩阵。建立矩阵的过程很简单，通常可以在命令提示符下直接输入矩阵。例如：

>>a=[1 2 2;2 3 4]

就建立了一个 2×3 维的矩阵 a。这个语句说明：要建立一个矩阵必须以"[ ]"为标识；矩阵的同行元素以空格或","分隔，行与行之间用";"分隔。另外，在 MATLAB 中，矩阵维数不必预先定义，无任何元素的空阵也合法，而且矩阵元素也可以是运算表达式。例如，下面两个语句都是符合语法的。

>>b=[ ]

>>b=[3+5 4+2;2 * 3 5 * 6]

如果矩阵比较大，可以借助 M 文件输入。

矩阵加减使用"+"、"－"运算符，只是要求加减的两个矩阵是同阶的。例如：

>>a=[1 2 3 4;2 3 5 6];

>>b=[2 3 5 6;5 9 6 7];

>>c=a+b

c =

```
     3     5     8    10
     7    12    11    13
```

矩阵相乘使用运算符"＊"，要求相乘的两个矩阵合维，即左边矩阵的列数和右边的行数相等。矩阵的除法有两种不同形式，左除"＼"和右除"／"。MATLAB 提供所有的矩阵运算，如行列式、幂、指数等。

向量按矩阵的特殊形式处理。

93　MATLAB 的图形处理功能　图形在控制系统分析和设计中大大地提高了直观性，MATLAB 强大的绘图功能函数能满足不同需求。绘制二维图形最常用的函数是 plot 函数，这里举例说明。

>>x=0:pi/100:2 * pi;

>>y=sin（x）;

>>plot（x,y）

绘制出二维图形（见图 12.8-1）。

得到了图形后，还可以通过一些辅助命令来重新定义图形的某些特性，以使图形更加直观形象，图 12.8-2 是被重新定义过的图形。

其他二维绘图函数有 semilogx、semilogy 和 loglog，其用法和 plot 相似，只是前两个函数的 x 坐标和 y 坐标是按对数分度，而 loglog 函数则是双对数坐标。例如：

>>semilogx（x,y）

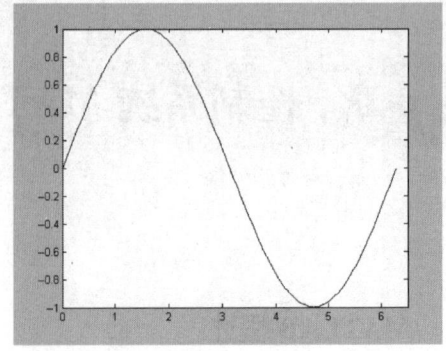

图 12.8-1　y=sin（x）曲线

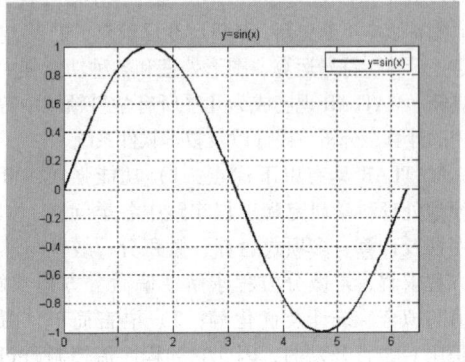

图 12.8-2　y=sin（x）曲线

执行完毕后将绘出图 12.8-3。

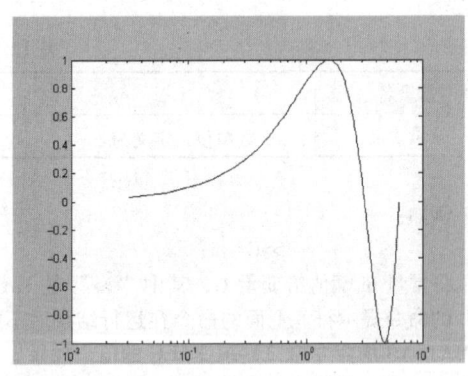

图 12.8-3　y=sin（x）曲线（横坐标对数分度）

MATLAB 绘图功能不仅仅局限于上述几种函数，更多的函数及其使用方法在 MATLAB 的帮助文档里有详细说明。

94　MATLAB 的 M 文件　作为一种高级语言，MATLAB 除了可以用交互式的命令行方式工作，还可以进行程序设计，即编制一种以 m 为扩展名的文件，简称 M 文件。M 文件的语法酷似 C 语言，对于 C 语言用户来说，M 文件的编写相当容易。M 文件有两种形式，命令式（Script）和函数式（Function）。命令式文件就是命令行的简单集合，MATLAB 会自动按顺序执行文件中的命令；函数式文件主要用来解决参数传递和函数调用的问题，它的第一句以 function 语句为引导。

命令式 M 文件写法没有特殊要求。例如，命令式 M 文件 plotdata. m 内容为

> t=[0:0.01:1];　　　%产生横轴数据
> y=sin(50*t);　　　%产生纵轴数据
> plot（t,y）　　　　%绘图

则可以直接在 MATLAB 的命令窗口调用 plotdata 来一次执行上面的三条命令。

>>plotdata

命令运行结果见图 12.8-4。注意，M 文件中"%"表示后面部分是对前面语句的注释。

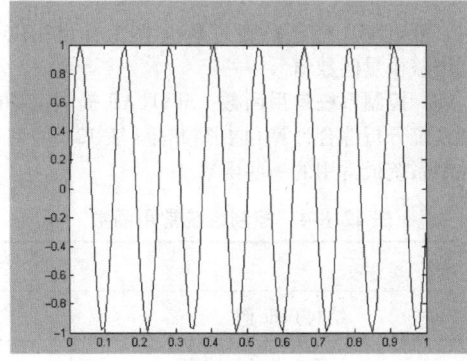

图 12.8-4　命令式 M 文件输出

函数式 M 文件有一定的写法要求。例如，欲求某一点上函数 $f(x)=\sin(x)+x$ 的值，则函数式 M 文件为：

function f=findvalue（x）

function 是关键字，说明其是函数式 M 文件。函数名为 findvalue，返回值为 f。

f=sin（x）+x

函数式 M 文件要求其文件名与函数名一一对应，因此必须将上面的函数式 M 文件存为 findvalue。有了 findvalue 函数文件，就可以在 MATLAB 的命令窗口中通过调用 findvalue 求出函数 $f(x)$ 在某一点上的值。下面的命令可求出函数 $f(x)$ 在 $x=3$ 处的值。

>>findvalue（3）

ans =

3.141 1

需要说明的是，上面的 x 也可以是一个向量。

M 文件中经常需要用到一些控制语句，常用控制语句见表 12.8-3。

表 12.8-3　控制语句

控制语句	for 语句	while 语句	if 语句	switch 语句
含义	循环语句，实现循环		选择语句	分支语句

各种语句都有其各自的调用格式，这里不再赘述。除了这些控制语句外，还有一些人机交互语句，如 echo、input、pause 等。

8.3　控制系统分析

95　时域分析　MATLAB 可计算系统在任意输入作用下的输出，包括单位阶跃响应和单位冲激响应。例如，两个线性定常系统

$$W_1(s)=\frac{Y(s)}{R(s)}=\frac{5s+10.5}{s^4+9s^3+26s^2+34s+20}$$

$$W_2(s)=\frac{Y(s)}{R(s)}=\frac{1.05}{s^2+2s+2}$$

首先，使用函数 tf 建立 MATLAB 可识别的系统模型。

>>sys1=tf（[5,10.5],[1,9,26,34,20]）

>>sys2=tf（[1.05],[1,2,2]）

调用函数 step 计算两系统的单位阶跃响应。

>>step（sys1,sys2）

响应曲线见图 12.8-5。

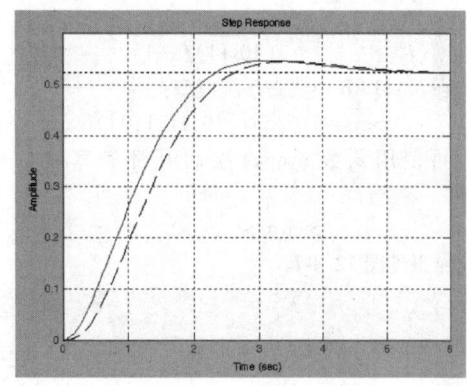

图 12.8-5　单位阶跃响应

从图 12.8-5 响应曲线可见，两系统动态过程甚为接近，四阶系统 $W_1(s)$ 可以降阶处理成为二阶系统 $W_2(s)$。

96　根轨迹分析　给定系统开环传递函数

$$G_0(s)=\frac{K}{s(s+1)(s+3)}$$

MATLAB 对系统进行根轨迹分析过程如下。首先，输入开环传递函数

```
>>sys=tf([1],[1,4,3,0])
```
然后调用函数 rlocus
```
>>rlocus（sys）
```
绘制根轨迹，见图 12.8-6。

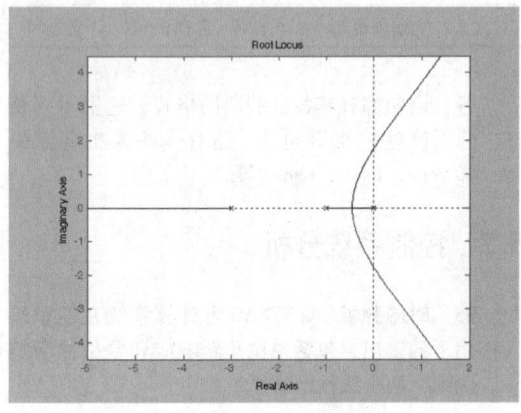

图 12.8-6　根轨迹

单击根轨迹与虚轴交点，可知，$K \geqslant 12$ 时系统有两个闭环极点实部为正，系统不稳定。单击根轨迹在实轴上的分离点，可知 $K \leqslant 0.627$ 时，三个闭环极点均为负实数，系统过阻尼。单击根轨迹上任一点，可显示出该闭环极点对应的增益、阻尼比、超调量和振荡频率。

97　频域分析　MATLAB 也可进行控制系统频域分析。给定系统开环传递函数
$$G_0(s) = \frac{5}{s(10s+1)(s+1)}$$
首先在 MATLAB 中建立系统模型：
```
>>sys=tf([5],[10,11,1,0])
```
然后可使用函数 nyquist 绘制开环频率特性幅相图：
```
>>nyquist（sys）
```
输出结果见图 12.8-7。

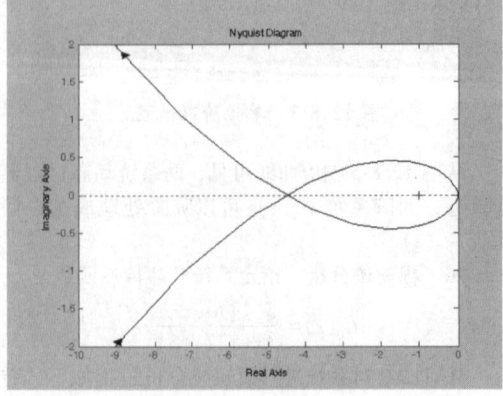

图 12.8-7　Nyquist 曲线

从 Nyquist 图可知，系统不稳定。如果想知道相位裕量和增益裕量，可调用函数 margin：
```
>>margin（sys）
```
输出结果见图 12.8-8。

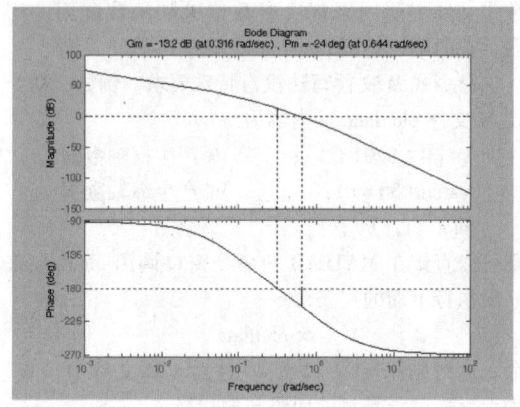

图 12.8-8　Bode 图与稳定裕量

这时，MATLAB 将在系统的 Bode 图上标出相位裕量和增益裕量的数值。

98　控制系统常用函数　MATLAB 提供完备的控制系统分析综合计算和绘图功能。表 12.8-4 列举了控制系统最常用的一些函数。

表 12.8-4　控制系统常用函数

函数	含义
bode	绘制 Bode 图
impulse	计算单位冲激响应
margin	绘制 Bode 图，并给出增益裕量、相位裕量等信息
nichols	绘制 Nichols 图
nyquist	绘制 Nyquist 图
pole	计算系统极点
rank	计算矩阵的秩
residue	计算部分分式展开式
rlocfind	计算一组特征根对应的增益
rlocus	绘制根轨迹曲线
ss	建立状态空间模型
step	计算单位阶跃响应
tf	建立传递函数模型
zero	计算系统零点

8.4　Simulink 简介

99　Simulink 是 MATLAB 中用来对动态系统进行建模、仿真和分析的软件包。它提供图形化的交互环境，使用者只需拖动鼠标便能方便迅速地建立起系统框图模型。这里举例说明动态系统 Simulink 建模的过程。考虑动态系统：

$$\frac{\mathrm{d}^2 x(t)}{\mathrm{d}t^2} + \frac{f}{m}\frac{\mathrm{d}x(t)}{\mathrm{d}t} + \frac{k}{m}x(t) = \frac{F(t)}{m}$$

其中，$\frac{f}{m}=0.1$，$\frac{k}{m}=1$，输入项 $\frac{F(t)}{m}=1(t)$，系统初始状态为零。

首先启动 Simulink，可在 MATLAB 的命令窗口输入"simulink"命令，或者单击工具栏上的相关图标。然后在 Simulink 窗口下新建一个 Model 文件。接下来就可以在这个 Model 文件中建立上面的动态系统，用鼠标选取 Simulink 提供的模块，搭建完成动态系统的 Simulink 模型，见图 12.8-9。

先将系统参数填写到模块。然后设置仿真参数（如仿真时间长度）及仿真算法、仿真结果是否存储在工作空间等。各种参数按需求设置完毕后就可以进行仿真计算。系统阶跃响应仿真结果见图 12.8-10。

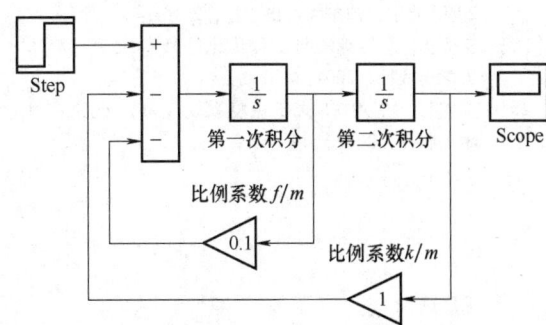

图 12.8-9　系统 Simulink 模块图

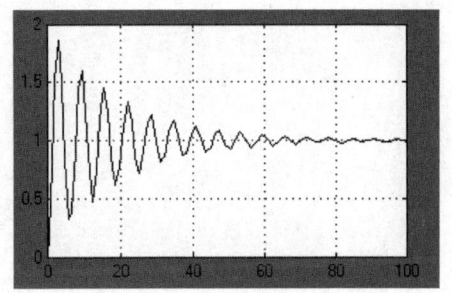

图 12.8-10　Simulink 仿真结果

Simulink 囊括了种类繁多的功能模块，可以帮助建立极其复杂的系统，使用者可以参考相关资料。

参 考 文 献

［1］　绪方胜彦. 现代控制工程［M］. 卢伯英，佟明安，罗维铭，译. 北京：科学出版社，1978.

［2］　Kuo B C. Automatic Control Systems［M］. 6th ed. Englewood Cliffs, N. J. ：Prentice-Hall Inc. , 1991.

［3］　吴锟章，廖培金，等. 自动控制理论基础［M］. 西安：西安交通大学出版社，1999.

［4］　尤昌德. 线性系统理论基础. 北京：电子工业出版社，1985.

［5］　刘豹. 现代控制理论［M］. 2 版. 北京：机械工业出版社，1989.

［6］　《机械工程手册》《电机工程手册》编辑委员会. 电机工程手册：第 2 卷第 5 篇［M］. 2 版. 北京：机械工业出版社，1996.

［7］　吴麒. 自动控制原理［M］. 北京：清华大学出版社，1990.

［8］　戴忠达. 自动控制理论基础［M］. 北京：清华大学出版社，1991.

［9］　李友善. 自动控制原理（修订版）［M］. 北京：国防工业出版社，1989.

［10］　胡寿松. 自动控制原理［M］. 4 版. 北京：科学出版社，2001.

［11］　Franklin G F, Powell J D, Abbas Emami-Naeini. Feedback Control of Dynamic Systems［M］. 4nd ed. 北京：高等教育出版社，2003.

［12］　Jean-Jacques, Slotine E, Weiping Li. Applied Nonlinear Control［M］. Englewood Cliffs, N. J. ：Prentice-Hallinc. , 1991.

［13］　Hassan K K. Nonlinear Systems ［M］. 3rd ed. Englewood Cliffs, N. J. ：Prentice-Hallinc. , 2002.

［14］　韩曾晋. 自适应控制［M］. 北京：清华大学出版社，1995.

［15］　席裕庚. 预测控制［M］. 北京：国防工业出版社，1993.

［16］　周克敏，Doyle J C, Glover K. 鲁棒与最优控制 ［M］. 毛剑琴，钟宜生，林岩，等译. 北京：国防工业出版社，2006.

［17］　张曾科. 模糊数学在自动化技术中的应用［M］. 北京：清华大学出版社，1997.

［18］　张乃尧，阎平凡. 神经元网络与模糊控制［M］. 北京：清华大学出版社，1998.

［19］　董景新，吴秋平. 现代控制理论与方法概论 ［M］.

2 版. 北京：清华大学出版社，2016.

[20] 玄光男. 遗传算法与工程优化 [M]. 北京：清华大学出版社，2004.

[21] 莫宏伟，左兴权. 人工免疫系统 [M]. 北京：科学出版社，2009.

[22] John J D Azzo，等. 基于 MATLAB 的线性控制系统分析与设计 [M]. 张武，等译. 北京：机械工业出版社，2008.

[23] 薛定宇. 控制系统仿真与计算机辅助设计[M]. 北京：机械工业出版社，2005.

第13篇

电气传动

主　　编　苏彦民（西安交通大学电气工程学院）

副 主 编　杨　旭（西安交通大学电气工程学院）

参　　编　卓　放（西安交通大学电气工程学院）

　　　　　李俊田（深圳市汇川技术股份有限公司）

　　　　　沈传文（西安交通大学电气工程学院）

主　　审　李　宏（西安石油大学）

责任编辑　罗　莉

第1章 电动机的选择

1.1 电气传动概述

1 电气传动（电力拖动） 通过合理使用电动机实现生产过程机械设备电气化及自动控制的电气设备及系统的技术总称。许多机械设备诸如生产机械、牵引机械、家用电器、计算机及精密仪器等都由电动机拖动完成运动控制，电气传动是一个非常重要的工业应用领域。

2 电动机的机械特性 图 13.1-1 是各类电动机的机械特性曲线。计算公式见表 13.1-1。

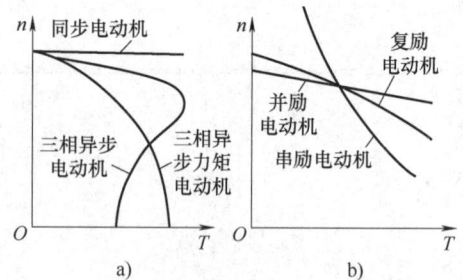

图 13.1-1 各类电动机机械特性
a) 交流电动机 b) 直流电动机

表 13.1-1 电动机的机械特性计算公式

名称	异步电动机	同步电动机	直流电动机
公式	$T=\dfrac{2T_{cr}}{\dfrac{s}{s_{cr}}+\dfrac{s_{cr}}{s}}$ （简化公式） $P=mU_{\phi}I_{\phi}\cos\varphi$ $s=\dfrac{n_s-n}{n_s}=1-\dfrac{n}{n_s}$	$n_s=\dfrac{60f}{p}$ $T=\dfrac{9.56EU_{\phi}}{n_s X_s}\sin\varphi$	$n=\dfrac{U_N}{K_e\Phi}-\dfrac{T(R_a+R)}{K_e K_m\Phi^2}$ $n_0=\dfrac{U_N}{K_e\Phi_N}$ $K_e=\dfrac{pN}{60a}$ $K_e\Phi_N=\dfrac{E_N}{n_N}$ $K_e=1.03K_m$

注：T—电动机的转矩（N·m）；T_{cr}—电动机的临界转矩（N·m）；s_{cr}—电动机的临界转差率；s—电动机的转差率；P—电动机的功率（W）；U_{ϕ}—定子相电压（V）；I_{ϕ}—定子相电流（A）；$\cos\varphi$—功率因数；m—电动机的相数；n—电动机的转速（r/min）；n_s—电动机的同步转速（r/min）；n_0—电动机的理想空载转速；f—电网频率（Hz）；p—极对数；E—电动机的电动势（V）；X_s—同步电抗（Ω）；φ—同步电动机的电动势和电压间的相位差；U_N—电动机额定电压（V）；K_e、K_m—电动机的结构常数；N—电枢绕组有效导线的根数；Φ—电动机的磁通（Wb）；Φ_N—电动机在额定工作状态下的磁通（Wb）；R_a—电枢绕组电阻（Ω）；R—外附加电阻（Ω）；a—电枢绕组并联支路的对数。

3 负载特性 负载特性描述了生产机械设备的负载转矩 T_L 随转速 n 变化而变化的特性，通常有以下三种类型：

（1）恒转矩负载 在任何转速下，负载转矩 T_L 总是保持恒定或大致恒定。这类负载多数呈现反抗性，T_L 的极性会随着转速方向的改变而改变，见图 13.1-2a。如轧机、造纸机、机床等均属此类负载。还有一类位能性负载，T_L 的极性不随转速方向

的改变而改变，见图 13.1-2b。此类负载如电梯、提升机、起重机等。

（2）风机、泵类负载 在各种风机、水泵、油泵中，随着叶片的转动，空气、水、油对叶片的阻力在一定的转速范围内与转速 n 的二次方大致成正比。其特性见图 13.1-2c。图中，T_{L0} 系机械传动部分的摩擦阻力矩。电动机起动时，速度低，阻力矩小，易起动。在额定转速附近，较小的转速变化将

会使机械出力有较大的变化。

（3）恒功率负载 负载转矩 T_L 在一定的速度范围内与转速 n 成反比形成恒功率负载。特性见图 13.1-2d。这类负载如机床的切削，在粗加工时，切削量大，采用低转速。在精加工时，切削量小，阻转矩也小，采用高转速进行，保持电动机输出的功率基本不变。

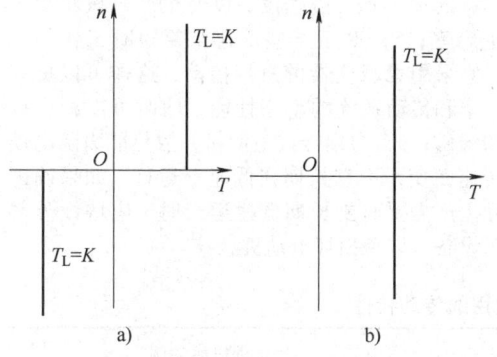

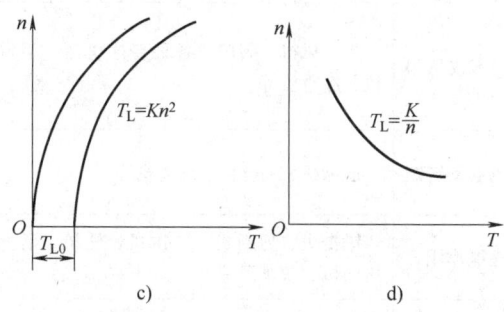

图 13.1-2　负载的类型

a）反抗性恒转矩负载　b）位能性恒转矩负载
c）风机、泵类负载　d）恒功率负载

4　稳定运行条件　电动机在某一转速下能稳定运行的必要条件是：1）电动机产生的转矩 T_M 等于负载转矩 T_L，即要使 $T_M = f(n)$ 与 $T_L = f(n)$ 的两条机械特性有一个合适的交点；2）要保证在转速上升区间内 $T_M > T_L$，见图 13.1-3a。图 13.1-3b 表示

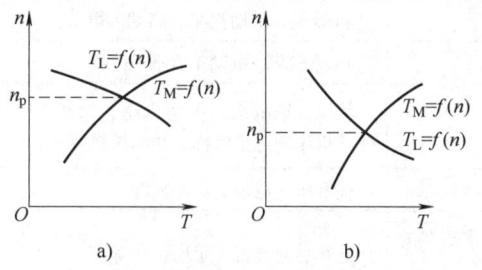

图 13.1-3　稳定运转和不稳定运转
a）稳定　b）不稳定

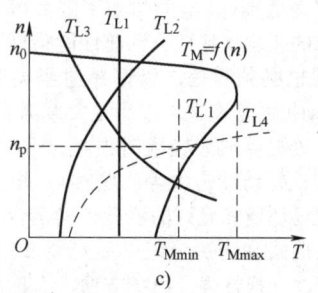

图 13.1-3　稳定运转和不稳定运转（续）

c）正常运转时稳定或不稳定

不能稳定的情况。在这种条件下，如果由于某种原因引起转速 n 增高，$T_e > T_L$ 将使电动机继续加速直达飞逸转速。如果转速 n 降低，$T_M < T_L$ 将使其继续减速直至停车。这两种情况均不允许。

1.2　电动机类型的选择

5　选择电动机的原则与步骤　电动机的选择应全面考虑其使用条件、运行环境、技术指标和经济指标等诸多因素。一般来讲其选择步骤可见图 13.1-4。

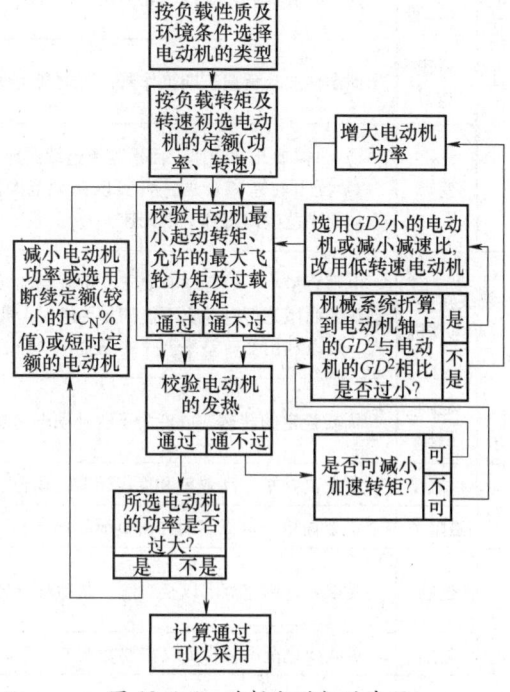

图 13.1-4　选择电动机的步骤

除了以上选择电动机的基本步骤外，还要考虑到以下几个原则：1）要考虑到供电电网的质量(如

允许电压波动范围)、电网的功率因数等因素。生产机械要求的起制动特性、调速性能指标以及控制特性等因素也必须考虑,以选择适当类型的电动机。2)电动机的功率选取以满足负载需要为原则,不宜过大,否则会加大轻载时损耗,造成效率低、功率因数低、起动冲击大等问题。3)根据生产机械工作的现场环境和允许的温升来确定合适的通风方式、结构形式和防护等级以及安装方式。4)选择可靠性好、互换性强、维护方便、有标准定额的电动机。

6　根据传动特性选择电动机　见表 13.1-2。

7　电动机转速的选择　1)一般高、中转速机械(如泵、压缩机、鼓风机等)宜选用相应转速的电动机,直接与机械连接;2)无须调速的低转速机械(如球磨机、水泥旋窑、轧机等)宜选用适当转速的电动机通过减速机传动,但对大功率机械,电动机的转速不能太高,要考虑到大型减速机(尤其是大减速比)加工困难及维修不便等因素;3)需要调速的机械,电动机允许的最高转速应与生产机械要求的最高速度相适应;4)对频繁起、制动的断续周期工作制机械,电动机的转速除满足机械需要的最高稳定工作速度之外,还应能提供保证生产机械具有的最大加、减速度,以使生产机械获得最佳生产率;5)对于某些低速重复短时工作的机械,宜采用无减速器的直接传动,这样可以提高生产率和传动系统的动态性能,同时可以减少投资和维修;6)自扇冷式电动机,散热能力随电动机转速而变,不宜长期在低速下运行,如果确因实际生产需要而要长期低速运行时,应增设外部通风设备,以免损坏电动机。

表 13.1-2　各类电动机适用的传动特性

电动机类型		适用的传动特性	传动机械举例
笼型异步电动机	普通型	1)不需要调速 2)采用变频、调压、转差离合器等调速方式,不仅可得到较好的调速性能,而且可获得较好的节能效果	泵、风机、阀门、各种普通机床、运输机、起重机等
	深槽型双笼型	起动时静负载转矩或飞轮力矩大,要求有较高的起动转矩	压缩机、粉碎机、球磨机等
	高转差型	周期性波动负载长期工作制,要求利用飞轮的储能作用	锤击机、剪断机、冲压机、轧机、活塞压缩机、绞车等
	变极	1)只需要几种转速,而不需要连续调速,节能效果好 2)配上转差离合器,可实现在大范围内有级变同步转速,而小范围内得到平滑调速	纺织机械、印染机、风机、木工机床、高频发电机组等
绕线转子异步电动机		电网容量小,对起动有要求,负载起动转矩较大,起、制动频繁而用笼型电动机不能满足要求时,要求的调速范围不大,可以利用变转差率调速的场合	输送机、压缩机、风机、泵、起重机、轧机、提升机、带飞轮的机组等
同步电动机	电励磁型	需要稳定的转速,或者为了要补偿电网功率因数的场合	轧机、风机、泵、压缩机、电动机-发电机组等
	永磁型	需要高扭矩、高效率和稳定转速的场合	机器人、电动汽车、高端家电等
	磁阻型	需要简单、可靠、耐冲击负荷的场合	电动汽车、电动工具等
直流电动机	他励	要求有宽调速范围以及对起、制动有较高要求时	轧机、造纸机、重型机床、卷扬机、电梯、机床的进给机构、纺织机械等
	复励	负载变化范围较大而又需要宽调速	提升机、电梯、剪断机等
	串励	起、制动频繁,要求较大的起动转矩,具有恒功率负载的机械	电车、起重机、牵引机车等

1.3 电动机功率选择

8 连续工作制电动机功率的选择 根据负载转矩和转速，计算出所需要的功率 P_L。选择电动机的功率 $P_N(kW)$ 略大于折算到电动机轴上的负载功率 $P_L(kW)$：

$$P_N \geqslant P_L = \frac{T_L n_N}{9\ 550}$$

式中 T_L——折算到电动机轴上的静负载转矩（N·m）；

n_N——电动机的额定转速（r/min）。

若负载转矩恒定，需要从基速向上调速时，则其额定功率应按要求的最高工作转速 n_{max} 计算。

对于起动时带有较大的飞轮力矩或有较大的静阻转矩而采用笼型或同步电动机传动时，在按上述公式选择功率 P_N 后，还应按下列两个公式校验电动机的最小起动转矩 T_{Mmin} 和允许的最大飞轮力矩 GD^2_{xm}。

$$T_{Mmin} > T_{Lmax} K_s / K_u^2$$

式中 T_{Lmax}——起动过程中可能出现的最大负载转矩（N·m）；

K_s——保证起动时有足够的加速度转矩系数，K_s 一般取 1.15~1.25；

K_u——电压波动系数，起动时电动机端电压与额定电压之比；全压起动时，K_u 取 0.85。

$$GD^2_{xm} = GD^2_o \left(\frac{1 - T_{Lmax}}{T_{sav}} K_u^2 \right) - GD^2_M$$

$$GD^2_{xm} \geqslant GD^2_{mec}$$

式中 GD^2_{mec}——折算到电动机轴上的传动机械的最大飞轮力矩（N·m²）；

GD^2_o——包括电动机在内的整个传动系统所允许的最大飞轮力矩（N·m²），由电动机资料中查取；

GD^2_M——电动机转子的飞轮力矩（N·m²）；

T_{sav}——电动机的平均起动转矩（N·m），见表13.1-3。

若按上述两公式校验均通过，则所选电动机功率可采用。

表 13.1-3 交流电动机的平均起动转矩

电动机类型	同步电动机	笼型异步电动机（一般用途）
平均起动转矩	$T_s > T_{pi}$时：$T_{sav} = 0.5\ (T_s + T_{pi})$ $T_s \leqslant T_{pi}$时：$T_{sav} = 1.0 + 1.1 T_s$	$T_{sav} = 0.45 \sim 0.5T\ (T_s + T_{cr})$

注：T_{sav}—平均起动转矩；T_s—最初起动转矩（$s = 1$ 时）；T_{pi}—牵入转矩；T_{cr}—临界转矩。

9 短时工作制电动机功率的选择 对于短时工作的生产机械拖动，应尽量选取用短时定额电动机来完成。若工作周期远小于电动机的发热时间常数，且停机时间长到足以使电动机完全冷却到环境温度，则其额定功率 $P_N(kW)$ 还可以按过载能力来选择。对于异步电动机，有

$$P_N \geqslant P_{Lmax} / 0.75\lambda$$

式中 P_{Lmax}——短时负载功率的最大值（kW）；

λ——电动机的转矩过载倍数。

10 电动机的转矩过载倍数 见表13.1-4、表13.1-5。

表 13.1-4 交流电动机的转矩过载倍数 λ

电动机类型	工作制		$\lambda = T_{Mmax}/T_N$
笼型异步电动机	一般用途，连续工作制		$\geqslant 1.6$
	高起动转矩型，连续工作制		$\geqslant 2.0$
	起重、冶金型	$\leqslant 10kW$	$\geqslant 2.5$
		$> 10kW$	$\geqslant 2.8$
绕线转子异步电动机	一般用途，连续工作制		$\geqslant 1.8$
	起重、冶金型	$\leqslant 10kW$	$\geqslant 2.5$
		$> 10kW$	$\geqslant 2.8$
同步电动机	$\cos\varphi = 0.8$（超前）		$\geqslant 1.65$
	强励时		$3 \sim 3.5$

表 13.1-5　直流电动机的过载能力

电动机类型		工作条件	允许的工作过载		切断过载电流倍数
			电流倍数	时间/s	
一般用途中小型电动机（如 Z2 系列）		基速及以下	1.5	120	
起重、冶金用电动机（如 ZZ、ZZY 系列）	并励		2.5	60	2.8
	复励		2.7		3.0
中型无补偿变速电动机（ZD 系列）			1.5	60	

第2章 电动机的起动、制动与调速

2.1 异步电动机起动方式

11 减压起动 当异步电动机或同步电动机在起动时会造成电网电压有较大的冲击或者在起动时起动的功率超出供电设备及电网过载能力时,应考虑采用减压起动和其他起动方式,见表13.2-1,减压起动时,为保证电动机有足够的起动转矩,其端电压应为

$$U_M^* = \sqrt{1.1 T_L^* / T_s^*}$$

式中 U_M^*——电动机端电压对额定电压的标幺值;

T_L^*——电动机负载转矩对额定转矩的标幺值;

T_s^*——电动机起动转矩对额定转矩的标幺值。

12 转子串电阻起动 为了减小起动损耗与冲击电流,并满足机械设备对加、减速度的特定要求,可采用电阻分级起动的绕线转子异步电动机。电阻分级起动特性及电阻值计算见表13.2-2。采用恒定直流电源供电的直流电动机用电阻分级起动时,其电阻值计算方法与此相同。

表 13.2-1 各种减压起动方式的比较

起动方式	笼型电动机	
	电阻减压起动	Y-△起动
接线方式	起动时:KM₁ 闭合;起动后:KM₁ 和 KM₂ 闭合	起动时:Y联结、触头 1、8、5、3、7 闭合;起动后:△联结、触头 1、2、5、6、4、8 闭合
起动性能 起动电压	αU_N	$U_N/\sqrt{3}$
起动性能 起动电流	αI_S	$I_S/3$
起动性能 起动转矩	$\alpha^2 T_S$	$T_S/3$
适用的电动机类型	低压电动机	具有6个出线头的低压电动机
起动特点	起动电流较大,起动转矩较小,起动电阻耗能较大	起动电流小,起动转矩较小

（续）

起动方式	笼型电动机					同步电动机	
	延边三角形起动				自耦变压器减压起动	自耦变压器减压起动	电抗器减压起动
	抽头比 $K=a/b$ [①]						
	1:1	1:2	1:3	3:5			
接线方式	起动时：KM_1 和 KM_3 闭合；起动后：KM_1 和 KM_2 闭合，KM_3 断开				起动时：KM_1、KM_3、KM_4 闭合；起动后：KM_1、KM_2 闭合，KM_3、KM_4 断开	起动时：Q_1 闭合；Q_2 断开，运转时：Q_1 和 Q_2 闭合	
起动性能 — 起动电压	$0.69U_N$	$0.75U_N$	$0.8U_N$	$0.73U_N$	αU_N	αU_N	αU_N
起动性能 — 起动电流	$0.5I_S$	$0.6I_S$	$0.67I_S$	$0.57I_S$	$\alpha^2 I_S$	$\alpha^2 I_S$	$\alpha^2 I_S$
起动性能 — 起动转矩	$0.5T_S$	$0.6T_S$	$0.67T_S$	$0.57T_S$	$\alpha^2 T_S$	$\alpha^2 T_S$	$\alpha^2 T_S$
适用的电动机类型	具有 3 个出线头的低压电动机				高压、低压电动机	高压电动机	
起动特点	起动电流较小，起动转矩大，兼有自耦变压器及丫-△两种减压起动方式的优点				起动电流较小，起动转矩较大	起动电流较大，起动转矩较小	

注：U_N—电动机额定电压；α—减压系数，$\alpha=U_S/U_N$；I'_S—延边三角形抽头起动时起动电流；I_S—全压起动时的起动电源；T'_S—延边三角形抽头起动时起动转矩；T_S—全压起动时的起动转矩。

① 延边三角形数据是根据下面公式及抽头比 $K=a/b$ 估算：$\dfrac{U_S}{U_N}=\dfrac{1+\sqrt{3}K}{1+3K}$，$\dfrac{I'_S}{I_S}=\dfrac{1+K}{1+3K}$，$\dfrac{T'_S}{T_S}=\dfrac{1+K}{1+3K}$。

表 13.2-2　电阻分级起动的特性及电阻值计算

	接线方式	起动特性	起动级数 q	
			电动机功率/kW	级数
绕线转子异步电动机			0.75~7.5	1
			10~20	2
			20~35	2、3
			35~55	3
			60~95	4、5
			100~200	4、5
			200~370	6

起动电阻的计算式为

$$\lambda=\frac{T_1}{T_2}=\sqrt[q]{\frac{1}{s_N T_1^*}}\;;\quad r_3=r_N\,(\lambda-1)\;;$$

$$r_2=r_3\lambda\;;\quad r_1=r_2\lambda\;;\quad r_N=s_N R_{2N}$$

式中　s_N——电动机的额定转差率；

T_1^*——最大起动转矩对额定转矩的标幺值，$T_1^*=T_1/T_N$；

R_{2N}——转子额定电阻（Ω），$R_{2N}=U_{2N}/(\sqrt{3}I_{2N})$；

U_{2N}——电动机转子额定电压（V）；

I_{2N}——电动机转子额定电流（A）。

一般取 $T_1 \leqslant 0.9T_{er}$，$T_2 = T_1/\lambda$。

13　转子串频敏电阻起动　利用绕线转子异步电动机的转子电流频率随转差率的变化而变化的特点，在转子回路中接入频敏变阻器，其等效阻抗随转差率的减小（即转速升高）而相应减小，从而减小起动电流，并得到起动转矩近似恒定的起动特性。它具有不需要改变外接阻抗就可以方便地实现电动机的反接制动的特点。对要求工作特性软的机械，亦可将频敏变阻器接在转子回路中。

采用频敏变阻器起动，其优点是可省去庞大的起动设备，线路简单，维修方便，但存在功率因数低、起动转矩小等缺点。

14　变频软起动　对于一些大功率同步电动机和蓄能电站发电电动机组，可以采用静止变频装置实现平滑起动，这样起动的过程平稳，对电网的冲击小，并且几台电动机可公用一套起动装置，比较经济。图 13.2-1 是一采用晶闸管变频装置起动大功率同步电动机的原理框图。主电路采用交-直-交电路，通过电流控制实现恒加速起动，当电动机接近同步转速时进行同步协调控制，直到达到同步转速后，通过开关切换使电动机切入电网运行。

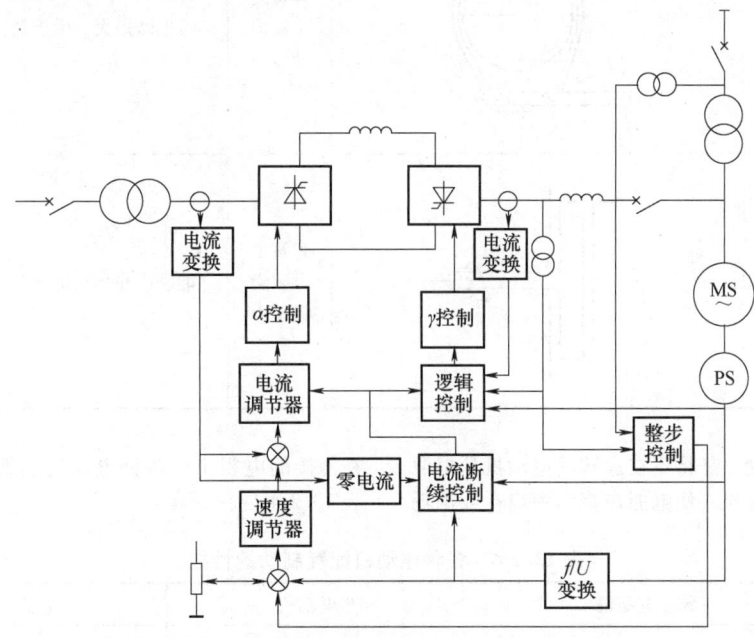

图 13.2-1　用晶闸管变频装置起动同步电动机原理框图

2.2　电动机制动方式

15　机械制动　电动机需要迅速而准确地停止时，尤其是某些位能性负载（如起重机、电梯等），为防止需要停止的机械产生滑动，应采用机械制动方式。几种机械制动方式见表 13.2-3。

表 13.2-3　几种主要机械制动器的制动方式

类别	结构示意	制动力	特点
电磁制动器		弹簧力	行程小，机械部分的冲击小，能承受频繁动作

（续）

类别	结构示意	制动力	特点
电动-液压 制动器	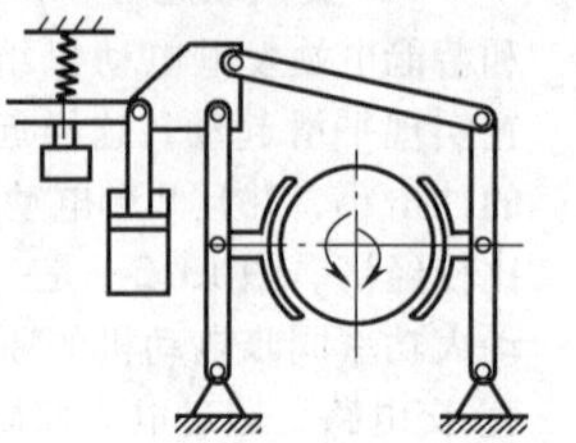	弹簧力 重锤力	制动时的冲击小，通过调节液压缸行程，可用于缓慢停机
带式 制动器	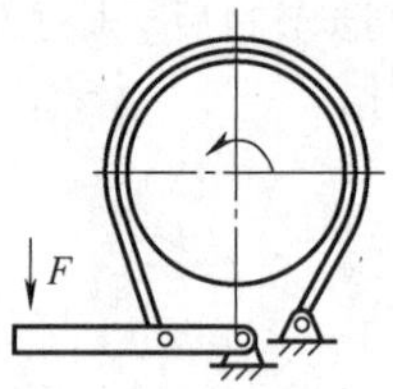	弹簧力 手动力 液压力	摩擦转矩大，用于紧急制动
圆盘式 制动器	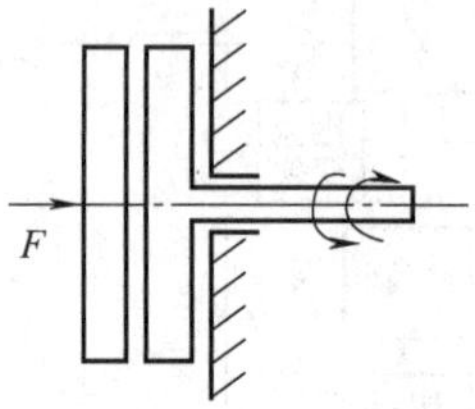	弹簧力 电磁力 液压力	能悬吊在小型机器上

16　能耗制动　是将正在运转的电动机从电源断开，改接为发电机，使电能在绕组中消耗或消耗在外接的电阻上。各种电动机能耗制动的特性见表 13.2-4。

表 13.2-4　各种电动机能耗制动的性能

类别	异步电动机	同步电动机	直流电动机
接线方式	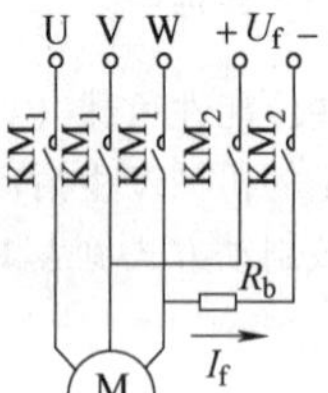	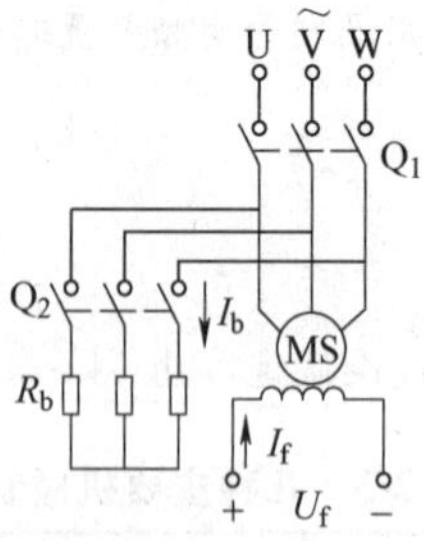	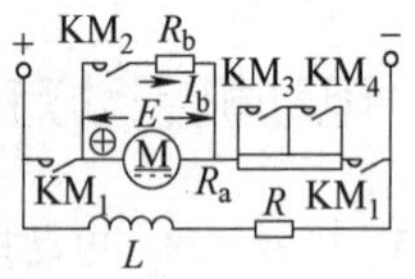
制动特性	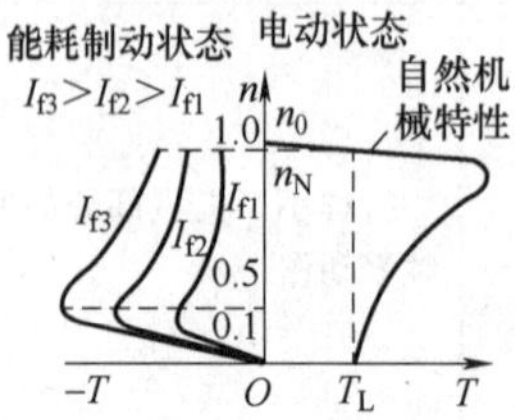	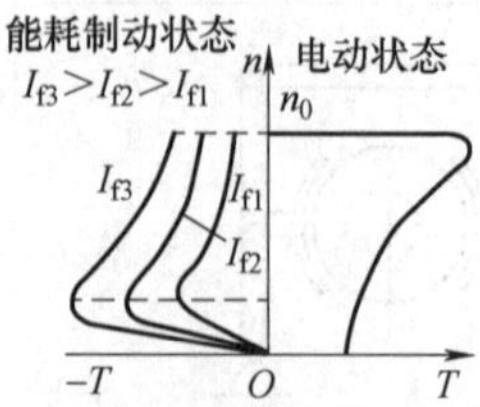	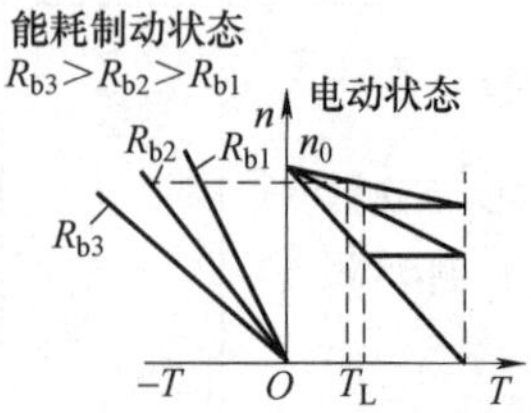

（续）

类别	异步电动机	同步电动机	直流电动机
参数	一般取： $I_f = (1\sim2)\,I_{sN}$ I_f 越大，制动转矩越大	$Z_s = \dfrac{U_N}{\sqrt{3}\,I_s}$ $R_b = K_1 Z_s - R_d$ 一般取：$I_s = I_{sN}$ $I_f = (1\sim2)\,I_{fN}$	$R_b = \dfrac{E}{I_b} - R_a$ 一般取：$I_b \le (1.5\sim2.0)\,I_N$
特点	1）制动转矩较平滑，可方便地改变制动转矩 2）制动转矩随转速的降低而减小 3）可使生产机械较可靠地停止 4）能量不能回馈电网，效率较低 5）串励直流电动机因其励磁电流随制动电流的减小而减小，低速时不能得到需要的制动转矩，不宜采用能耗制动		
适用场所	1）适用于经常起动、频繁逆转并要求迅速准确停止的机械，如轧钢车间升降台等 2）并励直流电动机一般采用能耗制动 3）对同步电动机和大容量笼型异步电动机，因反接制动冲击电流太大，功率因数低，亦多采用能耗制动 4）对交流高压绕线转子异步电动机，为防止集电环上感应高电压，亦多采用能耗制动 5）采用单变流器的不可逆晶闸管供电系统，为获得电制动，亦多用能耗制动		

注：I_{sN}—定子额定电流（A）；I_f—励磁电流（A）；I_{fN}—转子额定励磁电流（A）；I_b—初始制动电流（A）；K_1—制动时阻抗与额定阻抗的比值；U_N—定子额定电压（V）；E—制动时电枢反电动势（V）；R_b—制动电阻（Ω）；R_a—电枢电阻（Ω）；R_d—电动机定子绕组电阻（Ω）。

17　回馈制动　是在电动机转速大于理想空载转速时，将电能传送电网的一种电制动方式。各类电动机采用回馈制动的性能见表 13.2-5。

表 13.2-5　回馈制动的性能

类别	直流电动机	异步电动机
接线方式		
制动特性		
特点	1）能量可回馈电网，效率高，经济 2）只能在 $n>n_0$ 时得到制动转矩 3）低速时不宜采用回馈制动	
适用场所	适用于位能负载场合，高速下放重物，获得稳定制动，如起重机下放负载等	

18　反接制动　是将异步电动机的电源相序反接或将直流电动机的电源极性反接而产生制动力矩的一种制动方式。各类电动机采用反接制动时的特性见表 13.2-6。

表 13.2-6 反接制动的接线方式和制动特性

电动机类型	异步电动机	直流电动机
接线方式		
制动特性		
制动电阻计算	$R_{\Sigma} = \dfrac{s_{fj}}{T_{fj}^{*}} R_{rN}$ $R_{fb} = R_{\Sigma} - \Sigma r_s - r_N$ $R_{rN} = \dfrac{U_{rN}}{\sqrt{3}\, I_{rN}}$ $r_N = s_N R_{rN}$ 一般取 $T_{fj}^{*} = 1.5 \sim 2.0$	$R_{fb} = \dfrac{U_N + E_{max}}{I_{bmax}} - (R_a + \Sigma r_s)$ 一般取 $I_{bmax} = (1.5 \sim 2.5)\, I_N$
特点	1）有较强的制动效果 2）制动转矩较大且基本恒定 3）制动开始时，直流电动机电枢或交流电动机定子上相当于施加两倍额定电压，为防止初始制动电流过大，应串入较大阻值的电阻，能量损耗较大，不经济 4）绕线转子异步电动机采用频敏变阻器进行反接制动最为理想，因反接开始时，$s_{fj} = 2$，频敏变阻器阻抗增大一倍，可以较好地限制制动电流，并得到近似恒定的制动转矩 5）制动到零时应切断电源，否则有自动反向起动的可能		
适用场所	1）适用于经常正、反转的机械，如轧钢车间辊道及其他辅助机械 2）串励电动机多用反接制动 3）笼型异步电动机因转子不能接入外接电阻，为防止制动电流过大而烧毁电动机，只有小功率（10kW 以下）电动机才能采用反接制动		

注：R_{Σ}—反接制动时，转子回路总电阻（Ω）；T_{fj}^{*}—反接制动转矩的标幺值，$T_{fj}^{*} = T_{fj}/T_N$；s_{fj}—反接制动开始时，电动机的转差率，一般取 $s_{fj} = 2$；s_N—电动机的额定转差率；Σr_s—起动电阻之和（Ω）；R_{fb}—制动电阻；I_{bmax}—允许最大的反接制动电流（A）；E_{max}—电动机最大反电动势（V）；R_a—电动机电枢电阻（Ω）。

2.3　电动机的转速调节

19　调速范围与稳速精度

1）调速范围：生产机械要求电动机能提供的最高转速 n_{max} 和最低转速 n_{min} 之比叫调速范围，通常用 D 表示，即

$$D = n_{max} / n_{min}$$

式中　n_{max} 和 n_{min}——一般都指电动机在额定负载时的转速。

2）稳速精度：稳速精度是指在规定的电网质量和负载扰动的条件下，在规定的运行时间内，在某一指定转速下的平均转速最大值 n_{max} 和平均转速最小值 n_{min} 的相对误差的百分比，即

$$稳速精度 = \frac{n_{max} - n_{min}}{n_{max} + n_{min}} \times 100\%$$

20　恒转矩调速与恒功率调速

（1）恒转矩调速　对于某些工作机械，其负载性质属于恒转矩性质，即在不同的稳定速度下，要求电动机的转矩不变。如果所用的调速方法能使电动机的转矩与电动机的电枢电流之比为一常数，则在恒转矩负载下，电动机无论在高速还是低速下运行，其发热情况始终一样。这种方法称为恒转矩调速。如电动机电枢电压调速或电枢回路电阻调速的方法，均为恒转矩调速。

（2）恒功率调速　对于某些工作机械，其负载性质属于恒功率类型，即在不同转速下，要求电动机功率不变，故要求电动机的转矩与转速成反比。在调速过程中，使电动机的功率与电动机的电枢电流之比为一常数。这种调速方式称为恒功率调速。如保持电动机电枢电压不变，改变电动机磁通的调速方式就属于恒功率调速。

21　直流电动机的调速方式　直流电动机的机械特性方程为

$$n = \frac{U - R_0 I_0}{C_e \Phi}$$

式中　U——电动机电枢回路电压；
　　　R_0——电动机电枢回路电阻；
　　　I_0——电动机电枢回路电流；
　　　C_e——电动势常数；
　　　Φ——电动机磁通。

由此可见，直流电动机有三种基本调速方式：1）改变电枢电压 U；2）改变电枢回路总电阻 R_0；3）改变磁通 Φ。

改变电枢电压 U 进行调速时，其理想空载转速 n_0 也将改变，但机械特性斜率不变，其特性曲线是一族平行直线，在整个调速范围内有较大的硬度，在允许的转速变化率范围内可获得较低的稳定转速。这种调速方式的调速范围较宽。

在电枢回路串联附加电阻进行调速时，特性曲线的斜率增加。在一定的负载转矩下，电动机的转速下降增加，因而电动机的实际转速降低。用这种方法调速，机械特性较软，系统转速受负载的影响较大，有一定的局限性。

在电动机励磁回路中串联电阻或采用专门的励磁调节器来控制励磁电流，都可以改变电动机的磁通。此时电动机的特性曲线的斜率与磁通的二次方成反比，改变磁通调速适合于恒功率负载。

22　交流电动机的调速方式　交流电动机的转速为

$$n = \frac{60f}{p}(1-s)$$

式中　f——电源频率；
　　　p——电动机的极对数；
　　　s——转差率。

由此可见，交流异步电动机的基本调速方式有三种：1）改变极对数；2）改变转差率 s；3）改变电源频率 f。同步电动机可采用改变频率进行调速。

3.1　继电-接触器控制

23　常用的电动机保护电路　一般随主电路的

接线方案、电动机类型、负载类别以及操作方式的不同有很大差异，设计时应按不同的使用场合和控制要求合适地选择，常见的电动机保护线路见表 13.3-1。

表 13.3-1　常见的电动机保护线路

类型	线路	保护方式
笼型异步电动机（直接起动，长期或间断长期工作）		采用带电磁脱扣器的低压断路器 Q 作短路保护，热继电器 FR 作过载保护，最大操作频率按热继电器允许频率低于 30 次/h
笼型异步电动机（重复短时工作）		采用带电磁脱扣器的低压断路器 Q 作短路保护，用堵转继电器 KOC 配合一定的延时动作作过载保护。线路最大操作频率 600 次/h，堵转继电器的动作电流 I_{cr} 按电动机起动电流 I_S 和正常转动的负载电流 I_L 选取；$I_L \leqslant I_{cr} \leqslant I_S$，继电器 KT 延迟时间应大于电动机起动时间
直流电动机（可逆频繁操作）		采用过电流继电器（KOC）、过电压继电器（KOV）、失磁继电器（KP）作过载、短路、过电压及失磁保护。零位继电器 KZ 作操作手柄零位及零电压保护，防止主电路切断、保护器件元件复位后系统自行起动。低电压继电器 KLV 作低电压保护，继电器释放电压值 U_{cr} 按电动机额定电压 U_N 选取：$U_{cr} = (0.1 \sim 0.2) U_N$

24　典型控制电路　见表 13.3-2。利用这些线路可设计组成继电-接触器控制系统，常用于控制电动机。

表 13.3-2　常用的典型继电-接触器控制线路

类型	线路	保护方式
自保持线路		为记忆线路的一种基本型式，用于记忆外部信号
互锁线路		在两个输入信号的线路中，以先动作的信号优先，另一信号因受联锁作用不会动作
先动作优先线路		在数个输入信号的线路中，以最先动作的信号优先。在最先输入的信号除去前，其他信号无法动作
后动作优先线路		在数个信号输入的线路中，以最后动作的信号优先，前面动作所决定的状态自行解除
延时复位线路		输入信号加入后有瞬时信号输出，当输入信号解除后经过设定的时间 t 后才会停止输出。图 a 为采用通电延时的继电器，图 b 为采用断电延时的继电器
延时动作延时复位线路		输入信号加入后，经设定时间 t_1 后有信号输出，输入信号解除后经设定时间 t_2，停止输出信号

（续）

类型	线路	保护方式
同期动作线路	SBR E- KT1 KT2 SBC E- K KT2 KT2 KT1 KT2 K □ □ □ KT1（输出） 入 出 t_1 t_2 （复位）	输入信号加入后，产生输出量周期变化
信号解除检测线路	SBC E- K K KT K □ □ KT（输出） 入 K KT 出 t	在输入信号解除瞬间产生脉冲输出
信号发生检测线路	SBC E- K KT K □ □ KT（输出） 入 K KT 出 t	在输入信号发生瞬间产生脉冲输出
干扰抑制线路	R C　VD a)　　b)	图 a 用于交流电源回路，图 b 用于直流电源回路

25　固态继电器的特性与选择　固态继电器是一个无触点电子开关，可广泛用于各种行业，是防火、防爆、防振的理想元件。它具有以下特点：1）使用寿命长，电子无触点工作，避免了负载电流频繁通过触点造成触点损坏；2）可用集成电路直接驱动，由于输入电流小，用逻辑电平便可实现对各种大负载控制；3）隔离性好，输出端与外壳间高绝缘，输入端与输出端光隔离，避免功率输出负载对输入逻辑电路的影响；4）开关速度快。

选用时应注意以下几个方面：1）根据实际需要的额定输出电压值、额定输出电流值来对应选型；2）当额定输出电流较大、环境温度较高时，选用电流值大一档固态继电器；3）对于电动机、白炽灯、电炉丝作负载时，选用固态继电器额定电流值应为负载实用值的 2～3 倍；4）额定输出电流值较大时，固态继电器应加散热器。

3.2　闭环控制

26　反馈控制概述　反馈控制系统是指在系统的输出量处，通过反馈回路，能使输出量对系统输入端施加影响的系统。更确切地讲，反馈控制系统实质上是一个按偏差调节的负反馈控制系统。通过反馈原理，将被控制量（输出量）和控制信号（输入量）进行比较，当误差检测器产生一个正比于输入与输出的偏差信号时，将导致闭环控制系统的输出发生改变，自动进行校正，直到消除偏差为止，这时的输出量等于输入量，误差检测器的输出信号即偏差信号为零值。

反馈控制系统的精度，主要取决于被控制量的检测反馈环节的精度以及给定环节的精度，包括放大和变换装置的性能。反馈控制系统的优点在于精度高，凡是被反馈回路所包围的各处于干扰而引起被控制量的偏离，反馈控制系统均能产生抑制作用，自动进行纠正，使被控制量恢复到扰动前的给定值附近。但是由于反馈闭环的原因，可能使系统不稳定工作，因此在反馈控制系统中，在利用反馈控制可以提高精度这一优点的同时，也要考虑到反馈闭环可能产生的不稳定因素。

27　稳态性能指标　是表示调速系统稳态时性能的数据。通常有：

（1）静差率　电动机在某一转速下运行时，负载由理想空载变到额定负载时所产生的转速降落与额定负载时的转速之比，称为静差率 S，常用百分数表示，即

$$S = \frac{n_0 - n}{n} \times 100\%$$

式中　n_0——电动机理想空载转速；

　　　n——电动机在额定负载时的转速。

（2）稳速精度　参见本篇第 19 条。

（3）调速范围　参见本篇第 19 条。

28　动态性能指标　直流调速系统的动态指标分为跟随性能指标和抗扰性能指标。

（1）跟随性能指标

1）上升时间 t_a：指输出量第一次达到稳态值时所需要的时间。

2）调节时间 t_r：指输出量进入稳态值的 $\pm(2\% \sim 5\%)$ 区域内且再不超出时所需要的时间。通常也称作过渡过程时间。

3）超调量 $\sigma\%$：指输出量超过其稳态值的最大数值 $Y(t_m)$ 与稳态值 $Y(\infty)$ 之比，用百分数表示

$$\sigma\% = \frac{Y(t_m) - Y(\infty)}{Y(\infty)}$$

式中　t_m——输出量达到峰值时所需的时间。

4）振荡次数 N：指输出量 $Y(t)$ 在整个调节过程中围绕稳态值 $Y(\infty)$ 摆动的次数。

（2）主要抗扰性能指标

1）动态速降 δ_m：指输出量在受到扰动作用后偏移原来稳态值的最大偏差与原来稳态值之比，即

$$\delta_m = \frac{Y(t_\delta) - Y(0)}{Y(0)}$$

式中　t_δ——输出量达到最大偏移时所需的时间。

2）恢复时间 t_s：指输出量进入原稳态值 $Y(0)$ 的 $95\% \sim 98\%$ 范围内并且再不超出所需的时间。

29　闭环系统的稳定性　一个线性系统的稳定性是这样定义的：如果系统原来处于平衡状态，由于外界扰动信号的作用使系统偏离了平衡状态，输出产生偏差。当扰动消除后，经过一段时间，系统能够回到原来的平衡状态，或者是偏差可以小到任意的数值，则称这个系统是稳定的，否则系统不稳定。

显然要使系统稳定，它的时域响应的暂态分量必须随着时间是衰减的，也就是说描述它的微分方程式的根必须全部是左根。但求解一个高阶代数方程的根不是一件容易的事情，因此不必求根而能判断系统的稳定性方法得到了广泛应用，其中以劳斯判据最具有代表性。

劳斯（Routh）判据：设系统的特征方程是

$$a_n S^n + a_{n-1} S^{n-1} + \cdots + a_1 S + a_0 = 0$$

根据 $n+1$ 上系数可以列出下列表格，称为劳斯表。

S^n	a_n	a_{n-2}	a_{n-4}	a_{n-6}	$\cdots$
S^{n-1}	a_{n-1}	a_{n-3}	a_{n-5}	a_{n-7}	$\cdots$
S^{n-2}	b_1	b_2	b_3	b_4	$\cdots$
S^{n-3}	c_1	c_2	c_3	c_4	$\cdots$
$\vdots$	$\vdots$	$\vdots$	$\vdots$	$\vdots$	
S^2	e_1	e_2			
S^1	f_1				
S^0	g_1				

表中各未知元素由计算得出，式中：

$$b_1 = \frac{-1}{a_{n-1}} \begin{vmatrix} a_n & a_{n-2} \\ a_{n-1} & a_{n-3} \end{vmatrix}; \quad b_2 = \frac{-1}{a_{n-1}} \begin{vmatrix} a_n & a_{n-4} \\ a_{n-1} & a_{n-5} \end{vmatrix};$$

$$b_3 = \frac{-1}{a_{n-1}} \begin{vmatrix} a_n & a_{n-6} \\ a_{n-1} & a_{n-7} \end{vmatrix}; \quad \cdots$$

$$c_1 = \frac{-1}{b_1} \begin{vmatrix} a_{n-1} & a_{n-3} \\ b_1 & b_2 \end{vmatrix}; \quad c_2 = \frac{-1}{a_{n-1}} \begin{vmatrix} a_{n-1} & a_{n-5} \\ b_1 & b_3 \end{vmatrix};$$

$$c_3 = \frac{-1}{b_1} \begin{vmatrix} a_{n-1} & a_{n-7} \\ b_1 & b_4 \end{vmatrix}; \quad \cdots$$

每一行各元素均算到零为止。

劳期判据指出：系统稳定的必要充分条件是，特征方程的所有系数 $a_n, a_{n-1}, \cdots, a_1, a_0$ 均大于零，并且劳斯表中第一列的所有元素 $b_1, c_1, \cdots, e_1 f_1, g_1$ 均为正。

第 4 章 直流调速系统

4.1 多环调速系统的工程设计方法

30 数字调整控制系统 随着微电子技术、微处理机以及计算机软件技术的发展,数字式调整控制系统得到迅速发展。在数字式调整系统中,除具有常规的调整功能外,还具有故障报警、诊断及显示等功能,同时数字式调整系统通常具有较强的通信能力,通过选配适当的通信接口模板,可方便地实现主站与站间的数据通信,组成多分机的自动化系统。

全数字调整系统可分为紧凑式和模块式两大类。

紧凑式数字调整装置多用于中小容量的交直流传动系统,其特点是执行数字控制的微处理器模板和变流装置的功率部分组装在一个控制结构内,布置紧凑、尺寸小,易于组装在标准化的通用控制柜内。

模块式调整系统装置多用于大容量的直流传动系统,其特点有:1)实现数字控制的硬件设备,除带有单片微处理器的控制模板外,通常还带有各类通信、输入输出接口等模块,组成标准化装置系列;2)软件面向系统结构,用户可通过编程器自由编程,组成调节控制系统;3)具有模块式的触发脉冲控制单元,其变流装置电压和电流的转换、隔离、匹配,可通过各类外部接口通过电缆接至数字调节控制系统;4)硬件单元模板门类齐全,可方便地实现故障自诊断,运行状态打印输出等。

31 双闭环调速系统的结构 采用晶闸管变流器供电的直流调速系统与使用发电机-电动机机组供电的系统相比,具有控制性能好、效率高、调试维修方便等优点。图 13.4-1 所示是一个典型的晶闸管变流器控制的直流电动机不可逆调速系统。系统由两个环组成,内环为电流控制环,外环是转速控制环。每个环由各自的调节器控制,用于改善系统的静态特性和动态特性。

电网或电动机负载发生变化或其他扰动时,通过转速控制环,系统能起自动调节和稳定作用。

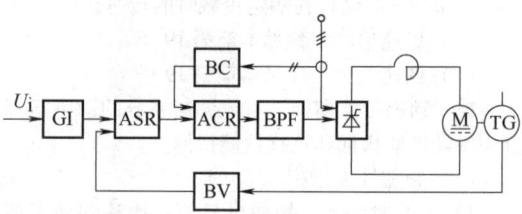

图 13.4-1 不可逆双环调速系统

GI—给定积分器 ASR—速度调节器 ACR—电流调节器
BPF—触发器 BV—速度变换器 BC—电流变换器
TG —测速发电机

电流控制环是系统中的一个从属控制环。它的给定由速度调节器的输出决定,速度调节器的限幅值通常与系统所允许的最大工作电流值相对应,以保证在突加给定时,起动电流达到最大值,从而得到最大的系统加速度和最短的起动时间。电流环的快速性较好,对于由于电网电压突变或机械负载突变时引起的扰动,能够很快响应并进行控制。另外,电流调节器还可以在负载电流超限时使电动机进入堵转状态,起到限流保护的作用。

32 近似处理方法及条件 近似处理的目的是简化一些复杂系统便于进行分析校正。处理原则是:处理前和处理后系统的开环对数幅频、相频特性在中频段和低频段内没有太大的区别。

(1)小特性环节的降阶处理 若系统的开环传递函数为

$$W(s) = \frac{K(\tau s + 1)}{s(T_1 s + 1)(T_2 s + 1)(T_3 s + 1)}$$

式中 T_2、T_3——小时间常数。

即 $T_1 \gg T_2$、T_3 且 $T_1 > \tau$。令 $T_\Sigma = T_2 + T_3$,如果系统的开环截止频率 $\omega_c \ll 1/T_\Sigma$,则上述环节可近似处理为

$$W(s) = \frac{K(\tau s + 1)}{s(T_1 s + 1)(T_\Sigma s + 1)}$$

近似的条件为

$$\omega_c \leqslant \sqrt{\frac{1}{10 T_2 T_3}} \approx \frac{1}{3}\sqrt{\frac{1}{T_2 T_3}}$$

若有三个小惯性环节，则

$$\frac{1}{(T_2s+1)(T_3s+1)(T_4s+1)} \approx \frac{1}{T_\Sigma s+1}$$

式中，$T_\Sigma = T_2 + T_3 + T_4$ 的近似条件为

$$\omega_c \leqslant \frac{1}{3}\sqrt{\frac{1}{T_2T_3+T_2T_4+T_3T_4}}$$

（2）高阶系统的降阶处理　在多环系统中，由于内环的截止频率 ω_{ci} 远大于外环的 ω_{cn}，所以在外环校正时，可以将已校正的内环等效为一个惯性环节，如一个按二阶期望系统校正的内环可按下式等效：

$$\omega(s) = \frac{1}{2T_{\Sigma i}^2 s^2 + 2T_{\Sigma i}s+1} \approx \frac{1}{2T_{\Sigma i}s+1}$$

近似的条件为

$$\omega_{cn} \leqslant \frac{1}{3\sqrt{2}\,T_{\Sigma i}} = \frac{1}{4.24T_{\Sigma i}}$$

对于一个三阶系统等效为惯性环节

$$W(s) = \frac{K}{as^3+bs^2+cs+1} \approx \frac{1}{cs+1}$$

的条件为

$$\begin{cases} \omega_c \leqslant \dfrac{1}{3}\min\left(\dfrac{1}{b}\sqrt{\dfrac{c}{a}}\right) \\ bc \geqslant a \end{cases}$$

（3）大惯性环节的近似处理　如果在系统中存在着一个时间常数特别大的惯性环节 $1/(Ts+1)$ 时，可以近似地将它看成是积分环节 $1/(Ts)$。近似处理的条件是

$$\omega_c \geqslant 3/T$$

33　二阶期望系统　工程上实际的校正方法力求简单实用，有一种对闭环系统进行校正的方法是预先选定具有某种结构和特性的系统作为标准，然后选取适当的调节器结构和参数，使被校正后的系统力求与标准系统一致。这种预先选定的系统称为期望系统。常用的期望系统有二阶期望系统和三阶期望系统。

典型的二阶期望系统的结构与开环对数频率特性见图 13.4-2。

调节器可选用 PI 调节器，其参数为

$$\tau_D = T, \quad K_P = \frac{T}{2K_a\sigma}$$

当 X_g 为单位阶跃输入时，输出 X_c 的超调量 $\Delta_{max} \approx 4\%$，响应时间 $t_r \approx 4.7\sigma$。

二阶期望系统对给定的响应较快，但抗负载扰动的性能要差些。

34　三阶期望系统　典型的三阶期望系统的结构与开环对数频率特性见图 13.4-3。

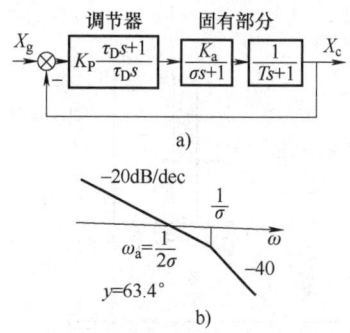

图 13.4-2　典型的二阶期望系统
a）结构　b）对数频率特性

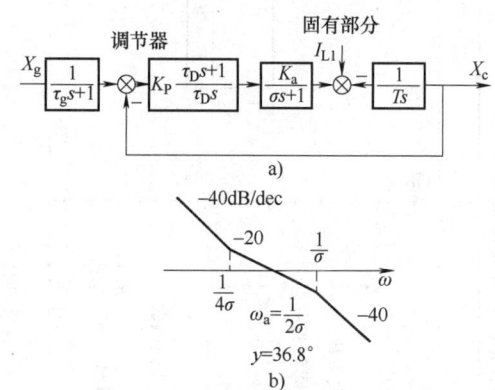

图 13.4-3　典型的三阶期望系统
a）结构　b）对数频率特性

调节器可选用 PI 调节器，其参数为

$$\tau_D = 4\sigma, \quad K_P = \frac{T}{2K_a\sigma}, \quad 给定滤波\ \tau_g = 46$$

当 X_g 为单位阶跃输入时，输出 X_c 的超调量 $\Delta_{max} \approx 8.1\%$，响应时间 $t_r \approx 7.6\sigma$。

三阶期望系统对给定的响应不如二阶期望系统，但对负载的扰动则有良好的抗干扰性。对给定的加速度误差，三阶期望系统通常采用加有给定滤波环节，以减少对给定的超调，但使系统的跟随性能受到影响。因此对于一些要求有良好的跟随性能但允许有较大超调的场合，可不加给定滤波环节。

4.2　常用控制单元

35　调节器　电气传动系统中，广泛使用各种具有运算功能的线性电子调节器，运算放大器是其核心部分。根据其输入和反馈的阻容元件接法的不同，可构成不同的调节器。

表 13.4-1 给出了常用电子调节器及其性能。

表 13.4-1 常用电子调节器及其性能

项目名称		原理图	传递函数	时间特性	频率特性
1	比例调节器 (P)		$$F_r(s)=\dfrac{R}{\alpha R_1}=K_r$$ 式中 K_r——比例调节器放大系数; α——电位器 R_0 的中间抽头对电源之间的电压与 U_0 之比，$\alpha \leqslant 1$ 标幺化传递函数 $$K_r^* = K_r,$$ 考虑电位器 R_0 的影响后，传递函数 $$K_{ra}=\dfrac{R+\alpha(1-\alpha)R_0}{\alpha R_1}=K_r\left[1+\alpha(1-\alpha^2)\dfrac{R_0}{R}\right]$$		
	说明		1) 反馈电位器 R_0 的引入使 $K_p^{*\alpha} > K_p^*$，当选择 $R_0 < 0.5R$ 时，可不考虑 R_0 的影响。 2) 调节器的标幺化传递函数均以 K_r^* 表示：$K_r^*=\dfrac{U_0(s)}{U_a(s)}\Big/\dfrac{U_i(s)}{U_a(s)}=\dfrac{U_0(s)}{U_i(s)}=K_r$，$U_a(s)$——调节器的基准输出电压，由上式可知调节器的放大系数 $K_r=K_r^*$		
2	积分调节器 (I)		$$F_r(s)=\dfrac{1}{\alpha R_1 Cs}=\dfrac{1}{\tau_i s}$$ 式中 τ_i——积分时间常数，在阶跃输入情况下，输出量的绝对值等于输入量绝对值时所需的时间		
	说明		反馈电位器 R_0 的引入相当于在积分环节中串入了一个比例微分修正项，或在积分调节器前加入滤波环节，可消除微分环影响	—	—
3	超前时间常数独立可调的 PI 调节器		$$F_r(s)=K_r\dfrac{\tau s+1}{\tau s}=K_r+\dfrac{1}{\tau_i s};$$ 式中 K_r——调节器比例系数，$K_r=R'/(\alpha R_1)$；τ——超前时间常数，$\tau=RR_2C/(R+R_2)$	—	—
	说明		该线路可通过 R_2 独立地调整其超前时间常数，而调节器放大系数不变		

（续）

项号	名称	原理图	传递函数	时间特性	频率特性

4	控制和反馈通道中引入滤波的 PI 调节器		输入 $U_i(s)$、$U_f(s)$ 与输出电压 $U_o(s)$ 关系为
			$$-U_o(s)K_r\frac{\tau s+1}{\tau s}=\left[\frac{1}{\tau_1 s+1}U_i(s)+\frac{1}{\tau_2 s+1}U_f(s)\right]$$
			式中 K_r——比例系数，$K_r=R/R_1$;
			τ——超前时间常数，$\tau=RC$;
			τ_1——对控制信号 $U_i(s)$ 的滤波时间常数，$\tau_1=(R_{11}//R_{12})C_1$;
			τ_2——对反馈信号 U_f 的滤波时间常数，$\tau_2=(R_{21}//R_{22})C_2$;
			在工程上通常取 $R_1=R_{11}+R_{12}=R_{21}+R_{22}=R_2$
				—	—

	说明	该线路在控制和反馈通道中分别引入了滤波线路，对抗干扰和改善系统的动态性能都有积极作用			
5	并联校正 PI 调节器		对控制信号 $U_i(s)$ 的传递函数为 $$F_{ri}(s)=\frac{1}{\alpha R_1 Cs}$$ $R_1=R_2$，$R_3\ll R_1$ 时，对反馈信号 $U_f(s)$ 的传递函数为 $$F_{sf}(s)=\frac{1}{\alpha R_1 Cs}\cdot\frac{(R_2+R_3)C_1 s+1}{R_3 C_1 s+1}=\frac{1}{\alpha R_1 Cs}\cdot\frac{R_1 C_1 s}{R_3 C_1 s+1}$$ 经变换得输入 $U_i(s)$、$U_f(s)$ 与输出电压 $U_o(s)$ 的关系为 $$U_o(s)=K_r\frac{\tau s+1}{\tau s}\left[\frac{1}{\tau s+1}U_i(s)+\frac{1}{\tau_1 s+1}U_f(s)\right]$$ 式中 K_r——比例系数，$K_r=C_1/(\alpha C)$; τ——超前时间常数，$\tau=R_1 C_1$; τ_1——反馈信号时间常数，$\tau_1=R_3 C_1$	—	—

（续）

项号	名称	原理图	传递函数	时间特性	频率特性
5	说明	由于该线路借助反馈通道构成 PI 调节器，故也称它为反馈式 PI 调节器。比较项 5、6 各图可知：上述两种 PI 调节器是等效的，不同之处是项 5 所示调节器中的 τ 与 τ_1 可设计成相等或不等，而项 6 所示调节器的给定滤波环节与等效环节，其时间常数等于调节器的超前时间常数，在具有电流内环的直流调速系统中，对电流内环选用反馈式 PI 调节器对改善系统电流断续特性，减小系统固有参数变化的影响和缩短系统正反向切换时都有较好的效果。因而广泛应用于晶闸管供电的调速系统中			
6	比例积分 PI 调节器		$F_r(s)=K_r\dfrac{\tau s+1}{\tau s}=K_r+\dfrac{1}{\tau_i s}$； 式中　K_r——积分调节器放大系数，$K_r=R'(\alpha R_1)$； τ——强制积分时间超前常数，$\tau=RC$； τ_i——积分时间常数，$\tau_i=\alpha R_1 C$		
7	说明	为了尽可能减小电位器 R_0 的影响，仍应使 $R_0<0.5R$			
	惯性 调节器（PI）		$F_r(s)=K_r\dfrac{1}{\tau s+1}$　$K_r=\dfrac{R}{\alpha R_1}$ 式中　K_r——比例系数； τ——惯性时间常数，$\tau=RC$ 惯性时间常数为调节器在阶跃 $U_i(s)$ 作用下，其输出电压 $U_o(s)$ 等于 $0.63K_rU_i$ 所用时间		
8	工程上 实用的微分 惯性（DT）调节器		$F_r(s)=\dfrac{R/\alpha}{R_1+\dfrac{1}{Cs}}=K_r\dfrac{\tau_d s}{\tau_d s+1}$； 式中　K_r——比例系数，$K_r=R/(\alpha R_1)$； τ_d——微分时间常数，$\tau_d=R_1 C$		

（续）

项号	名称	原理图	传递函数	时间特性	频率特性
9	比例积分微分（PID）调节器		$F_r(s) = K_r \dfrac{(\tau s+1)(\tau_d s+1)}{\tau s}$ 式中　K_r——比例系数，$K_r = (R+R_2)/R_1$； τ_d——微分时间常数，$\tau_d = C_1\left[\dfrac{RR_2}{(R+R_2)}\right]$； τ——超前时间常数，$\tau = (R+R_2)C$		
10	具有输入滤波的惯性调节器		$F_r(s) = K_r \dfrac{1}{\tau s+1}$　$K_r = \dfrac{R}{\alpha(R_{11}+R_{12})}$ $\tau = \dfrac{R_{11}R_{12}}{R_{11}+R_{12}}C_1$	—	—
11	微分（D）调节器		$F_r(s) = \dfrac{1}{\alpha}RCs = \tau_d s$ 式中　τ_d——微分时间常数，$\tau_d = RC/\alpha$，微分时间常数定义为当输入线性渐增时，输入量新增增量到输出量相等时所经历的时间	（斜坡信号输入时）	
	说明	一般电源均存在内阻，所以纯有源微分调节器是难以实现的			

（续）

项号名称	原理图	传递函数	时间特性	频率特性
12 带有给定和反馈滤波的比例积分微分（PID）调节器	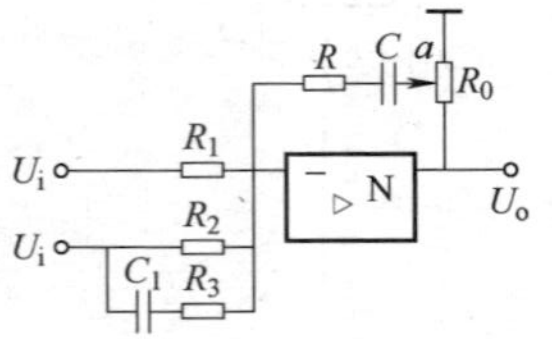 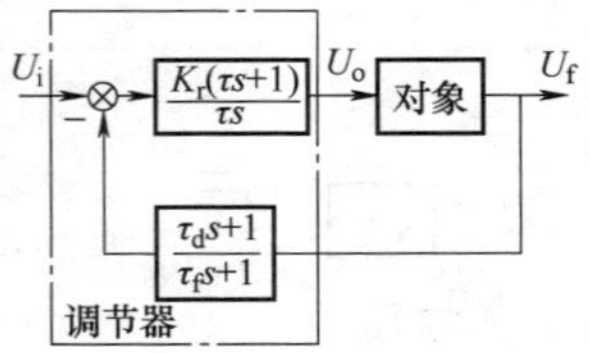 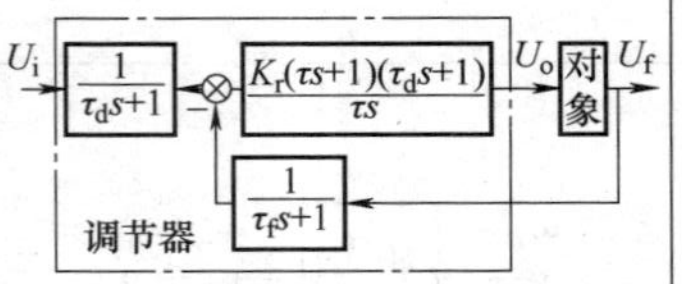	对 $U_i(s)$ 的传递函数 $$F_{ri}(s) = K_r \frac{\tau s+1}{\tau s}$$ 对 $U_f(s)$ 的传递函数 $$F_{rf}(s) = K_r \frac{\tau s+1}{\tau s} \cdot \frac{\tau_d s+1}{\tau_f s+1}$$ 式中 K_r——比例系数，$K_r = R/(\alpha R_1)$； 　　　τ——强制积分时间常数，$\tau = RC$； 　　　τ_d——微分时间常数，$\tau_d = (R_2+R_3)C_1$； 　　　τ_f——反馈滤波时间常数，$\tau_f = R_3 C_1$，通常 $T_d > T_f$ 由左图可得 $$U_o(s) = K_r \frac{\tau s+1}{\tau s}\left[U_i + \frac{\tau_d s+1}{(\tau_f s+1)} U_f\right]$$ $$= K_r \frac{(\tau s+1)(\tau_d s+1)}{\tau s}\left(\frac{1}{\tau_d s+1}U_i + \frac{1}{\tau_f s+1}U_f\right)$$	—	—

36 晶闸管触发器 调速系统中常用的触发器一般由移相环节、脉冲形成环节和功率放大输出等环节组成。

常用的移相方式有正弦波移相和锯齿波移相两种。正弦波移相的输入-输出特性是线性的，对电网电压的波动有一定的自补偿作用，但容易受到来自同步电源干扰的影响。锯齿波移相电路的输入-输出特性是非线性的，其受电源干扰的影响较小，并有较宽的移相范围。

脉冲形成环节常用单稳态电路或三稳态开关电路组成，后者适用于宽脉冲触发线路。

脉冲功率放大环节中的关键是输出用的脉冲变压器。对脉冲变压器的设计、材料选用和接线均应特别注意，主要是减少漏感和防止干扰。为减小脉冲变压器的体积，一般常采用高频脉冲形式的触发脉冲。

近年来采用集成电路组成的触发器发展很快，并且得到了很好的应用，采用单片机为核心组成的全数字式触发器也越来越多地应用到工业生产实际中。

37 直流斩波器 是一种电力电子开关，能从恒定的直流电源产生出经过斩波的可调的直流电压。图 13.4-4 给出一个简单斩波器应用到调速系统的例子和斩波后的电压波形。

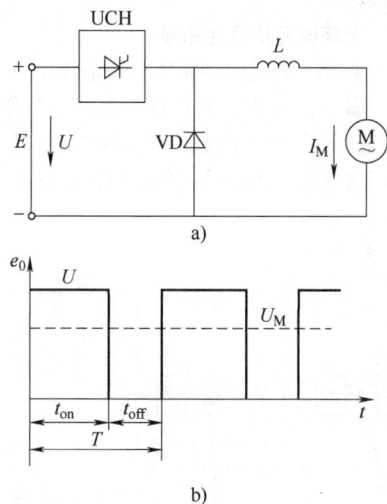

图 13.4-4 简单的斩波器调速系统
a）系统结构 b）斩波后波形

在图 13.4-4 中，UCH 是斩波器，E 是一个恒压的电流源，VD 是续流二极管，L 是平波电抗器。电源 E 在 t_{on} 期间 UCH 导通时与直流电动机 M 接通；在 t_{off} 期间内 UCH 关断，电动机电枢电流 I_M 经 VD 流通，加在电动机 M 上的平均电压为

$$U_M = U\frac{t_{on}}{t_{on}+t_{off}} = U\frac{t_{on}}{T} = \alpha U$$

式中　U——恒压电源电压值；

　　　T——斩波周期；

　　　α——工作率。

由上式可知，改变 α 就可以改变 U_M，从而改变电压，达到调节电动机转速的目的。α 的改变有以下两种方法：1）恒频系统。T 保持不变，只改变导通时间 t_{on}，即脉宽调制（PWM）方式；2）变频交流。导通时间 t_{on} 恒定，T（f）变化。

图 13.4-4a 所示的调速系统只有一个斩波器，电动机只能在一个象限内运行。若需要制动或可逆运行，则需采用两个或两个以上的斩波器，以达到能提供电动机可逆电枢电流的目的。

斩波器的缺点是电流中含有谐波分量，会对电网产生不良影响，另外在小电流时易发生电流断续现象，对电动机运行带来不良影响，这些都要在实际应用中加以注意。

38 其他控制单元 在组成调速系统装置时，除了调节器和触发器控制单元外，还需要其他一些控制单元组合在一起，以满足不同的工艺要求。常用的有：1）通用电源类单元。主要是将三相交流电源经三相降压变压器，整流变换为直流稳压电源，用作控制系统中各控制单元的工作电源和给定电源。2）给定指令单元。主要与主令控制器单元配合使用，将主令触点信号转换为电压信号，用作速度给定。3）隔离变换单元。隔离变换单元根据变换信号的类型分为电流变换器、电压变换器、速度变换器和磁通变换器等单元，其主要作用均为将被变换量转换为与其成正比的直流电压，用作反馈或保护信号。4）保护信号单元。主要用来对电源电压，如欠电压、断相，电枢过电压、过电流，电动机超速，磁场的失磁、过励磁等故障进行检测、报警。

4.3 晶闸管直流调速系统

39 有环流可逆调速系统 在有环流可逆系统中，正反向两套变流装置同时加上触发脉冲。两套变流装置分别处在整流工作状态和逆变工作状态。在两组变流装置工作状态需要切换时，其间的过渡是平滑的，不存在电流死区。因此适应于精密速度控制、快速系统和经常频繁改变方向的场合。有环流系统包括：

（1）不可控环流可逆线路 图 13.4-5 为一普通的不可控环流可逆线路。它是一个双闭环系统，电流调节器的输出分别控制两组变流器的触发器。其中一组触发器的输入经反向器反号后获得，以保持两组触发器控制角的变化大小相同，方向相反。

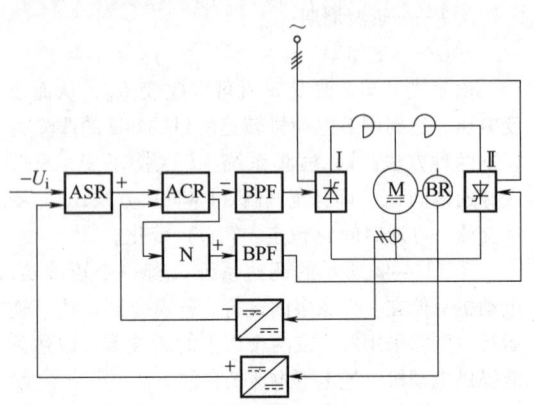

图 13.4-5　不可控环流可逆系统

ASR—速度调节器　ACR—电流调节器　N—反号器
BR—旋转变压器　BPF—触发器

当 ACR 的输出为零时，两组触发器的初始相位可以设为以下几种：

$\alpha_{10} = \beta_{20} = 90°$，在此种情况下，环流回路的平均电动势为零，故不存在直流环流。但交流电动势之和不为零，故存在脉动环流。

$\alpha_{10} > 90°$，即 $\alpha_{10} > \beta_{20}$，在任何控制角下，环流回路中的交流电动势要比 $\alpha_1 = \beta_2$ 时的情况下要小，所以在环流电抗器相同时，其环流值亦小。

（2）给定环流可逆系统　为降低对触发电路线性度的要求，减小电抗器尺寸，可采用给定环流可逆系统，即把环流保持在一定的数值内，不随 α 或 β 变化，见图 13.4-6。

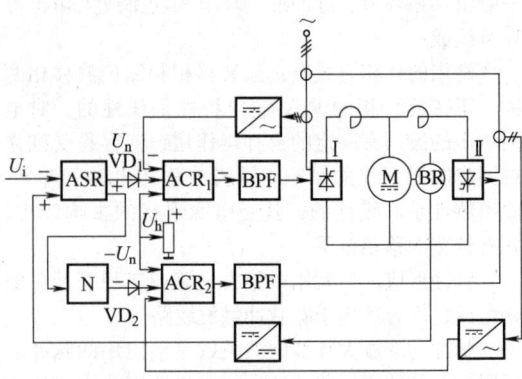

图 13.4-6　给定环流可逆系统

ASR—速度调节器　N—反号器　ACR$_1$、ACR$_2$—电流调节器
BR—旋转变换器　BPF—触发器

这时要用两个电流调节器对两组变流器形成各自的电流环。在电流调节器的输入端，加一小的正电压作为环流给定位置。当加 $-U_i$ 给定电压时，ASR 输出为正，二极管 VD$_1$ 导通，U_n 与 U_h 相加后输入到 ACR$_1$；对于第二组触发器，由于经过反号器，其输出为 $-U_n$，二极管 VD$_2$ 截止，这时 II 组整流桥仅由环流给定 U_h 控制，与速度给定无关，得到一个固定环流。

40　无环流可逆调速系统

（1）逻辑无环流可逆系统　该系统中，正反两套变流装置在任何情况下只有一套处于工作状态，而另一套处于封锁状态，故不可能产生环流。图 13.4-7 是一种带模拟开关的逻辑无环流系统。

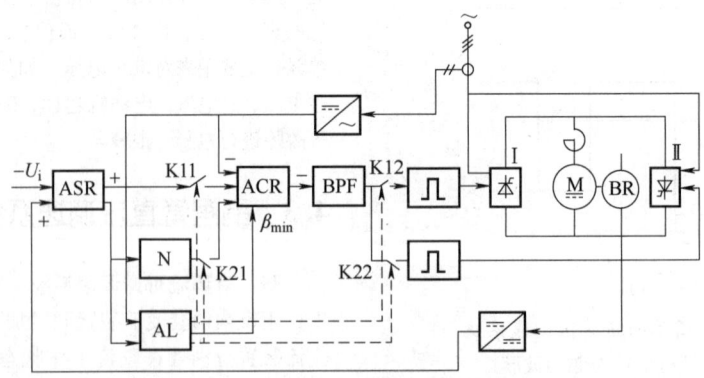

图 13.4-7　带模拟开关的逻辑无环流系统

ASR—速度调节器　ACR—电流调节器　N—反号器　AL—逻辑单元

逻辑无环流系统在两组变流器工作状态发生切换时应保证不发生换相失败，两组变流器在任何时刻都不能同时工作。为确保系统正常工作，还应注意以下几点：1）对于电流实际值为零的检测，要有足够的关断等待时间，才能切除工作组的触发脉冲；2）要有触发等待时间，即在原工作组的触发

脉冲被封锁后，由于该组晶闸管还不能立刻关断，因此待工作组变流器必须等待一段时间才能投入工作；3）要有对电流调节器"推 β_{min}"的信号，以避免在待工作组刚开放时由于整流电压和电动机反电动势相加而造成的大冲击电流。

除了带模拟开关的逻辑无环流可逆系统外，还有一种有准备逻辑无环流可逆系统。所谓有准备的逻辑无环流系统，就是在切换时，待工作组的触发脉冲不是被移到 β_{min} 处，而是被移到与电动机反电动势相应的那一点。在完成换向逻辑切换时，待工作组变流器的电压正好和电动机反电动势相等而方向相反，因此既没有电流冲击，又缩短了切换时间。

（2）错位选触无环流可逆系统　利用错开两组脉冲的位置，并根据电压调节器输出电压的极性选择正向组或反向组，以实现无环流控制。错位无环流可逆系统见图13.4-8。

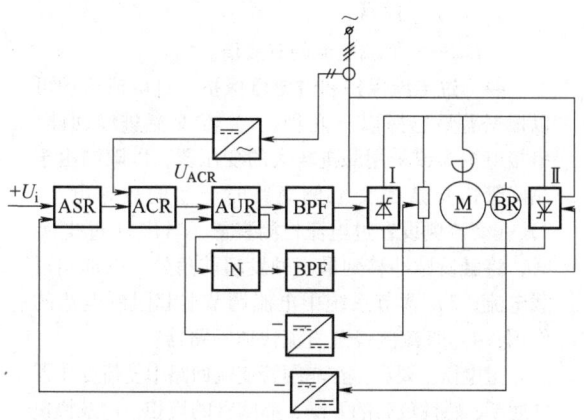

图 13.4-8　带有电压内环的错位无环流可逆系统
ASR—速度调节器　ACR—电流调节器
AUR—电压调节器　N—反号器

其中，除了 ASR 和 ACR 两个调节器外，还设有电压内环，主要起以下作用：1）缩小电压死区，提高切换的快速性；2）抑制动态环流，保证安全

换相；3）抑制电流断续引起的不稳定现象，使系统在小电流时也能较快地工作。

根据错位无环流原理，当一组变流器工作时，另一组的触发脉冲必须移到 180° 才无环流。

41　平波电抗器的选择　为了限制直流电流的脉动率，控制直流电流断续范围，限制环流，限制短路电流上升率等，在变流装置的直流输出侧往往要加直流平波电抗器。电抗器的电感值（mH）可按下列各式进行计算，然后选取其中的最大值作为平波电抗器的电抗值。

$$L_{md} = K_{md} \frac{K_{UV} U_{V\Phi}}{\delta I_{MN}} - L_B - K_L L_B$$

$$L_{LS} = K_{LS} \frac{K_{UV} U_{V\Phi}}{I_{min}} - L_{Ma} - K_L L_B$$

$$L_K = K_K \frac{10 U_{V\Phi}}{\pi I_K}$$

式中　L_{md}——限制直流电流脉动率电抗器所需电感值；

　　　　L_{LS}——控制直流电流断续范围电抗器所需的电感值；

　　　　L_K——每个环流回路中限制环流电抗器所需的电感值；

　　　　L_{Ma}——电动机电枢回路电感（mH）；

　　　　L_B——变流变压器折合到阀侧的每相漏电感；

　　　　I_{MN}——电动机额定电流；

　　　　$U_{V\Phi}$——变流变压器阀侧相电压；

　　　　δ——允许的电流脉功率，一般为 5%~10%；

　　　　K_L——变压器电感折算系数（见表13.4-2）；

　　　　I_{min}——保持电流连续的最小电流（A）；

　　　　I_K——环流平均值，一般为 5%~10% 的 I_{dN}；

　　　　K_{md}——限制脉动率的电感计算系数；

　　　　K_{LS}——限制电流断续的电感计算系数；

　　　　K_K——限制环流的电感计算系数；

　　　　K_{UV}——整流电压计算系数。

表 13.4-2　变压器电感折算系数 K_L

联结方式	单相全波	单相半桥	单相全桥	三相零式	三相半桥	三相全桥	双桥并联	双桥串联
K_L	1	0	1	1	0	2	4	1

对于三相桥式联结，K_{md} 和 K_{LS} 还可按下式计算：

$$K_{md} = \frac{10}{3}\left\{\cos\left[\arccos\left(0.5\frac{u_k}{100}\right) + \frac{\pi}{3}\right] + 1\right\}$$

$$K_{LS} = \left(\frac{10}{\pi} - \frac{5}{\sqrt{3}}\right)\sin\alpha$$

式中　u_k——变压器阻抗百分比。

三相桥式交叉联结或反并联联结时，可选取 $K_K = 0.44$。

42　交流侧电抗器的选择　当变流器所需的交流电压与电网电压相同或多台变流器共用一台变流

变压器时，变流器需要经过一个交流电抗器才能接到供电变压器或电网上，见图 13.4-9。电抗器的主要作用是为了抑制各变流装置间的相互干扰和限制交流侧短路电流。

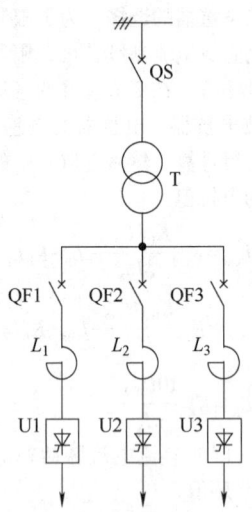

图 13.4-9　公共变压器的供电系统

交流侧电抗器每相的电感值 L_j 可按下式计算：

$$L_j = K_j \frac{U_\phi}{\omega I_\phi}$$

式中　U_ϕ——交流侧相电压（V）；

I_ϕ——交流侧相电流（A）；

K_j——计算系数，一般为 50~80；

ω——交流电源角频率（rad/s）。

43　快速熔断器的选择　对于三相全控桥式电路，快速熔断器有相接、臂接和接在整流装置直流侧三种方式。

熔断器相接时，可防止因晶闸管损坏或直流侧故障而引起的短路损害。但在通过故障电流时，对晶闸管的保护效果要差些，故多用于中小容量装置；熔断器接于直流侧时，可对负载侧的过电流或短路起保护作用，但对晶闸管本身造成的短路不起保护作用，故多用于小功率装置。通常选用的臂接熔断器，其额定电压 U_{FN} 和额定电流 I_{FN} 按以下方法选取：

U_{FN} 应大于电路正常工作时的电压有效值，再留有适当的裕量，即

$$U_{FN} \geqslant 1.1 U_{UL}$$

式中　U_{UL}——变流变压器二次线电压有效值。

I_{FN} 应按由负载图计算出一个工作周期内负载电流有效值选取，即

$$I_{FN} \geqslant 1.3 K_1 I_{DN}$$

式中　K_1——电流计算系数，对于三相桥，$K_1 = 1/\sqrt{3}$；

I_{DN}——负载电流的有效值。

44　过电流保护和过电压保护　过电流保护可以根据需要选择以下几种：1）在交流进线回路，串接电抗器或采用漏抗较大的变压器，以限制由于晶闸管击穿造成交流侧短路时产生的故障电流；2）在交流侧设置过电流检测装置，当出现过电流时，将触发脉冲移到最小触发超前角处，以抑制过载电流；3）调节系统中电流调节器起限制电流的作用；4）直流侧设置直流快速断路器。

过电压主要产生在晶闸管变流回路中变流变压器的通断、感性负载的开断、晶闸管的换相，以及快速断路器、快速熔断器的断开过程中。在晶闸管变流回路中通常采用的过电压保护形式见图 13.4-10。

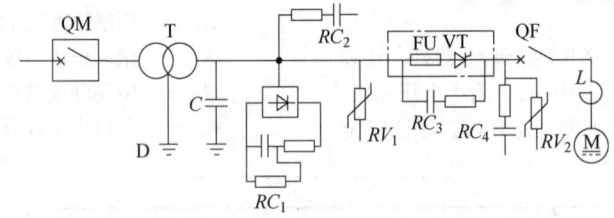

图 13.4-10　晶闸管变流回路过电压保护措施

D—变压器静电屏蔽　C—静电感应抑制电容　RC_1—交流整流式抑制回路

RC_2—交流阻容抑制回路　RC_3—换相过电压抑制回路

RC_4—直流阻容抑制回路　RV_1、RV_2—交、直流侧压敏电阻抑制回路

QM—交流侧断路器　QF—直流断路器　FU—快速熔断器

在图 13.4-10 中，接于变流装置交流侧的保护回路主要有：1）交流侧阻容式保护回路；2）整流保护回路；3）交流侧压敏电阻保护回路；4）静电感应过电压保护回路；5）换相过电压阻容保护回路。

第 1）、2）、3）项主要用于抑制断开变流器交流进线电压时产生的阶跃尖峰过电压；第 4）项用于抑制由于变压器寄生电容的存在而在变压器接通瞬间所产生的合闸过电压；第 5）项接在晶闸管阳极与阴极之间，用以抑制器件换相时、晶闸管恢复阻断时，由于变压器漏抗引起的换相过电压。

为了抑制主电路电感储能释放而产生直流侧过电压，直流回路过电压通常用阻容回路或压敏电阻抑制。

45　系统的设计与调试　电气传动系统是由工作机械的传动电动机及其控制设备所组成。控制设备和系统应保证电动机按某种工艺要求来完成生产任务。为保证系统的正常工作，设计时一般应考虑下述因素和要求。1）系统的具体工作条件、环境条件及机械负载等因素。2）供电系统的电压、频率波动情况。应避免电气传动系统对电网的谐波电流和无功电流造成过大的冲击。3）系统及装置的经济性能及节能性。4）便于维修及改善工作条件。5）符合国家标准和行业标准的规定。

一般分初步设计、技术设计和产品设计三个阶段来完成。

初步设计是研究系统和电气控制设备的组成并寻求最佳方案的阶段，是技术设计的依据，技术设计是根据上级审查批准的，或经用户同意的初步设计中所提供的内容和方案，最终完成电气传动自动控制系统的设计，以及完成电控设备的布置设计。产品设计是依据用户接受的技术设计，最终完成电控设备产品生产用的工作图样。

现场系统调试是在出厂调试检查的基础上进行的，除检查外，还应根据实际使用情况和参数计算结果，预先整定好调节回路的参数，各种保护回路参数。

现场调试的顺序一般按先查线、后通电；先弱电、后强电；先单元、后系统；先开环、后闭环；先内环、后外环；先励磁、后电枢；先基速、后高速；先静态、后动态的顺序进行。

4.4　直流斩波调速系统

46　直流斩波调速系统　IGBT 等自关断器件出现以后，直流调速系统的电路结构变得较为简单，而调速系统的快速性和调速精度都得到了显著提升。此外，IGBT 等器件的开关频率远远高于晶闸管，可以达到 $10\sim20\text{kHz}$，因此调速电动机可以达到静音和更加平滑的运行效果。采用桥式电路的四象限直流斩波调速电路如图 13.4-11 所示。

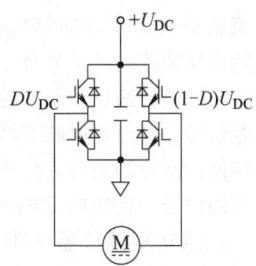

图 13.4-11　四象限直流斩波调速电路

该电路采用自关断器件构成的桥式电路，通过调节左侧和右侧桥臂的占空比，可以改变施加在直流电动机电枢两端的电压。设左侧桥臂上侧开关的占空比为 D，则左侧桥臂中点电压的平均值为 DU_{DC}，通常右侧桥臂下侧开关占空比也为 D，这样右侧桥臂中点电压平均值为 $(1-D)U_{DC}$，因此电动机电枢两端的电压为 $(2D-1)U_{DC}$，当占空比 $D>0.5$ 时，电动机电枢电压为正，电动机正转；当 $D<0.5$ 时，电动机电枢电压为负，电动机反转；当 $D=0.5$ 时，电动机电枢电压为零，电动机停止。

采用桥式电路后，直流电动机可以很容易地实现四象限运行，其运行方式如图 13.4-12 所示：

1）运行于第 I 象限时，电枢电压为正，电流也为正，电动机正转，电枢端电压略高于电动机反电势，直流电能通过桥式电路传递至电动机，电动机输出机械能。

2）运行于第 II 象限时，电枢电压为正，但电动机电流为负，电动机正转，电枢端电压略低于电动机反电势，机械能通过电动机转换为电能，并经过桥式电路回馈至直流侧。

3）运行于第 III 象限时，电枢电压为负，电动机电流也为负，电动机反转，电枢端电压略高于电动机反电势，直流电能通过桥式电路专递至电动机，电动机输出机械能。

4）运行于第 IV 象限时，电枢电压为负，电动机电流为正，电动机反转，电枢端电压略低于电动机反电势，机械能通过电动机转换为电能，经过桥式电路回馈至直流测。

电枢电压

II 象限	I 象限
电动机正转	电动机正转
回馈电功率	输出机械功率

→ 电枢电流

III 象限	IV 象限
电动机反转	电动机反转
输出机械功率	回馈电功率

图 13.4-12　四象限运行方式

四象限直流斩波调速系统的结构如图 13.4-13 所示，电动机转速反馈控制环是外环，电动机转矩控制环是内环。电动机转速反馈与转速给定信号比较得到转速误差信号，经过速度调节器 ASR 的控制调节后，得到转速控制控制信号，作为转矩控制环的给定。转矩反馈信号与转矩给定相比较后，得到转矩误差信号，经过转矩调节器 ATR 的控制调节后，得到电枢电压控制信号。该信号经过 PWM 比较器后得到桥式电路开关控制的 PWM 信号，通过隔离和驱动电路送至每个自关断器件的栅极控制该器件的通断。

由于直流电动机的电枢电流与其转矩成正比，当电动机的励磁电流不变的时候，也可以采用电枢电流反馈代替转矩反馈，以省去成本昂贵、安装困难的转矩传感器。

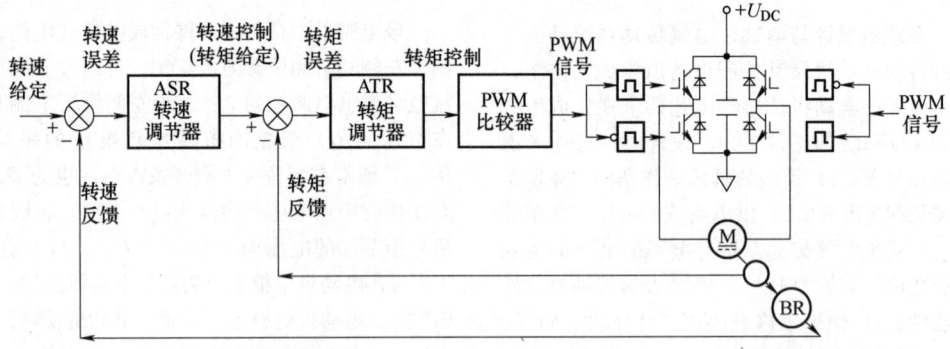

图 13.4-13　四象限直流斩波调速系统

第 5 章　交流调速系统

5.1　交流调速概述

47　交流调速的特点与类型　在交流调速传动中，除交流换向器电动机外，其他电动机均无机械换向器。交流电动机结构简单，运行可靠，坚固耐用，价格低廉，在单机容量、供电电压、转速极限等方面均优于直流电动机，在国民经济各部门中得到广泛应用。

近年来，随着电力电子技术、微电子技术、电动机和控制理论的发展，交流电动机调速系统有了很大的发展，不仅电磁调速异步电动机、晶闸管串级调速系统、调压调速系统、无换向器电动机调速系统获得广泛应用，而且变频调速技术已经成熟，用晶闸管或全控型器件组成逆变器的、容量从几十瓦到上千千瓦的异步电动机变频调速系统大量投入工业及商业应用；矢量变换控制、直接转矩控制等新技术在高性能交流调速系统应用中也取得了根本性突破，高性能交流调速系统已经能与直流调速系统媲美，交流调速系统正在成为调速传动的主流。

交流电动机转速公式为

$$n = \frac{60f}{p}(1-s) \qquad (13.5\text{-}1)$$

式中　p——极对数；

f——供电电源频率（Hz）；

s——转差率（同步电动机时，$s=0$）。

因此，交流电动机有三种基本调速方式：1）改变极对数 p，变极调速属于此种类型；2）改变转差率 s，定子调压调速、转子串电阻调速、串级调速、电磁转差离合器调速均属此种类型；3）改变供电电源频率 f，变频变压调速、无换向器电动机调速属于此种类型。

48　变极调速　改变异步电动机绕组极对数从而改变同步转速进行的调速称为变极调速，其转速按阶跃方式变化，而非连续变化。变极调速主要用于笼型异步电动机。

改变绕组极对数的方法有：1）单一绕组，改变其不同的接线组合；2）在定子上设置两套不同极对数的独立绕组；3）在定子上设置不同极对数的独立绕组，每个独立绕组的接线组合可变。

多绕组实现变极调速虽然很方便，但单绕组具有出线少、用铜省的优点，而且也可以实现双速、三速及倍极比、非倍极比的变极调速，应用较为广泛。

单绕组异步电动机变极调速时，由于接线方法和绕组排列不同，其输出转矩和输出功率也不同，一般有恒功率、恒转矩和可变转矩三种情况。表 13.5-1 为单绕组倍极比双速电动机工作特性，表 13.5-2 为单绕组非倍极比双速电动机工作特性。

表 13.5-1　单绕组倍极比双速电动机工作特性

序号	极数（$2p$） I 联结方法	极数（$2\times 2p$） II 联结方法	转矩比 T_{II}/T_I	功率比 P_{II}/P_I	特性
1	2Y	Y	1	0.5	恒转矩
2	2Y	2Y	2	1	恒功率
3	2Y	△	1.732	0.866	可变转矩
4	△	2Y	2.3	1.15	可变转矩
5	2△	Y	0.577	0.288	可变转矩

表 13.5-2　单绕组非倍极比双速电动机工作特性

序号	极数 I 联结方法	极数 II 联结方法	转矩比 T_{II}/T_{I}	功率比 P_{II}/P_{I}	特性
1	2Y	Y	—	0.5	可变转矩
2	2Y	2Y	—	1	恒功率
3	2Y	△	—	0.86	可变转矩
4	△	2Y	—	1.154	可变转矩
5	2△	Y	—	0.288	可变转矩

变极调速控制简单，只需要转换开关或接触器控制，投资少，维护方便，可控电动机功率从几十瓦到上千千瓦。缺点是只能有级调速，适合于只要求二、三档级差大的、调速不频繁的场合。如需连续调速，可采用变极变压调速和变极电磁转差调速。

49　定子调压调速　见图 13.5-1。在恒定交流电源与电动机之间接入电压调节器，改变电动机输入电压进行调速，称为调压调速。晶闸管调压方式目前应用最为普遍。

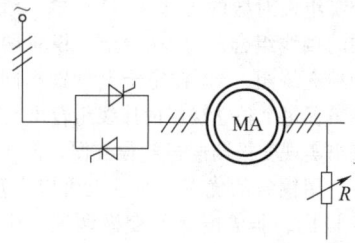

图 13.5-1　调压调速原理

异步电动机定子电压改变时的机械特性见图 13.5-2。随着定子电压下降，其临界转矩按二次方关系下降，对于风机、泵类等变转矩负载，就可得到较低的工作转速。对于恒转矩负载，转子电阻越小，机械特性越软，由于普通笼型异步电动机机械特性较硬，机械特性工作段 s 很小，所以调速范围很小，要扩大调速范围，必须采用转子电阻较大、机械特性较软的高转差率电动机，其特性见图 13.5-3。但其低速工作时，抗扰能力差，工作不易稳定。

为提高调压调速特性硬度，需采用闭环控制系统（见图 13.5-3）。它可以克服例如负载变化引起的转速大范围变化。如系统原来工作于 a 点，当负载由 T_{j1} 变到 T_{j2}，系统开环工作时，U_1 不变，转速由 a 点沿同一机械特性变到 b 点稳定工作，转速变化很大。系统闭环工作时，转速下降，则闭环控制作用使 U_1 增加，系统稳定工作于另一机械特性曲线的 c 点，转速变化很小，调速范围可达到 1：10。

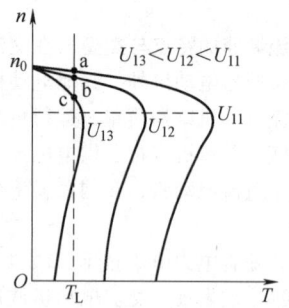

图 13.5-2　不同 U_1 时的机械特性

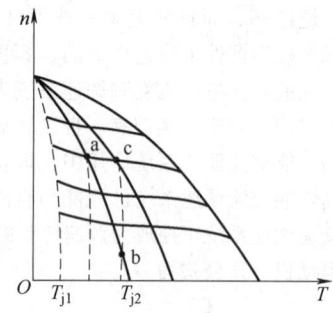

图 13.5-3　具有转速闭环的调压调速系统闭环控制特性

调压调速属于变转差功率调速，转差功率在调速过程中被损耗掉，不同负载特性时的转差功率损耗系数为

$$P_s/P_{2max} = s\ (1-s)^{\alpha} \qquad (13.5-2)$$

式中　P_s——转差功率；

P_{2max}——$s=0$ 时负载电动机输出的最大机械功率；

α——对于恒转矩负载、转矩与转速成比例负载、转矩与转速二次方成比例负载，$\alpha = 0、1、2$。

风机、泵类负载转差功率损耗较小，适于采用调压调速方式，而恒转矩负载，不宜长时间在低速下工作。当采用晶闸管方式调压时，由于谐波影响电动机出力，因此配用电动机时要适当增加容量。

调压调速系统线路简单，价格便宜，使用维修比较方便；主要缺点是转差功率损耗比较大，效率低。它适用于调速精度要求不高（一般为 3%）的设备，如低速电梯、起重机械、风机、泵类机械等，适用电动机功率从几千瓦到二三百千瓦。

50　转子串电阻调速　异步电动机机械特性的临界转差率 s_k 和临界转矩 T_k 在忽略定子电阻时为

$$s_k \approx \frac{r'_2}{(X_1 + X'_2)} \qquad (13.5\text{-}3)$$

$$T_k \approx \frac{M_1 U^2}{2\omega(X_1 + X'_2)} \qquad (13.5\text{-}4)$$

由式（13.5-3）和式（13.5-4）可知：在电动机参数、电源电压频率不变时，临界转矩与 r'_2 无关，保持不变，而临界转差率与 r'_2 成正比变化。在绕线转子异步电动机转子回路中串入不同电阻时的机械特性见图 13.5-4，随着外接电阻加大，机械特性变软，实现了调速。

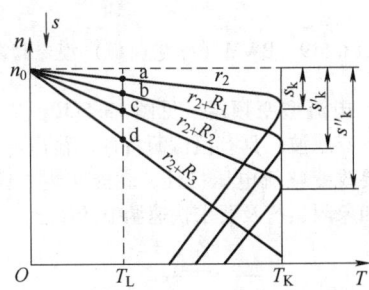

图 13.5-4　绕线转子异步电动机转子
串电阻时的机械特性

转子回路串电阻调速有以下几种实现方法：1）串固定电阻有级调速。通过接触器切换串入固定电阻值，见图 13.5-5。如负载转矩不变，则可分别运行于电动机机械特性的 a、b、c、d 点，实现有级调速。2）转子电阻斩波无级调速。见图 13.5-5。转子绕组接不控整流桥，经滤波电抗器后，接外部电阻 R_{ex}，R_{ex} 两端并联一个斩波器，改变斩波器的导通占空比，即可无级改变整流电路的有效电阻，实现无级调速。

等效电阻为

$$R_{dz} = (1-\alpha) R_{ex} \qquad (13.5\text{-}5)$$

$$R_{ex} = 2R_Q \qquad (13.5\text{-}6)$$

式中　α——斩波器的导通占空比，$\alpha = t_{on}/T$；

t_{on}——斩波器导通时间；

T——工作周期；

R_Q——每相应串入的附加电阻。

转子串电阻调速控制简单，投资少。通过改变

定子相序可以实现反转及进行反接制动，也可以采用直流能耗制动，实现四象限运行，可满足一般起动运输机械、交流卷扬机及频繁起制动机械的工作要求。但由于其转差功率消耗在电阻上、效率低、机械特性软等缺点，应用范围在逐步缩小，斩波方式虽能无级调速，也仅适用于小功率的风机、泵类负载。

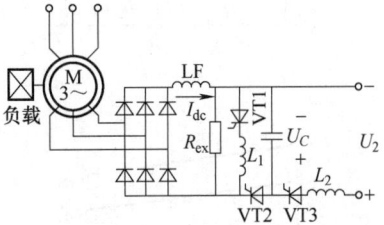

图 13.5-5　转子电阻斩波调速的基本电路

51　电磁转差离合器调速　见图 13.5-6。电磁转差离合器调速系统由异步电动机、电磁转差离合器和晶闸管励磁电源及其控制部分组成。晶闸管直流励磁电源功率较小，常用半波或全波晶闸管电路控制转差离合器的励磁电流。

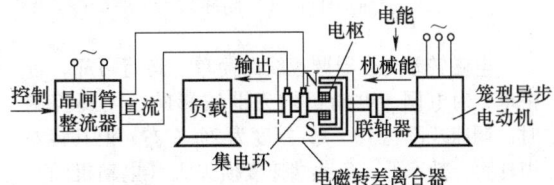

图 13.5-6　电磁转差调速电动机系统的组成

电磁转差离合器由电枢和磁极两部分组成，两者无机械联系，都可自由旋转。电枢由电动机带动，磁极与负载相连，当电动机拖动电枢恒速定向旋转，而励磁绕组又有电流通过时，电枢中将产生感应涡流，在电枢和磁极间形成电磁转矩，使磁极跟着电枢同向旋转。

电磁转差离合器的机械特性见图 13.5-7a，空载转速 n_0 不变时，随负载转矩的增加，转速下降较多，特性较软。励磁电流越小，特性越软，且在 $T < 10\% T_N$ 时有一个失控区。

采用转速负反馈闭环控制系统可以得到图 13.5-7b 所示机械特性。转速负反馈的作用是使励磁增加来补偿由于负载增加而引起的转速降落，从而使转速保持稳定。在图 13.5-7 中，当系统工作于 n_1 时（$I_f = I_{f4}$，$T = T_{j1}$），如负载从 T_{j1} 增至 T_{j2}，开环控制时，转速由 n_1 降至 n_2；而闭环控制时，系统自动使 I_{f4} 增大至 I_{f5}，从而使转速又上升至接近 n_1，实现稳速。

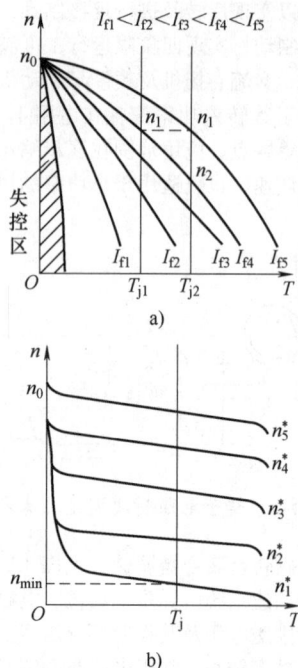

图 13.5-7　电磁调速电动机开环和闭环调速机械特性
a）开环　b）闭环

电磁转差离合器调速线路简单，运行可靠，价格低，对电网、电动机均无谐波影响，闭环控制时，调速范围达 10∶1，精度为 2% 左右，但其转差损耗大，效率低，负载端速度损失大（电动机同步转速的 80%~85%），目前应用于几百瓦到上百千瓦一般工业传动和风机泵类负载的节能传动。

5.2　变压变频调速

52　电力电子变频器类型　变频调速是通过改变电动机供电电源频率进行调速的一种方法，目前用 SCR、GTR、GTO 晶闸管、IGBT 等电力电子器件组成的静止变频器对异步电动机进行调速已广泛应用。电力电子变频器主要类型有以下四种：

（1）电压型变频器　见图 13.5-8，可控整流输出经电感、电容滤波，具有恒压源特性；逆变器具有反馈二极管，输出电压为方波。这种方法若不设置与整流器反向并联的逆变器，就不能实现再生制动。电压型逆变器适用于单方向运转、不要求快速调节及要求多台电动机协调运转的场合使用。

（2）PWM（脉宽调制）型变频器　见图 13.5-9，其电路结构与电压型变频器相似，但输入整流不控。PWM 变频是将一个周期的逆变电压分割成若

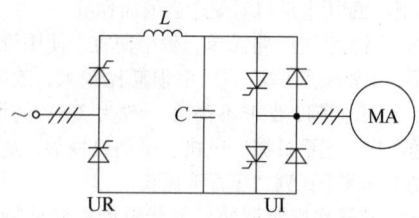

图 13.5-8　电压型变频器

干脉冲，改变脉冲宽度和脉冲数量，使供给电动机的基波电压与频率成比例变化。PWM 型变频器具有电网侧功率因数高、输出谐波分量少、调速范围宽和响应快等特点，使用非常广泛。

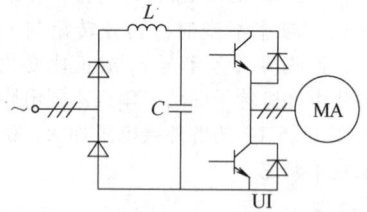

图 13.5-9　PWM（脉宽调制）型变频器

（3）电流型变频器　见图 13.5-10，整流器输出靠电抗器滤波，具有恒流源特性，输出电流为方波。只要改变整流电压极性，就能实现回馈制动，适用于四象限运行及要求快速调节的场合。

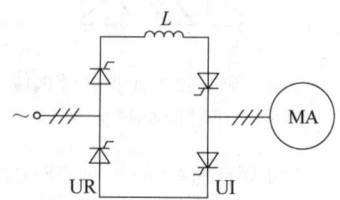

图 13.5-10　电流型变频器

（4）交-交变频器　见图 13.5-11，它利用晶闸管的开关作用，直接从固定频率的交流电源变换为频率、电压可调的交流电源。其最高输出频率仅为电源频率的 1/2~1/3。由于对电源进行直接变换，因此效率高，输出波形在低频段较好，易于实现功率回馈，在中低速领域，作为驱动大中容量电动机的调速方法被广泛采用。

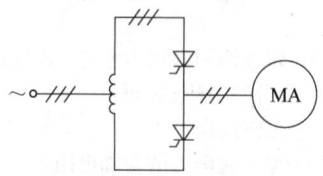

图 13.5-11　交-交变频器

53 交-交变频调速及其参数选择 交-交变频器原理见图 13.5-12，将两个同类型的整流电路 Ⅰ、Ⅱ 反并联连接，依靠频率 f_1 的交流电源使它们进行换相，并按一定的时间间隔交替工作，则在负载上得到电压为 u_2、频率为 f_2 的交流电，如需得到正弦波输出，Ⅰ、Ⅱ 两组变流器平均输出电压应按正弦波规律变化，其输出频率 f_2 低于电源频率 f_1，一般 $f_2 = (1/3 \sim 1/2)f_1$，仅适用于要求频率较低的场合。

交-交变频器主要有正弦波电压型和方波电流型两种型式。正弦波电压型主要用于低速大容量传动，如轧钢机、水泥厂的管磨机等。方波电流型控制电路较简单，但特性略差，适用于输送辊道等一些要求不高的传动系统。两种型式变频器的主要参数计算公式见表 13.5-3。

采用交-交变频器供电的矢量变换控制系统，可以得到优良的静、动态特性。利用高速自关断器件组成交-交变频系统，可以具有更高的技术指标。

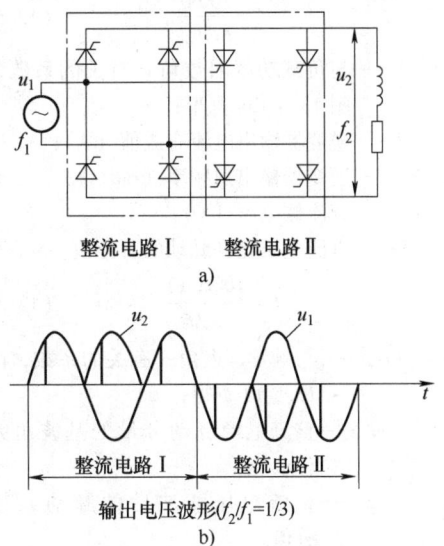

整流电路 Ⅰ 整流电路 Ⅱ

a)

输出电压波形($f_2/f_1=1/3$)

b)

图 13.5-12 交-交变频器原理

表 13.5-3 交-交变频器主要参数的计算公式

类别	交-交电压型 （18 个元器件，按正弦波调制）	交-交电流型 （18 个元器件，按矩形调制）
主电路接线方式		
变频器供电电源电压 U/V	$U_s = \pi U/(3\cos\alpha_{\min})$	$U_s = U_\sim \cos\varphi/\cos\alpha$
变频器供电电源电流 I/A	$I_s = 2\sqrt{3}I/\pi$	$I_s = I_\sim$
电源侧平均功率因数 $\cos\alpha$	$\cos\alpha \approx \sqrt{3}\cos\alpha_{\min}\cos\varphi/2$	$\cos\alpha = U_\sim \cos\varphi/U_s$
晶闸管承受电压幅值 U_T/V	$U_T = \sqrt{2}U_\sim$	$U_T = \sqrt{2}(U_s + U_\sim)$
晶闸管有效电流幅值 I_T/A	$I_T = \sqrt{6}I_\sim/2\pi$	$I_T = \sqrt{6}I_\sim/6$

注：$U_\sim$—变频器输出电压有效值（V）；α—触发延迟角；$\alpha_{\min}$—当变频器输出最大幅值时的触发延迟角；$\cos\varphi$—负载电动机功率因数；$I_\sim$—变频器输出电流有效值（A）。

54 交-直-交电压型变频器及其参数计算 交-直-交电压型变频器由整流器和逆变器两部分组成。整流器采用可控整流，以调节直流侧电压；为使直流侧电压波形比较平直、逆变器不受整流器移相控制角和负载电流的影响而稳定地工作，应在直流侧加入 C 或 LC 滤波。逆变器通常都采用三相桥式电路，按其工作方式不同，可分为 180° 导电型或 120° 导电型。变频器按脉冲幅度调制（PAM）方式工作，输出端可以得到任意的 U/f 比值，以完成不同电动机的恒转矩或恒功率型传动控制。交-直-交电压型变频器多用于多电动机传动，如纺织、化纤行业等。

主要参数计算：

（1）直流侧滤波参数 根据允许的电压脉动幅值计算电容 $C(\text{F})$；如果采用 LC 滤波，再由 C 和对整流器滤波的要求计算 $L(\text{H})$，计算公式如下：

$$C = \frac{100AI}{K\omega U_\text{d}} \qquad (13.5\text{-}7)$$

式中 A——与负载功率因数角 φ 有关的系数，由
图 13.5-13a 查得；

  I——逆变器输出电流有效值（A）；

  ω——逆变器输出角频率（rad/s）；

  U_d——直流侧电压（V）；

  K——直流电压允许脉动的百分值。

$$L \approx \frac{100f(\alpha)}{S\omega'C} \qquad (13.5\text{-}8)$$

式中 $f(\alpha)$——与触发延迟角 α 有关的系数，由图
13.5-13 查得；

  ω'——整流电源脉动分量的基波角频率
（rad/s）；

  S——整流电压滤波后的脉动系数百
分值。

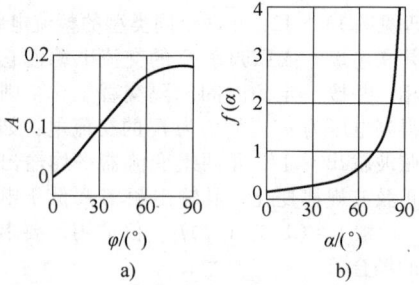

图 13.5-13 电压型滤波器计算用曲线
a) 系数 A 与功率因数角 φ 的关系曲线 b) $f(\alpha)$ 曲线

（2）逆变器典型整流线路参数 电压型逆变器
的开关器件通常采用晶闸管，必须用强迫关断电路
来控制其关断，典型强迫关断换相线路的型式及主
要参数计算见表 13.5-4。

表 13.5-4 典型的电压型逆变器换相线路主要参数计算公式

类别	电感储能式 （换流电感 $Q=8$）	串联电感式	串联二极管式 （反馈二极管曲折连接）
线路结构简图	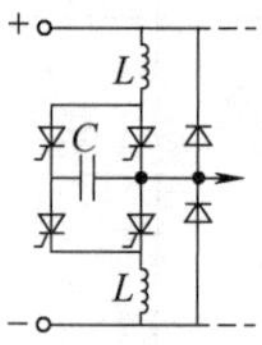	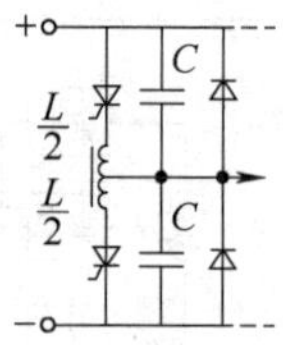	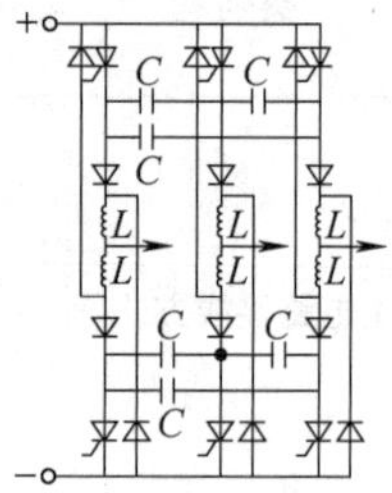
换相电容 C/F	$C = 1.08t_0 I_\text{L}/U_\text{d}$	$C = 2.35t_0 I_\text{L}/U_\text{d}$	$C = t_0 I_\text{L}/U_\text{d}$
换相电感 L/H	$L = 0.336t_0 U_\text{d}/I_\text{L}$	$L = 2.35t_0 U_\text{d}/I_\text{L}$	$L = 2t_0 U_\text{d}/I_\text{L}$
主晶闸管承受电压/V	$U = \sim 1.2U_\text{d}$	$U = 1.48U_\text{d}$	$U = 1.5U_\text{d}$

55 交-直-交电压型变频器的 PWM 控制方式

常规的交-直-交电压型变频器采用 PAM 控制方
式，其主要缺点如下：1）主电路有两组功率控制
级，控制复杂；2）由于中间直流回路的 LC 参与了
调压过程，系统动态响应差；3）低速时整流器处
于深控状态，使供电电网的功率因数降低，并产生
谐波电流；4）输出为 6 阶梯形交变电压，谐波含
量较大，影响电动机工作性能。

因此，常规变频器已经远远不能适应现代交流
调速发展的需要。随着新型电力电子全控型器件，
如大功率晶体管（GTR）、门极关断（GTO）晶闸
管、电力场效应晶体管（MOSFET）、绝缘栅双极型
晶体管（IGBT）和超大规模集成电路以及微机的

发展，产生了脉宽调制（PWM）型控制方式。其
输入采用不控整流，经电容滤波后形成幅值基本固
定的直流电压加到逆变器上，按照一定的控制规律
对逆变器的电力电子器件进行通断控制，使逆变器
输出一定形状的等幅矩形脉冲波。改变矩形脉冲的
宽度，可控制逆变器输出电压中交流基波的电压幅
值，改变调制周期，可控制其输出电压中交流基波
的频率，从而在逆变器上同时实现输出电压幅值和
频率的控制，其主要优点如下：1）主电路只有一
组功率控制级，较为简单；2）整流器为不控整流，
输入功率因数较高；3）直流侧滤波元件不参与调
压，系统动态响应快；4）逆变器采用高频调制，
输出电压波形接近于正弦波，谐波含量较低，减小

了转矩脉动，加宽了调速范围。

三相双极型 SPWM 逆变器输出波形见图 13.5-14。图中，正弦波 e_0 作输出基准信号，称为调制波；三角波 e_p 作脉宽调制信号，称为载波，两者的幅值比称为调制度，两者的频率比称为调制比（或载波比）。由图 13.5-14 可见，逆变器输出电压为按正弦规律分布的脉宽调制波，其基波幅值与调制度成正比，给电动机供电时，由于电动机绕组电感的滤波作用，电流波形为近似正弦波。

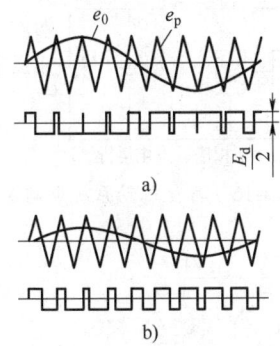

图 13.5-14　三相双极型 SPWM 逆变器输出波形

56　PWM 波形的产生与控制　PWM 型控制方式的核心是 PWM 波形的产生，波形的产生方式大致可分为以下几类：

（1）按电力电子器件控制方式　1）单极性控制。在逆变器输出波形的半个周期内，同一桥臂的上、下两个电力电子器件不能同时导通。当一个器件导通工作时，另一个器件始终处于阻断状态，即逆变器输出相电压在任意半个周期内始终为一个极性。2）双极性控制。在逆变器输出波形的半个周期内，同一桥臂的上、下两个电力电子器件通断状态为互补方式，即上通下断或上断下通，逆变器输出相电压在任意半个周期内均有正负电压交替输出。它比单极性输出电压有较大的基波分量。

（2）按载波比分类　1）同步控制。载波比 n 为常数，在任意输出频率下，逆变器输出电压半波的脉冲数固定不变，可保证三相输出波形的对称性。但因低频时，脉冲数太少，输出电压谐波含量较高，使电动机产生转矩脉动和噪声。2）异步控制。载波比随输出频率降低而升高，可减小电动机在低频时的转矩脉动和噪声，但不能保证三相输出波形的对称性。3）分段同步控制。综合同步与异步控制的长处，在实际应用中，采用分段同步控制，使载波比随输出频率的降低而分段有级地增加。

（3）按产生方式分类　1）自然采样法。调制波参考信号与等腰三角形载波信号直接进行比较，以两个波的相交点作为逆变器开关器件动作的控制信号，参考信号又可分为：ⅰ）矩形波（PWM 控制）：输出电压波形为等幅等宽脉冲列；ⅱ）正弦波（SPWM 控制）：输出电压波形为等幅不等宽，宽度按正弦规律分布的脉冲列；ⅲ）准正弦波：在正弦参考波上叠加三次谐波（又称鞍形波），逆变器直流利用率可提高 16%，开关次数减少 30%。2）规则采样法。将自然采样法中，调制波与三角形载波相交部分进行简化处理，利用与横轴平行的直线代替原来的斜线，与三角波相交，交点作为开关控制信号。3）谐波消除法。以输出电压谐波含量最小为目标，按某几次谐波为 0 的原则，利用傅里叶级数分解方法，求解出相应的开关角，作为逆变器开关器件的控制信号。4）磁通轨迹法。在逆变器供电情况下，以电动机定子磁通轨迹逼近圆形为目标，利用逆变器电压矢量与磁通矢量的关系，得到电压矢量的作用顺序和作用时间，进而得到逆变器开关器件的控制信号。

（4）按控制方式分类　1）开环控制。不检测输出波形，直接按某一规律产生 PWM 信号，如（3）中所述方法。2）闭环控制。按照输出电压或电流为正弦波的原则检测输出波形，与给定正弦波相比较，产生 PWM 控制信号，例如电流滞环控制。

（5）按实现方法分类　1）模拟调制。采用模拟电子技术完成 PWM 信号产生。2）数字调制。以数字电路或微机为基础，采用软件方法实现，具有成本低、可靠性高、控制灵活等优点。3）专用芯片。将模拟或数字方式进行电路集成，制成 PWM 专用芯片，如 HEF4752、SLE4520、87C196MC 等。

57　电压型变频器的能量回馈方式　交-直-交电压型变频器的直流侧并有大容量滤波电容，其直流电压 U_d 方向不变。如果逆变器的负载电动机作发电运行，例如起重机类势能负载，则直流侧电流 I_d 流向将改变，能量从负载侧回馈，引起直流电压 U_d 升高，此时必须采取措施将回馈能量消耗或回送至电网，通常采用的方式有三种：

（1）能耗制动方式　在直流侧并联电阻，将负载能量回馈到直流侧，通过电阻加以消耗，其原理见图 13.5-15。当 U_d 高于规定值时，直流侧开关导通，能量通过电阻泄放，U_d 降低。该方式受电阻温升制约，只适用于小容量和不需要快速制动的场合。

（2）再生制动方式　在原二极管整流电路上反并联一套可控整流装置，通过有源逆变将负载回馈能量回送至电网，实现再生制动，见图 13.5-16。

由于整流逆变均可控，此种方式可以实现四象限运行，适用于容量较大和要求快速可逆运行的场合。

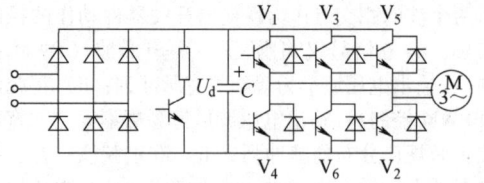

图 13.5-15　能耗制动系统电路原理图

（3）双 PWM 方式　输入整流器采用全控型器件和 PWM 控制方式，电路结构与输出逆变器完全相同，见图 13.5-17。当电动机处于再生制动状态时，直流侧电压 U_d 高于电源侧线电压，能量回馈给电网。当变频器空载或电动机处于电动状态时，输入整流器通过闭环 PWM 控制，可使输入电流波形接近正弦，并且与输入电压波形同相，因此极大地提高了系统功率因数，减小了对电网的谐波污染。

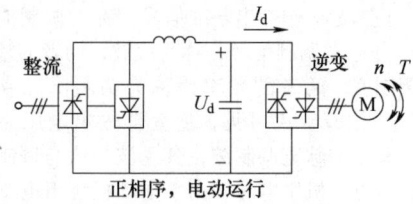

正相序，电动运行

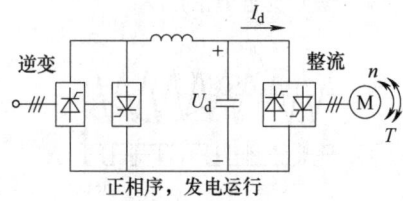

正相序，发电运行

图 13.5-16　再生制动系统电路原理图

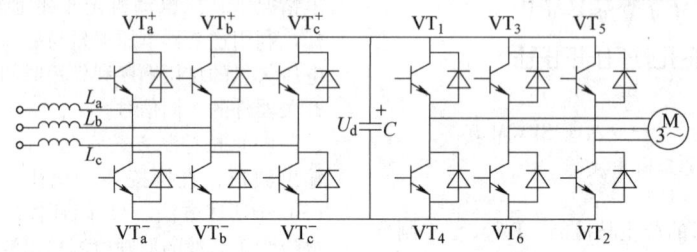

图 13.5-17　双 PWM 交流传动系统电路结构

58　交-直-交电流型变频器及其参数计算　交-直-交电流型逆变器典型电路见图 13.5-18。其直流回路采用大电感滤波，直流电流方向不变，且比较平直。逆变器依靠换相电容和电动机漏感的谐振完成换相，无需电感元件。通过电动机侧和电源侧两个变流器的直流电压同时反向，可实现再生运行时的能量回馈。逆变器开关器件无需反并联二极管，线路简单，很容易实现四象限运行。因此，电流型逆变器广泛应用于中大功率电动机传动和要求频繁快速起制动、动态性能要求较高的生产机械。

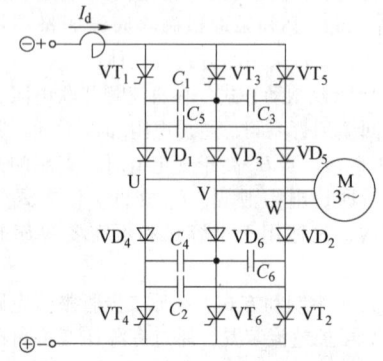

图 13.5-18　交-直-交电流型逆变电路

对于图 13.5-19 所示的主电路，在理想情况（滤波电流波形完全平直，换相过程较短，所引起的电压尖峰可忽略不计，逆变器输出电流为理想矩形波）下，各参数计算公式见表 13.5-5，滤波电感应大于 5～10 倍的负载电动机相漏感。

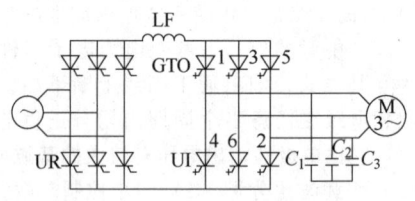

图 13.5-19　GTO 晶闸管电流型逆变器主电路

由于前述电流型逆变器输出电流为方波，谐波含量较大，会导致电动机附加损耗增大，引起转矩脉动，对低速运行很不利，因此可采用逆变侧为自关断器件（如 GTO 晶闸管）的电流型逆变器，见图 13.5-19。通过电流型 PWM 控制，使其输出电流和电压波形均为正弦波，也可采用双重或多重叠加的多重化技术，使输出电流波形为阶梯波，以达到减小谐波电流和转矩脉动的目的。

表 13.5-5 电流型逆变器主电路参数的计算公式

项目	计算公式	有关符号说明
中间直流回路电压 U_d/V	$U_d = 3\sqrt{2}\,U_\sim\cos\varphi/\pi$	$U_\sim$—逆变器输出交流电压有效值（V） $\cos\varphi$—负载电动机的功率因数 t_0—晶闸管承受反压时间（μs） L—负载电动机相漏感（μH） I_d—中间直流回路电流（A） $I_\sim$—逆变器输出交流电流有效值（A）
换相电容 C/μF	$C = (t_0 - 3\sqrt{2}\,U_\sim\sin\varphi/I_d)^2/(3L)$	
晶闸管电压 U_T/V	$U_T = I_d\sqrt{4L/(3C)} + \sqrt{2}\,U_\sim\sin\varphi$	
隔离整流器电压 U_Z/V	$U_Z = 1.5[I_d\sqrt{4L/(3C)} + \sqrt{2}\,U_\sim]$	
晶闸管及整流器电流 I/A	$I = \sqrt{2}\,\pi I_\sim/6$	

电流型逆变器在输出换相时，由于关断大电流以及与负载产生谐振等原因，将产生较大的电压尖峰，因此必须采取专门的过电压吸收和尖峰抑制措施。

59 高压、大容量交流电动机的变频调速系统

对于大容量电动机变频传动，高压系统在性能价格比方面有一定的优越性，应用最为广泛。目前常用方案有交-交变频器、交-直-交电流型变频器、三电平或多电平 PWM 电压型变频器、单元串联多电平 PWM 电压型变频器。

（1）交-交变频器 参见本篇第 53 条，大容量高压交-交变频器及其矢量控制技术目前已日趋成熟，它具有与直流调速系统同样优越的性能，并且价格便宜、维护方便、容量等级可达数千千瓦，适用于中低速场合。

（2）交-直-交电流型变频器 参见本篇第 54 条，其最大优点是能量可以回馈到电网，系统可以四象限运行，过电流保护比较容易，适用于高速场合。其中，负载换相式电流型变频器应用最为广泛。

（3）三电平或多电平 PWM 电压型变频器 图 13.5-20 所示为三电平 PWM 电压型变频器，整流部分采用二极管整流；逆变部分的电力电子器件通常采用 GTO 晶闸管，也可采用 IGBT 或 IGCT。每个桥臂采用四个器件串联，由于控制时序使任何两个串联器件不进行同时导通或关断的转换，所以不存在器件动态均压问题。与普通低压 PWM 变频器相比，由于输出电压电平数增加，波形有较大改善。以此类推，当变频器输入电压进一步提高时，可增加器件串联数，采用多电平控制方式，则输出电压和电流波形更接近于正弦波。如果采用双 PWM 结构，则可作到系统功率因数接近 1，谐波失真小于 3%，且可四象限运行，适用于轧机、卷扬机等要求四象限运行和动态性能要求较高的场合。

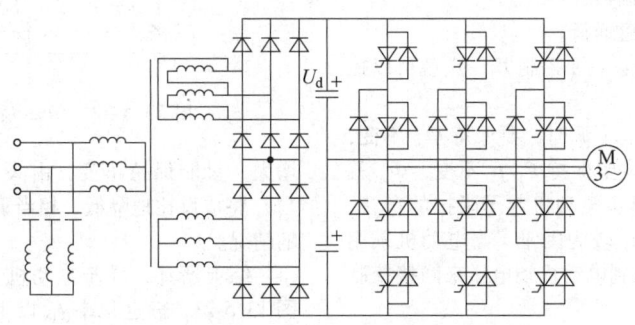

图 13.5-20 三电平 PWM 电压型变频器

（4）单元串联多电平 PWM 电压型变频器 见图 13.5-21。

采用小的低压 PWM 变频功率单元串联，实现直接高压输出。每个单元由变压器的一组二次绕组供电，为三相输入、单相输出的电压型结构，承受全部输出电流，但仅承受 1/3 的输出相电压和 1/9 的功率。功率单元采用模块化结构，互换性强。控制上采用多电平移相式 PWM 技术，功率单元输出相同的基波电压，但串联各单元的调制波错开一定相位，以得到高的等效开关频率和电平数，从而大大改善输出波形，降低输出谐波和噪声。输入侧则可通过输入变压器实现多重化，使功率因数和谐波失真均大为改善。但由于采用二极管整流，能量不能回馈电网，不能四象限运行，故主要用于风机、水泵类负载。

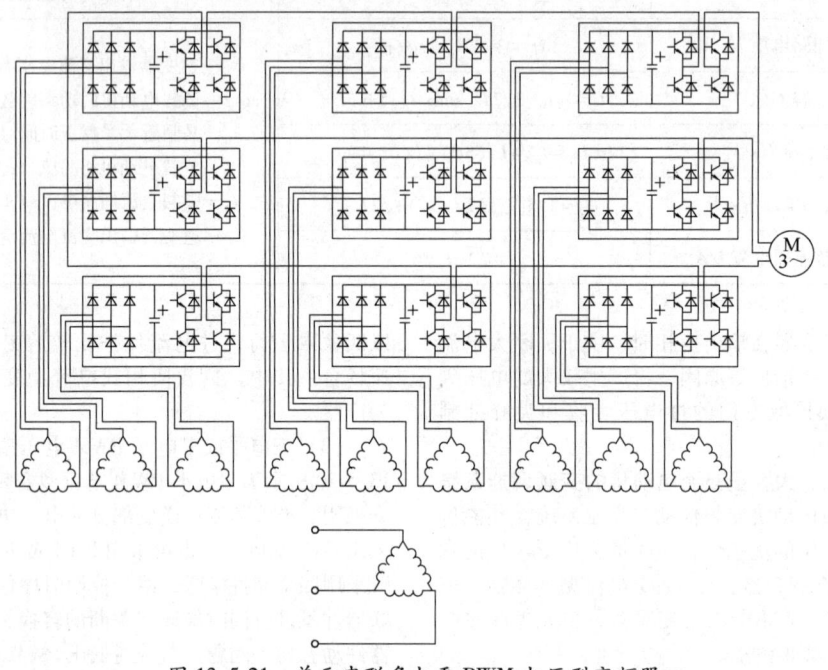

图 13.5-21　单元串联多电平 PWM 电压型变频器

60　变压变频调速的基本控制方式　电动机调速时，重要的原则是保持气隙磁通量 Φ_m 为额定值不变。三相异步电动机定子每相电动势有效值为

$$E_1 = 4.44 f_1 N_1 K_W \Phi_m \qquad (13.5\text{-}9)$$

式中　f_1——定子频率；

　　　N_1——定子每相绕组串联匝数；

　　　K_W——基波绕组因数；

　　　Φ_m——每相气隙磁通量。

由式(13.5-9)可知：只要控制 E_1、f_1 就可以控制磁通 Φ_m。

当 f_1 由额定频率 f_{1N} 下调时，要保持 Φ_m 不变，必须同时降低 E_1，即只要保持 E_1/f_1 不变，Φ_m 就可保持不变。但由于异步电动机定子阻抗的存在，直接控制感应电动势 E_1 较为困难，当电动机采用变频调速时，可通过控制电动机端电压来间接控制感应电动势。

高频时，U_1、E_1 较大，定子阻抗压降可忽略，因此可认为 $U_1 \approx E_1$，则有

$$U_1/f_1 = 常量$$

这就是恒压频比的控制方式。

低频时，U_1、E_1 都较小，定子阻抗压降不能忽略，所以人为地将 U_1 升高，以补偿定子压降，见图 13.5-22。

当 f_1 由 f_{1N} 上调时，电压不能超过额定值 U_{1N} 而

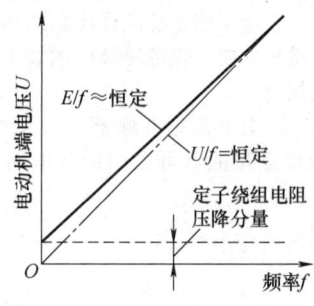

图 13.5-22　恒压频比控制特性

增大，只能保持不变，由式（13.5-9）可知，Φ_m 与 f_1 将成反比地降低，相当于直流电动机弱磁升速的情况。

综上所述，异步电动机变频调速控制特性见图 13.5-23，额定频率 f_{1N} 以下 Φ_m 近似保持不变，为恒转矩调速；f_{1N} 以上，U_1 保持不变，为恒功率调速。

61　转差频率控制变频调速系统　常规的 U/f 或 E/f 恒定的控制方式，能满足一般的调速要求，但由于转速开环，其动、静态性能较差，要提高性能，必须采用转速闭环控制。通过控制电动机转矩 T 来控制电动机轴的加速度 $d\omega/dt$，从而控制动态性能。

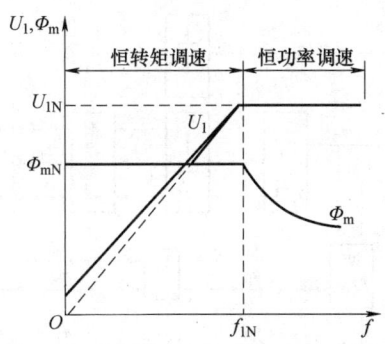

图 13.5-23 异步电动机变频调速控制特性

电动机转矩方程为

$$T = K_m \Phi_m I_2 \cos\varphi_2$$

式中 Φ_m——气隙磁通；

$\quad\ I_2$——转子电流；

$\quad \cos\varphi_2$——转子功率因数。

当转差频率 $f_r = sf_0$ 较小时，可认为 $\cos\varphi_2 \approx 1$，从而有

$$T \approx K_m \Phi_m I_2$$
$$I_2 = sE/R_2 = f_r E/(f_0 R_2)$$

式中 f_0——定子供电频率；

$\quad E$——电动机反电动势；

$\quad R_2$——转子电阻。

由于 $\Phi_m \propto E/f_0$，整理以上两式，可得

$$T \approx K'_m \Phi_m^2 f_r/R_2 \qquad (13.5\text{-}10)$$

说明在 s 很小时，只要 Φ_m 保持恒定，控制转差频率 f_r 就能达到直接控制转矩的目的。

忽略电动机饱和与铁损，当 Φ_m 不变时，定子电流 I_1 与转差频率 f_r 的函数关系曲线见图 13.5-24。可以看出：1）当 $f_r = 0$ 时，$I_1 = I_0$，即理想空载时，定子电流等于励磁电流；2）当 f_r 增大时，I_1 也增大。

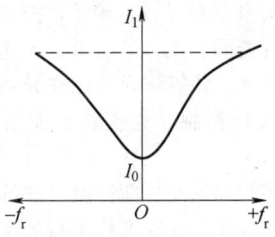

图 13.5-24 保持 Φ_m 恒定时 $I_1 = f(f_r)$ 的函数曲线

转差频率控制系统中，一方面要控制 f_r，将其作为 T 的给定量，另一方面，在 f_r 变化过程中，必须控制 I_1，使 I_1 与 f_r 具有图 13.5-24 所示的函数关系，以保持 Φ_m 恒定，从而可按式（13.5-10）那样控制 T，这就是转差频率控制的基本规律。图 13.5-25 示出了典型的电流型带转差频率控制的转速闭环系统。该系统能方便地实现四象限运行，起、制动时可利用最大转矩，系统动态性能较好，采用转速反馈，可实现稳态无差调节，适用于高性能转速控制场合。

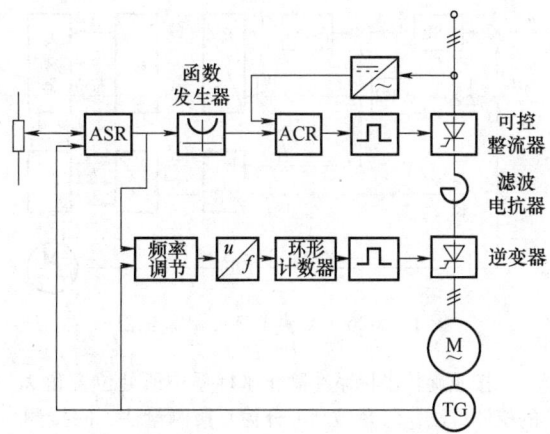

图 13.5-25 转差频率控制转速闭环电流型变频调速系统框图

由于转差频率控制系统是按电动机稳态运行规律进行控制的，控制量都是标量，因此其动、静态指标尚无法达到直流传动系统的水平。

62 矢量变换控制变频调速系统 矢量变换控制（又称磁场定向控制）的基本思路是利用坐标变换的方法，将交流电动机的控制特性等效为一台直流电动机，从而可用直流电动机控制方法去控制交流电动机，得到与直流电动机相似的性能指标。

按照产生相同旋转磁场的等效原则，三相固定的交流绕组（三相电动机）可以用两相固定绕组（两相电动机）等效，也可以用两相旋转的直流绕组来等效（旋转角速度等于交流电动机的角频率）。这样，以同步旋转的转子磁场为参考坐标，可将定子电流矢量分解为两个分量：一个分量与转子磁链矢量重合，为励磁电流分量；另一个分量与转子磁链矢量垂直，为转矩电流分量。通过控制定子电流矢量在旋转坐标系的位置及大小，就可控制励磁电流分量和转矩电流分量的大小，使交流电动机磁场和转矩的控制像直流电动机那样实现解耦。

矢量控制的关键在于坐标变换，包括三相/两

相变换、静止/旋转变换、直角坐标/极坐标变换。图 13.5-26 为矢量变换控制系统的原理图，定子电流的励磁分量和转矩分量给定、运算、调节均在旋转坐标系下按直流电动机控制方法进行。定子电压矢量给定值在旋转坐标系下算出后，经旋转/静止变换、两相/三相变换，得到静止坐标系下三相电压瞬时给定值，作为变频器的输入信号，完成对交流电动机的实际控制。

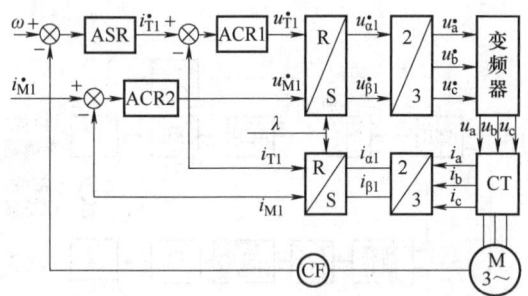

图 13.5-26　矢量变换控制原理图

按照旋转坐标系在静止坐标系中所处位置角 λ 的检测方法，矢量控制可分为直接测量法、间接测量法和电流模型法三种基本方法。

矢量变换控制的缺点是：实际运行过程中，转子参数变化较大，其磁链难于准确观测，以及矢量变换的复杂性，控制效果很难达到理论分析的性能。

63　直接转矩控制变频调速系统　直接转矩控制是一种完全不同于矢量控制的对异步电动机转矩进行直接控制，进而提高其动态性能的新方法。其基本思想是：通过检测定子电压、电流，借助空间矢量理论计算电动机的磁链和转矩，与相应的给定值比较后，对磁链和转矩进行直接控制。由于所有运算及控制均在定子坐标系中进行，无需坐标变换，因此系统结构大为简化，控制效果不受转子参数变化影响，动、静态性能都很优良。图 13.5-27 为异步电动机直接转矩控制变频调速系统框图。从图中可以看出：系统包括磁链控制和转矩控制两部分。

（1）磁链控制　包括 2/3 变换器、磁链观测器、磁链调节器和开关逻辑控制。磁链观测采用电压模型，通过对电动机线电流和线电压的检测，经过坐标变换，可计算出磁链观测值。磁链调节器采用两位控制方式，两位控制滞环调节器的输出状态由磁链给定值、磁链观测值和系统允差决定。磁链调节器输出再经换相逻辑控制，得到逆变器开关器件的 PWM 控制信号，组合成逆变器控制的工作电

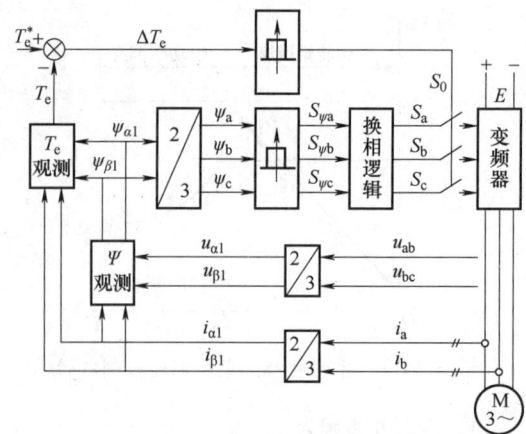

图 13.5-27　直接转矩控制原理图

压矢量。

（2）转矩控制　由转矩观测器和转矩调节器组成。转矩观测值由磁链观测值和电动机线电流计算得出。转矩调节也采用两位控制方式。转矩给定值 T_e 与转矩观测值 T_e^* 的偏差和系统容许偏差 ξ 比较，决定转矩输出状态，该状态用以插入逆变器控制的零电压矢量。当 $T_e \geqslant T_e^* + \xi$ 时，转矩调节器输出为零，逆变器零矢量起作用，转矩减小。当 $T_e \leqslant T_e^* - \xi$ 时，转矩调节器输出为 1，逆变器工作电压矢量起作用，转矩增大，因此实际转矩在 $T_e^* \pm \xi$ 之间波动。

直接转矩控制系统缺点是磁通轨迹未能很好跟踪圆形，电磁转矩存在脉动。

64　无速度或无位置传感器控制　在高性能电气传动系统中，安装速度或位置传感器会带来以下问题：增加了系统成本；降低了系统的鲁棒性和简单性；速度传感器的安装会降低系统的可靠性，增加系统的惯性。此外在一些恶劣环境或微小空间中无法安装速度或位置传感器。为此了为了实现和有速度传感器的矢量控制（或直接转矩控制）相类似的转矩和速度性能的方案，就给出了无速度传感器的高性能控制算法，该算法目前已在异步电动机、永磁电动机的矢量控制和直接转矩控制中得到广泛应用。

无速度传感器的高性能控制算法的关键就是对速度或位置的观测。无速度传感器的观测就是利用电动机电流、电压信息，通过基于软件的状态估计技术实现对电动机转速及位置的辨识。

对于异步电动机、永磁同步电动机和同步磁阻电动机，其无速度观测技术主要分为以下几类：

（1）利用定子电压和电流计算的开环转速估

计器；

（2）模型参考自适应系统（MRAS）；

（3）观测器法［滑模观测器（SMO）、卡尔曼滤波（Kalman）、龙伯格（Luenberger）观测器等］；

（4）利用电动机本体固有的凸极效应、几何效应、饱和效应等采用高频注入法的估计器；

（5）基于人工智能的估计器（神经元网络、模糊神经元、遗传算法等）。

下面给出在工业应用中比较广泛的基于模型参考自适应系统的异步电动机速度观测器结构，见图 13.5-28。该方案利用定子电流、电压来实现对转速的观测。

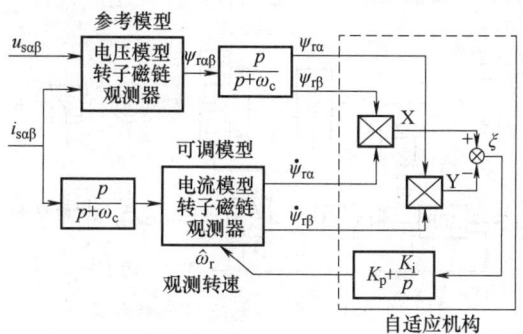

图 13.5-28　基于转子磁链的异步电动机 MRAS 转速观测结构图

目前无速度传感器传动系统的最新研究领域是在超低速或零速时对电动机的速度或位置的估计。

5.3　无换向器电动机调速系统

65　无换向器电动机调速概述　无换向器电动机基本结构见图 13.5-29。它采用与旋转频率同步的交流电源来驱动同步电动机，改变交流电源的频率和电压即可实现调速。其特点是检测同步电动机的转子位置，以此作为可调变频器的触发信号，使变频器的输出频率与同步电动机的旋转频率同步，而磁场和电枢绕组的相位关系由位置检测器给出。因此，无换向器电动机就是将直流电动机的机械换向装置，换成位置检测器和晶闸管，其控制特性本质上与直流电动机相同。

无换向器电动机兼有直流电动机的控制性能和同步电动机易于维护的优点，可以做成大容量（上万千瓦）、高转速（3 000rad/min 以上）、高电压（10kV 以上），能用于恶劣环境，其逆变器可采用电动机反电动势换相，造价比一般变频调速系统低，

应用前景广阔，目前已被用于风机、泵、挤压机等调速和作为无齿轮传动，用于矿井卷扬机、轧钢机、水泥管磨机的调速，并可作为大容量同步电动机和燃气轮发电机组的软起动设备。

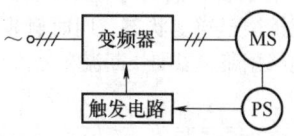

图 13.5-29　无换向器电动机的基本结构

MS—同步电动机　PS—位置检测器

无换向器电动机由可调变频器、同步电动机、位置检测器、控制极触发电路组成，变频器按换相方式分为自然换相和强迫换相两种；同步电动机按结构分为爪极式、旋转磁极式和旋转电枢式三种；位置检测器可采用接近开关、光电、电磁三种方式进行直接检测，也可利用电枢绕组的感应电动势间接检测，但间接检测时必须采用其他方式确定转子初始位置。

66　无换向器电动机的换相控制　无换向器电动机中的逆变器多利用电动机的反电动势进行自然换相。为保证可靠换相，必须使电动机相电流超前相电压一个电角度，称为换相触发超前角 γ。见图 13.5-30。

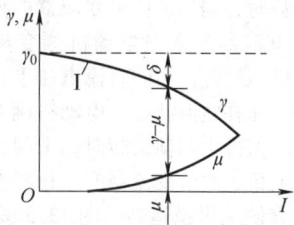

图 13.5-30　γ、μ 随负载电流 I 的变化关系

γ_0 为空载换相触发超前角。为使晶闸管可靠关断，必须使

$$\gamma_0 \geqslant \delta + \mu + K\omega t_0$$

式中　δ——负载时电枢反应引起的功角；

μ——换相重叠角；

K——大于 1 的安全系数；

ω——逆变器最大工作角频率；

t_0——晶闸管关断时间。

由于 γ_0 太小时，换相不可靠，γ_0 太大，又将使电动机转矩减小，脉动加大。因此实用中，一般取 $\gamma_0 = 60°$。或采用 γ_0 随负载变化而调节的系统。在电动机励磁电流不变情况下，γ、μ 随负载电流变化关系见图 13.5-30。

当电动机起动或低于10%额定转速运行时，反电动势很小，无法利用它来换相，只能采用交-交系统，或对交-直-交系统采用断续换相方式加以解决，断续换相的主电路见图13.5-31。正常工作时，电抗器所并联的晶闸管处于阻断状态，断续换相时，将整流桥拉至逆变状态，同时触发该晶闸管，将滤波电抗器短路，以加快断流和复流过程。

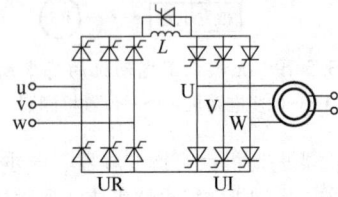

图 13.5-31 断续换相时的主电路

为增加换相极限，提高过载能力，常采用的方法有：采用γ_0随负载自动调节的系统，即恒定剩余角控制；减小电动机电枢反应，以减少δ；减少电动机漏抗或加装阻尼绕组，以减小μ；随负载加大而增加励磁，使图13.5-30所示γ、μ随I的变化趋势变缓。

67 交-直-交电流型无换向器电动机调速系统

系统框图见图13.5-32。电源侧变流器由电源电压进行换相。电动机侧变流器由同步电动机的反电动势进行换相，在低速段，当电动机尚未建立起足够的反电动势时，则借电源侧变流器的控制迫使中间直流回路电流断流来对电动机侧变流器进行换相。当电动机运转时，中间直流电压上正下负，电源侧变流器工作在整流状态，电动机侧变流器工作在逆变状态。当再生制动运转时，中间直流电压自动变为下正上负，两台变流器的工作状态也相应改变，所以能方便地可逆运转。图13.5-32所示为双闭环调速系统，与直流调速系统基本相同。逆变触发由位置检测器信号结合速度、加速度信号进行控制，一方面实行自同步控制，另一方面改变电动、制动、正转、反转等工作状态。

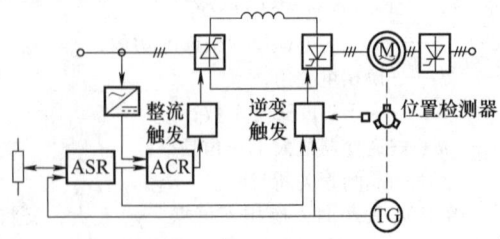

图 13.5-32 交-直-交电流型无换向器
电动机调速系统框图

由于无换向器电动机的工作原理与直流电动机

相似，故在工程设计中，可用与直流电动机相似的简化数学模型来对系统进行综合。

68 交-交电流型无换向器电动机调速系统

系统框图见图13.5-33。它通过交-交变频器直接将恒频恒压的电源变换为变频变压的电源供给同步电动机，其中变流器开关器件既起到对交流电源的整流作用，又起到将整流后的电源分配给同步电动机各个绕组的作用。在低速时，变流器件主要由电源电压换相；在高速时，变流器件主要由电动机反电动势换相。采用了公用磁路的带中心抽头的三相电抗器，起到了对整流电源进行滤波的作用，所以分配给同步电机绕组的是矩形波的电流，其工作特性与交-直-交无换向器电动机相似，所以也能方便地可逆运转。

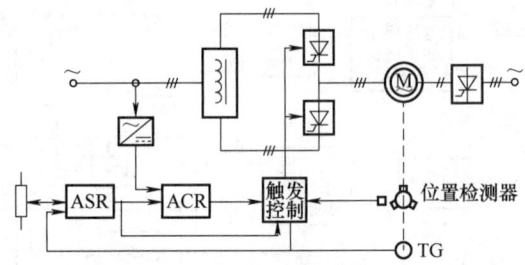

图 13.5-33 交-交电流型无换向器
电动机调速系统框图

图13.5-33所示为双闭环调速系统，与直流调速系统基本相同。触发控制信号一方面来自电流调节器，以改变触发延迟角α，另一方面来自位置检测器及速度、加速度信号，以实现对电动机的自同步控制及改变电动、制动、正转及反转等工作状态。在工程设计中，交-交电流型无换向器电动机也可用与直流电动机相似的简化数学模型来对系统进行综合。

69 无换向器电动机的矢量变换控制 交-交电压型无换向器电动机所用的变频器主电路结构及换相方法与交-交电压型变频调速系统所用的变频器完全相同，所以它们的变流技术问题及调频范围彼此相同。目前它已用于轧钢机、水泥厂管磨机等低速大容量传动中。

由于采用电源电压换相，故不存在触发超前角γ_0的限制问题，因此可采用与异步电动机类似概念的矢量控制来改善静、动态特性。采用矢量控制的交-交电压型无换向器电动机调速系统框图见图13.5-34。由于有独立的励磁回路，故从理论上讲，定子电流的励磁分量可以任意整定，但一般将其稳态值整定为零，以使电动机获得最佳的功率因数。

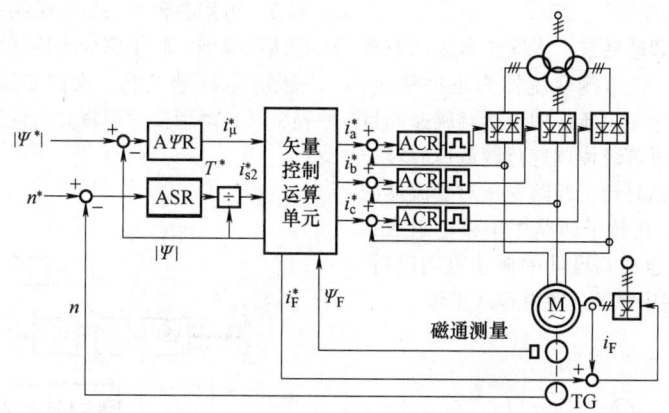

图 13.5-34 交-交电压型无换向器电动机矢量控制系统框图

$|\Psi^*|$、$|\Psi|$—有效磁通的给定值与实际值 Ψ_F—励磁绕组所产生的磁通

i_F^*、i_F—励磁电流的给定值与实际值 i_μ^*—有效励磁分量的给定值

T^*—转矩给定值 i_{s2}^*—定子有效电流分量给定值

n^*、n—转速给定值与实际值 i_a^*、i_b^*、i_c^*—三相电流给定值

5.4 绕线转子异步电动机的串级调速

70 串级调速概述 在绕线转子异步电动机转子回路中引入外加电动势,以改变电动机运行转差率,从而改变电动机转速的调速方法,称为串级调速。工作的基本原理是从转子集电环上取出或输入转差功率。在早期的机组串级调速中,转子电动势通过三相桥式整流变为直流,供给一台直流电动机,利用直流电动机产生外加电动势。该直流电动机可与异步电动机同轴连接,为机械回馈式;也可驱动一台接电网的交流发电机,称为电回馈式。机组串级系统体积庞大、效率低、维护麻烦,现已被晶闸管静止串级调速系统取代。

晶闸管串级调速系统采用晶闸管逆变器产生外加电动势,见图 13.5-35。三相桥式整流器将转子电动势变为直流,再通过晶闸管有源逆变,由逆变变压器将转差功率回送至电网。由于该线路转差功率只能输出,电动机只可作低于同步转速的电动运转或高于同步转速的再生制动运转,故又称为次同步串级调速。如果在串级调速变流器转子侧采用可控方式,或直接接入一个交-交变频器,代替原来的整流器和逆变器(见图 13.5-36),则转差功率可在转子回路双向流动,电动机可在同步转速上下调速运行,称为超同步串级调速。

采用串级方式的电动机,其调速比为

$$D = 1/(1-s)$$

由于转差功率为 sP,调速比越大,转差功率将越大,则串级调速变流装置容量越大。因此,串级

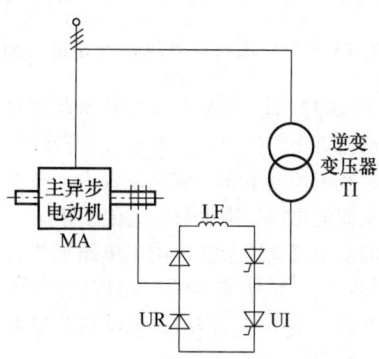

图 13.5-35 低同步串级调速

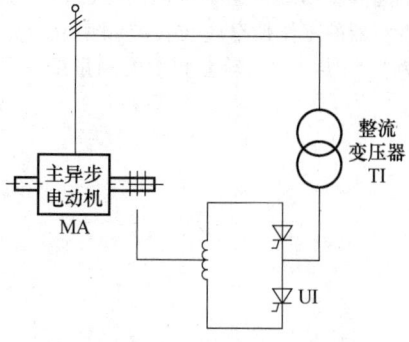

图 13.5-36 超同步串级调速

调速在小范围调速($D<2$)时最经济,它能以较小的变流装置控制较大容量的电动机,被广泛应用于风机、泵类机械的调速传动。

串级调速的功率因数较低,必须采取相应的措

施来改善。

71　次同步串级调速系统　次同步串级调速系统框图见图 13.5-37。转子侧变流器为不控整流，调节电源侧变流器的逆变电压，即可达到调速的目的。由于变流器的电压等级按调速范围低速时转子电压设计，为避免起动时转子开路电压对变流器的冲击，先通过开关 1S 在转子回路中串接电阻或频敏变阻器起动，当转速达到设计的调速范围以后，断开 1S，接通 2S，将串级调速装置投入工作。

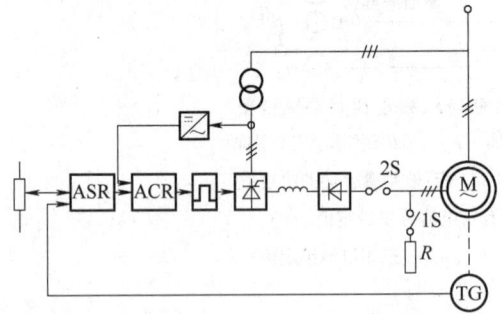

图 13.5-37　次同步串级调速系统框图

图 13.5-37 所示的系统与双闭环直流调速系统类似，所以可用同样的方法对系统进行综合，可采用直流系统用控制单元。变流装置中，开关器件及滤波电抗器的选择原则也与直流传动相同。

次同步串级调速系统常用主电路形式有三相桥式、三相零式、带斩波器的三相桥式以及 12 脉波电路等几种。实用中，需根据电动机容量大小加以选择。

72　超同步串级调速系统　采用交-直-交变流装置的超同步串级调速系统框图见图13.5-38。转子侧变流器的工作频率应与转差频率 sf_0（f_0 为电源频率）同步，故对转差频率的测量是一个重要环节，可用各种方法对电源频率和电动机旋转频率相减而得到。转子侧变流器开关器件的移相角必须根据加、减速及超、次同步运转的情况而自动切换，其自动切换的逻辑关系见表 13.5-6。

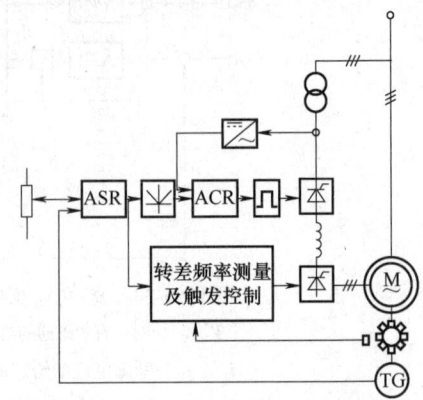

图 13.5-38　超同步串级调速系统框图

表 13.5-6　超同步串级调速逻辑切换关系

Δn	sf_0	移相角	运转状态
+	>0	30°	次同步电动
+	>0	150°	超同步电动
−	<0	150°	次同步制动
−	<0	30°	超同步制动

超同步串级调速可以超同步恒转矩运转，所以只要电动机机械强度容许，它可以使电动机发出超过铭牌数据的功率，并可有较高的功率因数和效率。在国外，它被用于大容量高速泵的传动。

超同步串级调速系统常用主电路有交-直-交强迫换相电路和交-交自然换相电路两种，前者适用于中小容量电动机，后者适用于大容量电动机。

第6章 位置伺服系统

6.1 位置伺服系统概述

73 位置伺服系统组成及分类 位置伺服系统是以直线位移和角位移为控制量的控制系统,有时也称为伺服机构。一个用于控制机床的位置伺服系统由位置检测、伺服电路、驱动装置、传动机构及执行部件组成,见图13.6-1。

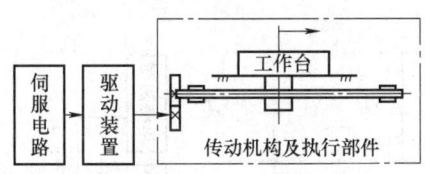

图13.6-1 伺服系统框图

位置伺服系统的分类可以从以下几个方面进行:1)按信号的形式分类。采用这种分类方法可以将伺服系统分为数字式伺服系统和模拟式伺服系统。从伺服系统使用的信号形式来看,信号形式为数字量的称为数字式伺服系统;而信号为模拟量的则称为模拟式伺服系统。2)按控制方式分类。伺服系统根据其所采用的控制方式可分为开环控制方式和闭环控制方式。当采用位置测量元件检测出实际的位移量,将此信号反馈给输入信号的系统称为闭环控制方式;步进电动机是特殊的伺服电动机,用它可构成开环控制方式伺服系统。3)按驱动部件分类。伺服系统根据其所使用的驱动部件可分为步进电动机伺服系统、直流电动机伺服系统和交流电动机伺服系统等。

74 位置伺服系统性能指标 可以分为稳态性能和动态性能两部分。稳态性能要求有:1)系统稳态误差;2)系统速度误差;3)系统最大跟踪误差;4)系统最低平稳跟踪角速度;5)系统最大跟踪角速度;6)系统最大输出角速度等。

伺服系统动态性能要求有:1)系统应该是渐进稳定的,并应具有一定的稳定裕量。2)在典型信号输入下,系统的时域响应特性要满足要求。通常用系统处于零初始条件下,系统对阶跃输入信号的响应特征来作定量评价。3)系统的频域响应特性通常用系统的带宽,在伯德(Bode)图上描述。4)当系统稳定运行时,系统负载做阶跃变化或扰动变化时,系统的响应特性通常用系统动态过程中的最大误差和过渡过程时间描述。

75 位置伺服系统中的位置检测装置 位置检测装置的精度直接关系到整个系统的运行精度,因此选择合适的检测装置,也是伺服系统设计的重要环节。常用的位置检测装置主要有自整角机、旋转变压器、感应同步器、光电编码盘等。

自整角机是角位移传感器,是按照电磁感应原理而工作的元件,在系统中总是成对使用的,与指令轴相连的自整角机称为发送机,与执行轴相连的自整角机称为接收机。自整角机可以分为力矩式自整角机和控制式自整角机,按精度等级,其最大误差在0.25°~0.75°之间。

旋转变压器是一种特殊的两相旋转电动机,在定子和转子上各有两套在空间上完全正交的单相绕组,当转子旋转时,定子和转子绕组之间的相对位置随之变化,使得输出电压和转子的转角呈一定的函数关系。旋转变压器的精度要高于自整角机的精度,旋转变压器的精度可以用零位误差来描述,通常其最大误差在3′~18′之间。

感应同步器也是一种电磁感应式位置传感器,按其运动方式可以分为旋转式和感应式两种,分别用来检测角位移和直线位移。其精度要远高于旋转变压器,以旋转感应同步器为例,其精度为角秒级,在0.5″~1.2″之间。

光电编码盘按照脉冲和对应位置的关系,可以分为增量式光电编码盘、绝对式光电编码盘和混合式光电编码盘。增量式光电编码盘具有成本低、结构简单、容易实现高分辨率、检测精度高、抗干扰性强等优点,但它无法输出轴转角的绝对位置信息。绝对式光电编码盘即使输出轴不动,也能获得输出绝对角度信息,但由于绝对式光电编码盘上有许多圈槽,为了提高分辨率就要求很高的机械加工精度,导致其成本很高。

76　数字伺服系统　在模拟伺服系统的基础上，将模拟控制器用数字计算机代替，作为数字控制器，就构成了计算机控制的数字伺服系统。数字伺服系统具有以下特点：1) 控制系统集成度高，硬件电路简单而且统一，可靠性高，对于不同的控制对象和要求，只需要改变控制软件；2) 数字控制器的输入输出通道具有数据采集快、分辨率高、精度高等特点；3) 可以实现复杂的高性能的控制策略和方法，提高伺服系统的性能和效率。

根据输入信号的输入方式不同，数字伺服系统主要有两种：脉冲列输入控制的数字伺服系统和数值指令输入方式的数字伺服系统。在脉冲列输入控制的数字伺服系统中，对位置、速度、加速度的控制都要由脉冲的输入来实现：脉冲的个数可以对应于输出轴的转角，脉冲频率的高低，对应着电动机速度的高低；脉冲频率的变化率对应着电动机

速度的变化。通常大部分使用的都是数值指令输入方式的数字伺服系统。

6.2　伺服系统的控制

77　直流电动机伺服系统的控制　直流电动机伺服系统具有以下特点：1) 具有很高的过载能力和较好的动态性能；2) 调速范围宽，调速比可达到 1∶1 000 以上；3) 具有良好的低速特性，能进行高精度定位，低速时能输出较大的转矩，可与生产机械直接连接，以提高机床的加工精度。

在直流伺服系统中，外环是位置环，内环通常与直流调速系统的结构相同，例如采用速度和电流双闭环结构。图 13.6-2 所示为直流伺服系统常用的功率驱动电路。

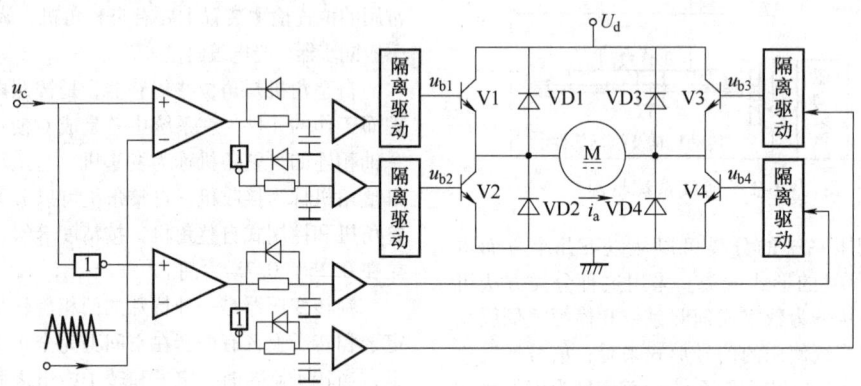

图 13.6-2　直流伺服系统常用的功率驱动电路

78　步进电动机伺服系统的控制　步进电动机是将电脉冲信号转换成相应角位移或线位移的机电式执行器，当外电路输入一个脉冲时，控制绕组的通电状态即改变一次，与此对应，步进电动机将转动一个步距角 β_b，因此，步进电动机转过的步距角数等于外加的脉冲数，所以步进电动机的平均转速（r/min）为

$$n = \frac{60f}{Z_r m_a}$$

式中　f——控制脉冲的重复频率（Hz）；

　　　Z_r——转子齿数；

　　　m_a——一个通电循环内的通断电节拍数，即循环拍数。

改变控制脉冲的重复频率，即可改变步进电动机的转速，实现无级调速。同时，只要改变通、断电状态的顺序，就可以实现步进电动机的逆转。

（1）步进电动机的开环控制形式　在开环控制方式中，步进电动机的位移量或转角直接反映指令的输入脉冲数，实现同步跟踪驱动。图 13.6-3a 表示步进电动机开环控制框图。在系统中，由于步进电动机转轴的位置和转速输入脉冲之间没有反馈联系，不能对转轴的实际旋转情况进行有效的监控，有时会发生失控现象，即步进电动机不能起动或者失去同步。为解决这个问题，在开环控制系统中，必须采用自动升降频电路来控制输入脉冲频率的变化，使步进电动机通过升频起动，然后进入连续运行状态，并通过降频，实现制动和停止。

（2）步进电动机的闭环控制方式　图 13.6-3b 是步进电动机的闭环控制框图。在闭环系统中，只有步进电动机转轴运动至某一角度产生最大转矩并出现反馈脉冲时，才会发出新的指令脉冲。此时，步进电动机的换相角稳定，转子旋转稳定、振动

小、加速度和速度可达到较高的数值。但是，对于只有位置反馈的系统，由于反馈脉冲的相位相对固定，会因为电源参数和负载的波动，步进电动机的速度也会发生变化，虽然借助于速度反馈可以解决闭环系统的速度调节和速度稳定的问题，但系统变得复杂。另外，由于步进电动机的闭环控制，主要是根据步进电动机的矩角特性，使之每次接通绕组供电能产生最大转矩，并不反映负载的实际位移，故又称为步进电动机的半闭环控制方式。

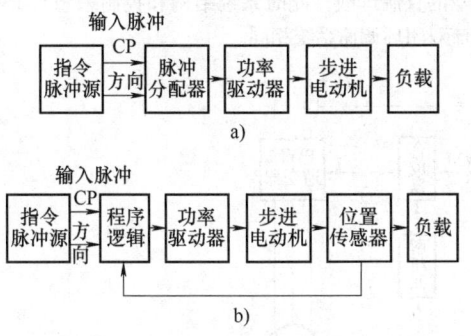

图 13.6-3　步进电动机控制系统框图
a) 开环控制　b) 闭环控制

如果采用直接反映负载实际位移的全闭环控制系统，那么位置误差必须大于一个步矩角所对应的负载角位移，即一个脉冲当量，否则系统会振荡。此外，步进电动机具有输入脉冲数与其位移量有严格的对应关系和步矩误差不会累积的特点。因此没有必要采用全闭环或半闭环控制方式。所以步进电动机构成的伺服系统，通常都是开环控制方式。

79　交流电动机伺服系统的控制　交流电动机主要是同步电动机和异步电动机。同步电动机的转速严格地与电动机中旋转磁场同步，称为同步转速。其转速 $n(\text{r/min})$ 按下式确定：

$$n = \frac{60f}{p}$$

式中　f——供电频率（Hz）；
　　　p——电动机的极对数。

异步电动机的转速除了与供电频率和电动机的极对数有关外，还与电动机的转差率有关。因此，异步电动机的转速可表示为

$$n = \frac{60f}{p}(1-s)$$

式中　s——转差率。

交流电动机的极对数为整数，一般为不变值。因此，交流电动机多采用变频的方法来实现宽范围和平滑的调速。

交流电动机伺服中采用异步电动机、永磁同步机及磁阻电动机。交流电动机产生的电磁转矩可表示为

$$T_e = C_M(\Psi_{rd}i_{sq} - \Psi_{rq}i_{sd})$$

式中　C_M——转矩常数 $[\text{N}\cdot\text{m}/(\text{Wb}\cdot\text{A})]$；
　　　Ψ_{rd}——转子磁链 d 轴分量（Wb）；
　　　Ψ_{rq}——转子磁链 q 轴分量（Wb）；
　　　i_{sd}——定子电流 d 轴分量（A）；
　　　i_{sq}——定子电流 q 轴分量（A）。

为了获得快速的电动机转矩响应，可使转子磁链与 d 轴重合，$\Psi_{rd} = \Psi_r$，$\Psi_{rq} = 0$，则

$$T_e = C_M \Psi_r i_{sq}$$

因此，可在 Ψ_r 保持恒定的情况下，由定子电流的 q 轴分量直接控制交流电动机的转矩，得到与直流伺服电动机相应的快速转矩响应。这种以 Ψ_r 和 i_{sq} 独立变量实施电动机转矩的控制，称为交流电动机的解耦控制，或磁场定向控制或矢量控制。因此交流伺服电动机的控制一般都采用矢量控制。图 13.6-4 所示为在恒转矩控制范围内交流电动机伺服系统的基本框图。

交流电动机伺服系统的特点为：1）交流电动机伺服系统具有与直流电动机相同的控制性能；2）交流电动机没有换向器和电刷，不需要经常维护；3）交流电动机的过载能力和最高转速比直流伺服电动机高；4）交流电动机具有较小的转动惯量，动态响应快。

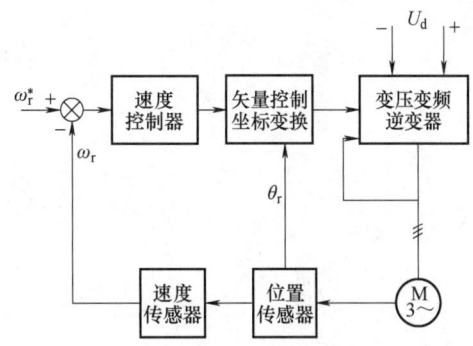

图 13.6-4　交流电动机伺服系统的基本框图

80　永磁无刷直流伺服系统的控制　永磁无刷直流伺服电动机与直流电动机和异步电动机相比，功率密度大，体积小，转矩/惯量比大，传动系统的动态响应快。与永磁交流电动机相比，控制算法简单，成本低，起动转矩大。因此在计算机软、硬盘驱动，机床主轴变速驱动等伺服系统中得到了广泛应用。

永磁无刷直流电动机的电枢绕组为集中绕组，绕组反电动势为方波或梯形波。由于永磁无刷直流

电动机转子磁链是不可控的，可以控制的只有定子绕组的电流，电动机响应特性的好坏仅依赖于定子电流控制特性的好坏。因此在永磁无刷直流电动机传动系统中通常都采用按转子磁场定向方波电流指令的定子电流矢量变换控制。由于无刷直流电动机的定子电流为方波，其电流控制包括三相方波电流指令的生成、电流检测和电流闭环控制。三相方波电流指令的生成由转子磁极位置检测器自动生成。同时转子位置信号用来控制逆变器脉冲信号，以保证电动机的转子磁场和定子磁场始终保持 90°的相角差。永磁无刷直流电动机的电流控制可以采用分

相控制，例如可以采用三个滞环调节器直接生成三相 PWM 信号，分别控制逆变桥的三个桥臂，此时电流指令信号为 120°方波。永磁无刷直流电动机的控制也可以套用直流双闭环方案，见图 13.6-5。

图中的速度调节器和电流调节器均采用线性调节器。电流调节器的输出为电压给定值，经调制器调制，变为幅值不变，宽度可调的等脉冲列，即 PWM 信号。该信号与解析器产生的六个位置信号相与，合成为被调制的六路门极信号去逆变器。电流反馈信号取自逆变器的直流母线，此时系统结构和控制思想与 PWM 直流双闭环调速系统相同。

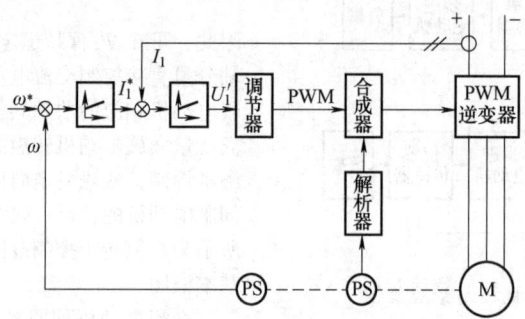

图 13.6-5　永磁无刷直流电动机调速系统基本框图

第7章 典型机械的电气传动与控制

7.1 机械加工设备

81 机床电气传动与控制 机械制造厂常用的机床与设备有：金属切削机床、塑性变形加工机械（冲床、锻压机、挤压机等）、焊机、气割机等。它们对电气传动的要求：1）与机床特性要配合一致，采用短时工作制或长期工作制电动机；2）精度高，振动小；3）能适应有导电尘埃、切削和润滑液的工作环境；4）安全可靠、维修方便。各种机床的切削功率计算、传动方式选择、控制方式见表 13.7-1~表 13.7-3。

表 13.7-1 各种机床的切削功率

切削方式	机床	净切削功率/kW
车削	车床 立式镗床	$P=Fv\times10^{-3}/60$ 式中 F——主切削力（N）； v——切削速度（m/min）
磨削	磨床 珩磨机	$P=v_\omega slk/60\times10^{-3}$ 式中 v_ω——工件的圆周速度（m/min）； s——磨头进给量（mm）； l——吃刀深度（mm）； k——磨削系数（N/mm^2）

（续）

切削方式	机床	净切削功率/kW
钻削	钻床 扩孔钻 攻螺纹机	$P=2\pi nM_r\times10^{-5}/60$ 式中 M_r——钻头扭矩（N·cm）； n——钻头转速（r/min）
铣削	铣床 滚齿机 锯床	$P=k_m abs'\times10^{-6}/60$ 式中 k_m——单位切削力（N/mm^2）； s'——进给量（mm/min）
刨削	龙门刨床 插床 牛头刨床	$P=\left[\mu(W+\omega)+nF\right]v_c\times10^{-3}/60$ 式中 μ——摩擦系数； W——工作台重力（N）； ω——工作重力（N）； F——刀具切削力（N）； n——刀具数； v_c——切削速度（m/min）
拉削	拉床	$P=F_g v\times10^{-3}/60$ 式中 F_g——最大拉削力（N）； v——拉削速度（m/min）

表 13.7-2 机床运动和传动方式

	主轴运动	进给	辅助装置
车床	工件旋转①④⑤⑨	刀具进给①④⑧	快速进给②，尾座②
铣床（铣削）	刀具旋转①	工件、刀具移动①④⑧	快速进给②
立式铣床（车削）	工件旋转①④⑤	刀具进给①④	快速进给②，横导轨移动②，夹紧②
卧式铣床	工件旋转①④	刀具进给①	快速进给②，主轴箱升降②，夹紧②
钻床（钻孔）	刀具旋转①⑤	刀具进给	摇臂升降②，夹紧②，冷却液泵①
磨床（磨削）	刀具旋转①④⑤⑥⑧	刀具进给，刀具往复，工件往复旋转①④⑦	冷却液泵①，润滑油泵①，除尘装置①
龙门刨床（刨削）	工件往复③④⑦	刀具间歇进给③④	横梁升降②，夹紧②，润滑油泵①
插床	刀具往复①④⑦	刀具间歇进给①③④	
拉床	刀具进给①④⑦		

① 笼型异步电动机；② 笼型异步电动机带制动器；③ 电磁离合器，④ 直流电动机；⑤ 变极电动机；⑥ 交流换向器电动机；⑦ 液压传动；⑧ 电磁转差离合器；⑨ 笼型异步电动机，变频调速。

表 13.7-3　机床控制方式

控制方式		特殊电气设备	应用的机床
自动起动、停车			专用机床、连续自动工作等机床、自动机
自动单循环控制、程序控制		自动单循环用限位开关、定时器、脚踏限位开关	冲床、专用机床、自动机床、铣床
预调控制预选控制		预选装置、离合器、晶闸管变流器或直流发电机-电动机组	钻床、六角车床、铣床
定转速控制		计数继电器、计数器	剃齿机、螺旋伞齿、铣齿机
定时控制		时间继电器、电动机式时间继电器	磨床（定时时限、无火花磨削时限）、珩磨、抛光
自动定尺寸		气动测微计、光电式、热电式、差动变压器、触点式	磨床
定位位置控制		差动变压器、自整角机、感应式传感器、触点式	坐标镗床、坐标铣床、坐标磨床、卧式镗床、钻床、键槽机
间隙补偿		力矩电动机、电动液压式	向下铣削的铣床、大型车床尾座
稳速控制		测速发电机、电压电流检测、晶闸管变流器或直流发电机-电动机组、电磁转差离合器	尤其是用宽调速范围的调速电动机的机床
恒切削速度控制		凸轮、电阻式设定器、直流发电机-电动机组、电磁转差离合器	大型车床、立式镗床、端面车床
同步运转		大功率自动同步机、电气伺服装置、同步电动机	大型车床的螺纹车削进给
协调运转		测速发电机、晶闸管变流器或直流发电机-电动机组、电磁转差离合器	主轴和进给锥形切削
仿形	一维	差动变压器、伺服电动机	小型仿形车床
	二维	差动变压器、伺服电动机	大型仿形车床、仿形铣床、气割机
	三维	差动变压器、伺服电动机，但用于 X、Y、Z 三轴	雕模机、仿形铣床
数字控制		穿孔纸带、信息处理用电子装置、计算机	铣床、镗床、钻床、压力机
自动可逆		自动可逆用限位开关、晶闸管变流器或直流发电机-电动机组、电磁转差离合器	刨床、插床、磨床、剃齿机

机床电气传动系统主要分为主轴传动和进给传动两大部分。主轴传动系统有直流和交流两大类，直流系统一般采用晶闸管三相桥式反并联电路或直流脉宽调制电路，电流、转速双闭环系统。近年来，采用全控型电力电子器件的交流 PWM 变频调速系统应用越来越广泛，该类系统采用具有特殊冷却结构的全封闭笼型异步电动机和矢量控制技术，具有调速范围宽、最高转速可达 8 000r/min、振动噪声小、散热好、精度高等优点，有取代直流调速的趋势。

进给传动系统有直流伺服系统和交流伺服系统两类，详见本篇第 6 章。近年来由于交流变频调速发展

很快，其性能优越、可靠性高、维护方便，因此交流伺服系统在进给传动中应用日益广泛。

82　数控机床电气传动控制系统　数控机床是把机床的各种操作（主轴起停、换刀、冷却液开关等）、工艺参数（主轴转速、进给速度等）和尺寸控制都用数字形式表示出来，通过信息载体（如穿孔纸带）输入专用电子数字计算机，经运算和变换，发出各种指令，控制机床按照预定的操作顺序依次动作，自动地进行加工的控制方式。除了重新装卡零件和更换刀具外，只需改变纸带上的程序，就可自动加工出不同的零件来。采用数控机床能提高生产率，减轻劳动强度，迅速适应产品转型，且具有较高的加工精度。机床数

控装置框图见图 13.7-1。

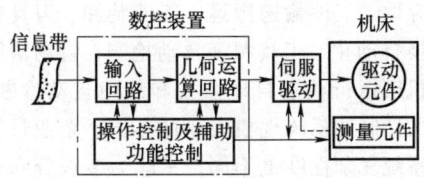

图 13.7-1　机床数控装置框图

数控机床多用穿孔纸带输入信息，常用两种标准代码：ISO 代码和 EIA 代码，我国规定采用 ISO 代码。

数控机床常用的进给驱动元件有功率步进电动机、电液脉冲电动机、电液伺服阀-液动机、电液伺服阀油缸、小惯量直流电动机、宽调速直流伺服电动机。

目前，越来越多地采用微处理机系统取代以往的专用数控装置。这样，可用计算机语言编程，用磁盘机存储和传递信息。图 13.7-2 为经济型车床数控系统框图。该系统采用单片微机控制，传动装置为直流斩波调压器，用直流步进伺服电动机驱动。其特点是价廉、简单、可靠、体积小，适用于原有车床改造，但因为是开环控制，精度不高。

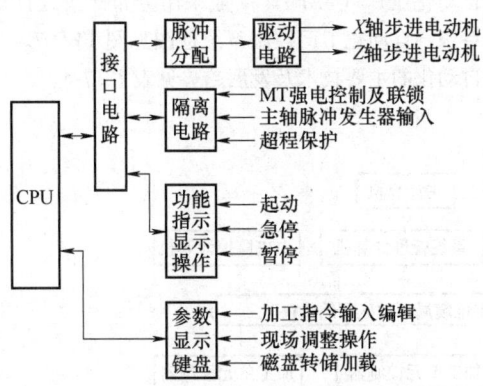

图 13.7-2　经济型车床数控系统框图

工业控制微型机系统构成的机床数控系统见图 13.7-3。采用 STD 总线，直流伺服电动机驱动。该系统为闭环控制，提高了精度，又因采用 STD 标准总线系统，硬件配置方便，编程容易，通用性强，便于与上级计算机通信，形成分级分布控制，从而实现加工生产线自动化。

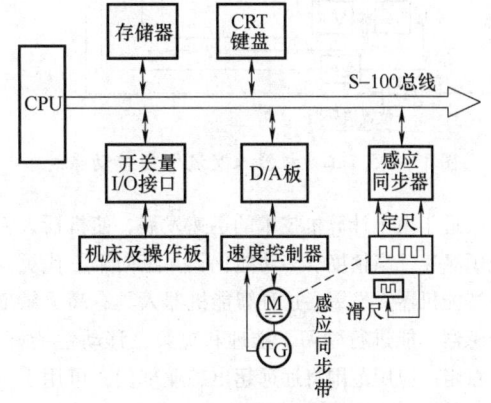

图 13.7-3　STD 总线微机数控系统

83　工业机器人传动控制系统　工业机器人是在机械手和操作机技术基础上发展起来的、独立的、工作程序可变的自动化装置。传动电动机以永磁直流电动机和交流伺服电动机、步进电动机为主，在恶劣工作环境中代替人从事重复性工作。工业机器人有六个自由度，沿空间 X、Y、Z 三个坐标轴的三个移动和三个转动。其组成包括控制系统：控制装置和检测装置；传动系统：传动元件和传动机构；执行系统：手部、腕部、臂部、机身、行走机构等三大部分。

工业机器人传动系统有液压、气动、电动和机械传动四种。一台机器人可用一种或多种方式传动。由于电子技术和微电机制造技术的发展，电气传动正越来越多地被采用。图 13.7-4 为工业机器人电液伺服系统，图 13.7-5 为交流电气传动系统。

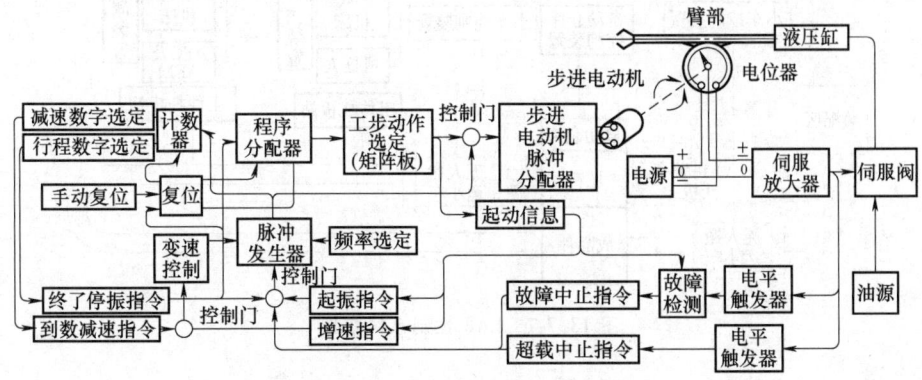

图 13.7-4　工业机器人电液伺服系统

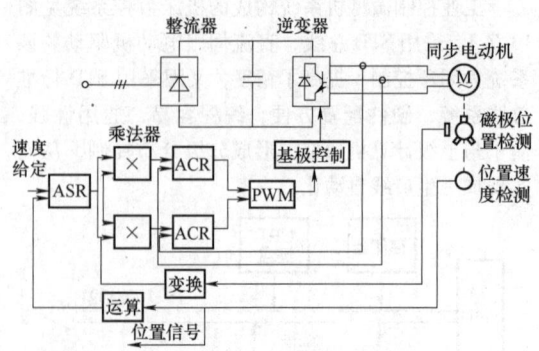

图 13.7-5 工业机器人交流电气传动系统

近年由于计算机技术的迅速发展，使机器人实现了高速、高精度、多功能化，并正向第三代更高级智能机器人发展。这种智能机器人具有高灵敏度传感器，能进行学习、推理和决策，移动性能好，能行走。应用范围将远远超出工业部门，可用于空间、水下、家庭等。

84 柔性制造系统（FMS）和自动化工厂（FAF）

柔性制造系统是指由加工中心、数控机床、刀具库、自动化仓库、工业机器人等通过自动化运输托盘和台车连接构成，并由计算机进行设计和对加工、检测和装配进行控制的加工系统。柔性制造系统是在数控机床（CNC）的基础上发展起来

的。它使加工中的更多环节实现自动化，如仓库工件存取、工件输送搬运、工件装卸、刀具输送和变换自动化、工具精度自动检测、自动清除切削、机床运行状态自动监视和故障自动诊断等。根据柔性制造系统规模大小的不同，企业计算机控制系统复杂程度也不同，一般为多级分布式计算机系统。图 13.7-6 是一个 FMS 三级计算机控制系统的框图。

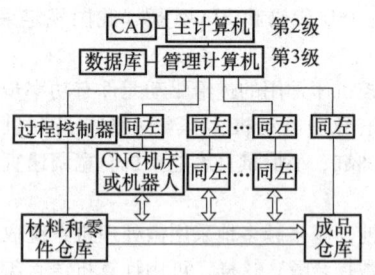

图 13.7-6 FMS 三级计算机控制系统

将柔性制造系统扩大到全厂范围，达到在全厂范围内实现生产管理、机械加工和物料贮运过程的全盘自动化，并由计算机系统进行有机联系，就成为自动化工厂（FAF）。一般采用分布式三级计算机系统。自动化工厂控制系统框图见图 13.7-7。工厂自动化的主要技术及发展趋势见表 13.7-4。

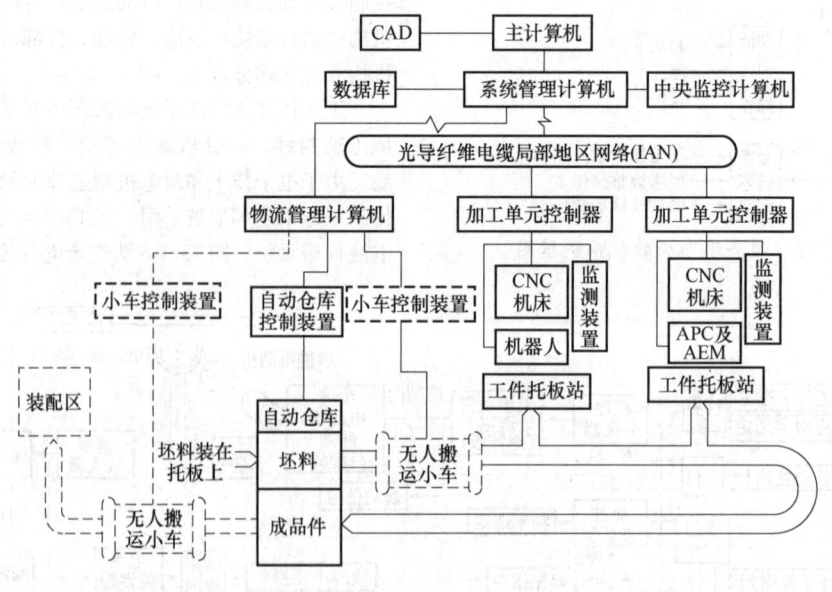

图 13.7-7 FAF 控制系统框图

表 13.7-4　工厂自动化的主要技术及其发展趋势

主要技术			今后的发展趋势
计算机技术	硬件技术	工厂自动化网络	利用数据通信用局部地区网络把车间系统之间、生产线系统之间连接起来
		工厂自动化计算机	利用 32 位的计算机使制造管理功能和综合控制功能一体化 计算机辅助设计和计算机辅助制造在线化
		工厂自动化控制器	广范围的群控系统化；系统的微型组件化
		可编程序控制器 机器人控制器 数控	提高控制功能；进一步智能化；加强与工厂自动化控制器的在线功能
	软件技术	辅助设计的软件	分析要求，分析系统，评价工具的多用化和通用化；模拟技术的应用
		生产管理软件	软件的插件化和模块化；利用简易语言简化程序
		制造管理软件	与别的车间、系统的工厂自动化，网络的一体化；与计算机辅助设计和计算机辅助制造一起的在线化；建立为系统高效运转的调度软件；用简易语言简化程序
		设备的综合控制	与各控制器进行数据通信的标准化；软件的插件化和模块化；利用控制用的简易语言简化程序
		设备的群控	扩充群控功能；软件的插件化和模块化；利用控制用语言简化程序
		个别设备的控制	加强与工厂自动化控制器的在线功能；普及高级语言；扩充智能功能和控制功能
无人搬运装置			搬运高速化和提高定位精度；利用工作自动识别功能提高搬运和分类精度
交流伺服机构			控制高级化和控制装置小型化；适应特殊环境；扩大应用范围

7.2　冶金机械

85　冶金机械设备控制概述　冶金工业包括钢铁工业和非金属工业，机械种类多，用电量大，生产管理和自动控制复杂，是电气传动一个重要应用部门。钢铁联合企业生产流程见图 13.7-8。

各类轧钢机及其辅助加工线在冶金工业中占有很大比重，其电气传动与自动化水平举足轻重。主要电气设备有：以直流电动机为动力的直流调速系统；在恒压下工作的直流或交流电动机恒速系统；控制上述电动机运行的、由程序控制器或计算机组成的自动化系统；用于生产过程和生产管理的信息处理；以及各种受变电、配电设备等。近年来，由电力电子器件和微电子技术组成的交流调速系统正在逐渐代替直流调速系统，在轧机传动中得到越来越多的应用。

冶金工业是耗能多的工业部门，面临从工艺到设备进行改造，力求减少能耗的任务。其措施如发展连续铸造设备；减少中间加热；提高电网质量，改善功率因数，各种风机由调节风门控制风量改为调速控制风量等。

86　可逆热轧机的传动与控制　初轧机、带立辊的万能板轧机等均为可逆热轧机，以前多为直流电动机传动。小容量者主传动采用成组传动方式，由一台电动机通过齿轮箱传动上下辊；大容量者主传动采取单辊传动方式，由两台电动机分别传动上辊和下辊。单台直流电动机容量可达 8 000kW，额定转速多为 10r/min，额定电压高的为 1 200V。为提高生产率，初轧机对主传动系统的基本要求是，实现频繁快速正反转，而对调速精度要求并不高，额定转速下正反转时间短到 1.5~2s。为此要求传动电动机的 GD^2 小；过载能力强，最大转矩过载倍数 2.5~3 倍；轴强度高，能承受由机械扭振而产生的峰值力矩（可达 2~4 倍轧制力矩）。

以往传动系统采用交流电动机-直流发电机组供电，现已全部采用晶闸管变流器供电。对于后者要注意防止对电网的影响。由于强大的有功和无功冲击，会引起电压波动、功率因数下降和产生谐波等。为抑制谐波分量，大容量装置多采用 12 脉波整流，上下辊组成等效 24 脉波整流。有时还需要增设谐波滤波器，如果电压波动过大，还应设动态无功补偿装置。对单辊传动系统，还应设上下辊转速和电流平衡环节。晶闸管的可逆系统一般采用由逻辑电路切换脉冲的无环流反并联电路。由于系统有堵转工作情况，低速时电动机散热困难，应设自动限制电动机电流环节。

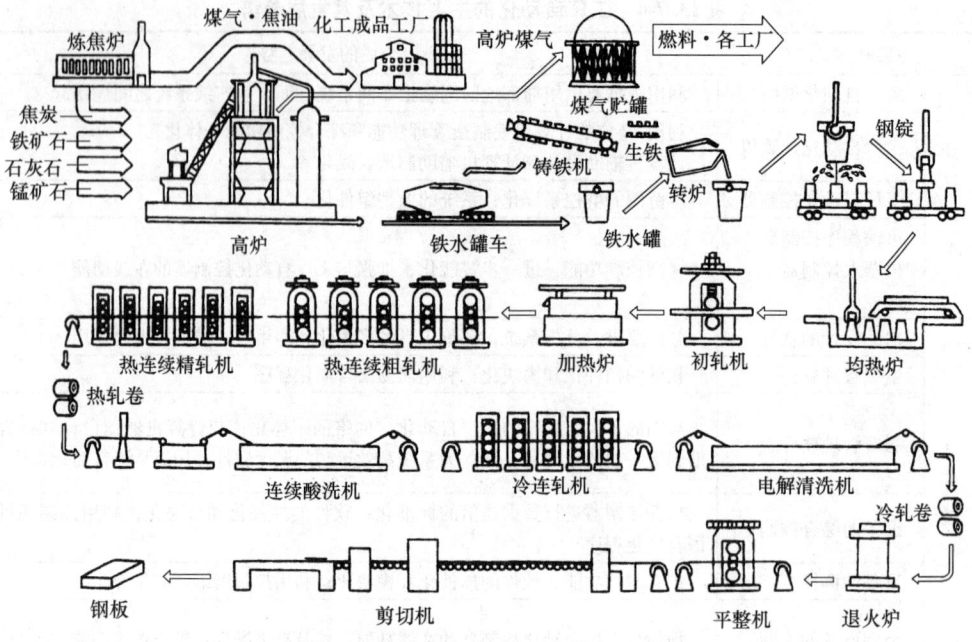

图 13.7-8　钢铁联合企业生产流程

可逆热轧机除主机传动外，还有压下螺杆和推床等辅助传动。目前，普遍采用专用电动机，如 800 系列、900 系列直流电动机。该电动机可倍压工作，GD^2 小，转矩过载倍数高达 3 倍。可逆轧机包括主辅机传动在内的自动运转控制用计算机控制。在可逆热轧机中，万能厚板轧机因无对孔形和翻钢等操作，比初轧机易实现自动运转控制。图 13.7-9 为万能板坯轧机自动运转框图。它包括以下控制功能：钢坯位置和轧机轧制数据跟踪，最佳轧制表的计算，以及自动位置控制（APC）等。钢锭送至轧机后，先根据钢锭的各种信息修正后定出 APC 系统指令，调节压下螺杆、立辊开口和侧导板等位置和前后辊道转速。在轧制时，要通过轧机跟踪功能，及时调节轧辊及辊道转速及压下量等，根据最佳咬入速度和使轧件抛离轧辊距离最小的原则，清除无效时间，进行高效率轧制。

87　热连轧机的传动与控制　带钢热连轧机产量高，设备容量大，控制复杂。如带宽 2 050mm 的热连轧机年产量达 400 万 t，最高轧制速度为 25m/s，电气设备总容量可达 100MW。

带钢热连轧机轧制线流程如下：由加热后的板坯，经 2~6 架粗轧机和 6~7 架精轧机轧成薄带后，由卷取机卷成带卷。在精轧机入口处有切头飞剪。粗轧机两机架间一般不跨轧件，精轧机各架间应有轧件跨接，为保护连续稳定的轧制，不造成堆钢或拉钢现象，通常在机架间装有电动或液压活套支撑

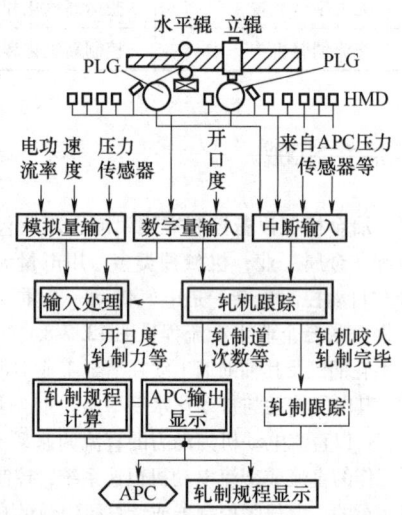

图 13.7-9　万能板坯轧机自动运转框图

器。在保持少量张力和一定活套高度的条件下，以中间机架或末机架速度为基准，进行轧机速度协调控制。要求传动系统调速精度高、动态速降小、恢复时间短。例如：突加 100% 额定负载时，速降为 2.5% 左右，恢复时间为 0.3~0.5s。

精轧机各机架大多由单台直流电动机不可逆传动。为减少 GD^2，大容量电动机电枢分成 2~3 段，由晶闸管变流器供电，通过改变各机架整流变压器相位，获得等效多相整流效果。在要求升速和减速

轧制的高速轧机上，晶闸管变流器接成不对称反并联电路，反向组容量约为正向组容量的 $1/3 \sim 1/2$。

图 13.7-10 为精轧机组控制系统框图，该系统含厚度自动控制。

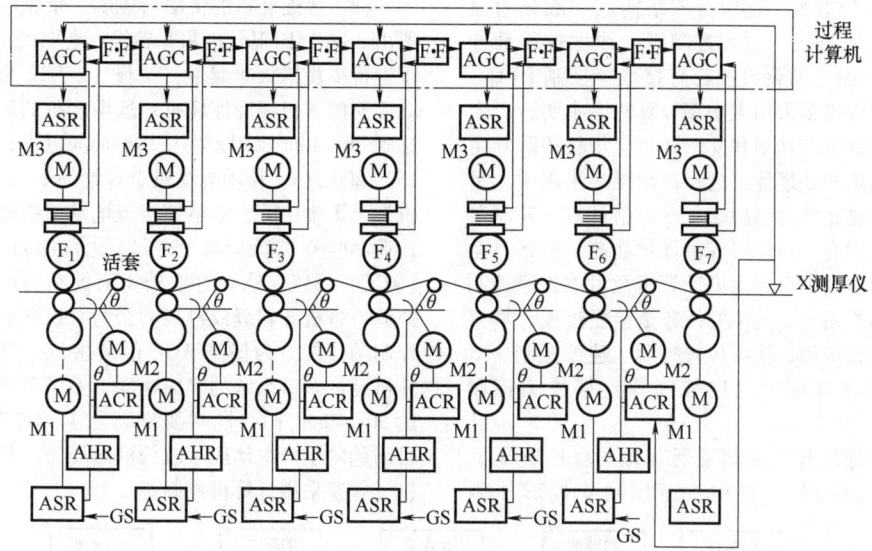

图 13.7-10　精轧机组控制系统框图

$F_1 \sim F_7$ —机架号　M1—主传动电动机　M2—活套电动机　M3—压下电动机　AGC—厚度自动控制　ASR—速度调节器
ACR—电流调节器　AHR—活套高度调节器　θ —活套支撑器角度　GS—速度设定

在轧制过程中，由于来料厚度、温度和材质等的不均匀，使轧出的钢板纵向厚度有偏差，为消除这一偏差，轧机需设厚度自动控制（AGC）。图 13.7-11 为带钢热连轧机 AGC 框图。其原理是预先设定一个目标厚度，然后与检测到的实际厚度值进行比较得偏差值。将此偏差值分析计算后，得到校正值去控制机架压下螺杆，使出口厚度接近目标厚度。厚度自动控制的功能包括反馈 AGC、前馈 AGC 与 X 射线厚度监控 AGC 等，其中反馈 AGC 是最基本的。为保证 AGC 调节的快速性，通常采用间接方式检测出口厚度。

间接测厚的原理如下：事先实测轧机弹性变形数 M，再根据在轧制中连续测出的轧辊辊缝 S 和轧制压力 F，按照机架弹跳和钢材塑性变形原理可计算出口板厚 H：

$$H = S + F/T$$

带钢目标厚度分绝对厚度和锁定厚度两种。所谓绝对厚度是指各机架出口厚度都力求达到由轧制程序所确定的目标值。而在锁定厚度时各机架的出口厚度并不向预先确定的目标值看齐，而是把各机架带钢头部厚度作为目标值使带钢后续部分向头部看齐，即"头部锁定"。这样所轧出的带材虽然不一定能达到预定的厚度，但却能使整个带钢的厚度纵向一致。

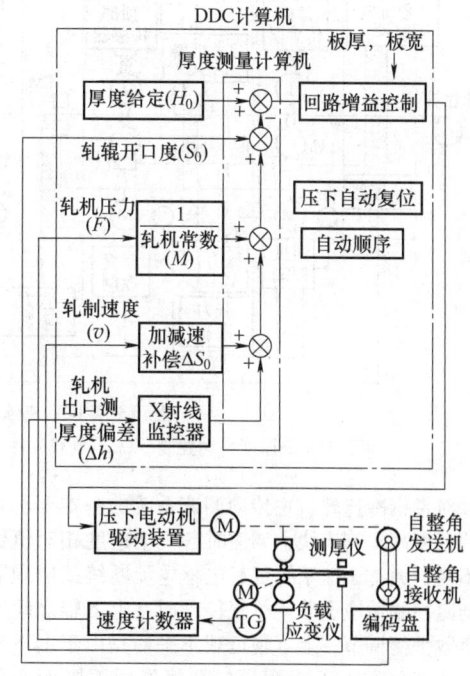

图 13.7-11　带钢热连轧机 AGC 框图

为了提高压下机构的快速性，提高 AGC 的精度，目前趋向于用液压压下来代替电动压下或者用电动压下作初始辊缝设定，而由液压压下来执行

AGC 的作用。

带钢热连轧机已普遍采用计算机控制，计算机系统大多为多级、递阶分布结构。一般分为三级，即生产管理级、过程控制级（或称过程最佳化级）和基础自动化级或称直接数字控制 DDC。

生产管理级多采用大中型计算机，主要进行合同管理、编制生产计划和轧制计划、物料跟踪和生产数据的收集和处理等。过程控制级多采用中小型计算机，主要完成材料跟踪、设定值计算、轧制节奏控制及自适应、自学习等最佳化功能。基础自动化级一般由多台小型或微型计算机及可编程序控制器等构成多机系统。其主要任务是接受过程计算机或操作工的设定值，执行位置控制、速度控制、宽度控制、厚度控制和温度控制等直接数字控制功能。

带钢热连轧控制的新发展有无活套控制（又称最小张力控制）、带钢宽度控制与板形控制

等。其目的是为了节能，减少金属损耗，提高产品质量。

88　冷连轧机的传动与控制　带钢冷连轧机一般由 3~6 架四辊轧机和开卷机、卷取机组成，适用于进行少规格大批量生产。图 13.7-12 为带厚度自动控制的五机架冷连轧机，这类轧机的轧制速度已达到 30~40m/s，板宽达 2 000mm 以上，年产量为 150~200 万 t。传动电动机总容量为 5 万余 kW。每机架上下辊由一台双电枢直流电动机拖动，容量可达 8 000kW。新型轧机普遍设有厚度自动控制（AGC）系统，轧制时根据实测板厚与设定板厚之差调节各机架辊缝或机架间张力，以达到厚度自动控制的目的。为提高 AGC 的效果，一方面是提高轧机速度调节系统的响应速度（系统开环剪切频率达 30~40rad/s），同时要提高压下速度与加速度，目前趋向于将电动压下改为液压压下。带钢冷连轧机已普遍采用计算机控制。

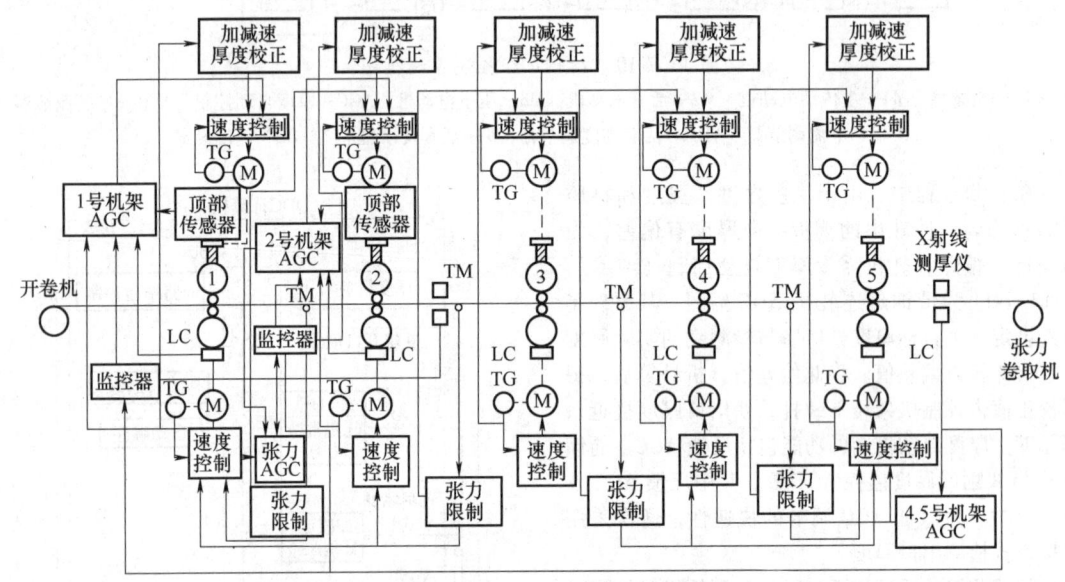

图 13.7-12　带钢冷连轧机控制系统框图
AGC—厚度自动控制　LC—负载元件　TM—张力计　M—电动机　TG—测速发电机

对带钢冷连轧机主传动调速系统的基本要求是调速精度高，响应快，调速时各机架速度相对值保持不变。通常调速系统都有电枢电流断续适应调节和弱磁控制适应调节。单辊传动时，上下辊之间要设负载平衡调节，上下辊负载不平衡是由于上下辊圆周速度差和上下辊润滑与摩擦作用不同而产生的。前者可通过调节轧辊速度来补偿，使上下辊负载差在 ±3% 以内。

轧制完的带材需卷取。对卷取电动机控制的基本要求是采用恒张力卷取。故在传动控制系统基础

上构成多种形式的张力控制系统。首先保证卷取中不松带、不拉断，正常生产，进而保证轧制带材的质量。

轧机的自动运转控制包括：各机架轧制速度和辊缝的自动设定；轧机的自动加减速控制和停车；穿带和甩尾的自动操作；开卷机、卷取机和自动换辊程序控制等。

图 13.7-13 为全连续式（无头轧制）冷连轧机略图。该轧机在开卷机和轧机之间增设了焊机和储套设备，能在轧制中将前一带卷的尾部和后续带卷

的头部焊接起来，进行全连续轧制，减少了穿带和甩尾时间，提高了生产率。在焊接时轧机要减速为数米每秒，带钢存储量约为数百米，需要数台活套车。储套装置设活套长度测量，当带钢储满时，储套装置的带钢输入速度等于轧机轧制速度；如果无储套量，轧制速度应下降；如果无带钢输入，就应停车。活套车采用电动状态，要求张力控制。当活套储满时，储套装置带钢输入速度与输出速度相等时，活套电动机几乎处于堵转状态，只流过张力电流。为了不损坏直流电动机换向器片，要求对活套车系统输入一个附加函数信号，使其前后摆动。在轧制中，要自动检测焊缝位置，使焊缝通过轧机时，轧制速度降为数米每秒。

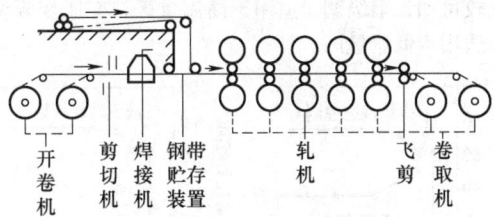

图 13.7-13 全连续冷连轧机略图

89 可逆冷轧机的传动与控制 可逆冷轧机适合于产量不高、品种规格多的轧制，轧制材料有钢、铜、铝等。可逆冷轧机由一台多辊机架和左右两台卷取机组成，见图 13.7-14。每轧完一道次，要减小辊缝，并改变轧制方向。通常要轧 3~5 道次。一台作卷取机时，另一台作开卷机，带后

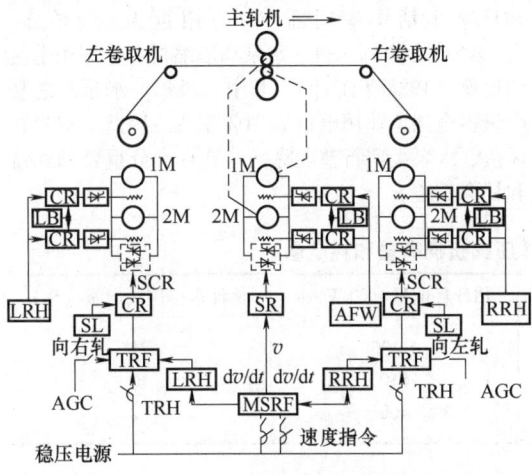

图 13.7-14 可逆冷轧机控制系统框图
CR—电流控制 SR—速度控制（附电流限制、电压限制）
SL—速度限制 AFW—自动弱磁控制 LB—负载平衡
TRF—张力给定（带加减速补偿） MSRF—轧制速度给定电压
发生装置 LRH—左卷取机记忆变阻器 RRH—右卷取机记
忆变阻器 TRH—张力给定器 AGC—AGC 输入

张力轧制。轧钢电动机弱磁调速范围超过两倍额定转速。初始道次压下量大，轧制速度低，轧制力矩大，后面道次压下量小，速度高，电动机具有恒功率特性。进行厚度自动控制时，在机架的入口侧和出口侧均装 X 射线测厚仪，根据实测厚度和设定板厚之差调节轧机压下。压下传动方式有电动和液压，以后者居多。为了提高作业率，轧机机架和开卷机要进行自动减速控制。卷取机要进行恒线速恒张力控制。

7.3 风机与水泵

90 风机电气传动与控制 风机包括通风机和鼓风机，主要用于输送气体。风机特性基本参数

$$P_w = QH/\eta_w$$

式中 P_w——风机轴功率（kW）；
　　Q——风量（m^3/s）；
　　H——风压（kPa）；
　　η_w——风机效率。

风机的特性曲线有 $H\text{-}Q$ 曲线、$P\text{-}Q$ 曲线、$\eta\text{-}Q$ 曲线。对于同一类型的风机，在不同转速时，$H\text{-}Q$、$\eta\text{-}Q$ 曲线见图 13.7-15，当风机转速发生变化时，理论上有风量 Q 与转速成正比，风压 H 与转速的二次方成正比，风机轴功率 P 与转速的三次方成正比。

风机电动机功率(kW)按下式计算：

$$P = KP_w/\eta_T$$

式中 η_T——传动机械效率；
　　K——裕度系数（通常取 1.1~1.5）。

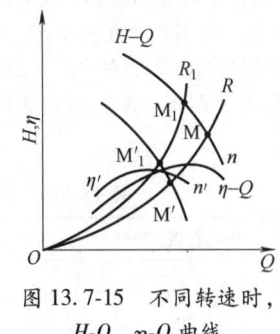

图 13.7-15 不同转速时，
$H\text{-}Q$、$\eta\text{-}Q$ 曲线

在决定电动机功率时，一定要校核起动转矩和起动时间，避免由于负载 GD^2 过大，在起动时烧坏电动机。要通过开闭风门实现轻载起动。笼型异步电动机和同步电动机一般采用直接起动、电抗器起动和减压起动等。高炉鼓风机、烧结鼓风机用的数万千瓦同步电动机可采用低频起动。

传统上，风机多为恒速传动，电动机起动后运

行在满速，当需要调节风量时，采用调节管道风门的开度，改变工作轮叶片的安装角度或调节前导流器等机械方法来完成，耗电量大，极不经济。目前采用电气传动调速方式来调节风机电动机转速，可经济地调节风量，节能效果显著。风机的调速控制方法常用以下几种：1）转子回路串电阻调速（仅适用于绕线转子异步电动机）；2）采用电磁调速电动机；3）电动机定子调压调速；4）绕线转子异步电动机的串级调速；5）变压变频（VVVF）调速；6）无换向器电动机调速（仅用于同步电动机）；7）变级对数调速。

上述各种调速控制方法中，前三种效率较低，后四种效率高。高效方法虽然控制复杂，初投资大，但运行费用低。选用时，应根据风机负载图和投资、运行经济指标综合选取。

91　水泵电气传动与控制　泵是一种输送液体的机械，主要有离心式、混流式、轴流式等。其负载特性与风机相似，但管路阻力曲线不通过原点，而是通过实际扬程点。泵的工作类型主要有变流变压、恒压变流、恒流变压三种，由于存在实际扬程的因素，不同工作类型时泵所需的功率差异较大。泵的结构形式应根据总扬程和总流量来选定。传动电动机常用交流电动机。

水泵电动机功率 P_1（kW）按下式计算：

$$P_1 = \frac{KQH}{6.11\eta}$$

式中　Q——水流量（m^3/min）；

H——总扬程（m）；

η——总效率；

K——裕度系数（通常取 1.05～1.2）。

当水泵流量为零时称为断流状态。固定叶片轴流泵和某些混流泵的断流功率非常大，因此起动时要把排出阀打开，而离心泵则应在关闭排出阀时起动。

水泵调节流量常用的控制方法有：间歇运转，多台水泵串联或并联控制，翼角控制，叶轮调节，电气传动调速控制。与风机相同，采用调速控制方式具有显著的节能效果。而调节阀门开度的方法耗电量大，应尽量避免采用。

水泵电动机调速方法依效率高低顺序排列有：变极对数，变压变频调速，串级调速，无换相器电动机调速，液体转差离合器，转子串电阻，调压调速，液力偶合器等。从初投资费用考虑，容量150kW 以上的水泵采用调速控制比较经济。具体调速方式选择应由系统工况、初投资、运行费用等综合决定。图 13.7-16 示出了绕线转子和笼型异步电动机以流量和输出功率为参量的最佳控制方式，由比较可知，串级调速适用于高流量区，变压变频调速适用于低流量区。

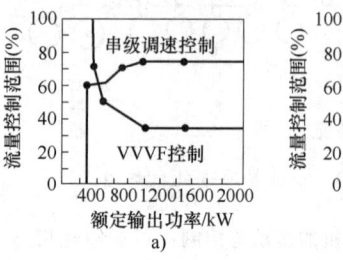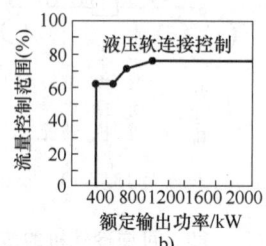

图 13.7-16　异步电动机调速时流量-功率范围划分
a）绕线转子型　b）笼型

92　风机、水泵传动的节能运行　风机、水泵、压缩机等泵类机械设备在我国国民经济各部门和日常生活中应用面广、应用量大、耗电多。表 13.7-5 为全国风机、水泵和压缩机占全国用电量的比例（1988 年统计）。其中，风机、水泵的总耗电量占全国工业用电量的31%左右。因此，首先在风机、水泵上实行节能降耗，具有十分重要的经济和社会效益。

表 13.7-5　风机、水泵和气体压缩机拥有量和耗电量

装备名称	装备台数/万台	估计装备功率/万 kW	估计耗电量/亿 kW·h	估计占全国用电量（%）
风机	3 000	6 000	1 100	21
水泵	700	3 000	550	10
压缩机	500	2 000	400	7.28

风机、水泵的节能运行，可采取以下措施：1）改造或更换旧设备，提高风机、水泵本身的效率；2）在选型配套方面力求合理，使风机、水泵的额定流量和工作压力尽量接近生产工艺要求值，工况点经常保持在高效区；3）按照风量、流量的

需求量，采用间隙运转和台数控制，进行经济调度；4）采用各种调速方式，减小节流损耗。

风机、水泵的调速控制是节能运行最有效的途径。从调速节能的角度看，调速控制方式可分为高效和低效两类。高效方式指电动机调速时转差率基

本不变、无转差损耗（如变极、变频、无换向器电动机调速）或将转差功率回馈至电网（如串级调速）的方式，其余则为低效调速方式。在选择调速方案时，应依据流量变化的范围、风机水泵容量的大小、调速装置的技术复杂程度、价格高低、维修难易、对电网污染程度等因素综合考虑。图 13.7-17 示出了风机水泵运行状况的四种类型，即高流量变化型、低流量变化型、全流量变化型、全流量间歇型。

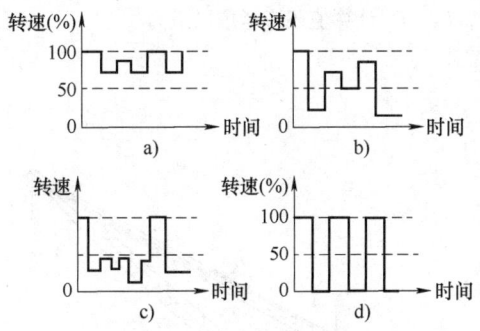

图 13.7-17　风机水泵运行状况

对图 13.7-17a 所示的高流量变化型风机水泵，一般不推荐用变频调速装置，建议采用晶闸管串级、液力偶合器等调速方式；如流量在额定值的 90% 以上变化时，建议不采用调速装置。

对图 13.7-17b 所示的低流量变化型及图 13.7-17d 所示的全流量间歇型风机水泵，以变频调速最为合适，可通过低速时变频装置供电，全速时电网直供的方式，用比电动机容量小得多的调速装置实现大的节能效果。在此两种情况下，运行的变频调速装置必须具有低速至全速之间的自动切换装置。而对于间歇型还必须考虑间歇时间的长短，如间歇时间过短，起制动能耗大于间歇时间内全速运行能耗，则用调速装置就是多余。

对图 13.7-17c 所示的全流量变化型风机水泵，如低流量运行时间较长，则可选变频调速装置；如高流量运行时间较长，则可选串级调速或低效调速装置。控制系统可采用以压力或流量为参量的双闭环控制，速度为内环，压力或流量为外环。

7.4　起重与运输机械

93　起重与运输机械概述　起重机是搬运物料的机械设备，分别由起升、运行、变幅、回转等机构组成，多数采用电气传动。

起重机的基本类型有较小型起重设备、桥式类起重机、臂架类起重机、堆垛起重机等，图 13.7-18 列出了几种起重机实例，其中图 a、b 为桥式类，图 c、d 为臂架类。桥式类起重机在工厂厂房上部的轨道上或在户外建筑上部的轨道上行走，进行作业。臂架类起重机用于港口装卸货物及建筑工程和其他场合，从回转部分伸出的臂架通常能回转 360°。

根据起重机的工作繁重程度，将起重机及其机构分为不同的工作类型，常按机构的负载率和忙闲程度，将机构工作类型划分为轻、中、重、特重四级。

起重机各主要机构负载特点见表 13.7-6。变幅机构中非平衡变幅机构负载与起升机构类似，平衡变幅机构满载时由最大幅度向最小幅度变幅时，动力负载变为阻力负载。

表 13.7-6　起重机机构负载特点

机构名	起升机构	运行机构	回转机构
负载特点	位能负载：起升时阻力矩，重载下放时动力矩，净负载量变化大	一般为阻力负载，室外顺风时可为动力负载，起动转矩大	可能是阻力负载和动力负载，负载量变化大

94　起重机用电动机　起重机专用交流电动机有 YZR、YZ 系列，容量为 1.8~200kW。起重机专用直流电动机有 ZZY、ZZJO 系列，容量为 3~145kW。由于笼型异步电动机起动时转差损耗消耗在电动机内部，只适用于起动次数较少的场合；绕线转子异步电动机转差损耗大部分消耗在外部电阻器上，适用于起动次数较多的场合。但是由于起动过程中损耗功率比额定转速时大，散热效果差，当起动次数达每小时数百次时，为避免过热，应降低容量使用，故在选择电动机及验算制动器等发热时，应考虑机构负载持续率 FC 值，不同工作类型结构的 FC 值见表 13.7-7。

表 13.7-7　起重机机构 FC 值

工作类型	轻级	中级	重级	特重级
FC 值（%）	15	25	40	60

各机构所需电动机功率 P 按下列各式计算：

起升用功率 P_1（kW）为

$$P_1 = \frac{Qgv_1}{\eta_1} \times 10^{-3}$$

式中　Q——起重量（kg）；

$\quad v_1$——起升速度（m/s）；

$\quad \eta_1$——起升机构总效率；

$\quad g$——重力加速度（m/s^2）。

小车运行功率 P_2（kW）为

$$P_2 = \frac{r_2 W_2 v_2}{\eta_2} \times 10^{-3}$$

式中　W_2——Q 与起重小车自重（t）；

$\quad v_2$——小车运行速度（m/s）；

$\quad \eta_2$——小车运行机构机械效率；

$\quad r_2$——小车运行阻力系数（N/t）。

大车运行功率 P_3（kW）为

$$P_3 = \frac{r_3 W_3 v_3}{\eta_3} \times 10^{-3}$$

式中　W_3——W_2 与桥梁重量之和（t）；

$\quad v_3$——大车运行速度（m/s）；

$\quad \eta_3$——大车运行机构机械效率；

$\quad r_3$——大车运行阻力系数（N/t）。

机械效率和阻力系数均可查表得到。户外作业时，P_2、P_3 计算值还应考虑风阻力。

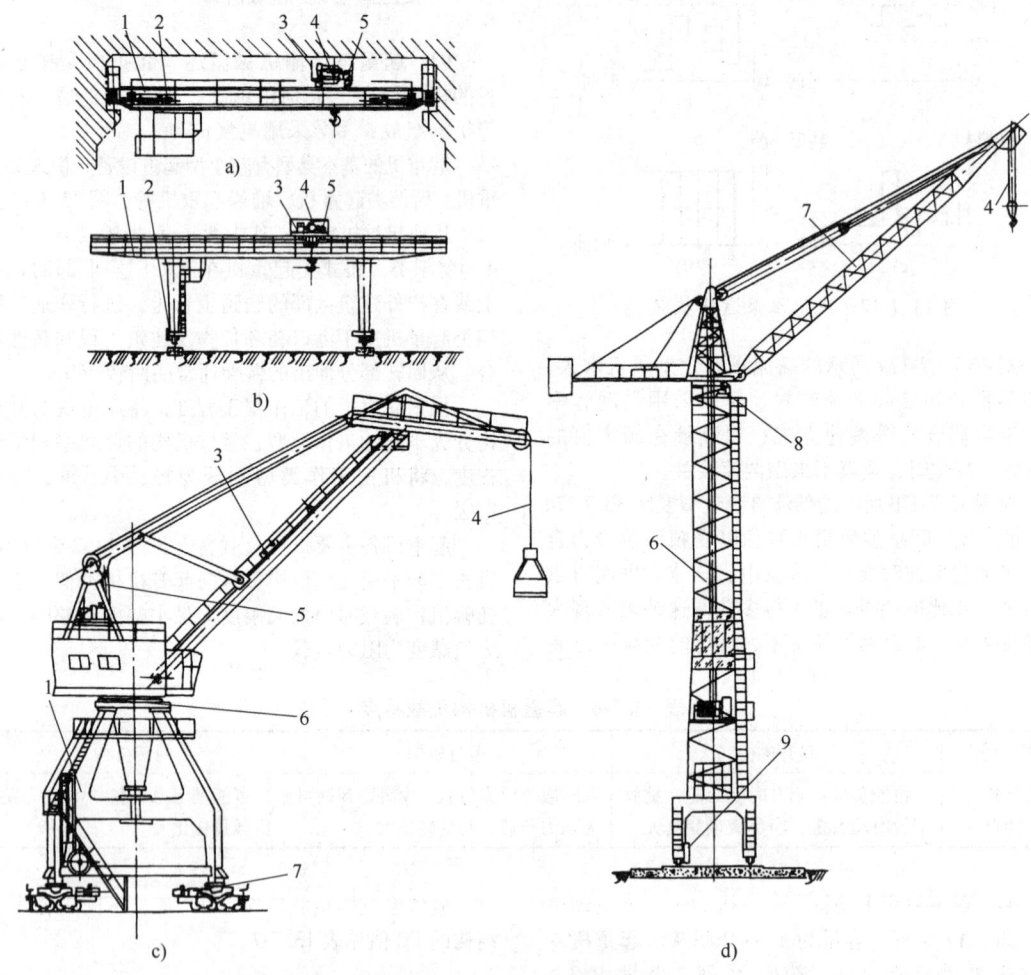

图 13.7-18　起重机简图

1—桥梁　2—大车运行机构　3—小车架　4—起升机构　5—小车运行机构
6—塔架　7—臂架　8—回转机构　9—起重机运行机构

根据上述计算结果从电动机样本中选择适当的 FC 值和容量的电动机，并注意校验电动机额定转矩和最大转矩、额定温升。

95　起重机的传动与控制　起重机对电气传动的基本要求是能调速，能平稳、频繁、迅速地起制动，能实现大车运行机构的电气同步以及防止偏斜等。此外，还应设置各种安全保护，如过电流保护、超速保护以及安全限位、防碰撞保护等。

起重机常用的电气传动系统有以下几种：

（1）液压推杆调速 液压推杆制动器的电动机通过变压器接到主传动的绕线转子异步电动机的转子回路中，使主传动机构得到低速。本方案结构简单，调速比为 1：3~1：4，高低速过渡时有制动转矩；但调速比小，调速特性硬度差，制动器有磨损和发热。

（2）涡流制动器调速 涡流制动器由与电动机同轴旋转的电枢和固定的感应器组成，其结构简单，制造方便，坚固耐用，控制功率小，开环调速比达 1：5~1：10，快速下降时有较大的制动转矩，故障时只影响调速，不影响起重机工作。但低速时效率低、损耗大，故只适用于低速持续时间短的场合。

（3）晶闸管定子调压调速 参见本篇第 49 条。其主电路简单，控制直观，不需笨重的变压器，投资少，维护方便，可靠性高，接电次数允许达 600 次/h。缺点是低速和反接制动时效率较低、适用于中小功率、低速工作时间短、频繁起制动的一般起重机。

（4）晶闸管变转子阻抗调速 参见本篇第 50 条。将转子分级串电阻与串晶闸管变流器相结合，满足调速提升和下放等工况要求。既可通过晶闸管相控，连续改变转子回路外接等效电阻，实现无级调速，又可通过接触器切换，改变转子回路电阻，实现有级调速。与全转子串电阻相比，节电 10%~13%。

（5）直流调速 采用晶闸管或直流发电机供电，适用于大型起重机及要求宽调速范围的场合。

（6）晶闸管串级调速 采用转子电压电流反馈的闭环系统或转速闭环系统，由于转差能量可通过逆变器返回电网，低速时效率高，可长期低速工作，动力负载时能较长时间以超同步速下降。缺点是系统较复杂，有笨重的逆变变压器和滤波电抗器，功率因数较差，初投资大。它适用于功率较大、低速时间长，需超同步速下降等场合。

96 输送机的传动与控制 输送机是连续搬运各种物料的装置，有带式、链式、螺旋式、流体等输送机。其中带式输送机输送能力大、功耗小、结构简单、对物料适应性强，应用范围很广。图 13.7-19 是典型带式输送机结构。

带式输送机有单滚筒、双滚筒和多滚筒三种传动方式。选择哪种方式应对减少张力而节省的机械费用和分散供给动力而增加的设备费用比较后决定。单滚筒传动应用最广泛，由电动机、联轴器、减速器、传动滚筒组成。一般采用封闭式笼型异步

电动机。在要求起动平稳时，配以液力偶合器或粉末联轴器。功率大于 200kW 或要求起动电流小、力矩大的场合，可采用绕线转子异步电动机。双滚筒传动有采用一台电动机的集中传动方式和用两台电动机各传动一台滚筒的单独传动方式，适用于大功率输送机，以使张力分散。特大型输送机为减小带内张力，提高传动系统系列化、通用化水平及便于安装等，则采用多电动机多滚筒传动。双电动机或多电动机传动时，要注意各系统速度协调和合理分配功率。常用方法是笼型异步电动机配液力偶合器或绕线转子异步电动机转子串电阻（额定工况时转差率为 3%~4%），使传动系统的联合工作特性较软，以合理分配各电动机负载。

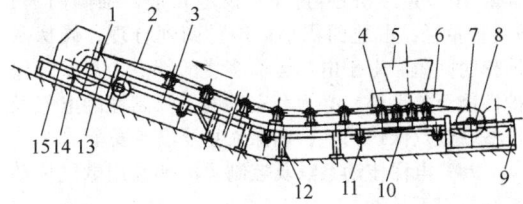

图 13.7-19 带式输送机结构

1—传动滚筒 2—输送带 3—上托辊 4—缓冲托辊
5—漏斗 6—导料拦板 7—改向滚筒 8—螺杆张紧装置
9—尾架 10—空载段清扫器 11—下托辊 12—中间架
13—头架 14—弹簧清扫器 15—头罩

带式输送机传动滚筒轴功率 $P(kW)$ 为

$$P = (k_k L_h v + k_z L_h Q \pm 0.002\,73QH)\,k_f$$
（向上输送取+，向下输送取−）

式中 Q——输送能力（t/h）；

　　k_k——空载运行功率系数；

　　k_z——水平满载运行功率系数；

　　k_f——储备功率系数；

　　H——提升高度（m）；

　　L_h——输送机水平投影长度（m）；

　　v——输送速度（m/s）。

输送机的保护装置有：输送带打滑、断裂检测装置；输送带跑偏开关；连接两台输送机的滑运道上的堆积开关；张紧装置以及紧急停车用制动器等。

带式输送机发展很快，目前有的带宽达 3m，带速达 6m/s，输送量已达 m³/h，钢芯胶带的强度已达 60 000N/cm。

7.5 电梯及自动扶梯

97 电梯传动的特点与要求 电梯是垂直运输客

货的交通工具。随着国民经济的迅速发展，高层建筑及超高层建筑作为现代化城市的标志得到蓬勃发展，导致电梯电气控制技术也有了迅速发展。

电梯按用途分为客梯、货梯、客货两用梯、医用梯、杂物梯及建筑施工梯等。主要组成部分有：1）曳引部分。包括曳引机和曳引钢丝绳。2）引导部分。包括导轨和导轨架。3）轿箱和厅门。4）对重装置。5）补偿装置。6）电气设备及控制装置。由曳引电动机、选层器、传动及控制柜、轿箱操纵盘、呼梯按钮和厅站指示器等组成。

电梯电气控制系统的主要技术要求：1）安全可靠；2）效率高，运行迅速；3）舒适性强，起制动平滑，噪声小；4）平层准确；5）节省电能；6）电源容量小；7）经济性好；8）技术先进，维修简易；9）重量轻，占地面积小；10）调度合理，候梯及乘梯时间短。由于电梯运输客货的特点，其安全保护性能至关重要，必须有完善的、强制性的电气及机械联锁及保护措施，确保人身及设备安全。

98 电梯传动系统及控制 电梯常用电气传动系统有以下几种：

（1）**交流单速梯和交流双速梯** 其起制动及运行控制采用继电-接触器串阻抗、变极对数和双绕组切换等方式来实现。一般它适用于货梯和简易客梯，速度在 1m/s 以下，各项指标均很低。

（2）**交流笼型异步电动机晶闸管定子调压系统** 此方案的优点是采用笼型异步电动机，价格低廉，维修简单，具有速度闭环，特性硬，舒适感好，在中速梯中应用较广。缺点是调压系统在低速段能耗大，转矩波动，功率因数低。

（3）**晶闸管励磁系统** 此系统在 20 世纪 70 年代广泛应用于中高速直流电梯上。电梯由直流发电机-电动机组曳引，用单相或三相晶闸管可逆励磁系统控制发电机励磁电流实现调速，调速性能好。缺点是机组效率低，直流电动机维修量大，占地面积大，噪声大，目前在中速梯中已不再采用。

（4）**晶闸管电枢供电系统** 此系统用于直流高速客梯，采用三相晶闸管可逆供电系统控制电动机转速。系统有电流及速度双闭环，特性硬，调速性能好，效率高。与晶闸管励磁系统相比，电源容量可减少 30%，发热降低 20%，噪声小，节能 40%。缺点是功率因数随速度下降而下降，对电网有污染，又因采用直流电动机亦影响了其发展前景。

（5）**交流变压变频调速系统** 采用交流变压变频（VVVF）调速的交流客梯，可使交流电梯从超低速到高速无级调速、高精度运行。与其他系统相比，它具有功率因数高、效率高、对电网污染小、速度高和舒适感好等优点，是目前电梯电气传动系统的发展方向。缺点是成本较高，维修较复杂。图 13.7-20 为 VVVF 系统框图，该系统再生能量可逆变返回电网，适用于高速电梯。

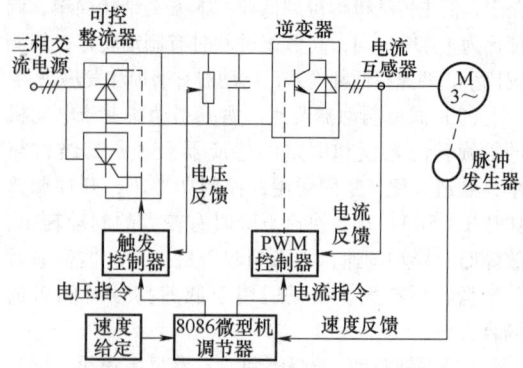

图 13.7-20 VVVF 系统框图

电梯控制系统的诸多要求中，速度控制及平层控制最为关键。为了提高运输效率，满足舒适感及正确平层的要求，电梯的速度给定曲线是一个关键环节。人们对于速度变化的敏感主要是加速度的变化率 ρ，舒适感好就意味着要平滑地加速和减速。理想的电梯速度给定曲线见图 13.7-21。

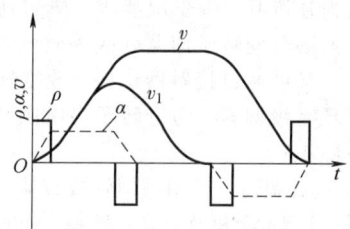

图 13.7-21 理想的电梯速度给定曲线
ρ—加速度变化率 α—加速度
v—速度 v_1—未满速的速度曲线

电梯的工作特点是频繁起制动。为了提高运输效率，增强舒适感，要求电梯能在多个层间距离内平滑加减速，速度为零时能准确地到达楼层水平面，实现直接停靠。因此应准确测定减速距离，准确发出减速信号，在接近楼层平面时按距离精确地自动校正速度给定曲线。通常可采用机械式选层器、井道磁开关、电子模拟量选层器和数字量选层器来实现。井道磁开关适用于中低速梯，高速梯目前多采用以微机为基础的数字量选层器。

电梯电控系统可根据电梯的载客或载货、客流量大小、使用场合、运行速度以及电梯数量，分别采用层间控制、简易自动控制、单梯下集选控制、双梯下集选控制、单梯集选、双梯集选、双梯分区集选以及多梯的梯群控制等控制方式。目前，电梯群控多采用微机控制，微机根据电梯状态及客流情况，选择某种客流程序进行调配，或计算各轿厢对某召唤的应答时间，选择最佳轿厢去应答，以尽量缩短乘客候梯时间，提高运输效率。

99 自动扶梯传动与控制 自动扶梯广泛用于车站、码头、机场、百货大楼、公共大厅、浅埋地下铁道及隧道中。其输送能力大，能连续运送乘客，运送客流均匀。图 13.7-22 为其结构。其构造是，用两排梯级链条把大量梯级连接起来，通过与电动机直接连接的涡轮减速器传动，同时又通过扶手传动链条使扶手与梯级同速同向移动。

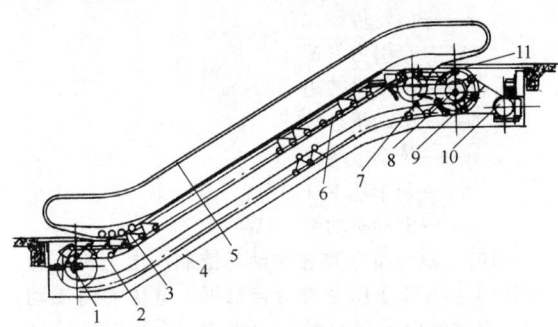

图 13.7-22 自动扶梯结构
1—张紧装置 2—梯级导轨 3—梯级 4—金属骨架
5—扶手系统 6—牵引链条 7—扶手传动链条 8—驱动
主轴 9—驱动链条 10—驱动装置 11—梳板前沿板

自动扶梯采用交流电动机传动，连续工作制，提升高度小的采用高转矩笼型异步电动机，大、中高度的采用绕线转子异步电动机。大、中高度自动扶梯的加速度，在开始起动瞬间不大于 0.6m/s^2，起动过程中不大于 0.7m/s^2，可采用转子串电阻或频敏变阻器起动。

所需功率 $P(\text{kW})$ 按下式计算：

$$P = \frac{q_\text{h} H v}{1\,000} K_\text{f}$$

式中 q_h——乘客的线载荷（N/m）；

H——提升高度（m）；

v——速度（m/s）；

K_f——附加功率系数，取 $1.2 \sim 1.4$，高度大时取大值。

$$q_\text{h} = \frac{m_\text{h} G_\text{h}}{t_\text{j}/1\,000} k_\text{m}$$

式中 m_h——一个梯级上的乘客数，单人梯取 1，双人梯取 2；

G_h——单人所受重力，取 600N；

t_j——梯级节距，一般取 400mm；

k_m——满载系数，按表13.7-8选取。

表 13.7-8 自动扶梯满载系数

$v/(\text{m/s})$	0.4	0.5	0.6	0.75	0.9	1.0
k_m	0.96	0.9	0.84	0.75	0.66	0.6

为保证乘客安全，自动扶梯应装设过电流保护、过速保护、紧急制动器、牵引链条安全保护等。

7.6 电动车辆

100 电动车辆概述 电动车是电气动力车辆的统称，一般指用电动机驱动的车辆或包括为驱动该电动机而需装设必要的设备的车辆。

电动车按用途划分如下：1）干线铁路牵引用电力机车、电传动内燃机车、电传动燃气轮机车；2）城市交通用地铁牵引电机车、有轨或无轨电车；3）工矿企业用电机车；4）电动汽车；5）其他用途蓄电池车。

按照动力来源方式划分如下：

（1）外部供电方式 1）直流电机车；2）交流电机车；3）多流制电机车；4）其他（如磁悬浮铁道车辆）。

（2）内部设置动力源方式 1）电传动内燃机车、电传动燃气轮机车；2）蓄电池车。

（3）复合动力方式 电动车与其他动力车相比具有以下优点：1）性能优良。牵引力大，持续功率大，爬坡能力强，效率高。2）节约能源。与靠烧煤和柴油运行的蒸汽机车和内燃机车比较，由架线获得电能而开动的电气车的效率高。此外，电气车能把运行时所得到的电能，在减速或停车时反馈给电网，即采用再生制动的可能。3）少公害。没有因排烟、排废气给大气造成污染的情况，而且噪声也小。4）便于维修。由于不像其他动力车摩擦副那么多，因此容易实现装置的简化和设备的无接点化。5）耐超负载能力强。短时的超负载运转虽然对寿命多少有些影响，但一般总能承受，故容易实现正点运输和抢点运行。

电动车辆中，由接触网或送电钢轨供电的铁道牵引电力机车和电动车组应用最为成熟和普遍。近年来，随着电力电子技术的飞速发展，为适应干线铁路高速重载的需要，机车牵引正逐渐由传统的直流传动向交流传动过渡。采用直线电动机传动的磁悬浮列车由于具有传统轮轨系统不具备的优势，在高速领域也得到较快发展。而采用内部动力源的蓄电池车，例如电动叉车、电动助力车，尤其是电动汽车由于能源及环保方面的巨大优越性，同样发展迅速，相关技术已有长足进步，开始进入产品化生产阶段。

101　电力机车传动特点及牵引电动机选择　电力机车由电气、机械和空气管路系统三大部分组成。电气部分包括：牵引电动机、牵引电器及电控设备。牵引电机分为牵引电动机（驱动电机车用）和辅助电动机（驱动空气压缩机、通风机等用的电动机及电动发电机组）；牵引电器主要包括：受电器、断路器、变压器、接触器、反向器、司机控制器和继电器等。电控设备是将牵引电动机和牵引电器在电的方面连接起来的电路，它包括变流主电路、辅助电路和控制电路。通过电控设备，可控制电机车的起动、调速、制动、转换方向，以及保护和监视电机车的正常运行。

机械部分包括转向架及车体。转向架一方面承担车体及所装设备的重量，将它们均匀分配到各个轮对上；另一方面传递牵引力或制动力。

空气管路系统包括空气制动系统和辅助管路系统。前者用来操纵基础制动装置；后者将压缩空气供给车上的电气设备和撒砂装置等。

电力机车主要采用外部接触网供电，也可采用内部蓄电池或内燃动力发电机组供电。在铁道电气化区间中，给电力机车供电的接触网主要有三种供电制式：1）直流制。采用直流 3kV 或 1.5kV 供电。主要适用于城市交通、地铁以及工矿铁道运输等场合。2）单相低频交流制。采用单相 15kV、16⅔Hz 供电，适用于采用交流换向器电动机的电力机车。3）单相工频交流制。采用单相 25kV、50Hz 供电，主要适用于干线电气化铁路。

列车牵引方式，可采用集中动力的电力机车和分散动力的电动车组。分散动力方式由于加减速性能好；粘着裕度大，能充分发挥牵引力；轴重轻，动力学性能好，编组灵活；牵引单元多，可靠性高，比集中动力方式更为优越，是高速列车发展方向。

电力机车对电气传动系统的基本要求为：1）大牵引力；2）宽范围调速；3）频繁起、制动；4）牵引特性适合车辆使用；5）能耐受电源电压的波动和突变；6）体积小、重量轻，结构应防水、防雪、防尘、防振；7）便于检修与装卸。

牵引电动机选择，应根据上述要求进行。对于直流传动电力机车，可选择：1）串励直流电动机；2）脉流电动机；3）复励电动机。其中，串励直流电动机应用最为普遍。

对于交流传动电力机车，根据供电电源情况和变流器类型，可选择：1）交流换向器电动机；2）笼型异步电动机；3）同步电动机；4）无换向器电动机。

其中，笼型异步电动机应用最为普遍。

牵引电动机功率应考虑线路、运行、机车车辆、电源等条件综合确定。电力机车和牵引电动机额定功率可用下式表示：

$$v = \frac{60\pi Dn}{T} \times 10^{-3}$$

$$F = 2TNr\eta / D$$

$$P = vF/3\ 600 = P_0 N\eta$$

式中　v——列车速度（km/h）；

D——车轮直径（m）；

n——电动机转速（r/min）；

r——齿轮传动比；

F——牵引力（N）；

T——电动机转矩（N·m）；

N——电动机台数；

η——传动效率；

P——列车功率（kW）；

P_0——电动机功率（kW）。

102　电力机车直流传动与控制　电力机车直流传动系统可使用交直流接触网、电传动内燃动力、内部蓄电池等多种动力来源，在干线铁路牵引、工矿铁路牵引、城市地铁及轨道交通中应用广泛。对于采用直流电动机传动的电力机车和电动车组，常用控制方式如下：

（1）电阻控制　对于串励直流电动机，通过在电枢回路串联电阻，从而改变电枢电压，实现起动及调速。该方式为有级调速，串联电阻级数越多，调速性能越好。缺点是调速过程中，电阻要消耗功率。

（2）串并联控制　对于有多台牵引电动机的车辆，采用电动机串并联转换实现起动及调速控制。例如：当两台电动机起动时，开始使其串联，电阻起动结束后，供给一半的供电电压，改为并联连接，再进行电阻控制。由于各用一半电压进行起动，损耗为原来的一半。为避免串并联转换过程引起大电流冲击，通常采用桥式电路进行过渡。

（3）斩波器控制　近年来，随着电力电子技术的发展，斩波器控制得到广泛使用。由于采用斩波器控制可使直流电压平均值连续可调，电动机可无级调速，控制性能好；起动时没有控制损耗，起动电流能够连续控制而且有可能实现再生制动等，对于铁路机车传动具有一定的优越性。使用时，为了防止地面信号系统发生误动作，所选用的斩波器频率要不同于地面信号用的特定频率。因此，在机车车辆上使用的斩波器应采用频率固定、调节占空比的控制方式。此外，为使车用滤波器和平波电抗器小型和轻量化，一般要尽量提高斩波器的频率并使用数个斩波器的多相多重的方法。

（4）励磁控制　直流电动机调速主要以调节电枢电压为主，同时还可采用励磁控制作为辅助调速方法。励磁控制方法通常采用弱磁起动和弱磁升速两种方式，以便在起动开始时减小牵引力、延缓起动冲击，运行期间进一步加大牵引电动机功率。

（5）晶闸管移相控制　如电力机车采用交流接触网供电，则通常采用晶闸管相控调压系统，利用晶闸管整流作用并控制其导通角，将接触网来的交流电转变成电压平均值可调的直流电，作用于直流牵引电动机，实现起制动及调速，为提高功率因数和减少对通信的干扰。相控调压一般在起制动、调速时进行。运行中，通常使晶闸管全导通。

直流传动电力机车可采用电阻能耗制动和能量可返回接触网的再生制动。对于再生制动，如果接触网为直流，通常选用斩波制动电路；如果接触网为交流，则选用网侧可控反向整流器完成能量回馈和再生制动。

103　电力机车交流传动与控制　与采用直流电动机传动的电力机车相比，三相交流传动电力机车具有极大的优越性：轴功率大、牵引粘着特性好、起动牵引力大，使机车在全部速度范围内功率都能得到充分发挥和利用，并且轴重轻、簧下重量轻，速度高，使交流传动机车能多拉和快跑，尤其适于高速及重载列车牵引，还可节省电能，降低运营成本，减小对信号和通信设备的干扰，提高可靠性与可维修性。交流传动正在成为机车牵引的主流方案。

在现代电力电子与交流调速技术未能充分发展以前，交流传动电力机车使用的控制方式有：1）采用交流换向器电动机，$16\frac{2}{3}$Hz 单相低频交流接触网直接供电；2）采用异步电动机，组合使用转子电阻控制、变极对数、级联连接的方法调速；3）采用内燃动力，通过发电机给三相异步电动机供电。

目前，交流传动机车均采用交直流接触网通过电力电子变流器给电动机供电。对于交流接触网供电的机车，绝大多数采用电压型交-直-交变流器，仅在一些市郊运输的电动车组中，部分采用电流型交-直-交变流器。对于多流制电力机车或电动车组，在进入由直流接触网供电的区段时，变流器的电路将转换为直-交变流器。有时还可以把网侧的四象限脉冲整流器电路转换为斩波器，以适当调节中间回路电压。网侧通常采用多个四象限整流器并联工作，通过牵引变压器二次绕组实现多重化，以提高电网的功率因数，降低对电网的污染。输出侧可采用组合供电方式，一台逆变器向转向架的两台电动

机供电；或独立供电方式，两台电动机由两台逆变器分别供电。前者有利于防止单轴空转。电压型变流器还可根据主电路和开关器件电压等级，采用三电平或多电平电路结构。主电路开关器件多用 GTO 晶闸管、IGBT、IGCT、IPM 等。

传动控制系统可采用转差频率闭环控制、磁场定向矢量控制、直接转矩控制等方案，其中，直接转矩控制性能最好，具有以下特点：1）系统在整个调速范围内都具有快速的动态响应（包括弱磁域）；2）特别适用于开关频率较低而动态要求高的大功率传动系统，如机车主传动；3）能补偿电网电压波动对系统的影响；4）能充分利用电动机容量，包括瞬态过载能力。此外，控制系统还具有以下基本功能：1）网侧整流器控制；2）电动机侧逆变器控制；3）列车轮对空转与滑行保护及粘着优化控制；4）变流器回路的监测与保护；5）传动单元故障检测与诊断。传动控制系统与列车级控制和机车级控制采用分级管理模式，通过列车通信网络（TCN）连为一体。

在由交流接触网供电的具有交-直-交主变流器的机车上，主要采用再生制动，机械式的闸瓦制动为辅助方式。而在完全由直流接触网供电的具有直-交主变流器的机车上，电气制动主要是采用电阻制动方式，所以在机车上还必须安装制动电阻及其冷却用通风机。

104　蓄电池车传动与控制　采用蓄电池作为动力源的电动车，在牵引重量小、行走距离短时应用较为普遍。在我国目前技术已经成熟，并进入工业及民用应用领域的有：

（1）搬运电动车辆　短途搬运电动车辆，如电动叉车、电动搬运车，广泛应用于工矿企业、仓库、码头、车站、机场等。与内燃车辆相比，具有效率高、节能、噪声低、操作灵活、维护方便、安全可靠等优点，特别是在室内搬运时不会污染商品和室内气氛，因而得到广泛应用。

该类车辆通常采用直流电动机传动，通过改变电枢电压和励磁电流而实现宽范围调速，常用方式如下：1）电枢回路串电阻有级调速。调节串联电阻阻值即可改变直流电动机电枢电压，实现速度控制。缺点是调速过程中电阻消耗电能，调速范围越宽，耗能越多。2）晶闸管斩波调速。通过控制晶闸管的导通时序，可使电动机电压为一系列脉冲，该脉冲宽度和频率均连续可调，从而使电动机端电压平均值连续可调，电动机实现无级调速。由于晶闸管为半控型器件，必须附加强迫换相电路，因此结构较复杂，存在换相损耗。斩波器工作频率不能太高（一般在 300Hz 以下），使

电流及转矩脉动较严重。3）全控型器件斩波调速。采用全控型器件（如 MOSFET、IGBT）作为开关器件，通过改变开关器件在一个周期内的导通时间，可改变电动机端电压，实现无级调速。与晶闸管斩波器相比，具有结构简单、斩波器工作频率高、调速运行平稳、节能效果更为显著等优点。

（2）电动助力车 在人力蹬踏自行车基础上，采用蓄电池动力，由于性能价格比高，适合国情，符合洁净能源的产业政策，近年来在国内得到快速发展，已开始进入商业应用阶段。

电动助力车所用电动机主要有永磁直流电动机、无刷直流电动机、印制绕组电动机三种。驱动方式有电动轮和链传动两种方式，直接驱动分前轮驱动和后轮驱动两种方式；链传动分普通方式和谐波传动方式两种。各种传动方式简述如下：1）永磁直流电动机。这种电动机体积小、效率高、易控制，作成电动轮性能较好，外形也很美观。缺点是：有刷，存在换向、维护问题，制造工艺较复杂。2）无刷直流电动机。这种电动机体积小，效率更高，但是它的控制较为复杂，整个驱动系统造价高。3）印制绕组电动机。加谐波传动减速器，中置同轴驱动。它的调速主要靠机械调速，而电动机起动后转速始终保持在一个高速范围，即将电动机控制在最高效率工作点。印制绕组电动机机电时间常数小，控制线性度好，起动转矩大，在频繁起制动工况下有性能优势。谐波传动减速比大，传动效率比较高。采用这种电动机和传动系统，可使电池小电流放电，增加一次充电的续驶里程，将系统的效率控制在较高范围内。但这种系统结构比较复杂，造价高；另外为有级调速，调速时有损耗。

电动助力车的控制方式主要有手控无级调速、机械调速、智能控制三种，以及这三种方式的结合。其中，手控无级调速控制比较简单，可靠性高；智能控制的车骑起来更接近传统车的骑行方式，不需要人为控制，但控制部件多，控制器较复杂，造价较高。

105 电动汽车电气传动系统概述 进入 20 世纪 80 年代以来，由于人类面临环境和能源问题的巨大压力，而电动汽车或电动内燃复合动力汽车可实现有害气体的零排放或少排放，因而成为研究与发展的热点。

电动汽车以车载电源为动力，用电动机驱动车轮行驶，也可同时用电源和内燃机作为动力。电动汽车对电气传动系统的基本要求是：1）基速以下大转矩，以适应快速起动、加速、负载爬坡、频繁起停等要求，基速以上小转矩、恒功率、宽范围，以适应最高车速和公路飞驰、超车等要求；2）整

个转矩/转速运行范围内效率最优，以谋求电池一次充电后的续驶距离尽可能长；3）电动机及电控装置结构坚固，体积小，重量轻，免维修或少维修，抗颠簸振动；4）操作性能符合司机驾驶习惯，运行平稳，乘坐舒适，电气系统实效保障措施完善；5）单位功率的系统设备价格尽可能低。

电气传动系统是电动汽车的心脏，它主要由电动机、电力电子变流器、传动控制系统三个部分构成。电动汽车电气传动系统主要采用交流电动机传动，常用电动机有以下几种：1）异步电动机。结构简单，坚固，便宜，标准化，噪声小，技术成熟，采用矢量控制后具有较好的控制性能，很适合于电动机车使用；2）永磁同步电动机。体积小，重量轻，效率高，低速大功率时尤为明显，不足之处是钕铁硼永磁材料价格较贵；3）开关磁阻电动机。结构简单，坚固，起动性能好，没有大电流冲击，效率高，兼具异步电动机变频调速和直流电动机调速的优点，比较适用于牵引传动，不足之处噪声大，转矩脉动大。

对于高性能电动汽车，常规驱动领域使用的调速控制方法，如磁场定位矢量控制（FOC）和直接转矩控制（DSC）仍是首选，但围绕电动车的驱动控制特点，常规控制方法需要有所改进。目前，异步电动机的矢量控制、永磁电动机的矢量弱磁控制已得到良好应用。变结构控制、模糊控制、神经网络控制以及专家系统控制等新方法不断在电动车驱动中被采用，并取得较好效果，但要成为主流控制方法，尚需更广泛实践验证。

电动汽车逆变器所用电力电子器件以 MOSFET、IGBT、MCT、SIT 为主流。控制系统则采用高速多功能微处理器和 DSP，通过软件实现全数字控制。

7.7 矿山机械

106 矿用挖掘机的传动与控制 露天矿作业的主要机械设备有矿用挖掘机和矿用自卸车。矿用挖掘机进行剥离、开采和装卸等作业，矿用自卸车用来运输煤和矿石等。

矿用挖掘机分正铲生产挖掘机（采矿型、剥离型）、步行式拉铲挖掘机、单斗液压挖掘机、轮斗挖掘机等。图 13.7-23 为采矿型正铲挖掘机。采矿型正铲挖掘机是目前有运输开采系统的露天矿的主要装卸设备，包括提升机构、回转机构和行走机构等需要传动的部分。其中提升机构所需传动功率最大。大型挖掘机的总功率可达上万千瓦。

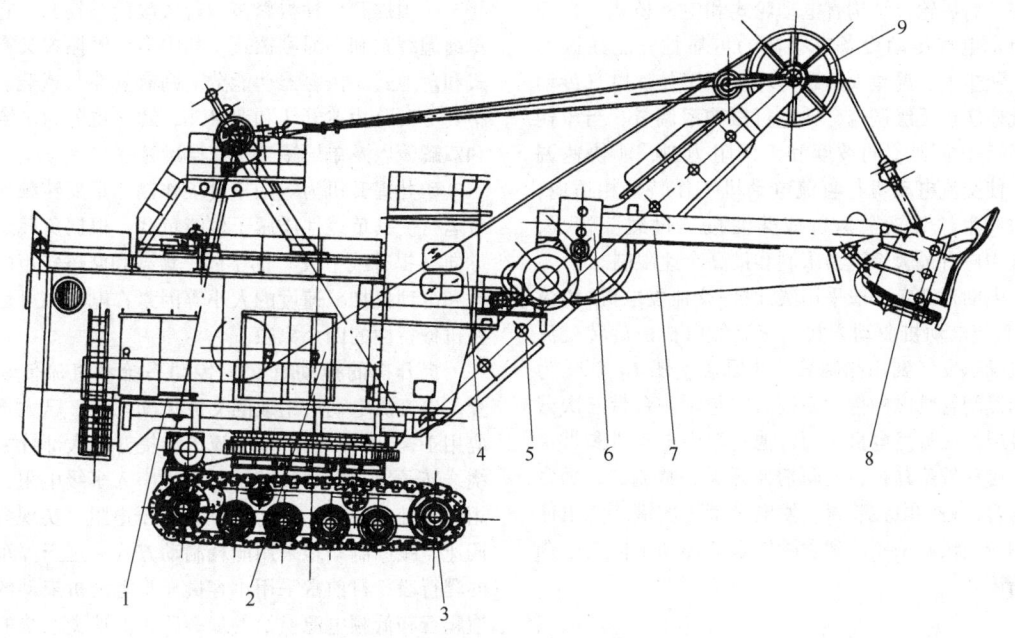

图 13.7-23　采矿型正铲挖掘机
1—回转机构　2—平台上部机构　3—行走机构　4—操纵部分
5—动臂　6—推压机构　7—头杆　8—铲斗　9—提升机构

为适应矿用挖掘机外载荷量变化频繁、振动和冲击载荷大、环境温差大等特点，要求电气传动系统具有良好的调速特性、堵转特性和环境适应能力，为此多采用直流电动机传动，采用交流电动机的调速系统也正在发展。挖掘机一般从3 000或6 000V交流电网取得电源，用软电缆引至挖掘机上，经环形集电器后送至各断路器。目前常见的矿用挖掘机直流传动供电方式见表13.7-9。因挖掘机平台上装有提升机构、回转传动装置、司机室、各种动力装置等，场地有限，因此要求电气设备紧凑、占地面积小。

表 13.7-9　矿用挖掘机供电方式

供电方式	简图	特点
交磁电机放大机或磁放大器励磁的电动-发电机组供电		设备数量多，占地面积大，旋转部分和可动触点需经常维护，效率低，但输出的直流电波形好，功率因数高，对电网干扰小
晶闸管励磁的电动-发电机组供电		设备数量较前者略有减少，维护量仍较大，效率较前者高
晶闸管整流供电		设备简化，无旋转部分和触点，减少了电力消耗，供电特性改善，但在低速大转矩时瞬时功率因数较低，对供电网有干扰

107　大型自卸车的传动与控制　大型矿用自卸车是露天采矿作业必不可少的运输设备，多年来矿用自卸车以电气传动方式为主，最大容量已发展到318t，车用柴油机功率达2 000hp(1 491.4kN)。目前液压传动方式正在发展。

电气传动自卸车均采用两台直流电动机分别驱

动左、右后轮，结构有电动轮式和电动桥式。自卸车要求电气传动设备有很高的可靠性，能在振动大、灰尘大、温差大的恶劣环境下工作。电气传动系统应实现无级调速，并进行恒功率调节。当车辆在运行中遇到不同坡度和不同阻力时，能快速调节，使交流电动机与直流电动机工作特性相适应，不致产生"欠功"运行或柴油机"过载"情况，系统中应有最大牵引力限制和最高车速限制。

电动自卸车一般采用柴油机-交流发电机+整流器-直流电动机驱动方式。交流发电机由旋转变流机组励磁发展到用晶闸管静止励磁。图 13.7-24 为采用晶闸管励磁的传动系统。它包括一台带三次谐波绕组的交流发电机，两台他励牵引电动机和带牵引、制动减速踏板，反向切换开关，整流器，励磁回路等设备的电控装置。发电机带三次谐波绕组使其响应加快。采用晶闸管励磁系统提高了恒功率调节精度。

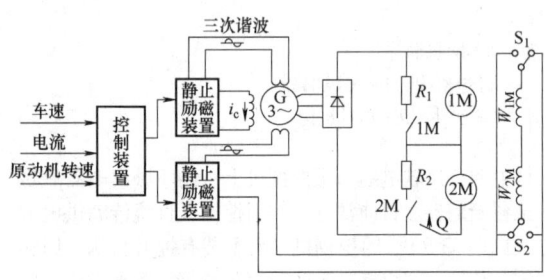

图 13.7-24　矿用自卸车电气传动系统

图 13.7-25 为系统恒功率调节部分框图，系统有功率设定，功率反馈信号由直流电动机电流值和电压值相乘而得，将功率设定值与反馈值相比较后去调节晶闸管励磁装置，从而调节了交流发电机端电压，进行功率闭环调节。

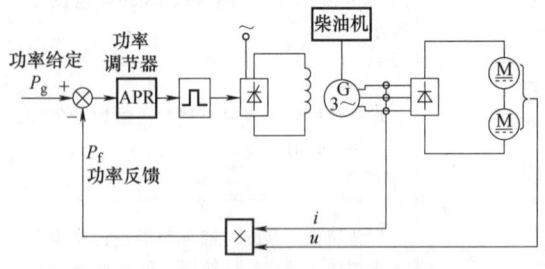

图 13.7-25　恒功率调节部分框图

108　矿井提升机的传动与控制　矿井提升机是矿山作为井上与井下运输的关键设备。它的运行性能优劣，直接影响到矿山的正常生产，而且还与设备及人身安全切相关。

矿山提升机种类繁多，若按滚筒结构分，它有单绳缠绕式和多绳摩擦式。其中多绳摩擦式又有塔式和落地式。按容器功能分，则有箕斗与罐笼。其中箕斗又分为单箕斗和双箕斗；罐笼也分为单罐笼和双罐笼以及单层罐笼和双层罐笼等。

矿井提升机为短期重复工作制，正反转频繁交替运行。其负载性质属于位能负载，根据负载运动方向（提升或下放）的不同，负载和摩擦转矩的不同和电动机加减速度的大小等因素，电动机可运行在机械特性的四个象限。

提升机的拖动有交流传动系统和直流传动系统。以交流电动机组成的交流传动系统，已大量地应用于提升机。国产的交流传动提升机大部分采用绕线转子异步电动机转子回路中串入多级电阻，利用"电流加时间"的原则切换转子电阻，实现分级调速。减速制动多采用能耗制动方式。至于停车前的爬行段，目前常采用小容量异步电动机拖动的微拖爬行和低频电源供给的低频爬行。这类系统的调速连续性差，效率低，一般仅用于容量不大、控制要求不高的单绳矿井提升机。

多绳提升机对电气传动装置的要求比单绳提升机的高。它要求运行平稳、没有冲击、调速平滑，因此多绳提升机一般均采用直流传动系统。目前。在我国基本上有直流变速机组和晶闸管变流装置两种供电方式，后者已占有主导地位。晶闸管变流装置供电的直流提升机调速系统，一般均采用电枢电流反馈为内环和测速反馈为外环的双环调节系统。可逆系统基本上采用有环流控制和无准备切换无环流控制两种方式。必须提出的是对于位势负载的提升机，不可采用无准备切换逻辑无环流系统。

随着矿井井深的延伸和提升负载的增加，大型提升机所需要的大功率直流电动机在设计制造上具有一定的难度。为此，目前已将交-交变频器供电的大功率交流传动系统用于矿井提升机。图 13.7-26 为交-交变频调速系统主电路示意图，输出的每一相都是一个两组晶闸管三相整流装置反并联的可逆线路。正反相两组按一定周期相互切换，在负载端获得交流输出电压，当电源为 50Hz 时，最大输出频率不超过 20Hz。控制系统则采用电压模型和电流模型组成矢量控制，能与直流传动系统一样获得良好的转矩调节特性。由于交流电动机结构简单，还可进一步把电动机制造成外转子形式，让外转子作滚筒，使机电合为一体，大大提高可靠性和减轻设备重量，是近年来大型提升机传动的发展趋势。

除了传动系统的可靠运行外，整个系统中的有关参量检测、监视及保护措施的完善也是至关重要的。目前国内生产的提升机，其电气方面的保护措施已由原来采用继电器或半导体逻辑单元发展为故障微机自诊断控制。

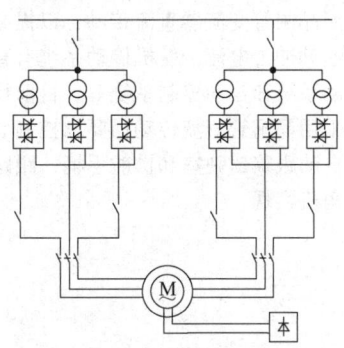

图 13.7-26　大容量提升机交-交
变频调速系统主电路示意图

7.8　其他机械

109　石油机械的传动与控制　包括钻井平台、管线、石油精炼等部门。电气设备应注意防爆，有些场合要注意防腐、防潮。海上钻井平台电气设备还应注意防盐雾等。电气设备应有很高的可靠性，能在各种恶劣环境条件下长期连续运转。

管线油泵电动机多用交流电动机，采用台数控制或台数控制加调速等方法来进行流量控制。恒速运转的机械一般用笼型异步电动机或同步电动机传动，要求调速时，一般采用绕线转子异步电动机串级调速方式，容量达数百至数千千瓦。石油精炼多用中小容量电动机来传动压缩机和泵类机械，以离心泵居多，多为恒速运转。

钻井平台中的主要机械如钻井绞车、转盘泥浆泵等要求调速，尤其是绞车，要宽调速。钻井平台分海上钻井平台和陆地钻井平台。目前海洋石油钻井几乎均采用了能指标较高、控制性能较好的自备交流电站供电、晶闸管变流器直流传动方式。电站机组为柴油机-交流发电机。许多陆用钻机也采用了这一方式。

钻井平台电气控制系统正在向计算机控制系统发展。采用微型计算机进行原动机/发电机电站控制和传动系统控制，具有晶闸管数字触发、系统运转前自检、故障诊断与指示、保护和运转程序逻辑控制等功能。

图 13.7-27 为自升式钻井平台供电系统典型实例。主发电机一般不全部投入，至少有一台备用。

应急发电机安装在平台高处，主电源于失电后数十秒钟内，由蓄电池-电动机自动起动。对通信、信号、消防和部分照明设备供电。两台变压器供一般船用设备供电。系统具有工况切换功能，投入最少台数晶闸管装置，满足起、下钻和钻进等各种工况需要，并能在设备故障时，至少能活动钻具和使泥浆循环。钻井设备要充分考虑互换性，不同用途尽量采用相同规格的设备。钻井深度和用途不同时，所需电动机功率也不同，一般用多台容量为 600kW左右的电动机传动。钻井深度为 3 000～4 500m 级的钻机，其钻井绞车用 2 或 3 台电动机传动，泥浆泵用 2 台电动机传动。电动机应为防爆型。

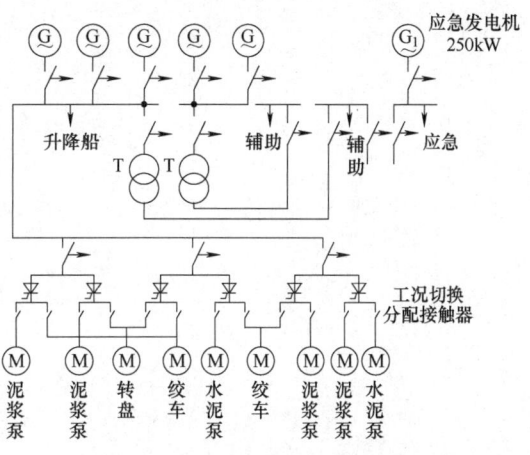

图 13.7-27　自升式钻井平台供电系统
G—交流发电机　M—直流电动机　T—变压器

钻井平台动力系统是一个小电网，钻机晶闸管装置容量占有较大比例，工况复杂，对晶闸管装置产生的谐波、功率因数和无功冲击等问题应予以考虑。如设置谐波和功率因数补偿装置、对自备发电机作特殊设计等。

110　船舶电气传动与控制　船用电气设备应能适应下列海上工作环境条件：1）冷却介质温度应考虑：冷却空气为 40～45℃（旋转电动机为 45～55℃），一次冷却水为 25～30℃，赤道水域温度最高；2）相对湿度一般取 95%；3）电气设备不能被海水飞沫和油雾所腐蚀和使绝缘恶化；4）当船身有摇摆和倾斜时，设备不应发生故障，旋转电动机安装应使其轴与船首尾方向平行；5）在振动频率为 1～10Hz，振幅为 1.5mm 的一般船身振动下能正常工作；6）电气设备不应对无线电通信装置产生有害干扰。

船用电动机通常为防滴式或全封闭它扇冷式，装于露天甲板上的电动机应为甲板防水型。船用电动机以坚固和易于维护的笼型电动机为多。

　　船舶推进主机多为汽轮机或柴油机，也有采用电力推进的。大型船舶的电力推进多为同步发电机-同步电动机的交流方式，通过调节原动机转速，实现变频调速。直流电力推进用于破冰船、拖轮、电缆敷设船等，多以柴油机为原动机，由直流发电机或晶闸管变流器作直流电动机电源，直流推进调速范围宽，能进行恒功率或恒电流控制。

　　船舶辅机有舵机、锚机和系缆绞盘机、起重机和起货绞车等，有交直流两类传动系统。直流传动多用复励电动机，切换电阻分级起动，交流传动一般采用变极电动机，进行变极调速，由主令控制器操作。系统应有堵转特性和过载保护，防止锚链、缆绳等因张力过大而崩断。大吨位的甲板起重设备目前多采用晶闸管变流器直流传动，以提高装卸性能和减少起动冲击电流。舵机传动系统有直接控制系统、随动系统和自动控制系统等。目前操舵装置有许多也采用晶闸管直流传动，要求控制装置能控制舵角，自动跟踪驾驶室和操舵手柄，跟踪方式多采用自整角机实现。

第8章 电气传动控制设备

8.1 电气传动控制设备的设计

111 定义与分类 电气传动是用以实现生产过程机械设备的电气化及自动控制的电气设备及系统的技术总称。控制设备是以控制用电设备的开关电器与控制、测量、保护和调节装置组合，以及上述电器和装置与互相连接部分、辅件、外壳和支持件的成套设备的通称。

电气传动控制设备（简称电控设备）是电气传动用的控制设备（有时也包括在控制系统中起末级放大作用的供电电源）。

按照使用对象的不同，电控设备分为 8 类（JB/T 3750—1984）：1）一般工业交流传动设备；2）一般工业直流传动设备；3）冶金机械传动设备；4）矿山机械传动设备；5）起重机械传动设备；6）传动辅助设备；7）自动化电气控制设备；8）控制单元及专用器件。

按组成设备的主要元器件及控制方式的不同，电控设备可划分为三大类型：1）低压电器组成的电控设备；2）装有电子器件的电控设备；3）自动化电气控制设备。

112 电控设备用的主要标准 电控设备应执行的主要标准参见第 1 篇第 3 章。

113 元器件的布置 装置中元器件的布置要从有利于工作、安全可靠、操作方便、维修更换元器件容易、易于读数和观察、整齐美观等因素综合考虑：1）显示仪表和指示灯宜装于装置的上部，且要注意观察时视线不能受到阻碍；2）多台装置组合在

一起时，应将铭牌及表征各台装置的名称或用途的指示牌装于面板的最上部；3）操作电器的手柄必须易于接近，应安装在离地面（或维修站台）之上 0.6~1.9m 处；4）对外接线用端子一般装在最下部，但应离站台面（指操作、维修人员站立的面）之上至少 0.2m，同时要考虑易于进行接线；5）发热较大的元件（如片形电阻等）宜装于装置内最上部。散发热量很大的元件（如起动电阻器、大功率变流器件等）应单独安装，必要时应采用风冷或其他冷却方式进行强迫冷却。如与其他器件装在一起时，应保证其他器件的温升保持在其允许的范围内；6）弱电与强电元器件同装在一个装置内时，应对弱电元器件采取必要的隔离或屏蔽措施，以防电磁干扰。图 13.8-1 表示一般电气元器件的推荐布置区域。

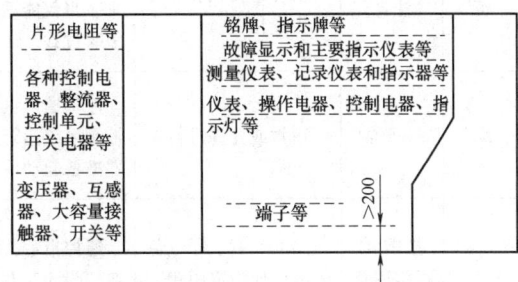

图 13.8-1 装置中一般电气元器件的布置

114 操作件的操作方向 布置操作件时，操作件的操作方向应尽可能和设备的运动方向及其效应相适应。表 13.8-1 列出了操作件的操作方向与其对应的最终效应关系。图 13.8-2 为按钮的排列。

表 13.8-1 操作件的操作方向及其对应的效应

操作件类型	操作方向	对应的效应
旋转运动： 手轮、手柄、旋钮	顺时针旋转	物理量增加、起动、开通
	逆时针旋转	物理量减少、停止、断开
直线运动： 把手、操作件	向上↑、向右→、向前（向着操作者）	投入运行、起动、加速、闭合电路，执行部件向上运动、向右运动、向前运动
	向下↓、向左←、向后（向着操作者）	退出运行、停止、减速、分断电路，执行部件向下运动、向左运动、向后运动

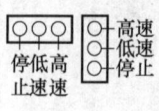 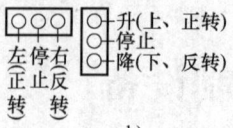 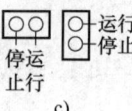

图 13.8-2　按钮排列

a）三个按钮停止按钮在一端

b）三个按钮停止按钮在中间　c）两个按钮

115　指示灯和按钮颜色　指示灯、按钮颜色及其含义见表 13.8-2。对于按钮，"停止""断电"或"事故"用红色；"起动"或"通电"优先选用绿色，允许用黑、白或灰色；交替按压后改变功能的用黑、白或灰色；电动或微动时，优选黑色，也可用白、灰或绿色；复位按钮，用蓝、黑、白或灰色；同时用作停止或断开的复位按钮用红色。

表 13.8-2　指示灯、按钮颜色及其含义

颜色	指示灯			按钮	
	含义	说明	举例	含义	举例
红	危险或告急	有危险或需立即采取行动	润滑系统失压，温度已超（安全）极限，因保护器件动作而停机，有触及带电和运动部件的危险	处理事故	紧急停机，扑灭燃烧
				"停止"和"断电"	正常停机，停止电动机运行，装置局部停机，切断开关，带有"停止"、"断电"功能复位
黄	注意	情况有变化和即将发生变化	温度（或压力）异常，当仅能承受允许的短时过载	参与	防止意外情况，参与抑制反常状态，避免不需要的变化（事故）
绿	安全	正常或允许进行	冷却通风正常，自动控制系统运行正常，机器准备起动	"起动"或"通电"	正常起动，起动电动机，接通一个电控装置（投入运行）
蓝	按需要指定用意	用红、黄、绿三色外的任何指定用意	遥控指示，选择开关在"设定"位置	上列颜色未包含的任何用意	
白	无特定用意	不能确切用红、黄、绿时		无特定用意	除单功能的"停止"或"断电"按钮外的任何功能
黑，灰					

116　导线及其配线　电控设备中应根据裸导线、母线和绝缘导线的颜色来标志和识别导线，或根据电路去选择导线颜色。电控设备的导线颜色见表 13.8-3。

表 13.8-3　电控设备的导线颜色

导线颜色	所标志的电路
黑	装置和设备的内部布线
棕	直流电路的正极
红	交流三相电路的第三相，晶体管的集电极，半导体二极管、整流二极管或晶闸管的阴极

（续）

导线颜色	所标志的电路
黄	交流三相电路的第一相，晶体管的基极，晶闸管和双向晶闸管的门极
绿	交流三相电路的第二相
蓝	直流电路的负极，晶体管的发射极，半导体二极管、整流二极管和晶闸管的阳极
淡蓝	交流三相电路的中性线，直流电路的中间线
白	双向晶闸管的主电极，装置及设备内部无指定用色的半导体电路的布线
黄-绿双色	保护接地线
红、黑色并行	用双芯导线或双根绞线连接的交流电路

注：整个装置及设备内部布线有混淆时，允许选指定用色外的其他颜色（如橙、紫、灰、绿蓝和玫瑰红等）。

确定导线粗细时，必须考虑载流量、短时过电流容量、电压降、机械强度等因素。绝缘导线的额定电压应与电路的额定电压和对地电压相适应。必要时，用于较高工作电压导线应采取绝缘措施。铜芯塑料绝缘导线的允许载流量见表 13.8-4。铜母线的允许载流量见表 13.8-5。

表 13.8-4　铜芯塑料绝缘导线的允许载流量

环境温度 /℃	导线截面积/mm^2											
	1	1.5	2.5	4	6	10	16	25	35	50	70	95
25	18	22	30	40	50	75	100	130	160	200	255	310
30	17	20	28	37	47	70	93	121	149	186	237	288
35	15	19	25	33	43	64	85	110	136	170	216	263
40	14	17	23	30	38	57	76	99	122	152	194	236

注：表中系单根导线载流量，如电线成捆或在行线槽中布线，建议按表中 1/2 载流量选择导线。

表 13.8-5　铜母线的允许载流量（环境温度为 45℃）

厚/mm×宽/mm	3×20	4×30	4×40	5×50	6×60	6×80	8×80	(8×80) ×2
电流/A	204	352	463	636	833	1 095	1 251	1 939

注：当平装时，60mm 宽以下母线，应减少电流 5%；60mm 宽以上母线，应减少电流 8%。

配线时，一般采用将导线捆扎成束或将导线安放在行线槽内的配线方式，也有将器件的接线端按最短距离直线连接形成不规则如蜘蛛网式的配线方式。

接线可采用绕接、压接和焊接，优先推荐用绕接。压接应尽可能采用专用的接线头进行连接，以保证每个接线头都可靠连接。尽可能不用焊接，尤其是在正常运行期间要承受很大振动的场合，则不允许用焊接。

通往运动部件（如门等）的导线必须用软线，而且要在这些导线的固定侧和活动侧两端分别用机械方法（如夹板）加以固定，绝不能依靠接线端子板的连接端作固定用。运动部件活动时，使导线产生的弯曲半径至少应是该束导线外径的10倍。

117　散热及通风　对于装有电力电子器件的电控装置，通常需要为电力电子器件设计或选配散热器。其原则是保证器件在最严重的发热条件下，结温（或规定点的外壳温度）不超过额定值。设计时，可根据给定的最大集电极耗散功率来确定散热器型式和尺寸。散热器的热阻 R_{sa}（℃/W）可用下式算出：

$$R_{sa} = \frac{T_j - T_a}{P_{cm}} - R_{jc} - R_{cs}$$

式中　T_j——器件结温（℃）；

T_a——环境温度（℃）；

P_{cm}——器件集电极最大耗散功率（W）；

R_{jc}——器件从结到外壳的热阻（℃/W）；

R_{cs}——器件外壳到散热器的热阻（℃/W）。

由计算出的热阻，查有关散热器的"热阻-散热器包络体积曲线"即可选择散热器。

通风冷却用风道有三种形式：1）串联式风道；2）并联式风道；3）混联式风道。图 13.8-3 为其示意图。串联式风道结构简单，但风道各层散热器通过的风速不等，且各层散热器进口风温不等，散热器的流阻大，高压低噪声风机不易制造，小功率器件常采用这种形式。并联式风道因每条路径的流阻相等，故各层进风口风温和经过各散热器风速大致相等，提高了冷却效果，但体积较大。混联式风道与串联式风道在层间漏风较大的情况下相似。选择风机应根据所需的风量及风压要求，并要考虑风机的效率和噪声。

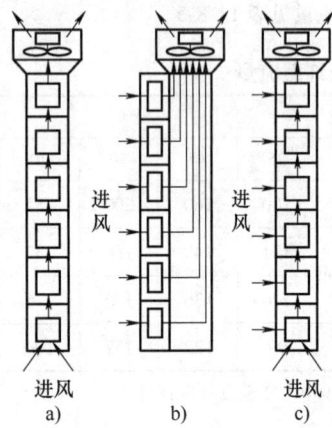

图 13.8-3 三种风道的示意图
a）串联式 b）并联式 c）混联式

风机所需的风量 q_v（m^3/h）可根据热平衡方程式求得

$$q_v = \frac{3\,600P}{c\rho\Delta T}$$

$$P = nP_{AV}$$

式中 P——风道总发热功率（W）；

n——风道中器件数；

P_{AV}——器件通态损耗功率（W）；

c——空气比热容[J/(kg·K)]，$c = 1.02 \times 10^3$J/（kg·K）；

ρ——空气密度（kg/m^3），$\rho = 1.05$kg/m^3；

ΔT——风道进出口风温差（K），一般取 $\Delta T = 5$K（也可按设计需要确定 ΔT 值）。

风压应为器件的总流阻 H（Pa），即

$$H = m\Delta P$$

式中 m——风道层数；

ΔP——散热器流阻（Pa）。

选择风机时，按风量和风压的计算值分别附加 10% ~ 20%。

8.2 结构与防护

118 结构类型 电控设备的结构类型可分为控制屏、控制柜、控制箱、控制台等几种，各类结构的侧面形状见图 13.8-4。

按照防护型式可分为开启式和防护式，除图 13.8-4a 所示的屏式结构为开启式以外，其他均为防护式。开启式的屏式结构简单经济、维修方便。但由于其无防护（防护等级为 IP00），必须装设在空气清洁的专用主电室（或配电间）内，如轧机、高炉、提升机等用的电控设备。随着对人身安全保护及防护要求的不断提高，近几年来这种无防护的开启式结构已较少采用。

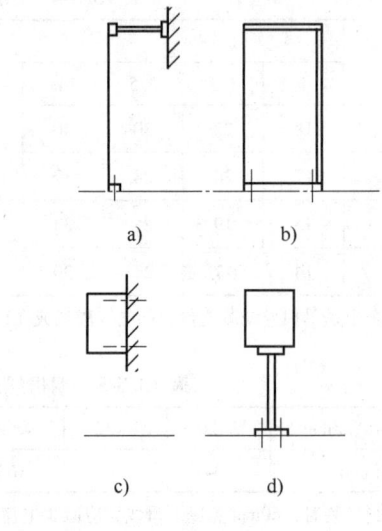

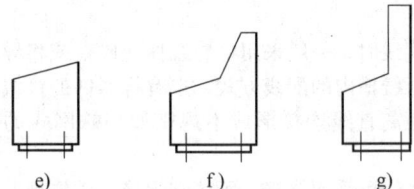

图 13.8-4 电控设备各类结构的侧面形状
a）屏式（开启式） b）柜式 c）挂墙箱式
d）支架箱式 e）写字台式 f）操作台式
g）实验台式

119 防护等级 电控设备的结构防护，应根据不同的要求采取相应的措施，使之满足安全和可靠使用的要求。主要是从电控设备外壳结构上采取措施，一般从防固体异物进入和防水两个方

面来考虑外壳防护措施的等级。表示防护等级的代号由特征字母 IP 后附加两个特征数字组成。第一个特征数字表示防固体异物进入外壳，第二个特征数字表示防水。如果仅需用一个特征数字表示防护等级时，被省略的数字必须用"×"代替。外壳防护等级特征数字的含义见表 13.8-6。

表 13.8-6　防护等级特征数字的含义

特征数字	第一位特征数字表示的防护等级		第二位特征数字表示的防护等级	
	简述	含义	简述	含义
0	无防护	没有专门防护	无防护	没有专门防护
1	防大于 50mm 的固体异物	能防止直径≥50mm 的固体异物进入壳体内　能防止人体的某一大面积部分（如手）偶然或意外地触及壳内带电部分或运动部件　不能防止有意识的接近	防滴	滴水（垂直滴水）无有害影响
2	防大于 12mm 的固体异物	能防止直径≥12mm 长度≤80mm 的固体异物进入壳内　能防止手指触及壳内带电部分或运动部件	15°防滴	当外壳从正常位置倾斜度在 15°以内时，垂直滴水无有害影响
3	防大于 2.5mm 的固体异物	能防止直径≥2.5mm 的固体异物进入壳内　能防止厚度（或直径）≥2.5mm 的工具、金属线等触及壳内带电部分或运动部件	防淋水	与垂直成 60°范围以内的淋水无有害影响
4	防大于 1mm 的固体异物	能防止直径≥1mm 的固体异物进入壳内　能防止厚度（或直径）≥1mm 的工具、金属线等触及壳内带电部分或运动部件	防溅水	任何方向溅水无有害影响
5	防尘	不能完全防止尘埃进入，但进入量不能达到妨碍设备正常运转的程度	防喷水	任何方向喷水无有害影响
6	尘密	无尘埃进入	防猛烈海浪	猛烈海浪或强烈喷水时，进入外壳水量不致达到有害程度
7	—	—	防浸水影响	浸入规定压力的水中经规定时间后进入外壳水量不致达到有害程度
8	—	—	防潜水影响	能按制造厂规定的条件长期潜水

注：本表中"简述"一栏不作为防护型式的规定。

120　接地和接零　电控设备常见的接地有三种：1）保护接地。设备的金属壳体与大地直接连接，以免危及操作人员的安全，相应的接地线称为保护地线；2）系统接地。接地的目的是为系统各部分提供稳定的基准电位，要求接地回路的公共阻抗尽可能小，相应的接地线称为系统地线；3）屏蔽接地。电缆、变压器等屏蔽层的接地，目的是抑制电磁干扰，相应的接地线称为屏蔽地线。

（1）保护接地常用两种方式　保护接零和保护接地，根据电气设备的配电系统接地方式决定。1）保护接零。适用于三相四线制中性点接地的配电系统中，将用电设备外壳与零线连接，当外壳与某相线接触时，该相将有很大的短路电流通过，使保护电器动作，切断电源。该方式广泛用于低压动力、照明及小容量控制设备的配电系统中，应注意零线与保护地线分开配置；2）保护接地。适用于三相四线制中性点不直接接地或不接地的配电系统中，将用电设备外壳与大地连接，如中性点不接地的供电变压器或独立的发配电系统，必须有接地监视器。该方式干扰影响小，适于控制设备采用。同一配电系统只能采用一种接地保护方式。

（2）系统接地　通常在装置内部采用放射式或

干线式一点接地方法（适用于低频电路）；平面式多点接地方法（适用于 30MHz 以上高频电路）；转换式接地方法，即低频直接接地，高频通过电容接地或高频直接接地，低频通过电感接地（适用于混合电路）。系统地线接地方式有三种：1）浮地方式。各电子装置的系统地连接，但与大地绝缘，即悬浮方式，适用于机电控制、无模数转换、低增益低速的小型控制设备；2）共地方式。系统地直接接大地，适用于大规模或高速电控装置；3）电容接地方式。系统地经过数微法电容接大地，适用于系统地与大地可能有直流或低频电位差的设备。

（3）屏蔽接地通常采用下列方式　1）低频信号电缆采用一端接地，一般在控制装置侧接地；2）高频敏感信号电缆，屏蔽层两端接地；3）热电偶传感器电缆，在被测装置侧接地；4）双重屏蔽电缆，外屏蔽层接屏蔽地，内屏蔽层接系统地；5）交流进线电缆，屏蔽层接保护地；6）进线滤波器外壳接保护地；7）电源变压器的屏蔽层接保护地，如有二次屏蔽层则接系统地或屏蔽地；8）晶闸管脉冲变压器的屏蔽层接保护地，如有二次屏蔽层则接晶闸管阴极。

电控装置及成套设备的接地系统通常采用：

1）浮地系统。系统地线悬浮，保护与屏蔽地线接大地，适用于机电控制装置及小型低速控制装置；2）共地系统。系统地、保护地、屏蔽地共接于装置的同一个接地端子，适用于独立的小型高速控制装置；3）接地母线系统。将每个装置的三种地线分别接到设备的接地母线，各接地母线分别接大地或一起接地，适用于大型设备、组合装置及强弱电混合的独立装置。

8.3　可靠性与抗干扰

121　可靠性设计　可靠性是衡量电控设备性能好坏的一个重要指标。为达到设备所要求的可靠性指标，必须在设计、研制、生产及使用等各个阶段制定周密的可靠性计划，进行严格的可靠性管理、设计和试验。其中，可靠性设计是可靠性技术中最为关键的一环，因为产品的固有可靠性主要取决于设计的好坏，可靠性设计就是要研究确定产品的数学模型；研究可靠性指标的合理分配；研究冗余方法、热储备或冷储备方法以及其他把可靠性设计到产品中去的有关工作。表 13.8-7 列举了电控设备设计时提高可靠性的一些要点。

表 13.8-7　电控设备可靠性设计要点

序号	项目	提高可靠性的要点
1	元器件选择	选择 MTBF 值高的元器件 加大安全系数、减低元器件的"工作应力"（如采取降低定额使用、减小元器件工作时承受的电压、电流、温升等），可使 MTBF 低的元器件提高 MTBF 值 将元器件通过过应力试验（如进行加速老化试验等）筛除 MTBF 值小的元器件
2	接触（接触器和继电器的触头等）	提高触头工作电压，一般采用 48V 以上电压 电压过低或电流很小的场合，应采用密封触头或金触头
3	抗干扰	提高设备的抗干扰能力
4	雷击过电压	对容易接受雷击的电路（特别是户外连接的一些仪器或装置）应装设避雷器 普通设备的接地线和电子设备的接地线应分开
5	系统结构	采用分级系统或分散装置 采用冗余技术，重要部位可采用两种或多种元器件或子系统来完成同一功能 采用快速切换的冷储备子系统
6	故障显示和诊断	采用完善的故障显示装置，及时发现故障部位或原因，便于迅速处理故障 采用自诊断系统，对系统适时地进行检测和诊断，实现故障的预测和预报
7	系统的保护	尽量完善系统的保护，限制和缩小故障范围，易于进行处理
8	环境	应充分考虑使用现场的环境条件（如温度、湿度、气压、机械环境条件、空气的污染程度等），针对不同的条件采取必要的防护结构

此外，在进行可靠性设计时还要注意"等强度原则"，即应根据元器件的使用情况及重要性合理地分配各自的可靠性指标，使得组成设备的各种元器件在可靠性方面总体达到均衡，这样才能以最经济的方法得到最高的设备可靠性。

122 抗干扰设计 电控设备的抗干扰设计主要有两个方面：1）将设备本身产生的电磁干扰减小到最低程度，特别是对电网造成的干扰应不超过电业部门所规定的限度；2）提高设备对外来干扰的抑制能力，使设备能在一定的干扰条件下可靠地工作。设计时，主要遵循下列三个原则：1）抑制

噪声源，直接消除干扰产生的原因；2）切断电磁干扰传递的途径，或者提高传递途径对电磁干扰的衰减作用，以消除噪声源和受扰设备之间的噪声耦合；3）加强受扰设备抵抗电磁干扰的能力，降低其噪声敏感度。

抗干扰技术的基本方法都是基于上述三原则进行的，表 13.8-8 列出了最基本的抗干扰措施供设计参考。根据设备的具体工作要求和电磁环境，通常需要多种措施并列采用，并且在产品设计、制造、安装和使用的全过程采取相应的措施，才能得到满意的抗干扰效果。

表 13.8-8 最基本的抗干扰措施

措施	适用范围	方式
电路/器件	旋转机械	采用 *RC*、*LC* 滤波器等
	继电器等感性负载	采用 *RC*、二极管等
	电子电路	采用旁路电容器、压敏电阻、积分电路、光隔离器等
滤波	电源回路	用常模、共模滤波器、铁氧体磁珠、电源变压器，非线性电阻器等
	信号回路	用共模滤波器、传输滤波器等
屏蔽	壳、套、罩	用机壳、盒、箱、屏蔽网、板、室等
	封装插件	用衬、垫圈、密封材料等
布线	配线	用分类走线、屏蔽线、绞合线、同轴电缆等
	连接器	用带屏蔽的接插件、滤波连接器等
接地	结构（件）	通过建筑物、机房、柜、箱、屏、底盘等接地
	电路、导线	各种电缆的外皮接地

8.4 电控设备的使用与维护

123 使用要点

1）对各电控设备应有完整的技术图样资料，供掌握基本原理；有完整的调试数据，供维护参考；有尽可能完备的仪器仪表及检修工具，并掌握其使用方法；有运行操作规范和检修规范，严格执行规范。

2）运行时，应先接通控制电源，再接通电动机励磁电源，起动风机、油泵、水泵及其他辅助设备，接通主电路进线开关，在系统完全正常的情况下，最后接通电动机回路主开关；停止运行时，应先断开电动机回路主开关，再断开主电路进线开关，停止风机、油泵和水泵等辅助设备，最后断开控制电源。

3）系统运行时，如果需测量控制单元各点工作电压，应使用高阻抗电压表。使用万用表时，需

特别注意不要误用电阻档、电流档和其他档测量电压，以免造成被测点短路，进而引起系统故障。用示波器测量波形也应用高输入阻抗探头，必要时将被测点经运算放大器隔离后再用示波器测量；严禁用同一台示波器同时测量强电和弱电信号，以免引起短路。测试高压回路时要注意人身和设备安全，测试人员要带高压绝缘手套，站在绝缘橡胶板上进行测试，必要时应对示波器采取安全接地措施，或将示波器用绝缘板垫起，以提高其对地耐压水平。

4）任何情况下应避免带电插拔控制单元和其他可插拔电子元器件。

5）应配备适量的备用控制单元、电子元器件和各种电器元件，重要设备应有离线备用电控系统。

6）当系统发生故障时，应根据不同情况分别进行处理，并及时修复更换下来的单元。对于现代化的电控系统，应尽量配备故障自诊断系统，以便及时发现和处理故障。

124　定期维护注意事项　1）各种元器件安装及接线紧固螺钉应在设备投入运行 3~6 个月后普遍紧固一次，以后每年检查一次；2）对连线焊接处，应经常检查有无虚焊、脱焊或被腐蚀的地方，发现问题及时处理；3）每隔一定时间应对各种具有触头电器的触头清理一次，对磨损严重的应予以更换。低压断路器、接触器等带负载跳闸后，应及时检查主触头有无损伤；4）在清理控制单元上的灰尘时，应采用吸尘的方法，禁止用布或毛刷直接清理。避免用手接触单元接插件的导体部分，以免因汗液、油污等造成接插件接触不良；5）定期清扫空气过滤器、风道和风机等通风散热设备，保证通风散热良好；6）定期检修润滑系统，更换润滑油脂（包括电控柜上的风机轴承）；7）经常检查电动机火花、噪声及振动情况，检查绕组及轴承温度是否正常；清理电刷，对磨损严重的应予以更换；8）定期检测各电控装置的绝缘电阻，检查接地端电阻；9）定期检查各种操作电器及给定电位器，对接触不良及磨损严重的电器及时予以更换；10）每隔一年应对各种保护电器的动作值检查一次，确保动作正确；11）每年对控制单元的整定值检查一次，发现参数变化较大时，应仔细查找原因，慎重处理；12）定期检查变流器的输出波形、脉冲相位和管压降是否正确。对于并联和串联器件的整流设备，应定期参照原数据检查均流、均压情况。

参 考 文 献

[1]　陈伯时. 电力拖动自动控制系统[M]. 北京：机械工业出版社，1992.

[2]　陈伯时. 自动控制系统[M]. 北京：机械工业出版社，1981.

[3]　Leondhard W. Control of Electrical Drives[M]. [S. L.]：Springer-Verlag，1985.

[4]　张明达. 电力拖动自动控制系统[M]. 北京：冶金工业出版社，1983.

[5]　冯信康，杨兴瑶. 电力传动控制系统原理与应用[M]. 北京：水利电力出版社，1985.

[6]　周德泽. 电气传动控制系统的设计[M]. 北京：机械工业出版社，1985.

[7]　陈广洲. 电子最佳调节原理[J]. 电气传动，1973（4）.

[8]　陈广洲. 最佳调节理论在工程上的应用[J]. 电气传动，1973（4）.

[9]　陈广洲. 电子最佳调节的试验和补充[J]. 电气传动，1974（3,4合刊）.

[10]　陈广洲. 电子最佳调节的饱和超调及其抑制[J]. 电气传动，1980（1）.

[11]　陈伯时. 直流传动系统调节器工程设计方法中一些问题的探讨. 中国自动化学会电气自动化专业直流传动讨论会论文[C]. 1983.

[12]　《机械工程手册》《电机工程手册》编辑委员会. 电机工程手册：第8卷第1、2篇[M]. 2版. 北京：机械工业出版社，1997.

[13]　王离九，黄锦恩. 晶体管脉宽直流调速系统[M]. 武汉：华中理工大学出版社，1988.

[14]　刘竞成. 交流调速矢量变换控制[M]. 上海：上海交通大学出版社，1988.

[15]　何冠英. 电子逆变技术及交流电动机调速系统[M]. 北京：机械工业出版社，1985.

[16]　佟纯厚. 近代交流调速[M]. 北京：冶金工业出版社，1985.

[17]　郭庆鼎，王成元. 异步电动机的矢量变换控制原理及应用[M]. 沈阳：辽宁民族出版社，1988.

[18]　Bose B K. Power Electronics and AC Drives[M]. [S. L.]：Prentice-Hall，1986.

[19]　顾绳谷. 电机及拖动基础[M]. 北京：机械工业出版社，1980.

[20]　刘竞成. 异步电动机的矢量变换控制[J]. 自动化与仪器仪表，1981（2）.

[21]　陈伯时. 变频调速系统的矢量变换控制[J]. 上海工业大学学报，1984（4）.

[22]　沈德耀. 交流传动矢量控制系统[J]. 中南工业大学学报，1987.

[23]　Taniguchi K. Application of a power Chopper to the thyristor Scherbius[J]. IEE Proceedings，Vol. 133 pt. B，1986（4）.

[24]　段文泽，童明淑. 电气传动控制系统及其工程设计方法[M]. 重庆：重庆大学出版社，1989.

[25]　任兴全. 电力拖动基础[M]. 北京：冶金工业出版社，1982.

[26]　刘竞成. 交流调速系统[M]. 上海：上海交通大学出版社，1984.

[27]　苏彦民，等. 交流调速系统的控制策略[M]. 北京：机械工业出版社，1997.

[28]　鲍斯 B K. 电力电子与交流传动[M]. 朱仁初，等译. 西安：西安交通大学出版社，1990.

[29]　天津电气传动设计研究所. 电气传动自动化技术手册[M]. 2版. 北京：机械工业出版社，2005.

[30]　中国电工技术学会电控系统与装置专业委员会. 风机水泵交流调速节能技术[M]. 北京：机械工业出版社，1990.

[31]　许广锡. 新型多电平多电压制高压大功率变换器应用技术的研讨. 第九届全国电气自动化电控系统学术年会[C]. 1998.

[32]　竺伟，等. 高压变频调速技术. 第九届全国电气自动化电控系统学术年会论文[C]. 1998.

[33]　沈安文，等. 能量可逆的双 PWM 异步电动机传动

系统. 第九届全国电气自动化电控系统学术年会论文[C]. 1998.

[34] 胡纲衡, 等. 完美无谐波中、高压变频器的原理和实现. 第八届全国电气自动化电控系统学术年会论文[C]. 1996.

[35] 机械工业部起重运输机械研究所. 机械工程手册第 68 篇: 运输机械[M]. 北京: 机械工业出版社, 1982.

[36] 洛阳矿山机械研究所. 机械工程手册第 66 篇: 矿山机械[M]. 北京: 机械工业出版社, 1982.

[37] 上海航道局. 船舶电工手册[M]. 上海: 上海人民出版社, 1975.

[38] 日本电气学会. 电工技术手册. 第四卷[M]. 天津电气传动设计研究所, 译. 北京: 机械工业出版社, 1984.

[39] 湘潭牵引电器研究所. 电机工程手册第 33 篇: 工矿电机车[M]. 北京: 机械工业出版社, 1982.

[40] 黄济荣. 电力牵引交流传动与控制[M]. 北京: 机械工业出版社, 1997.

[41] 赵小刚, 等. 我国发展交流传动电力机车技术模式的探讨[J]. 机车电传动, 1998 (4).

[42] 张千帆, 等. 国内电动助力车研究概况及展望[J]. 微电机. 1999 (3).

[43] 王正元, 等. 微处理器控制 VDMOS 直流斩波调速器. 第六届全国电力电子学术年会论文[C]. 1997.

[44] 詹宜巨, 等. 电动车技术发展及前景展望[J]. 电气传动, 1997 (5).

[45] 杨竞衡, 等. 电动汽车的电气传动系统[J]. 电气传动, 1999 (4).

[46] 赵文春, 马伟明, 胡安. 电机测试中谐波分析的高精度 FFT 算法[J]. 中国电机工程学报, 2001, 21 (12): 83-87.

[47] 潘文杰. 傅立叶分析及其应用[M]. 北京: 北京大学出版社, 2000.

[48] 郑健超. 电力前沿技术的现状和前景[J]. 中国电力, 1999, 32 (10): 9-14.

[49] Mattavelli P. Synchronous-Frame Harmonic Control for High-Performance AC Power Supplies [J]. IEEE Transactions on Industry Applications, 2001, 37(3): 864-872.

[50] Buso S. Uninterruptible Power Supply Multiloop Control Employing Digital Predictive Voltage and Current Regulators[J]. IEEE Transactions on Industry Applications, 2001, 37(6): 1846-1854.

[51] 李永东. 交流电机数字控制系统[M]. 北京: 机械工业出版社, 2003.

[52] 张燕宾. SPWM 变频调速技术[M]. 北京: 机械工业出版社, 2005.

[53] Rashid M H. 电力电子技术手册[M]. 陈建业, 等, 译. 北京: 机械工业出版社, 2004.

[54] 黄立培. 电动机控制[M]. 北京: 清华大学出版社, 2004.

[55] Bose B K. 现代电力电子学与交流传动 [M]. 王聪, 等译. 北京: 机械工业出版社, 2005.

第 **14** 篇

通信

主　　编　王海云（新疆大学电气工程学院）

　　　　　宋国兵（西安交通大学电气工程学院）

副 主 编　王维庆（新疆大学电气工程学院）

参　　编　常仲学（西安交通大学电气工程学院）

　　　　　张晨浩（西安交通大学电气工程学院）

　　　　　常娜娜（西安交通大学电气工程学院）

　　　　　徐瑞东（西安交通大学电气工程学院）

　　　　　武家辉（新疆大学电气工程学院）

　　　　　侯俊杰（新疆大学电气工程学院）

主　　审　王　萍（西安交通大学电信学部信息与通信工程学院）

责任编辑　吕　潇

第1章 通信系统理论基础

1.1 信源及其度量

1 信源 信源是消息的来源，通常消息是非电的，语音、文字、图形、图像等都是消息。信息是消息中包含的有效内容，是事物现象及其属性标识的集合。不同形式的消息可以包含相同的信息。信号是消息的载体，来自信源的消息转变成随时间变化的电信号，才能在通信系统中传输。

2 信息量 信息量是信息多少的量度。假设信源是由 q 个离散符号 $S_1, S_2, \cdots, S_i, \cdots, S_q$ 所组成的符号集合，集合中的每个符号是独立的，其中任一符号 S_i 对应出现的概率为 $P(S_i)$，并且 $0 < P(S_i) < 1$，$\sum P(S_i) = 1$。那么符号 S_i 含有的信息量记为 $I(S_i)$，则

$$I(S_i) = -\log_a P(x)$$

信息量 $I(S_i)$ 的单位和对数的底 a 有关。如果 $a = 2$，则信息量单位为比特（bit）；如果 $a = e$，信息量单位为奈特（nat）；如果 $a = 10$，信息量单位为哈特莱（hartley）。采用 bit 作为单位最广泛。

信源输出的消息是随机的，且具有不确定性。事件出现的概率越小，不确定性越多，信息量越大。确定事件概率为 1，信息量为零；信息量最小为零，不会为负。

3 信息熵 香农创立的信息论是通信领域最重要的理论基础之一。1928 年，R. V. L. 哈特莱提出了信息定量化的初步设想，对信息量作深入、系统研究的是信息论创始人 C. E. 香农。1948 年，香农指出信源给出的符号是随机的，信源的信息量应是概率的函数，以信源的信息熵表示，即

$$H(S) = \sum_{i=1}^{n} P(S_i) I(S_i) = -\sum_{i=1}^{n} P(S_i) \log P(S_i)$$

式中 $P(S_i)$——信源不同种类符号的概率，$i = 1$，$2, \cdots, n$。

4 模拟信号与数字信号 模拟信号：物理量的变化在时间上和幅度上均连续的信号，如语音、电压、电流等信号。数字信号：物理量的变化在时间上和数值（幅度）上均离散的信号，如电报，幅度取值为有限值，靠取值变化的排列表示消息。模拟信号可以通过采样、量化、编码转化为数字信号。

1.2 通信系统基本模型

5 通信和通信系统 通信是人与人之间需要传递消息而发明的。电通信利用电流、电压、无线电波和光波等信号作为载体携带消息，实现消息的传递，通信已变成电通信的同义词。通信不仅能迅速、准确、方便、可靠地传递消息，其内容和形式也在不断丰富，随着数字通信的发展，通信将渗透到人类生产、生活的各个领域，对国民经济发展、人民物质文化生活的提高发挥越来越大的作用。

通信系统由信源、信道、信宿构成。消息的来源为信源，传递消息的媒质为信道，获得消息者为信宿。通信和通信系统可分为数字通信和模拟通信，以及数字通信系统和模拟通信系统。无论是模拟还是数字通信系统，总是存在噪声和其他干扰，并由之引起传输信号的失真，影响信号传输质量。通信系统设计的基本问题之一就是解决噪声和干扰的影响。

6 模拟通信系统 模拟通信系统是把模拟信号作为载体传送消息的通信系统，要求在接收端能复现发送端发出的模拟波形，用信噪比（Signal Noise Ratio，SNR，或 S/N）衡量传输的质量，即信号与噪声的比率。信号是来自设备外部需要通过设备进行处理的电信号，噪声是指经过该设备后产生的原信号中并不存在的无规则的额外信号（或信息），该信息并不随原信号的变化而变化。信噪比的计量单位是 dB，其计算方法是 $10\lg(P_s/P_n)$，其中 P_s 和 P_n 分别代表信号和噪声的有效功率，也可以换算成电压幅值的比率关系：$20\lg(V_s/V_n)$，V_s 和 V_n 分别代表信号和噪声电压的"有效值"。信噪比应该越高越好。

7 数字通信系统 数字通信系统是把数字信

号作为载体传送消息的通信系统。可传输电报、数字数据等数字信号，也可传输经过数字化处理的语音和图像等模拟信号。数字通信系统模型见图 14.1-1，发送端包括信源编码、信道编码和数字调制，任务是把信源输出的消息变换成便于在信道上传送的信号；接收端包括数字解调、信道译码、信源译码，任务是把信道输出的信号变换成接收者需要的消息。

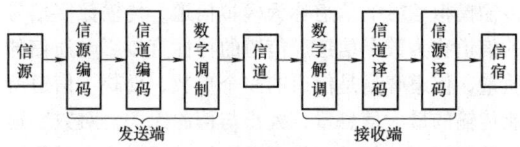

图 14.1-1　数字通信系统模型

模拟通信与数字通信的区别，由信道上传送信息的性质决定，若信道上传送的是模拟信号，则为模拟通信；若信道上传送的是数字信号，则为数字通信。常规的电话和电视都属于模拟通信。电话和电视模拟信号经数字化后，再进行数字信号的调制和传输，便称为数字电话和数字电视。以计算机为终端的数据通信，信号本身就是数字形式，属于数字通信。卫星通信中采用时分或码分的多路通信也属于数字通信。

数字通信具有抗噪声能力强、传输差错可控、加密保密性强、中继传输时信号可再生、传输信息种类比模拟通信多等优点，不足之处是传输需要的频带更宽，比如一路模拟语音信息占据 4kHz 带宽，一路数字语音信息可能要占据几十千赫带宽。可以认为数字通信的许多优点是以占据更多信号频带为代价换取的。

1.3　通信系统的主要性能指标

衡量通信系统性能优劣的主要因素是有效性和可靠性。有效性和可靠性是互相矛盾的，一般为了提高有效性，需要提高传输速率，但可靠性随之降低；为了提高可靠性，增加冗余的抗干扰码元，有效性会随之降低。

8　通信系统有效性　数字通信系统中的有效性是指信道传输信息的速度快慢，用码元速率、信息速率和消息速率来衡量。

（1）码元速率 R_B　单位时间（s）内传输的码元数目，单位是波特（Baud），简称传码率。

（2）信息速率 R_b　单位时间内传输的信息量，单位是比特/秒（bit/s），简称传信率。在二进制系统中，传码率和传信率在数值上是相等的。

多进制信号的每个码元所含的信息量为

$$I_M = \log_2 M(b)$$

这时的传信率 R_b 和传码率 R_B 的关系是

$$R_b = R_B \log_2 M(b)$$

（3）消息速率 R_M　单位时间内传输的消息数目。在传输消息时可采用不同的码元基数和不同的码元长度，因此对不同的系统消息速率与码元速率的关系是不相同的。

9　通信系统可靠性　数字通信系统的可靠性指信道传输信息的准确程度，通常有 3 种定义：误码率、误比特率和误字率。

（1）误码率 P_e　指错误接收码元数目在传输码元总数中所占的比例：

$$P_e = \text{错误接收码元数目}/\text{传输码元总数目}$$

（2）误比特率 P_b　指错误接收比特数在传输总比特数中所占的比例，也称误信率：

$$P_b = \text{错误接收比特数}/\text{传输总比特数}$$

对二进制系统来说，误码率和误信率相等。

（3）误字率 P_w　指错误接收字数在传输总字数中所占的比例。若一个字由 k 比特组成，每比特用一码元传输，则误字率为

$$P_w = 1 - (1 - P_e)^k$$

10　频带利用率　信道频带利用率指单位频带内所能达到的信息速率，单位是 $\text{bit}/(\text{s}\cdot\text{Hz})$，通常与所采用的调制及编码方式有关，是系统重要性能指标之一。

11　能量利用率　能量利用率指传输每一比特所需的信号能量。能量大小和系统带宽有直接关系，在能量和占用频带之间可以转换，是系统重要性能指标之一。

1.4　通信系统的分类及通信方式

12　通信系统分类

1）按通信业务分　有话务通信和非话务通信。电话业务在电信领域中一直占主导地位，近年来，非话务通信发展迅速，主要是分组数据业务、计算机通信、可视图文通信、视频通信等。未来的综合业务是实现多网融合，包括数据传输层融合和应用层融合，统一的传输控制协议/网际协议（Transmission Control Protocol/Internet Protocol，TCP/IP）使各种基于 IP 的业务都能互通，如数据网络、电话网络、视频网络都融合在一起。

2）按调制方式分　有基带传输和频带（调制）

传输。

3）按信号特征分　按信道中所传输的是模拟信号还是数字信号，分为模拟通信系统和数字通信系统。

4）按传输媒介分　有有线通信系统和无线通信系统。

5）按工作波段分　按通信设备的工作频率不同可分为长波通信、中波通信、短波通信、远红外线通信等。

6）按信号复用方式分　传输多路信号的方式有时分复用、频分复用、码分复用、空分复用等。传统的模拟通信多采用频分复用。

13　通信方式

（1）串行通信和并行通信　数字通信中，按照数字信号码元排列方法不同，分为串行通信和并行通信。

串行通信是将数据按位依次传输，每位数据占据固定时间长度的传输方式。并行通信是指数据通过并行线进行传送的方式。并行通信速度快，但用的通信线多、成本高，故不宜进行远距离通信。计算机或可编程逻辑控制器的各种内部总线就是以并行方式传送数据的。

（2）单工、双工和半双工通信　按消息传送的方向与时间不同，通信方式可分为单工通信、半双工通信和全双工通信三种。单工通信：消息只能单方向传输，单信道，如广播、遥控、无线寻呼等。半双工通信：通信双方都能收发信息，但不能同时进行收和发的工作方式，单信道，如对讲业务、收发报业务等。全双工通信：通信双方可同时进行双向传输消息的工作方式，双信道，如电话业务。

1.5　通信信道

14　信道　通信系统发送端和接收端之间传送信号的通道，是组成通信系统的三大部分之一。信道按传输媒介分，可分为有线信道和无线信道。按传输信号的形式分，可分为模拟信道和数字信道：传输模拟信号的信道称为模拟信道，传输数字信号的信道称为数字信道。信道的特性直接影响通信的质量，信道容量是信道的一个参数，反映了信道所能传输的最大信息量，大小与信源无关。对数字通信系统而言，信道容量可表示为单位时间内可传输的二进制位的位数，也称信道的数据传输速率、位速率，以位/秒（bit/s）表示。信道带宽是限定允许通过该信道信号的下限频率和上限频率，即限定的频率通带。

信道容量公式为

$$C = B\log_2\left(1 + \frac{S}{N}\right)$$

式中　B——信道带宽（Hz）；
$\quad\quad S$——信号功率（W）；
$\quad\quad N$——噪声功率（W）。

15　有线信道　电磁波（含光波）沿有线媒介传播并构成信息流通的通路，传输效率高，但是部署不够灵活。有线媒介包括双绞线、同轴电缆、多芯电缆和光缆等。通常每个家庭的固定电话就是通过有线信道进行通信。表 14.1-1 给出常用有线信道的特性与应用。

表 14.1-1　常用有线信道的特性与应用

媒体	特性	应用
双绞线	传输距离、带宽和数据速率有限，易受外来电磁场干扰。传输模拟信号时，带宽为 250kHz，衰减约为 1dB/km，每隔 5~6km 需要中继放大；对于数字信号传输，每隔 2~3km 需要中继放大，传输速率一般小于 10Mbit/s	主要应用于传输模拟信号和低速数字信号。在较短的距离内，也可用于中、高速数据传输，如用作局域网中的传输媒体
同轴电缆	频带较宽，一般可达 400MHz，抗干扰能力强，中继间距为 1~10km，当采用 1.6km 间距时，数据传输速率可达 800Mbit/s。其性能主要受衰减、热噪声和互调噪声的影响	1）长距离电信网干线 2）局域网 3）闭路电视系统 4）短距离高速数据传输
光缆	频带很宽，对各种频率的传输损耗和色散几乎相等，中继间隔为 50~100km 或更大，数据传输速率可达 1Gbit/s 以上，不受电磁和静电干扰，保密性好	数字通信方式中用于传输高速数字信号，可用作各种通信网干线及大容量高速数据传输媒体

16　无线信道　无线信道信号的传输是利用电磁波（含光波）在空间的传播来实现的。主要有以辐射无线电波为传输方式的无线电信道和在水下传播声波的水声信道等。无线电信号由发射机的天线

辐射到整个自由空间上进行传播。不同频段的无线电波有不同的传播方式。

1）地波传输：地球和电离层构成波导，中长波、长波和甚长波可以在这个天然波导内沿着地面传播并绕过地面的障碍物。长波可以应用于海事通信，中波调幅广播也利用了地波传输。

2）天波传输：短波、超短波可以通过电离层形成的反射信道和对流层形成的散射信道进行传播。短波电台就利用了天波传输方式。天波传输的距离最大可以达到400km左右。电离层和对流层的反射与散射，形成了从发射机到接收机的多条随时间变化的传播路径，电波信号经过这些路径在接收端形成相长或相消的叠加，使接收信号的幅度和相位呈随机变化，这就是多径信道的衰落，这种信道被称作衰落信道。

3）视距传输：对于超短波、微波等更高频率的电磁波，通常采用直接点对点的直线传输。由于波长很短，无法绕过障碍物，视距传输要求发射机与接收机之间没有物体阻碍。如果要进行远距离传输，必须设立地面中继站或卫星中继站进行接力传输，即微波视距中继和卫星中继传输。光信号的视距传输也属于此类。

由于电磁波在水体中传输的损耗很大，在水下通常采用声波的水声信道进行传输。不同密度和盐度的水层形成的反射、折射作用和水下物体的散射作用，使得水声信道也是多径衰落信道。

无线信道在自由空间（对于无线电信道来说是大气层和太空，对于水声信道来说是水体）上传播信号，能量分散、传输效率较低、容易被他人截获、安全性差。但通过无线信道的通信摆脱了导线的束缚，因此无线通信具有有线通信所没有的高度灵活性。手机和手机之间通信，计算机之间通过蓝牙互传信息，都是无线的通信方式。

1.6 无线通信

17 无线电波的传播特性 无线电波受媒质和媒质交界面的作用，产生反射、散射、折射、绕射和吸收等现象，使电波的特性参量如幅度、相位、极化、传播方向等发生变化，电波传播主要研究媒质与电波的这种相互作用过程。电波传播分为按电波频率（波段）划分和按媒质划分两类。按频率分类有极长波传播、超长波传播、长波传播、中波传播、短波传播、超短波传播、微波传播和毫米波传播等；按媒质分类则有地下电波传播、地波传播、对流层电波传播、电离层电波传播和磁层电波传播等。

无线电波在真空中传播，称为在自由空间传播，它的传播特征为扩散衰减，随着传播距离的增加而逐渐衰减。衰减的定义为：距辐射源某传播距离处的功率密度与单位距离处的功率密度之比，其值反比于传播距离的二次方。

无线信道的基本特性就是衰落特性，即传播损耗和弥散、阴影衰落、多径衰落和多普勒效应。随信号传播距离变化而导致的是传播损耗和弥散；由于传播环境中的地形起伏、建筑物及其他障碍物对电磁波的遮蔽所引起的衰落，一般称为阴影衰落。

无线电波在传播路径上受到周围环境中地形地物的作用而产生的反射、绕射和散射，使得其到达接收机时是从多条路径传来的多个信号的叠加，这种多径传播所引起的信号在接收端幅度、相位和到达时间的随机变化将导致严重的衰落，即多径衰落。

多普勒效应（Doppler Effect）指物体辐射的波长因为波源和观测者的相对运动而产生变化。在运动的波源前面，波被压缩，波长变得较短，频率变得较高（蓝移，Blue Shift）；在运动的波源后面，会产生相反的效应，即波长变得较长，频率变得较低（红移，Red Shift）；波源的速度越高，所产生的效应越大。根据波蓝（红）移的程度，可以计算出波源循着观测方向运动的速度。多普勒效应造成的发射和接收的频率之差称为多普勒频移，揭示了波的属性在运动中发生变化的规律。

18 无线通信的频率资源 无线通信的频率资源划分见表14.1-2。

表 14.1-2 无线通信的频率资源划分

频率范围	名称	典型应用
3~30Hz	极低频（ELF）	远程导航、水下通信
30~300Hz	超低频（SLF）	水下通信

（续）

频率范围	名称	典型应用
300~3 000Hz	特低频（ULF）	远程通信
3~30kHz	甚低频（VLF）	远程导航、水下通信、声呐
30~300kHz	低频（LF）	导航、水下通信、无线电信标
300~3 000kHz	中频（MF）	广播、海事通信、测向、遇险求救、海岸警卫
3~30MHz	高频（HF）	远程广播、电报、电话、传真、搜寻救生、飞机与船只间的通信、船与岸的通信、业余无线电
30~300MHz	甚高频（VHF）	电视、调频广播、陆地交通、空中交通管制、出租汽车、警察、导航、飞机通信
0.3~3GHz	特高频（UHF）	电视、蜂窝网、微波链路、无线电探空仪、导航、卫星通信、GPS、监视雷达、无线电高度计
3~30GHz	超高频（SHF）	卫星通信、无线电高度计、微波链路、机载雷达、气象雷达、公用陆地移动通信
30~300GHz	极高频（EHF）	雷达着陆系统、卫星通信、移动通信、铁路业务
300GHz~3THz	亚毫米波（波长 0.1~1mm）	未划分，实验用
43~430THz	红外线（波长 1mm~0.7μm）	光通信系统
430~750THz	可见光（波长 0.7~0.4μm）	光通信系统
750~3 000THz	紫外线（波长 0.4~0.01μm）	光通信系统

19　天线　天线是辐射和接收电磁波的无线电设备。发射机所产生的已调制高频电流通过馈线传输到发射天线，天线将其转换为电磁波并朝规定方向辐射出去。电磁波通过空间媒体到达接收天线，接收天线又将电磁波转换为高频电流，再由传输线传输到接收机的输入回路。因此，天线有两个功能：完成能量的转换；向规定方向辐射或接收电磁波。电波传播见图 14.1-2。

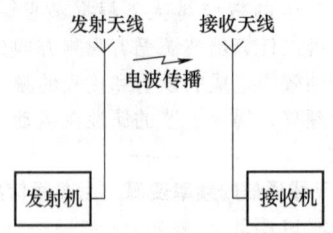

图 14.1-2　电波传播示意图

天线可分为线天线和面天线两大类。线天线由导线构成，一般用于长、中、短波及超短波波段；面天线是由整块金属板或导线栅格构成，它的面积比波长的二次方大得多，一般用于微波和毫米波波段。超短波天线往往介于上述两者之间。

天线测量中被测天线的工作状态可以是发射状态，也可以是接收状态。这可根据测量的内容、测量的设备、场地条件等因素灵活选择。由天线互易原理得知，两种工作状态测量该天线参数的结果应该是一致的。

然而在实际测量中，互易原理必须在一定条件下才能应用。

1）天线必须是线性的、无源的，如卫星电视接收天线，其馈源与高频头为一体化的，不能用作发射。

2）收发系统阻抗匹配要良好。虽然待测天线和源天线之间存在多次反射，但由于自由空间传播的衰减，这种影响并不严重。源天线、馈线、信号源以及待测天线、馈线及接收机，它们相互间的阻抗匹配是满足互易原理的重要条件。

3）调换天线时收发支路无有源器件，如功率放大器、低噪声放大器、混频器等。

20　天线的电性能指标　天线的电性能指标有10项：

（1）方向图、主瓣宽度和副瓣电平　天线的方向性，对发射天线指天线向一定方向辐射电磁波的能力，对接收天线指天线对来自不同方向电波的接收能力，通常用方向图表示。在天线的辐射远区，天线辐射电场的相对场强随方向变化的曲线图叫天线方向图，形象地说明天线在不同方位角下的辐射状况。两个重要的主平面方向图是 E 面方向图和 H 面方向图，这两个平面方向图是相互正交的。E 面方向图是指通过天线最大辐射方向并平行于电场矢量的平面。H 面是通过天线最大辐射方向并平行于磁场矢量的平面。方向图极坐标形式见图 14.1-3，直角坐标形式见图 14.1-4。

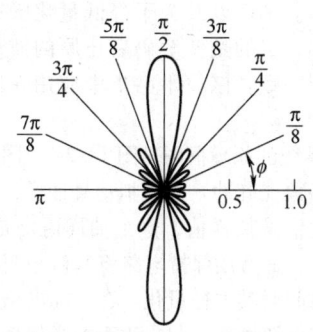

图 14.1-3　方向图的经典极坐标形式

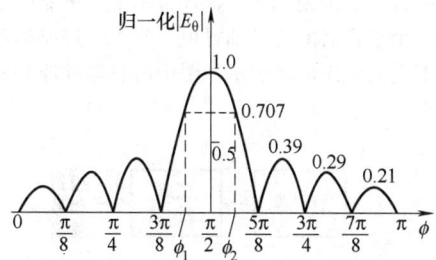

图 14.1-4　方向图的经典直角坐标形式

天线方向图一般呈花瓣状，包括一个主瓣和若干个副瓣。方向图中包含最大辐射方向的波瓣称为主瓣，其他依次称为第一副瓣、第二副瓣等。为了比较天线方向图的特性，规定了下述特性参数：

1）主瓣宽度　为主瓣的两个半功率点，即 $-3\mathrm{dB}$ 点之间的波瓣角宽度，在场强方向图中，它是两个最大场强的 $1/\sqrt{2}$ 点之间的角度，表征天线在指定方向上辐射功率的集中程度。

2）副瓣电平　为第一个旁瓣（离主瓣最近且电平最高）的最大值相对主瓣最大值的比，单位为 dB，即

$$副瓣电平 = 20\lg\frac{旁瓣的场强最大值}{主瓣的场强最大值}$$

（2）方向系数 D　在辐射功率相同的条件下，天线在最大辐射方向上的辐射强度与无方向性天线的辐射强度之比。

$$D = \frac{4\pi U_{\max}}{P_{\mathrm{r}}}$$

式中　$U_{\max}$——天线的最大辐射方向上每单位立体角内的平均辐射功率（W/sr）；

P_{r}——天线的辐射功率（W）。

（3）效率 η　即天线的辐射功率 P_{r} 与输入功率 P_{i} 之比。

（4）增益系数 G　定义为在相同输入功率 P_{i} 的条件下，天线的最大辐射强度 $U_{\max}$ 与无损耗、各向同性天线的辐射强度之比。

$$G = \frac{4\pi U_{\max}}{P_{\mathrm{i}}}$$

（5）辐射电阻 R_{r}　天线的辐射电阻用来表明天线的辐射能力。天线的辐射电阻与天线的辐射功率 P_{r}、天线上电流的幅值 I_{m} 之间的关系为

$$R_{\mathrm{r}} = \frac{2P_{\mathrm{r}}}{I_{\mathrm{m}}^2}$$

（6）极化特性　由天线所辐射的电磁波都具有一定的极化特性。天线极化是指在天线的最大辐射方向上电场强度矢量的方向随时间变化的规律。极化可分为线极化、圆极化和椭圆极化三种。线极化又可分为垂直极化和水平极化两种，而圆极化和椭圆极化又分为左旋和右旋两种。同一系统的发射天线和接收天线应具有相同的极化特性。

（7）频带宽度　天线的电性能指标不超过规定值时所对应的频率范围。

（8）输入阻抗　天线输入端所呈现的阻抗。为了使天线能从馈线中得到最大功率，应使天线的输入阻抗等于馈线的特性阻抗。

（9）等效噪声温度 T_{n}（℃）

$$T_{\mathrm{n}} = \frac{P_{\mathrm{n}}}{k\Delta f}$$

式中　P_{n}——天线向与其匹配的接收机输送的噪声功率；

k——玻耳兹曼常数；

Δf——与天线相连的接收机频带宽度。

T_{n} 取决于天线周围空间的噪声源的强度和分布，也与天线的取向有关。

（10）G/T　是天线的一项重要技术指标。G 是天线增益，T 是天线噪声温度。在卫星通信系统中，G/T 值越大，说明地面站接收系统的性能越好。$G/T \geqslant 35\mathrm{dB/K}$ 的地面站定义为 A 型标准站，$G/T \geqslant 31.7\mathrm{dB/K}$ 的站定义为 B 型标准站，其他为非标准站。

第2章 数据通信技术

2.1 模拟信号的数字化

模拟信号数字化的过程：模拟信号抽样，使时间变量离散，然后将离散点的幅值量化、编码，变换成数字信号。

21 脉冲编码调制 把从模拟信号抽样、量化，直到变换成二进制符号的基本过程，称为脉冲编码调制（Pulse Code Modulation，PCM），简称脉码调制。

标准化的 PCM 码组由 8 位码组代表一个抽样值。语音模拟信号在发送端经过抽样、量化和编码以后得到了 PCM 信号，该信号经过数字信道传输；在接收端，将收到的 PCM 码组（二进制码组）通过滤波器滤去大量的高频分量，还原成模拟语音信号。抽样以及为了降低量化噪声所采用的技术措施，目的是使解码后还原的波形尽可能与原始波形一致，该技术已集中应用在固定电话通信系统中。

PCM 系统的原理框图见图 14.2-1。图中抽样电路用冲激函数（脉冲）对模拟信号抽样，得到在抽样时刻上的信号抽样值，这个抽样值仍是模拟量，在量化之前，通常用保持电路将其做短暂保存，以便电路有时间对其进行量化。在实际电路中，常把抽样和保持电路做在一起，称为抽样保持电路。量化器把模拟抽样信号变成离散的数字量，然后在编码器中进行二进制编码。这样，每个二进制码组就代表一个量化后的信号抽样值，这个二进制码组可以用不同的电压波形表示，图中解码器的原理和编码过程相反。

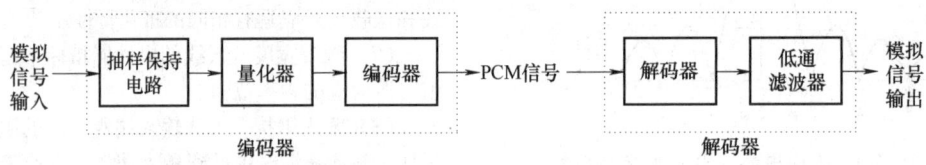

图 14.2-1 PCM 系统的原理框图

编码的基本形式为线性编码和非线性编码两类。线性编码：与均匀量化特性对应的编码，在码组中，各码位的权值固定，不随输入信号的幅度变化。非线性编码：具有非均匀量化特性的编码，在码组中，各码位的权值不固定，随着输入信号的幅度变化，如 A 律 13 折线码。

22 模拟信号的抽样 模拟信号的抽样根据信号的频率特点，分低通抽样和带通抽样。当带通信号的带宽 B 大于信号的最低频率 f_l 时，在抽样时把信号当作低通信号处理，使用低通抽样定理，而在不满足上述条件时，可使用带通抽样定理。

低通抽样定理（见图 14.2-2）：在等间隔取样条件下，设有一个频带限制在（$0 \sim f_h$）内的时间连续信号 $m(t)$，如果以不少于 $2f_h$ 次/s 的速率对 $m(t)$ 进行抽样，则 $m(t)$ 可由抽得的样值完全确定。

图 14.2-2 中，$m(t)$ 是低通信号，最高频率为 f_h，抽样频率 $f_s \geq 2f_h$，f_s 的单位为 Hz。

带通抽样定理：连续带通信号上限频率 f_h，下限频率 f_l，信号带宽为 $B=f_h-f_l$，抽样频率 f_s 满足

$$f_s = 2B(1+k/n) \qquad 0 \leqslant k \leqslant 1$$

式中 n——不大于 $\dfrac{f_h}{B}$ 的最大正整数，即 $f_l \gg B$ 时，f_s 趋近于 $2B$。

23 抽样信号的量化 模拟信号数字化的过程包括三个主要步骤，即抽样、量化和编码。抽样把模拟信号变成了时间上离散的脉冲信号，但脉冲的幅度仍是连续的，还需进行离散化处理，即对幅值进行化零取整的处理，才能最终用数字来表示，该过程称为量化。量化的方法是把样值的最大变化范围划分成若干个相邻的间隔，当某样值落在某一间隔内，其输出数值就用此间隔内的某一固定值来表

示。在原理上，量化过程可以认为是在一个量化器中完成的，量化的具体过程示例见图 14.2-3，$s(kT)$ 表示一个量化器输入模拟信号的抽样值，$s_q(kT)$ 表

示此量化器输出信号的量化值，$q_1 \sim q_7$ 是量化后信号的 7 个可能输出电平，$m_1 \sim m_6$ 为量化区间的端点。

$$s_q(kT) = q_i, \quad m_{i-1} \leqslant s(kT) < m_i$$

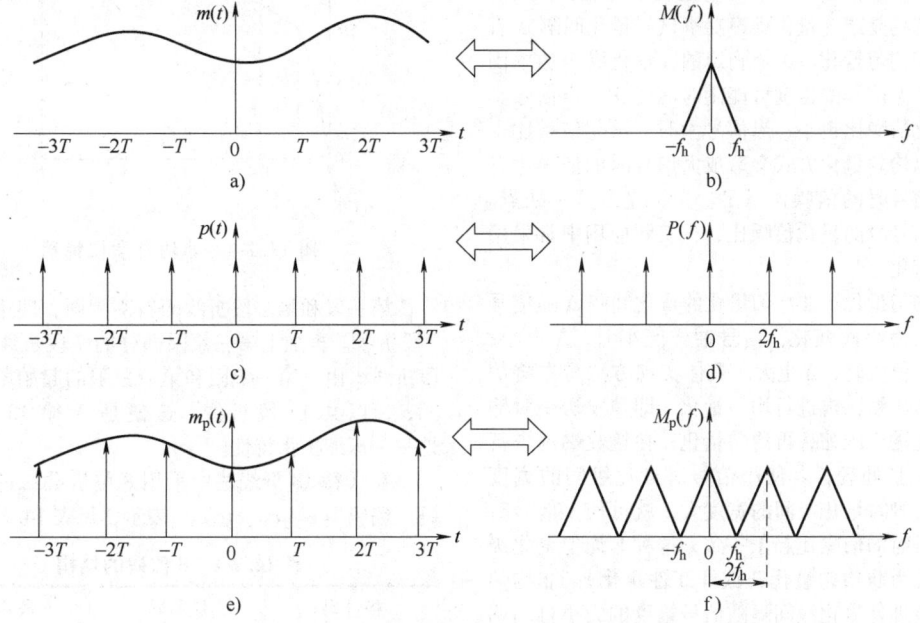

图 14.2-2　抽样过程

a) 带限信号波形　b) 带限信号频谱　c) 周期性单位冲激脉冲波形
d) 周期性单位冲激脉冲频谱　e) 抽样信号波形　f) 抽样信号频谱

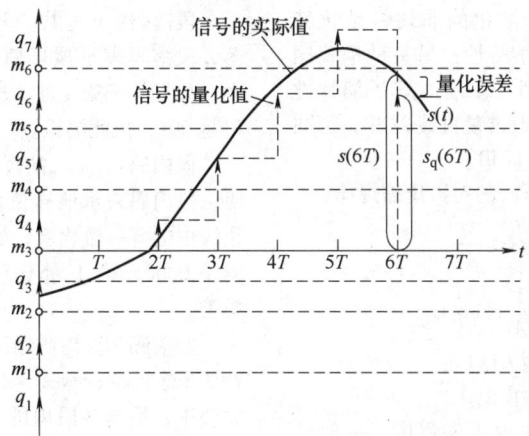

图 14.2-3　抽样信号的量化

将上式做变换，就可以把模拟抽样信号 $s(kT)$ 变换成量化后的离散抽样信号。抽样区间是等间隔划分的，称为均匀量化；若不均匀划分，则称为非均匀量化。在量化过程中，量化输出电平和量化前信号的抽样值之间会产生误差，这种误差称为量化噪声。

均匀量化：把输入信号的取值域等间隔分割的量化称为均匀量化。在均匀量化中，每个量化区间的量化电平均取在各个区间的中点。均匀量化是一种最基本的量化方法，假定量化器的最大量化范围为 $[-V, +V]$，把整个输入区域均匀地划分为 M 个区间，各量化间隔（区间长度）相等，记为 Δ，则

$$\Delta = \frac{2V}{M}$$

最小量化间隔越小，失真就越小，用来表示一定幅度的模拟信号时所需的量化级数就越多，处理和传输就越复杂。量化噪声功率只与量化间隔 Δ 有关，对于均匀量化，Δ 是确定的，量化噪声功率固定不变。但信号的强度可能随时间变化，当信号小时，量化信噪比也小；当信号大时，量化信噪比也大。所以均匀量化方式会造成大信号时的信噪比有余而小信号时的信噪比不足。为了克服这一缺点，改善小信号时的量化信噪比，在实际应用中常采用非均匀量化。

非均匀量化：非均匀量化的量化间隔 Δ 随信号抽样值的大小而变化，信号抽样值小时，Δ 也小；信号抽样值大时，Δ 也大。具体实现方法是先将信号抽样值压缩，再进行均匀量化，即在发送端对输入信号先进行压缩，再均匀量化；在接收端则进行相应的扩张处理，若使小信号时量化级间的宽度小，大信号时量化级间的宽度大，就可使小信号时和大信号时的信噪比趋于一致，这种非均匀量化级的方式称为非均匀量化（或非线性量化）。非均匀量化的原理是量化级间隔随信号幅度的大小自动调整。相对而言，在不增大量化级数的条件下，非均匀量化能使信号在较宽动态范围内的信噪比达到要求。通常使用的压缩器中，大多采用对数式压缩，即 $y = \ln x$。

目前，国际上有两种标准化的非均匀量化特性，一种是 μ 律 15 折线压缩特性；另一种是我国采用的 A 律 13 折线压缩特性。采用 A 律压缩特性后，小信号时量化信噪比的改善量可达 24dB，但同时亏损大信号量化信噪比约 12dB。

1）A 压缩律是指符合下式的对数压缩规律：

$$y = \begin{cases} \dfrac{Ax}{1+\ln A} & 0 < x \leq \dfrac{1}{A} \\ \dfrac{1+\ln Ax}{1+\ln A} & \dfrac{1}{A} \leq x \leq 1 \end{cases}$$

式中　x——压缩器归一化输入电压；

　　　y——压缩器归一化输出电压；

　　　A——压扩参数，它决定压缩程度，一般选择 $A = 87.6$。

2）A 律 13 折线是 A 压缩律的近似算法，它用 13 段折线逼近 $A = 87.6$ 的 A 律压缩特性，其曲线图见图 14.2-4。对 x 轴在 0~1 归一化范围内以 1/2 递减分成 8 个不均匀段，1/2~1 之间的线段称为第 8 段；1/4~1/2 间的线段称为第 7 段；以此类推，直到 0~1/128 间的线段称为第 1 段。将这 8 段相应的坐标点 (x, y) 相连，就得到一条折线。除第 1 段

和第 2 段外，其他各段折线斜率都不同。

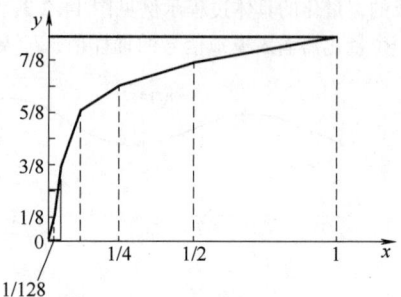

图 14.2-4　非均匀量化特性

第一段和第二段折线的斜率相同，即第一象限 7 段折线。再加上第三象限部分的 7 段折线，共 14 段折线。由于第一象限和第三象限的起始段斜率相同，所以共 13 段折线，这便是 A 律 13 折线特性——压缩扩张特性。

在 A 律 13 折线法中采用 8 位折叠二进制码编码。编码用 $c_1 c_2 c_3 c_4 c_5 c_6 c_7 c_8$ 表示，见表 14.2-1。

表 14.2-1　8 位码的结构

极性码	段落码	段内码
c_1	$c_2 c_3 c_4$	$c_5 c_6 c_7 c_8$

表 14.2-1 中，极性码 c_1 共 1bit，对于正信号，$c_1 = 1$；对于负信号，$c_1 = 0$。

段落码 $c_2 c_3 c_4$ 共 3bit，可以表示 8 种斜率的段落，段落码表示该样值位于 8 个大段的哪个大段中，如果位于第 1 段，段落码是 000；第 2 段段落码是 001，依此类推。

段内码 $c_5 c_6 c_7 c_8$ 的每一段均匀划分为 16 个量化级，段内码表示该样值位于所在段落中的 16 个量化级中的哪一量化级，如果位于第 0 量化级，段内码是 0000；第 1 量化级，段内码是 0001，依此类推。

段落码和段内码用于表示量化值的绝对值，这 7 位码总共能表示 $2^7 = 128$ 种量化值。在上述编码方法中，虽然各段内的 16 个量化级是均匀的，但因段落长度不等，故不同段落间的量化级是非均匀的。当输入信号小时，段落短，量化间隔小；反之，量化间隔大。

在 A 律 13 折线中，第 1、2 段最短，斜率最大，其横坐标 x 的归一化动态范围只有 1/128，再将其等分为 16 个量化级后，每一量化级的动态范围只有 $(1/128) \times (1/16) = 1/2\,048$，这就是最小量化间隔，将此最小量化间隔 $(1/2\,048)$ 称为 1 个

量化单位，用 Δ 表示，即 $\Delta = 1/2\,048$。第 8 段最长，其横坐标 x 的动态范围为 $1/2$，将其 16 等分后，每段长度为 $1/32$。根据 A 律 13 折线的定义，以最小的量化间隔 Δ 作为最小计量单位，可以计算

出 A 律 13 折线每一个量化段的电平范围、起始电平和各段落内量化间隔 Δ_i。A 律 13 折线相关参数见表 14.2-2。

表 14.2-2　A 律 13 折线相关参数

段落号	电平范围	段落码	段落起始电平	量化间隔	段内码对应权值			
					c_5	c_6	c_7	c_8
8	1 024~2 048	111	1 024	64	512	256	128	64
7	512~1 024	110	512	32	256	128	64	32
6	256~512	101	256	16	128	64	32	16
5	128~256	100	128	8	64	32	16	8
4	64~128	011	64	4	32	16	8	4
3	32~64	010	32	2	16	8	4	2
2	16~32	001	16	1	8	4	2	1
1	0~16	000	0	1	8	4	2	1

若采用均匀量化而希望对于小电压保持有同样的动态范围 $1/2\,048$，则需要用 11 位的码组才行。

2.2　数据传输

24　基带传输　不使用调制解调装置直接传送基带信号的方法称为基带传输，这种数据传输系统就是基带传输系统。基带信号指由消息经过编码得到的未经任何频率变换的电信号，其频谱一般都从零开始。基带传输系统中表示"0"和"1"的二进制数字信号是以串行方式在信道中发送的。

基带传输过程不需要调制解调器，传输介质的整个信道被基带信号占用，设备花费小，具有速率高和误码率低等优点，适合短距离的数据传输，在音频市话、计算机网络通信中被广泛采用。为了延长传输距离，每隔几百米或几千米就要设置再生重发器来对波形进行整形和提高功率。现有的大多数长途信道都不直接进行基带传输。

25　频带传输　频带传输是利用调制器对传

信号进行频率交换的传输方式，为了使数字信号能在频带传输信道上进行传输，除了一般的通信设备外，还必须借助于调制解调器。信号调制的目的是为了更好地适应信号传输通道的频率特性。

根据传输速率可分为低、中、高速三种，它们的传输速率为 $0.3 \sim 72 \text{kbit/s}$ 以至更高。根据传输信道划分，有适合于专线的调制解调器和适合于交换线路的调制解调器；根据调制方式划分，有调幅、调频、调相以及混合式调制解调器；还有同步调制解调器和异步调制解调器等。频带传输不仅克服了大多数信道不能直接进行基带传输的缺点，还能实现多路复用，提高了通信线路的利用率。

2.3　数字信号的基带传输

26　数字信号基带传输系统　数字信号基带传输系统主要由信道信号形成器、信道、接收滤波器、同步系统和抽样判决器等部件组成，见图 14.2-5。

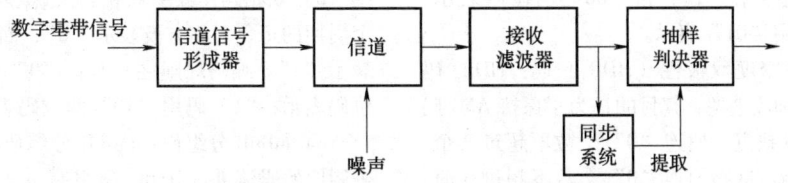

图 14.2-5　数字基带传输系统

1）信道信号形成器：把原始的基带信号变换成适合于在信道上传输的基带信号，主要依靠对输入的基带信号进行码型变换和波形变换来实现，码型变换和波形变换的目的主要是为了压缩频带，减小码间串扰，便于传输，便于同步提取和接收端抽样判决。有的基带信号含有直流成分，有的基带信号不便于提取同步，有的占用带宽较宽等，均不利于在信道中传输。

2）信道：常为有线信道，信道中会引入噪声。

3）接收滤波器：滤除带外噪声，对信道特性进行均衡。

4）抽样判决器：在最佳时刻对信号进行抽样，判定信号码元的值，正确恢复出原来的基带信息。

5）同步系统：保证通信系统的收发双方在时间上步调一致。

27 数字基带传输码型 数字基带信号用不同的电位或脉冲来表示相应的数字消息，功率谱集中在零频率附近。数字基带传输码型：使接收端能够以最小的差错率恢复出原发送的数字信号，适合在有线信道中传输的数字基带信号码型。对数字基带传输码型的要求：

1）在传输信号的频谱中不应有直流分量，低频分量与高频分量也要小。

2）应有利于定时信号的提取，尽量减小抖动。

常见码型有交替极性（AMI）码、传号反转（CMI）码、三阶高密度双极性（HDB$_3$）码、双相码、mBnB 分组码等，图 14.2-6 为几种码型的波形比较图。

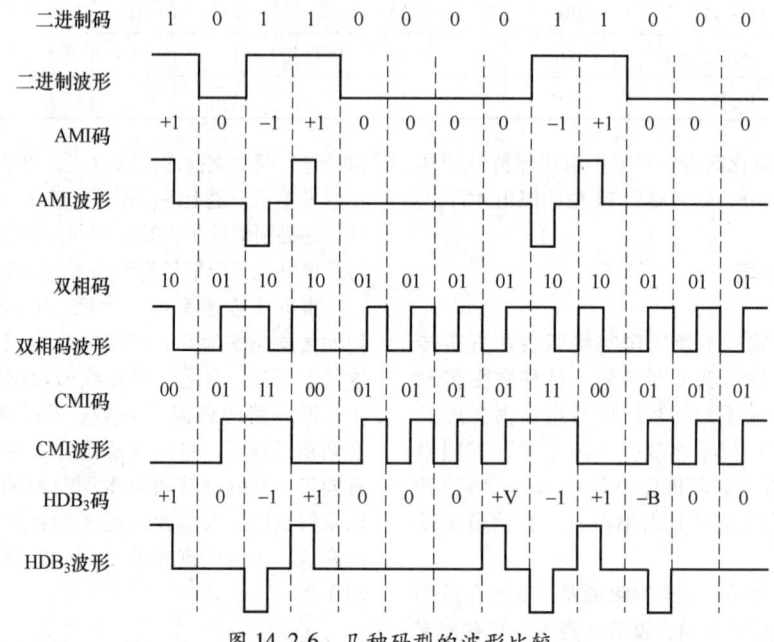

图 14.2-6 几种码型的波形比较

a）交替极性（AMI）码：AMI 码的编码规则是将二进制消息代码"1"（传号）交替地变换为传输码的"+1"和"−1"，而"0"（空号）保持不变。

b）传号反转（CMI）码：CMI 码与数字双相码类似，它也是一种双极性二电平码。编码规则是："1"码交替用"11"和"00"两位码表示，"0"码固定地用"01"表示。

c）三阶高密度双极性（HDB$_3$）码：HDB$_3$ 码是 AMI 码的一种改进型，其目的是为了保持 AMI 码的优点而克服其缺点，使连"0"个数不超过 3 个。其编码规则：当信息码的连"0"个数不超过 3 时，仍按 AMI 码的规则编，即传号极性交替；当连"0"

个数超过 3 时，则将第 4 个"0"改为非"0"脉冲，记为+V 或−V，称之为破坏脉冲；为了便于识别，V 码的极性应与其前一个非"0"脉冲的极性相同，否则，将四连"0"的第一个"0"更改为与该破坏脉冲相同极性的脉冲，并记为+B 或−B。

d）双相码：数字双相码又称曼彻斯特码，一个周期的正负对称方波表示"0"，而用其反相波形表示"1"。编码规则之一是："0"码用"01"两位码表示，"1"码用"10"两位码表示。

e）mBnB 分组码：mBnB 分组码是把输入的二进制原始码流进行分组，每组有 m 个二进制码，记为 mB，称为一个码字，然后把一个码字变换为 n

个二进制码，记为 nB，并在同一个时隙内输出。这种码型是把 mB 变换为 nB，所以称为 mBnB 码，其中 m 和 n 都是正整数，n>m，一般选取 n=m+1。

数字基带信号的波形不仅是矩形，还可以有钟形、梯形、余弦滚降形和三角形等，不同的波形对传输的带宽、抽样判决电路和判决的时间等会有不同的要求，希望选用带宽窄、便于产生和传输、利于抽样判决的波形作为基带信号。

2.4　调制技术

28　调制与解调　调制是用待传输的原始信号 $m(t)$ 去控制高频正弦波的某个参量，使它随 $m(t)$ 变化，目的是把原始信号较低的频谱搬移到较高频率附近，进行频谱变换，提高信号通过信道传输时的抗干扰能力。原始信号 $m(t)$ 称为调制信号；调制后所得到的某参数随 $m(t)$ 变化而变化的高频信号称为已调信号，用 $m_c(t)$ 表示。被调制的高频正弦波承载原始信号的信息，称为载波，常用 $c(t)$ 表示，是一个确知的周期性波形。

$$c(t)=A\cos(\Omega_0 t+\Psi_0)$$

正弦载波有三个参量：振幅 A、载波角频率 Ω_0 和初始相位 Ψ_0，根据原始信号所控制参量的不同，分为幅度调制、频率调制和相位调制。解调是调制的逆过程。

调制根据输入信号的不同，可以分为模拟调制和数字调制。模拟调制是指用来自信源的模拟信号去调制载波。模拟调制可以分为两大类：线性调制和非线性调制。线性调制的已调信号频谱结构和调制信号频谱结构相同，其已调信号的频谱是调制信号频谱沿频率轴平移的结果。非线性调制又称角度调制，其已调信号的频谱结构和调制信号的频谱结构有很大的不同，除了频谱搬移之外，还增加了许多新的频率成分，所占用的频带宽度也可能大大增加，非线性调制的已调信号种类包括调频信号和调相信号两大类。

29　线性调制技术　线性调制指已调信号频谱对调制信号频谱在频率轴上的线性搬移而言，其频谱结构未发生变化。线性调制的已调信号种类包括：调幅信号、单边带信号、双边带（抑制载波）信号、残留边带信号等，统称为幅度调制，幅度调制属于线性调制。

幅度调制就是指用待传送信号去控制载波信号的幅度变化的过程，即已调波的幅度（包络）与调制信号成比例变化。幅度调制的一般模型见

图 14.2-7，用调制信号 $m(t)$ 去控制高频载波 $c(t)$ 的振幅，使 $c(t)$ 的振幅随 $m(t)$ 的变化而变化。

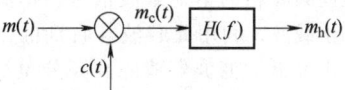

图 14.2-7　幅度调制的一般模型

$H(f)$ 可以为几种不同特性的滤波器，根据 $H(f)$ 特性及 $m(t)$ 所包含频谱成分的不同，可分为如下四种调制：

1）完全调幅（Amplitude Modulation，AM）——$H(f)$ 为全通网络，$m(t)$ 有直流成分。

2）抑制载波双边带（Double Side Band，DSB）调制——$H(f)$ 为全通网络，$m(t)$ 无直流成分。

3）单边带（Single Side Band，SSB）调制——$H(f)$ 是截止频率为 f_c 的高通或低通滤波器。

4）残留边带（Vestigial Side Band，VSB）调制——$H(f)$ 为特定的互补特性滤波器。

幅度调制的波形见图 14.2-8，其中 Ω_h 为 $m(t)$ 低频信号的最高截止频率，Ω_0 为载波的频率。当载波的振幅值随调制信号的大小作线性变化时，即为调幅信号，则已调波的波形和频谱见图 14.2-8c，图 14.2-8a、图 14.2-8b 则分别为调制信号和载波的波形和频谱。由图 14.2-8c 可见，已调幅波振幅变化的包络形状与调制信号的变化规律相同，而其包络内的高频振荡频率仍与载波频率相同，表明已调幅波是高频信号。可见，调幅过程只是改变载波的振幅，使载波振幅与调制信号成线性关系。

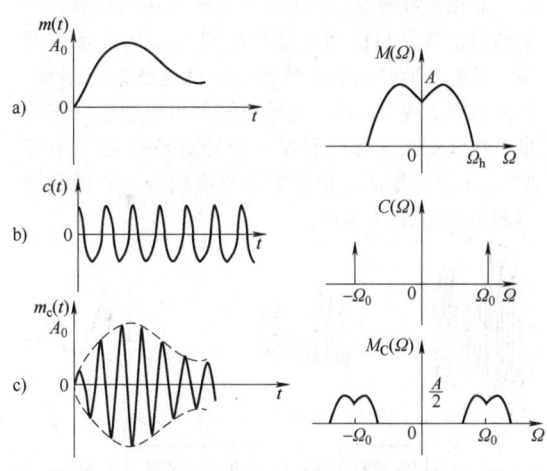

图 14.2-8　幅度调制波形

线性解调是把接收到的 $m_c(t)$ 信号还原为 $m(t)$ 信号，即调制信号。常用的两类解调方式为相干解调

（同步解调）和非相干解调（包络解调）。

相干解调即同步解调，要求接收端生成与发送端载波同频同相的本地载波信号，称其为同步载波或相干载波，利用此载波与收到的已调信号相乘，输出经低通滤波器滤除高频分量后，即可恢复出原始信号。相干解调的一般模型与波形见图 14.2-9 和图 14.2-10，低通滤波器的截止频率大于原始信号的最高频率 Ω_h。

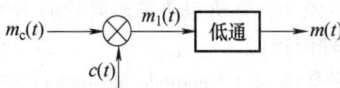

图 14.2-9　相干解调的一般模型

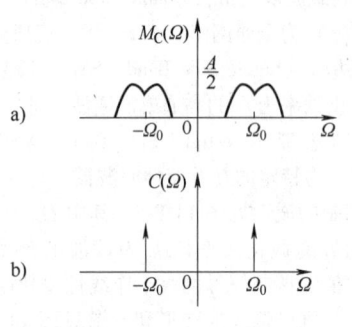

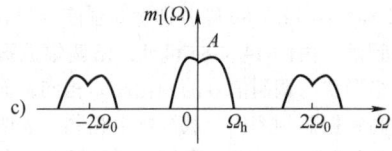

图 14.2-10　相干解调的波形

非相干解调即包络解调，也称为包络检波，产生的输出信号与已调信号包络线成正比的幅度解调。通常由半波或全波整流器和低通滤波器组成，不需要同步载波。由于低通滤波器可以通过直流分量，在低通滤波器后面加一个隔直流电路（电容器），可除去整流器输出中的直流成分。非相干解调的组成见图 14.2-11。

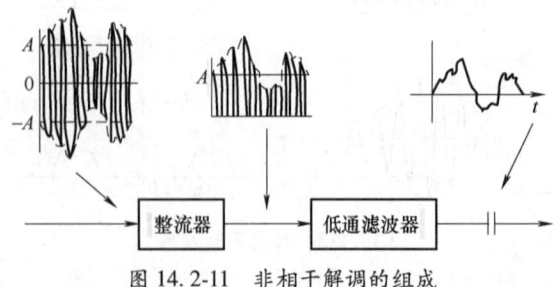

图 14.2-11　非相干解调的组成

30　非线性调制技术　用调制信号去控制高频载波的频率，使载波的频率按调制信号的规律变化，称为频率调制（Frequency Modulation，FM）。用调制信号去控制高频载波的相位，使载波的相位按调制信号的规律而变化，称相位调制（Phase Modulation，PM）。FM 和 PM 均表现为高频载波总相角受到调制，统称为角度调制，属于非线性调制。角度调制信号频谱的结构与调制信号频谱相比发生了变化，两者之间呈现非线性变换关系，称非线性调制。在调相器前加一个积分电路等效成调频器，或在调频器前加微分电路等效成调相器，实现调频和调相之间的转换。调频信号的解调通过频率检波器（鉴频器）完成频率-电压的变换作用来实现。

角度调制信号的振幅是恒定的，角度调制信号经过随参信道传输后，虽然信号振幅会因快衰落及噪声的叠加而发生起伏，但因为角度调制信号的振幅并不包含调制信号的信息，因此不会因信号振幅的改变而使信息受到损失。信道中的衰落及噪声对于信号角度（频率和相位）的影响与振幅受到的影响相比要小得多，因此角度调制信号的抗干扰能力较强。

31　数字调制与解调技术　数字调制用数字基带信号对高频载波的某一参量（幅度、频率或相位）进行控制，使高频载波的幅度、频率或相位随数字基带信号的变化而变化。根据数字基带信号所控制参量的不同，分为数字振幅调制、数字频率调制和数字相位调制。对于二进制基带数字信号，三种调制方式又称为振幅键控（Amplitude Shift Keying，ASK）、频率键控（Frequency Shift Keying，FSK）和相位键控（Phase Shift Keying，PSK）。

（1）振幅键控（ASK）与解调　用基带数字信号控制高频载波的幅度，称为振幅键控数字调幅。即源信号为"1"时，发送载波，源信号为"0"时，发送 0 电平，因此称这种调制为通、断键控（On-Off Keying，OOK）。调制信号是二进制信号，则称为二进制振幅键控（2ASK），若是多（M）进制，则称为 MASK。ASK 有两种实现方法：乘法器实现法和键控法。乘法器实现法，用基带信号和载波相乘就得到振幅键控信号。键控法调制，模拟开关的控制端接基带信号，要求基带信号为单极性电位信号，"1"码为高电位，"0"码为 0 电位，以便控制开关的通断。载波加在输入端，信号从输出端输出。ASK 信号解调有两种方法，即同步解调法（相干解调）和包络解调法（非相干解调），见图 14.2-12。

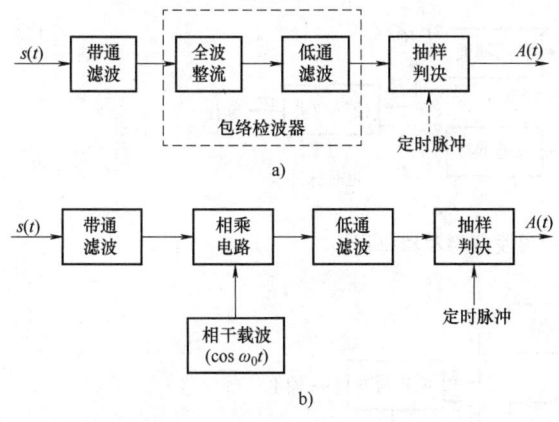

图 14.2-12　ASK 信号的解调

a）包络检波—非相干解调　b）相干解调

（2）频率键控（FSK）与解调　用基带数据信号控制载波频率，当传送"1"码时送出一个频率，传送"0"码时送出另一个频率，不同频率正弦波

的振幅和初始相位不变。调制信号若为二进制信号，称为二进制频移键控，简称 2FSK；若是 M 进制，则称 MFSK。调频信号比调幅信号的抗干扰能力强，因此，使用调频信号传送数据要比使用调幅信号传送数据出现的错误少。FSK 信号的解调方法有鉴频法、过零点检测法和锁相法等，过零点检测法原理框图见图 14.2-13。由于 2FSK 信号的两种码元的频率不同，所以计算码元中信号波形的过零点数目多少，就能区分这两个不同频率的信号码元。接收信号经带通滤波后，被放大、限幅，得到矩形脉冲序列，现经过微分和整流，变成一系列窄脉冲，位置正好对应原矩形脉冲的过零点，因此数量也和过零点的数目相同。把窄脉冲变换成较宽的矩形脉冲，以增大其直流分量，经过低通滤波，提取出的直流分量大小和码元频率的高低成正比，从而解调出原调制信号。

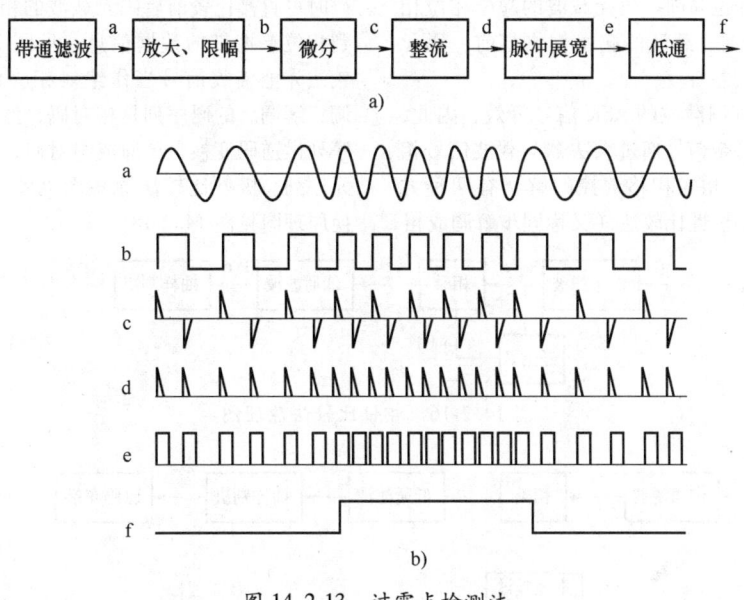

图 14.2-13　过零点检测法

a）原理框图　b）各点的波形

FSK 信号的同步解调见图 14.2-14，其中载波 $\cos\omega_0 t$ 和 $\cos\omega_1 t$ 必须从接收信号中提取，并且和信号码元同频同相。图中接收信号经过并联的两路带通滤波器滤波、与本地相干载波相乘和低通滤波后，进行抽样判决。判决准则是比较两路信号包络的大小，若上支路的信号包络较大，则判为"0"；反之则判为"1"。FSK 信号的包络检波法解调原理图见图 14.2-15。其判决准则也是比较两个支路信号的大小，和同步解调的判决准则相同。

（3）相位键控（PSK）与解调　以基带数据信号控制载波的相位，使载波的相位随基带信号的变化而变化称为数字调相，又称相移键控。相移键控有很好的抗干扰性，在有衰落的信道中也能获得很好的效果，在中速和中高速的数传机中得到了广泛的应用。

相移信号可分为两种：绝对相移键控 CPSK 和相对相移键控 DPSK（差分相移）。绝对相移键控的原理是，传"1"信号时，发起始相位为 π 的载波，

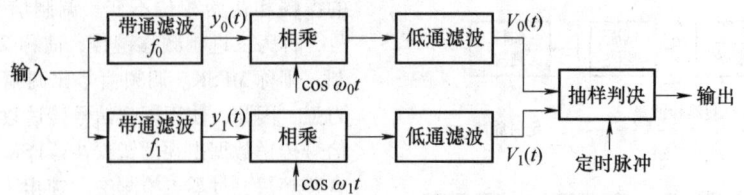

图 14.2-14　FSK 信号的同步解调原理框图

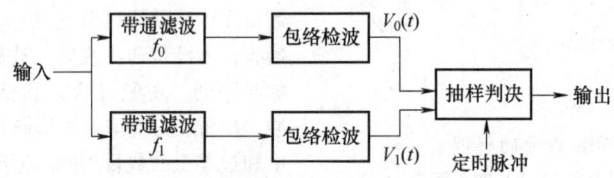

图 14.2-15　FSK 信号的包络检波法解调原理框图

传"0"信号时，发起始相位为 0 的载波（或取相反的形式）；相对相移键控的原理是，传"0"信号时，载波的起始相位与前一码元载波的起始相位相同，传"1"信号时，载波的起始相位与前一码元载波的起始相位相差 π。

PSK 信号与抑制载波的 ASK 信号等效，因此，可以利用双极性基带信号通过乘法器与载波信号相乘得到 PSK 信号。相对相移键控的解调有两种方法，相位比较法和极性比较法（又称同步解调或相干解调）。相位比较法，又称差分相干解调法，由于信号的参考相位是相邻前码元的载波相位，故解调时可直接比较前后码元载波的相位，从而直接得到相位差携带的数据信息，见图 14.2-16。极性比较法先把接收信号当作绝对相移信号进行同步解调，解调后的码序列是相对码，然后再将此相对码序列做逆码变换，还原成绝对码，即原基带信号码元序列。极性比较法原理图见图 14.2-17，逆码变换原理图见图 14.2-18。

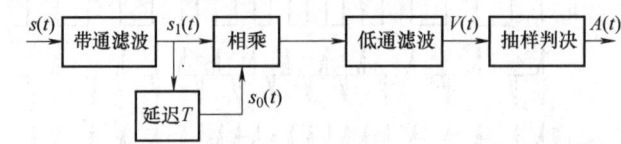

图 14.2-16　相位比较法原理图

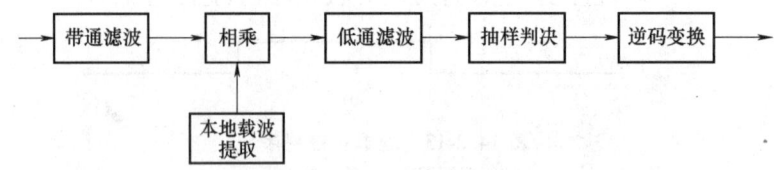

图 14.2-17　极性比较法原理图

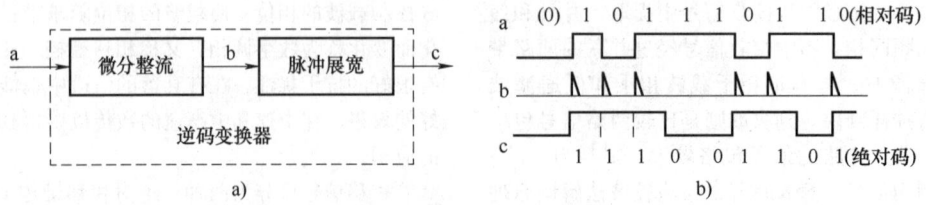

图 14.2-18　逆码变换原理图和波形图
a）原理框图　b）波形图

32　振幅/相位联合键控（APK）技术　多进制键控在提高传输速率和频带利用率方面具有一定的优点，振幅/相位联合键控（APK）信号的振幅和相位作为两个独立的参量同时受到调制，APK 信号序列的第 k 个码元可表示为

$$s_k(t) = A_k\cos(\Omega_0 t + \theta_k)$$

把上式展开：

$$s_k(t) = A_k\cos\theta_k\cos\Omega_0 t - A_k\sin\theta_k\sin\Omega_0 t$$

若 θ_k 的值仅取 0° 和 90°，A_k 的值仅取 $+A$ 和 $-A$，则为一组四进制信号，在矢量图上用 4 个点可以表示，由于 APK 信号是由两个正交载波合成的，又称为正交调幅（MQAM），见图 14.2-19。图中用黑点表示每个码元的振幅 A_k 和相位 θ_k 的位置，并且示出它是由两个正交矢量合成的。由于 MQAM 的矢量图看上去像是星座，又称为星座调制。

33　正交频分复用（OFDM）技术　正交频分复用（Orthogonal Frequency Division Multiplexing, OFDM）技术具有无线环境高速传输特征，利用伪随机编码对将要传送的信息数据进行调制，实现频谱扩展后再传输；在接收端，则采用相同的伪随机码进行解调及相关处理，还原成原始信息数据。OFDM 中的各个载波是相互正交的，每个载波在一个符号时间内有整数个载波周期，每个载波的频谱零点和相邻载波的零点重叠，这样减小了载波间的干扰。由于载波间有部分重叠，所以它比传统的 FDMA 提高了频带利用率。在 OFDM 传播过程中，高速信息数据流通过串并变换，分配到速率相对较低的若干子信道中传输，每个子信道中的符号周期相对增加，这样可减少因无线信道多径时延扩展而产生的码间干扰。由于引入保护间隔，在保护间隔大于最大多径时延扩展的情况下，可以最大限度地消除多径带来的符号间干扰。OFDM 原理框图见图 14.2-20。在频分复用（FDM）系统中，整个带宽分成 N 个子频带，子频带之间不重叠，为了避免子频带间相互干扰，频带间通常加保护带宽，会使频谱利用率下降。为了克服这个缺点，OFDM 采用 N 个重叠的子频带，子频带间正交，因而在接收端无需分离频谱就可将信号接收下来。

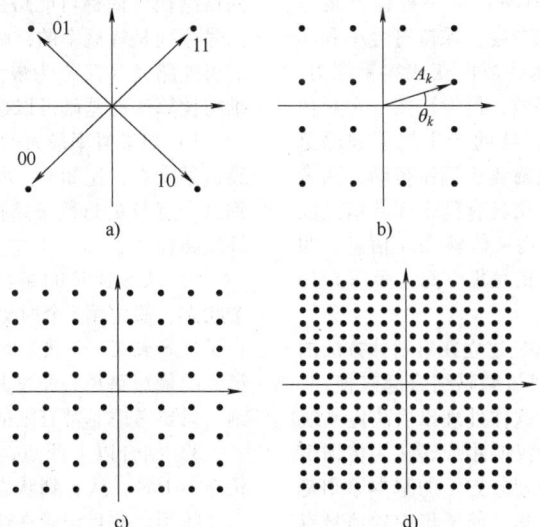

图 14.2-19　正交调幅信号矢量图

a）4QAM 信号矢量图　b）16QAM 信号矢量图　c）64QAM 信号矢量图　d）256QAM 信号矢量图

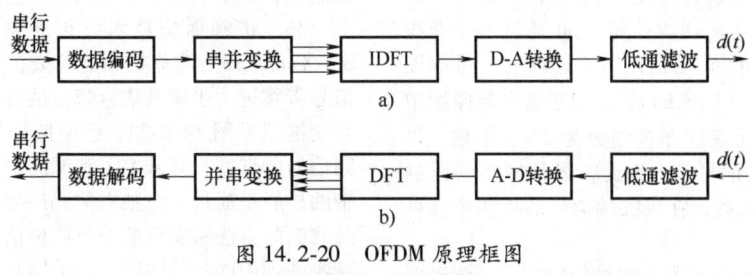

图 14.2-20　OFDM 原理框图

a）调制器　b）解调器

OFDM 将高速串行数据变换成多路相对低速的并行数据，并对不同的载波进行调制。该并行传输体制大大扩展了符号的脉冲宽度，提高了抗多径衰落等恶劣传输条件的性能，增加了抗频率选择性衰落和抗窄带干扰的能力。现代 OFDM 系统采用数字信号处理（Digital Signal Processing，DSP）技术，各子载波的产生和接收都由数字信号处理算法完成，极大地简化了系统的结构。同时，为提高频谱利用率，而使各子载波上的频谱相互重叠，且这些频谱在整个符号周期内满足正交性，从而保证接收端能够不失真地复原信号。信息的频谱扩展后形成宽带传输，相关处理后恢复成窄带信息数据，在数字扩频系统中，把周期很长、码元持续时间远小于信息码元间隔的伪随机码序列（PN 码）作为"载波"，在由扩频实现的码分复用及多址连接构成的无线移动通信系统中，各用户采用不同的互为正交的伪随机码序列作为地址码，可使大量用户共享数兆赫以上的扩频带宽，且具有极强的抗干扰能力。

34　网格编码调制（TCM）　网格编码调制（Trellis Coded Modulation，TCM）是一种信号集空间编码，它利用信号集的冗余度，保持符号率和功率不变，用大星座传送小比特数而获取纠错能力。先将小比特数编码成大比特数，再设法按一定规律映射到大星座上去，冗余比特的产生属于编码范畴，信号集星座的扩大与映射属于调制范畴，两者结合就是编码调制。比如，用具有携带 3bit 信息能力的 8ASK 或 8PSK 调制方式来传输 2bit 信息，叫作信号集冗余度，利用这种信号集空间（星座）的冗余度可获取纠错能力。

TCM 的编码和调制方法是建立在集划分方法的基础上的。网格编码将调制和编码结合起来使用，在加性高斯白噪声信道中，这样处理以后决定系统性能的主要参数由卷积码的汉明距离转化为传输信号间的自由欧氏距离。这种划分方法的基本原则是将信号星座图划分成若干子集，使子集中的信号点间的距离比原来大。每划分一次，新的子集信号点间的距离就增大一次。

TCM 编码器的结构见图 14.2-21，它将 $k$bit 输入信息段分为 k_1 和 k_2 两段：前 $k_1$bit 通过一个卷积码编码器，产生 $n_1$bit 输出，用于选择信号星座图中 2^{n_1} 个划分之一，后面的 $k_2$bit 用于选定星座图中的信号点。这表明星座图被划分为 2^{n_1} 个子集，每个子集含有 2^{k_2} 个信号点。因此，最佳网格编码的设计是基于欧氏距离，在接收端信号的检测中就可以使用软判决。

TCM 信号的解调通常采用维特比算法，解码器的任务是计算接收信号序列路径和各种可能的编码

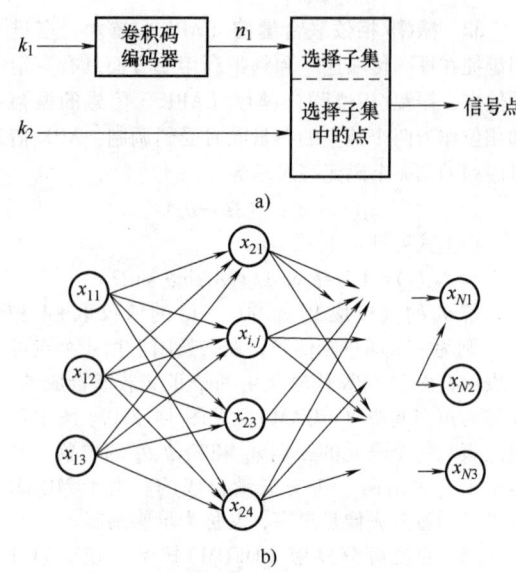

图 14.2-21　TCM 编码器的结构和解调的维特比算法
a）TCM 编码器的结构　b）解调的维特比算法

网格路径（简称可能路径）间的距离，若所有发送信号序列是等概率的，则判定与接收序列距离最小的可能路径（又称为最大似然路径）为发送序列。维特比算法的基础可以概括成下面三点：

1）如果概率最大的路径 p（或者说最短路径）经过某个点，比如 O，那么这条路径上的起始点 S 到这个点 O 的这段子路径 Q，一定是 S 到 O 之间的最短路径。

2）从 S 到 E 的路径必定经过第 i 个时刻的某个状态，假定第 i 个时刻有 k 个状态，那么如果记录了从 S 到第 i 个状态的所有 k 个节点的最短路径，最终的最短路径必经过其中一条，这样，在任意时刻，只要考虑非常有限的最短路径即可。

3）结合以上两点，假定当我们从状态 i 进入状态 $i+1$ 时，从 S 到状态 i 上各个节点的最短路径已经找到，并且记录在这些节点上，那么在计算从起点 S 到第 $i+1$ 状态的某个节点 x_{i+1} 的最短路径时，只要考虑从 S 到前一个状态 i 所有的 k 个节点的最短路径，以及从这个节点到 $x_{i+1,j}$ 的距离即可。

35　扩频通信技术　扩展频谱通信（Spread Spectrum，SS）简称扩频通信或扩谱通信，指已调信号带宽远大于调制信号带宽的任何调制体制，其系统框图见图 14.2-22。已调信号的带宽远大于调制信号的带宽，且基本上和调制信号带宽无关；频带的扩展是通过一个独立的码序列来完成，用编码及调制的方法来实现的，与所传信息数据无关；在接收端则用同样的码进行相关同步接收、解扩及恢复所传信息数据。扩频通信技术能将发射信号掩藏

在背景噪声中以防窃听，能够提高抗窄带干扰的能力，提高抗多径传输效应的能力，提供多个用户共用同一频带的可能，提供测距能力。常用的扩频技术主要有四种方法，即直序扩频（Direct-Sequence Spread Spectrum，DS-SS）、跳频扩频（Frequency-Hopping Spread Spectrum，FH-SS）、跳时扩频（Time-

Hopping Spread Spectrum，TH-SS）以及线性调频（Chirp Spread Spectrum，CSS）。在实际使用过程中常采用混合扩频技术，如 FH/DS、TH/DS、FH/TH 等。采用混合方式在技术上要求复杂一些，实现起来也要困难一些，但比单一的直序扩频、跳频扩频、跳时扩频机制具有更优良的性能。

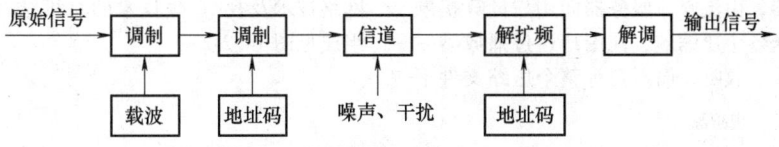

图 14.2-22　扩频通信系统框图

直序扩频将输入基带数字信号与扩频码直接相乘而实现，已调信号的频谱宽度基本取决于扩频码的码片持续时间。

跳频扩频是载波频率按一个编码序列产生的图形以离散增量变动，所有可能的载波频率集合称为跳频集，数字信息与二进制伪码序列模 2 相加后，去离散地控制射频载波振荡器的输出频率，使发射信号的频率随伪码的变化而跳变。已调信号的载频在一组载频内以伪随机方式跳动。

跳时扩频系统主要用于时分多址系统中，跳时是用伪码序列来启闭信号的发射时刻和持续时间，发射信号的"有""无"同伪码序列一样是伪随机的。在这种方式中，将传输时间划分成称为帧的时间段，每个帧的时间段再划分成时隙，在每帧内，一个时隙调制一个信息，帧的所有信息比特累积发送。跳时扩频技术一般与跳频结合起来使用，可以一起构成一种称为"时频跳变"的系统。

线性调频的射频脉冲信号在一个周期内，其载频的频率作线性变化，是一种不需要伪随机编码序列的扩频调制技术。线性调频信号也称为鸟声（Chirp）信号，因其频谱带宽落于可听范围，听着像鸟声，又称 Chirp 扩频技术。利用 Chirp 脉冲传送数据，有较强的抗干扰能力；频带宽，即使在非常低的发射功率下，仍可抗多径衰落；抗多普勒频移。Chirp 信号的调制有二进制正交键控（BOK）和直接调制（DM）两种方式。

2.5　信源编码

36　信源编码技术　信源编码是在保证信号质量的前提下，采用压缩编码技术降低信源的信息冗余，提高传输效率而采取的一种技术措施，信源编码解决的是通信的有效性问题。语音压缩编码和图像压缩编码都是针对信源所进行的压缩编码，但语

音和图像信息的结构不同，显示方式和要求也不同，采用的压缩技术也不同。

37　语音编码技术　语音编码技术分波形编码和参量编码两类。波形编码从语音信号波形出发，对波形的采样值、预测值或预测误差值进行编码，以重建语音波形为目的，力图使重建语音波形接近原信号波形。该方式适应能力强，重建语音质量好，但编码速率较高，在 16~64kbit/s 的速率上获得较为满意的语音质量。常用的波形编码类型有：脉冲编码调制（PCM）、增量调制（DM）、自适应差分码调制（ADPCM）、子带编码（SBC）、自适应变换编码（ATC）等。

语音参量编码技术是在语音信号的某一特征空间抽取特征参量，构造语音信号模型，然后利用参量量化过程生成码字进行传输，在接收端利用码字重建语音信号的一种编码方式。不以重建语音波形为目的，根据从语音段中提取的参数，在接收端合成一个新的声音相似、但波形不尽相同的语音信号。该技术是数字信号处理技术、编码理论、ADPCM 技术和软件技术的综合应用。

38　图像编码技术　图像编码技术：在图像内部以及视频序列中相邻的图像之间，存在大量的冗余，包括空间冗余、时间冗余、结构冗余、编码冗余、知识冗余、视觉冗余等。使用尽量少的码元来表示和重建图像，可实现图像的压缩。

评估图像压缩技术的指标有下述 4 个：

1）压缩效率，或称压缩比，压缩前后编码速率的比值。

2）压缩质量，恢复图像的质量。

3）编解码算法的复杂度。

4）编解码延时，针对实时系统提出。

实现图像压缩的编码方法很多，根据编码过程中是否存在信息损耗，可将图像分为有损压缩和无损压缩。按恢复图像的准确度分信息保持编码、保真度编码、特征提取编码。按图像压缩的实现方式

分变换编码、概率匹配编码、识别编码。随着图像编码技术的发展，提出考虑人眼轮廓、边缘特殊敏感性和方向感知特性等的新的图像压缩方法。

39　流媒体技术　流媒体技术也称流式媒体技术，所谓流媒体技术就是把连续的影像（视频）和声音（音频）信息经过编码/压缩处理后放上网站的流媒体服务器，由流媒体服务器向用户计算机顺序或实时地传送各个压缩包，让用户通过播放器一边下载一边观看、收听，而不要等整个压缩文件下载到自己的计算机上才可以观看的网络传输技术。该技术先在使用者端的计算机上创建一个缓冲区，在播放前预先下载一段数据作为缓冲，在网络实际连线速度小于播放所耗的速度时，播放程序会取一小段缓冲区内的数据，可以避免播放的中断，保证播放品质。流媒体技术不是一种单一的技术，它是网络技术及视/音频技术的有机结合。流媒体系统组成见图 14.2-23。

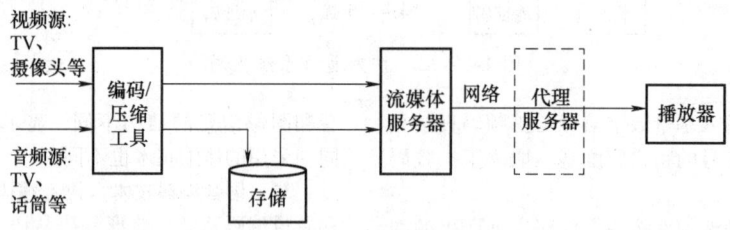

图 14.2-23　流媒体系统组成

1）编码/压缩工具：用于创建、捕捉和编辑多媒体数据，形成流媒体格式。

2）流媒体数据：视频或音频文件。

3）流媒体服务器：存放和管理流媒体数据。

4）播放器：供用户端浏览流媒体文件。

5）网络：适合多媒体传输协议甚至是实时传输协议的网络。

流媒体技术的特点是：启动延时大幅度地缩短，用户不用等待所有内容下载到硬盘上才开始浏览；对系统缓存容量的需求大大降低，流式传输仍需要缓存，由于不需要把所有的视音频内容都下载到缓存中，对缓存的要求降低；有特定的实时传输协议，采用 RTSP 等实时传输协议，更加适合动画、视音频在网上的流式实时传输。

靠性问题。在码元序列中增加冗余码元，在信息码元与冗余码元之间建立某种校验关系，用于发现或纠正传输中发生的错误。在随机信道中，采用差错控制编码，即使只能纠正（检测）码组中 1~2 个错误，也可以使误码率下降几个数量级，较简单的差错控制编码也具有较大的实际应用价值。

40　差错控制技术　差错控制技术是编码器根据输入信息码元产生相应的监督码元，实现对差错进行控制，译器主要进行检错与纠错。

常用的差错控制方式有 4 种：前向纠错（FEC）、检错重发（ARQ）、反馈校验（IRQ）和混合纠错（HEC），见表 14.2-3。

2.6　信道编码

信道编码也称差错控制编码，解决通信的可

表 14.2-3　几种常用的控制方式

控制方式	原理	特点
前向纠错	发送端逐行纠错编码，码组冗余度大，具有自动纠错能力，然后发送这种能纠错的码；接收端译码并自动纠正传输差错	无反馈过程，可采用单工通信；传输系统延时小，实时性强；纠错码，编码冗余度大，传输效率有所下降；控制规程简单，但编译码设备较复杂
检错重发	发送端首先对发送序列（信息码）进行差错编码，生成一个可以检测出错误的校验序列（监督码），然后连同数据一起发送出去；接收端根据校验序列的编码规则判决是否出错，并把判决结果通过反馈通道传回给发送端	要求有反馈回路，系统需采用双工通信方式；控制规程和过程较复杂，但与 FEC 相比复杂性和成本要低得多；反馈重传，效率较低，信息随机接收；不适合于实时传输系统

（续）

控制方式	原理	特点
反馈校验	接收端接收数据保存并原样返回，发送端检测是否有错，如有错，则重新传输；若无错，则继续传送下一帧	无需差错编码，信息冗余度小；需要反馈回路；发送端检错，信息传输距离加大一倍，因而可能导致额外的差错和重传；系统发、收端均需较大容量的存储器来存储传输信息，以备检错和输出；传输速率较低
混合纠错	发送端发送不仅能检测错误，而且能够在一定程度内纠正错误的编码；接收端译码器收到码组后，首先检测传输是否有错，若有错，且差错在码组纠错能力以内自动纠错，否则请求发送器重发，即能纠错就纠错，不能纠错重发	HEC 将 ARQ 和 FEC 方式结合起来，降低 FEC 编译码的复杂性，提高 ARQ 方式信息连贯性

41　差错控制编码的分类　按编码的不同功能分：检错码、纠错码、纠删码。按信息码元和附加监督码元之间的检验关系分：线性码和非线性码。按信息码元和附加监督码元之间的约束关系分：分组码、卷积码。按信息码元在编码前后原形式是否保持分类分：系统码（信息码元和监督码元在分组内有确定的位置）和非系统码（信息码元改变了原来的信号形式）。

42　差错控制编码的基本原理　检错和纠错能力是用信息量的冗余度换取的，与码组之间的差别有关；不同的编码方法和形式，检错和纠错能力不同。

1）码重：码组中非零码元的数目。

2）码距：两个码组中对应码位上具有不同二进制码元的个数定义为两码组的距离。

3）汉明距离：任意两个许用码组间距离的最小值。

如“011”“110”“101”三个许用码组，码重均为 2，码距均为 2，汉明距离为 2。

对于分组码，某种编码的最小码距（汉明距离）$d_{\min}$ 与该编码的检错能力 e 和纠错能力 t 的关系有

1）检测 e 个错码：

$$d_{\min} \geq e+1$$

2）纠正 t 个错码：

$$d_{\min} \geq 2t+1$$

3）纠正 t 个错码，同时检测 $e(e>t)$ 个错码：

$$d_{\min} \geq e+t+1$$

43　几种简单差错控制编码方法

（1）奇偶校验码　奇偶校验码是一种最简单的检错码，分为奇校验码和偶校验码，将要传输的信息码元分组，在信息码组后附加 1 位监督位，该码组中信息码和监督码合在一起后“1”的个数为偶数（偶校验）或奇数（奇校验）。

（2）水平奇偶校验码　水平奇偶校验码为了弥补奇偶校验码不能检测突发错误的缺陷，将信息码序列按行排成方阵，每行后面加一个奇或偶校验码，发送时按方阵中列的顺序进行传输，到了接收端仍将码元排成与发送端一样的方阵形式，按行进行奇偶校验。

（3）二维奇偶校验码　二维奇偶校验码由水平奇偶校验码改进而得，在水平校验基础上，对方阵中每一列再进行奇偶校验，发送时按行或列的顺序传输，到了接收端重新将码元排成发送时的方阵形式，然后每行、每列都进行奇偶校验，又称水平垂直奇偶校验码。该码检错能力强，又具有一定的纠错能力，应用较广泛。

44　线性分组码　线性码是指监督码元和信息码元之间满足一组线性方程的码，分组码是监督码元，仅对本码组中的码元起监督作用，或者说监督码元仅与本码组的信息码元有关。既是线性码又是分组码的编码就叫线性分组码。

线性分组码的构成是将信息序列划分为等长（k 位）的序列段，共有 2^k 个不同的序列段。在每一个信息段之后附加 r 位监督码元，构成长度为 $n = k+r$ 的分组码（n，k），当监督码元与信息码元的关系为线性关系时，构成线性分组码。

在 n 位长的二进制码组中，共有 2^n 个码字。但由于 2^k 个信息段仅构成 2^k 个 n 位长的码字，称这 2^k 个码字为许用码字，而其他（2^n-2^k）个码字为禁用码字。禁用码字的存在可以发现错误或纠正错误。

线性分组码的基本形式：（n，k）线性分组码中（$n-k$）个附加的监督码元是由信息码元的线性运算产生的，下面以（7，4）线性分组码为例来说明如何构造这种线性分组码。

（7，4）线性分组码中，每一个长度为 4 的信息分组经编码后变换成长度为 7 的码组，用 $c_6c_5c_4$ $c_3c_2c_1c_0$ 表示这 7 个码元，其中，$c_6c_5c_4c_3$ 为信息码元，$c_2c_1c_0$ 为监督码元。监督码元可按下面方程组计算：

$$\begin{cases} c_2 = c_6 \oplus c_5 \oplus c_4 \\ c_1 = c_6 \oplus c_5 \oplus c_3 \\ c_0 = c_6 \oplus c_4 \oplus c_3 \end{cases}$$

每给出一个 4 位的信息组，就可以编码输出一个 7 位的码字。由此得到 16（2^4）个许用码组，信息位与其对应的监督位见表 14.2-4。

表 14.2-4　（7，4）线性分组码的一种码组

信息位	监督位	信息位	监督位
$c_6c_5c_4c_3$	$c_2c_1c_0$	$c_6c_5c_4c_3$	$c_2c_1c_0$
0000	000	1000	111
0001	011	1001	100
0010	101	1010	010
0011	110	1011	001
0100	110	1100	001
0101	101	1101	010
0110	011	1110	100
0111	000	1111	111

45　汉明码　汉明码是最早发现的具有纠错能力的码，是一种编码效率较高的分组码，也是一种线性码。二进制汉明码中 n 和 k 服从以下规律：

$$(n,k) = (2^r - 1, 2^r - 1 - r)$$

式中　r——监督码组个数，$r = n - k$，当 $r = 3$，4，5，6，7，…，n 时，有（7，4）、（15，11）、（31，26）、（63，57）、（127，120）、（255，247）…汉明码。

汉明码的特性：

1）监督码元的个数为 $r = n - k$，码长满足 $n = 2^r - 1$。因此，给定 r 后，就可确定 n 和 k。

2）无论码长 n 为多少，汉明码的最小码距 $d_{\min} = 3$，故只能纠正一个错码。

3）汉明码是高效码，其编码效率为 $\eta = \dfrac{k}{n}$，随着码长的增加，编码效率也随之增加。

汉明码的编解码原理：

设有一（7，4）汉明码，其监督码元与信息码元之间的关系为

$$\begin{cases} c_2 = c_6 \oplus c_5 \oplus c_4 \\ c_1 = c_5 \oplus c_4 \oplus c_3 \\ c_0 = c_6 \oplus c_4 \oplus c_3 \end{cases}$$

根据上述方程组，可由信息位 $c_6c_5c_4c_3$ 求得监督位 $c_2c_1c_0$，并得到相应的（7，4）汉明码，见表 14.2-5。

表 14.2-5　汉明码实例（编码表）

信息位	监督位	信息位	监督位
$c_6c_5c_4c_3$	$c_6c_5c_4c_3c_2c_1c_0$	$c_6c_5c_4c_3$	$c_6c_5c_4c_3c_2c_1c_0$
0000	0000000	1000	1000101
0001	0010111	1001	1001110
0010	0001011	1010	1010010
0011	0011100	1011	1011001
0100	0100110	1100	1100011
0101	0101101	1101	1101000
0110	0110001	1110	1110100
0111	0111010	1111	1111111

在接收端，接收的信号为 c_6'，c_5'，c_4'，c_3'，c_2'，c_1'，c_0'，若接收端没有差错，则它们之间满足：

$$\begin{cases} c_2' = c_6' \oplus c_5' \oplus c_4' \\ c_1' = c_5' \oplus c_4' \oplus c_3' \\ c_0' = c_6' \oplus c_4' \oplus c_3' \end{cases}$$

设校验码为 $s_3s_2s_1$，

$$\begin{cases} s_3 = c_6' \oplus c_5' \oplus c_4' \oplus c_2' \\ s_2 = c_5' \oplus c_4' \oplus c_3' \oplus c_1' \\ s_1 = c_6' \oplus c_4' \oplus c_3' \oplus c_0' \end{cases}$$

那么可以根据校验码 s_3，s_2，s_1 来确定出错的情况。若 s_3，s_2，s_1 均为 0，可以判断无错；若 $s_3 = s_2 = 0$，$s_1 = 1$，则可判断 c_0 出错；以此类推，表 14.2-6 列出了（7，4）汉明码的校验码和错误码元位置的对应关系。在接收端，根据接收到的信号对照表格进行校验。

表 14.2-6　（7，4）汉明码实例（错码对照表）

s_3	0	0	0	0	1	1	1	1
s_2	0	0	1	1	0	0	1	1
s_1	0	1	0	1	0	1	0	1
错误位置	无错	c_0	c_1	c_3	c_2	c_6	c_5	c_4

46　循环码　循环码是一种线性分组码，它除了具有线性分组码的封闭性之外，还具有循环性。循环性是指循环码中任一许用码组经过循环移位后（左移或右移）所得到的码组仍为该码中一个许用码组。图 14.2-24 为循环码的码组组成。

循环码是一种典型的分组码，由 k 个信息元和 $n-k$ 个监督码元组成。为了便于计算，通常把码组

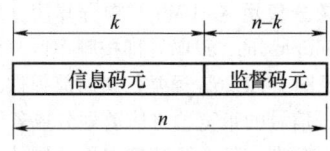

图 14.2-24 循环码码组组成

中各码元当作是一个多项式的系数，即把一长度为 n 的码组表示成

$$C(x) = C_{n-1}x^{n-1} + C_{n-2}x^{n-2} + \cdots + C_1x + C_0$$

式中 系数 $C_0, C_1, C_2, \cdots, C_{n-1}$ ——码组中相应码元的数值（0 或 1）；

x^i ——码元位置的标志，这种多项式常称为码多项式。

循环码具有循环性，即一个码组循环移一位后，仍为该码组集合中的一个码组。

编码方法：首先需选定生成多项式 $G(x)$，然后再对给定的信息码（设 $I(x)$ 为码多项式）按以下几步进行编码。该编码过程可以由用移位寄存器和异或门构成的除法电路来实现。

1）用 x^{n-k} 乘 $I(x)$，即将信息码后附加上 $(n-k)$ 个 "0"。

2）用 $G(x)$ 除 $x^{n-k}I(x)$，得到商 $Q(x)$ 和余式 $R(x)$，即

$$\frac{x^{n-k}I(x)}{G(x)} = Q(x) + \frac{R(x)}{G(x)}$$

3）编出循环码组 $C(x)$ 为 $C(x) = x^{n-k}I(x) + R(x)$

解码方法：接收端解码有两个目的，即检错和纠错。检错时，只需要 $G(x)$ 去除接收码多项式，如果余项不为零，则认为传输中出现了差错，其解码电路与编码电路完全相同。纠错方法比检错方法复杂，当出现差错时，常根据余项 $R(x)$ 用查表的方法或通过某种运算，得到错误图样（即错码的位置），然后再对错码进行纠正。

循环码是数据通信中使用较为广泛的一种差错控制编码，其编码和解码设备都不太复杂，检（纠）错能力较强，因此，在许多数据链路规程中，都选用这种差错控制编码。

47 卷积码 卷积码的整个编码过程可以看成输入信息序列与由移位寄存器和模 2 加法器的连接方式所决定的另一个序列的卷积，所以称为卷积码。卷积码是一种非分组码，码的结构简单，其性能在许多实际情况下常优于分组码，通常更适用于前向纠错，是一种较为常用的纠错编码。与分组码不同，卷积码编码器在任何一段规定时间内产生的 n 个码元，其监督位不仅取决于这段时间中的 k 个信息位，而且还取决于前 $(N-1)$ 段规定时间内的信息位，即监督位不仅对本码组起监督作用，还对前 $(N-1)$ 个码组也起监督作用。这 N 段时间内的码元数目 nN 称为这种码的约束长度。通常把卷积码记作 (n, k, N)，其编码效率为 $\eta = k/n$。

图 14.2-25 表示出了 (n, k, N) 卷积码编码的一般结构。它由输入移位寄存器、模 2 加法器、输出移位寄存器 3 部分构成。输入移位寄存器共有 N 段，每段有 k 级，共 $N \times k$ 位寄存器，信息序列由此不断输入，输入端的信息序列进入这种结构的输入移位寄存器即被自动分段，每段 k 位，对应每一段的 k 位输出的 n 个比特的卷积码，与包括当前段在内的已输入的 N 段的 $N \times k$ 个信息位相关联。一组模 2 加法器共 n 个，它实现卷积的编码算法；输出移位寄存器共有 n 级，输入移位寄存器每移入 k 位，它输出 n 个比特的编码。

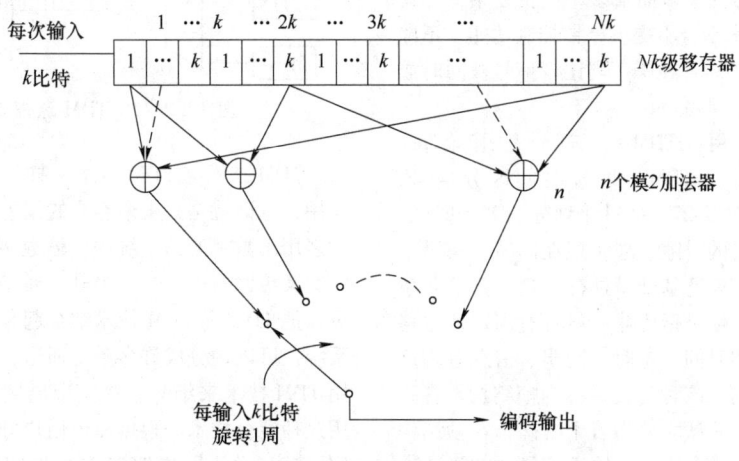

图 14.2-25 (n, k, N) 卷积码编码的一般结构

卷积码有两类译码方法：代数译码，这是利用编码本身的代数结构进行译码，不考虑信道的统计特性；概率译码，这种译码方法在计算时要考虑信道的统计特性，典型的算法如维特比译码、序列译码等。

2.7　信道复用技术

48　信道复用　又称信道多路复用，指多个用户同时使用同一条信道进行通信。为了区分在一条链路上的多个用户的信号，理论上可以采用正交划分的方法，即凡是在理论上正交的多个信号，在同一条链路上传输到接收端后，都可能利用其正交性完全区分开。

49　频分复用（FDM）　频分复用（Frequency Division Multiplexing，FDM）即按频率区分信号，其基本原理见图 14.2-26。通常信道所能提供的带宽远远大于传送信号的带宽，将信道划分成若干个相互不重叠的子频带，每个子频带占用不同的频段，然后在同一信道上利用线性调制将多个需要传送的调制信号搬移到信道频带内不同的频率位置上，搬移后的各信号频谱互不重叠。在接收端利用不同频率的带通滤波器，分别取出各个已调信号的频谱，然后再解调，还原出各个调制信号。FDM 基于频率划分信道，为每个用户指定了特定信道，这些信道按要求分配给请求服务的用户；在呼叫的整个过程中，其他用户不能共享这一频段。

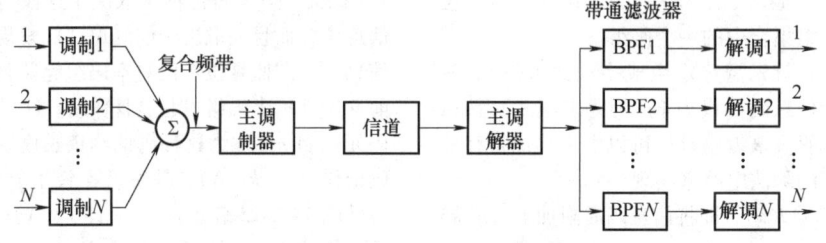

图 14.2-26　FDM 原理示意图

FDM 的优点是能充分利用传输介质的有效带宽，从带宽上考虑，它比数字系统效率更高；FDM 是最早出现的复用技术，技术已经十分成熟，实现起来很容易；FDM 技术中所有子信道传输的信号以并行的方式工作，每一路信号传输时可不考虑传输时延。FDM 的缺点是对于信道的非线性失真具有较高要求，因为非线性失真会造成严重的串音和交叉调制的干扰；FDM 系统所需的载波量大，所需要的设备随着输入信号的增多而增多，设备复杂，不易小型化；FDM 技术本身不提供差错控制功能，不能实现性能检测；FDM 存在噪声与语音信号被同时放大使信噪比受限的问题。

50　时分复用（TDM）　时分复用（Time Division Multiplexing，TDM）即按时间区分信号，其基本原理见图 14.2-27。把时间划分为若干时隙，各路信号占用各自的时隙，来实现在同一个信道上传输多路信号。其理论基础是抽样定理，其必要条件是定时与同步。帧是指传输一段具有固定数据格式的数据所占用的时间，定时、同步、信息等均严格按时间关系排列。该时间关系称为帧结构。各路信号必须组成帧，一帧应分为若干时隙，在帧结构中必须有帧同步码，允许各路输入信号的抽样速率

有少许误差。TDM 在给定传输频带的条件下，把传递时间分割成周期性帧，每一帧再分割成若干个时隙。各用户在同一频带中传送，用户的收发各使用指定的时隙，时间上互不重叠。

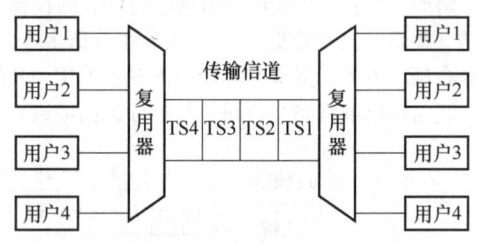

图 14.2-27　TDM 原理示意图

TDM 技术与 FDM 技术一样，有着非常广泛的应用，电话就是其中最经典的例子。TDM 通信方式大多用于数字通信系统中传输数字信号，也可以同时交叉传输模拟信号。另外，对于模拟信号，有时可以把 TDM 和 FDM 技术结合起来使用。一个传输系统，可以频分成许多条子通道，每条子通道再利用 TDM 技术来细分。在宽带局域网络中就可以使用这种混合技术。根据每个用户分配的时隙是否固定，TDM 分为同步 TDM 和异步 TDM。

51　码分复用（CDM）　码分复用（Code Division Multiplexing, CDM）是指发送端各路信号占用相同的频带，在同一时间发送，不同的是对各路信号的码元采用不同的码，利用各路编码的正交性，在接收端区分不同路的信号。若将正交编码用于 CDM 中作为"载波"，则合成的多路信号很容易用计算互相关系数的方法分开。图 14.2-28 为 m 路 CDM 原

理框图。图中 m 是输入信号码元，其持续时间为 T；它输入后先和载波 s 相乘，再与其他各路已调信号合并（相加），形成 CDM 信号。在接收端，多路信号分别和本路的载波相乘积分，就可以恢复（解调）出原发送信息码元。CDM 不是必须采用正交码。在数字通信中，超正交码和准正交码都可以采用，邻道干扰小，可以用设置门限的方法消除。

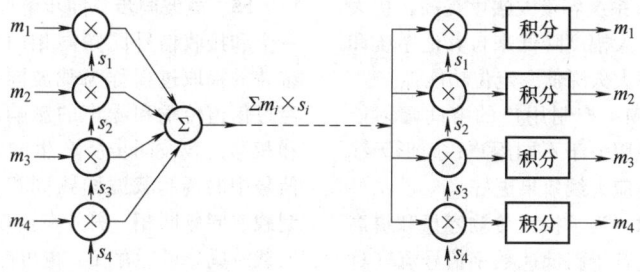

图 14.2-28　m 路 CDM 原理框图

CDM 系统中，各用户使用相同的载波频率，占用相同频带，发信时间是任意的。即各用户的频率和时间可相互重叠，用户的划分是利用不同地址码序列实现的。CDM 方式是频谱扩展的通信方式，即扩频方式。用户信号经过扩频处理，再经载波调制后发送出去。接收端使用完全相同的扩频码序列，同步后与接收的宽带信号作相关处理，把宽带信号解扩为原始数据信息。不同用户使用不同的码序列，占用相同频带，可以同时传输。

52　波分复用（WDM）　波分复用（Wavelength Division Multiplexing, WDM）技术就是为了充分利用单模光纤低损耗区的巨大带宽资源，采用波分复用器（合波器），在发送端将多个不同波长的光载波合并耦合到光缆线路上的同一根光纤中进行传输；在接收端，再由解波分复用器（分波器）将这些不同波长承载不同信号的光载波解复用，并作进一步处理，恢复出原信号送入不同的终端。即在一根光纤上能同时传送多波长光信号的一项技术，其基本原理见图 14.2-29。WDM 技术可用于充分开发光纤的宽频带特性，实现超大容量信息传输。

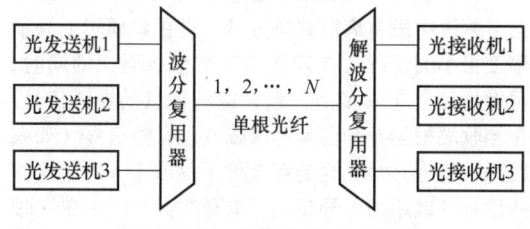

图 14.2-29　WDM 原理示意图

通信系统的设计不同，每个波长之间的间隔宽度也有不同。按照复用信号频率（或波长）间隔的不同，波分多路复用可以细分为密集波分复用、稀疏波分复用、宽带波分复用和光频分复用。密集波分复用是指频率间隔为 100GHz（即波长间隔为 0.80nm），信道数为 8、16、32、40 等的复用；也可是频率间隔为 200GHz（即波长间隔为 1.60nm），信道数为 8、16 等的复用。稀疏波分复用是指频率间隔为 2.50THz（即波长间隔为 20nm），信道数为 4、8 或 16 的复用。宽带波分复用是指不在同一个低损耗窗口内，并有较宽波长间隔的两个波长（如 980/1 150nm, 1 310/1 550nm, 1 480/1 550nm, 1 550/1 625nm 等）的复用。光频分复用是指对 1 550nm 低损耗窗口内更多波长光信号的复用，其频率间隔为 1～10GHz，相应波长间隔约为 0.008～0.08nm，故光载波信道数目将极大增加。

53　空分复用（SDM）　空分复用（Space Division Multiplexing, SDM）是利用不同的用户空间特征区分用户，配合电磁波被传播的特征，可使不同地域的用户在同一时间使用相同频率，实现互不干扰的通信。可以利用定向天线或窄波束天线，使电磁波按一定指向辐射，局限在波束范围内；不同波束范围可以使用相同频率，也可以控制发射功率，使电磁波只能作用在有限的距离内。在电磁波作用范围外的地域仍可使用相同的频率，以空间来区分不同用户。在蜂窝移动通信、卫星通信中都有充分运用。

SDM 方法有蜂窝划分和扇区划分，见图 14.2-30。

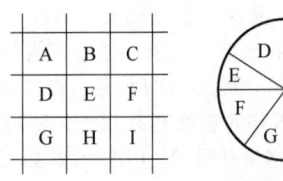

图 14.2-30　SDM 方法

SDM 的技术特点：系统容量大幅度提高，扩大覆盖范围，兼容性强，大幅度降低来自其他系统和其他用户的干扰，功率大大降低，定位功能强。

利用天线实现 SDM：控制用户的空间辐射能量；使用定向波束天线服务于不同用户；扇形天线是一种基本方式；自适应天线效果更好。

54　数字复接技术　为了扩大传输容量和提高传输效率，常常需要把若干路低速数字信号流（称为低次群）合并成一个高速数字信号流（称为高次群），以便在高速信道中传输。把这种两路或两路以上的低速数字信号合并成一路高速数字信号的过程称为数字复接，由帧同步、定时、数字分接和码速恢复等单元组成。数字复接技术起先是在脉冲编码调制（PCM）系统中提出的。依照数字复接时各低次群的时钟情况，数字复接可分为同步复接、异步复接和准同步复接三种方式。

同步复接：指被复接的各个输入支路的时钟均出自同一时钟源，即各支路的时钟频率完全相等的复接方式，复接时由于各个支路信号并非来自同一地方，各支路信号到达复接设备的传输距离不同，因此到达复接设备时各支路信号的相位不能保持相同，在复接时应先进行相位调整。

异步复接：指各个输入支路的时钟不是出自同一时钟源，且又没有统一的标称频率或相应的数量关系的复接方式，这种复接方式使各支路信号复接前必须进行频率和相位的调整，即码速调整。

准同步复接：指参与复接的各低次群使用各自的时钟，但各支路的时钟被限制在一定的容差范围内，这种复接方式在复接前必须将各支路的码速都调整到统一的规定值后才能复接。这是应用广泛的一种复接方式，在这种复接方式中必须采用码速调整技术。

2.8　同步技术

同步技术的作用是保证收发双方能够步调一致地协调工作，是通信系统正常工作的前提，主要指标为同步误差小、相位抖动小、同步建立时间短、保持时间长等。同步技术按功能划分主要有载波同步、码元同步、群同步和网同步。按传输同步信息方式的不同，分为外同步法和自同步法。外同步法：由发送端发送专门的同步信息，接收端把这个专门的同步信息检测出来作为同步信号的方法。自同步法：发送端不发送专门的同步信息，接收端设法从收到的信号中提取同步信息的方法。

55　载波同步　同步解调时，接收端需要产生一个和接收信号同频同相的本地载波信号，本地载波的提取过程称为载波同步。由于发送的信号经过信道传输和噪声的影响，会引起附加的频移和相移，载波同步所产生的本地载波应该与接收信号中的调制载波同频同相，而不是与发送端调制载波同频同相。另外在接收信号中，发送端调制的载波成分可能存在，也可能不存在。载波同步是实现同步解调的先决条件。其实现方法：一类是直接提取法（自同步法），一类是插入导频法（外同步法）。

（1）直接提取法（自同步法）　是从接收到的有用信号中直接（或经变换）提取相干载波，不需要另外传送载波或其他倒频信号。有些信号（如 DSB 信号、2PSK 信号等）虽然本身不包含载波分量，但却包含载波信息，对该信号进行某些非线性变换以后，可以直接从中提取出载波分量。提取方法有平方变换法、平方环法、同相正交环法（科斯塔斯环）。

图 14.2-31a 为平方变换法提取载波。由于锁相环具有良好的跟踪、窄带滤波性能，输出信号更稳定，且输入可以是不连续信号，在平方变换法的基础上用锁相环替代窄带滤波器，即平方环法提取载波，见图 14.2-31b。

同相正交环法是利用锁相环提取载波的另一种常用方法，不需要信号预先做平方处理，可直接得到输出解调信号。由于加到上下两个相乘器的本地信号分别为压控振荡器的输出信号和它的正交信号，因此常称这种环路为同相正交环，也称为科斯塔斯环，见图 14.2-32。

（2）插入导频法（外同步法）　主要用于接收信号频谱中没有离散载频分量，且在载频附近频谱幅度很小的情况，在发送端发送信息码元的同时，再发送一个（或多个）包含载波信息的导频信号，在接收端根据导频信号提取载波。有些信号（如残留边带信号）虽然含有载波但不易取出，对于这样的信号可以用插入导频法。也有的信号（如单边带信号）既没有载波又不能用直接法提取载波，只能

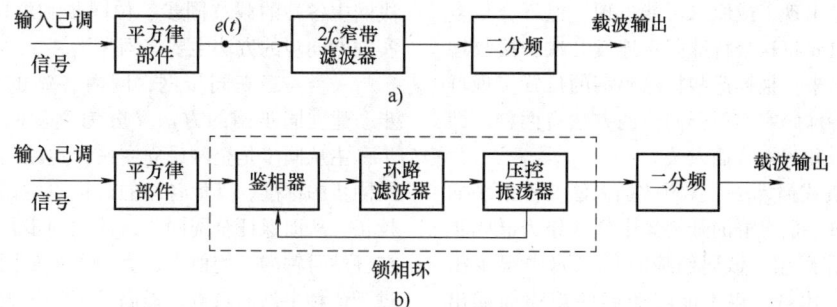

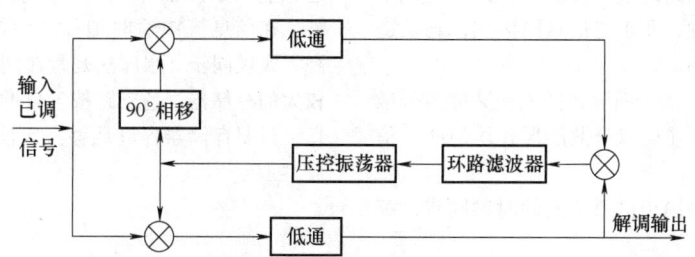

图 14.2-31　平方法提取载频原理框图

a）平方变换法提取载波　b）平方环法提取载波

图 14.2-32　同相正交环法提取载波

用插入导频法。插入导频信号的方法有频域插入导频法、时域插入导频法。频域插入导频法，是指在已调信号的频谱中加入一个低功率的线谱，该线谱对应的正弦波即称为导频信号。时域插入导频法对被传送的数据信号和导频信号在时间上加以区别，在每帧的一小段时间内才作为载频标准，其余时间没有载频标准。

56　码元同步　在数字通信系统中，接收端需要知道码元序列中每个码元的起止时间，以便在恰当的时刻抽样判决。接收端必须提供一个作为判决用的定时脉冲序列，该序列的重复频率与码元速率相同，相位与最佳抽样判决时刻一致，把提取定时脉冲序列的过程称为码元同步，或位同步，这个定时脉冲序列称为码元同步脉冲或位同步脉冲。实现位同步的方法有插入导频法（外同步法）和直接法（自同步法）两种。

（1）插入导频法（外同步法）　插入导频法与载波同步时的插入导频法类似，在基带信号频谱的零点插入所需的导频信号，是为了避免信号影响插入导频，从而保证接收端导频提取的纯度。插入的导频频率通常为 f_B 或 $f_B/2$，便于提取 f_B 信息。

（2）直接法（自同步法）　称为直接提取位同步法，是指发送端不传送专门的位同步信息，直接从接收信号或解调后的数字基带信号中提取位同步

信号。具体实现方法可分为滤波法和锁相法。滤波法基本原理是先形成含有位同步信息的信号，再用滤波器将其滤出。对于不归零的二进制随机序列，将其变成单极性归零脉冲后，经过一个窄带滤波器，滤出此信号分量，再将它通过一个移相器调整相位后，形成位同步脉冲。锁相法是用锁相环路替代一般窄带滤波器以提取位同步信号的方法，基本原理是在接收端利用鉴相器比较接收码元和本地产生的位同步信号的相位，若两者相位不一致（超前或滞后），鉴相器产生误差信号去调整位同步信号的相位，直至获得精确的同步为止。

57　群同步　群同步包括字同步、句同步及分路同步等。在数字通信中，信息流是用若干个码元组成"字"，又用若干个"字"组成"句"。对于时分多路信号，各路信息码都安排在指定的时隙内传送，形成一定的帧结构。在接收端为了正确地分离各路信号，要识别出每帧的起始时刻，找出各路时隙位置。在接收端必须产生与字、句及时分多路信号的起止时刻相一致的定时脉冲序列，获得这些定时序列的过程分别称为字同步、句同步及分路同步，这些同步方法原理类似，统称为群同步或帧同步。群同步是正确译码和分路的基础。为了实现群同步，可以在数字信息流中插入一些特殊码字作为每个群的头尾标记，这些特殊的码字应该在信息码

元序列中不会出现，或偶尔可能出现，但不会重复出现，此时只要将这个特殊码字连发几次，接收端就能够识别出来，根据这些特殊码字的位置实现群同步。插入特殊码字实现群同步的方法有两种，即连贯式插入法和间隔式插入法。

（1）连贯式插入法　连贯式插入法又称集中插入法，指在每一信息群的开头集中插入作为群同步码字组的特殊码组，该码组应在信息码中很少出现，即使偶尔出现，也不能依照群的规律周期出现。接收端按群的周期连续数次检测该特殊码组，获得群同步信息。连贯式插入法的关键是寻找群同步码组。对群同步码组的基本要求是：具有尖锐单峰特性的自相关特性，便于与信息码区别，码长适当，以保证传输效率。

（2）间隔式插入法　间隔式插入法又称为分散插入法，它是将群同步码以分散的形式均匀插入信息码流中。

58　网同步　网同步指通信网的时钟同步，解决网中各站的载波同步、位同步和群同步等问题。实现网同步的方法主要有两大类。

一类是建立同步网，网内各站的时钟彼此同步。建立同步网的方法又分为主从同步和彼此同步：主从同步是全网设立主站，主站的时钟作为全网同步的标准，其他各站的时钟以主站时钟为标准校正，从而保证全网同步；彼此同步是网时钟锁定在各站时钟的平均值上，克服了主从同步中网同步过于依赖主站的缺点，提高了网的抗毁能力，但各站设备都较复杂。

另一类是异步复接，也称独立时钟法，通过码速调整和水库法来实现。码速调整常用正码速调整，在信息流中适时地插入一些码元使其码速提高，实现同步。水库法则是在网的节点处设置存量较大的存储器，各支路按各自的速率存入或读取信息，只要存储器容量足够大，信息就不会"溢出"或"取空"。

第3章 电信交换技术

交换技术是通信网的核心技术。在通信网中，信息的交换是在通信的源和目的终端之间建立通信信道，实现信息传送的过程。为实现多个终端之间的相互通信，通信网往往是由多个交换节点构成的。交换节点通过多种组网形式，构成了覆盖区域广泛的通信网络。不同的通信网络由于所支持的业务的特性不同，交换设备所采用的交换方式也各不相同。

3.1 电信业务网概述

59 电信业务网 电信业务网是向用户提供诸如电话、电报、传真、数据、图像等各种业务的网络，其中交换设备是构成业务网的核心要素，基本功能是完成接入交换节点链路的汇集、转接接续和分配，实现一个呼叫终端（用户）与其所要求的另一个或多个用户终端之间的路由选择的连接。

电信业务网可分为电话通信网、移动通信网、数据通信网、智能网、综合业务数字网。电话通信网是为公众提供电话业务而建立和运营的电信网，包括本地电话网、长途电话网和国际电话网。移动通信网指移动中的用户利用无线频段与用户实时交换信息的通信方式。现代数据通信指计算机之间、计算机和各终端之间进行信息交互的数据网络。智能网以计算机和数据库为核心平台，目的是为所有的通信网服务。综合业务数字网（Integrated Services Digital Network，ISDN）利用已有电话网的网络资源，把数字化延伸到用户环路，实现在网络中提供语音、数据、图像等综合业务。

60 电话通信网 电话通信传递的信息是语音。语音信息通过发送者话机麦克风变成电信号，通过线路传输至对方，对方话机扬声器将电信号还原为语音。电话通信网是进行交互型话音通信、开放电话业务的电信网，简称电话网，包括本地电话网、长途电话网和国际电话网，通常由用户终端（电话机）、交换机、通信信道、路由器及附属设备等构成。在电话通信网中，由本地接入网、多级汇接网组成的网络结构称为等级制网络结构，见图 14.3-1。

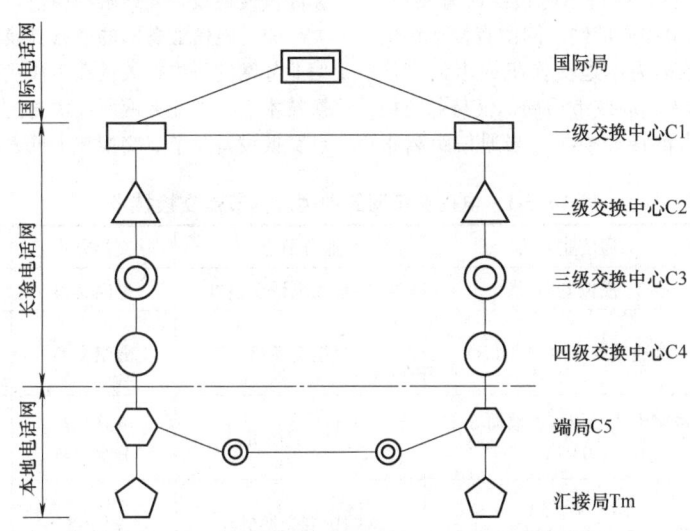

图 14.3-1　电话通信网等级制结构示意图

电话通信网的主要性能指标有话务量和呼损率。话务量表示电信设备承受的负载量，是电信业务流量的简称，单位为 Erl（爱尔兰）。话务量的大小与用户数量、用户通信的频繁程度、每次通信占用的时间长度，以及观测的时间长度等有关。话务量分为流入话务量和成功话务量。流入话务量是单位时间（1h）内平均呼叫次数和每次呼叫平均持续（占用线路）时间之积，表示每小时中平均线路占用的时间。成功话务量的定义是单位时间内呼叫成功次数和每次呼叫平均持续时间之积。呼损率指损失话务量与流入话务量之比。

3.2　交换技术基础

交换技术是伴随着通信网的演进而发展的，即交换技术必须与终端业务传输技术相适应。

61　电信交换的作用　电信交换指通过交换设备建立链路并中转语音信息，使电话呼叫能够运作起来。电信交换基本的 4 项功能：①接口功能：用户接口和中继接口，分别将用户线和中继线终接到交换网络；②连接功能：可实现任意入线和任意出线之间的连接（物理连接或虚拟连接）；③控制功能：实现信息自动交换的保障，分集中控制和分散控制方式；④信令功能：使不同类型的终端设备、交换节点设备和传输设备协同运行。

62　基本交换原理　交换节点指通信网中的各类交换机，主要包括交换单元、用户接口、中继接口、信令单元和控制单元，见图 14.3-2。交换网络用于提供用户通信接口之间的连接，采用与硬件有关的交换结构，在控制单元的控制下完成整个连接的建立和释放过程。通信接口一般分为用户接口和中继接口两类。信令单元指交换过程采用的一系列规范化标准协议。控制单元控制交换系统的各种接续和连接。

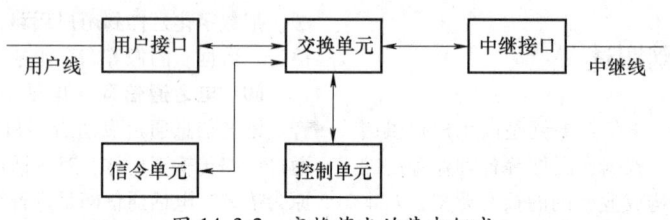

图 14.3-2　交换节点的基本组成

当任意两个用户之间要交换信息时，交换机将这两个用户的通信线路连通，用户通信完毕，两个用户间的连线就断开。有了交换设备，N 个用户只需要 N 对线就可以满足要求。当用户数量很多且分布的区域较广时，一台交换机不能覆盖所有用户，需要设置多台交换机组成通信网。网中直接连接电话机或终端的交换机称为本地交换机或市话交换机，相应的交换局称为端局或市话局，仅与各交换机连接的交换机称为汇接交换机。当通信距离很远，通信网覆盖多个省市乃至全国范围时，汇接交换机常称为长途交换机。交换机之间的线路称为中继线。显然，长途交换设备仅涉及交换机之间的通信，而市内交换设备既涉及交换设备之间的通信，又涉及交换设备与终端的通信。

63　电信业务网的节点交换技术　不同类型电信业务网的形成，关键在于该业务网使用的节点交换技术。各种业务网所提供的主要业务、使用的节点交换设备及节点交换技术见表 14.3-1。

表 14.3-1　电信业务网的种类及其节点交换技术

业务网	通信业务	业务节点	交换方式	应用特点
电话交换网	模拟电话	数字程控电话交换机	电路交换	应用广泛
分组交换网	中低速数据（≤64kbit/s）	分组交换机	分组交换	应用广泛 可靠性高
窄带综合业务数字网	数字电话、传真、数据等（64~2 048kbit/s）	ISDN 交换机	电路交换 分组交换	灵活方便 节省开支
帧中继网	永久虚电路（64~2 048kbit/s）	帧中继交换机	帧中继	速率高 灵活、价格低
数字数据网（DDN）	数据专线业务（64~2 048kbit/s）	数字交叉连接设备	电路交换	应用广泛 速率高、价格高

（续）

业务网	通信业务	业务节点	交换方式	应用特点
宽带综合业务 数据网	多媒体业务 （≥155.52Mbit/s）	ATM 交换机	ATM 交换	高速宽带
IP 网	数据、IP 电话	路由器	分组交换	应用广泛 灵活简便
智能网	智能业务	业务交换点（SSP） 业务控制点（SCP）		快速提供新业务
数字移动通信网	电话、低速数据 （8~15kbit/s） （GSM、CDMA） 电话、中速数据 （<100kbit/s）（GPRS） 多媒体 2Mbit/s（3G）	移动交换机	电路交换 分组交换	应用广泛 移动通信

3.3　常用交换方式

交换技术通常分为窄带交换和宽带交换。窄带交换指传输速率低于 2Mbit/s 的交换，如电路交换和低速分组交换；宽带交换指传输速率高于 2Mbit/s 的交换，如快速分组交换和 ATM 交换，以及在宽带 IP 网络中应用的 IP 交换、标记交换和光交换等新技术。

64　电路交换　电路交换是通信网中最早出现的一种交换方式，也是应用最普遍的一种交换方式，主要应用于电话通信网中，完成电话交换。

在电话通信网中，对于彼此之间都可能有通话需求的众多用户话机，若全部采用直接连线的方法，所需要的线对数将会很多。为解决该问题，可在用户分布区域的中心设置一台交换机（常被称为总机）。每个用户只需一对线路和交换机相连，当任意两个用户需要通话时，交换机就将其接通；通话完毕，再拆除连线。这就是电路交换的基本思想，既保证了较可靠的通信联络，又可以使线路费用大大减少。从完成一次通话的连续过程来看，电话通信分为 3 个阶段：呼叫建立、通话、呼叫拆除。电路交换的过程与电话通信的过程相同，也包括连接建立、信息传送和连接拆除三个阶段，见图 14.3-3。

电路交换的最大优点是经济、方便，适用于传输实时性交互式信息，但也存在以下缺点：①数据传输速率低，一般只能开通 0.2~28.8kbit/s 的数据业务；②误码率高，通常在 10^{-3} ~ 10^{-6} 之间；③线

路接续时间长，由于需要拨号，一般需 10~15s 或更长的接续时间；④受传输距离限制；⑤不易扩展新的功能。

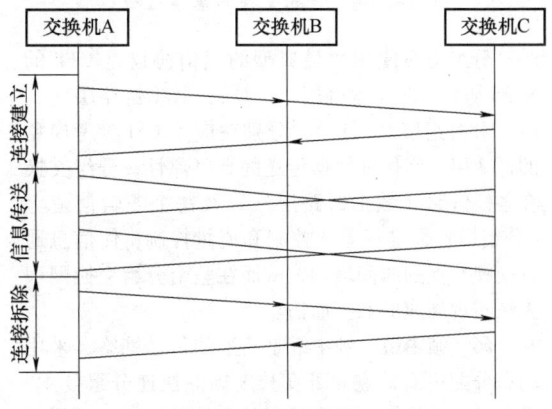

图 14.3-3　电话交换的基本过程

65　分组交换　分组交换是数据通信网广泛应用的交换方式，采用存储转发的处理方式。分组交换将用户信息分成若干个小的数据单元进行传送，数据单元称为分组（packet）或包。为了保证分组能够正确地传送到目的地，每个分组必须携带一个用于路由选择、流量控制、拥塞控制等地址和控制信息的分组头。

分组交换的本质是存储转发，它将所接收的分组暂时存储下来，在目的方向路由上排队，当可以发送信息时，再将信息发送到相应的路由上面完成转发。该存储转发的过程就是分组交换的过程，见图 14.3-4。

分组交换可提供虚电路和数据报两种工作方

式。虚电路采用面向连接的工作方式,其通信过程与电路交换相似,具有连接建立、数据传送和连接拆除3个阶段。在用户数据传送前先建立端到端的虚连接;一旦虚连接建立,属于同一呼叫的数据分组均沿着这一虚连接传送;通信结束时拆除该虚连接。数据报采用无连接工作方式,在呼叫前不需要事先建立连接,而是边传送信息边选路,各个分组依据分组头中的目的地址独立进行选路,每一个分组都当作独立的报文来处理。

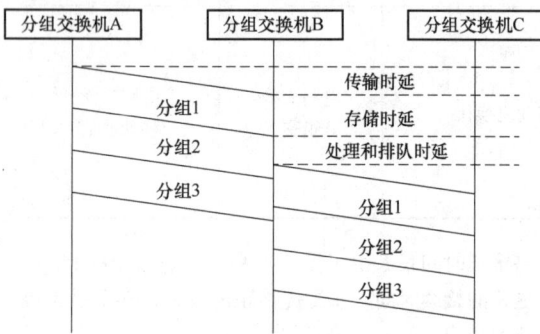

图 14.3-4　分组交换的基本过程

分组交换使用的最典型的通信协议是 CTT 的 X.25 协议,包含物理层(一层)、数据链路层(二层)和分组层(三层),分别对应于 OSI 参考模型的低3层。为保证数据传送的高可靠性,分组交换在各段链路(数据链路层)以及每个逻辑信道上(分组层)都进行差错控制和流量控制,使信息通过交换节点的时间增加,从而在整个分组交换网中无法实现高速的数据通信。

66　帧中继　帧中继是新型的传送网络,采用动态分配传输带宽和可变长度帧的快速分组技术,可以处理突发性信息和可变长度帧的信息,适用于局域网互联。由于数据信号在网络上的传输或交换都是基于 OSI 参考模型的第二层(即数据链路层或帧层),所以称为帧中继。帧中继的信息传送最小单位为帧,信息与信令传送信息则是分离的。

在帧中继通信中,局域网(Local Area Network,LAN)分组通过路由器接入公共通信网。帧中继通过分组节点间的重发、流量控制来纠正差错和防止拥塞。将 X.25 分组交换网内的处理移到网外端系统中来实现,从而简化了节点的处理过程,缩短了处理时间,有效地利用了高速数字传输信道。帧中继采用虚电路技术,能充分利用网络资源,具有吞吐量高、延迟低和适于突发性业务等特点。

67　ATM 交换　ATM 采用异步时分复用方式,实现了动态分配带宽,可适应任意速率的业务;固

定长度的信元和简化的信头,使快速交换和简化协议处理成为可能,极大地提高了网络的传输处理能力,使实时业务应用成为可能。ATM 可以实现高速、高吞吐量和高服务质量的信息交换,提供灵活的带宽分配,适应从低速率到高速率的宽带业务的交换要求,具有高效的网络运营效率。

ATM 将语音、数据及图像等所有的数字信息分解成长度固定(48B)的数据块,并在各数据块前装配地址、流量控制、信头差错控制(Header Error Control,HEC)信息等构成的信元头(5B),形成 53B 的完整信元。

ATM 信元在网络中交换节点处的交换,实质上是信元在交换节点前后虚拟电路地址的改变。所有相同地址的信元,都通过端对端占用同一条虚拟电路,并以信元发送的先后顺序到达下一个节点或目的地。所谓虚拟电路,是指一条物理通路,供多台终端在不同的瞬间交替使用,仿佛有很多通路同时存在。虚拟电路在操作上根据需要与可能,对多台终端采用动态时分共享(又称统计时分共享)的方式,使线路获得很高的利用率。为了进行管理,对每一台终端分配到的临时性时间间隙要进行编号,这就是网络分配给一台终端在这个区段内的虚拟电路号。

ATM 的交换节点见图 14.3-5,其中交换网是一个超高速的时分空间交换矩阵,矩阵中的交换通路也是动态时分共享的。到达节点的输入信元 E_j 中地址为 A 的信元,通过高速空分交换矩阵进入输入队列空间排队等待,以便被读出到某一条输出 ATM 链上的输出信元 S_j 中;然后该信元的地址被换成 B 后再发送出去。交换只意味着地址的改变,与信元在时分复用中的时间、位置无关,因此称为异步传送模式。

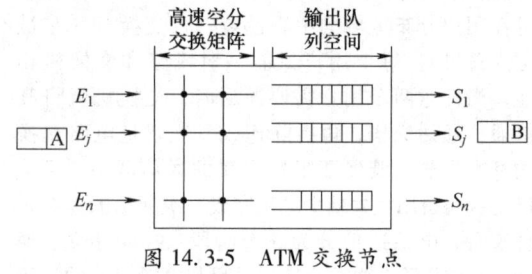

图 14.3-5　ATM 交换节点

3.4　数字程控交换

68　数字交换网络　采用计算机软件控制交换的交换机,即存储程序控制的交换称为程控交换机。数字程控交换机是最常用的电路交换系统,其

直接交换数字化的语音信号，只有正反两个方向的交换被同时建立，才能完成数字语音信号交换，实现该功能需依靠数字交换设备。

在数字程控交换机中，为便于传输与处理，常将多条话路信号复用在一起，然后再送入交换网络。此时，在一条物理电路上顺序传送着多路语音信号，每路信号占用一个时隙。在数字交换网络中对语音电路的交换，实际上是对时隙的交换。数字交换也称为时隙交换，其实质是把 PCM 系统有关的时隙内容在时间位置上进行搬移。

交换网络由交换单元构成，其分类包括：单级交换网络和多级交换网络，有阻塞交换网络和无阻塞交换网络，单通路交换网络和多通路交换网络，空分交换网络和时分交换网络等。

69　数字程控交换机的组成　数字程控交换机包括硬件和软件两大部分。

数字程控交换机的硬件结构见图 14.3-6，可分为话路设备和控制设备两部分。话路设备指包括话机、用户电路、用户集线器、远端用户集线器，以及数字交换网络构成的数字选组级和各种中继接

口。控制系统是由各个微处理机和交换软件模块组成。

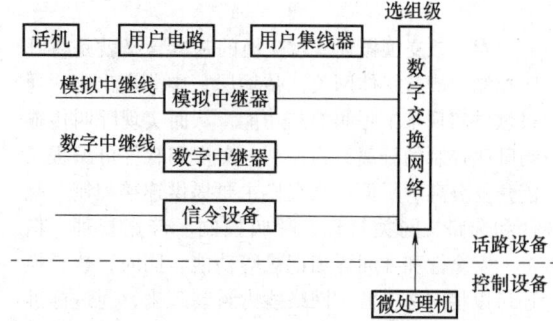

图 14.3-6　数字程控交换机硬件的基本结构

数字程控交换机的软件系统见图 14.3-7，指运行呼叫处理、管理和维护等工作所需的程序和数据，是在线运行的。在线程序是交换机中运行使用的、对交换系统各种业务进行处理的软件总和。支持软件（即支援软件）系统是在编写和调试程序时为提高效率而使用的程序，是脱机运行的，指编译程序、模拟程序和连接编辑程序等。

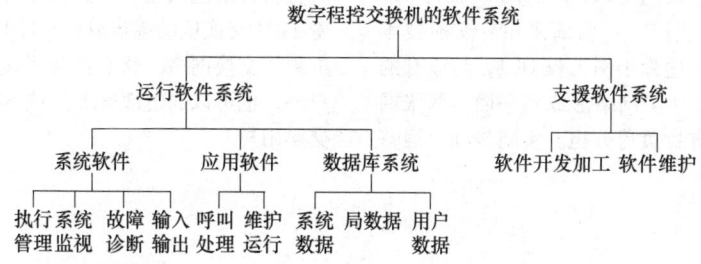

图 14.3-7　数字程控交换机的软件系统

70　信令系统　信令是指通信系统中的控制指令，信令系统在通信网中起着指挥、联络、协调的作用。

（1）信令的基本类型

1）按信令传输方式分为随路信令和公共信道信令（共路信令）；2）按信令的功能分为监视信令、选择信令、音信令和维护管理信令；3）按信令的传送区域分为用户线信令和局间信令；4）按信令的传送方向分为前向信令和后向信令。

（2）No.7 信令系统　No.7 信令系统能满足传送呼叫控制、遥控、维护管理信令及处理机之间事务处理信息的要求，并提供可靠方法，使信令按正确的顺序传送又不致丢失或重复。

No.7 号信令能满足多种通信业务的要求，当

前应用的主要有：1）局与局之间的电话网通信；2）局与局之间的数据网通信；3）局与局之间的综合业务数字网；4）可以传送移动通信网中的各种信息；5）支持各种类型的智能业务；6）局端到用户端之间的电话网以及数据网的通信。

No.7 信令系统结构见图 14.3-8。

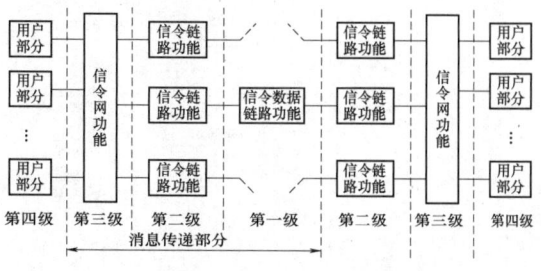

图 14.3-8　No.7 信令系统结构图

3.5 软交换

71 软交换概述 软交换的基本含义就是将呼叫控制功能从媒体网关（传输层）中分离出来，通过软件实现基本呼叫控制功能，从而实现呼叫传输与呼叫控制的分离，为控制、交换和软件可编程功能建立分离的平面。软交换主要提供连接控制、翻译和选路、网关管理、呼叫控制、带宽管理、信令、安全性和呼叫详细记录等功能。同时，软交换还可以将网络资源、网络能力封装起来，通过标准开放的业务接口和业务应用层相连，可方便地在网络上快速提供新的业务。

72 软交换技术解决方案 软交换技术是一个分布式的软件系统，可以在基于各种不同技术、协议和设备的网络之间提供无缝的互操作性。其基本设计原理是创建一个具有良好伸缩性、接口标准性、业务开放性等特点的分布式软件系统，独立于特定的底层硬件操作系统，并能很好地处理各种业务所需的同步通信协议。

（1）传统公共电话网（Public Service Telephone Network，PSTN）网改造 运营商采用软交换技术建设第二张软交换长途骨干网工程 DC1，与原有的基于 TDM 交换机的 DC1 网络形成双平面，两张网络可以对长途流量进行负荷分担。实施步骤：运营商首先建设一张覆盖全国的骨干 IP 网，然后将全国的各个省（区、市）分成数个大区（一般不超过 10 个），每个大区在中心城市放置一对软交换，而在每个省（区、市）内放置中继网关 TG 设备与 DC2 交换机相连，同时配置相应的信令网关 SG 与 No. 7 信令网相连。

（2）传统 PSTN 网络基于汇接局的固网智能化改造 运营商采用软交换替换原有的汇接局交换机，提供固网智能化所需要的业务能力。实施步骤：运营商先在本地网中对需要智能化改造的本地网进行端汇结构调整，取消端局之间的直达电路，形成完整的端汇两级结构，并且要求所有端局的本地呼叫都转发到汇接局；然后在汇接局设置一个或一对软交换，同时建设软交换的承载网。

（3）传统 PSTN 网络基于端局的改造 当传统 PSTN 网络上某个端局交换机达到使用年限需要退网时，采用软交换的接入设备进行替换。实施步骤：运营商首先要在本地网建设软交换网络，通过 SG 和 TG 设备与原有 PSTN 网络互通。当有端局交换机退网时，采用大容量的 AG 设备进行替换，同时将所有本地网用户数据迁移到软交换网络上。随着 TDM 交换机的逐步退网，PSTN 网络也将逐步演进到软交换网络。软交换除了接纳原有的 PSTN 用户外，也可以通过部署 IAD 或 SIP 终端发展新的软交换用户。

第4章 通信网络

4.1 数据通信概述

73 数据通信 数据通信指计算机之间或计算机与终端之间按照一定协议或规程,以数字信号或模拟信号为载体,在通信信道上进行信息传输和交换的通信方式,是通信技术和计算机技术相结合而产生的一种新的通信方式,通过传输信道将远地数据终端设备与主计算机连接起来进行信息处理,实现硬件、软件和信息资源共享,达到数据传输交换的通信目的。凡是在终端以编码方式表示的信息,且以在信道上传送该数据为主的通信系统或网络,都称为数据通信。

74 数据通信系统 数据通信系统由终端、数据电路和计算机系统3种类型的设备组成。在数据通信系统中,远端的数据终端设备(Data Terminal Equipment,DTE)通过由数据电路终接设备(Data Circuit-terminating Equipment,DCE)和传输信道组成的数据电路,与计算机实现连接,完成数据的传输、交换和处理,见图14.4-1。

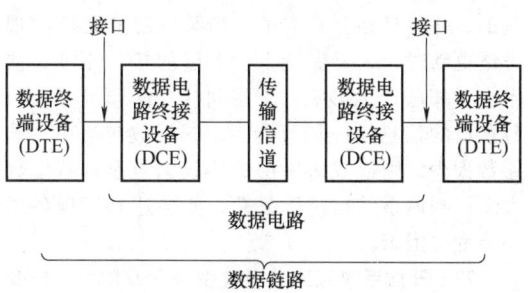

图 14.4-1　数据通信系统的组成

DTE 是数据通信网中用于处理用户数据的设备,从简单的数据终端、I/O 设备到复杂的中心计算机均称为 DTE。

DCE 属于网络终接设备,主要起(频带)调制解调器的作用,即把 DTE 所传送的数字信号变换为模拟信号再送往信道,或把信道所传送的模拟信号变换为数字信号再送往接收端的 DTE。

网络协议是一种通信约定。在计算机网络的通信过程中,为进行网络中的数据交换而建立的规则、标准或约定,统称为网络协议。网络协议三要素:①语法,即数据与控制信息的结构或格式;②语义,即需要发出何种控制信息,完成何种动作以及做出何种响应;③同步,即事件实现顺序的详细说明。

传输信道可分为模拟信道和数字信道、专用线路和交换网线路、有线信道和无线信道等。DCE 与信道一起构成数据电路,数据电路加上网络协议以及两端 DTE 中执行协议的传输控制器和通信控制器构成数据链路。

75 数据通信网 数据通信网一般指计算机通信网中的通信子网,即由某一部门建立和操作运行,为本部门或者公众提供数据传输业务的电信网。数据通信网是数据通信系统的扩充,即为若干个数据通信系统的归并和互连。

数据通信网有两个基本部分:通信链路和交换节点,见图14.4-2。为了协调网络中各节点之间的通信,必须制定一些通信双方都应遵守的规则、标准或约定,即网络协议(或称网络规程)。

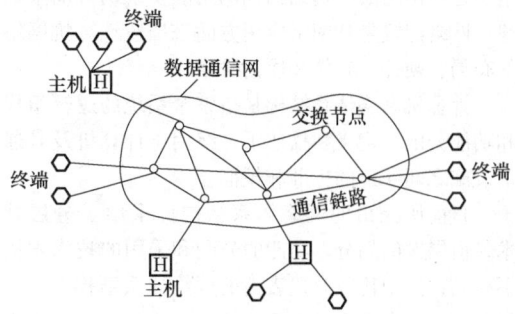

图 14.4-2　数据通信网的基本结构

数据通信网按传输技术分,有交换网和广播网两种形式。交换网由交换节点和通信链路构成,用户之间的通信要经过交换设备。数据交换设备是交换网的核心,其基本功能是完成对接入交换点的数据传输链路的汇集、转接和分配。广播网中所有节点共享一条通信线路，任一时刻只允许一个节点发送信息，这个信息将被所有节点接收，若信息的目标地址与接收节点的地址不符，则被丢弃。这种网络必须具备多路访问控制机制。

76　计算机通信网　计算机通信网由通信子网和本地网（用户资源子网）以及通信协议组成，指将若干台具有独立功能的计算机通过通信设备及传输媒体互连起来，在通信软件的支持下，实现计算机间的信息传输与交换的系统。

通信子网具备传输与交换的功能，承担全网的数据传输、转接、加工和变换等通信信息处理功能。本地网由若干计算机和终端设备、数据通信专用设备，以及设备与各类通信网的专用接口、各种软件资源和数据库等构成，负责全网数据处理业务，并向网上用户提供各种网络资源的网络服务。计算机通信网具有数据快速传送、可靠性高、均衡负载、分布式处理方式、机动灵活的工作环境、方便用户、易于扩充、性价比高的特点。

计算机通信网按传输距离来分类，可分为局域网（LAN）、城域网（Metropolitan Area Network，MAN）和广域网（Wide Area Network，WAN）；按网络服务对象来分类，分为公共网和专用网。

4.2　计算机网络体系结构

77　网络体系结构的形成　计算机网络体系结构可以从网络体系结构、网络组织和网络配置三个方面来描述。网络体系结构是从功能上来描述，指计算机网络层次结构模型和各层协议的集合；网络组织是从网络的物理结构和网络的实现两方面来描述；网络配置是从网络应用方面来描述计算机网络的布局、硬件、软件和通信线路。

计算机网络体系结构是指整个系统的逻辑组成和功能分配，定义和描述了一组用于计算机及其通信设施之间互连的标准和规范。

目前所提出的网络体系结构都采用了分层技术，但层次的划分、功能的分配和采用的技术术语不相同，其中比较有代表性的网络体系结构有：开放系统互连参考模型（Open System Interconnect Reference Model，OSI/RM）和 TCP/IP 参考模型。

78　网络体系的分层结构　相互通信的两个计算机系统必须高度协调工作才行，而这种"协调"是相当复杂的。"分层"可将庞大而复杂的问题，转化为若干较小的局部问题，而这些较小的局部问题就比较易于研究和处理。层次结构的好处在于使

每一层实现一种相对独立的功能。分层结构还有利于交流、理解和标准化。层次化网络体系结构的特点：各层之间相互独立，结构上独立分割，灵活性好，易于实现和维护，有益于标准化的实现。

（1）层次　是人们对复杂问题的一种基本处理方法。计算机网络的通信系统使用的层次化体系结构，其实质是对复杂问题采取的"分而治之"的模块化的处理方法。层次化处理方法可以大大降低问题的处理难度，因而是网络中研究各种分层模型的主要手段。

（2）接口　同一节点内相邻层之间交换信息的连接点。同一节点内的各相邻层之间都应有明确的接口，高层通过接口向低层提出服务请求，低层通过接口向高层提供服务。

（3）层次化模型结构　网络层次化结构模型与各层协议的集合定义。一个功能完善的计算机网络系统，需要使用一整套复杂的协议集。对于复杂系统来说，由于采用了层次结构，因此每层都会包含一个或多个协议。

（4）实体　在网络分层体系结构中，每一层都由一些实体组成。实体就是通信时能发送和接收信息的具体的软硬件设施。

（5）数据单元　在计算机网络系统中不同节点内的对等层传送的是相同名称的数据包，这种网络中传输的数据包被称为数据单元。因为每一层完成的功能不同，处理的数据单元大小、名称和内容也就各不相同。

层次结构划分的原则：①每层的功能应是明确的，并且是相互独立的。当某一层的具体实现方法更新时，只要保持上、下层的接口不变，便不会对邻居产生影响。②层间接口必须清晰，跨越接口的信息量应尽可能少。③层数应适中。若层数太少，则造成每一层的协议太复杂；若层数太多，则体系结构过于复杂，使描述和实现各层功能变得困难。

79　开放系统互连参考模型（OSI/RM）　OSI/RM 通常简称为"七层模型"，从上到下依次为应用层、表示层、会话层、传输层、网络层、数据链路层和物理层。

（1）物理层　主要定义物理设备标准，如网线的接口类型、光纤的接口类型、各种传输介质的传输速率等，它的主要作用是为上一层数据链路层提供一个物理连接，传输比特流（就是由 1、0 转化为电流强弱来进行传输，到达目的地后再转化为 1、0，即数-模转换与模-数转换）。

（2）数据链路层 负责在两个相邻节点间的线路上无差错地传送以帧为单位的数据。定义了如何让格式化数据以帧为单位进行无差错的传输，以及控制对物理介质的访问，这一层通常还提供错误检测和纠正，以确保数据的可靠传输。

（3）网络层 在位于不同地理位置的网络中两个主机系统之间提供连接和路径选择，因特网的发展使得从世界各站点访问信息的用户数大大增加，而网络层正是管理这种连接的层。

（4）传输层 定义传输数据的协议和端口号，负责主机中两个进程之间的通信，即在两个端系统（源站点和目的站点）的会话层之间，建立一条可靠或不可靠的传输连接，以透明的方式传送报文。

（5）会话层 通过传输层建立数据传输的通路，组织并协调两个进程之间的会话，并管理它们之间的数据交换。其主要作用就是在不同主机的应用进程之间建立和维持联系。

（6）表示层 可确保一个系统的应用层所发送的信息可以被另一个系统的应用层理解，即处理节点间或通信系统间信息表示的问题，如数据格式的转换、压缩与恢复，以及加密与解密等。

（7）应用层 是最靠近用户的 OSI 层，这一层为用户的应用程序（例如电子邮件、文件传输和终端仿真）提供网络服务，根据进程之间的通信性质，负责完成各种程序或网络服务的接口工作。

80 TCP/IP 参考模型与协议 TCP/IP 参考模型分为四层，分别为网络接口层、网际层、传输层和应用层。

（1）网络接口层 网络接口层是 TCP/IP 参考模型的最底层，可以通过某种协议与网络连接，以便传输 IP 数据包。网络接口层支持的各种协议有：Ethernet802.3（以太网）、TokenRing802.5（令牌环）、X.25（公用分组交换网）、FrameReply（帧中继）、PPP（点对点）等。

（2）网际层 网际层是 TCP/IP 参考模型的核心，负责 IP 数据包的产生以及 IP 数据包在逻辑网络上的路由转发。网际层中包含的主要协议有：网际协议（IP）、网际控制报文协议（ICMP）、地址解析协议（ARP）、逆向地址解析协议（RARP）。

（3）传输层 传输层又称为运输层，它在 IP 层服务的基础上提供端到端的可靠或不可靠的通信服务。端到端的通信服务通常是指网络节点间应用程序之间的连接服务。

传输层包含两个主要协议有：传输控制协议（TCP）、用户数据报协议（UDP）。

（4）应用层 TCP/IP 模型的应用层与 OSI 参考模型的上三层对应。应用层向用户提供调用和访问网络中各种应用程序的接口，并向用户提供各种标准的应用程序及相应的协议，用户也可以根据需要自行编制应用程序。

应用层的协议很多，常用的有以下几类：①依赖于 TCP 的应用层协议，其中包括远程终端服务（Telnet）、超文本传输协议（HTTP）、简单邮件传输协议（SMTP）、邮件代理协议（POP3）、文件传输协议（FTP）；②依赖于无连接的 UDP 的应用层协议，其中包括简单网络管理协议（SNMP）、简单文件传输协议（TFTP）、远程过程调用协议（RPC）；③既依赖于 TCP 也依赖于 UDP 的应用层协议，其中包括域名系统（DNS）、通用管理信息协议（CMOT）。TCP/IP 参考模型与 OSI 参考模型对照见图 14.4-3。

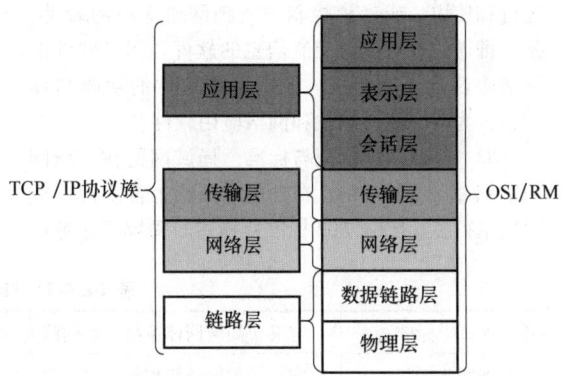

图 14.4-3 TCP/IP 参考模型与 OSI 参考模型对照

4.3 局域网技术

81 局域网（LAN） LAN 是一种在局部区域范围内以实现资源共享、数据传递和通信为目的，由网络节点（计算机或网络连接）设备和通信线路等硬件按照某种网络结构连接而成的、配有相应软件的高速计算机网络。局域网具有三个属性：①局域网是一个通信网络，仅提供通信功能；②局域网连接的是数据通信设备，这里的数据通信设备是广义的，包括：高档工作站、服务器、大、中、小型计算机、终端设备和各种计算机外围设备；③局域网传输距离有限，网络覆盖的范围小。

局域网具有以下主要特点：覆盖范围小，成本低，传输速率高，传输延时小，介质适应性强，结构简单，易于实现，归属于单一组织，由该组织维护、管理和扩建网络。

局域网由网络硬件和网络软件两大部分组成。网络硬件用于实现局域网的物理连接，为连接在局域网的各计算机之间的通信提供一条物理通道。网络软件用来控制并具体实现通信双方的信息传递和网络资源的分配与共享。

（1）网络硬件　网络硬件主要由计算机系统和通信系统组成。计算机系统是局域网的连接对象，是网络的基本单元，它具有访问网络资源、管理和分配网络共享资源及数据处理的能力。通信系统是连接网络基本单元的硬件系统，主要作用是通过传输介质和网络设备等硬件系统将计算机连接在一起，为它们提供通信功能。

总体上讲，局域网硬件应包括：网络服务器、网络工作站、网络接口卡、网络设备、传输介质及介质连接部件，以及各种适配器等。

（2）网络软件　网络软件是一种在网络环境下运行和使用，或者说控制与管理网络运行的软件，是一种通信双方能够交流信息的软件。网络软件由网络协议或规则组成。根据网络软件的功能与作用，分为网络系统软件和网络应用软件。

82　局域网的模型与标准　局域网是在广域网的基础上发展起来的，在功能和结构上都要比广域网简单得多。IEEE 802 标准所描述的局域网参考模型遵循 OSI/RM 的原则，只解决了最低两层（物理层和数据链路层）的功能以及该两层与网络层的接口服务。网络层的很多功能（如路由选择等）是没有必要的，而流量控制、寻址、排序、差错控制等功能可放在数据链路层实现，因此该参考模型不单独设立网络层。

局域网体系结构中共分为三层：物理层、介质访问控制（Medium Access Control，MAC）子层和逻辑链路控制（Logic Link Control，LLC）子层（实际上仍是两层，即物理层和数据链路层）。

物理层的功能是在物理介质上实现位（比特流）的传输和接收、同步前序的产生与删除等。该层还规定了所使用的信号、编码和传输介质，规定了有关的拓扑结构和传输速率等。

数据链路层又分为 LLC 和 MAC 两个功能子层。这种功能划分主要是为了将数据链路功能中与硬件相关和无关的部分分开，降低研制互连不同类型物理传输接口数据设备的费用。MAC 子层的主要功能是控制对传输介质的访问，LLC 子层的主要功能是面向高层提供一个或多个逻辑接口，具有帧的发送和接收功能。

IEEE 802 是一个标准体系，见表 14.4-1，为了适应局域网的发展，不断在研究、制定和增加新的标准。

表 14.4-1　IEEE 802 标准

802.1 标准	定义了局域网体系结构、网络互连，以及网络管理与性能测试
802.2 标准	定义了逻辑链路控制（LLC）子层功能和服务
802.3 标准	定义了 CSMA/CD 总线介质访问控制子层与物理层规范
802.4 标准	定义了令牌总线介质访问控制子层与物理层规范
802.5 标准	定义了令牌环介质访问控制子层与物理层规范
802.6 标准	定义了城域网（MAN）介质访问控制子层与物理层规范
802.7 标准	定义了宽带网络规范
802.8 标准	定义了光纤传输规范
802.9 标准	定义了综合语音与数据局域网（IVDLAN）规范
802.10 标准	定义了可互操作的局域网安全性规范（SILS）
802.11 标准	定义了无线局域网规范
802.12 标准	定义了 100VG-AnyLAN 规范
802.13 标准	定义了有线电视（Cable TV）的技术规范
802.14 标准	定义了电缆调制解调器（Cable Modem）标准
802.15 标准	定义了近距离个人无线网络标准
802.16 标准	定义了宽带无线城域网标准
802.17 标准	定义了弹性分组环（Resilient Packet Ring）技术规范

（续）

802.18 标准	定义了无线管制（Radio Regulatory）技术规范
802.19 标准	定义了共存（Coexistence）技术规范
802.20 标准	定义了移动宽带无线接入（MBWA）技术规范
802.21 标准	定义了介质无关切换技术规范

83 局域网的关键技术 局域网的关键技术包含局域网的拓扑结构、介质访问控制（MAC）方法和传输介质。

（1）局域网的拓扑结构 局域网的拓扑结构通常分逻辑拓扑结构和物理拓扑结构两类。逻辑拓扑结构用来描述网络中各节点间的信息流动方式，即由网络中的介质访问控制方法决定的拓扑结构。物理拓扑结构用来描述网络硬件的布局，即网络中各部件的物理连接形状。实际中局域网的拓扑结构通常是指它的物理拓扑结构，常用总线型、星形、环形和树形四种，见图 14.4-4。在局域网中一旦选定某种拓扑结构，需要基于价格、速率、规模等因素选择一种适合于该拓扑结构的局域网的工作方式和信息传输方式。网络拓扑结构的选择直接影响到网络的投资、运行速率、安装、维护和诊断等各种性能。

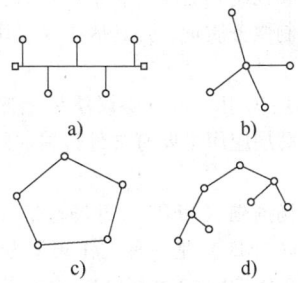

图 14.4-4 局域网的拓扑结构
a）总线型 b）星形 c）环形 d）树形

（2）MAC MAC 是控制网上各工作站在什么情况下才可以发送数据，在发送数据的过程中，如何发现问题以及问题出现后如何处置等的管理方法，是局域网的关键技术，对局域网的体系结构和总体性能产生决定性的影响。目前被普遍采用并形成国际标准的有带有冲突检测的载波监听多路访问（CSMA/CD）、令牌环（Token Ring）、令牌总线（Token Bus）三种。

（3）传输介质 传输介质是网络中信息传输的媒体，也是网络通信的物质基础之一。传输介质的性能特点对传输速率、通信距离、传输的可靠性、可连接的节点数目等均有很大的影响。一般传输介质可以分为有线介质和无线介质两类。有线介质为信号提供了从一个设备到另一个设备的通信管道。有线介质可分为同轴电缆、双绞线和光纤。无线介质通常通过空气进行信号传输，最常见的有无线电波（30M～1GHz）、微波（300M～300GHz）、红外线和激光等。

84 以太网 以太网（Ethernet）是一种基于总线型的广播式网络，也是最早的局域网（LAN）。IEEE 802.3 标准制定了以太网的技术标准，规定了包括物理层的连线、电信号和介质访问层协议的内容。

以太网的技术特性：①以太网是基带网，采用基带传输技术。基带传输技术指的是通过物理介质，为通信提供一条单一的传输信道；②以太网的标准是 IEEE 802.3，使用 CSMA/CD 介质访问控制方法，对单一信道的访问进行控制，分配介质的访问权，以保证同一时间只有一对网络站点使用信道，避免发生冲突；③以太网是共享型网络，网络上的所有站点共享传输介质和带宽；④以太网是广播式网络，即仅有一条通信信道，该信道由网络上的所有站点共享；⑤以太网的数字信号采用曼彻斯特编码方案，快速以太网采用 4B/5B 编码方案；⑥以太网所支持的传输介质类型有 50Ω 基带同轴电缆、非屏蔽双绞线和光纤；⑦以太网所采用的拓扑结构主要是总线型和星形；⑧以太网技术成熟，价格低廉，易扩展，易维护，易管理。

以太网又分为传统以太网和交换式以太网。

（1）传统以太网 传统以太网是 10Mbit/s 以太网，主要包括 10Base-5、10Base-2、10Base-T 和 10Base-F 以太网标准，另外还有宽带以太网技术 10Broad-36。传统以太网的核心技术是 CSMA/CD，即带有冲突检测的载波监听多路访问的方法。

（2）交换式以太网 交换式以太网的核心设备是以太网交换机。以太网交换机有多个端口，每个端口可以单独与一个节点连接，并且每个端口都能为与之相连的节点提供专用的带宽。因此，交换式以太网具有以下特点：①独占通道，独享带宽；②多对节点间可以同时进行数据通信；③可以灵活地配置端口的速度；④便于管理和调整网络负载的分布。

85 无线局域网（WLAN） 无线局域网（Wireless Local Area Network，WLAN）利用了无线多址信道的一种有效方法来支持计算机之间的通信，并为通信的移动化、个性化和多媒体应用提供了可能。通俗地说，WLAN 就是在不采用传统缆线的同时，采用了无线传输介质，提供以太网或者令牌网络的功能，实现了与传统局域网类似功能的计算机网络就可以称为无线局域网。WLAN 需要的设备有无线网卡和无线接入点（Wireless Access Point，AP），无线接入点给无线网卡提供网络信号。WLAN 有许多标准协议，如 IEEE 802.11 协议族、HiperLAN 协议族等。

无线局域网在室外主要有以下几种结构：点对点型、点对多点型和混合型。

（1）点对点型 该类型常用于固定要联网的两个位置之间，是无线联网的常用方式，使用这种联网方式建成的网络，优点是传输距离远，传输速率高，受外界环境影响较小。

（2）点对多点型 该类型常用于有一个中心点、多个远端点的情况。优点是组建网络成本低、维护简单；由于中心使用了全向天线，设备调试相对容易。该种网络的缺点也是因为使用了全向天线，波束的全向扩散会使功率大大衰减，网络传输速率低，对于较远距离的远端点，网络的可靠性不能得到保证。

（3）混合型 这种类型适用于所建网络中有远距离的点、近距离的点，还有建筑物或山脉阻挡的点。在组建这种网络时，综合使用上述几种类型的网络方式，对于远距离的点使用点对点方式，近距离的多个点采用点对多点方式，有阻挡的点采用中继方式。

无线局域网的室内应用则有以下两类情况：

1）独立的无线局域网：这是指整个网络都使用无线通信的情形。在这种方式下可以使用 AP，也可以不使用 AP。在不使用 AP 时，各个用户之间通过无线直接互连。但缺点是各用户之间的通信距离较近，当用户数量较多时，性能较差。

2）非独立的无线局域网：在大多数情况下，无线通信是作为有线通信的一种补充和扩展。我们把这种情况称为非独立的无线局域网。在这种配置下，多个 AP 通过线缆连接在有线网络上，以使无线用户能够访问网络的各个部分。

86 蓝牙 蓝牙（Bluetooth）是一种短距离无线通信技术，是实现语音和数据无线传输的全球开放性标准，是基于低成本的近距离无线连接，为固定和移动设备建立通信环境的一种特殊的近距离无线技术连接。其实质内容是要建立通用的无线电空中接口及其控制软件的公开标准，使通信和计算机进一步结合，使不同厂家生产的便携式设备在没有电线或电缆相互连接的情况下，能在近距离范围内具有互用、互操作的性能。蓝牙作为一种小范围无线连接技术，能在设备间实现方便快捷、灵活安全、低成本、低功耗的数据通信和语音通信，能够让各种数码设备无线沟通，是无线网络传输技术的一种。蓝牙工作在全球通用的 2.4GHz ISM（即工业、科学、医学）频段，使用 IEEE 802.15 协议。

蓝牙的系统组成有：底层硬件模块、中间协议层、高层应用。

（1）底层硬件模块 包括基带、跳频和链路管理。其中，基带完成蓝牙数据和跳频的传输。链路管理实现了链路建立、连接和拆除的安全控制。

（2）中间协议层 主要包括了服务发现协议、逻辑链路控制和适应协议、电话通信协议和串口仿真协议四个部分。服务发现协议层的作用是为上层应用程序提供一种机制，以便于使用网络中的服务。逻辑链路控制和适应协议是负责数据拆装、复用协议和控制服务质量，是其他协议层作用实现的基础。

（3）高层应用 位于协议层最上部的框架部分，蓝牙的高层应用主要有文件传输、网络、局域网访问。

87 近场通信（NFC） 近场通信（Near Field Communication，NFC）是一种工作频率为 13.56MHz，通信距离只有 0~20cm（大部分在 10cm 以内）的近距离无线通信技术。具有 NFC 功能的电子设备通过简单触碰的方式就可以完成信息交换及内容与服务的访问。

NFC 具有三种工作模式：卡模拟模式、读写模式和点对点通信模式。卡模拟模式，将具有 NFC 功能的电子设备，如智能手机等，模拟成一张非接触智能（IC）卡，如银行卡、公交卡、门禁卡等。读写模式，具有 NFC 功能的电子设备，如智能手机，作为一个读卡器，可以读写 IC 卡、NFC 标签以及工作在卡模拟模式下的 NFC 电子设备中的内容。点对点通信模式，在两个具有 NFC 功能的电子设备间进行点对点通信，完成信息交换。

近场通信原理：对于天线产生的电磁场，根据其特性的不同，划分为三个不同的区域：感应近场、辐射近场和辐射远场，它们主要通过与天线的距离来区分。感应近场区指最靠近天线的区域，在此区域内，由于感应场分量占主导地位，其电场和磁场的时间相位差为90°，电磁场的能量是振荡的，不产生辐射。辐射近场区介于感应近场区与辐射远场区之间，在此区域内，与距离的一次方、二次方、三次方成反比的场分量都占据一定的比例，天线方向图与离开天线的距离有关，也就是说，在不同的距离上计算出的天线方向图是有差别的。辐射近场区之外就是辐射远场区，它是天线实际使用的区域，在此区域，场的幅度与离开天线的距离成反比，且天线方向图与离开天线的距离无关，天线方向图的主瓣、副瓣和零点都已形成。由于远场和近场的划分相对复杂，具体要根据不同的工作环境和测量目的来划分。一般而言，以场源为中心，在三个波长范围内的区域，可称为感应近场区；以场源为中心，半径为三个波长之外的空间范围称为辐射场。

NFC具有两种通信方式：被动通信和主动通信。

发起NFC通信的一方称为发起方，通信的接收方称为目标方。被动通信是指在整个通信的过程中，由发起方提供射频场，选择106kbit/s、212kbit/s或424kbit/s其中一种速率发送数据；目标方不必产生射频场，而从发起方的射频场中获取能量，使用负载调制的方式，以相同的速率将数据回传给发起方。这里的目标方可以是有源设备，如处于卡模拟模式或点对点通信模式的智能手机，或者是无源标签，如NFC标签、RFID标签等。

主动通信是指通信的发起方和目标方在进行数据传输时，都需要产生自己的射频场，见图14.4-5。当发起方发送数据时，将产生自己的射频场，目标方关闭射频场，以侦听模式接收发起方的数据。当发起方发送完数据后，关闭自己的射频场处于侦听模式，等待目标方发送数据；目标方发送数据时，需要产生自己的射频场来发送数据。主动通信要求通信的目标方是有源设备，即具有电源供给的设备。在通信过程中，发起方与目标方之间的关系是平等的，不存在主从关系，在发送数据的时候需要自己产生射频场；而另一方在没有数据发送或检测到周围空间有射频场的情况下，会关闭自己的射频场，在侦听模式下接收数据。因此，主动通信的方式一般适用于点对点的数据传输。

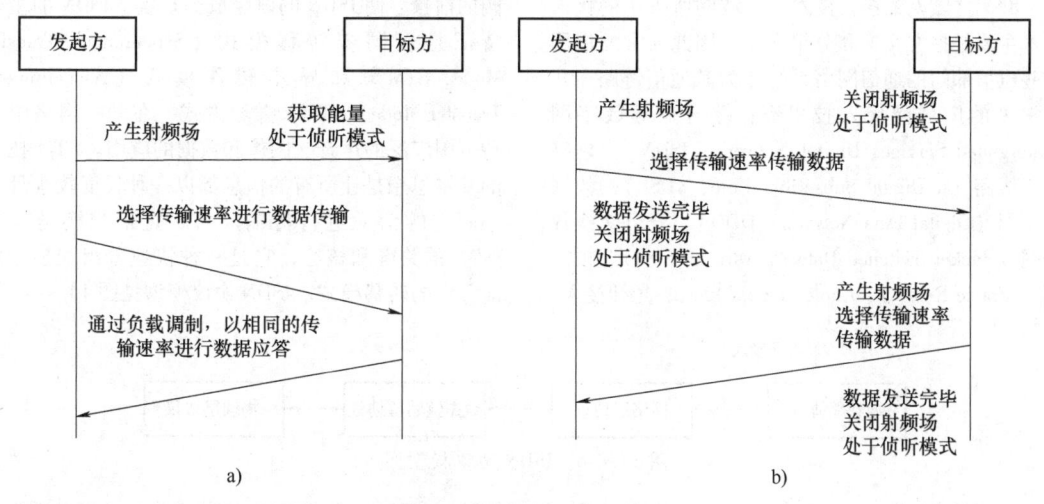

图14.4-5 两种通信方式
a）NFC被动通信 b）NFC主动通信

主动通信与被动通信相比较，由于主动通信的射频场分别由通信双方产生，因此在通信距离上比被动通信稍远。另外，在被动通信方式下，射频场由发起方提供，如果通信双方均为移动设备，将导致电源消耗不均衡，因此主动通信可以解决移动设备NFC通信过程中电源消耗的不平衡问题。

4.4 广域网技术

88 广域网（WAN） 广域网（Wide Area Network，WAN），也叫远程网（Remote Computer Network，RCN）、外网或公网，可覆盖较大的物理范围，约几十千米至几千千米，能横跨几个地区、城市和国家，甚至洲际远距离通信，覆盖范围远超局域网和城域网。

广域网由一些节点交换机以及连接这些交换机的链路组成。节点交换机执行将分组存储转发的功能。节点之间都是点到点连接，但为了提高网络的可靠性，通常一个节点交换机往往与多个节点交换机相连。受经济条件的限制，广域网不使用局域网普遍采用的多点接入技术。从层次上考虑，广域网和局域网的区别很大，因为局域网使用的协议主要在数据链路层（还有少量物理层的内容），而广域网使用的协议在网络层，在广域网中的一个重要问题就是分组的转发机制。

分组交换网的分组转发是基于查表的。为了减少查找转发表所花费的时间，在广域网中一般都采用层次结构的地址。

WAN 有三大特性，分别是：①WAN 中连接设备跨越的地理区域通常比 LAN 的作用区域更广；②WAN 使用运营商（例如电话公司、电缆公司、卫星系统和网络提供商）提供的服务；③WAN 使用各种类型的串行连接提供对大范围地理区域带宽的访问功能。

89 广域网的接入技术 广域网所采用的接入技术主要是报文交换和分组交换，因此通常要借用一些电信部门的通信网络系统作为其通信链路。几种常见的广域网接入技术有：综合业务数字网（Intergrated Services Digital Network，ISDN）、数字用户线路（x Digital Subscriber Line，xDSL）、数据数字网（Digital Data Network，DDN）、分组交换数据网（Packet Switched Data Network，PSDN）、帧中继（Frame Relay）、Cable Modem 接入、光纤接入、无线接入。

（1）ISDN 采用 ISDN 标准及其技术体系的只支持用户线接入速率低于 2Mbit/s 的业务，称为窄带综合业务数字网。国际电信联盟电信标准化部门（International Telecommunication Union Telecommunication Standardization Sector，ITU-T）定义了支持各种高速信息传送业务的网络，用户线接口速率可达数百兆 bit/s，称为宽带综合业务数字网（Broadband-ISDN，B-ISDN），这里 ISDN 指能够提供综合业务的宽带综合业务数字网，宽带指传输、交换和接入的宽带化。设计 ISDN 的目标是将语音、数据、动态和静态图形提供的所有服务综合在一个通信网中，以满足用户的各类传输要求。ISDN 可以提供视频点播、电视会议、高速局域网互联以及高速数据传输等业务。

ISDN 可以做到按需分配网络资源，使要传输的信息动态地占用信道，具有极大的灵活性。ISDN 要处理很广范围内各种不同速率和传输质量的需求，需要解决两大技术难题：一是高速传输，二是高速交换。光纤通信技术已经给前者提供了良好的支持，而异步传输模式又为实现高速交换提供了广阔的前景，使 ISDN 的诞生成为现实。ISDN 的主要特征是以同步转移模式（Synchronous Transfer Mode，STM）和异步转移模式（Asynchronous Transfer Mode，ATM）兼容方式，在同一网络中支持范围广泛的声音、图像和数据的应用。ATM 技术的基本思想是让所有的信息都以一种长度较小且大小固定的信元进行传输。ATM 宽带交换是实现 ISDN 的关键和核心，它是一种快速分组交换，面向分组的转移模式。ISDN 协议模型见图 14.4-6。

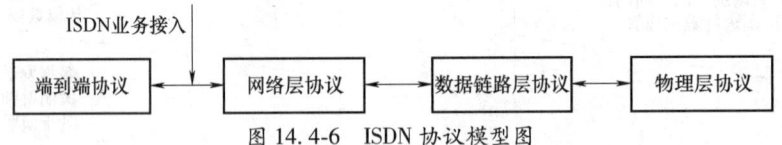

图 14.4-6 ISDN 协议模型图

第一层是物理层，规定了 ISDN 各种设备的电气机械特性，及物理电气信号标准；第二层是数据链路层，完成物理连接间的数据成帧/解帧及相应的纠错等功能，向上层提供一条无差错的通信链路；第三层是网络层，进行路由选择、数据交换等，负责把端到端的消息正确地传递到对端。而其中的第四层描述进程间通信、与应用无关的用户服务及其相关接口和各种应用，这部分协议不在 ISDN 规定之内，由相关应用决定。

在 ISDN 中采用信元交换技术主要有以下几个好处：①既适合处理固定速率的业务（如电话、电视），又适合处理可变速率的业务（如数据传输）；②在数据传输率极高的情况下，信元交换比传统的多路复用技术更容易实现；③信元交换能够提供广播机制，使其能够支持需要广播的业务。

（2）xDSL xDSL 是一种新的传输技术，利用在模拟线路中加入或者获取更多数字数据的信号处理技术来获得更高的传输速率。其中，x 是不同种类的数字用户线路技术的统称，表示 A/H/S/C/I/V/RA 等不同的数据调制方式，利用不同的调制方式使数据或多媒体信息可以更高速地在电话线上传送,避免由于数据流量过大而对中心机房交换机和公共交换电话网(Public Switched Telephone Network, PSTN)造成拥塞。

各种数字用户线路技术的不同之处主要体现在速率、传输距离以及上下行是否对称 3 个方面。按上行(用户到网络)和下行(网络到用户)速率是否相同可将 DSL 分为对称 DSL 技术和非对称 DSL 技术,见表 14.4-2。一般情况下,用户下载的数据量比较大,所以在速率非对称型 DSL 技术中,下行信道的速率要大于上行信道的速率。

表 14.4-2 xDSL 系列

类型	名称
对称 DSL 技术	SDSL(单线/对称数字用户线)
	HDSL(高速数字用户线)
	VADSL(超高速数字用户线)
	MVL(多虚拟数字用户线)
非对称 DSL 技术	ADSL(非对称数字用户线)
	VDSL(甚高速数字用户线)
	RADSL(速率自适应数字用户线)

1)对称 DSL 技术:在对称 DSL 技术中,常用的是 HDSL 和 SDSL。HDSL 和 SDSL 支持对称的 T1/E1(1.544Mbit/s 和 2.048Mbit/s)传。其中,HDSL 的有效传输距离为 3~4km,并且需要 2~4 对双绞电话线;SDSL 最大有效传输距离为 3km,且只需一对双绞电话线。总的来说,对称 DSL 技术一般适用于点对点连接应用,如文件传输、视频会议等收发数据量大致相同的工作。

2)非对称 DSL 技术:VDSL(甚高速数字用户线)与 ADSL(非对称数字用户线)一样,也是在同一对电话线路上为用户同时提供语音和高速数据

服务的。从技术角度来看,VDSL 可视为 ADSL 的下一代数据传输技术,是 xDSL 技术中最快的一种。在一对双绞电话线上,VDSL 的上行数据传输速率为 13~52Mbit/s,下行数据传输速率为 1.5~2.3Mbit/s。对于 ADSL 来讲,当用户在电话线两端分别放置两个 ADSL Modem 时,在这段电话线上便产生了 3 个信息通道:一条是速率为 1.5~9Mbit/s 的高速下行通道,用于用户下载信息;一条是速率为 16k~1Mbit/s 的中速双工通道,用于用户上传输出信息;还有一条是普通的老式电话服务通道,用于普通电话服务。这 3 个通道可以同时工作,传输距离可达 3~5km。但是 VDSL 的传输距离较短,只在几百米以内。RADSL 能够提供的速率范围与 ADSL 基本相同,但 RADSL 可以根据双绞电话线质量的优劣和传输距离的远近动态地调整用户的访问速率。

(3)DDN DDN 主要应用在计算机联网和金融业中,是利用数字信道来传输数据信号的数据传输网,既可用于计算机之间的通信,也可用于传送数字化传真、数字语音和数字图像等信号。其主要功能是向用户提供半永久性连接的数字数据传输信道。所谓半永久性连接,是指 DDN 所提供的信道是非交换型的,用户之间的通信通常是固定的。一旦用户提出修改申请,在网络允许的情况下就可以对传输速率、传输目的地和传输路由进行修改。由于数据不进行复杂的软件处理,因此延时较短,避免了分组网中传输时延大并且不固定的缺点。DDN 由数字传输电路和数字交叉复用设备构成。利用光缆传输电路满足数字传输需要,利用数字交叉连接复用设备对数字电路进行半固定交叉连接和子速率的复用。

DDN 由数字通道、DDN 节点、网络控制和用户环路组成,由 DDN 提供的业务又叫作数字数据业务(Data Digital Service, DDS),DDN 的网络组成见图 14.4-7。

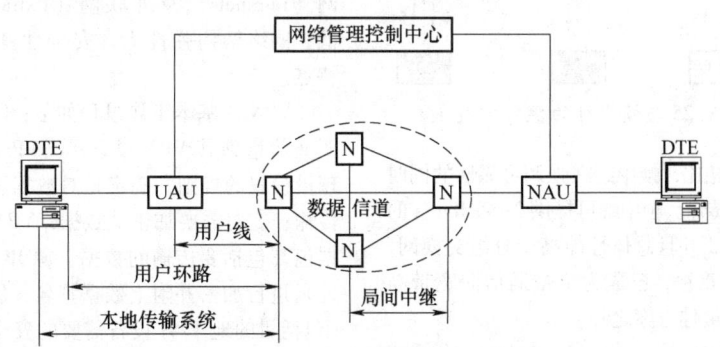

NAU:网络接入单元 N:网络节点 DTE:数据终端设备 UAU:用户接入单元

图 14.4-7 DDN 的网络组成

除了专用电路业务外，DDN 还提供了多种增值业务，包括帧中继、压缩话音/G3 传真以及虚拟专用网多种业务和服务。同时，DDN 具有传输速率高、网络时延小、传输质量高、协议简单、运行管理简便等特点。

（4）PSDN　PSDN 是一种以分组作为基本数据单元进行数据交换的通信网络。PSDN 采用分组交换的数据传输技术，以 CCITT（国际电报电话咨询委员会）X.25 协议为基础，通常又称为 X.25 网。

通过 X.25 网不仅可以将距离很远的局域网互联起来，还允许不同速率、不同协议的用户终端进行通信，在短时间内传送突发式信息，因此是应用非常广泛的一种广域网接入技术。但是，由于 X.25 网是在物理链路传输质量很差的情况下开发出来的，为了保障数据传输的可靠性，在每一段链路上都要执行差错校验和出错重传，因此网络的传输速率比较低。

（5）帧中继（Frame Relay）　帧中继又称为快速分组交换技术，是在 OSI 的数据链路层上用简化的方法传送和交换数据单元的一种技术。帧中继仅包含物理层和数据链路层协议，省去了 X.25 网络层的协议，将 X.25 分组网中通过节点间分组重发和流量控制等措施来纠正差错和防止拥塞的处理过程交给智能终端去实现，从而大大缩短了节点的时延、提高了数据传输速度、有效地利用了高速数据信道，两者操作方式比较见图 14.4-8。同时，帧中继还采用分组交换网中的虚电路技术，充分利用了网络资源，因而帧中继最适合应用在吞吐量高、时延低、突发性强的数据传输业务中。

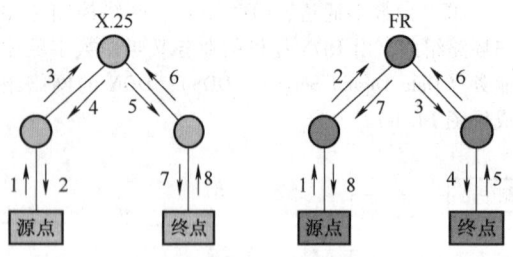

图 14.4-8　X.25 与帧中继的操作方式

与分组交换网相比，帧中继在强调可靠性的同时更注重数据的快速传输。帧中继可提供 2~45Mbit/s 的高速宽带数据业务，并且总体性能高于分组交换网，受到了各国的高度重视，已成为窄带通信向宽带高速通信方向发展的最佳方案之一。

（6）Cable Modem 接入　Cable Modem（电缆调制解调器）是一种经有线电视网来实现数据传输的广域网接入技术，适合提供宽带功能业务。Cable Modem 具有传输速率快、费用低、传输距离远、抗干扰能力强、安装方便等特点。同时，由于 Cable Modem 的用户宽带是共享的，故若同时有多个 Cable Modem 用户接入因特网时，数据宽带将会被均分，速率也相应降低。

（7）光纤接入　光纤接入指的是用户端和局端之间以光纤为传输媒介，利用光波进行接入网的信号传送。常见的光纤接入网络拓扑结构有以下几种：单星型结构、有源多星型结构、无源多星型结构、总线型结构、环型结构。光纤接入具有容量大、频带宽、信号好、可靠性高、可实现宽带交互型业务等优点，同时，由于其成本昂贵，用户一般难以接受。

（8）无线接入　在交换节点和用户终端之间采用无线方式，即为无线接入。无线接入技术包括 GSM 技术、CDMA 技术、GPRS 接入技术、CDPD 接入技术、蓝牙技术、固定宽带无线接入技术等多种技术。其具有安装便捷、使用灵活、经济节约、易于拓展等优点。

90　虚拟专用网络（VPN）　虚拟专用网络（Virtual Private Network，VPN）是指在公共网络上建立的专用的、安全的、临时的连接。VPN 网关通过对数据包的加密和数据包目标地址的转换实现远程访问，VPN 可通过服务器、硬件、软件等多种方式实现。

虚拟是指这条连接并不是一条独立的物理链路或专线，而是共享公用链路的一条逻辑上的连接，实质上是利用加密技术在公网上封装出一个数据通信隧道。如果 VPN 中不同网点之间的通信必须经过公用的因特网传输，又有保密的要求，则所有通过因特网传送的数据都需加密传输。

VPN 的三大应用分别为直接远程访问、内联网（Intranets）及外联网（Extranets），具有成本低、网络架构弹性大、安全性良好和方便管理的特点。

VPN 的基本工作过程如下：①要保护主机发送明文信息到其 VPN 设备；②VPN 设备根据网络管理员设置的规则，确定是对数据进行加密还是直接传输；③对需要加密的数据，VPN 设备将其整个数据包（包括要传输的数据、源 IP 地址和目的 IP 地址）进行加密并附上数据签名，加上新的数据报头（包括目的地 VPN 设备需要的安全信息和一些初始化参数）重新封装；④将封装后的数据包通过隧道在公共网络上传输；⑤数据包到达目的 VPN 设备后，将其解封，核对数字签名无误后，对数据包解密。

4.5　因特网

91　因特网基础　因特网（Internet）是一个由世界上许多不同类型、不同规模的计算机网络组成的、在统一的传输控制协议/网际协议（TCP/IP）支持下运行的全球性计算机互联网。因特网是一个面向大众的信息和服务的资源宝库，可以提供多种功能，如丰富多彩的信息获取途径，高效、新颖的通信手段，实时网络连接服务等。

因特网主要由通信线路、路由器、主机与信息资源等部分组成。

（1）通信线路　是因特网的基础设施，它负责将因特网中的路由器与主机连接起来。Internet 中通信线路可以分为有线通信线路与无线通信线路两类。

（2）路由器　是因特网中最重要的设备之一，负责将因特网中的各个局域网或广域网连接起来。

（3）主机　是因特网中不可缺少的成员，是信息资源与服务的载体。按照在因特网中的用途，主机可以分为服务器与客户机两类。

（4）信息资源　在因特网中存在很多类型的信息资源，例如文本、图像、声音与视频等多种信息类型，涉及社会生活的各个方面。

因特网的主要服务资源见表 14.4-3。

表 14.4-3　因特网的主要服务资源

名称	功能描述
远程登录（Telnet）	连接并使用远程主机
万维网（WWW）	超文本信息访问系统
电子邮件（E-mail）	发送和接收邮件
文件传输（FTP）	传输文件
文档服务器（Archie）	接入公共数据文档
分类目录查询（Gopher）	菜单驱动信息检索系统
广域信息服务器（WAIS）	数据库信息检索系统
Usenet 网络新闻（Usenet）	专题讨论系统
对话（Talk）	与一组人实时相互通信
交谈（IRC）	与一个人实时相互通信
白皮书（White Pages）	E-mail 地址簿

（续）

名称	功能描述
布告栏（BBS）	信息共享系统
电子杂志（Electronic Magazine）	电子出版物
多用户层面（MUD）	多用户参与活动的计算机程序

92　IP 地址和域名

（1）IP 地址　因特网为了能识别每一台计算机，使每个上网的计算机之间能够相互进行资源共享和信息交换，因特网给每一台上网的计算机分配了一个 32 位长的二进制数字编号，这个编号就是 IP 地址，通常被分割为 4 个"8 位二进制数"（4 个字节）。IP 地址通常用"点分十进制"表示成（a. b. c. d）的形式，其中，a、b、c、d 都是 0~255 之间的十进制整数。

IP 地址分成 A、B、C、D、E 五类。其中 A、B、C 类地址是基本的因特网地址，是主类地址，D 和 E 类为特殊地址。A 类地址适用于大型网络，B 类地址适用于中型网络，C 类地址适用于小型网络，D 类地址用于组播，E 类地址用于实验。IP 地址分类表见表 14.4-4。

表 14.4-4　IP 地址分类表

IP 地址类	高 8 位数值范围	最高 4 位的值
A	0~127	0×××
B	128~191	10××
C	192~223	110×
D	224~239	1110
E	240~255	1111

（2）域名　域名是由一串用点分隔的字符组成的互联网上某一台计算机或计算机组的名称，用于在数据传输时标识计算机的电子方位。

由于 IP 地址具有不方便记忆并且不能显示地址组织的名称和性质等缺点，人们设计出了域名，并通过网域名称系统（DNS）来将域名和 IP 地址相互映射，使人更方便地访问互联网，而不用去记住能够被机器直接读取的 IP 地址数串。简单来说，域名可以说是一个 IP 地址的代称，目的是为了便于记忆。

93　文件传输协议　文件传输协议（File Transfer Protocol，FTP）是用于在网络上进行文件传输的一套标准协议，用于管理计算机之间的文件传送。FTP 的传输有 ASCII、二进制两种方式。它工作在 OSI/RM 的第七层、TCP 模型的第四层，即应用层。FTP 的目标是提高文件的共享性，提供非直接使用远程计算机，使存储介质对用户透明，可靠高效地传送数据，能操作任何类型的文件而不需要进一步处理。

FTP 的独特优势同时也是与其他客户服务器程序最大的不同点就在于它在两台通信的主机之间使用了两条 TCP 连接：一条是数据连接，用于数据传送；另一条是控制连接，用于传送控制信息（命令和响应）。这种将命令和数据分开传送的思想大大提高了 FTP 的效率，而其他客户服务器应用程序一般只有一条 TCP 连接。

广义上的文件传输协议有 FTP、TFTP 和 SFTP（更安全）。

FTP：提供一种在服务器和客户机之间上传和下载文件的有效方式；是基于 TCP 的传输，FTP 采用双 TCP 连接方式；支持授权与认证机制，提供目录列表功能。

TFTP 即简单文件传输协议（Trivial FTP），是用于 LAN 内传输，用来给网络设备传输配置文件和固件文件，采用客户机/服务器模式的 FTP。

SFTP 即安全文件传送协议（Secure FTP），可以为传输文件提供一种安全的网络的加密方法。SFTP 是 SSH 的其中一部分，是一种客户端传输文件至服务器的安全方式。

94　电子邮件　电子邮件简称 E-mail，是一种通过因特网与其他用户进行联系的快速、简便的通信手段。E-mail 由邮件头和邮件体组成。邮件头由收件人电子邮箱地址、发件人电子邮箱地址和信件标题构成。E-mail 标准地址格式为：用户名@电子邮件服务器域名。

电子邮件系统主要由用户代理、邮件服务器和电子邮箱使用的协议三部分组成。用户代理是用户和电子邮箱系统的接口，也称邮件客户端软件，让用户通过一个友好的接口来发送和接收邮件。邮件服务器是电子邮箱系统的核心构件，功能是发送和接收邮件，向发件人报告邮件传送情况。

常见的电子邮件协议有以下几种：简单邮件传输协议（Simple Mail Transfer Protocol，SMTP）、邮局协议（Post Office Protocol-Version3，POP3）、因特网邮件访问协议（Internet Message Access Protocol，IMAP）。这几种协议都是由 TCP/IP 协议族定义的。

（1）SMTP　主要负责底层的邮件系统如何将邮件从一台机器传至另外一台机器。

（2）POP3　是把邮件从电子邮箱中传输到本地计算机的协议。

（3）IMAP　版本为 IMAP4，是 POP3 的一种替代协议，提供了邮件检索和邮件处理的新功能。

95　万维网（WWW）　万维网（World Wide Web，WWW，简称 3W），拥有图形用户界面，使用超文本结构链接。WWW 系统有时也称为 Web 系统，它是一种基于超文本（Hypertext）方式的信息查询工具，也是目前因特网上最方便、最受用户欢迎的信息服务类型。

WWW 的相关概念：

（1）超文本与超链接　"超文本"就是指它的信息组织形式不是简单地按顺序排列，而是用有指针链接的复杂的网状交叉索引方式，对不同来源的信息加以链接。可以链接的有文本、图像、动画、声音或影像等，这种链接关系称为"超链接"。

（2）主页　在 WWW 环境中，信息以信息页的形式来显示与链接。信息页是由超文本标记语言（Hyper Text Makeup Language，HTML）来实现的，并在各信息页之间建立了超文本链接便于浏览。

（3）HTTP　在 WWW 系统中，需要有一系列的协议和标准来完成复杂的任务，这些协议和标准就成为 Web 协议集，其中一个重要的协议集就是超文本传输协议（Hyper Text Transfer Protocol，HTTP）。

WWW 由浏览器、Web 服务器和 HTTP 三部分组成，采用客户机/服务器的工作模式，工作流程具体如下：①用户使用浏览器或其他程序建立客户机与服务器连接，并发送浏览请求；②Web 服务器接收到请求后，返回信息到客户机；③通信完成，关闭连接。

WWW 的内核部分是由三个标准构成的：

1）统一资源定位符（Uniform Resource Locator，URL）：负责标识 WWW 上的各种文档，并使每个文档在整个 WWW 的范围内具有唯一的标识符 URL，定位信息资源所在位置。

2）HTTP：Web 客户机与 Web 服务器之间的应用层传输协议，使用 TCP 连接进行可靠的传输。HTTP 是用于分布式协作超文本信息系统的、通用的、面向对象的协议，可用于域名服务或分布式面向对象系统。

3）HTML：一种文档结构的标记语言，使用一些约定的标记对页面上的各种信息（包括文字、声音、图像、视频等）、格式进行描述。

第5章 数字微波中继通信与卫星通信技术

5.1 数字微波通信概述

96 数字微波通信 微波通信，就是利用微波作为载波来携带信息并通过空间电波进行传输的一种无线通信方式，并且还能进行再生中继。微波是指波长为1mm~1m，即频率从300M~300GHz范围内的电磁波。它具有传输容量大、长途传输质量稳定、投资少、建设周期短、维护方便等特点，得到了广泛的应用。当携带的信息是模拟信号时称为模拟微波通信，当携带的信息是数字信号时称为数字微波通信。建立在微波通信和数字通信基础上的数字微波通信，同时具有数字通信和微波通信的优点，更是受到各国的普遍重视。因此数字微波通信、光纤通信和卫星通信一起被称为现代通信传输的三大主要手段。

97 数字微波通信的主要特点 微波通信最基本的特点为微波、多路、接力。

"微波"是指射频为微波频率的电磁波，特点是微波工作频段宽。微波波段频率为300M~300GHz范围，波长为1mm~1m范围，它包括了毫米波、分米波和厘米波三个频段。这个频段宽度几乎是长波、中波、短波及特高频各频段总和的1 000倍，可容纳较其他频段更多的话路而不致互相干扰。微波频率不受天电干扰和工业干扰及太阳黑子变化的影响，通信的可靠性较高；微波频率高，天线尺寸较小，往往做成面状天线，天线增益较高、方向性很强。

"多路"指微波通信不但总的频段宽，传输容量大，而且其通信设备的通频带也可以做得很宽。模拟微波的960路电话总频谱约为4MHz带宽，由此可见，一套微波收发设备可传输的话路数是相当多的；因数字信号占用带宽较宽，所以数字微波通信设备在选择适当的调制方式后，可传输的话路容量仍然是相当多的。

"接力"是目前广泛使用于视距微波的通信方式，微波频段的电磁波在视距范围内是沿直线传播的，通信距离一般为40~50km；考虑到地球表面的弯曲，加之地面上的地貌（如山川）所限，使得地球上两点（两个微波站）间不被阻挡的距离有限，在进行长距离通信时，就必须采用接力的传播方式，发端信号经若干中间站多次转发，才能到达收端。

而数字微波除了具有上面所说的微波通信的普遍特点外，还具有数字通信的特点：抗干扰性强、线路噪声不累积；保密性强，便于加密；器件便于固态化和集成化，设备体积小、耗电少；便于组成综合业务数字网（ISDN）。数字微波的主要缺点是要求传输信道带宽较宽，因而产生了频率选择性衰落，其抗衰落技术比模拟微波复杂。

98 数字微波通信系统的组成 完整的数字微波通信系统包括用户终端、交换机、数字分路终端机和微波站，见图14.5-1。

（1）用户终端 指直接为用户所使用的终端设备。

（2）交换机 用于功能单元、信道或电路的暂时组合，以保证按要求进行通信操作的设备。

（3）数字分路终端机 把来自交换机的多路音频模拟信号变换成时分多路数字信号，送往数字微波传输信道；把数字微波传输信道收到的时分多路数字信号反变换成多路模拟信号，送到交换机。

（4）微波站 是地面微波接力系统中的终端站或接力站，按工作性质不同，可分为数字微波终端站、数字微波中继站和数字微波分路站三类。微波站的主要设备包括数字微波发送信号设备、数字微波接收信号设备、天线、馈线、铁塔以及为保障线路正常运行和无人维护所需的监测控制设备、电源设备等。

1）数字微波终端站：数字微波终端站的任务是把终端机的时分多路数字基带信号调制到微波频率上，并发射出去；同时又将接收到的微波信号解调出数字基带信号送到数字终端机。

2）数字微波中继站：微波信号在传输过程中因传输损耗而衰减，同时有噪声混入而使传输性能

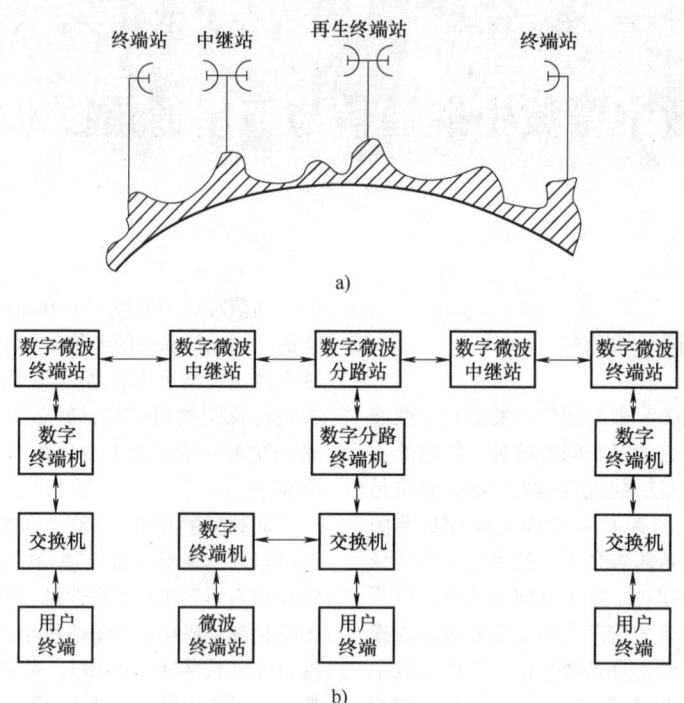

图 14.5-1　数字微波通信系统简图

a) 线路的组成　b) 数字微波通信系统方框图

恶化, 出现误码, 中继站的任务就是将信号在性能未恶化之前接收下来, 经过判决识别后, 就可以把干扰噪声清除掉, 再生出与发端一样的"干净"波形, 并调制到微波频率上继续传输。

3) 数字微波分路站: 数字微波分路站是微波中继站的一种, 除完成中继任务外, 它还要完成上、下话路或线路分支任务。

5.2　微波传播技术

发射天线或自然辐射源所辐射的无线电波, 通过自然条件下的媒介到达接收天线的过程, 就称为无线电波传播。任何一种信号传播系统都是由发射端、接收端和传输媒介三部分组成的。最基本的传输媒介是地球及其周围附近的区域, 主要有地表、对流层、电离层等, 媒介的电特性对不同频段的无线电波的传播有着不同的影响。根据媒介及不同媒介分界面对电波传播产生的主要影响, 可将无线电波的传播方式分为下列几种: 地面波传播、天波传播、散射传播、视距传播等。

地面波传播: 无线电波沿着地球表面的传播, 称为地面波传播; 其特点是信号比较稳定, 但电波频率愈高, 地面波随距离的增加衰减愈快; 这种传播方式主要适用于长波和中波波段。

天波传播: 天波传播是指电波由高空电离层反射回来而到达地面接收点的这种传播方式; 短波是利用天波进行远距离通信。

散射传播: 散射传播是利用对流层或电离层中介质的不均匀性或流星通过大气时的电离余迹对电磁波的散射作用来实现远距离传播的; 主要用于超短波和微波远距离通信。

视距传播: 视距传播是指在发射天线和接收天线间能相互"看见"的距离内, 电波直接从发射端传播到接收端 (有时包括有地面反射波) 的一种传播方式, 又称为直接波或空间波传播; 微波波段的无线电波就是以视距传播方式来进行传播; 视距传播大体上可分为地面上 (如移动通信和微波接力传输等) 的视距传播、地面与空中目标之间 (如与飞机、通信卫星等) 的视距传播和空间通信系统之间 (如飞机之间、宇宙飞行器之间等) 的视距传播。

99　地形对电波传播的影响　由于不同地形的反射条件不同, 所以对电波传播的影响也不同。地形可分为四类: A 类为山地 (或建筑物密集的城市), B 类为丘陵 (地面起伏较平缓), C 类为平原, D 类为大面积的水面。其中山地的反射系数最小, 是最适合微波传输的地形, 丘陵地区次之, 设计时应尽量避开水面等光滑的平面。

地形对大气中电波传播的影响主要表现在三个方面，即反射、绕射和散射。在实际传播中，这三种现象都存在，只是在不同条件下有主次之分。当天线高架、地面平滑的范围很大时，以反射为主；地面粗糙不规则起伏较大时，以散射为主（如丘陵地段），散射实际上是乱反射；当天线低架或障碍物的尺寸比波长小得多时，以绕射为主。

100　大气对微波传播的影响　按照大气在垂直方向的各种特性，将大气分成若干层次。按大气温度随高度分布的特征，可把大气分成对流层、平流层、中间层、热层和散逸层。对流层是指自地面向上大约 10km 范围的低空大气层，集中了整个大气质量的 3/4，由于微波天线高度远不会超过这个高度，因此研究电波在大气中的传播只要研究电波在对流层中的传播即可。对流层对微波传播的影响，主要表现在以下几点：①由于气体分子谐振引起对电磁波能量的吸收，这种吸收对频率 12GHz 以上的微波有一定的影响；②由雨、雾、雪引起的对电磁波能量的吸收和散射，这种情况一般对频率 10GHz 以上的微波传输影响较大；③由于气象因素等影响，使对流层也会形成云、雾之类的"水气囊"，形成了大气中的不均匀结构，对流层中电波传输会产生折射、吸收、反射、散射等现象。其中对微波传输影响最大的是大气折射。

101　大气与地面效应造成的衰落特性　微波在空间传输中将受到大气效应和地面效应的影响，导致接收机接收的电平随着时间的变化而不断起伏变化，我们把这种现象称为衰落。衰落影响信号传播的稳定性和系统的可靠性。

衰落的持续时间有长有短，持续时间短的为几毫秒至几秒，称为快衰落；持续时间长的从几分钟至几小时，称为慢衰落。当衰落发生时，接收电平低于自由空间电平时称为下衰落；高于自由空间电平时称为上衰落。衰落时，接收电平低于收信机最低接收电平以下称为深衰落。由于信号的衰落情况是随机的，因而无法预知某一信号随时间变化的具体规律，只能掌握信号随时间变化的统计规律：波长短，距离长，衰落严重；跨水面、平原，衰落严重；夏秋季衰落频繁；昼夜交替时，午夜容易出现深衰落；雨过天晴及雾散时容易出现快衰落。

空间衰落现象对微波通信的影响主要有两个方面：一是接收电平降低，称为平衰落；二是由于衰落的频率选择性而引起传输波形的失真，称为频率选择性衰落。

平衰落是由气象变化缓慢引起的，多径效应（受地物、地貌和海况等诸多因素的影响，使接收机收到经折射、反射和直射等几条路径到达的电磁波）所引起的相位干涉现象也是平衰落的主要起因。从产生衰落的物理原因分析，可以分为以下几类：

1）闪烁衰落：由于对流层散射到收信点的多径电场强度叠加在一起，使收信电场强度降低，形成了闪烁衰落。由于这种衰落持续时间短，电平变化小，一般不至于造成通信中断。

2）K 型衰落：K 型衰落又叫多径衰落，是由于多径传输产生的干涉型衰落，这种衰落尤其在线路经过水面、湖泊或平滑地面时特别严重，因气象条件的突然变化，会造成通信中断。

3）波导型衰落：由于气象影响，大气层中会形成不均匀结构，当电磁波通过这些不均匀层时将产生超折射现象，称为大气波导传播。只要微波射线通过大气波导，而收发两点在波导层下面，见图 14.5-2，接收点的电场强度除了有直线波和地面反射波以外，还有"波导层"的反射波，形成严重的干涉型衰落，造成通信的中断。

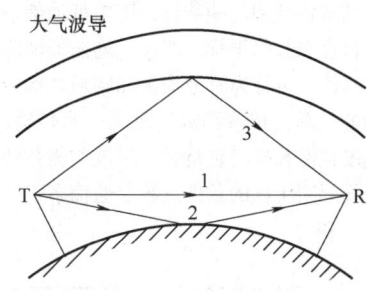

图 14.5-2　大气波导形成的反射波

由于电波空间的多径传输现象，造成了微波通信中的频率选择性衰落，这是因为多径传输的反射波、折射波和直射波各以不同的方向和时延到达收信点而进行矢量相加的结果。这种衰落中，反射波的影响较大，衰落严重时，会导致通信中断。

102　抗衰落技术　微波传输中的衰落现象给微波传输带来了不利的影响，所以人们在研究电波传播统计规律的基础上提出了各种对付电波衰落的技术措施，即所谓的抗衰落技术。对于平坦衰落，往往靠收信机中频放大器的自动增益控制（Automatic Gain Control，AGC）电路和采用备用波道倒换的办法；而对付频率选择性衰落就要用分集技术和自适应均衡技术。

（1）备用波道倒换技术　由于多径衰落是一种

频率选择性现象，且在不同的射频载波上衰落事件有明显的不相关性。通常采用 $n+1$（n 个主用波道 +1 个备用波道）波道备用制式，当主用波道中任一波道由于设备故障或者电波传播发生深衰落时，系统都会在信号中断前，将其倒换到备用波道，这样有可能完全避免中断。

（2）分集技术　分集就是指通过两条或两条以上途径（如空间途径）传输同一信息，以减轻衰落影响的一种技术措施。基本思想：分散得到几个统计独立的信号并集中这些信号，多路信号同时发生深衰落的可能性非常小，那么经适当的合并后构成总的接收信号，就能使系统的性能大为改善。分集技术包括分集发送技术和分集接收技术。从分集的类型看，使用较多的是空间分集和频率分集。分集方式主要有如下几种：①空间分集：不同天线的接收信号相互独立；②极化分集：水平极化和垂直极化的信号相互独立；③频率分集：不同频率的接收信号相互独立；④时间分集：不同时间的接收信号相互独立；⑤站址分集：在不同的站址接收相同的信息；⑥角度分集：在不同的角度接收相同的信息。

（3）自适应均衡技术　均衡即为接收端的均衡器产生与信道特性相反的特性，用来抵消信道的时变多径传播特性引起的干扰，即通过均衡器消除时间和信道的选择性。可分为时域均衡和频域均衡两种。频域均衡指的是总的传输函数满足无失真传输的条件，即校正幅度特性和群时延特性；时域均衡是使总冲击响应满足无码间干扰的条件。数字通信多采用时域均衡，而模拟通信则多采用频域均衡。高性能的数字微波信道把空间分集和自适应均衡配合使用。

（4）智能天线　智能天线是具有测向和波束成形能力的天线阵列。原理是将无线电的信号导向具体的方向，产生空间定向波束，使天线主波束对准用户信号到达方向，旁瓣或零陷对准干扰信号到达方向，达到充分高效利用用户信号并删除或抑制干扰信号的目的。同时利用各个用户间信号空间特征的差异，通过阵列天线技术在同一信道上接收和发射多个用户信号而不发生相互干扰，使无线电频谱的利用和信号的传输更为有效。

5.3　数字微波中继通信系统

当微波通信用于地面上的长途通信时，需要采用中继（接力）传输的方式，才能完成信号从信源到信宿的传输任务。所谓微波中继通信就是指利用微波作为载波并采用中继（接力）方式在地面上进行无线通信的过程或方式。

103　发信设备的组成与性能指标　发信设备利用经过处理的数字基带信号对载波进行调制，变成载有信息的微波信号并发送出去。数字微波发信机一般由功率中放、发信本振、上变频器和微波功放等几部分组成。由于不同的中继站形式有不同的发信设备组成方案，所以数字微波发信设备通常有微波直接调制发信机（见图 14.5-3a）、中频调制发信机（见图 14.5-3b）这两种组成方案。

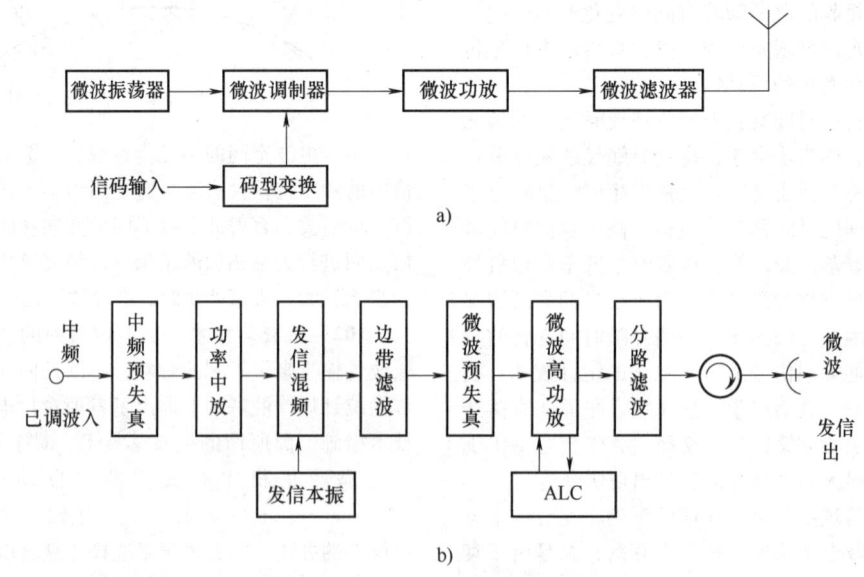

图 14.5-3　收发信设备结构简化框图

a）微波直接调制发信机　b）中频调制发信机

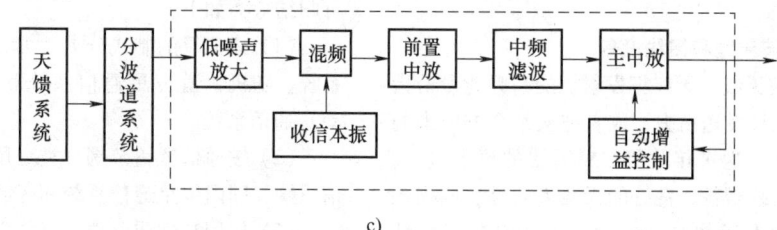

图 14.5-3　收发信设备结构简化框图（续）

c）收信设备

微波直接调制发信机：来自数字终端机的信息码经过码型变换后，直接对微波载频进行调制，然后经过微波功放和微波滤波器馈送到天线，由天线发射出去。这种方案不经过微波-中频-微波的上、下变频过程，因而信号传输失真较小。为避免中继站收、发同频干扰，需对接收信号进行移频；为克服传播衰落引起的电平波动，需要在微波频率上采取自动增益控制措施。这种方式的设备量少、电源功耗低，适用于不需要上、下话路的低功耗无人值守中继站。

中频调制发信机：来自中频调制器的中频调制信号（一般取 70MHz 或 140MHz），经功率中放把已调信号放大到上变频器要求的功率电平。上变频器把它变换为微波调制信号，再经微波功率放大器放大到所需的输出功率电平，最后经微波滤波器输出馈送到天线，由发射天线将此信号送出。在多波道传输时，这种方案容易实现数字/模拟系统的兼容。在研制和生产不同容量的设备系列时，这种方案有较好的通用性。

发信设备的主要性能指标如下：

（1）工作频段　微波中继通信的频段包括 1GHz~40GHz 的范围，工作频率愈高，愈容易获得较宽的通频带和较大的通信容量。

（2）输出功率　输出功率是指发信机输出端口处功率的大小。输出功率的确定和设备的用途、站距、衰落影响和抗衰落等因素有关。

（3）频率稳定度　发信机的每个工作波道都有一个标称的射频中心工作频率，频率稳定度即为实际工作频率和标称工作频率的最大偏差值与射频中心工作频率的比值。对于数字微波通信系统经常采用 PSK 调制方式来说，频率稳定度可以取 $(1~2) \times 10^{-5}$ 左右。

（4）电源效率　由于系统整机电源功率的主要消耗在发信信道，所以在设计发信各部件时，要着重考虑电源效率。尤其是射频功率放大器的电源效率，其中射频功放的平均电源效率一般约为 35%；甲类功放电源效率则一般低于 15%。

除上述指标外，还包括非线性指标、通频带宽度、交调失真、谐波抑制度等指标。

104　收信设备的组成与性能指标　数字微波收信机的基本组成主要包括了低噪声放大、混频、本振、前置中放、中频滤波和主中放电路等，见图 14.5-3c。将信号经分波道系统，选出需要的工作频道信号并抑制其他波道的干扰，把有用信号送至低噪声放大器放大，再混频成中频信号，经过中频放大器放大、滤波后送解调系统实现信息码解调和再生。

收信设备的主要性能指标如下：

（1）工作频段　收信设备的工作频段和发信设备的工作频段相对应，对一个中继段而言，前一个微波站的发信频率就是本收信机的同一波段的收信频率。

（2）噪声系数　噪声系数，即在环境温度为标准室温（$T_0 = 290K$）、一个网络（或收信机）输入与输出端在匹配的条件下，噪声系数等于输入端的信噪比与输出端的信噪比的比值。它是衡量收信机热噪声性能的一项指标，数字微波收信机的噪声系数一般为 3.5~7dB，比模拟微波收信机的噪声系数小 5dB 左右。

（3）本振频率稳定度　收信设备频率稳定度和发信设备具有相同指标，通常要求 $(1~2) \times 10^{-5}$，有些高性能通信机中要求达到 $(2~5) \times 10^{-6}$。

（4）自动增益控制范围　以正常传输电平为准，低于这个电平的传输状态称为下衰落，高于这个电平的传输状态称为上衰落，数字微波中继通信常用的典型数据为：上衰落为 +5dB，下衰落为 -40dB，共有 45dB 动态范围。当输入信号在此范围内变动时，要求自动增益控制电路能保持解调器的中频输入电平在一个很小的范围内变动。

除上述指标外，还包括通频带、最大增益、选择性等指标。

105 微波天线和馈线设备

（1）微波天线 天线把发射机的高频能量沿指定方向以电磁波发送出去，或者把从某个方向来的电磁波收取下来送进接收机。对天线的要求包括：具有较高的天线增益、良好的天线方向性、低损耗的馈线系统以及天线与馈线之间的优良的匹配性能；在机械结构上须保证足够的抗风强度，并能在恶劣的气象环境下正常工作。在微波通信系统中对天线除了上述通常的要求以外，还需有较高的极化去耦度。

天线设备类型复杂，微波中继及卫星通信中常用的一些天线类型，按其反射面分，有单反射面及双反射面；按馈电对称性分，有轴对称馈电及偏置馈电；按馈电波束数分，有单波束馈电及多波束馈电等。而且其馈电喇叭也可有多种类型：单模、复模及混合模等。最简单的天线是直接的喇叭辐射器天线，使用最多的是抛物面天线，常用的抛物面天线有标准抛物面天线和卡塞格伦天线。

（2）微波馈线 馈线则是电磁波的传输通道。微波频段的馈线通常有方波导馈线、圆波导馈线、椭圆软波导馈线、潜望镜型馈线等几种典型类型，根据不同用途目标而选用。

圆波导馈线损耗低，适宜用于双极化传输，可节省馈线数量；但加工要求复杂且昂贵，安装也不如椭圆软波导方便。圆波导的技术性能较好，只需一条馈线即可供双极化运用，但主要缺点是部件多、加工安装复杂和要求高等。椭圆软波导衰减小，安装灵活方便，但损耗相对较大，需要两条馈线。目前大多数场合均用椭圆软波导馈线。

5.4 卫星通信概述

106 卫星通信

卫星通信是指利用人造地球卫星作为中继站转发或反射无线电信号，在两个或多个地球站之间进行的通信过程或方式。卫星通信是典型的微波通信方式之一，工作在微波频段。卫星通信具有频带宽、容量大、适合多种业务、覆盖能力强、性能稳定、不受地理条件限制、成本与通信距离无关、信号传输质量高、通信线路稳定可靠、通信链路架设灵活、易于处理突发事件等特点，是现代通信的主要手段之一。

目前，全球建成了数以百计的卫星通信系统，

可归结分类如下：

（1）按卫星的制式分类 可分为静止卫星通信系统、随机轨道卫星通信系统和低轨道卫星（移动）通信系统。

（2）按通信覆盖范围分类 可分为国际卫星通信系统、国内卫星通信系统和区域卫星通信系统。

（3）按用户性质分类 可分为公用（商用）卫星通信系统、专用卫星通信系统和军用卫星通信系统。

（4）按业务范围分类 可分为固定业务卫星通信系统、移动业务卫星通信系统、广播业务卫星通信系统和科学实验卫星通信系统。

（5）按基带信号机制分类 可分为模拟制卫星通信系统和数字制卫星通信系统。

（6）按多址（Division Multiple Access，DMA）方式分类 可分为频分多址（Frequency DMA，FDMA）卫星通信系统、时分多址（Time DMA，TDMA）卫星通信系统、空分多址（Space DMA，SDMA）卫星通信系统和码分多址（Code DMA，CDMA）卫星通信系统。

（7）按运行方式分类 可分为同步卫星通信系统和非同步卫星通信系统。

107 卫星通信的使用频带

卫星通信是电磁波穿越大气层的通信，大气中的水分子、氧分子、离子对电磁波的衰减（称大气损耗）随频率而变化。

卫星业务的频率划分是在国际电信联盟（ITU）的管理下进行的，要求在国际组织间进行协调和规划。卫星通信的工作频段选取还会影响到系统的传输容量、地球站发射机以及卫星转发器的发射功率、天线口径尺寸及设备复杂度等。因此，选取卫星通信的工作频段时，主要考虑的因素有：①天线系统接收的外界干扰噪声要小，且与其他地面无线系统之间的相互干扰要尽量小，即处于卫星通信工作频段的其他噪声干扰要尽量的小；②电波的自由空间传播损耗要小；③适用于该频段的设备重量要轻，且体积要小；④可用频带要宽，以便满足传输信息的要求；⑤尽可能利用现有的通信技术和设备。

卫星提供的业务总体可分为卫星固定业务、卫星广播业务、卫星移动业务、卫星导航业务和卫星气象业务等。表14.5-1列出了卫星业务常用的频段及其常用的业务范围，其中 Ku 频段表示低于 K 频段的部分，Ka 频段表示高于 K 频段的部分。

表 14.5-1　卫星业务常用的频段及其常用的业务范围

频带名称	频率范围/GHz	常用业务范围
VHF	0.1~0.3	移动业务，导航业务，气象卫星
UHF	0.3~1.0	移动卫星通信
L	1.0~2.0	移动业务，导航业务
S	2.0~4.0	气象雷达，船用雷达，卫星通信
C	4.0~8.0	卫星固定业务
X	8.0~12.0	雷达，地面通信，卫星通信，空间通信
Ku	12.0~18.0	直播卫星业务，卫星固定业务
K	18.0~27.0	雷达业务
Ka	27.0~40.0	实验通信
V	40.0~75	宽带通信业务
W	75~110	DAVID、WAVE

108　卫星通信系统的组成　从地球站发射信号到卫星通信所经过的通信路径称为上行链路，通信卫星将信号转发到其他地球站的通信路径称为下行链路。当卫星运行轨道较高时，相距较远的两个地球站可同时"看"到卫星，可采用立即转发式通信系统，其通信链路由发端地球站、上行链路、通信卫星转发器、下行链路和收端地球站所组成。

卫星通信系统包括通信和保障通信的全部设备，一般由跟踪遥测及指令分系统、监控管理分系统、空间分系统和地球站分系统四部分组成，见图 14.5-4。

（1）跟踪遥测及指令分系统　跟踪遥测及指令分系统负责对卫星进行跟踪测量，控制其准确进入静止轨道上的指定位置。待卫星正常运行后，定期对卫星进行轨道位置修正和姿态保持。

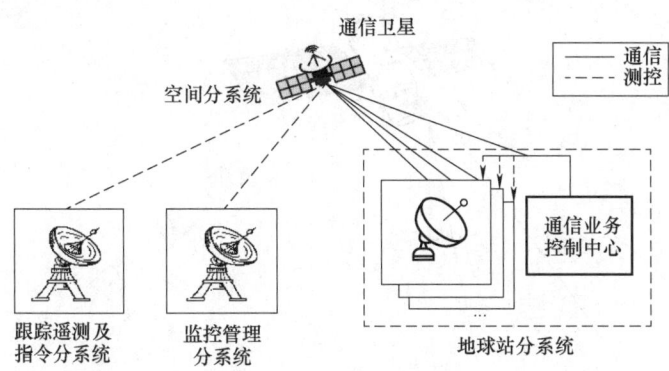

图 14.5-4　卫星通信系统

（2）监控管理分系统　监控管理分系统负责对定点的卫星在业务开通前、后进行通信性能的监测和控制，例如对卫星转发器功率、卫星天线增益以及各地球站发射功率、射频频率和带宽等基本通信参数进行监控，以保证正常通信。

（3）空间分系统　空间分系统即通信卫星，主要包括通信系统、遥测指令装置、控制系统和电源装置（包括太阳能电池和蓄电池）几个部分。

（4）地球站分系统　地球站分系统是卫星通信系统的地面部分，用户通过地球站分系统接入卫星线路进行通信。地球站分系统一般包括天线、馈线设备、发射设备、接收设备、信道终端设备、天线跟踪伺服设备、电源设备等。

109　卫星通信的编码、调制和多址方式　卫星通信中常用的编码和调制方式见图 14.5-5。

卫星通信中常用的多址方式是：卫星通信频分多址、卫星通信时分多址、卫星通信空分多址、卫星通信码分多址等。

（1）卫星通信频分多址（FDMA）　FDMA 方式是卫星通信系统中最简单、普遍采用的多址方式。在这种方式组成的卫星通信中，每个地球站向卫星转发器发射一个或多个载波，每个载波具有一定的频带，各载波频带间设置保护频带以防止相邻载波间的干扰，具体的原理框图见图 14.5-6。

图 14.5-6 中的 f_1、f_2、f_3 是各地球站发射的载波频率，在卫星转发器中按频率高低排列，经频率变换转换为相应的下行频率发往各地球站，各地球站根据载波频率的不同识别来自不同地球站的信号。

（2）卫星通信时分多址（TDMA）　TDMA 方式分配给各地球站的不是特定的频带，而是一个指

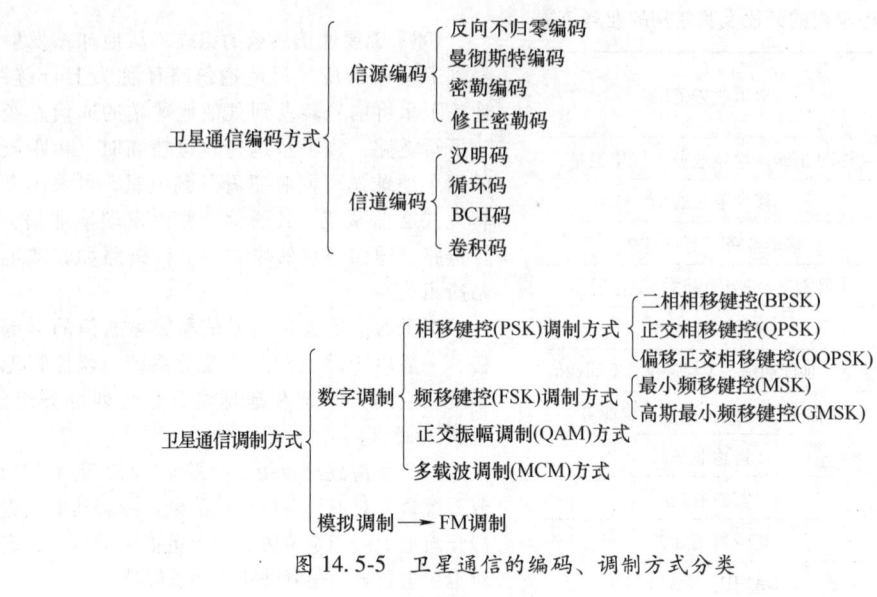

图 14.5-5 卫星通信的编码、调制方式分类

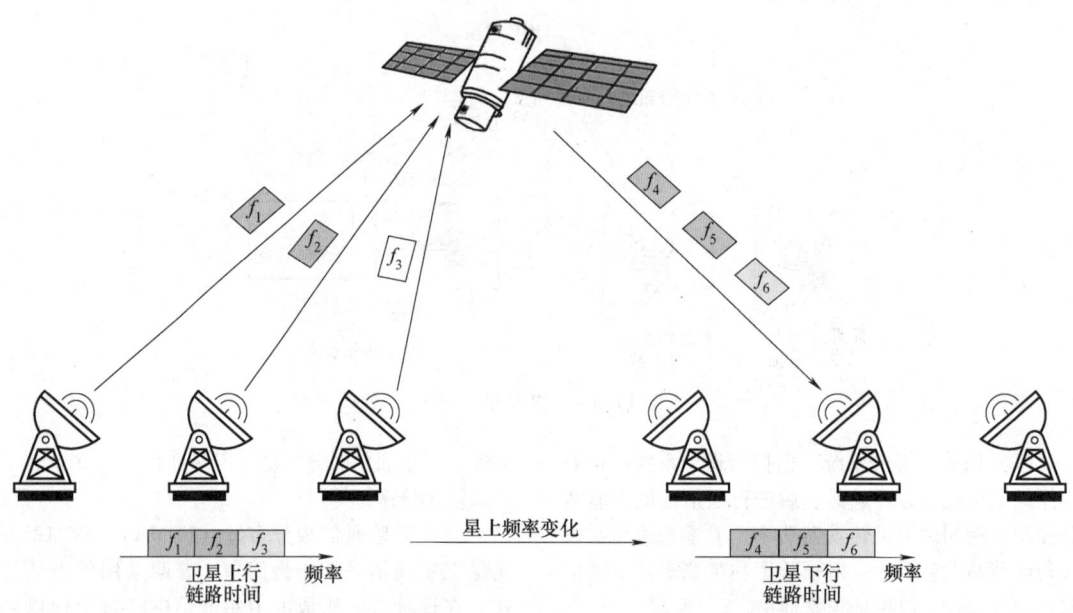

图 14.5-6 FDMA 方式原理框图

定的间隙。其原理框图见图 14.5-7。

该系统最主要的特点是，该系统中的所有地球站都只能在规定的时间段内以"突发 (Burst)"的形式发射信号，这些信号通过卫星转发器时，在时间上是严格依次排列互不重叠的。由于系统中同时有许多用户，每个用户都希望通过卫星实时地建立通信链路，为此必须要对所有地球站的发送时间进行组织，以便让所有用户能共享卫星资源，并且各站发射的"突发"信号不会在时间上重叠。

（3）卫星通信码分多址（CDMA） CDMA 方式是根据地址码的正交性来实现信号分割的，各地球站所发射的信号工作在同一频带内，发射时间是任意的，即各地球站发射的频率和时间可以相互重叠，此时地球站发出的信号，只能用与它相匹配的接收机才能检测出来，其原理图见图 14.5-8。

选择尽量好的正交码组是 CDMA 的首要问题，属于子码域上的正交分割。算符集采用地址码相关

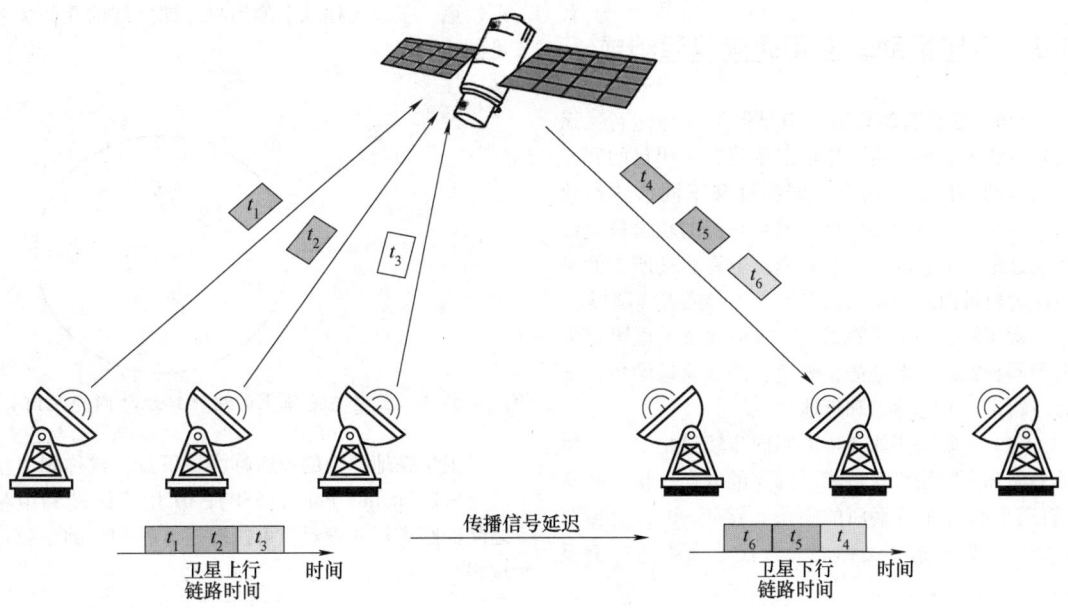

图 14.5-7　TDMA 方式原理框图

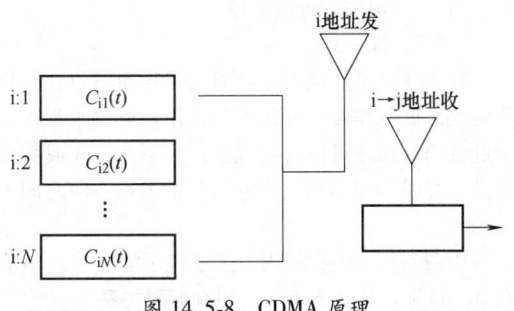

图 14.5-8　CDMA 原理

器，而信号集使用互相正交的地址码序列。实现
CDMA 方式的基本技术是扩频技术，在卫星通信中
比较常用的方式有直接序列码分多址（CDMA/DS）
系统和跳频码分多址（CDMA/FH）系统。

（4）卫星通信空分多址（SDMA）　SDMA 方
式是利用标记不同方位相同频率的天线光束来进
行频率的复用，又称为多光束频率复用。星上交
换（Satellite Switching, SS）设备是采用空分多址
方式工作的卫星必要设备。在实际应用中，一般
不单独使用 SDMA 方式，而将其与其他多址方式
结合使用。如星上交换-频分多址（SS-FDMA）见
图 14.5-9，星上交换-时分多址（SS-TDMA）见
图 14.5-10。

SS-FDMA、SS-TDMA 分别是 SDMA-SS-FDMA、
SDMA-SS-TDMA 系统的简称，若干点波束天线设置
于卫星上，利用波束的指向不同区分不同区域的地

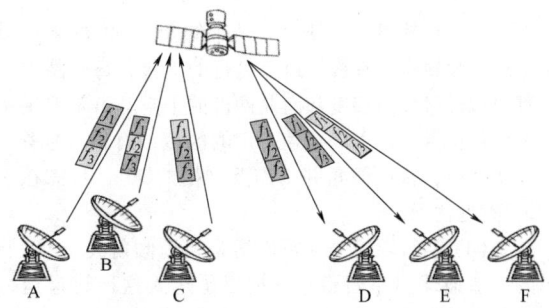

图 14.5-9　SS-FDMA 系统模型

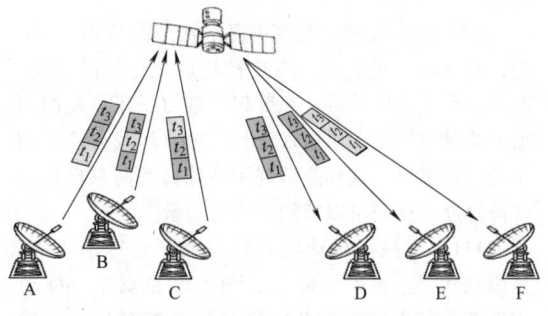

图 14.5-10　SS-TDMA 系统模型

球站，各波束共享相同的频率。波束内的地球站信
号分别使用 FDMA、TDMA 进行区分。

5.5　卫星运动轨道和通信卫星组成

110　卫星运动轨道　卫星围绕地球运行，运动轨迹称为卫星轨道。通信卫星视其使用目的和发射条件的不同，可能有不同高度和不同形状的轨道，但它们有一个共同点，就是它们的轨道位置都在通过地球中心的一个平面内。卫星运动所在的平面称为轨道面，卫星轨道可以是圆形或者椭圆形。

常用的五种卫星轨道中，按照轨道平面可分为太阳同步轨道、对地静止轨道，按照轨道倾角可分为极轨道、逆行轨道和近地轨道。

(1) 太阳同步轨道　太阳同步轨道指卫星的轨道平面和太阳始终保持相对固定的取向，轨道倾角（轨道平面与赤道平面的夹角）接近90°，卫星要在两极附近通过，又称之为近极地太阳同步卫星轨道。

(2) 对地静止轨道　对地静止轨道（又称地球静止同步轨道/地球静止卫星轨道/克拉克轨道）指卫星或人造卫星垂直于地球赤道上方的正圆形地球同步轨道。

(3) 极轨道　极轨道是轨道倾角为90°的人造地球卫星轨道。在极轨道上运行的卫星，每一圈内都可以经过任何纬度和南北两极的上空。由于卫星在任何位置上都可以覆盖一定的区域，因此，为覆盖南北极，轨道倾角并不需要严格的90°，只需在90°附近就行。

(4) 逆行轨道　逆行轨道是轨道倾角大于90°的人造地球卫星轨道。欲把卫星送入这种轨道运行，运载火箭需要朝西南方向发射。不仅无法利用地球自转的部分速度，而且还要付出额外能量克服地球自转。因此，除了太阳同步轨道外，一般都不利用这类轨道。

(5) 近地轨道　近地轨道是轨道倾角小于90°的人造地球卫星轨道。在这种轨道上运行的卫星，绝大多数离地面较近，高度仅为数百千米。我国地处北半球，要把卫星送入这种轨道，运载火箭要朝东南方向发射，这样能够利用地球自西向东自转的部分速度，从而可以节约火箭的能量。

111　卫星和地球的几何关系　地球不规则，呈扁圆状，赤道附近隆起，两极略显扁平。能模拟地球的较为精确的几何体是旋转椭球体，地球椭球的长轴在赤道平面内，短轴为旋转轴。月球是离地球最近的天体，它是围绕地球运转的、唯一的天然卫星。卫星绕地球运动的轨道是一个椭圆

形轨道。卫星与地球上的用户终端之间的几何关系见图 14.5-11。

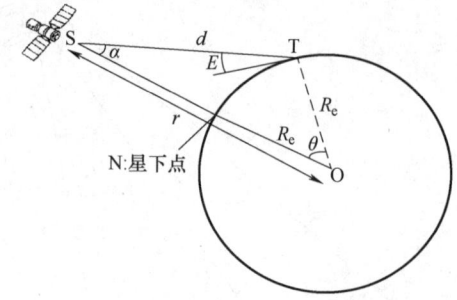

图 14.5-11　卫星与地球上的用户终端之间的几何关系

卫星在地球上的投影称为星下点，或称副卫星点（Sub-Satellite Point, SSP）。从用户终端到卫星之间的距离用 d 表示，可以用三角形 STO 的余弦定理得出

$$d=\sqrt{R_e^2+r^2-2R_e r\cos\theta}$$

式中　r——从卫星到地心的距离；
　　　R_e——地球的近似半径；
　　　θ——地心角。

地心角 θ 是从地心点 O 看向卫星星下点，与用户终端之间的角度；仰角 E 为在用户终端水平面上沿此仰角，用户可以看到卫星；星下角 α（或称覆盖角）是从卫星看向用户方向与星下点方向之间的夹角。

由三角形 STO，利用正弦定理可以得出，地心角 θ、仰角 E 和星下角 α 之间有下列关系：

$$\theta=\frac{\pi}{2}-\alpha-E=\arccos\left(\frac{R_e}{r}\cos E\right)-E=\arcsin\left(\frac{r}{R_e}\sin\alpha\right)-\alpha$$

$$\alpha=\arcsin\left(\frac{R_e}{r}\cos E\right)=\arctan\left(\frac{\sqrt{1-\cos^2\theta}}{\dfrac{r}{R_e}-\cos\theta}\right)$$

$$E=\arctan\left(\frac{\cos\theta-\dfrac{R_e}{r}}{\sqrt{1-\cos^2\theta}}\right)=\arccos\left(\frac{r}{R_e}\sin\alpha\right)$$

依据地球坐标看星下角 α、仰角 E 和地心角 θ 之间的关系，θ_L、ϕ_L 表示用户地球站所在地的经度和纬度，θ_S 表示静止轨道（GEO）卫星经度，由球面坐标可导出，用户终端和星下点之间的地心角 θ 为

$$\cos\theta=\sin\phi_L\sin\phi_s+\cos\phi_L\cos\phi_s\cos(\theta_L-\theta_S)$$

对于对地静止轨道卫星（简称 GEO 卫星），纬度是近赤道的（$\phi_s\equiv0$），则上式可以化简为

$$\cos\theta=\cos\phi_L\cos(\theta_L-\theta_S)$$

利用上述方程作为终端和卫星位置的函数，可以计算得出仰角 E、星下角 α 和距离 d 等数值。

112　卫星星座系统　一颗卫星只能够提供有限面积的业务，为了扩展覆盖，一个卫星系统可能要使用多颗卫星。在这样的系统中，所有卫星的组合被称为星座。在一个星座中，通常卫星具有相同的轨道类型，也有某些系统是由不同轨道类型的混合组成的。当采用多颗卫星的系统时，总的覆盖面积由所有卫星的覆盖面积的总和所组成。由于重叠，星座的覆盖面积一般小于所有卫星覆盖面积的总和。在中、低轨卫星移动通信系统，为实现全球的不间断覆盖，需维持星座。在设计星座时要综合考虑地球站的可见卫星数及通信仰角、卫星总数、单星覆盖区、轨道高度、卫星及地球站收发能力等各类因素。

当卫星为非静止卫星时，星座覆盖面积可能随时间变化。这时，覆盖可以用瞬时覆盖面积来描述，它由当时的卫星位置来确定。一个星座的保证覆盖面积，定义为地球上这样的区域，即在这个区域内的任何地面终端，100%时间起码能看到一颗卫星。保证覆盖面积是纬度和经度的函数，它还与轨道和星座类型有关。典型的静止轨道（GEO）和高椭圆轨道（HEO）提供一个区域覆盖，利用几颗卫星可以将业务扩展到多个区域。不

可能从一颗 GEO 卫星位置看到极区，所以采用 GEO 卫星不可能达到全球覆盖，而且在高纬度地区看向 GEO 卫星的仰角下降，因此采用倾斜或极轨道的 MEO、LEO 和 HEO 卫星，可能给那些服务区提供高仰角。

卫星星座是发射入轨能正常工作的卫星集合，通常是由卫星环按一定的方式配置组成的卫星网。主要的卫星星座有：GPS 卫星星座、GLONASS 卫星星座、Galileo 卫星星座和北斗卫星星座等。

5.6　卫星通信地球站和 VSAT

113　卫星通信地球站　卫星通信地球站是在地球的陆地上、水面上以及空中设置的能通过通信卫星传输信息的微波站，简称为地球站。地球站的功能是以最佳的性能价格比和可靠的方式，从卫星网络中接收信息或发送信息到卫星网络，同时保持要求的信号质量。根据不同的业务要求，地球站既可以同时具有发送和接收能力，也可以只有发送或接收能力。完成通信业务的地球站一般主要由地面网络接口、基带设备、编/译码器、调制解调器、上/下变频器、高功率放大器、低噪声放大器和天线组成，见图 14.5-12。

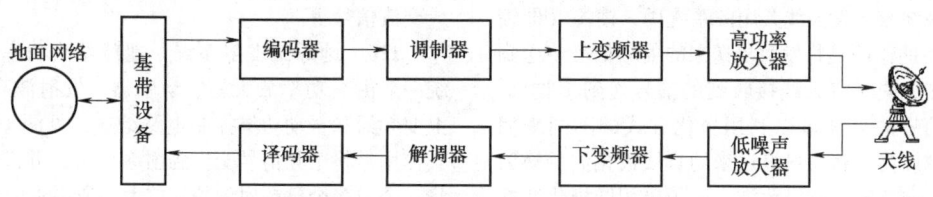

图 14.5-12　卫星通信地球站功能框图

地球站的分类方法有很多种，可以按照安装方式、传输信号的特征、天线口径尺寸及设备的规模、地球站用途以及业务性质进行分类，通常可以分为以下几种类型。

（1）按地球站安装方式分类　固定地球站（建成后站址不变）、移动地球站（包括车载站、船载站、机载站等）和可搬运地球站（在短时间内能拆卸转移）。

（2）按传输信号的特征分类　模拟站（模拟电话通信站、电视广播接收站等）、数字站（数字电话通信站、数据通信站等）。

（3）按天线尺寸及设备规模分类　大型站（12~30m，高 G/T 值，通信容量大，昂贵）、中型站（7~10m）、小型站（3.5~5.5m）、微型站（1~3m，G/T

值小，容量小，轻便灵活，便宜）。

（4）按用途分类　军用、民用、广播（包括电视接收站）、航空、航海及实验站等。

（5）按业务性质分类　遥测遥控跟踪地球站（遥测通信卫星的工作参数，控制卫星的位置和姿态）、通信参数测量地球站（监视转发器及地球站通信系统的工作参数）、通信业务地球站（进行电话、电报、数据、电视及传真等通信业务）。

114　VSAT　甚小孔径终端（Very Small Aperture Terminal，VSAT）系统是使用小口径天线的用户地球站。天线口径小是 VSAT 系统最突出的特点，典型地球站天线的直径小于 2.4m。VSAT 在概念上主要用于专用网，提供双向通信业务。VSAT 网络的基本结构一般包括一个主站和众多 VSAT 站，中心

站是一个向网内所有 VSAT 站广播信息的设施，VSAT 站通过某种多址方式接入卫星。中心站由业务提供商负责运营，可由众多用户共享使用。

VSAT 卫星通信网络覆盖范围大，系统容量大，通信成本与距离无关，具有一点对多点的通信能力，信息可以进行非对称传输，结构简单、组网灵活，可提供多种传输业务，终端用户可以直接入网，不需其他网络转接。

115　天线、馈源和跟踪系统　卫星通信地球站的天线分系统包括天线、馈线和伺服跟踪设备，是地球站射频信号的输入和输出通道，也是决定地球站通信质量和通信容量的主要设备之一。在卫星通信系统中，天线系统的主要功能是实现能量的转换，将发射机送来的射频信号变成定向（对准卫星）辐射的电磁波，同时收集卫星发来的电磁波送到接收设备，实现卫星通信。

一般情况下地球站的天线系统收发共用一副天线。然而天线的建造费用很高，约占整个地球站的 1/3，天线系统必须满足高定向增益、低噪声温度、频带宽、旋转性好、高机械精度的性能要求。大多数地球站天线采用的是发射面型天线，电波经过一次或多次反射向空间辐射出去。常用的天线类型有喇叭天线、抛物面天线、卡塞格伦天线、格里高利天线、偏置型天线、环焦天线等。

馈源在收、发天线共用的系统中，馈源（即馈线）设备的作用是将发射机送来的射频信号传送到天线上去，同时将天线接收到的信号送到接收机。收、发信号的分离可以利用极化方式的不同来完成，地球站为了将发射机送来的直线极化波变换为按一定方向旋转的圆极化波，必须采用圆极化变换

器。对接收波来说，极化变换器的作用是将按一定方向旋转的圆极化波变换成直线极化波，并将其送到接收机中。目前用于地球站的主馈源系统所要完成的功能与地球站的类型有关，主要的功能有：分离发送和接收信号的频带；在双极化系统中分离和合成信号极化；照射整个主反射面；为某些类型的卫星跟踪系统提供误差信号。地球站普遍使用的馈源有两种：喇叭馈源和正交极化馈源。

跟踪系统包含跟踪控制系统、跟踪接收机和天线伺服系统三个部分。地球站天线跟踪卫星的方法有手动跟踪、程序跟踪和自动跟踪三种方式。手动跟踪是根据收到信号的大小用人工操纵跟踪系统；程序跟踪是根据预测的卫星轨道信息和天线波束的指向信息通过计算机程序控制来驱动跟踪系统；自动跟踪是地球站根据收到的卫星所发射的信标信号或转发的导频信号来驱动跟踪系统使天线自动地对准卫星。跟踪接收机的任务是把天线接收到的微波信号（信标信号、误差信号等）进行放大，对信号进行频谱分析，利用多普勒频移原理通过测量频偏计算出信号源的位置和速度信息。天线伺服系统根据跟踪系统给出的误差控制信号来驱动天线，使得天线波束对准卫星。伺服系统必须具备以下功能：转动天线、反馈天线新位置信息，将交流信号转变成直流信号和将直流信号转换成交流信号等。

116　地球站发射系统　地球站高功率发射系统一般由高功率放大器、激励器、发射波合成器、上变频器和自动功率控制电路组成，见图 14.5-13。其作用是将中频信号变换到射频信号，并高保真地将一个或多个已调射频信号放大到所要求的功率。

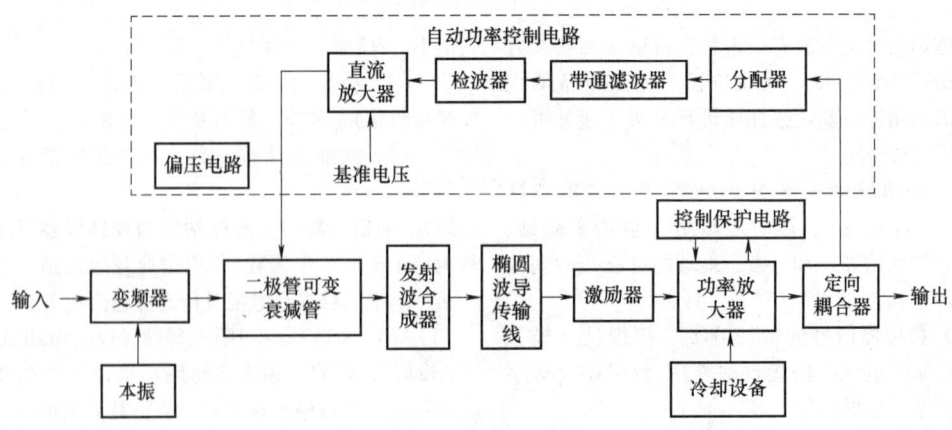

图 14.5-13　地球站高功率发射系统的组成框图

为了确保地球站发射系统更好的工作，要求地　球站发射系统具有工作频带宽、输出功率大、增益

稳定性高、放大器线性好等特性。卫星通信要求地球站能产生大功率的微波信号向卫星发射，所需要的射频功率大小不仅取决于卫星转发器的性能指数，还取决于地球站的通信容量和天线增益，地球站发射机的最大输出功率应根据卫星系统的要求来确定。上变频器包含上变频方式与转发器跳跃、极化跳跃和上变频器的备份两种方式。

117　地球站接收系统　接收分系统由低噪声放大器、RF 分路器和下变频器组成，对卫星转发来的信号进行接收，经过放大变频送至基带处理设备。卫星转发器转发下来的信号，经下行线路约 4 000km 的远距离传输后，要衰减 $10^{-18} \sim 10^{-17}$ W 的数量级，信号中还混有宇宙噪声、大气噪声和地面噪声等。因此，要求地球站接收分系统中的低噪声放大器要有高增益、低噪声和低温度的特点，还要具备宽频带、高稳定度和高可靠性的特点。低噪声接收机的基本组成见图 14.5-14。

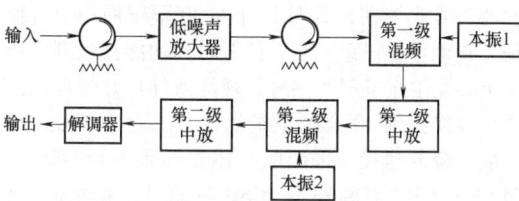

图 14.5-14　低噪声接收机的基本组成框图

低噪声放大器是接收系统的关键部件，决定系统的等效噪声温度，应尽可能放在天线馈源近旁。接收系统的其他设备可以安放在室内，中间用椭圆波导传输。

118　卫星地球站业务　地球站的规模是由业务要求决定的，因此，天线的尺寸从 INTELSAT-A 型站的 15 ~ 17m，到典型的 Ku 波段 VSAT 的约 1.5m。随着技术的发展，地球站硬件的尺寸已大大减小，运行也已简化。目前三种典型的地球站是大型的 INTELSAT 的 A 标准地球站、中等数据速率的中小型地球站和 VSAT 小型地球站。

（1）固定卫星业务地球站　固定通信是卫星通信的传统业务，主要应用有电信服务、广播电视、转发器出租、内部专网、数据采集等。根据组网方式和应用的不同，卫星固定通信可分为四种类型：①以话音为主的点对点通信系统，解决边远地区的通信问题和骨干节点间的备份和迂回；②以数据为主的 VSAT 系统，主要用于解决内部通信问题的专用网；③基于数字视频广播（Digital Video Broadcasting，DVB）的单向数据广播和分发系统，用于多媒体数据的分发；④基于数字视频广播-卫星返

回信道（Digital Video Broadcasting-Return Channel via Satellite，DVB-RCS）的双向卫星数据广播和分发系统，应用于因特网的高速接入、电视会议等。

（2）广播卫星业务地球站　卫星广播业务覆盖面积大、传输距离远、传输质量高、投资少、见效快和维护方便，应用广泛。卫星电视广播基本上是单向的，即由电视台发送信号，通过卫星向所覆盖地区的所有用户播送。电视广播卫星转发系统使用 Ku、C 等波段类型较为常见。

广播卫星业务的特点：高功率发射，大面积太阳电池阵，高精度轨道控制和天线指向。广播卫星一般使用大功率的波形管放大器和高增益的窄波束或者形成波束的广播天线，来使得电波能量集中到卫星覆盖区内，达到提高到达地面的电波强度的目的。广播卫星的转发器输出功率较大，多采用大型太阳电池翼且自动面对太阳的太阳能电池，提高太阳能转换效率。为了保障地面接收设备简单，地面天线不具有跟踪能力，卫星之间不会相互干扰，广播卫星通信均采用地球静止卫星轨道，保证广播卫星所在的轨道位置精确性和天线指向。

5.7　卫星导航定位与北斗系统

119　卫星导航技术　卫星导航定位系统利用围绕地球运行的导航卫星所提供的位置、速度、时间等信息来完成对地球表面以及地球附近各种目标的定位、导航、监测和管理，属于星基无线电导航定位系统。卫星导航是利用卫星播发的无线电信号进行导航定位，以卫星为空间基准点，向用户终端播发无线电信号，从而确定用户的位置、速度和时间，不受气象条件、航行距离的限制，导航精度高。与惯性导航、天文导航等导航技术相比，卫星导航定位系统受外界条件（如昼夜、季节、气象条件等）的限制较小，导航定位精度高、速度快，导航误差不随时间增长，能够为大量用户提供导航信息。比较成熟的国际公认的四个全球卫星导航系统包括美国的 GPS 系统、俄罗斯的 GLONASS 系统、中国的北斗导航系统和欧盟的 Galileo 系统。

卫星导航的性能指标主要有以下七个。

（1）精度　精度是导航系统为运载体提供的位置与运载体当时的真实位置之间的重合度，常用均方根误差、圆概率误差、球概率误差等指标来衡量。

（2）可用性与可靠性　可用性是导航系统为运载体提供可用的导航服务的时间百分比。

可靠性是给定条件下在规定时间内以规定的性能完成其功能的概率，主要以发生故障的频度和平均无故障工作时间作为可靠性评价指标。

（3）覆盖范围　覆盖范围是指在一个面积或立体空间范围内，导航系统以规定的精度为运载体提供位置。影响因素包括系统几何关系、发射信号功率、接收机灵敏度、大气噪声条件等。

（4）导航信息更新率　导航信息更新率是指导航系统输出信息的频率，卫星导航接收机输出的频率从 1Hz 到 100Hz 不等。

（5）导航信息多值性　对于卫星导航定位系统来说，其输出的导航信息有多个种类，每种类型的信息其用途和导航定位精度也有所不同，如伪距测量和载波相位测量信息。

（6）系统的完好性　完好性是卫星导航定位系统的重要概念，是对卫星导航系统提供的导航数据准确性的评价。

（7）导航信息的维数　卫星导航系统可以为用户提供三维的导航定位信息，在具体使用时可能仅用到二维的平面导航信息。

120　北斗卫星导航系统　北斗卫星导航系统（BeiDou Navigation Satellite System, BDS）是我国着眼于国家安全和经济社会发展需要自主建设运行的全球卫星导航系统，可以为全球用户提供全天候、全天时、高精度的定位、导航和授时服务，属于国家重要时空基础设施。

我国高度重视北斗系统的建设发展，自 20 世纪 80 年代开始探索适合国情的卫星导航系统发展道路，形成了发展战略布局：2000 年年底，建成北斗一号系统，向我国提供服务；2012 年年底，建成北斗二号系统，向亚太地区提供服务；2020 年 6 月 23 日 9 时 43 分，我国在四川西昌卫星发射中心用长征三号乙运载火箭，成功发射北斗系统的最后一颗全球组网卫星，完成北斗三号全球卫星导航系统的星座部署；2035 年前，将以北斗系统为核心，建设完善更泛在、更融合、更智能的国家综合定位导航授时体系。

北斗卫星导航系统建设的原则是开放性、自主性、兼容性和渐进性，计划为用户提供两种全球服务和两种区域服务。两种全球服务包含定位精度为 10m、授时精度为 50ns、测速精度为 0.2m/s 的免费开放服务，以及更高精度、复杂条件下可靠性更高的授权服务；两种区域服务包含定位精度为 1m 的广域差分服务和短报文通信服务。

北斗系统的组成结构来看，可分为地面控制部分、空间星座部分、用户终端部分。

（1）地面控制部分　包括监测站、上行注入站、主控站。监测站的功能是对卫星星座进行连续观测，形成卫星、气象等信息后汇总至主控站处理。上行注入站的功能是将从主控站发来的信息和控制指令注入到各个卫星中去，包含卫星导航电文、广域差分信息等重要内容。主控站是地面控制部分的中心，也是整个卫星导航系统的中心，具有监控卫星星座、维持时间基准、更新导航电文等功能。

（2）北斗三号全球导航系统建设的空间星座部分　由 5 颗试验卫星、24 颗中圆地球轨道（Medium Earth Orbit, MEO）卫星、3 颗地球静止轨道（Geo Stationary Orbit, GEO）卫星、3 颗倾斜地球同步轨道（Inclined Geo Synchronous Orbit, IGSO）卫星组成，5 颗试验卫星主要作为技术验证不提供服务，北斗三号系统在计算时只计入 30 颗组网卫星。保证了在地球上任意一点、任意时刻均能接收到 4 颗以上导航卫星发射的信号，观测条件良好的地区甚至可以接收到 10 余颗卫星的信号。北斗二号区域导航系统的建设，采用的具体布局是 5 颗 GEO 卫星+4 颗 MEO 卫星+3 颗 IGSO 卫星的星座构型。其中，5 颗 GEO 卫星分别固定在与地球相对静止的点上，4 颗 MEO 卫星运行在 2.15 万 km 的轨道半径上，3 颗 IGSO 卫星分别处于 3 个半径为 3.6 万 km 的不同轨道面上。

（3）用户终端部分　常见的有手机内的定位芯片、手持接收机、车载接收机等，是整个卫星定位系统中完成位置、速度、时间解算功能的设备。

卫星导航系统进行定位的基础为距离＝速度×时间，先测时再测距。

北斗卫星信号结构包括三部分内容，即导航电文（数据码）、伪随机噪声码（授权和开放两种服务）和载波。需要将卫星导航电文从卫星信号中解读出来，再通过一系列算法计算卫星当前的实时位置。

伪随机码一方面完成对数据码的承载，另一方面用于区分接收到的卫星信号来源。而提供不同服务的伪随机噪声码还会对卫星信号进行加密，完成不同授权用户使用权限的区分。利用伪随机噪声码和载波，可以测量出卫星到接收机间的距离，再利用从导航电文中解算出的卫星位置，即可计算用户的位置和速度信息。

第6章 移动通信技术

6.1 移动通信技术概述

121 移动通信 移动通信指通信双方或至少有一方是在运动中通过通信网络进行信息交换的通信系统。移动通信系统的基本业务是语音业务，数据业务包括信息业务、多媒体业务、网络业务等。按使用对象可分为民用设备和军用设备；按使用环境可分为陆地通信、海上通信和空中通信；按组网方式可分为蜂窝移动通信系统、集群移动通信系统、无线寻呼系统；按业务类型可分为电话网、数据网和综合业务网；按工作方式可分为单工制、半双工制、双工制和准双工制四种模式。

122 移动通信的通信方式 移动通信有三种通信方式：单向通信、双向通信、转信。①单向通信：指通信系统中一方总为发送方，而另一方总为接收方，若发送方是一个台而接收方为多个台叫作广播系统，发送方为多个台而接收方为一个台则叫作收集系统；②双向通信：通信双方都可以发送也都可以接收的通信方式；③转信：指双方的通信需要经过第三方的转接。转信目前已成为移动通信网中基地台的主要业务。

123 移动通信系统组成 移动通信系统主要由移动台（Mobile Station，MS）、基地站（Base Station，BS）、移动业务交换中心（Mobile Services Switching Center，MSC）以及与公共电话网（PSTN，又称"市话网"）相连的中继线等组成，见图 14.6-1。

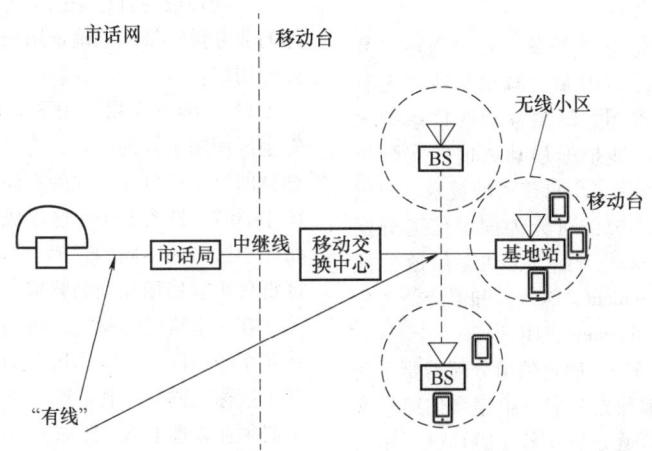

图 14.6-1 移动通信系统的组成

（1）移动台 移动台就是移动客户设备部分，它由移动终端（Mobile Terminal，MT）和客户识别（Subscriber Identity Module，SIM）卡两部分组成。移动台有便携式、手提式、车载式三种，手机是其中一种便携式的移动台。它由移动用户控制，与基站间建立双向的无线话路并进行通话。

（2）基地站 基地站是以多信道共用方式在移动通信中提供通信服务的关键设备，主要由收发信道盘等组成。基地站主要作用是为移动台提供双向的无线链路。

（3）移动业务交换中心 整个网路的核心，完成或参与网络交换子系统（Net Switch Subsystem，NSS）的全部功能，主要用来处理信息的交换和整个系统的集中控制管理。

（4）中继线　完成移动业务交换中心与市话局连接，实现移动用户和市话用户之间的通信。

6.2　移动通信技术基础

124　区域覆盖　移动通信网的区域覆盖方式分为两类：一类是小容量的大区制；另一类是大容量的小区制。大区制是指一个基站覆盖整个服务区，它仅适用于小容量的通信网。小区制是指当用户密度比较大时，将一个较大的移动通信服务区划分为若干个无线通信小区以便于频率复用。

小区制移动通信系统的网络结构采用蜂窝式网状结构，见图 14.6-2。每个小区设置一个基地台，负责本区的通信联络和控制。小区划分多采用正六边形方式，这种小区制通信又叫作蜂窝通信。

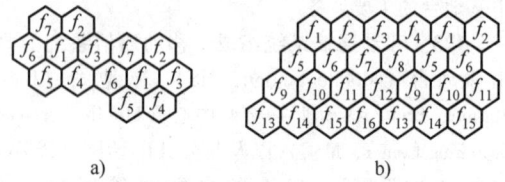

图 14.6-2　蜂窝式网状结构
a）7 频制方式　b）16 频制方式

125　信道分配　信道（频率）分配是频率复用的前提。为了提高系统容量、减少干扰、更有效地利用有限的信道资源，蜂窝移动通信系统普遍采用信道分配技术，即根据移动通信的实际情况及约束条件，设法使更多用户接入的技术。根据分配方法的不同，信道分配可分为固定信道分配（Fixed Channel Assignment，FCA）、动态信道分配（Dynamic Channel Assignment，DCA）和混合信道分配（Hybrid Channel Assignment，HCA）。

在 FCA 的蜂窝网络中，固定信道分配需要手动规划频率，每个单元被预先分配一组频率信道。常用的方案有均匀固定信道分配方案（UFCA）、非均匀信道分配方案（NUFCA）、静态信道借用分配方案（SBFCA）、简单信道借用分配方案、混合信道借用方案。其中混合信道借用方案包括简单混合信道借用（Simple Hybrid Channel Borrowing，SHCB）、信道排序借用（Borrowing with Channel Ordering，BCO）、直接信道锁定借用（Borrowing with Directional Channel Locking，BDCL）、偏向共享（Sharing with Bias，SHB）、带重分配的有序信道分配方案（Ordered Channel Assignment Scheme with Rearrangement，ODCA）等。

DCA 的作用是通过信道质量准则和业务量参数对信道资源进行优化配置。其中的语音信道非永久性的分配给单元，代替每个调用请求都使基站从 MSC 请求分配信道。动态信道分配分为 2 个阶段：第 1 阶段是呼叫接入的信道选择，采用慢速 DCA；第 2 阶段是呼叫接入后为保证业务传输质量而进行的信道重选，采用快速 DCA。

HCA 是指在采用信道复用技术的小区制蜂窝移动系统中，在多信道共用的情况下，以最有效的频谱利用方式为每个小区的通信设备提供尽可能多的可使用信道。

126　位置管理　移动系统中，用户在系统覆盖范围内任意移动，为能把一个呼叫传送给移动的用户，必须有一个高效的位置管理系统来跟踪用户的位置变化。

位置管理采用两层数据库，即原籍位置寄存器（Home Location Register，HLR）和访问位置寄存器（Visitor Location Register，VLR）。位置管理涉及网络处理能力和网络通信能力，网络处理能力涉及数据库的大小、查询的频度和响应速度等；网络通信能力涉及传输位置更新和查询信息所增加的业务量和时延等。

位置管理的目标是以尽可能小的处理能力和附加的业务量，最快地确定用户位置，以容纳尽可能多的用户。

127　频率再用　为了降低小区间的干扰，相邻小区使用不同的频率，为了提高频谱效率用空间划分的方法，可在不同的空间进行频率再用，参见图 14.6-2。即若干个小区组成一个区群，区群内的每个小区占用不同的频率、占用给定的频带；另一区群可重复使用相同的频带。

在一个给定的覆盖区域内，存在着许多使用同一频率的小区，这些小区称为同频小区，其间的信号干扰称为同频干扰。为了减小同频干扰，同频小区必须在物理上隔开距离，为传播提供充分的隔离。

128　越区切换　越区切换将当前正在进行的移动台与基站之间的通信链路从当前基站转移到另一个基站的过程，见图 14.6-3。该过程也称自动链路转移（Automatic Link Transfer，ALT）。越区切换通常发生在移动台从一个基站覆盖的小区进入另一基站覆盖小区的情况下，为保持通信的连续性，将移动台与当前基站之间的链路转移到移动台与新基站之间的链路。

越区切换分为硬切换、软切换、更软切换三类。

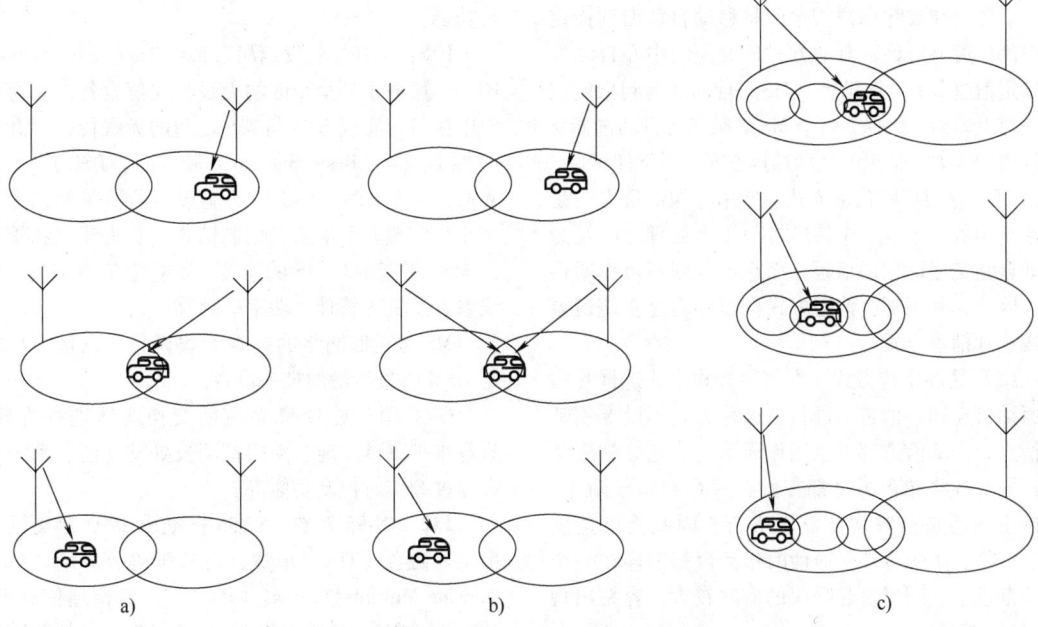

图 14.6-3 越区切换示意图
a) 硬切换 b) 软切换 c) 更软切换

硬切换：在新的连接建立前，先中断旧的连接。

软切换：既维持旧的连接，又同时建立新的连接，并利用新旧链路的分集合并来改善通信质量，当与新基站建立可靠连接之后再中断旧链路。

更软切换：指同一基站不同扇区之间的软切换。

129 小区分裂 小区分裂是一种将拥塞的小区分成更小小区的方法，分裂后的每个小区都有自己的基站，并相应地降低天线高度和减小发射机功率。通过设定比原小区半径更小的新小区和在原有小区间安置这些小区，使得单位面积内的信道数目增加，满足系统增加容量的要求。

小区分裂的方法有在原基站上分裂或增加新基站的分裂。在原基站上分裂即在原小区的基础上，将中心设置基站的全向覆盖区分为几个定向天线的小区。增加新基站的分裂即将小区半径缩小，增加新的蜂窝小区，并在适当的地方增加新的基站。此时，原基站的天线高度适当降低，发射功率减小。

实际使用时，可以先进行 1:3 分裂，然后将三叶草形小区再进行 1:6 分裂，这就是 1×3×6 式二次分裂，分裂方法见图 14.6-4。

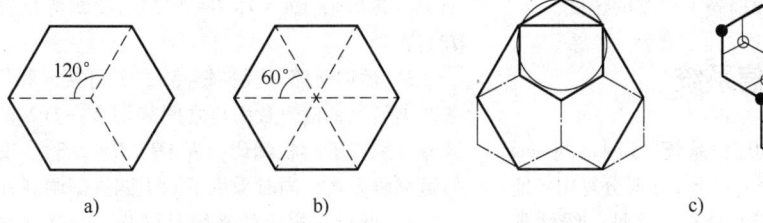

图 14.6-4 小区分裂方法
a) 1:3 b) 1:6 c) 三叶草

130 多信道共用技术 多信道共用是由若干无线信道组成的移动通信系统，为大量的用户共同使用并且仍能满足服务质量的信道利用技术。多信道共用就是多个无线信道为许多移动台所共用，或者说，网内大量用户共享若干无线信道，目的是为了提高信道利用率。因此，多信道共用技术是一种提高信道利用率的有效技术。

实现多信道共用可采用人工方式，也可采用自动方式。人工方式是由"人工"操作来完成信道的分配。主呼和被呼用户需手工将移动台调谐到指定的空闲信道上通话。自动方式是由控制中心自动发出指定信道命令，移动台（MS）自动调谐到指定空闲信道上通话。因此，每个 MS 必须具有自动选择空闲信道的能力。信道的自动选择方式有以下四种。

（1）专用呼叫信道方式　专用呼叫信道方式是将系统中的一个或几个信道专门用来处理呼叫及为移动台指定通话用的信道，而它本身则不再作通话用。因此，专用呼叫信道方式称作专用建立信道方式或选呼信道方式。

（2）循环定位方式　在这种方式中，选择呼叫与通话可在同一信道上进行。这种方式不设专用呼叫信道，全部信道都可以用作通话，能充分利用信道，同时各移动台平时都守候在一个空闲信道上，不论主呼还是被呼均能立即进行，因此接续速度快。但是，由于全部未通话的移动台都守候在一个空闲信道上，同时发起呼叫的概率较大，容易出现"争抢"现象。

（3）循环不定位方式　这是基于循环定位方式，为解决"争抢"现象而出现的一种改进方式。在这种方式中，基站在所有空闲信道上发空闲指令，网内用户能自动扫描空闲信道，并随机地占据就近的空闲信道，就不用像循环定位在一个临时呼叫信道上守候。

（4）循环分散定位方式　这种方式是对循环不定位方式的改进，克服了持续时间长的缺点。在循环分散定位方式中，基站对所有空闲信道均发空闲指令，网内用户分散在各个空闲信道上，移动用户主呼时在各自信道上进行。移动用户被呼时，呼叫信号在所有空闲信道上发出，并等待应答信号，避免了将分散用户集中在一个信道上所花费的时间，也不必发长指令信号，从而提高了接续的速度。

6.3　第二代移动通信系统

131　GSM　全球移动通信系统（Global System for Mobile Communication, GSM）是基于时分复用多址的数字蜂窝系统，采用窄带时分复用多址、线性预测语音码和高斯滤波最小移频键控（GMSK）结合的方式，使用户容量扩大，保密性能提高。

GSM 由移动交换中心（MSC）、基站子系统（BSS）、移动台（MS）、操作维护中心（Operation and Maintenance Center, OMC）等部分组成。

MSC 由一系列功能实体构成，主要完成交换、呼叫控制、移动管理、用户数据管理、数据库管理等功能。

BSS：①基站收发信机（Base Transceiver Station, BTS），服务于某个小区的无线收发信设备，其通过空中接口，实现 BTS 与 MS 之间的无线传输。②基站控制器（Base Station Controller, BSC）上接 MSC，下连 BTS。BSC 的功能包括监控基站，为每个小区配置业务信道和控制信道，负责建立和管理由 MSC 发起的与 MS 的连接，负责定位与切换、无线参数及资源管理、功率控制等。

MS 是通信网络的终端无线设备，也是用户能与 GSM 直接接触的唯一设备。

OMC 用于对 GSM 系统的交换实体进行管理。具有维护测试功能、障碍检测及处理功能、系统状态监视和实时控制功能等。

132　IS-95 系统　IS-95 标准由 1993 年美国电信工业协会（TIA）形成，是基于码分多址（Code Division Multiple Access, CDMA）的蜂窝通信标准。1994 年 CDMA 发展组织成立。IS-95 标准是美国高通公司发起的第一个基于 CDMA 的数字蜂窝标准，基于 IS-95 标准的一系列标准和产品又被称为 IS-95 系统，第一个品牌是 cdmaOne。IS-95 也叫 TIA/EIA-95，是使用 CDMA 的 2G 移动通信标准，IS-95 及其相关标准是最早商用的基于 CDMA 技术的移动通信标准，IS-95 及后继 cdma2000 也经常被简称为 CDMA。

系统特点如下：

1）频段为 800MHz（上行 824～849MHz，下行 869～894MHz），其扩频采用直序扩频方式（DS）。

2）前向链路（正向链路）采用 64 位 WALSH 码区分信道，共有导频、寻呼、同步、前向业务 4 类信道，不同基站之间采用 2^{15} PN 码相位区分，共有 512 个相位（相邻相位之间相差 64 个 PN 码片），采用了卷积码（$K=9$，$R=1/2$）、交织等信道编码方式。

3）后向链路（反向链路），共有接入和反向业务两类信道，信道及用户之间采用 $2^{42}-1$ PN 码相位区分，采用了卷积编码（$K=9$，$R=1/3$）、交织等信道编码方式，同时采用了六十四进制调制方式。

4）此标准规定的系统是同步 CDMA 系统，采用 GPS 定时。

5）为了提高系统容量，一是在前向信道中加入了功率控制子信道，用于移动台的闭环功率控制；二是采用了可变速率声码器，实现话音激活；三是移动台采用非连续发送方式，减少了同一时间相互之间的干扰。

6）实现了"软容量"，即当系统满负载工作时，再增加少数用户，系统性能会稍有下降，但不会发生阻塞，实际增加的干扰也不大。

7）实现了路径分集（RAKE 接收），由于 CDMA 系统传输带宽较宽，信号传输带宽 W 大于相关带宽时，就可以用 $1/W$ 的（时间）分辨率分辨出多径分量，再进行分集合并，从而改善接收性能。

8）可以与其他窄带系统共存，因为扩频之后，信号功率谱展宽，功率谱密度降低，对其他窄带系统影响很小，IS-95 系统信号对窄带信号而言近似白噪声。

9）实现了高保密通信，鉴权、数字格式、宽带信令可由受话人指定的密码进行保护，可提供较好的保密特性，防止盗号和被窃听。

133 GPRS 通用分组无线业务（General Packet Radio Service，GPRS）是从 GSM 中发展出来的一种分组交换系统，其移动终端通过 GSM 网络提供的寻址方案和运营商的网间互通协议，可实现全球间网络通信。可视为 GSM 向 IP 和 X.25 数据网的延伸，或是互联网在无线应用上的延伸。

分组交换的基本过程是把数据先分成若干个小的数据包，通过不同的路由，以存储转发的接力方式传送到目的端，再组装成完整的数据。

作为 GSM 的升级技术，GPRS 在现有 GSM 电路交换模式之上增加了基于分组传输的空中接口，引入了分组交换，支持无线 IP 分组数据传输，实现基于 GPRS 传输的短信业务、多媒体彩信业务，以及终端无线上网业务等。可灵活运用无线信道，使其为多个 GPRS 数据用户所共用，极大地提高了无线资源的利用率。

GPRS 网络在现有的 GSM 网络中，增加了 GPRS 网关支持节点（GGSN）和 GPRS 服务支持节点（SGSN），使得用户能够在端到端的分组方式下发送数据和接收数据。

GPRS 分组是从基站发送到 SGSN，而不是通过 MSC 连接到语音网络上，SGSN 与 GGSN 进行通信；GGSN 对分组数据进行相应的处理，再发送到目的网络，如互联网或 X.25 网。来自互联网的标识有移动台的地址 IP 包，由 GGSN 接收，再转发到 SGSN，然后传送到移动台上。

6.4 第三代移动通信系统

134 WCDMA 系统 宽带码分多址（Wideband Code Division Multiple Access，WCDMA）系统是国际电信联盟（ITU）1985 年开展研究的移动通信系统，由欧洲研发。同时也是第三代移动通信（即 3G）系统三大国际标准之一，其余两种为美国的 cdma2000 系统和中国的 TD-SCDMA 系统。

WCDMA 分为通用陆地无线接入频分双工（Universal Telecommunication Radio Access Frequency Division Duplex，UTRA FDD）和时分双工（Universal Telecommunication Radio Access Time Division Duplex，URTA TDD，涵盖了 FDD 和 TDD 两种操作模式。在 FDD 模式下，上行链路和下行链路分别使用两个独立的 5MHz 的载波，在 TDD 模式只用一个 5MHz 的载波，在上、下行链路之间分时共享。上行链路是移动台到基站的连接，下行链路是基站到移动台的连接。TDD 模式在很大程度上是基于 FDD 模式的概念和思想，加入它是为了弥补基本 WCDMA 系统的不足，也是为了能使用 ITU 为 IMT-2000 分配的那些不成对频谱。

WCDMA 是一个宽带直扩码分多址（DS-CDMA）系统，即通过用户数据与由 CDMA 扩频码得来的伪随机比特（称为码片）相乘，从而把用户信息比特扩展到宽的带宽上去。为支持高的比特速率（最高可达 2Mbit/s），采用了可变的扩频因子和多码连接。表 14.6-1 是 WCDMA 空中接口的主要参数。

表 14.6-1　WCDMA 的主要参数

多址接入方式	DS-CDMA
双工方式	FDD/TDD
基站同步	异步方式
码片速率	3.84Mchip/s
帧长	10ms
载波带宽	5MHz
多速率	可变的扩频因子和多码
检测	使用导频符号或公共导频进行相关检测
多用户检测、智能天线	标准支持，应用时可选
业务复用	具有不同服务质量要求的业务复用到同一个连接中

WCDMA 网络结构在逻辑上与第二代移动通信系统相同。按功能划分，系统由核心网（CN）、无线接入网（UTRAN）、用户设备（UE）等组成。其中，核心网与无线接入网之间的开放接口为 Iu，无线接入网与用户设备间的开放接口为 Uu。

（1）核心网　核心网（CN）承担各种类型业务的提供以及定义，包括用户的描述信息、用户业务的定义以及相应的一些其他过程。核心网负责内部所有的语音呼叫、数据连接和交换，以及与其他网络的连接和路由选择的实现。不同协议版本核心网之间存在一定的差异。

（2）无线接入网（UTRAN）　UTRAN 位于两个开放接口 Uu 和 Iu 之间，完成所有与无线有关的功能。主要功能有宏分集处理、移动性管理、系统的接入控制、功率控制、信道编码控制、无线信道加密和解密、无线资源配置、无线信道的建立和释放等。

（3）用户设备（User Equipment，UE）　UE 完成人与网络间的交互，用以识别用户身份并为用户提供各种业务功能。UE 主要由移动设备和通用用户识别模块两部分组成。UE 通过 Uu 接口与无线接入网相连，与网络进行信令和数据交换。

135　TD-SCDMA 系统　TD-SCDMA 是第一个采用 TDD 方式和智能天线技术的 UTRAN 系统，也是唯一采用同步 CDMA（SCDMA）技术和低码片速率（LCR）的第三代移动通信系统，同时采用了多联合检测、软件无线电、接力切换等一系列高新技术，具有下述特征。

（1）TDD 模式　TD-SCDMA 系统采用 TDD（时分双工）模式，接收和传送在同一频率信道即载波的不同时隙，用保护时间来分离接收与传输信道；而在 FDD（频分双工）模式中，接收和传送是在分离的两个对称频率信道上，用保护频段来分离接收与传输信道。

（2）低码片速率　TD-SCDMA 系统的码片速率为 1.28Mchip/s，仅为高码片速率 3.84Mchip/s 的 1/3。接收机接收信号采样后的数字信号处理量大大降低，降低了系统设备成本，适合采用软件无线电技术，还可在目前 DSP 的处理能力和成本可接受的条件下采用智能天线、多用户检测、MIMO 等新技术来降低干扰，提高容量。此外，低码片速率使频率使用更灵活，提高了频谱利用率。

（3）上行同步　TD-SCDMA 中用软件和帧结构设计来实现严格的上行同步，是一个同步的 CDMA 系统。通过上行同步，可让使用正交扩码的各个码道在解扩时完全正交，相互间不会产生多址干扰；克服了由于各移动终端发射的码道信号到达基站的时间不同（造成码道非正交）而带来的干扰，大大提高了 CDMA 系统容量和频谱利用率，并可简化硬件，降低成本。

（4）智能天线　TD-SCDMA 系统是以智能天线为中心的 3G 系统。系统中 TDD 的间隔（子帧）定为 5ms。相对于 FDD 模式的系统，TD-SCDMA 系统的 TDD 模式可利用上行、下行信道的互惠性（即基站对上行信道估计的信道参数可用于智能天线的下行波束成型），其智能天线技术较易实现。

TD-SCDMA 与 WCDMA 具有相同的网络结构、高层指令和基本一致的相应接口定义。两类向后兼容 GSM，可以使用同一核心网，且都支持核心网逐步向全 IP 方向发展。

136　cdma2000 系统　cdma2000 标准体系主要分为无线网和核心网两大部分，其技术演进分阶段独立进行。CDMA 系统的无线接口经历了 IS-95、IS-95A、IS-95B、cdma2000、1x/EV-DO 和 1x/EV-DV 等发展阶段。

cdma2000 的核心网架构是基于 3GPP2 标准制定的全 IP 网络架构。主要特点是与已有的 IS-95B 标准向后兼容，并可与 IS-95 系统的频段共享或重叠，使得 cdma2000 系统可从 IS-95 系统的基础上平滑过渡和发展，保护已有的投资。通过网络扩展方式可提供在基于 GSM-MAP 的核心网上运行的能力。

采用 MC-CDMA（多载波 CDMA）的多址方式，可支持话音、分组数据业务等，并且可实现业务质量（Quality of Service，QoS）保证。采用功率控制有开环、闭环和外环 3 种方式，还可采用辅助导频、正交分集、多载波分集等技术来提高系统的性能。

cdma2000 系统的一个载波带宽为 1.25MHz，若系统分别独立使用每个载波，称为 cdma2000 1x 系统；若系统将 3 个载波捆绑使用，则称为 cdma2000 3x 系统。

cdma2000 1x 空中接口：空中接口协议结构中包括物理层、数据链路层及高层，其中数据链路层又分为介质访问控制（MAC）子层和链路访问控制（LAC）子层。

物理信道是移动站和基站之间承载信息的路径，从传输方向上分为前向信道和后向信道两大类；根据物理信道是针对多个某特定移动台，又分为公共信道和专用信道。

逻辑信道是在基站或移动台协议层中的通信路径。逻辑信道与物理信道之间有特定的映射关系。前向物理信道由适当的函数进行扩频，并采用多种分集发送方式来提高容量，在反向链路上，仍采用 PN 长码来区分不同的用户。

cdma2000 1x 系统空中接口引入的新技术，与

IS-95 系统相比：前向链路采用快速功率控制；增加了反向导频信道；前向链路采用两种发射分集技术；前向链路引入快速寻呼信道；编码采用 Turbo 码；帧长灵活；新的接入模式兼容了 IS-95 的接入模式，并对 IS-95 的不足进行了改进，可以减少呼叫建立时间，提高接入效率，并减少移动台在接入过程中对其他用户的干扰。

6.5　第四代移动通信系统

137　4G 技术　4G 技术又称 IMT-Advanced 技术，是基于 3G 通信技术基础上不断优化升级、创新发展而来，融合了 3G 通信技术的优势，并衍生出了一系列自身固有的特征，以 WLAN 技术为发展重点。业内对 TD 技术向 4G 最新进展的 TD-LTE-Advanced 常被称为准 4G 标准。所包含的关键技术有：正交频分复用（Orthogonal Frequency Division Multi plexing，OFDM）技术、软件无线电（Soft Defination Radio，SDR）技术、智能天线技术和多输入多输出（Multiple Input Multiple Output，MIMO）技术。

（1）OFDM 技术　OFDM 实际上是多载波调制的一种。其主要思想是：将信道分成若干正交子信道，将高速数据信号转换成并行的低速子数据流，调制到每个子信道上进行传输。正交信号可以通过在接收端采用相关技术来分开，这样可以减少子信道之间的相互干扰。

（2）SDR 技术　SDR 技术是无线电通信的常用技术之一。其技术思想是将宽带模拟-数字转换器或数字-模拟转换器充分靠近射频天线，编写特定的程序代码完成频段选择，抽样传送信息后进行量化分析，可实现信道调制方式的差异化选择，并完成不同的保密结构、控制终端的选择。

（3）智能天线技术　智能天线技术是将时分复用与波分复用技术有效融合起来的技术，在 4G 技术中，智能天线可以对传输的信号实现全方位覆盖，智能天线技术可以对发射信号实施调节，获得增益效果，增大信号的发射功率。

（4）MIMO 技术　MIMO 系统是利用多发射、多接收天线进行空间分集的技术。采用分立式多天线，有效地将通信链路分解成许多并行的子信道，提高传输质量和容量。MIMO 利用的是映射技术，发送设备将信息发送到无线载波天线上，天线在接受信息后对其编译，将编译之后的数据编成数字信号，分别发送到不同的映射区，再利用分集和复用模式对接收到的数据信号进行融合，利用天线的空间特性，获得分级增益、复用增益、阵列增益、干扰对消增益等，实现覆盖和容量的提升。

根据实现方式的不同，可将 MIMO 分成传输分集、空间复用、波束赋形等类型。

1）传输分集：指在多根发射天线和接收天线间传送相同的数据流。该方式有利于提高通信系统的可靠性。

2）空间复用：指将高速数据流分成多个并行低速数据流，并由多个天线同时送出。该方式有利于成倍提升系统容量。

3）波束赋形：指通过调整阵列天线各阵元的激励，使天线波束方向形成指定形状。该方式有利于增强特定用户覆盖。

相关网络构架有 EPON 网络构架和 TD-LTE 网络构架。

1）EPON 网络构架：EPON 网络构架由三个部分组成，在用户和通信供应商之间分别有终端设备、交换设备和电网局端设备。EPON 传输线路又分为上下两层，上层线路应用时分复用方式进行传输，交换设备会在不同的传输时间将不同的信息传输到终端设备，以避免各种信息发生混淆；而下层线路采用广播传输的方式实时传输，终端设备对不同信息进行甄别，选择实时需要的信息进行接收。

2）TD-LTE 网络构架：TD-LTE 主要是从三个层面对网络信息进行布点规划，其中核心层是为了提高传输数据的速度，减少用户端到基站的传输时间；业务层是为了完成数据的处理和交换，可以有效提升原来的传输速率，缓解接收数据的延时性；传输层主要是用来引用无源光网络，在光线路终端（Optical Line Terminal，OLT）和光网络单元（Optical Network Unit，ONU）之间实现分光。

138　4G 网络的特征　4G 网络具有业务速度更快、数据业务为主、频谱更宽、效率更高等特征。

（1）业务速度更快　业务速度一直是数字通信网络的发展动力，研发 4G 网络的初衷就是要提高移动电话和其他移动装置无线访问互联网的速率。

（2）数据业务为主　4G 网络可承载移动高清多媒体、实时移动视频监控、3D 游戏、远程医疗和移动化电子学习等业务，但目前多为数据业务，电话业务承载在已有的 2G/3G 网络或采用 VoIP 方式，因此 4G 网络以承载数据业务为主。

（3）频谱更宽、效率更高　欲实现 4G 网络100Mbit/s 传输，运营商必须对已有的 3G 网络进行大幅改造，使 4G 网络带宽较 3G 网络有较大的提升。

139　TD-LTE 技术　LTE（Long Term Evolution，长期演进）是 3G 向 4G 过渡升级过程中的演进标准，包含 LTE-FDD 和 LTE-TDD（通常被简称为 TD-LTE）两种模式。应用 TDD（时分双工）式的 LTE 即为 TD-LTE。TD-LTE（分时长期演进）是基于 3GPP LTE 的一种通信技术与标准，属于 LTE 的一个分支。TDD 用时间来分离接收和发送信道，在 TDD 方式的移动通信系统中，接收和发送使用同一频率载波的不同时隙作为信道的承载，其单方向的资源在时间上是不连续的，时间资源在两个方向上进行了分配。某个时间段由基站发送信号给移动台，另外的时间由移动台发送信号给基站，基站和移动台之间必须协同一致才能顺利工作。

TD-LTE 的技术特点有：无线 TD-LTE 以 OFDM 技术为基础，下行采用正交频分多址（OFDMA）技术，而上行根据链路特点采用单载波 DFT-SOFDM 作为多址方式；TD-LTE 系统采用的是无线帧结构；MIMO 是 TD-LTE 系统的关键技术，实际应用中可以根据不同的天线部署形态和实际应用情况，分别采用发射分集、空间复用和波束赋形三种不同方案。采用了链路自适应技术，能够根据信道状态信息确定当前信道的容量，根据容量确定合适的编码调制方式，最大限度地发送信息，提高系统资源的利用率。TD-LTE 去掉了 BSC/RNC 网络层，实现网络架构扁平化，根本性地改善了业务时延。TD-LTE 技术具有高速率、低时延、高频谱利用率、全分组交换等性能。

TD-LTE 技术能够灵活配置频率，使用 FDD 系统不易使用的零散频段；可以通过调整上下行时隙转换点，提高下行时隙比例，能够很好地支持非对称业务；具有上下行信道一致性，基站的接收和发送可以共用部分射频单元，降低了设备成本；接收上下行数据时不需要收发隔离器，只需要一个开关即可，降低了设备的复杂度；具有上下行信道互惠性，能够更好地采用传输预处理技术，有效地降低移动终端的处理复杂性。

140　FDD-LTE 技术　FDD（频分双工）是 LTE 技术的双工模式之一，应用频分双工方式的 LTE 即为 FDD-LTE。FDD 模式的特点是在分离（上下行频率间隔 190MHz）的两个对称频率信道上，系统进行接收和传送，用保证频段来分离接收和传送信道。FDD 必须采用成对的频率，依靠频率来区分上下行链路，其单方向的资源在时间上是连续

的。FDD 在支持对称业务时，能充分利用上下行的频谱，但在支持非对称业务时，频谱利用率将大大降低。

TD-LTE 更节省资源，但在用户感知层面，FDD-LTE 速度相对更快。这是因为 FDD-LTE 通过两个对称的频率信道来分别发射和接收信号，用保护频段来分离接收和发送信道，单方向的资源在时间上是连续的。而 TD-LTE 的发送和接收信号均在同一个频率信道里不同时间进行，单方向的资源在时间上是不连续的。它不需要分配对称频段的频率，可在每个信道内灵活控制、改变发送和接收时段的长短比例，在进行不对称的数据传输时，可充分利用有限的无线电频谱资源。

FDD 模式的优点是采用包交换等技术，可突破 2G 发展的瓶颈，实现高速数据业务，并可提高频谱利用率，增加系统容量。但 FDD 必须采用成对的频率，即在每 2×5MHz 的带宽内提供 3G 业务。该方式在支持对称业务时，能充分利用上下行的频谱，但在非对称的分组交换（互联网）工作时，频谱利用率则大大降低（由于低上行负载，造成频谱利用率降低约 40%）。在这点上，TDD 模式有着 FDD 无法比拟的优势。

总的来说，TD-LTE 节省频道资源，适合热点集中区域覆盖；FDD-LTE 的理论最高速度更快，基站覆盖更广，适合郊区、公路铁路等广域覆盖。

6.6　第五代移动通信系统

141　5G 技术　5G 是国际电信联盟（ITU）制定的第五代移动通信标准，它的正式名称是 IMT-2020。5G 为 4G 系统的延伸，相比 4G 只面向移动宽带（Mobile Broad Band，MBB）一种场景，5G 致力于在 eMBB（增强移动宽带）、mMTC（海量物联）、uRLLC（高可靠、低时延）三个领域为用户提供服务。

为达成 5G 在上述三大场景的应用，5G 在标准性能设计时，不再单一考虑对速率的增强，而是综合衡量 6 个方面的指标，包括峰值速率、用户体验速率、频谱效率、移动性、时延和连接密度。同时，5G 用于通信最关键的三个需求维度是时延、吞吐量、连接数，同时，5G 还是商业模式的转型、生态系统的融合。正如 NGMN 组织所定义的，5G 是一个端到端的生态系统，它将打造一个全移动和全连接的社会。

为了应对未来爆炸性的移动数据流量增长、海

量的设备连接、不断涌现的各类新业务和应用场景，要求 5G 具有更多、更先进的功能，实现无时不在、无所不在的信息传递。因此，5G 是一个广带化、泛在化、智能化、融合化、绿色节能的网络。

142　5G 频谱——高频段传输　当前国际上大部分的通信系统都部署在 6GHz 以下，因此将 6GHz 以上的频谱称之为高频段频谱，而 6GHz 以下的频段则称之为中低频段。我国 6～100GHz 频谱分配见图 14.6-5。

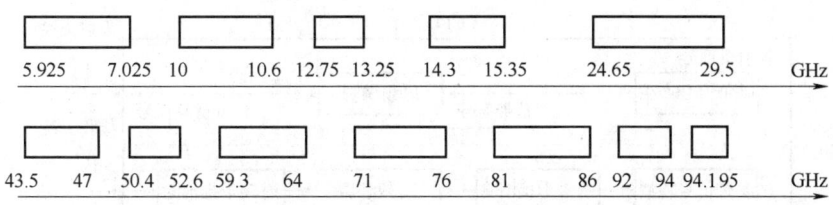

图 14.6-5　我国 6～100GHz 频谱分配

无线电波在传播过程中，除了有由于路径传播以及折射、散射、反射、衍射引起的衰减外，还会经历大气带来的衰减以及穿透损耗。高频信号在移动条件下传输，会经历更加显著的大气衰减和穿透损耗。高频通信与传统蜂窝频段有着明显差异，如传播损耗大、信道变化快、绕射能力差等缺点，影响了高频段频谱的覆盖能力。但高频段具有丰富的空间频谱，可以满足 5G 系统的高容量需求，通过发展适用高频段频谱的 5G 技术，如高级物理层（多址、调制、编码等）、大规模 MIMO、双工通信、干扰控制技术等，以及采用多制式并存、自适应感知、载波聚合等技术，极大地提升了系统的频谱效率。

全频谱接入采用低频和高频混合组网方式，低频是 5G 核心频段，用于连续广覆盖；高频（6～100GHz）频谱用于满足高速率、大容量等 5G 需求。全频谱接入的关键技术有高频信道特性研究、低频和高频空口设计、低频和高频混合组网技术及高频器件实现技术等。

143　5G 多址接入技术　空中接口承载用户信息的无线资源主要有频域、时域、空域、码域和功率域。前三种有子载波正交、接入循环前缀和适当空间距离等成熟技术保护多用户多址接入的独立性。后两种在多用户信息区分方面只能通过串行干扰消除（Successive Interference Cancellation，SIC）技术保证。由于码域和功率域无法保证叠加用户的正交，移动通信中凡用到后两种资源的都叫非正交多址接入技术。非正交多址接入是一种多资源混用技术，提高频谱利用率，在不增加资源的情况下服务更多用户。日本 DoCoMo 公司提出的非正交多址接入（Non-orthogonal Multiple Access，NMA）、中兴公司提出的多用户共享接入（Multi User Shared Ac-

cess，MUSA）、华为公司提出的稀疏码多址接入（Sparse Code Multiple Access，SCMA）、大唐公司提出的图样分割多址接入（Pattern Division Multiple Access，PDMA）等均是典型的非正交多址接入技术，通过开发功率域、码域等用户信息承载资源的方法，极大地拓展了无线传输带宽，成为 5G 多址接入技术的重要候选方案。

144　串行干扰消除（SIC）技术　SIC 技术是一种针对多用户接收机的低复杂度算法，可顺次从多用户接收信号中恢复出用户数据。在常规匹配滤波器中，每一级都提供一个用于再生接收到的来自用户信号的信号源估计，适当地选择延迟、幅度和相位，并使用相应的扩频序列对检测到的数据比特进行重新调制，从原始接收信号中减去重新调制的信号（消除干扰），将得到的差值作为下一级输入。在这种多级结构中，这一过程重复进行，直到将所有用户全部解调出来，SIC 接收机利用串联方法可方便地消除同频同时用户间的干扰。

145　现代双工技术　传统双工模式主要是频分双工（FDD）和时分双工（TDD），前者是通过频率分隔，后者通过时间分隔来实现信号的发送及接收。现代双工模式主要是灵活双工技术和同频同时全双工（Co-frequency Co-time Full Duplex，CCFD）技术。灵活双工技术能够根据上下行业务变化情况，灵活地分配上下行的时间和频率资源，可以通过时域和频域方案实现。CCFD 是指无线通信设备在相同频率相同时间上，同时接收和发射无线信号的技术，使得无线通信链路的频谱效率相比传统双工模式提高了一倍。

CCFD 节点的结构见图 14.6-6，节点基带信号经射频调制，从发射天线发出，而接收天线正在接收来自期望信源的通信信号。由于节点发射信号和接收信号处在同一频率和同一时隙上，接收机天线的输入为本节点发射信号和来自期望信源的通信信号之和，而前者对于后者是极强的干扰，称为双工干扰（Duplex Interference，DI）。全双工技术包括两方面：全双工系统的自干扰抑制技术和组网技术。研发高效 DI 消除器是实现同频同时全双工系统的关键，目前有天线抑制法、射频干扰消除法和基带干扰消除法三种。

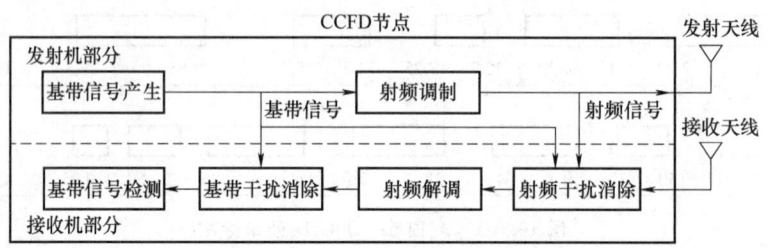

图 14.6-6　CCFD 节点结构图

146　新型多载波技术　新型多载波技术是 5G 技术中抑制带外泄漏的新波形技术方案。目前在 3GPP 会议上各公司提出来的主要新波形候选技术包括：加窗正交频分复用（CP-OFDM with WOLA）技术、基于偏移正交幅度调制的滤波器多载波（FBMC-OQAM）技术、基于滤波器组的正交频分复用（FB-OFDM）技术、通用滤波多载波（UFMC）技术、基于子带滤波的正交频分复用（F-OFDM）和广义频分复用（GFDM）技术。

（1）CP-OFDM with WOLA　由于多径衰落的存在，使相关频域会造成子载波之间的相互干扰。为了减少高数据率 OFDM 系统中各信道间影响带来的失真，引入循环前缀（Cyclic Prefix，CP）来消除码间干扰（Inter Symbol Interference，ISI），这就是基于循环前缀正交频分复用（CP-OFDM）技术。CP 由 OFDM 符号尾部的信号复制到头部构成。CP 主要有两种：常规循环前缀（Normal Cyclic Prefix）和扩展循环前缀（Extended Cyclic Prefix）。在发射器中，OFDM 调制包括快速傅里叶逆变换（IFFT）运算和 CP 的插入。发射器框图见图 14.6-7。

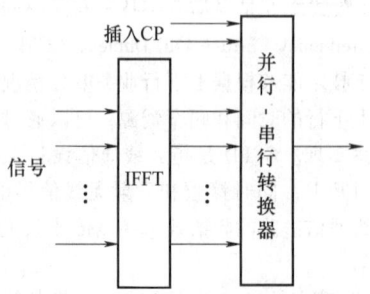

图 14.6-7　CP-OFDM 发射器框图

CP-OFDM 要求循环前缀的值比信道内存更大一些。多径衰落信号引起先发信息码字的滞后到达而影响当前信息码字，从而产生码间干扰。使用适当大小的 CP，码间干扰仅仅会干扰当前信息码的 CP，从而消除 OFDM 技术的码间干扰。在清除了循环前缀之后，信号经过 IFFT 模块，把信号从时域转变回频域。信号经过并行-串行转换模块进行并串转换，完成信号接收。

在 OFDM 接收器中，在数据包送往 FFT 解调前移除 CP。

CP-OFDM with WOLA 则是采用加权叠接加窗（WOLA）的 CP-OFDM。CP-OFDM 的缺点在于带外泄漏比较高，因此需要较大的保护带宽，难以使用窄带频谱。使用 CP 降低了总体频谱效率，对于异步和高速移动性用户，子载波间干扰的累加导致系统总体性能降低。使用时域升余弦函数窗代替 LTE 的矩形窗，升余弦函数窗边缘变化比较缓慢，频域上带外泄漏比矩形窗小。每个信号都在时域中加窗并重叠，因此减少了频谱旁瓣，有效抵制了带外泄漏，更适用于异步多址接入。

（2）FBMC-OQAM　是一种脉冲整形类型的调制技术。基于脉冲整形的调制技术将发送信号限制在窄带宽内，减轻带外泄漏，通过设计滤波器可分离不相邻的子载波。FBMC-OQAM 系统通过采用具有良好时频聚焦特性的滤波函数进行子载波调制，滤波器良好的时频聚焦特性可减小由信道的时频弥散特性带来的干扰；发射信号的旁瓣较低，带外泄漏少，可灵活利用频段的频率空白和碎片频谱，提高频谱利用率；不需要在符号间插入 CP，具有更高的频谱效率；FBMC 系统与 OQAM 相结合修改了传统的正交形式，使系统在实数域满足正交。

OQAM 的引入使系统发送端要将发送信号进行虚实分离，再将实数符号进行相位偏移并加载到各子载波上，频率偏移和定时偏差容忍度较高。

（3）FB-OFDM　是通过多个滤波器（即滤波器组）对传输带宽里的多个子载波分别滤波，再叠加在一起形成时域数据信号，与 LTE 系统兼容。在 FB-OFDM 系统中，根据不同场景的需求侧重点，选择合适的波形函数调制发射数据，能够灵活地适用于不同的业务。FB-OFDM 在时域加窗，时域加窗在技术原理上都属于子载波级滤波。与 CP-OFDM with WOLA 相比，FB-OFDM 的窗函数可以比较长，也可以比较短，具体根据场景需要来灵活选择。

（4）UFMC　是 5G 备选波形技术之一，具有频谱效率高、带外泄漏低、抗频偏性能良好等优点。UFMC 是一种基于滤波器的多载波传输方案，将整个带宽分为多个子带，每个子带由若干连续子载波组成，用切比雪夫有限长冲激响应（Finite Impulse Response，FIR）滤波器对子带进行滤波，降低系统带外辐射。UFMC 系统没有 CP，将滤波器的上升和下降沿作为较短的保护周期，频谱效率优于 OFDM；通过分配不同的子带给非连续频谱，可灵活地利用非连续频谱资源；利用 FIR 滤波将一组相邻的子载波作为子带进行滤波，可降低带外旁瓣电平并消除块间干扰。

（5）F-OFDM　是一种可变子载波带宽的自适应空口波形调制技术，既能实现空口物理层切片后向兼容 LTE 4G 系统，又能满足 5G 发展的需求。

F-OFDM 是基于 OFDM 技术的改进方案，技术的基本思想是：将 OFDM 载波带宽划分成多个不同参数的子带，并对子带进行滤波，而在子带间尽量留出较少的隔离频带。比如，为了实现低功耗大覆盖的物联网业务，可在选定的子带中采用单载波波形；为了实现较低的空口时延，可以采用更小的传输时隙长度；为了对抗多径信道，可以采用更小的子载波间隔和更长的 CP。

（6）GFDM　是一种采用非矩形脉冲成形的多载波调制系统，利用循环卷积在频域上实现 DFT 滤波器组结构。GFDM 使用更少的 CP，在一定程度上提高了频谱效率，使用的原型滤波器是非矩形脉冲滤波器。GFDM 调制方案通过灵活的分块结构和子载波滤波以及一系列可配置参数，能够满足不同场景的需求，即通过不同的配置满足不同的差错速率性能要求。GFDM 可以对时间和频率进行更为细致的划分，具有高时频聚焦性、对载波频偏和定时误差不敏感、时频资源调度灵活和通用性强等优点，

可满足 5G 移动通信的需求。

147　大规模天线（Massive MIMO）技术

Massive MIMO 是 5G 中提高系统容量和频谱利用率的关键技术。通过在基站覆盖区域内配置大规模天线阵列（天线数为数十甚至数百）并集中放置，在同一时频资源下为多个用户提供服务，大幅提高系统频谱资源的整体利用率。

Massive MIMO 技术以 MIMO 技术为基础，其在发射端和接收端分别使用多个发射天线和接收天线，使信号通过发射端与接收端的多个天线传送和接收，从而改善通信质量。它能充分利用空间资源，通过多个天线实现多发多收，在不增加频谱资源和天线发射功率的情况下，可以成倍地提高系统信道容量，显示出明显的优势。利用 MIMO 空间特性可采用如下三种传输方案。

1）发送分集方案是在发送端两天线发送同样内容的信号，用于提高链路可靠性，不能提高数据率。LTE 的多天线发送分集技术选用空时编码作为基本发送技术，在发射端对数据流进行联合编码以减少由于信道衰落和噪声所导致的符号错误率。通过在发射端增加信号的冗余度，使信号在接收端获得分集增益。

2）空分复用（SDM）技术是在发射端发射相互独立的信号，接收端采用干扰抑制的方法进行解码，此时的理论空口信道容量随着收发端天线对数量的增加而线性增大，从而能够显著提高系统的传输速率。空分复用允许在同一个下行资源块上传输不同的数据流，这些数据流可以来自一个用户，也可以来自多个用户。单用户 MIMO 可以增加一个用户的数据传输速率，多用户 MIMO 可以增加整个系统的容量。

3）波束赋形是一种基于天线阵列的信号预处理技术，通过调整天线阵列中每个阵元的加权系数产生具有指向性的波束，从而获得对应辐射方向的阵列增益，同时降低对其他辐射方向的干扰。

大规模 MIMO 当前的关键技术主要包括信道信息的获取、天线阵列的设计、低复杂度传输技术和实现。

（1）信道信息的获取　随着天线数目的不断增加，基站需要精确获取当前的信道状态信息（Channel State Information，CSI），才能保证系统通信的可靠性。对于如何获得准确的 CSI，目前大多数研究都是基于 TDD 系统，利用上行信道与下行信道在相关时间内信道状态的互易性原理来获得期望的 CSI。

（2）天线阵列的设计　Massive MIMO 天线希望通过空间、角度、极化等分集实现方向图正交性，对天线设计的基本要求可概括为低相关、多分级、宽波瓣、高增益与高隔离。需要注意的是，Massive MIMO 系统中基站配置有大量天线，考虑到工程需要，天线整体的体积不宜过大，因此天线单元的密度很高，间距太近，容易使传输信道呈现相关性，导致信道容量降低。所以 Massive MIMO 天线对单元性能和阵列性能提出了不同的指标要求：①天线单元小型化，低剖面；②低相关性，高隔离，降低互耦效应；③多频段，高增益；④单元间距，阵列布局与单元间的耦合。

（3）传输技术　现有主流思路采用 TDD 利用上行链路和下行链路的信道互易性，由上行信道估计获得下行波束赋形所需的 CSI。另外，采用 TDD 系统利用上行和下行信道互易性，然而实际硬件系统并不能达到完全互易，需要高精度的信道校准使基站侧收发通道达到很好的一致性。Massive MIMO 系统中基站配置有大量的天线，相比于现有系统，将产生海量的数据，从而对射频和基带处理算法提出了更高的要求。同时考虑到 Massive MIMO 系统中，上行链路的信号检测和下行链路信道估计计算均涉及高维矩阵求逆运算，系统实现复杂度高，增加 Massive MIMO 部署成本和难度。

Massive MIMO 系统下的联合空分复用（Joint Spatial Division and Multiplexing，JSDM）传输方案和大规模多波束空分多址（Massive Beam-Spatial Division Multiple Access，MB-SDMA）传输方案，分别利用信道二阶统计信息对用户进行分组，并将信号转换到波束域中进行空分多址方式的传输，在匹配 Massive MIMO 系统信道特性的同时，解决由大规模天线阵列引入的导频瓶颈问题。

148　5G 网络技术　5G 网络技术中含有的主要关键技术有：超密集组网（Ultra Dense Network，UDN）、设备到设备（Device to Device，D2D）通信、自组织网络（Self-Organized Network，SON）技术、内容分发网络（Content Delivery Network，CDN）、网络切片技术、移动边缘计算（Mobile Edge Computing，MEC）技术等。

（1）UDN　除了增加频谱带宽和利用先进的无线传输技术提高频谱利用率外，UDN 是满足现在及未来移动数据流量需求的主要技术手段。UDN 一般是通过数量众多的小基站形成更加"密集化"的无线网络基础设施部署，可获得更高的频率复用效率，从而在局部热点区域实现百倍量级的系统容量

提升。简而概之，UDN 即大量增加小基站，以空间换性能。

（2）D2D 通信　即终端直通技术，是指通信网络中近邻设备之间直接交换数据信息，而不需要通过中心节点（基站）进行转发的技术。通信系统或网络中，一旦 D2D 通信链路建立起来，传输数据就无需核心设备或中间设备的干预，可降低通信系统核心网络的压力，大大提升频谱利用率和吞吐量，扩大网络容量，保证通信网络能更为灵活、智能、高效地运行，实现大规模网络的零延迟通信、移动终端的海量接入及大数据传输。

D2D 通信的关键技术包括以下几个方面：D2D 发现技术、D2D 同步技术、无线资源管理、功率控制和干扰协调、通信模式切换。D2D 设备发现和 D2D 通信是 D2D 技术的两个重要研究方向。设备发现主要用于商业场景中的广播通信（如广告），而 D2D 通信主要用于公共安全场景。

（3）SON 技术　在无线通信系统中，SON 技术可以理解为一种智能化技术，能够在动态复杂的无线通信环境中学习，并且能够适应环境变化以实现可靠性、智能性通信。在越来越复杂的 5G 超密集场景下，SON 技术通过对大量关键性能指标和网络配置参数以及网元节点的智能管理，可以有效增强网络的灵活性和智能性，提高网络性能和用户服务体验。

（4）CDN　CDN 是建立并覆盖在承载网之上、由分布在不同区域的服务节点组成的分布式网络。它通过一定规则将源内容传输到最接近用户的边缘，使用户可以就近取得所需的内容，减少对骨干网的带宽要求，提高用户访问的响应速度，将成为 5G 系统解决网络拥塞问题和提升用户体验的合理选择。

（5）网络切片技术　5G 网络切片技术通过在同一网络基础设施上虚拟独立逻辑网络的方式为不同的应用场景提供相互隔离的网络环境，使得不同应用场景可以按照各自的需求定制网络功能和特性。网络切片使网络资源与部署位置解耦，支持切片资源动态扩容/缩容调整，提高网络服务的灵活性和资源利用率。网络切片分为独立切片和共享切片两种。5G 网络切片要实现的目标是将终端设备、接入网资源、核心网资源以及网络运维和管理系统等进行有机组合，为不同商业场景或者业务类型提供能够独立运维、相互隔离的完整网络。

（6）MEC 技术　MEC 技术能够将无线网络和互联网技术有效融合在一起，为无线接入网侧的移

动用户提供 IT 和云计算能力。以其本地化、近距离、低时延等特点迅速普及成为 5G 网络基础架构的核心特征之一。MEC 的关键技术包括业务和用户感知、跨层优化、网络能力开放、C/U（Control of Plane/User of Plane）分离等。

149　5G 的网络安全　5G 网络新的发展趋势，尤其是 5G 新业务、新架构、新技术，对安全和用户隐私保护都提出了新的挑战。5G 安全机制除了要满足基本通信安全要求之外，还需要为不同业务场景提供差异化安全服务，能够适应多种网络接入方式及新型网络架构，保护用户隐私，并支持提供开放的安全能力，因此面临多方面的挑战。5G 安全应保护多种应用场景下的通信安全以及 5G 网络架构的安全。

5G 网络的多种应用场景中涉及不同类型的终端设备、多种接入方式和接入凭证、多种时延要求、隐私保护要求等，所以 5G 网络安全应保证：①提供统一的认证框架，支持多种接入方式和接入凭证，保证所有终端设备安全地接入网络；②提供按需的安全保护，满足多种应用场景中终端设备的生命周期要求、业务时延要求；③提供隐私保护，满足用户隐私保护以及相关法规的要求。

5G 网络架构中的重要特征包括 NFV/SDN、切片以及能力开放，所以 5G 网络安全还应保证：①NFV/SDN 引入移动网络的安全，包括虚拟机相关的安全、软件安全、数据安全、SDN 控制器安全等；②切片的安全，包括切片安全隔离、切片的安全管理、UE 接入切片的安全、切片之间通信的安全等；③能力开放的安全，既能保证开放的网络能力安全地提供给第三方，也能够保证网络的安全能力（如加密、认证等）能够开放给第三方使用。

150　5G 技术在电气工程领域的应用前景　5G 技术在电力领域中具有广阔的应用场景和发展前景。5G 技术的特点与电力系统的基本需求也是一一对应的，见表 14.6-2。

表 14.6-2　5G 技术特点与电力需求对应关系

5G 技术特点	电力需求
高速率	海量数据传输
高容量	万物信息互连
高可靠性	电力系统可靠性
低时延	灵活响应与协同控制
低能耗	电池寿命保障

5G 作为新一代无线通信系统的发展方向，其连续广域覆盖、热点高容量、低时延、高可靠、低功耗、大连接等特性及网络切片、边缘计算"两大能力"将成为能源互联网全面发展的重要支撑。同时智能电网是电网与信息技术深度融合的复杂系统，电力通信网作为支撑智能电网发展的关键基础设施，是智能电网升级发展的重要保障。

智能电网无线通信应用场景总体上可分为控制、采集两大类。其中，控制类包含智能分布式配电自动化、用电负荷需求侧响应、分布式能源调控等；采集类主要包括高级计量、智能电网大视频应用等。

控制类业务有：配电差动保护、配电自动化三遥、配电 PMU 等，其业务现状及其发展趋势如下。

1）配电差动保护：早期的配电网保护多采用简单的过电流、过电压逻辑，不依赖通信。在骨干通信网差动保护使用光纤连接，但在配电网侧光纤覆盖程度低，考虑到光纤建设成本高、不易部署等因素，可通过 5G 低时延、高可靠特性实现配电差动保护业务信号的传输。

2）配电自动化三遥：当前三遥业务在骨干通信网主要通过部署光缆满足通信需求，若在配电侧实现三遥业务，光纤部署成本巨大。5G 网络切片以及边缘计算组网及定制化特性，将满足配电终端与配电主站之间三遥业务通信需求，部署更为便捷，同时可保障数据的安全性。

3）配电 PMU：目前 PMU 业务主要运用于骨干网上，利用光纤通信，但在配网中部署光纤建设成本巨大。通过 5G 可将配电柜的电流、电压相位及时反馈到控制中心，实现更为灵活高效的业务部署。

采集类业务有：高级计量、智能电网大视频应用等，其业务现状及其发展趋势如下。

1）高级计量：目前多以配变台区为基本单元进行集中抄表，集中器通过运营商无线公网回传至电力计量主站系统。为实现用户侧实时双向互动，电网通过 5G 的广覆盖、大连接特性，将实现深入采集各类电器设备的用电信息，减少采集装置接入难度，提高数据采集的精确度。

2）智能电网大视频应用：①变电站巡检机器人：目前巡检机器人主要使用 Wi-Fi 接入，所巡视的视频信息大多保留在站内本地，并未能实时回传至远程监控中心。若通过 5G 搭载多路高清视频摄像头或环境监控传感器，则可以把数据实时回传至远程监控中心。②输电线路无人机在线监测：目前主要通过输电线路两端检测装置，利用复杂的电缆特性监测数据计算判断，辅以人工现场确认。若通过 5G 结合边缘计算的应用，则可实现无人机飞控及高清图像、视频等实时回传，并利用 5G 高速移动切换的特性，使无人机在相邻基站快速切换时保障业务的连续性，从而扩大巡线范围到数千米范围以外，大大提升巡线效率。③应急现场自组网综合应用：目前应急通信车主要采用卫星作为回传通道，通过卫星将现场信息回传至远端的指挥中心进行统一调度和指挥决策。而 5G 可为应急通信现场多种大带宽多媒体装备提供自组网及大带宽回传能力，与移动边缘计算等技术相结合，支撑现场高清视频集群通信、指挥决策。

5G 网络可为电力业务提供定制化、安全可靠的"行业专网"服务，实现智能电网低成本、灵活高效、安全可靠的无线通信接入承载以及更加自主可控的网络管理，更好地满足智能电网业务的安全性、可靠性和灵活性需求，推动电力通信网络的智能化升级发展。

第7章 光通信技术

7.1 光传输概述

151 光传输 光传输是在发送方和接收方之间以光波作为载波,以光纤作为传输介质的光信息传输技术,见图14.7-1。用户通过电缆或双绞线与发送端和接收端相连,发送端将用户输入的信息(语音、文字、图形、图像等)经过处理后调制到光波上,入射到光纤内传送到接收端,接收端对收到的光波进行处理,还原出发送用户的信息并输送给接收用户。光传输属于光通信和有线通信的范畴,其原理是电/光和光/电变换的全过程。

图14.7-1 光传输过程示意图

152 光传输的特点 光传输信号有以下特点:

1)速率高,通信容量大。光传输传递光信号进行通信,可见光频率非常高,光纤网络的运行速率达到2.5GB/s,单模光纤可利用的带宽已达30THz。

2)损耗低,传输距离长。光传输依靠光纤作为传输介质,光纤传输损耗已低于0.2dB/km(单模光波长为1.55μm)~0.3dB/km(单模光波波长为1.31μm),在相当宽的频带范围内损耗不变化,中继距离在50km以上。

3)抗干扰性能强,保密性能好。构成光纤的石英(SiO_2)玻璃是绝缘介质材料,不怕电磁场干扰,没有地回路干扰,光传输的信号密封在玻璃纤维中,不容易被截获。光纤通信采用特定的数字编码方式传输,更加安全。

4)适应能力强。石英玻璃耐腐蚀,熔点在2000℃以上,光纤接头处不产生放电,不怕外界强电磁场干扰。

5)体积小、重量轻、便于施工和维护。光缆的敷设方式方便灵活,既可以直埋、管道敷设,又可以水底和架空。

153 光波段划分 光的波长不同,在光纤中的传输损耗就不同。1260~1625nm区域为低损耗波长区域,这个波长区域范围的光最适合在光纤中传输。低损耗波长区域可划分成五个波段:O波段、E波段、S波段、C波段和L波段,见图14.7-2。

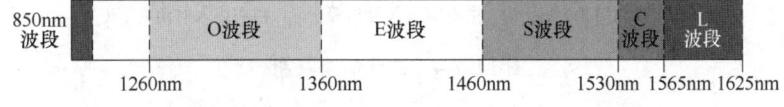

图14.7-2 光波段的区域划分

最早被使用的光,是波长为850nm的光,这个波段直接称为850nm波段。

O波段(1260~1360nm)波长范围的光,与850nm波段相比,色散导致的信号失真较小,损耗较低。

E波段(1360~1460nm)是五个波段中最不常见的波段。由于早期工艺限制,光纤玻璃纤维中,经常残留有水(OH基)杂质,导致E波段的衰减最高,无法正常使用。随着玻璃制作过程中的脱水技术发明,E波段中最常用的光纤(ITU-T G.652.D)的衰减变得比O波段低。

S波段(1460~1530nm),光纤损耗比O波段要高一些,常用于无源光网络(Passive Optical Network,PON)系统的下行波长。

C波段(1530~1565nm)损耗最低,广泛用于城域网、长途、超长途以及海底光缆系统。波分复用系统中, 也常用到 C 波段。

L 波段 (1 565~1 625nm), 是损耗第二低的波段, 也是行业的主流选择之一。当 C 波段不足以满足带宽需求的时候, 采用 L 波段作为补充。

154 光传输原理 光线在均匀介质中总是沿直线传播, 传播速度为

$$v=c/n$$

式中 c——真空中光速, 近似等于 $3×10^8 \text{m/s}$;

n——均匀介质折射率, 真空的 $n=1$, 空气的 $n=1.000\ 27$, 石英玻璃的 $n=1.45$。

光在真空中的传播速度大于光在其他介质中的传播速度。

光线经过两种不同介质的交界面时, 会发生偏折。在同一种介质中的偏折称为反射, 在不同介质中的偏折称为折射, 见图 14.7-3。虚线为交界面法线, n_1 和 n_2 分别为交界面两边介质的折射率, θ_1 是入射角, θ_1' 是反射角, θ_2 是折射角。

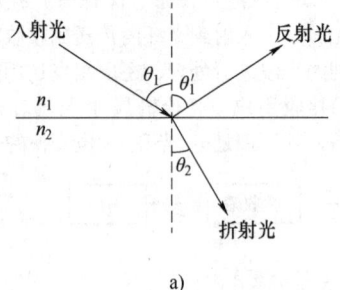 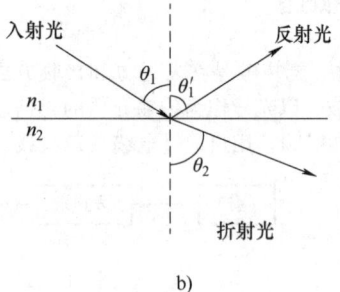

图 14.7-3 光线的反射与折射

a) 光线从光疏介质 n_1 射向光密介质 n_2 ($n_1 < n_2$) b) 光线从光密介质 n_1 射向光疏介质 n_2 ($n_1 > n_2$)

光线从光密介质 n_1 射向光疏介质 n_2 ($n_1 > n_2$) 时, 入射角 θ_1 满足:

$$\theta_1 \geqslant \theta_c \equiv \arcsin(n_1/n_2)$$

则只有反射光, 无折射光, 称为全反射 (Total Internal Reflection, TIR), θ_c 为全反射临界角 (Critical Angle), 见图 14.7-4。

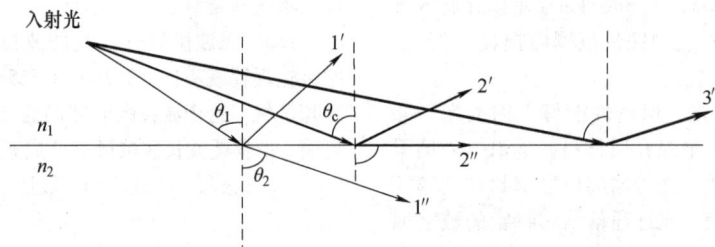

细实线入射角 θ_1 小于 θ_c; 中粗实线入射角等于 θ_c; 粗实线入射角大于 θ_c

图 14.7-4 光线的全反射

光纤的入射光线分为子午光线 (Meridional Ray) 和斜射光线 (Skew Ray)。为若入射光线与光纤轴心线相交, 称为子午光线。若入射光线与光纤轴心线无论在光纤的入射端面上还是在光纤内部都不相交, 称为斜射光线。

7.2 光纤

155 光纤 光纤是工作在光频下的多层次的介质波导, 是光纤通信系统中最基础的物理传输媒介, 可长距离传输光信号, 引导光能沿着轴线平行方向传输, 光纤是影响光纤通信系统的主要因素。

156 光纤基本结构 光纤是由中心的纤芯、外围的包层和涂覆层构成的一种同心圆柱体结构, 见图 14.7-5, 图中 a 是纤芯的半径, b 是包层的半径, r 是光纤径向坐标。纤芯位于圆柱体的最内层, 是传光的基本通道, 可以极小的能量损耗传输载有信息的光信号。紧靠纤芯的称为包层, 与纤芯同轴, 其作用是保证光全反射只发生在纤芯内, 使光信号封闭在纤芯中传输。纤芯和包层由透明介质材

料构成，折射率分别为 n_1 和 n_2，为实现光信号的传输，纤芯折射率比包层折射率稍大，即 $n_1 > n_2$。

其外部的涂覆层作用是进一步确保光纤不受外界的机械作用和吸收诱发微变的剪切应力。

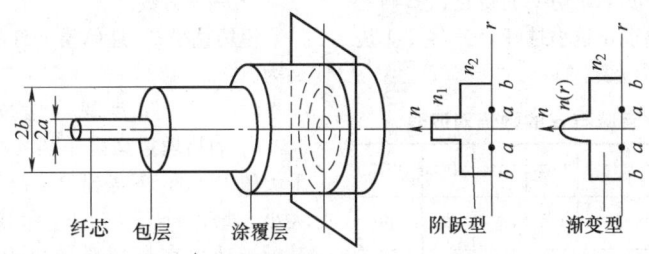

图 14.7-5　光纤的基本结构

157　光纤分类　光纤种类很多，依据不同的分类方法和标准，同一根光纤有不同的名称。

（1）按制造材料划分　按照光纤制造材料的不同，可分为石英光纤和塑料光纤。

石英光纤由掺杂石英芯和掺杂石英包层构成，有较低的传输损耗和中度的传输色散。目前通信用光纤绝大多数为石英光纤。

塑料光纤由透明塑料制成，具有传输损耗大、纤芯粗、数值孔径大、制造成本低等特点。塑料光纤适用于短距离范围，如计算机联网和船舶内通信等。

（2）按光纤截面折射率分布特点划分　按照光纤截面折射率分布特点的不同，分为阶跃光纤和渐变光纤。

阶跃光纤（Step Index Fiber，SIF）：其纤芯和包层的折射率分别为常数 n_1 和 n_2，且 $n_1 > n_2$，在纤芯和包层的交界面上折射率有一个台阶型突变。

渐变光纤（Graded Index Fiber，GIF）：又称梯度光纤，纤芯折射率 $n_1(r)$ 随纤芯半径变化的关系是渐变分布的曲线形状。在纤芯轴心处折射率 $n_1(0)$ 最大，随着纤芯半径增大折射率逐渐减小，即 $n_1(0) > n_1(r \neq 0)$，一直到纤芯与包层的交界处折射率达到最小；从交界处开始，包层折射率保持最小值不变。

（3）按光纤传输的光波模式划分　按照光纤传输的模式数量，光纤可分为单模光纤（Single Mode Fiber，SMF）和多模光纤（Multi Mode Fiber，MMF）。

单模光纤纤芯只传输一个最低模式的光波，纤芯直径小（9μm 左右），不存在模间时延差，带宽比渐变型多模光纤的带宽高很多，适用于大容量、长距离通信。

多模光纤纤芯内传输多个模式的光波，纤芯直径较大（50μm 或 62.5μm），适用于中容量、中距

离通信。

158　光纤特性参数　光纤的基本参数主要有截止波长、数值孔径、衰减特性、带宽与色散、模场直径。

（1）截止波长　截止波长（Cut-off Wave Length），是光纤中只能传导基模的最低工作波长。若工作波长高于截止波长，则高次模截止，仅仅传导基模，此时光纤称为单模光纤；若工作波长低于或等于截止波长，则高次模传导，此时光纤称为多模光纤。截止波长有多种定义，如理论截止波长、涂覆光纤截止波长、成缆光纤截止波长等。工程上最关心涂覆光纤截止波长和成缆光纤截止波长。

（2）数值孔径　数值孔径（Numerical Aperture，NA）是光纤端面临界入射角范围内的入射光角度的正弦值。数值孔径值的大小，从几何上表示光纤接受光纤满足全反射传导的能力。

$$NA = \sin\phi_0 = n_1\sqrt{2\Delta} = \sqrt{n_1^2 - n_2^2}\quad(\text{子午光线})$$
$$NA' \equiv \sin\phi'_0 = NA/\cos\psi_s \qquad (\text{斜射光线})$$
$$\Delta = (n_1^2 - n_2^2)/(2n_1^2)$$

式中　ϕ_0 和 ϕ'_0——子午光线和斜射光线在阶跃光纤端面上的临界入射角；

ψ_s——斜射光线进入阶跃光纤后的第一条折线在纤芯横截面上的正投影与纤芯半径之间的夹角；

Δ——阶跃光纤相对折射率差。

（3）衰减特性　光纤衰减指的是光在光纤中传播时光功率的衰减，也称作光纤损耗，一般用衰减常数 α 来表示光线的衰减特性，其定义为

$$\alpha \equiv \frac{10}{L}\lg\left(\frac{P_{in}}{P_{out}}\right)\,(\text{dB/km})$$

式中　L——光纤长度（km）；

P_{in}——光纤输入光功率；

P_{out}——光纤输出光功率；

lg——以 10 为底的对数。

α 表示光纤单位长度上光功率的变化，影响光纤传光距离的远近，要求 α 越小越好。表 14.7-1 是光功率衰减与 α 数值对应表。

表 14.7-1　光功率衰减与 α 的数值对应表

光功率衰减	0	5%	33%	37%	50%	80%	99%
P_{in}/P_{out}	1	1.05	1.5	1.6	2	5	100
α（取 $L=$ 1km）/dB	0	0.2	1.8	2	3	7	20

（4）带宽与色散　光纤的频带特性与光纤的长度有关系，光纤越长，带宽就越窄。带宽和距离的值乘积越大，越有利于传输高速码，单位通常使用 MHz·km 或 GHz·km。光纤带宽大，则允许传输的高频成分多，单位时间段上脉码密度高。反之，光纤带宽小，则允许传输的高频成分少，单位时间段上脉码密度低。

多模光纤中各个模式的光传播的路径和速度不同，使得在光纤出射端各模式的到达时间不一致，产生时延差，引起光脉冲展宽。同一波长光信号的不同模式产生的色散，称为模间色散或模式色散（Modal Dispersion）。模间色散只在多模光纤中存在。

（5）模场直径　模场直径（Mode Field Diameter，MFD）表示基模光斑光强的集中程度，与单模光纤的损耗、色散特性都有关。基模光斑中间亮、四周渐暗，无明显的边界，近场光强近似为高斯分布，轴线处光场强度最大。

近场光强定义为

$$P(r) = P(0)\,e^{-2r^2/r_0^2}$$

式中　r——半径；

$P(0)$——$r=0$ 处（光纤轴心线上）的光强；

r_0——常数。

模场直径 d_m 是单模光纤的重要参量，基本定义为

$$d_m \equiv 2r_0 \quad (r_0 \text{ 为常数})$$

d_m 的物理意义是单模光纤近场光强 $P(r)$ 从最大值 $P(0)$ 下降到 $P(0)/e^2$ 时对应的光斑直径大小，此时 $r=r_0=d_m/2$。单模光纤中大约 99% 的基模光功率在模场直径以内的光纤圆柱空间中传输。

159　光纤连接方式　光纤连接方式分永久性连接和非永久性链接。永久性连接通常用于通信线路上的两根长光纤连接，需要使用熔接机将两根光纤的端面熔化后将其连接起来。非永久性连接用于光纤与光收发器之间的连接或两根临时光纤的连接上，需要使用光纤连接器进行连接。光纤连接起来会产生新的损耗，称为光纤连接损耗。光纤连接损耗分为内因损耗和外因损耗。内因损耗是由两根光纤的芯径（模场直径）或折射率等固有参数不匹配引起的。外因损耗是因连接未共轴线或端面有间隙等原因而引起的。

7.3　光纤通信系统

160　数字光纤通信系统　数字光纤通信是数字通信与光纤通信系统的优化组合。数字通信具有抗干扰能力强、易于集成、转接交换方便等优点，光纤频带宽补偿了数字通信占用频带宽的不足。数字光纤通信系统基本框图见图 14.7-6，主要包括电发射机、光发射机、光缆、光中继器、光接收机、备用系统与辅助系统等。

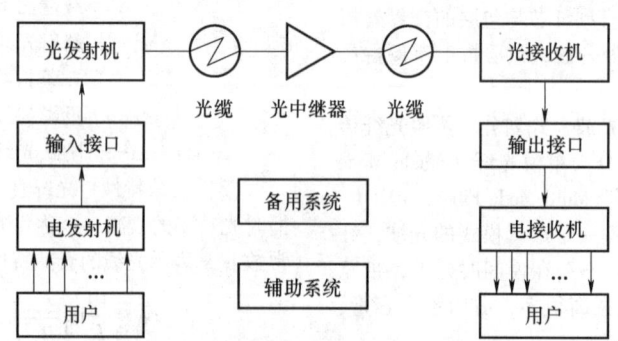

图 14.7-6　数字光纤通信系统基本框图

（1）发射机　电发射机的任务就是把模拟信号转换为数字信号，完成脉冲编码调制（PCM），并用时分复用的方式把多路信号复接、合群，输出高比特率的数字信号，经输入接口进入光发射机。

（2）光缆　光纤由中心的纤芯和外层的包层同轴组成，一般在光纤外还涂有涂覆层。

（3）光中继器　光中继器先将接收到的弱光信号经过光电（O/E）变换、放大和再生后恢复出原来的数字信号，再对光源进行调制（E/O），发射光信号送入光纤。

（4）接收机　在接收端，光接收机将光信号变换为电信号，再进行放大、再生，恢复原来传输的信号，送给电接收机。电接收机将高速数字信号时分解复用，再还原成模拟信号，送给用户。

（5）备用系统　当主用系统出现故障时，可人工或自动倒换到备用系统工作。可以几个主用系统共用一个备用系统，当只有一个主用系统时，可采用"1+1"的备用方式。

（6）辅助系统　辅助系统包括监控管理系统、公务通信系统、自动倒换系统、告警处理系统、电源供给系统等。

数字光纤通信系统的基本质量指标包括评价误码性能的方法、数字话路通道的误码特性、基群及其以上通道的误码特性、抖动特性、可靠性。系统设计主要考虑选定传输速率和传输制式、工作波长、光源和光检测器件、光纤光缆类型、路由以及估算中继距离和误码率。系统测量包括电性能的主要指标测量和光性能的主要指标测量。其中电性能的主要测量指标包括：误码率测量、抖动测量、输入端容许码速偏移测量；光性能的主要测量指标包括：平均发送光功率测量、消光比测量、光接收机灵敏度测量和光接收机动态范围测量。

161　光纤通信系统新技术　光纤通信系统采用的新技术手段包括多信道复用光纤通信技术、微波副载波复用（Sub-Carrier Multiplexed，SCM）光纤通信技术、相干光通信技术、光纤孤子通信技术。

（1）多信道复用光纤通信技术　多信道复用光纤通信技术包含光波分复用（Optical Wavelength Division Multiplexing，OWDM）、光时分复用（Optical Time Division Multiplexing，OTDM）和光码分复用（Optical Code Division Multiplexing，OCDM）三种技术。OWDM 技术在光域内进行波长分割复用，使不同的信道占用不同的波长，在单根光纤、多个波长上完成多信道复用，而光信号的中继放大用掺铒光纤放大器来实现。OTDM 技术在光域内进行时间分割复用，使不同的信道占用不同的时隙，在单根光纤、单个波长上完成多信道复用。由于要在光域内对信号进行选路、识别、同步等处理，故需要全光逻辑和存储器件，目前这些器件尚不成熟。OCDM 技术在光域内进行码型分割复用，用不同的码型代表不同的信道，在单根光纤、单个波长上完成多信道复用。

（2）微波 SCM 光纤通信技术　在发送端用基带电信号对微波信号进行幅度、频率或相位调制，形成已调信号副载波，再将多路已调信号副载波合起来共同对一个光源进行强度调制，经单根光纤传输；在接收端经光-电转换后，用可调微波本振信号混频进行检测。

（3）相干光通信技术　在发送端用基带电信号对光载波进行幅度、频率或相位调制，形成已调信号光波，经单根光纤传输后，在接收端使用本振相干光与已调信号光波混频进行相干检测。相干光通信对光源的谱线纯度和光频率的稳定性要求非常苛刻。

（4）光纤孤子通信技术　大功率光脉冲输入光纤时，产生的非线性效应导致光脉冲压缩。通过适当选择有关参数，并采用光纤放大器来补偿光纤损耗，可使非线性压缩与光纤色散展宽相互抵消，使光纤中传输的光脉冲宽度始终保持不变，这种光脉冲称为光孤子。利用光孤子作为载波，适合超长距离、超高速的光纤通信。目前光纤孤子通信技术未达到实用水平。

162　光纤通信的主要传输制式　光纤大容量数字传输大都采用同步时分复用（TDM）技术，复用又分为若干等级，有两种传输机制：准同步数字系列（PDH）和同步数字系列（SDH）。

（1）准同步数字系列（Plesiochronous Digital Hierarchy，PDH）　PDH 根据不同需要和不同传输介质的传输能力，可将不同的速率复接形成一个系列，即由低向高逐级进行复接，若被复接的支路不由同一时钟源控制，其码速由于各自的时钟不同而不严格相等，即各支路码流是不同步的，这样的复接称为异步复接，其中各被复接支路信号的速率标准相同。表 14.7-2 是世界各国光纤通信的 PDH 各级速率。

表 14.7-2 光纤通信的 PDH 各级速率

PDH 等级	速率/(kbit/s)		
	T 系列（北美、日本采用）		E 系列（欧洲、中国采用）
一个话路	64		64
基群	1 544		2 048
二次群	6 312		8 448
三次群	44 736（北美）	32 064（日本）	34 368
四次群	97 728（日本）		139 264

（2）同步数字系列（Synchronous Digital Hierarchy, SDH） SDH 是一套可进行同步信息传送、复用、分插和交叉连接的标准化数字信号的结构等级。SDH 复接方式是由几个支路在同一个高稳定的时钟控制下，它们的码速是相等的，即各支路的码位是同步的。可将各支路码元直接在时间压缩、移相后进行复接，这样的复接称为同步复接。光纤通信系统 SDH 的各等级信号速率见表 14.7-3。

表 14.7-3 光纤通信系统 SDH 各等级信号速率

SDH 等级	信号速率/(kbit/s)
STM-1	155 520
STM-4	622 080
STM-16	2 488 320
STM-64	9 953 280

SDH 适合于点对点传输，还适合于多点之间的网络传输。SDH 传输网的拓扑结构由 SDH 终接设备、分插复用设备（Add-Drop Multiplexer，ADM）、数字交叉连接设备（Digital Cross Connect，DXC）等网络单元以及连接光纤的物理链路构成。

图 14.7-7 是 SDH 中 STM-1 的帧结构，采用矩形块状帧格式，净负荷信息按字节间插复用构成，纵向共有 9 行，横向共有 270 列（字节），一帧由 9 行×270 列的字节构成。STM-1 帧的传输顺序从第 1 行开始自上而下逐行进行，每行字节按照从左到右的顺序依次传输。ITU-T 规定：STM-1 每帧占有时间为 125μs，帧的传输速率为 8 000 帧/s（帧频为 8kHz）。

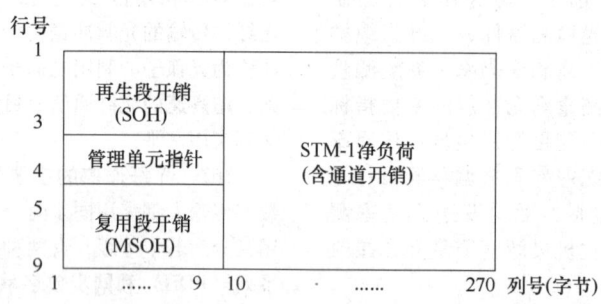

图 14.7-7 SDH 的 STM-1 帧结构

163 光纤数字通信系统的基本设计 设计光纤通信系统时，要了解所设计系统的整体情况，所处的地理位置，当前和未来 3～5 年内对容量的需求，ITU-T 的各项建议及系统的各项性能指标，当前设备和技术的成熟程度等。低速率的光纤通信系统设计相对比较简单，重点是核算中继段的长度和选择传输系统的制式及容量等级。高速光纤通信系统的设计比较复杂，主要考虑的问题是系统传输速率、传输距离、业务种类及流量等。光纤通信系统的设计主要包括下述五方面。

（1）选择传输速率和传输制式 根据系统的通信容量（话路总数）选择光纤线路的传输速率。SDH 设备和 WDM 设备已经成熟并在通信网中大量使用，长途干线已采用 STM-16、多路 WDM 的 2.5Gbit/s 系统，甚至 10Gbit/s 系统。对于农话线路，为节省投资，也可采用速率为 34Mbit/s 或 140Mbit/s 的 PDH 系统。

（2）光纤选型 根据工作波长及通信容量选择

多模或单模光纤。通常低速率小容量系统选用多模光纤，高速率大容量系统选用单模光纤。根据线路类型和通信容量确定光缆芯数，根据线路敷设方式确定光缆类型。中短距离系统可选用 $1.31\mu m$ 波长，长距离系统可选用 $1.55\mu m$ 波长。

（3）设备选型　发送、接收、中继、分插及交叉连接设备是组成光纤传输链路的必要元素，选择性能好、可靠性高、兼容性好的设备是设计成功的重要保障。目前，ITU-T 已对各种速率等级的 PDH 和 SDH 设备及 SR 点道特性进行了规范。

（4）选择路由和确定中继距离　根据线路尽量短直、地段稳定可靠、与其他线路配合最佳、维护管理方便等原则确定路由。根据上、下话路需要确定中继距离，或根据影响传输距离的主要因素来估算中继距离。

（5）性能评估　对中继段进行功率和色散预算，是系统工作良好的保证。光纤通信系统功率预算和色散预算的方法有两种：最坏值设计法和统计值设计法。误码率是评价系统优劣的性能指标，根据误码秒和严重误码秒的上限指标，估算误码率的大小。

7.4　WDM 光纤通信系统

164　WDM 系统的组成　WDM 系统的传输原理见图 14.7-8，WDM 系统的发送端内有 N 个发射机 $T_1 \sim T_n$，分别发射 N 个不同波长的信号，经过光波分复用器 M 合到一起，耦合进单根光纤中传输，直到接收端。若线路很长，光信号太弱，就加一光放大器，把光信号放大。在接收端经过光解复用器 M_2 后将 N 路光载波分开，用 N 个光滤波器 $R_1 \sim R_n$ 分别选择。滤波器 1 对载有信号 1 的光信号（波长 1）有选择通过的作用……滤波器 N 对载有信号 N 的光信号（波长 N）有选择通过的作用。

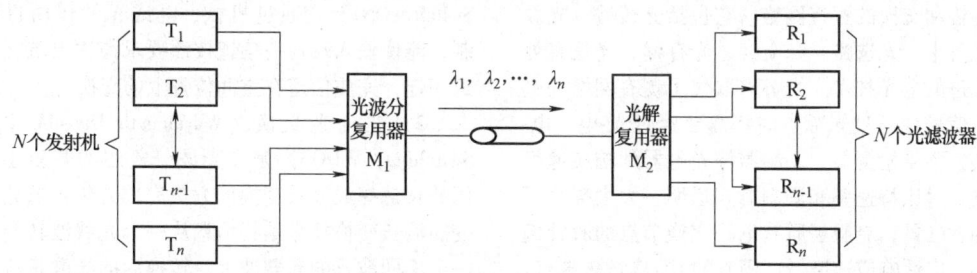

图 14.7-8　WDM 系统的传输原理

WDM 系统的主要器件及作用如下：①光复用器（Multiplexer，MUX）：把多个波长复用到一根光纤里传输；②光功率放大器（Optical Booster Amplifier，OBA）：可补偿光复用器的损耗，提高入纤功率；③光线路放大器（Optical Line Amplifier，OLA）：补偿光纤损耗；④光前置放大器（Optial Preamplifier，OPA）：提高接收电平，提高接收机灵敏度；⑤光解复用器（Demultiplexer，DEMUX）：把多个波长的光载波分开，使信道分离；⑥光接口转换器（Optical Transform Unit，OTU）：把常规 SDH 的光信号转换成适合 WDM 传输的信号；⑦光监控信道（Optical Supervisory Channel，OSC）：专门传送监控系统的信道。

165　WDM 系统的特性指标　WDM 系统的主要特性指标包括信道中心波长，信道带宽与信道平坦带宽，信道间隔，信道隔离度，插入损耗，温度稳定性和偏振稳定性。

（1）信道中心波长　信道中心波长是指每个信道内分配给光源的波长。

（2）信道带宽与信道平坦带宽　信道带宽是指每个信道内分配给光源的波长范围；信道平坦带宽是指幅度传输特性曲线波动范围不超过 1dB 的带宽大小，用来表示带宽的平直程度。信道平坦带宽越大，越能容纳光源波长的微小变化。

（3）信道间隔　信道间隔是指相邻信道的波长间隔。通常信道间隔大于信道带宽。

（4）信道隔离度　信道隔离度是指由一个信道耦合到另一个信道中的信号大小，隔离度越大，则耦合信号越小。所以，隔离度大一些为好，但具体允许值随应用而定。隔离度的倒数称为串扰（Crosstalk），信道内的散射或反射都可以产生串扰。信道隔离度的定义式为

$$隔离度 I_s \equiv 10\lg\left(\frac{信道\ i\ 中的输入光功率}{信道\ j\ 中来自信道\ i\ 的串扰光功率}\right)\ （dB）$$

（5）插入损耗　插入损耗是指由于 WDM 器件的引入而产生的传输功率损耗，包括 WDM 器件自

$$插入损耗\ \alpha_{in} \equiv 10\lg\left(\frac{WDM\ 器件某一输入端口的入射光功率}{WDM\ 器件某一输出端口的出射光功率}\right)\ (dB)$$

（6）温度稳定性　温度稳定性是指温度每变化 1° 时的波长漂移大小。要求在整个工作温度范围内，波长漂移应当小于信道带宽，远小于信道间隔。

（7）偏振稳定性　偏振稳定性指插入损耗对光波偏振状态的敏感程度，敏感程度越大，则输出光功率越不稳定。

7.5　全光通信网（AON）技术

166　AON 的概念　全光通信网（All-Optical Network，AON）是指信息从源节点到目的节点的传输完全在光域上进行，即全部采用光波技术完成信息的传输和交换的宽带网络。它包括光传输、光放大、光再生、光选路、光交换、光存储、光信息处理等先进的全光技术。光节点取代了现有网络的电节点，信号在通过光节点时不需要经过光-电、电-光转换，不受检测器、调制器等光电器件响应速度的限制，对比特速率和调制方式透明，大大提高了节点的吞吐量，克服了原有电路交换节点的时钟偏移漂移、串话响应速度慢、固有的 RC 参数等缺点。

167　AON 的基本特点　全光网是利用波长组网，在光域上完成信号的选路、交换等，具有如下特点：①采用波分复用方式，充分利用了光纤带宽资源，传输容量大、质量高；②全光网最重要的优点是其开放性。采用光路交换方式，具有协议透明性，对不同的速率、协议、调制频率和制式的信号同时兼容；③采用纯光域处理方式，易于实现网络的动态重构，提高了网络整体交换速度，为大业务量的节点建立直通的光通道降低了网络的开发成本；④采用虚波长通道（Vitual WaveLength Path，VWP）技术，解决了网络的可扩展性，节约网络资源。

168　AON 的关键技术　全光网络的基本技术有 WDM 技术、光交换技术、光分插复用和光交叉连接技术、高速远距离光传输技术、光集成技术。

（1）WDM 技术　WDM 技术的发展与成熟得益于掺铒光纤放大器、光滤波器等光学器件的诞生以及光纤技术的提高。近年来 WDM 技术不断得到蓬勃的发展，其复用的波段已由 C 波段扩展到 L 波段和 S 波段。目前，100 个波长通道的传输设备已经

身固有损耗，以及 WDM 器件与光纤的连接损耗。插入损耗应当越小越好。插入损耗的定义式为

商用化，而单波长光的传输速率也正进一步从 2.5Gbit/s 和 10Gbit/s 提高至 40Gbit/s 等。

（2）光交换技术　光交换是全光网络中关键的光节点技术，主要完成光节点处任意光纤端口之间的光信号交换及选路。光交换技术分为空分光交换（SDOS）、波分光交换（WDOS）和时分光交换（TDOS）。其中，空分光交换是最基础的光交换技术，波分光交换是最具重要性的光交换技术。空分光交换和波分光交换都已实用化，而时分光交换尚在研究之中。

1）空分光交换（Space Division Optical Switching，SDOS）的功能是在空间域上完成光传输通路的改变。空分光交换的核心器件是光开关（Optical Switch，OS），它通过机械、电或光的作用进行控制，能使输入端任一信道按照要求与输出端任一信道相连，完成信道在空间位置上的交换。

2）波分光交换（Wavelength Division Optical Switching，WDOS）是在光波分复用的基础上，利用波长选择或波长变换的方法完成光传输通路的改变。波长变换技术是将信息从一个光载波转换到另一个不同波长的光载波上，转换后的光波长应当符合 ITU-T G.692 规定的 WDM 系统使用的标准波长。主要的波长变换器有光-电-光型波长变换器和全光型波长变换器。

（3）光分插复用和光交叉连接技术　以 WDM 技术为基础构建的全光网络，节点应有两种功能：光波长的上、下路功能和交叉连接功能。实现这两种功能的网络元件分别是光分插复用器（Optical Add/Drop Multiplexer，OADM）和光交叉连接器（Optical Crossconnector，OXC），两者是全光网络得以实现的关键设备。其中，OADM 用于网络用户节点光信号的上、下路，OXC 用于网络交换节点光信号的交叉连接。分插复用器的功能是在波分复用光路中有选择性地对某些波长信道进行上、下路的操作，该操作对其他波长信道的正常传输不能产生影响。光分插复用器的上、下路信号以波长为单位，每一个波长称为一个波长信道。

（4）高速远距离光传输技术　光通信的高速长途传输需要解决两个主要问题：一是光纤线路衰减和光分路损耗导致的光功率下降现象；二是光纤色散和非线性效应导致的光脉冲波形展宽现象。前者

主要通过采用直接光放大技术来解决；后者主要通过色散补偿来解决。

（5）光集成技术　AON 的实现依赖于光器件技术的进步。光集成技术可以分为两类：一类是以介质材料为衬底的介质光集成器件；另一类是以半导体材料为衬底的半导体光集成器件。介质光集成器件包括介质光波导、波导型合波/分波器、光隔离器、波导型调制器和光波导开关矩阵等。光集成器件的优点是体积小，性能好，稳定可靠，基本上无须人工装配，成本低。

169　光传送网（OTN）的基本形式　光传送网（Optical Transport Network，OTN）基于 WDM 技术，采用 OADM、OXC 和光放大器等光域设备连接点对点的 WDM 设备，由此组建而成的光传送网络，是向全光网络发展过程中的过渡性产物。OTN 对传输速率、数据格式及调制方式透明，可以传送不同速率的 ATM、SDH 和千兆以太网等业务信息。OTN 还可以进行波长级、波长组级和光纤级重组，特别是在波长级可以提供端到端的波长业务。

OTN 的体系结构可以初步分为电层、光层和光纤介质层，电层是电域内的处理过程，包括电路层和电通道层；光层是光域内的处理过程，与光链路直接相关，包括光信道层、光复用段层和光传输段层；光纤介质层主要为光层的光信号提供物理传输的介质，见图 14.7-9。

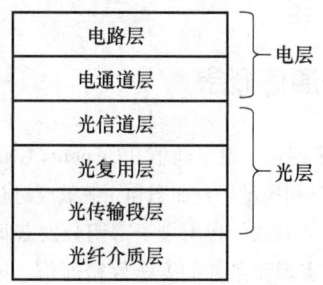

图 14.7-9　光传送网（OTN）的体系结构

第 8 章 量子通信

8.1 量子通信概念

170 量子通信 量子通信（Quantum Communi-cation, QC）是利用量子叠加态和纠缠效应进行信息传递的新型通信方式，利用量子密钥分发获得密钥加密信息，可实现无条件的安全保密通信，传输效率高，利用量子纠缠可实现量子态的远程传输。量子通信起源于对通信保密的要求，基于量子力学中的不确定性、测量坍缩和不可克隆三大原理提供了无法被窃听和计算破解的绝对安全性保证。衡量量子通信系统的指标有量子误码率、通信速率、通信距离等。

（1）量子误码率 量子误码率（Quantum Bit Error Rate, QBER）是错误比特率与接收量子比特率之比，用百分数表示：

$$QBER = \frac{N_{er}}{N_{si}+N_{er}} = \frac{R_{er}}{R_{si}+R_{er}} \approx \frac{R_{er}}{R_{si}}$$

式中 N_{er}——错误计数；

R_{er}——每秒错误计数，即错误比特率；

R_{si}——筛选比特率，一般为原始码率的一半，而原始码率基本上等于脉冲率 f_{rep} 和每个脉冲光子数 μ 以及光子达到分析器概率 t_{link} 和被探测概率 η 的乘积。有

$$R_{si} = \frac{1}{2}R_{raw} = \frac{1}{2}qf_{rep}\mu t_{link}\eta$$

因子 $q \leqslant 1$，q 是为不同编码引入的校正因子，取 1 或 1/2，错误比特率 R_{er} 可能来自 4 个不同因素，即

$$R_{er} = R_{opt}+R_{det}+R_{acc}+R_{stray}$$

式中 R_{acc}——来自非纠缠的光子对，是出现光子对源的情况；

R_{stray}——来自瑞利散射引起的反向光子；

R_{opt}——由于相位编码中非理想干涉，偏振编码中偏振反差而带来的错误计数，其值为

$$R_{opt} = R_{si}P_{opt} = \frac{1}{2}qf_{rep}\mu t_{link}\eta P_{opt}$$

其中，$P_{opt} = \frac{1-\gamma}{2}$，$\gamma$ 是干涉条纹可见度，为保证 QBER 不超过安全门限，通常 γ 95%；

R_{det}——来自探测器的暗记数，其值为

$$R_{det} = \frac{1}{2} \times \frac{1}{2}f_{rep}P_{dark}n$$

其中，P_{dark} 是每探测器每时间暗记数的概率，n 为探测器数目。

（2）通信速率 量子通信系统的速率随通信的样式不同而不同。在量子保密通信系统中，除了加密数据传输的经典通信速率外，更重要的是密钥产生速率（Key Rate）。密钥产生速率指发送一个光脉冲，光脉冲能形成最后密钥的概率。量子通信系统的速率随通信样式不同而不同。衡量不同 QKD 系统性能时，常用密钥产生速率。若系统时钟为 f_s，密钥产生速率为 r，密钥速率为 f_k，则

$$f_k = f_s \cdot r$$

量子通信的主要形式包括基于量子密钥分发（Quantum Key Distribution, QKD）技术的量子保密通信、量子间接通信和量子安全直接通信（Quantum Secure Direct Communications, QSDC）。

171 基于量子密钥分发（QKD）技术的量子保密通信系统 量子密钥分发 QKD 技术：通信双方以量子态作为信息的载体，通过量子信道传输，从而在通信双方之间协商出密钥的一种密钥分发方式，利用此密钥对经典信息进行一次一密的加密，可进行理论上的安全通信，见图 14.8-1。发送方和接收方都由经典保密通信系统和 QKD 系统组成，QKD 系统产生密钥并存放在密钥池中，作为经典保密通信系统的密钥。量子信道采用光量子通信方式。QKD单元主要由信号源、调制器和探测器构成，主要的信息处理过程包括基矢对比、纠错和密性放大。

172 量子间接通信系统 量子间接通信系统

不直接传输量子信息，利用量子力学的纠缠特性，基于两个粒子具有的量子关联特性建立量子信道，可在相距较远的两地之间实现未知量子态的远程传输，见图 14.8-2。

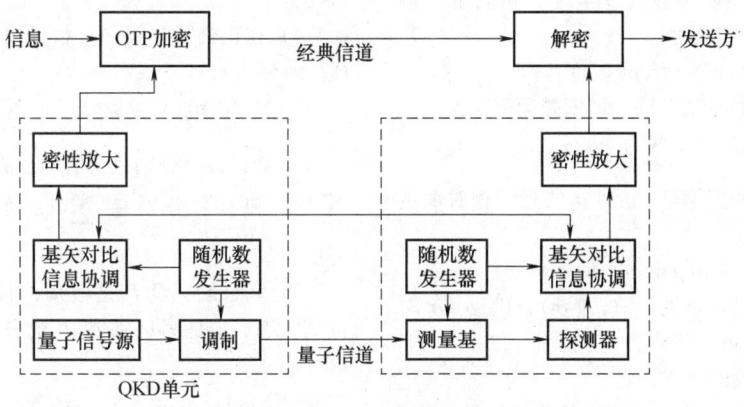

图 14.8-1 基于 QKD 的量子保密通信系统示意图

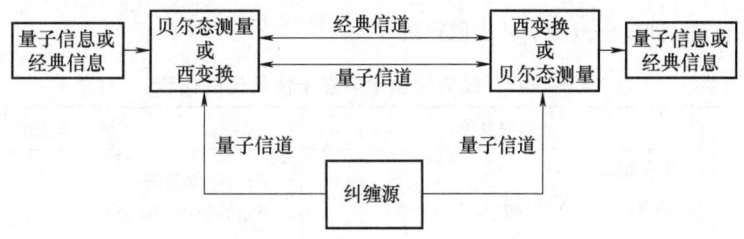

图 14.8-2 量子间接通信示意图

173 量子安全直接通信（QSDC） 量子安全直接通信可直接传输信息，通过在系统中添加控制比特来检验信道的安全性，见图 14.8-3。把通信双方以量子态为信息载体，利用量子力学原理和各种量子特性，通过量子信道，在通信双方之间安全地、无泄漏地直接传输有效信息，特别是传输机密信息的方法，无需产生量子密钥，可直接安全地传输机密信息，提高了通信效率。其安全性是由量子力学中的不确定性关系和非克隆定理以及纠缠粒子的关联性和非定域性等量子特性来保证的。

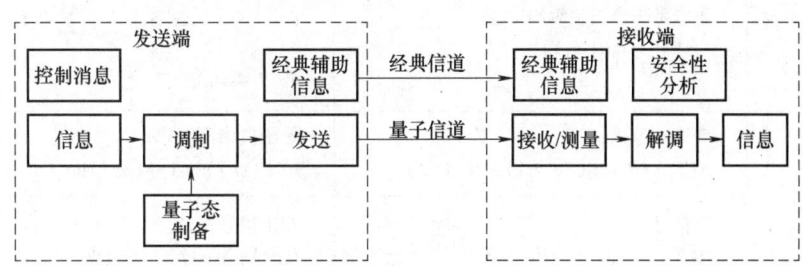

图 14.8-3 量子安全直接通信示意图

判断量子通信方案是否是量子安全直接通信方案的四个基本依据：①除因安全检测的需要而相对于整个通信可以忽略的少量的经典信息交流外，接收者接收到传输的所有量子态后可以直接读出机密信息，原则上携带机密信息的量子比特不再需要辅助的经典信息交换；②即使窃听者监听了量子信道也得不到机密信息，得到的只是一个随机的结果，不包含任何机密信息；③通信双方在机密信息泄漏前能够准确判断是否有人监听了量子信道；④以量子态作为信息载体的量子数据必须以块状传输。

8.2 量子通信基础

174 量子系统的熵 量子系统采用冯·诺依

曼（Von Neumann）熵描述量子信息不确定性的测度。

若量子系统用密度算符 ρ 描述，相应量子熵（冯·诺依曼熵）定义为

$$S(\rho) = -\mathrm{tr}(\rho\log_2\rho)$$

若 λ_n 是 ρ 的特征值，冯·诺依曼熵可写为

$$S(\rho) = -\sum_n \lambda_n\log_2\lambda_n$$

若 ρ 与 σ 是密度算符，ρ 到 σ 的量子相对熵定义为

$$S(\rho \parallel \sigma) \equiv \mathrm{tr}(\rho\log_2\rho) - \mathrm{tr}(\rho\log_2\sigma)$$

量子相对熵是非负的，$S(\rho \parallel \sigma) \geqslant 0$，$\rho = \sigma$ 时取等号，称为 Klein 不等式。

冯·诺依曼熵的性质：

1）熵是非负的，对于纯态，熵为 0。

2）在 d 维 Hilbert 空间中熵最大为 $\log_2 d$，但只有系统处在完全混合态，即 $\rho = \dfrac{1}{d}I$ 时，才能取得最大值。

3）设复合系统 AB 处在纯态，则 $S(A) = S(B)$。

4）在正交子空间中，状态设为 ρ_i，其概率为 P_i，则有

$$S\left(\sum_i P_i\rho_i\right) = H(P_i) + \sum_i P_iS(\rho_i)$$

若 λ_i^j 和 $|e_i^j\rangle$ 分别是 ρ_i 的特征值和特征矢量，则 $\sum_i P_i\lambda_i^j$ 和 $|e_i^j\rangle$ 分别是 $\sum_i P_i\rho_i$ 的特征值与特征矢量。

5）联合熵：设 P_i 是概率，$|i\rangle$ 是子系统 A 的正交状态，ρ_i 是另一系统 B 的任一组密度算符，则有

$$S\left(\sum_i P_i|i\rangle\langle i|\otimes\rho_i\right) = H(P_i) + \sum_i P_iS(\rho_i)$$

175　经典信息论与量子信息论的比较　见表 14.8-1。

表 14.8-1　经典信息论与量子信息论的比较

比较项目	经典信息论	量子信息论
信息量	香农熵： $H(X) = -\sum_x P(x)\log_2P(x)$	冯·诺依曼熵： $S(\rho) = -\mathrm{tr}(\rho\log_2\rho)$
可区分与可获取信息	字母总是可区分： $N = |x|$	Holevo 界： $H(X;Y) \leqslant S(\rho) - \sum_x P_xS(\rho_x),\rho = \sum_x P_x\rho_x$
无噪声信道编码	香农定理： $n_{\mathrm{bit}} = H(X)$	舒马赫定理： $n_{\mathrm{qubit}} = S\left(\sum_x P_x\rho_x\right)$
带噪声信道对经典信息的容量	香农带噪声信道编码定理： $C(N) = \max\limits_{P(x)} H(X;Y)$	HSW 定理： $C^{(1)}(\varepsilon) = \max\limits_{P_x\rho_x}\left[S(\rho') - \sum_x P(x)S(\rho'_x)\right]$ $\rho'_x = \varepsilon(\rho_x)\rho' = \sum_x P(x)\rho'_x$
信息论关系	费诺不等式： $H(P_x) + P_x\log_2(|x|-1) \geqslant H(X|Y)$	量子费诺不等式： $H(F(\rho\varepsilon)) + (1-F(\rho\varepsilon))\log_2(d^2-1) \geqslant S(\rho\varepsilon)$
	互信息： $H(X:Y) = H(Y) - H(Y|X)$	相干信息： $I(\rho\varepsilon) = S(\varepsilon(\rho)) - S(\rho\varepsilon)$
	数据处理不等式： 马尔可夫序列 $X-Y-Z$ $H(X) \geqslant H(X:Y) \geqslant H(X:Z)$	量子数据处理不等式： $\rho\rightarrow\varepsilon_1(\rho)\rightarrow(\varepsilon_2\varepsilon_1)(\rho)$ $S(\rho) \geqslant I(\rho\varepsilon) \geqslant I(\rho\varepsilon_1\varepsilon_2)$

176　量子密度算子　量子系统纯态（Pure State）是量子系统的状态精确已知，若量子系统以概率 p_i 处于一组状态 $|\psi_i\rangle$ 中的某一个，其中 i 为下标，则称 $\{p_i, |\psi_i\rangle\}$ 为一个纯态的系综（Ensemble of Pure State），称此时的量子系统处于混态（Mixed State）。处于混态的系统状态不完全可知，用密度算子进行描述。

量子系统 $\{p_i, |\psi_i\rangle\}$ 的密度算子：
$$\rho = \sum_i p_i |\psi_i\rangle\langle\psi_i|$$

密度算子也称为密度矩阵。若量子系统处于纯态 $|\psi_i\rangle$，则密度算子为 $\rho = |\psi_i\rangle\langle\psi_i|$。密度算子 ρ 的性质：①ρ 是厄米的，$\rho^+ = \rho$；②ρ 的迹等于 1；③ρ 是一个半正定算子；④$\mathrm{tr}(\rho^2) \le 1$，若 $\mathrm{tr}(\rho^2) = 1$，则量子系统处于纯态。

177　量子纠缠　量子纠缠是一种用来实现将不同纠缠比特中的光子纠缠在一起的技术，将两对或多对纠缠比特经过特定的量子操作后，使相互独立的两个光子或多个光子成为纠缠光子。量子交换技术需要预先在交换节点存放一对纠缠比特。可用于量子信号的远距离传输。由于量子信道的消相干作用，纠缠态会变成混态，且量子态的纠缠度逐渐降低。

（1）量子纠缠态　量子纠缠态有两粒子纠缠态、三粒子纠缠态，甚至七粒子纠缠态；不仅有最大纠缠态，也有部分纠缠态；不仅有分离变量纠缠，还有连续变量纠缠。仅描述两个粒子之间的纠缠态。对于两个两态系统，4 个正交纠缠态是 4 个贝尔态（Bell State），分别为

$$|\varphi^+\rangle = \frac{1}{\sqrt{2}}(|0\rangle_1|1\rangle_2 + |1\rangle_1|0\rangle_2)$$

$$|\varphi^-\rangle = \frac{1}{\sqrt{2}}(|0\rangle_1|1\rangle_2 - |1\rangle_1|0\rangle_2)$$

$$|\varphi^+\rangle = \frac{1}{\sqrt{2}}(|0\rangle_1|0\rangle_2 + |1\rangle_1|1\rangle_2)$$

$$|\varphi^-\rangle = \frac{1}{\sqrt{2}}(|0\rangle_1|0\rangle_2 - |1\rangle_1|1\rangle_2)$$

测量纠缠与不纠缠态有不同的统计结果；虽然单个粒子观测是可以完全随机的，但纠缠对中两粒子观测之间是完全关联的；仅操作纠缠对中两粒子中一个，Bell 态之间可以转变。

（2）量子纠缠态的定量描述　用目前各类文献中经典的"Alice""Bob"来举例，若 Alice 与 Bob 各控制系统的一部分，其状态为 ρ^A 与 ρ^B，则整个系统的 ρ^{AB} 可以表示为

$$\rho^{AB} = \sum_i P_i \rho_i^A \otimes \rho_i^B$$

P_i 为概率，满足 $\sum_i P_i = 1$，若 $P_i = 1$，则称这个态为直积态，否则就是纠缠态，纠缠态不能由直积态表示，ρ^{AB} 就是纠缠态。两个子态纠缠的程度对于纯态可以用熵来描述。

若 ρ^{AB} 为纯态，$\rho^{AB} = |\psi^{AB}\rangle\langle\psi^{AB}|$，则 A、B 两态的纠缠度 $E(\psi^{AB})$ 可以利用纠缠熵表示为

$$E(\psi^{AB}) = S(\mathrm{tr}_B\rho^{AB}) = S(\mathrm{tr}_A\rho^{AB})$$

$$\rho_A = \mathrm{tr}_B|\psi^{AB}\rangle\langle\psi^{AB}|$$

量子纠缠度：
$$E(\psi^{AB}) = S(\rho_A) = -\mathrm{tr}(\rho_A\log_2\rho_A)$$

混合态有两种纠缠量：形成纠缠和分馏纠缠。

形成纠缠将混合态纠缠看成纯态纠缠的逐步形成，其纠缠度为

$$E_F(\rho) = \min\left\{\sum_i P_i E(\psi_i)\right\}, \rho = \sum_i P_i|\psi_i\rangle\langle\psi_i|$$

取为纯态平均纠缠的极小值，又可称为单射形成纠缠。

分馏纠缠是从混合态逐步引出的纯纠缠态，其纠缠度由相对纠缠熵给出：
$$E_{RE}(\rho) = \min\{\mathrm{tr}(\rho\log_2\rho - \rho\log_2\rho')\}$$

ρ 为纠缠态，ρ' 为不纠缠态，其最小值是对所有不纠缠态取最小值，也就是对应 ρ' 取最大值。

178　量子比特　量子比特（Quantum Bit, qubit）描述了量子态，具有量子态的属性，称二维 Hilbert 空间中的任意状态向量 $|\psi\rangle$ 为一个二进制量子比特。若二维 Hilbert 空间中的本征向量（基矢）为 $|0\rangle$ 和 $|1\rangle$，则量子比特 $|\psi\rangle$ 可以表示为

$$|\psi\rangle = \alpha|0\rangle + \beta|1\rangle$$

式中　α、β——复数，并且满足 $|\alpha|^2 + |\beta|^2 = 1$。

Hilbert 空间的矢量不是唯一的，一个量子比特也可以用不同的基矢表示，如定义 $|+\rangle$ 和 $|-\rangle$ 如下：

$$|+\rangle = \frac{1}{\sqrt{2}}(|0\rangle + |1\rangle), |-\rangle = \frac{1}{\sqrt{2}}(|0\rangle - |1\rangle)$$

则
$$|\psi\rangle = \frac{\sqrt{2}}{2}(\alpha+\beta)|+\rangle + \frac{\sqrt{2}}{2}(\alpha-\beta)|-\rangle$$

量子比特可以用 Bloch 球来图形化表示。为此，将上式所示的量子比特用角度 γ、θ、φ 作为参数表示为

$$|\psi\rangle = e^{i\gamma}\left(\cos\frac{\theta}{2}|0\rangle + e^{i\varphi}\sin\frac{\theta}{2}|1\rangle\right)$$

式中　γ、θ、φ——表示角度的实数，这些参数构成一个球坐标系。$e^{i\gamma}$ 为相因子，都表示同一个量子态。所以，量子态的角度可以简写为

$$|\psi\rangle = \cos\frac{\theta}{2}|0\rangle + e^{i\varphi}\sin\frac{\theta}{2}|1\rangle$$

由 θ 和 φ 可以绘制 Bloch 球，见图 14.8-4。Bloch 球面上的每一个点代表二维 Hilbert 空间中的一个基本量子比特，有无穷多个。

179　量子隐形传态　量子间接通信利用纠缠粒子对，将携带信息的光量子与纠缠光子对之一进

行贝尔态（Einstein-Podolsky-Rosen，EPR 对）测量，将测量结果发送给接收方，接收方根据测量结果进行相应的酉变换，可恢复发送方的信息。

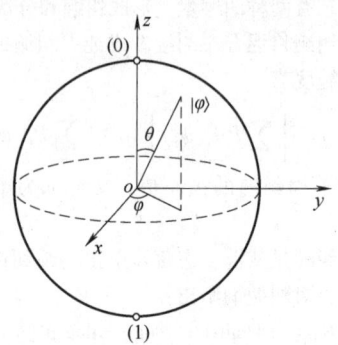

图 14.8-4　Bloch 球

在收发双方之间建立由纠缠光子对（Entangled Photon Pairs，EPP）构成的量子信道，见图 14.8-5，发送者和接收者共享一个 EPP 和一条经典信道，对需要传输的未知量子态与发送方手中的一个纠缠光子进行联合 Bell 基测量。由于纠缠光子对具有量子非局域关联特性，未知量子态的全部量子信息会"转移"到接收者手中的纠缠光子上。接收者只要根据经典信息给出的 Bell 基测量结果，对纠缠光子的量子态进行适当的幺正变换，就可以使接收者的纠缠光子处于与需要传输的未知量子态完全相同的量子态上。根据发送者从经典信道传输的经典信息和从量子信道传输的量子信息，接收者就可以从纠缠光子身上重现需要传输的未知量子态。

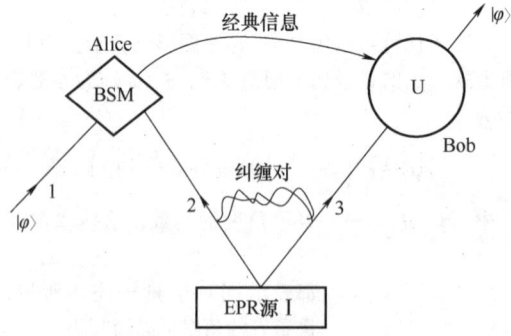

图 14.8-5　量子隐形传态原理

量子隐形传态是利用量子纠缠效应来传递信息的一种方式，将一对纠缠态粒子分开，对其中一个粒子观测便会知道另一个粒子的状态，它传递的是粒子的状态，而不是粒子本身，这种传态是远远超过光速的，所以叫隐形传态。量子通信的终极目标也就是将量子隐形传态应用到通信上，既然可以隐形传态，表明超光速通信是可实现的，可以对一对纠缠态的一个粒子进行操纵，另一方以另一个粒子进行观测，双方需要一个同步的时钟，来保证在操纵的同时进行观测，起到传递信息的作用。

8.3　量子密钥分配协议

任何两态量子系统都可以用来建协议。现有量子密钥分配协议数十种，比较典型的有 BB84 协议、B92 协议、Ekert91 协议等，按状态有二态协议、四态协议、六态协议和八态协议等。

180　BB84 协议　BB84 协议是用得较多同时也是最早的协议，1984 年由 IBM 公司的 Bennett 和加拿大蒙特利尔大学的 G. Brassard 提出，是一个四态协议。BB84 协议利用 4 个量子态构成两组基，例如光子的水平偏振 $|H\rangle$ 和垂直偏振 $|V\rangle$：

$$45°方向偏振：|R\rangle = \frac{1}{\sqrt{2}}(|H\rangle + |V\rangle)$$

$$-45°方向偏振：|L\rangle = \frac{1}{\sqrt{2}}(|H\rangle - |V\rangle)$$

在编码中将 $|H\rangle$ 和 $|R\rangle$ 取为 0，而 $|V\rangle$ 和 $|L\rangle$ 取为 1，它们构成两个正交基。在 BB84 协议中，Alice 随机选择四态光子中的一个发送给 Bob，N 个光子形成一组，而 Bob 又随机在两组测量基中选取一个对光子进行测量，对应测 N 次。如果将水平垂直基表示为 $\oplus$，而 45° 与 -45° 基表示为 $\otimes$，取 $N = 8$，结果见表 14.8-2。

表 14.8-2　BB84 协议

Alice	$\otimes$	$\oplus$	$\oplus$	$\otimes$	$\otimes$	$\oplus$	$\oplus$	$\otimes$
	↖	↑	→	↗	↖	→	↑	↗
编码	1	1	0	0	1	0	1	0
Bob	$\otimes$	$\oplus$	$\oplus$	$\oplus$	$\otimes$	$\otimes$	$\oplus$	$\oplus$
	↖	↗	→	↑	↖	↗	↑	→
测码	1	0	0	1	1	0	1	0
源码	1		0		1	0	1	0
筛选码	1		0		1		1	

181　B92 协议　B92 协议是以两个非正交量子比特实现的量子密钥分发协议。采用量子比特的非正交性满足量子不可克隆定理，使得攻击者不能从协议中获取量子密钥的有效信息。B92 协议中只使用两种量子状态 → 和 ↗。Alice 随机发送状态 → 或

↗，Bob 接收后随机选择"+"基或"×"基进行测量。如果 Bob 测量得到的结果是↑，可以肯定 Alice 发送的状态是↗。得到的结果是↘，可以肯定 Alice 发送的状态是→。如果 Bob 的测量结果是→或↗，则不能肯定接收到的状态是什么。Bob 告诉 Alice 他对哪些状态得到了确定的结果，哪些状态他不能确定，而不告诉 Alice 他选择了什么测量基。最后用得到确定结果的比特作为密钥。B92 协议的实现过程见表 14.8-3。

表 14.8-3 B92 协议的实现过程

Alice 准备的比特串	1	0	0	1	1	1	0	1	0	1
Alice 发送的光子序列	↗	→	→	↗	↗	↗	→	↗	→	↗
Bob 选择的测量基	⊕	⊗	⊕	⊕	⊗	⊗	⊗	⊕	⊕	⊗
Alice 和 Bob 保存的结果	→	↗	→	↑	↗	↗	↘	↑	→	↗
Bob 得到的原始密钥				1			0	1		
Alice 和 Bob 协商				1				0		
最终密钥					10					

182 Ping-Pong 协议 Ping-Pong 协议用于量子安全直接通信，以纠缠粒子为信息载体，利用局域编码的非局域性进行安全通信，以单个粒子为单位进行传输，统计错误率需要一定数目的光子，是准安全的量子直接通信协议，采用块传输的思想能保证通信的安全性。

假设 Alice 为通信的发送方，Bob 为通信的接收方，则每次 Bob 制备一个两光子的最大纠缠态 $|\psi^+\rangle_{AB} = (|01\rangle_{AB} + |10\rangle_{AB})/\sqrt{2}$，并将 A 粒子（travel qubit）发送给 Alice，自己保留 B 粒子（home qubit）。Alice 在收到 A 粒子后，以一定的概率随机地选择控制模式或消息传输模式，并对 A 粒子进行相应操作，Ping-Pong 协议控制模式见图 14.8-6。如果 Alice 选择控制模式，则 Alice 对粒子 A 在 $B_z = \{|0\rangle, |1\rangle\}$ 基下进行测量，并通过经典信道将测量结果告诉 Bob。Bob 在接收到 Alice 的通知后，对自己保留的粒子 B 也在 B_z 基下进行测量，并将测量结果和 Alice 的测量结果进行比较。如果 Alice 和 Bob 的测量结果不相同，则说明不存在窃听者，继续通信；如果 Alice 和 Bob 的测量结果相同，则说明存在窃听，此次通信无效。

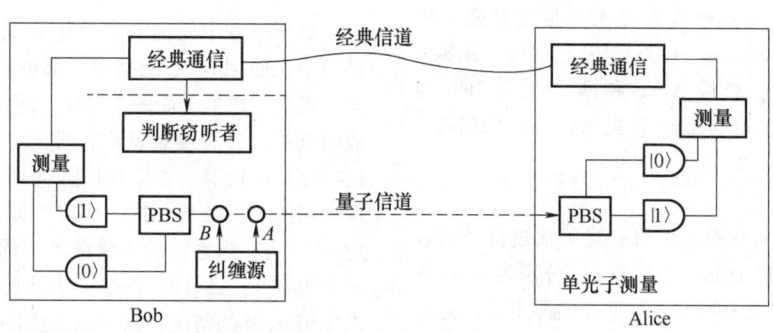

图 14.8-6 Ping-Pong 协议的控制模式

如果 Alice 选择的是消息传输模式，见图 14.8-7，Alice 根据要传递的信息比特是"0"或"1"对粒子 A 进行相应的编码操作，并将编码后的 A 粒子返回给 Bob。如果信息比特是"0"，则对粒子 A 进行 $U_0 = |0\rangle\langle 0| + |1\rangle\langle 1|$ 操作；如果信息比特是"1"，则对粒子 A 进行 $U_1 = |0\rangle\langle 0| - |1\rangle\langle 1|$ 操作。经过 Alice 对粒子 A 的编码操作后，可得 $(U_0 \otimes I)|\psi^+\rangle_{AB} = |\psi^+\rangle_{AB}$，$(U_1 \otimes I)|\psi^+\rangle_{AB} = |\psi^-\rangle_{AB}$。式中，$I = |0\rangle\langle 0| + |1\rangle\langle 1|$，$|\psi^-\rangle_{AB} = (|01\rangle_{AB} - |10\rangle_{AB})/\sqrt{2}$。

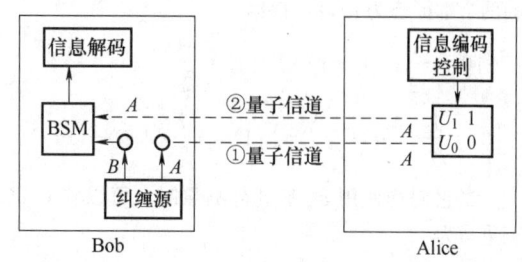

图 14.8-7 Ping-Pong 协议的传输模式

Bob 收到 Alice 返回的粒子 A 后，对其和本地保留的粒子 B 进行 Bell 基联合测量。如果测量结果

为 $|\psi^+\rangle_{AB}$，则可断定 Alice 发送的信息为"0"；如果测量结果为 $|\psi^-\rangle_{AB}$，则可断定 Alice 发送的信息

为"1"。Ping-Pong 协议的流程图见图 14.8-8。

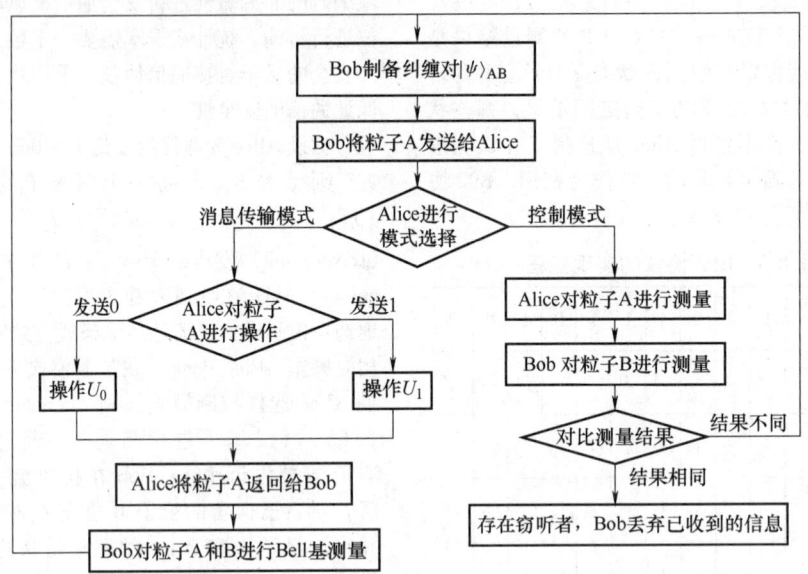

图 14.8-8　Ping-Pong 协议流程图

183　基于三体纠缠态的量子秘密共享协议

1999 年，基于三体纠缠（Green berger-Home-Zeilingeer，GHZ）态，Hillery 等人提出了量子秘密共享（Quantum Secret Sharing，QQS）协议，见图 14.8-9。协议中存在一个老板 Alice 和两个代理 Bob 与 Charlie。协议开始时，Alice 首先制备一个 GHZ 态：

$$|\psi\rangle_{ABC} = \frac{1}{\sqrt{2}}(|000\rangle_{ABC} + |111\rangle_{ABC})$$

其中，A 光子自行保存，B 和 C 光子通过量子信道分别传给 Bob 和 Charlie。$|0\rangle$ 和 $|1\rangle$ 分别为 σ_Z 基下的本征态，如单光子的水平和垂直偏振态。在完成光子分发后，它们需要随机选择 σ_X 或 σ_Y 基对光子进行测量。定义 σ_X 基的两个本征态为 $|\pm\rangle$，σ_Y 基的两个本征态为 $|\pm i\rangle$。根据

$$|0\rangle = \frac{1}{\sqrt{2}}(|+\rangle + |-\rangle),\ |1\rangle = \frac{1}{\sqrt{2}}(|+\rangle - |-\rangle)$$

$$|0\rangle = \frac{1}{\sqrt{2}}(|+i\rangle + |-i\rangle),\ |1\rangle = -\frac{i}{\sqrt{2}}(|+i\rangle - |-i\rangle)$$

当它们均使用 σ_X 基进行测量时，可以将 GHZ 态重写为

$$|\psi\rangle = \frac{1}{2}(|+++\rangle_{ABC} + |-+-\rangle_{ABC} + |+--\rangle_{ABC} + |--+\rangle_{ABC})$$

或者当 Alice 使用 σ_X 基，Bob 和 Charlie 使用 σ_Y 基进行测量时，GHZ 态也可重写，为

$$|\psi\rangle = \frac{1}{\sqrt{2}}(|+\rangle_A |+i-i\rangle_{BC} + |+\rangle_A |-i+i\rangle_{BC} + |-\rangle_A |+i+i\rangle_{BC})$$

对于三方中任何一人使用 σ_X 基进行测量，另外两个人使用 σ_Y 基的情况，都可以得到类似的结果。因此，根据上面两个公式，网络中三方用户完成测量并且公布测量基后，对于三方均使用 σ_X 基进行测量的情况，如果 Bob 和 Charlie 进行合作，发现他们的测量结果相同，则可以知道 Alice 的态一定为 $|+\rangle_A$；当他们的测量结果不同时，Alice 的态一定为 $|-\rangle_A$。同样，对于一方使用 σ_X 基，其余两人使用 σ_Y 基的情况，以 Alice 使用 σ_X 基为例进行说明，如果 Bob 和 Charlie 的测量结果相同，则说明 Alice 的测量结果为 $|-\rangle_A$ 态，否则为 $|+\rangle_A$ 态。根据此规则，网络中的三方用户就可以完成秘密的共享。

184　单比特量子秘密共享协议

由于量子纠缠态的制备效率非常低，在光纤网络中不易传输，限制了基于纠缠态的 QSS 协议的实用性，基于单比特的 QSS 协议很好地解决了上述问题。该协议的过程见图 14.8-10。假设网络中一共有 N 个用户（R_1，$R_2,\cdots,R_{N-1},R_N$）参与量子秘密共享过程。单量子比特源制备一个初态为 $(|0\rangle + |1\rangle)/\sqrt{2}$ 的量子信道，从 R_1 穿过 R_2 等用户，最终传到 R_N，在 R_N 进行探测。

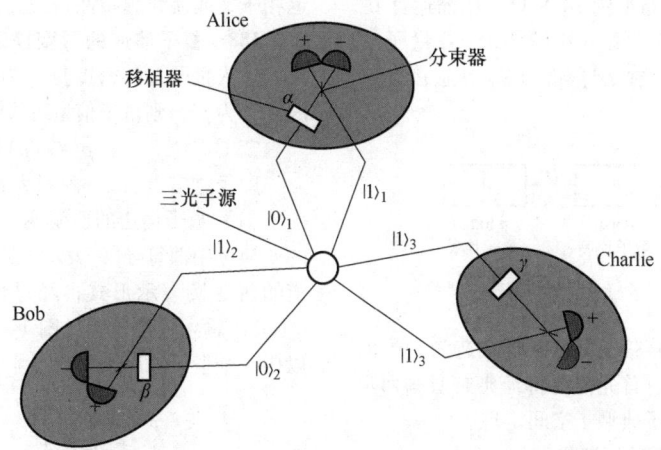

图 14.8-9 基于 GHZ 态的量子秘密共享原理图

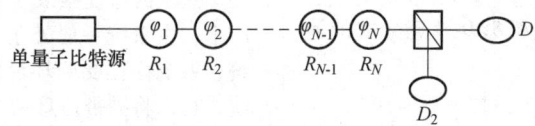

图 14.8-10 单比特量子秘密共享

8.4 量子无噪声信道编码

185 香农无噪声信道编码 香农无噪声信道编码定理量化了由经典信源产生的信息在无损耗信道中其编码压缩的程度。经典信源有多种模型，一个简单有用的模型是随机变量序列 $x_1, x_2, \cdots, x_n$ 构成的源。随机变量的值表示该源的输出。设源持续发出随机变量 $x_1, x_2, \cdots, x_n$，若各随机变量彼此是独立的，并且是独立同分布（Independent and Identically Distributed，IID）的，则称为 IID 信息源。

对给定 $\varepsilon > 0$，若 IID 信源产生的 $x_1, x_2, \cdots, x_n$ 序列概率满足

$$2^{-n(H(X)+\varepsilon)} \leqslant P(x_1, x_2, \cdots, x_n) \leqslant 2^{-n(H(X)-\varepsilon)}$$

则称序列 $x_1, x_2, \cdots, x_n$ 为典型序列，有时也称 ε 典型，序列数目为 $T(n\varepsilon)$。

（1）典型序列定理

1）固定 $\varepsilon > 0$，对任意的 $\delta > 0$ 和充分大的 n，一个序列为 ε 典型的概率至少是 $1-\delta$，即

$$1 \geqslant \sum_{T(n\varepsilon)} P(x_1, x_2, \cdots, x_n) \geqslant 1 - \delta$$

2）对任意固定的 $\varepsilon > 0$ 和 $\delta > 0$，对充分大的 n，ε 典型序列的数目为 $T(n\varepsilon)$ 满足

$$(1-\delta)2^{n(H(X)-\varepsilon)} \leqslant T(n\varepsilon) \leqslant 2^{n(H(X)+\varepsilon)}$$

（2）香农无噪声信道编码定理 设 $\{X_i\}$ 是一个熵率为 $H(X)$ 的 IID 信源，R 为编码压缩率，若 $R > H(X)$，则存在一种可靠的编码压缩方案，使编码压缩为新序列只需 nR 比特表示，反之，若 $R < H(X)$，则不存在压缩率为 R 的可靠的编码压缩方案。所谓可靠的编码压缩方案是指通过解码可将压缩后新序列以接近 1 的概率还原为原来的序列。

186 量子舒马赫无噪声信道编码定理 在量子信息论中将量子状态视为信息，这是量子信息论在概念上的突破，下面将定义量子信源，并研究这个信源产生的信息 —— 量子状态在多大程度上可以被编码压缩。

量子信源有多种定义方式，并且不完全等价，这里将纠缠态作为编码压缩和解压缩的对象。具体的一个 IID 量子信息源可由一个 Hilbert 空间 H 和该空间上的一个密度矩阵 ρ 来描述，表示为 $\{H, \rho\}$，对信源做压缩率为 R 的编码压缩操作，由两个量子运算 C^n 和 D^n 组合。C^n 为压缩运算，它把 n 维 Hilbert 空间 $H^{n\otimes}$ 中状态映射到 2^{nR} 维压缩空间状态，相应于 nR 量子比特。D^n 运算是一个解压操作，它将压缩后空间状态返回原来空间状态。因此编码压缩与解压运算合成为 $D^n \cdot C^n$，可靠性的准则是对充分大的 n，纠缠忠实度（fidelity）$F(\rho^{\otimes n} D^n \cdot C^n)$ 应趋于 1。

$$F(\rho^{\otimes n} D^n \cdot C^n) = \sum_{jk} \left(\mathrm{tr}(D_k C_j \rho^{\otimes n}) \right) \to 1, \text{量子数}$$

据编码压缩的基本思路见图 14.8-11。压缩运算 C^n 将 $n\log_2 d$ 量子比特量子源 ρ 压缩为 $nS(\rho)$ 量子比特，然后通过解压运算 D^n，恢复到 $n\log_2 d$ 量子比特。

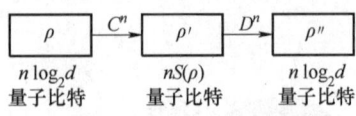

图 14.8-11　量子数据编码压缩

要将经典的无噪声信道编码定理改造为量子的无噪声信道编码定理，首先需要将经典典型序列定理进行修改，变成量子典型子空间定理。

（1）量子典型子空间定理

1）固定 $\varepsilon > 0$，对任意 $\delta > 0$ 和充分大的 n，有
$$\mathrm{tr}(D_k C_j \rho^{\otimes n}) \geqslant 1 - \delta$$

2）对任意固定的 $\varepsilon > 0$ 和 $\delta > 0$ 及充分大的 n，子空间的维数满足 $T(n\varepsilon)$
$$(1-\delta) 2^{n(S(\rho)-\varepsilon)} \leqslant |T(n\varepsilon)| \leqslant 2^{n(S(\rho)+\varepsilon)}$$

（2）舒马赫无噪声信道编码定理　令 $\{H, \rho\}$ 是 IID 量子信源，若 $R > S(\rho)$，则对该源 (H, ρ) 存在压缩率为 R 的可靠编码压缩方案，若 $R < S(\rho)$，则压缩率为 R 的任何压缩方案都是不可靠的。

8.5　量子信道

187　量子信道　从传输媒质上讲，量子信道和经典通信系统中的信道没有大区别。量子信道指量子在信道里面传输不受影响的通道。光量子信道包括光纤量子信道和自由空间量子信道。特定量子信道模型有比特翻转信道、相位翻转信道、退极化信道、幅值阻尼信道、相位阻尼信道和玻色高斯信道等。

量子通信系统中采用微观粒子的量子态作为信息载体，这些量子态在信道中的传播服从量子力学的规律，必须借鉴量子力学的方法来研究。对于光量子来说，大多依据量子光学中的分析方法。由于电子带负电荷，在带正电荷的原子核的吸引下电子被束缚在原子内部。如果电子没有在一段时间内获得足够的能量，就无法"逃离"原子核的束缚。量子力学可提供另一种方法，电子可以直接通过量子信道逃脱出来，称为遂穿效应。

以光量子的传输为例，可采用偏振、相位或频率携载量子信息。单光子波包在信道中传输时，光纤损耗、频率色散、光纤双折射引起的偏振模色散等都影响了量子态的保真度，更严重的是使量子态

退相干，或使纠缠特性丧失。

188　量子信道的酉变换表示和测量算子表示　若输入量子态的密度算子为 ρ，输出量子态的密度算子为 ρ'，则量子信道可表述为映射：
$$\rho' = \varepsilon(\rho)$$
即经过信道后，ρ 映射为 ρ'。

（1）量子信道的酉变换表示　若信道对量子态的变换可用酉算子 U 表示，则称 $\varepsilon(\rho) = U\rho U'$ 为信道的酉变换表示形式，经过信道后状态 $|\varphi\rangle$ 变为 $U|\varphi\rangle$。输入输出过程见图 14.8-12，其中酉变化可以用一个量子线路来实现。

$$\rho \quad\boxed{U}\quad U\rho U'$$

图 14.8-12　封闭量子系统的酉变换

这里的酉变换表示适合于封闭量子系统，实际上，主系统一般处于开放环境，为开放量子系统，系统往往受到环境的影响。对于开放量子系统，可以将携带信息的主系统与环境构成一个封闭量子系统，进而研究主系统与环境的交互作用。见图 14.8-13，主系统密度算子为 ρ，环境用 ρ_{env} 表示，输出为 $\varepsilon(\rho)$。

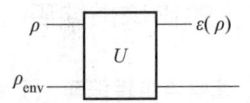

图 14.8-13　开放量子系统的组成

（2）量子信道的测量算子描述　若将信道对量子态的作用看作测量，且测量算子为 M_m，则 $\varepsilon_m(\rho) = M_m \rho M_m^+$ 为用测量算子描述的信道模型。系统在测量后的状态为 $\dfrac{\varepsilon_m(\rho)}{\mathrm{tr}(\varepsilon_m(\rho))}$，获得这个结果的概率为 $p(m) = \mathrm{tr}(\varepsilon_m(\rho))$。

189　量子信道的算子表示　令 $|e_k\rangle$ 为环境的有限维状态空间上的标准正交基，密度算子 $\rho_{\mathrm{env}} = |e_0\rangle\langle e_0|$ 为环境的初始状态，且为纯态，则
$$
\begin{aligned}
\varepsilon(\rho) &= \sum_k \langle e_k | U[\rho \otimes |e_0\rangle\langle e_0|] U^+ | e_k\rangle \\
&= \sum_k E_k \rho E_k^+
\end{aligned}
$$

$E_k = \langle e_k | U | e_0\rangle$ 为主系统状态空间上的一个算子，上式称为信道映射 ε 的算子和表示。算子 $\{E_k\}$ 称为 ε 的运算元。完备性关系对所有 ρ 都成立，故
$$\sum_k E_k^+ E_k = I$$

满足这个约束的量子信道称为保迹（trace pre-

serving）的量子信道。但在非保迹的量子信道，有
$$\sum_k E_k^+ E_k \leqslant I \text{。}$$

190　特定量子信道模型　特定量子信道模型
有：比特翻转信道、相位翻转信道、退极化信道、
幅值阻尼信道、相位阻尼信道和玻色高斯信道等。

（1）比特翻转信道　比特翻转信道将量子比特
的状态以概率 $1-p$ 从 $|0\rangle$ 变换到 $|1\rangle$ （或者相
反），其运算元为

$$E_0 = \sqrt{p} I = \sqrt{p} \begin{bmatrix} 1 & 0 \\ 0 & 1 \end{bmatrix}, E_1 = \sqrt{1-p}\,\sigma_X = \sqrt{1-p} \begin{bmatrix} 0 & 1 \\ 1 & 0 \end{bmatrix}$$

比特翻转信道为
$$\varepsilon(\rho) = p\rho + (1-p)\hat{\sigma}_X \rho \hat{\sigma}_X$$

（2）相位翻转信道　相位翻转信道具有运
算元：

$$E_0 = \sqrt{p} I = \sqrt{p} \begin{bmatrix} 1 & 0 \\ 0 & 1 \end{bmatrix}, E_1 = \sqrt{1-p}\,\sigma_Z = \sqrt{1-p} \begin{bmatrix} 1 & 0 \\ 0 & -1 \end{bmatrix}$$

相位翻转信道为
$$\varepsilon(\rho) = p\rho + (1-p)\hat{\sigma}_Z \rho \hat{\sigma}_Z$$

相位翻转信道的作用体现在 Bloch 球面上，使
得球面沿 $x-y$ 平面收缩，而比特翻转信道使得
Bloch 球面沿 $y-z$ 平面收缩。

（3）退极化信道　退极化信道是指量子位以概
率 p 退极化，即被完全混态 $I/2$ 所代替，以概率 $1-p$ 保持不变，则量子系统经过退极化信道后的状态
可表示为

$$\varepsilon(\rho) = \frac{pI}{2} + (1-p)\rho$$

即退极化信道具有运算元 $\{\sqrt{1-3p/4}\,I, \sqrt{p}\,\sigma_X/2,$
$\sqrt{p}\,\sigma_Y/2, \sqrt{p}\,\sigma_Z/2\}$。上式也可以写为

$$\varepsilon(\rho) = (1-p)\rho + \frac{p}{3}(\sigma_X \rho \sigma_X + \sigma_Y \rho \sigma_Y + \sigma_Z \rho \sigma_Z)$$

（4）幅值阻尼信道　幅值阻尼信道的运算元为

$$E_0 = \begin{bmatrix} 1 & 0 \\ 0 & \sqrt{1-\gamma} \end{bmatrix}, E_1 = \begin{bmatrix} 0 & \sqrt{\gamma} \\ 0 & 0 \end{bmatrix}$$

式中，参数 γ 是指丢失一个光子的概率。

$$\rho = \begin{pmatrix} a & b \\ b^* & c \end{pmatrix}$$

经过幅值阻尼信道后，状态变为

$$\varepsilon(\rho) = \begin{bmatrix} 1-(1-\gamma)(1-a) & b\sqrt{1-\gamma} \\ b^*\sqrt{1-\gamma} & c(1-\gamma) \end{bmatrix}$$

（5）相位阻尼信道　设量子比特 $|\varphi\rangle = a|0\rangle + b|1\rangle$，在其上作用旋转运算 $R_z(\theta)$，其中旋转角 θ 随机，为由环境的确定性交互作用所引起。R_z 运算
称为相位振动（phase kick）。假定 θ 服从均值为 0、

方差为 2λ 的高斯分布，则相位阻尼信道输出密度
算子为

$$\rho = \begin{bmatrix} |a|^2 & ab^*\mathrm{e}^{-\lambda} \\ a^*b\mathrm{e}^{-\lambda} & |b|^2 \end{bmatrix}$$

令 $U = \exp(-iH\Delta t)$，仅考虑振荡器 a 的 $|0\rangle$
和 $|1\rangle$ 状态作为主系统，并取环境振荡器初始时
处于 $|0\rangle$ 状态，对环境 b 取迹，得出运算元 $E_k = \langle k_b | U | 0_b \rangle$，分别为

$$E_0 = \begin{bmatrix} 1 & 0 \\ 0 & \sqrt{1-\lambda} \end{bmatrix}, E_1 = \begin{bmatrix} 0 & 0 \\ 0 & \sqrt{\lambda} \end{bmatrix}$$

式中，$\lambda = 1 - \cos^2(\chi \Delta t)$ 为系统中的光子被散射的概
率（没有能量损失）。

（6）玻色高斯信道　玻色高斯信道是一类重要
的量子信道，可见于量子密码通信、量子信息处理
等领域，有效建立信道模型对于系统的设计和优化
具有重要意义。令 ρ_{in} 表示输入态的密度算子，则信
道可看作一种映射，将输入态映射为输出态 ρ_{out}，
A. Holevo 给出了玻色量子高斯信道的表达式：

$$\rho_{out} = C[\rho_{in}] = \int_C D(z)\rho_{in}D^\dagger(z)p(z)\mathrm{d}^2 z$$

其中平移算符 $D(z) = \mathrm{e}^{z^\dagger - z^* a}$，$a^+$、$a$ 分别为输
入态 $|\alpha\rangle$ 的生成算子和湮灭算子 $p(z) = \dfrac{1}{\pi N_C}\mathrm{e}^{-\frac{|z|^2}{N_C}}$，
N_C 为信道噪声的方差（即平均光子数）。

量子光学高斯态的密度算子为

$$\rho_{in} = \frac{1}{\pi N}\int_C \mathrm{e}^{-\frac{|a|^2}{N}}|\alpha\rangle\langle\alpha|\,\mathrm{d}^2\alpha$$

处于高斯态的光脉冲的光子数服从泊松分布，
平均光子数为 N。

8.6　量子通信网络

量子通信网络包括三种量子密钥分配网络：基
于光学节点的 QKD 网络、基于信任节点的 QKD 网
络和基于量子节点的 QKD 网络。

191　基于光学节点的 QKD 网络　最早出现的
QKD 网络实验就是利用光学节点实现的，其结构见
图 14.8-14。采用光分束器实现 Alice 和 N 个 Bob 之
间的量子密钥分发。Alice 发出的光子被随机地分
配到接收端的任意一个 Bob，每次只能分发一个光
子给一个用户。发送的光子经过分束器时会有 $1/N$
的概率达到某个特定的 Bob 端，而且由于分束器不
具备路由功能，因此 Alice 不能将光子传给指定的
Bob。在此网络中，Alice 虽然能够同时和多个 Bob

分配密钥，但随着用户数增加到 N，每个用户的码率都下降到单个用户时的 $1/N$，所以效率很低。除了效率问题之外，此网络还依赖管理员 Alice 如果 Alice 发生了故障则整个网络就将瘫痪。另外，各个 Bob 之间不能直接进行量子通信，必须依靠 Alice 中转密钥。

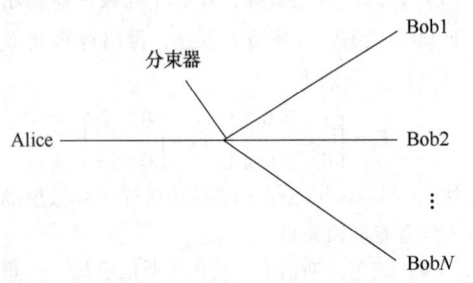

图 14.8-14　光学分束器构成的 QKD 网络结构图

192　基于信任节点的 QKD 网络　基于信任节点的量子密钥分发网络是由多条 QKD 链路与信任节点按照一定的拓扑结构连接而成的。

当网络中的两个主机要进行保密通信时，它们首先在经典信道上通过身份认证技术建立起连接，供加密后的经典信息使用。然后，利用每个节点上生成的量子密钥对要发送的信息依次进行"加密-解密-加密-……-解密"的操作。网络中的每个节点都可以完成密钥的存取、分发、筛选、安全评估、误码协调、保密增强、密码管理等任务，每两个节点可以通过以上的操作协商出一套共有的安全密钥，并用这套密钥对信息进行加密、解密操作。当解密完成后，信息所在的节点再用与下一个节点共有的密钥对信息进行加密，并将加密后的信息通过经典信道传输出去。

193　基于量子节点的 QKD 网络　基于光学节点和信任节点的 QKD 网络都是在量子中继器没有研制成功前采取的折中方案，基于量子中继器的 QKD 网络才是真正意义上的全量子网络，见图 14.8-15。

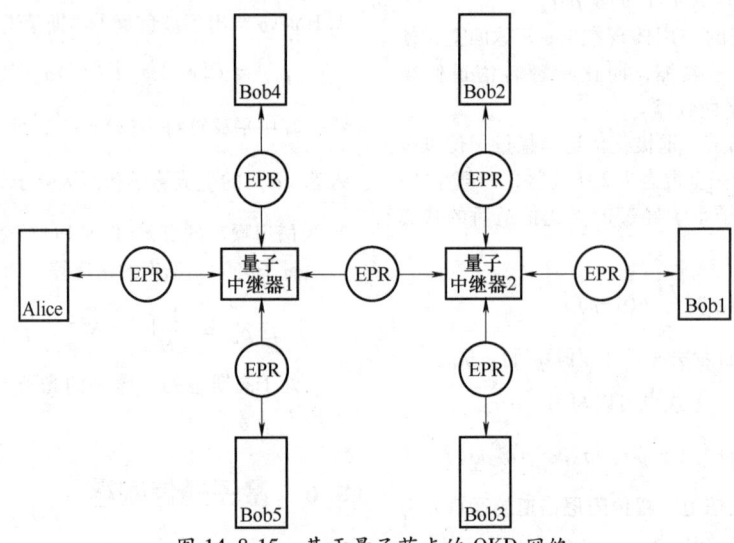

图 14.8-15　基于量子节点的 QKD 网络

194　量子中继器　为实现长距离 QKD，可采用量子中继器，利用量子态的纠缠与交换来实现量子中继功能。就光量子而言，量子中继器包括单光子量子中继和连续变量量子中继。典型的单光子量子中继方案包括基于拉曼散射的量子中继和基于双光子测量的量子中继。

量子中继的基本思想是把传输信道分成若干段。首先，在每一段制备纠缠对，然后发送到分段的两端，再对这些纠缠对进行纯化；其次，通过相邻纠缠对之间的纠缠交换，可以把提纯后的纠缠对分开得更远。当完成纠缠交换后，纠缠度又会降低，因此还需要再提纯，这种纠缠交换、提纯要重复若干轮，直到相隔很远的两地间建立了几乎完美的纠缠对。应用于网络的量子中继器需要提供一个基本的纠缠机制和两个分布式算法：纯化和远程传输。它们将大量短距离、低保真度的纠缠光子对转换成少数长距离、高保真度的纠缠光子对。量子中继操作包含生成纠缠光子对、纯化、远程传输/交换三个步骤。

第9章 信息安全

9.1 信息网络安全基础

195 信息安全的概念 信息安全的概念是指通过采用计算机软件技术、网络技术、密钥技术等安全技术和各种组织管理措施，来保护信息在其生命周期内的产生、传输、交换、处理和存储的各个环节中，信息的机密性、完整性和可用性不被破坏。信息安全包括的范围很大，其中包括如何防范商业企业机密泄露、防范青少年对不良信息的浏览、个人信息的泄露等。网络环境下的信息安全体系是保证信息安全的关键，包括计算机安全操作系统、各种安全协议、安全机制（数字签名、消息认证、数据加密等），此外，还包括一些专门的安全系统，如 UniNAC、DLP 等，然而，这些安全系统并非绝对安全，只要存在安全漏洞或被黑客攻击，就可能威胁整个系统的安全。信息安全也意味着信息系统（包括硬件、软件、数据、人、物理环境及其基础设施）受到保护，不受偶然的或者恶意的原因而遭到破坏、更改、泄露，系统连续可靠正常地运行，信息服务不中断，最终实现业务连续性。信息安全基础包括计算机安全、网络安全、信息安全。

196 信息安全的目标 信息安全技术包括保密性、完整性、可用性、可控性和不可否认性五个安全目标。

（1）保密性 保密性服务用于保护系统数据和信息免受非授权的泄密攻击。它是通过加密算法对数据进行加密，确保其处于不可信环境中也不会泄露。

（2）完整性 完整性服务是防止信息被未经授权的篡改。它是保护信息保持原始的状态，使信息保持其真实性。

（3）可用性 可用性服务是授权主体在需要信息时能及时得到服务的能力。可用性是在信息安全保护阶段对信息安全提出的新要求，也是在网络化空间中必须满足的一项信息安全要求。

（4）可控性 可控性服务是对信息和信息系统实施安全监控管理，防止非法利用信息和信息系统。

（5）不可否认性 不可否认性服务是在网络环境中，信息交换的双方不能否认其在交换过程中发送信息或接收信息的行为。

信息安全的保密性、完整性和可用性主要强调对非授权主体的控制，信息安全的可控性和不可否认性恰恰是通过对授权主体的控制，实现对保密性、完整性和可用性的有效补充，主要强调授权用户只能在授权范围内进行合法的访问，并对其行为进行监督和审查。

9.2 密码技术

197 密码系统 密码系统由四个基本部分组成：明文、密码算法、密文和密钥。明文是要被发送的原文消息；密码算法由加密和解密的数学算法组成；密文是明文经过加密算法加密之后得到的结果，通常不可读，可以在不可信的信道中传输；密钥是加密和解密过程中使用的一系列比特串。

密码系统基本组成见图 14.9-1，m 为明文消息，c 为密文消息，E 为加密算法，D 为解密算法，k 为密钥。

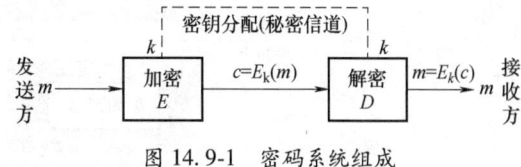

图 14.9-1 密码系统组成

198 加密与解密 加密是伪装明文消息、隐藏明文内容的过程，解密是加密的逆过程，把密文转变为明文的过程。通常使用两个相关的函数：用于加密的加密算法函数和用于解密的解密算法函数。加密和解密算法的操作通常是在一组密钥控制下进行的，分别称为加密密钥和解密密钥。根据加解密过程中是否使用了相同的密钥，密码算法分为对称密码算法和非对称密码算法。

对称密码系统的加密密钥和解密密钥相同，也称为单钥密码系统或私钥密码系统，密钥 k 的可能值的范围叫作密钥空间。加/解密运算都使用这个密钥，加/解密函数可表示为

$$E_k(m) = c$$
$$D_k(c) = m$$

加/解密函数具有如下特性（见图 14.9-2）：

$$D_k(E_k(m)) = c$$

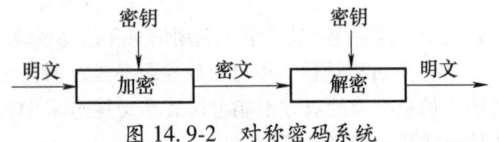

图 14.9-2　对称密码系统

如果加密密钥和解密密钥不相同，则称其为非对称密码系统，也称为双钥密码系统或公钥密码系统。将加密密钥记作 k1，相应的解密密钥记作 k2，加/解密函数可表示为

$$E_{k1}(m) = c$$
$$D_{k2}(c) = m$$

加/解密函数具有如下特性（见图 14.9-3）：

$$D_{k2}(E_{k1}(m)) = m$$

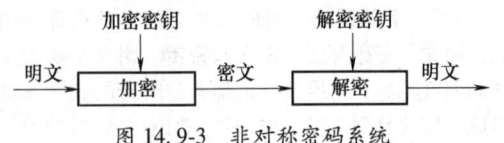

图 14.9-3　非对称密码系统

199　数字签名技术　数字签名（公钥数字签名）是只有信息发送者才能产生的别人无法伪造的一段数字串，这段数字串同时也是对信息发送者发送信息真实性的有效证明。数字签名是类似写在纸上的普通物理签名，但是使用了公钥加密领域的技术来实现的用于鉴别数字信息的方法。一套数字签名通常定义两种互补的运算：用于签名的运算和用于验证的运算。数字签名是非对称密钥加密技术的应用。

要产生数字签名，首先要使用一个哈希函数来产生明文消息的消息认证码（Massage Authentication Code，MAC）。MAC 产生后，用户需使用私钥对其进行加密，从而产生数字签名。之后，发送方使用和接收方共享的密钥将消息和数字签名加密后一同发送给接收方，从而实现不可否认性和完整性的保护。

密码系统收到经过数字签名的消息后：①解密消息，提取出明文消息和数字签名；②使用和发送方相同的哈希函数对明文消息进行计算，得到明文消息的 MAC，同时使用发送方的公钥解密数字签名；③将发送方计算出的明文消息的 MAC 和由发送方解密出来的 MAC 进行比较，如果一样则能够认证通信过程的完整性，同时实现了消息的不可否认性，证明消息确实来自于发送者（得到发送者私钥的用户）。数字签名验证过程见图 14.9-4。

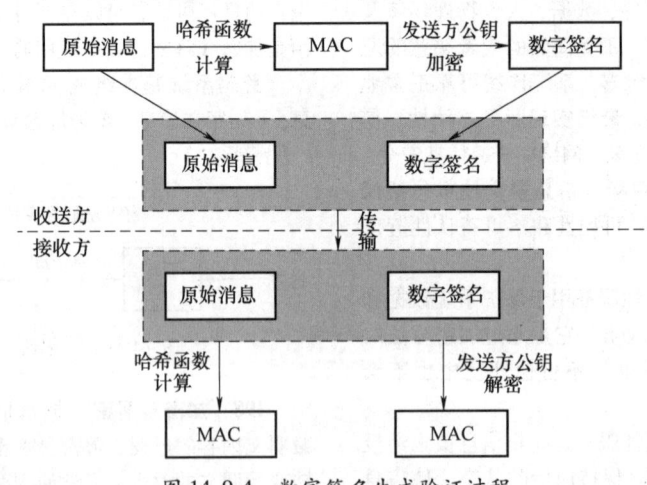

图 14.9-4　数字签名生成验证过程

200　数字证书　数字证书是由权威公正的第三方机构（Certificate Authority，CA）签发的证书，是提供在因特网上进行身份验证的一种权威性电子文档，在互联网交往中用来证明用户身份和识别对方身份。数字证书可分为电子邮件证书、服务器证书和客户端个人证书。

数字证书以加密解密为核心，采用公钥体制，利用一对互相匹配的密钥进行加解密。用户设定一把私钥（仅用户本人所知），用它进行解密和签名；同时设定一把公钥并公开，为一组用户共享，用于

加密和验证签名。当发送方准备发送一份保密文件时，先使用接收方的公钥对数据文件进行加密，接收方使用自己的私钥对接收到的加密文件进行解密，实现信息的安全传输。数字证书保证加密过程是不可逆的过程，即只有私钥才能解密。

数字证书在认证用户身份时，用户的敏感资料不会传输至索取资料者的计算机系统上。数字证书里存有很多数字和英文，当使用数字证书进行身份认证时，随机生成 128 位的身份码（每份数字证书都能生成相应的身份码，且每次都不可能相同），相当于生成一个复杂的密码，从而保证数据传输的保密性。数字证书的工作原理见图 14.9-5。

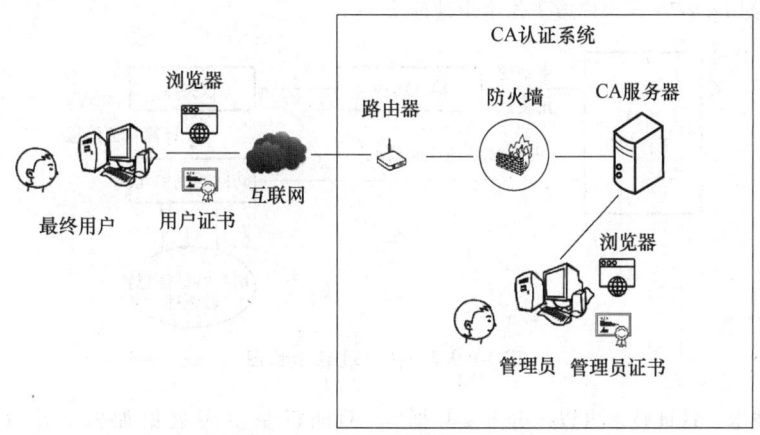

图 14.9-5　数字证书工作原理

201　信息隐藏技术　信息隐藏技术是利用载体信息的冗余性，将秘密信息隐藏于普通信息中，使其对非授权者不可见、实现信息安全传输的技术，包括数字水印、信息隐写等。

信息隐藏原理见图 14.9-6。在发送方利用信息隐藏算法，将秘密消息 m 隐藏到载体对象 C 中，得到伪装对象 C'，然后在不安全的信道中传输 C'。在接收方，利用消息提取算法，从伪装对象 C' 中提取秘密消息 m。秘密消息 m 在整个传输过程中是不可见的。

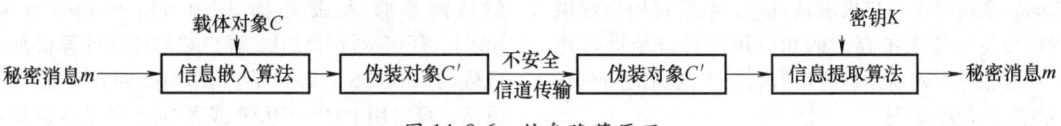

图 14.9-6　信息隐藏原理

数字水印技术将标识信息（数字水印）嵌入数字载体中（包括多媒体、文档、软件等），实现确认内容创建者和购买者、传送隐秘信息、判断载体是否被篡改。数字水印并不影响原载体的使用价值，也不容易被探知和再次修改。数字隐写将秘密信息隐藏到看上去普通的信息中进行传送，达到保密传送信息的目的。数字隐写侧重将秘密文件隐藏，数字水印较重视著作权的声明与维护，防止多媒体作品被非法复制等。

9.3　认证技术

202　认证　认证是证实客户的真实身份与其声称的身份是否相符的过程，是网络安全的核心，目的是防止未授权用户访问网络资源。

认证系统由五部分组成：请求认证的用户或工作组、用户或工作组提供的用于认证的特征信息、认证机构、认证机制以及接受或拒绝访问系统资源的访问控制单元。

用户或工作组指想访问系统资源的用户或工作组。特征信息指用户向认证机构提供的用于认证身份的信息，有四种类型：用户所知道的、用户所拥有的、用户本身特有的和用户的位置。认证机构指识别用户并指明用户是否被授权访问系统资源的组织或设备，可以是系统指定的服务器、防火墙、局域网服务器、企业内部专用服务器，也可以是全球身份认证服务器。认证机制由三部分组成：输入组件、传输系统和核实器。输入组件是用户和认证系统之间的接口，用于将用户认证信息传输给认证系统；传输系统负责在认证系统内部各个组件之间传递信息；核实器完成对用户认证信息的分析计算，是关键组件。访问控制单元反复核对用户的特征信息与数据库中存储的用户认证信息是否匹配，如果匹配，访问控制系统颁布一个临时证书批准用户访问所需的系统资源；如果不匹配，则拒绝用户对系统资源的访问。

认证过程见图 14.9-7。当用户或工作组申请使用系统资源时，向系统提交身份认证信息，信息通过输入组件传输给核实器。核实器对用户的身份认证信息进行分析计算，将结果传输给访问控制单元。访问控制单元将其与存储在用户数据库中的用户认证信息进行比较，如果匹配，接受用户的访问请求；如果不匹配，拒绝用户的访问请求。

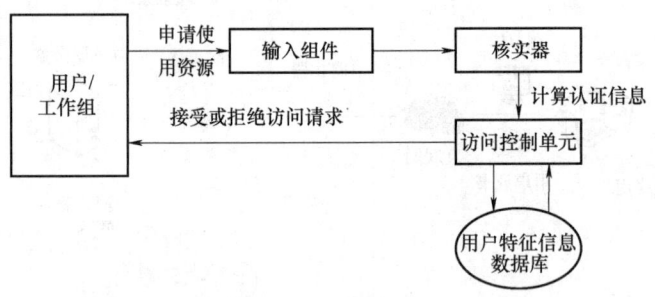

图 14.9-7　认证过程示意图

203　认证技术　认证技术可以区分真实数据与伪造、被篡改过的数据。认证使用的主要技术有：口令认证、公钥认证、远程认证、匿名身份验证和数字签名认证。

口令是双方预先约定的秘密数据，用来验证用户知道什么，口令验证简单易行，是目前应用最为广泛的身份认证方法之一。在一些简单的系统中，用户的口令以口令表的形式存储。当用户要访问系统时，系统要求用户提供其口令，系统将用户提供的口令与口令表中存储的相应用户的口令进行比较，若相等则确认用户身份有效，否则确认用户身份无效，拒绝访问。

公钥认证要求每个用户先产生一对由公钥和私钥组成的密钥对，并存储在文件中。每个密钥对由密钥产生装置产生，用户公布公钥，本人保存私钥。中央认证服务器（访问控制服务器（Access Control Server，ACS））负责使用公钥系统进行认证。当用户试图访问时，ACS 查找用户的公钥，用它加密并向用户发送一个挑战。如果用户使用私钥对挑战的应答做了签名，这个用户被认证为合法。公钥认证主要有安全套接层（Secure Socket Layer，SSL）认证、Kerberos 认证以及 MD5 认证。

远程认证用来认证从远程主机拨号接入 ACS 的用户，远程认证方法包括安全远程过程调用（Remote Procedure Call，RPC）认证、Dail-in 拨号认证以及远程用户拨号（Remote Authentication Dial In User Service，RADIUS）认证。①安全 RPC 认证通过验证机制保护远程过程，Diffie-Hellman 验证机制使用数据加密标准（Data Encryption Standard，DES）加密，验证发出服务请求的主机和用户。使用安全 RPC 的应用程序包括 NFS 和命名服务（NIS 和 NIS+）。②Dail-in 拨号认证在拨号入网连接中的点对点认证形式，用户进行远程呼叫时，拨号入网过程需要输入口令，用户在成功登录之前要进行认证。③RADIUS 是一种服务器-客户机（Client/Server，C/S）结构的协议，它的客户端最初就是网络接入服务器（Network Access Server，NAS），任何运行 RADIUS 客户端软件的计算机都可以成为 RADIUS 的客户端。RADIUS 协议认证机制灵活，可采用 PAP、CHAP 或者 Unix 登录认证等多种方式。IEEE 802.1x 标准对无线网络的接入认证时采用 RADIUS 协议。

匿名身份验证是确认用户访问网页或其他服务权限的过程，允许用户登录到系统而不暴露其实际身份。匿名身份验证的最大好处是认证在网上进行业务时保护个人信息安全，重点是保护用户在互联网上的身份，同时防止其他人有能力跟踪和识别在线用户。

数字签名认证使用数字签名技术进行认证，不需要口令和用户名。

9.4　信息安全技术

204　访问控制　访问控制是一系列用于保护系统资源的方法和组件，依据一定的规则来决定不同用户对不同资源的操作权限，可限制对关键资源的访问，避免非法用户的入侵及合法用户误操作对系统资源的破坏。访问控制由四部分组成：主体、客体、访问操作和访问监视器。主体指想要访问系统资源的用户或进程，发起访问请求；客体指主体试图访问的资源；访问操作包括网络访问、服务器访问、内容访问及方法调用，合理的访问控制策略目标只允许授权主体访问被允许访问的客体。

访问控制有两个任务：识别和确认访问系统的用户及决定该用户可以对某一系统资源进行何种类型的访问。

访问控制主要有三种模式：自主访问控制（Discretionary Access Control，DAC）、强制访问控制（Mandatory Access Control，MAC）和基于角色访问控制（Role-Based Access Control，RBAC）。

1）DAC 是在确认主体身份以及（或）它们所属的组的基础上，控制主体的活动，实施用户权限管理、访问属性（读、写、执行）管理等。自主访问控制的主体可以按自己的意愿决定哪些用户可以访问资源，即主体有自主决定权，一个主体可以有选择地与其他主体共享资源。

2）MAC 是"强加"给访问主体的，即系统强制主体服从访问控制政策。强制访问控制的主要特征是对所有主体及其所控制的客体（如进程、文件、段、设备）实施强制访问控制。强制访问控制为主体及客体指定敏感标记，这些标记是等级分类和非等级类别的组合，是实施强制访问控制的依据。

3）角色是系统中岗位、职位或者分工。RBAC 根据某些职责任务所需要的访问权限来进行授权和管理，由用户、角色、会话、授权四部分组成。在一个系统中可以有多个用户和角色，用户和角色是多对多的关系。一个角色可以拥有多个权限，一个权限也可以赋予多个角色。

205　权限管理　权限管理指根据系统设置的安全规则或安全策略，用户可以访问且只能访问自己被授权的资源。权限管理包括用户认证和用户授权两部分。

（1）用户认证　用户访问系统验证用户身份合法性的过程。最常用的用户身份验证的方法有用户名密码方式、指纹打卡机、基于证书验证方法等。系统验证用户身份合法，用户方可访问系统的资源。用户认证流程见图 14.9-8。

（2）用户授权　可理解为访问控制，在用户认证通过后，系统对用户访问资源进行控制，用户具有资源的访问权限方可访问。用户授权流程见图 14.9-9。

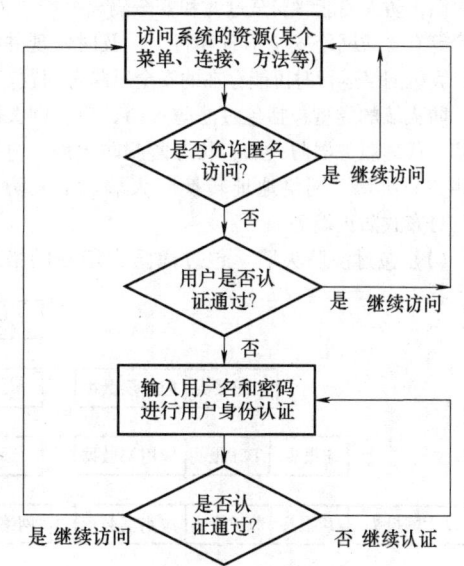

图 14.9-8　用户认证流程

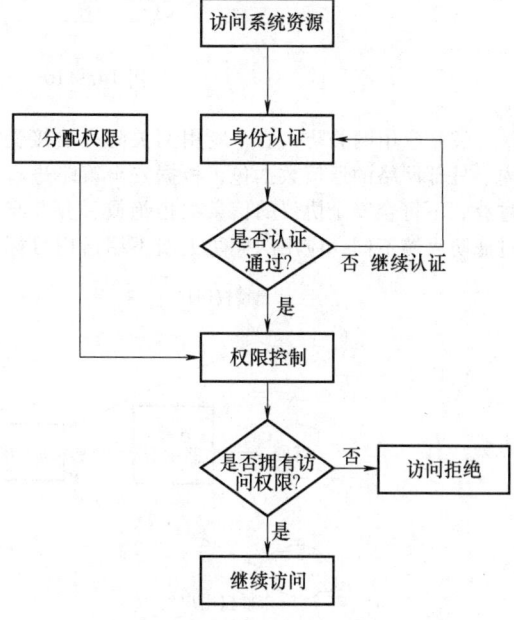

图 14.9-9　用户授权流程

206　防火墙技术　防火墙是位于两个或多个网络之间执行安全访问控制策略的系统，是内部网络和外部网络之间的连接桥梁，对进出网络边界的数据进行保护，防止恶意入侵和恶意代码传播等，保障内部网络数据的安全。防火墙技术建立在网络技术和信息安全技术的基础上，几乎所有的企业内部网络与外部网络（因特网）相连接的边界都会放置防火墙，防火墙能够安全过滤和安全隔离外网攻击、入侵等有害的网络安全信息和行为，及时发现并处理计算机网络运行时可能存在的安全风险等问题。

防火墙的类型包括包过滤防火墙、应用网关防火墙、代理服务器防火墙、状态监测防火墙、电路级网关防火墙、网络地址转换防火墙、个人防火墙、分布式防火墙等。

（1）包过滤防火墙　包过滤防火墙在网络层中根据数据包中包头信息有选择地实施允许通过或阻断，是第 1 代防火墙，按照事先设定的过滤规则，对每个通过的网络包头部进行检查，根据数据包的源地址、目的地址、TCP/UDP 源端口号、TCP/UDP 目的端口号及数据包头中的各种标志位等因素来确定是否允许数据包通过，核心是安全策略，即过滤规则的设计。包过滤防火墙原理见图 14.9-10。

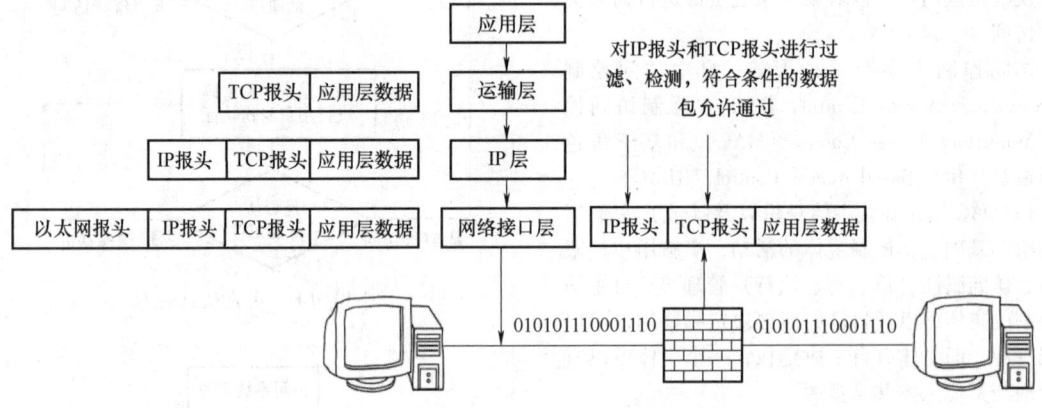

图 14.9-10　包过滤防火墙原理图

（2）应用网关防火墙　应用网关防火墙接受内、外部网络的通信数据包，根据安全策略进行过滤，不符合安全协议的信息被拒绝或丢弃。与过滤防火墙不同，应用网关防火墙不用通用目标机制来允许各种不同种类的通信，针对每个应用使用专用处理方法。应用网关在客户和服务器之间建立虚拟连接，应用网关防火墙工作原理见图 14.9-11。

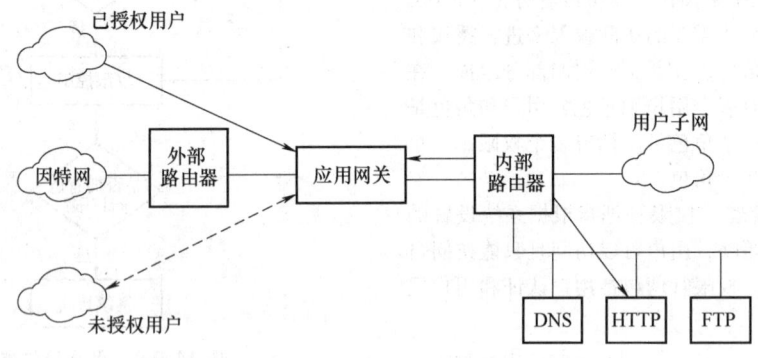

图 14.9-11　应用网关防火墙原理图

（3）代理服务器防火墙　代理服务器防火墙作用在应用层，提供应用层服务的控制，在内部网络向外部网络申请服务时起到中间转接作用。内部网络只接受代理提出的服务请求，拒绝外部网络其他节点的直接请求。代理防火墙代替受保护网的主机向外部网发送服务请求，将外部服务请求响应的结果返回给受保护网的主机。受保护网内部用户对外部网访问时，需要通过代理防火墙才能向外提供请求，外网只能看到防火墙，隐藏了受保护网内部地址，提高了安全性。代理服务器防火墙工作原理见图 14.9-12。

（4）状态监测防火墙　状态检测防火墙通过网络层的检查引擎截获数据包，抽取出与应用层状态有关的信息，以此为依据决定对该连接是接受还是拒绝。这种技术提供了高度安全的解决方案，具有较好的适应性和扩展性。状态检测防火墙既具备包过滤防火墙的速度和灵活，也有应用网关防火墙安全的优点，是包过滤防火墙和应用网关防火墙的一种平衡。状态监测防火墙的原理图见图14.9-13。

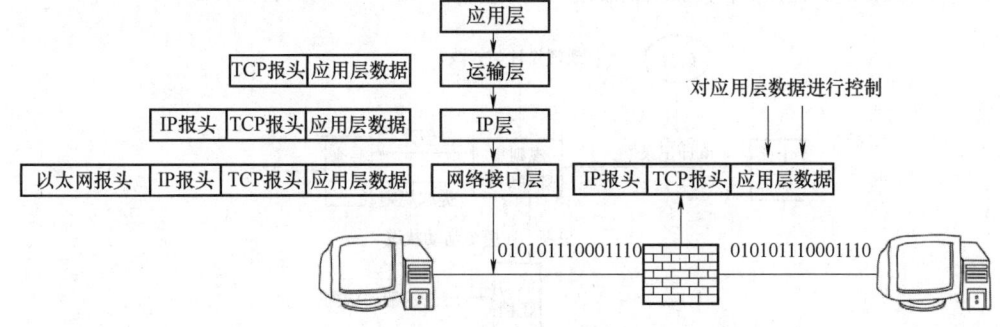

图 14.9-12　代理服务器防火墙原理图

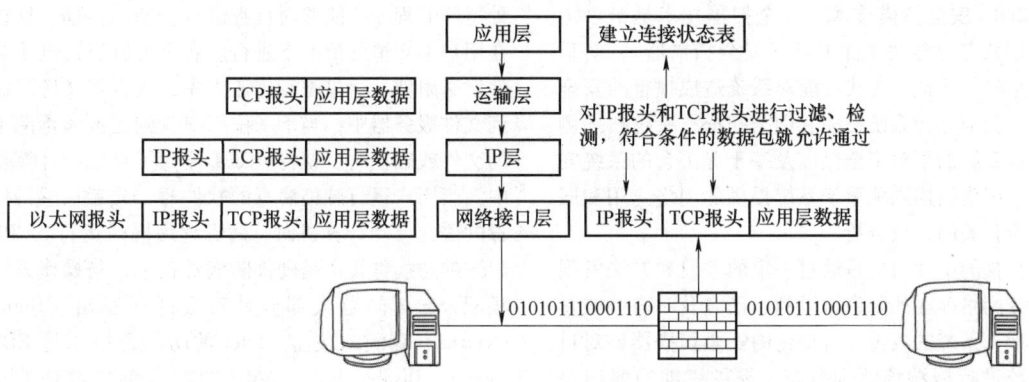

图 14.9-13　状态监测防火墙原理图

（5）其他防火墙　电路级网关防火墙也称为线路级网关防火墙，工作在会话层，在两个主机首次建立 TCP 连接时创建一个电子屏障。网络地址转换防火墙本质上是一种允许在互联网的不同地方重复使用相同的 IP 地址集的机制，在因特网应用中是一项非常实用的技术。主要应用在并行处理的动态负载均衡以及高可靠性系统的容错备份实现上，解决传统 IP 网络地址紧张的问题。个人防火墙是一种能够保护个人计算机系统安全的软件，可直接在用户的计算机上安装运行，使用与状态/动态检测防火墙相同的方式，保护一台计算机免受攻击。分布式防火墙负责对网络边界、各子网和网络内部节点间的安全防护。

207　入侵检测技术　入侵检测（Intrusion Detection System, IDS）是通过监视各种操作，分析、审计各种数据和现象来实时检测入侵行为的过程，是一种积极和动态的安全防御技术。入侵检测的内容涵盖了授权和非授权的各种入侵行为。

入侵检测系统不但能检测入侵的发生，还能通过一定的响应方式，实时中止入侵行为的发生和发展，实时保护信息系统不受实质性的攻击。与其他网络安全设备的不同处在于，入侵检测是积极主动的安全防护技术。入侵检测系统由主体、客体、审计记录、活动参数、异常记录和活动规则六部分组成，技术原理见图14.9-14。

入侵检测系统的检测机制有两种模式：异常检测和误用检测，使用时可采用两种混合的检测机制。异常检测模式将系统或用户行为与正常行为比较来判别是否为入侵行为，先给出一个系统正常行为的特征列表（白名单），将系统或用户行为特征和白名单中的行为特征进行比较，如果匹配，判定系统或用户的行为是正常行为；否则判定系统或用户的行为是入侵行为。特征一般由用户、用户组、应用程序、系统等的经验数据组成。异常检测易产生误报和漏报的问题。误用检测模式假定每个入侵行为都能够用一个独特的模式或特征所代表，在系统中建立异常行为的特征库，将系统或用户的行为与特征库进行比较。若特征匹配，判断系统或用户的行为是入侵行为；否则判定系统或用户行为是正常行为。误用检测不能检测未知的、未被描述的攻击，不能预测新的攻击，只能检测出已发生过的攻击。

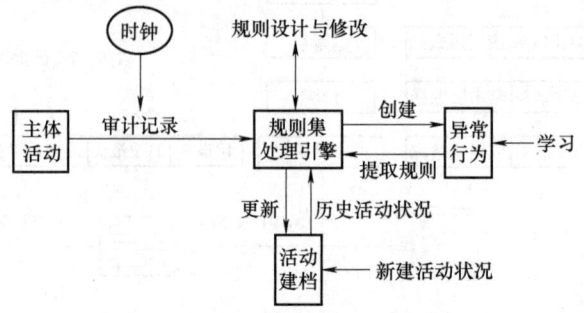

图 14.9-14　入侵检测技术原理图

208　安全扫描技术　安全扫描技术是指手工或使用特定的自动软件工具（安全扫描器），对系统风险进行评估，寻找可能对系统造成损害的安全漏洞。扫描分为系统扫描和网络扫描，系统扫描侧重主机系统的平台安全性以及基于此平台的系统安全性，网络扫描则侧重于系统提供的网络应用和服务以及相关的协议分析。

扫描的主要目的是通过一定的手段和方法发现系统或网络存在的隐患，以利于己方及时修补或发动对敌方系统的攻击。自动化的安全扫描器要对目标系统进行漏洞检测和分析，提供详细的漏洞描述，针对安全漏洞提出修复建议和安全策略，生成完整的安全性分析报告，为网络管理完善系统提供重要依据。安全扫描技术与防火墙、安全监控系统互相配合能够提供高安全性网络。

安全扫描器主要包括两种类型：①本地扫描器或系统扫描器：扫描器和待检系统运行于同一节点，进行自身检测；②远程扫描器或网络扫描器：扫描器和待检系统运行于不同节点，通过网络远程探测目标节点，寻找安全漏洞。

网络扫描器通过网络来测试主机安全性，检测主机当前可用的服务及开放端口，查找可能被远程试图恶意访问者攻击的漏洞、隐患及安全脆弱点。系统扫描器用于扫描本地主机，查找安全漏洞，查杀病毒、木马、蠕虫等危害系统安全的恶意程序。另外还有一种相对少见的数据库扫描器，比如 ISS 公司的 Database Scanner，工作机制类似于网络扫描器，主要用于检测数据库、系统的安全漏洞及各种隐患。

209　病毒防范与过滤技术　计算机病毒是一种特殊的程序，能够对自身进行复制和传播，往往在用户不知情的情况下进行。病毒可以通过电子邮件发送附件，通过磁盘传递程序，或者将文件复制到文件服务器中，当下一位用户收到已被病毒感染的文件或磁盘时，就将病毒传播到了自己的计算机中。当用户运行感染病毒的软件时，或者从感染病毒的磁盘启动计算机时，病毒程序同时运行。CPU 内嵌的防病毒技术是硬件防病毒技术，与操作系统相配合，可防范大部分针对缓冲区溢出（Buffer Overrun）漏洞的攻击。Intel 的防病毒技术是 EDB（Excute Disable Bit），AMD 的防病毒技术是 EVP（Ehanced Virus Protection），原理都是大同小异的。

防病毒技术主要包括病毒预防技术、病毒检测技术和病毒清除技术等。

（1）病毒预防技术　通过一定的技术手段防止计算机病毒对系统传染和破坏。计算机病毒的预防采用对病毒的规则进行分类处理，在程序运作中一旦有类似的规则出现，则认定是计算机病毒。

（2）病毒检测技术　计算机病毒的检测技术指通过一定的技术手段判定出特定计算机病毒的一种技术。病毒检测技术有两种：一种是根据计算机病毒的关键字、特征程序段内容、病毒特征及传染方式、文件长度的变化，在特征分类的基础上建立的病毒检测技术；另一种是不针对具体病毒程序的自身校验技术。

（3）病毒清除技术　计算机病毒的清除技术是计算机病毒检测技术发展的必然结果，是计算机病毒传染程序的一种逆过程。清除病毒大都是在某种病毒出现后，通过对其进行分析研究而研制出来的具有相应解毒功能的软件。

210　灾难备份与恢复技术　灾难指由于人为或自然的原因，造成信息系统运行严重故障或瘫痪，使系统支持的业务功能停顿或服务水平不可接受，达到特定的时间的突发事件，包括地震、火灾、水灾等自然灾难，以及战争、恐怖袭击、网络攻击、设备系统故障和人为破坏等。

灾难备份指利用技术、管理手段以及相关资源，确保已有的关键数据和关键业务在灾难发生后在确定的时间内可以恢复和继续运营的过程。灾难备份三要素：①冗余性，系统发生故障，另一个系统能够保持数据传送的顺畅；②长距离性，灾害总是在一定范围内发生，保持足够长的距离才能保证数据不会被同一个灾害全部破坏；③可复制性，灾难备份系统追求全方位的数据复制。

由于数据备份占据重要地位，它已经成为计算机领域里相对独立的分支。一般来说，各种操作系统所附带的备份程序都有着这样或那样的缺陷，若要对数据进行可靠的备份，必须选择专门的备份软、硬件，并制定相应的备份及恢复方案。比较常见的备份方式有：①定期磁带备份数据；②远程磁盘库备份，将数据传送到远程备份中心制作完整的备份磁盘；③远程关键数据、磁带备份，采用磁带备份数据，运行主机实时向备份机发送关键数据；④远程数据库备份，在与主数据库所在运行主机相分离的备份机上建立主数据库的复制；⑤网络数据镜像，对运行系统的数据库数据和所需跟踪的重要目标文件的更新进行监控与跟踪，将更新日志实时通过网络传送到备份系统，备份系统根据日志对磁盘进行更新；⑥远程镜像磁盘，通过高速光纤通道线路和磁盘控制技术将镜像磁盘延伸到远离运行主机的地方，镜像磁盘数据与主磁盘数据完全一致，更新方式为同步或异步。

灾难恢复指将信息系统从灾难造成的故障或瘫痪状态恢复到可正常运行状态，将其支持的业务功能从灾难造成的不正常状态恢复到可接受状态的活动和流程。灾难恢复比灾难备份的外延要大。实现灾难恢复的基础是有良好的灾难备份规划、实施和日常管理措施。灾难恢复是一项既包括技术，也包括业务和管理的周密的系统工程。一个完整的灾难备份系统主要由数据备份系统、备份数据处理系统、备份通信网络系统和完善的灾难恢复计划组成。

参 考 文 献

[1]　姚冬苹，黄清，赵红礼. 数字微波通信 [M]. 北京：清华大学出版社，北京交通大学出版社，2004.

[2]　胡先志. 光纤光缆工程测试 [M]. 北京：人民邮电出版社，2001.

[3]　宋祖顺，等. 现代通信原理 [M]. 3 版. 北京：电子工业出版社，2011.

[4]　樊昌信，曹丽娜. 通信原理 [M]. 6 版. 北京：国防工业出版社，2012.

[5]　严晓华，包晓蕾. 现代通信技术基础 [M]. 3 版. 北京：清华大学出版社，2019.

[6]　樊昌信. 通信原理教程 [M]. 7 版. 北京：电子工业出版社，2023.

[7]　倪维桢，高鸿翔. 数据通信原理 [M]. 北京：北京邮电大学出版社，2020.

[8]　陈光军. 数据通信技术与应用 [M]. 北京：北京邮电大学出版社，2008.

[9]　周炯槃，等. 通信原理 [M]. 3 版. 北京：北京邮电大学出版社，2008.

[10]　李斯伟，胡成伟. 数据通信技术 [M]. 3 版. 北京：人民邮电出版社，2011.

[11]　陈启美，李嘉. 现代数据通信教程 [M]. 3 版. 南京：南京大学出版社，2008.

[12]　达新宇，林家薇，等. 数据通信原理与技术 [M]. 2 版. 北京：电子工业出版社，2010.

[13]　吴德本. 新编电信技术概论 [M]. 北京：人民邮电出版社，2003.

[14]　纪越峰. 现代通信技术 [M]. 5 版. 北京：北京邮电大学出版社，2020.

[15]　黄载禄. 通信原理 [M]. 北京：科学出版社，2007.

[16]　朱祥华. 现代通信基础与技术 [M]. 北京：人民邮电出版社，2004.

[17]　桑林. 数字通信 [M]. 北京：北京邮电大学出版社，2003.

[18]　卞佳丽. 现代交换原理与通信网技术 [M]. 北京：北京邮电大学出版社，2005.

[19]　啜钢，王文博，常永宁，等. 移动通信原理与系统 [M]. 4 版. 北京：北京邮电大学出版社，2019.

[20]　牛玉冰，代毅，马祖苑，等. 计算机网络技术基础 [M]. 2 版. 北京：清华大学出版社，2016.

[21]　杨瑞良，李平. 计算机网络技术基础 [M]. 北京：北京大学出版社，2008.

[22]　孙学康，张政. 微波与卫星通信 [M]. 2 版. 北京：人民邮电出版社，2007.

[23]　姚彦，梅顺良，高葆新，等. 数字微波中继通信工程 [M]. 北京：人民邮电出版社，1990.

[24]　甘良才，杨桂文，茹国宝. 卫星通信系统 [M]. 武汉：武汉大学出版社，2002.

[25]　肖萍萍，吴健学等. SDH 原理与技术 [M]. 北京：北京邮电大学出版社，2002.

[26]　傅海阳，赵品勇. SDH 微波通信系统 [M]. 北京：

人民邮电出版社，2000.

[27]　刘国梁，荣昆璧. 卫星通信 ［M］. 西安：西安电子科技大学出版社，1994.

[28]　王丽娜，王兵. 卫星通信系统 ［M］. 北京：国防工业出版社，2014.

[29]　李白萍，姚军. 微波与卫星通信 ［M］. 2 版. 西安：西安电子科技大学出版社，2020.

[30]　郑林华，韩方景. 卫星移动通信原理与应用 ［M］. 北京：国防工业出版社，2000.

[31]　黄天波. 4G 网络特征分析及网络规划浅谈 ［J］. 中国新信，2016，18（11）：65.

[32]　OSSEIRAN A，MONSERRAT J F，MARSCH P. 5G 移动无线通信技术 ［M］. 陈明，缪庆育，刘愔，译. 北京：人民邮电出版社，2017.

[33]　张传福，赵立英，张宇等编著. 5G 移动通信系统及关键技术 ［M］. 北京：电子工业出版社，2018.

[34]　刘毅，刘红梅，张阳，郭宝. 深入浅出 5G 移动通信 ［M］. 北京：机械工业出版社，2019.

[35]　李正茂，王晓云，张同须. 5G+：5G 如何改变社会 ［M］. 北京：中信出版集团，2019.

[36]　胡先志，刘一. 光纤通信概论 ［M］. 北京：人民邮电出版社，2012.

[37]　胡庆，刘鸿，张德民，杨晓波. 光纤通信系统与网络 ［M］. 北京：电子工业出版社，2014.

[38]　顾生华. 光纤通信技术 ［M］. 北京：北京邮电大学出版社，2016.

[39]　胡先志，胡佳妮. 光纤通信技术 ［M］. 北京：北京邮电大学出版社，2011.

[40]　胡庆，殷茜，张德民. 光纤通信系统与网络 ［M］.

4 版. 北京：电子工业出版社，2019.

[41]　张兴周，孟克. 现代光纤通信技术 ［M］. 哈尔滨：哈尔滨工程大学出版社，2003.

[42]　王辉，王平，于虹. 光纤通信 ［M］. 北京：电子工业出版社，2019.

[43]　沈建华，陈健，李履信. 光纤通信系统 ［M］. 北京：机械工业出版社，2014.

[44]　梁瑞生，王发强. 现代光纤通信技术及应用 ［M］. 北京：电子工业出版社，2018.

[45]　朱祥华. 现代通信基础与技术 ［M］. 北京：人民邮电出版社，2004.

[46]　刘洪亮. 信息安全技术 ［M］. 北京：人民邮电出版社，2019.

[47]　陆学锋. 信息通信网络技术 ［M］. 北京：清华大学出版社，北京交通大学出版社，2005.

[48]　贾如春. 信息安全基础 ［M］. 北京：电子工业出版社，2020.

[49]　胡国胜. 信息安全基础 ［M］. 北京：电子工业出版社，2019.

[50]　裴昌幸，朱畅华，聂敏，等. 量子通信 ［M］. 西安：西安电子科技大学出版社，2013.

[51]　杨伯君，马海强. 量子通信基础 ［M］. 2 版. 北京：北京邮电大学出版社，2020.

[52]　黄超，李云霞，蒙文，等. 模式耦合对模分复用同传系统中量子误码率的影响 ［J］. 光学学报，2020，40（4）：32-37.

[53]　龙鑫. 基于偏振纠缠光子对的 Mach-Zehnder 干涉相位测量 ［D］. 成都：西南交通大学，2021.

第 **15** 篇

火力发电

主　　编　马欣强（中国电力工程顾问集团西北电力设计院有限公司）
参　　编　徐　斌（中国电力工程顾问集团西北电力设计院有限公司）
　　　　　赵兴春（中国电力工程顾问集团西北电力设计院有限公司）
　　　　　周朝辉（中国电力工程顾问集团西北电力设计院有限公司）
　　　　　仇　韬（中国电力工程顾问集团西北电力设计院有限公司）
　　　　　刘世友（中国电力工程顾问集团西北电力设计院有限公司）
　　　　　李　诚（中国电力工程顾问集团西北电力设计院有限公司）
　　　　　张宝俊（中国电力工程顾问集团西北电力设计院有限公司）
　　　　　康爱军（中国电力工程顾问集团西北电力设计院有限公司）
主　　审　李淑萍（中国电力工程顾问集团西北电力设计院有限公司）
　　　　　张欢畅（中国电力工程顾问集团西北电力设计院有限公司）
　　　　　毕建惠（中国电力工程顾问集团西北电力设计院有限公司）
　　　　　樊　涛（中国电力工程顾问集团西北电力设计院有限公司）
责任编辑　翟天睿

第1章 火力发电概述

1.1 火电厂类型及系统

1 火电厂类型 火电厂是利用可燃物作为燃料生产电能的工厂。火电厂的分类见表 15.1-1。

2 火电厂效率[3] 火电厂燃料中的化学能转换为电能的百分比称为火电厂效率,也可以认为是组成发电系统的锅炉、汽轮机、发电机及其系统在发电及供热过程中热能的利用率。目前,超临界及以上参数的火电厂效率可达到 48%~50%。以油、气为燃料的 F 级、H 级联合循环机组火电厂效率可达到 60%~64%。

表 15.1-1 火电厂的分类

分类	型式	简要说明
按供电范围	区域电厂 孤网电厂 自备电厂	在电网内运行,承担一定区域性供电的发电厂 不并入电网内,单独运行的发电厂 企业自己建造,供本单位用电的发电厂(通常与电网相连)
按供出能源	发电厂 热电厂	只向外供应电能的电厂 同时供热和供电的电厂
按使用要求	基本负荷电厂 调峰负荷电厂	承担电网中基本电力负荷 承担电网中调峰电力负荷
按所用燃料	燃煤电厂 燃油电厂 燃气电厂 生物质电厂 垃圾电厂	以煤为燃料的电厂,按煤的特性大致分为无烟煤、烟煤、褐煤和劣质煤四类 以油或渣油为燃料的电厂 以天然气或企业副产品煤气为燃料的电厂 以秸秆、农林作物籽实外壳和木屑等碎料为燃料的电厂 以城镇垃圾为燃料的电厂
按冷却方式	水冷型电厂 空冷型电厂	汽轮机排汽采用直流供水或二次循环供水冷却方式 汽轮机排汽采用空气系统冷却方式,包括直接空冷和间接空冷两种型式
按蒸汽压力[1,2]	低温低压电厂 中温中压电厂 高压电厂 超高压电厂 亚临界电厂 超临界电厂 超超临界电厂 高效超超临界电厂	汽轮机进口蒸汽压力为 1.28MPa,温度为 340℃ 汽轮机进口蒸汽压力为 3.43MPa,温度为 435℃ 汽轮机进口蒸汽压力为 8.8MPa,温度为 535℃ 汽轮机进口蒸汽压力为 12.7MPa/13.2MPa,温度为 540℃/540℃ 汽轮机进口蒸汽压力为 16.7MPa,温度为 540℃/540℃ 汽轮机进口蒸汽压力大于 24.2MPa,温度为 566℃/566℃ 汽轮机进口蒸汽压力为 25MPa/26.25MPa,温度为 600℃/600℃ 汽轮机进口蒸汽压力为 27MPa 及以上,温度为 600℃/600℃ 及以上
按原动机	汽轮机发电厂 燃气轮机发电厂	有凝汽式、抽凝式、背压式和抽背式机组 通常与蒸汽轮机组成燃气-蒸汽联合循环发电厂

提高火电厂效率除了通过提高锅炉、汽轮机等设备的制造和运行水平以外，还可通过提高机组新蒸汽参数，采用超临界、超超临界参数，或降低汽轮机排汽压力；另一途径是充分利用汽轮机的抽汽或排汽的潜热供工业生产和生活取暖、制冷，从而减少汽轮机排汽带走的热量损失。

火电厂发电效率 η_c 可以表示为汽轮发电机组效率、锅炉热效率和管道效率的乘积：

$$\eta_c = \eta_t \eta_b \eta_g$$

式中，三个 η 按下角标分别为汽轮发电机组效率、锅炉效率、管道效率。汽轮发电机组效率由汽轮机循环热效率、汽轮机相对内效率、机械效率和发电机效率组成。

火电厂发电效率 η_c 也可按下式计算：

$$\eta_c = \frac{3\,600 P_{el}}{B Q_{net,v,ar}} = \frac{3\,600}{q_c} = \frac{3\,600}{q_o} \eta_b \eta_p$$

式中　P_{el}——发电机输出功率（kW）；

　　　B——锅炉燃料消耗量（kg/h）；

　　　q_c——发电厂热耗率 [kJ/（kW·h）]；

　　　q_o——汽轮机组热耗率 [kJ/（kW·h）]；

　　　$Q_{net,v,ar}$——燃料的低位发热量（kJ/kg）。

在工程实践中通常以标准煤耗率反映火电厂效率或经济性，以 b_b 表示发电标准燃料煤耗率 [kg（标准煤）/（kW·h）] 为

$$b_b = \frac{0.123}{\eta_c}$$

以 $b_{b,gd}$ 表示供电煤耗率 [kg（标准煤）/（kW·h）] 为

$$b_{b,gd} = \frac{B}{P_{el} - P_h} = \frac{0.123 p_{el}}{\eta_c (p_{el} - p_h)}$$

式中　p_h——厂用电功率（kW）。

各种蒸汽参数的火电厂发电效率见表 15.1-2。

表 15.1-2　各类火电厂发电效率

项目		中温中压电厂	高压电厂	超高压电厂	亚临界电厂	超临界电厂	超超临界电厂	高效超超临界电厂	二次再热超超临界电厂
汽轮机新蒸汽参数	压力/MPa	3.4	8.8	13.2	16.7	24.2	25	28	31
	温度/℃[①]	435	535	535/535	538/538	566/566	600/600	600/620	600/620/620
锅炉效率（%）[②]		89	90	91	93	93.5	94.5	94.5	94.5
汽轮发电机组效率（%）[③]		30	38	42	45.5	48	49	49.6	50.2
管道效率（%）[④]		97	97	97	99	99	99	99	99
火电厂总效率 η_c（%）		25.9	33.2	37.1	41.9	44.4	45.8	46.4	47.0
发电标准煤耗 [g/（kW·h）]		474.9	370.8	331.8	293.6	276.8	268.3	265.1	261.9

① 一个温度表示为主蒸汽温度、两个温度表示为主蒸汽温度/再热蒸汽温度。

② 锅炉效率按烟煤进行计算，采用国内较先进的数据。

③ 汽轮发电机组效率均按湿冷汽泵机组，采用国内较先进的数据。

④ 管道效率，大容量机组取为 99%，中小容量机组取为 97%。

对于热电厂，应根据总热耗量在发电及供热两方面的分配结果，分别计算发电及供热的效率和标准煤耗，参见本篇条目 122。

3　基本系统组成　火电厂的生产过程是能量转化过程，基本上可分成燃料系统、燃烧系统、汽水系统、电气系统和控制系统，主要流程和基本要求见表 15.1-3。

表 15.1-3　火电厂主要生产系统

名称	任务	主要流程	基本要求
燃料系统	气体、液体、固体燃料卸载和输送	1）气体燃料流程：厂外管道由输送到进厂的管系、调压站和供气管道、吹扫、排空管道等组成。燃用液化天然气（LNG）或液化石油气（LPG）的电厂需设置独立的液化气接收、贮存和气化站，向电厂供气； 2）液体燃料流程：厂外可通过铁路车辆、船舶、输油管线或汽车等运输至厂内配置的卸载、贮存和输送的有关设备和管线设施； 3）固体燃料流程：厂外可通过铁路车辆、船舶、汽车运输、长距离胶带、架空索道等运输至厂内计量、卸载、储存、筛分、破碎、输送的有关设备和设施	1）气体燃料系统的敷设应考虑必要的安全防爆措施，室内应设气体监测报警装置和消防安全设施； 2）液体燃料系统应考虑安全检测和消防设施； 3）具有一定的机械化和自动化。系统流程短、转运环节少，占地面积小，投资少。配置防除尘设施，改善环境污染
燃烧系统	用煤将炉水加热成蒸汽（化学能转化为热能）、燃料产物的净化	1）燃料制备流程：燃用固体燃料的锅炉，需按不同燃烧方式对燃料进行制备。对层燃炉煤破碎到 25mm 以下。对流化床锅炉需增设二级破碎设施，破碎到 8mm 以下，平均 $200\sim300\mu m$。对悬浮燃烧锅炉需增设煤粉制备系统。制粉常用磨煤机有低速（筒式）、中速（辊式、球式）和高速（风扇式、锤击式）三种； 2）通风流程：燃料燃烧所需要的空气由送风机供给，并经空气预热器加热到 $300\sim400℃$。根据锅炉燃烧需要，将燃烧用的空气分成一次风、二次风，分别送入炉膛。一次风携带煤粉或液体、气体燃料经燃烧器进入炉膛； 3）烟气净化流程：燃料和空气在炉膛内燃烧产生的烟气，根据燃料的不同，均携带有一定的尘粒、二氧化硫（SO_2）、氮氧化物（NO_x）等有害物质。燃煤锅炉通过除尘设备、脱硫装置、脱硝装置等净化处理烟气中的污染物，满足规定排放标准后，烟气经引风机排入烟囱。当燃用天然气不能满足氮氧化物（NO_x）排放标准时，需设置烟气脱硝装置； 4）排灰流程：炉底排出的灰渣以及除尘器下部排出的细灰由机械、气力或水力除灰排往贮灰场。贮灰场有水力堆灰和干灰碾压两种方式	1）磨煤及通风的电耗较小； 2）力求达到完全燃烧，使锅炉效率≥90%； 3）烟气排放符合国家或地方环境质量标准； 4）有粉煤灰综合利用条件的火电厂，应按照干湿分排、粗细分排和灰渣分排原则，配置粉煤灰的集中系统
汽水系统	蒸汽推动汽轮机做功（热能转化为机械能）	1）汽水流程：蒸汽引入汽轮机做功后排入凝汽器冷凝成水，再经升压、除氧、加热后送回炉内，形成闭合汽水循环； 2）补给水流程：汽水循环中的损失必须补充，补给水要处理合格后送入汽水系统； 3）冷却水流程：排汽的大量潜热由冷却水带走，由冷却水的吸收和冷却设施等构成冷却水流程	1）汽水循环中汽水损失较低； 2）尽可能利用抽汽回热凝结水，提高给水温度； 3）节约用水、废水零排放

（续）

名称	任务	主要流程	基本要求
电气系统	汽轮机带动发电机发电（机械能转化为电能）	1）供电流程：发电机发出的电能经升压后向外供电，以减少线路损失； 2）厂用电流程：厂内自用电经降压后供给各种辅机用电	1）发供电安全可靠； 2）能迅速切除故障； 3）调度灵活； 4）电能质量符合标准
控制系统	操作机械化、自动化，即实现自动检测、自动保护、顺序控制、自动调节和管理，以及信息处理	1）数据采集、监视系统； 2）机炉协调控制系统； 3）锅炉自动化控制系统； 4）汽轮机自动控制系统； 5）发电机和电气控制系统； 6）旁路控制系统； 7）辅助设备及各支撑的自动控制系统； 8）就地控制系统； 9）全厂信息管理系统：厂级监控信息系统（SIS）和电厂管理信息系统（MIS）	1）降低劳动强度，改善劳动条件，提高运行水平； 2）提高劳动生产率； 3）保证机组安全、经济运行； 4）保证发电质量； 5）监视和控制发电过程对环境的污染

第2章 热工原理

2.1 热工参数

4 气体的状态参量 用来描述气体热力系状态的宏观特性量。气体状态参数可分为强度参数和广延参数两类，强度参数与质量无关，不可相加，如压力、温度、比容等；广延参数与质量成正比，可以相加，如内能、焓、熵。

（1）压力 有绝对压力 P_s（以完全真空作为测量起点）和表压力 P_g（以当地大气压力作为测量起点）之分，绝对压力＝表压＋当地大气压力。当绝对压力低于当地大气压时则为真空。

（2）温度 工程上常用温度有热力学温标 T，单位为 K；摄氏温度 t，单位为℃。$T = t + 273.15K$。

（3）其他状态参量 见表 15.2-1。

表 15.2-1 气体的状态参量

序号	名称及符号	含义		单位	简要说明
1	比容 v	1kg 工质占有的容积		m^3/kg	比容的倒数即密度 ρ
2	热容、比热容	1) 一定数量物质的温度升高或降低1℃时所吸收或放出的热量称为该物质的热容； 2) 单位数量物质的温度变化1℃所吸收或放出的热量，称为该物质的比热容			
		按表示物质数量单位不同分为	质量热容（又称比热容）c 体积热容 c_V 摩尔热容 c_m	kJ/(kg·K) kJ/(m³·K) kJ/(kmol·K)	$c_V = \rho_0 c$ $c_m = \mu c = 22.4 c_V$
		按热力过程不同分为	比定压热容 c_P 比定容热容 c_V	—	c_P 总是大于 c_V
		平均比热容 $\bar{c}_{12}$ 表示单位物质在 $t_1 \sim t_2$ 范围内吸收或放出的热量 q_{12} 与温差 $t_2 - t_1$ 之比。		—	$\bar{c}_{12} = \dfrac{q_{12}}{t_2 - t_1}$
		通常平均比热容表中给出的都是从0℃起到某一温度 t 的平均比热容 $\bar{c}_t$		—	$\bar{c}_t = \dfrac{q_t}{t-0} = \dfrac{q_t}{t}$ 或 $q_t = \bar{c}_t t$
		平均比热容与热量之间关系： $q_{12} = q_2 - q_1 = \bar{c}_2 t_2 - \bar{c}_1 t_1$		—	当温度在150℃以下进行近似计算时，可采用：$q = c\Delta t$
3	焓 h	流体中的总焓热量，实质上是流体内部分子的内能和流动压力势能（或流动功）之和，单位质量的焓热量称为比焓。比焓 h 是一个状态参数，根据其值的变化，可以简便地计算出定压过程的热量： $q = (u_2 + pv_2) - (u_1 + pu_1) = h_2 - h_1$		kJ/kg	$h = u + pv$ 式中 u—流体分子的比内能 pv—流体的流动功

（续）

序号	名称及符号	含义	单位	简要说明
4	熵、比熵	熵是热力学中用来定量地描述能量有效性的状态参数，用 S 表示。 如工质在可逆过程中的微小换热量为 dQ，则 dQ 与温度 T 之比为状态参数 S 的微小变化量 dS，即 $dS = \dfrac{dQ}{T}$ 熵 S：$S = S_0 + \displaystyle\int \dfrac{dQ}{T}$ 单位质量的熵称为比熵 s：$s = s_0 + \displaystyle\int \dfrac{dq}{T}$	kJ/K kJ/(kg·K)	因 T 恒为正值，当工质从外界吸热时 $dq>0$，比熵增加；向外放热时 $dq<0$，比熵减少。故比熵变化反映过程中传热的方向。在孤立体系中，过程总是朝向比熵增加的方向进行，$\Delta S \geqslant 0$，这反映了体系做功能力的损失或能量的贬值

5 蒸汽参数 动力工程中的蒸汽通常使用气体的状态参量来描述其具体特性。在蒸汽图表上，以饱和水与干饱和蒸汽线为界划分为未饱和水区、湿蒸汽和过热蒸汽三个区域。过热蒸汽、干饱和蒸汽、饱和水及未饱和水的状态参数都可从水蒸气图表中查出，对湿蒸汽的参数可通过的计算得到。

$$比焓 \ h_x = xh'' + (1-x)h' = x(h''-h') + h'$$
$$比容 \ v_x = x(v''-v') + v'$$
$$比熵 \ S_x = x(S''-S') + S'$$

式中　　x——水蒸气干度；

h'、v'、S'——饱和水的比焓、比体积和比熵；

h''、v''、S''——饱和蒸汽的比焓、比体积和比熵。

随着压力的增加，等压线上饱和水与干饱和蒸汽两点间的距离逐渐缩短，直到临界点时重合。水蒸气的临界参数为

压力 P_k：22.12MPa

温度 T_k：374.15℃

比体积 v_k：0.003 17m^3/kg

比焓 h_k：2 107.4kJ/kg

2.2 热力循环

6 水蒸气的热力循环 水蒸气的热力循环类型见表15.2-2。

表 15.2-2 水蒸气的热力循环类型[4]

序号	循环类型	简要说明
1	简单循环（朗肯循环）见图15.2-1	蒸汽动力装置最简单的基本循环 朗肯循环的热效率 $$\eta_t = \frac{AL}{q} = \frac{(h_1-h_2)-(h_4-h_3)}{(h_1-h_3)-(h_4-h_3)}$$ 式中　　h_1、h_2——汽轮机进口和排汽的蒸汽比焓； 　　　　h_3、h_4——给水泵进口和出口的给水比焓
2	回热循环见图15.2-2	1）从汽轮机某些中间级后抽出做过功的部分蒸汽用以加热给水，称为给水回热，构成回热循环； 2）利用已做过功的抽汽热量来加热给水，使循环的冷源损失减少，热效率可较朗肯循环显著提高。目前，中、低参数机组多采用3~5级回热抽汽，高参数机组多采用7~9级回热抽汽

（续）

序号	循环类型	简要说明
3	再热循环 见图 15.2-3	1）将汽轮机高压缸内已做过功的蒸汽引入锅炉再热器中加热，提高温度后送回汽轮机，在中、低压缸内继续做功； 2）根据再热次数可分为一次再热和二次再热； 3）采用中间再热可提高蒸汽终干度，改善汽轮机低压缸叶片的工作条件。通过优化选择再热压力还可提高循环效率； 4）再热压力一般选用为初压的 20%～30%，再热汽温与初温相等或相近
4	再热回热循环	采用中间再热循环的机组往往同时具有给水的多级回热循环，见图 15.2-3

7 超临界机组热力循环 超临界机组是将汽轮机进口初压提高到临界压力以上的水蒸气循环，其热力循环示意见图 15.2-4。水的临界压力为 $P_c = 22.129\text{MPa}$，临界温度 $t_c = 373.99℃$，此时饱和水与饱和蒸汽将没有明显界限。当机组主蒸汽初参数超过水的临界状态时，即为超临界机组。超临界机组根据蒸汽参数的不同又分为超临界参数机组和超超临界参数机组。超超临界机组为汽轮机进口处主蒸汽压力达到 28.0MPa 以上，或主蒸汽温度和/或再热蒸汽温度为 593℃ 及以上的超临界机组[5]。

超临界机组在热力循环上的特点是：水在高于临界压力下受热时不发生沸腾，此时水既没有"饱和温度"，也不会产生水和汽的双相混合物，故超临界压力运行均采用无汽包的直流锅炉。

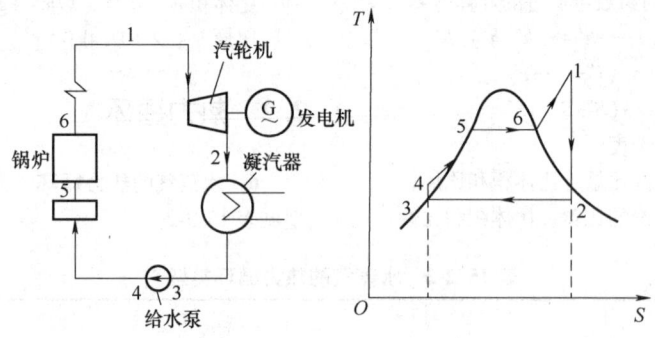

图 15.2-1 简单蒸汽动力装置及朗肯循环 T-S 图

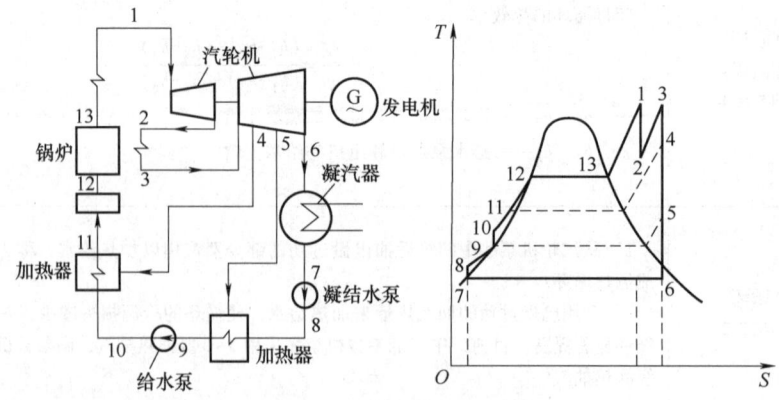

图 15.2-2 具有给水回热的汽轮机及其循环示意图

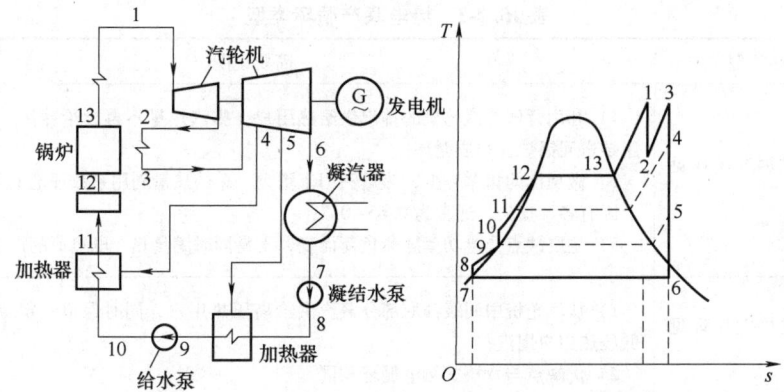

图 15.2-3　一次中间再热汽轮机及其循环示意图

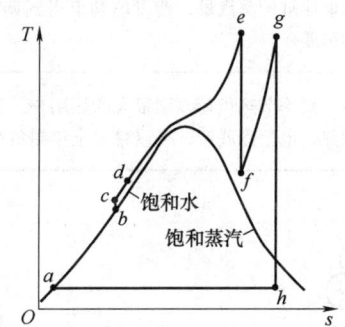

图 15.2-4　超临界机组热力循环示意图

超临界机组二次再热技术是以采用两次中间再热的蒸汽朗肯循环为基本动力循环的发电技术，其典型特征是超高压缸和高压缸出口工质分别被送入锅炉的高压再热器和低压再热器进行再热，在整个热力循环中实现了二次再热过程。图 15.2-5 所示为一次再热朗肯循环和二次再热朗肯循环的基础温-熵（T-S）图。二次再热循环增加了一个高温度参数的再热吸热过程，相当于提升了整个吸热过程的平均吸热温度，其发电效率比一次再热循环更高。二次再热机组通常选择更高的主蒸汽压力，与同温度水平的一次再热机组相比，二次再热机组的效率实际可提高约 2%~3%。

8　热电联产循环　热电联产循环类型见表 15.2-3。

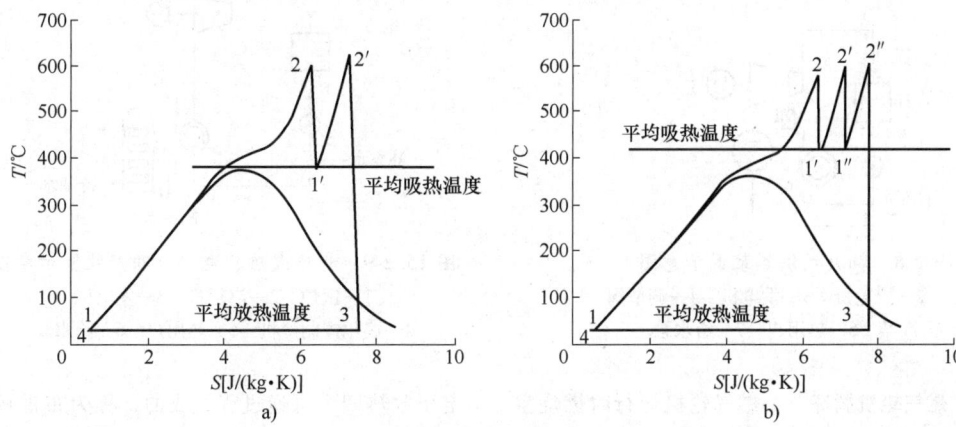

图 15.2-5　一次再热与二次再热循环对比

a）一次再热　b）二次再热

表 15.2-3　热电联产循环类型

序号	循环类型	简要说明
1	背压式热电循环见图 15.2-6	1）利用背压式汽轮机的排汽供给热用户，排汽热量不再放给冷源，回收的凝结水用泵送回锅炉，构成循环； 2）做功比朗肯循环少，热量利用率增大，总的热量利用系数理论上可到 1.0，实际上因有各种损失，通常为 0.65~0.7； 3）主要缺点是电功率随热负荷而变，不易同时满足热、电负荷的需求
2	抽背式热电循环见图 15.2-7	1）从汽轮机中间级抽取部分蒸汽供给高压热用户，同时保留一定背压的排汽，供低压热用户用汽； 2）优缺点与背压式热电循环相同
3	抽凝式热电循环见图 15.2-8	利用调整抽汽式汽轮机的抽汽供给热用户，借助抽汽调节阀的作用，可以控制通往热用户及低压缸的蒸汽量，使发电功率得到调节，从而能在较大范围内同时满足热、电用户的需要
4	热、电、冷联产循环见图 15.2-9	对于冬、夏季节热负荷差别很大的热用户，利用蒸汽制冷装置，增加夏季制冷热负荷，实现热、电、冷联产，可以稳定全年热负荷，提高热电循环机组的利用小时数

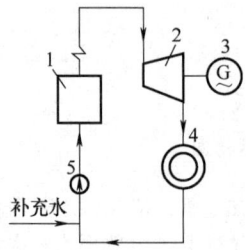

图 15.2-6　背压式供热装置示意图
1—锅炉　2—汽轮机　3—发电机　4—热用户　5—给水泵

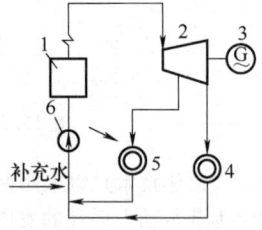

图 15.2-7　抽背式供热装置示意图
1—锅炉　2—汽轮机　3—发电机　4—低压热用户
5—高压热用户　6—给水泵

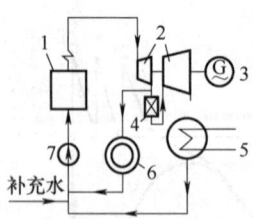

图 15.2-8　抽凝式供热装置示意图
1—锅炉　2—汽轮机　3—发电机　4—调节阀
5—凝汽器　6—热用户　7—给水泵

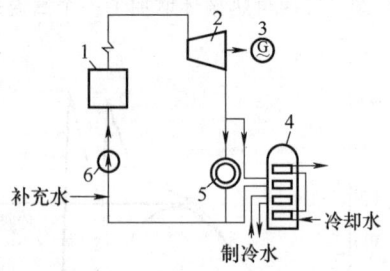

图 15.2-9　背压式热、电、冷联产装置示意图
1—锅炉　2—汽轮机　3—发电机
4—溴化锂制冷机　5—热用户　6—给水泵

9　燃气轮机循环[6]　燃气轮机运行时燃烧室中压力保持不变，这种定压燃烧燃气轮机装置的热力循环是由绝热压缩、定压吸热、绝热膨胀和定压放热四个可逆过程组成的，称为布雷顿循环（Brayton Cycle），其装置原理、p-v 图和 T-s 图见图 15.2-10a、b、c。

理想气体的布雷顿循环热效率 η_t 为

$$\eta_t = 1 - \frac{1}{\dfrac{T_2}{T_1}} = 1 - \frac{1}{\left(\dfrac{P_2}{P_1}\right)^{\frac{\kappa-1}{\kappa}}} = 1 - \frac{1}{\pi^{\frac{\kappa-1}{\kappa}}}$$

式中 π——增压比，即 P_2/P_1；

κ——工质的等熵指数（空气的 $\kappa = 1.40$，一般燃气的 $\kappa = 1.33$）。

根据上式，理想的布雷顿循环热效率只取决于循环增压比 π，且其值随 π 增大而提高，但实际上由于压气机和燃气涡轮机不可逆损耗的影响，对应于一定的增温比 $\tau(\tau = T_3/T_1)$，有一个内部效率最高的 π 值，超过该值反而会使效率下降，而增大 τ 值却总是使装置的内效率提高，见图 15.2-11。故提高燃气初温 T_3 以增大 τ，是提高燃气轮机循环效率的主要方向。

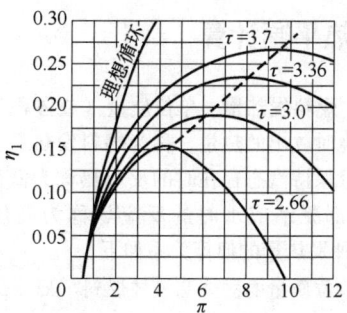

图 15.2-11 增温比 τ 及增压比 π 对最简单燃气轮机装置内部效率的影响

联合循环的热效率较之单独的燃气或蒸汽循环的热效率为高。目前，采用了回热、再热和多压余热锅炉等措施，采用天然气为燃料的 H 级联合循环实际总效率已达 64%。

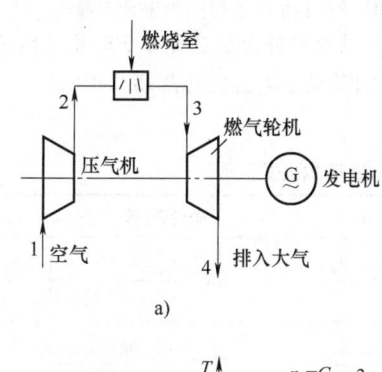

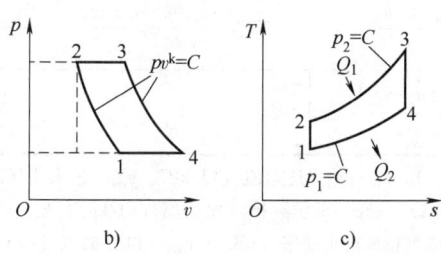

图 15.2-10 燃气轮机装置及理想热力循环图

a) 简单循环装置　b) p-v 图　c) T-s 图

10　燃气-蒸汽联合循环　常规型燃气-蒸汽联合循环是以燃气为高温工质、蒸汽为低温工质联合工作构成的一种热力循环。最常见的燃气-蒸汽联合循环装置及循环示意图见图 15.2-12。在该装置中，燃气轮机为定压加热的布雷顿简单循环，蒸汽轮机为朗肯简单循环，联合循环的加热量即燃气轮机循环的加热量 Q_{23}，放热量即蒸汽轮机循环的放热量 Q_{fa}，联合循环的热效率为

$$\eta_t = 1 - \frac{Q_{fa}}{Q_{23}}$$

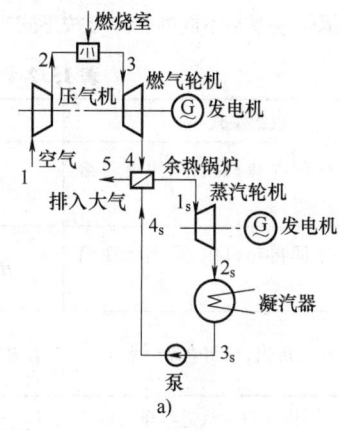

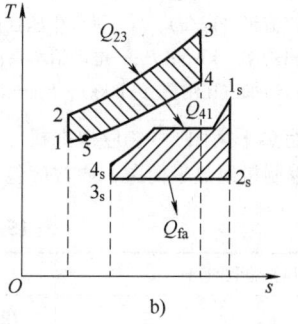

图 15.2-12 燃气-蒸汽联合循环装置及循环示意图

a) 循环装置　b) 循环示意图

2.3　热平衡计算

11　燃料发热量　单位质量（或体积）的燃料完全燃烧时放出的热量，称为燃料发热量。燃烧产物中水分保持汽态存在时的反应热称为低位发热量 Q_{net}，全部凝结成水时的反应热称为高位发热量 Q_{gr}。两种发热量的换算关系如下：

对单位质量的固体和液体燃料（kJ/kg）[4]

$$Q_{net,v,ar}=Q_{gr,v,ar}-226.1H_{ar}-25.1M_{ar}$$

式中　H_{ar}、M_{ar}——燃料收到基中氢和水分的质量分数。

对单位体积的气体燃料（kJ/m³）

$$Q_{net,v,ar}=Q_{gr,v,ar}-20\left(\varphi_{H_2}+\frac{1}{2}\sum n\varphi_{C_mH_n}+\varphi_w\right)$$

式中　φ_{H_2}、$\varphi_{C_mH_n}$、φ_w——燃料中氢、碳氢化合物及水蒸汽的体积分数。

在热平衡计算中，按高位发热量或低位发热量所计算的锅炉效率是不同的，并可按下式来换算：

$$Q_{net,v,ar}\eta_b=Q_{gr,v,ar}\eta_{b,gr}$$

式中　η_b——以低位发热量为基础的锅炉效率；

$\eta_{b,gr}$——以高位发热量为基础的锅炉效率。

在能耗计算中的能源消耗量常用每千克标准煤来表示，对标准燃料的低位发热量规定如下[7]：

低位发热量等于 29 307 千焦（kJ）的燃料，称为 1kg 标准煤（1kgce）。

12　机组热耗率及热平衡图

（1）汽轮机热耗率　生产单位电功率所消耗的热量，其计算原则如下：

1）外界加入系统的热量按汽轮机侧的焓值计算。

2）输出功率以可比的发电机端功率计算，当以主蒸汽或抽汽作为经常运行的给水泵驱动汽轮机的汽源时，毛热耗率计算中以发电机端功率与给水泵驱动汽轮机功率之和作为输出功率。

3）热耗率分为毛热耗率 HR_g 及净热耗率 HR_n 两种，计算的基本公式见表 15.2-4[3]。

表 15.2-4　汽轮机组热耗率计算基本公式

机组型式	毛热耗率/[kJ/(kW·h)]	净热耗率/[kJ/(kW·h)]
凝汽式中间再热机组，采用电动给水泵	$HR_g=\dfrac{q_{mo}(h_0-h_{fw})+q_{mr}(h_r-h_h)}{P_{el}}$	$HR_n=\dfrac{q_{mo}(h_0-h_{fw})+q_{mr}(h_r-h_h)}{P_{el}-P_{fw}}$
凝汽式中间再热机组，采用汽动给水泵	$HR_g=\dfrac{q_{mo}(h_0-h_{fw})+q_{mr}(h_r-h_h)}{P_{el}+P_{fw}}$	$HR_n=\dfrac{q_{mo}(h_0-h_{fw})+q_{mr}(h_r-h_h)}{P_{el}}$
抽汽供热式机组，采用电动给水泵	$HR_g=\dfrac{q_{mo}(h_0-h_{fw})+q_{mp}(h_p-h_{wp})}{P_{el}}$	—

注：q_{mo}—汽轮机主汽进汽量（kg/h）；h_0—主蒸汽比焓值（kJ/kg）；h_{fw}—给水比焓值（kJ/kg）；q_{mr}—进入中压缸再热蒸汽流量（kg/h）；h_r—进入中压缸再热蒸汽比焓值（kJ/kg）；h_h—高压缸排汽比焓值（kJ/kg）；P_{el}—发电机输出功率（kW）；P_{fw}—电动给水泵消耗功率或给水泵驱动汽轮机输出功率（kW）；q_{mp}—供热抽汽量（kg/h）；h_p—供热抽汽比焓值（kJ/kg）；h_{wp}—供热抽汽回水比焓值（kJ/kg）。

（2）机组热平衡图[5,8]　应根据机、炉、电的匹配情况来编制机组热平衡图，通常应包括下列工况，见表 15.2-5。

表 15.2-5　机组热平衡图典型工况

热平衡图工况	汽轮机工况和出力	锅炉蒸发量
汽轮机额定功率工况（TRL），为汽轮机的铭牌功率	在额定进汽参数、夏季背压下，3%补水量，发电机在额定条件下输出额定电功率	锅炉额定蒸发量，即汽轮机在 TRL 工况下的进汽量
汽轮机最大连续出力工况（TMCR），为汽机热耗和锅炉效率考核工况	在额定进汽参数、额定背压下，0%补水量，汽轮机进汽量与 TRL 工况的进汽量相同时，发电机在额定条件下输出的电功率	锅炉出力仍为额定蒸发量

（续）

热平衡图工况	汽轮机工况和出力	锅炉蒸发量
汽轮机阀门全开工况（VWO），为锅炉最大连续出力和汽轮机最大进汽量工况	在额定进汽参数、额定背压下，0%补水量，汽轮机的最大进汽量时，发电机在额定条件下输出的电功率	锅炉最大连续出力（BMCR），即是汽轮机在 VWO 工况下的汽轮机最大进汽量
高压加热器停用工况	当一台或多台高压加热器停运时，汽轮机在额定工况条件下，发电机输出的额定电功率	锅炉过热器、再热器不超温，安全连续运行
抽厂用蒸汽工况	通常以汽轮机额定工况为基础	—
机组部分负荷工况	取额定负荷的 80% ~ 85%、75%、50%、40%、30%，补水率为3%或0%	—

第3章 锅炉设备

3.1 燃料特性

13 固体燃料 主要是煤炭，还包括农林生物质和生活垃圾。

（1）煤的元素成分 通常包括：碳 C、氢 H、氧 O、氮 N、硫 S、灰分 A 和水分 M 等项，这些成分以及煤的工业分析成分用质量百分数来表示，并可分为几种不同的基准，例如收到基碳、氢……灰分、水分分别为 C_{ar}、H_{ar}……A_{ar}、M_{ar}；空气干燥基灰分、水分分别为 A_{ad}、M_{ad}；干燥基灰分、挥发分分别为 A_d、V_d；干燥无灰基挥发分为 V_{daf} 等。各种基之间的换算系数见表 15.3-1、表 15.3-2，煤的元素成分及基质示意见图 15.3-1。

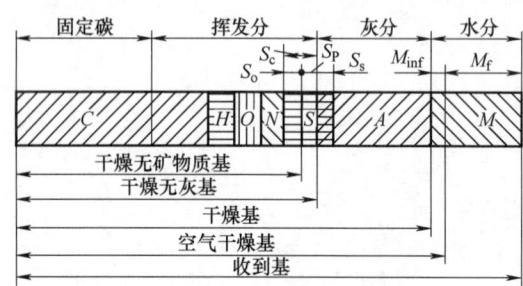

图 15.3-1 煤的元素成分及基质示意图

表 15.3-1 不同基的换算公式（低位发热量及干燥无矿物质基挥发分除外）

已知基	所要换算到的基				
	收到基	空气干燥基	干燥基	干燥无灰基	干燥无矿物质基[①②]
收到基	—	$\dfrac{100-M_{ad}}{100-M_{ar}}$	$\dfrac{100}{100-M_{ar}}$	$\dfrac{100}{100-(M_{ar}+A_{ar})}$	$\dfrac{100}{100-(M_{ar}+MM_{ar})}$
空气干燥基	$\dfrac{100-M_{ar}}{100-M_{ad}}$	—	$\dfrac{100}{100-M_{ad}}$	$\dfrac{100}{100-(M_{ad}+A_{ad})}$	$\dfrac{100}{100-(M_{ad}+MM_{ad})}$
干燥基	$\dfrac{100-M_{ad}}{100}$	$\dfrac{100-M_{ar}}{100}$	—	$\dfrac{100}{100-A_d}$	$\dfrac{100}{100-MM_d}$
干燥无灰基	$\dfrac{100-(M_{ad}+A_{ad})}{100}$	$\dfrac{100-(M_{ar}+A_{ar})}{100}$	$\dfrac{100-A_d}{100}$	—	$\dfrac{100-A_d}{100-MM_d}$
干燥无矿物质基	$\dfrac{100-(M_{ad}+MM_{ad})}{100}$	$\dfrac{100-(M_{ar}+MM_{ar})}{100}$	$\dfrac{100-MM_d}{100}$	$\dfrac{100-MM_d}{100-A_d}$	—

① 矿物质含量 MM 与灰分 A 之间的关系较为复杂，常用派尔（Parr）公式来估计：

$$MM = 1.08A + 0.55S_P \quad 或 \quad MM = 1.1A + 0.1S_t$$

② 干燥无矿物质基的挥发分须按下述公式计算（ASTM D388—88）：

$$VM_{dmmf} = 100 - \frac{100(FC-0.15S)}{100-(M+1.08A+0.55S)} = 100 - \frac{100[100-(M+A+V)-0.15S]}{100-(M+1.08A+0.55S)}$$

式中，FC、S、M、A、V 均以空气干燥基来计算。

表 15.3-2 不同基低位发热量之间的换算系数

已知基	所要换算到的基			
	收到基	空气干燥基	干燥基	干燥无灰基
收到基	$Q_{net,ar}$	$Q_{net,ad} = (Q_{net,ar} + 25.1M_{ar}) \times \dfrac{100 - M_{ad}}{100 - M_{ar}} - 25.1M_{ad}$	$Q_{net,d} = (Q_{net,ar} + 25.1M_{ar}) \times \dfrac{100}{100 - M_{ar}}$	$Q_{net,daf} = (Q_{net,ar} + 25.1M_{ar}) \times \dfrac{100}{100 - M_{ar} - A_{ar}}$
空气干燥基	$Q_{net,ar} = (Q_{net,ad} + 25.1M_{ad}) \times \dfrac{100 - M_{ar}}{100 - M_{ad}} - 25.1M_{ar}$	$Q_{net,ad}$	$Q_{net,d} = (Q_{net,ad} + 25.1M_{ad}) \times \dfrac{100}{100 - M_{ad}}$	$Q_{net,daf} = (Q_{net,ad} + 25.1M_{ad}) \times \dfrac{100}{100 - M_{ad} - A_{ad}}$
干燥基	$Q_{net,ar} = Q_{net,d} \times \dfrac{100 - M_{ar}}{100} - 25.1M_{ar}$	$Q_{net,ad} = Q_{net,d} \times \dfrac{100 - M_{ad}}{100} - 25.1M_{ad}$	$Q_{net,d}$	$Q_{net,daf} = Q_{net,d} \dfrac{100}{100 - A_d}$
干燥无灰基	$Q_{net,ar} = Q_{net,daf} \times \dfrac{100 - M_{ar} - A_{ar}}{100} - 25.1M_{ar}$	$Q_{net.ad} = Q_{net,daf} \times \dfrac{100 - M_{ad} - A_{ad}}{100} - 25.1M_{ad}$	$Q_{net,d} = Q_{net,daf} \times \dfrac{100 - A_d}{100}$	$Q_{net,daf}$

（2）煤质分析 见表 15.3-3 及表 15.3-4。

（3）煤的着火、燃烧特性 判别煤的着火、燃烧特性的指标和方法，主要有：

1）煤质分析数据见表 15.3-3、表 15.3-4。

2）热分析 ①着火温度 T_i：取热分析曲线上的"特征"点所对应的温度作为试样的着火温度，特征点的取法大致有如下几类：开始失重点（TG 线）、外推始点、开始升温点、明显放热点等；②综合指数：由于着火温度取值难以公认，而且对煤着火特性的判断也存在着着不足之处，近年来国内趋向于在热分析曲线上取几个特征值综合起来判别煤的着火特性，如推荐用"燃料着火稳定性指数 R_W"表征着火、燃烧特性，用"燃尽指数 R_J"表征煤的燃尽特性等。

3）煤粉气流着火温度等试验炉数据。

4）综合判断方法。对于大容量锅炉，特别是在燃烧特殊煤种、煤质差别大的混煤等情况下，推荐以燃烧试验为主，以煤质分析及热分析指标为辅来进行综合判别的方法。

（4）煤的结渣特性 见表 15.3-5。

（5）煤的其他特性 见表 15.3-6。

表 15.3-3 煤质分析

项目		简要说明
元素分析		碳、氢、氧、氮、硫五个项目煤质分析的总称
工业分析	水分 M	包含内在水分和外在水分两部分，前者为一定条件下煤样达到空气干燥状态所保持的水分，后者为开采、运输及储存时加入的。外在水分 M_f 过高（对烟煤，$M_f > 8\% \sim 10\%$ 时），会造成给煤和制粉系统堵塞，磨煤机出力下降。收到基中的全水分 M_t 由外在水分 M_f 和内在水分 M_{inh} 两部分组成，$M_t = M_f + M_{inh} = M_f + M_{ad}(1 - M_f/100)\%$
	灰分 A	煤样在规定条件下灼烧到恒重之后的剩留物
	挥发分 V	煤样在规定条件下隔绝空气加热，并进行水分校正后的质量损失
	固定碳 FC	从测定煤样的挥发分后的残渣中减去灰分后的残留物。主要成分是碳，也有一部分是未随气体挥发的氢、氧、硫和氮
有害元素	硫 S	硫的赋存形式有三种：硫化铁（黄铁矿）硫 Sp，有机硫 So，硫酸盐硫 Ss；其中 Sp 及 So 为可燃硫 Sc，即收到基中的全硫 St；Ss 则作为灰分的组成部分
	氯 Cl	煤中的氯以氯化物形式存在，当氯化物含量在 $0.1\% \sim 0.2\%$ 以下时，不产生明显的腐蚀，而较高的氯化物将引起锅炉的高温腐蚀，GB/T 7562—2018《商品煤质量 发电煤粉锅炉用煤》规定发电煤粉锅炉用煤 Cl 含量不超过 0.15%

（续）

项目	简要说明
发热量	1）燃料的发热量应按氧弹试验值 Q_b 为准，并通过必要的计算求得分析试样的恒容高位发热量 $Q_{gr,v,ar}$； 2）工业上多按收到基煤的低位发热量进行计算 $Q_{net,ar}=\left(Q_{gr,v,ad}-206H_{ad}\right)\times\dfrac{100-M_t}{100-M_{inh}}-23M_t$； 3）严格讲工业计算中应使用恒压低位发热量 $Q_{net,p}$，如有必要可按 GB/T 213—2008 来求得，但因 $Q_{net,p}$ 与 $Q_{net,v}$ 两者差值甚小，可予忽略，实用上不需要特别注明恒压或恒容，可以 Q_{net} 来表示； 4）已知收到基高位发热量 $Q_{gr,ar}$ 时，按下式求得收到基的低位发热量 $Q_{net,v,ar}$（kJ/kg）为 $$Q_{net,v,ar}=Q_{gr,v,ar}-226.1H_{ar}-25.1M_{ar}$$ 5）不同基准的煤的低位发热量换算关系见表 15.3-2； 6）对国产煤干燥无灰基高位发热量 $Q_{gr,daf}$ 的验算，可利用元素分析数据为参数的回归式 对于无烟煤和贫煤[9]： $$Q_{gr,daf}=334.5C_{daf}+1\,338H_{daf}+92\left(S_{daf}-O_{daf}\right)-33.5\left(A_d-10\right)\quad（J/g）\qquad 公式a$$ （对于 $C_{daf}>95\%$ 或 $H_{daf}<1.5\%$ 的老年无烟煤，第 1 项 C_{daf} 的系数要改用 326.6） 对于瘦煤、焦煤、肥煤、气煤类烟煤： $$Q_{gr,daf}=334.5C_{daf}+1\,296H_{daf}+92S_{daf}-104.5O_{daf}-29\left(A_d-10\right)\quad（J/g）\qquad 公式b$$ 对于长焰煤、弱黏煤和不黏煤类烟煤： $$Q_{gr,daf}=334.5C_{daf}+1\,296H_{daf}+92S_{daf}-109O_{daf}-18\left(A_d-10\right)\quad（J/g）\qquad 公式c$$ 对于褐煤： $$Q_{gr,daf}=334.5C_{daf}+1\,275.5H_{daf}+92S_{daf}-109O_{daf}-25\left(A_d-10\right)\quad（J/g）\qquad 公式d$$ 褐煤、烟煤及无烟煤也可共用下列校核式： $$Q_{gr,daf}=334.5C_{daf}+1\,296H_{daf}+63S_{daf}-104.5O_{daf}-21\left(A_d-12\right)\quad（J/g）\qquad 公式e$$ （公式 e 对 $C_{daf}>95\%$ 或 $H_{daf}\leqslant1.5\%$ 的煤，C_{daf} 项的系数取用 326.6；对 $C_{daf}<77\%$ 的，H_{daf} 项的系数改用 1254.5） 利用元素分析数据核算 $Q_{gr,daf}$ 公式的误差 表格见下 7）对收到基发热量的一般验算式如下所示： $$Q_{gr,a,r}=339C_{ar}+1\,256H_{ar}+109\left(S_{ar}-O_{ar}\right)\quad（J/g）$$ $$Q_{net,ar}=Q_{gr,ar}-25.12\left(9H_{ar}+M_{ar}\right)$$ $$=339C_{ar}+1\,030H_{ar}-109\left(O_{ar}-S_{ar}\right)-25.12M_{ar}\quad（J/g）$$

利用元素分析数据核算 $Q_{gr,daf}$ 公式的误差

公式	公式a	公式b	公式c	公式d	公式e
标准误差 $\sigma=95\%$ 置信范围的最大误差（1.96σ）	268J/g 527J/g	218J/g 427J/g	243J/g 477J/g	301J/g 586J/g	较公式 a～d，误差大约 30%

灰熔点	灰的特征温度	灰的特征温度的试验方法
	开始变形温度 $DT(t_1)$	将规定尺寸的等边三角形灰锥逐渐加热，锥尖呈圆球形并开始下弯时温度为 t_1（℃）
	软化温度 $ST(t_2)$	灰锥下弯成半球形时的温度为 t_2（℃）
	熔化温度 $FT(t_3)$	灰锥平铺于底板上，呈黏稠状时的温度为 t_3（℃）
	液化温度（t_4）	灰锥平铺于底板上并易于流动时的温度为 t_4，通常 $$t_4=t_3+(100\sim150)℃$$

（续）

项目	简要说明
灰成分分析	SiO_2，Al_2O_3，Fe_2O_3，CaO，MgO，P_2O_5，SO_3，Na_2O，K_2O，TiO_2
折算成分	1）每单位输入热量随燃料带入的各种成分质量，称为折算成分，其单位为 g/MJ，$lb/10^6Btu$ 等，对国际单位制，采用 g/MJ，例如：折算水分 $M_{zs}=R\dfrac{M_t}{Q_{net,ar}}$；折算硫分 $S_{zs}=\dfrac{S_{ar}}{Q_{net,ar}}$；折算灰分 $A_{zs}=R\dfrac{A_{ar}}{Q_{net,ar}}$。$R=4\,182(kJ/kcal)$ 为折算常数； 2）如果燃料的 $M_{zs}>4$，$S_{zs}>0.55$ 或 $A_{zs}>7$，则分别称为高水分、高硫分和高灰分燃料

表 15.3-4 按煤质分析判断煤的着火特性[10]

$V_{daf}(\%)$	≤10(IT>800℃)	15~20 (IT 700~800℃)	>25 (IT<700℃)	10~15	20~25
难易程度	较难	中等	较易	较难或中等	中等或较易

注：对后两档煤应进行煤粉气流着火温度（IT）测定。煤粉气流着火温度（IT）的测定方法按照 DL/T 1446—2015 进行。

表 15.3-5 煤的结渣指数判定[10]

指标		判断准则			
结渣指标	1）灰软化温度 $ST/℃$	>1 470℃ 低	1 380~1 470℃ 中	1 290~1 380℃ 高	<1 290℃ 严重
	2）R_T 判据用灰熔点炉测定值 $R_T=(ST+4DT)/5$	>1 450℃ 低	1 350~1 450℃ 中	1 250~1 350℃ 高	<1 250℃ 严重
	3）酸碱比 B/A 指标判据 $B/A=\dfrac{Fe_2O_3+CaO+MgO+Na_2O+K_2O}{SiO_2+Al_2O_3+TiO_2}$	<0.5 低	0.5~1.0 中	>1.0~1.75 严重	
	4）严重结渣三角区判据	按灰变形温度 DT 及其软化温度 ST 之差（$ST-DT$），凡（$ST-DT$）<（$618-0.47DT$），即可判定属严重结渣煤			
	5）T_{200} 判据 按照 DL/T 660—2007 在还原性气氛条件下测定灰黏度 200Pa·s 相应的温度 T_{200}（℃）	>1 600℃ 低	1 600~1 500℃ 中	1 500~1 400℃ 高	<1 400℃ 严重
	6）T_{1000} 判据 按照 DL/T 660—2007 在还原性气氛条件下测定灰黏度 1 000Pa·s 相应的温度 T_{1000}（℃）	>1 530℃ 低	1 530~1 420℃ 中	1 420~1 300℃ 高	<1 300℃ 严重
	7）综合结渣判别指数 R_z $R_z=1.24B/A+0.28$ $SiO_2/Al_2O_3-0.0023ST-0.019G+5.4$ 其中 $G=100\,SiO_2/(SiO_2+Fe_2O_3+CaO+MgO)$	<1.5 低	1.5~1.75 中偏轻	1.75~2.25 中等	2.25~2.5 中偏重

> 注：第7行最后一列为 >2.5 严重

表 15.3-6 煤的其他特性

项目	简要说明
可磨性指数	1）对中速磨煤机常用哈氏（Hardgrove）可磨指数 HGI； 2）对钢球磨煤机常用苏联热工研究所的一种可磨系数 K_{VTI}。两者的换算公式如下 $K_{VTI}=0.003\,4(HGI)^{1.25}+0.61$； 3）在可磨系数测定中，规定采用风干煤样。故仅当煤粉水分处于平衡水分以下时，可磨系数对磨煤机的影响才是确切的。有相当一部分褐煤煤种，在中速磨煤机上的碾磨出力与可磨系数呈复杂的变化关系，对于这种煤，除了进行理论计算外，宜通过试磨方法来确定碾磨出力

磨损指数 K_e	1）磨损指数表示煤磨损其他物质（如金属）的强弱程度； 2）在国内，冲刷磨损指数 K_e 用冲击式磨损试验装置来测定

煤的磨损特性分级[11]

测试方法	K_e				
磨损指数 K_e 或 AI 磨损性评价	<1 轻微	<2 不强	2~3.5 较强	>3.5~5 很强	>5 极强

3）当缺乏实测资料时，可按德国经验准则进行初步评估如下：①当灰中 SiO_2 含量<40%时，磨损性 K_e 属于轻微；SiO_2>40%难以判别；②当灰中 SiO_2/Al_2O_3<2.0 时，磨损性 K_e 在较强以下；SiO_2/Al_2O_3>2.0 时难以判别；③当灰中石英砂含量<6%时，磨损性 K_e 在不强以下；当灰中石英砂含量>6%时，磨损性难以判别；

4）灰中石英砂含量计算方法为灰中石英砂含量=灰中 SiO_2 含量−1.5 倍灰中 Al_2O_3 含量

煤的爆炸性可用爆炸指数 K_d 来表示，也可用煤的挥发分来粗略判定[12]

$$K_d=\frac{V_d}{V_{vol,que}}$$

$$V_{vol,que}=\frac{V_{vol}\left(1+\dfrac{100-V_d}{V_d}\right)}{100+V_{vol}\dfrac{100-V_d}{V_d}}$$

$$V_{vol}=1\,260\times4.187/Q_{vol}$$

$$Q_{vol}=(Q_{net,v,daf}-7\,850\times4.187FC_{daf})/V_{daf}$$

$$FC_{daf}=1-V_{daf}$$

式中　K_d——煤粉的爆炸性指数；

　　　V_d——煤的干燥基挥发分（%）；

　$V_{vol,que}$——燃烧所需可燃挥发分的下限（考虑灰和固定碳）（%）；

　　V_{vol}——燃烧所需可燃挥发分的下限（不考虑灰和固定碳）（%）；

　　Q_{vol}——挥发分的热值（kJ/kg）；

$Q_{net,v,daf}$——煤的干燥无灰基低位发热量（kJ/kg）；

　FC_{daf}——煤的干燥无灰基固定碳含量（%）；

　　V_{daf}——煤的干燥无灰基挥发分含量（%）

煤的爆炸等级分类如下：

煤粉爆炸指数 K_d	煤粉爆炸等级
$K_d\leqslant1.0$	极难爆
$1.0<K_d\leqslant3.0$	难爆
$3.0<K_d\leqslant7.0$	较难爆
$7.0<K_d\leqslant12.0$	中等
$12.0<K_d\leqslant17.0$	易爆
$K_d\geqslant17.0$	极易爆

（项目列：煤的爆炸特性）

（续）

项目	简要说明
灰的磨损指数 H_m	灰的磨损特性与颗粒度、燃烧温度等因素有关，但主要取决于飞灰的含量（质量分数）及灰的成分（质量分数）。可用磨损指数 H_m 来表征灰的磨损特性 $$H_m = \frac{A_{ar}}{100}(1.0SiO_2 + 0.8Fe_2O_3 + 1.35Al_2O_3)$$

H_m	<10	10~20	>20
磨损程度分级	轻微	中等	严重

项目	简要说明
粉尘比电阻	粉尘比电阻对于烟气的静电除尘器的设计和性能影响很大。最适宜的粉尘电阻率范围为 $10^4\Omega\cdot cm$（如飞灰可燃物>10%）~ $10^{12}\Omega\cdot cm$（如 S_{ar}<0.5%的低硫煤烟尘），国内燃煤电厂电除尘器实际使用范围为 10^8 ~ $10^{14}\Omega\cdot cm$（150℃）。若在此范围之外，则应采取一定措施才能取得必要的高除尘效率
煤粉细度	用煤粉在筛孔尺寸为 $x(\mu m)$ 的标准筛上筛后的剩余量百分比（R_x%）或通过量百分比（D_x%）来表示，R_x 越小或 D_x 越大，煤粉越细。常用的表示方法有：R_{90}、R_{200}（筛孔孔径为90μm 及200μm）；200目或50目通过量（筛孔孔径为75μm 及300μm 分别相当于 D_{75} 和 D_{300}）等

14 液体燃料 主要为石油（原油）及由其精炼分馏出来的柴油和重油（燃料油），在火电厂中液体燃料通常作为锅炉点火起动及低负荷助燃燃料，主要采用轻柴油，特性标准见表15.3-7。

表 15.3-7 柴油特性[13]

项目	质量指标						试验方法
	5 号	0 号	-10 号	-20 号	-35 号	-50 号	
氧化安定性（以总不溶物计）/（mg/100mL）	≤2.5						SH/T 0175—2004
硫含量①/（mg/kg）	≤10						SH/T 0689—2000
酸度（以 KOH 计）/（mg/100mL）	≤7						GB/T 258—2016
蒸余物残炭②（质量分数）（%）	≤0.3						GB/T 17144—2021
灰分（质量分数）（%）	≤0.01						GB 508—1985
铜片腐蚀（50℃，3h）/级	≤1						GB/T 5096—2017
水含量③（体积分数）（%）	痕迹						GB/T 260—2016
润滑性校正磨痕直径（60℃）/μm	≤460						SH/T 0765—2021
多环芳烃含量④（质量分数）（%）	≤7						SH/T 0806—2022
总污染物含量/（mg/kg）	≤24						GB/T 33400—2016

（续）

项目	质量指标						试验方法
	5 号	0 号	−10 号	−20 号	−35 号	−50 号	
运动黏度⑤（20℃）/（mm²/s）	3.0~8.0		2.5~8.0		1.8~7.0		GB/T 265—1988
凝点/℃	≤5	≤0	≤−10	≤−20	≤−35	≤−50	GB/T 510—2018
冷滤点/℃	≤8	≤4	≤−5	≤−14	≤−29	≤−44	SH/T 0248—2019
闪点（闭口）/℃	≥60			≥50	≥45		GB/T 261—2021
十六烷值	≥51			≥49	≥47		GB/T 386—2021
十六烷指数⑥	≥46			≥46	≥43		SH/T 0694—2000
溜程							
50% 回收温度	≤300						GB/T 6536—2010
90% 回收温度	≤355						
95% 回收温度	≤365						
密度⑦（20℃）/（kg/m³）	810~845			790~840			GB/T 1884—2000 GB/T 1885—1998
脂肪酸甲酯含量⑧（体积分数）	≤1.0						NB/SH/T 0916—2015

① 也可采用 GB/T 11140—2008 和 ASTM D7039 进行测定，结果有异议时，以 SH/T 0689—2000 方法为准。
② 也可采用 GB 268—1987 进行测定，结果有异议时，以 GB/T 17144—2021 方法为准。若车用柴油中含有硝酸酯型十六烷值改进剂，则 10% 蒸余物残炭的测定应使用不加硝酸酯的基础燃料进行。
③ 可用目测法，即将试样注入 100mL 玻璃量筒中，在空温（20±5）℃下观察，应当透明，没有悬浮和沉降的水分。也可采用 GB/T 11133—2015 和 SH/T 0246—1992 测定，结果有异议时，以 GB/T 260—2016 方法为准。
④ 也可采用 NB/SH/T 0606—2019 进行测定，结果有异议时，以 SH/T 0806—2022 方法为准。
⑤ 也可采用 GB/T 30515—2014 进行侧定，结果有异议时，以 GB/T 265—1988 方法为准。
⑥ 十六烷指数的计算也可采用 GB/T 11139—1989。结果有异议时，以 SH/T 0694—2000 方法为准。
⑦ 也可采用 SH/T 0604—2000 进行测定，结果有异议时，以 GB/T 1884—2000 和 GB/T 1885—1998 方法为准。
⑧ 也可采用 GB/T 23801—2021 进行测定，结果有异议时，以 NB/SH/T 0916—2015 方法为准。

15　气体燃料　主要为天然气、高炉煤气、焦炉煤气和液化石油气等。天然气按高位发热值、总硫、硫化氢和二氧化碳可分为一类和二类，气质特性详见表 15.3-8。

表 15.3-8　天然气气质特性[14]

项目	一类	二类
高位发热量①②/（MJ/m³）	34.0	31.4
总硫（以硫计）/（mg/m³）	20	100
硫化氢/（mg/m³）	6	20
二氧化碳摩尔分数（%）	3.0	4.0

① 使用的标准参比条件是 101.325kPa，20℃。
② 高位发热量以干基计。

高炉煤气是炼铁厂高炉冶炼过程中产生的尾气，其可燃组分是一氧化碳，并含有大量氮气和二氧化碳。高炉煤气的毒性大、热值低，若不予利用冶炼尾气向空排放必然造成严重的大气污染。由电厂锅炉掺烧高炉煤气，其掺烧量一般为锅炉燃料量的 20%~30%，也有全部烧高炉煤气的发电锅炉。

焦炉煤气是炼焦厂炼焦过程产生的副产品，其可燃组分是氢气和甲烷气。焦炉煤气热高，多用于炼钢、轧钢工艺系统加热和民用燃料。

部分工业煤气的气质特性见表 15.3-9。

表 15. 3-9　部分工业煤气气质特性

煤气类型	应用基组成的体积分数（%）											$H_2S/(mg/m^3)$	接收基低位发热量/(kJ/m^3)
	CO_2	CO	H_2	N_2	O_2	CH_4	C_2H_4	C_3H_4	C_2H_6	C_4H_{10}	H_2O		
高炉煤气	11	27	2	60	—	—	—	—	—	—	—	—	3 687
发生炉煤气	5.3	26.3	10.0	57.3	0.2	0.9	—	—	—	—	—	—	4 986
水煤气	10.5	30.5	52.5	5.5	—	1.0	—	—	—	—	—	—	10 965
焦炉煤气	2.0	8.6	59.2	3.6	1.2	23.4	—	—	2.0	—	—	—	17 640

3.2　燃料储运

16　固体燃料储运系统厂外运输方式[15]

（1）煤炭储运系统厂外运输方式

1）铁路运输。对于大型火力发电厂，火车来煤占有很大比例，经矿区铁路、铁路正线、接轨站、电厂铁路专用线运至厂内铁路卸煤设施。

2）汽车运输。供煤矿点分散、情况复杂时可采用汽车运输至厂内汽车卸煤设施，电厂汽车运输一般采用大吨位自卸汽车，车辆一般采用社会运力；当采用非自卸的载重汽车运输时，厂内必须设置卸车设备。

3）长距离带式输送机运输。对于供煤矿点相对较集中、运距较短或煤-电联营电厂，多采用长距离曲线带式输送机或管状带式输送机运输。

4）水路运输。靠近江、河、湖、海的发电厂多采用水运。船舶的载重量较其他运输工具大。水路运输除需要考虑航道、港口、船舶类型、泊位及卸船机械外，还应考虑自然条件（风力、风向、雨、雪、雾和气温）等。

煤炭燃料厂外运输方式特点见表15.3-10。

（2）生活垃圾发电储运系统厂外运输方式[16]

国内垃圾焚烧发电一般采用汽车运输，市政交通运输车辆要求采取密闭措施，避免在运输过程中发生垃圾遗撒、气味泄漏和污水滴漏。

（3）秸秆发电储运系统厂外运输方式[17]　秸秆发电厂的燃料具有分散性，一般需建设厂外燃料收储站，从厂外收储站至厂内采用汽车运输，汽车运输半径控制在 50km 以内为宜，最大不超过 100km。

表 15. 3-10　煤炭不同厂外运输方式比较

运输方式	应用范围	主要优点	主要缺点
铁路运输	1）可由矿区铁路—铁路干线（国铁或地方铁路）—电厂专用线运至厂内； 2）具有铁路运输的条件，如装车条件、运输能力等	1）对煤种适应性强，自动化程度高； 2）运输量大，速度快，运距远； 3）运输费用低，安全性高，一般不受气候影响	1）铁路及车辆初投资大； 2）线路技术条件要求高，施工复杂
汽车运输	1）供煤矿点分散，运距在10~50km 以内较为适宜； 2）无其他运输条件； 3）线路坡度一般<8‰，转弯半径一般不小于30m	1）初投资低； 2）不受煤矿制约，运行灵活，使用方便； 3）采用社会运力，电厂可不自备车辆	1）受运距限制，运行费用大； 2）受气候和节假日影响大； 3）运输过程损耗大，存在遗撒、扬尘、噪声等环境问题； 4）占地面积大，交通组织复杂
长距离曲线带式输送机（管状带）	1）适用于坑口或煤电联营电厂，供煤矿点相对较集中，从煤矿或洗煤场厂将煤炭直接运到火电厂； 2）运距较短长度一般在10km 以内，输送量大	1）运量大，转运环节少，能连续输送； 2）技术成熟，运行安全，操作方便，不受气候影响； 3）运行维护费用低； 4）厂内无需设置卸煤装置	1）初投资费用大； 2）供煤的稳定性受煤矿制约

（续）

运输方式	应用范围	主要优点	主要缺点
水路运输	1）适用于沿江沿海不具备陆路运输条件的火电厂； 2）受铁路运输条件限制的海滨电厂	运量大，运输费用相对较小	1）码头及装卸装置复杂，施工困难，投资大； 2）受地理条件的限制，受航道水位变化及季节性气候影响大

17　煤炭储运系统厂内输送、储存设施[18]

（1）卸煤设施　燃煤火电厂厂内卸煤设施与厂外来煤方式有关。不同卸煤方案选择特点及主要工艺布置比较见表 15.3-11。

（2）储煤设施　结合工程的特点，在满足全厂总平面布置的前提下，根据卸煤系统及主厂房的相对位置，因地制宜地选择储煤设施。场地限制较少的新建大型火电厂可采用条形或矩形煤场，并根据环保要求考虑煤场是否封闭。环境要求高、场地狭窄的城市周围火电厂或有混煤要求的新建或扩建电厂，可采用筒仓储煤。环境要求高的城市周围或滨海大型电厂，可考虑采用圆形或球形煤场。对于储存较易自燃煤种，当选择筒仓、圆形煤场等型式时，应做好煤场监测系统的设置。

1）储煤设施容量。储煤设施设计容量应根据厂外运输方式、运距、供煤矿点的数量、煤种及煤质、火电厂在电力系统中的作用、机组型式等因素确定。

运距不大于 50km 的火力发电厂，储煤容量不应小于对应机组 5 天的耗煤量；运距大于 50km、不大于 100km 的火力发电厂，采用汽车运输时，储煤容量不应小于对应机组 7 天的耗煤量，采用铁路运输时，储煤容量不应小于对应机组 10 天的耗煤量；运距大于 100km 的火力发电厂，储煤容量不应小于对应机组 15 天的耗煤量。

铁路和水路联合运输的火力发电厂，储煤容量不应小于对应机组 20 天的耗煤量；供热机组的储煤容量应在以上原则基础上再增加 5 天的耗煤量。

褐煤煤场容量宜不大于全厂 10 天的耗煤量，最大不应超过全厂 15 天的耗煤量。

储煤场的总容量应不小于厂外来煤最大中断天数。对于坑口电站或者近距离汽车来煤的电厂，一般情况来煤最大中断天数可按节假日期间煤矿断煤 5 天考虑。

2）条形煤场。火力发电厂中最常见、使用较多的储煤方式。煤场机械一般采用悬臂式斗轮堆取料机、门式滚轮堆取料机，或者采用堆、取分开的煤场机械。

门式滚轮堆取料机适用于厂区地形狭长、煤场储煤量宜在 10 万 t 以下的电厂；悬臂式斗轮堆取料机适

用于煤场储煤量较大、场地条件较好的电厂，煤场储煤量在 30 万 t 以下时宜选择单列式或双列式煤场；煤场储煤量在 30 万 t 及以上时宜选择三列式或多列式煤场。为降减少煤尘污染，条形煤场一般有四周设防风抑尘网实现半封闭和穹形网架封闭煤棚两种型式。

煤场机械通常选用悬臂式斗轮堆取料机，堆取料机尾车可选取折返式尾车、通过式尾车、全功能尾车等不同结构型式。悬臂长度决定了煤场宽度，斗轮机煤场常用的悬臂长度有 25m、30m、35m、40m 等，综合堆取料能力达到 3 000t/h 以上。

斗轮机条形煤场的主要优点是：可串联或并联布置多台斗轮机，斗轮机互为备用；系统安全可靠性高，自动化水平高；煤场可存放不同煤种，通过取料作业可实现不同种类的燃煤粗混；煤场四周设置防风抑尘网，可基本满足环保要求。缺点是：存煤易造成热值损失和自燃；斗轮机回取率相对较低，需要推煤机和装载机配合作业。

3）矩形煤场。条形煤场的一种，设备采取堆取分离的方式。

堆料机是由串联在来料皮带机上的移动小车和跟随小车移动的能俯仰的带式输送机组成，不但能定点堆料，还能连续来回堆料。取料机将料场内的物料均匀连续地供给输送皮带机，由皮带机将物料输送出料场。

矩形料场系统能够最大程度地利用料场空间。由于结构比较单一，施工比较简单，后期维护费用较低，故矩形煤场可以适应与不同的煤种进行储存。

4）筒仓。节约占地、空间利用率高、储煤量大、精确混煤、保护环境等优点已使筒仓逐渐成为主要储煤设施之一。

筒仓的直径规格一般为 15m、18m、22m、30m、36m、40m，单仓储量可达 3 万 t 及以上。

筒仓顶部布料设备根据筒仓不同直径型式主要有：带式输送机头部漏斗直接卸料、犁式卸料器、移动卸料车、刮板输送机、可逆环形布料机或上述几种设备的组合使用。

筒仓底部排料设备根据筒仓不同结构型式主要有：振动给煤机、活化给煤机、叶轮给煤机、环式给煤机等。

表 15.3-11 各种来煤方式的卸煤设施比较

来煤方式	铁路来煤		公路来煤		带式输送机来煤	水运来煤
卸煤设施型式	翻车机卸煤装置	缝式煤槽卸煤装置	受煤斗及浅缝式卸煤槽	缝式煤槽卸煤装置	厂内不设卸煤设施	卸船机
应用条件及选择原则	燃煤以普通敞车为主要运输车型。当电厂耗煤量在250~400t/h或发电厂容量在400~600MW时,可采用单台单车翻车机配螺旋底卸式煤槽组合的卸煤装置;耗煤量在350~900t/h或发电厂容量在600~1800MW时,可设置双台单车翻车机,如果受到场地的限制,也可设置单台双车翻车机;耗煤量在800t/h及以上或发电厂容量1400MW及以上时,可设置双台双车翻车机	1) 燃煤采用普通敞车运输时,当铁路日最大来煤量不大于6000t时,可采用螺旋卸煤机与缝式煤槽组合的卸煤装置; 2) 燃煤采用自卸式底开车运输时,应根据来煤车组的铁路条件、场地条件等厂内的车辆数,一次确定缝式煤槽卸煤型式及规模; 3) 缝式煤槽卸煤装置分为单线单缝、单线双缝及双线双缝三种布置型式	当汽车运输年来煤量在60万t以下时,卸煤设施可采用多个受煤斗串联布置或浅缝式卸煤槽型布置方式	1) 当汽车运输年来煤量在60万t及以上时,卸煤设施宜采用缝式煤槽卸煤装置; 2) 当燃煤以非自卸汽车运输时,受煤站采用缝式煤槽卸煤装置方案	坑口电厂或煤电联营工程多采用厂外带式输送机(管状带或长距离曲线带)来煤	根据对应机组年耗煤量、航道条件、船型条件、气象条件、燃料特性、运料特性、航运部门的要求等因素,确定在港时间、泊位数量、卸船机型式、出力、台数及其辅助设备
布置型式	由翻车机本体及配套设备和铁路站场所组成。配套设备包括重车调车机、空车调车机、迁车平台、夹轮器、止挡器及除尘设施等。铁路站车的必要场地和布置调度煤车的必需的铁路线	由地下部分和地上部分组成。地上部分为卸煤区域。地下部分为给煤区域。对卸煤区只设置铁路线。敞车卸煤方式,卸煤区布置铁路线和螺旋车,卸煤区配螺旋卸车机。地下部分布置受煤和叶轮给煤机及带式输送机	1) 受煤斗为全地下结构,推煤机作为上煤作业设备。下部常用的给煤设备为电动机振动给煤机和活化给煤机; 2) 浅缝式卸煤槽上部为半封闭结构,地下部分为受煤、排料区。布置受煤、排料槽、煤槽和叶轮给煤机及带式输送机	由地下部分和地上部分组成。地上部分为卸煤区域,地下部分为受料区域。布置受煤槽、排料槽、给煤机及带式输送机		水路来煤通常采用桥式抓斗卸船机方案或链斗卸船机和自卸船方案

（续）

来煤方式	铁路来煤		公路来煤		带式输送机来煤	水运来煤
卸煤设施型式	翻车机卸煤装置	缝式槽卸煤装置	受煤斗及浅缝式卸煤槽	缝式煤槽卸煤装置	厂内不设卸煤设施	卸船机械
技术特点	自动化程度高、卸车能力强、效率高、工作环境好、劳动强度小，对煤源的变化、大块煤及冻煤适应性强	适用于固定编组、定点装卸、循环使用，运距较近，矿点相对集中；车辆固定、物料粒度适宜的电厂；设备自动化程度较低，不能实现自动控制；对大块煤、冻煤的适应性差	受煤斗上煤作业自动化程度低，效率低、煤斗缓冲容量小，适用于汽车来煤量较小的电厂	卸车能力强，效率高，缝式煤槽具有缓冲容量	系统简单、效率高、环境污染小，适用于煤矿或至电厂运距短的坑口电厂	适用水路来煤
主要技术参数	1) 单车翻车机系统综合翻卸能力为20~25节/h； 2) 双车翻车机系统综合翻卸能力为18~20个循环/h（36~40节/h）	1) 单线卸煤沟为煤槽的有效长度宜为10节车辆的长度，最大不应大于一次进厂列车长度的1/2； 2) 双线卸煤沟有效长度不宜大于10节车辆的长度，最大不应大于一次进厂列车长度的1/4； 3) 输出能力应与输煤系统出力匹配。缝式煤槽卸煤量按整列车卸煤量确定	输出能力应与输煤系统出力匹配	1) 缝式煤槽卸车数量与每年汽车运量和每个车位数量有关； 2) 采用自重车运输时，每个载重车位不小于10 t；采用自卸汽车运输时，每个车位自卸汽车卸煤能力不小于15万 t； 3) 煤槽的容量，当全厂以汽车运煤时，宜为全厂6h的耗煤量，当采用部分汽车运输时，缓冲量宜为煤槽下部带式输送机2h的输送量	输出能力应与输煤系统出力匹配	厂内卸煤系统的带式输送机出力应与码头带式输送机出力一致

5）圆形煤场。具有占地省、外形美观、环保指标先进、自动化程度高、运行安全可靠、不受天气影响等优点，近年来得到迅速推广和应用。

圆形煤场直径常用规格为 75～136m，储量可达 25 万 t。

煤场设备选用顶堆侧取式堆取料机。来煤通过堆料机在圆形煤场内形成环形煤堆。取料机沿煤堆斜面将煤刮至地下煤斗内，通过给煤机和地下带式输送机将煤运出。

圆形煤场的缺点是直接与大气相通，燃煤有氧化损失和自燃，易燃煤种应慎重采用。

（3）带式输送机 国内发电厂通常采用传统的托辊式胶带输送机，长距离曲线带式输送机和管状带式输送机也逐渐广泛应用，在部分特殊段也可选用大倾角或垂直提升带式输送机。

1）托辊式胶带输送机。特点主要包括：结构简单、维修方便、通用性强、备用系数高、安全可靠。进入锅炉房的带式输送机采用双路系统，一用一备，小时出力不小于锅炉耗煤量的 135%。在我国北方寒冷与多风沙地区，带式输送机的栈桥一般采用封闭式。在南方或气象条件合适的地区，可采用露天式，在其他地区可采用半封闭式或轻型封闭式。

输送带速度、带宽、托辊直径关系见表 15.3-12、断面系数 K 见表 15.3-13。

表 15.3-12 输送带速度、带宽、托辊直径关系

带宽 B/mm	托辊直径 D/mm	托辊槽角 λ(°)	输送带速度上限/(m/s)	犁式卸料器带速上限/(m/s)
500	89	35	2.00	1.6
650	89			
800	89			
	108		2.50	2.00
1 000	108		2.50	2.50
	133		3.15	
1 200	108		2.50	2.50
	133		3.15	2.80
	159		4.00	
1 400	133		3.15	2.80
	159		4.00	
1 600	133		3.15	2.80
	159		4.00	
1 800	159		4.00	
2 000	159		4.00	
	194		5.00（4.5）[①]	

① 带括号的带速为非标准值，一般不推荐选用。

带式输送机的最大出力可按下式计算：

$$Q = KB^2 v\rho$$

式中 Q——带式输送机的最大输送能力（t/h）；
K——断面系数，可按表 15.3-13 取值；
B——带宽（m）；
v——带速（m/s）；
ρ——物料的松散密度（kg/m³）。

表 15.3-13 断面系数 K

带宽 B/mm	500	650	800	1 000	1 200	1 400	1 600	1 800	2 000
托辊槽 λ	35								
断面系数 K	340	365	380	400	410	415	420	425	430

注：表中 K 值计算的物料的堆积角 $\theta = 20°$。

系统额定输送能力可取带式输送机最大输送能力的80%～95%。

2）长距离曲线带式输送机。在通用式带式输送机基础上实现水平或空间转弯，广泛用于长距离、大功率散装物料输送，常用于煤矿工业场地至电厂的燃煤输送。

3）管状带式输送机。具有输送倾角大，三维空间弯曲输送，输送带不跑偏，便于布置等优点，广泛用于场地受限的电厂。但物料的块度受输送带宽度限制，不宜用于输送线路短而又要多处受料或卸料的场合。

4）其他带式输送机。当总平面布置受限制或有其他特殊要求时，部分段可采用垂直（大角度）提升带式输送机、封闭式带式输送机、气垫带式输送机等输送设备。

（4）筛分破碎设施

1）煤粉炉。为提高制粉系统的生产能力和运行经济性，一般输煤系统设有筛分破碎装置，主要是对原煤进行筛分，将大块煤送入碎煤机，使其破碎至适应制粉系统要求的粒度。普通煤粉炉筛碎系统常用的煤筛有固定筛、振动筛、滚筒筛、滚轴筛、共振筛、概率筛和波动筛，通常使用的是倾斜式滚轴筛。碎煤机的型式主要有辊式、锤击式、反击式和环锤式。由于环锤式碎煤机具有出力大、效率高、适应性强和鼓风量小的优点而得到普遍应用。

2）循环流化床锅炉[19]。当来煤粒度大于100mm且不大于300mm时，设置粗、细两级筛分破碎设备；当来煤粒度大于50mm不大于100mm、系统出力大于400t/h时，设置粗、细两级筛分破碎设备；当来煤粒度大于50mm不大于100mm、系统出力小于400t/h时，仅设置细筛分破碎设备；当来煤粒度小于50mm时，仅设置细筛分破碎设备。第二级的筛分设备通常选用高幅振动筛煤机、双转式筛煤机、弛张筛、交叉筛等，细碎机一般选用可逆锤击式破碎机、齿辊式破碎机等。

（5）除杂物装置　在需要且有条件时可在碎煤机前安装除大块装置，在碎煤机后安装除杂物装置。除大块装置去除粒度一般大于150mm，除杂物装置去除粒度一般大于30mm。输煤系统一般选用两级以上的除铁装置来清除燃煤中的磁性金属杂物。电磁除铁器的种类主要有带式和盘式除铁器两种类型。根据煤质条件可设置金属探测仪，以去除非磁性金属。

（6）计量以及采制样装置　燃煤电厂一般设置入厂煤、入炉煤计量和采样装置。

火车运输采用轨道衡或翻车机衡进行计量，采样装置可选用门式或悬臂式，多采用在翻车机后进入储煤系统前的带式输送机上布置采样装置。汽车来煤入厂煤计量采用汽车衡，采样选用桥式或悬臂式。

入炉煤的计量采用电子皮带秤，其校验采用动态链码校验装置或实物校验装置，入炉煤采样装置一般布置在进入主厂房的带式输送机上。

燃料智能化管控系统是针对燃煤进厂计量、采样、制样、化验、煤场及耗用等管理环节，改善相关硬件环境、设备、设施及工器具，使燃料全流程管理符合管理及技术要求。侧重点在于整合电厂燃料运输系统的采样、计量及制样、化验设备、车辆管理、视频监控、数字化煤场等资源，将燃料运输系统的设备、流程和信息进行集成，减少人为干涉，减少管理漏洞，降低生产成本。

（7）落煤管　各转运站内的落煤管与水平方向的倾斜角不宜小于60°，布置困难时不应小于55°。落煤管应结合各带式输送机的带速和带式输送机头部倾角进行物料轨迹计算，设计相适应的结构。曲线落煤管技术是对落煤管进行三维设计，通过物料的汇集，在一定程度上延缓物料下落的速度，减少物料和设备间的冲击从源头上减少粉尘的产生，设计阻尼系统减少诱导风的产生，提高导料槽的密封特性并在导料槽中通过设置无动力除尘单元，保证在导料槽出口诱导风速降低。

（8）输煤系统的控制　新建电厂输煤系统的控制可采用PLC控制或DCS控制，可实现就地和远方操作，在重要环节（如翻车机室、火车/汽车卸煤沟、煤仓间、转运站、驱动站、粗/细碎煤机室等）设置工业电视监视。输煤系统的控制是指以带式输送机为主的输送系统控制，包括带式输送机、筛碎设备、给煤设备、卸料设备、除尘设备及其他辅助设备。大型输煤设备，如斗轮机、翻车机、卸船机及采样装置，由于其内部控制系统较为复杂，一般采用设备本身采用程序和就地控制，并与输煤系统有通信和连锁关系。

（9）输煤系统的除尘和清扫　输煤系统的栈桥及楼板面一般采用水力清扫，冲洗后的煤水汇集到集水井内，由排污泵排到沉煤池进行处理，不宜采用水冲洗的地段应采用真空清扫，采用水冲洗区域的地面应做好防漏及排水措施。输煤系统每个落料点均应设有喷水除尘设备。斗轮机及翻车机等本体上应设有喷雾装置。煤场四周应设有喷水抑尘装置。

18 垃圾和秸秆储运系统厂内输送、储存设施

（1）垃圾储运系统厂内输送、储存设施 项目的燃料为生活垃圾，一般由当地环境卫生部门用密闭的垃圾运输车运至厂内，在进出厂区道路上设置电子汽车衡，配备全自动式车辆称重系统。垃圾车通过栈桥到主厂房二层卸料大厅进行卸料至垃圾池内，垃圾池一般靠近锅炉房布置，有效容积为 5~7 天额定垃圾焚烧量。

垃圾池的上方设置垃圾抓斗起重机，主要承担垃圾的投料、搬运、搅拌、整理和堆积工作。

垃圾池靠卸料大厅一侧池壁底部设渗滤液收集格栅门，垃圾池渗滤液通过格栅门流入渗滤液收集室的水沟，在水沟内以一定的坡度流入渗滤液收集池。

（2）秸秆发电储运系统厂内输送、储存设施 秸秆燃料厂外运输采用汽车运输方式，厂内设露天料场和干料棚接受汽车卸料。在进出厂区道路上设置电子汽车衡，配备全自动式车辆称重系统。

厂内燃料存储量按 5~7 天的燃料消耗量设置，设置干料棚时，容量不应小于 3 天的燃料消耗量。符合锅炉燃烧粒度要求的不同燃料可以混存，不符合粒度燃料进厂应分堆存放。干料棚尺寸应结合抓斗起重机型式确定，燃料堆放高度应满足抓斗起重机作业要求。

在料场边设置地下料斗给料，料斗下给料机型式较多，应根据软质秸秆和硬质秸秆的特点选择，目前应用较多的有辊式给料机、螺旋给料机等。

输送机应根据炉前料仓情况选择设置：不设炉前给料仓时，可采用链式输送机，出力不小于锅炉额定蒸发量消耗燃料的 100%。设置炉前给料仓时，可采用普通带式输送机，出力不小于锅炉额定蒸发量消耗燃料的 150%，带宽应加大 1~2 档，带速不宜大于 1.25m/s。炉前料仓数量为一个时，采用头部直接卸料方式，炉前料仓数量为两个且燃料品种

单一时可采用犁式卸料器+头部落料方式，否则宜采用三通+粉料短皮带落料方式。

由于秸秆电厂通常在厂外设置有收储站，进厂物料粒度一般都满足锅炉燃烧要求时，但应考虑部分物料粒度不满足锅炉燃烧要求，在厂内设置破碎机，破碎机可放置在干料棚内。

19 液体燃料储运系统

（1）液体燃料输送方式 主要包括铁路、船运和管道运输。

1）铁路油槽车卸油方式。铁路油槽车卸油方式有下卸、上卸和混合卸油等多种方式。对轻油油槽车，通常只能采用上部卸油方式。输送重油时，应将油槽车内重油加热到 60~80℃，输送原油时，卸油温度约为 40℃。

2）油船卸油方式。采用油船或油驳运油的火电厂需要设置卸油码头。除从码头至厂内装设固定的输油管道外，在码头处接输油软管。油船卸油时，油船上装有输送油泵，如无这种油泵，则可利用码头上油泵输送。对于吃水深的大油轮，如沿岸无泊位，则可采用江心卸油法，这时需沿水底敷设卸油导管。

3）管道输油系统。在油田或炼油厂附近的火电厂，燃料油一般采用管道输送。厂外管道可采用地上敷设和地下敷设两种型式。在管网中需设置伴热管及吹扫点，以使油流畅通，并能在管道停用时吹扫残留在管网内的油料。

（2）液态燃料储存方式 主要采用油罐储存。油罐的型式有地下式、半地下式和地上式，又可分为立式与卧式，一般用钢材或钢筋混凝土建造。钢油罐分为拱顶式和浮顶式、无力矩式和套顶式。对重油和重柴油罐应有加热器（分为罐内加热或罐外加热）。燃料油加热的温度对钢罐宜为 90℃，对钢筋混凝土罐宜为 80℃，对原油加热温度宜为 50℃。

燃油电厂储油罐的总容积应根据运输方式和输送距离决定，见表 15.3-14。

表 15.3-14 储油罐总容积

运输距离/km	运输方式		
	铁路	管道	水运
	相当于耗油量天数		
>1 000	15	—	按两次间隔停运天数确定，一般为 10 天的耗油量
300~1 000	10	—	
<300	5	—	
>20	—	3	
5~20	—	2	
<5	—	2	

（3）点火及助燃油系统[1]　燃煤发电厂的点火及助燃，宜选用轻油点火和低负荷稳燃；当重油供应和油质有保证时，可用重油点火和低负荷稳燃；扩建电厂根据老厂现有条件，也可采用轻油点火、重油起动助燃和低负荷稳燃。

点火及助燃油系统的油量、油罐个数与容量的确定见表 15.3-15 和表 15.3-16。

表 15.3-15　点火及助燃油量的确定[1]

油源		全厂燃油系统容量	每台锅炉（按锅炉最大连续蒸发量工况下输入热量百分比计）	
			点火起动油量	低负荷稳燃油量
单一油品时	轻油或重油	按不小于最大一台锅炉点火起动助燃与另一台最大容量锅炉低负荷稳燃油量之和考虑（另再包括系统回油量，按 10%供油量考虑）	1）烟煤、高挥发分贫煤为 10%~15%；2）无烟煤、低挥发分贫煤为 20%~25%	对低负荷需助燃的煤种按 5%
两种油品时	轻油点火	点火油系统，按不小于最大一台锅炉的点火用油量考虑	按锅炉厂所配点火油枪需同时使用部分的总出力	—
	重油起动及助燃	按不小于最大一台锅炉的最大起动助燃油量考虑。当需低负荷助燃时，不小于一台锅炉起动助燃、一台锅炉低负荷稳燃所需油量之和（另包括 10%的回油量）	起动助燃油量与单一油品时的点火、起动油量相同	对低负荷需助燃的煤种按 5%~10%

表 15.3-16　点火及起动助燃油罐的确定[1]

油源		油罐个数	油罐	机组容量				
				125MW 级	200MW 级	300MW 级	600MW 级	1 000MW 级
常规点火	轻油	2	点火起动和助燃油罐容量①	2×500m³	2×1 000m³	2×1 500m³	2×2 000m³ 2×（1 500~2 000）m³	2×2 000m³
	重油	3		3×200m³	3×500m³	3×1 000m³	3×1 500m³ 3×（1 000~1 500）m³	3×1 500m³
节油点火		2		2×200m³	2×200m³	2×（200~300）m³	2×（300~500）m³	2×（500~800）m³
CFB 机组		2		2×500m³			2×800m³	
轻油点火重油起动及助燃		2	点火油罐容量	2×100m³			2×200m³	
		3	助燃油罐容量①	同单一油源时				
按助燃油罐，需要在主厂房附近设日用油罐时		每炉一个	日用油罐容量②	100m³	200m³	300m³	500m³	

① 在锅炉燃用低负荷需油助燃的煤种时，单个助燃油罐容量不宜小于全厂月平均耗油量。

② 当数台锅炉共设一个日用油罐时，其容量可按不小于全厂起动油系统 3h 的耗油量考虑。

20 气体燃料储运系统 火电厂的气体燃料运输、储存分为厂外和厂内两部分。

（1）厂外储运系统 运输工业煤气一般经管道输送进厂，石油气经加压液化后供应，液态气体燃料的输送和储存方式和液体燃料贮运系统相同。天然气运输方式有两种，一种是管道输送，一种是液化船运；当采用液化天然气（LNG）时，卸船后必须通过专门的接收站（包括贮存、再气化）再送到配气系统，供电厂使用。火电厂内，除对液化气体燃料需设置必要的储存和供气设施外，用管道输送的气体燃料，一般不在火电厂内设置贮气罐。当气体燃料供应中断时，为保证电厂正常运行，须备有燃料油作为备用。这种备用燃料的储存数量，应按照燃料气的供应条件、电厂容量和运行需要决定。

（2）厂内储运系统 燃气电厂内的气体燃料输送系统由调压站和供气管道，以及吹扫、排空管道等部分组成。通过一根或数根压力输送管道由厂外送入厂内的调压站。调压站是将进厂的气体压力降压调整并稳定在需要的压力。对平衡通风燃烧的锅炉燃气压力一般为 0.15MPa。调压站由关断阀、流量计、过滤器、调压阀和旁路阀等设备组成。调压

阀应不少于两台，当其中一台停运时，其余调压阀的总通流能力必须能满足全厂锅炉额定的耗气量。供气管道是将调压后的燃料气送至锅炉房，一般不少于两路。为使各台锅炉供气压力相近，供气管道宜分别从锅炉房两侧引入，形成环形管网。供气管道需架空布置，分别从母管通过支管接到每台锅炉燃烧器前的控制阀。支管上依次装有关断阀、流量测量装置、流量调节阀、快速关断阀、压力表和吹扫管等。吹扫、放空管系是在燃气管道检修或长时间停用时，用 CO_2、N_2、水蒸气等惰性气体进行吹扫和置换，以防管道内气体与空气混合形成爆炸性气体。为防管道漏气引起爆炸，锅炉房内应设置气体监测报警装置和消防安全设施。燃气管道的敷设需加强安全防爆措施，母管采取高位布置。管径按照管道中的气体流速确定，天然气一般不超过 30m/s，工业煤气一般采用 5~20m/s。

3.3 锅炉选型

21 锅炉参数 我国现行电站蒸汽锅炉参数、容量系列见表 15.3-17。

表 15.3-17 电站蒸汽锅炉参数、容量系列

参数			容量/（kg/s）	配汽轮发电机组/MW
汽压/MPa	汽温/℃	给水温度/℃		
2.5	400	105	5.56（20）[①]	3
3.9	450	145~155 165~175	9.72（35），18.06（65），36.11（130）	6 12 25
9.9	540	205~225	61.11（220），113.9（410）	50 100
13.8	540/540	220~250	116.7（420），186.1（670）	125 200
16.8	540/540	250~280	284.7（1 025）	300
17.51	540/540	260~290	284.7（1 025），557.8（2 008）	300 600
25.4	571/569	>260	595（2 141）	660
26.25	605/602	>280	556（2 000）833（3 000）	660 1 000
29.4	605/622	>300	528（1 900）806（2 900）	660 1 000
32.55	605/622/622	>310	514（1 850）764（2 750）	660 1 000

① 括号内数字的单位为 t/h。

22　锅炉型式　锅炉型式分类见表 15.3-18。

表 15.3-18　锅炉型式分类

分类	锅炉类型	简要说明
按燃料或能源品种	固体燃料锅炉	燃用煤等固体燃料
	液体燃料锅炉	燃用重油等液体燃料
	气体燃料锅炉	燃用焦炉煤气、高炉煤气、沼气、天然气等气体燃料
	垃圾焚烧锅炉	燃用生活垃圾等燃料
	生物质锅炉	燃用秸秆等农林废弃物燃料
	余热锅炉	利用冶金、石化等工业的废气余热作为热源
按燃烧方式	层燃炉	燃料主要在炉排上燃烧，包括固定炉排炉、往复炉排炉等
	室燃炉	燃料主要在炉膛空间悬浮燃烧，燃用煤粉、液体燃料、气体燃料等锅炉都是室燃炉
	循环流化床炉	由鼓泡床发展而来，采用流态化燃烧，包括燃烧室（密相区和稀相区）和循环回炉（高温气固分离器和返料系统）两部分
按循环方式	自然循环汽包锅炉	具有汽包，利用下降管和上升管中工质密度差产生工质循环，只适用至亚临界压力
	控制循环锅炉	具有汽包和循环泵，利用循环回路中的工质密度差和循环泵压头建立工质循环，适用于亚临界和近临界压力的锅炉
	直流锅炉	无汽包，给水依靠给水泵压力一次通过受热面产生蒸汽，适用于高压以上至超超临界压力
	复合循环锅炉	具有汽水分离器和循环泵。主要靠循环泵建立工质循环。可应用于亚临界压力和超临界压力。复合循环又分为两种型式： 1）部分负荷复合循环，即低负荷时，由循环泵运行，高负荷时按直流炉运行； 2）全负荷复合循环，即低倍率循环锅炉，循环倍率一般为 1.25～2.0
按排渣方式	固态排渣锅炉	燃料燃烧后生成的灰渣呈固态排出，是燃煤锅炉的主要排渣方式
	液态排渣锅炉	燃料燃烧后生成的灰渣呈液态从渣口流出，在裂化箱的冷却水中裂化成小颗粒后排入水沟冲走
按炉膛烟气压力	负压锅炉	炉膛压力保持负压，有送、吸风机，是燃煤锅炉主要型式
	微正压锅炉	炉膛表压力 2 000～5 000Pa，不需引风机，宜于低氧燃烧，主要用于燃油锅炉
	增压锅炉	炉膛表压力大于 0.3MPa，配用于蒸汽-燃气联合循环
按炉型设计特点	四角切圆燃烧炉型 前后墙对冲火焰炉型 双拱（W 火焰）炉型	1）系按燃烧器布置方式不同而划分的炉型类别； 2）双拱炉型主要适用于无烟煤、低挥发分贫煤； 3）其余两种炉型当配高性能燃烧器时也可用于低挥发分贫煤和半无烟煤
	塔式炉 π 型炉	1）系按烟道流程布置方式不同而划分的炉型类别； 2）塔式炉即单烟道锅炉，适用于灰分较多的燃料； 3）炉型设计与制造厂的传统习惯有关

（续）

分类	锅炉类型	简要说明
按锅炉布置方式	露天 半露天 紧身封闭 室内	工业锅炉一般采用室内布置，大容量电站锅炉主要采用露天布置、半露天布置或紧身封闭布置

23　锅炉选型要求

（1）燃料种类　根据不同燃料种类选取不同的锅炉类型，比如固体燃烧锅炉、液体燃料锅炉、气体燃料锅炉、垃圾焚烧锅炉、生物质锅炉等。

（2）燃料特性

1）锅炉选型应根据燃料特性数据确定。

2）当燃用洗煤副产物、煤矸石、石煤、油页岩、石油焦等不能稳定燃烧的燃料时，宜选用循环流化床锅炉；当燃用收到基硫分较高的燃料或燃用灰熔点低、挥发分较低、锅炉易结焦的燃料或燃用低发热量褐煤燃料时，也可选用循环流化床锅炉。

3）当燃用低灰熔点或严重结渣性的煤种，可采用液体排渣炉。[15]

（3）燃烧方式 [10]

1）对于煤粉气流着火温度 IT ≤ 700℃（通常 $V_{daf} > 15\%$）的煤种，采用切向燃烧方式或墙式燃烧方式。

2）对于煤粉气流着火温度 IT = 700 ~ 800℃ 的煤种，采用切向燃烧方式或墙式燃烧方式；当 IT > 750℃ 且结渣性较严重时，可采用双拱燃烧方式。

3）对于煤粉气流着火温度 IT > 800℃（通常 $V_{daf} ≤ 10\%$）的煤种，采用双拱燃烧方式或循环流化床燃烧方式。

（4）蒸汽参数　对亚临界压力及以下的蒸汽参数，主要采用自然循环汽包锅炉；要求带中间负荷运行方式、要求动态机动性高时，可选用控制循环锅炉或直流锅炉。对超临界压力蒸汽参数，必定为直流锅炉。

3.4　燃烧系统

24　锅炉燃料消耗量

$$B = \frac{D_B(h_{01} - h_{fw}) + D_r(h''_{02} - h'_{02}) + D_d(h_{OB} - h_{fw})}{\eta_b Q_B}$$

式中　B——锅炉燃料消耗量（kg/s）；

　　　D_B——锅炉额定过热蒸汽量（kg/s）；

　　　h_{01}——过热蒸汽出口比焓（kJ/kg）；

　　　h_{fw}——给水比焓（kJ/kg）；

　　　D_r——再热蒸汽流量（kg/s）；

$h''_{02}、h'_{02}$——再热蒸汽出口比焓和进口比焓（kJ/kg）；

　　　h_{OB}——锅筒饱和水比焓（kJ/kg）；

　　　D_d——锅炉排污水量（kg/s）；

　　　η_b——锅炉效率；

　　　Q_B——每千克燃料送入锅炉的热量，一般取燃料低热值（kJ/kg）。

实际燃烧并产生烟气的燃料量称为计算燃料消耗量（kg/s）：

$$B_i = B \frac{(100 - q_4)}{100}$$

式中　q_4——机械未完全燃烧损失（%）。

25　锅炉烟风量计算

（1）燃煤或燃油锅炉烟风量计算 [9]　理论空气量和燃烧产物体积计算公式见表 15.3-19。

表 15.3-19　燃煤或燃油锅炉理论空气量和燃烧产物体积计算公式表

名称	符号	燃煤或燃油/（Nm³/kg）	
		按元素分析计算	按简化公式
理论干空气量	V^0	$0.088\,9(C_{ar} + 0.375S_{ar}) + 0.265H_{ar} - 0.033\,30_{ar}$	$V^0 = \frac{0.263}{1\,000}(Q_{ar,net} + 25M_{ar}) + K_0$ 系数 K_0 取用法： $A_d ≤ 40\%$；60%；70%；80% $K_0 = 0$；0.15；0.25；0.35
理论湿空气量	V_h^0	$V_h^0 = (1 + 0.001\,61d)V^0$	

（续）

名称		符号	燃煤或燃油/（Nm³/kg）	
			按元素分析计算	按简化公式
燃烧产物理论体积	氮气	$V^0_{N_2}$	$0.79V^0+0.008N_{ar}$	$V^0_g=1.016\ 1\alpha V^0+0.012\ 4M_{ar}+K_g$ 系数 K_g 取用法： 无烟煤、矸石：$K_g=0.1$ 其他煤：$K_g=0.22$ 燃油：$K_g=0.056H_{ar}$
	三原子气体	$V^0_{CO_2}$	$1.866\times\left(\dfrac{C_{ar}+0.375S_{ar}}{100}\right)$	
	水蒸气	$V^0_{H_2O}$	$0.111\ 6H_{ar}+0.0\ 124M_{ar}+0.001\ 61dV^0$	
	总和	V^0_g	$V^0_{N_2}+V^0_{CO_2}+V^0_{H_2O}$	
燃烧产物实际体积		V_g	$V^0_g+（\alpha-1）V^0+0.001\ 61d（\alpha-1）V^0$	

（2）燃气锅炉烟风量计算[20] 理论空气量和燃烧产物体积计算公式见表 15.3-20。

表 15.3-20 燃气锅炉理论空气量和燃烧产物体积计算公式表

名称		符号	气体燃料/（Nm³/Nm³）	
			按元素分析计算	按简化公式
理论干空气量		V^0	$0.047\ 6\big[0.5CO+0.5H_2+1.5H_2S+\sum\left(m+\dfrac{n}{4}\right)C_mH_n-O_2\big]$	$Q_{net,ar}<10\ 500kJ/Nm³$ 时，$0.209\dfrac{Q_{net,ar}}{1\ 000}$ $Q_{net,ar}>10\ 500kJ/Nm³$ 时，$0.26\dfrac{Q_{net,ar}}{1\ 000}-0.25$
理论湿空气量		V^0_h	$V^0_h=（1+0.001\ 61d）V^0$	
燃烧产物理论体积	氮气	$V^0_{N_2}$	$0.79V^0+0.01N_2$	对烷烃类燃气：$V^0_g=0.239\dfrac{Q_{net,ar}}{1\ 000}+\alpha$ 式中，α 为附加值，对于天然气，$\alpha=2$；对于石油伴生气，$\alpha=2.2$；对于液化石油气，$\alpha=4.5$ 对炼焦煤气：$V^0_g=0.272\dfrac{Q_{net,ar}}{1\ 000}+0.25$ 对于 $Q_{net,ar}<12\ 600kJ/Nm³$ 的燃气：$V^0_g=0.173\dfrac{Q_{net,ar}}{1\ 000}+1.0$
	三原子气体	$V^0_{CO_2}$	$0.01（CO_2+CO+H_2S+\sum mC_mH_n）$	
	水蒸气	$V^0_{H_2O}$	$0.01\big[H_2S+H_2+2CH_4+0.124（d_g+1.293V^0d）+\sum（n/2）C_mH_n\big]$	
	总和	V^0_g	$V^0_{N_2}+V^0_{CO_2}+V^0_{H_2O}$	
燃烧产物实际体积		V_g	$V^0_g+0.016\ 1d（\alpha-1）V^0+（\alpha-1）V^0$	

注：α 系计算点的过剩空气系数；d 系空气中含湿量，一般取 $d=10g/kg$；d_g 系气体燃料中含湿量（$g/m³$）。

（3）循环流化床锅炉炉内脱硫烟风量计算[9] 锅炉加石灰石脱硫时烟风量增量计算公式见表 15.3-21。

表 15.3-21 循环流化床锅炉加石灰石脱硫时烟风量增量计算公式表

（单位：Nm³/kg）

名称	符号	计算公式
理论干空气量增量	ΔV^0_{CFB}	$1.666\left(\dfrac{K_sS_{c,ar}}{100}\right)\eta_{SO_2}$
实际湿空气量增加	ΔV_{CFB}	$\alpha（1+0.001\ 6d）\Delta V^0_{CFB}$

（续）

名称	符号	计算公式
燃烧产物理论体积增量	CaCO₃ 分解 CO₂ 量 … $\Delta V'_{CO_2}$	$0.7\dfrac{K_s S_{c,ar}}{100}\left(\dfrac{Ca}{S}\right)$
	MgCO₃ 分解 CO₂ 量 … $\Delta V''_{CO_2}$	$0.83\dfrac{K_s S_{c,ar}}{100}\left(\dfrac{Ca}{S}\right)\dfrac{K_{MgCO_3}}{K_{CaCO_3}}$
	脱硫消耗 SO₂ … ΔV_{SO_2}	$0.7\left(\dfrac{K_s S_{c,ar}}{100}\right)\eta_{SO_2}$
	脱硫耗 O₂ … ΔV_{O_2}	$0.35\left(\dfrac{K_s S_{c,ar}}{100}\right)\eta_{SO_2}$
	水蒸气增量 … ΔV_{H_2O}	$3.88\dfrac{K_{H_2O}}{K_{CaCO_3}}\times\dfrac{K_s S_{c,ar}}{100}\left(\dfrac{Ca}{S}\right)+0.026\,8\dfrac{K_s S_{c,ar}}{100}\eta_{SO_2}$
	总和 … ΔV^0_g	$\Delta V'_{CO_2}+\Delta V''_{CO_2}-\Delta V_{SO_2}-\Delta V_{O_2}+\Delta V^0_{CFB}+\Delta V_{H_2O}$
燃烧产物实际体积增量	ΔV_g	$\Delta V^0_{Mg}+(\alpha-1)(1+0.001\,6d)\Delta V^0_{CFB}$

注：表中 η_{SO_2} 为脱硫效率，K_s 为燃料中 $S_{c,ar}$ 的 SO_2 转换率，$\dfrac{Ca}{S}$ 为钙硫比，K_{CaCO_3}、K_{MgCO_3}、K_{H_2O} 分别为石灰石中碳酸钙，碳酸镁和水分含量。

26　制粉系统[12]　常见制粉系统类型有以下几种：

（1）钢球磨煤机储仓式乏气送粉制粉系统　利用细粉分离器分离后的乏气将煤粉送入炉膛的储仓式制粉系统，见图 15.3-2。

（2）钢球磨煤机储仓式热风送粉制粉系统　利用空预器后的热风将煤粉送入炉膛，细粉分离器分离后的乏气作为三次风进入炉膛的储仓式制粉系统，见图 15.3-3。

（3）钢球磨煤机储仓式炉烟干燥、热风送粉制粉系统　从下炉膛抽取炉烟和热风混合作为干燥剂进入磨煤机，其乏气作为三次风进入炉膛，以降低三次风量，煤粉用热风送入炉膛的制粉系统，见图 15.3-4。

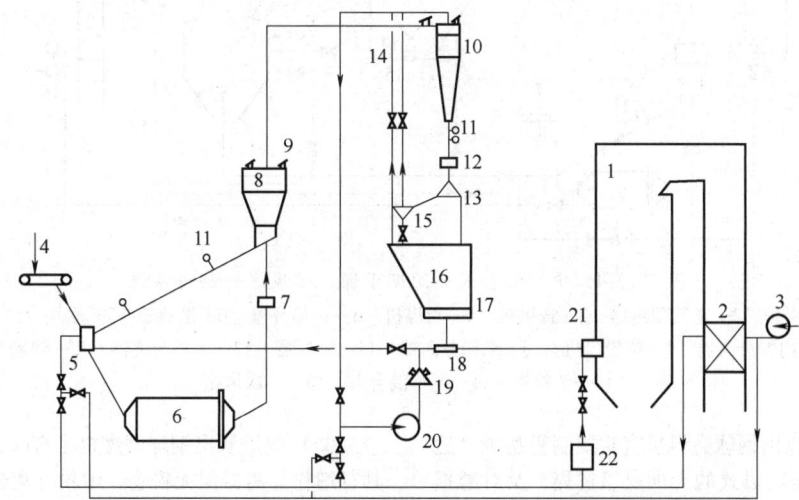

图 15.3-2　中间储仓式钢球磨煤机乏气送粉制粉系统
1—锅炉　2—空气预热器　3—送风机　4—给煤机　5—下降干燥管　6—磨煤机　7—木块分离器　8—粗粉分离器
9—防爆门　10—细粉分离器　11—锁气器　12—木屑分离器　13—换向器　14—吸潮管　15—螺旋输粉机　16—煤粉仓
17—给粉机　18—风粉混合器　19—乏气风箱　20—排粉风机　21—燃烧器　22—二次风箱

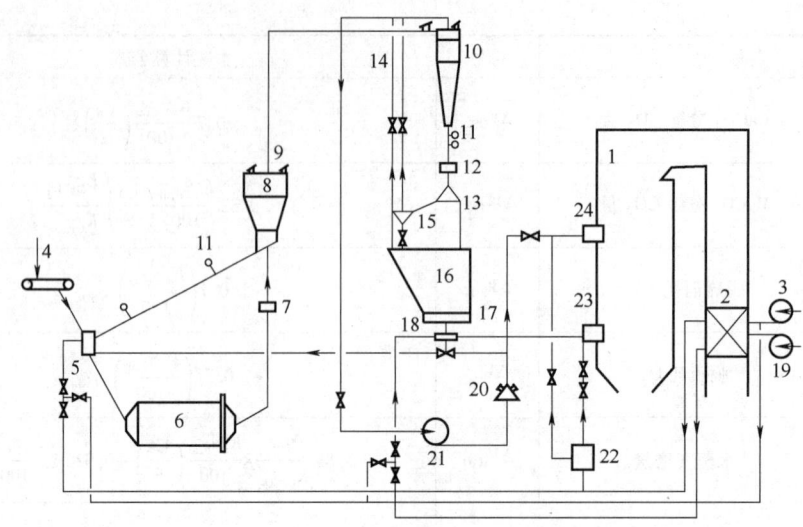

图 15.3-3　中间储仓式钢球磨煤机热风送粉制粉系统

1—锅炉　2—空气预热器　3—送风机　4—给煤机　5—下降干燥管　6—磨煤机　7—木块分离器
8—粗粉分离器　9—防爆门　10—细粉分离器　11—锁气器　12—木屑分离器　13—换向器
14—吸潮管　15—螺旋输粉机　16—煤粉仓　17—给粉机　18—风粉混合器　19——次风机
20—乏气风箱　21—排粉风机　22—二次风箱　23—燃烧器　24—乏气喷口

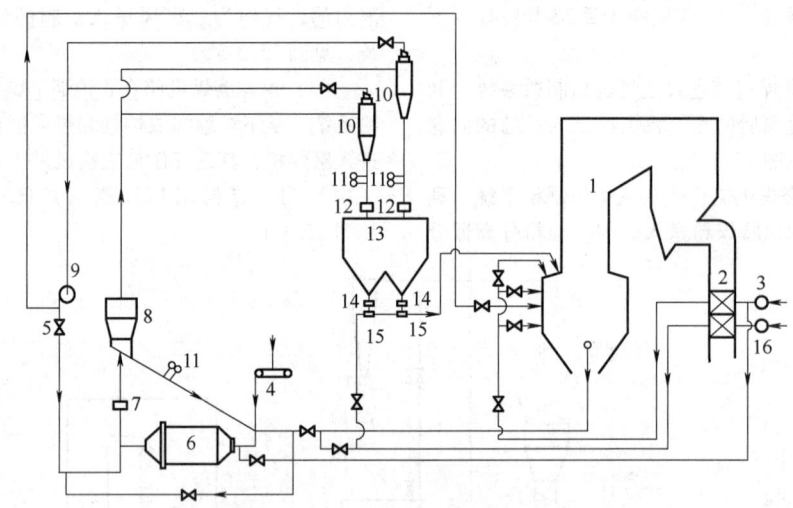

图 15.3-4　中间储仓式热炉烟干燥、热风送粉制粉系统

1—锅炉　2—空气预热器　3—送风机　4—给煤机　5—再循环管　6—磨煤机　7—木块分离器
8—粗粉分离器　9—排粉风机　10—细粉分离器　11—锁气器　12—木屑分离器　13—煤粉仓
14—给粉机　15—风粉混合器　16——次风格

（4）双进双出钢球磨煤机直吹式制粉系统　适合采用直吹式送粉方式的无烟煤、贫煤，及对磨损指数很强且挥发分也很高的烟煤，可采用双进双出钢球磨煤机。多与双拱炉膛相配燃油无烟煤，见图 15.3-5。

（5）双进双出钢球磨煤机半直吹式制粉系统具有细粉分离器但无粉仓，细粉分离器出来的煤粉直接用热风送入炉膛，乏气作为三次风进入炉膛。具有中间储仓式钢球磨煤机热风送粉制粉系统的特点，既可提高一次风温度和煤粉浓度，有利于燃料的着火，又可以正压运行，消除系统漏风对锅炉效率的影响，比较适合于燃用贫煤和无烟煤，其燃烧效率优于中间贮仓式钢球磨煤机热风送粉制粉系统，见图15.3-6。

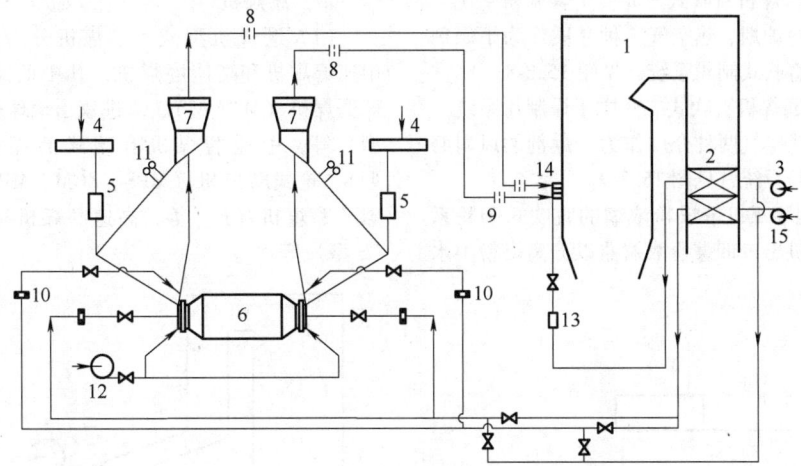

图 15.3-5　双进双出钢球磨煤机直吹式制粉系统（带热风旁路风系统）

1—锅炉　2—空气预热器　3—送风机　4—给煤机　5—下降干燥管　6—磨煤机
7—粗粉分离器　8—快速关断门　9—隔离门　10—风量测量装置　11—锁气器
12—密封风机　13—二次风箱　14—燃烧器　15—一次风机

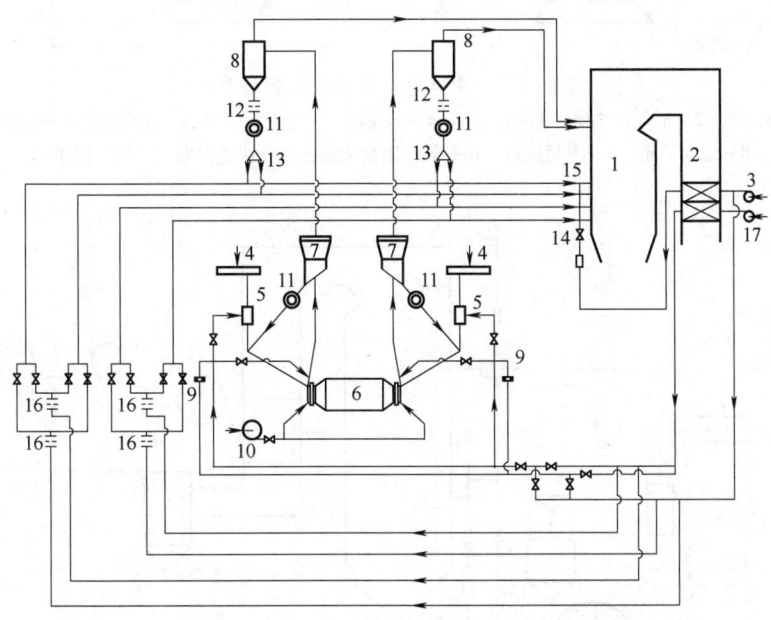

图 15.3-6　双进双出钢球磨煤机半直吹式制粉系统

1—锅炉　2—空气预热器　3—送风机　4—给煤机　5—下降干燥管　6—磨煤机
7—粗粉分离器　8—细粉分离器　9—风量测量装置　10—密封风机　11—电动锁气器
12—隔离门　13—分配器　14—二次风箱　15—燃烧器　16—隔绝门　17—一次风机

（6）中速磨煤机正压直吹式热一次风机制粉系统　一次风机置于空气预热器后、中速磨煤机前的直吹式制粉系统，见图15.3-7。

（7）中速磨煤机正压直吹式冷一次风机制粉系

统　一次风机置于空气预热器前的中速磨煤机直吹式制粉系统，磨煤机为正压运行。

（8）风扇磨煤机直吹式三介质干燥制粉系统　采用热炉烟、冷炉烟、热空气三种介质作为干燥剂的风扇磨煤机直吹式制粉系统，见图15.3-8。

（9）风扇磨煤机直吹式二介质干燥制粉系统　采用热炉烟、热空气两种介质作为干燥剂的风扇磨煤机直吹式制粉系统，见图15.3-9。

（10）风扇磨煤机带煤粉浓缩的直吹式制粉系统　风扇磨煤机出口带煤粉浓缩器以分离煤粉中水分的直吹式制粉系统，用于水分在40%以上的高水分褐煤的燃烧，见图15.3-10。

27　磨煤机

（1）磨煤机型式　磨煤机分为低速磨煤机、中速磨煤机和高速磨煤机，其中低速磨煤机有钢球磨煤机（MTZ型）、双进双出钢球磨煤机（BBD型）等，中速磨煤机有碗式磨煤机（RP、HP型）、轮式磨煤机（MPS、ZGM、MPS-HP-Ⅱ型）、球环磨煤机（E）等，高速磨煤机有风扇磨煤机（S型）等[12]。

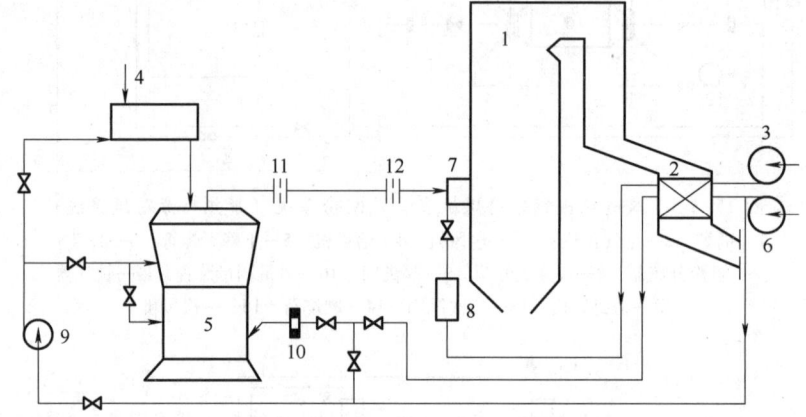

图 15.3-7　中速磨煤机直吹式制粉系统

1—锅炉　2—空气预热器　3—送风机　4—给煤机　5—磨煤机　6—一次风机　7—燃烧器
8—二次风箱　9—密封风机　10—风量测量装置　11—快速关断门　12—隔绝门

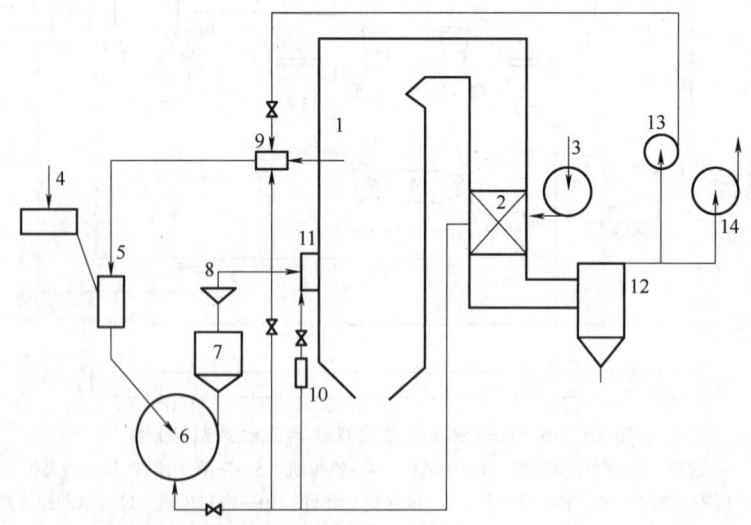

图 15.3-8　风扇磨煤机直吹式三介质干燥制粉系统

1—锅炉　2—空气预热器　3—送风机　4—给煤机　5—下降干燥管　6—磨煤机　7—粗粉分离器　8—煤粉分配器
9—烟风混合器　10—二次风箱　11—燃烧器　12—除尘器　13—冷烟风机　14—引风机

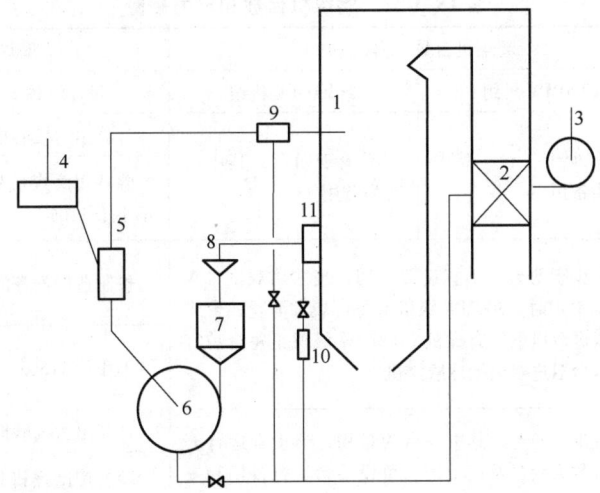

图 15.3-9 风扇磨煤机直吹式二介质干燥制粉系统

1—锅炉 2—空气预热器 3—送风机 4—给煤机 5—下降干燥管 6—磨煤机 7—粗粉分离器 8—煤粉分配器
9—烟风混合器 10—二次风箱 11—燃烧器

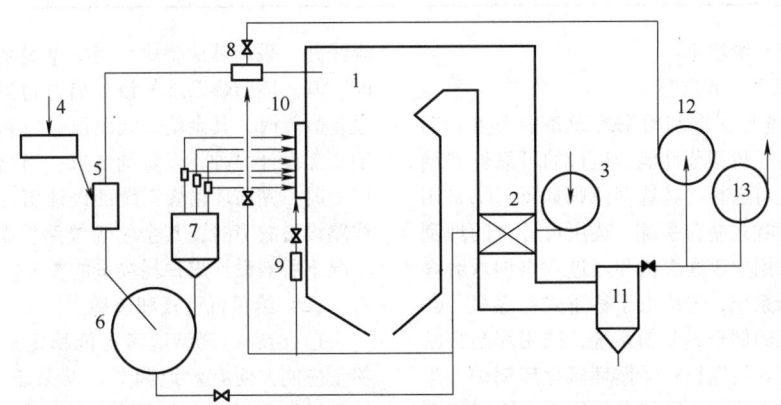

图 15.3-10 带乏气分离装置的风扇磨煤机直吹式三介质干燥制粉系统

1—锅炉 2—空气预热器 3—送风机 4—给煤机 5—下降干燥管 6—磨煤机 7—乏气分离装置
8—烟风混合器 9—二次风箱 10—燃烧器 11—除尘器 12—冷烟风机 13—引风机

(2) 磨煤机及制粉系统的选择[15] 根据煤种的特性、可能的煤种变化范围、负荷性质、磨煤机的适用条件，并结合锅炉燃烧方式、炉膛结构和燃烧器结构型式，按有利于安全运行、提高燃烧效率、降低 NO$_x$ 排放的原则，经技术经济比较后确定。

1) 磨煤机选型原则 在煤种适宜时，选用中速磨煤机；燃用高水分、磨损性不强的褐煤时，宜选用风扇磨煤机，当制粉系统的干燥能力满足要求并经论证合理时，也可采用中速磨煤机；燃用低挥发分贫煤、无烟煤、磨损性很强的煤种时，选用钢球磨煤机或双进双出钢球磨煤机。

2) 制粉系统选择原则 采用中速磨煤机、风扇磨煤机或双进双出钢球磨煤机制粉设备时，宜采用直吹式制粉系统；当采用中速磨煤机和双进双出钢球磨煤机制粉设备，且空预器能满足要求时，宜采用正压冷一次风机直吹式制粉系统；当燃用非易燃易爆煤种且采用常规钢球磨煤机制粉设备时，宜采用储仓式制粉系统。

(3) 磨煤机台数和出力裕量[15] 见表 15.3-22。

表 15.3-22　磨煤机台数和出力裕量

系统	磨煤机型式	磨煤机台数/每台锅炉		磨煤机出力裕量	
		<200MW 机组	≥200MW 机组	设计煤种	校核煤种
直吹式制粉系统	中速磨煤机	不宜少于三台，其中一台为备用	不少于四台，其中一台为备用	计算出力按磨损中后期考虑	
				除备用磨煤机外，不小于110%	包括备用磨煤机在内，不小于100%
	双进双出钢球磨煤机	不宜少于两台，不宜设置备用；当采用双拱（W火焰）锅炉时，300MW 级机组每台炉宜配置四台或三台双进双出钢球磨煤机，600MW 级机组每台炉宜配置六台双进双出钢球磨煤机		按制造厂推荐的钢球装载量计算	
				不小于115%	不小于100%
	风扇磨煤机	不宜少于四台，其中一台为备用；当正常运行磨煤机台数为六台及以上时，可设一台运行备用和一台检修备用		计算出力按磨损中后期考虑	
				除备用磨煤机外，不小于110%	包括备用磨煤机在内，不小于100%
储仓式	钢球磨煤机	不宜少于两台，不设备用；当一台磨煤机停止运行时，其余磨煤机按设计煤种的计算出力应能满足锅炉不投油情况下安全稳定运行的要求		按最佳钢球装载量计算	
				不小于115%	不小于100%

28　给煤机和给粉机

（1）给煤机型式和选型[15]

1）给煤机选型根据制粉系统设备的布置、锅炉负荷需要、给煤机调节性能、运行的可靠性并结合计量要求等进行选择。其选型原则如下：①采用风扇磨煤机的直吹式制粉系统，选用可计量的埋刮板给煤机；②采用中速磨煤机和双进双出钢球磨煤机的直吹式制粉系统，选用电子称重式给煤机；③采用钢球磨煤机的储仓式制粉系统，选用埋刮板给煤机或电子称重式给煤机；④循环流化床锅炉，当采用回料腿给煤方式时，采用电子称重式给煤机和埋刮板给煤机组合方式；当采用前墙给煤方式时，采用电子称重式给煤机；当采用回料腿和前墙联合给煤方式时，回料腿给煤线路采用电子称重式给煤机和埋刮板给煤机组合方式，前墙给煤线路采用电子称重式给煤机。

2）给煤机台数与磨煤机的台数相匹配。配置双进双出钢球磨煤机的机组，一台磨煤机应配置两台给煤机。

3）给煤机出力不小于磨煤机在设计煤种和煤粉细度下最大出力的110%；配置双进双出钢球磨煤机的给煤机，单台给煤机的计算出力不小于磨煤机单侧运行时的最大给煤量要求；对循环流化床锅炉，采用带外置床且采用裤衩腿双布风板型式，配置四条50%BMCR工况下所需设计煤种耗煤量的给煤线路。采用其他型式，当给煤线路为四条及以下时，其前墙给煤系统的设计出力为当一条给煤线路设备故障时，其余给煤线路设备应满足 BMCR 工况下所需设计煤种耗煤量的要求；当给煤线路为四条以上时，其前墙给煤系统的设计出力为当两条给煤线路设备故障时，其余给煤线路设备应满足 BMCR 工况下所需设计煤种耗煤量的要求。

（2）给粉机型式和选型[15]

1）给粉机选型应考虑能稳定连续供粉，且给粉量应能方便有效地调节，以保证锅炉正常燃烧。给粉机宜采用叶轮式给粉机，其给粉量通过改变给粉机转速来实现。给粉机可配置滑差调速电动机，也可采用变频调速电动机。

2）给粉机台数应与锅炉燃烧器一次风的接口数相同，一台给粉机应连接一根一次风管。

3）给粉机出力不小于与其连接的燃烧器最大设计出力的130%。

29　烟风系统

（1）室燃炉空气系统　对于燃煤锅炉，一次风由一次风机提供，主要是干燥和输送煤粉至炉膛，使煤粉空气混合物以合理流速均匀送入各燃烧器，保证充分着火燃烧；二次风由送风机提供，主要供给燃烧所需的空气。采用热风送粉中间储仓式制粉系统时，用于干燥和输送煤粉的空气与煤粉分离后经单独设置的喷嘴送入炉膛，称为三次风。一次风率与煤种、炉型及制粉系统型式有关，在未取得锅炉设计资料时，可参考表 15.3-23 ~ 表 15.3-25 取值[10]。对于燃油和燃气锅炉，供锅炉燃烧用的空气由送风机提供。

（2）循环流化床炉空气系统　一次风由一次风机提供，主要是为锅炉炉膛提供床料流化风，向锅炉给煤点、落煤管、回料腿提供密封和吹扫风，提供炉膛快冷风等。二次风由二次风机提供，主要是为锅炉提供燃烧空气。高压流化风由高压流化风机提供，主要是提供流化风以流化外置床（如有）、流化床式冷渣器（如有）、回料器等里面的物料；高压流化风也可作为床上、床下燃烧器和锥形阀等冷却风。

（3）烟气系统　燃料和空气在炉膛内燃料后产生的烟气，经烟气净化处理系统后（脱硝、除尘、脱硫等），由引风机排入烟囱。

表 15.3-23　切圆燃烧锅炉燃烧器配风参数（BRL 工况）[10]

制粉系统型式	直吹式			储仓式
机组额定功率/MW	300	600	1 000	300
一次风喷口数量/只	16~24 (18~24)③	20~24 (32~48)③	48	16~24
一次风喷口层量/层	4~6④ (3~4)⑤	5~6④ (4~6)⑤	单切圆 12 双切圆 6	4~6
一次风率（%）	14~25 (25~38)③	14~25 (25~38)③	18~25	12~25⑥
一次风出口速度/(m/s)	22~30 (18~25)③	22~32 (18~25)③	22~32	20~28
二次风率①（%）	75~84 (62~75)③	75~82 (62~75)③	75~82	60~80
二次风出口速度/(m/s)	40~55 (40~55)③	40~55 (46~56)③	40~56	40~50
燃尽风风率 （制粉乏气风率）②（%）	20~40	25~40	20~40	0/(15~25)⑦
燃尽风出口速度 （乏气出口速度）②/(m/s)	40~55 (40~55)③	40~55 (46~56)③	40~56	50~60
炉膛出口过量空气系数	1.15~1.25			1.20~1.25

① 二次风率中包括燃尽风（OFA+SOFA），配风率总和为 100%，未计入炉膛漏风率（一般小于 5%）。

② 括号内项目适用于储仓式制粉系统。

③ 括号内数据适用于褐煤。

④ 中速磨煤机系统。

⑤ 风扇磨煤机系统。

⑥ 高灰分烟煤（$A_d = 30\% ~ 40\%$）采用乏气送粉时可能达到上限值。

⑦ 烟煤采用乏气送粉时为 0；低挥发分煤采用热风送粉时为 15%~22%；高挥发分煤采用热风送粉时可能达到上限值。具体数值与磨煤机选型及出力裕量有关。

表 15.3-24　墙式对冲燃烧锅炉燃烧器配风参数（BRL 工况）[10]

制粉系统型式	直吹式			储仓式（热风 送粉）①
机组额定电功率/MW	300	600	1 000	300
燃烧器数量/只	20~24 (20~24)	20~36 (24~36)	48	16~32

（续）

制粉系统型式	直吹式		储仓式（热风送粉）①
燃烧器数量/层	5~6（5~6）	6	2~4
一次风率（%）	16~25（25~35）	16~25	12~20
一次风出口速度/（m/s）	16~25（17~25）	17~25	14~18
二次风率②（%）	75~84（65~75）	75~84	58~73
二次风出口速度/（m/s）	内环风速 13~30（13~26）/外环风速 26~40（26~40）		
制粉乏气风率（%）	—	—	15~22③
乏气出口速度/（m/s）			20~35
炉膛出口过量空气系数	1.15~1.2		

注：括号内数值适用于褐煤。

① 一般用于燃煤 $V_{daf}<20\%$，IT>700℃。

② 二次风率中包括燃尽风（OFA）；配风率总和应为100%，未计入炉膛漏风率（一般小于5%）。

③ 与磨煤机选型及出力裕度有关。

表 15.3-25　300、600MW 容量级双拱锅炉炉膛配风参数（BRL 工况）[10]

制粉系统种类		储仓式（热风送粉）			直吹式（一次风管带煤粉浓淡分离装置）		
燃烧器结构		直流狭缝式	双旋风带消旋器	弱旋流双调风	直流狭缝式	双旋风筒带消旋器	弱旋流双调风
主煤粉喷口只数		36	20~36	16~20	32~48	20~32	16~18
风率④（%）	一次风	10~15	15~23	8~14	7~10③		16~25
	二次风	70~75	20~30	50~65	63~83	20~35	50~60
	三次风	10~15	40~60	16~24	10~15	50~65	12~20
	乏气	4 左右①	15~23	14~18②	—	7~10③	8~12.5
温度/℃	一次风粉混合物	190~260	110~180	190~260	90~150		130~200
	二、三次风	340~400					
风速/（m/s）	一次风	7.5~10	13~25	18~24	9~13	10~20	18~24
	二次风	40 左右	10~34	内 18~26 外 35~42	33 左右	30~40	内 18~26 外 35~41
	三次风	40 左右	8~16	37~43	—	8~16	37~43
	乏气	—	25~35	24~28	19 左右	10~25	20~28
炉膛出口过量空气系数		1.25~1.30			1.15~1.30		

① 制粉系统干燥介质以高温炉烟为主，此数值仅为所含的空气量。

② 取决于磨煤机类型选择及出力裕量。

③ 总一次风率 14%~20%，设浓淡分离旋风子出口浓淡两相风量均等。

④ 配风率总和为 100%，未计入炉膛漏风率（一般小于5%）。

30 风机

（1）风机型式[21] 分类见表 15.3-26。

表 15.3-26 风机型式分类

分类	风机类型	简要说明
按气流运动方向	离心式	工质气体以增大半径的径向流动方式通过叶轮
	轴流式	工质气体以轴向流动方式通过叶轮
按压力	低压	压比低于 1.02
	中压	压比大于 1.02 而小于 1.1
	高压	压比大于 1.1
按旋转方向	顺时针	从驱动端看，叶轮顺时针旋转
	逆时针	从驱动端看，叶轮逆时针旋转
按润滑方式	脂润滑	采用由基础油、增稠剂及添加剂组成的润滑剂
	油润滑	在高速、高温的条件下，通过润滑油的循环，可以带走大量热量
按轴承型式	滚动轴承	靠滚动体的转动来支撑转动轴的，接触部位是一个点，滚动体越多，接触点就越多
	滑动轴承	靠平滑的面来支撑转动轴的，接触部位是一个面
按支撑方式	悬臂式	叶轮安装在轴伸端，轴承布置在叶轮的一侧
	双支撑式	在轴的两个支承点之间安装叶轮
离心式按进气方式	单吸入	气流由叶轮的一侧进入离心式叶轮
	双吸入	气流由叶轮的两侧进入离心式叶轮
轴流式按级数	单级	只有一个叶轮工作的风机
	多级	有两个或更多叶轮串联工作的风机
轴流式按叶片调节型式	动叶调节	改变风机动叶片安装角调节风机性能
	静叶调节	改变风机静叶片安装角调节风机性能

（2）风机选型[22] 选择按 TB 工况参数和选取的风机转速计算出所需风机的比转速，然后选取比转速最接近的风机型式。对于给定的参数，当可以选择几种不同型式的风机时，应根据锅炉机组的年负荷曲线、风机耗电、调节效率、设备造价、维护费用及其他因素进行选择。不同类型风机比转速参考范围见表 15.3-27。

表 15.3-27 不同类型风机比转速参考范围

风机类型	比转速①
单吸离心式风机	18~94
双吸离心式风机	25~120
静叶调节子午加速轴流风机②	90~120
单级静叶调节标准轴流风机和动叶调节轴流风机	100~200
双级静、动叶调节轴流风机	59.5~119

① 比转速是从相似理论中引出来的一个综合性参数，说明了流量、扬程、转数之间的相互关系。

② 子午加速轴流风机：在机壳和轮毂形成的环形截面流道中，机壳呈圆柱筒的斜流风机，叶轮流道中气流的子午面分速度呈加速状态。

31　除尘器

（1）除尘器型式和特点　见表 15.3-28。

表 15.3-28　除尘器的型式和特点

型式	原理	特点
静电除尘器	在电除尘器的正负极上通高压直流电源，在两极间维持一个足以使气体分离的静电场，利用强电场电晕放电，使气体电离产生大量自由电子和离子，并吸附在通过电场的粉尘颗粒上，使烟气中的粉尘颗粒荷电，并在电场库仑力的作用下，使带电尘粒向极性相反的电极移动，沉积在电极上，从而将尘粒从含尘气体中分离出来，然后通过周期性振打电极的方法使尘粒降落在除尘器的集灰斗内，净化的空气经出气烟箱排出	优点：市场占有率高，有很成熟的产品和运行维护经验，设备安全可靠性好，适用方便且无二次污染，压损小，对烟气温度及成分等影响不敏感；缺点：除尘效率受煤、飞灰成分的影响
布袋除尘器	利用纤维编织物制作的袋状过滤元件来捕集含尘气体中的固体颗粒物。其作用原理是尘粒在经过滤布纤维时因惯性力作用与纤维碰撞而被拦截。细微的尘粒（粒径为 $1\mu m$ 或更小）则受气体分子冲击（布朗运动）不断改变着运动方向，由于纤维间的空隙小于气体分子布朗运动的自由路径，尘粒便与纤维碰撞而被分离出来。过滤作用可以由滤布本身产生，也可以由积聚在滤布上的尘饼（捕获的颗粒沉降形成）产生。由于形成了尘饼，分离的效应（主要是截留和扩散效应）提高了，因此直径远小于滤料孔径的颗粒也可被收集	优点：除尘效率高，除尘效率不受煤、飞灰成分的影响，采用分室结构能在 100% 负荷下实现在线检修；缺点：对烟气温度及成分等较敏感，滤袋破损易导致排放超标，压损大，检修维护工作量很大，更换的旧滤袋处理不当易造成二次污染
电袋除尘器	一种将电除尘与布袋除尘有机结合的高效除尘器，兼顾两种除尘器优点，除尘机理为粉尘荷电吸附+滤袋过滤拦截	优点：除尘效率高，除尘效率不受煤、飞灰成分的影响；缺点：对烟气温度及成分等较敏感，滤袋破损可能会导致排放超标，压损大，检修维护工作量较大，更换的旧滤袋处理不当易造成二次污染

（2）电除尘新技术　新型电除尘器的粉尘荷电吸附原理同常规静电除尘器，其特点见表 15.3-29。

表 15.3-29　电除尘新技术原理和特点

新技术	原理	特点
低温电除尘技术	通过降低烟温来降低粉尘比电阻，从而提高粉尘荷电和收尘效果。在除尘器入口设置烟气换热装置，将烟气温度降到酸露点附近（90℃左右），烟气体积流量也得以降低，粉尘比电阻也有所降低，能够有效提高除尘器二次电压，充分发挥电除尘荷电收尘效率，使电除尘效率得到提高	烟气中的粉尘质量浓度增加，SO_3 与粉尘的物理化学反应更加充分，SO_3 的去除效果更好。携带 SO_3 粉尘又很容易被电除尘除去，通常情况下，灰硫比（D/S）>100，烟气中的 SO_3 去除率可达到 95% 以上，使下游烟气露点大幅度下降，从而大大减轻了尾部设备的低温腐蚀
转动电极电除尘技术	将末级电场的阳极板改造成可以回转的型式，将传统的振打清灰改为旋转刷清灰，当极板旋转到电场下端的灰斗时，清灰刷在远离气流的位置把板面的粉尘刷除，达到比常规电除尘器更好的清灰效果	转动电极可以消除二次扬尘、避免反电晕；可以达到彻底清灰，实现电极清洁化；转动极板可以取得更合理的电极配置，建立更适合扑集细尘的收尘电场，达到高效率。可以取得更高的电场高度，对电场长高比变化适应性强

（续）

新技术	原理	特点
粉尘凝聚技术	气流首先经过双极荷电区，双极荷电器有一组正、负相间的平行通道，气体和灰尘通过时，按其通道的正或负，分别获得正电荷或负电荷。灰尘一半荷正电，一半荷负电。然后进入凝聚区，带正电的粒子和带负电的粒子在湍流输运和静电力共同作用下碰撞凝聚，小颗粒变成大颗粒。接着进入到电除尘器内部，大颗粒便于除尘器收尘，尤其是减少了微细颗粒的排放	提高除尘器的除尘效率、减少体积及降低制造成本，尤其能减少微小颗粒的排放，从而降低微小颗粒的危害
烟气调质技术	借助飞灰表面毛细孔的孔壁场力、静电力等作用，加入调质剂被吸附并凝结在这些毛细孔内，继而扩展到整个飞灰表面，形成一层水膜；飞灰表层所含的可溶金属离子，将溶于形成的液膜中，变得易于迁移；在电场力作用下，溶于膜中的离子以膜为媒介，快速迁移，传递电荷。可以提高烟尘荷电和电场力的效果，以提高除尘效率。烟气调质主要有化学调质剂（常用的化学调质剂有 SO_3、NH_3、氯化物、铵的化合物、有机胺、碱金属盐等）和水基调质剂	通过调整烟气或烟气粉尘的组分及一些物理特性，从而降低粉尘比电阻值或改变粉尘的物理化学特性，提高电除尘效率的装置
湿式电除尘技术	取消传统振打清灰方式，采用一套喷淋系统取代振打系统，直接将水雾喷向电极和电晕区，水雾在芒刺电极形成的强大的电晕场内荷电后分裂进一步雾化。电场力、荷电水雾的碰撞拦截、吸附凝并，共同对粉尘粒子起捕集作用，最终粉尘粒子在电场力的驱动下到达集尘极而被捕集。与干式电除尘通过振打将极板上的灰振落至灰斗不同，湿式电除尘器则是通过水喷淋系统在阳极板上形成连续而均匀的水膜进行清灰，无振打装置，流动水膜将捕获的粉尘冲刷到灰斗中随水排出	取消振打，避免了二次扬尘的出现，同时电场中有大量饱和水汽，可以大幅降低粉尘比电阻，提高运行电压，能实现接近零排放，以达到更高的收尘效率、脱除 SO_3、PM2.5 等污染物的目的

（3）除尘器选型[15] 应根据环境影响评价报告对烟气排放粉尘量及粉尘浓度的要求、炉型、煤灰特性、工艺、场地条件及灰渣综合利用的要求等因素确定。在煤种适宜时，宜选用静电除尘器。当燃煤飞灰特性不利于静电除尘器收尘或不能满足环保要求时，可选用布袋除尘器或电袋除尘器或电除尘新技术。

32 起动床料添加系统 起动床料添加系统用于循环流化床锅炉空床起动时床料的加注及床料损失时的补充。起动床料添加方案主要有通过输煤皮带添加床料，气力输送床料，固定机械添加床料等。当煤的灰分小于 15% 或燃料的磨损特性很强时，宜设置一套固定的固定机械添加（或气力输送）系统连续输送床料，作为起动和正常运行之用，当煤的灰分大于 15% 时，燃料具有床料自平衡的作用，锅炉运行过程中不需要添加床料，宜采用输煤皮带或人工添加床料，仅用作锅炉起动。

3.5 除灰渣系统

33 灰渣量计算[23]
1）锅炉排出的总灰渣量按锅炉最大连续蒸发量时燃用设计或校核煤种计算，锅炉的灰渣量/（t/h）为

$$G_{hz} = G_m\left(\frac{A_{ar}}{100} + \frac{Q_{net,v,ar}q_4}{33\ 870\times100}\right)$$

锅炉除尘器灰量/（t/h）为 $G_h = G_{hz}\times\phi_h\times\eta_c$
锅炉渣量/（t/h）为 $G_z = G_{hz}\times\phi_z$
锅炉省煤器灰量/（t/h）为 $G_{sh} = G_{hz}\times\phi_{sh}$
式中 G_m——锅炉最大连续蒸发量时的计算燃煤消耗量（t/h）；
A_{ar}——燃煤收到基灰分（%）；
$Q_{net,v,ar}$——燃煤收到基低位发热量（kJ/kg）；
q_4——锅炉机械未完全燃烧热损失（%）；

ϕ_{h}——锅炉排出的灰在灰渣量中所占的百分比（%）；

ϕ_{z}——锅炉排出的渣在灰渣量中所占的百分比（%）；

ϕ_{sh}——锅炉省煤器排出的灰在灰渣量中所占的百分比（%）；

η_{c}——除尘器效率（%）。

锅炉炉底的排渣率与锅炉的燃烧方式有关，其灰渣分配比例见表 15.3-30。

表 15.3-30　不同类型锅炉灰渣分配比例

锅炉型式	固态排渣炉	液态排渣炉	循环流化床炉
渣（%）	10~20	40~60	40~60
灰（%）	90~80	60~40	60~40

注：当设有省煤器灰斗时，其灰量可按灰渣量的 3%~5% 计算。

2）当磨煤机采用中速磨时，石子煤可在锅炉最大连续蒸发量时燃煤量的 0.5%~1% 内选取。

3）循环流化床锅炉由于掺烧石灰石，排灰渣量增大，其入炉物料所产生的灰分可用折算灰分表示，折算灰分的计算公式如下：

$$A_{\mathrm{zs}} = A_{\mathrm{ar}} + 3.125 S_{\mathrm{ar}} \left[m(100/K_{\mathrm{CaCO_3}} - 0.44) + 0.8\eta_{\mathrm{s}}/100 \right]$$

式中　A_{zs}——折算灰分（%）；

　　　A_{ar}——燃料收到基灰分（%）；

　　　$K_{\mathrm{CaCO_3}}$——石灰石纯度（%）；

　　　m——Ca/S 摩尔比；

　　　S_{ar}——燃料收到基硫分（%）；

　　　η_{s}——脱硫效率（%）。

将折算灰分 A_{zs} 代入常规锅炉灰渣量计算公式中，即可算出灰渣总量，并分别计算出循环流化床锅炉的底渣量、除尘器灰量、省煤器灰量。

34　除灰渣系统的选择　应根据灰渣量、灰渣的化学、物理特性，除尘器和排渣装置的形式，水质和水量，灰场的形式，电厂与贮灰渣场的距离和高差，交通运输条件、地质、地形、气象条件，以及灰渣综合利用和环保要求等条件，通过技术经济比较后确定除灰渣系统。

除灰渣系统主要分为水力、气力和机械三种，其特点比较见表 15.3-31。水力除灰渣系统无法适应严格的环保要求，在国内已被逐渐淘汰，国内可根据具体情况选择机械-气力联合输送系统或气力、机械混合除灰渣系统。

表 15.3-31　除灰渣系统特点比较

系统	优点	缺点
水力除灰渣	输送过程中无干灰飞扬，工作环境较好，便于运行管理，适用各种输送距离，特别是远距离输送，厂外管道输送，系统可靠性较高	系统耗水量大，干灰与水混合后将降低灰的活性，对灰的综合利用不利，灰场建设投资较大，易对地下水造成污染，灰管易结垢
气力除灰渣	耗水量小，便于灰的综合利用，灰场建设投资小	输送距离短，需设带式输送机和汽车输送到综合利用用户和灰场，输送速度高，能耗大，管道磨损大
机械除灰渣	耗水量小，能耗小	机械设备多，维护工作量大

（1）气力除灰渣系统　类型见表 15.3-32。选择应根据输送距离、灰量、灰的特性、除尘器型式、管道布置及综合利用条件等确定。在输送距离上，可按下列条件选择：①当输送距离较短（小于或等于 60m）而布置又许可时，可采用空气斜槽输送方式；②当输送距离不超过 150m 时，可采用负压气力除灰系统；③当输送距离超过 150m 时，宜采用正压气力除灰系统；④根据工程具体情况经技术经济比较，可采用上述系统的单一系统或联合系统；⑤气力除渣系统的锅炉冷渣设备应采用风冷却或风水联合冷却方式。

表 15.3-32　气力除灰渣系统的类型

类别	给料输送装置	适用范围及特点
负压式	受灰装置 E 型阀	多点短距离集中，输送距离不大于 150m，单管系统出力可达 30~40t/h，灰气比可达 20~25kg（灰）/kg（气）；负压抽气设备采用负压风机或水环式真空泵；库顶收尘设备复杂，需设 1~3 级

（续）

类别			给料输送装置	适用范围及特点
正压式	压力式	稀相	仓式输送泵	定点中长距离输送，输送距离一般不超过 1 000m，单管系统出力可达 60~80t/h，灰气比可达 6~25kg（灰）/kg（气），输送压力小于 800kPa，输送速度较高；动力设备一般为空压机，库顶只设一级袋式排气过滤器，仓式输送泵按其结构型式分为上引式、下引式、流态化三种。按其组合方式分为单仓泵、双仓泵、串联泵三种
		浓相		多点中长距离输送，输送距离一般不超过 2 500m，单管系统出力可达 60~80t/h，灰气比可达 20~35kg（灰）/kg（气），输送压力小于 800kPa，输送速度 4~12m/s；动力设备一般为空压机，库顶只设一级袋式排气过滤器
自流式			空气斜槽	多点短距离集中，输送距离小于 60m，两端之间要有一定高度差，槽体坡度不小于 6%；系统出力可达 40~100t/h，动力设备一般为离心风机，能耗低

（2）机械除灰渣系统　类型见表 15.3-33。选择要点如下：

1）机械除灰渣系统中所采用的设备型式很多，在选择时应根据锅炉型式、灰渣量、厂内外运输条件等因素确定。一般由几种不同机械设备组合而成。

2）机械除灰渣系统由厂内和厂外两部分组成，厂内部分一般采用连续输送的机械设备将锅炉和除尘器排出的灰渣输送到中间储存设施。常用的除灰渣设备有带式输送机，螺旋输送机和刮板输送机，

厂外部分可采用汽车或船舶运输。也可采用火车、索道或管状、带式输送机输送。

3）运输灰渣汽车的数量，可根据运输的灰渣量，运输距离，运行班数和汽车的装载量等条件确定。当运输湿灰渣时，可选用大容量的自卸汽车，其灰渣中的含水率一般控制在 15%~25% 范围内，当装运干灰时，应选用密闭罐式自卸汽车。

4）机械除渣系统的锅炉冷渣设备可采用水冷却、风冷却和风水联合冷却方式。

表 15.3-33　机械除灰渣系统的类型

类别	适用范围及特点
水浸式刮板捞渣机	位于炉膛下方，设有上下槽体的刮板捞渣机，上槽体中充满水，锅炉排出的高温炉渣，经冷却水冷却、粒化，由刮板捞渣机连续捞出	1）利用斜升段脱水，可直接进入渣仓储存，定期由汽车外运； 2）利用斜升段脱水后进入带式输送机或刮板输送机、管式皮带机送至距离较远的渣仓储存，定期由汽车外运； 3）渣落入碎渣机，经碎渣机破碎后用渣浆泵送至距离较远的脱水仓，脱水后的渣定期用汽车外运
干式风冷排渣机	位于炉膛下方，设有渣斗、液压关断门和不锈钢传送带，在传送带下和排渣机头部设有进风管，利用炉内负压就地吸风，将 850℃的炉渣冷却到 100℃ 左右，经碎渣机破碎后采用二级机械输渣机或负压、正压气力输送系统将渣送到渣仓储存
埋刮板输送机	多点短距离集中，输送距离不宜大于 100m，埋刮板输送机可采用水平布置和倾斜布置两种型式。当采用倾斜布置时，倾斜角不宜大于 30°
螺旋输送机	多点短距离集中，输送距离不宜大于 40m，螺旋输送机可采用水平布置和倾斜布置两种型式，设备易磨损

（续）

类别	适用范围及特点
带式输送机	多点受料，能适用各种输送距离，型式分为普通带式输送机、管状带式输送机、封闭式带式输送机，输送能耗低，带式输送机的倾角 α 上运不宜大于 16°（寒冷地区露天布置时 14°），下运不应大于 12°
水运除灰	船舶运输灰渣一般采用驳船装运，拖轮牵引的组合方式
汽车运输	汽车输送的优点是转运灵活，有利于综合利用，灰场布料方便，一次到位

（3）循环流化床锅炉除灰渣系统　循环流化床锅炉加入石灰石脱硫，改变了入炉煤带入的灰分。通过燃烧脱硫反应后产生相应的附属产物，该产物也会随同煤粉燃烧所产生的灰渣一起排出。循环流化床锅炉底渣、飞灰和石灰石粉输送系统分为机械输送系统、负压气力输送系统、正压气力输送系统、机械-气力联合输送系统。

循环流化床锅炉冷渣器的型式有滚筒式冷渣器、螺旋式冷渣器、风水联合冷渣器、多室选择式冷渣器、风冷排渣机等。

（4）除石子煤系统　类型见表 15.3-34。由于水力输送、气力输送石子煤能量消耗较高，在有条件的电厂采用机械方式输送石子煤。在输送距离短、环境要求高时采用气力输送。当磨煤机排出石子煤量较少，环境要求较高时，采用密封式活动石子煤斗输送系统。

表 15.3-34　除石子煤系统的类型

类别	给料输送装置	适用范围及特点
水力输送系统	水力喷射器输送系统	1）将石子煤输送到石子煤脱水仓脱水并储存，定期汽车外运； 2）将石子煤输送到捞石子煤机储存，定期捞出脱水后装车外运； 3）将石子煤输送到捞渣机，与渣一起被捞出并脱水进入渣仓储存，定期装车外运
气力输送系统	正（负）压气力输送系统	1）输送距离小于 150m； 2）输送管道可架空布置，煤仓间生产环境较好； 3）系统较复杂，管道磨损较严重； 4）能耗较大
机械输送系统	振动输送机输送系统	振动输送机利用料槽体与工作弹簧传递的激振力使物料在槽体中振动受向上、向前的激振力，物料连续的以料槽体振动频率向前跳跃，直至到达输送目的地。由于物料输送是密封在料槽内跳跃，粉尘不会漏出污染环境，也不会对料槽造成磨损
	带式输送机输送系统	带式输送机设备简单，运行可靠，检修维护工作量小，缺点是开式输送，粉尘飞扬对环境污染大，输送角度小，一般不易大于 16°。另外石子煤排出温度高，需采用耐高温胶带机
	刮板输送机输送系统	多点短距离集中，输送距离小于 100m，埋刮板输送可采用水平布置和倾斜布置两种型式
	活动石子煤斗输送系统	石子煤储存在固定石子煤斗中，定期排入活动石子煤斗，利用叉车叉出装车外运。石子煤斗为敞开式，环境卫生较差
	密封式活动石子煤斗输送系统	石子煤储存在密封式活动石子煤斗中，定期利用叉车将石子煤斗叉出装车外运。石子煤斗为密封式，环境卫生较好

3.6　煤的洁净燃烧技术

35　燃烧前的处理和净化技术

（1）脱硫技术　采用物理或化学方法对原煤进行清洗，除去煤中黄铁矿。具体方法有淘汰法脱硫、高硫煤强磁脱硫、摇床法、重介质法、旋流器法、浮选法脱硫等。

（2）脱汞技术　煤中的汞是与灰分、黄铁矿等成分结合在一起，可以通过各种洗煤方法被除去。浮选法可以把原煤中平均 21%～37% 的汞除去，去除率与煤的种类，煤的清洗、分选技术，原煤中的含汞水平，以及汞的分析仪器都有关。

（3）脱碳技术　燃烧前捕集主要运用于 IGCC（整体煤气化联合循环）系统中，将煤高压富氧气化变成煤气，再经过水煤气变换后将产生 CO_2 和 H_2，气体压力和 CO_2 浓度都很高，将很容易对 CO_2 进行捕集。剩下的 H_2 可以被当作燃料使用。

36　燃烧中的净化技术

（1）脱硝技术　采用低 NO_x 燃烧技术，根据 NO_x 的生成机理，在煤的燃烧过程中通过改变燃烧条件，合理组织燃烧方式等办法来控制 NO_x 生成的燃烧技术。包括低过量空气燃烧、空气分级燃烧、燃料分级燃烧、烟气再循环技术、低 NO_x 燃烧器等。

（2）脱硫技术　炉膛内喷入吸收剂固化 SO_2/SO_3 而进行脱硫。

（3）脱汞技术　通过改变燃烧工况、改进燃烧技术和在炉膛中喷入氧化剂或添加剂实现对汞排放的控制。

（4）脱碳技术　采用富氧燃烧技术，用高纯度的氧气代替助燃空气，同时辅助烟气再循环技术，可获得高达 80% 浓度 CO_2 烟气，实现碳捕集。

37　循环流化床燃烧技术　可用于煤的洁净燃烧。

（1）优点

1）燃烧效率高　燃料在炉内进行多次循环，反复燃烧，停留时间比煤粉炉长，且颗粒与气体的相对运动速度较大，可以获得良好的气固两相传热传质效果，具有很高的燃烧效率，一般可达到 97%～98%。

2）燃烧结渣可能性小　燃烧温度控制在 850～900℃，低于煤的灰熔温度，减少煤烧结渣的可能。

3）低污染排放　燃烧温度 850～900℃ 正是以石灰石作为脱硫剂的脱硫反应的最佳温度区段，燃烧时向炉内加入适量的石灰石，能得到 90% 以上的 SO_2 的脱硫率。另外，较低的燃烧温度以及燃烧空气分级送入炉膛，能有效地控制 NO_x 的生成量。

4）燃料适应性广　燃烧温度低不受固体燃料灰熔点温度的制约。采用流化态和再循环床式燃烧，炉内蓄热量大，燃料易着火，能适应煤矸石、烟煤、无烟煤、泥煤、石油焦、纸渣、木屑、垃圾等几乎所有的固体燃料。

5）负荷变化适应性强　蓄热量大，炉内存有大量的 800～900℃ 的固体颗粒，燃料在炉内处于强烈紊流燃烧状态，负荷适应性强。其不投油最低稳燃负荷可达 30%。

（2）缺点

1）炉膛内燃料粒径较大，受热面的磨损严重。

2）布风板及系统阻力大，锅炉所需风机压头通常较高，辅机功率增加，导致运行费用增加。

38　燃烧后的净化技术

（1）脱硝技术　炉后烟气脱硝技术是从锅炉排放的烟气中脱除 NO_x，可分成干法和湿法两类。干法有选择性催化还原（SCR），选择性非催化还原（SNCR）、非选择性催化还原（NSCR）、分子筛、活性炭吸附法、等离子梯法及联合脱硫脱硝方法等；湿法有分别采用水、酸、碱液吸收法，氧化吸收法和吸收还原法等。应用较多的是 SCR 法和 SNCR 法。

SCR 法是利用还原剂（NH_3、尿素）在金属催化剂作用下，选择性地与 NO_x 反应生成 N_2 和 H_2O，而不是被 O_2 氧化；SNCR 法是在没有催化剂的情况下，向 870～1 150℃ 炉膛中喷入还原剂氨或尿素，还原剂"有选择性"地与烟气中的 NO_x 反应并生成无毒、无污染的 N_2 和 H_2O。与 SCR 法相比，SNCR 法系统简单、投资运行费用低，但脱硝效率较 SCR 法低。

（2）除尘技术　锅炉尾部加设除尘装置，通过物理方式把大部分粉尘从烟气中分离出来，减少烟气中的粉尘浓度，达到以下几个目的：①减小排放烟气的含尘量；②减小除尘器下游的设备磨损；③捕集粉尘并回收进行综合利用。具体除尘技术见表 15.3-28 和表 15.3-29。

（3）脱硫技术　锅炉尾部加设装置，利用脱硫剂对烟气进行脱硫。分为湿法、半干法和干法，其中湿法脱硫有石灰石-石膏法、海水法、氨法、双碱法、镁法等，半干法脱硫有旋转喷雾法、循环流化床法等，干法脱硫有电子束法、炉内喷钙加尾部烟道增湿活化法等。石灰石-石膏湿法脱硫在国内应用最为普遍。具体脱硫技术对比见表 15.3-35。

表 15.3-35　脱硫技术对比表

脱硫技术	原理	反应式	技术特点
石灰石-石膏法	利用石灰石的碱性，将其制成浆液喷入吸收塔，与烟气中的 SO_2 发生反应，生成亚硫酸钙，在氧化空气作用下使亚硫酸钙氧化成硫酸钙，硫酸钙达到一定饱和度后，结晶形成石膏	吸收： $SO_2+H_2O \rightarrow H_2SO_3$ $SO_3+H_2O \rightarrow H_2SO_4$ 中和： $CaCO_3+H_2SO_3 \rightarrow CaSO_3+CO_2+H_2O$ $CaCO_3+H_2SO_4 \rightarrow CaSO_4+CO_2+H_2O$ $CaCO_3+2HCl \rightarrow CaCl_2+CO_2+H_2O$ 氧化：$2CaSO_3+O_2 \rightarrow 2CaSO_4$ 结晶：$CaSO_4+2H_2O \rightarrow CaSO_4 \cdot 2H_2O$	技术成熟可靠，单塔容量 1 200MW；吸收剂资源丰富，价廉易得；系统流程复杂；煤种适应性强；脱硫后烟道烟囱需防腐；有废水排放；脱硫副产物石膏便于综合利用；电耗比为 1%~1.5%；脱硫效率>99%，钙硫比为 1.03
海水法	利用海水的天然碱性（氯化物、碳酸盐、硫酸盐）溶解和吸收烟气中的 SO_2，同时利用曝气使亚硫酸钙变成硫酸钙，处理后排水排入海中	吸收塔：$SO_2+H_2O \rightarrow 2H^++SO_3^{2-}$ 曝气池：$SO_3^{2-}+\frac{1}{2}O_2 \rightarrow SO_4^{2-}$ $CO_3^{2-}+H^+ \rightarrow HCO_3^-$ $HCO_3^-+H^+ \rightarrow H_2CO_3$ $H_2CO_3 \rightarrow CO_2+H_2O$	技术成熟可靠，单塔容量 1 000MW；仅用于海边电厂，且含硫量小于 1.5% 的中低硫煤；工艺简单、投资低；不需任何添加剂，运行费用低；脱硫后烟道烟囱需防腐；不存在副产物和废弃物；电耗比为 0.5%~0.8%；脱硫效率>90%
氨法	以液氨或氨水作为脱硫剂，吸收烟气中的 SO_2 生成 $(NH_4)_2SO_3$，并在富氧条件下将 $(NH_4)_2SO_3$ 氧化成 $(NH_4)_2SO_4$，再经加热蒸发结晶析 $(NH_4)_2SO_4$，过滤干燥后得化肥产品硫酸铵	吸收： $SO_2+2NH_3+H_2O \rightarrow (NH_4)_2SO_3$ $SO_2+(NH_4)_2SO_3+H_2O \rightarrow 2NH_4HSO_3$ $NH_3+NH_4HSO_3 \rightarrow (NH_4)_2SO_3$ 氧化： $(NH_4)_2SO_3+O_2 \rightarrow 2(NH_4)_2SO_4$	技术成熟可靠，单塔容量 500MW；附近有化肥厂和液氨、氨水，适用中高硫煤；脱硫后烟道烟囱需防腐；无废渣废液排放，不产生二次污染；脱硫副产物硫铵，含氮量 20% 左右，可用作氮肥或复合肥料；电耗比为 1%~1.5%；脱硫效率>99%，氨硫比为 2.05
双碱法	利用氢氧化钠（碳酸钠、亚硫酸钠）溶液作为启动脱硫剂，将配制好的氢氧化钠溶液打入脱硫塔洗涤脱除烟气中的 SO_2，脱硫产物经脱硫剂再生池还原成氢氧化钠再打回脱硫塔内循环使用	吸收： $2NaOH+SO_2 \rightarrow Na_2SO_3+H_2O$ $Na_2SO_3+H_2O+SO_2 \rightarrow 2NaHSO_3$ 再生： $Ca(OH)_2+NaSO_3 \rightarrow 2NaOH+CaSO_3$ $Ca(OH)_2+2NaHSO_3 \rightarrow NaSO_3+CaSO_3 \cdot \frac{1}{2}H_2O+\frac{1}{2}H_2O$ $Ca(OH)_2+NaSO_3+\frac{1}{2}O_2+2H_2O \rightarrow$ $2NaOH+CaSO_4 \cdot H_2O$	技术成熟，多用于电站起动锅炉脱硫；吸收剂的再生和脱硫渣的沉淀发生在塔外，避免塔内堵塞和磨损，运行可靠性高；钠基吸收 SO_2 速度快，液气比较少；脱硫后烟道烟囱需防腐；$NaSO_3$ 氧化副反应产物 $NaSO_4$ 较难再生，增加碱的消耗量，且 $NaSO_4$ 的存在会降低石膏品质；脱硫效率>90%
镁法	氧化镁的脱硫机理与氧化钙的脱硫机理相似，都是碱性氧化物与水反应生成氢氧化物，再与二氧化硫溶于水生成的亚硫酸溶液进行酸碱中和反应，氧化镁反应生成的亚硫酸镁和硫酸镁再经过回收 SO_2 后进行重复利用或者将其强制氧化全部转化成硫酸盐制成七水硫酸镁	熟化：$MgO+H_2O \rightarrow Mg(OH)_2$ 吸收：$SO_2+H_2O \rightarrow H_2SO_3$ 中和： $Mg(OH)_2+H_2SO_3 \rightarrow MgSO_3+2H_2O$ $MgSO_3+H_2SO_3 \rightarrow Mg(HSO_3)_2$ 氧化：$MgSO_3+\frac{1}{2}O_2 \rightarrow MgSO_4$	技术成熟可靠，单塔容量 1 300MW；系统流程复杂，有废水排放；煤种适应性强；吸收剂用量少，占地小，投资低；脱硫后烟道烟囱需防腐；脱硫副产物亚硫酸镁、硫酸镁、硫酸、镁肥等处理要求高；电耗比为 0.8%~1%；脱硫效率>99%，镁硫比为 1.02

（续）

脱硫技术	原理	反应式	技术特点
旋转喷雾法	将吸收剂浆液雾化成细小的液滴，在吸收塔内与烟气混合接触，发生快速的物理化学反应，一方面烟气冷却，吸收剂水分蒸发干燥；另一方面吸收剂与烟气中二氧化硫反应生成亚硫酸钙，达到脱除二氧化硫的目的	$SO_2+H_2O \rightarrow H_2SO_3$ $H_2SO_3+Ca(OH)_2 \rightarrow CaCO_3+2H_2O$ $CaSO_3+\dfrac{1}{2}O_2 \rightarrow CaSO_4$	技术成熟可靠，单塔容量200MW；适用低硫煤；系统简单，运行费用低；腐蚀性小，对设备防腐要求不高；增加除尘器灰量，且塔壁易积灰；无废水排放；脱硫副产物烟尘、$CaSO_4$、$CaSO_3$、$Ca(OH)_2$的混合物难于利用；多用于垃圾和生物质锅炉的脱酸；电耗比为 0.8%~1%；脱硫效率>80%，钙硫比为 1.5~2
循环流化床法	利用石灰或消石灰粉作脱硫剂，烟气经预除尘器，从吸收塔底部的布气管进入，加速的烟气与脱硫剂粉反应而除去 SO_2，烟气从顶部排出，进入除尘器，引风机排入烟囱。除尘器除下的大部分颗粒，经再循环系统返回吸收塔，部分进除灰系统	$CaO+H_2O \rightarrow Ca(OH)_2$ $Ca(OH)_2+SO_2 \rightarrow CaSO_3+H_2O$	技术成熟可靠，单塔容量300MW；适用低硫煤；腐蚀性小，对设备防腐要求不高；增加除尘器灰量；系统流程简单；无废水排放；脱硫副产物烟尘、$CaSO_3$、$CaCO_3$等的混合物难于利用；电耗比为 0.8%~1%；脱硫效率>95%，钙硫比为 1.3~1.5
电子束法	利用电子束照射烟气所产生的活性基团氧化烟气中的 SO_2、NO_x 等气态污染物，并与加入的 NH_3 反应，达到脱硫脱硝的目的	生产氧化物质： O_2，$H_2O+e^* \rightarrow OH$，HO_2，O_2^+ 脱硫脱硝反应： $SO_2+2OH \rightarrow H_2SO_4$ $NO_2+OH \rightarrow HNO_3$ 硫酸铵和硝酸铵的产生 $H_2SO_4+2NH_3 \rightarrow (NH_4)_2SO_4$ $HNO_3+NH_3 \rightarrow NH_4NO_3$	示范后无推广，单塔容量220MW；适用低硫煤；对设备无腐蚀；系统简单，无废水排放；脱硫副产物硫铵和硝铵，含氮量20%左右，可用于氮肥或复合肥料；电耗比为 2%；脱硫率约90%，脱硝率为 80%
炉内喷钙加尾部烟道增湿活化法（LIFAC）	将石灰石粉喷入炉膛温度为 850~1 150℃区域内，石灰石粉裂解为氧化钙和二氧化碳，氧化钙与烟气中二氧化硫反应生成亚硫酸钙；在炉后的烟道上设置增湿段，在增湿段内将水雾化成很细的液滴喷入，与未反应的氧化钙接触后即变成氢氧化钙，再与烟气中未反应的二氧化硫反应生成亚硫酸钙	石灰石煅烧： $CaCO_3 \rightarrow CaO+CO_2$ 吸收： $CaO+SO_2 \rightarrow CaSO_3$ 增湿： $CaO+H_2O \rightarrow Ca(OH)_2$ $SO_2+H_2O \rightarrow H_2SO_3$ 再吸收： $Ca(OH)_2+H_2SO_3 \rightarrow CaSO_3+2H_2O$	示范后无推广，单塔容量300MW；适用低硫煤；影响锅炉和除尘器效率；系统简单，无废水排放；脱硫副产物烟尘、$CaSO_4$、$CaSO_3$、CaO 的混合物难于利用；电耗比为 0.5%~0.8%；脱硫效率 65%~85%，钙硫比为1.5~2

（4）脱汞技术　燃烧后脱汞技术主要分为两种，一种是利用污染物控制设备协同脱汞技术；另一种是吸附法脱汞技术，在烟道中喷入吸附剂，吸附剂能够吸附烟气中的汞，然后被电除尘器或布袋除尘器收集到粉尘中。

（5）脱碳技术　燃烧排放的烟气中捕集 CO_2，常用的 CO_2 分离技术主要有化学吸收法（利用酸碱性吸收）和物理吸收法（变温或变压吸附）。还有膜分离法技术，这是一种正处于发展阶段，在能耗和设备紧凑性方面具有非常大潜力的技术。

第 4 章 汽轮机组

4.1 汽轮机选型

39 汽轮机类型 可按蒸汽作用原理、热力过程特性等分类。火电厂通常选用大容量、高蒸汽参数的汽轮机组，绝大部分采用凝汽式。需同时供热供电时，则宜选用抽汽式和背压式汽轮机组。

采用单排汽口的汽轮机，受汽轮机末级叶片长度的制约，功率已接近极限。为提高单机容量，都要增加排汽口数目，采用分流方式。目前已有双流式和单轴多流式，大型单轴汽轮机分流数可达 4~6 个。

（1）汽轮机分类[24] 固定式发电用汽轮机分类见表 15.4-1。

表 15.4-1 固定式发电用汽轮机分类

分类	型式		简要说明
按工作原理	冲动式汽轮机		蒸汽主要在喷嘴（或静叶片）中进行膨胀
	反动式汽轮机		蒸汽在静叶片和动叶片中进行膨胀
按热力特性	凝汽式汽轮机	1）非中间再热式 2）一次中间再热式 3）二次中间再热式	排汽在低于大气压力下的真空状态进入凝汽器凝结成水，应用最多，容量大于 100MW 机组常采用一次中间再热；为提高热效率，600MW 级及以上机组可采用二次再热
	抽汽式汽轮机		包括一次调整抽汽式和二次调整抽汽式。生产抽汽压力一般为 0.5~1.57MPa，采暖抽汽压力一般为 0.118~0.4MPa
	背压式汽轮机	一般式	汽轮机的背压大于大气压力，其排汽供热用户或回至热力系统使用
		抽汽式	具有调整抽汽的背压式汽轮机
按汽流方向	轴流式汽轮机		在汽轮机内，蒸汽基本上沿轴向流动
	辐射式汽轮机		在汽轮机内，蒸汽基本上沿轴向（径向）流动
按热能来源	化石燃料电厂汽轮机		以煤、油、天然气等作燃料的锅炉产生蒸汽推动的
	核电厂汽轮机		核反应堆产生蒸汽推动的
	光热电站汽轮机		利用太阳能产生蒸汽推动的
	地热电厂汽轮机		地热井引出蒸汽（或热水经扩容成饱和蒸汽）推动的
按冷却方式	湿冷型汽轮机		仅利用水介质将汽轮机排汽在凝汽器凝结成水，并将热量直接排入外部环境
	空冷型汽轮机		汽轮机排汽在真空状态进入空气冷凝器凝结成水，干旱地区应用较多；空冷冷却系统分为直接和间接两种系统

（2）汽轮机型号及编制方法　国产汽轮机型号组成方法为

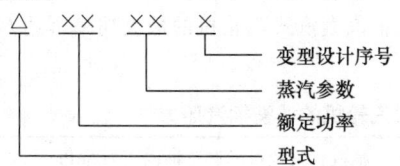

第一组——型式代号，用汉语拼音字母表示，见表15.4-2。

第二组——额定功率代号，用阿拉伯数字表示，其单位是MW。

第三组——蒸汽参数，其表示方法见表15.4-3。

第四组——变型设计序号（如需要）。

表 15.4-2　型式代号

代号	型式	代号	型式
N	凝汽式	CC	二次调整抽汽式
B	背压式	CB	抽汽背压式
C	一次调整抽汽式		

表 15.4-3　蒸汽参数表示方法

型式	参数表示方法	示例
凝汽式	主蒸汽压力	N100—8.8
一次中间再热凝汽式	主蒸汽压力/主蒸汽温度/一次再热蒸汽温度	N300—16.7/537/537
二次中间再热凝汽式	主蒸汽压力/主蒸汽温度/一次再热蒸汽温度/二次再热蒸汽温度	N1000—31/600/620/620
抽汽式	主蒸汽压力/高压抽汽压力/低压抽汽压力	CC12—3.4/0.98/0.118
背压式	主蒸汽压力/背压	B25—8.8/0.98
抽汽背压式	主蒸汽压力/抽汽压力/背压	CB25—8.8/1.47/0.49

注：压力（MPa）；温度（℃）；功率（MW）。

40　汽轮机参数与系列

（1）凝汽式汽轮机蒸汽参数　参数选择见表15.4-4。

表 15.4-4　固定式发电用凝汽式汽轮机的基本参数系列

额定功率/MW	主蒸汽压力/MPa										
	2.4	3.4	8.8	12.8	13.2	16.2	16.7	24.2	25.0	28.0	31.0
	主蒸汽温度，或主蒸汽温度/再热蒸汽温度/℃										
	390	435	535	535/535	535/535	535/535	537/537	566/566	600/600	600/620	600/620/620
3	○	—	—	—	—	—	—	—	—	—	—
6	—	○	—	—	—	—	—	—	—	—	—
12	—	○	—	—	—	—	—	—	—	—	—
25	—	○	—	—	—	—	—	—	—	—	—
50	—	—	○	—	—	—	—	—	—	—	—
100	—	—	○	—	—	—	—	—	—	—	—
125	—	—	—	—	○	—	—	—	—	—	—
200	—	—	—	○	—	—	—	—	—	—	—
300	—	—	—	—	—	○	—	—	—	—	—
300	—	—	—	—	—	—	○	—	—	—	—
600	—	—	—	—	—	—	○	○	○	○	○
1 000	—	—	—	—	—	—	—	—	○	○	○

注：1. 表内不包括特殊需要的汽轮机参数。

　　2. 汽轮发电机的转速为3 000r/min。

（2）供热式汽轮机蒸汽参数　在供热式汽轮机中，背压式汽轮机的背压以及抽汽式汽轮机的调整抽汽压力和蒸汽量主要是综合用户的需要而确定的，这些压力及其可调整范围见表 15.4-5。抽汽式机组的出力受到调整抽汽量的影响，随着抽汽量的变动，机组最大出力与额定功率不一致。近年来国内最大抽汽凝汽式汽轮机的最大功率可达 600MW 等级。

表 15.4-5　背压式汽轮机的背压和抽汽式汽轮机的调整抽汽压力

背压式汽轮机的背压/MPa		抽汽式汽轮机的调整抽汽压力/MPa	
额定压力	调整范围	额定压力	调整范围
0.294（3）	0.196~0.392（2~4）	0.118（1.2）	0.069~0.245（0.7~2.5）
0.49（5）	0.392~0.686（4~7）	0.49（5）	0.392~0.686（4~7）
0.686（7）	0.49~0.98（5~10）	0.98（10）	0.785~12.7（8~13）
0.98（10）	0.785~12.7（8~13）	1.27（13）	0.98~1.57（10~16）
1.27（13）	0.98~1.57（10~16）	1.57（16）	1.27~1.86（13~19）
1.57（16）	1.27~1.86（13~19）	3.63（37）	3.43~3.82（35~39）
2.45（25）	2.26~2.64（23~27）	4.02（41）	3.82~4.21（39~43）
3.63（37）	3.43~3.82（35~39）		
4.02（41）	3.82~4.21（39~43）		

41　汽轮机工况定义

（1）IEC60045—1991 工况定义　国际标准 IEC60045—1991 为目前国际上普遍采用的标准。IEC60045—1991 关于工况的定义要点如下：

1）与设计有关的工况，即 TMCR-铭牌出力、最大保证出力、性能保证工况、阀门全开工况，VWO 工况及 TMCR 工况的进汽裕量未作规定。

2）不要求通过汽轮机通流部分设计来弥补夏季高背压、正常的系统老化、参数和系统偏差等所引起的铭牌出力不足。因此汽轮机没有任何这种偏差状态下的保证要求；国际招标中要求汽轮机具有一系列超出力的运行能力，包括尖峰负荷的能力。

3）最大限度地使汽轮机在经济状态下运行，充分利用设备的能力，降低单位千瓦设备投资成本。

（2）GB/T 5578—2007 工况定义　GB/T 5578—2007 工况的定义要点：

1）额定功率（铭牌）工况为 TRL 工况，即夏季高背压工况，夏季背压按照当地实际夏季背压确定。

2）全寿命期内可能出现的最大偏差全部由汽轮机放大通流部分尺寸的方式来弥补；VWO 工况为 TRL 工况 103%~105%。

3）THA 工况仅在部分通流能力下运行，机组运行经济性差；电厂投资成本增加，运行效益下降。

4）与 IEC60045 相比，额定功率工况为夏季高背压工况，而非 TMCR 工况，因此设计通流能力比 IEC60045 大 5% 左右，VWO 与 THA 流量之比为 108%~109%。

（3）有关功率的定义[8]　IEC60045—1991 和 GB/T 5578—2007 中有关功率和容量的定义有所出入，需要进行协调，功率含义注释如下：

1）功率：汽轮机或由汽轮机驱动的机器的功率，其定义应说明测量位置和任何应扣除的损失或辅助功率（也称作出力或负荷）。

2）联轴器端的净功率：汽轮机联轴器端的功率，当汽轮机的辅机被分开驱动时，要减去辅机的耗功。

3）发电机出力：扣除任何外部励磁的发电机终端子处的功率。

4）额定功率或铭牌功率（TRL）：在额定的主蒸汽及再热蒸汽参数，夏季背压，补给水率为 3% 及回热系统正常投入条件下，扣除非同轴励磁、润滑及密封油泵等的功耗，保证在寿命期内的任何时间都能安全连续地在额定功率因数、额定氢压（氢冷发电机）下发电机端输出的功率。

5）最大连续功率（TMCR）：在额定的主蒸汽及再热蒸汽参数下，主蒸汽流量与额定功率的进汽量相同，考虑年平均水温等因素规定的背压，补给水率为 0 及回热系统正常投入条件下，扣除非同轴励磁、润滑及密封油泵等的功耗，在额定功率因数、额定氢压（氢冷发电机）下发电机端输出的功率。该功率为供方的保证功率，并能在保证的寿命期内安全连续运行。

6）热耗率验收功率（THA）：在额定的主蒸汽及再热蒸汽参数下，主蒸汽流量与额定功率的进汽量不相同，考虑年平均水温等因素规定的背压，补给水率为 0 及回热系统正常投入条件下，扣除非同轴励磁、润滑及密封油泵等的功耗，在额定功率因数、额定氢压（氢冷发电机）下发电机端输出的功率，其值与额定功率相同，并能保证在寿命期内安全连续运行，该热耗率一般作为汽轮机验收保证值。

7）最大计算容量：调节阀全开时（VWO）的进汽量以及在最大连续功率（TMCR）定义的条件下发电机端输出的功率，或称阀门全开功率（VWO），在此定义下的进汽量一般为额定功率（TRL）进汽量的 1.03～1.05 倍。该进汽量一般为锅炉最大连续蒸发量（BMCR）。

8）最大过负荷容量：在规定的过负荷终端参数下（例如，最终给水加热器旁路或提高新蒸汽压力）调节（控制）阀全部开启时，发电机端输出的功率。

9）最经济连续功率（ECR）：在规定的终端参数下能达到最低热耗率或汽耗率时的功率。

10）净电功率：发电机出力（扣除外部励磁功率）减去辅助电功率。

11）辅助电功率：非汽轮机驱动的汽轮机和发电机辅机所耗功率。通常包括所有控制、润滑、发电机的冷却和密封所耗的功率，也可包括附加的辅机，诸如电动机驱动的锅炉给水泵，买方与供方应商定须包括哪些附加的辅机。

（4）国内机组的工况定义　目前国内湿冷机组的工况定义都是按照 GB/T 5578—2007，以 TRL 工况为额定工况。对于空冷机组（包括直接空冷和间接空冷机组），考虑其对环境气象条件较为敏感，其负荷、背压、进汽量与环境气温之间有较大幅度的变化范围，大多空冷机组的工况定义采用 IEC 标准，部分空冷机组技术有将夏季 TRL 工况作为额定工况的，也有将国标和 IEC 标准折中取额定工况的情况，主要与机组电网的调度有关。

当电网要求夏季也按照铭牌功率满发时，一般采用 TRL 工况作为额定功率工况，在夏季机组背压较高或变化较大时，为了使空冷机组满负荷运行，将增加进汽量，从而减少了机组运行背压的安全裕度。在非夏季工况下，机组背压较低，在额定功率

下，机组运行在较低负荷，热耗较高，经济性差。当电网不要求夏季按照铭牌功率满发时，在夏季机组背压较高或变化较大时，保持额定的进汽，降低机组出力，以保证空冷机组运行的安全性。在非夏季工况低背压情况下，机组可满发，经济性好。

4.2　热力系统及设备

42　热力系统　实现热力循环热功转换的装置系统。各有关热力设备，按照生产过程中特定作用和功能，通过管道连接、组合构成的工作整体。

热力系统应根据火电厂给定的任务和运行方式进行优化设计，以选定锅炉、汽轮机的型式和容量，选配各种主要辅机和设备的容量、参数、台数，以及汽水管道的管径、阀门的型式和数量的依据，以求取得在给定运行方式下的最佳匹配，达到较好的经济性、运行可靠性，以及应对事故和异常工况的能力。供热式电厂还须根据热力负荷的性质和特点，选择供热方案和载热介质，确定供热设备和供热系统。

凝汽式机组的热力系统由锅炉本体汽水系统、汽轮机热力系统、机炉间连接的管道系统和全厂公用汽水系统四部分组成。供热式机组还需增加热网加热站系统。

原则性热力系统图主要反映工作介质完成热力循环所必须流经的主要热力设备间的相互联系和能量转换过程。参见图 15.4-1 一次中间再热常规湿冷机组的原则性热力系统图[25]。

43　回热级数和回热装置

（1）回热级数　为了回热到给定的给水温度，可采用若干级压力不同的抽汽逐级加热。一般级数越多，热效率越高，但级数不能无限制地增多。给水温度一定时，回热级数的增多将使热效率的相对增益逐渐减少，而设备投资及维护费用却随之增加。表 15.4-6 为国内汽轮机所采用的给水温度和回热级数。一般高参数大容量机组采用的回热级数较多，在我国大容量湿冷机组的加热级数一般为 8～10 级以上，通常空冷机组较湿冷机组回热级数少一级。

对一定的回热级数而言，存在着一个最有利的给水温度，即循环效率最高的给水温度。这个最佳给水温度可以通过整个装置的综合技术经济比较来确定。通常给水温度取蒸汽初压下饱和温度的 0.65～0.75 倍。

由于每千克蒸汽在不同压力下凝结时所放出的热量基本相同，所以用低压抽汽加热给水比高压抽

汽的经济性更好。此外，采用低压抽汽可使抽汽在汽机中做功的焓降增大，减少了汽轮机的总耗汽量 和进入凝汽器的凝汽量，使冷源损失减小。

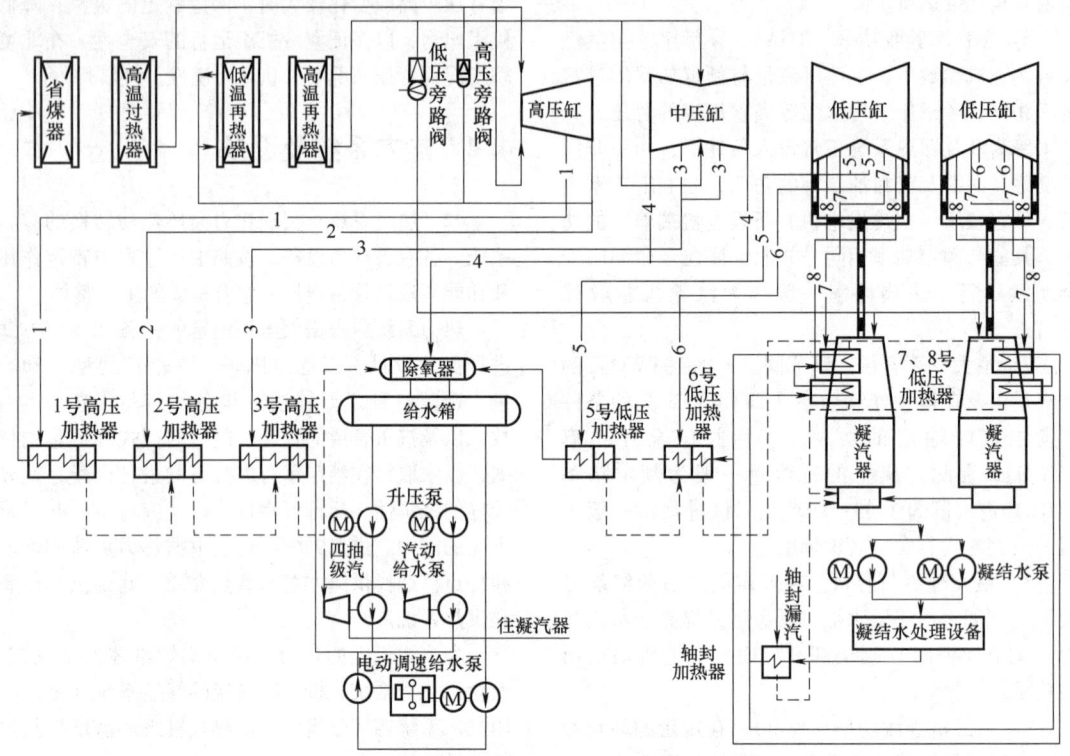

图 15.4-1 一次中间再热常规湿冷机组的原则性热力系统图

表 15.4-6 国内不同湿冷机组回热级数和给水温度

机组蒸汽初参数		回热级数	给水温度/℃	相对效率（%）
压力/MPa	温度/℃			
2.35	390	1~3	105~150	6~7
3.43	435	3~5	150~170	8~9
8.82	535	6~7	210~230	11~13
12.7~13.2	535/535	7~8	220~230	14~15
16.7	537/537	7~8	245~270	15~16
24.2	566/566	8~9	270~295	17~18
25~28	600/600（620）	9~10	285~305	19~20
31	600/620/620	10~11	295~310	20~21

（2）回热装置 主要包括低压加热器、除氧器、高压加热器等，用来把汽轮机的各级抽汽逐级在加热器中将给水加热到合适的水温。

实际应用的回热装置，通常采用一个混合式加热器作为锅炉给水的除氧器。按抽汽的先后，在除氧器前的加热器称为高压加热器，在除氧器后的加热器称为低压加热器。广泛采用管壳式表面式加热器，管束封闭在外壳内，被加热的给水在管内流动，蒸汽在管外流动。为了提高效率，对应高过热度抽汽可设置外置式蒸汽冷却器。当超超临界机组的给水压力过高或需要频繁调峰时，高压加热器也可采用蛇形管加热器。

44 除氧装置

（1）除氧方式[26]

1）热力除氧是火电厂普遍采用的一种除氧方式。给水除氧是由除氧器来实现和完成的。除氧器是回热系统中的一个混合式加热器，是利用汽轮机的抽汽来加热需除氧的锅炉给水。它的作用是：①提高给水品质，除去给水中的溶解氧和其他气体，使进入锅炉的给水符合火电厂水汽质量标准，从而保证热力设备及其系统安全经济运行；②提高给水温度，并汇集排汽、余汽、疏水和回水等，以减少热损失，提高电厂热效率。

2）化学除氧是为了进一步降低给水中的含氧量，可利用药品（如联氨）除去给水中的溶解氧。化学除氧只能除去水中的氧气，不能同时除去其他气体，一般只作为给水除氧的辅助方法而被采用。

3）真空除氧是利用凝汽器对凝结水和低温补充水进行预除氧，用来降低凝结水、补水中的溶解氧，是火电厂广泛采用的一种辅助除氧方式。

（2）除氧器分类 见表15.4-7。

表15.4-7 除氧器分类

序号	分类方法	名称
1	按热力过程分	1）混合式除氧器； 2）过热式除氧器
2	按工作压力分	1）真空式除氧器，工作压力小于0.058 8MPa； 2）大气式除氧器，工作压力为0.117 7MPa； 3）高压式除氧器，工作压力为0.343MPa以上
3	按除氧头结构分	1）淋水盘式除氧器①； 2）喷雾式除氧器②； 3）蒸汽喷射式除氧器； 4）喷雾填料式除氧器； 5）膜式除氧器③
4	按除氧头与贮水箱连接布置型式分	1）立式除氧器； 2）卧式除氧器； 3）内置式除氧器④
5	按运行方式分	1）定压运行除氧器； 2）滑压运行除氧器

① 淋水盘式除氧器对进水温度和负荷要求较苛刻，适应能力很差，长期运行中淋水孔易产生堵塞，恶化除氧效果，适用于中低压机组。
② 喷雾式除氧器为增加传热面积，需将水雾化成很小的水滴，但水滴越小，因表面张力的作用而影响氧的扩散，使除氧效果越差，适用于中高压机组。
③ 膜式除氧器结构简单，适应性强，稳定性好，可用于低温进水、低温汽源、大补水率等工况，对供热电厂和调峰机组尤其显示出其优越性，适用于高中低压机组。
④ 内置式除氧器主要优点：变负荷能力强（10%～110%）；无需外置式余汽冷凝器；排汽损失极小；冷起动快且无振动；喷嘴压降低；结构上因无除氧头而紧凑，而且高度降低、安装简便、费用降低；抗震性好；结构简单、维护费用低、可用于各类机组。

（3）除氧器及给水箱选择[15] 中间再热机组的除氧器，应采用滑压运行方式。除氧器的总容量应根据最大给水消耗量选择，每台机组宜配一台除氧器。中间再热凝汽式机组宜采用一级高压除氧器。高压和中间再热供热式机组，在保证给水含氧量合格的条件下，可采用一级高压除氧器。否则，补给水应采用凝汽器鼓泡除氧器装置或另设低压除氧器。

给水箱的贮水量是指给水箱正常水位至水箱出水管顶部水位之间的贮水量。宜按下列要求选择：

1）200MW及以下机组宜为10min的锅炉最大连续蒸发量时的给水消耗量。

2）200MW以上机组宜为3～5min的锅炉最大连续蒸发量时的给水消耗量。除氧器水箱容积还应根据布置位置，通过瞬态计算，保证给水泵前置泵不汽蚀确定。

除氧器的起动汽源应来自起动锅炉或厂用辅助蒸汽系统；除氧器的备用汽源应取自高一级的回热抽汽以供汽轮机低负荷工况时使用。

45 给水泵 随着单机容量的增大，蒸汽参数的提高，锅炉给水泵的传动功率也在不断地增大。

因而，在新蒸汽参数不断提高的情况下，对于给水泵的结构、传动型式、变工况运行以及经济运行等问题都必须予以重视。

（1）给水泵特点

1）能耗大。锅炉给水泵的能耗占汽轮发电机组发电能力的比例大，超高压机组约为 2%、亚临界参数机组约为 3%～4%，超临界和超超临界参数机组约为 3.5%～7%。

2）效率高。大机组锅炉给水泵的效率大多在 83% 以上。

3）抗汽蚀性能要好。给水泵流量大、转速高，汽蚀条件非常苛刻，要求其抗汽蚀性能要好，不仅正常运行时不允许发生汽蚀，而且当机组从最大出力突然甩负荷时也不能发生汽蚀。

4）性能曲线较平坦。给水系统要求给水泵的 H-q-η 曲线在小流量范围内变化缓慢，随着流量的增大，扬程下降较快，高效区较宽。从最高效率点开始到关闭点为止的扬程上升值应为额定扬程的 10%～25%。

5）双壳体。大容量、高速给水泵一般都采用双壳体筒形结构，这种结构承受热冲击的性能良好，特别适用于调峰机组；因内外壳体之间充满泵出口侧的高压水，所以内壳体的结合面密封十分可靠；检修时内壳体可以整体抽出，大大缩短检修时间。

6）转速高。给水泵的转速一般为 4 000～6 000r/min，采用高转速可以提高单级扬程，减少级数，从而可以提高转子刚性。

（2）给水泵的选择[15]

1）给水泵出口的总流量（即最大给水消耗量，不包括备用给水泵），均应保证供给其所连接的系统的全部锅炉在最大连续蒸发量时所需的给水量，并留一定的裕量，汽包炉为锅炉最大连续蒸发量的 110%；直流炉为锅炉最大连续蒸发量的 105%。对中间再热机组，给水泵入口的总流量还应加上供再热蒸汽调温用的从泵中间级抽出的流量，以及漏出和注入给水泵轴封的流量差。前置泵出口的总流量应为给水泵入口总流量与从前置泵和给水泵之间的抽出流量之和。

2）母管制给水系统最大一台给水泵停用时，其他给水泵应能满足整个系统给水需要量。

3）湿冷机组给水泵的台数和容量按下列要求选择：①300MW 级以下机组配置两台，单台容量为最大给水消耗量 100% 的调速电动给水泵，或配置三台，单台容量为最大给水消耗量 50% 的调速电动给水泵；②300MW 级及以上机组泵配置两台，

单台容量为最大给水消耗量 50% 的汽动给水泵，或配置一台，容量为最大给水消耗量 100% 的汽动给水泵；③300MW 级及以上机组配置一台容量为最大给水消耗量 25%～35% 的定速电动给水泵作为起动用给水泵，也可根据需要配置一台容量为最大给水消耗量 25%～35% 的调速电动给水泵作为起动与备用给水泵；④当机组起动汽源满足给水泵汽轮机起动要求时，也可取消起动用电动泵；⑤300MW 级及以上容量供热机组，给水泵驱动方式宜经过技术经济比较确定。

4）空冷机组给水泵的台数和容量按下列要求选择：①300MW 级直接空冷机组的给水泵的配置不少于两台，单台容量为最大给水消耗量 50% 的调速电动给水泵，200MW 级及以下机组的给水泵配置两台，单台容量为最大给水消耗量 100% 的调速电动给水泵；②600MW 级及以上直接空冷机组优先汽动给水泵，配置两台，单台容量为最大给水消耗量 50% 的汽动给水泵和一台容量为最大给水消耗量 25%～35% 的定速或调速电动给水泵，也可配置调速电动给水泵；③300MW 级及以上间接空冷机组的给水泵配置两台，单台容量为最大给水消耗量 50% 的间接空冷汽动给水泵和一台容量为最大给水消耗量 25%～35% 的定速或调速电动给水泵，也可配置调速电动给水泵。

（3）给水泵的扬程　应按下列各项之和计算：①从除氧器给水箱出口到省煤器进口介质流动总阻力（按锅炉最大连续蒸发量时的给水量计算），汽包炉另加 20% 裕量，直流炉应另加 10% 裕量；②省煤器进口与除氧器给水箱正常水位间的水柱静压差；③锅炉最大连续蒸发量时的省煤器入口的给水压力；④除氧器额定工作压力（取负值）。

在有前置给水泵时，前置泵和给水泵扬程之和应大于上列各项的总和。前置泵的扬程除应计及前置泵出口至给水泵入口间的介质流动总阻力和静压差外，还应满足汽轮机甩负荷瞬态工况时为保证给水泵入口不汽化所需的压头要求。

46　凝结水泵　它是将汽轮机排汽凝结后的水从凝汽器送到除氧器的水泵。

（1）凝汽式机组的凝结水泵的台数及容量按下列要求选择[15]

1）每台凝汽式机组装设两台凝结水泵，每台容量为最大凝结水量的 110%。

2）最大凝结水量应为下列各项之和：①汽轮机最大进汽工况时的凝汽量；②进入凝汽器的经常疏水量；③进入凝汽器的正常补给水量；④其他杂用水。

当备用泵短期投入运行时，应满足低压加热器可能进入凝汽器的事故疏水量或旁路系统投入运行时凝结水量输送的要求。

（2）供热式机组的凝结水泵的台数及容量按下列要求选择[15]：

1）工业抽汽式供热机组或工业、采暖双抽汽式的供热机组，每台宜装设两台或三台凝结水泵：①当机组投产后即对外供热时，宜装设两台 110% 设计热负荷工况下凝结水量或两台 55% 最大凝结水量的凝结水泵，二者比较取较大值；②当机组投产后需较长时间在纯凝汽工况或低热负荷工况下运行时，宜装设三台 110% 设计热负荷工况下凝结水量或三台 55% 最大凝结水量的凝结水泵，二者比较后取较大值。

2）采暖抽汽式供热机组，可装设三台凝结水泵，每台容量为最大凝结水量的 55%。

3）最大凝结水量为：①当补给水正常不补入凝汽器时，按纯凝汽工况计算，其方法与凝汽式汽轮机的相同；②当补给水正常补入凝汽器时，还应按最大抽汽工况计算，计入补给水量后与按纯凝汽工况计算值比较，取较大值。

4）设计热负荷工况下的凝结水量为：①机组在设计热负荷工况下运行时凝汽量；②进入凝汽器的经常疏水量和正常补给水量。

（3）凝结水泵的扬程　按下列各项之和计算：①从凝汽系统热井到除氧器凝结水入口（包括喷雾头）之间管道的介质流动阻力（按最大凝结水量计算），另加 20% 裕量；②除氧器凝结水入口与凝汽系统热井最低水位间的水柱静压差；③除氧器最大工作压力；④凝汽器的最高真空度；⑤凝结水系统设备的阻力。

（4）电动凝结水泵的型式　中小容量机组，一般采用卧式电动凝结水泵，大容量机组为增大泵前静水头和改善汽轮机房内的设备布置条件，多采用立式电动凝结水泵。

4.3 冷却系统

47 凝汽冷却系统　湿冷机组和间接空冷机组采用水作为冷却工质，直接空冷机组采用空气作为冷却工质。通过循环水泵或风机不断地将冷却介质送入凝汽器，使容积很大的汽轮机排汽被凝结成体积很小的凝结水而集结在凝汽器的下部，从而在凝汽器中形成高度的真空而提高汽轮机的热效率，凝结水由凝结水泵抽出作为锅炉给水，从而完成汽水系统的循环。

冷却介质是通过冷却设施，将冷却介质在凝汽器中吸收的汽轮机排汽凝结时放出的热量，排放到大气或自然水体中去。汽轮机末级排汽、凝汽器、冷却介质系统及冷却设施统称为凝汽冷却系统，即汽轮机冷端。

图 15.4-2 表示带有自然通风湿式冷却塔的凝汽冷却系统，加热后的冷却水也可以排到冷却池或自然水体中，但热量最终都是散发到大气中去。

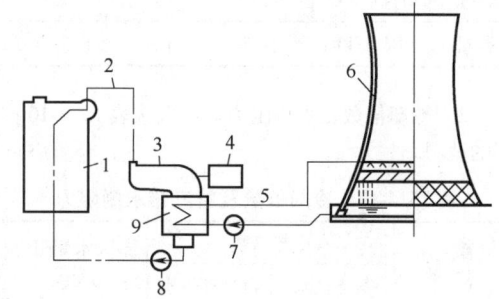

图 15.4-2　湿冷凝汽冷却系统
1—锅炉　2—汽水系统　3—汽轮机　4—发电机
5—冷却水系统　6—冷却塔　7—循环水泵
8—凝结水泵　9—凝汽器

48 凝汽设备

（1）凝汽器类型　见表 15.4-8。

表 15.4-8　凝汽器类型

分类原则	类型	特点	适用条件
凝结方式	表面式	排汽在冷却管外凝结，冷却水在管内流过	较通用
	混合式	排汽与冷却水直接混合而被凝结	间接空冷系统
	空气冷却式	排汽在冷却管内凝结，空气在管外横掠过	直接口冷系统
汽轮机背压级数	单压	汽轮机只有一个排汽压力	汽轮机排汽口小于四个
	多压	汽轮机有两个以上的排汽压力	汽轮机排汽口等于或大于四个

（续）

分类原则	类型	特点	适用条件
冷却水流程数	单流程	进、出水管分别在凝汽器的两端	高冷却倍数，凝汽器中心线与汽轮机轴平行
	双流程	进、出水管在凝汽器的一端	较通用
壳体数	单壳体	一个壳体	适用于中小容量机组
	多壳体	两个以上壳体	多排汽口汽轮机，多压凝汽器

（2）凝汽器主要性能及参数　凝汽器各主要性能及参数，应按工程条件通过循环水系统的优化来确定。根据我国条件一般在下述范围内选取。

1）凝汽器设计水温及压力。冷却水温取决于地区的水文及气象条件。典型水温相对应的凝汽器压力可按表 15.4-9 推荐的范围。

表 15.4-9　凝汽器水温及设计压力

冷却水进口温度/℃	15	20	25
凝汽器设计压力/kPa	4~5	5~6	6.5~7.5

2）冷却倍数及水侧阻力。一般按表 15.4-10 推荐的范围。

表 15.4-10　冷却倍数及凝汽器水侧阻力

流程数	冷却倍数		最大水侧阻力/MPa
	直流供水	再循环供水	
单流程	60~85	45~70	0.05
双流程	50~70	40~65	0.07

3）冷却水流速。冷却管中的冷却水流速一般推荐值见表 15.4-11，该值已考虑到水室内水速分布不均和夏季冷却水量增加而引起的流速增加。

表 15.4-11　冷却管中水流速度推荐值

冷却水水质	管材	流速/(m/s)
淡水	铜合金管	1.7~2.1
海水	B30 镍铜管	1.8~2.1
	钛　管	2.1~2.4

（3）凝汽器清洗装置　按下列要求设置：

1）湿冷凝汽器宜装设胶球清洗装置。但对直流供水系统，如水中含沙较多，能证明管子不结垢、也不沉积时，可不设胶球清洗装置。

2）当冷却水含有悬浮杂物，易形成单向堵塞时，宜设反冲洗装置。

3）间接空冷汽轮机的表面式凝汽器不应装设胶球清洗装置。

（4）抽真空系统设备　按下列要求设置：

1）300MW 级及以下容量的机组配置两台水环式真空泵或其他型式的抽真空设备，每台抽真空设备的容量满足凝汽器正常运行抽干空气量 100% 的需要。

2）600MW 级及以上容量的湿冷和间接空冷机组，配置三台水环式真空泵，每台泵的容量满足凝汽器正常运行抽干空气量 50% 的需要。

3）600MW 级直接空冷机组配置三台水环式真空泵，每台泵的容量满足凝汽器正常运行抽干空气量 100% 的需要。

当全部抽真空设备投入运行时，应能满足机组起动时建立真空度的时间要求。

当采用直流供水系统时，宜设置一台凝汽器水室抽真空泵。

49　主机湿冷系统　主机冷却系统采用湿式冷却系统时，供水方式可分为直流供水系统、循环供水系统及混合供水系统三种基本型式。

（1）直流供水系统　直流供水是指冷却水直接从水源取得，通过凝汽器加热后直接排回自然水体中去。通常从江河、湖泊、水库及海湾等水源处取水，供水高度在 20~25m 以下，输水距离在 0.8~1.0km 以内采用直流供水系统是经济合理的。当在某一时期水源水量不足时，排回的热水与自然水体的冷水掺混后再供凝汽器用水，通常称为混流供水系统，是直流供水系统的特例。

（2）循环供水系统　当供水水源流量不足，或者主厂房距水源太远，又或厂址地坪比水源高出很多时，采用直流供水系统不经济，这时主机冷却系统可采用循环供水系统。循环供水系统的冷却水通过循环水泵升压进入凝汽器加热后，再送到冷却塔

（自然通风冷却塔或机械通风冷却塔）或冷却池中冷却，冷却后再次进入凝汽器，如此进行循环。从水源只取补充冷却系统中损失的水量。

（3）混合供水系统 全年大部分时间供水水源流量能满足直流供水水量要求，但在个别季节水量不足，只能满足循环供水系统要求时可采用混合供水系统。该系统兼有直流和循环供水系统特点。在水源水量丰富时采用直流供水方式运行；在水源水量不足时采用直流和循环供水的混合方式运行；在水源最枯时全部采用循环供水方式运行。

（4）湿冷系统选择

1）火力发电厂供水系统的选择需根据水源条件和规划容量，通过技术经济比较确定。在水源条件允许的情况下，宜采用直流供水系统。当水源条件受限制时，可采用循环供水系统和混合供水系统，缺水地区可采用空冷系统。

2）直流供水系统机组的汽轮机背压、凝汽器面积、冷却水量、循环水泵和进排水管沟的经济配置，需根据多年月平均的水温、水位和温排水影响，并结合汽轮机特性和系统布置进行优化计算确定。

3）循环供水系统机组的汽轮机背压、凝汽器面积、冷却水量、循环水泵、进排水管沟配置、冷却塔的选型及经济配置，需根据多年月平均的气象条件，并结合汽轮机特性和系统布置进行优化计算确定。

4）直流或循环供水系统优化计算宜采用汽轮机在额定进汽量下的排汽参数。

5）当采用直流供水系统时，冷却水的最高计算温度需按多年水温最高时期（可采用夏季三个月）频率为10%的日平均水温确定，并将温排水对取水水温的影响计算在内。

6）循环供水系统的设计冷却水温宜按照多年逐月平均气象条件计算年平均水温。确定冷却水的最高计算温度，设计采用的气象资料应为厂址附近的气象站资料，采用年平均气象资料和近期5~10年最热时期（可采用夏季三个月）频率10%的日平均气象资料。

7）单机容量为300MW级以上的火力发电厂宜采用单元制或扩大单元制供水系统。每台机组配置两台或三台循环水泵，其总出力应为机组的最大计算用水量。水泵可采用静叶可调、双速、变频等控制方式运行。

50 主机空冷系统 空冷系统是汽轮机的排汽或凝结排汽的冷却水被送入由翅片管束组成的冷却器管内，用横掠翅片管外侧的空气进行凝结或冷却的整个过程。管内液体不与空气直接接触，而湿式冷却的塔内空气直接与冷却水接触并靠蒸发和对流冷却。因此，空冷系统可节省湿式冷却系统的蒸发、风吹和排污损失的水量，从而大幅降低电厂的耗水量。

常见的空冷系统可分为直接空冷和间接空冷。直接空冷主要型式有机械通风直接空冷系统（ACC）和自然通风直接空冷系统（NDC）；间接空冷系统主要型式有带喷射混合凝汽器的间接空冷系统（IMC）和带表面式凝汽器的间接空冷系统（ISC）。

（1）机械通风直接空冷系统 以布置在主厂房外的空气冷却凝汽器代替布置在汽轮机下方的水冷却凝汽器。该系统以机械通风方式供给凝结排汽用的空气，空气冷却凝汽器的冷却三角由许多翅片管组成，下方设置大直径轴流风机组成空气冷却凝汽器。大型空气冷却凝汽器布置在汽机房外侧高度为35~50m的上方。汽轮机排汽通过大直径的排汽管道送到室外的空气冷却凝汽器内。轴流风机使空气流过凝汽器翅片管束的外侧，将排汽冷凝为水。凝结水靠重力自流汇集于布置在汽轮机下方的凝结水箱内，由凝结水泵送回汽轮机的回热系统。直接空冷系统简单，投资较低。采用机械通风可使通过翅片管束的空气流速较大，而使管束的数量减少；通过风机的起停及不同转速的运转可使空气流量随气温及凝结水温变化而灵活调节，因而防冻性能可靠。但其风机耗电较大，约占汽轮机出力的1%左右；机械的维修量较大；风机运行会产生噪声污染；在环境风的影响下会产生已经通过散热器的热空气重新回到风机的进风口，影响换热效率。

（2）自然通风直接空冷系统 以自然通风塔内外空气密度差产生的抽力而形成的空气流动代替ACC系统的风机送风。空气冷却凝汽器可水平布置安装在冷却塔内进风口以上，或竖直布置安装在塔外进风口处。其热力系统除空气流通部分外与机械通风直接空冷系统相同。NDC系统以自然通风代替机械通风，节省了风机电耗；也减少了维修工作量；没有噪声和排出热空气回流到进风口等问题。但存在塔空气量的调节不灵活，系统防冻性能的可靠性不如ACC系统；翅片管束的空气流速较低，使管束面积增大和投资增加；在汽机房前布置巨大的自然通风塔及大直径排汽管道在厂区布置困难等问题。

（3）带喷射混合凝汽器的间接空冷系统　该空冷系统为匈牙利的海勒所创建，也称为海勒系统。典型的 IMC 系统主要由喷射式凝汽器和装有福哥型冷却器的空冷塔构成。系统中的冷却水是高纯度的中性水。中性冷却水进入凝汽器直接与汽轮机排汽混合并将其凝凝。受热后的冷却水绝大部分由冷却水循环泵送至空冷塔冷却器，经与空气对流换热冷却后通过调压水轮机回收部分能量后将冷却水再送至喷射式凝汽器进入下一个循环。受热的循环冷却水的极少部分经凝结水精处理装置处理后送至汽轮机回热系统。IMC 系统的混合式凝汽器端差小，机组运行背压更低。在系统设计合理和运行良好的条件下，机组煤耗率较低。但存在设备多、系统复杂、冷却水与凝结水具有相同的水质，对水质要求高、自动控制系统复杂等问题。

（4）带表面式凝汽器的间接空冷系统　主要由表面式凝汽器与空冷塔构成。该系统与常规的湿冷系统基本相仿，不同之处是用空冷塔代替湿冷塔，循环水采用除盐水水质，用闭式循环冷却水系统代替开式循环冷却水系统。ISC 系统采用表面式凝汽器，凝结水与冷却水完全隔开，使水质控制变得简单。在 ISC 间接空冷系统中，由于冷却水在温度变化时体积发生变化，故需设置膨胀水系统。在空冷塔底部设有贮水箱，并设置输送泵，可向冷却塔中的冷却器充水。早期 ISC 空冷系统的冷却器水平布置在自然通风冷却塔内进风口以上，随着铝制圆管配大翅片的散热器被用于 ISC 系统，散热器也可竖直布置在塔外进风口处。目前投运的 ISC 系统均采用自然通风方式，理论上说 ISC 系统也可采用机械通风。ISC 间接空冷系统设备少，系统更简单，有利于运行。冷却水系统与热力汽水系统分开，两者水质可按各自要求控制，冷却水量可根据季节调整。但是表面式凝汽器端差略大于喷射式凝汽器，其运行背压略高于 IMC。

（5）主机空冷系统选择

1）空冷系统型式的选择须根据当地气象条件、总平面布置、环境保护要求、防冻度夏、防噪声要求、机组运行要求等因素，经技术经济比较论证确定。

2）空冷系统的设计气温宜根据典型年干球温度统计，宜按 5℃ 以上年加权平均法计算设计气温并向上取整，5℃ 以下按 5℃ 计算。主机空冷系统夏季计算气温可根据典型年干球温度统计表，在不超过 200 小时的气温范围内取值确定[27]。

3）直接空冷系统须根据当地气象条件，结合不同末级叶片的汽轮机特性等因素进行优化计算，确定最佳的汽轮机背压、空冷凝汽器面积、迎风面风速、冷却单元排（列）数、空冷平台高度、轴流风机选型及电动机配置等。

4）直接空冷凝汽器可采用单排管或多排管。空冷凝汽器管束类型的选择应根据气象条件、换热能力、防冻要求和综合造价等因素经技术经济比较后确定。

5）直接空冷系统轴流风机宜采用变频调速控制方式，风机群的噪声应满足环境保护要求。

6）间接空冷系统需根据当地气象条件，结合不同末级叶片的汽轮机特性等因素进行优化计算，确定最佳的汽轮机背压、凝汽器的型式和面积、空冷散热器面积、冷却水量、循环水泵参数、进、排水管径及空冷塔的选型。

7）表面式凝汽器间接空冷系统可采用钢管钢片或铝管铝片等散热器。混合式凝汽器间接空冷系统需根据机组的水质情况选择散热器的材质。

8）空冷机组宜设置单独的辅机冷却水系统，可采用湿式冷却塔循环冷却；在严重缺水地区，经论证后辅机冷却水系统也可采用空冷系统或干湿联合冷却系统。

51　辅机冷却系统　从冷却方式来划分，辅机冷却系统主要有湿冷、空冷以及空湿联合三种类型。从通风方式来划分，辅机冷却系统可分为自然通风冷却系统、机械通风冷却系统和混合通风冷却系统。

（1）辅机冷却水系统[28]　除汽轮机凝汽器冷却水外所有的主、辅机冷却器（辅机冷却水）和机械轴承（工业水）的冷却水系统称为辅机冷却水系统。按与循环水系统的供水关系，辅机冷却水系统可分为开式冷却水系统、闭式冷却水系统、开闭式结合冷却水系统，见表 15.4-12。

开式冷却水系统是指系统直接外接冷却水水源，冷却后排放掉的系统。闭式冷却水系统是指辅机冷却水系统自成一个闭式循环系统。开闭式结合冷却水系统是根据用水点对水质、水温、水量、水压的不同要求，在同一工程中分别采用开式和闭式的系统。

辅机冷却水系统应根据水源条件、辅机冷却器材质和机械轴承对水质的要求、机组容量以及布置条件综合考虑。

表 15.4-12　辅机冷却水系统型式一览表

序号	系统	特点	应用方式
1	开式冷却水系统	优点：系统简单。可用公用水系统或补给水系统作为备用或在夏季掺入低温水以保持较低的运行水温 缺点：水质不稳定，有结垢的可能性	作为循环水系统的一个分支，冷却水由循环水进水管引接，使用后排回循环水系统中 1）设独立的供水系统供给辅机冷却水系统，水源为电厂水源，水质不满足时需经预处理。对缺水或水费较高的电厂，该系统排水可考虑作为循环水的补充水或回收作为其他用水； 2）主厂房区域内的较大流量辅机冷却水采用循环水，对水温水质要求较严的机械轴承冷却水和部分小流量的辅机冷却水可采用工业水系统供给，该部分工业水排水可考虑作为循环水的补充水或回收作为其他用水
2	闭式冷却水系统	优点：采用软化水或除盐水作为冷却介质，可减少设备的污垢和水垢，保证设备的传热效率，减少维护工作量 缺点：系统较为复杂，冷却水温较高，一般高于循环水温 4~5℃	1）设专用的辅机冷却水冷却塔冷却闭式循环水系统内的冷却水； 2）设水-水换热器系统冷却闭式循环水系统内的冷却水，用循环水作为冷却水源。闭式循环水一般采用软化水或除盐水作为冷却水。一般用于水源为海水或再生水的电厂
3	开闭式结合冷却水系统	充分利用上述两个系统的优点	对水质要求较低、水温要求较严的大流量辅机冷却器（如汽轮机润滑油冷却器和发电机空气冷却器、闭式系统的换热器等）采用开式冷却系统；对水量较小、水质要求较高，但水温要求不高的冷却器和轴承冷却水采用闭式冷却水系统

1）以淡水作为冷却水水源：①以淡水作为冷却水水源且不需处理即可作为辅机冷却水的，宜采用开式冷却水系统。②若冷却水源为淡水但需经处理的，可按具体情况采用开式、闭式或开式闭式相结合的冷却水系统。开式冷却水系统主要用于对水质要求不严和必须要求较低冷却水温的大流量辅机冷却器。闭式冷却水系统主要用于旋转机械的轴承冷却水和高温设备的冷却器。

2）以海水作为冷却水水源时可采用闭式或开式闭式相结合的冷却水系统。具体考虑如下因素：①闭式冷却水系统：辅机冷却水采用闭式系统，运行安全可靠，可用于大容量机组和其他有较高安全性要求的电厂，该系统内部辅机冷却水为软化水或除盐水，大多采用水-水换热器，其外部冷却水水源可为海水，也可采用带冷却塔的闭式系统，冷却水为淡水稍经软化；②开式冷却水系统：主要用于可使用海水的辅机冷却器（如部分汽轮机厂供货的冷油器和真空泵），如系统中还设有闭式冷却水系统，则开式冷却水系统还负责向闭式冷却水系统的水-水换热器提供冷却水，开式冷却水系统的冷却水一般为海水。

3）以高悬浮物和含沙的水作为冷却水水源。较高的悬浮物和含沙量供给辅机冷却器和机械轴承会造成严重的堵塞或磨损，此时辅机冷却水系统宜采用闭式冷却水系统，一般可采用带冷却塔的闭式系统，也可采用水-水换热器的闭式系统。

4）空冷机组的辅机冷却水系统：①采用直接空冷系统的机组汽轮机排汽在空冷凝汽器中由环境空气直接冷却，无循环冷却水系统，需设单独的辅机冷却水系统；②当机组采用间接空冷系统时，循环水水质较好；在带混合式凝汽器的间接空冷系统中，由于循环冷却水与凝结水混合，要求循环冷却水水质与凝结水相同，为保证水质需设单独的辅机冷却水系统；③在带表面式凝汽器的间接空冷系统中，凝汽器的循环冷却水采用闭式系统，水质一般为除盐水，在夏季汽轮机循环冷却水温高时需设单独的辅机冷却水系统，冬季汽轮机循环冷却水温低时可利用部分汽轮机循环冷却水作为辅机冷却用水；④单独的辅机冷却水循环系统可以是湿冷、空冷以及空湿联合类型；当电厂装有湿冷机组时，其辅机冷却水系统水源可以取自湿冷机组。

5）辅机冷却水系统设计特点：①单机容量 300MW 以下机组，辅机冷却水湿冷系统可采用母管制，采暖供热机组、单机容量 300MW 及以上机组，辅机冷却水湿冷系统宜采用扩大单元制；②对冷却水压力和水质可以满足设备冷却要求的开式系统，应采用冷却水直接供水方式，冷却水压力无法达到的用水点应设置升压泵，也可直接采用升压泵，升压泵一般设在凝汽器循环水进水附近，开式系统可不设水箱；③闭式系统宜设高位水箱或回水箱、水泵及水-水换热器或其他冷却设备；④采用单元制或扩大单元制的辅机冷却水系统，每台机组宜设置一台 100% 容量的运行辅机冷却水泵，辅机冷却水泵应设备用泵，多台机组集中布置时可共用一台 100% 容量的备用泵；⑤辅机冷却水宜采用机械通风冷却方式，当环境气温季节性波动较大时，机械通风冷却塔风机可选配变频电动机或双速电动机；⑥机械通风冷却塔不宜少于两段，可不设备用格，但总冷却能力应有不少于 20% 的余量，且当一格检修时，其余冷却塔的冷却水量应不小于总冷却能力的 75%；⑦当闭式系统由开式系统提供外部冷却水，且闭式系统内部冷却水水质好于外部冷却水水质时，闭式系统的水压应高于开式系统的水压；⑧当开式系统的冷却水为水源原水，且其水质不稳定（如水源恶化、汛期含沙量大幅度增加）时，开式系统应设备用水源。

（2）辅机空冷系统 辅机冷却空冷系统为闭式系统。与辅机冷却器及轴承等冷却装置直接接触的闭式循环水一般采用软化水或除盐水。设置专用的空冷散热器实现气水换热，将闭式循环水中的热量排放至大气。

1）机械通风辅机空冷系统。工艺流程为冷却水经冷却水泵流经各种换热设备后，冷却水被加热，由循环水管引出到室外，再经支管分配到机力塔的各段散热器，在塔的上部设置提供冷却空气的轴流风机，冷却空气流经散热器外表面形成强迫对流换热，散热器基管内被加热的冷却水通过基管管壁及翅片与空气进行热交换，将冷却水温度降低。流出散热器的冷却水经循环水回水管返回到冷却水系统内，循环运行。

2）蒸发冷却。独立的辅机空冷系统冷却能力有限，其冷却极限为环境干球气温。蒸发式冷却器是一种间接接触式冷却，将普通机力塔的填料替换为换热盘管组，夏季高温时段可以湿式方式运行，满足冷却要求，低温时段可以干式运行，节约用水。

3）混合冷却。当辅机冷却系统在高温时段同时面临冷却可靠性和节水要求时，可以考虑采用混合冷却方案。空湿联合冷却系统是根据预定要求将不同比例冷却能力配置的空冷却系统和湿式冷却系统合建或分建的冷却设施，以达到合理利用水资源、环境保护、降低能耗、降低造价或消除湿式冷却塔出口雾羽等目的。按照通风方式，空湿联合冷却系统可分为机械通风空湿联合冷却系统和自然通风空湿联合冷却系统。空湿联合冷却系统多采用机械通风方式，有时也采用自然通风辅以机械通风方式。按照空冷系统型式，空湿联合冷却系统可分为直接空冷湿冷联合冷却系统和间接空冷湿冷联合冷却系统。目前国内新建机组多数为机械通风间接空冷与湿冷联合冷却系统，项目改造也有部分直接空冷与湿冷联合冷却系统。

4.4 管道系统

52 主蒸汽系统 指从锅炉过热器出口联箱到汽轮机之间的新蒸汽管道系统。常用的主蒸汽管道系统有单元制、单母管制和切换母管制等类型，见图 15.4-3。

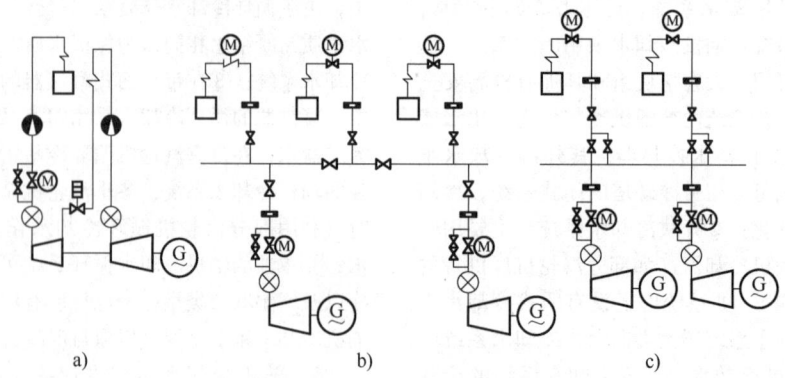

图 15.4-3 火电厂主蒸汽管道系统
a）单元制系统 b）单母管制系统 c）切换母管制系统

（1）单元制系统　是汽轮机和锅炉直接连接组成各个独立的热力单元，各个单元之间不存在横向联系的主蒸汽系统，这种系统的特点是系统简单，管道短捷，阀门和管件少，压力损失和散热损失少，便于机、炉协调控制灵活，厂房设备布置简便。缺点是单元之间不能交叉运行，锅炉、汽轮机或主蒸汽管道上任何附件发生故障，将迫使整个单元停止运行。高温高压的大容量机组，主蒸汽管道会消耗大量价格昂贵的耐热合金钢。为减少主蒸汽管道投资费用，中间再热机组均采用单元制系统。

（2）单母管制系统　将参数相同的锅炉出口新蒸汽连接到一根蒸汽母管上，通过母管分别送到汽轮机及有关辅助设备的管道系统。为避免因母管及与其连接的阀门附件发生故障，造成与母管相连的全部锅炉和汽轮机停止运行，利用两个串联的关断阀将母管分成两个以上的区段，以提高安全性。正常运行时，分段阀处于全开启状态。当分段蒸汽母管某一区段相连的管道、阀门或附件出现故障时，将迫使有关这一区段的锅炉和汽轮机停止运行，但可保证另一区段的正常运转。这种系统多用于机、炉台数或容量互不配合的小型火电厂和供热电厂。

（3）切换母管制系统　是锅炉与其相对应的汽轮机组成单元，各单元通过切换阀门与母管连接的管道系统。其特点是相对应的机、炉可不经过母管作为单元运行，也可经过母管实现机、炉并列或交叉运行。切换母管制系统比单元制系统有较高的灵活性，但阀门较多，系统复杂，多在机、炉容量能

互相配合的中小容量火电厂和供热电厂中采用。

主蒸汽系统按下列原则选择：①对装有高压供热式机组的火电厂，应采用切换母管制系统；②对装有中间再热凝汽式或中间再热供热式机组的火电厂，应采用单元制系统。

53　再热蒸汽系统　对超高压、亚临界、超临界和超超临界压力的大型汽轮机，为增加蒸汽的热焓，提高循环热效率，降低因汽轮机末级叶片蒸汽湿度过大而产生的水冲蚀，常将高中压缸的排汽送回锅炉再热器加热增温，再送回中低压缸继续做功的蒸汽系统。只将高压缸排汽加热的再热系统为一级中间再热系统，同时将中压缸的排汽引到锅炉低压再热器加热增温，送回低压缸继续做功，为两级中间再热系统。两级中间再热可以进一步提高热效率，但二级再热系统所增加的设备和管道投资费用以及由于蒸汽流动阻力增加带来的影响，使热效率增加取得的效益相对降低，加上两级再热系统在运行管理方面的复杂性，一般超高压和亚临界参数机组宜采用一级中间再热，超临界和超超临界参数机组可采用两级中间再热。

从汽轮机高压缸或中压缸排汽口到锅炉再热器进口的蒸汽管道，称为低温再热蒸汽管道；从再热器出口到中压缸或低压缸的蒸汽管道，称为高温再热蒸汽管道。低温再热蒸汽温度较低，管道材料通常采用优质碳素钢，高温再热蒸汽温度一般与主蒸汽温度相同，管道材料采用耐热合金钢，见图15.4-4。

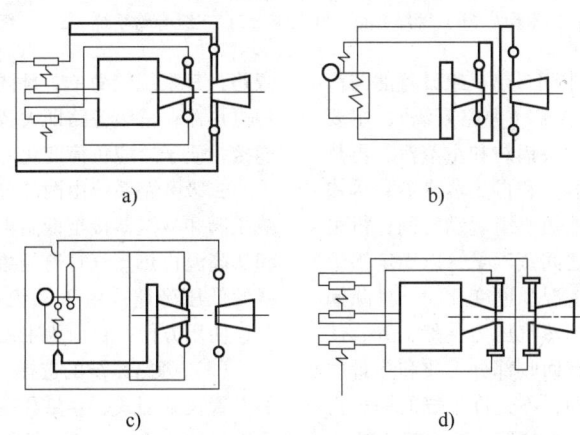

a)　　　　　　　　　　　b)

c)　　　　　　　　　　　d)

图 15.4-4　一次再热机组的主蒸汽、再热蒸汽管道系统
a）双管系统　b）单管系统分为双管　c）双管—单管—双管系统
d）主蒸汽双管，再热蒸汽系统双管—单管—双管

再热系统中蒸汽的流动阻力对循环热效率的影响较大，增大再热蒸汽管道和再热器的管径，虽然

可降低再热系统的流动阻力，但管道和设备的投资费用也同时增加。再热蒸汽系统压降根据机组参数

可按下列执行:

1) 对于亚临界及以下参数机组,宜按机组额定功率工况下高压缸排汽压力的10%取值,其中低温再热蒸汽管道、再热器、高温再热蒸汽管道的压力降宜分别为汽轮机额定功率工况下高压缸排汽压力的1.5%~2.0%、5%、3.5%~3.0%。

2) 对于一次再热超临界及以上参数机组,再热蒸汽系统总压降宜在汽轮机额定功率工况下高压缸排汽压力的7%~9%范围内确定,其中低温再热蒸汽管道、再热器、高温再热蒸汽管道的压力降宜分别为汽轮机额定功率工况下高压缸排汽压力的1.3%~1.7%、3.5%~4.5%、2.2%~2.8%。

3) 对于超超临界二次再热机组,一次再热蒸汽系统总压降宜不超过汽轮机额定功率工况下对应缸体排汽压力的7%;二次再热系统总压降宜不超过汽轮机额定功率工况下对应缸体排汽压力的9%~11%。

为降低再热蒸汽管道的投资,通常采用提高高温再热蒸汽管道蒸汽流速的方法来减小管径,以降低耐热合金钢管材的消耗量。高温再热蒸汽管道因管径减小而增加的压力损失,可以用增大低温再热蒸汽管道管径以减少其压力损失来补偿,再热蒸汽系统的压力损失给定后,高温再热蒸汽管道和低温再热蒸汽管道的管径应通过优化计算来确定。

54　汽轮机旁路系统　一次再热机组的旁路系统见图15.4-5。

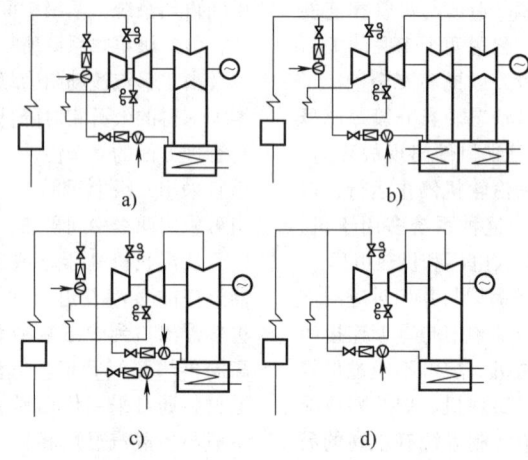

图 15.4-5　一次再热机组的旁路系统
a) 两级旁路串联系统　b) 两级旁路并联系统　c) 三级旁路系统　d) 一级旁路系统

(1) 旁路系统功能　中间再热机组设置的与汽轮机并联的蒸汽减压减温系统(旁路系统),主要功能是在机组起动期间,加快锅炉和主蒸汽、再热蒸汽管道升温过程,使主蒸汽和再热蒸汽参数尽快达到汽轮机冲转的要求,缩短机组起动时间;机组正常运行期间,协调机炉之间蒸汽量,以稳定锅炉运行;机组甩负荷或运行工况急剧变化时,排除锅炉产生的过量蒸汽,避免因蒸汽压力突然上升,使锅炉安全阀动作;同时具有回收部分工质和热量的作用。对于在机组起停期间,不允许干烧的锅炉再热器,旁路系统还用于冷却再热器,防止其超温。

(2) 旁路系统类型　旁路系统通常分为一级、二级和三级三种。一级旁路即大旁路,将主蒸汽直接排至凝汽器,其系统简单,操作方便,多用于再热器不需保护的机组;二级旁路即高、低压旁路通过锅炉再热器连接,所以又称高、低压串联或并联

旁路,其系统较简单,且调节灵活,又能有效地保护再热器;三级旁路即大旁路与高、低压旁路并联连接,便于适应负荷变化的需要,但系统复杂。

二级旁路系统由两部分组成,从主蒸汽管道经减压阀和减温器接至低温再热蒸汽管道的高压旁路和从高温再热蒸汽管道经减压阀和减温器接至凝汽器的低压旁路。由于二级旁路功能全面、系统简单、使用方便,目前为主流方案。

(3) 旁路系统的选择　中间再热机组旁路系统的设置及其型式、容量和控制水平,应根据汽轮机及锅炉的型式、结构、性能及电网对机组运行方式的要求确定:

1) 当电网对机组运行方式没有特殊要求,且锅炉和汽轮机系统已能满足机组起停要求时,可不设旁路系统;

2) 当锅炉再热器允许干烧,而汽轮机又仅采

用高中压缸串联起动方式时,可不设旁路系统;

3)当机组采用高压缸起动,且旁路系统按满足起动功能考虑时,宜采用容量不小于锅炉最大连续蒸发量的15%的二级串联简化旁路;

4)当机组采用中压缸起动时或机组需具备两班制运行、甩负荷带厂用电或停机不停炉的功能时,旁路容量和型式可按照实际需要确定。

(4)旁路容量 是指额定参数下旁路系统的通流能力,在不同参数下旁路系统的通流量(质量流量)是不相同的。国内对高压、低压旁路系统容量是用通流重量容量的百分数来表示的。即

$$高压旁路容量=\frac{在额定主蒸汽压力和温度下通过全开高压旁路阀的流量}{在额定主蒸汽压力和温度下通过全开高压进汽阀的流量}\times100\%$$

$$低压旁路容量=\frac{在额定再热蒸汽压力和温度下通过全开低压旁路阀的流量}{在额定再热蒸汽压力和温度下通过全开中压进汽阀的流量}\times100\%$$

55 抽汽系统 从汽轮机抽汽口到加热器之间的连接管道,通常称为抽汽管道。蒸汽在抽汽管道中流动时所产生的压力损失和蒸汽流速、管道长度及布置方式有关。抽汽管道的压力损失会影响回热循环的热效率,一般将其压力损失控制在汽轮机抽汽压力的3%~5%范围内。

因加热器及除氧器通过抽汽管道和汽轮机连通,当汽轮机跳闸时,给水加热器和除氧器内的凝结水因突然失压而发生闪蒸现象,闪蒸的蒸汽会倒回汽轮机和抽汽管中的蒸汽倒流造成汽轮机超速。为保护汽轮机的安全,需在抽汽管道上装设快速关闭的液动或气动止回阀,在汽轮机跳闸时,止回阀能速动关闭,防止蒸汽倒流进入汽轮机。加热器或除氧器也会因各种原因产生满水,造成汽轮机进水的重大事故,故抽汽管道上还需装设电动隔离阀,并和加热器或除氧器高水位信号联动,以便出现高水位时,电动隔离阀关闭,防止凝结水通过抽汽管道倒流进入汽轮机。

安装在凝汽器喉部的低压加热器,因抽汽管道布置在低压缸的排汽管内,不便装设止回阀和隔离阀,同样需在加热器的抽汽管道接口处装设防闪蒸挡板。此外,为防止因加热器满水造成汽轮机进水事故,还需采取加热器水侧的隔离措施,如装设紧急放水阀等。

当运行工况变化时,抽汽管道任何部位的积水都有可能进入汽轮机而酿成事故,所以抽汽管道需装设可靠的疏水系统。按照抽汽管道和阀门的布置应有不小于0.005的疏水坡度,在可能积水的部位设置疏水点,疏水可以直接排到凝汽器,也可以通过疏水扩容器排至凝汽器。

56 给水系统 给水系统有母管制、切换母管制和单元制等类型,见图15.4-6。

(1)母管制系统 是将全部除氧给水箱的下水管都连接到低压母管上,再由低压母管向各台给水泵供水,各台给水泵出口都再连接到冷压母管上,

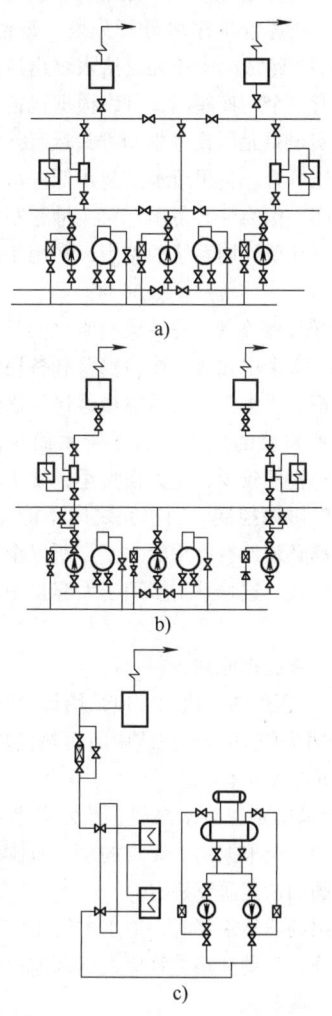

图 15.4-6 给水管道系统图

a)母管制系统 b)切换母管制系统 c)单元制系统

压力水从冷压力母管出来,流经每台汽轮机的高压加热器,然后接到锅炉侧的热压力单母管,经切换再分别送往各台锅炉,备用给水泵接在低压母管和

冷压力母管的两个分段阀门之间，冷压力母管和热压力母管之间，通常还装设一根可以不经过高压加热器的"冷供管"，以备高压加热器故障退出运行或机组起动时，由冷供管向锅炉供水。

母管制给水系统有利于系统中设备统一调度和负荷的经济分配，有较好的可靠性和灵活性。但系统比较复杂，所需管材和阀门较多，只有在机、炉容量和给水泵容量相互不匹配的中小型凝汽式电厂或供热电厂中采用。

（2）切换母管制系统　是带有切换功能的母管制系统。低压母管采用单母管分段，每台给水泵、汽轮机和锅炉组成一个单元。给水泵出口侧与母管相连处装有三个切换阀门，可以根据运行需要通过阀门切换实现单元制或母管制方式运行。锅炉侧一般不设高压母管。备用给水泵装在低压母管和冷压力母管之间，作为公共备用，切换母管制给水系统兼有母管制和单元制系统的特点，多用于高压凝汽式电厂。

（3）单元制系统　是单元机组之间互不联系的给水系统，每个单元的工作给水泵和备用给水泵直接从给水箱中吸水，经高压加热器送到锅炉省煤器进口。这种系统的主要特点是管系简单，管道短捷，阀门和管件较少，压力损失小，便于单元机组机炉之间的协调控制。因单元之间不能交叉运行，每个单元都必须设有备用给水泵，所以全厂给水泵的总容量较大。这种系统多用于大容量中间再热式机组。

给水系统选择原则：

1）对高压供热式机组，应采用母管制系统；

2）对中间再热凝汽式或中间再热供热式机组，应采用单元制系统；

3）当采用定速给水泵时，给水调节阀系统的路数、容量，应根据锅炉要求的调节范围，进水路数及调节阀的性能研究确定。

当采用调速给水泵时，给水主管路应不设给水调节阀系统，起动旁路支管应根据调速给水泵的调节特性设置调节阀。

57　主凝结水系统　汽轮机排汽凝结水从凝汽器向除氧器输送的管道系统。凝结水由凝结水泵从凝汽器热井中抽出并升压，经过凝结水精处理装置、轴封冷却器和各级低压加热器加热后进入除氧器。主凝结水系统还提供减温器（包括汽轮机二级旁路系统中的低压旁路）的减温水、汽

轮机低压缸的事故喷水、还设有向凝汽器的再循环分支管道。

根据锅炉对给水品质的要求，直流炉和亚临界压力的汽包锅炉，设有全容量凝结水精处理装置；高压汽包锅炉，冷却水为海水，以及超高压汽包锅炉，汽轮机组的冷却水为海水或苦咸水时，可设部分凝结水精处理装置。当采用带混合式凝汽器的间接空冷系统时，汽轮机组的凝结水应全容量进行处理。

凝结水精处理装置的工作压力分低压和中压两种。低压凝结水精处理系统，由于凝结水处理设备压力的限制，凝结水泵不能将凝结水直接送到除氧器，需在精处理装置后增设容量与凝结水泵相同并与凝结水泵串联运行的升压泵。亚临界及以上参数的汽轮机组的凝结水精处理多采用中压系统。

低压加热器通常采用表面式热交换器，其加热蒸汽来自汽轮机的低压抽汽，主凝结水在加热器的管内流过，被抽汽加热升温，抽汽在加热器管外放热，被凝结的凝结水送回主凝结水系统予以回收，加热器可通过蒸汽冷却段或蒸汽冷却器和疏水冷却段或疏水冷却器降低其温度"端差"，提高回热循环热效率。

主凝结水管道上装有流量调节阀，用来控制凝结水流量。凝结水在凝汽器内经过真空除氧后再通过除氧器加热，进一步除去凝结水中溶解的氧气和其他气体，防止管道和设备腐蚀。

58　流速选择[29]　直接影响到管道系统的建设和运行费用，必须合理选择。按高流速选择较细的管径是比较经济的；但过高流速将使阻力迅速增大并引起管道在运行中振动、噪声以及管件等的磨损问题。

单相流体的管道直径应按下列公式计算：

$$D_i = 594.7\sqrt{\frac{Gv}{w}} \quad 或 \quad D_i = 18.81\sqrt{\frac{Q}{w}}$$

式中　D_i——管子内径（mm）；

G——介质质量流量（t/h）；

v——介质比容（m³/kg）；

w——介质流速（m/s）；

Q——介质容积流量（m³/h）。

发电厂各种管道系统流速的合理选择范围见表15.4-13。

表 15.4-13 发电厂管道流速选用范围

介质类别	管道名称		推荐流速/（m/s）
主蒸汽	主蒸汽管道		40~60
中间再热蒸汽	高温再热蒸汽管道		45~65
	低温再热蒸汽管道		30~45
其他蒸汽	抽汽或辅助蒸汽管道	过热汽	35~60
		饱和汽	30~50
		湿蒸汽	20~35
	去减压减温器蒸汽管道		60~90
给水	高压给水管道		2.0~6.0
	中压给水管道		2.0~3.5
	低压给水管道		0.5~3.0
凝结水	凝结水泵出口侧管道		2.0~3.5
	凝结水泵入口侧管道		0.5~1.0
加热器疏水	加热器疏水管道	疏水泵出口侧	1.5~3.0
		疏水泵入口侧	0.5~1.0
		调节阀出口侧	20~100
		调节阀入口侧	1.0~2.0
其他水	生水、化学水、工业水及其他水管道	离心泵出口管道及其他压力管道	2.0~3.0
		离心泵入口管道	0.5~1.5
		自流、溢流等无压排水管道	<1.0
压缩空气	厂区		8~12
	车间		5~12

59 管道壁厚计算[30,31]

（1）最小壁厚 S_m 当 $\dfrac{D_o}{D_i} \leqslant 1.7$ 时，在设计压力和设计温度下承受内压的直管最小壁厚应按下列公式计算：

1）按管子外径确定时

$$S_m = \frac{PD_o}{2[\sigma]^t \eta + 2YP} + C$$

2）按管子内径确定时

$$S_m = \frac{PD_i + 2[\sigma]^t \eta C + 2YPC}{2[\sigma]^t \eta - 2P(1-Y)}$$

3）蠕变温度下的焊接钢管

$$S_m = \frac{PD_o}{2[\sigma]^t \eta w + 2YP} + C$$

式中 S_m——管子最小壁厚（mm）；

P——设计压力（MPa）；

D_o——管子外径（mm），取用包括管径正偏差的最大外径；

D_i——管子内径（mm），取用包括管径正偏差和加工过盈偏差的最大内径，加工过盈偏差取 0.25mm；

Y——修正系数，Y 值可按表 15.4-14 取用；

η——许用应力的修正系数，对于无缝钢管 $\eta = 1.0$；对于焊接钢管，按有关制造技术条件检验合格者，其 η 值可按表 15.4-15 取用；对于进口焊接钢管，其许用应力的修正系数按相应的管子产品技术条件中规定的数据选取；

w——蠕变条件下纵向焊缝钢管焊接强度降低系数，其值可按表 15.4-16 选取；

C——腐蚀、磨损和机械强度要求的附加厚度，对于一般的蒸汽管道和水管道，可不计及腐蚀和磨损的影响；对于加热器疏水阀后管道、给水再循环阀后管道和排污阀后管道等具有两相流的管道，都应计及附加厚度，腐蚀和磨损裕度可取用 2mm；对于设计温度在 600℃ 及以上的主蒸汽管道和高温再热蒸汽管道，不宜小于 1.6mm；对于腐蚀性介质管道，根据介质的腐蚀特性确定；离心浇铸件 $C=3.56mm$，静态浇铸件 $C=4.57mm$。

表 15.4-14　修正系数 Y 值

材料	温度/℃ [1]					
	≤482	510	538	566	593	621
铁素体钢	0.4	0.5	0.7			
奥氏体钢	0.4				0.5	0.7

① 介于表列中间温度的 Y 值可用内插法计算。

表 15.4-15　焊接钢管许用应力修正系数

接头型式		焊缝类型	检验	系数
电阻焊		直缝或螺旋缝	按产品标准检验	0.85
电熔焊 [1]	单面焊（无填充金属）	直缝或螺旋缝	按产品标准检验	0.85
			附加 100% 射线或超声检验	1.00
	单面焊（有填充金属）	直缝或螺旋缝	按产品标准检验	0.80
			附加 100% 射线或超声检验	1.00
	双面焊（无填充金属）	直缝或螺旋缝	按产品标准检验	0.90
			附加 100% 射线或超声检验	1.00
	双面焊（有填充金属）	直缝或螺旋缝	按产品标准检验	0.90
			附加 100% 射线或超声检验	1.00

① 电阻焊纵缝钢管管子和管件不允许通过增加无损检验提高纵向焊缝系数。

表 15.4-16　蠕变条件下纵向焊缝钢管焊接强度降低系数

材料类型	热处理状态	温度/℃										
		371	399	427	454	482	510	538	566	593	621	649
碳钢 [3]	正火	1.00	0.95	0.91	NP [1]	NP	NP	NP	NP	NP	NP	NP
	回火	1.00	0.95	0.91	NP	NP	NP	NP	NP	NP	NP	NP
CrMo 钢 [2][4]	—	—	—	1.00	0.95	0.91	0.86	0.82	0.77	0.73	0.68	0.64
蠕变强化铁素体钢 [5]	正火+回火	—	—	—	—	—	1.00	0.95	0.91	0.86	0.82	0.77
	回火	—	—	—	—	1.00	0.73	0.68	0.64	0.59	0.55	0.50
奥氏体钢（包括 800H 与 800HT）	—	—	—	—	—	—	1.00	0.95	0.91	0.86	0.82	0.77
自熔焊奥氏体不锈钢	—	—	—	—	—	—	1.00	1.00	1.00	1.00	1.00	1.00

① NP，表示不允许。

② CrMo 钢和蠕变强化铁素体钢的纵向焊缝应经过经过 100% 的射线或超声检测合格。其余材料如未经过 100% 射线或超声检测，则应按表 15.4-15 计及焊缝系数。

③ 纵缝焊接 CrMo 钢管子和管件不得在蠕变范围内使用。

④ CrMo 钢包括 0.5Cr0.5Mo、1Cr0.5Mo、1.25Cr0.5MoSi、2.25Cr1Mo、3Cr1Mo 以及 5Cr1Mo。焊缝必须经过正火、正火+回火或者适当的回火热处理。

⑤ 蠕变强化铁素体钢包括 10Cr9Mo1VNbN、10Cr9MoW2VNbBN、10Cr11MoW2VNbCu1BN、11Cr9Mo1W1VNbBN、07Cr2MoW2VNbB、08Cr2Mo1VTiB 等。

（2）管子的计算壁厚 S_c。按下式进行计算：

$$S_c = S_m + C_1$$

式中　S_c——管子的计算壁厚（mm）；

　　　C_1——管子壁厚负偏差的附加值（mm）。

管子壁厚负偏差附加值应符合下列规定：

对于管子规格以外径×壁厚标识的钢管，可按下式确定：

$$C_1 = \frac{m}{100-m} S_m$$

式中　m——管子产品技术条件中规定的壁厚允许负偏差，取百分数。

对于管子规格以最小内径×最小壁厚标识的钢管，壁厚负偏差值应等于零。

（3）管子的取用壁厚　对于以外径×壁厚标识的管子，应根据管子的计算壁厚，按管子产品规格中公称壁厚系列选取；对于以最小内径×最小壁厚标识的管子，应根据管子的计算壁厚，遵照制造厂产品技术条件中有关规定，按管子壁厚系列选取。任何情况下，管子的取用壁厚均不得小于管子的计算壁厚。管子的取用壁厚应计入对口加工裕量，计入对口加工裕量的取用壁厚应符合下列规定：

1）对于采用内径控制无缝管的主蒸汽管道及高温再热蒸汽管道，取用壁厚不宜小于计算壁厚加

0.5 倍的（内径偏差+0.25mm）。

2）对于采用电熔焊钢管的低温再热蒸汽管道，取用壁厚可取为计算壁厚加外径的 0.5%。

3）对于采用外径无缝管的高压给水管道，取用壁厚可在计算壁厚的基础上加 2.5mm 后选取标准壁厚系列。

4）确定承受外压的管子壁厚和加强要求，应符合现行国家标准 GB/T 150.1—2011《压力容器第 1 部分：通用要求》的有关规定。

4.5 水处理系统

60　水源　火力发电厂可利用的水源有地表水、地下水、海水、城市再生水、矿区排水和已建机组的排水等，当有不同的水源可供火力发电厂选用时，应根据环保要求、取水量、水质和水价等综合因素通过技术经济比较后确定。采用单一水源可靠性不能保证时，需另设备用水源或其他措施以保证供水可靠性。

（1）地表水水源

1）采用地表水作为水源　在表 15.4-17 情况下，仍应保证其满负荷运行时所需的水量。

表 15.4-17　地表水水源保证率

取水水源	保证率	
	单机容量在 125MW 及以上	单机容量在 125MW 及以下
从天然河道取水时	97% 的最小流量考虑	95% 的最小流量考虑[①]
当河道受水库、湖泊、闸调节时	97% 的最小调节流量考虑	95% 的最小调节流量考虑[①]
从水库、湖泊、闸坝取水时	97% 的枯水年最小供水量考虑	95% 的枯水年最小供水量考虑

① 应扣除取水口上游必须保证的工农业规划用水量和生态用水量。

2）采用天然河道作为水源。必须对河流（包括地下河段）的水文特性进行全面分析，应根据河流的深度、宽度、流速、流向、泥沙（悬移质及推移质）和河床地形及其稳定等因素，并结合取水型式对河道在设计保证率时的可取水量及排水回流进行充分论证，必要时应进行物理模型试验。

3）自建专用水库或拦河闸坝取水。对于单机容量在 125MW 及以上的火力发电厂，其洪水设计标准不应低于 100 年的重现期，校核洪水标准不应低于 1 000 年的重现期；对于单机容量在 125MW 以下的火力发电厂，其洪水设计标准不应低于 50 年的重现期，校核洪水标准不应低于 100 年的重现期。

（2）海水水源[26]　应对滨海水文、当地港航现状与规划、水域功能区划分和环境保护要求、海生物资源等进行全面的调查研究，并应结合海岸类型、海床地质、海流流向、泥沙运动等因素对取水水质、取排水对当地海产资源及排水对海水水质与海域生态的影响进行分析论证，根据工程特点和水源条件可分阶段进行数值模拟计算与物理模型试验。

（3）地下水水源　应根据该地区目前及必须保证的各项规划用水量，按枯水年或连续枯水年进行水量平衡计算后确定取水量，取水量不应大于允许开采量。目前国家严格加强地下水管理和保护，新建火力发电厂工业用水基本不采用地下

水水源，只有部分火电厂的生活用水采用地下水水源，取水量较小，需对地下水水源进行水文地质勘查，对地下水补给量、储存量、可开采量和允许开采量进行计算和评价，并提出水文地质勘查评价报告。

（4）城市再生水水源　应根据污水处理厂现状和规划来水量及水质情况、处理工艺及运行情况、出水水量及出水水质情况、其他用户情况等分析确定可供电厂使用的水量，并应达到设计保证率的要求。若不能确定再生水源的供水保证率，则应设置备用水源。备用水源的供水量应根据市政污水收集系统及污水处理厂的检修及故障失常情况确定，对于单机容量在 125MW 及以上的火力发电厂，城市再生水水源与备用水源的共同供水保证率应达到97%，对于单机容量在 125MW 以下的火力发电厂，城市再生水水源与备用水源的共同供水保证率应达到 95%。

（5）矿区排水水源　应根据补给范围、边界条件、水文地质特征及补给水量，并结合矿井开采规划和疏干方式，分析确定可供电厂使用的矿区稳定的最小排水量。矿区排水水源一般不设置备用水源，但对于单机容量在 125MW 及以上的火力发电厂，矿区排水水源的供水保证率应达到 97%，对于单机容量在 125MW 以下的火力发电厂，矿区排水水源的供水保证率应达到 95%。当矿区排水水源的供水保证率不满足火电厂要求时，应有补充水源，补充水源的可供水量及其保证率应满足火电厂需求。

（6）水源选择　火力发电厂的厂址水源必须予以认真落实，保证供水安全可靠。①原水水质较好，当有多水源可供发电厂选择时，要尽量选择原水水质较好的水源，以降低原水处理系统的造价；②考虑水源的综合利用及取排水对水域的影响；③考虑其他用户对火力发电厂取水水质、水量和水温的影响；④取排水设施的设置应能满足保护区及水功能区划的要求；⑤缺水地区新建、扩建电厂生产用水严禁取用地下水，严格控制使用地表水，应优先利用城市再生水和其他废水，坑口电厂应首先使用矿区排水；⑥滨海发电厂的淡水水源宜采用地表水，当厂址附近缺少淡水资源时，也可采用海水淡化工艺制取淡水；⑦扩建工程应充分利用已建机组的各种排水，如淡水循环供水系统排水、工业废（污）水、生活污水等；⑧缺水地区或环保要求高时，淡水循环供水系统的排水经处理后可作为其补充水及化学补给水处理系统的水源；⑨燃用高水分褐煤的电厂所在地区极度缺水时，可采用煤中取水技术获得水源，减少厂外水源补水量。

61　火电厂的水处理　为了保证火电厂汽水质量及环保要求，必须对电厂用水及排水进行处理。水处理的类别、目的和所采用处理系统见表 15.4-18。

表 15.4-18　火电厂水处理

类别	处理目的	一般采用的处理系统
原水预处理	除去生水中悬浮杂质、有机物及铁、锰，使其符合进入锅炉补给水处理系统的水质要求	1）接触混凝、过滤； 2）混凝、澄清、过滤； 3）氯化、混凝、澄清、过滤； 4）上述系统与活性炭（或吸附树脂）联合去除有机物； 5）接触氧化或曝气除铁； 6）接触氧化除锰； 7）对于城市污水及矿井排水等回收水源选择：生化处理、杀菌、过滤、石灰凝聚澄清、超（微）滤处理； 8）水源非活性硅较高时选择接触混凝、混凝、澄清、过滤、超（微）滤处理
原水预脱盐处理	除去海水或苦咸水中大部分的溶解盐，脱盐率≥95%~99%，保证后续处理系统正常运行	1）海水淡化：①原水预处理采用反渗透膜法处理；②原水预处理采用蒸馏法（多级闪蒸，低温多效等）处理； 2）苦咸水处理——反渗透膜法处理

（续）

类别	处理目的	一般采用的处理系统			
		除盐系统			
		序号	系统名称	出水质量	
				电导率（25℃）/（μS/cm）	二氧化硅/（mg/L）
锅炉补给水处理	生水进入锅炉以前除掉生水中一切有害物质，使其符合锅炉给水质量标准	①	一级除盐加混床 H-D-OH-H/OH	<0.1	<0.01
		②	弱酸一级除盐加混床 Hw-H-D-OH-H/OH	<0.1	<0.01
		③	弱碱一级除盐加混床 H-D-OHw-OH-H/OH 或 H-OHw-D-OH-H/OH	<0.1	<0.01
		④	弱酸弱碱加混床 H-OHw-D-H/OH 或 H-D-OHw-H/OH	<0.5	<0.1
		⑤	弱酸弱碱一级除盐加混床 Hw-H-OHw-D-OH-H/OH 或 Hw-H-D-OHw-OH-H/OH	<0.1	<0.01
		⑥	蒸馏一级除盐加混床 蒸馏-H-OH-H/OH 或蒸馏-H/OH	0.1	<0.01
		⑦	两级反渗透加电除盐 RO-RO-EDI	<0.1	<0.01
		⑧	反渗透加混床 RO-H/OH	<0.1	<0.01
		⑨	反渗透加一级除盐加混床 RO-H-D-OH-H/OH	<0.1	<0.01
		软化系统			
		序号	系统名称	出水质量	
				硬度/（mmol/L）	碱度/（mmol/L）
		①	二级钠 Na_1-Na_2	<0.005	碱度与进水相同
		②	氢钠串联 H-D-Na	<0.005	0.5~0.7
		③	氢钠并联 $\left[\begin{array}{c}H\\Na_1\end{array}\right]$-D-Na	<0.005	0.3~0.5
		④	石灰预处理二级钠 CaO-Na_1-Na_2	<0.005	0.8~1.2

（续）

类别	处理目的	一般采用的处理系统
凝结水精处理	对海水冷却的高压、超高压机组，亚临界压力以上的湿冷机组及空冷机组，清除凝结水中溶解盐类及二氧化碳，保证凝结水质量	1）前置过滤器（覆盖过滤器、精密过滤器、电磁过滤器或氢离子交换器）加混合床除盐； 2）裸形混床（H/OH 型或 NH_4/OH 型）除铁、除盐； 3）粉末树脂过滤； 4）阳、阴分床系统（H-OH 或 H-OH-H）
给水炉水处理	消除给水系统及炉内的结垢与腐蚀	1）给水挥发性处理（氨、联氨）； 2）给水中性处理（加氧）或联合处理（加氨、加氧）； 3）炉水加磷酸盐、协调磷酸盐处理
热网补给及生产回水处理	除去补给水及回水中的杂质及油	1）钠离子交换软化； 2）覆盖过滤器除油、铁； 3）电磁过滤器（精密过滤器）除铁
循环冷却水处理	对汽轮机循环冷却水（或补充水）进行处理，防止凝汽器结垢腐蚀	1）冷却水补充水处理：石灰除碱-硫酸中和、弱酸氢离子交换； 2）循环冷却水处理：①硫酸中和；②加化学阻垢剂、缓蚀剂；③氯化处理；④旁流处理（旁流过滤、旁流软化-石灰、碳酸氢钠法）

62　汽水质量控制标准[32]　为确保汽轮机、锅炉的安全经济运行，需对热力系统各部位的蒸汽和水的质量进行控制。

（1）运行期水汽质量标准　见表 15.4-19～

表 15.4-33。

1）蒸汽质量标准。汽包炉和直流炉主蒸汽质量标准见表 15.4-19。

表 15.4-19　蒸汽质量

过热蒸汽压力 /MPa	钠/(μg/kg)		氢电导率（25℃）/(μS/cm)		二氧化硅 /(μg/kg)		铁 /(μg/kg)		铜 /(μg/kg)	
	标准值	期望值	标准值	期望值	标准值	期望值	标准值	期望值	标准值	期望值
3.8～5.8	≤15	—	≤0.30	—	≤20	—	≤20	—	≤5	—
5.9～15.6	≤5	≤2	≤0.15[①]	—	≤15	≤10	≤15	≤10	≤3	≤2
15.7～18.3	≤3	≤2	≤0.15[①]	≤0.10[①]	≤15	≤10	≤10	≤5	≤3	≤2
>18.3	≤2	≤1	≤0.10	≤0.08	≤10	≤5	≤5	≤3	≤2	≤1

① 表面式凝汽器、没有凝结水精除盐装置的机组，蒸汽的氢电导率标准值不大于 0.15μS/cm，期望值不大于 0.10μS/cm；没有凝结水精除盐装置的直接空冷机组，蒸汽的氢电导率标准值不大于 0.3μS/cm，期望值不大于 0.15μS/cm。

2）锅炉给水质量标准。
① 给水的质量见表 15.4-20。液态排渣炉和燃油的锅炉给水的硬度，铁、铜含量，应符合比其压力高一级锅炉的规定。

表 15.4-20　锅炉给水质量

控制项目	标准值和期望值	过热蒸汽压力/MPa					
		汽包炉				直流炉	
		3.8～5.8	5.9～12.6	12.7～15.6	>15.6	5.9～18.3	>18.3
氢电导率（25℃）/(μS/cm)	标准值	—	≤0.30	≤0.30	≤0.15[①]	≤0.15	≤0.10
	期望值	—	—	—	≤0.10	≤0.10	≤0.08

（续）

控制项目		标准值和期望值	过热蒸汽压力/MPa					
			汽包炉				直流炉	
			3.8~5.8	5.9~12.6	12.7~15.6	>15.6	5.9~18.3	>18.3
硬度/(μmol/L)		标准值	≤2.0	—	—	—	—	—
溶解氧[2]/(μg/L)	AVT（R）	标准值	≤15	≤7	≤7	≤7	≤7	≤7
	AVT（O）	期望值	≤15	≤10	≤10	≤10	≤10	≤10
铁/(μg/L)		标准值	≤50	≤30	≤20	≤15	≤10	≤5
		期望值	—	—	—	≤10	≤5	≤3
铜/(μg/L)		标准值	≤10	≤5	≤5	≤3	≤3	≤2
		期望值	—	—	—	≤2	≤2	≤1
钠/(μg/L)		标准值	—	—	—	—	≤3	≤2
		期望值	—	—	—	—	≤2	≤1
二氧化硅/(μg/L)		标准值	应保证蒸汽二氧化硅符合表15.4-18的规定			≤20	≤15	≤10
		期望值				≤10	≤10	≤5
氯离子/(μg/L)		标准值	—	—	—	≤2	≤1	≤1
TOCi/(μg/L)		标准值	—	≤500	≤500	≤200	≤200	≤200

① 没有凝结水精处理除盐装置的水冷机组，给水氢电导率应不大于 0.30μS/cm。

② 加氧处理溶解氧指标按表 15.4-22 控制。

② 当给水采用全挥发处理时，给水的调节指标应符合表 15.4-21 的规定。

表 15.4-21 全挥发处理锅炉给水的调节指标

炉型	锅炉过热蒸汽压力/MPa	pH（25℃）	联氨/(μg/L)	
			AVT（R）	AVT（O）
汽包炉	3.8~5.8	8.8~9.3	—	—
	5.9~15.6	8.8~9.3（有铜给水系统）或 9.2~9.6[①]（无铜给水系统）	≤30	
	>15.6			
直流炉	>5.9			

① 凝汽器管为铜管和其他换热器管为钢管的机组，给水 pH 值宜为 9.1~9.4，并控制凝结水铜含量小于 2μg/L；无凝结水精除盐装置、无铜给水系统的直接空冷机组，给水 pH 值应大于 9.4。

③ 当采用加氧处理时，给水的调节指标应符合表 15.4-22 的规定。

表 15.4-22 加氧处理锅炉给水 pH 值、氢电导率和溶解氧的含量

pH（25℃）	氢电导率（25℃）/(μS/cm)		溶解氧/(μg/L)
	标准值	期望值	标准值
8.5~9.3	≤0.15	≤0.10	10~150[①]

① 采用中性加氧处理的机组，给水的 pH 值宜为 7.0~8.0（无铜给水系统），溶解氧宜为 50~250μg/L。

3）凝结水质量标准见表 15.4-23、表 15.4-24。

表 15.4-23 凝结水泵出口水质

锅炉过热蒸汽压力/MPa	硬度/(μmol/L)	钠/(μg/L)	溶解氧[①]/(μg/L)	氢电导率（25℃）/(μS/cm)	
				标准值	期望值
3.8~5.8	≤2.0	—	≤50		
5.9~12.6	≈0	—	≤50	≤0.30	
12.7~15.6	≈0	—	≤40	≤0.30	≤0.20
15.7~18.3	≈0	≤5[②]	≤30	≤0.30	≤0.15
>18.3	≈0	≤5	≤20	≤0.20	≤0.15

① 直接空冷机组凝结水溶解氧浓度标准值为小于 100μg/L，期望值小于 30μg/L；配有混合式凝汽器的间接空冷机组凝结水溶解氧浓度宜小于 200μg/L。

② 凝结水有精除盐装置时，凝结水泵出口的钠浓度可放宽至 10μg/L。

表 15.4-24 凝结水除盐后的水质

锅炉过热蒸汽压力/MPa	氢电导率（25℃）/(μS/cm)		钠/(μg/L)		氯离子/(μg/L)		铁/(μg/L)		二氧化硅/(μg/L)	
	标准值	期望值	标准值	期望值	标准值	期望值	标准值	期望值	标准值	期望值
≤18.3	≤0.15	≤0.10	≤3	≤2	≤2	≤1	≤5	≤3	≤15	≤10
>18.3	≤0.10	≤0.08	≤2	≤1	≤1	—	≤5	≤3	≤10	≤5

4）锅炉炉水质量标准。汽包炉炉水的电导率、氢电导率、二氧化硅和氯离子含量，根据水汽品质专门试验确定，也可按表 15.4-25 控制，炉水磷酸根含量与 pH 指标可按表 15.4-26 控制。

表 15.4-25 汽包炉炉水电导率、氢电导率、氯离子和二氧化硅含量标准

锅炉汽包压力/MPa	处理方式	二氧化硅/(mg/L)	氯离子/(mg/L)	电导率（25℃）/(μS/cm)	氢电导率（25℃）/(μS/cm)
3.8~5.8	炉水固体碱化剂处理	—	—	—	—
5.9~10.0		≤2.0[①]	—	≤50	
10.1~12.6		≤2.0[①]	—	≤30	
12.7~15.6		≤0.45[①]	≤1.5	≤20	
>15.6	炉水固体碱化剂处理	≤0.10	≤0.4	≤15	≤5[②]
	炉水全挥发处理	≤0.08	≤0.03	—	≤1.0

① 汽包内有清洗装置时，其控制指标可适当放宽，炉水二氧化硅浓度指标应保证蒸汽二氧化硅浓度符合标准。

② 仅适用于炉水氢氧化钠处理。

表 15.4-26 汽包炉炉水磷酸根含量和 pH 标准

锅炉汽包压力/MPa	处理方式	磷酸根/(mg/L)	pH[①]（25℃）	
		标准值	标准值	期望值
3.8~5.8	炉水固体碱化剂处理	5~15	9.0~11.0	—
5.9~10.0		2~10	9.0~10.5	9.5~10.0
10.1~12.6		2~6	9.0~10.0	9.5~9.7
12.7~15.6		≤3[①]	9.0~9.7	9.3~9.7
>15.6	炉水固体碱化剂处理	≤1[①]	9.0~9.7	9.3~9.6
	炉水全挥发处理	—	9.0~9.7	—

① 控制炉水无硬度。

5）锅炉补给水质量标准见表 15.4-27。

表 15.4-27 锅炉补给水质量

过热蒸汽压力/MPa	二氧化硅/（μg/L）	除盐水箱进水电导率（25℃）/（μS/cm）		除盐水箱出水电导率（25℃）/（μS/cm）	TOCi①/（μg/L）
		标准值	期望值		
5.9~12.6	—	≤0.20	—	≤0.40	—
12.7~18.3	≤20	≤0.20	≤0.10		≤400
>18.3	≤10	≤0.15	≤0.10		≤200

① 必要时监测。对于供热机组，补给水 TOCi 含量应满足给水 TOCi 含量合格。

6）减温水质量标准。锅炉蒸汽采用混合减温时，其减温水质量应保证减温后蒸汽中的钠、铜、铁和二氧化硅的含量符合表 15.4-19 的规定。

7）疏水和生产回水质量标准。应保证给水质量符合表 15.4-20 的规定。有凝结水精除盐装置的机组，回收到凝汽器的疏水和生产回水质量可按表 15.4-28 控制。回收至除氧器的热网疏水质量可按表 15.4-29 控制。

表 15.4-28 回收到凝汽器的疏水和生产回水质量

名称	硬度/（μmol/L）		铁/（μg/L）	TOCi/（μg/L）
	标准值	期望值		
疏水	≤2.5	≈0	≤100	—
生产回水	≤5.0	≤2.5	≤100	≤400

表 15.4-29 回收至除氧器的热网疏水质量

炉型	锅炉过热蒸汽压力/MPa	氢电导（25℃）/（μS/cm）	钠/（μg/L）	二氧化硅/（μg/L）	全铁/（μg/L）
汽包锅炉	12.7~15.6	≤0.30	—	—	≤20
	>15.6	≤0.30	—	≤20	
直流炉	5.9~18.3	≤0.20	≤5	≤15	
	超临界压力	≤0.20	≤2	≤10	

8）闭式循环冷却水质量标准见表 15.4-30。

表 15.4-30 闭式循环冷却水质量

材质	电导率（25℃）/（μS/cm）	pH（25℃）
全铁系统	≤30	≥9.5
含铜系统	≤20	8.0~9.2

9）热网补水质量标准见表 15.4-31。

表 15.4-31 热网补水质量

总硬度/（μmol/L）	悬浮物/（mg/L）
<600	<5

10）水内冷发电机的冷却水质量标准见表 15.4-32、表 15.4-33。空心不锈钢导线的水内冷发电机的冷却水应控制电导率小于 1.5μS/cm。

表 15.4-32 发电机定子空心铜导线冷却水水质控制标准

溶解氧/（μg/L）	pH（25℃）		电导率（25℃）/（μS/cm）	含铜量/（μg/L）	
	标准值	期望值		标准值	期望值
	8.0~8.9	8.3~8.7	≤2.0	≤20	≤10
≤30	7.0~8.9	—			

表 15.4-33　双水内冷发电机内冷却水水质控制标准

pH (25℃)		电导率 (25℃) /(μS/cm)	含铜量/(μg/L)	
标准值	期望值		标准值	期望值
7.0~9.0	8.3~8.7	<5.0	≤40	≤20

(2) 停 (备) 用机组起动时的水汽质量标准

1) 锅炉起动后, 并汽或汽轮机冲转前的蒸汽质量可按表 15.4-34 控制, 并在机组并网后 8h 内应达到表 15.4-19 的标准值。

表 15.4-34　汽轮机冲转前的蒸汽质量

炉型	锅炉过热蒸汽压力/MPa	氢电导率 (25℃) /(μS/cm)	二氧化硅 /(μg/L)	铁/(μg/L)	铜/(μg/L)	钠/(μg/L)
汽包炉	3.8~5.8	≤3.00	≤80	—	—	≤50
	>5.8	≤1.00	≤60	≤50	≤15	≤20
直流炉	—	≤0.50	≤30	≤50	≤15	≤20

2) 锅炉起动时, 给水质量应符合表 15.4-35 的规定, 在热起动时 2h 内、冷起动时 8h 内应达到表 15.4-20 的标准值。直流炉热态冲洗合格后, 起动分离器水中铁和二氧化硅含量均应小于 100μg/L。

表 15.4-35　锅炉起动时给水质量

炉型	锅炉过热蒸汽压力/MPa	硬度/(μmol/L)	氢电导率 (25℃) /(μS/cm)	铁/(μg/L)	二氧化硅/(μg/L)
汽包炉	3.8~5.8	≤10.0	—	≤150	—
	5.9~12.6	≤5.0	—	≤100	—
	>12.6	≤5.0	≤1.00	≤75	≤80
直流炉	—	≤5.0	≤0.50	≤50	≤30

3) 机组起动时, 无凝结水精处理装置的机组, 凝结水应排放至满足表 15.4-35 给水水质标准方可回收。有凝结水处理装置的机组, 凝结水的回收质量应符合表 15.4-36 的规定, 处理后的水质应满足给水要求。

表 15.4-36　机组起动时凝结水回收标准

凝结水处理型式	外观	硬度/(μmol/L)	钠/(μg/L)	铁/(μg/L)	二氧化硅/(μg/L)	铜/(μg/L)
过滤	无色透明	≤5.0	≤30	≤500	≤80	≤30
精除盐	无色透明	≤5.0	≤80	≤1 000	≤200	≤30
过滤+精除盐	无色透明	≤5.0	≤80	≤1 000	≤200	≤30

4) 机组起动时, 应监督疏水质量。疏水回收至除氧器时, 应确保给水质量符合表 15.4-35 要求; 有凝结水处理装置的机组, 当疏水铁含量不大于 1 000μg/L 时, 可回收至凝汽器。

(3) 水汽质量劣化时的处理　当水汽质量劣化时, 应迅速检查采样的代表性、化验结果的准确性, 并综合分析系统中水汽质量的变化, 确认判断无误后, 应按下列三级处理要求执行:

一级处理: 有发生水汽系统腐蚀、结垢、积盐的可能性, 应在 72h 内恢复至相应的标准值。

二级处理: 正在发生水汽系统腐蚀、结垢、积盐, 应在 24h 内恢复至相应的标准值。

三级处理：正在发生快速腐蚀、结垢、积盐，4h内水质不好转，应停炉。

在异常处理的每一级中，在规定的时间内不能恢复正常时，应采用更高一级的处理方法。

1）凝结水（凝结水泵出口）水质异常时的处理，应按表15.4-37执行。

表 15.4-37　凝结水水质异常时的处理

项目		标准值	处理等级		
			一级	二级	三级
氢电导率（25℃）/（μS/cm）	有精处理除盐	≤0.30①	>0.30①	—	—
	无精处理除盐	≤0.30	>0.30	>0.40	>0.65
钠②/（μg/L）	有精处理除盐	≤10	>10	—	—
	无精处理除盐	≤5	>5	>10	>20

① 主蒸汽压力大于18.3MPa的直流炉，凝结水氢电导率标准值不大于0.20μS/cm，一级处理为大于0.20μS/cm。
② 用海水或苦咸水冷却的电厂，当凝结水中含钠量大于400μg/L应紧急停机。

2）锅炉给水水质异常时的处理，应按表15.4-38执行。

表 15.4-38　锅炉给水水质异常时的处理

项目		标准值	处理等级		
			一级	二级	三级
pH①（25℃）	无铜给水系统②	9.2~9.6	<9.2	—	—
	有铜给水系统	8.8~9.3	<8.8 或>9.3	—	—
氢电导率（25℃）/（μS/cm）	无精处理除盐	≤0.30	>0.30	>0.40	>0.65
	有精处理除盐	≤0.15	>0.15	>0.20	>0.30
溶解氧/（μg/L）	还原性全挥发处理	≤7	>7	>20	—

① 直流炉给水 pH 值低于7.0时，按三级处理。
② 凝汽器管为铜管、其他换热器管均为钢管的机组，给水 pH 标准值为9.1~9.4，一级处理为 pH 值小于9.1或大于9.4。采用加氧处理的机组（不包括采用中性加氧处理的机组），一级处理为 pH 值小于8.5。

3）锅炉水水质异常时的处理，应按表15.4-39执行。当出现水质异常情况时，还应测定炉水中氯离子、钠、电导率和碱度，查明原因，采取对策。

表 15.4-39　锅炉炉水水质异常时的处理

锅炉汽包压力/MPa	处理方式	pH（25℃）标准值	处理等级		
			一级	二级	三级
3.8~5.8		9.0~11.0	<9.0 或>11.0	—	—
5.9~10.0	炉水固体碱化剂处理	9.0~10.5	<9.0 或>10.5	—	—
10.1~12.6		9.0~10.0	<9.0 或>10.0	<8.5 或>10.3	—
>12.6	炉水固体碱化剂处理	9.0~9.7	<9.0 或〉9.7	<8.5 或>10.0	<8.0 或>10.3
	炉水全挥发处理	9.0~9.7	<9.0	<8.5	<8.0

注：炉水 pH 值低于7.0时，应立即停炉。

第5章 电气接线和电气设备

5.1 电气主接线方式

63 发电机电压母线 供热电厂、自备电厂安装的小型机组,为了向本企业或附近用户供电,根据机组台数、容量、负荷性质及断路器参数等因素,采用单母线、单母线分段、双母线或双母线分段的发电机电压母线。为了限制短路电流,在母线分段回路中安装电抗器(额定电流按母线上因事故而切除最大一台发电机时可能通过电抗器的电流进行选择,无资料时,按发电机额定电流的50%~80%选择),在发电机或升压变压器回路中安装分裂电抗器,或在直配线上安装电抗器(额定电流一般为300~600A,阻抗通常取3%~6%)。采用发电机电压母线的最大发电机容量一般为50MW级。

64 发电机-变压器组 大型发电机均通过升压变压器接至电力系统。我国200~300MW发电机双绕组变压器单元接线一般不装设发电机出口开关设备;600MW及以上容量机组是否安装出口断路器或负荷开关,取决于技术经济比较,典型接线见图15.5-1。

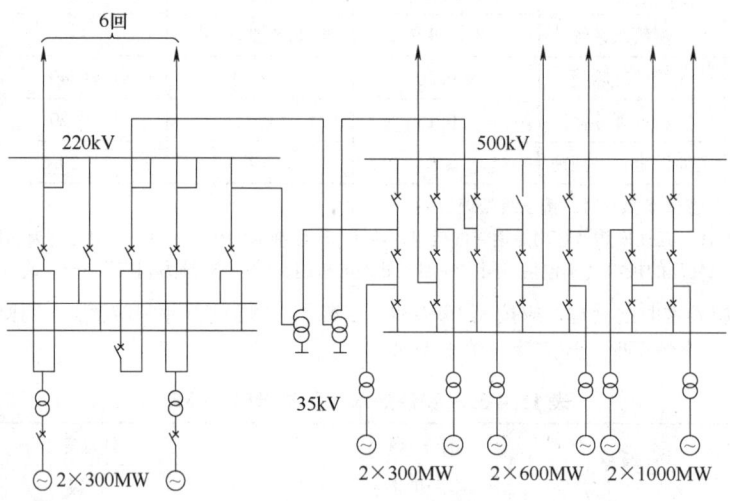

图 15.5-1 某 4 400MW 火电厂主接线

安装出口断路器或负荷开关,可以通过升压变压器和引接在出口断路器与升压变压器之间的厂用变压器倒送厂用电以起动机组或安全停机,不必另设起动变压器。此时,主变压器或高压厂用工作变压器应采用有载调压方式。

若接入电力系统的发电厂机组容量相对较小,与电力系统不匹配(单机容量仅占系统容量的1%~2%或更少,所连接的电网电压较高),则当技术经济合理时,可将两台发电机接一台升压变压器或两组发电机-双绕组变压器共用一台高压侧断路器采用扩大单元接线,在发电机出口需装设断路器或负荷开关。

65 高压配电装置接线 我国火电厂多通过厂内升压站与电网连接。当发电厂距离变电站较近时,可采用发电机-变压器-线路组接线方式。当发电厂距变电站较远,且电网不允许开环运行时,可采用外桥接线;当电网允许开环运行时,也可采用内桥接线。当配电装置不再扩建,能满足电厂运行要求，且电网对电厂主接线没有特殊要求时，可采用发电机-变压器线路组接线、桥形接线或角形接线。对于不同容量发电机组，高压配电装置常用接线方式见表 15.5-1。

表 15.5-1　配电装置的接线方式[15]

电压/kV	接线方式	适用范围
35~66	单母线分段	断路器无停电检修条件时，可设置不带专用旁路断路器的旁路母线
	双母线	采用此接线不宜设旁路母线，有条件时可设置旁路隔离开关
110	单母线或双母线	1）断路器为 SF_6 型时，不宜设旁路设施； 2）配电装置采用气体绝缘金属全封闭开关设备时，不应设置旁路设施； 3）配电装置在地区电力系统中居重要地位，负荷大，潮流变化大，且出线回路数较多时，宜采用双母线接线
220	单母线或双母线	1）断路器为 SF_6 型时，不宜设旁路设施； 2）配电装置采用气体绝缘金属全封闭开关设备时，不应设置旁路设施
	双母线或双母线分段	配电装置在地区电力系统中居重要地位，负荷大，潮流变化大，且出线回路数较多时，宜采用双母线接线
	一台半断路器	300MW 级以上机组采用双母线分段接线不能满足系统稳定性和供电可靠性要求
330~1 000	双母线或双母线分段	进出线 6 回以下，且电网根据远景发展有特殊要求时，可采用双母线接线，远期可过渡到双母线分段接线
	一台半断路器	1）进出线 6 回及以上，在系统中地位重要； 2）电源线与负荷线配对成串，同名回路配置在不同串内。初期仅两串时，同名回路宜分别接入不同侧的母线，进出线应装设隔离开关。当 3/2 断路器接线达三串及以上时，同名回路可接于同侧母线，进、出线可不装设隔离开关
	4/3 断路器接线	当电厂装机台数较多，但出线回路数较少时

当一座火电厂有两级升高电压时，如最大机组容量为 125MW 及以下，其主变压器采用三绕组变压器或自耦变压器，如容量为 200MW 及以上，宜在变电站进行联络。两级电压间的连接方式见表 15.5-2。

表 15.5-2　升压站两级升高电压间的连接方式

连接方式	接线图	适用条件及特点
采用三绕组升压变压器		1）每种电压侧通过功率达到该变压器额定容量的 15% 以上； 2）两种升高电压之间阻抗大，且中性点可不直接接地，有利于限制短路电流及解决继电保护、通信干扰等问题； 3）一般不超过两台； 4）容量常受运输和制造条件所限制，尺寸、重量、损耗及投资均大于自耦变压器

（续）

连接方式	接线图	适用条件及特点
采用自耦升压变压器		1）每种电压侧的通过功率达到该变压器任一绕组容量的 15% 以上； 2）两升高电压侧系中性点直接接地，主要潮流方向为由低压和中压向高压送电； 3）部分机组可接至中压侧，利用变压器的通过容量向高压送电，节省变压器和开关设备的投资； 4）阻抗小，中性点须直接接地，从而增大单相接地短路电流，对断路器、继电保护及通信干扰都有影响； 5）中压侧无抽头，运行中调压困难；中压侧负荷变化大时，为保证高压系统电压水平，中压侧电压偏移会过大； 6）重量、损耗和价格均低于三绕组变压器
采用自耦联络变压器		1）两种升高电压间交换功率或潮流方向难以确定时，采用此方式最为有利； 2）第三绕组可用作起动/备用电源； 3）带负荷调压较易解决； 4）增加了变压器的重复容量、电能损耗及高压断路器等设备的数量

5.2 汽轮发电机及励磁系统

66　汽轮发电机　选择汽轮发电机时，应着重考虑额定容量、额定电压、功率因数、电抗、短路比、冷却方式。同时考虑降低端部结构温升、防止各种有害振动、提高抗负序能力以及保证主要部件合理的机械强度等。

（1）额定容量　发电机和汽轮机的容量选择条件应相互协调。在额定功率因数和额定氢压（对氢冷发电机）下，发电机的额定容量应与汽轮机的额定出力相匹配，发电机的最大连续容量应与汽轮机的最大连续出力相匹配。

对应发电机不同的运行要求，发电机厂一般会提供发电机的典型 P-Q 出力图，出力图表示由温度、温升或静态稳定限制造成的运行极限。该图在额定电压、额定频率、额定氢压（若氢冷）下画出。

图 15.5-2 表示一种典型的出力图。它的边界由下列因素所限制：

1）曲线 A，表示在额定励磁电流下运行，励磁绕组温升接近恒定；

2）曲线 B，表示在额定定子电流下运行，定子绕组温升接近恒定；

3）曲线 C，表示由定子端部局部发热或由静态稳定或两者共同决定的极限。

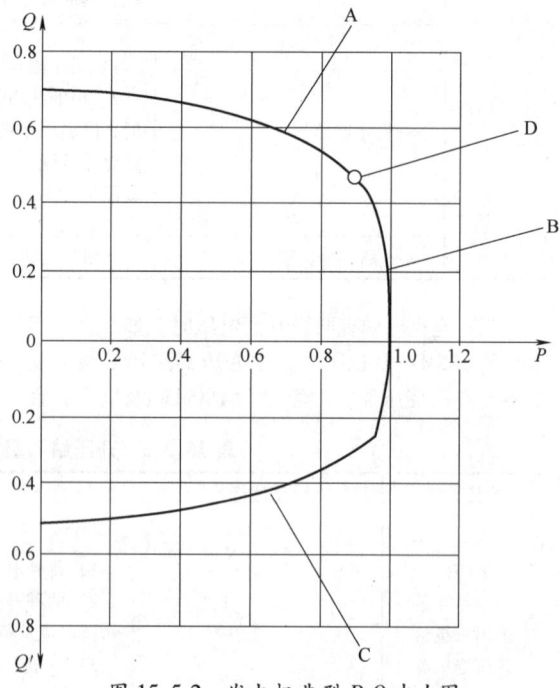

图 15.5-2　发电机典型 P-Q 出力图

A—由励磁绕组发热限制　B—由定子绕组发热限制

C—由端部发热或静态稳定限制　D—额定出力点

P—有功功率标幺值　Q—过励时无功功率标幺值

Q'—欠励时无功功率标幺值

（2）额定电压　大型汽轮发电机是通过升压变压器及厂用变压器连接到电力系统及厂用电系统的，可以按其本身的结构设计要求，选择合适的端电压。不同输出功率发电机的端电压见表 15.5-3。

表 15.5-3　汽轮发电机的端电压

发电机输出功率/(MW/MV·A)	端电压/kV
≤200MW	6.3、10.5、13.8、15.75
≥300MW	20~24
≥600MW	20~24
1 000MW	27

同步发电机在额定功率因数下，当电压偏差 ±5%，频率偏差 ±2% 时，如图 15.5-3 阴影部分所示，应能够连续额定运行。

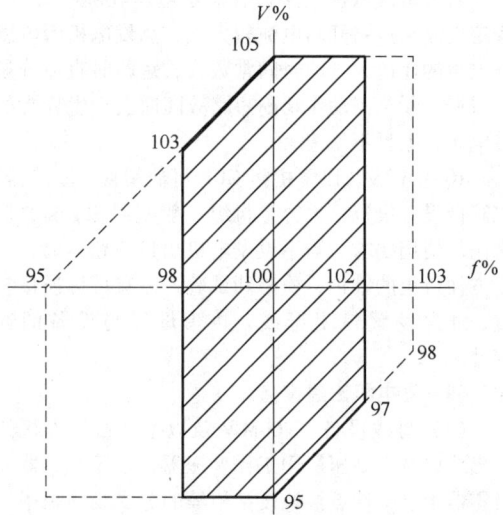

图 15.5-3　电压和频率的限值

（3）功率因数　发电机额定功率因数与发电机容量有关。300MW 及以下机组发电机额定功率因数为 0.85；600MW 及以上机组发电机额定功率因数为 0.9。

（4）电抗和短路比　大型汽轮发电机为了缩减体积和充分利用材料，降低造价，使得气隙减小，电枢反应增强。定子电流引起的电压降增大，即发电机同步电抗 X_d 较大，短路比 SCR 较小。这就使发电机的静过载能力降低，影响系统稳定性，而所需励磁容量则相应增加。以往励磁控制速度较慢，为了提高负荷变化时的响应，要求短路比大于 0.5。现在采用先进的励磁机和快速励磁控制可以实现负荷变化时的快速响应。在额定工况下，短路比值应

不小于 0.35。若电网需要，也可以规定高于 0.35 的短路比，应与制造厂协商确定。

电抗与运行工况有关，由于直轴瞬态电抗 x'_d 和直轴超瞬态电抗 x''_d 很大程度上取决于同一磁通，因此需注意两者间的相容性，即 x''_d 的上限值不能太靠近 x'_d 的下限值。一般情况下，额定电压饱和程度下的 x''_d 不得小于 0.1。

（5）冷却方式　改进冷却方式是提高发电机单机容量的主要途径。大型汽轮发电机的冷却方式有全氢冷、水氢氢、水水空、水水氢、全水冷和油水油冷等。

氢冷发电机有氢气和密封油系统，运行复杂，设有严格的防爆安全措施。为避免在向机内充氢时与空气接触，必须经过中间介质（一般为 CO_2）的置换。在运行中对氢气的湿度也有严格的限制，国标规定为 $4g/m^3$。

当氢气纯度不低于 95% 时，氢冷发电机应能在额定条件下输出额定功率，在计算和测定发电机效率时，氢气纯度应保持在 98%。

当一个冷却器因故停运时，发电机至少能承担 2/3 的额定负荷，且温升不超过允许值。

水冷发电机设置内部水路和外部供水系统。水冷发电机运行中应注意冷却水水质的要求高且不得断水，并应防止绕阻漏水。

（6）次同步谐振和次同步振荡　同步发电机与电网、负荷间产生次同步谐振或次同步振荡会造成发电机损坏。因此，当发电机运行在带有串补或易产生次同步谐振或次同步振荡的电网及用电负荷时，通过选择系统设备、抑制技术或保护技术以降低次同步谐振或次同步振荡对发电机寿命的影响。

67　励磁系统　常见发电机励磁系统有交流励磁机励磁系统和自并励静止励磁系统两类。

（1）交流励磁机励磁系统

1）交流励磁机-静止整流器励磁系统。采用与主机同轴的交流发电机作为交流励磁电源，经硅整流或晶闸管整流，供给发电机励磁。励磁系统的电源来自发电机外的其他独立电源，又称为他励，并且半导体整流元件是静止状态，也称为他励静止半导体励磁方式。发电机的磁场由交流励磁机的输出经三相桥式接线的静止硅整流或晶闸管整流装置提供，而交流励磁机的磁场则由永磁式副励磁机经自动励磁调节装置的三相全控桥式整流器提供。

2）无刷励磁系统（交流励磁机-旋转整流器励磁系统）。硅整流元件和交流励磁机电枢与主轴一同旋转，为发电机励磁绕组提供励磁电流，不需要

经过转子集电环和电刷引入，因此称为无刷励磁方式，或称为旋转半导体他励方式。交流励磁机的励磁绕组电源由副励磁机引接，交流励磁机的电枢绕组感应电动势经整流桥后，送到发电机转子供给励磁。

（2）自并励静止励磁系统　自并励静止励磁系统中发电机的励磁电源不用励磁机，而是由机端励磁变压器供给整流装置。其主要优点是励磁系统接线和设备比较简单，无转动部分，可靠性高，维护费用省。不需要同轴励磁机，可缩短主轴长度，减少基建投资。直接用晶闸管控制转子电压，可获得很快的励磁电压响应速度，易实现高起始响应比性能。因此，国内汽轮发电机组大多采用静止励磁方式。

由于取消了同轴励磁机，所以机组长度较短，减少了机轴的扭振模式，降低了轴系扭振损坏的概率，噪声小，维护简单，可获得很高的电压响应速度，有利于电力系统的静态及暂态稳定。

68　发电机出口断路器　发电机出口断路器额定短路开断电流是在规定的使用和性能条件下，三相故障时所能开断的最大短路电流。而且，它是当短路电流来自电力系统至少经过一次变换时，在额定电压和额定操作序下发电机断路器需要开断的电流。由交流分量有效值和直流分量百分数两个值表征。如果直流分量不超过 20%，则额定短路开断电流仅由交流分量有效值表征。额定短路关合电流峰值为额定短路开断电流交流分量有效值的 2.74 倍。

三相故障时，在额定电压和额定操作序下要求的对称开断能力，为短路电流对称分量的最大值；三相故障时，在额定电压和额定操作序下要求的非对称开断能力，由发电机源对称短路电流的有效值和直流分量组成，对应于发电机出口断路器主弧触头分离瞬间，直流分量为发电机源对称短路电流峰值的 110%。主弧触头分离时间等于额定频率的 1/2 周波（用 ms 表示）加上发电机断路器首开极的最短分闸时间（ms）之和。

当要求最大非对称度条件下的非对称开断能力时，其电流的最大非对称度为这种条件下对称短路电流峰值的 130%。在最大非对称度条件下，短路电流的对称分量仅为要求的发电机源对称开断能力值的 74%。设计用于高阻抗接地系统中的发电机断路器，单相对地短路电流将不超过 50A，单相对地故障要求的开断能力不会超过这个值。

失步对称关合、开断时，额定失步开断电流的交流分量有效值为额定短路开断电流交流分量有效值的 50%，直流分量应不大于 20%。额定失步关合电流峰值应为额定失步开断电流交流分量有效值的 $\sqrt{2}$ 倍。失步非对称关合、开断时，额定失步开断电流的交流分量有效值等于对称开断时额定失步开断电流的交流分量有效值，直流分量百分数按 75% 考虑。

对大型发电机组来说，额定电压在 20~27kV，额定电流和短路开断电流较大，大型发电机因电感与电阻的比值大，即时间常数大，短路时直流分量衰减慢，断路器动作切断短路故障时会产生异常的过电压，电弧不易熄灭。

100MW 级及以下机组 GCB 可使用真空断路器，以降低设备投资；大容量机组一般使用 SF$_6$ 断路器来满足使用要求。当不设发电机出口断路器时，为了方便机组的维护、检修和试验，需有可拆连接装置，通常设置封闭母线、共箱母线与设备的连接处。

69　发电机出线设备

（1）母线设备　200MW 及以上容量发电机的引出线以及至高压厂用工作变压器、电压互感器和避雷器柜、中性点接地设备柜等的分支线均采用全连式分相封闭母线，有效地防止了相间短路和消除周围钢构件的涡流发热，也减少了母线短路时导体和外壳所受的电动力。分相封闭母线的参考尺寸见表 15.5-4。自冷式封闭母线可安装微正压充气装置，向壳内提供干燥清洁的空气。当机组容量大于 600MW 时，需进行综合技术经济比较后确定采用自冷式或强迫风冷式分相封闭母线。

表 15.5-4　自冷式封闭母线技术数据（环境温度 40℃）

技术数据	机组容量/MW							
	200（15.75kV）		300（18/20kV）		600（20kV）		1 000（27kV）	
回路	主回路	厂用分支	主回路	厂用分支	主回路	厂用分支	主回路	厂用分支
额定电流/A	10 000	1 200	13 000	1 200	23 000	3 000	26 500	4 000
绝缘子电压/kV	20		20		24		35	

（续）

技术数据	机组容量/MW							
	200（15.75kV）		300（18/20kV）		600（20kV）		1 000（27kV）	
回路	主回路	厂用分支	主回路	厂用分支	主回路	厂用分支	主回路	厂用分支
导体直径/mm	400	150	500	150	850	175	1 050	200
导体厚度/mm	12	10	12	10	15	10	15	10
外壳直径/mm	850	600	1 050	700	1 450	750	1 700	750
外壳厚度/mm	7	5	8	5	8	5	10	5
相间中心距离/mm	1 200	850	1 400	1 000	1 700	1 000	2 200	1 200

电缆母线的每一相由一至数根单芯电缆组成，三相装入一个罩箱内。共箱母线是将每相多片标准型铝母线安装在支柱绝缘子上，外用铝薄板罩箱保护的装置，主要用作高压厂用变压器低压侧引出线。

（2）电流、电压互感器和避雷器　发电机出线和中性点端子上均安装贯通式电流互感器，其数量与准确等级需满足测量仪表和继电保护的要求。发电机出口一般安装两组电压互感器。当配有双套自动电压调整装置并有零序电压匝间保护时，增设一组电压互感器。单元接线的发电机引出线上一般装设一组避雷器或电容器和避雷器。

（3）中性点接地设备　发电机电压回路电容电流不超过表15.5-5的允许值时，中性点仅装设电压为额定相电压的避雷器，防止三相进行波在中性点反射引起过电压。我国大型汽轮发电机对地电容电流均超过允许值，≥300MW发电机中性点需安装消弧线圈或高电阻接地。

高电阻（单相配电变压器二次侧接电阻）接地方式在机组单相接地时可以限制健全相瞬时过电压在2.6倍额定相电压以下，故障电流不超过10～15A，还可为定子接地保护提供电源。配电变压器及二次侧电阻数据实例见表15.5-6。在消弧线圈接地方式中，发电机定子绕组一点接地时的过电压水平与高电阻接地方式相近，但接地电流在1A以下。

表 15.5-5　接地电流允许值

发电机额定电压/kV	发电机额定功率/MW	单相接地电流允许值/A
6.3	≤50	4
10.5	50～100	3
13.8～15.75	125～200	2（氢冷机组为2.5）
≥18	≥300	1

表 15.5-6　高电阻接地方式数据示例

发电机/(MVA/MW)	单相变压器		电阻	
	容量/kVA	电压/kV	阻值/Ω	热容量
235/200	20	15.75/0.23	0.705	25kW，10s
353/300	30	20/0.23	0.541	32.6kW，10s
		18/0.23	0.6	35kW
412/350	105	21/0.19	0.202	553A，30min
719/600	50	14.4/0.12	0.43	—

5.3　发电机变压器

70　双绕组变压器　火电厂升压变压器的选择见表15.5-7。升压变压器的实例见表15.5-8。

71　联络变压器　使用条件及特点参见表15.5-2。自耦联络变压器的容量应与线路的满载容量匹配；第三绕组用来连接调相设备或厂用起动/备用变压器。带负荷调压装置则用以补偿线路电压降和交换无功功率。有载调压方式的选择见表15.5-9。

表 15.5-7　火电厂升压变压器的选择

电气接线	台数	容量	阻抗	电压	型式	备注
发电机-变压器组	一台三相升压变对一台发电机，如限于运输条件，即选用 3 台单相变。也有两台发电机合用一台双绕组或分裂变的	按发电机最大连续输出容量减去计算厂用负荷后的数值（温升 65℃）	12%～16%；三绕组或自耦变的最大阻抗在高-中或高-低侧决定于短路电流、系统稳定、继电保护和电压调整的考虑	一次电压为发电机电压的 100% 或 95%；二次电压为受电设备额定电压的 105%～110%；当取 110% 时，有 ±2×2.5%、$^{+1}_{-3}$×2.5%、$^{-1}_{+3}$×2.5% 或 −4×2.5% 无载分接头	三相，强油风冷，少数为水冷冷却器式	发电机安装出口断路器/负荷开关者，主变可能有载调压

表 15.5-8　典型电厂升压变压器的实例

发电机组/MW	升压变容量/MV·A	升压变电压/kV	备注
1 000	3×380	525±2×2.5%/27	18%，YNd11
600	3×240	363±2×2.5%/20	15%，YNd11
360	464	242^{+1}_{-3}×2.5%/24	
660	3×280	1 050±2×2.5%/22	20%，YNd11
660	750	800±2×2.5%/22	25%，YNd11
500	3×210	550-2×2.5%/20	13%，YNd11

表 15.5-9　自耦联络变压器调压方式

比较内容	高压线端调压		中压线端调压		中性点调压	
铁心磁密	恒定		恒定		三次电压波动	
负荷开关	绝缘要求高		绝缘要求高		易于制造	
调压线圈	油道电压高，引线困难		油道电压高，引线困难		冲击感应电压大	
结构特点	分接头电流小		分接头电流大		铁心大	
适用范围	中压系统运行电压不变		高压系统运行电压不变		无要求	

72　配电装置　电厂高压配电装置根据电力系统的要求、电气主接线的不同、气象条件、地震基本烈度和大气污秽情况等而选用不同型式的配电装置，以满足安装、运行和检修的要求。

（1）屋外配电装置　屋外配电装置广泛用于 110~750kV 及以上电压级的升压站。屋外配电装置布置清晰、施工安装和巡视操作均方便，抗地震性能好，投资少。根据设备布置的不同，屋外配电装置分中型、半高型和高型布置方式。其中半高型和高型应用于 110~220kV 配电装置，330~750kV 电压等级的配电装置宜采用屋外中型配电装置。各电压等级屋外配电装置的最小安全净距见表 15.5-10。

表 15.5-10　3~1000kV 屋外配电装置的最小安全净距（mm）[33]

符号	系统标称电压/kV										
	3~10	15~20	35	66	110J①	110	220J	330J	500J	750J	1 000J
A_1	200	300	400	650	900	1 000	1 800	2 500	3 800	A'_1：4 800 A''_1：5 500	A'_1：6 800 A''_1：7 500

（续）

符号	系统标称电压/kV										
	3~10	15~20	35	66	110J[①]	110	220J	330J	500J	750J	1 000J
A_2	200	300	400	650	900	1 000	2 000	2 800	4 300	7 200	9 200（分裂间） 10 100（环与环） 11 300（管母间）
B_1	950	31 050	1 150	1 400	1 650	1 750	2 550	3 250	4 550	6 250	8 250
B_2	300	400	500	750	1 000	1 100	1 900	2 600	3 900	5 600	7 600
C	2 700	2 800	2 900	3 100	3 400	3 500	4 300	5 000	7 500	12 000	17 500（管母） 19 500（分裂）
D	2 200	2 300	2 400	2 600	2 900	3 000	3 800	4 500	5 800	7 500	9 500

① J 表示中性点接地系统。

对处于严重污秽地区（如化工区附近等）或海滨电厂已运行的屋外配电装置，可在绝缘瓷件表面层以长效防污秽料以防止污秽事故的发生。

（2）屋内配电装置　屋内配电装置将母线、断路器等电气设备布置在屋内，多用于 35~220kV 电压级的配电装置。电气设备置于屋内，运行、巡视和操作不受气候条件影响，抗污秽性能好，也适用于场地受限制及严寒地区。考虑维护因数，e 级污秽区的 110~220kV 配电装置可采用屋内配电装置。

（3）气体绝缘金属封闭开关设备（GIS）GIS 多应用于 220~1 000kV 电压的配电装置。母线、断路器、隔离开关等电气设备置于充 SF_6 绝缘气体的封闭容器内，故有极高的可靠性、抗污秽和抗地震能力。因为体积小，所以也适用于场地特别狭窄的地区。

国产 110~220kV GIS 生产工艺成熟，价格较低，在高污秽等级地区、盐雾地区、土地受限地区、土建开挖量大的地区，GIS 与屋内配电装置造价相当。

330~750kV 高压配电装置外绝缘要求高，设备造价比较昂贵，一般在 e 级污秽地区、海拔高度大于 2 000m 地区、布置场地受限的 330~750kV 电压等级配电装置，当经技术经济比较合理时，可采用 GIS 配电装置或 HGIS 配电装置。

1 000kV 配电装置考虑绝缘及制造因素，一般采用屋外主母线敞开式、开关设备采用 SF_6 气体绝缘 H-GIS。1000kV 配电装置采用屋外 SF_6 气体绝缘金属封闭开关。

5.4　厂用电接线和厂用电设备[34]

73　厂用电接线　厂用电源引接方式见表 15.5-11。厂用备用，起动/备用电源的数量见表 15.5-12。厂用母线分段情况见表 15.5-13。厂用电压及按电压等级划分的厂用电动机容量范围见表 15.5-14。厂用电系统中性点接地方式见表 15.5-15。

表 15.5-11　厂用电源引接方式

电气接线	厂用工作电源		厂用备用、起动/备用厂用电源	
	高压	低压	高压	低压
发电机-变压器组	引自升压变压器低压侧	引自对应的高压厂用母线	引自升压站最低电压等级母线或联络变压器低压绕组，也可由外部电网引接专用线路	引自高压厂用母线或起动/备用变压器
有发电机电压母线	引自连接该机组的发电机电压母线	引自高压厂用母线或发电机电压母线	引自发电机电压母线或升压站母线	引自高压厂用母线或发电机电压母线

表 15.5-12 厂用备用、起动/备用电源数量

机组容量		备用厂用变压器台数	
		高压	低压①
100MW 级及以下机组		高压厂用工作变压器六台以下设一台,六台及以上设两台	低压厂用工作变压器八台以下设一台,八台及以上设两台
100~125MW 级机组（单元制）		高压厂用工作变压器五台以下设一台,五台及以上设两台	
200~300MW 级机组	无出口断路器或负荷开关	两台机组设一台	200MW 级：两台机组设一台 300MW 级：每台机组设一台或多台
600~1 000MW 级机组	无出口断路器或负荷开关	两台机组设一台或两台（一台检修不致影响机组起停）	每台机组设一台或多台
300~1 000MW 级机组	有出口断路器或负荷开关	四台及以下机组设一台,五台及以上机组再设一台不接线的作为备品 机组对应的高压厂用母线设置联络时,可不设备用变压器,设一台不接线的工作变压器作为备品	

① 200MW 及以上机组有按车间/系统成对设置低压变互为备用的,则不设专用低压备用变压器。

表 15.5-13 厂用母线分段

机组容量	高压厂用母线①②	低压厂用母线
1 000MW 级及以上	每一级高压厂用母线不少于两段	每台机组按需设置成对的母线也可增加母线段数
600MW 级机组	高压厂用母线不少于两段	
300MW 级机组	高压厂用母线设两段	
125~200MW 级机组	高压厂用母线设两段	每台机组两段母线
50~60MW 级机组	每台机组一段母线	接有Ⅰ类电动机时,按炉/机分段
机炉不对应且锅炉容量为400t/h 及以下	每台锅炉一段母线	

① 公用负荷较多且容量较大,也可设高压公用母线段。

② 对脱硫负荷可接入工作段母线、公用段母线或设立专用的脱硫段母线。

表 15.5-14 厂用电电压等级

机组容量/MW	发电机额定电压/kV	厂用电电压（高压/低压）/kV	厂用电动机容量（高压/低压）/kW
≥600	≥20	6/0.38	>200/<200
		10/3/0.38	>1 800/200~1 800/<200
		10/6/0.38	>4 000/200~4 000/<200
		10/0.38	>200(250)/<200(250)
125~300	10.5~20	6/0.38	>200/<200

（续）

机组容量/MW	发电机额定电压/kV	厂用电电压 （高压/低压）/kV	厂用电动机容量 （高压/低压）/kW
≤60	10.5	3/0.38	>200/<200
		10/0.38	>200（250）/<200（250）
	6.3	6/0.38	>200/<200

表 15.5-15　厂用电系统中性点接地方式

类别	中性点接地方式	特点	适用范围
高压	中性点不接地	单相接地电容电流<10A 时，允许继续运行 2h	接地电容电流小于 10A 的高压厂用电系统
	高电阻接地（二次侧接电阻的配电变压器接地）	选择适当电阻值，可抑制单相接地故障时健全相的过电压倍数≤2.6 倍相电压，避免扩大故障	接地电容电流≤7A，需要降低间歇性电弧接地过电压水平和便于寻找故障点的情况
	低电阻接地	按不同保护方式对灵敏度和选择性的要求，在中性点接低值电阻，将单相接地故障电流加大至 100～600A，接地保护动作于跳闸	接地电容电流大于 7A 的场合
低压	中性点直接接地	1）网络比较简单，动力、照明和检修网络可以共用； 2）单相接地故障时，中性点不发生位移，相电压不会出现不对称和超过 250V； 3）保护装置立即动作于跳闸，厂用电动机停运	1）原有低压厂用电系统为中性点直接接地的扩建厂及主厂房外Ⅱ、Ⅲ类负荷辅助车间供电网络； 2）125MW 及以下机组； 3）低压不采用熔断器的供电系统
	高电阻接地	1）单相接地故障时，避免开关立即跳闸和电动机停运； 2）防止了熔断器一相熔断造成电动机两相运转； 3）需设接地故障检测和保护装置； 4）要安装专用的照明、检修变压器	200MW 及以上机组主厂房

图 15.5-4 所示为 2×300MW 机组火电厂厂用接线，低压厂用变压器互为备用。

74　厂用变压器　厂用变压器的选择见表 15.5-16。高压工作厂用变压器通常位于汽机房 A 排柱外侧，起动/备用变压器也位于汽机房 A 排柱外侧或位于升压站内（中、小型机组）。低压厂用变压器或变压器柜则靠近低压厂用配电装置布置。

75　厂用开关设备　厂用配电装置应采用成套设备，在同一地点相同电压等级的厂用配电装置宜采用同一类型。高压成套开关柜应具备"五防"功能，即防止误分、误合断路器，防止带负荷拉合隔离开关，防止带电挂（合）接地线（开关），防止带接地线关（合）断路器（隔离开关），防止误入带电间隔。目前高压厂用电系统采用手车式或中置式真空开关柜和高压熔断器串接真空接触器（F-C）开关柜。真空开关柜尺寸紧凑，可长期运行而无需检修，动作时无噪声。高压熔断器串接真空接触器开关柜具有保护简单，维护方便的特点，也可频繁操作，布置紧凑，节约用地，价格便宜。

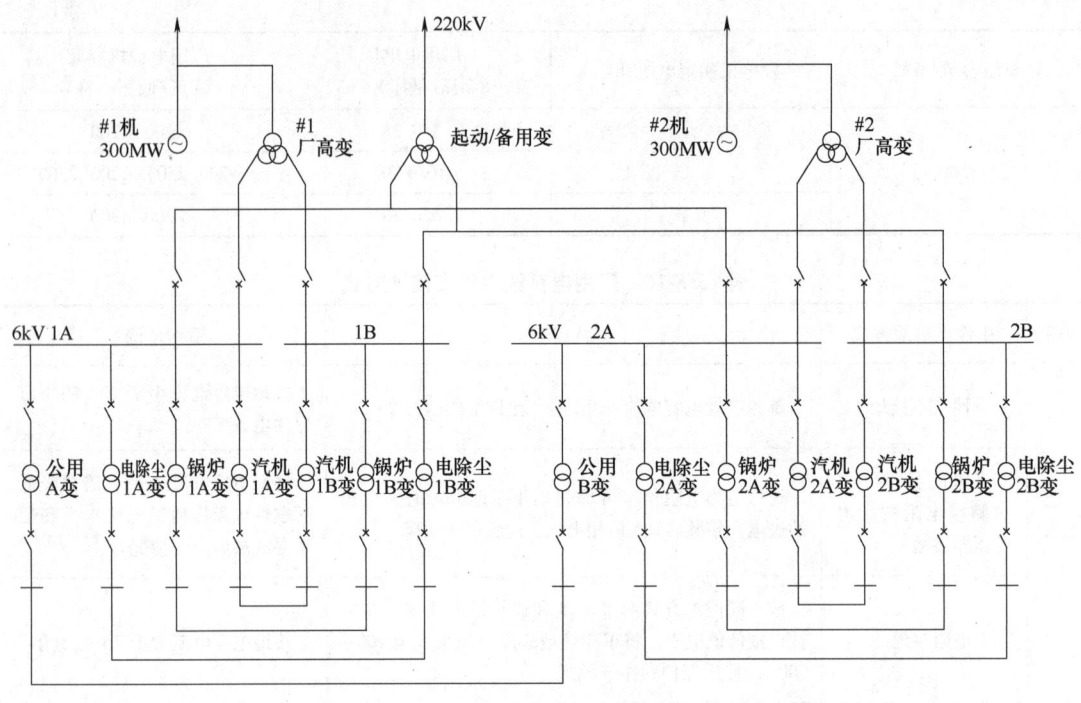

图 15.5-4　2×300MW 机组火电厂厂用电接线

表 15.5-16　厂用变压器选择

类别	高压厂用变压器	低压厂用变压器
容量	1）工作变压器按高压电动机计算负荷与低压厂用电计算负荷之和选择； 2）当厂用起动/备用变压器带有公用负荷时，其容量应为公用负荷与工作变压器所带负荷之和	1）按低压计算负荷选择，明备用留有 10% 裕度； 2）备用变压器容量同工作变压器； 3）互为备用低压变按一台变压器故障，另一台带全部负荷考虑（扣除重复辅机容量，即互为备用的双套铺机，只计其中一台）
阻抗	1）上限值决定于最大一台电动机正常起动和电动机成组自起动电压的要求，下限值按采用的厂用断路器参数决定； 2）在上、下限值内应向上靠，以选用较小的电缆截面	决定于低压电器的动、热稳定及断流能力，优先选用标准阻抗
电压调整	1）由发电机出口引接的工作变压器阻抗电压不大于 10.5% 时或高压厂用母线电压偏移不超过额定电压的 ±5%，不需采用有载调压变压器； 2）计算最大、最小运行方式时厂用母线电压最大偏移，如超过 ±5% 时，宜选用有载调压变压器，满足母线电压偏移要求时，也可采用无载调压变压器	—
型式	1）大型机组多数采用分裂绕组变压器，低压绕组容量和电压允许采用不同数值，也有采用三/双绕组变压器； 2）采用油浸自冷（ONAN）或油浸风冷（ONAF）； 3）如负荷变化大，可选用有两种冷却方式的变压器，以节约电能	采用低损耗油浸式变压器或干式变压器

（续）

类别	高压厂用变压器	低压厂用变压器
电动机起动电压校验	1) 当电动机功率（kW）为变压器容量（kVA）的 20% 以上时，需验算正常起动时的厂用母线电压水平； 2) 最大一台电动机起动时，厂用母线电压和电动机端电压的最低允许值为额定电压的 80%；容易起动的电动机起动时，电动机的端电压不应低于额定电压的 70%；对于起动特别困难的电动机，还应满足制造厂对起动电压的要求； 3) 对 2 000kW 及以下 6kV/10kV 电动机不需校验； 4) 为了保证 I 类电动机自起动，需校验成组自起动时的厂用母线电压（见表 15.5-17），工作电源仅考虑失压自起动；备用或起动/备用电源则需考虑失压、空载及带负荷自起动； 5) 低压厂用变压器尚需按高、低压厂用母线串接自起动验算	

表 15.5-17　自起动要求的最低母线电压

名称	自起动方式	自起动电压（%）
高压		65～70
低压	低压母线单独自起动	60
	低压母线与高压母线串接自起动	55

动力中心选用抽屉式或固定分隔式配电柜。控制中心位于设备附近，采用密封好、检修方便的抽屉柜或单元分隔的组合柜。

厂用配电装置的布置应结合主厂房的布置确定，尽量节省电缆用量，并避开潮湿和多灰尘的场所。单机容量为 200MW 级及以上的机组，厂用配电装置宜布置在汽机房内，当汽机房内的布置场地受到限制时，厂用配电装置也可布置在单元控制楼或其他合适的场所。盘位的排列应具有规律性和对应性，并减少电缆交叉。

76　电动机　厂用电动机一般采用高效、节能的交流电动机。当厂用交流电源消失时，为保证主要设备安全停机，仍要求连续工作的设备才使用直流电动机。厂用交流电动机一般采用笼型，起动力矩要求大的设备采用深槽式或双笼型，对于重载起动的 I 类电动机，应注意电动机容量与轴功率之间的配合裕度，或采用特殊高起动转矩的电动机，以满足自起动的要求。对于反复、重载起动或需要在小范围内调速的机械，可采用绕线式电动机。

应考虑给水泵和引、送风机等大型辅机的转速调节。对单机容量为 200MW 级及以上机组的大容量辅机，可采用双速电动机或变频调速等其他调速措施。有变频调速要求，应注意变频调速要求，并选用变频调速专用电动机。

电动机的外壳防护等级和冷却方式应与周围环境条件相适应。在潮湿、多灰尘的车间，外壳防护等级应达到 IP54 级要求，其他一般场所可采用不低于 IP23 级，对于有爆炸危险的场所应采用防爆型电动机。电动机用于高原、热带和户外等特殊环境时，应选用相应的专用电动机。

77　保安电源　当交流厂用电发生停电事故时，为保障安全停机和厂用电恢复后尽快起动，大机组普遍设置快速起动柴油发电机作为保安电源，向汽轮机盘车电动机、顶轴油泵、交流润滑油泵、氢密封油泵、计量、控制和事故照明等保安负荷供电。

交流保安母线段通常采用单母线接线，按机组分段，分别供给本机组的交流保安负荷。正常运行时保安母线段应由本机组的低压明或暗备用动力中心供电，当确认本机组动力中心真正失电后应能切换到交流保安电源供电。

交流保安电源的电压和中性点接地方式与主厂房低压厂用工作电源系统一致。交流保安母线段除了由柴油发电机组去的电源外，正常由厂用工作母线供电，供给机组正常运行情况下接在事故保安母线上的负荷用电。

200MW 级及以上的机组应设置交流保安电源。200～300MW 级的机组一般按机组设置交流保安电源，也可两台机组设置一台柴油发电机。600～1 000MW 级的机组应按机组设置交流保安电源。若两台机组设一台柴油发电机组时，柴油发电机组的容量应按两台机组的保安负荷选择。

78　电力电缆　火电厂电缆选择与敷设应符合 GB 50217—2018《电力工程电缆设计标准》的规定。300MW 级及以上机组的主厂房、输煤、燃油和其他易燃易爆场所应采用 C 类阻燃电缆，低压电缆选用交联聚乙烯或聚氯乙烯挤塑绝缘类型，当环境保护有要求时，不得选用聚氯乙烯绝缘电缆。用于下列情况的电力电缆，应采用铜导体：

1）电动机励磁、重要电源、移动式电气设备等需保持连接具有高可靠性的回路；

2）振动场所、有爆炸危险或对铝有腐蚀等工作环境；

3）耐火电缆；

4）紧靠高温设备布置；

5）人员密集场所。

除了以上使用环境外，电缆导体材质可选用铜导体、铝或铝合金导体。电压等级 1kV 以上的电缆一般选用铜导体。

移动式电气设备等经常弯曲移动或有较高柔软性要求的回路应选用橡皮绝缘等电缆。60℃上高温场所应按经受高温及其持续时间和绝缘类型要求，选用耐热聚氯乙烯、交联聚乙烯或乙丙橡胶绝缘等耐热型电缆；100℃以上高温环境宜选用矿物绝缘电缆。年最低温度在-15℃以下时应按低温条件和绝缘类型要求，选用交联聚乙烯、聚乙烯、耐寒橡皮绝缘电缆。

79 照明 火电厂的照明可分为正常照明、应急照明、警卫照明和障碍照明，其中应急照明包括备用照明和疏散照明。火力发电厂主控制室、网络控制室、集中控制室、单元控制室的主环内应装设直流常明方式的备用照明。照明光源一般采用节能荧光灯、LED 灯、高强气体放电灯（金属卤化物灯、高压钠灯）、白炽灯等。厂房内光源设置要计及设备、管道和架空电缆妨碍照明的可能。还应重视清扫照明器和更换损坏的照明光源的措施。对潮湿、有腐蚀气体和蒸汽、高温、振动较大及有爆炸和火灾危险等场所，其照明方式及灯具需特殊考虑。照度计算采用利用系数法和等照度曲线法、逐点计算法。

5.5 二次设备[35]

80 直流电源 发电厂的直流系统，主要用于对开关电器的远距离操作、信号设备、继电保护、自动装置及其他一些重要负荷的供电。直流系统是发电厂最重要的部分，应保证在任何事故情况下都能可靠的和不间断的向其供电设备供电。电压等级可按需求选择 110V 或 220V。

为保证全厂交流厂用电停电时设备安全和控制的连续性，发电厂通过蓄电池向直流动力及控制负荷供电。蓄电池配置应满足表 15.5-18 的要求。

表 15.5-18 蓄电池配置方案[36]

机组容量	直流电压/V	蓄电池组方案
125MW 级以下	110（220）	全厂装设两组控制负荷和动力负荷合并供电的蓄电池（两台机以上）
200MW 级及以下	110（220）	每台机组宜装设两组控制负荷和动力负荷合并供电的蓄电池
300MW 级	110（控制）/220（动力）	每台机组宜装设三组蓄电池，其中两组对控制负荷供电，一组对动力负荷供电
	220	两组控制负荷和动力负荷合并供电的蓄电池
600MW 级及以上	110（控制）/220（动力）	每台机组应装设三组蓄电池，其中两组对控制负荷供电，一组对动力负荷供电
220kV 及以上升压站（有 NCS）	110（220）	两组控制负荷和动力负荷合并供电的蓄电池组
110kV 升压站（有 NCS）	110（220）	两组或一组蓄电池

每个直流电压等级设一组蓄电池时，可采用单母线或单母线分段接线，每个直流电压等级设两组蓄电池时，可采用两段单母线接线，两段母线之间设联络电器。

81 交流不间断电源 为满足计算机对电源的不间断要求，避免因受电网频率或电压偏离，甚至突然断电而导致的数据丢失、设备损坏以致系统紊乱或失控的严重后果，发电厂计算机控制系统必须设置交流不间断电源。交流不间断电源一般为单相输出，输出电压为 220V、50Hz，额定功率因数为 0.8。当容量较大或有三相电源的负载时，也可选用三相输出式。

单元机组的 UPS 主要为 DCS 或计算机监控系统提供工作电源，DCS 一般均要求两路独立 UPS 电源供电。单机容量为 600～1000MW 机组的发电厂，每台机组宜配置两台交流不间断电源装置，两台电源装置可采用并机或冗余配置。并机方案可按单母线配置，冗余配置的交流不间断电源可根据 DCS 电源要求设置单母线分段或两段单母线。交流不间断电源输出的配电屏馈线应采用辐射状供电方式。

对于 300MW 级及以下机组，如 DCS 或计算机监控系统需要两路 UPS 电源，也可设置两台 UPS。

为了向热工自动化装置、厂内通信设备和计算机提供不间断的恒定压、恒频率交流电源，大机组均设置静态逆变装置作为不间断供电装置，如图 15.5-5 所示。该装置由整流部件、逆变部件和旁路部件组成。正常由交流事故保安电源 B 段母线供电，整流后供逆变器；交流电源中断，则自动改由蓄电池供电；当逆变器故障或过负荷时，静态切换开关自动转换至保安电源 A 段母线，经旁路变压器、调压变压器供电，切换时间不超过 5ms。为了检修静态开关不影响供电，设有先通后断的手动旁路开关。

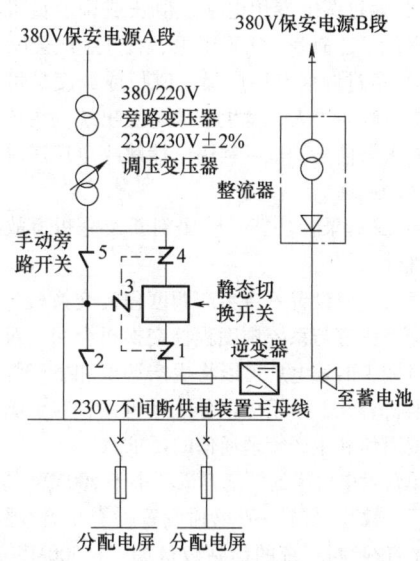

图 15.5-5　静态逆变装置的不间断供电系统

82　电源切换设备　火力发电厂备用电源切换方式有慢速切换和快速切换两种方式。慢速切换指工作电源断路器断开后，经延时，当电动机残压下降到电动机允许的安全电压后才实现自动切换。快速切换主要用于大、中容量机组，对电动机的冲击及对机组的正常运行影响较小，切换过程平稳。实现快速切换的条件是工作和备用电源断路器必须快速动作。大、中容量机组发电厂的备用电源自动投

入装置通常具有快速切换和慢速切换两种功能，当快速切换不成功时，转为慢速切换。实现快速切换的前提是具有快速动作性能的断路器，固有分、合闸时间均不大于 5 周波，即 0.1s。

切换装置具有同期检定功能，在工作电源与备用电源相位差不超过允许值，如 20° 时，保护装置动作，备用电源即自动快速切换。图 15.5-6 所示的快速切换接线采用电子式相位比较继电器，连续比较工作电源和备用电源的电压、相位差和频率差。当满足整定条件时，在 70～80ms 内实现切换。如快速切换失败，则转为慢速切换，时间为 700～900ms。微机型电源切换装置已在火电厂中采用。备用电源自动投入装置主要用在备用变压器、备用线路和发电厂的厂用备用电源自动投入。其主要功能就是当工作电源消失或当工作电压降低过多时，能将备用电源断路器快速合闸向负载恢复供电。

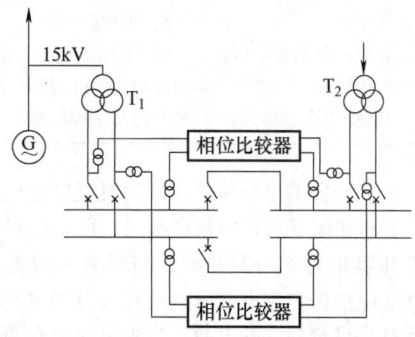

图 15.5-6　6kV 厂用电系统电源切换接线

83　继电保护设备[37]　发电厂继电保护装置需满足可靠性、选择性、灵敏性和速动性的要求。主要电气元件应装设短路故障和异常运行的保护装置。电力设备和线路短路故障的保护应有主保护和后备保护，必要时可增设辅助保护。主保护是满足系统稳定和设备安全要求，能以最快速度有选择地切除被保护设备和线路故障的保护。后备保护是主保护或断路器拒动时，用来切除故障的保护。在确定元件继电保护的配置方案时，应优先选用具有成熟运行经验的数字式装置。发电机、主变压器以及高压厂用变压器应设置独立的保护装置以保证发生故障时保护能可靠动作。对于高、低压厂用电系统，一般采用保护与测控功能合一的综合保护测控装置，低压厂用电系统也可以采用断路器自身的脱扣器实现保护功能。装置中的保护功能宜相对独立。

常见发电机和电力变压器保护功能见表 15.5-19。

表 15.5-19　发电机和电力变压器保护配置

发电机保护功能	变压器保护功能
1）定子绕组相间短路； 2）定子绕组接地； 3）定子绕组匝间短路； 4）发电机外部相间短路； 5）定子绕组过电压； 6）定子绕组过负荷； 7）转子表层（负序）过负荷； 8）励磁绕组过负荷； 9）励磁回路接地； 10）励磁电流异常下降或消失； 11）定子铁心过磁； 12）发电机逆功率； 13）频率异常； 14）失步； 15）发电机突然加电压； 16）发电机起停； 17）其他故障和异常运行	1）绕组及其引出线的相间短路和中性点直接接地或经小电阻接地侧的接地短路； 2）绕组的匝间短路； 3）外部相间短路引起的过电流； 4）中性点直接接地或经小电阻接地电力网中外部接地短路引起的过电流及中性点过电压； 5）过负荷； 6）过励磁； 7）中性点非有效接地侧的单相接地故障； 8）油面降低； 9）变压器油温、绕组温度过高及油箱压力过高和冷却系统故障

　　双重化配置的电量保护装置的直流电源应相互独立。当机组配置有两组蓄电池时，两套电量保护应由两组蓄电池组分别供电；当只有一组蓄电池时，两套电量保护宜由两段直流母线分别供电。非电量保护应设置独立的电源，当机组配置有两组蓄电池时，非电量保护电源宜设置电源切换回路分别从两组蓄电池引接。

5.6　厂内通信[38]

　　84　生产管理通信　厂内通信包括生产管理通信和生产调度通信。生产管理通信包括生产管理及行政事务管理系统的对内、对外通信联系，主要靠生产管理程控交换机（可兼作生产调度通信的备用）来进行。

　　交换机要完成的主要功能如下：

　　1）完成厂内各生产及非生产岗位用户之间的电话交换。

　　2）完成本厂与主管电力部门之间的电话交换。

　　3）完成本厂用户与市话局用户之间的电话交换。

　　4）根据厂的位置及重要性，可使本厂交换机具备组网的功能。

　　生产管理程控交换机的容量，应按发电厂管理体制、人员编制、自动化水平、规划装机台数和容量来选择。程控交换机建议用户线容量配置见表 15.5-20。

表 15.5-20　程控交换机用户线容量配置

机组容量	生产管理程控交换机	生产调度程控交换机
300MW 级以下	以 80 线为基础，每台机组增加 50 线	每两台机组配置 48 线
300MW 级	以 160 线为基础，每台机组增加 80 线	每两台机组配置 64 线
600～1 000MW 级	以 320 线为基础，每台机组增加 80 线	每两台机组配置 96 线

　　85　生产调度通信　为了满足厂内各单元控制室、网络控制室或主控制室的值长或调度人员指挥与监督生产、处理事故，应设专门的生产调度通信。调度通信装置的主要功能如下：

　　1）通过调度专用电话，值长或调度员可向各生产岗位下达命令、听取汇报、召开生产会议。

　　2）通过调度专用广播，值长或调度员可向各生产岗位呼叫寻人，发生事故时发出统一指挥命令和事故报警信号，也可利用广播解决主厂房等高噪声地区的通话。

　　3）具有录音功能，以便判断及分析事故处理的正确性。

　　发电厂应设置一台生产调度程控交换机，生产调度交换机宜与系统调度程控交换机合用。对于装机容量较小的发电厂可以将生产调度和生产管理程控交换机合并，采用虚拟分区运行，总容量满足生产调度通信和生产管理通信的要求。

　　单台发电机组的额定容量不小于 300MW 的火力发电厂，输煤系统一般单独设置一套扩音/呼叫系统，扩音/呼叫系统的话站数量如下：300MW 级机组设 20～30 个话站，600～1 000MW 级机组设 30～50 个话站。

　　86　通信电源　发电厂必须装设可靠的通信电源系统，以确保对通信设备的不间断供电，尤其要保证在电网或厂、站事故时不中断通信供电。厂内通信电源设备所需交流电源，由来自不同厂用电母线段的双回路交流电源供电。厂内通信设备所需直流电源，应由通信专用直流电源系统提供，其额定电压为直流 48V，采用浮充供电方式。通信专用直流电源系统一般采用双重化配置，每套直流电源系统均由一套高频开关电源、一组（或两组）蓄电池组成。通信专用直流电源系统容量应按其设计年限内所有通信设备的总负荷电流、蓄电池组放电时间确定，单组蓄电池的放电时间为 1~3h。直流系统为一组蓄电池时，直流母线为单母线；当为两组蓄电池时，直流母线为单母线分段。采用单母线分段时，用电负荷分别由两段母线引馈线供电。国内发电厂程控交换机、程控调度机、光纤机等设备的供电电压普遍为 DC-48V。通信专用直流电源系统输出电压可调范围为-58~-43V，通信设备受电端子上电压变动范围为-57~-40V。

发电厂厂内通信设备所需直流电源可与系统通信设备的电源共用。

第6章 火电厂自动化

6.1 火电厂自动化系统

87 自动化系统组成 火电厂自动化系统可以提高机组运行的安全性和可靠性，提升火电厂管理水平，降低运营成本，减员增效。火电厂自动化系统结构一般分为经营管理层、生产管理层、实时过程监控层、现场层。

经营管理层作为全厂实时监控和信息管理的中心，通过将各个控制系统连成一体的通信网络，一方面向电厂管理信息系统（MIS）提供其所需的过程实时数据和计算分析结果，一方面在综合全厂生产级信息基础上，通过应用软件完成计算、分析、诊断等功能。有效地提高电厂运行和管理的安全性

及经济性。生产管理层实施生产过程监控，包括过程监视、控制操作、系统维护等。实时过程监控层具体实施各主、辅机、辅助系统、辅助车间数据的输入和输出以及过程控制程序。现场层包括现场I/O站和其他控制接口设备，完成信号采集及处理功能。厂级监控信息（SIS）层与生产级监控层采用单向传输方式传递信息。

全厂控制系统联网，纵向各层之间通过网络连接，实现数据传递；横向各控制系统通过网络连接，实现数据交换和集中监控方式，消除了自动化"孤岛"现象，成为一个完整的控制体系，实现全厂信息共享，最大限度地利用各级资源，实现电厂的优化管理。全厂自动化系统网络结构见图15.6-1。

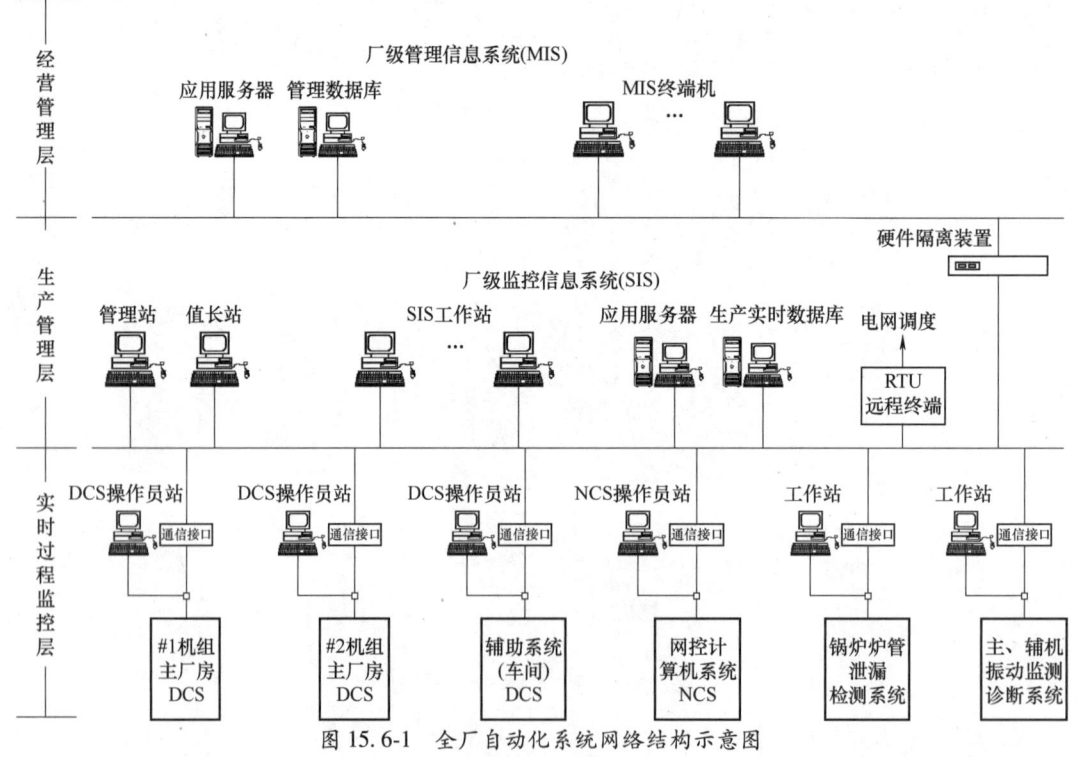

图 15.6-1 全厂自动化系统网络结构示意图

88 控制对象及范围 ①热力生产系统：包括　　锅炉、汽轮机、发电机及其辅助系统与设备；②灰

渣处理系统：包括除灰系统、除渣系统、除石子煤系统等；③化学水处理系统：包括锅炉补给水处理系统、凝结水精处理系统、汽水取样、化学加药系统、机组排水槽、化学废水、辅机冷却水加药系统、制氢站；④供排水系统：包括综合水泵房、生活污水处理站系统、工业废水处理系统等；⑤其他辅助生产系统：包括起动锅炉房、燃油泵房、空压机等；⑥空调控制系统；⑦空冷系统及其辅助系统与设备；⑧脱硝系统及其辅助系统与设备；⑨脱硫系统及其辅助系统与设备。

89　自动化水平和控制方式

1）火电厂自动化水平是通过控制方式、热工自动化系统的配置与功能、运行组织、控制室布置及主辅设备可控性等多个方面综合体现的。一般用以微处理器为基础的分散控制系统实现包括机组监视、自动控制、保护、联锁及报警、性能计算等功能。火电厂单元机组一般设置 2~3 名运行人员，在就地人员的巡回检查和配合下，在集中控制室内在值班人员少量干预下自动完成机组的起动、停止、正常运行的监视和调整以及异常工况的事故处理等。

对于 100MW 及以下机组，目前也基本采用以微处理器为基础的分散控制系统实现包括机组监视、自动控制、保护、联锁及报警、性能计算等功能。但由于 100MW 及以下机组辅机的配置水平及可控性相对落后，机组的起动、停止及正常运行和异常工况的处理要在就地人员的配合下，由运行人员远方手动完成。

实现自动化对主辅机可控性的要求是：①制造厂在设计机、炉、电设备及系统时，应同时考虑合理的运行操作方式及自动控制和保护的要求，并在制造中予以满足；②制造厂应成套供应为满足机组起、停与运行中安全监视所必需的、安装在本体范围内的仪表、控制元件及传感器、安全保护装置，特性良好的调节阀门或挡板以及性能优良的执行机构和阀门电动装置；③应提供设备运行中各项参数的报警值及保护动作值，提供为自动化设备现场整定所必需的特性曲线、数据或计算公式。

2）控制方式是指运行人员监视和控制机组所采用的方法。其主要内容是决定监控设备（计算机工作站、控制盘）的布置位置和能完成的监控任务。对于单元机组，一般采用炉、机、电及辅助车间集中的控制方式，两台机组可以合设一个集中控制室，实现炉机电全能值班运行管理模式。对于小型母管制机组一般采用炉、机集中控制方式。对于辅助车间新建电厂多采用全厂集中控制方式，与机组合用集中控制室（或设置独立的辅助车间控制室）。煤、灰、水设置辅助控制点，在机组调试、起动和系统事故情况下，可在各自的电子间操作员站上进行监控，待机组进入正常运行阶段，再由就地电子间监控切换至远方集中控制室监控，正常情况下以在远方监控为主。

6.2　仪表检测

90　检测项目　主要检测项目见表 15.6-1。

表 15.6-1　火电厂工艺系统主要检测项目

系统	参数类别	检测项目
空气系统	压力差压	送风机、一次风机出口风压，空预器入/出口一次风差压、后一次风压，一次风、二次风总压力，二次风箱/炉膛差压，炉膛/热一次风差压，风机润滑油压，轴流式风机喘振
	温度	送风机入口、出口风温，一次风机入口、出口风温，空预器出口一次风、二次风温，风机轴承温度，风机电动机线圈温度，回转式空气预热器轴承温度，风机油箱温度
	流量	送风总风量，一次风风量，流化风风量
	振动	风机轴承振动
	其他	回转式空气预热器停转、火灾
烟气系统	压力差压	炉膛压力或负压，空预器入口、出口、除尘器后烟压，引风机出口烟压，引风机润滑油压，烟道各段烟压，火检冷却风压力，循环流化床床压
	温度	炉膛各段烟温，排烟温度，汽包壁温，过热器、再热器管壁温度，引风机轴承及电动机线圈温度，循环流化床床温
	成分分析	烟气含氧量，NO_x，SO_2，CO，CO_2，烟气浊度，飞灰含碳量
	振动	引风机轴承振动
	炉膛火焰	油燃烧器火焰，煤燃烧器火焰，全炉膛火焰

（续）

系统	参数类别	检测项目
燃油制粉系统	压力差压	磨煤机入口、出口风压，粗粉分离器后风压，排粉机入口风压，供、回油压力，雾化蒸汽（空气）压力，吹扫气压力，中速磨密封风/磨煤机的差压，磨煤机上下磨碗差压，中速磨密封风压，密封风/冷一次风差压，磨煤机润滑油压，双进双出钢球磨筒体压力
	温度	磨煤机入口风温，出口风粉混合物温度，粉仓温度，排粉机入出口风粉混合物温度，磨煤机轴承及电动机线圈温度，磨油站油温，燃油温度
	料位	煤仓煤位，粉仓粉位，磨煤机油箱油位，双进双出钢球磨煤位
	流量	磨煤机入口风量，给煤量，供、回油流量
蒸汽系统	压力差压	锅炉汽包饱和蒸汽压力，各级过热器出口蒸汽压力，再热器进出口蒸汽压力；汽机进口主汽压力，调速汽门后汽压，调速级汽压，高压缸排汽压力，中压缸进汽压力，各段抽汽压力，排汽真空，轴封汽压力，高低压旁路减温器后蒸汽压力；给水泵汽机高、低压进汽压力，轴封汽压力，除氧器压力
	温度	锅炉过热器、再热器减温器进出口汽温，过热器出口汽温，汽机主汽门前汽温，调速级汽温，高、低压缸排汽温度，各段抽汽温度，高缸排汽管及各段抽汽管上、下壁温度，再热器至中压缸进汽温度，轴封汽温度，旁路减温器后蒸汽温度，给水泵汽机进汽、排汽温度
	流量	主蒸汽流量
凝结水系统	压力差压	凝结水泵进、出口压力，凝结水精处理装置前后差压，超临界机组起动疏水压力
	温度	凝汽器出口凝结水温度，各低压加热器出口水温，除氧器水箱水温，超临界机组起动疏水温度
	水位	凝汽器热井水位，除氧器水箱水位，高、低压加热器水位，疏水箱水位，汽机高压缸排汽管、各段抽汽管疏水罐水位
	流量	凝结水流量，凝结水再循环流量，补给水流量
给水系统	压力差压	给水前置泵、给水泵出口压力，锅炉给水压力，过热器、再热器减温水压力，给水泵润滑油压，密封水压，滤网差压，炉水循环泵差压
	温度	给水泵入口温度，各高压加热器出口水温，至锅炉给水温度，直流锅炉中间点温度，给水泵冷油器进出口温度，电动给水泵耦合器轴承温度，润滑油温，电动机线圈温度，轴承温度，密封水回水温度
	水位	锅炉汽包水位，直流锅炉汽水分离器水位
	流量	给水泵入口流量，给水流量，过热器、再热器减温水流量，锅炉连排流量，炉水循环泵冷却水流量，超临界机组炉水循环泵出口流量
循环冷却水系统	压力差压	凝汽器进、出口循环水压力，循环水泵出口水压，开、闭式冷却水泵出口压力，冷却水压力
	温度	凝汽器进、出口循环水温度，循环水泵轴承温度，开、闭式冷却水温度
	水位	闭式冷却水水箱水位
汽轮机本体	压力	润滑油、调速油压力，顶轴油泵进口压力
	温度	润滑油温度，支持轴承、推力轴承温度，主汽门、缸体金属温度，导汽管壁温度，法兰螺栓温度，调速油回油温度，调速油箱油温
	油位	主油箱油位，调速油箱油位
	本体监视	汽机转速，轴向位移，转子偏心，汽缸膨胀、胀差，轴承振动，油动机行程

（续）

系统	参数类别	检测项目
给水泵汽机本体	压力	润滑油、调速油、安全油压力
	温度	轴承、推力瓦温度，回油温度，冷油器进出口油温
	其他	转速，轴向位移，油箱油位
发电机	压力	氢气压力，密封油压，冷却水压，氢油压差，密封油泵差压
	温度	定子线圈及铁心温度，氢气或空气冷却器进出口冷却水温度，氢冷却器进出口氢气温度，密封油温度，冷却水温，轴承温度
	液位	冷却水箱水位，密封油箱油位，氢油分离箱油位
	流量	定子、转子冷却水流量
	分析	氢气纯度，定子进水导电度，离子交换器出口导电度
	其他	发电机检漏
	电气量	见表 15.6-8
其他系统	压力	抽气器入口水或气压，抽气器入口真空，射水泵出口压力，真空泵入口真空，出口压力
	水位	热交换器水位，气-水分离器水位
汽水监督	电导率	炉水，饱和蒸汽，过热汽，再热汽，排污水，凝结水，补给水
	pH	补给水，省煤器入口给水，炉水
	溶氧	除氧器出口给水，省煤器入口给水
	硅酸根	饱和蒸汽，炉水
厂用电源系统	温度	主变压器、厂高变压器线圈温度，油温，冷却水温
	电气量	见表 15.6-9~表 15.6-15
空冷凝汽器	压力	冷却水循环泵出口压力，水轮机前后压力，管道系统总压力
	温度	直接空冷排汽装置出口排汽温度，凝结水温度，间接空冷凝汽器内温度、冷却水循环泵后的温度、水轮机后的水温、扇形段出口水温、冷却塔内空气温度、冷却塔外空气温度、冷却水循环泵、水轮机等电动机线圈温度、轴承温度
	流量	扇形段入口排汽量，冷却水回水总管流量
	流液位	凝结水箱水位，贮水箱水位，高位膨胀水箱水位
烟气脱硫系统FGD	温度	FGD 入/出口烟气温度，GGH 入口/出口烟气温度，GGH、增压风机轴承温度
	压力差压	FGD 入口/出口烟气压力，增压风机出口压力，GGH 入口/出口烟气压力，氧化风机出口压力，浆液循环泵出口压力
	流量	烟气流量，石灰石浆液流量，工艺水量，吸收塔入口氧化风流量，废水泵出口母管流量
	液位	吸收塔液位，石灰石浆液搅拌箱液位，废水箱液位，皮带冲洗水箱液位
	其他	石灰石浆液密度，吸收塔浆液的 pH 值，净烟气湿度
		FGD 入口 SO_2、O_2，FGD 出口净烟气烟尘浓度、O_2、SO_2、NO_x、CO、CO_2

（续）

系统	参数类别	检测项目
烟气脱硝系统SCR	温度	喷氨装置入口烟气温度，SCR 出口烟气温度
	压力	喷氨装置入口烟气压力，SCR 出口烟气压力
	液位	氨罐液位
	流量	喷氨格栅入口烟气流量，氨耗量
	其他	SCR 入口/出口 NO_x 浓度，氨气/空气混合器出口氨浓度
燃气轮机	压力	压气机排气压力，燃气轮机/压气机洗涤水压力，燃气轮机排气压力等
	温度	燃气轮机排气温度，燃气轮机轮间温度
	其他	燃气轮机排气温度分散度

91　监测仪表配置

（1）显示和记录仪表　包括测量仪表、变送器、显示仪表和记录仪表等，用来检测、显示、记录和计算火力发电机组运行的各种参数，如温度、压力、流量、液位、转速等，以便进行必要的操作和控制，保障机组安全，经济运行。当采用分散控制系统时，除机组主要参数与机组安全有关的主、辅设备的参数和状态宜设置少量常规监视仪表外，一般不设记录仪。机组的全部测量数据和处理结果都应在 LCD 上显示。就地应装设供运行人员现场检查和操作的热工检测仪表。对于锅炉、汽机、发电机的金属温度可采用远程 I/O 技术，通过适当的通信方式联入计算机控制系统，在操作员站上显示。

（2）一次仪表配置　一般包括温度传感器（热电偶、热电阻）；压力、物位变送器和过程开关、行程开关等开关量仪表；流量测量元件（如孔板、喷嘴、机翼、文丘里管、巴类流量计等）；成分分析传感器；机械量测量（如汽机转速、轴向位移、热膨胀、偏心、油动机行程等）的涡流传感器或其他型式的传感器。当采用分散控制系统时，监视、控制和保护系统的信息应共享，此时一次仪表测量的信息应首先引入控制系统，并通过通信总线送至数据处理及监视系统，但对控制和机组保护都要用的过程信息，一次仪表要分别配置。热工保护用的开关量仪表应多重化配置。如锅炉炉膛压力保护，汽机超速保护，凝汽器真空保护等一次仪表按三取二配置；对于重要模拟量控制系统，如汽包水位、炉膛压力、汽机主汽门前压力、汽机调速级压力等控制的变送器按三取中配置；对主要模拟量控制系统，如主蒸汽温度、给水流量、总风量、除氧器水位等控制的变送器可按双重化配置。

（3）仪表精度和安装环境　仪表的示值误差，应在被测参数允许的偏差范围内。主要参数应选 1 级仪表，经济考核参数应选 0.5 级仪表和变送器，一般参数指示仪表可选 1.5 级，就地指示仪表 1.5~2.5 级。一次仪表的选型还应当根据使用环境条件选用防爆、防腐、防潮湿仪表。

对于热电阻、热电偶、流量测量元件、分析取样装置等直接接触介质的仪表或传感器，必须要能承受所测介质在额定工况下的温度与压力。

6.3　模拟量控制

92　协调控制系统[39]　协调控制系统应充分考虑锅炉、汽机、发电机控制特性的差异以及各自的特点，把单元机组的锅炉、汽机、发电机组作为一个整体进行控制，使其共同接受电负荷指令，同时协调动作，快速稳定地适应电网负荷的需求，并能保证机组安全运行，其结构原理见图 15.6-2。

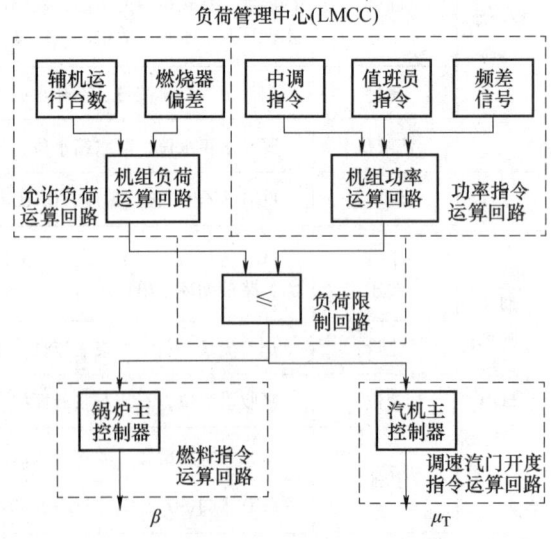

图 15.6-2　协调控制系统结构图

协调控制系统有四种运行方式：

（1）协调控制方式　按机、炉主要是调节压力，还是调节功率，或者同时调节压力与功率的任务，协调控制方式大致可分四种类型：①以锅炉为基础的协调控制；②以汽机为基础的协调控制；③综合性协调控制；④直接能量平衡协调控制。这几种协调方式各有其特点，可以随机组运行工况的不同而改变，其控制功能也基本相同[40]。投协调控制的必备条件为主辅机运行正常，锅炉的燃料控制、风量控制、炉膛压力控制、给水和汽温控制以及汽机控制系统均应投入自动。当协调控制系统投入后，机组可自动参加电网功率调节，参与一次调频。

（2）汽机跟踪锅炉　当协调控制系统在锅炉侧局部故障或出力受到限制时采用。此时协调控制自动或手动切换到汽机跟踪方式运行，汽机自动调压，锅炉手动调功。

（3）锅炉跟踪汽机　当协调控制系统在汽机侧局部故障或出力受到限制时采用。此时协调控制自动或手动切换到锅炉跟踪方式运行，锅炉自动调压，汽机手动调功。

（4）手动控制　当协调控制系统处于手动状态时。机组值班员分别控制炉、机出力。

93　单元机组模拟量控制子系统　火电厂机组应设置完善的模拟量控制子系统，主要子系统有：①燃料量：包括燃油量及煤量；②二次风量：包括氧量校正，燃料风、辅助风、燃尽风；③一次风量（压力）；④炉膛压力；⑤空预器冷端平均温度；⑥磨煤机风量和温度；⑦给水；⑧主蒸汽温度和再热蒸汽温度；⑨汽机辅机包括除氧器水位、压力，凝汽器水位等；⑩高低压旁路的蒸汽压力及温度；⑪空冷凝器背压；⑫循环流化床锅炉的床温、床压、流化风量等。

94　单回路控制系统　机组辅助系统的控制多为单输入单输出的单回路控制系统，与机组协调控制系统无直接联系，一般单回路控制系统都纳入DCS实现控制功能。这类项目有：①高、低压加热器水位；②疏水箱、回收水箱水位；③凝结水再循环流量；④给水泵再循环流量；⑤厂用蒸汽压力、温度；⑥轴封压力；⑦高压均压箱蒸汽压力；⑧定子冷却水温度；⑨燃油雾化蒸汽压力（差压）；

⑩暖风器加热蒸汽压力；⑪吹灰蒸汽压力；⑫给水泵汽机均压箱蒸汽压力；⑬闭式冷却水出口压力、温度；⑭汽机润滑油温度，EH油温度；⑮给水泵密封水温度；⑯发电机氢气冷却器出口氢气温度，密封油温度，氢/油密封压差等。

6.4　硬手操与顺序控制

95　硬手操　对于采用分散控制系统实现监视控制功能的机组，为确保安全停机，在控制系统发生电源消失、通信中断、全部操作员站失去功能、重要控制站失去控制等重大故障的情况下，应设置独立于分散控制系统的硬接线后备操作手段，主要有：①总燃料跳闸；②汽机跳闸；③发电机或发电机变压器组跳闸；④锅炉安全门开；⑤汽包事故放水门开；⑥汽机真空破坏门开；⑦直流润滑油泵起动；⑧交流润滑油泵起动；⑨发电机灭磁开关跳闸；⑩柴油发电机起动。

96　顺序控制　电厂的顺序控制主要用于单元机组主、辅机和辅助系统的起动和停止。采用顺序控制后，运行人员只需通过操作员站画面上几个操作按钮就可以完成某一套设备或者系统的起停任务，一般分为机组级顺控、功能组级顺控、子功能组级和设备级顺控。机组级顺控是顺序控制系统中最高层的控制，要求是在最少人工干预的条件下完成整套机组的起动和停机操作。机组级顺控的主要任务是按设定的逻辑综合实际工况和指令要求，判断应采用何种方式起动（冷态、热态或温态）或停机，然后再对有关的功能组级下发有关的起停指令，将机组从起始状态逐步起动到某一负荷，或从某一负荷逐步减负荷、解列直至停机。由于机组级顺控对主辅设备的可控性要求高，故一般中小机组不采用。机组的顺序控制一般以子功能组为主，即根据工艺系统的特点和要求，把机组和辅机的起停控制划分成有操作规律的组，结合保护、联锁条件进行逻辑判断，实现一个辅助工艺系统内相关设备的顺序控制；实现整套机组或主要辅机安全地"自动起停"或"分阶段顺序起停"，以减少操作人员的常规操作。功能组划分见表15.6-2。

表 15.6-2　顺序控制功能组项目表

功能组	控制项目
锅炉烟风系统	1）空预器、油泵、进出口烟风挡板； 2）送风机、润滑油泵、进出口风门挡板、风机动叶； 3）引风机、润滑油泵、冷却风机、进出口烟气挡板、除尘器挡板、风机动叶； 4）一次风机、润滑油泵、进出口风门挡板等

（续）

功能组	控制项目
制粉系统（直吹式）	磨煤机、润滑油泵、工作油泵、有关风门挡板、煤粉挡板、给煤机、煤闸门等
锅炉疏水放气系统	排污阀、疏水阀、放气阀、旁路阀等
吹灰系统	锅炉吹灰器、空预器吹灰器
电动给水泵组	电动给水泵、润滑油泵、出口门、前置泵进口门、再循环阀
汽动给水泵组	汽动给水泵、进汽阀、进水阀、前置泵、前置泵进口门、再循环阀、油泵等
汽机防进水系统	抽汽逆止阀及管道疏水阀等
抽汽及加热器系统	加热器进出水门、旁路阀、疏水阀，抽汽管道隔离阀等
汽机轴封及疏水放气系统	轴封进汽阀、汽机本体疏水阀等
凝结水系统	凝结水泵、输送泵、凝结水管道阀门等
凝汽器抽真空	真空泵、射水泵、抽气器、管路有关阀门等
开、闭式冷却水系统	冷却水泵及管道阀门等
凝汽器循环水系统	循环水进出口阀、反冲洗阀
低压缸喷水系统	喷水阀等
辅助蒸汽系统	进汽阀、至各用汽设备隔离阀等
蒸汽管道疏水系统	主蒸汽、再热蒸汽、排汽管道疏水阀
发电机氢油水系统	补氢阀门，定子冷却水泵及管路上的阀门，密封油泵
汽机润滑油系统	润滑油泵、事故油泵、顶轴油泵、油箱排烟风机等

6.5　自动保护、联锁、报警

97　单元机组保护　单元机组炉、机、电保护联锁跳闸的逻辑关系见图 15.6-3，该图表示了具有 FCB 功能的机组的炉机电保护联锁跳闸逻辑关系。

98　锅炉保护　锅炉保护的内容取决于锅炉本身的结构、容量、技术特性和运行方式，主要包括以下三个方面：

（1）锅炉局部保护　保护项目及保护功能见表 15.6-3。

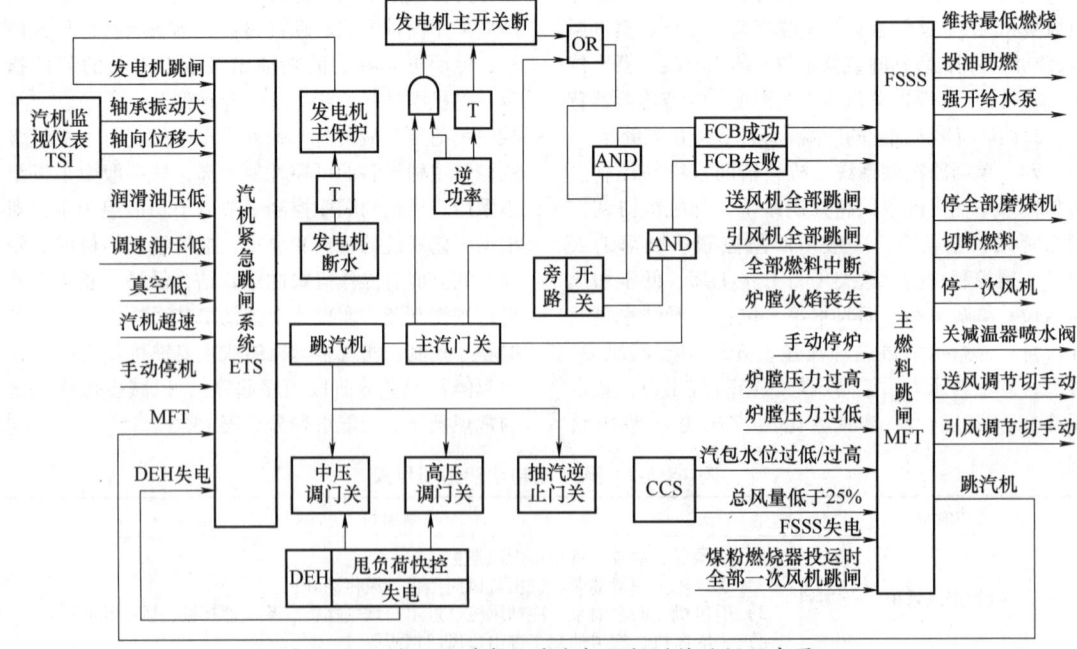

图 15.6-3　锅炉、汽机、发电机保护联锁跳闸示意图

表 15.6-3　锅炉局部保护项目及功能

保护项目	保护功能
主蒸汽压力过高	1) 超定值：自动快速打开旁路阀并报警； 2) 超二值：自动快速打开动力释放阀并报警； 3) 超三值：安全门动作
再热蒸汽压力过高	1) 出口压力超过规定值：自动打开低旁阀并报警； 2) 出口压力超二值：再热器安全门动作
高、低压旁路保护	1) 主蒸汽压力超定值：开高旁； 2) 再热蒸汽压力超定值：开低旁
再热蒸汽温度过高	超定值：自动打开事故喷水阀及电动关断阀
汽包水位	1) 高一值：报警； 2) 高二值：自动打开事故紧急放水阀； 3) 高三值：停炉
局部火焰丧失保护	1) 四角燃烧锅炉，当单个燃烧器火焰丧失时，报警，由运行人员判断是否停止相应燃烧器，当同一个磨煤机供粉的燃烧器火焰丧失数量超过规定值时，应自动停止相应的磨煤机； 2) 对冲式燃烧锅炉或 W 型火焰燃烧锅炉，当单个燃烧器火焰丧失时，报警，自动跳闸相应的燃烧器；当同一个磨煤机供粉的燃烧器火焰丧失数量超过规定值时，应自动停止相应的磨煤机
直流炉给水流量过低	给水流量低于额定流量的 1/3 时，延时（≤30s）停炉

（2）锅炉炉膛安全保护　为防止炉膛发生爆炸而设置的，具体包括：①炉膛吹扫；②油系统泄漏试验；③火焰检测和炉膛灭火保护；④炉膛压力高/低超限报警及保护；⑤主燃料跳闸停炉等保护功能。

（3）停炉保护　除图 15.6-3 所列停炉条件外，对不同特性锅炉还有：①强制循环炉全部炉水循环泵跳闸；炉水循环泵前后差压小；②全部给水泵跳闸；③循环流化床锅炉的炉膛出口或分离器出口温度高，床中心温度过高/过低；④燃油炉的燃油压力过低，燃烧器雾化蒸汽压力过低等停炉保护。

99　汽轮发电机组保护　主要有以下五个方面：

（1）汽轮机局部保护　保护项目及保护功能见表 15.6-4。

表 15.6-4　汽轮机局部保护项目及功能

保护项目	保护功能
甩负荷时防超速保护	当电网故障使发电机跳闸或汽机转速超过 103% 时，快关高中压调速汽门
抽汽防逆流保护	汽机自动主汽门关，或发电机跳闸，自动关各抽汽逆止阀及高压缸排汽逆止阀
低压缸排汽防超温保护	排汽温度高至规定值，自动打开喷水电磁阀
高压加热器水位高	1) 水位高一值：自动开本级事故疏水阀； 2) 水位高二值：自动关上一级加热器的正常疏水阀，同时自动开上一级加热器的事故疏水阀； 3) 水位高三值：自动关相应的抽汽逆止阀，开加热器旁路阀，关出口/入口门，解列加热器
低压加热器水位高	1) 水位高一值：自动开本级事故疏水阀； 2) 水位高二值：自动关上一级加热器的正常疏水阀，同时开上一级加热器的事故疏水阀； 3) 水位高三值：自动关相应的抽汽逆止阀，开加热器旁路阀，关出口/入口门，解列加热器

（续）

保护项目	保护功能
机械通风直接空冷系统的防冻保护	当环境温度低于设定值时，关闭防冻隔离阀
间接空冷机组喷射式凝汽器水位保护	1）水位高一值：自动打开冷却水排水阀； 2）水位低一值：自动打开凝汽器补水阀； 3）水位高二值：自动打开冷却水紧急放水阀； 4）水位低二值：自动关冷却水紧急放水阀
间接空冷机组散热器防冻保护	出口冷却水温度低至规定值自动打开冷却水紧急放水阀
间接空冷机组循环冷却水泵跳闸保护	循环冷却水泵全部跳闸，打开冷却水紧急放水阀

（2）**停机保护**[41]　除图 15.6-3 所列停机条件外，对于间接空冷机组喷射式凝汽器水位高二值或低二值，散热器出口冷却水温度低至规定值或循环冷却水泵全部跳闸时应停机。对于机械通风直接空冷机组排汽装置背压高应停机。对于燃气轮机组燃烧室熄火、燃气轮机区域着火应停机。

（3）**防进水保护**　其措施有：①主蒸汽管、抽汽管、再热蒸汽管装设自动疏水装置；②过热蒸汽和再热蒸汽温度喷水调节阀前（后）串接电动截止阀，防上调节阀泄漏；③主燃料跳闸、汽机跳闸或低负荷时，应自动关闭喷水调节阀和截止阀；④在低温再热蒸汽管和各段抽汽管低点处装设上下壁温热电偶，温差大表示有积水。

（4）**除氧给水系统保护**　主要有除氧器压力、水位保护；给水泵和给水泵汽机跳闸保护。

（5）**汽机旁路保护**　对于按快速切负荷（FCB）功能要求配置的快速动作旁路系统，应配有根据 FCB 命令或主蒸汽压力高至规定值自动投入旁路的保护。对于仅具有起动功能的旁路不设主蒸汽压力高至规定值自动投旁路的保护功能。

100　联锁　连锁控制主要包括：①锅炉的引风机、回转式空预器和送风机在起停及事故掉闸时的顺序联锁以及三者与烟、风道中有关挡板的起停联锁；②两台并列运行的引风机（送风机）中的一台跳闸时应自动隔离已跳闸的风机；在运行的引风机均跳闸时，必须联锁跳闸所有运行的送风机和一次风机，并保证炉膛自然通风；③送风机全部停运时，燃烧和制粉系统停止运行的联锁；④给煤机、磨煤机、一次风机或排粉机的起停及事故掉闸时的顺序联锁；⑤烟气再循环风机起停与入口和出口挡板的联锁；⑥大型辅机与其润滑油、冷却系统、密封系统的联锁；⑦汽机交直流润滑油泵、顶轴油泵和盘车装置与油压的联锁；⑧给水泵、凝结水泵、真空泵、循环水泵、疏水泵以及其他各类水泵与其相应系统工艺参数之间的联锁；⑨各类泵与其进出口电动阀门间的联锁；⑩工作泵事故掉闸时备用泵自投入的联锁；⑪控制工艺参数的各类阀门、挡板与系统工艺参数之间的联锁等。

101　报警

（1）**报警内容**　①工艺系统参数偏离正常运行范围；②保护动作及主要辅助设备故障；③监控系统故障；④电源、气源故障；⑤重要电气参数偏离运行范围；⑥电气设备故障；⑦火灾探测区域异常；⑧有毒有害气体泄漏。

（2）**功能要求**　①报警装置应具有自动闪光、音响和人工确认等功能；②报警尽可能采用控制系统的报警功能实现；③重要的报警信号可用不同颜色的光字牌区别，如重要参数偏离正常值、单元机组主要保护跳闸、重要控制装置故障等。

6.6　分散控制系统（DCS）

102　系统结构和特点　分散控制系统是以微处理器为核心，采用数据通信技术和 LCD 显示技术，对生产过程进行集中操作管理和分散控制的系统，其基本思想是"控制和危险分散，管理和监视集中"。各种类型的分散控制系统尽管其构成型式不同，但都采用了分级式的体系结构，包括以下几个部分：具有不同功能的基本控制站；具有管理功能的人机接口装置，通常是以 LCD、大屏幕和键盘为基础的操作员站；连接各站的数据高速公路以及通信接口和扩展接口。

分散控制系统具有下列显著特点：①控制功能分散，以微处理器为核心的控制站，采用模块化、标准化的硬、软件，实现复杂的控制，每个站只控制少数回路，一旦发生故障，只影响少数控制回路，使危险分散；②显示操作集中，采用 LCD 显示和键盘操作技术，可实现多种画面、参数和变量的显示，运行人员在 LCD 上既能监视又能对任一回路进行操作；③高速通信系统，使各站之间信息传递速度高且安全可靠，可实现整体化运行控制，系统易扩展；④软件可以生成，采用面向用户的图形语言，通过工程师站的键盘在 LCD 画面上表示出系统方框图，或以梯形图的方式生成所需要的应用软件；⑤采用了冗余、容错和自诊断技术，系统可靠性高。

103 基本控制单元 简称控制站，是以微处理器为核心的、按功能要求组合和各种电子模件的集合体，并配以机柜和电源而形成的一个相对独立的控制装置。挂在高速数据公路上具有不同功能的控制站，通过 I/O 模件采集的过程信息，实现对生产过程的控制。控制站一般是把闭环控制和逻辑顺序控制结合在一起，完成所要求的控制功能，控制方案则利用程序软件实现。各分散控制系统制造商的控制站在硬件和软件安排上差别较大。

对控制站硬件和软件的要求是：①系统中的控制器应相互独立，任一控制器模件故障切除或拔出维修或恢复投运，不影响其他控制器正常运行，在数据通信故障时，控制器模件应能继续运行；②控制器应冗余配置，冗余切换应能自动快速无扰完成；③控制器模件应有掉电自恢复功能；④过程输入/输出（I/O）模件应能进行扫描、标度变换、线性化、热电偶冷端补偿、过程点质量判断等处理。模拟量输入信号每秒至少扫描更新 4 次，数字量信号每秒 10 次；为满足某些需要快速处理的控制回路要求，其模拟量输入信号应达到每秒扫描 8 次，数字量输入信号应达到每秒扫描 20 次。事故顺序输入信号的分辨率不超过 1ms，I/O 信号类型和要求见表 15.6-5；⑤系统组态应灵活方便，有实时操作程序，应用程序及性能计算等软件包。组态软件应能以 SAMA 图、逻辑图、梯形图格式，离线或在线方式进行组态。

表 15.6-5　I/O 信号类型表

信号名称	信号类型和要求
模拟量输入	1）4～20mA 信号，最大输入阻抗为 250Ω； 2）DC1～5V，输入阻抗应≥500kΩ

（续）

信号名称	信号类型和要求
模拟量输出	4～20mA 或 DC1～5V，具有驱动回路阻抗大于 750Ω 的负载能力（特殊应用回路应具有大于 1kΩ 的负载能力）
热电偶	分度号：E、J、K、T 和 R 型
热电阻	分度号：Cu50、Cu100、Pt10、Pt100
数字量输入	查询电压：DC48～120V，有防抖动滤波处理功能，能抑制 4ms 后不稳定的开关量信号
数字量输出	应采用隔离输出、隔离电压≥250V，能直接驱动控制用电动机或任何中间继电器
脉冲量输入	每秒能接受 6 600 个脉冲

104　通信网络 也称为数据高速公路，是分散控制系统的重要组成部分之一。通信网络把分散的控制站、输入/输出模件、人机接口和系统外设（打印机、LCD 和键盘、磁盘驱动器等）联为一体，以适当的通信方式保证信息可靠高速的传递。目前分散控制系统采用的通信网络的结构主要有总线型和环形结构。各系统网络通信的存取控制方式主要有两种类型，即存储转发式和广播式。广播式又分为自由竞争，令牌和时间片等几种方式，用得较多的是令牌、自由竞争广播式。通信介质多采用双绞线、同轴电缆或光纤。

通信网络是分散控制系统的支柱，对其基本要求是：①连接到通信网络上任一系统和设备的故障都不应导致通信系统瘫痪。通信总线的故障不应引起机组跳闸或使控制单元不能工作；②通信总线包括总线接口模件应是冗余的，并在任何时候都同时工作；③挂在通信总线上的所有站都应能接受总线的数据，并可向通信总线发送数据；④通信系统的负载容量在最繁忙的情况下，令牌网不应超过 30%～40%，以太网不应超过 20%，总线的通信速率应保证运行人员发出的任何指令均应在 1s 或更短的时间内被执行；⑤通信协议应包括循环冗余校验，奇偶校验码等，以检测通信系统的误差并采取相应的保护措施，确保系统通信的高度可靠性。

105　人机接口 人机接口设备简称人机接口，是人与系统互通信息、交互作用的设备，包括输入设备和输出设备。DCS 的人机接口包括以 LCD、大屏幕及键盘组成的操作员站、紧急操作设备，历史数据站，性能计算站，值长站和工程师站。操作员站用来完成各种操作命令，并在标准画面或用户组态画面上汇集和显示有关运行信息，供运行人员对机组的运行工况进行监视和控制。可以通过工程师站对控制器进行组态，调整回路参数；通过数据高速公路与其他各站交换信息。操作员站和工程师站由实时处理器、图形处理器，应用处理器三部分组成，核心是实时处理器。实时处理器是维护数据库，给图形处理器和应用处理器提供数据，用作数据管理。应用处理器是收集长期的历史数据，用作信息管理。图形处理器用作操作管理。实时处理器加上图形处理器组成操作员站，再加上应用处理器组成工程师站。工程师站用于程序开发，系统诊断和维护、控制系统组态，数据库和画面的编译及修改。历史数据站是为了保存长期的详细的运行资料，它应具备系统和网络管理、数据库管理、历史数据存储及检索功能，在 DCS 的任何操作员站上均能进行历史数据的检索。

人机接口是人机联系的主要手段，对其基本要求是：①一个分散控制系统至少应有两个操作员站，每个操作员站都应是冗余通信总线上一个站，且应有冗余的通信处理模件分别与冗余的通信总线相连。任何显示和控制功能应能在任一操作员站上完成；②LCD 画面应能在 2s 时间内完全显示，所有显示的数据每秒更新一次；③通过键盘、触屏或鼠标等手段发出的任何操作指令，能在 1s 时间内被执行；④工程师站应能调出已定义的系统显示画面；将生成的显示画面和趋势图等，通过通信总线加载到操作员站。还应能通过通信总线调出系统内任一控制站的系统组态信息和有关数据，并将组态数据下载到各分散的控制站和操作员站。

106　分散控制系统应用功能

（1）数据采集（DCS）　连续采集与机组有关的测量信号和设备状态信号，经处理、判断后及时向值班人员提供机组运行的信息，一旦机组发生任何异常工况，应及时报警，实现机组安全经济运行。具有下列功能：

1）LCD 屏幕显示。显示内容及功能参见表 15.6-6。

表 15.6-6　LCD 屏幕显示内容及功能

名称	显示功能
概貌显示	机组运行状态总貌
功能组显示	某一指定功能组的相关信息，包括输入变量、输出值、设定值、报警值

（续）

名称	显示功能
工艺图显示	把工艺系统图划分成若干子系统显示，图上标出不断更新的实时数据，参数越限或工况变化变色或闪光
成组显示	把相关的模拟量、数字量组合在一幅画面上显示
棒状图显示	同一类型的模拟量参数用棒状长短或高低显示
趋势显示	用曲线图方式显示历史数据和实时数据变化趋势
报警显示	把所有报警信息按出现时间的先后顺序显示，不同级别显示用不同颜色，有闭锁虚假信号功能
操作指导显示	帮助运行人员在机组起、停、紧急工况时正确操作的显示

2）制表打印记录。内容及功能参见表 15.6-7。

表 15.6-7　制表打印机记录内容及功能

名称	记录功能
定期记录	交接班记录、日报表、月报表
操作记录	记录所有操作项目及每次操作时间
事故顺序记录（SOE）	自动将重要开关量按跳变的先后顺序记录下来，分辨率不超过 1ms
事故追忆记录	机组跳闸时，将事先指定的某些重要模拟量参数，按跳闸前 10min、以时间间隔 10s 间隔和跳闸后 5min、以时间间隔 1~5s 自动打印出来
操作员记录	按操作员要求随时打印出事先编排好的成组参数
设备运行记录	记录泵、风机等主要设备的累计运行小时数
LCD 画面拷贝	所有 LCD 画面都能如实拷贝（打印）
报警记录	按预先定义的条目记录打印

3）历史数据存储和检索。用于保存长期的运行资料，以便随时检索，对机组性能做长时间的监视和分析。

4）性能计算。主要计算内容有：①锅炉效率；②汽轮机效率；③发电机效率；④经济指标计算，包括发电标准煤耗，供电标准煤耗，凝汽器端差，高、低压加热器效率，流量累计，主要参数偏差分析，耗电率统计等。

（2）模拟量控制系统（MCS）包括机组的协调控制和模拟量控制子系统，参见本篇第 92～94 条。

（3）锅炉炉膛安全监控系统（FSSS）①锅炉炉膛安全保护功能参见本篇第 98 条；②燃烧器控制功能，包括磨煤机及相关风门、挡板的顺序起停控制，点火器和燃烧器的点火/熄火、风箱挡板控制，快速减负荷（RB）时、快速切负荷时（FCB）和主燃料跳闸（MFT）时的燃烧器控制；③连续监视上述保护控制要求的各种运行条件，当任一条件超过安全运行的极限或设备故障时自动报警，切断燃料或自动停炉，并提供首先跳闸原因信息。

（4）顺序控制系统（SCS）实现机组的起、停控制和主要辅机的顺序控制及相应的联锁保护功能，参见本篇第 96 条。

（5）汽机控制系统（DEH）一般由汽轮机厂负责配套供货，通常采用 DCS 硬件，由汽轮机厂提供应用软件实现其控制功能。包括：

1）基本的控制功能：①转速控制：实现汽机采用与其热状态、进汽条件和允许的汽机寿命消耗相适应的最大升速率，自动地实现将汽机从盘车转速逐渐提升到额定转速的控制，它与汽机及其旁路系统的设计相配合，适应汽机带旁路通过中压缸或高、中压缸联合起动的升速方式，并根据不同热状态下的起动升速要求，实现高压调节门和中压调节门之间在并网后的自动切换；②负荷控制：在汽轮发电机并入电网后实现汽轮发电机从带初始负荷到带满负荷的自动控制，并根据电网要求，参与一次调频和二次调频任务；③阀门管理：当汽机具有在不同运行工况下进行切换的两种进汽方式（全周进汽方式和部分进汽方式）时，DEH 可设置对应于这两种进汽方式的调节汽阀阀门管理（选择和切换）功能，并防止在切换过程产生过大的扰动；④阀门试验：为保证发生事故时阀门能可靠关闭，具备对高、中压主汽门及调节门逐个进行在线试验的能力。

2）汽机起停和运行中的监视功能：①连续采集和处理所有与汽轮机组的控制和保护系统有关的测量信号及设备状态信号；②显示、报警功能；③制表记录；④操作指导。

3）超速保护控制（OPC）是一种抑制超速的控制功能，即当汽机转速达到额定转速 103% 时，自动关闭高、中压调节门，直至转速控制可以维持额定转速。

4）热应力计算功能。根据采集的数据和汽机厂提供的计算公式，对汽机的应力进行计算。

5）汽机自起动及负荷自动控制（简称 ATC）功能。具有最少的人工干预，实现将汽机从盘车转速带到同步转速并网，直至带满负荷的能力。

6）主汽压力控制功能。控制调节门开度，以保持主汽压力处于设定值。

（6）旁路控制系统（BPC）

1）控制功能：①机组在冷态、温态、热态和极热态用中压缸或高、中压缸联合起动时，投入旁路系统可控制汽机进汽压力，以适应汽机在各种工况下的起动要求，实现汽机冲转，带初始负荷、切缸直至带满负荷，缩短机组起动时间和减少蒸汽介质损失，减少汽机循环寿命损耗；②旁路控制应能适应机组定压运行和滑压运行两种方式，并配合机组控制实现调节负荷的作用；③当汽机负荷低于锅炉最低不投油稳燃负荷时，通过旁路装置的调节，使机组允许稳定在低负荷状态下运行；④机组减负荷期间，用低压旁路装置调节各种负荷下高/中压缸入口相应的蒸汽压力；⑤当电网或机组故障跳闸甩负荷时，能快速地开启，实现空转或停机及维持锅炉最小负荷运行功能，使机组能随时重新并网恢复正常运行；⑥旁路系统的调节参数如下：高旁压力设定值调节、高旁蒸汽压力调节、高旁阀后蒸汽温度调节、低旁再热蒸汽压力给定调节、低旁阀后蒸汽温度调节。

2）旁路联锁、保护功能：在起动和甩负荷、减负荷时，可保护布置在烟温较高区域的再热器，以防烧坏。当汽机跳闸或发电机甩负荷在旁路装置容量相应的负荷及以上或主油开关跳闸或主汽压力越限时，应视运行工况快速或调节开启高旁。凝汽器真空太低或凝汽器温度太高、低压旁路减温水压力太低、低旁出口温度高于设定值时应快关低压旁路阀。

（7）给水泵汽轮机控制系统（MEH）系统应能以操作人员预先设定的升速率自动地将汽轮机转速自最低转速一直提升到预先设定的目标转速。超过此转速，MEH 系统可接受来自 DCS 的给水控制系统的给水流量需求信号，实现给水泵汽轮机转速的远方自动控制。MEH 系统还具有滑压运行、联锁保护、跳闸试验、阀门试验、自诊断以及系统故障切手动等功能。

6.7　火电厂电气设备的控制与监测

107　电气设备的控制、信号和测量

（1）控制方式和控制设备　控制方式主要有两种：

1）主控制室控制方式：把全厂的主要电气设备集中在单独的控制室进行控制。容量为 100MW 及以下机组的火电厂，一般采用主控制室控制方式。控制的设备和元件有发电机、主变压器、母线分段、电抗器、母线联络、联络线、旁路、35kV 及以上线路、高压厂用电源线、厂用工作与备用变压器（电抗器）、备用励磁机、直流电源和全厂共用的消防水泵。

2）单元（集中）控制室控制方式：把电气设备集中到单元（集中）控制室与锅炉、汽轮机一起进行控制。135MW 及以上单元制机组都采用单元（集中）控制室控制方式。控制的设备和元件有：发电机、发电机变压器组、高压厂用工作和备用变压器或起动/备用变压器、高压厂用电源线、主厂房内的专用备用电源、互为备用的低压厂用变压器以及该单元有必要集中控制的设备和元件。对全厂共用的设备，一般集中在第一单元控制室控制，但在其他单元控制室须有必要的监视信号和调节手段。当主接线比较复杂或配电装置离主厂房较远时，可另设网络控制室。网络部分控制的设备和元件有联络变压器、高压母线设备、110kV 及以上线路、并联电抗器等。这两种控制方式中控制的设备是生产和分配电能的设备，称一次设备。对一次设备进行测量、监视和控制的设备，如测量和保护用的互感器、测量仪表、继电保护和自动装置、控制及信号装置、直流电源等称二次设备。把二次设备按相应的技术要求连接起来构成的二次接线回路，包括交流电压、电流回路，控制、监测、信号、保护、调节等回路是电气自动化的基础。

（2）控制、信号和测量　电气设备的控制、测量和信号有全部采用强电或弱电方式，也有采用强电控制，弱电信号和测量方式。操作方式有全部采用一对一控制，也有对重要设备如发电机、变压器、调相机等采用一对一控制，而部分设备如厂用电馈线等采用选线控制。大型单元机组电气设备主要采用强电一对一控制，用弱电中央信号装置和模拟仪表进行监视。中央信号可直接显示电气设备的工作状态，包括事故信号和预告信号。前者是在发生事故时（如断路器跳闸），能即时发出音响信号及相应的位置指示灯光信号；后者是在发生故障时（如变压器过负荷、母线接地），能瞬时发出预告音响，并在光字牌上显示故障性质。测量有常测与选测之别，对主要设备多采用常测方式监视。

大型电厂电气设备普遍采用计算机进行监测，其主要检测监视的开关量和模拟量项目见表 15.6-8~ 表 15.6-15。

表 15.6-8　发电机变压器组的模拟量和开关量

量别	信号来源处	测点
模拟量	发电机	定子 A 相电压、B 相电压、C 相电压，A 相电流、B 相电流、C 相电流，温度、频率、功率因数、有功功率、无功功率（可计算获得）
	励磁系统	励磁电压、励磁电流、主励磁机励磁电流
	主变压器	油温度、绕组或铁心温度
	系统电网	频率、高压母线电压
脉冲量	发电机	有功电能、无功电能
开关量	主变压器高压侧	断路器（当为一个半断路器接线时，包括该串的三台断路器）跳和合闸、母线隔离开关（当为一个半断路器接线时，可不考虑）跳和合闸、变压器中性点接地隔离开关
	励磁系统	灭磁开关、整流器交流侧或直流侧开关、调节器交流侧或直流侧开关
	断路器	油压低闭锁合闸回路触点，油压低闭锁跳闸回路触点
	继电保护	差动、瓦斯、速断、匝间保护、励磁回路两点接地保护、阻抗保护等分析信号触点

表 15.6-9 高压厂用电源的模拟量与开关量

安装单位	量别	信号来源处	测点
高压厂用变压器	模拟量	高压侧	有功功率、电流
		低压侧	进线电流、母线电压
		变压器	电流、油温度、绕组或铁心温度
	开关量	低压侧	各分支断路器
		继电保护	差动、电流速断、瓦斯、低压侧过电流、单相接地、低压侧分支差动信号触点
	脉冲量	高压侧	有功电度、无功电度
高压起动/备用变压器	模拟量	高压侧	有功功率、电流
		低压侧	进线电流、母线电压
		变压器	电流、油温度、绕组或铁心温度
	开关量	高压侧	断路器、双母线隔离开关、变压器中性点接地隔离开关（永久接地的可不考虑）、快切
		低压侧	各分支断路器
		继电保护	差动、电流速断、瓦斯、高压侧过电流、单相接地、零序电流、低压分支过电流等保护的信号触点
6kV 或 10kV 厂用母线电压互感器	模拟量	6kV 或 10kV 厂用母线电压互感器	电压
	开关量	电压互感器二次回路有关信号继电器触点	接地、电压回路断线、保护回路断线、低电压保护动作

表 15.6-10 低压厂用电源的模拟量与开关量

安装单位	量别	信号来源处	测点
低压厂用工作/备用变压器	模拟量	高压侧	电流
		低压侧	各分支电流、母线电压
	开关量	高压侧	断路器
		低压侧	各分支断路器
		继电保护	差动、电流速断、瓦斯、过电流、单相接地、低电压、温度、高压侧过电流、变压器零序过电流等保护的分析信号触点
380V 厂用母线电压互感器	模拟量	380V 厂用母线电压互感器	电压
	开关量	电压互感器二次回路有关信号继电器触点	电压回路断线、保护回路断线、接地（当需要时），低电压保护动作

表 15.6-11　重要电动机的模拟量与开关量

安装单位	量别	信号来源处	测点
高压厂用电动机	模拟量	开关柜	电流
	开关量	开关柜	断路器、保护动作、控制电源消失、控制回路故障
		继电保护	差动保护（2MW 及以上）或电流速断保护、过电流、过负荷、单相接地保护、低电压、负序保护、断相保护
	脉冲量	主要电动机	电度
低压厂用电动机	模拟量	开关柜	电流
	开关量	开关柜	断路器、保护动作、控制电源消失、控制回路故障
		继电保护	相间短路保护、单相接地短路保护、过负荷保护、低电压保护、断相保护

表 15.6-12　直流系统的主要模拟量与开关量

量别	测点
模拟量	母线电压、浮充电装置输出电流
开关量	浮充电装置直流侧开关、接地、电压高、电压低、浮充电装置事故跳闸、馈线

表 15.6-13　保安电源的主要模拟量与开关量[35]

安装单位	量别	测点
保安 PC	模拟量	电流
	开关量	进线断路器、馈线断路器、断线、PT 失压、PT 直流电源消失

表 15.6-14　柴油发电机的主要模拟量与开关量[35]

安装单位	量别	测点
柴油发电机	模拟量	电流、电压、频率、有功功率
	开关量	保护动作、机组异常、油压低
		差动、过电流、单相接地保护

表 15.6-15　UPS 的主要模拟量与开关量[35]

安装单位	量别	测点
UPS	模拟量	输出电压、频率、电流
	开关量	断路器、馈线、直流输入状态、逆变器/旁路故障

108　用 DCS 实现电气控制的技术要求　基本要求为：

1）采用 DCS 对锅炉、汽轮机及辅助系统进行监控的机组，应将发电机变压器组及厂用高、低压电源系统的开关设备等纳入 DCS，实现集中监视与控制。但发电机励磁系统自动电压调整器、自动同期装置、继电保护、故障录波和厂用电源自动切换装置，宜采用技术成熟的专用装置。

2）两台机组的公用设备宜分别在两套 DCS 中进行监控，厂用电源顺控逻辑设计应确保任何时候仅有一台机组的 DCS 能发出有效指令；应避免因公用系统将两台机组的 DCS 网络直接耦合。

3）由继电保护和安全自动装置发出的"断""合"发电机-变压器组、厂用电源及辅助电动机断路器的信号应独立于 DCS 的控制输出回路，另由强电控制回路控制。

4）DCS 的监控范围可包括：发电机、主变压器；发变组或发变线路组；发电机励磁系统；厂用高压电源、包括单元变压器和起动/备用或公用/备用变压器；单元低压变压器；柴油发电机的程序起/停命令；消防水泵程序起动命令；对于辅助车间的程控可留有与 DCS 的接口；以及单元机组直流和交流不停电电源的监测。

6.8　厂级监控信息系统（SIS）和厂级管理信息系统（MIS）

109　系统功能和系统配置

（1）厂级监控信息系统　SIS 是生产管理的监控平台。

1）功能：通过接口计算机采集及处理实时监控系统的过程参数，使过程参数可视化、透明化，并对数据进行管理；完成负荷分配调度、厂级性能计算和分析、主机和主要辅机故障诊断、设备寿命计算和分析、设备状态（泄漏、磨损等）检测和计算分析等功能，并向电厂管理信息系统（MIS）提供过程数据和计算、分析结果。

2）系统配置：主要包括硬件和软件两部分，由网络上的实时信息数据库服务器、核心交换机、各功能服务器、与控制系统相连的网络接口设备、防火墙，以及网络上的客户机构成。其系统网络配置见图15.6-4。

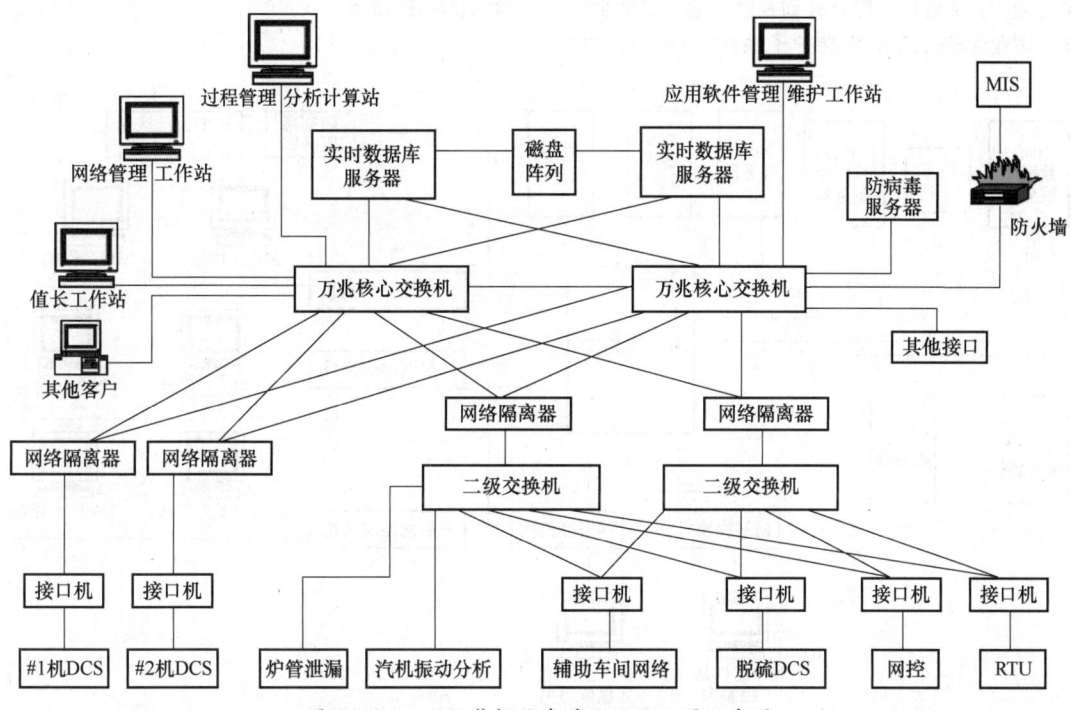

图 15.6-4　厂级监控信息系统网络配置示意图

图 15.6-4 中的核心是实时信息数据库及完成 1）中所述各功能软件包、核心交换机。实时数据库服务器应以标准的 C/S（客户/服务器）或 B/S（浏览器/服务器）结构型式向各功能站和客户机提供所需的实时数据和计算分析结果，应具有良好的可靠性和安全性，并具有处理大量并发数据的能力。核心交换机是网络的主干，是全厂网络数据流及多媒体信息流交换的枢纽，多采用万兆以太网，以保证主干网的高速性，主干网的通信介质和各控制系统到主干网的连接采用光纤，各功能站和网络的连接采用光纤或屏蔽双绞线或五类双绞线。SIS 的硬件和软件平台多采用国际标准的第三方产品，满足大容量通信负荷的要求，强调的是开放性和大容量，网络构成多为以太网或其他开放性网络。因此 SIS 直接与实时控制系统相连应保证网络的安全性，即与下层控制网络的接口均应定义为单向传输，任何情况下不会影响 DCS/PLC 等下层控制网络的安全性，且其可靠性在受控范围内；在 SIS 与 MIS、电网调度之间，亦应提供软硬件防火墙，保

证黑客或病毒不能从 MIS 进入 SIS。SIS 配置既要注意通用性和开放性，又要考虑特殊性，应重视软件的二次开发，软件模块应完全支持和兼容微软的体系结构，并具有良好的透明度和二次开发能力；应根据工程实际情况，按照长远规划，分步实施的原则进行系统配置，应和电厂的运行、管理相协调，既要满足功能要求，又要避免浪费投资和今后功能扩展时的重复投资。

（2）厂级管理信息系统　MIS 是以生产、经营为核心的基于 SIS 实时数据和生产管理数据的一个相对独立的系统。目的是充分调动一切信息技术手段，及时准确全面地为电厂内部各级人员和网、局以及政府机关有关人员提供各自所需的信息。它由经营管理系统、设备管理系统、生产管理系统、办公自动化系统和系统维护子系统组成。

1）各个应用系统的组成和功能包括：①经营管理系统，包括动态成本管理、电价管理、竞价参考方案管理、经营计划管理、电子商务管理；②设备管理系统，包括设备基础管理、设备缺陷管理、

工作票管理、设备检修管理、地理信息管理、设备可靠性管理、备品备件管理；③生产管理系统，包括运行管理、安全监察管理、生产技术管理、计划统计管理、燃料管理、物资管理、环保管理；④办公自动化系统，包括档案管理、财务管理、劳动人事管理、公文管理、综合查询及电子通信、党群管理、物业管理；⑤系统维护子系统，包括代码维护、权限控制、安全防护、备份与恢复等。

2）系统配置：包括软件和硬件，软件即完成上述功能的软件包及数据库，硬件包括各种关系数据库服务器、万兆以太网交换机、各功能服务器及工作站、终端显示器等。厂级管理信息系统网络结构示意见图 15.6-5。

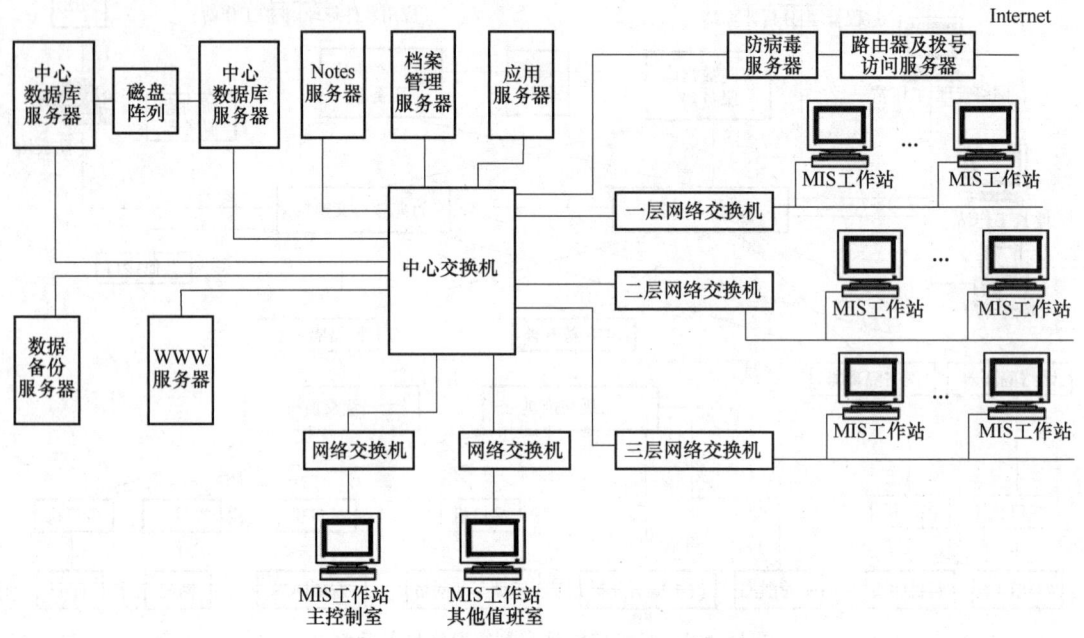

图 15.6-5　厂级管理信息系统网络结构示意图

第7章 机组起动和运行

7.1 机组的起动和停运

110 整套机组的起动方式

（1）机组起动前状态的分类[8] 通常按汽轮机起动时的热状态分类，典型的分类准则是按汽轮机不同部件金属冷却到的温度，也按上次运行后的停机时间长短来分类。起动前汽轮机典型状态可分为冷态、温态、热态和极热态四种情况，见表15.7-1。

（2）整套机组起动方式 机组整套起动方式及其特点，见表15.7-2。

表 15.7-1 起动前机组典型状态分类[8]

分级依据	冷态	温态	热态	极热态
停机时间	大于72h	10~72h	1~10h	小于1h
汽轮机调节级处下缸金属温度约为其满负荷摄氏温度的比例	小于40%	40%~80%	大于80%	等于或接近其满负荷温度

表 15.7-2 机组整套起动方式及其特点[24,42,43]

分类法	起动方式	主要特点	适用机组
按新蒸汽参数分类	滑参数起动	1）在锅炉点火后，蒸汽升压升温过程中，利用低参数蒸汽进行暖管暖机，并随着蒸汽参数的升高逐步提高机组的转速，发电机并网后逐步增加负荷； 2）汽轮机暖管、暖机与锅炉升压、升温过程同时进行，与额定参数起动方式比较，可提前并网带负荷，但定速时缸温不高，需在低负荷下进行暖机	1）单元机组； 2）切换母管制系统的机组，起动时要将起动机炉切换成独立单元； 3）对非中间再热机组，应配置主汽阀前接至凝汽器的凝疏管，其上装有减压减温器
	额定参数起动	1）整个起动过程中，汽轮机主汽阀前的蒸汽参数保持为额定值； 2）新蒸汽与汽缸、转子等金属部件的温差大，需用很小的进汽量来保证机组不产生过大的热应力和热变形，升速、暖机的时间长，并网时间较迟； 3）起动过程中损失大量燃料和工质，降低了电厂的经济性	母管制机组
按高、中压缸进汽情况分类	高、中压缸起动	起动时，高、中压缸同时进汽，冲动转子，升速，带负荷	国内多数300MW级及以上容量汽轮机

（续）

分类法	起动方式	主要特点	适用机组
按高、中压缸进汽情况分类	中压缸起动	1）起动时，高压缸不进汽，新蒸汽经一级旁路和再热器进入中压缸，冲动转子，升速、带负荷。当达到某一转速或负荷后，高压缸再进汽； 2）在高压缸进汽前，利用蒸汽倒流经过高压缸，预热高压缸。预热方法有回流法与抽真空法两种； 3）起动初期，仅中压缸进汽，进汽量较大，有利于中压缸均匀加热和中压转子度过低温脆性转变温度，减小升速过程的摩擦鼓风损失，降低排汽温度； 4）起动及低负荷时，高压缸处于真空状态，可以防止下列不利情况，减少热冲击：①避免常规的高压缸起动方式时因流量小，鼓风效应大所引起的高压缸过热现象；②当汽轮机采用部分进汽结构时，可避免一级高压隔板热应力过高； 5）起动过程中热应力小，缩短冲转至带负荷的起动时间； 6）可以在低负荷下运行，不受时间限制（包括电力系统故障时可以单独带厂用电运行）	采用 Alsthom 公司技术 330MW 汽轮机，采用日立公司技术的 600MW 机组
	高压缸起动为主中压缸起动为辅	冷态时，为高中压缸进汽、主汽阀起动；热态时（带旁路），可用中压缸进汽起动。该起动模式采用较少	采用原美国西屋电气公司技术的 300MW 机组

111　机组起停程序　火力发电机组在起动和停运过程中，温度急剧变化，为避免产生过大的热应力，造成变形、裂纹、泄漏、烧毁以至爆炸等事故，需要有合理的起动、停运操作程序和起停曲线。单元机组典型的起动曲线见图 15.7-1。整套机组起动停运操作程序框图见图 15.7-2。下列为锅炉和汽轮发电机组起停注意事项：

1）起动前准备好燃料、化学处理过的给水、冷却水以及除盐凝结水；检查各系统、设备、仪表是否完好；并特别注意用通风清扫去除炉内未燃尽的燃料，吹扫风量应大于额定风量的 25%～30%，吹扫时间大于等于 5min。

2）起动时要控制炉水温度上升率，通常自然循环锅炉为 45～55℃/h，强制循环锅炉为 110℃/h，直流锅炉为 220℃/h，要限制汽包内、外及上、下壁温差小于 40℃；保持汽包基准水位；控制主蒸汽疏水，以防汽包炉过热器等设备烧坏，过热器和再热器的保护可通过旁路系统来实现，无旁路的锅炉，通过排汽量来保护受热面。

3）对汽包锅炉的起动，维持汽包水位至关重要。升压期间给水流量小，汽包水位易波动，应加强水位监视，待锅炉送汽带负荷水位稳定后，再投入给水自动调节。

4）点火中应注意保持燃油温度及点火油枪的雾化情况，并适时投入预热器的吹灰器，以防止预热器积油引起烧预热器事故。

5）直流锅炉起动过程中要进行较长时间的冷热态清洗，通常分为排放冲洗和循环冲洗两个阶段。当凝结水及除氧器出水铁含量为未达到制造厂要求时采用排放冲洗方式，达到要求后采用循环冲洗方式。超临界直流锅炉对水质的控制要求比亚临界机组更加严格。

6）直流锅炉的起停过程中应进行水、热量回收，其运行方式取决于锅炉起动系统的类型和特点。主要分为设置起动循环泵系统和不设置循环泵系统两种方式，分别见图 15.7-3、图 15.7-4。设置起动循环泵系统在起动时利用了起动疏水的热量，热效率高；不设置循环泵系统介质排入了冷凝器，在起停时热量有一定的损失，热效率低。

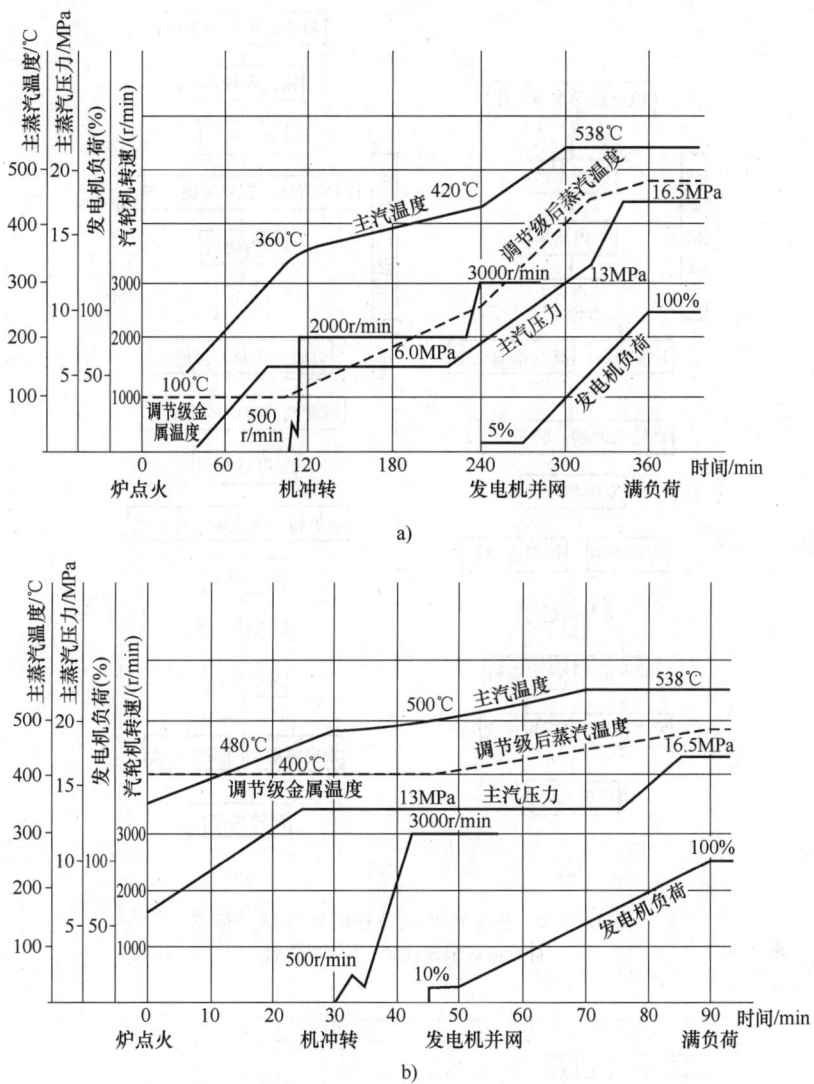

图 15.7-1　300MW 机组起动曲线

a）冷态起动曲线　b）热态起动曲线

7）控制循环锅炉利用炉水循环泵建立水循环，并采用环形夹层汽包结构，可保证汽包上、下壁温同步上升，锅炉起动速度不受汽包壁温差的制约。点火时要起动两台循环泵，正常起动时的炉水温升速度为 93℃/h，快速起动时每 15min 达到 65.6℃。为了避免下降管中产生蒸汽，在炉水达到 121℃ 以前维持两台泵运行。当汽包压力达到一定值时，可起动第三台循环泵，为调节负荷提供更大的灵活性和安全性。炉水循环泵起动前，必须通过高压充水和清洗水系统向炉水泵注满水并完全排气。泵投运期间或炉水温度≥93.3℃ 时，必须投入泵的电动机冷却系统，热态起动前应进行暖泵操作。

8）汽轮机起动前要连续盘车；凝汽器要抽真空，达到 40~50kPa；并向轴承供油，向汽封供汽。

9）汽轮机起动时要检查有无摩擦；检查真空、油压、油温、胀差、汽压、汽温、疏水；注意机组偏心和振动。

10）冲转时，主蒸汽至少有 50℃ 的过热度，蒸汽与汽缸金属温差在-30~+55℃，控制汽缸金属温升率 2.0~2.5℃/min，温降率 1.0~1.5℃/min，超过时应稳定转速或负荷，延长暖机时间。

11）发电机组并网时要注意频率、相位、电压的一致；当采用氢冷系统时，控制氢气温度不超过规定值。

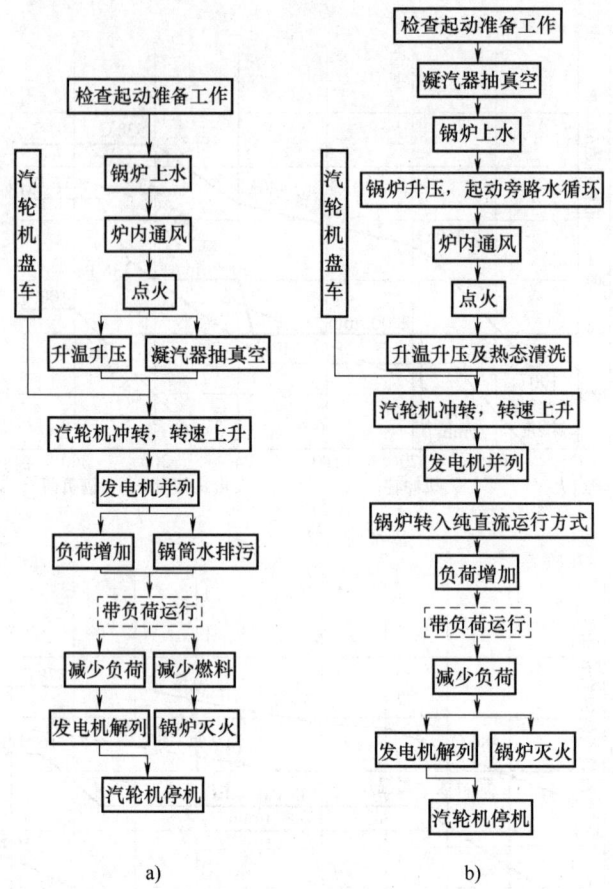

a)　　　　　　　b)

图 15.7-2　整套机组起动停运操作程序框图

a) 自然循环锅筒锅炉　b) 直流锅炉

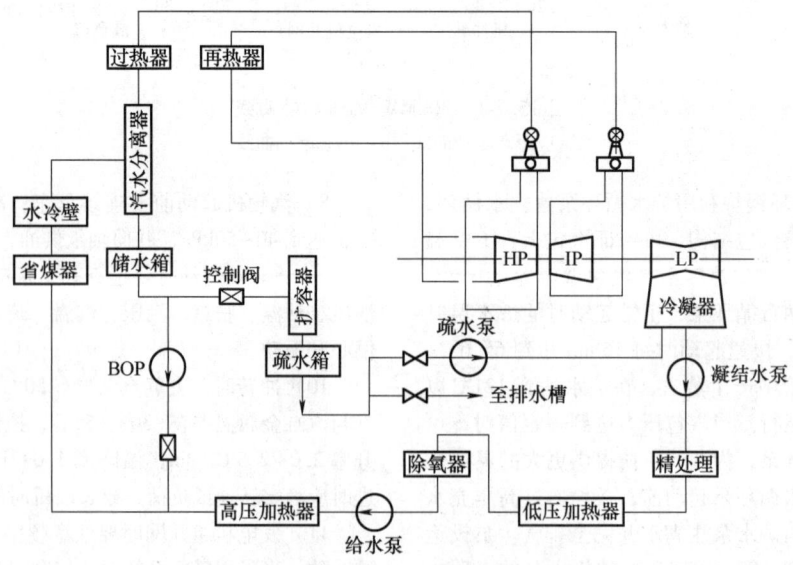

图 15.7-3　带起动循环泵（并联）的起动系统

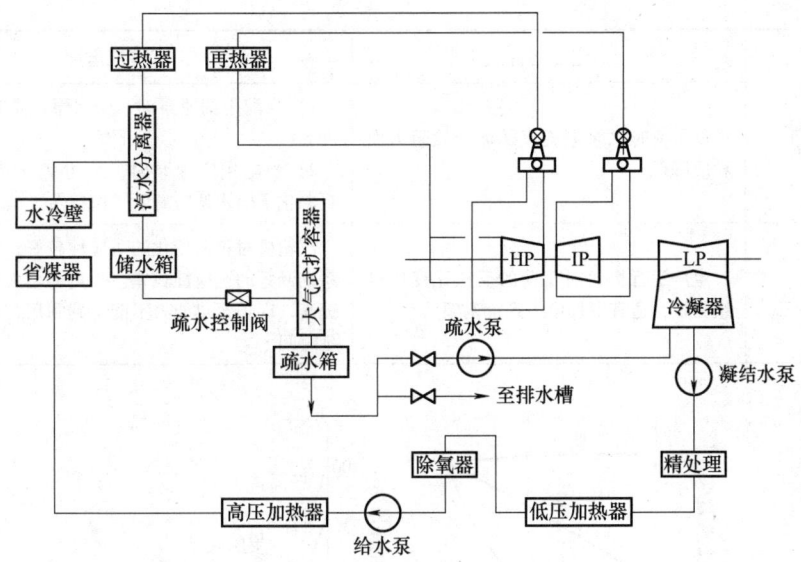

图 15.7-4　不带起动循环泵的扩容型（大气式）系统

12）停运时要注意锅炉灭火时的通风，注意汽机蒸汽及金属壁温差，金属温度变化，并盘车到冷却为止；注意发电机功率因数和电压变化，不使转子温度急剧下降。

13）滑参数停机时应控制汽缸法兰内外壁温差在 80℃ 以内，严禁螺栓温度大于法兰外壁温度，法兰外壁温度大于汽缸温度；直至汽缸温度小于 250℃ 停盘车。

7.2　机组运行方式

112　定压运行和变压运行[8]　定压运行是指机组的主蒸汽压力基本保持在额定值，依靠改变汽轮机调节汽阀开度来调整负荷的运行方式。变压运行又称滑压运行，指汽轮机在不同负荷工况运行时，调节汽阀保持全开，负荷变动通过主蒸汽压力的改变来实现的运行方式。变压运行中，当机组电负荷变动时，锅炉的燃烧系统和给水系统将按负荷需要改变锅炉出口主蒸汽压力，同时改变蒸汽流量。定压运行与变压运行的比较见表 15.7-3。变压运行模式的特点见表 15.7-4。

表 15.7-3　变压运行与定压运行特点比较

项目	定压运行	变压运行
锅炉出口汽温	负荷降低时燃烧率降低，过热器流量减少，锅炉出口汽温随负荷趋于降低	负荷降低时压力相应降低，过热器需要的吸热量减少，流经过热器的蒸汽容积流量基本不变，锅炉出口汽温可在很宽负荷范围内保持不变
汽轮机高温部件工作条件	负荷变化时，高温部件温度变化大，热应力和热变形较大。尤其喷嘴调节定压运行机组，变工况时调节级处容易产生较大的热应力，限制了机组调负荷和起停机的速度，见图 15.7-5a	负荷变化时，高压缸各级汽温几乎不变，且为全周进汽，温度分布均匀，基本无附加热应力，允许提高调负荷速度，缩短起动时间
热效率	低负荷时汽轮机调节阀处于半开状态，调节级前后压比变化大，汽轮机内效率降低	1）汽轮机调节阀始终处于全开状态，节流损失小，因蒸汽容积流量基本不变，汽轮机偏离设计工况小，可保持较高内效率，见图 15.7-5b； 2）主蒸汽压力随负荷下降，循环热效率下降

（续）

项目	定压运行	变压运行
给水泵耗功	低负荷时水泵电耗仅随流量及阻力而相应降低	1）当配用调速泵时，给水泵低负荷电耗降低幅度大； 2）当配用定速泵时，泵功率与定压运行相同，且恶化了给水调节阀的工作条件
对负荷变化的适应性	定压运行机组对负荷的反应比变压机组为快，适宜参加电力系统调频	汽轮机对负荷变化的适应性较好，但机组对电力系统调频的适应性较差。当负荷增大时，压力相应提高，锅炉蓄热能力不能得到利用，增加了调频迟延时间

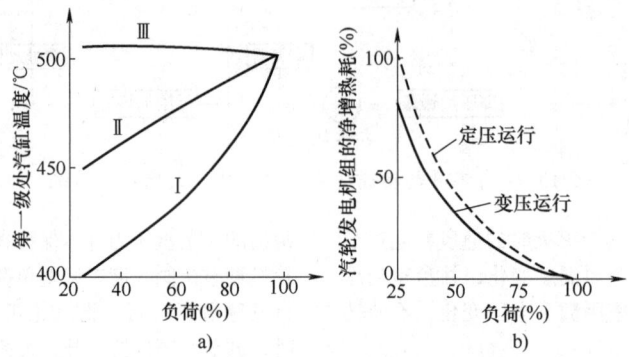

图 15.7-5　定压运行与变压运行的比较

a）高压缸第一级处汽缸温度　b）全周进汽变压运行与定压运行热耗比较

Ⅰ—定压运行喷嘴调节　Ⅱ—定压运行节流调节　Ⅲ—变压运行全周进汽

表 15.7-4　汽轮机几种变压运行模式的特点[24]

模式	特点
纯变压运行	1）整个负荷变化范围内，所有调速汽阀全开，利用锅炉汽压变化来适应负荷变化； 2）汽轮机负荷变化速度取决于锅炉，变压运行汽轮机的负荷变化率对燃煤锅炉每分钟可达 5%～8%MCR，对燃油或燃气锅炉每分钟可达 8%～12%MCR，一般尚能满足负荷变化要求，但由于锅炉热惯性大，对负荷响应能力差，响应最快的燃油锅炉滞后约 40s，燃煤锅炉更长，不能满足电力系统一次调频需要，一般很少采用
节流变压运行	1）正常运行时调速汽阀不全开，对主蒸汽保持 5%～15% 的节流。当电力系统频率突然下降时，可全开调速汽阀，利用锅炉蓄能达到快速增加负荷的目的，当锅炉出力和压力增高后调速汽阀再恢复原位； 2）调速汽阀经常有一定节流，影响到机组运行的经济性
复合变压运行	1）变-定复合模式，即低负荷时变压运行，高负荷时定压运行，通常以 85%～90%MCR 为分界。该模式具有低负荷区变压运行的优点，又保证单元机组在高负荷区的调频能力； 2）定-变复合模式，即低负荷时定压运行，高负荷时变压运行。该模式在低负荷时可保持较低的压力水平，有利于锅炉燃烧稳定，当负荷增大时，逐渐开大调速汽阀，当阀门全部开启后，靠锅炉提升压力带负荷； 3）定-变-定复合模式，即高负荷（约 100%～85%MCR）区域保持定压运行，用增减喷嘴来调负荷；在中间负荷（约 85%～30%MCR）区域全开部分调节阀进行变压运行；在低负荷（约 30%MCR以下）区域采用低压力的定压运行。该模式在高负荷时满足调频需要，中间负荷时有较高的热效率

113　汽轮发电机组的运行方式

1）汽轮发电机组的调峰运行模式见表 15.7-5。

表 15.7-5　调峰运行的方式

运行方式	特点	注意事项
低负荷调峰方式	1）可采用定压运行或变压运行； 2）运行负荷下限取决于锅炉，汽轮机负荷不低于 25% 时能确保安全运行	1）高、中压合缸机组的一、二次蒸汽温度差随负荷降低而增大，易导致高、中压缸进汽相邻处热应力增大，需在锅炉侧采取措施，调高再热汽温，降低主汽温度； 2）定压运行除氧器的热力系统需注意防止低负荷切换抽汽汽源时产生疏水不畅和汽蚀问题； 3）低负荷时机组效率明显下降
	当锅炉不采用助燃油稳燃时，调峰幅度如下：①对于带基本负荷的机组，一般为 50%；②经机组宽负荷改造后的机组，可达 70%；③调峰能力较好的机组，负荷变动率为 2%~3%/min	
两班制调峰方式	1）早晨高峰负荷时开机，夜间低谷负荷时停机，调峰幅度可达 100%； 2）机组需适应起动频繁、起停时间短（从点火到带满负荷时间约 1.5~2h）、操作简便、热损失小等要求； 3）调峰机组的汽轮机主要构件应适应温度的快速变化； 4）两班制热态起动时的缸温较高，对冲转参数有一定要求，机组所配旁路系统容量宜为 30%~55%，对非中间再热机组，也要求设置有一定通流能力的二级减温的凝结水疏水系统； 5）调峰机动性能较差	原设计带基本负荷的机组，采用两班制调峰方式须采取下列措施： 1）有计划地安排每台机组的调峰，核算其原寿命消耗，合理分配每年的寿命消耗，并采取加装转子在线寿命监测装置等措施，为确定机组寿命消耗提供依据； 2）采用定-滑-定停机方式，控制调节级蒸汽温降速度为 1~1.5℃/min，对母管制电厂宜采用额定参数停机方式； 3）对于通流部分轴向间隙较小的机组，在走停中负胀差问题比较突出，操作时宜采取缩短空载时间，适当提高高压轴封起动蒸汽温度，采滑压不滑温停机方式等措施； 4）为减轻每日起停导致锅炉汽包、联箱金属的低周疲劳，除起停时严格控制压力变化率外，还可采用改进汽包进水方式（将给水改引入大直径下降管），在给水系统中加装辅助汽源，热态起动时投入一台高压加热器提高水温等措施； 5）调峰机组因负荷变化急剧，易使炉水中的浓缩硅汽被携出，导致过热器及汽轮机叶片的结垢，应考虑设置停机充氮密封，起动时给水加联胺、加凝结水精处理等防腐措施； 6）为预防除氧器、高压加热器等产生裂纹，在停机期间可采取利用水箱加热系统保持较高水温，并让少量给水通过高压加热器返回除氧器等措施
少蒸汽无负荷运行方式	1）调峰幅度可达 100%； 2）起动时省去了抽真空、冲转、升速、并网等操作，且汽轮机温度水平较高，可较快地带上负荷，机动性优于两班制	1）参见表 15.7-6"调相运行方式"； 2）在再热机组上实施比较复杂

2）汽轮发电机组几种特殊运行方式见表 15.7-6。

表 15.7-6　汽轮发电机组非常规运行方式

运行方式	简述
带厂用电运行方式	1）带厂用电运行方式有 FCB 方式（Fast Cut Back，机组解列后自动切换到带厂用电运行，并控制所有输入量以适应新工况，待电力系统事故消除后再重新并网迅速恢复正常运行）和剩余蒸汽旁路带厂用电运行等方式。采用带厂用电运行方式时，一旦事故消除或负荷需要恢复并网运行，重新起动的时间大为缩短，而且不必自电力系统反送机组起动用电； 2）由于锅炉最低稳燃负荷蒸发量大于汽轮机的空载耗汽量，机组旁路系统选型和容量应能满足带厂用电运行时剩余蒸汽排放、再热器保护和稳定燃烧等要求； 3）机组甩负荷后带厂用电的工况属特殊运行方式，对汽轮机的寿命损耗影响很大，应根据制造厂家规定控制机组甩负荷带厂用电运行的时间

（续）

运行方式	简述
调相运行方式	1）调相运行方式是发电机并在电力系统上，汽轮机的主汽阀和调节阀全部关闭，发电机带动汽轮机空转向电力系统输出无功功率，作调相运行，同时从电力系统中吸取少量有功功率，用以克服汽轮机和发电机的机械损耗和鼓风损耗。为了冷却汽轮机的通流部分（汽轮机的无蒸汽运行工况，一般限制为4min），须向汽轮机供给少量低参数蒸汽，因此，又称为少蒸汽无负荷运行方式； 2）调相运行工况下，汽轮机处于高度机动性的备用状态，可作为一种调峰手段。这种方式是在夜间电力系统负荷低谷时将机组负荷减到零，但不解列，作调相运行，到日间电力系统负荷走出低谷后，再带负荷，转为发电机方式运行 机组调相运行方式在汽轮机方面的关键如下： 1）确定合适的供汽点、冷却蒸汽量与参数。少汽无负荷运行时，冷却蒸汽一般是由邻机抽汽、从本机的相应抽汽口送入，抽取点和送入口可以不止一个，即冷却蒸汽参数不一定是一种，视机组的容量而定。对单缸凝汽式汽轮机，所需冷却蒸汽量大约为空负荷时蒸汽量的20%； 2）转为发电工况时要有足够的主汽温度，使调节级和其他各级温度不致陡降； 3）汽轮机少汽无负荷运行时，整个汽缸都处于真空状态，为了避免抽气器严重过负荷，必须加强汽轮机的密封； 4）维持较高的凝汽器真空度。在同样冷却汽量下，提高真空既可维持较低的排汽温度（一般要求≤80℃），又可减少从电力系统吸取的功率。为减少电耗，可将两台机组的凝结水泵和循环水系统互相连接起来

第8章 环境保护

8.1 环境质量标准和排放标准

114 空气质量标准和排放标准 火电厂所排放的污染物对当地环境的影响应符合国家环境质量标准，其排出口应执行国家或地方排放标准。

（1）空气环境质量标准 空气污染物的浓度限值见表15.8-1。

表 15.8-1 空气污染物的浓度限值[44]

污染物项目	平均时间	浓度限值		单位
		一级	二级	
二氧化硫（SO₂）	年平均	20	60	μg/m³
	24h 平均	50	150	
	1h 平均	150	500	
二氧化氮（NO₂）	年平均	40	40	
	24h 平均	80	80	
	1h 平均	200	200	
一氧化碳（CO）	24h 平均	4	4	mg/m³
	1h 平均	10	10	
臭氧（O₃）	日最大 8h 平均	100	160	μg/m³
	1h 平均	160	200	
颗粒物（粒径小于等于 10μm）	年平均	40	70	
	24h 平均	50	150	
颗粒物（粒径小于等于 2.5μm）	年平均	15	35	
	24h 平均	35	75	
总悬浮颗粒物（TSP）	年平均	80	200	
	24h 平均	120	300	
氮氧化物（NOₓ）	年平均	50	50	
	24h 平均	100	100	
	1h 平均	250	250	
铅（Pb）	年平均	0.5	0.5	
	季平均	1	1	
苯并［a］芘（BaP）	年平均	0.001	0.001	
	24h 平均	0.002 5	0.002 5	

环境空气功能区分为两类：一类区为自然保护区、风景名胜区和其他需要特殊保护的区域；二类区为居住区、商业交通居民混合区、文化区、工业区和农村地区。一类区适用一级浓度限值，二类区适用二级浓度限值。

（2）大气排放标准[45]　最高允许烟尘排放浓度见表 15.8-2。重点地区的火力发电锅炉及燃气轮机组执行表 15.8-3 规定的大气污染物特别排放限值，执行大气污染物特别排放限值的具体地域范围、实施时间，由国务院环境保护行政主管部门规定。火电厂大气污染物浓度测定方法标准见表 15.8-5。

表 15.8-2　火力发电锅炉烟尘最高允许排放浓度

燃料和热能转化设施类型	污染物项目	适用条件	限值	污染物排放监控位置
燃煤锅炉	烟尘	全部	30	烟囱或烟道
	二氧化硫	新建锅炉	100 200①	
		现有锅炉	200 400①	
	氮氧化物（以 NO_2 计）	全部	100 200②	
	汞及其化合物	全部	0.03	
以油为燃料的锅炉或燃气轮机组	烟尘	全部	30	
	二氧化硫	新建锅炉及燃气轮机组	100	
		现有锅炉及燃气轮机组	200	
	氮氧化物（以 NO_2 计）	新建燃油锅炉	100	
		现有燃油锅炉	200	
		燃气轮机组	120	
以气体为燃料的锅炉或燃气轮机组	烟尘	天然气锅炉及燃气轮机组	5	
		其他气体燃料锅炉及燃气轮机组	10	
	二氧化硫	天然气锅炉及燃气轮机组	35	
		其他气体燃料锅炉及燃气轮机组	100	
	氮氧化物（以 NO_2 计）	天然气锅炉	100	
		其他气体燃料锅炉	200	
		天然气燃气轮机组	50	
		其他气体燃料燃气轮机组	120	
燃煤锅炉，以油、气体为燃料的锅炉或燃气轮机组	烟气黑度（林格曼黑度，级）	全部	1	烟囱排放口

① 位于广西壮族自治区、重庆市、四川省和贵州省的火力发电锅炉执行该限值。

② 采用 W 型火焰炉膛的火力发电锅炉，现有循环流化床火力发电锅炉，以及 2003 年 12 月 31 日前建成投产或通过建设项目环境影响报告书审批的火力发电锅炉执行该限值。

表 15.8-3 火电厂大气污染物特别排放限值

燃料和热能转化设施类型	污染物项目	适用条件	限值	污染物排放监控位置
燃煤锅炉	烟尘	全部	20	烟囱或烟道
	二氧化硫	全部	50	
	氮氧化物（以 NO_2 计）	全部	100	
	汞及其化合物	全部	0.03	
以油为燃料的锅炉或燃气轮机组	烟尘	全部	20	
	二氧化硫	全部	50	
	氮氧化物（以 NO_2 计）	燃油锅炉	100	
		燃气轮机组	120	
以气体为燃料的锅炉或燃气轮机组	烟尘	全部	5	
	二氧化硫	全部	35	
	氮氧化物（以 NO_2 计）	燃气锅炉	100	
		燃气轮机组	50	
燃煤锅炉，以油、气体为燃料的锅炉或燃气轮机组	烟气黑度（林格曼黑度，级）	全部	1	烟囱排放口

不同的热能转化设施计算大气污染物排放浓度的基准氧含量，见表 15.8-4。

表 15.8-4 火电厂大气污染物排放基准氧含量

热能转化设施类型	基准氧（O_2）含量（%）
燃煤锅炉	6
燃油锅炉及燃气锅炉	3
燃气轮机组	15

基准氧含量排放浓度的计算见下式：

$$c = c' \times \frac{21 - O_2}{21 - O_2'}$$

式中 c——大气污染物基准氧含量排放浓度（mg/m³）；

c'——实测的大气污染物排放浓度（mg/m³）；

O_2'——实测的氧含量（%）；

O_2——基准氧含量（%）。

表 15.8-5 火电厂大气污染物浓度测定方法标准

污染物项目	方法标准名称	方法标准编号
烟尘	固定污染源排气中颗粒物测定与气态污染物采样方法	GB/T 16157—1996
烟气黑度	固定污染源排放 烟气黑度的测定 林格曼烟气黑度图法	HJ/T 398—2007
二氧化硫	固定污染源排气中二氧化硫的测定 碘量法	HJ/T 56—2000
	固定污染源废气 二氧化硫的测定 定电位电解法	HJ/T 57—2017
	固定污染源废气 二氧化硫的测定 非分散红外吸收法	HJ 629—2011
氮氧化物	固定污染源排气中氮氧化物的测定 紫外分光光度法	HJ/T 42—1999
	固定污染源排气中氮氧化物的测定 盐酸萘乙二胺分光光度法	HJ/T 43—1999
汞及其化合物	固定污染源废气 汞的测定 冷原子吸收分光光度法	HJ 543—2009

115 噪声和振动标准 环境噪声限值见表 15.8-6，各类厂界噪声标准见表 15.8-7，城市各类区域铅垂向 Z 振级标准值见表 15.8-8。

环境噪声限值按区域的使用功能特点和环境质

量要求，声环境功能区分为以下五种类型：

0 类声环境功能区：指康复疗养区等特别需要安静的区域。

1 类声环境功能区：指以居民住宅、医疗卫生、文化教育、科研设计、行政办公为主要功能，需要保持安静的区域。

2 类和环境功能区：指以商业金融、集市贸易为主要功能，或者居住、商业、工业混杂，需要维护住宅安静的区域。

3 类声环境功能区：指以工业生产、仓储物流为主要功能，需要防止工业噪声对周围环境产生严重影响的区域。

4 类声环境功能区：指交通干线两侧一定距离之内，需要防止交通噪声对周围环境产生严重影响的区域，包括 4a 类和 4b 类两种类型。4a 类为高速公路、一级公路、二级公路、城市快速路、城市主干路、城市次干路、城市轨道交通（地面段）、内河航道两侧区域；4b 类为铁路干线两侧区域。

表 15.8-6　环境噪声限值[46]

[单位：dB（A）]

声环境功能区类别		时段	
		昼间	夜间
0 类		50	40
1 类		55	45
2 类		60	50
3 类		65	55
4 类	4a 类	70	55
	4b 类	70	60

注：1. 在下列情况下，铁路干线两侧区域不通过列车时的环境背景噪声限值，按昼间 70dB（A）、夜间 55dB（A）执行：①穿越城区的既有铁路干线；②对穿越城区的既有铁路干线进行改建、扩建的铁路建设项目。既有铁路是指 2010 年 12 月 31 日前已建成运营的铁路或环境影响评价文件已通过审批的铁路建设项目。

2. 各类声环境功能区夜间突发噪声，其最大声级超过环境噪声限值的幅度不得高于 15dB（A）。

3. 根据监测对象和目的，可选择以下三种测点条件（指传声器所置位置）进行环境噪声的测量：①一般户外：距离任何反射物（地面除外）至少 3.5m 外测量，距地面高度 1.2m 以上。必要时可置于高层建筑上，以扩大监测受声范围。使用监测车辆测量，传声器应固定在车顶部 1.2m 高度处；②噪声敏感建筑物户外：在噪声敏感建筑物外，距墙壁或窗户 1m 处，距地面高度 1.2m 以上；③噪声敏感建筑物室内。

表 15.8-7　各类厂界噪声标准（等效声级）[47]

[单位：dB（A）]

厂界外声环境功能区类别	时段	
	昼间	夜间
0	50	40
1	55	45
2	60	50
3	65	55
4	70	55

注：1. 夜间频发噪声的最大声级超过限值的幅度不得高于 10dB（A）。

2. 夜间偶发噪声的最大声级超过限值的幅度不得高于 15dB（A）。

3. 工业企业若位于未划分声环境功能区的区域，当厂界外有噪声敏感建筑物时，由当地县级以上人民政府参照 GB 3096—2008 和 GB/T 15190—2014 的规定确定厂界外区域的声环境质量要求，并执行相应的厂界环境噪声排放限值。

4. 当厂界与噪声敏感建筑物距离小于 1m 时，厂界环境噪声应在噪声敏感建筑物的室内测量，并将表 15.8-7 中相应的限值减 10dB（A）作为评价依据。

5. 一般情况下，测点选在工业企业厂界外 1m、高度 1.2m 以上、距任一反射面距离不小于 1m 的位置。

表 15.8-8　城市各类区域铅垂向 Z 振级标准值[48]

[单位：dB（A）]

适用地带范围	昼间	夜间
特殊住宅区	65	65
居民、文教区	70	67
混合区、商业中心区	75	72
工业集中区	75	72
交通干线道路两侧	75	72
铁路干线两侧	80	80

注：测量点在建筑物室外 0.5m 以内振动敏感处。

8.2　火电厂排放的污染物

116　火电厂排放污染物的种类

（1）火电厂的废气排放　SO_2 及烟尘排放量的计算式见表 15.8-9。

（2）火电厂的废水排放　排水种类及其污染物见表 15.8-10。

（3）火电厂的灰渣排放　灰渣排放量计算见表 15.8-11。

（4）火电厂噪声　各有关噪声值见表 15.8-12。

表 15.8-9　SO₂ 及烟尘排放量的计算式

计算公式	备注
$$M_{SO_2}=2B_g\left(1-\frac{\eta_{SO_2}}{100}\right)\left(1-\frac{q_4}{100}\right)\frac{S_{t.ar}}{100}K$$ $$M_A=B_g\left(1-\frac{\eta_e}{100}\right)\left(\frac{A_{ar}}{100}+\frac{q_4}{100}\times\frac{Q_{net,v,ar}}{33\,870}\right)a_{fh}$$ 当循环流化床锅炉添加石灰石等脱硫剂时，入炉物料的灰分可用折算灰分表示： $$A_{zs}=A_{ar}+3.125S_{t.ar}\left[m\left(\frac{100}{k_{CaCO_3}}-0.44\right)+\frac{0.8\eta_s}{100}\right]$$	M_{SO_2}—SO₂ 排放量（t/h） M_A—烟尘排放量（t/h） B_g—燃煤量（t/h） η_{SO_2}—除尘器脱硫效率，水膜除尘器时为 5，文丘里水膜除尘器时为 15 q_4—机械未完全燃烧热损失（%） $S_{t.ar}$—燃煤收到基硫分（质量分数）（%） K—硫燃烧后氧化成 SO₂ 份额，煤粉炉时为 0.9±0.02 η_e—除尘器效率（%） A_{ar}—燃煤收到基灰分（质量分数）（%） $Q_{net,v,ar}$—燃煤低位发热量（kJ/kg） a_{fh}—烟气带出飞灰分额（%） A_{zs}—折算灰分的质量分数（%） m—Ca/S 摩尔比，按实际情况取值，炉内添加石灰石脱硫时一般为 1.5～2.5 k_{CaCO_3}—石灰石纯度（%） η_s—炉内脱硫效率（%）

表 15.8-10　排水种类及其污染物　　　［单位：mg/L（pH 除外）］

废水种类	主要污染因子
集中处理工业废水 （含锅炉补给水处理系统再生排水、凝结水精处理系统再生排水、原水预处理装置排水、主厂房冲洗排水、氨区废水等，以及锅炉清洗排水、烟气侧设备冲洗排水等）	pH
	悬浮物（SS）
	化学需氧量（COD）
	石油类
	氨氮
	氟化物
	挥发酚
石灰石-石膏湿法脱硫废水	pH
	悬浮物（SS）
	化学需氧量（COD）
	总铅
	总汞
	总砷
	总镉
	溶解性总固体（全盐量）
	硫化物

（续）

废水种类	主要污染因子
生活污水	pH
	悬浮物（SS）
	化学需氧量（COD）
	五日生化需氧量（BOD5）
	氨氮
	总磷
含油废水	pH
	石油类
煤泥废水	pH
	悬浮物（SS）

表 15.8-11　灰渣排放量计算

计算公式	备注
煤粉燃烧锅炉、秸秆燃烧锅炉、垃圾燃烧： $G_{hz}=G_m\left(\dfrac{A_{ar}}{100}+\dfrac{Q_{net,v,ar}q_4}{33\,870\times100}\right)$ 循环流化床锅炉应按下式计算： $G_{hz}=G_m\left(\dfrac{A_{zs}}{100}+\dfrac{Q_{net,v,ar}q_4}{33\,870\times100}\right)$ $G_z=\phi_z G_{hz}$ $G_h=\phi_h G_{hz}\eta_e$	G_{hz}—灰渣量（t/h） G_z—渣量（t/h） ϕ_z—渣在灰渣中的质量比例（%） G_h—灰量（t/h） A_{zs}—折算灰分的质量分数（%），见表 15.8-9 ϕ_h—灰在灰渣中的质量比例（%） η_e—除尘器效率（%）

表 15.8-12　火电厂噪声值　　　　　　［单位：dB（A）］

名称		噪声值	名称		噪声值
环境噪声	围墙界面	50~55	设备噪声	励磁机	90
	厂前区	50~60		循环水泵	90
	围墙内	<60		凝结水泵	90
	主厂房周围	65~80		送风机	≯90
	冷却塔周围	≈80		引风机	≯90
主要车间噪声	汽轮机房（0m，运转层）	≈90		燃烧器	≈85
	锅炉房（运转层）	<85		钢球磨煤机	95~120
	锅炉房（底层）	90		其他磨煤机	95~100
	灰渣泵房	85~90		电动机	80~90
	化学水处理室	75~85		空压机	≈90
	修配车间	85~90		罗茨风机	≈90
	变电所	70		碎煤机	≈90
设备噪声	汽轮机	76~108		变压器	70~80
	发电机	76~108		电除尘器	55
	给水泵（汽动、电动）	85~95		胶带输送机	60

注：设备噪声值指距设备 1m 处的测量值。

8.3 灰渣的处理和利用

117 灰渣处理方式 火电厂灰渣处理方式应以综合利用为主。当无法综合利用时，可暂存于灰场。堆灰容积不宜超过本期设计容量、设计煤种计算的三年灰渣和脱硫副产品量。当灰渣及脱硫副产品确能全部综合利用时，可按贮存本期机组容量一年灰渣和脱硫副产品量建设事故备用灰场。灰场采用干灰碾压方式。

118 灰渣综合利用 灰渣综合利用是指将灰渣用于建材生产、建筑工程（包括筑坝、筑港、桥梁、建筑回填、地下工程和水下工程等）、筑路、肥料生产、改良土壤和其他产品制作等，以及从粉煤灰中提取有用物质。条件好的地区，灰渣综合利用率可达100%。综合利用用途见表15.8-13。

表15.8-13 灰渣利用途径

项目	途径
建筑材料	粉煤灰烧结砖、粉煤灰蒸养砖、粉煤灰硅酸盐砌块、粉煤灰加气混凝土砌块、粉煤灰陶粒、免烧免蒸粉煤灰砖、水泥的配料及混合料、增钙渣生产岩棉
建筑工程	混凝土掺合料、建筑砂浆掺合料
筑路	路基混合料、路堤回填料、混凝土路面掺合料
回填	地上回填、地下回填
农业	改良土壤、灰场上种植物、制作农业肥料
其他	回收漂珠、微珠、选铁、选铝

8.4 火电厂的废水处理

119 废污水种类及处理方式 见表15.8-14。

表15.8-14 火电厂废污水种类及处理方式

种类	废污水名称	处理方式
生活污水	厂区生活污水	1）接触氧化法； 2）活性污泥法； 3）膜生物反应法
工业废水处理	厂区各类工业废水	1）氧化； 2）酸碱中和； 3）澄清、气浮、过滤； 4）石灰处理； 5）脱水、除泥
含油废水处理	油库区、燃油泵房排水 油作业区含油冲洗水	1）油水分离设备； 2）隔油池
含煤废水处理	输煤系统冲洗水、煤场被污染雨水	1）混凝沉淀法； 2）电絮凝法
脱硫废水处理	脱硫装置排水	1）物理化学沉淀法； 2）电絮凝法； 3）化学沉淀+微滤膜法； 4）多级过滤+反渗透法
冲灰水排水	灰场外排水	灰水回收再利用、加酸处理、炉烟处理

8.5 火电厂噪声

120 噪声治理

1）限制噪声源：应向制造厂提出设备噪声的极限值，各主机、辅机一般应为65~85dB（A）。

2）合理布局：火电厂总布置格局应考虑防噪原则，要合理布局，必要时应限制开窗面积、高度及方向，还要进行合理绿化，树木、草地均有吸声作用，必要时设置绿化隔离带。

3）减振防振措施：火电厂管道复杂，合理布置，防止振动，也可降低噪声，应有减振或避振装置。

4）加装消声器：点火排汽应加装消声器，一

级降压排汽小孔消声器，消声量达 35dB（A），还
有多级降压小孔升频消声器，消声量为 50dB（A）；
安全阀排汽加装消声器，应保证安全阀动作可靠；
在风机、空压机的管道上亦应装消声器。

　　5）设置隔音值班室：值班地方应设置隔音值
班室或隔音电话间。

8.6　环境影响对策

121　全厂环境对策　根据环境质量标准和排
放标准，全厂环境对策见图 15.8-1、火电厂环境对
策一览表见表 15.8-15。

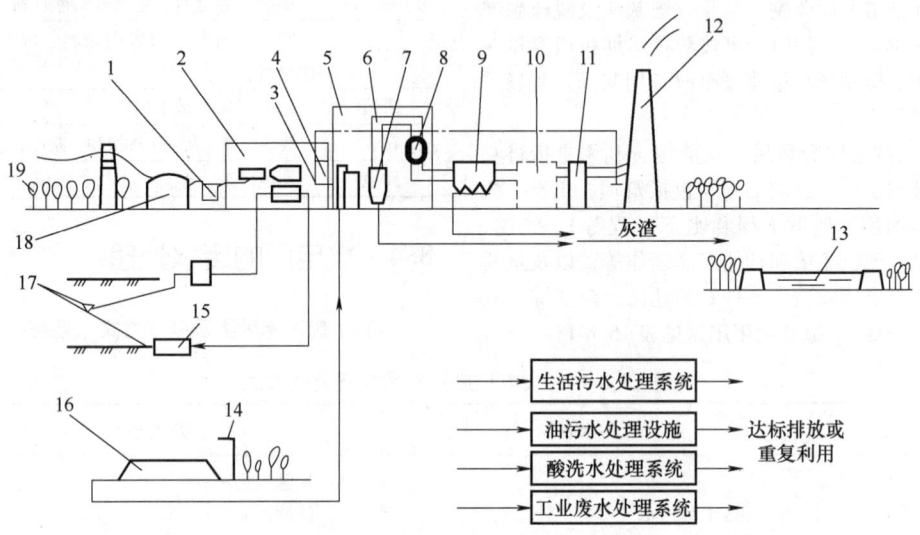

图 15.8-1　全厂环境对策举例

1—主变压器低噪声建筑　2—汽轮机房防噪声建筑　3—防噪声集控制室
4—烟气监测系统　5—锅炉房防噪声建筑　6—点火排汽或安全阀消声器
7—锅炉低 NO$_x$ 排放　8—SCR 脱硝　9—高效静电除尘器　10—引风机室防噪声建筑
11—脱硫系统　12—高烟囱　13—干灰碾压灰场　14—喷水装置　15—温度监测
16—煤场　17—江、河、海、深层取水表面排水　18—升压站　19—绿化或防护林

表 15.8-15　火电厂环境对策一览表

项目	内容
大气治理措施	①高烟囱排放；②高效除尘装置；③脱硫装置；④脱硝装置；⑤洗煤装置；⑥燃用低硫煤；⑦低氮燃烧器；⑧湿式电除尘器
废污水治理措施	①各废污水采取集中或分散处理后达标排放；②改进工艺，节约用水，提高水循环使用率或回收率；③采用干灰碾压方式，减少外排水量及对地下水的渗漏影响；④灰水回收再利用；⑤零排放
噪声	①控制设备的噪声量，一般不大于 85dB（A）；②加装消声器；③减振防振设施；④设置隔音值班室；⑤绿化
灰渣	①设置贮灰场；②保持灰场水深或干灰碾压；③防护林带；④灰渣综合利用；⑤灰场设置管理站
绿化	①厂区生活区应有绿化规划；②灰场应设防护林带
环境监测	①应根据 DL/T 414—2022《火电厂环境监测技术规范》设计环境监测计划；②电厂应按监测计划进行工作

第9章 热电联产

9.1 热电厂和供热式汽轮机

122 热电联产的概念和经济性 利用汽轮机中做过功的蒸汽对外供热，在供热基础上发电，称为热电联产。热电联产的热力循环框图见图 15.9-1。

热电联产符合按质用能的原则：具有较高品位的工质首先用来发电，排出的低品位蒸汽对外供热。由于避免或减少了汽轮机排入凝汽器的"冷端"损失，热电联产时可以大大提高发电厂的热能利用率，见表 15.9-1。

表 15.9-1　各类汽轮机组的能量组成和热能利用率

机组型号	能量组成和热能利用率（%）				
	锅炉及辅机损失	排汽热损失	电能输出	热能输出	热能利用率
凝汽式	15	45	40		40
背压式	15		30	55	85
抽汽式	15	3~45	30~40	52~0	40~82

热电联产热经济性的评价指标见表 15.9-2。

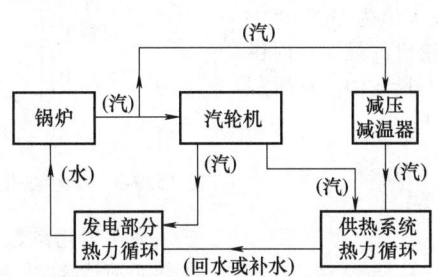

图 15.9-1　热电联产的热力循环框图

表 15.9-2　热电联产热经济性的评价指标[49]

评价指标	说明
供热机组的热化发电率 $\omega = \dfrac{联产发电量}{联产供热量}$	1）热电联产的热经济性并不是单纯反映在热能利用率高方面，而是指供热汽流在对外供热以前又生产了具有更高能级品位的电能。当热电分产时，从锅炉经过减压减温器直接供给热用户这部分热量尽管也具有较高的热能利用率，但却不生产电能，而必须由热能利用率低的凝汽式汽轮机来提供电能，因此，热电联产比热电分产要经济。通常用"热化发电率"来评价热电联产部分技术完善程度，这一指标只能用于相同初参数相同抽汽参数（或背压）的供热机组间的热经济性比较； 2）"热化发电率"值越高，供热机组热转换为功的过程越完善，不可逆损失越小。它与供热机组参数、回热系统完善程度及热网参数有关
热电厂发电热效率 η_{fd}	$$\eta_{fd} = \frac{3.6 \times 10^{-3} W}{Q_{tp,e}}$$ 式中　W—热电厂全年发电量 kWh/a 　　　$Q_{tp,e}$—分配给发电的热耗量 GJ/a
热电厂供热热效率 η_{gr}	$$\eta_{gr} = \frac{Q_{gr}}{Q_{tp,h}}$$ 式中　Q_{gr}—热电厂锅炉全年供热（生产和采暖）耗热量 GJ/a 　　　$Q_{tp,h}$—分配给供热的热耗量 GJ/a[①]

（续）

评价指标	说明
热电厂节煤量 B_j	在发相等电能和供相等热能条件下，用热电联产比用热电分产两种不同方式所节约的燃料量 $B_j = B_f - B_h$ =热电分产所耗标准煤量—热电联产所耗标准煤量。B_j 应为正值

① 分配给发电热耗量 $Q_{tp,e}$ 和供热热耗量 $Q_{tp,h}$ 的问题，其实质是由于热电联产所得的好处在电、热两种产品中如何分配，常用的有热量法、焓降法和熵值法三种方法。热量法按所用热量的比例分配总热耗量，没有考虑电、热质量上的差异，因此热电联产的好处均分摊给了发电。焓降法则考虑到供热汽流在汽轮机中作功不足对热能质量的影响，即不同参数供热蒸汽质量不等，采用质量高的多分配热耗、质量低的少分配热耗的分摊办法，其结果是热电联产的好处都归于供热。熵值法是以热能的质量（做功能力，即熵值）为基础，按供热抽汽和新汽的作功能力的比例来分摊热耗，对电、热双方的获益都有所照顾，在理论上较合理，目前热量法应用得较普遍。

123 热化系数

（1）热化系数的概念 热电厂通过汽轮机抽汽并辅以减压减温设备或尖峰锅炉来满足热负荷要求。计算热负荷中由汽轮机抽汽承担的份额称为热电厂的热化系数

$$\alpha_T = \frac{汽轮机抽汽和背压排汽的额定供热量}{区域最大热负荷}$$

图 15.9-2 所示为热电厂全年热负荷持续时间曲线，其中横坐标为热负荷的持续小时数，纵坐标为小时热负荷。设热负荷的小时最大值为 Q_m，年供热量 $\sum Q_m$ 为面积 1 234 561，汽轮机的最大小时供热量为 Q_T，汽轮机年抽汽供热量 $\sum Q_T$ 为面积 1 834 561，则热化系数可计算如下：

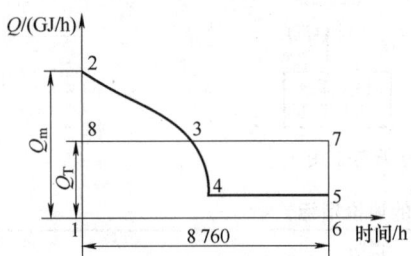

图 15.9-2 热电厂全年热负荷持续时间曲线

小时热化系数 $\alpha_T = \dfrac{Q_T}{Q_m} = \dfrac{坐标\ 18}{坐标\ 12}$

年热化系数 $\alpha_n = \dfrac{\sum Q_T}{\sum Q_m} = \dfrac{面积\ 1\ 834\ 561}{面积\ 1\ 234\ 561}$

小时热化系数与年热化系数的关系见图 15.9-3。

（2）最佳热化系数 按照热电联产的原则是应当尽量提高供热循环的发电量，即采用高的热化系数值。但由于用户热负荷曲线的特点，考虑到动力设备的实际利用情况时，又不应使供热汽轮机的安装容量选择过大，以致供热机组长期按凝汽循环方式运行，这在投资和节煤效果上都是不利的，据此，又不宜采用过高的热化系数值。在某一热化系数值下，热电厂的总燃料消耗量最小而其投资也较低，这就是热化系数的最佳值。

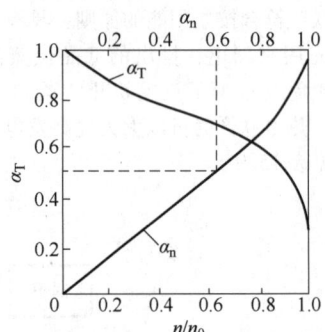

图 15.9-3 小时热化系数 α_T 与年热化系数 α_n 的关系

最佳热化系数的大小主要取决于下列因素：①热负荷持续时间图的图形越呈尖峰形状，其热化系数最佳值就越低；②供热机组凝汽循环发电与所代替的凝汽机组发电两者热经济指标（发电煤耗率）的比值差别越大，热化系数最佳值就越低。当热电厂和凝汽式电厂蒸汽初参数一样时，这种热经济性差别并不大。但常见的情况是凝汽式电厂的汽轮机具有比供热机组更高的参数和容量，此时热化系数的最佳值将明显降低。

9.2 供热机组的选择

124 供热机组选择 供热机组的型式、容量和台数，应根据近期热负荷和规划热负荷的大小和特性，按照以热定电的原则，通过比较选择确定，参见表 15.9-3。

表 15.9-3 供热机组的选择原则[50]

类型	选择原则
大中型供热机组热电厂	1）优先选用高参数、大容量的抽汽式供热机组。在有稳定可靠的热负荷时，宜采用背压式或带抽汽的背压式机组，并宜与抽汽式供热机组配合运行；

（续）

类型	选择原则
大中型供热机组热电厂	2）当一台容量最大的蒸汽锅炉停用时，其余锅炉（包括可利用的其他可靠热源）应满足：①热力用户连续生产所需的生产用汽量；②冬季采暖、通风和生活用热量的 60%~75%，严寒地区取上限。此时可降低部分发电出力； 3）装有中间再热供热机组的发电厂，对外供热能力的选择，应与同一热网其他热源能力一并考虑。当一台容量最大的锅炉停用时，其余锅炉的对外供汽能力若不能满足上述条款 2）的要求，不足部分依靠同一热网其他热源解决
小型热电项目（≤25MW 供热机组）	1）为了提高热电厂（站）的经济效益，应尽量选择较高参数和较大容量的机组。但考虑供热的安全可靠性，应尽量避免安装单炉进行供热； 2）新建工程的供热机组，应选用高压或更高的参数； 3）供热汽轮机的选型可按以下情况确定：①热负荷稳定的热电厂可以全部选背压机组或抽汽背压机组；②当热负荷不太稳定时，可装一台抽汽冷凝式机组作为调节；③对于利用原有锅炉房发电或改建锅炉房为小热电的工程，应装背压式机组或抽汽背压式机组； 4）锅炉炉型的选择应结合热负荷变化情况、煤种、煤质、灰渣综合利用的落实程度及环保要求等综合考虑；热电厂内的锅炉，应尽量选择同一型式、同一参数，以便于运行检修； 5）选择锅炉容量和台数时，应核算在最小热负荷工况下，汽轮机的进汽量不得低于锅炉最小稳定燃烧负荷，以保证锅炉的安全稳定运行； 6）机炉配置方案应进行多方案的比较与计算分析，推荐出最佳方案。在计算机组的运行经济指标时，应根据年持续热负荷曲线，分配机组的运行工况；进行采暖期最大、平均、非采暖期平均、最小的典型供热工况下的汽水平衡计算，求出各项经济指标
凝汽机组供热	1）对工业热负荷较大，居民采暖集中的大城市，首先要考虑老火电厂凝汽机组的改造； 2）中低压凝汽式机组低真空供暖，只适宜于城市现有火电厂的改造，新建的热电厂（站），如选用，应进行详细的技术经济比较，但在近期确有发展的采暖负荷，或采暖期较长的地区，也可通过经济比较，采用抽汽机组低真空供暖

9.3 热经济指标

125 供热机组的热经济指标 见图 15.9-4 及表 15.9-4、表 15.9-5。表 15.9-4 和表 15.9-5 中的符号表示及单位见表 15.9-6。

表 15.9-4 供热机组有关热经济指标计算（参见图 15.9-4）[3]

热力指标		计算公式
热电厂锅炉全年总耗热量 Q/(GJ/a)		$$Q = \sum_{j=1}^{m} \left[\frac{D_{(j)}(h-h_g) + \beta D_{(j)}(h_{pw}-h_g)}{\eta_{gl}} H_{1(j)} \right] \times 10^{-3}$$ 当锅炉参数不同时，应按相应的 h、h_g、h_{pw}、η_{gl} 代入上式，下同
热负荷	生产用汽量（热电厂出口处）/(t/h)	$D_{sc} = D_{sc}^{yf} \dfrac{(h_{gl}-h_{bh})}{(h_{sc}-h_{bh})\,\eta_w}$
热负荷	采暖用汽量 D_n/(t/h)（热电厂出口处）	$D_n = \dfrac{q}{(h_n-h_{bh})\,\eta_{gr}} \times 10^3$
热负荷	全年采暖热负荷 Q_n/(GJ/a)	Q_n 按采暖年负荷曲线拟合为室外温度及其相应延续小时数的相关方程式，然后求积[51]
热负荷	热电厂锅炉减压减温外供热量 Q_{jy}/(GJ/a)	Q_{jy} 按高压热用户参数及运行小时数进行计算
热电厂锅炉全年供热耗热量 Q_{gr}/(GJ/a)		$$Q_{gr} = \sum_{j=1}^{m} \left\{ (D_{sc(j)} H_{1(j)} [h_{sc(j)} - h_{bs} - \psi(h_h - h_{bs})] \right\} \times \frac{10^{-3}}{\eta_{gl}\eta_{gd}} + \frac{Q_n}{\eta_{gl}\eta_{gd}} + \frac{Q_{jy}}{\eta_{gl}\eta_{gd}}$$
发电耗热量（已扣除供热厂用电耗值）Q_d/(GJ/a)		$Q_d = Q - (1 + 0.0036\varepsilon_r) Q_{gr}$
供电标准煤耗率 b_{gd}/[kg/(kW·h)]		$b_{gd} = 34.12 \dfrac{Q_d}{W} \cdot \dfrac{1}{1-\varepsilon_d}$

（续）

热力指标	计算公式
供热标准煤耗率 b_{gr}（已考虑供热厂用电耗热在内）/（kg/GJ）	$b_{gr}=(34.12+0.123\varepsilon_r)\dfrac{1}{\eta_{gl}\eta_{gr}}$
热电厂（站）全厂热效率	$\eta_{rdc}=\dfrac{3.6\times10^{-3}W+Q_{gr}\eta_{gl}\eta_{gd}\eta_w}{Q}\times100\%$

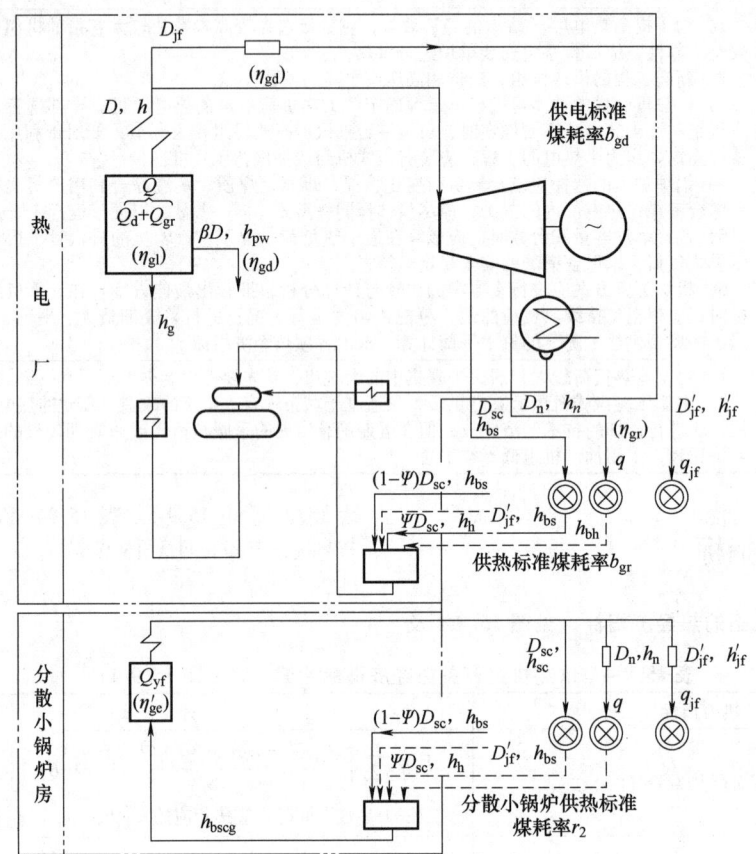

图 15.9-4　供热机组有关热经济指标计算简图

表 15.9-5　热电联产节煤量计算

项目	计算公式
新建热电厂年节煤量 B_j/（t/a）	$B_j=B_f-B_h=[Q_{yf}r_2+(W_g+W')b_{pj}-(Q_{gr}b_{gr}\eta_{gl}\eta_{gd}+W_gb_{gd})]\times10^{-3}$ 式中　Q_{yf}—用户锅炉总供热量（GJ/a）；$r_2=\dfrac{34.12}{\eta'_{gl}\eta_f}$　（kg/GJ）
对老厂改造为供热电厂时的年节煤量 B_j/（t/a）	1）电厂机组改造后减少了发电量时： $B_j=\left[W_{gh}(b_{gq}-b_{gh})+\left(\dfrac{Q^{yf}_{sc}}{\eta_w}+Q_n\right)(r_2-b_{gr})+\Delta W_b(b_{gq}-b_{pj})\right]\times10^{-3}$ 2）电厂机组改造后增加了发电量（指已封存或退役机组）时： $B_j=\left[\left(\dfrac{Q^{yf}_{sc}}{\eta_w}+Q_n\right)(r_2-b_{gr})+\Delta W_d(b_{pj}-b_{gh})\right]\times10^{-3}$ 3）如果设有尖峰锅炉，以上年节煤量还应扣除尖峰锅炉所耗标煤量：$B_{jf}=Q_{jf}r_2\times10^{-3}$ 若尖峰锅炉装在热电厂：$B_{jf}=\dfrac{1}{\eta_w}Q_{jf}r_2\times10^{-3}$ 当 Q_{jf} 为采暖负荷时，上式 $\eta_w=1$

表 15.9-6　符号表示及单位

符号	意义和单位	符号	意义和单位
B	全年总用原煤量（t/a）	Q	热电厂锅炉全年总耗热量（GJ/a）
B_1	全年生产用原煤量（t/a）	Q_d	热电厂全年发电耗热量（GJ/a）
B_2	全年采暖用原煤量（t/a）	Q_{gr}	热电厂锅炉全年供热（生产和采暖）耗热量（GJ/a）
B_j	每年节约标准煤量（t/a）	Q_{jf}	尖峰锅炉耗热量（GJ/a）
B_f、B_h	每年热电分产与热电合产耗标准煤量（t/a）	Q_{jy}	热电厂锅炉减压减温外供热量（GJ/a）
B_{jf}	尖峰锅炉耗标准煤量（t/a）	Q_n	全年采暖总负荷（GJ/a）
b_{gq}、b_{gh}	机组改造前和改造后的供电标准煤耗率 [kg/(kW·h)]	Q_{sc}^{yf}	用户处生产年耗热量（GJ/a）
b_{gd}	热电厂供电标准煤耗率 [kg/(kW·h)]	Q_{yf}	用户锅炉总供热量（生产与采暖）（GJ/a）
b_{gr}	热电厂供热标准煤耗率（kg/GJ）	q	采暖热负荷（用热处）（GJ/h）
b_{pj}	电力网平均供电标准煤耗率 [kg/(kW·h)]	q'	室外温度为 t'_w 时的采暖热负荷（GJ/h）
$D_{(j)}$、$H_{1(j)}$	热电厂锅炉在各种负荷下蒸发量及相应的运行小时数（t/h）、（h）	r_1	内部热化发电率与外部热化发电率之比或 D_{zy} 与 D_{wg} 之比
D_n	热电厂采暖用汽量（t/h）	r_2	分散小锅炉或尖峰炉的供热标准煤耗率（kg/GJ）
D_{sc}	折算到热电厂出口的生产用汽量（t/h）	W	热电厂全年发电量（kW·h/a）
D_{sc}^{yf}	用户处平均生产用汽量（t/h）	W_g	热电厂全年供电量（kW·h/a）
ΔD	热电厂建成后比分散供热增加的供汽量(t/h)	W'	分散小锅炉年总用电量（kW·h）
H_1	最大热负荷利用小时数（h） $H_1 = \dfrac{\text{计算时段内热负荷总量}}{\text{该计算时段内最大热负荷}}$	W_{gq}、W_{gh}	机组改造前和改造后的年供电量（kW·h/a）
H_2	发电设备年利用小时数（h） $H_2 = \dfrac{\text{热电厂（站）的年发电量}}{\text{该热电厂（站）机组额定容量之和}}$	α	热化系数
H_3	供热设备年利用小时数（h） $H_3 = \dfrac{\text{汽轮机年供热量}}{\text{汽轮机额定供热能力（扣除自用汽）}}$	β	热电厂锅炉排污率
h	热电厂锅炉出口蒸汽比焓（kJ/kg）	ε_d	热电厂发电厂用电率
h_c	抽汽比焓（kJ/kg）	ε_r	热电厂供热厂用电率（kW·h/GJ）
h_{sc}	热电厂锅炉出口蒸汽比焓（kJ/kg）	η_{gl}	热电厂（站）锅炉热效率
h_{gl}	用户小锅炉出口蒸汽比焓（kJ/kg）	η'_{gl}	分散小锅炉热效率
h_n	供采暖用汽比焓（kJ/kg）	η_f	分散小锅炉房效率
h_{sc}	热电厂（站）供汽出口蒸汽比焓（kJ/kg）	η_{gr}	热网加热器效率
h_{bh}	用户用汽压力相应的饱和水比焓（kJ/kg）	η_{gd}	管道效率
h_{bs}	用户小锅炉补充水比焓（kJ/kg）	η_{rdc}	热电厂全厂热效率
h_g	热电厂锅炉给水比焓（kJ/kg）	η_w	厂外热网效率
h_h	用户凝结水比焓（kJ/kg）	τ	用户平均负荷年利用小时数（h）
h_{pw}	热电厂锅炉排污水比焓（kJ/kg）	ψ	用户用汽回水率

第10章 燃气-蒸汽联合循环发电

10.1 燃气-蒸汽联合循环的类型和特点

126 燃气-蒸汽联合循环类型 各类型燃气-蒸汽联合循环的特点见表15.10-1。

127 燃气-蒸汽联合循环系统 采用余热锅炉的燃气-蒸汽联合循环分类及主要特点见表15.10-2。

表 15.10-1 联合循环的类型和特点

类型	特点
余热锅炉型	1）以燃气轮机排气在余热锅炉中产生蒸汽供汽轮机工作的循环系统，其原理见图15.10-1a； 2）以燃气轮机为主的联合循环，汽轮机的功率由燃气轮机排气温度及流量决定，约为燃气轮机功率的50%； 3）联合循环热效率随燃气初温的提高而增大，H级机组热效率现已达64%，是相应简单循环燃气轮机效率的1.45~1.77倍； 4）余热锅炉有补燃和无补燃两种，国内一般为无补燃； 5）系统简单，是最常用的联合循环方式
排气再燃型	1）以燃气轮机替代锅炉空气预热器及送风机，组成如图15.10-1b所示的系统； 2）以蒸汽循环为主的联合循环，燃气轮机功率约为汽轮机的15%~50%； 3）适用于高参数蒸汽电站，只需局部改动，可提高电站热效率2%~3%； 4）电站基本燃料可按常规锅炉的要求，但燃气轮机部分则需采用液体或气体燃料； 5）可用于燃煤电厂的改造
增压锅炉型	1）燃气轮机的燃烧室与产生蒸汽的增压锅炉合二为一，组合为压力燃烧锅炉，所组成的系统见图15.10-1c； 2）增压锅炉中的燃烧传热过程得到强化，锅炉体积仅为常规锅炉的1/6~1/5，并便于提供高参数的蒸汽循环； 3）锅炉需采用耐压容器，造价高； 4）已有一定实践经验，但不利于提高燃气轮机参数，提高效率的潜力也不如余热锅炉型，目前采用不多
燃气-蒸汽双工质型	1）空气燃烧生成的燃气和余热锅炉产生的水蒸气两种介质在同一个燃气透平中做功，构成一种简单的双工质循环，又称注蒸汽循环，也称为程氏循环； 2）可以显著提高燃气轮机的功率和效率，减少NO_x的排放，适用于调峰机组； 3）不再配置蒸汽轮机和凝汽器等设置，系统简单，造价低； 4）注入的蒸汽随排气排至大气，尚不能回收，耗水量大； 5）对给水水质要求高，即使严格控制水质，也会影响透平叶片的寿命，高温燃气通道检修时间将缩短，因此，双工质循环的燃气轮机应用较少

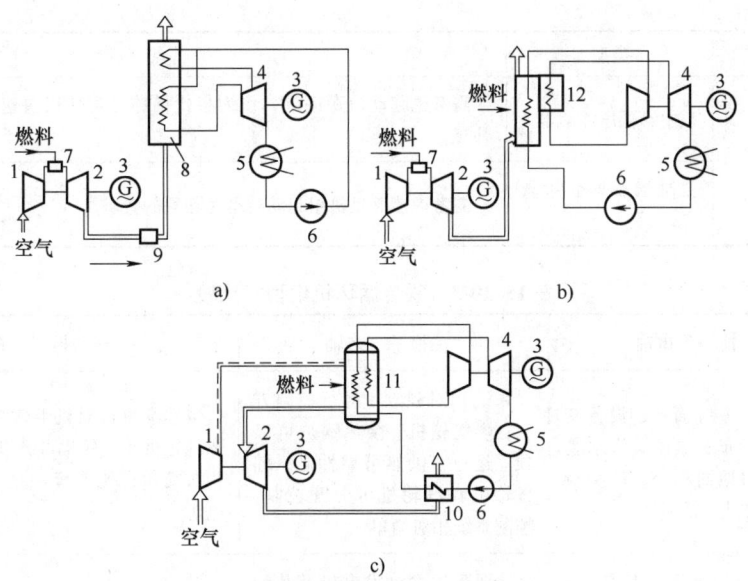

图 15.10-1　燃气-蒸汽联合循环

a）余热锅炉　b）常规锅炉　c）增压锅炉

1—压气机　2—燃气涡轮　3—发电机　4—汽轮机　5—凝汽器　6—水泵　7—燃烧室　8—锅炉
9—补燃装置　10—加热器　11—增压锅炉　12—常规蒸汽锅炉

表 15.10-2　余热锅炉型联合循环整体和分系统的分类及主要特点

系统	类型	特点
燃气轮机循环分类	简单循环燃气轮机	由压缩、燃烧、膨胀过程组成的热力循环，仅是燃气轮机本体发电
	联合循环燃气轮机	燃气轮机的布雷顿循环与蒸汽轮机的朗肯循环相联合的热力循环，不仅燃气轮机本体发电，而且利用其排出的高温烟气使锅炉产生蒸汽再带动汽轮机发电
联合循环机组型式（各型式比较见表 15.10-3）	"一拖一"型式	由一台燃气轮机、一台余热锅炉和一台汽轮机组成的机组单元，也称为"1+1+1"配置。一拖一单轴布置，燃气轮机与汽轮机同轴带动一台发电机；燃气轮机轴向排气、燃气轮机冷端出轴；一拖一多轴布置，燃气轮机和汽轮机分轴布置，各自拖动发电机；单轴配置有两种连接型式，燃气轮机+汽轮机+发电机，燃气轮机+发电机+3S 离合器+汽轮机
	"二拖一"型式	两台燃气轮机和两台余热锅炉对应一台汽轮机组成的机组单元，也称为"2+2+1"，"二拖一"必为多轴布置
	"N 拖一"型式	N 台燃气轮机和 N 台余热锅炉对应一台汽轮机组成的机组单元
旁路系统	烟气旁路	为了使联合循环机组中的燃气轮机先发电及适应燃气轮机单独运行工况的需要而设置
	蒸汽旁路	为了适应余热锅炉及汽轮机起停工况需要而设置，系统配置通常为 100% 并联旁路系统

（续）

系统	类型	特点
除氧方式	中、低压除氧器	需考虑起动汽源问题，作为替代措施，可使用快速脱氧化学剂作为补充
	凝汽器真空除氧方式	需考虑能满足机组起动时迅速除氧的要求

表 15.10-3 联合循环机组型式比较

型式	"一拖一"单轴	"一拖一"多轴	"二拖一"多轴
优点	设备少、系统简单，设备初投资较少；布置紧凑，汽水管道较短，占地面积小、厂房较小；起动方式灵活多样	系统相对独立，运行控制方便；燃气轮机、余热锅炉可以独立运行，供热可靠性高；燃气轮机和汽轮机可分开控制，控制系统相对简单	带基本负荷时机组效率比一拖一略高；燃气轮机和汽轮机可分开控制，控制系统相对简单；比两套一拖一多轴少一台发电机
缺点	动力岛纵向部分占地较大，主厂房跨度大；轴系长，检修场地大；燃机和余热锅炉不能独立运行；控制系统复杂	需要配置两台发电机及其配电系统，电气和控制系统复杂；占地面积较大，约为单轴机组的 1.5 倍	当一台燃气轮机停运，汽轮机运行经济性略差；余热锅炉需并汽运行，带负荷时燃机之间需协调运行，运行操作相对复杂

10.2 燃气-蒸汽联合循环主要设备

128 燃气轮机组[6]

（1）燃气轮机构成 燃气轮机由压气机、燃烧室和燃气涡轮等组成。压气机有轴流式和离心式两种，轴流式压气机效率较高，适用于大流量的场合。轴流式压气机后几级叶片很短，小流量时效率低于离心式。附属系统包括起动装置、燃料系统、润滑油系统、进气系统、排气系统等，主要模块包括压气机清洗装置、燃料前置模块、DLN 模块、润滑油辅助模块、燃气轮机控制模块、二氧化碳或水消防模块。

（2）燃气轮机工作流程 燃气轮机的工作过程是压气机连续地从大气中吸入空气并将其压缩；压缩后的空气进入燃烧室，与喷入的燃料混合后燃烧，成为高温燃气，进入燃气涡轮中膨胀做功，推动涡轮叶轮带着压气机叶轮一起旋转，其余能量作为燃气轮机的输出机械功。大中型燃气轮机由静止起动时，需用起动装置带着旋转，加速到能独立运行后，起动装置才脱开。

（3）燃气轮机的分类 燃气轮机分类见表 15.10-4，轻型燃机和重型燃机的特点见表 15.10-5。

表 15.10-4 燃气轮机的分类

分类方式	类别	特点
结构型式	重型燃机	零件较为厚重，大修周期长，寿命可达 10 万 h 以上，单位功率质量为 2~5kg/kW
	轻型燃机	结构紧凑而轻，所用材料较好，寿命较短，单位功率质量为 0.2~2kg/kW
	微型燃机	燃气轮机与发电机为一个整体，体积很小、质量很轻
用途	电站燃气轮机	用于陆地固定电站、移动电站
	舰船燃气轮机	用于远洋船、航母等舰船
	航空燃气轮机	用于涡轮喷气式等飞机

（续）

分类方式	类别	特点
燃机功率	大中型燃气轮机	功率大于 20MW 的燃气轮机，主要用于发电。主要大中型燃气轮机功率：B 级燃气轮机出力小于等于 100MW；E 级燃气轮机出力 100~200MW，F 级燃气轮机出力 200~380MW，H 级燃气轮机出力 400~580MW
	小型燃气轮机	功率范围在 0.3~20MW 的燃气轮机，主要用于发电、石油、天然气管道输送、舰船等
	微型燃气轮机	功率范围在 30~300kW 或更小的燃气轮机，主要替代柴油机驱动机车等
燃烧温度		按燃气轮机的燃烧温度进行划分（每 100℃ 为一级）：1 100℃ 为 E 级，1 200℃ 为 F 级，1 400℃ 为 H 级

表 15.10-5　轻型燃机和重型燃机特点比较

项目	轻型燃机	重型燃机
增压比	多数 25~30	多数 10~23，少数 30
涡轮进口温度	大于 1 300℃	多为 1 300℃，少数达到 1 430℃
结构	1）重量轻、体积小； 2）多为分轴式，带动力涡轮； 3）一般带齿轮箱； 4）体内直流式燃烧室； 5）燃气发生器转速高（10 000r/min 左右），多采用滚动轴承	1）重量大、体积大； 2）多为单轴式，也有双轴式； 3）一般不带减速齿轮箱； 4）多为体外回流式燃烧室； 5）转速低
试验	在厂内串联试验，调试容易，周期短	在现场组装调试
安装	安装方便	现场组装，工作量大
维修	本体精细，结构复杂，难维修，更换可在现场，大中修返厂或维修站	可现场维修
价格	高	低

（4）燃气轮机工况　燃气轮机的标准额定出力是指燃气轮机在透平温度、转速、燃料、进气温度、压力和相对湿度、排气压力为标准工况条件，且处于新的和清洁状态下运行时的标准或保证的出力。ISO 11086：1996 定义的燃气轮机标准工况条件是压气机进口压力为 101.3kPa，温度 15℃，相对湿度 60%；用来冷却工质的冷却水或空气温度为 15℃；标准气体燃料的 H/C 重量比为 0.333，净比能为 50 000kJ/kg；标准燃料油的 H/C 重量比为 0.141 7，净比能为 42 000kJ/kg。

（5）联合循环用燃气轮机特点

1）联合循环中燃气轮机的排热得到回收利用，使得联合循环中燃气轮机的最佳压比低于单独运行燃气轮机的最佳经济压比，而接近于其比功最大的最佳压比。以燃气初温 1 093℃ 为例，开式循环中燃气轮机的最经济压比约为 20，联合循环中燃气轮机的最经济压比约为 9。

2）燃气轮机的燃烧效率高，并应用注水或注蒸汽抑制燃烧、干式低 NO_x 燃烧室等技术措施，污染物排放物能够达到严格的环保标准，可使 NO_x 的排放低至 15ppm。

3）对于燃烧低热值的燃气轮机，由于燃料发热量低而流量较大，需对燃气轮机燃烧室部套结构与透平通流能力做适当调整。

129　余热锅炉[52]

（1）余热锅炉分类　见表 15.10-6。

表 15.10-6　余热锅炉的分类

分类方式	类别	特点
按汽水发生系统	单压、多压系统	采用单压、双压或三压蒸汽系统一般与工程预算有关。多压比单压运行经济性高，但投资成本也高。单压机组在系统要求简单、设备投资费用低、机组经常参与调峰和燃料费用低的情况下采用，此时余热锅炉的排气温度高，余热损失大，整体联合循环效率低。单压系统效率比双压系统低 4%~5%，除小型余热锅炉外，均不采用。多压机组一般用在燃料费用高而且经常带基本负荷的情况下，此时余热锅炉的排气温度降低，但是系统复杂，投资成本上升
	非再热、再热系统	机组是否采用再热系统取决于燃气轮机的排气温度。燃机排气温度大于 560℃，有利于余热锅炉布置再热器，一般设计为再热机组；燃机排烟温度低于 538℃，余热锅炉进口烟气温度和出口蒸汽温度的端差较小，再热器难以布置，应设计为非再热机组。无再热蒸汽系统简单，但效率较低；再热蒸汽系统的热效率高，发电出力也有增加，但系统复杂，投资也较大。通常，90~200MW 燃气轮机配套的余热锅炉采用双压再热系统；250MW 级以上燃气轮机配套的余热锅炉采用三压再热系统
按蒸发系统循环方式	自然循环	为水平布置，炉水经热烟气加热后产生循环，起动时间较长
	强制循环	为垂直布置，炉水通过循环泵进行循环，可以快速起动产生蒸汽，起动时间短
按余热锅炉布置型式（特点比较见表 15.10-7）	卧式布置（或水平）	入口热烟道、锅炉本体与换热模块及烟囱沿长度方向成卧式排列
	立式布置（或垂直）	入口热烟道、锅炉本体与换热模块及烟囱，从下到上垂直布置，烟囱布置在炉顶，整个余热锅炉全部悬吊在炉架上

表 15.10-7　卧式与立式余热锅炉特点比较

项目	立式	卧式
水循环	强制（带循环泵）	自然（不带循环泵）
启动时间	短	较长
占地面积	小	较大
可用率	较高	高
结构	较复杂	简单
操作运行	较复杂	简单
厂用电	较多	少
燃料适应性	强	较弱
初投资	较高	低

（2）余热锅炉参数

1）节点温差。余热锅炉节点温差也叫窄点温差，是指余热锅炉换热过程中蒸发器出口烟气与被加热的饱和水汽混合物之间的最小温差。双压、三压余热锅炉应分别计算各压力等级换热面相应的节点温差。减小节点温差，回收更多热量，锅炉效率提高，投资费用增加；锅炉换热面积的增加会使燃气轮机排气阻力增加，减少燃气轮机的功率，会导致联合循环效率有下降的趋势。节点温差确定需从整个联合循环的效率和经济性两方面考虑，通常取 6~10℃。

2）接近点温差。余热锅炉接近点温差是指余热锅炉省煤器出口压力下饱和水温度和出口水温之间的温差。双压、三压余热锅炉应分别计算各压力等级相应的接近点温差。当进入余热锅炉的燃气温度随燃气轮机负荷的减少而降低时，接近点温差将随之减少。如果在设计时接近点温差取值过小，则在部分负荷工况下，省煤器内就会发生部分水的汽化，将导致省煤器管壁过热和故障。接近点温差选择也关系到省煤器和蒸发器换热面积的设计。通常接近点温差取 5~8℃。

3）烟气进气和排气参数。余热锅炉进口的燃气温度应比主蒸汽温度高 25~40℃；余热锅炉进口压力（约等于燃气轮机的背压），宜控制在 1.40~3.43kPa（表压）范围内。中压蒸汽和低压蒸汽的温度则比各自所在余热锅炉上游方向的燃气温度低 10℃ 左右；余热锅炉的排气温度应比烟气酸露点高 10℃ 左右，当燃用无硫燃料时，排气温度应比烟气中水的露点高约 10℃。

4）主蒸汽和再热蒸汽参数。余热锅炉过热器出口蒸汽压力为汽轮机主汽阀入口蒸汽压力加上管道压力损失，过热器出口温度比汽轮机主汽阀入口温度高 1~2℃。余热锅炉再热器出口压力为蒸汽轮机再热汽阀入口蒸汽压力加上管道压力损失，再热器出口温度比汽轮机再热汽阀入口处温度高 0.5~1℃。

（3）余热锅炉特点

1）整个系统应具有较低的热惯性，使余热锅炉能够适应燃气轮机快速起动和快速加减负荷的动态特性要求，多采用直径较小的薄壁管。冷态起动时间为 20~30min。

2）余热锅炉提供的蒸汽参数不会较大幅度地偏离各负荷工况下的设定值，蒸汽热力参数具有较好的稳定性，可保证汽轮机安全和有效地运行。

3）通常多采用鳍片管，高效率地回收燃气热量。

4）充分考虑余热锅炉烟气压力损失对联合循环效率的影响，通常燃气轮机的背压提高 1%，机组的功率会下降 0.5%~0.8%。主要影响因素有：①选用节点温差小以及双压、三压余热锅炉时，换热面积增大，流阻损失将加大，将使联合循环效率下降；②加大燃气的流速可以使余热锅炉的总换热面积减小，但燃气轮机的功率会降低。

130　燃气-蒸汽联合循环用汽轮机

（1）联合循环用汽轮机特点

1）全周进汽节流调节。采用汽轮机随燃气轮机而调节的运行控制方式，即汽轮机负荷由燃气轮机排气量和排气温度决定。汽轮机按全周进汽结构设计，汽轮机阀门运行时处于全开，不参与调节，机组随着余热锅炉滑压运行，在 30%~40% 负荷工况以下，防止由于余热锅炉的压力过低造成进汽中带水，以及保证末级叶片的排汽湿度，采用阀门节流的调节手段定压运行。

2）排汽量大。联合循环用汽轮机不设置（或少设置）回热抽汽，而在余热锅炉低温段设置给水加热器，充分利用烟气余热，降低烟气温度。进入凝汽器的排汽量比常规汽轮机多 40%~50%。在相同功率等级同背压情况下，末级叶片的长度和凝汽器面积都比常规机组高一个到两个等级。

3）起动速度快。联合循环机组起停频繁，燃气轮机起动快，汽轮机的运行灵活性远低于燃气轮机，在汽轮机带满负荷前，余热锅炉产生的蒸汽需要通过设置大容量的旁路系统排到凝汽器。汽轮机具备快速起动的特性需采取以下措施：①加强汽缸的对称性，汽缸结构设计成等强度壁厚，不同压力段壁厚不同，减少快速起停过程中的热变形和热应力；②汽缸的中分面法兰采用高窄结构，中分面螺栓靠近转子中心，使法兰与螺栓比较容易加热和膨胀，减少内外温差造成的热应力；③采用径向式气封，减少径向动静间隙，加大轴向动静间隙，减少漏汽和防止快速起动时由于膨胀不同步引起的动静之间的碰撞和摩擦；④汽轮机的各级均采用全周进汽结构，保证进汽部分上下温度均匀，减少应力，主蒸汽管道、调节阀、导汽管等对称布置。

4）变负荷的适应性。机组调峰时的负荷变化会造成燃气轮机的排气量和排气温度改变，将导致余热锅炉产汽量和蒸汽参数改变，汽轮机运行工况也将变动。在机组通流部分设计时需要考虑不同负荷工况下的效率，在结构设计上要适应变压、变温运行，也要相应考虑最大强度工况下的各部件的强度。尤其是采用燃气轮机-发电机-汽轮机同轴系统时，汽轮机在构造与运行调节上均需满足与燃气轮机及发电机在冷、热态时的配合要求。

5）采用轴向排汽。对于不设置给水回热抽汽的单排汽机组，为了简化厂房布置方式，降低造价，大多采用轴向排汽式汽轮机，发电机位于汽轮机高压缸端，示意图见图 15.10-2。

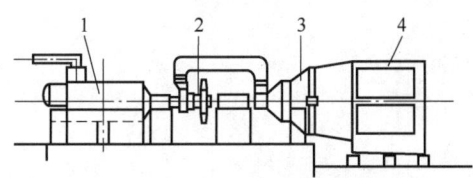

图 15.10-2　轴向排汽式汽轮机
1—发电机　2—高压缸　3—低压缸　4—凝汽器

（2）汽轮机参数[53]

1）汽轮机功率。确定燃气轮机后，余热锅炉产生的总热量也相对确定。汽轮机进汽温度取决于燃气轮机的排气温度。受燃气轮机的排烟温度和排烟量限制，余热锅炉的产汽量将随进汽压力的变化而变化，汽轮机的最大出力取决于蒸汽流量与蒸汽压力的最佳匹配，与常规蒸汽轮机直接确定功率有较大的区别。

2）主蒸汽压力。主蒸汽压力提高，汽轮机内效率提高、功率增加,当主蒸汽压力达到某一临界值后,余热锅炉的蒸汽产量会下降,汽轮机的漏汽损失和湿度将上升,汽轮机功率将降低。主蒸汽压力提高将缩小汽轮机本体及凝汽器外形尺寸,但余热锅炉的管壁加厚和换热面积增加。对于确定的燃气轮机,汽轮机存在一个最佳进汽压力,使汽轮机功率最大。不同联合循环配套的汽轮机最佳主蒸汽压力不同,当机组功率较小时,应选择较低的主蒸汽压力;当机组功率较大时,应选择较高的主蒸汽压力,且还可以采用再热,以降低排汽湿度和提高末级叶片效率。最佳的进汽压力还与燃机运行条件、烟气成分、大气环境、进汽系统和再热系统的选择有关,需在余热锅炉和汽轮机性能之间进行热力计算优化。

3)主蒸汽温度。主蒸汽温度取决于燃气轮机的排气温度。主蒸汽温度越高,汽轮机效率也越高,但管道金属材料成本也越高。燃机排气温度较余热锅炉产生蒸汽温度高 25~40℃。

第 11 章 生物质发电和垃圾发电

11.1 生物质发电

131 生物质发电锅炉的特点和类型

（1）生物质燃料特性　生物质燃料也是一种固态燃料，主要特征和特性见表 15.11-1。生物质锅炉及其辅助系统的设计应根据生物质燃料的特性进行设计。

表 15.11-1　生物质燃料的主要特征和特性

特征	对应特性
含碳量较少，特别是固定碳的含量少	热值较低，燃烧过程较短
含氢量稍多，挥发分较多	易着火
含氧量较多	可适当减少燃烧供氧量
含硫量较少	SO_2 的生成量少，环保性能优越
碱金属含量较多	燃烧生成较多的 Na_2O 和 K_2O，这类碱金属在燃烧过程中会在金属受热面表面积residuals，对金属表面腐蚀危害很大，同时影响受热面传热
灰熔点较低	某些秸秆，特别是黄色软质秸秆的灰熔点相当低，变形温度在 700℃左右，结焦问题严重
含灰量虽不多，但是密度小，体积大	松软浮散的灰不易沉积进灰斗
秸秆中含有一定量的氯	燃烧后产生的烟气中含有 HCl 与 Cl_2 气体，会对受热面产生高温腐蚀和低温腐蚀
灰中含有丰富的钾、镁、磷和钙等	可用作高效农业肥料

（2）生物质锅炉参数　我国生物质发电锅炉均为蒸汽锅炉，涵盖中温中压、次高温次高压、高温高压和高温超高压、高温超高压一次再热参数。生物质发电蒸汽锅炉主要参数、容量系列见表 15.11-2。

表 15.11-2　我国生物质发电蒸汽锅炉主要参数、容量系列

类型	参数[3]			容量/(t/h)
	汽压/MPa	汽温/℃	给水温度/℃	
中温中压	3.82	450	约 150	35/45/50/65
次高温次高压	5.3	485	约 150	35/45/50/65
高温高压[1]	9.8	540	205~225	65/75/85/95/130
高温超高压[2]	13.34	540	约 240	75/130
高温超高压一次再热[1]	13.7	540	210~250	130/220

① 通常推荐的参数为高温高压或高温超高压一次再热参数。

② 高温超高压参数目前仅西门子有配套汽轮机。

③ 所列数据为参考值。

1365

（3）生物质锅炉型式分类及特点　见表 15.11-3。

表 15.11-3　生物质锅炉型式分类及特点

分类	锅炉类型	简要说明及特点
按介质分类	蒸汽锅炉	生产蒸汽的生物质锅炉，发电用锅炉均为蒸汽锅炉
	热水锅炉	生产热水的生物质锅炉，供热使用
	热风锅炉	生产热风的生物质锅炉，供热使用
	导热油炉	导热油升温用生物质锅炉，化工行业使用
按燃烧方式分类	流化床燃烧锅炉 	1）锅炉本体包括布风板、炉膛、受热面、旋风分离器等。送入布风板的空气流速较高，使颗粒燃料在炉室内形成有规律的流化状态，床料经旋风分离器分离后回到床层继续循环； 2）可燃用的燃料有：废木材、锯木粉、咖啡渣、稻壳、甘蔗渣、农作物秸秆、木材加工下脚料、造纸厂的草浆黑液、糖醛渣、污泥等，但纯烧黄秆能力相对较差； 3）优点：燃料适应范围广；飞灰含碳量较低，锅炉效率较高；可在较低的温度下发生燃烧，NO$_x$ 原始排放浓度低；可进行炉内脱硫； 4）缺点：厂用电高于层燃锅炉；运行过程中需要根据床压来添加床料；对入炉燃料颗粒尺寸要求严格，需要增加燃料预处理工艺和设备来破碎燃料；与炉排炉相比故障率较高，燃用含杂质较多的燃料时放渣管易堵塞；流化床受热面泄漏、爆管也比炉排炉严重； 5）无明确黄色秸秆锅炉和灰色秸秆锅炉区分； 6）锅炉参数涵盖中温中压、次高温次高压、高温高压和高温超高压、高温超高压一次再热参数
	鼓泡炉 	1）与流化床锅炉相比无旋风分离器，无循环物料，送入布风板或布风管的空气流速较高，使颗粒燃料在炉室内形成有规律的鼓泡流化状态； 2）可燃用的燃料有：废木材、锯木粉、咖啡渣、稻壳、甘蔗渣、农作物秸秆、木材加工下脚料、造纸厂的草浆黑液、糖醛渣、污泥等，但纯烧黄秆相对能力相对较差； 3）与流化床锅炉相比，可适用于更高水分生物质的燃烧； 4）优点：燃料适应范围广；可在较低的温度下燃烧，NO$_x$ 原始排放浓度低；可进行炉内脱硫； 5）缺点：对入炉燃料颗粒尺寸要求严格，需要增加燃料预处理工艺和设备来破碎燃料；与炉排炉相比故障率较高，燃用含杂质较多的燃料时放渣管易堵塞；鼓泡炉受热面泄漏、爆管也比炉排炉严重； 6）参数涵盖中温中压、次高温次高压、高温高压； 7）无明确黄色秸秆锅炉和灰色秸秆锅炉区分

（续）

分类	锅炉类型	简要说明及特点
按燃烧方式分类	水冷振动炉排炉	1）水冷振动炉排为层燃炉，炉排为类水冷壁结构，炉排片为锅炉水循环系统的一部分，冷却效果更佳。水冷振动炉排防结渣能力好，具有自拨火功能，落在炉排上燃烧的秸秆能够随着振动频率和振动周期进行翻滚，防止外部生成的焦炭互相搭桥、结渣、黏结在炉排面上； 2）可燃用的燃料有：稻秆、麦秆、玉米秆、棉花秆、果树枝、木料加工下脚料等生物质，可以单独烧上述任何一种秸秆，也可以各种秸秆混烧； 3）优点：锅炉结构简单、操作方便、投资和运行费用都相对比较低；燃烧稳定、负荷调节性大；运行较为稳定，检修周期较长；没有放渣管堵塞问题；锅炉本体引起事故停炉的概率小，年利用小时数可以稳定在 7 000h 以上；厂用电较低；对燃料水分、热值的波动有一定的适应能力； 4）缺点：燃料适应性相对较弱；飞灰含碳量高，燃烧效率低于流化床锅炉；国内生产厂商较少，价格昂贵；不能进行炉内脱硫；NO_x 原始排放浓度高； 5）参数涵盖中温中压、次高温次高压、高温高压； 6）水冷振动炉排炉可分为黄色秸秆锅炉和灰色秸秆锅炉
	联合炉排炉	1）该炉型是在炉排炉技术基础上改进的产品，为国内生产厂商的专利产品。锅炉为自然循环，单锅筒、集中下降管、膜式水冷壁结构。燃烧设备采用联合炉排，预燃段为倾斜往复排，材料为特种耐热铸钢，燃烧段为重型炉排，分别具有独立调节功能，燃烧室两侧水冷壁密封模板采用浇注料密封盒密封型式； 2）可燃用的燃料有：玉米秸秆、棉秆、向日葵秆、沙荆、树木枝条及压榨为颗粒的燃料等； 3）优点：厂用电低于流化床锅炉；投资低于水冷振动炉排炉但高于流化床锅炉； 4）缺点：层燃炉燃料适应性不强、炉排与水冷壁之间密封不严、高温排渣不畅、NO_x 污染物排放较高、锅炉运行部件容易产生故障、给料口等位置磨损严重等； 5）无明确黄色秸秆锅炉和灰色秸秆锅炉区分

（4）燃料量和烟风量计算　生物质发电锅炉的燃料消耗量、锅炉烟风量计算等见本篇条目 24 和条目 25 相关内容。

（5）灰渣处理及灰渣比　水冷炉排一般采用水浸式刮板捞渣机系统；循环流化床炉排渣一般采用冷渣器及后续机械输送系统或直接采用水浸式捞渣系统。生物质锅炉灰渣量应按锅炉厂提供的灰渣比进行计算，未取得锅炉厂提供数据时，灰渣比按表 15.11-4 确定[17]。

表 15.11-4　灰渣分配表

项目	层燃炉		循环流化床炉	
	硬质秸秆①	软质秸秆②	硬质秸秆	软质秸秆
渣	20~50	50~80	5~10	5~10
灰	80~50	50~20	95~90	95~90

① 棉花、大豆等茎干相对坚硬的农作物秸秆及树枝、木材加工下脚料统称为硬质秸秆或灰秆。
② 玉米、小麦、水稻、高粱、甘蔗等茎干相对柔软的农作物秸秆统称为软质秸秆或黄秆。

132　生物质发电烟气后处理技术

（1）生物质电厂污染物主要组成　主要由烟尘、氮氧化物和二氧化硫三种组成。原始排放浓度大致范围见表 15.11-5。

表 15.11-5　生物质电厂烟气原始排放浓度（标态、干基、$6\%O_2$）

序号	项目	单位	数值
1	NO_x	$mg/(N \cdot m^3)$	$\leqslant 350/100$[①]
2	SO_2	$mg/(N \cdot m^3)$	$200 \sim 800$
3	烟尘	$mg/(N \cdot m^3)$	$1\,000 \sim 5\,000$

① 新建水冷振动炉排炉 NO_x 限值 $350mg/(N \cdot m^3)$；新建流化床锅炉 NO_x 限值 $100mg/(N \cdot m^3)$，对于改造机组则应按实际设备条件进行评估。

（2）生物质电厂氮氧化物治理技术　生物质电厂常用烟气氮氧化物治理技术见表 15.11-6；不同排放要求的烟气氮氧化物治理技术选择见表 15.11-7；还原剂耗量计算见表 15.11-8。

表 15.11-6　生物质电厂烟气氮氧化物治理技术

项目	SNCR 技术	低温 SCR 技术	陶瓷滤筒尘硝一体技术	高分子脱硝技术
技术简述	在无催化剂的作用下，在适合脱硝反应的"温度窗口"内喷入还原剂，将烟气中的氮氧化物还原为无害的氮气和水	在温度较低的烟道上设置反应器进行脱硝，SCR 系统包括换热器及脱硝岛等设备，低温 SCR 流程见图 15.11-1	陶瓷滤筒采用类布袋除尘器结构，采用附着了脱硝催化剂的孔隙结构陶瓷滤筒代替布袋，实现同步脱硝除尘的功能。为避免硫酸氢铵影响，采用该技术时必须在上游进行脱硫	在无催化剂的作用下，在适合脱硝反应的"温度窗口"内喷入高分子脱硝剂将烟气中的氮氧化物还原为无害的氮气和水
反应剂	氨或尿素	氨或尿素	氨或尿素	高分子脱硝剂
反应温度	$800 \sim 1\,250℃$	低温催化剂 $160 \sim 200℃$	$320 \sim 425℃$	$750 \sim 1\,250℃$
催化剂	不使用催化剂	低温催化剂：锰基 MnO_x，铁钛基 $FeTiO_x$ 等	滤筒附着催化剂：钒钛基	不使用催化剂
脱硝效率	炉排炉约 50% CFB 炉的炉膛温度较低时 $20\% \sim 30\%$；炉膛温度高可达 $50\% \sim 70\%$	$80\% \sim 90\%$	$80\% \sim 90\%$ 或更高	$70\% \sim 85\%$
反应剂喷射位置	炉膛内喷射	SCR 反应器入口烟道	除尘器入口烟道	炉膛内喷射
氨逃逸	$<7.6mg/(N \cdot m^3)$ [$10ml/(N \cdot m^3)$]	$<2.28mg/(N \cdot m^3)$ [$3ml/(N \cdot m^3)$]	$<2.28mg/(N \cdot m^3)$ [$3ml/(N \cdot m^3)$]	$<2.28mg/(N \cdot m^3)$ [$3ml/(N \cdot m^3)$]
SO_2/SO_3 氧化	无 SO_2 氧化，SO_3 浓度不增加	先脱硫，影响小	先脱硫，影响小	无 SO_2 氧化，SO_3 浓度不增加
系统压力损失	没有压力损失	新增烟道部件及催化剂层造成压力损失约 $1\,000Pa$；增加 GGH 及蒸汽换热器阻力约 $1\,500Pa$	比常规布袋阻力增加约 $500 \sim 800Pa$	没有压力损失

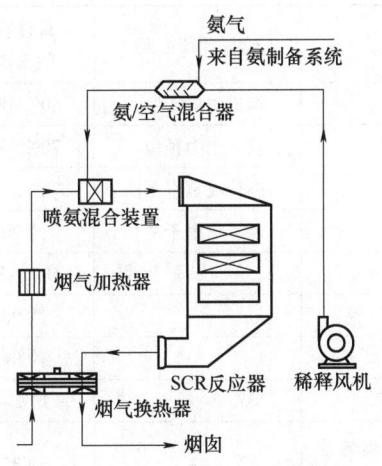

图 15.11-1　低温 SCR 技术流程简图

表 15.11-7　生物质电厂烟气氮氧化物治理技术选择

NO_x 排放要求	炉型	推荐方案
$100mg/(N \cdot m^3)$	流化床	燃烧控制或燃烧控制+SNCR[①]
	炉排炉	燃烧控制+SNCR
$50mg/(N \cdot m^3)$	流化床	燃烧控制+SNCR
	炉排炉	燃烧控制+SNCR+低温SCR 或陶瓷滤筒尘硝一体化[②]

① SNCR 还原剂推荐采用氨水。

② 高分子脱硝也是一种选择方案，但需要注意高分子脱硝多为专利技术。

表 15.11-8　还原剂耗量计算

SNCR 工艺	$$W_a = \frac{V_q \times 0.62 \times C_{NO_x} \times 17}{30 \times 10^6} \times m$$ 式中　W_a——纯氨耗量（kg/h）； 　　　C_{NO_x}——入口 NO_x 浓度 [$mg/(N \cdot m^3)$]，标况，干基，$6\%O_2$； 　　　V_q——每台炉烟气流量（$N \cdot m^3/h$）； 　　　m——SNCR 氨氮摩尔比，m 取值：SNCR 效率24%时，$m \approx 0.80$；30%时，$m \approx 1.00$； 　　　　　35%时，$m \approx 1.25$；38%时，$m \approx 1.35$；40%时，$m \approx 1.40$ 采用其他还原剂时可根据还原剂纯度及分子量、摩尔比进行折算
低温 SCR/陶瓷滤筒法	$$W_a = \left(\frac{V_q \times 0.62 \times C_{NO} \times 17}{30 \times 10^6} + \frac{V_q \times 0.05 \times C_{NO_2} \times 34}{46 \times 10^6} \right) \times m$$ $$m = \frac{\eta_{NO_x}}{100} + \frac{\frac{\gamma_a}{22.4}}{\frac{0.62 \times C_{NO_x}}{30} + \frac{0.05 \times C_{NO_x}}{23}}$$ 式中　C_{NO}——反应器入口 NO 浓度 [$mg/(N \cdot m^3)$]，$C_{NO} = 0.62C_{NO_x}$； 　　　C_{NO_2}——反应器入口 NO_2 浓度 [$mg/(N \cdot m^3)$]，$C_{NO_2} = 0.05C_{NO_x}$； 　　　γ_a——氨的逃逸率（ml/m^3），标准状态，干基，$6\%O_2$； 其余符号意义同 SNCR； 采用其他还原剂时可根据纯度及分子量、摩尔比进行折算
高分子法	耗量由设备供货商计算

（3）生物质电厂脱硫技术　与垃圾焚烧电站脱酸工艺类似，生物质电厂不需要设置湿法脱硫，除此之外，其可选工艺可参考表 15.11-15 垃圾电厂脱酸技术综合比较表，针对不同排放指标要求，生物质电厂脱硫工艺选择方案见表 15.11-9。在进行脱硫剂耗量计算时，生物质电厂以 $6\%O_2$ 为基准，而垃圾电厂以 $11\%O_2$ 为基准。

表 15.11-9　生物质电厂脱硫工艺方案选择

SO₂ 排放要求	炉型	推荐方案	建议预留方案	最佳脱硫效率范围
100mg/(N·m³)	流化床	炉内喷钙法①	烟道喷射干法	50%~80%
	炉排炉和流化床（炉内不脱硫）	烟气循环流化床干法②	设备出力预留	70%~95%
		烟道喷射干法	旋转喷雾半干法	约50%
		旋转喷雾半干法	烟道喷射干法	约70%
50mg/(N·m³) 或 35mg/(N·m³)	流化床	炉内喷钙法①	—	50%~80%
		炉内喷钙①+烟道喷射干法	—	约90%
		炉内喷钙①+旋转喷雾半干法	—	约94%
	炉排炉和流化床（炉内不脱硫）	烟气循环流化床干法②	—	70%~95%
		烟道喷射干法+旋转喷雾半干法	—	约85%
		烟道喷射干法	旋转喷雾半干法③	约50%
		旋转喷雾半干法	烟道喷射干法③	约70%

① 炉内喷钙法的脱硫效率随着钙硫比的改变，可以进行调整。
② 烟气循环流化床干法的脱硫效率随着钙硫比的改变，可以进行调整。
③ 预留设施的目的是增加对生物质来源多样性的适应。

（4）生物质电厂除尘技术　流化床锅炉配备旋风除尘+布袋除尘器或仅配置布袋除尘器；水冷振动炉排锅炉配备旋风除尘+布袋除尘器，或陶瓷滤筒尘硝一体化除尘器。

11.2　垃圾发电

133　垃圾焚烧炉的特点和类型

（1）垃圾燃料特性　我国入炉垃圾多数为各种垃圾混杂所成，其确切成分不稳定，垃圾的含水率、有机质、碳氢比、热值等随着垃圾产生种类的不同而不同，给焚烧炉设计带来一定的影响。总的来说，我国生物垃圾含水量高，一般为 55%~65%，厨余及餐饮等有机废物比例大，可达 45%~55%；近年来，随着人民生活水平的提高，垃圾热值也有所上升，南方发达城市垃圾热值相对高于北方城市。

垃圾也是一种固体燃料，其特性分析方法参见本篇条目 13。

（2）垃圾焚烧炉参数　垃圾焚烧炉以垃圾处理量为主要参数。

1）CFB 焚烧炉主要处理量等级（单位为 t/h）为：150，200，250，300，350，400，450，500，550，600，650，700，750，800。

2）机械炉排焚烧炉主要处理量等级（单位为 t/h）为：150，200，250，300，350，400，450，500，550，600，650，700，750，800，850，1 000，1 200。

焚烧炉蒸汽参数目前仅有中温中压和次高温次高压两种。

（3）垃圾焚烧锅炉的型式　按燃烧方式的不同，垃圾焚烧炉的型式主要有机械炉排焚烧炉和循环流化床焚烧炉，还有极个别焚烧线采用旋转窑焚烧炉和热解气化焚烧炉。

焚烧线数量和单条焚烧线规模应根据焚烧厂处理规模、所选炉型的技术成熟度等因素确定，宜设置 2~4 条焚烧线[16]。

各种垃圾焚烧炉的特点对比表 15.11-10。

表 15.11-10　焚烧炉特点对比

项目	机械炉排炉	流化床焚烧炉	热解焚烧炉	回转窑焚烧炉
炉床及炉体	机械运动炉排，炉排面积较大，炉膛体积较大	固定式布风板，布风板面积和炉膛体积较小	种类多，有立式旋转热解炉、卧室旋转热解炉，也有固定炉	无炉排，靠炉体的转动带动垃圾移动

（续）

项目	机械炉排炉	流化床焚烧炉	热解焚烧炉	回转窑焚烧炉
垃圾预处理	不需要	需要	需要	不需要
辅助燃料	不需要	需要	不需要	不需要
设备占地	大	小	中	中
灰渣热灼减率	易达标	原生垃圾在连续助燃下可达标	原生垃圾不易达标	原生垃圾不易达标
垃圾在炉内停留时间	长	短	长	长
过量空气系数	大	中	小	大
单炉最大处理量	1 200t/d	800t/d	200t/d	500t/d
垃圾燃烧空气供给	易调节	较易调节	不易调节	不易调节
对垃圾含水量的适应性	可通过调整干燥段适应不同湿度的垃圾	炉温易随垃圾含水量的变化而波动	可通过调节垃圾在炉内的停留时间来适应垃圾的湿度	可通过调节滚筒转速来适应垃圾的湿度
对垃圾不均匀性的适应性	可通过炉排拨动垃圾反转，使其均匀化	较重垃圾迅速到达底部，不易燃烧完全	难以实现炉内垃圾的翻动，大块垃圾难于燃尽	空气供应不易分段调节，大块垃圾不易燃尽
烟气中含尘量	较低	高	较低	高
燃烧介质	不用载体	需石英砂	不用载体	不用载体
燃烧工况控制	较易	不易	不易	不易
运行费用	低	低	高	高
NO_x 排放	高	低	高	高
烟气处理	脱硝、脱硫较复杂	脱硝、脱硫均较简单	脱硝、脱硫均较简单	脱硝、脱硫均较复杂
维修工作量	较少	较多	较少	较少
运行业绩	很多	多	很少	生活垃圾很少，工业垃圾较多
综合评价	对垃圾的适应性强，不需要垃圾预处理，故障少、投资高、运行可靠	需进行垃圾预处理且需经常停炉清渣，故障率较高，一般加煤才能焚烧，烟气中飞灰含量较高	灰渣热灼减率高	要求垃圾热值较高（2500kcal/kg 以上），运行成本较高

（4）机械炉排炉　垃圾循环流化床焚烧炉主要汽水系统、烟风系统与燃煤循环流化床焚烧炉相近，旋转窑焚烧炉和热解气化焚烧炉实际应用很少，以下仅对机械炉排炉进行详细介绍。机械炉排炉分焚烧炉排和余热锅炉两部分。各种炉排焚烧炉的特点见表 15.11-11。各种余热锅炉的特点见表 15.11-12。

表 15.11-11　各种炉排焚烧炉的特点

品牌	三菱-马丁 炉排炉	SITY-2000 炉排炉	日立 HiRZ 炉排炉	日立 VONROLL 炉排炉	西格斯（SEGHERS）炉排炉	本田雄（Takuma）炉排炉	光大 炉排炉
简图							
简介	为倾斜推复炉排，固定炉排片和活动炉排片依次排列，炉排整体前高后低，为倾角为26°。当炉排片上的垃圾受重力作用向下移动的同时，部分垃圾与倾动方向相反的推力作用，使垃圾表面与空气充分接触，实现稳定燃烧	为逆推炉排，炉排的下倾角为24°，整个炉排无阶段落差，送气孔设在炉排片外而有自清作用，可动炉排片纵向交错结团。垃圾在作用下，固定炉排片呈梯式靠重配置。活动炉排逆向运动力方向为相反，达到上层翻动垃圾作用，炉排内分为三段燃烧：干燥段、燃烧段和燃尽段，各段运行速度可以调节	为推动倾斜炉排，分三段，每段炉排面有15°倾角，每段炉排之间有阶段落差，炉排片上设有剪切刀，防止垃圾结团，同时对垃圾有一定的翻动作用。炉排在设计上针对国内垃圾采取的主要措施有：一次风采用分段配风，炉墙采用风冷，设剪切刀，设阶段燃烧差等	炉排以列为单位运动。运动时为相邻组合的炉排一列运动，另一列运动不动。在运动过程中垃圾不停地向倾斜方向翻动，此外还增加了垃圾切割装置，起着充分搅拌垃圾的作用，有利于垃圾助燃和垃圾充分接触	为倾斜复阶梯式多级炉排，滑由固定炉排、翻动炉排交替布置，滑动炉排及翻动炉排运更通过滑动炉排交替运送过程中使垃圾松。分段配风，使得分段焚烧炉调节，焚烧炉调节手段灵活，燃烧充分	为阶梯往复摇动式炉排。干燥、燃烧及后燃烧斜床排，固定炉排及倾斜炉排均以纵向交错供应，炉排以纵向交错排列，通过空气室化，合理供应空气，使垃圾进行分室化配。分段配风，焚烧炉内藏喷厚的分室喷嘴，可结炉排内藏喷厚度均匀，炉排不受垃圾影响，供应空气性及拆装炉高简便，垃圾耐火度。炉排上搅拌性能好	为顺推翻动式、滑动固定炉排、翻动炉排布置，翻动交替炉排通过滑动炉排运送垃圾，在给料炉排与焚烧炉排之间设置大落差和翻动炉排设计使垃圾较松，分段调级焚烧炉调节，焚烧炉更顺节，焚烧炉调灵活，燃烧范应充分，适应广
特点	1) 垃圾扰动良好，干燥和着火点可在短时间内完成； 2) 供风高风阻比较均匀； 3) 炉排片型式较多； 4) 炉膛温度波动范围小； 5) 炉型容量大	1) 适合高水分，低热值的垃圾； 2) 焚烧性能良好，灰渣中燃尽率在0.7%~2%，灰容量<3g/m³； 3) 运行过程燃烧参数稳定； 4) 维护成本低	1) 设剪切刀和阶段落差，对垃圾翻动，搅拌效果好； 2) 在横向上把垃圾压碎，切断块状垃圾，有一定的死区； 3) 炉排之间的缝隙较大，风阻小，漏灰较多； 4) 采用烟气加热空气燃烧	1) 炉排为列运动； 2) 在燃烧段剪切刀，中间设置剪切刀，切有效地压碎，切断块状垃圾； 3) 阶段落差大； 4) 辅助投油点低，在运行时基本上不需要开启辅助燃烧器	1) 炉排水平运动与垂直运动分开； 2) 可以焚烧热值范围变化大的垃圾； 3) 炉床燃烧均匀； 4) 助燃风水平方向送入； 5) 多级炉排水平和垂直运动的频率在运行过程中可单独调整	1) 燃烧废气充分供应，结合各点进行空气的分配； 2) 供风，炉排通风阻力高，炉喷嘴有喷吹，可不受垃圾喷层厚度的均匀供应空气； 3) 炉块和炉排连接，炉排间形连接无空隙结构； 4) 搅拌性能好	1) 翻动炉排片为由上下组合炉排组成，磨损后只需更换上盖板； 2) 在两个炉排片间留有间隙，在炉排片一侧面装设不锈钢挡灰片； 3) 每个焚烧炉排单元都有独立的液压控制机构

表 15. 11-12　各种余热锅炉的特点

余热锅炉型式	立式	纯卧式	Π 型布置
简图			
占地面积	小	大	大
造价	低	高	高
炉膛是否采用绝热	是	是	是
对流受热面排列型式	顺列	顺列	顺列
过热器布置位置	第三水冷通道	水平水冷通道	水平水冷通道
过热器结构型式	蛇形管	蛇形管或小集箱	蛇形管或小集箱
省煤器布置位置	尾部垂直钢烟道	尾部水平钢烟道	尾部垂直钢烟道
省煤器结构型式	蛇形管	小集箱	蛇形管
蒸发器布置位置	第三水冷通道	水平水冷通道	第三水冷通道
蒸发器结构型式	旗式等	小集箱	蛇形管
锅炉自清灰能力	较差	好	好

（5）机械炉排炉风机数量及风量

1）机械炉排炉一次风机和送风机数量由炉排供货商决定，一般单台炉一次风机数量为 1~10 台，二次风机数量为 1~2 台。

2）机械炉排炉总烟风量计算可按照本篇条目 25 计算，余热锅炉出口过量空气系数若无锅炉厂数据，可取 1.9。

3）机械炉排炉一次风量与二次风量的比值通常取 6∶4 或 2∶1，具体数据与炉排工艺有关。

（6）机械炉排炉灰渣

1）机械炉排炉总渣量取总垃圾量的 20% 左右，总灰量取总垃圾量的 3% 左右。

2）布袋除尘器捕捉到的飞灰为危险废固，炉渣不属于危险废固，可综合利用。

134　垃圾焚烧炉烟气后处理技术

（1）垃圾焚烧电厂污染物主要组成　垃圾焚烧电厂污染物除烟尘、SO_2、NO_x 外还包括重金属、二噁英等，具体项目及指标见表 15.11-13。

表 15. 11-13　垃圾焚烧电厂大气污染物国标排放浓度与欧盟标准值[①]

污染物名称	单位	国家标准 GB 18485—2014		欧盟 2010/75/EC	
		日平均	小时平均	日均值	半小时 100%
烟尘	mg/（N·m³）	20	30	10	30
HCl	mg/（N·m³）	50	60	10	60
SO_2	mg/（N·m³）	80	100	50	200
NO_x	mg/（N·m³）	250	300	200	400

（续）

污染物名称	单位	国家标准 GB 18485—2014		欧盟 2010/75/EC	
		日平均	小时平均	日均值	半小时 100%
CO	$mg/(N \cdot m^3)$	80	100	50	100
Hg	$mg/(N \cdot m^3)$	0.05（测定均值）		0.05（测定均值）	
Cd+T1	$mg/(N \cdot m^3)$	0.1（测定均值）		0.05（测定均值）	
Pb+Cr 等其他重金属	$mg/(N \cdot m^3)$	1.0（测定均值）		0.5（测定均值）	
烟气黑度[②]	林格曼级	1（测定值）		1（测定值）	
二噁英类（TEQ）	$ng\text{-}TEQ/(N \cdot m^3)$	0.1（测定均值）		0.1（测定均值）	

① 本表规定的各项标准限值，均以标准状态下含 $11\%O_2$ 的干烟气为参考值换算。

② 烟气最高黑度时间，在任何 1h 内累计不得超过 5min。

（2）垃圾焚烧电厂氮氧化物治理技术　垃圾焚烧发电可选择的脱硝技术与生物质电厂脱硝技术类似，除垃圾焚烧电厂无陶瓷滤筒技术外，其余可选择，可参见表 15.11-6 生物质电厂烟气氮氧化物治理技术。垃圾焚烧电厂烟气氮氧化物治理技术选择见表 15.11-14。

表 15.11-14　垃圾焚烧电厂烟气氮氧化物治理技术选择

NO$_x$ 排放要求	推荐方案	建议预留设施
250mg/（N·m³）	SNCR	低温端预留布置 SCR 的条件
100mg/（N·m³）及以下	SNCR+低温端 SCR 组合	—

注：1. SNCR 还原剂推荐采用氨水。

　　2. 高分子脱硝也可以是一种选择方案，但高分子脱硝多为专利技术。

（3）垃圾焚烧电厂脱酸技术

1）垃圾电厂各种脱酸技术综合比较见表 15.11-15。

表 15.11-15　垃圾电厂脱酸技术综合比较

项目	炉内喷钙	旋转喷雾半干法	干法		湿法
			简易干法	烟气循环流化床干法	
工艺特点	与燃煤机组炉内喷钙方案同	脱酸剂 Ca（OH）$_2$ 溶液通过高速旋转的雾化器进入脱酸塔与酸性物质发生反应，而达到脱酸的目的	直接在烟道内喷射脱酸剂，以达到脱酸的目的	与燃煤机组 CFB 半干法同	与燃煤机组湿法脱硫类似
SO$_2$ 脱除效率	50%~80%	约 70%	约 50%	70%~95%	90%~99%
HCl 等脱除效率	>99	>99	>95	>99	>99
系统复杂程度	简单，但仅应用于流化床锅炉	中等	简单	中等	复杂

（续）

项目	炉内喷钙	旋转喷雾半干法	干法		湿法
			简易干法	烟气循环流化床干法	
吸收剂	$CaCO_3$（石灰石）	$Ca(OH)_2$（消石灰或熟石灰）/CaO（生石灰）	$Ca(OH)_2$（消石灰或熟石灰）/$NaHCO_3$ 等		$NaOH$/$Ca(OH)_2$（消石灰或熟石灰）/氨水等
脱硫产物	$CaSO_3$/$CaSO_4$ 等	$CaSO_3$/$CaSO_4$ 等	$CaSO_3$/$CaSO_4$ 等		Na_2SO_4/$CaSO_4$/$(NH_4)_2SO_4$ 等
Ca/S	2~2.5	约 2	约 3	约 1.5	约 1.03
水耗	无	约为湿法的 2/3	无	约为湿法的 2/3	最高
电耗	较低	约为湿法的 2/3	约为湿法的 1/10	约为湿法的 1/2	最高
废水排放	无	无	无		有废水排放，需要处理
运行操作性	石灰石是干燥的粉状，易于使用	因使用消石灰浆，需要特别注意石灰浆浓度的控制，旋转雾化器的控制也比较复杂	消石灰是干燥的粉状，易于使用		制浆、吸收塔和废水处理系统均比较复杂，控制相对复杂
初期建设费用	系统简单，设备少，投资小	需要消石灰浆供应系统，需要昂贵的旋转雾化器，费用中等	约为半干法投资费的 20%	为半干法投资费的 110%~120%	为半干法投资费的 125%~150%
系统运行维护	系统简单，设备少，易于维护，维护费低	旋转雾化器需要定期清洗。长期停炉时需要清扫石灰浆管道，运维费约为湿法的 2/3	运维费约为湿法的 1/10	运维费约为湿法的 1/2	浆液管道、阀门、浆液泵以及废水处理设备等腐蚀、堵塞现象比较严重，运维费用最高

2）垃圾焚烧电厂脱酸工艺方案选择见表 15.11-16。

表 15.11-16　垃圾焚烧电厂脱酸工艺方案选择

排放标准要求 mg/($N \cdot m^3$)	炉型	推荐方案
$SO_2 \leqslant 80$ $HCl \leqslant 50$	流化床	炉内喷钙法+CFB 半干法
	炉排炉	烟气循环流化床干法+烟道喷射干法
		旋转喷雾半干法+烟道喷射干法
$SO_2 \leqslant 50$ $HCl \leqslant 10$	流化床	炉内喷钙法+CFB 半干法
	炉排炉	烟道喷射干法+旋转喷雾半干法+湿法

注：炉内喷钙法和烟气循环流化床干法的脱酸效率随着钙硫比的改变，均可以进行调整。

3）脱酸剂耗量计算　SO_2 脱除时脱酸剂耗量计算方法同燃煤机组，需要注意的是垃圾焚烧发电站烟气排放标准基准为 11% O_2。脱除 HCl、FH 时，以 $Ca(OH)_2$ 为例，其主反应式如下：

$$Ca(OH)_2 + 2HCl \longrightarrow CaCl_2 + 2H_2O$$

$$Ca(OH)_2 + 2HF \longrightarrow CaF_2 + 2H_2O$$

脱除 HCl 消石灰耗量计算公式如下:

$$L_{HCl} = \frac{74.10 \times CM_{HCl}}{2 \times 36.46 \times C'}$$

式中 L_{HCl}——每台炉脱除 HCl 的消石灰耗量（t/h）;

C——钙硫比, mol/mol, 见表 15.11-15;

M_{HCl}——每台炉脱除 HCl 量（t/h）;

C'——消石灰纯度（%）, 应选用纯度数据的低限值为计算依据。

$$M_{HCl} = F(C_{HCl} - C'_{HCl})$$

式中 F——每台炉脱硫装置入口烟气量（N·m³/h）, 干基, 11%O_2;

C_{HCl}——脱硫装置入口烟气中 HCl 浓度 [mg/（N·m³）], 干基, 11%O_2;

C'_{HCl}——脱硫装置出口烟气中 HCl 浓度 [mg/（N·m³）], 干基, 11%O_2。

（4）垃圾焚烧电厂除尘技术 垃圾焚烧发电厂均采用布袋除尘器。

（5）二噁英类（TEQ）脱除技术 二噁英类脱除靠燃烧控制和活性炭吸附。燃烧控制是保持炉内温度达到 850℃ 以上, 烟气停留时间大于 2s, 烟气中的二噁英分解率可超过 99%; 通过控制燃烧的过量空气系数, 实现垃圾的完全燃烧, 可抑制二噁英的生成。而剩余的锅炉出口烟气中的二噁英, 则需要通过在除尘器入口烟道中喷射活性碳来脱除。

（6）重金属脱除技术 重金属通过在除尘器入口烟道中喷射活性炭来脱除。

（7）CO 脱除技术 CO 无专门脱除设备。炉排焚烧炉通过燃烧控制即可保证 CO 排放量稳定达标。CFB 焚烧炉通过燃料处理或添加原煤等强化燃烧措施来减少和满足 CO 排放指标。

第12章 天然气分布式能源

12.1 天然气分布式能源特点及类型

135 分布式能源特点 天然气分布式能源是一种建在用户端的能源供应方式，可独立运行，也可并网运行，是以资源、环境效益最大化确定方式和容量的系统，将用户多种能源需求，以及资源配置状况进行系统整合优化，采用需求应对式设计和模块化配置的新型能源系统，是相对于集中供能的分散式供能方式，是天然气高效利用的重要方式。分布式能源系统可同时输出电和多种不同温度的冷量与热量，相应的整个系统分为动力系统、供热系统和制冷系统等。在各项输出中，电的能级高于冷和热，动力子系统通常处于系统的上游，其排放的热量被下游其他系统进行回收和梯级利用。

天然气分布式能源特点如下：

1）综合能源利用率高。分布式能源系统节能不是单纯的设备或工艺的节能，而是整个供能系统的节能。由于系统建在用户现场或邻近，减少了能源输运过程的损失。通过整合不同循环，应用能量梯级利用原理，先发电，再利用余热，体现了由能量的高品位到低品位的科学用能，实现能量的综合梯级利用。使能源综合利用率进一步提高，可达到70%以上。

2）环保性能良好。分布式能源系统由于采用清洁燃料，大幅度降低了烟气中温室气体和其他有害成分排放；一次能源综合利用率的提高进一步起到减排效果。脱氮及温室气体捕获利用技术的发展可以使分布式供能系统满足各种严格的环保标准。

3）经济性好。与大型天然气集中发电、燃煤电厂相比，天然气分布式能源系统首先生产了高价值的电力，又将余热用于供冷、供热或工业蒸汽负荷，创造了更加显著的经济效益。虽然分布式能源系统初投资高，但能源利用效率高，且省去了部分输配电成本，相对于常规冷热电分产的系统而言，具有较好的经济性。

4）安全性可靠性高。分布式能源系统可以弥补大电网在安全稳定性方面的不足。在大电网出现突发事件时可以维持当地继续供电，减缓了地方对集中供电系统的依赖，采用调节手段提高供电质量。

5）调节作用明显。采用分布式能源的冷、热、电联供系统，可解决夏季的供冷与冬季的供热需要，也提供了一部分电力，可对电网起到削峰填谷作用。同时部分解决了天然气供应时的峰谷差过大问题，发挥了天然气与电力的互补作用。

6）设备数量少、容量小。与热电厂相比，分布式能源系统的设备数量少，体积较小，用地省；分布式能源系统普遍容量小，操作简单且具智能化，机组可灵活地快速起停。

136 分布式能源系统的分类 天然气分布式能源系统按照系统规模分类可分为楼宇分布式能源系统和区域分布式能源系统；按照动力系统类型分类有燃气轮机分布式能源系统、燃气内燃机分布式能源系统。

（1）按系统规模分类 见表15.12-1。

表 15.12-1 分布式能源按系统规模分类表

类型	特点
楼宇分布式能源系统	向单一建筑提供所需能量，能量需求规模较小，用户负荷变化特点趋同，系统规模和布置相对简单。用户的需求随环境温度变化，始终处于波动状态，分布式能源系统运行需要紧随负荷的变化，对系统的全工况性能要求较高。楼宇分布式能源系统通常布置在建筑内部或附近，是目前应用最多的联供系统之一

（续）

类型	特点
区域（建筑群）分布式能源系统	向一定区域内若干建筑共同构成的建筑群提供所需能量，建筑群的能量需求大，型式变化大，系统运行时需要考虑负荷的"同时使用系数"。系统规模庞大时，可以采用多台动力机组联合系统，也可以由若干相对独立的分散式中小型系统共同构成一个能源供应网络。系统应布置在合理位置，满足所供区域内建筑供能要求
区域（工业园区）分布式能源系统	适用于大量产业相对集中的工业园区。由于园区中的产业比较集中，相当于用户的负荷具有很大的相似性。系统应充分考虑多台机组并联的灵活配置，提高系统全工况性能

（2）按动力系统分类

1）燃气轮机分布式能源系统。

① 燃气轮机+余热锅炉+蒸汽轮机+蒸汽型溴冷机。系统流程见图 15.12-1。特点是燃气-蒸汽轮机联合循环发电的冷热电联供系统发电效率高，可供蒸汽，热、电、冷联供可提高系统的用热量，经济效益高。适用场景为区域型（工业园区、商业区）的分布式能源系统。

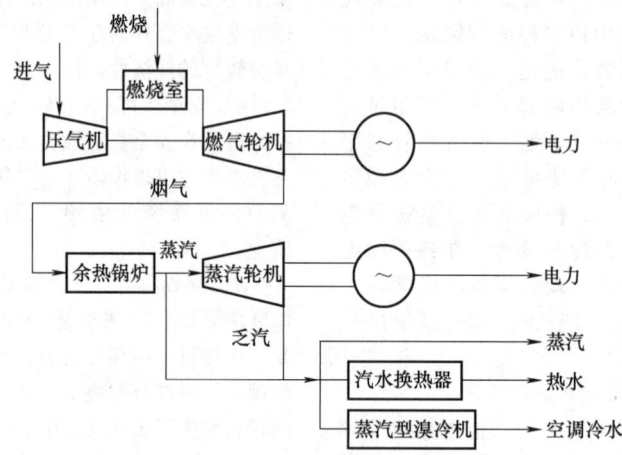

图 15.12-1　燃气轮机+余热锅炉+蒸汽轮机+蒸汽型溴冷机系统流程

② 燃气轮机+烟气型溴冷机。系统流程见图 15.12-2。特点是燃气轮机排烟直接驱动烟气型溴冷机运行，设备配置少，设备投资低，提高系统能量综合利用率。适用场景为楼宇型（宾馆、医院、办公楼）的分布式能源系统。

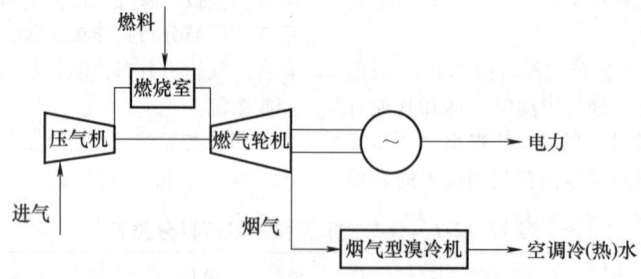

图 15.12-2　燃气轮机+烟气型溴冷机系统流程

2）燃气内燃机分布式能源系统。

① 内燃机发电机组+烟气蒸汽型机组。系统流程见图 15.12-3。特点是内燃机发电机组排放的烟气直接驱动烟气蒸汽型溴化锂吸收式制冷机进行制冷（供热），设备配置简单，系统连接紧凑，占地面积小。适用场景为冷（热）负荷较大，且具有蒸汽热源的分布式能源系统。

② 内燃机发电机组+烟气补燃型机组。系统流

程见图 15.12-4。特点是内燃机发电机组排放的烟气直接驱动烟气补燃型溴化锂吸收式制冷机进行制冷（供热），设备配置简单，系统连接紧凑，占地面积小。适用场景为冷（热）负荷较大，且无蒸汽热源的分布式能源系统。

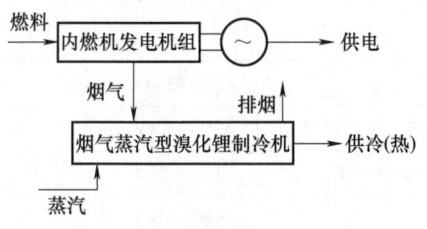

图 15.12-3　内燃机发电机组+
烟气蒸汽型机组系统流程

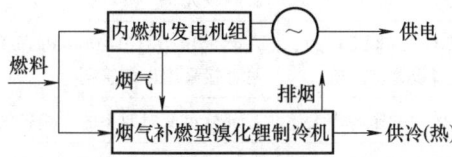

图 15.12-4　内燃机发电机组+烟气补燃
型机组系统流程

③ 内燃机发电机组+水水换热器+烟气热水型机组。系统流程见图 15.12-5。特点是系统的设备配置及系统连接较简单，设备占地面积较小，且烟气热水型溴化锂吸收式制冷机为单双效复合型机组，COP 比热水型机组高。适用场景为电负荷较大而空调负荷较小的场所，如工厂等。

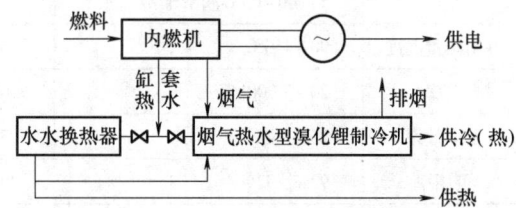

图 15.12-5　内燃机发电机组+水水换热器+
烟气热水型机组系统流程

④ 内燃机发电机组+水水换热器+烟气热水补燃型机组。系统流程见图 15.12-6。特点是烟气热水补燃型机组结构及控制系统较为复杂。适用场景为电负荷和空调负荷比较均衡的场所，如办公楼、酒店、商场等。

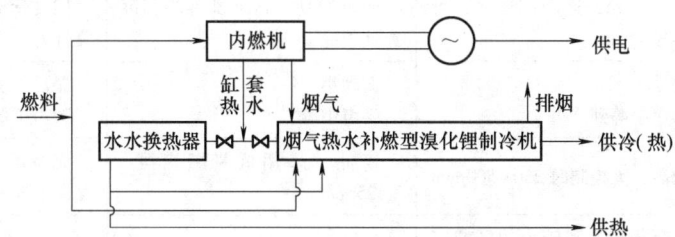

图 15.12-6　内燃机发电机组+水水换热器+烟气热水补燃型机组系统流程

12.2　分布式能源装置

137　分布式能源发电装置　主要有燃气内燃机、轻型燃气轮机（航改型）、微型燃气轮机以及个别情况下用到的重型燃气轮机。各装置比较见表 15.12-2。重型燃气轮机的特点参见本篇条目 128。

表 15.12-2　分布式能源发电装置比较

项目	燃气内燃机	轻型燃气轮机	微型燃气轮机
装置结构	利用汽缸带动活塞、连杆和飞轮，往复式结构。采用四冲程的点火式或压燃式，多缸布局；采用高速和中速内燃机	由压气机、燃烧室和透平三部分构成；为双轴或三轴设计，压气机或透平分为低压和高压级	由压气机、燃烧室和透平三部分构成，结构简单；带回热器，利用尾部烟气加热入口空气；采用空气轴承，不需要润滑油
结构特点	体积较大、结构复杂	由航空燃气轮机派生，体积小，重量轻，结构紧凑、设备部件精度高	燃气轮机转子和发电机转子同轴，采用向心式透平和离心式压气机，两者背靠背成为一体，机组的尺寸显著减小，重量减轻，可靠性加强，免维护

（续）

项目	燃气内燃机	轻型燃气轮机	微型燃气轮机
余热回收方式	烟气余热回收+机体热水余热回收： 1）400~600℃ 烟气； 2）80~110℃ 缸套水； 3）40~65℃ 润滑油冷却水	烟气余热回收： 250~650℃ 烟气	烟气余热回收： 400~550℃ 烟气
可用热量温度	90~450℃	260~600℃	200~350℃
功率	20~5 000kW	500~20 000kW	25~350kW
发电效率	25%~48%	25%~45%（简单循环）	15%~35%
可用率	92%~97%	90%~98%	90%~98%
起动时间	10s	10min	60s
环境影响	温度和海拔对功率和效率的影响较小	温度和海拔对功率和效率的影响较大	温度和海拔对功率和效率的影响较大
燃气压力要求	燃气压力 7.0~310kPa（g），可直接采用市政管网	燃气压力 800~3 500kPa（g），需专用管网或者设置增压机	燃气压力 270~700kPa（g），可直接采用市政管网
部分负荷特性	部分负荷对效率的影响较小	部分负荷对效率的影响较大	部分负荷对效率的影响较大
运行维护	结构复杂，运行维护工作量大，且消耗润滑油	结构较简单，运行维护工作量较小，使用但不消耗润滑油	结构简单，运行维护工作量小，部分机组可不使用润滑油
可靠性	往复运动，运动部件多，可靠性较差	回转运动，运动部件少，可靠性较好	回转运动，运动部件少，可靠性好
振动和噪声	振动大 噪声中等到严重	振动小 噪声中等	振动小 噪声中等
氮氧化物排放（含氧量15%）	较高，无控制时 250~500ppm	较低，采用低氮燃烧器 8~25ppm	无控制时 65~300ppm 采用低氮燃烧器 8~25ppm
适用条件	适合于楼宇和较小的区域应用，特别是有采暖和热水需求的用户	适合于区域应用	适合于楼宇应用
占地面积	0.02~0.029m²/kW	0.002~0.057m²/kW	0.014~0.139m²/kW

138　吸收式制冷装置[54]

（1）制冷机分类　制冷机的型式和特点见表 15.12-3。

表 15.12-3　制冷机的型式和特点

型式	特点
溴化锂吸收式制冷机组	可以分为蒸汽型制冷机、热水型制冷机、烟气型冷水机组、烟气热水型冷水机组等；可采用带补燃式溴化锂吸收式制冷机组 可分为单效机和双效机，单效机 COP 约 0.7，用于余热品质较低场合；双效机 COP 约 1.4，用于余热品质较高场合
电制冷机组	COP 为 4~5
直燃机制冷机组	直接利用燃气燃烧制冷，COP 约 1.4

（2）吸收式制冷机的特点　①对制冷机的热源要求不高，可以使用低位热能；②吸收式制冷机不需要压缩机，多数设备属于容器和热交换器类型，结构比较简单，便于加工制造和维护修理；③吸收式制冷机除设有几台泵外，无其他转动和运动的部件，运转安静、振动小、无噪声；④吸收式制冷机的容量调节范围很大，并可以实现无级容量调节。

（3）单效与双效溴化锂吸收式制冷机的比较

1）单效机组。只设置一个发生装置，溴化锂溶液被热源加热浓缩一次，单效溴化锂吸收式制冷机组循环示意图见图 15.12-7。

2）双效机组。加热浓缩后的溴化锂溶液在另一个发生器中被第一次发生产生的蒸汽重新被加热、浓缩，有两次的发生过程，双效溴化锂吸收式制冷机组并联循环示意图见图 15.12-8。

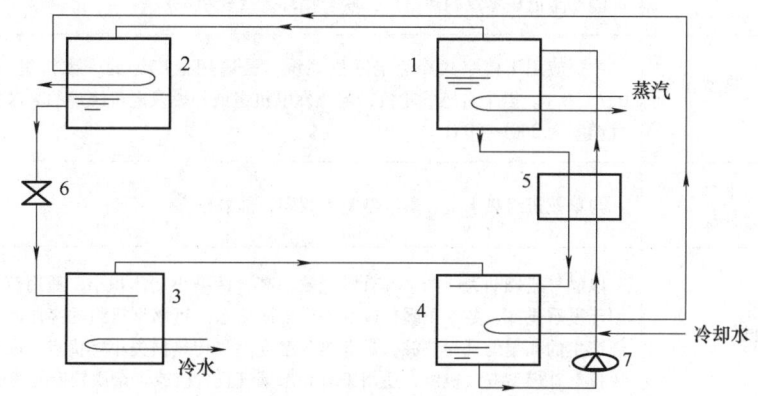

图 15.12-7　单效溴化锂吸收式制冷机组循环示意图

1—发生器　2—冷凝器　3—蒸发器　4—吸收器　5—溶液热交换器　6—节流阀　7—溶液泵

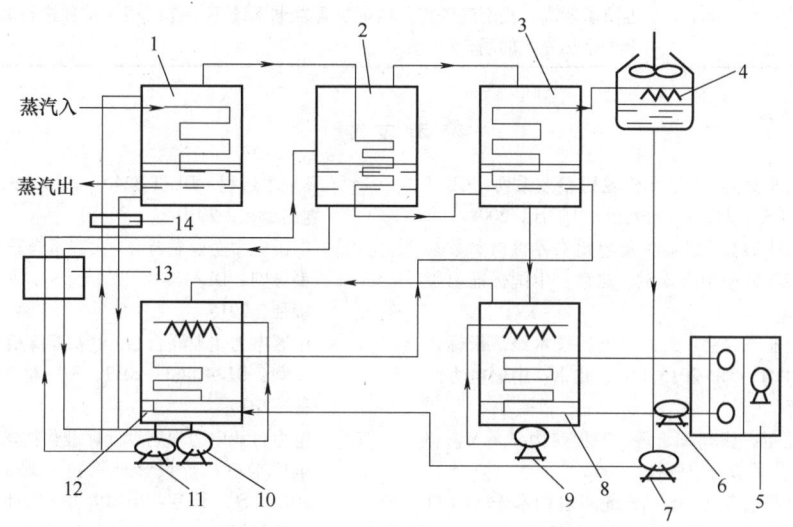

图 15.12-8　双效溴化锂吸收式制冷机组并联循环示意图

1—高压发生器　2—低压发生器　3—冷凝器　4—冷却塔　5—冷水　6—冷却盘管　7—冷却水泵
8—蒸发器　9—冷剂泵　10—溶液泵Ⅰ　11—溶液泵Ⅱ　12—吸收管
13—低温溶液热交换器　14—高温溶液热交换器

（4）吸收式机组在分布式能源中的应用　见表 15.12-4。

表 15.12-4　吸收式机组在分布式能源中的应用

机组型式		应用特点
单效型机组	热水型单效机组	主要功能是制冷。制冷量为 116~11 630kW，能效 COP 为 0.65~0.7，热源为 85~150℃ 的热水，适用于有中温热水或通过热交换器产生中温热水的场所，如能产生中温热水的热电厂、燃气轮机电厂、水冷式内燃发电机组等
	蒸汽型单效机组	主要功能是制冷。制冷量为 116~11 630kW，能效 COP 为 0.7 左右，热源主要为 0.04~0.4MPa 的低压蒸汽，适用于有低压蒸汽或通过热交换器产生低压蒸汽的场所，如能产生低压蒸汽的热电厂、联合循环燃气轮机电厂等
	烟气余热型单效机组	主要应用于楼宇式冷热电联供系统，是应用最广泛的一类机组，能效 COP 可达 0.75~0.8。以来自燃气轮机，内燃发电机组或外燃发电机组等的高温排气为热源，烟气温度为 200~400℃
双效型机组	双效热水型、双效蒸汽型机组	与单效机组热水型、蒸汽型基本相同，能效较高
	双效直燃型机组	以燃气或燃油为能源，具有燃烧效率高、污染小、体积小、适用范围广等特点，可用于夏季供冷、冬季采暖，以及提供生活热水。直燃型机组的高压发生器是以燃料燃烧产生的高温烟气为热源，具有热源温度高、传热损失小等优点。联供系统中主要采用排气补燃型双效机组，适用于有高温烟气且含硫或含杂质较低的场所
	烟气余热型双效机组	适合于燃气轮机，内燃机排气温度较高的情况。机组进口排气温度要求在 400℃ 以上。实现了排气热量在高温发生器和低温发生器中两次利用，效率大大提高。制冷机额定工况的 COP 可达 1.33。整个联供系统的能源效率在 75% 以上。该系统对进口烟温要求较高，当燃气轮机、内燃机等发电系统不工作时很难单独进行制冷和采暖。适合于余热充足的场合

参 考 文 献

[1]　中国电器工业协会. 发电用汽轮机参数系列：GB/T 754—2007 [S]. 北京：中国标准出版社，2008.

[2]　中国电器工业协会. 超临界及超超临界机组参数系列：GB/T 28558—2012 [S]. 北京：中国标准出版社，2012.

[3]　中国电力企业联合会. 火力发电厂技术经济指标计算方法：DL/T 904—2015 [S]. 北京：中国电力出版社，2015.

[4]　曾丹苓，敖越，张新铭，等. 工程热力学 [M]. 3 版. 北京：高等教育出版社，2002.

[5]　中国电力企业联合会. 电站汽轮机名词术语：DL/T 893—2021 [S]. 北京：中国电力出版社，2022.

[6]　焦树建. 燃气-蒸汽联合循环 [M]. 北京：机械工业出版社，2003.

[7]　全国能源基础与管理标准化技术委员会. 综合能耗计算通则：GB/T 2589—2020 [S]. 北京：中国标准出版社，2020.

[8]　中国电力企业联合会. 电站汽轮机技术条件：DL/T 892—2021 [S]. 北京：中国电力出版社，2022.

[9]　中国电力企业联合会. 火力发电厂燃烧系统设计计算技术规程：DL/T 5240—2010 [S]. 北京：中国计划出版社，2010.

[10]　中国电力企业联合会. 大容量煤粉燃烧锅炉炉膛选型导则：DL/T 831—2015 [S]. 北京：中国电力出版社，2015.

[11]　中国电力企业联合会. 电站磨煤机及制粉系统选型导则：DL/T 466—2017 [S]. 北京：中国电力出版社，2018.

[12]　电力行业电力规划设计标准化技术委员会. 火力发电厂制粉系统设计计算技术规定：DL/T 5145—2012 [S]. 北京：中国电力出版社，2012.

[13]　国家能源局. 车用柴油：GB 19147—2016 [S]. 北京：中国标准出版社，2016.

[14]　国家能源局. 天然气：GB 17820—2018 [S]. 北京：中国标准出版社，2018.

[15]　中华人民共和国住房和城乡建设部. 大中型火力发电厂设计规范：GB 50660—2011 [S]. 北京：中国计划出版社，2011.

[16]　中华人民共和国住房和城乡建设部. 生活垃圾焚烧处理工程技术规范：CJJ 90—2009 [S]. 北京：中

国建筑工业出版社，2009.

[17] 中国电力企业联合会. 秸秆发电厂设计规范：GB 50762—2012 [S]. 北京：中国计划出版社，2012.

[18] 中国电力企业联合会. 火力发电厂运煤设计技术规程 第 1 部分：运煤系统：DL/T 5187.1—2016 [S]. 北京：中国计划出版社，2016.

[19] 国家能源局. 火力发电厂循环流化床锅炉系统设计规范：DL/T 5556—2019 [S]. 北京：中国计划出版社，2019.

[20] 燃油燃气锅炉房设计手册编写组. 燃油燃气锅炉房设计手册 [M]. 2 版. 北京：机械工业出版社，2013.

[21] 全国风机标准化技术委员会（SAC/TC 187）. 通风机基本型式、尺寸参数及性能曲线：GB/T 3235—2008 [S]. 北京：中国标准出版社，2008.

[22] 中国电力企业联合会. 电站锅炉风机选型和使用导则：DL/T 468—2019 [S]. 北京：中国电力出版社，2019.

[23] 电力行业电力规划设计标准化技术委员会. 火力发电厂除灰设计技术规程：DL/T 5142—2012 [S]. 北京：中国计划出版社，2012.

[24] 西安热工研究所. 热工技术手册：第 3 卷 汽轮机组 [M]. 北京：水利电力出版社，1991.

[25] 中国电力百科全书编辑委员会. 中国电力百科全书：火力发电卷 [M]. 2 版. 北京：中国电力出版社，2001.

[26] 严俊杰，黄锦涛，张凯，屠珊，等. 发电厂热力系统及设备 [M]. 西安：西安交通大学出版社，2003.

[27] 电力行业电力规划设计标准化技术委员会. 火力发电厂水工设计规范：DL/T 5339—2018 [S]. 北京：中国计划出版社，2019.

[28] 中国电力工程顾问集团有限公司. 电力工程设计手册 13：火力发电厂水工设计 [M]. 北京：中国电力出版社，2019.

[29] 国家能源局. 火力发电厂汽水管道设计规范：DL/T 5054—2016 [S]. 北京：中国电力出版社，2016.

[30] 中国电力企业联合会. 电厂动力管道设计规范：GB 50764—2012 [S]. 北京：中国计划出版社，2012.

[31] 电力行业电力规划设计标准化技术委员会. 发电厂汽水管道应力计算技术规程：DL/T 5366—2014 [S]. 北京：中国计划出版社，2014.

[32] 中国电力企业联合会. 火力发电机组及蒸汽动力设备水汽质量：GB/T 12145—2016 [S]. 北京：中国标准出版社，2016.

[33] 中国电力企业联合会. 高压配电装置设计规范：DL/T 5352—2018 [S]. 北京：中国计划出版社，2018.

[34] 电力行业电力规划设计标准化技术委员会. 火力发

[35] 能源行业发电设计标准化技术委员会. 火力发电厂、变电站二次接线设计技术规程：DL/T 5136—2012 [S]. 北京：中国电力出版社，2012.

[36] 中国电力企业联合会. 电力工程直流电源系统设计技术规程：DL/T 5044—2014 [S]. 北京：中国计划出版社，2014.

[37] 中国电器工业协会. 继电保护和安全自动装置技术规程：GB/T 14285—2006 [S]. 北京：中国标准出版社，2006.

[38] 中国电力企业联合会标准化部. 火力发电厂厂内通信设计技术规定：DL/T 5041—2012 [S]. 北京：中国计划出版社，2012.

[39] 张鑫. 单元机组协调控制系统 [D]. 武汉：武汉水利电力学院，1992.

[40] 郑昶. 协调控制系统的设计思想及多种运行方式. 过程自动化技术信息 [J]. 1995（34）：27-37.

[41] 电力行业电力规划设计标委会. 燃气-蒸汽联合循环电厂设计规定：DL/T 5174—2020 [S]. 北京：中国电力出版社，2020.

[42] 巴布科克·威尔科克斯公司. 蒸汽的发生与应用 [M]. 恽肇强，吴守仁，郑怀生，等译. 北京：兵器工业出版社，1990.

[43] 山西省电力工业局. 单元机组集控运行技术 [M]. 北京：水利电力出版社，1985.

[44] 环境保护部. 环境空气质量标准：GB 3095—2012 [S]. 北京：中国环境科学出版社，2012.

[45] 环境保护部. 火电厂大气污染物排放标准：GB 13223—2011 [S]. 北京：中国环境科学出版社，2012.

[46] 环境保护部. 声环境质量标准：GB 3096—2008 [S]. 北京：中国环境科学出版社，2008.

[47] 环境保护部. 工业企业厂界环境噪声排放标准：GB 12348—2008 [S]. 北京：中国环境科学出版社，2008.

[48] 国家环境保护总局. 城市区域环境振动标准：GB 10070—1988 [S]. 北京：中国标准出版社，1988.

[49] 武学素. 热电联产 [M]. 西安：西安交通大学出版社，1988.

[50] 国家能源局. 火力发电厂供热首站设计规范：DL/T 5537—2017 [S]. 北京：中国计划出版社，2017.

[51] 国家计委，国务院生产办，能源部. 小型节能热电项目可行性研究技术规定及附件 [S]. 1992.

[52] 冯志兵，等. 联合循环中的余热锅炉 [J]. 燃气轮机技术，2003（3）：26-33.

[53] 叶东平，等. 联合循环中的汽轮机 [J]. 上海汽轮机，2001（1）：23-28.

[54] 张小松. 制冷技术与装置设计 [M]. 重庆：重庆大学出版社，2008.

第16篇

水力发电

主　　编　孙　帆（中国电建集团西北勘测设计研究院有限公司）

副 主 编　田　方（中国电建集团西北勘测设计研究院有限公司）

　　　　　冯　瑞（中国电建集团西北勘测设计研究院有限公司）

参　　编　苑正阳（中国电建集团西北勘测设计研究院有限公司）

　　　　　张　李（中国电建集团西北勘测设计研究院有限公司）

　　　　　李　平（中国电建集团西北勘测设计研究院有限公司）

主　　审　苑连军（中国电建集团西北勘测设计研究院有限公司）

责任编辑　翟天睿

第1章 概　述

1.1 水能资源及利用

1 水力发电　水能资源是指以水为载体，存在于河流和湖泊中，可以用水位差和水流量表征的能量资源。水力发电是通过水轮发电机组，将机械能转变为电能，是水能资源开发利用的主要形式。

我国幅员辽阔，水能资源十分丰富，理论蕴藏量达 $6.94×10^8$ kW，技术可开发的水电站总装机容量 $6.6×10^8$ kW，居世界首位，其中水力资源理论蕴藏量的 70.6% 集中在西南地区，西北地区占 12.9%，中南地区占 8.6%，华东、华北、东北地区仅分别占 4%、2%、1.9%，分布极不均匀。

我国可开发的大中型水电站主要分布在长江、金沙江、雅砻江、大渡河、乌江、澜沧江、黄河、怒江、红水河和雅鲁藏布江等十大流域，总装机容量约 $3.7×10^8$ kW，占全国技术可开发装机容量的一半以上。在十大流域中，雅鲁藏布江、怒江等两条河流是我国未来水电开发的重点河流，其待建装机容量超过 $1.2×10^8$ kW，占十大河流待建总规模的 70% 以上，开发潜力巨大。

到 2019 年底，全国水电总装机容量已达 $3.26×10^8$ kW，占技术可开发量的 49.4%，随着国民经济的发展，水电得到迅速增长，建成了一大批具有国际影响力的大型水电站。

水能资源的开发需依据河流水电规划确定的河流水资源开发利用任务和开发方案进行，正确处理好发电与防洪、灌溉、供水、排涝、航运、水产养殖、生态环境保护、旅游等各方面的关系。

水力发电由于其对能源资源利用的特殊性，与其他可再生能源、化石能源发电有许多不同。

1）水力发电需要建设挡水坝、水库、引水洞（渠）等水工建筑物，所以水电站的建设工期较长，初期投资较大。

但水力发电只是利用了河流的水能资源，无需再消耗其他动力资源。另外，由于水电站的设备比较简单，所以其检修、维护费用也较同容量的火电

厂低得多。如计及燃料消耗在内，火电厂的年运行费用为同容量水电站的 10~15 倍。因此，水力发电的成本较低，仍可以提供较低价格的电能。

2）水电机组起动快，开停机迅速，操作运行灵活，适于在电力系统中承担调峰、调频任务，也适于担任电力系统的负荷和事故备用。水轮发电机组还可调相，减少系统中专用的调相设备，发电、调相转换灵活。而且基本不会增加能源损失，可提高整个电力系统运行的可靠性和经济性。

3）水力发电污染少，属于清洁能源，有利于环境保护，还可改善局部地区的气候条件，以及居民的生活环境。

4）有综合效益，水电站建设一般都兼有防洪、防凌、灌溉（排涝）、航运、城市及工业给水、水产养殖和旅游等多种效益。

2　水电开发方式

（1）按水能资源的开发分类　河流的落差沿河分布，流量随地点和时间而变化，为了有效地利用水能，往往需要集中落差和调节流量。因此，从发电的角度讲，水能资源的开发按其集中水头的方式不同，分为坝式、引水式和混合式三种基本方式。相应水电站按开发方式不同可分为坝式水电站、引水式水电站和混合式水电站三种类型。

1）坝式水电站。在河流上筑坝抬高上游水位集中发电水头的水电站称为坝式水电站。按发电厂房位置的不同，坝式水电站又有河床式和坝后式两种形式。

河床式水电站是将厂房和坝（闸）一起建在河床上，厂房本身承受上游水压力，成为挡水建筑物的一部分。河床式水电站适用水头较低，一般在 30m 以下。

当水头较大时，厂房本身抵抗不了水的推力，将厂房移到坝后，由大坝挡水，称为坝后式水电站。

2）引水式水电站。用引水道集中发电水头的电站称为引水式水电站，一般适用于河流比降较大的河流水电开发。引水式水电站的坝主要满足引取

水要求，一般坝都不高，厂房和坝相距较远。

引水式水电站有无压引水和有压引水两种。无压引水式水电站的引水建筑物是无压的，如明渠、无压隧洞等；有压引水式水电站的引水建筑物是有压的，如压力隧洞、压力管道等。

3）混合式水电站。电站的发电水头一部分由坝集中，一部分由引水建筑物集中，称为混合式水电站。受河流筑坝条件限制、河道坡降有突变，或需要获得一定的调节库容等，可根据技术经济需要采用混合式开发。

（2）按水库调节性能分类 水电站按水库调节性能的不同，可分为无调节、日（周）调节、年（季）调节和多年调节。

1）无调节（径流式）水电站。水库无调节库容或库容过小，没有调节径流的能力，发电及用水仅按天然径流进行工作。

2）日（周）调节水电站。水库库容较小，仅能将一昼夜的来水量根据系统用电及下游用水要求进行水量再分配，即为日调节。若能将一周内的来水量按各天用电、用水需求要求进行水量再分配，则称为周调节。

3）年（季）调节水电站。当水库库容可将年内全部来水量按用水要求进行重新分配时，即为完全年调节。当仅能蓄丰水期多余水量的一部分时，称为不完全年调节或季调节。

4）多年调节水电站。当水库库容很大时，除可将设计枯水年内水量进行完全的重新分配外，还可将各年间的水量进行再分配，称为多年调节。

水库调节性能可根据库容系数 β 进行初步判断。库容系数指水库调节库容与入库多年平均年水量的比值。β 值越大，水库调节能力越强。根据经验，当 β 值在 0.08~0.3 之间时，一般属于年调节水库；当径流年内分配比较均匀，β 值在 0.02~0.08 之间时，也可以进行不完全年调节；β 值在 0.3 以上时，大部分属于多年调节水库。

无调节水电站出力大小取决于天然来水量，因此，不宜担负变负荷。为了减少水量损失，一般都在基荷工作。但在低谷负荷时，因火电站为供热需要或保证技术最小出力，故此时水电站应减少一部分负荷，可能被迫弃水。

有调节能力的水电站可以使一日内均匀的天然来水经过水库的调节，适应负荷的变化，因此，在电力系统中主要担负负荷的尖峰或腰荷工作。

3 水电站的主要特征参数

（1）正常蓄水位 水库在正常运行的情况下，为满足设计的兴利要求，水库调节应蓄到的最高水位称为正常蓄水位。在正常蓄水位和死水位之间的水库库容称为有效库容。正常蓄水位到死水位的消落深度称为水库工作深度。

正常蓄水位的高低将直接影响整个工程的规模，而且也会影响建筑物尺寸和其他特征值的大小，如有效库容、装机容量、工程投资、水库淹没等。正常蓄水位越高，水资源利用越充分，有效库容越大，水库的调节能力也越强，取得的发电及其综合利用效益也越大。但相应的投资、水库淹没、环境影响也要增加。因此，正常蓄水位要综合各方面因素后合理确定。

正常蓄水位选择应根据发电和综合利用要求、水库淹没、坝址和库区地形地质条件、枢纽布置、施工条件、梯级衔接、环境保护等因素，拟定若干比较方案，在分析各方案的效益、费用和淹没指标、社会与环境影响等因素的基础上，通过技术经济论证及综合分析比较确定。

（2）死水位 在正常运用情况下，水库允许消落的最低水位称为死水位。在这个水位以下的库容称为死库容。死库容不直接起径流调节作用，其下有淤沙水位，标高在发电厂进水口以下。死水位的确定要考虑水电厂的最低水头、灌溉水位、航运水深、养殖业和卫生等方面的要求。

死水位选择应根据径流年内分配特性、库容特性、综合利用要求、水库泥沙淤积、进水口布置和水轮发电机组运行条件等因素，并考虑上下游水库调节能力、电力系统对电力电量需求和本电站在系统中地位和作用，拟定若干个比较方案，经综合分析比较后确定。

（3）防洪特征水位

1）防洪限制水位。为承担下游防洪任务，水库在汛期允许兴利蓄水的上限水位。当汛期不同时段的洪水特性有明显差别时，可考虑分期设置不同的防洪限制水位。

2）防洪高水位。水库遇到下游防护对象的设计标准洪水时在坝前达到的最高水位。

防洪限制水位和防洪高水位的选择应以流域综合规划和防洪规划为基础，根据下游防洪要求、洪水特性、水库库容条件及对发电的影响等，拟定防洪库容、防洪限制水位及其相应的防洪高水位组合方案，分析各方案防洪效益及对发电、综合利用、水库淹没、枢纽布置、水轮机运行条件、库区与枢纽防洪等方面的影响，通过比较效益与费用，综合确定防洪库容、防洪限制水位及其相应的防洪高水位。

3）设计洪水位。水库遇到大坝的设计标准洪水时在坝前达到的最高水位。

4）校核洪水位。水库遇到大坝的校核标准洪水时在坝前达到的最高水位。

设计洪水位和校核洪水位一般根据枢纽泄洪建筑物方案和拟定的洪水调度规则，采用相应的大坝设计、校核标准洪水，通过水库洪水调节计算确定。

（4）装机容量　一座水电站全部发电机组的额定出力之和为该电站的装机容量。水电站的装机容量由必需容量和重复容量两大部分组成。必需容量是维持电力系统正常供电所必需的容量。重复容量是指不能用来担负系统的正常工作，仅在丰水期多发季节性电量，为了节省火电燃料而增设在水电站上的容量。

水电站的必需容量由工作容量与备用容量组成。工作容量是指担任电力系统正常负荷的容量，即水电站按水库调节后的出力运行时，为电力系统提供的发电容量。工作容量是随着电力系统的负荷变化而变化的，因此，确定水电站装机容量时的工作容量是指担负负荷的最大工作容量。备用容量是指为确保供电可靠性和电能质量，电力系统以备急需而装置的容量。

备用容量由事故备用容量、负荷备用容量和检修备用容量组成。事故备用容量为电力系统中发电和输电设备发生故障时，保证正常供电所需设置的容量；负荷备用容量为担负电力系统一天内瞬间时的负荷波动、计划外负荷增长所需设置的容量；检修备用容量为利用电力系统一年内低负荷季节、不能满足全部机组按年计划检修而专门设置的容量。

水电站装机容量组成如下：

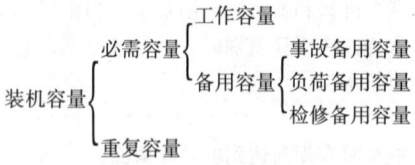

装机容量选择关系到水电站的规模和效益，以及资金的利用和水力资源的合理开发。装机容量选择得过大，资金就要造成浪费或积压；选择过小，水力资源就得不到充分合理的利用。

水电站装机容量大小与河流的自然特性及电力系统的特点有关。我国幅员辽阔，不同河流、不同地区的自然特性和电力系统的特点是多种多样的。

水电站的装机容量应根据水库调节性能、河流综合利用要求，供电系统负荷特性、电源结构及运行方式等，通过技术经济比较及综合分析合理选择。

水电站装机容量选择一般可采用经验法或电力电量平衡法。

1）经验法。

① 按保证出力倍比估算法：一般为保证出力的 1.5~5 倍。调节性能好的水电站取大值，调节性能差的水电站取小值。

② 按装机利用小时估算法：电站多年平均年发电量与装机容量的比值为装机年利用小时数，一般基荷在 5 000h 以上，腰荷在 3 000~5 000h 之间，峰荷在 2 000~3 000h 之间，特殊情况为 1 000~2 000h。

2）电力电量平衡法。电力电量平衡法是通过电力电量平衡求得水电站的必需容量。对于需要装设重复容量的水电站，需对增加装机的电量效益与节约系统燃料效益进行比较，以确定重复容量。

在进行装机容量选择时，一般需要拟定若干装机容量的比较方案，进行各种代表年的电力、电量、调峰能力的平衡，计算各装机方案的容量、电量效益与费用，通过方案比较确定电站的工作容量。

电力系统的负荷备用、事故备用容量按最大负荷的百分数采用。一般负荷备用容量取 2%~5%，事故备用容量取 8%~10%，且不小于系统中最大机组的单机容量和系统最大单回线路输电容量。检修备用容量通过系统的年电力平衡确定。

靠近负荷中心、具有年调节及以上性能，且综合利用要求不高的水电站，可考虑承担部分负荷备用和事故备用容量。若需安排日调节水电站承担负荷备用，则水库应具有相应备用容量可连续工作 2h 的备用水量。

承担事故备用的水电站应预留所承担的事故备用容量在基荷连续运行 3~10d 的备用库容（水量），若需预留的备用库容小于水库调节库容的 5%，则可不专门设置事故备用库容。

（5）设计保证率和保证出力　水电站设计保证率是指水电站正常工作不受破坏的概率，用电站正常发电时段数与计算总时段数相比的百分数表示。

水电站的设计保证率一般根据用电地区的电力电量需求特性、水电比重及整体调节能力，设计水电站的河川径流特性、水库调节性能、装机规模及其在电力系统中的作用，以及设计保证率以外时段出力降低程度和保证系统用电可能采取的措施等因素分析确定，一般按 85%~95% 选取，水电比重大的系统取较高值，比重小的系统取较低值。

水电站相应于设计保证率的枯水时段平均出力叫保证出力。水电站的出力计算公式为

$$N = 9.81QH\eta = KQH$$

式中　　N——电站出力（kW）；

Q——通过电站机组的流量（m^3/s）；

H——发电水头（m）；

η——机组效率（水轮机效率×发电机效率）；

K——电站综合出力系数，中高水头混流式及中低水头轴流式机组可以取 8.2~8.6，高水头冲击式机组可以取 7.0~8.0，低水头贯流式机组可以取 7.0~8.5，大型机组一般取大值。

水电站的保证出力一般根据径流调节计算的出力过程，绘制出力保证率曲线，按选定的设计保证率确定。采用年保证率时，按枯水期平均出力绘制出力保证率曲线；采用历时保证率时，按计算时段平均出力绘制出力保证率曲线。

（6）多年平均年发电量　综合表示水电站的能量效益，按设计采用的水文系列和装机容量并考虑水头预想出力限制，计算出的各年发电量的平均值，单位为 kW·h。

水电站的多年平均年发电量，一般按水库调度规则进行长系列或代表年径流调节计算后，以各年发电量的平均值确定。

1.2　水电站的构成

4　水工建筑物　水工建筑物是为开发、利用和保护水资源，减免水害而修建的建筑物。水电站的水工建筑物除挡水和泄水建筑物外，还有专门为发电用的引水建筑物、电站厂房及变配电建筑物等。有些水电站还有通航建筑物、过鱼建筑物及过木建筑物等。水电站的挡水建筑物主要有大坝和围堰，大坝的常用坝型有混凝土重力坝、混凝土拱坝、心墙土石坝、混凝土面板堆石坝等。泄水建筑物主要包括溢流坝、溢洪道、泄洪洞、坝身泄洪孔、泄水闸等。引水建筑物主要包括进水口、引水洞、压力钢管、调压室等。水电站厂房是装设水轮发电机组及其他机电设备和辅助生产设施的建筑物，通常由主、副厂房和开关站等建筑物组成。按其结构和布置特点分为地面、地下、坝内和溢流式厂房。

5　机电设备　水电站中为了将水能转化成便于传输的电能而设置的能量转换、调节、传输以及控制保护设备称为机电设备。主要包括发电设备、发电辅助设备、变配电设备及监控保护设备。发电设备是实现能量转换并产生经济效益的关键设备，包括水轮机、发电机、调速及励磁系统设备。发电辅助设备是保证机组润滑、冷却、调节控制各项要求的设备，包括油系统、供水系统、排水系统、压缩空气系统设备。变配电设备是水电站除发电机以外的电气一次设备，包括发电机电压配电装置、主变压器、升高电压配电装置以及厂用电设备。监控保护设备又称为电气二次设备，用来监测、控制和保护发电设备、发电辅助设备及变配电设备，包括计算机监控系统、在线监测系统、继电保护系统、直流电源系统及辅控系统等。

6　金属结构　金属结构是水电站的重要设施，包括设置在泄水建筑物、引水建筑物、通航建筑物、过鱼建筑物及过木建筑物等的各类闸门、启闭机和压力钢管等。水电站利用金属结构来控制水流，对水库库水进行拦蓄、泄放和引用，保证水电站的防洪、发电、通航、过鱼和灌溉等综合效益的发挥。

第2章 水轮发电机组

2.1 水轮机

7 水轮机分类及型号

（1）水轮机分类 水轮机可以根据水流作用原理、方式、布置特点等进行分类。水轮机根据水流能量转换形式的不同分为反击式水轮机和冲击式水轮机两大类。将水流势能及动能转换为机械能的水轮机为反击式水轮机；将水流动能转换为机械能的水轮机为冲击式水轮机。上述两大类水轮机根据水流在转轮中运动状态的不同和转轮结构特征还可进行细分，详见表 16.2-1。水轮机的选型通常根据电站参数，如上、下游水位，水头、流量、装机容量、机组台数、水工建筑物的布置等基本参数，结合水轮机开发能力及制造能力进行选择。

表 16.2-1　水轮机分类表

水轮机	反击式	混流式		
		轴流式	轴流转桨式	
			轴流定桨式	
		贯流式	全贯流式	
			半贯流式	灯泡式
				轴伸式
				竖井式
		斜流式（较少使用）		
	冲击式	水斗式		
		双击式（较少使用）		
		斜击式（较少使用）		

（2）水轮机型号 水轮机型号由三部分组成，各部分之间用"-"隔开。第一部分由拼音字母和阿拉伯数字组成：拼音字母表示水轮机型式，详见表 16.2-2；阿拉伯数字表示比转速或转轮代号。第二部分由两个拼音字母组成：第一个字母表示主轴布置型式，立轴为 L、卧轴为 W、

斜轴为 X；第二个字母表示引水室结构特征，详见表 16.2-3。第三部分为阿拉伯数字：混流式水轮机用转轮直径表示；水斗和斜击式水轮机用转轮直径/喷嘴数目×射流直径表示；双击式水轮机用转轮直径/转轮宽度表示；转轮直径和宽度单位均为 cm。

表 16.2-2　水轮机型式与代号

水轮机型式			代号
反击式	混流式		HL
	轴流式	轴流转桨式	ZZ
		轴流定桨式	ZD
	贯流式	全贯流式	
		半贯流式 灯泡式	GZ
		轴伸式	GT
		竖井式	GD
	斜流式		XL
冲击式	水斗式		CJ
	双击式		SJ
	斜击式		XJ

表 16.2-3　引水室特征与代号

引水室结构特征	代号
金属蜗壳	J
混凝土蜗壳	H
全贯流式	Q
灯泡式	P
竖井式	S
轴伸式	Z
明槽式	M
罐式	G
虹吸式	X

2.2　水轮发电机

8　水轮发电机分类及型号

（1）水轮发电机分类　水轮发电机可按照机组轴线型式和冷却方式进行分类。

1）根据机组轴线型式分类。可分为立式与卧式两类，机组轴线型式通常由水轮机的转轮形式确定。混流和轴流式水轮机驱动的水轮机发电机多采用立式结构；冲击式水轮机驱动的大、中型发电机多采用立式结构，小容量为卧式结构；贯流式水轮机驱动的发电机为卧式结构。立式水轮发电机按推力轴承布置位置不同，分为悬式和伞式两种型式，其特点详见表 16.2-4。伞式又可根据导轴承的数量和布置的位置分为全伞式、半伞式和具有两个导轴承的半伞式结构。卧式水轮发电机可分为普通卧式和贯流式两类，贯流式可细分为灯泡式、竖井式、轴伸式和全贯流式。

表 16.2-4　悬式与伞式水轮发电机结构特点对比表

型式	悬式	伞式
布置特点	推力轴承布置于发电机转子上部，机组轴向推力通过定子机座传至基础，下机架为非承重机架，水轮机机坑、发电机风罩及发电机定子直径较小	推力轴承布置于发电机转子下部，机组轴向推力通过下机架或顶盖传至基础，水轮机机坑、发电机风罩及发电机定子直径较大
性能特点	1）机组径向机械稳定性好； 2）推力轴承损耗较低，维护检修方便； 3）机组高度高，定子机座受力较大，机组较重； 4）造价较高； 5）发电机吊转子时需拆卸推力轴承	1）多用于中低速和大容量机组； 2）机组结构紧凑、高度较低，材料消耗较少； 3）推力轴承损耗较高； 4）造价较低； 5）发电机吊转子时无需拆卸推力轴承

2）根据冷却方式分类。可分为空气通风冷却（全空冷方式）、半水内冷、双水内冷和蒸发冷却四种方式。水轮发电机冷却方式根据水轮发电机的每极容量、槽电流、发电机出口电压、定子绕组支路数与槽电流的匹配及热负荷的控制选取，还应从可靠性、可维护性和经济性来综合评价。

全空气冷却方式是利用空气循环冷却水轮发电机内部产生的热量。其中大、中型水轮发电机通常采用密闭循环空气冷却方式，小型水轮发电机采用开启式通风冷却。目前我国已投运的最大额定功率为 1 000MW 水轮发电机组采用了全空气冷却方式。

水内冷是将处理的冷却水通过定子和转子绕组的空心导体内部，直接对发电机定、转子进行冷却。定子采用水内冷，转子采用空气冷却的方式称为半水内冷方式；定、转子均采用水内冷称为双水内冷方式，双水内冷水轮发电机转子设计制造比较复杂，目前基本不采用。

蒸发冷却是将冷却介质通入定子铜线，通过液态介质的蒸发，利用汽化热传输热量进行发电机冷却，蒸发冷却系统介质不导电，无需借助泵类设备驱动介质的循环。该项技术是我国自主研发的新型冷却方式，已经成功应用于额定功率 700MW 水轮发电机。

（2）水轮发电机型号　水轮发电机型号由三部分组成，第一部分与第二部分之间用"-"隔开，第二部分与第三部分之间用"/"号分隔。第一部分由拼音字母和阿拉伯数字组成：拼音字母表示水轮发电机型式，详见表 16.2-5；阿拉伯数字表示发电机额定功率（10MW 及以上用 MW 表示，10MW 以下用 kW 表示）。第二部分为阿拉伯数字，表示磁极个数。第三部分为阿拉伯数字，表示定子铁心外径（mm）。

表 16.2-5　发电机型式代号表

发电机型号	代号
立式空冷水轮发电机	SF
立式半水冷水轮发电机（定子绕组水冷）	SFS
立式双水内冷水轮发电机	SFSS
立式蒸发冷却水轮发电机	SFZF
卧式空冷水轮发电机	SFW
贯流灯泡式水轮发电机	SFG

9　水轮发电机主要电气参数　水轮机发电机主要电气参数包括额定容量（S_N）、额定电压（U_N）、额定功率因数（$\cos\varphi_N$）、电负荷（A）、槽电流（I_s）、短路比（SCR）、GD^2 等。在选择电气

参数时，机组的额定功率因数、直轴暂态电抗、短路比及 GD^2 等参数均应满足电力系统运行的要求。

（1）额定容量（S_N）　根据水能计算确定的装机容量和机组台数，得到单台机组的容量，一般以 kVA 或 MVA 为单位。国内已投运的水轮发电机组额定容量已达到 1111MVA。

（2）额定电压（U_N）　水轮发电机的额定电压可从 6.3kV、10.5kV、13.8kV、15.75kV、18kV、20kV、22kV、24kV 和 26kV 中选取。额定电压是一个综合性参数，它与机组容量、转速、冷却方式、槽电流以及发电机电压配电装置的选择都有关系。一般情况下，发电机选择较低的电压，经济性指标会好一些。

（3）额定功率因数（$\cos\varphi_N$）　功率因数是发电机的额定有功功率与额定容量的比值。发电机额定功率因数的选择除了受发电机容量、发电机造价、电力系统稳定影响外，还与水电站所接入电力系统的调相容量和无功水平等有关。在发电机额定功率一定时，提高功率因数，可提高发电机有效材料的利用率，减轻发电机的重量，提高发电机效率，但降低了发电机的视在功率，使机组的稳定性降低。在满足系统要求的前提下，发电机额定容量越大，功率因数越大。

灯泡式水轮发电机，定子直径比一般水轮发电机小，转速低，极距小，因此功率因数应选择高一些，以降低制造成本，减小气隙长度，提高通风冷

却效果。

额定功率因数与额定容量之间的关系可参考表 16.2-6。

表 16.2-6　发电机/发电电动机额定
容量与额定功率因数关系

发电机类型	S_N/MVA	额定功率因数 $\cos\varphi$
水轮发电机	$S_N \leqslant 100$	$\geqslant 0.85$
	$100 < S_N \leqslant 250$	$\geqslant 0.875$
	$250 < S_N \leqslant 650$	$\geqslant 0.9$
	$S_N > 650$	$\geqslant 0.925$
灯泡式水轮发电机	$S_N \leqslant 5$	$\geqslant 0.85$
	$5 < S_N \leqslant 10$	$\geqslant 0.9$
	$10 < S_N \leqslant 25$	$\geqslant 0.92$
	$S_N > 25$	$\geqslant 0.95$

（4）额定转速和飞逸转速　发电机的额定转速是机组正常运行时的转速，根据水轮机的转轮型式、工作水头、流量以及效率等因素确定的。推荐优选的水轮发电机标准额定转速见表 16.2-7。当水轮发电机组在最高水头下运行而突然甩去负荷时，如果水轮机的调速系统及其他保护装置都失灵，导水机构发生故障致使导叶开度在最大位置，则此工况下机组达到的最高转速称为飞逸转速。

表 16.2-7　水轮发电机额定转速（r/min）优先值

1 500	1 000	750	600	500	428.6	375	333.3	300	250	214.3
200	187.5	166.7	150	142.9	136.4	125	115.4	107.1	100	93.8
88.2	83.3	75	71.4	68.2	62.5	60				

（5）主要电磁参数　直轴同步电抗（X_d）是体现发电机制造水平和几何尺寸的电磁参数，同时还反映出发电机静态稳定运行的能力。X_d 值越小，发电机的静态稳定性越高，同时系统的稳定水平也就提高了。但减小 X_d 值，必须增大发电机的几何尺寸，增加发电机造价。

直轴暂态电抗（X_d'）主要反映发电机动态稳定运行的能力。X_d' 值越小，发电机在暂态过程中的稳定性越高。但减小 X_d' 值，必须增大铁心的直径或长度，从而增加发电机造价。

直轴次暂态电抗（X_d''）的值主要影响短路电流的大小。X_d'' 越小，发电机的短路电流越大。

短路比（K_c）是水轮发电机的一个重要参数，它与发电机的同步电抗成反比。短路比大，可提高发电机运行的静态稳定性，发电机的充电容量也相应提高，但发电机材料增加，成本提高。水轮发电机的短路比一般在 0.9~1.3。

（6）飞轮力矩（GD^2）　水轮发电机的飞轮力矩是发电机转动部分的重量（G）与其惯性直径（D）二次方的乘积，用 GD^2 表示，也称为水轮发电机的转动惯量。

水轮发电机的飞轮力矩直接影响到发电机在甩负荷时的速度上升率和系统负荷突变时发电机的运行稳定性，所以它对电力系统的暂态过程和动态稳

定有很大影响。GD^2 越大，机组转速变化率越小，电力系统运行的稳定性越高。但增加发电机的飞轮力矩，将会增加发电机的重量和造价，同时延长机组的起动时间。

10　水轮发电机结构　水轮发电机主要由以下部件和系统组成，结构型式如图 16.2-1～图 16.2-3 所示。

1) 定子：电机的静止部分，是发电机产生电磁感应，进行机械能与电能转换的主要部件。由机座、铁心、绕组、端箍、铜环引线及基础部件组成。

2) 转子：发电机的转动部分，是变换能量和传递扭矩的主要部件，由转轴、转子支架、磁轭和磁极等部件组成。

3) 轴承：包括导轴承和推力轴承，导轴承是承受机组转动部分的机械径向不平衡力和电磁不平衡力，使机组轴系的临界转速和摆度满足相关标准要求。分为上导轴承和下导轴承，对于轴系较长的高速机组发电多采用上下两个导轴承，对于中、低速机组，在条件满足情况下可以不设下导轴承。推力轴承用于承受机组转动部分的全部重量及水流的轴向力，是机组的核心部件。

4) 发电机轴：发电机转动部分的关键部件。它不仅传递转矩，承受转子全部重力和单边磁拉力，还要承受弯矩、轴向推力和扭振时所产生的交变力矩等，其由轴承支撑而旋转。

5) 机架：立式水轮发电机组的支撑部件，用于支撑推力轴承、导轴承和制动器等部件，并承受水轮发电机的径向力和推力负荷，机架结构可按其承载性质和支臂结构型式进行划分。机架分为上机架和下机架，上机架立式水轮发电机置于定子上方，下机架立式水轮发电机置于定子下方。悬式发电机上机架、伞式或半伞式发电机下机架放置推力轴承为负荷机架，承受机组转动部分全部质量。

6) 制动系统：为使水轮发电机组停机，用外力将其转动部分停止转动的器具和操作系统，可分为机械制动和电制动。常规水轮发电机常采用机械制动，发电机通常为机械和电制动联合使用。

7) 冷却系统：包括空气冷却系统和润滑油冷却系统。空气冷却系统通过空→水冷却器将电气及通风损耗产生的热量带入润滑油冷却系统通过油→水冷却器将轴承运行过程中产生的热量带走。

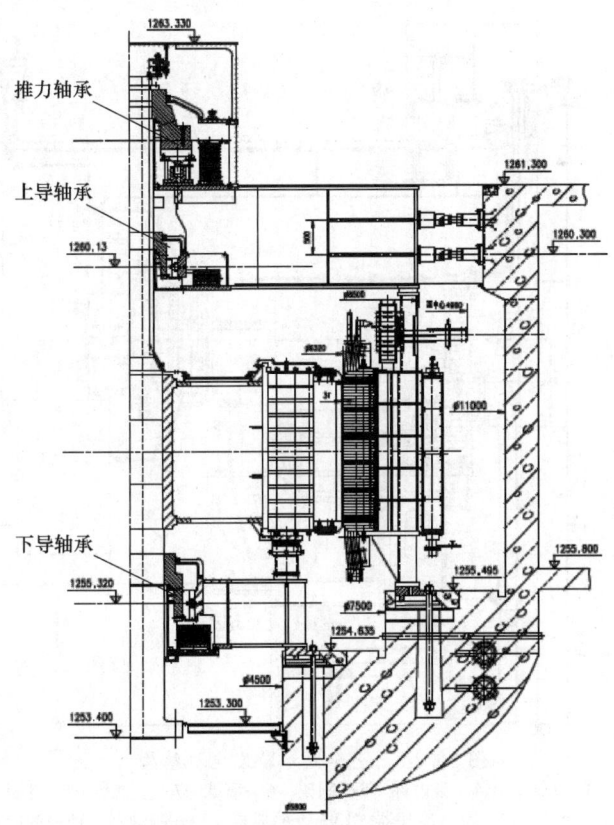

图 16.2-1　悬式水轮发电机结构

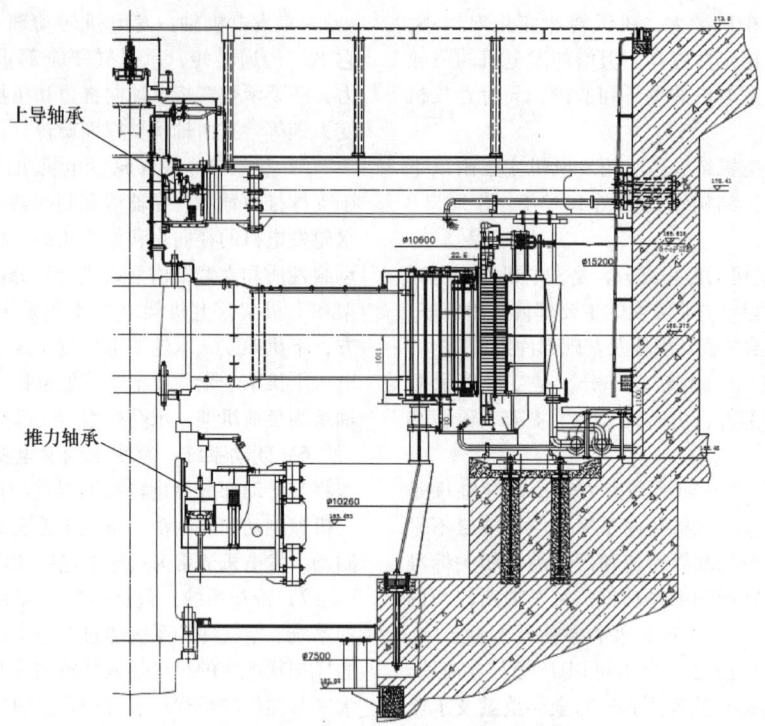

图 16.2-2　半伞式水轮发电机结构

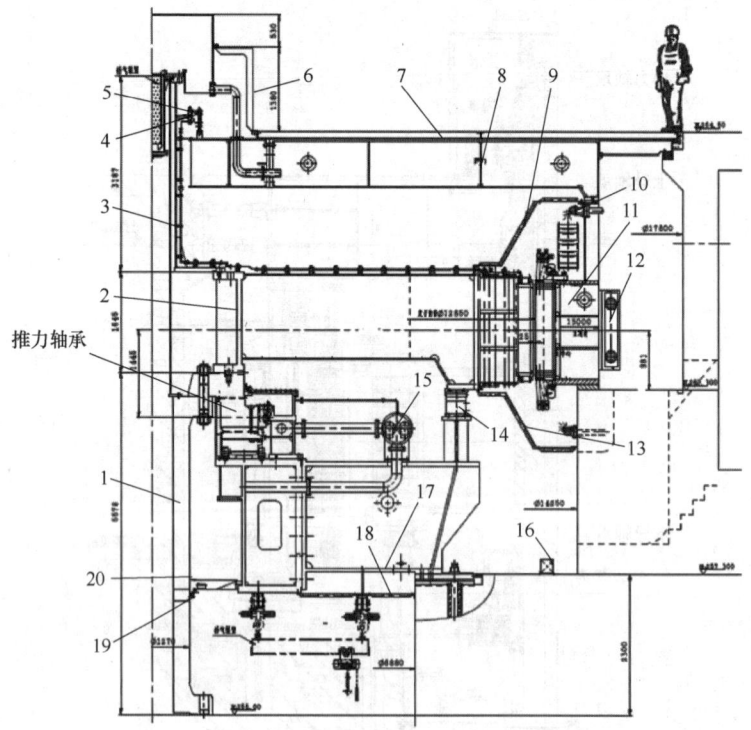

图 16.2-3　全伞式水轮发电机结构

1—主轴　2—转子　3—上端轴　4—集电环　5—刷架　6—顶罩　7—上盖板　8—上机架　9—上挡风板
10—灭火环管　11—定子　12—空气冷却器　13—下挡风板　14—制动器　15—油冷器　16—加热器
17—下机架　18—下盖板　19—接地电刷　20—轴电流检测装置

第3章 电气主接线和电气设备

3.1 电气主接线

11 电气主接线及其选择 电气主接线是把发电机、变压器、断路器及隔离开关等各种电气设备通过导体有机地连接起来，并配置电流互感器、电压互感器和避雷器等，构成电站汇集和分配电能的一个系统。电气主接线是水电站电气部分的主体，它与电力系统、电气设备的选择和布置、继电保护等都有密切关系，直接影响电站安全性和经济性。

电气主接线应满足电力系统对水电站稳定性、可靠性及运行方式的要求，同时应满足供电可靠、运行灵活、检修方便、接线简单、便于实现自动化和分期过渡、经济合理等要求。电气主接线应在全面技术经济比较的基础上确定，通常装机容量750MW及以上的水电站需要对电气主接线可靠性进行定量计算分析。

水电站大多地处山区，距负荷中心较远，需要向电网输送比发电机电压更高的电压，所以电气主接线一般都包含发电机电压侧接线和升高电压侧接线两部分。

12 发电机电压侧接线 发电机电压侧接线也称为发电机与变压器组合方式，它表示发电机、断路器、导体、变压器等电气设备的连接方式以及互感器、避雷器等的配置方式，见表16.3-1。接线型式分为以下两类：

1）有汇流母线的接线：常用的有单母线接线、单母线分段接线。

2）发电机-变压器组合接线：包括单元接线、扩大单元接线和联合单元接线。

表 16.3-1 发电机电压侧接线

接线类型		示意图	特点	适用范围
有汇流母线接线的接线方式	单母线接线		1）接线简单清晰，设备少，投资省，操作方便，便于扩建和采用成套配电装置； 2）母线或母线所连接的元件故障或检修时，需全厂停电，可靠性及灵活性较差	发电机组在三台及以下，单机容量15MW以下的一般小型水电站，且有较大的近区负荷
	单母线分段接线		1）当任一段母线及其所连接的元件故障或检修时，另一段母线的机组可继续向电网送电。可靠性、灵活性高于单母线接线； 2）母线或母线所连接的元件故障或检修时，母线所连的机组需停电；分段断路器故障时，需短时全厂停电。可靠性及灵活性较差	1）系统中比较重要的小型水电站； 2）有较多的近区供电负荷，机组台数在六台及以下，总装机100MW以下，在系统中不重要的中型水电站

（续）

接线类型		示意图	特点	适用范围
发电机与变压器组合接线	单元接线		1) 接线清晰、运行灵活； 2) 主变压器与发电机容量相同，故障影响范围小，可靠性高； 3) 发电机电压设备少，布置简单，维护工作量少； 4) 继电保护简单； 5) 主变压器及高压电气设备增多，布置场地增加，投资较大	1) 单机容量 100MW 及以上的机组，且台数在六台以下； 2) 单机容量在 45～100MW 之间，经过比较采用其他接线不合适时
	扩大单元接线		1) 接线清晰、运行维护方便； 2) 与单元接线相比，任一机组停机，不影响由该单元引接的厂用电源供电； 3) 减少主变压器及高压设备，简化高压侧接线，缩小布置场地，节省投资； 4) 两台（或两台以上）机组接入一台主变压器，故障影响范围比单元接线大； 5) 增大发电机电压短路容量，发电机电压配电装置投资增加	此接线适用范围较广，但需要考虑发电机电压设备短路容量及主变压器的制造和运输条件同时应考虑以下要求： 1) 水库有足够库容，能避免大量弃水； 2) 具有放水设施，不影响下游正常用水； 3) 有可靠的外来厂用备用电源； 4) 系统备用容量的大小
	联合单元接线		1) 主变与机组数量相同，但节省了高压设备，减少了主变至开关站的进线回路数，可简化高压侧接线； 2) 一台主变故障或检修，接在本单元的机组需短时停机，通过隔离开关操作后，另一台机组可继续运行，比扩大单元灵活； 3) 主变高压侧有并联母线和隔离开关，增加布置场地； 4) 一台机组停机，但主变压器仍带电，增加空载损耗； 5) 高压进线断路器故障或检修，该单元机组容量全部无法送出，可靠性稍差	当主变压器有足够的布置场地，而且减少主变进线回路及简化高压侧接线对电站的布置和节约投资有利，经过技术经济比较认为联合单元接线适用时

13 升高电压侧接线 水电站常用的升高电压侧接线有：变压器-线路组接线、桥形接线、单母线（分段）接线、双母线（分段）接线、角形接线、3/2（4/3）断路器接线、母线变压器接线等，详见表 16.3-2。

表 16.3-2 高压配电装置常用接线

接线类型		示意图	特点	适用范围
变压器-线路组接线			1) 接线简单清晰，设备少，投资省； 2) 线路故障检修时，主变停止运行，反之亦然	单回出线的电站
变压器-母线接线			1) 出线采用双断路器，可靠性较高； 2) 变压器经隔离开关连接到母线上，节省断路器； 3) 变压器故障时，连接于该母线上的断路器断开，不影响其他回路供电，打开隔离开关，母线即可恢复供电	330kV 及以上进出线回路数大于四回且条件合适，采用本接线方式，通常用于变压器不经常切换的变电站
单母线接线	单母线接线		1) 接线简单清晰，每一进出线回路各自连接一组断路器，互不影响； 2) 正常操作由断路器进行，隔离开关只作为检修隔离用，减少误操作可能性，继电保护简单； 3) 进出线回路可不相对应，电能由母线集中，分别向各出线回路供电，配置灵活； 4) 断路器检修，所接回路需停电； 5) 母线或母线所连接的元件故障或检修时，需全厂停电，可靠性及灵活性较差	220kV 及以下，进出线回路不多的中小型水电站
	单母线分段接线		1) 一段母线及其所连接的元件故障或检修时，只影响本段母线接线及其所连接的回路，可靠性、灵活性高于单母线接线； 2) 分段断路器故障，暂时全厂停电，打开隔离开关后，两段母线解列运行，检修时也可列运行； 3) 断路器检修，所连接回路需停电； 4) 母线或母线所连接的元件故障或检修时，母线所连的机组需停电，分段断路器故障时，需短时间全厂停电，可靠性及灵活性较差	1) 220kV 及以下，进出线回路不多的中小型水电站； 2) 220kV 及以下，采用 GIS 的大型水电站； 3) 各电压等级，采用 GIS 的抽水蓄能电站

（续）

接线类型		示意图	特点	适用范围
单母线接线	单母线（分段）带旁路接线	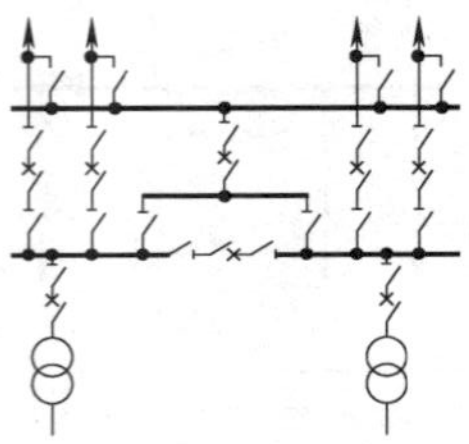	该接线方式包括单母线带旁路、单母线分段带旁路及单母线分段断路器兼旁路三种方式，其主要作用是出线断路器检修时不影响送电，图示为最后一种，但隔离开关切换工作量大、继电保护复杂，同时增加设备布置面积及投资	110～220kV 的敞开式配电装置。220kV 出线七回以上宜采用带专用旁路断路器的旁路母线（单母线分段带旁路的接线方式）。随着断路器制造技术进步和可靠性提高，此接线不推荐采用
双母线接线	双母线接线	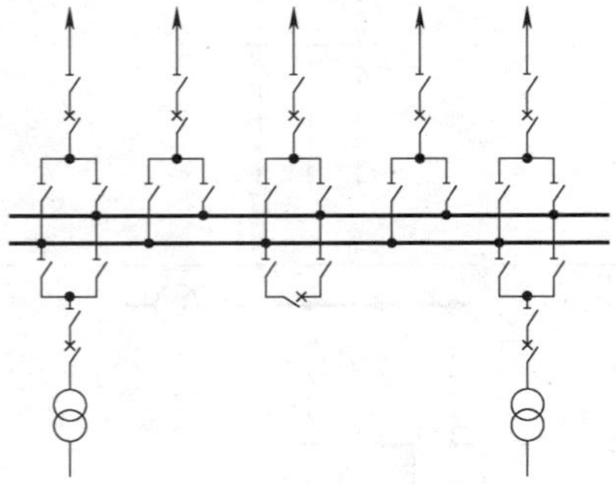	1）接线简单清晰，每一进出线回路各自连接一组断路器，互不影响； 2）一组母线及所连接设备故障，不影响另一组母线供电，将故障母线所接回路切换到另一组母线后即可恢复供电，运行可靠； 3）各个电源和各回路负荷可以任意分配到某一组母线，能灵活地适应系统中各种运行方式调度和潮流变化的需要； 4）扩建方便； 5）设备数量、增加布置场地及投资； 6）隔离开关数量多，切换母线操作过程比较复杂，容易造成误操作，且不利于实现自动化； 7）母联断路器故障需全厂停电时，检修时，两组母线解列运行或双单母线运行； 8）当采用 GIS 时，母线断路器所连隔离开关故障或检修，可能导致全厂停电	110kV 进出线 8 回及以上，220kV 进出线 6 回及以上可采用双母线接线
双母线接线	双母线分段接线	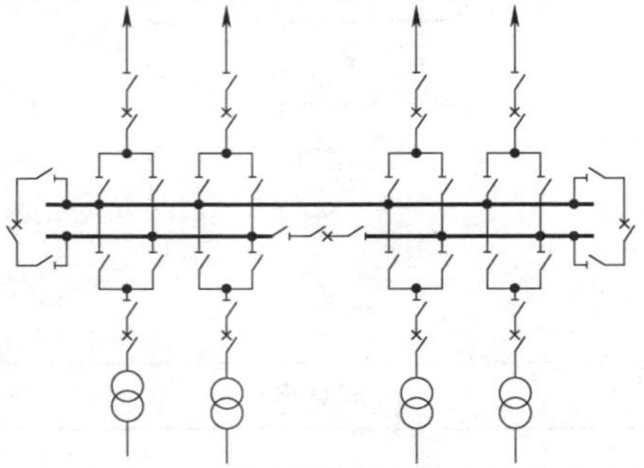	特点与双母线相同，但故障停电范围比双母线小，可靠性灵活性比双母线高	220kV 进出线为 10～14 回时，采用在一组母线上用断路器分段的双母线单分段接线；220kV 进出线为 15 回及以上时，采用在两组母线均用断路器分段的双母线双分段接线；330kV 级以上电压等级每段母线直接分段 2～3 个回路

（续）

接线类型		示意图	特点	适用范围
双母线接线	双母线（分段）带旁路接线	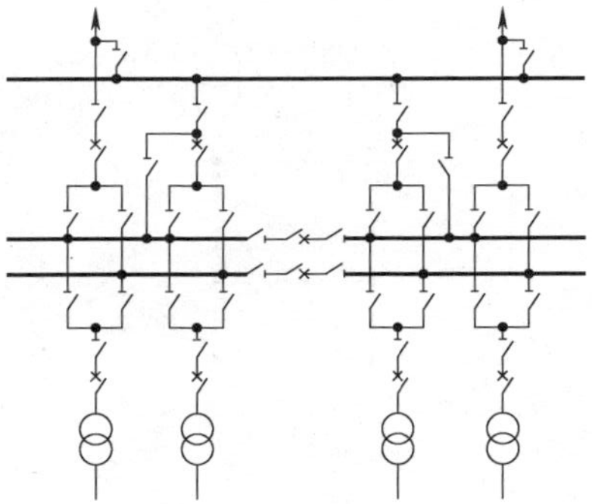	该接线方式包括双母线带旁路、双母线母联断路器兼旁路及双母线专用旁路断路器等多种方式。图示为双母线母联断路器兼旁路的其中一种方式。增设旁路母线，主要作用是在进出线断路器检修时，不中断供电。但隔离开关切换工作量大，继电保护复杂，同时增加设备布置面积及投资	110～220kV 的敞开式配电装置；110kV 出线七回以上，220kV 出线五回以上宜采用带专用断路器的旁路母线；330kV 及以上的敞开式配电装置均采用带专用断路器的旁路母线接线。随着断路器的制造技术进步和可靠性提高，此接线不推荐采用
桥形接线	外桥形接线	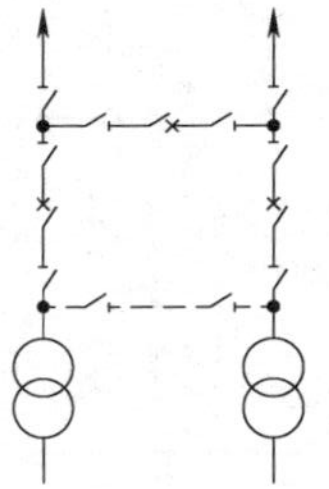	1）接线简单、高压断路器数量少；可方便地改为角形或单母线接线； 2）一台主变压器回路故障，只开断一台断路器，不影响线路和另一台主变压器运行； 3）回路内断路器故障影响全厂一半电能送出，但桥连断路器故障全厂停电； 4）一回线路故障，需暂时停止电站一半功率送出，且同时开断两台断路器，打开隔离开关后，电站全部功率可由一回线路送出； 5）桥连断路器检修，两回线路需解列运行，如有穿越功率通过将受到影响。为此，可加装正常开断运行的内跨条（虚线部分），但此时若任一组变压器回路故障，都将使电站全部停电，且断路器应满足并联开断要求	适用于电站利用小时数较少，担任调峰任务，变压器切合频繁，或线路较短且故障较低的下列电站（有穿越功率时，宜采用外桥接线）： 1）220kV 及以下，进出线各两回的中小型水电站； 2）220kV 及以下，进出线各两回，采用 GIS 的大型水电站； 3）各电压等级，进出线各两回，采用 GIS 的抽水蓄能电站
	内桥形接线	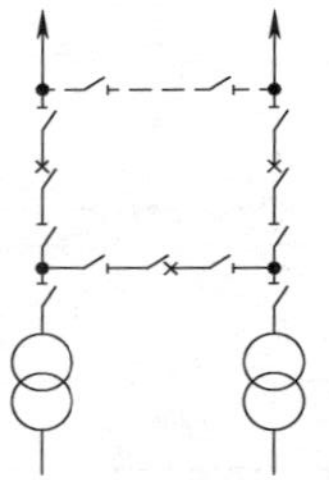	1）接线简单、高压断路器数量少；可方便地改为角形或单母线接线； 2）一回线路故障，不影响变压器运行，只需开断一台断路器； 3）回路内断路器故障影响全厂一半电能送出，但桥连断路器故障全厂停电； 4）一台变压器故障，同时开断两台断路器，并切除一回线路，打开隔离开关后，电站一半容量向两回线路送电； 5）桥连断路器检修，两回线路需解列运行，如有穿越功率通过将受到影响。为此，可加装正常开断运行的外跨条（虚线部分），但此时若任一回线路故障，都将使电站全部停电	适用于电站利用小时数较高，变压器不经常切合，或线路较长且故障较高的下列电站： 1）220kV 及以下，进出线各两回的中小型水电站； 2）220kV 及以下，进出线各两回，采用 GIS 的大型水电站； 3）各电压等级，进出线各两回，采用 GIS 的抽水蓄能电站

（续）

接线类型		示意图	特点	适用范围
桥形接线	双桥形接线	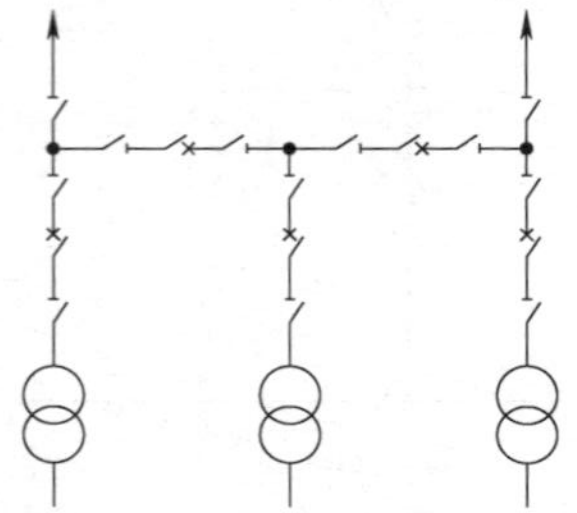	该接线方式同样分为双内桥及双外桥接线，图示为双外桥接线。优缺点与内、外桥接线基本相同，接线简单，高压设备少，投资最省，任一断路器故障，不会造成全厂停机	适用范围与内、外桥接线对应，只是进线回路为三回。此接线比较适合于抽水蓄能电站运行特点
角形接线	三角形接线	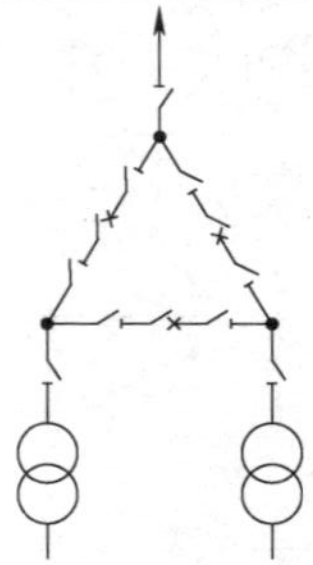	1）投资省，平均每一回路只需装设一台断路器； 2）接线成闭合环形，没有汇流母线，充分利用每一回路双断路器的特点，任一台断路器检修，不影响回路的连续供电，可靠性高，操作方便灵活； 3）占地面积小； 4）正常运行操作由断路器进行，隔离开关仅作检修隔离之用，减少误操作可能性，便于实现自动化； 5）双联多角形接线具有三个环形联合运行的特点，任一闭环断开，尚有两个环形连接运行，从而保证供电可靠性； 6）任一断路器检修都成开环运行，从而降低了接线的可靠性； 7）每一进出线回路都连着两组断路器，每一组断路器又连着两个回路，从而使继电保护和控制回路比较复杂，断路器还应满足并联开断要求； 8）调峰电站，为提高运行可靠性，避免经常开环运行，一般开停机需由发电机出口断路器承担，因此必须装设发电机出口断路器，并增加了变压器空载损耗	1）110~220kV 的敞开式配电装置； 2）330kV 及以上电压等级的敞开式配电装置、GIS
	四角形接线	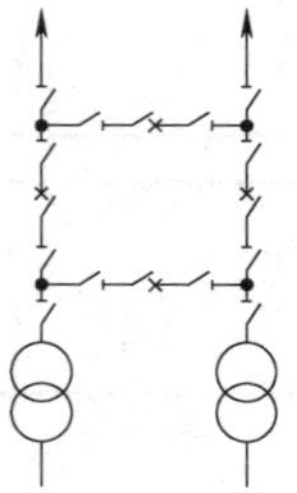		

（续）

接线类型	示意图	特点	适用范围
五角形接线		1) 投资省，平均每一回路只需装设一台断路器； 2) 接线成两合环形，没有汇流母线，充分利用每一回路双断路器的特点，任一台断路器检修，不影响回路的连续供电，可靠性高，操作方便灵活； 3) 占地面积小； 4) 正常运行操作由断路器进行，隔离开关仅作仪作检修隔离之用，减少误操作可能性，便于实现自动化； 5) 双联多角形接线具有三个环形联合运行的特点，任一闭环断开，尚有两个环形接线连接运行，从而保证供电可靠性； 6) 任一断路器检修都成开环运行，从而降低了接线的可靠性； 7) 每一进出线回路都连着两组断路器，每一组断路器又连着两个回路，从而使继电保护和控制回路比较复杂，断路器还应满足并联开断要求； 8) 调峰电站，为提高运行可靠性，避免经常开环运行，一般开停机需由发电机出口断路器承担，因此必须设发电机出口断路器，并增加了变压器空载损耗	
单联多角形接线			1）110~220kV 的敞开式配电装置；
双联多角形接线			2）330kV 及以上电压等级的敞开式配电装置，GIS

（续）

接线类型	示意图	特点	适用范围
3/2 断路器接线		1）每一回路由两台断路器供电，母线故障时，只跳开与此母线相连的所有断路器，任何回路不会停电。在事故与检修相重合情况下的停电回路不会多于两回，具有非常高的可靠性； 2）正常时两组母线和全部断路器都投入工作，从而形成多环形供电，运行调度灵活； 3）隔离开关仅作检修用，避免误操作，断路器检修不需要旁路倒闸操作，母线检修时，回路不需切换； 4）设备数量多，继电保护及二次接线较复杂	1）750kV 及以上配电装置一般可采用本接线； 2）330~500kV 配电装置进出线回路数≥6 回时可采用，并宜把电源回路与负荷回路配对成串，同名回路配置在不同串内； 3）220kV 配电装置进出线在12 回以上时也可采用； 4）此接线在大型水电站广泛应用
4/3 断路器接线		特点与 3/2 断路器接线类似，比一台半断路器接线设备少，但继电保护及二次接线复杂，布置也比较复杂	1）750kV 及以上配电装置一般可采用本接线； 2）330~500kV 配电装置进出线回路数≥8 回时可采用，并宜把电源回路与负荷回路配对成串，同名回路配置在不同串内； 3）220kV 配电装置进出线在12 回以上时也可采用； 4）此接线在大型水电站广泛应用

14　厂用电接线　厂用电系统是为水电站内所有用电设备供电的系统，包括厂用电源、厂用电压、厂用负荷及厂用设备。用来表示厂用电系统的逻辑关系和能源分配方式的系统图称为厂用电接线。

NB/T 35044—2014《水力发电厂用电设计规程》对水电站厂用电系统设计做出了明确要求。厂用工作电源通常取自发电机端，系统倒送可以作为抽蓄电站的工作电源。备用电源一般取自系统倒送、系统变电站、邻近的水电站、电站高压侧或者柴油发电机组，保安电源通常选用柴油发电机组，也可专设水轮发电机组。如果系统要求电站具有黑启动功能，则保安电源可以兼做黑启动电源。

根据电站枢纽布置、厂用负荷大小及分布、供电距离等可以选择低压一级电压或者高、低压两级电压供电，高压有 6kV 或 10kV，低压有 0.4kV 或 0.66kV。

水电站厂用高压系统中性点多采用不接地方式，也有采用经消弧线圈或电阻接地的方式。低压系统通常采用 TN-S 或 TN-C-S 系统。

高压厂用电系统采用单母线分段或单母线分段环形接线，低压系统采用单母线或单母线分段接线。

3.2　主要电气设备

15　发电机电压设备　发电机电压设备是指水轮发电机主引出线至主变压器低压侧之间与发电机机端电压相同的电气设备。主要包括母线、开关等主设备以及电流互感器、电压互感器、避雷器等辅助设备。

大中型水电机组的发电机电压母线通常采用离相封闭母线和共箱母线，中小型机组可采用共箱母线、绝缘管母线、浇注母线及电缆等，敞露母线已很少采用。

开关设备主要指发电机断路器及电气制动开关，抽水蓄能电站还有换相开关。发电机断路器是高压断路器的一种。由于发电机源产生的短路电流特性不同于输配电系统，发电机回路断路器的开断能力和恢复电压要求远高于输配电系统的断路器，因而在大中型发电机回路装设断路器时，需要选用发电机专用断路器，小型发电机回路可根据短路电流实际进行选择。常用的发电机断路器主要有真空绝缘和 SF_6 绝缘两大类型。两类发电机断路器选用基本以开断电流 80kA，额定电流 6 300A 为分界点，

大于此值多采用 SF_6 发电机断路器，小于等于此值多采用真空发电机断路器，现阶段虽然已有开断电流 100kA、额定电流 12 500A 的真空发电机断路器，但水电站使用较少。电制动开关是在机组停机过程中使发电机出口短路，在定子绕组中产生电流帮助机组制动停机，减少机械制动产生的粉尘污染。电气制动开关可采用断路器或隔离开关。换相开关只用于可逆式发电机电动机回路，大中型机组采用为五极隔离开关，小型机组可采用断路器，其中两极用于换相。

16　主变压器　水电站的主变压器是指发电机回路的升压变压器。抽水蓄能电站的主变压器在发电工况是升压变压器，在抽水工况是降压变压器。

主变压器通常为芯式结构，大型变压器有芯式和壳式两种，壳式变压器运输尺寸和质量比同规格的芯式变压器减少 20% 左右。当运输条件不受限制时，主变压器优先采用三相式；当运输条件和枢纽布置受限制时，可选用三相组合式或单相变压器，如果单相变压器也超过了运输限制，则可采用分解运输、现场组装变压器。电站采用扩大单元接线，为了限制短路电流，可采用分裂绕组变压器。水电站主变压器通常为无励磁调压变压器。根据电压等级和系统要求主变压器中性点可采用直接接地、小电抗接地和不固定接地三种方式。冷却方式有自冷、风冷和水冷。

17　高压引出线　高压引出线是水电站一个特有的名词，是指由厂房引至开关站的高压导体，可以是厂房侧主变压器高压侧与高压配电装置之间的连接线或者是厂房侧高压配电装置与开关站高压配电装置之间的连接线。高压引出线可采用架空线路、高压电缆或气体绝缘金属封闭输电线路（Gas Insulated Transmission Lines，GIL）。大中型水电站高压引出线大多采用单芯交联聚乙烯绝缘干式电缆，最高电压等级为 500kV。大容量或者高于 500kV 电压等级应采用 GIL。GIL 是将导体封装在充以压缩绝缘气体管道里的电力线路，其外壳接地，绝缘介质为无腐蚀的绝缘气体。GIL 导体采用具有高导电率的铝合金材料；外壳应为金属，多数采用铝合金；内部划分为若干隔室，以满足正常运行以及限制故障范围和方便检修。

18　高压配电装置　高压配电装置指水电站主变压器高压侧的配电装置，与电站送出线路相连。迄今为止，我国水电站的高压配电装置最高电压等级为交流 800kV，电网已经达到 1 000kV。高压配电装置分为敞开式、气体绝缘金属封闭开关设备

（Gas Insulated Switchgear, GIS）、成套配电装置和混合式配电装置四种类型。四种型式配电装置均可以采用户内或户外布置。高压配电装置选型需要结合工程的环境条件、地形地貌、工程规模、枢纽布置、进出线方式、环境保护和设备制造水平等因素，通过经济技术比较，择优选用。

敞开式配电装置是按照主接线将各个电气设备在空气中组合成一个完整的配电系统。敞开式配电装置布置方式按电气设备和母线布置的不同，分为低式、中式、半高式和高式四种。低式布置是将设备直接放在地面基础上，为保证人员安全，设备周围必须设置栅栏，操作机构设在栅栏外。中式布置是最常用的一种，将设备布置在支架上，使带电部分对地保持必要的安全距离，运行人员能够安全地在地面上进行巡视和操作。半高式是将隔离开关布置在上层，其他设备仍采用中式。高式是将两组母线上下层重叠，母线隔离开关对应地放在各层母线下面。由于敞开式配电装置占地面积大、对环境影响比较敏感、可靠性相对较差等缺点，当今水电站已经较少采用。

GIS 是将电气设备按照主接线的要求采用积木式结构全部封闭在接地金属外壳内，壳内充以绝缘介质 SF$_6$ 气体，组成一个整体。与敞开式配电装置相比，GIS 具有以下特点：

1）占地面积小。GIS 面积占用率大约为敞开式的 25%（电压等级+25）。以 500kV 为例，GIS 面积占用率大约为敞开式的 5% 左右。占地面积减少，不仅可以节省征地和场地平整费用，还可以减少设备构架、电缆和接地网的工程量。

2）设备运行可靠性高。由于极少有暴露在大气中的带电部分，所以基本上不受环境条件的影响，消除了恶劣天气和小动物等引起的事故。单相布置的 GIS 由于外壳的屏蔽作用，使作用在导体上的电动力大幅度减小，因此动稳定性好。GIS 重心低，瓷套管等脆性元件少，因此抗震性能较好。

3）安装工期短，检修间隔周期长，检修维护工作量小。

4）设备的一次性投资较高。

混合式配电装置，也称为 H-GIS，是将断路器、隔离开关、接地开关及互感器等组合在金属壳体内，采用气体绝缘介质，其结构基本与 GIS 相同，由出线套管通过导体连接敞开式母线及敞开式电压互感器、避雷器，布置成的混合式配电装置。

成套配电装置是在制造厂内按照电气主接线的要求将装配式配电装置每个间隔内设备，组装在开关柜内。从而使配电装置的间隔小型化、成套化。35kV 及以下电压等级通常采用成套配电装置。

第4章 自动控制与通信

4.1 水电站控制方式

19 水电站控制对象及目的

（1）水电站自动控制对象 主要包括：水轮发电机组、主变压器、断路器、厂用变压器、高压母线（GIS）、输电线路出线断路器；机组辅助设备及全厂共用设备（油、气、水系统设备）水工建筑物设备（各型闸门）等。

（2）水电站自动控制的目的 依照电网调度指令，安全可靠而又经济地发送出合乎质量指标的电能。

20 水电站控制方式及功能

（1）水电站的控制方式 按值班人员的有无，可以分为：①有经常的值班人员；②无人值班（少人值守）；③无人值班。按值班人员的值班地区，又可分为：①现地控制；②在中央控制室进行全厂集中控制；③远方控制（指在电网调度中心或在梯级电站集中控制中心遥控）。

（2）中央控制室监视控制的功能

1）水轮发电机组的起动、停止、同期并列，发电、调相等运行方式的转换，功率、频率和电压的调整；

2）主变压器、母线分段断路器、母线联络断路器、旁路断路器、35kV 及以上线路断路器、厂用变压器高压侧断路器的控制；

3）电站综合自动装置的投入、切除和整定值的改变；

4）电站上、下游水位、水头、闸门位置及拦污栅压差的测量与监视。

（3）现地控制级所控制的功能

1）油压装置的油泵电动机、自动补气及漏油泵等的控制；

2）机组技术供水系统水泵、电动阀门、滤水器、四通转阀等的控制；

3）水轮机顶盖排水及厂房渗漏排水、检修排水水泵等的控制；

4）高、中、低压压缩空气系统的控制；

5）6kV 或 10kV 及以下线路；

6）厂用电备用电源自动投入装置；

7）机组进水口快速闸门；

8）泄洪、引水、排沙等闸门及通航船闸。

4.2 水电站自动化

21 水电站自动化的内容及功能

水电站自动化的目的在于提高运行的可靠性和经济性，保证电力系统的安全经济运行水平及供电电能质量，改善运行人员的劳动条件，提高劳动生产率。为此，水电站自动化一般包括下列内容：

（1）自动检测对象 主要包括机组及其辅助设备、变电和开关设备、电站的公用设备、水工建筑物闸门等设备以及大坝安全监测及水情测报系统设备等。检测上述设备的状态量、电量及非电量等。检测的电量有电流、电压、功率、电能、频率、功率因数等，非电量有温度、转速、液位、压力、流量、振动、转角等。

（2）自动操作

1）机组的自动操作指令自动按照预定的顺序完成机组自动开机到并网、停机、发电转调相、发电转抽水等操作，指令既可以由中央控制室发出，也可以由机旁盘发出。图 16.4-1 及图 16.4-2 所示为轴流转桨水轮发电机组自动起动和停机顺序控制流程。

2）电站公用设备的自动操作包括压缩空气系统、渗漏及检修排水系统、直流电源系统、厂用电系统等；

3）电站闸门启闭设备的自动操作；

4）全厂性操作，如报警信号系统、远动、通信系统，开关站设备的操作等。

（3）励磁调节器和调速器 是水轮发电机组的最基本最主要的自动控制装置。励磁调节器控制机组的无功出力，调速器控制机组的有功出力。

（4）自动保护 这里指机组的非电量运行参数

超出正常值时的保护。

1）动作于报警。对于不立即危害机组的不正常运行情况，如发电机定子温度超限、推力轴承（或导轴承）温度升高、油槽油面过高或过低、机组冷却水源中断等，保护自动发出警告或同时投入备用设备。

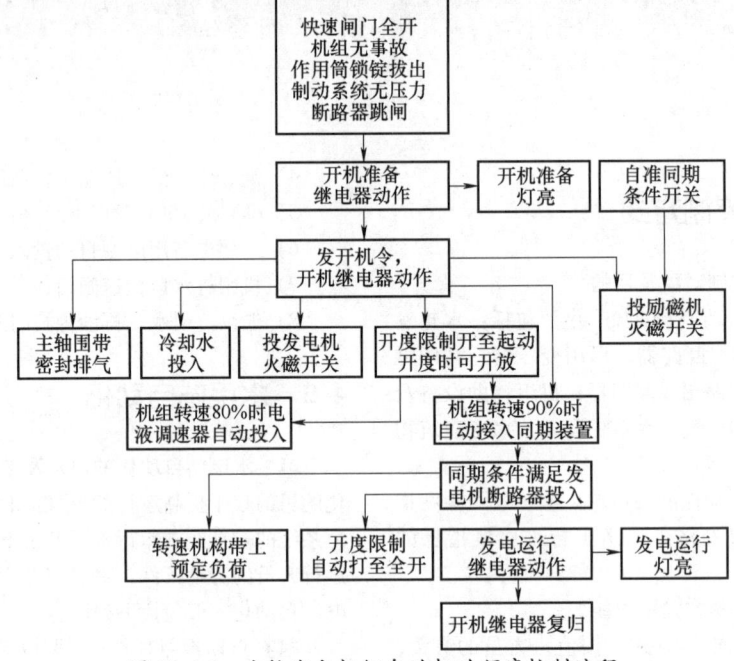

图 16.4-1　水轮发电机组自动起动顺序控制流程

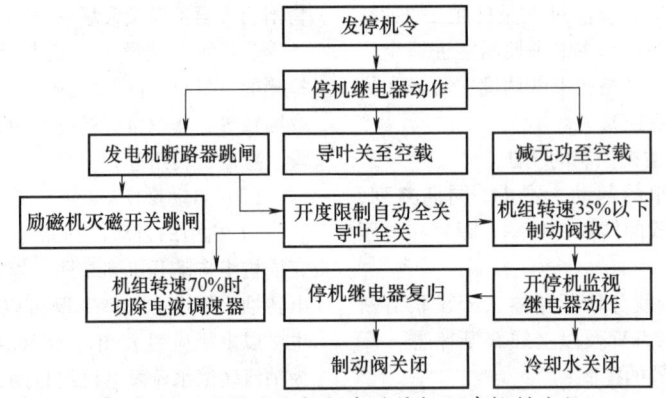

图 16.4-2　水轮发电机组自动停机顺序控制流程

2）动作于跳闸停机。当机组发生推力轴承、导轴承温度过高或压油装置油压过低等不允许继续运行的事故情况时，保护就自动跳开断路器并停机。

3）动作于快速关闭进水闸门（或阀）。在事故停机时遇上导水叶剪断销剪断，机组过速且调速器失灵，或压力钢管破裂等，自动保护除跳断路器并停机外，还要关闭机组的进水闸门（或阀），或动作事故配压阀。

水电站自动化的功能是实现水轮发电机组的自动控制，其基本任务如下：

1）实现机组的自动起、停、自动并网和带负荷；

2）根据电力系统的要求，自动改变机组的运行工况（如发电转调相）和自动投入备用机组；

3）进行有、无功功率、频率和电压的调节；

4）完成水力机械系统的安全监视与保护。水轮发电机组自动控制与机组的自动控制装置、调速系统、励磁调节系统以及自动化元件有紧密联系。是以轴流转桨式水轮发电机组采用电液调速器、自动准同期并列、有进水口闸门等为前提条件的机组自动起停操作程序框图。

22　水轮发电机组的自动控制

（1）水轮发电机组自动控制的基本任务

1）实现机组的自动起、停、自动同期并网和带负荷；

2）根据电力系统的要求，自动改变机组的运行工况（如发电转调相）和自动投入备用机组；

3）进行有、无功功率、频率和电压的调节；

4）完成水力机械系统的安全监视与保护。

（2）水轮发电机的同期　同步发电机和电力系统的并列过程叫作同期。水轮发电机有准同期和自同期两种同期方式。

（3）准同期　已励磁的发电机和电网的同期叫作准同期。准同期必须同时满足以下条件：

1）发电机电压与系统电压接近相等；

2）发电机频率与系统频率接近相等；

3）发电机电压相位与系统电压相拉接近相等。

（4）实现准同期的方法

1）手动准同期是依靠运行人员监视反映系统和待并发电机的频率差、电压差以及相位差，调节待并发电机的频率和电压，选择适当的相角发出发电机断路器合闸命令。为了防止误操作，通常设置非同期闭锁继电器，当发电机与系统相角差超过允许值时，闭锁合闸脉冲。

2）自动准同期装置通常设有调频、调压、电压差和频率差闭锁、恒定导前时间等部分，能自动调节待并发电机的频率和电压，按同期点断路器的合闸时间自动控制合闸脉冲的发送时间，满足同期并列的各项要求。

（5）自同期　自同期是在发电机转速接近同步转速时，将未加励磁的发电机投入系统后，再加励磁拖入同步的同期方式。这种同期方式对系统冲击较大，会引起电网电压瞬时下降。由于仅根据转速和无励磁两个条件合闸，并入系统快，所以在电力系统发生事故而系统频率有较大波动情况下，采用自同期方式可以较快地投入备用机组。水电站一般不采用自同期方式。

4.3　水电站计算机监控系统

23　计算机监控系统的结构和功能

（1）计算机监控系统　水电站计算机监控系统是利用计算机、可编程序控制器（Programmable Logic Controller，PLC）、同期装置、电量测量装置及各型自动化元件等装置对水电站的电能生产过程进行自动监测控制的系统。

（2）计算机监控系统结构　计算机监控系统采用开放式分层、全分布的系统结构。计算机监控系统按网络结构分为两层，即厂站层和现地层。计算机监控系统厂站控制层的网络主要采用以太网结构，电站计算机监控系统的站控层设备和现地层设备（LCU）均以网络节点的形式接入以太网。详见图 16.4-3 所示水电站计算机监控系统结构图。

（3）计算机监控系统控制调节方式　电站计算机监控系统控制调节方式分为控制方式和调节方式两类。控制方式包括现地控制方式、厂站控制方式、调度控制方式；调节方式包括现地调节方式、厂站调节方式及调度中心；控制调节方式的优先级依次为现地层、厂站层和调度层。

（4）计算机监控系统功能

1）自动经济运行。①水电站自动发电控制系统能根据调度给定的电站有功功率，考虑调频和备用容量的需要，以及机组运行振动区、下游水位变化等，自动确定水电站的开机台数及其合理组合，合理分配机组间的负荷，实现电站的自动经济运行；②水电站自动电压控制系统能根据调度给定的本站高压母线电压曲线或发出无功功率要求，自动调节各发电机组的无功功率，以及必要时的主变压器带负荷分接头调节装置的位置。

2）监测报警及记录。对电站运行设备的监视能对主要机电设备运行参数自动巡回检测、越限报警、复限提示和显示记录，可代替运行值班人员的经常监盘和日常记录制表等工作。

3）事故追忆与事故处理。自动记录并显示事故发生前后一段时间内有关设备参数的变化情况。由于计算机具有存储大量信息和进行各种逻辑判断的能力，所以用它来处理电站事故是一种理想的手段，但是解决这一问题难度很大，在这方面国内外还处于探索阶段。

4）事件顺序记录。能对全站主要机电设备的状态、主要继电保护动作状态等各种开关量进行监视，显示并记录状态变换的性质，动作顺序和时间。

5）操作调整、显示和记录。根据命令进行机组开、停机、发电、调相等工况转换的自动操作，断路器、隔离开关的分、合闸操作，调节机组的有功和无功功率。能自动或根据命令在屏幕上显示电站主系统和设备的运行状况、参数及操作过程、事件的发生情况、继电保护整定值表、重要参数的运行变化趋势曲线等，并打印记录。

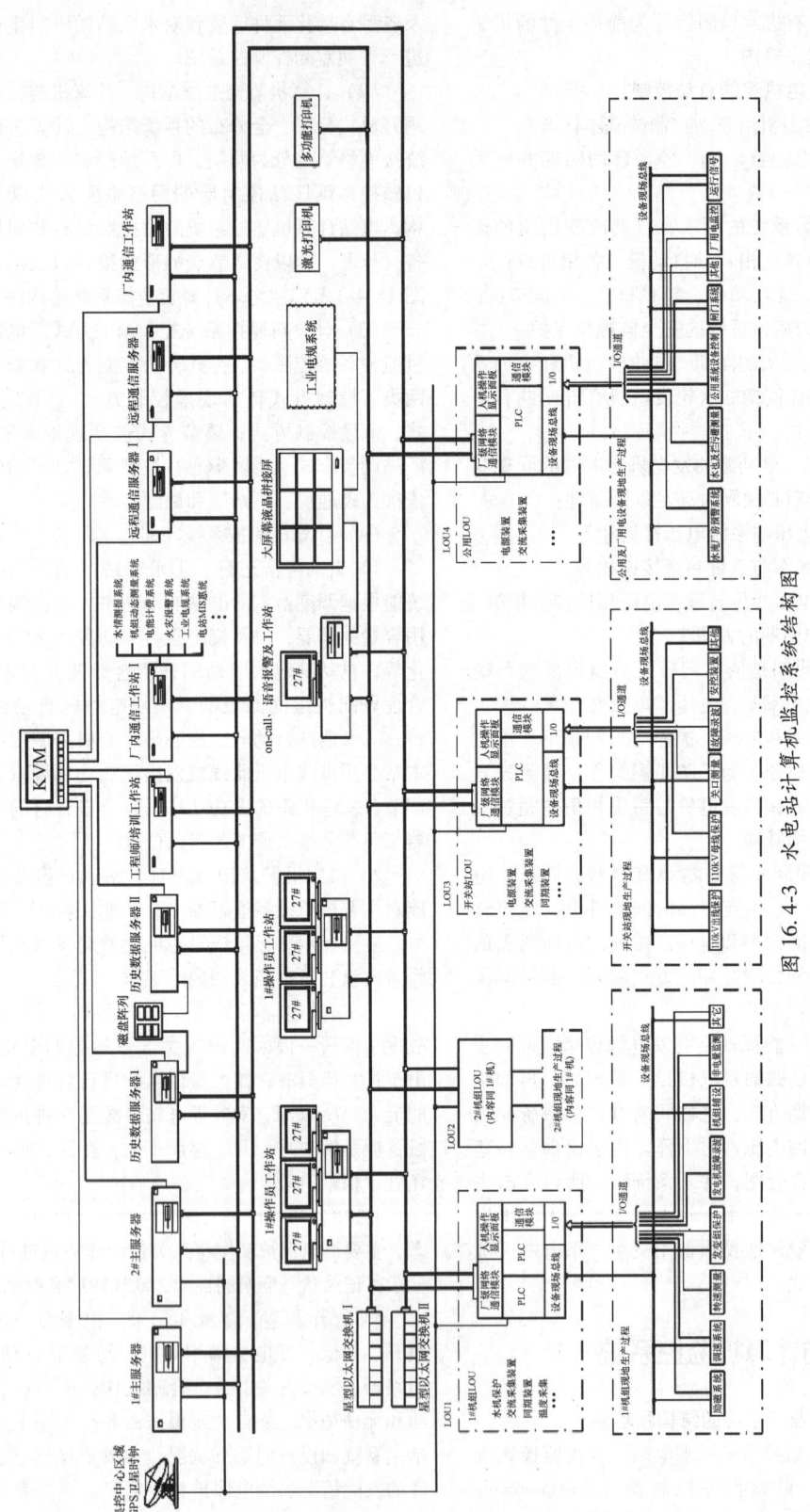

图 16.4-3 水电站计算机监控系统结构图

6) 远动和计算机联网数据通信。完全取代电力网调度所自动化系统远动终端（RTU）的功能，实现其对电站的遥测、遥信、遥控和遥调，并可实现批量数据和文件的互传。

7) 运行管理和指导。可自动生成各种生产报表，统计主设备的运行小时数、断路器操作及事故跳闸次数等运行数据，提供事故处理的建议和编制操作票等。

24 智能计算机监控系统 智能计算机监控系统是在传统计算机监控系统成熟技术的基础上，为了充分适应智能电网网源协调的要求，以信息数字化、通信网络化、运营一体化、业务互动化、运行最优化、决策智能化为特征，采用智能电子装置（IED），自动完成采集、测量、控制、保护等基本功能，具有一体化平台经济运行，在线分析决策支持、安全防护多系统联动等智能应用功能组件，实现生产运行的安全可靠、经济高效、友好互动目标的水电厂计算机监控系统。

4.4 控制电源系统

25 直流控制电源系统 电站直流控制电源系统是为电站计算机监控系统、继电保护系统、事故照明以及其他自动装置提供安全可靠直流电源的系统。直流控制电源系统主要包括蓄电池组、整流装置、集中监控装置、绝缘监测装置、电池巡检装置及配电单元等。

26 交流不间断电源系统 电站交流不间断电源系统是为电站计算机监控系统、机组辅助及公用系统控制设备等其他自动装置提供安全可靠不间断交流电源的系统。交流不间断电源系统主要包括整流器、蓄电池、逆变器及配电单元等装置。

4.5 通信系统

27 接入电力系统通信 指水电厂与主管部门、调度部门之间的生产调度和生产管理通信，以及系统调度自动化数据通信；水电厂至对端变电所或升压站之间的通信。其通信方式应结合水电厂所在系统的通信现状和发展规划确定，通常选用光纤和电力线载波通信。

（1）光纤通信 光纤通信是以光波作为信息载体，以光纤作为传输媒介的一种通信方式。光纤通信在电力系统中的应用最为广泛。光纤通信的突出优点是可利用频带宽，通信容量大，无中继，传输距离较长，抗干扰、抗辐射及节约有色金属等，在水电厂系统通信中得到迅速发展，已成为系统通信的主要通信方式。

（2）电力线载波通信 电力线载波通信以输电线路为载波信号的传输媒介的电力系统通信。电力线载波通信是电力系统独有的通信方式，由于其频率资源有限，频道拥挤，传输速率不高，往往不能满足系统通信的要求。

28 水电厂厂内通信 水电厂厂内通信应为水电厂提供可靠的语音、数据、视频及多媒体业务通道。水电厂厂内通信包括厂内生产调度通信、厂内生产管理通信、水电厂应急通信和通信电缆网络。

（1）厂内生产调度通信 大型水电厂应配置专用于调度电话业务的数字程控调度交换机，该系统应为独立的交换系统。并应以生产管理用户交换机及公用网作为备用。中型水电厂可利用具有调度功能的程控用户交换机进行指挥调度，可不单独设置调度交换机。

（2）厂内生产管理通信 厂内生产管理通信交换机应选用数字程控用户交换机，该机应满足生产管理、办公自动化、通信网管等系统语音、数据、视频和其他信息化业务的需求。

（3）水电厂应急通信 水电厂在发生重大突发性事件的极端情况下最基本的通信联络的畅通。水电厂应急通信至少应配置卫星便携式电话设备。

（4）通信电缆网络 水电厂通信系统宜设置独立、可靠的通信专用供电电源。在电厂发生事故时，通信电源不得中断，以保证通信畅通。通信专用供电电源电压为直流-48V 或交流 220V，通信设备采用-48V 供电，通信系统的计算机设备及辅助设备采用交流 220V 供电。通信专用蓄电池组独立供电时间不少于 4h。通信电缆网络由主干电缆、配线电缆和用户引入线以及电缆线路的管道、杆路和分线设备、交接设备构成。

第 5 章 水电站运行

5.1 水电站的运行

29 水电站运行任务和内容 水电站是为了实现水资源的综合利用而修建的水工建筑物和安装的水轮发电机组及其配套设备的总体，它既是电力系统又是水利系统的重要组成部分，分别承担着两个系统的不同任务。

在电力系统中，它最基本的任务是发电，除此之外还可以承担下列任务：

1）承担系统调峰和调频任务。由于水电机组具有开停机简单迅速，增减负荷速度快等优点，因此水电调峰最为经济合理。水轮发电机组能根据电力系统频率的变化随时调节其有功功率，具有调整迅速、范围大的优点，因此，调频也是水电站运行的一项重要任务。

2）担负系统的备用容量。由于水电站具有运行调度灵活、经济等优点，故具有调节性能的水电站适宜为系统提供备用容量。另外，由于水轮发电机组发电和调相（包括进相）的工况转换非常方便，所以必要时可作为调相机运行，向系统提供无功功率或者吸收系统的无功功率，稳定或改善电压质量。

3）担负储能任务。具有调节能力的大型水库和抽水蓄能电站都有一定的储能作用，特别是抽水蓄能电站在负荷低谷时将下水库的水抽到上水库储存，负荷高峰时用上水库的水发电，担负系统调峰填谷的任务。也可将风电或光电这些不稳定电源的电能转化成水能储存起来，承担储能作用。

在水利系统中，由于水的能量用来发电后，消耗的水量极少，几乎可以忽略，因此发电可以与防洪、灌溉、航运、供水等多种功能相结合，达到综合利用的目的。防洪任务主要是通过修建水库，并制定合理的防洪调度决策，不仅可以免除或减轻洪水灾害，而且可以解决洪水资源化及其利用的问题，使水库在最低风险下获得最大收益。灌溉、供水也是通过水库蓄水发挥作用。实际工程中，以航

运为主的调节运行方式比较少，一般是把航运作为综合利用水利任务中的一项与其他方面结合考虑。随着人类对流域生态环境的重视程度逐年提高，改善流域生态成为水电站运行的重要任务之一，水电站运行以流域生态水需求为基本依据，合理进行泄水建筑物布置，统筹进行发电、泄水、储水等，使经济与流域环境保护协调发展，实现人与自然的和谐共生。

30 水电站的起动试运行 水轮发电机组及相关设备安装、检验合格、各系统分部调试合格后，应进行起动试运行试验，试验合格并交接验收后方可正式投入系统并网运行。机组起动试运行前，应按照相关标准的要求编制起动试运行大纲，经起动验收委员会批准后进行起动试运行。工程在通过水库蓄水前的验收，引水式电站机组引水系统已通过验收及安全鉴定后，电站才能进行起动试运行。

起动试运行前应进行的检查项目有引水及尾水系统的检查、水轮机的检查、调速系统的检查、水轮发电机的检查、励磁系统的检查、油气水系统的检查、电气一次设备的检查、电气二次系统及回路的检查、消防系统及设备的检查。

起动试运行试验包括水轮发电机组充水试验、水轮发电机组起动及空载试验、水轮发电机组带主变压器与高压配电装置试验、水轮发电机组并列及负荷试验、水轮发电机组 72h 带负荷连续试运行。机组通过试运行并经停机处理所有缺陷后，交接机组设备移交的相关资料，并签署机组设备的初步验收证书，开始商业运行。抽蓄可逆机组需要进行机组静态试验、机组水泵方向试验、机组水轮机方向试验、机组工况转换试验、机组涉网试验等和机组15 天试运行考核。

5.2 水轮发电机组的运行

31 水轮发电机组的正常运行 与电力系统并联运行的水轮发电机，其正常运行方式是指发电机按照铭牌上的额定数据运行。发电机的额定数据是

制造厂在其稳态、对称的条件下给出的。发电机正常运行方式是滞相运行，即发电机机端电流相位滞后机端电压，功率因数为正，既向系统输送有功功率又输送无功功率的运行状态。

发电机允许在 92.5%～107.5%范围内变动，此时发电机可保持额定功率因数时的输出额定容量。发电机的最低运行电压应根据稳定运行的要求来确定，一般不应低于额定值的 90%。最高允许电压应遵照制造厂的规定，一般最高不大于 110%。

发电机正常运行的频率范围为额定值的 98%～102%，在此范围内发电机可保持额定功率因数时的输出额定容量。水轮发电机应能在 95%～103%额定频率运行，但不推荐持续运行。

正常的水轮发电机组能够在额定负荷 50%～100%范围内随时调整有功功率，机组保持稳定运行。现阶段，全负荷段（额定负荷 0%～100%范围内）稳定的运行的机组已经投产发电，这将是今后的发展方向。

32　水轮发电机组的特殊运行　水轮发电机在超出额定运行条件，但在国家标准和制造厂允许的运行条件内运行时，称为特殊运行方式。主要有进相运行、调相运行和不对称运行方式。

发电机机端电流相位超前机端电压，向系统输送有功、吸收无功功率的运行状态称为进相运行。由于发电机的结构型式、冷却方式及容量各不相同，进相容量的理论计算比较困难，故一般通过运行试验来确定。主要影响因素是静态稳定极限、定子端部发热和厂用电电压限制。

发电机不发出有功功率，只向电网输送感性无

功功率的运行状态称为调相运行。对系统而言，调相工况包括进相运行和调相运行两种运行方式。水轮发电机调相运行时，一般与水轮机不脱开，转轮可以在空气中或水中运行。由于转轮在空气中运行吸收的有功功率仅为在水中运行的十分之一左右，所以一般都采用在空气中作调相运行的方式。此时，需要关闭水轮机导叶，把压缩空气注入水轮机的转轮室中将水面压低，保证转轮在空气中运行，再调节励磁，向系统输出无功功率。水轮机调相容量可以根据转子励磁绕组的允许温升通过电磁计算确定，通常为额定容量的 65%～80%。

前面提到的运行方式均为对称状态下的运行，发电机有可能在三相不对称的状态运行，称为不对称运行。水轮发电机的不对称运行分为长时间和短时运行两种情况，GB/T 7894—2009《水轮发电机基本技术条件》对两种运行方式做出了规定。

水轮发电机在不对称电力系统中运行时，如任一相电流不超过额定电流，且负序电流分量与额定值之比（标幺值）为下列数值时应能长期运行：额定容量为 125MVA 及以下的空气冷却水轮发电机不超过 12%；额定容量为大于 125MVA 的空气冷却水轮发电机不超过 9%；定子绕组直接冷却的水轮发电机不超过 6%。

水轮发电机在故障情况下短时不对称运行时，应能承受负序电流分量与额定值之比（标幺值）的平方与允许不对称时间之积空气冷却的水轮发电机应为 40s；定子绕组直接冷却的水轮发电机应为 20s。

第6章 抽水蓄能电站

6.1 抽水蓄能电站的特点

33 抽水蓄能电站概述 抽水蓄能电站是一种特殊型式的水电站，兼有发电和抽水功能，是目前最经济的大型储能设施。抽水蓄能电站在电力系统负荷低谷时作为水泵运行，利用电力系统富裕的电能将下水库的水抽到上水库，将电能转换为水的势能储存起来；在电力系统需要时作为发电运行，从上水库向下水库放水发电，将上水库水的势能转换为电能为电网供电，从而实现调峰、填谷等功能，提高电力系统运行的经济性和可靠性。随着国民经济的持续发展，我国电力工业结构不断调整，西电东送、全国联网工程相继实施，核电、风电、光电等能源高速发展，大规模新能源基地兴起，对电力系统的可靠性、安全稳定运行和供电质量的要求不断提高，对抽水蓄能电站的需求，从调峰填谷的基本功能，延伸至调频、调相、负荷跟踪和事故备用等功能。抽水蓄能电站成为吸纳风光电、保障核电运行、促进清洁能源发展、优化电源结构的重要手段，是智能电网的重要组成部分，也是保障电网安全稳定运行和提高供电质量的重要手段之一。

34 抽水蓄能电站的类型

（1）按开发方式分 可分为纯抽水蓄能电站和混合式抽水蓄能电站。

纯抽水蓄能电站上水库一般没有或天然径流很小，电站用水在上、下水库之间循环，发电和抽水用水量基本相等，电站只装设抽水蓄能机组，目前我国已建和在建的抽水蓄能电站基本都是这种型式，例如广蓄、天荒坪、十三陵、泰安、仙居、绩溪等水电站。

混合式抽水蓄能电站一般由常规水电站在新建、改建或扩建时根据电网的需求加装抽水蓄能机组而来。混合式抽水蓄能电站上水库与常规水电站共用一个水库，上水库有一定的天然径流量，发电用水量大于抽水用水量。我国已建的混合式抽水蓄能电站有白山、潘家口和密云等水电站。

（2）按调节性能分 可分为日调节、周调节、季调节和年调节抽水蓄能电站。

电站的调节性能主要是按上水库的库容大小来区分的，一般用上水库库容的装机满发利用小时数来衡量电站调节能力的大小。日调节抽水蓄能电站以一天作为一个调节周期，其装机满发利用小时数一般为 4~6h。周调节抽水蓄能电站以一周为一个运行周期，在周末负荷较低时，增加抽水时间，储存更多能量，在周内负荷较大时，增加调峰出力或延长调峰时间，其调节库容比日调节电站更大，有更强的调节能力，其装机满发利用小时数一般为10~20h。季调节和年调节抽水蓄能电站是用汛期多余的电量抽水到上水库储存起来，在枯水期用上水库的水发电，承担季或年的调峰任务。同时，也可以根据电力系统的要求，进行日调节或周调节。这种抽水蓄能电站需要上水库具有较大库容，下水库也要满足长时间抽水的要求，也可以不建下水库，利用天然河道。

35 抽水蓄能电站的作用

抽水蓄能电站运行具有两大特点：一是它既是发电厂又是用户，二是起动迅速，运行灵活可靠，对负荷的急剧变化可以做出快速反应。因此，抽水蓄能电站可以在电网中可承担调峰、填谷、调频、调相、负荷跟踪、事故备用及黑启动等任务。

（1）调峰、填谷 调峰、填谷是抽水蓄能电站的基本功能，这种双重作用是其他任何电源都无法比拟的。在系统负荷高峰时段，抽水蓄能电站利用上水库的水发电，承担系统高峰负荷，起到调峰作用；在负荷低谷时段，利用系统富余电能抽水，将电能转换为水势能储存在上水库，起到填谷作用。抽水蓄能电站的调峰、填谷作用，可较大程度地降低火电机组的调峰幅度，改善火电、核电机组的运行条件，增强系统消纳风电、光电等新能源的能力，提高电网运行的安全性、稳定性、可靠性和经济性。

（2）调频、调相、负荷跟踪、事故备用　电力系统无功功率过剩或不足会造成电网电压上升或下降，影响供电质量，为保证安全稳定运行，电网需要具备快速应对负荷变化和突发故障的能力。抽水蓄能机组具有抽水和发电两种工况，调节系统无功负荷十分便利，且起动迅速、工况转换灵活、出力易于调整，能对电网负荷的急剧变化做出快速、灵活的反应。在静止工况下，抽水蓄能机组能在 2~3min 内带满负荷，即使在抽水工况下，遇到突发紧急事故情况，也能立即停止抽水，或由抽水工况直接转换成发电工况，防止事故进一步扩大，从而保证电网供电质量，提高系统运行可靠性。抽水蓄能机组适合承担系统调频、调相任务，也是理想的紧急事故备用电源。随着国家对新能源的大力开发，风电、光电在电力系统中的比重日益提高，西部地区逐步建设多个大型风光电基地。风电、光电发电出力波动频繁、随机，且发电出力在装机容量 10% 以下的概率较高，容易造成直流输电系统闭锁。抽水蓄能电站可对风电、光电的出力变化进行负荷跟踪，做出快速响应，从而缓解大规模风、光电对输电系统无功电压和频率稳定性的影响，保证电网的稳定运行。

36　抽水蓄能电站的组成

抽水蓄能电站一般由上水库、下水库、输水系统、厂房等建筑物和机电设备组成。

（1）上、下水库　上、下水库是为抽水蓄能电站储存水量的工程设施，是抽水蓄能电站区别于常规水电站的显著特点之一，一般由挡水建筑物和泄水建筑物组成，根据需要还可以设置拦排沙设施和放空设施。抽水蓄能电站所需水量在上、下水库中循环运行，电站运行时，上、下水库水位升降频繁、变幅大。正常情况下，上、下水库的有效存水量之和等于其中任一水库的调节库容。初期蓄水完成后，一般只需补充蒸发或渗漏水量即可，对水源要求低，不像常规水电站那样依赖河流径流量，但对水库库盆防渗要求高。上水库一般结合地形地质条件和土石方平衡，采用开挖与筑坝围合相结合的方式，坝型以面板堆石坝居多。下水库一般建在天然河道上，一般需设置泄洪设施，由挡水建筑物和泄水建筑物组成。在条件合适的情况下，可利用天然水域或已建水库，从而节省工程投资。

（2）输水系统　用于电站发电与抽水的进水、引水、尾水的渠道、隧洞、管道及水流控制建筑物，一般包括上水库进/出水口、引水隧洞、高压管道、尾水隧洞、下水库进/出水口和闸门井、调压室、岔管等建筑物。与常规水电站相比，抽水蓄能电站的输水系统有以下特点：发电和抽水双向水流；水头高、承受的内水压力大；机组吸出高度大、安装高程低。由于水流双向流动，抽水蓄能电站的进/出水口、岔管等设计要求较常规水电更为严格。

（3）厂房　按电站开发方式、结构型式及布置的不同，可分为地下式厂房、半地下式厂房和地面式厂房，目前，绝大多数抽水蓄能电站都采用地下厂房，一般包括主副厂房洞室、主变压器洞室，以及母线洞、出线洞、进厂交通洞、通风洞、排水廊道等附属洞室。开关站和出线站一般布置在地面，也可布置在地下。

（4）机电设备　抽水蓄能电站与常规水电不同的设备主要是机组、抽水工况启动设备及换相设备。

37　抽水蓄能机组型式

1）按结构型式一般可分为四机式、三机式和二机式。

四机式是最早使用的抽水蓄能机组，由专用的抽水机组和发电机组组合而成，"水轮机和发电机"与"水泵和电动机"是两套完全分开设置的设备。其水轮机和水泵可以采用任意型式和参数，可以根据各自特点进行设计，效率高，可分别检修维护。但这种型式机组和附属设备多、运行维护工作量大、土建工程量大、投资高。

三机式由一台发电电动机和具有同一根轴系的一台水轮机和一台水泵构成，如图 16.6-1 所示。两种运行工况旋转方向相同。三机式机组又可分为卧轴和立轴两种型式，大型三机式机组一般采用立轴式。三机式机组运行方式转换快、综合效率高，但结构复杂，设备造价和土建投资高。

二机式即可逆式机组，由水泵水轮机和发电电动机组成，如图 16.6-2 所示。机组在一个方向旋转时发电，反方向旋转时抽水，结构紧凑，节省造价。二机式机组具有机组尺寸小、结构简单、造价低、土建工程量小等优点，是目前应用最多的机组型式。

2）根据应用水头的不同，可分为混流式、斜流式、轴流式和贯流式，见表 16.6-1。

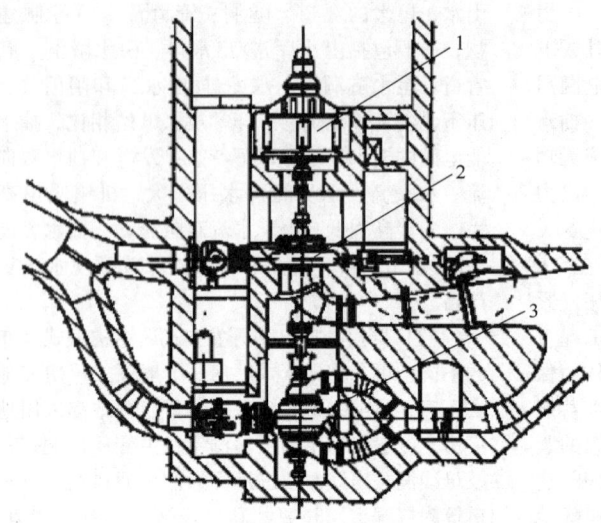

图 16.6-1　立轴三机式抽水蓄能机组

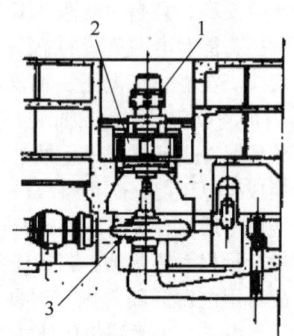

图 16.6-2　二机式抽水蓄能机组

表 16.6-1　水泵水轮机的型式及适用范围

型式	适用水头/m	比转速/(m·kW)	特点
混流式	20~700	70~250	
斜流式	20~200	100~350	适用于水头负荷变化大的蓄能电站
轴流式	15~40	400~900	适用于水头较低且水头负荷变化大的蓄能电站
贯流式	<30		适用于潮汐和低水头蓄能电站

3）根据转速变化分为定速和变速机组。

定速机组只能以恒定转速运行可逆式机组，采用直流励磁的同步电动机。发电工况功率一般可在50%~100%之间调节；抽水工况只能满负荷抽水，不能根据系统需要进行功率调节。大多数抽水蓄能电站装设定速机组。

变速机组的转速可在一定范围内调节的可逆式机组。主要包括变极变速机组、双馈交流励磁变速机组和全功率变频机组。变极变速就是通过改变电动机的极数达到改变转速的目的，早期的变速机组多采用变极变速，例如石家庄岗南、密云、响洪甸和潘家口等电站。双馈变速是在转子上增设三相绕组，通过交流励磁变频器与电网连接，电机成为异步电动机，转子和定子都与电网有能量交换。双馈变速机组通过交流励磁变频器实现平滑自起动，发电工况功率可在40%~100%之间调节；抽水工况入力在60%~100%之间调节。我国正在河北丰宁抽蓄电站2台机组上采用双馈变速技术。全功率变频采用的电动机是与定速电动机相似的同步电动机，

在发电电动机定子与电网之间连接了一套与发电电动机功率相同的变频器，通过改变电动机的三相频率来改变转速的。全功率变频机组可通过变频器自起动，由于变频器能够产生非常大的转矩电流，因此转轮可以不离水起动。发电工况功率可在20%~100%之间调节；抽水工况入力可在60%~100%之间调节。全功率变频属于比较新的技术，国内暂无工程采用，国外也只在100MW以下的小容量机组上采用。

6.2　抽水蓄能电站运行方式

38　发电电动机起动方式　发电电动机的起动方式有静止变频器（SFC）起动、背靠背同步起动、异步起动（包括全压异步起动与降压异步起动）和与主机同轴的辅助电动机起动。

（1）静止变频器（SFC）起动　具有起动成功率高、运行可靠、起动时对系统没有影响、对电动机结构无特殊要求、多台机组可共用一套静止变频

起动装置等优点。早期 SFC 装置的谐波对电网和电站厂用电系统可能造成一定影响，随着技术的发展，SFC 装置的谐波大大降低，同时，SFC 装置经过电抗器和变压器与电网和厂内系统连接，杜绝了谐波对电网和厂内系统的不良影响。目前，大中型抽水蓄能电站均采用静止变频器起动作为主起动方式，当机组台数为六台及以上时，一般装设两套 SFC 装置，互为备用。这是最成熟、应用最广泛的发电电动机起动方式。

（2）背靠背同步起动 由一台发电工况运行的机组拖动电动工况准备起动的机组，这种起动方式对电力系统和机组本身不会造成任何冲击，但这种方式最后一台机组无法起动。这种方式通常作为六台机以下抽水蓄能电站的辅助起动方式。在附近有常规水电机组可以作为拖动机组时，也可考虑采用此方式。

（3）异步起动 由于起动过程中，机组需要获得大的起动转矩，阻尼绕组需使用高阻材料，阻尼条要增多，而且机组要承受大电流冲击和离心力作用。因此，定子绕组线棒、转子绕组、阻尼绕组都要专门设计，采取加固与通风散热的措施。并且，异步起动时，也会对系统产生较大的冲击。所以，采用这种起动方式需要论证起动工况对电网的影响，大容量可逆式机组一般不采用异步起动方式。

（4）与主机同轴的辅助电动机起动 优点是每台机组的起动装置相互独立，不需设置专用的起动母线，起动不会对系统产生冲击，而且能自行起动；缺点是增加了较多的电动机供电和控制设备，使机组的高度增加，为避免产生轴系振动，必须采取措施加大轴的刚度，同时也增加了机组的总损耗。

39 抽水蓄能电站首次起动调试 抽水蓄能电站第一台机组的首次起动调试有下列两种方式：

1）首次以水轮机工况起动，在完成水轮机工况调试后再进行水泵工况调试。

对于上水库有天然来水的抽水蓄能电站，可以在调试前将上水库蓄积足量的发电调试的用水量，因此这类抽水蓄能电站通常采用首次发电工况调试。这是最理想的首台机起动方式，与常规的水电站机组起动一样，都是通过水力来实现机组的首次转动。在完成了机组的动平衡后，可以先做机组的升流升压试验，并对升压设备作零升试验，以检查机组的性能和校核继电保护接线的正确性。

2）首次以水泵工况起动，当水泵工况向上库充有足够的水后，再进行发电工况调试。

对于上水库无天然来水，若首台机组采用发电工况并网调试，则需要提前投入资金建设临时充水系统，且充水周期长、费用高。因此，这类抽水蓄能电站通常采用首次水泵工况调试。

40 抽水蓄能机组的工况转换 抽水蓄能机组的工况是指机组的运行状态，一般有表 16.6-2 所列十种工况，其中停机、发电、抽水、发电调相、抽水调相五种工况是稳定工况。

表 16.6-2 抽水蓄能机组工况

序号	工况名称	状态描述	英文	缩写
1	停机	机组处于静止停机状态	Stop Mode	ST
2	中转停机	机组起动过程中，技术供水系统、推力轴承高压油顶起系统、轴承外循环冷却油泵等机组辅助设备已投入，单机组尚未转动或停机过程中机组已经静止但机组辅助设备还在运行的状态	Transfer Stop	TS
3	旋转备用	机组以发电工况起动，机组达到额定转速、额定电压，但不并网运行的一种状态	Spinning Reserve	SR
4	发电	从上水库放水流向下水库，驱动机组水泵水轮机转轮转动，将水势能转化为电能的运行状态	Generator Mode	G
5	发电调相	转轮室压水后转轮在空气中旋转，机组发电方向并网运行的状态	Generator Condenser Mode	GC

（续）

序号	工况名称	状态描述	英文	缩写
6	抽水	机组从下水库向上水库抽水，将电能转化为水势能的运行状态	Pump Mode	P
7	抽水调相	转轮室压水后转轮在空气中旋转，机组抽水方向并网运行的状态	Pump Condenser Mode	PC
8	线路充电	机组带主变压器、线路以零起升压方式给主变压器、线路充电的一种运行状态	Line Charge Mode	LC
9	黑启动	在厂用电源及外部电网供电消失后，用厂用自备应急电源作为起动电源，用直流系统作为起励电源，机组以零起升压方式给主变压器、线路充电的一种运行状态	Black Start Mode	BS
10	拖动	机组以背靠背方式起动，拖动机运行在发电方向并提供变频电流将被拖动机拖至额定转速并且并网的运行过程	Launcher Mode	L

工况转换是指机组从一种工况到另一种工况的转换过程。实际运行中，由计算机监控系统对工况转换进行控制。线路充电和黑启动不是稳定工况，最终将转为其他稳定工况。抽水蓄能机组通常具备以下工况转换功能，前十种工况转换均为可以相互转换的工况，后两种只能单向转换，如图 16.6-3 所示。

1）停机⟷发电；
2）发电⟷发电调相；
3）停机⟷发电调相；
4）停机⟷抽水调相；
5）抽水调相⟷抽水；
6）停机⟷抽水；
7）抽水⟷发电；
8）停机⟷线路充电；
9）停机⟷黑启动；
10）停机⟷拖动；
11）线路充电→发电；
12）黑启动→发电。

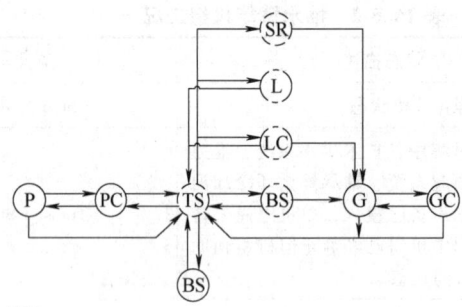

说明：
1. ◯ 表示稳态工况，有停机（ST）、发电（G）、发电调相（GC）、抽水（P）和抽水调相（PC）。
2. ⟨ ⟩ 表示过渡工况，有中转停机（TS）和旋转备用（SR）。
3. ◯ 表示特殊工况，有线路充电（LC）、黑启动（BS）和拖动（L）。

图 16.6-3　抽水蓄能机组工况转换示意图

参 考 文 献

［1］ 白延年. 水轮发电机设计与计算 ［M］. 北京：机械工业出版社，1982.

［2］ 中国电建集团北京勘测设计研究院有限公司. 抽水蓄能电站工程技术 ［M］. 北京：中国电力出版社，2008.

［3］ 陈锡芳. 水轮发电机结构运行监测与维修 ［M］. 北京：中国水利水电出版社，2008.

［4］ 梁维燕，郏凤山，饶芳权，等. 中国电气工程大典 第 5 卷水力发电工程 ［M］. 北京：中国电力出版社，2009.

［5］ 张春生，姜忠见. 抽水蓄能电站设计 ［M］. 北京：中国电力出版社，2012.

［6］ 阮全荣，孙帆. 水电站电气设备选择与布置 ［M］. 北京：中国水利水电出版社，2013.

第17篇

核能发电

主　　编　单建强（西安交通大学核科学与技术学院）
参　　编　孙培伟（西安交通大学核科学与技术学院）
主　　审　张　渝（中国核动力研究设计院）
责任编辑　林　桢

第1章 核能概述

1.1 核能及其在能源结构中的地位

1 核能[1] 使组成原子核的核子（质子和中子等）束缚在原子核内的一种内能，俗称原子能。在原子核分裂（核裂变）、聚合（核聚变）和衰变等过程中，原子核内的核子重新组合，便会部分地释放出此核能。能产生核裂变或核聚变反应并释放出核能的材料为核燃料（参见本篇第92条）。核反应中释放的能量是巨大的，1kg 铀-235 原子核完全裂变所产生的能量约等于燃烧 2 700t 标准煤所释放的能量。人类迄今已掌握了受控的核裂变技术，通常所说的和平利用核能是指在核反应堆（参见本篇第5条）中由可控的链式裂变反应释放出的能量。目前核能利用的主要方式是核能发电和船用核能动力，其次是利用核能来供热、海水淡化以及空间核能电池，将来可以用核能制氢等。

2 核能发电的基本特征[1] 安全、清洁和经济是核能发电的基本特征。

（1）安全性 在核反应堆中进行的链式裂变反应，除了释放出大量的能量外，还伴随有大量的放射性物质生成。这些放射性物质，即使有少量释放到外界环境中，都会对周围居民的健康和正常生活产生影响，所以，核能发电的安全性是以辐射安全为主，这是它区别于常规电厂安全性的重要特征。由于采取了像保守设计、纵深防御、多道屏障（参见本篇第41条）等一系列安全措施，目前核电厂的安全性是有保障的。一般能做到在正常运行情况下，保证核电厂周围居民和厂内工作人员所受放射性辐照远低于法定的最大允许剂量；在事故情况下，能维持安全壳的完整性，防止大量放射性物质泄漏到环境中去。

（2）清洁能源 与普通火力发电相比，核能发电是一种清洁的能源，它对环境的污染轻微。一座 1 000MW 的燃煤电厂每年要向大气排放 $(2\sim3)\times10^7 kg$ 飘尘、$(5\sim10)\times10^7 kg\ SO_2$、$(2\sim3)\times10^7 kg\ NO_x$、$(1\sim2)\times10^6 kg\ CO$ 和数百万吨 CO_2。SO_2 和 NO_x 是酸雨的主要成因；CO_2 则是引起温室效应和全球性气候变化的重要因素。此外，原煤中含有微量的铀、镭，一座百万千瓦级的燃煤电厂每年排出的放射性物质（包括镭、氡等）比相同容量的核电厂排出的还要多。由于核电厂的放射性废物都经过严格的控制和处理，在正常情况下，核电厂排出的放射性气体、液体给周围居民造成的额外剂量负担一般不到天然本底辐射剂量的 1%。

（3）经济性 衡量电厂经济性的主要指标是比投资（每千瓦建造费）和发电成本（每千瓦小时发电费用）。前者表征电厂在建造期内需要投入的资本；后者由投资折旧、燃料成本、运行与维修成本和退役成本组成，是电厂的综合经济指标。据资料统计，核电厂的比投资比燃煤电厂高 30%～80%，而核燃料成本仅为燃煤成本的 25%～35%，绝大多数国家和地区的核发电成本比火力发电便宜 15%～25%，核电占有经济上的优势。

3 核能在能源结构中的地位[1] 能源通常是指能提供能量的自然资源。煤、石油和天然气是当前人类最重要的常规能源，这些能源是不可再生的，且储量有限。随着社会生产的发展和人类生活水平的提高，对能源的需求越来越大，这些常规能源终究将要被耗尽。而另一方面，这些化石燃料是宝贵和重要的化工原料，烧掉了再也不能复得。因此，从保护和延长能源资源消耗的角度，人类必须寻求一种可靠、丰富的替代能源以补充和延缓化石有机燃料的消耗。

目前核能是最有前途、最现实并能保证可持续发展的替代能源。核能有丰富的资源，若考虑核燃料的增殖，其资源量约为煤的两倍。同时，核能目前已发展成为安全、可靠和经济的重要能源（参见本篇第2条）。

从环境保护的角度来说，核能是清洁能源，发展核能是从根本上改善环境，避免温室效应的重要途径。

从我国能源形势来看。我国拥有丰富的煤炭和水力资源，但我国资源分布极不均衡且与工业发展的格局相反。这样的矛盾造成了能源供应和交通运输的紧张局面。

我国能源问题的另一个矛盾是石油、天然气的储量相对较少,能源结构和电力生产结构均是以煤炭为主,占 60% 以上。再加上工业和人口分布的相对密集,造成了严重的环境污染问题。为了改善沿海地区能源资源贫乏的局面、解决能源安全与能源结构问题、缓解交通运输紧张的矛盾和改善环境,发展核能是最现实、可靠且经济的途径,尤其是在沿海能源紧缺地区,发展核电势在必行,刻不容缓。

1.2 核电厂的主要类型及其基本结构[1]

4 核反应堆及主要类型

(1) 核反应堆 能以可控方式实现自持的链式裂变反应或核聚变反应的装置,可分为裂变堆和聚变堆(参见本篇第 12 条)两种类型。迄今世界上已建成和广泛使用的核反应堆都是裂变堆,聚变堆目前还处于研究设计阶段。裂变堆通常由堆芯、反射层和屏蔽层三部分组成。堆芯是核反应堆的核心,可控和自持的链式裂变反应就在此区域内进行,具有很强的放射性,所以又称为活性区。反射层是围在堆芯周围用以反射从堆芯泄漏出来的部分中子的材料。屏蔽层在反射层外,用以屏蔽或减弱来自堆芯的中子和 γ 射线。核反应堆的主要用途是发电、推动船舶、供热、生产同位素以及进行核材料的辐照试验等。

(2) 核反应堆的主要类型 目前世界上正在运行和建造的核电厂所采用的核反应堆类型主要有 6 种:压水反应堆(参见本篇第 5 条)、沸水反应堆(参见本篇第 6 条)、重水反应堆(参见本篇第 7 条)、石墨水冷反应堆、石墨气冷反应堆(以高温气冷堆为主,参见本篇第 8 条)和快中子增殖反应堆(参见本篇第 9 条)。表 17.1-1 列出了截至 2020 年 10 月世界上正在运行的核电厂的核反应堆类型统计资料。

表 17.1-1 运行中的各种类型的核电厂的统计(截至 2020 年 10 月)

核电厂类型	数目/座	净电功率/MW
压水反应堆(PWR)	299	283 798
沸水反应堆(BWR)	65	65 604
重水反应堆(HWR)	48	23 875
石墨水冷反应堆	13	9 283
石墨气冷反应堆	14	7 725
快中子增殖反应堆(LMFBR)	3	1 400
总计	442	391 685

核电厂主要由核岛、常规岛和核电厂配套设施三大部分组成。典型的压水堆核电厂组成见图 17.1-1。

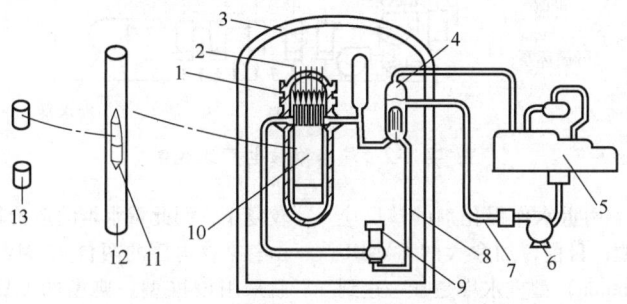

图 17.1-1 压水堆核电厂组成图

1—压力容器 2—控制棒 3—安全壳 4—蒸汽发生器 5—汽轮发电机组 6—给水泵 7—二回路
8——回路 9—核反应堆冷却剂泵 10—核反应堆堆芯 11—燃料元件 12—锆包壳 13—燃料芯块

(1) 核岛 核岛是核电厂的主体,其作用是利用核能来产生蒸汽。核岛一般由核反应堆厂房(安全壳)、核反应堆辅助厂房,以及设置在厂房内的系统和设备所组成。在压水堆核电厂中,核岛内的系统和设备主要有压水堆本体(包括压力容器、堆内构件、燃料元件、控制棒驱动机构等)、由核反应堆冷却剂泵、蒸汽发生器、稳压器和冷却剂管道等组成的一回路系统(又称一次冷却剂系统),以及为支持一回路系统正常运行和保证核反应堆安全运行而设置的一些辅助系统和设备。

（2）常规岛　核电厂中利用核岛中产生的蒸汽进行电力生产的系统和设备。常规岛主要包括汽轮发电机组及其厂房，以及设置在汽轮发电机厂房内的其他辅机系统等。核电厂的常规岛部分基本和常规火电厂的相类似。

（3）核电厂配套设施　核电厂中除核岛和常规岛以外的一切建、构筑物及系统和设备统称为核电厂配套设施。

5　压水堆核电厂　用高压轻水（普通除盐除氧水）作慢化剂和冷却剂且水在堆芯内不发生整体沸腾的核反应堆。压水堆一般采用低富集度的二氧化铀燃料。核燃料裂变释放的大量核能由流经核反应堆堆芯的一回路冷却剂带出堆外，在蒸汽发生器中与二回路的冷却剂进行热交换，产生饱和蒸汽，推动汽轮机发电。压水堆的主要优点是结构紧凑，堆芯体积小，功率密度高，核燃料的燃耗也较深，且建造周期短，造价较低。由于压水堆核电厂采用了多道屏障保护，加上核反应堆自身具有的负温度反馈效应，因此压水堆核电

厂比较安全可靠。它的缺点是产生的蒸汽热工参数不高（约 6.0MPa，280℃饱和蒸汽），热效率相对较低。压水堆核电厂在技术上比较成熟，是目前国际上最广泛应用的核电厂类型。典型的压水堆核电厂组成见图 17.1-1。

6　沸水堆核电厂　沸水堆和压水堆同属于轻水堆，其慢化剂、冷却剂和核燃料等的选择与压水堆相同，所不同的是水在堆芯中沸腾产生蒸汽，经过设置在核反应堆容器顶部的汽水分离器和蒸汽干燥装置后，直接推动汽轮机发电。沸水堆的主要优点是省去了蒸汽发生器这个大型设备。另外，沸水堆的工作压力较低，所以它对核反应堆压力容器的要求也相应较低。它的缺点是堆芯体积大，与同样功率的压水堆相比，沸水堆的燃料装载量要多50%。另外，由于放射性物质直接进入汽轮机、冷凝器等设备，维护和检修需要有屏蔽措施。沸水堆核电厂在技术上也较成熟，是国际上广泛应用的另一种类型核电厂。典型的第二代沸水堆核电厂组成见图 17.1-2。

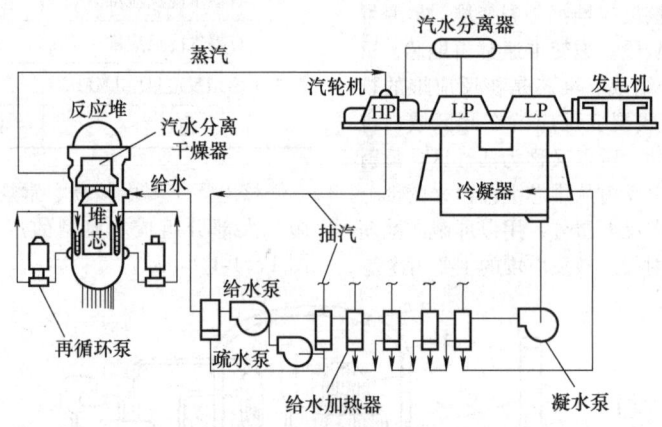

图 17.1-2　沸水堆核电厂组成图

7　重水堆核电厂　用重水作慢化剂的核反应堆。重水堆有多种类型，目前，加拿大的 CANDU（CANada Deuterium Uranium）型重水堆是唯一达到工业应用规模的重水堆。它是重水慢化、重水冷却的压力管式核反应堆。由于重水对中子的吸收少且慢化性能好，所以重水堆可以用天然铀作核燃料。压力管式的重水堆采用数目众多的小型压力管代替压力壳来容纳燃料和一回路冷却剂，其特点是没有大型的压力容器，反应堆本体为卧式结构，可以不停堆换料。对同位素分离和浓缩以及大型压力容器制造能力不足的国家来说，发展该堆型较为有利，但由于重水价格昂贵，对重水系统要求严密，设备

较复杂，因此重水堆的造价较高。目前，我国的秦山三期核电厂的两台 728MW 发电机组的核反应堆就采用该堆型。典型的 CANDU 型重水堆系统见图 17.1-3。

8　高温气冷堆核电厂　高温气冷堆（HTGR）是石墨气冷堆系列中重要的一支，也是石墨气冷堆重要的发展方向。这是一种用富集铀作燃料、石墨慢化、氦气冷却的核反应堆。它采用耐高温的陶瓷型涂敷颗粒燃料，并把此直径为 1mm 左右的燃料颗粒弥散在高热导率的石墨基体中，压制成燃料元件。高温气冷堆用耐高温的石墨作堆芯结构材料，一回路系统和设备均放在一个预应力混凝土内，形

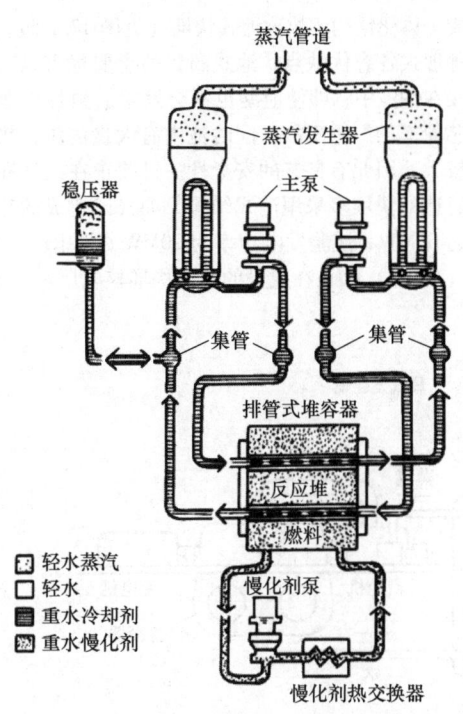

图 17.1-3　CANDU 型重水堆系统示意图

成一体化布置。应用的燃料元件主要有球形和六棱柱状两种，相应的堆芯结构也分为球床型堆芯和柱床型堆芯。

高温气冷堆的主要特点是：1）具有良好的固有安全性；2）堆芯出口处氦气的热工参数高，因而热效率高（>40%）。若采用高温氦气汽轮机直接循环，热效率可提高到 50%~60%；3）转换比高，燃耗深（燃耗深度可达 10^5MW·d/t），同时燃料循环灵活，可实现钍-铀燃料循环；4）用途广泛，可提供 900~950℃ 的高温工艺热用于炼钢、煤的液化和气化等工业。

自 20 世纪 80 年代初期开始，模块式高温气冷堆（MHTGR）被开发出来，每个模块的热功率为 200~350MW，几个模块堆组成一个核电厂。MHTGR 具有良好的固有安全性和经济性，被认为是下一代先进热中子堆的候选堆型之一。我国建成的石岛湾高温气冷堆核电厂就是该类型的模块式堆。

典型的高温气冷堆核电厂系统见图 17.1-4。

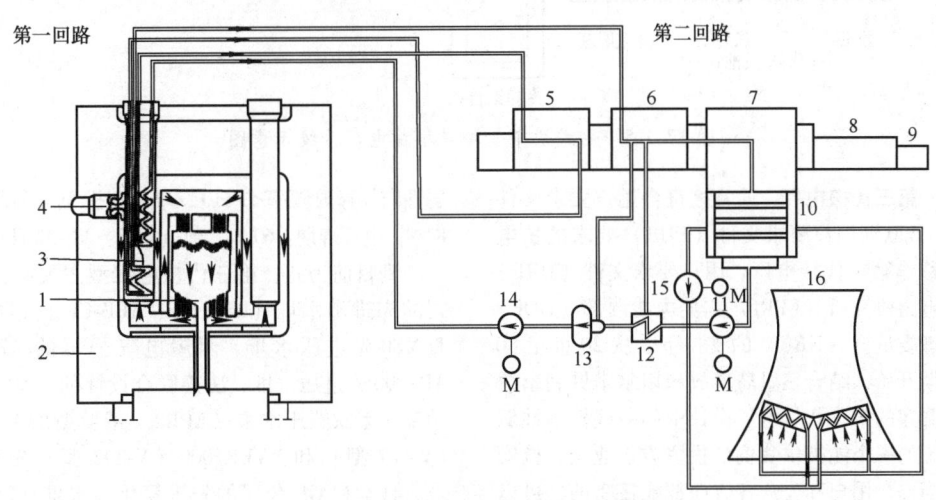

图 17.1-4　高温气冷堆核电厂系统示意图
1—反应堆芯　2—预应力混凝土压力容器　3—蒸汽发生器　4—冷却气鼓风器　5—透平高压缸　6—透平中压缸
7—透平低压缸　8—发电机　9—励磁机　10—表面式冷凝器　11—主凝结水泵　12—预热器　13—除氧器
14—给水泵　15—冷却水泵　16—干式冷却塔

9　快中子增殖堆核电厂　快中子增殖反应堆简称快堆，是利用快中子来实现可控链式裂变反应和核燃料增殖的核反应堆。发展快堆除用于发电外，主要还用来增殖核燃料，扩大铀资源的利用。

快中子增殖堆核电厂的主要特点是：1）快堆没有慢化剂，因此堆芯体积小，功率密度高，所以必须选择导热性能好、中子慢化能力差的流体，如液态金属钠作为冷却剂；2）钠流经堆芯后被活化，为避免带放射性的钠与蒸汽发生器中的水接触，快堆在一回路和蒸汽-电力转换回路之间增设了一个中间钠回路。具有三个热传输回路系统是快堆核电厂区别于热堆核电厂的一项结构特点；3）为了充分利用中子，通常在堆芯外围设有一层可转换材料，称为再生区或增殖区，用来增殖核燃料，因而快堆的堆芯都由芯部和再生区两部分组成；4）必须采用富集度比较高的燃料。

快堆核电厂的一回路系统目前有两种布置形式：1）设备分立布置，用管道连接的布置方案，称为回路式布置；2）所谓池式布置，是将堆芯本体、主泵和中间热交换器共同放在一个密封的钠池内，构成一体化结构，故称池式快堆（见图 17.1-5）。这两种形式各有优缺点，池式布置的主要优点是一回路浸在钠池中，即使泄漏也不会发生放射性外泄或堆芯裸露的严重事故。同时池内有大量的钠，热容量较大，因此有良好的安全性。目前正在设计和准备建造的快堆多采用池式结构，如我国建成的热功率为 65MW、试验发电功率为 20MW 的中国实验快堆（CEFR）和正在建设的霞浦快堆核电厂。

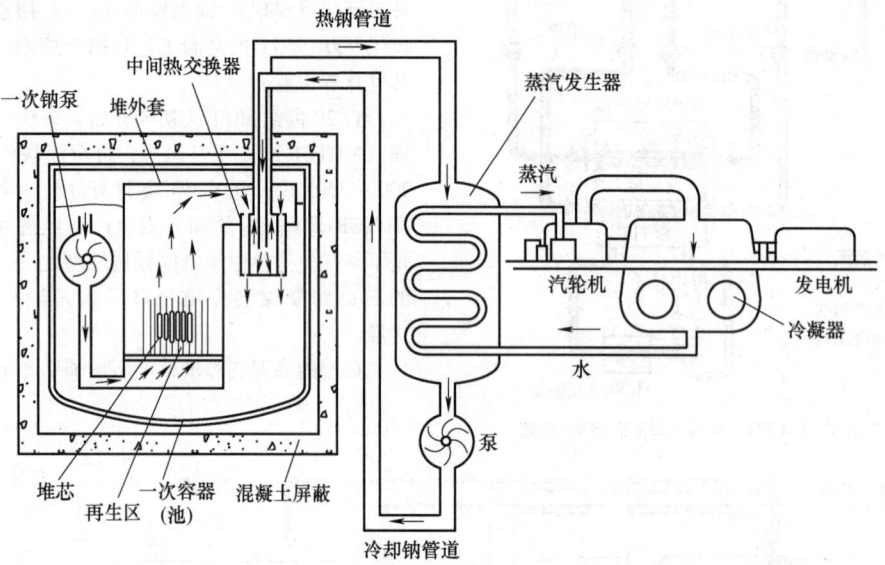

图 17.1-5　池式快中子增殖堆核电厂系统示意图

10　第三代核电厂　通常把符合用户要求文件（URD）或欧洲用户要求文件（EUR）要求的核电反应堆称作第三代核电厂。用户要求文件（URD）为美国电力研究所（EPRI）在美国能源部（DOE）和核管理委员会（NRC）的支持下，从 20 世纪 80 年代中期开始，结合三里岛事故和切尔诺贝利事故的发生暴露的第二代核电厂设计中的一些根本性弱点，制定的一个能被供货商、投资方、业主、核安全管理当局、用户和公众各方面都能接受的、可以提高安全性和改善经济性的核电厂设计基础文档。欧洲用户要求文件（EUR）则是当时欧洲共体国家共同制定的类似文件。

第三代核电厂的显著特性为：提高安全性，降低核电厂严重事故的风险，延长在事故状态下操纵员的宽容时间等；提高经济性，降低造价和运行维护费用；延续成熟性，尽量采用已经验证的成熟技术。

以下为第三代核电技术的具体指标：堆芯热工安全裕量：15%；堆芯损坏频率<1×10^{-5}/堆年；大量放射性向外释放频率<1×10^{-6}/堆年；机组可利用因子>87%；电厂寿期：60 年；建造周期：48~52 月。

到目前为止，第三代核电堆型主要有：GE 公司的先进沸水堆（ABWR）、ABB-CE 公司的 SYS-TEM80 先进压水堆、西屋电气公司的 AP600 和 AP1000 先进压水堆、法德联合设计的 1 500MW 电功率大型欧洲压水堆（EPR）、俄罗斯的 VVER640（V-407 型）和 VVER1000（V-392 型）先进压水堆、日本和 GE 公司的先进简化沸水堆（SBWR）、俄美法日联合开发的 278MW 热功率且燃气轮机直接循环的模块式氦气冷却堆（GT-MHR）、我国的华龙一号和国和一号等。

11　第四代核电技术　2000 年 1 月，由美国能源部发起并组织 9 个国家的高级政府代表会议，讨论开发第四代核电技术的国际合作问题，形成对发展核电的十点共识，其基本思想是：为了社会发展和改善全球生态环境，世界特别是发展中国家需要发展核电；第三代核电技术还需改进；核电需要提高经济性、安全性，减少废物，能防止核扩散；核电技术要同核燃料循环统一考虑。2000 年 5 月，由美国能源部再次发起组织了近百名国内外专家研讨第四代核电技术的发展目标，目的是研究第四代核电技术应具备的基本性能和特点，以便进一步研究确定第四代核电厂的设计概念，为第四代核电堆型的研究开发明确技术方向。会议代表通过并发表了研讨会纪要文件，提出了发展设想进度。2002 年，第四代核能系统国际论坛（GIF）对第四代核电堆型的技术方向形成共识，在 2030 年以前将开发六种"新型发电"反应堆与核燃料循环技术，即气冷快堆、铅冷快堆、熔盐堆、钠冷快堆、超临界水堆和超高温气冷堆。目前，在 GIF 的组织下，六种堆型均得到了有效的发展，必将为近期的核电技术提供强有力的支持。

12 聚变反应堆 利用轻核氘和氚的聚变反应，能实现自持和受控的核能装置[3]。

氘氚聚变反应可以释放出大量能量，其燃料氘和锂在地球上几乎可以说是无穷尽的。聚变反应堆不产生硫、氮氧化物等环境污染物质，不释放温室效应气体；氘氚反应的产物没有放射性，中子对堆结构材料的活化也只产生少量较容易处理的短寿命放射性物质。考虑到聚变堆的固有安全性，聚变能可以看成是不污染环境、不产生放射性核废料、具有接近无限资源的比较理想的能源。因此，聚变能是目前认识到的可以最终解决人类能源和环境问题的最重要的途径之一。

可控热核聚变能的研究分惯性约束和磁约束两种途径。惯性约束是利用超高强度的激光在极短的时间内辐照靶板来产生聚变。磁约束是利用强磁场可以很好地约束带电粒子这个特性，构造一个特殊的磁容器，建成聚变反应堆，在其中将聚变材料加热至数亿度高温，从而实现聚变反应。20 世纪下半叶，聚变能的研究取得了重大的进展，磁约束研究领先于其他途径。科学家研究出一种类似于面包圈形状的环形器，这种面包圈形状的装置被称作"托卡马克"（TOKAMAK）。现在已实验证明了在这类装置上产生聚变能的可行性，但离商业运行还有很长的一段距离。

第2章 核反应堆堆芯设计

2.1 核反应堆物理[4]

13 核反应堆物理设计的任务 核反应堆是核电厂的核心,核反应堆物理设计的任务是:

(1) 合理选定燃料(包括燃料类型和富集度、燃料元件的形状与尺寸等)、冷却剂、慢化剂及结构材料,确定栅格布置。

(2) 计算核反应堆堆芯内功率和中子注量率的分布,计算核反应堆的反应性。

(3) 计算堆内各种成分及反应性随运行时间的变化。

(4) 计算各种反应性系数,并确定反应性的控制方式。

(5) 制定堆芯燃料管理方案:确定换料周期、批料数和倒换料方案。

14 中子扩散与慢化 单位体积内的自由中子数称为中子密度,它表征自由中子在介质内的密集程度。某处的中子密度 n 和该处的中子平均速度 v 的乘积 nv 即为该处的中子注量率(也称为中子通量密度)ϕ。中子注量率与宏观截面积的乘积称为核反应率,例如 $\sum_f \phi$ 便表示单位时间内所发生的裂变反应率。因而,核反应堆内功率密度和中子注量率的大小直接相关。和气体扩散现象相似,中子在介质内通过与介质原子核的相继碰撞(散射)从高中子密度区向低中子密度区迁移的现象称为中子的扩散过程。在一些近似条件下,它与气体扩散相似,也服从斐克扩散定律:

$$J = -D\,\mathrm{grad}\,\phi$$

式中 D——扩散系数;

J——中子流密度,其方向代表中子的总体流向,其数值等于单位时间内流过与该方向垂直的单位面积的净中子数。

该定律反映了中子扩散的基本现象,为中子扩散理论的基础。根据斐克扩散定律可以导出核反应堆内中子密度守恒的中子扩散方程:

$$-D\nabla^2\phi + \sum_a \phi = Q$$

式中 $\sum_a$——宏观吸收截面积;

Q——包括裂变在内的中子源项。它是描述中子群体在核反应堆内扩散近似的基本方程。从其可以获得核反应堆的临界大小、有效增殖因数以及堆芯的功率分布等。由裂变反应产生的裂变中子为快中子,其平均能量在 2MeV 左右,而在热中子核反应堆中,核裂变主要由能量小于 1eV 的热中子引起。因此,在热中子堆内裂变中子必须经过与介质(慢化剂)的原子核碰撞使其速度或能量被降低下来,这个过程称为中子的慢化过程。中子与原子核的碰撞包括弹性散射和非弹性散射。在热中子核反应堆内,中子的慢化主要依靠弹性散射。作为慢化剂,显然要求它应具有非常大的宏观散射截面 $\sum_s$,以增大其与中子碰撞的概率,同时还要求它与中子每次碰撞的平均能量损失或对数能降 ξ 要大。乘积 $\xi\sum_s$ 称为慢化能力。除了要求有大的慢化能力外,从减少中子损失的角度还要求慢化剂具有小的吸收截面积。因此,我们定义了一个新的量 $\xi\sum_s/\sum_a$,叫作慢化比。优良的慢化剂应具有较大的 $\xi\sum_s$ 值和较大的慢化比。经过比较,适用于慢化剂的材料有 H_2O、D_2O、C 和 Be 四种物质。

15 自持链式裂变反应与有效增殖系数 某些元素核(如铀-235)在中子作用下,会分裂为几个碎片,并释放出中子,同时释放出一定数量的能量(核能),这样的反应称为核裂变反应。一个铀-235核裂变时平均约释放出 2.5 个中子,这些中子将引起周围的铀-235 核或其他易裂变核素的裂变,如此不断地进行下去,这样的反应称为链式裂变反应。

如果不依靠外界的作用，链式裂变反应就能以一定的速率进行下去，这样的反应称为自持链式裂变反应。裂变核反应堆就是一种能以可控方式实现自持链式裂变反应的装置，它能以一定的速率将蕴藏在原子核内部的核能释放出来。

由于核反应堆内不仅含有核燃料，还有慢化剂、冷却剂和结构材料等其他物质，所以不可避免有一部分中子要被这些非裂变材料吸收，同时还有一部分中子要泄漏出堆芯，因此，核反应堆能否实现自持链式裂变反应，将取决于堆内裂变、非裂变吸收和泄漏等过程中中子的产生和消亡之间的平衡关系。核反应堆实现自持的链式裂变反应的条件可以用有效增殖系数 k_{eff} 来表示：

$$k_{eff} = \frac{系统内中子的产生率}{系统内中子的总消失率(吸收+泄漏)}$$

当 $k_{eff}=1$ 时，系统内中子的产生率等于其消失率，自持链式裂变反应恰好得以维持，此时称核反应堆处于临界状态。当 $k_{eff}>1$ 时，系统内中子的产生率大于消失率，中子数目将随时间而不断地增加，此时核反应堆处于超临界状态。当 $k_{eff}<1$ 时，系统内中子的产生率小于消失率，中子数目不断减少，链式裂变反应是非自持的，此时核反应堆处于次临界状态。

核反应堆的有效增殖系数不仅与核反应堆的材料组成（如铀-235 的富集度、核燃料-慢化剂的比例等）有关，还与核反应堆的形状和大小有关。

16　核反应堆反应性　核反应堆偏离临界的程度常用符号 ρ 表示，其定义为

$$\rho = \frac{k_{eff}-1}{k_{eff}}$$

当核反应堆处于临界状态时，$\rho=0$；当核反应堆处于超临界状态时，$\rho>0$；当核反应堆处于次临界状态时，$\rho<0$。在核反应堆物理分析中，常用的反应性单位有 $\Delta k/k$ 和"元"两种。当反应性的数值恰好等于 1 个 β（缓发中子份额）时，称为 1 "元"反应性。在核反应堆的运行中，还常以 pcm 作为反应性的单位，$1pcm=10^{-5}\Delta k/k$。

在核反应堆控制中，有几个常用的与反应性有关的物理量，它们是

（1）剩余反应性　核反应堆中没有任何控制毒物时的反应性。控制毒物是指核反应堆中用于反应性控制的各种中子吸收体，如控制棒、可燃毒物和化学补偿毒物等。核反应堆剩余反应性的大小与堆的运行时间和状态有关。冷态、无氙堆芯的剩余反应性称为后备反应性。

（2）控制毒物反应性（或价值）　某一控制毒物投入堆芯所引起的反应性变化量。

（3）停堆深度　全部控制毒物都投入堆芯时，核反应堆所达到的负反应性。停堆深度也与核反应堆的运行时间和状态有关。为了保证核反应堆安全，对核反应堆的停堆深度有一定的规定和要求。例如，要求在热态平衡氙中毒的工况下，应有足够的停堆深度。否则，当堆芯逐渐冷却和氙逐渐衰变后，核反应堆反应性将逐渐增加而有可能重新达到或超过临界的危险情况；在压水堆设计准则中规定，在一束具有最大反应性的控制棒被卡在堆外的情况下，冷态无中毒的停堆深度必须大于 2~3 元。

17　核反应堆反应性的控制与方式　其主要任务是：通过各种有效的控制方式及其组合，在确保安全的前提下，控制核反应堆的反应性，以满足核反应堆长期运行的需要；通过控制毒物适当的空间布置和最佳的提棒程序，使核反应堆在整个堆芯寿期内保持较平坦的功率分布，使功率峰因子尽可能地小；在核电厂负荷变化时，能调节核反应堆功率，使其适应外界负荷变化；在核反应堆出现事故时，能迅速安全地停堆，并保持适当的停堆深度。

按控制毒物在调节过程中的作用和对反应性引入速率的要求，可以把反应性的控制分成三类：

（1）紧急停堆　当核反应堆需要紧急停堆时，要求核反应堆控制系统能迅速引入一个大的负反应性，快速停堆，并达到一定的停堆深度。要求紧急停堆系统有极高的可靠性。

（2）功率调节　当核电厂负荷或堆芯温度发生变化时，核反应堆的控制系统必须引入一个适当的反应性，以满足核反应堆功率调节的需要。在操作上要求它既简单又灵活。

（3）补偿控制　为保证一定的核反应堆运行周期，核反应堆的初始剩余反应性比较大，因而在堆芯寿期初，必须向堆芯中引入较多的控制毒物，但随着核反应堆的运行，剩余反应性不断减小，为了保持核反应堆临界，必须逐渐地从堆芯中移出控制毒物，由于这些反应性的变化是很缓慢的，所以相应的控制毒物的移动也是很缓慢的。

目前压水堆采用的反应性控制方式主要有下面三种：

（1）可移动的控制棒控制　它是由强吸收材料，例如在压水堆中，一般采用 Ag（80%）-In（15%）-Cd（5%）合金做成细棒束形式均匀地布置在燃料组件中（每个组件有 20~24 根控制棒）。在沸水堆中，则多采用十字形控制棒。不同类型的

核反应堆，其控制棒的形状和尺寸也不相同。它的优点是移动速度快，操作灵活可靠，控制反应性准确。它主要用来在紧急控制和功率调节过程中控制反应性的快速变化，例如燃料的温度效应、瞬态氙效应等。

（2）可燃毒物控制　对于新堆芯，初始剩余反应性较大，为减少控制棒数目，往往可采用可燃毒物棒，通常做成棒状、管状插入燃料组件中。目前可燃毒物材料主要使用的元素有硼和钆。随着运行这些可燃毒物基本上被烧尽，到寿期末，残留量很少，因而对堆芯寿期影响不大。有的核电厂设计采用了湿式环状可燃毒物元件（WABA）和涂硼燃料元件（IFBA），即在二氧化铀芯块的外表面涂上一层薄的硼化锆。目前在压水堆中还采用在二氧化铀中掺加氧化钆（Gd_2O_3，含量可达 10%）作为可燃毒物。

（3）化学补偿控制　即在一回路慢化剂（冷却剂）中加入可溶性化学毒物，例如硼酸，来控制堆芯的反应性，因此称为化学补偿控制。它主要用来补偿正常运行中由燃耗、裂变产物的积累和氙毒引起的反应性慢变化效应。它的缺点是需要有一套加硼和硼稀释的附加设备。同时在核电厂正常运行时，如果硼浓度大于 1 300μg/g 时可能出现正的慢化剂温度系数，因此核电厂功率运行时硼浓度应低于该值。

18　堆芯反应性系数　核反应堆的反应性相对于核反应堆的某一个参数的变化率称为反应性系数。反应性系数的大小决定了反馈的强弱。为了保证核反应堆运行的稳定性和安全性，要求反应性系数为负值，这是物理设计的基本要求之一。常用的反应性系数有

（1）堆芯温度反应性系数　堆芯内温度发生变化时，中子能谱、中子反应截面等都将相应地发生变化，从而引起反应性的变化。温度每变化 1℃ 所引起的反应性变化称为反应性温度系数，或简称为温度系数。堆芯中各种成分的温度系数都各不相同，常用的有：

1）燃料温度系数，核燃料温度每变化 1℃ 所引起的反应性变化。主要是由燃料核共振吸收的多普勒效应引起的。燃料温度升高导致铀-238 共振吸收增加，从而使得该温度系数一般为负值。

2）慢化剂温度系数，慢化剂温度每变化 1℃ 所引起的反应性变化。慢化剂的温度变化相对于功率的变化要滞后一段时间，因此慢化剂的温度效应是一种滞后效应。在核反应堆设计时，通常应使该温度系数为负值。

（2）空泡反应性系数　在液体冷却剂的核反应堆中，冷却剂的沸腾（包括局部沸腾）将产生气泡。在冷却剂中所含气泡的体积百分数称为空泡份额。空泡反应性系数是指在核反应堆中，冷却剂的空泡份额变化 1% 所引起的反应性变化。一般来说，当出现空泡或者空泡份额增大时，对于轻水核反应堆来说，由于慢化能力减弱，是负反应性效应，而对于大型快中子堆，可能出现正反应性效应。

（3）功率反应性系数　单位功率变化所引起的反应性变化称为功率反应性系数。它是当功率变化时所有反应性效应变化的综合。一般功率反应性系数为负值。

19　核燃料燃耗深度　单位质量核燃料所产生的总能量。它是度量核燃料燃耗程度的参数。在动力堆中，习惯上都以装入堆芯的每吨铀所发出的热能来表示，即以兆瓦·日/吨铀（MW·d/t）为单位。也可用燃料中易裂变物质被消耗的原子百分比来表示。随着核反应堆的运行，核燃料的燃耗不断加深，当燃耗深度达到一定程度后，核反应堆的剩余反应性接近于零，这时核反应堆就必须停堆换料。从堆芯内卸出的燃料所达到的燃耗深度称为卸料燃耗深度，卸料燃耗深度越深，单位质量的燃料发出的能量就越多，发电成本越低。核燃料最大的允许燃耗深度是由燃料元件的辐照性能所决定的。目前压水堆的平均卸料燃耗深度可达 40 000～55 000MW·d/t。

20　换料周期　核反应堆堆芯从新装料开始，有效满功率运行一段时间后，核反应堆的剩余反应性趋近于零，这时必须停堆换料。两次换料之间的时间间隔称为核反应堆的换料周期。

换料周期的选取直接关系到核反应堆的经济性。若换料周期取得比较短，则核反应堆的初始剩余反应性可以比较小，因而控制棒的数目或控制毒物的数量可以减少，核燃料的比装量（即发出单位功率所需的核燃料装载量）也可以减少，这在经济上能带来很多好处。但若换料周期取得太短，将导致频繁地停堆换料，降低电厂的负荷因子，这在经济上又会带来损失。因此必须全面考虑，选取适当的换料周期。过去世界上许多压水堆多采用一年换料一次的策略，但近年来随着先进燃料管理策略的出现，绝大多数轻水堆的换料周期已改为 18 个月或更长的换料周期，例如 24 个月。

21　换料方案　核反应堆在换料时，很少把整个堆芯的燃料一起换掉，一般只换一部分燃料。例如压水堆换料时通常只更换堆芯 1/3 或 1/4 的燃料

组件，称为三批或四批换料。

换料方案要解决的问题就是确定出核反应堆卸出和装入哪些燃料组件，以及新堆芯内新旧燃料组件（包括不同的控制毒物）的重新布置。轻水核反应堆核电厂的初始堆芯由几种不同富集度的燃料组件组成。换料方案既要保证核燃料的经济利用，又要满足为保证运行安全必需的限制条件。目前，压水堆核电厂主要的换料方案见图 17.2-1。

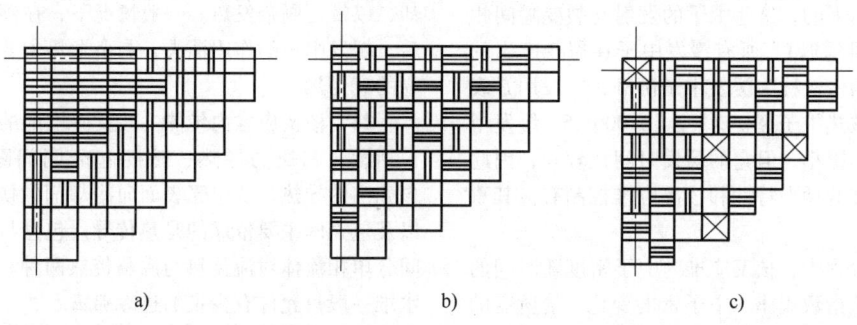

□ 新燃料　　▥ 经过一个循环辐照的燃料　　▦ 经过两个循环辐照的燃料　　⊠ 经过三个循环辐照的燃料

图 17.2-1　压水堆核电厂的换料方案（1/4 堆芯）
a）分区装载　b）分区和"棋盘"式相结合　c）"低泄漏"装载

（1）分区装载　将堆芯沿径向分成若干区域，分别装以不同富集度的燃料组件。通常，燃料的富集度从外围向中心逐渐减小。换料时，卸出堆芯中心区域的燃料，然后依次将燃料由外区移向内区，把未经辐照的新燃料装在堆芯的最外围区域。在这种布置下，堆芯功率分布比较均匀，但在区域交界处可能引起较大的局部功率峰因子。目前分区装载换料已经不再使用。

（2）分区和"棋盘"式相结合的装载　燃料分三批布置，每次换料 1/3。未经辐照的新燃料装在堆芯外围，在堆芯中心区域间隔地布置经过一个、两个循环辐照的燃料组件，从而在内区形成"棋盘"式布置。这种布置具有比较平坦的内区功率分布。

（3）"低泄漏"装载　这是最近发展起来的压水堆的装料方式，在这种装料方式中，将新燃料组件多数布置在离开边缘靠近堆芯内区的位置上，而把经过两个循环辐照以上、燃耗深度比较大的组件布置在芯部最外面的边缘区。这种装料方式的主要优点在于新燃料组件是布置在中子价值较高的堆芯内区，最外区是燃耗深度较大的辐照过的组件，因而堆芯边缘中子注量率低，中子从堆芯的泄漏较少，提高了中子利用的经济性和芯部的有效增殖系数，延长了堆芯寿期。更重要的是降低了快中子的泄漏，减少了压力容器所接受的中子注量率，从而延长了压力壳和核反应堆的寿命。

换料方案的确定是一个不断优化的问题。它不但要合理而经济地确定更换燃料的数量和富集度（包括与之匹配的可燃毒物及其浓度），还要确定出堆芯的布料方案。这一任务十分复杂和繁重，目前已开始把优化方法应用到换料方案的确定中。

不同类型的核反应堆采用不同的换料方案。例如，加拿大的 CANDU 型重水堆采用不停堆的水平方向连续的换料方案，而球床型高温气冷堆则采用轴向连续装换料方案。

22　核燃料的转换与增殖　在自然界存在的天然铀中，易裂变同位素铀-235 仅占 0.71%，这使得铀资源的利用受到限制，但是，占天然铀 99.284% 的铀-238 是可转换材料，它在核反应堆中吸收各种能量的中子后，可经衰变形成另一种易裂变同位素钚-239。这种利用可转换材料来生产易裂变同位素的过程被称作核燃料的转换。

核反应堆中每消耗一个易裂变物质原子核所产生新的易裂变物质的原子核数称为转换比，即

$$CR = \frac{易裂变物质的生成率}{易裂变物质的消耗率}$$

核燃料的转换过程扩大了铀资源的利用，轻水堆的转换比约为 0.6。当转换比大于 1 时，核反应堆内产生的易裂变核素比消耗掉的多，这时除了可维持核反应堆自身的燃料需要外，还可以生产出一些易裂变物质供其他核反应堆使用，这样的过程称为燃料的增殖。这时的转换比称为增殖比，一般用 BR 表示，能实现燃料增殖的核反应堆称为增殖堆。

23　核反应堆动力学　研究核反应堆在起动、功率变换、停堆和事故工况等动态过程中的物理特性，其中心内容是讨论非临界状态下核反应堆内中

子密度随时间的变化规律。

由核裂变反应释放的中子中，99%以上为瞬发中子（在裂变的瞬间（约 10^{-14} s）发射出来的），还有小于1%的中子为缓发中子（在裂变碎片衰变过程中发射出来的，这些中子的发射与裂变瞬间相比有一段时间延迟）。所有缓发中子在裂变产生的中子中所占的份额称为缓发中子份额，一般用 β 表示。铀-235 核热中子裂变时，$\beta = 0.006\ 25$。缓发中子的份额虽然很小，但它的缓发时间比较长，因此它对核反应堆的动态特性和核反应堆控制有极其重要的影响。

在瞬态过程中，核反应堆内中子密度随时间的变化近似服从指数规律。中子密度变化 e 倍所需的时间称为核反应堆周期，以 T 表示。一般地讲，核反应堆周期与引入的反应性大小成反比。当引入的正反应性正好等于缓发中子份额，即 $\rho = \beta$ 时，称为瞬发临界。这时仅靠瞬发中子的贡献就可使核反应堆保持临界状态，核反应堆功率将以极短的周期危险地增长。在核反应堆运行中，必须避免发生瞬发临界现象。

2.2 核反应堆热工水力学[5]

24 核反应堆热工设计的任务 核反应堆热工设计的主要任务是协调和配合堆芯物理和结构等方面设计，确定核反应堆的热传输系统，确保在正常运行、起动、停堆及各种动态工况下核反应堆内热能的可靠、安全地导出，并高效地加以利用。核反应堆的"热工-水力"性能对核电厂的经济与安全运行有极其重要的意义。

25 核反应堆内的热源及其分配 核反应堆内的热量是核燃料在裂变过程中释放出来的，大致分成三类：第一类是在裂变的瞬间放出的。第二类是在裂变之后，由裂变碎片和裂变产物的放射性衰变放出来的，它们在停堆以后的一段时间内继续存在。第三类是中子与堆内构件、慢化剂、包壳等结构材料的非裂变吸收过程中放出的。每次裂变大约产生 200MeV 能量。

裂变能在核反应堆各部分的分配取决于各种粒子的射程长短，它与核反应堆所用的材料和核反应堆的内部结构有关。一般说来，总裂变能在核反应堆各部分的分配大致如下：燃料占90%，慢化剂占4%，中微子带出堆外占5%，其他各种结构材料占1%。

核反应堆停堆以后，由于缓发中子的存在以及

裂变产物的放射性衰变，功率不会立即降到零，而是按近似于指数规律迅速衰减。这部分热量称为剩余发热，它取决于停堆前的功率与在此功率下持续运行的时间。所以停堆以后必须对核反应堆进行冷却，以带走剩余发热。一般情况下，在停堆数分钟后，缓发中子的作用消失，剩余发热主要是裂变产物的衰变热。

26 核反应堆内传热 核反应堆内的传热过程包括燃料芯块的导热、燃料-包壳间隙的传热、包壳内的导热、从包壳表面向冷却剂的换热。燃料以及包壳内主要依靠的是热传导。包壳与冷却剂之间分单相流体对流传热与沸腾传热两种。目前的压水堆一般只允许有少量的过冷沸腾。

27 临界热流密度（CHF） 当冷却剂沿加热表面平行流动时，愈靠近加热表面气泡数量愈多，随着表面热流密度的升高，会产生大量气泡，致使在加热表面上形成一层气泡壅塞区，使传热能力突然下降，造成加热表面壁温急剧上升，即出现沸腾危机，称为偏离泡核沸腾（DNB），此时的热流密度称为临界热流密度（CHF）。核反应堆热工设计必须保证核反应堆在整个运行期间，燃料元件表面任何一点的热流密度不超过该点的临界热流密度。通常把临界热流密度的计算值与实际热流密度之比值定义为临界热流密度比，或称为偏离泡核沸腾比（DNBR）。DNBR 是沿着堆芯高度变化的，设计上要保证其中最小的 DNBR 值大于 1。

28 单相流与两相流

（1）**单相流** 系统内只有一种物体的流动。核反应堆内的液体冷却剂（例如水和液态钠）或气体冷却剂（例如氦和二氧化碳）的流动一般都是单相流。可以根据雷诺数 Re 的大小将单相流分为层流和湍流。

（2）**两相流** 系统内有两种物体同时存在的流动。由相同化学成分组成的两相流称为单组分两相流，如液相水与水蒸气所组成的汽水混合物的流动；由不同化学成分组成的两相流称为多组分两相流，如空气-水混合物的流动。在核反应堆系统中，常见的是单组分气-液两相流。例如，在沸水堆的各冷却剂通道及压水堆的热通道内，冷却剂受热发生相变（饱和沸腾或过冷沸腾时），形成气-液两相流。

两相流的存在明显地改变了冷却剂的流动和传热特性。伴随相变产生的气泡还会减弱兼作核反应堆慢化剂的冷却剂水的慢化能力。因此，针对两相流的研究对核反应堆的设计、运行和安全分析是非

常重要的。

29　临界流　流速达到声速时的流体流动。临界流也称为壅塞流或声速流。达到临界流的一个重要标志是管口处的流速不再随下游压力的降低而增加。达到临界流的流体状态点称为临界点，该点的压力称为临界压力，对应的流速和流量分别称为临界流速和临界流量。临界流速等于该状态下压力波的传播速度。在核反应堆管道破口处出现临界流时，由于压力波传播的方向与流体流动的方向相反，下游的压力波就不可能传到上游去了。临界流量决定了核反应堆冷却剂系统破口事故的危险程度。两相流的临界流要小于单相流的临界流。

30　核反应堆内压降与流量分配　经过堆芯的单相流体压降大致可分为四部分：1）经过流道的摩擦阻力损失；2）经过燃料组件格架的阻力损失；3）经过堆芯出入口的压力损失（包括突扩和突缩）；4）流体重力压降。

由于两相流的存在，尚需考虑由于冷却剂的汽化膨胀而引起的加速度压降及两相流的重力压降和摩擦压降。两相压降的计算主要依赖于经验关系式。

燃料元件的释热量取决于它的富集度及其在堆芯中的位置。如果不考虑流量分配，则靠近堆芯中心部位的燃料元件的温度可能会超过安全限度，而位于堆芯边缘处的燃料元件的温度可能会远低于安全限度，边缘流道的出口温度比中心流道的出口温度低，导致电站热效率低。因此，对堆芯的流量需有适宜的分配和调整，其办法是在堆芯的底部设置流量分配板。

31　核反应堆热管因子和热点因子　热工水力设计起初都是在理想条件下进行的，如元件和流道的几何尺寸、燃料的富集度等均严格等于设计规定值。由于制造公差及运行条件，不可避免地会偏离

设计值。偏离的结果会造成温度和热流密度的实际运行值偏离规定值，因而在设计中引入了热管因子和热点因子。

热管因子定义为堆芯热通道最大焓升与堆芯平均管焓升之比，热点因子定义为堆芯热点最大热流密度和堆芯平均热流密度之比。按照造成热管因子和热点因子的物理因素，可将它们分为与核因素有关和与非核因素有关两类。

32　核反应堆热工水力实验　对核反应堆冷却剂系统中可能出现的各种热工水力现象用实验的方法进行观测，以研究其内在规律和各参数之间定量关系的学科，是核反应堆热工水力学的一个重要方面。按照其所起的作用不同，核反应堆热工水力实验可分为四类：

（1）基础实验　研究常见的基本流动和传热现象，其中包括摩擦阻力和局部阻力压降、气液两相流的流型及其转变的机理、单相流和两相流与固体表面之间的各种传热工况等。在热工分析中，基础实验得出的关系式可以作为基本关系式被引用。

（2）分离效应实验　指对从复杂的热工过程中分离出来的现象所进行的专项实验研究。包括水力学实验和传热实验等研究。

（3）整体效应实验　指对包含多种效应的热工过程进行的全系统模拟实验，用以观测各种效应之间的相互影响和反馈关系，验证、改进和完善描述该过程的计算机程序。整体效应实验的典型例子是核反应堆一回路自然循环实验、核反应堆冷却剂系统的小破口和大破口事故实验的整体效应实验。

（4）机理性实验　这类实验的主要目的不在于寻找能在热工分析中直接应用的关系式，而是为寻求某一现象的内在机理。随着研究工作的深入，机理性实验研究正在日益受到重视。

第3章 核电厂的辐射防护

33 辐射防护 辐射防护是研究预防电离辐射对人产生有害作用的应用性学科，也被称为保健物理。辐射防护涉及防止电离辐射对人产生有害作用的所有问题，但不包括辐射安全和辐射效应问题。

辐射防护的主要内容包括：1）辐射防护基本原则和辐射防护标准；2）辐射防护方法；3）辐射监测；4）辐射防护评价；5）辐射事故应急。

辐射防护的主要任务是，在考虑到经济和社会因素之后，应该按保证照射水平是合理可行尽量低的原则进行实践的设计、计划以及其后辐射防护设备的使用与操作。其中包括根据辐射防护最优化原则和基本限值确定管理限值和参考水平等标准。

辐射防护基本原则是：1）实践的正当性，即对任何辐射实践，事前必须充分论证，由主管当局做出判断，认定其利大于弊；2）辐射防护的最优化，也就是在实施辐射防护实践过程中，选择最优方案，将一切辐射照射保持在合理可行尽量低的水平上；3）限制个人剂量当量，也即用剂量当量限值对个人所受照射加以限制。

34 辐射防护标准 是为了保障辐射工作人员和公众的健康和安全，根据剂量限制体系及其辐射防护原则所制定的基本标准。辐射防护标准规定了剂量限值，通常分为基本限值、推定限值、管理限值和参考水平四级。剂量基本限值是不可接受剂量水平的下限，是固定值，不能作为防护设计和安排工作的依据。

辐射防护应符合国家标准 GB 18871—2002《电离辐射防护与辐射源安全基本标准》。通常规定：1）辐射工作人员的年剂量当量是指一年工作期间所受外照射的有效剂量当量与这一年内摄入放射性核素所产生的待积有效剂量当量两者的总和，但不包括天然本底照射和医疗照射。对辐射工作人员，为了防止有害的非随机性效应，有效年剂量当量限值为50mSv，眼晶体的年剂量当量限值为150mSv，其他单个器官或组织的年剂量当量限值为500mSv。2）为了限制随机性效应，辐射工作人员由于事先计划的特殊照射所受到的有效剂量当量，在一次事

件中不得超过100mSv，在一生中不得超过250mSv。3）对从事辐射工作的育龄妇女接受照射时，应按月大致均匀地加以控制。对已怀孕的妇女接受照射，在一年内的有效剂量当量应限制在15mSv以下。4）对年龄在16~18周岁的学生和学徒工，由于教学培训需要接受照射时，在一年内的有效剂量当量不得超过15mSv。5）公众成员的有效年剂量当量不得超过1mSv。如果按终生剂量当量平均的有效年剂量当量不超过1mSv，则在某些年份里允许以每年5mSv作为剂量限值。公众成员的皮肤和眼晶体的年剂量当量限值为50mSv。

35 辐射量和单位 描述辐射源或辐射场特征和辐射与物质相互作用特性的一些量，统称为辐射量。国际辐射单位与测量委员会（ICRU）经过多年的研究发表了一系列报告，对促进辐射量和单位的统一与科学化，做出了重大贡献。辐射量大致可分为描述辐射源和辐射场的量、辐射剂量学量、描述辐射与物质相互作用的量以及辐射防护用量。

（1）放射性活度 A 是描述辐射源和辐射场的量。在某时刻处于某个特定能态的一定数量放射性核素的活度，定义为每秒自发的核衰变数，单位为贝可［勒尔］（Bq），即

$$A = \frac{\mathrm{d}N}{\mathrm{d}t}$$

式中 $\mathrm{d}N$——在时间间隔 $\mathrm{d}t$ 内由该能态发生的自发的核衰变数。

（2）吸收剂量 D 剂量学中常用辐射量，辐射与受体相互作用时单位质量受体吸收辐射能量多少的量度，定义为电离辐射平均授予1kg物质质量的能量，单位为焦耳每千克（J/kg），专用单位名称为戈［瑞］（Gy），即

$$D = \frac{\mathrm{d}\overline{E}}{\mathrm{d}m}$$

式中 $\mathrm{d}\overline{E}$——辐射授予质量为 $\mathrm{d}m$ 的物质的平均能量。

（3）剂量当量 H 辐射防护中常用辐射量，定义为在组织中某一点处的剂量当量为吸收剂量 D、

品质因数 Q 和其他修正因子 N 的乘积，剂量当量的单位为焦耳每千克（J/kg），专用单位名称为希 [沃特]（Sv），即

$$H = DQN$$

（4）照射量 X　定义为 X 射线或 γ 射线在单位质量空气中释放出的全部电子被阻止于空气中时，在空气中产生的同一符号的离子总电荷的绝对值。照射量的单位是库仑每千克（C/kg），即

$$X = \frac{\mathrm{d}Q}{\mathrm{d}m}$$

式中　$\mathrm{d}Q$——光子在质量为 $\mathrm{d}m$ 的空气中释放出来的全部电子（包括正电子和负电子）完全被空气所阻止时，在空气中产生任何一种符号离子总电荷的绝对值。

36　辐射监测　是为评价和控制辐射或放射性物质的照射而对辐射或放射性物质所进行的测量以及对测量结果的解释。为了评价辐射实践或产生辐射的设施对人的影响，必须估算人受到的剂量当量、有效剂量当量等量度辐射危害的量。而这些量往往不能直接测量，必须根据其他一些可直接或间接测定的量按一定模式来估算。辐射监测的结果是估算工作人员和公众受照剂量，确认工作场所和环境的安全程度，进行辐射安全评价和辐射防护最优化分析不可缺少的资料，也是采取辐射防护和安全管理措施的依据。按照辐射监测的性质和目的，辐射监测可分为常规监测、操作监测和特殊监测。根据监测对象，则可分为场所监测、环境监测和流出物监测。场所监测又可分为个人剂量监测和工作场所辐射监测。环境监测可分为运行前的调查及运行和退役期间的监测。在环境监测中要特别注意识别和监测关键核素、关键途径及关键居民组。流出物监测的对象是场所和环境的连接处。

监测的主要任务是：1）检验排入环境的放射性物质量是否符合管理限值的要求；2）检验放射性废物处理设施的效能，及时发现可能导致隐患的事故；3）提供环境评价的源项。

第4章 核电厂安全设计

37 核电厂安全目标 对核电厂规定了三个安全目标，第一个实质上是核安全的总目标，其余两个是解释总目标的辅助性目标，分别涉及辐射防护和安全的技术方面。这些安全目标并不是相互独立的，而是相互关联的，以确保安全目标的完整性。

1）核安全的最终安全目标为：在核电厂里建立并维持一套有效的防护措施，以保证人员、社会及环境免遭放射性危害。

2）辐射防护目标为：确保在正常运行时核电厂及从核电厂释放出的放射性物质引起的辐射照射保持在合理可行尽量低的水平，并且低于规定的限值，还要确保事故引起的辐射照射的程度得到缓解。这就是要求在正常情况下具有一套完整的辐射防护措施，在事故情况下（预期运行事件）有一套减轻事故后果的措施，包括厂内和厂外的对策，以缓解对工作人员、居民及环境的危害。

3）技术安全目标为：有很大把握预防核电厂事故的发生；对于在核电厂设计中考虑的所有事故，甚至对于那些发生概率极小的事故都要确保其放射性后果（如果有的话）是小的；确保那些会带来严重放射性后果的严重事故发生的概率非常低。

38 安全功能及其实现途径 为确保反应堆的安全，反应堆所有的安全设施，应发挥以下特定的安全功能（见图17.4-1）：

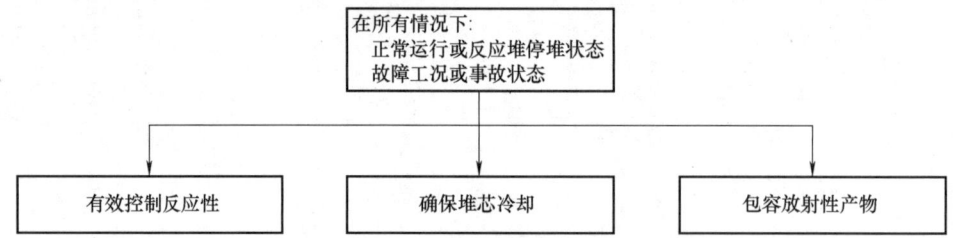

图 17.4-1 核反应堆安全功能示意图

（1）有效控制反应性 为补偿反应堆的剩余反应性，在堆芯内必须引入适量的可随意调节的负反应性。此种受控的反应性既可用于补偿堆芯长期运行所需的剩余反应性，也可用于调节反应堆功率的水平，使反应堆功率与所要求的负荷相适应。另外，它还可作为停堆的手段。实际上，凡是能改变反应堆有效倍增因子的任一方法均可作为控制反应性的手段。

（2）确保堆芯冷却 为了避免由于温度过高而引起燃料元件损坏，任何情况下都必须导出核燃料的释热，确保对堆芯的冷却。

（3）包容放射性产物 为了避免放射性产物扩散到环境中，在核燃料和环境之间设置了多道屏障，运行时，必须严密监视这些屏障的密封性，确保公众与环境免受放射性辐照的危害。

39 核电厂安全控制保护系统设计准则 核电厂安全设计的一般原则是：采用行之有效的工艺和通用的设计基准，加强设计管理，在整个设计阶段和任何设计变更中必须明确安全职责。核电厂各系统安全设计的基本原则有：

（1）单一故障准则 满足单一故障准则的设备组合，在其任何部位发生单一随机故障时，仍能保持所赋予的功能。由单一随机事件引起的各种继发故障，均视作单一故障的组成部分。

（2）多样性原则 多样性应用于执行同一功能的多重系统或部件，即通过在多重系统或部件中引入不同属性来提高系统的可靠性。获得不同属性的方式有：采用不同的工作原理、不同的物理变量、不同的运行条件以及使用不同制造厂的产品等。采用多样性原则能减少某些共因故障或共模故障，从而提高某些系统的可靠性。

（3）独立性原则 为了提高系统的可靠性，防止共因故障或共模故障发生，系统设计中应通过功能隔离或实体分隔，以实现系统布置和设计的独立性。

（4）故障安全原则　核电厂安全极为重要的系统和部件的设计，应尽可能贯彻故障安全原则，即核系统或部件发生故障时，电厂应能在无须任何触发动作的情况下进入安全状态。

（5）定期试验、维护、检查的措施　为使核电厂安全有关的重要构筑物、系统和部件保持其执行功能的能力，应在核电厂的寿期内对它们进行标定、试验、维护、修理、检查或监测。

40　核安全等级　根据对不同堆型大量假设事故进行分析，将核安全等级分为四级，即核安全一级、核安全二级、核安全三级、非安全级。核安全一级对安全的重要性最大。安全一级包括为防止堆芯裂变产物总量的会产生实质性影响的份额在有关的安全系统不起作用时，释放到周围环境所必需的那些安全功能，如一回路系统压力边界的所有设备均为安全一级。安全二级包括为减轻某一事故后果所必需的那些安全功能。如果没有这些安全功能的作用，该事故可能导致堆芯裂变产物总量的会产生实质性影响的份额释放到周围环境。只有在另一安全功能初始失效后才有必要考虑这些属于二级的安全功能失效的后果。如安全壳、安全注射系统以及安全喷淋系统等。

安全二级还包括为防止预计运行事件发展为事故工况所必需的那些安全功能，但不包括只对另一安全功能起支持作用的那些安全功能。

安全三级包括为安全一、二、三级中的安全功能起支持作用的所有安全功能。如辅助给水、安全级的风、水、电等。

41　纵深防御原则　纵深防御概念贯彻于安全有关的全部活动，包括与组织、人员行为或设计有关的方面，以保证这些活动均置于重叠措施的防御之下，即使有一种故障发生，它将会由适当的措施探测、补偿或纠正。在整个设计和运行中贯彻纵深防御，以便对由厂内设备故障或人员活动及厂外事件等引起的各种瞬变、预计运行事件及事故提供多层次的保护。

纵深防御概念应用于核动力厂的设计，提供一系列多层次的防御（固有特性、设备及规程），用以防止事故并在未能防止事故时保证提供适当的保护。

第一层次防御的目的是防止偏离正常运行及防止系统失效。这一层次要求按照恰当的质量水平和

工程实践，例如多重性、独立性及多样性的应用，正确并保守地设计、建造、维修和运行核动力厂。为此，应十分注意选择恰当的设计规范和材料，并控制部件的制造和核动力厂的施工。能有利于减少内部灾害的可能、减轻特定假设始发事件的后果或减少事故序列之后可能的释放源项的设计措施，均在这一层次的防御中起作用。还应重视涉及设计、制造、建造、在役检查、维修和试验的过程，以及进行这些活动时良好的可达性、核动力厂的运行方式和运行经验的利用等方面。整个过程是以确定核动力厂运行和维修要求的详细分析为基础。

第二层次防御的目的是检测和纠正偏离正常运行状态，以防止预计运行事件升级为事故工况。尽管注意预防，核动力厂在其寿期内仍然可能发生某些假设始发事件。这一层次要求设置在安全分析中确定的专用系统，并制定运行规程以防止或尽量减小这些假设始发事件所造成的损害。

设置第三层次防御是基于以下假定：尽管极少可能，某些预计运行事件或假设始发事件的升级仍有可能未被前一层次防御所制止，而演变成一种较严重的事件。这些不大可能的事件在核动力厂设计基准中是可预计的，并且必须通过固有安全特性、故障安全设计、附加的设备和规程来控制这些事件的后果，使核动力厂在这些事件后达到稳定的、可接受的状态。这就要求设置的专设安全设施能够将核动力厂首先引导到可控制状态，然后引导到安全停堆状态，并且至少维持一道包容放射性物质的屏障。

第四层次防御的目的是针对设计基准可能已被超过的严重事故的，并保证放射性释放保持在尽实际可能的低。这一层次最重要的目的是保护包容功能。除了事故管理规程之外，这可以由防止事故进展的补充措施与规程，以及减轻选定的严重事故后果的措施来达到。由包容提供的保护可用最佳估算方法来验证。

第五层次，即最后层次防御的目的是减轻可能由事故工况引起潜在的放射性物质释放造成的放射性后果。这方面要求有适当装备的应急控制中心及厂内、厂外应急响应计划。

42　核安全法规　包括由国家颁发的法律和行政法规、由核安全证保监管机构颁发的部门规章、国家标准和导则及由工业部门制定的行业标准等。核安全法规的标准格式为 HAFxxx/yy/zz。其中，"HAF"为"核安全法规"汉语拼音的缩写；"xxx"

的第 1 位为各系列的代码，第 2、3 位为顺序号；"/yy/zz" 为核安全条例或规定的相应的实施细则及其附件的代码。目前，核安全法规各系列的编排分别为：

HAF0xx/yy/zz：通用系列；
HAF1xx/yy/zz：核动力厂系列；
HAF2xx/yy/zz：研究堆系列；
HAF3xx/yy/zz：核燃料循环设施系列；
HAF4xx/yy/zz：放射性废物管理系列；
HAF5xx/yy/zz：核材料管制系列；
HAF6xx/yy/zz：民用核承压设备监督管理系列；
HAF7xx/yy/zz：放射性物质运输管理系列。

43 核安全文化 是存在于单位和个人中的种种特性和态度的总和，它建立一种超出一切之上的观念，即核电站安全问题由于它的重要性要保证得到应有的重视。

核安全文化是所有从事与核安全相关工作的人员参与的结果，它包括电厂员工、电厂管理人员及政府决策层，见图 17.4-2。与核安全相比，核安全文化是一种意识形态：人们对其价值的认同，人们考虑它的优先次序，人们为它所做的贡献。这种意识形态培养着人们的工作态度和方法。换句话说，核安全文化不仅仅是专业性和严密性的问题，而且与行为密切相关。但是，人的行为取决于人与人之间的相互关系，核安全文化不但是个人和整体的安全态度，而且是与管理作风密切相关的。核安全文化作用于或表现在下列两个领域：1）核电厂领导阶层和国家政策方面，对管理决策层而言，他们必须通过自己的具体行动为每一个工作人员创造有益于核安全的工作环境，培养他们重视核安全的工作态度与责任心。领导层对核安全的参与必须是公开的，而且有明确的态度；2）个体的行为，对个人而言，必须具有质疑的探索工作态度、严谨的工作方法以及必要的相互交流。只有各个层次的人在自己的岗位上尽职尽责，满足核安全的要求，核安全文化才会得到发展和提高。

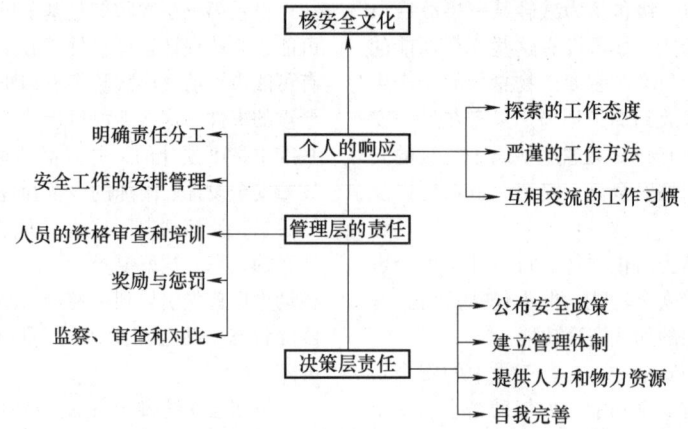

图 17.4-2 核安全文化的内容

44 能动安全与非能动安全 能动安全系统定义为：依赖外来的触发和动力源（电、压缩空气等）实现安全功能的系统。

非能动安全系统定义为：完全由非能动部件设备和结构组成的系统或者以非常有限的方式触发后续非能动操作的系统。根据非能动设备的程度可以分为四类：

（1）A 类 这一类的特点是没有"智能"的信号输入、不依赖外部电源或力、不依赖移动机械部件，以及不需要流动的工作流体。

A 类的典型例子包括避免裂变产物释放的物理屏障，如燃料包壳、系统的压力边界；为抵抗地震或其他外部事件加固的构筑物；反应堆在热停堆状态从核燃料到外部构件的仅依靠热辐射或/和导热的堆芯冷却系统；安全相关的非能动系统的静态部件（如管道、稳压器、蓄能器、波动水箱等）和结构部分（如支撑、屏蔽等）。

（2）B 类 这一类的特点是没有"智能"的信号输入、不依赖外部电源或力、不依赖移动机械部件，但是有流动的工作流体。当安全功能需要启动时，流体运动仅因为热工流体状态而发生。

B 类的典型例子包括由于压力边界和外部水箱之间水力学平衡的扰动形成的硼酸水注入的反应堆停堆系统和应急堆芯冷却系统；基于沉浸在安全壳内水池热交换器形成的空气或水的自然循环将衰变余热直接带到最终热阱的反应堆应急冷却系统；基

于流经安全壳壁的空气自然循环的安全壳冷却系统。

（3）C 类　这一类的特点是没有"智能"的信号输入、不依赖外部电源或力、但存在移动机械部件，对是否存在流动工作流体没有要求。流体运动与 B 类定义相同，机械运动是因为系统（如截止阀/释放阀静压、蓄压箱水压）不平衡和过程发生作用的力造成的。

C 类的典型例子包括应急安注系统（安注管线上设置了逆止阀的蓄压箱）；通过释放阀释放流体实现压力边界的超压保护；由爆破盘激活的安全壳过滤通风系统以及机械执行机构（如单向阀、弹簧加载释放阀等）。

（4）D 类　这一类的特点是需要外部"智能"的信号输入来触发非能动过程，这一类型可以描述为：能动出发，非能动执行。用于触发过程的能量必须来自于储存的能量（如电池或高位流体）；能动的部件仅限于控制仪表和触发非能动过程的阀门；严禁手动触发。

D 类的典型例子包括基于重力的应急堆芯冷却系统和安注系统，由电池提供动力的电动阀触发；基于重力或静压驱动控制棒的应急反应堆停堆系统。

第5章 压水堆核电厂主要系统和设备

5.1 压水堆核电厂的主要系统[6]

45 一回路系统 为直接导出核反应堆内热量的核反应堆冷却剂系统。一回路系统通常由多个冷却剂环路组成。每个环路带有 1 台蒸汽发生器和 1 台核反应堆冷却剂泵。另外还有环路共用的稳压器

1 台。图 17.5-1 所示为此种结构关系。一回路系统的设备和冷却剂都带有较强的放射性。

目前，大型压水堆核电厂冷却剂环路的容量已趋向标准化。单个环路容量相当于电功率 300MW 左右。增减标准环路数，可适应不同功率核电厂的设计要求。

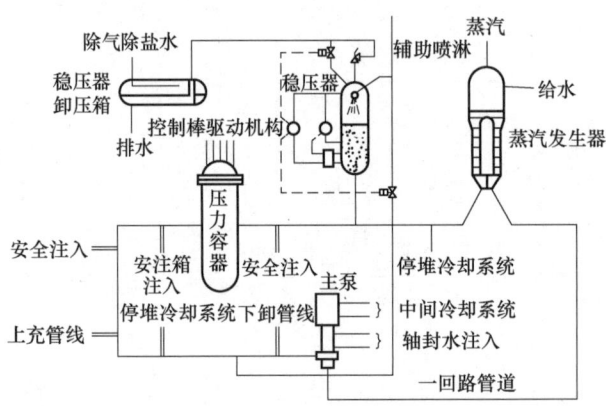

图 17.5-1 一回路系统的组成

46 二回路系统 二回路系统的功能是把核反应堆冷却剂系统传来的热能转换为电能。核电厂通常都采用一堆一机的配置。二回路系统主要由汽轮机、凝汽器、汽水分离再热器、发电机、除氧器、给水泵、给水加热器等设备组成，见图 17.5-2。正常情况下，二回路是无放射性的。

47 一回路主要辅助系统 一回路辅助系统是核电厂辅助系统的重要组成部分（核辅助系统还包括辅助冷却水系统、三废处理系统、核岛通风空调系统及核燃料装卸贮存和工艺运输系统），是保证核电厂一回路、二回路系统正常安全运行的重要系统。它包括化学与容积控制系统、反应堆硼与水补给系统、堆芯余热排出系统和水质控制系统等几个与一回路直接相关的系统。

各个系统的主要功能见表 17.5-1。

表 17.5-1 一回路各个系统的主要功能

系统	主要功能
余热排出系统	在停堆和装卸料期间使冷却剂保持低温
化学和容积控制系统	通过上充和下泄维持稳压器液位，以保持一回路冷却剂的水装量；调节冷却剂中的硼浓度以补偿核反应堆的缓慢反应性变化；控制冷却剂中的 pH 值、氧含量和其他溶解气体含量，维持一回路的水质。

48 专设安全设施 核电厂配备有专设安全设施，它们具有能迅速为堆芯提供应急和持续冷却、将安全壳与外界隔离、带走衰变余热等功能，以保

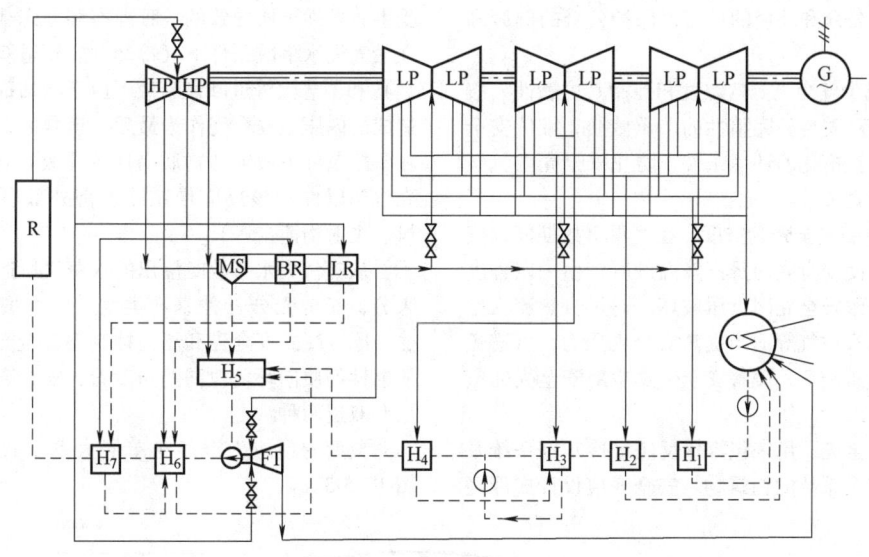

图 17.5-2　二回路系统的组成

R—蒸汽发生器　HP—高压缸　LP—低压缸　G—发电机　MS—汽水分离器
BR—第一级再热器　LR—第二级再热器　H—给水加热器　C—凝汽器　FT—给水泵汽轮机

证在事故发生时，迅速导出燃料的衰变余热、排除燃料熔化的危险、避免在任何情况下裂变产物向外失控排放、减少设备损坏和财产损失，并保证公众和核电厂工作人员的安全。

实现堆芯余热排出的方式可以采用能动的方式，也可以采用非能动的方式。对于冷却剂丧失事故（LOCA）类事故，非能动的方式有加压的堆芯淹没水箱（蓄压箱）、自然循环回路的高位水箱（堆芯补水箱）、高位重力水箱、地坑自然循环，能动的方式有安注能动冷却等方式。对非 LOCA 类事故，非能动的方式有非能动余热排出热交换器和蒸汽发生器作为冷源驱动的自然循环非能动冷却，能动的方式有蒸汽发生器应急给水提供的能动冷却和能动余热排出系统热交换器提供的冷却。

同带走衰变余热的途径一样，也可以采取能动和非能动的方式来带走安全壳热量，实现抑压。如设计中采用安全壳抑压水池、安全壳非能动换热与抑压系统、非能动安全壳喷淋系统、能动安全壳喷淋系统等。

49　严重事故缓解措施　严重事故缓解的主要目的是缓解严重事故的后果，使反应堆达到稳定的状态，并尽可能保持堆芯热阱，尽可能长时间保持安全壳的完整性。若安全壳完整性受到破坏，则应尽可能降低放射性物质向环境的释放。针对上述严重事故的破坏形式，相应的缓解措施主要为：

（1）向蒸汽发生器注水　为反应堆冷却剂系统提供热阱，防止蒸汽发生器传热管蠕变失效，同时冲洗从传热管破口进入蒸汽发生器的裂变产物，减少放射性物质向环境的释放。

（2）向反应堆冷却剂系统注水　维持和恢复堆芯冷却。当堆芯裸露后，排出堆芯余热，防止堆芯熔毁。向冷却剂系统注水还可预防或延缓压力容器失效，并洗涤由堆芯熔融物释放的裂变产物。

（3）降低反应堆冷却剂系统压力　可预防高压熔融物喷射，并减小蒸汽发生器传热管内外压差，预防传热管蠕变失效。当冷却剂系统压力降低时，也可增强冷却水源注入反应堆冷却剂系统的能力。同时，防止冷却剂系统超压失效，以保持压力容器完整性。

（4）释放安全壳压力　缓解安全壳高压对安全壳完整性造成的严重威胁，防止安全壳失效及裂变产物不可控释放。

（5）向安全壳注水　使安注系统和安全壳喷淋系统以再循环模式运行，可淹没并冷却堆芯熔融物，防止熔融堆芯与混凝土相互作用，并缓解其后果。同时，注水也可冲洗压力容器外堆芯碎片产生的裂变产物，以减少放射性产物的释放。

（6）控制安全壳状态　防止超压破坏安全壳完整性，及温度升高破坏安全壳贯穿件密封。同时也可减少安全壳内气溶胶裂变产物的浓度，减少裂变产物从安全壳泄漏。

（7）防止放射性外泄　尽量减少放射性物质对

电厂人员、公众和环境的危害，保护公众的健康和安全。

（8）减少安全壳氢气浓度和控制其可燃性 缓解氢气燃烧对安全壳完整性的严重威胁，维持安全壳是一个蒸汽惰化的环境条件，防止安全壳内氢气爆炸及安全壳失效。

（9）控制安全壳真空度 在严重事故期间，安全壳喷淋可使安全壳内蒸汽降温冷凝产生一定程度的真空，导致安全壳因负压破坏。通过自然流入空气或主动引入空气等适当提高安全壳压力，可避免安全壳因负压破坏，缓解安全壳真空对安全壳完整性的威胁。

50 安全壳 用来包容核反应堆冷却剂系统及某些重要安全系统的构筑物。安全壳应设计成能经

受事故条件下所导致的各种静态和动态载荷，包括在最大失水事故条件下（冷却剂主管道双端剪切断裂）和主蒸汽管道断裂事故下由于冷却剂的喷放所造成的内压。安全壳作为最后一道屏障，用以减少在事故条件下放射性物质向环境释放。同时，安全壳也用以保护核反应堆系统抗御外部事件（如台风、飞射物撞击等）。

从应付失水事故时漏出的水蒸气所产生的压力来分，安全壳分三种基本类型，即大型干式安全壳、冰冷凝式安全壳和压力抑制型安全壳。从防止放射性物质向环境泄漏的角度看，安全壳可分为单层和双层两种。

典型的预应力混凝土单层大型干式安全壳见图 17.5-3。

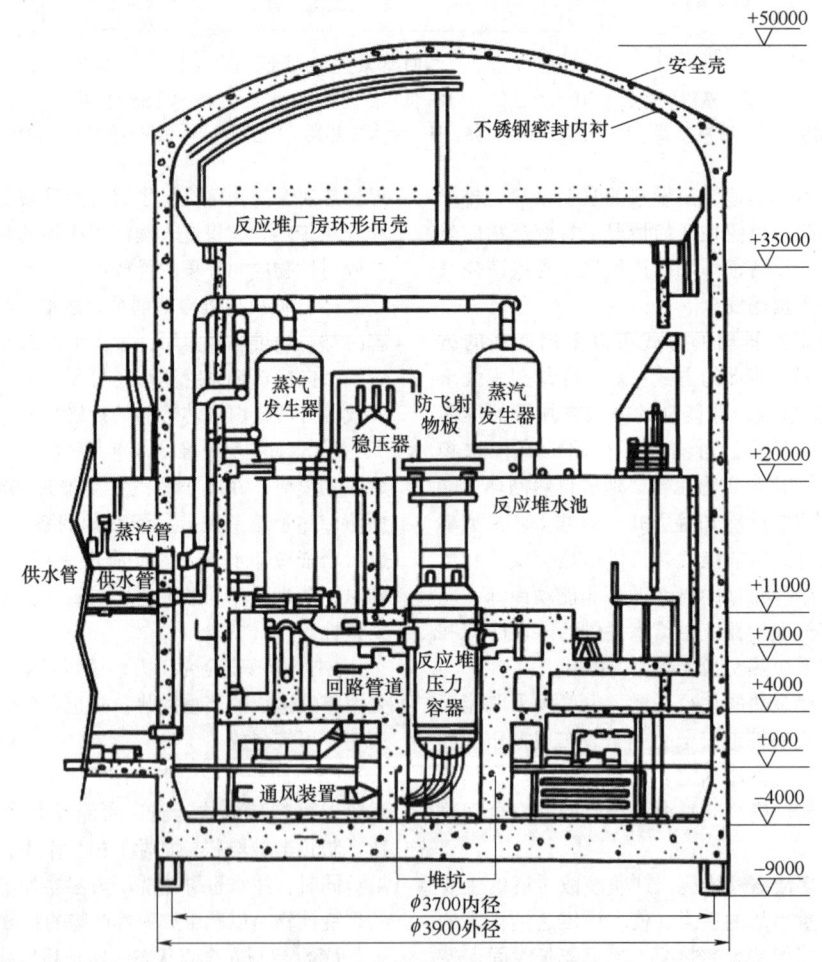

图 17.5-3 压水堆大型安全壳结构图

51 核电厂厂用电系统

（1）交流电源 从保证核电厂的安全出发，每台机组应该有两路实体上独立的连接至高压输电网

的厂外电源。其中一路由厂外输电线路（主电源）提供，由连接在这条线路上位于两个断路设备之间的降压变压器供电（例如在发电机断路器和主变压

器之间的降压变压器），使得在机组停运期间仍能保持供电。另一路由独立的厂外辅助电源供电，它与输电线路无关，且由两台并行工作的辅助降压变压器供电。

（2）配电系统　核电厂厂用电系统有两个电压级：6kV 和 380V。对于大功率的负荷，如核反应堆冷却剂泵、循环水泵、给水泵、凝结水泵的电动机直接接到 6kV 配电母线。其他负荷经 6kV/380V 降压变压器，由 380V 配电母线供电。

厂用设备的功能分为三类：1）核电机组运行所必需的，但在机组停运后可关闭的运行厂用设备。这些设备仅从厂外主电源供电；2）核电机组运行所必需的，且在机组停运后，还要使用的常备厂用设备。这些设备通常从厂外主电源供电，如果厂外主电源断电，则从厂外辅助电源供电；3）执行安全功能的厂用设备。这些设备正常工况下，由厂外主电源供电；厂外主电源断电时，由厂外辅助电源供电；全部失去厂外电源时，由应急柴油发电机组供电。

（3）应急柴油发电机组　每一核电机组装有两台独立的能自动起动的柴油发电机组，以保证执行安全功能的一个系列的厂用设备的供电。应急柴油发电机组应有快速起动的功能，要求在 10s 内达到额定转速和额定电压。

（4）直流电源　直流电源能提供 24V、48V、110V、220V 的直流电源，这些电源通常由一个蓄电池组和一台或两台带应急供电的充电整流器组成。对仪表和控制装置的供电，应保证连续不断地工作。

5.2　压水堆核电厂的主要设备

52　核反应堆压力容器　主要由顶盖、筒体和连接螺栓组成，它包容核电厂的核热源，容器内装有核反应堆堆芯、堆内构件和密封的高温高压的冷却剂，并提供安全运行所需的控制组件和堆内测量所需的监测仪表等。容器和这些部件构成核反应堆本体，见图 17.5-4。

压力容器本体由低合金钢制造，内表面堆焊一层奥氏体不锈钢。

53　蒸汽发生器　将核反应堆冷却剂热量传给二次侧给水产生蒸汽的设备。是一回路和二回路的分界，所产生蒸汽用于驱动汽轮发电机发电。蒸汽发生器按结构可以分为三类：

（1）立式 U 形管蒸汽发生器　结构见图 17.5-5。

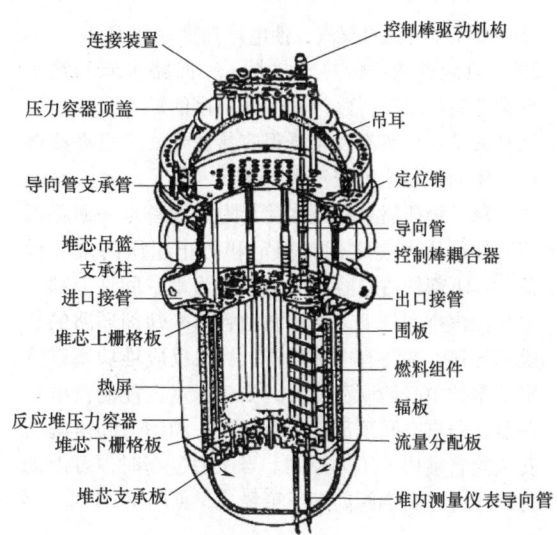

图 17.5-4　核反应堆本体结构

它是目前大多数压水堆核电厂采用的蒸汽发生器。其下部为给水蒸发段，上部为汽水混合物机械干燥段。

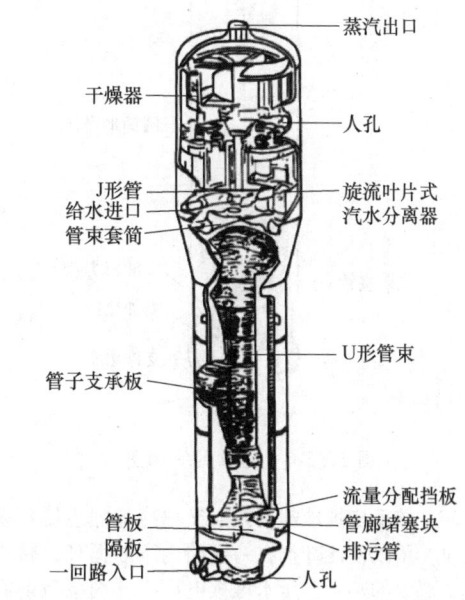

图 17.5-5　立式 U 形管蒸汽发生器结构图

（2）卧式 U 形管蒸汽发生器　其优点是汽水流动性能好，不会在传热管周围沉积淤渣而引起腐蚀；没有管板，加工方便；单位汽水分界面蒸汽负荷小，汽水分离装置简单。缺点是占地面积大，致使安全壳直径大。WWER 型压水堆核电厂就采用卧式 U 形管蒸汽发生器。

（3）立式直管蒸汽发生器　其优点是能产生

25~30℃过热度的蒸汽，使电厂热效率提高 1.5%~2%。其缺点是对传热管材料、一回路水质和给水自动控制要求高，蒸汽发生器中水的贮存量小，一旦丧失给水，蒸汽发生器很容易烧干。三里岛核电厂采用的就是这种蒸汽发生器。

54　稳压器　稳压器及其附属设备是一回路调节冷却剂压力使之保持稳定和防止超压的重要设备。其下部约占总容积的 60%，为水空间，上部为饱和蒸汽空间。下部通过波动管与冷却剂环路的热段相连接，并装有电加热器。当核反应堆功率以额定功率的 10% 阶跃变化时，要确保水面能淹没电加热器。蒸汽空间顶部装有喷淋喷头和动力卸压阀与安全阀管嘴用于压力控制。当压力过高时，可由动力卸压阀与安全阀向卸压箱释放，见图 17.5-6。

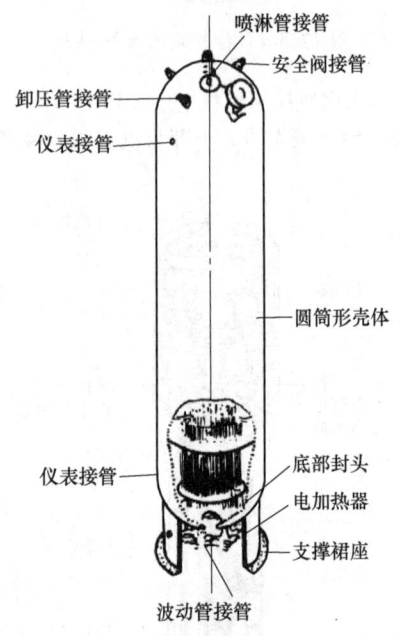

图 17.5-6　稳压器结构图

55　核反应堆冷却剂泵　又称冷却剂主循环泵或主泵，用以使冷却剂在一回路内不断循环，带出堆芯中产生的热量。压水堆核电厂冷却剂泵目前有两种设计，一种是立式单级离心泵（绝大部分大型压水堆核电厂采用），泵的轴封是受控泄漏式的；另一种是转子密封泵，或称屏蔽泵（AP1000 系列采用）。

立式单级离心泵的结构见图 17.5-7。主要由泵壳、叶轮、热屏、主泵轴承、轴密封部件、电动机和惯性飞轮等组成。为防止腐蚀，核反应堆冷却剂泵材料一般选用奥氏体不锈钢。

56　核电厂汽轮机　汽轮机是一种利用蒸汽做

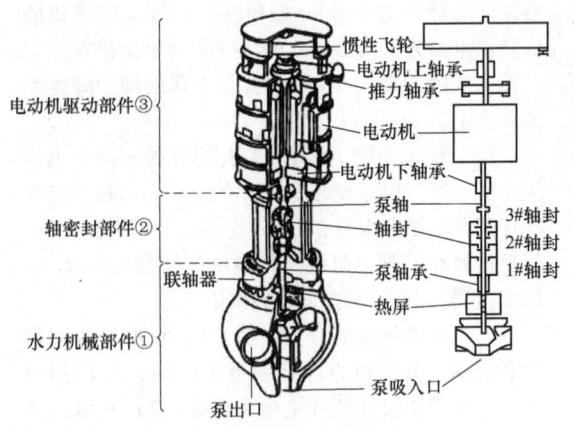

图 17.5-7　立式单级离心泵结构图

功的高速旋转式机械，其功能是将蒸汽带来的核反应堆的热能转变为高速旋转的机械能，并带动发电机发电。与常规火力发电厂汽轮发电机无本质区别，有全速与半速两种。核电厂汽轮机的特点有：

（1）核蒸汽参数在一定范围内变化　选择一种对一回路和二回路都有利的控制方式很重要。

（2）新蒸汽参数较低，且基本上为饱和蒸汽　压水堆核电厂二回路新蒸汽参数取决于一回路的温度，而一回路温度又取决于一回路压力。因此，压水堆核电厂汽轮机的新蒸汽压力，应按照核反应堆压力容器计算的极限压力和温度选取，一般为不超过 6~8MPa 的饱和蒸汽。

（3）理想焓降小，容积流量大　一般饱和蒸汽汽轮机的理想焓降比高参数火电厂汽轮机的理想焓降约小一半。因此，在同等功率下核电厂汽轮机的容积流量比高参数火电厂汽轮机大 60%~90%。

（4）汽轮机中积聚的水分多，容易使汽轮机组产生超速　如同火电厂中的中间再热式汽轮机一样，核电厂汽轮机各缸之间也有大量蒸汽和延伸管道，因此在甩负荷时会使转子升速。另外，在使用湿蒸汽的汽轮机中，还要增添在转子表面、汽轮机停止部件上和汽水分离器及其他部件上已凝结成水分的再沸腾和汽化而引起的加速作用。计算和经验证明，由于这一原因，在甩负荷时，水膜汽化可使机组转速增加 15%~25%。

为了减少核电厂汽轮机转速飞升，可采取以下措施：1）在汽水分离再热器后、蒸汽进入低压缸之前的管道上，装设专用的截止阀；2）缩小高低压缸之间的管道尺寸，即提高分缸压差，将分离器和再热器连在一起；3）完善汽轮机和管道的疏水。

5.3　核反应堆材料概述

57　核反应堆材料　核反应堆材料在高温、高压和有腐蚀性介质中长期工作，同时还受到各种射线的辐照。因此除一般工程性能要求外，针对核特征还有下列特殊要求：1）核性能，除控制材料外，堆芯其他材料应控制具有高中子吸收截面的杂质含量，以减少中子损失；2）耐辐照性能，核反应堆内用的材料经射线辐照后，性能会发生变化，通常叫作"辐照损伤"。造成辐照损伤的主要是快中子、裂变碎片及 γ 射线。因此材料应具有一定的耐辐照性能；3）耐腐蚀性能，核反应堆和一回路结构材料的腐蚀产物在通过堆芯时被活化成放射性物质，使核反应堆回路系统放射性水平增加，造成操作和维修上的困难。因此，材料应具有良好的耐高温腐蚀性能。

目前，压水堆核电厂常采用的材料为：1）核燃料：UO_2；2）包壳：锆合金；3）冷却剂：除盐除氧水；4）压力壳材料：SA508-Ⅲ合金钢（中国、美国）、20MnMoNi55 合金钢（德国）、16MnD5 合金钢（法国）；5）控制材料：B_4C、Ar-In-Cd 合金；6）蒸汽发生器管材：镍基合金 Inconel 690、铁镍基合金 Incoloy 800；7）其他管道材料：超低碳奥氏体不锈钢等。

58　核反应堆材料的辐照效应　固体材料在高能粒子，如电子、质子、中子、γ 射线、α 粒子和重离子（如裂变碎片）等轰击下，产生宏观的、可观察的、通常在工程技术上是重要的性能变化，通称辐照效应。例如在中子的照射下，钢会变脆，铀会变形，石墨积累潜能；在 γ 射线照射下，玻璃透明度下降等。有时，辐照效应也会被用来改善材料性能，例如半导体的嬗变掺杂、高分子材料的辐射接枝等。

第 6 章 核电厂的仪表与控制

6.1 核电厂的仪表与控制概述

59 核电厂仪表与控制系统[9,10] 核电厂仪表与控制系统的主要目的是用于核电厂释热和电能生产的主要和辅助过程的监测和控制，在所有运行模式包括应急情况下维持电厂的安全性、可操作性和可靠性，并且在正常运行工况下保证电厂的经济性。该系统由以下几个主要部分组成：

（1）核电厂监测系统 主要由核测仪表及常规仪表组成，用以监测核反应堆的热功率（中子注量率）、核动力装置及汽轮发电机组的热力参数和电气参数，以及厂区各系统、各部位的辐射剂量水平。

（2）核电厂控制系统 主要包括核反应堆功率调节系统和过程控制系统等，用以核电厂的起动、停闭、维持核电厂在正常工况运行和异常工况运行以及实现功率分布控制。

（3）核反应堆保护系统 主要包括核反应堆紧急停堆系统、专设安全设施驱动系统、安全联锁系统（闭锁系统"C"和允许系统"P"）以及安全报警系统。用以保护核反应堆的安全运行并在紧急事故工况下能快速停闭核反应堆以及起动专设安全设施。

60 核电厂数字化仪表与控制系统[8] 基于数字计算机技术完成自动控制和保护、信息显示以及网络通信来实现核电厂的监测与控制功能，履行该功能的所有硬件设备和软件就被称为核电厂数字化仪表与控制系统。

该系统的主要功能分为信息处理与显示功能和控制功能。其特点是实现全厂信息管理和过程控制以及复杂的控制规律的综合控制。核电厂数字化仪表与控制系统提供了一个集成的计算机系统，其信息、控制和监测功能覆盖了核电厂的所有过程系统。核电厂数字化仪表与控制系统的类型主要分为集中型和集散型。集中型计算机控制系统具有能集中显示操作、利用率高等特点。但是集中型控制系

统网络控制、分散控制的优点体现不出来，还需使用大量的控制电缆，灵活性、扩展性较差。另外，系统可靠性也是一个主要的问题，即所谓的危险集中，通常是采用多重冗余计算机的方式来提高系统的可靠性。集散型控制系统（TDCS）是以微处理器为基础的集中-分散型综合控制系统，一般也被称为分布式控制系统（DCS）。集散型控制系统不但有控制功能强、效率高的特点，而且还具有高可靠性。它与生产过程间的协调性好，可实现要求各异的包括生产与管理的综合自动化。集散型控制系统是以微处理器为核心，实现地理上或功能上分散的控制，又通过高速数据通道把各个分散点的信息集中起来，进行监视和操作（集中管理），并实现高级复杂的控制规律。集散型控制系统分散了控制危险，有较高的可靠性；系统是积木式结构，结构灵活，可大可小，易于扩展；采用显示器显示技术和智能操作台，操作、监视十分方便等。集散型计算机控制系统的结构形式，见图 17.6-1。

61 核电厂负荷运行模式 有两种：

（1）基本负荷运行模式 将核反应堆功率保持在核反应堆功率设定值上，汽轮机的负荷跟随核反应堆功率运行。核反应堆当前功率与功率设定值之间的偏差是维持核反应堆功率在设定值范围内的控制信号。为减少核反应堆功率的波动与减少废物量，核电厂最好按"基本负荷"模式运行，此时功率控制系统较为简单。

（2）负荷跟踪运行模式 核反应堆功率控制系统根据控制信号调节核反应堆的功率，以维持核反应堆功率与汽轮发电机组的功率相匹配，即蒸汽供应系统的功率与汽轮机的负荷相一致。这种运行模式要求核反应堆需适应负荷变化的要求，是一种自动跟踪电网负荷变化的运行模式，控制系统较为复杂。

62 核电厂仿真机 是核电厂设计、研究、人员培训以及事故分析的重要工具。其主要的功能就是通过数字计算机仿真技术将核电厂的过程显示给工作人员。根据用途的不同，仿真机可以被分为三类：

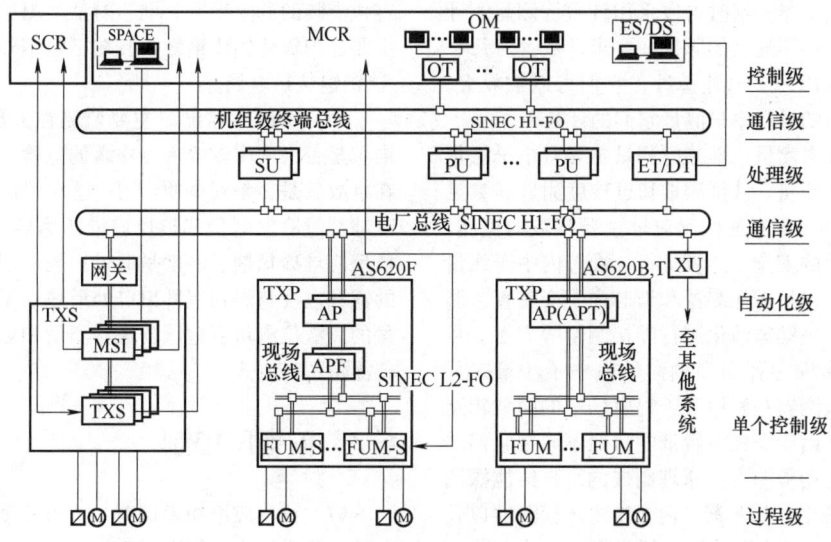

图 17.6-1　核电厂集散型计算机控制系统与总线结构图

（1）工程仿真机　主要用于核电厂系统的模型研究和事故分析，在设计阶段可用于辅助设计。

（2）原理仿真机　可对核电厂过程中重要的物理现象进行局部仿真，一般作为基础课程教学的辅助工具。

（3）核电厂全范围培训仿真机　主要用于培训核电厂运行人员。它不仅可以进行正常工况的运行培训，更重要的是可以进行异常工况和事故工况的运行培训，使运行人员熟知核电厂组成及其运行，提高处理各种异常现象的应变能力。它还可以被用于核电厂运行程序的验证和开发，以及核电厂各种瞬态研究和事故后分析。全范围仿真机可以仿真整个核电厂一回路、二回路的主系统及其辅助系统，其控制室具有与实际控制室完全一样的仪表与控制盘台和设备。全范围仿真机总的性能要求是准确、实时地仿真运行核电厂的运行特性，包括正常运行、运行瞬态、异常运行和设计基准事故。核电厂全部物理过程和特性的仿真是靠计算机系统来实现的。全范围模拟机的硬件系统主要由主控制室仪表与控制盘台、计算机系统和教控台等组成。软件系统包括系统软件和应用软件。现代核电厂仿真机都是基于 PC、网络通信和数据库技术建立起来的，采用面向对象的图形建模方式。

6.2　核电厂监测

63　中子注量率监测　核反应堆热功率正比于堆芯内中子注量率（中子通量密度）水平。核电厂广泛通过测量中子注量率来监测核反应堆的热功率。核反应堆中子注量率从中子源水平到额定功率水平增长 $10^9 \sim 10^{10}$ 倍。采用一组探测器和电路不可能满足它的测量，通常是划分为源量程、中间量程和功率量程，并由 3 组探测器分别进行测量的。为了能使控制和安全功能从一组探测器平稳地转移到另一组探测器，一般两个量程之间要有 1~2 个数量级的重叠。源量程相应于核反应堆从次临界停堆状态起动到临界状态时的中子注量率水平；中间量程相应于核反应堆从临界状态提升功率到额定功率的 100% 左右时的中子注量率水平；功率量程相应于核反应堆从额定功率的 0.1% 提升功率到额定功率的 120% 时的中子注量率水平。源量程采用脉冲式中子探测器测量；中间量程采用直流式 γ 补偿的中子电离室测量；功率量程上辐射场 γ 对测量的影响相对降低，理论上没有 γ 补偿的中子电离室测量就可满足测量的要求，实际中仍采用 γ 补偿的中子电离室测量。

64　中子探测器　利用中子与硼或铀相互作用后产生的带电粒子使气体电离或经中子照射作用后材料本身的活化来探测中子的器件。中子探测器广泛用于核反应堆核功率测量或堆芯中子注量率分布测量。

中子探测器的工作原理是：中子与某种核产生反应时放出带电粒子，带电粒子在气体中运动时产生气体电离，通过测量气体电离量来确定中子注量率水平。

当中子注量率很小时，用电离室测量很小的电离电流就会很困难，这时可以采用计数管测量。计数管所发出的是不连续的脉冲。要求计数管对每一电离事件都输出一个电流脉冲，它们可以被放大，而且可用适当的计数率来测量它们的计数率。

65　堆芯内测量　堆芯内测量主要有中子注量率测量、温度测量、液位测量和过冷度测量（参见本篇第 66 条），来实现核反应堆主要参数的监测，确保核反应堆的安全、经济运行。堆芯内中子注量率测量主要有自给能探测器和堆芯内裂变室直接测量，以及利用气动球活化进行间接测量等方法。目的是用来监测堆芯径向和轴向的热中子注量率分布。自给能探测器是利用置于辐射场中的两种相互绝缘的导体，由于受辐射后带电情况不同在它们之间就产生了电动势差这一原理制成的。自给能探测器主要有 β 流中子探测器、内转换中子探测器以及 γ 探测器三种。β 流中子探测器具有尺寸小、价格低以及电子设备简单等优点。对中子能谱的变化较为灵敏，但响应时间较长，以及探测器单位长度输出电流较小。内转换中子探测器具有响应时间快的优点，但灵敏度大为降低。堆芯内裂变室测量是利用探测器驱动机构将探测器送入相应的堆芯测量通道进行测量。测量系统由堆芯内裂变室、探测器驱动机构、探测器选择器等组成。气动球活化测量采用压缩空气运载系统将活化球送入堆芯，在堆芯经照射活化后，再由原路离开堆芯，然后送到测量台进行测量。

堆芯内温度测量主要用于对具有代表性的燃料组件冷却剂出口温度进行测量，用以估计堆芯冷却剂流量的分布，确定热点因子，判断堆芯出现局部容积沸腾的危险程度。堆芯内温度测量的敏感元件主要是用氧化铝作绝缘并装在不锈钢外壳内的镍铬-镍铝铠装热电偶。

66　事故后监测　主要监测在失水事故以后，堆芯是否出现裸露或者有裸露的危险，以监测堆芯在事故后是否是安全的。用于这一目的有核反应堆冷却剂过冷度测量和核反应堆压力容器液位测量。核反应堆冷却剂过冷度是通过比较一回路压力相应的饱和温度与燃料组件出口处最热点温度之差来测量的。液位测量有差压变送器测量和热端加热热电偶测量两种方式。

6.3　核电厂控制

67　核反应堆功率调节　通过移动堆芯中子吸收体（压水堆为控制棒，重水堆为轻水中子吸收体）实现对核反应堆功率的调节，其主要任务有：1）正常工况下，核反应堆的起动和停堆；2）功率运行工况下，保持核反应堆功率与负荷的平衡；3）抑制反应性扰动或其他原因引起的运行暂态；4）在化学与容积控制系统的辅助下，展平堆芯轴向功率分布；5）事故工况下的紧急停堆。

压水堆核电厂核反应堆功率调节系统（基本负荷运行模式）是以平均温度为主调节量的冷却剂平均温度调节系统。它主要由三通道非线性调节器、棒速程序单元、控制棒逻辑控制装置、大功率可控硅整流装置及控制棒驱动机构等设备组成，见图 17.6-2。

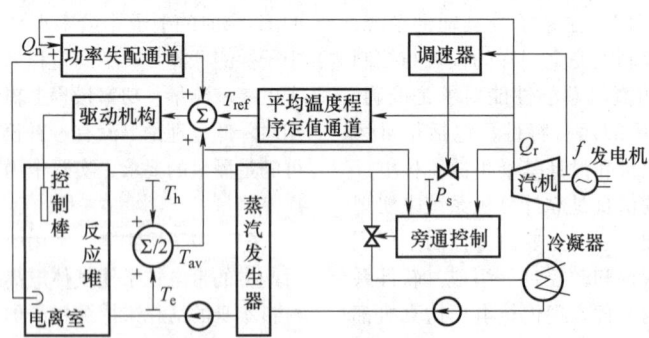

图 17.6-2　压水堆核电厂功率调节系统

68　稳压器压力与液位控制

（1）稳压器压力控制　通过控制稳压器的电加热器或喷淋调节阀，在正常运行或变动工况下，维持一回路冷却剂压力在规定范围内，而不引起卸压阀或安全阀动作或事故停堆。浸入式电加热器安装在稳压器底部，由比例加热器和后备（通/断）加热两部分组成。当压力低到某整定值时，接通电加热器的电源，加热稳压器内的水，在稳压器内产生更多蒸汽，使压力回升。稳压器顶部设有喷嘴，当压力高于某整定值时，通过控制喷淋调节阀，一回路冷段主泵出口将水喷入稳压器，使蒸汽凝结，从而使稳压器压力下降。如果出现甩负荷瞬态，而蒸汽排放系统没有动作，则稳压器卸压阀或安全阀自动打开，以限制一回路系统压力进一步升高。

（2）稳压器液位控制　为了维持一回路系统的冷却剂装量保证稳压器对压力的控制效果和安全，稳压器要保持某一相应液位。稳压器液位是靠调节化学和容积控制系统的上充流量来保持的。稳压器液位控制原理见图 17.6-3。

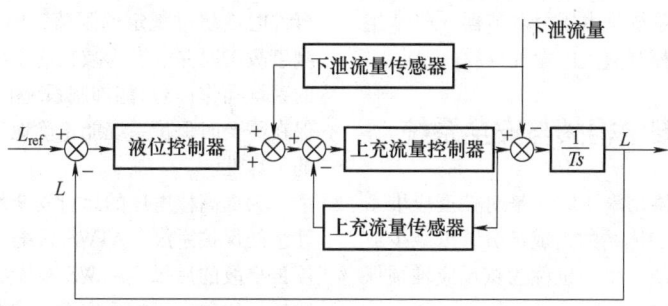

图 17.6-3　稳压器液位控制原理图

控制器是由主、副两个控制器串联组成的。稳压器液位设定值为冷却剂平均温度的程序函数，且随堆功率的增长而增高。液位设定值与稳压器液位测量信号相比较产生液位偏差信号，主（液位）控制器处理液位偏差信号，根据下泄流量计算出上充流量的设定值；副（上充流量）控制器对比上充流量测量信号和主控制器信号，输出控制信号，控制上充流量调节阀的开度以改变上充流量，最终达到调节稳压器液位的目的。

69　蒸汽发生器液位控制　通过调节给水流量，使正常运行时蒸汽发生器液位保持在规定范围内，保证正常工况下蒸汽的品质和避免在给水管中产生水锤作用的危险，防止由液位过高或过低所引起的事故停堆和汽轮机脱扣。在瞬态工况下，补偿由于温度变化引起的二次侧给水体积的收缩或膨胀，以及蒸汽出力变化造成的液位变化，防止不希望的核反应堆事故停堆和汽轮机事故停机。蒸汽发生器液位控制系统根据泵驱动方式可以分为汽动给水泵和电动给水泵两种类型。

汽动给水泵液位控制系统由给水泵转速调节系统和液位调节系统两部分组成。给水泵转速调节系统用于调节汽动给水泵的转速，使蒸汽母管和给水泵出口母管间的压差保持为规定的程序设定压差。液位调节系统由一个三冲量（蒸汽发生器液位、蒸汽流量和给水流量）调节器、测量单元以及执行机构等组成，分别控制主给水调节阀和旁路给水调节阀。当负荷在 0%~20% 之间时，给水流量由旁路阀调节，高于 20% 时由主阀调节。蒸汽发生器的液位设定值是负荷的函数。蒸汽发生器的负荷由汽轮机出力和排向凝汽器和除氧器给水箱的蒸汽流量来表

征，分别用汽轮机冲动组的电压降和蒸汽流量来测定。为提高系统的稳定性，蒸汽发生器液位偏差信号的增益，随给水温度的升高而加大。高、低负荷液位控制通道的切换由蒸汽发生器负荷信号触发，触发以后将进行一系列程序操作，以调整主给水调节阀和旁路给水调节阀的工作点。电动给水泵液位控制系统由给水泵切换逻辑控制系统和液位调节系统两部分组成。

70　核电厂负荷控制　核电厂的负荷控制包括汽轮机调节、凝汽器蒸汽排放阀控制和蒸汽大气排放阀控制。

汽轮机调节是由汽轮发电机调节器对汽轮机的调节阀（调门）开度的调节来实现的。在正常运行模式下，调节汽轮机的蒸汽流量，调节阀的开度取决于汽轮机负荷设定值和汽轮机转速。汽轮机负荷设定值能被以几种速率升高或下降。在异常情况下甩负荷可保护汽轮机。

蒸汽旁通控制在核电厂突然的负荷减少，例如甩负荷、汽轮机脱扣、厂用电运行及紧急停堆等情况下，用以有控制地将蒸汽直接排至凝汽器，而不致引起紧急停堆或起动蒸汽发生器的安全阀和大气排放阀；或者将汽轮发电机组维持在带厂用负荷的工作状态，待电力网恢复后，继续提高汽轮机的出力。旁路控制系统设有 4~8 个蒸汽排放阀，蒸汽排放容量一般为 40%~85% 额定蒸汽流量。分压力和温度两种控制模式。当汽轮机发生超过额定负荷 10% 以上的甩负荷时，蒸汽排放控制器发出控制信号通过电液驱动机构，使蒸汽排放阀依次按比例开启或快速打开。核反应堆功率和汽轮机负荷重新匹配，偏差信号越来越小时，蒸汽排放阀便依次逐渐

关闭。

蒸汽大气排放控制在核电厂突然减负荷的情况下，同时蒸汽旁通排放阀不可用或排放能力不够用时，蒸汽大气排放阀的自动开启提供了一定的人为负荷，而不致引起核反应堆紧急停堆或起动蒸汽发生器的安全阀。控制系统是由压力调节器（PI）组成，根据设定的压力控制蒸汽向大气排放。

6.4 核反应堆安全相关与安全系统

71 功率限制和降功率系统 是对核反应堆系统进行保护的纵深防御体系的组成部分，以减少或防止核反应堆保护系统动作，也称为核反应堆预保护系统或堆芯保护系统。

该系统的主要作用是：1）在功率运行时防止堆内燃料组件功率密度过高或出现泡核沸腾现象；2）保证在任何时候都具有相当的停堆反应性；3）保证核反应堆系统的重要参数都维持在规定的数值范围内；4）在发生未能紧急停堆的预期瞬态（ATWS）的事件时，将核反应堆引入次临界状态；5）在汽轮发电机甩负荷或核反应堆冷却剂泵故障等重大瞬变事件中，防止核反应堆紧急停堆，以减少部件所承受的热冲击应力。每个保护目标是通过一个或几个限制功能来实现的。一旦在运行过程中某个与安全有关的参数超过了整定值，系统便起作用，从而使受监控的安全参数恢复到正常运行的数值范围内。

功率限制和降功率系统有三类限制功能：1）保护限制，有核反应堆功率密度限制和控制棒插入深度限制，用以使受监控的参数恢复到正常运行的范围内；2）状态限制，有核反应堆功率限制、冷却剂温度限制及稳压器液位限制，通过各种措施，包括降低机组的出力，使安全参数得到限制；3）运行限制，有新蒸汽最低压力限制和新蒸汽最高压力限制等，用以提高机组的可利用率。实现核反应堆功率限制和降功率功能的手段，主要是通过限制控制棒的移动和下插控制棒来实现的，包括禁止控制棒移动、快速降功率和程序降功率以及降负荷等。核反应堆功率限制和降功率系统的设计必须符合核反应堆保护系统的安全准则。

72 核反应堆保护系统 包括核反应堆紧急停堆系统、专设安全设施驱动系统以及 ATWS（未能紧急停堆的预期瞬态）保护系统。监测与保护任务有关的信号，在核电厂运行工况参数超过安全整定值时起动保护系统，防止核反应堆运行工况参数超

出安全极限；防止燃料包壳和核反应堆冷却剂系统的完整性在可能发生的事故情况下受到破坏，从而减轻事故后果。

核反应堆保护系统的功能设计应满足：1）能自动触发有关的系统动作，以保证在发生预期运行事件时不超过规定的限值，即安全限值；2）能检测事故工况并触发为减轻这些事故工况后果所需要的系统动作；3）能抑制系统的不安全动作；4）确保在需要时保护系统能正确地工作，即具有足够高的可靠性。

为提高核电厂的运行安全性，近年来要求设置冗余的保护系统、ATWS 系统，以缓解预期瞬态未停堆事故的后果。ATWS 系统从传感器到保护信号输出，均独立于核反应堆保护系统，其输出信号用以起动辅助给水系统，停止汽轮发电机组，并给出紧急停堆信号。

组成核反应堆保护系统的所有部件（包括硬件和软件）本身都有可能发生故障，这些故障导致系统误动作的现象，称为安全故障；相反，导致系统拒动作的现象，称为非安全故障。保护系统的安全故障将降低核电厂的可利用率，引起经济损失；降低安全故障概率是保护系统主要设计目标之一，目前已降低到每年一次。核反应堆保护系统的非安全故障概率要求在 $10^{-5} \sim 10^{-6}$/堆·年之间。

73 核反应堆紧急停堆系统 压水堆紧急停堆系统用以将控制棒快速插入堆芯，引入大的负反应性，从而使核反应堆迅速处于次临界状态，抑制链式反应，防止核反应堆状态超出安全限值，或缓解事故后果。核反应堆紧急停堆系统由两部分组成，即停堆信号处理部分及停堆执行部分。将保护系统所监测的保护参数与紧急停堆安全分析确定的参数整定值进行比较，超过整定值时给出保护动作起动信号，通过紧急停堆执行部分断开控制棒电源，使控制棒依靠重力作用迅速落入堆芯，实现停堆。紧急停堆设计必须满足安全系统设计准则。保护参数监测通道具有重复性；逻辑系列具有四重性；停堆断路器采用"四取二"逻辑表决方式，采用 8 个停堆断路器，见图 17.6-4。

当采用数字化仪控系统后，所有逻辑处理是通过程序运算来实现的。停堆执行部分包括停堆继电器、停堆断路器、控制棒驱动机构、控制棒及其连接部件。当接到停堆信号后，停堆断路器脱扣，切断控制棒驱动机构电源，控制棒依靠重力自动落入堆芯。共有 4 个停堆断路器，两个为主断路器，串联连接，分别受 A、B 系列控制；另两个为旁通断

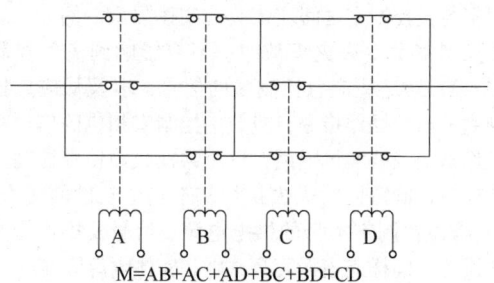

M=AB+AC+AD+BC+BD+CD

图 17.6-4 "四取二"逻辑电路

路器,分别与主断路器并联,在主断路器试验时投入,同样受对应系列控制。停堆断路器采取断电脱扣方式。

为提高核电厂的运行安全性,近年来要求设置冗余的保护系统、ATWS 系统,以缓解预期瞬态未停堆事故的后果。ATWS 系统从传感器到保护信号输出,均独立于核反应堆保护系统,其输出信号用以起动辅助给水系统,停止汽轮发电机组,并给出紧急停堆信号。

74 专设安全设施驱动系统 接受保护系统的触发信号,驱动有关专设安全设施的控制操纵机构,使其投入工作,并达到所要求的运行状态的系统,用以限制稀有事故的后果和减轻极限事故的后果。专设安全设施驱动系统是核反应堆保护系统的一个组成部分。核反应堆保护系统给出专设安全设施驱动系统的触发信号,经安全驱动器直接控制执行机构。压水堆核电厂专设安全设施驱动系统部件包括安全设施驱动逻辑、原动机及阀门装置,以及被驱动的专设安全设施等。

专设安全设施驱动系统的功能包括:1)当出现稳压器低压力与稳压器低液位信号符合、安全壳高压力、蒸汽管道之间高蒸汽压差,或蒸汽管道高蒸汽流量与低冷却剂平均温度或低蒸汽压力信号符合时,起动安全注射系统工作;2)当出现高的安全壳压力时,关闭非必要的工艺管道和主蒸汽管道上的安全隔离阀;3)当安全壳压力继续升高,出现安全壳高-高压力时,继续关闭其余的安全壳隔离阀。如果安全壳高-高压力和安全注射一起出现,就触发安全壳喷淋;4)当出现高蒸汽流量信号(若冷却剂平均温度和蒸汽压力高于限值时,该信号自动闭锁)或出现安全壳高-高压力信号时,就关闭所有的蒸汽管道隔离阀。

任何安全注射信号都可通过关闭所有的调节阀(主阀和旁路阀)、断开主给水泵和关闭电动给水隔离阀来隔离给水管道,并起动辅助给水系统。

专设安全设施驱动系统由应急堆芯冷却驱动系统、安全壳喷淋驱动系统、蒸汽和给水管道隔离、安全壳隔离、应急给水驱动系统以及氢气复合驱动系统组成。专设安全设施靠安全电源供电,在正常电源丧失时,将改由核电厂应急柴油发电机组供电。

6.5 核电厂控制室

75 核电厂主控制室 是核电厂的运行控制和监督中心。主控制室设有监测仪表、报警装置、调节器控制指令设定装置以及手动指令控制器等,并分别安装在相应的控制盘台上。主控制台上设有与核电厂运行操作有关的主要仪表和操纵器。

主控制室的主要功能有:1)监督核电厂各工艺系统的运行工况和运行参数;2)进行核蒸汽供应系统(一回路及其相关的主要辅助系统和设备)的预热、起动、提升功率,汽轮发电机组的起动和并网,以及核反应堆停堆等一系列正常运行的操作;3)在出现异常或事故工况时,发布操作指令,使核电厂恢复正常工况,或进行事故处理,以保持核电厂的安全状态或使其返回安全状态。

核电厂主控制室的设计必须符合安全设计准则。主控制室的供电系统的可靠性级别应与控制仪表系统相一致。同时,对核电厂这样一种工业生产过程复杂、控制室信息量大的控制操作,人机接口是一个非常重要的问题。采用了数字化仪控系统后,主控制室的设备发生了很大变化,主要由计算机显示屏和控制键盘、后备控制盘台以及大屏幕显示装置等组成。在一般情况下,操纵员是通过键盘输入命令控制核电厂的。核电厂主控制室的主要装置和操作方式发生了重大变化,因此要有相应的新的核电厂主控制室设计标准出台。

76 核电厂应急控制室 为防备主控制室在特殊情况下不能正常工作时,用于应急操作的控制室。核安全法规规定,在核电厂中除设置主控制室外,还需增设应急控制室。应急控制室在电气上和实体上与主控制室相互隔离。

应急控制室内安装有应急控制盘台,并设有应急停堆按钮和核反应堆功率指示仪表,与核反应堆堆芯冷却有关的系统的操作和指示设备,以及应急柴油发电机组的起动操作的测量和控制设备。当主控制室发生火灾或强辐射进入时,操纵员不能居留的情况下,可以在应急控制室控制核反应堆停堆并将其保持在停闭状态,排出余热,并监测核电厂的重要参数；可以操作蒸汽发生器的给水、应急堆芯冷却、应急电源等系统，并可以使核反应堆保持热停堆或冷停堆状态。

应急控制室系核电厂后备安全设施，在其设计上应考虑到下列几个方面：1）应急控制室的安装位置应能满足实施核反应堆停堆、余热导出、应急堆芯冷却系统和应急柴油发电机组的操作和控制，例如，将其设置在电气和控制厂房中；2）应急控制室与主控制室之间应该具有实体隔离。例如，当主控制室发生火灾事故时，不应影响到应急控制室；3）对送往应急控制室的信号，以及从应急控制室发出的操作指令，应与主控制室相应的信号和操作指令采取实体隔离，以免共模故障使主控制室和应急控制室同时失去执行基本安全功能的能力；4）应急控制室本身的供电电源、信号及操作指令的设置，同样应遵循冗余原则和实体隔离原则。

第7章 核电厂的运行

7.1 核电厂的试验与调试起动

77 核电厂的调试起动 核电厂投产前调试起动主要有下列三个阶段和内容：

（1）单系统试验 按系统检验设备和系统的安装质量及其功能划分，可与安装过程交叉进行，大致包括：1）系统清洗；2）水压试验；3）系统调试。

（2）全系统综合试验 主要为核反应堆冷却剂系统升压到额定参数和热功能的调试。由于要求有关的辅助系统同时运行，它们的冷态水压试验也在此阶段进行。

（3）初次起动试验 可分为五个步骤进行：1）临界前试验；2）初次临界试验；3）低功率试验；4）提升功率试验；5）电站验收试验。

78 核电厂调试起动过程 大型核电厂调试起动大致过程，见表17.7-1。

表 17.7-1　大型压水堆电站调试起动过程

阶段	试验项目	时间/月												
		1	2	3	4	5	6	7	8	9	10	11	12	13	14
单系统试验	系统清洗	√	√	√	√	√	√							
	水压试验	√	√											
	系统调试		√	√										
全系统综合试验	冷态性能试验			√	√	√								
	热态性能试验				√	√	√	√	√					
	役前检查						√							
	安全壳耐压泄漏率						√	√						
初次起动试验	装料						√							
	临界前试验						√	√	√					
	初次临界试验								√	√				
	低功率试验									√	√			
	提升功率试验											√	√	√
	电站验收试验												√	√	√

7.2 核电厂的运行

79 核电厂的运行特点 核电厂的设备费用较高，为了提高电厂的经济性和保证燃料元件的安全运行，一般都按基本负荷运行，并缩短电厂的停止运行时间，以提高利用率。

为了能适应电网的要求，核电厂还应具有负荷跟踪的能力：1）在整个堆芯燃料循环周期内，负荷在 15%～100%FP 的范围内，能自动稳定在任何负荷下运行，在 0～10%FP 的范围内，采用手动调节。2）核岛控制系统可保证在 15%～100%FP 负荷范围内，自动跟随 ±10% 的阶跃变化和每分钟 5%FP 的线性速率变化，而不引起核蒸汽大气排放、核反应堆事故停堆和稳压器卸压阀或安全阀组的开启。

80 核电厂的起动 核电厂的正常起动包括冷态起动和热态起动两种，见表 17.7-2。

表 17.7-2 核电厂起动过程

起动步骤	主要工况及操作
从冷态起动到核反应堆临界	核反应堆次临界 临界前用核反应堆冷却剂泵和稳压器的电加热器提供热源，二回路加热用核反应堆临界后产生的蒸汽 起动前的准备，调节冷却剂中硼的浓度，用余热排出系统维持冷却剂温度低于 70℃ 核反应堆冷却剂系统充水和排气。排气管出现水时，关闭系统的排气 余热排出系统与化学和容积控制系统连接，通过低压下泄阀控制系统压力约为 0.3MPa 系统压力升到为 2.5~3MPa。核反应堆冷却剂泵以几秒钟的间隔相继起动。最后通过稳压器和核反应堆容器封头顶部静态排气 核反应堆冷却剂泵投入连续运行，系统开始加热，温度在 70~90℃，压力控制在 2.7~3MPa 核反应堆冷却剂化学处理，加联氨和氢氧化锂，调节氧含量和 pH 值到定值 核反应堆冷却剂系统升温，根据核反应堆冷却剂泵和稳压器的电加热器投入数量，控制升温速率<28℃/h。维持稳定和环路之间的温差低于 110℃ 而高于 50℃，使稳压器产生蒸汽，而核反应堆容器中不会产生蒸汽 稳压器形成蒸汽空间。通过化学和容积控制系统，降低稳压器液位到无负荷液位整定值，投入稳压器液位自动控制，手动控制稳压器水温而升压，余热排出系统隔离。利用蒸汽发生器二次侧的蒸汽排放来控制冷却剂温度 冷却剂系统升温和升压。稳压器加热升温而增压。化学和容积控制系统低压下泄阀整定值改变，维持恒定的下泄流 达到热停堆状态，用控制棒使核反应堆临界，核仪表监测中子注量率水平。汽轮机旁通系统维持蒸汽压力，蒸汽排入凝汽器
逐步提升功率与常规岛起动	核反应堆临界 汽轮机组起动和升速，核反应堆功率提升到 4% 或 5%。当汽轮机达到同步转速时，核反应堆的功率提升到 10% 同步并网，功率提升，给水加热器投入运行。高于额定功率 15% 时，控制棒投入自动。利用核反应堆冷却剂平均温度自动调节核功率与负荷的平衡，逐步达到满负荷运行

81 核电厂的停闭 核电厂的停闭过程见表 17.7-3。

表 17.7-3 核电厂停闭过程

停闭过程	主要操作
从功率运行到热停堆	通过负荷控制系统，汽轮机组从运行负荷降到相应于核反应堆额定热输出功率的 8%，降负荷速率为每分钟 5% 或更低 手动控制汽轮机旁通系统，调节多余的蒸汽。在负荷降低接近零时，汽轮发电机组停机
从热停堆到冷停堆	蒸汽发生器二次侧排汽，核反应堆冷却剂系统降温，降温速率<28℃/h 核反应堆冷却剂温度降到约 177℃，压力降到低于 3MPa，余热排出系统投入运行，冷却到冷停堆状态

（续）

停闭过程	主要操作
维修或换料停堆	核反应堆冷却剂温度降到约 60℃ 运行的冷却剂泵停止 化学和容积控制系统水流量停止。使用辅助喷淋冷却稳压器。当稳压器和环路中温度达到均匀时，停止辅助喷淋 核反应堆冷却剂系统逐渐降到大气压 核反应堆冷却剂系统放水到换料或维修要求的液位，蒸汽发生器二次侧维持在"湿保存"状态，防止腐蚀 余热排出系统控制核反应堆冷却剂的温度

7.3 核电厂的维修

82 核电厂的维修特点 核电厂的维修分预防性维修和改正性维修两种，以预防为主，保证核电厂可靠、安全、高效运行。其主要特点有：

1）由于核电厂运行时，核反应堆和一回路及其主要辅助系统的很多设备带有强放射性，因此必须充分利用停堆换料期间进行维修，要有计划地进行预防性的在役检查和维修。

2）核电厂的维修工作很多是具有放射性的操作，因此需要考虑屏蔽设施和限制时间。运出现场维修的设备和部件，需对放射性去污，以尽量减少工作人员所受剂量。

3）核电厂有很多工程安全设施。对这些系统的维修要求很高，需定期进行试验，保证一旦需要，能立即可靠地投入运行，发挥其应有的功能。

4）专用设备多。

83 核电厂的在役检查 在核电厂整个运行寿期内，核设备可能处于诸如应力、温度、辐射、吸氢、腐蚀、振动，以及磨损等单个和综合效应的作用下。这些效应可能导致材料性能的退化，例如老化、脆化、疲劳和形成缺陷。这类缺陷有裂纹、起皱、疤痕、夹渣或砂眼。因此，在核电厂运行寿期内，必须对核设备和系统，特别是核反应堆冷却剂系统的关键设备，进行有计划的检验、试验和检查，以判断它们是否可以继续安全运行，或是否有必要采取补救措施。

在役检查的周期从几年到 10 年左右，在这个时间间隔内，受检查设备的最大性能恶化应不会导致故障。

在役检查的方法有肉眼检查、表面检查和体积检查。肉眼检查用来检查表面划伤、磨损、裂纹、腐蚀和浸蚀。表面检查用以检查表面或近表面的缺陷，所采用的方法有磁粉法、着色法、涡流法和电接触法。体积检查用以确定表面下缺陷的深度和大小，所采用的方法有射线法、超声法和涡流法。射线法应用 X 射线、γ 射线或热中子等穿透性辐射，不仅可用于检测缺陷，而且可以确定缺陷的长度。超声法是最常用的方法，用来确定缺陷的长度和深度。涡流法通常用于管子和管状结构的检查，以确定缺陷的存在和深度。

第8章 核电厂安全

84 核电厂运行工况分类 《核动力厂设计安全规定》（HAF102）（2016 年）定义核动力厂状态为两类，即运行状态和事故工况，见图 17.8-1。

运行状态		事故工况		
正常运行	预计运行事件	设计基准事故	设计扩展工况	
			没有造成堆芯明显损伤	堆芯熔化（严重事故）

图 17.8-1 核电厂状态示意图

核动力厂运行状态是指正常运行或预计运行事件两类状态的统称。正常运行是指核动力厂在规定的运行限值和条件范围内的运行，包括停堆状态、功率运行、停堆过程、起动、维护、试验和换料。预计运行事件是指在核动力厂运行寿期内预计可能出现一次或数次的偏离正常运行的各种运行过程。由于设计中已采取相应措施，这类事件不至于引起安全重要物项的严重损坏，也不至于导致事故工况。事故（事故状态）是指偏离正常运行，比预计运行事件发生频率低但更严重的工况。设计基准事故是指导致核动力厂事故工况的假设事故，这些事故的放射性物质释放在可接受限值以内，该核动力厂是按确定的设计准则和保守的方法来设计的。设计扩展工况是指不在设计基准事故考虑范围的事故工况，在设计过程中应该按最佳估算方法加以考虑，并且该事故工况的放射性物质释放在可接受限值以内。设计扩展工况包括没有造成堆芯明显损伤的工况和堆芯熔化（严重事故）工况。严重事故是指严重性超过设计基准事故并造成堆芯明显恶化的事故工况。

85 核电厂事故分析方法 事故分析是核电厂安全分析中的一个重要组成部分，它研究核电厂在故障工况下的行为，是核电厂设计过程和许可证申请程序中的重要步骤。正常运行情况下，核电厂安全受到持续的监督和反复的分析，以维持或提高核电厂的安全水平。

事故分析有两种方法：确定论分析方法和概率论分析方法。确定论事故分析过程中有四个基本要素：1）确定一组设计基准事故；2）选择特定事故下安全系统的最大不利后果的单一故障；3）确认分析所用的模型和电厂参量都是保守的；4）将最终结果与法定验收准则相对照，确认安全系统的设计是充分的。

概率论安全分析方法（PSA）又称为概率风险分析（PRA），是 20 世纪 70 年代以后发展起来的一种系统工程方法。它采用系统可靠性（即故障树、事件树分析）和概率风险分析方法对复杂系统的各种可能事故的发生和发展过程进行全面分析，从它们的发生概率以及造成的后果综合进行考虑。它与确定论分析方法最大的不同在于，它不像确定论分析方法那样人为地将事故分为"可信"与"不可信"两类，而是认为事故的发生只有发生概率的不同。

PSA 分析的主要内容有：确定始发事件、定义事件序列、系统模型化、数据收集和处理、堆芯熔化过程分析、放射性核素在一回路和安全壳内的迁移、放射性核素的释放及在环境中的迁移、后果分析、外部事件分析、不确定性和灵敏度分析等。

86 核电厂厂址选择 是为建设核电厂选定合适的具有确定边界、满足技术、经济和安全的基本要求和给国家核安全局审批的厂址场地的过程。主要工作内容包括厂址条件的制定、厂址选择工作的进行、厂址评价和审批。厂址选择必须考虑核电厂释放的放射性物质对厂址所在区域及周围居民的影响。根据水文、气象、地质条件，选择对大气弥散、地表水和地下水弥散有利的厂址，减少和防止放射性物质对大气、地表水和地下水的污染；同时严格控制放射性废液、废气的排放，妥善处理放射性固体废物，从而减少对公众和环境的影响。厂址既要远离大中城市及风景区，周围人口要少，又要靠近电负荷中心或电网。既要具有充足的水源条件，又要考虑放射性废物排放及热污染不会对水源和生态环境有较大的影响。

87 核电厂的应急措施（计划） 核电厂发生

如堆芯熔化等严重事故的可能性是很小的，但仍不能完全排除。严重事故可能导致放射性物质不可接受的释放，或不可接受的辐射。为此，每座核电厂都必须有周密安排和准备的应急措施。它包括应急计划和应急准备两部分，或简称应急计划。

应急计划包括应急状态时需使用的有关细则和实施程序。如一旦发生有放射性超标释放的严重事故，核电厂厂内外要采取的各种措施，包括成立应急指挥中心，应急分区与辐射监测应急通信联络和急救等都要在应急计划中明文规定。为使所有防护措施能有效实施，需要定期进行训练和演习。

应急准备是针对某些可能发生的紧急情况，如厂内不可控制的放射性释放、装卸料事故、火灾等所应做的资源和相应措施的准备，工作人员培训，应急程序试验和获取公众活动的信息等。有时可将这部分内容包含在应急计划中。

应急措施由核电厂营运单位实施，但只有当厂内外的辐照剂量超过国家规定的限值时才能实施。制定和执行应急措施必须与核电厂主管领导部门、政府有关部门和地方当局取得密切联系和配合。

88　核电厂的安全审批与管理　核电厂安全分析报告是核电厂营运单位（许可证申请单位）在核电厂建造和运行前，向国家核安全局提交的文件。根据核电厂建设的各个时期，安全分析报告分为《初步安全分析报告》《最终安全分析报告》和《修订的最终安全分析报告》。

编制安全分析报告的目的是向国家核安全局报告拟建核电厂在建造和运行时的安全保证，并能保障工作人员和公众的健康并且保护环境。

《初步安全分析报告》和《最终安全分析报告》必须包括足够资料，以使国家核安全部门能独立做出安全审评。提交资料的格式、范围和细目要符合国家核安全部门的要求，安全分析报告包括如下内容：

（1）厂址及其环境的描述。

（2）建厂目的，核反应堆设计、运行和实验所遵循的基本安全原则（包括所用的法规、标准和规范），设计基准内部和外部始发事件，以及为保护厂区人员和公众安全为目的的安全系统性能的描述。

（3）核电厂系统描述，包括目的、接口、仪表、检查维护和所有运行工况以及事故工况下的性能。

（4）设计、采购、建造、调试和运行方面的质量保证大纲的描述。

（5）对预计安排在核反应堆内进行的，对安全具有重要影响的任何形式的实验安全问题的检查。

（6）相类似核电厂的运行经验的反馈。

（7）假设始发事件及其后果的安全分析，包括足够的资料和计算，以便有条件进行独立评价。

（8）核电厂的运行安全技术条件，包括安全限制和安全系统整定值、安全运行的限制条件、设备监测要求、组织和管理上的要求。

（9）人因工程原则的实施。

（10）PSA 的分析与严重事故的分析报告。

89　核安全许可证制度　根据《中华人民共和国民用核设施安全监督管理条例》（HAF001）规定，国家实行核设施安全许可证制度，由国家核安全局负责制定和批准颁发核设施安全许可证。许可证包括：1）核设施建造许可证；2）核设施运行许可证；3）核设施操纵员执照；4）其他需要批准的文件。

核设施营运单位在核设施建造前，必须向国家核安全局提交《核设施建造申请书》《初步安全分析报告》和其他有关资料，经审批准获得《核设施建造许可证》后，方可动工兴建。

核设施营运单位在核设施运行前，必须向国家核安全局提交《核设施运行申请书》《最终安全分析报告》和其他有关资料，经国家核安全局审评后，颁发《核电厂运行许可证》，批准正式运行。

此外，对核电厂工作人员也有许可证制度，有操纵员执照和高级操纵员执照两种。持有前一种执照的人员可以操纵核电厂的核反应堆系统，持有后一种执照的人员可担任操纵或者指导他人操纵核电厂核反应堆控制系统。

90　放射性废物处理与处置　对放射性废物（废气、废液和固体废物）进行收集、分类、贮存、处理、运输和处置等的技术和行政管理活动的总结。放射性废物是指含有放射性核素或被其污染，放射性浓度或强度超过规定限值的废弃物。在核电厂中会产生放射性废气、废液和固体废物三类废物，按废物的放射性浓度水平一般可分低放、中放和高放三级。

放射性废物管理的基本目标是安全有效地存放、处理和处置废物，防止超标的放射性物质释放到环境中去。放射性废物处理的基本原则是减小体积，除去放射性核素和改变废物的组成和形态。处置是将废物长期存放在贮存库中。对于气体放射性废物主要采用贮存衰变法、活性炭吸附和过滤法等处理，经处理后排入大气；对放射性废液有稀释、浓缩固化等处理方法，对放射性固体废物（包括固化物）采用包装容器深埋地层或废矿井中。

91　核电厂退役　核电厂在商业运行结束后，经过去污与拆除，达到厂址不受限制利用的过程。核电厂的大部分部件是没有放射性的，可以用常规方法拆除。核电厂的放射性物质绝大部分包含在乏燃料中。乏燃料在退役前或退役中运出厂外处置。核岛中带有放射性的设备与部件，可采用多种技术与方法进行去污与拆除。拆下的带有放射性的物质被送到国家或地区废物库处置。对带放射性的设备与部件，在拆除之前，一般要经过一段相当长的保存时间，以等待放射性衰变。

退役是一个复杂的过程。在进行退役之前，必须具备三个基本条件：1）应具备所有必要的技术手段，包括一支经过良好训练的技术队伍；2）必须备有一个取得许可证的废物处置库，以容纳退役时产生的所有废物；3）必须为退役项目的实施建立相应的法规。核电厂退役工作涉及退役阶段、步骤、放射性废物处置、技术开发及资金（费用）的筹措等。

第9章 核燃料与核燃料循环

9.1 核燃料概述

92 核燃料 能产生核裂变或核聚变反应并释放出能量的材料。核燃料可分为裂变燃料和聚变燃料（或称热核燃料）两大类。

裂变燃料主要是指含有一定数量的易裂变核素，如铀-235、钚-239 和铀-233 等材料。自然界中的天然铀是最基本的裂变燃料，它由铀-235、铀-238 和铀-234 三种同位素组成，各同位素的质量百分比分别为 0.71%、99.284% 和 0.006%。钚-239 和铀-233 在自然界中几乎不存在，但在核反应堆中可以用钍-232 和铀-238 为原料，通过与中子的反应产生。因此钍-232 和铀-238 被称为可转换核素。铀的蕴藏量并不丰富，在地壳中含量为四百万分之一，而且富集铀矿相当少。核燃料的生产由铀矿石开采和加工、铀化学浓缩物的提纯、铀的富集、燃料元件制造、辐照转换、核燃料后处理及放射性废物处理等环节组成。这些环节中的某些环节技术复杂，投资极高；再加铀矿品位很低，形态多样；另由于铀的化学活性和放射性，核燃料的生产还需采用特殊措施，所有这些因素使得核燃料的制造要耗用相当大的费用。

用于裂变核反应堆的是裂变燃料，可以在核反应堆内实现自持核裂变链式反应，同时连续释放能量。核燃料构成了核反应堆堆芯最重要的功能性（释热）部件，它必须长期适应堆芯苛刻的运行条件。一座安全、经济的核动力反应堆必须采用可靠、低成本和性能优越的核燃料。

聚变燃料有氘、氚、锂-6 和氘化锂-6 等。

93 核燃料循环 是核能发电用的核燃料所经历的生产、使用、贮存或后处理、再制造等一系列工艺过程的总称。由于临界质量的限制，核燃料不可能在核反应堆内一次燃尽，从核反应堆中卸出的乏燃料（经核反应堆辐照后卸下的核燃料称为乏燃料）中，尚有未裂变的铀，以及新产生的可裂变物质，因此，必须采用化学方法进行处理，将它们提

取出来重新制成燃料，这被称为燃料再制造。

核燃料循环现有两个体系：1）铀-钚核燃料循环，由天然铀开始，利用铀-235 作为核燃料，使铀-238 在堆内吸收中子后转换成钚-239，再以钚-239 作为新核燃料的循环；2）钍-铀核燃料循环，从钍矿中提炼出钍-232，使其在堆内吸收中子后转换为铀-233，再以铀-233 作为新核燃料的循环。铀-钚核燃料循环是当前已在工业规模上实现了的核燃料循环体系，而钍-铀核燃料循环则还处在研究和试验之中，距工业规模生产尚有很大距离，但由于蕴藏的钍比较丰富，铀-233 又是具有良好核性能的裂变燃料，因此，钍-铀核燃料循环也将会得到发展。

铀-钚核燃料循环中的工艺过程主要包括：1）铀矿地质勘探；2）铀矿石开采；3）铀的提取和精制；4）铀的化学转换；5）铀的富集；6）燃料元（组）件制造；7）核反应堆内使用（燃烧）；8）乏燃料贮存；9）乏燃料运输；10）核燃料后处理；最后是放射性废物处理和放射性废物处置。

为了得到高富集度的铀-235，必须用物理方法进行铀同位素的分离。主要的分离方法有气体扩散法、离心分离法、喷嘴法和正在开发的激光分离法。工业规模生产富集铀的方法主要有气体扩散法和离心分离法。气体扩散法利用六氟化铀中不同铀同位素气体分子的质量差加以分离。气体扩散法技术成熟可靠，缺点是耗电过大。离心分离法是利用离心力将气态六氟化铀的同位素分离。主要优点是耗电少，只为气体扩散法的 5% 左右，但投资较大。

94 铀矿勘探与开采 是获得铀矿资源信息和铀（钍）矿石的工业过程。首先是铀矿找矿，又称铀矿普查，要求在一定地区内采集尽可能多的成矿地质信息，综合利用地质科学的各类知识与理论，使用有效的手段和方法以寻找铀（钍）矿产远景地区或直接发现矿产地。在铀矿普查和评价的基础上进行铀矿勘探。为查明一个矿产地的经济价值或为保证铀矿山的正常建设和生产而采用坑道、钻探、物探、化探等技术手段和方法，按照一定的规范要

求，探明矿石储量和品位，并编制出相应的图件和文字资料，说明矿床各方面的特征及开采条件，以作为开发和利用该矿床的依据的过程为铀矿勘探。

铀矿开采是把工业品位的铀矿石从地下矿床中开采出来的原料工业。铀矿开采与其他固态矿种的开采基本相同，不同的是铀矿石一般难以靠肉眼鉴别，且具有放射性，不断释出 α、β、γ 射线及衰变的氡。因此铀矿开采必须借助放射性物探技术，同时要采取相应的防护措施。铀矿开采的方式主要有地下开采和露天开采。近年来，对一些埋藏深、品位低、围岩圈闭条件较好的矿山也采用了化学开采法。地下开采通过掘进地下井巷，从矿体中采出矿石，它的工艺比较复杂，一般在矿体埋藏较深时采用。露天开采则首先剥离矿体上方的表土和覆盖岩石，然后进行采矿。与地下开采相比，露天开采的基建费少，工期短，成本低，安全性好。对埋藏较浅、剥采比适中的矿床应优先采用露天开采。化学开采法通过一系列钻孔把稀酸（碱）化学溶剂直接注入地下矿体内浸出，经抽出孔回收含铀的浸出液，到地面进行水冶处理。与地下开采法相比，这种开采方法工艺简单，投资少，成本低，劳动保护好。

9.2　核燃料元件的制作和核燃料后处理

95　核燃料元件的制作　以水冷核反应堆普遍采用的二氧化铀陶瓷燃料为例，可以分为燃料芯块的制备、包壳管的制备和燃料棒组装等三种工艺。

加浓铀燃料的制备多采用富集的六氟化铀（UF_6）或硝酸铀酰 $UO_2(NO_2)_2$ 溶液为原料。它有湿法和干法两种工艺。湿法又分为碳酸铀酰铵（AUC）法和重铀酸铵（ADU）法两种。干法是用过热蒸汽和氢与 UF_6 进行化学反应，经氟化铀酰中间产物生成二氧化铀（UO_2），其综合反应式可写成

$$UF_6 + H_2 + H_2 \longrightarrow UO_2 + 6HF$$

二氧化铀芯块采用类似一般陶瓷的制造工艺，通过烧结来提高成品的密度和强度。主要工序包括制粒、压坯、烧结和研磨。颗粒大小和相应的比表面积（每克粉末的表面积）、氧铀比、杂质含量对烧结工艺、成品质量和辐照稳定性有很大关系，其中氧铀比对裂变气体释放量有很大影响。

包壳管的制备采用锆合金。锆合金管的质量直接影响核燃料元件的使用寿命。为了提高包壳管的寿命，需进行表面处理，目前有三种不同的方法：

1）内、外表面同时在高压釜中进行氧化处理，端塞焊接处则不处理；2）仅外表面进行氧化处理，内表面用碳化硅做喷砂处理；3）外表面进行磨光和抛光处理，内表面做喷砂处理。喷砂处理可使包壳管内壁产生压应力，有利于防止内表面破裂。采用该法时，为了减少组装时的划伤，可在包壳管表面涂一层塑料膜，待组装完毕后再将其溶解掉。

燃料棒组装时为了防止锆包壳吸氢脆化，包壳管必须预先彻底干燥，芯块必须经高温真空除气以去除湿分或有机物玷污。装填芯块时，要严格控制装配精度。在充氮的手套箱内，将开口端的端塞装上并焊接密封，焊接宜在氩气气氛中进行，然后通过排气孔用加压氦气置换。对排气孔进行堵塞后，用氦气找漏，检查密封性，用 X 射线检查焊接质量，用射线照相检查装料情况。最后将棒束、定位格架及上下管座组装在一起，形成核燃料组件。

96　核燃料的后处理　核燃料在核反应堆使用过程中，由于易裂变材料的消耗、裂变产物及重核素的生成导致堆内反应性下降，最终使核反应堆不再能维持临界，因此核燃料燃耗达到一定程度时必须要更换。经核反应堆辐照后卸下的核燃料称为乏燃料或辐照过的燃料，对其进行的化工处理为核燃料后处理，也被称为乏燃料后处理。核燃料后处理是核燃料循环的重要环节，在核工业中占有重要的地位。

核燃料后处理的主要目的是：1）回收剩余的和新生的易裂变材料铀-235、铀-233 和钚-239 以及可转换材料铀-238 或钍-232；2）去除中子吸收截面大的和放射性裂变产物；3）提取有用的裂变产物，如锶-90 和铯-137，以及超铀元素，如镎（Np）、镅（Am）和锔（Cm）等。

核燃料后处理的主要特点是乏燃料的强放射性和存在临界事故危险。化学后处理可分为水法和干法两大类。水法有沉淀法、离子交换法和溶剂萃取法。干法有高温冶金法、高温化学法和氟化物挥发法。目前，广泛应用的是溶剂萃取法，高温冶金法和氟化物挥发法正在研究开发之中。

乏燃料后处理由首端处理、化学分离和废液处理三部分组成：1）首端处理，核燃料组件的解体、包壳的脱除和核燃料芯体的溶解，统称为首端处理。其目的是尽量去除核燃料芯体以外的部分，使它们不参与化学分离过程，避免影响化学反应，减少高放射性废液的处理量；2）化学分离，又称为净化或去污过程，其主要任务是将裂变产物从铀-钚核燃料中清除出去，并使铀、钚互相分离，是后

处理的主要工艺阶段；3）废液处理，是指对后处理过程中产生的大量多种废液进行分类处理和处置。高放射性废水多采用蒸浓贮存以待进一步处理。低放射性废水可采用凝聚沉淀法、离子交换法处理。对于放射性水平低于露天水源中最大允许浓度的废水，可经稀释后直接排入江河、海洋。

参 考 文 献

［1］ 《电气工程师手册》第 3 版编辑委员会. 电气工程师手册：第 17 篇 ［M］. 3 版. 北京：机械工业出版社，2006.

［2］ 谢仲生. 21 世纪核能源—先进核反应堆 ［M］. 西安：西安交通大学出版社，1995.

［3］ 王乃彦. 聚变能及其未来 ［M］. 北京：清华大学出版社，2001.

［4］ 谢仲生，等. 核反应堆物理分析 ［M］. 3 版. 西安：西安交通大学出版社，2004.

［5］ 于平安. 核反应堆热工分析 ［M］. 上海：上海交通大学出版社，2002.

［6］ 陈济东. 大亚湾核电厂系统及运行：上册 ［M］. 北京：原子能出版社，1994.

［7］ 桑维良，张建民. 压水堆控制与保护监测 ［M］. 北京：原子能出版社，1993.

［8］ 张建民. 核反应堆控制 ［M］. 西安：西安交通大学出版社，2002.

［9］ 濮继龙. 压水堆核电厂安全与事故对策 ［M］. 北京：原子能出版社，1995.

［10］ 朱继洲，单建强. 核反应堆安全分析 ［M］. 3 版. 西安：西安交通大学出版社，2018.

［11］ 国家核安全局. 中华人民共和国国核安全法规汇编 ［G］. 北京：中国法制出版社，1998.

［12］ 单建强. 压水堆核电厂系统与设备 ［M］. 西安：西安交通大学出版社，2021.

第18篇

太阳能和风力发电

主　　编　卓　放（西安交通大学电气工程学院）

副 主 编　裴云庆（西安交通大学电气工程学院）

参　　编　刘翠翠（西安交通大学电气工程学院）

　　　　　勾雅婷（西安交通大学电气工程学院）

主　　审　肖国春（西安交通大学电气工程学院）

责任编辑　罗　莉

第1章 太阳能光伏发电

1.1 太阳能光伏发电的基本原理

1 太阳能资源

（1）太阳的能量 太阳内部温度极高，压力极大，物质早已离化而呈等离子态，通过不同原子核的相互碰撞，引起一系列核子反应，其中类似于氢弹爆炸的热核反应，是太阳能量的主要来源。太阳能量向四面八方辐射，每秒钟投射到地球上的能量约为 $1.757×10^{17}$ J，相当于 $6×10^{6}$ t 标准煤。形象地比喻就是地球每天从太阳那里获得 5 000 多亿 t 标准煤。按目前的发电水平可转换成 1.41 千万亿 $kW \cdot h$ 电。遗憾的是，人类目前还没有能力将如此巨大的能量全部转换成电能，更没有办法贮存它。值得庆幸的是，现在人们利用光伏发电技术已可以将少量的太阳能转换成电能并贮存起来。

（2）太阳辐射能的度量 为了度量太阳辐射能的大小，国际气象组织确定了太阳辐射能的定义和单位。

1）太阳辐射通量或辐射功率。在单位时间内，以辐射形式发射的能量，单位是 W。

2）辐照度或辐射度。太阳投射到单位面积上的辐射通量（辐射功率），单位是 W/m^2。

3）辐射量或辐照量。在一段规定的时间内（如每小时、每日、每周、每月、每年等）太阳照射到单位面积上的辐射能量，单位是 $kW \cdot h/m^2 \cdot d$。

（3）影响太阳辐射的因素 在一个具体的场地，阳光的多少取决于诸多因素，这些因素包括大气条件、地球相对于太阳的位置和附近的障碍物状况等。

1）大气条件对太阳辐射的影响。地球表面接收的太阳辐射能受到大气散射、反射和吸收的影响而衰减，主要原因是由空气分子、水滴、水晶体和尘埃引起的大气散射和由臭氧、水蒸气和二氧化碳引起的大气吸收。由于大气散射波长的范围集中在能量比较大的可见光波段，因此散射是使太阳辐射能衰减的主要因素之一。

2）地球相对太阳位置的影响。地球到太阳的距离和地球轴的倾斜同样对太阳的辐射能量有影响。每年 6~8 月，北半球处于夏季时，地球轴的倾斜使得北半球朝太阳倾斜。而在冬季，由于地球轴的倾斜使得北半球远离太阳，造成了夏季与冬季太阳辐射总能量的巨大差别。

3）地形地貌及障碍物的影响。在日常生活中，经常看到如下现象：当上午或下午太阳斜照时，高大的山峰、树林会遮住太阳，房屋、烟囱等建筑物也会挡住阳光。上述现象在冬天就更为突出，冬季的太阳在地球的南半球上空，在北半球的人看去太阳离地平线的距离较夏天近得多。由于太阳斜射的影响，阳光更容易被地形、地貌及障碍物遮挡。

（4）我国的太阳能资源 我国有着十分丰富的太阳能资源。据估算，陆地表面每年接收的太阳辐射能约为 $50×10^{18}$ kJ，相当于 1 700 亿 t 标准煤。全国各地太阳辐射能总量达 3 340~8 400MJ/m^2 · 年（80~200kcal/cm^2 · 年），中值为 5 852MJ/m^2 · 年（140kcal/cm^2 · 年）。从全国太阳能年辐射总量的分布来看，西藏、青海、新疆、内蒙古南部、山西、陕西北部、河北、山东、辽宁、吉林西部、云南中部和西南部、广东东南部、福建东南部、海南东部和西部以及台湾省的西南部等广大地区的太阳辐射能总量很大，青藏高原地区为最大。根据上述太阳能资源的分布情况和特点，我国除四川盆地和与其毗邻的地区外，绝大多数地区的太阳能资源相当丰富，具有得天独厚开发利用太阳能的优越资源条件。

我国太阳能资源分布情况的主要特点如下：①太阳能的高值中心和低值中心都处在北纬 22°~35°这一带，青藏高原是高值中心，四川盆地是低值中心。②太阳年辐射总量，西部地区高于东部地区，而且除西藏和新疆两个自治区外，基本上是南部低于北部。③由于南方多数地区云多雨多，在北纬 30°~40°之间，太阳能的分布情况与一般的太阳能随纬度而变化的规律相反，太阳能不是随着纬度的升高而减少，而是随着纬度的升高而增加。

2 太阳电池工作原理

（1）光伏效应 太阳电池是一种具有光电转换特性的半导体器件，是光伏发电的最基本单元。在光照射下，具有特殊电性能的半导体内可以产生自由电荷，这些自由电荷定向移动并积累，从而在其两端形成电动势，这种现象被称为"光生伏特效应"，简称"光伏效应"。

（2）禁带宽度与光子能量 每一种半导体的电子从核束缚中解脱而取得自由，从而形成电子空穴对，需要一个最低的能量称为禁带宽度，光可以提供该能量。光辐射的能量与光波的辐射频率和波长有关。每个光子所具有的能量（单位为 eV）可以表示为

$$h\nu = h\frac{c}{\lambda} = \frac{1.24}{\lambda}$$

式中　h——普朗克常量；

　　　ν——光波频率；

　　　c——光速（m/s）；

　　　λ——光波长（m）。

由上式可知，波长在 0.3~1.1μm 之间的光子，相应能量为 4.1~1.1eV，也就是波长在 1.1μm 以上的光子不足以激发电子-空穴对，而波长较短的光子却有富余的能量未被利用。由于不同材料所具有的特征禁带宽度决定了它所能利用的太阳光谱范围，选择适当的半导体材料，对提高太阳电池性能就显得格外重要了。

（3）太阳电池工作原理 目前在太阳能光伏发电领域应用最广的属晶体硅太阳电池，其结构及工作原理见图 18.1-1。

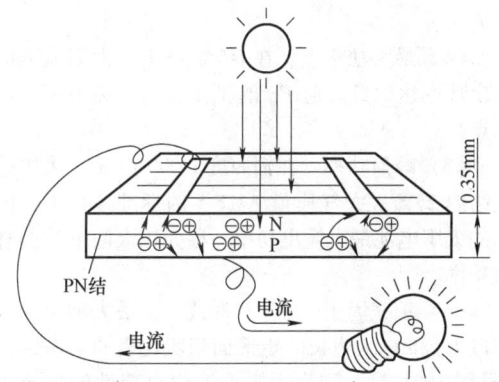

图 18.1-1 太阳电池原理示意图

组成太阳电池的半导体硅材料，其厚度大约为 0.35mm。分为两个区域：一个正电荷区（P 区），一个负电荷区（N 区），负电荷区位于电池的上层，正电荷区置于电池表层的下面，正负电荷界面区域

称为 PN 结。从硅的原子核中分离出一个电子需要 1.11eV 的能量，该能量称为硅的禁带宽度。当投射到太阳电池的太阳辐射能大于硅的禁带宽度时，就能破坏晶体内的共价键而激发产生自由的电子-空穴对，并在电池内扩散，在半导体 PN 结的势垒电场作用下，自由电子移向 N 区，空穴移向 P 区，在 PN 结两端形成电压，当用金属线将太阳电池的正负极与负载相连时，在外电路就形成了电流。每个太阳电池基本单元 PN 结处的电动势大约为 0.5V，该电压值大小与电池片的尺寸无关。太阳电池的输出电流受自身面积和日照强度的影响，面积较大的电池能够产生较强的电流。

3 太阳电池主要类型

目前，人们研究的不同材料、不同结构、不同形式和不同用途的太阳电池不下百种，其中已实用化和在工程中常用的主要有以下几种：

（1）硅太阳电池 是一类以硅为基底材料的太阳电池，其中又可分为单晶硅太阳电池、多晶硅太阳电池和非晶硅太阳电池等。单晶硅和多晶硅太阳电池性能稳定、效率高、使用寿命长，但价格较高，是迄今技术成熟并获得广泛应用的商品太阳电池。目前，国内生产的单晶硅和多晶硅太阳电池的光电能量转换效率大约在 12%~15%，工作寿命约为 20 年。非晶硅太阳电池在光电转换效率、稳定性和工作寿命等方面，均比单晶硅及多晶硅太阳电池逊色许多，如光电转换效率大约为 5%~8%。但非晶硅太阳电池生产成本低，因此产品价格相对便宜。

（2）薄膜太阳电池 是在廉价衬底上，采用低温制备技术沉积半导体薄膜的光伏器件，材料与器件制备同时完成，工艺技术简单，便于大面积连续化生产。太阳电池实现薄膜化，大大节省了昂贵的半导体材料，同时制备能耗低，是当前国际研究开发的主要方向。已实现产业化和正在实现产业化的有多晶化合物半导体薄膜电池（碲化镉、铜铟硒）和非晶硅薄膜电池。多晶硅薄膜太阳电池发展前景良好，但尚处于开发阶段。目前，用不同材料和工艺生产的薄膜太阳电池效率大约在 9%~14%，碲化镉（CdTe）电池的效率已达 16.4%。大规模生产的商业化薄膜太阳电池，在转换效率和稳定性方面仍有待进一步改进和提高。

（3）多结叠层太阳电池 由两个或多个结形成的太阳电池。通常多结叠层太阳电池做成级联型，将宽禁带半导体材料置于顶层，吸收太阳光中的高能光子；把窄带材料放在底层吸收低能光子，以此

分别转换太阳光谱中不同波段的能量，从而拓宽了太阳电池的光谱响应性能。例如砷化铝镓-砷化镓-硅太阳电池的效率高达31%。

1.2 太阳电池的特性及影响因素

4 太阳电池的组装与集成 为了使太阳电池在工程中应用，必须对"脆弱"的晶体硅片进行电气上的合理连接和结构上的集成处理，使之成为便于搬运、贮存和拆装的太阳电池组件、太阳电池板。太阳电池按集成形式和规模的不同，可分为4类：

（1）单体太阳电池 太阳电池的最基本单元，简称"电池片"，是产生电压和电流的基本物质材料。每个硅电池片的输出电压约为0.5V，输出功率1~3W不等。

（2）太阳电池组件 由于电池片易损坏、电压低，为了保护电池片和提高工作电压，出厂前还需要对电池片进行连线焊接和封装，以组装成由多个电池片串联而成的"太阳电池组件"（简称"组件"），组件是构成最小实用型功率系统的基本单元。目前，每个太阳电池组件的输出电压大约为17.5V，输出功率在40~200W之间不等。

（3）太阳电池板 为了构成功率较大的光伏发电装置，还需要将多个组件组装在同一结构单元中，经电气上的串联、并联集合成"太阳电池板"（简称"电池板"）。电池板的输出电压应满足蓄电池组充电的要求，每组电池板通过独立的电缆经接线盒（箱），将电能经控制器送至蓄电池组、逆变器或负载。

（4）太阳电池方阵 在光伏发电系统中，将多个太阳电池板集成在一起，其功率应满足系统负载的需要，这样的太阳电池发电装置集合体称为"太阳电池方阵"（简称"方阵"）。在大型光伏发电站里，为了便于安装和进行能量处理，可以将规模过大的方阵分成多个较小的"子方阵"。方阵规模可以小至只有一个组件，而用于并网的方阵可以大到上十万个组件。

太阳电池片、组件、电池板和方阵见图18.1-2。

5 太阳电池的特性及主要参数

（1）太阳电池I-U曲线 任何给定的太阳电池输出性能都可以用特性曲线描述，称为太阳电池的I-U曲线。以单晶硅太阳电池为例，其中I-U曲线见图18.1-3，水平坐标代表输出电压，垂直坐标代表输出电流。在日照1 000W/m^{2}和电池温度25℃

条件下，测得的I-U曲线，是该太阳电池的标准输出特性曲线。在太阳电池I-U曲线上有3个特征点，即最大功率点（U_{mp}，I_{mp}），开路电压（U_{oc}，0）和短路电流（0，I_{sc}）。

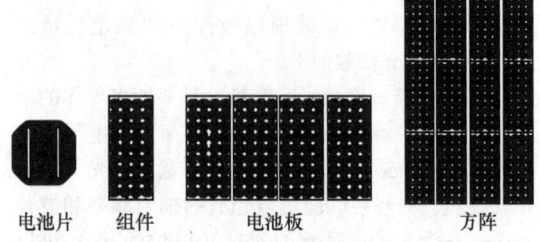

图18.1-2 太阳电池片、组件、电池板和方阵

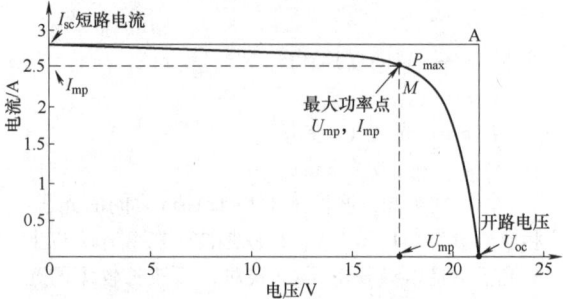

图18.1-3 单晶硅太阳电池I-U曲线

（2）开路电压 太阳电池组件外电路开路情况下或无电流从组件汲取时的输出端电压，用符号U_{oc}表示。

（3）短路电流 太阳电池组件外电路短路情况下或回路阻抗等于零时，流经外电路的电流，用符号I_{sc}表示。

（4）最大功率点 在I-U曲线上，太阳电池的输出功率达到最大值P_m的工作点M，称为最大功率点。

（5）峰值功率 在辐照度1 000W/m^2、太阳电池结温25℃、大气质量AM1.5的标准条件下，测得的太阳电池最大输出功率，称为该太阳电池的峰值功率。

（6）填充因子 在I-U曲线上，最大输出功率与以U_{oc}和I_{oc}为边长的矩形面积所代表的功率的比（见图18.1-3），称为太阳电池输出特性的填充因子。其表达式为

$$FF = \frac{P_{max}}{U_{oc}I_{sc}} = \frac{U_{mp}I_{mp}}{U_{oc}I_{sc}}$$

填充因子值越高，表明太阳电池输出特性曲线越接近于矩形，电池的转换效率也越高。因此，填

充因子是表征太阳电池输出特性好坏的重要参量。

（7）转换效率 全称为"光电能量转换效率"，是衡量太阳电池性能和技术水平的重要参数：

$$\eta = \frac{P_{max}}{P_{in}} = \frac{U_{mp}I_{mp}}{P_{in}} = \frac{U_{oc}I_{sc}FF}{P_{in}}$$

式中 P_{in}——太阳入射光功率。

由上式可以看出，开路电压、短路电流和填充因子是影响太阳电池转换效率的3个主要参量。

6 气象条件对太阳电池性能的影响

（1）日照强度的影响 太阳电池输出功率随太阳辐照度而变化，辐照度增加时，太阳电池的输出功率也随之增加。太阳辐照度变化对电池 I-U 曲线的影响见图18.1-4。由图可以看出，当 I-U 曲线的形状保持相似时，随着辐照度的减小，曲线向下移动，电池的输出电流在减少。

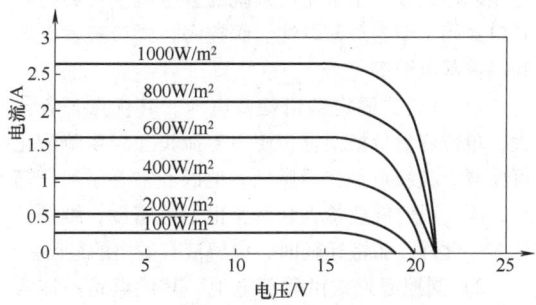

图 18.1-4 太阳辐照对组件 I-U 曲线的影响

（2）环境温度的影响 温度变化对太阳电池性能影响很大，突出表现在随着电池温度的升高，开路电压明显地下降，转换效率随之降低。工作温度对太阳电池性能的影响见图18.1-5。在 80~90℃ 之间时，温度每上升 1℃，电池效率通常损失 0.5%。因此，使太阳电池板上下方的空气流动非常重要，这样可以防止或减缓太阳电池温度的升高。

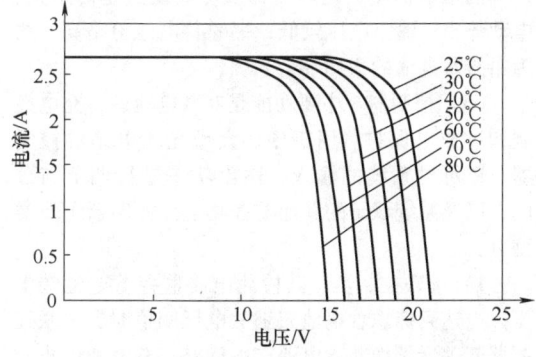

图 18.1-5 温度对组件输出端电压的影响

7 负载阻抗与组件 I-U 特性的匹配 负载阻抗对太阳电池组件输出特性有很大的影响，在日照强度和环境温度不变的条件下，当负载阻抗与组件 I-U 特性匹配时，组件的输出功率最大。纯阻性负载与太阳电池组件 I-U 特性的匹配原理见图18.1-6。若负载阻抗 R_M 合适，则负载与组件的 I-U 特性处于最佳匹配，太阳电池组件可以运行在最大功率点 P_M，此时组件工作效率最高；当负载阻抗增加到 R_H 时，组件运行在高于最大功率点的电压上，这时输出电压增加少许，但电流明显下降，使组件输出率减少，运行效率降低；当负载阻抗减小到 R_L 时，组件运行在低于最大功率点的电压上，这时输出电流略有上升，但电压急剧下降，同样使组件的输出功率减少，运行效率降低。当太阳电池方阵向水泵等变化大的负载直接提供电能时，由于负载工作点经常改变，负载与方阵之间的阻抗匹配尤为重要。

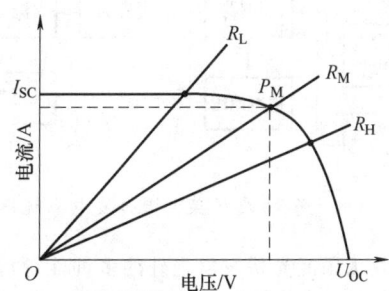

图 18.1-6 负载阻抗与组件特性匹配原理

1.3 光伏发电系统及其设计

8 光伏发电系统类型及构成

（1）离网光伏发电系统 该系统不与公共电网发生联系，独立于电网运行，因此又称为独立光伏发电系统。离网光伏系统供电功率的稳定与能量的连续，依赖于蓄电池等储能部件来完成；供电电压与频率的稳定是依靠逆变器来完成的。离网光伏发电系统构成见图18.1-7。

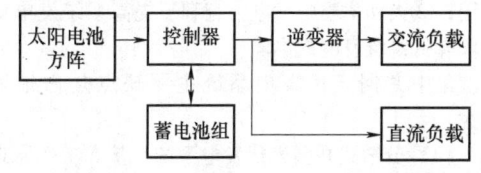

图 18.1-7 离网光伏发电系统框图

离网光伏发电系统的优点是：①离网运行的光

伏系统具有供电的自主性、灵活性;②不受公共电网的制约;③小型分散的光伏发电站,可避开公共电网故障给用户带来的不良影响和危害。

离网光伏发电系统的缺点是:①由于蓄电池充放电过程有能量损失,它的能量效率为80%,使得系统总体效率低;②蓄电池使用寿命较短,平均5年左右就要更换一次蓄电池组,高额的蓄电池折旧费用,进一步增加了光伏发电成本。因此,独立运行的离网光伏发电系统适用于百千瓦级以下的中小型光伏发电系统。

在独立运行的光伏发电系统中,加入风力发电和柴油发电等其他电源,组成了光伏-风力混合发电系统或光伏-风力-柴油混合发电系统。光伏-风力-柴油混合发电系统构成见图18.1-8。

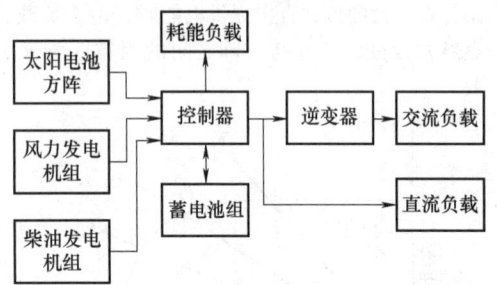

图 18.1-8 光伏-风力-柴油混合发电系统框图

采用太阳能光伏发电之外的多种能源混合发电,不仅提高了离网光伏发电系统供电的连续性和可靠性,而且还可以充分发挥不同能源之间的互补作用。

(2)集中并网光伏发电系统 通过具有并网功能的逆变器,将太阳电池方阵产生的电能馈送到公共电力网。集中并网光伏发电系统构成见图18.1-9。

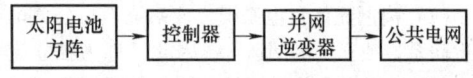

图 18.1-9 集中并网光伏发电系统框图

集中并网光伏发电系统的主要优点是:①摒弃了蓄电池储能环节,简化了系统管理,降低了运行费用;②大功率集中发电,有利于提高系统发电效率和降低系统发电成本。

集中并网光伏发电系统主要缺点是占地面积大。

(3)分散式并网光伏发电系统 基本工作原理与集中并网光伏发电系统基本相同,也是通过具有并网功能的逆变器,将太阳电池方阵产生的电能馈送到公共电网。两者的主要区别是,分散式并网光

伏发电系统的电池方阵及逆变器分散布置,并力求接近用电负载。近年来正在推广的村落(或社区)并网光伏发电系统及屋顶(并网)光伏发电系统,都是分散式并网光伏发电系统的具体应用。光伏发电的分布式和模块化的特点,为分散并网发电系统提供了巨大的灵活性。

9 光伏发电系统的主要部件

(1)太阳电池方阵 将多块太阳电池板进行串并联,产生负载所需要的电压和电流,简称为方阵。常用的方阵安装方式有:立柱式支架安装、地面支架安装和屋顶安装等。安装支架主要采用工字钢、角钢和铝型材,也有使用不锈钢型材的。太阳电池方阵对太阳的跟踪方式主要有固定式、手动调节式、单轴或双轴自动跟踪等。

(2)蓄电池组 由若干台蓄电池经串联组成的电能贮存装置。用于光伏系统的蓄电池主要类型有开口式固定型铅酸蓄电池、阀控密封式铅酸蓄电池和镉镍蓄电池等。

1)开口式固定型铅酸蓄电池。其优点是容量大,单位容量价格便宜,使用寿命长和轻度硫酸化可恢复。其缺点是在干燥气候地区经常要添加蒸馏水,隔一段时间要检查和调整电解液密度,维护工作多。此外,带ık运输时,电解液有溢出的危险。

2)阀控密封式铅酸蓄电池。其优点是不需要专门维护,不向空气中排放氢气和酸雾,即便倾倒电解液也不会溢出,因此安全性能好。其缺点是对过充电敏感,因此对充电控制器性能要求高;当长时间反复过充电后,容易发生电解液干涸及活性物质脱落;此外,它比普通开口式铅酸蓄电池价格高30%~60%。

3)镉镍蓄电池。其优点是对过充电、过放电的耐受能力强;反复深放电对蓄电池寿命无大的影响;在大电流和高温条件下,仍具有较高的效率;该电池维护简单,循环寿命长。其缺点是内阻大、电动势小、输出电压较低;镉镍蓄电池价格高,约为铅酸蓄电池的2~3倍。

(3)控制器 主要功能是对蓄电池进行充电控制和过放电保护。用于中、大型光伏电站的控制器,还可对系统的输入、输出功率进行调节与分配,以及系统赋予的其他监控功能。控制器主要类型有:

1)串联控制器。其检测电路监控蓄电池端电压,当达到标志着电池充满的电压阈值时,串联控制器开关元件切断蓄电池充电回路,蓄电池停止充电。串联控制器仅适用于千瓦级以下的小型光伏发

电系统。

2）旁路控制器。检测电路监控蓄电池端电压，当达到标志着电池充满的电压阈值时，开关元件接通耗能负载，将蓄电池旁路，过充电流将被开关元件转移到耗能负载，将多余的功率转变为热能；当蓄电池端电压下降到恢复充电的电压阈值时，开关元件断开耗能负载，同时接通蓄电池充电回路。旁路控制器经常用于千瓦级的光伏发电系统。

旁路控制原理也可用于大功率的光伏系统，方法是在由多组太阳电池板串联成的方阵里，通过旁路串联组中的一个或多个电池板实现对蓄电池充电电压的调节，称为部分旁路控制。

3）多阶控制器。其核心部件是一个受充电电压控制的"多阶充电信号发生器"。多阶充电信号发生器根据充电电压的不同，产生多阶梯充电电压信号，控制开关元件顺序接通，实现对蓄电池组充电电压和电流的调节。此外，还可以将开关元件换成电力电子器件，通过线性控制实现对蓄电池组充电的平滑调节。

将多阶控制原理应用到由多个子方阵组成的光伏电站，可形成多路控制方式。每一个子方阵所产生的电流为多阶控制的一个充电电流阶梯。根据蓄电池组充电状态，控制器逐个接通各个子方阵的输入，也可以逐个将各个子方阵的输入切换至耗能负载，这样就产生了大小不同的充电电流。

4）脉冲控制器。核心部件是一个受充电电压调制的"充电脉冲发生器"。脉冲控制器以"斩波"方式工作，对蓄电池进行脉冲充电。开始充电时，脉冲控制器以宽脉冲充电，随着充电电压的上升，充电脉冲宽度逐渐变窄，平均充电电流减小。当充电电压达到预置电平时，充电脉冲宽度变为零，充电终止。脉冲控制器充电方法更趋于合理，效率高，适用于功率较大的光伏发电系统。

5）脉宽调制（PWM）控制器。与脉冲控制器基本原理相同，主要区别是将充电脉冲发生器设计成充电脉宽调制器。这样，使充电脉冲的平均充电电流的瞬时变化更符合蓄电池当前的荷电状态。最理想的状态是符合蓄电池的充电电流可接受曲线。

（4）逆变器 在独立运行的光伏系统中的逆变器作用，是将方阵产生的直流电变换成交流电。逆变器还具有自动稳压的功能，可改善光伏发电系统的供电质量。在联网运行的光伏发电系统中，通过具有并网功能的逆变器，将电能送入公共电力网。

（5）最大功率跟踪器 由于日照强度、环境温度的不同，导致了太阳电池的输出特性（I-U 曲

线）的变化，光伏发电系统的用户负载也不是一个稳定值，这样就出现了太阳电池输出特性与负载阻抗不相匹配的问题。由此产生的直接后果是太阳电池组件或方阵不能稳定地运行在最大功率点。最大功率跟踪器的作用是利用 DC-DC 变换原理，将系统的输入直流电压调整在最大功率点上，而系统输出电压将跟踪输入功率和负载阻抗的变化，以确保太阳电池方阵产生最大的功率。

10 光伏发电系统设计原则及要点

（1）资源评价

1）收集太阳能资源数据。收集太阳能资源数据在进行光伏系统设计前，应从当地的气象站或相关部门获取候选场地的太阳能资源和气候状况的数据。太阳能资源数据主要包括各月的日射资料，其中太阳总辐射的各月数据是必不可少的，对设计最有意义的参数是太阳总辐射量的各月的日平均值数据。

2）收集气候和灾害性天气数据。主要包括年平均气温、年最高气温、年最低气温、一年内最长连续阴天数（含降水或降雪天）、年平均风速、年最大风速、年冰雹次数、年沙暴日数。此外，还应包括上述各项数据最近 5~10 年的累计数据，以评估太阳能资源和气候状况数据的有效性。

3）确定设计月。设计光伏系统时，通常要求提供总辐射量的各月的日平均值数据。如果全年系统负载始终是恒定的，则辐射量最低的月份被称为"设计月"。

（2）负载统计与测算 在统计和测算系统总用电负载时，将所有用电器的额定功率相加后，得到的是系统的最大负载理论值 P_m。系统实际运行时，不是全部用电器都投入使用，存在着所有用电器是否同时工作的几率问题。在计算系统负载时，使用一个同时系数 C_i 来反映所有用电器同时工作的概率。考虑用电器同时工作的概率后，计算出系统实际可能出现的最大负载值称为最大负载估算值 P_e。

（3）确定系统参数

1）负载用电量。系统中各种负载的使用和运行时间都有一定的变化规律，系统负载大小也不是一个恒定值，因此在统计负载用电量时，应计算出每个负载在一个月内耗电量的日平均值。

2）蓄电池容量。计算蓄电池容量时，首先要满足负载日平均耗电量的需求，还应考虑：①蓄电池放电深度和当地的连续阴天数；②蓄电池每次放电深度越浅，所需要的蓄电池容量就越大。当阴天无太阳照射时，太阳电池板不能向蓄电池充电，为

此蓄电池需要有备用容量，以满足无日照时负载的用电需要，"阴天数"就是为此目的而设置的。

3）方阵功率。计算方阵功率大小需要考虑两个因素：①要满足蓄电池组每日平均充电量的需求；②当遇到连续阴天时，蓄电池组需要放出备用电量，此时放电深度比正常日照情况下加大。因此，太阳电池方阵还要负担回充蓄电池组备用容量所需要的电量。

4）控制器技术条件。①确定光伏系统控制器应匹配的系统电压。例如：48V 控制器用于 48V 系统，110V 控制器用于 110V 系统等。控制器应能耐受 1.5~2 倍的系统额定直流电压。②选择控制器的最大电流通过能力。控制器输入回路应能耐受1.2~1.3 倍的蓄电池组最大充电电流，输出回路应能耐受 1.3~1.5 倍的系统最大负载电流。③确定控制器所能控制的方阵最大电流值。通常以方阵短路电流作为方阵的最大电流值。为提高安全系数，在此短路电流基础上再加 10%~20% 的裕量。

5）逆变器技术条件。①确定输入直流电压范围：如 DC 24V、48V、110V、220V 等；逆变器允许输入的直流电压范围应为：蓄电池组额定电压值±25%；②逆变器输出电压波动范围：单相为 220(1±5%) V，三相为 380(1±5%) V；③逆变器额定功率应为系统负载总功率乘"负载同时系数 C_i"，通常在 0.5~1.0 范围内，具体取值可通过对用户的调查和统计来确定。在该基础上再乘"容量安全系数 k"，推荐取 1.1~1.3。

6）交流配电及配线。设计和施工都应考虑发电站内外输配电线路的配线问题，如电缆、电线的载流量及截面积计算，电缆、电线类型选择，以及场地布线等。此外，10kW 级以上的光伏发电系统交流供电端，需设置交流配电柜（箱）。太阳光伏电站设备及线路布置见图 18.1-10。

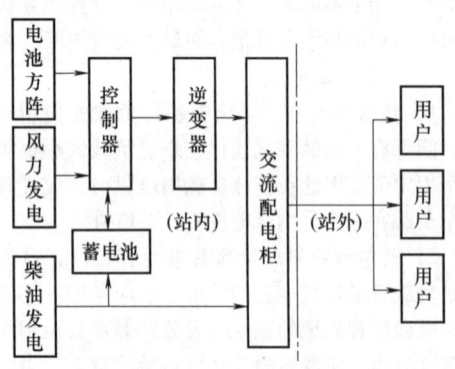

图 18.1-10　光伏电站电网及线路布置示意图

由太阳辐射量变化而引起的资源不稳定性和不确定性，使太阳光伏发电系统的设计比较复杂。具体设计步骤和方法可查阅相关资料或使用光伏发电系统设计软件。

1.4　光伏发电系统的功率变换及控制

11　光伏发电系统的最大功率跟踪（MPPT）控制　在光伏发电系统中，光伏电池的利用率除了与光伏电池的内部特性有关外，还受使用环境如辐照度、负载和温度等因素的影响。在不同外界条件下，光伏电池可运行在不同且唯一的最大功率点（Maximum Power Point，MPP）上。因此，对于光伏发电系统来说，应当寻求光伏电池的最优工作状态，以最大限度地将光能转化为电能。利用控制方法实现光伏电池的最大功率输出运行的技术被称为最大功率点跟踪（Maximum Power Point Tracking，MPPT）技术。几种常见的 MPPT 方法介绍如下：

（1）干扰观测法　基本原理是每隔一定时间增加或者减少光伏电池输出电压，并观测其后面的输出功率变化方向，从而决定下一步的控制策略。

（2）电导增量法　通过比较光伏电池的电导增量和瞬间电导来改变控制信号。

（3）寄生电容法　在电导增量法的基础上，引入结电容变量，根据开关纹波干扰阵列，测量光伏电池输出功率和输出电压的平均谐波波动，计算得出等值寄生导纳，再进行自寻优，从而实现最大功率点跟踪。

（4）模糊控制法　将采集到的信息模糊化，然后进行模糊决策，求得控制量的模糊集，再经去模糊化得出输出控制量，作用于被控对象，使得被控过程达到预期的控制效果。

（5）人工神经网络法　一个由大量简单的处理单元广泛连接组成的复合网络，可分为前馈型和反馈型。

12　光伏发电系统中的功率变换器　在光伏发电系统中使用的功率变换器的主要类型有：

（1）脉宽调制（PWM）式正弦波逆变器　逆变器输出的交流电压波形为正弦波。正弦波逆变器的优点是输出波形好、失真度很低，对收音机及通信设备干扰小，噪声低。此外，它的保护功能齐全，整机效率高，缺点是线路相对复杂，对维修技术要求高。

（2）组合式三相逆变器　在光伏供电系统中，既有三相负载，也有单相负载。传统的三相逆变器用在单相负载为主的供电系统中时，经常由于三相负载出现大的不平衡而使逆变器无法正常工作。近年来，一种由单相逆变器组成的三相逆变器（称为组合式三相逆变器）开始在光伏系统中得到应用，其原理见图 18.1-11。

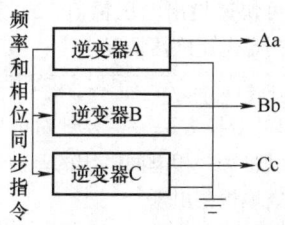

图 18.1-11 组合式三相逆变器原理框图

图中 A、B、C 为三个独立的单相逆变器，可分别带单相负载。与普通单相逆变器不同的是，实际运行时，A 逆变器向 B、C 逆变器发出频率和相位同步的指令，使 A、B、C 三个逆变器的输出端形成相位互差 120°的三相交流电压，因此也可以带三相负载（如电动机等）。在三相负载严重不平衡的情况下，逆变器仍可以正常工作，是组合式三相逆变器的突出特点。

（3）模块化逆变器 模块化逆变器是专门为光伏发电局域网开发的专用逆变器，其特点是依据功率大小对逆变器进行标准化、模块化设计，既有并网功能，又可应用在独立运行的光伏发电系统中。采用模块化逆变器后，可以将大功率光伏电站分解为多组的光伏发电系统模块，通过交流侧联网运行，从而形成适宜向分散负载供电的集群式光伏发电系统。模块化逆变器使光伏系统扩容变得极为方便。

（4）双向逆变器 顾名思义，它是既可将直流电变换成交流电，又可将交流电变换成直流电的逆变器。在光伏/风力/柴油/蓄电池混合发电的局域电网中，双向变换器有两个功能：①将不同电源的交流电转换为直流电，然后共同对蓄电池充电；②将蓄电池的直流电逆变为交流电后，馈送给局域电网，因此又称为蓄电池逆变器。双向逆变器的应用，提高了混合发电系统的可靠性、稳定性和适应性。

13 光伏发电系统功率变换器的控制方法 从电路结构角度出发，光伏并网逆变器分为电压源型逆变器和电流源型逆变器；从功率传输级数考虑，总体可分为多级式和单级式两类电路拓扑，对应不同类别的并网逆变器，其控制策略略有不同。

（1）多级式光伏并网逆变器控制策略 多级式光伏并网逆变器通常为电压源型，从控制结构上讲

可等效为两级式光伏并网逆变器。图 18.1-12 是典型的两级式电压源型光伏并网逆变器电路结构示意图，由前级 DC/DC 变换器和后级 DC/AC 逆变电路组成，两者都以高频形式进行功率开关控制。

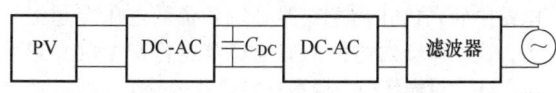

图 18.1-12 典型两级式电压源型
光伏并网逆变器电路结构示意图

设来自光伏阵列的功率 P_{pv}，逆变并网的功率为 P_{inv}，忽略变换器损耗，则前后两级不平衡功率会注入直流电容器中。如果 $P_{pv} > P_{inv}$，则直流电容器充电，直流母线电压升高；如果 $P_{pv} < P_{inv}$，则直流电容器放电，直流母线电压降低。为了维持前级功率平衡以及保持直流母线电压稳定，根据 MPPT 算法是由前级电路还是后级电路实现，可分为：①前级 MPPT 控制策略；②后级 MPPT 控制策略。对于前级 MPPT 控制策略，前级 DC/DC 变换器实现 MPPT 控制，后级 DC-AC 逆变电路实现直流母线电压控制和并网电流控制；对于后级 MPPT 控制策略，前级 DC-DC 变换器实现直流母线电压控制，后级 DC-AC 逆变电路实现 MPPT 控制和并网电流控制。

（2）单级式光伏并网逆变器控制策略 单级式光伏并网逆变器等效电路结构示意图见图 18.1-13。

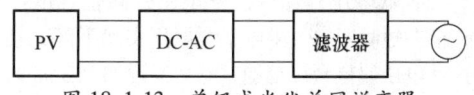

图 18.1-13 单级式光伏并网逆变器
等效电路结构示意图

按控制方式可以分为电压控制或电流控制的电压源类型和电压控制或电流控制的电流源类型。其中电流控制的电压源类型控制相对简单，使用较为广泛，而电流控制的电流源类型特别适用于微型逆变器。

（3）电流控制技术 关于光伏并网逆变器，出现了诸多并网电流控制方法，主要可分为：①基于静止坐标系的交流电流控制技术 其中典型的方法有滞环电流控制方式、三角波比较控制方式、预测电流无差拍控制方式、比例谐振控制方式和重复控制方式等；②基于同步旋转坐标系的直流电流控制技术 典型的方法是 PI 控制方式。

14 光伏发电系统的低电压穿越 低电压穿越起初是对风力发电机组接入电网所提出的并网要求。它是当电网故障或扰动引起的风电场并网点电

压跌落时，在一定电压跌落范围及其规定的对应时间内，风电机组能够不间断并网运行。随着光伏产业迅猛发展，光伏发电装机容量不断增加，GB/T 19939—2005《光伏系统并网技术要求》规定光伏电站中的光伏并网逆变器必须具备低电压穿越能力，这不但会对电网的安全稳定运行产生巨大影响，还会对光伏逆变器本身性能及运行维护成本产生影响。

解决好低电压穿越控制问题，需掌握以下技术：电网故障类型、低电压检测方法及低电压控制策略等。

（1）电网故障类型　电网电压故障是指发生在电网侧的故障，包括对称故障和非对称故障。

1）对称故障。是指三相短路故障，三相电压在幅值上发生相同的电压跌落，而相角保持 120° 不变；

2）非对称故障。包括不对称短路故障和非全相运行故障。不对称短路故障是指单相对地短路故障、两相对地短路故障和相间短路故障；非全相运行故障包括单相断路和两相断路故障。

在实际电力系统中，低电压穿越故障通常指对称短路故障和不对称短路故障，但对称短路故障很少发生，不对称电压故障最为常见，大约占电力系统所有电压故障的 90%，单相对地短路故障大约占 70%，两相不对称电压故障大约占 20%。

（2）低电压检测方法　电压暂降也称电压跌落，指在短时间内，供电系统电压突然下降，且超出正常电压偏差允许范围，然后又返回到正常的电压水平。具有三个特征参数：电压跌落深度、相角跳变和持续时间。

低电压穿越控制动作的依据是电压跌落程度，因此低电压检测的准确性对低电压穿越控制来讲至关重要。低电压主要检测方法有以下几种：

1）周期信号有效值法　根据连续周期信号有效值定义，可利用时间域的一个或半个周期方均根运算得到电压有效值。其离散形式的表达式如下：

$$V_{\text{RMS}} = \sqrt{\frac{1}{N}\sum_{n=1}^{N} u^2(n)}$$

式中　N——半个周期中总的采样点数。

采用滑动窗口法可以得到电压信号的有效值曲线，即当采集到新的瞬时电压信号样本点时，顺序将最早采集的样本点去除，然后再用半个周期的滑动窗口采样值计算电压信号的有效值，将得到的有效值曲线与正常信号的有效值进行比较，就可以检测出电压跌落的大致区间。

2）基波正序电压值法　利用采集的三相静止坐标系下的相电压瞬时值 u_a、u_b、u_c 或两相静止坐标系下的电压瞬时值 u_α、u_β，或同步旋转坐标系下的电压瞬时值 u_d、u_q，求解电压有效值。其原理是先利用对称分量法分解出基波正序电压分量，然后利用下式即可快速检出电压幅值 V_m^+，利用幅值与有效值关系判定电压跌落情况。

$$V_m^+ = \sqrt{u_a^2 + u_b^2 + u_c^2} = \sqrt{u_\alpha^2 + u_\beta^2} = \sqrt{u_d^2 + u_q^2} = \sqrt{2}\,V_{\text{rms}}$$

3）傅里叶变换方法　主要针对电网电压的稳态分析，可以将每一相电网电压的基波幅值和各次谐波成分有效地检测出来。

4）小波变换检测方法　通过在频域内设置滑动时间频率窗，来获得窗内关于信号的时域和频域信息，滑动窗的宽窄可以确定信号在时域内和频域内的分辨率。

（3）低电压控制策略

1）基于储能设备的低电压穿越技术　电网未发生故障时，光伏阵列通过逆变器给电网输送能量的同时，也通过双向储能变流器给储能元件进行充电。当电网发生故障时，当光伏阵列能量充足的条件下，一部分光伏阵列输出能量通过并网逆变器将无功功率注入电网，用于支撑电网电压，多余能量向储能元件充电，防止直流母线电压升高；当光伏阵列能量不足时，储能元件中的能量通过双向储能变流器放电，来支撑直流母线电压，通过并网逆变器将两者的总能量注入电网，提供并网点支撑电压，保证光伏逆变器安全可靠地穿越电网故障区间。

2）基于动态无功补偿设备的低电压穿越技术　电网未发生故障时，太阳光照变化会引起光伏电站出力发生变化，此时动态无功补偿设备可以补偿电网接入点的电压波动。电网发生故障时，通过动态无功补偿设备向电网注入所需的无功功率，为电网提供有力的电压支撑，帮助电网快速实现故障恢复。

3）基于并网电流控制的低电压穿越技术　当电网电压发生跌落时，根据电压跌落的深度，可以控制逆变器输出无功电流的大小，从而向电网注入一定的无功功率，提高并网点电压，支撑光伏发电系统持续工作，帮助电网快速恢复。

15　光伏电网变压器的设计、制造及应用　太阳能光伏发电由于不受能源资源、原材料和应用环境的限制，具有广阔的发展前景，是各国最着力发展的可再生能源技术之一。欧洲联合研究中心（JRC）对光伏发电的未来发展作出如下预测：2020

年世界太阳能发电的发电量占世界总能源需求的1%，2050年占到20%，2100年则将超过50%。由此可以得出结论：光伏发电是未来世界能源和电力的主要来源，要坚定不移地发展。

世界光伏产业和市场在严峻的能源形势和人类生态环境（全球变暖）形势压力下，自20世纪90年代后半期起进入了快速发展时期，世界太阳电池产量及光伏发电装机量逐年增长，已经成为世界上发展最快的产业之一。全球光伏发电累计装机容量2012年为1.02亿kW，到2021年底增长为9.42亿kW。我国从2015年开始光伏发电总装机容量连续位居全球第一，2022年底装机容量达到3.93亿kW。可见，全球和我国的光伏产业均保持了高速的增长。

太阳能光伏发电主要分为离网型和并网型两种工作模式，过去由于光伏电池的成本居高不下，光伏发电主要用于偏远地区，且基本上都属于离网型。近年来，光伏发电行业及其市场均发生了变化，开始由边远的农村地区向城市发展。从技术方面看，相比于光伏离网发电系统，光伏并网发电技术更加复杂，涉及以逆变技术为核心的控制系统设计和优化等多种技术。分布式光伏电网变压器已经是世界范围内一个蓬勃发展的高新技术产业，从能源利用的国际发展趋势来看，分布式光伏电网变压器是未来光伏能源利用的必经之路。

分布式光伏电网变压器主要用于传输通过光伏发电系统所获得的电能，其中，直流电由逆变器转换成交流电输出。最初，这些电压和功率等级（1kV·A、1.1kV）的变压器仅适合于住宅区使用，随着过去几十年的发展，变压器的功率和电压等级已经提高到了现在的10kVA、33kV，其适用性增强。

分布式光伏电网变压器中的太阳能变换器数量逐渐增加，这些变压器主要用作升压变压器，也可用作降压变压器。光伏电网变压器在系统设计、操作和维护中需考虑的关键点主要有以下方面：①孤岛效应；②电压闪变；③电压工作范围；④频率变化；⑤波形畸变；⑥功率因数变化；⑦安全及保护功能；⑧谐波和波形畸变；⑨电能质量。

1.5　光伏电站的安装和验收

16　光伏电站的安装

（1）场地选择　在确定场地利用方案时，应考虑土地的有效利用和自然与人为因素的影响。为了发挥太阳光伏系统部件的最大效能，必须考虑各个部件之间的合理位置。

为了接收到最多的太阳能，应确保方阵的太阳电池板面向正南方位和在白天日照时段没有阴影遮挡。注意测定一年四季太阳在不同高度和方位时，障碍物对日照的影响。特别要注意冬季的太阳阴影是否会落在电池板上。

（2）确定方阵方位与倾角　光伏方阵分为固定式和跟踪式两类，选择何种方式应根据安装容量、安装场地面积和特点、负荷的类别和运行管理方式，由技术经济比较确定。

1）确定方阵方位　太阳在地平线以上的高度以地平面与太阳所在位置的夹角来测量称为高度角（或仰角），以度计量。太阳从地平线升起后，在正南方由东向西移动的位置称为方位角，以正南方为基准的东西向角度来测量，以度计量，见图18.1-14。

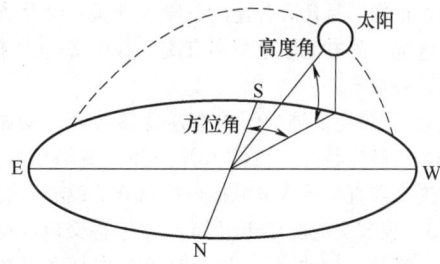

图18.1-14　太阳的高度角及方位角示意图

确定正午时刻太阳电池方阵在场地的正确方位，对提高光伏发电系统的效率十分重要。通常，方阵的太阳电池板应对准太阳的0°方位角。

2）确定方阵倾角　在正午时刻，为了使阳光垂直照射在太阳电池板上，在安装时，太阳电池板与水平面之间要有一个角度，通常称电池板与水平面的夹角为倾角（见图18.1-15），以度计量。斜面上接受的太阳总辐射量达到最大时的倾角，称为最佳倾角。

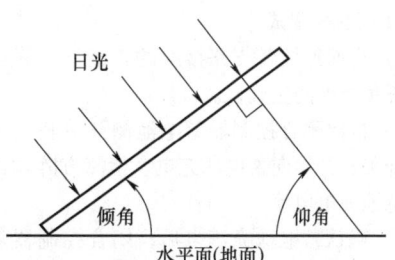

图18.1-15　太阳电池板倾角示意图

考虑到太阳高度角的周期性变化，电池板的倾角应跟踪太阳高度角的变化，然而这不仅在技术上有一定难度而且成本也很高。为了简化光伏系统控制，同时考虑满足不同季节的负载用电需要，可以按下列规律确定方阵倾角：

为满足冬季负载　倾角＝纬度＋11°45′

为满足夏季负载　倾角＝纬度－11°45′

考虑全年平均值　倾角＝纬度＋5°

（3）安装步骤

1）安装太阳电池板　①组装金属支架，安装太阳电池板；②检查每个太阳电池组件的开路电压和短路电流；③方阵整体接线（按图样完成组件串-并联），并测量总开路电压。

2）安装蓄电池组　①将蓄电池各就各位，检查电解液密度、液面高度和端电压；②使用专用金属连接件将蓄电池连接成组，检查蓄电池组总输出电压。

3）安装控制器　①检查控制器各开关初始位置是否正确，断开所有输出、输入开关；②将方阵输入电缆、蓄电池组电缆和直流负载电缆分别接至控制器各端子。

4）安装逆变器　①检查逆变器各开关初始位置是否正确，断开直流输入开关和交流输出开关；②将逆变器直流输入电缆接至控制器负载输出端。

5）安装交流配电柜（箱）　①将交流配电柜就位，连接"接地线"，检查交流配电柜各开关初始位置是否正确，断开所有输出、输入开关；②将逆变器交流输出电缆接至交流配电柜的"光伏发电"输入端子；③将各负载电缆也分别接至交流配电柜的相应输出端子。

6）场地布线　①依据设计图样，确定场地布线方案；②测定各支路长度，截取电缆，处理导线端头并依据图样打印导线代号；③铺设地下电缆和架设空中导线，用万用表（电阻档）检查各路导线有无断线。

17　光伏电站的调试和试运行

（1）系统调试

1）全面复核各支路接线的正确性，确认直流回路正负极性的正确性。

2）依次闭合控制器蓄电池侧开关和方阵侧的输入开关，开始向蓄电池充电。检测方阵输出电流和蓄电池充电电流。

3）确认蓄电池充满电后，闭合控制器负载侧的输出开关，观察输出直流电压指示值正确后，接通试验用直流负载。

4）确认逆变器直流输入电压极性的正确性，

闭合逆变器直流输入开关。

5）空载下闭合逆变器交流输出开关，检测并确认交流输出电压值是否正确。

6）逐一接通交流负载，直至全部试验负载工作正常，记录逆变器输出电压和电流。

7）注意观察蓄电池充放电状态变化，检测控制器充放电电压阈值设置是否适当。

8）在光伏系统不同运行状态下，观察各类信号和仪表指示是否正确，各项保护功能是否有效。

9）确认系统发电、送电及各项功能正常后，断开直流和交流试验负载，停止逆变器运行。

至此系统调试完成。

（2）系统试运行　系统调试完成后，说明新建成的光伏发电系统各项功能正常。为保证光伏系统在额定负载下能够长时间连续运行，在系统移交给用户前，还应进行光伏发电系统的试运行。

由于系统安全保障措施未在满负载下进行过长时间考验，试运行期间有发生故障或事故的潜在危险。因此，电站在试运行前应制定"电站试运行考核大纲"，其中对运行期间可能发生的事故和危险做出预案。由于试运行是对电站系统的全面考验，必须使电站系统连续满负载运行，以便于发现系统中可能存在的隐患和问题。电站经试运行的考验与磨合后，必须做到系统对用户是安全的。最后由设计和施工单位起草"电站试运行情况报告"。

18　光伏电站验收

（1）系统测试　全面测试光伏系统运行状态，记录系统各部件、环节的主要运行参数，设计、安装及用户等三方确认系统已达到设计指标。

（2）电站值班员操作培训　在电站项目承包单位技术人员的指导和协助下，电站值班员逐一熟悉光伏系统每台设备的用途、性能、操作要领、维护内容及安全事项。在此基础上，通过实习操作，使值班员独立掌握电站的起动、运行和停机的全部流程。值班员在完成现场培训的全部内容后，必须通过电站上级主管部门和技术监督部门组织的考核。

（3）移交电站　依据光伏发电工程有关验收程序，甲乙双方共同复核光伏系统负载运行情况后，履行工程验收和移交手续，签署"电站移交协议书"。

1.6　光伏电站的运行和管理

19　光伏电站的运行和管理

（1）光伏电站的运行

1）电站起动。电站系统起动分为首次起动和常规起动。电站移交用户后的第一次起动称为首次起动，电站每日一次（或几次）的正常起动称为常规起动。首次起动时操作程序相对复杂，系统中每个设备的开关都需要操作；常规起动操作非常简单，只是接通交流配电柜的输出断路器即可。光伏电站首次及常规起动流程见图18.1-16。

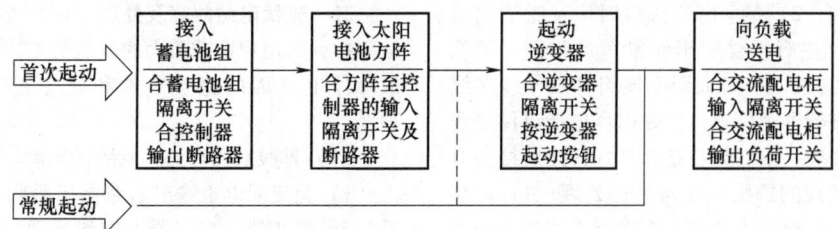

图18.1-16　光伏电站首次及常规起动流程

2）运行巡视和检查。

① 太阳电池仿真：电池板上有无异物、污垢（如树叶、鸟粪等）；

② 蓄电池：检查液面、温度、蓄电池室通风情况，蓄电池组端电压值是否正常；

③ 交流配电柜：信号灯显示，电压表、电流表、功率表指示，三相平衡，有无过载；

④ 控制器：应随时注意控制屏上声光报警信号，当信号灯显示蓄电池过充电或过放电时，应立即查明情况；如蓄电池过放电属实，应采取相应的措施，如减小负载，直至暂停供电；

⑤ 逆变器：观察显示屏各电表指示：输入直流电压值，输出三相交流电压、电流值及三相是否平衡；值得注意的是，无论任何原因使逆变器停机后，都必须间隔5~10min才允许再次起动。

3）电站停止工作。

① 正常停止：断开交流配电柜内的交流输出断路器（空气断路器或接触器）；如考虑减少逆变器空载损耗，可按停止按钮，停止逆变器工作。

② 自动停止：系统自动停止工作后，值班人员应执行如下操作：检查交流配电柜输出断路器是否已自动跳开，否则人工断开交流配电柜输出断路器；检查逆变器是否已自动停机，否则按手动停止按钮，停止逆变器工作；分别断开逆变器和交流配电柜的隔离开关。

③ 紧急停止：电站在运行过程中，若发生意外情况，如短路、雷击、蓄电池严重过放电及其他重大事故时，值班人员应实施人工紧急停止，步骤如下：断开交流配电柜的交流输出断路器（或接触器），同时拉开隔离开关（刀开关）；按停止按钮，使逆变器停止工作，同时拉开隔离开关（刀开关）。

（2）光伏电站的管理　光伏发电站设站长一人，值班员1或2人。

1）站长的任务与职责。

① 人员管理：协助电站管理机构（业主公司）进行电站工作人员的日常管理及年度考核；对电站工作人员的成绩、过失、责任事故提出报告，并对奖惩事宜提出建议；主动关心工作人员的工作和生活条件，并为不断改善条件提供方便。

② 电站运营：领导电站日常运行工作，向电站管理机构（如业主公司）提出电站设备维修及故障检修计划建议；定期审阅电站运行记录，了解设备运行情况，对消除设备缺陷与故障提出建议，组织检修人员及时消除设备的缺陷及故障，并共同参加质量验收；根据电站运行情况，对设备的更新提出建议，并参与更新设备的质量验收；在电站管理机构（业主公司）领导下，参与制定电站各项规章制度，并根据电站实际运行情况提出修改建议；组织对电力用户进行安全与合理用电知识的宣传、教育工作。

③ 财务及财产管理：负责向用电户收取电费，并缴入专用账户；制定备件、器材购置和设备更新改造预决算；建立备件、器材出入库账目，建立固定资产档案；每年对经费收入、支出进行统计，分析电站盈亏状况，实行经济成本核算。

2）值班员的任务与职责。

① 电站运行：严格执行电站安全管理规程，完成电站日常运行、巡视和维护工作；定期对电站设备进行全面细致检查，及时发现设备的缺陷并进行故障处理；填写运行日志、检修报表和事故记录表。

② 财务和器材工作：协助站长履行现金收入、支出手续；填写备件、器材出库入库单；提出备件、器材购置和设备更新改造建议。

20　光伏电站的维护

（1）太阳电池方阵　1）保护太阳电池板表面

的清洁，特别是在多尘、少雨地区，定期清洁尤为重要。清洁时，宜用清水和温和的清洁剂清洗，避免使用有溶解力和浓度高的清洁剂，切勿使用具有腐蚀性的溶剂；2）冬季降雪天气时应及时清扫组件表面积雪，注意不要使用铁锹等硬物刮、铲积雪，以避免划伤；3）对太阳电池组件及导线接线情况应定期进行外观检查，检查内容包括组件接线盒是否风化开裂，组件封装是否良好，接线接头有否松动，若发现问题则应及时进行处理；4）每年检查一次太阳电池方阵的金属支架有无腐蚀、松动或变形损坏等；5）经常注意察看新生长的树木、杂草等植物及新建房屋、建筑等是否遮挡了阳光照射通路，若有遮挡，则应采取适当措施消除阴影影响。

（2）铅酸蓄电池　1）定期清洁蓄电池外部的硫酸痕迹和灰尘；2）保持蓄电池之间的连接件或导线接触良好，防止松动和锈蚀；3）蓄电池装有密封盖或通气栓塞的，需经常检查和清拭其通气孔；4）注意定期给蓄电池添加蒸馏水，保持电解液的液面高度，以防蓄电池极板或隔板露出液面；5）注意检测电解液密度，如发现密度值偏低，应及时将其调整到正常值范围；6）按照说明书要求，定期对蓄电池进行补充充电和均衡充电。

（3）控制器　1）检查控制器输出输入接线及端子是否牢固，若有松动现象，则应及时旋紧；2）检查直流功率输入和输出端子是否有过热痕迹，若有发热迹象，则说明输入和输出电流有过载可能，此时应查明原因进行处理或由厂家派人检修；3）检查温度补偿传感器与蓄电池之间的接触是否良好，否则将影响温度补偿效果。

（4）逆变器　1）定期清洁冷却风扇，并检查运转是否正常；2）检查有无过热后留下的痕迹；

3）当遇到雷雨天气时，未加装防雷保护器的逆变器，应断开其输入及输出开关，以减少雷电感应过电压对逆变器的损坏几率。

21　光伏电站故障及处理　在光伏电站发生的故障中，对用户影响最大的就是突然停电。下面就故障停电原因的检查步骤和处理方法做一简要说明。

（1）外线故障与站内故障的判断

1）交流配电柜输出断路器已跳闸（即自动断开），若逆变器、控制器工作和显示均正常，则说明是外线故障停电。

2）交流配电柜输出断路器未跳闸，一般是站内故障停电，但若控制器工作及显示均正常，而逆变器已停止工作，则此时应区分两种情况：①逆变器因自身故障而停止，此时属于站内故障停电；②逆变器保护性停止工作，此时一种可能是逆变器输出端子至交流配电柜输出断路器前存在故障，此时仍属于站内故障停电；另一种可能是外线过载或短路，但由于逆变器电子保护比交流配电柜输出断路器的电磁保护灵敏，而发生越级保护动作，此时仍然是外线故障停电。

（2）故障停电检查步骤

1）外线检查。①检查架空线路（或地埋线路）是否有断线、短路或接地；②检查大功率用户负载是否过载、短路或接地；③检查是否有未经批准的用电户，擅自将大功率负载接入供电系统。

2）站内检查。①逐一断开每台设备的断路器及隔离开关（先拉开断路器，再断开隔离开关）；②逐一检查每个电气设备的熔断器、断路器、隔离开关有无损坏，再检查端子接线是否松动及电路连接状态是否完好；③检查蓄电池荷电状态是否良好。

第 2 章 太阳能热发电

2.1 太阳能热发电的工作原理

22 太阳能热发电的工作原理 太阳能热发电是利用集热器把太阳能聚集起来，将某种工质加热到一定的温度后，驱动热机带动发电机发电。由于整个系统的热源来自太阳能，所以称为太阳能热发电。

利用太阳能进行热发电，需要完成三次能量形式的转换：首先将太阳辐射转换为热能，再将热能转换为机械能，最后将机械能转换为电能。在上述能量形式的转换中，最重要的是光热转换过程和热力循环过程。①光热转换过程是一个将太阳能转变成热能的过程，通过采用不同类型的集热器，可获得高、中、低温的热源。②热力循环过程是一个将热能转换成机械能的过程，依热源情况的不同，选用相应的热力循环系统，把热能有效地转换成机械能。③机电转换过程采用传统的发电机就可以完成从机械能到电能的转换。

2.2 太阳能热发电系统

23 太阳能热发电系统的组成 太阳能热发电系统由集热系统、热传输系统、蓄热-热交换系统和动力机-发电机系统组成。典型的太阳能热发电系统的组成见图 18.2-1。

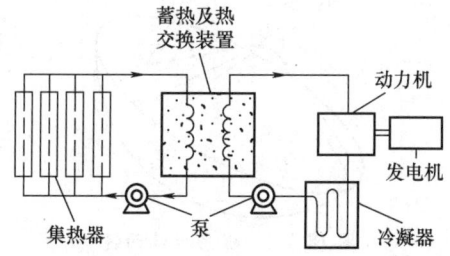

图 18.2-1 太阳能热发电系统组成示意图

（1）**集热系统** 太阳投射到地面上的能量密度很低，在天气晴朗的条件下，正午前后太阳垂直照射在地平面上的直接辐射大约为 $0.95 \sim 1 \mathrm{kW/m}^2$。太阳能热发电一般需要将工质加热到较高温度，因此必须采用聚光的方式将太阳辐射能转变为较高密度的能量。用于太阳能热发电的集热系统通常采用聚光集热系统，主要包括三部分：聚光装置、跟踪机构和接收器。

聚光装置的聚光方式主要有平面反射镜（如塔式聚光系统）、曲面反射镜和透镜聚光。

将聚光装置聚集的高密度太阳能收集起来的装置称为接收器，其主要部分是吸收体。吸收体是将太阳能辐射转换为热能的装置，它的任务有两个：①尽量多地吸收反射镜反射的太阳辐射；②尽量少损失地将吸收的热能传给动力机。为了提高吸收体对太阳光的吸收率，减少热损失，一般要对吸收体的集热面进行表面处理，通常在吸收体表面覆盖选择性吸收膜，使其在较高的集热温度下仍能得到较高的集热效率。

为了使聚光装置的反射镜始终对准太阳，把尽可能多的太阳光反射到接收器上，就需要为反射镜安装追踪太阳的跟踪机构。跟踪机构追踪太阳的方式有单轴跟踪和双轴跟踪，单轴跟踪器只跟踪太阳东西向的方位变化，不跟踪太阳高度角的改变；双轴跟踪器在跟踪太阳东西向方位变化的同时，还跟踪太阳高度角的改变。

（2）**热传输系统** 接收器吸收的热能要传送到热能储存单元或直接推动热机工作，都离不开输热管道和输送传热介质的流体泵。输热管道和流体泵组成了太阳能热发电的热传输系统。对热传输系统的基本要求是输热管道热损耗要低，流体泵所需功率要小，以降低输送热量的成本。

在分散型太阳热发电系统中，有许多由集热器单元串、并联组成的集热器阵列，故输热管道较长，热损耗较大。集中型太阳热发电系统中输热管道较短是其优点，但需要有流体泵将传热介质送到塔顶，这同样要消耗一些能量。

减少输热管道热损失的常用办法是：①在输热管的外面包上绝热材料，如陶瓷纤维、聚氨基甲酸酯海绵等；②利用热管输热，热管是利用毛细现象和蒸汽压力差来实现输送热量的装置。热管的热传导比一般金属大得多，其结构和材料的选择范围很广，能在很大的温度范围内传送热量。在热传输系统中，利用热管的毛细现象输热，可以避开泵之类的耗能部件，从而可提高热传输效率。

（3）蓄热-热交换系统　由于地球存在着四季和昼夜变化，太阳投射到地球表面某一地区的辐射能是不连续的，即便是白天，日照强度也在随着天气的变化而改变。因此，利用太阳能发电的难点之一在于能量既不连续也不稳定。为了保证太阳能热发电系统能够连续和稳定地发电，就必须建立蓄热装置和相应的热交换系统。

蓄热装置是采用真空或隔热材料制成的热容器。热容器中的蓄热材料通过换热器吸收来自集热器的热能。根据蓄热材料的不同，蓄热方式可分为显热蓄能、潜热蓄能和化学蓄能。

1）显热蓄能。通过提高蓄能介质的温度把热量贮存在介质中的方式。常用的显热材料有水、油、有机流体、岩石、砂、砾石和人工制造的氧化铝球等。

2）潜热蓄能。以低熔点盐或低熔点合金作为蓄能介质，利用太阳辐射的多余热量加热介质。这些介质吸收热量后从固态变成液态，当它们从液态转变为固态时，就会放出热量。利用物质潜热蓄能的优点是单位容积的蓄热量大，蓄热装置可以小型化。要求蓄能介质材料经几千次相变循环后都是可逆的，另外价格要便宜，且不腐蚀容器。比较好的熔化盐有氯化物、氟化物等。

3）化学蓄能。利用太阳能来产生一种可以存贮的化合物，在需要能量时，使该化合物进行逆向反应，同时释放能量。该方式的特点是放热、吸热过程都在一定的温度下进行；蓄热后的反应物可在常温下贮存很长时间，而且不存在绝热问题；蓄能密度较高，储热成本较低，且可用于高温蓄能。

除了上述热蓄能外，还有电蓄能、飞轮蓄能、压缩空气蓄能和抽水蓄能等。其中蓄电池储能已广泛地用于太阳能发电领域。

（4）动力机-发电机系统。用于太阳能热发电系统的动力机种类很多，主要有汽轮机、燃气轮机、低沸点工质汽轮机和斯特林发动机等。根据供给动力机入口热能的温度高低和热量等情况的不同，需要选择不同类型的动力机。对于大型太阳能热发电站，热能的温度与火电站基本相同时，可选用常规的汽轮机；温度在 800℃ 以上时，可选用燃

气轮机；对于小功率或低温范围的太阳能热发电系统，可选用斯特林发动机或低沸点工质汽轮机。

斯特林发动机又称热气机，是一种由外部供热使气体在不同温度下作周期性压缩和膨胀的闭式循环往复式发动机。它的主要部件包括气缸、动力活塞，配气活塞、加热器、回热器和冷却器等。气体工质可以是氢气、氦气或氮气，也可以是空气。斯特林循环的理想热效率与卡诺循环相同，其优点在于用两个等容过程代替两个绝热过程。因此，为了取得适当的功，斯特林循环不需要像卡诺循环那样，必须借助于很大的压力和活塞扫气容积。

在太阳热发电系统中，将动力机的机械能转变为电能的最简单途径是采用发电机。

24　聚光集热器　其作用是通过聚光的方法，提高入射太阳光的能量密度，使之聚集在较小的吸收器集热面上。高能量密度入射太阳光被吸收器表面吸收后，传给在吸收器内部流动的载热介质，变成所需要的有用能。由于地球的自转及其与太阳之间相对位置的变化，固定不动的聚光集热器不可能总对着太阳。必须根据太阳的位置，随时调整聚光器，以保证太阳辐射线总是正对着聚光器的开口面，并聚焦在吸收器的集热面上，这就需要给聚光集热器安装追踪太阳的跟踪机构。因此，聚光集热器的型式虽然很多，但都是由聚光器、吸收器和跟踪机构等三个主要部件组成。

（1）碟形抛物面镜聚光集热器　碟形抛物面镜聚光集热器是一种点聚光系统，见图 18.2-2。其碟形抛物面反射镜能将平行于镜面主光轴的光线汇聚于一点上，该点称为焦点。形状为圆板或圆球状的接收器放在焦点上。碟形抛物面镜聚光集热器可单独使用，也可以由多台串并联组成分散式聚光集热器系统。

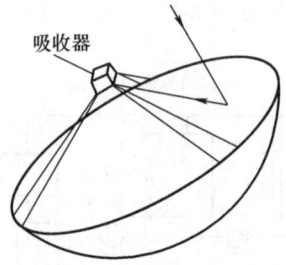

吸收器

图 18.2-2　碟形抛物面镜
聚光集热器示意图

（2）槽形抛物面镜聚光集热器　其特点是在槽形抛物面反射镜的线状聚焦处装有接收器，见

图 18.2-3。接收器有吸热管和罩在其外部的透明罩管所组成。由槽形抛物面镜聚光集热器构成的系统往往由数十台甚至近千台串并联组成，称之为分散式聚光集热器系统。由于分散式聚光集热器系统输送管道长，所以热量损失较大。

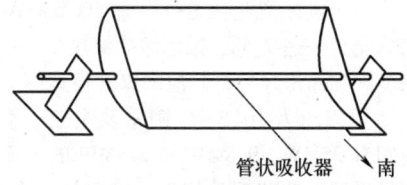

图 18.2-3　槽形抛物面镜聚光集热器示意图

（3）中心接收定日镜阵聚光集热系统　这是一种可以获得大功率的高温聚光集热系统，其外观见图 18.2-4。它主要由两部分组成：1）由相当数量的定日镜所构成的镜阵；2）高达数十米甚至百余米以上的接收塔。定日镜的作用是把太阳的直接辐射反射到塔顶的接收器上。定日镜大多是平面反射镜，形状可以是方形、圆形、矩形、八角形等。定日镜的数量和总面积主要取决于电站功率的大小，通常要占相当大的采光场地。

定日镜一般都距离接收塔相当远，很小的反射偏差都会使反射光不能投射到塔顶的接收器上。因此，定日镜上都装有精度很高的双轴跟踪装置。

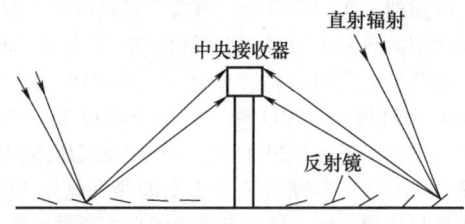

图 18.2-4　中心接收定日镜阵聚光集热系统

（4）菲涅耳透镜聚光集热器　通常大型聚光系统都必须使用大口径的透镜，但由于中心部分很厚，不仅制造困难，而且造价昂贵。菲涅尔透镜具有口径大、聚光比高、焦距较短等优点。尤其是制造工艺相对简单、成本低，特别适合使用在需要聚光的大型工程中。这种透镜是在透明板的一面，以略微不同的角度加工成很多环形或轴对称的条形锯齿棱。当太阳光从平面一侧入射到板面上时，经过棱角折射，使照射到任一圆形或条形表面上的光都能聚焦到一个小的圆形区或条形区域范围内。因此，它既可用于点聚焦也可用于线聚焦。菲涅尔透镜聚光集热器也需要有跟踪机构，以保证太阳光能垂直入射到透镜表面。

25　热发电主要类型

（1）塔式中央聚光太阳能热发电系统　简称为塔式太阳能热发电系统。该系统的特点是在收集太阳能的采光场地设有高大的竖塔，塔顶装有接收器，以塔为中心在其周围布置许多称之为定日镜的平面反射镜。该系统的示意图见图 18.2-5。该系统利用许多装有跟踪机构的定日镜，将太阳热辐射反射到高塔顶部的接收器，加热工作介质（温度在 500℃左右）产生过热蒸汽或高温高压空气，驱动汽轮机或燃气轮机发电机组发电。为保证供电的连续性和稳定性，一般太阳能热发电站还配备有蓄热装置。

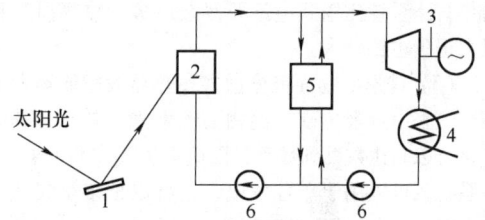

图 18.2-5　塔式中央聚光太阳能热发电系统示意图
1—反射镜阵列　2—中央接收器　3—汽轮机
4—冷凝器　5—储热装置　6—泵

塔式太阳能热发电系统的优点是：聚光比高，容易达到较高的工作温度；其能量集中过程靠反射辐射一次完成；接收器散热面相对较小，故可得到较高的光热转换效率；这种系统的运行参数与高温高压的常规热电站基本一致，因而不仅有较高的热机效率，而且容易获得配套设备。塔式太阳能热发电系统存在的主要问题是，由于装有复杂跟踪系统的定日镜场费用很高，使得建设费用十分昂贵。

（2）槽形抛物面分散集热式太阳能热发电系统　简称槽形抛物面太阳能热发电系统。其特点是通过串、并联方式将许多分散布置的槽形抛物面镜聚光集热器连接在一起，组成聚光集热系统。槽形抛物面分散集热式太阳能热发电系统的基本结构见图 18.2-6。载热介质在单个分散的太阳能聚光器中被加热或形成蒸汽，然后汇集至汽轮机，也可以汇集到热交换器，把热量传递给汽轮机回路中的工质。

由于槽形抛物面镜集热器是一种线聚焦集热器，其聚光比要比塔式聚光低得多，且吸收器散热面较大，故集热器所能达到的介质工作温度一般在 200~400℃之间，属于中温太阳能热发电系统。槽形抛物面太阳能热发电系统的优点是，发电系统容量可大可小，集热器等设备都是分布在地面上，

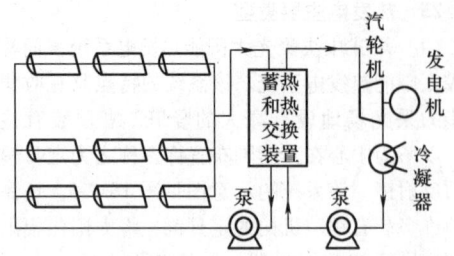

图 18.2-6　槽形抛物面分散集热式太阳能热发电系统

安装和维护都比较方便。特别是各聚光集热器可以同步跟踪，因此控制系统成本大大降低。这种发电系统的缺点是能量集中过程依赖于管道和泵，因此输热管路系统比塔式电站要复杂得多，输热损失和阻力损失也比较大。

（3）碟形抛物面镜分散式集热器太阳能热发电系统　采用点聚焦碟形抛物面镜聚光集热器，其聚光比可以高达数百到数千，因此产生非常高的温度。该系统既可以用于单独发电，也可以把多个集热器集中在一起，形成大功率的分散式电站，见图 18.2-7。由于大功率的碟形抛物面镜分散式集热器太阳能热发电站需配备成千上万个直径达十几米的盘状抛物面镜集热器，由此带来的问题是系统非常复杂，管路和绝热材料的费用也很高。因此，目前主要还是把这种碟形抛物面镜聚光集热器与涡轮机或斯特林发动机结合起来，用于偏远地区作为村落或社区的独立供电电源。

图 18.2-7　碟形抛物面镜分散式
集热器太阳能热发电站

2.3　太阳能热发电技术的现状与展望

26　太阳能热发电的应用现状

（1）全球范围内的应用现状　自 20 世纪 80 年代以来，美、欧、澳等地区相继建起不同类型的示范装置，促进了太阳能热发电技术的发展。目前，

在太阳能热发电技术水平方面，槽式技术仍占主流，其他技术形式也在并行发展。在已安装的电站中，槽式技术占比约 94.6%，塔式 4.4%，碟式和菲涅尔式约 1%。世界首座商业化碟式斯特林电站在美国投入运行。此外，越来越多的热发电站带有长时间的储热系统。西班牙商业化运行电站 500MW Andasol 电站储热能力长达 7.5h，采用熔盐储热。

除美国和西班牙外，其他国家共投运的太阳能热发电站规模约为 100MW。阿尔及利亚、泰国和印度分别有 25MW、9.8MW 和 2.5MW 的太阳能发电项目投运，这些项目均为其国内第一个项目。北非和地中海周边地区的太阳能热发电项目均是燃气联合循环，采用太阳能集热场与大型火力发电厂联合发电。印度第一个 10MW 太阳能热发电站于 2013 年投入运行。南非开展了太阳能热发电项目的招标，已经授权 150MW 的合同，南非国家电网公司正在规划另外 100MW 的项目。其他国家，如意大利、以色列、墨西哥、智利和沙特，已经表示打算建设太阳能热发电站或者开始立法支持太阳能热发电。

（2）我国太阳能热发电现状　2018 年全球太阳能热发电累计装机容量 5.5GW，是 2010 年的 4.3 倍，转化为电力成本下降 46%。我国太阳能热发电多种技术类型并举发展，槽式热发电率先进入商业运行的前期工作。2019 年，内蒙古鄂尔多斯 50MW 槽式太阳能热发电项目、宁夏盐池哈纳斯 92.5MW 太阳能热发电实验电站、甘肃敦煌 100MW 太阳能热发电项目投产。2011 年 6 月国电吐鲁番 180kW 光热发电并网投运。2011 年，中科院电工所承担的国家"863 计划"项目延庆太阳能热发电站 1MW 示范项目建成发电，该项目是我国自主研发的亚洲首座兆瓦级太阳能塔式热发电站。2011 年，海南三亚 1MW 太阳能热发电示范工程开工建设，成为我国首座开发建设的碟式太阳能热发电站，填补了国内空白。

27　太阳能热发电的未来展望

（1）发展趋势　太阳能热发电从技术上可以分为两类：一类是发电形式不依赖规模的系统，如碟式太阳能热发电装置，适用于分散使用或建设分布式能源系统，也可多个碟式并联使用；另一类是依赖于规模化的热发电系统，如槽式系统、单塔和多塔系统，其介质参数越高、单机容量越大，系统效率就越高，发电成本越低。从太阳能热发电技术发展趋势上看，主要向 3 个方面发展。

1）大容量。单机容量有 1MW、10MW、20MW、

50MW，目前已投运最大单机容量为 80MW，在建有 130MW 和 200MW 等级。

2）高参数。汽轮机入口参数决定机组的效率，蒸汽温度有 230℃ 饱和蒸汽，400℃、450℃、510℃ 等过热蒸汽，目前已投运的最高温度达 550℃，以空气为介质的运行温度更高。

3）工质/介质。分为储热介质和发电介质，由于水/水蒸气的品质和广泛存在的形式，发电一般以水/水蒸气作为介质，但水在不同温度段和不同状态形式下，比热容差别很大，这会影响到不同区间的吸热/放热过程，水/水蒸气需要加压才能储存更多的能量，因此，水/水蒸气作为发电介质难胜任，小容量储热尚可，但大容量储热需要花费更大的能量和设备投资。导热油作为储热介质，克服了水/水蒸气不连续的热容问题，因而得到了大量的应用，但导热油在运行过程中为防止汽化，需要加一定的压力，另外导热油的价格比较贵。因此，人们进一步研究采用熔盐作为储热介质。熔盐具有较大的单位热容量、较好的导热性和流动性，无毒、无腐蚀性，对环境影响小，特别是储热过程中不需要加压，这使大规模储热的容器制备成为可能。唯一欠缺的是熔盐的低温凝固点很高，一般都在 200℃ 左右。

太阳能热发电在大容量、高参数和有效储热材料的条件下，在技术上将得到进一步的提高。太阳能热发电在系统优化和简化的基础上，槽式系统分为无储热发电和有储热发电两类。无储热发电可直接采用水/水蒸气发电技术，其难点在于集热管中蒸汽温度的控制；有储热发电是在无储热发电的基础上直接采用蒸汽发电，或采用导热油吸热，中间增加熔盐储热和放热。

塔式系统可直接将熔盐作为吸热和储热材料，以单模块的塔式系统并联，形成大规模的塔式电站，蒸汽循环部分可采用高参数，包括临界参数的应用，其年均效率可达 20%～25%。以空气作为介质的燃气涡轮机发电的塔式系统，储热介质可采用更为便宜的混凝土储热块，以沙漠、戈壁地区的沙漠沙作为基本原料的陶瓷储热材料等。碟式斯特林热发电系统不需要水作为冷却介质，在批量和规模化条件下，突破成本高的困难，解决储热问题后才能有应用的空间。

（2）发展目标　当前发展目标可总结为以下几点：①致力于实践太阳能热动力联合循环发电；②不断地开发先进的单元技术；③推进槽式太阳能直接产生蒸汽热动力发电技术的商业应用；④推进建设大型碟式太阳能斯特林热发电场；⑤建立高效率、大容量、高聚光比的太阳能热发电系统；⑥提高运行可靠性；⑦为降低太阳能热发电技术的发电成本，必须将研发与示范工作共同推进；⑧建立太阳能热发电标准体系。

第3章 风能资源和风力参数

3.1 风能资源和风能利用

28 风能资源及分布 风是空气的流动。由于地球绕太阳运转，地球上各纬度所接受的太阳辐射强度不同。地球表面受热不均匀，引起大气层中空气压力不均衡，造成了气压梯度力。这个力推动空气，形成地面与高空的空气环流，使空气产生了水平运动，也即形成了风。

(1) 季风 在一个大范围地区内，风的盛行风向或气压系统有明显的季节变化。在一年内随着不同的季节，有规律地转变风向的风，称为季风。季风盛行地区的气候又称季风气候。

(2) 山谷风 白天，山坡接受太阳光热较多，空气增温较多；而山谷上空，同高度上的空气因离地较远，增温较少。于是山坡上的暖空气不断上升，并从山坡上空流向谷地上空，谷底的空气则沿山坡向山顶补充，这样便在山坡与山谷之间形成一个热力环流。下层风由谷底吹向山坡，称为谷风。到了夜间，山坡上的空气受山坡辐射冷却影响，空气降温较多；而谷地上空，同高度的空气因离地面较远，降温较少。于是山坡上的冷空气因密度大，顺山坡流入谷地，谷底的空气因汇合而上升，并从上面向山顶上空流去，形成与白天相反的热力环流。下层风由山坡吹向谷地，称为山风。故将白天风从山谷吹向山坡，这种风叫谷风；到夜间，风自山坡吹向山谷，这种风称山风。山风和谷风又总称为山谷风。山谷风风速一般较弱，谷风比山风大一些，谷风一般为 2~4m/s，有时可达 6~7m/s。谷风通过山隘时，风速加大。山风一般仅 1~2m/s。但在峡谷中，风力还能增大一些。

(3) 海陆风 它的形成是由大陆与海洋之间的温度差异转变所引起的。不过海陆风的范围小，以日为周期，势力也薄弱。由于海陆物理属性的差异，造成海陆受热不均，白天陆地上增温较海洋快，空气上升，而海洋上空温度相对较低，使地面有风自海洋吹向大陆，补充大陆地区上升气流，而

陆上的上升气流流向海洋上空而下沉，补充海上吹向大陆气流，形成一个完整的热力环流；夜间环流的方向正好相反，风从陆地吹向海洋。将这种白天风从海洋吹向大陆的称为海风，夜间风从陆地吹向海洋的称为陆风，因此将在一天中海陆之间的周期性环流总称为海陆风。海陆风的强度在海岸最大，随着离岸的距离而减弱，一般影响距离为 20~50km。海风的风速比陆风大，在典型的情况下，风速可达 4~7m/s，而陆风一般仅为 2m/s 左右。海陆风最强烈的地区，发生在温度日变化最大及昼夜海陆温度最大的地区。低纬度地区的日射强，海陆风较为明显，尤以夏季为甚。

(4) 湖陆风 大湖附近日间同样有风自湖面吹向陆地的称为湖风，夜间自陆地吹向湖面称为陆风，合称湖陆风。

风能是太阳能的一种表现形式，是由地球表面的大气受到太阳的辐射而引起的部分空气流动而产生的。风能作为可再生能源的重要类别，具有蕴藏量巨大、可再生、分布广、无污染等特点，风力发电已成为世界可再生能源发展的重要方向。据估计，我国陆上离地 10m 高度风能资源总储量约 43.5 亿 kW，这个数字稳居世界首位。海上 10m 高度可开发和利用的风能储量约为 7.5 亿 kW。我国风能资源丰富，东南沿海地带及其岛屿为我国最大风能资源区，内陆则以新疆阿尔泰山和天山的山口及内蒙古阴山山脉北侧风能资源丰富，青藏高原、东北地区也有较丰富的风能资源。风能主要集中在内蒙古、西藏、新疆、青海、黑龙江、甘肃、辽宁、吉林、河北、广东、福建、山东、浙江等省区，见表 18.3-1。我国风能资源丰富和较丰富的地区主要有：

(1) 三北 (东北、华北、西北) 地区丰富带 风能功率密度在 200~300W/m² 以上，有的可达 500W/m² 以上，如新疆的阿拉山口、达坂城，内蒙古的辉腾锡勒、锡林浩特等地，可利用小时数在 5000h 以上，有的可达 7000h 以上。

(2) 沿海及其岛屿地区丰富带 年有效风能功

率密度在 200W/m² 以上，沿海岛屿风能功率密度在 500W/m² 以上，如台山、平潭、东山、南鹿、大陈、嵊泗、南澳、东沙等，可利用小时数约在 7 000~8 000h。

（3）内陆风能丰富地区　如江西鄱阳湖和湖北通山，由于特殊地形条件形成高风速区域，风能功率密度一般在 100W/m² 以下，可以利用小时数 3 000h 以下。

表 18.3-1　风能资源比较丰富的省区

（单位：MW）

省区	风力资源	省区	风力资源
内蒙古	61 780	山东	3 940
新疆	34 330	江西	2 930
黑龙江	17 230	江苏	2 380
甘肃	11 430	广东	1 950
吉林	6 380	浙江	1 640
河北	6 120	福建	1 370
辽宁	6 060	海南	640

29　风能利用　人类利用风能有悠久的历史。我国是世界上最早利用风能的国家之一，2000 多年前我国就开始利用风能来航运、提水。埃及和荷兰等国是国外最早和普遍利用风能的国家。1890 年丹麦首先实现了利用风力来发电。随后，欧洲、美国等国陆续开始研制各种类型风力发电装置，容量从当时刚起步时的几十瓦到目前几兆瓦，类型从定桨距到变桨距、变速恒频、恒速恒频到直接驱动式等。我国从 20 世纪 80 年代开始研制风力发电装置，容量从几千瓦到目前的兆瓦级。

目前人类对风能的利用主要表现在风力发电，这个技术已经受到了世界各国的高度重视，而且发展速度非常快。风力发电比起传统的火力发电，它最大的优势就是不存在燃料问题，且对环境比较友好；再跟核电比较起来，它不会产生辐射污染。而且从经济的角度考虑，风力发电所使用的仪器设备比太阳能利用的设备要便宜。风力发电还有一个优势就是不需要传统火力发电所需要的循环冷却水系统，这也可以节省大量的成本投入。

截至 2021 年底，全世界风电并网装机总容量约为 8.37 亿 kW，我国总装机容量约为 3.4 亿 kW。随着技术的快速发展，单机容量和叶轮直径不断增大、价格不断下降。2021 年新安装风机的平均功率超过 3.5MW，叶轮直径大于 140m 的风机占到新增装机的 58%。我国陆上风机平均投标价格从 2021 年初的

3 000 元/kW，下降至 2022 年底的 1 500 元/kW 左右。

30　风力特性　风能虽然取之不尽，有许多常规能源所不及的优势，但风力有相当大的随机性和不稳定性，因此掌握风力的特性对风力发电机容量的确定和风力发电场位置的选择至关重要。

（1）风的优势　风能是一种可再生的能源，可以用"取之不尽，用之不竭"来形容绝不为过。风力发电具有不消耗一次能源、不污染环境、建设周期短、装机规模灵活、占地少、对土地要求低、发电方式多样化等特点。考虑到火力发电对环境的污染、对人体健康的损害，风力发电的社会效益和经济效益日益突出。

（2）风的劣势

1）能量密度低。风能取决于空气密度。在标准状况下，空气密度为 1.225kg/m³，仅为水的密度的 1/773，在相同流速下，要获得与水能同样大的功率，风轮直径要相当于水轮的 27.8 倍。而且，还要达到一定的风速才可利用，3m/s 以下风速不能利用。因此，风能密度是很低的，要想采集到足够大的功率，必须加大风轮直径，但风轮直径加大是有限的，也给风能利用带来很大困难。

2）稳定性差。风能是一个随机变量，它受天气变化、地形、海陆等许多因素的影响，虽有一定规律可循，但其强度和方向无时无刻都在不断地变化中。这种不稳定性，给大规模利用风能带来不利。

（3）风的统计特性　由于风的随机性很大，因此在判断一个地方的风况时，必须有足够多和足够长的气象数据资料。由于各地有不同的气候特点和不同复杂程度的地形，因此各个地区风的统计特性有很大的差异。能够反映风统计特点的一个最重要的形式是风速分布曲线，也即风速频率曲线。利用所积累的气象资料，可以分析得出各种风速出现的频率。在风能利用中，首先要了解的、也是最重要的是年风速分布曲线。为了正确地得到年风速分布，应该对风速连续记录，至少有 3 年以上的观测记录，一般要求能达到 5~10 年。在实际工作中，有时为了节省工作量，可以从这 5~10 年资料中选取一个接近年平均状态的年份，一个风速最小年份和一个风速最大年份为代表，然后相加平均进行年风速分布统计。

3.2　风力参数

31　风速和风向

（1）平均风速　风在单位时间内流过的水平距

离叫做风速，单位为 m/s。以距地面 10m 高度为参考标准进行测量。在一个极短的时间（0.5～2s）内测量的结果为瞬时风速。在某一给定时间间隔内各瞬时风速的算术平均值即为该时间段内的平均风速。根据具体要求，可以有日平均风速、月平均风速、年平均风速等。平均风速是最能反映当地风能资源情况的重要参数。由于风的随机性和季节变化性，计算时一般按年平均风速来进行计算。年平均风速是全年瞬时风速的平均值。

（2）风速的频率 又称风速的重复性，是指一月或一年中某一地区以某一相同速度吹刮的总时数占该月或该年中时数的百分比。风速的频率越高，风能的利用价值也就越高。

（3）风剪切指数 由于地形及大气层稳定性原因，在近地层中，风速随高度有明显的变化。根据国外资料，在近地面约 0.5km 高度范围内，风速随高度的增加而变大：

$$v = v_0 \left[\frac{H}{H_0} \right]^{\alpha}$$

式中 v——欲求的离地面高度 H 处的风速；

v_0——离地面高度 H_0 处风速，一般 H_0 取 10m 参考高度；

α——与地面表面粗糙度有关的系数，即风剪切指数，风剪切指数可由上式计算得出。

风速的垂直变化取决于 α 值。其值的大小即反映风速随高度变化的快慢程度。α 值大，表明风速随高度增加得快；α 值小，表明风速随高度增加得慢。

在没有不同高度数据进行实际计算时，α 值通常按 1/7 取值。对于较平坦地形（α 取值 1/7），风在垂直方向上的变化情况见图 18.3-1。

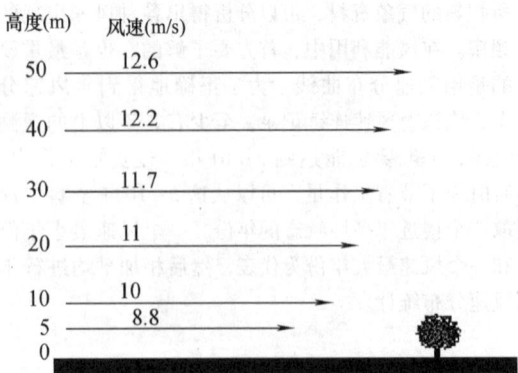

图 18.3-1 风在垂直方向上的变化情况

（4）主要风向分布 风向及其变化范围决定风力机在风场中确切的排列方式，风力机的排列方式在很大程度上决定了各台风力机的出力，从而决定风力发电场的发电效率。因此，同平均风速一样，主要盛行风向及其变化范围也要精确。

（5）风速的威布尔（Weibull）分布函数 由于风的随机性很大，因此在判断一个地方的风况时，必须依靠各地区风的统计特性。在风能利用中，反映风的统计特性的一个重要形式是风速的分布曲线。根据长期观察的结果表明，年度风速分布曲线最具有代表性。为了正确得到年风速分布，应连续记录风速，观测记录至少 3 年以上，一般要求能达到 5～10 年。

目前，国内外对风速分布有不少的研究，其普遍采用的用于拟合线型的有：瑞利分布、对数正态分布、Γ 分布、双参数威布尔分布、三参数威布尔分布及皮尔逊拟合曲线。一般采用双参数威布尔分布函数来拟合风速分布。

威布尔风速分布概率密度函数可表示如下：

$$P(v) = (k/A)(v/A)^{k-1} \exp \left[-(v/A)^k \right]$$

式中 k——威布尔分布的形状参数，一般在 1～3 之间变化；

A——威布尔分布的尺度参数；

v——平均风速。

由该公式可知，A、k 值直接影响到有效风能密度和可利用时间。

估计风速的威布尔分布参数有多种方法，按不同的风速统计资料进行选择。

通常采用方法为：最小二乘法，即累积分布函数拟合威布尔分布曲线法；平均风速和标准差估计法；平均风速和最大风速估计法。根据国内外大量验算结果，上述方法中以最小二乘法误差最大。在具体使用当中，前两种方法需要有完整的风速观测资料，需要进行大量的统计工作；后一种方法中的平均风速和最大风速可以从常规气象资料中获得，因此，这种方法较前面两种方法有优越性。

此外，国外研究结果显示，威布尔分布不仅可用于拟合地面风速分布，也可用于拟合高层的风速分布情况。当知道了一个高度风速的威布尔分布参数，便可根据规律求出近地层中任意高度风速的威布尔分布参数。由此，采用威布尔分布拟合风速频率分布较之用其他分布拟合显得方便适用。

32 风能功率及密度

（1）风能功率 风能的利用主要就是将它的动能转化为其他形式能量的过程，因此计算风能的大小也就是计算气流所具有的动能。一般流过风轮的

风能功率为在单位时间内流过垂直于风速截面积 $F(\text{m}^2)$ 的风能，即风能功率

$$W_P = \frac{1}{2}\rho v^3 F \qquad (18.3\text{-}1)$$

式中　W_P——风能功率（W）；

ρ——空气密度（kg/m^3）；

v——风速（m/s）。

由式（18.3-1）可以看出：风能大小与气流通过的面积、空气密度和风速的三次方成正比。因此，在风能计算中，最重要的因素是风速，风速取值准确与否对风能的估计有决定性作用。如风速大 1 倍，风能可大 8 倍。

（2）平均风能功率密度　为了衡量一个地方风能的大小、评价一个地区的风能潜力，风能功率密度是最方便和有价值的量。风能功率密度是气流在单位时间内垂直通过单位截面积的风能量（W/m^2），是描述一个地区风能潜力的最直观、最有价值的量。风能功率密度可由下式得到：

$$\omega_P = \frac{1}{2}\rho v^3$$

从该式可知，风能功率密度只和空气密度和风速有关，对于特定地点，当空气密度视为常量时，风能功率密度只由风速决定，因此只有当风速合理确定的前提下，才能准确地估算风能功率密度。风能功率密度的大小与风速的三次方成正比，因此风速对风能潜力的估计起决定性的作用。

实际上，风速具有随机性，其每时每刻都在变化，不能使用某个瞬时风速值来计算风能功率密度，只能从长期风速观测资料中才能反映其规律，因此通常采用平均风能功率密度和有效风能功率密度来进行描述。平均风能功率密度和有效风能功率密度也是反映当地风能资源情况的重要参数之一。在一段时间内的平均风能功率密度，可以将上式对时间积分后平均得出：

$$\overline{\omega} = \int_0^T \frac{1}{2}\rho v^3 \mathrm{d}t$$

式中　$\overline{\omega}$——平均风能功率密度；

T——总时数。

（3）有效风能功率密度　为了描述某地风能资源中可以被风力机实际利用的那部分资源，采用有效风能功率密度的概念。有效风能功率密度是指在有效风速范围内（风力发电工程中，把风力机开始运行发电时的这个风速称为起动风速或切入风速。大到某一极限风速时，风力机就有损坏的危险，必须停止运行，这一风速称为停机风速或切出风速。

风力机停机风速与风力机起动风速之间的风力机可发电风速范围，一般为 3~20m/s）计算出的平均风速所求得的风能功率密度。根据定义，有效风能功率密度应为

$$W_e = \frac{1}{2}\rho\int_{v_1}^{v_2} v^3 P(v)\,\mathrm{d}v$$

式中　v_1——风力机起动风速；

v_2——风力机停机风速；

v——瞬时风速（m/s）；

$P(v)$——有效风速范围内的风速概率密度函数。

有效风能功率密度越高，则该地区风能资源也越好，风能利用率也越高。

（4）空气密度　从风能功率计算公式可以看出，空气密度的大小直接关系到风能的多少，特别是在高海拔地区，影响更为突出。因此，计算一个地点的风能功率，需要掌握的量是所计算的时间区间内的空气密度和风速。在近地层中，空气密度 ρ 的数量级为 10^0，而风速（v^3）的数量级为 $10^2 \sim 10^3$。因此，在风能计算中，风速具有决定性的意义。另一方面，由于我国地形复杂，空气密度的影响也必须加以考虑。空气密度 ρ 是气压、气温和温度的函数，ρ 的计算公式为

$$\rho = \frac{1.276}{1+0.003\,66t}\left[\frac{p_r - 0.378 p_w}{1\,000}\right]$$

式中　p_r——大气气压（hPa）；

t——气温（℃）；

p_w——水汽压（hPa）。

$\rho(\text{kg/m}^3)$ 也可按下式计算：

$$\rho = 1.292\,9\frac{p_r - p_w}{760}\frac{273}{T}$$

式中　p_r——大气气压（hPa）；

p_w——水汽压（hPa）；

T——温度（K）。

有时，在没有温度和气压的情况下，可用下式估算空气密度：

$$\rho = 1.226 - 1.194\times10^{-4}Z$$

式中　Z——海拔（m）。

33　年风能可利用小时数和风能功率密度等级

（1）年风能可利用小时数　是指一年中，风力机可以运行在有效风速范围（3~25m/s）内的时间，可由下式求得

$$t = N\{\exp[-(v_1/A)^k] - \exp[-(v_2/A)^k]\}$$

式中　N——全年小时数，为 8 760h；

v_1——风力机起动风速（m/s）；

v_2——风力机停机风速（m/s）；

A、k——威布尔分布参数。

一般，年可利用小时数大于 2 000h，该地可视为风能资源可利用区。

综上所述可以看到，只要给定了威布尔分布参数 A 和 k 之后，平均风能功率密度、有效风能功率密度、风能可利用小时数都可以方便地求得。风速分布情况及风力机设计所需各参数也可以确定下来，给实际应用带来许多方便。

（2）风能功率密度等级　根据风能功率密度大小（10m 高度计算值），可划分风能资源区域等级。在国外，有效风能功率密度大于 150W/m²、年平均风速大于 5m/s 的区域被认为是风能资源可利用区。国内风能资源区域等级划分标准如下。

风能资源丰富区：年有效风能功率密度大于 200W/m²，风速为 3 ~ 20m/s 的年累积小时大于 5 000h，年平均风速大于 6m/s。

风能资源次丰富区：年有效风能功率密度为 200 ~ 150W/m²，风速为 3 ~ 20m/s 的年累积小时数为 5 000 ~ 4 000h，年平均风速在 5.5m/s 左右。

风能资源可利用区：年有效风能功率密度为 150 ~ 100W/m²，风速为 3 ~ 20m/s 的年累积小时数为 4 000 ~ 2 000h，年平均风速在 5m/s 左右。

风能资源贫乏区：年有效风能功率密度小于 100W/m²，风速为 3 ~ 20m/s 的年累积小时数小于 2 000h，年平均风速小于 4.5m/s。

风能资源丰富区和较丰富区，具有较好的风能资源，为理想的风力发电场建设区；风能资源可利用区，有效风能功率密度较低，这对电能紧缺地区还是有相当的利用价值。实际上，较低的年有效风能功率密度也只是对宏观的大区域而言，而在大区域内，由于特殊地形有可能存在局部的小区域大风区，因此应具体问题具体分析，通过对这种地区进行精确的风能资源测量，详细地了解分析实际情况，选出最佳区域建设风电场，效益还是相当可观的。

风能资源贫乏区，风能功率密度很低，一般来说对大型并网型风力机无利用价值。

第4章 风力发电机组的结构和控制

4.1 风力发电机组的分类

34 风力机按风轮轴安装形式的分类 风力发电机组经过多年发展,现在已有很多种结构类型。例如,按照风轮轴安装形式可分为水平轴风力机(Horizontal-Axis Wind Turbine,HAWT)和垂直轴风力机(Vertical-Axis Wind Turbine,VAWT),见图18.4-1。

(1) 水平轴风力机 水平轴风力机旋转轴的方向与地面平行,如图18.4-1a所示。由于塔架比较高,可为风轮叶片旋转留下足够的空间,并且可以更好地利用高空风资源。机舱内部有齿轮箱、发电机和变流器,并支持着轮毂,轮毂连接着风轮叶片。典型的水平轴风力机采用三叶片风轮,风轮在机舱前面,这是所谓的上风向结构。然而,实际中也有下风向结构,叶片在机舱的后面。实际风电场中也有单叶片的风力机、双叶片的风力机以及多于三个叶片的风力机。

(2) 垂直轴风力机 垂直轴风力机旋转轴的方向垂直于地面或气流方向。风力机风轮使用弯曲的垂直式机翼。发电机和变速箱通常放在地面上,如图18.4-1b所示。垂直轴风力机的风轮叶片有各种不同形状、不同叶片数的设计。图中给出的是常见的设计之一。垂直轴风力机通常需要固定索来保持纵轴线在一个固定位置上,并尽量减小机械振动。

表18.4-1总结了水平轴和垂直轴风力机的技术比较。由于叶片的设计以及可以获得更强的风力,水平轴风力机具有更高的风能转换效率,但它需要更强的塔架来支撑机舱重量,它的安装成本也较高。相反,垂直轴风力机有安装成本低、更容易维护、齿轮箱和发电机可安装在地面等优点,但其风能转换效率较低,主要是由于叶片下部的风力较弱以及叶片的空气动力性能受限。此外,垂直轴风力机的风轮轴较长,容易产生机械振动。正是这些缺点阻碍了大型垂直轴风力机的广泛应用。水平轴风力机主导了今天的风电市场,尤其是在大型商用风电场中。

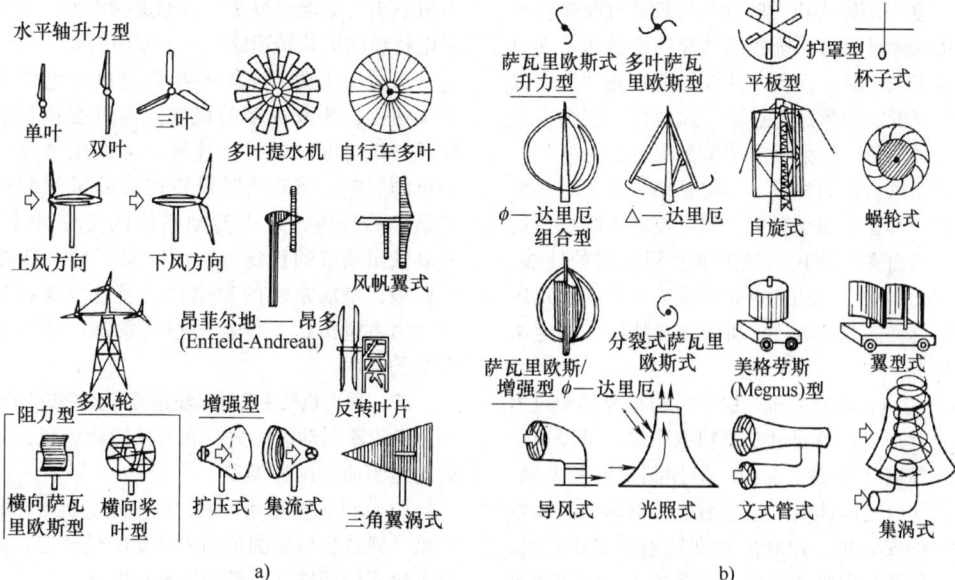

图 18.4-1 水平轴风力机和垂直轴风力机
a) 水平轴风力机 b) 垂直轴风力机

表 18.4-1　水平轴风力机和垂直轴风力机的比较

风力机类型	优点	缺点
水平轴风力机	1）风能转换效率高； 2）塔架高，风力强； 3）高风速时通过失速或变桨调节功率	1）安装成本高，需要牢固的塔架来支撑机舱的重量； 2）从塔顶到地面的电缆很长； 3）需要风力机转向控制（偏航控制）
垂直轴风力机	1）由于齿轮箱和发电机在地面上，安装成本较低，易于维护； 2）运行状态与风向无关； 3）适合于天台（无须塔架，风力较强）	1）风能转换效率低； 2）转矩波动大，容易产生机械振动； 3）高风速时功率调节方法有限

35　风力机按功率控制方式的分类　可分为定桨距风力机、变桨距风力机和主动失速风力机三种类型。

（1）定桨距风力机　叶片与轮毂固定连接。在风轮转速恒定的条件下，风速增加超过额定风速时，随着叶片攻角的增加，气流与叶片表面分离，叶片将处于"失速"状态，叶片吸收的风能不但不会增加，反而有所下降，保证风轮输出功率在额定范围以内。

定桨距风力机的特点：结构简单，不需要变桨机构，同时控制系统也较简单。但风轮吸收风能的效率较低，特别在风速超过额定风速后，由于叶片的"失速"作用，输出功率还会有所下降，机组承受的载荷大，重量比同类型变桨距风力机重。

（2）变桨距风力机　叶片与轮毂通过变桨轴承连接，可以通过变桨系统控制叶片的安装角。当风速低于额定风速时，保证叶片在最佳攻角状态，以获得最大风能；当风速超过额定风速后，变桨系统减小叶片的攻角，保证输出功率在额定范围内。

变桨距风力机的特点：结构复杂，需要增加变桨轴承和一套变桨驱动装置，同时控制系统也变得很复杂。然而变桨距风力机能够获得较好的性能，机组出力比相同容量相同风轮的风力机高；额定风速后叶片承受的载荷较小，机组重量比同类型定桨距风力机轻。

（3）主动失速风力机　机械机构与变桨距风力机相似，叶片与轮毂通过变桨轴承连接，可以通过变桨系统控制叶片的安装角。但控制上有所差别，当风速低于额定风速时，控制系统根据风速分几级控制叶片的安装角，控制准确度低于变桨距控制，并且无须复杂的伺服或比例控制系统；当风速超过额定风速后，变桨系统增加叶片攻角，使叶片产生"失速"，限制风轮吸收功率的增加，这一点与定桨距风力机的"失速"调节相类似，因此称为主动失速。

主动失速风力机兼有定桨距风力机和变桨距风力机两者的特点，具有变桨机构，额定风速后平直的功率曲线，控制系统较变桨距风力机简单，是介于定桨距和变桨距风力机之间的一种风力机。

36　风力机按风轮转速能否调节的分类　可分为恒速风力发电机组和变速风力发电机组。

（1）恒速风力发电机组　使用同步发电机或异步发电机直接连接到电网，发电机转速与电网频率基本保持同步，风轮转速保持恒定不变。使用双速发电机的风力机也属于恒速风力发电机组。

（2）变速风力发电机组　发电机通过变频器连接到电网，发电机转速不需要与电网频率同步，发电机发出的电能通过变频器输送到电网。变速风力发电机组的风轮转速能在一定范围内调节。

通过变速调节，能使叶尖尖速比更接近最佳叶尖速比，获取更多的风能。通过变速控制，实现风力机与电网的柔性连接，可以减少阵风对风力机的影响，将阵风时风轮捕捉的风能贮存为传动系统的动能，减少传动系统的交变冲击载荷，提高输出功率的稳定性。同时又可减少变桨机构的调整，增加系统的稳定性。通过变速控制，可使风力发电机组工作在恒扭矩状态，减小主传动系统的负载。

37　风力机按主传动系统是否有齿轮箱的分类　可分为齿轮箱驱动型风力机和直接驱动型风力机（无齿轮箱驱动）两种类型。

（1）齿轮箱驱动型风力机　发电机选用高速发电机，通过齿轮箱的传动将叶轮的低转速提高到和发电机匹配的转速，带动发电机发电。

（2）直接驱动型风力机　采用多极发电机，风轮轴直接与发电机连接，不需要齿轮箱增速传动。

由于发电机采用多极发电机，发电机的极数很多，直径也较大。由于大型风力机的风轮转速很低，即使采用多极发电机，其输出频率也远低于电网频率，因此必须通过大功率变频器与电网连接。

4.2　风力发电机组的结构

38　风力发电机组的组成　风力发电机组由风轮、机舱、塔架和基础等几大部分组成。风轮是获取风中能量的关键部件，由叶片、轮毂组成。机舱

由底盘和机舱罩组成。风力发电机组的主要部件，包括主传动系统、偏航系统、制动系统、液压系统、发电机等都在机舱底盘上。机舱底盘的底部与塔架连接。基础和塔架起到支撑风力机的作用，将机组支撑安装到一定高度，以便风轮更好地吸收风能。

并网型风力发电机组由主传动系统、偏航系统、变桨系统、制动系统、液压系统、发电机、润滑与冷却系统、控制系统等组成。典型机组的结构见图 18.4-2。

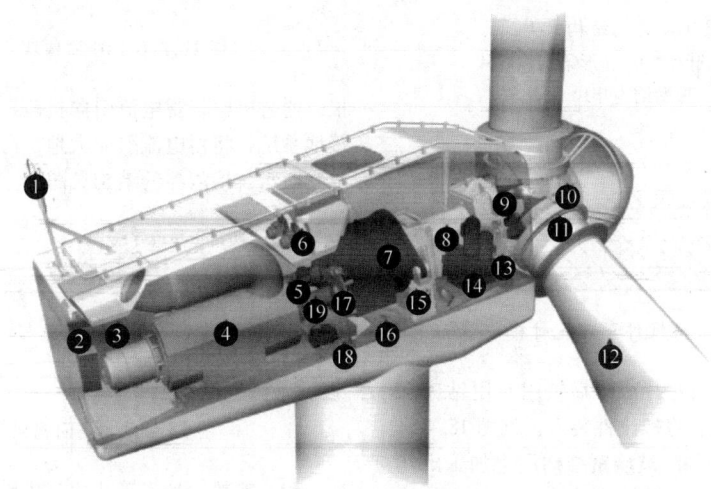

图 18.4-2　典型并网型风力发电机组结构

1—风向、风速仪　2—维修起重机械　3—机舱控制器　4—发电机　5—变桨液压缸　6—冷却系统
7—齿轮箱　8—主轴　9—变桨系统　10—轮毂　11—变桨轴承　12—叶片　13—风轮锁　14—液压系统
15—齿轮箱支撑　16—机舱底盘　17—机械制动器　18—偏航系统　19—联轴器

39　风力机叶片　具有空气动力外形，在气流作用下产生转矩驱动风轮转动，通过轮毂将扭矩输入到传动系统。

风轮按叶片数量可以分为单叶片、双叶片、三叶片和多叶片几种，其中三叶片风轮由于稳定性好，在并网型风力发电机组上得到广泛的应用。

（1）叶片的结构类型

1）实心木制叶片。采用优质木材加工而成，由于木材吸收水分容易变形，在其表面再覆上一层玻璃钢。

2）金属材料叶片。由管梁、金属肋条和蒙皮组成。金属蒙皮做成气动外形，用钢钉和环氧树脂将蒙皮、肋条和管梁粘接在一起。

3）玻璃钢叶片。由梁和具有气动外形的玻璃钢蒙皮做成，玻璃钢蒙皮较厚，具有一定的强度。同时，可以在玻璃钢蒙皮内填充泡沫，以增加

强度。

目前，商业化的并网型风力发电机组大多采用玻璃钢叶片。玻璃钢叶片具有重量轻、容易成形、耐腐蚀、疲劳强度好、易于修补等优点。

玻璃钢结构的梁作为叶片的主要承载部件，梁常有矩形、I 形和 C 形等形式。常用的玻璃钢结构叶片见图 18.4-3。

（2）叶根连接结构形式　叶片通过叶根用螺栓与轮毂连接，叶根的结构有螺纹件预埋式、钻孔组装式和法兰预埋式等几种结构。

1）螺纹件预埋式。在叶片成形过程中，直接将经过特殊表面处理的螺纹件预埋在玻璃钢中。这种结构形式连接最为可靠，避免了对玻璃钢结构层的加工损伤，唯一缺点是每个螺纹件的定位必须准确。这种结构以丹麦 LM 公司叶片为代表。其结构形式见图 18.4-4。

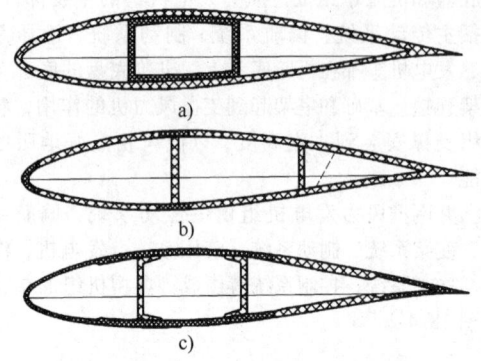

图 18.4-3　玻璃钢结构叶片
a）矩形梁结构叶片　b）I 形梁结构叶片
c）C 形梁结构叶片

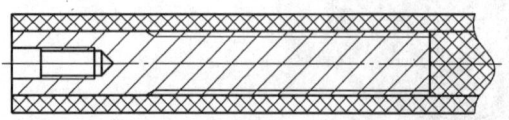

图 18.4-4　螺纹件预埋式叶根

2）钻孔组装式。叶片成形后，用专用钻床和工装在叶根部位钻孔，将螺纹件装入，见图 18.4-5。这种方式要在叶片根部的玻璃钢结构层上加工出几十个 $\phi80mm$ 以上的孔，破坏了玻璃钢的结构整体性，大大降低了叶片根部的结构强度。而且螺纹件的垂直度不易保证，容易给现场组装带来困难，这种结构以荷兰 CTC 公司叶片为代表。

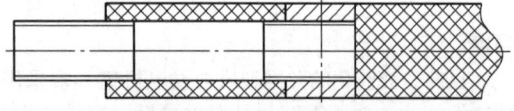

图 18.4-5　钻孔组装式叶根图

3）法兰预埋式。将预先加工并经过钻孔、攻螺纹的铝制或不锈钢制法兰预埋到玻璃钢结构层中，见图 18.4-6。采用这种结构，由于法兰是预制的，易于保证安装螺栓孔的位置精度，但法兰与玻璃钢结构层的连接较困难。这种结构的叶根以丹麦 Vestas 公司为代表。

（3）防雷击系统　叶片是风力机中最易遭受雷击的部件，最易遭受雷击的是叶片的叶尖部分。叶尖遭受雷击后，释放大量的能量，使叶尖结构内部温度急剧升高，制造玻璃钢的树脂等有机材料分解产生大量气体，叶片内气压上升，造成叶尖开裂。通过在叶尖预埋接闪器，用导线将接闪器连接到叶

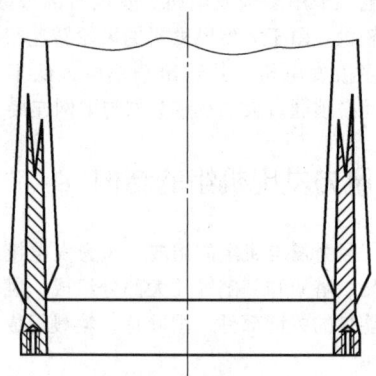

图 18.4-6　法兰预埋式叶根

根，通过电刷将雷电流引向机舱，再经过机舱内的接地系统，将雷电流引向大地，可有效地避免叶片遭受雷击。接闪器的结构见图 18.4-7。

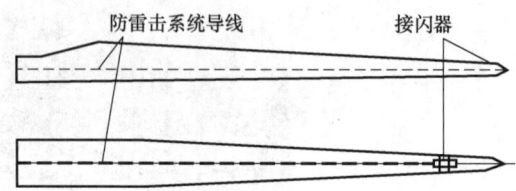

图 18.4-7　接闪器结构图

40　轮毂　是连接叶片与主轴的部件，将叶片承受的各种力和力矩传递到传动系统。常用的轮毂形式有刚性轮毂和铰链式轮毂两种类型。

（1）刚性轮毂　具有制造成本低、维护少、没有磨损等特点。三叶片风轮大部分采用刚性轮毂，也是目前使用最广泛的一种形式。结构上有球形和三通形两种，其结构见图 18.4-8。百千瓦级风力发电机组的轮毂多采用三通形；兆瓦级机组由于叶片连接法兰较大，轮毂受到制造和运输体积、重量等的限制，不可能做得很大，多采用球形轮毂。轮毂多采用球墨铸铁铸造成形。

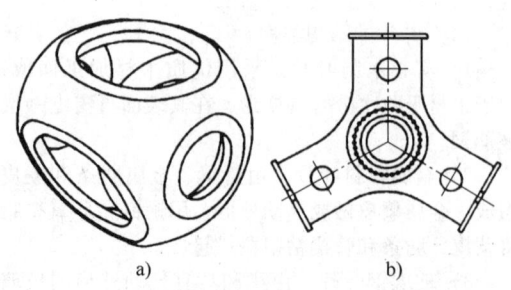

图 18.4-8　轮毂结构
a）球形轮毂　b）三通形轮毂

（2）铰链式轮毂（又称柔性轮毂或翘翘板式轮毂） 常用于单叶片和两叶片风力机。轮毂的铰链轴和叶片轴及风轮旋转轴互相垂直，叶片在挥动方向、摆振方向和扭转方向上都可以自由活动，也可以称为柔性轮毂。由于铰链式轮毂具有活动部件，相对于刚性轮毂来说，制造成本高，可靠性相对较低，维护费用高；它与刚性轮毂相比，所受力和力矩较小。对于两叶片风轮，两个叶片之间是刚性连接的，可绕连接轴活动。当气流有变化或阵风时，叶片上的载荷可以使叶片离开原风轮旋转平面。

41 机舱底盘 是风力发电机组的底座，风力发电机组的主要部件都安装在它上面。因此，要求机舱底盘有足够的机械强度和刚度，并且重量轻，有足够的抗振性能。机舱底盘常采用铸造或焊接结构。随着机组容量和体积的增大，为了改善其加工性能，机舱底盘多设计成分体结构拼接而成。

42 主传动系统 由主轴、增速齿轮箱、联轴器等组成。主传动系统将风轮的各种载荷传递到机舱，并将风轮的转速、扭矩转化为与发电机相匹配的转速、扭矩，传递给发电机。

（1）主传动系统的结构分类 按结构可以分为主轴双支承，主轴单支承，主轴、齿轮箱一体化结构。其结构布置见图 18.4-9。

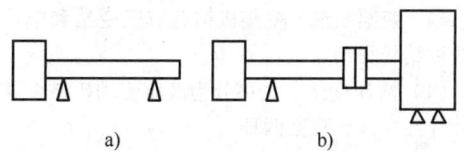

图 18.4-9　主传动系统的结构分类
a）主轴双支承结构　b）主轴单支承结构

1）主轴采用双支承结构的传动系统。主轴将风轮的各种载荷，包括风轮的推力和弯矩等通过两个轴承传递到机舱，仅将扭矩传递到齿轮箱，齿轮箱承受的载荷较小。齿轮箱低速轴以轴装的形式用收缩盘刚性连接在主轴末端，齿轮箱左右两端安装有弹性的扭矩支承系统，以承受低速轴的反作用扭矩。采用这种结构，齿轮箱承受的外部载荷小，并且可以在不拆卸风轮的情况下拆卸齿轮箱（在拆卸空间允许的情况下）。

2）主轴采用单支承结构的传动系统。主轴末端与齿轮箱通过收缩盘刚性连接，通过主轴支承、齿轮箱左右安装端耳形成三支承结构，风轮的各种载荷由主轴和齿轮箱共同承受。

3）主轴、齿轮箱一体化结构的传动系统。主轴成为齿轮箱的一部分，承担风轮的全部载荷，同时齿轮箱箱体又成为机舱底盘的一部分，减少了机舱底盘的尺寸和重量。采用这种结构的传动系统结构紧凑，轴向尺寸短。因主轴、齿轮箱为一体，同轴度好，省去了连接装置。并且主轴轴承与齿轮箱一起采用油润滑，润滑效果好，维护也很方便。

（2）联轴器 安装在齿轮箱和发电机之间，将齿轮箱的输出扭矩传递到发电机。风力机中的联轴器常采用挠性联轴器，用于补偿齿轮箱输出轴与发电机轴的不同心。常用的联轴器有十字轴式双万向联轴器、橡胶弹性联轴器、膜片式联轴器等。

1）十字轴式双万向联轴器。利用十字轴之间的关节轴承补偿连接轴之间的不同心。采用这种联轴器需要定期润滑关节轴承，维护量大，并且关节轴承间为刚性连接，没有缓冲作用，耐冲击性能差，目前已很少采用。

2）橡胶弹性联轴器。采用橡胶弹性元件补偿连接轴之间的不同心，具有很好的补偿和缓冲作用，无需维护。橡胶有老化现象，需要定期检查并更换。以 CENTA 公司生产的联轴器使用最多。

3）膜片式联轴器。采用复合材料做成的膜片作为弹性元件，由于复合材料强度高、弹性好，因此这种联轴器重量轻，并有很好的缓冲和补偿能力，目前被广泛使用。

43 偏航系统 用于调整风力发电机组的方向，使风轮始终处于对准风的方向，以获取最大风能。偏航系统由偏航轴承、偏航驱动装置、偏航制动器或阻尼器等几部分组成。

（1）偏航轴承 常用的偏航轴承有滑动轴承和回转支承两种类型。典型结构见图 18.4-10。

滑动轴承常用工程塑料做轴瓦，这种材料即使在缺少润滑的情况下也能正常工作。轴瓦分为轴向上推力瓦、径向推力瓦和轴向下推力瓦三种类型，分别用来承受机舱和叶片重量产生的平行于塔筒方向的轴向力、叶片传递给机舱的垂直于塔筒方向的径向力和机舱的倾覆力矩，从而将机舱受到的各种力和力矩通过这三种轴瓦传递到塔架。

回转支承是一种特殊结构的大型轴承，它除了能够承受径向力、轴向力外，还能承受倾覆力矩。这种轴承已成为系列化产品而大批量生产，可直接选用。回转支承通常有带内齿轮或外齿轮的结构类型。目前大多数风力机都采用这种偏航轴承。

（2）偏航驱动装置 通常采用开式齿轮传动。齿圈部分固定在塔架顶部静止不动，小齿轮由安装在机舱上的驱动器驱动带动机舱旋转。偏航驱动器

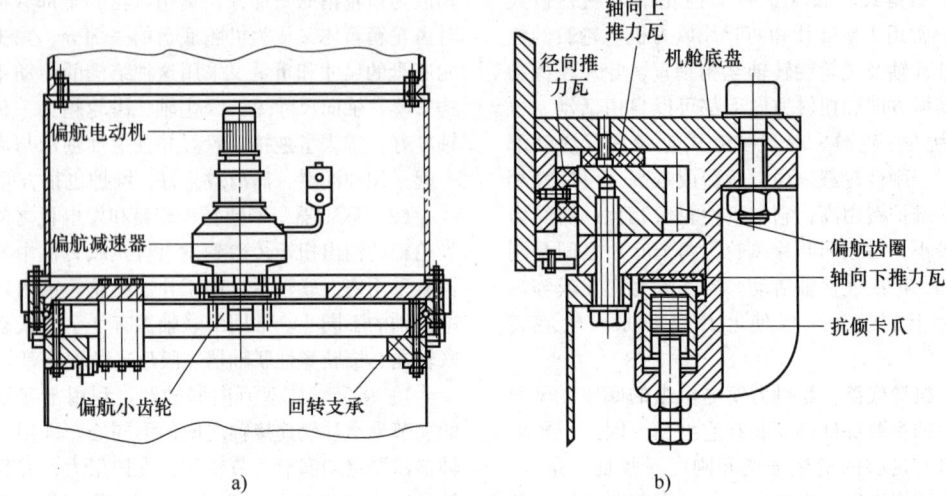

图 18.4-10　偏航系统结构
a）采用回转支承的偏航结构　b）采用滑动轴承的偏航结构

常采用多台电动机驱动，通过齿轮减速器得到合适的输出转速和扭矩。为了保证偏航的稳定性，偏航速度一般控制在 0.1r/min 或更慢。

（3）偏航制动器或阻尼器　为了保证风力机在停止偏航时，不会因叶片受风载荷而被动偏离风向的情况，偏航系统上都装有偏航制动器或阻尼器。采用回转支承的偏航系统，因回转支承为滚动摩擦，摩擦阻力小，因此常安装有偏航制动器，以防止停止偏航时机舱被动偏离风向。

偏航制动器主要有鼓式制动器和盘式制动器两种，多采用液压制动器。因偏航制动力矩大，常采用多制动器结构，但它有结构复杂、成本高、维护工作量大等缺点。

采用滑动轴承的偏航系统，因轴瓦处于干摩擦和边界摩擦状态，摩擦阻力较大，加上下推力瓦上弹簧的压力，起到了调节偏航阻尼的作用，不会产生被动偏航的现象，无需再增加偏航制动器，但偏航过程中要克服这些阻尼，驱动电动机和减速器的功率较大。

目前又出现了一种采用回转支承，又使用偏航阻尼器的结构。采用这种结构综合了两者的优点，回转支承为标准产品，可直接选用，故障率低，没有因采用滑动轴承而需要定期更换推力轴瓦的缺点，又解决了使用偏航制动器结构复杂、需定期更换制动片的问题。

（4）偏航控制器　由风向传感器和控制器组成，通过风向传感器检测的风向信号，经过控制器处理后控制偏航驱动器进行对风。

（5）解缆装置　由于风力机总是选择从最近的方向偏航对风，有时由于风向的变化规律，风力机有可能长时间往一个方向偏航对风，这就造成了电缆的缠绕，如果缠绕圈数过多将损坏电缆。为了防止这种现象的发生，通常安装有解缆传感器。通过齿轮传动计数，控制凸轮推动微动开关发出信号控制解缆或通过电子编码器计数控制解缆。

44　变桨系统　变桨机构有液压变桨和电动变桨两种结构类型。

（1）液压变桨　又可分为液压驱动机械变桨和三叶片独立液压变桨两种。

1）在百千瓦级的液压变桨系统中，多采用液压驱动机械变桨结构。安装在机舱后部的一个变桨液压缸，通过一根穿过主轴和齿轮箱的变桨杆驱动安装在轮毂内的曲柄滑块机构，带动 3 个叶片同步转动。叶片的角度由液压缸的位置决定。这种控制方式较为简单，但是变桨机构中任何一个叶片的传动机构或变桨轴承损坏卡死后，将造成 3 个叶片都无法变桨。

2）兆瓦级机组多采用三叶片独立液压变桨机构，3 个叶片由安装在轮毂内 3 个液压缸分别控制，通过控制系统控制 3 个叶片的同步变桨。其液压和变桨控制系统都很复杂，并安装在轮毂内。但任何一个叶片的变桨机构故障后，其余两个叶片的变桨机构仍能正常工作，保障机组的安全。

液压变桨通过比例阀或伺服阀配合伺服液压缸或线性传感器组成的闭环控制系统对变桨速度和变桨角度分别进行闭环控制。

（2）电动变桨　通过伺服电动机经减速器减速后，通过开式齿轮传动带动变桨轴承变桨。电动变桨具有结构简单、没有漏油等特点。最早的变桨机构就是电动变桨，但由于当时伺服技术不够完善，经常出现灾难性的事故。随着现代伺服技术的发展，电动变桨有取代液压变桨的趋势。

45　制动系统　风力发电机组通常采用两套互相独立的制动器：空气制动器和机械制动器。

（1）空气制动器　是风力机的主制动器。空气制动器具有对风力机传动系统无冲击、无机械磨损等优点。但空气制动器不能使风轮完全停止转动，在维修或需要风轮完全停止转动的情况下，还需要机械制动器配合使用。

定桨距风力机的空气制动器采用叶尖扰流器结构。叶片的叶尖部分做成可以在叶片主体上旋转的部分称为叶尖扰流器。安装在每根叶片根部的液压缸，通过连接在液压缸活塞杆和叶尖轴之间的钢丝绳驱动叶尖运动。正常运行时，液压缸驱动叶尖收回，使叶尖与叶片主体靠拢并成一整体工作。制动停机时，液压系统泄压，叶尖在离心力和弹簧力的作用下弹出。由于叶尖轴上螺旋导槽的作用，叶尖在弹出的同时绕叶尖轴旋转，与叶片主体成 90°角，以起到空气制动器的作用。叶尖扰流器的结构见图 18.4-11。

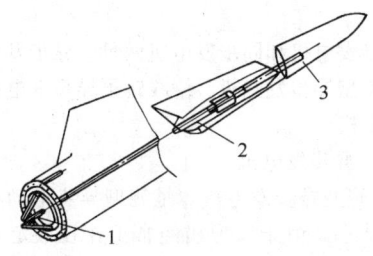

图 18.4-11　叶尖扰流器结构
1—液压缸　2—弹簧　3—叶尖扰流器

变桨距风力机通过变桨系统的全叶片应急顺桨来实现空气制动。应急顺桨的速度很快，大约为 9°/s。无论采用液压变桨，还是采用电动变桨的变桨系统，都具备在电网掉电和控制器故障的情况下，不需要通过变桨控制器而应急顺桨的功能，以保证机组的安全。

（2）机械制动器　是风力机的辅助制动器，用于配合空气制动器进行制动停机或维修时需要机组完全停止时使用。

定桨距风力机的机械制动器用于配合风力机进行停机操作。正常停机时，叶尖扰流器先工作，当风轮转速下降到大约为额定转速的一半时，机械制动器工作制动停机。在紧急停机情况下和主制动器同时制动停机。即使在叶尖扰流器失效的情况下，也能起到主制动器的作用进行制动停机。定桨距风力机的机械制动器常安装在齿轮箱高速轴上，或高、低速轴上均安装有制动器。

变桨距风力机的机械制动器在正常停机时一般不工作。在紧急停机情况下配合主制动器一起制动停机。这种制动器一般只能起到阻止叶轮转动的作用，不能作为主制动器进行制动停机。变桨距风力机的机械制动器常安装在齿轮箱高速轴上。

风力机中的机械制动器一般采用液压制动器，液压制动器有常开和常闭两种类型。常开型制动器使用液压力进行制动，在电网停电的情况下，靠贮存在液压系统蓄能器中的压力油进行制动。常闭型制动器采用液压力进行松闸，靠制动器中的弹簧进行制动，具有更高的安全性和可靠性。

安装在齿轮箱高速轴上的机械制动器见图 18.4-12。

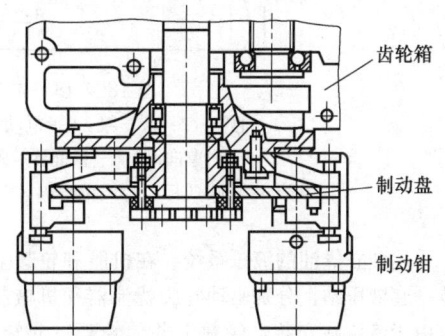

图 18.4-12　安装在齿轮箱高速轴上的机械制动器

（3）偏航制动器　结构和类型见本篇第 43 条中偏航制动器或阻尼器。

（4）变桨制动器　采用液压变桨的变桨机构，由于液压油不能压缩，因此不会在外力的作用下被动变桨，因此无需制动器。采用电动变桨的变桨机构在制动器的电动机上安装有制动器（制动电动机），采用高速轴制动。

46　液压系统

（1）定桨距风力机的液压系统　用于驱动和控制各种制动器。液压系统的执行机构通常有叶尖挠流器、机械制动器和偏航制动器。采用一套液压站集中供油或各制动器都有独立的液压站供油。

采用集中供油的液压站使用不同的电磁阀控制各个制动器，液压站安装在机舱中，通过液压旋转接头给安装在轮毂内的驱动叶尖挠流器的液压缸供油，因旋转接头长期工作而磨损会造成漏油，需定期更换。典型集中供油定桨距风力发电机组液压系　　统原理图见图 18.4-13。

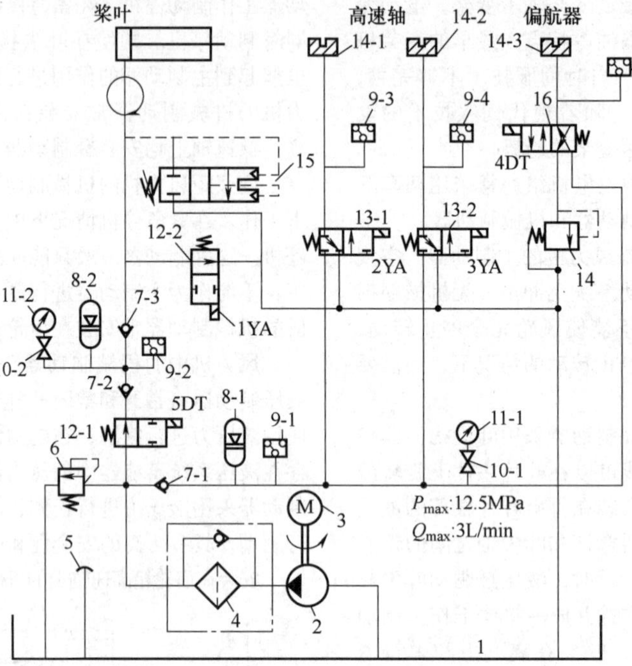

图 18.4-13　定桨距风力发电机组液压系统
1—油箱　2—液压泵　3—电动机　4—高压滤清器　5—油位计　6—溢流阀
7—单向阀　8—蓄能器　9—压力继电器　10—针阀　11—压力表
12—电磁阀（1）　13—电磁阀（2）　14—制动钳　15—突开阀　16—电磁阀（3）

　　采用独立供油的液压系统，在机舱和轮毂上各安装一套液压站，分别驱动叶尖扰流器和机械制动器。由于液压站安装在轮毂上并随轮毂一起转动，为了防止油箱内的液压油在转动过程中漏油和泵的吸空作用，油箱使用全封闭的压力油箱。油箱内充满油，油箱内有一个充有一定压力的气囊，以补充泵送出的压力油。液压站通过电刷、集电环供电，并将信号传送到控制器。

　　（2）变桨距风力机的液压系统　采用液压变桨距的液压系统用于驱动变桨机构和机械制动器。变桨控制采用比例阀进行控制，在应急顺桨状态下，变桨控制电磁阀断电，旁路比例阀，变桨控制电磁阀直接控制变桨液压缸工作，使叶片顺桨。压力油经减压阀减压后供机械制动器工作。典型结构液压变桨风力发电机液压系统原理图见图 18.4-14。

　　电动变桨距风力机的液压系统只用来驱动制动器，其结构与定桨距风力机相似并更为简单。如执行机构只有机械制动器，实际上就是一个最简单的单执行机构的液压动力单元。

　　47　发电机　它将风轮的机械能转换为电能，分为异步发电机和同步发电机两种。异步发电机又可分为笼型异步发电机、绕线转子异步发电机和双馈式发电机。

　　（1）异步发电机

　　1）笼型异步发电机。是笼型异步电动机工作在发电状态。由于风力机经常工作在额定功率以下，因此要求这种发电机在低负载情况下要有高的效率。为了提高低风速段的风能转化效率，这种发电机常做成双绕组双速发电机，通过切换绕组进行高低速切换。笼型异步发电机多用于定桨距风力机，通过晶闸管软并网系统直接与电网连接，其转差率大约为 0.01，并且不可调整，因此使用这种发电机的风力发电机组是恒速风力机。早期的百千瓦级的定桨距风力机多采用这种发电机。

　　2）绕线转子异步发电机。也是一种感应发电机，其转子做成绕线转子结构，通过外接电阻调整转子的转差，从而提高发电机的起动性能。由于转差可调，因此其转速可以在一定范围内调整，已经具备一些变速风力机的特征。

　　3）双馈式发电机。在绕线转子异步发电机的

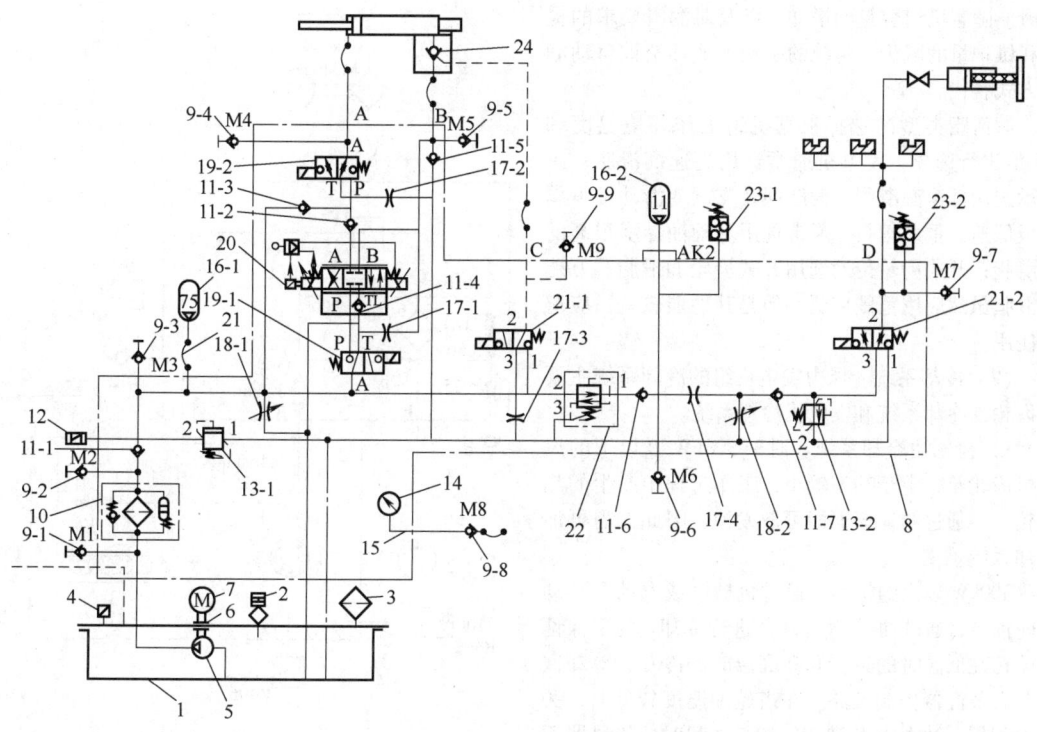

图 18.4-14　变桨距风力发电机液压系统

1—油箱　2—油位计　3—空气滤清器　4—油温传感器　5—液压泵　6—联轴器　7—电动机　8—集成块

9—测压接头　10—高压滤清器　11—单向阀　12、23—压力继电器　13—溢流阀　14—压力表

15—压力表接口　16—蓄能器　17—节流阀　18—针阀　19、21—电磁阀　20—比例阀

22—减压阀　24—液控单向阀

转子上通过变频器加上交流励磁，通过调整转子变频器的频率即可控制发电机的转速。这种发电机具有功率因数可调并可发无功的特点，并且在超同步状态下，转子可向电网输送有功功率。这种发电机使用在变桨、变速风力机上，也是目前主流风力发电机组所使用的发电机。

（2）同步发电机

1）同步发电机的并网方式。一种是准同期直接并网，这种方法在早期的风力发电机组中常采用，在大型风力发电中极少采用；另一种是交-直-交并网。近年来，由于大功率电力电子器件的快速发展，变速恒频风力发电机组得到了迅速的发展。同步发电机也在风力发电机中得到广泛的应用。

2）直接驱动式同步发电机。直接驱动式风力发电机采用多极式同步发电机，这种发电机的直径很大，长度很短，像个大饼。为了减少发电机的维护，直接驱动式发电机多采用永磁式结构。由于发电机的极数不可能做得非常多，目前兆瓦级风力机的风轮转速只有 10~20r/min，因此发电机发出的交流电频率不足 50Hz，必须通过变频器接入电网。

风力发电机的电压等级多采用 690V，通过风力机塔架附近的箱式变压器升压后再输送到附近的变电站二次升压后接入电网。随着机组容量的增大，为了减少输电损耗，常将变压器放在机舱中，高压发电机也随之出现。

48　润滑与冷却系统

（1）润滑系统　风力发电机组的润滑系统分为油润滑和脂润滑两个系统。

1）油润滑系统。主要有增速齿轮箱的润滑、偏航减速器和变桨减速器的润滑。增速齿轮箱通常采用飞溅式润滑或强制润滑。偏航减速器和变桨减速器通常采用油浴式润滑。

润滑油采用工业齿轮油，由于机组工作环境的影响，常采用合成齿轮油，以保证机组低温时的运行。目前，常用的齿轮油常加入抗微点蚀的添加剂。

2）脂润滑系统。主要有偏航回转支承或滑动轴承的润滑、变桨轴承的润滑、主轴轴承的润滑、发电机轴承的润滑以及偏航和变桨开式齿轮传动的润滑。随着机组容量的增加，以及对润滑要求的提高和维护量的减少，传统的手动方式逐渐被自动润滑方式替代。

润滑脂类型的选择根据机组工作环境温度和 DN 值进行选择，发电机通常选用高速润滑脂；主轴承选用低速润滑脂，偏航回转支承或滑动轴承属于极低速、重载运行，通常选用基础油黏度很高的润滑脂；开式齿轮传动选用开式齿轮润滑脂。万能润滑脂虽然应用范围广泛，但是其性能较差，应避免使用。

（2）冷却系统　风力发电机组的冷却系统主要有齿轮油冷却系统和发电机冷却系统。

1）齿轮油冷却系统。对于 300kW 及以下的风力机齿轮箱，由于功率较小，工作过程中产生的热量较少，通过箱体表面即可散发掉，因此无需再加冷却系统。

300kW 以上的机组，通过机械泵或电动泵驱动齿轮油泵，通过油-空气冷却器进行冷却。为了保证齿轮箱在低温时的运行和在高温时的冷却，冷却回路装有节温器控制油路。在齿轮油温度较低时，关闭冷却器。油温上升到 45～60℃之间时，节温器逐渐关闭，冷却器开通，齿轮油经过冷却器冷却。典型的齿轮油冷却系统原理见图 18.4-15（1bar = 10^5Pa）。

2）发电机的冷却系统。分自扇风冷、强制风冷和水冷等几种方式。

300kW 及以下的机组通常采用自扇风冷方式，风扇叶片安装在发电机轴上，由发电机轴直接驱动。这种结构简单，但效果却差。发电机产生的热量直接排放到机舱内，使机舱内温度升高。无论在何种温度下发电机风扇都工作，消耗的功率大。

300kW 以上机组多采用强制风冷或水冷。强制风冷采用专门的冷却通道，用轴流或离心式风力机驱动，风力机通常采用双速电动机。通过发电机温度控制风力机的运行状态在停止、低速和高速之间切换。采用这种方式冷却效果好，但冷却通道占用空间大，风力机的功率和噪声较大。

采用水冷方式的发电机外壳内安装有冷却水循环管路，通过安装在机舱外的水-空气冷却器进行散热，使用循环水泵使循环管路中的冷却液循环。由于水的比热容很大，冷却效果好，因此水冷系统体积很小，水泵驱动功率也很小，是一种理想的冷却方式。

49　控制系统

（1）定桨距风力机的控制系统　由于定桨距风力机结构简单，控制信号少，因此控制系统也较简

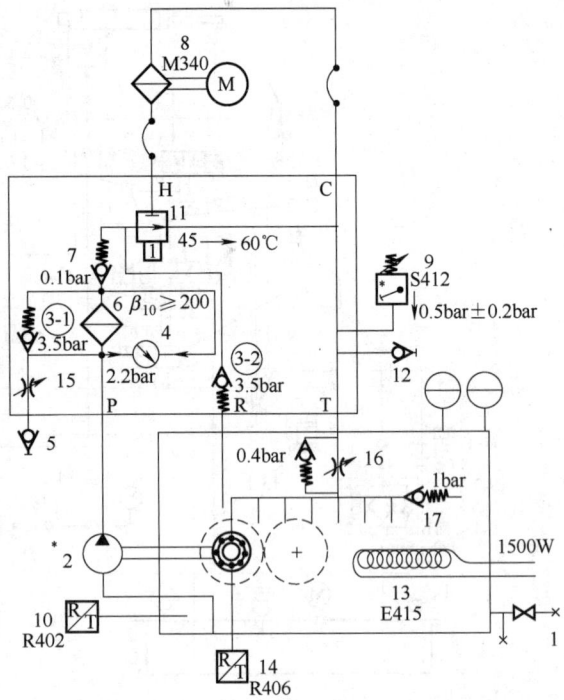

图 18.4-15　齿轮油冷却系统原理
1—放油阀　2—泵　3、7、17—单向阀
4—滤清器污染发信装置　5、12—测压接头
6—压力滤清器　8—油-空气冷却器　9—压力继电器
10—油温传感器　11—节温器　13—加热器
14—齿轮箱高速轴温度传感器　15—针阀　16—节流阀

单，多采用集中控制的方式。定桨距风力机的控制系统安装在风力机塔架底部，机舱内各种传感器的信号通过电缆传输到控制器进行处理。电网信号的采集及并网处理也由此控制器处理。

（2）变桨距风力机的控制系统　由于变桨距风力机结构复杂、控制信号多，因此控制系统也较复杂，多采用分散控制方式。一般分机舱控制器和底部控制器。机舱内的信号在机舱控制器内处理，电网信号采集及并网等信号在底部控制器处理。两个控制器之间通过电缆或光纤通信，减少信号的传输损失。由于信号电缆数量较少，减少了安装调试的工作量，同时故障点也较少。随着兆瓦级机组的发展，变桨控制器也从机舱控制器独立出来，安装在轮毂内，因此也称为轮毂控制器，形成轮毂、机舱、底部三个控制器分устройства散的结构。

（3）控制系统的功能

1）自起动并网控制。当风速（10min 平均值）超过起动风速，风力机检测过程中没有发现故障状

态，进入自由旋转状态。定桨距机组机械制动松开，叶尖扰流器复位，变桨距机组调整叶片安装角为 45°，风轮在风力的作用下开始起动旋转。当发电机转速接近同步转速时，通过晶闸管软并网或通过变频器将发电机并入电网，进入运行发电状态。

2）小风和逆功率脱网。当 10min 平均风速小于脱网风速或发电机吸收电网功率到一定数值后，发电机脱网，处于自由旋转状态。如果风速再次上升，发电机转速升高到同步转速，再次并网运行。

3）自动对风控制。当 10min 平均风速超过自动对风风速，风力发电机组开始自动对风，以便尽快地跟踪风向的变化，进入起动状态。当 10min 平均风速继续升高达到起动风速后，进入自起动状态。风力发电机组总是根据风向仪的信号选择，沿就近的方向对风。当风向仪检测到机舱偏离主风向超过一定角度后，便进行重新对风，以保证风轮最大限度地捕捉风能。

4）功率调节。当风速超过额定风速后，变桨距风力发电机组通过调节叶片的安装角，保证机组输出功率在额定范围内。

5）大风脱网停机控制。当风速（10min 平均值）超过停机风速后，风力发电机组脱网停机。待风速下降到重新起动风速后，风力发电机组又重新起动并网运行。

6）常规故障脱网停机。机组运行时发生参数越限、状态异常等常规故障后，风力发电机组进入停机状态。如果是可以自动复位的故障，当运行参数恢复正常后，机组会自起动，重新并网运行。如果是不可自动复位的故障，则需要运行人员通过远程操作复位、就地操作复位或登机处理后重新起动并网进入运行状态。

7）紧急故障脱网停机。当风力发电机组发生紧急故障，如飞车、超速、振动等故障时，风力发电机组进入紧急停机状态。主、辅制动器同时动作，机组以最短的时间制动停机。这种情况必须通过人工复位才能重新起动。

50　塔架　支撑机舱和风轮到一定的高度，以便更好地吸收风能。随着机组容量的增加，塔架高度和重量也相应增加。随着机组容量和塔架高度的增加，塔架重量占机组重量的比例越来越大。

塔架按照结构材料可分为钢结构塔架和钢筋混凝土塔架。

（1）钢筋混凝土塔架　在早期风力发电机组中，大量采用钢筋混凝土塔架，后来由于风力发电机组批量化生产，从批量生产的需要而被钢结构塔

架所取代。近年来随着风力发电机组容量的增加，塔架的直径增大，使得塔架运输出现困难，又有以钢筋混凝土塔架取代钢结构塔架的苗头。

（2）钢结构塔架　按结构类型可分为桁架式和锥筒式两种。

1）桁架式塔架。在早期风力发电机组中大量使用，其主要优点是制造简单、成本低、运输方便，但其主要缺点是不美观、安全性差、不便于维护等。

2）锥筒式塔架。在当前风力发电机组中大量应用，其优点是美观大方，登塔时安全可靠，控制器等设备可直接安装在塔架内。塔架内设置有直梯和平台，以便于登塔。随着机组容量的增大和塔架高度的增高，塔架内常安装有登塔助力装置或电梯，以便于登塔。

51　基础　根据风电场建设场地不同，可分为陆地风力发电机组和海上风力发电机组的基础。

（1）陆地风力发电机组的基础　按照地质条件可分为块状基础和桩基础。当天然地基的承载力足够时，多采用块状基础。块状基础结构简单、造价低、工期短。当地基浅层土质软弱时，使用桩基础，在土壤中打入 20～30m 的钢筋混凝土桩或钢桩，再在上面浇注混凝土平台。

基础由钢筋混凝土组成，通过预埋地脚螺栓或基础环与塔架连接。使用地脚螺栓结构的基础，地脚螺栓需要预埋在基础内，由于对地脚螺栓安装位置度的要求较高，地脚螺栓需要使用模板安装。使用基础环结构的基础，施工效率高，但安装基础环需要使用起重机械，并要对基础环安装法兰进行找平。目前，使用基础环结构的基础正在逐渐取代使用地脚螺栓结构的基础。

（2）海上风力发电机组的基础　目前主要有以下几种：

1）重力基础。已建丹麦海上风电场的机组基础是在陆地上用混凝土制成的，然后运到海里指定位置安放，用砾石和砂子堆在周围，靠重力固定风力发电机组。类似方法的新技术是用钢板制成圆筒型，底上焊接平钢板，优点是重量轻，便于普通船运和与吊装风力发电机相同的设备在海里安放，然后填充密度很大的橄榄石。

2）单桩基础。另一种新技术是相当于将风力机的塔架延伸到水里，用钻孔或撞击的方式将塔架底部插入海床。瑞典果特兰岛南部由 5 台丹麦风力发电机组组成的示范海上风电场，采用的就是这种单桩基础。

3）三角架式基础。正在研究类似海上石油钻台的三角架式基础，用于较深的海上风电场。丹麦能源局所属的海上风电机委员会进行的研究表明，采用钢结构的基础比混凝土的成本约低 35%，尤其是水深超过 10m 时，钢结构更经济。可以采用阴极保护技术防止钢材的腐蚀。

目前，风力发电机组设计寿命是 20 年，在海上使用可达 25 年，基础的成本很高，如果所建基础可以使用 50 年，第一台机组拆除后用同一个基础再换一台新风电机组，接着使用 25 年，发电成本能减少 25%~33%。

4.3　风力发电机组的选择

52　根据风力发电机组的技术参数选择　选择风力发电机组主要以电网状况等进行选择。

目前，商业化生产的风力发电机组容量主要有百千瓦级和兆瓦级。百千瓦级机组以定桨距机组为主，单机容量小、结构简单，单位千瓦造价较低，安装方便，但需要的配套设施（基础、输变电设施等）费用相对较高。兆瓦级机组以变桨、变速机组为主，单机容量大，结构复杂，是目前的发展方向。由于技术等原因，目前单位千瓦造价相对较高。安装时，对起重设备、道路、作业场地要求较高，但需要的配套设施（基础、输变电设施等）费用相对较低。因此，在选择机组类型和单机容量时，要根据设备参数、安装地点的地形、交通运输条件、接入电网状况等因素综合考虑。

53　根据安装地点的风资源状况、气候条件、地形、交通运输条件选择

（1）风资源状况　根据 IEC 标准，按照轮毂高度、最大风速把风场分为三类，见表 18.4-2。

表 18.4-2　风场分类

风场类别	轮毂高度平均风速/(m/s)	最大风速（10min 平均）/(m/s)	最大风速（瞬时）/(m/s)
Ⅰ类	>8.5	<50.0	<70.0
Ⅱ类	7.5~8.5	<42.5	<59.5
Ⅲ类	<7.5	<37.5	<52.5

风力机制造商一般都能够提供适应这三类风场的风力发电机组。如 GE 公司的 1.5MW 系列风力发电机组主要参数见表 18.4-3。

表 18.4-3　GE 1.5MW 风力发电机组参数

类型	1.5se	1.5s	1.5sl
风轮直径/m	64	70.5	77.0
IEC 级别	IEC Ⅰ类	IEC Ⅱ类	IEC Ⅲ类
年平均风速（轮毂高度）/(m/s)	10	8.5	7.5

选择风力机的类型不仅要看风场的平均风速，还要看风场 30 年最大风速不要超过机组的抗最大瞬时风速，以防止在极大风速的情况下发生灾难性的事故。

（2）工作环境温度　风力发电机组根据工作环境温度可分为标准型和低温型两种类型，其适应温度范围见表 18.4-4。

表 18.4-4　机组工作温度范围表

机组类型	运行温度/℃	极限温度/℃
标准型	-20~50	-40~50
低温型	-30~50	-40~50

由表 18.4-4 可知，标准型和低温型的极限温度范围是相同的，只是低温型机组运行温度的下限有所降低。在选择时，要根据风场的最低环境温度和年低温时的时间进行比较选择。由于低温机组为了适应低温运行采用特殊的材料（包括钢材）、密封、润滑和加热技术，机组本身的造价会略高于标准型机组，并且后期的运行、维护费用也会增加。因此，在选择时，要根据风场的最低环境温度和年低温的时间进行比较选择。例如某风场最低环境温度为-26℃，年低于-20℃的时间为 10 天，是否选择低温机组，就要考虑低温机组在低温天气时，不停机增加的发电量与增加的成本是否经济。

（3）建设场地　风力机生产厂商分别推出适应陆地（包括内陆、沿海和岛屿）和海上风场的风力发电机组，以适应陆地和海上风场的要求。海上风力机具有更大的单机容量和更高的防盐雾等级。要根据建设风场是陆地风场还是海上风场分别进行选择。

（4）地形及安装运输条件　根据风场的地形、道路和安装场地作业面积等决定的运输、吊装能力选择机组容量和最大件重量，以便解决运输和吊装问题。

54 根据电网状况选择

（1）风力发电机组的额定电压等级 风力发电机组的额定电压多为690V（50Hz）或480V（60Hz），通过安装在风力机旁的箱式变电站，升压至10kV或35kV，到附近的变电站再二次升压后并入电网。随着大型风力发电机组的发展，已可能采用高压电机或风力机机舱内设置升压变压器的机组。因此，应根据接入电网的方式来选择风力机的额定电压等级。对于新建风场，可以考虑采用高压电机或风力机机舱内设置升压变压器的机组，以减少输变电设备的投入。对于扩建的风场，由于出口电压等级的不统一，接入系统就会存在一定的难度。

（2）风力发电机组的额定频率 风力发电机组有50Hz和60Hz两种频率等级，以适应不同国家或地区电网的要求。我国都采用50Hz频率供电，必须选择额定频率为50Hz的机组。

（3）对电网功率因数的要求 风力发电机组自身的无功补偿，能将功率因数补偿到0.97以上。采用同步发电机或双馈异步发电机的机组还能输出无功功率，并且还具有功率因数可调节的能力，一般调节范围在-0.95（容性）~0.90（感性）内，有些机组已具备功率因数在线可调的功能。根据电网对功率因数的要求，对是否需要发无功功率以及是否需要功率因数在线调整等进行选择。

（4）弱电网情况 如果处于电网末端，就要考虑电网电压和频率波动范围是否在风力机允许范围内。一些风力机允许有较宽的电压和频率波动范围，以适应弱电网的要求。现在有些风力机具有抗击电网闪变的能力，在电网故障、电压瞬时跌落的情况下，机组仍能保持正常运行。

4.4 风力发电机组的技术

55 风力发电机组的装机容量 在过去的20年中，风力发电的装机容量持续增长。图18.4-16显示了截至2021年的全球累计风电装机容量。全球风力发电装机容量呈指数增长，预计在未来数年仍将保持这一趋势。

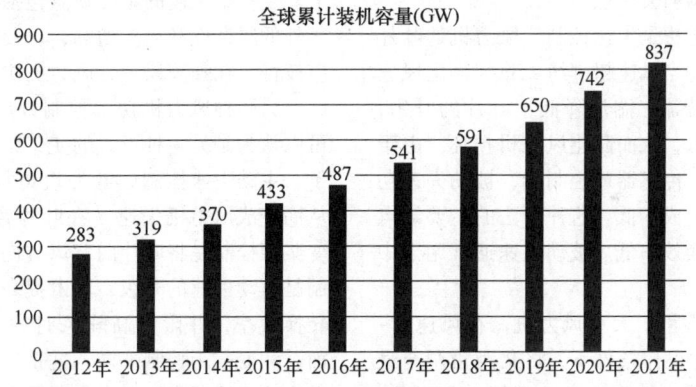

图18.4-16 全球累计风电装机容量

56 定速和变速风力机 风力机也可以分类为定速和变速风力机。顾名思义，定速风力机是以几乎恒定的速度旋转，转速由齿轮变速比、电网频率和发电机的极数决定。它只能在额定风速下达到最大转换效率，在其他风速下，风力机效率会有所降低。叶片通常经过特殊的气体动力学设计，防止高阵风造成损坏。定速风力机产生的输出功率波动很严重，会对电网造成扰动。这种风力机需要很坚固的机械设计来承受较高的机械应力。

另一方面，变速风力机可以在较宽的风速范围内，实现最大的能量转换效率。风力机可以不断地根据风速调整其转速。在这一过程中，叶尖速度比，即叶尖速度和风速的比值，可以保持在最佳值，以在不同风速下都能获得相对的最大能量转换效率。

为了使风力机速度可调，变速风力机通常通过变流器接入电网。该变流器系统可以控制在机械上与风力机风轮（叶片）连接的发电机的转速。如表18.4-5所示，变速风力机的主要优点包括提高风能输出、提高电能质量和降低机械应力；主要缺点是生产成本上升以及采用变流器导致的功率损耗增加。然而，更高的能量转换效率可补偿额外的成本和功率损耗。

表 18.4-5　定速和变速风力机的优缺点比较

风力机类型	优点	缺点
定速风力机	1）简单，坚固，可靠； 2）初始成本和维护成本低	1）能量转换效率较低； 2）机械应力大； 3）输入电网的功率波动大
变速风力机	1）能量转换效率高； 2）电能质量高； 3）机械应力低	1）变流器带来成本和损耗增加； 2）控制系统复杂

此外，由于发电机受控，风力机、传动链及支撑结构的机械应力都降低了，这使制造商能够开发出成本效益更高的大型风力机。由于上述原因，变速风力机是目前市场的主流模式。

57　失速型和变桨型风力机功率控制　风力机叶片经过空气动力学设计优化，正常运行时，可以在 3~15m/s 风速范围内捕获最大功率。为了避免风力机在 15~25m/s 高风速下损坏，必须控制风力机的空气动力学功率。有许多不同的实现方法，最常用的是变桨距控制和失速控制。

最简单的控制方法是失速控制。风力机的叶片经过特殊设计，使得当风速超过约 15m/s 额定风速时，叶片表面产生湍流。湍流降低了叶片的升力，使得捕获的功率降低，从而防止风力机损坏。由于没有机械执行机构、传感器或控制器，被动失速功率控制的鲁棒性好，成本低。这种方法的主要缺点是低风速时能量转换效率低。被动失速通常用于中小型风力发电系统。

变桨距控制通常用于大型风力机。在风速 3~15m/s 范围内的正常工作条件下，将桨距角调至最佳值，从而可捕获最大功率。当风速超过额定值，叶片转向风的方向，以减少捕获功率。位于轮毂中的液压或机电设备，通过齿轮箱使得叶片顺着其轴线转动，从而改变叶片的桨距角，进而使得风力机所捕获的功率一直保持在额定值附近。

在风速超过 25m/s 的极限情况下，叶片完全旋转至与风平行的方向（完全顺桨），因而不会捕获任何功率。这种方法有效地保护了风力机及其支撑结构，防止强阵风造成损坏。当叶片完全顺桨时，风轮通过机械制动器锁定，风力机处在停机模式下。变桨距控制的主要缺点包括：变桨距系统导致额外的复杂性和成本增加，以及由于变桨距控制响应较慢，在强阵风中，风力机功率会有波动。

另一种风力机功率控制方法是主动失速控制，可以认为是另一种形式的变桨距控制。不同之处在于，主动失速控制的叶片攻角是向迎风方向旋转，从而造成风力机失速（在叶片背部形成湍流），而变桨距控制是将叶片向背风方向旋转。主动失速控制是被动失速的升级，可以提高在低风速下的功率转换效率，并限制高阵风时的最大功率捕获。然而，和变桨距控制一样，这是一个复杂的系统。主动失速方法通常用于大中型风力发电系统。

5.1　风力发电装置与常规电网的连接

58　风力发电系统的联网　风力发电装置有离网及并网运行两种形式，在实际中以并网运行为主要应用形式，风力发电不仅并网类型多，而且随着风力发电机组的容量不断增大的趋势，风力发电装置自身及与电网的相互影响产生的技术问题也较为复杂。

59　同步发电机并网　同步发电机在常规发电系统的运行中既能输出有功功率，又能提供无功功率，频率稳定、电能质量高。但是，在风力发电机上使用同步发电机直接并网的效果却不甚理想，这是由于风能的大小随机变化，机组的调速性能很难达到同步发电机所要求的精度，并网后若不进行有效的控制，常会发生无功振荡或失步等问题。目前采用同步发电机的风力发电系统通常需要采用电力电子变换装置实现电网与发电机的连接，称为变速恒频发电系统，这样可以大大提升风力发电系统的效率及稳定性，变速恒频发电系统的并网见本篇第61条。

由风力机驱动的同步发电机与电网直接并联运行电路，见图18.5-1。除风力机、增速器外，电气系统包括同步发电机、励磁调节器及断路器等，发电机通过断路器与电网相连。同步发电机主要采用准同步并网方式，早期的风电机组也有使用自同步并网的。

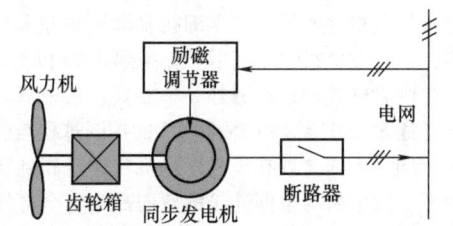

图 18.5-1　风力机驱动的同步发电机与电网直接连接

（1）**准同步并网**　同步发电机与电网并联合闸前，为了避免电流冲击和转轴受到突然的扭矩，需要满足以下并联条件：1）风力发电机的端电压大小等于电网的电压。2）风力发电机的频率等于电网频率。3）并联合闸的瞬间，风力发电机与电网的回路电动势为零。4）风力发电机的相序与电网的相序相同。

风力发电机组的起动和并网过程如下：当发电机被风力机带到接近同步速时，励磁调节器动作，向发电机供给励磁，并调节励磁电流使发电机的端电压接近于电网电压。当风力发电机被加速到接近同步速时，发电机的端电压将与电网电压基本相同。频率之间的很小差别将使发电机的端电压和电网电压之间的相位差在 0°~360° 范围内缓慢地变化，检测出断路器两侧的电位差，当其为零或差值极小时使断路器合闸并网。合闸后在自整步作用下，只要转子转速接近同步转速就可以使发电机牵入同步，此时发电机与电网频率完全相同。

这种同步并网方式可使并网时的瞬态电流减至最小，从而使风力发电机组和电网受到的冲击也最小。但是，若并网时刻控制不当，则有可能产生较大的冲击电流，甚至并网失败。为此，必须选用高精度的调速器，但是控制系统价格很高。因此，同步发电机通常只用于大型风电机组。

（2）**自同步并网**　就是待转速升高到接近于同步速时，将未加励磁的同步发电机投入电网，延时1~3s 后再加上励磁，发电机被自行牵入同步运行。从发电机投入电网到加上励磁的自同步过程都自动执行，此时，发电机处于异步运行状态。由于待并网的同步发电机不加励磁，也就不存在对电压及相位进行调节和校准的整步问题，只需要对机组的转速进行调节即可。同步发电机不加励磁，这就从根本上消除了可能引起设备严重故障的非同步合闸的可能性。在一般情况下，自同步时的力矩不会超过发电机出口突然三相短路时的力矩，更不会出现准同步并网时在最不利的条件下的非同步合闸。但是，自同步并网时系统电压会出现短时间较大幅度的下降，这是它的最大缺点。因此这种并网方式仅适用于电网容量比发电机容量大很多的电力系统。

60　异步发电机并网　根据电机理论，异步发电机并入电网运行时是靠转差率来调整负荷的，其输出的功率与转速近乎成线性关系，因此对机组的调速精度要求不高，不需要同步设备和整步操作，只要转速接近同步转速就可以并网。由此可知风力机配用的异步发电机不仅控制装置简单，而且并网后也不会产生振荡和失步，运行非常稳定。然而，异步机发电机并网也存在一些特殊问题，如直接并网瞬间产生的过大冲击电流（约为异步机5~7倍的额定电流），将导致电网电压大幅度下降，从而对系统安全运行构成威胁。风力发电机组单机容量越大，冲击电流对发电机自身部件及电网的影响也越加严重。由过高冲击电流引起的主回路自动开关跳闸，以及电网电压大幅度下降而使低压保护动作，都将直接影响异步发电机正常并网。因此，采用异步发电机的风力发电系统目前通常也需要采用电力电子变换装置实现电网与发电机的连接，以提升风力发电系统的效率及稳定性，变速恒频发电系统的并网见本篇条目61。风力机驱动的异步发电机与电网直接并联运行方式见图18.5-2。

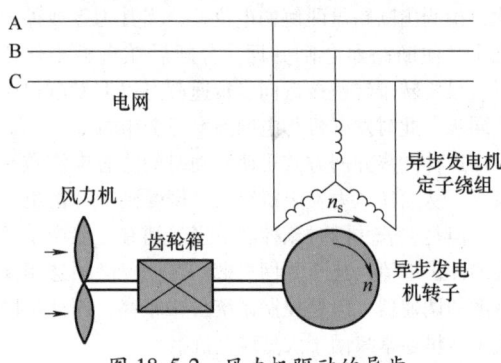

图18.5-2　风力机驱动的异步
发电机与电网直接并联电路

目前，异步风力发电机直接并网的主要方法有以下几种：

（1）直接并网　这种并网方法要求在并网时发电机的相序与电网的相序相同，当风力机起动后，异步发电机被带到接近同步转速（即98%~100%）时，即可自动并入电网。自动并网的信号由测速装置给出，而后通过自动空气断路器合闸完成并网过程。显而易见这种并网方式比同步发电机的准同步并网简单。由于直接并网方式对电网的影响较大，一般适合于异步发电机功率在百千瓦以下或电网容量较大的电力系统。

（2）降压并网　这种并网方法是在异步发电机与电网之间串接电阻、电抗器或自耦变压器，以达到抑制并网合闸瞬间过大的冲击电流和电网电压下降的幅度。由于电阻、电抗器等要消耗功率，在异步发电机并入电网并进入稳定运行状态后，应迅速将其旁路或切除。由于这种并网方法需要配置大功率的电阻或电抗器，投资将随机组容量增大而增加，因此经济性较差。降压并网方法适用于百千瓦以上容量较大的风力发电机组。

（3）采用晶闸管的软并网　对于较大型的风力发电机组，目前比较常用的并网方法是采用双向晶闸管控制的软投入法，见图18.5-3。这种并网方法是在异步发电机定子与电网之间接入一组双向晶闸管。双向晶闸管的作用是将发电机并网瞬间的冲击电流控制在允许范围内。

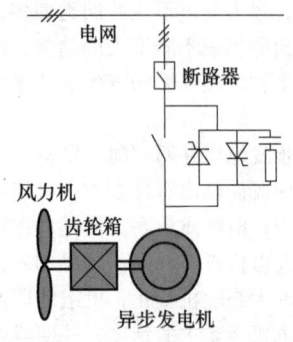

图18.5-3　异步发电机经双向晶闸管软并网电路

采用晶闸管的软并网过程如下：当风力机将发电机带到接近同步转速时，异步发电机输出端断路器闭合，使发电机经一组双向晶闸管与电网接通，双向晶闸管的触发角由180°到0°逐渐打开，与此同时双向晶闸管的导通角由0°到180°逐渐增大。通过对双向晶闸管导通角的控制，并网时的冲击电流被限制在发电机额定电流的1.5~2倍以内，从而得到一个比较平滑的并网过程。随着发电机转速的升高，电动机的转差率趋近于零，当转差率为零时，发电机与电网连接的双向晶闸管已全部导通，并网过程结束，此时风力发电机进入正常的发电运行。在异步发电机并网后，应立即在发电机端并入补偿电容，以使发电机的功率因数提高到0.95以上。

晶闸管软并网还有另外一种方式，其中双向晶闸管导通角由0°到180°逐渐增大的控制过程与前者完全相同，不同之处在于当发电机转速升高到转差率为零，发电机与电网连接的双向晶闸管全部导通时，利用一组旁路开关将双向晶闸管短接，此时并网过程结束，风力发电机进入正常发电运行。

上述两种晶闸管软并网方式的主要区别在于，前者在并网过程结束后，发电机送入电网的电流全部通过接在主回路中的双向晶闸管。该并网方式线路较为简单，且具有较高的开关频率。但必须选用大电流和高电压的双向晶闸管；后者在并网过程结束后，发电机电流是通过旁路开关送入电网的，因此对双向晶闸管的性能要求相对较低。但是，由于旁路开关要长时间通过主回路的大电流，其触头在开闭过程中容易粘连和烧蚀，其次控制回路也略微复杂一些。

61　变速恒频发电机的并网运行　对变速恒频风力发电系统的要求，除了能够稳定可靠地并网运行之外，最重要的一点就是要实现最大功率输出控制。

（1）同步发电机交-直-交系统并网运行　具有最大功率跟踪的交-直-交风电转换系统联网电路见图 18.5-4。该系统的反馈控制电路包括：功率检测器、功率变化检测器和控制电路。

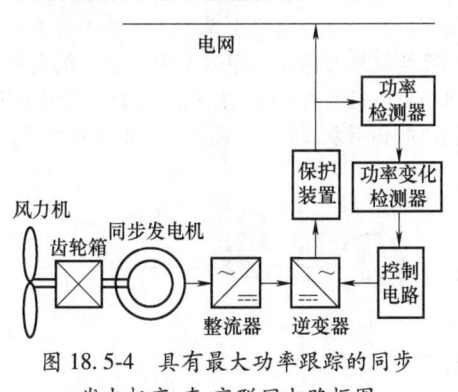

图 18.5-4　具有最大功率跟踪的同步
发电机交-直-交联网电路框图

交-直-交风电转换系统与电网并联运行时具有以下特点：①由于采用频率变换装置进行输出控制，因此并网时没有电流冲击，对系统几乎没有影响；②因为采用交-直-交转换方式，同步发电机的工作频率与电网频率是彼此独立的，风轮及发电机的转速可以变化，不必担心发生同步发电机直接并网运行时可能出现的失步问题；③由于频率变换装置采用全控型电力电子器件构成的逆变器，可以调节输出的无功功率，但有一定的高频谐波电流流向电网；④在风电系统中采用阻抗匹配和功率跟踪反馈来调节输出负荷，可使风电机组按最佳效率运行，向电网输送尽可能多的电能。

（2）磁场调制发电机的并网运行　这种变速恒频磁场调制发电机系统，由一台专门设计的高频交流发电机和一套电力电子变换器组成。磁场调制发电机系统输出电压的频率和相位取决于励磁电流的频率和相位，而与发电机轴的转速及位置无关，这

种特点非常适合用于与电网并联运行的风力发电系统。磁场调制发电机的励磁通过一台励磁变压器取自电网。由于磁场绕组的高电抗性质，励磁电压在相位上约超前于励磁电流 90°，因而发电机系统的输出电压也将滞后于励磁电压约 90°。为了给三相系统励磁，就需要一组比输出电压领先 90°的三相励磁电压。这样一组电压可以通过励磁变压器将电源各相电压进行适当的相位相加得到。磁场调制发电机系统采用上述励磁方式，当风力机起动后，即可通过断路器直接联入电网，并网瞬间无电流冲击或振荡。

（3）双馈发电机系统的并网运行　双馈发电机定子三相绕组直接与电网相连，转子绕组经交-交或交-直-交变流器联入电网。这种系统并网运行有以下特点：①风力机起动后带动发电机至接近同步转速时，由转子变流器控制进行电压匹配、同步和相位控制，以便迅速地并入电网，并网时基本上无电流冲击。②风力发电机的转速可随风速及负荷的变化及时做出相应的调整，使风力机以最佳叶尖速比运行，产生最大的电能输出。③双馈发电机励磁可调量有三个，即励磁电流的频率、幅值和相位。调节励磁电流的频率，保证风力发电机在变速运行的情况下发出恒定频率的电力；通过改变励磁电流的幅值和相位，可达到调节输出有功功率和无功功率的目的。为了独立地控制有功功率和无功功率，可采用先进的矢量控制技术。

（4）带有全功率因数变流装置的同步发电机并网运行　全功率因数变流装置具有变频、调压、相位跟踪、无功补偿及谐波抑制等多种功能，因此全功率因数变流装置使变速运行风力发电机的功率调控模式有了重大改进。带有全功率因数变流装置的风力发电机系统框图见图 18.5-5。

全功率因数变流装置基本构成和工作模式如下：两个电压源型逆变器经直流耦合回路背靠背在一起，其中一个与电网相接，称为网侧变流器，另一个与同步发电机相接，称为发电机侧变流器。网侧变流器负责向电网提供固定频率和可移相的电压，发电机侧变流器具有适应同步发电机可变电压与可变频率的运行特点。

带有全功率因数变流装置的风力发电机系统具有以下优点：①系统具有可控的功率因数，可实现输出功率因数为 1。②使发电机端电压适应变化的电网电压。③可抑制发电机和电网中的高次谐波。④风力发电机在不同风速下，以接近最大 C_p 值的工况稳定运行。⑤对低质量电网具有很强的适应能

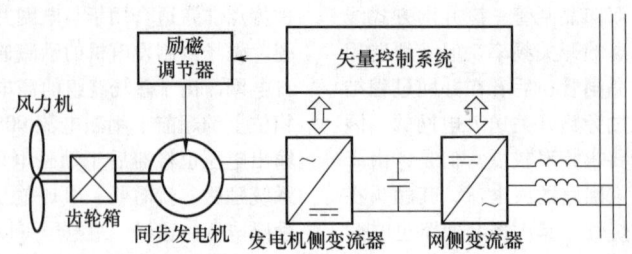

图 18.5-5　带有全功率因数变流装置的风电系统联网电路框图

力。基于上述优异的性能特点，带有全功率因数变流装置的同步发电机可实现平滑并网，对电网和发电机无任何冲击。

5.2　风力发电系统的功率变换与控制

62　风力发电系统结构　风力发电系统是将风的动能转换为电能的系统，主要由风力机、主传动系统、发电系统、控制系统及偏航系统等部分构成，其结构如图 18.5-6 所示。提升风力发电系统的转换效率及风速适应范围是风力系统设计的主要目标。风力机的形式多种多样，其输出功率特性与风速及风轮机转速的特性曲线示意图如图 18.5-7 所示，可以看出为在不同风速下获得最大输出功率，需通过调节风轮机转速或风轮机特性完成，对应的方案为调节发电机转速、风轮机的桨距角。因此根据在不同风速下风轮机转速是否变化，风力发电系统可分为定速发电系统和变速发电系统；根据桨距角是否可变，分为定桨距系统和变桨距发电系统。控制系统就是在保证机组安全可靠运行的前提下，使风力发电机组的稳态工作点尽可能靠近风力机的最佳风能利用系数曲线，获得良好的经济效益。

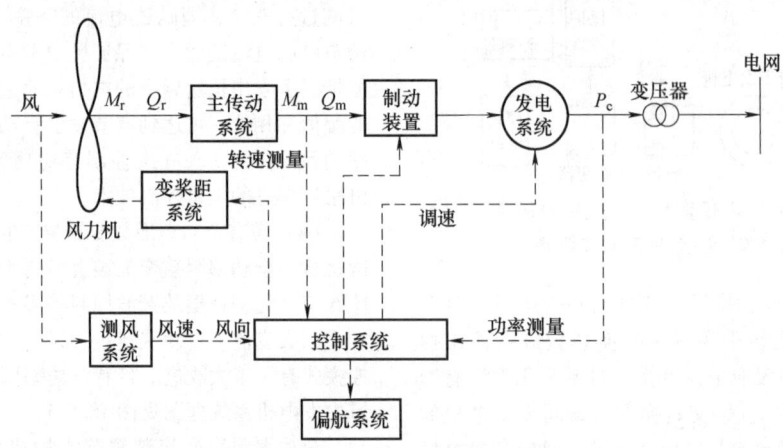

图 18.5-6　风力发电系统结构图

63　风力发电系统中的电力电子变换器　为提升风力发电系统的运行效率、改善并网性能，风力发电系统中通常会采用多种形式的电力电子变换器。主要有异步电动机定速发电系统中的晶闸管交流调压电路，双馈异步发电机风力发电系统中双PWM 交-直-交变换器、直驱型永磁风力发电机系统中的交-直-交变换器。

异步电机定速发电系统中采用软并网装置实现发电机并网过程中的冲击电流抑制，软并网装置为由晶闸管构成的三相交流调压电路（见图 18.5-8），并网过程中三相交流调压电路的触发角由 180°到0°逐渐打开，通过对晶闸管导通角的控制，并网时的冲击电流被限制在发电机额定电流的 1.5～2 倍以内。

双馈异步发电机风力发电系统中，异步发电机定子侧直接连接电网，通过在绕线式异步电机转子回路串入可控变换器，实现异步电机根据不同风速在不同转速下运行，实现系统风能至电能的高效转换。由于转子变流器需要实现能量双向流动，因此通常采用双 PWM 电压型交-直-交变换器（见图 18.5-9）。该系统的特点为在电动机转速小范围调节时，转子接入的变换器容量较小。

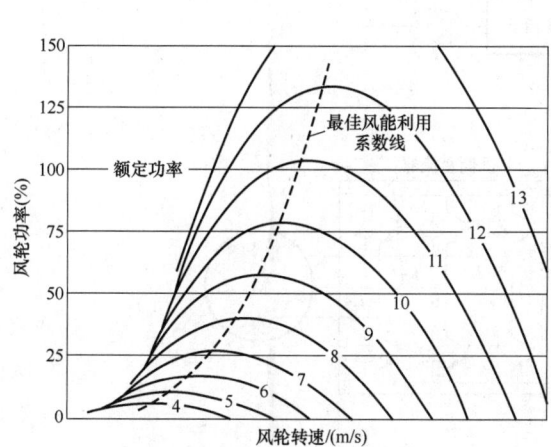

图 18.5-7 风轮机功率-转速曲线

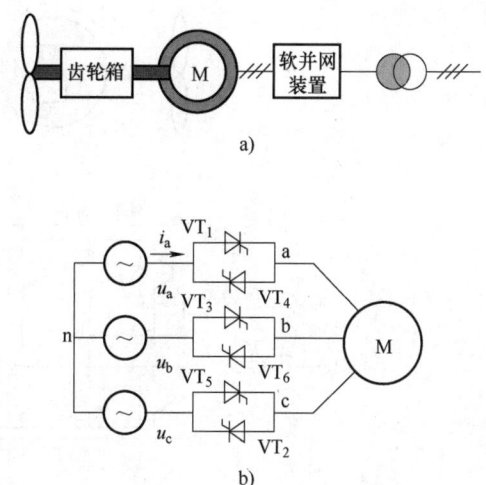

图 18.5-8 异步电机定速发电系统中的电力电子变流器
a) 异步发电机定速发电系统结构 b) 软并网装置电路结构

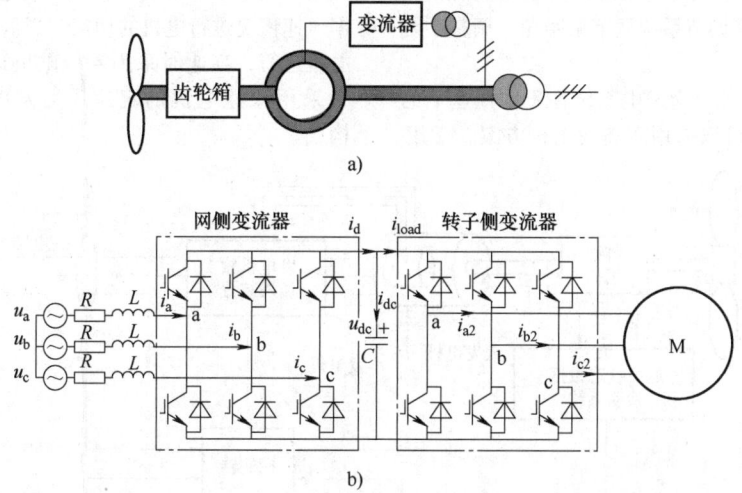

图 18.5-9 双馈式异步发电机风力发电系统的双 PWM 交-直-交变换器
a) 双馈式风力发电机系统结构 b) 转子侧变流器电路结构

直驱型永磁风力发电机系统中，永磁同步发电机定子侧产生的低频交流电先整流变为直流，再通过逆变电路转变为与电网同频的交流实现电能的输出。因为采用交-直-交转换方式，永磁同步发电机的工作频率与电网频率是彼此独立的，风轮及发电机的转速可以随风速的变化而改变，从而实现系统风能至电能的高效转换。为实现电网侧及电机侧电流波形的精确控制，通常采用双 PWM 电压型交-直-交变换器（见图 18.5-10）。该系统的特点为风轮机与发电机直接连接，可以省去传动齿轮箱，但需要全功率的电力电子变流器完成电能的转换。直驱型

永磁风力发电机系统中的全功率的电力电子变流器由于容量较大，因此多电平拓扑得到了广泛的应用。

64 定速风力发电系统 定速风力发电系统具有结构与控制简单、性能可靠的优点。但也存在以下缺点：一是风力机转速基本不随风速而变化，风能利用率低；二是并网可能产生较大的冲击电流。因此定速风力发电系统的主要控制体现在以下几个方面：

1）发电机定子侧采用晶闸管调压电路构成软并网装置，通过对晶闸管触发角的控制实现无冲击电流并网。

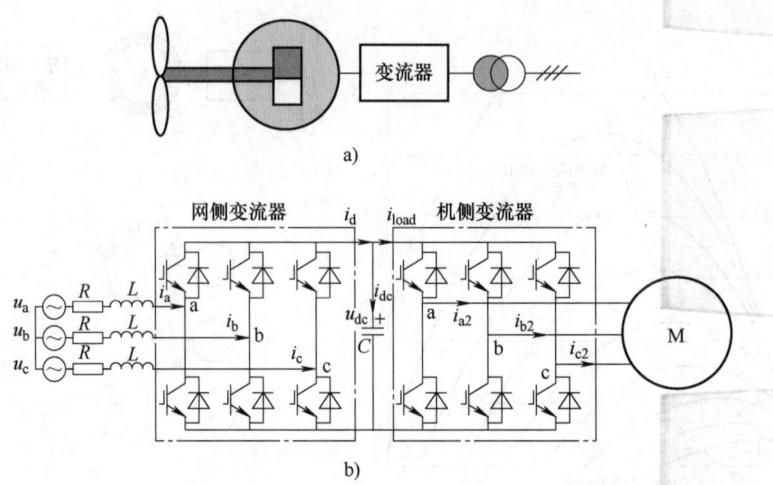

图 18.5-10　直驱型永磁风力发电机系统中的交-直-交变换器

a）直驱型永磁风力发电机系统结构　b）交-直-交变流器结构

2）如果是变桨距发电系统，控制系统需根据风速情况通过变桨调节系统调节桨距角，调整系统的风能捕获系数。

3）为提高定速风力发电系统在不同风速下的风能利用系数，可以采用双速发电机方案，常用方案将发电机设计为4极和6极电机。控制系统根据风速情况进行电机的切换，当低风速时采用6极电机运行，高速时采用4极电机运行，图18.5-11为采用双速电机的定速风力发电系统控制系统构成。

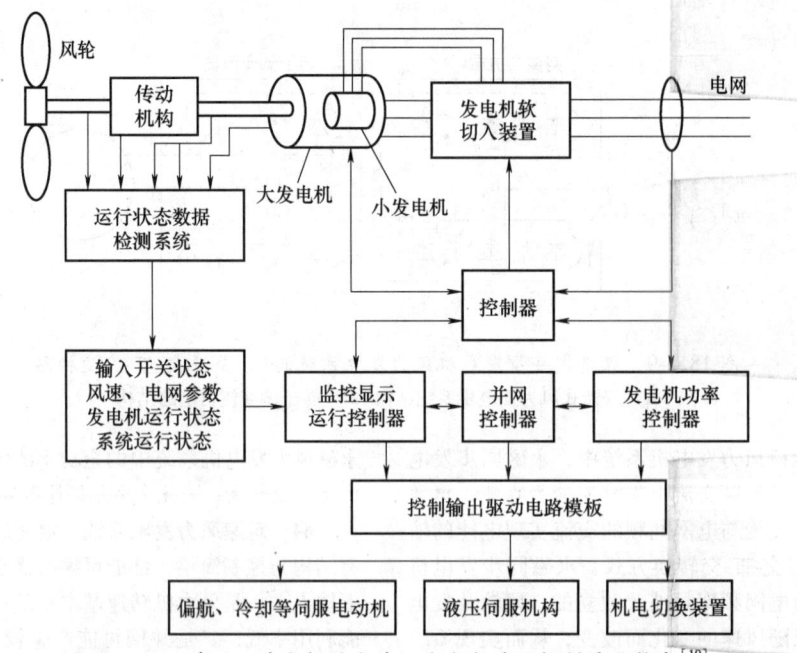

图 18.5-11　采用双速电机的定速风力发电系统控制系统构成[10]

65　同步发电机变速风力发电系统　在采用同步发电机的变速风力发电系统中，同步发电机在风力机转速变化时，定子发出的是变频交流电，必须通过变流器的转换获得恒频交流电输出才能与电网连接。由于同步发电机与电网之间通过变流器相连接，发电机频率和电网频率相互独立，发电机转速可以在大范围内根据风速的变化进行调节，实现风能的高效转化。

直驱式永磁同步风力发电系统是目前广泛应用的一种典型方式，由于直驱式永磁同步发电机的转子极对数较多，可以实现发电机轴和风轮机的直接连接，省去体积庞大且故障率较高的齿轮箱，提高机组可靠性。直驱式永磁同步风力发电系统结构如图 18.5-12 所示。发电机侧变流器通过调节定子侧的 d 轴和 q 轴电流，控制发电机的电磁转矩及功率因数，使发电机运行于最佳叶尖速比状态，提高风能的转化效率；电网侧变流器通过调节电网侧的 d 轴和 q 轴电流，保持直流侧电压恒定，实现有功功率和无功功率的解耦控制。

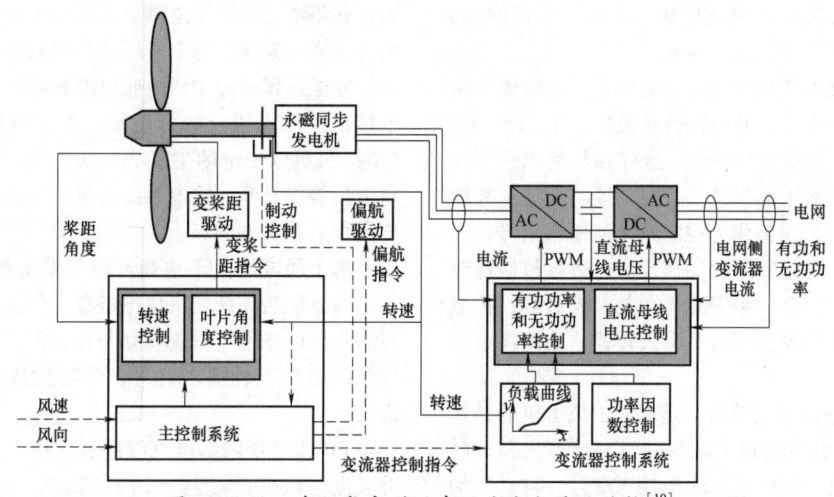

图 18.5-12　直驱式永磁同步风力发电系统结构[10]

66　双馈式异步发电机风力发电系统　相比于直驱型永磁同步风力发电系统初期硬件投资大的特点，双馈式风力发电系统的变流器容量小、成本低，得到了快速的发展。双馈式风力发电系统变速恒频运行时，通过控制转子侧和网侧变换器来实现有功、无功功率的独立调节。转子侧变换器的主要作用是为转子提供电流，该电流可分为励磁分量和转矩分量两部分。其中调节励磁电流分量可调节定子侧所发出的无功功率，调节转矩电流分量控制电磁转矩，进而控制定子侧所发出的有功功率，使风力机运行在最佳风能利用系数曲线上。网侧变换器的主要控制目标就是保持直流侧电压恒定不受风力机运行状态影响，同时又可以控制网侧的功率因数。双馈式异步发电机风力发电系统结构如图 18.5-13 所示。双馈式异步发电机一般运行在同步转速附近的 ±30% 范围内，此时对应的变换器容量仅为发电机额定功率的 30%。

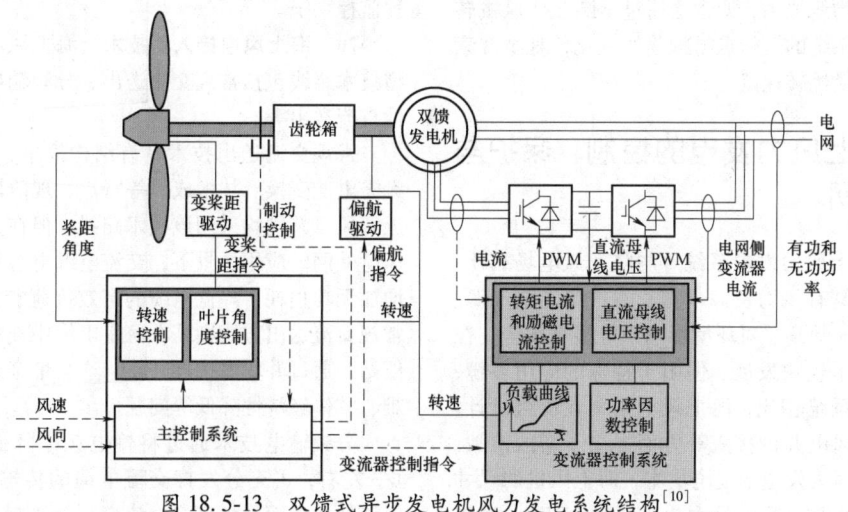

图 18.5-13　双馈式异步发电机风力发电系统结构[10]

67　风力发电系统的最大功率点跟踪（MPPT）控制　为充分利用风能，需要捕获风力发电系统的最大功率点，变速风电系统目前一般采用最大功率点追踪控制策略，使风力发电机始终工作于最佳风能利用系数曲线（即保持在最佳叶尖速比状态下运行），从而最大限度获得风能。目前最大功率点跟踪方法主要有最优叶尖速比法、功率信号反馈法、爬山搜索法等[11]。

（1）最优叶尖速比法　是当风速变化时要维持风力机的叶尖速比 λ 始终保持在最佳值 λ_{opt} 处，λ_{opt} 一般是通过计算或实验获得，这样在任何风速下风力机对风能的利用率都最大。控制器将风速 v 和风力机转速 ω 的测量值作为控制系统的输入信号，通过计算得出此时的实际叶尖速比 λ，然后与最优叶尖速比 λ_{opt} 相比较，所得误差值送入控制器，控制器控制逆变器的输出来调节风机转速，从而保证叶尖速比最优。

（2）功率信号反馈法　是测量出风力机的转速 ω，并根据风力机的最大功率曲线，计算出与该转速所对应的风力机的最大输出功率 P_{max}，将它作为风力机的输出功率给定值，并与发电机输出功率的观测值 P 相比较得到误差量，经过调节器对风力机进行控制，以实现对最大功率点的跟踪。

（3）爬山搜索法　是为了克服前两种算法需要风力机特性曲线的不足而提出来的，它也无需测量风速。在应用中通过人为地施加转速扰动变化量，根据发电机输出功率的变化确定风机转速的控制增量，通过控制发电机电磁转矩使得风机转速趋于给定，反复执行上述搜索策略，直到风电系统运行在最大功率点。由于不同风速下，风机的转速—功率曲线呈类抛物线关系，搜索法通过不断改变风机转速控制风电系统的运行点沿抛物线变化，直至搜索到发电机的最优转速点。

5.3　海上风力发电的控制、保护与并网

68　海上风力发电系统　与陆上风电场相比，海上风电场具有风力资源丰富、不占用土地资源、发电利用小时数高、对环境影响小等显著优势，在近年来获得了较快发展。但由于特殊的应用环境，与陆上风电系统相比，海上风电系统在机组设计、运维、海上风电并网接入等方面提出了新的挑战。为降低海上风力发电的度电成本，海上风机的尺寸和功率不断增加，目前最大功率已达 15MW。世界

上 80% 的海上风资源位于水深超过 60m 的海域，在此范围漂浮式风机具有较大优势。在水深 30~50m 范围内，则适合于固定基础的海上风机。

69　海上风电场的电气系统　为了收集散布在风电场各处的风电机组发出的电能，海上风电场电气系统通过海底电缆以一定的形式将机组连接起来，并将电能输送至电网。从结构上看，通常可以划分为集电系统、海上升压平台与输电系统三个部分。集电系统通过中压海底电缆将各风电机组相互连接，并接入相应的升压站。海上升压平台将各"串"风机以一定的主接线形式连接，并根据需要将电压等级升高。输电系统通过高压海底电缆将风电场接入系统并网点。

海上风电场由于地理环境与发电形式的问题，其电气系统与传统陆上风电场存在较大不同。在进行海上风电场电气系统规划与设计时，除了要考虑传统的电气设计要求之外，还需要注意以下几个方面：

1）风电场内部电气线路长。由于受到风机桨叶长度与风机间尾流的限制与影响，海上风机间距通常为叶轮直径的 3 倍，由于海上风机尺寸通常较陆上风机尺寸更大，风机间距通常达 500~600m。

2）海上的特殊限制使海底电缆的敷设与维护需要借助专门的船只与敷设工具，并且海底有其特殊的地形条件与环境，因此，海底电缆路由需要考虑海底的地质条件及航道、水流速度等因素。

3）海上风电场可进入性差。海上作业需要借助船只或直升机进行，不仅作业成本高，并且对能见度以及海上风浪都有一定的限制。因此，要求海上风电场电气系统具有更高的可靠性与更全面的远程监控系统。

70　海上风电接入新技术　海上风电并网的典型技术路线包括常规交流送出、分频输电送出和柔性直流送出等。

常规交流送出技术具有结构简单、成本较低、无需电能变换、技术成熟等特点，现阶段绝大多数近海风电并网均采用该技术路线。但在大容量远海风电并网的应用场景下，交流电缆电容效应会大大增加无功损耗，降低电缆的有效负荷能力。若采用常规交流送出方式则需在海底电缆中途增设中端补偿站，通过并联电抗器补偿。这会带来运维检修困难、整体经济性降低等问题。

分频输电技术通过将输电频率降低至工频的 1/3 左右，可充分发挥交流电缆的传输功率能力。但该技术尚面临大容量交流变频器研制、电气设备

低频匹配性设计、变压器低频磁饱和抑制等难题，仍处于理论研究阶段。

和常规交流送出、分频输电技术相比，柔性直流送出技术采用直流电缆输电，避免了交流电缆充电功率造成的输送距离受限问题，同时具备有效隔离陆上交流电网与海上风电场的相互影响、可为海上风电场提供稳定的并网电压、系统运行方式调控灵活等技术优势，是远海风电可靠并网的良好技术方案，也是目前具有工程实践经验的大规模远海风电并网方案。和传统的陆上柔性直流输电工程不同，远海风电经柔性直流送出工程海上平台空间布局紧张、环境恶劣、运行维护工况复杂，对柔性直流换流站轻型化、紧凑化及防污性、可靠性的要求更高。柔性直流送出工程成套设计面临站内电气接线、设计布局、设备选型及源网协调控制等一系列问题。

5.4　风力发电系统的故障穿越

71　电网故障类型　与常规发电方式相比，风力发电因风速的波动性和随机性，对电网会带来更多的电能质量、电压/频率稳定性等不利影响。风资源通常集中于偏远地区，远离负荷中心，送电距离较远，当地电网调节能力有限，当电网发生短路故障引起系统电压短时跌落时，如果风电机组大规模连锁脱网，将对电网产生冲击，甚至导致电网失稳。因此风电机组的故障穿越特性与电网的安全稳定性密切关联。针对风电机组的电网故障穿越，是指当电力系统事故或扰动引起并网点电压或频率超出标准允许的正常运行范围时，在一定的电压或频率范围及持续时间内，风电机组能够按照标准要求保证不脱网连续运行的能力，针对的电网故障穿越主要有以下两种：

1）低电压穿越（Low Voltage Ride Through，LVRT）。因电网发生短路故障，引起系统电压短时跌落的故障穿越能力。电网电压跌落包括对称电压跌落和非对称电压跌落。电压跌落深度及其持续时间各国标准不完全一致。我国标准 GB/T 36995—2018 要求为：风电场并网点电压跌至 20%标称电压时，能够保证不脱网连续运行 625ms，风电机组的 LVRT 曲线见图 18.5-14。有些国家还提出了零电压穿越（ZVRT）的要求。

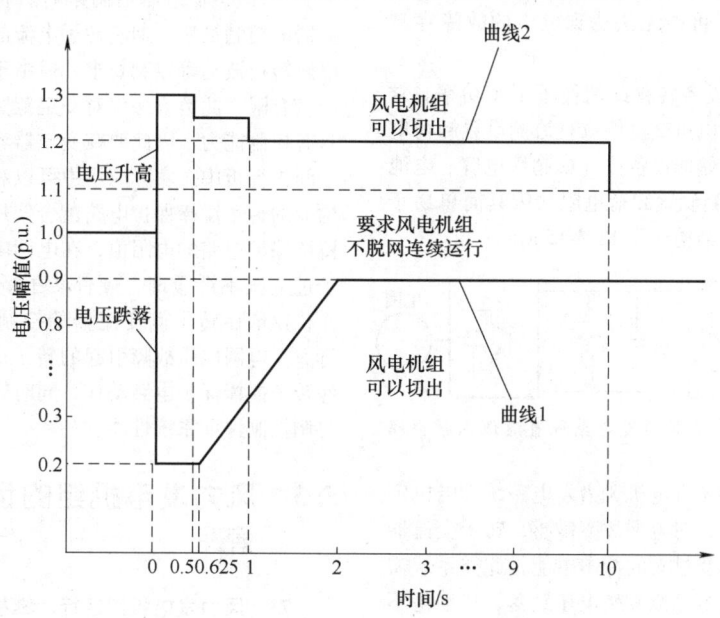

图 18.5-14　风电机组故障电压穿越曲线

2）高电压穿越（High Voltage Ride Through，HVRT）。电网发生短路故障切除故障线路后，通常还会发生短暂的过电压，在此期间同样要求风电机组保持连续运行。各国并网规程规定的过电压主要为工频过电压，也包括对称故障和非对称故障两种。我国标准 GB/T 36995—2018《风力发电机组故障电压穿越能力测试规程》规定了针对风电机组的高电压穿越技术要求，见图 18.5-14。

72　风力发电系统低电压故障穿越方法　在发生电网电压跌落故障时，由于电网电压的下降，由于电力电子变换器最大电流的限制，风力发电系统无法将风力机产生的能量全部送入电网并且产生的过电流问题影响电力电子变换器的安全运行，因此系统主要需要解决的问题是能量不平衡问题及电力电子变换器的安全。此外，在低电压穿越过程中，风力发电系统应发出容性无功电流，对电网电压的恢复提供一定的支撑作用。

对于永磁直驱风力发电系统，当电网侧发生电压跌落时，从发电机侧输入的能量在短时间保持不变，但电力电子变换器的输出能量因电网电压的下降而降低，不平衡能量将给直流侧电容充电，导致直流电压上升，影响系统的正常运行。解决能量不平衡的方法有：

1）通过风力机的变桨系统，降低桨距角，进而达到降低风力机功率的目的。但低电压故障穿越时间通常在1s以下，变桨系统的调节速度较慢，无法快速调节，实施难度较大。

2）通过风力机及传动系统的惯性吸收不平衡能量。在低电压穿越过程中提升风力机转速，将不平衡能量存储于风力机及传动系统中，降低发电机的输出功率。但当故障深度较大时，因发电机转速和系统载荷限制，可能无法达到机组的故障穿越要求。

3）增加辅助设备转移或消耗不平衡功率。常用的方法有：在发电机交流侧或直流侧设置卸荷电阻法、直流侧设置储能设备法（如超级电容、电池等）。其中在直流侧设置卸荷电阻法因其简单易于实现应用较多，其结构如图18.5-15所示。

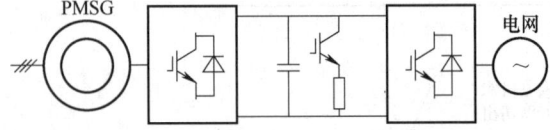

图18.5-15　永磁直驱风力发电系统直流侧保护电路

对于双馈式异步发电机风力发电系统，电机定子与电网直接相连，对电网故障敏感，转子变流器的容量小，难以承受过大的冲击电能是此类系统需要解决的问题。当电网侧发生电压跌落，特别是不对称跌落时，定子电压中出现的暂态电压及负序电压分量将产生相应的定子磁链的直流分量及负序分量。由于定、转子磁链的相对速度很大，所以转子侧感应生成的电压和电流会较大，过电流会损坏转子励磁变换器，过电压会使发电机的转子绕组绝缘击穿，因此需要进行保护。主要采用的方法有：

1）增加额外的硬件保护电路。即定子安装无

功补偿器、直流侧卸荷电路和转子侧增加撬棒保护电路等。在转子侧增加撬棒保护电路使转子侧短路，将多余能量流入撬棒电路简单有效，在严重的电压跌落时也可以保护转子变流器，使用较为普遍，其结构见图18.5-16。缺点则是在短路过程中，转子变流器失去控制作用，风机对电网吸收大量的感性无功，会加重电网电压的下降，而且在撬棒电路动作时，电机电磁转矩抖动严重，对机械传动系统的压力较大。

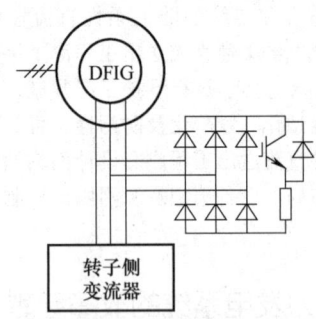

图18.5-16　采用全控型器件
构成的转子撬棒保护电路

2）改进低电压控制策略。通过改变转子侧变流器的控制策略，抑制转子电流的上升，达到稳定电磁转矩波动等控制要求。但由于转子侧变流器的容量有限，此类方法仅对一定范围内的低电压穿越具有控制能力，因此要在变流器容量与低电压穿越之间进行折中。实际应用中可以和采用全控型器件构成的转子撬棒保护电路配合使用，通过合理设计撬棒保护电路的电阻值，在电网电压故障引起的转子过电压不严重时，硬件转子撬棒保护电路不动作，仅依靠转子侧变流器的控制保证系统安全运行。在电网电压故障引起的转子过电压严重时，硬件转子撬棒保护电路动作，同时转子侧变流器进行协调控制保证系统性能。

5.5　风力发电机组的运行、维护与管理

73　风力发电机组运行、维护与管理概述　随着风电市场需求的不断扩大，以及新技术在风力发电领域的不断应用，风电机组的单机容量从早期的600kW机型发展到目前单机容量达到15MW，也改变了早期定桨距型式占主导地位的趋势，变桨变速恒频型式成为主流形式。

随着发电机组单机容量的逐渐增大，以及越来越多的新技术的使用，对风电机组的运行、维护管

理逐步成为一个新的课题。

74 风力发电机组的运行 风力发电的生产性质及特点决定了风电机组的运行维护管理工作必须以安全生产为基础，以科技进步为先导，以设备管理为重点，以全面提高人员素质为保证，确保风电场安全、经济、可靠运行。工作中应按照 DL/T 666—2012《风力发电场运行规程》的相关标准执行。

（1）中控室值守 运行值班人员应通过中控室的监控计算机，监视风电机组的各项运行参数变化和运行状态，以及现场气象状况（风向、风速、气温、气压等），并按规定认真填写《风力发电场运行日志》。当发现异常变化趋势时，通过监控程序的单机监控模式对异常机组的运行状态连续监视，必要时根据实际情况采取相应的处理措施。遇到设备故障，应及时通知维护人员检查处理，并积极配合处理解决，并在《风力发电场运行日志》上做好相应的故障处理记录及质量记录。

（2）场区巡视 风电场应当建立定期巡视制度，运行人员对监控风电场安全稳定运行负有直接责任，应按要求定期到现场通过目视观察等直观方法对风机的运行状况进行巡视检查。应当注意的是，所有外出工作包括：巡检、启停机组、故障检查处理等出于安全考虑均需两人或两人以上同行。

检查工作内容主要包括：风电机组在运行中有无异常声响及振动，叶片运行的状态、偏航系统动作是否正常，塔架外表有无油迹污染，配套输变电设施运行是否正常等。巡检过程中要根据设备近期的实际情况有针对性地重点检查故障处理后重新投运的机组、重点检查启停频繁的机组、重点检查负荷重，温度偏高的机组、重点检查带"病"运行的机组、重点检查新投入运行的机组，若发现故障隐患，则应及时报告处理，查明原因，从而避免事故发生，减少经济损失。同时作好相应巡视检查记录。

当天气情况变化异常（如风速较高，天气恶劣等）时，巡视检查的内容及次数由值班长根据当时的情况分析确定。当天气条件不适宜户外巡视时，则应在中央监控室加强对机组的运行状况的监控。通过温度、出力、转速等的主要参数的对比，确定应对的措施。

75 风力发电机组的维护 风电机组的维护主要包括机组日常巡检、故障维护和年度定期维护。在工作中应根据现场实际参照执行 DL/T 797—2012《风力发电场检修规程》，同时应当组织推广先进的

检修工艺和新技术、新方法，推广新材料、新工具，提高工作效率，缩短检修工期，以提高设备可靠性、降低发电成本。条件具备时应当积极借助状态检测和诊断技术，加强对机组运行状态的监测和分析，做好基础技术资料的完善。结合设备状况和生产实际逐步形成一套预防维护、事故维护、定期维护相结合的，优化的综合维护方式，保证风电机组经济、可靠、稳定运行。

（1）风电机组日常巡检 为保证风电机组的可靠运行，提高设备可利用率，在运行维护工作中建立日常登机巡检制度。通过登机巡检和预防维护工作力争及时发现故障隐患，防患于未然，有效地提高设备运行的可靠性。在维护工作中，还应当根据设备实际情况对机组部分系统或部件考虑引入状态检修，减少工作中的盲目性和随意性，实现"该修则修，修必修好"。减少浪费，提高效益，进一步提高设备管理水平。

（2）风电机组的故障维护

1）当标志机组有异常情况的报警信号时，运行人员要根据报警信号所提供的故障信息及故障发生时计算机记录的相关运行状态参数，分析查找故障的原因，并且根据当时的气象条件，采取正确的方法及时进行处理，并在《风力发电场运行日志》上认真做好故障处理记录。

2）当风电机组运行中发生与电网有关故障时，运行人员应当检查场区输变电设施是否正常。若无异常，风电机组在检测电网电压及频率正常后，可自动恢复运行。对于故障机组必要时可在断开风电机组主空气开关后，检查有关电量检测组件及回路是否正常，熔断器及过电压保护装置是否正常。若有必要应考虑进一步检查电容补偿装置和主接触器工作状态是否正常，经检查处理并确认无误后，才允许重新起动风力发电机组。

3）由气象原因导致的风电机组过负荷或发电机、齿轮箱过热停机、叶片振动、过风速保护停机、低温保护停机等故障，如果风电机组自起动次数过于频繁时，值班长可根据现场实际情况决定风电机组是否继续投入运行。

4）若风电机组运行中发生系统断电或线路开关跳闸，即当电网发生系统故障造成断电或线路故障导致线路开关跳闸时，运行人员应检查线路断电或跳闸原因（若逢夜间应首先恢复主控室用电），待系统恢复正常，则重新启动机组并通过计算机并网。

5）风电机组因异常需要立即进行停机操作的

顺序：用主控室计算机遥控停机→遥控停机无效时，则就地按正常停机按钮停机→正常停机无效时，使用紧急停机按钮停机→操作仍无效时，拉开风电机组主开关或连接此台机组的线路断路器，之后疏散现场人员，做好必要的安全措施，避免事故范围扩大。

（3）风力发电机组的年度定期维护　是机组安全可靠运行的主要保证。定期维护应坚持"预防为主，计划检修"的原则，根据设备制造厂家提供的年度定期维护内容并结合设备运行的实际情况制定出切实可行的年度维护计划。切实做到"应修必修，修必修好"，使设备处于正常的运行状态。同时，应当严格按照维护计划工作，不得擅自更改维护周期和内容。

1）定期维护周期。正常情况下，除非设备制造厂家的特殊要求，风电机组的年度定期维护周期是固定的，新投运机组：500h（一个月试运行期后）定期维护；已投运机组：2 500h（半年）定期维护，5 000h（一年）定期维护。部分机型在运行满 3 年和 5 年时，在 5 000h 定期维护的基础上增加了特殊检查项目，实际工作中应根据机组运行状况参照执行。

此外，近年来随着油脂自动泵送系统、在线状态监测系统、复合材料部件等新技术及新材料在风电机组中的不断应用，机组的易维护性和可靠性都得到了较大的改善和提高，并进一步向智能化发展，部分型号的机组已经较大程度上减少了 2 500h（半年）定期维护的工作内容，一些型号的机组甚至已经取消了 2 500h（半年）定期维护，减轻了维护人员的工作量，提高了设备的可利用率。

2）年度定期维护的主要内容和要求，见表 18.5-1。

表 18.5-1　年度定期维护的主要内容和要求

序号	电气部分	机械部分
1	传感器功能测试与检测回路的检查	螺栓连接力矩检查
2	电缆接线端子的检查与紧固	各润滑点润滑状况检查及油脂加注
3	主回路绝缘测试	润滑系统和液压系统油位及压力检查
4	电缆外观与发电机引出线接线柱检查	滤清器污染程度检查，必要时更换处理
5	主要电气组件外观检查；（如：空气断路器、接触器、继电器、熔断器、补偿电容器、过电压保护装置、避雷装置、晶闸管组件、控制变压器等）	传动系统主要部件运行状况检查
6	模块式插件检查与紧固	叶片表面及叶尖扰流器工作位置检查
7	显示器及控制按键开关功能检查	桨距调节系统的功能测试及检查调整
8	电气传动桨距调节系统的回路检查（驱动电机、储能电容、变流装置、集电环等部件的检查、测试和定期更换）	偏航齿圈啮合情况检查及齿面润滑
9	控制柜柜体密封情况检查	液压系统工作情况检查测试
10	机组加热装置工作情况检查	卡钳式制动器刹车片间隙检查调整
11	机组防雷系统检查	缓冲橡胶组件的老化程度检查
12	接地装置检查	联轴器同轴度检查
13		润滑管路、液压管路、冷却循环管路的检查固定及渗漏情况检查
14		塔架焊缝、法兰间隙检查及附属设施功能检查
15		风电机组外观防腐情况检查

3）维护计划的编制　见表 18.5-2。

表 18.5-2　风力发电机组定期维护计划

维护工作内容	组数	第一个月	三个月	半年	一年	其他
塔架/塔架的连接螺栓	X 全部	X 全部	—	X5	X5	—
塔架/基础的连接螺栓	X 全部	X 全部	—	X5	X5	—
偏航轴承的连接螺栓	X 全部	X 全部	—	X5	X5	—
叶片的连接螺栓	X 全部	X 全部	—	X5	X5	—
轮毂/叶片的连接螺栓	X 全部	X 全部	—	X5	X5	—
齿轮箱/机舱底板连接螺栓	X 全部	X 全部	—	X5	X5	—
齿轮油油位	OL	OL	OL	OL	T，C 至多 4 年后	
齿轮油过滤器	—	C	—	C	C	
钳盘式刹车连接螺栓	X 全部	X 全部	—	X5	X5	
刹车盘的连接螺栓	X 全部	X 全部	—	X5	X5	
钳盘式刹车的刹车片	X	X	X	X	X	
发电机连接螺栓，润滑油脂	X，G	X，G	G	G	X，G	
万向节连接螺栓，润滑油脂	X，G	X，G	G	G	X，G	
偏航减速器/底板连接螺栓	X	X	—	—	X	
偏航减速器油位	OL	OL	OL	OL	C/2 年	
偏航轴承润滑	—	G	G	G	G	
偏航齿圈润滑	G	G	G	G	G	
偏航刹车的连接螺栓	X 全部	X 全部	—	—	X 全部	
检查偏航刹车的刹车片	—	X	X	X	X	
液压油油位	OL	OL	OL	OL	C/2 年	
液压油过滤器	—	C	—	—	C/2 年	
振动传感器功能检查	X	X	—	—	X	—
扭缆开关功能检查	X	X	X	—	X	—
风速仪和风向标	X	X	—	X	X	—
顶部控制盒	X	X	—	X	X	—
开关柜	X	X	—	—	X	—
叶片		X	—	—	X	—
塔架焊缝		X	—	—	X	—
防腐检查	X	X	—	—	X	—
清洁风机	X	X	—	—	X	

注：X—检查；OL—检查油位；T—检查油品质量；C—换油；G—加油润滑油脂；"—"—无维护项目；
　　X5—抽查 5% 的螺栓，如果发现松动，需紧固所有的螺栓。

风电机组年度定期维护计划的编制应以风电机组制造厂家提供的年度定期维护内容为主要依据，结合风电机组的实际运行状况，在每个维护周期到来之前进行整理编制。计划内容主要包括：工作开始时间、工作进度计划、工作内容、主要技术措施和安全措施、人员安排以及针对设备运行状况应注意的特殊检查项目等。

在计划编制时还应结合风电场所处地理环境和

风电机组维护工作的特点，在保证风电机组安全运行的前提下，根据实际需要可以适当调整维护工作的时间，以尽量避开风速较高或气象条件恶劣的时段。这样不但能减少由维护工作导致计划停机的电量损失，降低维护成本，而且有助于改善维护人员的工作环境，进一步增加工作的安全系数，提高工作效率。

76　风力发电机组的技术管理

（1）运行分析制度　风电场应根据场内风电机组及输变电设施的实际状态以及生产任务完成情况，按规定时间进行月度、季度、年度风电场运行分析报告。报告中应结合历年的报告及数据对设备的状态、电网状况、风速变化情况以及生产任务完成情况进行分析对比。找出事务的变化规律，及时发现生产过程存在的问题，进行可行的分析，提出行之有效的解决方案，促进运行管理水平的提高。

1）风电机组设备状态划分　见图 18.5-17。

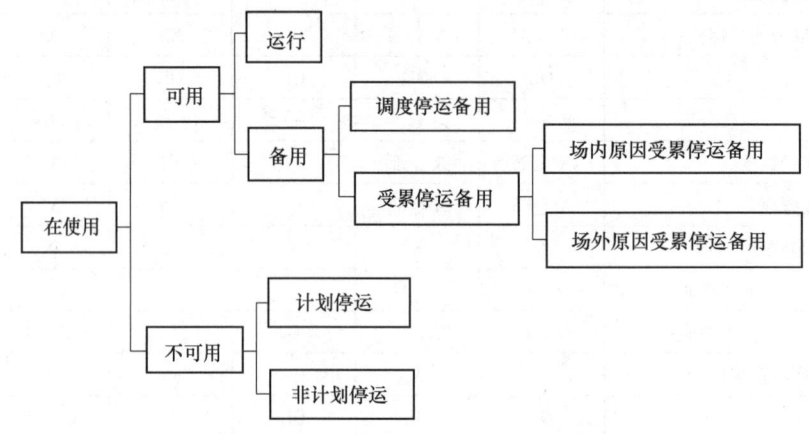

图 18.5-17　风电机组设备状态划分

图中：在使用——机组处于要进行统计评价的状态。

可用——机组处于能够执行预定功能的状态，不论其是否在运行或提供了多少出力。

运行——机组在电气上处于连接到电力系统的状态，或虽未连接到电力系统但在风速条件满足时，可以自动连接到电力系统的状态。机组在运行状态时，可以是带出力运行，也可以是因风速过高或过低没有出力。

备用——机组处于可用，但不在运行状态。

调度停运备用——机组本身可用，但因电力系统需要，执行调度命令的停运状态。

受累停运备用——机组本身可用，因机组以外原因造成的机组被迫退出运行的状态。

场内原因受累停运备用——因机组以外的场内设备停运（如汇流线路、箱变、主变等故障或计划检修）造成机组被迫退出运行的状态。

场外原因受累停运备用——因场外原因（如外部输电线路、电力系统故障等）造成机组被迫退出运行的状态。

不可用——机组不论什么原因处于不能运行或备用的状态。

计划停运——机组处于计划检修或维护的状态。计划停运应是事先安排好进度，并有既定期限的定期维护。

非计划停运——机组不可用而又不是计划停运的状态。

2）风电机组主要评价指标　风电机组及风电场的可靠性评价必须尊重科学、实事求是、严肃认真、全面而客观地反映风电机组的真实情况，做到准确、及时、完整。国内现行的评价指标主要包括：计划停运系数、非计划停运系数、可用系数、运行系数、容量系数、利用系数、出力系数、非计划停运率、非计划停运发生率、暴露率、连续可用小时、平均无故障可用小时等内容。其中，可用系数和容量系数是衡量风电机组整机性能和风力发电场经济效益的主要指标。

风电机组可用系数的计算公式为

$$风电机组可用系数 = \frac{可用小时}{统计时间小时} \times 100\%$$

式中，可用小时为机组处于可用状态的小时数，等于运行小时与备用小时之和；统计时间小时为机组处于在使用状态的日历小时数（全年取 8 760h）。当统计风电场指标时，把因场内原因受累停运备用状态的机组视为不可用。此时，机组可用小时等于运行小时、调度停运备用小时和场外原因受累停运备用小时之和。设备制造厂家承诺的可用系数一般在95%以上。

运行小时为机组处于运行状态的小时数；备用小时为机组处于备用状态的小时数；调度备用小时为机组处于调度停运备用状态的小时数；受累停运备用小时数为机组处于受累停运备用状态的小时数，受累停运备用小时又分为场内原因受累停运备用小时数和场外原因受累停运备用小时数。

风电机组容量系数的计算公式为

$$风电机组容量系数 = \frac{实际发电量}{(统计时间小时数 \times 机组额定容量)} \times 100\%$$

受安装位置，机组性能等因素的影响，风电机组的容量系数不尽相同，其值为20% ~ 40%。

（2）技术文件的管理　风电机组及场内输变电设施技术档案见表18.5-3。

表 18.5-3　风电机组及场内输变电设施技术档案

序号	机组建设期档案		运行期档案	
	机组出厂信息	机组安装记录	运行记录	运行报告
1	运行维护手册	安装检验报告	机组月度产量记录表	机组油品分析报告
2	机组技术参数介绍	现场调试报告	机组月度故障记录表	机组运行功率曲线
3	主要零部件技术参数	500h 试运行报告	机组月度发电小时记录表	机组年度运行分析报告
4	机组出厂合格证	验收报告	机组年度检修单	机组非常规性故障处理报告
5	出厂检验清单	设备交接协议	机组零部件更换记录表	机组重大技术改进报告
6	机组实验报告	配套输变电设施资料	机组油品更换记录表	
7	机组主要零部件清单	设备编号及相关图样	机组配套输变电设施维护记录表	

风电场应设立专人进行技术文件的管理工作，建立完善的技术文件管理体系为生产实际提供有效的技术支持。风电场除应配备电力生产企业生产需要的国家有关政策、文件、标准、规定、规程及制度外，还应针对风电场的生产特点建立风电机组技术档案及场内输变电设施技术档案。

参 考 文 献

[1] 张兴，曹仁贤. 太阳能光伏并网发电及其逆变控制 [M]. 北京：机械工业出版社，2011.

[2] 胡昌吉，孙韵琳，屈柏耿. 并网光伏发电系统设计与施工 [M]. 北京：机械工业出版社，2017.

[3] 赫姆昌德拉·迈德苏丹. 分布式光伏电网变压器：设计、制造及应用 [M]. 陈文杰，等译. 北京：机械工业出版社，2019.

[4] 孙向东，任碧莹，张琦，等. 太阳能光伏并网发电技术 [M]. 北京：电子工业出版社，2014.

[5] 张耀明，邹宇宁. 太阳能热发电技术 [M]. 北京：化学工业出版社，2019.

[6] Bin W，等. 风力发电系统的功率变换与控制 [M]. 卫三民，周京华，王政，等译. 北京：机械工业出版社，2012.

[7] 薛迎成，程孟增. 风电并网运行控制及关键技术 [M]. 北京：中国电力出版社，2015.

[8] 叶杭冶. 风力发电机组的控制技术 [M]. 北京：机械工业出版社，2006.

［9］　奥林波·安纳亚-劳拉，等. 海上风力发电：控制、保护与并网［M］. 高强，等译. 北京：机械工业出版社，2017.

［10］　宋亦旭. 风力发电机的原理与控制［M］. 北京：机械工业出版社，2012.

［11］　程启明，程尹曼，汪明媚，等. 风力发电系统中最大功率点跟踪方法的综述［J］，华东电力，2010，38（9）：1393-1398.

［12］　黄玲玲，曹家麟，符杨. 海上风电场电气系统现状分析［J］，电力系统保护与控制，2014，42（10）：147-154.

第19篇

其他新能源发电及储能

主　　编　成永红（西安交通大学电气工程学院）

副 主 编　史　乐（西安交通大学电气工程学院）

参　　编　王红康（西安交通大学电气工程学院）

　　　　　毛佳乐（西安交通大学电气工程学院）

　　　　　石建稳（西安交通大学电气工程学院）

　　　　　张锦英（西安交通大学电气工程学院）

　　　　　周　峻（西安交通大学电气工程学院）

　　　　　韩晓刚（西安交通大学电气工程学院）

主　　审　吴　锴（西安交通大学电气工程学院）

责任编辑　李小平

第1章 其他新能源发电技术

1.1 海洋能发电

1 海洋能发电概述 利用海洋中蕴含的能量进行发电的方法称之为海洋能发电。海洋的能量包括海水动能（海流能、波浪能等）、表层海水与深层海水之间的温差所含能量、潮汐的能量等。海洋能蕴藏丰富、分布广、清洁无污染，是一种良好的、利用潜力取之不尽的能源，发展前景十分广阔；但其能量密度低、地域性强，因而开发困难并有一定的局限，目前开发利用的主要方式是发电。海洋能发电除可降低其他消费能源的消耗外，还能满足日益苛刻的环保要求。

海洋能发电包括：海洋温差发电、潮汐发电、波浪发电和海流发电等，其中潮汐发电和小型波浪发电技术已经实用化。

2 海洋温差发电 海洋温差发电（Ocean Thermoelectric Power Generation，OTPG）是利用海水的浅层与深层的温差及其温、冷不同热源，经过热交换器及涡轮机来发电的技术。现有海洋温差发电系统中，热能的来源即是海洋表面的温海水，发电的方法基本上有两种：①利用温海水，将封闭的循环系统中的低沸点工作流体蒸发；②温海水本身在真空室内沸腾。两种方法均产生蒸气，由蒸气再去推动涡轮机，即可发电。发电后的蒸气，可用温度很低的冷海水冷却，将之变回流体，构成一个循环。如图 19.1-1 所示。冷海水一般要从海平面以下 600~1 000m 的深部抽取，一般温海水与冷海水的温差在 20℃以上，即可产生净电力。

海洋温差发电的工作方式主要包括：封闭式、开放式、混合式。

封闭式循环系统是利用低沸点的工作流体作为工质，其主要组件包括蒸发器、冷凝器、涡轮机、工作流体泵以及温海水泵与冷海水泵，工作流体可以反复循环使用，主要包括：氨、丁烷、氟氯烷等密度大、蒸气压力高的气体冷冻剂，其中氨及氟氯烷为最有可能的工作流体。封闭式循环系统的能源

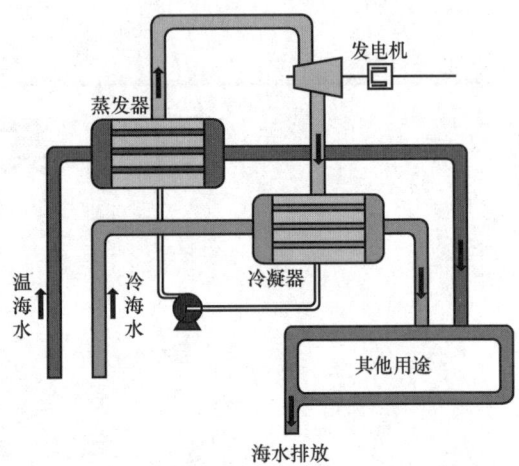

图 19.1-1 海洋温差发电技术示意图

转换效率在 3.3%~3.5%。若扣除泵的能源消耗，则净效率在 2.1%~2.3%。

开放式循环系统并不利用工作流体作为工质，而是直接使用温海水。首先将温海水导入真空状态的蒸发器，使其部分蒸发，其蒸气压力约为 3kPa（25℃）。水蒸气在低压涡轮机内进行绝热膨胀，做完功之后引入冷凝器，由冷海水冷却成液体。开放式循环系统的能源转换效率高于封闭式循环系统，但因低压涡轮机的效率不确定，以及水蒸气的密度与压力均较低，故发电装置容量较小，不太适合大容量发电。

混合式循环系统与封闭式循环系统类似，不同之处是蒸发器部分，即采用闪蒸蒸发器，相关技术介绍见本篇第 8 条。

温差热能发展潜力可观，全世界可利用功率约为 $4×10^4$GW。世界上发展海洋温差技术的国家不多，日本、法国、比利时等国已经建成了一些海洋温差能发电站，功率从 100kW~5MW 不等。中国实际可利用的功率为（1.3~1.5）$×10^3$GW，主要集中分布在南海地区北回归线以南区域，属热带和赤道带，气候炎热、表层海水温度较高地区。

3 潮汐发电 潮汐发电（Tidal Power Generation，TPG）是利用海水水位因引力作用产生潮汐涨落过程中产生的能量转化为电能的一种发电技术。潮汐发电的工作原理与一般水力发电的原理相近，即在河口或海湾筑一条大坝以形成天然水库，水轮发电机组安装在拦海大坝里，如图 19.1-2 所示。目前的单水库双程式潮汐电站利用水库的特殊设计和水闸的作用，克服了以往潮汐发电的缺陷，既可涨潮时发电，又可在落潮时运行，只是在水库内外水位相同的平潮时才不能发电，大大提高了潮汐能的利用率。

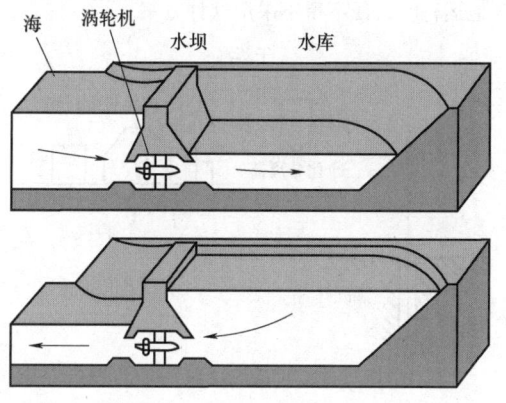

图 19.1-2　潮汐发电技术示意图

潮汐发电的工作方式有：单库单向式、单库双向式、双库式等。单库单向式只筑一水库，安装单向水轮发电机组，在落潮或涨潮时发电；单库双向式只筑一水库，安装涨落潮均可发电的机组，或在水工布置上满足双向发电；双库（高低库）式建两个互相毗连的水库，双向水轮发电机组安装在两水库之间进行发电，其中一水库设有进水闸，在潮位较库内水位高时引水入库，另一水库设有泄水闸，在潮位比库内水位低时，泄水出库。

潮汐能绝大部分集中在近岸浅海区，开发利用便利，并且发电出力稳定、无污染，是理想的新能源，全世界的潮汐能源达 1×10^4 GW，每年可以发电 1.24 万亿 kW·h。例如加拿大芬地湾的潮差达 18m，法国郎斯河口的潮差达 13m。1966 年，法国在靠近郎斯河口建了一座潮汐发电站，用潮流驱动水轮机发电，装机容量 240MW，年发电量达 5.44 亿 kW·h，占法国水力发电总量的一半，是迄今世界上最大的潮汐发电站。目前世界已建与在建潮汐电站有：加拿大芬地湾装机 4 000MW 的科比阔特电站，英国塞文河的 4 000MW 电站，韩国装机 400MW 的加露林电站，印度卡奇湾电站，俄罗斯卢姆鲍夫电站等。

4　波浪发电　波浪发电（Wave Power Generation，WPG）是利用海水波浪的波力转换为压缩空气来驱动空气透平发电机发电的技术。当波浪上升时将空气室中的空气顶上去，被压空气穿过正压水阀室进入正压气缸并驱动发电机轴伸端上的空气透平使发电机发电；当波浪落下时，空气室内形成负压，使大气中的空气被吸入气缸并驱动发电机另一轴伸端上的空气透平使发电机发电，其旋转方向不变。见图 19.1-3。为了有效吸收动能，波浪发电装置运转形式完全根据波浪振动特性设计，基本可分为上下起伏型、纵摇、振荡水柱与前后摇摆型。

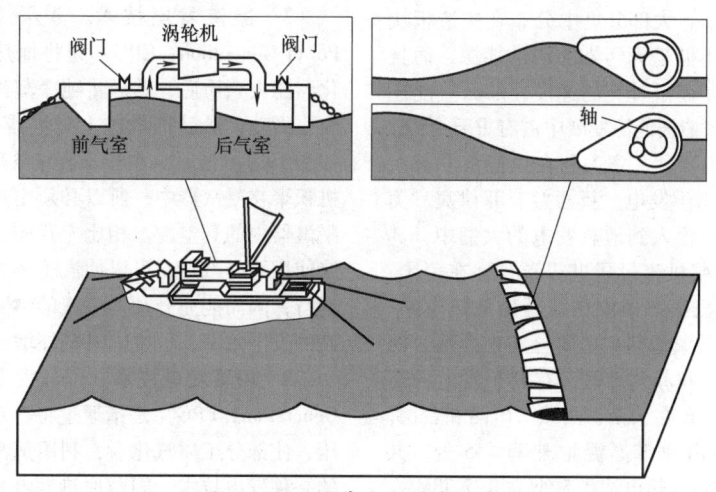

图 19.1-3　波浪发电技术示意图

技术上全球可利用的波浪潜能可达 2.7×10^3 GW，能流分布密度高的海域可达 $60 \sim 100$ kW/m。中国有广阔的海疆，波浪能的理论存储量达 70GW，小功率的波浪发电，已在导航浮标、灯塔等获得推广应用。

波浪发电始于 20 世纪 70 年代，以日、美、英、挪威等国为代表，研究了各式集波装置，进行规模不同的波浪发电，其中有点头鸭式、波面筏式、环礁式、整流器式、海蚌式、软袋式、振荡水柱式、收缩水道式等。1985 年挪威在奥伊加登岛建成 500kW 的岸式振荡水柱波浪发电站和 350kW 收缩水道水库式波浪电站向海岛供电。我国于 1990 年在珠江口大万山岛安装的 3kW 岸式波浪发电机试发电成功。

利用波浪发电需要解决降低造价、提高效率，以及海上分流、海滩位移、海船受阻等一系列问题。

1.2　地热发电

5　地热发电概述　地热发电（Geothermal Power Generation，GPG）是利用地下热水和蒸汽为动力源的一种发电技术。发电的基本过程是利用天然的地热水蒸气，或由地热水加热的低沸点工质蒸汽，驱动汽轮机做功，将热能转变为机械能，然后再将机械能转变为电能的能量转变过程。当前利用地热的发电技术有背压发电、凝汽发电、闪蒸发电、双工质发电以及全流发电等。

地热能是来自地球深处的可再生热能，它起于地球的熔融岩浆和放射性物质的衰变。地下水深处的循环和来自极深处的岩浆侵入到地壳后，把热量从地下深处带至近表层。地热能的储量比人们所利用的能量总量还要多，大部分集中分布在构造板块边缘一带。地热能不但是无污染的清洁能源，而且如果热量提取速度不超过补充的速度，那么热能还是可再生的，在未来清洁能源发展中占有重要地位。

早在 20 世纪 40 年代，意大利在拉德雷罗首次把天然的地热蒸汽用于发电。新西兰、菲律宾、美国、日本等国都先后投入到地热发电的大潮中，其中美国地热发电的装机容量居世界首位。在美国，大部分的地热发电机组都集中在盖瑟斯地热电站。中国地热资源多为低温地热，主要分布在西藏、四川、以及华北、松辽和苏北地区。有利于发电的高温地热资源，主要分布在云南、西藏、川西和台湾。据估计，喜马拉雅山地带高温地热有 255 处，共 5 800MW。迄今运行的地热电站有 5 处，共 27.78MW。

6　背压发电技术　背压发电（Back-Pressure Power Generation，BPPG）是将地热蒸汽引入蒸汽净化器滤去杂质后，然后将纯净蒸汽再引入汽轮

机中膨胀做功，最后将乏汽直接排入大气，如图 19.1-4 所示。背压机组是以热负荷来调整发电负荷的发电机组，也就是说发电量随着外界供蒸汽的多少来变化，汽轮机进多少汽机组排多少汽。背压机组是热电联合生产（热电联产）运行的机组，热电联产使能源得到合理利用，在众多的汽轮发电机组中，背压机由于消除了凝汽器的冷源损失，在热力循环效率方面是最高的，这种发电方式结构系统简单、投资费用低，其缺点是发电效率低。如果地热蒸汽中不凝气体的含量多到不能在真空条件下经济地运行时，便不得不采用这种方案。

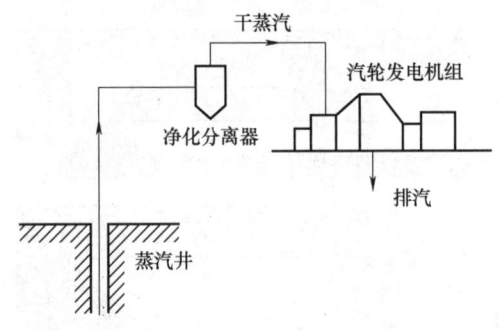

图 19.1-4　背压发电技术示意图

背压发电系统工艺简单，技术成熟，安全可靠，适用于压力和温度较高（地热温度必须达到 250℃以上）的干蒸汽田。尤其适合使用在地热田开发的初期，为了了解地热田、节省初投资，可以优先采用这种比较简单的系统，并可用来就地供给小量电力。

7　凝汽发电技术　凝汽发电（Condensing Power Generation，CPG）是将地热蒸汽引入蒸汽净化器滤去杂质后，然后将纯净蒸汽再引入汽轮机中膨胀做功，最后排汽进入凝汽器冷却成水的技术，如图 19.1-5 所示。由于不凝结气体随蒸汽经过汽轮机积聚在凝汽器中，所以必须用抽气器排走以保持凝汽器内的真空度。相比于背压发电，凝汽发电系统使用了凝汽器，可以使汽轮机在接近真空条件下运行，因而能充分利用蒸汽的焓降，显著提高了电站的发电效率，但也同时额外增加了厂用电。

8　闪蒸发电技术　闪蒸发电（Flashing Power Generation，FPG）是指通过将一定压力下的工质降压，使部分工质汽化后，利用蒸汽推动膨胀机做功的一种发电技术。闪蒸地热发电是直接利用地下热水所产生的蒸汽来推动汽轮机做功，然后将机械能转化为电能的发电技术，分为一级闪蒸和二级闪蒸两种类型。

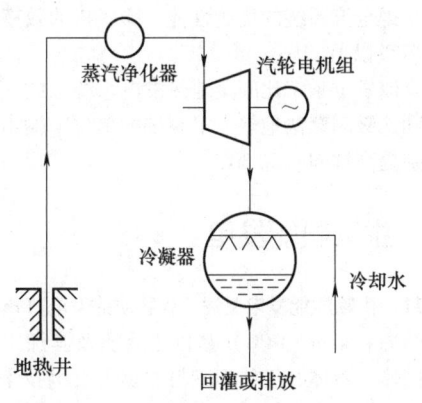

图 19.1-5 凝汽发电式发电技术示意图

一级闪蒸技术是将地热井口来的地热水，先送到闪蒸器中进行降压闪蒸（或称扩容）使其产生部分蒸汽，再将蒸汽引到汽轮机做功发电。汽轮机排出的蒸汽在混合式凝汽器内冷凝成凝结水，送往冷却塔进行冷却。二级闪蒸技术是在一级闪蒸技术基础上优化而来，二级闪蒸器介质的来源是一级闪蒸器排出的高温含盐水，在更低压力的二级闪蒸器环境中继续扩容产生较低压力的蒸汽，进入汽轮机相应级进行做功，因此二级闪蒸较一级闪蒸做功能力更强。图 19.1-6a~b 分别给出了一级和二级的闪蒸发电示意图。两级地热闪蒸发电系统闪蒸产汽量总和为闪蒸地热发电系统闪蒸产汽量的 2~3 倍。

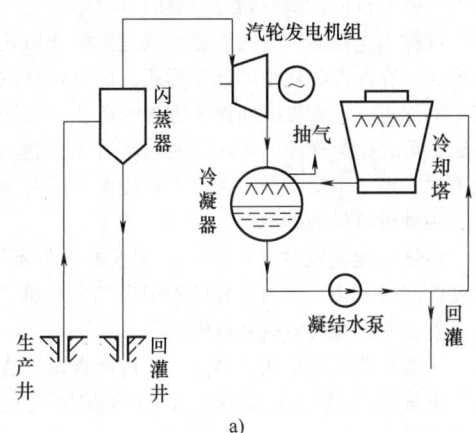

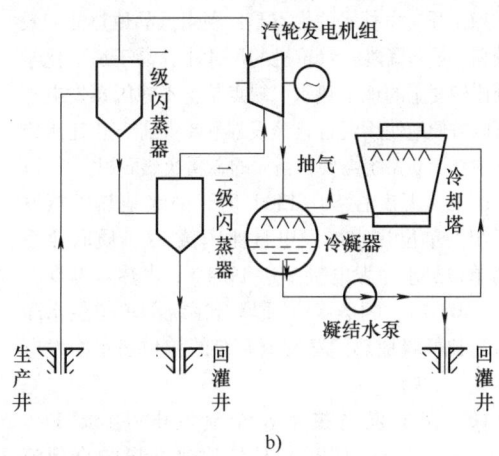

| a) | b) |

图 19.1-6 闪蒸发电原理图
a）一级闪蒸发电示意图 b）二级闪蒸发电示意图

闪蒸发电技术采用汽水混合物或地热水进行发电，一级扩容系统循环效率为 12%~15%，二级扩容系统为 15%~20%。采用该技术的地热电站，热水温度低于 100℃ 时，全热力系统处于负压状态。电站设备简单，易于制造，可以采用混合式热交换器。缺点是设备尺寸大，容易腐蚀结垢，热效率低。由于直接以地下热水蒸气为工质，因而要求发电设备对地下热水的温度、矿化度以及不凝气体含量等有较高的适应性。当热水温度低于 30℃ 并且热水量较大时，可以采用闪蒸地热发电系统；当热水温度高于 130℃，并且地热水中的不凝气体含量低于 3% 时，可以考虑两级闪蒸发电系统。

混合式循环系统与封闭式循环系统类似，不同之处是蒸发器部分。混合式系统的温海水需先经过一个闪蒸蒸发器，使其中一部分温海水转变为水蒸气；随即将蒸汽导入第二个蒸发器（一种蒸发器与冷凝器的组合设备）。水蒸气在此被冷却，并释放潜能；此潜能再将低沸点的工作流体蒸发。工作流体于此循环而构成一个封闭式系统。设计混合式发电系统的目的，在于避免温海水对热交换器所产生的生物附着。

9 双工质发电技术 双工质发电（Dual Working-Fluid Power Generation，DWFPG）是利用地下热水来加热某种低沸点的工质，通过热交换器使低沸点工质变为蒸汽，然后将蒸汽引入汽轮机，推动汽轮机做功，最终将机械能转换为电能的一种发电技术，也称为有机工质朗肯循环技术，如图 19.1-7 所示。这种发电系统采用两种流体，一种是采用地热流体做热源，在蒸汽发生器中被冷却后进入回灌井打入地下；另一种是采用低沸点工质作为一种工作介质（如氯丁烷、正丁烷、异丁烷、异戊烷和氟利昂等），这种工质在蒸汽发生器内由于吸收了地热水放出的热量而汽化，产生的低沸点工质蒸汽送入汽轮机发电机组发电。做功完成后的蒸汽，由汽轮机排出，并在凝汽器中冷却成液体，然后经循环泵打回蒸汽发生器再循环工作。

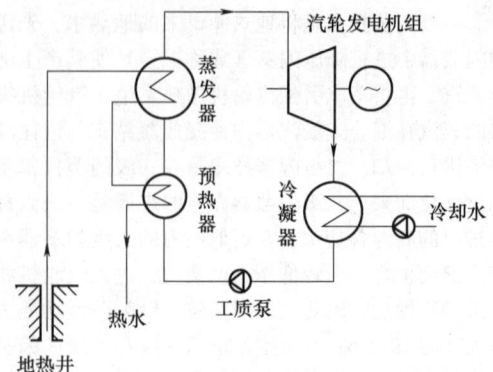

图 19.1-7　双工质发电技术示意图

双工质发电技术的优点是：利用低品位热能的效率较高，设备紧凑，汽轮机的尺寸小，易于适应化学成分比较复杂的地下热水。缺点是：不像闪蒸发电那样可以方便地使用混合式蒸发器和冷凝器，相比水介质来说双工质系统需要相当大的金属换热面积。

当热水温度在 80~130℃ 时，两级地热闪蒸发电系统的单位热水净发电量比闪蒸-双工质联合系统的单位热水净发电量多达 19.4%；当热水温度在 130~150℃ 时，闪蒸-双工质联合系统的单位热水净发电量比两级地热闪蒸发电系统的单位热水净发电量多达 5.5%。

10　全流发电技术　全流发电（Total-Flow Power Generation，TFPG）是将地热井口的全部流体，包括所有的蒸汽、热水、不凝气体及化学物质等，不经处理直接送进一台特殊设计的膨胀机做功，使其一边膨胀一边做功，最后以气体的形式从膨胀机的排汽口排出的一种发电技术，如图 19.1-8 所示。流体由膨胀机的喷嘴调节阀进入高压汽室，当转子旋转时，高压汽室逐渐加长，体积不断增大，地流体通过螺旋膨胀机不断膨胀，直至排出，流体在这对转子间的有效体积膨胀产生有用功。为了适应不同化学成分范围的地热水，特别是高温高盐的地热水，膨胀机的设计应该具备这种适应能力。

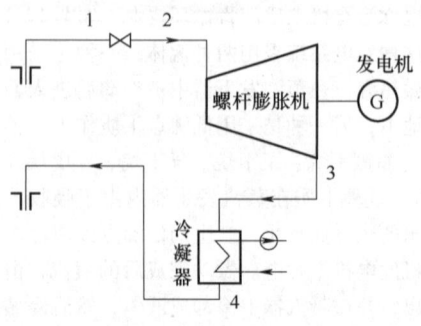

图 19.1-8　全流式发电技术示意图

为了获得全流系统的优越性能，膨胀机的效率必须达到 70% 以上。

全流发电系统比闪蒸地热发电系统中的一级闪蒸法和二级闪蒸法地热发电系统的单位净输出功率可分别提高约 60% 和 30%。

1.3　生物质能发电

11　生物质能发电概述　生物质能发电（Biomass Power Generation，BPG）是以生物质及其加工转化成的固体、液体、气体为燃料的热力发电技术。生物质是指利用大气、水、土地等通过光合作用而产生的各种有机体，即一切有生命的可以生长的有机物质统称为生物质。生物质能，就是太阳能以化学能形式贮存在生物质中的能量形式，即以生物质为载体的能量。它直接或间接来源于绿色植物的光合作用，可转化为常规的固态、液态和气态燃料，取之不尽、用之不竭，是一种可再生能源，同时也是唯一一种可再生的碳源。

生物质能发电时发电机可以根据燃料的不同、温度的高低、功率的大小分别采用煤气发动机、斯特林发动机、燃气轮机和汽轮机等。

生物质能发电形式主要有：生物质直接燃烧发电、生物质热解气化发电、生物质发酵气化发电等。

生物质能发电是最具产业化、规模化前景的可再生能源，与小水电、风能、太阳能等间歇性能源发电相比，生物质能发电受自然条件限制小，可靠性高、持续性好、燃料来源广泛等优点。利用当地生物质能资源就地发电、就地利用，不需外运燃料和远距离输电，适用于居住分散、人口稀少、用电负荷较小的农牧区及山区。可用于发电的生物质包括：薪炭林、经济林、用材林、农作物、各类有机垃圾等。

据估计，全世界每年由光合作用而固定的碳达 $2×10^{11}$t，含能量 $3×10^{18}$kJ，可开发的能源约相当于全世界每年耗能量的 10 倍；生成的可利用生物质约为 1 700 亿 t，而目前将其作为能源来利用的仅为 13 亿 t，约占其总产量的 0.76%，资源开发利用潜力巨大。

12　生物质直接燃烧发电　生物质直接燃烧发电（Biomass Direct Combustion Power Generation，BDCPG）是指把生物质原料送入适合生物质燃烧的特定锅炉中直接燃烧，产生蒸汽，带动蒸汽轮机及发电机进行发电的技术，是生物质发电关键技术之一。

生物质直接燃烧发电技术中的生物质燃烧方式包括固定床燃烧或流化床燃烧等方式。固定床燃烧对生物质原料的预处理要求较低，生物质经过简单处理甚至无须处理就可投入炉内燃烧。流化床燃烧要求将大块的生物质原料预先粉碎至易于流化的粒度，其燃烧效率和强度都比固定床高，该技术在我国应用较少，因为其要求生物质资源集中、数量巨大，如果大规模收集或运输生物质，将提高原料成本，因此该技术比较适于现代化大农场或大型加工厂的废物处理。

已开发应用的生物质锅炉种类较多，如木材锅炉、甘蔗渣锅炉、稻壳锅炉、秸秆锅炉等，分别适用于生物质资源比较集中的区域，如谷米加工厂、木料加工厂等附近。

13 生物质热解气化发电 生物质热解气化发电（Biomass Pyrolysis Gasification Power Generation，BPGPG）是利用空气中的氧气或含氧物作气化剂，在高温条件下将生物质燃料中的可燃部分转化为可燃气（主要是CO、H_2、CH_4），再燃烧这些可燃气体进行发电的技术。其基本原理是在不完全燃烧条件下，将生物质加热，使较高分子量的有机碳氢化合物发生裂解、燃烧、还原反应，转化为较低分子量的CO、H_2、CH_4等可燃气体。可燃气体经过除尘、除焦等净化处理，作为燃料驱动燃气轮机或燃气内燃机组发电。

生物质原料通常含有$60\% \sim 80\%$挥发成分，受热后，在相对较低的温度下就有相当量的固态物质转化为挥发性气体析出。由于生物质的这种独特性质，使得气化技术非常适用于生物质原料的转化。生物质热解气化的目标产物是燃气，应尽量减少气化过程中焦油和未反应炭的数量。因此热解气化技术研究的主要目的是设计合理的工艺和设备结构，保证气化各反应阶段的充分反应，即大分子挥发性物质的充分裂解和二氧化碳气体的充分还原，以获得尽可能多的燃气。

生物质气化发电技术是研究与应用最多、装备最为完善的技术。生物质气化发电有三种方式：①作为蒸汽锅炉的燃料燃烧生产蒸汽带动汽轮机发电，这种方式对气体要求不是很严格，直接在锅炉内燃烧气化气，经过旋风分离器除去杂质和灰分后即可使用，燃烧器在气体成分和热值有变化时，能够保持稳定的燃烧状态，排放污染物较少。②在燃气轮机内燃烧带动发电机发电，这种方式对气体的压力有要求，一般为$10 \sim 30 kg/cm^2$，该种技术存在

灰尘、杂质等污染问题。③在内燃机内燃烧带动发电机发电，这种方式应用广泛，效率高，但是该种方法对气体要求极为严格，气化气必须经过净化和冷却处理。

大型的生物质气化发电系统均采用燃气轮机发电，这是世界上最先进的生物质发电技术。该系统包括两种发电技术：整体气化联合循环（Integrated Gasification Combined Cycle，IGCC）和整体气化热空气循环（Integrated Gasification Hot Air Circulation，IGHAC）。IGCC基于燃气轮机系统发电后排放的尾气温度大于$500℃$，所以增加余热锅炉和过热器产生蒸汽，再利用蒸汽循环，可以有效提高发电效率。该系统由物料预处理设备、气化设备、净化设备、换热设备、燃气轮机、汽轮机等发电设备组成，功率范围在$7 \sim 30MW$，整体效率可以达到40%。IGHAC和IGCC的主要区别在于用一个燃气轮机代替了后者的燃气轮机和汽轮机，由水蒸气和燃气的混合工质通过燃气轮机输出有用功，其整体效率可以达到60%。

气化反应器是实现生物质气化工艺的核心设备，根据采用的反应器类型的不同，可分为固定床气化、流化床气化和携带床气化等。

14 生物质发酵气化发电 生物质发酵气化发电（Biomass Fermentation Gasification Power Generation，BFGPG）是通过将生物质发酵，生成可燃烧的气体进行发电的技术。

将有机物质（如作物秸秆、杂草、人畜粪便、垃圾、污泥及城市生活污水和工业有机废水等）在厌氧条件下，通过功能不同的各类微生物的分解代谢，最终产生以甲烷（CH_4）为主要成分的沼气，其中还含有少量其他气体，如水蒸气、硫化氢、一氧化碳和氮气等。沼气发酵过程一般可分为3个阶段：水解液化阶段、酸化阶段和产甲烷阶段。沼气发酵包括小型户用沼气池技术和大中型厌氧消化技术。

沼气可用于发电，目前成熟的国产沼气发电机组的功率主要集中在$24 \sim 600kW$这个区段。从沼气工程的产气量来看，有不少沼气工程适宜配建$500kW$以上的沼气发电机组。为了合理、高效地利用在治理有机废弃污染物中产生的沼气，普遍使用往复式沼气发电机组进行沼气发电。使用的沼气发电机大都是属于火花点火式气体燃料发电机组，并对发电机组产生的排气余热和冷却水余热加以充分利用，可使发电工程的综合热效率高达80%以上。通常每100万t的家庭或工业废物就足以产生充足的

甲烷作为燃料供一台 1MW 的发电机运转 10~40 年。

1.4　纳米发电技术

15　纳米发电技术概述　纳米发电技术（Nano-Generator Technology，NGT）是将纳米尺度的机械能转换为电能的一种技术，是世界上最小尺度的发电技术，尽管每个单元尺度很小，但通过大量的集成，将不同尺度的机械能转换成电能，做成宏观的发电机。由于单元尺度到纳米，适用面很广，可以将非常微小的机械能转换成电能，未来人类一举一动都可发电。

近年来，新能源领域出现了一种创新性的思路：零散能量收集，其中最重要也最具有代表性的就是零散机械能的收集与发电，即收集弱（无）规律性的机械能用于发电。这种弱（无）规律性既来源于机械力强度的无规则变化，也来自于机械力形式的多样性——振动、摩擦、扭转等。

目前纳米发电技术主要包括 3 类：压电纳米发

电技术、摩擦纳米发电技术和热释电纳米发电技术。

16　压电纳米发电技术　压电纳米发电（Piezoelectric Nano-Generator，PNG）是利用特殊纳米材料（如氧化锌）的压电性能与半导体性能，把弯曲和压缩的机械能转变为电能的微型发电技术。

压电效应是电介质材料中一种机械能与电能互换的现象，压电效应分为两种，即正压电效应与逆压电效应。压电效应是指由于形变而产生电极化的现象。当对压电材料施以物理压力时，材料体内的电偶极矩会因压缩而变短，此时压电材料为抵抗这种变化会在材料相对的表面上产生等量正负电荷，以保持原状，这种由于施加外力导致形变而产生电极化的现象称为"正压电效应"，正压电效应实质上是机械能转化为电能的过程。反之当施加电压产生机械应力的现象称为"逆压电效应"。也就是说，压电陶瓷具有机械能与电能之间的转换和逆转换的功能。如图 19.1-9 所示，如果压力是一种高频震动，则产生的就是高频电流；而高频电信号加在压电陶瓷上时，则产生高频机械振动声信号，即超声波信号。

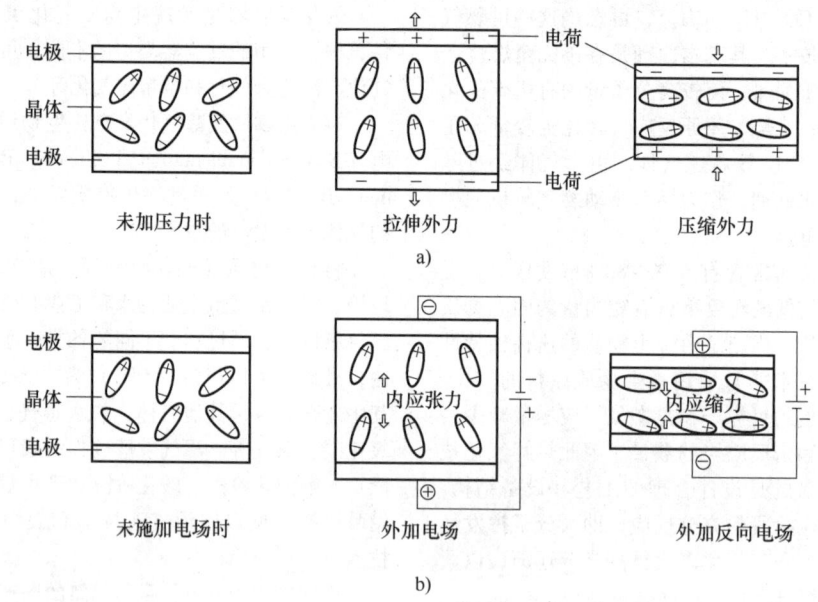

图 19.1-9　压电效应原理图
a）正压电效应——外力使晶体产生电荷　b）逆压电效应——外加电场使晶体产生形变

压电器件机电耦合的系统能量 U 为

$$U = \frac{1}{2}(TS + DE)$$

式中　D——电位移；
　　　　T——应力；
　　　　S——应变；
　　　　E——电场强度。

式中包含 3 种能量形式，即形变能、机械能向电能转换耦合电能和压电体内静电能。在微尺度条件下，设计合理的微型压电发电结构，振动能、生物能、风能、流水能，甚至同位素衰变粒子动能等都可驱动压电材料产生反复变形，实现机械能向电能转换。

压电材料可以因机械变形产生电场，也可以因电场作用产生机械变形，这种固有的机-电耦合效应使得压电材料在工程中得到了广泛的应用。利用压电效应制成的压电纳米发电机可用作声换能器、压电驱动器等，可为无线传感网络节点等微功耗系统长期供电。

17　摩擦纳米发电技术　摩擦纳米发电（Tribo Nano-Generators，TNGs）是利用两种对电子束缚能力不同的材料，相互接触时得失电子而在外电路产生电流的微型发电技术。通常摩擦纳米发电是由两个现象完成的，即接触起电和静电感应，此二者缺一不可。所谓接触起电（摩擦起电），就是说任意两种不同的材料，只要接触了，由于原子间距靠近，有些核外电子轨道被共用，从而使得电子在两个原子间发生转移的现象。摩擦纳米发电机（Triboelectric Nanogenerators，TENGs）是基于接触起电效应开发的一种微型发电机，它能依靠接触点势的充电泵效应，把微小的机械能转化为电能。

目前摩擦纳米发电技术主要有四种模式：垂直接触分离模式、平面滑动模式、单电极模式和独立层模式，如图 19.1-10 所示。

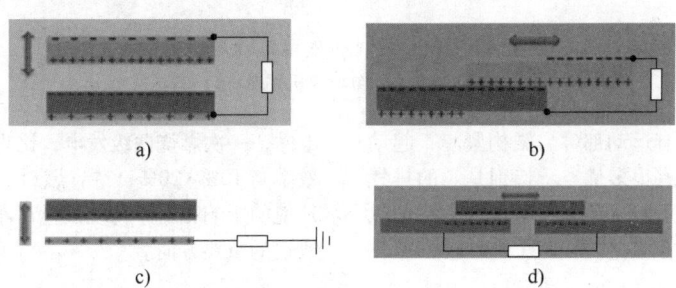

图 19.1-10　摩擦纳米发电机的四种基本工作模式
a）垂直接触分离模式　b）平面滑动模式　c）单电极模式　d）独立层模式

TENGs 的优点是可以收集生活中各种机械能来转化为电能，因而在生产和生活方面具有广阔的应用前景。TENGs 和传统的电磁感应发电相比，能源收集形式多样，且输出电压较高，可达千伏以上，能形成高强电场，可在驱动个人便携式电子产品以及自驱动传感器等方面有着极大的研究价值和广阔的应用前景。

18　热释电纳米发电技术　热释电纳米发电（Pyroelectric Nano-Generators，PNGs）是利用纳米结构的热释电材料把外界的热能转换成电能的微型发电技术。热释电效应是指极化强度随温度改变而表现出的电荷释放现象，宏观上是温度的改变使得材料的两端出现电压或产生电流，是晶体的一种自然物理效应。

热释电纳米发电技术的工作原理有两种：第一热释电效应和第二热释电效应。第一热释电效应描述了在没有应变情况下产生的电荷，存在于锆钛酸铅（Lead Zirconate Titanate，LZT）、钛酸钡（Barium Titanate，BTO）等铁电材料中，当温度从室温升高到较高的温度，温度的增加将导致电偶极子在各自的对称轴附近更加剧烈的摆动，从而产生了电子的流动；第二热释电效应描述了热膨胀引起的应变导致的电荷，其存在于氧化锌（ZnO）、硫化镉（CdS）以及其他一些纤锌矿结构材料中，热形变可以引起材料中的压电电势差，驱动电子在外电路中流动。

热释电纳米发电机的输出电流 I 由方程 $I = pA(dT/dt)$ 确定，其中 p 表示热释电系数，A 是纳米发电机的有效面积，dT/dt 是温度变化率。

热释电纳米发电机具有输出电压高和输出电流小的特点，能够应用到各种温度随时间波动的地方，它不仅可以作为潜在的电源，也可以作为自驱动传感器来监测温度变化。

1.5　磁流体发电

19　磁流体发电技术　磁流体发电（Magneto-hydrodynamic Power Generation，MPG）是通过利用流动的导电流体（通常是电离的气体或等离子体）与磁场的互相作用来发电的技术。

磁流体发电技术就是用燃料（石油、天然气、燃煤、核能等）直接加热成易于电离的气体，使之在 2000℃ 的高温下电离成导电的离子流，然后让其在磁场中高速流动，导电流体在通道中横越磁场 B 流过时，由于电磁感应而在垂直于磁场和流速的方向上感生出一个电场 E，如把导电流体与外负载相接，导电流体中的能量就可直接转换成电能，向外输出。这样能省去普通发电机组中某些能量转换的中间过程，因此这种发电又称磁流体直接发电，在这种发电装置中主要部件是发电通道、电极和磁场。磁流体发电的工作原理如图 19.1-11 所示。

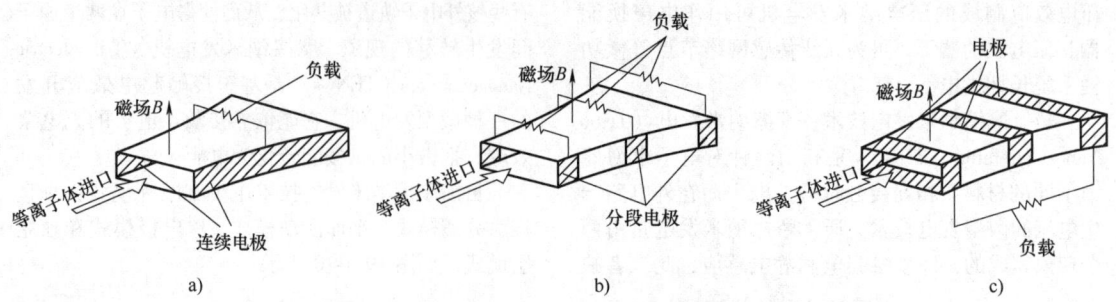

图 19.1-11　磁流体发电工作原理图
a）连续电机发电　b）分段电机发电　c）霍尔发电

磁流体发电机没有运动部件，结构紧凑、起动迅速、环境污染小，有很多优点。特别是它的排气温度高达 2 000℃，可通入锅炉产生蒸汽，推动汽轮发电机组发电。这种磁流体-蒸汽动力联合循环电站，一次燃烧两级发电，比现有火力发电站的热效率高 10%~20%，节省燃料 30%。磁流体发电对环境的影响相对于传统发电厂小，是火力发电技术改造的重要方向。

第2章 燃料电池

2.1 燃料电池基础

20 燃料电池定义 燃料电池（Fuel Cell，FC）是一种能量转换装置，它将燃料中的化学能通过电化学反应直接转化为电能，是继水力发电、热能发电、核能发电之后兴起的第四种发电技术。燃料电池的基本结构与其他化学电源相同，都是由正极（氧化剂电极）、负极（燃料电极）、电解质及隔膜和壳体构成，所不同的是燃料电池不在内部存储能量，电极活性物质不装配在电池内部，电极仅起催化和集流作用。电池工作时，携带能量的燃料和氧化剂被源源不断地输入到燃料电池中，经过电化学反应转化为电能，并不断排出产物。原则上说，只要能够连续地供应燃料和氧化剂，燃料电池就能连续发电。

燃料电池的这种工作方式与传统热机接近，即不断地从外部获得燃料，不断输出电能，并不断排放反应产物。但与传统热机相比，它不受卡诺循环的限制，能量转化效率高、环境友好（排放的 NO_x、SO_x 等污染物极少）、噪声小（无机械传动装置）。

20 世纪 80 年代末，由于化石能源日趋贫乏以及保护生态环境日益受到重视，燃料电池发电技术出现研究和开发的热潮。燃料电池电站、电动车用燃料电池、燃料电池小型移动电源和微型燃料电池的开发都得到迅速发展。

21 燃料电池工作原理 燃料电池的核心部分由阳极、阴极、电解质这三个基本单元构成，燃料电池从化学能到电能的全部转换过程都是通过这三个基本单元来完成的。阳极是燃料发生氧化反应的场所，阴极是氧化剂发生还原反应的场所；电解质位于阳极和阴极之间，具有传导离子以及阻止燃料和氧化剂直接接触的作用。

以酸性电解质的氢-氧燃料电池为例说明燃料电池的工作原理（见图 19.2-1）。

氢气作为燃料被输送到燃料电池的阳极，在催

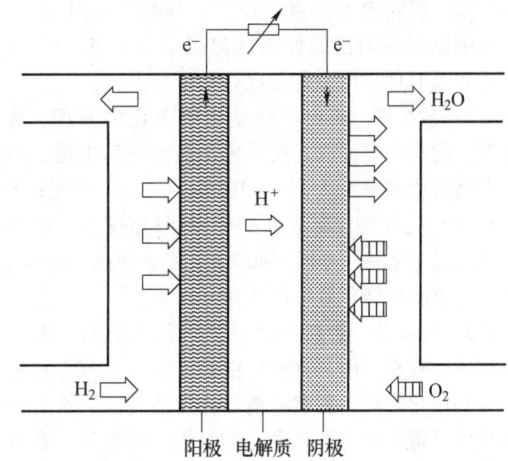

图 19.2-1 酸性电解质氢-氧燃料电池的工作原理

化剂的作用下发生电化学氧化反应（阳极反应）

$$H_2 \longrightarrow 2H^+ + 2e^- \qquad (E^0 = 0V)$$

在生成质子的同时释放两个自由电子。质子通过酸性电解质由阳极传递到阴极，自由电子通过电子导体由阳极流经负载后到达阴极。在阴极处，氧气在催化剂的作用下发生电化学还原反应（阴极反应）

$$\frac{1}{2}O_2 + 2H^+ + 2e^- \longrightarrow H_2O \qquad (E^0 = 1.23V)$$

即与从电解质传来的质子和从外电路传来的电子结合生成水分子。总的电池反应为

$$H_2 + \frac{1}{2}O_2 \longrightarrow H_2O \qquad (E^0_{cell} = 1.23V)$$

电池的总反应与氢气的燃烧反应相同，但是发生燃烧反应时，氢气与氧气直接接触释放热能，而在燃料电池中，氢气与氧气无直接接触，其氧化和还原反应在各自的电极上进行。由于两个电极的反应电势不同，电子可从电势低的阳极流向电势高的阴极，并释放电能。

电极反应过程通常需经历气相扩散、吸附、液相扩散、溶解、电化学反应等步骤。为使这些步骤顺利进行，不仅需要高活性、长寿命的催化剂，还

需要有良好的多孔扩散电极材料，以增大气态反应物、电解液和电极三者的三相接触界面，促使电化学反应顺利完成。

除阳极、阴极、电解质外，为使电池正常工作，燃料电池还必须有反应剂供应系统、排热系统、排水系统、电性能控制系统、安全系统等辅助系统，以确保电池持续获得燃料和氧化剂，并及时排走反应生成的水和热。

22　燃料电池特点　作为一种新型发电装置，燃料电池与目前广泛使用的热机（蒸汽机和内燃机）以及其他发电方式相比有如下特点：

1）效率高。燃料电池是利用电化学原理，通过等温的电化学反应直接将化学能转化为电能，理论上其转化效率可达 75%～100%。在目前的技术水平上，实际的发电效率在 40%～60% 范围内，略高于火力发电效率（30%～40%）。若实现热电联供，燃料的总能量转化效率可达 80% 以上。

2）污染低。燃料电池以氢气作为燃料，其反应产物只有水。由于自然界中并不存在氢气，目前主要利用化石燃料制氢，例如将天然气通过水气转换反应获得可作为燃料电池燃料的富氢气体。在这种制氢过程中排放的二氧化碳的量比将化石燃料直接燃烧所排放的量少 40% 以上，可有效减缓温室效应。此外，由于燃料电池的燃料气在反应前需脱除硫及其化合物，且燃料电池不经过热机的燃烧过程，因此其几乎不排放硫的氧化物、氮氧化物以及粉尘等大气污染物。

3）噪声低。火力发电、水力发电、核能发电等发电技术目前均需要使用大型涡轮机，其在工作过程中高速运转，产生很大的噪声；对于应用在车船等移动场景的内燃机，其噪声也很大，需进行隔音降噪。而燃料电池本身不含运动部件，附属系统仅含有很少的运动部件，因此可以安静地运行。燃料电池噪声低这一特点使得燃料电池电站可以建在居民生活及办公区域附近，有效降低长距离输电所造成的电能损失。

4）适用范围广。燃料电池的基本单元为单电池，将基本单元组装起来可形成电池组，将电池组集合起来可构成燃料电池的发电装置。因此，燃料电池的发电容量取决于单电池的功率及数目。燃料电池采用模块式结构进行设计和生产，可根据不同需要灵活组装成不同规模的燃料电池发电站。此外，燃料电池质量轻、体积小、比功率高，易于移动，适用于多种应用场景。

23　燃料电池种类　通常燃料电池可根据其工作温度、电解质类型、结构特点、所用燃料种类以及应用领域等进行分类。

按照工作温度，可分为高、中、低温燃料电池。在室温至 100℃ 条件下工作的称为低温燃料电池；工作温度在 100～300℃ 之间的称为中温燃料电池；工作温度高于 600℃ 的称为高温燃料电池。

按照应用领域的不同，可分为航天用电池、潜艇动力用电池、车用动力电池、微型燃料电池等。

目前广泛采用的方法是根据燃料电池中所用的电解质进行分类，即碱性燃料电池（Alkaline Fuel Cell，AFC）、磷酸燃料电池（Phosphoric Acid Fuel Cell，PAFC）、熔融碳酸盐燃料电池（Molten Carbonate Fuel Cell，MCFC）、固体氧化物燃料电池（Solid Oxide Fuel Cell，SOFC）和质子交换膜燃料电池（Proton Exchange Membrane Fuel Cell，PEMFC）等五类。有人按照这些电池的研发时间先后分别称之为第一代、第二代、第三代、第四代、第五代燃料电池。这五类代表性燃料电池的主要特征列于表 19.2-1。

表 19.2-1　五类燃料电池的性能特征

电池类别	AFC	PAFC	MCFC	SOFC	PEMFC
正极	C（催化剂）	C/Pt	NiO	$LaSrMnO_3$	C/Pt
负极	C/Pt	C/Pt	Ni	Ni/YSZ	C/Pt
电解质	KOH 水溶液	H_3PO_4 水溶液	$Li_2CO_3 \cdot K_2CO_3$	$ZrO_2+Y_2O_3$	聚合物离子交换膜
导电离子	OH^-	H^+	CO_3^{2-}	O^{2-}	H^+
燃料	纯氢	燃气、甲醇（重整氢）	天然气、甲醇、净化煤气（重整氢）	净化煤气、甲醇、天然气	氢气、重整氢
氧化剂	纯氧	空气	空气	空气	空气

（续）

工作温度/℃	50~200	100~200	650~700	900~1 000	<100
比功率/（W·kg⁻¹）	35~105	120~180	30~40	15~20	340~1 200
理论电压/V	1.18	1.14	1.03	0.92	1.17
优点	设计简单	热量高	高效、耐 CO	高效、耐 CO	启动快、无泄漏
缺点	不耐 CO_2	漏液、电导率低	启动时间长、怕碱	启动时间长、工作温度高	不耐 CO、水管理复杂

2.2 质子交换膜燃料电池

24 质子交换膜电池工作原理 用氢气做燃料的质子交换膜燃料电池（Proton Exchange Membrance Fuel Cell，PEMFC）的工作原理见图 19.2-2。单体电池主要由氢气气室、阳极、质子交换膜、阴极和氧气气室组成。

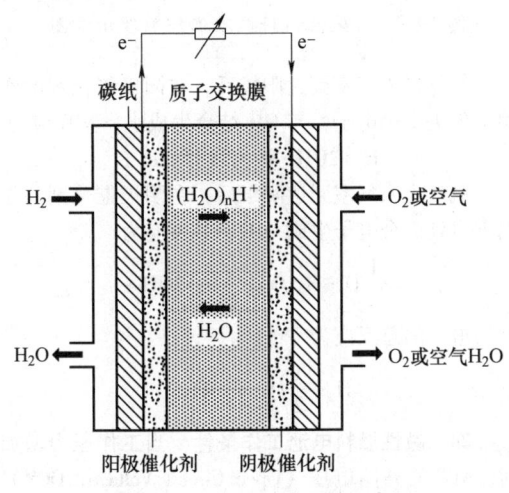

图 19.2-2 PEMFC 原理示意图

质子交换膜将电池分割成阴极和阳极两部分。阴极和阳极均采用多孔扩散电极，气体扩散电极具有双层结构，由扩散层（通常为碳纸）和反应（催化）层组成。燃料电池制备过程中通常通过热压将阴极、阳极与质子交换膜复合在一起形成膜电极组件（Membrane and Electrode Assembly，MEA）。

PEMFC 通常使用氢气做燃料。氢气进入气室到达阳极后可在阳极催化剂的作用下失去 2 个电子生成 H^+

$$H_2 \longrightarrow 2H^+ + 2e^-$$

生成的质子 H^+ 以水合氢离子的形式通过质子交换膜到达阴极，电子通过外电路对负载做功后到达阴极。氧气进入气室到达阴极后在阴极催化剂的作用下与到达阴极的 H^+ 及电子结合生成水，其反应式为

$$\frac{1}{2}O_2 + 2H^+ + 2e^- \longrightarrow H_2O$$

电池的总反应为

$$H_2 + \frac{1}{2}O_2 \longrightarrow H_2O$$

25 质子交换膜电池组系统 PEMFC 单体可组合形成电池组。为使电池组正常工作，须有氢源、氧源、水管理、热管理等辅助系统。

1）氢源。PEMFC 对氢源的要求是安全、容量大、成本低、使用方便。目前对于 PEMFC 电动车的车用氢源通常有三种：高压氢源、车用高温裂解制氢装置氢源和储氢材料氢源。高压氢源是用压力容器盛放压缩氢气，该方法技术简单、成本较低，但是储氢密度很低，且有安全性问题；车用高温裂解制氢装置氢源是用车载的甲醇、汽油、天然气高温裂解制氢装置做氢源，该种方法技术难度较大且需要保持高温，难以实际应用；储氢材料氢源是用储氢材料将氢气存储起来，该种方法具有安全性高，但目前储氢密度普遍不高，储氢密度相对较高的材料释氢动力学通常较差，释氢动力学优异的反应过程控制难度较大。

2）氧源。PEMFC 中的氧化剂可以为纯氧或者空气中的氧。用纯氧时电池性能好，但需要高压氧钢瓶等氧源。用空气中的氧可通过风机或者高压空气实现供给，普通风机价格低、使用方便，但电池性能较低；高压空气可提高电池性能，但空压机价格较高、能耗较大。

3）水管理。水管理对于 PEMFC 十分重要。一方面，PEMFC 中使用的质子交换膜（Nafion 膜）工作过程中需要水的参与，没有水分则质子交换膜

无法传导质子,电池无法工作;另一方面,氧在阴极上还原生成水,电池内水如不能及时排出将淹没电极,阻塞气体扩散层或电极上的孔洞,影响气体扩散。在实际应用中,PEMFC 电堆一般容易干燥,因为在氢电极一侧水会随 H^+ 迁移至氧电极一侧,而氧电极一侧在用空气做氧化剂时由于空气流量较大会将电极吹干。通常用增湿的方法控制水,常见的增湿方法有鼓泡、喷射和自吸等。

4)热管理。PEMFC 的热管理是指对电池温度的控制。PEMFC 的能量转化效率为 40%~50%,约有一半的能量转化为热。为保持电池的恒温运行,防止局部过热,需要对电池进行热管理。为保证电池的工作效率同时保证质子交换膜中的水分含量,PEMFC 的工作温度通常设定为 80℃。目前普遍采用的热管理技术是在双极板中设置冷却通道,将电池运行过程中产生的热量及时排出。一般使用的冷却剂是水,也可在其中加入乙二醇防止结冰。

26　质子交换膜电池应用　PEMFC 应用十分广泛,主要应用领域包括:固定式发电、交通运输、便携式电源等,在国防领域也有十分重要的应用。目前 PEMFC 在固定式发电领域应用规模较大,是 PEMFC 的主要应用领域;PEMFC 在交通运输领域的应用越来越多,占比也在逐年增加。国外军方开展燃料电池在军事上研究比较早,燃料电池在陆军装备中的应用主要有三方面:①作为单兵作战动力电源(100W);②作为移动电站(100~500W);③作为地面军用动力驱动电源(500W~10kW)。在海军装备中的应用主要有三个方面:①作为海面舰艇辅助动力源;②作为水下无人驾驶机器人电源;③作为潜艇的驱动电源。

影响 PEMFC 大规模商业化应用的主要因素有:价格过高、缺乏安全高密度的氢源、0℃下无法启动、贵金属催化剂储量有限、空气中 SO_2 污染物易毒化催化剂、运行寿命普遍较低等。

2.3　碱性燃料电池

27　碱性燃料电池工作原理　碱性燃料电池(Alkaline Fuel Cell,AFC)采用 KOH 或 NaOH 水溶液等碱性物质作为电解质溶液,在电解质内部传导 OH^-。在较低温度(<120℃)下通常采用质量分数为 35%~50% 的 KOH 溶液,在较高温度(如200℃)下通常采用质量分数为 85% 的 KOH 溶液。在碱性条件下,氧化还原反应比酸性电解质中更易发生。碱性燃料电池通常采用氢气作为燃料,纯氧

或脱除二氧化碳的空气作为氧化剂。一般采用 Pt-Pd/C、Pt/C、Ni 等对氢具有较好催化活性的电催化剂制备的多孔扩散电极作为氢电极,采用对氧电化学还原催化活性较好的 Pt/C、Ag 等作为催化剂制备的多孔气体扩散电极作为氧电极,其工作原理如图 19.2-3 所示。

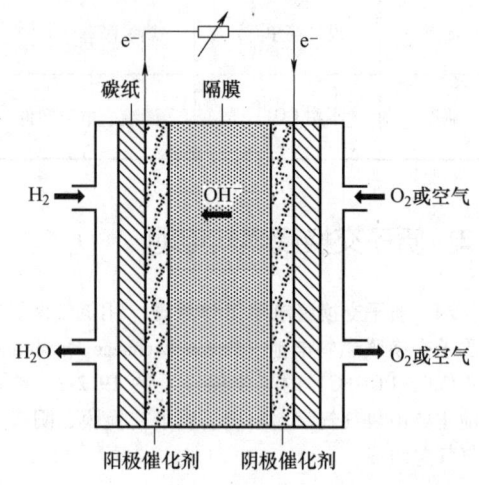

图 19.2-3　碱性燃料电池工作原理示意图

氢气进入气室到达阳极后,在阳极催化剂的作用下失去 2 个电子,与 OH^- 结合生成水,其反应为

$$H_2+2OH^- \longrightarrow 2H_2O+2e^-$$

氧气进入气室到达阴极后,在阴极催化剂的作用下得到 2 个电子生成 OH^-,其反应为

$$\frac{1}{2}O_2+H_2O+2e^- \longrightarrow 2OH^-$$

电池的总反应为

$$H_2+\frac{1}{2}O_2 \longrightarrow H_2O$$

28　碱性燃料电池工作条件　当工作压力增加时,AFC 的开路电压(Open Circuit Voltage,OCV)、交换电流密度都会增加,可大幅度提高燃料电池的工作性能。因此,大部分碱性燃料电池都是在高于常压的条件下工作的,通常工作压力在 0.4~0.5MPa 范围内。高压的工作条件对材料的机械强度以及气密性等都提出了更高的要求。

提高电池的工作温度可以提高电化学反应速率、增强传质、减少浓差极化以及欧姆极化等,进而改善电池性能。碱性燃料电池的工作温度通常在 70℃ 左右。研究表明,在常压空气的条件下,当电介质 KOH 的浓度为 6~7mol/L 时,电池的工作温度为 70~80℃ 较好,当 KOH 的浓度为 8~9mol/L 时,电池的工作温度为 90℃ 较好。进一步提高碱性燃料

电池工作温度，为防止电解液沸腾，需加大电池压力，使得电池结构变复杂。

碱性燃料电池的氧化剂既可以是空气，也可以是氧气。使用纯氧作为氧化剂时，在额定电压下电池的性能较空气更高，其电流密度可增加50%。当使用空气作为氧化剂时，需要对气体进行预处理除去 CO_2 以防生成碳酸盐。

碱性燃料电池的排水方法有动态排水和静态排水两种。动态排水法是将在氢电极生成的水蒸发到其中，然后用风机循环氢气，使得水在电池外的冷凝器中冷却分离。该种方法较为简单，需要消耗一定的功耗，且增加了电池系统的运动部件，降低了系统运行的可靠性。静态排水法是在电池氢气室一侧增加一张浸了 KOH 溶液的微孔导水膜，导水膜外的水蒸气室维持负压。该方法只需控制水蒸气室的真空度，易于实现，但需要在每个单体电池增加一个水蒸气室，增加了结构的复杂度。

碱性燃料电池的反应为放热反应，为了维持电池温度恒定，需将产生的热排出。最为方便的方法是在使用循环性电解液时将热一并排出，也可将空气循环和电解液循环结合起来排热。

29 碱性燃料电池应用 碱性燃料电池最早应用于航天领域。1940~1950年间，英国剑桥大学制造出世界上第一个碱性燃料电池；1960~1965年间，美国 Pratt-Whitney 公司在美国国家航空航天局（NASA）资助下，为阿波罗登月计划成功开发了 PC3A 型的碱性燃料电池，其输出功率为1.5kW；美国联合技术公司开发出碱性燃料电池系统，并多次用于双子星座飞船上；美国国际燃料电池公司开发了第三代航天用碱性燃料电池系统，其输出功率为12kW，电池效率高达70%；欧洲空间研究和技术中心从1986年开始也研发了作为宇宙飞船候补电源系统的碱性燃料电池。

碱性燃料电池在航天领域取得成功后，人们开始研究地面用的碱性燃料电池。德国 Siemens 公司开发出了100kW的碱性燃料电池系统，可用作潜艇电源；比利时 Elenco 公司研发出电动车碱性燃料电池电源和应急电源；日本汤浅电池、日立制作所、富士电机等主要开发通信用电源、区域用电源、潜水艇用电源等高能量密度碱性燃料电池电源。

2.4 磷酸燃料电池

30 磷酸燃料电池工作原理 磷酸燃料电池（Phosphoric Acid Fuel Cell，PAFC）是以液态浓磷酸为电解质的电池，其阳极通入富氢并含有 CO_2 的气体，阴极通入空气作为氧化剂。与碱性燃料电池相比，PAFC 的显著特征之一是对 CO_2 具有耐受力，是世界上最早在地面应用的燃料电池。PAFC 的工作原理如图 19.2-4 所示。

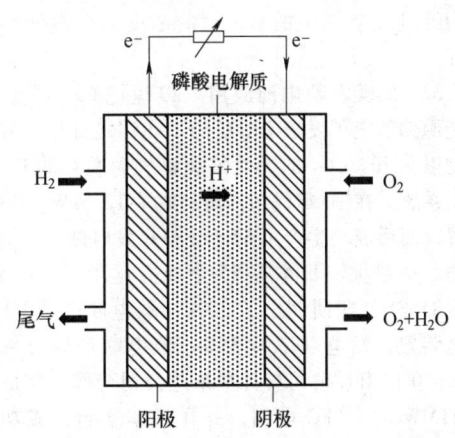

图 19.2-4 磷酸燃料电池工作原理示意图

阳极氢气在催化剂作用下失去电子生成 H^+，其反应为

$$H_2 \longrightarrow 2H^+ + 2e^-$$

反应生成的 H^+ 通过磷酸电解质到达阴极，电子通过外电路做功后到达阴极。氧气在阴极催化剂的作用下与 H^+ 及电子结合生成水，其反应为

$$\frac{1}{2}O_2 + 2H^+ + 2e^- \longrightarrow H_2O$$

电池的总反应为

$$H_2 + \frac{1}{2}O_2 \longrightarrow H_2O$$

31 磷酸燃料电池工作条件 PAFC 的工作温度为180~210℃。提高 PAFC 工作温度有利于性能改善，但同时会出现电池材料腐蚀增加、Pt 催化剂烧结、磷酸挥发等现象，对电池造成负面影响。PAFC 工作温度不宜超过210℃，否则会影响电池寿命。

增加反应气压力可以加快反应速率、提高发电效率，但同时会增加电池系统复杂性。对于小容量电池组，往往采用常压工作；对于大容量的 PAFC 电池组，一般选择加压工作，反应气压力通常为0.7~0.8MPa。

典型的 PAFC 燃料气体通常含有约80%的 H_2、20%的 CO_2，以及少量的 CH_4、CO 与硫化物。CO 会造成 Pt 催化剂中毒；燃料中的硫化物通常以 H_2S 的形式存在，H_2S 可强烈吸附在 Pt 表面占据催化中心，并被氧化为单质硫覆盖在 Pt 表面使得催化剂失活；高电位下，Pt 表面的硫可被氧化为 SO_2 而后脱离表面释放催化位点；燃料重整过程中的 NH_3、NO_x、HCN 等对电池性能均有负面影响，NH_3 的最大允许质量浓度为 $1mg/m^3$；PAFC 的氧化剂气体可以为纯氧或空气中的氧，氧的浓度越高电池性能越好。

32　磷酸燃料电池应用　20 世纪 60 年代，美国能源部制定了发展 PAFC 的 TARGET 计划，开始研制以含 $20\%CO_2$ 的天然气裂解气为燃料的 PAFC 发电系统，在 70 年代初，研制成了 12.5kW 的发电装置，而后成功生产了 64 台 PAFC 发电站，分别在美国、加拿大、日本等 35 个地方试用；1990 年，美国 ONSI 公司研制出了 200kW 热电联产型 PAFC 发电装置，发电效率为 35%，热电联产后效率达 80%；美国 IFC 公司与日本东芝公司合作研制成功了 11MW 的 PAFC 电站，并在日本运行，成功为 4000 户家庭供电。

PAFC 还可用于电动车动力电源。日本富士电机公司于 1998 年研制成了 5kW 的 PAFC 并用于叉车升降器上；日本三洋电气公司在 1992 年研制成了 PAFC 与太阳能电池结合的电动轿车。

PAFC 已经进入商业化初期阶段，但目前成本仍然较高。

2.5　熔融碳酸盐燃料电池

33　熔融碳酸盐燃料电池工作原理　熔融碳酸盐燃料电池（Molten Carbonate Fuel Cell，MCFC）采用碱金属（Li、Na、K）的碳酸盐作为电解质，工作温度为 600~700℃。该温度下电解质为熔融状态，载流子为碳酸根离子。典型的电解质组成为 $62\%Li_2CO_3+38\%K_2CO_3$。MCFC 工作原理如图 19.2-5 所示。

MCFC 的燃料气是 H_2（也可以为 CO），氧化剂是 O_2。反应时，阳极的 H_2 与从阴极迁移过来的 CO_3^{2-} 反应生成 CO_2 和 H_2O，并生成电子由外电路传输到阴极，其反应式为

$$H_2+CO_3^{2-} \longrightarrow CO_2+H_2O+2e^-$$

阴极的 O_2 与 CO_2 以及外电路传来的电子发生反应生成 CO_3^{2-}，其反应式为

$$\frac{1}{2}O_2+CO_2+2e^- \longrightarrow CO_3^{2-}$$

电池总反应为

$$\frac{1}{2}O_2+H_2+CO_2（阴极）\longrightarrow CO_2（阳极）+H_2O$$

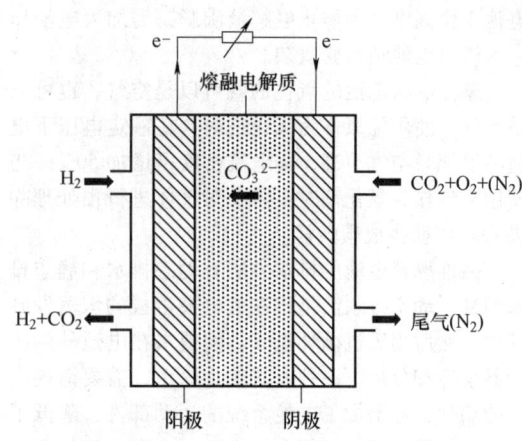

图 19.2-5　MCFC 工作原理示意图

当有 CO 参与时，其阳极反应为

$$CO+CO_3^{2-} \longrightarrow 2CO_2+2e^-$$

阴极反应为

$$\frac{1}{2}O_2+CO_2+2e^- \longrightarrow CO_3^{2-}$$

总反应为

$$\frac{1}{2}O_2+CO+CO_2（阴极）\longrightarrow 2CO_2（阳极）$$

MCFC 的净反应为 H_2 或 CO 的氧化反应。

MCFC 的优点：①由于工作温度高，电极反应的活性高，不需要高效贵金属催化剂，因此发电成本低；②可应用的燃料气广泛，天然气、一氧化碳等催化重整后均可直接使用，符合高效、大功率燃料电池电站的要求；③电池排放的余热温度高，可回收利用和循环利用，热电联供效率可达 70% 以上；④MCFC 可采用空气冷却，适用于缺水地区发电使用。

MCFC 的不足之处：①阴极反应物有 CO_2，阳极产物有 CO_2，为使电池连续稳定工作，需配备 CO_2 循环装置；②强碱性高温度的腐蚀作用对电池的各种材料提出了十分苛刻的要求，电池寿命因而受到限制；③电池需高温高湿密封，电极材料需防高温蠕变。

34　熔融碳酸盐燃料电池工作条件　提高 MCFC 的工作压力可提高电池电动势、增强电池性能。然而，压力的增大也有利于碳沉积反应、甲烷化反应等发生，可导致阳极气路堵塞并消耗 H_2 分子。在燃料中加入 H_2O 和 CO_2 可以限制副反应发生。

大多数碳酸盐在低于 520℃ 时不是熔融状态。在 575~650℃ 之间，电池性能随温度增加而提高；

当高于 650℃ 时，性能提高有限，且电介质因挥发而损失，腐蚀性也会增强。因此，MCFC 的最佳工作温度为 650℃。

MCFC 的电压随反应气体（氧化剂气体和燃料气体）的组成而变化。提高氧化剂或燃料的利用率均会导致电池性能的下降，但反应气利用率过低将增加电池系统的内耗。综合两方面考虑，一般氧化剂的利用率控制在 50% 左右，而燃料的利用率控制在 75%~85%。

煤气是将 MCFC 的主要燃料，而煤衍生燃料中的杂质对 MCFC 的性能可产生各种影响，其中的硫化物可吸附在镍催化剂表面堵塞电化学反应中心，卤化物会腐蚀阴极室材料，固体颗粒会堵塞气体通路或覆盖阳极表面等。

35 熔融碳酸盐燃料电池应用 MCFC 容易建造、成本较低，近年来发展迅速，美国、日本、德国等都投入巨资开发 MCFC。发电能力在 50kW 左右的小型 MCFC 电站可用于地面通信、气象台站等；发电能力在 200~500kW 的中型 MCFC 电站可用于水面舰船、机车、医院、海岛和边防的热电联供；发电能力在 1 000kW 以上的大型 MCFC 电站可与热机组成联合循环发电，作为区域性供电电站，可与市电并网。

MCFC 市场化的主要障碍是基本成本、运行和维护成本仍偏高，而非技术障碍。当前能源价格太低，且部分国家对环境污染问题重视不够影响着 MCFC 的商业化。随着化石能源储量的减少以及环保观念的普及将推动 MCFC 的发展进程。

2.6 固体氧化物燃料电池

36 固体氧化物燃料电池工作原理 固体氧化物燃料电池（Solid Oxide Fuel Cell, SOFC）以固体氧化物作为电解质，与两个多孔陶瓷电极构成全固态电池，故亦称陶瓷燃料电池（Ceramic Fuel Cell, CFC）。固体氧化物燃料电池单体主要由电解质、阳极或燃料极、阴极或空气极、连接体或双极板组成，阳极为燃料发生氧化的场所，阴极为氧化剂还原的场所，两极都含有加速电极电化学反应的催化剂。

SOFC 单体电池只能产生 1V 左右电压，功率有限，为了使得 SOFC 具有实际应用可能，需要大大提高 SOFC 的功率，通常可将若干个单体电池以各种方式（串联、并联、混联）组装成电池组。根据 SOFC 工作温度的不同可分为：高温型（1 000℃

左右）、中温型（600~800℃）和低温型（600℃以下）。

SOFC 的燃料来源广泛，可以是氢气、城市煤气（以 CO 为主）、天然气（以 CH_4 为主）等，氧化剂主要为空气。其电解质中的载流子为氧离子（O^{2-}）或质子（H^+），目前常见的 SOFC 多使用氧离子传导电介质。

SOFC 的工作原理如图 19.2-6 所示。

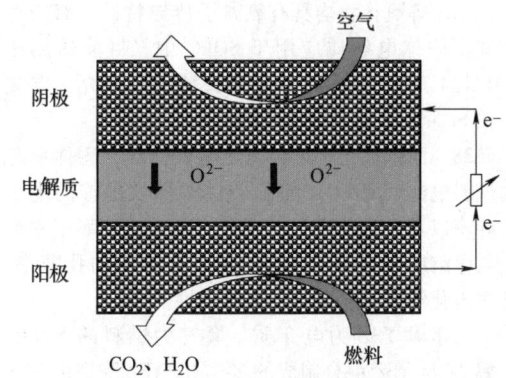

图 19.2-6 SOFC 工作原理示意图

对于阳极，当燃料为 H_2 时，其反应为
$$H_2 + O^{2-} \longrightarrow H_2O + 2e^-$$
当燃料为 CO 时，其反应为
$$CO + O^{2-} \longrightarrow CO_2 + 2e^-$$
当燃料为 C_nH_{2n+1} 时，其反应为
$$C_nH_{2n+1} + (3n+1)O^{2-} \longrightarrow nCO_2 + (n+1)H_2O + (6n+2)e^-$$

对于阴极，其反应为
$$O_2 + 4e^- \longrightarrow 2O^{2-}$$

SOFC 具有如下优点：较高的电流密度和功率密度；对燃料的适应性强，可直接使用氢气、一氧化碳、天然气、液化气、煤气及生物质气等作燃料；不需要使用贵金属催化剂；采用陶瓷材料作电解质、阴极和阳极，具有全固态结构，不存在对漏液、腐蚀的管理问题；能提供高品质余热，实现热电联产，燃料利用率高，能量利用率高达 80% 左右，是一种清洁高效的能源系统。SOFC 在大型集中供电、中型分布式电源和小型家用热电联供等民用领域作为固定电站，以及作为船舶动力电源、交通车辆动力电源等移动电源，都有广阔的应用前景。

37 固体氧化物燃料电池电解质材料 固体电解质是 SOFC 的核心部分。固体电解质须同时具备：①稳定的高离子电导率（1 000℃ 时大于 0.1S/cm）和低电子电导率（1 000℃ 时小于 10^{-3} S/cm），②良好的致密性；③良好的稳定性；④匹配的热膨胀性；⑤化学相容性；⑥足够的机械强度以及韧性。

目前研究最多的固体电解质材料是具有萤石结构的氧化物 ZrO_2、CeO_2、Bi_2O_3 等，其中最成熟且应用最多的是钇稳定氧化锆（Yttria Stabilized Zirconia，YSZ），目前进入商业化的 SOFC 主要是以 YSZ 为电解质。镓酸镧基（$LaGaO_3$）钙钛矿型复合氧化物、六方磷灰石基化合物 $M_{10}(TO_4)_6O_2$、$Ba_2In_2O_5$ 等氧化物均具有氧离子传导特性，有望作为新型固体电解质应用于 SOFC 中。目前适用于 SOFC 的高温质子导体处于研究阶段，研究主要集中在 $SrCeO_3$ 及钙钛矿氧化物方面。

38　固体氧化物燃料电池电极材料　固体氧化物燃料电池（SOFC）的阳极材料提供足够的电子电导率以及一定的离子电导率，同时其热膨胀系数应与电解质等材料相匹配，具有足够高的孔隙率，并对电化学反应有良好的催化活性。

对于以 YSZ 为电介质、氢气为燃料的 SOFC，金属 Ni 与 YSZ 混合制成的多孔 Ni/YSZ 陶瓷因其热力学稳定性和良好的电化学性能成为阳极材料的首选。当燃料变为甲烷等碳氢气体时，Ni/YSZ 阳极易发生碳沉积堵塞多孔结构造成性能衰减，需要将燃料气加入水蒸气进行重整化或应用其他阳极材料。Cu 基金属陶瓷，如 $Cu/CeO_2/YSZ$ 等由于催化活性低可减少阳极碳沉积，有望成为新型阳极材料。此外，掺杂的钙钛矿结构氧化物、钨青铜型氧化物、烧绿石型氧化物等均具有一定程度的离子及电子导电率，但目前综合性能仍有待提高。

固体氧化物燃料电池（SOFC）的阴极材料需要具有高电导率、高孔隙率、高催化活性，并要在工作条件下保持性能稳定，与其他部件相容，且具备一定的机械强度。早期的阴极材料有贵金属、掺锡 In_2O_3 等，但价格昂贵或稳定性差。目前常见的阴极材料多为具有钙钛矿结构的镧锰酸（$LaMnO_3$）、镧钴酸（$LaCoO_3$）等掺杂而成。此外，A_2BO_4 结构的类钙钛矿型（K_2NiF_4）氧化物在电导率、热膨胀系数、高温化学稳定性等方面均表现良好。

39　固体氧化物燃料电池结构　固体氧化物燃料电池（SOFC）主要有管式和平板式两种结构。

1）管式结构 SOFC。管式结构 SOFC 单电池由一端封闭、一端开口的陶瓷管构成，如图 19.2-7 所示。其最内层是多孔支撑管，由里向外依次是阴极、电解质和阳极薄膜。氧气从管芯输入，燃料气通过管子外壁供给。该种结构是最早发展的一种形式，目前较为成熟，形成电池堆时单体电池自由度

大，不易开裂，电池组装相对简单，一般工作在很高温度（900~1 000℃），主要用于固定电站系统。缺点是电流流经路径长，欧姆损耗大，电流密度低；支撑管质量及体积大，导致能量密度低；必须采用电化学气相沉积法制备电解质和电极层，限制了掺杂元素的类型，生产成本高。

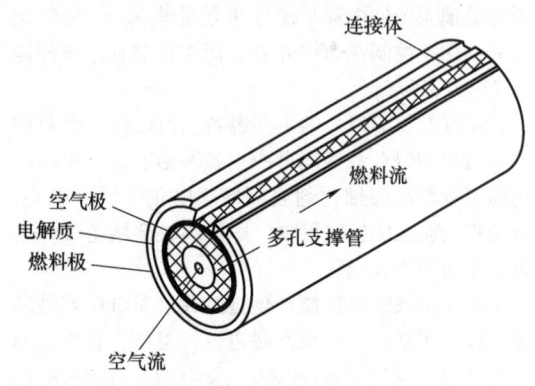

图 19.2-7　管式结构 SOFC

2）平板式 SOFC。平板式 SOFC 是由阳极、电解质、银基薄膜组成单体电池，结构组成如图 19.2-8 所示，其两侧带槽的连接体连接相邻的阴极和阳极，并在两侧提供气体通道，同时隔开两种气体。平板式 SOFC 的设计较管式 SOFC 大为简化，其电流流程短，欧姆损耗小，电池能量密度高；结构灵活；组元分开制备，工艺简单，造价低；电解质薄膜化，可以降低工作温度（700~800℃），从而可采用金属连接体。目前存在的主要问题是高温密封难。

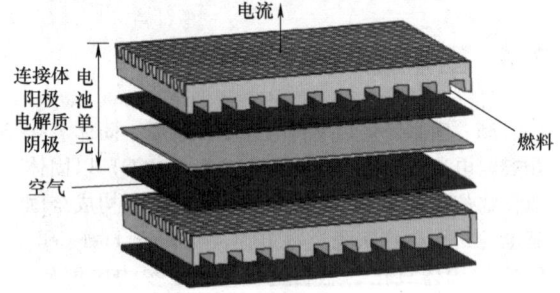

图 19.2-8　平板式 SOFC

40　低温固体氧化物燃料电池　低温固体氧化物燃料电池（Low-Temperature Solid Oxide Fuel Cell，LTSOFC）是指工作在 600℃以下的 SOFC。低温化可以降低电池多层陶瓷结构的热应力，减缓电极材料的老化速度，提升电池输出功率的长期稳定性。

当工作温度降至 400~600℃时，有望实现 SOFC 的快速启动和关闭，而且可以直接利用烃类

和醇类燃料，对 SOFC 应用于电动汽车、军用潜艇及便携电源等具有重要价值。

低温 SOFC 主要有以下几种典型结构：新结构平板 SOFC、微管式 SOFC 和单室结构 SOFC 等。

1）新结构平板 SOFC。新结构平板 SOFC 是将电解质支撑结构改成电极（阳极或阴极）支撑结构或外部（多孔基体或连接体）支撑结构，如图 19.2-9 所示，金属支撑采用不锈钢、电解质材料采用氧化钇掺杂的氧化铈（GDC），利用增湿氢气作为燃料。

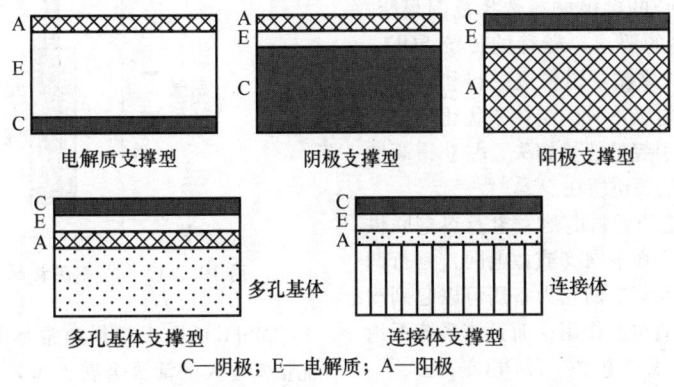

C—阴极；E—电解质；A—阳极

图 19.2-9　新结构平板 SOFC 构型示意图

2）微管式 SOFC。微管式 SOFC 常用阳极支撑结构，如图 19.2-10 所示，阳极采用为 NiO-GDC，电解质为 GDC，阴极为镧锶钴铁氧化物（LSCF）-GDC，利用增湿氢气作为燃料。

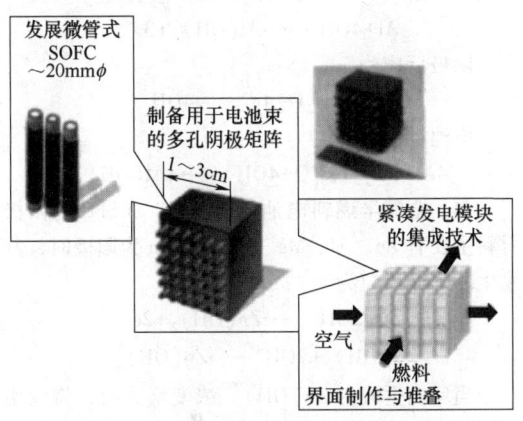

图 19.2-10　微管式 SOFC 结构示意图

3）单室结构 SOFC。单室结构 SOFC 只有一个气室，阳极和阴极同时暴露在燃料和氧化剂气体的均一混合物中，利用阳极和阴极对混合气不同的催化选择性，其中阳极对燃料的氧化具有较高的电催化活性，阴极对氧气的还原有较高的电催化活性，从而使得两个电极间有电压输出。对于单室 SOFC 而言，采用氧化钐掺杂的氧化铈（SDC）或氧化钇掺杂的氧化铈（GDC）作电介质，工作温度可以低至 200℃。

41　可逆固体氧化物电池　可逆固体氧化物电池（Reversible Solid Oxide Cell，RSOC）是既能够在燃料电池模式下发电，也可以在电解池模式下产氢的一种新型固体氧化物燃料电池，被认为是连接多种类型能源的核心器件之一。

RSOC 是一种具有固体氧化物燃料电池（SOFC）和固体氧化物电解电池（Solid Oxide Electrolytic Cell，SOEC）两种工作模式的电化学装置，其工作原理如图 19.2-11 所示。一般情况下传统的高温可逆氧化物电池是独立的结构，即 SOFC 和 SOEC 分别采用两套系统，独立设计和制造，这无疑增加了装置的成本，RSOC 使用同一电池单元实现两种功能可以降低成本、提高转化效率。

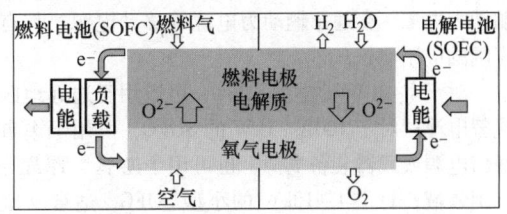

图 19.2-11　可逆固体氧化物电池工作原理

与传统结构的 SOFC 和 SOEC 类似，RSOC 的电解质材料也应该满足传统 SOFC/SOEC 电解质材料的基本性能要求。除常用的高温电解质 YSZ，另外一些比 YSZ 离子电导率高的中温（600~800℃）电解质也可以用于 RSOC，例如 $La_{0.9}Sr_{0.1}Ga_{0.8}Mg_{0.2}O_{2.85}$（LSGM），磷灰石型硅酸盐；低温（<600℃）

电解质主要有氧化铈基（CGO）、La$_2$Mo$_2$O$_9$ 基电解质等。质子导体同样也能用于电解质，特别是掺杂的 BaZrO$_3$。由于 RSOC 电极材料需要在高温强氧化性和强还原性气氛下具有良好的结构稳定性、高温电导率以及对氧气还原或燃料氧化反应的催化活性等，因此能用于 RSOC 的电极材料选择范围很窄。针对 RSOC 电极材料的要求，现有的传统 SOFC、SOEC 材料中可有两大来源：燃料极材料和空气极材料。如何通过设计电极本身的结构来优化反应条件、减少额外过电位引起的能量损失，是获得高性能 RSOC 用电极材料的关键所在。

RSOC 系统与传统的燃料电池发电及热电联供系统相比，不仅提高了在电网（或微电网）运行调度方面的灵活性，以及与电网互为备用可以起到改善供电可靠性和电能质量的作用；而且该系统不论在"发电"（SOFC）或"电解"（SOEC）模式下，都能保证余热供给，可以实现"热""电"的解耦，对新能源消纳具有重要作用。发展可逆固体氧化物电池（RSOC）技术，实现在同一设备既能发电且又能制氢的功能，将大大提升在智能电网（或微电网）调度中的灵活性。但"发电-电解"相互转换过程中电池的结构稳定性和电化学性能衰减也制约着 RSOC 单体电池的输出性能和寿命，未来需要着重关注这一问题。

42　固体氧化物燃料电池应用　SOFC 是一种新型发电装置，具有燃料适应性广、能量转换效率高、全固态、模块化组装、零污染等优点，可以直接使用氢气、一氧化碳、天然气、液化气、煤气及生物质气等多种碳氢燃料。SOFC 的应用场景随其功率而不同，在大型集中供电、中型分电和小型家用热电联供等民用领域作为固定电站，以及作为船舶动力电源、交通车辆动力电源等移动电源，都有广阔的应用前景。

对于 1～10W 的小型 SOFC，可以用于边远地区代替电池；对于 100W～1kW 的 SOFC，可用于军事通信电源或武器装备电源，也可用于游艇、野营等休闲领域；对于 1～10kW 的小型 SOFC，适合家庭发电或运输车辆辅助电源。

2.7　金属半燃料电池

43　金属半燃料电池分类与工作原理　金属半燃料电池（Metal Semi Fuel Cell, MSFC）是一种兼具燃料电池和储能电池特征的能量转化装置。其阳极具有储能电池的特征，即阳极材料在电池工作过程中被消耗；其阴极具有燃料电池的特征，即氧化剂从外部连续输入到阴极，本身不被消耗。图 19.2-12 为空气阴极的 MSFC 示意图。

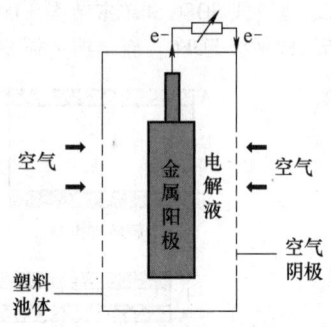

图 19.2-12　空气阴极的 MSFC 示意图

MSFC 的阳极材料通常是电化学氧化活性高、能量密度大的活泼金属，如 Zn、Al、Mg 等。氧化剂可以是工作环境中的 O$_2$、H$_2$O$_2$、NaClO 等。由于阳极金属无法在酸性介质中稳定存在，电解质通常为中性或碱性水溶液。MSFC 放电时，阳极金属发生电化学氧化反应溶解，阴极上发生氧化剂的电化学还原反应。以 Al 阳极、O$_2$ 氧化剂、NaOH 水溶液为电解质的 MSFC 为例，其阳极反应为

$$Al + 4OH^- \longrightarrow Al(OH)_4^- + 3e^-$$

阴极反应为

$$O_2 + 2H_2O + 4e^- \longrightarrow 4OH^-$$

电池反应为

$$4Al + 3O_2 + 6H_2O + 4OH^- \longrightarrow 4Al(OH)_4^-$$

44　金属半燃料电池阳极材料　MSFC 的阳极材料主要有 Zn、Al、Mg 三种。当 Zn 为阳极时，其发生的阳极反应为

$$Zn + 2OH^- \longrightarrow Zn(OH)_2 + 2e^-$$

$$Zn(OH)_2 + 2OH^- \longrightarrow Zn(OH)_4^{2-}$$

当反应生成的 Zn(OH)$_4^{2-}$ 浓度增大时，将发生分解反应生成固体沉积物。当碱液浓度低于 6mol/L 时，形成的沉积物为 Zn(OH)$_2$；当碱液浓度高于 8mol/L 时，形成的沉积物为 ZnO。Zn 电极放电时往往会发生寄生的析氢腐蚀反应

$$Zn + 2OH^- + 2H_2O \longrightarrow Zn(OH)_4^{2-} + H_2$$

由于 Zn 电极在碱液中的腐蚀较弱，锌电极可制成粉末、微粒状以增大反应面积，降低 Zn 的使用率。

Al 金属储量丰富、能量密度高，是 MSFC 阳极的理想选择。但实际应用中 Al 表面存在致密氧化物钝化膜会造成电压滞后，且氧化膜破坏后的自放电腐蚀现象严重，会降低电极利用率。Al 半燃料电

池可采用中性电解液（如海水）或碱性电解液（如 NaOH）。在中性电解液中，其反应为

$$Al+3OH^- \longrightarrow Al(OH)_3+3e^-$$

在碱性电解液中，其反应为

$$Al+4OH^- \longrightarrow Al(OH)_4^-+3e^-$$

当碱液逐渐被消耗、$Al(OH)_4^-$ 逐渐富集时，$Al(OH)_4^-$ 会发生分解反应释放 OH^- 并产生 $Al(OH)_3$ 沉淀。Al 在电解质中同样会发生自放电腐蚀反应析出氢气

$$2Al+2OH^-+6H_2O \longrightarrow 2Al(OH)_4^-+3H_2$$

$$Al+6H_2O \longrightarrow Al(OH)_3+3H_2$$

此外，Al 还会和氧化剂（O_2、H_2O_2）等发生化学氧化反应

$$2Al+\frac{3}{2}O_2+3H_2O+2OH^- \longrightarrow 2Al(OH)_4^-$$

$$2Al+3H_2O_2+2OH^- \longrightarrow 2Al(OH)_4^-$$

Al 在中性溶液中腐蚀速率比碱溶液中小很多，因此电极寿命较长，但通常功率密度较小。

Mg 金属同样储量丰富，能量密度介于锌和铝之间，也是理想的阳极材料。在中性溶液中，阳极反应为

$$Mg \longrightarrow Mg^{2+}+2e^-$$

在碱性溶液中，阳极反应为

$$Mg+2OH^- \longrightarrow Mg(OH)_2+2e^-$$

Mg 金属活泼性高，在多数水溶液中会与水发生反应释放氢气。在中性电解液中反应相对缓慢，在碱性电解液中由于 $Mg(OH)_2$ 能在表面形成保护膜，可降低镁的活性溶解速率。因此，Mg 阳极半燃料电池通常使用中性（海水）或碱性（H_2O）电解液。Mg 阳极同样存在自腐蚀吸氢和表面钝化的问题。

45　金属半燃料电池结构　MSFC 的阴极可采用空气、H_2O_2、海水等作为氧化剂。金属-空气半燃料电池理论能量密度很大，可达几 $kW·h/kg$，然而目前实际能量密度仅为几百 $W·h/kg$，仍有较大研发空间。空气电池在结构设计上如图 19.2-13 所示，一般由全憎水的透气层、半憎水半亲水的催化剂层和金属基体导电网（集流体）组成。

碱性电解液中氧气的还原反应为

$$O_2+2H_2O+4e^- \longrightarrow 4OH^-$$

以 H_2O_2 为氧化剂的半燃料电池携带液态 H_2O_2 为氧化剂，不需要依赖空气，可在水下及太空环境中工作。该类电池具有能量密度高、放电电压稳定、结构简单等优点。H_2O_2 作为氧化剂有间接和直接两种工作模式：间接模式指 H_2O_2 先分解为

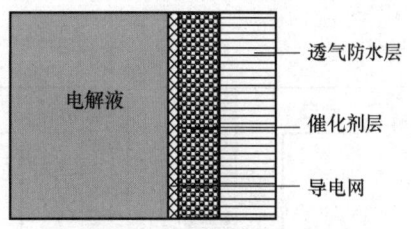

图 19.2-13　空气电池结构示意图

H_2O 和 O_2，再使用 O_2 作为氧化剂，这种模式下 H_2O_2 可视为储氧材料；直接模式是采用 H_2O_2 作为氧化剂，其在碱性条件下反应为

$$H_2O_2+2e^- \longrightarrow 2OH^-$$

在酸性条件下反应为

$$H_2O_2+2e^-+2H^+ \longrightarrow 2H_2O$$

46　金属半燃料电池应用　与常见的储能电池相比，金属半燃料电池能量密度大、使用寿命和干存时间长、机械充电时间短；与燃料电池相比，其结构简单、放电电压稳定、成本低。因此该类电池应用非常广泛，在电动运输工具牵引电源、备用和应急电源、便携式仪器设备电源，以及水下电源等领域均被广泛应用。

作为水下电源的 MSFC 是较成功的应用。金属-海水溶解氧电池是结构最为简单的一种半燃料电池，其电化学原理与金属-空气电池相同。该类电池由金属棒垂直均匀排列在电池中心位置做阳极，环绕阳极为若干根碳纤维阴极刷或金属圆筒阴极。使用时电池浸入海水中，利用海水中的溶解氧作为氧化剂，海水作为电解质。该种结构造价低廉、安全可靠，适用于为海下工作的电子仪器设备提供电源。

2.8　直接醇类燃料电池

47　直接醇类燃料电池工作原理　直接醇类燃料电池（Direct Alcohol Fuel Cell, DAFC）的工作原理及条件与质子交换膜燃料电池（PEMFC）相近，不同之处是其直接应用醇类和其他有机分子作燃料。目前被研究最多的是直接甲醇燃料电池（Direct Methanol Fuel Cell, DMFC），DMFC 的基本结构如图 19.2-14 所示。

电池工作时，甲醇在阳极发生氧化反应生成 CO_2

$$CH_3OH+H_2O \longrightarrow CO_2+6H^++6e^-$$

氧气在阴极被还原

$$\frac{3}{2}O_2+6H^++6e^- \longrightarrow 3H_2O$$

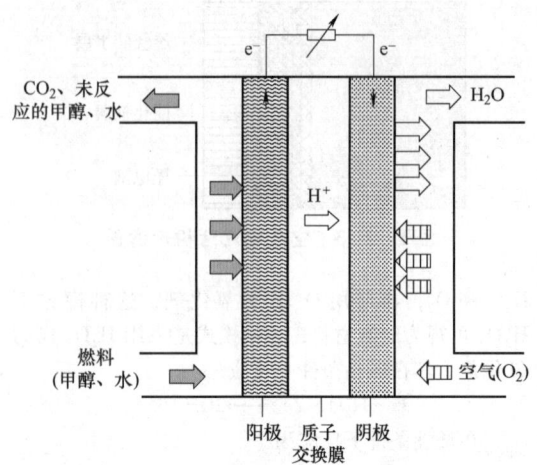

图 19.2-14　DMFC 基本结构示意图

总的电池反应为

$$CH_3OH + \frac{3}{2}O_2 \longrightarrow CO_2 + 3H_2O$$

质子交换膜是 DMFC 的核心部分。已经开发的质子交换膜有高氟磺酸膜、辐射接枝膜、非高氟化物（如 BAM3G）、氟离子交联聚合物（GoRE）及磷酸基聚合物等。PEMFC 中常用的全氟磺酸型质子交换膜，在 DMFC 中会引起甲醇从阳极到阴极的渗透，这一现象是由于甲醇的扩散和电渗共同引起的。

DMFC 除具备燃料电池的一般优点外，由于采用液体燃料，储运更加安全方便，且电池结构简单，易制成小型电池作为便携式电源。与其他燃料电池相比，尽管 DMFC 的优势明显，但其发展却比其他燃料电池缓慢，主要原因有如下四个方面：

1）需寻求高效的催化剂，提高 DMFC 的效率。由于甲醇的电化学活性比氢至少低 3 个数量级，因而直接甲醇燃料电池需要解决的关键技术之一是寻求高效的甲醇阳极电催化氧化的电催化剂，提高甲醇阳极氧化的速度，减少阳极的极化损失，使交换电流密度至少应大于 $10^{-5}A/cm^2$。

2）需阻止甲醇及中间产物（如 CO 等）使催化剂中毒。由于甲醇在阳极氧化过程中所生成的中间产物（类似 CO 的中间产物）会使铂中毒，故直接甲醇燃料电池大都使用具有一定抗 CO 中毒性能的铂-钌催化剂。为了提高甲醇阳极氧化的速度，开发中的有铂-钌或其他贵金属与过渡金属等所构成的多元电催化剂，新的催化剂应使电池运行千小时的电压降小于 10mV。

3）需防止甲醇从阳极向阴极转移。直接甲醇

燃料电池阳极的甲醇可通过离子交换膜向阴极渗透，在氢氧质子交换膜燃料电池中广泛采用的 Nafion 膜具有较高的甲醇渗透率。甲醇通过离子交换膜向阴极的渗透，不但会降低甲醇的利用率，还会造成氧电极极化的大幅度增加，降低直接甲醇燃料电池的性能。

4）需寻找对甲醇呈惰性的阴极氧还原催化剂，减少渗透到阴极的甲醇造成氧电极的极化。

48　甲醇替代燃料　甲醇虽具有反应活性高、来源丰富、能量密度高等优点，但是在实际应用中存在严重的甲醇渗透的问题。甲醇很容易穿透 Nafion 膜到达阴极造成阴极催化剂的毒化，降低电池性能，且甲醇本身具有一定毒性。作为替代燃料，乙醇、乙二醇、甲酸、草酸等的毒性和 Nafion 膜的渗透率均低于甲醇，但氧化性能大多比甲醇差。

甲酸无毒、不易燃，且电化学氧化性能优于甲醇，有望取代甲醇作为燃料，其关键瓶颈在于其氧化过程中所需的 Pd 催化剂对甲酸稳定性较差。乙醇是另一种有望替代甲醇的燃料，其分子结构与甲醇相似，来源丰富，对生物体无毒，乙醇的 Nafion 渗透性低于甲醇，但其完全氧化反应涉及 12 个电子的转移过程，反应路径复杂、中间产物繁多，易毒化催化剂。

49　直接醇类燃料电池应用　DAFC 用作电动车动力电源，在性能上与 PEMFC 仍有较大差距。世界上首辆安装了甲醇式燃料电池的汽车样车"戈卡特"，其燃料电池输出功率为 6kW，发电效率高达 40%，工作温度为 110℃。

DAFC 作为小功率、便携式电源有诸多优点，可与其他化学电源竞争，未来将会用于小型便携式电子设备中。Siemens 公司的 DMFC 其阴极用纯 O_2（0.4~0.5MPa），在电池温度为 140℃ 的条件下获得的功率密度约 $200mW/cm^2$；德国斯马特燃料电池公司研制出输出功率 25W 的笔记本计算机电源；美国 MTI 公司与哈里斯公司研制出 5W 的军用便携收音机用 DMFC；美国 Los Alamos 国家重点实验室研制出基于甲醇燃料电池的蜂窝电话，其能量密度是传统可充电电池的 10 倍。

2.9　直接碳燃料电池

50　直接碳燃料电池工作原理　直接碳燃料电池（Direct Carbon Fuel Cell，DCFC）采用固体碳（如煤、石墨、活性炭、生物质炭等）为燃料，将固体碳供给到电池中，通过直接电化学氧化反应来

输出电能。在这种电池中，碳既是阳极，也是燃料，在电池工作过程中会不断消耗，其基本结构如图 19.2-15 所示。

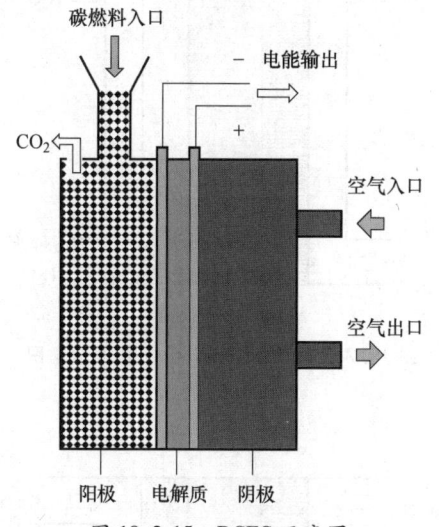

图 19.2-15　DCFC 示意图

其基本工作原理是：在电池的阳极发生固体碳燃料的直接电化学氧化反应，释放出 CO_2 等气态产物，同时释放出电子产生电流；在阴极发生氧化剂的还原反应，氧化剂与电子结合产生导电离子，导电离子通过电解质传递至阳极；通过外部不断地供给燃料和氧化剂，将燃料氧化释放的能量源源不断地转换为电能。

由于碳的电化学反应速率缓慢，通常需要在高温条件下进行，因此 DCFC 采用熔融盐或者固体氧化物作为电解质。电解反应因采用的电解质不同而不同，但理想的电池反应均为

$$C+O_2 \longrightarrow CO_2$$

DCFC 由于电池反应的熵变为一个很小的正值，在电池工作中会从环境中吸收少量热能转化为电能，因此其理论效率可达 100% 以上，电池工作温度越高，效率也越高。DCFC 的实际效率要远高于其他高温燃料电池。固体碳燃料资源丰富、廉价，且 DCFC 相较于直接燃煤发电排放污染物少，有望作为新一代的发电方式。

51　直接碳燃料电池结构　DCFC 按所使用的电解质可分为熔融碳酸盐电解质、熔融碱金属氢氧化物电解质、固体氧化物电解质以及固体氧化物和熔融碳酸盐双重电解质四种类型。

熔融碳酸盐具有较高的电导率，且在 CO_2 环境中具有良好的稳定性和适宜的熔点，是 DCFC 较为理想的电解质。以熔融碳酸盐为电解质的 DCFC 阳极反应为

$$C+2CO_3^{2-} \longrightarrow 3CO_2+4e^-$$

其阴极反应为

$$O_2+2CO_2+4e^- \longrightarrow 2CO_3^{2-}$$

熔融碱金属氢氧化物具有比熔融碳酸盐更高的电导率和更低的熔点，且与碳发生电化学反应使活性更高，然而由于碱金属氢氧化物会与 CO_2 反应生成碳酸盐，该类电解质目前仍难以广泛应用。当熔融碱金属氢氧化物作为电解质时，其具体的反应机理尚不十分清楚，但阳极的总电化学反应可表示为

$$C+6OH^- \longrightarrow CO_3^{2-}+3H_2O+6e^-$$

阴极的总电化学反应可表示为

$$O_2+2H_2O+4e^- \longrightarrow 4OH^-$$

当采用固体氧化物电解质时，电解质中的载流子为 O^{2-}。由于固体氧化物电解质与碳粉接触反应的相界面面积十分有限，且高温下 CO_2 会与 C 反应生成 CO，此类电解质目前仍在可行性探索阶段。

为解决固体氧化物电解质与碳粉接触面积有限的问题，研究当提出了一种杂化型 DCFC，即利用固体氧化物电解质将阴极和阳极分隔开，将碳粉分散在熔融碳酸盐中输送到阳极，其结构如图 19.2-16 所示。

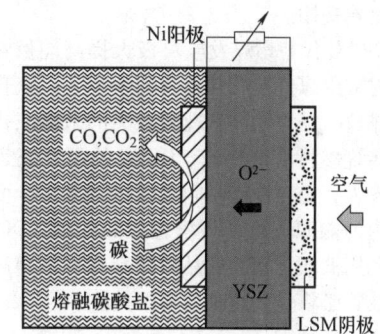

图 19.2-16　杂化性直接碳燃料电池示意图

这种电池兼具熔融碳酸盐电解质和固体氧化物电解质的优点，并且规避了二者存在的一些问题。但在这种电池中，难免发生 Boudouard 反应（一种 CO 在高温下，歧化为 CO_2 和单质碳的反应或其逆反应），因此氧化产物中存在 CO。

52　直接碳燃料电池应用　DCFC 是一种可将廉价丰富的固体碳燃料清洁高效地转化为电能的新装置，是目前唯一使用固体燃料的燃料电池，较传统燃料电池具有以下不同的优点：

1）DCFC 的能量转化效率高，其理论效率达 100%。燃料电池的理论效率为燃料中的吉布斯自由能 ΔG 与燃料所蕴含的化学能（焓）ΔH 之比。

2）DCFC 的燃料利用率可达 100%。电池反应过程中，由于反应物固体碳和气态产物以单独的纯相存在，因此它们的化学势（活度）不变，不会随着燃料的转换程度和在电池内部的位置而改变，所有加入的燃料可一次性完全转化掉，在碳的全部转化过程中电池的理论电压能够保证恒定在 1.02V。

3）DCFC 的污染排放少，可实现温室气体的减排。从化学反应角度上，DCFC 发电和火电站的直接燃煤发电都是利用煤炭的完全燃烧反应，但是由于发电原理的不同，DCFC 发电所释放的污染物，如 CO_2、SO_x、NO_x、粉尘等，要远小于直接燃煤发电。

4）DCFC 的碳燃料资源丰富、廉价。可以从煤、石油焦、生物物质（如谷壳、果壳、秸秆、草）甚至有机垃圾中获得。通过热解技术将以上物质制备成 DCFC 的颗粒碳，同时副产的氢气可用于氢氧燃料电池。

5）DCFC 的固体碳燃料能量密度大，储存、运输很方便。

6）DCFC 的结构可模块化设计且不需要大量水。这些特点使得 DCFC 特别适于建设坑口电站，变输煤为输电，从而可降低煤在运输中造成的污染并节省运输费用。

用 DCFC 代替燃煤发电可极大提高能量转换效率，同时减少煤直接燃烧带来的粉尘、二氧化硫等污染物排放，是一项具有现实意义的节能减排新技术。与传统燃料电池相比，DCFC 的研究还远不够系统和深入，仍存在诸多问题未得到解决。面对世界范围内的能源危机和环境恶化的问题，DCFC 作为一种利用低廉丰富的低品质燃料实现洁净高效发电的新装置必将受到越来越多的关注。

2.10　直接硼氢化物燃料电池

53　直接硼氢化物燃料电池工作原理　直接硼氢化物燃料电池（Direct Borohydride Fuel Cell, DBFC）是一种以硼氢化物为燃料的燃料电池。硼氢化物（以 $NaBH_4$ 为例）氧化动力学及其对应的电池的能量密度、电压等均优于甲醇，且其燃料穿透问题小、不易燃、毒性低，有望取代直接甲醇燃料电池成为新一代高功率密度的便携式电源。由于 $NaBH_4$ 在酸性条件下不稳定，DBFC 需要采用碱性电解质。DBFC 主要有 $NaBH_4$-O_2 和 $NaBH_4$-H_2O_2 两种形式。图 19.2-17 和图 19.2-18 分别为这两种电池结构示意图。

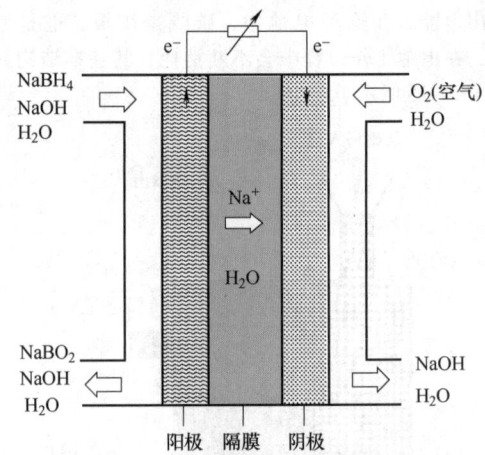

图 19.2-17　$NaBH_4$-O_2 燃料电池示意图

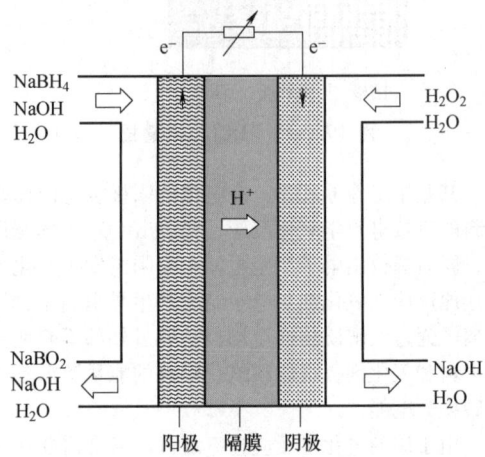

图 19.2-18　$NaBH_4$-H_2O_2 燃料电池示意图

对于直接 $NaBH_4$-O_2 燃料电池，其阳极反应为

$$BH_4^- + 8OH^- \longrightarrow BO_2^- + 6H_2O + 8e^-$$

其阴极反应为

$$2O_2 + 4H_2O + 8e^- \longrightarrow 8OH^-$$

总电池反应为

$$BH_4^- + 2O_2 \longrightarrow BO_2^- + 2H_2O$$

对于直接 $NaBH_4$-H_2O_2 燃料电池，其阳极反应为

$$BH_4^- + 8OH^- \longrightarrow BO_2^- + 6H_2O + 8e^-$$

其阴极反应为

$$BH_4^- + 4HO_2^- \longrightarrow BO_2^- + 4OH^- + 2H_2O$$

54　直接硼氢化物燃料电池结构　DBFC 单体电池由阳极、阴极、隔膜、集流板、双极板和一些辅助部件构成。

由于 DBFC 的阳极燃料为液体，阴极氧化剂可以是气体（氧气），也可以是液体（过氧化氢），

因此 $NaBH_4$-H_2O_2 类型的 DBFC 不需要固、气、液三相电极结构，只需要固液两相电极结构即可。对于直接 $NaBH_4$-O_2 燃料电池，其阴阳极、流场版、双极板等基本上是从 PEMFC、DMFC 中演变而来的。

DBFC 的隔膜既可以选择阳离子隔膜，也可以选择阴离子隔膜。阳离子隔膜可采用全氟膜，性能稳定，但在工作过程中电池阳极电解液中的 NaOH 会逐渐转移到阴极，降低电池效率。阴离子隔膜无此问题，但大部分在强碱中不太稳定。

55 直接硼氢化物燃料电池应用 DBFC 具有高输出电压、高能量转化效率和高能量密度，且易于存储、安全性好，在空间电源、水下电源以及便携式移动设备电源等领域具有良好的发展前景。其中直接 $NaBH_4$-H_2O_2 燃料电池更是无氧条件下的极佳选择。

目前 DBFC 的发展仍面临着 $NaBH_4$ 水解、H_2O_2 分解、燃料穿透以及 $NaBH_4$ 价格昂贵等问题。

2.11 生物燃料电池

56 生物燃料电池工作原理 生物燃料电池（Biofuel Cell，BFC）是直接或间接利用酶或者微生物组织作为催化剂，将有机物燃料的化学能转化为电能的一种特殊的燃料电池。生物燃料电池能量转化效率高、生物相容性好、原料来源广泛，可以用多种天然有机物作为燃料，是一种真正意义上的绿色电池。在工作过程中，阳极室中的葡萄糖等燃料在催化剂（酶、微生物）的作用下被氧化，释放出电子和质子。电子直接或者由介体传递到阳极，质子通过质子交换膜到达阴极室，氧化物（通常为氧气）在阴极室被还原。图 19.2-19 为生物燃料电池阳极的工作原理示意图。

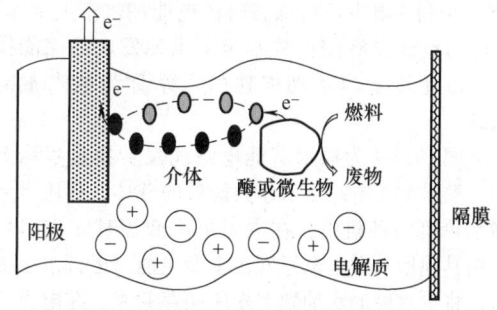

图 19.2-19　生物燃料电池阳极工作原理示意图

相比较其他类型的燃料电池，生物燃料电池能量转化效率高、能源来源多样化、工作条件温和、无需能量输入、无污染，且具有良好的生物相容性。生物燃料电池有多种分类方法，按照催化剂类型可分为微生物燃料电池（Microbial Fuel Cell，MBFC）和酶生物燃料电池（Enzymatic Biofuel Cell，EBFC）；按照电子转移方式可以分为直接生物燃料电池（电子直接在反应场所和电极间传递）和间接生物燃料电池（电子通过介体传递）；按照构造可分为双室生物燃料电池和单室生物燃料电池。

57 微生物燃料电池 MBFC 是利用微生物（即完整的菌体细胞）作为催化剂，将燃料的化学能直接转化为电能的一种装置。以葡萄糖做底物的燃料电池为例，其阳极反应为

$$C_6H_{12}O_6+6H_2O \longrightarrow 6CO_2+24H^++24e^-$$

阴极反应为

$$6O_2+24H^++24e^- \longrightarrow 12H_2O$$

一般而言，微生物燃料电池都是在厌氧条件下利用微生物的代谢作用降解有机燃料，同时释放电子和质子。电子通过人工添加的辅助电子传递中介体，或者微生物本身产生的可溶性电子传递中介体，或者直接传递到阳极表面。到达阳极的电子通过外电路到达阴极，质子通过质子交换膜到达阴极，最终电子、质子和氧气在阴极表面结合生成水。目前常见的产电微生物包括泥细菌、希瓦氏菌和红螺菌等。

58 酶生物燃料电池 EBFC 是以从生物体内提取出的酶作为催化剂的一种生物燃料电池。能在酶生物燃料电池中作为催化剂使用的酶主要是脱氢酶和氧化镁，常用的酶有胆红素氧化酶、葡萄糖氧化酶、漆酶等。酶生物燃料电池体积小、生物相容性好，可为植入人体的装置供电。

虽然酶生物燃料电池中酶在生物体外催化活性保持比较困难，电池稳定性差，但由于酶催化剂浓度较高并且没有传质壁垒，因此有可能产生更高的电流或输出功率，在室温和中性溶液中工作，满足一些微型电子设备或生物传感器等对电能的需求。

59 生物燃料电池应用 生物燃料电池作为一种可直接利用可再生生物质产生电能的新技术，它可以直接将动物和植物体内贮存的化学能转化为能够利用的电能。作为微型电子装置供电，它在医疗、航天、环境治理等领域均有重要的使用价值，如糖尿病、帕金森病的检测、辅助治疗以及生活垃圾、农作物废物、工业废液的处理等。

生物原料贮量巨大、无污染、可再生，因此生物燃料电池产生的电能也是一个潜力极大的能量来源。目前生物燃料电池的输出功率还较低，还存在很多关键的科学技术问题亟待解决。

第3章 电力储能技术

3.1 电力储能技术概述

60 电力储能技术概论 电力储能就是将人们所能捕捉到的能量，通过机械的、物理的、化学的、生物的等形式储存起来，再以电能形式输出的方式。储存的能量可以用作应急能源；也可以用于在电网负荷低的时候储能，在电网高负荷的时候输出能量，用于削峰填谷，减轻电网波动。

电化学储能是目前广泛采用的储能技术。电化学储能是基于电化学原理，把电能、光能、热能转变为化学能加以储存，再转化为电能输出，它的优点是价格低廉、技术较成熟，但存在污染、效率不很高。一次电池（原电池或干电池）是一种将化学能转变为电能的能量转换装置，电池放电后将不可再次充电使用（用完即废）；二次电池（蓄电池）是通过充电将电能转变为化学能贮存起来，使用时再将化学能转变为电能释放出来的一种能量转换装置，但其在"电能-化学能-电能"转换过程中有较多能量损失。尽管如此，它们在储能技术中仍占主体地位。

电磁场储能是重要的储能方式之一。电容器是以电能形式储存能量，使用时直接释放电能，充放电没有能量形式的变换，能量也几乎没有损失，是清洁能源，不污染环境、储能密度高、循环寿命长，它的开发与应用正在迅速扩展。超导储能是把电能转化为磁能储存在超导线圈的磁场中，因超导线圈无电阻，被储存的电能无损失，因而效率高、污染小，但超导状态要在极低温度下实现，运行成本目前仍很昂贵，附属设备也较庞大。

机械储能是另一种大规模储能的重要方式之一，机械储能是将能量以机械能形式储存，再以电能输出的储能方式转化成机械储能。抽水蓄能是将电网负荷低时的多余电能转化机械能存储起来，在需要时再转变为电网高峰时期的高价值电能，适于调频、调相，稳定电力系统的周波和电压的作用。飞轮储能是在材料科学、电子技术、机械工程技术

进步的基础上发展起来的机电一体化产品，现已投入使用，是值得密切关注的新技术产品。

3.2 电力储能技术分类

61 电力储能技术分类 随着科学技术的迅猛发展，电力储能涵盖的内容愈趋增多。储能技术按照储存介质进行分类，可以分为机械储能、电磁场储能、电化学储能、热储能、化学储能等，而电力储能技术大致可以分为以下几类：

1）机械储能：抽水蓄能、压缩空气储能和飞轮储能等。

2）电磁场储能：电介质储能、超级电容器储能和超导储能等。

3）电化学储能：一次电池、铅酸电池、镍电池、锂离子电池、钠离子电池、高价离子电池、金属空气电池、金属硫或硫化物电池、固态电池、水系电池、液流电池、液态金属电池、高温钠硫电池、高温钠镍电池、赝电容超级电容器和离子超级电容器等。

3.3 机械储能

62 抽水蓄能 抽水蓄能（Pumped Storage，PS）是利用电力负荷低谷时的电能抽水至上水库，在电力负荷高峰期再放水至下水库发电的储能技术，以此技术为基础修建的电站称为抽水蓄能电站。

图19.3-1为抽水蓄能电站能量转换过程示意图。抽水蓄能电站以水作为能量的载体，利用水泵和水轮机两种机组，在电力负荷低谷时（夜间），利用其他形式发电机组发出多余电能，运行水泵抽水，将下水库的水抽到上水库储存起来，在电力负荷高峰时（下午和晚间）放水发电。一般抽水蓄能电站都包括上、下水库、抽水蓄能机组、引水系统、厂房和开关站等。抽水蓄能电站上下水库都具有抽水和发电两类设施，利用上下水库的水循环，

以实现势能和电能的相互转换。

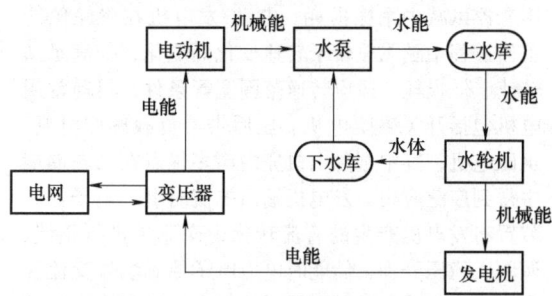

图 19.3-1 抽水蓄能电站能量转换过程示意图

　　抽水蓄能电站按水库的调节周期可分为季调节、周调节、日调节，按站内安装的抽水蓄能机组类型可分为四机式、三机串联式和二机可逆式，按开发方式可分为纯抽水蓄能电站、调水式抽水蓄能电站和混合式抽水蓄能电站。

　　1882 年第一座抽水蓄能电站兴建于瑞士苏黎世，至今已有近 140 年建设历史。从 20 世纪 50 年代开始，由于电力负荷的波动幅度不断增加，调节峰谷负荷的任务日趋迫切，抽水蓄能电站的发展进入起步阶段，随着各国的电力系统得到迅速发展，抽水蓄能电站开始承担调峰、调频等动态任务，显示出其在电力系统中不可替代的重要作用。2010 年，全球抽水蓄能装机容量已达 135GW，继续保持较快增长。我国在 20 世纪 60 年代后期开始对抽水蓄能电站研究、开发和使用，主要解决电力系统中遇到的调峰问题，先后兴建了广蓄一期、北京十三陵、浙江天荒坪等几座大型抽水蓄能电站，到 2020 年运行装机容量达到 40GW，并预计在 2025 年达到 90GW。

　　抽水蓄能电站运行方式灵活，不同运行工况之间转换速度快，具有优良的调峰填谷能力，可以将电网负荷低时的多余电能转变为电网高峰时期的高价值电能。还适用于调频、调相、稳定电网的电压和频率，而且可以作为事故备用，是电力系统中最可靠、最经济、寿命周期长、容量大、技术最成熟的储能装置，同时可用于可再生能源存储与用电调节，解决太阳能、风能等的发电间歇性、波动性、随机性问题，是新能源发展的重要组成部分。

　　63　压缩空气储能　压缩空气储能（Compressed Air Energy Storage，CAES）是指在电网负荷低谷期将电能用于压缩空气，在电网负荷高峰期释放压缩空气推动汽轮机发电的储能方式。压缩空气储能属于物理储能方式的一种，它的存储时间、放电功率、储能规模上有着卓越的表现，安全性和可靠性

高，具有显著的比较优势和市场应用前景。自 1949 年 Stal Laval 提出利用地下洞穴实现压缩空气储能，国内外学者开展了大量的研究工作。1978 年，德国建成世界第一座示范性压缩空气蓄能电站并获得成功。CAES 存在需要大型储气装置、效率较低的缺点，在膨胀做功时需要燃烧化石燃料加热压缩空气。

　　压缩空气储能是在燃气轮机技术的基础上提出来的一种能量储存系统，储能时压缩空气储能系统消耗电能将空气压缩储存在储气室中；在释能时，高压空气通过透平对外做功，带动发电机发电。由于压缩机和透平不同时工作，因此，相比于消耗同样燃料的燃气轮机系统，压缩空气储能系统可以多产生 2 倍甚至更多的电力。

　　压缩空气储能系统的工作过程可以分为四个阶段：压缩阶段，压缩机压缩空气；加热阶段，压缩空气加热为高温高压气体；膨胀阶段，高温高压气体膨胀驱动透平发电；冷却阶段，空气膨胀后排入大气进行冷却。如图 19.3-2 所示，其中虚线代表实际情况所产生的不可逆损失。

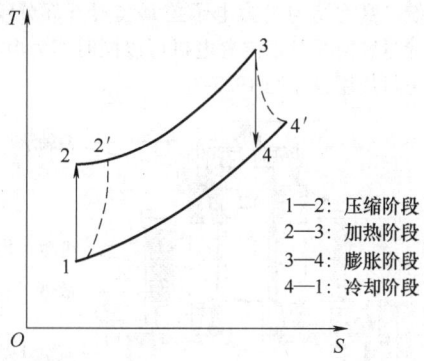

1—2：压缩阶段
2—3：加热阶段
3—4：膨胀阶段
4—1：冷却阶段

图 19.3-2　压缩空气储能的工作过程

　　压缩空气储能主要形式有：传统压缩空气储能系统、带储热装置的压缩空气储能系统、液气压缩储能系统。根据压缩空气储能理想状态的变化，又可将压缩空气储能系统分为：非绝热式、绝热式和等温式。非绝热式中，压缩阶段所产生的热量直接排放到大气中，在膨胀阶段利用外部热源来预热膨胀空气。绝热式中，压缩阶段所产生的热量通过额外的热能储存装置储存，在膨胀阶段热能储存装置将替代外部热源进行预热。等温式中，试图做到防止膨胀装置在充气时压缩机温度升高，即压缩热最小，在排气时压缩机温度下降。

　　CAES 最早应用于电网的调峰和调频，如德国 Huntorf 电站和美国 McIntosh 电站。随着压缩空气

储能技术的发展和微型 CAES 的出现，CAES 一方面可以像抽水蓄能电站进行调峰，另一方面可以像燃气轮机电站等起到调频的作用。CAES 由于其与制冷/制热/冷热电联产系统很容易结合的优点，在分布式能源系统中将有很好的应用，可以存储间歇性可再生能源并在用电高峰期释放，这可在促进大规模利用可再生能源和提供峰值电力方面发挥作用。

64　飞轮储能　飞轮储能（Flywheel Energy Storage，FES）是指利用电动机带动飞轮高速旋转，在需要的时候再用飞轮带动发电机发电的储能方式，技术特点是高功率密度、长寿命。飞轮储能系统是一种机电能量转换的储能装置，利用了飞轮的高速旋转将能量以动能形式储存起来，充电模式下系统从外界吸收能量使电动机带动飞轮旋转，突破了化学电池的局限，用物理方法实现储能。通过电动/发电互逆式双向电机，电能与高速运转飞轮的机械动能之间的相互转换与储存，并通过调频、整流、恒压与不同类型的负载连接。

FES 一般由飞轮转子系统、能量转换系统、轴承系统、真空箱与电力电子控制装置五部分组成，其中能量转换系统的内置电机可以同时作为电动机与发电机使用，见图 19.3-3。

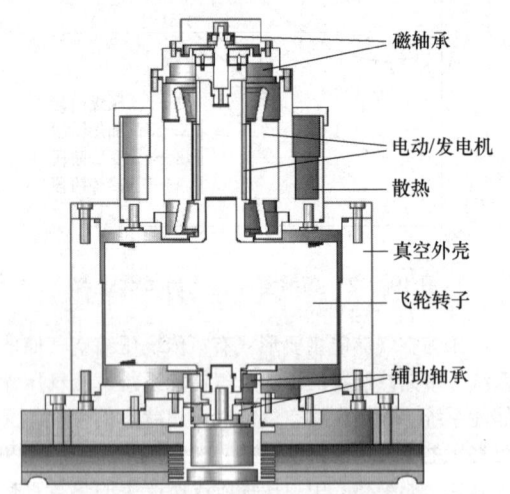

图 19.3-3　飞轮储能系统结构示意图

储能含量升高的表现为飞轮转子转速升高，而飞轮转速耐受大小决定了一个飞轮储能系统的储存能力，但随飞轮转速的升高，在离心力作用下飞轮内部所受应力不断增大，材料耐受强度限制了飞轮提速，如今具有高强度低密度的复合纤维材料推动了飞轮储能的大力发展。为了降低飞轮电池工作过程中的能量损耗，飞轮与电机多使用磁轴承代替机械轴承，如永磁轴承、超导磁轴承和电磁轴承，利用悬浮以减少摩擦损耗。电动/发电机在飞轮储能工作过程中随飞轮转子转速变化而变化，需满足高转速、低损耗，适应转速范围宽等条件，目前常用电机包括开关磁阻电机、压后供给负载感应电机、永磁电机，其中永磁电机凭借诸多优点在飞轮储能中得到广泛应用。发电机输出电流时电力电子控制装置将发电机产生的直流转化为交流并进行整流、调频、稳压处理，储能时电力电子控制装置交流转化为直流驱动电机。飞轮系统多置于真空室内以减少空气摩擦并防止高速旋转的飞轮发生安全事故。

飞轮储能具有技术成熟度高、储能密度高、无噪声污染、使用寿命长、安装维护方便以及不受充放电次数限制等特性，飞轮储能净效率可以达到 95% 以上。20 世纪 80 年代美国能源部与美国国家航空航天局大力资助集成超级储能飞轮的电动汽车项目与轨道卫星飞轮储能项目，大力推进了飞轮储能的研究进展。在 20 世纪 90 年代以碳纤维为代表的飞轮转子材料、轴承技术、电能变换技术取得重大突破，飞轮储能技术以此为基础，也随之取得了重大进展。

飞轮储能已被广泛应用于航空航天姿态控制（如轨道卫星）、电动汽车、新能源发电系统（如风力与光伏发电并网）、不间断电源（企业级 UPS，为用户提供几十秒至数分钟的高品质短时电力保障）、电网调频（数十兆瓦级，为电网调频用飞轮储能电站）、轨道交通（如高速列车制动时能量回存）、军事领域（提供极高的瞬时功率，可用于核聚变研究、航母舰载弹射、电磁武器）等。

3.4　电磁场储能

65　电介质储能　电介质储能（Dielectric Energy Storage，DES）是一种通过电介质材料完成能量存储与释放的储能形式。电介质储能不涉及化学变化，其实质是材料物理极化、去极化的过程。电介质在外加电场下，其内部偶极子由无序状态变成定向有序排列，表现出电位移矢量 D 的增加；撤离电场后，电介质内部偶极子恢复原来无序状态，表现出电位移矢量 D 的减小。D 增加的过程即为储能过程，D 减少的过程就是放电的过程。可以用 D-E 曲线来量化电介质的储能性质。聚合物基电介质通常分为线性电介质和非线性电介质，图 19.3-4 给出了两种类型电介质的 D-E 曲线，对于线性电介质而言，电介质常数不受外加电场的影响，因此电位移矢量与外加电场是线性的关系。对于非线性电介质而言，电介质常数会受到外加电场的影响呈现非线性的变化，电介质在撤掉电场后仍然具有剩余极化强度。

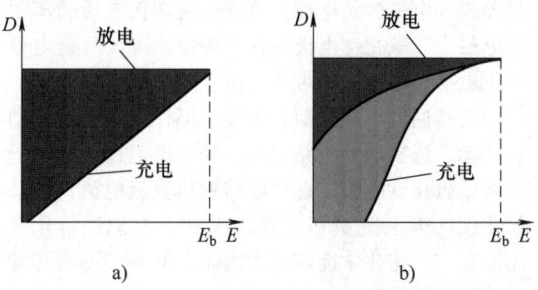

图 19.3-4 不同类型电介质的 **D-E** 曲线

a）线性电介质 b）非线性电介质

由电介质构成的电介质电容器是常用的储能器件，相较于其他的电能储能器件，电介质电容器具有介电损耗低、功率密度高（约为 10^8 W/kg）、充放电速度快、温度稳定性好、使用周期长等优点，但其储能密度较低（<30W·h/kg）。按照电介质分类，电容器可以分为真空电容器、空气介质电容器、云母电容器、纸介质电容器、有机膜电容器、复合膜电容器、陶瓷介质电容器、电解质电容器和铁电体电容器等。

电介质电容器所储存的能量为

$$W = \frac{1}{2}CV^2 = \frac{1}{2}\varepsilon_0\varepsilon_r\frac{A}{d}V^2$$

式中　C——电容器的电容值；

　　　V——加在该电容器极板两端的电压；

　　　ε_0——真空介电常数；

　　　ε_r——相对介电常数；

　　　A——极板的有效面积；

　　　d——两极板间的距离。

对于线性电介质，其储能密度 U 为

$$U = \frac{1}{2}\varepsilon_0\varepsilon_r E^2$$

式中　E——电介质材料的击穿强度。

电介质电容器广泛应用在高压直流输电系统、分布式能源系统、高功率脉冲和新能源汽车等各领域。

66　超导储能　超导储能（Super-Magnetic Energy Storage，SMES）是指超导磁体环流在零电阻下无能耗运行持久地储存电磁能，且在短路情况下运行，所以称超导储能。超导储能技术利用方式有两种：①超导磁储能，将电能以电磁能的形式储存于超导磁体（电感）中；②超导磁悬浮飞轮储能，

将超导技术用于磁悬浮轴承以提升飞轮储能的技术性能。

典型的超导磁储能装置按功能模块划分主要包括功率调节器即变流器、低温冷却系统、磁体失超保护系统、超导磁体（储能线圈）、监控系统等装置组成，见图 19.3-5。

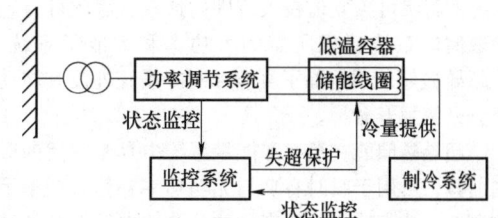

图 19.3-5　超导磁储能装置结构框图

功率调节器是超导储能装置的核心之一，是连接超导电感和交流电网的纽带，可实现能量传输和功率变换。超导磁储能变流器可以在功率的四个象限内快速响应功率需求，进行有功与无功的功率吞吐，通过 PWM 的控制方式，可减小交流侧的低次谐波含量。

超导磁体作为超导磁储能的核心部件之一，是由在一定条件下具有超导特性的导体绕制而成，在一定条件下无阻、无损地承载稳态直流大电流，是系统中的电磁能量存储单元。利用功率调节系统中的变流器将储存在磁体内的电磁能转化为电能，从而实现能量的转化。超导磁体按线圈结构大致可分为三类：螺管磁体、环形磁体和多极磁体。其中多极磁体多应用于需要特殊磁场位形的特殊装置中。

低温冷却系统使超导磁体运行在超导态得到保障。最简单的冷却方式是将磁体直接浸泡在冷却液体里面。低温超导体一般采用液氦（4.2K）冷却，高温超导体可用液氮冷却。

监控系统由信号采集器和控制器组成。信号采集器从系统中提取系统与超导磁储能之间吸收与释放功率、电压电流等信息；控制器根据信号采集器所得到的信息来判断与控制电力系统的运行状况，通过变流器与斩波器的控制环节对超导磁体的充放电进行控制。

磁体失超保护系统，磁体的失超即超导磁体由于某些原因的影响从超导态变为了正常态。由于超导磁体具有临界温度、临界磁场和临界电流密度三种临界值，当三种的任意一种的数值超过了临界值，超导磁体都会失超。失超保护就是当磁体处于失超状态时，将磁体中的电流释放到外界消耗掉，防止对磁体造成损害。磁体的失超保护对磁体的安

全可靠性有着非常重要的作用。

相比于其他储能形式，超导磁储能具有以下特点：①超导磁储能系统可长期无损耗地储存能量，其转换效率超过90%；②超导磁储能系统可通过采用电力电子器件的变流技术实现与电网的连接，响应速度快（毫秒级）；③由于其储能量与功率调制系统的容量可独立地在大范围内选取，因此可将超导磁储能系统建成所需的大功率和大能量系统；④超导磁储能系统除了真空和制冷系统外没有转动部分，使用寿命长。

超导磁储能在功率和能量系统中具有广泛的应用前景，可用于瞬时有功与无功功率补偿和功率因数调节、功率输出快速变化的分布式电源系统的储能装置、作为有源器件以缓解次同步谐振的影响、重要负载高质量供电的不间断电源、独立电网和大型独立用电设备等的波动负载调节与补偿、为发电单元提供启动功率等。

3.5　电化学储能

67　一次电池　一次电池（Primary Battery, PB），又称原电池或干电池（Dry Battery, DB），是指电池放电后不能用简单的充电方法使活性物质复原而继续使用的电池。电池外壳上往往标有不可充电、禁止充电等警示语。

一次电池主要由电极、电解质、隔膜、外壳等组成。电极是电池的核心部分，由正、负极中参加化学反应的活性物质和导电框架组成；电解质起到在电池内部正负极之间担负传递电荷的作用；隔膜的作用是防止正负极活性物质直接接触，防止电池内部短路；外壳是电池的容器，要求机械强度高、耐振动、耐冲击、耐腐蚀、耐温差的变化等。

一次电池根据形状可以分为圆柱形单体电池、扣式单体电池和方形单体电池等类别。一次电池根据参与反应的活化物的种类分为锌锰电池、碱锰电池、氧化银电池、锌空气电池等。

（1）锌锰电池　锌锰电池（Zinc Manganese Battery, ZMB）的正极为 MnO_2，隔膜是淀粉浆糊隔离层，负极为锌筒，这类电池也被称为"糊式锌锰电池"。

锌锰电池的活性物质是 MnO 和 Zn，分别作为电池的正、负极。电解液是一种离子导体（NH_4Cl 和 $ZnCl_2$），导电性由阳离子和阴离子主导。

当锌电极与电解质接触时，Zn 会自发地发生氧化还原反应，变为 Zn^{2+} 转入电解液中，并且将电

子留在锌电极上，于是使锌电极带上负电荷。在锌电极上的负电荷将继续吸引溶液中的正电荷，在锌电极与溶液两相之间产生电位差，这个电位差阻止 Zn^{2+} 持续转入溶液，同时也使 Zn^{2+} 返回锌电极，于是形成锌电极带负电荷，溶液一侧带正电荷的离子双电层。二氧化锰电极也存在类似情况，只是电极带正电荷，溶液一侧带负电荷。

在接通外电路之前，电极上都存在着上述的动态平衡，当接通外电路之后，锌电极上过剩的电子流向二氧化锰电极，在外电路形成直流电流，在二氧化锰电极上使 Mn^{4+} 还原为 Mn^{3+}，电池进行化学还原反应，将化学能转换为电能。图 19.3-6 是锌锰电池的工作原理。

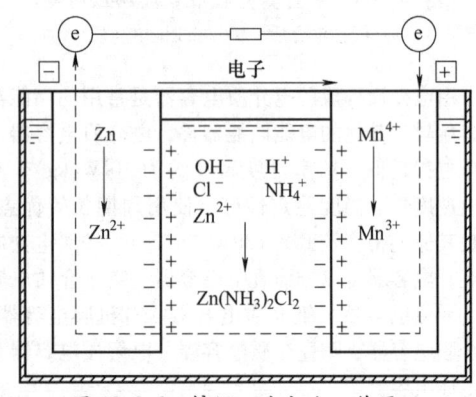

图 19.3-6　锌锰一次电池工作原理

锌锰电池由于其价格低廉，放电功率低，一般用于遥控器、钟表等低耗电设备。

（2）碱锰电池　碱锰电池（Alkaline Manganese Dioxide Battery, AMDB）和普通锌锰电池结构不同，电池正极是焊接了正极材料 MnO_2 的钢筒，负极材料 Zn 上引出一个金属片作为负极，这样外观上碱锰电池和普通锌锰电池就相同了。碱锰电池的电解液为 KOH 或 NaOH 溶液。碱锰电池的性能优于普通锌锰电池，容量约为普通锌锰电池的 3~7 倍，支持大电流放电，一般用于笔记本电脑、寻呼机和测试仪表等需要更平稳的工作电压和更长的工作时间的电子设备。

（3）氧化银电池　氧化银电池（Silver Oxide Battery, SOB）一般设计为扣式电池，其正极使用氧化银，负极使用锌，电解液使用碱性水溶液。氧化银电池具有放电时电压十分平稳、容量大和使用寿命长等优点，被广泛应用于通信、航天和电子手表等领域。

（4）锂原电池　锂原电池（Lithium Primary Battery, LPB）是指以锂或锂合金为负极活性物质的电

化学电池，电解质一般为固体盐类或者溶解于有机溶剂的盐类，正极一般为金属氧化物或其他固体、液体氧化剂。常见的有 $Li-MnO_2$、$Li-S$、$Li-FeS_2$、$Li-CF_x$、$Li-SOCl_2$ 等锂一次电池，其中 $Li-FeS_2$ 电池的电量是原先电池的 1.6 倍，与同体积大小其他电池相比，其功率提高了 50%，并且其成本节省了 50%。由于锂电池具有种类多样、放电稳定、价格低廉、性能优异等优点，被广泛用于民用、医用、工业用和军用等各个行业。

（5）锌空气电池　锌空气电池（Zinc-Air Battery，ZAB）和普通电池不同，普通电池的能量是储藏在它的两个电极材料之间的，而锌空气电池只有负极，即锌电极储存能量，空气电极是转变能量的工具。锌空气电池负极为锌电极，电解质一般为 KOH，正极为空气电极。锌空气电池具有能量高、密度大、价格低廉和放电曲线平稳等优点，一般被用于助听器、航海中的航标灯、无人观测站等设备。

68　二次电池　二次电池（Secondary Battery，SB）又称为充电电池（Rechargeable Battery，RB）或蓄电池（Storage Battery，SB），是指在电池放电后可通过充电的方式使活性物质激活而继续使用的电池。二次电池通过充电将电能转变为化学能贮存起来，使用时再将化学能转变为电能释放出来的一种化学电池，其转变的过程是可逆的。二次电池的充电和放电过程可以重复循环多次，放电时阳极上发生氧化反应，阴极上发生还原反应。充电时，阳极上发生还原反应，阴极上发生氧化反应。

表征二次电池性能的主要技术指标有：

1）容量。分为额定容量和实际容量，额定容量是指满充的锂离子电池在理想的温湿度环境下，以特定的放电倍率放电到截止电压时，所能够提供的总电量。实际容量一般都不等于额定容量，它与温度、湿度、充放电倍率等直接相关。单位为 $mA \cdot h$（毫安时）或 $A \cdot h$（安时）。

2）能量密度。能量密度是指单位体积或单位重量的电池，能够存储和释放的电量，单位有：重量比能量 $W \cdot h/kg$ 和体积比能量 $W \cdot h/L$。

3）充放电倍率。充放电倍率对应的电流值乘以工作电压，就可以得出锂离子电池的连续功率和峰值功率指标。单位为 C。

4）电压。包括：开路电压、工作电压、充/放电截止电压等参数。开路电压是指电池外部不接任何负载或电源，测量电池正、负极之间的电位差；工作电压是指电池外接负载或电源，处在工作状态，有电流流过时，测量得的正、负极之间的电位差；充/放电截止电压是指电池允许达到的最高和最低工作电压。

5）寿命。包括：循环寿命和日历寿命。循环寿命表征电池可以循环充放电的次数，单位为次数；日历寿命就是电池在使用环境条件下，经过特定的使用工况，达到寿命终止条件的时间跨度。

6）内阻。内阻是指电池在工作时，电流流过电池内部所受到的阻力，它包括欧姆内阻和极化内阻。

7）自放电率。自放电率是指电池在放置的时候，其容量不断下降的速率。

8）工作温度范围。工作温度范围是指电池合理的使用温度范围。

二次电池主要包括镍镉电池、铅酸电池、镍氢电池、锂离子电池、铅酸（或铅蓄）电池、聚合物锂离子电池等，其中应用最广泛的是锂离子电池。二次电池是目前主流的储能器件，大幅度提高二次电池能量密度是储能领域的主要发展方向。

69　铅酸电池　铅酸电池（Lead Acid Battery，LAB）是一种以 PbO_2 为正极活性材料，海绵金属铅为负极活性材料，硫酸溶液为电解液的蓄电池。具体工作原理如下：

负极：$Pb + 2e^- + SO_4^{2-} = PbSO_4$

正极：$PbO_2 + 2e^- + SO_4^{2-} + 4H^+ = PbSO_4 + 2H_2O$

总反应：$Pb + PbO_2 + 2H_2SO_4 = 2PbSO_4 + 2H_2O$

电池放电时，正极由二氧化铅转变为硫酸铅，负极由海绵状铅变为硫酸铅。充电时正极由硫酸铅转化成棕色二氧化铅，负极则由硫酸铅转变为灰色铅。

一个单体铅酸电池的标称电压是 2.0V，能充电到 2.4V，可放电到 1.5V。为了适应不同的应用场景，电池通常串联组合形成电压为 12V、24V 等不同电压的电池组。根据应用领域的不同，铅酸电池一般分为动力型、起动型、储能型和固定型四大类。动力型电池主要应用于电动自行车和混合电动汽车等作为动力；起动型蓄电池主要应用于机动车的起动、点火和照明等方面；储能型蓄电池是为太阳能发电、风力发电和潮汐发电等做储能用；固定型蓄电池主要应用于通信备用电源、不间断电源、应急照明电源及其他备用电源。

铅酸蓄电池具有技术成熟、原料来源丰富、成本低和安全性高等优点，是目前世界上产量和用途广泛的化学电源之一。缺点是循环寿命短、能量密度低、对环境产生污染。随着新能源发电等技术的大规模应用，对储能电源提出了更高的要求，电池需具有高比能量、高比功率、长寿命循环性能才能应对更高的应用要求，从目前的发展趋势来看，铅酸电池行业正在经受前所未有的挑战。

70　镍镉电池　镍镉电池（Nickel Cadmium Battery, NCB）的正极材料为球形 $Ni(OH)_2$，负极材料为海绵状金属镉或氧化镉粉以及氧化铁粉（氧化铁粉的作用是使氧化镉粉有较高的扩散性，增加极板的容量），活性物质分别包在穿孔钢带中，加压成型后即成为电池的正负极板。电解液通常为 NaOH 或 KOH 溶液，为了增加镍镉电池的容量和循环寿命，一般在电解液中加入少量的 LiOH（每升电解液加 $15\sim20g$）。充放电过程中发生如下反应：

$$Cd+2NiO(OH)_2+2H_2O \Longleftrightarrow 2Ni(OH)_2+Cd(OH)_2$$
$$(\rightarrow 放电 \leftarrow 充电)$$

具体而言镍电极充电时，首先是电极中 $Ni(OH)_2$ 颗粒表面的 Ni^{2+} 失去电子成为 Ni^{3+}，电子通过正极中的导电网络和集流体向外电路转移；同时 $Ni(OH)_2$ 颗粒表面晶格 OH^- 中的 H^+ 通过界面双电层进入溶液，与溶液中的 OH^- 结合生成 H_2O。上述反应先是发生在 $Ni(OH)_2$ 颗粒的表面层，使得表面层中质子 H^+ 浓度降低，而颗粒内部仍保持较高浓度的 H^+。由于浓度梯度，H^+ 从颗粒内部向表面层扩散。镍电极充电时，由于质子 H^+ 在 $NiOOH/Ni(OH)_2$，颗粒中扩散系数小，颗粒表面的质子浓度降低，在极限情况下会降低到零，这时表面层中的 NiOOH 几乎全部转化为 NiO_2。电极电势不断升高，反应如下：

$$NiOOH+OH^- \longrightarrow NiO_2+H_2O+e^-$$

由于电极电势的升高，导致溶液中的 OH^- 被氧化，发生如下反应：

$$4OH^-+4e^- \longrightarrow O_2\uparrow+2H_2O$$

因此，在充电过程中镍电极上会有 O_2 析出，这是镍电极的一个特点。在极限情况下，表面层中生成的 NiO，并非以单独的结构存在于电极中，而是掺杂在 NiOOH 晶格中。NiO_2 不稳定，会发生分解，析出氧气。

$$2NiO_2+H_2O \longrightarrow 2NiOOH+1/2O_2\uparrow$$

镍镉电池具有如下优点：高寿命，镍镉电池可以提供 500 次以上的充放电周期；优异的放电性能，在大电流放电的情况下，镍镉电池具有低内阻和高电压的放电特性；储存期长，镍镉电池在长期储存后仍可正常充电；高倍率充电性能，快速充电满充时间仅为 1.2h；大范围温度适应性，可以应用于较高或较低温度环境；可靠的安全阀，使得镍镉电池很少出现漏液现象；镍镉电池容量从 100 ~

7 000mA·h 不等，应用领域广泛。镍镉电池由于存在重金属污染严重而逐渐被人们所摒弃，它还存在一个致命的缺点，在充放电过程中如果处理不当，会出现严重的"记忆效应"，久而久之将会引起电池容量的降低，使得服务寿命大大缩短。

71　镍铁电池　镍铁电池（Nickel Iron Battery, NIB）是一种正极为氧化镍，负极是铁，电解质（电解液）是氢氧化钾，主要用于长时间、中等电流情况下的可充电式电池。镍铁电池是爱迪生的重要发明之一。

镍铁电池以铁或铁的氧化物或其混合物作为负极活性物质，活性物质中的铁的氧化物是一个上位概念，即铁负极活性物质可以是 Fe_3O_4、$Fe(OH)_2$、$Fe(OH)_3$、Fe_2O_3 还原铁粉和羰基铁粉中的一种或几种。不同活性物质的反应方程如下：

充电反应为

$$Fe_2O_3+2e^-+3H_2O = 2Fe(OH)_2+2OH^-$$
$$Fe(OH)_2+2e^- = Fe+2OH^-$$
$$FeOOH+H_2O+e^- = Fe(OH)_2+OH^-$$

放电反应为

$$2Fe(OH)_2+2OH^- = Fe_2O_3+2e^-+3H_2O$$
$$Fe+2OH^- = Fe(OH)_2+2e^-$$
$$Fe(OH)_2+OH^- = FeOOH+H_2O+e^-$$

镍铁电池的充放电总反应如下：

$$2NiOOH+Fe+2H_2O = 2Ni(OH)_2+2Fe(OH)_2$$

镍铁电池是一种可在长时间和中等电流下充放电的二次碱性电池，具有安全可靠、低成本、长使用寿命及维修简单等特点。它们比铅酸电池的比能量高 $1.5\sim2$ 倍，且在高倍率放电中表现相当好，同时以耐用性和长循环寿命而闻名。在过度充放电、短路及过热的情况下，仍能保持很长的寿命。但是，镍铁电池的内阻和成本要高很多，主要是由镍电极和铁电极的导电性差导致，其低温性不好；相对高的腐蚀性和自放电率；铁负极的析氢过电位较低导致总电效率差；在充电过程中大量气体处理会导致频繁的维护。

72　镍氢电池　镍氢电池（Nickel Metal Hydride Battery, NMHB）是使用储氢合金作为负极材料，$Ni(OH)_2$ 作为正极材料，KOH 水溶液作为电解液，多孔的聚合物材料作为隔膜，工作电压为 1.2V。镍氢电池分为高压镍氢电池和低压镍氢电池。镍氢电池与镍镉电池和一次电池具有相近的工作电压、更高的能量密度和更好的环保性，因此大规模替代镍镉电池和一次电池应用于电动工具和便携式电子器件等领域。

镍氢电池正极活性物质为 Ni(OH)$_2$（称 NiO 电极），负极活性物质为金属氢化物，也称储氢合金（电极称储氢电极），电解液为 6mol/L KOH 溶液。活性物质构成电极极片的工艺方式主要有烧结式、拉浆式、泡沫镍式、纤维镍式及嵌渗式等，不同工艺制备的电极在容量、大电流放电性能上存在较大差异，一般根据使用条件选择不同的工艺生产电池。通信等民用电池大多采用拉浆式负极、泡沫镍式正极构成电池。充放电化学反应如下：

正极：Ni(OH)$_2$+OH$^-$=NiOOH+H$_2$O+e$^-$

负极：M+H$_2$O+e$^-$=MH$_{ab}$+OH$^-$

总反应：Ni(OH)$_2$+M=NiOOH+MH

其中 M 为氢合金；H$_{ab}$ 为吸附氢；反应式从左到右的过程为充电过程；反应式从右到左的过程为放电过程。

充电时正极的 Ni(OH)$_2$ 和 OH$^-$ 反应生成 NiOOH 和 H$_2$O，同时释放出 e$^-$，并一起生成 MH 和 OH$^-$，总反应是 Ni(OH)$_2$ 和 M 生成 NiOOH，储氢合金储氢；放电时与此相反，MH$_{ab}$ 释放 H$^+$，H$^+$ 和 OH$^-$ 生成 H$_2$O 和 e$^-$，NiOOH、H$_2$O 和 e$^-$ 重新生成 Ni(OH)$_2$ 和 OH$^-$。其工作原理见图 19.3-7。电池的标准电动势为 1.319 V。

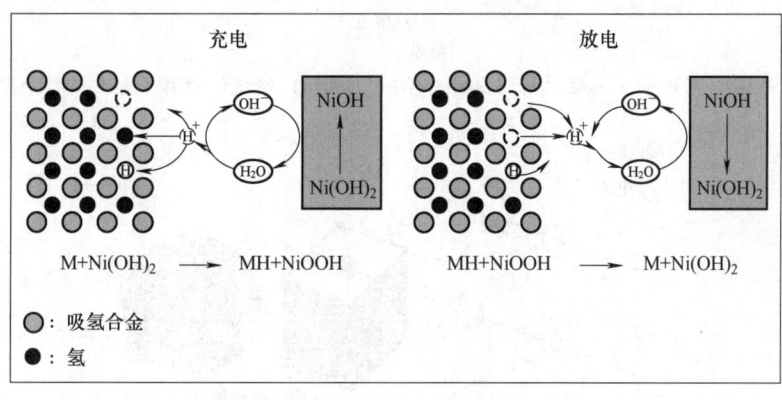

图 19.3-7　镍氢电池工作原理示意图

低压镍氢电池具有以下特点：电池电压与镉镍电池相当，为 1.2~1.3V；能量密度是镍镉电池的 1.5 倍以上；可快速充放电，低温性能良好；可密封，耐过充放电能力强；无树枝状晶体生成，可防止电池内短路；安全可靠，对环境无污染，无记忆效应等。

高压镍氢电池具有如下特点：具有较好的过放电、过充电保护，可耐较高的充放电率并且无枝晶形成；具有良好的比特性，其质量比容量为 60A·h/kg，是镍镉电池的 5 倍；循环寿命长，可达数千次；与镍镉电池相比，全密封、维护少；低温性能优良，在 −10℃ 时，容量没有明显改变。

镍氢电池的缺点在于：比能量相对较低，对锂离子电池而言自放电性能较差、循环寿命一般、原材料成本较高；与锂离子电池相比，价格优势不明显。

73　锂离子电池　锂离子电池（Lithium-Ion Battery，LIB）是一种利用锂离子作为导电离子，在阳极和阴极之间移动，通过化学能和电能相互转化实现充放电的二次电池。锂在现有金属材料中，具有密度最小（20℃ 环境温度时其密度为 0.534g/cm^3）、质量比容量高（3680mA·h/g）等特点，是目前高能量密度电池制造的首选电极材料。

（1）锂离子电池发现　2019 年的三位诺贝尔化学奖获得者对锂离子电池的发展做出了杰出贡献。20 世纪 70 年代，Stanley Whittingham 以 TiS$_2$ 为阴极材料，Li-Al 合金为阳极材料的基于锂离子嵌入式反应的二次电池，其结构示意图见图 19.3-8；1980 年，John Goodenough 提出 Li$_x$CoO$_2$ 等嵌锂材料代替 TiS$_2$ 作为阴极材料，电池的供电电压增加了一倍，这种材料已沿用至今，其结构示意图如图 19.3-9 所示；1985 年，Akira Yoshino 尝试使用一种碳质材料——石油焦来做阳极，使得锂离子电池更安全，性能更稳定，因此诞生了第一代锂离子电池原型，其结构示意图见图 19.3-10。

（2）锂离子电池工作原理　锂离子电池充电时，锂离子从阴极中脱嵌进入电解液中，阴极材料被氧化，这部分脱出的锂离子与溶解于电解液的导电锂盐中的锂离子同时在电解液中扩散并穿过隔膜，嵌入阳极材料中，阳极材料被还原；锂离子电池放电时，阳极材料被氧化，锂离子在阳极中脱嵌进入电解液，再穿过隔膜嵌入到阴极材料，阴极材料被还原。在脱嵌锂过程中，物质的化学键没有断裂，电极材料的结构没有破坏。锂离子电池的充放电原理示意图如图 19.3-11 所示。

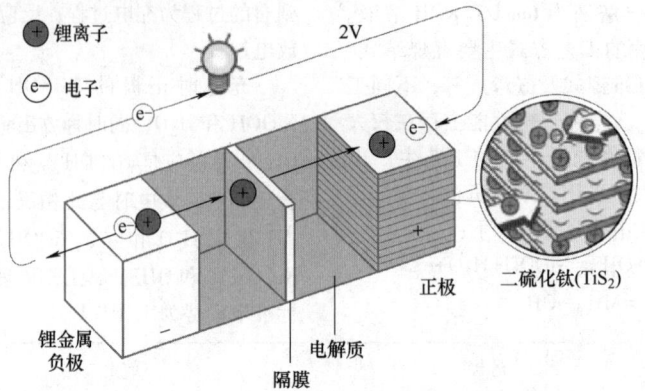

图 19.3-8　斯坦利·惠廷厄姆（Stanley Whittingham）研发的锂离子电池结构示意图

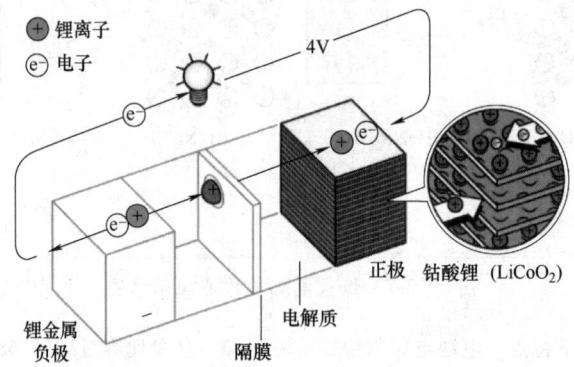

图 19.3-9　约翰·古迪纳夫（John Goodenough）研发的锂离子电池结构示意图

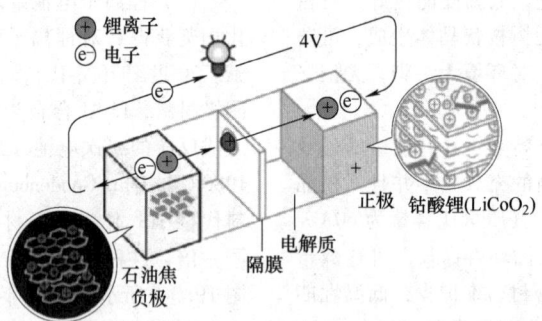

图 19.3-10　吉野彰（Akira Yoshino）研发的锂离子电池结构示意图

以 C 为阳极材料，$LiCoO_2$ 为阴极材料的锂离子电池，化学表达式如下所示：

阴极

$$LiCoO_2 \xrightarrow[\text{放电}]{\text{充电}} Li_{-x}CoO_2 + xLi^+ + xe^-$$

阳极

$$nC + xLi^+ + xe^- \xrightarrow[\text{放电}]{\text{充电}} Li_xC_n$$

锂离子电池的阳极活性电对是 Li^+/Li 电对，但由于电极材料不是锂单质，而是碳材料，其标准电位要较 Li^+/Li 电位高 $0\sim1V$。阴极材料的标准电位一般超过 4V，所以锂离子电池的标准电动势超过 3V。实际应用中，锂离子电池的工作电压可达到 3.7V，远远超过镍氢电池 1.5V 的工作电压，这也是锂离子电池最大的优点。

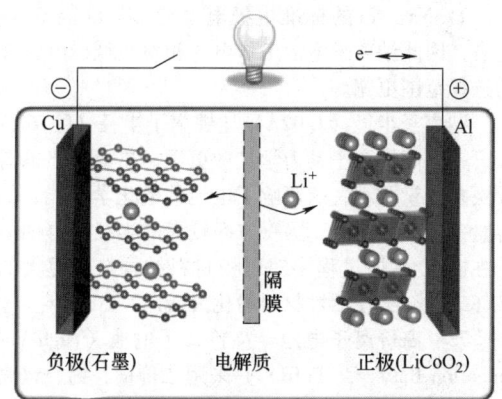

图 19.3-11　锂离子电池的工作原理示意图

电池充电时，$LiCoO_2$ 失去电子，Co^{3+} 被氧化为 Co^{4+}，锂离子则从 $LiCoO_2$ 的晶格中脱嵌，通过电解质隔膜向阳极迁移，电子通过外电路向负极迁移，然后两者在阳极发生反应生成锂原子嵌入到阳极材料中；电池放电时，锂离子则从阳极材料中脱出，迁移至阴极发生反应，电子通过外电路向正极迁移。在电池反应中，锂离子在阴、阳极的作用有一些差别。在阴极，充放电过程中锂离子未发生化学变化，均以离子形式存在，实际上是起着平衡中性电解质的作用，得失电子的活性部分则是晶体中的锂离子；在阳极，锂离子则发生化学反应，是活性物质。由于锂离子在阴、阳极间来回迁移，人们形象地将其称为"摇椅"反应。

锂离子电池的额定电压根据制作工艺一般为 3.6~3.7V。电池充电时的终止电压与电池的阳极材料有关，阳极材料为石墨时电压为 4.2V；阳极材料为焦炭时电压为 4.1V。锂离子电池放电终止电压一般为 2.5V。

根据锂离子电池所用电解质材料的不同，锂离子电池分为液态锂离子电池（Liquified Lithium-Ion Battery，LIB）和聚合物锂离子电池（Polymer Lithium-Ion Battery，PLB）。其中聚合物锂离子电池又可分为：固体聚合物电解质锂离子电池、凝胶聚合物电解质锂离子电池和聚合物正极材料的锂离子电池。

（3）锂离子电池主要特点

1）比能量高。锂离子电池的质量比能量和体积比能量分别达到 120~200W·h/kg 和 300W·h/L 以上，在目前的蓄电池中是最高的。

2）放电电压高。放电电压平台一般在 3.2~4.2V 以上（钛酸锂电池除外）。

3）自放电低。在正常存放情况下，锂离子电池的月自放电率通常仅为 5%左右。

4）循环寿命长，无记忆效应。普通锂二次电池在 100%的放电深度下，充放电可达 500 次以上，磷酸铁锂电池和以钛酸锂为负极的电池循环寿命分别超过 2 000 次和 5 000 次。

5）充放电效率高。电池循环充放电过程中的能量转换效率可达到 90%以上。

6）工作温度范围宽。工作范围为 -20~45℃，钛酸锂负极电池甚至可在 -40℃下工作。

（4）锂离子电池的应用　锂离子电池由于比能量高、体积小、无须维护、环境友好而受到各行业的青睐，正逐步从手机、笔记本电脑等应用走向电动自行车、电动汽车等领域。随着技术进步和新能源产业的发展，大容量锂离子电池技术与产业发展迅猛，已经成为国际上大容量电池的主流。锂离子电池的应用主要包括：各种新能源储能系列、大型电网、通信储能、电动汽车、航空、航天、国防、民用等领域。

锂离子电池技术已不是一项单纯的产业技术，它已成为攸关信息产业和新能源等产业的重要能源。

74　钠离子电池　钠离子电池（Sodium-Ion Battery，SIB）是一种利用钠离子作为导电离子，在正极和负极之间移动，通过化学能和电能相互转化实现充放电的二次电池。钠离子电池结构与锂离子电池相似，主要包括阳极、电解液、隔膜以及阴极。其中阴阳极包含活性材料、粘结剂和导电剂，阴阳极的集流体为铝箔；电解液中包含溶剂（通常为碳酸酯类或醚类）和钠盐（一般为高氯酸钠、六氟磷酸钠以及三氟甲磺酸钠等）；隔膜一般使用玻璃纤维、PP 或 PE 等材质。

（1）钠离子电池的工作原理　钠离子电池充电时，受外电场驱动，钠离子从阴极脱嵌，通过电解液穿过隔膜到达阳极并嵌入到阳极中，外电路中电流由负极流向正极。放电时，钠离子从阳极脱嵌，通过电解液穿过隔膜重新嵌入到阴极中，外电路中电流由正极流向负极，见图 19.3-12。

（2）阴极材料　钠离子电池阴极材料主要分为氧化物型和聚阴离子型。氧化物型主要包括钠钴氧化合物 Na_xCoO_2、钠锰氧化合物 Na_xMnO_2、钠基多元过渡金属化合物、钠钒氧化合物等。聚阴离子型主要包括过渡金属磷酸钠盐 $NaMPO_4$ 和过渡金属氟磷酸钠盐 $NaMPO_4F$（M=Fe、Co、Ni、Mn、V）。

（3）阳极材料　根据钠离子存储机理的差异，目前的钠离子电池阳极材料可分为以下 3 种主要类型：

1）嵌入反应型。充放电过程中，钠离子在材

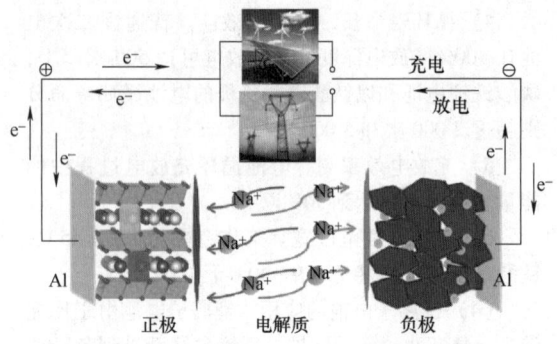

图 19.3-12 钠离子电池工作原理示意图

料的层状晶格中发生嵌入/脱出反应。碳基材料和钛基氧化物基本属于这一类型。

2) 合金反应型。材料与钠离子发生合金化反应,这类材料通常具有较高容量,常见的材料有 P、Sn、Sb、Bi 等。

3) 转化反应型。物质与钠离子发生转化反应,形成金属单质和钠的化合物。这类材料通常包括金属氧化物、硫化物、硒化物等。

(4) 钠离子电池的特点 钠离子电池与锂离子电池有着相似的结构和工作机理,同锂离子电池一样,钠离子电池相比于传统的铅酸、镍镉电池优势在于高能量密度、高功率密度以及长使用寿命等。与锂离子电池相比,钠离子电池具有以下优势:

1) 钠资源在地壳、海水中储量丰富,在世界各地广泛分布,且原料价格低廉,因此钠离子电池具有天生的资源和成本优势。同时钠离子电池可用铝箔代替铜箔作为负极集流体,进一步降低了成本。

2) Na^+/Na 的标准电极电位比 Li^+/Li 高 0.3V 左右,因此钠离子电池工作电压相对较低,电解液的选择范围更宽。

钠离子半径(1.02Å)比锂离子半径(0.76Å)大,一方面钠离子动力学扩散更慢,热力学上也需要更多能量驱动,这影响了电池的电化学性能,如容量、倍率性能等;另一方面较大的半径使得钠离子在嵌入/脱嵌过程中对电极材料结构造成更大的破坏,甚至会使活性材料粉化失活。

75 高价离子电池 高价离子电池(High-Valence Ion Battery,HVIB)是采用二价镁、钙、锌离子和三价铝离子等取代一价锂离子的一种二次电池,高价金属离子电池与锂离子电池的工作原理相似。目前主要有镁离子电池、锌离子电池、铝离子电池和钙离子电池等。

锂化石墨(LiC_6)、锂和高价金属镁、钙、锌、铝的氧化还原电位以及质量比容量和体积比容量见图 19.3-13。高价离子电池具有廉价、安全、绿色和环保等众多优点,有着锂离子电池不可比拟的优势:首先,高价离子电池直接以金属作为阳极材料,相比于以碳材料为阳极的锂离子电池而言,有潜力大大提高电池的能量密度。其次,镁、铝阳极在电池循环过程中不会产生金属枝晶,提高了电池的安全性能;锌金属负极会产生枝晶,但在水系电解液体系中,安全性会大大提高。第三,在高价离子电池充放电过程中,一个高价金属阳离子可以携带更多的电荷,当阴极材料提供相同数量的嵌入位点时,高价离子电池相比于锂离子电池可以提供更多的电能。

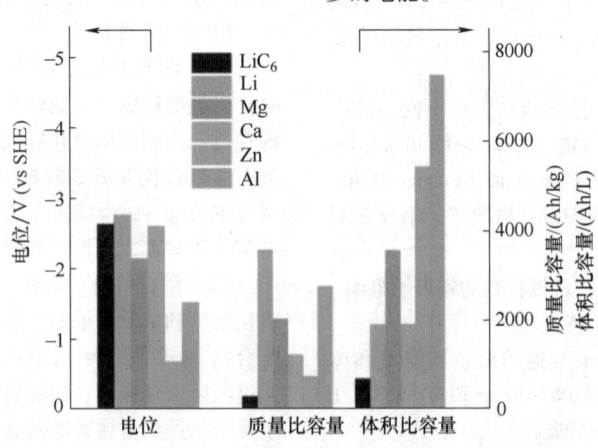

图 19.3-13 一价与高价金属材料的氧化还原电势以及重量与体积比容量

高价离子电池目前尚存许多还未攻克的问题,如:阴极材料在电池充放电过程中的结构坍塌问题,寻找可使高价离子在金属阳极上顺利沉积溶解的具有配位阴离子基团高稳定性、高兼容性的电解液难题。但近几年，镁离子电池和锌离子电池在循环性能、倍率性能、质量比容量上都有了很大的提升。

（1）镁离子电池　镁离子电池（Magnesium-Ion Battery, MIB）是指以金属镁为阳极的二次电池，其工作原理与锂离子电池的工作原理基本相似，是以镁金属阳极、含镁离子电解质溶液、能可逆嵌入脱出镁离子的阴极材料为基础的一类新兴储能电池，见图 19.3-14。当镁金属直接作为阳极时，其拥有 2 205mA·h/g 的高理论质量比容量和 3 833mA·h/cm³ 的高理论体积比容量。镁离子沿二维方向沉积的特性也使得镁金属负极不会产生枝晶，安全性得到大大的提升。但是由于镁金属较为活泼，它只适应在有机非质子极性溶剂中进行可逆地沉积与溶解。目前主要研究的镁离子电池的阴极材料有：Mo_6S_8、二维层状硫化物 MS_2、V_2O_5、MoO_3、MnO_2 等，电解液有：$Mg(AlCl_2BuEt)_2$/THF。

（2）锌离子电池　锌离子电池（Zinc-Ion Battery, ZIB）是指以金属锌为阳极的二次电池，通常指水系锌离子电池，阳极材料为金属锌，阴极材料通常拥有

可供锌离子扩散的较大通道，一般有锰基、钒基和铁基材料等，电解液为含有锌离子的中性水溶液，如 KOH 等。在锌离子电池中，锌离子可以在金属锌负极表面快速可逆地沉积和溶解，也可以在正极材料中快速地嵌入和脱出，见图 19.3-15。新型锌离子电池具有高的能量密度与高的功率密度，理论功率密度可达 12kW/kg，在大功率电能输出领域有着很大的应用潜力。

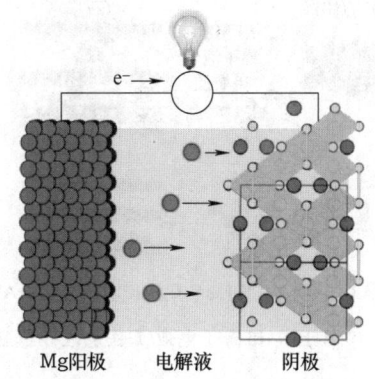

图 19.3-14　镁离子电池电化学原理图

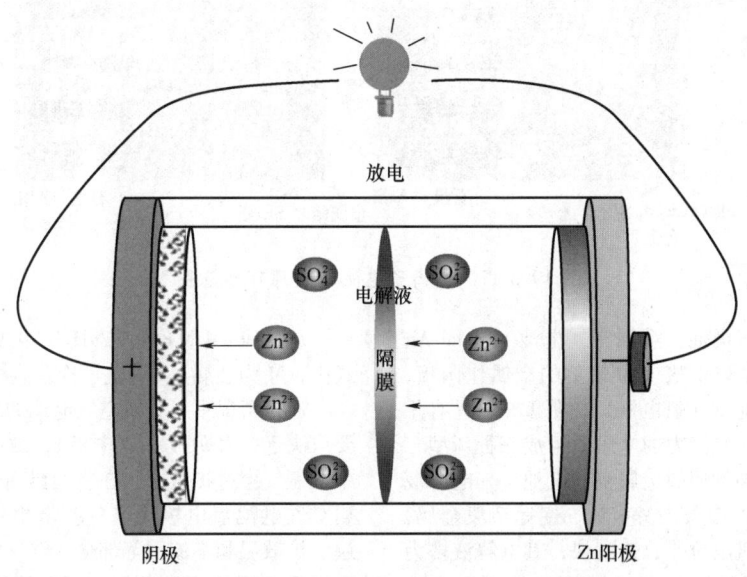

图 19.3-15　锌离子电池原理图

（3）铝离子电池　铝离子电池（Aluminum-Ion Battery, AIB）是指以金属铝为阳极的二次电池。铝离子电池包含一个由铝制成的阳极和一个可逆脱嵌铝离子的阴极材料，铝离子电池电解液包含可以来回输运电荷的含铝基团。目前，很多铝金属基电池中阴极材料并不是铝离子的嵌入和脱出，而是含铝基团的嵌入和脱出。尽管如此，研究者们还是习

惯上将可逆脱嵌含铝基团的电池也统称为铝离子电池，其原理图见图 19.3-16。铝作为地壳中含量排第三的元素，具有质量轻、无污染、使用安全、价格低廉且资源丰富等优点，是一种极具潜力的储能材料。铝的理论质量比容量达 2 980mA·h/g，在所有的金属元素中仅次于锂（3 870mA·h/g），其体积比容量为 8 050mA·h/cm³，是现有金属电极材

料中最高的。目前，铝离子电池的阴极材料有三维泡沫石墨烯、各种过渡金属硫化物（比如 FeS_2、Ni_3S_2 和 CuS）、钒氧化物等，常以含有四氯化铝阴离子（$AlCl_4^-$）的离子液体为电解液。

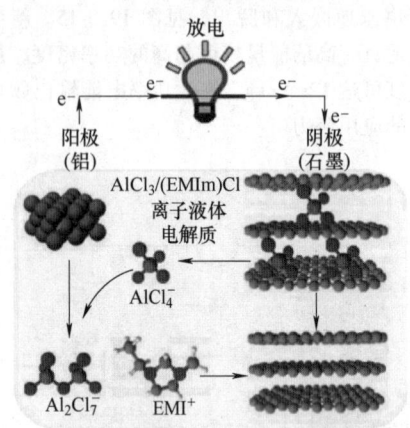

$$Al+7AlCl_4^- \longrightarrow 4Al_2Cl_7^-+3e^- \qquad C_n[AlCl_4]+e^- \longrightarrow C_n+AlCl_4^-$$

图 19.3-16 铝离子电池工作原理示意图

（4）钙离子电池 钙离子电池（Calcium-Ion Battery，CIB）是指以金属钙为阳极的二次电池。钙离子电池具有与锂离子类似的"摇椅式电池"存储机制，钙离子在正负极之间可逆穿梭，实现能量的存储和释放，其工作原理见图 19.3-17。钙离子电池的阳极材料常为金属钙和钙合金（$CaSi_2$ 等），阴极材料常用插层材料（石墨烯、有机物等），电解液的组成一般包括钙盐（$Ca(ClO_4)_2$、$Ca(BF_4)_2$、$Ca(NO_3)_2$ 等）和溶剂（H_2O、THF、PC、EDC 等）。钙的标准还原电位（$-2.87V$ vs. SHE）最接近金属锂（$-3.04V$ vs. SHE），表明钙离子电池的输出电压可能高于其他高价离子电池。此外，Ca^{2+} 与 Mg^{2+}、Zn^{2+} 和 Al^{3+} 离子相比，离子半径相对较大，因此离子表面电荷密度相对较小，极化特性（电荷/半径比）更小，因此 Ca^{2+} 离子作为高价电荷载流子在液体电解质中具有更好的扩散动力学性质。上述两个优点以及钙资源的丰富度决定了钙离子电池在未来是一种很有前景的电池体系。

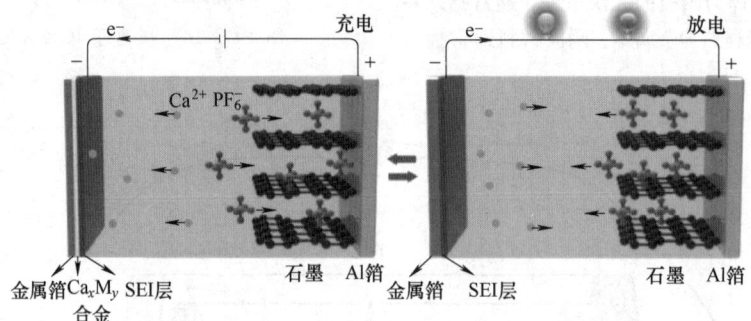

图 19.3-17 钙离子电池工作原理示意图

76 金属空气电池 金属空气电池（Metal-Air Battery，MAB）是以电极电位较负的金属作阳极，以空气中的氧或纯氧（氧电极）作阴极，以具有相应导电性和电压承受能力的电解质组成一种新型二次电池。根据不同类型的金属空气电池，其电解液体系存在差异，如阳极为锌、镁、铝等活泼金属，阳极电化学反应过电位小，速度快，其电解液多为导电性能好的碱性（NaOH、KOH）溶液、中性（NaCl）溶液或有机电解液，保证空气正极反应的传质速度和动力学反应速率；如采用电极电位更负的锂、钠、钙等作阳极，因为它们可以和水反应，所以只能采用非水的有机电解液如耐酚固体电解质或无机电解质如 $LiBF_4$ 盐溶液等。

金属空气电池原理如下：

正极反应：$O_2+2H_2O+4e^- = 4OH^-$

负极反应：$M = M^{n+}+ne^-$

总反应：$4M+nO_2+2nH_2O = 4M(OH)_n$

式中，M 为金属；n 为电子价态。

通常情况下，金属空气电池的理论能量密度主要取决于空气阴极（氧电极），放电反应使得空气中的氧气穿过扩散层，在三相界面被还原。其中金属空气电池氧电极为空气扩散电极，包括催化剂层、扩散层和集流网等部分。空气中的氧气进入扩散层后在活性层被还原，而电子则通过集流网导出。扩散层由炭黑和高分子材料组成透气疏水薄膜，既能保证气体扩散效果，又能防止电解质溶液泄漏。活性层则由炭黑、高分子材料及催化剂组成，其中催化剂具有还原氧气的性能。

基于不同的金属负极，目前研究较多的金属空气电池包括锂空气电池、钠空气电池、锌空气电池和铝空气电池等。

（1）锂空气电池 锂空气电池拥有最低的电化

学氧化还原电势（$E_{Li^+/Li} = -3.040V$），其理论能量密度约为 3 500W·h/kg，其全包装能量密度（超过 600W·h/kg）接近汽油在内燃机中燃烧所提供的能量密度，因此锂空气电池被认为是可替代汽油的下一代储能系统。但是金属锂活泼性很高，极易与电解液发生腐蚀放电现象，因此锂空气电池比容量较低、能量转换效率较低、倍率性能较低等劣势成为制约其产业化生产的重要因素。

（2）钠空气电池 钠空气电池有两种放电产物：以 Na_2O_2 为放电产物的钠空气电池体系，电池化学反应的核心是 Na_2O_2 的可逆生成与分解；以 NaO_2 为放电产物时，NaO_2 以立方体的形式沉积在电极表面，电池同样具有可逆性。但在放电过程中两种放电产物沉积于孔道中，严重影响电子转移与离子传输。

（3）锌空气电池 锌空气电池是以碱性水溶液为电解液的电池体系，其理论能量密度是锂离子电池 5~6 倍。锌空气电池有安全性高、成本低、经济性好和绿色环保等优势。金属锌是唯一在碱性溶液中具有良好耐腐蚀性和可接受的化学反应动力学特性。但阳极锌的析氢腐蚀容易造成电池损坏及电池能量损耗。

（4）铝空气电池 铝空气电池是一种高比能新型电池，具有比能高、阳极材料金属铝储藏丰富、成本较低、电池使用寿命长、无毒、环保等优势。金属铝容易发生氧化在表面形成一层致密的氧化膜，使电极电位提高。当氧化层被破坏时，由于氧化膜与金属铝存在电位差异，因此会加速金属铝的腐蚀，影响铝空气电池寿命。

这 4 种常见金属-空气电池特性比较见表 19.3-1。

表 19.3-1 常见金属-空气电池比较

电池	放电产物	能量密度/（W·h/kg）	工作电压/V	可逆性	总反应
锂空气电池	Li_2O_2	3 458	2.96	可逆	$2Li+O_2 \longrightarrow Li_2O_2$
钠空气电池	Na_2O_2	1 605	2.33	可逆	$2Na+O_2 \longrightarrow Na_2O_2$
	NaO_2	1 108	2.27		$Na+O_2 \longrightarrow NaO_2$
锌空气电池	ZnO	1 084	1.65	不可逆	$Zn+O_2 \longrightarrow 2ZnO$
铝空气电池	Al（OH）$_3$	2 800	1.2-1.6	不可逆	$4Al+3O_2+6H_2O \longrightarrow 4Al(OH)_3$

77 锂硫电池 锂硫电池（Lithium-Sulfur Battery，LSB）是一种以单质硫或者硫化锂作为阴极活性材料，金属锂作为阳极材料的二次电池。锂硫电池是利用硫作为阴极材料的锂硫电池，其材料理论比容量和电池理论比能量较高，分别高达 1 675mA·h/g 和 2 600W·h/kg，远高于商业上广泛应用的钴酸锂电池的容量（<150mA·h/g），为锂离子电池的 4~5 倍，是一种非常有前景的新型储能系统。单质硫在地球中储量丰富，具有价格低廉、环境友好等特点。锂硫电池是一种非常有前景的锂电池。

锂硫电池的工作原理见图 19.3-18，其充放电过程是一种多电子氧化还原反应的过程，具体的原理式如下：

放电过程：正极：$S_8 + 16Li^+ + 16e^- \longrightarrow 8Li_2S$；
负极：$Li \longrightarrow Li^+ + e^-$

充电过程：正极：$8Li_2S \longrightarrow S_8 + 16Li^+ + 16e^-$；
负极：$Li^+ + e^- \longrightarrow Li$

从硫阴极来看，目前锂硫电池主要存在 4 方面问题：①单质硫的电子导电性和离子导电性差，硫材料在室温下的电导率极低（5.0×10^{-30}S/cm），反应的最终产物 Li_2S_2 和 Li_2S 也是电子绝缘体，不利于电池的高倍率性能；②可溶性中间产物多硫化锂在阴极-阳极之间穿梭，造成严重穿梭效应和自放电现象；③活性物质在充放电过程中会产生严重的体积膨胀（约 80%），有可能导致电池损坏；④锂硫电池使用金属锂作为阳极，除了金属锂自身的高活性，金属锂阳极在充放电过程会发生体积变化，容易形成枝晶。

锂硫电池目前主要围绕着解决多硫化物穿梭效应、锂负极保护、固态电解质开发等方面进行研究，采用醚类电解液可以非常有效地缓解锂多硫化合物的溶解问题；采用硫和碳复合，或硫和有机物复合，可以解决硫的不导电和体积膨胀问题。未来锂硫电池将应用于便携式电子设备、电动汽车动力电池、大规模电网储能、航空航天等领域。

78 高温钠电池 高温钠电池（High-Temperature Sodium Battery，HTSB）是由熔融电极和固体电解质组成的二次电池，工作温度在 250~350℃，其阳极的活性物质为熔融金属钠，电解质为固态 β-Al₂O₃ 陶瓷，根据其阴极的活性物质不同，分为钠硫电池和钠镍电池。高温钠电池适用于大规模固定式储能。

（1）钠硫电池　钠硫电池（Sodium-Sulfur Battery，SSB）的阳极材料是熔融金属钠（$T_m = 98℃$）、阴极材料是熔融硫（$T_m = 115℃$）或多硫化钠熔盐，具有钠离子传导性的 β-Al₂O₃ 既是固体电解质也是隔膜，钠硫电池的组成结构见图 19.3-19a，包括：阴极、阳极、电解质、隔膜和外壳，阳极位于圆柱筒形固体电解质的内侧，阴极位于电解质的外侧。由于硫是绝缘体，所以硫通常是填充在多孔的碳或石墨毡里。电池起到电隔离阳极与阴极并传输钠离

子的作用，金属外壳起到密封整个装置的作用。钠硫电池比能量高，其理论比能量达到 760W·h/kg 和 2 584W·h/L，是铅酸电池的 3~4 倍；钠硫电池可大电流、高功率放电，其放电电流密度一般可达 200~300mA/cm²，且充放电效率高，充放电电流效率几乎 100%。

钠硫电池在放电过程中，电子通过外电路由阳极到阴极，而 Na⁺ 则通过固体电解质与单质硫结合形成多硫化钠，其电极反应如下：充电时，电极反应则与放电过程相反，见图 19.3-19b，由于只有温度在 300℃ 以上时，β-Al₂O₃ 才具有良好的 Na⁺ 传导性，因此，钠硫电池的运行温度应维持在 300~350℃ 之间。

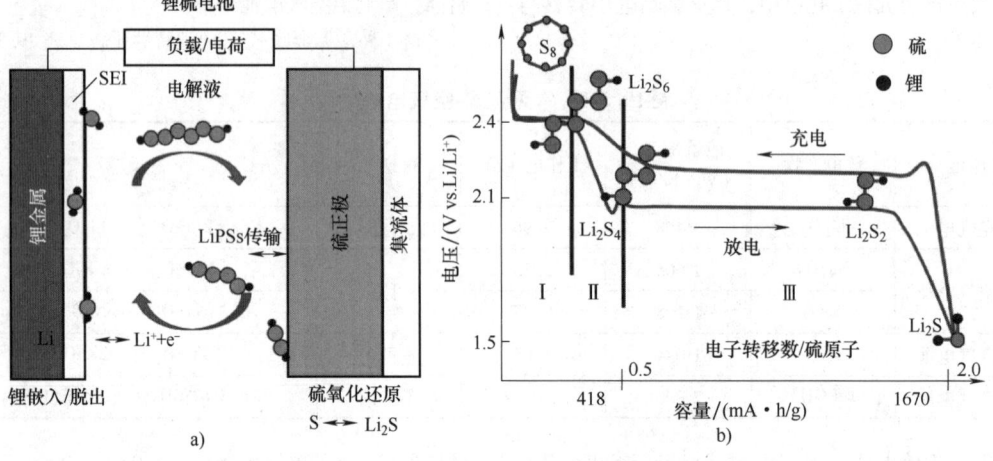

图 19.3-18　锂硫电池的工作原理示意图

a）锂硫电池结构示意图　b）典型锂硫电池充放电曲线

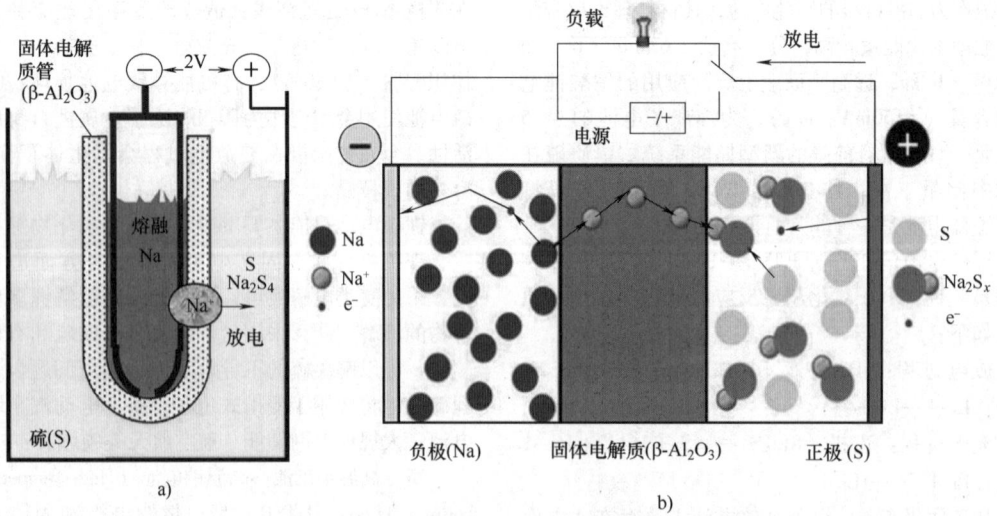

图 19.3-19　钠硫电池的结构与工作原理示意图

a）结构示意图　b）工作原理图

阳极：$2Na \longrightarrow 2Na^{+}+2e^{-}$

阴极：$xS+2e^{-} \longrightarrow S_x^{2-}$

总反应：$2Na+xS \rightleftharpoons Na_2S_x$

钠硫电池具有成本低廉、功率和能量密度较高、高效率、长循环寿命、对环境无害等优点，主要缺点有：需要附加供热设备来维持温度、熔融的多硫化钠对集流体和电池外壳有腐蚀作用、升温不均匀和长期损耗可能导致固体电解质变得脆弱并最终破裂等。钠硫电池在电力储能方面拥有广阔的应用前景，目前兆瓦级钠硫储能电池主要用于削峰填谷、风力发电、应急电源等用途。

（2）钠镍电池　钠镍电池是在钠硫电池基础上发展起来的一种新型高能热电池，是以液态金属钠为阳极，氯化镍 $NiCl_2$ 为阴极，β-Al_2O_2 陶瓷材料作为固体电解质，$NaAlCl_4$ 熔融盐作为液态电解质在电池充放电过程中为钠离子传导提供通道。为了让阳极钠和 $NaAlCl_4$ 均处于熔融状态，其工作温度通常为 $250\sim300℃$。钠镍电池的结构与工作原理见图 19.3-20。

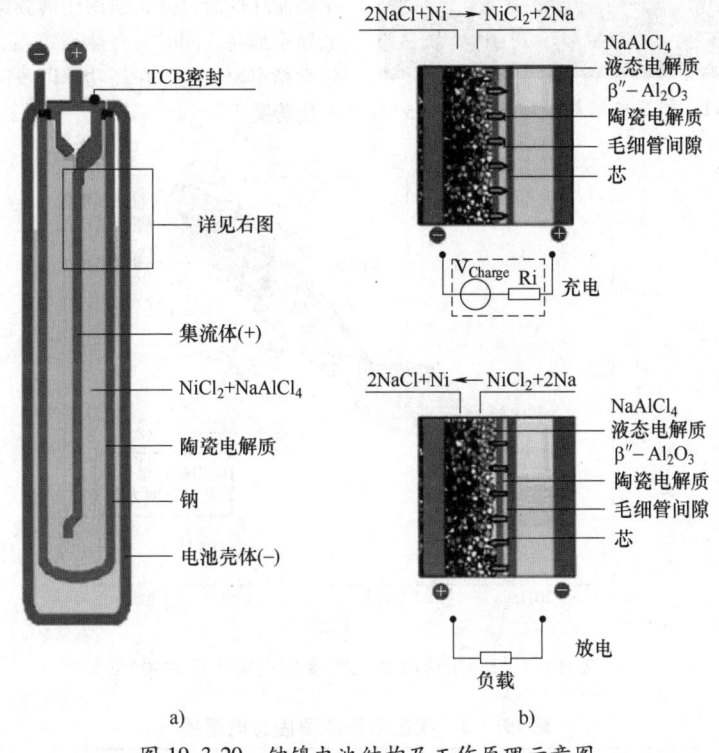

图 19.3-20　钠镍电池结构及工作原理示意图

阳极：$2Na \longrightarrow 2Na^{+}+2e^{-}$

阴极：$NiCl_2+2Na^{+}+2e^{-} \longrightarrow Ni+2NaCl$

总反应：$NiCl_2+2NaCl \rightleftharpoons Ni+2NaCl$

钠镍电池作为一种新型的高能电池，具有开路电压高（在 300℃ 时为 2.58V，比钠硫电池高 0.5V）、比能量高（理论的比容量为 790W·h/kg）、能量转换效率高（库伦效率可达到 100%）、无自放电效应、耐过充与过放电、充电迅速（充电 30min 就能达到 50% 的放电容量）、充放电循环寿命大于 1 000 周次、抗腐蚀能力强、安全性能强等优点，但其工作温度高（250~350℃），而且内阻与工作温度、电流和充电状态有关，因此需要有加热和冷却管理系统。

钠镍电池适用于中等以上规模的储能场景，在固定时储能领域具有良好表现，也可作为车用高能电池。

79　固态电池　固态电池（Solid State Battery, SSB）是一种使用固体电极和固体电解质的二次电池，即结构中不含液体，所有材料都以固态形式存在的储能器件。固态电池单体主要由阳极、阴负极和固态电解质构成，其中，固态电解质一方面起到传输离子阻隔电子的作用，另一方面阻隔阳、阴极接触，固态电池结构见图 19.3-21。不同锂电池能量密度变化见图 19.3-22。

根据固态电解质传输的阳离子类型，固态电池可分为固态锂电池、固态钠电池等；根据固态电解质的本身类型，固态电池可分为无机固态电池、聚合物固态电池和有机-无机复合固态电池；根据结构设计的差别，全固态锂电池可分为薄膜型和大容量型；根据含有液体电解质的质量，固态电池可分为半固态（half

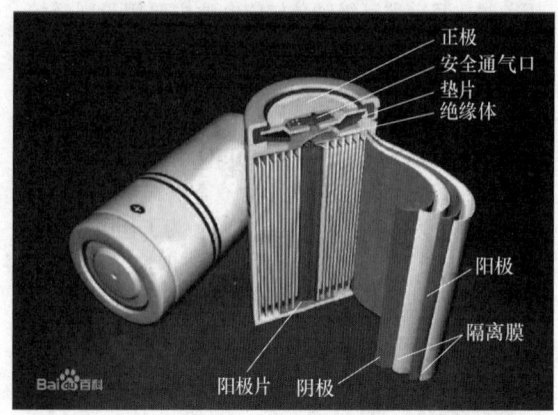

图 19.3-21　固态电池基本结构

solid）液体电解质（质量百分比<10%）、准固态/类固态（nearly solid）液体电解质（质量百分比<5%）、全固态（all solid，不含有任何液体电解质）。目前，准固态电池以聚合物复合电解质为主，薄膜固态电池以氧化物复合电解质为主，全固态电池以硫化物复合电解质为主。

目前固态电解质的研究主要集中在三大类材料：聚合物、氧化物和硫化物，见表 19.3-2。通常认为，聚合物高温性能好，可率先实现商业化；氧化物循环性能良好，适用于薄膜柔性结构；硫化物电导率最高，同时具有热稳定高、安全性能好、电化学稳定窗口宽，在高功率以及高低温固态电池方面优势突出。

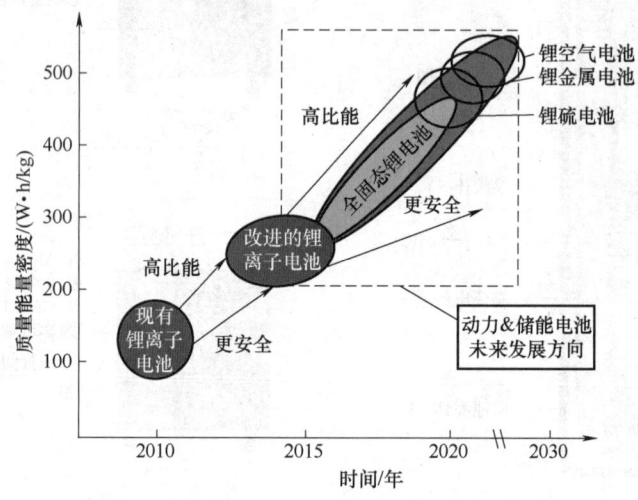

图 19.3-22　不同锂电池能量密度变化示意图

表 19.3-2　固态电池主要固态电解质

固态电解质类型	目前主要材料体系	导电能力（实用化需求>10^{-3}S/cm）
聚合物固态电解质	聚环氧乙烷（PEO）基体系	低（室温 $10^{-7} \sim 10^{-5}$S/cm）
	聚碳酸酯基体系	
	聚硅氧烷基（ASPEs）体系	
	聚合物锂单离子导体	
氧化物固态电解质	晶态（钙钛矿型、石榴石型、Na 快离子导体、Li 快离子导体）	较低（室温 $10^{-4} \sim 10^{-3}$S/cm）
	非晶态	
硫化物固态电解质	硫化物固态电解质	较高（室温 $10^{-3} \sim 10^{-2}$S/cm）
	二元硫化物固态电解质	
	三元硫化物固态电解质	

固态电池具有：安全性最高（不可燃、无腐蚀、不挥发、不漏液）、能量密度高（可达 400W·h/kg）、电化学稳定窗口宽（可达到 5V）、循环寿命长、工作温度范围宽（最高可到 300℃）、可薄膜柔性化、回收方便、可快速充电、可多功能封装等优点。但提高固态电池的性能，设计制备无机/聚合物复合固态电解质，在各相之间界面搭建离子快速传输通道是关键。

固态电池技术是一种正在迅速发展的新兴电池技术，旨在解决传统液态电池潜在的安全性问题，以及进一步提高电池的能量密度。由于固态电池的功率重量比较高，有望满足电动汽车、储能电站等大规模储能应用的需求。

80　水系离子电池　水系离子电池（Aqueous Ion Battery，AIB）是指电解液中溶剂为水系溶剂的可充放二次电池。水性离子电池按离子的反应原理可以分为：阴/阳极均为插入型的摇椅电池、插层阴极与金属阳极（如 Zn）耦合的混合电池和插层阳极与金属氧化物/硫化物结合的混合电池；按反应离子的种类可以分为：水系二次碱金属离子电池（Li^+、Na^+、K^+）、水系二次高价金属离子电池（Zn^{2+}、Mg^{2+}、Ca^{2+}、Al^{3+}）和水系二次混合电池。以水系钠离子电池为例，其工作原理如图 19.3-23 所示。

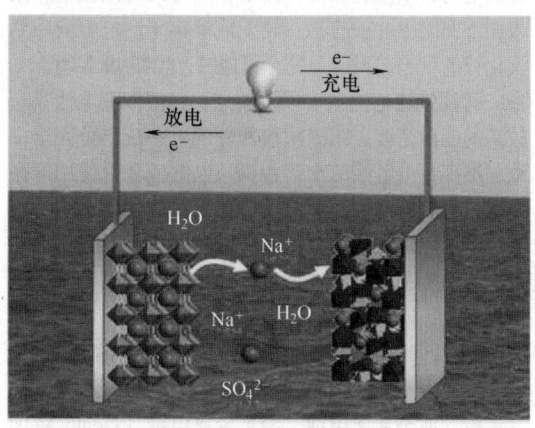

图 19.3-23　水系钠离子电池工作原理

水性离子电池具有安全性高（避免使用易燃有机电解质，本质安全）、经济性好（水性电池的电解质盐和溶剂更便宜，且避免了严格的制造要求）、离子电导率高（水性电解液的离子电导率比非水性电解液高出两个数量级左右，充放电快，往返效率高）、环境友好等优点，在大规模储能领域具有优势，但也存在水系电池窗口电压窄、电极发生副反应、循环稳定性差等缺点的限制。

水系离子电池面临的挑战主要有：有限的电压窗口，水电解质的稳定工作窗口相对较窄（~1.23V），在此之上，水溶液容易分解，产生 H_2/O_2 气体；电极材料与水或残余的氧存在副反应，当电解质溶液中存在溶解的氧时，活性物质的化学稳定性会降低；电极材料溶解，在不同 pH 值的水介质中，材料在电化学作用下会发生溶解；存在质子共插入效应，在某些电极材料中，质子也会插入到晶体结构中，从而阻塞离子的扩散通道。

（1）水系锂离子电池　水系锂离子电池最早是 1994 年发现的，阳极采用 VO_2，阴极采用 $LiMn_2O_4$ 的体系，理论上能量密度可达 75W·h/kg。目前主要阴极材料主要有：Mn 基材料（$LiMn_2O_4$）、层状结构（$LiCoO_2$）、聚合物离子化合物（橄榄石结构材料，如 $LiMnPO_4$ 和 $LiNiPO_4$）、亚铁氰化铁类等，阳极材料主要有：钒氧化物（VO_2、LiV_3O_8、$Li_{0.3}V_2O_5$ 等）、聚阴离子材料 $[LiTi_2(PO_4)_3$、TiP_2O_7 等] 和有机类阳极材料等。

（2）水系钠离子电池　水系钠离子电池的阴极材料有：锰系氧化物（$NaMnO_2$、$Na_{0.44}MnO_2$）、亚铁氰化铁类化合物及其衍生物 $[Na_2MFe(CN)_6$，其中 M=Co、Ni、Cu 等]、金属氧化物（V_2O_5）、有机聚合物（聚-2，2，6，6-四甲基哌啶-4-乙烯基醚（PTVE）等]；水系钠离子电池阳极材料有：活性炭、$NaTi_2(PO_4)_3$、聚 2-乙烯基蒽醌（PVAQ）、聚酰亚胺（PI）等。

（3）水系锌离子电池　水系锌离子电池的阴极材料主要有氧化锰、氧化钒和普鲁士蓝类似物的晶体结构等。锰基氧化物包括：MnO_2 以及隧道（α-、β-、γ-和水锰矿-）、层状（δ-）和尖晶石（λ-）MnO_2 结构等；钒基氧化物材料主要包括层柱状 XV_2O_5（X=Zn、Mg、Ca、Na、…）、其他钒氧化物以及氮氧化钒等。水系锌离子电池的阳极材料有：金属 Zn、纳米 $CaCO_3$ 包覆 Zn、TiO_2 包覆 Zn 等。水系锌离子电池在成本、安全性、循环寿命三方面具有明显优势。

81　液流电池　液流电池（Redox Flow Battery，RFB）是通过阳、阴极电解质溶液活性物质发生可逆氧化还原反应（即价态的可逆变化）实现电能和化学能的相互转化的一种高性能蓄电池。充电时，阴极发生氧化反应使活性物质价态升高，阳极发生还原反应使活性物质价态降低，放电过程与之相反。与一般固态电池不同的是，液流电池的阴极和阳极电解质溶液储存于电池外部的储罐中，通过泵和管路输送到电池内部进行反应。它由点堆单元、电解液、电解液存储供给单元以及管理控制单元等部分构成，具有容量高、使用领域（环境）广、循环使用寿命长的优点，最显著特点是规模化蓄电。液流电池目前主要有：全钒氧化液流电池、铁铬液流电池、锌溴液流电池等。液流电池根据电极活性物质的不同，可以分为全钒液流电池、锂离子液流电池和铅酸液流电池等。

（1）全钒液流电池　全钒液流电池作为一种电化学系统，钒电池把能量储存在含有不同价态钒离子氧化还原电对的电解液中，具有不同氧化还原电对的电解液分别构成电池的阳极、阴极的电解液，阳极、阴极电解液中间由离子交换膜膜开，通过外接泵把溶液从储液槽压入电池堆体内完成电化学反应，反应后溶液又回到储液槽，活性物质不断循环流动，由此完成充放电，见图 19.3-24。

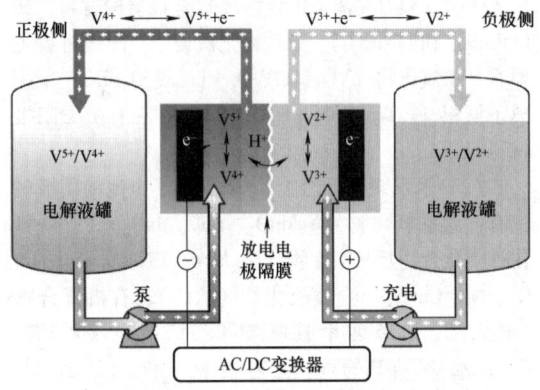

图 19.3-24　全钒液流电池原理示意图

全钒液流电池具有以下特点：输出功率和储能容量可控、安全性高、启动速度快、电池倍率性能好、电池寿命长、电池自放电可控、制造和安置便利、电池材料回收和再利用容易以及电池系统荷电状态（SOC）的实时监控比较容易。

（2）铁铬液流电池　铁铬液流电池是利用 Cr^{3+}/Cr^{2+} 电对中 Cr^{2+} 的还原性和 Fe^{3+}/Fe^{2+} 电对中 Fe^{3+} 的氧化性，在由质子交换膜隔离开的酸性 Cr^{3+} 电解液与酸性 Fe^{2+} 电解液里进行电化学氧化还原反应。该液流电池以 Fe^{2+}/Fe^{3+} 电对作为充放电过程中阴极电化学反应电对，以 Cr^{3+}/Cr^{2+} 电对作为充放电过程中阳极电化学反应电对时，充放电过程中恒流泵推动电解液分别在阴阳极半电池和与其对应的电解液储罐之间形成的闭合回路中循环流动，见图 19.3-25。

铁铬液流电池具有以下特点：循环次数多，寿命长；无爆炸可能，安全性高；电解质溶液毒性和腐蚀性相对较低，稳定性好；环境适应性强，运行温度范围广；储罐内无自放电现象；可定制化设计，易于扩容；模块化设计，系统稳定性与可靠性高；废旧电池

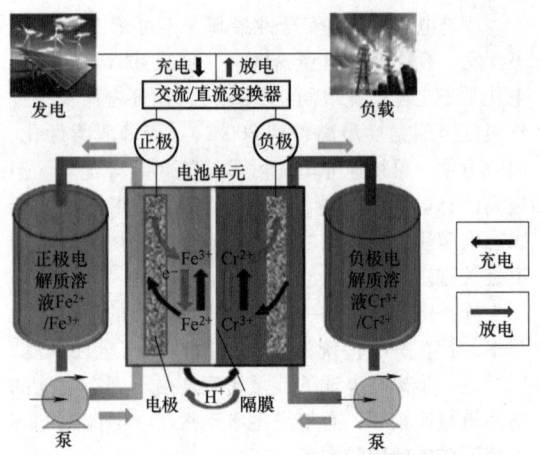

图 19.3-25　铁铬液流电池原理图

易于处理，电解质溶液可循环利用；资源丰富，成本低廉。

（3）锌溴液流电池　锌溴液流电池的阴/阳极电解液同为 ZnBr 水溶液，电解液通过泵循环流过阴/阳极极表面。充电时锌沉积在阳极上，而在阴极生成的溴会马上被电解液中的溴络合剂络合成油状物质，使水溶液相中的溴含量大幅度减少，同时该物质密度大于电解液，会在液体循环过程中逐渐沉积在储罐底部，大大降低了电解液中溴的挥发性，提高了系统安全性；在放电时，阳极表面的锌溶解，同时络合溴被重新泵入循环回路中并被打散，转变成溴离子，电解液回到溴化锌的状态。反应是完全可逆的，见图 19.3-26。

锌溴液流电池具有以下特点：锌溴液流电池具有较高的能量密度；阴极阳极两侧的电解液组分完全一致，不存在电解液的交叉污染，电解液理论使用寿命无限；电解液的流动有利于电池系统的热管理；锌溴液流电池可以频繁地进行 100% 的深度放电，且不会对电池的性能和寿命造成影响；系统不宜出现着火、爆炸等事故，安全性高；电极及隔膜材料主要成分均为塑料，可回收利用且对环境友好；系统总体造价低，具有商业应用前景。

82　液态金属电池　液态金属电池（Liquid Metal Battery，LMB）是由三层液态物质构成的新型电池，其阳极（上层）采用密度较小的碱金属或碱土金属，阴极（下层）采用密度较大的（准）金属或合金，兼具电解质和隔膜作用的中间层则选用密度居中的无机熔盐。由于阴、阳极金属的电负性不同，使得阴、阳极之间具有电势差；电池在放电过程中，阳极金属 A 被氧化，失去电子变成金属离子 A^{n+}，此时阳极金属层不断消耗，A^{n+} 通过含该离子的熔融无机盐层迁移到阴极，电子则通过外电路转移到

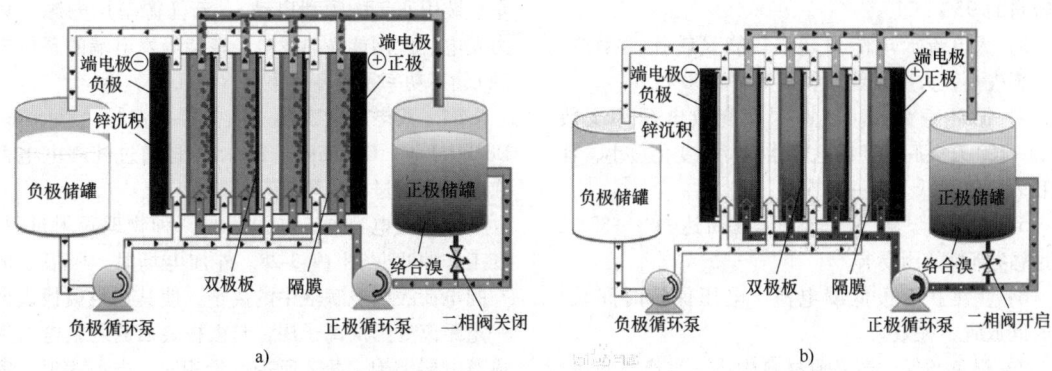

图 19.3-26 锌溴液流电池原理图

a）充电过程 b）放电过程

阴极，阴极金属 B（或者合金）得到电子并与金属离子 A^{n+} 发生合金化反应生成 A_xB_y，放电过程中阴极金属层不断增加。充电过程则是一个与之相反的电解过程。其工作原理见图 19.3-27。

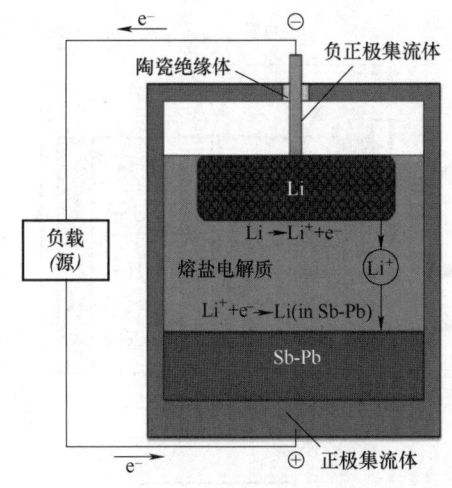

图 19.3-27 液态金属电池原理示意图

液态金属电池金属电极材料的选择应满足以下条件：合适的电池运行温度；合适的电负性，以保证液态金属电池具有相对较高的工作电压；合适的电极/电解质密度差，以实现电池的自分层；金属电极电子电导率应高于典型熔盐电解液的离子电导率；电极材料在电解质中的较小的溶解度；无毒、易获取且稳定。通常，液态金属电池金属阳极材料可考虑 Li、Na、K、Rb、Cs、Mg、Ca、Sr、Ba 等，阴极材料可考虑 Zn、Cd、Hg、Al、Ga、In、Tl、Sn、Pb、Sb、Bi、Te 等。熔盐电解质在液态金属电池中兼具电解质和隔膜的作用，选择时需要满足低熔点、良好的（电）化学稳定性和热稳定性、良好

的离子电导率。

液态金属电池的全液态创新设计，从原理上避免了传统电池固相电极结构变化和枝晶生长等限制循环寿命的因素，使其具有能量密度高、倍率特性和循环性能突出、成本低、长寿命、易规模化合成等优势，是面向未来大规模储能技术，在电网静态储能应用领域具有明显优势。

液态金属电池作为一种高温储能电池，液态活性金属电极和熔盐等给电池部件的选择带来了较大的挑战；液态金属电池的单体电压一般低于 1.0V，给电池管理和能量均衡等带来了一定的难度；电池活性组分具有高的腐蚀性，个别金属电极在电解液中溶解导致个别体系会具有较高的自放电率。

83 超级电容器 超级电容器（Super-Capacitor，SC）又称为电化学电容器，是通过电极与电解质之间形成的双层界面来存储能量的新型元器件，是一种介于传统静电容器和电化学充电电池之间的新型储能装置，它既具有电容器快速充放电的特性，同时又具有电池的储能特性。

超级电容器依据不同的内容可有不同的分类方法：根据不同的储能机理，可分为双电层电容器和法拉第赝电容器以及混合两种机制的混合型超级电容器；根据电解液种类可分为水系超级电容器和有机系超级电容器两大类；根据活性材料的类型是否相同，可分为对称超级电容器和非对称超级电容器；根据电解液的状态形式，可分为固体电解质超级电容器和液体电解质超级电容器两大类。

与蓄电池和传统物理电容器相比，超级电容器的特点主要体现在：

1）功率密度高，可达 $10^2 \sim 10^4 \mathrm{W/kg}$，相当于电池的 5~10 倍。

2）充电速度快，充电 10s~10min 可达到其额

定容量的 95% 以上。

3）大电流放电能力超强。能量转换效率高，过程损失小，大电流能量循环效率≥90%。

4）循环寿命长。高速深度充放电循环次数 50 万~100 万次后，超级电容器的特性变化很小，容量和内阻仅降低 10%~20%。

5）工作温限宽。工作温度范围可达-40~+80℃，满足恶劣环境使用要求。

6）免维护。极低漏电流，电压保持时间长，长时间放置不失效。

7）绿色环保。产品原材料构成、生产、使用、储存以及拆解过程均没有污染，是理想的绿色环保电源。

超级电容器广泛应用于瞬间大功率（如无人机弹射装置、激光武器的脉冲能源）、短时间电流供给（如警用手电筒）、制动能量回收装置（刹车能量收回，并提供瞬间峰值功率）、极端严寒天气或电池失效状态下动力机械启动（柴油车辆、坦克

车、装甲车等的顺利启动）、新能源备用电源（风力发电、太阳能光热发电、核能等发电端的备用电源）、高功率密度备用电源（如 UPS）等。

84　双电层电容器　双电层电容器（Electrical Double-Layer Capacitor，EDLC）是通过纯静电电荷在电极表面进行吸附来存储能量。

双电层电容器工作过程是一种物理吸附过程，其工作原理见图 19.3-28。外加电场时，极板上的空间电荷吸引电解液中的离子，使其在距极板表面一定距离处形成离子层，与极板表面的剩余电荷形成双电层结构，两者所带电量相同、电荷相反，完成充电过程；撤离电场后，电解液中的阴、阳离子与极板上的正、负电荷相互吸引，双电层不消失，于是能量储存在双电层中。超级电容器与负载相连时，正负电极存在的电势差促使电荷从阴极经负载流向阳极，同时双电层中被吸引的阴、阳离子脱离库仑力的束缚分散在电解液中，双电层消失，能量被释放。

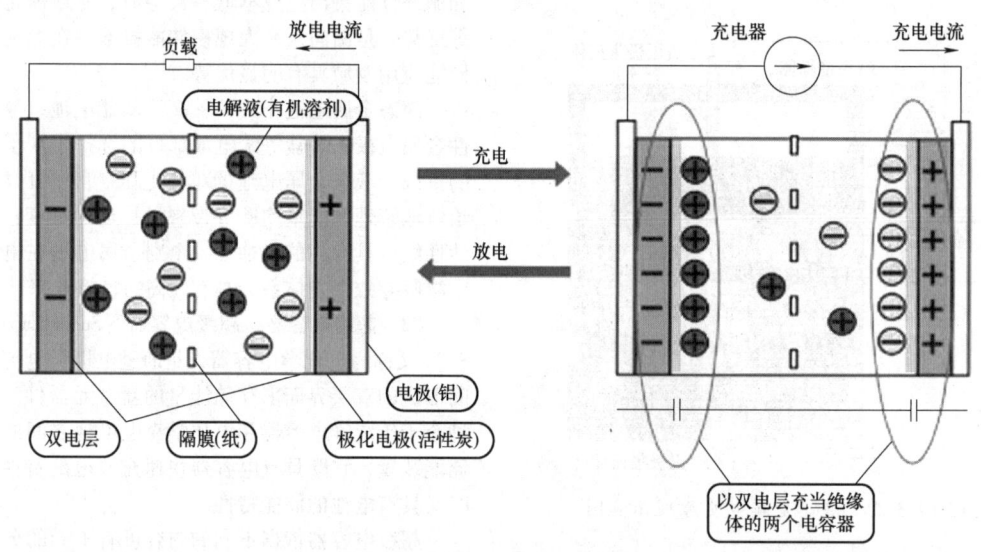

图 19.3-28　双电层电容器原理图

双电层电容器根据电极材料的不同，可以分为碳电极双层超级电容器、金属氧化物电极超级电容器和有机聚合物电极超级电容器。

双电层电容器工作时所涉及材料性质均未发生改变，因此具有充电时间短、稳定性好，循环寿命长、节约能源和绿色环保的优点；但是物理吸附过程只发生在极板表面处，内部材料很难被利用，因此比电容值和能量密度较低。

双电层电容器其双电层的间距极小，致使耐压能力很弱，一般不会超过 20V，所以其通常用作低

电压直流或者是低频场合下的储能元件。双电层电容器用途广泛，可用于机电设备的储能能源，如：可以用作起重装置的电力平衡电源，提供超大电流的电力；用作车辆启动电源，启动效率和可靠性都比传统的蓄电池高，可以全部或部分替代传统的蓄电池；用作车辆的牵引电源，可以用于电动汽车、无轨电车等；用在军事上可保证坦克、装甲车等战车的顺利启动（尤其是在寒冷的冬季），还可作为激光武器的脉冲能源。

85　法拉第赝电容器　法拉第赝电容器（Faraday

Pseudo-Capacitor，FPC）也称法拉第准电容器、赝电容型超级电容器，是通过活性电极材料表面及表面附近发生可逆的氧化还原反应或化学吸附/脱附来储存电荷，在这个过程中发生电荷转移的一种电容，是介于传统电容器和电池之间的一种中间状态。

法拉第赝电容器的工作原理是其在电极表面或体相中的二维或准二维空间上，电活性物质进行欠电位沉积，发生高度可逆的化学吸附、脱附或氧化、还原反应，产生和电极充电电位有关的电容，并且反应过程中电极材料只在特定的电位区间才发生氧化还原反应，即比电容是一个与电势相关的变量。法拉第赝电容不仅在电极表面，而且可在整个电极内部产生，因而可获得比双电层电容更高的电容量和能量密度，在相同电极面积的情况下，法拉第赝电容可以是双电层电容电容量的 10 ~ 100 倍，但法拉第赝电容器工作时，电极材料和电解液中都会发生化学反应，经过多次循环充电后，会对电极材料和电解液造成损耗，降低使用寿命，法拉第赝电容的循环稳定性比双电层超级电容器差。

根据储能机理可以将法拉第赝电容分为：欠电位沉积赝电容、氧化还原型赝电容、插层式赝电容。欠电位沉积赝电容是指溶液中的金属离子在另一种金属表面得到电子形成单层吸附层的过程；氧化还原型赝电容是指电解液中的离子电化学吸附到电极材料的表面或近表面区域，同时伴随着电荷的转移；插层式赝电容是指溶液中的离子可以插入隧道状或层状材料内部，进而发生氧化还原反应的过程，并且在此过程中电极材料不会发生相变。三种不同储能机理的法拉第赝电容工作原理见图 19.3-29。

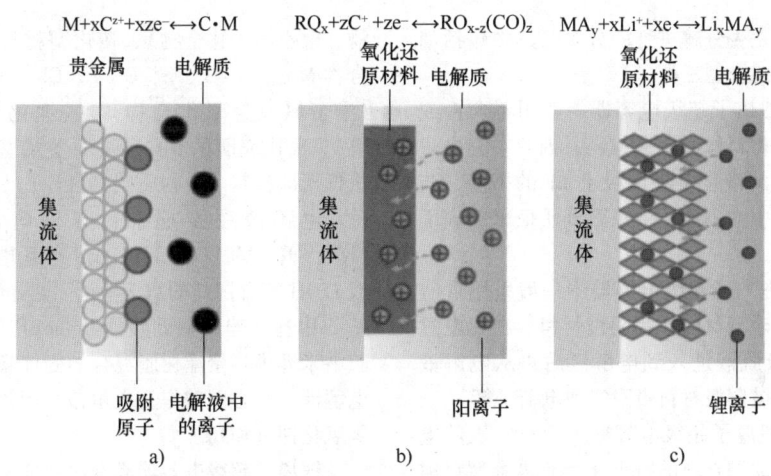

$$M+xC^{z+}+xze^- \longleftrightarrow C\cdot M \qquad RQ_x+zC^++ze^- \longleftrightarrow RO_{x-z}(CO)_z \qquad MA_y+xLi^++xe \longleftrightarrow Li_xMA_y$$

图 19.3-29　不同类型储能机制的法拉第赝电容工作原理
a）欠电位沉积赝电容　b）氧化还原型赝电容　c）插层式赝电容

根据法拉第赝电容性能是否受材料尺寸及粒径的影响，可以将法拉第赝电容材料分为本征赝电容材料及非本征赝电容材料。其中本征赝电容材料主要有金属氧化物材料（RuO_2、MnO_2）、导电聚合物材料（聚苯胺、聚噻吩、聚吡咯及其衍生物等）、MXenes 材料（2D 过渡金属碳化物、氮化物和碳氮化物等）；非本征赝电容材料主要有纳米结构金属氧化物（镍氧化物、钴氧化物、钒氧化物以及钼氧化物等）、纳米结构镍硫化物（利用硫化镍（NiS、NiS_2、Ni_3S_2）组装成分级纳米片）、纳米结构钴硫化物（钴硫化物（Co_9S_8，CoS 和 CoS_2）的各种晶体结构）和铜硫化物（Cu_2S）等。

86　锂离子超级电容器　锂离子超级电容器（Lithium-Ion Supercapacitor，LIS）两极分别利用双电层电容和储锂型氧化还原反应实现储能的混合型超级电容器。

锂离子超级电容器作为锂离子电池和超级电容器的混合储能元件，结合了两种电化学元件的储能机理。它的储能机理既包含锂离子电池的嵌入/合金/转化等可逆氧化还原反应，又包含超级电容器的双电层机理/赝电容反应。电池在充电时，锂离子脱离阴极材料的表面，经过电解液和隔膜后插入到阳极材料的晶格中；放电时，锂离子从阳极材料的晶格中脱出，经过电解液返回到阴极材料的表面，与阴极的电荷形成双电层。嵌锂后的阳极电位低，具有使用电压高、能量密度和功率密度介于锂离子电池和超级电容器之间的特点。其工作原理见图 19.3-30。

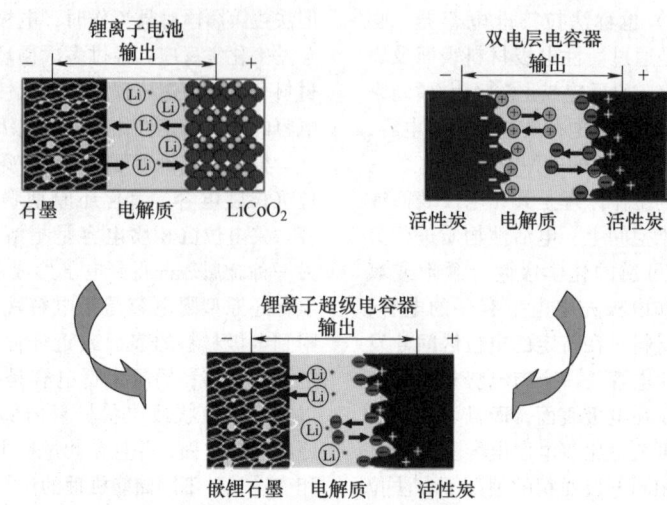

图 19.3-30　锂离子超级电容器工作原理示意图

根据电解液是否分解进行的分类，其中包括消耗型、传输型、混合型三类。

1) 消耗型锂离子超级电容器一般用不含锂或锂化物的电容型材料作为阴极材料，因此在充电过程中需要分解电解液来实现阳极上 Li^+ 的插层，与此同时，电解液中的阴离子被吸附到阴极材料表面实现电荷平衡。

2) 传输型锂离子超级电容器中一般采用含有锂或锂化物的电池型材料作为阴极材料，在充电过程中，Li^+ 从阴极脱嵌进入到电解液后再从电解液扩散到阳极表面被阳极材料吸附实现电荷平衡。

3) 混合型锂离子超级电容器至少有一极的电极材料既具有电池型材料的特点又具有电容型材料的特点，在充电过程中扩散到阳极的 Li^+ 既有电解液分解的提供又有从阴极脱嵌而来的。

阴极材料主要包括：高比表面积多孔碳（石墨烯基材料、金属有机框架碳材料、生物质碳材料等）、嵌锂化合物（磷酸铁锂和锰酸锂等）；阳极材料主要包括：嵌入型材料（石墨、过渡金属氧化物、聚阴离子化合物）、转化型材料（过渡金属化合物 MX_y，$X = P$、S、O、F、Cl 等）、合金型材料（准金属或金属化合物）、嵌锂化合物（钛酸锂等）、高比表面积多孔碳（石墨烯基材料、金属有机框架碳材料、生物质碳材料等）。

电解液主要包括：有机电解液（$LiPF_6$、$LiCF_3SO_3$、$LiClO_4$、$LiBF_4$）、水系电解液（Li_2SO_4 或 $LiOH$ 等含锂盐的水溶液），以及离子液体（1-乙基-3-甲基咪唑四氟硼酸盐 $EmimBF_4$）、锂盐、聚苯胺纳米纤维、聚酯树脂混合的固体聚合物作为固体电解液、空心碳球作为电解液、聚乙烯醇（PVA）、氢氧化钾（KOH）等。

锂离子超级电容器具有比锂离子电池更高的功率密度和使用寿命，比电化学电容器更高的能量密度和可靠性，以及更宽的服役温度区间和更低的自放电率。同时，锂离子超级电容器也存在发生电池型反应的阳极与发生离子可逆吸附脱附的阴极间动力学与比电容不匹配、使用过程中形成固态电解质膜、首次充放电不可逆、容量损失高等问题。

第4章 储氢及其发电技术

4.1 氢能基本概念

87 氢能基本概念

（1）氢的分布 氢位于元素周期表之首，它的原子序数为1，在所有元素中氢重量最轻，在标准状态下，它的密度为0.089 9g/L。在常温常压下为气态，在-252.65℃时，可成为液体，若将压力增大到数百个大气压，液氢就可变为固体氢。

氢是宇宙中分布最广泛的物质，它构成了宇宙质量的75%。在地球上和地球大气中只存在极稀少的游离状态氢；在地壳里，如果按质量计算，氢只占总质量的1%，而如果按原子百分数计算，则占17%。氢在自然界中分布很广，水便是氢的"仓库"——氢在水中的质量分数为11%，如把海水中的氢全部提取出来，将是地球上所有化石燃料热量的9 000倍；泥土中约有1.5%的氢；石油、天然气、动植物体也含氢。在空气中，只占总体积的一千万分之五。在整个宇宙中，按原子百分数来说，氢是最多的元素，在太阳的大气中，按原子百分数计算，氢占81.75%；在宇宙空间中，氢原子的数目比其他所有元素原子的总和约大100倍；在所有气体中，氢气的导热性最好，比大多数气体的导热系数高出10倍，因此在能源工业中氢是很好的传热载体。因此氢能被称为人类的终极能源。

（2）氢的燃烧特性 氢能是一种可以再生的永久性能源。它可以用各种一次性能源，特别是核能和太阳能将水直接分解来获得，氢燃烧后产生的水蒸气又可以重新恢复为水，这种水—氢/氧—水之间的永久性循环，使氢成为最理想的能源。氢气很轻，单位能量体积很大，达390L/kcal，是石油的4 000倍；氢的发热量为1.4×10^5kJ/kg，其热值为煤炭的4倍、汽油的3倍、天然气的2.6倍。氢燃烧后的生成物具有更高的温度，氢的火焰传播速度比石油燃料的火焰传播速度快得多。氢比煤炭或汽油有更宽的着火界限，氢混合气最小点火能量为0.02mJ，为汽油混合气点火能量的1/10。

（3）氢的安全特性 氢在使用和储运中是否安全可靠，是人们普遍关注的。氢的独特物理性质决定了其不同于其他燃料的安全性问题，如更宽的着火范围、更低的着火能、更容易泄漏、更高的火焰传播速度、更容易爆炸等。

一般来说任何燃料都有危害，需要正确处理。但氢的危害不同，通常它比那些碳氢化合物燃料更易处置。氢非常轻，空气的重量是它的14.4倍（天然气仅比空气轻1.7倍）；氢的扩散性比天然气高4倍，比汽油蒸气的挥发性高12倍，氢发生泄漏后会很快从现场扩散；点燃氢很快产生不发光的火焰，在一定距离外不易对人造成伤害，散发的辐射热仅及碳氢化合物的1/10，燃烧时比汽油温度低7%；氢易燃，着火所需能量是天然气的1/14；在极大多数情况下，氢泄漏遇到火源更可能是燃烧而不是爆炸，因为氢燃烧的浓度大大低于爆炸底限，而着火所需要的最小浓度比汽油蒸气高4倍，在极少数情况下可能会爆炸，但是其单位体积氢气爆炸的理论能量不到汽油蒸气爆炸产生能量的1/22。

对于车载用氢系统，20世纪80年代末，德国、英国和日本的三家汽车公司，对氢能汽车中氢燃料的使用进行了试验和评估。三家公司一致认为，氢能燃料和汽油一样安全，即使撞车起火燃烧，至多也不过引起一场大火，能很快熄灭。也有试验表明，其他方面可类比的两辆汽车遭遇氢气着火和汽油着火，燃料电池汽车由于三重保护性装置全部失灵导致氢气泄漏，所储存的氢气全部泄漏大约需要100s，燃起的火焰导致车内温度升高最多只有1~2℃，而且火焰的外部温度也不会高于汽车在太阳下炙烤所达到的温度，因此乘客车厢和驾驶位都不会受到损害；而燃油汽车导油管1.6mm小孔所产生低泄漏就能使汽车内部温度迅速升高，并吞噬车内所有的生命。实验也发现了三个问题：①氢燃料"逃逸"率高，即使是用真空密封燃料箱，也以2%/天的速率"逃逸"，而汽油一般的速率"逃逸"为1%/month；②加氢过程比较危险，也很费时；

③液氢温度太低，容易对人体造成严重冻伤。

氢常见事故可归纳为：未察觉的泄漏；阀门故障或泄漏；安全阀失灵；排空系统故障；管道或容器破裂；材料损坏；置换不良、空气或氧气等杂质残留在系统中；氢气排放速率太高；管路接头或波纹管损坏；输氢过程发生撞车或翻车事故等。这些事故需要补充两个条件才能发生火灾：①火源，②氢气与空气或氧气的混合物要处于当时、当地的着火或暴震的极限当中。没有这两个条件，不会酿成事故。严格管理和认真执行操作规程，绝大多数事故是可以避免的。

（4）氢经济与氢产业链　近现代的工业文明均以化石燃料为基础，化石能源大量使用导致全球环境变化和资源枯竭的担忧，以及对可持续发展和保护环境的追求，氢能源作为一种高效、清洁、可持续的"无碳"能源已得到世界各国的普遍关注。"氢经济"的概念因此浮出水面。

氢经济是一种未来的，甚至是理想的经济结构形式，可以理解为以氢能等清洁能源为主的清洁经济，是充分利用氢能众多的优越性质，以人类需求和市场为目标，所进行的氢能研发、生产、储存、运输、经营、管理等经济活动的总称。发展氢经济是因为氢气是一种极高能量密度与质量比值的能源，它是一种极为优越的新能源：①燃烧热值高，每千克氢燃烧后的热量，约为汽油的 3 倍，酒精的 3.9 倍，焦炭的 4.5 倍；②氢燃烧的产物是水，是世界上最干净的能源；③资源丰富，氢气可以由水制取，而水是地球上最为丰富的资源，从制取到燃烧，演绎了自然物质循环利用、持续发展的经典过程；④氢燃料电池的效益高过诸多内燃机。发展氢经济可以部分摆脱人类对化石能源的依赖，实现人类社会的可持续发展。

氢产业链可分为资源制氢、转化储存与运输、抵达目的地后的配送与应用三个主要环节，其中大宗 H_2 储运技术的储存能力和经济性是决定氢供应链价值实现的最关键因素。

氢气可以广泛从水、化石燃料等含氢物质中制取，但能够提供全程无碳的技术路线是有限的。"灰氢"是指由以焦炉煤气、氯碱尾气为代表的工业副产气制取的氢气；"蓝氢"是指由煤或天然气等化石燃料制取的氢气，制取过程将二氧化碳副产品捕获、利用和封存，以实现碳中和；"绿氢"是指通过使用可再生能源或核能制取的氢气。目前工业中产生的氢气主要是灰氢，面临着无碳的绿氢和碳中和的蓝氢制备技术的挑战。蓝氢不是绿氢的替

代品，而是一种必要的技术过渡，可以加速社会向绿氢过渡。

氢的储存是一个至关重要的技术，已经成为氢能利用走向规模化的瓶颈。储氢问题涉及氢生产、运输、最终应用等所有环节，储氢问题不解决，氢能的应用则难以推广。目前储运环节中适合 H_2 大宗运输的技术主要有 H_2 液化（LH_2）、液态有机物氢载体（LOHC）和氨三种。H_2 液化是通过物理降温方式，而 LOHC 和氨是通过化学方法把氢与有机介质结合形成更大的分子，使其更容易以液体形式运输。但 LOHC 和氨往往不能作为最终产品直接使用，需要在到达目的地后通过化学方法把 H_2 再生，三种供应方式都需要在适当的装卸地建造必要的接卸、储罐、液化和再气化工厂，以及转换和再转换工厂等基础设施。

氢气的近距离配送优选以气态压缩 H_2 用管道或拖车输送的方式，远距离输送依然可以采用液氢或 LOHC、氨、固态储氢材料的方式，用罐车或铁路运输至市场核心区域，再进行集中或分散的液氢气化及 LOHC、氨的 H_2 再生。氢能的利用方式主要有三种：直接燃烧；通过燃烧电池转化为电能；核聚变。其中最安全高效的使用方式是通过燃料电池将氢能转化为电能。氢气的典型应用场景包括交通、工业、大型燃气轮机发电、分布式发电等。

88　电解水制氢　氢能的开发利用首先要解决的是制氢技术，氢源问题已成为发展氢能经济的主要瓶颈。目前国际上主要的制氢方式为：电解水制氢、化石燃料制氢以及生物质制氢等。

电解水制氢是一种完全清洁的制氢方式，当两个电极（阴极和阳极）分别通过直流电，并且浸入水中时，在催化剂和直流电的作用下，水分子在阳极失去电子，被分解为氧气和氢离子，氢离子通过电解质和隔膜到达阴极，与电子结合生成氢气，这个过程就是电解水制氢，其装置即电解槽。

电解水制氢的化学反应与溶液酸碱性有关，反应遵循法拉第定律，气体产量与电流和通电时间成正比。它们的化学反应式如下：

（1）碱性条件

阴极：$4H_2O+4e^- = 2H_2 \uparrow +4OH^-$

阳极：$4OH^- -4e^- = 2H_2O+O_2 \uparrow$

总反应式：$2H_2O = 2H_2 \uparrow +O_2 \uparrow$

（2）酸性条件

阳极：$2H_2O-4e^- = O_2 \uparrow +4H^+$

阴极：$4H^+ +4e^- = 2H_2 \uparrow$

总反应式：$2H_2O = 2H_2 \uparrow +O_2 \uparrow$

对于电解液的选取，要求其电阻值小、在电解电压下不分解、对电解池材料无腐蚀性。当溶液的 pH 值变化时，应具有一定的缓冲能力，并且不因挥发而与氢、氧一并逸出。多数的电解质在电解时极易分解，不宜采用。而硫酸在阳极生成过硫酸和臭氧，腐蚀性很强，不满足条件。强碱性溶液满足上述要求，所以工业上常采用 NaOH 或者 KOH 作电解液。

在电解水的过程中，电解液中会含有连续析出的氢、氧气泡，使电解液的电阻增大。电解液中的气泡容积与含有气泡的电解液容积的百分比称作电解液的含气度。含气度与工作压力、电解时的电流密度、电解池结构、电解液黏度、循环速度以及气泡大小等因素有关。增加电解液的循环速度和工作压力都会减少含气度；增加电流密度或工作温度升高都会使含气度增加。在实际情况下电解液中的气泡是不可避免的，所以电解液的电阻会比无气泡时大得多。当含气度达到 35% 时，电解液的电阻是无气泡时的 2 倍。

电解槽在高工作压力下运行时，电解液含气度降低，从而使电解液电阻减小，为此已经研制出可在 3MPa 压力下工作的电解槽。但是工作压力也不宜过高，否则会增大氢气和氧气在电解液中的溶解度，使它们通过隔膜重新生成水，从而降低电流效率。降低工作电压有利于减少电能消耗，为此应采取有效措施来降低氢、氧超电位和电阻电压降。

提高工作温度同样可以使电解液电阻降低，但随之电解液对电解槽的腐蚀也会加剧。如温度高于 90℃ 时，电解液就会对石棉隔膜造成严重损害，在石棉隔膜上形成可溶性硅酸盐。有多种抗高温腐蚀的隔膜材料，如镍的粉末冶金薄片和钛酸钾纤维与聚四氟乙烯粘结成的隔膜材料，它们可以在 150℃ 的碱液中使用。为了降低电解液的电阻，还可以采取降低电解池的电流密度，加快电解液的循环速度，适当减小电极间距离等方法。

目前主流的电解水制氢技术有三类：碱性水电解（AEL）、质子交换膜纯水电解（PEM）和高温蒸汽电解（SOE），其中比较成功的是 AEL 和 PEM 技术，而 SOE 技术仍处于实验室研发阶段。不同的电解水制氢技术优势不同，SOE 电解效率最高；PEM 电解与可再生能源的功率变化适应性更匹配，产氢纯度高、氢气压力大、占地面积小，是当前各国研究应用的主力，潜力很大，目前正在进行兆瓦级示范验证；当前最为成熟的是碱性水电解技术，成本最低、经济性好，但是对可再生能源变化的适

应性较低，其制氢效率为 50%~70%。

4.2 储氢技术

89 储氢技术概述 氢能利用关键在储氢，一旦储氢技术成熟，制约氢能应用的桎梏将被打破，氢能在新能源汽车、新型燃料电池等领域将大有作为。氢气的存储有气态、液态、固态三种不同的技术路径。

（1）气态储氢 高压气态储氢技术是指在高压下，将氢气压缩，以高密度气态形式储存的技术，具有成本较低、能耗低、易脱氢、工作条件较宽等特点，是发展最成熟、最常用的储氢技术。氢气质量密度随压力增加而增加，在 30~40MPa 时，增加较快，当压力大于 70MPa 时，变化很小。因此，储罐工作压力须在 35~70MPa。气态储氢的储氢密度受压力影响较大，压力又受储罐材质限制。目前研究热点在于储罐材质的改进。目前，高压储氢储罐主要包括金属储罐、金属内衬纤维缠绕储罐和全复合轻质纤维缠绕储罐。

（2）液态储氢 低温液化储氢技术是利用氢气在高压、低温条件下液化的技术。液化氢气（LH_2）是一种高能、低温的液态燃料，其沸点为 $-252.65℃$，重量密度为 $70.8kg/m^3$，体积储氢密度为 $70g/L$，体积密度为气态时的 845 倍，具有较高的储存密度，可大幅提高运输和储存效率。液化氢气需存放于绝热真空储存器中，液氢储存罐是液化氢储存的关键，为了保证低温、高压条件，不仅对储罐材质有要求，而且需要有配套的严格的绝热方案与冷却设备。

（3）固态储氢 固态储存是利用固体对氢气的物理吸附或化学反应等作用，将氢储存于固体材料中。固态储氢材料一般可以做到安全、高效、高密度，在储存及运输方面具有优势，是气态储存和液态储存之后，最有前途的研究发现。固态储存需要用到储氢材料，研制高储氢密度、高释氢效率、释氢条件温和、无毒副产物的储氢材料，成为固态储氢的当务之急，也是未来储氢发展乃至整个氢能利用的关键。固态储氢材料主要包括：固态物理吸附储氢材料、固态热解储氢材料、固态水解储氢材料等几大类。

90 高压气态储氢技术 高压气态储氢技术是将氢气采用高压压缩存储的技术，其核心是氢气压缩、高压储氢罐和氢气灌装技术。

（1）氢气压缩技术 高压气态储氢技术的关键

之一是氢气压缩技术。目前，高压气态储氢一般采取分级充气和增压压缩的两种氢气压缩方案，其中分级充气是传统的压注方式；增压压缩会降低储氢系统储罐的耐压级别从而降低其部分成本但使压缩机的运行成本提高。高压气态储氢系统中的氢气压缩装置，一般采用隔膜式压缩机和离子液压缩机。

隔膜式压缩机是一种往复压缩机，是依靠隔膜在气缸中往复运动以压缩和运输气体的。隔膜通过两个限制板沿周边夹紧并构成一个气缸，隔膜在气缸内往复运动来压缩和输送气体，其动力是通过机械或液压来提供。对于压力高于 20MPa 的高压氢气可采用隔膜式压缩机。对于加氢装置所需要的高压，一般采用三级压缩装置，这是因为三级压缩装置具有产物纯度、可靠性较高等优点。

离子液压缩机的基本原理是使用一种特殊的几乎不可压缩的离子液替代传统压缩机中的活塞，气体在气缸中随着离子液的上下运动产生容积变化而被压缩。离子液是一种具有特殊物理及化学性质的盐分子，采用离子液技术对氢气进行压缩，可应用于 35~70MPa 氢燃料汽车加氢。

（2）高压储氢罐 高压储氢罐是高压气态储氢技术的关键。高压储氢罐通常需要承受 35~70MPa 的压力，目前主要有金属储罐、金属内衬纤维缠绕储罐和全复合轻质纤维缠绕储罐。

1）金属储罐。金属储罐采用性能较好的金属材料（如钢）制成，受其耐压性限制，早期钢瓶的储存压力为 12~15MPa，氢气质量密度低于 1.6%。通过增加储罐厚度，能一定程度地提高储氢压力，但会导致储罐容积降低，70MPa 时的最大容积仅 300L，氢气质量较低。由于储罐多采用高强度无缝钢管旋压收口而成，随着材料强度提高，对氢脆的敏感性增强，失效的风险有所增加。

2）金属内衬纤维缠绕储罐。金属内衬纤维缠绕储罐是利用不锈钢或铝合金制成金属内衬，用于密封氢气，利用纤维增强层作为承压层，储氢压力可达 40MPa。由于不用承压，金属内衬的厚度较薄，大大降低了储罐质量。常用的纤维增强层材料有高强度玻纤、碳纤、凯夫拉纤维等，缠绕方案主要包括层板理论与网格理论。由于金属内衬纤维缠绕储罐成本相对较低，储氢密度相对较大，也常被用作大容积的氢气储罐。

3）全复合轻质纤维缠绕储罐。全复合轻质纤维缠绕储罐的筒体一般包括 3 层：塑料内胆、纤维增强层、保护层。全复合轻质纤维缠绕储罐的质量更低，约为相同储量钢瓶的 50%，储存压力高达

70MPa，氢气质量密度约为 5.7%，其在车载氢气储存系统中的竞争力较大。为了将储罐进一步轻质化，提出了一些缠绕方法，如：强化筒部的环向缠绕、强化边缘的高角度螺旋缠绕和强化底部的低角度螺旋缠绕，能减少缠绕圈数，减少纤维用量 40%。

（3）氢气灌装技术 氢气灌装技术是高压氢气使用环节的关键技术。在加氢站，氢气灌装装置主要有充气枪、高压管路、阀门、计量、计价和控制设备等。充气枪上需要安装温度传感器、压力传感器，除此之外还应具有优先顺序加气控制系统、环境温度补偿、过压保护和软管拉断裂保护等功能。当同一台充气枪为两种储氢压力不同的车载储氢气瓶加气时，充气枪应装备不可互换的喷嘴。大多数加氢机都使用质量流量计计量，因其可以直接测量氢气的充装质量而不会有温度压力修正误差的产生，简单方便。

91 低温液态储氢技术 低温液化储氢技术是将氢气压缩后冷却至 -252.65℃ 以下，使之液化并存放于绝热真空储存器中以实现高效储氢的技术。

通常，液化氢储罐分为内外两层，储存罐内胆一般采用铝合金、不锈钢等材料制成。内胆通过支承物置于外层壳体中心，盛装温度为 20K 的液氢；支承物可由玻璃纤维带制成，具有良好的绝热性；内外夹层中间填充多层镀铝涤纶薄膜，减少热辐射，薄膜之间放上绝热纸，增加热阻，吸附低温下的残余气体；用真空泵抽去夹层内的空气，形成高真空便可避免气体对流漏热，液体注入管同气体排放管同轴，均采用导热率很小的材料制成，盘绕在夹层内，可大大降低通过管道的漏热。目前世界上最大的低温液化储氢罐位于美国肯尼迪航天中心，容积高达 112×10^4 L。

由于 H_2 的液化温度为 -252.65℃，需要的最低能量为 $0.35kW \cdot h/m^3$，消耗的能量如果用氢的能量衡量，占初始 H_2 量的 25%~40%，远高于天然气液化消耗天然气初始量 10% 的比例，且由于液态氢气 LH_2 易挥发，使 LH_2 对储存和运输设施的材料和保冷有较高要求，基础设施比液化天然气贵 30% 左右。因此，低温液化储氢的储罐容积一般较小，氢气质量密度为 10% 左右。鉴于 H_2 的高液化成本和高储存成本，使 LH_2 相比其他低碳能源的运输费用更昂贵，目前除了航天领域应用外，商业化应用的并不多。

低温液化储氢技术还须解决以下几个问题：①为了提高保温效率，须增加保温层或保温设备，

如何克服保温与储氢密度之间的矛盾；②如何减少储氢过程中，由于氢气气化所造成的 1%左右的损失；③如何降低保温过程所耗费的相当于液氢质量能量 30%的能量。

92 有机液态储氢技术 有机液态储氢技术是通过加氢反应将氢气固定在芳香族有机化合物中，并形成稳定的氢有机化合物液体的技术，到达用户端再将载氢的有机液体通过催化反应释放出氢气，即这种通过液态有机物的催化加氢脱氢反应是可逆的。

有机液态储氢技术可以把 H_2 高密度储存在液态载体中，具有稳定性较好、可以在常温常压下使用油品运输船和储运设施，脱氢后的液态有机物氢载体（Liquid Organic Hydrogen Carrier，LOHC）可循环使用等优点。LOHC 方式需要加氢和脱氢转化，所需要的能量占氢本身能量的 35%~40%。

不饱和芳烃与对应氢化物（环烷烃）可以在不破坏碳环的主体结构下加氢和脱氢，即在 C—H 键断裂的同时不影响 C—C 骨架的结构，而且反应是可逆的。这里，通过化学键合的加氢反应实现氢的储存，通过 C—H 键断裂的脱氢反应实现氢的释放，进而达到在液体有机物质中氢能的循环存储。

液体有机氢化物中用于作为储氢介质的环烷烃通常有甲基环己烷、环己烷、萘烷、四氢化萘、环己基苯、双环己烷、1-甲基萘烷等。

这些环烷烃 1mol 能存储 3~6mol 氢气，具有很高的存储能力。脱氢反应所需的热量在 64~69kJ/mol H_2，而氢气完全燃烧的热能为 248kJ/mol，燃烧热能比脱氢所需热量要大很多，可以提供 179~184kJ/mol 净能量。较常用的是环己烷、甲基环己烷、萘烷和四氢化萘，因为这几种环烷烃溶沸点区间合适，而且原料易得，脱氢转化效率也相对较好。表 19.4-1 比较了各种用于液体有机氢化物储氢介质的储氢容量以及它们的物性，相对于其他储氢方式，环烷烃在质量储氢密度上有较大优势，质量分数在 6%~7%，符合国际能源署规定的指标。常压下，这些环烷烃在室温下都处于液态，因此可以利用现有的石化管道、槽车等基础设施实现氢的长途运输。从表 19.4-1 可以看出，这些环烷烃脱氢后所产生的芳烃常压常温下大部分也处于液态，尤其是带甲基的芳烃产物即使在冬天气温较低情况下也处于液态，因此作为储氢介质，其可在较宽的温度范围应用。

表 19.4-1 液体有机氢化物的储氢容量及其物性

储氢介质	储氢密度		反应物熔沸点（沸点/熔点）/℃	产物熔沸点（沸点/熔点）/℃
	重量密度（wt.%）	体积密度（mol/L）		
环己烷/苯	7.2	27.77	(80.7/6.5)	(80.1/5.5)
甲基环己烷/甲苯	6.2	23.29	(100.9/-126.6)	(110.6/-95.0)
双环己基/联苯	7.3	32.0	(235/3.9)	(254/70)
二环己基甲烷/二苯甲烷	6.7	29.45	(253/-19.5)	(262/26)
顺式 1-甲基萘烷/1-甲基萘	6.6	29.31	(213.2/-68)	(242/-29)
反式 1-甲基萘烷/1-甲基萘	6.6	28.52	(204.9/-68)	(242/-29)

有机液态储氢技术还存在脱氢技术复杂、脱氢能耗大、脱氢催化剂技术有待突破等技术瓶颈。

93 液氨储氢技术 液氨储氢技术是指将氢与氮气反应生成液氨，作为氢能的载体进行存储利用。液氨在常压、400℃条件下即可得到 H_2，常用的催化剂包括钌系、铁系、钴系与镍系，其中钌系的活性最高。

氨作为全球大量生产的基础化工产品，也非常适合用于 H_2 载体，氨具有易液化（-33℃）、体积能量密度大（液氨的体积能量比 LH_2 高 50%）、运输储存设施可与丙烷通用、制造成本低、本身可作

为无碳燃料等优点。将氢转化为氨需要的能量相当于氢所含能量的 7%~18%，将氨重新转化为高纯氢，需要用 500~550℃的热源，会损失与加氢过程等量的能量。并且其加氢和脱氢转化过程都需要贵金属催化剂。

液氨燃烧产物为氮气和水，无对环境有害气体。氢能载体的液氨可作为直接燃料用于燃料电池中，但体积分数仅 1×10^{-6} 的未被分解的液氨混入氢气中，也会造成燃料电池的严重恶化。氨除了可以分解再生氢，也可以直接在大型燃气轮机中直接燃烧，发现液氨燃烧涡轮发电系统的效率（69%）与

液氢系统效率（70%）近似，燃烧高效且不产生 CO_2，是大型发电的研究热点方向之一。

94　固态物理吸附储氢材料　物理吸附储氢材料的主要原理是范德华力在高比表面积的多孔材料上进行氢气的吸附，其具有吸附热低、活化能小、吸放氢速度快、储存方式简单等优点。

物理吸附储氢材料主要有碳基储氢材料、金属有机框架材料、共价有机框架储氢材料、无机多孔材料等。

（1）碳基储氢材料　碳基储氢材料具有很强的吸附气体能力，一般通过改进合成方法改变碳基材料的组成、孔大小、比表面积与形状等，可以用来提高氢气的吸附量。碳基储氢材料包括活性炭（AC）、碳纳米管（CNT）和碳纳米纤维（CNF）等几种。

活性炭（AC）又称碳分子筛，它具有吸附容量大、循环寿命长、储氢密度高，易于大规模生产等优点。Max-sorb 是一种拥有超大比表面积的活性炭材料，在 303K、10MPa 下储氢量可达 0.67wt.%，在 77K、3MPa 下可达 5.7wt.%。

碳纳米管（CNT）是具有微孔结构的一种特殊材料，其内部的窄孔道可以吸附气体。平均直径为 1.85nm 的单壁碳纳米管在常温下储氢量可以达到 4.2wt.%，80%的氢气可以在常温条件下释放，因此是一种非常好的储氢材料。

碳纳米纤维（CNF）主要是通过裂解乙烯的方法产生，需用 Cu、Ni 等一些金属作为催化剂。材料表面是分子级的细孔，内部的中空管直径大约为 10nm。在常温、12MPa 条件下，对其表面进行处理后，储氢量可达到 10%。

（2）金属有机框架储氢材料　金属有机框架化合物（MOF）是一种典型的以配位键使金属离子和有机链结合的晶体性 3D 骨架结构材料，具有可以高达 7 100m^2/g 的表面积。该材料具有很多优异的特性：结构的可设计性、材料密度低、比表面积与孔体积大、空间规整度高等。储氢的理想孔径必须与 H_2 的动力学直径相当，即 2.89Å，可通过优化孔的表面性质来提高比表面积并提高框架和 H_2 间的联结以提高储氢能力。例如：MOF-5（以 Zn^{2+} 和对苯二甲酸分别为中心金属离子和有机配体）在 77K 时储氢量达 5.1wt.%；IRMOF-20（改变 MOF-5 有机联结体得到的一种网状结构，孔径：17.3Å）和 MOF-177（Zn_4O（BTB）$_2$，BTB 为 1，3，5-苯三安息香酸盐，孔径：10.8Å）表现出 77K、8MPa 条件下中等体积 H_2 吸附 34g/L 和 32g/L，同时，

77K、7MPa 条件下，储氢量分别为 7.5wt.% 和 6.7wt.%。常温条件下，金属有机框架化合物（MOFs）自身储氢量小，设备成本较高，技术也较复杂，脱氢的效率低。

（3）共价有机框架储氢材料　共价有机框架化合物（COFs）是一种具有高稳定性且高孔隙率的多孔聚合物网络材料。COFs 的骨架全部由轻元素（H、B、O、C、Si 等）构成，晶体密度较 MOFs 低得多。轻元素通过很强的共价键（C—C、C—O、B—O、Si—O 等）连接起来，可以形成一维或三维的多孔结构，具有很高的表面积 4 200m^2/g。该材料具有多孔、表面积大、密度低、结构可调性、很高的热稳定性、可在室温和安全压力下快速可逆吸放氢气。COF-105（$C_{48}H_{24}B_4O_8Si$）和 COF-108（$C_{147}H_{72}B_{12}O_{24}$）在 77K、10MPa 条件下储氢质量密度为 18.05% 和 17.80%；COF-102（$C_{25}H_{16}B_4O_4$）和 COF-103（$C_{24}H_{16}B_4O_4Si$）的体积储氢密度达到了 41.96g/L；多孔聚合物 PPN-4 在 77K、5.5MPa 条件下储氢量为 8.37wt.%，多孔芳构 PAF-1 在 77K、4.8MPa 条件下为 7.0wt.%；然而，微孔聚合物网络材料 HCMP-1（聚（苯撑丁二烯））和多孔有机聚物 POP-1 在条件分别为 77K、0.113MPa 和 77K、6MPa 下储氢量分别为 0.95wt.% 和 2.78wt.%。

（4）无机多孔储氢材料　无机多孔材料指在结构性具有纳米孔道的多孔材料，代表材料为沸石、海泡石等。沸石因它有着规整的孔道结构、分子一样大小的孔径尺寸、可观的内表面积与微孔体积，因而拥有许多特殊的性能，其储氢量一般在 3wt.% 以下，在 77℃、0.11MPa 条件下，降低 Si/Al 的比例可以明显地增加氢气的吸附量，但因为沸石材料本身的单位质量比较大，且需要在温度较低的环境下使用等一些原因，所以它在储氢应用方面存在不足。

95　固态热解储氢材料　固态热解储氢材料是指利用储氢介质在一定条件下与氢气反应生成的稳定化合物，再通过升高温度实现放氢的材料，主要包括金属基储氢合金材料与无机非金属储氢材料。

（1）金属基储氢合金材料　金属合金储氢材料具有超强的储氢性能，单位体积内的储氢密度是气态储氢材料的 1 000 倍。具有安全、储氢量大、无污染等优点，它的制备技术与工艺现在已经相当成熟。缺点是它一般在最开始时并不具备吸放氢的功能，需要在高温高压的氢气环境中进行多次的减压抽真空循环。

1）稀土储氢材料。稀土系储氢合金是以 AB$_5$ 型为代表的 LaNi$_5$ 储氢材料。它是荷兰某实验室在研究永磁材料 SmCo$_5$ 时首先发现并进行研究的，其稳定氢化物为 LaNi$_5$H$_6$，储氢量为 1.38wt.%。LaNi$_5$ 作为储氢合金材料具有很多的优点：在常温下吸放氢速度快、平衡压差小、初期易活化、抗毒化性能好，平衡压适中及滞后小。缺点是它吸放氢的容量低并且吸放后的氢化物体积膨胀 23.5%，从而导致粉化现象。

若用混合稀土元素 Mm（Ce、Nd、Pr、Sm、Er 等）取代 LaNi$_5$ 中的 La 而形成的 MmNi$_5$ 合金不仅能保持 LaNi$_5$ 合金原有的优点，而且还提升了 LaNi$_5$ 合金在储存容量以及动力学方面的性能，再者某些元素的价格低于纯 La 金属的价格，更具备实用性。

2）镁基合金储氢材料。单质镁吸氢量高达 7.7wt.%，但其吸放氢性能差。

镁基合金储氢材料的代表是 Mg-Ni 体系合金，在常温常压下，Mg$_2$Ni 合金储氢量为 3.62wt.%，它的吸氢温度大约为 250℃，而释放氢温度则为 300℃，Mg$_2$Ni 合金在研究领域最大的困难就是 Mg 在制备中会持续挥发，因此很难制备出比较纯净的化合物。Mg-Co 体系的储氢材料，其氢化物 Mg$_2$CoH$_5$ 的储氢量为 4.5wt.%，但该材料需要在十分苛刻的条件下才能进行充放氢实验。Mg-Fe-H 等体系储氢合金材料，该系材料的氢化物为 Mg$_2$FeH$_6$，其储氢量为 5.4wt.%，该氢化物的制备过程是极其困难的。

3）钙系合金储氢材料。Ca 的氢化物 CaH$_2$ 可以作为储氢材料，其储氢含量为 4.8wt.%。它的化学性质比镁氢化物更加地稳定，这就意味着 CaH$_2$ 更难将氢气放出来。

CaNi$_5$ 基储氢材料是 Ca-Ni-M 体系储氢合金的代表，是在稀土储氢材料 LaNi$_5$ 的基础上研发出来的，它比 LaNi$_5$ 的储氢量提升了接近 0.5wt.%，高达 1.9wt.%，但由于该材料在吸释氢循环过程中的循环寿命与稳定性极差。在 CaNi$_5$ 基材料的研究基础上，发展出 Ca-Mg-Ni 系储氢合金（Ca$_3$Mg$_2$Ni$_{13}$），它在吸放氢过程中具有十分好的动力学性能，缺点是它的热力学性质不太好。

4）钛系合金储氢材料。钛系常见合金有 Ti-Co、Ti-Fe、Ti-Mn、Ti-Cr、Ti-Zr 等。钛系合金主要是以 AB 型的 TiFe 合金为研究重点，理论储氢量为 1.86wt.%，TiFe 合金具有价格成本低、制备方便、资源丰富、可在常温下循环地吸放氢且反应速度快的诸多优点。但它活化很困难，需要较高的温度与压强才能将其活化；其抗气体毒化能力很差，在吸放氢过程中还伴随有滞后现象。

Ti-Co 系储氢合金更容易被活化，而且大大地提高了材料的抗毒化性，缺点是它需要的放氢温度要比 Ti-Fe 系合金高。Ti-Mn 系合金材料具有较高的储氢量，可达 2wt.%，该材料容易活化、抗毒化性能好、价格也适中，最主要是在常温下具有很好的吸放氢性能。Ti-Cr 系合金材料在比较低的温度下还能够进行吸放氢循环实验，这为该材料在室温下的实际应用提供了极大的可能。

5）钒基合金储氢材料。钒金属可在室温和常压下进行吸放氢，氢化物 VH$_2$ 储氢量可达 3.8wt.%。常见的钒基固溶体合金主要有 V-Ti-Fe、V-Ti-Cr、V-Ti-Ni、V-Ti-Mn 等。钒系固溶体合金具有储氢密度大、平衡压适中、室温下可实现吸放氢等优点。

V-Ti-Fe 体系合金的可逆储氢量是比较大的。但由于钒的价格昂贵，因此还不能大规模产业化应用。V-Ti-Cr 体系合金，储氢量约为 3wt.%，当该体系中 Ti/Cr 这两种元素的比值为 0.75 时，材料具有最大的储氢量与可逆的吸放氢量。V-Ti-Cr 体系合金具有抗粉化性强、储氢性能好的优点，因此被用于循环吸放氢方面，但它也有滞后较大的缺点。V-Ti-Ni 体系合金具有特殊双相结构的储氢材料，其主相为 VTi，主要作用为大量吸放氢，第二相为 TiNi 合金，参与电化学反应。该材料一般作为电池储氢合金进行应用。

（2）无机非金属储氢材料　无机非金属储氢材料是氢元素与非金属形成的储氢材料，其储氢密度有的可以达到 19wt.%。无机非金属氢化物主要有两大类：配位氢化物与分子型氢化物。配位氢化物吸放氢则会伴随着自身结构的分解与重组，组成该氢化物的原子都有扩散与迁移；分子型氢化物的吸放氢则更为复杂，目前已知它是分多步来反应的。

1）配位铝复合氢化物储氢材料。配位铝复合氢化物的表达通式为 M(AlH$_4$)$_n$，其中 M 为（Li、Na、K、Mg、Ca 等）。其中最具有代表性的氢化物为 NaAlH$_4$ 与 Na$_3$AlH$_6$。

NaAlH$_4$ 具有较高储氢量，其储氢量为 7.4wt.%，NaAlH$_4$ 的放氢过程是分多步进行的，但由于动力学的原因，造成 NaAlH$_4$ 的放氢温度为 210℃，而吸氢温度为 270℃。通过添加少量的 Ti 催化剂可以明显将它的吸放氢温度降低，约为 150℃。NaAlH$_4$ 放氢后的产物想再进行第二次的氢化相当困难。虽然通过干法掺杂添加 Ti 系列催化剂增加了它的动力学性能与热力学性质，同时也利于它的可逆吸放氢反应，但是由于材料本身储氢可逆性差等一些原因，暂时无法得到全面应用。

2）金属氮氢化物储氢材料。金属氮氢化物表达通式为 $M(NH_2)_n$，其中 M 为 Li、Na、K、Mg、Ca 等，其中具有代表性的金属氮氢化物主要包括：$LiNH_2/LiH$、$Mg(NH_2)_2/LiH$、$LiNH_2/LiBH_4$ 等几种。

目前认为 $LiNH_2/LiH$ 体系有两种放氢机理：①$LiNH_2$-LiH 之间的协同作用机制；②氨气充当媒介机制，其放氢温度为 150℃ 以上。$Mg(NH_2)_2/LiH$ 体系的放氢温度一般较低，且其放氢量可达 9.1wt.%，通过调节 $Mg(NH_2)_2$ 与 LiH 的成分比例，就可以改变其反应过程。通过对 $LiNH_2/LiBH_4$ 的研究发现，当 $LiNH_2$ 与 $LiBH_4$ 的摩尔比为 2：1 时，它的理论储氢量可达 11.9wt.%，该体系的储氢材料虽然具有很高的储氢量，但反应所需的吸放氢温度高、速度慢。

3）金属硼氢化物储氢材料。金属硼氢化物的表达通式为 $(M_n+[BH_4]_n)$，M 为 Li、Na、K、Mg 等，它是由金属氢化物与乙醚反应得到的，这类材料的理论储氢量基本都高于 10wt.%。其中最典型的代表就是 $LiBH_4$ 和 $Mg(BH_4)_2$ 等几种。

$LiBH_4$ 的理论储氢量可达 18.5wt.%，该材料的放氢过程至少包括两步吸热分解过程。$Mg(BH_4)_2$ 的储氢量为 14.9wt.%，在 400℃、95MPa 氢压条件下，将 MgB_2 长时间处在充氢状态中，可直接氢化成 $Mg(BH_4)_2$，该材料具有较好的热稳定性，在室温可以满足质子交换膜燃料电池的使用要求。因为组成金属硼氢化物的元素原子间的 B—H 之间强键合作用以及它较高的取向性，所以使得材料在吸释氢反应时可能会面临着一些热力学与动力学问题。

4）氨硼烷化合物储氢材料。氨硼烷化合物（NH_3NH_3），其理论储氢量高达 19.6wt.%，而且热稳定性好、放氢的条件温和，是当下被认为最具有研究性的储氢材料之一。通过掺杂一些碱金属元素得到的混合碱金属氨硼烷可以提高其释氢量，但是也产生了较多的副产物，其中一些副产物有剧毒。对氨硼烷在放氢产物进行再生利用是非常有必要的，其过程由消解、还原、氨化 3 步组成，经过这 3 步后的产物将重新变成氨硼烷，再生率一般为 60%。目前来说，如何提升氨硼烷的放氢效率以及抑制其杂质气体的生成，并且可以廉价再生，是该材料得以应用的关键所在。

96　固态水解储氢材料　固态水解储氢材料是指与水反应产生高纯氢气的材料，得到的氢气可以直接作为氢燃料电池的氢源。水解制氢在产生氢气的同时，氢气中会混杂少量水分，可以替代很多制氢技术中的加湿环节。水解制氢来源广泛，能与水反应产生氢气的几乎所有材料均可以考虑作为水解反应的原材料，主要可分为两大类：各类氢化物和活泼金属。水解制氢作为一种可移动制氢技术，操作简单，在实际应用的时候需要综合考虑反应效率、可控性、安全性和生产成本等因素。

（1）氢化物水解制氢　金属氢化物水解制氢，大致可分为三类：配位型氢化物，如 $LiAlH_4$、$NaBH_4$、$LiBH_4$ 等ⅢA 族元素形成的氢化物；离子型氢化物，如 LiH、NaH、KH、CaH_2、等ⅠA 和ⅡA 族金属氢化物；过渡型（金属型）氢化物，如 BeH_2、MgH_2 等。这些活性金属氢化物大多可在一定条件下与水溶液发生简单的水解反应即可制取氢气。

与传统金属氢化物、高压及液态储氢相比，水解制氢技术不受高压、特定温度等技术条件的约束，因此采用水解制氢作为氢源的产氢装置具有结构简单、便携等优点。

1）$NaBH_4$ 具有很高的储氢密度（其水解反应每 100g 能产生 10.8g 的 H_2），其水解反应可通过添加催化剂和控制剂，或者控制反应物与催化剂接触面积来控制反应放氢速率，具有储氢量高、氢纯度高、反应可控、安全无污染等优点。对 $NaBH_4$ 的水解制氢做了大量的研究结果表明，pH 值是 $NaBH_4$ 水解反应的主要影响因素，将 $NaBH_4$ 与碱性溶液发生反应，用 Rh、Ru、Pt、Co 等贵金属作为催化剂，可以释放出 H_2，但 $NaBH_4$ 广泛工业化使用还存在生产成本高、副产物回收难、贵金属催化成本高等问题。

2）Mg/MgH_2 具有非常高的储氢密度（其水解反应每 100g 能产生 15.2g 的 H_2），为了提高 Mg/MgH_2 水解释氢性能，常采用球磨法增大 Mg/MgH_2 的比表面积和添加催化剂以打破水解过程中产生的 $Mg(OH)_2$ 的保护层对水解的限制。常通过添加不同的催化剂（酸、盐等）与复合具有催化作用的第二相（金属氧化物、氯化物、金属氢化物、金属、石墨等）来改善水解性能。

3）LiH、NaH、$LiAlH_4$、$NaAlH_4$ 等高活性金属氢化物的储氢质量比非常高，其水解反应每 100g 分别产生 25g、8g、21g、15g 的 H_2，这类材料在空气中就能与空气中的水蒸气迅速发生反应，接触水易发生爆炸式反应。为了解决这些问题，可在反应物表面包覆一层有机树脂可降低反应速率，或者采用水蒸气水解，也可有效地降低反应放热，控制反应速率。

（2）活泼金属水解制氢

1）碱金属如 Li、Na、K 等，属于元素周期表中第 IA 族元素，因为最外层电子较少，容易失去电子，因此拥有很好的还原性，极容易与水反应还原出 H_2。但是，作为制氢技术中一个重要环节，制氢速率的可控性必须要加以考虑，而碱金属元素由于与水反应太过剧烈，反应不可控，价格高昂，而且容易在反应过程中出现火花，容易造成危险，因此碱金属虽然是很活泼的制氢源，但是不作为考虑。

2）活泼金属如 Mg、Al 等，因为其在地球上储量丰富、价格低廉，且储氢量高，在常温常压下即可与水发生水解反应，反应条件温和，且副产物对环境友好，目前受到了广泛的关注和研究。目前的研究主要有 Mg 基和 Al 基两个体系。由于 Mg、Al 随着反应的进行，会在反应物表面形成致密的氢氧化物钝化层，会阻碍反应的进一步进行，通过对金属合金进行改性以及改变水溶液成分等方法，可以有效改善这一类活泼金属水解动力学受阻等问题。

4.3　氢能发电技术及应用

97　氢能发电技术及应用　可以通过直接燃烧氢气发电或通过氢燃料电池发电。

（1）直接燃烧氢气发电　直接燃烧氢气发电是指利用氢气和氧气燃烧，组成氢氧发电机组发电。这种机组是火箭型内燃发动机配以发电机，它不需要复杂的蒸汽锅炉系统，因此结构简单，维修方便，启动迅速，开停便捷。在电网低负荷时，还可吸收多余的电来进行电解水，生产氢和氧，以备高峰时发电用。这种调节作用对于用网运行是有利的。氢和氧还可直接改变常规火力发电机组的运行状况，提高电站的发电能力，例如氢氧燃烧组成磁流体发电，利用液氢冷却发电装置，进而提高机组功率等。

由于液氢液氧具有理论最大的热值和比冲值，直接燃氢发电机广泛应用在航天工业中。

（2）氢燃料电池发电　氢燃料电池是另一种氢气发电方式。这是利用氢和氧（或空气）直接经过电化学反应而产生电能的装置，能够不通过燃烧，把加注的氢和空气中的氧分别供给阴极和阳极，氢通过阴极向外扩散和电解质发生反应后分解为氢离子和电子，产生电流的同时氢离子通过外部负载，到达阳极与氧结合生成水，其也是水电解槽产生氢和氧的逆反应，具有能源转换效率高、环保、可靠的特点。

燃料电池是将"氢能经济"从设想变为现实的关键技术，是氢能的最佳利用方式。目前发达国家纷纷将大型燃料电池的开发作为研究的重点，企业界也纷纷投入巨资，从事相关技术的研究与开发，并取得了许多重要成果，使得燃料电池有可能广泛应用燃料电池电站、氢燃料电池车、燃料电池小型移动电源和微型燃料电池等。

参 考 文 献

[1]　阎耀保. 海洋波浪能综合利用：发电原理与装置 [M]. 上海：上海科学技术出版社，2013.

[2]　张雅洁，赵强，褚国家. 海洋能发电技术发展现状及发展路线图 [J]. 中国电力，2018，51（3）：94-99.

[3]　郭世博. 分析地热发电技术及其应用前景 [J]. 电气技术与经济，2023（1）：136-138.

[4]　张晓东. 生物质发电技术 [M]. 北京：化学工业出版社，2020.

[5]　张东旺，范浩东，赵冰，等. 国内外生物质能源发电技术应用进展 [J]. 华电技术，2021，43（3）：70-75.

[6]　王剑，郭吉丰，郭帅. 压电发电技术研究综述 [J]. 压电与声光，2011，33（3）：394-398.

[7]　王中林，林龙，陈俊，等. 摩擦纳米发电机 [M]. 北京：科学出版社，2017.

[8]　居滋象，吕友昌，荆伯弘. 开环磁流体发电 [M]. 北京：北京工业大学出版社，1998.

[9]　唐西胜，齐智平，孔力. 电力储能技术及应用 [M]. 北京：机械工业出版社，2020.

[10]　索伦森. 氢与燃料电池：新兴的技术及其应用 [M]. 2 版. 隋升，译. 北京：机械工业出版社，2015.

[11]　弗兰克 S·巴恩斯. 大规模储能系统 [M]. 北京：机械工业出版社，2018.

[12]　梅生伟，李建林，朱建全. 储能技术 [M]. 北京：机械工业出版社，2023.

[13]　惠东，高飞. 电力储能系统安全技术与应用 [M]. 北京：机械工业出版社，2023.

[14]　党智敏. 储能聚合物电介质导论 [M]. 北京：科学出版社，2021.

[15]　马建民. 新型电池材料与技术 [M]. 北京：化学工业出版社，2022.

[16]　张桥保. 电池材料——合成表征与应用 [M]. 北京：化学工业出版社，2022.

[17]　柴树松. 铅酸蓄电池制造技术 [M]. 北京：机械

工业出版社，2014.

[18] 吴贤文，向延鸿. 储能材料——基础与应用 [M]. 北京：化学工业出版社，2019.

[19] 唐有根. 镍氢电池 [M]. 北京：化学工业出版社，2007.

[20] 黄可龙. 锂离子电池原理与关键技术 [M]. 北京：化学工业出版社，2008.

[21] 赖纳·科特豪尔. 锂离子电池手册 [M]. 北京：机械工业出版社，2018.

[22] 义夫正树，拉尔夫·J·布拉德. 锂离子电池 [M]. 北京：化学工业出版社，2015.

[23] 程新群. 化学电源 [M]. 2 版. 北京：化学工业出版社，2019.

[24] 张新波，黄岗，陈凯. 金属空气电池 [M]. 北京：科学出版社，2022.

[25] 张强，黄佳琦. 低维材料与锂硫电池 [M]. 北京：科学出版社，2020.

[26] 侯雪. 新能源技术 [M]. 2 版. 北京：机械工业出版社，2010.

[27] 刘宗浩，邹毅，高素军. 电力储能用液流电池技术 [M]. 北京：机械工业出版社，2022.

[28] 魏颖. 超级电容器关键材料制备及应用 [M]. 北京：化学工业出版社，2018.

[29] 米勒 约 M. 超级电容器：建模、特性及应用 [M]. 北京：机械工业出版社，2018.

[30] Park J K. 锂二次电池原理与应用 [M]. 北京：机械工业出版社，2014.

[31] 李敦钫，郑菁，陈新益，等. 光催化分解水体系和材料研究 [J]，化学进展，2007，(04)：464-477.

第20篇

电力系统与智能电网

主　　编　钟西岳（西北电力设计院有限公司）

副 主 编　杨攀峰（西北电力设计院有限公司）

参　　编　傅　旭（西北电力设计院有限公司）

　　　　　李海伟（西北电力设计院有限公司）

　　　　　赵　娟（西北电力设计院有限公司）

　　　　　赵晓辉（西北电力设计院有限公司）

　　　　　方万良（西安交通大学电气工程学院）

　　　　　周文武（西北电力设计院有限公司）

　　　　　王绍辉（西北电力设计院有限公司）

　　　　　许玉香（西北电力设计院有限公司）

　　　　　李朝飞（西北电力设计院有限公司）

　　　　　刘国华（西北电力设计院有限公司）

　　　　　王　勇（西北电力设计院有限公司）

主　　审　穆华宁（西北电力设计院有限公司）

责任编辑　任　鑫

第1章 概 述

1.1 电力系统

1 电力系统与电力网 现代电力系统是一个由电能生产系统（发电）、输送与分配系统（变电、输电与配电）、消费系统（用电负荷）和相应的辅助设施如继电保护、安全自动装置、调度自动化和通信等组成的二次系统，按规定的技术经济要求组成的统一大系统，这是由电能生产过程的连续性，不能经济地大量储存和产、供、消在同一瞬间完成的特点决定的。典型的以电压等级为分层结构表示的区域电力系统组成见图 20.1-1。

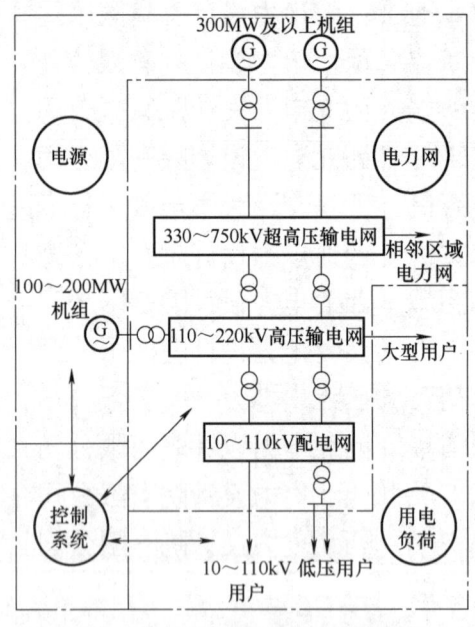

图 20.1-1 典型的区域电力系统组成

电力系统中的输电、变电和配电组成电力网，简称电网，它包括输电网与配电网两部分，是电能从生产到消费的中间环节。电力网既是电力工业的载体，也承担电力传输和转运的业务。我国 220kV及以上电压等级输电网由运营区域的电网公司根据国家电力规划进行建设，由电网公司统一调度、运行及维护。配电网主要由运营区域的电网公司建设，同时符合准入条件的社会资本也可参与增量配电网的建设。

2 电力系统电源 电力系统电源是电力系统中生产电能的主体，由有功电源与无功电源两部分组成。有功电源主要为各种水力、火力及核动力发电厂，以及其他新能源（如太阳能、风能、地热等）发电厂。无功电源主要由同步发电机、调相机、静止补偿器及并联电容器等提供。有功电源与无功电源分别满足电力系统中有功负荷与无功负荷的需要。电力系统中主要有功电源与无功电源的技术性能及特性见表 20.1-1 和表 20.1-2。

表 20.1-1 电力系统中主要有功电源的技术经济特性

发电厂类型	技术经济特性
径流式水电厂	无水库调节，发电出力大小靠天然径流，受水情影响大，发电成本低，节约燃料
水库调节式水电厂	依据库容大小，进行日、周、季、年或多年调节，可担负系统调频、调峰和备用，无环境污染，发电成本低，还可改善其他电厂运行方式，提高全系统效率；投资比火电厂大
抽水蓄能式水电厂	主要用于调峰填谷，改善其他电厂运行方式及短时备用电源；效率低，成本高
凝汽式火电厂	主要发电方式，根据系统需要可建成峰荷或基荷电厂；起停不如水电灵活，环保投资大
供热式火电厂	发电出力与热负荷有关；宜担任系统基本负荷，有利于环保
燃气轮机发电厂	起停快，可作为系统调峰及备用电源，若实现燃气、蒸汽联合循环，可提高效率

（续）

发电厂类型	技术经济特性
核电厂	是逐步取代各类化石能源的重要能源,宜担任系统基本负荷,发电成本较火电低,投资较火电高,安全性要求高,技术复杂,由于采用多重屏障、多层次防御和完善的应急措施,核电的安全性已得到保障
风电场	可再生能源发电,是逐步取代各类化石能源的重要能源,清洁无污染,运行简单。能量密度低,波动性,单机容量小,效率较低。原动力不可控。对电网的稳定运行和电能质量有不利影响
光伏电站	可再生能源发电,是逐步取代各类化石能源的重要能源,清洁无污染,运行简单。能量密度低,波动性。原动力不可控。对电网的稳定运行和电能质量有不利影响
太阳能热发电	太阳能热发电利用大规模阵列抛物或碟形镜面收集太阳热能,通过换热装置提供蒸汽,结合传统汽轮发电机的工艺,达到发电的目的

表 20. 1-2　电力系统中主要无功电源的技术经济特性

无功电源	技术经济特性
同步发电机	是有功电源也是主要的无功电源,可输出或吸收无功,调节方便,反应速度快
同步调相机	主要建于受端变电所,可输出或吸收无功,调节方便并提供电压支撑,但价格高,运行管理复杂
静止补偿器	是快速反应的无功补偿和电压调节设备,可提供电压支撑,阻尼联络线的功率波动,提高系统稳定,也可改善直流输电系统的运行性能,抑制供电系统中电压闪变

（续）

无功电源	技术经济特性
并联电容器	主要用于低压电网和用户,只能发无功,其输出无功功率与安装处电压二次方成正比,价格低廉,易于分散安装,用于提高供电网电压和控制负荷功率因数

3　输电方式与电压等级　电力系统主要采用交流输电方式,但在论证远距离大功率输电、交流电力系统间的联络、向较远距离的海岛使用海底电缆送电,以及向用电密集的大城市供电等工程建设时,需进行交流输电与直流输电的技术经济比较,以确定合理的输电方式。直流输电又可以分为基于晶闸管的电流源型常规直流和基于可关断型器件的电压源型柔性直流。

交流与直流两种输电方式各有特点。从经济角度看,对架空线路超过 600~800km、对于海底电缆线路超过 200km,直流输电比较便宜,国内采用进口的换流站设备时,架空线路等价距离约为 1 000km。从可靠性角度看,交流输电故障概率低,但持续时间较长、波及面广;直流输电单极故障概率高,但持续时间短,影响面小。从运行灵活性看,交流输电组网及电压变换方便灵活,适应面广;直流输电控制复杂,适应面窄。

交流输电电压等级一律采用标准电压等级,我国国家电压标准有 1 000kV/500kV/220kV/110kV/35kV/10kV 及 750kV/330（220）kV/110kV/10kV 等系列。每种电压等级都有其合理的输送容量与距离。直流输电电压等级目前尚无标准,但实际工程中,确定直流输电电压按一定技术经济条件进行选择,大容量、远距离多采用 ±1 100kV、±800kV、±660kV、±500kV、±400kV 等。

1. 2　电能质量

4　电压质量　电能质量是衡量电力系统对用户供应电力的频率、电压、波形是否符合规范条件。我国对电能质量制定一系列标准,目前已公布的国家标准有 GB/T 12325—2008《电能质量　供电电压偏差》、GB/T 12326—2008《电能质量　电压波动和闪变》、GB/T 24337—2009《电能质量　公用电网间谐波》、GB/T 15543—2008《电能质量　三相电压不平衡》、GB/T 15945—2008《电能质量　电力系统频率偏差》和 GB/T 18481—2001《电能质量　暂时过电压和瞬态过电压》）。

电压质量是对电力系统运行电压和供电电压值的规范要求，以满足电力传输及负荷供应的要求，是电能质量的一个重要技术指标。我国电力系统以电压允许偏差值（见表 20.1-3）、电压允许波动和闪变值（见表 20.1-4）、三相电压允许不平衡度及暂时过电压和瞬态过电压（见表 20.1-5）等来规范电压质量。对于 1 000kV、750kV、500kV、330kV 母线，正常运行方式时，最高运行电压不得超过 1 100kV、800kV、550kV、363kV，最低运行电压不应影响电力系统同步稳定、厂用电的正常使用及下一级电压的调节。对于发电厂和 500kV 变电所的 220kV 母线，正常运行方式时，电压允许偏差为系统额定电压的 0~+10%，事故运行方式时为系统额定电压的 -5%~+10%。对于发电厂和 220（330）kV 变电所的 110~35kV 母线，正常运行方式时为相应系统额定电压的 -3%~+7%，事故后为额定电压的 ±10%。对于发电厂和变电所的 10（6）kV 母线，应使所带线路的全部高压用户和经配电变压器供电的低压用户电压，符合用户受电端的电压允许偏差值。对于风电场和光伏电站，当公共电网电压处于正常范围内时，通过 110（66）kV 及以上电压等级接入公共电网的风电场和光伏电站应能控制并网点电压在标称电压的 97%~107% 范围以内。

电压闪变值有等效闪变值 ΔU_{10}、闪变电压限值 ΔU_t 和闪变视感度系数 α_f 等指标，表 20.1-4 给出了 ΔU_{10} 的值。

表 20.1-3　电压允许偏差值

	线路额定电压 U_e	电压允许偏差值
用户受电端电压允许偏差值	35kV 及以上	正负偏差绝对值的和 $\leq 10\%U_e$
	10kV 及以下三相供电电压	$\pm 7\%U_e$
	220V 单相供电电压	$(-10\% \sim +7\%)\ U_e$
	特殊用户	按供用电合同商定值确定
发电厂和变电所的母线电压允许偏差值	330kV 及以上母线正常运行时	最高值 $\leq +10\%\ U_e$，750kV 母线电压最高不超过 800kV，最低值不影响电力系统同步稳定电压稳定，正常用电及下一级电压调节
	500（330）kV 母线向线路充电	在暂态过程衰减后，线路末端电压 $\leq 1.15U_e$，持续时间 ≤ 20min
	发电厂 220kV 以上高压母线和 330kV 以上变电站中压侧母线	正常：0~+10%；事故：-5%~+10%。750kV 母线最高运行电压不超过 800kV
	发电厂和 220kV 变电所的 35~110kV 母线	正常：-3%~+7%；事故：±10%

表 20.1-4　电力系统公共供电点电压允许波动和闪变值

电压波动允许值	电压闪变允许值 ΔU_{10}	
10kV 以下　2.5%	对照明要求较高白炽灯	0.4%
35~110kV　2.0%	一般性照明	0.6%
220kV 以上　1.6%		

注：ΔU_{10} 为等效 10Hz 闪变值。

表 20.1-5　工频过电压和操作过电压限制值

工频过电压	1）对于 110kV 及 220kV 系统，不超过 1.3pu；对于 330kV 及 500kV：线路断路器的变电站侧 1.3 pu，线路断路器的线路侧 1.4 pu 2）3~10kV 系统及 35~66kV 系统分别不超过 $1.1\sqrt{3}$ pu 和 $\sqrt{3}$ pu
操作过电压	参见本篇表 20.4-9

电力系统监视电压的控制点电压超过电力系统调度规定的运行电压曲线数值的 ±5%，而且延续时间超过 2h，或超过规定数值的 ±10%，延续时间超过 1h，则定为电力生产事故。

电压偏差过大，不仅影响电力系统本身安全运行，也影响用户产品的产量和质量，特别在无功功率不足的情况下，当某中枢点电压低于某一临界值（保持电压稳定的最低电压值）时，将产生无功功率缺额增大与电力网电压下降的恶性循环，造成"电压崩溃"，可能导致电力系统大停电事故。

国家标准 GB/T 15543—2008《电能质量　三相电压不平衡》规定电力系统公用连接点正常运行方式下三相电压允许不平衡度为 2%，短时不得超过 4%。

国家标准 GB/T 18481—2001《电能质量　暂时过电压和瞬态过电压》规定了电能质量有关暂时过电压和瞬态过电压的要求，与之相适应的电气绝缘水平，以及过电压保护方法。暂时过电压包括工频过电压、谐振过电压，瞬态过电压包括操作过电压、雷电过电压。

5 频率质量 电力系统频率是指电力系统中同步发电机产生的交流正弦基波电压的频率，在稳态运行条件下，电气上相连的整个电力系统的频率是相等的，并等于额定频率（在我国为50Hz），它是全系统必须保持一致的运行参数。国家标准GB/T 15945—2008《电能质量电力系统频率偏差》规定电力系统正常运行频率偏差值为±0.2Hz。当系统容量较小时，其偏差可以放宽到±0.5Hz。如果超过允许值，轻则影响工业产品的质量、产品和电气设备的寿命，重则影响发电厂机炉设备的稳定运行。许多大机组装有超频及低频保护，核电厂为了保持其核反应堆冷却能力，当频率偏差超过其规定值就自动停止反应堆运行。我国一些大区系统已有能力保持正常频率偏差值为±0.1Hz。

与频率有关的可能导致电力系统大停电事故的是电力系统振荡与频率崩溃。电力系统振荡是常见的系统事故，在系统设计与运行中均应高度关注，并做好事前防范和善后处理，防止演变为大面积的停电事故。频率崩溃起因是有功功率突然大量不足引起频率下降，频率下降又引起发电机出力降低或跳闸，使频率下降更快，如此恶性循环，从而发生频率崩溃的系统事故。安排足够的按频率自动减负荷，是对付频率崩溃最有效的手段。

6 波形质量 波形质量是对电力系统中电压和电流波形的正弦形程度的要求。为了保证各种电气设备的正常运行，必须使电压和电流的正弦形畸变率限制在允许范围之内，国家标准GB/T 24337—2009《电能质量 公用电网间谐波》对公用电网中谐波电压（相电压）的允许值做了规定，见表20.1-6。为了控制谐波电压，关键是限制用户非线性用电设备注入电网的谐波电流，任一用户注入电网连接点的各次谐波电流均不得超过规定。表20.1-7给出12次以下谐波电流允许值。

表 20.1-6 公用电网中谐波电压（相电压）的允许值

用户供电电压/kV	电压总谐波畸变率（%）	各次谐波电压含有率（%）	
		奇数	偶数
0.38	5.0	4.0	2.0
6 或 10	4.0	3.2	1.6
35 或 66	3.0	2.4	1.2
110	2.0	1.6	0.8

表 20.1-7 注入公共连接点的谐波电流允许值

标准电压/kV	基准短路容量	谐波次数及谐波电流允许值/A										
		2	3	4	5	6	7	8	9	10	11	12
0.38	10	78	62	39	62	26	44	19	21	16	28	13
6	100	43	34	21	34	14	24	11	11	8.5	16	7.1
10	100	26	20	13	20	8.5	15	6.4	6.8	5.1	9.3	4.3
35	250	15	12	7.7	12	5.1	8.8	3.8	4.1	3.1	5.6	2.6
66	500	16	13	8	13	5.4	9.3	4.1	4.3	3.3	5.9	2.7
110	750	12	9.6	6	9.6	4	6.8	3	3.2	2.4	4.3	2

谐波分量的存在可能产生局部谐振，放大谐波分量，导致谐波分支设备因过电流或过电压而损坏。谐波会引起设备附加损耗，加速设备老化，还会使超高压输电线潜供电弧熄灭时间延缓，影响单相重合闸的成功率和继电保护正确工作，对通信线路产生干扰，引起仪表计量误差。因此在技术经济条件许可下，必须采取措施控制谐波在容许范围以内。

1.3 电力系统规划与设计

7 电源发展规划 电源规划的任务是根据某一时期电力电量需求预测，在满足一定可靠性水平的条件下，寻求一个最经济的电源建设方案。它研究规划期内各种电源的开发顺序，确定电源建设的项目、布局、容量及进度，其目的是满足国民经济和社会可持续发展战略的要求，实现最大范围的资源优化配置，贯彻以市场为导向、经济效益为中心的原则。电源规划设计应遵循充足性、可靠性、灵活性和经济性原则，大力推动水电建设和流域梯级开发，积极发展坑口电厂，建设路口、港口电厂和负荷中心电厂，适当建设核电站；考虑环境保护和资源永续利用，积极推进新能源发电和洁净煤燃烧技术等工程应用；坚持规模经济，加快电源结构的调整和改造，严禁小型凝汽式火电机组的建设。电源发展规划的主要内容有：①确定发电设备总容量；②选择电源结构；③确定电源布局；④电源建设方案优化；⑤提出电源建设项目及建设时序表；⑥提出电源项目投资。电源规划应按如下技术经济原则研究电源布局方案：

1）结合水力资源分布、水电项目前期工作和移民安置规划，在有条件的河流上尽可能多建设具有较好调节性能的大中型水电站，因地制宜发展边远山区的小水电。

2）根据煤炭资源分布和交通运输条件，在煤炭资源比较集中的地区建设坑口电厂，在交通运输条件较好的地方建设路口和港口电厂，在环境条件允许和技术条件可行、经济合理的前提下，在负荷中心地区建设骨干电厂。

3）在能源资源缺乏、交通运输紧张、经济比较发达的地区，适当发展核电站。

4）结合节能分析，充分利用现有条件，进行"以大代小"更新改造。

5）结合区内外能源资源分布特点，研究分析向区外供（受）电的必要性和可能性。

6）在有条件的地方积极建设新能源电站（如风力、太阳能、地热、潮汐能电站等）。

调峰设计是电源发展规划的一个组成部分，其内容有系统调峰需求量、调峰电源及容量、调峰平衡及调峰方案选择。在主要缺乏调峰容量的系统，应在充分利用现有机组调峰能力的基础上，通过技术经济比较，提出增加调峰能力的措施。一般可供选择的调峰方案有：①新建具备调节能力的水电厂；②合理扩大现有水电厂的装机容量；③新建抽水蓄能电厂；④提高现有火电机组调峰能力；⑤设置专门火电调峰机组，如燃气轮机组、联合循环机组、火电调峰机组；⑥与调峰能力有余的电力系统联网；⑦在水电比重大的电力系统中，利用丰水期

弃水调峰；⑧在风电比重大的电力系统中，低谷负荷时段风电参与调峰；⑨依托储能技术的新型调峰电源进行调峰。另外，通过负荷需求侧管理，减少负荷峰谷差，也能减少对调峰电源的需求。

应选择高效低损耗的大容量机组，对于规模较小的电网应根据电网容量、结构、负荷增长速度、可靠性等因素合理选择机组容量。

合理的电源布局和结构应满足：能源供应稳定及流向合理，系统安全可靠、经济合理，系统装机容量和水电电量得到充分利用，满足调峰要求，保护生态，节约能源，减少污染的要求。电源规划应进行技术经济比较，提出多个可供选择的电源建设方案，提出逐年合理的建设规模及投资估算等。

为了论证最优电源建设方案，其设计方法有两种：第一种是采用电源优化数学模型；另外一种是电源方案常规设计方法。

电源优化数学模型是将电力系统电源发展规划中的电源优化问题用数学形式表达，最终归结为一组能够求解的数学方程式。其目的是根据电力系统负荷预测，在已知可能开发的待选电源点的基础上，寻求一个或几个满足运行可靠性等条件且最经济的电源开发方案，确定何种类型和容量的发电机组在何时何处投入运行。

常规设计方法是根据各年度电力系统负荷需求，在满足一定可靠性指标的条件下，根据逐年电力电量平衡结果，拟定各个电源组合方案，进行多方案比较。在比较时，要明确各方案相应的煤源、运输方案和输电网络，然后计算煤、电（电厂、电网）、运（水运、铁路运输）以及综合投资与年运行费用，并把其折算成使用期内的年费用或某一年的总费用，进行综合比较后，提出各年度的电源建设方案。

8　电力网发展规划

（1）电网规划设计的任务和内容　电网规划设计的任务是根据设计期内的负荷需求及电源建设方案，确定相应的电网接线，以满足可靠、经济地输送电力的要求。电网规划设计主要内容如下：①确定输电方式；②选择电网电压；③确定电网结构；④确定变电所布局和规模。

（2）电网结构设计的基本原则　合理的电网结构是电力系统安全稳定运行的基础，在电网规划设计阶段，应当统筹考虑，合理布局，它应满足如下基本要求：①能满足各种运行方式下潮流变化的需要，具有一定灵活性，并能适应系统发展的要求；

②任一元件无故障断开后，应能保持系统稳定运行，且不致使其他元件超过规定的事故过负荷能力和电压允许偏差的要求；③应有较大的抗扰动能力，满足稳定导则标准；④应满足分层和分区原则；⑤合理控制系统短路电流水平。

（3）电网规划设计的一般技术原则 电网规划设计应从全网出发，合理布局，加强主干网络，增强抗事故干扰能力，简化网络结构，降低网络损耗。其一般技术原则如下：

1）电网是电力市场的载体，电网规划必须满足电力市场发展的需要并适当超前。

2）电网规划必须坚持统一规划，以安全可靠为基础，突出整体经济效益，满足环境保护要求，加强电网结构，统筹考虑城网和农网规划，研究跨区送电、跨区联网、全国联网和周边国家联网，提出合理的电网方案。

3）电网规划应重点研究目标网架，论证目标网架的最高电压、输电方式、供电规模、优化结构，并进行安全稳定性评价。目标网架应达到如下要求：①安全可靠、运行灵活、经济合理，具有一定的应变能力；②潮流流向合理，避免网内环流；③网络结构简单，层次清晰，贯彻"分层分区"的原则；④适应大型电厂接入电网。

4）应重视受端网络规划，建成满足负荷中心供电的坚强受端网架。

5）送端网络规划应根据送端电源可持续发展能力、远近结合、统筹考虑。对于大型电源基地，路口、港口电厂集中的地区应做出战略性安排，并充分考虑到送端网络所在区域中长期能源、电力发展。

6）加强联网规划工作，根据需要研究联网的必要性、可行性和合理性，提出联网规划方案。

7）重视和加强无功电源规划，按"分层分区、就地平衡"原则配置无功电源，避免经长距离线路或多级变压器传送大量无功功率，进行无功平衡时还需考虑具有随负荷变化的调节能力。

8）保持合理的短路电流水平。

9 受端系统建设 受端系统是现代电力系统的组成部分，集中了较大比重的负荷和电源，加强和扩大相邻主要负荷集中地区（包括电源）内部和它们之间的网络连接，将受端系统建设成整个电力系统核心，是保证全系统安全稳定运行的物质基础与关键。

电力系统对受端系统有较高的要求，具体如下：

1）在正常运行方式下，当受端系统发生任何单一故障仍能保持系统稳定且不损失负荷；在正常检修运行方式下，则允许采取切机、切负荷等措施，以保证受端系统稳定运行。满足上述要求的受端系统必须在电气上具有足够的短路容量和足够大的惯性，使得在各种暂态情况下，内部所有的同步电机都能成为保持同步运行的整体，这是满足系统安全稳定水平的物质基础。

2）合理制定受端系统电力保障方案，结合受端能源资源禀赋，合理确定本地电源规模及外部电源保障方案。外部电源宜经相对独立的送电回路接入受端系统，同时受端应避免送电回路过于集中。每一组送电回路的最大输送功率占受端系统总负荷的比例不宜过大。

3）应按照电网电压等级和供电区域，合理分层分区。

强化受端系统建设基本要点如下：

1）加强受端系统内部最高一级电压网络的联系。

2）为加强受端系统的电压支撑和运行的灵活性，在受端系统应接有足够容量的发电厂。

3）受端系统要有足够的无功补偿容量，当受端系统存在电压稳定问题时，应通过技术经济比较，考虑在受端系统的枢纽变电站配置足够的动态无功补偿装置。

4）枢纽变电所的规模要同受端系统的规模相适应。

5）受端系统发电厂运行方式的改变不影响正常受电能力。

6）合理控制短路电流水平。

在受端电力网架建成后，可以考虑打开下一电压等级的环网。为提高接收远距离输电的受端电网的稳定水平，应广泛采用较成熟的提高稳定的技术措施，如紧凑型线路技术、串补及可控串补技术、动态无功补偿技术、FACTS技术、PSS及交直流协调控制等。主网架要避免不利于稳定的接线，如T接、单回路大环网、高低压环网、环套环、长短线并列、单回超长线等。大电源之间应避免相互直接连接运行。

10 电源接入和电网分层分区

（1）电源接入 电源接入系统是要解决电厂的送电范围、出线电压、出线回路数、电气主接线及有关电气设备参数等一系列问题，应根据电厂在系统中的地位与作用确定接入方式：

1）不同规模的发电厂应分别接入相应的电压

网络；受端系统内建设的一些较大容量主力发电厂宜直接接入最高一级电压电网。

2) 分散外接电源是建立坚强的受端系统，建设合理电网结构的重要原则，它包含以下要求：①各个外部电源应直接分散地接入受端系统的不同变电所母线，避免在送电端或送电途中并联；②连接到同一组送电回路的外部电源最大输电容量所占受端系统总负荷的比重不宜过大，目的是考虑到即使失去这个支路的电源时也不致造成全系统的事故。

对于大规模集中开发建设的电源项目，包括大型水电基地、大型火电基地、大型新能源发电基地等，一般先开展输电系统规划设计，以明确其电能消纳范围（区内消纳、区外消纳还是综合消纳）、输电方式（交流输电、直流输电还是混合输电）、接入电网电压等级等。

（2）电网分层分区

1) 应按照电网电压等级和供电区域合理分层、分区。合理分层是将不同规模的发电厂和负荷接入相应的电压网络；合理分区是指以受端系统为核心，将外部电源连接到受端系统，形成一个供需基本平衡的区域，并经联络线与相邻区域电网相连。

2) 随着高一级电压电网的建设，下级电压电网应逐步实现分区运行，相邻分区之间保持备用。应避免和消除严重影响电网安全稳定的不同电压等级的电磁环网，发电厂不宜装设构成电磁环网的联络变压器。

3) 分区电网应尽可能简化，以有效限制短路电流和简化继电保护。

11　联络线与互联系统　电力系统联络线是指连接不同区域电力系统的输电线路。可以单回路或多回路，交流输电线、直流输电线或交直流输电线路并列使用。互联系统是指两个或两个以上电力系统通过联络线实行联合运行的联合体，正常运行方式下进行功率交换，以取得经济效果，并于事故状态下能相互支援，以获得节约备用容量和提高可靠性的效益。联网规划设计主要内容有：分析联网的必要性及可行性，论证联网方式、联网方案，进行联网方案的电气计算，给出联网方案的建设项目及投资估算。一般按联络线输送功率的大小，划分联网性质属于强联网或弱联网，强联网的联络线输送功率超过互联系统中最小系统中总发电容量的 15% 以上，通常以所连系统最高一级电压进行连接。弱联网是指上述输送功率在 10%~15% 以下，联络线电压不高，通常是一侧系统向另一侧系统供应不大的电量和功率。联网方式有同步联网和非同步联网两种，应根据联网性质、联网容量、距离及互联电网系统特点研究后确定。同步联网包括交流或交直流混合等方式。一般同步联网是联网线路长度在交直流等价距离以内的联网，常用于周边联网。非同步联网为直流方式联网，主要用于不同频率或频率控制不兼容电网的联网、跨海联网、采用交流联网不经济的联网，以及大电网间互联并要求控制交流电网规模和便于运行调度的联网。联络线电压等级的选择，应按传输容量、距离等因素来确定，一般宜与主网最高一级电压相一致。

电网互联是发展大电网以获取巨大技术经济效益的必然途径，是电力系统发展的必然规律和世界各国共同的经验。电网互联的技术经济效益包括错峰效益、调峰效益、水电站的跨流域补偿调节及水电和火电之间调节效益、正常与事故备用效益及规模经济效益等。但电网互联后会扩大事故的波及面，增加发生系统性事故的概率，这就要求在互联电网建设时不仅要重视经济效益，还要采取措施防止由于联络线功率波动、低频振荡及其他稳定性破坏事故引发的大面积停电等带来的联网风险。电力系统是否联网，应按以下原则性要求进行：①电力系统采用交流或直流方式互联应进行技术经济比较；②交流联络线的电压等级宜与主网最高一级电压等级相一致；③互联电网在任一侧失去大电源或发生严重单一故障时，联络线应保持稳定运行，并不应超过事故过负荷能力的规定；④在联络线因故障断开后，要保持各自系统的安全稳定运行；⑤系统间的交流联络线不宜构成弱联系的大环网，并要考虑其中一回断开时，其余联络线应保持稳定运行并可转送规定的最大电力；⑥对交流弱联网方案，应详细研究对电网安全稳定的影响，经技术经济论证合理后，方可采用。

除进行技术经济比较外，还要解决互联电网的管理体制和调度方式问题，制定合理的互供电价，使联网效益在互联系统内得到合理的分配，才能发挥互联系统的优越性。

12　城市电力网　应该符合国家批准的城市电力网规划设计原则，如城网网架、城网电压等级、城网供电可靠性、城市配电网接线方式和城网允许短路容量等。

（1）城网网架　城网网架是整个电力系统的重要组成部分，也是城网电源的主体，应从电力系统的全局，依据城市总体发展规划、城市建设规模、规划负荷密度、负荷分布及增长情况以及各地实际情况出发进行。

城市电网网架应满足电力系统经济性、可靠性与灵活性的基本要求，同时应分层分区，各分层分区应有明确的供电范围，并应避免重叠、交错：

1）大城市的城网都是电力系统的受端系统，集中了较大比重的负荷和电源，要强化受端系统建设（参见本篇第9条）。

2）能满足城市发展的需要，适应城网各种运行方式下的潮流变化，潮流流向合理，并具备一定的灵活性。

3）城网网架应当具有较大的抗干扰能力，能够满足电力系统安全稳定导则的要求，防止发生灾害性的大面积停电事故。

4）城网结构简明、层次清晰，要贯彻"分层分区"的原则，并明确各分区供电范围。

5）主力电源一般接入高压输电网，避免电源过于集中，防止因负荷转移引起恶性连锁反应。分散外接电源是建立坚强的受端系统，建设合理的电网结构的重要原则（参见本篇第10条）。

6）城网无功功率按电网分区就地平衡。

7）在城网建设的同时，要使调度自动化、通信、安全自动、继电保护等控制系统与网架配套建设协调发展。

按照以上要求，大城市电网一般采用环网结构。在城市外围连成坚强的超高压环网，内外电源都直接和间接地接到环网上，外环一般采用超高压架空线路，内环可利用电缆构成，要求从外环降压后，直接送至负荷中心。大中城市要求具有来自不同方向的220kV双回路双电源供电，较小城市的城网应由双电源供电，初期来自一个电源变电所时，也要从不同母线以双回路供电。这样可以从电源上防止发生大面积停电。

（2）城网电压等级 我国城网由220（330）kV的输电网，110kV、63kV、35kV的高压配电网，10（20）kV的中压配电网（20kV的中压配电网虽然列入国家标准，但仅在用户有要求时采用），380/220V的低压配电网组成。城网电压等级和最高一级电压的选择，要根据电网现有实际情况、远景发展和简化等级的原则慎重研究确定，一般不宜超过4个电压等级。

（3）城网供电可靠性 城市电力网可靠性标准，实际上就是城市配电网的可靠性准则，它包括供电质量和供电连续性两个方面。供电质量应该满足国家标准对电能质量的要求（参见本篇第1.2节）。对城网供电可靠性的要求，城网网架中任一

元件无故障断开，应能保持电网的稳定运行，并不致使其他元件超过事故过负荷的规定。在城市配电网中，也要满足 N-1 原则，在具有重要政治、经济影响大城市的中心区，要考虑满足更高的供电可靠性要求，例如满足 N-2 原则。

（4）城市配电网接线方式 配电网的接线方式，应保证在正常情况下，能满足供电安全、经济和质量的要求；在事故和设备检修的情况下，应具有比较大的灵活性，尽量保持用户的不间断供电，适应对供电可靠性的要求。

（5）城网允许短路容量 Q/GDW 156—2006《城市电力网规划设计导则》对城市电力网各级电压的短路电流水平限制值做了一般性规定，但对330kV 及以上超高压输电电压还未作规定。

表20.1-8 列出了城市电力网的短路电流水平一般限制值。如果电网的短路容量超过以上规定，应采取措施控制。

表 20.1-8　城市电力网短路电流水平一般限制值

电压/kV	短路电流/kA	电压/kV	短路电流/kA
330	40	63	25
220	40	35	16
110	20	10	16

1.4 电力市场

13　电力市场及其技术支持系统　电力市场是一个新型的、有显著自身特点的市场。它既遵从一般商品市场的规律，又受到电力系统实时运行的各种约束。电力市场以电网为载体，以电力系统分析、经济学理论、计算机技术、网络和通信技术为依托，实现在公平、公正、公开的竞争环境下有序运行的市场机制，是基于市场经济原则，为实现电力商品交换的电力工业组织结构、经济管理和运行规则的总和。电力市场的运行依托于电力市场技术支持系统，电力市场的基本原则是公平竞争，电价是电力市场的支点和杠杆，服从等价交换原则。健康电力市场的特征是：①价格随需求变化；②价格变化影响需求变化；③买卖按市场规则进行；④买卖双方均无垄断行为。

（1）电力市场模式　电力市场分为分散式和集中式两种模式。①分散式模式是主要以中长期实物合同为基础，发用双方在日前阶段自行确定日发电曲线，偏差电量通过日前、实时平衡交易进行调节

的电力市场模式。②集中式模式是主要以中长期价差合同管理市场风险，配合现货交易采用全电量集中竞价的电力市场模式。对于集中式市场中的价差合同，合同电量不需要刚性执行，在日前阶段，将以社会福利最大为目标制定次日的发用电曲线，并通过现货市场不断更新修正，针对其与价差合同所分解出来的曲线的偏差电量，按现货市场的价格进行偏差结算。

（2）电力市场交易　一般有实时现货交易、双边合同交易和双边期货交易三种交易形式。

1）实时现货交易。这是基于各发电厂或供电公司通过报价系统向电力交易中心报送的竞价交易信息，按照一定的交易规则形成的实时电价和实际交易电量，制定一日或一周的交易。

2）双边合同交易。一般是电力买卖双边通过签订长期合同确定交易电量和电价，不随市场条件变化而变化，并且也不可再交易。

3）双边期货交易。和双边合同交易类似，买卖双边预先签订交易合同，规定未来某一时段的交易电量和电价。但是买卖双方都允许在规定时段前通过前述1）或2）的方式再买或再卖。

（3）电价　电价是电力市场的支点和杠杆，制定电价的基本原则为：合理补偿成本，合理确定收益，坚持公平负担，促进电力建设。电价有三种方式：①政府定价；②协议定价，如在双边合同交易中实行；③市场定价，是通过电力市场运行规则，由买卖双方竞争形成的电价。

（4）电力转运　电力转运的核心是将电网从电力生产（发电）和电力消费（用电）中分离出来，单独为其定价和签订合同的输电服务行为。电力转运一般可分为：①批发转运，供用电双方均为电力公司；②发电转运，发电厂向非本地区电网的电力公司售电；③用户转运，用户从本地区电网的电力公司购电；④发电用户转运，发电厂直接向用户售电。以上四种电力转运方式可按规定的协议路径进行输电服务，也可以是利用电网提供输电服务。

（5）电力市场技术支持系统　电力市场技术支持系统又称电力市场运营系统，是基于计算机、网络通信、信息处理技术，并融入电力系统及电力市场理论的综合信息系统，以技术手段为电力市场公平、公正、公开竞争和电网的安全、稳定、优质、经济运行提供保证。电力市场技术支持系统应对电力市场的数据申报、负荷预测、合同的分解与管理、中长期交易计划的编制、分解与管理、现货交易计划的编制、实时交易计划的编制、安全校核、计划执行、辅助服务计划与管理、市场信息发布、结算与考核、市场分析与预测等运作环节提供技术支持。

（6）电力市场的管理和监督

1）电力市场的管理由电力交易中心（PX）和独立系统运行人（ISO）执行，PX负责交易协议的制定和决策，主要是基于价格实现交易的场所；ISO主要是保证电力系统的安全，执行电网调度中心的功能，如运行方式的制定、实时调度、系统监控以及在线安全分析等，保证交易的执行和调整。

2）电力市场的监督由政府和用户按规范电力市场的一系列法规和规章进行，一般采用经济方法和法律方法，有时也采用行政手段进行。

第 2 章 交流输电

2.1 交流输电线路的输送能力

14 影响输送能力的要素 输送能力是指输电线路在满足电能质量、系统的稳定性及经济性等工作条件下，输电线送端允许通过的有功容量值，即线路的输电容量。导线允许发热、线路允许电压降及满足电力系统运行的经济性与稳定性，是影响输送能力的主要因素。应对输电线路进行多项校验计算以确定允许的输电能力。对于具体线路可能其中某一因素是确定性约束条件，例如对于输送距离较短的线路，可由导线允许持续发热条件确定其输送能力；对于向某一负荷点供电的输电线路，线路允许电压降常为决定性制约因素；对于长距离、重负荷的超高压输电线路，保持系统功角稳定性往往是主要的制约条件。有的线路可能按经济电流密度采用经济输送容量。上述影响输送能力的要素不仅与输电线路本身的技术条件（如电压等级、线路结构、导线材料及截面积、线路回路与长度等）有关，也与输电线路所在电力系统的具体条件如电网结构、运行方式、继电保护和控制技术等有关，例如从大电源向电力网输电的线路，其输送功率要与大电源占系统容量大小相适应；高低压电磁环网可能限制线路输送能力；而继电保护快速切除故障或辅以可靠的安全自动装置等措施可以提高系统的稳定性，从而提高线路的输送能力。

15 高压输电线路的输送能力 对于 110kV 及以下输电线路的输送能力，主要取决于线路允许电压损失及导线允许持续发热条件，对于长距离、大容量的 220kV 及以上线路，还要考虑系统稳定条件。

（1）按线路允许电压损失决定输送能力 对于中、短距离的输电线路，其输电能力多取决于允许的电压损失与功率及能量损耗，而这些又与调相设备、导线材料及电流密度有关。电压损失虽无明确的标准，对于 110kV 及以下电压的输电线路，一般按允许电压损失 $\Delta U \leqslant 10\%$ 的条件，用负荷距（$P_2 L$）大小表示线路的输送能力：

$$P_2 L = \frac{U_2^2 \Delta U\%}{100(r + \mathrm{j}x\tan\varphi_2)}$$

式中　P_2——受端有功功率（MW）；

　　　U_2——受端电压（kV）；

　　　φ_2——受端功率因数角；

　　　L——线路长度（km）；

　　　r、x——每 km 线路的电阻、电抗值（Ω）。

（2）按线路允许持续发热条件确定输送能力

$$P \leqslant \sqrt{3}\, U_e I_\mathrm{P} \cos\varphi$$

式中　P——三相输送总功率（MW）；

　　　I_P——按线路允许持续发热条件确定的电流（即允许载流量）（kA）；

　　　U_e——线路额定电压（kV）；

　　　$\cos\varphi$——功率因数。

钢芯铝线在周围气温为 25℃ 及导线允许最高温度为 70℃ 时的允许载流量见表 20.2-1。如果周围气温不是 25℃，则要进行修正。

表 20.2-1　钢芯铝线按线路允许持续发热条件确定的输送容量

截面积/mm²	长期允许载流量/A	输送容量/(MV·A)							
		35kV	66kV	110kV	220kV	330kV	500kV	750kV	1 000kV
50	234	14.2	26.7						
70	250	15.2	28.6	47.6					
95	349	21.2	39.9	66.5					
120	393	23.8	44.9	74.9					

（续）

截面积/mm²	长期允许载流量/A	输送容量/(MV·A)							
		35kV	66kV	110kV	220kV	330kV	500kV	750kV	1 000kV
150	441	26.7	50.4	84					
185	498	30.2	56.9	94.9					
240	598	36.3	68.4	114					
300	680	41.2	77.7	130	259				
400	782		89.4	149	298				
500	898		102.7	171	342				
630	1 040		118.9	198	396				
720	1 140		130.3	217	434				
800	1 222		139.7	233	466				
240×2	598×2		137	228	456	684			
300×2	680×2		156	259	518	777			
400×2	782×2		179	298	596	894			
500×2	898×2				684	1 027			
630×2	1 040×2				793	1 189			
720×2	1 140×2					1 303			
240×4	598×4						2 072		
300×4	680×4						2 356		
400×4	782×4				1 192	1 788	2 709		
500×4	898×4						3 111		
630×4	1 040×4						3 603		
720×4	1 140×4						3 949		
800×4	1 222×4						4 233		
240×6	598×6						3 107		
300×6	680×6						3 533		
630×6	1 040×6						5 404		
400×6	782×6							6 095	
500×6	898×6							6 999	
500×8	898×8								12 443
630×8	1 040×8								14 410

（3）按经济电流密度确定经济输电能力　单回线路的经济输电能力可由下式求得：

$$W_e = \sqrt{3}\,U_e s I_J n$$

式中　W_e——经济输电能力（kVA）；
　　　U_e——线路额定电压（kV）；
　　　s——导线截面积（mm²）；
　　　I_J——经济电流密度（A/mm²）；
　　　n——导线分裂根数。

目前，规划设计中使用的经济电流密度见表 20.2-2。经济电流密度的确定，与国家不同时期的经济政策、材料价格、生产水平、电能成本及线路特点等密切相关，因此在不同历史时期，需要对经济电流密度做必要的修订，具体计算可见 DL/T 5222—2021《导体和电器选择设计规程》的相关内容。

表 20.2-2 经济电流密度

（单位：A/mm²）

导线材料	最大负荷利用小时数 T_{max}		
	3 000h 以下	3 000~5 000h	5 000h 以上
铝线	1.65	1.15	0.9
铜线	3	2.25	1.75

16 超高压远距离输电线路的输电能力 超高压远距离输电线路的输电能力，要通过系统稳定计算并留有一定的稳定储备来确定。作为规划性核算，可以采用自然功率（P_λ）概念，按照输电线路的极限传输角大小作为稳定性控制的依据，线路的自然功率由下式确定：

$$P_\lambda = \frac{U_e^2}{Z_\lambda}$$

式中 Z_λ——线路波阻抗。P_λ、Z_λ、值见表 20.2-3。

表 20.2-3 各级电压单回线路波阻抗和自然功率

电压等级/kV	导线分裂数	Z_λ/Ω	P_λ/MW
220	1	380	127
220	2	340	142
330	2	310	351
500	4	270	926
750	4	250	2 250
1 000	6	243	4 115

线路传输能力，根据同步发电机的功角特性，可以按下式估算：

$$P = P_\lambda \frac{\sin\delta}{\sin\lambda}$$

式中 λ——线路的波长，6°/100km；

δ——线路两端电压的相位差，一般取 25°~30°。

按此无补偿线路传输自然功率的输电距离为 400~480km，即 $l = (400 \sim 480) P_\lambda/P$，$l$ 为线路长度（km），采取提高稳定的措施，例如采用串联补偿，可以提高输电功率和距离。

17 提高超高压线路输电能力的措施 提高超高压线路输电能力主要是提高电力系统的稳定水平，包括提高静态稳定和暂态稳定水平。提高静态

稳定水平主要是加强电网联系，减小送、受端的联系电抗，提高运行电压；提高暂态稳定水平的措施，除增加系统承受扰动能力外，还必须减少扰动量及缩短扰动时间。提高稳定的具体措施主要有：①电压的提高和控制方面主要有采用快速励磁调节、中间并联补偿等；②减少电源间联系电抗方面主要有采用串联电容补偿、采用分裂导线及紧凑型输电、加强电网主网架建设等；③减少扰动量及缩短扰动时间方面主要有设置中间开关站、联锁切机及火电机组快速关闭进气门、快速切除故障和自动重合闸等；④其他方面，如采用灵活交流输电技术等，参见本篇第30条。

2.2 无功补偿与电压调整

18 无功功率的平衡与补偿 电力系统的无功电源与无功负荷必须保持平衡，但电力系统需要的无功功率一般为有功功率的 1~1.5 倍，单靠发电机的无功出力不能满足系统的要求，同时无功功率也不允许长距离输送，因此，必须用其他无功电源来补偿无功功率的不足，这就产生了无功补偿问题。无功补偿的目的除了补偿无功功率不足，还要优化电力网无功潮流，改进电力系统在动态过程中的电气特性，以保持电网各点静态和动态的电压质量，满足系统安全经济运行要求。电力系统的无功功率基本上实行按输电电压分层补偿，按电网分区就地平衡。进行无功平衡时，要对最大无功负荷及最小无功负荷运行方式进行平衡，按最大负荷求出电容性无功补偿设备容量，按最小负荷求出电感性无功补偿设备容量，进行无功平衡时应留有 7%~8%的无功备用，以适应检修和事故等系统运行方式的变化，满足运行可靠性要求。

19 无功补偿设备的选择与配置

（1）无功补偿设备的分类 无功补偿设备分为静态和动态两类：静态设备有可投切并联电容器、可投切并联电抗器及串联电容器；动态设备有调相机（SC）、静止型无功补偿装置（SVC）及静止型无功电源等。

（2）无功补偿设备的选择与配置原则 按照分层补偿、分区平衡的补偿要求，无功补偿设备的配置及设备类型的选择，应根据不同的功能要求进行综合技术经济比较确定，实施分散就地补偿与变电站集中补偿相结合，电网补偿与用户补偿相结合，高压补偿与低压补偿相结合：对小容量分散的用户和无特殊要求的变电所，优先采用可分组投切并联

电容器或并联电抗器；对大容量中枢变电所和有特殊要求的变电所，例如，要求改善电力系统稳定水平，限制动态过电压，抑制电压闪变和平息系统振荡等，则应采用调相机或静止补偿装置；对带有冲击负荷或负荷波动严重不平衡的工业企业，本身应采用静止补偿器；对超高压长距离输电线，往往采用高压并联电抗器，以补偿线路的充电功率及降低线路过电压。

20　电力系统的电压调整　电力系统运行中必须对各枢纽点电压进行监视和调整，以保证电压质量，保持系统安全经济运行。常用有逆调压、常调压、顺调压三种方式。"逆调压"适用于供电线路较长、负荷变动较大的中枢供电点，负荷重时升高中枢电压，负荷轻时降低中枢电压；"顺调压"适用于允许电压偏移较大的配电网，高峰负荷时允许中枢电压略低，而低负荷时却略高；"常调压"维持中枢电压基本不变，适用于负荷变化不大的变电所。

常用的调压措施有：①合理配置无功补偿设备，实现无功功率的分层补偿分区平衡，这是调压的基础；②利用发电机调压，适用于以发电机电压直接供电的中、小系统；③改变变压器电压比或采用带负荷调压变压器，是调整地区电力网电压的有效措施；④利用并串联电容器补偿调压，适用于110kV 及以下输电线路，特别是农电线路。

每种调压措施都受到电网结构和参数以及调压设备配置的制约，因此要根据系统本身的特点，灵活地加以综合利用，将地区分散自动调压和系统集中自动调压结合起来，满足系统调压要求。

2.3　电力系统的稳定与系统性事故

21　电力系统运行稳定性　电力系统运行稳定性是指电力系统在受到扰动后，凭借本身调节和控制能力，回复到原来稳定运行方式，或达到新的稳定运行方式。保证电力系统稳定是电力系统正常运行的必要条件，到目前为止，国际上还没有统一的电力系统稳定分类标准，参考文献［1］对电力系统稳定分类规定如下：①功角稳定，同步互联电力系统中的同步发电机受到扰动后保持同步运行的能力；②电压稳定，电力系统受到小扰动或大扰动后，系统电压能够保持或恢复到允许的范围内，不发生电压崩溃的能力；③频率稳定，电力系统受到小扰动或大扰动后，系统频率能够保持或恢复到允许的范围内，不发生频率振荡或崩溃的能力。

22　稳定准则　根据我国电力系统实际情况，参考文献［1］规定了我国电力系统正常运行和事故方式下的安全稳定准则，其基本要求如下：

1）为保持电力系统正常运行的稳定性和频率、电压水平，系统应有足够的静态稳定储备，有功、无功备用和必要的调节手段，以适应正常负荷波动和调节有功和无功功率的要求。我国《电力系统安全稳定导则》规定：在正常方式下，按功角判据计算的静态稳定储备系数 K_p 应满足 15%～20%；按无功电压判据计算的静态稳定储备系数 K_u 应满足 10%～15%；在故障后运行方式和特殊运行方式下，K_p 不得低于 10%，K_u 不得低于 8%。

2）有一个结构合理的电网，其原则要求参见本篇第 8 条。

3）事故情况下根据事故的严重性规定了保持系统稳定运行的三级标准并建立了相应的三道防线：①第一级标准，对常见的单一故障，如单相接地、三相短路等，要保持系统稳定运行和对负荷的正常供电；②第二级标准，对概率较小的单一严重故障，如母线故障，要保持系统稳定运行但允许损失部分负荷；③第三级标准，对特殊严重的多重故障，系统可能失去同步，必须采取措施防止系统崩溃并减少负荷损失。

23　系统性事故及其防止　系统性事故是指电力系统发生了稳定破坏、频率崩溃或电压崩溃等严重现象，以及事故的连锁反应，从而引起系统瓦解和大面积停电事故。发生系统性事故的原因：一方面是因为在遇到恶劣自然环境和运行条件下，出现了多重故障，这种重大事故往往超出设计及运行规定的安全界限；另一方面是因为设计、运行、设备或施工的缺陷，例如电网网架不合理、运行备用不足、控制措施不当及开关或保护拒动误动等，使单一的事故扩大为系统性事故。

防止系统性事故的主要措施有：①电力系统设计（包括发电、输电、变电等）都应符合《电力系统技术导则》《电力系统安全稳定导则》及有关的设计规定，满足规定的可靠性准则，其中建设结构合理的电网是关系全局、防止系统性事故的基本措施，是其他措施的基础；②具备合适的可靠的继电保护和安全自动装置，从设计、施工和运行各环节保证"三道防线"措施的具体落实；③保持电力系统各设备元件完好和安全可靠，各种备用设备均应可以随时投入工作状态；④重视有功电源和有功负荷的动态平衡，防止频率崩溃，重视无功电源和枢纽点电压的控制，防止电压崩溃；⑤完善电力系统调度自动化和通信系统，保证正常和事故状态下重要实时信息的传输和调度控制的正确执行；⑥要建立好最后一道防线，防止长时间大面积停电和对最重要用户的破坏性停电。

2.4 电力系统短路

24 短路电流计算方法 计算方法可以采用照国家标准 GB/T 15544.1—2013《三相交流系统短路电流计算 第 1 部分：电流计算》中的规定进行，也可以按 DL/T 5222—2005《导体和电器选择设计技术规定》提供的短路电流实用计算法（通称运算曲线法）来进行。GB/T 15544.1—2013《三相交流系统短路电流计算 第 1 部分：电流计算》等效采用 IEC60909—0：2001《三相交流系统短路电流计算》，规定了用等效电压源法计算三相交流系统短路电流，根据计算需要，在计算中给出各种计算系数的求取方法及推荐值。在计算短路电流时，根据不同用途计算最大和最小短路电流，提出远端短路和近端短路概念，并且都可用一个等效电压源计算短路电流。为了计算方便，通过适当的网络变换将系统简化成一等效短路阻抗求得短路电流。两种计算方法的主要区别见表 20.2-4，两种计算方法的计算结果偏差一般不大于 10%。

表 20.2-4 运算曲线法与 GB/T 15544.1—2013 的主要区别

比较项目	运算曲线法	GB/T 15544.1—2013（等效 IEC60909-0：2001）
电源	统一用发电机超瞬态电动势 E''，在计算各级电压最大、最小短路电流时恒定；当有标幺值计算时，取 1	在短路点上用唯一的等效电压源（$CU_e/\sqrt{3}$）供应短路电流，其余发电机电动势为零。等效电压系数 C 和计算系统电压级别及计算最大、最小短路电流有关（C 一般取 0.95~1.1）
发电机磁路	假设不饱和	饱和
无限大电源系统（远端短路）计算标准	计算电抗（标幺值）$X_{js}\geq 3$ 为无限大电源系统（不考虑衰减）	变压器电抗≥2 倍馈电系统等值电抗（归算到同一计算电压级，即变压器低压侧）
近端短路，考虑衰减非零秒开断短路电流计算	根据计算电抗（标幺值），按不同计算时间，查汽轮或水轮发电机运算曲线	用开断系数 μ 考虑衰减大小，μ 与开断计算时间、电源的短路电流 I''_K 与额定电流 I_e 的比值有关

对于安装自并励方式的水电工程，可以采用 NB/T 35043—2014《水电工程三相交流系统短路电流计算导则》提供的自并励水轮发电机运算曲线进行。

25 短路电流水平的配合 电力系统中各级电压电力网的输变电设备和设施，其技术参数和性能要和目前及预测的电力系统短路电流水平相配合，以保证电力系统的安全运行。按过高的短路电流水平选择设备在技术经济上是不合理的，按偏低的短路电流水平选择设备将不能适应电力系统的发展要求，因此，要解决好短路电流水平的配合问题。确定短路电流水平配合的主要原则为：①短路电流水平的上限值的选择决定于断路器的开断能力，输变电设备和设施的动、热稳定，对其他线路的干扰和危险影响，接地网的接触和跨步电压等，短路电流水平越高，费用越高，一般不宜按制造厂能够提供开断能力最大的断路器确定短路电流水平，要合理加以限制；②从保持系统稳定运行和抗扰动能力来看，系统必须维持一定的短路电流水平，即在发生扰动或事故情况下，有利于保持电压稳定性；③系统维持一定的短路电流水平，有利于保证系统继电保护的可靠性和灵敏度；④在规划系统预期短路电流水平目标时，要考虑对现有电力设备和设施的影响；⑤某一级电压电网发展到一定阶段会出现电力设备和短路电流水平不配合问题，特别在高一级电压出现初期，原有一级电压电网短路电流将出现最大值，必须采取措施加以限制。

26 影响短路电流水平的因素 影响短路电流

水平的因素主要有以下几点：①电源布局及其地理位置，特别是大容量发电厂及发电厂群距受端系统或负荷中心的电气距离；②发电厂的规模、单机容量、接入系统电压等级及主接线方式；③电力网结构（特别是主网架）的紧密程度及不同电压电力网间的耦合程度；④接至枢纽变电所的发电和变电容量，其中性点接地数量和方式对单相短路电流水平影响很大；⑤电力系统间互联的强弱及互联方式。

27 限制短路电流的措施 我国目前各电压等级断路器开断短路电流水平能力值[2]见表 20.2-5。当电网短路电流数值与系统运行或发展不适应时，应采取措施限制短路电流，一般可以从电网结构、系统运行和设备等方面采取措施：①电网结构方面，在保持合理电网结构的基础上，及时发展高一级电压、电网互联或新建线路时注意减少网络的紧密性、大容量发电厂尽量接入最高一级电压电网、合理选择开闭所的位置及直流联网等，要经过全面技术经济比较后决定；②系统运行方面，高一级电压电网形成后及时将低一级电压电网分片运行、多母线分列运行或母线分段运行等；③在设备方面结合电力网具体情况，可采用高阻抗变压器、分裂电抗器和出线电抗器等常用措施，在高压电网必要时可采用 LC 谐振式或晶闸管控制式短路电流限制装置；④其他方面为限制单相短路电流，可采用减少中性点接地变压器的数量、变压器中性点经小电抗接地、部分变压器中性点正常不接地，在变压器跳开前使用快速接地开关将中性点接地、发电机变压器组的升压变压器不接地，但要提高变压器和中性点的绝缘水平及限制自耦变压器使用等。

表 20.2-5 各电压等级断路器开断短路电流水平能力值

电压/kV	开断短路电流水平能力/kA
1 000	50、63
750	50、63
500	50、63
330	50、63
220	40、50、63
110	31.5、40
66	31.5、40
35	25、31.5、40

（续）

电压/kV	开断短路电流水平能力/kA
20	16、20、25
10	16、20、25、31.5、40

2.5 电力系统中性点接地

28 中性点接地方式 电力系统中性点接地是一种工作接地，保证电力系统及其设备在正常及故障状态下具有适当的运行条件。电力系统中性点接地方式的选择是一个综合性的技术经济问题，主要考虑条件是：①供电可靠性；②涉及设备制造和建设投资的绝缘水平与绝缘配合；③对继电保护的影响；④对通信和信号系统的干扰；⑤对系统稳定的影响。

电力系统中实际采用的中性点接地方式有许多种，主要有直接接地、不接地和经消弧线圈接地三种，其他还派生有经电阻或电抗接地，但从主要运行特性划分，分为有效接地系统和非有效接地系统两大类。

1）有效接地系统也称大电流接地系统，中性点直接接地和经小阻抗接地都属于这一类，其划分标准是系统的零序电抗（X_0）和正序电抗（X_1）的比值 $X_0/X_1 \leqslant 3$，且零序电阻（R_0）和正序电阻（R_1）的比值 $R_0/R_1 \leqslant 1$。这类接地系统的最大优点是内部过电压较低和可降低设备的绝缘水平，从而大幅度节约投资，在 110kV 及以上电压系统中得到了普遍的应用。

2）非有效接地系统也称小电流接地系统，中性点不直接接地和经消弧线圈或高阻抗接地都属于这一类，其划分标准是系统的零序电抗（X_0）和正序电抗（X_1）的比值 $X_0/X_1 > 3$，且零序电阻（R_0）和正序电阻（R_1）的比值 $R_0/R_1 > 1$。这类接地系统的最大优点是供电可靠性较高，在绝缘投资所占比重不大的 110kV 以下的配电网中普遍采用。

29 中性点接地方式对设备的影响 中性点接地方式对设备的影响，主要由有效与非有效两类接地系统在单相接地短路与内部过电压两方面的巨大差异引起，有效接地系统单相接地短路电流大，最大值可能达到或超过三相短路电流，而内部过电压不高；非有效接地系统单相接地电流很小，中性点不接地时为电容电流，经消弧线圈接地时为补偿后的残流，但内部过电压可能很高（特别是不接地系统）。根据上述情况，不同接地方式对设备的影响见表 20.2-6。

表 20.2-6 不同中性点接地方式对设备的影响

比较项目	中性点接地方式		
	直接接地	消弧线圈接地	不接地
断路器工作条件	要按三相、单相短路电流中最大值校核遮断容量，动作次数多	按三相短路电流考虑遮断容量，不经常动作	按三相短路电流考虑遮断容量，动作次数比较多
单相接地后果与供电可靠性	单相接地要跳闸，影响供电可靠性	大部分接地故障能自动消除，供电可靠性高	单相接地产生中性点位移，供电可靠性也较高
高压电器设备绝缘	一般可降低	全绝缘	全绝缘
阀型避雷器的灭弧特性	可按 80% 线电压采用	不低于 100% 最高运行相电压	不低于 100% 最高运行相电压

2.6 灵活交流输电

30 灵活交流输电技术的应用 灵活交流输电也称柔性交流输电系统（Flexible AC Transmission System，FACTS），其主要内含是将现代电力电子及控制技术制成的 FACTS 控制器应用于交流输电系统，对系统中的一个或多个参数（如电流、电压、功率、阻抗及相角等）进行灵活快速控制，从而较大幅度地提高输电能力、降低功率损耗和发电成本。FACTS 是近年来交流输电技术的重大发展与突破，并以快速的速度继续发展，各种新型 FACTS 控制器也不断出现，现将其在交流输电系统的主要应用情况，概述如下：

（1）在发电厂内的应用 ①静止可控快速励磁系统（SES）及电力系统稳定器（PSS）等附加控制，提高系统稳定和平息振荡；②快速动态制动，在发电机侧安装动态制动电阻已成为提高暂态稳定的常规措施；③变速发电机组，采用晶闸管或门极关断（GTO）晶闸管控制的交流变速励磁技术，已成功用于抽水蓄能机组，对负荷频率进行控制。

（2）在输变电系统中的应用 ①静止无功补偿器（SVC）SVC 可用于无功、电压控制，以晶闸管控制的电抗器（TCR）和电容器（TCS）等常规

SVC 已普遍采用，以 GTO 晶闸管等控制的 SVC 又称静止调相机（Static Condenser），可以发出或吸收无功，在电压降低的情况下也可提供比 SVC 更大的无功支持；②可控串联电容补偿器（TCSC）它直接串接于输电线路，可以大范围连续调节线路电抗，动态运行能力大，可控制潮流，提高系统稳定性，克服功率振荡和次同步振荡，提高输送能力；③统一潮流控制器（UPFC）综合了许多 FACTS 元件的灵活控制手段，同时调节线路的基本参数（电压、阻抗及相角），可实现线路有功和无功功率的调节，提高输送能力及阻尼系统振荡；④其他，如可控移相器（TCPS）用于控制电网潮流，快速短路电流限制器（FSCCL）可快速检测即将出现的大短路电流峰值并将其限制在断路器允许遮断能力以内，固态断路器（SSCB）可瞬间切断电流实现电网静态操作控制，还有静止无功补偿器、动态电压限制器（DVL）及超导储能（SMES）等。

（3）在配电网内的应用 FACTS 控制器用于配电网的主要目的是用以控制受端电压、补偿谐波、抑制电网高频噪声污染、提高供电质量与可靠性。目前用于配电网的 FACTS 控制器主要有低压 SVC 及静止调相机、电力有源滤波器（APF）及各种中小蓄能装置等。

第3章 高压直流输电

3.1 直流输电的构成

31 直流输电的基本概念 直流输电是以直流电的方式实现电能传输的系统。直流输电与交流输电相互配合构成现代电力系统。目前电力系统中的发电和用电侧绝大部分均为交流电，要采用直流输电必须进行换流，将交流电变换为直流电（称为整流），经过直流输电线路将电能传输，再将直流电变换为交流电（称为逆变），然后才能送到交流系统中去，供用户使用。典型的直流输电系统一般由整流站、直流线路和逆变站三部分组成，如图20.3-1所示。图中交流系统Ⅰ和Ⅱ用直流输电

系统相连。交流系统是提供整流站和逆变站（统称换流站）正常工作必需的交流电源，图中设定交流系统Ⅰ为送电端，交流系统Ⅱ为受电端。这个直流输电系统由交流系统Ⅰ送出交流功率给整流站的交流母线，经换流变压器1，送到整流器，把交流功率变换成直流功率，然后由直流线路把直流功率输送给逆变站内的逆变器，逆变器将直流功率变换成交流功率，再经过换流变压器2，把交流功率送入受电端的交流系统Ⅱ。换流站内的整流器和逆变器是相同的设备，通过控制改变换流器的触发相位可以实现整流器和逆变器功能互换，由交流系统Ⅱ向交流系统Ⅰ送出交流功率。

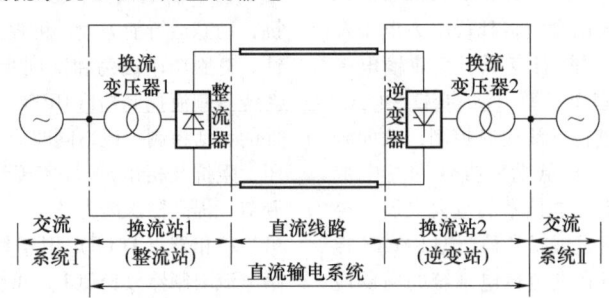

图 20.3-1 直流输电系统接线示意图

直流输电系统按照其与交流系统的接口数量分为两端直流输电系统和多端直流输电系统两大类。两端直流输电系统是只有一个整流站和一个逆变站的直流输电系统，它与交流系统只有两个接口，世界上已建成投运的直流输电工程普遍采用此方式。多端直流输电系统与交流系统有三个及以上的接口，有多个整流站和多个逆变站，用于多个电源系统向多个受电系统的输电。

直流输电工程按其性质来分，有远距离大容量直流架空线路工程、背靠背直流联网工程、跨海峡的直流海底电缆工程、向孤立的负荷点送电或从孤立的电站向电网送电的直流工程等；按换流器技术实现方式来分，有采用电流源型换流器技术的常规直流输电工程和采用电压源型换流器技术的柔性直

流输电工程。

32 两端直流输电系统 两端直流输电系统的特征是只有一个整流站（送端）和一个逆变站（受端），主要有单极、双极和无直流线路的背靠背直流输电系统三种类型。

（1）单极直流输电系统 单极直流输电系统有单极大地（海水）回线和单极金属回线两种类型。

单极大地（海水）回线方式见图20.3-2a，这种方式是利用一根导线和大地（或海水）构成直流侧的单极系统，两端的换流器均需接地，利用大地作为回线，省去一根导线，线路造价相对较低，但由于地下长期有大的直流电流流过，大地电流所经之处，将引起埋设于地下或在地面上的管道、金属设施发生电化学腐蚀，以及使附近中性点接地变压

器产生直流偏磁造成变压器磁饱和等问题，这种方式主要用于高压海底电缆直流工程。

单极金属回线是利用两根导线构成直流侧的单极回路，其中一根采用低绝缘水平的导线（也称为金属回线）代替单极大地回路方式中的大地回线，见图 20.3-2b。在运行过程中，地中无电流通过，可以避免由此产生的电化学腐蚀和变压器磁饱和等问题。为了固定直流侧的对地电压、提高运行的安全性，金属回线的一端接地，其不接地端的最高运行电压为最大直流电流在金属回线上的电压降。这种方式的线路投资和运行费用均较单极大地回路方式高。通常只在不允许利用大地（或海水）作为回线或选择接地极较困难以及输电距离较短的单极直流输电工程中采用。

单极架空线路正常运行时一般正极接地，架空线路为负极，这是因为负极导线受雷击的概率以及电晕引起的无线电干扰都比用正极运行时要小。当功率反送时，导线的极性反转，则变为负极接地。

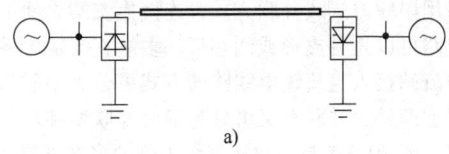

a)

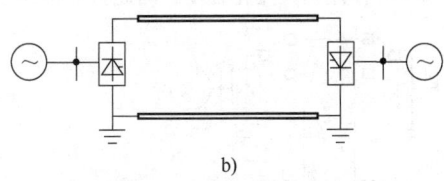

b)

图 20.3-2　单极直流输电系统
a）单极大地（海水）回线方式（一线一地制）
b）单极金属回线方式（两线制）

（2）双极直流输电系统　双极直流输电系统有双极两端中性点接地方式、双极一端中性点接地方式和双极金属中性线方式三种类型。

双极两端中性点接地方式的正负两极通过导线相连，两端换流器的中性点均接地，可看成是两个独立的单极大地回路方式，见图 20.3-3a。正负两极在大地回路中的电流方向相反，地中电流为两极电流之差值。双极对称运行时，地中无电流流过或仅有少量的不平衡电流流过，因此，在双极对称方式运行时，可消除由于地中电流所引起的电腐蚀等问题，当需要时，双极可以不对称运行，这时两极中的电流不相等，地中电流为两极电流之差。这种

接线运行方式灵活、可靠性高，因此大多数直流输电工程均采用这种接线方式。

双极一端中性点接地方式只有一端换流器的中性点接地，它不能利用大地（或海水）作为回路，当一极故障时，不能自动转为单极大地回线方式运行，必须停运双极，在双极停运以后，可以转换成单极金属回线运行方式，见图 20.3-3b。因此，这种方式的运行可靠性和灵活性均较差。其主要优点是可以保证在运行时地中无电流流过，从而可以避免由此产生的一系列问题。这种接线方式在实际工程中很少采用。

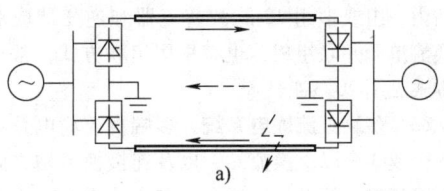

a)

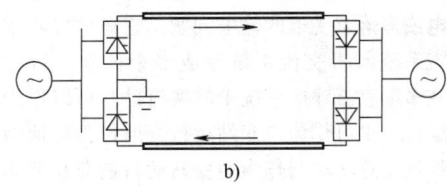

b)

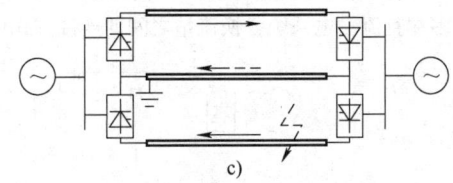

c)

图 20.3-3　双极直流输电系统
a）两端中性点接地方式（两线一地制）
b）一端中性点接地方式（两线制）
c）金属中性线方式（三线制）
——→正常时电流方向
----→一极退出运行后回流电流方向

双极金属中性线方式是在两端换流器中性点之间增加一条低绝缘水平的金属返回线，它相当于两个可独立运行的单极金属回线方式，见图 20.3-3c。为了固定直流侧各种设备的对地电位，通常中性线的一端接地，另一端中性点的最高运行电压为流经金属线中最大电流时的电压降。这种方式在运行时地中无电流流过，它既可以避免由于地电流而产生的一系列问题，又具有比较高的可靠性和灵活性。当一极线路发生故障时，可自动转为单极金属回线方式运行。当换流站的一个极发生故障需要停运

时,可首先自动转为单极金属回线方式运行,然后还可转为单极双导线并联金属回线方式运行。其运行的可靠性和灵活性与双极两端中性点接地方式相似。由于采用三根导线组成输电系统,其线路结构较复杂,线路造价较高。通常是当不允许地中流过直流电流或接地极极址很难选择时才采用。

(3)背靠背直流输电系统 背靠背直流输电系统没有输电线路,主要用于连接两个非同步运行(不同频率或相同频率但非同步)的交流系统,称为变频站或非同步联络站。背靠背直流输电系统的整流站和逆变站设备通常布置在一个换流站内,换流站由一组或多组12脉波整流器和逆变器成对接成换流单元并联组成,也有采用串联方式,常见接线方式见图20.3-4。

33 多端直流输电系统 多端直流输电系统是由3个或3个以上换流站,以及连接换流站之间的高压直流输电线路所组成,它与交流系统有3个或3个以上的接口。多端直流输电系统可以解决多电源供电或多落点受电的输电问题,它还可以联系多个交流系统或将交流系统分成多个孤立运行的电网。在多端直流输电系统中的换流站,可以作为整流站运行,也可作为逆变站运行,但作为整流站运行的换流站总功率与作为逆变站运行的总功率必须相等,即整个多端系统的输入和输出功率必须平衡。多端直流输电系统各换流站之间的连接方式可

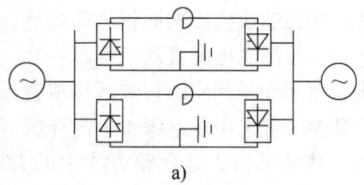

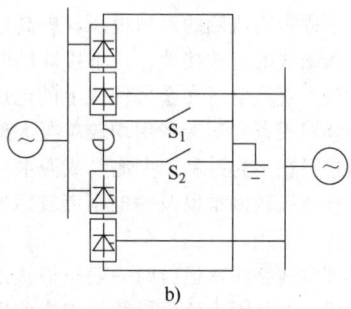

图 20.3-4 背靠背直流输电系统
a)并联型 b)串联型

以采用串联方式或并联方式,连接换流站之间的输电线路可以是分支形或闭环形。多端直流输电系统按换流站接入直流输电线路的方式可分为串联型和并联型两种,并联型又可分为辐射并联型和环状并联型,图20.3-5是以单极系统为例的多端直流输电系统示意图。由于目前直流断路器的研制还没有达到可供工程使用的实用化程度,因此只能借助于控

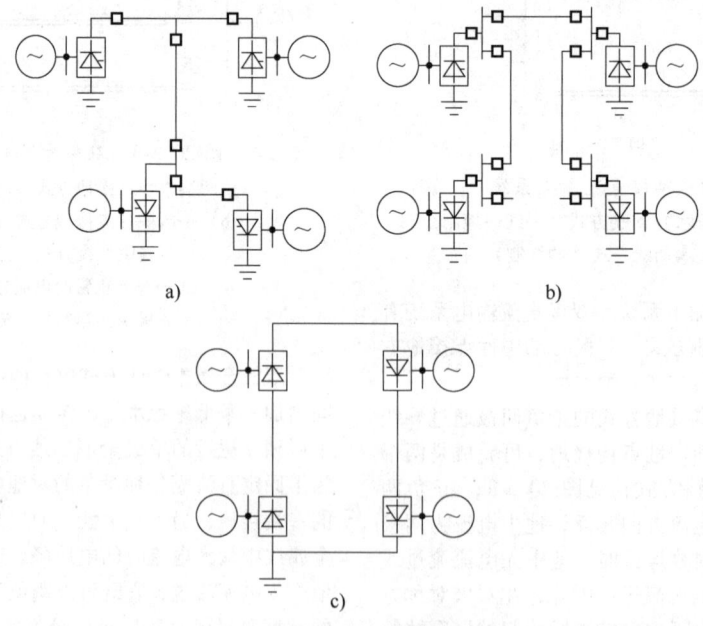

图 20.3-5 多端直流输电系统示意图
a)换流站并联-直流网络分支方式 b)换流站并联-直流网络闭环方式
c)换流站串联-直流网络闭环方式 ─□─直流断路器或高速自动隔离开关

制系统的调节装置与高速自动隔离开关两者的配合实现断路器切除事故功能。也就是在事故时，调节换流器使故障点的电流为零，随之用高速自动隔离开关将事故段切除，然后再自动恢复运行。

（1）串联型运行特点　全部换流站通过直流电力线将各段线路串联成环状，各换流器以同一直流电流运行，当换流站需要改变潮流方向时，仅需要改变换流器的触发相位，无须颠倒换流器直流侧的两个端子。改变潮流方向非常方便。

（2）辐射并联型运行特点　各换流站均在一个基本相同的直流电压下运行，换流站间有功功率的分配和调整主要通过改变换流站直流电流值来实现，当换流站需要改变潮流方向时，必须颠倒换流器直流侧的两个端子，再重新接入直流网络，方能实现。

（3）环状并联型运行特点　在某段直流线路发生持续性故障时，切除故障后仍能维持各换流站运行，供电可靠性比辐射并联型高。

34　直流输电电压等级的选择

（1）确定直流输电电压的经验公式

1）瑞典 E. 乌尔曼的经验公式

$$U_d = \pm 12\sqrt{P}$$

式中　U_d——双极直流线路的最佳运行电压（kV）；

　　　P——双极直流线路的输送功率（MW）。

2）西德经验公式

$$U_d = \pm\sqrt{\frac{PL}{3.398\times10^{-3}L+1.4083\times10^{-3}P}}$$

式中　L——双极直流线路的长度（km）。

按西德公式计算得出曲线见图 20.3-6。

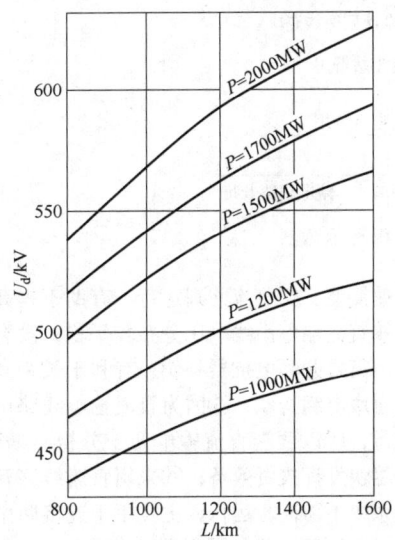

图 20.3-6　直流输电线路 U_d 和 P、L 的关系曲线

（2）确定直流输电电压的统计曲线　图 20.3-7 为国际直流输电工程中 U_d 与 P 的关系统计曲线。

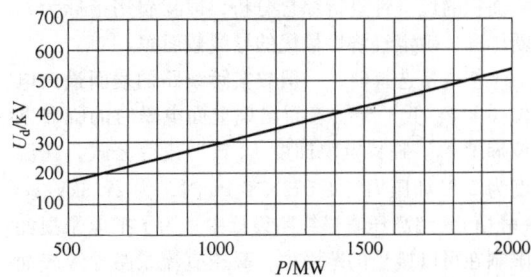

图 20.3-7　国际直流输电工程中 U_d 与
P 的关系统计曲线

目前，我国直流工程输电电压、输电规模均突破了上述传统方法的估算范围。在实际工程中可结合我国已投运直流输电工程的直流电压与输送功率关系，初步选择合适的电压等级，见表 20.3-1。

表 20.3-1　实际工程各电压等级对应的工程
输电容量及输电距离

电压等级/kV	±500	±660	±800	±1 100
输电容量/MW	3 000	4 000	5 000～10 000	12 000
输电距离/km	<1 300	1 335	1 100～2 400	3 319

在实际工程初步估算电压等级时，可优先采用统计曲线或经验公式，最终的采用值应经过技术经济比较后确定。

35　直流输电线路导线截面积的选择　直流输电架空线路的导线截面积一般根据输电容量按经济电流密度初步选定，然后再根据电晕及其派生效应的要求进行校核。从历年来实际直流导线选择情况看，直流线路的电流密度基本在 0.7～1A/mm² 之间，可将这一电流密度范围作为导线截面积初步选择的依据。影响超高压直流架空输电导线截面积选择的派生效应主要有离子流、电晕损耗、电晕无线电干扰、电视干扰、可听噪声等。对国内 ±500kV 直流架空线路统计，当采用 LGJ-300 及以上系列导线时，其电晕对环境产生的影响都在允许范围之内，当输电容量较大时，导线截面积一般根据输电容量来确定。对于 ±800kV 及以上电压等级的特高压直流输电工程，线路电磁环境限制的要求在某些特殊环境下可能成为选择导线的主要考虑因素，如线路沿线存在高海拔、重度污染地区，或者线路采用非常规的排列布置方式，此时需进行线路电磁环境特性参数校核。

在初步选择满足技术指标要求的导线截面积后，需结合线路造价和电能损耗等因素对不同导线截面积的经济性进行综合分析，以年费用指标为判断标准，确定经济性最优的导线截面积。

按电晕选择时，一般按实际线路的表面最大电位梯度 E_m 低于导线表面出现全面电晕时的临界电位梯度 E_0。临界电位梯度 E_0 按照皮克公式，在温度为 $25℃$ 和压力为 $1.013×10^5Pa$ 时，为 $29.8kV/cm$（峰值）。超高压直流线路设计中，为了把电晕损耗限制在可以接受的范围内，高压直流线路导线表面电位梯度一般可取 $22～28kV/cm$。

对于双极直流输电线路，其 E_m（kV/cm）值按下式计算

$$E_m = U \frac{1+(n-1)\dfrac{r}{R}}{nr\ln\dfrac{2H}{(nrR^{n-1})^{1/n}\sqrt{\left(\dfrac{2H}{S}\right)^2+1}}}$$

式中　U——导线对地电压（kV）；

n——导线分裂根数；

r——子导线半径（cm）；

R——通过所有子导线中心的圆周半径（cm）；

H——导线平均对地高度（cm）；

S——极间距离（cm）。

3.2　直流输电和交流输电的比较

36　直流输电和交流输电的经济性比较　在输送相同功率和距离的条件下，直流架空线路的投资一般为交流架空线路投资的 60%～70%，电缆绝缘用于直流的允许工作电压比用于交流时高两倍，直流电缆的造价远低于交流电缆，但直流换流站设备比交流变电站复杂，它除了有换流变压器之外，还有目前造价比较贵的晶闸管换流器、滤波器及平波电抗器等设备，因此，直流换流站投资高于同等容量和相应电压的交流变电站。在输送相同功率和可靠性相当的条件下，直流输电和交流输电相比，当输电距离达到某一长度时，直流输电线路比交流线路节省的那部分费用将抵偿直流换流站比交流变电站增加的费用，这一输电距离称为交直流输电的等价距离，见图 20.3-8。目前，国外架空线路的等价距离为 600～800km，电的缆线路的等价距离为 20～40km，国内采用引进换流站设备时，架空线路的等价距离约为 1 000km。在相同的可比条件下，当输电线路网的长度大于等价距离时，采用直流输电所需要的建设费用比交流输电经济。

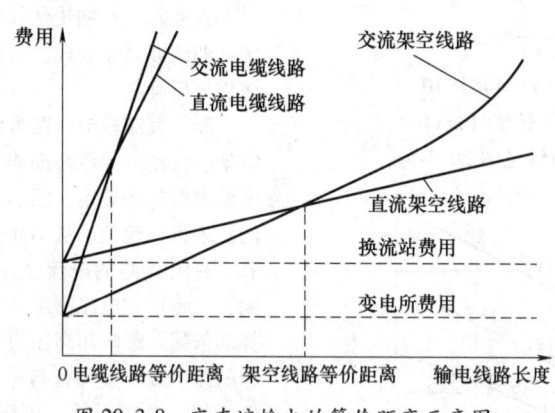

图 20.3-8　交直流输电的等价距离示意图

37　直流输电的特点和应用　直流输电比交流输电有其独特的优点：①直流输电系统不存在两端交流系统之间同步运行稳定性的问题，即输送容量和距离不受同步运行稳定性问题限制，有利用于远距离大功率输电；②采用直流输电联网，便于分区调度管理，有利于故障时交流系统间的快速紧急支援和限制事故扩大，可不因联网后系统的容量扩大而增加短路电流容量；③直流输电功率潮流的调节控制迅速简便，交直流并列运行，有助于提高系统稳定；④直流输电沿线电压分布较平稳，没有电容电流，不需要并联电抗器补偿，有利于长距离电缆送电及海底电缆送电；⑤因为直流输电线路可长期单线运行，所以两端直流输电便于分极分期建设，有利于尽快发挥投资效益；⑥采用直流线路互联两个交流系统不需同步运行，主要用于连接两个非同步运行（不同频率或相同频率但非同步）的交流系

统，称为变频站或非同步联络站。

直流输电也存在某些缺点，因此尚不能普遍代替交流，尚难形成如交流网络那样灵活的直流网络。主要是因为：①换流阀过载能力小且昂贵，换流站的造价较高；②换流站需设昂贵的无功补偿设备，其补偿功率可达额定功率的 50%～60%；③换流阀是谐波源，需装滤波器以减轻谐波危害；④高压直流断路器还没有达到工程上经济实用的阶段，使得发展多端直流网络困难；⑤利用大地作为回路会引起沿途金属构件和管线腐蚀。

根据以上分析，直流输电主要用于：①长距离、大功率的电力传输；②采用海底电缆隔海输送电力；③在出线走廊困难或城市环境要求，必须用电缆代替高压架空线路进入用电密集的大城市；④两大系统联络或不同频率的两个电网的连接；⑤变频站可用于潮汐电站或抽水蓄能电站与 50Hz 交流电力系统连接，这样就允许水轮机采用变频变速运行于最佳运行区；⑥配合新能源（例如磁流体发电，电气体发电都是高压直流电）输电。

38　交直流联合输电系统的控制　在交直流联合输电系统中，直流系统输送功率大小不受两端交流系统电压的相位变化及频率变化的影响，而且可以利用直流输电控制系统快速灵活的多功能控制手段来改善交流系统的运行性能。

（1）交流系统频率控制　当两个交流系统经直流线路互联时，可利用直流线路控制交流系统的频率。通常采用改变直流输电控制系统功率设定值的方法来控制直流输送功率，其响应速度比交流发电机快得多，能快速增加或减少交流系统功率的缺少

或过剩，从而改善交流系统的频率质量。采用的方法有定频率控制和功率/频率控制。定频率控制的特点是被控制交流系统的调频任务由直流输电线路担任，这时直流输送功率将随着被控交流系统的发电功率和负荷的变化而变化，要求直流输电线路另一端交流系统有足够大容量。功率/频率控制是要求直流输电线路协助被控交流系统的发电厂控制频率时，把直流输电线路看作一台发电机，与其他发电机协同控制频率。

（2）交流系统稳定性控制　同时采用交流线路和直流输电线路将两个交流系统连接的交直流并网输电系统（见图 20.3-9），可以利用直流联网线路的附加控制功能进行直流调制，以抑制两端交流系统间的振荡。直流调制的原理是在直流输电的控制系统中加入附加的直流调制器，从并联的交流联网线路上或从两端交流系统中提取反映交流联网线路是否异常（如功率的幅度突变、振荡等）的信号，例如两端交流系统的功角偏差 $d(\Delta\delta)/dt$ 或频率偏差等，来调节直流输电线路的功率，利用直流输电控制系统快速吸收或补偿交流联网线路的功率过剩或缺少，起到阻尼作用，从而消除交流联网线路上的振荡和不稳定因素，提高交流联网线路的输送容量。直流调制可分为大方式调制和小方式调制：大方式调制的目的在于提高交流联网线路的暂态稳定性，其直流调制幅度一般可达直流联网线路额定输电功率的 20%～50%；小方式调制的目的在于提高交流联网线路的动态稳定性，抑制功率振荡，其直流调制幅度一般只有直流联网线路额定输电功率的 3%～10%。

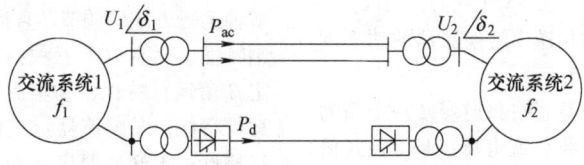

图 20.3-9　用直流和交流互联的电力系统

3.3　直流输电系统运行控制和保护

39　直流输电系统基本运行方式　图 20.3-10 为两端双极直流输电系统，交流系统 I 向交流系统 II 送电，换流站 1 运行于整流状态，换流站 2 运行于逆变状态。

双极直流输电系统的主要运行参数和变量之间

的关系可用以下公式表示：

（1）直流输电极对地电压

整流站极对地直流电压：

$$U_{d1} = N_1 \left(1.35 U_1 \cos\alpha - \frac{3}{\pi} X_{r1} I_d \right)$$

逆变站极对地直流电压：

$$U_{d2} = N_2 \left(1.35 U_2 \cos\beta + \frac{3}{\pi} X_{r2} I_d \right)$$

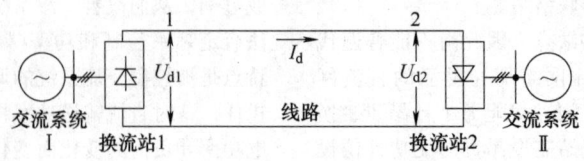

图 20.3-10　双极直流输电系统原理简图

（2）直流电流

单极方式：$I_d = \dfrac{U_{d1} - U_{d2}}{R}$

双极方式：$I_d = \dfrac{2\,(U_{d1} - U_{d2})}{R}$

式中　R——直流回路电阻（Ω），主要包括直流线路电阻、平波电抗器电阻、接地极引线电阻以及接地极电阻等。

（3）直流功率　整流站直流功率：

双极功率：$P_{d1} = 2U_{d1} I_d$

单极功率：$P_{d1} = U_{d1} I_d$

逆变站直流功率：

双极功率：$P_{d2} = 2U_{d2} I_d$

单极功率：$P_{d2} = U_{d2} I_d$

（4）直流回路电压降

$$\Delta U_d = U_{d1} - U_{d2} = I_d R$$

（5）直流线路损耗

$$\Delta P_d = P_{d1} - P_{d2} = I_d^2 R$$

（6）换流站消耗的无功功率

整流站：$Q_{c1} = P_{d1} \tan \varphi_1 = P_{d1} \sqrt{\left(\dfrac{U_{d01}}{U_{d1}}\right)^2 - 1}$

逆变站：$Q_{c2} = P_{d2} \tan \varphi_2 = P_{d2} \sqrt{\left(\dfrac{U_{d02}}{U_{d2}}\right)^2 - 1}$

式中　φ_1、φ_2——整流站和逆变站换流器的功率因数角（°）；

U_{d01}、U_{d02}——分别是整流站和逆变站一个极的理想空载直流电压（kV），其值分别为 $U_{d01} = N_1 \times 1.35 U_1$ 和 $U_{d02} = N_2 \times 1.35 U_2$，其中 N_1、N_2 分别为整流站和逆变站一个极中的 6 脉波换流器数，U_1、U_2 分别为整流站和逆变站换流变压器阀侧空载线电压有效值（kV）。

从以上公式可知，直流输电的直流电压、电流和功率可通过换流器的触发角 α 和 β 的快速调节来控制，通常由逆变站控制直流电压，整流站控制直流电流，从而得到输送一定的直流功率。对于两端双极直流输电系统，通常有以下不同的控制方式所

确定的运行方式。①直流电流恒定控制运行方式：保持直流电流恒定，直流功率随直流电压波动而变动；②直流功率恒定控制运行方式：运行中随着直流电压的变化而改变直流电流，以维持直流功率恒定；③额定电压运行方式：控制极对地直流电压为额定电压，是正常情况下的电压运行方式；④降压运行方式：指极对地直流运行电压控制为设计允许的降压电压值，一般为额定电压的 70%～80%，是当遇到极端天气或局部绝缘强度降低时采取的临时运行方式；⑤双极平衡运行方式：是双极直流输电系统的正常运行方式，这时双极的直流电压、电流和功率相同；⑥双极不平衡运行方式：双极中的一极（称为独立运行极）按照自行整定参数（包括直流电压、功率或是否降压运行）运行，另一极则将整定的双极输送功率与独立运行极的输送功率的动态差值作为自己的输送功率；⑦潮流反送运行方式：对于可以双向送电的直流输电系统可以采用的一种运行方式。

不同运行方式的选择主要根据两端交流系统的要求，交、直流系统的运行条件和设备状况，以及运行安全经济性等由运行人员来决定。

40　直流输电系统运行控制特性　通过对整流站和逆变站换流器触发相位的控制，可实现快速和多种运行方式的调节。直流输电系统的基本运行控制特性主要有以下五种：①整流器定 α 角-逆变器定 β 角运行特性；②整流器定 α 角-逆变器定 γ 角运行特性；③整流器定直流电流-逆变器定 γ 角运行特性；④整流器定 α 角-逆变器定直流电流运行特性；⑤整流器定直流电流-逆变器定直流电压运行特性。图 20.3-11 为直流输电系统的基本运行调节特性。

（1）整流器定 α 角-逆变器定 β 角运行特性　图 20.3-11a 中，直线 1 是整流器定 α 角的伏安特性，直线 2 是逆变器定 β 角的伏安特性，交点 M 是系统的稳定点，当 E_s 向上或下变动时，稳定点 M 将移动到 A 点或 B 点，由于伏安特性的斜率一般较小，交流电压变动不会引起直流电流和功率很大变化，需要装设自动控制设备进行控制。

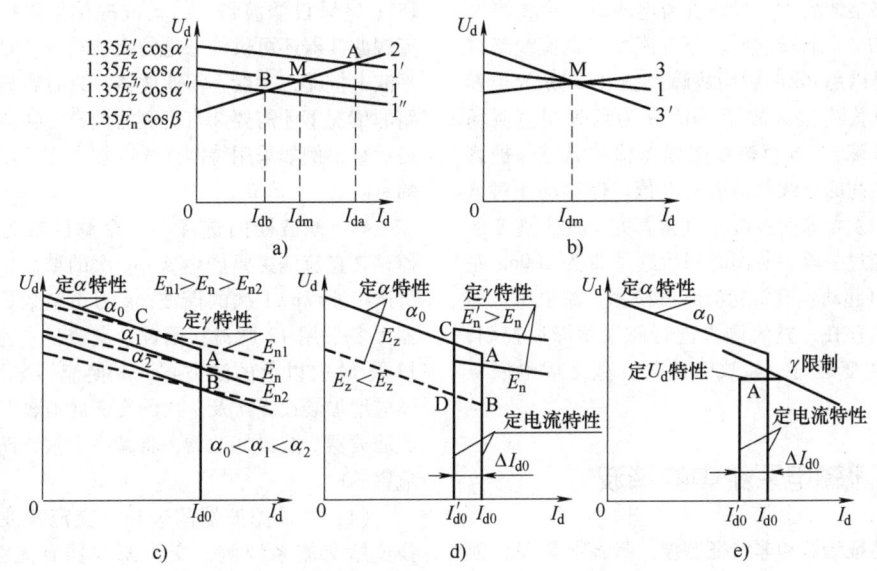

图 20.3-11　直流输电系统的基本运行调节特性

a) 整流器定 α 角-逆变器定 β 角　b) 整流器定 α 角-逆变器定 γ 角　c) 整流器定直流电流-逆变器定 γ 角

d) 整流器定 α 角-逆变器定直流电流　e) 整流器定直流电流-逆变器定直流电压

1、1′、1″—定 α 角特性　2—定 β 角特性　3、3′—定 γ 角特性　U_d—直流电压　I_d—直流电流

E_z、E_n—整流侧和逆变侧交流电动势　α—整流器触发角　β—逆变器触发角

γ—逆变器关断角（有的书刊关断角用 δ 表示，换相角用 γ 表示）　$1.35E_z\cos\alpha$—整流侧直流空载电压

$1.35E_n\cos\beta$—逆变侧直流空载电压

（2）整流器定 α 角-逆变器定 γ 角运行特性
图 20.3-11b 中，直线 1 是整流器定 α 角的伏安特性，直线 3 是逆变器定 γ 角的伏安特性，调节性能不好，特别是对于弱受端系统。

（3）整流器定直流电流-逆变器定 γ 角运行特性　整流器定直流电流特性见图 20.3-11c 和图 20.3-11d 中的直线 AB，正常时，系统运行在整流侧定直流电流与逆变侧定 γ 角特性的交点 A，如整流侧的交流电压过低或逆变侧交流电压过高，则转入逆变器定直流电流 I'_{d0}-整流侧定 α_0 特性的 C 点或 D 点运行。

（4）整流器定 α 角-逆变器定直流电流运行特性　当整流侧的交流电压过低或逆变侧交流电压过高，致使整流侧转入定 α_0 角运行时，逆变侧即转入定直流电流运行，系统运行点分别移到 C 点或 D 点，见图 20.3-11d，逆变侧电流调节器的电流设定值 I'_{d0} 比整流侧的小 ΔI_{d0}，一般取 $\Delta I_{d0} = (0.1 \sim 0.5)I_{d0}$。

（5）整流器定直流电流-逆变器定直流电压运行特性　见图 20.3-11e，系统稳定运行点为 A 点，这是正常运行时采用的基本特性，当弱受端系统时，逆变器采用定直流电压运行，有利于提高换流站交流电压的稳定性，为了防止换相失败，逆变器需要装设 γ 限制器，它只在 $\gamma < \gamma_0$ 时才进行调节。

41　直流输电系统保护　直流输电系统保护和交流输电系统的继电保护一样，除应符合可靠性（可信赖性和安全性）、选择性、灵敏性和速动性的要求外，还应特别注意其抗电磁干扰和抗暂态谐波干扰的性能。直流输电系统保护通常分为直流侧保护、交流侧保护和直流线路保护三部分。

（1）直流侧保护　主要包括换流器（阀厅）保护、极中性母线（包括单极中性母线和双极中性母线）保护、直流滤波器保护、平波电抗器保护、直流谐波保护、换流站接地网保护、金属返回线保护、直流开关场开关设备保护、双极中性母线保护和接地极引线保护。

（2）交流侧保护　主要包括换流变压器保护、交流母线保护、交流滤波器/并联电容器保护。

（3）直流线路保护　主要有行波保护、直流电流电压变化率保护和直流线路纵差保护。①行波保护主要保护采样电流、电压的瞬时值，由已知的波阻抗计算出行波的大小，以检测故障；②电流电压变化率保护主要保护检测电流电压值及其变化率值，对线路接地故障，线路直流电压以一个相当大的变化率 dU/dt 下降，为区分直流场与直流线路故障，保护辅以用 dI/dt 说明故障类型（dI/dt 为正表明直流线路发生接地故障，dI/dt 为负表明直流场发生接地故障）；③直流线路纵差保护纵差保护测量两换流站间的极线路电流的差值。保护动作对整流侧进行触发角滞后控制，直至其完全处于逆变运行模式，经过一段去游离时间后（通常为 200ms 左右）进行再起动，重新起动后再检测直流电压，如果故障仍然存在，整流侧再进行触发角滞后控制，直至处于逆变运行。如故障消失，直流输电恢复运行。

3.4　直流输电系统中的谐波

42　特征谐波和非特征谐波　换流装置是谐波源，无论换流变压器网侧或是阀侧的电流和电压都不是正弦波，在交流侧和直流侧都会产生谐波电流和谐波电压。一个脉波数为 p 的换流器，其直流侧主要产生 $n=kp$ 次的谐波，交流侧则将产生 $n=kp\pm1$ 次的谐波，k 为正整数。这些典型谐波称为特征谐波。

对于高压直流输电系统，工程上一般脉波数采用 6 或 12，所产生的各次谐波见表 20.3-2。除特征谐波以外的所有其他各次谐波，称为非特征谐波。

表 20.3-2　直流输电系统的特征谐波次数（n）

脉波数 p	直流侧 $n=kp$	交流侧 $n=kp\pm1$
6	6、12、18、24…	5、7、11、13、17、19、23、25…
12	12、24、36…	11、13、23、25、35、37…

43　谐波的危害及其对策　过大的谐波进入交直流网络，将会产生下列谐波危害：①直流侧谐波在 $200\sim3\,500$Hz 范围内，对通信设备的干扰较为严重，特别是会使临近电话线路产生杂声；②谐波将在旋转电机和电容器中产生附加损耗和发热，特别是当系统结构具备谐振条件时，将产生谐振而使直流输电不稳定；③谐波会进一步恶化换流器的工作条件，引起逆变器换相失败或换流器控制不稳定。

减少谐波的方法有：①采用多相接线，增加换流器的脉波数，对于高压直流输电系统，一般采用12 相，12 相以上的接线被认为不如采用滤波器更经济；②尽量减小换流阀触发角，一般采用 $10°\sim$

$18°$；③装设滤波器，给谐波提供低阻抗回路。交流侧滤波器还可供给一定的无功功率，直流侧因有平波电抗器，一般不需滤波器，只有在架空输电线路的情况下才需要装直流侧滤波器；④改变输电线路参数，例如采用特制导线以加大直流回路中谐波的衰减。

44　滤波器的选择　一个脉波数为 p 的换流器，其直流侧主要产生 $n=kp$ 次的谐波，交流侧则将产生 $n=kp\pm1$ 次的谐波，k 为正整数。目前换流器大多采用 12 脉波，因此，交流侧一般装设 11、13 及 14 次以上的滤波器；对换流器采用 6 脉波，还应增加装设 5 次及 7 次的交流滤波器和 6 次的直流滤波器。装设滤波器，将减少谐波，防止谐波的危害。

（1）交流滤波器的选择　交流滤波器安装在换流站交流系统侧，交流滤波器有无源滤波器、有源滤波器和连续调谐滤波器三种，目前多采用无源滤波器。无源滤波器有单调谐滤波器、双调谐滤波器和高通滤波器三种，其基本电路和阻抗特性见图 20.3-12。①单调谐滤波器常用于吸收 5、7、11、13 等次谐波分量较大的低次特征谐波；②双调谐滤波器作用和单调谐滤波器相当，从阻抗特性曲线上看可以代替单调谐滤波器；③高通滤波器常用的是二阶高通滤波器，它在一个很宽的频带内呈现低阻抗，常用于滤除交流侧 14 次及以上谐波和直流侧 13 次及以上谐波；④双调谐带高通谐滤波器，能同时吸收 2 个甚至 4 个特征谐波下的谐波电流以及所有高频谐波电流，因而可以减少换流站交流滤波器的台数和类型，方便分组投切，降低费用和提高可靠性。

（2）直流滤波器的选择　直流滤波器安装在换流站直流侧，与平波电抗器配合用以抑制直流侧谐波电压和电流。直流滤波器分无源滤波器和有源滤波器两种。直流无源滤波器和交流无源滤波器基本相同，都是由若干个单调谐支路和一个高通支路组成，接在直流线路的每一极与回流电路（大地）之间。有源滤波器是在无源滤波器靠近中性母线一侧串入受控的谐波发生器，以便向直流线路注入与线路上谐波电流数值相等、相位相反的谐波电流，从而达到降低谐波水平的目的。有源滤波器的构造复杂，价格也高，只有在对谐波等效干扰电流有严格要求时才显示优越性。换流站直流滤波器性能要求，一般以等值到 800Hz 的等效干扰电流来表示。实际工程中采用的滤波标准：对于无源直流滤波器，一般双极为 $400\sim600$mA，单极为 800～1 000mA；对于有源直流滤波器，双极为 200～250mA，单极为 400～500mA。

直流滤波器一般仅在直流线路为架空线路时需要，如果是电缆线路，电缆的外皮和大地或海水对谐波在音频通道中所引起的干扰有良好的屏蔽作用，不需要安装直流滤波器。

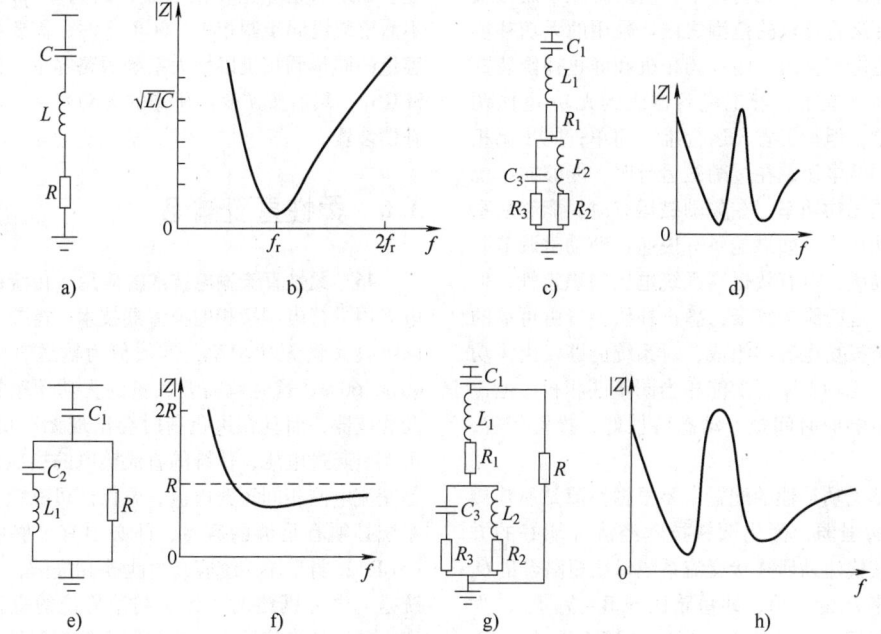

图 20.3-12　无源滤波器基本电路和频率阻抗特性

a、b）单调谐滤波器　c、d）双调谐滤波器

e、f）二阶高通滤波器　g、h）双调谐带高通滤波器

3.5　直流输电系统中的无功补偿

45　换流站无功补偿　直流系统运行时，整流器和逆变器都要消耗无功功率，因此，各换流站需要安装一定容量的无功补偿设备。换流器所需的无功功率除与直流线路输送功率大小有关外，还与换流器的整流器触发角 α 或逆变器关断角 γ 及换相角 μ 有关，见图 20.3-13。

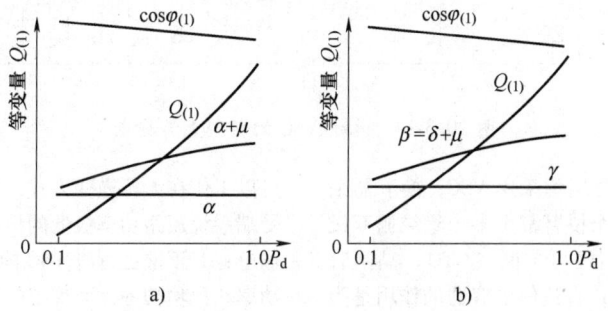

图 20.3-13　换流器消耗的基波无功功率

a）整流器　b）逆变器

正常直流系统满载运行时，整流站所需的无功功率为直流功率的 30%～50%，逆变站所需的无功功率为直流功率的 40%～60%，因为逆变站有时还供给近区负荷所需的无功功率；但当直流系统轻负

载运行时，换流器消耗的无功功率急剧减少，如果补偿的无功功率不变，则换流站过剩的无功功率将流入交流系统，造成换流站交流母线电压升高。因此，必须控制补偿的无功功率，使换流站交流母线电压保持在运行要求的范围之内。采用的无功补偿设备有静电电容器组、同步调相机和静止补偿装置等。在调节性能上，静电电容器组的无功-电压调节性能较差，但投资省，运行维护简单；同步调相机能平滑调节电压，在过励磁运行时，能够向系统提供滞后的无功功率，在欠励磁运行时，能够从系统吸收无功功率，如果配备有快速自动励磁调节装置及强行励磁，可有效提高系统电压的稳定性，但其投资高，运行维护复杂；静止补偿装置由可控的电抗器和可投切电容器组组成，对系统能够发出无功功率或吸收无功功率，功能相当同步调相机，但比调相机调节响应时间短，动态特性好，投资较省，维护简单。

换流站无功补偿的配置，要根据换流站所连接交流系统的强弱，优化选择技术经济性能好的方案，通常按换流站所连接交流系统母线短路容量 Q_s 和直流功率 P_d 的比值，即短路比 $SCR = Q_s/P_d$ 的大小来选择配置。SCR 的大小反映交流系统的强弱，一般认为 SCR>5 的系统属于强系统，SCR<3 的系统属于弱系统。工程中无功补偿的配置一般按：①当 SCR>5 时，可以全部采用电容器组；②当 5>SCR>3 时，电容器组只能占全部补偿容量的 50% 左右，其余用同步调相机或静止补偿装置；③当 SCR<3 时，补偿容量的 50%~70% 应装同步调相机，同时需配备有快速自动励磁调节装置或静止补偿装置。如果采用静止补偿装置，则当 SCR>2 时，就不需要装设同步调相机，SCR<2 时，需要装设一定容量的同步调相机以增大系统短路容量，使相应的 SCR>2，然后按逆变站所需的无功容量，加装静止补偿装置。

3.6　柔性直流输电

46　柔性直流输电技术的应用　传统的直流输电采用进行电网换相的换流器技术，需要从交流电网吸收大量无功功率，其数值为输送直流功率的 40%~60%，这时就需要大量的无功功率补偿装置及滤波器，而且在甩负荷时会出现无功功率过剩，可能引起过电压；传统的直流输电的换相电流，就是交流电网相间短路电流，要保证可靠换相，受端系统必须有足够的容量，即必须有足够的短路比（SCR）；弱受端系统容易发生换相失败，当受端系统是无电源网络时，无法利用传统的直流输电送流；传统的直流输电由于采用半控型器件进行电网换相，电流不能自关断。图 20.3-14 是一种新型直流输电，称为轻型直流输电（HVDC Light），是以全控型器件为基础的电压源换流器（Voltage Source Converter，VSC）和脉宽调制技术的新型直流输电。

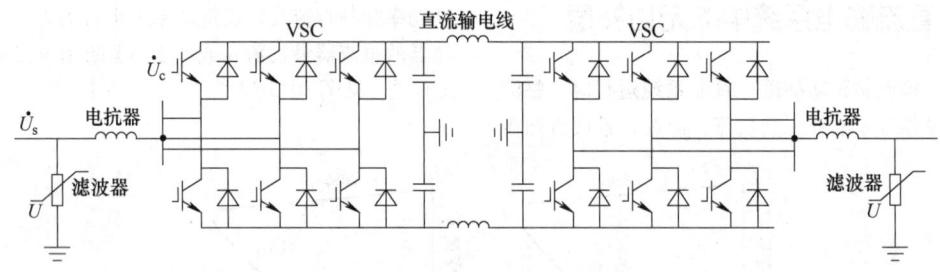

图 20.3-14　基于 VSC 的新型直流输电

图 20.3-14 中送、受端均采用 VSC，换流器采用 2 电平 6 脉波型，每个桥臂都由多个绝缘栅双极型晶体管（IGBT）或门极可关断（GTO）晶闸管和反向二极管并联而成；直流侧电容器的作用是为逆变器提供电压支撑，缓冲桥臂关断时的冲击电流，减少直流侧谐波；换流电抗器是 VSC 与交流侧能量交换的桥梁，同时也起到滤波的作用；交流滤波器的作用是滤去交流侧谐波。

轻型直流输电的特点是：①VSC 能够自关断，可以工作在无源逆变方式，能对无源负荷网或者在受端系统短路功率极低的情况下，实现远距离直流输电；②正常运行时 VSC 能够同时且独立控制有功功率和无功功率，而传统的直流输电中控制量只有控制触发角，不可能单独控制有功功率和无功功率；③VSC 不需要从交流电网吸收无功功率，而且能够起到静止补偿器的作用，动态补偿交流母线的无功功率，提高系统的电压稳定性；④VSC-HVDC 有一个固有特征，能够提高系统阻尼，不但不会引起发电机的次同步振荡，而且还会提高发电机次同步振荡阻尼；⑤潮流反转时，直流电流方向反转，而直流电压极性不变，与传统的直流输电恰好相反，这个特点有利于构成并联多端直流输电系统。

常规直流输电的换流器件采用非可控关断晶闸管，谐波量较大；功率反向需要改变电压极性，系统需退出运行；系统对交流系统深度依赖，受端交流系统要有足够的短路容量，无功功率无法独立调节输出，需无功补偿设备平衡换流站的无功消耗；无黑起动能力。柔性直流输电的换流器件采用可自关断的全控器件 IGBT，开关频率较高，谐波量较小，且主要为高次谐波；功率反向可通过电流反向实现，不依赖交流系统；无功功率可独立调节输出，换流阀本身可作为 STATCOM 运行；黑起动方面可瞬间起动自身参考电压，相当于备用发电机。但是，柔性直流输电技术也存在着工程造价较高、设备故障率高于常规直流等问题，需要进行进一步的研究与优化，以提高其系统和设备的稳定性。

我国首个柔性直流输电工程于 2011 年投运。经过近年来不断发展，在电压等级、系统容量、拓扑结构等方面均取得了长足的进步，现在已经在柔性直流技术的诸多领域处于世界领先地位。

2011 年 7 月，亚洲首个具有自主知识产权的柔性直流工程——上海南汇风电场工程投运，电压等级为±30kV；2013 年 12 月，世界上第一个多端柔性直流工程——南澳示范工程顺利投产，电压等级为±160kV；2014 年 7 月，世界范围内首个五端柔性直流输电工程——舟山工程建成，电压等级为±200kV；2015 年 12 月，采用真双极接线的厦门柔性直流输电示范工程正式投运，电压等级为±320kV，这标志着我国在高压大容量柔性直流输电工程设计、设备制造、工程施工调试、运营等关键技术方面达到世界领先水平；2016 年 8 月，位于云南省曲靖市罗平县的鲁西背靠背异步联网工程顺利投运，电压等级为±350kV，是世界上首次采用大容量柔性直流与常规直流组合的背靠背直流工程；2016 年 12 月，渝鄂直流背靠背联网工程正式核准建设，电压等级为±420kV，是世界上电压等级最高、规模最大的柔性直流背靠背工程；2019 年 12 月，张北±500kV 柔性直流示范工程进入全面调试阶段，构建了输送大规模风、光、抽蓄等多种能源的四端环形柔性直流电网，标志着我国柔性直流输电技术迈向新的高度。

第4章 电力系统的过电压保护和绝缘配合

4.1 电力系统中的作用电压

47 电力系统的作用电压 电力系统运行中出现于设备绝缘上的电压，按其起因及持续时间，可分为：①持续运行电压，其值不超过系统最高电压，持续时间等于设备设计寿命；②暂时过电压，包括工频过电压和谐振过电压；③操作过电压；④雷电过电压；⑤特快速瞬态过电压 CVFTO。

在电气设备绝缘试验中规定的各类作用电压的典型波形见表20.4-1。

表 20.4-1　过电压的类型和波形、标准电压波形以及标准耐受电压试验

类别	低频电压		瞬态电压		
	持续	暂时	缓波前	快波前	特快波前
电压波形					
电压波形范围	$f = 50\text{Hz}$ $T_t \geqslant 3\,600\text{s}$	$10\text{Hz} < f < 500\text{Hz}$ $0.02\text{s} \leqslant T_t \leqslant 3\,600\text{s}$	$20\mu\text{s} < T_r \leqslant 5\,000\mu\text{s}$ $T_2 \leqslant 20\text{ms}$	$0.1\mu\text{s} \leqslant T_1 \leqslant 20\mu\text{s}$ $T_2 \leqslant 300\mu\text{s}$	$T_r \leqslant 100\text{ns}$ $0.3\text{MHz} < f_1 < 100\text{MHz}$ $30\text{kHz} < f_2 < 300\text{kHz}$
标准电压波形	$f = 50\text{Hz}$ T_t①	$45\text{Hz} \leqslant f \leqslant 55\text{Hz}$ $T_1 = 60\text{s}$	$T_r = 250\mu\text{s}$ $T_2 \leqslant 2\,500\mu\text{s}$	$T_1 = 1.2\mu\text{s}$ $T_2 = 50\mu\text{s}$	①
标准耐压试验	①	短时工频试验	操作冲击试验	雷电冲击试验	①

① 由有关技术委员会规定。

48 系统中性点接地方式 中性点接地方式对系统过电压水平有重要作用，直接影响到设备绝缘水平的确定、系统运行的可靠性、保护设备和方式的选择以及故障产生电磁干扰等的区别。

1) 110~750kV 系统中性点应采用有效接地方式。在各种条件下系统的零序与正序电抗之比

(X_0/X_1) 应为正值并且不应大于3，而其零序电阻与正序电抗之比（R_0/X_1）不应大于1。

2) 110kV 及 220kV 系统中变压器中性点可直接接地；部分变压器中性点也可采用不接地方式。

3) 330~750kV 系统变压器中性点应直接接地或经低阻抗接地。

4）110kV 以下为中性点非有效接地方式。可分为中性点不接地方式、中性点低电阻接地方式、中性点高电阻接地方式和中性点谐振接地方式。

4.2　雷电过电压及保护

49　输电线路的雷电过电压保护　输电线路雷电过电压保护的主要措施有：①采用避雷线保护，尽量减少导线受直击雷的次数；②减少避雷线的接地电阻或适当加强线路绝缘或架设耦合地线，以避免导线反击闪络；③安装线路避雷器或安装绝缘子并联间隙，以限制雷电过电压；④采用自动重合闸装置或采用双回路（或环网）供电。

电缆线路一般不会遭到直击雷，雷电过电压只能从连接的架空线侵入，故只需考虑对雷电侵入波的保护，如装设避雷器。

不同电压等级送电线路的雷电过电压保护方式见表 20.4-2。

有地线线路的反击耐雷水平不宜低于表 20.4-3~表 20.4-5 所列数值。

表 20.4-2　架空输电线路的雷电过电压保护方式

电压等级/kV		保护方式	避雷线保护角
交流	1 000	500~1 000kV 一般线路应沿全线架设双地线，1 000kV 线路在变电站 2km 进出线段的线路宜适当加强防雷措施	单回路平丘 6°，山地-4° 双回路平丘-3°，山地-5°
	750		单回路 10°，双回路 0°
	500		单回路 10°，双回路 0°
	330	少雷区的 110~330kV 线路可不沿全线架设地线，但应装设自动重合闸装置。在少雷区以外的 110kV 线路宜沿全线架设地线，其中山区和强雷区宜架设双地线；在少雷区以外的 220~330kV 线路应沿全线架设双地线	单回路 15°，双回路 0°
	220		单回路 15°，双回路 0°
	110		单回路 15°，双回路 10°
	66	年平均雷暴日数在 30 天以上的地区，宜沿全线架设避雷线	宜采用 20°~30°；山区单根地线的杆塔可采用 25°
	≤35	一般不沿全线架设避雷线，但必须考虑进（出）线段保护	
	3~10	钢筋混凝土杆配电线路，在多雷区可架设地线，或在三角排列的中线上装设避雷器；当采用铁横担时宜提高绝缘子等级；绝缘导线铁横担的线路可不提高绝缘子等级	
直流	±1 100	应沿全线架设双地线	单回路平丘-2°，山地-15°
	±800		单回路平丘 0°，山地-10°
	±660		单回路平丘 0°，山地-10°
	±500		单回路 10°，双回路 0°

注：1. 220~500kV 紧凑型线路应全线架设双地线，地线对边导线的保护角宜采用负保护角。

　　2. 大跨越线路应全线架设双地线；大跨越线路跨越塔上的保护角宜采用负保护角，并应根据实际工程条件确定。

表 20.4-3　有地线交流线路的反击耐雷水平

系统标称电压/kV	35	66	110	220	330	500	750	1 000
单回路/kA	24~36	31~47	56~68	87~96	120~151	158~177	208~232	200
同塔双回路/kA	—	—	50~61	79~92	108~137	142~162	192~224	

表 20.4-4　有地线直流线路的反击耐雷水平

标称电压/kV	±500	±660	±800	±1 100
耐雷水平/kA	175	175	200	200

有地线的杆塔应接地，在雷季干燥时，一般线路每基杆塔不连地线的工频接地电阻，不宜大于表 20.4-5 中规定的数值。土壤电阻率较低的地区，当杆塔的自然接地电阻不大于表 20.4-5 所列数值时，可不装设人工接地体。

表 20.4-5　有地线的线路杆塔不连地线的工频接地电阻

土壤电阻率 /(Ω·m)	100 及以下	100 以上至 500	500 以上至 1 000	1 000 以上至 2 000	2 000 以上
一般线路工频接地电阻/Ω	10	15	20	25	30[①]
大跨越线路工频接地电阻/Ω	5.0	7.5	10.0	12.5	15.0[②]

① 如土壤电阻率超过 2 000Ω·m，接地电阻很难降到 30Ω 时，可采用 6~8 根总长不超过 500m 的放射形接地体或连续伸长接地体，其接地电阻不受限制。

② 如土壤电阻率超过 2 000Ω·m，接地电阻很难降到 15Ω 时，接地电阻也不宜超过 20Ω。

50　变电站的雷电过电压保护　变电站的直击雷过电压保护可采用避雷针或避雷线，变电站的直击雷过电压保护，宜用折线法或滚球法进行核算，同时应做好接地并满足独立避雷针、避雷线与配电装置带电部分间的空气中距离以及独立避雷针、避雷线的接地装置与接地网间的地中距离。

对雷电侵入波采用进线段保护和避雷器保护。进线段保护是加强变电站进线段 1~2km 的防雷保护，使侵入变电站的雷电波主要来自进线段外，从而减小其陡度、幅值和雷电流。进线段耐雷水平可参照表 20.4-6。

表 20.4-6　变电站进线段耐雷水平

系统标称电压/kV	35	66	110	220	330	500	750
单回线路/kA	24~36	31~47	56~68	87~96	120~151	158~177	208~232
同塔双回线路/kA	—	—	50~61	79~92	108~137	142~162	192~224

注：1. 反击耐雷水平的较高和较低值分别对应线路杆塔冲击接地电阻 7Ω 和 15Ω。

2. 雷击时刻工作电压为峰值且与雷击电流反极性。

3. 发电厂、变电站进线保护段杆塔耐雷水平不宜低于表中的较高数值。

35~110kV 进线段的保护接线示例见图 20.4-1；采用电缆进线段的保护接线示例见图 20.4-2。

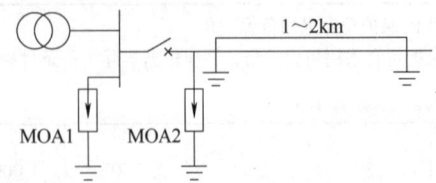

图 20.4-1　35~110kV 进线段的保护接线

关于避雷器保护，在变电站内应按不同电压等级和不同的电气主接线与配电装置布置等条件，在母线、进线以及变压器等重要电气设备处，按规定合理选择、配置装设避雷器保护。通常 220kV 及以下的常规变电站按照相关标准中的规定布置避雷器是可以满足保护要求的。而对于 330kV 及以上、规模大、接线较复杂的变电站，很难定量给出避雷器的保护距离。对于此类配电装置的雷电侵入波过电压保护用 MOA 的设置和保护方案，宜通过仿真计算确定。

220kV 及以下常规变电站，装有标准绝缘水平的设备和标准特性 MOA 且高压配电装置采用单母线、双母线或分段的电气主接线时，MOA 可仅安装在母线上。MOA 至主变压器间的最大电气距离可按表 20.4-7 确定。对其他设备的最大距离可相应增加 35%。MOA 与主保护设备的最大电气距离超过规定值时，可在主变压器附近增设一组 MOA。

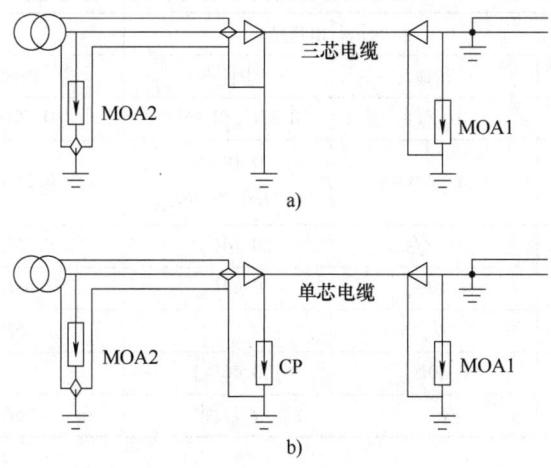

b)

图 20.4-2　采用电缆进线段的保护接线

a）三芯电缆段进 GIS 变电站的保护接线　b）单芯电缆段进 GIS 变电站的保护接线

表 20.4-7　MOA 至主变压器间的最大电气距离

（单位：m）

系统标称电压/kV	进线长度/km	进线路数			
		1	2	3	≥4
35	1.0	25	40	50	55
	1.5	40	55	65	75
	2.0	50	75	90	105
66	1.0	45	65	80	90
	1.5	60	85	105	115
	2.0	80	105	130	145
110	1.0	55	85	105	115
	1.5	90	120	145	165
	2.0	125	170	205	230
200	2.0	125 (90)	195 (140)	235 (170)	265 (190)

注：1. 全线有地线进线长度取 2km，进线长度在 1～2km 时的距离可按补插法确定。

2. 标准绝缘水平指 35kV、66kV、110kV 及 220kV 变压器、电压互感器标准雷电冲击全波耐受电压分别为 200kV、325kV、480kV 及 950kV。括号内的数值对应的雷电冲击全波耐受电压为 850kV。

4.3　暂时过电压、操作过电压及限制

51　工频过电压及限制　工频过电压主要是由空载长线路的电容效应、不对称接地故障、负荷突变等引起。其特点是持续时间较长，幅值通常不高，但却是绝缘配合的重要依据，是决定氧化锌避雷器运行条件的基础。对于 66kV 及以下不应大于 $1.1\sqrt{3}$ pu；中性点谐振接地、低电阻接地、高电阻接地和变电站不接地的补偿装置等系统工频过电压不应大于 $\sqrt{3}$ pu；110kV 和 220kV 系统，工频过电压不应大于 1.3pu；对于 330～750kV 系统要求为

1）线路断路器的变电站侧的工频过电压不超过 1.3pu。

2）线路断路器的线路侧的工频过电压不超过 1.4pu，其持续时间不应大于 0.5s。

其限制措施主要有：①线路装设并联电抗器，削弱线路电容效应，以降低工频过电压；②采用降低零序阻抗与正序阻抗之比的方法，如避雷线采用良导体，变压器采用三角形联结二次绕组和增加系统中变压器中性点接地等，能降低不对称短路引起的工频过电压；③选择适当的运行方式，规定操作程序，如控制发电机输送无功功率，调整升压变压器电压比和改善发电机调速、调压装置特性，以及装设快速继电保护装置或自动解列装置等，也能对工频过电压起一定限制作用；④对较长线路，在技术经济比较合理时，可设置中间开关站。

对于符合工频过电压相关规定的各种系统，其氧化锌避雷器的持续运行电压和额定电压可按表 20.4-8 选择。

表 20.4-8　氧化锌避雷器的持续运行电压和额定电压

系统中性点 接地方式		持续运行电压/kV		额定电压/kV	
		相地	中性点	相地	中性点
有效接地	110kV	$U_m/\sqrt{3}$	$0.27U_m/0.46U_m$	$0.75U_m$	$0.35U_m/0.58U_m$
	220kV	$U_m/\sqrt{3}$	$0.10U_m$ $(0.27U_m/0.46U_m)$	$0.75U_m$	$0.35kU_m$ $(0.35U_m/0.58U_m)$
	330～750kV	$U_m/\sqrt{3}$	$0.10U_m$	$0.75U_m$	$0.35kU_m$
非有效接地	不接地	$1.10U_m$	$0.64U_m$	$1.38U_m$	$0.80U_m$
	谐振接地	U_m	$U_m/\sqrt{3}$	$1.25U_m$	$0.72U_m$
	低电阻接地	$0.80U_m$	$0.46U_m$	U_m	$U_m/\sqrt{3}$
	高电阻接地	U_m	$U_m/\sqrt{3}$	$1.25U_m$	$U_m/\sqrt{3}$

52　谐振过电压及限制　电网中的各种谐振过电压可以归纳为三种类型：线性谐振、铁磁谐振和参数谐振。谐振过电压的持续时间较长，甚至可以稳定存在，直到谐振条件被破坏为止。谐振过电压可在各级电网中发生，危及绝缘，破坏保护设备的保护性能，甚至烧毁设备。因此应采取措施避免出现产生谐振过电压的条件，或用保护装置限制其幅值和时间，或进行阻尼和抑制。

（1）线性谐振　对线性谐振，应在电力系统设计中避免由于电网参数不利组合而引起线性谐振过电压的条件。如在超高压系统设计并联电抗器时配置中性点小阻抗，在消弧线圈接地系统中应选择消弧线圈脱谐度避开谐振点等。

（2）铁磁谐振　铁磁谐振（对非线性谐振），应充分考虑电力系统各种可能的运行方式或操作方式，在改变系统中感抗和容抗的比值时，避免形成铁磁谐振过电压的条件，或采用阻尼和抑制。如在中性点不接地系统中选用励磁特性饱和点较高的电磁式电压互感器；或减少同一系统中电压互感器中性点接地的数量；或在电压互感器开口三角绕组装设阻尼装置等。

（3）参数谐振　对参数谐振，在电力系统中应防止发电机或变压器的电感参数周期性变化引起的参数谐振过电压。如采用快速自动调节器限制同步自励磁过电压，用速动过电压继电保护断开发电机，消除异步励磁过电压；避免只带空载线路的变压器的低压侧合闸；在操作断路器上加装合闸电阻或同期合闸装置，防止以二次谐波为主的谐振过电压等。

53　操作过电压及限制　电力系统中，常见的操作过电压主要包括：

1）切除空载线路过电压。

2）空载线路合闸过电压。

3）切除空载变压器过电压。

4）解列接地过电压。

5）间歇电弧接地过电压。

6）特快速瞬态过电压（VFTO）。

操作过电压是决定超高压电网绝缘水平的重要依据。相对地操作过电压水平一般不宜超过表 20.4-9 中的要求。

表 20.4-9　相对地操作过电压的允许水平

最高电压范围	220kV 及以下			330kV 及以上			
系统额定 电压/kV	35kV 及以下低电 阻接地系统	66kV 及以下非有效接地系统 （不含低电阻接地系统）	110 220	330	500	750	1 000
相对地操 作过电压	3.0pu	4.0pu	3.0pu	2.2pu	2.0pu	1.8pu	1.6pu

对于相间而言，3～220kV，宜取相对地内过电压的 1.3～1.4 倍；330kV，可取相对地内过电压的 1.4～1.45 倍；500kV，可取相对地内过电压的 1.5 倍；750kV，可取相对地内过电压的 1.7 倍。对于

1 000kV 最大相间统计操作过电压不宜大于 2.9pu。

在 220kV 及以下电力系统中，对操作过电压，一般可不采取特别限制措施，只有少部分情况（操作过电压水平超过规定时），需采取限制措施。例如，操作并联电容补偿装置时，操作过电压可能超过 4pu，需采用不重击穿的断路器及装设金属氧化物避雷器保护；用真空断路器开断高压异步电动机时，宜装设电动机保护用避雷器或阻容吸收装置。

在 330~1000kV 系统中，由于要求操作过电压水平较低，需对操作过电压采取限制措施，主要有：①在变电站内装设金属氧化物避雷器，对多数操作过电压进行保护；②采用不重击穿断路器及分闸电阻，限制开断空载长线过电压；③采用在断路器上装设合闸并联电阻或同期合闸装置，限制线路合闸过电压；④当采用熄弧性能较强的断路器开断励磁电流较大的变压器及并联电抗器时，对变压器及并联电抗器应装设金属氧化物避雷器保护操作过电压；⑤对于 GIS 或 HGIS 配电装置中由于隔离开关开合管线产生的 VFTO，宜采用在隔离开关加装阻尼电阻进行保护。

4.4　绝缘配合

54　绝缘配合方法　进行绝缘配合时应全面考虑造价、维修费用以及故障损失三个方面。绝缘配合方法有确定性法（惯用法）、统计法及简化统计法。

绝缘配合的确定性法（惯用法）的原则是在惯用过电压（即可接受的接近设备安装点的预期最大过电压）与耐受电压之间，按设备制造和电力系统的运行经验选取适宜的配合系数。

统计法是将过电压发生的概率分布以及对应绝缘的放电概率都作为随机变量，根据过电压和放电的统计特性，考虑用适当统计程序进行计算来确定故障率。通过对不同绝缘类型以及不同系统运行方式的反复计算，以获得因绝缘故障导致的系统的总停电率。通过技术经济比较确定绝缘水平。

在简化统计法中，对概率曲线的形状给出了若干假定（如已知标准偏差的正态分布），从而可用与一给定概率相对应的点来代表一条曲线。在过电压概率曲线中称该点的纵坐标为"统计过电压"，其概率不大于 2%，而在耐受电压曲线中则称该点的纵坐标为"统计冲击耐受电压"，设备的冲击耐受电压的参考概率取为 90%。

一般采用确定性法（惯用法）涵盖的应用范围较广，包括所有设备的非自恢复绝缘；220kV 及以下设备在各电压和过电压下的绝缘配合。统计法通常用于自恢复型绝缘。

55　输电线路绝缘配合　输电线路绝缘配合的基本要求如下：

1）绝缘子串要求满足下列三个条件：①爬电距离应满足规定要求，保证工频运行电压下不闪络；②在规定的最大操作过电压条件下，运行中不闪络；③在雷电过电压条件下，应满足耐雷水平的要求。

2）杆塔上带电体与接地部分间的空气间隙应按运行中可能遇到的下列三个条件选定（见图 20.4-3）：①在工频电压下出现最大设计风速时，间隙 s_1 不致被击穿；②在操作过电压下出现相应的风速时（一般取基本风速折算到导线平均高处风速值的 50%，且不宜低于 15m/s），间隙 s_2 不致发生闪络；③在雷电过电压下出现相应的风速时（当基本风速折算到导线平均高处风速值大于等于 35m/s 时，宜取 15m/s，否则取 10m/s），间隙 s_3 的冲击绝缘强度应与绝缘子串 50% 冲击放电电压相适应。

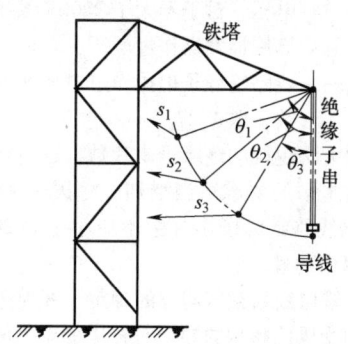

图 20.4-3　绝缘配合摇摆角圆图
θ—允许摇摆角　s—最小空气间隙

56　输电线路绝缘子串片数的选定　每串绝缘子串片数，一般按工频电压的爬电距离选择，再按操作过电压要求进行校验（验算时应扣除要求预留的零值绝缘子）。

（1）按工频电压下爬电距离要求

$$n \geq \frac{\lambda U_{\text{ph-e}}}{K_e L_{\text{ol}}}$$

式中　n——海拔不超过 1 000m 时每联绝缘子所需片数；

λ——统一爬电比距（mm/kV），爬电比距分级数值见表 20.4-10；

L_{ol}——单片悬式绝缘子的几何爬电距离（mm）；

K_e——绝缘子爬电距离的有效系数。以 XP70

型绝缘子为基础，取 $K_e = 1$；其他型式绝缘子应由试验确定。

表 20.4-10　各污秽等级下的爬电比距分级数值

污秽度分级	等值盐密 ESDD/(mg/cm²)	统一爬电比距/(mm/kV)
a 非常轻	≤0.025	22~25.2
b 轻	0.025~0.05	25.2~31.5
c 中	0.05~0.1	31.5~39.4
d 重	0.1~0.25	39.4~50.4
e 非常重	>0.25	50.4~59.8

（2）按操作过电压要求　操作电压要求的线路绝缘子串正极性操作冲击电压 50% 放电电压 $u_{l.i.s}$ 应符合下式的要求：

$$u_{l.i.s} \geq k_1 U_s$$

式中　U_s——相对地操作过电压（kV），对于不小于 330kV 系统，取相对地统计操作电压，对于不大于 220kV 系统，取计算用最大操作过电压；

k_1——线路绝缘子串操作过电压统计配合系数，取 1.27。

线路大跨越档的绝缘子串片数，还应按雷电过电压耐雷水平的要求适当增加。海拔 1 000m 地区架空送电线路绝缘子串片数不应小于表 20.5-3 和表 20.5-4 中的规定。

57　输电线路空气间隙的确定　线路采用悬垂绝缘子串受风偏影响的导线对杆塔的空气间隙应符合下列要求。

1）绝缘子串风偏后，导线对杆塔的空气间隙应分别符合持续运行电压要求、操作过电压要求及雷电过电压要求。

2）持续运行电压下风偏后线路导线对杆塔空气间隙的工频 50% 放电电压 $u_{l.~}$ 应符合下式要求。风偏计算用的风速应取线路设计采用的基本风速折算到导线平均高度处的风速。

$$u_{l.~} \geq k_2 \sqrt{2} U_m / \sqrt{3}$$

式中　U_m——系统最高电压有效值（kV）；

k_2——线路空气间隙持续运行电压统计配合系数，取 1.13。

3）风偏后操作过电压下线路导线对杆塔空气间隙的正极性操作冲击电压 50% 放电电压 $u_{l.s.s}$ 应符合下式的要求。

$$u_{l.s.s} \geq k_3 U_s$$

式中　k_3——线路空气间隙操作过电压统计配合系数，对单回路 k_3 可取 1.1；对同塔双回路，无风时上、中导线对中、下横担空气间隙正极性操作冲击 50% 放电电压的统计配合系数可取 1.27；风偏后，三相导线对塔身或横担空气间隙的统计配合系数可取 1.1。

4）风偏后导线对杆塔空气间隙的正极性雷电冲击电压 50% 放电电压，750kV 以下等级可选为现场污秽度等级 a 级下绝缘子串相应电压的 0.85 倍。

750~1 000kV 线路可为 0.8 倍，其他现场污秽等级间隙也可按此配合。同塔双回线路采用悬式绝缘子串无风时，导线对横担空气间隙的正极性雷电冲击电压 50% 放电电压宜与现场污秽等级 a 级下绝缘子串相当。

标准规定的海拔 1 000m 及以下地区架空输电线路在不同条件下空气间隙的最小电气距离，见表 20.6-19~表 20.6-22。

58　变电站绝缘配合　变电站绝缘配合的主要特点是：①变电站的绝缘设计应满足工频运行电压、暂时过电压、操作过电压及雷电过电压作用下的绝缘强度要求。对变压器设备等的非自恢复内绝缘不应被击穿，对电气设备及空气间隙的外绝缘亦应力求不闪络。②变电站的过电压保护，除用避雷针或避雷线防止直击雷外，主要采用避雷器对雷电侵入波和操作过电压进行保护。要求绝缘和保护水平之间留有足够的间隔裕度。③在雷电过电压下，以避雷器雷电保护水平为基础进行绝缘配合，对非自恢复绝缘采用惯用法，对自恢复绝缘可将绝缘强度作为随机变量进行绝缘配合。④在操作过电压下，对 220kV 及以下变电站，以计算用最大操作过电压作为基础进行绝缘配合，对绝缘子串，空气间隙的绝缘强度可作为随机变量进行绝缘配合。对 330kV 及以上变电站，以避雷器操作电压保护水平为基础进行绝缘配合，对非自恢复绝缘采用惯用法，对自恢复绝缘可将绝缘强度作为随机变量进行绝缘配合。⑤在工频运行电压和暂时过电压下，要求电气设备的外绝缘爬电距离满足相应环境污秽条件下爬电比距的要求，并要求电气设备能承受一定幅值和时间的工频过电压和谐振过电压。⑥变电站的外绝缘耐受电压，应按相关规范中的规定进行气象条件的修正，以满足不同安装点气象条件的变化对外绝缘强度的影响。

59　变电站绝缘子串的确定　变电站绝缘子串

的绝缘配合应同时符合下列条件：

1）变电站每串绝缘子片数应符合相应现场污秽等级下耐受持续运行电压的要求。可以采用爬电比距法选择，方法参见本篇第 57 条，但其中取 $K_e = 0.95$，也可采用污闪耐受电压法选择。

2）变电站操作过电压要求的变电站绝缘子串正极性操作冲击电压 50%放电电压 $u_{s.i.s}$ 应符合下式的要求：

$$u_{s.i.s} \geq k_4 U_{s.p}$$

式中　$U_{s.p}$——避雷器操作冲击保护水平（kV）；

　　　k_4——变电站绝缘子串操作过电压配合系数，取 1.27。

3）雷电过电压要求的变电站绝缘子串正极性雷电冲击电压波 50%放电电压 $u_{s.i.1}$ 应符合下式的要求：

$$u_{s.i.1} \geq k_5 U_{l.p}$$

式中　$U_{l.p}$——避雷器雷电冲击保护水平（kV）；

　　　k_5——变电站绝缘子串雷电过电压配合系

数，取 1.4。

4）其他问题。选择变电站绝缘子串除上述条件外，还需要考虑包括老化、高海拔、V 串的临近效应等问题。

60　变电站空气间隙的确定

（1）空气间隙确定的一般步骤　变电站中空气间隙包括 A、B、C、D 等各值。A 值是基本带电距离，称安全净距。B、C、D 值均由 A 值派生而来。

A 值的确定主要分为以下三步：

1）根据计算得到空气间隙放电电压要求值，即 50%放电电压。

2）根据变电站所在地区的海拔高度对 50%放电电压进行修正。

3）对照真型塔（或仿真型塔）空气间隙或变电站典型放电电压数据，选取空气间隙最小距离。

（2）空气间隙放电电压要求值的确定　空气间隙放电电压要求值的计算详见表 20.4-11。

表 20.4-11　空气间隙放电电压要求值的计算

	放电电压类别	要求	备注
相对地（A1）	持续运行电压下风偏后导线对构架空气间隙的工频 50%放电电压	$U_{s.\sim} \geq k_2 \sqrt{2} U_m / \sqrt{3}$	k_2 为空气间隙持续运行电压统计配合系数，取 1.13
	工频过电压下无风偏变电站导线对构架空气间隙的工频 50%放电电压	$U_{s.\sim.v} \geq k_6 U_{P.g}$	$U_{P.g}$ 为相对地最大工频过电压（kV），取 1.4pu；k_6 为变电站导线对构架无风偏空气间隙的工频过电压配合系数，取 1.15
	正极性操作冲击电压 50%放电电压	$U_{s.s.s} \geq k_7 U_{s.p}$	$U_{s.p}$ 为避雷器操作电压保护水平；k_7 为变电站相对地空气间隙的操作过电压配合系数，有风偏取 1.1，无风偏取 1.27
	正极性雷电冲击电压 50%放电电压	$U_{s.1} \geq k_8 U_{l.p}$	$U_{l.p}$ 为避雷器雷电过电压保护水平；k_8 为变电站相对地空气间隙的雷电过电压配合系数，取 1.4
相间（A2）	工频过电压下变电站导线对构架空气间隙的工频 50%放电电压	$U_{s.\sim.p.p} \geq k_9 U_{P.P}$	$U_{P.P}$ 为母线处相间最大工频过电压（kV），取 $1.3\sqrt{3}$pu；k_9 为相间空气间隙工频过电压配合系数，取 1.15
	正极性操作冲击电压 50%放电电压	$U_{s.s.p.p} \geq k_{10} U_{s.p}$	$U_{s.p}$ 为避雷器操作过电压保护水平；k_{10} 为相间空气间隙操作过电压配合系数，取 2.0
	正极性雷电冲击电压 50%放电电压	$1.1 U_{s.1}$	

对于 1 000kV 交流特高压工程，GB/T 24842—2018《1000kV 特高压交流输变电工程过电压和绝缘配合》提供了空气间隙要求值的两种计算方法，分别为方法 A 和方法 B，主要区别在于空气间隙 50% 放电电压要求值的计算上，具体可查阅上述规范附录 E。

（3）空气间隙 50% 放电电压的海拔修正　变电站所在海拔高于 0 时，应校正放电电压。修正公式如下：

$$K_a = e^{q\left(\frac{H}{8\,150}\right)}$$

式中　H——超过海平面的高度（m）；

　　　q——指数，对空气间隙，$q = 1.0$。

61　高压电气设备绝缘水平的确定　因电力系统接地方式的不同、过电压水平的差别及选用避雷器保护特性的差异，对电气设备有不同的耐受电压要求，一般根据计算结果选用电气设备的额定耐受电压，见表 20.4-12。

表 20.4-12　电气设备的额定耐受电压要求值的计算

	耐受电压类别	要求	备注
与持续运行电压、暂时过电压的绝缘配合	内绝缘短时工频耐受电压	$U_{e.\sim i} \geq k_{11} U_{pg}$	k_{11} 为设备内绝缘短时工频耐压配合系数，取 1.15
	外绝缘短时工频耐受电压	$U_{e\sim o} \geq k_{12} U_{P.g}$	k_{12} 为设备外绝缘短时工频耐压配合系数，取 1.15
	断路器同极断口间内绝缘的短时工频耐受电压	$U_{e\sim ci} \geq U_{e.\sim i} + k_m\sqrt{2}\,U_m/\sqrt{3}$	k_m 为断口耐受电压折扣系数，对 330kV 和 500kV 为 0.7 或 1.0；对 750kV 为 1.0。对于 1 000kV 为 $1/\sqrt{2}$
	断路器同极断口间外绝缘的短时工频耐受电压	$U_{e\sim ci} \geq U_{e.\sim o} + k_m\sqrt{2}\,U_m/\sqrt{3}$	
与操作过电压的绝缘配合	内绝缘相对地操作冲击耐压	$U_{e.s.i} \geq k_{13} U_{s.p}$	k_{13} 为设备内绝缘相对地操作冲击耐压配合系数，取 1.15
	外绝缘相对地操作冲击耐压	$U_{e.s.o} \geq k_{15} U_{s.p}$	k_{15} 为设备外绝缘相对地操作冲击耐压配合系数，取 1.05
	断路器同极断口间内绝缘的操作冲击耐受电压	$U_{e.s.c.i} \geq U_{e.s.i} + k_m\sqrt{2}\,U_m/\sqrt{3}$	
	断路器、隔离开关同极断口间外绝缘的操作冲击耐受电压	$U_{e.s.c.o} \geq U_{e.s.o} + k_m\sqrt{2}\,U_m/\sqrt{3}$	
与雷电过电压的绝缘配合	内绝缘雷电冲击耐压	$U_{e.l.i} \geq k_{16} U_{l.p}$	k_{16} 为设备内绝缘雷电冲击耐压配合系数，MOA 紧靠设备时可取 1.25，其他情况可取 1.40
	外绝缘雷电冲击耐压	$U_{e.l.o} \geq k_{17} U_{l.p}$	k_{17} 为设备外绝缘雷电冲击耐压配合系数，取 1.40
	断路器同极断口间内绝缘的雷电冲击耐受电压	$U_{e.l.c.i} \geq U_{e.l.i} + k_m\sqrt{2}\,U_m/\sqrt{3}$	
	断路器、隔离开关同极断口间外绝缘的雷电冲击耐受电压	$U_{e.l.c.o} \geq U_{e.l.o} + k_m\sqrt{3}\,U_m/\sqrt{3}$	
	变压器、并联电抗器及电流互感器截波雷电冲击耐压		可取相应设备全波雷电冲击耐压的 1.1 倍

电气设备 VFTO 绝缘配合方面，由于影响 VFTO 的因素非常多，目前尚没有相应的标准，还不能确定其代表性过电压。同时，估计特快波前过电压对选择额定耐受电压无影响，因为按目前情况来看，抑制 VFTO 经济有效的措施并不是提高设备的绝缘水平，而是通过加装隔离开关阻尼电阻等措施来实现的。其配合方法见参考文献［3］。

62　高压电气设备耐受试验电压标准　因电力系统接地方式的不同、过电压水平的差别及选用避雷器保护特性的差异，对电气设备有不同的耐受电压要求，一般根据计算结果选用电气设备的额定耐受电压。适用于海拔 1 000m 及以下地区的现行高压电气设备的耐受电压标准，见表 20.4-13～表 20.4-17。

对电气设备使用于海拔 1 000m 以上地区时，外绝缘耐受电压应按规定绝缘额定耐受电压乘以海拔校正因数 K。

$$K_a = e^{q\left(\frac{H-1\,000}{8\,150}\right)}$$

式中　H——设备安装地点的海拔（m）；

q——指数 q（取值同绝缘配合程序中的规定）对于空气间隙或者清洁绝缘子的短时工频耐受电压，$q = 1.0$；对于雷电冲击耐受电压，$q = 1.0$；对于操作冲击耐受电压，按图 20.4-4 确定。

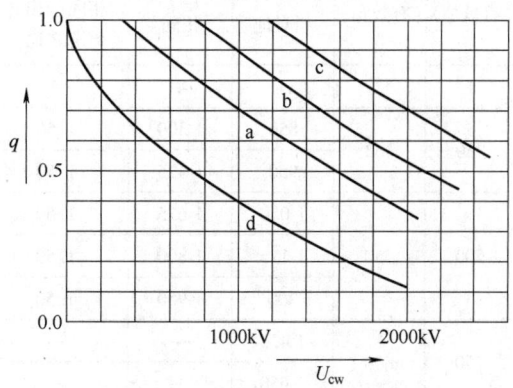

图 20.4-4　操作冲击耐受电压
a—相对地绝缘　b—纵绝缘　c—相间绝缘
d—棒-板间隙（标准间隙）

注：对于由两个分量组成的电压，电压值是各分量的和。

表 20.4-13　电压范围 I（1kV<U_m≤252kV）的标准绝缘水平　　　　（单位：kV）

系统标称电压 （有效值）	设备最高电压 （有效值）	额定雷电冲击耐受电压（峰值）		额定短时工频耐受电压 （有效值）
		系列 I	系列 II	
3	3.6	20	40	18
6	7.2	40	60	25
10	12.0	60	75 95	30/42[③]；35
15	18	75	95 105	40；45
20	24.0	95	125	50；55
35	40.5	185/200[①]		80/95[③]；85
66	72.5	325		140
110	126	450/480[①]		185；200
220	252	(750)[②]		(325)[②]
		850		360
		950		395
		1 050		460

注：系统标称电压 3～20kV 所对应设备系列 I 的绝缘水平，在我国仅用于中性点直接接地（包括小电阻接地）系统。
① 该栏斜线下之数据仅用于变压器类设备的内绝缘。
② 220kV 设备，括号内的数据不推荐使用。
③ 该栏斜线上之数据为设备外绝缘在湿状态下之耐受电压（或称为湿耐受电压）；该栏斜线下之数据为设备外绝缘在干燥状态下之耐受电压（或称为干耐受电压），在分号"；"之后的数据仅用于变压器类设备的内绝缘。

表 20.4-14 电压范围 II（$U_m > 252kV$）的标准绝缘水平 （单位：kV）

系统标称电压（有效值）	设备最高电压（有效值）	额定操作冲击耐受电压（峰值）					额定雷电冲击耐受电压（峰值）		额定短时工频耐受电压（有效值）
		相对地	相间	相间与相对地之比	纵绝缘[②]		相对地	纵绝缘	相对地
1	2	3	4	5	6	7	8	9	10[③]
330	363	850	1 300	1.50	950	850（+295）[①]	1 050	见本篇第61条中的规定	(460)
		950	1 425	1.50			1 175		(510)
500	550	1 050	1 675	1.60	1 175	1 050（+450）[①]	1 425		(630)
		1 175	1 800	1.50			1 550		(680)
		1 300[④]	1 950	1.50			1 675		(740)
750	800	1 425	—	—	1 550	1 425（+650）[①]	1 950		(900)
		1 550	—	—			2 100		(960)
1 000	1 100	—	—	—	1 800	1 675（+900）[①]	2 250	2 400（+900）[①]	(1 100)
		1 800	—	—			2 400		

① 栏7和栏9括号中之数值是加在同一极对应端子上的反极性工频电压的峰值。
② 绝缘的操作冲击耐受电压选取栏6或栏7之数值，决定于设备的工作条件，在有关设备标准中规定。
③ 栏10括号内的短时工频耐受电压值 IEC 60071-1 中未予规定。
④ 表示除变压器以外的其他设备。

表 20.4-15 各类设备的雷电冲击耐受电压 （单位：kV）

系统标称电压（有效值）	设备最高电压（有效值）	额定雷电冲击耐受电压（峰值）						截断雷电冲击耐受电压（峰值）
		变压器	并联电抗器	耦合电容器、电压互感器	高压电力电缆[②]	高压电器类	母线支柱绝缘子、穿墙套管	变压器类设备的内绝缘
3	3.6	40	40	40		40	40	45
6	7.2	60	60	60	—	60	60	65
10	12	75	75	75	—	75	75	85
15	18	105	105	105	105	105	105	115
20	24	125	125	125	125	125	125	140
35	40.5	185/200[①]	185/200[①]	185/200[①]	200	185	185	220
66	72.5	325	325	325	325	325	325	360
		350	350	350	350	350	350	385
110	126	450/480[①]	450/480[①]	450/480[①]	450	450	450	530
		550	550	550	550	550		
220	252	850	850	850	850	850	850	950
		950	950	950	950 1 050	950 1 050	950 1 050	1050
330	363	1 050	—	—	—	1 050	1 050	1 175
		1 175	1 175	1 175	1 175 1 300	1 175	1 175	1 300

（续）

系统标称电压（有效值）	设备最高电压（有效值）	额定雷电冲击耐受电压（峰值）						截断雷电冲击耐受电压（峰值）
		变压器	并联电抗器	耦合电容器、电压互感器	高压电力电缆	高压电器类	母线支柱绝缘子、穿墙套管	变压器类设备的内绝缘
500	550	1 425	—	—	1 425	1 425	1 425	1 550
		1 550	1 550	1 550	1 550	1 550	1 550	1 675
		—	1 675	1 675	1 675	1 675	1 675	
750	800	1 950	1 950	1 950	1 950	1 950	1 950	2 145
		—	2 100	2 100	2 100	2 100	2 100	2 310
1 000	1 100	2 250	2 250	2 250	2 250	2 250	2 250	2 400
		2 400	2 400	2 400	2 400	2 400	2 700	2 560

注：1. 表中所列的 3~20kV 的额定雷电冲击耐受电压为表 20.4-13 中系列 Ⅱ 绝缘水平。

　　2. 对高压电力电缆是指热态状态下的耐受电压。

① 斜线后的数据仅用于该类设备的内绝缘。

表 20.4-16　各类设备的短时（1min）工频耐受电压（有效值）　（单位：kV）

系统标称电压（有效值）	设备最高电压（有效值）	内绝缘、外绝缘（湿试/干试）				母线支柱绝缘子	
		变压器	并联电抗器	耦合电容器、高压电器类、电压互感器、电流和穿墙套管	高压电力电缆	湿试	干试
1	2	3①	4①	5②	6②	7	8
3	3.6	18	18	18/25		18	25
6	7.2	25	25	23/30		23	32
10	12	30/35	30/35	30/42		30	42
15	18	40/45	40/45	40/55	40/45	40	57
20	24	50/55	50/55	50/65	50/55	50	68
35	40.5	80/85	80/85	80/95	80/85	80	100
66	72.5	140	140	140	140	140	165
		160	160	160	160	160	185
110	126	185/200	185/200	185/200	185/200	185	265
220	252	360	360	360	360	360	450
		395	395	395	395	395	495
					460		
330	363	460	460	460	460	570	
		510	510	510	510		
					570		
500	550	630	630	630	630		
		680	680	680	680	680	
				740	740		

（续）

系统标称电压（有效值）	设备最高电压（有效值）	内绝缘、外绝缘（湿试/干试）					母线支柱绝缘子	
		变压器	并联电抗器	耦合电容器、高压电器类、电压互感器、电流和穿墙套管	高压电力电缆		湿试	干试
750	800	900	900	900	900		900	
			960		960			
1 000	1 100	1 100③	1 100	1 100	1 100		1 100	

注：表中 330~1 000kV 设备之短时工频耐受电压仅供参考。

① 该栏斜线下的数据为该类设备的内绝缘和外绝缘干耐受电压；该栏斜线上的数据为该类设备的外绝缘湿耐受电压。

② 该栏斜线下的数据为该类设备的外绝缘干耐受电压。

③ 对于特高压电力变压器，工频耐受电压时间为 5min。

表 20.4-17　电力变压器中性点绝缘水平　　　　　（单位：kV）

系统标称电压（有效值）	设备最高电压（有效值）	中性点接地方式	雷电全波和截波耐受电压（峰值）	短时工频耐受电压（有效值）（内、外绝缘，干试与湿试）
110	126	不固定接地	250	95
220	252	固定接地	185	85
		不固定接地	400	200
330	363	固定接地	185	85
		不固定接地	550	230
500	550	固定接地	185	85
		经小电抗接地	325	140
750	800	固定接地	185	85
1 000	1 100	固定接地	325	140
			185	85

第5章 交流与直流输电线路

5.1 架空输电线路的主要元件

63 导线 架空输电线路最常用的导线是钢芯铝绞线，其型号、结构和技术参数见国家标准 GB/T 1179—2017《圆线同心绞架空导线》。在大跨越区、重冰区、高海拔地区、对导线有严重腐蚀的地段，可按不同要求选用不同品种的特殊导线。这些特殊导线的品种、适用范围及功效见表 20.5-1。

表 20.5-1 特殊导线的品种、适用范围及功效

导线品种	适用范围	功效
钢芯铝合金绞线	大跨越区或重冰区	提高使用应力，减少弧垂或增大安全系数
高导电率硬铝线	系统输送容量大、负荷利用小时数高场景	提高导电率，降低电阻损耗
铝合金芯铝绞线	系统输送容量大、负荷利用小时数高场景	提高导电率，降低电阻损耗，减小荷载
铝包钢绞线及钢芯铝包钢绞线	大跨越	提高使用应力，减少弧垂
扩径导线	高海拔地区	降低导线表面场强，减少电晕损失
防腐型钢芯铝绞线及其他防腐蚀导线	海边、盐雾地区及工业污秽地区等对导线有严重腐蚀性的地段	耐腐蚀
耐热钢芯铝合金绞线	载流量大的大跨越、接地极线路或利用原有杆塔和走廊，增加输送容量	提高载流量
碳纤维复合材料芯导线	增容改造、大跨越线路	提高导线运行温度来提高输送容量；导线重量轻，弧垂小，大档距中应用可以降低工程投资
型线	大风地区	相同导体截面时导线直径更小，减小荷载，降低投资；更好的自阻尼性能，降低导线舞动发生的概率

输电线路的导线根据其电压等级、输送容量、输送距离、电晕损失等因素可选用单导线或分裂导线。220kV 及以下的输电线路一般采用单导线，如输送容量大或输送距离较远时，也可采用 2 分裂导线；330kV 输电线路一般采用 2 分裂或 4 分裂导线；±400 ~ ±500kV 输电线路一般采用 4 分裂导线；550kV 和±660kV 输电线路一般采用 4~6 分裂导线；750kV 输电线路一般采用 6 分裂导线；1 000kV 和±800 ~ ±1 100kV 输电线路一般采用 6~8 分裂导线。导线的分裂根数，应根据工程具体情况，经技术经济比较来确定。一般来说，分裂线越多，连接金具和施工也越复杂。

64 地线 架空地线的主要作用是防止雷电直接击在导线上，通常选用镀锌钢绞线或铝包钢绞线。为保证防雷效果，地线与导线在塔头的布置应满足 GB/T 50064—2014《交流电气装置的过电压保

护和绝缘配合设计规范》中的有关规定。

地线应满足电气和机械使用条件的要求，短路电流大的变电所或电厂升压站的进出线段还应验算短路热稳定。地线选用镀锌钢绞线时的最小截面积宜符合表 20.5-2 的规定。

表 20.5-2　地线采用镀锌钢绞线时最小截面积要求

电压等级		交流					直流	
		110kV	220kV	330kV	500~750kV	1 000kV	±500~±660kV	±800kV 及以上
镀锌钢绞线最小标称截面积/mm²	无冰区	35	50	80	80	170	80	150
	覆冰区	50	80	100	100	170	100	150

输电线路的地线除用作防雷外，还有多方面的综合作用，如降低不对称短路时的工频过电压、减小潜供电流，作为屏蔽线以降低输电线路对电信线路的电磁影响，用作载波通道等。不同的用途可选用不同材料的地线，如为降低零序电流应选用零序阻抗较小的良导体；用作载波通信时地线外层应选用高导电性材料；仅用作防雷时选用钢线即可。复合光缆（OPGW）作地线具有光纤通信和地线保护双重功能，是电力系统通信数字化、智能化的重要载体，因其通信容量大，不受强电干扰，通信质量高等优点，又与线路本体架设在一起，提高了通信的可靠性。

交流输电线路地线的绝缘方式有三种：全线绝缘、分段绝缘单点接地和逐基直接接地方式。为减少电能损耗，我国 330kV 及以上线路，OPGW 大都采用逐基直接接地的方式，普通地线采用分段绝缘单点接地的方式，见图 20.5-1。近年来，对 OPGW 也尝试分段绝缘单点接地的绝缘方式。

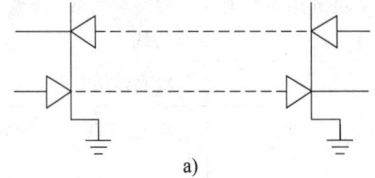

图 20.5-1　架空地线分段绝缘单点接地方式

a）分段绝缘端部单点接地方式　b）分段绝缘中间单点接地方式

直流输电线路在正常运行时，极电流中的谐波分量很小，地线上的电磁感应电流极小，主要是极导线对地线的静电感应，其电能损失远远小于交流输电线路，直流输电线路的地线（或 OPGW）大都采用逐基直接接地的方式。当地线兼作金属回流线时，地线应绝缘，并考虑极电流在回流线（地线）上产生的电压降，以及操作过电压时在回流线上产生的影响等因素，确定其绝缘水平。

65　绝缘子　输电线路上使用的绝缘子主要有盘形悬式瓷（或玻璃）绝缘子和棒形悬式合成绝缘子。盘形悬式绝缘子又分普通形和防污型。按其破坏强度主要有 70kN、100kN、160kN、210kN、300kN、420kN、550kN、760kN 和 840kN 九级。绝缘子的选用应按其承受的电压、机械荷载的大小和线路经过地区的污秽等级等因素来决定其吨位和片数。交流线路在海拔 1 000m 以下地区，操作过电压及雷电过电压要求的悬垂绝缘子串绝缘子片数，不应少于表 20.5-3 中的数值。直流线路在海拔 1 000m 以下地区，轻污秽区 0.05mg/cm² 盐密度时，工作电压要求的 I 型及 V 型悬垂绝缘子串绝缘子片数，不宜少于表 20.5-4 中的数值。

表 20.5-3　操作过电压及雷电过电压要求悬垂绝缘子串的最少片数（交流线路）

标称电压/kV	110	220	330	500	750	1 000
单片绝缘子高度/mm	146	146	146	155	170	195
绝缘子片数/片	7	13	17	25	32	43

表 20.5-4　轻污秽区要求的钟罩型悬垂绝缘子串片数（直流线路）

标称电压/kV		±500		±660		±800	±1 100
串型		I 型	V 型	I 型	V 型	V 型	V 型
单片绝缘子高度/mm		170	170	170 (195)	170 (195)	170 (195)	170 (195)
爬距/mm		545	545	545 (635)	545 (635)	545 (635)	545 (635)
绝缘子片数/片		40	38	53 (46)	51 (44)	60 (56)	83 (77)

注：±800kV 及±1 100kV 线路绝缘子片数适合我国南方地区，我国北方地区直流特高压线路工程的绝缘子片数应根据当地的污秽特征和气候条件，并结合当地已运行线路的经验综合确定。

交流线路耐张绝缘子串的绝缘子片数应在表 20.5-3 的基础上增加，110～330kV 线路增加 1 片，500kV 线路增加 2 片，750kV 线路不需增加片数，1 000kV 线路根据运行经验较悬垂绝缘子串可适当减少。直流线路耐张绝缘子串的绝缘子片数可取悬垂串同样的数值，在中、重污秽区，爬电比距可根据运行经验较悬垂绝缘子串适当减少。

海拔为 1 000～4 000m 的地区，绝缘子串的片数，如无运行经验，可按下式确定：

$$n_H = n e^{m_1(H-1\ 000)/8\ 150}$$

式中　n_H——高海拔地区每串绝缘子所需片数；

　　　H——海拔（m）；

　　　m_1——特征指数，它反映气压对于污闪电压的影响程度，由试验确定。

送电线路的防污绝缘设计，应依照经审定的污秽分区图所划定的污秽等级，参考表 20.5-3、表 20.5-4 选择合适的绝缘子型式和片数。由于棒型悬式合成绝缘子的耐污性能好、质量轻、强度高等优点，在污秽地区得到广泛的应用。

66　金具　主要用来固定、连接绝缘子串和导线、地线；接续导线、地线；保护绝缘子和导线、地线。按用途分为悬垂线夹、耐张线夹、连接金具、接续金具、防护金具和拉线金具六大类。

在选用金具时，应根据线路特点，尽量选用定型金具。悬垂线夹一般都采用固定式线夹，铝合金线夹在线路中也得到愈来愈多的应用；大导线的耐张线夹和接续管可采用爆压型或液压型，小导线一般采用螺栓式耐张线夹。

金具和绝缘子机械强度的安全系数 K 不应小于表 20.5-5 所列数值，并按下式计算。

$$K = \frac{T_R}{T}$$

式中　T_R——绝缘子和金具的额定机械破坏负荷（kN）；

　　　T——绝缘子和金具承受的最大使用荷载、稀有荷载、断线荷载、断联荷载或常年荷载（kN）。

表 20.5-5　绝缘子和金具机械强度的安全系数 K

情况		最大使用荷载		常年荷载	断线荷载	断联荷载	稀有荷载
		盘型绝缘子	棒型绝缘子				
绝缘子	一般线路	2.7	3.0	4.0	1.8	1.5	1.5
	大跨越	3.0	3.3	5.0	2.0	2.0	1.8
金具	一般线路	2.5		—	1.5	1.5	1.5
	大跨越	3.0		—	2.0	2.0	1.8

注：1. 棒型绝缘子包括复合绝缘子和瓷棒绝缘子。
　　2. 考虑断联工况时，双联及多联绝缘子串的荷载及安全系数按断一联计算。

67　杆塔　输电线路的杆塔用来支撑导线、地线、绝缘子等，主要有电杆和铁塔两大类。电杆一般在电压为 330kV 及以下的输电线路上，在我国以钢筋混凝土电杆为主，在城市电网中，钢管杆正得到越来越多的应用，有些国家还采用木杆和铝合金杆，甚至复合材料杆。35kV 线路大都采用单杆，110kV 及以上线路则大多采用"门型"双杆。钢筋混凝土电杆具有耗钢量少、施工方便、维护工作量小，又可在工厂中规模生产等优点；其产品应符合国家标准 GB/T 4623—2014《环形混凝土电杆》。

铁塔一般采用热轧等边角钢，用螺栓连接成空间桁架结构，部分承受较大荷载的铁塔则采用钢管构件，利用法兰、插板和螺栓连接而成，少量特殊铁塔也会采用其他型钢或拉索作为铁塔构件。

铁塔按结构型式可分为拉线塔和自立塔两大类。拉线塔主要用于开阔平坦地区，由塔头、立柱和拉线组成，它能充分利用各材料的强度特性和场地条件，使得结构既安全可靠，又减少耗钢量。自立塔为自立式结构，没有拉线，适用范围最广。其中，自立式直线塔主要有上字形、猫头形、酒杯形等，自立式耐张塔则主要为"干"字形。自立式铁塔具有占地少、强度大等特点，我国多回路线路铁塔也一般均采用自立塔。

大跨越塔是一类特殊的自立式铁塔，主要用于跨河、跨江、跨海等大跨度区段。其高度高、荷载大、结构复杂，耗钢量和投资都比较高。目前国内大跨越塔大多采用钢管塔、组合构件塔或钢管混凝土塔等。

68　基础　杆塔基础分为电杆基础和铁塔基础。电杆基础由底盘和卡盘组成，有拉线的电杆还需拉线盘。铁塔基础型式应根据塔型、地形、地质、水文及施工运输等条件确定，主要型式见表20.5-6。

基础设计应计算上拔稳定、地基下压强度、倾覆稳定和基础强度。

表 20.5-6　铁塔基础型式

类型	特点	简图
混凝土或钢筋混凝土板柱式基础	施工简便，现场浇制，质量易于检查	
预制装配式基础	基柱、底盘可在工厂生产，安装方便，用于荷载较小、运输方便的塔位	
岩石基础	充分利用岩石的力学性能，可大量降低基础材料的消耗量，适用于山区岩石裸露或覆盖层较浅的塔位	
掏挖类基础	充分发挥原状土的特性，具有良好的抗拔性能和较大的水平承载力；无级模板及回填，节约材料，但混凝土的浇制质量难以检查	
灌注桩基础	用于易受河水冲刷的塔位，以及跨河地段的淤泥、流沙等软弱地质	

69　接地装置　输电线路的杆塔接地装置主要是为了导泄雷电流入地，以保持线路有一定的耐雷水平，杆塔接地装置应按 GB 50065—2011《交流电气装置的接地设计规范》相关规定进行设计。在雷季干燥时，一般线路每基杆塔不连地线的工频接地电阻，不宜大于表 20.5-7 规定的数值，大跨越塔接地电阻不应超过表 20.5-8 中的数值。

**表 20.5-7　有地线的线路杆塔不连
地线的工频接地电阻**

土壤电阻率/Ω·m	100 及以下	100~500	500~1 000	1 000~2 000	2 000 以上
工频接地电阻/Ω	10	15	20	25	30

注：如土壤电阻率超过 2 000Ω·m 时，接地电阻很难降到 30Ω 时，可采用 6~8 根总长不超过 500m 的放射形接地体或连续伸长接地体，其接地电阻不受限制。

表 20.5-8　大跨越塔接地电阻值

土壤电阻率/Ω·m	100 及以下	100~500	500~1 000	1 000~2 000	2 000 以上
工频接地电阻/Ω	5.0	7.5	10.0	12.5	15.0

注：如土壤电阻率超过 2 000Ω·m 时，接地电阻很难降到 15Ω 时，接地电阻也不宜超过 20Ω。

输电线路的杆塔接地装置在土壤电阻率 $\rho \leqslant 100\Omega \cdot m$ 的潮湿地区，可利用铁塔和钢筋混凝土杆自然接地；发电厂和变电站的进线段，应另设雷电保护接地装置；在居民区，当自然接地电阻符合要求时，可不设人工接地装置。在土壤电阻率 $100\Omega \cdot m < \rho \leqslant 300\Omega \cdot m$ 的地区，除应利用铁塔和钢筋混凝土杆的自然接地外，应增设人工接地装置，接地极埋设深度不宜小于 0.6m；在土壤电阻率 $300\Omega \cdot m < \rho \leqslant 2\,000\Omega \cdot m$ 的地区，可采用水平敷设的接地装置，接地极埋设深度不宜小于 0.5m；在土壤电阻率 $\rho > 2\,000\Omega \cdot m$ 的地区，接地电阻很难降到 30Ω 以下时，可采用 6~8 根总长度不超过 500m 的放射形接地极或采用连续伸长接地极，放射形接地极可采用长短结合的方式，接地极埋设深度不宜小于 0.3m，接地电阻可不受限制。居民区和水田中的接地装置，宜围绕杆塔基础敷设成闭合环形。对工作于有效接地系统的城镇居民区的杆塔，如有接地时短路电流过大的情况，应校验杆

塔周围人员有无危险电击的可能，并采取相应的措施。目前在实际线路工程中，对非腐蚀性地区，一般采用 Φ12 镀锌圆钢作接地体，接地引下线也采用 Φ12 镀锌圆钢；敷设在腐蚀性较强场所的接地装置，应根据腐蚀的性质采取热镀锡、热镀锌、铜覆钢、石墨接地体等防腐措施，或适当加大截面。

70　线路避雷器　21 世纪 90 年代初，我国的技术人员开发了 110~220kV 电网用系列悬挂式复合外套无间隙线路避雷器，于 1993 年通过机械工业部的技术鉴定，并投入使用。随后几年又成功开发了 330~500kV 电网用系列悬挂式复合外套无间隙线路避雷器。自 1995 年，35kV、66kV、110~500kV 电网用系列悬挂式复合外套带间隙线路避雷器又相继开发成功并投入运行。截至 2009 年初已研究制造出多种类型 110~500kV 线路避雷器，共有 7 610 相线路避雷器在系统中运行，收到了良好的效果。

线路避雷器是目前我国避雷器发展方向之一。经过近几年研究，已掌握了覆盖产品设计、试验检验、设备选用全过程的诸多关键技术，并陆续开发了 1 000kV 交流线路避雷器、±1 100kV 直流线路避雷器、±800kV 直流线路避雷器和高海拔 500kV、220kV 线路避雷器。1 000kV 交流线路避雷器在皖电东送工程中和浙北—福州工程中已挂网使用，高海拔 500kV 线路避雷器在藏中联网工程中投运 1 年以上，高海拔 220kV 线路避雷器已在西藏广泛使用，设备运行可靠，效果显著。

71　在线监测　输电线路状态监测系统是智能电网建设输电环节的重要组成部分，是实现输电线路状态运行检修管理，提升生产运行管理精益化水平的重要技术手段。建立统一监测平台对所运维的输电线路设备运行状态与环境参数进行集中监测，及时掌握输电线路运行工况，实现输电线路的安全预警和实时评估，为生产管理和调度部门提供信息支持，提高运行维护水平，保证特高压线路的安全稳定运行。

在输电线路装设的在线监测系统主要有覆冰和导线张力差在线监测系统、杆塔倾斜在线监测系统、风偏在线监测系统、微气象监测系统、绝缘子污秽在线监测系统、导线微风振动在线监测系统、导线舞动在线监测系统、远程视频在线监控系统、特高压直流输电接地极在线监测系统等，集成了传感器、电磁屏蔽、嵌入式系统、网络通信、故障诊断技术等多学科的技术产品。通过采

集输电线路运行状态和微气象、线路通道环境参数等，系统进行数据集中与分析，判断线路运行状态，实现输电线路管理的数字化、智能化、信息化。

5.2　架空输电线路力学计算

72　气象条件与典型气象区　设计用的气象要素如风速、覆冰、温度等的重现期应符合下列规定：

1）1 000kV 交流、±800kV 及以上直流输电线路及其大跨越应取 100 年。

2）500~750kV 交流、±500kV~±660kV 直流输电线路及其大跨越应取 50 年。

3）110~330kV 交流输电线路及其大跨越应取 30 年。

4）不同电压等级同塔线路应按最高电压等级确定。

确定基本风速时，应按当地气象台站 10min 时距平均的年最大风速为样本，并宜采用极值Ⅰ型分布作为概率模型。统计风速的高度应符合下列规定：

1）一般输电线路应取离地面 10m。

2）大跨越应取离历年大风季节平均最低水位 10m。

轻冰区宜按无冰、5mm、10mm 设计，中冰区宜按 15mm、20mm 设计，重冰区宜按 20mm 及以上设计，必要时还宜按稀有覆冰条件进行荷载设计。设计冰厚对输电线路的安全运行和技术经济指标影响较大，确定冰厚时要十分慎重。

如沿线的气象条件与表 20.5-9 所列的典型气象区接近，可采用典型气象区所列数值。

表 20.5-9　我国部分典型气象区

	气象区		Ⅰ	Ⅱ	Ⅲ	Ⅳ	Ⅴ	Ⅵ	Ⅶ	Ⅷ	Ⅸ
大气温度/℃		最高	+40								
		最低	−5	−10	−10	−20	−10	−20	−40	−20	−20
		覆冰	−5								
		基本风速	+10	+10	−5	−5	+10	−5	−5	−5	−5
		安装	0	0	−5	−10	−5	−10	−15	−10	−10
		雷电过电压	+15								
		操作过电压、年平均气温	+20	+15	+15	+10	+15	+10	−5	+10	+10
风速/(m/s)		基本风速	31	25	22	22	25	22	25	25	25
		覆冰	10①							15	
		安装	10								
		雷电过电压	15	10							
		操作过电压	0.5×基本风速折算至导线平均高度处的风速（不低于 15m/s）								
覆冰厚度/mm			0	5	5	5	10	10	10	15	20
冰的密度/(g/cm³)			0.9								

① 一般情况下覆冰同时风速为 10m/s，当有可靠资料表明需加大风速时可取为 15m/s。

73　荷载及比载　电线每米长度上的荷载简称单位荷载 $g(N/m)$，将其折算到电线单位截面上的荷载称为比载 $\gamma[N/(m \cdot mm^2)]$，其意义和计算公式见表 20.5-10。

表 20.5-10　电线单位荷载及比载　　　　　　　　　[单位：N/(m·mm²)]

单位荷载及比载类别		单位荷载/(N/m)		比载/[N/(m·mm²)]		说明
	符号	计算公式	符号	计算公式		
自重力荷载	g_1	$g_1 = 9.80665 \times p_1$	γ_1	$\gamma_1 = g_1/A$		
冰重力荷载	g_2	$g_2 = 9.80665 \times 0.9\pi\delta(\delta+d) \times 10^{-3}$	γ_2	$\gamma_2 = g_2/A$		A—电线截面积（mm²）；
自重力加冰重力荷载	g_3	$g_3 = g_1 + g_2$	γ_3	$\gamma_3 = g_3/A$		p_1—电线单位荷载（kg/m）； d—电线直径（mm）；
无冰时风荷载	g_4	$g_4 = 0.625 v^2 d\alpha\mu_{\delta c} \times 10^{-3}$	γ_4	$\gamma_4 = g_4/A$		δ—电线覆冰厚度（mm）； v—电线平均高度处的风速（m/s）；
覆冰时风荷载	g_5	$g_5 = 0.625 v^2 (d+2\delta) \alpha\mu_{\delta c} \times 10^{-3}$	γ_5	$\gamma_5 = g_5/A$		α—电线风压不均匀系数； $\mu_{\delta c}$—电线体型系数；
无冰时综合荷载	g_6	$g_6 = \sqrt{g_1^2 + g_4^2}$	γ_6	$\gamma_6 = g_6/A$		表中 9.80665m/s² 为重力加速度取值，空气密度取 1.25kg/m³
覆冰时综合荷载	g_7	$g_7 = \sqrt{g_3^2 + g_5^2}$	γ_7	$\gamma_7 = g_7/A$		

74　弧垂　导、地线悬挂在杆塔上，当所使用的档距足够大时，电线材料的刚性影响可以忽略，同时电线的荷载系沿线长均匀分布，则电线悬挂形状也可认为是悬链线，见图 20.5-2。在工程实用上，除大跨越和特殊情况外，一般将悬链线公式简化为斜抛物线公式或平抛物线公式。三种情况的计算公式列于表 20.5-11。

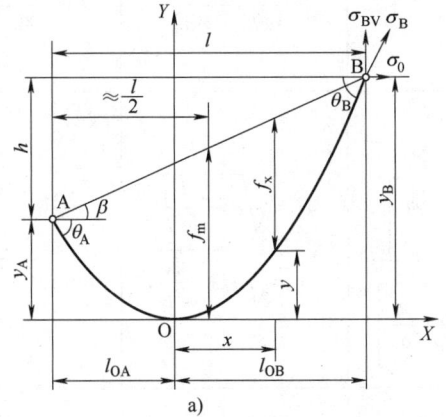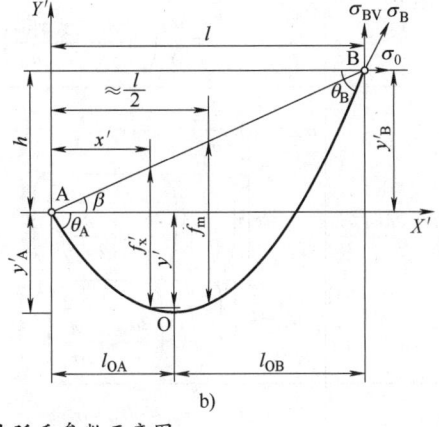

图 20.5-2　电线应力弧垂参数示意图

a) 坐标 O 点位于电线最低点　　b) 坐标 O 点位于电线悬挂点 A

表 20.5-11　电线应力弧垂公式一览表

参数		悬链线公式	斜抛物线公式	平抛物线公式
曲线方程	坐标 O 点位于电线最低点	$y = \dfrac{\sigma_0}{\gamma}\left(\mathrm{ch}\,\dfrac{\gamma x}{\sigma_0} - 1\right) = \dfrac{\gamma x^2}{2\sigma_0} + \dfrac{\gamma^3 x^4}{24\sigma_0^3} + \cdots$	$y = \dfrac{\gamma x^2}{2\sigma_0 \cos\beta}$	$y = \dfrac{\gamma x^2}{2\sigma_0}$
	坐标 O 点位于电线悬挂点 A	$y' = \dfrac{\sigma_0}{\gamma}\left[\mathrm{ch}\,\dfrac{\gamma(l_{OA}-x')}{\sigma_0} - \mathrm{ch}\,\dfrac{\gamma l_{OA}}{\sigma_0}\right]$ 或 $y' = \dfrac{-2\sigma_0}{\gamma}\left[\mathrm{sh}\,\dfrac{\gamma(2l_{OA}-x')}{2\sigma_0}\,\mathrm{sh}\,\dfrac{\gamma x'}{2\sigma_0}\right]$	$y' = x'\tan\beta - \dfrac{\gamma x'(l-x')}{2\sigma_0 \cos\beta}$	$y' = x'\tan\beta - \dfrac{\gamma x'(l-x')}{2\sigma_0}$

（续）

参数		悬链线公式	斜抛物线公式	平抛物线公式
电线弧垂	坐标 O 点位于电线最低点	$f_x = y_A + \tan\beta(l_{OA}+x) - y$ $= \dfrac{2\sigma_0}{\gamma}\mathrm{sh}\dfrac{\gamma(l_{OA}+x)}{2\sigma_0}\mathrm{sh}\dfrac{\gamma(l_{OA}-x)}{2\sigma_0} + \tan\beta(l_{OA}+x)$	$f_x = \dfrac{\gamma(l_{OA}^2 - x^2)}{2\sigma_0\cos\beta} + \tan\beta(l_{OA}+x)$	$f_x = \dfrac{\gamma(l_{OA}^2 - x^2)}{2\sigma_0} + \tan\beta(l_{OA}+x)$
	坐标 O 点位于电线悬挂点 A	$f'_x = x'\tan\beta - y'$ $= x'\tan\beta + \dfrac{2\sigma_0}{\gamma}\left[\mathrm{sh}\dfrac{\gamma(2l_{OA}-x')}{2\sigma_0}\mathrm{sh}\dfrac{\gamma x'}{2\sigma_0}\right]$	$f'_x = \dfrac{\gamma x'(l-x')}{2\sigma_0\cos\beta}$ $= \dfrac{4x'}{l}\left(1 - \dfrac{x'}{l}\right)f_m$	$f'_x = \dfrac{\gamma x'(l-x')}{2\sigma_0}$ $= \dfrac{4x'}{l}\left(1 - \dfrac{x'}{l}\right)f_m$
	最大弧垂	$f_m = \dfrac{\sigma_0}{\gamma}\left[\mathrm{ch}\left(\dfrac{\gamma l}{2\sigma_0}\right)\times\sqrt{1+\left(\dfrac{h}{\frac{2\sigma_0}{\gamma}\mathrm{sh}\frac{\gamma l}{2\sigma_0}}\right)^2} - \sqrt{1+\left(\dfrac{h}{l}\right)^2} + \dfrac{h}{l}\times\left(\mathrm{arsh}\dfrac{h}{l} - \mathrm{arsh}\dfrac{h}{\frac{2\sigma_0}{\gamma}\mathrm{sh}\frac{\gamma l}{2\sigma_0}}\right)\right]$	$f_m = \dfrac{\gamma l^2}{8\sigma_0\cos\beta}$ （档距中央）	$f_m = \dfrac{\gamma l^2}{8\sigma_0}$ （档距中央）
档内线长		$L = \sqrt{\dfrac{4\sigma_0^2}{\gamma^2}\mathrm{sh}^2\dfrac{\gamma l}{2\sigma_0} + h^2}$ $= \dfrac{\sigma_0}{\gamma}\left(\mathrm{sh}\dfrac{\gamma l_{OA}}{\sigma_0} + \mathrm{sh}\dfrac{\gamma l_{OB}}{\sigma_0}\right)$	$L = \dfrac{l}{\cos\beta} + \dfrac{\gamma^2 l^3\cos\beta}{24\sigma_0^2}$	$L = l + \dfrac{h^2}{2l} + \dfrac{\gamma^2 l^3}{24\sigma_0^2}$
悬挂点应力	切线方向综合值	$\sigma_A = \sigma_0\mathrm{ch}\dfrac{\gamma l_{OA}}{\sigma_0} = \sigma_0 + \gamma y_A$ $= \sigma_0\left[\left(\sqrt{1+\left(\dfrac{h}{\frac{2\sigma_0}{\gamma}\mathrm{sh}\frac{\gamma l}{2\sigma_0}}\right)^2}\right)\mathrm{ch}\dfrac{\gamma l}{2\sigma_0} - \dfrac{\gamma h}{2\sigma_0}\right]$ $\sigma_B = \sigma_0\left[\left(\sqrt{1+\left(\dfrac{h}{\frac{2\sigma_0}{\gamma}\mathrm{sh}\frac{\gamma l}{2\sigma_0}}\right)^2}\right)\mathrm{ch}\dfrac{\gamma l}{2\sigma_0} + \dfrac{\gamma h}{2\sigma_0}\right]$	$\sigma_A = \sqrt{\sigma_0^2 + \dfrac{\gamma^2 l_{OA}^2}{\cos^2\beta}}$ $\sigma_B = \sqrt{\sigma_0^2 + \dfrac{\gamma^2 l_{OB}^2}{\cos^2\beta}}$	$\sigma_A = \sigma_0 + \dfrac{\gamma^2 l_{OA}^2}{2\sigma_0}$ $\sigma_B = \sigma_0 + \dfrac{\gamma^2 l_{OB}^2}{2\sigma_0}$
	垂直分量	$\sigma_{AV} = \gamma L_{OA} = \sigma_0\mathrm{sh}\dfrac{\gamma l_{OA}}{\sigma_0}$ $\sigma_{BV} = \gamma L_{OB} = \sigma_0\mathrm{sh}\dfrac{\gamma l_{OB}}{\sigma_0}$	$\sigma_{AV} = \dfrac{\gamma}{\cos\beta}l_{OA}$ $\sigma_{BV} = \dfrac{\gamma}{\cos\beta}l_{OB}$	$\sigma_{AV} = \gamma l_{OA}$ $\sigma_{BV} = \gamma l_{OB}$
电线最低点到悬挂点电线间水平距离		$l_{OA} = \dfrac{l}{2} - \dfrac{\sigma_0}{\gamma}\mathrm{arcsh}\dfrac{\gamma h}{2\sigma_0\mathrm{sh}\frac{\gamma l}{2\sigma_0}}$ $l_{OB} = \dfrac{l}{2} + \dfrac{\sigma_0}{\gamma}\mathrm{arcsh}\dfrac{\gamma h}{2\sigma_0\mathrm{sh}\frac{\gamma l}{2\sigma_0}}$	$l_{OA} = \dfrac{l}{2} - \dfrac{\sigma_0}{\gamma}\sin\beta$ $l_{OB} = \dfrac{l}{2} + \dfrac{\sigma_0}{\gamma}\sin\beta$	$l_{OA} = \dfrac{l}{2} - \dfrac{\sigma_0}{\gamma}\tan\beta$ $l_{OB} = \dfrac{l}{2} + \dfrac{\sigma_0}{\gamma}\tan\beta$
电线悬挂点到电线最低点间垂直距离		$y_A = \dfrac{\sigma_0}{\gamma}\left(\mathrm{ch}\dfrac{\gamma l_{OA}}{\sigma_0} - 1\right)$ $y_B = \dfrac{\sigma_0}{\gamma}\left(\mathrm{ch}\dfrac{\gamma l_{OB}}{\sigma_0} - 1\right)$	$y_{OA\atop(OB)} = \dfrac{\gamma l_{OA}^{\;(OB)}}{2\sigma_0\cos\beta}$ $= f_m\left(1 \mp \dfrac{h}{4f_m}\right)^2$	$y_{OA\atop(OB)} = \dfrac{\gamma l_{OA}^{\;(OB)}}{2\sigma_0}$ $= f_m\left(1 \mp \dfrac{h}{4f_m}\right)^2$

（续）

参数	悬链线公式	斜抛物线公式	平抛物线公式
电线悬挂点电线悬挂角（倾斜角）	$\theta_{\mathrm{A}} = \mathrm{arctansh}\,\dfrac{\gamma l_{\mathrm{OA}}}{\sigma_0}$ $\theta_{\mathrm{B}} = \mathrm{arctansh}\,\dfrac{\gamma l_{\mathrm{OB}}}{\sigma_0}$	$\theta_{\mathrm{A}} = \arctan\left(\dfrac{\gamma l}{2\sigma_0\cos\beta} - \dfrac{h}{l}\right)$ $\theta_{\mathrm{B}} = \arctan\left(\dfrac{\gamma l}{2\sigma_0\cos\beta} + \dfrac{h}{l}\right)$	$\theta_{\mathrm{A}} = \arctan\left(\dfrac{\gamma l}{2\sigma_0} - \dfrac{h}{l}\right)$ $\theta_{\mathrm{B}} = \arctan\left(\dfrac{\gamma l}{2\sigma_0} + \dfrac{h}{l}\right)$

注：$\mathrm{sh}x = \dfrac{\mathrm{e}^x - \mathrm{e}^{-x}}{2} = x + \dfrac{x^3}{3!} + \dfrac{x^5}{5!} + \dfrac{x^7}{7!} + \cdots$，双曲正弦函数；

$\mathrm{ch}x = \dfrac{\mathrm{e}^x + \mathrm{e}^{-x}}{2} = 1 + \dfrac{x^2}{2!} + \dfrac{x^4}{4!} + \dfrac{x^6}{6!} + \cdots$，双曲余弦函数；

l——档距（两悬挂点之间水平距离，m）；

h——高差（两悬挂点之间垂直距离，m）；

β——高差角，$\tan\beta = h/l$；

f——电线弧垂（两悬挂点连线上各点到电线上的垂直距离，m）；

y、y'——电线各点到横坐标轴的垂直高度（m）；

σ_0——电线各点的水平应力（亦即最低点之应力，N/mm²）；

γ——电线比载［即单位长度单位截面积上的荷载，N/(m·mm²)］。

75　电线基本状态方程　对悬挂在两固定点的导、地线，当已知某一起始气象条件的应力，可利用基本状态方程式计算另一气象条件下的应力。

$$\sigma_{\mathrm{m}} - \frac{\gamma_{\mathrm{m}}^2 l^2 E\cos^2\beta}{24\sigma_{\mathrm{m}}^2} = \sigma - \frac{\gamma^2 l^2 E\cos^2\beta}{24\sigma^2} - \alpha E\cos\beta(t_{\mathrm{m}} - t)$$

式中　σ_{m}、σ——已知和待求的导、地线应力水平分量（N/mm²）；

γ_{m}、γ——已知和待求状态的导、地线比载［N/(m·mm²)］；

t_{m}、t——已知和待求状态的气温（℃）；

E——导、地线的弹性模量（N/mm²）；

α——导、地线的温度伸长系数（1/℃）；

l——档距长度（m）；

β——高差角（°）。

若一个耐张段内有 2 档及以上时，则上式中的 l 应为代表档距 l_{r}，l_{r}（m）按下式计算。

$$l_{\mathrm{r}} = \frac{1}{\cos\beta_{\mathrm{r}}} \times \sqrt{\frac{\sum l^3\cos\beta}{\sum \dfrac{l}{\cos\beta}}}$$

$$\cos\beta_{\mathrm{r}} = \frac{\sum \dfrac{l}{\cos\beta}}{\sum \dfrac{l}{\cos^2\beta}}$$

76　振动与舞动　导、地线在平稳的横向均匀风速（一般为 0.5~10m/s）作用下，导、地线受到一定频率的上下交变的风力作用，当此频率与导、地线的振动频率接近时，就会发生持续的振动。振动频率为几赫兹至上百赫兹，全振幅一般在 20~30mm。单线或多根分裂组合导线都可发生，会造成导线、地线疲劳断股、金具断裂、连接螺栓松动等后果。为限制振动水平，一般的措施是限制平均运行张力的上限和加装防振设施，见表 20.5-12。

表 20.5-12　导、地线平均运行张力的上限和防振措施

情况	平均运行张力的上限（拉断力的百分数）（%）		防振措施
	钢芯铝绞线	镀锌钢绞线	
档距不超过 500m 的开阔地区	16	12	不需要
档距不超过 500m 的非开阔地区	18	18	不需要
档距不超过 120m	18	18	不需要
不论档距大小	22	—	护线条
不论档距大小	25	25	防振锤（阻尼线）或另加护线条

舞动是一种频率较低（在 3Hz 以下）、振幅较大（可达十几米）的现象，单导线、分裂导线都可能发生，但分裂导线易于形成舞动。当空气湿度较大（90%~95%）时，在一定的环境温度（一般 -5~0℃）及风速（一般大于 1m/s）作用下，空气中的过冷却水滴极易在电线上形成覆冰，迎风侧较厚，背风侧较薄，这种翼状覆冰在风力作用下致使电线发生椭圆轨迹舞动。线路走向与冬季主导风向夹角大于 45°的区段，发生舞动的可能性更大，山谷、峰口、地势开阔平坦地区也更易发生舞动。舞动的后果严重，会引起碰线而造成短路，造成导线断股、断线、金具断裂、杆塔部件损坏、螺栓松动等。抑制舞动，除合理选择线路路径外，还可采取一些措施，如采用防舞装置，在档距中央加挂线夹回转式间隔棒、双摆防舞器、失谐摆、偏心重锤等；加装相间间隔棒；采用特殊导线，防止导线覆冰，以消除诱发舞动的外部条件；加强绝缘子、金具和杆塔的机械强度，减少舞动引起的损坏等。

5.3 架空输电线路的电气设计

77 导地线选型及布置 输电线路的导线截面

积和分裂型式，宜根据系统需要按照经济电流密度选择，见表 20.5-13，并应根据系统输送容量，结合不同导线的材料结构进行电气和机械特性等比选，通过年费用最小法进行经济比较后确定；大跨越的导线截面积宜按允许载流量选择，其允许最大输送电流与陆上线路相配合，并通过综合技术经济比较确定，宜采用已有运行经验的型号或线型。地线（包括光纤复合架空地线）应满足电气和机械使用条件要求，可选用镀锌钢绞线或复合型绞线；验算短路热稳定时，计算时间和相应的短路电流应根据系统条件决定，地线的允许温度宜按表 20.5-14 规定取值。

表 20.5-13　经济电流密度

（单位：A/mm²）

导线材料	最大负荷利用小时数 T_{max}/h		
	3 000 以下	3 000~5 000	5 000 以上
铝线	1.65	1.15	0.9
铜线	3.0	2.25	1.75

表 20.5-14　地线允许温度

地线类型	钢芯铝绞线 钢芯铝合金绞线	钢芯铝包钢绞线 铝包钢绞线	镀锌钢绞线	光纤复合架空地线
地线的允许温度/℃	200	300	400	产品试验保证值

导线水平线间距离取决于电压等级、串型、串长和弧垂等，并考虑各地经验提出；导、地线垂直线间距离、水平偏移主要取决于覆冰脱落时的跳跃或舞动情况下导、地线间的工作间隙，与弧垂及冰厚有关，一般取水平线间距离的 75%。

对于中性点非直接接地电网，为降低中性点长期运行中的电位，可用换位或变换输电线路相序排列的方法来平衡不对称电容电流。对于中性点直接接地的 110~750kV 交流电网，长度超过 100km 的输电线路宜换位，换位循环长度不宜大于 200km，一个变电站的某级电压的每回出线虽小于 100km，但其总长度超过 200km，可采用换位或变换各回路输电线路的相序排列的措施来平衡不对称电流。对于 1 000kV 交流线路，单回线路采用水平排列方式时，线路长度大于 120km 应换位，单回线路采用三角形排列及同塔双回线路按逆相序排列时，其换位长度可适当延长，一个变电站的每回出线小于

120km，但其总长度大于 200km，可采用换位或变换各回输电线路的相序排列的措施。对于 π 接线路应校核不平衡度，必要时设置换位。直流线路不需换位。

78 电晕 当导线表面的电场强度超过空气的击穿强度时，就会产生电晕放电，伴随电晕放电可产生可听噪声，对无线电造成干扰，诱发导线振动等。电晕不仅影响环境，而且会造成电能损耗，因此对电晕放电须加以限制。

导线电晕临界电场强度 E_0（峰值，kV/cm）可按下式计算：

$$E_0 = 30.3m\delta^x\left(1+\frac{0.3}{\sqrt{r_0\delta}}\right)$$

式中　m——导线表面系数，取 0.82~0.9；

　　　r_0——导线半径（cm）；

　　　δ——相对空气密度；

　　　x——指数，一般取 0.5~1.0。

导线表面电场强度与其直径、电压和工作电容有关。交流线路单导线和分裂导线的表面最大电场强度 E_m（峰值，kV/cm）可用下列经验公式求得。

$$E_m = 0.014\,7\frac{CU_e}{r_0}$$

$$E_m = E_p\left[1 + \frac{2r_0}{D}(n-1)\sin\frac{\pi}{n}\right]$$

$$E_p = 0.014\,7\frac{CU_e}{nr_0}$$

式中　C——相导线的工作电容（pF/m）；
　　　U_e——线电压有效值（kV）；
　　　r_0——导线半径（cm）；
　　　D——分裂间距（cm）；
　　　n——分裂导线根数。

直流线路导线表面场强常用的计算方法有经验公式法、逐步镜像法以及模拟电荷法等。经验公式法计算简单，其精度一般可以满足工程计算的要求，但不能准确反映分裂导线子导线表面电场强度；逐步镜像法和模拟电荷法计算精度高，但需要借助计算机完成计算。

根据运行经验和计算分析，导线表面最大场强 $E_m < 25$kV/cm 或 $E_m/E_0 < 0.85$ 时，其电晕状况是可以接受的。在海拔 1 000m 及以下地区，当导线外径不小于表 20.5-15 和表 20.5-16 所列数值时，一般不必验算电晕。

表 20.5-15　交流线路不必验算电晕的导线最小外径

标称电压/kV	110	220	330		500	750	1 000
导线外径/mm	9.60	21.6	33.8	2×21.6	2×36.2	4×21.6	6×23.9	8×30.0（单回路） 8×33.8（双回路）

表 20.5-16　直流单回路导线最小外径和分裂数

标称电压/kV	±500		±660		±800		±1 100	
分裂数×导线外径/mm	2×44.5	4×23.8	4×36.2	6×30.0	6×33.8	8×27.6	8×44.5	10×38.4

79　电能损失　输电线路的电能损失主要包括导线电阻损失、导线电晕损失、地线电晕损失及绝缘子金具串泄漏损失等。地线电晕损失和绝缘子金具泄漏损失较小，可忽略不计。输电线路的电阻损失与电阻和流经导线的电流有关，当导线表面的电场强度超过空气击穿强度时，靠近导线表面的空气被击穿，就将电能转换成热、光、可听噪声和无线电干扰等形式释放，这种能量损失就是输电线路导线的电晕损失。

交流三相线路的年平均电晕功率损失，为三相导线在各种天气条件下（好天气、雪天、雨天、雾凇天）产生的电晕功率损失的总和。世界各国的研究机构对高压直流输电线路电晕损失进行了大量的试验研究，从而得到一系列有较好置信度的经验估算公式，如皮克公式、安乃堡公式、巴布科夫公式、IREQ 公式、意大利公式、EPRI 换算公式等，目前，根据国内科研成果和工程经验，安乃堡公式在我国是比较适用的。

80　无线电干扰　输电线路的 RI 属于不对称分量在导线和大地间形成的干扰电磁场，主要来自：导线电晕放电；因绝缘子表面污秽而产生的泄漏电流；有缺陷绝缘子的间隙击穿火花；连接金具、线夹的电晕及火花放电；间隔棒、导线接续管、补修管、防振措施，甚至均压、屏蔽环的电晕及火花；绝缘地线间隙及其小绝缘子的感应电压放电；变电站的各种干扰源通过母线传入线路上。因此，输电线路的无线电干扰，虽然主要取决于导线的电晕放电，但是实际上是上述各种干扰的总和。

交流线路在海拔不超过 1 000m 时，距输电线路边相导线水平投影外 20m、对地 2m 高处，80% 时间，80% 置信度，频率为 0.5MHz 时的无线电干扰限值应符合表 20.5-17 的规定。

表 20.5-17　无线电干扰限值

标称电压/kV	110	220~330	500	750	1 000
限值 dB/(μV/m)	46	53	55	58	58

直流线路在海拔不超过 1 000m 时，距正极性导线对地水平投影外 20m 处，80% 时间，80% 置信度，频率为 0.5MHz 时的无线电干扰限值不应大于

58dB（μV/m）。

81　可听噪声　在较低的运行电压下，因噪声级很低，不会引起人们的关注。但随着线路电压等级的不断提高，特别是特高压线路的出现，可听噪声已经成为线路的限制因素。

对于交流输电线路，晴天时的可听噪声很小，在小雨、雾和下雪时，导线表面受潮，表面附着水滴时可听噪声较大，因此交流输电线路重点考虑雨天的情况。而对于直流输电线路，雨天时导线的起晕电场强度比晴天低，导线周围的离子比晴天多；下雨初期，导线表面离子浓度不大，电晕放电比晴天稍强；下雨延续一段时间后，导线表面离子增加，使得导线不规则的部位都被较浓的电荷包围，减小电晕放电强度，使得可听噪声反而有所减小。

交流线路距输电线路边相导线地面水平投影外 20m 处，湿导线条件下的可听噪声值不应超过 55dB（A）。直流线路距正极性导线地面水平投影外 20m 处，晴天由电晕产生的可听噪声（L50）不应超过 45dB（A）；在海拔大于 1 000m 且线路经过人烟稀少地区时，由电晕产生的可听噪声应控制在 50dB（A）以下。

82　电磁效应　在电力设备和输电线路附近以及在变电站内存在工频电场和磁场，由此引起的静电效应和电磁影响，是电力系统和其他有关部门所关心的问题。随着线路电压等级的提高，静电效应变得越来越突出。当世界上出现 500kV 及以上电压的超高压输电线路后，静电效应已成为人们关注的问题。因此，选择输电线路和附近物体之间的净距，除考虑电气强度因素外，还必须考虑静电效应这一重要因素。静电效应包括耦合电流、感应电压和感应能量所产生的影响。

直流输电线路合成电场由两部分电场向量叠加：一部分由导线所带电荷产生，这种场与导线排列的几何位置有关，与导线的电压成正比，通常称为静电场或标称电场；另一部分由空间电荷产生。合成电场强度的大小主要取决于导线电晕放电的严重程度，最大合成电场强度有可能比标称电场强度大很多，可达 3~5 倍。

电线静电场中的静电效应强度通常用离地 1m 处的地面电场强度来表述。它与导线排列方式和相分裂的结构等因素有关。线路下的地面电场强度一般是对称的，以线路中心线为对称轴，中心线下的场强较低，边线下较高，边线外侧约 1m 处的场强最高。图 20.5-3 是 500kV 和 ±500kV 输电线路的线下地面电场强度横向特性。目前在一般非居民区交流线路下的地面电场强度控制在 10kV/m 以下，直流线路合成场强限定在雨天 36kV/m，晴天 30kV/m，离子流密度限定在雨天 150nA/m^2，晴天 100nA/m^2。

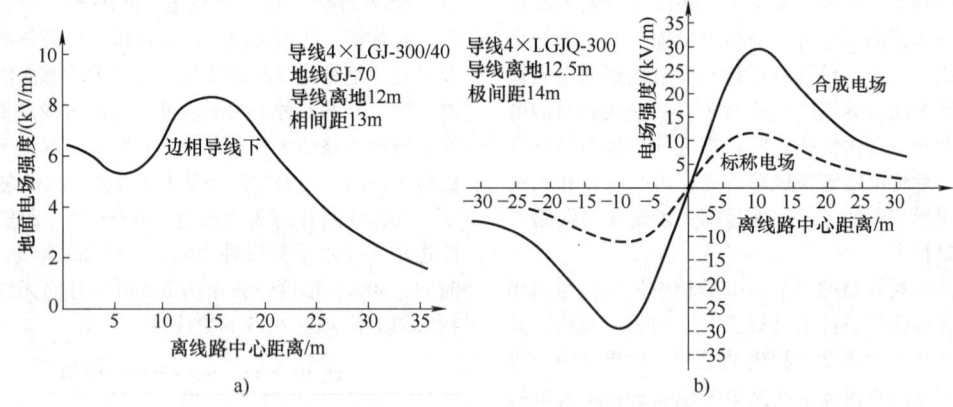

图 20.5-3　导线水平排列地面电场强度横向特性
a）500kV 线路　b）±500kV 线路

对于在超高压、特高压输电线路的静电场中活动的人员来说，发生直接的生理伤害的危险性是很小的。但是，当人体与其电位不同的物体相接触时，会发生"电击"，还会使人有刺痛感或不愉快。当感应电流超过一定数值，就会引起心室颤动，影响心室颤动的参数有体重、电流幅值和电击持续时间，感应电流对人体的影响数据见表 20.5-18。

表 20.5-18　电流对人体的影响

电流分级		直流电流/mA	稳态工频电流有效值/mA	暂态电击
感觉电流	男人	5.2	4.1	3μC
	女人	3.4	0.8	
最小二级电击电流	男人	9	1.8	约 1.5mJ
	女人	6	1.2	
最小一级电击电流	男人	62	9	50J
	女人	41	6	
	儿童	—	5	

83　对电信线路的影响及其防护　输电线路正常运行时，对电信线有干扰影响，其计算可采用国际电话电报咨询委员会《CCITT 导则》中的有关公式。当输电线路和电信线路间的距离远大于输电线路和电信线路的导线对地高度时，可采用简化公式，详见 DL/T 5033—2006《输电线路对电信线路危险和干扰影响防护设计规程》和 DL/T 5340—2015《直流架空输电线路对电信线路危险和干扰影响防护设计技术规程》。音频双线电话回路噪声计电动势允许值应符合下列规定：省、地区（市）及以上电话局的电话回路为 4.5mV；县以下电话局的电话回路为 10mV；业务电话回路为 7mV；兼作电话用的有线广播双线回路噪声计电动势允许值为 10mV。送电线路在"线-地"电报回路中感应产生流过电报机的干扰电流允许值应为电报机工作电流的 10%。

中性点直接接地系统中，当输电线路发生单相接地短路；中性点不直接接地系统中，线路的其中两相在不同地点同时接地短路时，以及直流输电线路单极运行方式下极导线接地短路或双极运行方式下一极导线接地短路故障时，输电线路的短路电流将对邻近的电信线产生磁危险影响。在交流输电线路故障状态下，电信明线上的磁感应电压（包括磁感应纵电动势和磁感应对地电压）允许值应为：高可靠送电线路为 650V，其他送电线路为 430V。在直流输电线路故障状态下，架空明线电信线路上感应产生的纵电动势或对地电压不应超过 3 000V（峰值）。对电缆电线路，其允许值视电信电缆的试验电压、两端的接线和有无远距离供电等情况而定，详见 DL/T 5033—2006 和 DL/T 5340—2015。

电信线路上磁感应纵电动势 E（V）可按下式计算：

$$E = \sum_{i=1}^{n} \omega M_i l_{pi} I_s K_z$$

式中　ω——影响电流角频率（rad/s），$\omega = 2\pi f$；
f——影响电流的频率（Hz），交流输电线路影响电流频率为 50Hz，直流输电线路影响电流频率为 30Hz；
M_i——输电线路与电信线路第 i 段互感系数（H/km）；
l_{pi}——输电线路与电信线路间第 i 接近段长度（km）；
I_s——对于交流输电线路是一相接地短路或两相在不同地点同时接地的短路电流，对于直流输电线路是一极导线在不同地点接地，短路电流各频率分量的加权值之和（A）；
K_z——接近段内各种导体的综合磁屏蔽系数，对于交流输电线路为 50Hz 时的屏蔽系数，对于直流输电线路为 30Hz 时的屏蔽系数。

当输电线路发生单相接地故障时，短路电流入地点就形成高电位，地电位升高，使大地上各点间产生电位差，当此电位差超过一定限制时，将对接地体附近的通信电缆和电信局设备产生影响，电位差的允许值同危险影响的允许值相同。大地中任意点 P 的电位 U_P（V）为

$$U_P = \frac{I\rho}{2\pi r} \arcsin \frac{r}{r+x}$$

式中　I——流入大地的短路电流（A）；
ρ——大地电阻率（Ω·m）；
r——接地装置计算半径（m）；
x——P 点至接地装置边缘距离（m）。

84　安全距离　输电线路的带电体与杆塔构件的间隙，在相应风偏条件下，不应小于表 20.5-19～表 20.5-22 中所列数值，海拔超过 1 000m 的地区，空气间隙放电电压需进行修正。输电线路的导线对地面和被交叉物的最小距离见表 20.5-23 和表 20.5-24。

表 20.5-19　110~500kV 带电部分与杆塔构件（包括拉线、脚钉等）的最小间隙

（单位：m）

标称电压/kV	110	220	330	500	
海拔/m	1 000	1 000	1 000	500	1 000
工频电压	0.25	0.55	0.90	1.20	1.30
操作过电压	0.70	1.45	1.95	2.50	2.70
雷电过电压	1.00	1.90	2.30	3.30	3.30

表 20.5-20　750kV 及 1 000kV 带电部分与杆塔构件（包括拉线、脚钉等）的最小间隙

（单位：m）

标称电压/kV		750				1 000			
回路数		单回路		双回路		单回路		双回路	
海拔/m		500	1 000	500	1 000	500	1 000	500	1 000
工频电压	I 串	1.8	1.9	1.9	2.0	2.7	2.9	2.7	2.9
操作过电压	边相 I 串	3.8	4.0	4.3	4.5	5.6	6.0	6.0	6.2
	中相 V 串	4.6 (5.3)	4.8 (5.5)	—	—	6.7 (7.9)	7.2 (8.0)	—	—
雷电过电压		4.2（或按绝缘子串放电电压的 0.80 配合）		4.2	4.4	—	—	6.7	7.1

注：1. 按运行电压情况校验间隙时风速采用基本风速修正至相应导线平均高度处的值及相应气温。

2. 当因高海拔而需增加绝缘子数量时，雷电过电压最小间隙也应相应增大。

3. 括号内数值为 V 串对塔窗顶部最小间隙值。

表 20.5-21　±500~±660kV 带电部分与杆塔构件的最小间隙　（单位：m）

标称电压/kV		±500			±660	
回路数	单回路		双回路		单回路	
海拔/m	500	1 000	500	1 000	500	1 000
工作电压	1.30	1.40	1.30	1.40	1.70	1.85
操作过电压 1.7pu	2.45	2.65	—	—	3.90	4.10
操作过电压 1.8pu	—	—	2.75	2.95	—	—
雷电过电压	—	—	4.20		—	—

表 20.5-22　±800kV 及以上直流线路带电部分与杆塔构件的最小间隙　（单位：m）

标称电压/kV	±800		标称电压/kV	±1 100	
海拔/m	500	1 000	海拔/m	500	1 000
工作电压	2.1	2.3	工作电压	3.0	3.2
操作过电压 1.6pu	4.9	5.3	操作过电压 1.5pu	7.8	8.1
操作过电压 1.7pu	5.5	5.8	操作过电压 1.58pu	8.6	8.9
雷电过电压	—				

表 20.5-23　交流线路导线对地面和交叉物的最小垂直距离　　（单位：m）

地面或交叉物		110kV	220kV	330kV	500kV	750kV	1 000kV 单回	1 000kV 同塔双回（逆相序）
居民区		7.0	7.5	8.5	14.0	19.5	27.0	25.0
农业耕作区		6.0	6.5	7.5	11.0（10.5）	15.5	22.0	21.0
非农业耕作区						13.7	19.0	18.0
交通困难地区		5.0	5.5	6.5	8.5	11.0	15.0	
建筑物		5.0	6.0	7.0	9.0	11.5	15.5	
树木（考虑自然生长高度）		4.0	4.5	5.5	7.0	8.5	14.0	13.0
跨越标准轨铁路，至轨顶		7.5	8.5	9.5	14.0	19.5	27.0	25.0
跨越窄轨铁路，至轨顶		7.5	7.5	8.5	13.0	18.5		
跨越电气轨铁路，至轨顶		11.5	12.5	13.5	16.0	21.5		
跨越公路，至路面		7.0	8.0	9.0	14.0	19.5	27.0	25.0
跨越电车道，至路面		10.0	11.0	12.0	16.0	21.5	27.0	25.0
跨越电力线路		3.0	4.0	5.0	6.0（8.5）	7.0（12.0）	10.0（16.0）	10.0（16.0）
跨越电信线路		3.0	4.0	5.0	8.5	12.0	18.0	16.0
跨越通航河流	至最高航行水位桅顶	2.0	3.0	4.0	6.0	8.0	10.0	10.0
	至五年一遇洪水位	6.0	7.0	8.0	9.5	11.5	14.0	13.0
跨越不通航河流	百年一遇洪水位	3.0	4.0	5.0	6.5	8.0	10.0	10.0
	冬季至冰面	6.0	6.5	7.5	11.0（水平）10.5（三角）	15.5	22.0	21.0
跨越索道		3.0	4.0	5.0	6.5	8.5（顶部）11.0（底部）	11.0（顶部）13.5（底部）	

注：表中对地距离括号内的数值用于导线三角排列，交跨距离括号内的数值用于跨杆（塔）顶。

表 20.5-24　直流线路导线对地面和交叉物的最小垂直距离　　（单位：m）

地面或交叉物	±500kV	±660kV	±800kV	±1 100kV
居民区	15.5	18.0	16.0	28.5
农业耕作区	12.0	16.0	14.5	25.0
非农业耕作区	9.5	14.0	13.0	22.0
交通困难地区	9.0	13.5	13.0	21.0
建筑物	9.0	14.0	16.0	21.5
树木（考虑自然生长高度）	7.0	10.5	13.5	17.0

（续）

地面或交叉物		±500kV	±660kV	±800kV	±1 100kV
跨越铁路，至轨顶		16.0	18.0	16.0	28.5
跨越公路，至路面		16.0	18.0	16.0	28.5
跨越电力线路		6.0（8.5）	8.0（10.5）	10.5（12.5）	13.0（19.5）
跨越电信线路		8.5	14.0	13.0	22.0
跨越通航河流	至最高航行水位桅顶	6.0	8.0	10.5	13.0
	至五年一遇洪水位	9.0	12.5	14.0 *	19.5 *
跨越不通航河流	百年一遇洪水位	8.0	10.0	12.5	15.0
	冬季至冰面	12.0	16.0	14.5	25.0
跨越索道		6.0	8.0	10.5	13.0

注：1. 表中±500 线路导线截面积采用 4×630，±660 线路导线截面采用 4×1 000，±800 线路导线截面积采用 8×1 250/70，±1 100 线路导线截面积采用 8×1 250/70，绝缘子串采用水平 V 串。

2. 表中括号内的数值用于跨杆（塔）顶。

3. * 表示至最高航行水位船舶驾驶甲板或人员活动平台的最小垂直距离。

5.4　紧凑型输电线路

85　紧凑型输电线路的特点　输电线路的最大输送功率接近或等于自然功率，是技术上最完善、经济上最合理的运行状态。它没有电能传输距离的界限，不需任何补偿装置，电能传输的效率也最高。如果忽略线路的电阻和电导，输电线路的自然功率 P_λ（MW）为

$$P_\lambda = \frac{U_e^2}{Z_\lambda}$$

式中　U_e——额定线电压（kV）；

Z_λ——波阻抗（Ω），$Z_\lambda = \sqrt{L_0/C_0}$；

L_0、C_0——导线单位长度电感和电容。

按上式，要增加自然功率就得提高线路的额定电压或降低波阻抗。常规的设计一般都以提高线路的额定电压来提高线路的输送容量。紧凑型线路的设计思想是最大限度地减小波阻抗来提高自然功率。其具体办法是增加子导线根数、优化分裂型式、分裂间距，使其导线表面积得到充分利用；改变导线的悬挂方式，缩小导线的相间距离，从而减小线路电感，增加电容，大幅度地降低波阻抗，提高自然功率。从理论上计算，采用紧凑型线路输

电，其输送功率可成几倍地增加。

紧凑型线路的出现，可以使各电压等级输电线路的适用范围有较大程度地扩大，特别是对输送容量大、走廊狭窄的情况，优点更加明显，值得推广。但也需考虑由此引起的一些问题，如金具复杂、施工和维护工作量较大；相间绝缘问题；子导线直径相对较小，机械超载能力有所降低，数量增多，增大了风荷载；电晕损失和无线电干扰水平也有所增加。此外，操作过电压幅值也有所增大。

86　紧凑型输电线路的导线排列　为了增加电容、减小电感，以达到提高自然功率和输送容量的目的，紧凑型线路采用增加每相的子导线根数的办法，并努力做到每一子导线的表面电场强度 E_s 基本相等，充分利用其表面积。按这一原则来寻求最佳的分裂导线排列方式，子导线可布置成垂直型、水平型、抛物线型、椭圆型、圆型、多角型等，见图 20.5-4。

为减小相间距离，可采取下列一些措施：①采用 V 型绝缘子串来悬挂导线，以消除导线在杆塔上的摆动，采用相间间隔棒，以保持导线在档距中央的间隔；②采用可包含三相导线的塔型，取消相间存在的接地体；③采用柔性绝缘子（如合成绝缘子）代替刚性的金属横担。

根据紧凑型线路的原理，在实际工程中，只要适当增加每相导线的子导线根数，并考虑其排列形式，适当缩小相间距离，就可有效地降低波阻抗，提高其输送容量的能力。

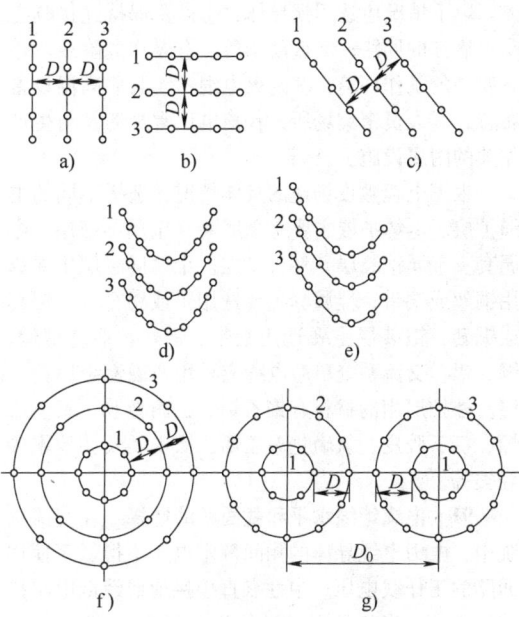

图 20.5-4　提高传输容量的紧凑型线路的不同方案
1、2、3—相序号

5.5　接地极线路

87　接地极

（1）极址的选择　极址应选在离换流站 8～50km 处，以避免换流站接地网被腐蚀和引起变压器饱和等危害。极址的土壤电阻率应比较低，一般不宜大于 $100\Omega \cdot m$。极址土壤应具有较好的导热性，含盐量低，酸碱度趋近于中性，以利散热和减少对极体的腐蚀；极址附近应无重要的地下金属构件和电磁仪表设施，如大口径金属管道、地震台站的地磁场测量仪表等。与极址周围的村镇应保持适当的距离，如换流站离大海和江河比较近时，极址也可选在海岸附近、海中或河边。

（2）极体的材料　当两端的电极都可能作为正极运行时，两端电极都应按正极来设计。正极的极体可选用铁棒、钢棒、炭棒或石墨棒等材质，并把极体埋在焦炭粉末内。导流支路一般采用交联聚乙烯铜芯电缆，芯对地标称电压不低于 6kV。

（3）极体的布置　陆地接地体的布置分水平（沟）型和垂直（井）型。地形比较平坦开阔，土壤上下层的电阻率比较均匀时，宜采用水平型布置；如深层（10m 以下）土壤电阻率明显低于浅层或地形明显崎岖不平，宜采用垂直型布置。在场地条件允许的情况下，一般宜优先选择单圆环布置；其次选择双同心圆布置，极体的埋深宜在 2m 左右。海岸电极可沿海岸进行水平型敷设，也可做成垂直型，垂直型的极体材料大多选用石墨棒。

（4）极体的尺寸　电极尺寸是指接地电极总长度、填充物焦炭灰的断面和极体的直径。确定三者尺寸的原则是：在正常额定电流持续作用下，接地极任意部位最高温度不应超过水的沸点；在最大暂态电流下，地面任意点最大跨步电压不得大于其允许值；在设计寿命期间，考虑腐蚀后极体应满足载流要求；海中电极还应考虑对海洋生物的影响。

88　接地极线路

接地极线路属于大电流、低电压的直流线路，在直流输电系统单极运行时，它是电流回路的重要组成部分。接地极线路的导线截面积一般比线路本体的导线截面积略小。如±500kV 三广线，线路本体的导线为 4×ACSR 720/50，接地极线路导线为 4×LGJ-630/50。由于接地极线路的电压只有几千伏到几十伏，考虑各种因素后，其直流绝缘子的片数不大于 2 片。为保护绝缘子，每串绝缘子都并联一个招弧角间隙。导线对地及交叉跨越，可按 110kV 线路的设计标准执行。另外，对靠近接地极至少 5km 以内的线路，其地线宜采用单点接地；对靠近接地极 2km 以内的杆塔基础对地要绝缘，杆塔对基础也应绝缘。

5.6　电缆输电线路

89　电缆输电线路的优缺点　

电缆线路与架空线路相比，具有下列优缺点：①埋设于地下，不需大走廊，占地少；②不受气候和环境污秽影响，送电性能稳定；③维护工作量小，安全性高；④可用于架空线难以通过的地段，如跨海峡送电；⑤输送容量受到限制；⑥造价高，电压越高，与架空线的差价越大；⑦发生故障时，排除故障时间长。

根据电缆的优缺点，电缆主要用在城市的供电网中，由于城市美化环境的要求，城网中的电缆线路得到了广泛的采用；电厂（特别是大型水电厂）变电所的出线走廊拥挤地区也多用电缆出线；跨大江、大河时，如在经济技术上合理，也可采用电缆送电；跨越海峡一般都采用电缆。

相较交流电缆线路，由于电缆在直流下的绝缘强度几乎是交流下的 2~3 倍，所以同一根电缆在直流下使用时，其工作电压可比交流高得多；采用直流输电，不会出现电缆充电功率的困难，可实现长距离输电。此外，直流电缆要比交流电缆轻巧便宜，而且损耗也少。尽管直流电缆线路比交流电缆线路有较多的优越性，但由于换流站建设的费用较贵，所以直流电缆线路往往只用在一些特殊场合，如跨越海峡、向大城市中负荷密集地区供电等场合。

90　电缆型式的选择　电缆的选择应根据其电流类型、电压等级、输送容量的大小、安装环境等因素综合考虑。

在高压（1kV 以上）交流系统中，广泛使用的是交联聚乙烯电缆和自容式充油电缆。由于交联聚乙烯电缆具有绝缘性能好，介质损耗小，耐热耐老化性能好，工作温度高，输送容量大；不受高落差的制约；施工和维护都方便；防火问题容易处理等优点，广泛地用在电网中。一些国家的电力公司规定，凡在 154kV 及以下的电缆输电线路中，无论新建、更新或改造，一律采用交联聚乙烯电缆，在较短的 275kV 输电线路，如不需要使用中间接头，也推荐使用交联聚乙烯电缆。在我国交流电缆线路中，交联聚乙烯电缆在 220kV 及以下的电缆输电线路上已广泛使用，某些地区的 330kV、500kV 线路中也采用该电缆。自容式充油式电缆在国内外已有相当长的成功运行经验，其可靠耐久性较易把握，在海底电缆的联网工程和海上风电工程中应用较多。

在高压直流系统中，一般使用不滴流油浸纸绝缘电缆、自容式充油电缆和适用高压直流电缆的交联聚乙烯绝缘电缆，不宜选用普通交联聚乙烯绝缘电缆。目前使用较多的高压直流电缆仍是不滴流油浸纸绝缘电缆和自容式充油电缆。采用近年先后开发的半合成纸（聚丙烯薄膜）取代以往用的牛皮纸，不滴流油浸纸绝缘电缆最高允许工作温度由 50~55℃ 提升至 80℃，其载流能力可显著增大。交联聚乙烯绝缘电缆结构简单而坚固，且近年来直流输电用交联聚乙烯电缆已见成效。在国内外的直流电缆线路中，最高 ±320kV 的直流交联聚乙烯绝缘电缆已得到了应用。

核电厂内用的电缆应选用交联聚乙烯或乙丙橡胶等低烟、无卤绝缘电缆。敷设在核电厂常规岛及与生产相关的附属设施内的核安全级电缆绝缘应符合 GB/T 22577—2008 中的要求。

电缆导体材料可根据经济比较选用铜、铝或铝合金。电压等级 1kV 以上电缆不宜选用铝合金导体。以下情况应选用铜导体：①需要保持连接具有高可靠性的回路；②振动场所、有爆炸危险或对铝有腐蚀的工作环境；③耐火电缆；④紧靠高温设备布置；⑤人员密集场所；⑥核电厂常规岛及与生产相关的附属设施。

根据电缆敷设场地的具体情况，选择不同的电缆护层。电缆护层主要有金属套（金属屏蔽层、金属套、金属铠装层）和外护层。金属屏蔽层主要选用铜丝或铜带；金属套主要选用铅或铅合金、铝套或铜套；铠装层主要选用钢带、钢丝、不锈钢丝、铜、铝。交流系统单芯电缆应采用非磁性金属铠装层。外护层用的材料有聚乙烯、乙丙橡胶、聚氯乙烯、氯丁胶皮、氯磺化聚乙烯、橡皮类及其他聚烯烃类等。

91　电缆绝缘水平和截面积的选择　在交流系统中，电力电缆导体的相间额定电压不得低于使用回路的工作线电压；中性点直接接地或经低电阻接地的系统，当接地保护动作不超过 1min 即可切除故障时，电力电缆导体与绝缘屏蔽或金属套之间的额定电压不应低于 100% 的使用回路工作相电压；对于单相接地故障可能超过 1min 的供电系统，电力电缆导体与绝缘屏蔽或金属套之间的额定电压不宜低于 133% 的使用回路工作相电压；在单相接地故障时间可能持续 8h 以上或发电机回路等安全性要求较高的情况，宜采取 173% 的使用回路工作相电压。直流输电电缆绝缘水平应能承受极性反向、直流与冲击叠加等的耐压考核；交联聚乙烯绝缘电缆应具有抑制空间电荷积聚及其形成局部高场强等适应直流电场运行的特性。

电力电缆导体的截面积应满足：最大工作电流作用下电缆导体温度不得超过电缆绝缘最高允许值，持续工作回路的电缆导体工作温度应满足表 20.5-25 中的规定；在最大短路电流作用时间内的电缆导体温度应满足表 20.5-25 中的规定；最大工作电流作用下，连接回路的电压降不得超过该回路允许值。对非熔断器保护的回路，应按满足短路热稳定条件确定电缆导体允许最小截面积。电力电缆金属屏蔽层的有效截面积应满足：在可能的短路电流作用下最高温度不超过外护层的短路最高允许温度。

表 20.5-25　常用电力电缆导体的最高允许温度

电缆			最高允许温度/℃	
绝缘类别	型式特征	电压/kV	持续工作	短路暂态
聚氯乙烯	普通	≤1	70	160（140）
交联聚乙烯	普通	≤500	90	250
自容式充油	普通牛皮纸	≤500	80	160
	半合成纸	≤500	85	160

注：括号内数值适用于截面积大于 $300mm^2$ 的聚氯乙烯绝缘电缆。

92　电缆终端、接头和避雷器　电缆终端是安装在电缆末端，将电缆与其他电气设备连接成一体的装置，主要由内绝缘、内绝缘隔离层、外绝缘、出线杆、密封结构、屏蔽帽和固定金具等组成。电缆终端的构造类型，随着电压等级、电缆绝缘类别、终端装置型式等有所差异。66kV 以上自容式充油电缆终端构造已基本定型且种类有限。交联聚乙烯电缆的终端按照加工工艺和材料可以分为：①热收缩附件；②预制式附件，分为整体预制式和组装预制式，整体预制式是全干式，组装预制式按外绝缘型式分为瓷套式终端和复合绝缘终端，按套管内是否有绝缘填充物分为湿式终端和干式终端，按连接的设备类型分为户外敞开式终端、SF₆ 电缆终端和油浸电缆终端，干式终端按安装方式分为常规式、插入式和插拔式；③冷缩式接头。

电缆接头用于电缆间的连接，实现电缆的电气导通、绝缘、密封等功能。根据用途可以分为直通接头、绝缘接头、塞止接头、分支接头、过渡接头、转换接头、软接头。根据结构形式可以分为：①用于 10~35kV 油纸电缆的金属管套式；②用于 66~500kV 自容式充油电缆的成型纸卷绕包式和三腔式塞止接头；③用于 10~35kV 交联聚乙烯电缆的绕包式、热缩式、冷缩式、预制式和模塑式；④用于 66~500kV 交联聚乙烯电缆的有绕包式、整体预制式和组合预制式等。

为了防止电缆和附件的主绝缘遭受过电压损坏，应按照 DL/T 5221—2006 和 GB/T 50064—2014 中的要求配置避雷器：电缆线路与架空线相连的一端应装设避雷器，电缆线路应在两端分别装设避雷器：①电缆线路一段与架空线相连，线路长度小于其冲击特性长度；②电缆线路两端均与架空线相连。

93　电缆金属护套接地方式　电力电缆金属套应接地。交流系统中 3 芯电缆的金属套应在电缆线路两终端和接头等部位直接接地；交流单芯电缆金属套可采用两点和多点接地、单点接地、交叉互联接地。交流单芯电缆金属套接地方式见表 20.5-26。

表 20.5-26　交流单芯电缆金属套各种接地方式的优缺点

接地方式	优点	缺点
终端　两点或多点接地	1）金属套感应电压几乎等于零 2）系统短路时，70%~90%的故障电流通过金属套，减少对邻近的弱电线路的干扰 3）无装设护层电压限制器	通过金属套的环流大，发热从而影响电缆输送能力
护层电压限制器	金属套环流等于零，不影响电流的输送能力	1）不接地的一端要装设护层电压限制器 2）系统短路电流不通过电缆金属套，因而对邻近的弱电线路干扰大 3）接地点与不接地点之间的距离不能太长，须按金属套感应电压的允许值设置接地点

（续）

接地方式	优点	缺点
 单点接地		
 交叉互联接地(Y_0)	1）如果线路Ⅰ、Ⅱ、Ⅲ段电缆长度相等，正常运行时金属套电流微小，不影响电缆输送能力 2）系统故障时，70%～90%的故障电流都能通过电缆金属套，降低对邻近弱电线路的干扰	1）电缆线路需要分成三点，且设置两套绝缘接头 2）在绝缘接头处需装设护层电压限制器

94 电缆敷设方式 电缆工程敷设方式的选择，应视工程条件、环境特点和电缆类型、数量等因素，且满足运行可靠、便于维护的要求和技术经济合理的原则来选择。其敷设方式可分为直埋、保护管、电缆沟或电缆隧道、其他公共设施中敷设、水底敷设等。

直埋式电缆一般用于同一通路少于 6 根的 35kV 及以下电力电缆，敷设在厂区通往远距离辅助设施或城郊不经常开挖地形和城镇的人行道下。直埋式又分为混凝土盖板保护和混凝土槽盒保护。

通过房屋、广场的区段，规划及现有道路及铁路底下，需加以保护区域或挖掘困难的通道，一般采用保护管敷设。同一通道采用穿管敷设的电缆数量较多时，宜采用排管。

同一通道中电缆数量众多，应采用电缆沟或隧道敷设。

电缆通过河流、水库，可利用桥梁、堤坝敷设，无条件时，可采用水下敷设。水下电缆路径应满足电缆不易受机械性损伤、能实施可靠防护、敷设作业方便、经济合理等要求：电缆宜敷设在河床稳定、流速较缓、岸边不易被冲刷、海底无石山或沉船等障碍物、少有沉锚和拖网渔船活动的水域；电缆不宜敷设在码头、渡口、水工构筑物附近，且不宜敷设在疏浚挖泥区和规划筑港地带。电缆在浅水区埋深不宜小于 0.5m，深水航道的埋深不宜小于 2m，可采取的保护有掩埋保护、加盖保护或套管保护。敷设海底电缆时，一般均使用敷缆船。在敷设过程中电缆所受的张力不能过大，需防止电缆的扭转和弯折。

在陆地上电缆敷设方式的比较见表 20.5-27。

表 20.5-27 陆地上电缆敷设方式的比较

敷设方式	优点	缺点
直埋	1）散热良好 2）转弯敷设方便 3）施工工期短 4）建设费用低廉	1）容易遭受外力破坏 2）巡视，寻找故障点不便 3）增设、拆除、故障修理都要开挖路面，影响市容和交通
保护管	1）外力破坏很少 2）寻找故障点较方便 3）增设、拆除和更换电缆方便	1）管道建设费用大 2）管道弯曲半径大 3）电缆热伸缩容易引起金属套疲劳，管道有斜坡时，应采取防止滑落措施 4）电缆散热条件差

（续）

敷设方式	优点	缺点
电缆沟或电缆隧道	1）散热条件好 2）敷设电缆方便 3）有效地防止外力破坏 4）寻找故障点方便，维修条件好 5）增设、拆除、更换电缆十分方便	1）工期长，建设费用大 2）附属设施多

95　电缆的支持与固定　明敷的电缆应沿全长采用电缆支架、桥架、挂钩或吊绳等方式进行支持与固定。直接支持电缆的普通支架（臂式支架）、吊架的允许跨距（垂直蛇形敷设除外）宜符合表 20.5-28 中的要求。

表 20.5-28　普通支架（臂式支架）、吊架的允许跨距　（单位：mm）

电缆特征	敷设方式	
	水平	垂直
未含金属套、铠装的全塑小截面积电缆	400[①]	1 000
除上述情况外的中低压电缆	800	1 500
35kV 级以上高压电缆	1 500	3 000

① 能维持电缆较平整时，该值可增加 1 倍。

明敷时，35kV 及以下电缆应在电缆线路首、末、转弯、接头的两侧以及直线段不少于 100m 处加以固定。35kV 以上电缆在终端、接头或转弯处相连部位的电缆上，应设置不少于 1 处的刚性固定；在垂直或斜坡高位侧，宜设置不少于 2 处的刚性固定；水平蛇形敷设每一节距部位宜采用挠性固定；坡度不大于 10% 时垂直蛇形应在每隔 5~6 个蛇形弧的顶部用金属夹具把电缆固定在支架上，其余部位应用具有足够强度的绳索或夹具固定与支架

上，否则在每个蛇形弧的顶部都需要用金属夹具把电缆固定在支架上；蛇形转直线过渡部位宜采用刚性固定；在终端、接头与电缆连接部位宜设置伸缩节，否则接头两侧、终端电缆侧应采用刚性固定或在适当长度内电缆实施蛇形敷设。交流单芯电力电缆还应按照短路电动力确定固定的间距。

96　电缆线路的防火与防振　敷设密集且外露空气中的电缆，都要采取措施预防电缆本身着火蔓延，或由于外部火源引燃电缆而造成事故。电缆的防火措施有：采用耐火或阻燃电缆；在电缆外护层上涂上一层防火涂料或加绑防火包带；敷设在耐火槽盒、阻燃管中，采用阻火包或埋砂敷设，多回路电缆敷设在电缆通道的两侧或同层支架不同层；实施防火分隔，如阻火封堵、阻火墙、阻火段等；增设自动报警与专用消防装置等。防火材料都要具有必要的耐火、阻燃性能和机械强度，并能耐久、耐老化，且对电缆载流量的影响很小。

长期受到振动的电缆，其金属套会因应力疲劳导致断裂。因此，敷设在道路、铁路斜拉桥、吊拉桥、有接缝的桥梁；靠近铁路或与铁路交叉；直接与变压器连接；经常受强风影响的电缆登塔处的电缆都需要采取防振措施。电缆的防振措施可选用耐振性能良好的铝护套电缆，加设橡皮、沙袋等弹性坐垫，加装弹簧垫圈等。

第6章 变电站与换流站

6.1 主接线

97 变电站主接线方式 变电站电气主接线应根据变电站在电力系统中的地位、变电站的规划容量、负荷性质、进出线回路数和设备特点等条件确定，并应综合考虑供电可靠、运行灵活、操作检修方便、投资节约和便于过渡或扩建等要求。变电站常用主接线见表20.6-1。

1) 1 000kV 配电装置的最终接线方式，当线路、变压器等连接元件的总数为 5 回及以上时，宜采用一个半断路器接线，同名回路应配置在不同串内，电源回路与负荷回路宜配对成串；当接线条件受限制时，同名回路可接于同一侧母线。当初期线路、变压器等连接元件较少时，可根据具体的元件总数采用角形接线或其他使用断路器数量较少的简化接线类型，但在布置上应便于过渡到最终接线。

2) 500kV、750kV 配电装置的最终接线方式，当线路、变压器等连接元件总数为 6 回及以上，且变电站在系统中具有重要地位时，宜采用一个半断路器接线。因系统潮流控制或因限制短路电流需要分片运行时，可将母线分段。采用一个半断路器接线时，宜将电源回路与负荷回路配对成串，同名回路不宜配置在同一串内，但可接于同一侧母线；当变压器超过两台时，其中两台进串，其他变压器可不进串，直接经断路器接母线。

3) 330kV 配电装置可采用一个半断路器接线或双母线接线。因系统潮流控制或因限制短路电流需要分片运行时，可将母线分段。

4) 当 330~750kV 配电装置最终连接元件总数不大于 6 个，且变电站为终端变电站时，在满足运行要求的前提下，可采用线路变压器组、桥型、单母线或线路由两台断路器、变压器直接与母线连接的"变压器母线组"等接线。

5) 330~750kV 变电站中的 220kV 或 110kV 配电装置，可采用双母线接线，技术经济合理时，也可采用一个半断路器接线。当采用双母线接线，且出线和变压器等连接元件总数为 10~14 回时，可在一条母线上装设分段断路器；15 回及以上时，可在 2 条母线上装设分段断路器；当为了限制 220kV 母线短路电流或满足系统列运行的要求，可根据需要将母线分段。

6) 220kV 变电站中的 220kV 配电装置，当在系统中居重要地位、出线回路数为 4 回及以上时，宜采用双母线接线；当出线和变压器等连接元件总数为 10~14 回时，可在条母线上装设分段断路器，15 回及以上时，在两条母线上装设分段断路器，也可根据系统需要将母线分段。

一般性质的 220kV 变电站的 220kV 配电装置，出线回路数在 4 回及以下时，可采用其他简单的主接线。

220kV 终端变电站的配电装置，在满足运行要求的前提下，宜采用断路器较少或不用断路器的接线，如线路变压器组或桥形接线等。当电力系统继电保护能够满足要求时，也可采用线路分支接线。

7) 220kV 变电站中的 110kV、66kV 配电装置，当出线回路数在 6 回以下时，宜采用单母线或单母线分段接线，6 回及以上时，可采用双母线或双母线分段接线。35kV、10kV 配电装置宜采用单母线接线，并根据主变压器台数确定母线分段数量。

8) 35~110kV 变电站当能满足运行要求时，高压侧宜采用不设断路器或断路器较少的接线。

35~110kV 电气接线宜采用桥形、扩大桥形、线路变压器组或线路分支线、单母线或单母线分段的接线。

35~66kV 线路为 8 回及以上时，宜采用双母线接线。110kV 线路为 6 回及以上时，宜采用双母线接线。

当变电站装有两台及以上主变压器时，6~10kV 电气接线宜采用单母线分段，分段方式应满足当其中一台主变压器停运时，有利于其他主变压器的负荷分配的要求。

表 20.6-1 各级电压常用的主接线方式

接线类型	接线示意图	特点	适用范围
变压器-线路单元接线	 接线方式1　接线方式2	变压器直接和线路相连，没有母线，仅由变压器和线路组成 1) 接线简单，设备少，不需高压配电装置 2) 线路故障或检修时，变压器停运；变压器故障或检修时，线路停运	1) 只有一台变压器和一回线路 2) 当电源点无高压配电装置，直接将电能送至系统枢纽变电站时
桥形接线　内桥接线		1) 高压断路器数量少，4 个回路只需 3 台断路器 2) 变压器的切除和投入较复杂；桥断路器检修时，两个回路需要解列运行；出线断路器检修时，线路需开停运行的跨行。为避免此缺点，可加装正常开运行开关，为了轮流停电检修任何一组断路器检修时，在跨条上须加装两组隔离开关。桥断路器检修时，也可利用此跨条	一般在 6～220kV 电压等级电气主接线中采用，以反映电站的发电厂、变电站，小容量的发电厂、变电站，并且变压器不应常切换或线路较长，故障率较高的情况

（续）

接线类型		接线示意图	特点	适用范围
桥形接线	外桥接线		1) 高压断路器数量少，4 个回路只需 3 台断路器 2) 线路的切除和投入较复杂；桥断路器检修时，需动作两台断路器，并有一台变压器暂时停运，两个回路需要解列运行；变压器侧断路器检修时，变压器需长时间停运。为避免此缺点，可加装正常断开运行的跨条。桥断路器检修时，也可利用此跨条	适用于较小容量的发电厂、变电站，并且变压器的切换较频繁或线路较短、故障率较低的情况。此外，线路有穿越功率时，也宜采用外桥接线
	双桥接线		根据需要可采用 3 台变压器和 3 回出线组成双桥接线，可增为了检修连接桥断路器时不致引起系统开关之用，正常运行时则断开设并联的旁路隔离开关设备。桥形接线虽采用桥隔离开关作为设备，接线简单、接线清晰，但可靠性不高，且将隔离开关用作操作电气设备	适用于小容量的变电站，以及作为最终将发展为单母线分段或双母线的初期接线方式

（续）

接线类型		接线示意图	特点	适用范围
角形接线	三角形接线		1) 投资省，除桥形接线外，与其他所常用的接线相比，其所用设备最省，投资最少，平均每回路只需装设一台断路器 2) 没有汇流母线，在接线的任一点上发生故障，只需切除与这一点及其相连接的元件，对系统运行的影响较小 3) 接线成闭合环形，在闭环运行时，可靠性、灵活性较高 4) 每回路由两台断路器供电，任一台断路器检修，不需中断供电，也不需旁路设施 5) 隔离开关只作为检修隔离之用，减少了误操作的可能性 6) 占地面积小。多角形接线占地面积比普通中型双母线接线占地面积小，对地形狭窄地区和地下变电站布置较合适	适用于最终进出线为 3～5 回的 110kV 及以上配电装置，对于 330kV 以上配电装置在过渡接线中也可采用
	四角形接线			
	五角形接线			

（续）

接线类型	接线示意图	特点	适用范围
环进环出接线	 1—220kV变电站；2—110kV变电站；3—输出线路；4—输入线路	1) 与变压器-线路单元接线及角形接线方式相比，110kV变电站采用环进环出接线方式即为电源点的数量减少。电源点数量减少可使电网建设的成本大大降低 2) 110kV变电站采用环进环出的接线方式，有利于存放220kV变压器到110kV变压器的降压供电压力，从而提高电网的经济效益 3) 110kV变电站采用环进环出接线方式，使得110kV变电网供电得到满足，通过调整变行时，缓解35kV供电压力，提高电网供电的可靠性 4) 采用环进环出的接线方式时，因为地区变电站比较密集，同时线路的长度不够，电气的联系过于紧密，使得进行后备保护整定配合时非常困难 5) 当变电站没有成环运行时，一旦需要检修电网的某一条连接的线路，就会造成一条线路向两个变电站供电的现象，从而使得变电站形成了单电源，令供电可靠性降低，如果出现故障，就会增加运行的风险，不利于电网的稳定运行	适用于城市配电网供电系统，110/10kV配电周围电源来自周围220kV变电站的110kV配电装置
单母线接线		整个配电装置只有一组母线，每个电源线和引出线都经过开关电气设备接到同一组母线上，供电电源是变压器或输电高压进线回路。母线既可以保证电源并列工作，又能使任一条出线回路都从母线获得电能 1) 接线简单清晰，设备少，操作方便，便于扩建和采用成套配电装置 2) 灵活性和可靠性差，当母线或母线隔离开关发生故障或检修时，必须断开它所连接的电源，与之相连的所有电力装置在整个检修期间均需停止工作。此外，在出线断路器检修期间，必须停止该回路的供电	一般适用于一台主变压器的以下三种情况： 1) 6~10kV配电回路数不超过5回 2) 35~66kV配电装置的出线回路数不超过3回 3) 110~220kV配电装置的出线回路数不超过2回

（续）

接线类型		接线示意图	特点	适用范围
单母线接线	单母线分段接线		把单母线分为几段，在每段母线之间装设一个断路器和两个隔离开关，便成为单母线分段接线。每段母线上均接有电源和出线回路，对重要用户可以从不同段引出两个回路，由两个电源供电；当一段母线发生故障，分段断路器自动将故障段切除，保证正常段母线不间断供电，不发生大面积停电 1) 用断路器把母线分段后，由两个电源供电；当一段母线发生故障，分段断路器自动将故障段切除，保证正常段母线不间断供电，不发生大面积停电 2) 当一段母线或母线隔离开关故障或检修时，该段母线的回路都要在检修期间内停电；当出线为双回路时，常使架空线路出线交叉跨越，扩建时需向两个方向均衡扩建	一般适用于两台主变压器的以下三种情况： 1) 6～10kV 配电装置的出线回路数 6 回及以上时 2) 5～66kV 配电装置的出线回路数为 4～8 回时 3) 10～220kV 配电装置的出线回路为 3～4 回时
双母线接线			具有两组母线 M1、M2，每回线路都经一台断路器和两组隔离开关分别与两组母线连接，母线之间通过母线联络断路器（简称母联断路器）连接，电源与负荷平均分配在两组母线上 1) 供电可靠。通过两组母线隔离开关的倒换操作，可以轮流检修一组母线，不导致供电中断；一组母线故障后，只需断开故障母线上所属的一组母线隔离开关，即可将该组母线所连的回路通过另外一条回路和与此母线相连接的该组母线，其他回路均可通过另外一条回路继续运行，但其操作步骤必须正确。例如，计划检修工作母线。其步骤是：先闭合全部电源和线路倒换到备用母线两侧的隔离开关，再把全部电源和线路通过备用母线向备用母线充电。这时，两组母线等电位，为保证不中断供电，按"先通后断"原则进行操作，即先通母线上的隔离开关，再断开工作母线侧其他的隔离开关，即完成转换后，再断开母联断路器及其两侧的隔离开关，即可使原工作母线退出运行进行检修	适用于母线回路数或母线上电源较多、输送和穿越功率较大、母线故障后要求迅速恢复供电、母线或母线故障设备检修时不允许影响对用户的供电，系统对调度对接线的灵活性有一定要求的场合，各级电压采用的具体条件如下： 1) 6～10kV 配电装置，当短路电流较大、出线需要带电抗时 2) 35～66kV 配电装置，当出线回路数超过 8 回以上或连接的电源较大时 3) 110～220kV 配电装置出线回路数为 5 回及以上时，或当 110～220kV 配电装置在系统中居重要地位，出线回路数为 4 回及以上时

QF

M1
M2

（续）

接线类型	接线示意图	特点	适用范围
双母线接线		2) 调度灵活。各个电源和各个回路负荷可以任意分配到某一组母线上，能灵活地适应电力系统中各种运行方式调度和潮流变化的需要。通过倒闸操作可以组成各种运行方式。例如，当母联断路器闭合，进出线分别接在两组母线上，即相当于单母线分段运行；当母联断路器断开，一组母线运行，另一组母线备用，全部进出线均接在运行母线上，即相当于单母线运行；两组母线同时工作，并且通过母联断路器并联运行，电源与负荷平均分配在两组母线上，即称为固定连接运行方式。这也是目前生产中最常用的运行方式，它的母线继电保护相对比较简单 根据系统调度的需要，双母线还可以完成一些特殊功能。例如，用母联断路器与系统进行同期或解列操作；当个别回路需要单独进行试验时，可将该回路单独接到备用母线上运行（如线路检修后需要试验），可将该回路单独接到备用母线上运行；当有双回架空线路时，可以顺序短路成双回路，也可用一组备用母线作为融冰母线，不致影响其他回路工作等 3) 扩建方便，向双母线左右任何方向扩建，均不会影响两组母线的电源自由组合分配，在施工中也不会造成原有回路停电。当有双回架空线路时，可以顺序布置，使接线不同的母线段时，不会如单母线分段那样导致出线交叉跨越 4) 便于试验。当个别回路需要单独进行试验时，可将该回路分开，单独接至一组母线上。 5) 增加一组母线就需要增加一组母线隔离开关 6) 当母线故障或检修时，隔离开关作为倒闸操作用电气设备，容易发生误操作。为了避免误操作，需在隔离开关和断路器之间装设闭锁装置 7) 当馈出线断路器或隔离开关侧线路故障时会造成停电对用户供电	

（续）

接线类型		接线示意图	特点	适用范围
双母线接线	双母线分段接线	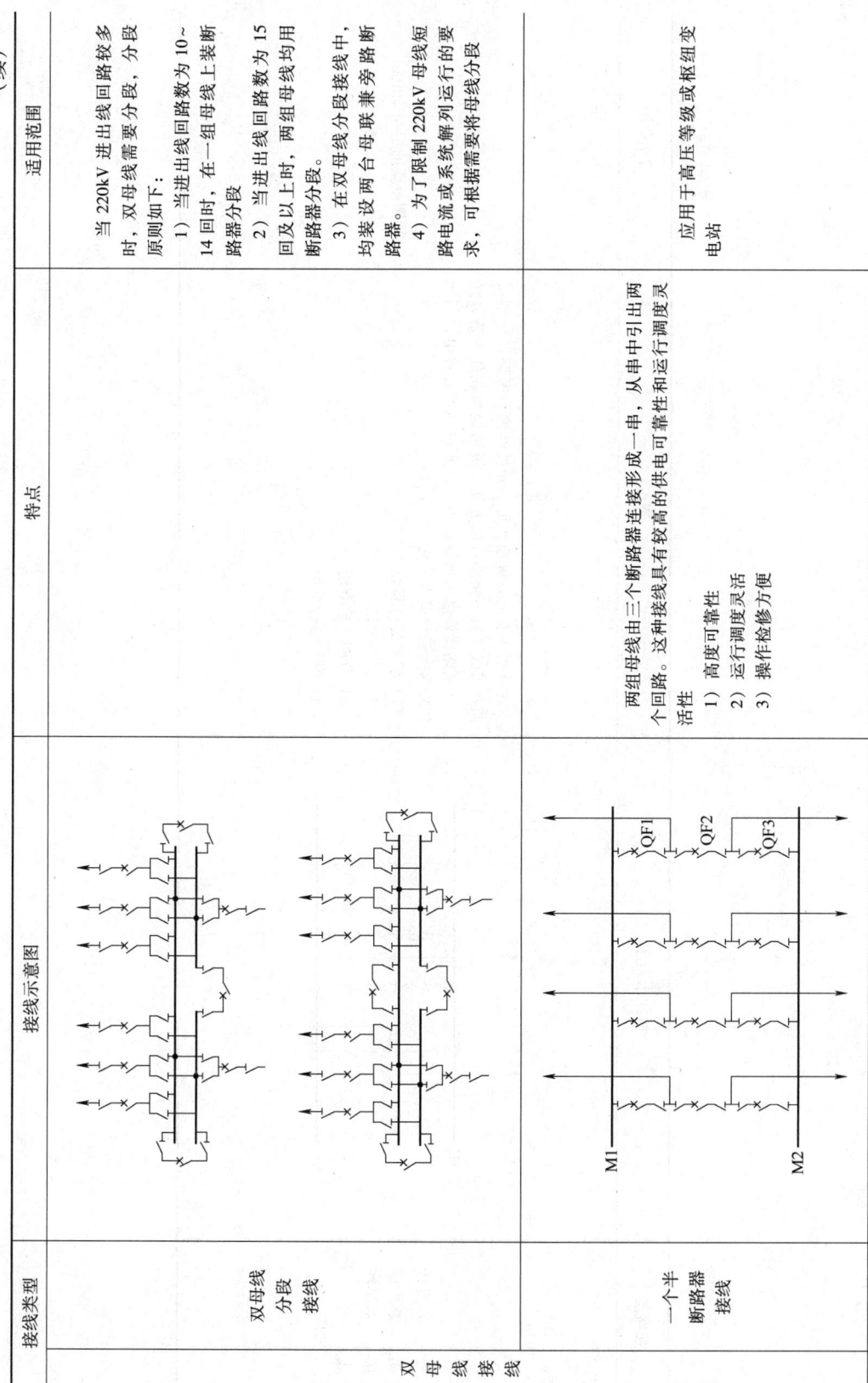		当220kV进出线回路较多时，双母线需要分段，分段原则如下： 1) 当进出线回路数为10~14回时，在一组母线上装断路器分段。 2) 当进出线回路数为15回及以上时，两组母线均用断路器分段。 3) 在双母线分段接线中，均装设两台母联兼旁路断路器。 4) 为了限制220kV母线短路电流或解列系统运行的要求，可根据需要将母线分段
	一个半断路器接线		两组母线由三个断路器连接形成一串，从串中引出两个回路。这种接线具有较高的供电可靠性和运行调度灵活性 1) 高度可靠性 2) 运行调度灵活 3) 操作检修方便	应用于高压等级或枢纽变电站

（续）

接线类型	接线示意图	特点	适用范围
双母线接线 双母线双断路器接线	 M1　　M1	在接线中有两条母线，每一元件经两台断路器分别接两条母线。每一元件可以方便、灵活地接在任一条母线上。断路器检修和母线故障时，元件不需要停电，当元件较多时母线可以分段 1）较高的可靠性 2）运行灵活 3）分期扩建方便 4）利于运行维护 5）设备投资高	特别重要的枢纽变电站

9）双母线或单母线接线中母线避雷器和电压互感器，宜合用一组隔离开关；一个半断路器接线中母线避雷器和电压互感器不应装设隔离开关。安装在出线上的避雷器、耦合电容器、电压互感器以及接在变压器引出线或中性点上的避雷器，不应装设隔离开关。在一个半断路器接线中，初期线路和变压器组成两个完整串时，各元件出口处宜装设隔离开关。

10）330~750kV 线路并联电抗器回路不宜装设断路器，可根据线路并联电抗器的运行方式确定是否装设隔离开关。1 000kV 并联电抗器回路宜采用不装设断路器和隔离开关的接线，为限制工频过电压，1 000kV 并联电抗器与线路应同时投退。

11）当变电站低压侧无功补偿设备为并联电容器、电抗器时，可采用单母线，各变压器低压侧母线之间不进行连接。因无功补偿容量较大，受设备通流能力限制，变电站低压侧可装设 2 台或 3 台总断路器。

98　换流站主接线方式　换流站主接线应根据换流站用途及建设规模，在满足电力系统及换流站自身运行的可靠性、灵活性和经济型的前提下，通过技术经济比较，确定合理的电气主接线方案。

按换流器技术实现方式来分，有采用电流源型换流器技术的常规直流输电工程和采用电压源型换流器技术的柔性直流输电工程。

换流站电气主接线主要包含换流器接线、直流侧接线和交流侧接线。

（1）电流源型换流器单元接线　换流器单元接线是指由一个或多个换流桥与一台或多台换流变压器、换流器控制装置、基本保护和开关装置以及用于换流的辅助设备（如有）组成的运行单元的连接方式。最基本的换流桥是由 6 个换流臂组成的双路连接，由于晶闸管的单向导电性，通常整流桥和逆变桥方向有所不同。

由于 6 脉动单元会在交、直流侧产生较多的谐波，国内外绝大多数直流工程采用多桥换流器。当基本换流器单元由 2 个以上换流桥组成时，虽然能产生更多脉动数，以进一步减少谐波，如 18 脉动或 24 脉动的换流桥，但是换流变压器自身的造价及其连接会比双桥换流器复杂得多。因此现代高压直流工程多采用双桥换流器，即 12 脉动换流界单元作为基本单元，它由 2 个交流侧电压互差 30° 基波相角的换流桥串联构成，如图 20.6-1 所示。

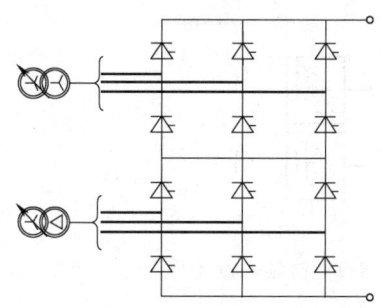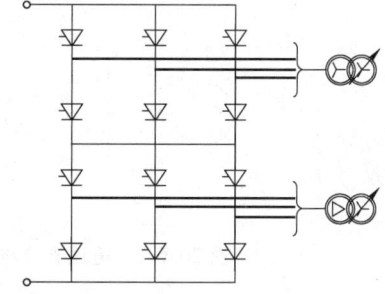

图 20.6-1　12 脉动换流器单元

目前，我国两端直流输电换流站中换流器单元采用的接线方案有三类：①每极单 12 脉动换流器单元接线：②每极双 12 脉动换流器单元串联接线：③每极双 12 脉动换流器单元并联接线。

以上三类换流器单元接线一般选择原则如下：

1）从投资及占地方面考虑，若换流器、换流变压器制造商具备生产能力，且大件运输不受限制，则应优先选用每极单 12 脉动换流器单元接线。

2）从换流站的分期建设方面考虑，宜采用双 12 脉动并联接线。

3）从可靠性和可用率方面考虑。根据国内外直流工程的运行经验，每极双 12 脉动换流接线直流输电工程的可用率高于每极单 12 脉动换流器接线直流输电工程。

4）对交流系统的影响方面考虑。在输送相同容量下，对于每极单 12 脉动换流器单元接线，当故障或其他原因导致单 12 脉动换流器出现闭锁时，而单极停运，影响的输送容量达到 50%，对两侧交流系统造成的冲击和影响较大；对于每极双 12 脉动换流器单元串联接线，当其中一个 12 脉动换流器出现闭锁而停运时，影响的输送容量为 25%，对两侧的交流系统造成的冲击和影响较小。

每极单 12 脉动换流器单元接线换流站具有接线简单、可靠性高、投资省、占地小的特点。我国两端高压（±800kV 以下）直流输电换流站普遍采用每极 6 台单相双绕组换流变压器配 12 脉动单元的接线。

由于高压直流背靠背系统无直流输电线路，因此背靠背直流工程多采用较低直流电压、大直流电流的方案，以降低工程投资，通常是根据制造厂商所能生产的晶闸管最大工作电流来选择工程的直流电流，从而用给定的直流功率除以直流电流即得到直流电压。因此，对于大容量的背靠背换流站以及当需要分期建设时，背靠背换流站采用多个 12 脉动换流器单元并联的方案，而不考虑每单元双 12 脉动换流器串联的方案。

（2）电压源型换流器单元接线　基于电压源的模块化多电平电压源换流器是目前国内外电压源型换流器广泛采用的换流技术，此处的电气主接线选择也将基于此进行研究分析，关于 MMC 的拓扑目前已有大量的研究基础，不再赘述。

电压源型换流器子模块的接线型式有半桥和全桥两种。半桥子模块的换流器不具备故障自清除能力，在直流电网中，通常与直流断路器配合来实现故障清除；基于全桥子模块的换流器具备故障自清除能力，可通过换流器配合高速机械开关实现直流

电网故障清除。综合考虑投资和技术成熟度，在不影响系统稳定的情况下，目前的柔性直流输电工程大多采用的是半桥型接线型式。

电压源型换流器的主接线方案有两种基本形式：①单换流器双极接线方案，即"伪双极"接线方案；②双极对称接线方案，即"真双极"接线方案。

电压源型换流器工程设计中面临的一个关键性问题是如何选取合理的接地方式。接地装置可以为整个换流站系统提供参考电位，其具体的布置方式决定着系统主接线方式。

1）"伪双极"接线。"伪双极"接线方式有以下三种方式。

① 通过直流极线并联钳位电阻接地。这种接地方式与交流侧换流变压器的接线方式无关，在直流极线上并联两个等阻值的钳位电阻接地，如图 20.6-2 所示。该接地方式的优点是简单、直接、有效，且成本较低；缺点是通过直流电阻接地后，在直流线路侧正常运行时电阻是一个长期负载，功率损耗较大，且长期运行后电阻器偏差会导致直流极线电压偏差。该接地方式一般应用在直流侧电压等级较低的工程中。

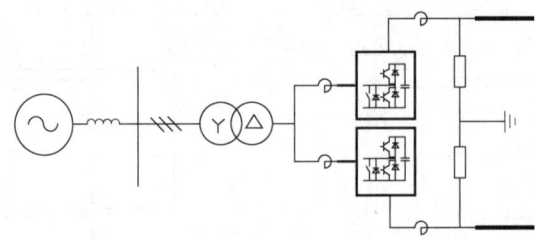

图 20.6-2　通过直流极线并联钳位电阻接地接线图

② 通过电抗器形成中性点经电阻接地。这种方式主要应用在阀侧绕组为 △ 接地方式时，由于无法通过变压器 Y 绕组中性点接地，因此需要通过电抗器人为形成一个中性点，再通过接地电阻接地，如图 20.6-3 所示。该方式的优点是电抗器分担了故

障电流，对换流变压器的压力较低，电抗器还能起到限制短路电流的作用，不足之处在于对于高电压等级并联电抗器本身吸收的无功功率较大，对系统影响较大，且制造成本高、设备体积较大。

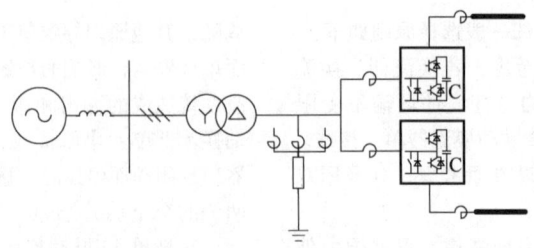

图 20.6-3　通过电抗器形成中性点经电阻接地接线图

③ 通过联接变压器 Y 绕组经接地电阻接地。换流变压器阀侧采用 Y 绕组阀侧通过 Y 绕组中性点经接地电阻接地其接线，如图 20.6-4 所示。该接地方式在柔性直流输电工程中已有应用，其优点是直接利用变压器 Y 绕组中性点接地，接地设备少；缺点是完全依靠变压器 Y 绕组承受故障下直流电压和故障电流，对变压器提出较高要求。这种接地方式需要网侧采用不接地的绕组型式或带三角形接法的第三绕组才能起到隔离交直流的作用，因此适用于站内有其他网侧中性点接地点的工程，如与变电站合建工程等。

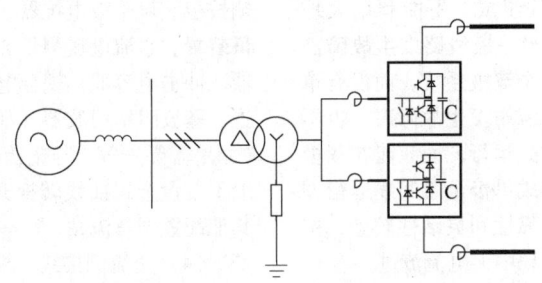

图 20.6-4　通过联接变压器 Y 绕组经接地电阻接地接线图

"伪双极"接线方式在交流侧或直流侧采用合适的接地装置钳制住中性点电位，两条直流极线的电位为对称的正负电位。该方案结构简单，在正常运行时，对联结变压器阀侧来说承受的是正常的交流电压，变压器可以采用与普通交流变压器类似的结构，设备制造容易。然而这种接线方案在发生直流侧短路故障后只能整体退出运行，故障恢复较慢。

2）"真双极"接线。对于采用"真双极"接线方式的柔性直流输电工程，其接地极设置在正负极之间，与传统直流接地方式类似，可直接接地。

双极两端中性点接地方式是正负两极对地、两端换流站的中性点均接地的系统构成方式。两端接地极形成的大地回路，可作为输电系统的备用导线。正常运行时，直流电流的路径为正负两根极线，地中电流为两极电流的差值。双极中的任一极均能构成一个独立运行的单极输电系统。

为了减小地中电流的影响，在运行中尽量采用双极对称运行方式，如果由于某种原因需要一个极降低电压或电流运行，则可转为双极电压或电流不对称运行方式。"真双极"接线的主要方式详见图 20.6-5。

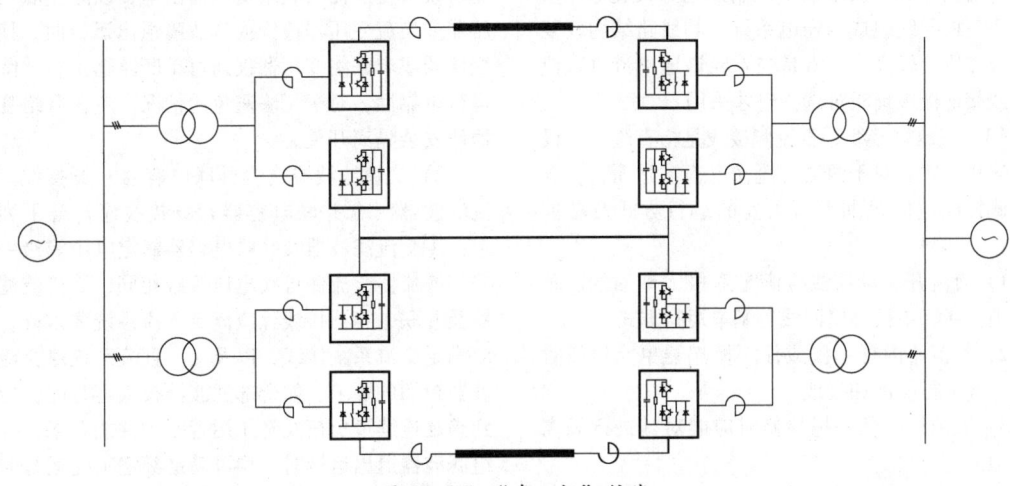

图 20.6-5　"真双极"接线

① 真双极两端中性点接地方式。真双极柔性直流输电工程的两端接地极系统，可根据工程所要求的单极大地回线运行时间长短来进行设计。如果单极大地回线方式只作为单一极故障时向单极金属

回线方式转换的短时过渡方式来考虑，则可大大降低对接地极的要求。因此真双极两端中性点接地方式对于不同的工程要求，其接地极系统的差别也比较大。

② 真双极一端中性点接地方式。真双极一端中性点接地方式只有一端换流站的中性点接地，其直流侧回路由正负两极导线组成，不能利用大地（或海水）作为备用导线。当一极线路发生故障需要退出工作时，必须停运整个双极系统，而没有单极运行的可能性。当一极换流站发生故障时，也不能自动转为单极大地回线方式运行，而只能在双极停运以后，才有可能重新构成单极金属回线运行方式。这种接线方式的运行可靠性和灵活性较差，主要优点是可以保证在运行时地中无电流流过。

3）真双极金属中线方式。真双极金属中线方式是利用三根导线构成直流侧回路，其中一根为低绝缘的中性线。这种系统构成相当于两个可独立运行的单极金属回线系统，共用一条低绝缘的金属返回线。为了固定直流侧各种设备的对地电位，通常中性线的一端接地，另一端的最高运行电压为流经金属中线最大电流时的电压降。

这种方式在运行时地中无电流流过，它既可以避免由于地电流而产生的一些问题，又具有比较可靠和灵活的运行方式。

当换流站的一个极发生故障需要退出工作时，可首先自动转为单极金属回线方式，然后还可转为单极双导线并联金属回线方式运行。其运行的可靠性和灵活性与真双极两端中性点接地方式类似。由于采用三根导线组成的输电系统，其线路结构较复杂，线路造价较高。通常是当不允许地中流过直流电流或接地极极址很难选择时才采用。

（3）直流侧接线　直流侧接线是指直流一次设备的连接方式。对于两端直流输电换流站而言，其直流侧接线应满足如下所需要的运行方式及功能要求：

1）直流开关场接线应满足双极大地回线、单极大地回线、单极金属回线等基本运行方式。

2）换流站内任一极或任一换流器单元检修时应能对其进行隔离和接地。

3）直流线路任一极检修时应能对其进行隔离和接地。

4）在双极平衡运行方式和单极金属回线运行方式下，直流系统一端或两端接地极及其引线时，应能对其进行隔离和接地。

5）单极运行时，大地回线方式与金属回线方式之间的转换，不应中断直流功率输送，且不宜降低直流输送功率。

6）故障极或换流器单元的切除和检修不应影响健全极或正常运行换流器单元的功率输送。

我国两端直流输电换流站直流侧均采用双极接线，按极组成，极与极之间相对独立。换流站直流侧按极装设平波电抗器、直流滤波器、直流电压测量装置、直流电流测量装置、各种开关设备、避雷器、冲击电容器、耦合电容器、接地极线路保护装置、基波阻塞滤波器（如果需要）、PLC/RI 滤波器（如果需要）等。与整流站相比，换流站直流侧一般不装设金属回线转换开关和大地回线转换开关，其他配置同整流站。

（4）交流侧接线　根据高压直流系统输电电压等级、输电容量、近区交流系统情况等因素，确定高压直流系统接入交流侧电压。我国已建成和正在建设的换流站接入交流系统电压包括 220kV、330kV、500kV、750kV 和 1 000kV。换流站交流侧接线，主要包括与直流密切相关的交流开关场接线和交流滤波器（含并联电容器）场接线。

1）交流开关场接线。交流配电装置接线的基本要求详见变电站主接线方式。为了提高系统的可靠性，大容量换流站的交流侧接线一般采用一个半断路器接线，此时换流变压器单元作为一个元件配串接线，交流配电装置接线需符合以下原则：①同名回路不宜配置在向一串内，但可接于同一侧母线；②电源线与负荷线宜配置在同一串上；③应避免将换流变压器与联络变压器配串，以防止联络变压器或换流变压器检修或者故障退出运行时，换流变压器或者联络变压器仅通过单断路器运行，降低运行可靠性，对于无法避免的情况，应在联络变压器侧安装隔离开关。

2）交流滤波器（含并联电容器）场接线。交流滤波器（含并联电容器）场接线应符合下列要求：①交流滤波器及并联电容器额定电压等级一般应与换流器交流侧母线电压等级相同；②交流滤波器及并联电容器接线除应满足直流系统要求外，还应满足交流系统接线，以及交、直流系统对交流滤波器投切的要求，如全部滤波器投入运行时，应达到满足连续过负荷及降压运行时的性能要求，任一组滤波器退出运行时，均可满足额定工况运行时的性能要求，小负荷运行时，应使投入运行的滤波器容量最小等。

大型直流输电工程中交流滤波器及并联电容器组接入系统的方式主要采用不同类型的滤波器小组

和并联电容器并联组成交流滤波器大组，滤波器大组作为一个元件配串联接入交流配电装置。

6.2　主要电气设备和导体

99　电气设备和导体的主要技术条件

（1）电气设备　变电站电气设备主要包含主变压器、高压并联电抗器、高压断路器、高压隔离开关、互感器、避雷器、气体绝缘金属封闭开关设备、串联电抗器、高压开关柜、高压负荷开关和高压熔断器、绝缘子、套管及中性点设备的基本分类、型式及其技术参数选择。

换流站电气设备除了常规变电站主要电气设备之外，还包含换流阀、换流变压器、平波电抗器、直流转换开关、交直流滤波电容器、电抗器、电阻器等设备的基本分类、型式及其技术参数选择。

高压电气设备，应能在长期工作条件下确保正常运行，在发生过电压、过电流的情况下确保所规定的功能。各种高压电气设备的一般技术条件见表 20.6-2。

表 20.6-2　选择高压电气设备的主要技术条件

序号	高压电气设备名称	额定电压/kV	额定电流/A	额定容量/(kVA/kvar)	额定开断电流/kA	短路稳定性 热稳定/kA	动稳定/kA	绝缘水平/kV	机械荷载/N
1	主变压器	√		√				√	√
2	高压并联电抗器	√	√	√		√	√	√	√
3	高压断路器	√	√		√	√	√	√	√
4	高压隔离开关	√	√			√	√	√	√
5	GIS	√	√		√	√	√	√	√
6	HGIS	√	√		√	√	√	√	√
7	高压负荷开关	√	√			√	√	√	√
8	高压熔断器	√	√					√	√
9	电压互感器	√						√	√
10	电流互感器	√	√			√	√	√	√
11	串联电抗器	√	√			√	√	√	√
12	消弧线圈	√	√	√	√			√	√
13	避雷器	√						√	√
14	穿墙套管	√	√			√	√	√	√
15	绝缘子	√						√	√
16	换流阀	√	√			√	√	√	√
17	换流变压器	√		√				√	√
18	平波电抗器	√	√					√	√
19	直流转换开关	√	√			√	√	√	√
20	滤波电容器	√	√					√	√
21	滤波电抗器	√	√					√	√
22	滤波电阻器	√	√					√	√

注：1. 悬式绝缘子不校验动稳定。

2. 换流阀还应考虑运行触发角和冗余度。

3. 直流转换开关还应考虑转移电流。

4. 表中"√"表示需要考核相关参数。

1）长期工作条件为：①选用高压电气设备的允许最高工作电压 U_{max} 不应低于该回路的最高运行电压 U_g；②选用高压电气设备的额定电流 I_N 不得低于所在回路各种运行方式下的持续工作电流 I_w；③在工作电压和过电压的作用下，电气设备的内、外绝缘应保证必要的可靠性；④所选电气设备端子的允许荷载，应大于该电气设备引线在正常运行和短路时的最大作用力。

2）短路稳定条件为：①用最大短路电流校验电气设备的动稳定和热稳定时，应选取系统最大运行方式下可能流经被校验电气设备的最大短路电流的短路点，系统容量应按具体工程的设计规划容量计算，并考虑电力系统的远景发展规划；②用最大短路电流校验开关设备和高压熔断器的开断能力时，短路点应选在开关设备和高压熔断器的出线端子上；③校验电气设备的开断电流，应按通过电气设备的最严重短路型式计算；④仅用熔断器保护的电气设备可不验算热稳定，当熔断器有限流作用时，可不验算动稳定，用熔断器保护的电压互感器回路，可不验算动、热稳定。

（2）导体　导体应根据具体应用情况，按电流、电晕、动稳定或机械强度、热稳定、允许电压降、经济电流密度等技术条件进行选择或校验，当选择的导体为非裸导体时，可不校验电晕。

载流导体一般选用铝、铝合金或铜材料；对持续工作电流较大且位置特别狭窄的发电机出线端部或污秽对铝有较严重腐蚀的场所宜选铜导体；钢母线只在额定电流小且短路电动力大或不重要的场合下使用。

110kV 及以上导体的电晕临界电压应大于导体安装处的最高工作电压。

验算短路热稳定时，导体的最高允许温度，对硬铝及铝镁（锰）合金可取 200℃，硬铜可取 300℃，短路前的导体温度应采用额定负荷下的工作温度。

导体和导体、导体和电气设备的连接处，应有可靠的连接接头。硬导体间的连接应尽量采用焊接，需要断开的接头及导体与电气设备端子的连接处，应采用螺栓连接。

100　电气设备和导体的主要环境条件

（1）电气设备　选择电气设备时，应按当地环境条件校核。当温度、日照、风速、冰雪、湿度、污秽、海拔、地震、噪声等环境条件，超出一般电气设备的基本使用条件时，可向制造厂商提出补充要求或者采用相应的防护措施，通过技术经济比较后采取相应的措施。

1）温度。选择电气设备的环境温度宜采用表 20.6-3 所列数值。

表 20.6-3　选择电气设备的环境温度

类别	安装场所	环境温度	
		最高	最低
电气设备	室外其他	年最高温度	年最低温度
	室内变压器和电抗器	该处通风设计最高排风温度	
	室内其他	该处通风设计温度。当无资料时，可取最热月平均最高温度加 5℃	

注：1. 年最高（或最低）温度为一年中所测得的最高（或最低）温度的多年平均值。
　　2. 最热月平均最高温度为最热月每日最高温度的月平均值，取多年平均值。
　　3. 室外 SF_6 绝缘设备选择时应按照极端最低温度校验。

电气设备的正常使用环境条件为周围空气温度不高于 40℃，且 24h 测得的温度平均值不超过 35℃。户外设备最低环境温度的优选值为 -10℃、-25℃、-30℃、-40℃；户内设备低环境温度的优选值为 -5℃、-15℃、-25℃。

当电气设备使用在周围空气温度高于 +40℃（但不高于 60℃）时，允许降低负荷长期工作，推荐周围空气温度每升高 1K，减少额定电流负荷的

1.8%；当电气设备使用在周围环境温度低于 +40℃ 时，推荐周围空气温度每降低 1K，增加额定电流负荷的 0.5%，但其最大过负荷不得超过额定电流负荷的 20%。

对环境空气温度高于 40℃ 的设备，其外绝缘在干燥状态下的试验电压应取其额定耐受电压乘以温度校正系数。

在高寒地区，应选择能适应当地环境最低温度

的高寒电气设备。若周围环境温度低于电气设备、仪表和继电器设备的最低允许工作温度，则应装设加热装置或采取保温措施。

2）日照。屋外高压电气设备在日照影响下将产生附加温升。但高压电气设备的发热试验是在避免阳光直射的条件下进行的。如果制造厂商未能提出产品在日照下额定载流量下降的数据，在设计中可暂按电气设备额定电流的80%选择设备。

在进行试验和计算时，日照强度取 $0.1W/cm^2$，风速取 $0.5m/s$。

3）风速。高压电气设备选择时应按最大风速考虑，一般可在最大风速不大于 35m/s 的环境下使用。

选择高压电气设备时所用的最大风速为：①1 000kV 交流电气设备，宜采用离地面 10m 高，100 年一遇 10min 平均最大风速；②500～750kV 交流电气设备，宜采用离地面 10m 高，50 年一遇 10min 平均最大风速；③330kV 及以下交流电气设备，宜采用离地面 10m 高，30 年一遇 10min 平均最大风速；④直流电压为 ±800kV 以下的直流电气设备，可取离地面 10m 高，50 年一遇 10min 平均最大风速；⑤直流电压为 ±800kV 及以上的直流电气设备，可取离地面 10m 高、100 年一遇 10min 平均最大风速。

应按实际安装高度对风速进行换算，风压高度变化系数可参考 GB 50009—2012《建筑结构荷载规范（附条文说明）》。对于最大风速超过 35m/s 的地区，当大于该风速时，应在户外配电装置的设计中采取有效防护措施，并对电气设备制造厂提出针对风速的特殊要求。

4）冰雪。在积雪、覆冰严重的地区，应采取措施防止冰串引起瓷件绝缘对地闪络。隔离开关的破冰厚度应大于安装场所最大覆冰厚度，一般为 10mm。当覆冰厚度可能超过 20mm 时应与制造厂商协商。

5）湿度。选择电气设备的湿度，应采用当地相对湿度最高月份的平均相对湿度（相对湿度：在一定温度下，空气中实际水汽压强值与饱和水汽压强值之比；最高月份的平均相对湿度：该月中日最大相对湿度值的月平均值），对湿度较高的场所，应采用该处实际相对湿度，当无资料时，可取比当地湿度最高月份的平均相对湿度高5%的相对湿度。

一般高压电气设备可使用在 +20℃、相对湿度为 90% 的环境中（电流互感器为 85%）。在我国长江以南和沿海地区，当相对湿度超过一般电气设备

使用标准时，应选用湿热带型高压电气设备。

6）污秽。污秽地区内各种污秽物质对电气设备的危害，取决于污秽物质的导电性、吸水性、附着力、数量、密度、与污源的距离及气象条件。为保证空气污秽地区电气设备的安全运行，在工程设计中应根据污秽情况选用下列措施：①根据当地环境污秽条件确定电气设备外绝缘的爬电距离；②增大电瓷外绝缘的统一爬电比距，选用有利于防污的材料或电瓷造型，如采用硅橡胶、大小伞、大倾角、钟罩式等特制绝缘子；③采用热缩增爬裙增大电瓷外绝缘的有效爬电比距；④经过技术经济比较确定采用 SF_6 气体绝缘金属封闭开关设备（GIS）或室内配电装置。

7）海拔。电气设备的一般使用条件为海拔不超过 1 000m。对于安装在海拔超过 1 000m 地区的电气设备，其外绝缘应予以加强。当海拔在 1 000m 以上、4 000m 以下时，电气设备外绝缘强度应参照 GB/T 311《绝缘配合》中相关公式进行海拔修正。对海拔高于 4 000m 的电气设备外绝缘，应开展专题研究后确定。

8）地震。地震对电气设备的影响因素主要是地震波的频率和地震振动的加速度。一般电气设备的固有振动频率和地震振动的频率很接近，应设法防止共振的发生，并加大电气设备的阻尼比。地震振动的加速度与地震烈度和地基有关，通常用重力加速度 g 的倍数表示。抗震设计应符合 GB 50260—2013《电力设施抗震设计规范（附条文说明）》中的要求。

当电气设备有支承结构时，应充分考虑支承结构的动力放大作用；若仅作电气设施本体的抗震设计时，地震输入加速度应乘以支承结构动力反应放大系数。

（2）导体　导体应按使用环境条件（环境温度、日照、风速、污秽、海拔）校验，当在屋内使用时，可不校验日照、风速及污秽。

普通导体的正常最高工作温度不宜超过 +70℃，在计及日照影响时，钢芯铝线与管形导体可按不超过 80℃ 考虑。当普通导体接触面处有镀（搪）锡的可靠覆盖层时，可提高到 +85℃。特制耐热导体的最高工作温度可根据制造厂商提供的数据选择使用，但要考虑高温导体对连接设备的影响，并采取防护措施。

在按回路正常工作电流选择导体截面积时，导体的长期允许载流量，应按所在地区的海拔及环境温度进行修正。导体采用多导体结构时，应考虑邻

近效应和热屏蔽对载流量的影响。

不同金属的螺栓连接接头，在屋外或特殊潮湿的屋内，应有特殊的结构措施和适当的防腐蚀措施。

金具应选用合适的标准产品。

101　电气设备的主要选择原则

（1）主变压器　变压器按用途划分，可分为升压变压器、联络变压器、降压变压器和配电变压器；按铁心结构划分，可以分为芯式变压器和壳式变压器；按绕组结构形式划分，可分为电力变压器

和自耦变压器；按相数划分，可以分为单相变压器和三相变压器；按绕组数量划分，可分为双绕组变压器和三绕组变压器；按绝缘介质划分，可分为油浸式变压器和干式（空气、SF_6 或浇注绝缘）变压器；按冷却方式划分，可分为空气冷却变压器、油自然循环冷却变压器、强迫油循环冷却变压器、强迫油循环导向冷却变压器和水冷变压器。

主变压器应按表 20.6-4 所列技术条件选择，并按表中使用环境条件校验。

表 20.6-4　主变压器参数选择

项目		参数
技术条件	正常工作条件	型式、额定容量、绕组电压、相数、短路阻抗、频率、冷却方式、联结组别、调压方式及范围、并联运行特性、机械荷载、损耗、温升限值、中性点接地方式等
	励磁特性	励磁涌流
	承受过电压能力	绝缘水平、过载能力
	套管电流互感器	绕组数、准确级、电流比、二次容量、K_{ssc} 或 F_s 或 ALF
环境条件	一般条件	环境温度、日温差[①]、最热月平均温度、年平均温度、日照强度[①]、覆冰厚度[①]、最大风速[①]、相对湿度[②]、污秽等级[①]、海拔、地震烈度、系统电压波形及谐波含量
	环境保护	噪声水平、局部放电水平、无线电干扰水平

① 当户内布置时，可不考虑；

② 当户外布置时，可不考虑。

1）型式。主变压器采用三相或单相，主要考虑变压器的制造条件、可靠性要求及运输条件等因素。特别是大型变压器，尤其需要考察其运输可能性，保证运输尺寸不超过隧洞、涵洞、桥洞的允许通过限额，运输重量不超过桥梁、车辆、船舶等运输工具的允许承载能力。

在可能的条件下，优先选用三相变压器、自耦变压器、整体运输变压器、低损耗变压器、无励磁调压变压器。

对于高电压等级、大容量变压器，若采用单相仍无法满足运输条件，可考虑采用分体结构变压器。选择主变压器的相数，需考虑如下原则：除受运输、制造水平或其他特殊制造原因限制外，应尽可能选用三相变压器；当受运输条件限制时，应综合考虑运输和制造条件，选用单相变压器或分体运输、现场组装变压器。

在具有三种电压的变电站中，如通过主变压器各侧绕组的功率均达到该变压器容量的 15% 以上，或低压侧虽无负荷，但在变电站内需装设无功补偿设备时，主变压器宜采用三绕组变压器。对地处负

荷中心，具有直接从高压降为低压供电条件的变电站，为简化电压等级或减少重复降压容量，可采用双绕组变压器。

变压器绕组的连接方式必须和系统电压相位一致，否则不能并列运行。电力系统采用的绕组连接方式只有星形联结和三角形联结，高、中、低压三侧绕组如何组合要根据具体工程来确定。

在 220kV 及以上变电站中，宜优先选用自耦变压器。

2）阻抗和调压方式。主变压器阻抗的选择应结合系统短路水平、运行损耗和制造难度等因素综合考虑：

① 各侧阻抗值的选择必须从电力系统稳定、潮流方向、无功功率分配、继电保护短路电流、系统内的调压手段和并联运行等方面进行综合考虑，并应以对工程起决定性作用的因素来确定。

② 选择变压器短路阻抗时，应根据变压器在所在系统条件尽可能选用相关标准规定的标准阻抗值。

③ 为限制过大的系统短路电流，应通过技术

经济比较确定选用高阻抗变压器，应按电压分级设置，并应校核系统电压调整率和无功补偿容量。

④ 对三绕组的电力变压器和自耦变压器，其最大阻抗是放在高、中压侧，还是高、低压侧，必须按上述第①条原则来确定。一般情况下，变压器的绕组排列顺序为自铁心向外依次为中、低、高时，高、中压侧阻抗最大；变压器的绕组排列顺序为自铁心向外依次为低、中、高时，高、低压侧阻抗最大。

变压器的电压调整有无励磁调压（调整范围通常在 ±5% 以内）和有载调压（调整范围可达 30%）。调压方式选择的原则如下：①无励磁调压变压器一般用于电压及频率波动范围较小的场所；②有载调压变压器一般用于电压波动范围大，且电压变化频繁的场所。

在满足运行要求的前提下，能用无励磁调压的尽量不用有载调压。无励磁分接开关应尽量减少分接头数量。可根据系统电压变压范围只设最大、最小和额定分接。

对于 220kV 及以上的变压器，仅在电网电压可能有较大变化的情况下，可采用有载调压方式。当电力系统运行确有需要时，在变电站也可装设单独的调压变压器或串联变压器。

对于 110kV 及以下的变压器，宜考虑至少有一级电压采用有载调压方式。

3）冷却方式。变压器一般采用的冷却方式有自然风冷却、强迫油循环风冷却、强迫油循环水冷却、强迫油循环导向冷却。

小容量变压器一般采用自然风冷却；大容量变压器一般采用强迫油循环风冷却。强迫油循环水冷却方式散热效率高，节约材料，可减小变压器本体尺寸。其缺点是需要有一套水冷却系统和相关附件，冷却器的密封性能要求高，维护工作量较大。随着变压器制造技术的发展，在大容量变压器中，采用了强迫油循环导向冷却方式。用潜油泵将冷油压入线圈、线饼之间和铁心的油道中，故此冷却效率更高。

4）变电站典型主变压器选型。变电站主变压器容量和台（组）数的选择，应根据经审批的电力系统规划设计决定。220～1 000kV 变电站同一电压网络内任一台变压器事故时，其他元件不应超过事故过负荷的规定。凡装有两台（组）及以上主变压器的变电站，其中 1 台（组）事故停运后，其余主变压器的容量应保证该站在全部负荷 70% 时不过载，并在计及过负荷能力后的允许时间内，应保证

用户的一级和二级负荷。如变电站有其他电源能保证变压器停运后用户的一级负荷，则可装设一台（组）主变压器。

35～110kV 变电站在有一、二级负荷的变电站中应装设 2 台主变压器，当技术经济比较合理时，可装设 2 台以上主变压器。变电站可由中、低压侧电网取得足够容量的工作电源时，可装设一台主变压器。装有两台及以上主变压器的变电站，当断开一台主变压器时，其余主变压器的容量（包括过负荷能力）应满足全部一、二级负荷用电的要求。

城市地下变电站主变压器的台数和容量应根据地区供电条件、负荷性质、用电容量和运行方式等条件综合考虑确定，变电站的主变压器台（组）数不宜小于 2。装有两台及以上主变压器的地下变电站，当断开一台主变压器时，其余主变压器容量（包括过负荷能力）应满足全部负荷用电要求。

220kV、330kV 变压器若不受运输条件的限制，应选用三相变压器；500kV 变压器应根据变电站在系统中的地位、作用、可靠性要求和制造条件、运输条件等，经技术经济比较确定是否选用三相变压器；750kV、1 000kV 变压器宜选用单相变压器。当选用单相变压器时，可根据系统和设备情况确定是否装设备用相；也可根据变压器参数、运输条件和系统情况，在一个地区设置一台备用相。

根据电力负荷发展及潮流变化，在系统短路电流、系统稳定、系统继电保护、对通信线路的危险影响、调相调压和设备制造等具体条件允许时，应采用自耦变压器。当自耦变压器第三绕组接有无功补偿设备时，应根据无功功率潮流，校核公用绕组的容量。

220kV、330kV 具有三种电压的变电站中，如通过主变压器各侧绕组的功率达到该变压器额定容量的 15% 以上，或第三绕组需要装设无功补偿设备时，宜采用有三个电压等级的三绕组变压器或自耦变压器。

主变压器调压方式的选择，应经过技术经济论证。当系统各种运行方式下变电站母线的运行电压不符合电压质量标准，且增加无功补偿设备无效果或不经济时，可选用有载调压变压器。选择变压器的额定抽头及分抽头时，应满足系统远景发展潮流变化的需要。

（2）高压并联电抗器和中性点小电抗

1）高压并联电抗器。高压并联电抗器位置与容量的选择应首先考虑限制工频过电压的需要，并

结合限制潜供电流、无功补偿等方面的要求，进行　技术经济综合论证，见表 20.6-5。

表 20.6-5　高压并联电抗器参数选择

项目		参数
技术条件	正常工作条件	额定容量、电压、电流、电抗、频率、冷却方式、机械荷载、损耗、温升限值
	短路稳定性	动稳定电流、热稳定电流和持续时间
	励磁特性	饱和特性、过励磁能力
	承受过电压能力	高压并联电抗器绝缘水平、套管绝缘水平
	套管电流互感器	绕组数、准确级、电流比、二次容量、K_{ssc} 或 F_s 或 ALF
环境条件	一般条件	环境温度、日温差[①]、最热月平均温度、年平均温度、日照强度[①]、覆冰厚度[①]、最大风速[①]、相对湿度[②]、污秽等级[①]、海拔、地震烈度
	环境保护	噪声水平、局部放电水平、无线电干扰水平

① 当户内布置时，可不考虑。
② 当户外布置时，可不考虑。

通常单电源系统，并联电抗器设置在线路的末端；双电源系统，仅在一端设置并联电抗器，对另一端工频过电压的降低影响很小。并联电抗器设置在线路中段可以照顾线路两端的电压升高。当线路中段没有中间变电站或开关站的合适落点时，并联电抗器可设置在系统容量较大的一侧或分装在线路的两端。

在选择并联电抗器的位置和容量时，应兼顾满足大小运行方式时无功平衡的要求，同时将降低有功损耗作为一个参考指标；降低潜供电流、提高单相快速重合闸的成功率。

为了提高并联电抗器的补偿效果，可以采取给并联电抗器加装三角形绕组，采用自饱和或可控饱和电抗器等措施。饱和的控制可以采取附加直流励磁的方式。采用此方式时，需注意研究产生谐振的条件和消谐措施。

高压并联电抗器可以采用三相或单相电抗器。谐振条件并不是选用三相或单相电抗器的因素，三相或单相电抗器都有可能产生谐振过电压。在中性点加装小电抗后，对谐振过电压有抑制作用。但是，小电抗的阻抗值有可能选择不同，从而使中性点的绝缘水平不同。

三相电抗器比三个单相电抗器价格便宜。选用三相电抗器，应结合制造条件、运输条件、安装条件等综合考虑。如果选用三相电抗器，应选用三相五柱结构，而不宜采用三相三柱结构。

2）中性点小电抗。中性点小电抗应根据电力系统的情况按加速潜供电弧熄灭或抑制谐振过电压的要求选择小电抗值，见表 20.6-6。

表 20.6-6　中性点小电抗参数选择

项目		参数
技术条件	正常工作条件	额定持续电流、额定 10s 最大电流、阻抗、频率、冷却方式、机械荷载、损耗、温升限值
	短路稳定性	动稳定电流、热稳定电流和持续时间
	承受过电压能力	中性点小电抗绝缘水平、套管绝缘水平
	套管电流互感器	绕组数、准确级、电流比、二次容量、K_{ssc} 或 F_s 或 ALF
环境条件	一般条件	环境温度、日温差[①]、最热月平均温度、年平均温度、日照强度[①]、覆冰厚度[①]、最大风速[①]、相对湿度[②]、污秽等级[①]、海拔、地震烈度
	环境保护	噪声水平、局部放电水平、无线电干扰水平

① 当户内布置时，可不考虑。
② 当户外布置时，可不考虑。

中性点小电抗的额定电流按下列条件选择：①潜供电流不应大于20A；②输电线路三相不平衡引起的零序电流，一般取线路最大工作电流的0.2%；③并联电抗器三相电抗不平衡引起的中性点电流，一般取并联电抗器额定电流的5%~8%。

按故障状况校验小电抗的温升，故障电流可取200~300A，时间可取10s。

中性点小电抗的绝缘水平主要取决于出现在中性点上的最大过电压，应根据实际计算的最大过电压确定小电抗的绝缘水平。

（3）高压断路器 高压断路器的额定电压应不低于系统的最高电压；额定电流应大于运行中可能出现的任何负荷电流。高压断路器的参数选择见表20.6-7。

表 20.6-7 高压断路器参数选择

项目		参数
技术条件	正常工作条件	额定电压、电流、频率、机械荷载、机械和电气寿命
	短路稳定性	动稳定电流、热稳定电流和持续时间
	承受过电压能力	对地和断口间的绝缘水平、爬电比距
	操作性能	短路开断电流、短路关合电流、操作顺序、分合闸时间及同期性、对过电压的限制、失步开断电流、特殊开断性能、操动机构
环境条件	一般条件	环境温度、日温差[①]、最热月平均温度、年平均温度、日照强度[①]、覆冰厚度[①]、最大风速[①]、相对湿度[②]、污秽等级[①]、海拔、地震烈度
	环境保护	噪声水平、局部放电水平、无线电干扰水平

① 当户内布置时，可不考虑。

② 当户外布置时，可不考虑。

35kV及以下宜采用真空断路器或SF_6断路器，66kV及以上一般采用SF_6断路器。用于切合并联补偿电容器组的断路器，应校验操作时的过电压倍数，并采取相应的限制过电压措施。3~10kV宜用真空断路器或SF_6断路器，容量较小的电容器组，也可使用开断性能优良的少油断路器。

高地震烈度区、极寒地区优先选用罐式断路器。

在校核断路器的断流能力时，宜取断路器实际开断时间（主保护动作时间与断路器分闸时间之和）的短路电流作为校验条件。

在中性点直接接地或经小阻抗接地的系统中选择断路器时，首相开断系数应取1.3；在110kV及以下的中性点非直接接地的系统中，首相开断系数应取1.5。

断路器的额定短时耐受电流等于额定短路开断电流，其持续时间额定值在110kV及以下为4s；在220kV及以上为2s。

对于装有直接过电流脱扣器的断路器不一定规定短路持续时间，如果断路器接到预期开断电流等于其额定短路开断电流的回路中，则当断路器的过电流脱扣器整定到最大时延时，该断路器应能在按照额定操作顺序操作，且在与该延时相应的开断时间内，承载通过的电流。

当断路器安装地点的短路电流直流分量不超过断路器额定短路开断电流幅值的20%时，额定短路开断电流仅由交流分量来表征，不必校验断路器的直流分断能力。如果短路电流直流分量超过20%时，应与制造厂商协商，并在技术协议书中明确所要求的直流分量百分数。

断路器的额定关合电流，不应小于短路电流最大冲击值（第一个大半波电流峰值）。

对于110kV以上的系统，当电力系统稳定要求快速切除故障时，应选用分闸时间不大于0.04s的断路器；当采用单相重合闸或综合重合闸时，应选用能分相操作的断路器。

对于330kV及以上系统，在选择断路器时，其操作过电压倍数应满足GB/T 50064—2014《交流电气装置的过电压和绝缘配合设计规范（附条文说明）》中的要求。

对担负蓄能机组、并联电容器组等需要频繁操作的回路，应选用适合频繁操作的断路器。

用于为提高系统动稳定装设的电气制动回路中的断路器，其合闸时间不宜大于0.04~0.06s。

用于切合并联补偿电容器组的断路器，应校验操作时的过电压倍数，并采取相应的限制过电压措施。3~10kV宜用真空断路器或SF_6断路器。容量较小的电容器组，也可使用开断性能优良的少油断路器。35kV 及以上电压级的电容器组，宜选用 SF$_6$ 断路器或真空断路器。

用于串联电容补偿装置的断路器，其断口电压与补偿装置的容量有关，而对地绝缘则取决于线路的额定电压，220kV 及以上电压等级应根据所需断口数量特殊订货；110kV 及以下电压等级可选用同一电压等级的断路器。

当断路器的两端为互不联系的电源时，设计中应按以下要求校验：①断路器断口间的绝缘水平满足另一侧出现工频反相电压的要求；②在失步下操作时的开断电流不超过断路器的额定反相开断性能；③断路器同极断口间的公称爬电比距与对地公称爬电比距之比一般取为 1.15~1.3；④当断路器起联络作用时，其断口的公称爬电比距与对地公称爬电比距之比，应选取较大的数值，一般不低于 1.2。

当缺乏上述技术参数时，应要求制造部门进行补充试验。

断路器尚应根据其使用条件校验下列开断性能：①近区故障条件下的开合性能；②异相接地条件下的开合性能；③失步条件下的开合性能；④小电感电流开合性能；⑤容性电流开合性能；⑥二次侧短路开断性能。

当系统单相短路电流计算值在一定条件下有可能大于三相短路电流值时，所选择断路器的额定开断电流值应不小于所计算的单相短路电流值。

(4) 隔离开关和接地开关

1) 隔离开关。对隔离开关的型式选择应根据配电装置的布置特点和使用要求等因素，进行综合技术经济比较后确定。隔离开关的参数选择见表 20.6-8。

表 20.6-8 隔离开关的参数选择

项目		参数
技术条件	正常工作条件	额定电压、电流、频率、机械荷载、分闸和合闸装置及其辅助控制回路电源电压和电流、单柱式隔离开关的接触区
	短路稳定性	动稳定电流、热稳定电流和持续时间
	承受过电压能力	对地和断口间的绝缘水平、爬电比距
	操作性能	开合小电流、旁路电流和母线环流、开合感应电流、分合闸时间及速度、操动机构、分闸和合闸装置及电磁闭锁装置操作电压
环境条件	一般条件	环境温度、日温差[①]、最热月平均温度、年平均温度、日照强度[①]、覆冰厚度[①]、最大风速[①]、相对湿度[②]、污秽等级[①]、海拔、地震烈度
	环境保护	噪声水平、局部放电水平、无线电干扰水平

① 当户内布置时，可不考虑。
② 当户外布置时，可不考虑。

隔离开关应根据负荷条件和故障条件所要求的各个额定值来选择，并应留有适当裕度，以满足电力系统未来发展的要求。

隔离开关没有规定承受持续过电流的能力，当回路中有可能出现经常性断续过电流的情况时，应与制造厂商协商。

当安装的 72.5kV 及以下隔离开关的相间距离小于产品规定的最小相间距离时，应要求制造厂商根据使用条件进行动稳定、热稳定性试验。原则上应进行三相试验，当试验条件不具备时，允许进行单相试验。

单柱垂直开启式隔离开关在分闸状态下，动静触头间的最小电气距离不应小于配电装置的最小安全净距 B 值。

为保证检修安全，72.5kV 及以上断路器两侧的隔离开关和线路隔离开关的线路侧宜配置接地开关。

隔离开关的接地开关，应根据其安装处的短路电流进行动、热稳定校验。

隔离开关应具有切合电感、电容性小电流的能力，应使电压互感器、避雷器、空载母线、励磁电流不超过 2A 的空载变压器及电容电流不超过 5A 的空载线路等，在正常情况下操作时能可靠切断，并符合有关电力工业技术管理的规定。当隔离开关的技术性能不能满足上述要求时，应向制造部门提出，否则不得进行相应的操作。

隔离开关还应能可靠切断断路器的旁路电流及母线环流。

屋外隔离开关接线端的机械荷载应考虑母线（或引下线）的自重、张力、风力和冰雪等施加于接线端的最大水平静拉力。当引下线采用软导线时，接线端机械荷载中不需再计入短路电流产生的电动力。但对采用硬导体或扩径空心导线的设备间连线，则应考虑短路电动力。

隔离开关操作机构的型式宜根据工程实际情况选择电动或手动操作机构。

2) 接地开关。为保证电气设备和母线的检修安全，每段母线上宜装设 1~2 组接地开关；72.5kV 及以上断路器两侧的隔离开关和线路隔离开关的线路侧宜配置接地开关，该接地开关的峰值耐受电流、短时耐受电流应与隔离开关保持一致。

隔离开关与附装在其上的接地开关之间应有机械连锁，并具备电气连锁的条件。隔离开关处于合闸位置时，接地开关不能合闸；接地开关处于合闸位置时，隔离开关不能合闸。机械连锁装置应有足够的机械强度、配合准确、连锁可靠。

由于长距离临近并行线路、同塔双回输电线路的相互感应问题，要求其线路侧接地开关具有切合感应电压、感应电流的能力。接地开关的额定感应电流、电压值详见表 20.6-9。

表 20.6-9　接地开关的额定感应电流和额定感应电压的标准值

额定电压 U_N/kV	电磁耦合				静电耦合			
	额定感应电流（有效值）/A		额定感应电压（有效值）/kV		额定感应电流（有效值）/A		额定感应电压（有效值）/kV	
	类别 A	类别 B	类别 A	类别 B	类别 A	类别 B	类别 A	类别 B
72.5	50	100	0.5	4	0.4	2	3	6
126	50	100	0.5	6	0.4	5	3	6
252	80	160	1.4	15	1.25	10	5	15
363	80	200	2	22	1.25	18	5	22
550	80	200	2	25	1.6	25, 50	8	25, 50
800	80	200	2	25	3	25, 50	12	32
1 000	80	360	2	30	3	50	12	180

注：1. A 类接地开关用于耦合弱或比较短的平行线路。B 类接地开关用于耦合强或比较长的平行线路。

2. 在某些情况（接地线路很长一段与带电线路邻近，带电线路上的负荷很大，带电线路的运行电压比接地线路高等）下，感应电流和感应电压可能高于表中的值。对这类情况，额定值应由制造厂商和用户协商确定。

3. 对单相和三相试验，确定感应电压均相应于线对地的值。

（5）GIS 和 HGIS　气体绝缘金属封闭开关设备应按表 20.6-10 所列技术条件选择，并按表中使用环境条件校验。与气体绝缘金属封闭开关设备在同一回路的断路器、隔离开关、接地开关之间应设置连锁装置，线路侧的接地开关应加装线路的带电指示和闭锁装置。

表 20.6-10　气体绝缘金属封闭开关设备参数选择

项目		参数
技术条件	正常工作条件	额定电压、相数、电流、频率、机械荷载、绝缘气体和灭弧室气体压力、漏气率、组成元件的各项额定参数、接线方式、温升限值、机械和电气寿命
	短路稳定性	动稳定电流、热稳定电流和持续时间
	承受过电压能力	绝缘水平、爬电比距
	操作性能	开断电流、短路关合电流、操作顺序、操作次数、操作相数、分合闸时间及同期性、操动机构

（续）

项目		参数
环境条件	一般条件	环境温度、日温差①、日照强度①、覆冰厚度①、最大风速①、相对湿度②，污秽等级①、海拔、地震烈度
	环境保护	噪声水平、局部放电水平、无线电干扰水平

① 当户内布置时，可不考虑。
② 当户外布置时，可不考虑。

在经济技术比较合理时，GIS 和 HGIS 设备宜用于城市内的变电站、布置场所特别狭窄地区、地下式配电装置、重污秽地区、高海拔地区或者高烈度地震区的 63kV 及以上系统。

GIS 和 HGIS 开关设备的各元件按其工作特点应满足下列要求：

1）对于负荷开关元件有：①开断负荷电流；②关合负荷电流；③动稳定电流；④热稳定电流；⑤操作次数；⑥分、合闸时间；⑦允许切、合空载线路的长度和空载变压器的容量；⑧允许关合短路电流；⑨操作机构型式。

2）对于接地开关和快速接地开关元件有：①关合短路电流；②关合时间；③关合短路电流次数；④切断感应电流能力；⑤操作机构型式，操作气压，操作电压，相数。

注意，如不能预先确定回路不带电，应采用关合能力等于相应的额定峰值耐受能力的接地开关；如能预先确定回路不带电，可采用不具有关合能力或关合能力低于相应的额定峰值耐受电流的接地开关。一般情况下不宜采用可移动的接地装置。

3）对于电缆终端与引线套管有：①动稳定电流；②热稳定电流；③安装时的允许倾角。

注意，当气体绝缘金属封闭开关设备与电缆或变压器高压出线端直接连接时，如有必要，宜在两者接口的外壳上设置直流和/或交流试验用套管的安装孔，制造厂商应根据用户的要求，提供试验用套管或给出套管安装的有关资料。

选择气体绝缘金属封闭开关设备内的元件时，还应考虑下列情况：

1）断路器的断口布置形式需根据场地情况及检修条件确定，当需降低高度时，宜选用水平布置；当需减少宽度时，可选用垂直布置。灭弧室宜选用单压式。

2）负荷开关元件在操作时应三相联动，其三相合闸不同期性不应大于 10ms，分闸不同期性不应大于 5ms。

3）隔离开关和接地开关应具有表示其分、合位置的可靠和便于巡视的指示装置，如该位置指示器足够可靠的话，可不设置观察触头位置的观察窗。

4）在气体绝缘金属封闭开关设备停电回路的最先接地点（不能预先确定该回路不带电）或利用接地装置保护封闭电器外壳时，应选择快速接地开关；而在其他情况下则应选用一般接地开关。接地开关或快速接地开关的导电杆应与外壳绝缘。

5）电压互感器元件宜选用电磁式，如需兼作现场工频实验变压器时，应在订货时予以说明。

6）在气体绝缘金属封闭开关设备母线上安装的避雷器宜选用 SF_6 气体作绝缘和灭弧介质的避雷器，在出线端安装的避雷器一般宜选用敞开式避雷器。SF_6 避雷器应做成单独的隔离气室，并应装设防爆装置、监视压力的压力表（或密度继电器）和补气用的阀门。

7）气体绝缘金属封闭开关设备分期建设时，宜在将来的扩建接口处装设隔离开关和隔离气室，以便将来不停电扩建。

为防止因温度变化引起伸缩，以及因基础不均匀下沉，造成气体绝缘金属封闭开关设备漏气与操作机构失灵，在气体绝缘金属封闭开关设备的适当部位应加装伸缩节。伸缩节主要用于装配调整（安装伸缩节），吸收基础间的相对位移或热胀冷缩（温度伸缩节）的伸缩量等。在气体绝缘金属封闭开关设备分开的基础之间允许的相对位移（不均匀下沉）应由制造厂商和用户协商确定。

气体绝缘金属封闭开关设备在同一回路的断路器、隔离开关、接地开关之间应设置联锁装置。线路侧的接地开关宜加装带电指示和闭锁装置。

气体绝缘金属封闭开关设备内各元件应分成若干隔离气室。隔离气室的具体划分可根据布置条件和检修要求，在订货技术条款中由用户与制造厂商商定。气体系统的压力，除断路器外，其余部分宜采用相同气压。长母线应分成几个隔离气室，以利于维修和气体管理。

外壳的厚度应以设计压力和在最小耐受时间内（电流等于或大于 40kA，0.1s；电流小于 40kA，0.2s）外壳不烧穿为依据。

气体绝缘金属封闭开关设备应设置防止外壳破坏的保护措施，制造厂商应提供关于所用的保护措施方面的充足资料。

制造厂商和用户可商定一个允许的内部故障电弧持续时间。在此时间内，当短路电流不超过某一数值时，将不发生电弧的外部效应。此时可不装设防爆膜或压力释放阀。

气体绝缘金属封闭开关设备外壳要求高度密封性。制造厂商宜按 GB/T 11023—2018 确定每个隔离气室允许的相对年泄漏率。每个隔离气室的相对年泄漏率应不大于 1%。

气体绝缘金属封闭开关设备的允许温升应按 GB/T 7674—2020 中的要求执行。

气体绝缘金属封闭开关设备中的 SF_6 气体的质量标准应符合 GB/T 8905—2012 中的规定。

气体绝缘金属封闭开关设备的外壳应接地。凡不属于主回路或辅助回路且需要接地的所有金属部分都应接地。外壳、构架等的相互电气连接宜采用紧固连接（如螺栓连接或焊接），以保证电气上连通。接地回路导体应有足够的截面积，具有通过接地短路电流的能力。

在短路情况下，外壳的感应电压不应超过 24V。

（6）电流互感器　测量用电流互感器分为一般用途和特殊用途（S 类）两类；保护用电流互感器分为 P 类、PR 类、PX 类和 TP 类，TP 类适用于短路电流具有非周期分量时的暂态情况。

电流互感器的参数应按表 20.6-11 所列技术条件选择，并按表中使用环境条件校验。

表 20.6-11　电流互感器参数选择

	项目	参数
技术条件	正常工作条件	额定一次电压、一次电流、二次电压、二次电流、二次侧输出功率、准确度等级、级次组合、暂态特性、机械荷载、继电保护和测量要求、温升限值、系统接地方式
	短路稳定性	动稳定倍数、热稳定倍数
	承受过电压能力	绝缘水平、爬电比距
环境条件	一般条件	环境温度、日照强度①、覆冰厚度①、最大风速①、相对湿度②、污秽等级①、海拔、地震烈度
	环境保护	局部放电水平、无线电干扰水平

① 当户内布置时，可不考虑。
② 当户外布置时，可不考虑。

3～35kV 屋内配电装置的电流互感器，根据安装使用条件及产品情况，宜选用树脂浇注绝缘结构。35kV 及以上配电装置的电流互感器，宜采用油浸瓷箱式、树脂浇注式、SF_6 气体绝缘结构或光纤式的独立式电流互感器。在有条件时，应采用套管式电流互感器。

330～1 000kV 系统保护用电流互感器应考虑短路暂态的影响，宜选用具有暂态特性的 TP 类互感器，某些保护装置本身具有克服电流互感器暂态饱和影响的能力，可按保护装置具体要求选择适当的 P 类电流互感器。对 220kV 及以下系统的电流互感器一般可不考虑暂态影响，可采用 P 类电流互感器。对某些重要回路可适当提高所选互感器的准确限值系数或饱和电压，以减缓暂态影响。

选择测量用电流互感器应根据电力系统测量和计量系统的实际需要合理选择互感器的类型。要求在较大工作电流范围内进行准确测量时可选用 S 类电流互感器。为保证二次电流在合适的范围内，可采用复电流比或二次绕组带抽头的电流互感器。电能计量用仪表与一般测量仪表在满足准确级条件下，可共用一个二次绕组。

电力变压器中性点电流互感器的一次额定电流，应大于变压器允许的不平衡电流，一般可按变压器额定电流的 30% 选择。安装在放电间隙回路中的电流互感器，一次额定电流可按 100A 选择。

供自耦变压器零序差动保护用的电流互感器，其各侧电流比均应一致，一般按中压侧的额定电流选择。在自耦变压器公共绕组上作为过负荷保护和测量用的电流互感器，应按公共绕组的允许负荷电流选择。

中性点的零序电流互感器应按下列条件选择和校验：

1）对中性点非直接接地系统，由二次电流及保护灵敏度确定一次回路起动电流；对中性点直接接地或经电阻接地系统，由接地电流和电流互感器准确限值系数确定电流互感器额定一次电流，由二次负载和电流互感器的容量确定二次额定电流。

2）按电缆根数及外径选择电缆式零序电流互感器窗口直径。

3）按一次额定电流选择母线式零序电流互感器母线截面积。

选择母线式电流互感器时，还应校核窗口允许穿过的母线尺寸。

（7）电压互感器　电压互感器的参数应按表 20.6-12 所列技术条件选择，并按表中使用环境条件校验。

表 20.6-12　电压互感器参数选择

项目		参数
技术条件	正常工作条件	额定一次电压、二次电压、二次侧输出功率、准确度等级、继电保护及测量要求、温升限值、机械荷载、兼用于载波通信时电容式电压互感器的高频特性、电压因数
	承受过电压能力	绝缘水平、爬电比距
环境条件	一般条件	环境温度、日照强度①、覆冰厚度①、最大风速①、相对湿度②、污秽等级①、海拔、地震烈度
	环境保护	局部放电水平、无线电干扰水平

① 当户内布置时，可不考虑。
② 当户外布置时，可不考虑。

3~35kV 屋内配电装置，宜采用树脂浇注绝缘结构的电磁式电压互感器。35kV 屋外配电装置，宜采用油浸绝缘结构的电磁式电压互感器。110kV 及以上配电装置，当容量和准确度等级满足要求时，宜采用电容式电压互感器。SF₆ 全封闭组合电器的电压互感器宜采用电磁式。

在满足二次电压和负荷要求的条件下，电压互感器宜采用简单接线，当需要零序电压时，3~20kV 宜采用三相五柱电压互感器或三个单相式电压互感器。

在中性点非直接接地系统中的电压互感器，为了防止铁磁谐振过电压，应采取消谐措施，并应选用全绝缘。

当电容式电压互感器由于开口三角绕组的不平衡电压较高，而影响零序保护装置的灵敏度时，应要求制造部门装设高次谐波滤过器。

用于中性点直接接地系统的电压互感器，其剩余绕组额定电压应为 100V；用于中性点非直接接地系统的电压互感器，其剩余绕组额定电压应为 100/3V。

电磁式电压互感器可以兼作并联电容器的泄能设备，但此电压互感器与电容器组之间不应有开断点。

（8）避雷器　避雷器参数应按表 20.6-13 所列技术条件选择，并按表中使用环境条件校验。

表 20.6-13　避雷器参数选择

项目		参数
技术条件	正常工作条件	额定电压（U_N）、持续运行电压（U_C）、额定频率、标称放电电流（I_n）、参考电压（U_{ref}）、残压（U_{res}）、长持续时间电流冲击耐受能力、压力释放等级、外套的绝缘耐受性能、能量吸收能力、机械荷载
	短路稳定性	承受系统短路电流
	承受过电压能力	各冲击电流下残压、长持续时间冲击电流耐受能力
	操作性能	机械载荷
环境条件	一般条件	环境温度、最大风速①、污秽、海拔、地震烈度

① 当户内布置时，可不考虑。

避雷器应根据保护对象选用不同型号的避雷器，选择时应按照持续运行电压、额定电压、雷电冲击残压、操作冲击残压、长持续时间电流冲击放电能力进行选择。目前变电站内主要采用金属氧化物避雷器。

在中性点有效接地系统中，如果单相接地故障在 10s 及以内切除，可以只考虑单相接地时非故障相的电压升高和部分甩负荷、长线效应引起的暂时过电压。避雷器的额定电压通常取等于或大于安装点的最大工频暂时过电压。中性点有效接地系统避雷器的典型额定电压值见表 20.6-14。

表 20.6-14　中性点有效接地系统避雷器的典型额定电压值　（单位：kV）

系统标称电压（有效值）	避雷器额定电压（有效值）	
	母线侧	线路侧
110	102	
220	204	
330	300	312
500	420	444
750	600	648
1 000	828	828

在中性点非有效接地系统中，如果单相接地故障在 10s 及以内切除，可应用中性点有效接地系统中的原则；如果单相接地故障在 10s 以上切除，额定电压还应乘以时间系数。中性点非有效接地系统避雷器的额定电压建议值见表 20.6-15。

表 20.6-15　中性点非有效接地系统避雷器的典型额定电压值　（单位：kV）

接地方式	非有效接地系统（有效值）					
	10s 及以内切除故障					
系统标称电压	3	6	10	20	35	66
避雷器额定电压	4	8	13	26	42	72
接地方式	非有效接地系统（有效值）					
	10s 以上切除故障					
系统标称电压	3	6	10	20	35	66
避雷器额定电压	5	10	17	34	51	90

当避雷器的额定电压选定后，避雷器在流过标

称放电电流而引起的雷电冲击残压和在流过操作冲击电流下的操作冲击残压便是确定的数值，应满足绝缘配合的要求。

避雷器的标称放电电流是具有 $8/20\mu s$ 波形的雷电冲击电流峰值，是划分避雷器等级的参数。

1）对于 66～110kV 系统，避雷器的标称放电电流可选用 5kA；在雷电活动较强的地区、重要的变电站、进线保护不完善或进线段耐雷水平达不到规定时，可选用 10kA。

2）对于 220～330kV 系统，避雷器的标称放电电流可选用 10kA。

3）对于 500kV 系统，避雷器的标称放电电流可选用 10～20kA。

4）对于 750kV 系统，避雷器的标称放电电流可选用 20kA。

5）对于 1 000kV 系统，避雷器的标称放电电流可选用 20kA。

（9）绝缘子和套管　绝缘子和穿墙套管的参数应按表 20.6-16 所列技术条件选择，并按表中使用环境条件校验。

户外支柱绝缘子一般采用棒式支柱绝缘子，当需倒装时，宜选用悬挂式支柱绝缘子。户内支柱绝缘子一般采用联合胶装的多棱式支柱绝缘子。对于污秽等级较高的地区，应尽量选用防污型绝缘子。

在校验 35kV 及以上电压等级水平安装的支柱绝缘子的机械强度时，应计及绝缘子自重、母线重量和短路电动力的联合作用。支柱绝缘子在力的作用下，还将产生扭矩。在校验抗弯机械强度时，还应校验抗扭机械强度。

悬式绝缘子的片数选择一般考虑两种计算方法，即爬电比距法和污闪耐受电压法。工程设计中通常采用爬电比距法。选择悬式绝缘子还需考虑绝缘子的老化问题，每串绝缘子需预留零值绝缘子。在海拔大于 1 000m 的地区，需要增加绝缘子数量来加强绝缘。

屋外配电装置的绝缘子根据气象条件和不同受力状态进行计算，其安全系数不应小于表 20.6-17 中所列数值。

（10）换流阀

1）换流阀组件。换流阀通常采用模块化的结构。一个换流阀由多个单阀组成，一个单阀由多个阀组件串联组成，一个阀组件由多个串联的晶闸管及辅助元件组成。

表 20.6-16　绝缘子和穿墙套管的参数选择

项目		绝缘子参数	穿墙套管参数
技术条件	正常工作条件	额定电压、机械荷载	额定电压、电流
	短路稳定性	支柱绝缘子的动稳定	动稳定电流、热稳定电流及持续时间
	承受过电压能力	绝缘水平、爬电比距	绝缘水平
	环境条件	环境温度、日温差[①]、最热月平均温度、年平均温度、日照强度[①]、覆冰厚度[①]、最大风速[①]、相对湿度[②]、污秽等级[①]、海拔、地震烈度	

① 当户内布置时，可不考虑。

② 当户外布置时，可不考虑。

表 20.6-17　绝缘子的安全系数

类别	荷载长期作用时	荷载短期作用时
套管，支持绝缘子及其金具	2.5	1.67
悬式绝缘子及其金具	4	2.5

注：悬式绝缘子的安全系数对应于 1h 机电试验载荷，而不是破坏载荷。若是后者，安全系数则分别为 5.3 和 3.3。

通常阀组件由晶闸管、阻尼电路、直流均压电阻、晶闸管电压监视单元（TVM）、饱和电抗器、均压电容器等组成。阀组件两端并联一个均压电容器。

目前直流输电工程的晶闸管硅片直径最大已经达到 6in[⊖]，反向非重复阻断电压已高于 9.3kV，通态平均电流已达到 6250A。

2）换流阀结构。换流阀由多个单阀组成，结构上每相两个单阀紧密连接在一起组成的换流阀称为二重阀，每相四个单阀组成的换流阀称为四重阀。

换流阀安装方式有支撑式和悬吊式两种。支撑式换流阀不宜安装在地震烈度比较高和抗震要求高的场合。

3）换流阀主要技术参数。换流阀的技术参数包含系统条件和电气参数。系统条件主要包含交流系统电压和系统频率；电气参数主要包含换流阀电流定值、电流耐受能力、电压定值、过电压耐受能力、运行触发角等。换流阀技术参数应与系统研究所要求的参数相匹配。

4）换流阀选型主要原则有：① 换流阀宜采用户内悬吊式、空气绝缘、水冷却；② 换流阀触发方式可采用电触发方式或光触发方式；③ 换流阀应为组件式，晶闸管冗余度不宜小于 3%；④ 换流阀连续运行额定值和过负荷能力应满足系统要求；⑤ 换流阀浪涌电流取值不应小于阀的最大短路电流；⑥ 换流阀应能承受各种过电压，并应有足够的安全裕度；⑦ 换流阀本体及其控制、保护装置的设计应保证阀能够承受由于阀的触发系统误动以及站内外各种故障所产生的电气应力。

（11）换流变压器

1）换流变压器的特点。直流输电系统中一般采用 12 脉动换流器，它由一组 Yy 和一组 Yd 连接的换流变压器分别连接两组 6 脉动换流器构成。与一般的交流变压器相比，换流变压器具有下列特点：① 换流变压器阀侧与大地间存在直流电压分量。② 晶闸管阀触发角不均匀，阀侧绕组流过直流电流时，铁心会受到直流偏磁的影响。③ 换流阀的不同步触发，会在交流侧和换流变压器中产生非特征谐波和直流分量，使换流变压器的噪声、空载电流和损耗增加。

2）换流变压器选择的主要原则有：① 换流变压器容量应满足直流系统额定输送容量及过负荷要求；② 换流变压器形式应结合容量、设备制造能力以及运输条件确定；③ 换流变压器阻抗除应满足交、直流系统要求外，还应满足换流阀的浪涌电流能力要求；④ 有载调压范围应满足交、直流系统运行工况；⑤ 调压开关分接头级差应与无功分组的投切协调；⑥ 换流变压器应具有耐受一定直流偏磁电流的能力；⑦ 换流变压器的噪声水平应满足换流站的总体噪声控制要求。

⊖　1in = 0.025 4m，后同。

3）换流变压器型式选择。

① 结构和绕组匹接方式。换流变压器的结构应根据流变压器交流侧及直流侧的系统电压、变压器容量、运输条件以及换流站布置要求等因素来确定。换流变压器的结构有三相三绕组式、三相双绕组式、单相三绕组式和单相双绕组式四种。

对中等容量和电压等级的换流站，应充分利用运输条件，宜采用三相变压器，可减少材料使用量、占地及损耗，对应于 12 脉动换流器的两个 6 脉动换流桥，其阀侧输出电压彼此应保持 30° 的相角差，网侧绕组均为星形联结，而阀侧绕组，一台应为星形联结，另一台为三角形联结。

对于容量较大的换流变压器，可采用单相变压器组。运输条件和制造条件允许时应采用单相三绕组变压器，这种结构的变压器带有一个交流网侧绕组和两个阀侧绕组，阀侧绕组分别为星形联结和三角形联结。两个阀侧绕组具有相同的额定容量和运行参数（如阻抗和损耗），线电压之比为 $\sqrt{3}$，相角差为 30°。

与单相双绕组变压器相比，单相三绕组变压器使用的铁心、油箱、套管及有载分接开关更少，因而也更经济。但单相三绕组变压器运输重量约为单相双绕组的 1.6 倍，宽度也较大，对于大容量换流变压器，不能采用铁路运输。

② 冷却方式。对于油浸式换流变压器，冷却方式一般为 OFAF（强迫油循环非导向风冷）和 ODAF（强迫油循环导向风冷却）式，冷却方式的选择与换流变压器容量、站址环境条件及供货厂商制造技术等相关。

③ 分接开关。

a. 分接开关类型。换流变压器采用有载分接开关，有载分接开关有油浸式分接开关和真空分接开关两种类型。油浸式分接开关的切换开关依靠油的绝缘性能来熄灭主触头电弧。真空分接开关的切换开关泡在油中，使用密闭真空泡熄弧。真空分接开关体积小、维护量少、灭弧性能好且不易引起油碳化。

b. 调压方式。换流变压器有载分接开关主要有两种调压方式。

保持换流变压器阀侧空载电压恒定调节方式的换流变压器的分接调节主要用于交流电网本身电压波动所引起的换流变压器阀侧空载电压的变化，这种变化一般较小，因此所要求的分接范围也较小。这种调节方式的分接调节开关动作不太频繁，有利于延长分接头调节开关的使用寿命。

采用保持控制角调节方式的换流器正常运行于较小的控制角范围之内，直流电压的变化主要由换流变压器的分接调节补偿。这种方式吸收的无功功率少，运行经济，阀的应力较小，阀阻尼回路损耗较小，交直流谐波分量也较小，即直流系统的运行性能较好。这种调节方式的分接调节开关动作较频繁，同时要求的分接调节范围要大些。

我国近来建设的长距离高压直流输电工程，其有载分接调节一般采用保持控制角于一定范围的调节方式。

4）换流变压器主要参数有

① 额定电压。

② 额定电流。

③ 额定容量。

④ 短路阻抗。换流变压器的短路阻抗是换流运行中换相阻抗的一部分，当换流器换相重叠及换相失败时，换流器阀侧绕组短路，为防止过大的短路电流损坏换流阀，换流变压器应具有足够大的短路阻抗。但短路阻抗过大时，会使换流器换相时的叠弧角过大，使换流器的功率因数过低，则换流变压器的无功分量增大，需要相应增加无功补偿容量，导致直流电压中换相降过大。在进行高压直流输电系统设计时，对换流变压器的短路阻抗进行优化选择是一项重要的内容。

⑤ 绝缘。换流变压器阀侧绕组同时承受交流电压和直流电压。在 12 脉动换流器接线中，由接地端算起的接入第一个 6 脉动换流器的换流变压器阀侧绕组承受直流电压为 $0.25U_d$（U_d 为 12 脉动换流器的直流电压），第二个 6 脉动换流器的阀侧绕组承受的直流电压为 $0.75U_d$。另外，直流输电系统特有的全压启动及极性反转特性，都会造成换流变压器的绝缘结构远比普通交流变压器复杂。

⑥ 分接开关调压范围及挡距。

a. 调压范围。换流变压器分接范围的确定主要考虑换流母线电压波动范围、直流输电系统安排的运行方式、降压运行方式下输送的功率限制以及换流阀阀允许的最大触发角（关断角）。

许多远距离高压直流输电工程都利用降压运行来降低由于直流架空线路的绝缘以及气象污秽原因而发生的非永久性接地故障概率，以提高输电系统的可用率。当采用这种运行方式时，换流变压器分接范围的选择应与控制角配合，以适应降压要求。这种运行方式下所要求的正分接范围最大。

为了补偿换流变压器交流网侧电压的变化并使触发角在适当的范围内运行，以保证运行的安全性和经济性，要求有载调压开关的调压范围较大，特别是可能采用直流降压模式时，要求的调压范围往往高达 20%~30%。

b. 挡距。换流变压器分接挡距的选择跟直流系统控制策略有密切的关系，要考虑到分接调节一挡对换流器控制角度的影响，在角度的控制范围内要防止分接头频繁动作，在以往换流变压器交流侧电压为 500kV 的直流工程中，调节步长通常取 1.25%。

换流变压器正、负分接级数需根据其网侧交流电压稳态变化范围，并结合设备的各种制造公差和测量误差计算得到的阀侧空载电压极值来确定。

（12）平波电抗器　平波电抗器与直流滤波器一起构成高压直流换流站直流侧的直流谐波回路。平波电抗器的作用：①防止由直流线路或直流开关站所产生的陡波冲击波进入阀厅，从而使换流阀免于遭受过电压应力而损坏；②平滑直流电流中的纹波，避免在低直流功率传输时电流的断续；③通过

限制由快速电压变化所引起的电流变化率来降低换相失败率。

平波电抗器有干式和油浸式两种型式。选择平波电抗器时，应根据配电装置的布置特点、使用要求、设备制造水平等因素，进行综合技术经济比较后确定。

平波电抗器串联于直流回路中，其电压和电流额定值根据直流主回路确定。平波电抗器主要参数包括额定直流电流、额定直流电压和额定电感量。

平波电抗器是直流滤波回路的组成部分，电感值大，则要求的直流滤波器容量小，反之亦然。因此平波电抗器电感量的取值应与直流滤波器综合考虑，并进行费用的优化。平波电抗器电感量的取值，应避免与直流滤波器、直流线路、中性点电容器、换流变压器等在 50Hz 和 100Hz 发生低频谐振。

（13）直流开关设备　直流开关设备应按技术条件选择，并按使用环境条件校验，见表 20.6-18。

表 20.6-18　直流开关设备选择

项目		参数
技术条件	正常工作条件	电压、电流、机械荷载
	短路或暂态稳定性	短路或暂态耐受电流和持续时间
	承受过电压能力	对地和断口间的绝缘水平、爬电比距
	操作性能	转换电流①、转移电流②、操作顺序、操作次数、分合闸时间、操动机构
环境条件	一般条件	环境温度、日温差、最大风速、覆冰厚度、相对湿度、污秽、海拔、地震烈度
	环境保护	电磁干扰

① 适用于直流转换开关。

② 适用于直流旁路开关。

1）直流转换开关。直流转换开关的相关参数如下：

① 额定电压。直流转换开关一般位于直流系统的中性母线侧，额定运行电压都不高。运行电压和绝缘水平以工程系统研究的绝缘配合报告为准。

② 额定运行电流。直流转换开关的额定运行电流由直流工程的额定运行电流确定。

③ 最大持续运行电流。直流转换开关的最大持续运行电流一般为额定运行电流的 1.05~1.25 倍。

④ 额定转换电流。直流转换开关的转换电流就是指经过分流后，在直流转换开关分闸前刻，流过直流转换开关的直流电流。

直流转换开关的关键技术参数是转换电流，一

般取直流系统带备用冷却连续过负荷电流为系统最大转换电流值。各直流转换开关由于功能和所处位置不同，对其转换电流能力的要求也不同。①金属回线转换开关（MRTB），位于接地极引线电路中，将单极大地同线运行时的电流转换到单极金属回线中；②大地回线转换开关（ERTB），接在接地极引线和极线之间，将单极金属回线运行时的电流转换到单极大地回线运行回线；③中性母线开关（NBS），双极运行方式下，发生单极换流器内部接地故障时，故障极在投入旁通情况下闭锁；④中性母线接地开关（NBGS），使用 NBGS 的主要目的是防止双极停运闭锁以提高高压直流传输系统的可靠性，在接地极引线断开的情况下，NBGS 合闸为换流站提供临时接地，通过站内的接地系统重新连接

到大地回线，这样就可以继续双极运行，当接地极引线可以重新使用时，NBGS 要能够将电流从站接地转换为接地极引线接地。

2）直流旁路开关。每极双 12 脉动换流器单元串联接线直流输电工程，为减少单个 12 脉动换流器组故障引起直流系统单极停运的概率，提高直流系统的可用率，同时减少对交流系统的冲击，每个 12 脉动换流器组直流侧需装设旁路开关。直流旁路开关是跨接一个或多个换流桥直流端子的机械电力开关装置，在换流桥退出运行过程中把换流桥短路，在换流桥投入运行过程中把电流转移到换流阀中。根据旁路开关高压侧端子接入电压等级的不同，旁路开关可分为极线旁路开关和中点旁路开关。直流旁路开关的相关参数如下：

① 额定电压和绝缘水平。直流旁路开关均采用瓷柱式 SF_6 设备。运行电压和绝缘水平以工程系统研究的绝缘配合报告为准。

② 额定短时直流电流。直流旁路开关的额定短时直流电流是在规定的使用和性能条件下，在 30min 内应能通过的直流电流值。额定短时直流电流的标准值为 4 000A、5 000A、6 300A。在实际直流系统运行中，直流旁路开关通常处于分闸状态，在操作直流旁路开关进行换流阀组投入或退出过程中，直流旁路开关处于合闸状态并承受直流电流的时间不超过 30min。

③ 额定直流转移电流。直流旁路开关的额定直流转移电流等于额定短时直流电流。

④ 与额定直流转移电流相关的瞬态恢复电压。这是一种参考电压，它构成了旁路开关在进行转移直流电流操作时应能承受的回路预期瞬态恢复电压的极限值。

3）直流隔离开关和接地开关。直流极线、中点和中性线均配置直流隔离开关和接地开关，直流隔离开关有双柱水平旋转式、双柱水平折叠式和三柱水平旋转式。阀厅内的直流接地开关一般单独设置，主要有侧墙安装或者立地安装的垂直开启式。直流场的直流接地开关可以与直流隔离开关联合安装，在特高压直流工程中极线和中点的直流接地开关一般单独设置，一般采用垂直开启式。

① 额定电压和绝缘水平。直流开关设备的额定电压至少应等于安装地点的系统最高电压。运行电压和绝缘水平以工程系统研究的绝缘配合报告为准。

直流隔离开关和交流隔离开关在绝缘上的主要差别在于直流隔离开关要求进行 60min 直流耐压试验，试验电压值取设备安装地点系统额定电压的 1.5 倍。户外直流隔离开关和接地开关，应按照湿试程序进行直流耐压湿试；户内直流隔离开关和接地开关，应进行直流耐压干试。

② 额定电流。额定电流是指在规定的使用和性能条件下，直流隔离开关在合闸位置能够承载的电流值。直流隔离开关应具有承受直流系统过负荷电流能力（10s、2h 和连续）。在选择直流隔离开关的额定电流时，应使其额定电流适应于运行中可能出现的任何负荷电流。屋外直流隔离开关，由于其触头暴露在露天环境中，受到污秽的直接影响，长期运行以后，触头发热严重氧化，将引起弹簧退火，使触头温度升高。同时大部分直流隔离开关正常的运行状态为在电流接近设备额定电流下处于合闸位置很长时间工作而不进行操作，所以选择隔离开关额定电流时应留有裕度。

③ 额定短时耐受电流和额定短路持续时间。直流隔离开关的额定短时耐受电流应为等效的直流系统最大短路电流，额定短时持续时间的标准值为 1s。

④ 直流滤波器高压端隔离开关开合直流滤波器能力。当系统运行中直流滤波器因故障需要退出运行时，要求直流滤波器高压端隔离开关具有开断故障下谐波电流的能力，且电气寿命不低于 5 次。

（14）换流站交流开关设备　相对于变电站，换流站中换流变压回路断路器和交流滤波器大组小组进线断路器一般配置合闸电阻或选相合闸装置，同时交流滤波器回路断路器要有切断容性电流的能力。

（15）直流测量装置　直流测量装置是为了实现高压直流系统的调节、控制、保护等功能，对运行参数、电压、电流等量进行监测。

1）用于极线和中性母线的直流电压分压器宜采用阻容分压器。

2）极线和中性母线上的直流电流测量装置可选用直流光纤传感器或零磁通直流电流测量装置。

3）直流电压和电流测量装置应具有良好的暂态响应和频率响应特性，并应满足直流控制保护系统的测量准确度要求。

（16）滤波器

1）交流滤波器。

① 交流滤波器有单调谐型、双调谐型、三调谐型等形式，结合不同频次的谐波可组成多种形式。

② 交流滤波器各元件的额定参数应根据换流

器产生的谐波电流及电压和背景谐波所产生的谐波电流及电压确定。

③ 交流滤波器电抗器宜采用低噪声电抗器，高压电容器采用框架式电容器组，宜采用双塔布置。

2) 直流滤波器。

① 直流滤波器宜采用双调谐或三调谐无源滤波器。

② 直流滤波器各元件的额定参数应根据直流电压分量和换流器产生的谐波电压确定。

（17）直流绝缘子和套管

1) 直流绝缘子和套管的爬电比距应根据换流站的污秽水平以及直流绝缘子和套管的耐污特性选择，还应计及直径大小对爬电距离的影响。

2) 直流绝缘子和套管应根据等值盐密度与积污特性的关系、运行电压和伞裙对积污的影响、闪络特性及闪距进行选择。

102 导体的主要选择原则

（1）一般规定 导体选择的一般规定如下：

1) 导体应根据具体应用情况，按电流、电晕、动稳定或机械强度、热稳定、允许电压降、经济电流密度等技术条件进行选择或校验，当选择的导体为非裸导体时，可不校验电晕。

2) 导体尚应按使用环境条件（环境温度、日照、风速、污秽、海拔）校验，当在屋内使用时，可不校验日照、风速及污秽。

3) 载流导体一般选用铝、铝合金或铜材料；对持续工作电流较大且位置特别狭窄的发电机出线端部或污秽对铝有较严重腐蚀的场所宜选用铜导体；钢母线只在额定电流小且短路电动力大或不重要的场合下使用。

4) 普通导体的正常最高工作温度不宜超过+70℃，在计及日照影响时，钢芯铝线及管形导体可按不超过+80℃考虑。当普通导体接触面处有镀（搪）锡的可靠覆盖层时，可提高到+85℃。特种耐热导体的最高工作温度可根据制造厂提供的数据选择使用，但要考虑高温导体对连接设备的影响，并采取防护措施。

5) 在按回路正常工作电流选择导体截面积时，导体的长期允许载流量，应按所在地区的海拔及环境温度进行修正。导体采用多导体结构时，应考虑邻近效应和热屏蔽对载流量的影响。

6) 110kV 及以上导体的电晕临界电压应大于导体安装处的最高工作电压。

7) 验算短路热稳定时，导体的最高允许温度，

对硬铝及铝镁（锰）合金可取 200℃，硬铜可取 300℃，短路前的导体温度应采用额定负荷下的工作温度。

8) 导体和导体、导体和电气设备的连接处，应有可靠的连接接头。

硬导体间的连接应尽量采用焊接，需要断开的接头及导体与电气设备端子的连接处，应采用螺栓连接。不同金属的螺栓连接接头，在屋外或特殊潮湿的屋内，应有特殊的结构措施和适当的防腐蚀措施。金具应选用合适的标准产品。

（2）硬导体 目前，变电站常用的硬导体型式有矩形、槽形和管形等。硬导体除了要满足工作电流、机械强度和电晕的要求外，导体形状还应满足下列要求：

1) 电流分布均匀（即导体的集肤效应系数尽可能小）。

2) 机械强度高。

3) 散热性能良好（与导体的放置方式和形状有关）。

4) 有利于提高电晕起始电压。

5) 安装、检修简单，连接方便。

硬导体截面积的选择和相应的校验，主要从回路的工作电流、经济电流密度等方面进行选择，按照电晕条件、短路热稳定、短路动稳定、机械共振条件等方面进行硬导体选择后的校验。

（3）软导体

1) 配电装置中软导线的选择，应根据环境条件（如环境温度、日照、风速、污秽、海拔）和回路负荷电流、无线电干扰等条件，确定导线的截面积和结构型式。

2) 在空气中含盐量较大的沿海地区或周围气体对铝有明显腐蚀的场所，应尽量选用防腐型铝绞线。

3) 当负荷电流较大时，应根据负荷电流选择较大截面积的导线；当电压较高时，为保持导线表面的电场强度，导线最小截面积必须满足电晕的要求，可增加导线外径或增加每相导线的根数。

4) 对于 220kV 及以下的配电装置，电晕对选择导线截面积一般不起决定作用，故可根据负荷电流选择。导线的结构型式可采用单根钢芯铝绞线或由钢芯铝绞线组成的复合导线。

5) 对于 330kV 及以上的配电装置，电晕和无线电干扰则是选择导线截面积及导线结构型式的控制条件。扩径导线具有单位质量轻、电流分布均匀、结构安装上不需要间隔棒、金具连接方便等优

点，而且没有分裂导线在短路时引起的附加张力。故 330kV 配电装置中的导线宜采用空心扩径导线。

6）对于 500kV 及以上配电装置，单根空心扩径导线已不能满足电晕等条件的要求，而分裂导线虽然具有导线拉力大、金具结构复杂、安装麻烦等缺点，但因其能提高导线的自然功率和有效降低导线表面的电场强度，所以 500kV 及以上配电装置宜采用由空心扩径导线或铝合金绞线组成的分裂导线。

7）碳纤维导线与常规导线相比，具有质量轻、抗拉强度大、耐热性能好、高温弧垂小、电导率高、线损低、载流量大等优点，但造价较高，变电站母线增容改造、新建载流量大的母线或大跨距母线时可通过技术经济比较确定是否采用。

6.3　布置方式

103　配电装置的最小空气间隙　配电装置的最小安全净距宜以金属氧化物避雷器的保护水平为基础确定。

交流屋外配电装置的最小安全净距不应小于表 20.6-19、表 20.6-20 中的规定。

屋外配电装置使用软导线时，在不同条件下，带电部分至接地部分和不同相带电部分之间的最小空气间隙，应根据表 20.6-21 和表 20.6-22 中的规定进行校验，并采用其中最大数值。

屋内配电装置的安全净距不应小于表 20.6-23 中的规定。

当屋外配电装置的电气设备外绝缘体最低部位距地小于 2 500mm 时，应装设固定遮栏；屋内配电装置的电气设备外绝缘体最低部位距地小于 2300mm 时，应装设固定遮栏。

配电装置中相邻带电部分的额定电压不同时，应按较高的额定电压确定其最小安全净距。

屋外配电装置带电部分的上方或下方不应有照明、通信和信号线路架空跨越或穿过；屋内配电装置的带电部分上方不应有明敷的照明、动力线路或管线跨越。

表 20.6-19　3~500kV 屋外配电装置的最小安全净距　（单位：mm）

符号	适应范围	图号	系统标称电压/kV									备注
			3~10	15~20	35	66	110J	110	220J	330J	500J	
A_1	1）带电部分至接地部分之间 2）网状遮栏向上延伸线距地 2.5m 处与遮栏上方带电部分之间	图 20.6-6、图 20.6-7	200	300	400	650	900	1 000	1 800	2 500	3 800	—
A_2	1）不同相的带电部分之间 2）断路器和隔离开关的断口两侧引线带电部分之间	图 20.6-6、图 20.6-8	200	300	400	650	1 000	1 100	2 000	2 800	4 300	—
B_1	1）设备运输时，其外廓至无遮栏带电部分之间 2）交叉的不同时停电检修的无遮栏带电部分之间 3）栅状遮栏至绝缘体和带电部分之间[①]	图 20.6-6、图 20.6-7、图 20.6-8	950	1 050	1 150	1 400	1 650	1 750	2 550	3 250	4 550	$B_1=A_1+750$
B_2	网状遮栏至带电部分之间	图 20.6-7	300	400	500	750	1 000	1 100	1 900	2 600	3 900	$B_2=A_1+70+30$
C	1）无遮栏裸导体至地面之间 2）无遮栏裸导体至建筑物、构筑物顶部之间	图 20.6-7、图 20.6-8	2 700	2 800	2 900	3 100	3 400	3 500	4 300	5 000	7 500[②]	$C=A_1+2 300+200$

（续）

符号	适应范围	图号	系统标称电压/kV									备注
			3~10	15~20	35	66	110J	110	220J	330J	500J	
D	1）平行的不同时停电检修的无遮栏带电部分之间 2）带电部分与建筑物、构筑物的边沿部分之间	图 20.6-6、图 20.6-7	2 200	2 300	2 400	2 600	2 900	3 000	3 800	4 500	5 800	$D=A_1+$ $1\,800+200$

注：1. 110J、220J、330J、500J 是指中性点直接接地系统。

　　2. 海拔超过 1 000m 时，A 值应按本篇第 60 条中的公式进行修正。

　　3. 500kV 的 A 值，分裂软导线至接地部分之间可取 3 500mm。

① 表示对于 220kV 及以上电压，可按绝缘体电位的实际分布，采用相应的 B 值进行校验。当无给定的分布电位时，允许栅状遮栏与绝缘体的距离小于 B 值按线性分布计算。校验 500kV 相间通道的安全净距，亦可用此原则。

② 表示 500kV 配电装置 C 值由地面静电感应的场强水平确定，距地面 1.5m 处空间场强不宜超过 10kV/m，但少部分地区可按不大于 15kV/m 考核。

表 20.6-20　750kV、1 000kV 屋外配电装置的最小安全净距　（单位：mm）

符号	适应范围	图号	系统标称电压/kV		备注
			750J	1 000J	
A_1'	带电导体至接地架构	图 20.6-9、图 20.6-10	4 800	6 800（分裂导线至接地部分、管形导体至接地部分）	—
A_1''	带电设备至接地架构	图 20.6-10	5 500	7 500（均压环至接地部分）	—
A_2	带电导体相间	图 20.6-6、图 20.6-8、图 20.6-9	7 200	9 200（分裂导线至分裂导线） 10 100（均压环至均压环） 11 300（管形导体至管形导体）	—
B_1	1. 带电导体至栅栏① 2. 运输设备外轮廓线至带电导体 3. 不同时停电检修的垂直交叉导体之间	图 20.6-6、图 20.6-7、图 20.6-8、图 20.6-9、图 20.6-10	6 250	8 250	$B_1=A_1+750$
B_2	网状遮栏至带电部分之间	图 20.6-7	5 600	7 600	$B_2=A_1+70+30$
C	带电导体至地面	图 20.6-7、图 20.6-8	12 000	17 500（单根管形导体） 19 500（分裂架空导线）	C 值由地面场强确定②
D	1. 不同时停电检修的两平行回路之间水平距离 2. 带电导体至围墙顶部 3. 带电导体至建筑物边缘	图 20.6-6、图 20.6-7	7 500	9 500	$D=A_1+1\,800+200$

注：1. 750J、1 000J 是指中性点直接接地系统。

　　2. 交叉导体之间应同时满足 A 和 B 的要求。

　　3. 平行导体之间应同时满足 A_2 和 D 的要求。

　　4. 海拔超过 1 000m 时，A 值应按本篇第 60 条中的公式进行修正。

① 表示对于 750kV 及 1 000kV 电压等级，可按绝缘体电位的实际分布，采用相应的 B 值进行校验。此时，允许栅状遮栏与绝缘体的距离小于 B 值，当无给定的分布电位时，可按线性分布计算。校验 750kV 及 100kV 相间通道的安全净距，也可用此原则。

② 表示 750kV 及 100kV 配电装置 C 值由地面静电感应的场强水平确定，距地面 1.5m 处空间场强不宜超过 10kV/m，但少部分地区可按不大于 15kV/m 考核。

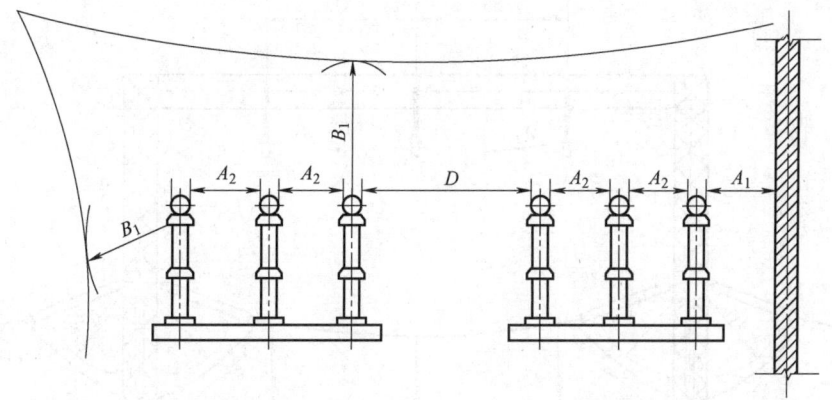

图 20.6-6　屋外 A_1、A_2、B_1、D 值校验图

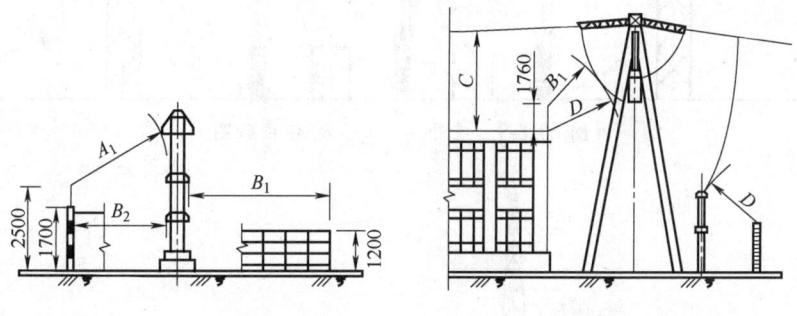

图 20.6-7　屋外 A_1、B_1、B_2、C、D 值校验图

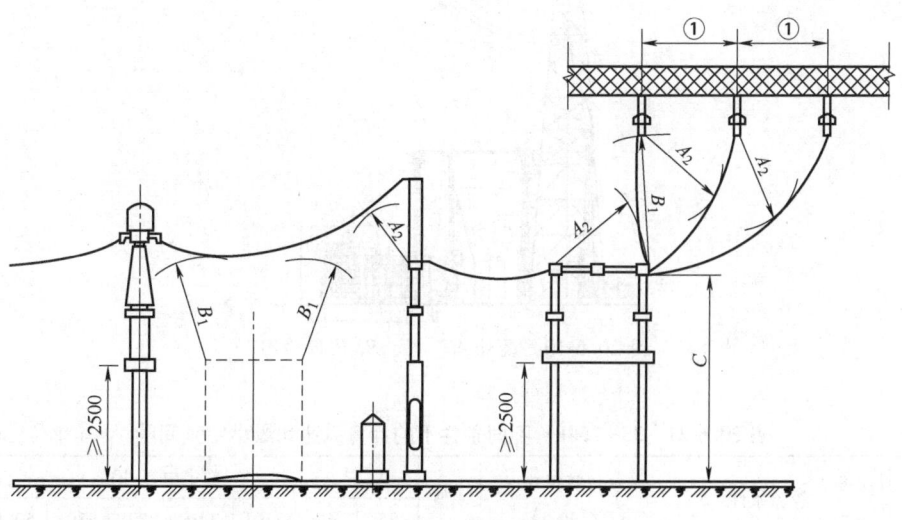

图 20.6-8　屋外 A_2、B_1、C 值校验图

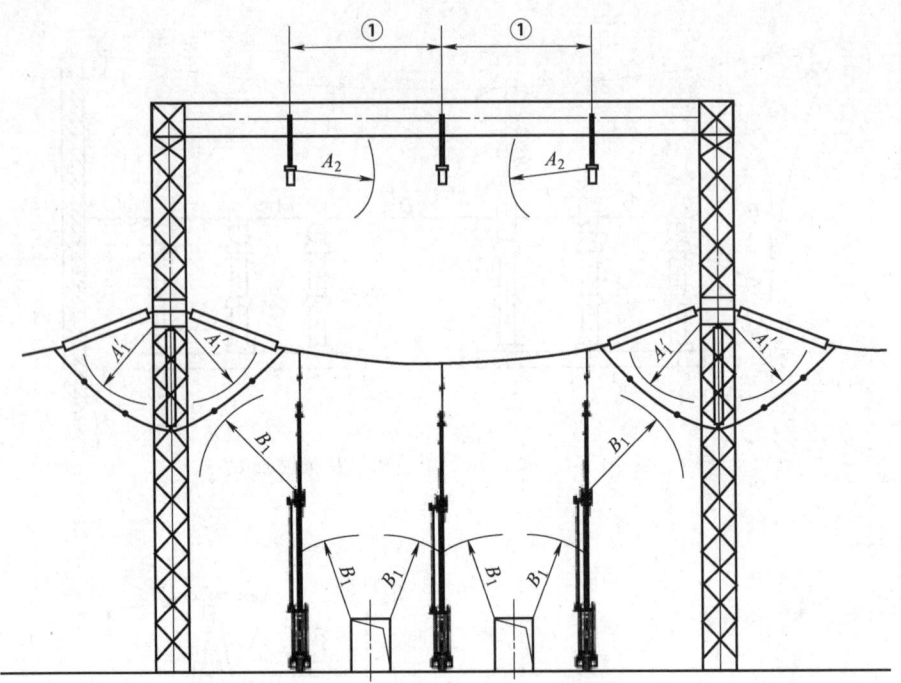

图 20.6-9　屋外 A_1'、A_2、B_1 值校验图

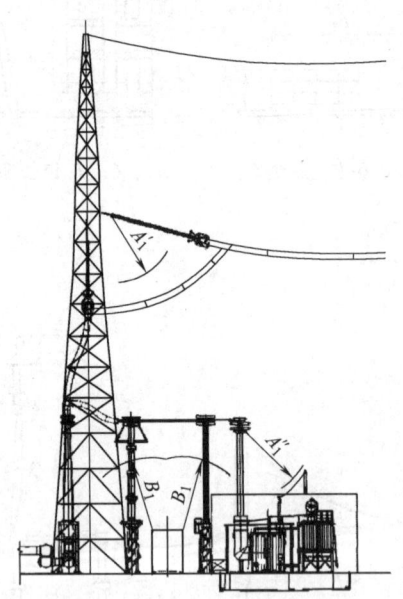

图 20.6-10　屋外 A_1'、A_1''、B_1 值校验图

表 20.6-21　35~750kV 不同条件下的计算风速和最小空气间隙　　（单位：mm）

条件	校验条件	计算风速 /(m/s)	A 值	额定电压/kV							
				35	66	110J	110	220J	330J	500J	750J
雷电电压	雷电过电压和风偏	10[①]	A_1	400	650	900	1 000	1 800	2 400	3 200	4 300
			A_2	400	650	1 000	1 100	2 000	2 600	3 600	4 800

（续）

条件	校验条件	计算风速/(m/s)	A 值	额定电压/kV							
				35	66	110J	110	220J	330J	500J	750J
操作电压	操作过电压和风偏	最大设计风速的50%	A_1	400	650	900	1 000	1 800	2 500	3 500	4 800
			A_2	400	650	1 000	1 100	2 000	2 800	4 300	6 500
工频电压	1. 最高工作电压、短路和风偏（取10m/s风速） 2. 最高工作电压和风偏（取最大设计风速）	10 或最大设计风速	A_1	150	300	300	450	600	1 100	1 600	2 200
			A_2	150	300	500	500	900	1 700	2 400	3 750

① 在最大设计风速为34m/s 及以上，以及雷暴时风速较大的气象条件恶劣的地区用15m/s。

表 20.6-22　1 000kV 不同条件下的计算风速和空气间隙　（单位：mm）

条件	校验条件	计算风速/(m/s)	A_1'	A_1''	A_2
雷电电压	雷电过电压和风偏	10①	5 000		5 500
操作电压	操作过电压和风偏	最大设计风速的50%	6 800	7 500	9 200（分裂导线至分裂导线） 10 100（均压环至均压环） 11 300（管形导体至管形导体）
工频电压	1. 最高工作电压、短路和风偏（取10m/s风速） 2. 最高工作电压和风偏（取最大设计风速）	10 或最大设计风速	4 200		6 800

① 在最大设计风速为34m/s 及以上，以及雷暴时风速较大的气象条件恶劣的地区用15m/s。

表 20.6-23　屋内配电装置的最小安全净距　（单位：mm）

符号	适应范围	图号	系统标称电压/kV								
			3	6	10	15	20	35	66	110J	220J
A_1	带电部分至接地部分之间 网状和板状遮栏向上延伸线距地2.3m 处与遮栏上方带电部分之间	图 20.6-11	75	100	125	150	180	300	550	850	1 800
A_2	不同相的带电部分之间 断路器和隔离开关的断口两侧引线带电部分之间	图 20.6-11	75	100	125	150	180	300	550	900	2 000
B_1	栅状遮栏至带电部分之间 交叉的不同时停电检修的无遮栏带电部分之间	图 20.6-11、图 20.6-12	825	850	875	900	930	1 050	1 300	1 600	2 550
B_2	网状遮栏至带电部分之间①	图 20.6-11	175	200	225	250	280	400	650	950	1 900
C	无遮栏裸导体至地（楼）面之间	图 20.6-11	2 500	2 500	2 500	2 500	2 500	2 600	2 850	3 150	4 100
D	平行的不同时停电检修的无遮栏裸导体之间	图 20.6-11	1 875	1 900	1 925	1 950	1 980	2 100	2 350	2 650	3 600
E	通向屋外的出线套管至屋外通道的路面	图 20.6-12	4 000	4 000	4 000	4 000	4 000	4 000	4 500	5000	5 500

注：1. 110J、220J 指中性点有效接地电网。

2. 海拔超过1 000m 时，A 值应按照本篇第60 条中的公式进行修正。

3. 通向屋外配电装置的出线套管至屋外地面的距离，不应小于本标准表 20.6-19 中所列屋外部分之 C 值。

① 表示当为板状遮栏时，其 B_2 值可取 (A_1+30) mm。

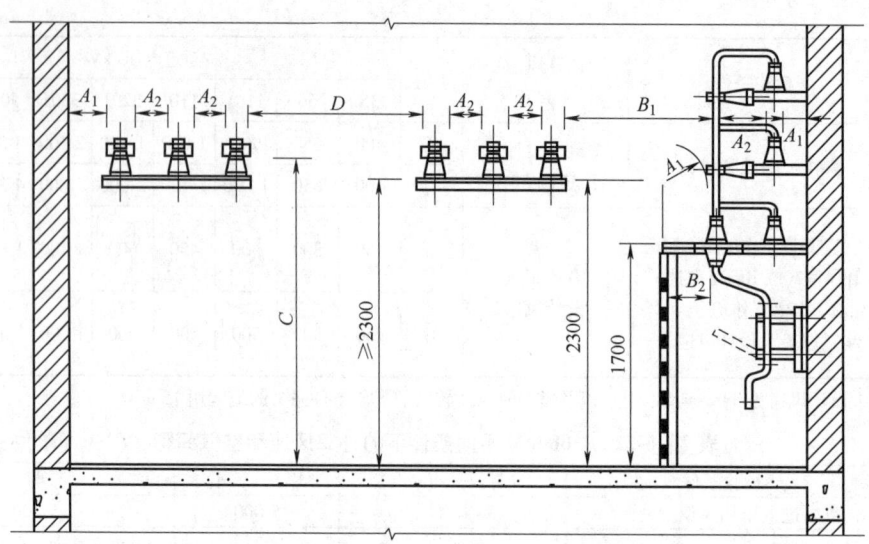

图 20.6-11　屋内 A_1、A_2、B_1、B_2、C、D 值校验图

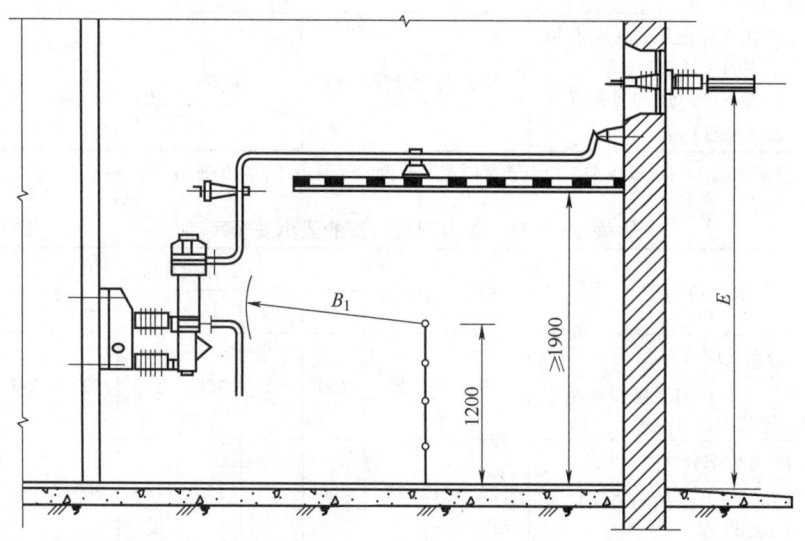

图 20.6-12　屋内 B_1、E 值校验图

104　配电装置型式　各电压等级配电装置是电气总平面布置的基础和前提。整体而言，配电装置可分为户内配电装置和户外配电装置两大类，每类中根据主接线方案、设备型式、母线型式、进出线方案的不同，可分为多种型式。

配电装置的设计应遵循有关法律法规及规程规范，根据电力系统条件、自然环境特点、运行检修方面的要求，合理选用设备和设计布置方案，并应积极慎重地采用新布置、新设备、新材料、新结构，使配电装置设计不断创新，做到技术先进、经济合理、布置清晰、运行与维护方便、减少占地。

在确定配电装置形式时，要注意以下要点：

1）静电感应的场强水平及限制措施。

2）电晕无线电干扰的特性和控制。

3）噪声控制。

4）符合电气主接线要求，满足本期接线、适应过渡接线、远期扩建方便。

5）设备选型合理。

6）节约投资。

105　变电站总平面布置

（1）变电站总平面布置的原则　电气总平面布置是将变电站内各电压等级配电装置应按照电力系

统规划，变电站高压、中压、低压出线规划，站区地理位置，站区环境，地形地貌等条件进行布局和设计，遵循布置清晰、工艺流程顺畅、功能分区明确、运行与维护方便、减少占地，总平面尽量规整以减少代征地面积，尽量减少站区的噪声污染，对周围环境影响小，便于各配电装置协调配合的基本原则进行。进行电气总平面布置时，应满足以下几点要求：

1) 应做到节约占地、技术先进、整齐美观、投资优化。

2) 应根据系统规划，按照变电站最终建设规模进行设计，布置方案应统筹考虑近期规模及远景规划的合理衔接。

3) 应结合变电站各电压等级出线走廊规划合理调整变电站布置方位，尽量避免各电压等级出线出现交叉跨越的情况。

4) 应加强变电站周边水土保持，避免出现水土流失影响周边环境及对变电本体安全运行造成隐患。

5) 努力控制变电站噪声、电磁干扰及减少变电站对周围环境的影响，变电站要尽量远离居民区

等对噪声敏感的建筑物，厂界噪声应满足环评批复的要求，应建设与环境协调友好的变电站。变电站厂界噪声满足国家相关环境标准的要求是输变电工程设计的一个基本条件。从我国已完成的输变电工程噪声治理情况来看，在工程规划期对噪声进行预测，对合理确定变电站和线路设计参数，保证变电站和线路安全可靠运行以及降低工程建设运行成本、满足环境保护要求等均具有十分重要的意义。

6) 电气总平面布置方案的设计应按照高压配电装置、主变压器及无功补偿区域、中压配电装置、低压配电装置、站前辅助功能区域的优先顺序开展，遵循功能分区的设计原则，首先考虑合理的高压配电装置布置方案，然后依次开展其余各电压等级配电装置布置方案的选择。在对每个功能分区进行设计时，力求做到布置合理、结构简洁，在每个功能分区满足各自功能的前提下做到最小占地，各功能分区的衔接应合理、规整。

(2) 110kV 变电站电气总平面布置方案示例

110kV 变电站电气总平面布置如图 20.6-13 所示，该设计方案的设计特点为

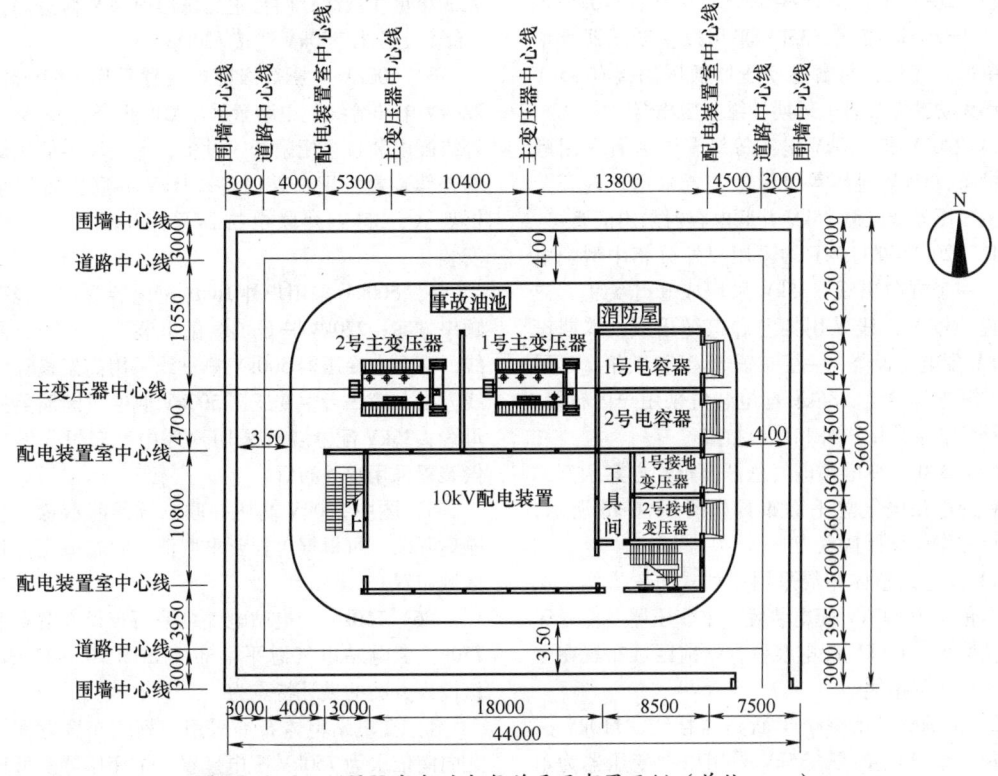

图 20.6-13　110kV 变电站电气总平面布置示例（单位：mm）

1）变电站采用半户内布置，除两台主变压器外，站内110kV和10kV电压等级的设备均布置在生产综合楼内，以生产综合楼和主变压器为中心，四周设置环形道路作为消防通道；综合楼一层布置10kV配电装置、并联电容器组、接地变压器等，二层布置110kV配电装置、二次设备间等。

2）110kV采用内桥接线，两回出线；10kV采用单母线单分段接线。

3）110kV电压等级配电装置采用GIS设备，10kV电压等级配电装置采用户内开关柜。每台主变压器低压侧安装两组10kV并联电容器组，采用铁心电抗器+框架式电容器组。

4）110kV采用架空进线，10kV采用电缆出线。

（3）220kV变电站电气总平面布置方案示例
220kV变电站电气总平面布置如图20.6-14所示，该设计方案的设计特点为

1）变电站整体布局采用三列式布置方案，从北向南依次为220kV配电装置、主变压器及低压无功补偿装置、110kV配电装置，35kV配电装置布置在主变压器区域及110kV配电装置西侧，站前区域布置在220kV配电装置西侧。

2）220kV采用双母线单分段接线，110kV采用双母线双分段接线，35kV采用以主变压器为单元的单母线接线，每台主变压器低压侧接有35kV出线和无功补偿装置，远期4组主变压器。

3）220kV和110kV电压等级配电装置采用敞开式设备，35kV电压等级配电装置采用户内开关柜。主变压器低压侧35kV并联电容器采用框架式。

4）220kV和110kV均采用户外分相中型配电装置，一个方向出线；35kV采用成套开关柜、户内布置，35kV出线采用架空和电缆出线；本期设置35kV配电装置楼，一层布置35kV开关柜，二层布置并联电容器组。35kV配电装置采用户内布置，无功补偿装置采用户外和户内布置。

（4）330kV变电站电气总平面布置方案示例
330kV变电站电气总平面布置如图20.6-15所示，该设计方案的设计特点为

1）变电站整体布局采用三列式布置方案，从西向东依次为330kV配电装置、主变压器及低压无功补偿装置、110kV配电装置，站前区域布置在主变压器区域的南侧。

2）330kV采用一个半断路器接线，110kV采用双母线单分段接线，35kV采用以主变压器为单元的单母线接线；两台主变压器330kV进串，第3台主变压器接入母线。

3）330kV和110kV电压等级配电装置采用敞开式设备，35kV电压等级配电装置采用户内开关柜。主变压器低压侧无功补偿装置采用户外设备，35kV并联电容器采用框架式，35kV并联电抗器采用干式空心、高位布置。

4）330kV采用户外中型配电装置，出线采用顺串方案；110kV户外改进半高型配电装置，断路器单列式布置，一个方向出线；两台主变压器330kV侧进线分别采用高架和低架横穿的进线方案，第3台主变压器330kV侧通过断路器接入母线；35kV配电装置采用户内布置，无功补偿装置采用户外布置。

（5）500kV变电站电气总平面布置方案示例
500kV变电站电气总平面布置如图20.6-16所示，该设计方案的设计特点为

1）变电站整体布局采用三列式布置方案，从西向东依次为500kV配电装置、主变压器及低压无功补偿装置、220kV配电装置，站前区域布置在主变压器区域的南侧。

2）500kV采用一个半断路器接线，220kV采用双母线双分段接线，35kV采用以主变压器为单元的单母线接线；两台主变压器500kV侧进串，第3台主变压器500kV侧接入母线。

3）500kV电压等级配电装置采用HGIS设备，220kV电压等级配电装置采用GIS设备，35kV电压等级配电装置采用敞开式设备，主变压器低压侧无功补偿装置采用户外设备，35kV并联电容器采用框架式，35kV并联电抗器采用干式空心、高位安装。

4）500kV采用户外HGIS配电装置，出线采用顺串方案；220kV户外GIS配电装置，一个方向出线；两台主变压器500kV侧进线采用高架横穿的进线方案，第3台主变压器500kV侧通过断路器接入母线；35kV配电装置采用户外中型布置，无功补偿装置采用户外布置。

5）图中500kV高压并联电抗器前示意安装有隔离开关，可根据工程要求取消，同时适当优化该区域布置。

（6）750kV变电站电气总平面布置方案示例
750kV变电站电气总平面布置如图20.6-17所示，该设计方案的设计特点为

1）变电站整体布局采用三列式布置方案，从北向南依次为750kV配电装置、主变压器及低压无功补偿装置、330kV配电装置，站前区域布置在主变压器区域的东侧。

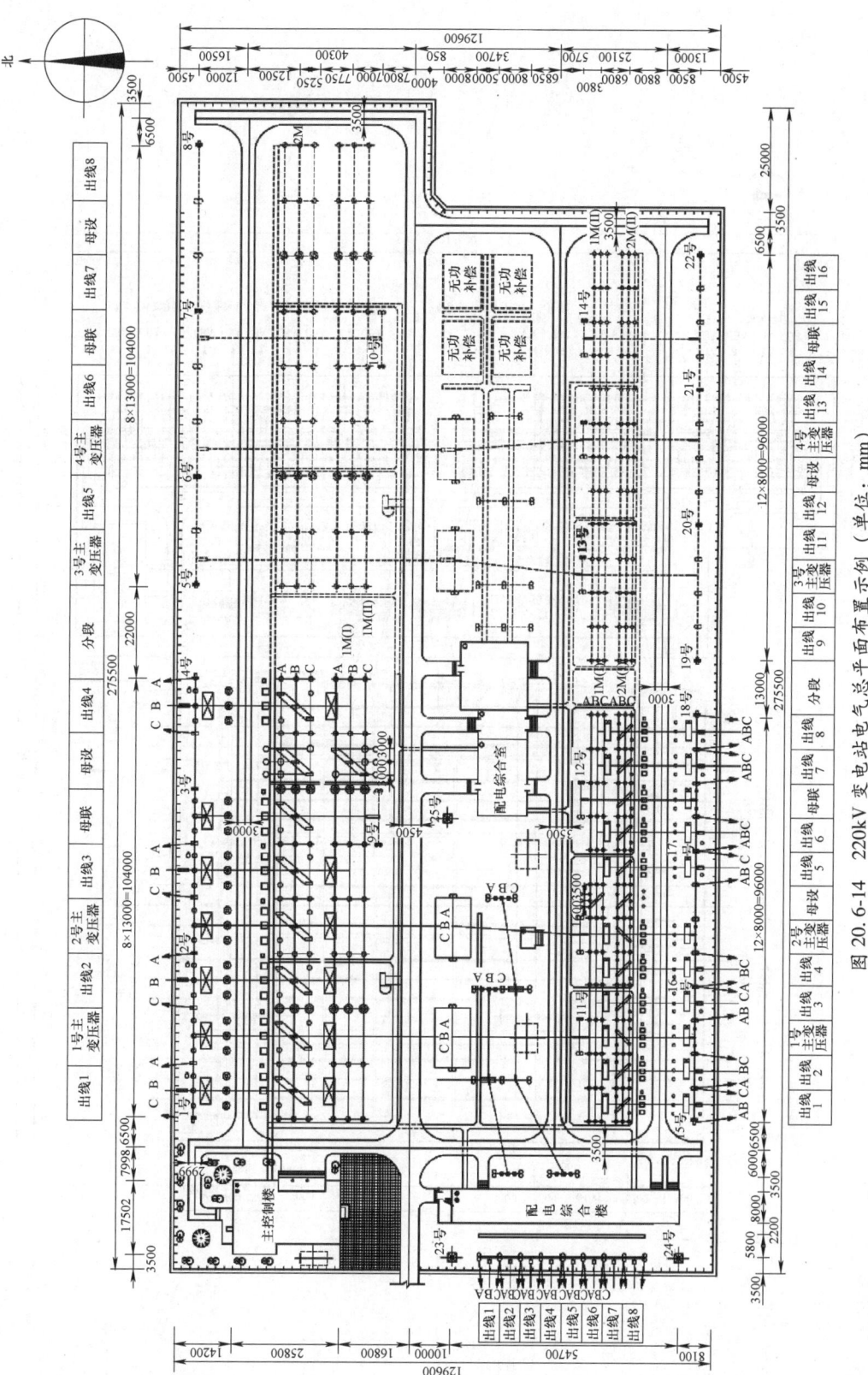

图 20.6-14 220kV 变电站电气总平面布置示例（单位：mm）

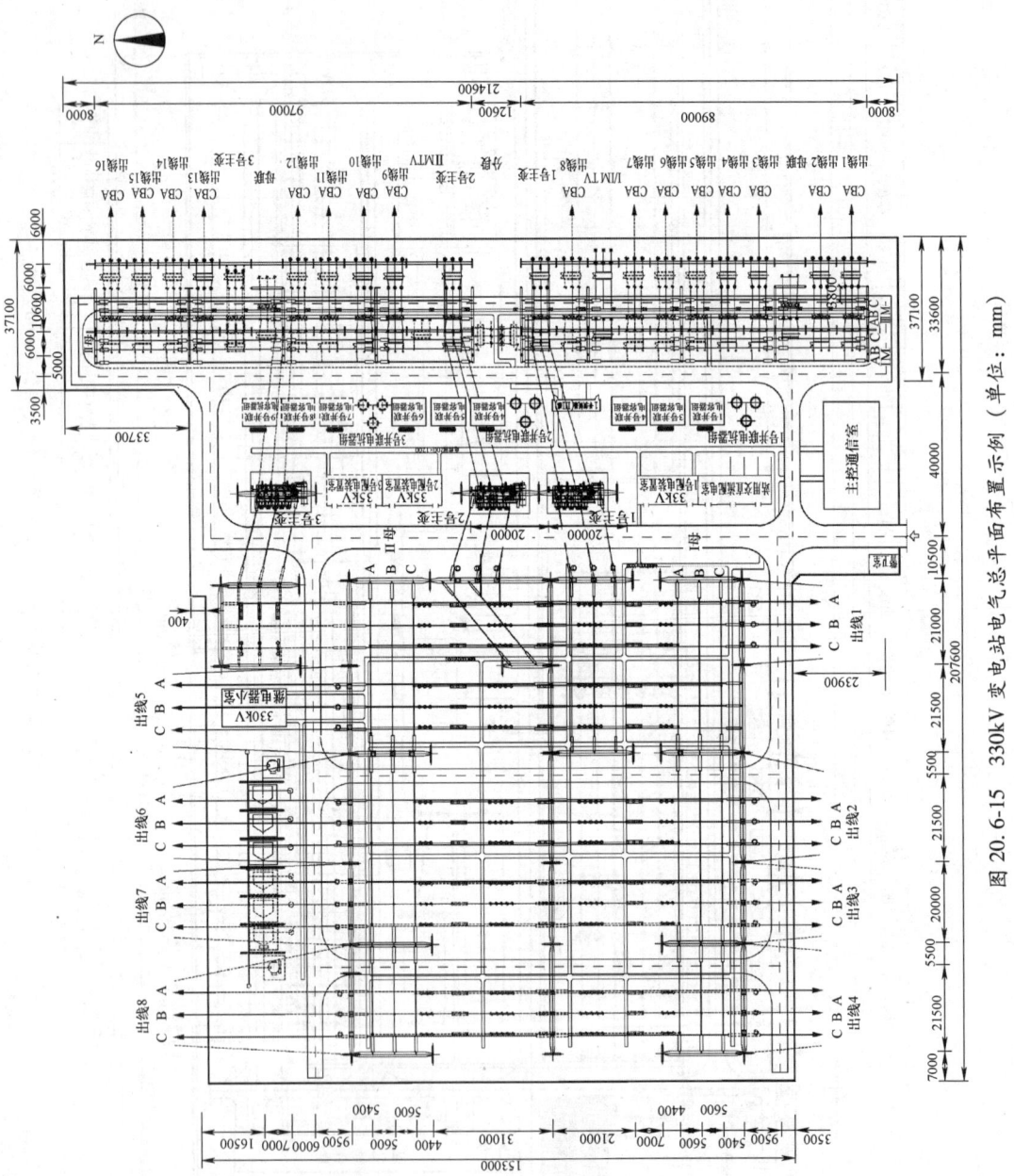

图 20.6-15　330kV 变电站电气总平面布置示例（单位：mm）

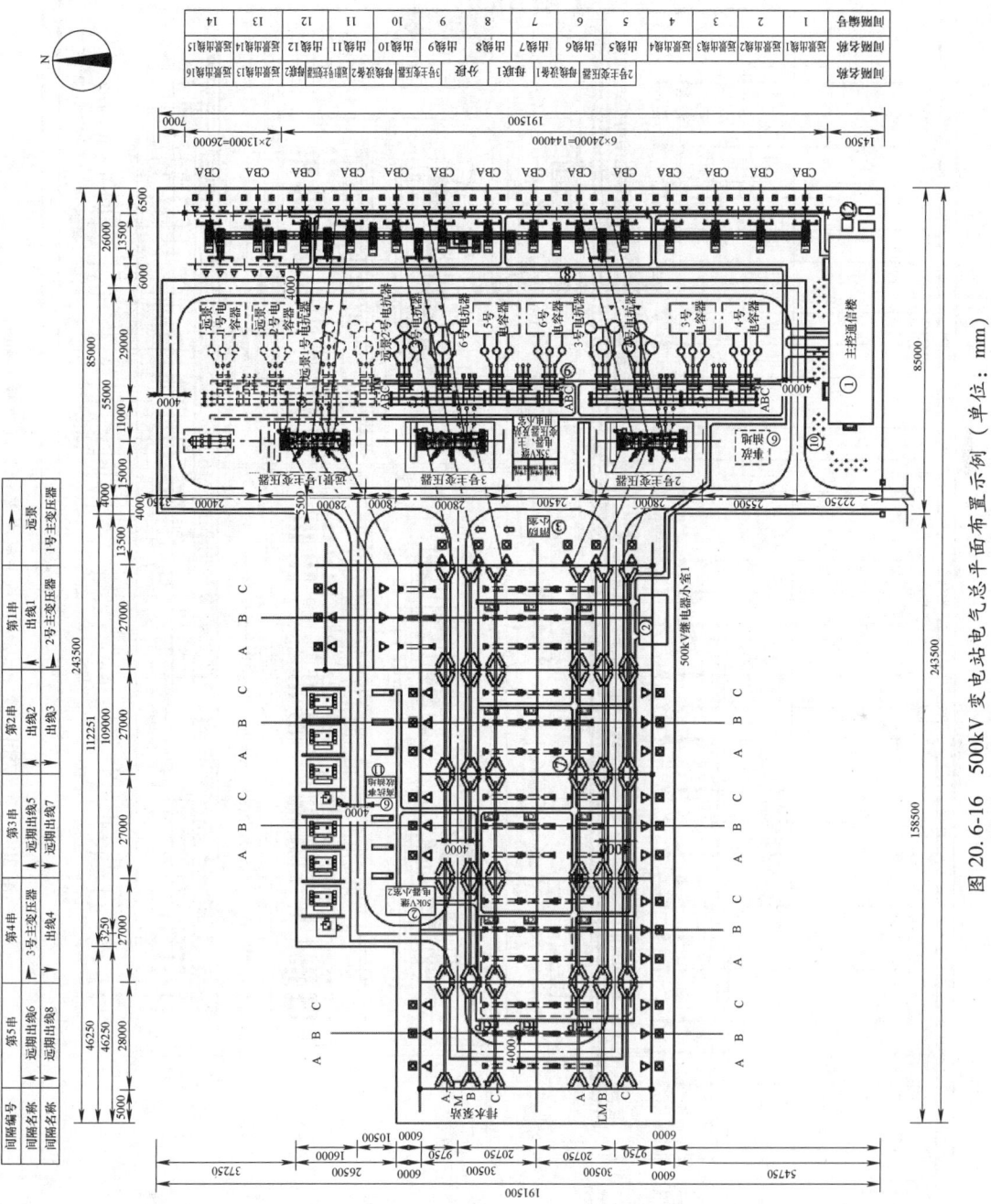

图 20.6-16　500kV 变电站电气总平面布置示例（单位：mm）

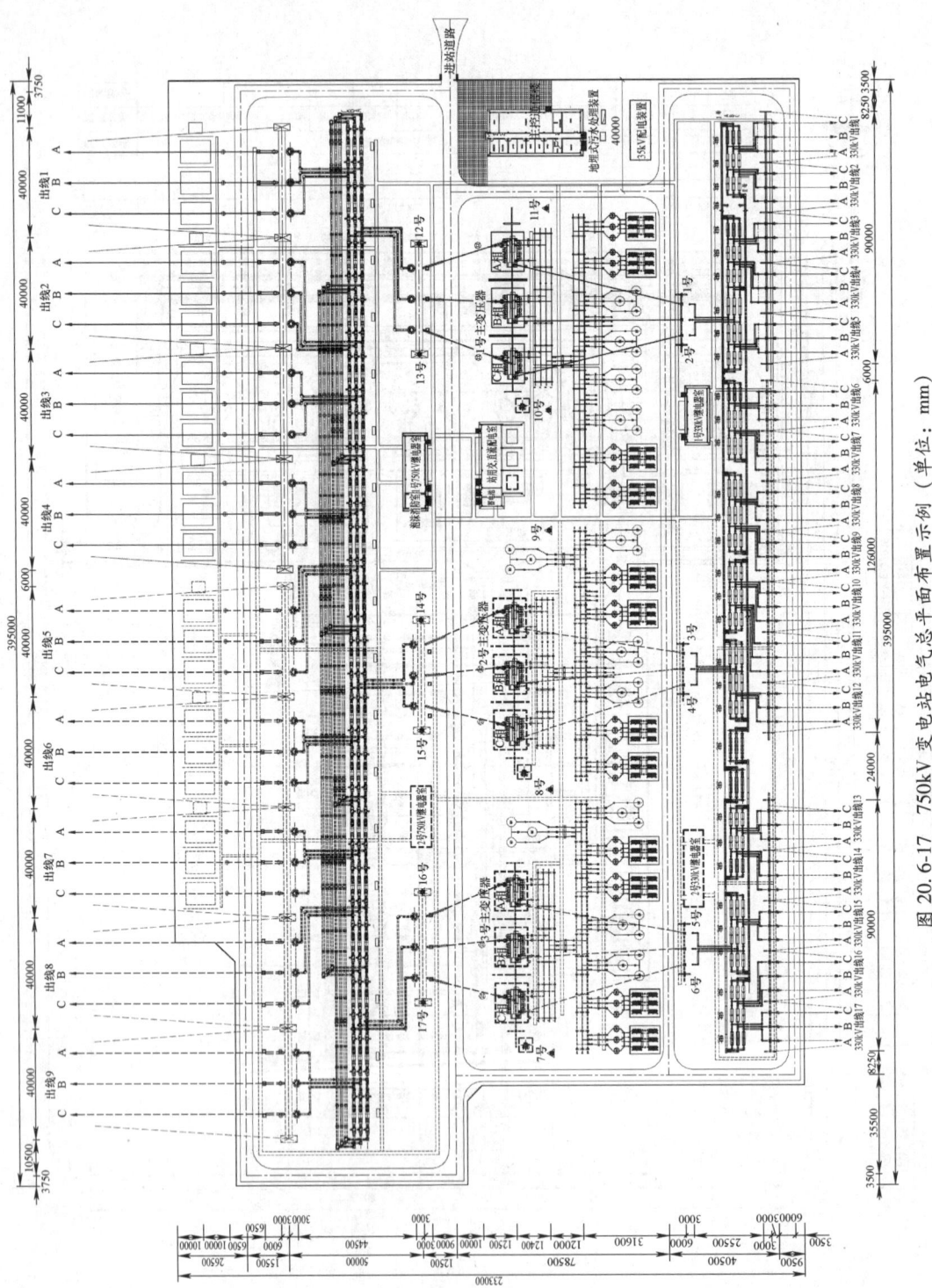

图 20.6-17　750kV 变电站电气总平面布置示例（单位：mm）

2）750kV 采用一个半断路器接线，330kV 采用一个半断路器接线，35kV 采用以主变压器为单元的单母线接线；三台主变压器 750kV 侧和 330kV 侧均进串。

3）750kV、330kV、66kV 电压等级配电装置均采用户外敞开式设备，主变压器低压侧无功补偿装置采用户外设备，66kV 并联电容器采用框架式，66kV 并联电抗器采用干式空心、高位布置。

4）750kV 配电装置采用户外一字形 GIS 设备，进、出线采用架空出线方式，进出线避雷器、电压互感器以及高压电抗器回路采用常规敞开式设备。330kV 配电装置采用户外 GIS 设备断路器布置，全架空出线。66kV 采用户外支持管型母线中型、柱式断路器双列式布置，66kV 主母线平行于主变压器场地一字型布置。配电装置内设置环形道路。

（7）1 000kV 变电站电气总平面布置方案示例

1 000kV 变电站电气总平面布置如图 20.6-18 所示，该设计方案的设计特点为

1）变电站整体布局采用三列式布置方案，从南向北依次为 1 000kV 配电装置、主变压器及低压无功补偿装置、500kV 配电装置，站前区域布置在主变压器区域的东侧。

2）1 000kV 采用一个半断路器接线，500kV 采用一个半断路器接线，110kV 采用以主变压器为单元的单母线接线；三台主变压器 1 000kV 侧和 500kV 侧均进串。

3）1 000kV 和 500kV 电压等级配电装置均采用户外 GIS 设备；110kV 电压等级配电装置采用户外敞开式设备。主变压器低压侧无功补偿装置采用户外设备，110kV 并联电容器采用框架式，110kV 并联电抗器采用干式空心、高位布置。

4）1 000kV 和 500kV 均采用户外 GIS 配电装置；110kV 配电装置采用户外中型布置，无功补偿装置采用户外布置。

106　换流站总平面布置　换流站内配电装置型式的选择，应考虑所在地区的地理情况及环境条件，因地制宜，节约用地，并结合运行、检修和安装要求，通过技术经济比较予以确定。在进行配电装置设计时，应满足下列要求：①安全净距的要求；②施工、运行和检修的要求；③噪声限值的要求；④静电感应的场强水平限值的要求；⑤电晕无线电干扰限值的要求。

换流站布置可按区域划分为换流区、直流配电装置区、交流配电装置区、交流滤波器区和辅助生产区。

（1）换流区布置　换流区一般布置在换流站的中心位置。换流区布置包括阀厅、控制楼、换流变压器、换流变压器网侧交流进线设备布置。对于两端直流输电换流站，当平波电抗器采用油浸式平波电抗器时，一般采用将平波电抗器套管插入阀厅布置，因此换流区布置还包括平波电抗器的布置；对于背靠背换流站，平波电抗器紧邻阀厅布置，同样换流区布置也包括平波电抗器的布置。

阀厅内除了布置有换流阀外，还布置有避雷器、接地开关、管形母线、支持绝缘子及悬吊绝缘子等电气设备及连接导体，通过穿墙套管与外部连接。

1）每极单 12 脉动换流器接线的换流区布置。国内已投运的 ±400kV、±500kV、±660kV 两端高压换流站工程均采用双极每极单 12 脉动换流器接线。对于每极单 12 脉动换流器接线，每个换流器阀组设备布置在一个阀厅内，全站共 2 个阀厅，即极 1 阀厅和极 2 阀厅。全站设 1 个主控制楼，用于布置直流控制保护、阀冷却和站用电等设备。换流区一般布置方式为 2 个阀厅和主控制楼一字形布置，主控制楼布置在两个阀厅之间，以有效节省水工、暖通管道和电缆长度，其布置示意如图 20.6-19 所示。

换流变压器与阀厅之间的连接主要有两种方式：换流变压器阀侧套管伸入阀厅布置和换流变压器与阀厅脱开布置。目前我国内直流工程均采用了换流变压器阀侧套管伸入阀厅的布置方式。

每个阀厅对应的 1 组（3 台单相三绕组）或 2 组（6 台单相双绕组）换流变压器与阀厅长轴侧紧靠并一字形排列，换流变压器之间设置防火墙，阀侧套管直接伸入阀厅。直流穿墙套管一般布置于阀厅的直流配电装置侧墙面上，与直流配电装置区设备连接。

阀厅与交流配电装置区之间设置换流变压器运输和组装广场。换流变压器广场布置尺寸，一般按工作换流变压器组装时，留有其他换流变压器的运输通道来考虑。

2）每极双 12 脉动换流器串联接线的换流区布置。目前国内已投运的 ±800kV 特高压直流换流站工程均采用每极双 12 脉动换流器串联接线。对于每极双 12 脉动换流器串联接线，每个换流器阀组设备布置在一个阀厅内，双极高压直流换流站共 4 个阀厅，即极 1 高端阀厅、极 1 低端阀厅、极 2 高端阀厅和极 2 低端阀厅。

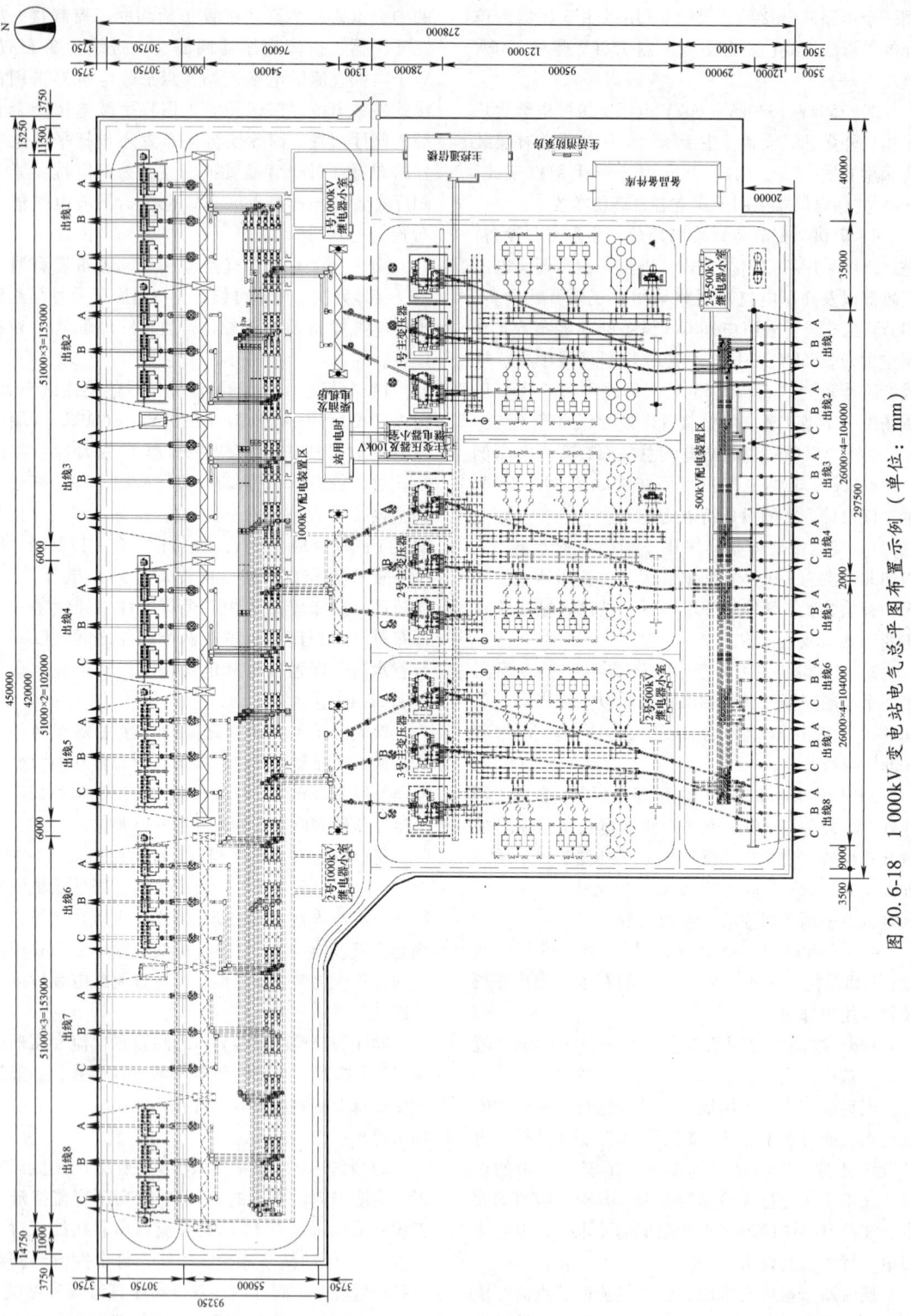

图 20.6-18 1 000kV 变电站电气总平面图布置示例（单位：mm）

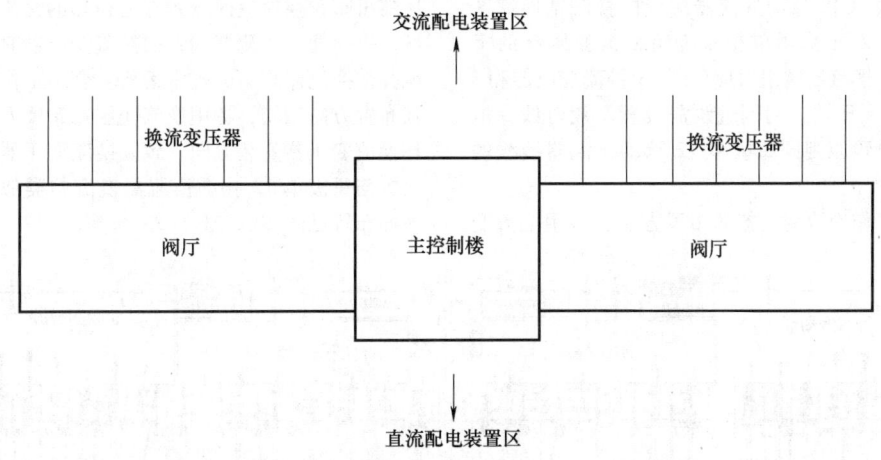

图 20.6-19　每极单 12 脉动换流器接线的换流区布置示意图

全站设 1 个主控制楼，另根据需要设置数量不等的辅助控制楼，用于布置直流控制保护、阀冷和站用电等设备，主、辅助控制楼的设置及布置要兼顾阀厅和换流变压器的布置方式，便于各换流器阀组及相关设备电缆和光缆敷设及运行人员的检修维护。

每极双 12 脉动换流器串联接线的换流区布置方式主要有高低端阀厅面对面布置和一字形布置两种。

① 高低端阀厅面对面布置。每极高、低端阀厅面对面布置，两极低端阀厅背靠背布置。每个阀厅对应的换流变压器与阀厅长轴侧紧靠并一字排列，换流变压器之间设置防火墙，阀侧套管直接伸入阀厅。

换流变压器上方设置换流变压器进线跨线，对于采用单相双绕组换流变压器的工程，该进线跨线兼做汇流母线，接入交流配电装置。

每极高端阀厅靠交流配电装置侧布置辅助控制楼，两极低端阀厅靠交流配电装置侧布置主控制楼。换流变压器上方设置汇流母线，汇流母线的 2 极构架分别布置在交流配电装置和换流变压器直流区侧防火墙外侧，如图 20.6-20 所示。

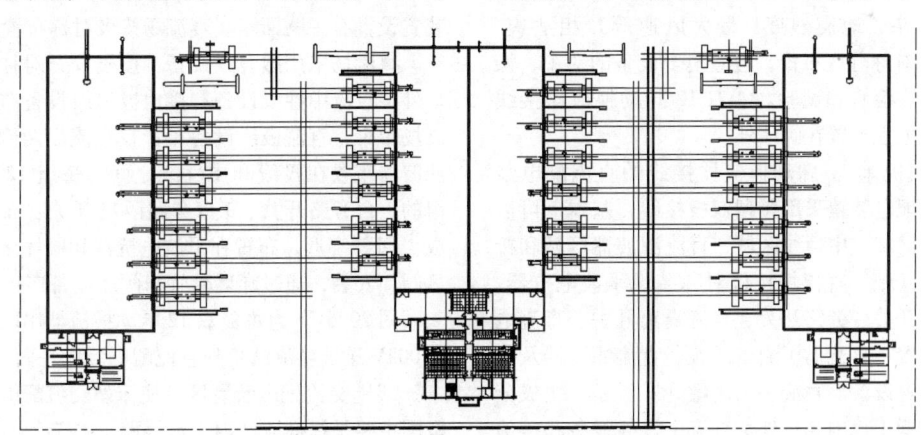

图 20.6-20　高低端阀厅面对面布置换流场平面布置图

② 高低端阀厅一字形布置。全站阀厅一字排列，依次为极 1 高端阀厅、极 1 低端阀厅、极 2 低端阀厅、极 2 高端阀厅，每个阀厅对应换流变压器沿阀厅长轴一字形排列，换流变压器之间设置防火墙，阀侧套管直接伸入阀厅。

根据工程需要可每极设置一个控制楼，即全站控制楼为一主一辅，分别布置在每极的高、低端阀厅之间；也可以每个阀厅设置 1 个控制楼。

阀厅与交流场之间设置换流变压器运输和组装广场。

同每极单 12 脉动换流器接线的换流站换流区布置一样,对于采用单相双绕组换流变压器的工程,即每个换流器阀组对应 3 台 Yy 换变压器和 3 台 Yd 换流变压器。网侧进线需设置汇流母线,汇流母线的设置原则同每极单 12 脉动换流器接线的换流站。

根据工作换流变压器的布置方位,备用换流变压器可布置在换流区或者与之相邻的交流配电装置区。更换任一换流器阀组的换流变压器时,应不影响其他换流器阀组的正常运行。全站工作换流变压器布置方向相同,备用换流变压器布置方向宜与工作换流变压器安装方向一致。换流变压器搬运轨道设置与每极单 12 脉动换流器换流站类似。其典型平面布置见图 20.6-21。

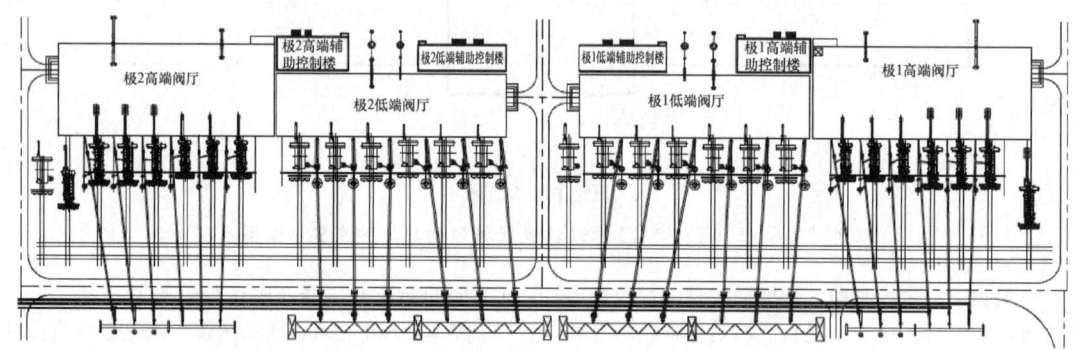

图 20.6-21　高低端阀厅一字形布置换流场平面布置图

(2) 直流配电装置区

1) 设计原则与要求。直流配电装置的布置应按以下原则考虑:①极母线设备采用户外或户内布置,应根据站址环境条件和设备选型情况确定。②直流配电装置的布置应与直流设备(如平波电抗器、高压直流滤波器电容器、开关设备、测量装置等)型式选择相匹配,与站址环境条件(如污秽水平预测结果、地震烈度,最大风速等)相适应。③宜按极对称分区布置,且应便于设备的巡视、操作、搬运、检修和试验。④双 12 脉动换流器接线的旁路开关宜布置在阀厅外。

2) 每极单 12 脉动换流器接线的直流配电装置。直流配电装置采用典型双极接线,基本上可以分为极线区域、中性线区域、直流滤波器区域和接地极出线区域。直流场按极对称装设平波电抗器、直流转移开关、旁路开关、直流隔离开关、直流电流测量装置、直流电压测量装置、直流滤波器及直流避雷器等设备。直流场采用敞开式设备,按极分开对称布置于户内和户外。直流中性线设备和接地极出线设备布置在直流场中央,直流极线设备布置在直流场两侧,直流滤波器布置在极线和中性线之间。

根据站址环境条件和设备选型情况可采用户内或者户外布置,一般在重污秽、极端低温或者高海拔地区推荐户内布置。

图 20.6-22 为每极单 12 脉动换流器接线的 ±500kV 送端换流站户外直流配电装置平面布置图。

3) 每极双 12 脉动换流器串联接线的直流配电装置。每极双 12 脉动换流器串联的双极系统换流站的阀厅采用两个 12 脉动换流器串联,形成双 12 脉动换流器,全站设置 4 个阀厅。相对于每极单 12 脉动换流器的双极系统换流站直流配电装置,每极双 12 脉动换流器串联的双极系统换流站直流配电装置设置有旁路回路。直流场按极对称布置。

直流场采用敞开式设备,按极分开对称布置于户外。直流中性线设备和接地极出线设备布置在直流场中央,直流极线设备布置在直流场两侧,直流滤波器布置在极线和中性线之间。每组 12 脉动阀组的 1 台旁路开关、3 台旁路隔离开关在布置上形成“回”字形,布置在平波电抗器和阀厅之间,紧靠阀厅安装,通过穿墙套管与阀厅设备连接。

图 20.6-23 为每极双 12 脉动换流器串联接线的 ±800kV 送端换流站户外直流配电装置平面布置图。

(3) 交流配电装置区　换流站交流配电装置的范围主要是指换流站内交流线路、换流变压器交流进线、大组交流滤波器进线、高压站用变压器进线等元件,按照选定的电气接线要求,由开关电器、保护和测量电器、载流导体及必要的辅助设备(包括安装布置电气设备的构架、基础、建筑物和通道等)组成。换流站内交流线路的高压并联电抗器、换流变压器进线回路的 PLC 设备、高压站用变压器设备及其低压侧的无功补偿设备(如果有),也包括在换流站交流配电装置的范围内。各大组交流滤波器的母线和小组回路的设备，以及交流滤波器设备等都不包括在换流站交流配电装置的范围内。对

于输送容量较小的换流站或背靠背换流站，交流滤波器可能不分大组，则各小组交流滤波器进线的设备包括在换流站交流配电装置的范围内。

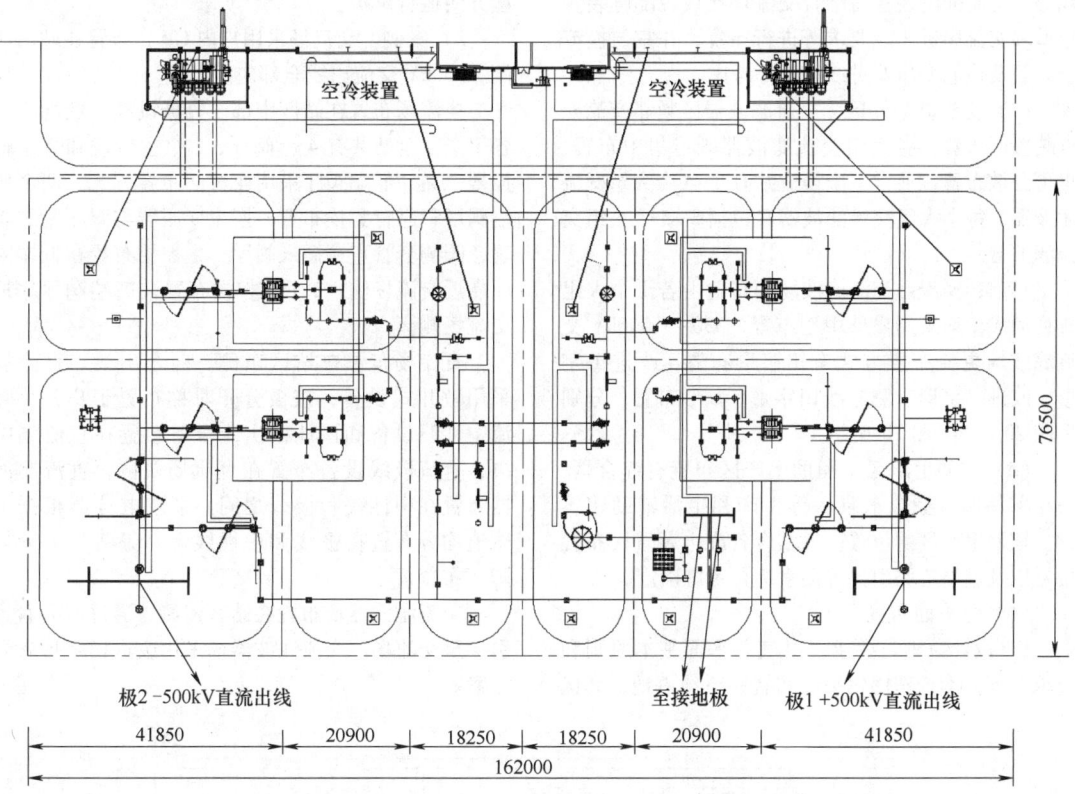

图 20.6-22　每极单 12 脉动换流器接线的 ±500kV 送端换流站户外直流配电装置平面布置图（单位：mm）

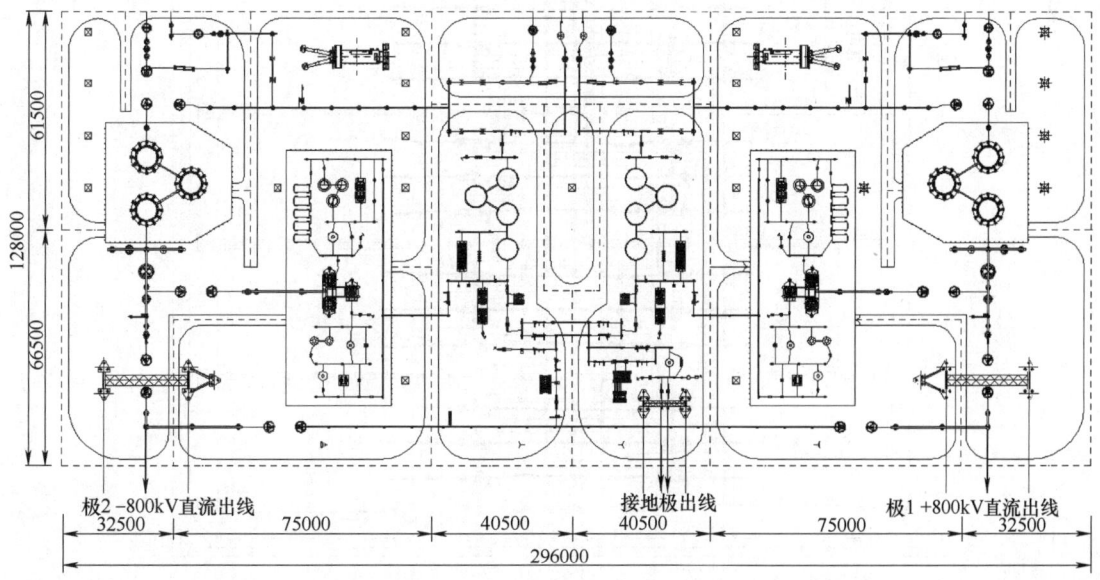

图 20.6-23　每极双 12 脉动换流器串联接线的 ±800kV 送端换流站户外直流配电装置平面布置图（单位：mm）

综合可靠性、灵活性和经济性，结合接入交流电压等级及系统要求等考虑，换流站交流配电装置可采用单母线接线、双母线接线或一个半断路器接线等。交流配电装置需结合交流场接线、配电装置选型和交流场进线要求等进行布置，并宜与换流场布置及换流变压器进线等统筹考虑。

（4）交流滤波器区　交流滤波器区紧邻交流配电装置区布置，各大组交流滤波器既可集中布置，也可分散布置。通常一个换流站有 3~4 个大组交流滤波器，每个大组交流滤波器又包括 3~5 个小组交流滤波器。

目前，换流站交流滤波场的布置由若干个大组排列而成，均采用户外中型布置，330~1 000kV 交流滤波场主要布置方式有田字形布置，改进田字形、改进一字形、侧进线田字形、L 形布置，分别见图 20.6-24~图 20.6-28。

（5）辅助生产区　辅助生产区布置有综合楼、备品备件库、综合水泵房等生产和生活辅助建筑物。辅助生产区的位置一般结合各配电装置区布置位置以及进站道路引接等因素综合考虑确定。

（6）总平面布置

1）设计原则与要求。电气总平面基本原则和要求如下：①合理优化平面布置，节约占地；②优化滤波器组进线方式，减少 GIL 分支管道的长度；③合理布置交流滤波器位置，减少 GIL 分支管道长度；④优化进站道路，节约投资；⑤设备布置及选型方便运行维护。

2）案例。交流场采用户内 GIS，布置在站区西侧。500kV 交流出线全部向西出线。

换流场布置在站区中部。每极设高、低端阀厅各 1 个，全站共有 4 个阀厅、1 个主控楼和 2 个辅控楼，高、低端阀厅采用面对面布置方式，两个低端阀厅背靠背紧挨布置；换流变压器与阀厅紧靠布置，阀侧套管直接插入阀厅；主控楼布置在低端阀厅靠近交流场侧，2 个辅控楼布置在高端阀厅靠近交流场侧。

直流场布置在站区东侧，向东出线。直流场采用敞开式设备，按极分开对称布置于户外。直流中性线设备和接地极出线设备布置在直流场中央，直流极线设备布置在直流场两侧，直流滤波器布置在中性线和极线之间。平波电抗器根据电感值均分布置在极线和中性线上。旁路开关紧靠阀厅布置。

交流滤波器场布置在站区南侧，通过 GIL 管道引接至交流场。交流滤波器场采用改进田字形布置方案。

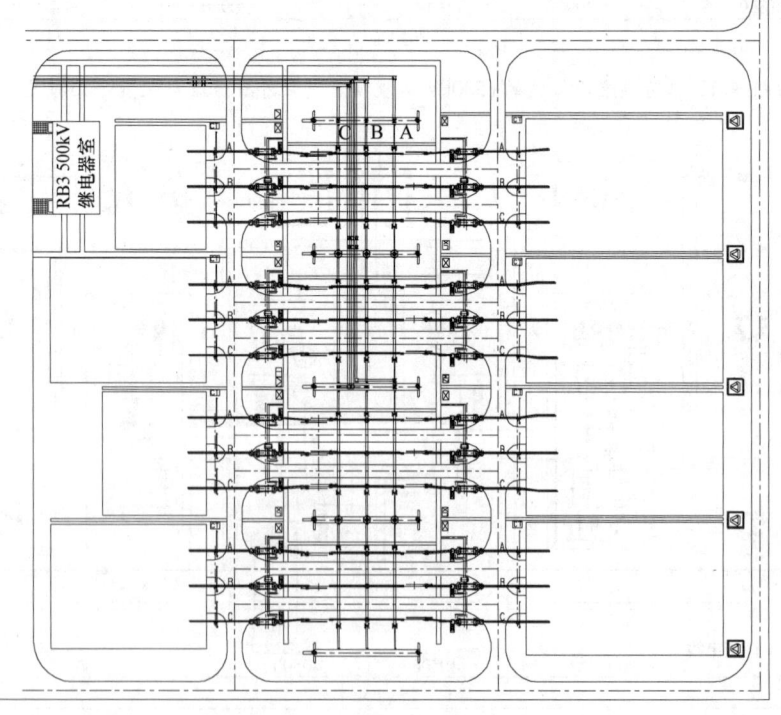

图 20.6-24　田字形平面布置示意图

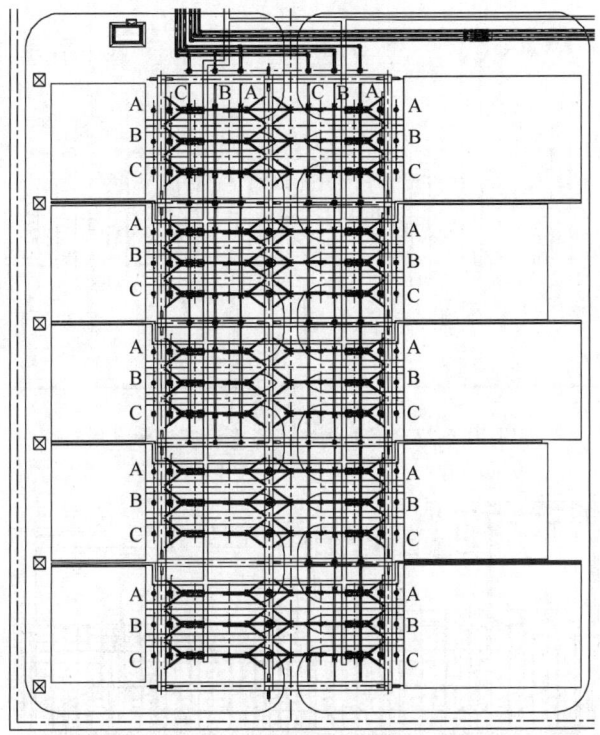

图20.6-25　改进田字形平面布置示意图

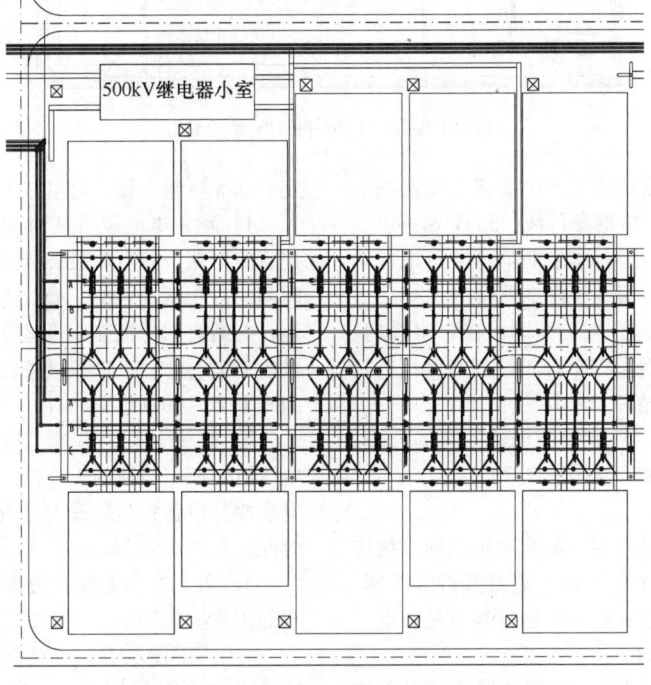

图 20.6-26　改进一字形平面布置示意图

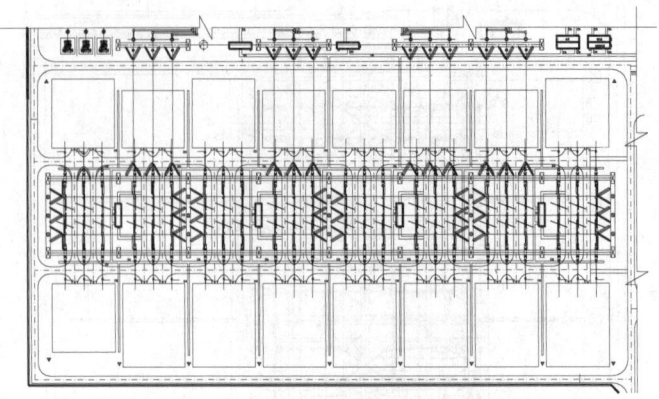

图 20.6-27　侧进线田字形平面布置示意图

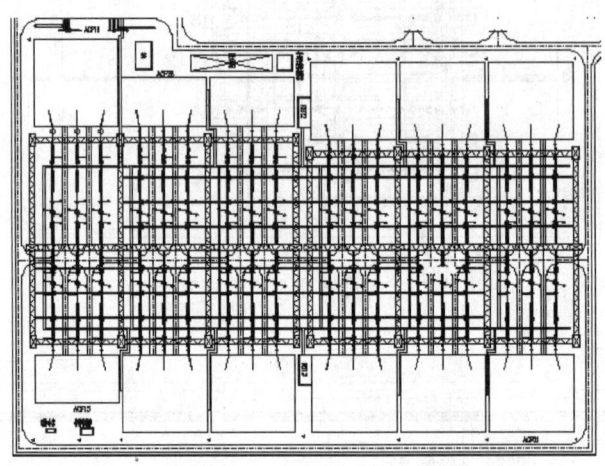

图 20.6-28　L 形平面布置示意图

两台 500kV 站用变压器，集中布置在交流场北侧，分别接入 500kV GIS 两条母线；35kV 站外引变压器与两台 500kV 站用变压器临近布置；继电保护采用下放布置，全站共设 3 个继电器小室。

生产辅助区包括综合楼、车库、综合水泵房、备品备件库、警卫传达室等布置于站区北侧；进站道路从站区东北侧进站。

总平面布置方正，功能分区明确，布局合理。占地较小。电气总平面布置图见图 20.6-29。

107　接地极

（1）系统条件　高压直流输电大地返回系统应满足在各种运行工况下的人地电流及其持续时间、设计寿命、接地极的极性以及对包括换流站、电力设施等在内的环境影响的技术要求。

高压直流输电大地返回系统的人地电流及其持续时间应根据直流输电系统的功能和建设要求确定。如无资料，设计时可按下述说明取值：

1）额定电流及持续时间。额定电流为系统额定直流电流，该电流最长持续时间为额定持续运行时间。对于双极系统，如双极分期建成，额定持续运行时间宜取单极建成投运后至双极建成投运前单极大地运行时间；如双极一次性建成，额定持续时间宜取 20~60 天。

2）最大过负荷电流及持续时间。最大过负荷电流宜取额定电流的 1.1 倍。该电流最长持续时间宜取冷却设备投运后最大过负荷电流下的持续运行时间，并不小于 2h。

3）最大暂态电流。最大暂态电流宜取额定电流的 1.25~1.5 倍。

4）不平衡电流。对双极电流对称运行的直流输电系统，最大不平衡电流宜取额定电流的 1%；对非对称运行的直流输电系统，宜取两极额定电流之差。不平衡电流持续时间宜取直流系统双极正常运行的总时间。

对于两个及以上换流站共用的接地极，设计接地极时的入地电流应考虑事故情况下的复合电流。复合电流宜根据事故情况下两个及以上换流站同时出现同极性单极以大地返回方式运行的时间概率合理取值；计算跨步电位差和电缆截面积，复合电流可取其中两个换流站额定电流之和的最大值；其他计算，复合电流可取其中一个换流站最大额定电流和另一个换流站不平衡电流之和。

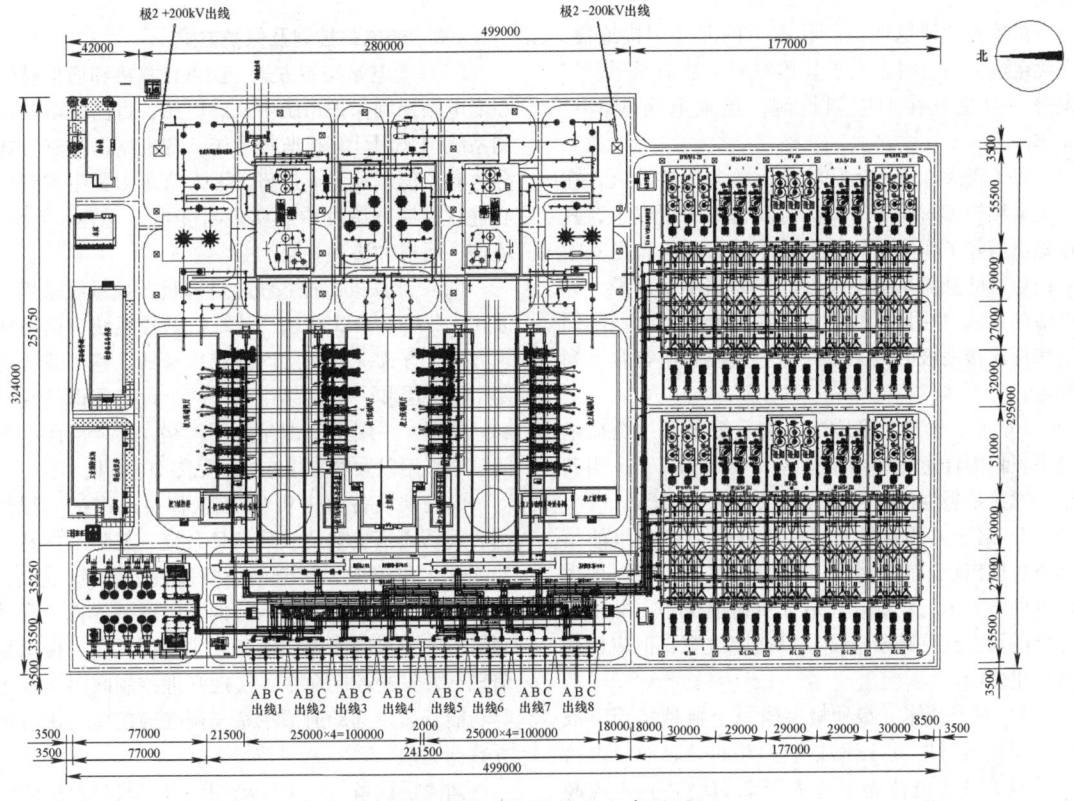

图 20.6-29　电气总平面布置图

接地极的极性应满足直流输电系统运行方式和环境保护的要求，如无可靠资料，可按极性可逆设计。对于阳极接地极应计算接地极自身电腐蚀损耗。在接地极附近存在较长的埋地金属体情况下，当接地极阳极运行时，应计算地电流对该金属体远端的腐蚀影响；当接地极阴极运行时，应计算地电流对该金属体附近的腐蚀影响；对于带有阴极保护的埋地金属体，应考虑地电流对阴极保护系统的影响。共用接地极的极性应由与其共享的每个直流系统电流方向及幅值确定。

接地极宜按一次性建成投产进行设计，其设计寿命应与使用该接地极的换流站相同。如无可靠资料，接地极设计寿命不宜少于 40 年。

共用接地极的设计寿命应按照从第一个换流站投运到最后一个换流站停止使用来决定。

在接地极的设计寿命内，由腐蚀导致的接地极材料损耗不应影响其正常工作。计算接地极腐蚀寿命时，下列情况均应计算在内：

1）单极系统。对单极（或一极先建成投运）系统，接地极极性可根据直流系统运行方式确定。如果没有确定运行方式，宜按照阳极确定。

2）双极系统单极运行。在双极系统投产运行后，应考虑一极检修或发生事故时，另一极（健全极）以大地返回的运行情况。

3）双极运行。在双极运行期间，应选取不平衡电流以计算阳极运行的安时数。

（2）技术条件　接地极设计应使其在规定的设计寿命期内和额定电流、最大过负荷电流、最大暂态电流等各种入地电流条件下安全可靠地运行，并且应将接地极温升、接地电阻、跨步电位差、接触电位差和转移电位等各项技术参数指标限制在允许的范围内。

对于共用接地极或多个距离较近的接地极，原则上不考虑各直流系统同时以同极性大地返回运行方式长时间连续运行。

接地极任意点的最高温度不得超过所在位置的水的沸点。设计时应计及海拔和水压对水沸点的影响。

对单极大地返回运行状态下的非共用接地极，在额定电流持续时间大于其热时间常数情况下，其温升一般受其接地电阻控制，接地电阻应满足要求。

对单极大地返回运行状态下的共用接地极，在额定电流持续时间大于其热时间常数的情况下，其接地电阻除了应满足热稳定要求外，还应满足其中双极运行的直流系统中性点电位偏移不超过最大允许值的要求。在计算最大允许跨步电位差时，不同结构形式接地极的最大允许跨步电位差应符合下列规定：

1）对于非共用接地极，在一极最大过负荷电流下，地面任意点跨步电位差不得超过 U_m；当其中一段接地极退出运行时，U_{pa} 不得超过 50V。

2）对于共用接地极，在设计时应考虑事故情况下可能出现短时（小于或等于 30min）同极性大地返回方式运行工况。在最大负荷电流下，共用接地极的最大允许跨步电位差可适度放宽，但应评估其次生影响。

3）对于分体式接地极，当一个接地极因事故原因退出运行时（小于或等于 30min），额定电流下的最大跨步电位差不应大于 $2.5U_{pm}$，且不应超过 50V。

对于最大跨步电位差不满足上述要求的地方，应采取加装围栏等隔离措施。

对于长时间以阳极运行的接地极，应限制焦炭与土壤接触面处的最大电流密度。对于长期处于单极运行或土壤水分含量少的阳极接地极，额定电流下最大面电流密度不应超过 $1A/m$；对于长时间双极运行或土壤中水分含量多的接地极以及垂直型接地极，额定电流下最大面电流密度取值应按水的压力进行修正。

接地极在额定电流运行时，靠近接地极的鱼塘水中任意点的场强不宜大于 1.25V/m。对于共用接地极或多个距离较近的接地极，在设计时应考虑事故情况下可能出现小于或等于 30min 短时同极性大地返回方式运行工况。

在过负荷电流情况下，通信系统最大转移电位不宜大于 60V。

共用接地极应考虑一个直流系统接地极线路检修时，不影响其他直流系统正常安全运行。

6.4 控制、保护及自动装置

108 变电站控制及保护方式

（1）变电站控制方式 随着计算机和通信技术在变电站控制保护系统中成熟应用，目前变电站控制系统均采用计算机监控系统。变电站的控制方式分为有人值班和无人值班。无人值班由集中控制中心进行控制，调度中心实现对变电站遥控、遥测、遥信、遥视和遥调。

（2）计算机监控系统 计算机监控系统采用开放式、分层分布式结构，计算机监控系统有两种实现方式。方式一为两层网络结构型式，整个系统由两个设备层和一层网络组成，两个设备层即站控层和间隔层，一层网络即站控层网络，站控层网络与间隔层采用以太网直接连接，见图 20.6-30。

站控层设备由主机和/或操作员站维护工程师站、远动通信主站及故障信息系统、五防工作站等功能性主站组成，是全站设备监视、测量、控制、管理的中心，提供站内运行的人机联系界面，通过网络传输，接收间隔层设备采集的开关量、模拟量信息，并发送控制命令，实现管理控制间隔层设备等功能，通过远动通信主站与调度通信中心进行远方数据通信。

间隔层设备包括 I/O 测控装置、与站控层的网络接口和其他智能设备的接口装置等，I/O 测控装置完成电流、电压及一次设备状态和故障信息等采集及控制输出功能。

方式二为三层网络结构型式，整个系统由三个设备层和两层网络组成，三个设备层即站控层、间隔层和过程层，两层网络即站控层网络、过程层网络。监控系统采用统一建模、统一组网、信息共享，通信规约统一采用 DL/T860 通信标准。

过程层由智能单元、合并单元组成。过程层网络有 SV 和 GOOSE 网络，SV 网络主要向间隔层设备上传电流/电压互感器的采样信息；GOOSE 网络主要向间隔层设备上传一次设备的遥信信号（如开关刀闸位置、压力等），向过程设备下送保护装置的跳、合闸命令，测控装置的遥控命令，并横向传输间隔层保护装置间 GOOSE 信息（起动失灵、闭锁重合闸、远跳等）的交互等，见图 20.6-31。

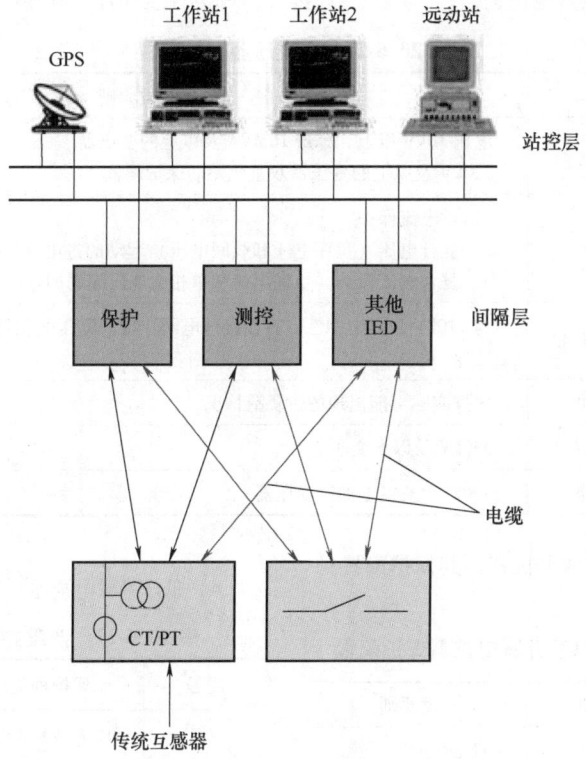

图 20.6-30　两层系统结构计算机监控系统示意图

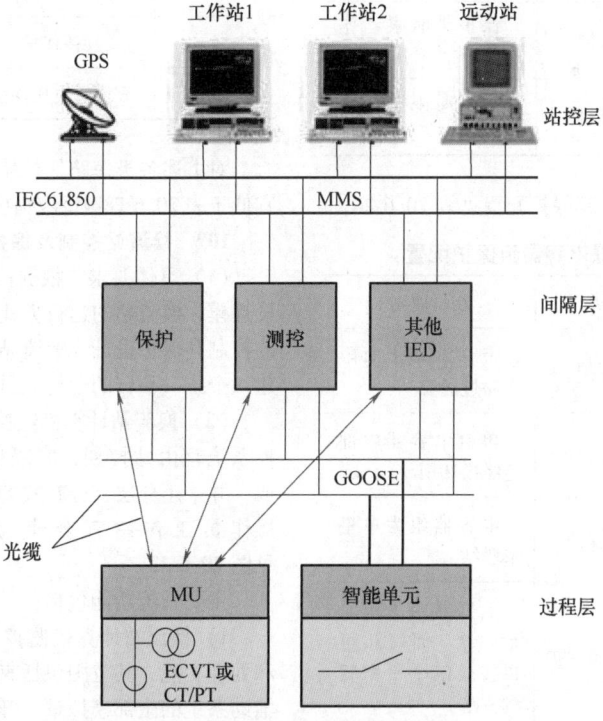

图 20.6-31　三层系统结构计算机监控系统示意图

（3）变电站主设备的继电保护

1）主变压器。其保护配置见表 20.6-24。

表 20.6-24　主变压器保护配置

序号	保护种类	装设原则
1	差动保护	电压 10kV 以上、容量 10MVA 及以上的变压器 220kV 及以上的变压器双重化差动保护配置
2	后备保护	1）过电流保护 2）复合电压（负序电压和线间电压）起动的过电流保护 3）复合电流保护（负序电流和单相式电压起动的过电流保护）
3	零序过电流保护	与 110kV 及以上中性点直接接地电网连接的降压变压器、升压变压器和系统联络变压器
4	过负荷保护	根据实际可能出现的过负荷情况
5	过励磁保护	330kV 及以上变压器
6	非电量保护	800kVA 及以上油浸变压器

2）220～1 000kV 并联电抗器。其保护配置见表 20.6-25。

表 20.6-25　220～1 000kV 并联电抗器保护配置

序号	保护种类	装设原则
1	差动保护	双重化配置
2	过电流保护	保护带时限动作于跳闸
3	过负荷保护	保护带时限动作于信号
4	匝间短路保护	不带时限动作于跳闸

3）并联电容器组。其保护配置见表 20.6-26。

表 20.6-26　并联电容器组保护配置

序号	保护种类	装设原则
1	过电流保护	带 0.2s 以上时限以躲过涌流
2	专用熔断器保护	单台电容器内部绝缘损坏用
3	零序电压保护	电容器组为单星形联结
4	电桥式差电流保护	电容器组为单星形联结，而每相可以接成四个平衡臂的桥路

4）低压并联电抗器。其保护配置见表 20.6-27。

表 20.6-27　低压并联电抗器保护配置

序号	保护种类	装设原则
1	电流速断保护	66kV 及以下
2	过电流保护	相间短路的后备
3	过负荷保护	宜采用反时限
4	气体保护	油浸式电抗器
5	零序过电压保护	单相接地保护

对上述各类短路保护装置的灵敏系数要求，不宜低于表 20.6-28 中所列数值。

109　换流站控制及保护方式

（1）具体要求　根据换流站的电气主接线、建设规模、换流站的运行方式和控制模式等确定相关的控制和保护设计。换流站内的交、直流系统应合建一个统一平台的运行人员监控系统。

（2）换流站计算机监控系统　换流站计算机监控系统宜由站控层，间隔层以及就地层三部分组成，并采用分层、分布式的网络结构。交流和直流操作员工作站宜合建为一，且双重化配置，见图 20.6-32。

主要系统功能包括：

1）换流站计算机监控系统应能实现数据采集和处理功能，其范围包括直流场、交流场以及所有辅助系统的全部模拟量、开关量。

表 20.6-28 短路保护的最小灵敏系数

保护分类	保护类型	组成元件	灵敏系数	备注
差动保护	变压器纵差保护	差电流元件的起动电流	2	
	母线的完全电流差动保护	差电流元件的起动电流	1.5	
	母线的不完全电流差动保护	差电流元件	1.5	
	变压器的电流速断保护	电流元件	1.5	按保护安装处短路计算 高压厂用变压器速断≥2 低压厂用变压器速断≥1.5
后备保护	远后备保护	电流、电压和阻抗继电器	1.2	按相邻电力设备和线路末端短路计算（短路电流应为阻抗继电器精确工作电流1.5倍以上），可考虑相继动作
		零序或负序方向元件	1.5	
	近后备保护	电流、电压和阻抗继电器	1.3	按线路末端短路计算
		负序或零序方向元件	2.0	
辅助保护	电流速断保护		1.2	按正常运行方式保护安装处短路计算

2）换流站计算机监控系统控制操作对象应包括，交直流系统各电压等级的断路器，电动操作的隔离开关及接地刀闸、换流变压器及其他变压器有载调压分接头位置、阀组的解锁/闭锁、站内其他辅助系统的起动停运等。

3）换流站的顺序控制宜包括：换流单元交流侧充电/断电、换流站阀组的连接/隔离、旁路断路器的投退、换流站极的连接/隔离、阀组/极/双极的起动与停运、运行方式转换、直流滤波器投切以及交流滤波器投切、线路开路试验、阀组开路试验、潮流反转、直流线路故障恢复顺序。

4）换流站的调节控制应包括对直流电流、直流电压、直流输送功率、无功功率以及换流变压器和联络变压器有载调压分接头的调节。

5）阀厅大门与阀厅内接地开关之间以及交直流滤波器围栏场地的网门与交直流滤波器高压电容器高压侧的接地刀闸之间应具有相关联锁。

（3）直流控制系统 换流站直流控制系统可划分为站控制、双极控制、极控制和阀组控制，按冗余的原则进行配置，且控制系统具有自动的系统选择与切换功能。当换流站为双极接线时，两个极的

控制保护系统功能应完全独立。当每极采用两个阀组接线时，阀组的控制保护系统功能也应相对独立。两个极的直流远动系统应独立，每个极的直流远动系统应双重化配置，每个换流站的直流控制保护系统应能既适用整流运行，也能适用逆变运行。

换流站控制模式及控制功能包括：

1）直流系统的基本控制模式可包括：双极功率控制模式、独立极功率控制模式、同步极电流控制模式、无功功率控制模式、应急极电流控制模式、极线路开路试验模式、潮流反转控制模式、直流全压/降压运行控制模式和低负荷无功优化控制模式。

2）直流系统的基本控制功能包括：主/从站的选择、主导站的选择、功率指令及双极功率定值的计算、直流功率传输方向的选择、双极电流平衡控制、无功功率控制、直流电流控制、直流电压控制、触发角/熄弧角控制、换流阀触发相位控制、换流变压器分接头控制、高压直流系统起动/停运控制、故障策略控制、过负荷控制以及低压限流功能（VDCOL）等。

直流系统的附加调制控制功能由电力系统动态

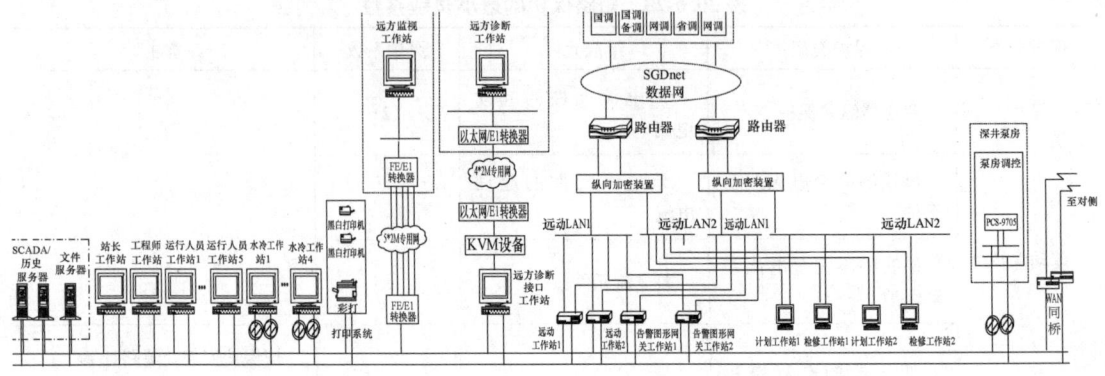

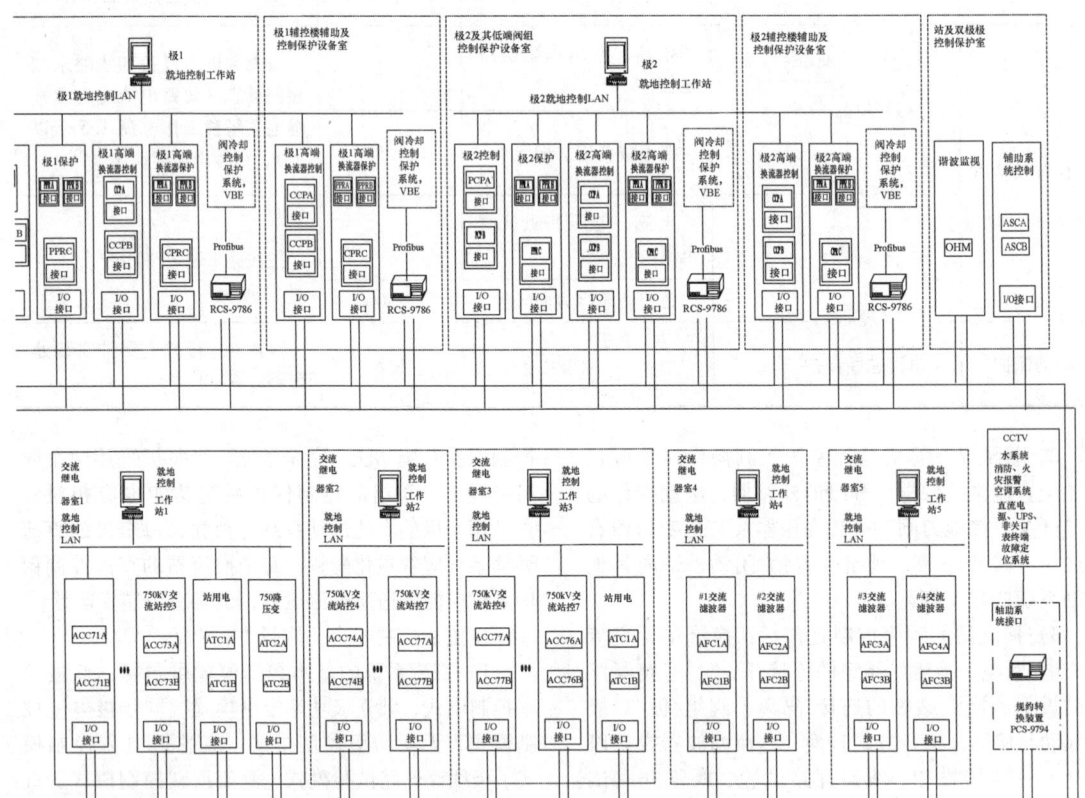

图 20.6-32　典型换流站计算机监控系统图

性能确定，一般可包括：功率提升、功率回降、异常交流电压和频率控制以及附加调制信号等。直流系统的基本控制功能应能满足各种可能的运行方式，并有相应的控制策略。

直流控制系统输入/输出信号包括：直流控制系统与直流保护系统之间交换的信号、两侧换流站直流控制系统之间交换的信号、交流开关场信号、直流开关场信号、换流器及阀厅信号和阀冷却系统信号等。

（4）直流保护系统　直流系统保护采用完全冗余或三重化配置。每套冗余配置的保护完全一样，有自己独立的硬件设备，包括专用电源、主机、输入电路、输出电路和直流保护全部功能软件，避免了因保护装置本身故障而引起的主设备或系统停运。三重化配置每重保护装置的出口采用独立的"三取二"逻辑出口。

直流系统保护分区配置，每个区域或设备至少有一个选择性强的主保护，以便于故障识别；可以根据需要退出和投入部分保护功能，而不影响系统安全运行。直流系统保护根据分区可分为换流阀组保护区、极保护区、双极保护区。

110 安全自动装置

（1）备用电源自动投入装置 备用电源自动投入装置主要用在备用变压器、备用线路、变电站的站用备用电源自动投入。

（2）自动按频率减负荷装置 当系统发生严重功率缺额时，自动按频率减负荷装置的任务是迅速断开相应数量的用户，恢复有功功率的平衡，使系统频率不低于某一允许值，确保电力系统安全运

行，防止事故的扩大。

111 一体化辅助控制系统 变电站一体化辅助控制系统是含图像监视及安全警卫、火灾报警、消防以及动力环境监测功能为一体的综合系统，主要完成对变电站环境空间的图像监视、安全警卫及环境监控，可以对必要生产设备实现可视化的管理甚至校验。变电站辅助控制系统采用统一的信息管理及共享平台，辅助控制系统将变电站视频、图像、声音、环境温度、暖风空调的控制等通过数据网与调度中心或者集控站通信，实现电网调度和维护远程管理，如图 20.6-33 所示。

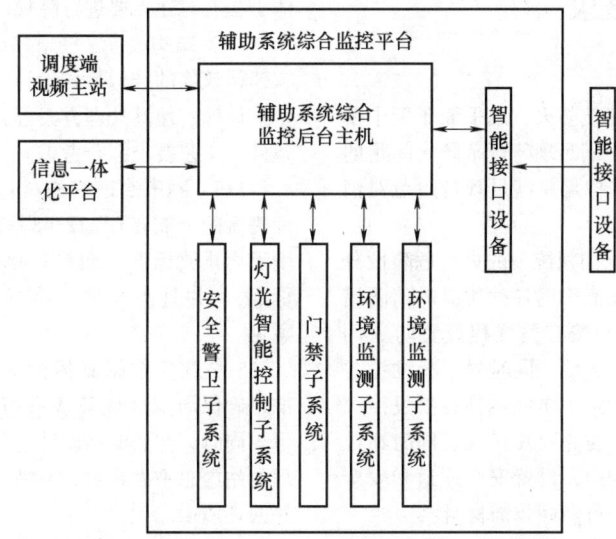

图 20.6-33 一体化辅助控制系统连接图

变电站一体化辅助控制系统由后台主机、视频监控子系统、门禁系统、环境监测子系统、安全警卫子系统、灯光智能控制子系统等组成。

视频监控子系统由摄像机、站端视频处理单元、三合一防雷器、连接电缆等组成。门禁子系统由门禁控制主机、读卡器、开门按钮、电磁力锁、连接电缆等组成。

环境监测子系统由环境数据采集单元、温湿度传感器、SF_6 探测器、风速传感器、水浸探测器、空调控制器、连接电缆等组成。

安全警卫子系统由红外对射报警器、红外双鉴报警器、电子围栏、连接电缆等组成，报警信号的硬接点输出可连接到站端视频处理单元或环境数据处理单元的硬接点输入接口。

灯光智能控制子系统由灯光控制单元、辅助灯光、连接电缆等组成。

112 智能变电站 智能变电站是统一坚强智能电网的重要基础和支撑，是采用可靠、经济、集成、节能、环保的设备与设计，以全站信息数字化、通信平台网络化、信息共享标准化、系统功能集成化、结构设计紧凑化、高压设备智能化和运行状态可视化等为基本要求，能够支持电网实时在线分析和控制决策，进而提高整个电网运行可靠性及经济性的变电站。

智能变电站分为过程层、间隔层和站控层。过程层包括变压器、断路器、隔离开关、电流/电压互感器等一次设备及其所属的智能组件以及独立的智能电子装置。间隔层设备一般指继电保护装置、系统测控装置、监测功能组主 IED 等二次设备，实现使用一个间隔的数据作用于该间隔一次设备的功能，即与各种远方输入/输出、传感器和控制器通信。站控层包括自动化站级监视控制系统、站域控制、通信系统、对时系统等，实现面向全站设备的监视、控制、告警及信息交互功能，完成数据采集

和监视控制（SCADA）、操作闭锁以及同步相量采集、电能量采集、保护信息管理等相关功能。站控层功能宜高度集成，可在一台计算机或嵌入式装置中实现，也可分布在多台计算机或嵌入式装置中。

智能变电站数据源应统一、标准化，实现网络共享。智能设备之间应实现进一步的互联互通，支持采用系统级的运行控制策略。

智能变电站自动化系统采用的网络架构应合理，可采用以太网、环形网络，网络冗余方式宜符合 IEC 61499 及 IEC 62439 中的要求。

6.5　其他设施及要求

113　消防

（1）总平面布置及建筑防火　总平面布置中要求全站建（构）筑物间距满足现行规范防火间距的要求。道路布置及路面结构需要满足现行规范对消防通道的要求。

各建（构）筑物根据国家统一的火灾危险性分类及耐火等级划分，按规范采用各种相应的消防措施。各建（构）筑物之间按有关规程设置防火间距。不能满足时可设置防火墙，同时对于充油设备需要设有专用排油管道和地下事故油池，供发生火灾事故时能够迅速排放，防止火灾扩大。同时在控制楼、阀厅等重要建筑物内，设置安全通道和安全出入口，室内装修采用不可燃性装饰材料。

（2）消防水系统　消防水系统设计用水量按照最大一起火灾灭火用水量确定。消防给水及消火栓系统采用独立的稳高压消防给水系统，常规组成包括消防水池、消防泵、套稳压设备、消防专用控制柜、站区室内外的消防给水管道、消火栓、阀门及附件等。

消防水池的消防储水量按满足最大一起火灾灭火用水量确定，需要防止消防储水水质因长期不用而变坏，水池内应设有液位控制、显示及报警装置，并确保消防用水不作他用。

（3）主变压器灭火　主变压器一般采用水喷雾灭火系统。每套水喷雾灭火系统主要由雨淋阀组、过滤器、水雾喷头、系统管道和火灾探测报警自动控制系统等组成。

（4）火灾探测报警及消防控制系统　变电站设置一套火灾报警系统，用于实现对站内重要设备及设施进行火灾探测、监视和报警，并能自动起动消防系统的相关设备，确保运行人员及时了解火灾情况，迅速采取消防、灭火措施，有效地减小火灾的影响范围。

114　土建

（1）建筑设计　变电站建筑外观设计遵循协调、简洁、明快、大方、实用的原则，并具备现代工业建筑气息；全站建筑外观造型、外墙材料和色调等整体协调统一，充分考虑建筑面积的综合利用系数、功能和朝向等因素；设计上应体现"以人为本""人工环境学"的思想和观念。建筑设计主要包括主要建筑物的平面设计、建筑造型及立面处理、剖面设计、建筑装修设计、环保节能设计、防火设计、防水设计、防尘设计及保温设计。根据具体工程有时还需要进行降噪、屏蔽等功能的设计。

（2）结构设计　变电站结构设计包括全站的所有建构筑物的结构型式设计、抗振设防设计、基础型式设计、地基处理方案等，需要根据不同的地质条件、工艺要求综合考虑。

115　噪声治理措施　目前，变电噪声治理设计遵循的标准有 GB 12348—2008《工业企业厂界环境噪声排放标准》和 GB 3096—2008《声环境噪声标准》，并且需要严格执行环境影响评价的结论意见。

首先需要根据具体的工程情况，确定执行标准，确保周围区域环境噪声控制在标准要求值以下。同时，在变电站设计过程中，也应采取有效合理的站区总平面布置，使站内人员工作在合适、友好的环境中。

变电站对周围环境造成影响的可听噪声主要来源于以下设备：变压器、电抗器、滤波器、冷却装置的风机、空调装置的风机、高压并联电抗器等。

噪声的治理措施主要是以合理选择站址、优化站区内部总平面布置、选择使用低噪声设备、控制主要噪声源设备噪声的传播途径为主要手段，来达到治理噪声的目的。

合理选择站址可以使站址整体远离噪声敏感点，优化站区内部总平面布置尽量让主要噪声源被建筑物所隔挡，远离围墙，能使噪声在厂界传播中得到削弱，通过上述方法经计算后仍不能满足要求的情况下，需要采用加装吸声装置和隔声屏障的方法进行降噪。通常可以在围墙上加装声屏障并在主要噪声源设备附近设置吸声装置。

116　防雷接地

（1）应装设直击雷保护装置的设施　变电站的直击雷过电压保护，可采用避雷针、避雷线、避雷带和钢筋焊接成网等。下列设施应装设直击雷保护装置：

1）屋外配电装置。

2）柴油机室等建筑物。

3）多雷区的牵引站。

4）大型计算机房。

5）雷电活动特殊强烈地区的主控制室和高压屋内配电装置室。

（2）可不装设直击雷保护装置的设施

1）已在相邻保护装置保护范围内的建筑物或设备。

2）露天布置的 GIS 的外壳。

3）主控制室和配电装置室可不装设直击雷保护装置，强雷区除外。

（3）直击雷保护的措施

1）为保护其他设备而装设的避雷针，不宜装在独立的主控制室和 35kV 及以下的高压屋内配电装置室的顶上。

2）主控楼（室）或配电装置室和 35kV 及以下变电站的屋顶上直击雷的保护措施有：① 若有金属屋顶或屋顶上有金属结构，将金属部分接地；

② 若屋顶为钢筋混凝土结构，应将其钢筋焊接成网并接地；③ 若结构为非导电的屋顶，采用避雷带保护，该避雷带的网格为 8~10m，每隔 10~20m 设引下线接地，上述的接地可与主接地网连接，并在连接处加装集中接地装置，其接地电阻不应大于 10Ω。

3）峡谷地区的变电站宜用避雷线保护。

4）建筑物屋顶上的设备金属外壳、电缆外皮和建筑物金属构件均应接地。

5）上述需装设直击雷保护装置的设施，其接地可利用变电站的主接地网，但应在直击雷保护装置附近装设集中接地装置。

6）对于气体绝缘金属封闭开关设备（GIS），不需要专门设立避雷针、避雷线，而是利用 GIS 金属外壳作为接闪器，并将其接地。对其引出线敞露部分或 HGIS 的露天母线等，则应设避雷针、避雷线予以保护。

变电站必须进行直击雷保护的对象和措施详见表 20.6-29。

表 20.6-29　变电站必须进行直击雷保护的对象和措施

序号	建、构筑物名称	建、构筑物的结构特点	防雷措施	
1	35kV 屋外配电装置	钢筋混凝土结构或金属结构	装设独立避雷针或避雷线；应专门敷设接地线接地	
2	110kV 及以上配电装置	金属结构	在构架上装设避雷针、独立避雷针或避雷线；构架避雷针（线）可经金属构架接地；独立避雷针或避雷线应专门敷设接地线接地	
		钢筋混凝土结构	在构架上装设避雷针或独立避雷针或避雷线，应专门敷设接地线接地	
3	屋外安装的变压器		装设独立避雷针（线）	
4	主控制楼（室）	金属结构	金属构架接地	在强雷区宜有直击雷保护
		钢筋混凝土结构	钢筋焊接成网并接地	
5	屋内配电装置	金属结构	金属构架接地	
		钢筋混凝土结构	钢筋焊接成网并接地	
6	变压器检修间、备品备件库等	金属结构	金属构架接地	
		钢筋混凝土结构	钢筋焊接成网并接地	

（4）避雷针、避雷线的装设原则及其接地装置的要求

1）独立避雷针（线）的接地装置应符合下列要求：

① 独立避雷针（线）宜设独立的接地装置。

② 在非高土壤电阻率地区，其工频接地电阻不宜超过 10Ω。当有困难时，该接地装置可与主接地网连接，使两者的接地电阻都得到降低。但为了防止经过接地网反击 35kV 及以下设备，要求避雷针与主接地网的地下连接点至 35kV 及以下设备与

主接地网的地下连接点，沿接地体的长度不得小于15m。经过15m长度的接地体，一般能将接地体传播的雷电过电压衰减到对35kV及以下设备不危险的程度。

③ 独立避雷针不应设在人经常通行的地方，避雷针及其接地装置与道路或出入口等的距离不宜小于3m，否则应采取均压措施，或铺设砾石或沥青地面。

2）构架或房顶上安装避雷针应符合下列要求：

① 110kV及以上配电装置，一般将避雷针装在配电装置的构架或房顶上，但在土壤电阻率大于1 000Ω·m的地区，宜装设独立避雷针。装设非独立避雷针时，应通过验算，采取降低接地电阻或加强绝缘等措施，防止造成反击事故。

② 66kV的配电装置，允许将避雷针装在配电装置的构架或房顶上，但在土壤电阻率大于500Ω·m的地区，宜装设独立避雷针。

③ 35kV及以下的高压配电装置在构架或房顶不宜装避雷针，因其绝缘水平很低，雷击时易引起反击。

④ 装在构架上的避雷针应与接地网连接，并应在其附近装设集中接地装置。装有避雷针的构架上，接地部分与带电部分间的空气中距离不得小于绝缘子串的长度；但在空气污秽地区，如有困难，空气中距离可按非污秽区标准绝缘子串的长度确定。

⑤ 装设在除变压器门型构架外的构架上的避雷针与主接地网的地下连接点至变压器接地线与主接地网的地下连接点，埋入地中接地体的长度不得小于15m。

3）变压器门型构架上安装避雷针或避雷线应符合下列要求：

① 当土壤电阻率大于350Ω·m时，在变压器门型构架上和离变压器主接地线小于15m的配电装置的构架上，不得装设避雷针、避雷线。

② 当土壤电阻率不大于350Ω·m时，根据方案比较确有经济效益，经过计算采取相应的防止反击措施后，可在变压器门型构架上装设避雷针、避雷线。

③ 装在变压器门型构架上的避雷针应与接地网连接，并应沿不同方向引出3~4根放射形水平接地体，在每根水平接地体上距避雷针构架3~5m处应装设1根垂直接地体。

④ 10~35kV变压器应在所有绕组出线上或在离变压器电气距离不大于5m条件下装设金属氧化物避雷器（MOA）。

⑤ 高压侧电压为35kV的变电站，在变压器门型构架上装设避雷针时，变电站接地电阻不应超过4Ω。

4）线路的避雷线引接到变电站应符合下列要求：

① 110kV及以上配电装置，可将线路的避雷线引到出线门型构架上，土壤电阻率大于1 000Ω·m的地区，还应装设集中接地装置。

② 35~63kV配电装置，在土壤电阻率不大于500Ω·m的地区，允许将线路的避雷线引接到出线门型构架上，但应装设集中接地装置。

③ 35~63kV配电装置，在土壤电阻率大于500Ω·m的地区，避雷线应架设到线路终端杆塔为止。从线路终端杆塔到配电装置的一档线路的保护，可采用独立避雷针，也可在线路终端杆塔上装设避雷针。

5）装有避雷针和避雷线的构架上的照明灯电源线，均必须采用直接埋入地下的带金属外皮的电缆或穿入金属管的导线。电缆外皮或金属管的埋地长度应在10m以上，才允许与35kV及以下配电装置的接地网及低压配电装置相连接，以防止当装设在构架上的避雷针、避雷线落雷时，威及人身和设备安全。严禁在装有避雷针、避雷线的构筑物上架设通信线、广播线和低压线（符合防雷要求的照明线或其他电缆除外）。

6）独立避雷针、避雷线与配电装置带电部分间的空气中距离，以及独立避雷针、避雷线的接地装置与接地网间的地中距离应符合相关规定要求。

117　站用交直流系统

（1）站用电源引接　站用电源引接按照电压等级和变电站在电网中的重要性分为以下几种基本方式：

1）110~220kV及以下变电站站用电源宜从不同主变压器低压侧分别引接2回容量相同、可互为备用的工作电源。变电站初期只有1台主变压器时，除从其引接1回电源外，还应从站外引接1回可靠电源。

2）330~750kV变电站站用电源应从不同主变压器低压侧分别引接2回容量相同、可互为备用的工作电源，并从站外引接1回可靠站用备用电源。变电站初期只有1台（组）主变压器时，除从其引接1回电源外，还应从站外引接1回可靠电源，终期需3回站用电源。

3）1 000kV变电站站用电源应从不同主变压器

低压侧分别引接 2 回容量相同、可互为备用的工作电源，并从站外引接 1 回可靠站用备用电源。变电站初期只有 1 台（组）主变压器时，宜再从站外引接 2 回相对独立的来自不同变电站的可靠电源，终期需 3 回站用电源。

以上为按照电压等级区分基本引接类型，变电站内其他情况接线方案补充如下：

1）按规划需装设消弧线圈补偿装置的变电站，采用接地变压器引出中性点时，接地变压器可兼作站用变压器使用，接地变压器容量应满足消弧线圈和站用电的容量要求。

2）串联电抗器站、串联补偿装置站、开关站或初期为开关站的变电站宜从站外引接 2 回可靠电源。当站内有高压并联电抗器时，其中 1 回可采用高压电抗器抽能电源。对于偏远地区，没有条件从站外引接可靠电源时，可采用柴油发电机等方式提供电源。

3）根据变电站地理条件，在技术经济合理时，可利用太阳能和风能等清洁能源作为站用电源的补充。

4）对于非本变电站的用电负荷，不可随意接入本站站用电系统。

（2）站用电系统接线原则

1）站外电源电压可采用 10～110kV 电压等级，当可靠性满足要求时应优先采用低电压等级电源。

2）110～750kV 变电站站用电源选用一级降压方式。1 000kV 变电站站用电源应根据主变压器低压侧电压水平，选用两级降压或一级降压方式。当采用两级降压方式时，中间电压等级与站外电源的电压等级一致。高压站用电源采用独立的线路-变压器组接线方式。

3）站用电低压系统宜采用三相四线制，系统中性点直接接地，系统额定电压为 380/220V。室外变电站站用电低压供电系统采用三相四线制中性点直接接地方式（TN-C）；全室内变电站、建筑内及分散的检修供电可采用全部或局部三相五线制中性点直接接地方式（TN-S 或 TN-C-S）。

在变电站设计中通常采用 TN-C、TN-S 或 TN-C-S，具体需依据经济比较后确定。

三相四线系统（TN-C）中引入建筑的保护接地中性导体（PEN）应重复接地，严禁在 PEN 线中接入开关或隔离电器。

4）站用电母线采用按工作变压器划分的单母线接线时，相邻两段工作母线同时供电分列运行。两段工作母线间不装设自动投入装置。当任一台工作变压器失电退出时，备用变压器应能自动快速切换至失电的工作母线段继续供电。

5）有发电车接入需求的变电站，站用电低压母线应设置移动电源引入装置。

6）当变电站内有高压站用电系统（10kV 及以上电压）时采用中性点不接地方式。外引高压站用电源系统（10kV 及以上电压）中性点接地方式由站外系统决定。

7）站用电接线设计应充分考虑变电站分期建设和施工过程中站用电的运行方式，要便于过渡，尽量减少改变接线和更换设备。

118　抗震　地震对电气设备的影响因素主要是地震波的频率和地震振动的加速度。一般电气设备的固有振动频率和地震振动的频率很接近，应设法防止共振的发生，并加大电气设备的阻尼比。地震振动的加速度与地震烈度和地基有关，通常用重力加速度 g 的倍数表示。抗震设计应符合 GB 50260—2013《电力设施抗震设计规范（附条文说明）》的要求。

（1）电力设施的抗震设防烈度或地震动参数应根据 GB 18306—2015《中国地震动参数区划图》中的有关规定确定。对按有关规定做过地震安全性评价的工程场地，应按批准的抗震设防设计地震动参数或相应烈度进行抗震设防。重要电力设施中的电气设施可按抗震设防烈度提高 1 度设防，但抗震设防烈度为 9 度及以上时不再提高。

（2）电气设施的抗震设计　应符合下列规定：

1）重要电力设施中的电气设施，当抗震设防烈度为 7 度及以上时，应进行抗震设计。

2）一般电力设施中的电气设施，当抗震设防烈度为 8 度及以上时，应进行抗震设计。

3）安装在室内二层及以上和室外高架平台上的电气设施，当抗震设防烈度为 7 度及以上时，应进行抗震设计。

（3）当电气设备有支承结构时，应充分考虑支承结构的动力放大作用；若仅作电气设施本体的抗震设计时，地震输入加速度应乘以支承结构动力反应放大系数。

（4）对于高地震烈度区且不能满足抗震要求，或对于抗震安全性和使用功能有较高要求或专门要求的电气设施，可采用隔震或减震措施。

（5）设计基本地震加速度应根据 GB 18306—2015《中国地震动参数区划图》取电气设施所在地的地震动峰值加速度。

119　环境保护　选用电气设备，应注意电气设备对周围环境的影响。根据周围环境的控制标准，对制造厂商提出有关技术要求。

（1）电晕及无线电干扰　频率大于 10kHz 的无线电干扰主要来自电气设备的电流突变、电压突变和电晕放电。它会损害或破坏电磁信号的正常接收及电气设备、电子设备的正常运行。因此电气设备在 1.1 倍最高工作相电压下，晴天夜晚应无可见电晕。110kV 及以上电气设备在户外晴天时无线电干扰电压不应大于 500μV。

根据运行经验和现场实测结果，对于 110kV 以下的电气设备一般可不校验无线电干扰电压。

（2）噪声　为了减少噪声对工作场所和附近居民区的影响，所选高压电气设备在运行中或操作时产生的噪声水平（测试位置距声源设备外沿垂直面的水平距离为 2m，离地高度为 1~1.5m 处），不应大于下列水平：连续性噪声水平 80dB（A）。非连续性噪声水平室内 90dB（A）、室外 110dB（A）。

（3）气体污染　变电站的气体污染主要考虑 SF_6 气体泄漏产生的污染。SF_6 以其优异的物化性能，已成为电力行业中广泛使用的重要熄弧及绝缘介质。同时，SF_6 气体又是一种温室效应气体，被列为全球管制使用的 6 种气体之一。

气体封闭压力系统的密封性用每个隔室的相对漏气率来规定：对于 SF_6 和 SF_6 混合气体，标准值为每年不大于 0.5%。封闭压力系统的密封性用其预期工作寿命来规定。该值由制造厂商规定，优选 20 年、30 年、40 年。为了满足预期工作寿命的要求，SF_6 系统的漏气率不应大于 0.1%。

6.6　电力物联网概念及实例

120　电力物联网的概念　物联网技术是电网智能化建设的重要技术支撑。电力物联网以电网为中心，通过在电力生产、输送、消费、管理各环节，广泛部署具有一定感知、计算、执行和通信等能力的装置，通过电力信息通信网络，实现信息可靠采集、安全传输、协同处理、统一服务及应用集成，促进电网生产运行及企业管理全过程的全景全息感知、信息融合及智能管理与决策的行业物联网。

电力物联网延伸了现有电力系统信息通信网络的范畴和领域，它通过在电力系统各种可能的设备中嵌入感知、思考和交互的能力，不仅获取了电力系统的全景信息，并且基于这些信息的处理、分析、执行和通信来增强和提升现有电力系统的智能

性、交互性和自动化程度。

电力物联网实现了智能电网中电力流、信息流和业务流的深度融合，是智能电网网络属性的扩展和延伸。

电力物联网在逻辑功能上可以划分为 3 层，即感知层、网络层和应用层。

电力物联网感知层主要实现电力系统电力生产、输送、消费、管理等各环节信息的采集、处理、控制及交互。感知层的主要部件为物联网感知装置、人机交互终端、传感器节点、执行器节点、感知网络、电力物联网接入网关。

电力物联网网络层主要提供消息的路由寻址和传送功能，实现物联网设备对电力系统中各类业务系统采集的信息在感知层与应用层（服务处理端）的传输。具体表现形式包括电力专线、电力光纤专网、电力无线专网、电力载波通信网等电力专网，以及公共无线通信网、卫星通信网、互联网等公共网络。网络层的主要部件包括电力物联网支撑管理平台、电力专网、公共网络。

应用层包含各种具体的电力物联网的智能应用，为电力系统的发电、输电、变电、配电、用电、调度等业务服务。

121　电力物联网工程应用　物联网技术在电力行业的应用将有助于电网的智能运行，促进能源互联网的发展。物联网在电力行业应用广泛，在电力资产管理、电力检修管理、用电信息采集及分析以及电力通信系统等方面，有力支撑了电力行业尤其是电网企业的发展。

（1）电力资产管理　物联网在电力资产管理方面，主要是管理电力设备。电力行业设备类型和数量较多，传统的办法是通过人工记录设备信息，容易出现错误，且周期长，费时费力。而通过物联网的 RFID 技术，可以对设备进行自动识别记录管理，准确率高，消耗资源少，并可以与企业使用的管理系统相连接同步信息。

具体方法是依据要求将设备的准确信息和管理信息录入系统贴上标签，然后将此标签再贴于设备表面。利用小型易携带读写器记录和修改的标签信息，随时记录更改内容实时更新，保证与账目一致。在检查结束后将读写器的数据接口和企业办公系统网连接，自动上传变更信息形成报告，确保设备管理的循环完整性。

（2）电力检修管理　物联网技术在电力检修方面，主要应用于电力设备智能化运检。智能化巡检要求电网能实时掌控关键设备的运行状态，在尽量

少的人工干预下，及时发现、快速诊断和消除故障隐患，快速隔离故障，实现自我恢复，使电网具有自适应和自愈能力，提高设备的可靠性和利用率。智能电网的实现，依赖于电网各环节重要运行参数的在线监测和实时信息掌控，物联网作为推动智能电网发展的信息感知和"物物互联"的重要技术手段，在电力设备状态监测与智能巡检方面得到一定程度的应用。物联网能够对设备进行实时监测，从中获取相关的信息数据，通过系统对信息的分析，能够轻易地发现信息当中存在的异常现象，进而起到监测的效果。

（3）用电信息采集及分析　物联网技术在用电信息方面的应用，主要集中在智能电能表的用电采集及用电数据分析。远程抄表是在物联网技术在电力行业应用的基础体现之一，它具有便捷性、准确性和高效性等优点，能够实现对电能表数据的远程实时统计。用电采集信息系统操作简便，降低了人工成本。同时由于信息系统的准确率，可以有效避免人工抄表出现的失误，提高抄表准确性。基于所采集的用户侧信息，用电信息采集系统可以对用电信息进行深入分析和挖掘，获取有价值的信息，为用户提供多项服务。用户侧数据可以为电力营销展开电力市场分析提供数据支撑。通过充分利用采集系统历史及信息化水平，开展电力市场分析预测，精准把握市场动向，为电力精准营销提供有力支撑。

（4）电力通信系统　物联网技术在配电网通信、应急通信以及智能电网等方面可以为电网智能化提供必要的技术支持和保障。电力通信系统传输语音、数据、故障录波及视频等，电力通信系统的稳定性取决于通信设备能否正常运行。结合物联网技术和电力通信系统的特征，将物联网技术应用于电力通信系统，不仅可以节省人力资源，而且还能及时地获取特定区域变电所设备的运行状态。

虽然物联网技术目前在电力行业已得到一定的应用，在促进智能电网建设、推进新时代能源互联网建设方面发挥了较大作用，但是物联网技术在我国还处在发展阶段，在应用深度和广度方面仍有待进一步提升，需要建立成熟的产业链配套，克服部分关键技术，特别是要加强物联网技术和电力系统技术的融合。

第7章 配 电

7.1 配电方式

122 配电网功能及配电网电压

（1）配电网功能 配电网的主要功能就是从输电网或地区发电厂接收电能，并通过多层次配电设施就地或逐级分配给各类电力用户。对配电网功能的基本要求是在具有充分的供电能力下满足供电可靠性、合格的电能质量和运行的安全经济性。

1）供电可靠性。原则上要求停电的次数最少、停电的范围最小和停电的时间最短。配电网应根据对供电可靠性要求及中断供电在政治、经济上所造成的损失或影响程度满足不同等级电力用户的供电可靠性要求，例如对一级负荷应有两个电源供电，当一个电源发生故障时，另一个电源不应同时受到损坏，对一级负荷中特别重要的负荷，除了有两个电源供电外，还应有应急供电系统。对二级负荷宜由两回线路供电。在负荷较小或地区供电条件困难时，二级负荷可由一回 6kV 以上专用线路供电。

2）合格的电能质量。配电网的供电电压允许偏差、电力系统公共供电点电压允许波动和闪变值、三相电压允许不平衡度及公用电网中谐波电压（相电压）的允许值等都要满足国家标准的要求。

3）安全经济性。配电网完善合理，电网技术水平符合安全经济的运行要求，节约能耗，满足环境保护要求，并与社会经济发展环境相适应。

（2）配电网电压 根据国家标准，结合电力系统的输电电压以及所在供电地区的负荷分布、负荷密度、地区生产和建设发展条件，选定各级配电网电压的配电电压。我国配电网电压等级可分为高压、中压及低压三种。

1）高压配电。我国现有的高压配电网电压为 35kV、66kV 及 110kV，随着城市用电负荷密度的增长，高压配电网的电压有进一步提高的趋势。

2）中压配电。电压一般为 10kV，随着城市建设发展，为增加供电能力，降低损耗，用户有要求时，中压配电网可以采用 20kV。

3）低压配电。运行电压在 1kV 及以下。我国通用的低压配电电压及制式为 380/220V。农网除 380/220V 外，还有单相供电为 10/0.44（2×0.22）kV。但对于配电变电所往往不能设在负荷中心的某些工业用户，例如采矿、石油加工、化工等工业部门，为了保证电压质量，也可以采用 660/380V。对于煤矿井下还允许采用 1 000（1 140）V。

123 配电网供电可靠性和网络接线

配电网的网络接线方式不同，会影响供电的可靠性、运行经济性及调度灵活性。分析不同配电网络接线的特点和使用要求，目的为选择最适合具体地区电力用户的配电网接线形式。

（1）城市配电网 城市电网的供电安全采用 N-1 准则，即高压变电所中失去任何一回进线或一组降压变压器时，必须保证向下级配电网供电；高压配电网中一条架空线或一条电缆、变电所中一组降压变压器发生故障停运时，正常情况下，除故障段外不停电，并不得发生电压过低和设备不允许的过负荷；在计划停运情况下，又发生故障停运，允许部分停电，但应在规定的时间内恢复供电；低压配电网中当一台变压器或电网发生故障时允许部分停电，并尽快将完好区段在规定时间内切换至邻近电网恢复供电。上述 N-1 安全准则可以通过选取电网和变电所的接线及设备运行率达到。

1）高压配电网。接线形式基本上可分为两大类：放射式和环式两类。放射式接线的基本特征是电能只能通过单一路径从电源点送至用电点，可靠性比较低，有采用单回放射、树干放射和双（多）回放射，见图 20.7-1；但如果和 T 形接线相结合（单回放射单 T 形、双回放射双 T 形），变压器取低负荷率，开关设备性能可靠等，其可靠性能满足一般用户要求，且这种接线对实施配电网自动化特别有利。为使单电源双 T 形接线的供电可靠性提高，对架空线路装设自动重合闸装置与继电保护配合使用。变电所装备用电源自动投切装置。有条件时可把单侧电源双 T 形发展成双侧电源双 T 形接线，则供电可靠性大大提高了。正常时一侧供电，一侧电源作为备用，装设自动电源投切装置。

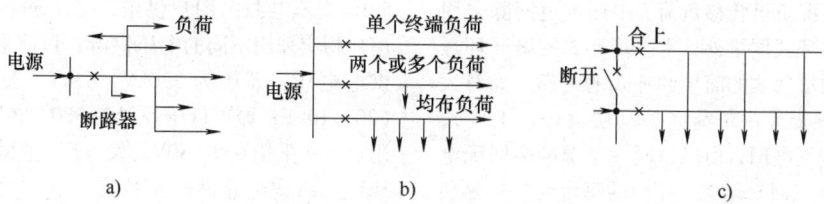

图 20.7-1　高压配电网放射式接线形式
a）树干放射　b）单回放射　c）双回放射

　　环式接线的基本特征是电能可以通过两个及以上路径从电源点送至用电点，常用环式接线有多回路并联式及环网式（单、双环网），见图 20.7-2。环式接线具有可靠性高的优点，是国内外大城市普遍采用的一种接线方式。正常运行时，大容量城市配电网必须开环运行，限制短路容量在电气设备允许范围内，对于规模较大的城网有时必须分片运行，以形成几个较为独立的环形结构电网，每片电网电源与负荷基本平衡，正常时各自独立运行，故障时彼此互相支援。

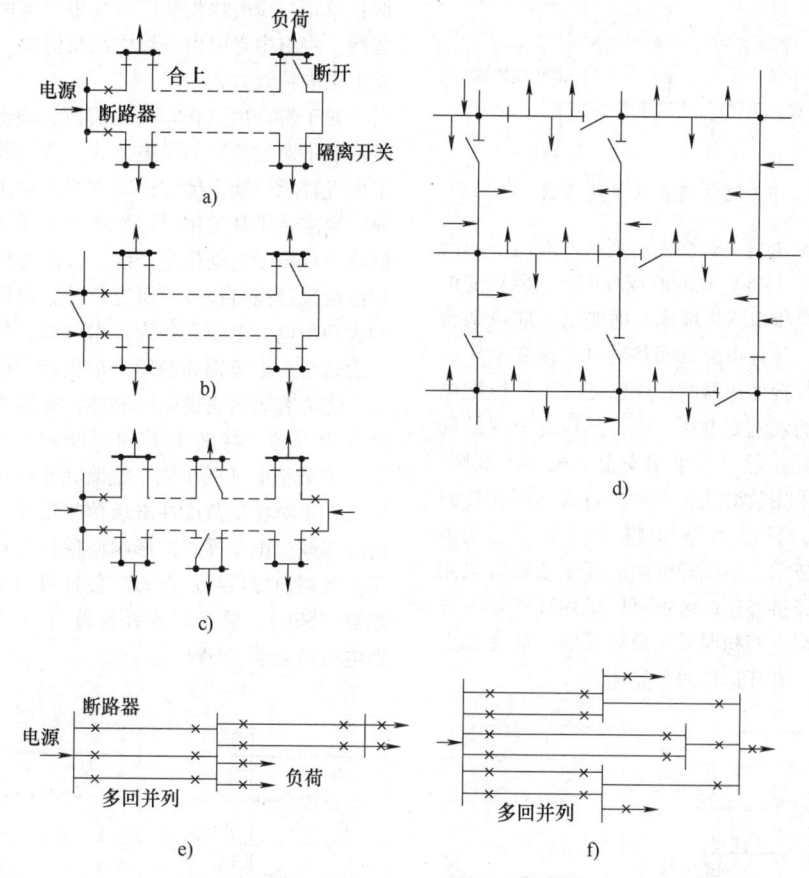

图 20.7-2　高压配电网环式接线形式
a、b、c）环式电缆配电网　d）环式架空配电网　e、f）多回并列式

　　2）中压配电网。应依据高压配电变电所的位置和负荷分布、参照行政区划分成几个独立的分区配电网。各分区配电网应有明确的供电网范围，一般不交叉重叠。为保证中压配电网的供电可靠性，每个分区配电网应有多个供电电源（上一级变电所）满足 N-1 安全准则。高压配电网变电所之间的

中压配电网应有足够的联络容量。正常时开环运行，在特定情况下可转移负荷。中压配电网除采用一般放射式和环式网络外，常采用环式网络开环运行方式，兼顾放射式的简单和环式的可靠。如对大城市较大的重要集中负荷（如高层大楼、工厂），常用的点网式配电网，由来自同一电源的多回配电线路（一般是三回）供电，用户的每台变压器分别"T"接到一回配电线路上，用户的每台变压器的低压侧并联运行，见图 20.7-3，各变压器负荷均衡负担，电压变动小，供电可靠性高，但继电保护较复杂，低压侧短路电流较大。

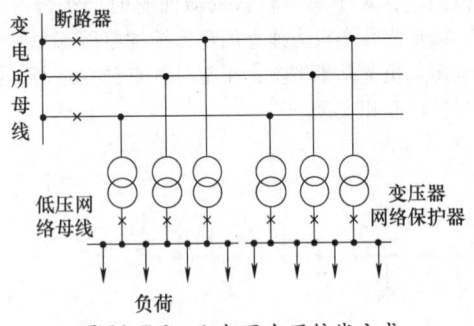

图 20.7-3　配电网点网接线方式

（2）农村配电网　经济发达地区的农网中的高压配电网的重要 110kV 变电所或 35kV、66kV 变电所可以采用安全供电 N-1 准则，即变电所应设两台及以上变压器，并且由两条回路供电；该变电所失去一回进线或一台变压器时，应保证向下一级配电网供电。一般的农村变电所，中、低压配电网的配电线路和配电变压器可不采用安全供电 N-1 准则。高压配电网宜采用放射式、多回放射式或环式接线方式（可开环运行），线路和变压器应能满足变电所的全部负荷要求。中压配电网的配电线路宜采用树干放射式，经济发达地区也可以采用环式接线开环运行方式。配电网初期采用放射式时，应考虑发展为环式接线、开环运行的可能性。

124　配电网供电制式　我国电力系统都以 50Hz 交流电源向用户供电，对不同容量和性质的用户相应采用不同的电压供电。目前采用的配电网供电电压：高压为 110kV、63kV、35kV；中压为（20）10kV；城市低压一般为 380/220V，特殊工业用户也有采用 660/380V。发电厂直配电电压可采用 3kV、6kV。电源供电相数有三相、两相、单相三种。三相有三相三线、三相四线、三相五线；两相有两相三线；单相有单相两线、单相三线。三相三线是指供电的三根导线为不同相别的三根相线，如同时需要单相供电，则加上一根中性线（N 线），构成三相四线；为了安全接地需要，在中性点再引出一根接地线（PE 线），构成三相五线；两相三线是将两个单相变压器按"V"形接线从三端引出三根相线；单相两线是由一根相线和一根中性线构成；单相三线由单相变压器绕组首末两端引出两根相线，绕组中点引出一根中性线构成。图 20.7-4 为常见供电接线方式。

对于特殊用户如非线性负荷、冲击负荷、波动负荷和不对称负荷的供电方式，应按其负荷特性和电网允许承受能力确定供电方式。对供电质量和可靠性要求特别高的用户，如众多采用计算机精密控制作业或高度自动化生产线、金融业信息管理、大型医院以及高科技技术研究单位，应以配电自动化和大功率电力电子设备为技术基础，采用特定技术可为这些要求特别高的用户提供特定电力，其特点为：①能有效提高供电可靠性，有固态转换开关切换备用电源，将断电时间限制在半个周波以内；②能有效清除或减少同一线路因非线性负荷产生的谐波、不对称负荷或冲击负荷的影响；③能有效地清除或减少电压骤降的影响而保持用户端的电压恒定。为用户提供特定电力的装置目前主要有固态断路器（SSB）、静止同步补偿器（STATCOM）和动态电压恢复器（DVR）。

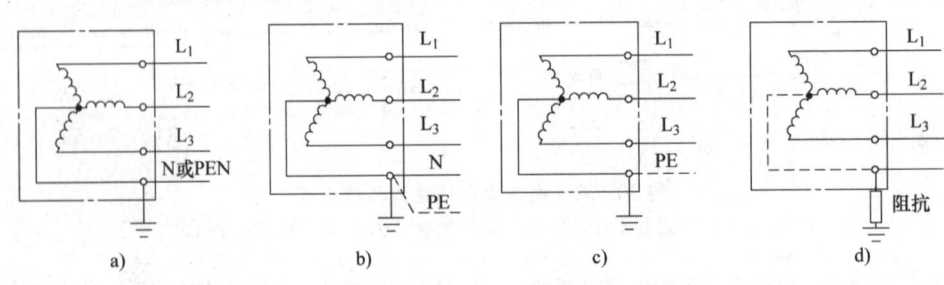

图 20.7-4　常见供电接线方式
a、b）三相四线制　c、d）三相三线制

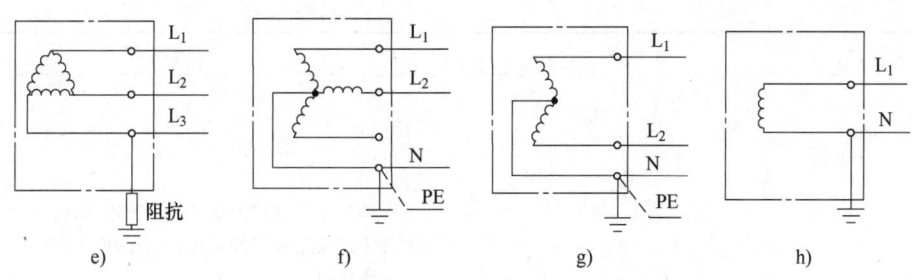

图 20.7-4 常见供电接线方式（续）

e) 三相三线制 f）、g）两相三线制 h）单相两线制

7.2 配电站

125 配电站的主接线 配电站的主接线应根据配电站在电力网中的地位、出线回路数、设备特点及负荷性质等条件确定，并满足供电可靠、运行灵活、操作检修方便、节约投资和便于扩建，如果是无人值班还要考虑适应远方控制等要求。

1) 35~110kV 配电站的主接线一般有单母线、分段单母线、桥形（内、外）或扩大桥形、线路变压器组等几种形式。当配电站有两台主变压器时，10（6）kV 侧宜采用分段单母线接线。

2) 10（6）kV 配电站的主接线宜采用单母线或分段单母线接线；当供电连续性要求很高，不允许停电检修断路器或母线时，可采用双母线或分段单母线加旁路的接线。

3) 低压母线采用分段单母线接线，一般分列运行。常用的 35kV 配电站的主接线见表 20.7-1。

表 20.7-1 常用的 35kV 配电站的主接线

接线方式	接线图	简要说明
分段单母线	35kV 35kV ... 10(6)kV	两回电源线路和两台变压器，大、中型企业采用较多，可有一、二回转送负荷的线路
单母线	35kV ... 10(6)kV	一回电源线路(或一用一备)和两台变压器，用于昼夜负荷变化较大(考虑轻负荷可停用一台变压器)及对二、三级负荷供电，35kV 配电装置的出线回路数不超过 3 回
外桥	35kV ... 10(6)kV	两回电源线路和两台变压器，当供电线路较短，或需要经常切换变压器时采用，可用于一、二级负荷供电

（续）

接线方式	接线图	简要说明
内桥		两回电源线路和两台变压器，当供电线路较长，或不需要经常切换变压器时采用，可用于一、二级负荷供电
线路变压器组		一回电源线路和单台主变压器，可用于对二、三级负荷供电 当变压器内部或二次侧母线上故障时，可使继电保护装置动作于跳闸，为便于操作及管理，一般采用图 a 接线 35kV 跌落式熔断器的参数（额定电流、断流容量）能满足要求时，图 b 的接线常用于 35/0.4kV 直降变电所；图 c 接线只适用于用电单位内部的 35kV 变电所，线路电源端的保护装置应该满足变压器保护的要求，隔离开关应能切断变压器的空载电流

126　配电站的主要电气设备　配电站中的高压电气设备应按其功能的选择满足以下技术条件的一部分或全部，如额定电压、额定电流、额定开断电流、短路电流的动（静）稳定、环境条件等，可参见本篇第 101 条。

（1）变压器选用　主要选用原则如下：

1）主变压器台数和容量的选择，要根据地区供电条件、负荷性质、供电可靠性、用电容量和运行方式等条件，通过技术经济比较确定。

2）必须选用节能型配电变压器。

3）一般选用油浸式变压器，对防火或防爆有特殊要求场所可选用干式变压器，当不能满足电力系统和用户电压质量指标时，应采用有载调压变压器。

4）选择两台或两台以上变压器时，当其中一台停用时，其余主变压器的容量应该不小于全部负荷的 60%，并应能保证一、二级全部负荷的用电。

5）配电站中单台变压器（低压为 0.40kV）的最大容量不宜大于 1250kVA；若负荷较大且集中，运行合理，可选用较大容量的变压器。

（2）互感器及断路器选用　其选用原则参见本篇第 101 条。

（3）熔断器选用　主要选用原则如下：

1）使用限流式熔断器时，除满足熔断时间要求外，工作电压要和其额定电压相符，选择熔体时，应该保证前后两级熔断器之间，熔断器与电源侧继电保护之间，及熔断器与负荷侧继电保护之间的选择性。

2）户内用的限流式熔断器（RN 型），可用于保护选择性较高，短路容量较大的电路中；与中压负荷开关配合使用时，选用 RN3 型；作为电压互感器的保护时，可选用 RN2 型；要求具有控制和保护双重功能时，可选用户外式 RW 型。

3）熔体的额定值最好为熔断器容量的 30%～100%，以利于灭弧；熔体的额定值也应与负荷电流相配合，一般熔体的额定值按被保护设备额定电流的 1.5～2.5 倍选择。

4）选择户外跌落式熔断器时，其开断容量应该分别按上、下限值校验。

（4）继电保护装置选用　主要选用原则如下：

1）配电变压器的保护装置变压器容量小于 400kVA，一般用熔断器保护；变压器容量为 400～1 000kVA 且中压侧采用断路器时，则配置过电流保护，过电流保护时限大于 0.5s 时装设电流速断保护。大容量变压器一般还有气体保护、纵联差动保护。

2) 对于 6~10kV 分段母线保护装置，不并列运行的分段母线装设过电流保护，仅在分段断路器合闸瞬间投入电流速断保护，合闸后解除。

（5）自动装置选用 主要选用原则如下：

1) 自动重合闸装置一般使用在配电开关站的 10kV 架空线路上，10kV 电缆线路上不宜装设。

2) 备用电源自动投入装置仅用于配电站两路电源进线分供两段母线，母线分段开关处于断开备用状态。

（6）直流电源选用 主要选用原则如下：

1) 直流系统标称电压对专供控制负荷的直流系统宜采用 110V；专供动力负荷的直流系统宜采用 220V；控制负荷和动力负荷合并供电的直流系统采用 220V 或 110V。

2) 110kV 配电站宜采用阀控式密封铅酸蓄电池、防酸式铅酸蓄电池，也可采用中倍率镉镍碱性蓄电池。35kV 配电站宜采用阀控式密封铅酸蓄电池，也可采用高倍率镉镍碱性蓄电池。

3) 对主接线简单且供电可靠性要求不高的小型配电站，也可以采用带电容储能的硅整流装置作为直流电源。

7.3 城乡低压配电网建设与改造

127 城市中低压配电网建设与改造的主要技术原则

（1）基本要求 城市中低压配电网是城市重要的基础设施之一，城市配电网的改造应纳入城市建设和改造的统一规划，并应与城市高压电力网的规划和改造相结合。

1) 城市中压配电线路供电半径的确定要进行技术经济比较，中压配电网应尽量深入到负荷中心，以降低线损。供电半径在负荷重的城市中心地区不大于 4km，一般负荷的线路不大于 10km。

2) 低压配电网的供电半径视负荷量的大小而定，不宜过大，应满足线路末端电压降不大于 4%，市区不宜超过 250m，繁华地区不宜超过 150m。

3) 城市中低压配电网改造工作要同调度自动化、配电自动化、变电站无人值班、无功优化结合起来。

4) 城市中低压配电网无功补偿，应根据就地平衡和便于调整电压的原则进行配置，可采用集中补偿与分散补偿相结合并以分散补偿为主的方式。中低压配电网无功补偿装置要保证不向变电站倒送无功功率。

（2）中压配电网

1) 城市中压配电网应根据高压变电所布点、负荷密度和运行管理的需要划分成若干个相对独立的分区配电网，分区配电网应有比较明显的供电范围，一般不应交叉重叠。

2) 中压配电网应有较大的适应性，主干线路截面积应按长期规划（一般为 20 年）一次选定，多年不变。可根据条件选用裸导线、绝缘导线、绝缘电缆等。在需要时，可另敷设新的线路或插入新的高压变电所。

3) 高压变电站之间的中压配电网应有足够的联络容量，一般为额定容量的 $\frac{1}{3}$，正常时开环运行，异常时能转移负荷。

4) 中压配电网的配电线一般由电缆线路和架空线路组成，下列地区宜采用电缆线路：①依据城市规划，繁华地区、高新开发区、重点旅游区、大中型住宅小区和市容环境有特殊要求的地区；②走廊狭窄、架空线对建筑物不能保持安全距离的地区；③负荷密度大和供电可靠性要求高的地区，用架空线不能满足要求时；④严重腐蚀和易受热带风暴袭击的主要城市的重点供电区；⑤电网结构需要的地区。

5) 除以上情况，一般采用架空线路。在市区新建和改造的线路应采用绝缘架空线，在树线矛盾严重、负荷密集、人员流动量大、跨越房屋等其他区域更应采用绝缘导线。

6) 城市中压架空配电网应采用环网布置、开环运行的结构。

7) 城市中压电缆配电网应发展公用电缆网，严格控制专用电缆线路。公用电缆网的结构形式可以采用单环网式和双环网式，按环网布置、开环运行。

（3）低压配电网

1) 低压配电网应结构简单，安全可靠。宜采用柱上变压器或配电室为中心的树枝放射式结构。相邻变压器低压干线之间可装设联络开关和熔断器，正常情况下各变压器独立运行，事故时经倒闸操作后继续向用户供电。

2) 低压配电网应实行分区供电的原则，低压线路应有明确的供电范围，低压架空线路不得越过中压架空线路的分段开关。

3) 低压配电网采用电缆线路的要求原则上和中压配电网相同。

4) 低压配电网应有较强的适应性，主干线宜一次建成，在需要时，可插入新装变压器。

5）低压配电线路的主干线、次主干线和各分支线的末端中性线应进行重复接地。

6）城市低压架空线路应采用绝缘导线供电。主干线绝缘导线截面积不宜小于 150mm²，次干线不宜小于 95mm²，分支线不宜小于 50mm²。

7）在三相四线制供电系统中，中性线截面积应与相线截面积相同。

8）低压用户 30A 以下的单相负荷可以单相供电，超过的应以两相三线或三相四线供电。

9）按照城镇居民每户用电达到 4～10kW 的中等电气化水平（日平均用电 7～20kWh）的目标，建设与改造进户线与户内配线。每户进户表前线应按不小于 10mm² 铜芯绝缘线，户内配线不小于 2.5mm² 铜芯绝缘线标准进行建设。

128　农村电网建设与改造的主要技术原则

（1）总体要求

1）农村电网改造工程，要注重整体布局和网络结构的优化，应把农村电网改造纳入电网统一规划。

2）农村电网线路供电半径、传送负荷距一般应满足下列要求：10kV 线路不大于 15km；35kV 线路不大于 40km，160×10³kW/km；66kV 线路不大于 80km，700×10³kW/km；110kV 线路不大于 150km，2 500×10³kW/km。

3）农村低压电网供电半径见表 20.7-2。

表 20.7-2　农村 380V 低压电网供电半径

（单位:km）

供电地区形状	受电设备容量密度/（kW/km²）			
	<200	200～400	400～1 000	>1 000
平地村落	0.7～1.0	<0.7	<0.5	0.4
山地村落	0.8～1.5	<0.7	<0.5	—

4）在经济发达和有条件的地区，电网改造工作要同调度自动化、配电自动化、变电站无人值班、无功优化结合起来。暂时无条件的也应在结构布局、设备选择等方面予以考虑。

（2）农网的输变电工程

1）110kV 输变电工程的建设应满足 10～15 年用电发展需要。工程建设必须严格执行国家现行的有关规程、规范。变电站的建设应从全局出发，采用中等适用的标准。

2）35kV 变电站的建设应坚持"密布点、短半径"的原则，向"户外式、小型化、低造价、安全可靠、技术先进"的方向发展。具体标准可考虑 10

年负荷发展的要求，一般按两台主变压器设计，要考虑无人值班，变电站进出线路尽量考虑两回及以上接线，线路应采用环网接线方式、开环运行，或根据情况采用单放射式接线方式。主变压器采用节能型变压器，其他设备宜选用自动化、无油化、少维护产品。

3）高压架空配电线路的导线截面积不宜小于表 20.7-3 所列规格，并不宜中、低压配电线路同杆架设。架空配电线路导线宜选用钢芯铝线或铝线，截面积不得小于 70mm²。

表 20.7-3　高压架空配电线选用的导线截面积

电压/kV	导线截面积（按钢芯铝线选）/mm²
110	150～185
35、66	90～95

4）农村主变压器容量与配电变压器容量之比宜为 1:2.5，配电变压器容量与用电设备容量之比宜为 1:（1.5～1.8）。

（3）10kV 配电网

1）农村配电变压器台区应按"小容量、密布点、短半径"的原则建设和改造，新建和改造的台区，应采用节能型低损耗配电变压器，配电变压器容量以现有负荷为基础，适当留有余地。新增加生活用电变压器，单台容量一般不超过 100kVA。容量在 315kVA 及以下的配电变压器宜采用杆上配置，315kVA 以上的配电变压器宜采用落地式安装，选用多功能配电柜，不宜再建配电房。城镇配电网应采用环网布置、开环运行的结构。乡镇配电线路以单放射式接线方式为主，较长的主干线或分支线装设分段或分支开关，有条件的应推广使用自动重合器和自动分段器，并留有配电网自动化发展的余地。

2）架空配电线路的导线一般按经济电流密度选择，并留有 5 年的发展裕度，导线截面积不得小于 35mm²。

（4）无功补偿

1）农村电网无功补偿，坚持"全面规划、合理布局、分级补偿、就地平衡，集中补偿与分散补偿相结合，以分散补偿为主；高压补偿与低压补偿相结合，以低压补偿为主；调压与降损相结合，以降损为主"的原则。

2）变电站宜采用密集型电容补偿，按无功规划进行补偿，无规划时，可以按主变压器容量的 10%～15% 配置。

3）100kVA 及以上的配电变压器宜采用自动跟

踪补偿。

7.4 架空配电线路

129 架空配电线路的基本构成与智能巡视

（1）电杆 有木杆、钢杆、钢筋混凝土杆（水泥杆）等三种。木杆造价低廉，安装方便，但易腐蚀，寿命短，强度差，且我国木材资源不足，目前已很少使用；钢杆（铁塔）坚固耐用，强度高，但耗钢量大，工程造价高，维护量亦大，故仅用于少数特殊场合，如高大跨越或地形特殊地区。钢筋混凝土杆是目前最常用的，坚固耐用，不易腐蚀，便于运行维护，虽搬运及安装不便，但总体效果好。

与高压送电线路相同，配电电杆也有直线杆、耐张杆、终端杆及分支杆等杆型。

电杆的高度应根据杆型、路径特点、跨越情况及电杆埋设深度等因素确定。一般情况下，在人口密集的繁华街道，10kV 线路采用 15m 电杆，380V 线路采用 12m 电杆。

电杆埋设深度按表 20.7-4 确定。

表 20.7-4　电杆的埋设深度

（单位：m）

杆长	8	9	10	11	12	13	15	18
埋设深度	1.5	1.6	1.7	1.8	1.9	2.0	2.3	2.6~3.0

架空配电线路导线对地面和跨越物的最小允许距离见表 20.7-5。

表 20.7-5　架空配电线路导线对地面和跨越物的最小允许距离　（单位：m）

线路经过地区及跨越物	中压线路（10kV）	低压线路（380V）
居民区	6.5	6.0
非居民区	5.5	5.0
交通困难区	4.5	4.0
公路及城市路面	7.0	6.0
铁路轨顶	7.5	7.5
有电车行车线的路面	9.0	9.0
通航河流最高水位	6.0	6.0
建筑物	3.0	3.0

（2）导线 农村宜采用符合 GB/T 1179—2017《圆线同心绞架空导线》规定的铝绞线，台风较多的沿海地区和档距较大的山区，可采用钢芯铝绞线，居民密集的城镇宜采用绝缘电线。常用导线有铜导线（TJ）、铝绞线（LJ）、钢芯铝绞线（LGJ）和各种绝缘导线。在对铝有腐蚀的地区（如盐碱地、化工区等）可采用铜导线或防腐型钢芯铝绞线。由于我国铝资源丰富，价格较低，故铝绞线及钢芯铝绞线得到了广泛使用。绝缘导线能明显降低线路故障率及维护工作量，在我国中、低压线路上也已推广使用，现我国生产的绝缘导线主要有聚氯乙烯（PVC）绝缘导线、聚乙烯（PE）绝缘导线及交联聚乙烯（XLPE）绝缘导线三种。在城市中心繁华地区，中压（6~10kV）架空绝缘多采用交联聚乙烯（XLPE）绝缘导线，以交联聚乙烯绝缘材料，根据需要将中压或低压数根单根绝缘导线绞合起来，构成架空绝缘导线束（ABC 线路），它可减少电压损失、供电可靠性高、施工方便且造价便宜。

采用绝缘导线的配电线路，其最小线间距离可结合地区经验确定。380V 及以下沿墙敷设的绝缘导线，当档距不大于 20m 时，其线间距离不宜大于 0.2m；3kV 以下架空电力线路，靠近电杆的两导线间的水平距离不应小于 0.5m；10kV 及以下杆塔的最小线间距离应符合表 20.7-6 的规定。

表 20.7-6　架空配电线路导线最小线间距离　（单位：m）

电压/kV	档距								
	40 及以下	50	60	70	80	90	100	110	120
10	0.60	0.65	0.70	0.75	0.85	0.90	1.00	1.05	1.15
0.38	0.30	0.40	0.45	0.50	—	—	—	—	—

采用绝缘导线的多回路杆塔，横担间最小垂直距离，可结合地区运行经验确定。10kV 及以下多回路杆塔和不同电压等级同杆架设的杆塔，横担间最小垂直距离应符合表 20.7-7 的规定。

表 20.7-7　横担间最小垂直距离　（单位：m）

组合方式	直线杆	转角或分支杆
3~10kV 与 3~10kV	0.8	0.45/0.6
3~10kV 与 3kV 以下	1.2	1.0
3kV 以下与 3kV 以下	0.6	0.3

注：表中 0.45/0.6 是指距上面横担 0.45m，距下面横担 0.6m。

设计覆冰厚度为 5mm 及以下的地区，上下层导线间或导线与地线间的水平偏移，可根据运行经验确定；设计覆冰厚度为 20mm 及以上的重冰区地区，导线宜采用水平排列。

选择导线截面积应满足下列几个要求：①按经济电流密度选择，我国规定的导线经济电流密度见表 20.7-8；②按导线允许电流选择，当导线周围空气温度不是 +25℃ 时，导线的允许电流应乘以温度校正系数，见表 20.7-9；③按电压损失选择，为满足供电质量；④按机械强度选择，按规程规定导线截面积不应小于表 20.7-10 所列数值。

表 20.7-8　导线经济电流密度　（单位：A/mm²）

线路类别	导线材料	年最大负荷利用小时数/h		
		3 000 以下	3 000~5 000	5 000 以上
架空线路	铝	1.65	1.15	0.90
	铜	3.00	2.25	1.75

表 20.7-9　裸导线载流量温度校正系数

空气温度/℃	−5	0	+5	+10	+15	+20	+25	+30	+35	+40	+45
校正系数	1.29	1.24	1.20	1.15	1.11	1.05	1.00	0.94	0.88	0.81	0.74

表 20.7-10　架空配电线路导线允许最小截面积　（单位：mm²）

导线种类	10kV	1kV 及以下
铝绞线及钢芯铝绞线	35	25
铜绞线	25	16

（3）绝缘子和金具　常用的绝缘子有：①针式绝缘子，主要用于线路的直线杆，轻型承力杆等；②悬式绝缘子，主要用于线路的耐张杆、转角杆、分支杆及终端杆上，也用于荷载较大的直线杆；③蝶式绝缘子，作用与悬式绝缘子相同，但其固定方式不同，结构简单，多用于低压线路上；④瓷横担，能同时具有横担和绝缘子的双重作用，具有电气性能好，耐雷水平高，运行维护方便，节约钢材等优点，但机械强度差，只适用于直线杆上；⑤合成绝缘子，具有强度高、重量轻、耐污性能好、易于安装和维护工作量小等优点，但存在运行后机械强度下降，伞裙老化，憎水性下降，不明原因的闪络，覆冰和积雪对合成绝缘子安全运行有影响等问题。

绝缘子和金具的机械强度安全系数应符合表 20.7-11 中的规定。

表 20.7-11　绝缘子及金具的机械强度安全系数

类型	安全系数		
	运行工况	断线工况	断联工况
悬式绝缘子	2.7	1.8	1.5
针式绝缘子	2.5	1.5	1.5
蝶式绝缘子	2.5	1.5	1.5

（续）

类型	安全系数		
	运行工况	断线工况	断联工况
瓷横担绝缘子	3.0	2.0	—
合成绝缘子	3.0	1.8	1.5
金具	2.5	1.5	1.5

（4）智能巡视　当前，电力物联网建设工作明确要充分应用移动互联、人工智能等现代信息技术和先进通信技术，实现电力系统各个环节万物互联、人机交互，打造状态全面感知、信息高效处理、应用便捷灵活的电力物联网，为电网安全经济运行提供强有力的数据资源支撑。此外，"大云物移智"等新技术突飞猛进，为移动巡检提供了强有力的技术支撑，为输电智能运检提供了新思路、新手段。输电移动巡检系统是利用新一代智能运检技术，打造线路状态全面感知、缺陷隐患高效处理、基层班组应用便捷的输电专业智慧管理系统，是推动输电智能运检新技术应用、加快推进电力物联网建设的重要举措。

移动巡检系统充分利用卫星定位、GIS（地理信息系统）、4G 网络通信、5G 网络通信等先进技术，并结合现代智能手机应用，具备位置管理、移动巡检及数据分析三大管理功能，实现电力线路巡检的远程可视化管控与实时调度。

130　架空配电线路的过电压保护和接地

（1）架空配电线路设备的防雷保护

1）配电变压器的防雷保护。一般在变压器高压侧装设一组阀型避雷器或氧化锌避雷器，在多雷区的变压器低压侧亦宜装设低压避雷器，以提高防雷保护效果。

2）杆上负荷开关的防雷保护。经常闭路运行的负荷开关，在其一侧装设一组阀型避雷器。常开路运行的负荷开关，应在其两侧装设阀型避雷器。

3）与架空线路连接的电缆终端头的防雷保护。在电缆终端头处装设一组避雷器。

4）配电线路的保护。均应在线路的大档距处，与其他电力线路的交叉处，处于高地形的杆塔处等，装设管型避雷器或阀型避雷器。

（2）架空配电线路的接地保护　架空配电线路的接地按其用途可分为

1）防雷接地。防雷接地是当避雷器受雷电作用放电时，将雷电流引入大地。其接地电阻应不大于 10Ω，在高土壤电阻率（2 000Ω·m 以上）地

区，可放宽到 30Ω。

2）工作接地。为保证线路设备正常或故障情况下可靠运行，将电气设备或线路的特定点接地，如变压器中性点，工作变压器容量为 100kVA 及以下时，接地电阻不大于 10Ω；容量在 100kVA 以上时，接地电阻不大于 4Ω。

3）保护接地。为防止电气设备绝缘损坏而造成人身触电危险，其接地电阻不大于 4Ω。

4）重复接地。在中性点直接接地的低压配电系统中，为防止中性线发生故障，保证用户有可靠的接地中性点，除在配电变压器的中性点直接接地外，还应该在低压线路的各支路引入建筑物的末端进行接地，称为重复接地。接地电阻应不大于 10Ω，且重复接地不应少于三处。

7.5　电缆配电线路及其他

131　电缆配电线路的使用条件及电缆基本型式

（1）城市高、中压配电线路　有下列情况应采用电缆线路：①城市繁华地区、重要地段、主要道路，架空线路走廊狭窄，对供电可靠性要求较高并具备条件的经济开发区以及城市规划和市容环境有特殊要求的地区；②技术上难以解决的严重腐蚀地段；③重点风景旅游区的区段；④易受盐污或热带风暴侵袭的沿海城市和重要供电区段；⑤其他为电网结构和运行安全需要的地段。

（2）城市低压配电线路　有下列情况应采用电缆线路：①负荷密度高的城市中心地区；②建筑面积较大的新建居民住宅小区及高层建筑小区；③依据规划不宜通过架空线路的街道或地区及进出线拥挤地区；④经过技术经济比较采用电缆线路比较合适的其他情况。

（3）对于应该采用电缆线路而地下不具备条件时，可采用绝缘电缆架空敷设。

（4）我国配电网电缆主要使用的有交联聚乙烯电缆和聚氯乙烯电缆　交联聚乙烯电缆性能优良、结构简单、质量轻、载流量大、敷设方便、无高差限制，在配电网得到广泛应用。聚氯乙烯电缆制造工艺简便，没有敷设高差限制，弯曲性能好，耐油、耐酸碱腐蚀，不延燃，价格低，但介质损耗高，主要应用于 0.6/1kV 及以下交流电缆。

132　电缆输送容量的确定和截面积的选择

（1）电缆线路输送容量的确定　我国常用电缆

持续允许载流量见表 20.7-12。

表 20.7-12　10kV 3 芯交联聚乙烯绝缘电缆持续允许载流量　　（单位：A）

绝缘类型		交联聚乙烯			
钢铠护套		无		有	
电缆导体最高工作温度/℃		90			
敷设方式		空气中	直埋	空气中	直埋
电缆持续允许载流量	电缆导体截面积 25mm²	100	90	100	90
	电缆导体截面积 35mm²	123	110	123	105
	电缆导体截面积 50mm²	146	125	141	120
	电缆导体截面积 70mm²	178	152	173	152
	电缆导体截面积 95mm²	219	182	214	182
	电缆导体截面积 120mm²	251	205	246	205
	电缆导体截面积 150mm²	283	223	278	219
	电缆导体截面积 185mm²	324	252	320	247
	电缆导体截面积 240mm²	378	292	373	292
	电缆导体截面积 300mm²	433	332	428	328
	电缆导体截面积 400mm²	506	378	501	374
	电缆导体截面积 500mm²	579	428	574	424
环境温度/℃		40	25	40	25
土壤热阻系数/(K·m/W)		—	2.0	—	2.0

注：1. 适用于铝芯电缆，铜芯电缆的持续允许载流量值可乘以 1.29。

2. 电缆导体工作温度大于 70℃ 时，持续允许载流量还应符合：①数量较多的该类电缆敷设于未装机械通风的隧道、竖井时，应计入对环境温升的影响；②电缆直埋敷设在干燥或潮湿土壤中，除实施换土处理能避免水分迁移的情况外，土壤热阻系数取值不宜小于 2.0K·m/W。

电缆线路的实际允许载流量还须考虑下述三个因素：电缆周围的环境温度，见表 20.7-13；电缆并列敷设的根数，见表 20.7-14；电缆周围环境的热阻系数，可参考表 20.7-15。

表 20.7-13　10kV 及以下电缆在不同环境温度时的载流量校正系数

敷设位置		空气中				土壤中			
环境温度/℃		30	35	40	45	20	25	30	35
电缆导体最高工作温度/℃	60	1.22	1.11	1.0	0.86	1.07	1.0	0.93	0.85
	65	1.18	1.09	1.0	0.89	1.06	1.0	0.94	0.87
	70	1.15	1.08	1.0	0.91	1.05	1.0	0.94	0.88
	80	1.11	1.06	1.0	0.93	1.04	1.0	0.95	0.90
	90	1.09	1.05	1.0	0.94	1.04	1.0	0.96	0.92

表 20.7-14　土壤中直埋多根并行敷设时电缆载流量校正系数

并列根数		1	2	3	4	5	6
电缆之间净距/mm	100	1	0.90	0.85	0.80	0.78	0.75
	200	1	0.92	0.87	0.84	0.82	0.81
	300	1	0.93	0.90	0.87	0.86	0.85

注：本表不适用于三相交流系统单芯电缆。

表 20.7-15　不同土壤热阻系数时电缆载流量的校正系数

土壤热阻系数/(K·m/W)	0.8	1.2	1.5	2.0	3.0
校正系数	1.05	1.00	0.93	0.87	0.75

注：校正系数仅适用于 GB 50217—2018《电力工程电缆设计标准》附录 C 中"表 C.0.1-21kV 聚氯乙烯绝缘电缆直埋敷设时持续允许载流量（A）"中取采用土壤热阻系数为 1.2K·m/W 的情况，不适用于三相交流系统的高压（1kV 以上）单芯电缆。

（2）电缆导体截面积的选择　①根据电缆持续允许载流量选择；②根据经济电流密度选择；③根据电缆在短路时热稳定性及敷设方式校核；④根据配电网中允许电压降校核；⑤根据负荷发展，适当留有裕度；⑥所选定电缆截面积要符合当地电力部门的有关设备规范化的要求。各种电压可选用电缆截面积可参考表 20.7-16。

表 20.7-16　各种电压可选用电缆截面积参考表

电压	电缆截面积/mm²
380/220V	240、185、150、120
10kV	400、300、240、185、120
35kV	400、300、240、185、150

133　电缆敷设方式及防火

（1）电缆敷设方式

1）直埋式。埋深不得小于 0.7m，穿越农田时不得小于 1.0m，在易受重压的场所，则埋深应在 1.2m 以上，敷设于冻土地区时，电缆应埋在冻土层下。

2）穿管式。管材一般采用非磁性或不导电材料（如混凝土管、塑料管等），管孔内径不宜小于电缆外径或多根电缆包络外径的 1.5 倍，但最小内径不宜小于 75mm。

3）沟槽式。埋设较浅，不需做人井，便于检修，一般可建在城市的人行道上。

4）隧道式。适用发电厂及变电所的出线，城市配电网的主干线，或电缆线路较多的主要街道等，敷设条数一般以 18 条及以上为宜。

5）架空敷设。一般采用镀锌钢绞线吊挂，10kV 架空电缆在跨越铁路时至轨顶距离不得小于 7.5m，跨越公路时对路面距离不得小于 7.0m。

6）水底敷设。应采用承受较大拉力的钢丝铠装的整根电缆，电缆应埋在水底，浅水区埋深不宜小于 0.5m，深水航道的埋深不宜小于 2m。

直埋敷设的电缆与电缆、管道、道路、构筑物等之间允许最小距离应符合表 20.7-17 中的规定。

表 20.7-17　电缆与电缆、管道、道路、构筑物等之间允许最小距离　（单位：m）

电缆直埋敷设时的配置情况		平行	交叉
电力电缆之间或与控制电缆之间	10kV 及以下电力电缆	0.1	0.5[①]
	10kV 以上电力电缆	0.25[②]	0.5[①]
不同部门使用的电缆		0.5[②]	0.5[①]
电缆与地下管沟	热力管沟	2.0[②]	0.5[①]
	油管或易（可）燃气管道	1.0	0.5[①]
	其他管道	0.5	0.5[①]
电缆与铁路	非直流电气化铁路路轨	3.0	1.0
	直流电气化铁路路轨	10	1.0

（续）

电缆直埋敷设时的配置情况	平行	交叉
电缆与建筑物基础	0.6③	—
电缆与道路边	1.0③	—
电缆与排水沟	1.0③	—
电缆与树木的主干	0.7	—
电缆与 1kV 及以下架空线电杆	1.0③	—
电缆与 1kV 以上架空线杆塔基础	4.0③	—

① 用隔板分隔或电缆穿管时不得小于 0.25m。

② 用隔板分隔或电缆穿管时不得小于 0.1m。

③ 特殊情况时，减小值不得大于 50%。

（2）电缆的防火

1）电缆本身的防火。采用阻燃电缆或耐火电缆。

2）电缆隧道内的防火。主要措施有：①沿隧道设置喷水灭火装置；②重要位置装设小型自喷卤代烷灭火器；③隔一定距离设防火分隔，防止事故扩大；④重要电缆段装在耐火槽盒、阻燃管内；⑤电缆外护层涂防火涂料；⑥电缆表面包绕阻燃包带，防止火焰引燃电缆。

134　城市路灯供电方式　路灯是城市用电的一种特殊负荷，关系到城市居民生活、交通安全、城市管理和城市面貌。城市路灯供电电源应具有可靠性、独立性、实用性和灵活性。城市路灯供电方式分为独立系统供电和非独立系统供电两种方式。

（1）独立系统供电方式　采用专用于路灯供电的变压器和单独的高压配电网，优点是电压质量好，缺点是高压专用供电线一旦发生故障，停电范围广，投资大，该供电方式仅在个别大城市采用。

（2）非独立系统供电方式　又分为独立低压路灯系统和公用低压路灯系统两种。

1）独立低压路灯系统，路灯由接在公用高压配电网上的专用于路灯供电的变压器供电，一般用于路灯负荷很大的城市。

2）公用低压路灯系统，路灯由一般配电网的公用变压器供电，这种供电方式十分普遍，如果路灯供电网络和公用低压配电网的线路在同一杆塔上，路灯可以利用公用低压配电网的中性线，称为耦合接线系统，可节约投资；不利用公用低压配电网的中性线，而另外单独采用路灯自己的中性线，称为非耦合接线系统，主要用于大、中城市的中心街区照明。

135　配电网节能技术　要降低线损和配电损失，加强电网建设特别是城乡电网的改造，增加无功补偿率，新建电网必须使发、输、变、配各环节合理配套，积极推广节能配电设备，加强电网无功管理，提高功率因数，推广以线损率分级管理、分压分线（站、区）统计分析、理论计算、小指标考核等线损管理制度，开展电网经济调度，最大限度使用无功补偿容量，减少无功损失，降低电能损耗。

（1）配电网的技术改造

1）高压电网深入城镇市区或负荷中心，进行升压改造，有必要时用 220kV（或 110kV）电压直接深入市区一次变电站，降压为 10kV，取消原有的 6~35kV 供电环节，实现城市电力网的升压改造，简化电压等级，减少变电层次，增加供电能力，也降低电能损耗。

2）更换导线，加装复导线，或架设第二回线路。这些措施可增加供电能力，提高电压质量，降低电能损耗。

3）采用低损耗变压器，逐步更新老旧变压器。

4）增设无功功率补偿装置，在负荷功率不变的情况下，提高负荷的功率因数，和提高电压水平一样，能降低线路、变压器中的负载功率损耗。

（2）配电网的经济运行

1）配电网的运行电压应保持在合理水平，可以收到降低线损的效果。运行电压的调节措施，主要是搞活无功功率平衡工作，其中包括合理调节发电机的励磁、提高发电机电压、提高用户的功率因数、采用无功功率补偿设备、串联电容器和调整变压器的分接头等。

2）合理确定环网的经济运行方式，在环网中，功率按照各线路阻抗关系分布称为自然功率分布，按照各线路电阻关系分布称为经济功率分布，因为此时对应的有功功率损耗最小。对严重非均一线路的电力网，经过技术经济比较后，有时在环网中加入串联电容器、纵向或横向调节变压器以强制实现有功功率和无功功率的经济分布。

3）合理调峰填谷，提高负荷率，在运行中，负荷曲线的峰谷差越小越好，这样不但可以使发电和输配电设备得到合理和充分利用，使线损减少，而且给电力系统的调频调压创造了有利条件。

4）平衡三相负荷，在高压输电系统中三相负荷基本上是平衡的，但在配电系统中，无论是公用配电变压器还是专用配电变压器，由于单相负荷用户量大面广，管理难度大，故常常出现三相电流不平衡。在配电变压器中，有的相电流较小，有的相电流接近甚至超过额定电流，这种情况不仅影响变压器的安全经济运行，影响供电质量，而且会增加损耗。三相电流不平衡程度越大，有功功率损失越多。为了降低因三相负荷不平衡增加电能损耗，在运行中要经常测量配电变压器出线端和一些低压配电网主干线的三相电流及中性线电流，一般要求配电变压器出线端电流不平衡度（中性线电流与三相电流平均值之比）不大于 10%，中性线电流不超过额定电流的 25%，低压配电网主干线的电流不平衡度不大于 20%。

（3）变压器的经济运行

1）合理选择变压器的容量，变压器运行的经济性，是合理选择变压器容量时要考虑的重要因素之一。对于 1 000kVA 以下的变压器，制造厂商设计时一般按负荷系数在 40%~60% 范围内使变压器处于经济运行区，即在半负荷状态下运行最经济；处于额定容量的 30% 以下的轻载或空载状态时，经济性极差。对于 35kV 及以上的主变压器，还要考虑无功功率所引起的有功损耗增加。对经常有人值班的变电所，应按照负荷情况规定使用主变压器的数量；对配电变压器，应按照每年冬夏两季负荷曲线的情况，分别规定使用数量，以便减少变压器的电能损失。对空载变压器要及时停运。

2）双绕组变压器的并联运行，在一个变电所内装有 $n(n \geqslant 2)$ 台同型号和容量的变压器时，根据负荷的变化适当改变投入运行的变压器台数，可以减少功率损耗。

7.6　智能配电网

136　配电系统自动化

（1）智能配电网概念　智能配电网是智能电网的关节环节之一。通常 110kV 及以下的电力网络属于配电网络，配电网是整个电力系统与分散的用户直接相连的部分。

智能配电网系统是利用现代电子技术、通信技术、计算机及网络技术。将配电网在线数据和离线数据、配电网数据和用户数据、电网结构和地理图形进行信息集成，实现配电系统正常运行及事故情况下的监测、保护、控制、用电和配电管理的智能化，见图 20.7-5。

（2）配电系统自动化　配电自动化系统由主站、通信系统、自动化监控终端设备三大部分构成，形成一个完整的信息传输与处理系统、实现对配电网运行的远程管理。对于智能配电网系统来说，三大部分中通信系统是实现数据传输的关键和核心，通信系统将主站的控制命令准确地传送到众多的远方终端，且将远方设备运行状况的数据信息收集到控制中心。智能配电网通信系统可由多种通信方式组成，主要采用光纤和电力载波通信方式。

配电自动化系统实现配电网的运行监视和控制的自动化系统，具有配电 SCADA（Supervisory Control and Data Acquisition）、馈线自动化、电网分析应用与相关应用系统互连等功能，主要由配电主站、配电终端、配电子站和通信通道等部分组成。配电主站是配电自动化系统的核心部分，主要实现配电网数据采集和监控等基本功能和电网分析应用等扩展功能。

配电 SCADA 也称 DSCADA，是指通过人机交互，实现配电网的运行监视和远方控制，为配电网的生产指挥和调度提供服务。

配电终端安装与中压配电网现场的各种远方监测、控制单元的总称，主要包括配电开关监控终端（Feeder Terminal Unit, FTU，即馈线终端）、配电变压器监测终端（Transformer Terminal Unit, TTU，即配电终端）、开关站和公用及用户配电所的监控终端（Distribution Terminal Unit, DTU，即站所终端）等。

配电子站为优化系统结构层次、提高信息传输效率、便于配电通信系统组网而设置的中间层，实现所辖范围内的信息汇集、处理或故障处理、通信监视等功能，如图 20.7-6 所示。

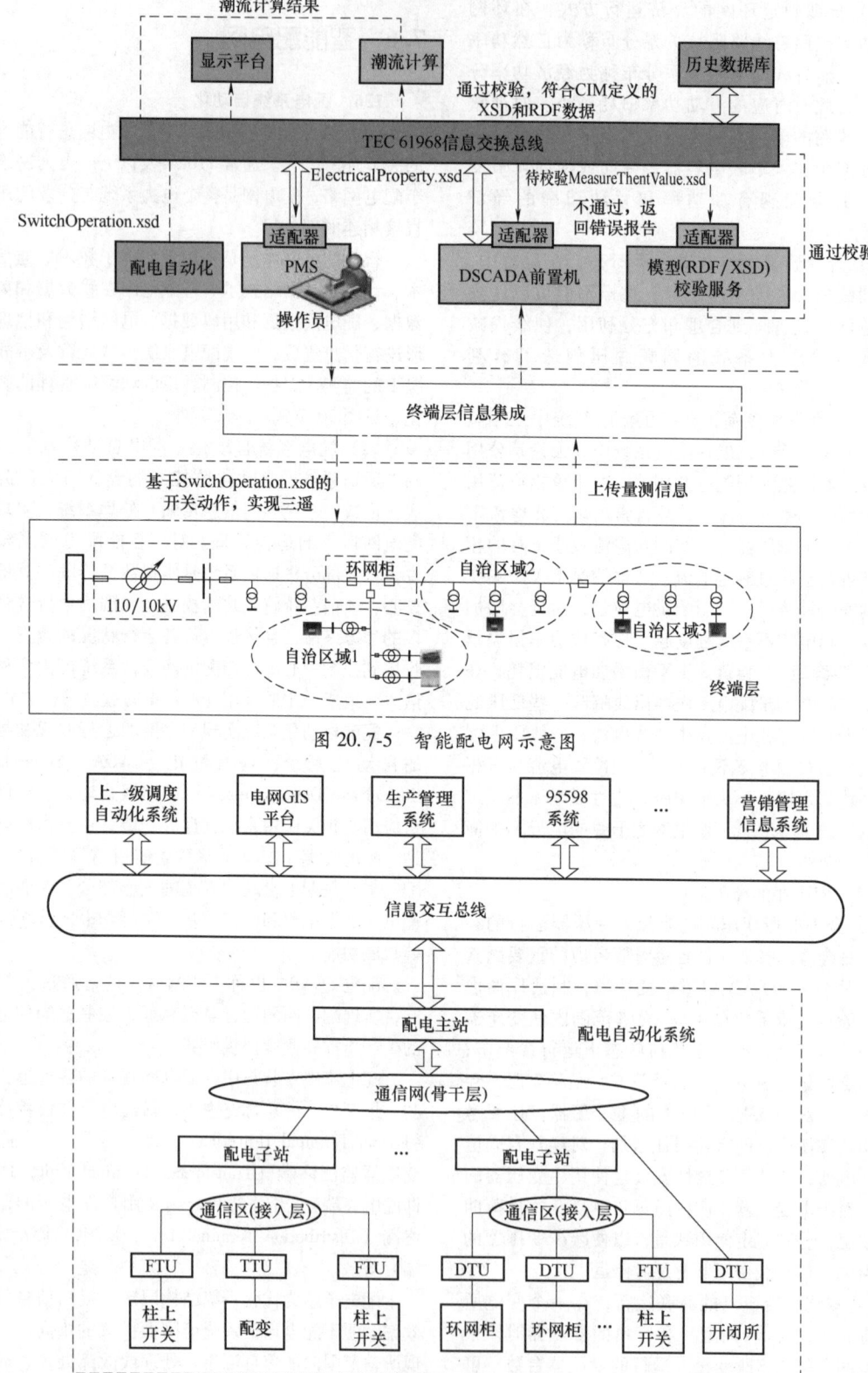

图 20.7-5　智能配电网示意图

图 20.7-6　配电自动化系统构成图

第8章 电力系统继电保护和安全自动装置

8.1 电力系统继电保护

137 电力系统继电保护和安全自动装置 电力系统继电保护和安全自动装置是在电力系统发生故障和不正常运行情况时，用于快速切除故障，消除不正常状况的重要自动化技术和设备。在电力系统发生故障或危及其安全运行的事件时，它们能及时发出告警信号，或直接发出跳闸命令以终止事件。

继电保护是对电力系统中发生的故障或异常情况进行检测，从而发出报警信号，或直接将故障部分隔离、切除的一种重要措施。

继电保护装置是保证电力系统中的电力元件安全运行的基本装备，任何电力元件不得在无继电保护的状态下运行，当发电机、变压器、输电线路、母线及用电设备等发生故障时，要求继电保护装置用最短的时限和在最小的范围内，按预先设定的方式，自动把故障设备从运行系统中断开，以减轻故障设备的损坏程度和对临近地区供电的影响。

继电保护可按以下 4 种方式分类：

1）按被保护对象分类，有输电线保护和主设备保护（如发电机、变压器、母线、电抗器、电容器等保护）。

2）按保护功能分类，有短路故障保护和异常运行保护。前者又可分为主保护、后备保护和辅助保护；后者可分为过负荷保护、失磁保护、失步保护、低频保护、非全相运行保护等。

3）按保护装置进行比较和运算处理的信号量分类，有模拟式保护和数字式保护。一切机电型、整流型、晶体管型和集成电路型（运算放大器）保护装置，它们直接反映输入信号的连续模拟量，均属模拟式保护；采用微处理机和微型计算机的保护装置，它们反映的是将模拟量经采样和模/数转换后的离散数字量，这是数字式保护。

4）按保护动作原理分类，有过电流保护、低电压保护、过电压保护、功率方向保护、距离保护、差动保护、纵联保护、瓦斯保护等。

电力系统继电保护和安全自动装置作用综合示意图见图 20.8-1。

图 20.8-1 中 a 表示电网事故的发生，b 为继电保护动作切除电力元件故障，c～e 为各种安全自动装置在紧急状态下防止系统失去稳定及恢复供电所起的作用，f 则是通过自动或人工控制使系统恢复正常运行状态。具体说明如下：

1）电力系统扰动的发生。图 20.8-1 中"渐变"表示扰动一般属于静态稳定范畴。掌握了扰动过程中的电磁和机电变化规律及其特点，区分出正常运行、发生故障和出现异常状态下的各种特征，可以设计及选择合理的继电保护及安全稳定控制装置。

2）电力系统继电保护。通常由主保护与后备保护构成。主保护在动作时间上优先，同时保护区段限于被保护设备本身的全体或局部；后备保护通常是在主保护或断路器拒动时切除被保护区域内的故障，具有相对的选择性。如果故障发生后，继电保护动作失败，将导致设备损坏，甚至系统瓦解，造成大面积停电。

3）电力系统自动重合闸。在继电保护动作并切除故障后起作用，用于自动快速恢复供电。自动重合闸成功，一般能恢复系统正常运行；自动重合闸失败，对单侧电源供电的用户将停电，对高压电力网的主干线路，可能导致系统运行的不稳定。

4）安全自动装置及稳定控制系统。电力系统安全自动装置是为了防止电力系统失去稳定性和避免电力系统发生大面积停电事故的自动保护装置。电力系统的运行稳定性包括三种形态，即同步运行稳定、运行频率稳定和运行电压稳定。目前得到广泛采用的电力系统安全自动装置有输电线路自动重合闸装置、发电机自动解列装置、火电机组快关汽门、切集中负荷装置、投入制动电阻装置、发电机快速励磁装置、电力系统自动解列装置。按频率降低自动减负荷装置和按电压降低自动减负荷装置等。

这类装置或系统包括发电机的自动调节励磁、送端电厂的电气制动、快关汽门、切机、输电系统的潮流控制、受端系统自动低频低压减载等。它们在防止电力系统内系统性事故的发生与扩大方面起作用，可提高电力系统运行的稳定性。

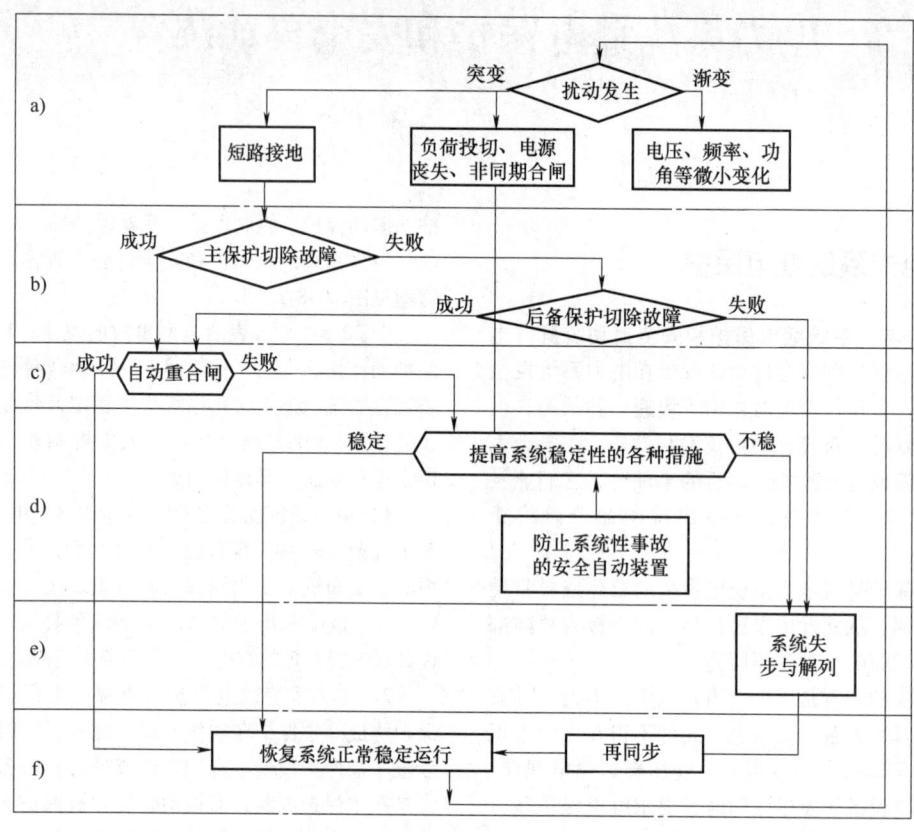

图 20.8-1　高压电力网继电保护与自动装置作用的综合示意图
a）电力系统扰动的发生　b）电力系统继电保护　c）电力系统自动重合闸　d）安全自动装置及稳定控制系统
e）电力系统失步解列　f）电力系统恢复正常运行

5）电力系统失步解列。在超高压电力系统中，故障发生后，经过前述继电保护及安全自动等各种紧急状态控制之后，如果仍然不能维持系统安全运行，则可在预定地点将系统解列为彼此独立的局部系统，防止整个系统瓦解。

6）恢复电力系统正常运行。通过对紧急状态的安全控制，事故得到抑制，系统已稳定，这时电力系统处于恢复状态。一般来讲，要借助一系列的操作（包括自动装置），首先要恢复系统的频率和电压，消除各元件的过负荷状态，然后恢复各解列部分的并列运行（包括采用再同步措施），恢复系统的正常运行状态。

138　电力系统对继电保护和自动装置的基本要求　根据国家标准 GB/T 14285—2006《继电保护和安全自动装置技术规程》中的规定，继电保护安全自动装置应满足可靠性、选择性、灵敏性和速动

性的要求，继电保护和安全自动装置是保障电力系统安全、稳定运行不可或缺的重要设备。在确定电力网结构、厂站主接线和运行方式时，必须与继电保护和安全自动装置的配置统筹考虑，合理安排。

继电保护和安全自动装置的配置要满足电力网结构和厂站主接线的要求，并考虑电力网和厂站运行方式的灵活性。

对导致继电保护和安全自动装置不能保证电力系统安全运行的电网结构形式、厂站主接线形式、变压器接线方式和运行方式，应限制使用。

为保证可靠性，宜选用性能满足要求、原理尽可能简单的保护方案，应采用由可靠的硬件和软件构成的装置，并应具有必要的自动检测、闭锁、告警等措施，以及便于整定、调试和运行维护。

为保证选择性，对相邻设备和线路有配合要求的保护和同一保护内有配合要求的两元件（如起动

与跳闸元件、闭锁与动作元件），其灵敏系数及动作时间应相互配合。

当重合于本线路故障，或在非全相运行期间健全相又发生故障时，相邻元件的保护应保证选择性。在重合闸后加速的时间内以及单相重合闸过程中发生区外故障时，允许被加速的线路保护无选择性。

在某些条件下必须加速切除短路故障时，可使保护无选择动作，但必须采取补救措施，例如采用自动重合闸或备用电源自动投入来补救。

发电机、变压器保护与系统保护有配合要求时，也应满足选择性要求。

灵敏性是指在设备或线路的被保护范围内发生故障时，保护装置具有的正确动作能力的裕度，一般以灵敏系数来描述。灵敏系数应根据不利正常（含正常检修）运行方式和不利故障类型（仅考虑金属性短路和接地故障）来计算。

速动性是指保护装置应能尽快地切除短路故障，其目的是提高系统稳定性，减轻故障设备和线路的损坏程度，缩小故障波及范围，提高自动重合闸和备用电源或备用设备自动投入的效果等。

139 电力系统线路保护配置原则

（1）主保护、后备保护、辅助保护和异常运行保护 电力系统中的电力设备和线路，必须装设短路故障和异常运行的保护和自动装置，作用是及时报告设备的线路异常运行情况，尽快切除故障和恢复供电。电力设备和线路短路故障的保护应有主保护和后备保护，必要时可增设辅助保护。

1）主保护是满足系统稳定和设备安全要求，能以最快速度有选择地切除被保护设备和线路故障的保护。

2）后备保护指当主保护动作失败或断路器拒绝动作时起作用的保护，具有相对选择性，通常由阶段式电流、电压保护或阶段式距离保护组成。后备保护按其构成分为远后备及近后备两种方式。

① 远后备是当被保护元件内部故障时，依靠相邻线路对侧断路器上对此故障有一定灵敏度的后备保护装置动作切除故障，其后备范围广，包括相邻变电站直流消失保护与断路器均不能动作时也起后备作用。但其动作时间长，在复杂电网中往往因灵敏度或选择性不足而不能采用，故多用于 110kV 及以下输电线路。

② 近后备是当被保护元件内部故障时，依靠本厂站保护实现的后备保护。其中一种是断路器后备方式，当故障线路保护动作而断路器拒动时，由

故障线路的断路器失灵保护经延时切除同一母线上相邻线路的断路器；另一种是继电器后备方式，由相邻线路近故障侧的保护切除故障，或由本侧另一组保护起后备作用。这种后备方式动作相对速度快，灵敏度及选择性均较好，主要用于 220kV 及以上输电线路。

3）辅助保护是为补充主保护和后备保护的性能或当主保护和后备保护退出运行而增设的简单保护。

4）异常运行保护是反映被保护电力设备或线路异常运行状态的保护。

（2）110kV 线路保护配置原则 110kV 中性点直接接地电网线路中，线路发生相间短路或接地短路都会产生比较大的短路电流，影响电网安全供电，所以线路应装设相间保护和接地保护，对相间故障或接地短路均应动作于跳闸。对容易出现过负荷的电缆线路或电缆与架空线路，应装设过负荷保护，过负荷保护宜带时限动作于信号，当危及设备安全时，也可以动作于跳闸。

1）相间保护的配置原则。①相间保护的电流回路的电流互感器采用三相星形接线；②后备保护应采用远后备方式；③单侧电源线路应装设三相多段式电流或电流电压保护，双侧电源线路可装设阶段式距离保护装置；④对平行线路宜分裂运行，按单回线路方式配置保护，当并列运行时，宜装设横联保护作为主保护，以接于两回线电流之和的阶段式电流保护或距离保护作后备保护，及作为一回线断开后的主保护和后备保护；⑤在下列情况下，应装设全线速动的主保护：a. 系统稳定有要求时，b. 线路上发生三相短路使发电厂厂用电母线或重要用户的母线电压低于 60%额定电压，且其他保护不能无时限和有选择性切除短路时；⑥对短线路，符合装设全线速动保护要求，宜采用光纤通道的纵联保护作为主保护，带方向或不带方向的过电流保护作后备保护。

2）接地保护的配置原则。①宜装设带方向或不带方向的阶段式零序电流保护；②对某些线路，当零序电流保护不能满足要求时，可装设接地距离保护，并应装设一段或两段零序电流保护作后备保护。

（3）220kV 电网线路保护配置原则 220kV 线路一般属于电力网中重要线路，应按 GB/T 14285—2006《继电保护和安全自动装置技术规程》配置反映相间短路和接地短路的保护。

1）220kV 线路根据系统稳定要求，或者后备保护整定配合有困难时，都可装设两套完整、独立的全线速动主保护。

2）220kV 线路宜采用近后备保护方式（但某些线路，如能实现远后备，则宜采用远后备），或同时采用远、近结合的后备保护方式。相间短路后备保护一般装设阶段式距离保护；接地短路后备保护一般装设阶段式或反时限零序电流保护，亦可采用接地距离保护，并辅之阶段式或反时限零序电流保护。

（4）330～750kV 电网线路保护配置原则

1）设置两套完整、独立的全线速动主保护；每一套主保护对全线路内发生的各种类型故障（包括正常运行、非全相运行以及系统振荡过程中发生单相接地故障和两相接地、相间故障及转移性故障等），均能快速动作切除故障。

2）采用近后备保护方式；后备保护应能反映线路各种故障。

3）当 330～750kV 线路配置的主保护都具有完备的后备保护功能时，可不再另设后备保护，否则对每一套主保护都应配置具有完备的后备保护。相间短路后备保护一般装设阶段式距离保护；接地短路后备保护一般装设阶段式或反时限零序电流保护，亦可采用接地距离保护，并辅之阶段式或反时限零序电流保护。

（5）对设置两套完整、独立的全线速动保护的要求

1）两套主保护的交流电流、电压回路和直流电源应相互独立，即两套主保护的交流电流、电压回路分别采用电流互感器和电压互感器的不同二次绕组，直流回路应分别采用专用的直流熔断器或自动断路器供电。

2）每一套主保护对全线路内发生的各种类型故障均能快速动作切除故障。

3）每套主保护应具有独立选相功能，能按用户要求实现单相跳闸或三相跳闸。

4）断路器有两组跳闸线圈，每套主保护分别起动一组跳闸线圈。

5）两套主保护分别使用独立的远方信号传输设备。例如，当两套主保护均采用电力线载波通道时，应有不同的载波机或远方信号传输装置；当有光纤通道时，两套主保护均宜采用光纤通道，但应该分别采用不同专用光纤，或复用 PCM 终端；也可以分别采用不同路径的微波通道或一套微波通道、一套电力线载波通道。

140　母线保护和断路器失灵保护的配置原则

（1）母线保护的配置原则　电力系统母线故障是严重事故之一，一般情况下，母线故障如仅靠供电设备的保护带时限切除不能满足电力系统安全运行要求。为保证电网或电力设备安全，当母线故障延时切除可能发生下列情况时，应装设专用母线保护：①破坏电力系统稳定；②使发电厂厂用电的母线电压降低到允许值（一般为额定电压的 60%）以下，影响安全运行；③影响全网保护水平的提高，或引起大范围负荷切除及供电质量低下。

（2）断路器失灵保护配置原则　断路器失灵保护是当判定保护装置已动作发出给断路器的跳闸命令，经过足已判别的最小时间间隔，确认断路器尚未跳闸时（往往以电流继续通过且向它发出了跳闸命令的断路器为判据），将同一变电站中在电回路上最靠近拒动作断路器且接有电源的所有其他相邻断路器断开，以切断到故障点的全部电源的一种特殊保护回路。它用于对相邻元件后备保护作用不足的情况，主要是 220kV 及以上的超高压线路。

断路器失灵保护在 220kV 及以上电网中，以及 110kV 电网的个别重要部分，按下列规定装设断路器失灵保护：①线路保护采用近后备方式，对 220kV 及以上分相操作的断路器，可以只考虑断路器单相拒动的情况；②线路保护采用远后备方式，如果由其他线路和变压器的后备保护切除故障将扩大停电范围，并引起严重后果；③断路器与电流互感器之间发生故障，不能由该回路主保护切除，如果由其他线路和变压器后备保护切除故障将扩大停电范围，并引起严重后果。

141　主设备继电保护方式

（1）发电机保护方式　发电机是电力系统最重要的电力设备之一，针对发电机可能发生的各种不同故障和不正常运行状态，配置相应的保护方式，见表 20.8-1。根据故障和异常运行方式的性质，相应的保护可动作于停机、解列灭磁、解列、减出力、缩小故障影响范围、程序跳闸或仅动作于信号。

表 20.8-1　发电机故障及其保护方式（1MW 及以上发电机）

序号	故障及异常运行方式	基本保护方式	说明
1	定子绕组相间短路	纵联差动保护	1MW 以上发电机应装设纵联差动保护，对 300MW 及以上应双重化

（续）

序号	故障及异常运行方式	基本保护方式	说明
2	定子绕组接地	定子一点接地保护	1）发电机定子绕组单相接地电流大于允许值时，应装设有选择性接地保护 2）对发电机-变压器组，当发电机容量为 100MW 及以下，定子接地保护区不小于 90%；100MW 以上，定子接地保护区为 100%
3	定子绕组匝间短路	匝间保护	1）定子绕组为星形联结，每相有并联分支，且中性点有分支引出端子的发电机，可采用单继电器式横差保护 2）当定子绕组为星形联结，中性点只有三个引出端子时，可采用零序电压或转子二次谐波电流式匝间短路保护或负序功率方向匝间短路保护
4	发电机外部相间短路	对称、非对称过电流保护	1）对 1MW 以上的发电机，宜采用复合电压起动的过电流保护 2）对 50MW 及以上的发电机，可装设负序过电流保护和单元件低压过电流保护，当不能满足要求时，可采用低阻抗保护 3）自并励（无串联变压器）发电机，宜采用低电压保持的过电流保护，或采用带电流记忆的低压过电流保护
5	定子绕组过电压	过电压保护	1）水轮发电机应装设过电压保护 2）200MW 及以上汽轮发电机，宜装设限时过电压保护
6	定子绕组过负荷	过负荷保护	1）定子绕组非直接冷却发电机，应装设过负荷保护 2）定子绕组为直接冷却，且过负荷能力较低（例如低于 1.5 倍，60s）的发电机，过负荷保护由定时限和反时限两部分组成。反时限特性应和定子绕组允许发热特性相配合
7	转子表层（负序）过负荷	负序过负荷保护	保护反应非全相运行以及外部不对称短路引起的负序电流，对 100MW 及以上 $I_2^2 t \leq 10$ 的发电机，负序过负荷由定时限和反时限两部分构成，动作特性应与转子表层发热特性相配合；对 50MW 及以上 $I_2^2 t \leq 10$ 的发电机，可仅装定时限负序过负荷
8	励磁绕组过负荷	过负荷保护励磁绕组	100MW 及以上采用半导体励磁系统的发电机，装设励磁绕组过负荷保护，以反应励磁系统故障或强励时间过长引起的励磁绕组过负荷
9	励磁回路接地	一点或两点接地保护	1）100MW 以下汽轮发电机，旋转整流励磁的发电机对一点接地采用定期检测装置 2）转子水内冷或 100MW 以上的汽轮发电机及 1MW 以上水轮发电机，应装设一点接地保护 3）汽轮发电机应装设两点接地保护，水轮发电机不设两点接地保护
10	励磁电流异常下降或消失	低励失磁保护	1）100MW 以下不允许失磁运行的发电机在自动灭磁开关断开时应联跳发电机断路器，对半导体励磁系统，宜装设专用的失磁保护 2）100MW 以下，但失磁对电力系统有重大影响的发电机及 100MW 及以上发电机，应装设专用的失磁保护，对 600MW 的发电机可装设双重化的失磁保护 3）失磁保护由阻抗元件、母线低电压元件和闭锁（起动）元件构成

（续）

序号	故障及异常运行方式	基本保护方式	说明
11	定子铁心过励磁	过励磁保护	1）对 300MW 及以上发电机应装过励磁保护，低定值带时限动作于信号和降低励磁电流，高定值动作于解列灭磁或程序跳闸 2）汽轮发电机装设过励磁保护，可不再装设过电压保护
12	发电机逆功率	逆功率保护	1）200MW 及以上的汽轮发电机，宜装设逆功率保护 2）燃汽轮发电机，应装设逆功率保护 3）水轮发电机不设逆功率保护
13	低频	低频保护	低频运行引起机械振动，危害汽轮机叶片，对 300MW 及以上汽轮发电机应按汽轮机厂允许低频运行限制，装设低频保护
14	失步	失步保护	系统振荡影响机组及系统安全，对 300MW 及以上发电机，宜装设失步保护，保护可由双阻抗元件或测量振荡中心电压及变化率等构成
15	水轮机调相运行时失去电源	低频解列保护	动作延时解列
16	突然甩负荷引起定子电压异常升高	过电压保护	1）水轮发电机装过电压保护 2）200MW 及以上汽轮发电机宜装过电压保护

（2）变压器保护方式　现代变压器故障概率较低，但实际运行中，仍可能发生各种类型故障和异常运行，主要有

1）绕组及其引出线的相间短路和在中性点直接接地侧的单相接地短路。

2）绕组的匝间短路。

3）外部相间短路引起的过电流。

4）中性点直接接地的电网中，外部接地短路引起的过电流及中性点过电压。

5）过负荷。

6）过励磁。

7）油面降低、变压器温度和油箱压力升高及冷却系统故障等。

针对上述各种故障及不正常运行方式，可为变压器配置有纵联差动保护、电流速动保护、气体保护、零序电流保护（对中性点接地的变压器）、零序电压保护（对中性点不接地的变压器）、零序电流电压复合起动的接地保护（对部分接地系统分级绝缘的变压器）、后备过电流、过负荷及过励磁保护等。

（3）关于发电机变压器组纵联差动保护问题对发电机变压器组，当发电机与变压器之间有断路器时，发电机装设单独的纵联差动保护；当发电机与变压器之间没有断路器时，100MW 及以下的发电机，可只装设发电机变压器组共用纵联差动保护；100MW 以上的发电机，除发电机变压器组共用纵联差动保护外，发电机还应装设单独的纵联差动保护；对于 200～300MW 的发电机变压器组亦可在变压器上增设单独的纵联差动保护，即采用双重快速保护；对于 300MW 及以上汽轮发电机变压器组，应装设双重快速保护，即装设发电机纵联差动保护、变压器纵联差动保护和发电机变压器组共用纵联差动保护，当发电机与变压器之间有断路器时，装设双重发电机纵联差动保护。

8.2　电力系统安全自动装置

142　安全自动装置的类型与功能　安全自动装置有时也称系统保护，因其作用范围不局限于某一电力元件，而是系统性的，属于电力系统由于扰动进入紧急状态或极端紧急状态，是为防止破坏系统稳定性、运行参数严重超出规定范围，以及事故进一步扩大而进行的紧急控制。目的是限制和终止电力系统紧急状态方式的发展，防止发生大面积停电事故。常用的安全自动装置有自动重合闸、自动投入、低频/低电压减载、自动解列系统、系统安全稳定控制、切机、快关汽门、电气制动、发电机励磁紧急控制、无功补偿控制、投入备用电源及交

直流输电调制等。根据紧急控制要求，每次控制可以是上述一种控制方式也可以是同时采用多种控制方式。安全自动装置的主要功能如下：

（1）防止功角暂态稳定破坏

1）采取减轻由扰动引起的发电机功率过剩和输电断面能力降低的控制手段，如切机、快关汽门、电气制动、低频/低电压减载及自动解列系统等。

2）增强输电断面能力降低的实现手段，如发电机励磁紧急控制、无功补偿控制（串联及并联电容装置强行补偿、切除并联电抗器）和交直流输电调制等。

（2）消除失步状态

1）在电力系统内出现失步状态时，可采用失步解列控制，在适当的系统断面将系统解列，以消除失步状态。

2）对于局部系统，有条件时可采用再同步控制，将失步系统恢复同步运行。

（3）限制频率严重异常（降低或升高）

1）在系统由于事故扰动引起频率降低时，应根据电网的具体情况采取以下措施：①有条件时，首先将处于抽水状态的蓄能机组切除或改为发电运行、将调相运行机组改为发电运行、自动起动水电机组和燃气轮机组等；②自动低频减负荷；③反应于引起功率缺额因素（如大电源或电源输入线路断开等）的集中切负荷；④在系统的适当地点设置低频解列装置，如网间或系统间联络线上、地区系统中由主系统受电的终端变电站的母线联络断路器、地区电厂的高压侧母线联络断路器等。

2）为使系统频率升高不致达到汽轮机危急保安器的动作频率、频率升高数值及持续时间不致超过汽轮机组特性允许的范围，应设置限制频率升高的控制装置，以切除发电机或将系统解列，消除地区的剩余功率。

（4）限制电压严重异常（降低或升高） 为防止系统电压严重异常，应在电压异常时采取以下措施：

1）为限制电压严重降低和防止系统电压崩溃，应采取以下措施：①根据无功功率和电压水平的分析结果在系统中配置低电压减载装置；②必要时设置自动限制电压降低的控制装置，作用于增发无功功率（如发电机强励、电容补偿装置强补等）或减少无功功率需求（如切除并联电抗器、切除负荷等）。

2）为防止电压异常升高，应采取以下措施：

①根据超高压输电线路工频过电压保护的要求，装设过电压保护；②对于突然失去负荷导致不允许的母线电压升高时，宜设置限制电压升高的装置。装置的动作时间可分为几段，如第 1 段作用于投入被断开的并联电抗器，第 2 段切除其充电功率引起电压升高的线路。

（5）限制设备严重过负荷 为限制设备严重过负荷，宜装设直接反应电气设备电流升高的设备过负荷控制装置。装置可按定时限或反时限特性整定，作用于发电机减功率或切机，也可作用于减负荷或解列系统。

143 电力系统安全稳定控制设计 为保证在系统故障及大扰动下的安全稳定运行，应依据相关规定，在电力系统中根据电网结构、运行特点及实际条件配置安全稳定控制设备。

（1）在设计和配置系统安全稳定控制设备时的要求 ①应对电力系统进行必要的安全稳定计算分析；②应有足够的冗余或后备，特别对联网线路及关键性厂站，安全稳定控制装置均宜双重化配置；③应使各控制系统之间协调配合，并互为补充和备用，如系统解列作为防止系统稳定破坏的备用，不同地点解列装置动作应有选择性，确保一次特定的扰动仅解列一个断面；④安全稳定控制设备宜采用就地判据控制的分散式装置，必要时，也可以采用分散装设于几个厂站并有信息交换的分布式（分散决策）或集中式（集中决策）控制系统。

（2）对安全稳定控制的主要技术要求 ①装置应在系统中出现扰动或不对称分量、线路电流、电压或功率突变等条件满足时可靠起动要求；②装置应尽量根据输入的电流、电压量，不借助于外部输入接点而能正确判别本厂站线路、主变压器或机组的运行状态；③装置应有通信接口能与厂站自动化系统联网，必要时可以从网络获取相应的信息，能实现就地和远方查询故障和装置信息、修改定值等，所采取的通信规约应符合通用性和标准化要求；④装置应能存储多组整定值，以便在运行方式变化时方便地进行整定值切换；⑤装置出口执行回路应使用硬件和软件的多重判据以提高安全性；⑥装置应具有自检、整组检查试验、打印等功能；⑦装置应是开放式、分布式、模块化结构，以适应不同的功能要求，并易于适应电网发展的扩充要求。

144 安全自动装置的配置 安全自动装置主要功能是在电力系统出现大扰动后实施紧急控制，以改善系统状况，提高安全稳定水平，紧急控制主要是防止功角暂态稳定破坏、消除失步状态、限制频率或电压严重异常（降低或升高）及限制设备严重过负荷。根据上述目标，安全自动装置实施紧急控制手段可以在发电端、负荷端及网络中进行配置。

（1）发电端控制手段

1）切除发电机。切除发电机（简称切机）的控制作用强度以切除机组的总出力为表征。选择被切除机组时，可优先考虑水电机组，并应保证厂用电不致中断以及升压变压器接地方式的合理性。有条件时，可考虑发电机组带部分当地负荷与系统解列。

2）汽轮机快控气门。汽轮机可通过快控气门实现短暂减功率和持续减功率两种方式。①汽轮机短暂减功率是通过调整器电液控制系统快速控制调节气门，降低机组功率历时几分之一秒至几秒。控制作用的强度以功率降低程度及持续时间来表征。②汽轮机持续减功率是控制汽轮机调节气门以减少进入汽轮机的蒸汽量和相应地减少锅炉生产的蒸汽量以长期降低功率。长期减功率的控制强度以降低功率的程度为表征。持续减功率可由电液控制系统或机械控制系统来实现。机组长期减功率可以带功率闭环调节回路或不带这种调节回路。建议使用闭环调节回路，因为其控制精确度较高。

3）水轮发电机快速降低和升高输出功率。大型水电站应装设快速降低和升高输出功率的装置，在系统失步时，按其转速高于或低于系统频率相应动作，以便实现再同步。

4）发电机励磁紧急控制。发电机励磁紧急控制是根据系统稳定分析结果，按给定程序升高发电机励磁电压的方法实现防止稳定破坏的控制。励磁紧急控制的持续时间和可能的电压最大值的限制条件是：系统电气设备的基本绝缘水平，发电机和变压器的磁饱和条件，发电机转子和定子绕组的发热程度。

5）动态电阻制动。在发电机出口或高压母线短时并联接入电阻，以消除扰动引起的发电机暂态过剩功率。控制作用量以制动电阻消耗的有功功率容量及时间为表征。制动电阻通常只考虑短时通过大容量电流。

（2）负荷端的控制手段

1）集中式切负荷。一般装设于高压或超高压变电站，通过切除高压线路实现。处于抽水状态的蓄能机组可作为首选的被切负荷。

2）分散减负荷。一般装设于配电变电站。所有电网都应设置就地起动的分散式减负荷装置，并按用户的重要性及断电后果等因素顺序断开用户。

（3）网络中的控制手段

1）串联和并联补偿的紧急控制。串联和并联补偿的紧急控制包括实施电容装置强行补偿、紧急投切并联电容装置及并联电抗器。电容装置强行补偿、投入并联电容装置和切除并联电抗器，用于防止稳定破坏和限制电压降低；切除并联电容装置和投入并联电抗器，用于限制电压升高。

2）高压直流（HVDC）输电紧急调制。HVDC紧急调制是在事故扰动时进行，快速大幅度改变输送功率以平衡系统送受两端功率。紧急调制输送功率的范围及规律，应根据系统暂态析结果及HVDC设备条件决定。紧急调制应与事故扰动前后的正常调制相协调。

3）电力系统解列。系统解列是在预先选定的输电断面，以断开输电线路或解列发电厂或变电站的母线来实现。按系统解列的不同目标，一般采用不同的起动方式。在选择系统解列断面时，应使解列后各部分系统分别保持同步和功率尽量保持平衡，并应考虑以最少的解列点和最少的断路器来实现。

4）自动重合闸。自动重合闸的作用是提高供电可靠性及电力网并列运行的稳定性。由于电力系统大部分故障是瞬时性的，在事故跳闸后进行自动重合闸，通常能恢复正常运行。

145　自动重合闸　自动重合闸的作用是提高供电可靠性及电网并列运行的稳定性。由于电力系统大部分故障是瞬时性的，在事故跳闸后进行自动重合闸，通常能恢复正常运行。自动重合闸广泛应用于1kV以上有断路器的架空线路及电缆与架空混合线路，对供电给地区负荷的变压器和有专用母线保护的发电厂或变电站母线，必要时也可以装设自动重合闸装置。电力系统常用的各种自动重合闸见图20.8-2。系统中用的最多的自动重合闸有三相、单相及综合自动重合闸。

（1）三相重合闸　不论线路发生单相还是多相短路故障，继电保护动作后均同时跳开三相断路器，然后按允许的技术条件（如检查无电压或同期及时延等）三相同时自动重合闸。三相重合闸不要求分相操作的断路器，适用于110kV及以下电压架空线路；对具有多回并联的输电线，即使装设了单相操作的断路器，为了简化保护，也广泛采用三相重合闸。为防止大型汽轮发电机轴系承受过大暂态转矩，在高压配出线路电厂侧，采用有限制的三相重合闸，例如检同步的重合闸、延时 10s 以上的重合闸，或改用单相重合闸。

（2）单相重合闸 对线路单相接地故障实现只跳开故障相而随后进行重合，而对线路多相故障或单相重合失败则跳开三相并不再进行自动重合闸的方式，主要应用于 220kV 及以上电压的单回线及不宜采用三相重合闸的双电源输电线。为防止大型汽轮发电机轴系承受过大暂态转矩，在高压配出线路电厂侧，适宜采用带延时动作的单相重合闸。

（3）综合重合闸 单相故障跳开故障相并进行单相重合，多相故障三相跳闸并三相重合闸的方式。

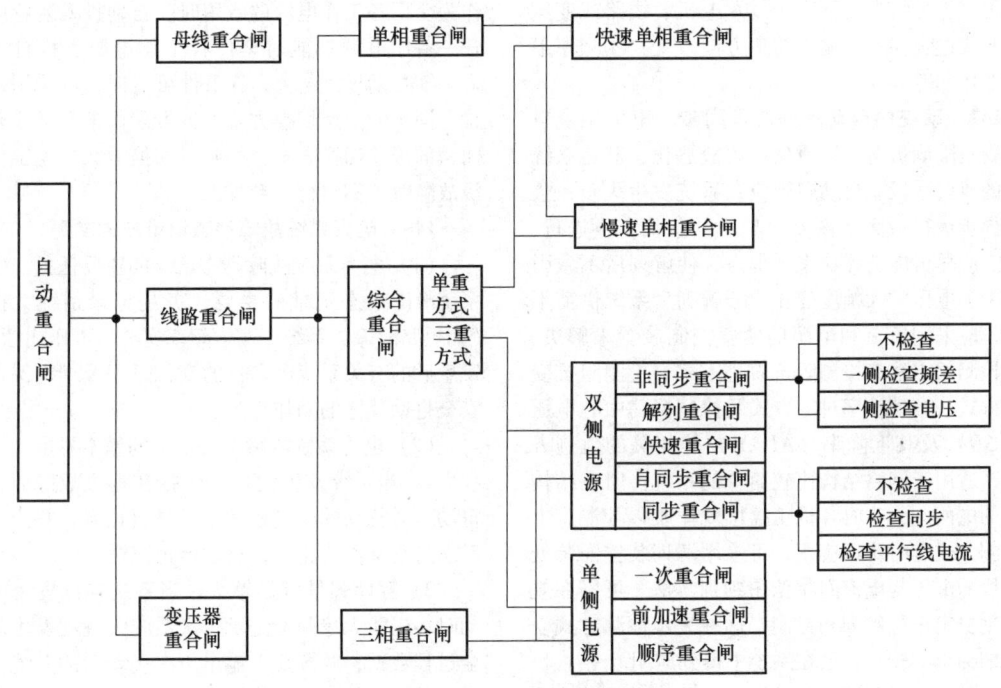

图 20.8-2 常用自动重合闸分类

146 自动低频低电压减载

（1）自动低频减载装置 当电力系统因事故发生功率缺额时，由自动低频减载装置断开一部分次要负荷，以防止频率过度降低，并使之很快恢复到一定数值，从而保证电力系统的稳定运行和对重要负荷的正常供电。自动低频减负荷应保证在任何情况下系统低频运行数值与时间，能与运行中机组的自动低频保护和联合电网之间联络线的低频解列保护相配合，并大于核电厂冷却介质泵低频保护整定值，这就要求保证有足够的减负荷量。一般情况下，接入自动低频减负荷装置可切负荷的总容量，应根据最不利的运行方式下发生事故时，整个电力系统或其他部分实际可能发生的最大的功率缺额来确定，例如考虑断开孤立发电厂中容量最大的发电机，断开输送功率最大的线路或断开容量最大的发电厂，以及考虑由于联络线事故断开，而引起电力系统解列等，一般不低于最大发电负荷的 30% ~ 40%。另一方面，还应将减负荷数量限制到最小值，对不危及安全运行的频率降低应充分动用现有备用容量后再去切用户负荷。

自动低频减负荷装置一般按基本级和后备级配置，分配到各地区变电站中，所切负荷应是次要的或停电后不会造成设备损坏或人身伤亡的。基本级用于快速减负荷，以终止频率下降，一般按频率分为 3~7 级。第一级动作频率对 50Hz 的电力系统，一般为 49Hz 或略高，提高最高一级的起动频率值，有利于抑制系统频率下降深度，但一般不宜超过 49.1Hz。最末级动作频率决定于和大机组、核电、联络线等低频保护的配合，一般不低于 47.5 ~ 48.0Hz。基本级各级动作延时一般为 0.2 ~ 0.3s。后备级也称恢复级，用于防止基本级动作后频率悬停于某一不允许水平上，后备级也可设一级或多级动作频率，可与某些基本级相同，但动作时间延长到数十秒。

（2）低电压减载 低电压减载应反应于电压降低及其持续时间。装置可按动作电压及时间分为若干级。必要时，为加速装置的动作速度，可以附加采用电压降低速率的判据。低电压减载装置在短路、自动重合闸及备用电源自动投入时不应动作。

（3）局部地区事故　对局部地区事故，如功率缺额很大，为了防止电压急剧下降时，自动低频减载装置失效，应装设有下列因素起动的其他自动减载装置：①母线电压下降；②发电机、线路或变压器断开或过负荷；③输送功率方向改变；④频率下降的变化率等。

147　系统的自动解列与再同步　电力系统自动解列是限制振荡发展或失稳事故恶化，避免系统瓦解的重要手段。自动解列应在系统发生失步，且不宜异步运行或无法恢复同步的紧急状态下进行。解列点应尽可能选择功率平衡点，使解列后不致引起频率和电压的大幅度变化，若解列后系统供需不平衡，应采用负荷和电源的紧急控制装置来解决。失步检测的方法有检测阻抗轨迹方式、检测阻抗变化率方式、有功功率过零方式及检测振荡中心电压降（ΔU）及其下降率（$\Delta U/\Delta t$）等相关的轨迹方式等，适用于网络结构比较简单的系统。对于结构复杂的电网，失步时各机组摇摆规律难以控制，上述检测方式有时难以应用，可采用解列装置安装处联络线的电压与电流间相位角判别方法。可以在规定时刻决定进行解列和控制，这种失步检测方式受电网结构影响较小，已在系统中得到应用。

恢复失步后再同步的措施主要是在受端系统快速切除部分用户负荷，按频率起动水电机组或从调相转为发电运行；对送端系统采用快速减出，如切机、电气制动、快关汽门等措施。

148　自动投入

（1）自动投入装置的配置　在下列情况下，应装设备用电源和备用设备的自动投入装置（以下简称自动投入装置）：①具有备用电源的发电厂厂用电源和变电站所用电源；②由双电源供电，其中一个电源经常断开作为备用的变电站；③降压变电站内有备用变压器或有互为备用的母线段；④有备用机组的某些重要辅机。

（2）对自动投入的要求　自动投入装置应符合下列要求：①应保证在工作电源或设备断开后，才投入备用电源或设备；②工作电源或设备上的电压，不论何种原因消失时，在备用电源侧电压正常时，自动投入装置均应动作；③自动投入装置应保证只动作一次。

（3）有关自动投入的其他要求　发电厂用备用电源自动投入装置，除上述第（2）条的规定外，

还应符合下列要求：①当一个备用电源同时作为几个工作电源的备用时，如备用电源已代替一个工作电源后，另一工作电源又被断开，必要时，自动投入装置仍能动作。②有两个备用电源的情况下，当两个备用电源为两个彼此独立的备用系统时，应装设备自独立的自动投入装置；当任一备用电源都能作为全厂各工作电源的备用时，自动投入装置应使任一备用电源都能对全厂各工作电源实行自动投入。③自动投入装置，在条件可能时，可采用带有检定同步的快速切换方式，也可采用带有母线残压闭锁的慢速切换方式及长延时切换方式。④工作电源故障时，不实行自动投入。

149　电力系统故障动态记录技术准则

（1）电力系统故障动态记录的主要任务　电力系统故障动态记录的主要任务是记录系统大扰动（如短路故障、系统振荡、频率崩溃、电压崩溃等）发生后的有关系统电参量的变化过程及继电保护与安全自动装置的动作行为。

（2）电力系统故障动态记录的基本要求

1）当系统发生大扰动包括在远方故障时，能自动地对扰动的全过程按要求进行记录，并当系统动态过程基本终止后，自动停止记录。

2）存储容量应足够大。当系统连续发生大扰动时，应能无遗漏地记录每次系统大扰动发生后的全过程数据，并按要求输出历次扰动后的系统电参数（I、U、P、Q、f）及保护装置和安全自动装置的动作行为。

3）所记录的数据可靠，满足要求，不失真。其记录频率（每一工频周波的采样次数）和记录间隔（连续或间隔一定时间记录一次），以每次大扰动开始时为标准，宜分时段满足要求。其选择原则是：①适应分析数据的要求；②满足运行部门故障分析和系统分析的需要；③尽可能只记录和输出满足实际需要的数据；④各安装点记录及输出的数据，应能在时间上同步，以适应集中处理系统全部信息。

（3）故障动态记录的主要故障动态量　主要对发电厂、220kV 及以上变电站、110kV 重要变电站、单机容量为 200MW 及以上的发电机或发电机变压器组采集开关量和模拟量信号，并对电力系统稳态过程和暂态过程进行记录。

150　继电保护动态模拟试验的实时仿真装置

根据相似原理，在实验室中建立的原型电力系统的物理或数学模拟装置，又称为电力系统仿真装置。当模拟装置和原型电力系统的机电动态过程在

时间上一致，即以相同的速度进行，称为实时仿真，实时仿真装置必须满足以下要求：①实时仿真装置中物理量的变化规律必须和真实系统中对应物理量的变化规律一致；②采用物理模型应遵循相似理论，模型中各元件的设计都应符合该种元件的相似判据；③采用数字模型应遵循仿真算法，所得离散化模型应能代表连续系统模型，计算机运算速度满足实时仿真要求。继电保护动模试验目前主要采用以下几种实时仿真装置。

（1）电力系统动态模拟装置　根据相似理论，由专门设计制造的小型发电机、变压器及其他电力系统元件的模拟设备组成一种与原型系统动态性能相一致的物理模拟装置，主要用于研究电力系统的机电暂态过程，包括改善电力系统运行性能的措施、研究和检验继电保护和安全自动装置、调度自动化软件系统、校验电力系统分析软件等。动态模拟装置的优点在于采用物理模拟，物理性质真实，物理模型自动地计入各种机电暂态过程复杂因素，如非线性、非正弦、非工频等。而数字仿真必须将各种需要考虑的因素列入方程式。其次自动满足仿真实时性要求，并可以方便、直接将继电保护和安全自动装置等实物接入模型系统进行试验。其缺点是建造物理模型代价大，参数难以调整，规模不可能太大，模拟大规模复杂系统困难。

（2）物理-数字仿真混合装置　电力系统部分元件采用物理仿真，部分元件采用数字仿真，如加拿大 TEQSIM 公司在 20 世纪 90 年代研制的实时仿真装置，其发电机、负荷等动态元件采用数字仿真，变压器、输电线路采用物理模型，实际上是一种物理-数学混合仿真模型。

（3）实时数字仿真装置（RTDS）　RTDS（Real Time Digital Simulator）由实时数字仿真器、开关量接口板和功率放大器三部分组成。其特点是：①RTDS 由专门设计计算机软硬件系统组成，硬件采用高速数字信号处理器（DSP）和并行处理结构以完成连续实时运算所需的快速运算。目前能够以 $50\mu s$ 的积分步长和从直流到 4kHz 的频率响应范围仿真电力系统的暂态过程，满足含有 HVDC 和 FACTS 电力系统仿真的实时性和真实性的要求；②电力系统元件模型和仿真算法建立在成熟的电力系统 EMTP、EMTDC 暂态分析程序的基础上；③RTDS 实时模拟的电力系统信号都是通过 D/A 转换器输出的，没有驱动能力的弱电信号，必须经过功率放大器才能接入被试验装置。图 20.8-3 为用 RTDS 进行保护装置动模闭环试验示意图。图中工作站建立在 UNIX 平台上，用电力系统图形编辑软件（PSCAD）建立电力系统模型，通过以太网实现 RTDS 与工作站间的通信。

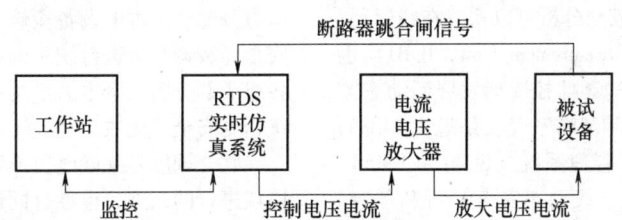

图 20.8-3　用 RTDS 进行保护装置动模闭环试验示意图

RTDS 的主要应用领域有：①暂态稳定仿真；②继电保护和安全自动装置动模闭环试验；③灵活交流输电（FACTS）元件特性分析，如静止无功补偿器（SVC）、可控串联电容补偿器（TCSC）等；④交流系统过电压分析；⑤电力系统分析及培训等。

第9章 电力系统调度自动化和通信

9.1 电力系统调度自动化

151 调度自动化的概念和范畴 电力系统调度自动化（Dispatching Automation of Electric Power System）是综合利用信息采集、通信、计算机和电力系统分析等技术，实现电力系统调度运行决策、控制和管理自动化的总称。调度自动化系统是由设置在调度控制中心的主站系统、设置在发电厂和变电站的厂站自动化系统和通信系统组成，通过实时采集电力系统运行的电气量和非电气量参数，不间断地进行监视与控制，有效地帮助调度员执行电力系统的安全经济发供电任务，是电力系统安全经济运行的重要保证，是现代电网不可缺少的组成部分。

近十几年来，随着电力系统控制和信息技术、通信技术的发展，动态安全分析可以实时在线运行；相量测量装置（Phase Measurement Unit，PMU）也广泛应用，电网调度从稳态监控逐渐发展到动态监控，调度自动化的概念和范畴不仅仅是过去常说的数据采集与监控与能量管理系统（SCADA/EMS），其范围扩展到电力系统在线动态安全分析和预警、电能量计量、水调自动化、雷电定位和监测以及电厂能耗、排放监测和调度管理等相关领域。

调度自动化总体发展趋势是朝着使电网调度控制变得更加综合、更加全面，从经验型向分析型最终向智能型方向发展，从被动分析向主动预警方向发展，从稳态数据监视向包括环境状态的全面监视方向发展，整体上更加数字化、标准化、智能化、面向各种调度业务，面向电力调度生产的全过程，实现电网调度工作各个环节的全面自动化。其体系结构由集中式向分布集中式发展，决策机制则由集中式向分布自治与集中协调相结合的方向发展，并满足集中和分布式开发的风电、光伏发电等新能源的接入以及电动汽车等新型负荷接入电网后对电网运行进行能量管理和运行控制的需求。

其主要功能特征是以获取广域、全景信息为基础，以统一的基础平台为支撑，围绕电网调度自动化的主要业务，实现电网运行稳态、动态和暂态信息的一体化监视和综合预警；实现电网全方位、全过程的安全分析、稳定裕度评估和在线辅助决策，实现电网潮流的灵活控制；实现调度计划编制的全局统筹协调和安全校核；实现调度管理的规范化和流程化。

152 调度管理体制

（1）统一调度和联合调度 电力系统调度管理是为确保电力系统安全、优质、经济运行，依据有关规定对电力系统生产运行和电网调度系统及其人员进行计划、组织、指挥、协调及控制。其管理体制可分为统一调度和联合调度两种基本模式，通常，统一电网采用统一调度模式，而联合电网则采用联合调度模式。

统一调度是对全电力系统的负荷平衡、发电厂出力分配、发供电设备检修安排、电能质量调整和安全经济运行等进行统一的调度。调度原则是系统各组成部分服从全电力系统的最大利益，使电力系统达到安全、优质、经济运行。

联合调度是互联电力系统按照相互之间签订的协议进行的调度，也称合同调度。组成互联电力系统的各个电力分系统实行独立的经济核算，在系统内部实行统一调度，在系统外部及各个分电力系统之间实行联合调度。互联的分电力系统之间按照预先订立的协议或通过临时协商，进行电力电量的交换、事故支援、协调安全准则等，参加互联电力系统的各个调度机构是相互平等的。

（2）调度管理分层控制 当电力系统达到定义规模后，不可能仅靠一个调度控制中心来集中实现统一调度控制，因此全世界各国电力系统均采用分层调度控制结构，全系统的监视控制任务按照所管辖的范围分属不同层次的调度机构，下一层调度机构除了要完成本层次的调度控制任务外，还要接受上一层调度机构的调度命令并向其传送有关信息，采用这种分层控制结构具有很多优点：①与组织结构相适应；②系统可靠性高；③系统响应改善，还便于调度自动化系统的功能扩充、系统升级和分期投资，目前被国际上大多数电力系统所采用。我国电网分层调度控制结构见图 20.9-1。

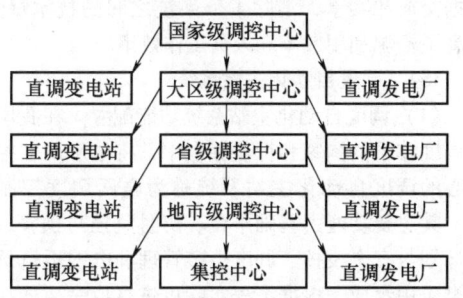

图 20.9-1　我国电网分层调度控制结构示意图

（3）我国电力调度管理体制和分层控制　依据《中华人民共和国电力法》的相关规定，我国电网运行实行统一调度、分级管理；各级调度机构对各自调度管辖范围内的电网进行调度，依靠法律、经济、技术并辅之必要的行政手段，指挥和保证电网安全、稳定、经济运行，同时维护各个利益主体的利益。按照我国《电网调度管理条例》的规定，调度机构分为五级：国家级调度机构，跨省、自治区、直辖市调度机构，省、自治区、直辖市级调度机构，省辖地（市）级调度机构和县级调度机构。

在各个省和地区电网中还根据网络结构和管理维护的需要，设立一定数量的电网监控中心，作为调控中心的派出机构，用于对变电站或小型电厂实现集中操作和维护管理，简称集控站。

有些河流具有梯级水电厂群，为便于运行管理和监控，建立了梯级水电调控中心（如三峡水利枢纽梯级调控中心、黄河上游梯级调控中心等），简称梯调。一些河流跨地区，其水利和电力具有系统意义，因此，这类梯调规模不等，隶属于不同的发电集团。

153　调度自动化系统的建设模式　调度自动化系统是为了完成电力系统调度任务，综合利用信息采集、通信、计算机和电力系统分析等技术建立起来的自动化控制系统，实现电力系统运行调度决策、控制和管理的自动化。它由位于调度控制中心的主站系统（也称调度控制系统）、位于发电厂和变电站的厂站自动化系统与通信系统组成。通过厂站端的自动化系统实时采集电力系统的运行工况，通过通信系统传送到调度主站，在调度端通过计算机软/硬件系统实现对数据的处理，并将处理结果展示给调度人员，调度人员也可以通过该系统向电网中的设备发送控制和调整命令，实现对电网运行

状态的不间断实时监视与控制，从而实现经济调度、安全分析和事故处理。调度自动化系统是保障电力系统安全经济运行的重要手段，是电力系统不可或缺的组成部分。

近十几年来，随着以 IT 和通信为核心的技术变革，调度自动化系统所涉及的范围和内涵均发生了较大变化，从最初的数据采集与监控（SCADA）到能量管理系统（EMS）的建设，再到电能量计量系统、广域相量测量系统、电力系统在线动态安全分析与预警系统、水电监测与调度系统、调度计划与交易管理系统、继电保护与故障录波信息系统、雷电定位与监测系统、调度员培训仿真系统以及调度管理等十余个信息系统先后在电力调度控制中心建立起来。因此，调度控制中心的调度自动化系统建设也先后经历了两种建设模式：

1）第一种模式是各系统独立建设模式，此模式是调控中心各个应用系统单独建设，每个系统自成体系。各个系统按照电力二次安防的规定分别位于不同的安全分区。这些系统都有各自的服务器、传输总线、数据库、图形界面等，其缺点是没有统一的标准，兼容性不好，同样的电网图形画面、模型数据等需要重复做多次。调控中心内部和上下级调度之间也没有实现横向集成和纵向贯通，不利于多级电网的协调控制和优化调度，系统之间的信息互通需要专门的软硬件接口，数据共享和联动需要专门的维护和协议以及模型转换。

2）第二种模式是一体化集成建设模式，此模式采用在一体化支撑平台的基础上，将上述十余个应用系统的所有功能全部集成到一个支持电网调度运行、控制管理高度集成的综合性调度自动化系统中，此系统将调控中心所有业务按照实时监控与预警、调度计划与安全校核、电网运行驾驶舱和调度管理四个大类进行功能汇集，横向实现调控中心内部各系统应用功能的有效集成、协调运转，纵向实现各级调度自动化系统的相互贯通，全系统实现模型和数据的充分共享，为各个业务的应用功能和互动协调提供统一的接口和标准化的数据模型和格式。

此模式建设的调度自动化系统同样基于电力二次安全分区的要求下，采用面向服务架构（Service Oriented Architecture，SOA）的体系结构，全系统采用标准的数据模型和统一的可视化界面，构筑符合 IEC61970 标准的统一基础平台，采用"一体化""即插即用"的设计思想将所有调度自动化应用功能集成到一个统一的基础平台之上，为电网调度提

供一个面向应用、安全可靠、标准开放、资源共享、维护便捷的技术支持系统。

一体化集成建设模式是最近几年我国电网调度自动化系统建设的主要模式，原来分系统独立建设的各个应用系统现已逐步退出运行，被新一代一体化集成的调度技术支持系统所取代，作为调度自动化系统未来的发展方向，新一代一体化集成的调度技术支持系统具备如下优点：

1）采用统一的基础平台，为各类调度应用业务提供统一的、标准化的公共服务和功能以及统一的数据模型和存储，减少了分系统建设所带来的重复建设。

2）在统一的基础平台上，采用"即插即用"思想研发的各类功能模块，有利于不同调控中心根据实际各取所需，自由选择所需的应用功能，灵活

组建符合各自需求的调度技术支持系统。

3）各个应用功能集成到一个综合性的技术支持系统后，有利于各个应用功能所对应业务部门的数据交换和共享，消除了分系统之间的技术壁垒，提高了资源利用效率和人员工作效率。

154　调度自动化主站系统

（1）调度自动化主站系统功能配置　在我国电网调度体系的国家和行业标准中，将位于调度控制中心的调度自动化主站系统称为电网调度控制系统，其主要功能由基础平台、实时监控与预警、调度计划与安全校核、调度生产管理和电网运行驾驶舱类应用组成，根据工程实际可进行取舍，选择对应的功能模块予以实施。电网调度控制系统的主要功能配置见表 20.9-1。

表 20.9-1　电网调度控制系统功能配置表

应用类别	应用	省级及以上调控中心		地区及以下调控中心	安全分区
基础平台	消息总线	采用事件驱动，实现消息的注册/撤销、发送、接收、订阅、发布等功能	必选	必选	安全Ⅰ、Ⅱ、Ⅲ区
	服务总线	基于 SOA 体系架构，采用请求/响应和发布/订阅服务模式，以接口函数形式提供各类服务的注册、发布、订阅、请求、响应、确认等信息交互机制	必选	必选	安全Ⅰ、Ⅱ、Ⅲ区
	数据存储与管理	关系数据库、实时数据库、时间序列数据库和文件存储管理	必选	必选	安全Ⅰ、Ⅱ、Ⅲ区
	平台管理	实现系统管理、基础信息与模型维护、权限、CASE 管理、人机界面、报表、告警、工作流	必选	必选	安全Ⅰ、Ⅱ、Ⅲ区
		并行计算服务	可选	无	安全Ⅰ、Ⅱ、Ⅲ区
	数据采集与交换	横向和纵向数据采集与交换	必选	必选	安全Ⅰ、Ⅱ、Ⅲ区
	公共服务	实现数据、模型、文件、人机、告警、权限、日志、消息邮件、工作流等服务	必选	必选	安全Ⅰ、Ⅱ、Ⅲ区
		并行计算服务	可选	无	安全Ⅰ、Ⅱ、Ⅲ区
	安全防护	操作系统、数据库、身份认证、安全授权以及网络安全设备的管理	必选	必选	安全Ⅰ、Ⅱ、Ⅲ区

（续）

应用类别	应用	省级及以上调控中心		地区及以下调控中心	安全分区
实时监控与预警	实时监控与智能告警	电网稳态监控、二次设备在线监视与分析、综合智能分析与告警、电网动态/暂态监视、在线扰动识别、低频振荡在线监视	必选	没有"电网动态/暂态监视、在线扰动识别、低频振荡在线监视"新增"配电网运行监控"。其他同左	安全 I 区
	电网控制	人工控制与调节、自动发电控制（AGC）、自动电压控制（AVC）	必选	没有"自动发电控制（AGC）"。其他同左	安全 I 区
	网络分析	网络拓扑、状态估计、调度员潮流、灵敏度计算、静态安全分析、可用输电能力、短路电流计算、在线外网等值	必选	没有"可用输电能力"，且灵敏度计算、静态安全分析、短路电流计算、在线外网等值为可选项，其他同左	安全 I 区
	在线安全稳定分析	静态稳定分析、动态稳定分析（小干扰稳定分析）、暂态稳定分析、电压稳定分析、稳定裕度评估	必选	无	安全 I 区
	水电及新能源监测分析	水电运行监测、水务综合计算、水电厂运行趋势分析、新能源运行监测、新能源运行趋势分析	可选	同左，且均为可选项	安全 I、II 区
	调度运行辅助决策	暂态稳定辅助决策、动态稳定辅助决策、电压稳定辅助决策、静态安全辅助决策、紧急状态辅助决策、辅助决策综合分析	可选	停电范围分析、供电风险分析、合环操作分析、负荷转供/拉限电辅助决策、单相接地拉路辅助决策，且均为可选项	安全 I 区
	运行分析与评价	电网安全水平、电能质量、电网经济运行水平、电量计划执行情况、水电调度运行情况、调度控制系统运行情况	必选	同左	安全 II 区
	保护定值在线校核及故障录波信息管理	继电保护及安稳定值远方修改、投退等	可选	同左，且均可选项	安全 I 区
		继电保护及安稳整定计算，继电保护及故障录波信息管理	可选	同左，且均可选项	安全 I、II 区
	调度员模拟培训	电力系统仿真、控制中心仿真、教员台仿真	必选	同左且均可选项	安全 II 区
	辅助监测	调度控制系统的监测	必选	同左	安全 II 区
		雷电定位监测（可选）火电机组综合监测气象监测与分析	必选	只需"气象监测与分析"，且均为可选项	安全 II 区

（续）

应用 类别	应用	省级及以上调控中心		地区及以下 调控中心	安全分区
调度计划与安全校核	申报发布	实现调度对象申报信息的接收、验证、处理，并及时发布各类调度计划信息	必选	无	安全Ⅱ区
	预测	水库来水、母线负荷预报、新能源发电能力预测预报、短期系统负荷预报、短期母线负荷预报、超短期系统负荷预报、超短母线负荷预报	根据所辖电网实际选用	同左，且水库来水和新能源发电能力预测为可选项	安全Ⅱ区
	检修计划	年/月度检修计划、周检修计划、日前检修计划、临时检修	必选	同左	安全Ⅱ区
	短期交易管理	交易管理、合同管理	必选	无	安全Ⅱ区
	水电及新能源调度	中长期水电调度、短期水电调度、超短期水电调度、调洪演算、中长期新能源调度、短期新能源调度、超短期新能源调度	可选	无	安全Ⅱ区
	发电计划	日前发电计划、日内发电计划、实时发电计划以及跨区（省）交换计划	必选	小型水/火电发电计划、新能源发电计划，且均为可选项	安全Ⅱ区
	考核结算	电能量计量、并网电厂运行考核、辅助服务补偿、结算管理	必选	没有"并网电厂运行考核、辅助服务补偿"，只需"电能量计量、结算管理"	安全Ⅱ区
	计划分析与评估	发电计划预分析评估、检修计划预分析评估、负荷预测后分析评估、水文预报后分析评估、检修计划后分析评估、水电方案后分析评估、发电计划后分析评估、考核结算分析评估	必选	无	安全Ⅱ区
	静态安全校核	潮流分析、灵敏度分析、静态安全分析、短路电流分析	必选	无	安全Ⅱ区
	稳定计算	静态稳定分析、暂态稳定分析、动态稳定分析、电压稳定分析	必选	无	安全Ⅱ区
	稳定裕度评估	静态稳定裕度评估、暂态稳定裕度评估、动态稳定裕度评估、电压稳定裕度评估	可选	无	安全Ⅲ区

（续）

应用类别	应用	省级及以上调控中心		地区及以下调控中心	安全分区
驾驶舱类应用	KPI 监视预警	电网运行分层分类多维关键绩效指标（Key Performance Indicator, KPI）监视与预警	必选	必选	安全 I 区
	运行全景图	应用场景定制、各类监视和信息挖掘，实现 KPI 场景的分析、综合展示	必选	必选	安全 I、II 区
	集中操控台	实现各类电网操作和控制功能集中管理	必选	必选	安全 I 区
调度生产管理	生产运行管理	值班运行管理、设备运行管理、设备检修管理、电网运行管理	必选	同左	安全 III 区
	专业管理	专业报表管理、文件/规定/标准等管理、知识管理	必选	同左	安全 III 区
	综合分析与评估	生产运行报表、电网调度运行分析、电网调度安全分析、电网调度二次设备分析、调度技术保障能力评价、综合指标评价	必选	同左	安全 III 区
	信息展示与发布	实现电网运行信息、生产统计、调度动态等多维信息的展示和发布	必选	同左	安全 III 区
	内部综合及外部共享协同管理	调控中心内部项目管理、工作计划、备品备件管理以及与外部单位的协同互动等	必选	同左	安全 I、II、III 区

（2）调度控制系统体系架构　我国现有的调度自动化主站系统（也称电网调度控制系统）是在一体化设计思想下，采用面向服务架构体系（SOA），基于统一的基础平台，按照实时监控与预警、调度计划与安全校核、调度管理、电网运行驾驶舱四个大类进行功能汇集。横向上，通过统一的基础平台实现四类应用的一体化运行以及与信息系统的交互联系，实现主、备调之间各应用功能的协调运行以及主、备调系统维护与数据的同步；纵向上，通过基础平台实现各级调度自动化主站系统间的一体化运行和模型、数据、画面的源端维护与系统共享，通过调度数据网双平面实现各厂站与调控中心之间、调控中心与调控中心之间的数据采集和交换，其总体框架、具体应用、功能组成以及安全区的部署参见图 20.9-2～图 20.9-4。

（3）地区及以下调度控制主站系统的功能选择　地区及以下调度控制主站系统的建设，目前主流方式是：地县一体化模式，即在地级调控中心设置一个统一的调度控制系统，实现整个地区电力调度所需的所有功能，而所辖的各个县及以下调控中心不再建设主站系统，只设置远程工作站，然后通过高速网络与地区调控中心实时互联，从而减少整体投资和运行维护人员。

地区及以下调度控制主站系统的功能选择见表 20.9-1，与省级及以上调度控制系统不同的功能模块有：配电网运行监控实现责任区和信息分流、状态监视和控制；实现停电范围分析、供电风险分析、合环操作风险分析、负荷转供辅助决策以及拉限电辅助决策等。

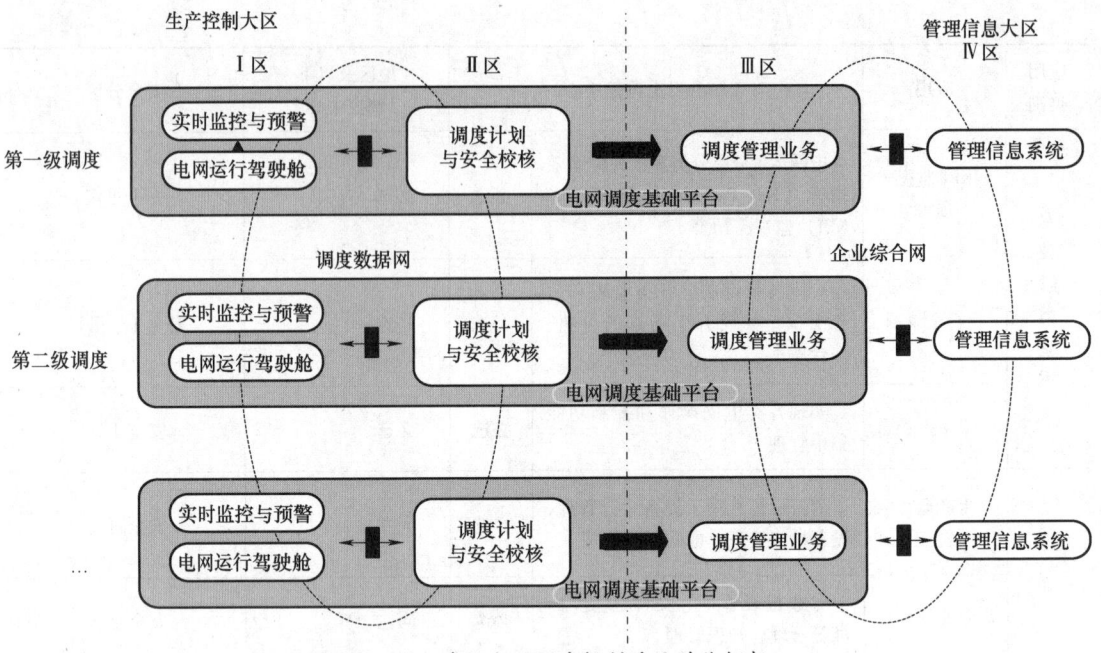

图 20.9-2　多级电网调度控制系统总体框架

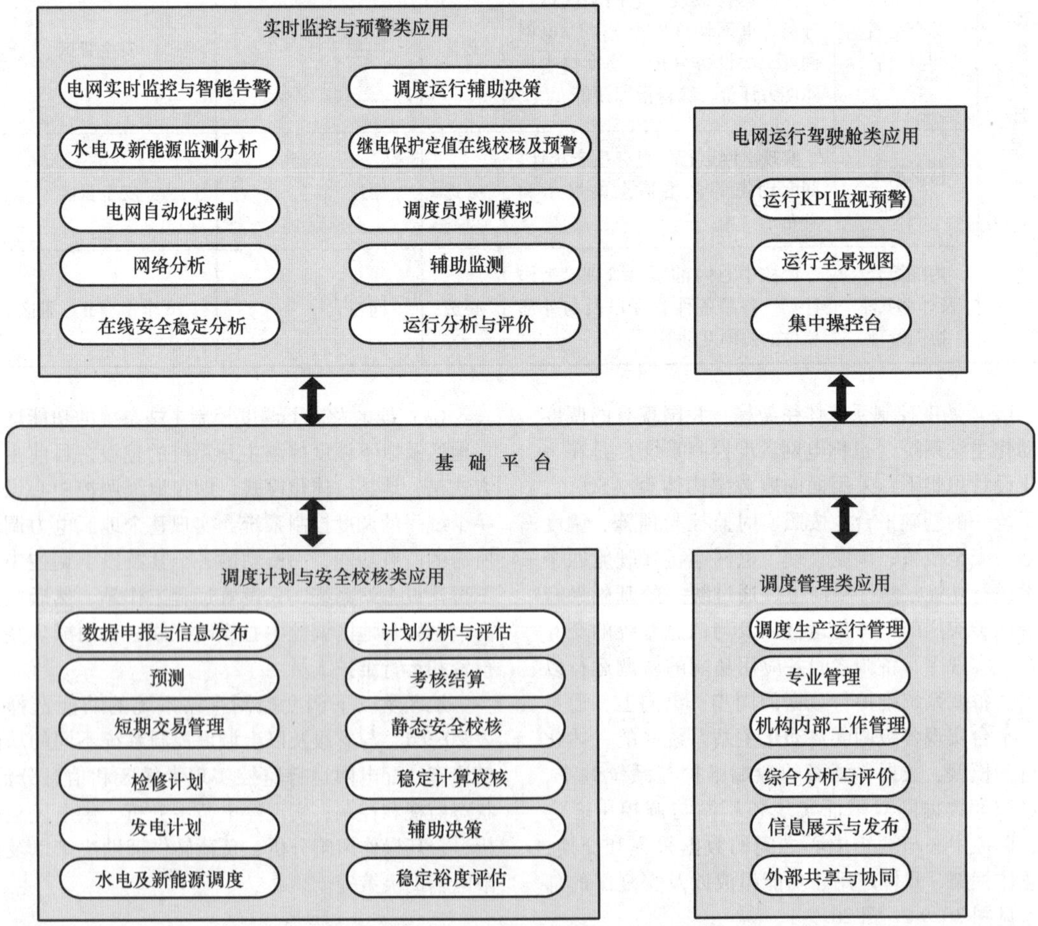

图 20.9-3　电网调度控制系统应用模块

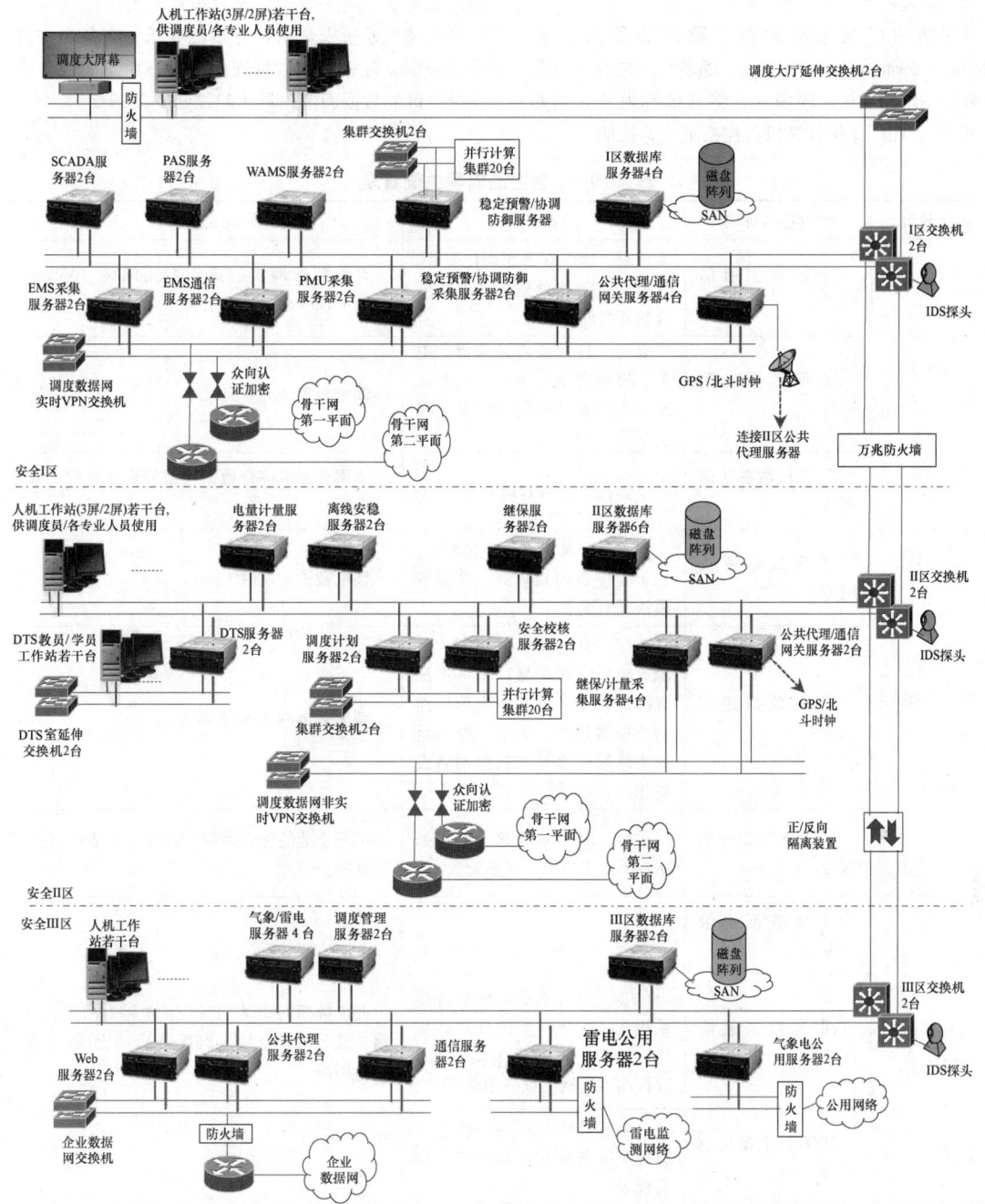

图 20.9-4　省级及以上电网调度控制系统硬件典型配置示意图

155　调度自动化厂站系统　无论是发电厂、变电站还是换流站，调度自动化厂站系统主要有以下几个部分组成。

（1）远动装置　厂站端远动装置是调度自动化系统的重要组成部分，用于采集并传送厂站端一次设备实时运行信息、接收并执行调控中心下达的控制与调节命令，完成数据采集、转换处理并按规约格式要求向调控中心主站传送，接收主站发来的询问、召唤和控制信号，实现控制命令的返送校核并向电气设备发出控制命令，其本身还具备自检、自起动等功能。

早期的厂站远动装置也称远方终端装置（Remote Terminal Unit，RTU），随着厂站端计算机监控系统技术的发展，国内现在将其称为"数据通信网关"，在厂站端计算机监控系统中，按照《电力监控系统安全防护规定》和发电厂、变电站（含换流站）监控系统安全防护方案的要求，在各个安全分区分别设置相应的数据通信网关，用于实现各个安全分区的数据通信，具体配置见表 20.9-2。

表 20.9-2　数据通信网关配置表

电压等级	设备名称	配置要求	使用通道
220kV 及以上厂站	Ⅰ区数据通信网关	双套，构成双重冗余化配置，且单套设备内处理器、电源等模块冗余配置	调度数据网实时虚拟专用网络（Virtual Private Network，VPN）
	Ⅱ区数据通信网关	双套，且设备内处理器、电源等模块冗余配置；在电力系统中地位重要的厂站也可按双套配置	调度数据网非实时 VPN
	Ⅲ/Ⅳ区数据通信网关	单套，Ⅲ区和Ⅳ区合用	电网企业的综合数据网或发电企业的企业数据网
110kV（66kV）厂站	Ⅰ区数据通信网关	双套，构成双重冗余化配置，且单套设备内处理器、电源等模块冗余配置	调度数据网实时 VPN
	Ⅱ区数据通信网关	单套，且设备内处理器、电源等模块冗余配置，也可不配置而是直接采用Ⅱ区应用功能的处理器替代，如用"电能量采集终端"直接与数据网络设备相连	调度数据网非实时 VPN
	Ⅲ/Ⅳ区数据通信网关	单套，Ⅲ区和Ⅳ区合用，如所在地区无需求，可不配置	电网企业的综合数据网或发电企业的企业数据网
35kV 及以下厂站	Ⅰ区数据通信网关	单套	调度数据网实时 VPN 或配电网专用通信网络，或采用安全接入区缓冲后的无线/公共通信网络
	Ⅱ区数据通信网关	单套，也可不配置而是直接采用Ⅱ区应用功能的处理器替代，如用"电能量采集终端"直接与数据网络设备相连	
	Ⅲ/Ⅳ区数据通信网关	此电压等级的厂站一般很少有此类业务应用，具体工程按需配置	

（2）电能量计量装置　电能量计量装置是厂站端配置的用于自动采集、存储、传输、统计和管理电能表电能量数据，并向调控中心传送分时电能量数据的设备，该装置由电能表和电能量采集终端组成（见表 20.9-3），其特点是：①计量精度要求高，对大容量、超高压发输电设备的计量关口要求选用 0.2 级（或 0.2s 级）电能表进行计量，其他可选用 0.5 级或 1.0 级；②可确保电能量数据的唯一性、连续性和完整性，计量关口表计配置主/备双表，考核点配置单表，原始数据和参数均不允许修改；③电能量数据必须和时标一并存储和传输，数据传输实时性要求不高，但传送周期必须满足结算和统计的要求，且必须具备定时、召唤、补传等方式，电能量数据积分周期必须满足分时段计费结算的要求。

表 20.9-3 电能量计量回路表

序号	回路名称	有功电能量	无功电能量
1	同步发电机和发电/电动机的定子回路	√	√
2	双绕组变压器的一侧，三绕组变压器的三侧，自耦变压器的三侧	√	√
3	旁路断路器、母联（或分段）兼旁路断路器	√	√
4	双绕组厂（站）用变压器的高压侧，三绕组厂（站）用变压器的三侧	√	√
5	厂用、站用电源线路及场外用电线路	√	√
6	6kV 及以上线路	√	√
7	3kV 及以上高压电动机	√	
8	需要进行技术经济考核的 75kW 及以上低压电动机	√	
9	直流换流站的换流变压器的交流侧	√	√
10	直流换流站的交流滤波器各组		√
11	330kV 及以上高压并联电抗器		√
12	10~110kV 并联电容器和并联电抗器的总回路，当总回路下既有并联电容器也有并联电抗器时，总回路应计量双方向无功，同时各分支回路仍应计量无功电能量		√

关口计量点设置原则如下：

1）供用电设施的产权分界点或合同协议中规定的电量结算点。

2）发电企业上网线路的出线侧。

3）跨大区、跨省以及电网企业之间的联络线和输电线路的电源侧。

4）直流输电的交流电源测。

5）发电厂起动/备用变压器高压侧和变电站（换流站）外引电源高压侧。

6）省级电网经营企业与供电企业的供电关口，即降压变压器的高、中、低侧。

7）厂站主接线为双母线带旁路接线方式时，旁路断路器处应设置为关口计量点。

8）按机组确定产权的发电厂，关口计量点设置在发电机-变压器组的高压侧。

9）电网中联络线、输电线路一侧确定为关口计量点后，另一侧也可作为关口计量备用点。

（3）调度数据网接入设备 厂站端应配置用于调度数据网的接入设备，按照电力调度数据网的整体规划，调度数据网接入设备按照双平面配置，每一个平面的接入设备包括：路由器1套，接入交换机2套（一套用于实时 VPN，另一套用于非实时 VPN）。工程实施中应根据厂站的调度关系，接入对应的调度数据接入网。

（4）厂站端二次安防 厂站监控计算机系统和调度数据网等均应满足《电力监控系统安全防护规定》（国家发展和改革委员会 2014 年第 14 号令）和《电力监控系统安全防护总体方案等安全防护方案和评估规范》（国能安全〔2015〕36 号）的要求，厂站端的安全分区和防护原则如下：

1）位于安全 I 区的设备包括：厂站计算机监控系统、I 区数据通信网关、保护、测控装置和 PMU 等。

2）位于安全 II 区的设备包括：故障录波、电能量采集终端、综合应用服务器、计划管理终端、II 区数据通信网关、厂站设备状态监测、视频监控、环境监测、安全保卫以及消防等辅助设施。

3）安全 I 区和安全 II 区之间通过防火墙实现逻辑隔离。

4）厂站监控系统通过正/反向隔离装置实现向 III/IV 区数据通信网关的数据交换。

5）纵向加密认证装置部署在路由器与调度数据网接入交换机之间，实现厂站与调控中心之间的纵向安全互联。

6）网络安全监管。在厂站电力监控系统的安全 II 区（和/或 I 区）部署 II 型网络安全监测装置，采集站控层的服务器、工作站、网络设备和安全防护设备的安全事件，通过站内调度数据网接入设备，将站内安全监管信息上送至调度端的网络安全监管平台，同时，支持网络安全事件的本地监视和管理。厂站端调度自动化系统设备与调度数据网、二次安防设备的互联见图 20.9-5。

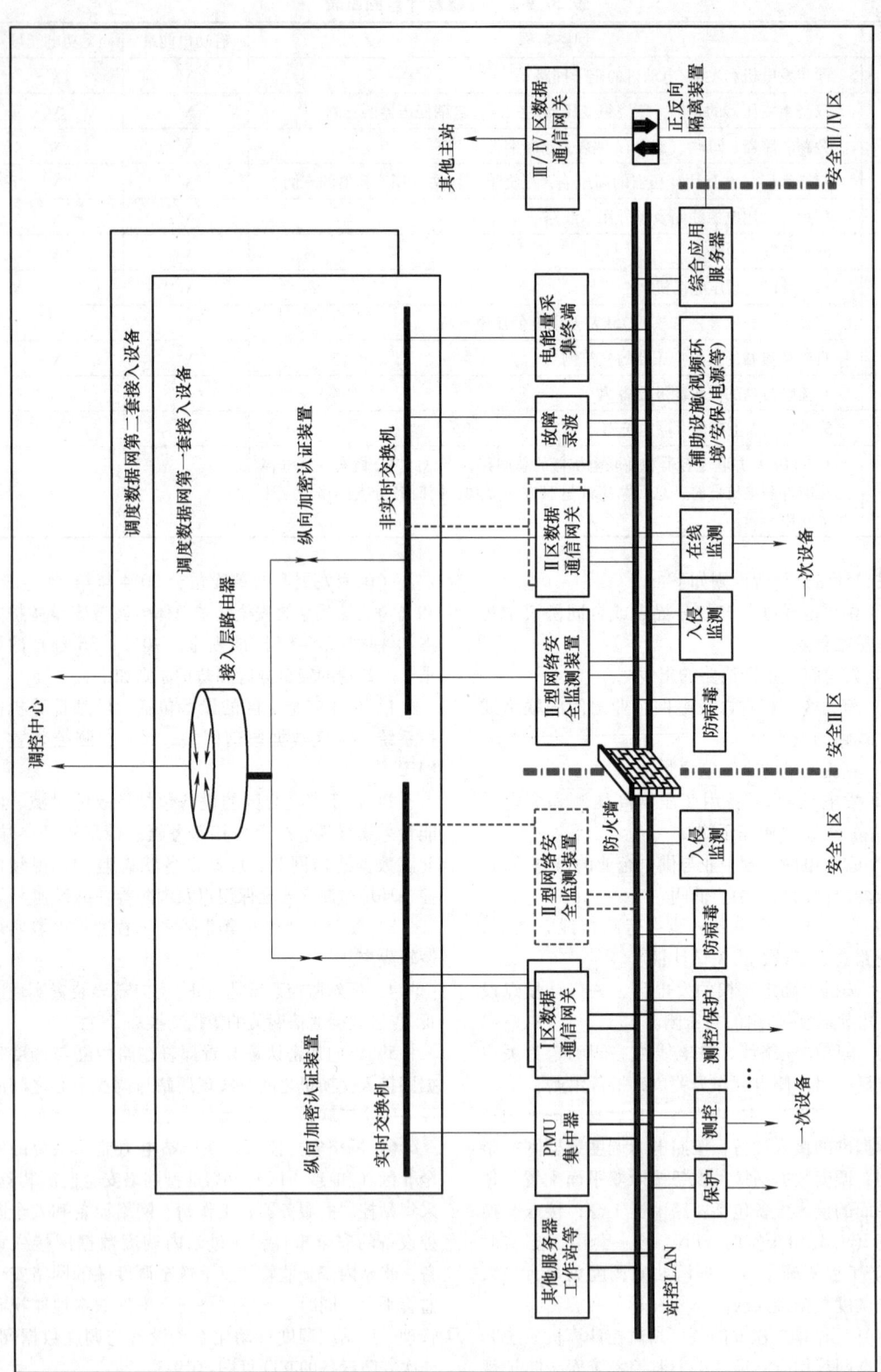

图 20.9-5　厂站端调度自动化设备互联示意图

156　调度数据网　电力调度数据网络是直接为我国电力调度生产服务的专用广域数据网络，是电力调度生产部门之间及调度生产部门与厂站之间计算机监控系统进行实时和准实时数据通信的基础设施，其覆盖范围包括各级电力调度控制中心、各类发电厂、变电站（换流站），承载的网络业务仅限于电力调度和电力生产控制信息，与电力调度生产无关的文本、语音、视频、图像等业务严禁接入本网络。为确保其安全，该网络应在专用传输层通道（SDH）上使用独立的网络设备组网，在物理层面上实现与电力企业其他数据网络及外部公用数据网的安全隔离。

（1）业务种类　电力调度数据网络承载的业务包括：安全 I 区、安全 II 区的业务数据。其中，安全 I 区业务种类包括 SCADA/EMS 调度自动化实时信息、广域相量测量系统（Wide Area Measurement System, WAMS）信息，实时电力市场辅助控制信息、继电保护和安全稳定控制系统信息；安全 II 区业务种类包括水调自动化实时信息、发/送/受电及联络线交换计划值、负荷预测信息、调度生产运行及考核报表、电能量采集信息、故障录波、保护和安全自动装置管理信息、GPS 变电站统一时钟系统数据等。此外，随着智能电网的发展，电力调度数据网络承载的新增业务种类还包括安全 I 区业务的五防系统信息，安全 II 区业务的节能发电调度系统数据、设备在线监测数据、设备检测管理信息，以及独立划分逻辑专网的电网应急指挥业务（含应急指挥的视频业务，但应划出专门的虚拟网络供其使用）。

（2）组网原则

1）电力调度数据网应严格遵照"安全分区、网络专用、横向隔离、纵向认证"的防护原则实施建设。应在专用通道上使用独立的网络设备组网，在物理层面上实现与电力企业其他数据网及外部公用数据网的安全隔离。

2）调度数据网应以电力系统专用通信传输网络为基础，采用 IP 技术组网，以双平面模式建设，为所承载的业务提供网络级别的冗余保障，当节点与节点之间的地理距离小于 40km 时，可采用光纤直接连接，超过 40km 则应采用通信传输设备实现网络设备的互联。

3）调度数据网在网络架构、网络拓扑、网络路由、电路配置、设备配置等方面均应严格遵守 N-1 原则，确保网络的可靠性和稳定性。

4）调度数据网的链路应采用电力系统专用通信传输平台，优先采用 SDH 或 OTN 光通信通道。

5）自治域系统内，核心层、骨干/汇聚层节点之间的互联，任一节点应至少具备两条相互独立的物理路由与其他节点互联，接入层节点则通过两条相互独立的物理路由接入核心层或骨干/汇聚层节点。

6）自治域系统间的互联通信通道要求应至少具备两条相互独立的物理通信路由。

（3）调度数据网第二平面　调度数据网由骨干网络和各级接入网络组成，为调度业务提供实时 VPN、非实时 VPN 和应急业务 VPN，分别对应生产控制大区的控制区业务和非控制区业务以及应急业务。其骨干网络分为第一平面和第二平面，两个平面在网络层面上相对独立，用于各级接入网的网络互联和调度机构的应用接入。确保所有调度机构和厂站均有 2 个不同的网络路由实现互联互通。

骨干网第二平面的设置可规避一个网络平面出现大面积故障，导致整个电力系统失去生产调度指挥的风险，提高了整个调度系统的可靠性和安全性。

（4）应用接入方案　应用的接入遵循以下原则：

1）接入方式应满足 N-1 原则。

2）各个应用系统按照安全分区的原则接入对应的调度数据网 VPN，控制区的应用系统接入实时 VPN，非控制区的应用系统接入非实时 VPN，应急业务系统则接入应急 VPN，并按照规定采取纵向认证加密装置和硬件防火墙确保网络的纵向安全。

3）地调及以上调度机构的应用系统全部接入骨干网络的核心层，接入方式满足业务对可靠性的要求。

4）厂站端的应用系统则接入各级调控中心的接入网络，接入方式应便捷易维护。

5）对于控制区的应用系统，原则上调度主站与直调厂站之间的接入方式应确保至少 2 条不同路由的链路同时在线运行。

6）备调的接入方式原则上与主调保持一致。

157　电力监控系统安全防护　为保障电力监控系统的安全，防范黑客及恶意代码等对电力监控系统的攻击和侵害，以及由此造成的电力设备事故或电力安全事故，工程设计中应贯彻落实《电力监控系统安全防护规定》及其附属的各级调度机构和不同厂站的安全防护方案。

电力监控系统是指用于监视和控制电力生产及供应过程的，基于计算机及网络技术的业务系统和智能设备，以及作为基础支撑的通信和数据网络。具体包括电力数据采集与监控系统、能量管理系统、变电站自动化系统、换流站计算机监控系统、发电厂计算机监控系统、配电自动化系统、微机继电保护和安全自动装置、广域相量测量系统、负荷控制系统、水调自动化系统和水电站梯级调度自动化系统、电能量计量系统、实时电力市场的辅助控制系统等。

电力调度数据网是指专门用于各级电力调度的广域数据网络、电力生产专用拨号网络等。

控制区是指具有实时监控功能、纵向连接使用电力调度数据网的实时子网或者专用通道的各业务系统构成的安全区域。

非控制区是指在生产控制范围内由在线运行但不直接参与控制、是电力生产过程中必要环节、纵向连接使用电力调度数据网的非实时子网的各业务系统构成的安全区域。

（1）一般规定

1）按照国家信息安全等级保护的要求，电力监控系统安全防护坚持"安全分区、网络专用、横向隔离、纵向认证"的原则，保障电力监控系统的安全。

2）电力企业内部基于计算机技术、网络技术的业务系统应当划分为生产控制大区和管理信息大区。

生产控制大区还可分为控制区（也称安全区Ⅰ）和非控制区（也称安全区Ⅱ），管理信息大区在不影响生产控制大区安全的前提下，可以根据各个电力企业具体要求划分安全区。

在实际工程设计中，还可根据实际情况在满足总体安全要求的前提下，简化安全区的设置，如将非控制区的业务系统安全等级升级到控制区，在生产控制大区内不再分区，但应严格避免形成不同安全等级和不同安全分区的纵向交叉联接。

3）电力调度数据网应在专用通道上使用独立的网络设备组网，在物理层面上实现与电力企业其他数据网及外部公用数据网的安全隔离。

电力调度数据网内部还应针对不同安全等级和不同安全分区的业务系统将网络纵向划分为实时（VPN）和非实时（VPN），用于分别连接控制区和非控制区。

4）生产控制大区的业务系统在工程实施中如需要使用无线通信网络、其他网络（非电力调度数据网络）或者外部公用数据网的虚拟专用网络方式（即 VPN）等进行数据通信的，应当设置安全接入区作为缓冲。

5）在生产控制大区与管理信息大区之间必须设置经国家指定部门检测认证的电力专用横向单向安全隔离装置。生产控制大区内部的安全区之间应

当采用具有访问控制功能的设备、防火墙或者相当功能的设施，实现逻辑隔离。安全接入区与生产控制大区中其他部分的连接处必须设置经国家指定部门检测认证的电力专用横向单向安全隔离装置。

6）在生产控制大区与广域网的纵向连接处应当设置经国家指定部门检测认证的电力专用纵向加密认证装置或加密认证网关及相应设施。

电力监控系统安全防护总体框架见图 20.9-6。

（2）生产控制大区的安全区划分

1）控制区（安全区Ⅰ）。其典型特征是作为电力生产的重要环节，直接实现对电力一次系统的实时监控，纵向使用电力调度专用网络或专用通道，是安全防护的重点和核心。其典型的业务系统或功能模块包括：①在功能一体化集成的调度技术支持系统中主要是实时监控与预警类功能；②在传统独立建设的业务系统中包括能量管理系统（SCADA/EMS）、广域相量测量系统、配网自动化系统、发电厂/变电站计算机监控系统、继电保护系统、安全自动装置控制系统、低频低压自动减载系统、负荷控制管理系统等，其主要使用者为调度员和运行操作人员，数据传输实时性为毫秒级或秒级，数据通信使用电力调度数据网的实时子网（实时 VPN）或专用通道进行传输。

2）非控制区（安全区Ⅱ）。其典型特征是作为电力生产的必要环节，在线运行但不具备控制功能，使用电力调度数据网络，与控制区中的系统或功能模块紧密联系。其典型的业务系统或功能模块包括：①计划类功能和安全校核类功能；②在传统独立建设的业务系统中包括调度员培训模拟系统、水调自动化系统、继电保护及故障录波信息管理系统、电能量计量系统、实时和次日电力市场运营系统等，其面向的主要使用者分别为电力调度员、水电调度员、继电保护人员及电力市场交易员等，数据采集频度是分钟级或者小时级，数据通信使用电力调度数据网的非实时子网（非实时 VPN）。

3）安全接入区。其典型特征是生产控制大区内个别业务系统或者其功能模块（或子系统）需使用公用通信网络、无线通信网络以及处于非可控状态下的网络设备与终端等进行通信，其安全防护水平低于生产控制大区其他系统，需要设立安全接入区作为缓冲。安全接入区典型的业务系统或功能模块包括配电网自动化系统的前置采集模块（终端）、负荷控制管理系统、某些分布式电源控制系统等。图 20.9-7 为省级及以上调控中心安全分区及安全防护总体部署方案示意图。

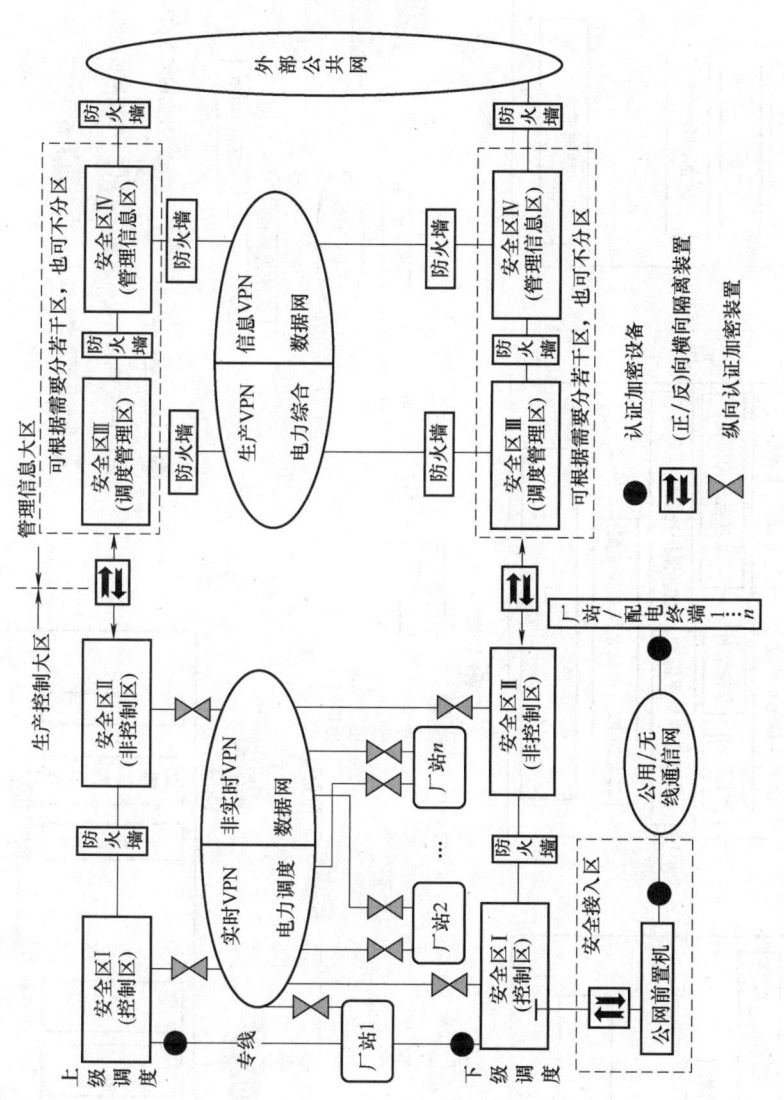

图 20.9-6　电力监控系统安全防护总体框架结构示意图

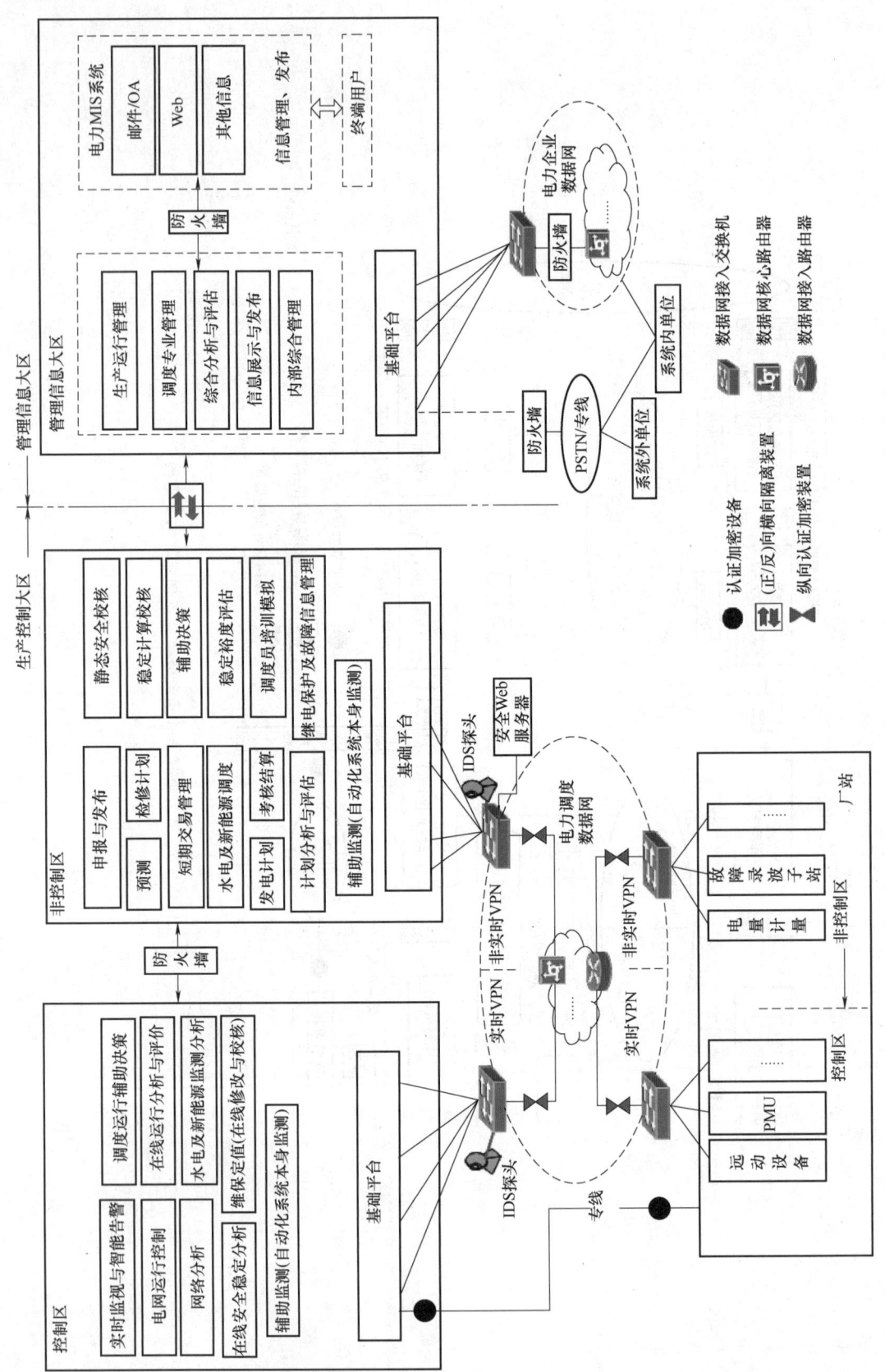

图 20.9-7　省级及以上一体化集成调度控制系统安全分区及安全防护总体部署示意图

除上述安全部署外，省级及以上调控中心安全防护还应采取如下措施：

1）采取病毒防护、入侵检测、安全审计等综合防护手段，提高整个调控中心的安全防护管控水平。

2）对于具备远方遥控功能的业务（如 AGC、AVC、继电保护定值远方下达和修改等）应采取加密、身份认证等技术措施进行安全防护。

3）应实现内网安全监视、实时监测调控中心各类计算机监控系统的计算机、网络及安全设备的运行状态，实现对所辖安全软硬件设备的统一管理，及时发现非法外联、外部入侵等安全事件并实时告警。

4）建立健全的电力调度数字证书系统，负责所辖调度管辖范围及下级调度机构的数字证书颁发、维护和管理。

5）省级及以上调控中心适时适地建设备用调控中心，做到关键业务系统实现系统异地备份，一般业务系统实现数据异地备份；备用调控中心各系统的安全分区和防护措施与主调控中心完全一致。

6）调控中心业务系统所处的计算机机房以及辅助设备应根据信息等级保护制度的要求，采取门禁出入管理措施实现业务系统的物理安全。

158　备用调度系统

（1）备用调控中心的基本概念　备用调控中心是在主调控中心的调度自动化系统处于事故或灾难而不能继续运行时，保证电力调度人员在另外一处调控中心能继续有效地监控所辖地区的电网运行并能有效地与其他系统进行数据互通，从而维护电网安全稳定运行的机构和设施。

（2）备用调控中心的建设原则　在我国五级电网调度机构中，国家、大区和省（市、区）级调控中心负责调度管辖的范围大、影响广、电压等级高，承担的电网安全稳定运行责任最重，是保障国家电网安全、优质、经济运行，促进我国资源优化配置和环境保护的关键环节。地级和县级调度机构仅作为配电系统的调度机构，其调度管辖范围相对要小得多，一旦出现故障，影响范围也远不及省级及以上调控中心大。

因此，原则上省级及以上调控中心要考虑设置备用电力调度机构，地区和县级调控中心原则上可采用数据异地互备、地-县互备等措施来保证电力调度的不间断性，确有必要建设的，应对此进行专门的风险评估专题研究后确定。

其建设原则应满足如下要求：

1）因地制宜原则。我国省级及以上电力调度机构分布在全国不同的省份，各地所面临的风险因素和大小及其发生概率均可能不同，各地在考虑备用控制中心的建设中应因地制宜，结合具体实际对自身进行风险评估后，建设适用的备用控制中心。

2）主用与备用控制中心完全独立进行电力调度的原则。备用控制中心应不依赖于主用调度控制中心即可具备行使调度的能力，确保在主用调度控制中心出现风险事故导致调度功能失效后，备用控制中心能够完全承担其调度职责，并保证对所辖电网调度进行有效指挥。主调与备调系统间应能够实现热备用切换。

3）经济适用原则。备用调度控制中心应遵循经济适用原则，应充分利用已经具备的现有设施，遵循有效、经济、可行、可靠的原则建设，可充分利用新老调度场所更换的时机，老调度场所可更改为新调度场所的备用控制中心，既利用了原有的场地和各种设备，避免了重新选址带来的大量土建工程量，同时老调度场所同时还具备各种交通、生活便利，调度生产人员熟悉已有的各种环境，有利于紧急情况下备用控制中心的启用。

4）遵循有限备用原则。鉴于我国目前电力调度机构所面临的风险因素及其发生概率，备用控制中心的建设应坚持有限备用原则，保证基本的电力调度及必要的生产管理功能即可，同时预留部分扩充的能力。备用控制中心建设不考虑诸如发生战争等灾难所带来的风险，备用只限于有限备用。

5）只建一个备用控制中心原则。除互为备调外，电力调度机构原则上只能设置一个备用控制中心，备用控制中心的建设原则上采用谁建设谁负责运行及维护的方式进行，由于建成后的备用控制中心需要时刻处于替代主用控制中心行使调度权限的热备用状态。因此，备用控制中心的运行和维护必须由所对应的调度机构负责，并定期举行应急演习，确保备用控制中心随时都处于可使用状态。

（3）备用控制中心的建设模式　根据我国省级及以上电力调度机构所面临的各种风险因素，我国省级及以上备用控制中心的建设模式可采用以下几种：

1）异地自身备份模式，即备用控制中心与主用控制中心不在同一个城市，距离相对较远。采用此种方式建设的备用控制中心不仅可以成功避免重大事故和破坏性事件引发的调控中心失效，而且对于地震、台风、洪水等自然灾害的侵袭也能起到很好的防护作用。但异地自备方式还需要相应的配套设施和值班人员，比较可行的解决办法是将建设地点选择在某个同级或下级调控中心、变电站、发电厂，并委托当地人员负责日常维护及管理工作。

异地自备在地址的选择上还应考虑交通和生活便利条件，备用控制中心的启用要求具有方便性和快速性，原则上应确保调控中心人员撤离主用控制中心后，能在 3h 之内到达备用控制中心。

2）同城自身备份模式，即备用控制中心与主用控制中心处在同一个城市，距离相对较近，但绝对不能位于同一个建筑物或两个相比邻的建筑物。采用此种方式建设的备用控制中心不能成功避免像地震、台风、洪水等自然灾害，但可以避免重大事故和破坏性事件引发的各种灾害。

3）互为备份模式，互为备份可采用上下级互为备份和同级互为备份，无论是何种互为备份，两种方式均可达到异地和同城自身备份的效果，且可相互利用对方的调度控制系统和辅助设施，节约投资效果显著。

9.2　电力系统通信

159　电力系统专用通信网　电力系统为了安全、经济、高效的发电、供电，合理地分配电能，保证电力质量指标，及时地处理和防止系统事故，要求集中管理、统一调度，需要建立与之相适应的安全、可靠、便捷的通信系统。

电力系统通信是电网的神经系统，是电力系统不可缺少的重要组成部分，与电力的安全稳定控制系统、调度自动化系统合称电力系统安全、稳定、经济运行的三大支柱，通信系统是支柱的基石。

电力系统通信利用有线、无线、光或其他电磁系统对电力系统运行、经营和管理等活动中需要的各种符号、信号、文字、图像、声音等任何性质的信息进行传输与交换，是满足电力系统要求的专用通信网络。

电力系统通信网亦是国内为数不多的专用通信网之一，电力系统通信与一般公用通信虽有很多共同之处同时又有不少特殊性，由于电力系统生产的不容间断性和运行状态变化的突然性，要求电力系统通信高度可靠，传输时延小。电信部门难以提供电力部门所需的高可靠性、低时延的通信要求和通信设施，因此需要建立与电力系统安全运行相适应的专用通信。电力系统通信主要为电网的自动化控制、商业化运营和实现现代化管理服务。

电力系统通信网主要由传输网、电力调度电话交换网、电力行政电话交换网、电力数据通信网、电力通信支撑网、电力无线通信专网、应急通信等组成。

（1）电力系统通信的主要内容　电力系统通信为电力调度、水库调度、燃料调度、远方保护、安全自动装置、远动、计算机通信、负荷控制、生产管理等提供多种信息通道并进行信息交换。电力系统通信主要为电力生产服务，同时也为基建、防汛、行政管理等服务。

为了满足电力系统安全、经济运行，电力系统需要传输的调度与管理信息内容有

1）调度电话和管理电话。

2）远动和调度数据信息。

3）远方保护及安全自动装置控制信号。

4）计算机通信。

5）系统运行状态监控信息。

6）系统运行状态图像信息。

7）水电站水库、水情、工况信息等。

8）变电站周界防范及图像监控。

9）输电线路在线监测、光缆监测等信息。

10）视频会议等。

就传输的重要性、可靠性及安全性而言，上述信息分为实时、准实时调度信息，监控信息及管理信息。随着电网调度自动化和企业生产管理水平的不断提高，所需传输的信息内容还在不断增加。

（2）电力系统通信网的结构　根据电力系统生产对通信的要求和特点，电力系统通信网一般是按电力系统网络结构和调度管理体制相结合组成的专用通信网，而以公网通信网作为辅助和备用通信。

考虑到电力系统生产的组织与管理，通信网一般是总部（或分部）调度为通信中心，各省电力公司调度中心、直调的变电站（换流站）、发电厂、为通信枢纽的分层多级网状通信网结构。依据调度规程，只有隶属管辖范围内的调度中心、发电厂、变电站（换流站）之间才有调度通信要求。

（3）电力系统通信的方式

1）通信技术政策。遵照国家通信技术政策要求，结合电力生产的特点，电力系统通信主干网路应以数字光纤通信为主，载波、微波、卫星通信技术为辅的多种通信方式，将主干网路基本建成与电力系统相适应的、大带宽、能传送多种信息的综合业务数字通信网。

在传输网覆盖和延伸能力不足的地区，可租用运营商资源或与运营商资源互换。租用运营商资源时须满足公司信息通信安全防护要求。各级传输网

建设应遵循"光缆共享、电路互补"的原则，加强各级传输网的互联互通，防止重复建设和通信资源的浪费，形成相互补充和备用。

光纤复合架空地线（OPGW）、全介质自承式光缆（ADSS）、光纤复合相线（OPPC）等是综合利用输电线路杆塔的光纤通信架设方式，应优先采用。

电力线载波是电力系统特有的一种通信方式，是电力系统继电保护信号有效的传输方式之一，应因地制宜，合理利用。

2）光纤通信。光纤通信是利用光波作为传输媒介，借助于光导纤维进行通信的一种新颖通信方式。光纤通信具有通信容量大、通信质量高、抗电磁干扰等优点，是比较成熟的通信技术，并且还在快速发展的过程中。

电力光纤通信是采用光纤复合架空地线（OPGW）、全介质自承式光缆（ADSS）、光纤复合相线（OPPC）等方式，既可充分发挥光纤通信优点，又能充分利用输电杆路资源、机械强度高、安全可靠性好、与电力工程同步施工等一系列特点，因此在电力系统已作为一种常用通信方式得到广泛应用。由于电力光缆架设在高电场中，其结构、敷设方式、缆路设计都不同于运营商光缆线路的普通光缆。

3）微波中继通信。微波通信是在视距范围内以高频电磁波为媒介进行直线传播的一种通信方式。这种通信方式比较稳定可靠，通信容量稍大，噪声干扰小，通信质量较高，受自然灾害破坏的概率较小。其主要局限因素是频率资源有限，电路传输有衰落，远距离通信需要增设中继站，投资较大，当地形复杂时，中继站选站困难。

4）电力线载波通信。电力线载波是以高频载波信号通过电力线作为信息传输媒介的一种通信方式。这是电力系统特有的一种通信方式，具有高度的可靠性和经济性，传输稳定，通信距离较长，且与调度管理的分布基本一致。但这种通信方式，由于可用频谱的限制，通道数量较少，不能满足大量信息交换需要。此外电力线噪声电平较高，故必须提高电力线载波机的发送功率。同时传输性能受电力网结构影响，一旦电网结构改变，载波系统的安排也需进行相应的调整。

5）电力无线专网。电力无线专网是由于电力公司建设并为电力公司的生产、管理服务的移动通信网络。

电力无线专网采用 TD-LTE 标准中载波聚合、OFDMA、动态频谱感知等关键技术，使用电力专有230MHz 无线频段和与其他行业共用的 1 800MHz 无线频段工作，采取双向鉴权认证、安全性激活等安全措施，保证了电力无线专网的安全性。作为以光纤为主的电力有线通信网的有力补充，打通"最后一千米"，实现对区域内配电自动化"三遥""二遥"终端、用电信息采集等业务终端的全覆盖。电力无线专网应用示意图见图 20.9-8。

（4）系统通信对通信电源的要求

1）电力系统通信要求设置两套稳定、可靠的直流通信电源系统给通信设备供电，保证通信畅通。每套通信电源的两路交流输入电源应分别取自不同 AC380V 母线。

2）330kV 及以上电压等级的通信站宜配置两套独立的专用通信直流电源系统，专用通信直流电源系统由高频开关电源、免维护蓄电池组、直流配电屏等组成。通信电源容量应按照设计年限内通信站通信设备的总耗电量配置。每套电源系统配置的蓄电池组单独供电时间不小于 4h。

3）220kV 及以下电压等级的通信站可采用变电站交直流一体化电源系统供电。通信部分容量应按照设计年限内通信站通信设备的总耗电量配置。每套一体化电源系统配置的蓄电池组的容量除了应满足变电站需求外，还应能为通信设备供电时间应不小于 4h。

160 电力线载波通信

（1）传输信息内容 电力线载波可以用来传送语音信息、远动信息、线路保护、远方跳闸、数据等模拟或数字信息。

根据不同的要求，可以采用语音、远动、远方保护的复用设备，也可以采用单一功能的专用设备。根据实际需要情况，窄带（占 4kHz 带宽）数据可以 300~9 600Band 的速率传送，宽带（占 3×4kHz 带宽）数据可以 300~32 000Band 的速率传送。

（2）电力线载波通信的特点

1）电力线载波是利用电力线进行载波通信，因此不需要单独架设线路和维护线路，电力线路结构坚固，可靠性较高。

2）电力线上存在着强大的工频电流，为了免受严重的工频谐波干扰和便于结合加工设备的制造，频率不能太低，而同时又为了避开广播频段及防止线路衰减过大，频率又不能太高。目前我国电力线载波频率范围规定为 40~500kHz。

3）电力线和电气设备在运行和操作中，存在着电晕、电弧和火花放电等现象，造成电力线高频通道的杂声较多，为保证语音的清晰度，电力线载波终端机的发信功率应较大。

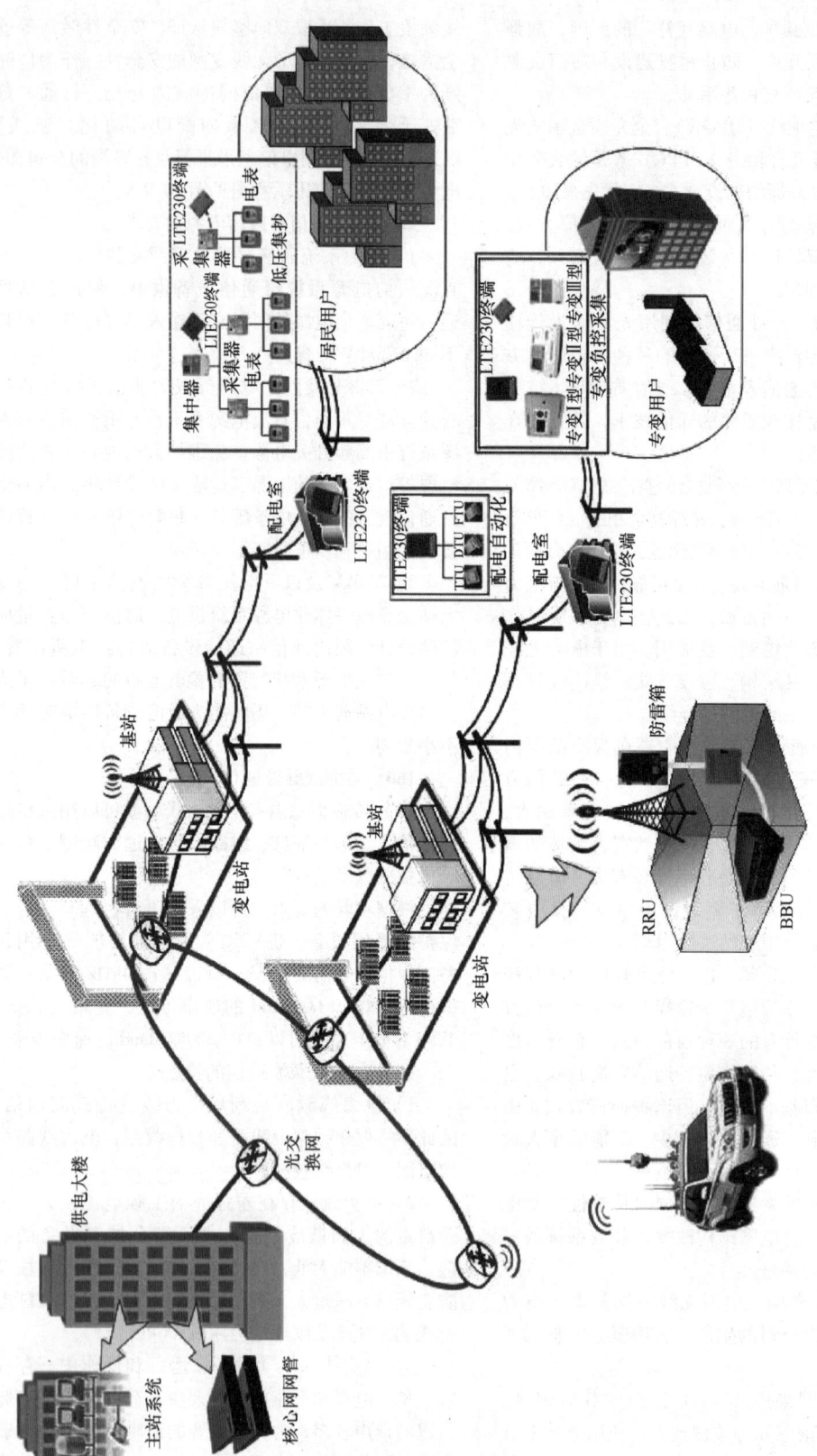

图 20.9-8 电力无线专网应用示意图

4）电力系统在操作和故障时，高频通道的衰减会发生急骤的变化，为保证在系统操作和故障时能维持调度通信不中断，电力线载波终端设备一般都具有较快的自动电平调节系统。

5）电力调度要求载波终端设备能迅速接通用户并能同时传送远动信号等，因而我国电力线载波终端设备一般都设有自动呼叫系统并具有复用远动功能。

6）电力线载波通信的站址选择依赖和取决于电力系统的结构，因此不能任意设站，给通道的组织带来困难。

7）电力线载波是利用电力线相导线来传递信号，由于输电线路的非对称性和不均匀性，各相间的相互串扰影响频率分配，加剧了通道设计的复杂性。

电力线载波通信系统示意图见图 20.9-9。

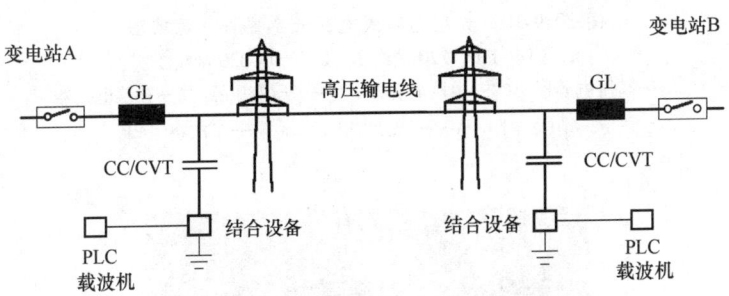

图 20.9-9　电力线载波通信系统示意图

（3）电力线载波设备

1）电力线载波机。电力线载波机是为电力线载波通信方式专门设计的载波通信传输设备，在设计选型时必须考虑以下因素：

① 载波机功放应有足够的输出功率，以便在线路的噪声电平较大及信号衰减的情况下，使接收端的信噪比能满足要求。而接收支路应有自动电平控制电路，不论线路衰减是由于系统的操作及天气变化等任何情况而改变，都能使音频输出电平保持一定。接收支路并应有很高的选择性，以降低本机频率以外的其他电力线载波信号和外界干扰信号的影响。

② 为使本机不去干扰别的机器，对乱真发射应有严格的控制，尽量降低功率放大器的交调失真，使之在规定的限值内。

③ 大多数载波机的调制方式采用单边带调幅（SSB）方式，目前采用数字压缩技术研制开发的数字载波机或数字式载波机已广泛运用。

④ 载波机的基本载波频带为 4kHz，按照国际电工委员会（IEC）和我国国家标准推荐标准，在一个基本载波频带内话音有效传输频带规定为宽频带电路为 300~3 400Hz，一般频带电路为 300~2 400Hz，窄频带电路为 300~2 000Hz。

使用最为广泛的是窄频带电路。对于语音及信号复用的电力线载波终端机，其信号有效传输频带的上下限应符合制造厂商与用户的协议，并建议尽

可能地选用 ITU 的建议值。

⑤ 为克服通道衰减变化，保证接收机输出电平的稳定，载波机动电平调节系统的有效工作范围至少应有 30dB 以上动态调节范围。

2）结合设备。结合设备包括耦合电容器、结合滤波器和高频电缆。耦合电容器与结合滤波器共同构成高频信号的通路，并将电力线上的工频高电压和大电流与通信设备隔开，以保证人身、设备的安全。

① 耦合电容器。耦合电容器需在高压下工作，属强电设备，其技术性能必须满足能在工频高电压下工作的要求。对于电力线载波仅是利用它来耦合信号，如果额定电容量较小，由其构成的结合设备在要求的匹配条件下，通频带就较窄，从而限制了载波频率范围。而额定电容量较大，同样的匹配条件下，结合滤波器的通频带就宽，但耦合电容器的成本也就急剧上升，因此额定电容量的选择必须兼顾两个条件。

IEC 和国标推荐的耦合电容器容量有 3 500pF、5 000pF、7 500pF、10 000pF、15 000pF、20 000pF。

由于工频测量和远方保护的需要，我国还研制和生产了电容式电压互感器，兼作载波通信的耦合电容器，并已得到了广泛的应用。其典型电容式电压互感器接线原理图见图 20.9-10，电容式电压互感器的实物图见图 20.9-11。

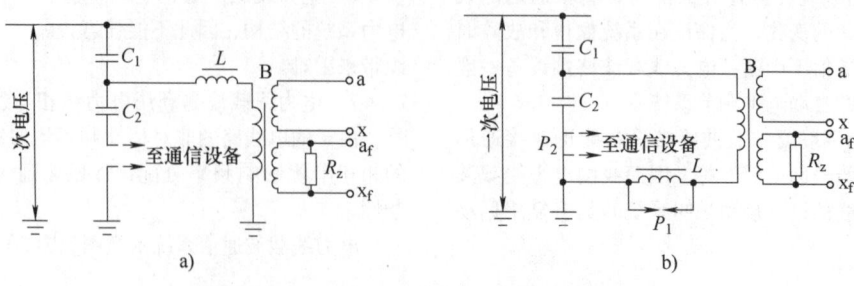

a)　　　　　　　　　　　　　　　　b)

图 20.9-10　典型电容式电压互感器接线原理图

a) YDR-110、220 接线图　b) YDR-330 接线图

C_1—高压电容器　C_2—中压电容器　B—中压变压器　L—补偿电抗器

R_z—阻尼电阻　a-x—二次绕组 1#　a_f-x_f—二次绕组 2#

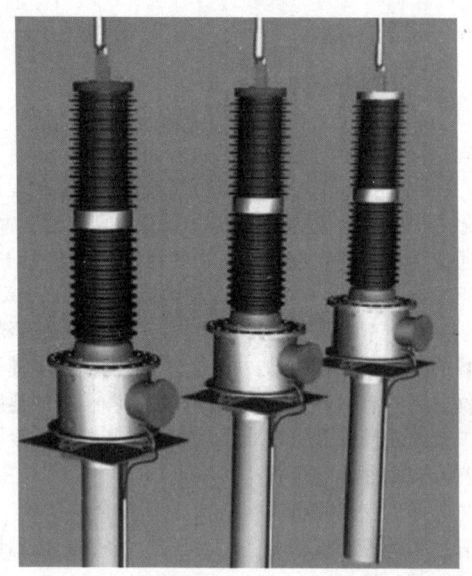

图 20.9-11　电容式电压互感器的实物图

随着对电力线载波通信质量要求的提高，为了减少耦合电容器低电压端子杂散电容和电导对通信的影响，IEC 和我国国家标准对此建议为：杂散电容应不高于 200pF，杂散电导不高于 20μS。而对于整套电容式电压互感器杂散电容一般不大于 300+ 0.05C_e（pF）（其中 C_e 为额定电容量）。杂散电导一般不高于 50μS。国内常用耦合电容器及电容式电压互感器的典型产品主要技术性能见表 20.9-4 和表 20.9-5。

表 20.9-4　国内常用 OWF 系列耦合电容器主要技术参数与性能表

序号	型号	额定电压/kV	额定电容量/pF	质量/kg	高度/mm	安装尺寸/mm×mm	备注
1	OWF3$\sqrt{3}$-0.0035HF	35$\sqrt{3}$	3 500	56	765		用于中性点非有效接地系统
2				35	881	160×160	
3	OWF66$\sqrt{3}$-0.02HF	66$\sqrt{3}$	20 000	182	1 220	324×324	

（续）

序号	型号	额定电压/kV	额定电容量/pF	质量/kg	高度/mm	安装尺寸/mm×mm	备注
4	OWF66$\sqrt{3}$-0.005HF	66$\sqrt{3}$	5 000	182	1 220	324×324	用于中性点非有效接地系统
5	OWF110$\sqrt{3}$-0.01H	110$\sqrt{3}$	10 000	255	1 363	380×380	
6	OWFZ110$\sqrt{3}$-0.01H	110$\sqrt{3}$	10 000	265	1 420	380×380	用于顶部安装阻波器
7	OWF110$\sqrt{3}$-0.01 G	110$\sqrt{3}$	10 000	377	2 151	324×324	4300m
8	OWF110$\sqrt{3}$-0.02H	110$\sqrt{3}$	20 000	248	1 125	324×324	
9	OWFZ110$\sqrt{3}$-0.02H	110$\sqrt{3}$	20 000	258	1 180	324×324	用于顶部安装阻波器
10	OWF220$\sqrt{3}$-0.005H	220$\sqrt{3}$	5 000	490	2 623	380×380	
11	OWFZ220$\sqrt{3}$-0.005H	220$\sqrt{3}$	5 000	500	2 680	380×380	用于顶部安装阻波器
12	OWF220$\sqrt{3}$-0.01H	220$\sqrt{3}$	10 000	479	2 631	324×324	
13	OWFZ220$\sqrt{3}$-0.01H	220$\sqrt{3}$	10 000	489	2 690	324×324	用于顶部安装阻波器
14	OWF500$\sqrt{3}$-0.005H	500$\sqrt{3}$	5 000	2 200	6 320	550×550	
15	OWF500$\sqrt{3}$-0.01H	500$\sqrt{3}$	10 000	2 600	6 320	550×550	
16	ZOAF500-0.01H	±500	10 000	2 285	7 535	475×475	用于500kV 直流系统
17	ZOAF500-0.05H	±500	50 000	3 050	8 675	475×475	

注：型号组成说明，交流型号中的 OWF，O 表示耦合电容器，W 表示烷基苯浸渍（二芳基乙烷浸渍用 F 表示，卞基甲苯浸渍用 A 表示）；HF 中 H 表示用于污秽地区，F 表示用于中性点非有效接地系统；G 用于高海拔地区。直流型号中 ZO 表示直流系统中使用，其他同交流。

表 20.9-5 国内常用 CVT 系列电容式电压互感器主要技术参数与性能表

序号	型号	额定电压/kV	额定电容量/pF	质量/kg	高度/mm	安装尺寸/mm×mm
1	TYD35$\sqrt{3}$-0.01HF	35$\sqrt{3}$	10 000	360	1 370	500×540
2	TYD35$\sqrt{3}$-0.02HF	35$\sqrt{3}$	20 000	360	1 370	505×505
3	TYD 66$\sqrt{3}$-0.02HF	66$\sqrt{3}$	20 000	602	1 750	505×505
4	TYD 110$\sqrt{3}$-0.007H	110$\sqrt{3}$	7 000	516	1 920	420×420
5	TYD 110$\sqrt{3}$-0.008H	110$\sqrt{3}$	8 000	516	1 920	420×420
6	TYD 110$\sqrt{3}$-0.01H	110$\sqrt{3}$	10 000	427	1 770	420×420
7	TYD 110$\sqrt{3}$-0.015H	110$\sqrt{3}$	15 000	765	1 990	530×530
8	TYD 110$\sqrt{3}$-0.02H	110$\sqrt{3}$	20 000	765	2 090	505×505
9	TYD 110$\sqrt{3}$-0.025H	110$\sqrt{3}$	20 000	890	2 370	530×530
10	TYD 110$\sqrt{3}$-0.04H	110$\sqrt{3}$	40 000	890	2 370	530×530
11	TYD 220$\sqrt{3}$-0.005H	220$\sqrt{3}$	5 000	694	3 040	420×420
12	TYD 220$\sqrt{3}$-0.0075H	220$\sqrt{3}$	7 500	1 020	3 250	530×530
13	TYD 220$\sqrt{3}$-0.01H	220$\sqrt{3}$	10 000	960	3 430	530×530

（续）

序号	型号	额定电压/kV	额定电容量/pF	质量/kg	高度/mm	安装尺寸/mm×mm
14	TYD 220√3-0.02H	330√3	20 000	1 180	3 260	530×530
15	TYD 330√3-0.005H	330√3	5 000	1 245	4 770	505×505
16	TYD 330√3-0.0075H	330√3	7 500	1 645	5 070	505×505
17	TYD 330√3-0.01H	330√3	10 000	1 645	5 070	505×505
18	TYD 500√3-0.005H	500√3	5 000	2 218	6 300	569×569
19	TYD 500√3-0.01H	500√3	10 000	2 506	6 688	698×698
20	TYD 750√3-0.004H	750√3	4 000	2 788	8 160	569×569
21	TYDL 110√3-0.01H	110√3	10 000	750	19 900	530×530
22	TYDL 110√3-0.02H	110√3	20 000	750	19 900	530×530
23	TYDL 220√3-0.005H	220√3	5 000	990	3 250	530×530
24	TYDL 220√3-0.01H	220√3	10 000	990	3 250	530×530
25	TYDL 330√3-0.005H	330√3	5 000	1 600	5 070	505×505
26	TYDL 500√3-0.005H	500√3	5 000	2 460	6 688	698×698

注：型号组成说明，TYD 表示电容器式电压互感；L 表示内充 SF_6 气体（不带 L 的为充油产品）；H 表示用于污秽地区；F 表示用于中性点非有效接地系统（无此用于中性点有效接地系统）；G 表示用于高海拔地区。

② 结合滤波器。结合滤波器与耦合电容器配合组成高通或带通滤波器使用，将载波机的高频信号有效地耦合到电力线上去，并且对高电压给予隔离。结合滤波器主要用来抵销耦合电容器的高频容抗，减小高频电流在结合滤波器通带内的衰减。通过结合滤波器可提供耦合电容器中的工频电流的接地回路，使经耦合电容器泄漏的工频电流可靠接地，降低工频电压，保障设备及人身安全。另外，其还对高频电流起阻抗变换作用，使高频电缆与电力线的阻抗得到良好的匹配。

结合滤波器的主要技术性能指标包括标称峰值包络功率、工作频带、工作衰减、回波损耗等。其中工作衰减和回波损耗一般均为 IEC 和我国国家标准规定的定值，前者应不大于 2dB，后者应大于 80dB。峰值包络功率相地结合型为 400W、600W、800W、1 000W 四个等级，相相结合型为 800W、1 000W 两个等级，因此所需的工作仅是根据通道传输频带及耦合电容器电容量来选择确定合适的工作频率。国内常用结合滤波器的典型产品主要技术性能见表 20.9-6 和表 20.9-7。该系列结合滤波器充分考虑了耦合电容器和电容式电压互感器低压端子杂散电容和杂散电导的影响，各项性能和技术指标均满足或优于 IEC 和我国国家标准的要求。可用于电力线载波通道或电力线载波与远方保护复用通道。典型结合滤波器实物图见图 20.9-12。

表 20.9-6　国内常用 JL 系列相地结合滤波器主要技术性能表

序号	型号	耦合电容器电容量/pF	工作频带/kHz	标称阻抗/Ω 线路侧	标称阻抗/Ω 电缆侧
1	JL-X-3.3-B8Z	3 300	100~500	300	75
			76~500	400	
2	JL-X-3.5-B8Z	3 500	100~500	300	75
			76~500	400	

（续）

序号	型号	耦合电容器电容量/pF	工作频带/kHz	标称阻抗/Ω 线路侧	电缆侧
3	JL-X-4.5-B8Z	4 500	76~500	300	75
			60~500	400	
4	JL-X-5-B8Z	5 000	68~500	300	75
			52~500	400	
5	JL-X-6.6-B8Z	6 600	52~500	300	75
			40~500	400	
6	JL-X-7.5-B8Z	7 500	48~500	300	75
			40~500	400	
7	JL-X-8-B8Z	8 000	40~500	300	75
				400	
8	JL-X-10-B8Z	10 000	40~500	300	75
				400	
9	JL-X-15-B8Z	15 000	40~500	300	75
				400	
10	JL-X-20-B8Z	20 000	40~500	300	75
				400	

表 20.9-7 国内常用 JLX 系列相相结合滤波器主要技术性能表

序号	型号	耦合电容器电容量/pF	滤波器编号	工作频带/kHz	标称阻抗/Ω 线路侧	电缆侧
1	JLX-X-5-B8ZA	5 000	JLX-01	84~500	480	75
				70~100	640	
			JLX-02	78~500	600	
				62~500	800	
2	JLX-X-6.6-B8ZA	6 600	JLX-03	64~500	480	75
				56~500	640	
			JLX-04	52~500	600	
				44~500	800	
3	JLX-X-7.5-B8ZA	7 500	JLX-05	60~500	480	75
				48~500	640	
			JLX-06	48~500	600	
				40~500	800	

（续）

序号	型号	耦合电容器 电容量/pF	滤波器编号	工作频带/kHz	标称阻抗/Ω	
					线路侧	电缆侧
4	JLX-X-10-B8ZA	10 000	JLX-07	44~500	480	75
				40~500	640	
			JLX-08	40~500	600	
				40~500	800	
5	JLX-X-5-B8ZB	5 000	JLX-09	104~500	480	75
				84~500	600	
			JLX-10	88~500	600	
				84~500	800	
6	JLX-X-7.5-B8ZB	7 500	JLX-11	84~500	480	75
				76~500	600	
			JLX-12	84~500	600	
				84~500	800	
7	JLX-X-10-B8ZB	10 000	JLX-13	64~500	480	75
				68~500	640	
			JLX-14	68~500	600	
				56~500	800	

注：型号中的 B8ZA 用于耦合电容器，B8ZB 用于电容式电压互感器；标称阻抗线路侧 480Ω、640Ω 用于 220kV、330kV、500kV 分裂导线输电线路；600Ω、800Ω 用于 35kV、110kV、220kV 常规导线输电线路。

图 20.9-12 典型结合滤波器实物图

某些应用场合，如对保护通道有更高的要求，则可采用保护专用结合滤波器。保护专用结合滤波器的主要特点是工作衰减更小，通常不大于 1dB，而回波损耗更大，通常不小于 20dB，但在同等耦合电容器电容量情况下，工作频带要窄得多。

③ 高频电缆。载波机与结合滤波器连接的馈线采用同轴电缆，对其基本技术要求是衰减小、阻抗匹配、频率响应好等。目前电力线载波通道应用最广泛的高频电缆是 SYV-75 系列和 HOY 系列，主要技术参数见表 20.9-8。在载波频率范围内的衰减见表 20.9-9。

表 20.9-8　常用高频电缆主要技术参数

型号	线芯结构		绝缘外径/mm	电缆外径/mm	制造长度/m		计算重量/(kg/km)	特性阻抗/Ω	
	根数/直径/mm	外径/mm			标准	最短		不小于	不大于
SYV-75-9	1/1.37	1.37	9.0±0.4	13.0±0.8	100	10	230	72	78
SYV-75-15	1/2.24	2.24	14.9±0.7	18.7±1.1	50	5	440	72	78
SYV-75-18	1/2.73	2.73	18.0±0.9	21.0±1.0	50	5	575	72	78
HOY1.2/4.4	1/1.18	1.18	6.3±0.1	8.3±0.6	>250	50	86.5	73	77

表 20.9-9　常用高频电缆在载波频率范围内的衰减

测试频率/kHz	50	60	700	150	200	300	400	500
SYV-75-9	1.56	—	1.82	2.34	2.60	2.95	3.48	4.34
HOY1.2/4.4	—	1.561	1.89	—	—	2.95	—	3.74

必须说明的是，无论选用什么型号的高频电缆，在阻抗失配时，都应避免 λ/4 及其整倍数长度，以免终端呈现低阻抗致使衰减急增。

3）加工设备。加工设备是指线路阻波器。阻波器串联在输电线路和变电站母线之间，需要通过工频电流，并能阻止高频信号通过，既对高频信号呈现高阻抗，又对工频电流基本不呈现阻抗，从而提高了载波通道的稳定性。因为线路阻波器串联在输电线路上，所以必须满足强电的要求，因此线路阻波器的基本性能既包括了强电的工频特性，又具有了通信的高频特性。

① 工频特性。线路阻波器的工频特性包含额定连续电流和额定短时电流两个主要技术要求。

额定连续电流是指在规定工业频率下，连续流过阻波器而不引起其温升超过的最大有效值电流，它不应小于阻波器所在线路导线可能有的最大工作电流。IEC 和我国国家标准的推荐值为 100A、200A、400A、630A、800A、1 000A、1 250A、1 600A、2 000A、2 500A、3 150A、4 000A。

额定短时电流是指能承受的短路电流的稳态有效值，在规定时间内流过主线圈不引起热或机械的损伤。上述短路电流第一个半波的不对称峰值是该值的 2.55 倍。IEC 和国标推荐的额定短时电流（有效值）为 2.5kA、5kA、10kA、16kA、20kA、25kA、31.5kA、40kA、50kA、63kA、80kA。

额定短时电流和额定连续电流有相应的配合关系，见表 20.9-10。在实际应用中，由于系统短路电流较大，按照额定连续电流选择的阻波器，其相对应的额定短时电流不一定能满足要求，此时就必须考虑是否选用更高一档额定连续电流或采用系列 Ⅱ 的阻波器，或者向制造厂商提出特殊订货。

表 20.9-10　线路阻波器额定连续电流与短时电流配合表

额定连续电流/A	额定短时电流/kA	
	系列 Ⅰ	系列 Ⅱ
100	2.5	5
200	5	10
400	10	16
630	16	20
800	20	25
1 000	25	31.5
1 250	31.5	40
1 600	40	50
2 000	40	50
2 500	40	50
3 150	40	50
4 000	63	80

② 高频特性。高频特性包括电感量和阻塞性能两项主要技术要求。

电感量决定了线路阻波器的高频特性，任何调谐型式的阻波阻抗或阻塞带宽都与阻波器的电感量成正比，随着电感量的增加，阻波器的外形尺寸、重量和价格都会迅速增加，同时随着电感量的增加，阻波器上的正常和事故电压也会增加，从而使调谐回路的电气强度难以保证。IEC 和我国国家标准推荐采用如下数值的电感量为 0.2mH、0.3mH、0.5mH、1.0mH、2.0mH。

阻塞性能是指根据不同电压输电线路的特性阻抗将线路阻波器的阻塞阻抗或阻塞电阻的要求值定为 400Ω、600Ω 或 800Ω 三种，分流衰减一般应不大于 2.6dB，这相当于阻波器的阻抗值为线路阻抗值的 $\sqrt{2}$ 倍。

为了降低线路阻波器的分流衰减，总是希望阻

塞阻抗或阻塞电阻高一些。但这又会影响阻塞带宽，因此在设计选型时可根据具体情况来考虑。为了降低线路阻波器的分流衰减，希望阻塞阻抗或阻塞电阻高一些，但这又会影响阻塞带宽，因此在设计选型时可根据具体情况来考虑。为确保阻塞作用，阻止变电站阻抗呈现容性时有可能抵消阻波器的感抗分量的情况发生，对于传送远方保护等信号的重要通道，线路阻波器的阻塞电阻值应选为 800~1 200Ω。常用阻波器外形及内部结构图见图 20.9-13。

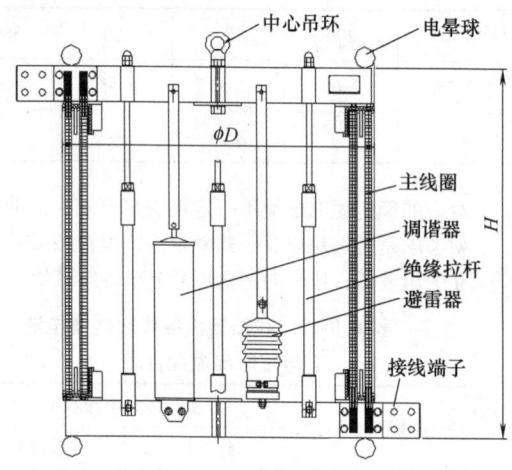

中心吊环　电晕球

ϕD

主线圈
调谐器
绝缘拉杆
避雷器
接线端子

H

图 20.9-13　常用阻波器外形及内部结构图

（4）电力线载波通道的设计与计算

1）通道设计的任务。电力线载波通道的设计与计算，是确保电力线载波通道稳定、可靠运行的重要环节，通道设计的具体任务是：根据电网一次接线，各厂所的重要性和地理位置的特点，以及电网对电力线载波通道和传输质量的要求，进行通道组织、衰减计算、设备选择和频率分配。

2）设计依据与条件。

① 设计依据。电力线载波通道的设计，依据通道的高频参数、电力线载波设备的技术条件及所要求的传输质量指标等进行。

电力线载波通道的传输质量标准，参照 IEC 和我国国家标准的有关建议，以及《电力线载波通信设计技术规定》，主要传输质量标准要求有：可懂串音防卫度为 60dB，对于有困难的系统可以降低到 55dB；不可懂串音防卫度应不小于 47dB；远动串音防卫度应不小于 16dB。

通常在载波机的接收支路，为了保证各部件不过负荷，收信入口的干扰电平不得高于信号电平

9dB；而在发送支路，为了减小非线性失真和交调产物，应限制末级功放管上的干扰电平，一般末级功放管上的干扰电平应比末级功放的额定输出信号电平低 26dB 以上。

② 电力线载波通道设计的条件。通常新设计载波通道设计还需具备下述基础资料信息：通道的用途、传输信息内容等；电网一次系统主结线图；电力线载波系统设计资料，包括现有载波通道组织图、系统频率分配图等。

3）载波通道组织。载波通道组织包括确定通道的路径、耦合方式、结合相别、终端站或枢纽站的选择、中间站的转接方式等。合理的组织通道，可以降低投资，提高通道的利用率及运行的灵活性和可靠性。

① 路由选择。在国内电力光缆已非常普及，电厂、变电站的光缆覆盖率几乎可达到 100%。高压电力线载波已很少使用，在运行的载波电路也没有多少，需要开设载波通信时，路由也几乎就是唯一的 1 条电力线路。

而在国外，特别是非洲、南美、南亚等发展中国家，电力线载波应用较多，几乎每条高压电力线路上都开有载波电路。

② 耦合方式。常用的耦合方式有"相-地"和"相-相"两种。

"相-地"耦合是在 330kV 及以下输电线路最广泛运用的一种耦合方式，见图 20.9-14。这种方式在每个耦合点上只需一个耦合电容器和线路阻波器，在设备的使用上比较经济。其主要缺点是衰减较大，而且在耦合相发生接地故障时安全性较差。

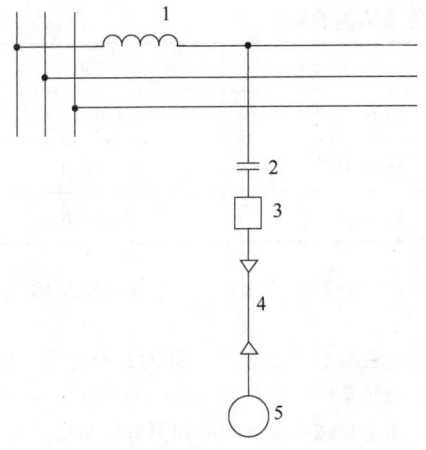

图 20.9-14 "相-地"耦合电原理图
1—线路阻波器 2—耦合电容器 3—结合滤波器
4—高频电缆 5—电力线载波机

图 20.9-15 为"相-相"耦合方式的电原理图，这种方式需要在耦合点装两个耦合电容器和线路阻波器，耦合设备的费用约为相-地耦合的两倍。尽管采用设备较多，但有不少重要的优点，如衰减较小，线路故障时安全性较高，发出的干扰和接收的干扰都较小等，国内目前在 500kV、750kV 输电线路普遍采用这种耦合方式。

除此以外，电力线载波还可采用线路间耦合和绝缘架空地线耦合，相分裂导线束间通信等方式。

4) 载波通道的计算。

① 电力线载波通道的经验计算法。经验计算

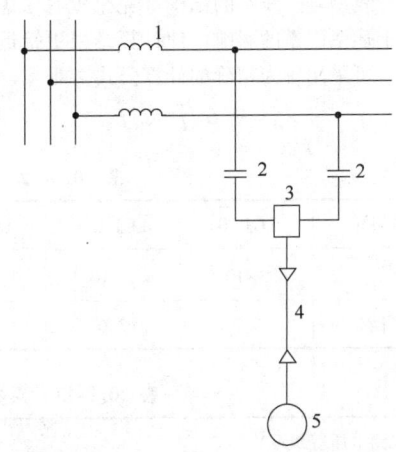

图 20.9-15 "相-相"耦合电原理图
1—线路阻波器 2—耦合电容器 3—结合滤波器
4—高频电缆 5—电力线载波机

法是借助于大量的经验数据，将各项衰减分别归并，求得通道的允许最大衰减，然后计算通道允许使用的最高频率，进而再进行合理的频率分配。经验计算法比较简单和直观，迄今为止，在工程设计中仍被广泛使用，其特点是地波的衰减比相间波的衰减大得多，因此在线路长度超过 20km 时，地波实际上到达不了对端，高频信号只能用相间波传输。

对于 220kV 及以下的线路利用经验计算法是可行的，在大部分情况下，引起的误差仍能限制在工程设计所允许的范围内。

a. 线路衰减。对于"相-地"耦合方式的线路衰减可按下式计算

$$A_{xL} = KL\sqrt{f}$$

式中 L——线路长度（km）；

f——工作频率（kHz）。

A_{xL}——输电线路部分的高频通道衰减；

K——与线路电压有关的衰减系数，见表 20.9-11。

表 20.9-11 K 值与线路电压的关系

电压等级/kV	35	110	220	500
$K/(dB/km)$	12.2×10^{-3}	8.7×10^{-3}	6.5×10^{-3}	7.2×10^{-3}

利用上式计算衰减是比较粗略的，因此系数 K 只考虑了线路电压等级的因素，而对大地导电率的

大小、导线型号、线路的结构等完全没有考虑。为了计及上述诸因素的影响，使计算结果更接近于实际情况、可采用较为精确的计算公式，即

$$A_{xL} = K_{1x} L \sqrt{f} + K_{2x} f$$

式中　K_{1x}——与导线型号有关的系数，见表20.9-12；

K_{2x}——与线路电压等级、线路结构、大地导电率有关的系数，见表20.9-13。

表 20.9-12　系数 K_{1x} 与导线型号的关系

导线型号	LGJ-70	LGJ-120	LGJ-185	LGJ-240	LGJ-300	LGJQ-300	LGJQ-400
K_{1x}	$6.3×10^{-3}$	$4.7×10^{-3}$	$3.7×10^{-3}$	$3.3×10^{-3}$	$3.0×10^{-3}$	$2.9×10^{-3}$	$2.6×10^{-3}$
导线半径/mm	5.7	7.6	9.5	10.8	12.1	12.6	13.6

表 20.9-13　系数 K_{2x} 与线路电压及结构的关系

线路电压等级/kV	35	110	330
三角排列	$9.0×10^{-5}$	$12.0×10^{-5}$	$25.0×10^{-5}$
水平排列	$9.0×10^{-5}$	$23.0×10^{-5}$	$37.5×10^{-5}$
双回路垂直	—	$16.0×10^{-5}$	$25.0×10^{-5}$

b. 通道总衰减。

$$\sum A = KL\sqrt{f} + 7.0 N_1 + 3.5 N_2 + 0.9 N_3 + 5.7 + a_{CL} l_{CL}$$
$$= A_{xL} + A_f + A_{CL}$$

式中　N_1——高频桥路数；

N_2——中间机和无阻波器分支线数目之和；

N_3——并联机和有阻波器分支线数目之和；

a_{CL}——高频电缆的千米衰减（dB/km）；

l_{CL}——高频电缆的长度（km）；

A_f——$A_f = 7.0 N_1 + 3.5 N_2 + 0.9 N_3 + 5.7$；

A_{CL}——$A_{CL} = a_{CL} l_{CL}$。

c. 通道允许最大衰减。通道衰减应不超过一对载波机正常工作允许的最大衰减，即正常发送与标称接收电平之差，然而载波机实际接收电平并不等于标称接收电平，而取决于通道最低接收电平 P_{somin}，它等于线路杂声电平加上所要求的信号噪声比，即

$$P_{somin} = P_z + S/N_{min}$$

式中　P_z——接收带宽内的噪声功率电平（dBm）；

S/N_{min}——通路允许的最低信噪比（dB），语音通道为 26dB，调频制远动通道为16dB。

因此通道的允许最大衰减为

$$A_{max} = P_{fz} - P_{somin}$$

式中　P_{fz}——载波机输出平均功率电平（dBm）。

必须指出，按照 IEC 和我国国家标准建议，现载波机的输出功率均定义为峰值包络功率（P_{EP}），因此在使用式时，需将 P_{EP} 功率电平修正为平均功率电平，并折算为语音功率电平及非电话信号功率电平。

通道衰减会受系统主接线的运行方式、操作、气候等自然条件的变化而波动，为了保证音频端信杂比，通道衰减在设计时必须留有储备电平，对于不同用途、不同地区自然条件下的通道储备电平 A_{cb} 建议取值如下：

一般电话通道为 4.3dB，重要调度电话通道为 6~9dB，无人值班远动通道为 6~9dB，结冰或严重污染地区的通道为 9~13dB。

考虑通道储备电平以后，通道允许的最大衰减应为

$$A_{max} = P_{fa} - P_{somin} - A_{zj} - A_{cb}$$

式中　A_{zj}——转接衰耗；

A_{cb}——通道储备电平。

② IEC 和国标推荐的工程计算法。采用经验公式来计算线路衰减是做了很多的假设，对于 220kV 及以下线路是适用的，然而随着线路电压等级的提高，线间距离越来越大，如果仍按经验法来计算，引起的误差将很大，远超出一般工程设计的允许的范围。

IEC 推荐以自然模分量法为分析基础的计算法，但在实际工程设计中，大多数情况使用的仍是简化公式及借助于预先绘制好的曲线或诺模图表等，以手工方式来完成计算工作，精确计算需采用计算机软件完成。

a. 模分量的基本参数。模分量的衰减常数、相

移常数及传送速度可按下式计算。

$$\left.\begin{array}{l} \alpha^{(n)} = K_1^{(n)} K_3 \sqrt{f} + K_2^{(n)} K_4 f \\ \beta^{(n)} = \omega/c + \Delta^{(n)} f \\ \nu^{(n)} = c\left[\,1 - \Delta^{(n)} c/2\pi\,\right] \end{array}\right\}$$

式中　$\alpha^{(n)}$——模分量的衰减常数（dB/km）；

$\beta^{(n)}$——模分量的相移常数（rad/km）；

$\nu^{(n)}$——模分量的传播速度（mm/s）；

f——工作频率（kHz）；

c——光的传播速度（mm/s）；

$\Delta^{(n)}$——与相位和频率有关的系数（rad/km·kHz）；

$K_1^{(n)}$——与导线牌号有关的导线损失系数；

$K_2^{(n)}$——与线路结构工作频率及大地导电率有关的大地损失系数；

K_3、K_4——相分裂导线有关的系数，见表 20.9-14。

表 20.9-14　K_3 和 K_4 与相分裂导线数的关系

相分裂导线数	K_3	K_4
1	1	1
2	0.68	1.35
3	0.48	1.45

单回路三相线路不同型号导线的 $K_1^{(n)}$ 值见表 20.9-15。表中 $K_1^{(1)}$ 和 $K_1^{(2)}$ 值是导线组成三角和水平排列的模 1 和模 2 的系数值，$K_1^{(4)}$ 和 $K_1^{(5)}$ 是模 4 和模 5 的系数值。

系数 $K_2^{(n)}$ 与大地引起的损失有关，它决定于线路的结构，是工作频率与大地电阻率比值的函数。与导线的参数无关。三相电力线按三角排列和垂直排列的系数 $K_2^{(n)}$ 和 $\Delta^{(n)}$ 值见表 20.9-16。三相电力线按水平排列的 $K_2^{(1)}$ 和 $\Delta^{(2)}$ 可按图 20.9-16 查出。

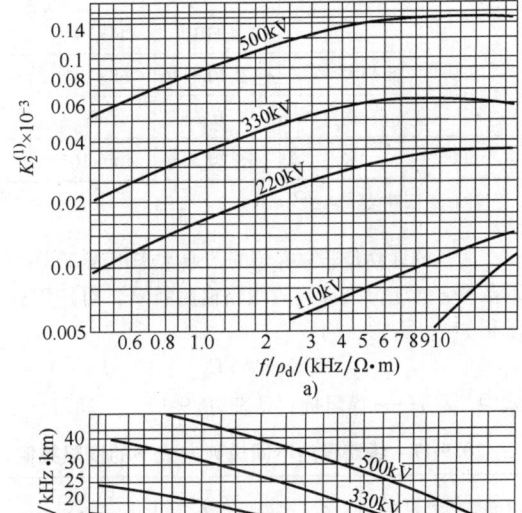

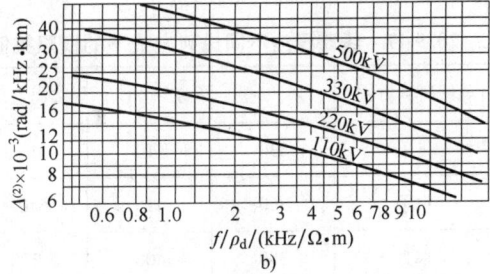

图 20.9-16　不同电压等级线路的 $K_2^{(1)}$、$\Delta^{(2)}$ 曲线

a）$K_2^{(1)} = f(f/\rho_d)$　　b）$\Delta^{(2)} = f(f/\rho_d)$

表 20.9-15　不同型号导线的 $K_1^{(n)}$ 值

导线型号	LGJ-70	LGJ-95	LGJ-120	LGJ-185	LGJ-240	LGJQ-300	LGJJ-300	LGJQ-400	LGJJ-400	LGJQ-500
$K_1^{(1)}$	7.6×10^{-3}	6.0×10^{-3}	5.3×10^{-3}	4.2×10^{-3}	3.7×10^{-3}	3.4×10^{-3}	3.2×10^{-3}	3.0×10^{-3}	2.8×10^{-3}	2.8×10^{-3}
$K_1^{(2)}$	6.2×10^{-3}	5.3×10^{-3}	4.7×10^{-3}	3.7×10^{-3}	3.3×10^{-3}	3.0×10^{-3}	2.8×10^{-3}	2.6×10^{-3}	2.4×10^{-3}	2.3×10^{-3}
$K_1^{(4)} = K_1^{(5)}$	5.6×10^{-3}	4.75×10^{-3}	4.2×10^{-3}	3.5×10^{-3}	3.1×10^{-3}	2.8×10^{-3}	2.7×10^{-3}	2.5×10^{-3}	2.35×10^{-3}	2.25×10^{-3}
导线直径 d_c/mm	—	—	15.2	19.0	21.6	25.2	23.4	29.0	27.2	—

表 20.9-16　$K_2^{(n)}$ 和 $\Delta^{(n)}$ 的系数值

线路电压/kV	导线排列	$K_2^{(1)}$	$K_2^{(2)}$	$K_2^{(4)}$	$K_2^{(5)}$	$\Delta^{(2)}$	$\Delta^{(4)}$	$\Delta^{(5)}$
110	三角	2.4×10^{-5}	22×10^{-5}	—	—	0.525×10^{-4}	—	—
	水平	查图 20.9-16	32×10^{-5}	—	—	查图 20.9-16	—	—
	垂直	0	0	15×10^{-5}	19×10^{-5}	0	3.35×10^{-4}	0.47×10^{-4}

（续）

线路电压/kV	导线排列	$K_2^{(1)}$	$K_2^{(2)}$	$K_2^{(4)}$	$K_2^{(5)}$	$\Delta^{(2)}$	$\Delta^{(4)}$	$\Delta^{(5)}$
220	三角	2.4×10^{-5}	28×10^{-5}	—	—	1.05×10^{-4}	—	—
	水平	查图 20.9-16	54×10^{-5}	—	—	查图 20.9-16	—	—
	垂直	0	0	15×10^{-5}	39×10^{-5}	0	0.49×10^{-4}	1.65×10^{-4}
330	三角	2.4×10^{-5}	44×10^{-5}	—	—	2.1×10^{-4}	—	—
	水平	查图 20.9-16	68×10^{-5}	—	—	查图 20.9-16	—	—
	垂直	0	0	15×10^{-5}	46×10^{-5}	0	0.49×10^{-4}	3.0×10^{-4}
500	水平	查图 20.9-16	100×10^{-5}	—	—	—	—	—

注：双回路 $\Delta^{(3)} = \Delta^{(2)} = 0$。

阻抗的计算是非常麻烦的，通常采用表 20.9-17 的数据，对于分裂导线的线路模阻抗 $Z_{fz}^{(n)}$ 可按下式求得。

$$Z_{fz}^{(n)} = Z^{(n)}/K_4$$

式中　$Z^{(n)}$——模阻抗，见表 20.9-17。

表 20.9-17　线路导线不同排列方式下的模阻抗值

导线排列方式	$Z^{(1)}/\Omega$	$Z^{(2)}/\Omega$	$Z^{(0)}/\Omega$
三角	330	410	610
水平	360	415	640
垂直	380	400	1 300

b. 线路衰减。根据自然模分量法的分析，具有 n 根导线的电力线上的高频信号的传输，是以 n 个模分量传输的，各个模分量的传输衰减是不相同的，每个模分量在各相导线上的大小和相位也不相同，对每相上各个模分量之和合成为该相的相电流、相电压。因此选择适当的耦合方式可以使发送机的功率以损失最小的模式进入电力线路。但是在实际的耦合方式中，例如"相-地""相-相"耦合等，发送机的功率一般以混合的模式进入线路，而其中总有一部分模式是高损失的，从而引起一定的模式转换损失，因此按照 IEC 和我国国家标准的建议，线路衰减可按下式计算：

$$A_{xL} = a_1 l + a A_{zh} + A_f$$

式中　a_1——最低损失模式的衰减常数；

　　　A_{zh}——模式转换损失（dB）；

　　　A_f——由于耦合电路换位等不连续所引起的附加损失（dB），参见表 20.9-18。

通过对大量试验和计算机计算结果的分析，a_1 的近似式为

$$a_1 = 7\times10^{-2}\left[\frac{\sqrt{f}}{d_c\times\sqrt{n}} + 10^{-3}f\right]$$

式中　f——频率（kHz）；

　　　d_c——相导线直径（mm）；

　　　n——分裂导线束的导线根数。

最佳耦合方式及模式转换损失值 A_{zh} 见图 20.9-17。

图 20.9-18 列出了以上式为基础求出的曲线，因此，亦可用查曲线的方法代替计算。通道允许的最大衰减对于电压在 150kV 以上，大地电阻率在 $100\sim300\Omega\cdot m$ 之间的大多数线路是很近似的（300kHz 以下误差为 $\pm10\%$，$300\sim500$kHz 误差为 $\pm20\%$），因此可以满足工程计算要求。

A_{zh}、A_f 的取值决定于以下几个方面：

● 对于均匀线路。不同耦合方式的选择，对垂直排列和三角形排列的单回线不如双回线明显，但对水平排列的线路则很重要，水平、垂直和三角形排列的线路最佳耦合方式和模式转换损失见图 20.9-17。

不同排列的线路采用最佳耦合方式时，附加损失 A_f 的近似值为

单回路、垂直或三角形排列：相-地及相-相耦合，$A_f \leqslant 3$dB。

双回路、垂直或三角形排列：相-地及相-相耦合，$A_f = 2\sim10$dB。双回路差接耦合 $A_f \leqslant 1$dB。

单回路、水平排列：相-地耦合 $A_f = 0$dB；相-相耦合 $A_f = 0\sim6$dB。

● 不均匀线路。例如线路换位，线路分支或架空线接电力电缆等，会引起严重问题，因此，在进行电力载波系统设计时，需对此慎重研究。线路换位会使线路衰减增加很多，它对载波信号传输的影响由线路的参数和长度、耦合方式、换位形式及次数、大地电阻率、载波频率决定。

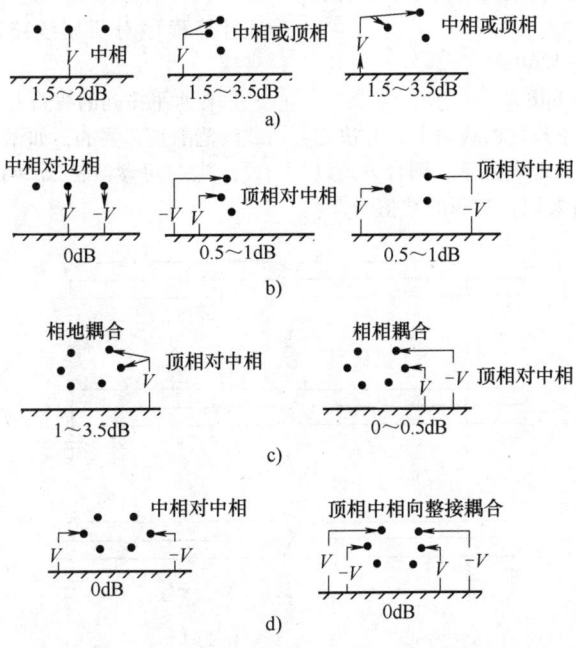

图 20.9-17　最佳耦合方式及模式转换损失 A_{zh} 值

a）单回路　相-地耦合　b）单回路　相-相耦合
c）双回路中单回路内耦合　d）双回路中两回路间耦合

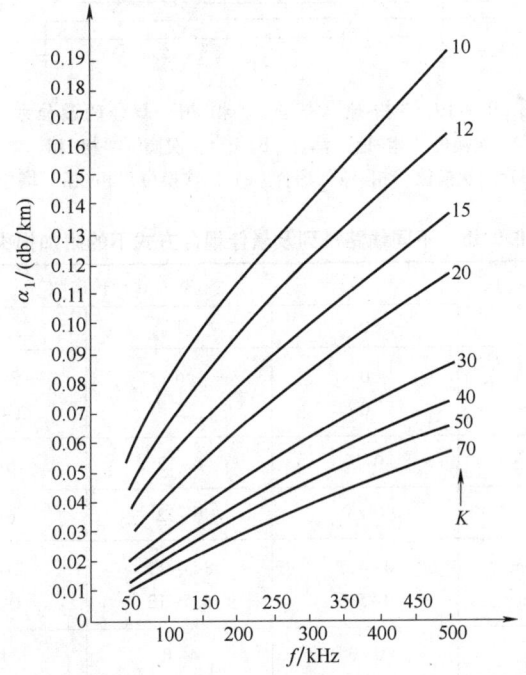

图 20.9-18　最低损失模式的线路衰减常数 α_1

在单回路垂直或三角形排列的线路上，如果线　　　路两端的耦合实接在一根导线上，则附加损失实际上与载波频率、换位形式及次数无关，通常可取以下数值：

相-地耦合　　$A_f = 6 \sim 12\text{dB}$；

相-相耦合　　$A_f = 4 \sim 8\text{dB}$。

在双回路垂直或三角形排列的线路上，A_f 决定于换位次数、线路参数、大地电阻率、耦合方式以及载波频率与线路长度的乘积，实测的数值为 2 ～

10dB，甚至为 20dB。遇特殊情况时，建议通过模式计算程序对所用线路进行现场实测以求得总衰减。

在水平排列的线路上，选择正确的耦合方式和载波范围是必要的，如图 20.9-19 所示最佳耦合方式，其 A_f 可参见表 20.9-18。

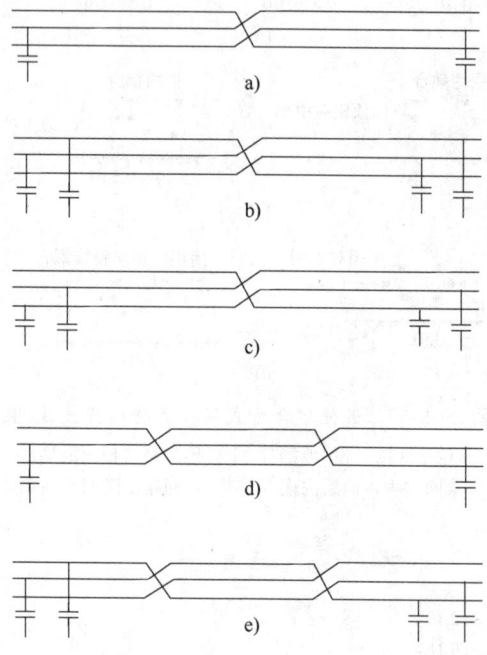

图 20.9-19　"相-地" 耦合、"相-相" 耦合的最佳方式
a) 一次换位 "相-地" 耦合　b、c) 一次换位 "相-相" 耦合
d) 二次换位 "相-地" 耦合　e) 二次换位 "相-相" 耦合

表 20.9-18　不同线路排列及最佳耦合方式下的附加损失 A_f

线路结构和耦合方式 (见图 20.9-17)		换位次数			
		0	1	2	2 次以上
a	$\rho = 30 \sim 300\Omega \cdot \text{m}$	0	6	3~8①	—
	$\rho \geqslant 1\,000\Omega \cdot \text{m}$	0	6	1~10①	—
b		0~3	6~12	6~12	6~12
c		0~3	6~12	6~12	6~12
d	$\rho = 30 \sim 300\Omega \cdot \text{m}$	0~4.5	8.5~11	2~10①	—
	$\rho \geqslant 1\,000\Omega \cdot \text{m}$	0~5.5	8.5~12	0~8①	—
e		0~3	4~8	4~8	4~8
f		0~3	4~8	4~8	4~8
g		2~10	2~10②	2~10②	2~10②

（续）

线路结构和耦合方式 （见图 20.9-17）		换位次数			
		0	1	2	2次以上
h		2~10	2~10[②]	2~10[②]	2~10[②]
i		2~10	2~10[②]	2~10[②]	2~10[②]
j		0~1	0~4	2~8[②]	2~8[②]

① $lf_{max} \leq 1 \times 10^5 km \cdot kHz$（$\leq 330kV$）和 $lf_{max} \leq 0.5 \times 10^5 km \cdot kHz$（$> 330kV$）时的值。$l$ 为线路长度（km）；f_{max} 为载波通道或高频保护通道工作频率。

② $lf_{max} \leq 2 \times 10^5 km \cdot kHz$ 时的值。

载波信号在线路上传输受雨雾冰雪等天气情况的影响。雨、雾一般增加不了多少衰减，一般可以不计。而污秽地区，衰减可能增加。有时，在工作区或海边，下一次雨可能将电力线绝缘子表面冲洗干净，衰减反会减小。

线路结冰则情况不同，通路的传输衰减可能增加到不能允许的程度，设计人员必须认真考虑。导线上积冰积霜时，极端情况下，受影响线段的衰减常数可增加为好天气的 6 倍。例如冰层厚度为 0.5mm 时，对于 300kHz 以上频率，衰减常数将增加到 1.5~2 倍。在分裂导线时由结冰引起增加的衰减增加倍数较少。因此对于会积冰的线路建议选用最低频率。

● 耦合损失。耦合损失包括经过结合设备和同轴电缆损失、由于阻波器和未阻塞相的泄漏引起的载波能量的分流损失及因并联载波机引起的损失。

按照 IEC 及我国国家标准的规定，由结合设备及其所接的耦合电容器组成的四端网络的工作衰减在整个工作频带内应不大于 2dB，一般说来，包括耦合电容器介质损失在内的耦合损失小于 1.5dB。

在载波频率范围内，高频电缆的衰减按前文提到的通道总衰减公式中计算，一般为 1~5dB/km。

阻波器的分流损失不宜超过 2.6dB，只要调谐合适，其分流衰减都可能小于 2dB。

几台载波机并联接往一套共用的结合设备时，每台载波机对其他载波机产生的分流损失可按 0.5~1dB 计。由于发信方向滤波器离中心频率越远，呈现的阻抗越高，因此并不是每台载波机的分流是一样的，并机频率越远，分流损失越小，反之分流损失也就越大，但分流损失最大一般不应超过 1dB。

● 桥路损失。高频通路的终端不一定都是电力线的终端，常用的方法是装设高频桥路。在直通桥路情况下，衰减的典型值为 4~8dB，而当桥路上并联本地载波机时，则为 5~9dB。

在"相-相"耦合情况下，信号通过桥路和通过未阻塞线路而到达下一段线路的输入端，由于通过这两条途径的信号电压间的相互作用，可能使桥路衰减在某些频率处增大，此时则可采用更换频率措施来克服。

由于光纤通信的发展和普及，桥路在工程中早已没了应用需求。

● 通道总衰减。电力线载波通道的总衰减包括：线路衰减、耦合损失，桥路损失三个部分，用公式表示则有

$$\sum A = A_{xL} + A_{oh} + A_{QL}$$

式中　A_{oh}——耦合损失（dB）；

　　　A_{QL}——桥路损失（dB）。

● 允许最大线路衰减。如果考虑线路结冰等自然条件致使线路衰减增加，以及由于转接引起的噪声积累所必须留有的储备电平，则有

$$A_{xLmax} = P_r - P_{dy} - S/N_{min} - A_{oh} - A_{QL} - A_{zj} - A_{cb}$$

式中　P_r——载波机输出端参考通路信号的发送电平（dBm）；

　　　P_{dy}——参考通路带宽内的电晕杂声电平（dBm）；

　　S/N_{min}——通过允许最低信噪比（dB）；

　　　A_{zj}——转接衰耗；

　　　A_{cb}——通道储备电平。

c. 线路保护通道的设计考虑。线路保护装置的特点是允许传送和识别时间很短，只有在线路出故障时才发送信号，没有预定的发送时间，因此要求正确动作的概率极高，错误动作（例如噪声引起的误动作）和拒绝动作（需要跳闸时拖延跳闸时间、不跳闸或被闭锁等）的概率应极低。

在通信系统中，保护装置可以分用其中一个通道，也可以使用一条完整的载波通路。在我国

330kV 及以下线路上的远方保护通常采用高频保护专用收发信机；在 500kV 以上线路上，一般采用与电话、远动、远方保护复用载波机。

电力线载波通道的设计与计算一般仍然适用远方保护通道，但考虑到远方保护的特点和要求，高频保护通道的允许最高工作频率应保证在正常条件下接收机入口的功率电平不低于以下数值：对于 220kV、330kV 线路为 15～16dBm（重冰区或严重污染区可取为 19dBm）；对于 500kV、750kV 线路为 17～18dBm。

（5）电力线载波通道的频率分配

1）频率分配的目的。频率分配的目的就是保证电力线载波通道本身的传输质量标准，抑制相邻通道间的相互干扰，最大限度地利用频率资源。为了保证电力线载波通道的传输质量指标，载波机对来自相邻通道的干扰应具有一定的防卫能力。防卫干扰的能力除了取决于电力线载波机本身的设计与制造工艺，还需要合理地利用通道之间的跨越衰减，以及妥善的安排频率等措施来达到。

在工程设计中，频率分配就是选择具体的合适的工作频率，包括发信频率、收信频率以及本机和邻机这些频率之间的间隔。

影响本机发信-邻机发信频率间隔的主要因素：一是限制干扰载波机（邻机）对工作载波机（本机）发信功率放大器过载能力的影响；二是限制干扰载波机（邻机）对工作载波机发信功率分流的影响。一般来说，只有当两台频率相邻的载波机并联于同一相上运行，才需考虑本机发信-邻机发信频率间隔的影响。

影响两台频率相邻的载波机之间发信-收信频率间隔与收信-收信频率间隔的主要因素：一是限制收信支路的过负载；二是满足两个载波通道之间串音防卫度的要求。

电力线载波的频谱是十分有限的，为了充分应用频率资源，最有效的措施和方法就是尽可能地予以重复使用。

2）频率分配的方法。不管采用什么方法来进行频率分配，都应能使有限的载波频率范围内可容纳更多的通道，并保证各方面对通道传输质量的要求。通常要求在 40～500kHz 载波频率范围内，对所需载波通道的数量和频率分配都事先进行规划，并按下述原则和秩序统筹安排：

① 优先满足远方保护高频通道频率的要求。

② 优先安排重要用户的频率。

③ 先长通道，后短通道，先高频，后低频。

④ 在电网改造，设备更新和发展的过程中，可灵活、简便地改变频率。

⑤ 安排在同一相线上的几个载波通道频率，应能与阻波器的阻塞频段恰当地配合。

在同一厂站内，包括不同电压等级的电力线载波通道之间一般不允许重复使用频率。应注意到无线电通信特别是无线电航空导航的原因，在某些地区，有些频率完全不能使用或只能限制使用。

由于线路的衰减随频率升高而增大，在线路较长时（如 250km 或更长），最好使用频段中的最低频率。对于水平排列无换位的长线路更应如此。

由于线路阻波器不可能将电力线载波信号全部阻塞，总有一定的泄漏，且相邻的电力线路之间存在着空间上的电磁耦合，因此在电网中某一线路上的电力线载波信号总是可以串漏到相邻的线路上去，所以在同一连接点相邻线路上的电力线载波通道一般都不可能重复使用频率。两个电力线载波通道通常要经过两段阻波器阻塞的电力线载波电路之后，才可以重复使用频率。对于组成闭合环形网络的电网，需注意串漏信号可能从闭环的两个及以上的方向产生。如果两条载波电路工作在不同电压的电力线上，即使这两条线路接往同一变电所，由于电力变压器对载波频率的损失很大，也可能不互相干扰，除非这两条线路的平行部分很长。

由于光纤通信的快速发展，目前在电力通信中已广泛应用，因此高压电力线载波通信的应用已很少，频率资源不再紧张，频率分配也不再困难。

3）载波机频率间隔分配原则。当前，载波机已由早期的电子管载波机、晶体管载波机、集成电路载波机等模拟载波机发展到高度集成的数字载波机，在抗干扰能力、滤波技术、频率设定、可靠性等方面都有较大提高。频率分配可以十分简化。载波机的相互频率间隔的最低要求只要满足表 20.9-19 的要求，即使在最不利的运行条件下（即传输衰减为最大值），也能保证通道传输质量的基本要求。

（6）数字载波机简介 电力线载波机经历了由电子管模拟双边带载波机、电子管模拟单边带载波机、晶体管模拟单边带载波机、集成电路模拟单边带载波机到现阶段的高度集成的数字单边带载波机。

数字电力线载波机是采用数字直接合成技术或采用 TDM+TCM+OQPSK 技术体制，实现 4kHz 频带内的大容量、全数字、高性能、高质量的电力线通信。图 20.9-20 是典型数字电力线载波机。

表 20.9-19　载波机频率分配建议

工作频段 /kHz	收-发			发-发		收-收	
	本机间	并机间	邻相间	并机间	邻相间	并机间	邻相间
40~352	≥3B	≥3B	≥1B	≥7B	≥0B	≥7B	≥0B
352~500	≥7B	≥7B	≥1B	≥7B	≥0B	≥7B	≥0B

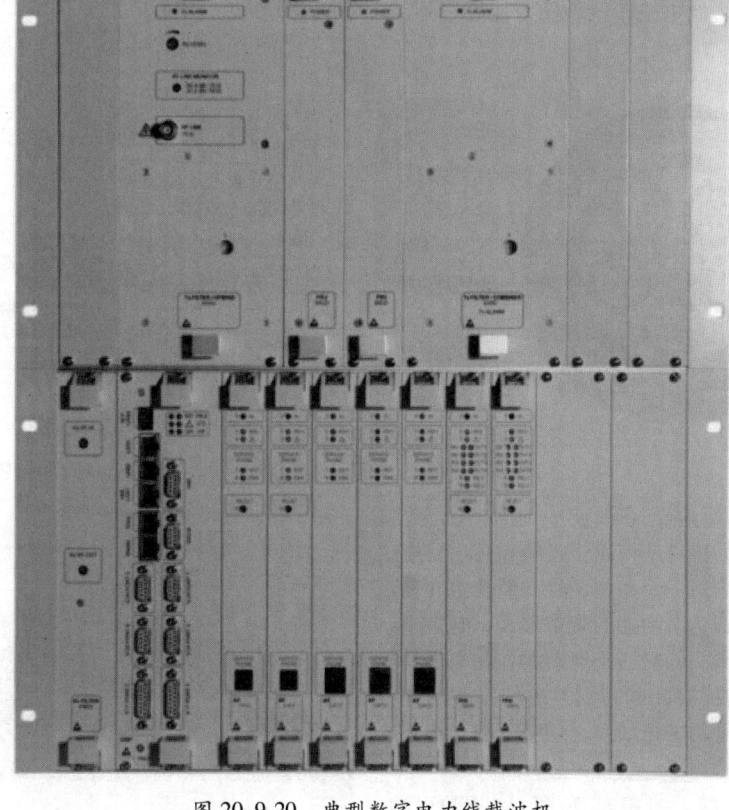

图 20.9-20　典型数字电力线载波机

数字电力线载波机的主要特点如下：

1）大容量：在 4kHz 内可同时传输 6 路语音、数据信号。

2）全数字：语音、数据信号的处理和调制/解调采用数字技术，应用时分复用、纠错编码、数字调制、回波抵消等多项数字通信技术。

3）强网管：采用先进的管理软件，可用计算机实现对载波机的远程全网管理。

4）高可靠：采用数字调制/解调技术，对线路上噪声具有很强的抗干扰能力，极大地提高了信息传输的可靠性。

5）多接口：具有各种标准数据接口、语音接口、RS-232、RS-485 及模拟远动接口；自动均衡：本设备采用自动均衡技术，均衡效果好。

6）全兼容：与国内所有模拟载波机兼容，可并机运行，且完善的监视、控制、配置和告警管理系统。

7）在线路侧与原来的模拟载波机完全兼容，线路上的结合加工设备不用改变。

161　电力光纤通信

（1）电力特种光缆　电力特种光缆由于运行的环境与场景和电信运营商的光缆有很大的不同，因此根据电力应用的特殊要求以及科技的进步逐渐发展而来，主要包括全介质自承式光缆（ADSS）、架空地线复合光缆（OPGW）、缠绕式光缆（GWWOP）、捆绑式光缆（ADL）、相线复合光缆（OPPC）、光纤复合电缆、可融冰 OPGW 等。目前使用最广泛的是 ADSS 和 OPGW。

电力特种光缆具有可靠性高、寿命长、安装方便、总体造价低、安全性好等突出优点，在电力系统通信中正在得到越来越多的应用。

1）全介质自承式光缆。全介质自承式光缆（ADSS）除具有一般光缆的优点（通信容量大、中继间隔长、抗雷击及电磁干扰、保密性好）外，还有其独特的优点：

① 具有良好的经济性：可与 220kV 以下电压等级的输电线路同塔（杆）架设，不需新立杆塔，不需新占地，施工速度快，工期短，大大节省了建设用度。

② 具有建设的灵活性：可带电架设光缆，不影响输电线路的正常运行。

③ 具有维护的方便性：与电力线路互相独立，不影响输电线路和光缆的正常维修。

④ 具有较强的抗冲击性：ADSS 光缆具有较好的防弹功能。

ADSS 的结构见图 20.9-21。

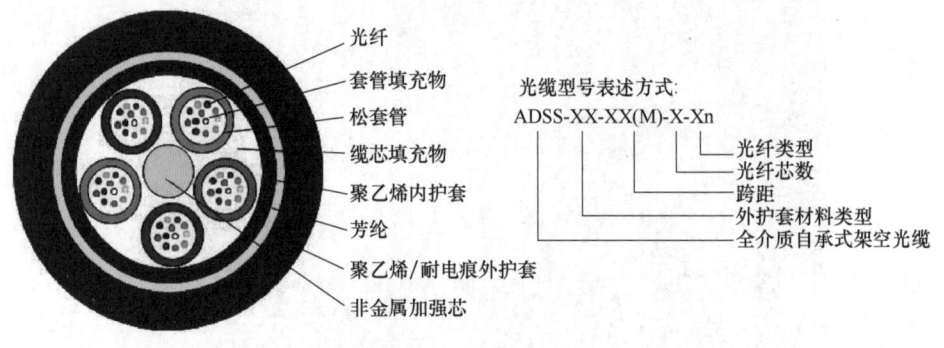

图 20.9-21　ADSS 的结构

2）架空地线复合光缆。架空地线复合光缆（OPGW）突出的特点是将通信光缆和高压输电线上的架空地线结合成一个整体，将光缆技术和输电线技术相融合，成为多功能的架空地线，既是避雷线，又是架空光缆，同时还是屏蔽线，在完成高压输电线路施工的同时，也完成了通信线路的建设，非常适用于新建的输电线路。OPGW 的结构见图 20.9-22。

3）缠绕式光缆。缠绕式光缆（GWWOP）是一种直接缠绕在架空地线或相线上的光缆，它沿着输电线路以地线（相线）为中轴螺旋状地缠绕在地线上，形成了一种依附于输电线支承的光传输媒介。

4）捆绑式光缆。捆绑式光缆（ADL）是一种通过一条或两条抗风化的胶带、被覆芳纶线或金属线捆绑在地线或相线上，减少了光缆由于弯曲缠绕而引起的衰减和增加的长期应力。该光缆的缆径和柔性介于 ADSS 和 GWWOP 之间，有一定的抗张强度，与 GWWOP 一样依附于输电线架设，所不同的是光缆是与架空地线或相线平行架设的，用金属线或非金属线螺旋形地将光缆捆在地线或相线上。

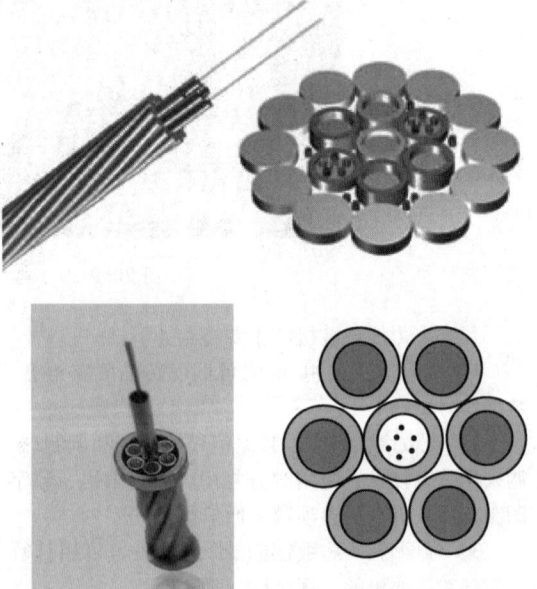

图 20.9-22　层绞式和中芯管式 OPGW 的结构

GWWOP 和 ADL，一般用于 35kV 以下线路中，在 20 世纪 80 年代初就已经开发并被欧美等发达国电力公司所使用，是电力系统中建设光纤通信网络既经济又快捷的方式，在国内应用很少。目前已被 ADSS、OPGW、OPPC 等取代。

5）相线复合光缆。相线复合光缆（OPPC）是将光纤复合在输电相线中的光缆，一般用于 110kV 以下电压等级的架空输电线路上。OPPC 的结构见图 20.9-23。

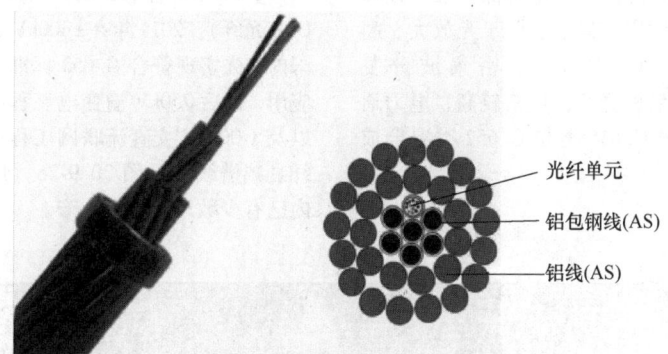

图 20.9-23　OPPC 的结构

6）光纤复合电缆。光纤复合电缆就一种同时具有输送电能和光信号的电缆。是我国智能电网建设的重要材料之一，可以同时实现主干电缆电能输送和高速光纤信息的传输。

光纤复合电缆结构为线缆外皮和挤包在线缆外皮内的线缆线芯，线缆外皮和线缆线芯之间有填充物，线缆线芯包括位于其中部的三根或四根排列成束的导电单元和位于导电单元一侧的光纤通信单元。

光纤复合电缆有光纤复合低压电缆和光纤复合中压电缆，主要适用于配网及 6~35kV 输电线路的电网。

一种光纤复合电缆图见图 20.9-24。

7）可融冰 OPGW。可融冰 OPGW 是一种集架空地线、光缆、可通电流进行融冰三种功能与一体的新型架空地线复合光缆。它是在常规 OPGW 中增加数芯绝缘导线，需要融冰时在绝缘导线中施加合

图 20.9-24　一种光纤复合电缆图

适的电流，绝缘导线产生的热量传导给 OPGW 表面，从而融化 OPGW 上的覆冰。可融冰 OPGW 结构示意图见图 20.9-25。

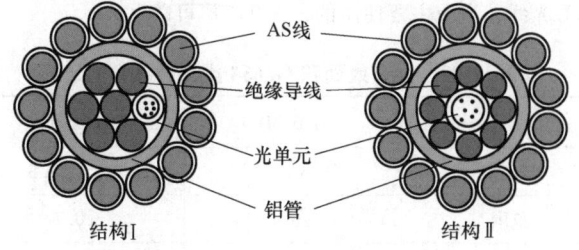

图 20.9-25　可融冰 OPGW 结构示意图

（2）电力通信常用光纤

1）G.652 类光纤。G.652 类光纤也称为非色散位移单模光纤，是价格低廉、应用最广泛的光纤，在电力通信中应用最多。ITU-T 把 G.652 类光纤细分为 G.652A、G.652B、G.652C 和 G.652D 四个子类，其中 G.652D 是指标要求严的 G.652 类光

纤，并能向下兼容，也是电力通信应用最多的光纤。

2）G.655 类光纤。G.655 类光纤是一种复杂折射率剖面的色散位移光纤，不过在 1550nm 波长附近不再是零色散而是维持一定量的低色散，以抑制四波混频等非线性效应。其是能用于光放大、高速率（10Gbit/s 以上）、大容量、密集波分复用（DWDM）传输系统的光纤，价格较高，电力通信在 21 世纪初有少量 G.655 类与 G.652 类混合成缆架设，应用较少。

3）超低损耗光纤。

① G.652 超低损耗光纤。超低损耗光纤是美国康宁公司于 2010 年率先推出来的一种高性能光纤，是为高速率长途和区域性网络中能达到更远的传输距离和更长的中继距离而设计的，具有超低衰减、超低 PMD、符合 ITU-G.652 标准的单模光纤（简称 ULL 光纤）。2011 年在 ±400kV 青藏直流联网工程在国内率先实现符合 G.652 标准的超低损耗光纤工程应用，此后 750kV 输变电工程、±800kV、±1 100kV 以及 1 000kV 交直流联网工程中多有应用。ULL 光纤衰减谱线图见图 20.9-26。此类超低损耗光纤国内已有少数厂商可以生产。

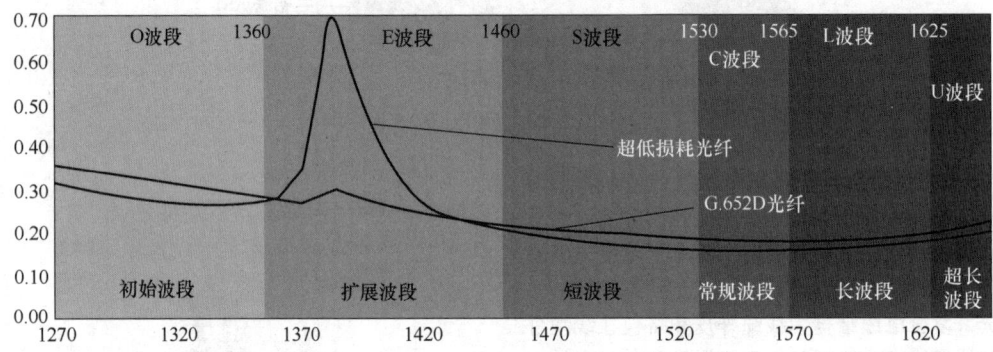

图 20.9-26　ULL 光纤衰减谱线图

从图 20.9-26 可知，在 1 383nm 特征波长上（俗称"水峰"），ULL 光纤的衰减很大，在 1 310nm 及 O 波段（初始波段，1 260~1 360nm）、S 波段（短波段，1 460~1 530nm）、1 550nm 及 C 波段（常规波段，1 530~1 565nm）、L 波段（长波段，1 565~1 625nm）及 U 波段（超长波段，1 625~1 675nm）的衰减很小。尤其是在 C 波段，ULL 光纤有着小于 0.17dB/km 的接近光纤理论衰减值的低衰减系数。也就是说，除了在通信中几乎没有实际应用的 E 波段，ULL 光纤在当前主要使用的

C 波段和 L 波段及拉曼放大常用的 S 波段等都有一个很宽的波长范围内，可以在设备配置不变的前提下比常规 G.652 类光纤有传输更远的距离或在接收端得到更大的信号强度和更高的光信噪比（OSNR）。

② 大有效面积光纤超低损耗光纤。大有效面积超低损耗光纤是符合 G.654E 光纤标准的光纤。该光纤在 1550nm 波长处的有效面积达 12.6μm²，衰减小于 0.164dB/km。大有效面积 G.654 类光纤参数对比见表 20.9-20。目前国内外共有 4~5 家光纤工厂可以生产。

表 20.9-20　大有效面积 G.654 类光纤参数对比表

参数		G.652D	G.654E	大有效面积 G.654E
模场直径 @1 550nm（μm）	名义值	8.6~9.2	11.5~12.5	12.6
	范围	±0.4	±0.7	±0.4
有效面积 @1 550nm（μm²）		80	110~130	130
光缆截止波长（nm）		≤1 260	≤1 530	≤1 530
衰减系数 @1 550nm（dB/km）		≤0.3	≤0.23	≤0.164

（续）

参数		G.652D	G.654E	大有效面积 G.654E
宏观弯曲 （R30mm×100 圈）	1 550nm（dB）	—	TBD	TBD
	1 625nm（dB）	≤0.1	≤0.1	≤0.1
色散 @1 550nm（ps/nm/km）		≤18.6	17~23	21
色散 @1 625nm（ps/nm/km）		≤23.7	TBD	25.5
色散斜率 @1 550nm（ps/nm²/km）		—	0.05~0.07	0.064

③ G.654C 超低损耗光纤具有类似于 G.652 ULL 光纤的传输性能，由于价格低于 G.652 ULL 光纤，将成为电力系统通信的热门应用。G.654C 超低损耗光纤与 G.652B 参数对比见表 20.9-21。

表 20.9-21　G.654C 超低损耗光纤与 G.652B 的参数对比表

ITU-T G.652.B 光缆属性				康宁 G.652B ULL	康宁 G.654C ULL
参数	表述		数据		
模场直径范围	波长/nm		1 550	1 550	1 550
	标称值范围/μm		9.5~10.5	10.5	10.5
	容差/μm		±0.7	±0.5	±0.5
包层直径	直径/μm		125	125	125
	容差/μm		±1.0	±0.7	±0.7
纤芯/包层同心度误差	最大值/μm		0.6	0.5	0.5
包层不圆度	最大值（%）		1	0.7	0.7
光缆截止波长	最大值/nm		1 260	1 260	1 400
宏弯附加损耗	半径/mm		30	30	30
	圈数		100	100	100
	在 1 550nm 处最大/dB		—	0.05	0.05
	在 1 625nm 处最大/dB		0.1	0.05	0.05
筛选应力	最小值/GPa		0.69	0.69	0.69
波长色散系数 （1 260~1 460）	λ_{0min}/mm		1 300	1 300	1 300
	λ_{0max}/mm		1 324	1 324	1 324
	S_{min}/（ps/（nm²·km））		0.092	0.092	0.092
色散	在 1 550nm 处最大值/（ps/（nm·km））		18.6	18	18
	在 1 625nm 处最大值/（ps/（nm·km））		23.7	22	22
衰减系数	1 625nm 区域的最大值/（dB/km）		0.40	0.2	0.2
	在 1 550nm 最大值/（dB/km）		0.30	0.17	0.16

（续）

ITU-T G.652.B 光缆属性			康宁 G.652B ULL	康宁 G.654C ULL
参数	表述	数据	20 段光缆	20 段光缆
PMD 系数	M	20 段光缆	20 段光缆	20 段光缆
	Q	0.01%	0.01%	0.01%
	PMD_Q 最大值/$(ps/\sqrt{km})$	0.20	0.1	0.1

（3）电力光纤传输网　截至 2019 年底，国内电力通信网光缆总长将达到 260 万 km 以上，通信设备总量达到 110 万套以上。电力光纤传输网主要分为 SDH 传输网和 OTN 传输网。电力传输网业务主要分为电网生产业务和企业管理业务两类。电网生产业务包括电网运行控制、电网设备在线监测、电网运行环境监测和电网运行管理等业务。企业管理业务主要包括各种专业管理信息系统、行政办公、信息容灾、95598 业务、IMS、营销管理系统、视频会议系统等。

电力光纤传输网建成基于 SDH 和 OTN 技术的双平面结构，其中，SDH 传输网主要用于承载电力调度及生产实时控制业务，OTN 传输网主要承载管理信息化、调度自动化等高带宽数据业务。

电力省际 OTN 大容量骨干光传输网，重点覆盖了总（分）部、省公司及第二汇聚点、容灾中心、客服中心南北基地，网络平台容量为 40 波×10Gbit/s。

电力省际 SDH 传输网络重点覆盖总（分）部、各省公司及国调、分调调度范围内的直调厂站及公司直属单位。省级骨干传输网光缆网架以 220kV 及以上电网为基础，以环形结构为主，并逐步向网状网结构演进，重点覆盖省公司本部及第二汇聚点、地市公司本部及第二汇聚点、省调直调厂站及省公司直属单位。省级 SDH 网络核心层带宽基本达到 10Gbit/s，为电网生产实时业务提供了可靠的通信保障。

省级 OTN 传输网络重点覆盖省公司本部及第二汇聚点、地市公司本部及第二汇聚点、部分重要变电站。网络平台容量为 40 波×10Gbit/s。

地市骨干传输网光缆网架以 220kV、110（66）kV 及 35kV 电网为基础，以环形结构为主。地市骨干传输网以 SDH 网络为主，重点覆盖地市公司本部及第二汇聚点、县公司、地调直调厂站及地市公司直属单位。地市 SDH 网络主要为环网结构，部分资源丰富的地市逐步向网状网发展。地市核心环网带宽以 2.5Gbit/s 为主，其中部分厂站密集、业务需求较大地区核心环网带宽达到 10Gbit/s。

（4）电力超长距无电中继　进入 21 世纪以来，特高压电网和直流输电工程的大量建设推动了我国电网联网的进程，也对作为"智能电网"重要组成部分的光传输系统提出了更高的要求。超高压、特高压交流输电线路单段长度已超过了 400km，国内最长一条特高压直流输电线路长度已超过 3 000km。输电线路与之配套的光缆经过的地区往往自然条件恶劣，交通不便，中继站点的建设与维护十分困难，这就需要增大站间距离以减少光通信中继站数量。300km 以上甚至 400km 的站距的出现，对传统超长站距光通信系统提出了严峻的挑战，超长站距光通信技术已成为跨大区电网联网的重要技术基础。因此，电力系统通信对实用化的超长站距光传输技术有着紧迫的需求。

光纤传输的许多不利因素影响了光纤传输网络的系统性能及传输距离，主要不利因素包括光信噪比劣化及光纤的衰减特性、色度色散、偏振模色散和非线性效应，解决这些问题主要从两方面入手：一个是光纤技术，另一个就是设备技术。

光纤技术主要是超低损耗光纤，目前就要有 G.652 ULL、G.654C ULL 和 G.654E ULL 三种光纤。这几种低损耗光纤在前面已有介绍，是目前电力光纤超长距传输的利器。

光纤超长站距传输设备技术主要有掺铒光纤放大、拉曼放大、遥泵放大、前向纠错、色散补偿、非线性效应抑制等。

1）掺铒光纤放大器（EDFA）。掺铒光纤放大器是目前应用最为广泛的光纤放大器，主要是利用掺铒光纤这一活性介质，将泵浦光输入到铒纤中，信号光子通过掺铒光纤，在受激辐射效应作用下产生大量与自身完全相同的光子，使信号光子迅速增多，这样在输出端就可以得到被不断放大的光信号。

掺铒光纤放大器主要由掺铒光纤（EDF）、泵浦光源、光电耦合器、光隔离器、光滤波器等组成，根据使用位置，可分为三种。

① 功率放大器（BA），处于光发射机之后，主要是用在发射机侧用以提高发射功率，其工作模式一般是自动功率控制（APC）模式。由于其信号功率一般都比较大，所以对 BA 的噪声指数、增益要求不是很高，但要求放大后有比较大的输出功率，按输出功率来进行划分，常见的有 10dBm、12dBm、15dBm、17dBm、19dBm 等。

② 线路放大器（LA），处于功率放大器之后的线路中，用于周期性补偿线路传输损耗，一般要求 LA 具有比较小的噪声指数，较光信号增益。

③ 前置放大器（PA），处于接收机之前，用于信号放大改善接收机的灵敏度，对噪声系数和输出功率要求不高。

电力光纤通信传输系统一般多采用功率放大器和前置放大器。

2）SBS 技术。由于非线性效应的影响，对于 2.5Gbit/s 及以下速率的超长距离通信系统，入纤功率一般不超过 17dBm。

为了提高入纤功率，可以通过采用 SBS 抑制技术来解决发射端入纤功率受限问题。SBS 技术就是采用合理的相位调制技术使发射信号的光谱适当展宽，从而提高 SBS 门限值，即实际容许入纤光功率值。目前可以做到的容许入纤光功率最大值为 22dBm。

3）前向纠错技术。前向纠错（FEC）是指发送端的 FEC 编码器将待传输的数据信息按一定规则产生监督码元，形成有纠错能力的码字，接收端的 FEC 译码器将收到的码字序列按规定的规则译码，当检测到接收码组中有错误时，译码器就对其差错进行定位并纠错。

4）色散补偿技术。光源光谱中不同波长在光纤中的群时延差所引起的光脉冲展宽现象。色度色散是由发光源光谱特性和光纤色度色散共同导致的、制约传输容量的效应，色散与光纤长度成正比。色散补偿其基本原理是使用一个或多个大负色散的器件对光纤的正色散实施抵消，对光纤中的色散累积进行补偿，从而使系统的总色散量减小。对于单信道传输系统而言，只针对光纤在工作波长上的色散进行补偿。目前常用的色散补偿技术主要有色散补偿光纤（DCF）和啁啾光纤光栅。

5）拉曼放大技术。

① 一阶拉曼放大器。拉曼光纤放大器的原理是基于光纤中的非线性效应——受激拉曼散射（SRS）。受激拉曼散射的原理：在一些非线性

介质中，高能量（高频率）的泵浦光散射，将一部分能量转移到另一频率的光束上，频率的下移量是由分子的振动模式决定的，此过程称为拉曼效应。相对于掺铒光纤放大器，光纤拉曼放大器具有更大的增益带宽、灵活的增益谱区、温度稳定性好以及放大器自发辐射噪声低等优点。

② 二阶拉曼放大器。二阶拉曼放大器是在一阶拉曼放大器的基础上发展而来的，是在泵浦源 14xxnm 的泵浦光基础上增加了 13xxnm 泵浦光。13xxnm 的泵浦光首先对 14xxnm 的泵浦光进行放大，放大后的 14xxnm 泵浦光再放大 1 550nm 波段的信号光，从而在光纤中出现两次受激放大。引入二阶泵浦光后，一阶泵浦光的功率可以很低，高功率的二阶泵浦光就成为放大器的主要能量供给，易实现高增益，具有带宽大、噪声低的特点。

6）遥泵放大技术。为了进一步提高光信噪比，可在光纤链路中间适当位置对光信号进行预先放大。在传输光纤的适当位置熔入一段掺铒光纤，并从单段长跨距传输系统的端站（发射端或接收端）发送一个高功率泵浦光源，经过光纤传输和合波器后注入掺铒光纤并激励铒离子，信号光在铒纤内部获得放大，可进一步提高传输光纤的输出光功率。由于泵浦激光器的位置和增益介质（掺铒光纤）不在同一个位置，因此被称为"遥泵（RemotePump）"。

遥泵光源通常采用瓦级的 1 480nm 激光器，以克服长距离光纤传输的损耗问题。根据泵浦光和信号光是否在一根光纤中传输，遥泵又分为"旁路"（泵浦光和信号光经由不同光纤传输）和"随路"（两者通过同一光纤传输）两种形式。随路方式中泵浦光还可对光纤中的信号光进行拉曼放大，进一步增加传输距离，并可节省光纤资源。

遥泵的技术优点如下：

① 放置掺铒光纤的点不需要供电设施，也无须维护，减少了日常维护成本。

② 可以解决一些特殊场合的建网需求，主要应用于跨越海峡、穿越无人区（如湖泊、沼泽、沙漠、海洋等）时，无法提供电力供应或建立中继站点的环境。

用旁路遥泵实现 340km 40×10Gbit/s 的 OTN 电路光路系统配置见图 20.9-27。

7）相干光调制、接收技术。在发送端，采用外调制方式将信号调制到光载波上进行传输。当信号光传输到达接收端时，首先与一本振光信号进行相干耦合，然后由平衡接收机进行探测。相干光通

信根据本振光频率与信号光频率不等或相等，可分为外差检测和零差检测。前者光信号经光电转换后获得的是中频信号，还需二次解调才能被转换成基带信号。后者光信号经光电转换后被直接转换成基带信号，不用二次解调，但它要求本振光频率与信号光频率严格匹配，并且要求本振光与信号光的相位锁定。相干光调制、接收技术的应用，对于 2.5Gbit/s 系统 OSNR 改善系统 6dB，10Gbit/s 系统

OSNR 改善系统 4dB，色散容限可达到 800km（G. 652 光纤）。

通过以上超低损耗光纤和光放大器等技术的综合运用，在电力系统通信中目前已开通的超长距传输系统，可以实现 SDH 10Gbit/s 系统和 OTN40 * 10Gbit/s 系统 400km 以上的无中继传输距离。图 20.9-28 为某省际 10Gbit/s 电路 390km 系统构成图。

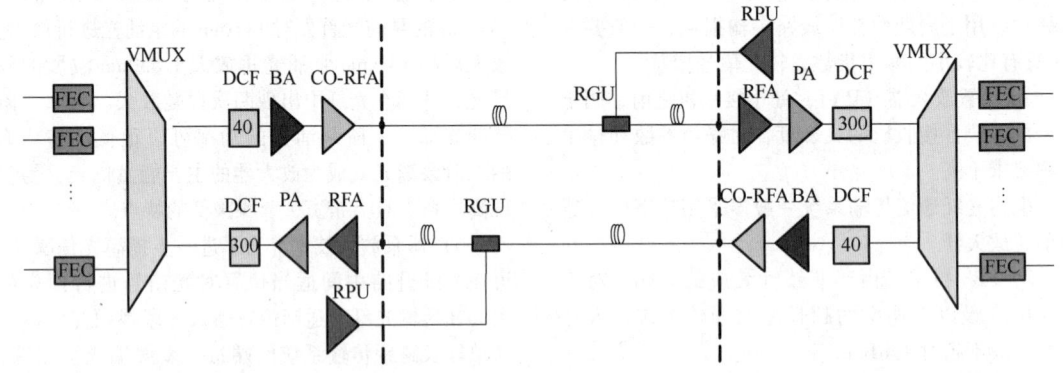

图 20.9-27　340km 40×10Gbit/s 的 OTN 电路光路系统配置图

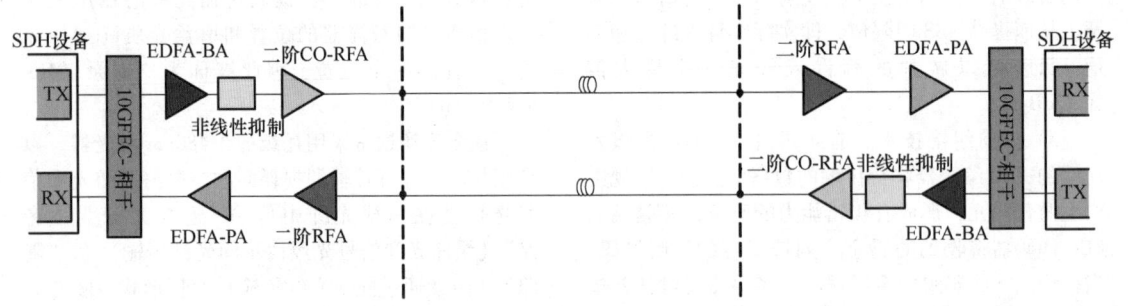

图 20.9-28　某省际 10Gbit/s 电路 390km 系统构成图

162　电力系统数据通信网　电力系统数据通信网（又称综合数据网）是电力系统综合性的广域网络传输平台，是电力系统内各种计算机应用系统实现互联的基础，是电力信息基础设施的重要组成部分，网络协议采用 TCP/IP 协议，支持 MPLS VPN，以便于实现各种业务的安全隔离、服务质量（QoS）、流量工程等。与互联网（信息外网）应物理隔离。主要承载着企业门户、协同办公、邮件系统、综合管理、视频会议、行政电话（IMS）、视频监视等数据业务和多媒体业务。

综合数据网由国家电网（南方电网）、省级、地市综合数据网构成。经近十多年来的快速发展，提高了数据网的可靠性和覆盖范围，有效支撑了电力系统的安全生产、电力运营、经营等信息系统业务。

综合数据网覆盖总部、分部、容灾中心、省公司及第二汇聚点。省级综合数据网覆盖省公司、省公司第二汇聚点及地市公司，通过"口"字型结构与总部综合数据网互连。地市公司上联省公司带宽升级至千兆，部分达到万兆。

地市公司综合数据网覆盖地市公司、地市第二汇聚点、县公司、35kV 及以上变电站、供电所，采用"口"字型结构与省级综合数据网互连。图 20.9-29 为典型电力数据网结构系统示意图。

变电站综合数据通信应遵循灵活接入原则，就近接入综合数据通信网的汇聚节点。综合数据通

信网组网一般采用 $N×2$Mbit/s 接口、155Mbit/s POS 口或 FE 接口，带宽根据实际需求和电力公司综合 数据网络规划划分。

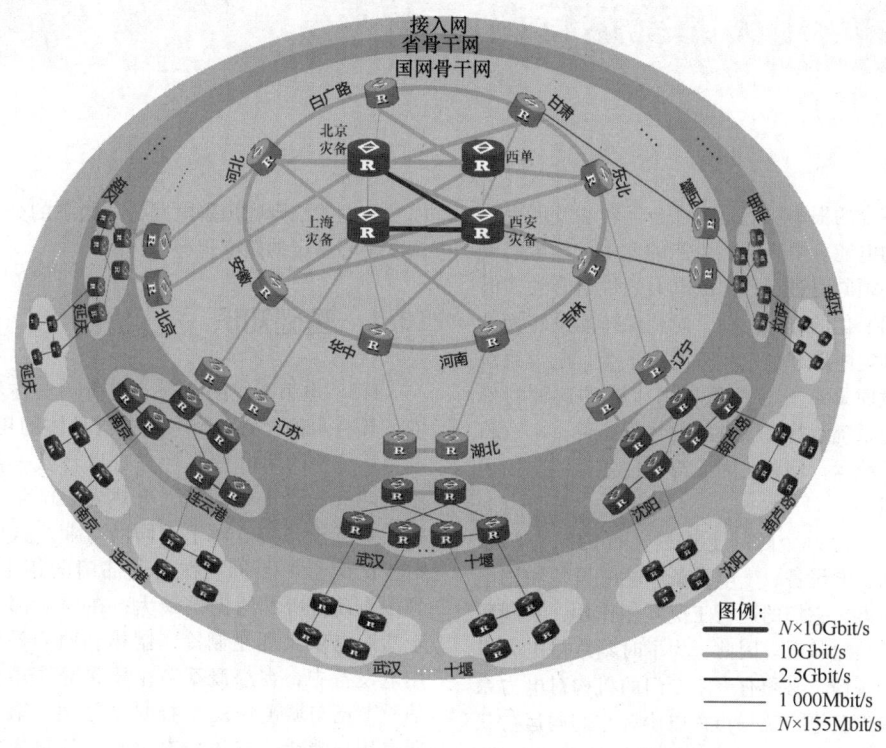

图 20.9-29 典型电力数据网结构系统示意图

第 10 章 电力系统运行调度

电力系统的根本功能是为社会运转和发展提供质优价廉的电能。由于电能生产的发电、输电、配电和用电必须同时进行，因此电力的供给必须实时跟踪随时间变化的电力负荷，时刻保持能量转换在电力系统额定电压和额定频率附近平衡。电力系统规划、建设时即应充分注意电力生产的这种特殊性，为电力系统运行提供良好的物理条件。本章将介绍电力系统运行问题，因而与前边各章相同的内容不再介绍。

电力系统是一个时间上连续运行的动力学系统，其中的发电设备、变电设备、输电设备和用电设备千千万万，它们的运行工况互相作用，共同影响全系统的运行状况。因此，为了时刻维持电力供给和消费的平衡，必须有一个专门的机构对电力系统中的所有设备进行统一指挥以协调它们的运行状态。尽管这些设备的产权分属于不同的利益主体，但是一旦参与电力系统的运行都必须依照相关的规定服从调度。不同国家具有不同的调度管理体系，但是，这个专门机构的本质功能基本相同。理论上，一个电力系统只有一个调度机构。但是，有些电力系统是由多个子系统互联而成的，这时子系统之间是通过协议进行管理调度，各子系统具有各自独立的运行调度机构。

我国目前进行大规模电力生产的企业有国家电网公司、南方电网公司和一些地方电网公司。由于电能的正常供给是全社会正常运转的重要条件之一，国家政府对电力系统的发展、运营都有专门的机构进行监督管理，也颁布了一系列条例、法律和国家标准。同时，电力系统自身也制定了大量的运行规程和行业标准。由本手册详细介绍这些条例、法律、标准和规程是不可能的，因此本章对相关内容只能择其要者略有涉及，而主要给出与电力系统运行相关的基础理论和技术条目。关于电网调度的条目内容主要依据国家电网公司的调度架构进行编写，主要依据和参考资料来源于国家发布的《电网调度管理条例》、《电网运行准则》（GB/T 31464—2015）和《电力系统安全稳定导则》（GB 38755—2019）

以及它们的细则和国家电网公司麾下的分部和省级调度中心制定的调度规程。

10.1 基础知识

163 电力系统的负荷 负荷一词在不同的语境下具有两种含义。第一种是指具体的用电设备。电力系统中的用电设备种类难以计数，主要有异步电动机、同步电动机、电热器、电炉、照明设备和整流设备等。对于不同的行业，这些设备的构成比例有所不同。在工业部门的用电设备中，异步电动机所占的比例最大；在商业部门和居民生活用电中主要是制冷、制热和照明设备；农业用电设备中，在灌溉季节主要是异步电动机，其他季节已与城镇居民没有明显区别。第二种是指所有用户消耗的有功功率之和，常称为电力系统的综合用电负荷。综合用电负荷加上传输和分配过程中所产生的网络损耗后称为电力系统的供电负荷，即发电厂应该送出的功率。供电负荷加上各发电厂本身需要的厂用电功率便是发电机应该发出的功率，称为电力系统的发电负荷。对于电力系统运行调度问题主要关心综合用电负荷，而不关心具体的用电设备。

164 用单线图计算三相对称交流电力系统时的复功率与欧姆定律

三相复功率为

$$\tilde{S} = \sqrt{3}\dot{U}\dot{I}^* = P + jQ$$

欧姆定律为

$$\dot{U} = \sqrt{3}Z\dot{I}$$

式中　Z——单相阻抗（Ω）；

$\dot{U}$——幅值为线电压（kV）相角为 a 相相电压的相角；

$\dot{I}$——线电流（kA）；

$\tilde{S}$——a、b、c 三相复功率之和（MVA）；

P、Q——分别为 a、b、c 三相有功功率和无功功率之和（单位分别为 MW 和 Mvar）。

165　采用分布参数的交流输电线路的稳态数学模型　图 20.10-1 为输电线路的一个长度微元，输电线路由无穷多个微元串联描述，稳态电压、电流是空间变量 x 的函数。

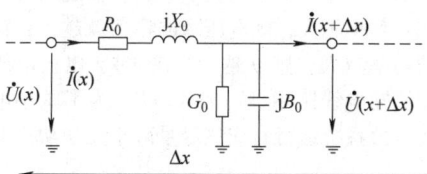

图 20.10-1　输电线路长度微元的等效电路

描述输电线路电流的发热效应用串联电阻，描述电流的磁场效应用串联电抗，描述输电线路电压的能耗效应用并联电导，电压的电场效应用并联电纳。这些参数均匀地分布于线路。R_0、X_0、G_0 和 B_0 分别为输电线路单位长度的串联电阻、串联电抗、并联电导和并联电纳，合称为输电线路的原始参数。设输电线路末端的电压、电流分别为 $\dot{U}_2$ 和 $\dot{I}_2$，则距离末端为 x（km）处的电压、电流为

$$\begin{cases} \dot{U}(x) = \dot{U}_2 \cosh \Gamma x + Z_C \dot{I}_2 \sinh \Gamma x \\ \dot{I}(x) = \dot{I}_2 \cosh \Gamma x + \dfrac{\dot{U}_2}{Z_C} \sinh \Gamma x \end{cases}$$

式中　Z_C——输电线路的波阻抗（Ω）；

Γ——输电线路的传播系数（1/km）；

Z_C 和 Γ——输电线路的副参数，副参数与原始参数的关系为

$$\begin{cases} Z_C = \sqrt{(R_0 + jX_0)/(G_0 + jB_0)} \\ \Gamma = \alpha + j\beta = \sqrt{(R_0 + jX_0)(G_0 + jB_0)} \end{cases}$$

设输电线路的长度为 l，当 $x = l$ 则可得线路始端电压 $\dot{U}_1$、电流 $\dot{I}_1$ 为

$$\begin{cases} \dot{U}_1 = \dot{U}_2 \cosh \Gamma l + Z_C \dot{I}_2 \sinh \Gamma l \\ \dot{I}_1 = \dot{I}_2 \cosh \Gamma l + \dfrac{\dot{U}_2}{Z_C} \sinh \Gamma l \end{cases}$$

上式亦称为长线方程，通常用于长度为 500km 以上的输电线路。

166　采用集中参数的交流输电线路的稳态数学模型　三相对称系统总可以用单线电路来描述。交流输电线路的等效电路见图 20.10-2。

其中电路参数为

$$\begin{cases} Z' = (R_0 + jX_0) l \sinh \Gamma l/(\Gamma l) \\ Y' = (G_0 + jB_0) l \tanh \dfrac{\Gamma l}{2} \Big/ \dfrac{\Gamma l}{2} \end{cases}$$

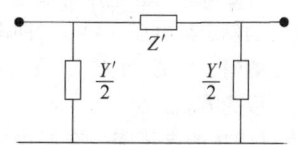

图 20.10-2　输电线路的 π 形等效电路

而

$$\Gamma = \sqrt{(R_0 + jX_0)(G_0 + jB_0)}$$

式中　$R_0 + jX_0$ 和 $G_0 + jB_0$——输电线路单位长度的串联阻抗和对地导纳，通常根据导线型号可由《电力设计手册》得到；

l——线路长度。

在输电线路设计制造时总采取措施使对地电导 $G_0 \approx 0$。对于电压低于 220kV、长度小于 300km 的输电线路，$\sinh \Gamma l/(\Gamma l)$ 和 $(\tanh \Gamma l/2)/(\Gamma l/2)$ 都接近于 1，这时可采用近似计算式

$$\begin{cases} Z' = (R_0 + jX_0) l \\ Y' = jB_0 l \end{cases}$$

对于更短的线路，如 35kV 及以下的配电线路，还可以忽略对地支路而用集中的串联阻抗作为线路的等效电路。

167　三相双绕组变压器的稳态数学模型　设三相双绕组变压器的铭牌参数为：额定容量 S_N（MVA）；额定变比 U_{1N}/U_{2N}；短路损耗 P_k（kW）；短路电压百分数 $U_k\%$；空载损耗 P_o（kW）；空载电流百分数 $I_o\%$，则三相双绕组变压器的单线 Γ 形等效电路见图 20.10-3。

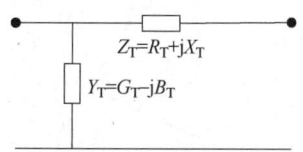

图 20.10-3　双绕组变压器的 Γ 形等效电路

其电路参数为

$$\begin{cases} R_T = \dfrac{P_k}{1\,000} \dfrac{U_N^2}{S_N^2} \\[2mm] X_T = \dfrac{U_k\%}{100} \dfrac{U_N^2}{S_N} \\[2mm] G_T = \dfrac{P_o}{1\,000 U_N^2} \\[2mm] B = \dfrac{I_o\%}{100} \dfrac{S_N}{U_N^2} \end{cases}$$

式中　U_N——等效电路所在电压等级的变压器绕组的额定线电压（kV），即电路在一次侧时，U_N 取为 U_{1N}，在二次侧时 U_N 取为 U_{2N}。

168　串联阻抗的电压降　交流输电线和变压器在输送电能时会产生电压降。交流输电线或变压器的串联阻抗为 $Z=R+jX$，等效电路见图 20.10-4。

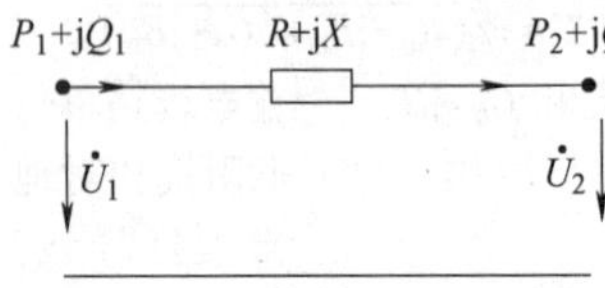

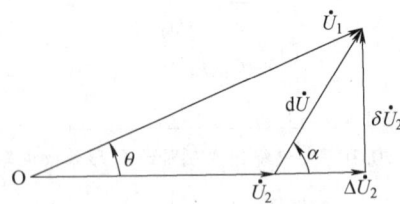

图 20.10-4　串联阻抗电压降的等效电路

若已知末端线电压 U_2（kV）和三相复功率 $\tilde{S}_2=P_2+jQ_2$（MVA）时，则始端电压为

$$\dot{U}_1=U_2+\mathrm{d}\dot{U}$$

式中

$$\mathrm{d}\dot{U}=\frac{P_2R+Q_2X}{U_2}+\mathrm{j}\frac{P_2X-Q_2R}{U_2}\quad(20.10\text{-}1)$$

称 $\mathrm{d}\dot{U}$ 为输电线路的电压降。注意电压降是一个相量，其参考向量为线路末端电压相量。令

$$\begin{cases}\Delta U_2=\dfrac{P_2R+Q_2X}{U_2}\\[2mm]\delta U_2=\dfrac{P_2X-Q_2R}{U_2}\end{cases}$$

通常分别称电压降的实部 ΔU_2 和虚部 δU_2 为电压降的纵向分量和横向分量。相量图见图 20.10-5。

图 20.10-5　串联阻抗电压降的相量图

由相量图 20.10-5 可见，始端电压的模值为

$$U_1=\sqrt{(U_2+\Delta U_2)^2+(\delta U_2)^2}$$

始端电压超前末端电压的相角为

$$\theta=\arctan\frac{\delta U_2}{U_2+\Delta U_2}$$

在电力系统运行时，一般 $U_2+\Delta U_2\gg\delta U_2$，因此，$\theta$ 值较小，通常在 0°～20° 之间。这样，在近似计算

始端电压的模值时，可以忽略电压降的横向分量 δU_2，认为

$$U_1\approx U_2+\Delta U_2$$

由式（20.10-1）可见，输电线路的电压降与输送的有功功率、无功功率的大小有关。输送的有功功率、无功功率越大，则电压降的模值就越大；输送的有功功率越大，则 θ 越大。在 35kV 以上电压等级的交流输电线路中，一般 $X\gg R$，为了减小电压降，在电力系统运行时应该尽量减小无功功率的输送量。

若已知始端线电压 U_1（kV）和三相复功率 $\tilde{S}_1=P_1+jQ_1$（MVA）时，则末端电压为

$$\dot{U}_2=U_1-\mathrm{d}\dot{U}$$

其中

$$\mathrm{d}\dot{U}=\Delta U_1+\mathrm{j}\delta U_1$$

而

$$\begin{cases}\Delta U_1=\dfrac{P_1R+Q_1X}{U_1}\\[2mm]\delta U_1=\dfrac{P_1X-Q_1R}{U_1}\end{cases}$$

而末端电压的模值为

$$U_2=\sqrt{(U_1-\Delta U_1)^2+(-\delta U_1)^2}\approx U_1-\Delta U_1$$

169　输电线路的空载效应　对电压等级较高、线路长度较长的输电线路，在设计和运行时必须注意输电线路的空载效应，亦称费兰梯效应（Ferranti effect）。空载效应是指在运行中当输电线路输送功率较小或者甚至空载时输电线路的末端电压会高于输电线路的电源电压，即始端电压。空载效应严重时会威胁设备绝缘安全。产生空载效应的机理可以用输电线路的长线方程来分析。由于是定性分析，可忽略线路的电阻和电导，在空载条件下，输电线路的末端电流为零，输电线路的末端电压 U_2 与始端电压 U_1 的关系为

$$U_2=\frac{U_1}{\cos(l\sqrt{B_0X_0})}$$

式中　X_0 和 B_0——输电线路单位长度的串联电抗和并联电纳；

　　　　l——输电线路的长度。

由上式可见，$U_2>U_1$。当电压等级较高、线路长度较长时，X_0、B_0 和 l 就有较大的数值，从而使 U_2 比 U_1 高得多。工程上通常通过在线路末端安装可投切电抗器人为制造一个无功负荷来抑制空载效应。

用输电线的 π 形等效电路也可以得到相同的定

性结果。

170　输电线路的自然功率　输电线的自然功率 P_e 是输电线的固有属性，在电网规划和系统运行中通常用于表征高压输电线自身的输电能力。由于高压输电线路的对地电导和串联电阻较小，当近似认为它们为零时，输电线成为无损线路。波阻抗成为纯电阻，为 $Z_C=\sqrt{X_0/B_0}$；传播系数成为 $j\beta=j\sqrt{X_0B_0}$。如果负荷节点电压为线路的额定电压，负荷为电阻且阻值为波阻抗，这时负荷吸收的有功功率称为输电线的自然功率。在这种条件下，由传输线方程可以得知，输电线路的沿线电压幅值处处相等，只是相位以恒速 β 均匀移相；沿线无功功率处处为零。这意味着串联电抗 X_0 消耗的无功功率等于并联电纳 B_0 发出的无功功率。在电力系统实际运行中，对未经串、并联补偿的输电线，一般而言，当输送功率大于 P_e，则末端电压将低于始端电压，整个线路呈感性；反之，当输送功率小于 P_e，则末端电压将低于始端电压，整个线路呈容性。

171　输电线路的静态输送极限　设输电线路的电抗为 X，忽略线路的电阻和对地导纳，当线路的始、末端电压幅值分别为 U_1 和 U_2 时，线路输送的有功功率是始端电压与末端电压相角差 $\delta=\delta_1-\delta_2$ 的函数，为

$$P=\frac{U_1U_2}{X}\sin\delta$$

因此，输电线的静态输送极限是 $P_{max}=U_1U_2/X$。在实际运行中，由于系统动态特性的约束，线路两端电压的相角差 δ 一般小于 30°。另外，由上式可知，输电线的有功功率流向总是从电压相角超前的节点流向电压相位滞后的节点。

在电力系统设计中，考虑影响输电线路输送能力的主要因素可参见本篇第 15 条。

172　输电线路的无功功率输送　设输电线路的电抗为 X，忽略线路的电阻和对地导纳。当线路的始、末端电压幅值分别为 U_1 和 U_2，相角差为 $\delta=\delta_1-\delta_2$ 时，则线路末端的无功功率为

$$Q_2=\frac{U_2(U_1\cos\delta-U_2)}{X} \qquad (20.10\text{-}1)$$

由于实际运行中相角差 δ 一般小于 30°，近似认为 $\cos\delta\approx1$，则工程上一般可以认为无功功率总是由电压幅值高的节点流向电压幅值低的节点。

173　输电线的功率圆图　输电线路的功率圆图常用于分析输电线路的运行状况。这里给出输电线路的末端功率圆图。忽略对地支路，输电线路的

等效电路见图 20.10-6。

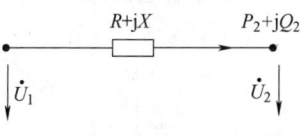

图 20.10-6　忽略对地支路的输电线路等效电路

图中，线路阻抗为

$$\begin{cases} Z=R+jX=z\angle\alpha \\ z=\sqrt{R^2+X^2} \\ \tan\alpha=\dfrac{X}{R} \end{cases}$$

式中　z——线路阻抗的模值；

α——阻抗角。

末端负荷为

$$\begin{cases} \widetilde{S}_2=P_2+jQ_2=S_2\angle\varphi \\ S_2=\sqrt{P_2^2+Q_2^2} \\ \tan\varphi=\dfrac{Q_2}{P_2} \end{cases}$$

式中　S_2——视在功率；

φ——功率因数角。

取末端电压为参考向量，设幅值 U_2 恒定。输电线的功率圆图给出了始端电压 $\dot{U}_1$ 与末端负荷 $\widetilde{S}_2$ 的运行范围。电压降相量为

$$\mathrm{d}\dot{U}=\dot{U}_1-U_2=(R+jX)\left(\frac{P_2+jQ_2}{U_2}\right)^*=\frac{z}{U_2}S_2\angle(\alpha-\varphi) \qquad (20.10\text{-}2)$$

由上式可见，电压降相量的模值与视在功率 S_2 成正比，比例系数为常数 z/U_2；相位为 $\alpha-\varphi$，是阻抗角与功率因数角之差。由上式又有

$$\begin{aligned} \mathrm{d}\dot{U} &=(R+jX)\left(\frac{P_2+jQ_2}{U_2}\right)^* \\ &=\left(\frac{R}{U_2}+j\frac{X}{U_2}\right)P_2+\left(\frac{X}{U_2}-j\frac{R}{U_2}\right)Q_2 \\ &=\frac{z}{U_2}Q_2\angle(\alpha-\pi/2)+\frac{z}{U_2}P_2\angle\alpha \end{aligned}$$

$$(20.10\text{-}3)$$

由上式可见，电压降相量被分解为两个正交相量之和。其中第一个相量与无功负荷 Q_2 成正比，第二个相量与有功负荷 P_2 成正比。从而可知 P 轴的相角为阻抗角 α，Q 轴的相角滞后 P 轴 $\pi/2$，为 $\alpha-\pi/2$。由式（20.10-2）和式（20.10-3）可见，电压降相

量滞后 P 轴的角度为功率因数角 φ。

由上分析，可得输电线路的功率圆图，见图 20.10-7。

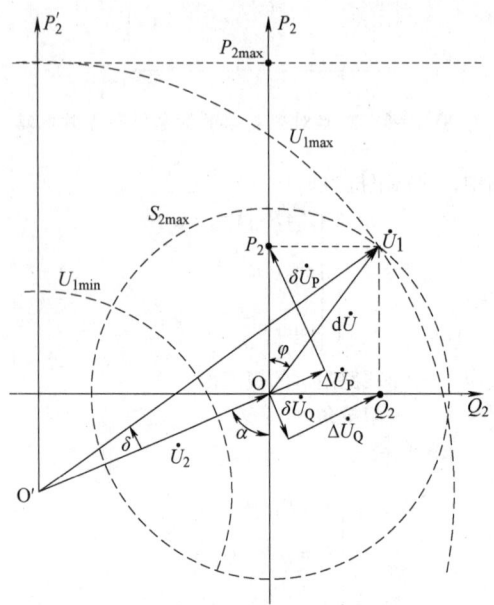

图 20.10-7　输电线路的末端功率圆图

图中，功率坐标轴的比例系数为常数 z/U_2。

$$\begin{cases} \Delta\dot{U}_P = \dfrac{R}{U_2}P_2 \\[2mm] \delta\dot{U}_P = j\dfrac{X}{U_2}P_2 \\[2mm] \Delta\dot{U}_Q = \dfrac{X}{U_2}Q_2 \\[2mm] \delta\dot{U}_Q = -j\dfrac{R}{U_2}Q_2 \end{cases}$$

输电线的热稳极限为

$$S_2 = \sqrt{P_2^2 + Q_2^2} \leqslant S_{2max}$$

即末端负荷 $\widetilde{S}_2$ 的运行范围不得超出以点 O 为圆心，以 S_{2max} 为半径的圆；S_{2max} 的大小由输电线的导线材料、导线截面积和散热条件决定。

始端电压 $\dot{U}_1$ 的运行区域为

$$U_{1min} \leqslant U_1 \leqslant U_{1max}$$

即始端电压的运行范围为环形域，环形域的圆心为点 O′。上、下界 U_{1max} 和 U_{1min} 由对应电压等级的运行标准给出。

图中，δ 是始端电压 $\dot{U}_1$ 超前末端电压 $\dot{U}_2$ 的相位，称为输电线路的功角，P_{2max} 是输电线路的理论输电极限。

174　输电线路的电压损耗百分数　输电线路的电压损耗百分数为

$$\Delta U\% = \frac{U_1 - U_2}{U_N} \times 100\%$$

式中　U_1、U_2——输电线路始端、末端电压的运行值；

U_N——输电线路的额定电压。

电压损耗百分数多用于电力网络规划，亦简称为电压损耗，通常要求输电线路的电压损耗百分数不大于 10%。

175　串联阻抗的功率损耗　相关等效电路见图 20.10-4。设流进、流出串联阻抗 $R+jX$（Ω）的复功率分别为 $\widetilde{S}_1 = P_1 + jQ_1$（MVA）和 $\widetilde{S}_2 = P_2 + jQ_2$（MVA）；始端和末端电压有效值分别为 U_1 和 U_2。则串联阻抗消耗的复功率为

$$\Delta\widetilde{S} = \frac{P_1^2 + Q_1^2}{U_1^2}(R+jX) = \frac{P_2^2 + Q_2^2}{U_2^2}(R+jX)$$

始端功率与末端功率的关系为

$$\begin{cases} \widetilde{S}_2 = \widetilde{S}_1 - \dfrac{P_1^2 + Q_1^2}{U_1^2}(R+jX) \\[3mm] \widetilde{S}_1 = \widetilde{S}_2 + \dfrac{P_2^2 + Q_2^2}{U_2^2}(R+jX) \end{cases}$$

可见，输电线路输送无功功率时将产生有功功率损耗。因此，在电力系统运行时应尽可能减小无功功率的输送，从而降低有功功率损耗，提高电力系统运行的经济性。同时，由于高压输电线路线的 $X>R$，输电线路损耗的无功功率大于有功功率。

176　对地导纳的功率损耗　相关等效电路见图 20.10-8，设对地导纳为 $Y = G+jB$（S），节点电压的有效值为 U（kV），则对地导纳消耗的功率为

$$\Delta\widetilde{S} = U^2(G-jB)$$

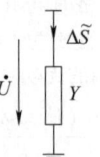

图 20.10-8　电力网络的对地导纳等效电路

对于变压器，$B<0$，因而消耗无功功率；对于输电线路，电纳 $B>0$，因而消耗的无功功率是负值，换言之，即发出无功功率。

177　节点功率平衡定律　在一个节点上的所有支路功率的代数和为零。例如对图 20.10-9 的节

点，有 $\tilde{S}_1+\tilde{S}_2+\tilde{S}_3=0$。节点功率平衡的理论基础是基尔霍夫电流定律。

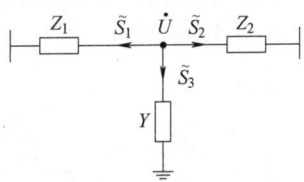

图 20.10-9　节点复功率平衡

10.2　电力系统调度

178　电力系统调度体系　为了提高电力生产的经济性和电力系统运行的安全性，各自独立的地区电力系统逐步互联从而形成了大规模的联合电力系统。联合电力系统覆盖的地域辽阔，参与的利益主体多样，服务的人口众多。由于电力生产的特殊性，参与电力系统运行的设备的投入、退出和运行状态的调整必须协调才能保证电力系统的稳定运行和运行的经济性及安全性。因此，电力系统的运行必须对所有参与运行的设备进行统一调度。对于大规模电力系统，为了降低调度问题的复杂性，一般采用"统一调度，分级管理"的原则。

我国的电力系统调度体系分为五级，层级由高到低依次为：国家电网调度机构；跨省、自治区、直辖市分部电网调度机构；省、自治区、直辖市级电网调度机构；省辖市级电网调度机构；县级电网调度机构。分别简称它们为国调、分（网）调、省调、地调、县调。调度业务的最高权力机构为国调，各级调度机构一般是垂直、依序的上下级关系，下级调度机构必须服从上级调度机构的调度指令。厂站值班单位和运行维护单位是电力设备的直接运行者，是电网调度指令的具体操作者，所有操作必须依令、依规而行。

179　电网调度的基本任务　电网调度是社会电力生产的一线、实时指挥者。各级调度按照下级服从上级的原则组织、指挥、指导和协调其管辖电网的运行，保证按照电力系统运行的客观规律和有关规定保障电网连续、稳定、正常运行，保证供电可靠性，使电能质量指标符合国家规定的标准；按最大范围优化配置一次能源，努力提高电力系统运行的经济性，充分发挥电力系统的发、输、供电设备能力，最大限度地满足用户的用电需要；依据电力市场规则、有关合同或者协议，实施"公开、公

平、公正"调度，依法保护参与电力系统的所有利益主体的权益。

180　电网调度机构的常规工作　电力系统是连续运行的动力学系统，由于负荷变化、设备故障引起的暂态过程发展十分迅速，因此为完成电网调度的基本任务，电网调度机构需对电力系统拟实施的运行方式事前进行大量的仿真分析工作，以确保基本任务的顺利完成。这些工作主要有：①组织编制和执行电网的调度计划（运行方式）；②参加编制发电、供电计划，监督发电、供电计划执行情况，严格控制按计划指标发电、用电；③组织电力通信和电网调度自动化规划的编制工作，组织继电保护及安全自动装置规划的编制工作；④负责本调度机构管辖的继电保护和安全自动装置以及电力通信和电网调度自动化设备的运行管理，负责对下级调度机构管辖的上述设备和装置的配置和运行进行技术指导；⑤编制调度管辖范围内的设备的检修进度表，批准其按计划进行检修；⑥参与电网规划编制工作，参与电网工程设计审查工作；⑦统一协调水电厂水库的合理运用；⑧协调有关所辖电网运行的其他关系，对于实时运行的电力系统，负责指挥全电网的经济运行；指挥电网的频率调整和电压调整；指挥调度管辖范围内的设备的操作；当发生事故时指挥电网事故的处理，事后负责进行电网事故分析，制订并组织实施提高电网安全运行水平的措施。

181　电网调度机构的辖区划分　不同级别的调度控制中心具有不同的管辖范围。每级调控中心的调度管辖范围（简称调管范围）是指由该级调控机构行使调度指挥权的发、输、变电系统，包括直接调度范围和许可调度范围。直接调度范围（简称直调范围）是指由该级调控机构直接调度指挥的发、输、变电系统，因此，这个系统中的设备即为该级调控中心的直调设备。每级调控机构的许可调度范围（简称许可范围）是指由其下级调控机构管辖、但变更运行状态的指令须得到该级调控机构的许可才能实施的设备。对应地，这些设备即是该级调控中心的许可设备。一般将由下级管辖、但状态变更对其上级或其同级调控机构调度管辖的电网有较大影响的设备划分成该级调控中心的许可设备。

各调度机构的调管范围原则上由国调制定。一般情况下国调首先确定其自身的直调范围和许可范围，然后确定各分调的直调范围；然后，分调划分本区域电网中的直调范围和许可范围；同理同法，省调、地调和县调依次进行各自管辖范围的划分。

显然，一个设备只允许有一个直调机构。管辖范围一般按地理和行政区域划分，同时按设备的电压等级高低和容量大小对应调度中心的级别，即高电压和/或大容量的设备由高级别的调控中心管辖。例如，国调的直调范围为特高压交、直流输电系统及跨区联络线；电力跨区消纳的电厂及送出系统。国调的许可范围为对国调直调系统运行有影响的发、输、变电系统。分中心直调范围为国调直调范围外的 500kV 及以上电网，跨省联络线；电力跨省消纳的电厂及送出系统。分中心的许可范围为对分中心直调系统运行有影响的发、输、变电系统。省调的直调范围为省域内 220kV、330kV 电网；电力省内消纳的电厂及送出系统。地、县调的直调范围为区域内 10~110kV 电网。

保持调管范围的相对稳定是必要的，但划分并不是一成不变的。随着电力系统的发展，调度机构可按照运行管理的需要依规对其调管范围内的下级调度机构的管辖范围进行调整。具体的管辖范围划分一般以规程、规定或条例的形式在电力系统内部发布。

182　电力负荷曲线及其特性　对电力系统运行问题而言，电力负荷是指系统或者母线需要满足的有功功率。电力负荷一般不是指一个具体的用电器，而是系统中（或者母线上）所有用户消耗和电力网络消耗的有功功率之和。电力负荷的大小是随时间变化的，称描述电力负荷随时间变化的曲线为负荷曲线。无论是指导电力系统的规划、建设，还是指导电力系统运行都需要掌握未来的电力负荷曲线。常用的负荷曲线主要有日负荷曲线、年最大负荷曲线和年持续负荷曲线三种。不同的负荷曲线具有不同的用途。

（1）日负荷曲线　日负荷曲线反映负荷在一天中随时间变化的规律。横坐标为时间坐标，通常有 24 点、48 点和 96 点等；纵坐标为功率。典型的日负荷曲线见图 20.10-10，其中一种是连续型的，另一种是阶梯型的。连续型负荷曲线是将整点负荷值用某种插值方法光滑连接；阶梯型是采样周期内平均负荷值，或者是整点负荷值。由于夜晚具有大量的照明负荷而上午工厂的负荷较大，因此在工作日通常出现两次高峰负荷，而半夜的负荷通常较小，形成负荷的低谷。不同地区由于负荷的组成不同，其负荷曲线也各不相同。因此，各级调度和计划部门都需要有自己的日负荷曲线。一天之内最大的负荷称为日最大负荷 $P_{\max}$，最小的负荷称为日最小负荷 $P_{\min}$；日最大负荷与日最小负荷之差简称为

峰谷差；最小负荷以下的部分称为基本负荷，简称基荷；日平均负荷 $P_{av} = \int_0^{24} P(t)\,dt/24$ 是负荷曲线的积分中值；平均负荷以上的负荷称为峰荷；最小负荷到平均负荷部分称为腰荷。

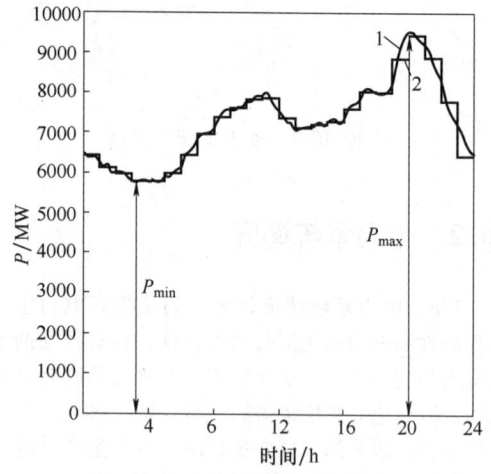

图 20.10-10　有功功率日负荷曲线
1—连续型　2—阶梯型

对系统调度部门来说，日负荷曲线是安排日发电计划，确定各发电厂发电任务以及确定系统运行方式等的重要依据。显然，当负荷增加时需要增加电源出力，反之，则应减小电源出力。这样，日负荷曲线越平坦，则发电机组的出力调整或者机组的开停机操作就越少。常用负荷率 K_p 来度量负荷曲线的起伏程度，其定义为日平均负荷与日最大负荷之比 $K_p = P_{av}/P_{\max}$。由定义可知 K_p 是不大于 1 的正数，K_p 越大说明日负荷曲线越平坦。

（2）年最大负荷曲线　安排年度系统运行计划的主要依据是年最大负荷曲线。通常是由一年中逐日最大负荷的点连成的曲线，如图 20.10-11 所示。这种负荷曲线主要用于制订下一年度系统运行方式、发电设备的检修计划和新建、扩建电厂的规划等。图 20.10-11 中的曲线形状反映出一般系统在气候温和的季节里的日最大负荷在全年中最小，而年末的负荷比年初的大是由于国民经济的年增长。

（3）年持续负荷曲线　年持续负荷曲线是将全年内各个小时的负荷按从大到小的顺序排列而成的曲线，见图 20.10-12。

曲线上的 A 点反映在一年内负荷不小于 P_1 的累积持续时间共有 t_1 小时。显然，年持续负荷曲线下所包含的面积为一年中相应的电能。负荷全年消耗的电能与年最大负荷的比值称为年最大负荷利用

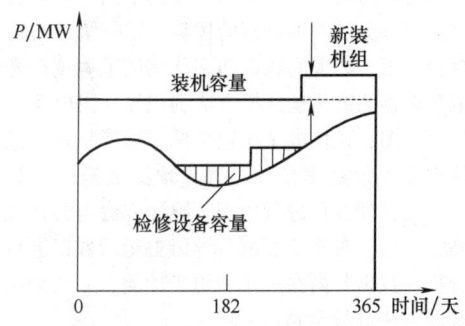

图 20.10-11　有功功率年最大负荷曲线

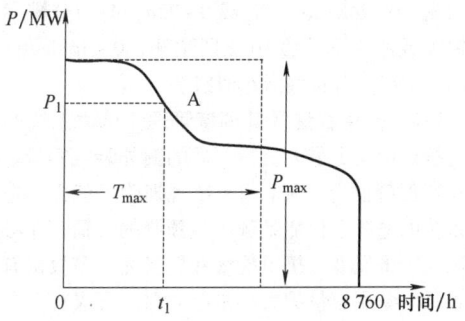

图 20.10-12　年持续负荷曲线

小时数 T_{max}。它的意义是，当负荷为最大值 P_{max}，则经过 T_{max}，其电能等于全年的实际电能。T_{max} 的大小粗略地反映了实际负荷在一年内的变化程度。T_{max} 值较大，则全年负荷变化较小；反之，则全年负荷变化较大。同时，T_{max} 在一定程度上还反映负荷用电的特点。电力系统的长期运行经验表明，对于各种不同类型的负荷，其 T_{max} 大体在各自的一定范围之内。因此，如果已知某一用户的性质和它取用的最大负荷，则可以由这类用户的 T_{max}，按 $A = P_{max} T_{max}$ 估计出其全年的用电量。对于发电厂而言，也可以根据其最大负荷利用小时数来判断其利用程度或类型。一般来说，核电厂几乎全年都满载运行，其 T_{max} 最大，火电厂次之，水电厂再次之。在电力系统建设规划工作中常利用年持续负荷曲线估算可靠性，T_{max} 越大，设备的利用率越高。类似地，还有周、月的负荷曲线。

对于负荷所吸收的无功功率，也有相应的日负荷曲线。通常可由有功功率负荷曲线估算得到。

183　电力负荷预测　负荷预测是保证电力供需平衡的基础信息，是电网、电源的规划建设和电网使用者、电网运营企业经营决策的基本依据。电力系统的建设需要一定的时间，因此，电力系统的

规划、建设需要以未来的社会用电需求为依据。安排电力系统的运行方式需要事前已知电力负荷随时间变化的曲线。因此，无论是指导电力系统的规划、建设还是指导电力系统运行都需要对未来的电力负荷进行预测。负荷预测由电网运营企业负责组织实施。由于用途不同，对负荷曲线的预测时间提前量要求不同，进而由于时间提前量不同，预测的准确度也不同。用于系统建设规划的负荷预测称为长期负荷预测，亦称电力需求预测，一般时间提前量是未来 5 年或更长。由于影响社会用电需求增长的不确定因素很多（主要涉及国民经济发展预测），长期负荷预测的准确度无法做到十分准确。用于安排年度、季度和月度系统运行方式的负荷预测称为中期负荷预测，即对未来一年、一季、一月的负荷进行预测。年度的负荷预测至少采用 3 年连续的数据资料，5 年及中长期应至少采用 5 年连续的数据资料。在进行负荷预测时应综合考虑社会经济和电网发展的历史和现状，包括电网的历史负荷资料；国内生产总值及其年增长率和地区分布情况；电源和电网发展状况；大用户用电设备及主要高耗能产品的接装容量、年用电量；水情、气温等其他影响季节性负荷需求的相关数据。用于安排日运行方式的负荷预测称为短期负荷预测。短期负荷预测包括从次日到第 8 日的电网负荷预测，按照等间隔 96 点编制，96 点预测时间为 0：00—23：45。在电力系统实时运行时，还需要进行超短期预测，预测当前时刻的下一个 5min、10min 或 15min 的电网负荷；超短期负荷预测在电网实时负荷的基础上，结合工作日、休息日等日期类型和历史负荷的特性，完成负荷预测。

短期、超短期负荷预测软件是现代电力系统调度自动化系统中的一个基础支撑软件。如何对电力负荷进行预测是预测问题的一个专门的研究分支。负荷预测的基本方法是利用电力负荷、社会经济发展、气象等历史数据对未来电力负荷进行预测。各级电网运行部门在编制电网负荷预测曲线时，实现与气象部门的联网，及时获得气象信息，建立气象信息库，综合考虑工作日类型、气象、节假日、社会重大事件等因素对电网负荷的影响，积累历史数据。预测的准确度是评价负荷预测方法优劣的最重要的指标。对于电力系统建设，电力供应严重不足将拖累国民经济发展，电力供应严重过剩将浪费社会建设资金。对于电力系统运行，开机不足将导致系统旋转备用不足，从而降低系统的可靠性，严重时将导致对某些电力用户临时限电；开机量过大则

会降低系统运行的经济性。一般而言，预测的时间周期越小、空间范围越大（或者说电力系统的规模越大），预测的相对准确度越高。目前短期负荷预测的相对准确度已可达 95%。随着信息采集、气象预报、计算工具和计算方法等相关技术的发展，负荷预测的方法仍在不断进步。

从空间上，负荷预测分为系统负荷预测和母线负荷预测。当完成了系统负荷预测后，通常将预测结果按照一定的分配模型分配给各个母线即可得到母线的负荷预测。研究这个分配模型也是研究负荷预测方法的一部分。

由于无功负荷不直接涉及电能转换，对于无功功率的负荷曲线预测准确度要求比有功功率低得多，一般根据有功功率的预测结果采用历史上记录的母线负荷的 Q/P 来确定各母线的无功负荷。

除了负荷曲线的预测，广义电力负荷预测还包括最大负荷功率、负荷电量的预测。最大负荷功率预测用于确定电力系统发电设备及输变电设备的容量。负荷电量用于选择发电机组类型和电源结构、确定燃料计划及其他生产经营计划等。

184　光伏发电和风力发电出力预测　风电/光伏等新能源发电的出力具有随机性、波动性和间歇性，大规模接入后给电力系统运行带来了许多困难。尽可能准确地预测新能源发电功率能够提高新能源出力的预见性，从而降低高占比新能源电力系统运行的困难。光伏发电和风力发电出力与场站的微观天气关系密切，由于微观天气预报技术的局限性，目前光伏发电和风力发电出力预测的准确度比负荷预测的准确度低得多。在目前的预测技术下，除极端天气外，光伏出力的预测误差一般小于10%；而风电则在 15%~20%。

新能源发电功率预测系统一般可面向风电场、光伏电站、分布式光伏以及电网调度控制中心等用户，可进行用户级预测、单站预测、多站预测以及区域预测。风力发电和光伏发电功率预测有三种主流建模方式，统计建模、物理建模与混合建模。统计建模预测有两种途径：其一是仅利用风电功率的历史数据，仿照负荷预测的时间序列预测方法来建立时间序列预测模型；其二是利用影响功率的其他要素的历史数据，如风速大小、风向、温度、气压等建立回归预测模型。物理建模是根据数值天气预报系统（NWP）的预测结果得到风速、风向、气压、气温等气象数据，然后根据电站周围地理等高线、粗糙度、障碍物、温度分层等信息计算得到风电机组轮毂高度的风速、风向等信息，最后根据风轮机的功率曲线计算得到风电场的输出功率。混合建模是综合上述两类建模的优势，进行统计与物理的综合建模，以提高风电功率预测的准确度。光伏发电功率预测的物理建模方法利用光伏发电系统详细的地形图、光伏电站布置坐标、周围物理信息和光伏发电系统功率曲线、气象预测数据等作为输入，采用物理方程进行预测。统计方法需要在光伏电站投产后，对光伏发电系统历史运行数据进行统计分析，找出其内在规律并用于预测，一般采用人工智能方法进行预测。

按照预测的时间尺度，可分为：①超短期预测，0~4h 滚动预测，时间分辨率为分钟级；②短期预测，0~24h、0~48h 或 0~72h，时间分辨率为分钟级或小时级；③中长期预测，0~168h 预测，时间分辨率为分钟级或小时级。

185　备用容量及其调度管理　电力系统的备用容量是指满足最大负荷之后的额外装机容量。根据长期负荷预测，在电力系统规划阶段就必须考虑使系统的电源不仅能足额满足预测的负荷，还必须为国民经济发展、机组检修和机组突发事故留有备用容量。备用容量的大小是电力系统可靠性和电力系统经济性的妥协。备用容量大，系统可靠性高，但经济性差；反之，备用容量小，系统可靠性低，但建设投资、运行费用小。具体决策方法属于电力系统可靠性的研究领域。我国《电网调度管理条例实施办法》规定电网的总备用容量不宜低于系统最大发电负荷的 20%。为分析、处理相关问题方便，通常将总备用容量按用途划分为国民经济发展备用、检修备用、事故备用和负荷备用。

（1）发展备用　电源建设要先行于经济发展，尽量避免发生由于经济发展而出现电力供应不足的情况。发展备用是指为经济发展所需电力留有的备用容量，发展备用通常在电力系统建设时予以考虑，具体容量与国家宏观经济政策有关。

（2）检修备用　发电设备经过一段时间的运行可能出现缺陷从而降低设备的可靠性。因而，必须通过计划检修来恢复其运行可靠性。对于电力系统运行问题，在制定年度运行计划时，用于替代被检修的机组容量而预留的发电容量称作检修备用。检修备用容量的大小主要取决于设备的制造质量、检修工作的技术水平和制定的检修计划。两次检修之间的时间间隔越长、检修占用的时间越短、检修期间系统空闲容量越大，则所需要的检修备用容量就越小；反之，检修备用容量就越大。检修备用容量一般取系统最大负荷的 8%~15%。对水电比例较大的电力系统，为减少检修备用容量，一般在枯水期安排水电机组检修，在丰水期安排火电机组检修。

（3）事故备用 电力系统在长期运行中，尽管可以通过计划检修来减少电力装备的故障，但是无法根本杜绝。因此，运行中的电力系统必须留有应对机组突然发生故障的备用容量，称为事故备用。这样，运行中的电力系统一旦发生某发电机组不得已而临时退出的情况，事故备用可以及时替代其出力，保证系统运行频率。事故备用容量与电力系统总容量的大小、最大机组的单机容量的大小、发电机组的台数、各类发电设备容量的构成比、网架的联系紧密程度等因素有关，一般取最大负荷的 5%～10%，同时要求事故备用容量要大于系统中额定容量最大的单机额定容量。事故备用容量越大系统运行的可靠性越高，但运行的经济性越差。事故备用一般由运行中的火电机组和水电机组（包括抽水蓄能机组）承担。燃气轮机发电机组也可承担事故备用。

（4）负荷备用 由于日前负荷预测不可避免地存在一定的误差，因此，运行中的电力系统必须留有应对负荷意外增加的备用容量，称为负荷备用。负荷备用容量一般取系统最大负荷的 2%～5%。对于规模较大的系统可以取较小的备用容量，反之，则应取较大的备用容量。同时还要根据系统内有无冲击负荷及其大小来确定。负荷备用一般由水电站或火电厂承担。担任负荷备用的电厂称为调频电厂。在调频电厂中，必须留有一定的旋转备用容量作为负荷备用容量，根据电力系统频率的变化，自动调整发电出力。

事故备用和负荷备用是应急备用，要求被调用时必须迅速响应。因此，这两种备用最好以运转中的发电机欠发的形式预留，例如将火电机组运行在其额定容量的 80%～90% 之间，水电机组运行在其额定容量的 70%～90% 之间，欠发容量即是备用容量。这类备用亦称旋转备用，或称热备用。相反，检修备用是冷备用。旋转备用除了大小要满足系统运行可靠性之外，还要注意它们在系统中的空间分布，避免在调用时因网络阻塞而使备用失效。

在新能源发电占比较高的电力系统中，为了充分利用非水可再生能源，还要注意系统发电功率的下调能力。称运行于系统中的所有发电机最小技术出力之和为系统的最小技术出力，沿用备用一词，则称系统的最小发电负荷与系统的最小技术出力之差为系统的下调备用。下调备用主要是为了应对负荷曲线的谷点，尽量避免非水可再生能源发电发生弃能现象。

186 电力平衡 即有功功率平衡，是评估系统电源是否能够满足系统负荷的计算工作。电力平衡有两种用途：一种用于制定电力系统的建设规划；另一种用于制定电力系统的调度计划。用于电力系统运行的电力平衡按时间尺度分为中长期平衡（年、月、周）、短期平衡（一般为日）和实时平衡。电力平衡的基本依据是负荷预测，时间尺度越小，要求的准确度越高。实时平衡需根据超短期负荷预报、电网和用户的实时负荷、实时网间功率交换计划及发电企业的实时发电数据，在满足电网安全约束条件下，所做的实时发用电平衡。

这里以独立电力系统、调度周期为日的电力平衡为例，介绍用于制定日调度计划的电力平衡。电力平衡是安排运行计划的环节之一。电力系统正常运行时必须在任意时刻保持系统电源发出的有功功率与系统中所有的有功功率负荷（包括发电厂的厂用电、网络损耗和所有用电器取用的有功功率）在系统额定频率附近平衡。在进行电力平衡时认为网络输送能力充分，因而不考虑网络约束，只关注系统电源是否能满足系统最大负荷。根据系统的日前负荷预测得到次日的系统最大负荷 P_{Lmax}；根据运行经验估计全系统的网络损耗和发电厂的厂用负荷。网络损耗一般按系统最大负荷的 5%～10% 计算；水电厂一般按其额定容量的 0.1%～1% 计算，核电厂按 4%～5% 计算，火电厂按 5%～8% 计算。为应对负荷预测存在的误差和在运行中发电机组由于突然故障而退出运行，在进行电力平衡时还需考虑一定量的旋转备用容量 P_R。显然，旋转备用容量越大，系统运行的可靠性越高，但是系统的经济性就越差；反之，旋转备用容量越小，系统运行的可靠性越低，经济性越好。通常负荷备用容量取最大负荷的 2%～5%；事故备用容量取最大负荷的 5%～10%，同时要求事故备用容量要大于系统中额定容量最大的单机额定容量。因此，系统旋转备用一般取最大负荷的 10%～15%。

电力系统的装机容量是指所有投产的发电机额定容量之和。但是，并非所有投产的发电机都处在运行状态。设系统中有 g 台发电机可以投运，发电机 i 的可用容量为 P_{Gi}。这样，系统的电源总可用出力（亦称可调出力）需大于以上三项之和，即

$$\sum_{i=1}^{g} P_{Gi} \geq P_{Lmax} + \Delta P_{max} + P_R$$

必须指出的是，发电机的可用容量可能小于发电机的额定容量。例如枯水期的水电机组，由于某

种原因不能满发的火电机组等。对于风力发电、光伏发电还要根据出力预测曲线来进行电力平衡。

上边的电力平衡是粗略地计算了满足全天负荷所需的电源容量。进一步需要按照全天的负荷曲线安排发电计划，即进行实时电力平衡。实时电力平衡是将全天等间隔地分为 96 个时段，确定每个时段上所有发电机的发电功率，每个时段的旋转备用都采用上述原则。进行实时电力平衡时有两种方法：一种是计划编制人员根据运行经验人工得出；另一种是由机组组合计算软件计算得出。人工得出时，考虑的基本原则是提高系统运行的经济性和可靠性，例如充分利用可再生能源，减少机组的开停机次数，合理安排旋转备用在系统中的空间分布。在风力发电、光伏发电等新能源出力优先的原则下首先根据这些电源的出力预测曲线安排这类新能源承担发电任务；在丰水期，为了避免弃水现象安排水电厂承担基荷；由于水电机组出力调整灵活，在枯水期水电机组一般承担调峰任务；核电机组由于电能价格低廉，因而一般承担基荷。

187　电力系统调峰　电力系统负荷曲线是有峰谷差的，为保证电力供应和系统运行的经济性，需要安排一定容量的发电出力来跟踪负荷的变化。这种发电出力的调整称为调峰。在电力系统建设规划时应使电力系统具有调峰能力，在人工编制日发电计划时要特别注意满足日负荷曲线的尖峰负荷与低谷负荷。尖峰负荷通常很大但持续时间不长；当尖峰负荷与低谷负荷的差值较大时，系统运行时不可避免地要求有些发电机组在低谷负荷时停机，而在尖峰负荷到来之前起动并迅速增长出力，尖峰过后又需降低出力或停机。这些机组称为尖峰负荷机组或调峰机组。调峰机组必须具有起动时间短、爬坡速度快和可以频繁起停的能力，通常由水电机组、抽水蓄能机组或专门的火电机组担任。在新能源发电占比较大的电力系统中，由于光伏发电、风力发电的波动性和出力预测的误差，除了要注意应对尖峰负荷的上调备用是否充足，还要注意应对低谷负荷的下调备用是否充足。过大的负荷峰谷差、过大的机组最小出力和新能源发电占比不断提升都对系统调峰造成困难，可通过对已有火电机组进行技术改造来降低最小技术出力、采用负荷调度来减小峰谷差等途径来解决这一问题。当系统调峰能力不足时，可以通过调整负荷量（避峰）和用电时间（错峰）来到达调峰目的。

188　机组组合　根据日负荷曲线用数学优化的方法来计算全天发电计划的方法称为机组组合问题。由于机组增加、减小出力需要一定的时间以及水电机组日用水量约束，全天各个时段的机组出力必须统一计算。机组组合问题的目标函数一般为全天的发电成本最小，决策变量为机组在各时段上的起停及机组出力。在约束中通常考虑有功功率平衡、水电厂的日用水量平衡、机组的爬坡速度、下坡速度、最小出力、最大出力、起停机成本、开停机间隔、上调、下调备用、网络的静态安全约束等。其中，机组的起、停对应 0-1 变量，机组的最短开、停机时长是整数变量，机组的出力是连续变量。当系统中的发电机台数较多时，机组组合问题是大规模非线性整数与连续变量的混合优化问题，求解可能遇到困难。因此，这类问题的可靠、高效的求解方法仍在逐步发展中。

189　负荷的重要性分级　在电力系统建设规划和电力系统运行中，为了降低电力系统的建设投资和提高电力系统运行的经济性，并不必要对所有电力负荷采用相同的供电可靠性，而是将负荷根据其重要性进行分级。对于不同的负荷级别可以采用不同的供电可靠性。在电力供应不足需要计划限制用电时，或者电力系统突发事故需要紧急减载时，都会根据负荷的重要性级别而确定限电顺序。我国电力系统通常将负荷的重要性分为三级。一级负荷为中断供电时可能导致人身伤亡，或者造成重大政治影响，或者产生重大经济损失的负荷。二级负荷为供电中断将影响用户正常生产、生活，可能造成较大的政治、经济损失的负荷。不属于一级、二级的负荷即是三级负荷。在电力系统运行时，负荷的重要性级别并不是一成不变的。例如抗旱期间的农用灌溉负荷，高温期间的城市住宅用电，都可能会临时升级。

190　电力系统的一次、二次和三次调频　由日前负荷预测给出的日负荷曲线的时间尺度一般有一小时、半小时和一刻钟几种，因此，发生在时段内的更小时间尺度上的负荷小幅、随机波动是不可预测的。为了实时保证电力供应与消费的平衡，电力系统在实际运行中电源出力除了要满足日负荷曲线外还必须实时跟踪电力负荷在预测值基础上的波动。电能供需是否平衡的物理表征是系统频率是否为额定值。绝对平衡是不可能的，工程上总是用系统频率对额定值的偏差来度量电力供应与消费是否平衡。因此，电力系统中电源出力跟踪负荷变化的行为即称为电力系统调频。为了便于跟踪策略的设计和实施，进一步将无法预测的波动分量分为两个分量，即以数秒钟和数分钟为周期的波动分量。

这样，实际的负荷由三个分量组成，依时间周期由小到大为数秒、数分和预测时段。显然，时间周期越小，相对波动幅值也越小。针对这三个分量的不同特点，电力系统调节电源出力的策略也不同。对于第一个分量，由于其波动周期短，波动幅值小，依靠人工跟踪是不可能的，故由发电机的自动调速系统自动调节发电机出力实现跟踪，称为一次调频。一次调频只能减小稳态频差而不能消除频差使频率恢复为额定频率，是有差调节；频差大小由负荷增量和系统的功频静特性确定。对于第二个分量，由于波动幅度较大，仅依靠一次调频将使系统产生过大的频偏。因此，系统需进行二次调频，二次调频的目的是消除频率偏差，使系统频率恢复为额定值。为了不使在二次调频的过程中出现过调，系统会专门指定一个发电厂由手动调整发电机的同步器以调节发电机的出力。承担二次调频任务的发电厂称为调频厂，其机组必须有足够的备用容量和较快的调节速度。当负荷波动幅度大到一个调频厂不能承担时，还可以设置第二调频厂。第二调频厂在操作时序上根据系统频差的大小和持续时间滞后于第一调频厂。对于第三个分量，即是负荷预测值，则由三次调频完成。三次调频实际上是按日发电计划调整系统中的发电机出力。现代电力系统可以将这三次调频统一为自动发电控制（Auto Generation Control，AGC），由 AGC 统一调配所有机组的出力实时跟踪电力负荷的变化，从而将系统频率维持在允许偏差之内。

191　电力负荷的静态有功功率-频率特性　负荷预测给出的负荷功率是系统频率和电压为额定值时的有功功率。但是，电力系统在正常运行时，系统频率并不能绝对稳定为额定值而是在额定值附近缓慢、小幅波动。绝大多数的用电器从系统中吸取的有功率与系统的频率有关，换言之即电力负荷的有功功率是随系统频率变化而变化的。电力负荷的有功功率随系统的频率缓慢变化而变化的特性称为负荷的静态有功功率-频率特性，简称为负荷的功-频静特性。由于电力系统运行标准允许的频率变化范围很小，所以尽管负荷的功-频静特性是频率的非线性函数，但对运行分析、控制问题通常只关心频率在额定值附近变化的功-频静特性。为此，将非线性功-频静特性在额定频率处线性化可得 $P_L(f) = P_{LN} + K_L(f - f_N)$。其中 P_L 和 P_{LN} 分别为系统频率为 f 和额定频率 f_N 时电力负荷从系统吸收的有功功率。K_L 是正数，其数值与 P_{LN} 及其用电器的构成有关。因此，当系统频率低于额定频率时，负荷消耗的有功功率低于额定功率；反之，当系统频率高于额定频率时，负荷消耗的有功功率高于额定功率。称 K_L 为电力负荷的频率调节系数，单位一般为 MW/Hz。准确获取系统的功频调节系数既无可能也无必要。一般按长期运行经验取为 $K_L = (1 \sim 3) P_{LN}/f_N$。

192　发电机的静态有功功率-频率特性　电力系统在稳态运行时，系统中的同步发电机组的电转速 ω 都是相同的，为 $\omega = 2\pi f$，f 为系统频率。为了跟踪系统负荷中以数秒时间尺度为变化周期的小幅负荷随机变化从而维持系统频率为额定值，同步发电机都安装有反应发电机组转速（即系统频率）的自动调速系统。当转速低于额定转速时，自动加大原动机输出功率；反之，则自动减小原动机输出功率。为了控制方便，自动调速器使发电机的输出功率与系统频率的关系为 $P_G(f) = P_{Gset} - K_G(f - f_N)$。这就是发电机的静态有功功率-频率特性，见图 20.10-13。其中 P_G 和 P_{Gset} 分别为系统频率为 f 和额定频率 f_N 时发电机输出的有功功率。K_G 是正数，其数值可以根据发电机自身技术条件和系统需要整定。因此，当系统频率低于额定频率时，发电机出力将自动增加；反之，当系统频率高于额定频率时，发电机出力将自动减少。称 K_G 为发电机的功率-频率调节系数（亦称发电机出力的频率调节系数），单位一般为 MW/Hz。当取 f_N 和发电机的额定功率 P_{GN} 分别为频率和功率基准值时，K_G 的标幺值 $K_{G*} = K_G f_N / P_{GN}$。发电机的功率-频率静态特性也常用调差系数百分数 $\sigma\%$ 表示，它与 K_{G*} 的关系为 $K_{G*} = 100/\sigma\%$。通常水轮发电机组和汽轮发电机组的调差系数百分数为分别为 2~4 和 4~6。由图 20.10-13 可见，当发电机出力达到其额定出力后，即便系统频率低于额定频率，发电机也不再对频率反应而保持为额定出力；反之，当发电机出力达到其最小技术出力时，发电机对于 $f > f_N$ 的情况也不再反应而

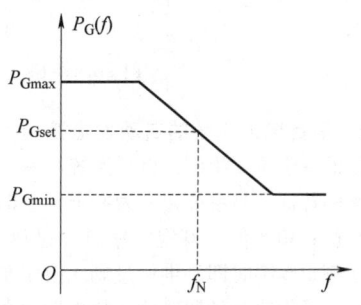

图 20.10-13　发电机的静态有功功率-
频率特性示意图

保持最小出力。发电机按与系统频率偏差成比例地调节其出力时，称该发电机参与系统的一次调频，反之则称该发电机不参与一次调频。电力系统在运行中通常总使发电机运行在参与一次调频的状态。一次调频是由发电机调速器自动进行的。

193　电力系统电源的静态有功功率-频率特性　电力系统的频率 f 由所有发电机输出的有功功率跟踪电力负荷的变化维持为额定频率 f_N。当系统频率由于负荷增减而偏离额定值时，所有发电机就按其功-频静特性减增出力。系统中所有发电机的功-频静特性共同决定了系统电源的功-频静特性。设系统中共有 g 台发电机，发电机 i 的功频-静特性为 $P_{Gi}(f) = P_{Giset} - K_{Gi}(f-f_N)$ $\forall i$，则系统电源的总出力为 $\sum_{i=1}^{g} P_{Gi}(f) = \sum_{i=1}^{g} P_{Giset} - \sum_{i=1}^{g} K_{Gi}(f-f_N)$，于是，$P_{G\Sigma}(f) = P_{G\Sigma set} - K_{G\Sigma}(f-f_N)$。此即系统电源的功-频静特性。可见系统电源的功-频调节系数为所有发电机的功-频调节系数之和，即 $K_{G\Sigma} = \sum_{i=1}^{g} K_{Gi}$。在计算系统电源的功-频调节系数时应注意机组是否参与一次调频，如果不参与则其功-频调节系数为零。

194　电力系统的静态有功功率-频率特性　电力系统的静态有功功率-频率特性由系统电源和负荷的静态有功功率-频率特性共同确定。设根据负荷曲线给出的发电开机计划，发电机 i 的出力为 P_{Giset}，则系统的总发电出力为 $P_{G\Sigma set} = \sum_{i=1}^{g} P_{Giset} = P_{L0}$。设此时系统频率为额定值，故也称 P_{Giset} 为系统电源的标称出力。假设此后负荷发生了随机波动，在 P_{L0} 的基础上增加了 $\Delta P_{LN} > 0$ 而成为 $P_{LN} = P_{L0} + \Delta P_{LN}$。于是，由于 $P_{G\Sigma set} < P_{LN}$，系统频率即下降；由于频率下降，负荷的功-频调节效应将使负荷从系统获得的有功率减小；同时，电源的功-频调节效应将使电源出力增加。于是系统将在一个新的频率 f 下达到电力的供需平衡。据此，联立系统电源的功-频静特性和负荷的功-频静特性，令系统电源总出力 $P_{G\Sigma}$ 与系统电力负荷 P_L（含网络损耗）相等可得系统的功-频静特性 $\Delta P_{LN} = -K_S \Delta f$。这里，$K_S = K_{G\Sigma} + K_L$，称为电力系统的功-频调节系数，单位为 MW/Hz；ΔP_{LN} 是标称负荷增加量，或者说是电源标称出力缺额；$\Delta f = f - f_N$ 是由于电源标称出力缺额导致的系统频率偏差。由此可见，一次调频是有差的，即一次调频只能使系统在新的频率下稳定，而不能使频率恢复为额定频率。对于负荷增量 $\Delta P_{LN} < 0$ 的情况，与上面有完全相同的分析。由电力系统的功-频静特性可见，系统的功频调节系数 K_S 越大，对于相同的负荷增量导致的频率偏差就越小。因此，为了稳定系统频率，需要尽可能多的发电机参与一次调频。

图 20.10-14a、b 分别给出了电力系统一次调频的几何解释和系统的静态功频特性。由图 20.10-14a 可见，负荷增量 ΔP_{LN} 引起了系统频差 Δf；由于 Δf，负荷功-频调节量为 $ab = -K_L(f-f_N)$，即负荷少吸收的功率；由于 Δf，电源功-频调节量为 $bo = -K_{G\Sigma}(f-f_N)$，即电源由于一次调频增发的功率。两者之和满足了负荷增量，即 $ab + bo = \Delta P_{LN}$。按照电力系统的功-频静特性，通过测量系统频率即可获知系统负荷的增量。

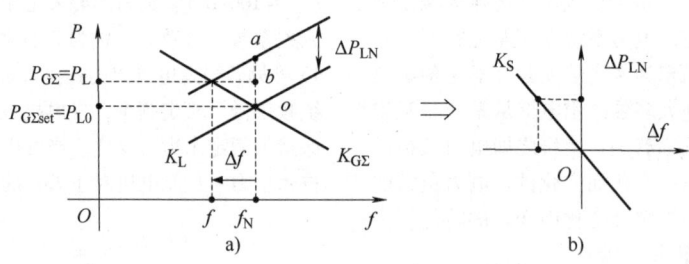

图 20.10-14　电力系统功频调节系数的几何解释

195　联合电力系统的自动发电控制　频率是电能质量的一个重要指标，也是系统中发电与用电是否平衡的特征。当系统频率为额定频率时即是电力供需平衡；频率低于额定频率时即是供给不足；频率高于额定频率时即是供给过剩。由于负荷预测无法对时间尺度为数秒和数分变化周期的负荷随机变化做出预测，所以电力系统在实施日调度计划时还需实时地调整发电机出力以使系统频率保持在允许偏差之内。自动发电控制是电力系统调度自动化的重要组成部分，是电力系统保证电能频率质量的重要手段。传统电力系统的频率调整依靠调频厂或调度员命令调节系统电源出力来维持系统频率在额定值稳定。随着系统规模的增大，负荷变化速度也增大，大容量输电线路、大容量发电机意外事故引起的负荷波动也会增大。因此，传统二次调频的方法已不能可靠地保证系统频率满足质量标准。现代电力系统大多采用自动发电控制（Auto Generation Control，AGC），将一次调频、二次调频和三次调频由控制系统自动、统一进行。这里只介绍自动发电系统控制策略的基本原理，不同的系统会有一定差别。

为不失一般性，假设联合电力系统由 n 个区域系统组成，用下标 i 表示区域；设区域 i 中有 g_i 台发电机参加 AGC，假设机组都有足够的上调和下调备用容量，见图 20.10-15。各区域系统的功-频调节系数 K_{Si} 已知。

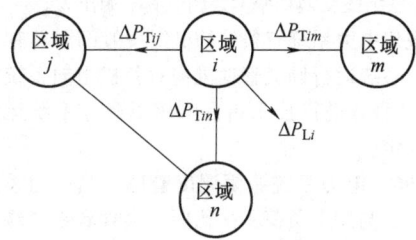

图 20.10-15　联合电力系统示意图

设联合系统目前频率为额定值，总负荷为 P_L，区域系统负荷为 P_{Li}，区域系统 i 中的 j 机组出力为 P_{Gij}。此后，系统负荷波动产生增量 ΔP_L，因之系统产生频差 Δf。

（1）一次调频　针对电力负荷中数秒变化周期的小幅随机波动，称为一次调频。由发电机的自动调速系统跟踪。为叙述方便，忽略一次调频动作的频率死区，那么所有参与一次调频的机组在调速器的作用下时刻对系统频率进行反应，按频差和调差系数自动调节出力以满足负荷增量 ΔP_L。

（2）二次调频　设二次调频的启动周期为 1min。则系统经过 1min 的运行，AGC 系统在线测得系统频差 Δf 和各联络线功率增量 ΔP_{Tim}。根据联合系统的功-频调节系数 $K_S = \sum_{i=1}^{i=n} K_{Si}$ 可以在线计算出系统负荷在这一分钟里的增量 $\Delta P_L = -K_S \Delta f$。系统起动二次调频，需将新增负荷 ΔP_L 分配给各区域电源。二次调频的负荷增量分配有多种策略，这里以同时消除频差和联络线功率偏差为例。

联络线功率定值是由区域间电力、电量合同或者系统稳定约束等因素确定的。因此，二次调频不仅要消除系统频差而且要消除联络线功率偏差。显然，只有按照各子系统电源各自满足自身负荷增量的原则进行出力调整才能实现这一目标。为此，需计算各子系统的负荷增量 ΔP_{Li}。设 ΔP_{Tim} 的参考方

向为离开区域系统 i，那么它们的和即是区域系统 i 在上一分钟里的外送功率增量，为

$$\Delta P_{Ti} = \sum_{m=1}^{n} \Delta P_{Tim}$$

由区域系统 i 的功-频静特性可得区域系统 i 自身负荷增量为

$$\Delta P_{Li} = -(\Delta P_{Ti} + K_{Si} \Delta f) \quad i = 1, 2, \cdots, n$$

即二次调频各区域系统应该增加的电源出力。对于区域系统 i，已知有 g_i 台发电机参加 AGC，因此需将负荷增量 ΔP_{Li} 分配给这些机组，即计算系统 i 中的机组 j 的出力增加量 ΔP_{Gij}。假设分配系数为 r_{ij}，则发电机 G_{ij} 的二次调频出力增量即为

$$\Delta P_{Gij} = r_{ij} \Delta P_{Li} \quad j = 1, 2, \cdots, g_i$$

发电机 G_{ij} 的出力控制目标 P_{sij} 就应为

$$P_{sij} = P_{Gij} + r_{ij} \Delta P_{Li} = P_{Gij} - r_{ij}(\Delta P_{Ti} + K_{Si} \Delta f) \quad j = 1, 2, \cdots, g_i$$

由于二次调频的主要目的是尽快消除频差，因此，需要快速得出负荷分配方案，所以分配系数 r_{ij} 的计算必须十分简洁。一般有按机组备用容量或者按机组爬坡速度进行分配两种方法。这里假设机组备用容量充分，按爬坡速度分配，则

$$r_{ij} = \frac{s_{ij}}{\sum_{j=1}^{g_i} s_{ij}} \quad j = 1, 2, \cdots, g_i$$

式中　s_{ij}——机组 G_{ij} 的爬坡速度。

由上式可见，r_{ij} 可以事前离线计算。顺便指出，按上述二次调频负荷分配方法，爬坡速度大的机组分得的出力大。

对于在线闭环控制而言，反馈信号为发电机实时出力 P_{Gij}，则发电机 G_{ij} 的控制驱动信号为目前实际出力与调整目标的差值（见图 20.10-16），即

$$\Delta P_{Gij} = P_{sij} - P_{Gij} = -r_{ij}(\Delta P_{Ti} + K_{Si} \Delta f) \quad j = 1, 2, \cdots, g_i$$

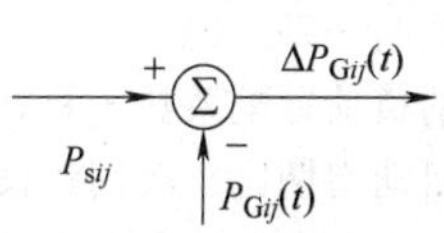

图 20.10-16　发电机出力调整的动态指令

（3）三次调频　二次调频中各机组按分配系数 r_{ij} 分配了负荷增量，但这个分配方案只是可以快速消除频差，如果长期运行，这个负荷分配方案一般不是最优方案。因此每经 15min 或 30min，相对于上一个三次调频，负荷有了显著变化，即再进行三次调频以调整机组的出力使系统的运行方式为某种意义下的最优方式。确定最优运行方式的在线计算由 AGC 系统的最优潮流程序完成。三次调频与二次调频都是直接调整发电机的同步器，只是负荷分配

原则不同。为分析方便，假设系统目前并无频差，进行三次调频只是不满意二次调频的负荷分配方案而将目前负荷在机组间重行分配。设区域系统 i 中机组 j 目前出力为 P_{Gij}，则区域系统 i 目前的负荷为

$$P_{Li} = \sum_{j=1}^{g_i} P_{Gij}$$

将上边的负荷按最优潮流确定的分配系数 e_{ij} 重新分配给机组，则发电机 G_{ij} 分得的出力为 $P_{eij} = e_{ij} P_{Li}$，注意在三次调频期间 P_{eij} 是常数，则 G_{ij} 三次调频的驱动信号为

$$\Delta P_{Gij} = P_{eij} - P_{Gij} \qquad j = 1, 2, \cdots, g_i$$

对上式求和可得系统的出力调节驱动信号为

$$\Delta P_{G\Sigma}(t) = \sum_{j=1}^{g_i} \Delta P_{Gij} = \sum_{j=1}^{g_i} P_{eij} - \sum_{j=1}^{g_i} P_{Gij}$$
$$= P_{Li} - \sum_{j=1}^{g_i} P_{Gij} \qquad (20.10\text{-}4)$$

由于按 e_{ij} 重新分配了目前的负荷，所以各机组的 ΔP_{Gij} 的正负号并不都是相同的，即有些机组是增加出力的，有些机组是减小出力的。由于各机组的出力调节速度是不同的，因此，由式（20.10-4）可知，在系统的调节过程中全系统的发电机出力与负荷一般不会时时刻刻平衡。这样，系统在三次调频的过程中会由于发电机重新分配负荷而产生频率波动。为抑制这个动态不平衡量，将三次调频过程中由于机组调节速度不同而产生的区域系统功率调节误差 $\Delta P_{G\Sigma}(t)$ 也按 e_{ij} 分配给机组。为此，最终机组的驱动信号即为

$$\Delta P_{Gij} = P_{sij} - P_{Gij}$$
$$= P_{eij} + e_{ij}\left(\sum_{j=1}^{g_i} P_{eij} - \sum_{j=1}^{g_i} P_{Gij} \right) - P_{Gij}$$
$$j = 1, 2, \cdots, g_i$$

三次调频的负荷分配系数 e_{ij} 是在线计算的。由于三次调频的启动周期比二次调频长，因而有充足的时间在线计算一个在某种意义下最优的负荷分配方案，例如，经济功率分配方案。

将二次调频与三次调频综合，由二次调频的驱动信号式和三次调频的驱动信号，可得发电机 G_{ij} 的 AGC 综合驱动信号为

$$\Delta P_{Gij} = P_{eij} + e_{ij}\left(\sum_{j=1}^{g_i} P_{eij} - \sum_{j=1}^{g_i} P_{Gij} \right) -$$
$$P_{Gij} - r_{ij}(\Delta P_{Ti} + K_{Si}\Delta f) \qquad j = 1, 2, \cdots, g_i$$

从而，由图 20.10-16 可知，发电机 G_{ij} 的出力动态指令为

$$P_{sij} = P_{eij} + e_{ij}\left(\sum_{j=1}^{g_i} P_{eij} - \sum_{j=1}^{g_i} P_{Gij} \right) -$$
$$r_{ij}(\Delta P_{Ti} + K_{Si}\Delta f) \qquad j = 1, 2, \cdots, g_i$$

所有区域系统的机组都采用上述动态指令。其中小圆括号是一次调频的结果，r_{ij} 是二次调频负荷分配系数，其余为三次调频。一次调频、二次调频和三次调频的起动周期分别为秒、分、15min。

以上以既消除频差又消除联络线功率偏差为例介绍了 AGC 的基本原理。事实上，AGC 系统对机组出力的控制还可以有其他原则，也未必所有区域系统的控制策略都相同。例如备用容量较大的区域系统只按系统频差调节其电源出力，备用容量较小的区域系统只按联络线交换功率偏差调节其电源出力。

现代电力系统有条件的机组一般都需具有 AGC 功能，系统运行调度管理机构对各机组向系统提供的 AGC 服务进行技术指标考核以确保系统运行频率的稳定。

196　电力系统调频调度管理　当电力系统的发电出力与用电负荷不平衡时，会导致系统频率偏离额定值。通过调整发电出力使两者达到平衡，称这个过程为电力系统调频。电力系统的调频手段有一次调频、二次调频和 AGC，高频切机、低频自起动、低频减载等。当系统频率高于上限时，运行调度可调整发电机出力、解列部分发电机组；当系统频率低于下限时，可调整发电机出力、调用系统紧急备用容量、进行指令控制负荷。

我国电网的额定频率是 50Hz，正常运行时其偏差不得超过±0.2Hz；在自动发电控制 AGC 投入时，其偏差不得超过±0.1Hz。所有并网的发电机组均应参与系统的一次调频，其性能和参数整定必须满足行业标准和调度机构的相关规定。二次调频由调度机构指定的大型电厂来完成。通常调度机构会指定其直调的大型水电厂担任第一调频厂，其余水电厂和装有 AGC 并投入频率调节模式的火电厂担任第二调频厂。电网当值调度员应根据调度室内的频率表监视系统频率，当发现频率波动时，应进行调整使其保持正常。调频厂值班长和电网调度员在频率监视和调整方面负有同等责任。为保证频率质量、防止频率崩溃而装设的各种自动装置，如AGC，低频减载、低频自起动、高频切机等均应由相关调度机构确定整定原则，其定值的变更、装置的投入和停运，均应得到相关调度机构的许可。凡并网调度协议中规定具备一次调频功能的发电机组必须确保一次调频功能的完好，并按调度机构的要求投入运行。国、分、省调度机构负责其直调和许

可机组的一次调频的统筹管理；分调中心负责组织其区域电网的一次调频试验、一次调频性能检测和测试；负责其直调机组一次调频性能的试验、监督和考核管理工作；对许可机组，由省调负责一次调频功能的管理工作，当技术指标和机组调速系统发生改变后，省调应及时向分调中心备案。发电公司应联系具备测试资质的单位开展新建机组的一次调频试验，保证一次调频功能正常投入，性能指标满足要求，试验报告上报所辖调度机构备案，否则不得进入商业化运行。凡参与 AGC 调节的机组，AGC 功能必须经过所辖调度机构组织系统闭环测试，测试合格并经调度机构确认后方可投入运行。AGC 机组的调节速率、响应时间、调节准确度、调节范围等，应满足国家有关标准及所辖调控机构的要求。

197　电力系统的无功负荷　狭义的无功负荷是指用电设备在将电能转为其他能量时伴随的从系电源吸收的无功功率。不同种类的用电设备具有不同的额定功率因数。工业负荷中将电能转换为旋转机械能的异步电动机，额定功率因数一般在 0.7～0.9 之间，纯阻性用电设备的功率因数为 1，不消耗无功功率，例如各种电热设备和整流负荷。广义的无功负荷还要包括电能在变压、换流和传输环节消耗的无功功率。交流输电线路的等效电抗、变压器的励磁阻抗和绕组漏抗以及直流输电中的换流器都消耗无功功率。通常将这些无功功率称为网络的无功功率损耗。在数值上，网络的无功损耗比有功损耗大得多。在电力系统稳态运行时，必须有无功电源满足系统中所有电力设备和用电设备消耗的无功功率，保持无功功率的供需平衡。由于无功负荷不涉及能量转换，相对于有功功率负荷，电力系统运行调度时并不需要准确地掌握无功功率负荷随时间变化的曲线。事实上，综合负荷的功率因数一般在 0.6～0.95 之间，按照一定的功率因数，无功功率负荷曲线与有功功率负荷曲线具有类似的形状。

198　电力系统的无功电源　电力系统的无功电源在建设时已合理地分布在系统的不同位置（参见本篇第 19 条），这里只给出无功电源的种类和各自的特点。

同步发电机是性能最好的无功电源，在满足发电机运行约束的条件下，同步发电机可以通过调节其励磁电流连续地调节其无功出力。当同步发电机发出无功功率时，称为滞相运行；反之，当同步发电机吸收无功功率时，称为进相运行。

其他专门为系统提供无功功率的设备称为无功补偿设备，目前应用比较广泛的有

1）同期调相机，相当于空载运行的同步电动机，可以连续调节，既能发出无功功率，也能吸收无功功率。

2）并联电容器，设其电容值为 C，运行电压为 U，则其提供的无功功率为 $Q=\omega CU^2$。电容器提供的无功功率与其运行电压有关，不能进行调节。当在同一节点电容器被分组时，可通过分组投切实现离散调节。但是由于投切开关是机械装置，投切频度过高将降低投切开关的使用寿命。

3）并联电抗器，设其电抗值为 X，运行电压为 U，则其提供的无功功率为 $Q=-U^2/X$。并联电抗器通常在无功过剩的区域使用，其吸收的无功功率与其运行电压有关，不能进行调节。

4）SVC（Static Var Compensator），亦称静止无功补偿器，是由半控型电力电子开关实现的并联无功补偿设备。可以通过晶闸管触发角控制实现无功功率的连续调节，既可以发出无功功率，也可以吸收无功功率。

5）STATCOM（Static Synchronous Compensator），亦称静止无功发生器，是由全控型电力电子开关实现的并联无功补偿设备。可以通过电力电子开关触发角控制实现无功功率的连续调节，既可以发出无功功率，也可以吸收无功功率。

6）可控电抗器，按工作原理区分可控电抗器的种类很多，只能吸收无功功率，有离散、连续控制两大类。

消除换流器谐波的滤波器通常设计成容性，也可向系统提供无功功率。

7）固定串联补偿，在高压（35kV 及以上）输电线路中，为了缩短电气距离或者减小输电线的电压降而串联的电容值固定的电容器。理论上，这个电容器的容抗与线路电抗串联后直接改变了线路参数而不再作为无功功率源，但是，传统上也将固定串联补偿作为无功设备。

8）可控串联电容补偿装置，由电力电子器件实现的可在感性到容性之间连续调节的串联补偿装置。目前有由半控型器件实现的 TCSC（Thyristor Controlled Series Capacitor）和全控型器件实现的 SSSC（Static Synchronous Series Capacitor）两种。

199　无载调压变压器与有载调压变压器　为了适应系统不同的运行方式，一般电力变压器在制造时都安排一定数量的抽头（分接头），以便在使用中根据调压需要选用。由于电力变压器高压绕组的匝数比低压绕组多、导线截面积比低压绕组小而

在制造上更容易抽头，因此分接头都放在高压绕组上。三绕组变压器一般高、中压绕组都有分接头。图 20.10-17 为一个双绕组变压器的分接头结构示意图，变压器有 5 个分接头，变压器的电压比为 $(1\pm2\times0.025)U_{1N}:U_{2N}$，其中包含的可选分接头为 $U_{1t(-2)}$、$U_{1t(-1)}$、$U_{1t(0)}$、$U_{1t(+1)}$ 和 $U_{1t(+2)}$。主接头 $U_{1t(0)}$ 的额定电压等于变压器绕组的额定电压 U_{1N}。调整一档为额定电压的 2.5%，运行于不同的分接头位置，即有对应的变比，从而实现调整电压的需求。

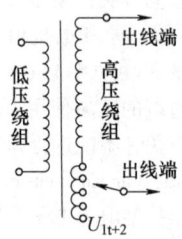

图 20.10-17　变压器分接头结构示意图

变压器分接头调整方式有两种：一种是无载调节，亦称 LTC（Load Tap Changer），只能在变压器不带电的条件下切换分接头以改变电压比；另一种是有载调节，亦称 OLTC（On Load Tap Changer），可以在变压器运行中进行分接头的调整，调整一次大约需要数分钟。有载调压变压器的电压比为 $k=(1\pm8\times1.25\%)U_{1N}:U_{2N}$。造价上后者高于前者，两者在调压中的应用场合不同。

由于分接头调整装置是机械装置，过度频繁地调整会降低机械装置的寿命。变压器电压比的运行调度通常与离散控制的无功补偿调度配合进行。变压器自身并不能发出无功功率而只能通过电压比改变无功功率在网络中的分布。

200　同步发电机的功率圆图　同步发电机是电力系统中最重要的元件，在电力系统运行中，调度人员必须了解发电机的基本运行约束。图 20.10-18 以隐极机为例给出了忽略同步机定子绕组电阻的同步发电机的基本运行约束。

图 20.10-18 中 x_d 为发电机的同步电抗；机端运行电压为 U_N，定子绕组电流为 $\dot{I}_N$。忽略定子绕组电阻，则定子绕组电势为

$$\dot{E}_q = U_N + jx_d\dot{I}_N$$

由于绕组具有电阻，当绕组中流过电流时，因此产生热量而引起绕组温升。在一定的冷却条件下，定子绕组和转子绕组都有热稳极限。由于定子绕组电势 E_q 正比于励磁电流 I_f，所以转子热稳极限

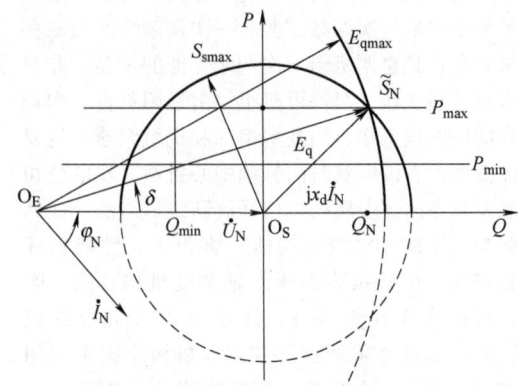

图 20.10-18　隐极同步发电机的功率圆图

约束是以点 O_E 为圆心，以 E_{qmax} 为半径的圆。

发电机输出复功率为

$$\tilde{S} = U_N\dot{I}_N^* = \frac{U_N}{x_d}(x_dI_N)(\cos\varphi+j\sin\varphi)$$

式中　φ——功率因数角。

可见，若认为图 20.10-18 中的比例尺为 U_N/x_d，则相量 $jx_d\dot{I}_N$ 向纵轴和横轴的投影分别为发电机输出的有功功率和无功功率。因此，定子绕组热稳极限约束是以点 O_S 为圆心，以 S_{smax} 为半径的圆。

动力系统决定了发电机的最大、最小出力约束，分别为水平线 P_{max} 和 P_{min}。

当发电机从系统中吸收无功功率时，由于定子、转子绕组端部漏磁通的叠加而使定子端部铁心发热，因而对发电机进相运行产生约束。垂线 Q_{min} 是对发电机进相运行约束的近似，准确的约束曲线可从运行经验获取。

用发电机机端电压和空载电势表示的发电机有功出力为

$$P = \frac{E_qU_N}{x_d}\sin\delta$$

式中　δ——$\dot{E}_q$ 的相角，称为发电机功角。为保证机组自身静态稳定，对功角有最大功角的约束。

显然，以上基本约束的交集构成了发电机的允许运行范围。

图 20.10-18 中的下半圆部分适用于同期调相机。

201　无功电源的配置与运行　电力系统稳态运行必须在额定电压条件下维持无功功率的供需平衡。因此，在电力系统规划建设阶段即需完成无功电源的配置，为系统运行提供设备条件。交流电力

系统中的无功功率只是瞬时电功率的脉动幅值，并不涉及一次能量的转换。因而，无功功率源的配置通常只受地理空间的制约。所谓配置是指规划无功电源的安装位置、种类和容量。对于具有连续调节能力并且进行自动控制的无功电源，还需确定其控制策略。配置的基本原则为：①保证无功电源充足，电力系统的无功需求是有功需求的 $1 \sim 1.5$ 倍，满足无功需求主要依赖各种无功补偿装置；②尽量减少无功功率在网中的流动，从而降低网络的能量损耗和元件的电压损耗，因此，无功补偿一般是就地补偿，分区、分层平衡，为便于运行控制，区域无功补偿通常在降压变电站具有较大的容量，对负荷采用分散补偿使负荷具有较高的功率因数；③应使系统具有良好的控制能力和动态特性；④应节约设备投资。

在电力系统运行中，所有固定参数的无功补偿装置的无功出力是状态变量，并不能对其直接进行调度，而是通过电力系统潮流分析掌握。这部分无功电源的出力承担了系统无功负荷的基荷。发电机和各种具备连续调节能力的无功补偿的无功出力是决策变量，需要对其进行调度。这部分无功电源的出力主要用于控制系统的电压和潮流分布，承担系统无功负荷的峰荷部分。对于离散控制的无功补偿装置需要调度其离散变量，例如分组投切的并联电容器、并联电抗器的组数和有载、无载调压变压器的分接头位置。

电力系统配置和运行无功电源的基本方法是潮流分析和动态仿真。

202　电力综合负荷的电压静特性　接在电力系统中的用电器从系统中获取的有功功率和无功功率与用电器所接母线（亦称节点）的电压有关；电力网络中的有功功率和无功功率损耗也与系统运行的电压水平有关。对于电力系统运行调度问题，只关心综合负荷而不必关心具体用电器的复功率与节点电压的关系。称描述综合负荷与节点电压关系的数学表达式为"负荷的电压静特性"，通常近似用下式给出

$$\begin{cases} P_L = P_{LN}\left[a_p\left(\dfrac{U}{U_N}\right)^2 + b_p\left(\dfrac{U}{U_N}\right) + c_p \right] \\ Q_L = Q_{LN}\left[a_q\left(\dfrac{U}{U_N}\right)^2 + b_q\left(\dfrac{U}{U_N}\right) + c_q \right] \end{cases}$$

式中　　U 和 U_N——分别为负荷节点的运行电压和额定电压；

P_{LN} 和 Q_{LN}——分别为综合负荷的额定有功功率和无功功率；

P_L 和 Q_L——分别为综合负荷从系统获取的有功功率和无功功率；

a_p、b_p、c_p、a_q、b_q 和 c_q——份额系数。

当运行电压等于额定电压时，应有 $P_L = P_{LN}$ 和 $Q_L = Q_{LN}$，因此，份额系数应满足

$$\begin{cases} a_p + b_p + c_p = 1 \\ a_q + b_q + c_q = 1 \end{cases}$$

由于综合负荷的随机性和时变性，准确获取这些份额系数是困难的。因此，前式更多地用于系统电压静态特性的定性分析。在定量分析时，通常根据企业、商业、住宅、农业负荷的构成由运行经验估计这些份额系数的取值。图 20.10-19 给出了一个典型综合负荷的电压静特性。

由于电力系统在实际运行中并不能维持节点电压恒定，而是允许在满足电压质量标准的范围变化，由此可见，当节点电压偏低时，负荷取用的功率将比额定功率小；反之则比额定功率大。由图 20.10-19 可知，无功负荷的电压敏感性要比有功负荷大得多。

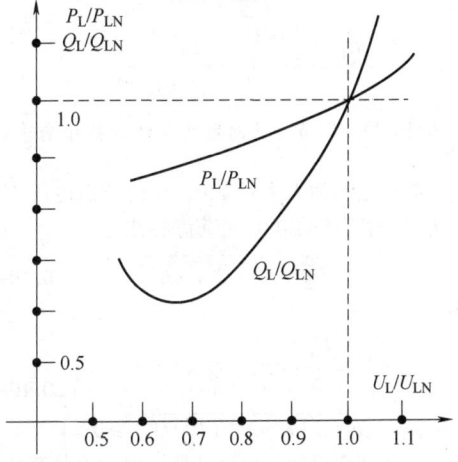

图 20.10-19　综合电力负荷的电压静特性

前式也称为负荷的 ZIP 模型，即将综合负荷用恒定阻抗、恒定电流和恒定功率的组合来表示。

203　电力系统节点电压的负荷静特性　在电力系统运行中，接有负荷的母线电压都随负荷的缓慢变化而变化。由于对电能质量的要求，电力系统在运行中必须根据负荷的变化调整系统无功电源出力和无功设备的运行状态来保证节点电压合格。由于电力网络的约束，系统中所有节点的电压是所有负荷的函数；更由于无功电源和无功设备的自动控制对负荷波动的响应，电力系统节点电压随负荷变

化的定量分析必须通过潮流计算获取。为了得到一些定性的结论，可以只研究节点电压随该节点上负荷缓慢变化而变化的规律，称为"电力系统节点电压的负荷静特性"。节点电压的负荷静特性有两种：一种是自然特性；一种是控制特性。由于系统无功控制的多样性、复杂性，在分析节点电压的负荷静特性时如果考虑控制作用则必须具体问题具体分析。这里给出自然特性，即假设系统运行条件不变并且不进行无功设备的控制和调节。图 20.10-20 所示电路中始端电压 U_1 和阻抗 $Z = R + jX$ 为已知常数。那么末端电压 U_2 随负荷 $\tilde{S}_2 = P_2 + jQ_2$ 变化的规律即是负荷节点的电压-负荷静特性。图 20.10-20 既可以描述系统经一条输电线向一个负荷供电，也可以描述电力系统中某节点上直接接有综合负荷的情况。对于前者，始端电压 U_1 是根节点电压，阻抗是输电线路的等效阻抗；对于后者则是忽略系统的各种调节作用，始端电压 U_1 和阻抗分别是从负荷节点看进去的系统戴维南（Thevenin）等效内电势和等效的内阻抗，在分析时认为是常数。一般情况下，$X \geqslant 0$，即电力系统是感性的。

$$\dot{U}_1 \quad \xrightarrow{R+jX} \quad \dot{U}_2$$
$$P_2+jQ_2$$

图 20.10-20　从节点 2 对电力系统的戴维南等效

记始端电压为 $\dot{U}_1 = U_1 \angle 0$，负荷节点电压 $\dot{U}_2 = U_2 \angle \theta$。负荷节点的电压-负荷静特性为

$$U_2 = \sqrt{A \pm \sqrt{A^2 - B^2}} \qquad (20.10\text{-}5)$$

式中

$$\begin{cases} A = \dfrac{U_1^2}{2} - (P_2 R + Q_2 X) \geqslant 0 \\ B = \sqrt{(R^2 + X^2)(P_2^2 + Q_2^2)} \geqslant 0 \end{cases} \qquad (20.10\text{-}6)$$

上式为双值函数。可以证明，电力系统稳态运行时只能运行在上半支。

由式（20.10-6）中可见，无论 P_2 还是 Q_2 增加，都使 A 减小而 B 增加；从而由式（20.10-5）可见使 U_2 降低。由于电力系统中存在大量自动调节装置，实际电力系统中节点电压-负荷的静态特性比式（20.10-5）复杂得多。但是，定性而言，一个电压静态稳定的系统必须是负荷节点电压随负荷增加而减小。

由式（20.10-5）可见，末端电压 U_2 有实数解的条件为

$$P_2 R + Q_2 X + \sqrt{(R^2 + X^2)(P_2^2 + Q_2^2)} \leqslant \dfrac{U_1^2}{2}$$
$$(20.10\text{-}7)$$

当负荷 $\tilde{S}_2 = P_2 + jQ_2$ 增加而使上式破坏时，数学上是负荷节点电压 U_2 没有实数解，物理上是负荷节点电压将在任何微小扰动下沿式（20.10-5）的下半支持续下降，这种现象称为电压崩溃。在电力系统的规划建设和运行中必须杜绝这种情况发生。因此，式（20.10-6）是负荷节点电压的静态稳定域。为了画出这个稳定域，设阻抗角为 ϕ，将 P_2-Q_2 坐标系旋转 ϕ 成为 x-y 坐标，负荷节点电压的静态稳定域成为

$$U_1^2 xz + z^2 y^2 \leqslant \dfrac{U_1^4}{4}$$

其中 z 为阻抗的模值。可见在 x-y 坐标系下，静态电压稳定域的边界是开口向下的抛物线。图 20.10-21 为负荷节点静态电压稳定域的示意图，稳定域为抛物线的左侧。当只关心 $P_2 \geqslant 0$，$Q_2 \geqslant 0$ 的运行方式时，稳定域为阴影的区域。

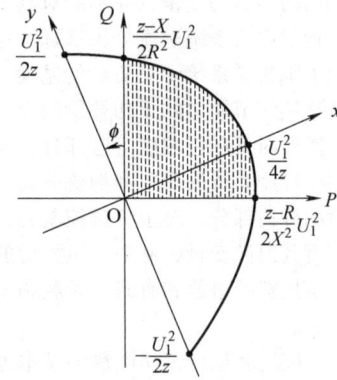

图 20.10-21　节点电压的静态稳定域

当负荷点在稳定域的边界上时，即 $\tilde{S}_{2\text{cr}}$ 满足

$$P_{2\text{cr}} R + Q_{2\text{cr}} X + \sqrt{(R^2 + X^2)(P_{2\text{cr}}^2 + Q_{2\text{cr}}^2)} = \dfrac{U_1^2}{2}$$

负荷节点的电压为

$$U_{\text{cr}} = \sqrt{\dfrac{U_1^2}{2} - (P_{2\text{cr}} R + Q_{2\text{cr}} X)} = \sqrt[4]{(R^2 + X^2)(P_{2\text{cr}}^2 + Q_{2\text{cr}}^2)}$$

称上式为负荷节点的临界电压曲线。

不难导出，临界电压的最小值为 $U_{\text{crmin}} = U_1 / 2$，对应的运行点为

$$\begin{cases} P_2 = \dfrac{U_1^2}{4z} \cos\phi \\ Q_2 = \dfrac{U_1^2}{4z} \sin\phi \end{cases}$$

临界电压的最大值为 $U_{2\text{crmax}} = U_1 / \sqrt{2}$，对应的运行点有两点，为

$$\begin{cases} P_2 = \dfrac{U_1^2}{2z}\cos(\phi \mp \pi/2) \\[2mm] Q_2 = \dfrac{U_1^2}{2z}\sin(\phi \mp \pi/2) \end{cases}$$

图 20.10-22 是上式在 $P_2 \geqslant 0$，$Q_2 \geqslant 0$ 区域的示意图。竖轴为负荷节点电压 U_2，横轴和纵轴分别为负荷的有功功率 P_2 和无功功率 Q_2。

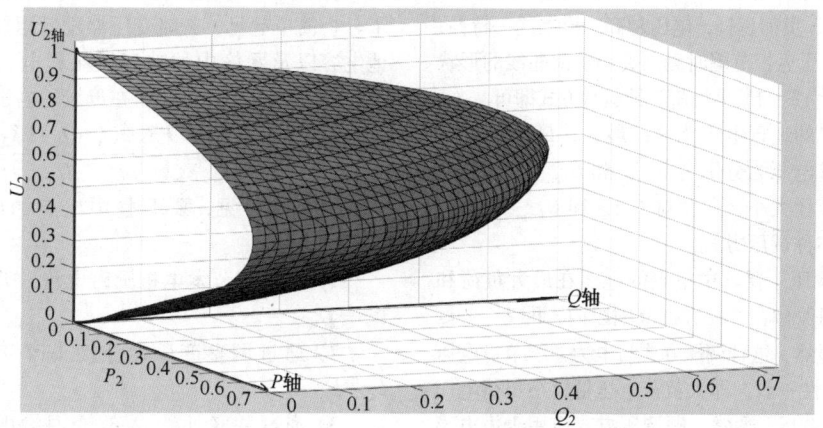

图 20.10-22　负荷节点的电压-负荷静特性

204　电力系统的电压水平与电力系统的无功功率平衡　电力系统在稳态运行时，无功电源发出的无功功率必须与负荷消耗的无功功率在额定电压附近平衡。电力系统的无功功率是否平衡集中体现在系统的电压水平上。电力系统的电压水平是一个关于全系统所有节点电压高低的统计概念。当绝大多数节点电压都高于其额定值时，就称电力系统的电压水平高；反之，则称为电力系统的电压水平低。稳态运行的电力系统，由于无功电源的电压自然特性和控制特性与无功负荷的电压静态特性共同作用，使得系统的无功负荷较大时，系统的电压水平偏低；反之，当系统的无功负荷较轻时，系统的电压水平偏高。电压水平过高时称为系统无功过剩；过低时，称为系统无功不足。电力系统的可调节无功电源必须实时跟踪无功负荷的变化，以维持合理的系统电压水平，即所有节点电压在其允许的变化范围之内。

205　电力系统的电压分布　电力系统的电压分布由电力网络的节点电压表征，通过电力系统潮流计算得出。如果一个地区的节点电压都相对于其额定值偏高，则该地区的无功电源出力是充足或过剩的；反之，则该地区的无功电源出力是不足的。因此，在安排电力系统运行方式时，既要保证系统的无功电源充足还要考虑无功电源在系统中的分布。由于电力系统建设规划时已经对可控、不可控的无功电源按照分散、就地补偿的基本原则进行了

配置，在系统运行时主要通过潮流计算来确定可控无功电源，尤其是发电机的无功出力。

206　电力系统的电压中枢点　电力系统的负荷有千千万万，使每个负荷所在的节点电压满足电压质量标准是电力系统电压调整和控制的基本目的。但针对每一个负荷进行电压调整和控制既无可能也无必要。事实上，根据电力网络的拓扑、参数和典型负荷的大小，总能确定出一些代表性节点，将分散在电力网络中各处的负荷对允许电压偏移的要求，集中反映为对代表性节点的电压偏移要求。通常称这种代表性节点为"电压中枢点"。也就是说，只要控制中枢点电压来跟踪由其供电的综合负荷复功率变化，则由此中枢点供电的所有分散用户的电压偏移都在允许范围之内。这样，满足千千万万分散负荷的电压质量问题就转化为对个数有限的中枢点电压的调整和控制的问题。

在电力系统设计时要考虑电压中枢点的设置问题，为电力系统运行时的电压调整提供便利。电压中枢点一般为发电厂的高压母线和枢纽变电站的低压母线。

207　中枢点的电压管理　中枢点电压运行的上、下限可以用两种方法来决定。一种方法是对由中枢点供电的配电网进行具体的潮流计算，从而归纳出对中枢点的电压要求。但是由于配电网十分复杂，其负荷分布也难以准确掌握，因此这种方法往往只在电力系统建设规划时采用。另一种方法是根

据配电网的实际运行情况和经验来决定。供电企业根据用户对电压质量的反馈意见和对一些代表性用户电压的实际测量和统计，分析出中枢点电压的允许波动范围。电力系统节点电压的自然负荷静特性为：不对节点电压进行专门控制时，是负荷越重电压越低；反之，负荷越轻，电压越高。根据这一特性，确定中枢点电压运行范围时无须关心负荷曲线的形状而只考虑最大负荷和最小负荷两种运行方式即可。

记中枢点的运行电压为 U；最大、最小负荷时中枢点的要求电压为分别为 $U_{(\max)}$ 和 $U_{(\min)}$。根据中枢点的供电半径大小，通常对 $U_{(\max)}$ 和 $U_{(\min)}$ 有三种控制方式，亦称调压方式。

（1）顺调压 要求中枢点的电压在最大负荷和最小负荷期间保持在某一容许范围以内，即 $U_{(\max)} \leqslant U \leqslant U_{(\min)}$。显然，这种调压方式与电力系统节点电压的自然负荷特性一致，即大负荷电压低，小负荷电压高，故称为顺调压。通常，顺调压方式应用于供电半径不长、负荷峰谷差较小、允许电压波动范围较宽的情况。显然，下界取决于最大负荷；上界取决于最小负荷。记额定电压为 U_N，一般取 $U_{(\max)} = 1.025U_N$；$U_{(\min)} = 1.075U_N$。变化范围的宽度为 $0.05U_N$。

（2）恒调压 与顺调压没有本质区别，只是电压偏移的允许范围更小。一般取 $U_{(\max)} = 1.03U_N$；$U_{(\min)} = 1.05U_N$。变化范围的宽度为 $0.02U_N$。

（3）逆调压 当供电半径和/或负荷峰谷差较大时，采用顺调压方式将无法满足末端电压的质量要求，即大负荷下，末端电压将低于其下限值；而小负荷下，末端电压将高于其上限值。这时，就需采用逆调压。逆调压要求中枢点电压 $U_{(\max)} > U_{(\min)}$，即在最大负荷运行方式下的电压高于最小负荷下的电压。由于这种调压方式和电力系统节点电压的自然负荷特性是相反的，故称为逆调压。例如，取 $U_{(\max)} = 1.05U_N$，$U_{(\min)} = U_N$。

208　电力系统电压调整的基本方法　用图 20.10-23 所示的简单电力系统可以方便地说明电压调整的几种基本方法。

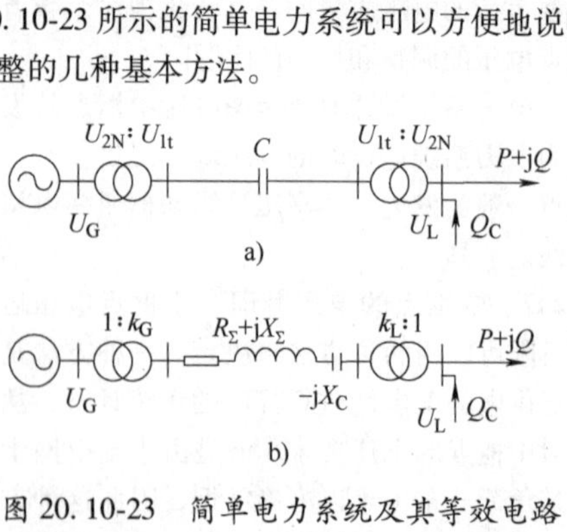

图 20.10-23　简单电力系统及其等效电路
a）简单电力系统　b）简单电力系统等效电路

在图 20.10-23 中，k_G 和 k_L 分别为升压变压器和降压变压器的电压比；$R_\Sigma + jX_\Sigma$ 为变压器和线路折算到高压侧的总阻抗；X_C 为串联补偿电容器的容抗；Q_C 为并联无功补偿的无功功率；U_N 为线路的额定电压；以降压变压器的低压母线为电压中枢点。为了分析简单起见，忽略变压器励磁阻抗和线路的对地电容以及网络中的功率损耗和电压降落的横分量。在此情况下，负荷所在母线的电压可以表示为

$$U_L = \frac{1}{k_L} \left[U_G k_G - \frac{PR_\Sigma + (Q - Q_C)(X_\Sigma - X_C)}{U_N} \right]$$

由上式可见，要调整中枢点的电压 U_L 有以下四种方法：

1）通过调节发电机励磁电流，调节发电机端电压 U_G。

2）通过调整变压器分接头改变变压器变比 k_G、k_L。

3）通过并联补偿 Q_C 改变网络中流过的无功功率。

4）通过串联电容器改变线路的电抗。

对于系统运行还有调整电网运行方式、低压减载等手段。

209　改变发电机端电压进行调压　发电机端电压由自动励磁调节器控制，改变自动电压调节器（AVR）的电压整定值便可以改变发电机的端电压。在一般运行情况下，发电机的端电压可以在绕组额定电压的 ±5% 范围内变化而不妨碍有功功率的输出。由于发电机绕组的额定电压一般比网络额定电压高 5%，这相当于发电机可以在网络额定电压的 100%～110% 范围内运行。对于发电机直供负荷（地方负荷）一般仅靠发电机进行调压即可满足电压要求，但是对于系统中其他的负荷而言，单靠发电机调压并不一定能满足要求，而必须与其他调压措施配合进行。由于调节发电机运行电压十分便捷，因此，一般总是优先考虑通过改变发电机电压来进行调压，即便用它不能完全满足电压要求，至少可以降低其他调压措施的负担。实际电力系统中具有多个发电厂，当改变一个发电厂中发电机的端电压时，必将改变发电厂之间的无功功率分布，从而影响整个系统的节点电压分布。因此，在利用发电机调压时必须通过全系统的潮流计算来协调各机组的无功出力。

210　电力变压器的分接头选择　输电系统的调压问题是一个系统问题，其中的变压器分接头选择是一个复杂的混合规划问题。但对辐射电网（配电网），则可以根据根节点的电压控制方式

以及负荷节点的电压允许变化范围来选择变压器的分接头。为不失一般性，辐射系统的等效电路见图 20.10-24。

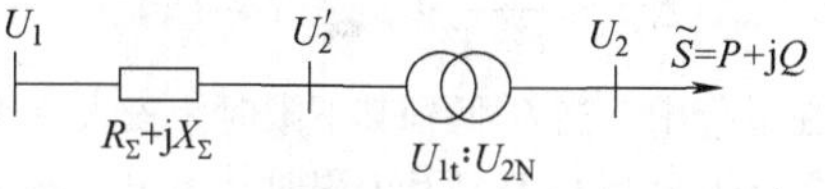

图 20.10-24　辐射系统的等效电路

图中变压器的串联阻抗 $R_T + jX_T$ 已折算到高压侧与线路阻抗 $R_L + jX_L$ 串联后记为 $R_\Sigma + jX_\Sigma$，故图中的变压器是只有电压比 $U_{1t} : U_{2N}$ 的理想变压器；U_{2N} 是变压器低压侧绕组的额定电压；U_{1t} 是变压器高压侧绕组的分接头；U_1 为根节点电压；U_2 为负荷节点电压；U_2' 为 U_2 折算到理想变压器高压侧的电压。设负荷有功功率和无功功率的变化范围分别为 $P \in [P_{min}, P_{max}]$ 和 $Q \in [Q_{min}, Q_{max}]$。根节点电压 U_1 由上级电压控制方式确定；当控制方式为顺调压时，U_1 的波动范围为 $U_1 \in [\underline{U}_1, \overline{U}_1]$；当控制方式为逆调压时，大负荷和小负荷运行方式下的根节点电压分别为 $U_1 = \overline{U}_1$，$U_1 = \underline{U}_1$。变压器不是无功电源，在系统无功电源充足的条件下，靠调整分接头可以实现对电压中枢点电压 U_2 的顺调压或恒调压。设负荷节点电压的允许波动范围为 $U_2 \in [\underline{U}_2, \overline{U}_2]$。

记 $\Delta_{max} = R_\Sigma P_{max} + X_\Sigma Q_{max}$，$\Delta_{min} = R_\Sigma P_{min} + X_\Sigma Q_{min}$。保证负荷节点电压不超出允许波动范围的分接头选择公式如下：

（1）根节点顺调压、无载调压变压器的分接头（LTC）选择公式

$$\frac{U_{2N}}{\overline{U}_2}\left(\overline{U}_1 - \frac{\Delta_{min}}{\overline{U}_1}\right) \le U_{1t} \le \frac{U_{2N}}{\underline{U}_2}\left(\underline{U}_1 - \frac{\Delta_{max}}{\underline{U}_1}\right)$$

当上边的双边不等式成立且包含变压器的可选分接头时，即可选择上述区间中任意一个分接头作为无载调压变压器的运行分接头。注意较小的分接头可使负荷节点电压较高。

固定分接头变压器一般适用于负荷波动小、根节点电压波动范围窄，负荷节点电压允许波动范围宽的情况，在这种情况下才能得出满足调压要求的可行解。

（2）根节点顺调压、有载调压变压器的分接头（OLTC）选择公式　按根节点电压为其上限值、负荷为最小负荷的工况选满足下式的最小分接头为小方式分接头：

$$U_{1tmin} \ge \left(\overline{U}_1 - \frac{\Delta_{min}}{\overline{U}_1}\right)\frac{U_{2N}}{\overline{U}_2}$$

按根节点电压为其下限值、负荷为最大负荷的工况选满足下式的最大分接头为大方式分接头：

$$U_{1tmax} \le \left(\underline{U}_1 - \frac{\Delta_{min}}{\underline{U}_1}\right)\frac{U_{2N}}{\underline{U}_2}$$

在运行中按运行状态切换分接头。当 U_2 低到其下限 $\underline{U}_2$ 时，将变压器分接头切换成小值 U_{1tmin}；当 U_2 高到其上限 $\overline{U}_2$ 时，将变压器分接头切换成大值 U_{1tmax}。在选择分接头时还需满足分接头切换引起的负荷节点电压突升突降约束式：

$$\overline{U}_2 U_{1tmax} \ge \underline{U}_2 U_{1tmin}$$

（3）根节点逆调压、无载调压变压器的分接头（LTC）选择公式

$$\begin{cases} \dfrac{U_{2N}}{\overline{U}_2}\left(\underline{U}_1 - \dfrac{\Delta_{min}}{\underline{U}_1}\right) \le U_{1t} \le \dfrac{U_{2N}}{\underline{U}_2}\left(\overline{U}_1 - \dfrac{\Delta_{max}}{\overline{U}_1}\right) \\ \dfrac{U_{1t}}{U_{2N}} \ge \dfrac{\overline{U}_1^2 - \underline{U}_1^2}{\underline{U}_1 \overline{U}_2 - \overline{U}_1 \underline{U}_2} \end{cases}$$

当上面的双边不等式成立且包含变压器的可选分接头时，即可选择上述区间中任意一个分接头作为无载调压变压器的运行分接头。较小的分接头可使负荷节点电压较高。在运行中，当 U_2 低到其下限时，将根节点电压切换成 $\overline{U}_1$；当 U_2 高到其上限时，将根节点电压切换成 $\underline{U}_1$。上面的单边不等式保证根节点电压切换不引起负荷节点电压越界。

（4）根节点逆调压、有载调压变压器的分接头（ULTC）选择公式　按根节点电压 $U_1 = \overline{U}_1$、负荷为最大负荷的工况选满足下式的最大分接头为大方式分接头 U_{1tmax}：

$$U_{1tmax} \le \left(\overline{U}_1 - \frac{\Delta_{max}}{\overline{U}_1}\right)\frac{U_{2N}}{\underline{U}_2}$$

按根节点电压 $U_1 = \underline{U}_1$、负荷为最小负荷的工况选满足下式的最小分接头为小方式分接头 U_{1tmin}：

$$U_{1tmin} \ge \left(\underline{U}_1 - \frac{\Delta_{min}}{\underline{U}_1}\right)\frac{U_{2N}}{\overline{U}_2}$$

根节点电压切换约束为：$U_{1tmax}(\overline{U}_1 \overline{U}_2 - \underline{U}_1 \underline{U}_2) \ge U_{2N}(\overline{U}_1^2 - \underline{U}_1^2)$；

分接头切换约束为：$\overline{U}_2 U_{1tmax} \ge \underline{U}_2 U_{1tmin}$。

211　三绕组变压器分接头的选择顺序　图 20.10-25 所示为忽略变压器励磁支路的三绕组变压器等效电路。图中变压器是只有电压比的理想变压器，变压器高、中、低压三个绕组的阻抗已折算在高压侧，分别为 Z_{T1}、Z_{T2} 和 Z_{T3}；在高压和中压绕组上都设有分接头，变压器电压比为 $(1 \pm 2 \times 0.025)$

U_{1N}：$(1\pm2\times0.025)U_{2N}$：U_{3N}。在确定分接头位置时，先由 U_{1t}：U_{3N} 确定高压绕组的分接头 U_{1t}。在 U_{1t} 选定后，再由 U_{1t}：U_{2t} 确定中压绕组的分接头 U_{2t}。

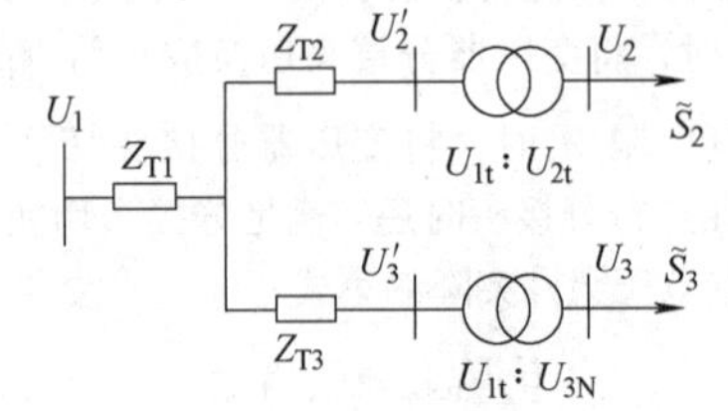

图 20.10-25　三绕组变压器的等效电路

212　无载调压变压器分接头与并联可投切电容器补偿联合调压　辐射网在负荷节点安装可投切电容器进行并联补偿是一种常见的调压方法，这时需要根据负荷的变化范围和根节点电压的电压控制方式以及负荷节点的电压允许变化范围来选择无载调压变压器的分接头（LTC）和补偿容量。为不失一般性，辐射系统的等效电路见图 20.10-26。

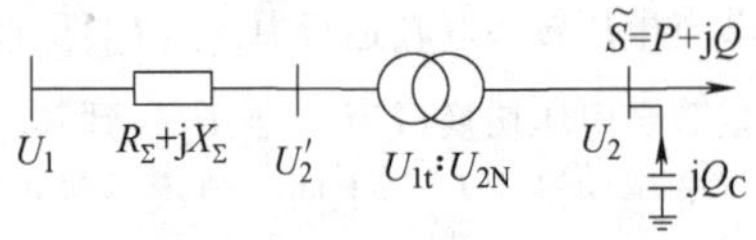

图 20.10-26　辐射系统的等效电路

图中的变压器是只有电压比 U_{1t}：U_{2N} 的理想变压器，U_{2N} 是变压器低压侧绕组的额定电压；U_{1t} 是变压器高压侧绕组的分接头；变压器的串联阻抗 R_T+jX_T 已折算到高压侧与线路阻抗 R_L+jX_L 串联后记为 $R_\Sigma+jX_\Sigma$；U_1 为根节点电压；U_2 为负荷节点电压；U_2' 为 U_2 折算到变压器高压侧的电压；设负荷有功功率和无功功率的变化范围分别为 $P\in[P_{min},P_{max}]$ 和 $Q\in[Q_{min},Q_{max}]$；大负荷运行方式和小负荷运行方式的根节点电压分别为 $U_1=U_{1(max)}$，$U_1=U_{1(min)}$。

记 $\Delta_{max}=R_\Sigma P_{max}+X_\Sigma Q_{max}$，$\Delta_{min}=R_\Sigma P_{min}+X_\Sigma Q_{min}$。分接头 U_{1t} 和补偿容量 Q_C 的选择公式如下：

1）负荷节点采用顺调压，即允许电压波动范围为 $U_2\in[\underline{U}_2,\overline{U}_2]$。按最小负荷运行方式无补偿确定分接头，即在可选分接头中选满足下式的最小分接头

$$U_{1t}\geqslant\frac{U_{2N}}{\underline{U}_2}\left(U_{1(min)}-\frac{\Delta_{min}}{U_{1(min)}}\right)$$

按最大负荷运行方式确定电容器总容量

$$Q_C\geqslant\frac{1}{X_\Sigma}\left(\frac{U_{1t}}{U_{2N}}U_{1(max)}\underline{U}_2+\Delta_{max}-U_{1(max)}^2\right)$$

电容器投退量 ΔQ_C 约束

$$\Delta Q_C\leqslant\frac{U_{1t}}{U_{2N}X_\Sigma}U_{1(min)}(\overline{U}_2-\underline{U}_2)$$

在运行中，当 U_2 低到其下限时，投入一组并联电容器 ΔQ_C；当 U_2 高到其上限时，退出一组并联电容器 ΔQ_C。

2）负荷节点采用逆调压，即最大、最小负荷运行方式下分别使 U_2 为 $\overline{U}_2$ 和 $\underline{U}_2$。按最小负荷运行方式无补偿确定分接头，即在可选分接头中选满足下式的最小分接头

$$U_{1t}\geqslant\frac{U_{2N}}{\underline{U}_2}\left(U_{1(min)}-\frac{\Delta_{min}}{U_{1(min)}}\right)$$

按最大负荷运行方式确定电容器总容量

$$Q_C\geqslant\frac{1}{X_\Sigma}\left(\frac{U_{1t}}{U_{2N}}U_{1(max)}\overline{U}_2+\Delta_{max}-U_{1(max)}^2\right)$$

电容器投退量 ΔQ_C 约束与顺调压相同。

以上各式中的根节点电压 U_1 由上级电压控制方式确定：当控制方式为顺调压时，U_1 的波动范围为 $U_1\in[\underline{U}_1,\overline{U}_1]$，则 $U_{1(max)}=\underline{U}_1$，$U_{1(min)}=\overline{U}_1$；当控制方式为逆调压时，大负荷运行方式和小负荷运行方式的根节点电压分别为 $U_{1(max)}=\overline{U}_1$，$U_{1(min)}=\underline{U}_1$。

当根节点采用逆调压时，应校核所选分接头满足下面的根节点电压切换约束：

$$U_{1t}\geqslant U_{2N}\left(\frac{\overline{U}_1^2-\underline{U}_1^2}{\overline{U}_1\,\overline{U}_2-\underline{U}_1\,\underline{U}_2}\right)$$

213　无载调压变压器分接头与同期调相机联合调压　辐射系统见图 20.10-26，并联补偿采用同期调相机。设负荷有功功率和无功功率的变化范围分别为 $P\in[P_{min},P_{max}]$ 和 $Q\in[Q_{min},Q_{max}]$。由于同期调相机可以连续调节无功功率，因此对负荷节点既可以施行逆调压，也可以施行顺调压。用 $U_{1(max)}$ 和 $U_{1(min)}$ 分别表示根节点在最大、最小负荷运行方式下的电压；$U_{2C(max)}$ 和 $U_{2C(min)}$ 分别表示最大、最小负荷运行方式下对负荷节点电压 U_2 的要求值。

当根节点是顺调压方式，即 $U_1\in[\underline{U}_1,\overline{U}_1]$ 时，则 $U_{1(max)}=\underline{U}_1$，$U_{1(min)}=\overline{U}_1$；当根节点是逆调压方式，则 $U_{1(max)}=\overline{U}_1$，$U_{1(min)}=\underline{U}_1$。

当对负荷节点进行顺调压时，即 $U_2\in[\underline{U}_2,\overline{U}_2]$，则 $U_{2C(max)}=\underline{U}_2$，$U_{2C(min)}=\overline{U}_2$；当对负荷节点施行逆调压时，则 $U_{2C(max)}=\overline{U}_2$，$U_{2C(min)}=\overline{U}_2$。

设同期调相机欠励运行系数为 α，一般根据所选用调相机的情况取 0.4～0.5；运行中调相机可以在 $[-\alpha Q_C, Q_C]$ 区间上连续调节补偿功率 Q；忽略网络电压降的横向分量，则选择无载调压变压器分接头 U_{1t} 和调相机容量 Q_C 的计算方法如下：

1) 按下式计算最大、最小负荷运行方式下无无功补偿时负荷节点电压 U_2 折算到高压侧的值 $U'_{2(max)}$、$U'_{2(min)}$。

$$\begin{cases} U'_{2(max)} = \dfrac{U_{1(max)}}{2} + \sqrt{\left(\dfrac{U_{1(max)}}{2}\right)^2 - \Delta_{max}} \\ U'_{2(min)} = \dfrac{U_{1(min)}}{2} + \sqrt{\left(\dfrac{U_{1(min)}}{2}\right)^2 - \Delta_{min}} \end{cases}$$

其中，$\Delta_{max} = R_\Sigma P_{max} + X_\Sigma Q_{max}$；$\Delta_{min} = R_\Sigma P_{min} + X_\Sigma Q_{min}$。

2) 若 $U_{2C(max)} U'_{2(min)} < U_{2C(min)} U'_{2(max)}$ 则无须安装调相机，即 $Q_C = 0$，只需选择分接头，分接头选择方法参见本篇第 210 条。否则，进行下一步。

3) 按下式计算无载调压变压器的分接头 U_{1t}。

$$U_{1t} = U_{2N}\left(\frac{U_{2C(max)} U'_{2(max)} + \alpha U_{2C(min)} U'_{2(min)}}{U^2_{2C(max)} + \alpha U^2_{2C(min)}}\right)$$

4) 根据上式计算出的 U_{1t} 在变压器可选分接头中选定分接头。有三种可能：① 如果 U_{1t} 小于变压器最小的可选分接头，则选定分接头为此最小分接头。将选定分接头代入下面的最大负荷运行方式的无功补偿需求式计算得到调相机容量 Q_C。

$$Q_C = \frac{U_{2C(max)}}{X_\Sigma}\left(U_{2C(max)} - \frac{U_{2N}}{U_{1t}}U'_{2(max)}\right)\left(\frac{U_{1t}}{U_{2N}}\right)^2$$

② 如果 U_{1t} 大于最大的可选分接头，则选定分接头为此最大分接头。将选定分接头代入下面的最小负荷运行方式的无功补偿需求式计算得到调相机容量 Q_C。

$$Q_C = \frac{U_{2C(min)}}{\alpha X_\Sigma}\left(\frac{U_{2N}}{U_{1t}}U'_{2(min)} - U_{2C(min)}\right)\left(\frac{U_{1t}}{U_{2N}}\right)^2$$

③ 如果 U_{1t} 左右两侧都有分接头可供选择，设 U_{1tS} 和 U_{1tL} 分别是小于和大于 U_{1t} 且距 U_{1t} 最近的可选分接头。将 U_{1tS} 代入最小负荷运行方式的无功补偿需求式计算得到调相机容量 Q_{CS}；将 U_{1tL} 代入最大负荷运行方式的无功补偿需求式计算得到调相机容量 Q_{CL}。如果 $Q_{CL} < Q_{CS}$，则 $Q_C = Q_{CL}$，$U_{1t} = U_{1tL}$；反之，如果 $Q_{CL} > Q_{CS}$，则 $Q_C = Q_{CS}$，$U_{1t} = U_{1tS}$。

214 利用串联补偿调压 在 35kV 及以上电压等级的线路中，由于线路的等效电抗较大，当线路输送较大的无功功率时将产生较大的电压降落。因此，可以通过在线路中加装串联电容器来减小线路的电压降落。加装串联电容器后的输电线等效电路

见图 20.10-27。$R + jX$ 为输电线路的等效阻抗；设需补偿的电容器容抗为 X_C。电容器的铭牌参数是单相参数，设单个电容器的额定电压和额定容量分别为 U_N 和 Q_N。选择电容器组补偿容量 Q_C 时总按最大负荷运行方式，即线路负荷为 $P_{max} + jQ_{max}$；始端电压为 $U_{1(max)}$。要求在此运行方式下负荷节点电压 U_2 不低于给定值 U_{2C}。

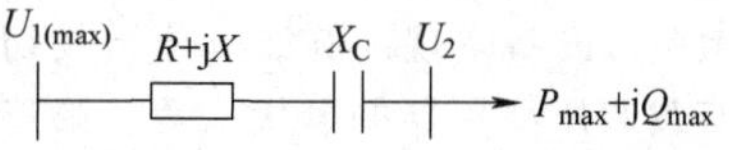

图 20.10-27 具有串联补偿的输电线路等效电路

忽略电压降落的横向分量和网络损耗对电压降落的影响，按下式计算需要的电容器容抗：

$$X_C \geq X + \frac{P_{max}}{Q_{max}}R - \frac{U_{1max}}{Q_{max}}(U_{1(max)} - U_{2C})$$

线路电流为

$$I = \sqrt{P^2_{max} + Q^2_{max}}/(\sqrt{3}U_{1(max)})$$

负荷节点的静态电压稳定性和继电保护配置等其他问题一般要求串联补偿度 $X_C/X \leq 0.5$。

当所需 X_C 满足补偿度要求时，为保证电容器不过电流所需的并联数 k_p 和保证容抗所需的串联数 k_s 按下式计算：

$$\begin{cases} k_p \geq \dfrac{U_N}{Q_N}I \\ k_s \geq k_p\dfrac{Q_N}{U^2_N}X_C \end{cases} \Rightarrow \begin{cases} k_p = \left\langle\dfrac{U_N}{Q_N}I\right\rangle \\ k_s = \left\langle k_p\dfrac{Q_N}{U^2_N}X_C\right\rangle \end{cases}$$

记号 $\langle a \rangle$ 表示对浮点数 a 向上取整。例如 $\langle 2.1 \rangle = 3$。

单相电容器组电容器个数为 $k_s \times k_p$，三相总容量为 $Q_C = 3 \times k_s \times k_p \times Q_N$。

215 电力系统无功控制及自动电压控制（AVC） 电压是电能最重要的质量指标，电力系统的电压分布与无功潮流分布密切相关。无功功率的平衡必须在分区平衡的条件下达到全系统的平衡。局部地区的无功电源出力过剩会造成该区域的电压偏高；反之，无功出力不足则会造成电压偏低。无功功率分区平衡的需要使电力系统调压问题比调频问题复杂得多。但是，通过调整无功电源出力来调整系统电压的思路与调频基本相同，只是在无功功率平衡时需要通过分区平衡来达到全系统平衡。相对于电力系统调频，为了降低调压问题的困难程度，电力系统节点电压的允许偏移百分数比系统频率的允许偏移百分数要大得多。现代电力系统的自动电压控制（Automatic Voltage Control，AVC）系

统将系统的电压调整分为三级。第一级为本地闭环控制，对时间尺度为秒级以下的无功负荷波动进行反应，维持由二级电压控制下达的电压指定值。一般通过具有连续调节能力的无功电源，例如发电机、同期调相机、柔性输电装置，实现无功出力控制。第二级为区域控制，对时间尺度为分钟的无功负荷波动进行反应，维持由三级电压控制下达的中枢点电压指定值。一般可以通过连续和离散调节设备实现，例如可分组投切的并联补偿、有载调压变压器的分接头等。第三级是系统级的电压控制，反应时间尺度为小时的无功负荷变化，负责全系统的无功潮流分布和电压分布控制，为各区域的电压中枢点提供电压指令。第三级电压控制在线产生指令时要兼顾系统运行的安全性和经济性，通过在线计算得出控制决策。

216　电力系统调压调度管理　电力系统无功电压的管理遵循"分层分区，就地平衡"的原则。电压的调整、控制和管理由各级调度机构按调管范围分级负责。电压管理的主要内容包括：确定电压考核点（电压中枢点）和监视点、编制电压曲线、确定和调整变压器分接头的投运档位、调管所辖系统内无功补偿装置的运行、统计考核电压合格率、开展无功平衡的分析工作并制定改进措施。网省两级调度通过自动电压控制（AVC）系统对各自直调变电站和电厂进行无功电压的自动调节控制；通过AVC系统的网省协调功能，实现网调与网内各省调AVC系统的协调控制。对于新投产的变电站、发电机组，投产时要同步具备AVC功能；对已投运的机组和变电站，要逐步改造使其具备AVC功能。未经相应调度机构许可，任何人不得修改AVC系统中软件中的设定技术参数和控制参数，不得修改人机界面中的设定参数。AVC系统主站、子站的投运与退出，须经相关调度机构的许可。当电网发生紧急情况时，当值调度员可根据电网的实际情况将AVC主站由闭环模式切换到开环控制模式。AVC系统退出运行期间，调度员和厂站值班员应按调度机构下发的电压曲线监控厂站母线电压。

217　调度计划及管理　由于电能生产、传输、分配和消耗的同时性以及负荷的时变性，电力系统运行必须由调度机构事前根据负荷预测来安排系统的运行方式。这种安排即是电力系统调度计划。按照调度计划涉及的时间尺度不同，一般分为年、季、月、周和日调度计划。大时间尺度的计划是小时间尺度计划的基础，小时间尺度计划是对大时间尺度计划的修正和精细化。不同级别调度机构的调度计划内容也不完全相同，不同时段调度计划的重点也不同。一般除了遵守调度规程的要求外，还应根据自身调管系统的特性来制定调度计划。主要内容有：电力系统负荷预测；水库调度计划；设备的检修计划；新设备的起动计划；电力网络的运行计划；电力系统的有功功率平衡计划、无功功率平衡计划；区域之间的电量交换计划；系统的经济调度方案；电力系统潮流分布；电力系统静态、动态安全校核分析及相关控制措施；短路电流校核；频率和电压的调整措施；事故对策。跨省和省级电网管理部门制定的年度计划需向国务院主管机构备案；调度机构事前向其下级调控机构下达调度计划；当值调度员可根据系统实际运行条件的变化对调度计划进行合理的小幅调整并填写调度值班日志。

218　清洁能源调度管理　目前我国占比较大的清洁能源有水电、风电和光伏发电。由于它们的发电特性不同，对其调度管理，有不同的侧重。

（1）水电调度管理　水电调度要依照《中华人民共和国水法》《中华人民共和国防洪法》《电网调度管理条例》《中华人民共和国防汛条例》以及各流域水量调度条例等有关政策法规，水电厂设计文件等，进行水库调度工作，确保水库运行安全，充分发挥水库的综合利用效益。水库防汛工作应服从具有管辖权的防汛部门的统一领导和指挥。相关水电厂所属的电网调度机构，在每年的汛期前后，根据水情预测、水电厂及电网安全运行的相关要求，提出水电厂所在流域的水库水量调度建议。电网调度机构负责收集、统计、分析直调水电厂水能利用提高率指标，并向上级管理部门报送，同时负责水电调度专业管理。

（2）风电及光伏电站调度管理　调度机构必须掌握风电及光伏电站的主要基础资料，包括场址的多年平均气象资料、风电场地形及粗糙度、发电设备的位置坐标、发电功率特性、光伏电站衰耗特性、电站设计年及各月利用小时数。掌握风电及光伏电站的主要涉网信息，包括风力发电机组、光伏组件、逆变器和动态无功补偿装置的仿真模型、控制参数、电气量保护定值及软件版本号等。电网调度机构应收集其直调风电及光伏电站的基础资料和涉网主要信息，并向上级调度机构汇报；还应按国家标准和相关规定组织开展其直调风电及光伏电站并网性能测试，并将测试结果汇总后报送上级调度机构。风电及光伏电站的调度运行信息主要包括气象信息、样板机运行信息、设备实时有功信息、无功信息、发电功率预测信息、发电设备可用容量、发电量、场内发电受阻原因等，并向上级调度机构实时传送。电网调度机构应定期开展其直调风电及光伏电站运行及消纳的统计分析，并报上级调度机构。应开展调度端的风电及光伏电站短期及超短期功率预测，并将预测数据、实际数据和分析结论报上级调度机构。应对直调的风电及光伏电站的发电功率预测准确率和报送率进行评价。评价不合格的场站应限期整改。应根据直调的风电及光伏电站的发电计划建议，综合考虑电网运行情况和预测准确率，编制下达直调风电及光伏电站的发电计划。应按相关规定开展风电及光伏电站的优先调度，并将优先调度信息及自评价结果报上级调度机构。光伏电站的多台逆变器同时或相继发生故障后，电站不得自行恢复设备运行，应立即上报所辖调度机构，然后按调度机构指令进行并网操作。光伏电站应做好事故记录并及时报送所辖调度机构。

219　电力系统设备检修调度管理　电力系统的设备千千万万，在长期的运行中必须通过对设备的检修提高设备自身的可靠性，减少设备突发故障的概率，从而提升电力系统运行的可靠性。不同设备启动检修工作的程序不同。故障后维修是被动型、应急型维修，一般用于造价低廉、故障后不威胁人身安全、对系统安全稳定运行没有影响的设备。预防性检修是根据设备的制造水平和运行经验对设备进行的主动检修，因此，亦称计划检修。计划检修又分为多种检修方式，目前最常用的是定期检修和状态检修。无论具体设备采用那种检修方式，设备运行机构需事前向设备的调管机构申请检修计划。调管机构根据电力系统的运行条件、检修项目的紧迫性对系统中所有调管设备的计划检修统一编制检修计划时间进度表。检修计划进度表分为年、季、月三种，由调度部门会同发电、输变电的管理部门协商编制。编制检修计划进度表的基本原则是保证设备安全、节省检修费用、缩短系统检修运行方式的时间和满足发用电平衡以及系统运行的可靠性要求。通常尽量将检修工作安排在电力系统日最大负荷比较小的季节；尽量协调发电、变电和输电设备之间（必要时还包括大型电力用户的用电设备）的统一检修，避免重复停电。编制发电设备年度检修计划时，需根据计划年度内各月电力系统最大用电负荷、厂用电力、网络损耗的预测值得出电力系统各月的最大电力需求，然后计及计划年度发电设备投产计划排出各月电力系统最大可调出力。最大可调出力减去各种备用和最大电力需求即为允许检修的发电容量。当允许检修容量不足而又必须检修时，则需制定限电计划或组织与大容量用户用电设备统一检修。

按检修计划进行的检修项目在开工前一日或数日应由设备运行机构再次向调度机构申请，得到批准后，在开工前数小时经电力系统当值调度员调整系统运行方式、进行必要的倒闸操作并最终下达拟检修设备退出电力系统的调度命令。检修工作完成后，由设备运行机构向电力系统当值调度员正式报告竣工，经调度员进行必要的倒闸操作后方可将设备转为运行或备用状态。不经调度员批准，任何机构不得擅自将设备转为备用状态，更不能自行投入运行。

特殊情况下的临时性检修和事故抢修，检修单位可随时向值班调度员提出申请。检修申请与批复手续是电力系统安全稳定运行的重要制度保障。

220　事故处理　电力系统在长期运行中发生事故是不可避免的，电力系统运行维护的目标是尽量减小事故发生的频度和强度。电力系统运行中事故处理的基本原则是快速限制事故的发展，尽量缩小事故影响的范围。大量的、发生频度较高的事故都由继电保护快速、自动处理。这里的事故处理是指需要由当值调度员人工决策处理的系统级事故。由于事故的突发性和电力系统暂态过程的快速性，这种事故处理的时效性十分严苛，需要调度员具有专门的系统运行知识和在此基础上的即时反应能力。事故处理的基本规则、程序在各级调度控制管理规程中都有专门的规定，从事调度员工作的技术人员必须熟知这些规定并在进行事故处理时严格遵守。事故处理最基本的原则是：尽快将事故根源从运行电网中隔离出去，解除事故对人身、设备和电网安全的威胁；尽可能保持主网的正常运行，保障对用户特别是重要用户、厂用电和站用电的供电；尽快对已停电地区恢复供电，对重要用户应优先供电；调整系统运行方式，尽快将解列的电网、厂站恢复并列运行，使整个系统恢复正常运行并具备承受再次发生故障的能力。在事故处理过程中，调度机构当值调度员是电力系统故障处理的总指挥。当值调度员要根据综合智能告警、继电保护、安全自动装置、调度自动化信息以及系统频率、电压、潮流等情况判断事故地点和性质，迅速进行故障处理。上下级调度按调管范围划分故障处理权限和责任。上下级调度在故障处理过程中应及时互通情况。各单位领导不得向本单位电网调度员发布与上级调度机构调令相抵触的指示；无关人员不得进入调度室。调度机构的有关领导，应监督当值调度员处理步骤的正确性，对不当之处，应及时纠正。如果在交接班时发生事故，应立即停止交接班，由交班调度员进行事故处理，直到事故处理告一段落或处理完毕，方可交接班。必须使用调度术语，发令人在下达调度指令时要给出发令时间，接令人要认真复诵，双方均应做好记录和录音。厂站运行值班人员及输变电设备运维人员在设备故障发生时应立即向调度机构简要汇报故障发生时间、故障现象、相关设备状态、潮流异常情况等，经检查后再详细汇报开关动作情况、主设备异常情况、频率电压和负荷变化情况、继电保护和安全自动装置动作情况、天气等和故障相关的其他情况。故障处理期间，为防止电网崩溃，当值调度员可以下达调整系统运行方式的指令。故障处理完毕，当值调度员需按规定编制故障处理报告。重大事故还要以《电业生产事故调查规程》为依据组织或配合相关机构进行事故调查。

221　水库调度管理　通常社会建造大型水库的主要目的在于防洪。因此，大型水库的用水调度一般由水利部门专责执行，电力系统日常调度必须严格执行水库调度的用水计划曲线，根据用水计划曲线和电力负荷曲线制定水电机组的出力曲线，保证电力系统运行的经济性。水电厂运行的基本原则是确保大坝安全，防止洪水漫坝、水淹厂房事故的发生，服从电网的统一调度。水库对水量的综合应用包括蓄洪、发电、航运和灌溉。因此，水库调度是一个多目标问题。从发电的角度需要水库水位在水库设计的安全条件下有尽可能高的水位，从而可以用较小的水量获取较多的电能；从防洪的角度，水库应该具有较低的水位从而使水库具有充分的蓄洪库容。水库调度的基本依据是来水预测，基本原则是确保水库安全和完成防洪任务并最大化水量应用的综合效益。在日常调度中根据水库的径流调节方式，兼顾各项任务编制水库蓄水指示线，亦称水库调度线。调度线根据来水预测、水库最大泄洪流量和水电厂最大发电功率将水库水位一般分为限制出力区、保证出力区、加大出力区、满发出力区和防洪调度区五个区。前两个出力区通常对应枯水期，即水库水位较低的情况；后三个出力区对应丰水期和汛期，即水库水位较高的情况。限制出力区通常是"以水定电"，主要目的是保证下游的航运和灌溉用水需求；保证出力区是为了保证电力系统运行的经济性和安全性水电厂应有的出力。在限制出力区和保证出力区，水库处于蓄水方式，水位应逐渐升高。在加大出力区，水库水位已有足够的

高度，为防止来水量增大而导致弃水现象，水电厂应以较大的出力运行；在满发出力区，即水库水位高于正常高水位时，在满足电力系统运行约束的前提下，水电站的发电出力应以最大出力运行。在汛期，水库水位达到防洪调度线，为保证大坝安全和避免下游发生洪水灾害，水库调度要服从有管辖权的地方防汛部门的统一领导和指挥进行有计划泄洪。水电厂有义务不断提高来水预测准确度，电力系统调度会同水利调度尽量减少弃水量。

222　辅助服务　由于电能生产过程的特殊性，电力行业具有一定的自然垄断性。为了提高社会资源的配置效率，我国从 2002 年启动了电力体制改革，逐步推进电力市场化、降低行业垄断性。在电力市场框架下，由于发电企业与电网企业的分开，电力系统的运行发生了一系列深刻变化。涉及电能买、卖的数量（包括功率、时段）和输、配电设备使用权等首先由市场机制下的交易确定，然后调度机构通过调度辅助服务来保证电能质量，实现系统运行的安全性和经济性。为系统提供辅助服务是电网使用者（包括发电企业和某些电能消费大户）应尽的义务。辅助服务包括基本辅助服务和有偿辅助服务。基本辅助服务是指并网协议规定的最低技术性能要求，不达标或者不提供则不能使用电网。有偿辅助服务是电力调度机构以合同或辅助服务竞价等市场手段购买的服务。辅助服务包括一次调频、自动发电控制、调峰、备用、调压、自动电压控制、黑起动等。电力调度机构负责机组辅助服务的运行调度。所有电网使用者需依规严格服从电力调度机构的指令。当由于设备技术原因辅助服务的性能发生变化或者不能提供约定的辅助服务时，辅助服务提供方应及时向电力调度机构报告并尽快采取措施恢复约定。

223　负荷控制　电力系统的根本任务是满足负荷，因此，除非必需才对负荷进行控制。当系统出现有功率不能满足需求，超过稳定极限，发生破坏性事故，持续的频率、电压超下限等情况，并没有备用调节容量时，系统调度可进行负荷控制。负荷控制须依法依规依约进行。负荷控制有计划限电、自动装置切除和紧急状态（事故）手动拉闸限电几种方式。计划限电一般发生在系统发电量或者输送能力不足且无法满足用户需求时。按与用户的协议对用户进行负荷限制，供电企业应提前通知用户限电的时段。由于系统突发故障导致系统进入紧急状态时，为保证系统安全，由低频、低压减载装置根据整定值自动进行负荷切除。调度机构负责整

定值的计算整定，保证切除负荷的有效性，并尽量减小停电损失和范围。直接拉路是供电企业根据频率和电压安全的需要，在保证用户保安供电需求的前提下，无须事先通知用户，按与用户协商制定的正常或事故拉闸限电序位表直接进行负荷切除操作。调度机构和电网使用者具有明确的负荷控制责任和义务，调度机构负责组织负荷控制方案的编制，报送政府有关部门批准后实施。

224 电力系统的新设备起动 随着社会经济的发展，电力系统也必须不断发展来满足社会用电需求的增长。因此，电力系统总是按照建设规划不断地有新设备投入运行。大到一个发电厂，小到一台电网末端变压器，凡是新建成的电力设备首次接入运行中的电力系统都需按照相关的新设备起动规程在电力系统运行调度管理机构的全面参与下进行"新设备起动"。新设备起动是将新建设备经过一系列的操作投入运行的过程。其中最主要的操作是拉合设备两端的开关给设备充电，检验一次设备的产品质量、建设施工质量是否达标，核对一次设备的相序是否正确（核相，定相），确定二次设备特别是继电保护设备接线的相序是否正确，直流回路的极性（测极性）是否正确，确认相关的量测信息是否已接入调度系统等。新设备起动必须确保新设备自身安全并在起动时不引起运行中的电力系统的显著的暂态过程。因此，在管理层面上，开展新设备起动的一般流程是首先进行必需的技术资料收集，然后由运行方式、继电保护、通信、自动化和调度等相关专业人员根据技术资料和相关的起动规程共同编制详细的起动方案。在进行新设备起动的过程中必须严格执行事前制定的起动方案规定的操作步骤。

225 电力系统的黑起动 对电力系统黑起动问题的研究大约始于 20 世纪 90 年代。所谓黑起动是指，由于某种原因，例如极端自然灾害或者敌对攻击，导致整个电力系统完全停止运行之后的重新起动、逐步恢复电力系统正常运行的过程。黑起动最基本的特征是不依赖系统以外的电源而只凭自身具有的条件逐步恢复系统运行。我国以省级电力系统为单位都进行过黑起动方案的研究和制定。系统黑起动过程中首个被起动的电源称为电力系统的黑起动电源。黑起动电厂经过黑起动实验证明具有黑起动能力后被登记为黑起动电源，通常要求能在 2h 内将至少一台发电机组从停机状态起动向系统送电。当系统中有水力发电厂时，通常选择水力发电机作为黑起动电源；否则，黑起动预案必须根据系

统自身条件设定合适的黑起动电源。黑起动电源被起动后，由近及远逐步扩大系统的恢复范围。在黑起动的初始阶段，由于系统负荷较轻，在输电线路充电之后过剩的无功功率可能会造成起动电源即同步发电机的自励磁而造成起动失败。因此，承担自起动任务的发电机组应具有短期较强的吸收无功功率的能力。在系统逐步恢复的过程中，必须在每一步操作前评估系统的有功功率平衡和无功功率平衡，以确保操作后系统的静态稳定。因此，通常先恢复容量较小而负荷重要性级别较高的负荷。黑起动过程追求的基本目标是快速和平稳，因此，在黑起动过程中，尤其是在起动过程的初期，对电能质量的频率指标可以略有放宽，短期经济性指标也退居其次。为了尽快恢复系统，有条件的系统还可以分区同时起动，最终联网。

10.3 电力系统运行控制

226 电力系统分析综合程序 这里的"电力系统分析综合程序"特指由中国电力科学研究院开发的大型电力系统分析软件包（Power System Analysis Software Package，PSASP）。电力系统的运行决策和控制策略依赖于事前对系统运行状态的翔实分析计算。通过计算来校核系统在正常运行状态的发展、演化过程中是否是静态安全和经济的；同时还要校核系统受到预想事故冲击后的暂态过程是否可以接受。由于现代电力系统的规模十分庞大，因而分析计算的工作量巨大。对于日常的运行分析必须以电子数字通用计算机为计算工具，采用专门的、统一的计算数据和计算程序。PSASP 开发于 1973 年，在近 50 年的应用过程中，不断发展、充实、更新和完善，目前是我国指导电力系统运行的、具有规程意义的分析计算程序。电力系统日常运行所需的各门类分析（包括潮流、稳定性、短路电流等）都可由此软件包中的程序完成。该软件包具有友好的人机界面，图形一体化的数据支持，可以方便地建立电力系统各类分析的数据并具有用户自定义模型和程序接口功能。

227 电力系统运行方式 电力系统运行方式是电力系统所有运行决策的总称。由于已有电力系统满足全系统负荷需求的方案并不是唯一的，因此，需要系统调度运行部门预先做出决策，然后付诸实施。其中最重要的两项决策为：网络拓扑，即决定构成运行系统的所有元件；开机方式，即所有开机机组的有功出力和无功出力。分散在电力系统

不同负荷节点上的负荷都是随时间变化的，因而电力系统的运行方式也是不断变化的。对区别不大的运行方式无须一一进行分析和决策，因此通常在电力系统运行中根据不同的关注点将电力系统的运行方式进行不同的分类。例如，在安排调度计划时，有按时间尺度不同的年运行方式、月运行方式和日运行方式；有按全系统负荷大小和季节分类的冬季大负荷方式、冬季小负荷方式、夏季大负荷方式和夏季小负荷方式；有按系统运行状态分类的正常运行方式、不正常运行方式、检修运行方式、事故后运行方式；还有其他特殊关注点下的分类，例如水电大发运行方式，为社会重大活动的保电运行方式等。

确定电力系统运行方式涉及一系列的事前分析和计算以保证系统运行的安全性和经济性，在运行中还要跟踪系统负荷的变化对系统运行方式或者说运行状态，进行优化调整。其中主要的分析计算有：以电力系统潮流计算为基础的静态安全分析和经济性分析，以及暂态稳定性分析。对于比较新的，或者说缺乏运行经验的运行方式还要进行其他诸如小干扰稳定性分析、短路电流计算和暂态过电压分析等。

228　电力系统潮流计算　专业术语"潮流"源于日文，而日文源于英文"load flow"。狭义的电力系统潮流是指系统中电能通道上所有元件流过的有功功率和无功功率。现代电力系统由于规模十分庞大，通常选择系统所有节点的电压作为表征系统运行状态的物理量。假设系统的节点个数为 n，那么就有 n 个节点的电压幅值和相角需要求解。因此，现代电力系统潮流计算是获取系统节点电压的计算，在节点电压已知后即可进行诸如系统潮流分布和其他分析计算。电力系统潮流计算是电力系统运行状态分析的基础计算，因此，研究电力系统潮流计算方法一直是电力系统分析的一个主要内容。在数学上，电力系统潮流计算是从 $2n$ 个联立的非线性方程求解 $2n$ 个未知数的问题。对潮流计算结果不同的应用场合有不同的潮流计算方法。一般离线计算强调计算的准确度而宽容计算的速度；反之，在线计算强调计算的速度而宽容计算的准确度。现代电力系统潮流计算的计算工具为数字电子通用计算机，常用算法为牛顿-拉夫逊法和 PQ 解耦法。

在电力系统潮流算法的基础上，还有各种特殊的潮流问题，如最优潮流、直流潮流、随机潮流、开断潮流、病态潮流、三相潮流和状态估计等。

229　电力系统运行的经济性　电力系统的社会功能是为社会运转和发展提供质优价廉的电能。影响电能经济性的客观因素主要是系统建设成本和系统运行成本。电力设备的制造技术决定了设备的造价，从而影响电能的生产成本。电能在自然界中并不自然存在，而是由发电设备从其他能源转换而来。因此，称电能为二次能源，而被转换为电能的能源称为一次能源。我国目前用于发电的一次能源主要是煤、水、核、风力和太阳能。不同的一次能源的发电成本不同；即便是同一种一次能源，不同的发电技术成本也不同。如何提升能量转换效率，降低发电成本是电力科学技术发展的永恒主题。电能在传输过程中不可避免地产生电能损耗，但是电力系统在运行中应设法尽量减小电能损耗。电力网电能损耗率是国家考核电力部门的一项重要经济指标，也是象征电力系统规划设计水平、生产技术水平和经营管理水平的一项综合性技术经济指标。从技术角度，电力系统提高运行经济性的主要手段是利用已有的电力系统的可调度资源，通过优化调度降低发电成本和电能传输损耗。在垂直管理体制下，通常以全系统发电成本最小为调度目标；在电力市场体制下，电能的供需买卖由市场交易规则确定，电力系统的可调度资源主要是系统自身的无功设备和潮流控制设备。现代电力系统的优化调度可以借助最优潮流算法得到调度方案。

230　电力系统最优潮流　电力系统最优潮流（Optimal Power Flow，OPF）的基本概念由法国学者 Carpentier 在 20 世纪 60 年代提出，经过多年的发展已成为电力系统运行优化决策的常用分析方法。在数学上，OPF 问题一般是非线性优化问题，其数学模型的一般形式为

$$\begin{cases} \text{Objective} & \min f(\boldsymbol{x}) \\ \text{Subject to} & \boldsymbol{g}(\boldsymbol{x}) = 0 \\ & \boldsymbol{h}(\boldsymbol{x}) \leqslant 0 \end{cases}$$

其中，$\boldsymbol{x} \in \mathbf{R}^N$ 是待求向量；$f(\boldsymbol{x})$ 是评价决策优劣的目标函数，一般为非线性标量函数；$\boldsymbol{g}(\boldsymbol{x}) \in \mathbf{R}^M$ 和 $\boldsymbol{h}(\boldsymbol{x}) \in \mathbf{R}^L$ 分别是等式和不等式约束非线性函数向量；L、M 和 N 为正整数。在工程上，待求向量中包含的变量有两类，一类是决策变量，另一类是状态变量。现代 OPF 指代的问题十分宽泛，由于目标函数的不同、决策变量的不同，演化出了各种电力系统优化决策问题。例如，当取目标函数为全系统的燃料消耗量时，决策变量可以同时是发电机的有功功率和无功功率；而如果取全系统的有功功率损耗最小为目标，决策变量可以是发电机的无功出力

以及无功设备的运行参数。

下面以纯火电系统经济调度为例来介绍 OPF 的数学模型。

设系统中有 n 个节点，其中前 g 个节点为发电机节点，支路数或者说元件数为 l。系统的网络拓扑及参数已定，即电力网络节点导纳矩阵元素的实部 G_{ij} 和虚部 B_{ij} 已知；系统的有功负荷 P_{Li} 和无功负荷 Q_{Li} 是已知常数。现在需要确定系统中 g 台发电机的有功出力 P_{Gi} 和无功出力 Q_{Gi}，即确定系统的开机方式。显然，开机方式必须满足节点功率平衡方程，即使系统具有确定的运行点。这就是等式约束，为

$$\begin{cases} P_{Gi}-P_{Li}-U_i\sum_{j\in i}U_j(G_{ij}\cos\theta_{ij}+B_{ij}\sin\theta_{ij})=0 \\ Q_{Gi}-Q_{Li}-U_i\sum_{j\in i}U_j(G_{ij}\sin\theta_{ij}-B_{ij}\cos\theta_{ij})=0 \end{cases} \quad i=1,\cdots,n$$

式中　U_i 和 θ_i——节点 i 的电压幅值和相角，是状态变量，待求。

考虑电力系统的静态安全约束，即有不等式约束。所有节点电压不越界，有

$$U_{imin}\leqslant U_i\leqslant U_{imax} \quad i=1,\cdots,n$$

所有元件不过载，有

$$I_k^2\leqslant I_{kmax}^2 \quad k=1,2,\cdots,l$$

所有发电机有功出力、无功出力不越界，即

$$\begin{cases} P_{Gimin}\leqslant P_{Gi}\leqslant P_{Gimax} \\ Q_{Gimin}\leqslant Q_{Gi}\leqslant Q_{Gimax} \end{cases} \quad i=1,\cdots,g$$

显然，一般而言，上边的等式约束和不等式约束共同给出了决策变量的可行域。最优潮流即是在可行域中求得使目标函数为最优值的运行点。经济调度问题决策变量是发电机的有功、无功出力，目标函数是全系统的燃料消耗量，为

$$\min F=\sum_{i=1}^{g}F_i(P_{Gi})$$

其中，$F_i(P_{Gi})$ 为发电机 i 燃料消耗特性，为已知非线性函数。

在上述问题中，变量都是连续变量，因而是一个典型的带有等式、不等式约束的非线性优化问题。对问题求解方法有大量的研究，主要有非线性规划算法、内点法和近代基于人工智能的算法等。显然，求解上述问题得到的开机方式保证了系统运行的经济性和静态安全。近代 OPF 是电力系统调度自动化的应用软件，既有离线计算也有在线应用。

231　电力系统运行的安全性　在可靠性理论体系中，评价系统的可靠性既包括系统的充裕性，也包括系统的安全性。但在电力系统领域，可靠性更多地关注充裕性而将安全性从可靠性中独立出

来。在这种体系下，可靠性或者直接说充裕性在长达数年的时间尺度上研究保证对负荷持续供电的系统结构，基础理论为以概率论为代表的不确定数学，主要用于指导系统的建设规划。安全性在数秒或数分的时间尺度上研究系统受到突发扰动后不发生广泛波及性供电中断的系统结构和运行策略，基础理论为以非线性动力学为代表的、满足因果律的确定性分析方法，主要用于指导系统的运行调度。在空间尺度上，充裕性追求当系统中任意单一元件退出运行后，系统仍具有向所有负荷供电的通道；而安全性则尽量避免全局性的、大面积的供电中断。尽管充裕性和安全性都是研究系统中任意单一或某些元件退出后如何保证对负荷的连续供电，但是，充裕性主要关注的是系统的稳态行为，不强调元件退出运行的"突发性"，无论退出是因为设备的计划检修还是运行中突发故障。在安全性问题中的元件退出是毫无征兆的突发事件，因而主要涉及系统的动力学特性。在国家标准《电力系统安全稳定导则》（GB 38755—2019）中规定：电力系统安全性是指电力系统在运行中承受扰动的能力。具备这种能力的主要特征为：①系统能承受严重程度合理的扰动引起的暂态过程；②系统能过渡到一个稳态运行工况；③上述稳态工况满足系统的所有运行约束。

232　电力系统静态安全分析　对电力系统的一个运行方式，当满足以下三个条件时，则称这个运行方式是静态安全的：①系统有确定的运行点，即所有节点的有功功率、无功功率平衡，等式约束成立；②所有节点电压的幅值、所有元件流过的电流、所有发电机的有功出力和无功出力都不超越其上、下限，即不等式约束成立；③系统运行条件不变，任意单一元件退出运行，上述①、②仍然成立。运行调度在确定运行方式时，必须对拟定的运行方式进行离线静态安全分析，静态安全是运行方式付诸实施的一个必要条件。为了确保系统运行的安全性，对于正在运行的电力系统也需在一定时间周期或者根据系统运行方式变化的大小启动在线静态安全分析。对第一、第二条的校核方法是电力系统潮流计算。对第三条的校核方法是按 N-1 原则进行开断潮流计算。N 为系统的元件数，被减去的 1 即是突然退出运行的元件。如果某个元件突然退出而不满足第三条约束，这意味着该元件发生故障而由继电保护将其退出系统后，或者系统不存在平衡点，即系统在此故障扰动下将失去稳定；或者系统虽然可能稳定，但系统稳定在一个紧急状态。由

于现代电力系统的元件数 N 很大，因此，静态安全分析的主要计算工作量在于上述开断潮流。静态安全分析的主要研究内容也是如何在一定准确度要求下，快速地进行分析。

233　电力系统的运行状态转移及其控制　在电力系统运行中，不仅要保证系统的静态安全而且要保证系统的动态安全。对一个正在运行的系统，在没有大扰动发生的情况下，系统中的自动调节装置和运行人员必须时刻跟踪负荷变化，保证所有节点的有功功率平衡和无功功率平衡从而使系统电压、频率满足电能质量要求；同时保证系统所有元件不存在过载现象并且系统运行具有经济性。这就是电力系统正常运行方式的优化调整，即调频调压控制。

运行中的系统，由于负荷的变化，或者系统发生大扰动之后，可能出现的状态及其对应的控制可以分为以下几种：

1）虽然满足静态安全约束的等式约束和不等式约束，但是如果这时发生第一级（N-1）预想事故集中的某个事故时，系统会失去稳定或者使不等式约束破坏。那么，称目前系统的状态为不安全正常状态，亦称警戒状态。系统运行调度必须尽快采取控制措施将系统调整为动态安全的运行状态。对应地，称这种控制为预防控制。

2）虽然满足静态安全约束的等式约束，但是某些静态安全约束已经破坏，例如元件过载、节点电压越界。这时称系统为紧急状态，也称为不正常状态或持久性紧急状态。这时系统运行调度必须采取控制措施在规定的时间内将系统调整为正常状态，称这种控制为校正控制。如果校正控制不能使系统返回正常状态，则应进行紧急控制使系统成为恢复状态。这里的紧急控制措施多为低压减载。

3）在暂态过程中，根据系统稳定性判据已可判定系统的自治运动将失去稳定，这时称系统为稳定性紧急状态。那么，系统必须依靠预设的稳定自动控制装置对系统进行紧急控制以确保系统不失去稳定。紧急控制的一般措施为在合适的时间、位置切除适量的负荷和/或电源。

4）经过紧急控制后系统达到的稳定状态，称为恢复状态。在恢复状态下，系统满足等式约束和不等式约束，但是系统已经切除了部分负荷或者电源，甚至可能已经解列，一般已不是完整的原系统。这时对系统进一步进行的使系统恢复为正常安全状态的控制为恢复控制。

根据电力系统运行规程，不同的控制可以采用

的控制手段强度不同。基本原则是在保证设备不发生损伤和系统不失去稳定的前提下尽量缩小停电范围和停电时间。

必须指出，对于系统运行状态的划分和对应的控制措施的命名并不是唯一的，还有其他方法。在上述划分和命名下，系统状态的转移见图 20.10-28。图中实线表示控制作用的方向；虚线表示系统状态转移的动因。

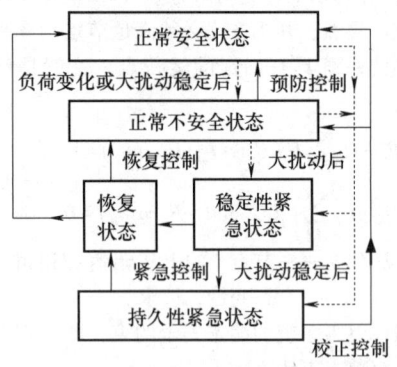

图 20.10-28　系统状态的转移及其控制示意图

234　电力系统预想事故集　电力系统运行的安全性与经济性既冲突又一致。冲突性表现在过度的安全性要求将导致系统严重偏离最优经济运行点；而过度强调经济性则会使系统和社会以概率的形式承受巨大的安全性风险。一致性表现在经济性是目的，安全性是手段。经济必须是安全保证条件下的经济，否则一次恶性系统安全事故造成的损失远大于日常冒险获取的经济利益。因此，经济必须安全，安全才能经济。在电力系统建设规划和运行调度中将经济性和安全性统一的关键点在于用哪些故障或者说哪些扰动考核系统的安全性。将所有应该考虑的故障或者说合理的扰动构成的集合称为预想事故集。在我国电力系统运行中，为兼顾经济性和安全性，对不同扰动产生的后果有不同的要求，对应不同的要求，按照各种类型扰动发生的频度、后果的严重程度进一步将预想事故集分为三级。第一级为发生频度最高的单一元件故障。例如一回输电线单相永久接地。相对第一级，第二级为发生频度较低，后果较严重的故障。例如直流系统双极闭锁。第三级为发生频度很低，后果十分严重的故障。例如多重故障。具体每级预想事故集包含的事故类型在国家标准《电力系统安全稳定导则》（GB 38755—2019）中均有规定。

235　电力系统安全稳定的三级标准　在电力

系统运行中，为了兼顾安全性与经济性，对应三种不同类型的预想事故集，对系统相应的安全稳定有三级标准。这三级标准对扰动后的系统要求逐步放宽。当发生对应级的预想事故集的扰动时，第一级标准为：不允许系统失去稳定、负荷失去电源；第二级标准为：不允许系统失去稳定，但允许部分负荷失去电源；第三级标准为：允许系统失去稳定和失去稳定后的系统解列，但必须尽量防止系统或者解列后各子系统的电压和频率崩溃，尽量减少负荷失去电源。除上述三个级别的安全稳定标准外，在国家标准《电力系统安全稳定导则》（GB 38755—2019）中还对其他特殊情况进行了规定。

236　电力系统安全防御系统的三道防线　为使电力系统运行时满足三级预想事故集对应的三级安全稳定标准，从而提高电力系统运行的安全性和经济性，电力系统必须有完备的、快速响应的自动控制系统。通常将这套系统称为电力系统安全防御系统。进一步，将分别应对三种预想事故集中的扰动控制系统和控制策略称为三道防线。每道防线应对对应级的预想事故集的扰动并使系统能够承受扰动后的暂态过程，满足对应级的安全稳定标准。第一道防线由继电保护、重合闸和发电机组的自动励磁系统、自动调速系统自动完成。第二道防线由安全稳定控制装置完成，常用的控制策略为高频切机、低频或低压减载等紧急控制措施。切除的时机、位置、数量决策都由第二道防线自动、及时完成。第三道防线由预先设定的系统解列装置完成。三道防线都是由系统响应驱动的，在扰动发生后以及暂态过程中一般无须运行人员的指令。系统运行者需要根据这三道防线具有的措施来校核、调整拟实施的运行方式使其满足安全稳定标准。

237　电力系统动态安全分析　电力系统是连续运行的动力学系统，构成系统的元件千千万万，因此，由于自然灾害、设备老化和人员误操作等各种原因，系统在长期的运行中元件发生故障是不可避免的。元件发生故障后，继电保护必须迅速启动将故障元件从系统中切出，这就对稳态运行的系统造成扰动。这种扰动将使系统进入暂态过程。在暂态过程中，系统各节点电压、元件电流和系统频率都将发生剧烈程度不同的波动。定性而言，暂态过程发展的结果有两种：一种是过渡到一个新的稳态运行点（如果系统结构恢复，也可能再次过渡到扰动前的运行点）；另一种是系统失去稳定。失去稳定的系统，节点电压、元件电流和系统频率都将大

幅度地变化从而使系统不能正常供电。因此，在系统确定运行方式时，必须对拟实施的运行方式除了进行静态安全分析外，还需进行动态安全分析以确定运行方式是动态安全的。为了兼顾系统运行的经济性和安全性，在国家标准《电力系统安全稳定导则》（GB 38755—2019）中对动态安全的预想事故集及对应的安全标准进行了规定，动态安全分析必须严格按照规定的项目和标准执行。

在数学上，动态安全分析的基本问题是常微分方程初值问题。根据安全分析预想事故集不同的扰动、不同的考核目的、不同的控制措施和不同的安全稳定标准采用不同准确度的元件数学模型。

238　动力学系统的稳定性及其分析方法　描述动力学系统运动的数学模型是常微分方程 $\dot{x}=f(t,x)$，即涉及的自变量只有时间 t。其中 $x \in \mathbf{R}^n$ 是 n 维状态向量；$f(t,x)$ 是 n 维非线性函数向量。特别地，当 $f(t,x)$ 中不显含自变量 t 时，称系统为自治系统，反之则称为非自治系统。电力系统稳定性分析问题最终归结为系统最后一次操作后的自治系统的稳定性，故这里只介绍自治系统的稳定性。设系统所在平衡点为 x_e，即 $f(x_e)=0$。稳定性即研究系统在受到扰动后，在 $t=0$ 时刻使状态变量成为 x_0，$f(x_0) \neq 0$，状态 $x(t)$ 是否能经过 $t \geq 0$ 的运动重新回到 x_e 或者在 x_e 的有限邻域运动这一问题。李雅普诺夫（Lyapunov）用数学语言给出的严格的稳定性定义为：任给 $\varepsilon > 0$，无论如何小，存在另一个正数 $\delta(\varepsilon)$，对满足 $\|x_0 - x_e\| \leq \delta$ 的任意 x_0，在 $t \geq 0$ 上都有 $\|x - x_e\| < \varepsilon$，则称平衡点 x_e 是稳定的，也说系统是稳定的；反之，则是不稳定的。如果系统不仅是稳定的，而且随着时间 t 的无限增大，x 逐渐趋近于 x_e，则称系统是渐近稳定的。从 17 世纪开始就有系统稳定性的研究，直到 1892 年由俄国数学家李雅普诺夫在其博士论文"运动稳定性的一般问题"中对稳定性给出了上述严格的数学定义并提出了两种稳定性分析的一般方法。李雅普诺夫第一方法为通过求解微分方程获得状态轨迹 $x(t)$ 而得出是否稳定的结论。由于需要求解微分方程，故这种方法也称为间接法。李雅普诺夫第二方法不需要解出 $x(t)$ 而是根据非线性函数 $f(x)$ 的数学性质直接得出结论，故也称这种方法为直接法。李雅普诺夫提出了基于李雅普诺夫函数的稳定性定理，证明了直接法的可行性。但是，这个定理是稳定的充分条件，对于一般动力学系统，如何构造合适的李雅普诺夫函数至今仍无一般的方法。直接法吸引了大量学者在这一领域进行研究工作，取得了许多成

果。对于小干扰稳定性，李雅普诺夫线性化方法十
分有效。对于大扰动采用直接法时需要对系统进行
方法适应性近似，得到的运行方案过于保守而使系
统运行丧失了巨大的经济利益，因此，在电力系统
运行调度问题中通常并不采用直接法。间接法的缺
点有两个：一个是只能讨论系统对具体的扰动是否
稳定而无法得出系统不失稳的扰动域；另一个是计
算量很大。尽管如此，由于计算机的普及，目前在
像电力系统这种高维数、强非线性、强耦合的动力
学系统中，稳定性分析的基本方法仍然是通过数值
积分获取状态轨迹 $x(t)$ 的数值解，然后得出结论。

239　电力系统稳定性分析的一般过程　描述
电力系统的非线性动力学方程是微分-代数方
程（DAE），为

$$\begin{cases} \dot{x}=f(x,y) \\ 0=g(x,y) \end{cases} \quad -\infty < t \leqslant 0 \quad (20.10\text{-}8)$$

式中　　　　$x \in \mathbf{R}^n$——n 维状态向量；

$y \in \mathbf{R}^m$——m 维代数向量；

$f(x,y)$ 和 $g(x,y)$——n 维和 m 维非线性函数
向量。

微分方程主要由系统中所有发电机的转子运动
方程以及转子绕组暂态、次暂态电势方程和发电机
组的励磁、调速系统的方程构成。除此之外，系统
中其他的动态元件也由微分方程描述，例如动态负
荷、动态无功补偿等。在机电暂态稳定性分析中，
由于忽略了发电机定子绕组的电磁暂态过程，所以
与定子绕组电连接的电力网络是代数方程。由于代
数方程 $g(x,y)=0$ 的非线性，并不能由此方程将代
数变量 y 显化为状态变量 x 的函数从而在微分方程
中消去代数变量，因此，系统模型只能是微分-代
数方程的形式。事实上，由隐函数存在定理可知，
y 是状态变量 x 的函数，因而微分-代数方程的本质
仍然是常微分方程。对于数值积分而言，代数方程
的存在并不妨碍将连续系统差分为离散系统。

设系统的稳态运行点为 (x_0, y_0)。则有

$$\begin{cases} f(x_0,y_0)=0 \\ g(x_0,y_0)=0 \end{cases}$$

即在稳态运行点 (x_0, y_0) 系统所有状态变量的运
动速度为零。由于系统在稳态运行点是小干扰稳定
的，所以由上式可见，系统状态 $x(t) \equiv x_0$ 是常数，
不随时间变化，这是稳态运行状态的根本特征。

设在 $t_0=0$ 时刻，系统中的元件 i 突然发生了接
地短路。为叙述方便，称这个短路事件为 E_i。这样，
由于系统拓扑结构突然发生了变化，式（20.10-8）
已不能描述短路发生后的系统。短路发生后，继电

保护以其尽可能快的速度指令元件两端的断路器将
故障元件切出系统，实现故障隔离。设故障切除时
刻为 t_c（>0），则 $t \in [0, t_c]$ 为系统故障期间，设
故障期间的系统方程变为

$$\begin{cases} \dot{x}=f_1(x,y) \\ 0=g_1(x,y) \end{cases} \quad \begin{cases} x(0^+)=x_1, \\ y(0^+)=y_1 \end{cases} \quad 0< t \leqslant t_c$$

$$(20.10\text{-}9)$$

为叙述方便且不失一般性，设系统状态变量和代数
变量的维数 n，m 都未变化。系统的初态为 $(x_1,$
$y_1)$。注意短路发生时刻，状态变量不能突变，则
有 $x_1=x_0$。但系统拓扑结构的突变必然使此刻的代
数变量突变，如短路接地点电压由正常值突变为
零。因 x_1 已知，由电力系统的物理意义可知，系统
的代数方程一定满足隐函数存在条件，即在 $t=0^+$
时刻存在 y_1 满足

$$0=g_1(x_1,y_1)$$

故可由上式得到代数变量的初值 y_1。由于网络拓扑
的突变，在 $t=0^+$ 时刻，一般情况下显然有

$$\begin{cases} \dot{x}|_{t=0^+}=f_1(x_1,y_1) \neq 0 \\ 0=g_1(x_1,y_1) \end{cases}$$

因此，$(x(t),y(t))$ 将从初态 (x_1, y_1) 开始、在
式（20.10-9）的约束下开始运动，状态随时间变
化。通过对系统式（20.10-9）的数值积分可以得到
故障期间的状态轨线 $(x(t),y(t))$。由于系统在 $t=$
t_c 时刻，断路器将故障切除，则系统式（20.10-9）
的终值为 $(x(t_c),y(t_c))$。

为不失一般性，设此后系统不再进行其他操
作，则称 $t \geqslant t_c$ 的系统为故障切除后系统。由于故障
元件被切除，系统与故障前相比少了一个元件，这
时系统方程从式（20.10-9）变为

$$\begin{cases} \dot{x}=f_2(x,y) \\ 0=g_2(x,y) \end{cases} \quad x(t_c^+)=x_2, y(t_c^+)=y_2 \quad t_c \leqslant t<\infty$$

$$(20.10\text{-}10)$$

确定系统式（20.10-10）的初态 (x_2, y_2) 的方法
与前边类似：$x_2=x_c$，将 x_2 代入式（20.10-10）的
代数方程，解得 y_2。由于 $t>t_c$ 系统再无操作，系统
式（20.10-10）的运行状态 $(x(t), y(t))$ 将从初
态 (x_2, y_2) 开始在式的约束下运动。如果随着时
间 t 的不断增长，$(x(t), y(t))$ 逐渐趋近于某常
数 (x_e, y_e)，则称系统式（20.10-8）在平衡
点 (x_0, y_0) 的运行方式对扰动 E_i 是稳定的。反
之，若 $(x(t), y(t))$ 一直随时间变化，则为不稳
定。显然，如果稳定，(x_e, y_e) 满足

$$\begin{cases} \dot{x}=f_2(x_e,y_e)=0 \\ 0=g_2(x_e,y_e) \end{cases}$$

一般而言，由于系统拓扑结构发生了变化，$(x_e, y_e) \neq (x_0, y_0)$。这样，由于扰动，系统的稳态运行点从 (x_0, y_0) 经过暂态过程过渡到了一个新的稳态运行点 (x_e, y_e)。

当系统式（20.10-8）对预想事故集中所有的 E 都是稳定的，这时可称系统是稳定的。

240 电力系统暂态稳定性分析 电力系统暂态稳定性分析是电力系统动态安全分析最主要的项目。通常用于考核系统在第一级预想事故集中的扰动下是否满足第一级安全稳定标准。电力系统在建设规划阶段就必须使系统具备暂态稳定的能力。由于第一级预想事故集中的扰动相对于第二、第三级而言发生频度高，扰动强度小，所以安全标准也最高。因此，在建设规划阶段进行暂态稳定性分析时，发电机可以采用阶数较低的模型，一般只考虑到自动励磁系统而将阻尼绕组近似用阻尼系数描述即可。暂态稳定主要关注发电机的第一（头摆）和第二个振荡周期（二摆）是否失去稳定，积分时长一般不超过 5s。通过暂态稳定分析，可以确定机组和输送断面的暂态稳定极限以及各种自动控制装置的控制策略。在电力系统运行时，既可以直接进行暂态稳定分析，也可以通过动态稳定分析来校核暂态稳定。

241 电力系统动态稳定性分析 在电力系统运行调度中，校核拟运行方式是否动态安全时多采用动态稳定性分析。动态稳定与暂态稳定的区别为发电机及其自动调节系统的数学模型更为详细，积分时长可长达 20s。在动态稳定性仿真中，如果发生头摆失稳一般为机组的同步转矩不足；如果发生振荡失稳通常是异步转矩不足。动态稳定分析关注暂态过程的后期，即系统经过暂态过程是否能趋于稳定，同时还要关注暂态过程的电压稳定性和频率稳定性。

242 电力系统的功角稳定性、电压稳定性和频率稳定性 电力系统机电暂态稳定性主要关注的是系统受到扰动之后发电机之间的相对运动，因而遵守牛顿旋转力学客观规律的所有发电机转子运动状态，即功角（角位移）、角速度是否趋于常数是电力系统是否稳定的主要特征。但是，由于电能质量的主要标准是电压和频率，在暂态过程中，当电压和频率发生长时间、大幅度波动时，用电器的保护会动作而使系统的暂态过程更为剧烈，现象更为复杂。因而，在分析电力系统稳定性的机电暂态仿真中，除了关注发电机相对功角是否趋于常数外，还要关注电压和频率是否趋于工程上可接受的常

数。在暂态过程中，如果出现机组间的相对功角并不发生明显的增幅振荡，而所有机组的角速度近似同调地增大或减小，或者某个（或某些）电压中枢点电压持续走低，在工程上即认为系统频率不稳定、电压不稳定。在研究领域，将电力系统稳定性分为功角稳定性、电压稳定性和频率稳定性并采用不同的系统数学模型来分析各自的失稳机理，以利控制策略的设计和运行方式的调整。但是，在运行调度上目前一般不专门分别研究，而是在动态仿真时统一关注，仅当出现频率稳定、电压稳定问题时才特别处理。

243 电力系统小干扰稳定性分析 在动力学系统稳定性理论中，小干扰稳定性是指系统对一个平衡点的自保持能力。如果系统的一个平衡点具有自保持能力，则称这个平衡点是稳定平衡点；否则，是不稳定平衡点。因此，这里的小干扰是数学上的无穷小的扰动。在工程上，通常把网络拓扑发生突变、发电机出力和综合负荷突然显著地增减称为大干扰。除此之外时刻发生的负荷随机变化等不引起系统显著暂态过程的扰动称为小干扰。在电力系统运行调度中，考核拟运行方式是否安全稳定时，与考核采用的扰动有关。因此，评价一个运行方式是否动态稳定（大干扰稳定）具有一定的主观性。但是，由于小干扰是时时刻刻发生的，电力系统的一个运行方式，即一个运行状态得以实施，客观上这个运行状态必须是小干扰稳定的。一个小干扰不稳定的运行状态在物理系统中是无法存在的。

设描述电力系统的非线性动力学方程是微分-代数方程（DAE），为

$$\begin{cases} \dot{x} = f(x, y) \\ 0 = g(x, y) \end{cases} \quad (20.10\text{-}11)$$

式中 $x \in \mathbf{R}^n$——n 维状态向量；

            $y \in \mathbf{R}^m$——m 维代数向量；

$f(x, y)$ 和 $g(x, y)$ ——n 维和 m 维非线性函数向量。

设系统的运行点为 (x_0, y_0)，满足

$$\begin{cases} 0 = f(x_0, y_0) \\ 0 = g(x_0, y_0) \end{cases}$$

根据李雅普诺夫第二稳定性定理，非线性系统式（20.10-11）在 (x_0, y_0) 的小干扰稳定性与其在 (x_0, y_0) 的首次近似系统的稳定性等价，除非首次近似系统具有实部为零的纯虚数特征根。因此，考核系统运行点 (x_0, y_0) 是否具有自保持能力的基本方法为，构造首次近似系统，即在运行点 (x_0, y_0) 将非线性方程线性化，得到

$$\Delta \dot{x} = A \Delta x$$

式中

$$A = \overline{A} - \overline{B} \overline{D}^{-1} \overline{C}$$

而

$$\begin{cases} \overline{A} = \dfrac{\partial f(x,y)}{\partial x} \bigg|_{(x,y)=(x_0,y_0)} & \overline{B} = \dfrac{\partial f(x,y)}{\partial y} \bigg|_{(x,y)=(x_0,y_0)} \\ \overline{C} = \dfrac{\partial g(x,y)}{\partial x} \bigg|_{(x,y)=(x_0,y_0)} & \overline{D} = \dfrac{\partial g(x,y)}{\partial y} \bigg|_{(x,y)=(x_0,y_0)} \end{cases}$$

然后计算系统矩阵 A 的所有特征根，当所有特征根都具有负实部时，非线性系统式（20.10-11）的运行点（x_0，y_0）对小干扰是稳定的，否则是不稳定的。工程上，为了确保系统运行的小干扰稳定，不仅要求所有特征根具有负实部，还要求实部的绝对值足够大。

参 考 文 献

［1］国家市场监督管理总局，国家标准化管理委员会. 电力系统安全稳定导则：GB 38755—2019［S］. 北京：中国标准出版社，2019.

［2］中华人民共和国电力法［M］. 北京：中国法制出版社，2018.

［3］国务院. 电网调度管理条例［Z］. 2011.

［4］国家电网公司. 国家电网调度控制管理规程［Z］. 2014.

［5］中华人民共和国国家质量监督检验检疫总局，中国国家标准化管理委员会. 电网运行准则：GB/T 31464—2015［S］. 北京：中国标准出版社，2015.

［6］夏道止，等. 电力系统分析［M］. 北京：中国电力出版社，2004.

［7］康重庆，夏清，刘梅. 电力系统负荷预测［M］. 北京：中国电力出版社，2007.

［8］SCHULZ R P，PRICE W W. Classification and Identification of Power System Emergence［J］. IEEE T-PAS，1984：3471.

第 **21** 篇

脉冲功率与等离子体技术

主　　编　李兴文（西安交通大学）

副 主 编　石桓通（西安交通大学）

参　　编　吴　坚（西安交通大学）

　　　　　丁卫东（西安交通大学）

　　　　　王亚楠（西安交通大学）

　　　　　常正实（西安交通大学）

　　　　　孙安邦（西安交通大学）

主　　审　邱爱慈（西北核技术研究院）

责任编辑　间洪庆

第1章 概 论

1.1 含义与特点

1 脉冲功率技术 脉冲功率技术是一门研究高功率、高电压、大电流的学科，又称为高功率脉冲技术。它以较低功率在较长的时间内存储电场或磁场能量，然后借助于各种开关进行快速能量切换、脉冲压缩、功率放大，在很短时间内将脉冲电磁能量释放到特定的负载上。脉冲功率技术按照工作方式可分为两类：一类是以单次脉冲的工作方式产生单个脉冲，重点是获得高的峰值电压、电流和功率；另一类是以重复脉冲的工作方式产生重复功率脉冲串，重点是获得高的平均功率。对于单次脉冲工作方式而言，脉冲功率技术往往重点关注功率增长率大于 10^{15} W/s 的电物理技术（包括器件和装置技术）。而对于重复脉冲工作方式而言，则主要关注脉冲功率装置的脉冲波形和重复频率是否达到应用需求，主要特点是工作次数多和脉冲间隔短。脉冲功率装置主要由初级储能和脉冲产生系统、脉冲压缩和传输系统、高功率负载系统三大部分组成。根据不同的储能类型，脉冲功率装置又可分为电容储能型、电感储能型和混合储能型。脉冲功率技术的主要特点是：高峰值功率及很高的功率增长率；由高峰值功率带来的开关、绝缘介质和电阻元件上的非线性效应；由足够短的脉冲作用时间带来的时间特性和绝热特性。脉冲功率技术主要研究能量存储、高电压和大电流脉冲产生、脉冲压缩、电磁能量传输和转换，以及与此相应的器件技术、快脉冲测量技术等。

2 放电等离子体技术 等离子体是指由大量带电离子组成的，在一定的空间和时间尺度，维持电中性的非束缚态的宏观体系。放电等离子体技术是一种研究不导电介质在电磁场作用下形成等离子体以维持电流或吸收电磁辐射的技术，主要研究放电等离子体的产生和控制、与物质相互作用，及其在高科技领域中的应用。按照产生的等离子体的温度可分为低温等离子体（$<10^5$ K）和高温等离子体（$10^8 \sim 10^9$ K）。低温等离子体中，根据其热力学行为状态的不同，又可分为冷等离子体（表观温度接近或略高于环境温度，电子温度 T_e 远高于离子温度 T_i，处于非热力学平衡状态的低温等离子体）和热等离子体（T_e 与 T_i 相近，处于局部热力学平衡状态的低温等离子体）。在描述等离子体特性的诸多参数中，等离子体的重粒子温度 T_i、电子温度 T_e 和电子数密度 n_e 是 3 个重要的参数。通过这 3 个参数，我们可以较为方便地判断等离子体所处的状态，即是否处于局部热力学平衡（Local Thermo-dynamic Equilibrium，LTE）和/或局部化学平衡（Local Chemical Equilibrium，LCE）状态，这对于确定特定等离子体源的应用领域十分重要。在实际应用中，根据等离子体所处环境又可分为大气压放电等离子体与低气压（真空）放电等离子体；根据放电技术的形式又可将其分为直流放电等离子体、电晕放电等离子体、微波放电等离子体、射频辉光放电等离子体、介质阻挡放电等离子体、微波放电等离子体等。

1.2 现状与展望

3 脉冲功率与放电等离子体技术现状 脉冲功率与放电等离子体是在电气科学基础上发展起来的一门新兴交叉学科，涉及高电压工程、电介质物理、等离子体物理、粒子加速器、力学、材料科学、可控热核聚变等多个学科，成为当代高科技的主要基础学科之一。我国脉冲功率技术起始于 20 世纪 60 年代左右，20 世纪 70 年代，中国工程物理研究院（以下简称"中物院"）研制了 6MV 高阻抗电子束加速器"闪光一号"；20 世纪 90 年代，西北核技术研究所（现改称"西北核技术研究院"，以下简称"西核院"）建成了 1MA 低阻抗电子加速器"闪光二号"，中物院建成了 12MeV 的直线感应加速器。这些大型高功率脉冲装置的建成，标志着我国脉冲功率加速器研制能力开始进入国际先进行列。进入 20 世纪 90 年代以后，国际脉冲功率学科日趋活跃，我国脉冲功率步入快速发展阶段。2000年以后，西核院建成了集成多项先进技术的多功能加速器"强光一号"，中物院建成了"阳"加速器，清华大学建成了 PPG-1 装置。2002 年，中物院研制了输出电子能量 20MeV 的"神龙一号"直线感应加速器，我国精密闪光照相技术水平继美国、法国之后步入世界前三甲。2008 年，西核院研制国内第一台、世界第二台感应电压叠加器小焦斑高能脉冲 X 射线发生装置"剑光一号"。国防科技大学、中物院和西核院等单位进一步把应用拓展到高功率激光和高功率微波领域，并开始取得了国际瞩目的成就。从 2010 年以后，中物院相继建成了 10MA 的 Z 箍缩装置与猝发多脉冲 20MV 的闪光照相装置"神龙二号"，西核院研制出 4MV 脉冲 X 射线闪光照相装置"剑光二号"，西安交通大学建成主、预双脉冲电流源"秦-1"装置，预示着我国脉冲功率技术正在实现从追赶到超越的转变。基于脉冲功率与放电等离子体技术，可创造出瞬间的高温、高压、高能量密度、强电磁场、强辐射等极端应用环境，已被广泛应用于国防、能源、材料、环境、医疗和生物等领域，因此脉冲功率与放电等离子体技术处于重要的战略地位，有着非常广阔的发展和应用前景。

4　脉冲功率与放电等离子体技术展望　在脉冲功率与放电等离子体技术的发展历程中，涉及国防安全、能源环境、生物医学、材料科学等诸多领域，是一个新兴的、具有高度学科交叉融合特色的研究领域，其中所涉及的关键科学问题和核心技术问题同样覆盖了等离子体物理化学、电气工程、工程热物理、机械工程、自动控制、生物医学、材料科学与工程、环境科学与工程等诸多学科方向。这既体现了脉冲功率与放电等离子体技术广阔的应用前景及重大的科学意义，同时也对从事该领域研发的团队提出了更高的、多学科协同创新的迫切要求。脉冲功率技术的发展方向主要有：超高电压（几至几十兆伏）、超大电流（几至几十兆安）、脉宽几十至上百纳秒的 PW 级超高功率电脉冲产生，高重复频率高电压电脉冲的产生，快前沿（ps～ns）、短脉宽（1～几十 ns）高压电脉冲的产生，储能技术，开关技术，绝缘材料（气、液、固）、绝缘结构等绝缘新技术；在工业应用方面则以脉冲功率装置的小型化、轻量化、通用化、智能化为主要发展目标。放电等离子体技术的发展方向主要有：放电等离子体的形成机理及其调控方法，放电等离子体诊断方法，等离子体数值模拟技术，等离子体的效应特征及其在聚变、能源转化、生物医学等领域的应用，以及新应用领域的开拓。

第2章 高功率脉冲产生与传输

2.1 基于电容储能的脉冲产生

电容器组是最基本的静电储能方式，也是脉冲功率系统中最基本的储能单元，根据脉冲功率装置设计要求，可利用电容器构建电容器组同步放电、Marx 发生器、直线型脉冲变压器等形式，可获得更高电压和更大电流等级的输出脉冲，满足不同负载及效应的需求。

5　电容器同步放电　脉冲功率系统中采用的电容器通常为脉冲电容器，其特点在于通常具备较小的自身电感，能耐受高瞬时变化速率电压和电流脉冲的冲击。脉冲电容器组主要用于产生低电压（一般为数十千伏）和大电流（几十千安至数百千安）的脉冲，脉冲上升时间为几微秒至几毫秒，当需要更大输出电流时，可采用多模块并联的方式进行同步放电实现电流倍增。大多数电容器组可用来直接驱动负载，如脉冲电容器组通常作为等离子体焦点装置、脉冲强磁场、电磁发射装置、泵浦激光的脉冲供电电源等。

6　Marx 发生器　经典的 Marx 发生器，在高电压工程中又称为冲击电压发生器。其基本工作原理是，供电电源对储能电容器并联充电，然后使之串联放电，从而在负载端实现各级电压叠加而获得更高的脉冲电压输出。经典 Marx 发生器的结构示意如图 21.2-1 所示。

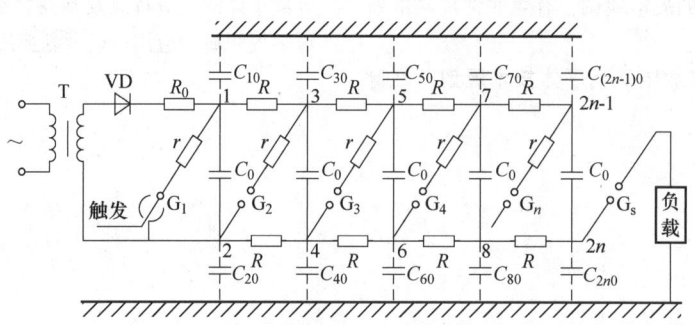

图 21.2-1　经典 Marx 发生器结构示意图

T—倍压器　VD—整流管　R_0—保护电阻　R—充电电阻　C_0—主电容器

$G_1 \cdots G_n$—火花球隙　C_{2n0}—各级对地杂散电容

G_s—主开关　r—阻尼电阻

在经典 Marx 发生器中，交流电源经变压器 T、整流管 VD 和高压保护电阻 R_0 向各级充电。在示意电路中，交流电源、整流管和各级电容构成半波电路，实际应用中也可采用其他类型充电电源替代。电源则通过充电隔离电阻 R 向各级主电容 C_0 充电至电压 U_0，上排各级杂散电容也被充电至 U_0。为了减小充电过程中各级球隙开关自击穿概率，通常需要在工作前校准并调节间隙距离使其击穿电压大于充电电压 U_0。当触发 Marx 发生器工作时，在触发间隙 G_1 处时间触发脉冲，触发间隙导通使得位置 1 处电位瞬间变为 0。由于电容 C_0 两端电压不能突变，使得位置 2 处的电位瞬间从 0 变化到 $-U_0$。由于充电隔离电阻 R 和杂散电容 C_{30} 的存在，其放电时间常数较长，位置 3 处仍保持原电位 U_0。若暂不考虑分布电容的影响，间隙 G_2 两侧电压将突升至 $2U_0$，至此 G_2 将在过电压下击穿。第二级间隙击穿后，位置 3 处电位从 U_0 降至 $-U_0$，位置 4 处电位瞬时地降至 $-2U_0$，而位置 5 处电位仍为 U_0，此时因 G_3 承受 $3U_0$ 的过电压而被击穿。以此类推，各间隙开关被快速击穿。发生器从第一个球隙点火击穿到最后一个球隙击穿的时间，称为 Marx 发生器的建立时间。视发生器规模、所用电器元器件性能和结构而异，建立时间在十几纳秒到几微秒范围。为使主电容在建立时间电荷不被旁路掉，应当使各级放电的时间常数 RC_0 远大于建立时间和输出脉冲宽度之和，而脉宽与串联后的"冲击"电容 C_M（即 C_0/n）有关。在高电压工程试验用的 Marx 发生器中，为防止各级固有电感和杂散电容可能在输出波头产生叠加的寄生振荡，常在放电回路中串入数十欧的阻尼电阻 r，这是经典 Marx 发生器的主要标志。

经典 Marx 发生器最早称作冲击电压发生器，主要用于高电压工程试验中产生标准的雷电波和操作波。经典 Marx 发生器通常在大气环境中开放式工作，为产生具备特定时间参数的标准波形，需要在负载部分加入波头和波尾电阻以及波头电容；为防止波头出现高频振荡，常在每级串联放电回路中串入阻尼电阻 r。由于常压空气环境的绝缘强度低，需增加发生器开关等元件间距提高可靠性，致使发生器体积巨大，从而使得回路寄生电感和电容难以减小；此外，放电球隙在常态大气状态下工作时的击穿稳定性，最终导致经典 Marx 发生器电脉冲输出陡度和输出参数分散性较大。

在经典 Marx 发生器的基础上，面向高功率脉冲电源需求，高效能 Marx 发生器应运而生。虽然它们的工作原理和充电过程与经典 Marx 发生器无异，但在某些方面却很不同。所谓高效能 Marx 发生器，通常采用紧凑化设计，将装置放置于金属容器中，其中充满液态或气态甚至固态高绝缘强度电介质以电绝缘；为了提升输出电压上升速率，回路中取消串联阻尼电阻和波头波尾电阻，尽量减小线路长度，减小回路电感；高效能 Marx 发生器工作性能稳定，建立时间和分散性小，建立时间一般在 $1\mu s$ 或更短，分散性在纳秒量级。尽管高效能 Marx

发生器电路结构各不相同，但基本工作原理仍是并联充电，然后并联放电。这类发生器的结构视需用而异，其级数常从几级到百级以上。若考虑电感、结构复杂性和其他因素，常使用 Z 型和 S 型，有时也用混合型和超前触发型。

7　感应电压叠加器（IVA）　感应电压叠加器（Inductive Voltage Adders，IVA）是一种把多路电压脉冲串联叠加起来的特殊装置，最早用于直线感应加速器的粒子注入，束流小于 10kA。IVA 基本工作过程为，利用电磁感应原理，将高功率电脉冲馈入感应腔，多级感应腔串联，在感应腔中心电极杆上实现脉冲电压叠加，与电子直线感应加速器相比，不涉及强流脉冲电子束在感应腔间的电子加速、聚焦和远距离传输等问题。该型加速器主要由前级脉冲功率源、高功率感应腔、次级传输线及二极管负载等组成。前级馈入脉冲源一般包括 Marx 发生器、脉冲形成线、主开关及陡化开关等，采用一级或二级脉冲压缩获得幅值为 0.5～1.5MV、脉宽约为 70ns 的高功率电脉冲，按要求的时序馈入多级感应腔串联，在次级中心导体上实现多个馈入脉冲电压的叠加。最终利用高功率二极管实现电子束产生、加速、聚焦和打靶，产生 X 射线。感应电压叠加加速器感应腔的前级馈入脉冲电压幅值高（1～1.5MV）、电流大（100～200kA），获得武器物理初级过程爆炸流体力学照相要求的 15MV 电压需 10 多级感应腔串联，因此，与直线感应加速器相比，其脉冲 X 射线源的结构相对紧凑，尺寸小，造价低。图 21.2-2 所示为 IVA 的典型结构示意图。其主体由数个结构相同的圆柱形感应腔串联组成，称为单元；各感应腔单元之间通过环形表面连接，内圆柱面有环形间隙。叠加器近轴区圆柱体称为孔（bore），即次级传输线外空内径区域内由规律排列的环形间隔分开。

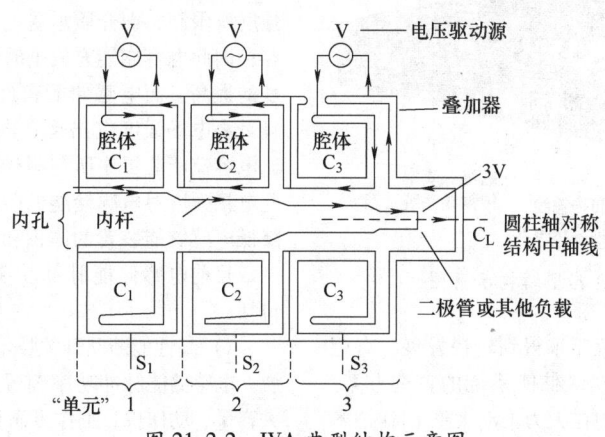

图 21.2-2　IVA 典型结构示意图

为保证在馈入脉冲时间内感应腔磁芯的有效性，需要保证磁芯没有饱和；对于给定的馈入脉冲电压幅值和脉冲宽度，磁芯的伏秒特性是确定的，根据选用磁芯材料的饱和磁感应强度和剩余磁感应强度得到磁芯磁感应强度的增量，从而确定磁芯截面积。

为了提高电压叠加效率和能量传递效率，减小输出波形畸变，要求高功率脉冲能够按照特定的时序馈入各级感应腔。在理想情况下，当馈入相邻感应腔的脉冲时间间隔等于两级感应腔之间的电长度时，负载上可以获得与馈入脉冲波形相同、幅值约为馈入脉冲数倍的高压脉冲，各级感应腔的注入功率和工作状态完全相同，这种馈入时序定义为标准 IVA 时序。实际上，由于感应腔的馈入电脉冲是通过几级高功率开关进行脉冲压缩产生的，高功率开关的击穿存在一定的分散性，从而使馈入各级感应腔的脉冲到达时刻不可避免偏离标准 IVA 时序，这将引起感应腔工作状态、脉冲叠加、磁绝缘、功率传输和输出性能的变化。

8　直线型变压器驱动源（LTD）　直线型变压器驱动源（Linear Transformer Driver, LTD）是近 30 年来发展起来的一种新型电物理装置，它是一种基于初、次级变比为 1 的变压器型电压电流感应叠加装置。初级电容并联充电，通过开关并联放电，通过模块化设计结构的串联排列，在次级感应出脉冲电压和电流近似线性叠加，因此称为直线型脉冲变压器。与传统 Marx 发生器相比，LTD 装置具备储能密度高、结构紧凑、模块化集成设计、回路电感小和工作可靠性高等优势，但由于其设计模块数量巨大，也存在技术复杂、电流受限于磁性饱和特性、触发系统庞大等缺点。图 21.2-3 所示为 LTD 装置的典型结构示意图。

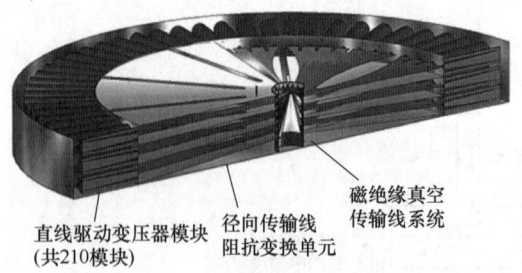

直线驱动变压器模块
（共210模块）　径向传输线
阻抗变换单元　磁绝缘真空
传输线系统

图 21.2-3　LTD 典型结构示意图

直线型脉冲变压器近年来得到较快发展，有望成为大型脉冲功率装置初级储能系统的首选方案。美国、中国等相关机构均在大力推动大型 LTD 技术

的发展和系统的建设，其发展方向是尽可能提高总体功率密度并减小其特征放电时间常数等。

9　脉冲变压器/Tesla 变压器　Tesla 变压器是一种电感耦合回路谐振变压器，通过在初、次级 2 个 LC 振荡回路中转换电压，在次级电容上产生高压脉冲，再通过开关快速向负载放电形成纳秒高压脉冲。20 世纪 80 年代，俄罗斯科学院西伯利亚分院强电流电子研究所提出并成功研制了基于脉冲形成线与 Tesla 变压器一体化的脉冲功率装置。利用脉冲形成线电容作为变压器次级电容，从而使 Tesla 变压器在小型脉冲功率装置中得到广泛应用，其输出电压可达 MV 量级，脉冲宽度可从亚纳秒至 20ns。Tesla 变压器的主要特点是结构紧凑，易于小型化，适合重复频率应用场合。另外，一般的脉冲变压器在小型脉冲功率装置中也常作为初级储能和脉冲产生的主要部件，如在全固态脉冲功率源中应用等。对于一些小型脉冲功率装置，为了能够产生纳秒脉冲高压，也可采用同轴绕组变压器或多段同轴电缆变压器。

2.2　基于电感和其他储能方式的脉冲产生

10　电感储能脉冲功率系统　电感储能技术在现代科学技术领域中，诸如等离子体物理、受控核聚变、电磁发射、重复脉冲的大功率激光器、高功率雷达、强流带电粒子束的产生以及强脉冲电磁辐射等领域，都有着极为重要的应用。电容储能系统是以电场方式进行储能，而电感储能系统则是以磁场方式进行储能。

从储能密度角度考虑，与电容储能相比，电感储能密度高且功率大（电容储能的 100~1 000 倍，可达 10~40MJ/m³）。电容储能密度被介质的电场强度所限制，而介质承受电压的时间越长越容易击穿；因此电容储能充放电时间过长也限制了储能密度的提高。而电感储能密度仅与磁感应强度有关，且最高电场强度仅出现在向负载转换的最后时刻，比电容储能装置中所需耐受的电压时间短得多，因此电场强度对电感储能的限制不大，因而可以大大降低电感储能装置的体积和成本。

目前电感储能脉冲功率装置存在的主要问题包括：

1）高性能断路开关技术限制电感储能技术的发展。电感储能脉冲功率装置向负载转换能量时需要大容量、动作快、工作可靠和长寿命的断路开关。

2）需要发展高能量转换效率的负载馈电技术。目前对于电感负载最大转换效率不超过 25%，虽然采用多级储能可提高效率，但会大大增加设备复杂度、体积及造价。

基本的电感储能装置包括充电电流源 G、储能电感 L_s、转换装置（含断路开关 S_{op}），或其他转换元件以及闭合开关 S_c、负载 Z_L。图 21.2-4 所示是原理基本相同的两种电路。开始，在 S_{op} 闭合、S_c 断开状态时，充电电流源 G 以电流 I 对储能电感 L_s

充电，当达到所要求的储能值时，将 S_{op} 断开并同时闭合 S_c，从而把电感存储的磁能传递给负载。就其实质而言，在 L_s 内建立的电流以脉冲形式传给负载，从而使负载获得比用充电电源直接馈电时高得多的功率。所谓断路开关断路，就是快速增加开关的阻抗，迫使电流向负载转换。闭合开关的工作既可以通过过电压使其击穿，也可以用外触发受控闭合。

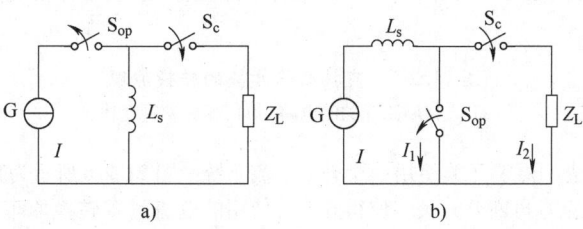

图 21.2-4　电感储能电路示意图

对电容器充电，一般来说对充电技术的要求并不十分严格；而在电感储能装置中，有效充电的问题显得异常突出。这是因为为有效地充电，充电必须十分快；为存储更多的能量，要求高功率输入；在重复脉冲工作时，要求高效率，否则由电损耗产生的热量难以排出去。如果充电电源提供恒流 I，充电回路的电阻为 R（等于电感器电阻、电源内阻和断路开关闭合时的电阻之和），则电源的充电功率 $P_0 = I^2 R$；如果 S_{op} 是理想的断路开关，则负载电阻 R_L 获得的功率 $P_L = I^2 R_L$。负载功率与电源功率之比为

$$\frac{P_L}{P_0} = \frac{R_L}{R}$$

可见，仅从充电角度考虑，若想获得较大倍数的功率放大，则必须使 $R \ll R_L$（而对于电容储能，若充电回路电阻为 R_c，则功率放大是 R_c/R_L）。若对电感充电的电压 U_0 不变，则 $I = U_0/R$，负载峰值功率为

$$P_L = U_0^2 R_L / R^2$$

可见，充电回路对负载功率的影响较大。充电电源对电感充电的功率 P_0 与电感储能 W_s 的关系是

$$P_0 = 2W_s R / L_s$$

因此，加大时间常数 L_s/R 能减轻电源充电功率过大的负担，然而这却与要求快充电相矛盾。对于 $W_s = 1\text{MJ}$，即使 $L_s/R = 5\text{s}$，仍需 $P_0 = 0.4\text{MW}$，虽然这不是很高的功率水平，但其充电电流值已经相当可观了。考虑在短时间 Δt 内给 L_s 充电，磁场

能量增量为 ΔW_s，消耗在 R 上的能量为 ΔW_D，则有

$$\frac{\Delta W_s}{\Delta W_D} = \frac{L_s}{R} \cdot \frac{1}{i} \cdot \frac{\Delta i}{\Delta t}$$

式中，i 是瞬时充电电流；$\Delta i/\Delta t$ 和 i/T 量纲相同（T 为特征充电时间）；电感时间常数 $\tau \approx L_s/R$。因此为了提高充电效率 $\Delta W_s / \Delta W_D$，必须尽量使 τ/T 值大，这意味着在给定的电感时间常数情况下充电时间应当短（为了比较，给出电容充电效率 $\Delta W_s' / \Delta W_D' = [R_c C \cdot \Delta U_c / (U_c \cdot \Delta t)]^{-1}$）。

电感储能技术在进行转换放电时，关键依赖于断路开关，同时需要综合考虑负载阻抗和对负载脉冲的要求以及所用的电路形式。目前，断路开关主要类型包括：直接截流断路开关和电流过零或抵消脉冲断路开关。

1）直接截流断路开关：能在内部出现转换电压，通过迅速增加内部阻抗迫使电流换路，所以称它为直接断路或"真实"断路开关。若图 21.2-4b 中的 S_{op} 用一个变化的阻抗 $R_{op}(t)$ 来代替，便成为直接断路开关的情况，如图 21.2-5 所示。直接断路开关应具备的主要条件是，电流经过它充电和储能时，它的阻抗应尽可能地低；它能经历一个大的阻抗增长变化以及能承受住由于阻抗变化而产生的高电压；阻抗增大迫使电流换路到负载，但由于开关存在损耗，使负载电流显然要小于充电电流；负载电压的上升时间直接由开关阻抗上升速率来决定。为了终止负载脉冲，断路开关必须再闭合以把储能电感短路，使装置恢复到储能状态；如果要求负载

脉冲重复，则对每个脉冲均需循环重复这个过程。对于这种理想的"电阻转换电路"，充电电流

$I_s(t)$、负载电流 $I_L(t)$ 和阻抗 $R_{op}(t)$ 的变化如图 21.2-5b 所示。

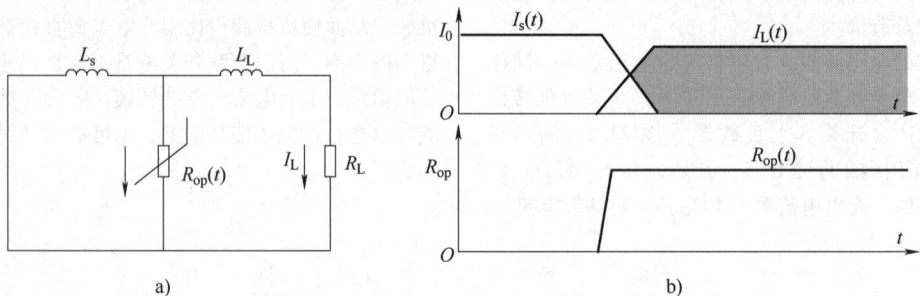

图 21.2-5　直接断路开关的转换原理
a) 直接断路开关的电路　b) 相关参量变化

2）电流过零断路方法，要求开关使用一个外部电压，把开关电流抵消至零再断开开关，使得开关断路时不致（或至少暂时不）承受较高的恢复电压。这种电流过零断路开关一般主要应用于交流系统，因为在那里每个周期电流有两次过零。但是，如果能用辅助电容产生瞬时电流过零，也可用于直流系统。图 21.2-6 所示为直流状态电感储能装置所使用的电流过零转换原理。在 t_1 时刻之前，开关 S_{op} 闭合而 S_1 和 S_2 断开，储能电感 L_s 的充电电流 I_{so} 通过 S_{op}。在 t_1 时刻，开关 S_1 闭合，事先充电至电压 U_c 的电容 C 经过 L_2、S_1 和 S_{op} 放电，C 的反向放电电流抵消原 S_{op} 中的电流。

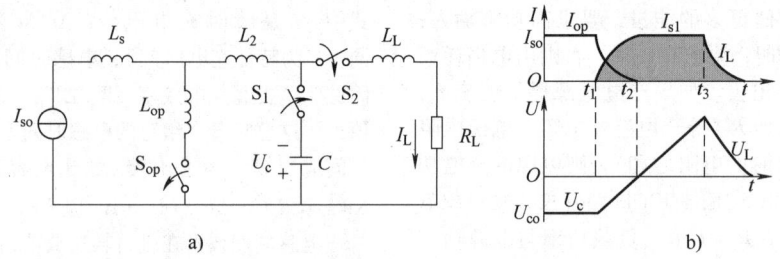

图 21.2-6　抵消脉冲断路开关原理
a) 原理电路　b) 对应波形

放电频率 $\omega = (L_2 C)^{-\frac{1}{2}}$ 决定了抵消的速度。在 t_2 时刻，开关 S_{op} 电流为零，S_1 中的电流 $I_{s1} = I_{so}$，此时断开 S_{op}。S_{op} 断开之后，C 被反极性地再充电，C 上电压上升速度 $dU_c/dt \approx I_0/C$ 为常量。在 t_3 时刻闭合 S_2，原存储的能量便转换到负载。固体晶闸管整流器、真空开关、氢闸流管、液态金属等离子体管等都可用作电流过零的断路开关，并且具有良好的性能。原则上，其他开关也可作为电流过零断路开关，但是它们有较长的消电离（或恢复）时间（$>100\mu s$），在工程上不太适用，因为辅助电容器的大小直接与恢复时间有关。

使用何类断路开关和何种转换电路，直接影响转换效率和功率的调节范围。依据转换元件可组成多种电感储能装置，本节只介绍直接增大断路开关

阻抗和升高转换电容电压迫使电流换路的方法。还应明确工作效率的含义，为表征电感储能装置的性能，通常把负载脉冲能量与初始储能的比定义为转换效率。但考虑到重复脉冲的工作状况，应当用每个转换周期内负载脉冲能量与储能减少量的比来衡量装置的工作效能。这样，我们应当更全面地定义电感储能装置的工作效率 $\eta = E_L / \Delta W_s$。其中，E_L 是每次转换到负载的能量，ΔW_s 为电感的储能减少量。

11　爆炸磁通压缩发生器　爆炸磁通压缩发生器（Explosive Magnetic Flux Compression Generator, EMFCG）可将化学能转化为电磁能，通常简称为"爆磁压缩发生器"或者"爆磁压缩驱动源"。其基本工作原理为，初始能量以化学能的形式存储于

高能炸药中。高能炸药通过爆炸释放能量推动放电回路线圈导体高速运动，化学能转换为导体动能；快速运动的导体压缩磁场占据的空间，由于在导体回路中磁通保持守恒，使得磁场得到放大，在负载回路中产生大电流，最终实现化学能—动能—磁能的转化。爆磁压缩发生器的输出电脉冲功率可达 1TW 以上。图 21.2-7 所示为典型的爆磁压缩发生器工作原理示意图。

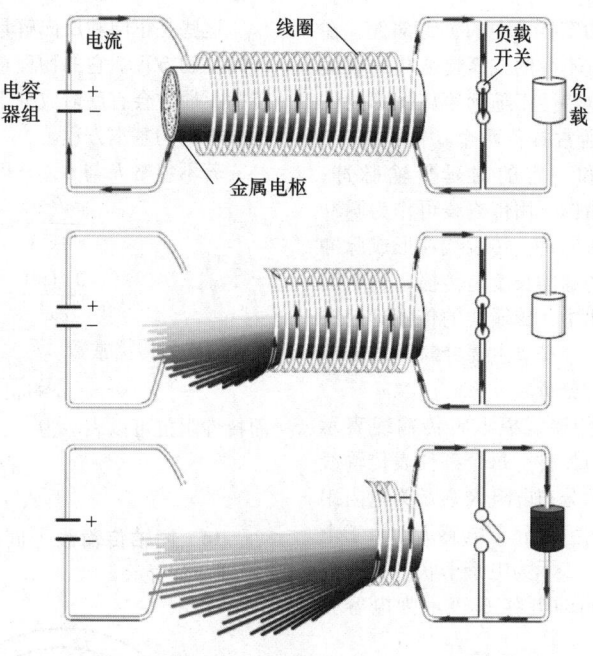

图 21.2-7　爆磁压缩发生器基本工作过程

在图 21.2-7 所示爆磁压缩发生器中，主要包括初级储能单元（用于产生线圈初始电流）、内装高能炸药的导体管、螺线管和线圈负载。当初级能源开关闭合后，电容器组对螺线管、负载和导体管构成放电回路，当初始电流接近最大值时，引爆雷管，诱发高能炸药引爆，导体管向外膨胀并压缩磁场空间，螺线管、导体管和负载形成的回路俘获磁通。如果磁场被压缩得足够快，磁通将来不及穿透磁体管，因磁通量守恒，磁场很快增强，回路中电流得到放大。通常情况下，负载上电流可倍增 10~100 倍。

12　飞轮储能脉冲功率系统　存储在旋转机械或飞轮中的动能是旋转机械能，不仅储能密度高，而且提取也较为方便。飞轮储能脉冲功率系统就是指将旋转机械能转变为强脉冲电磁能的装置。实际上，这些方法都属于机电能量转换范畴，因此必须借助于耦合场的作用来实现。一方面，耦合场从输入系统吸取机械能对它本身的储能进行补充；另一方面，它释放能量给输出系统。一般来说，可以使用较小功率的拖动机构，以相对长的时间把一定大质量的转子或飞轮慢慢地加速，使其转动起来，利用转动惯性存储足够的动能；然后以此动能驱动合适的发电设备，利用其转动惯性把机械能转变成强电磁能脉冲能量。作高功率脉冲电源用的旋转机械目前主要有两类四种：一类是直流发电机，它包括换向直流脉冲发电机和单极发电机；另一类是交流发电机，它包括同步发电机和补偿脉冲交流发电机。

在一定条件下，对脉冲功率技术最有用的是冲击同步发电机。冲击同步发电机的工作条件是，使用一个以同步速度运行的励磁发电机对同步发电机进行空载的突然短路（接入负载）。目前，冲击发电机以单相冲击机和三相冲击机为多见，它们沿着两个方向发展：其一是使用较低的起始暂态阻抗的透平发电机，使短路功率增加；其二是使用凸极发电机，此时短路电流主要由 X'_d 决定（X'_d 表示在阻尼绕组中电流衰减后发电机的等效暂态阻抗）。三相冲击发电机的冲击功率 $P_s = 3U_1 I_s$（其中，U_1 是短路前空载线电压，I_s 是冲击电流）。冲击同步发电机必须满足更严格的要求：应当产生尽可能高的短路功率；在短路期间，绕组应当有更高的机械稳定性和热稳定性，并应允许重复短路；绕组必须具有更高的电绝缘强度，以便能承受住断开短路状态时所产生的过电压。

2.3　脉冲传输

脉冲传输线是脉冲功率技术中的关键部件，在通常条件下，传输线具有不变的或缓慢变化的横截面。若横截面不变，则电特性不随远距离端部的位置而变化。脉冲传输线通常具备两个功能：其一，传输线可以高保真度和一定的时延传输脉冲；其二，采用适当的转换措施，用传输线可作为脉冲形成线形成亚微秒或纳秒脉冲。传输线在形成脉冲时，匹配条件下，产生的脉冲长度是传播延迟时间的两倍，在脉冲功率应用中，传输线的传播延迟时间在每米 3～30ns 范围内。本节主要针对脉冲传输线的第一个功能特点进行分析。

13　传输线理论　传输线模型将传输线表示为一个无限串联的二端口元件，每个都代表传输线的无限短的一段：导体的分布电阻 R 表示为电阻串联（单位为欧每单位长度）。分布电感 L（源于电线周围的磁场、自感等）表示为电感串联（亨每单位长度）。两个导体之间的电容 C 表示为电容并联（法每单位长度）。

该模型包含图 21.2-8 所示的无限串联的部分，这些成分的值都是以每单位长度为单位的，所以图中部分可能会有误导。R、L、C 与 G 也可能是频率的函数，另外一种符号是用 R'、L'、C' 及 G' 来强调这些值是对长度的导数。这些量也被称为一次线常量，以区别于从它们推导出的二次线常量，包括传播常数、衰减常数和相位常数。

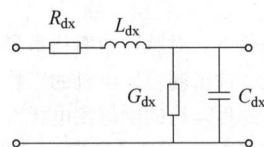

图 21.2-8　传输线等效电路的基本构成单元

频域的线电压 $V(x)$ 和电流 $I(x)$ 可以表示为

$$\frac{\partial V(x)}{\partial x} = -(R+j\omega L)I(x)$$

$$\frac{\partial I(x)}{\partial x} = -(G+j\omega C)V(x)$$

当参数 R 与 G 小到可以忽略时，就认为传输线是无损结构。在这种假想情形中，该模型只取决于参数 L 和 C，大大简化了分析。对于无损传输

线，二阶稳态电报方程为

$$\frac{\partial^2 V(x)}{\partial x^2} + \omega^2 LC \cdot V(x) = 0$$

$$\frac{\partial^2 I(x)}{\partial x^2} + \omega^2 LC \cdot I(x) = 0$$

这些是正向和反向解具有相同传播速率的平面波的波动方程。它的物理意义在于电磁波沿传输线传播，通常会有反射成分干扰原始信号。这些是传输线理论的基本方程。

若不忽略 R 与 G，方程就会是

$$\frac{\partial^2 V(x)}{\partial x^2} = \gamma^2 V(x)$$

$$\frac{\partial^2 I(x)}{\partial x^2} = \gamma^2 I(x)$$

式中，γ 为传播常数

$$\gamma = \sqrt{(R+j\omega L)(G+j\omega C)}$$

而特性阻抗可以表示为

$$Z_0 = \sqrt{\frac{R+j\omega L}{G+j\omega C}}$$

14　同轴传输线　同轴传输线的典型结构如图 21.2-9 所示。

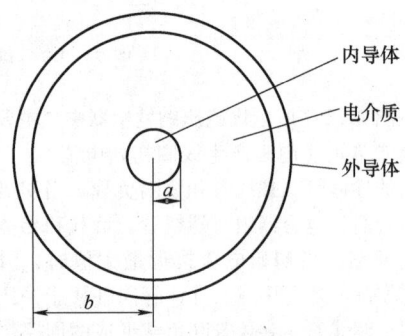

图 21.2-9　同轴传输线结构

若内、外导体的半径分别为 a、b 时，它的单位长度电感为

$$L_{1e} = \frac{\mu}{2\pi}\ln\left(\frac{b}{a}\right)$$

单位长度电容为

$$C_{1e} = 2\pi\varepsilon / \ln\left(\frac{b}{a}\right)$$

特征阻抗为

$$Z_e = \frac{1}{2\pi}\sqrt{\frac{\mu}{\varepsilon}}\ln\left(\frac{b}{a}\right)$$

同轴传输线除端部以外不存在边界，因此它对周围的总寄生耦合要比带状线小。对于给定电压 U

和半径 b，当 $b/a = e$ 时，它可具备最小的电场强度，这个结论可从电场以半径 r 的函数方程得出

$$E = U/[r\ln(b/a)]$$

它具有最小电场强度的特征，能同时使同轴传输线具有最小的尺寸和重量。

15　平行板传输线　平行板传输线是由两块或多块平行板构成的，它是高功率脉冲电源常用的传输线形式之一。若板宽为 W，两板导体间距为 d 时，单位长度电感为

$$L_{1s} = \mu d/W$$

单位长度电容为

$$C_{1s} = \varepsilon W/d$$

特征阻抗为

$$Z_s = \sqrt{\frac{\mu}{\varepsilon}} \frac{d}{W}$$

平行板传输线存在边界，因此其对周围将存在寄生耦合；但对这些外来的耦合，可采用某些方法消除到最低限度。

16　整体径向传输线　整体径向传输线又称为辐射状传输线，一般是两个具有中心开孔的平行圆板，其典型结构如图 21.2-10 所示。所采用的三个圆板是为了减少寄生耦合。因为圆板是旋转体，在方位角度上不存在边缘，且整体结构对称，因此端部寄生耦合不严重。径向传输线多半用于径向地向中心传输功率的场合，各电源均匀地排布在周围，负载居中。在分析径向传输线时，可以将其径向地分为若干条准带状线考虑，且每条的径向宽度趋于零。假设对于第 k 条，该条线是带宽为 $2\pi r_k$、高度为 h_k 的平行带状线。

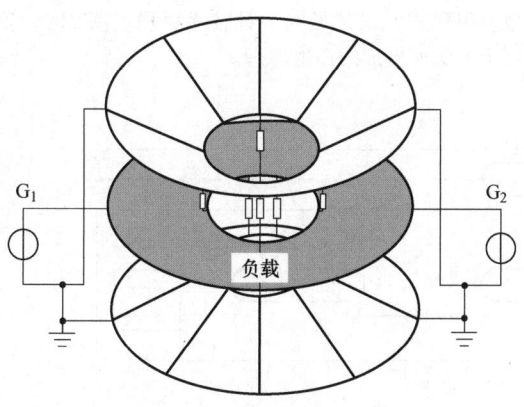

图 21.2-10　带状线典型结构

为了使带状线特征阻抗与半径无关，需要使 $h_k/(2\pi r_k)$ 是常数，则

$$Z_D = \frac{377}{\sqrt{\varepsilon}} \cdot \frac{h_k}{2\pi r_k}$$

板间电场强度 E_D 可近似表示为

$$E_D = \frac{377U}{2\pi\sqrt{\varepsilon} r_k Z_D}$$

式中，U 为极板间的充电电压，由于 E_D 与线半径有关，趋向圆心的电介质有可能超过许用电场强度；虽然增大 r_k 能减小电场强度，但将减小特征阻抗。

径向传输线的传输功率 P_D 通常小于最大功率值

$$P_D < P_{max} = E_{max} h_k I = E_{max} h_k \frac{U}{Z_D}$$

式中，I 为电流，E_{max} 为电介质允许的最大电场强度，P_{max} 为

$$P_{max} = \frac{2\pi\sqrt{\varepsilon}}{377} E_{max}{}^2 r_k h_k$$

这样，对于任何具有 E_{max} 的电介质，都存在一个临界半径。当小于临界半径时，就不能达到预定功率水平，临界半径由导体间距决定。

2.4　脉冲压缩

17　脉冲陡化　在脉冲功率技术中常常需要使用到快前沿的陡脉冲波形，如多路 Marx 发生器的同步触发、开关电路同步、触发电路的快速响应等。这种快前沿的脉冲具有功率高、电压或电流变化速率快等特点，对电路拓扑结构和关键器件提出了很高的要求。理论上来讲，脉冲电压越高，前沿陡化就越难以实现。实际应用中，具有纳秒量级前沿时间的高压脉冲通常难以直接形成，需要采用脉冲整形，利用脉冲陡化技术实现电压或电流脉冲的脉冲前沿压缩，最终获得满足负载需求的参数。

18　峰化电容　利用峰化电容和峰化开关对初级脉冲源输出波形进行陡化的电路示意图如图 21.2-11 所示。其中，初级脉冲源可等效为电容 C_g、电感 L_g 和开关 S_1 的串联电路，陡化回路等效成陡化电容 C_p、陡化开关 S 和电感 L_p 的串联电路，负载为 R。此时电路被分成两个回路，在第一个回路中的脉冲源串联放电时，首先对 C_p 充电，然后开始在第二个回路放电，即 C_p 通过陡化开关 S 向负载放电，从而在负载上获得前沿很快的脉冲。

如果 C_p 的充电时间足够长，在开关 S 放电以前发生器内部的过渡过程已经结束，则在开关 S 放电过程中，负载上的电压波形最初主要由回路 C_p—

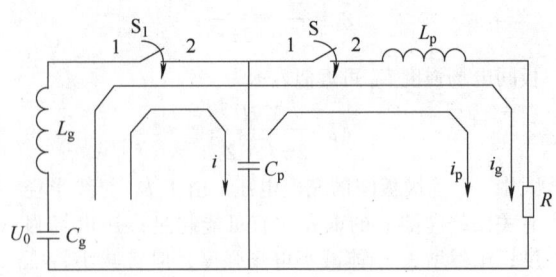

图 21.2-11　峰化电路原理示意图

S—L_p—R 的参数决定，而后再由回路 C_g—L_g—S_1—S—L_p—R 的参数决定。从上面的分析可见，当负载电阻 R 大小一定时，陡化回路的电感 L_p 越小，则时间常数就越小，当陡化回路的电感 L_p 减小到一定值时，就能使输出脉冲的上升时间减小，从而达到陡化的目的。需要说明的是，在上面的分析中，陡化回路中的开关 S 被看成理想开关，而实际上，开关 S 的导通过程是需要一定时间的，因此陡化回路的陡化效果不仅与回路电感的大小有关，而且还受陡化开关导通过程所需时间的影响。

峰化电容是电路中的 C_p，其通常采用具有较低电感的高压陶瓷电容器。在实际脉冲功率装置中，也可在保证绝缘的基础上，采用同轴传输线电极间的杂散电容作为峰化电容。根据电容器构成原理和引起杂散电感的因素，有 3 种方案可以选择：同轴结构、E 型串联结构和平板串联结构。同轴结构就是前面提到的同轴传输线，它利用同轴结构的分布电容和分布电感构成 LC 网络形成脉冲；E 型串联结构适用于电容量较大而体积不能很大的情况；对于几十皮法的小容量电容器，采用平板串联结构更适合得到最小的杂散电感。

一般来说，在初级脉冲源的建立电容与陡化电容之比大于 5 的条件下，陡化电路能起到较好的陡化作用。为此，陡化电容器容量通常为几十皮法至几百皮法量级。陡化电容器的设计原则主要包括：需要尽量减小波阻抗，减弱输出脉冲向外辐射；通常采用集总式电容器，尽可能减小电容器体积（置于高压气体或油中），尽可能靠近输出开关，降低陡化电路回路电感；重量应尽可能小，降低系统整体重量，便于安装和移动。

19　峰化开关　由峰化电路分析可以看到，要想其起到理想的波形陡化作用，以在负载上获得较好的输出波形，就要求输出开关能在陡化电容器的充电电流达到峰值的时刻击穿，这一时刻为

$$t \approx \frac{\pi}{2\omega}$$

式中，ω 是 L_m 和 C_p 组成的串联回路的角频率。这就要求输出开关具有稳定的工作状态和精确可靠的击穿时刻，同时还应尽可能减小开关尺寸，从而减小开关部分引入的串联电感，一般选用高气压火花间隙。另外，由于输出开关通常位于初级脉冲源输出的后端高压部分，外触发电压引入极为困难，一般采用自击穿开关。因此，如何提升自击穿开关的工作范围、减小开关抖动和击穿分散性就成为输出开关设计的关键技术。

20　基于脉冲形成线的脉冲压缩　为了能在得到亚纳秒脉冲输出的同时，提高输出脉冲功率，减少能量损失，可以利用一段低阻抗的短形成线对高功率脉冲源输出的 ns 级主脉冲进行压缩，再经亚纳秒开关产生超宽谱脉冲，其输出脉冲峰值功率可以提高一倍甚至更高。目前所见脉冲压缩技术在高功率超宽谱技术中的应用，其前级脉冲形成线多为同轴单线，而同轴 Blumlein 线作为前级脉冲形成线也是很重要、很常见的一种技术手段。图 21.2-12 所示为脉冲形成线压缩原理。

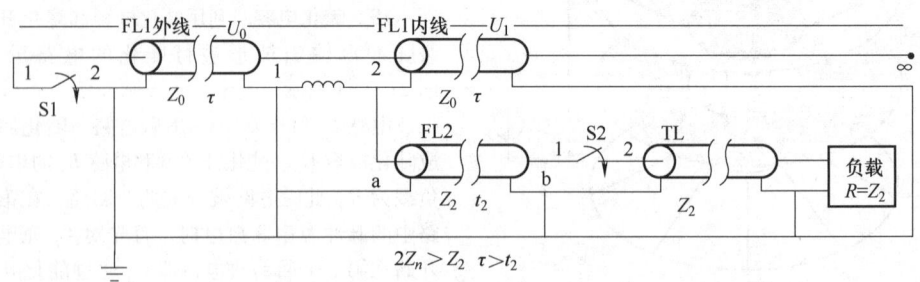

图 21.2-12　Blumlein 线对形成线充电的脉冲压缩原理

用 Blumlein 线作为前级脉冲形成线（FL1）对低阻抗形成线（FL2）充电（见图 21.2-12），与单线时的情况有所不同。Blumlein 线在内外线电长度相同（均为 τ）、阻抗相同（均为 Z_0）的情况下，

可在匹配负载（$R = 2Z_0$）上得到 2τ 脉宽、幅度等于充电电压 U_0 的脉冲。主开关 S1 导通后，FL1（内外线阻抗均为 Z_0、内外线电长度均为 τ）上产生的脉冲经 τ 时间的延迟到达 FL2（阻抗 Z_2、电长度 t_2）的 a 点，此时 FL1 对 FL2 产生一个透射电压 U_2，此即为 FL2 的第一个入射电压波，此入射电压波由 a 点向 b 点传播，在 FL2 上经过 $2\tau/t_2$ 次来回反射，逐级叠加形成高电压，此时亚纳秒开关 S2 导通放电，经传输线 TL（阻抗 Z_2）在匹配负载上得到一个输出功率更高的短脉冲。

21　基于磁开关的脉冲压缩　图 21.2-13 所示是磁开关进行脉冲压缩的基本原理图。其中，L_0 是充电电感，L_m 是各级非线性饱和电抗器电感；C_m 是彼此相等的各级电容。多级磁开关的工作过程是，C_1 通过 L_0 充电时，L_1 处于非饱和状态，呈现高阻抗；当 C_1 充到所需电压 U_{c1} 时，恰好 L_1 过渡到饱和状态而呈现低阻抗状态。此时 C_1 通过饱和的电抗器 L_1 对 C_2 充电，将 C_1 的能量传递给 C_2。在 C_2 建立起来的电压 U_{c2} 达到所需值之前，L_2 一直处于非饱和状态。然后重复前一个回路的充放电过程，逐级将能量传递下去，交给负载 R_{out} 达到脉冲压缩的目的。

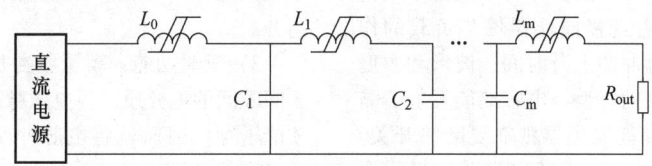

图 21.2-13　磁开关压缩电路结构

第3章 脉冲功率系统中的开关

3.1 开关基本概念

22 开关的功能 开关是脉冲功率装置中最重要的部件之一，它起着连接储能器件与负载的作用。脉冲发生器输出脉冲的上升时间、波形和幅度都取决于脉冲形成开关的特性。电容储能发生器需要闭合开关，而电感储能发生器则需要断路开关。本章主要讨论闭合开关，如无特别说明均指闭合开关。

闭合开关电极间施加的脉冲电压通常高达数十千伏到数兆伏，导通电流从几十千安至几兆安，功率可达 10^9W 以上。开关的主要功能包括：

1）短路转换功能：事先断路开关两主电极的间隙及期间的电介质使整个电路或部分电路断路；当两电极间的高电压达到击穿场强阈值而自击穿或用触发电极电压改变场强而触发击穿时，开关就会击穿放电而闭合，使电路短路导通。

2）隔离功能：当开关主电极间电介质没有击穿时，负载则不能获得能量，此时开关起隔离作用。又如在电感储能技术中开始向电感充电时，断路开关处于闭合状态，而此时电路中闭合开关要处于起始的断开状态，以便向电感充电时把负载隔离开。

3）延时功能：高压脉冲加到主间隙上后，由于间隙间的电介质需要电压脉冲上升到击穿场强后才能击穿，因而就将电脉冲到达负载的时间延迟了一定的时间。

4）陡化脉冲前沿和脉冲整形：由于开关存在时延功能，将会把输入高压脉冲前沿的时间缩短或变窄，从而起到脉冲整形的功能。

23 开关的分类与性能指标 闭合开关按照物理、结构、电介质和触发方式可被分为许多种类，诸如电触发和激光触发开关；真空、气体、液体和固体开关；双电极和多电极开关；单次运行和重频开关等。

不同类型开关气压参数与耐压的关系如图21.3-1所示。不同类型开关参数的对比见表21.3-1。

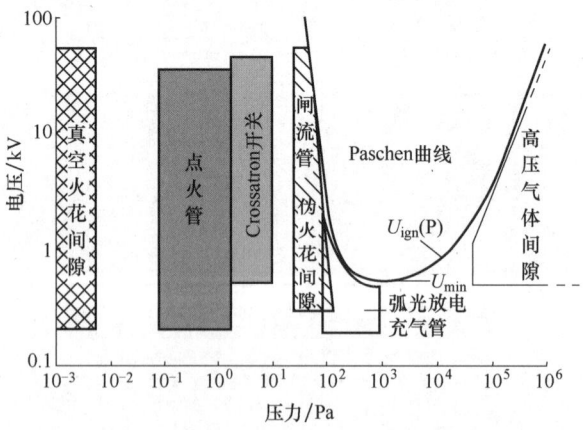

图 21.3-1　不同类型开关气压参数与耐压的关系

表 21. 3-1　开关参数的对比

开关类型	导通状态				断开方法		断开时间	峰值电流	峰值电压	电荷量
	时间	压降	可控	方法	强迫电流过零	自然过零				
晶体管	1μs	取决于偏压	是	基极电流	√		1μs	2kA	0.8kV	20C
晶闸管	1μs	10V	否	/		√	5～10μs	20kA	4kV	160C
火花间隙	0.1μs	30～100V	否	/		√	500μs	100kA	100kV	100C
闸流管	10μs	100V	否	/		√	1μs	40kA	100kV	/
引燃管	0.5μs	30V	否	/		√	10^4μs	600kA	25kV	1 500C
触发真空开关	0.2～1μs	20～1 000V	否	/	√		10μs	100kA	100kV	1 000C

3.2　气体介质开关

24　自击穿开关　自击穿开关在高功率脉冲电源和脉冲形成网络中有着广泛而重要的应用，它可以实现隔离、闭合导通、陡化脉冲前沿和脉冲整形的功能，其典型结构如图 21.3-2 所示。

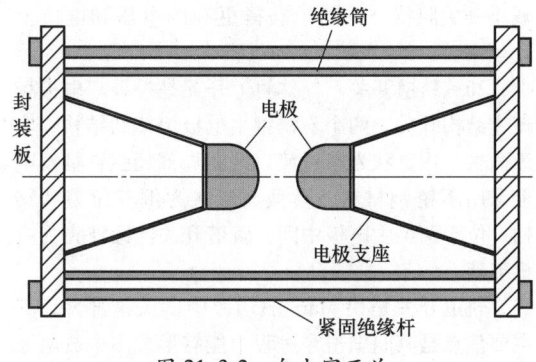

图 21.3-2　自击穿开关

自击穿开关两电极间的电介质是多种多样的，可以是真空、大气和各种绝缘气体，也可以是变压器油等绝缘油，还可以是纯水或固体电解质。开关的性能将影响电脉冲传输效率、脉冲上升时间和工作稳定性。自击穿开关通常用于对时间同步要求不高的场合，其具备结构简单和使用方便的优势。

25　三电极开关　三电极开关通常具有两个主电极和一个触发电极，典型结构如图 21.3-3 所示。

如图 21.3-3 所示，电极 2 通常与直流高压电源 U 相连，电极 1 经负载接地，间隙 2-3 的距离应保证其在电压 U 的作用下不击穿。而间隙 1-2 的距离应确保其在触发电极 2 的脉冲电压作用下不击穿；当极性与 U 相反的触发脉冲加到电极 2 上时，间隙

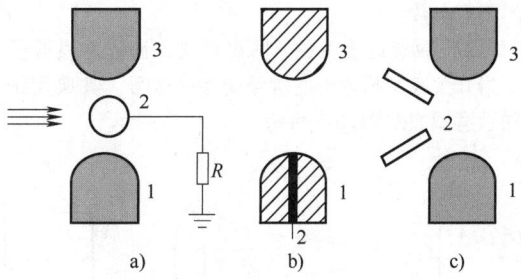

图 21.3-3　三电极开关结构示意图
1、3—主电极　2—触发电极

3-2 被击穿，触发电极 2 的电位被钳位为 U。如果高压-触发间隙长度与地-触发间隙长度之比约为 2，则在两倍的工作电压范围内，均可使主间隙放电。此外，为了减小触发延迟时间和抖动，应增大触发脉冲幅度和斜率。

26　场畸变开关　场畸变开关的结构示意图如图 21.3-4a 所示，图中 1、3 为主电极，2 为触发电极。触发电极 2 在间隙中的电位用电阻 R_1、R_2 来控制，使电极 2 的电位按照电极 1、2 间的距离和电极 3、2 间的距离分配。当触发脉冲施加在触发间隙前，放电间隙中的电场分布如图 21.3-4b 所示，由于电极 2 的尺寸小，又处于电极 1、3 中电场某一等电位线位置，所以可以认为电极 1、3 间电位分布没有因为电极 2 而改变。当触发脉冲加到 A 点时，经耦合电容 C 加到电极 2 上，电极 2 不再维持原来的电位，因而电极 1、2、3 之间的电位分布发生变化，此时电位分布如图 21.3-4c 所示。电极 1、2 间电场加强了，但电极 3、2 之间电场减弱了，所以电极 1、2 间将发生放电。电极 1、2 放电称为第一击穿，在第一击穿后，电极 1、2 由放电通道连接在一起，使得电极 1、2 电位相同，此时，电极 3、

2 之间的电场将加强，电位分布变为图 21.3-4d 所示，至此三电极电场畸变间隙彻底导通。

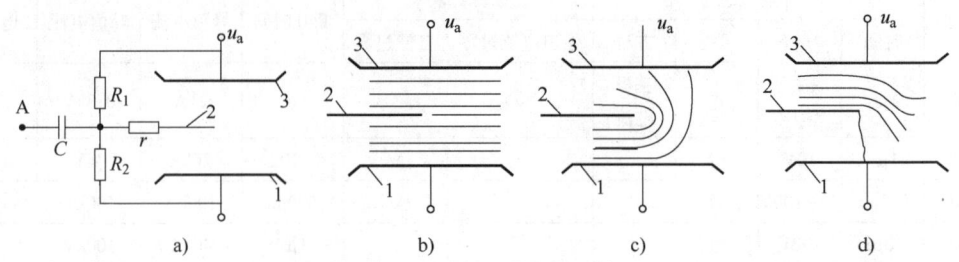

图 21.3-4　场畸变开关导通过程示意图

a）原理接线图　b）初始电位分布　c）触发级击穿后电位分布　d）第一级击穿后电位分布

与三电极开关相比，场畸变开关由于导通过程中会出现电场剧烈畸变，击穿特性提升，具备更好的工作参数。

27　激光触发开关　顾名思义，激光触发开关是指开关触发脉冲由电信号变为光信号。其典型结构示意图如图 21.3-5 所示。

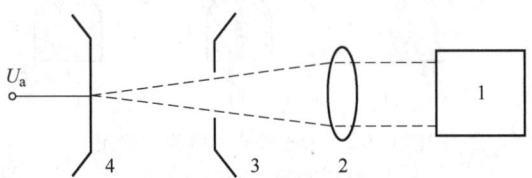

图 21.3-5　激光触发开关结构示意图

1—激光器　2—激光聚焦系统　3、4—主电极

激光触发开关通常由主电极和激光系统构成，激光系统主要包括激光器和聚焦装置两部分。激光束经聚焦系统聚焦后，使其照射到主电极上。研究表明，当激光脉冲的功率密度在 $150MW/cm^2$ 以下时，应该使激光焦点落在主电极表面稍后方，可使得更大的电极表面因受到激光束的照射发射电子。当激光脉冲功率密度大于 $150MW/cm^2$ 时，焦点位置对放电间隙击穿特性无明显影响。

28　多级多通道开关和低阈值触发开关　多级多通道开关是在主间隙中设置一系列电位浮动的中间电极而构成的一系列串联的小间隙，这些间隙分为触发间隙和主间隙。因各个小间隙的电场比单间隙的电场分布均匀，故能提高开关的工作电压，减小开关工作的分散性。由于采用气体绝缘和多间隙串联，减小了开关电容，各个小间隙中形成多个放电通道，减小了开关电感。在多级多通道开关的工作过程中，当触发间隙在外触发脉冲作用下导通后，由于电容分压作用，邻近间隙因过电压而击穿，使各个自击穿间隙依次击穿，直至主开关击穿。多级多通道气体开关因采用气体介质，故能够大幅度减小主开关的电容和预脉冲电压，又因各个间隙中能够形成多放电通道，故能够降低主开关电感。

29　多级球隙开关　多级球隙开关的目的在于通过球隙串联提升整体开关耐压，通过球隙并联提升整体开关通流能力。采用多级球隙开关结构可以降低构建单间隙高电压等级开关的复杂度，同时多并联间隙也可以大大降低放电通道电感，减小开关阻抗，有利于获得更高的电压和电流上升速率。

30　轨道开关　气体轨道开关是一种三电极场畸变结构开关。两个不锈钢主电极为棒状结构，电极两端采用锥状光滑过渡以减弱局部场强；触发电极采用不锈钢材料，横截面形状为倒三角刀状结构，位于两个主电极中间，轨道开关绝缘外壳为有机玻璃。

轨道开关是快 Marx 驱动源中的关键部件，其主要优点是其间隙击穿过程中能够形成多个放电通道，从而具有较小的火花电感和电阻，减弱大电流对主电极的烧蚀。轨道开关早在 1972 年就应用在一种移动式电磁脉冲（EMP）模拟装置中，开关采用 SF_6 气体，导通电流约为 50kA。之后，美国空军实验室在双脉冲 PIMS-II 中将电容器和轨道开关的宽度增加到 1m。当开关工作电压为 50kV 时导通电流峰值为 300kA。Maxwell 公司研制的系列轨道开关广泛地应用在 LINL、FASTCAP-I 和 Atlas 等大型模拟器中，并采用了轨道开关和电容器一体化设计。2003 年，Titan 公司研制的 4 级 FMG 样机中，轨道开关与电容器也是一体化设计，使得结构更加紧凑，体积更小。当轨道开关工作电压为 ±60kV 时，导通电流峰值为 300kA。在国内，中国工程物理研究院曾经研制出通流能力为 50kA 的轨道开关。

国防科学技术大学也曾研制出用于平板 Blumlein 线的轨道开关，工作电压达 500kV。

31　氢闸流管　氢闸流管（Hydrogen Thyratron）是一种热阴极低气压气体（氢气或氘气）放电器件，具有工作电压高、脉冲电流大、点火迅速稳定、触发电压低、重复频率高、高可靠、效率高、重量轻、体积小、使用方便等优点，广泛用于科研、军事、医疗领域及民用高科技产品中，其中包括激光器、雷达、脉冲调制器、医用直线加速器、撬棒保护及其他电子仪器和设备。

氢闸流管主要由阴极、栅极、阳极、氢发生器（储氢器）和陶瓷外壳五部分组成。基本结构如图 21.3-6 所示。为了改善点火特性，减小点火延迟时间，有时还加一个预点火极，提供给栅极一个预电离源，称为四极管。当工作电压超过一定值后，则需叠加栅极，做成双间隙或多间隙氢闸流管，提高氢闸流管的工作电压。翼片式阳极结构是为了增加发射面积，阴极热屏是为了减小加热功率，使温度分布均匀，同时防止阴极材料溅散到栅极上。阳极和栅极的设计应利于耐压和散热。氢发生器是氢闸流管特有的部件。它是一个金属管壳，里面有加热丝并充满了钛氢化合物粉末，管壁有孔隙。当热丝通电加热时，钛氢化合物粉末就分解而放出氢气，氢气由孔隙扩散到氢闸流管内的空间，并保证 pd 值位于 Paschen 曲线的左支。当温度冷却后，氢气通过孔隙又被吸进去并形成钛氢化合物，使管中维持高真空状态。

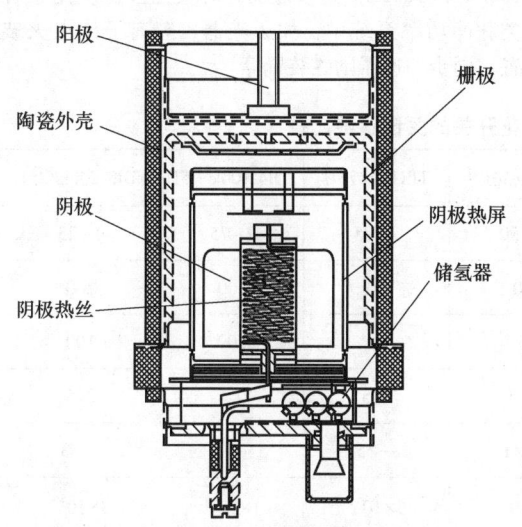

图 21.3-6　氢闸流管结构示意图

氢闸流管的工作过程是气体由放电前的隔离高电压状态转变为放电后的高导电状态过程，把脉冲时间间隔内存储的能量在脉冲瞬间转换成强功率脉冲输出。整个过程分三个阶段进行。在栅极未加触发脉冲时，阳极与阴极之间的间隙隔离高电压，处于绝缘状态。阴极热丝和氢发生器热丝通电预热后，阴极达到热发射的工作温度，阴极发射的电子积蓄在阴极-栅极之间。

第一阶段，栅极点火阶段。当栅极加触发脉冲时，随着栅压升高，栅流逐渐增大。当栅压升高到气体的电离电位时，栅阴空间开始产生电离，栅流继续增大。当栅流增大到栅极点火电流时，栅极开始点火，栅流明显突增，栅压迅速下降，栅阴空间开始放电，并形成等离子体。

第二阶段，放电由栅极向阳极发展阶段。随着栅流的继续增大，栅阴空间的等离子体浓度迅速增大并开始扩散。扩散到栅孔附近的电子在阳极电场的作用下穿过栅孔向阳极运动，引起栅阳空间的气体电离，放电就由栅极发展到阳极。

第三阶段，整管击穿阶段（阳极到阴极的放电阶段）。栅阳空间放电后，阳极电流急剧增大，阳极电压迅速下降，管子进入击穿放电阶段。这时管压降可以低到几十到几百伏，主要由阳极电流、阴极性能、气体压力和管子结构等因素决定。只要维持阳极电压高于管压降，管内就继续维持放电。因为等离子体中大量的正离子屏蔽了栅极的负电场，栅压的大小对阴极电流就没有影响了，所以栅极就失去控制作用，栅极也就不具备关断电流的能力。当阳极电压低到不足以维持放电时，放电就停止了，管内出现消电离过程。这时阳极电流减小到零，阳极电压又上升到起始值，阴阳极间又恢复到高电压绝缘状态。经过消电离后，栅极才能恢复控制作用，然后重复上述过程。

32　伪火花开关　伪火花放电是一种特殊的低气压放电，既具有辉光放电的弥散特征，又具备火花放电大电流、短时延和低抖动的特点，同时能够运行于高重复频率下。伪火花放电现象自 20 世纪 70 年代末被发现以来，受到了国内外众多学者的广泛关注，在脉冲放电开关、电子束源等方面获得了广泛应用。伪火花放电装置总是具有如下特征：阴极为中空带孔结构，孔直径、孔深度、主间隙距离均在 2~10mm 之间；孔的个数可以是一个或多个，形状可以是圆形，也可以是环形槽或其他类型；同样地，装置可以是仅由阴、阳极构成的单间隙结构，也可以插入中间悬浮电极构成多间隙结构；常用的气体介质有氢气、氦气、氮气、氩气和空气等，工作气压一般在 1~100Pa 之间，击穿特性位于

Paschen 曲线左半支。与高气压火花放电中少量电子引发雪崩电离并形成流注等贯穿性放电通道不同，在伪火花放电的结构和气压条件下，电子的平均自由程大于或接近主间隙距离，间隙中少量电子难以引发足够数量的雪崩电离并促使流注形成。图 21.3-7 所示为典型的单间隙伪火花放电装置，触发单元布置在阴极腔内部，在触发脉冲作用下产生初始电子，这些电子在自身动能和透入电势的牵引

下穿过阴极孔并进入主间隙，在运动过程中与气体分子发生碰撞电离，进而引燃整个间隙。与霍尔推进器、离子溅射源等装置中稳态或亚稳态的空心阴极放电不同，伪火花放电关注的是大电流脉冲放电过程，空心阴极放电作为重要的等离子体倍增阶段，为后续超密集辉光放电等阶段中阴极表面形成数量众多的微阴极斑点提供了必要条件。

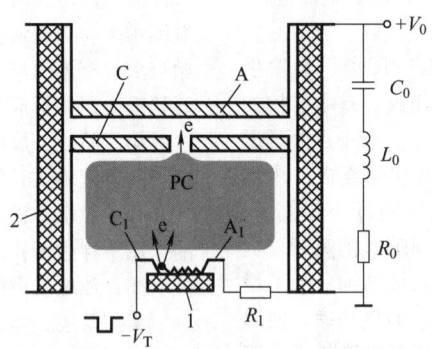

图 21.3-7　伪火花开关的典型结构

1—触发单元　2—绝缘支撑　C—阴极　A—阳极　C_0、L_0、R_0—放电回路参数　C_1—触发阴极

A_1—触发阳极　R_1—限流电阻　PC—等离子体区　V_0—充电电压　V_T—触发脉冲

当前，德国和俄罗斯的研究所及公司已成功开发出伪火花开关系列产品。根据应用场合不同，可分为高重频和大电流两类，前者常采用辉光放电触发，后者则常采用沿面放电触发。表 21.3-2 是几款典型伪火花开关的关键参数对比。值得注意的是，表中所列参数为单项可达到的最大值，各项参数之间存在相互制约关系，不能同时达到最优。表中，

FS 系列为德国 ALSTOM 公司与埃尔朗根大学 Frank 团队共同开发，TPI 和 TDI 系列则为俄罗斯 Pulsed Technologies 公司与俄罗斯大电流电子研究所 Korolev 团队共同开发，最大电压和电流分别可达 150kV 和 300kA。这些成品化开关已广泛应用于各类脉冲功率系统中，如激光器、等离子体点火装置、同步加速器励磁装置等。

表 21.3-2　典型成品化伪火花开关的关键参数比较

	FS2000	FS3000	TPI10k/50H[①]	TPI10k/75H	TDI4-100k/75H	TDI3-200k/25H
阳极电压/kV	3~32	3~32	2~50	2~75	2~75	3~25
最大阳极电流/kA	30	150	10	10	100	200
最大脉宽/μs	0.5	15	5	10	100	100
平均阳极电流/A	0.4	0.4	0.3	0.5	0.5	0.5
时延/抖动/ns	500/5	300/5	—/1	—/5	—/3	—/3
最大电流上升速率/(A/s)	8×10^{11}	5×10^{11}	1×10^{12}	5×10^{11}	1×10^{12}	3×10^{12}
反向电流（%）	100	100	95	95	95	95
最大重复频率/Hz	2 000	1	20 000	10 000	300	300

（续）

	FS2000	FS3000	TPI10k/50H①	TPI10k/75H	TDI4-100k/75H	TDI3-200k/25H
单脉冲转移电荷量/C，能量/J	2×10^{-3}，—	2，—	—，—	—，—	—/2×10^4	—/4×10^4
寿命/C	>2×10^5	>6×10^5	>5×10^5	>5×10^5	>1×10^6	>1×10^6

① 带 H 的型号表示电流反向能力可达 95%，不带 H 的型号表示电流反向能力为 10%。

3.3　液体和固体介质开关

33　水间隙自击穿开关　二电极自击穿开关的电解质是多样的，可以是真空、大气或各种压力的绝缘气体，也可以是变压器油或纯水等液体电介质。水间隙自击穿开关，顾名思义，是指间隙采用纯水作为介质的开关。由于纯水绝缘强度很高，使得水间隙自击穿开关可以在较低间隙下仍能保持高的击穿电压，同时较小的开关阻抗有利于提升电流上升速率，这使得其非常适合于构建采用水介质储能的紧凑化脉冲功率系统。

34　雪崩二极管　雪崩二极管（avalanche diode）是设计在特定反向电压下，会雪崩击穿的二极管，其材料会用硅或是其他半导体材料。雪崩二极管的接合面会经特别设计，避免电流集中及产生高温热点，因此在崩溃时不会破坏二极管。雪崩击穿是因

为少数载流子加速到足以使晶格电离的程度，因此产生更多的载流子，也造成更进一步的电离。因为雪崩击穿是在接合面上均匀发生的，相较于非雪崩的二极管，雪崩二极管的击穿电压不会随电流而变化，大致呈一定值。

35　光电二极管　光电二极管是一种新型半导体固态开关器件，它具有开关电感小、动作时间短及分散性小的特点。光电导材料是半导体材料，当光电导材料上没有施加电压也不受光的照射时，材料中的电子和空穴排列紊乱，材料中没有电流流过。如果在光电导材料上施加电压，同时用光或电子束进行照射，则材料中的电子和空穴将按照施加电场朝一个方向排列，使电流通过，激光电导材料变成了导体。

常用的光电导材料有锗、硅、砷化镓和磷化铟等，这些材料的有关电物理参数见表 21.3-3。

表 21.3-3　不同光电导材料特性

参数	单位	光电导材料			
		Ge	Si	GaAs	InP
阻挡层能量	eV	0.67	1.11	1.4	1.3
最大波长	μm	1.85	1.09	0.89	0.95
电子迁移率	cm^2/(V·s)	3 900	1 350	4 000	4 600
空穴迁移率	cm^2/(V·s)	1 900	480	250	150
最长寿命	ns	—	10^5	50	5
光吸收深度	μm	10^3	1.3×10^5	20	4
导热系数	W/(cm·K)	0.6	1.5	0.8	0.68
比热	J/(g·K)	0.31	0.7	0.35	0.4
电阻率	Ω·m	10^2	2.3×10^2	—	10^4
击穿场强	kV/cm	80	300	350	250
载流子密度	g/cm^3	5.32	2.33	5.32	4.78

36　磁开关　磁开关实质上是由非线性饱和电抗器和复位线路等组成的阻抗变换装置。使用具有近似矩形磁滞回线的铁磁材料所构成的非线性饱和电抗器,当它由某一饱和状态过渡到另一饱和状态时,磁导率将发生极大变化;如果它在电路中作为一个变电感元件,回路阻抗将发生极大变化。因此改变它的磁导率,在电路的负载上将获得功率放大,脉冲功率中把这种能起着能量转移、功率放大作用的非线性饱和电抗器装置叫作磁开关。

37　电力电子开关　电力电子开关主要基于半导体构成,因此又可被称为半导体开关。与一般的气体间隙开关、闸流管等放电开关相比,电力电子开关具有反向电压延迟的恢复速度快、重复频率高、可靠性高、使用寿命长以及维护费用低等一系列优点。常用的电力电子开关主要包括晶闸管(SCR)、门极关断(GTO)晶闸管、门极换流晶闸管(GCT)、金属-氧化物-半导体场效应晶体管(MOSFET)、绝缘栅双极型晶体管(IGBT)等。其主要参数差异见表 21.3-4。

表 21.3-4　电力电子器件参数

器件类型	额定电压 /kV	额定电流 /kA	脉冲电流	额定频率 /kHz	额定功率 /kW	上升沿 /(kA/μs)	脉宽
MOSFET	4.7	0.1	数百 A	10^3	100	20	200ns
IGBT	6.5	2	数 kA	20	100	10	600ns
GTO 晶闸管	4.5	3	数十 kA	0.5	10^4	1	1ms
IGCT	6	6	数十 kA	1	10^5	2	1ms
MCT	3	2	数十 kA	20~100	10	1	500ns
SCR	6	8	数百 kA	0.3	10^5	0.5	10ms

第4章 脉冲功率系统的电磁测量

4.1 电磁测量的一般要求

38　脉冲功率系统中的电学量　从电路的角度，电流 $I(t)$、电压 $U(t)$ 是我们所关注的主要电学量；而根据欧姆定律和麦克斯韦方程，系统中的电流、电压与电场强度 $\vec{E}(\vec{r},t)$、磁感应强度 $\vec{B}(\vec{r},t)$ 以及导体和绝缘介质的特性密切相关，其中电场强度与磁感应强度均为时间与空间的函数。脉冲功率系统中的电学量常常具有极高的时间变化率，其电路描述常采用分布参数，因此明确电流、电压测量结果与电场、磁场的关系，即明确测量结果的物理意义尤为重要。

脉冲功率系统中涉及的电流包括传导电流、位移电流和带电粒子流电流：传导电流密度 $\vec{J}_c$ 与电场强度通过欧姆定律相互关联 $\vec{J}_c = \sigma \vec{E}$，其中 σ 为导体电导率；位移电流密度 $\vec{J}_d$ 与电场强度的关系为 $\vec{J}_d = \varepsilon_0 \partial(\varepsilon_r \vec{E})/\partial t$，其中 $\varepsilon_0 = 8.854 \times 10^{-12}$ F/m 和 ε_r 分别为真空介电常数和介质相对介电常数；带电粒子流电流密度可表示为 $\vec{J}_p = \sum_i n_i \vec{v}_i q_i$，其中 n_i、v_i、q_i 分别为第 i 种带电粒子的数密度、速度及带电量。

脉冲功率系统中分布的时变磁场会在测量回路中产生感应电动势，因此电压测量结果通常包括阻性电压和感性电压两部分，其中阻性电压即静电场中两点之间的电位差，与测量回路几何结构无关（静电场电位差与积分路径无关），而感性电压对应被测回路与测量回路之间的互感电压，与两回路的几何结构有关。图 21.4-1 所示为一种典型的脉冲放电负载结构，电流由中心的高压电极注入负载，并经由同轴回流结构接地。图中展示了两种测量负载电压的方式：A 方式从负载一侧引出信号，结果包含阻性电压 ri 与感性电压 Mdi/dt 两部分，由于测量回路与主回路的互感 M 近似等于负载段自感 L，测量结果中的感性电压部分近似等于负载上

的感性电压 Ldi/dt；B 方式从同轴结构轴线引出信号，测量回路与主回路互感近似为零，因此测量结果仅包含阻性电压 ri。

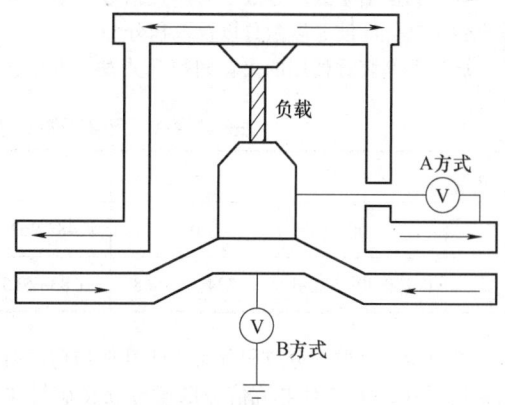

图 21.4-1　两种测量脉冲放电负载电压的方式

39　脉冲电测量系统的特点　用于脉冲功率系统的电测量装置一般应具有较宽的频率响应特性，在其设计与标定过程中应充分考虑系统杂散参数与不连续性影响。这是由于被测电学量常常包含丰富的频率成分，以常见的矩形脉冲为例，其陡峭上升沿和下降沿要求测量系统具有良好的高频响应特性，或极短上升时间（测量系统上升时间不应超过被测波形上升时间的 1/3），而持续时间较长的平顶部分则要求测量系统具有良好的低频响应特性。获取脉冲放电负载相关电学量是脉冲功率系统电测量的重要目标，负载上发生的高速物理过程如相爆炸、内爆滞止等可在装置原有"较为平缓"的脉冲基础上叠加高频分量，对测量系统的频率特性提出了很高要求。此外，被测电学量常具有极高的幅值，如 MV 级电压、MA 级电流，而用于记录波形信号的高速示波器可有效记录的电压幅值通常不超过 100V，因此需要测量系统实现约 4 个量级的衰减，通过多级衰减实现上述高倍衰减时常常伴随测量系统高频响应性能的下降。

脉冲功率装置中涉及的高电压、大电流、快脉

冲以及负载上出现的高温、高压、强辐射等高能量密度物理过程会对电测量造成严重干扰，例如，开关通断过程产生的电磁波可在测量回路中产生感应电动势，由于测量系统通常具有极高的衰减倍数，这些未经衰减的干扰信号可大大降低信噪比，甚至完全淹没有效测量信号；高温等离子放电负载产生的短波长辐射作用于绝缘材料表面，可大大降低其沿面绝缘性能，并导致测量装置绝缘失效。因此在测量系统设计时应考虑干扰信号的来源、类型以及与测量系统的相互作用方式，以采取必要的抗干扰及屏蔽措施。

40　测量结果处理方法　对测量信号常采取的处理包括软件滤波、取微分以及取积分。

脉冲功率装置使用的火花间隙开关发生击穿放

电时会产生很强的电磁辐射，在测量回路中可感应高频振荡噪声；大电流放电时造成的地电位波动可能影响被测点电位及测量装置接地电位，使被测信号叠加瞬时尖脉冲。因此有时需对测量结果进行软件滤波以提高信噪比。基于傅里叶变换、拉普拉斯变换以及短时傅里叶变换的滤波方法一般不适用于脉冲信号的数字滤波处理，由于这些变换不具有时频分辨能力或时频分辨能力不强，无法有效消除高频振荡噪声和瞬时尖脉冲，而小波变换具有良好的时频分辨能力，因此可获得较好效果。建议采用二阶有限正交小波基设计消除高频振荡噪声和瞬时尖脉冲的软件滤波器。与尺度函数和小波函数相应的小波分解数列 $\{h_n\}$ 和 $\{g_n\}$ 见表 21.4-1。

表 21.4-1　尺度函数和小波函数相应的小波分解数列

n	-2	-1	0	1	2	3
h_n	0	0	0.482 962 913 1	0.836 516 303 7	0.224 143 868	$-0.129\ 409\ 522\ 6$
g_n	0.129 409 522 6	0.224 143 868	$-0.836\ 516\ 303\ 7$	0.482 962 913 1	0	0

对测量信号取微分或积分是重建其他物理量时的常用操作，例如对电流信号取微分获得感性电压，对 B-dot 探头测量结果进行积分获得电流，对 D-dot 探头测量结果进行积分获得电压等。测量信号中存在的微小波动在进行数值微分时表现为大幅度振荡，因此通常需要对数值微分后的信号进行平滑处理；根据经验，采用最简单的"相邻数点平均"通常可获得较好的平滑效果。对测量信号进行数值积分会造成误差累积，因此通常情况下由微分式探头通过积分获得的物理量时仅在有限的时间范围内可靠；测量信号中通常叠加有直流偏置，应通过有效信号之前的"零"结果去除此直流偏置，但由于放电过程中地电位波动等影响，测量信号中一般存在难以去除的误差，随着积分时间的延长，这些误差的积累会导致积分结果不可用；条件允许时可采用积分探头配合微分探头进行测量，虽然积分探头的高频响应能力一般较弱，但其测量结果可作为微分探头信号的数值积分提供参考。

4.2　接触式测量

41　分流器　分流器是一种常用的测量脉冲大电流的元件，它是一个串接在被测电路中的低值电阻器，阻值一般为 0.1～100mΩ。测量被测电流流

经它时的电压降及波形就可确定电流大小和电流波形，因此其原理与小电阻测流器相同。测量回路阻抗与分流器阻抗并联，从而大部分电流流经分流器，测量回路电流可视为"被衰减"，这也是人们将小电阻测流器称为"分流器"的原因。分流器的等效电路如图 21.4-2a 所示，分流器的接入应不影响主放电回路，因此要求分流器主体电阻 R_s 远小于放电回路电阻，同时应尽可能减小其杂散参数。根据本篇第 38 条中对电压测量的论述，测量结果中包含电阻性电压（R_s 上的电压降）和互感电压两部分，为提高测量结果的准确性需尽可能减小互感电压。此处互感指主回路与测量回路间的互感，一般近似等于杂散电感与测量回路间的互感，因此可从三方面减小互感电压：①减小分流器电流对应的磁场能量以降低其电感 L_s；②采用紧凑的信号引出方式以减小测量回路电感；③采用同轴引出等方式降低分流器电流产生的磁场在测量回路中的交链，从而减小互感系数。图 21.4-2b 给出了一种常见的利用分流器和示波器测量脉冲大电流的方式。

分流器按结构大致可分为三类：同轴式、对折式和盘式。图 21.4-3a 所示为同轴式分流器，主要由内外两个同轴圆筒构成，被测脉冲电流在两筒中方向相反，因此可使磁场集中于两筒之间，获得较

好的屏蔽效果。同轴式分流器的信号引出通常采用沿轴线引出的方式，理想情况下内筒内部无磁场，因此可有效降低主电流回路与测量回路的互感。图 21.4-3b 为对折式分流器，同样构造了邻近的反方向电流以减小杂散电感影响。图 21.4-3c 为盘式分流器，一般为薄膜金属圆盘，内外边缘可作为电流的输入端和输出端（如内外边缘分别连接同轴电缆的内外导体），同时也作为测量端。盘式分流器也可由大量小阻值电阻并联组成，电阻的一端在圆心连接，另一端连接成圆盘的外环。

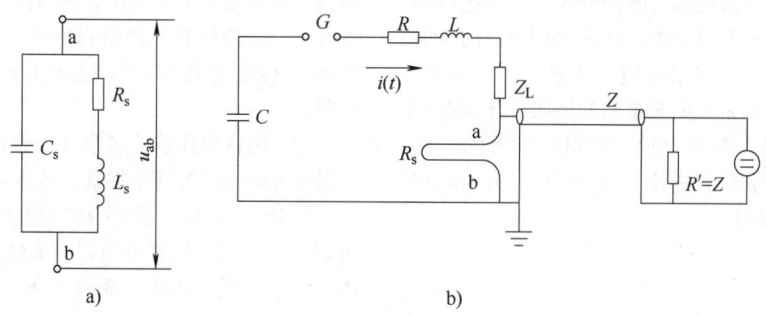

图 21.4-2　分流器测量系统
a）分流器等效电路　b）分流器串接在被测电路中

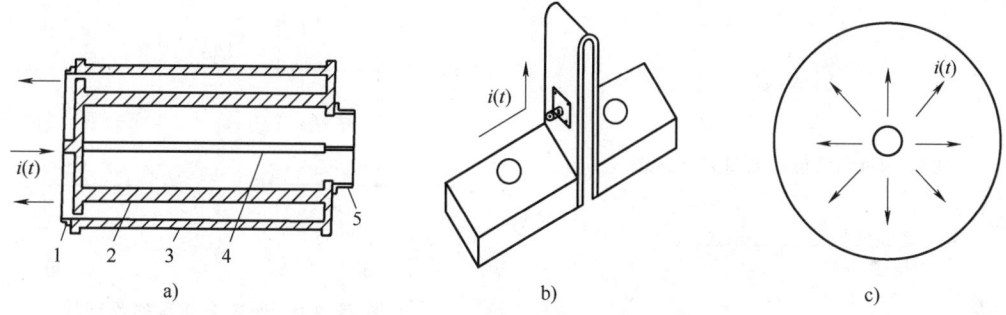

图 21.4-3　常用分流器的几种结构形式
a）同轴式　b）对折式　c）盘式
1—电流端子　2—内筒（分流器小电阻元件）　3—屏蔽外筒　4—芯线　5—同轴测量接头

分流器对于幅值较低（几十千安以下）、前沿较缓（数十纳秒以上）的电流具有很好的测量效果，且可靠性良好。分流器设计时除要减小电感的影响，还应注意以下问题：

1）减小趋肤效应的影响。如同轴式分流器的方波响应时间为 $T=\mu d^2/6\rho$，其中 μ、ρ 分别为材料的磁导率和电阻率，d 为电阻圆筒的厚度。测量快速变化的脉冲大电流时，趋肤效应会影响分流器的方波响应时间，另外趋肤效应不可忽略时导体电阻与频率相关，因此灵敏度与标定值可能存在差别。

2）校核电磁力的影响。分流器结构紧凑且通常采用减小自感的回流结构，流过反向大电流的导体间电磁斥力可能对分流器机械结构造成破坏，因此需采取必要的加固措施。

3）热容量的限制。脉冲大电流流过分流器时，由于脉冲电流持续时间很短，来不及散热，全部热量都为电阻材料所吸收。电阻吸收热量后温度上升，一方面造成电阻值升高，另一方面可能造成分流器热应力损伤。

4）在利用分流器测量脉冲大电流时，考虑到测量安全，接线时分流器的一端应为被测电路的接地点或离地最近。

42　电阻分压器　电阻分压器是应用最为广泛的接触式电压测量装置，可在多种应用场合下实现高精度、高稳定性的电压测量，其在复杂电磁环境下可靠工作的能力是非接触式电压测量装置（如电容分压器）不可替代的。

电阻分压器由高阻抗的高压臂和低阻抗的低压臂组成，理想电阻分压器原理如图 21.4-4 所示，高、低压臂电阻分别为 R_1、R_2，根据欧姆定律，被

测电压 U_1 与测量信号 U_2 具有简单的正比关系，$U_2 = U_1 R_2 / (R_1 + R_2)$。但实际电阻分压器中，由于电阻元件和大地或接地屏蔽之间存在电容 C_g，电阻分压器的阻抗不再是纯电阻，低压臂中的电流与被测电压不再满足简单的正比关系。脉冲电压作用下将有电流流过这些杂散电容，脉冲电压上升时电容充电导致测量结果上升沿变缓，脉冲电压下降时电容放电导致测量结果下降沿变缓，如图 21.4-5 所示。高压臂与地之间的杂散电容是限制电阻分压器高频响应的主要因素，忽略对地杂散电容的分布特性时，电阻分压器的阶跃响应 10%～90% 上升时间可使用 $0.23 R_1 C_g$ 估计。

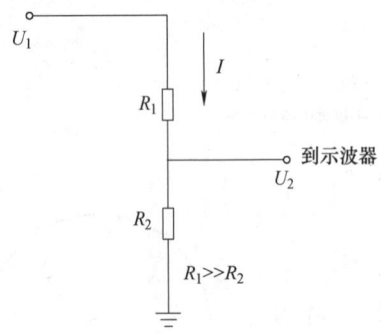

图 21.4-4　理想的电阻分压器图

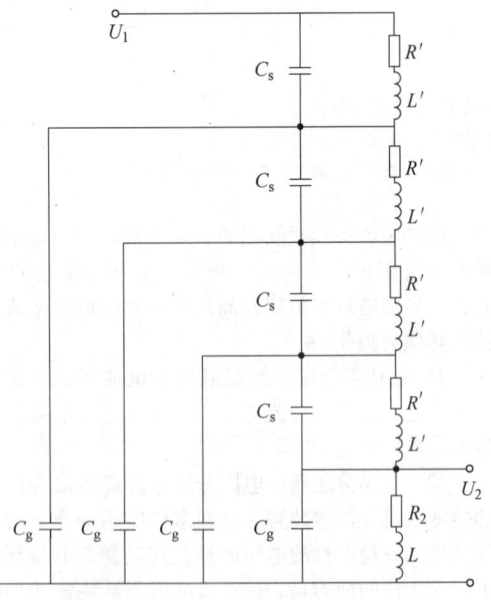

图 21.4-5　考虑分布参数的电阻分压器

电阻分压器高压臂可采用串并联电阻、高电阻率金属线或电解质溶液电阻制成。被测电压较高

时，采用一级分压无法将其衰减至示波器可测量的电压范围，此时可采用两级分压结构，通常第一级采用基于电解质溶液电阻的几何分压，第二级采用电阻元件制作。测量快脉冲时分压器高压臂常采用多层金属屏蔽环调控高压臂表面电场分布，减小高压臂表面的法向电场强度，从而减小位移电流，这等效于减小高压臂对地杂散电容。严格意义上说，这种具有电场调控设计的分压器是一种阻容分压器。

43　阻容分压器　阻容分压器指在电容分压器中引入电阻以阻尼寄生振荡，或在电阻分压器中引入电容以削弱高压臂对地杂散电容的影响。如图 21.4-6 所示，阻容分压器的接线方式有两种：并联式和串联式。当满足条件 $C_1 R_1 = C_2 R_2$ 时，阻容分压器的分压比和电容分压器一样，$k = \dfrac{C_1 + C_2}{C_1}$。

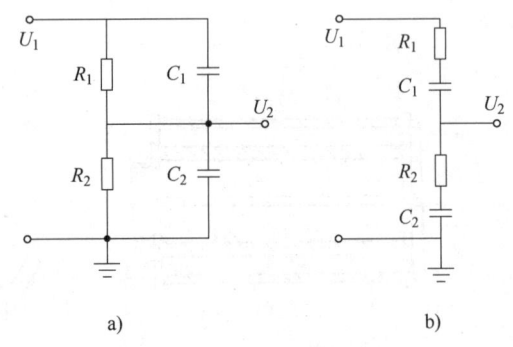

a)　　　　　　　　b)

图 21.4-6　阻容分压器的原理图

44　电感分压器　电感分压器利用电感作为高压臂实现分压，电感通常由线圈绕制而成，直流电阻很小，因此被测电压特征频率必须较高以保证高压臂具有高的阻抗。测量高电压时，分压器低压臂阻抗远小于高压臂，因此简单分析时忽略低压臂阻抗，则分压器高压臂电流 i 与被测电压 u 满足关系式：

$$u = L \frac{\mathrm{d}i}{\mathrm{d}t}$$

式中，L 为高压臂电感。可见，通过测量电感分压器中电流的微分即可直接获得与被测高压成正比的测量信号，而电流微分可利用下一节中的 B-dot 或 Rogowski 线圈较为方便地测量得到。实际应用中，电感分压器通常为导线绕制的空心螺线管，一端接高压，另一端接地，在接地端设置一个或多个 B-dot 对电感中的电流微分进行测量，可通过标定系数反推被测电压波形。电感分压器与前面两种接触式分压器相比，绝缘设计较简单，但电感分压器通常只用于测量上升时间百纳秒及以下的脉冲高压。

4.3　非接触测量

45　B-dot 和 Rogowski 线圈　电流测量线圈又称 Rogowski（罗戈夫斯基）线圈，它是脉冲功率技术中测量脉冲大电流最常用的一种传感器。它的特点是，结构简单、与被测回路没有电连接、测量的电流幅值和频率范围宽广，如电流幅值可在十到数百万安，脉冲上升时间的范围可从亚纳秒到微秒、毫秒等。电流测量线圈的基本原理是电磁感应原理和全电流定律。

任何一个随时间变化的电流总是伴随着一个随时间变化的磁场，在环绕电流闭合路径上放置线圈，则由于电磁感应原理，将在线圈两端感应电动势。假设线圈截面 A 上磁场处处相等，线圈匝数为 N，沿闭合路径均匀绕制在磁导率为 μ 的铁芯上，如图 21.4-7 所示。线圈两端感应电动势定义式为

$$e(t) = -\frac{\mathrm{d}\psi}{\mathrm{d}t} = -\frac{\mathrm{d}}{\mathrm{d}t}\oint_C \boldsymbol{B}\cdot S\mathrm{d}N \quad (21.4\text{-}1)$$

式中，S 为线圈截面积。

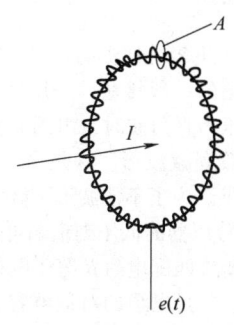

图 21.4-7　电流测量线圈原理简图

根据全电流定律，有 $\oint_C \boldsymbol{B}\mathrm{d}l = \mu I$，代入式（21.4-1）得

$$e(t) = -\frac{\mathrm{d}}{\mathrm{d}t}\oint_C \boldsymbol{B}\cdot S\mathrm{d}N = -S\frac{\mathrm{d}}{\mathrm{d}t}\oint_C \boldsymbol{B}\cdot\frac{N}{l}\mathrm{d}l$$

$$e(t) = -\frac{SN\mu}{2\pi r}\cdot\frac{\mathrm{d}I}{\mathrm{d}t} = -M\frac{\mathrm{d}I}{\mathrm{d}t} \quad (21.4\text{-}2)$$

即线圈两端感应电压与被测电流变化率成正比。比例系数 M 代表了电流路径和测量线圈之间的互感：

$$M = \frac{SN\mu}{2\pi r} \quad (21.4\text{-}3)$$

M 是线圈的重要参数，其中磁导率 $\mu = \mu_0\mu_r$，μ_0 为真空磁导率，μ_r 为线圈骨架材料的相对磁导率，采用空心线圈（无铁芯）时 $\mu_r = 1$。

当考虑线圈截面上磁场强度不均匀时 M 值的计算公式如下：

圆线圈的 M 值：

$$M = \frac{SN\mu}{2\pi r}\cdot\frac{2}{1+\sqrt{1-\left(\frac{d}{D}\right)^2}} \quad (21\text{-}4.4)$$

式中，d 为线圈截面直径，D 为线圈直径 $D = 2r$。

方形截面的 M 值：

$$M = \frac{SN\mu}{2\pi r}\cdot\frac{1}{b/D}\cdot\ln\sqrt{\frac{1+b/D}{1-b/D}} \quad (21.4\text{-}5)$$

式中，b 为截面宽度。

线圈两端感应电压和电流对时间的变化率成正比，所以为了得到与电流成正比的信号，就必须加积分器，通常以无源的 RL 或 RC 四端网络作积分器，也可用有源电子积分器。下面介绍无源积分器。

1）具有 RL 积分器的测量电路如图 21.4-8a 所示。根据等效电路图列出方程：

$$e(t) = M\frac{\mathrm{d}I}{\mathrm{d}t} = L\frac{\mathrm{d}i(t)}{\mathrm{d}t} + (R_L + R)i(t)$$

$$(21.4\text{-}6)$$

式中，$i(t)$ 为线圈回路中的电流，若线圈自感的感抗远大于线圈回路电阻，即 $\omega L \gg R_L + R$ 时，其中 ω 为被测脉冲电流的特征角频率，式（21.4-6）中电阻电压项可忽略，此时被测电流 I 和电流线圈中感应电动势所形成的电流 i 成正比。这种利用线圈本身大电感或外接小阻值积分电阻实现积分的方式称为"自积分"。

不难发现，使用铁芯时线圈自感大，容易达到自积分条件。但由于漏磁和磁饱和的影响，铁芯式 Rogowski 线圈被测电流幅值受到限制（$10^4 \sim 10^5$ A），且电流频率一般在 500kHz 以下，测量快过程大电流（兆安级）时用空心线圈较好。

2）具有 RC 积分器的测量电路如图 21.4-8b 所示，根据等效电路图列出方程：

$$e(t) = M\frac{\mathrm{d}I}{\mathrm{d}t} = L\frac{\mathrm{d}i(t)}{\mathrm{d}t} + (R_L + R)i(t) + \frac{1}{C}\int i(t)\,\mathrm{d}t$$

$$(21.4\text{-}7)$$

当满足 $\omega L \ll R_L + R$ 和 $1/\omega C \ll R_L + R$ 时，线圈中的感应电动势几乎降落在电阻上，此时线圈电流与被测电流微分成正比，而电容两端的电压为线圈电流的积分，从而实现对被测电流的还原。当被测电

流幅值不大时，铁芯运行在非饱和区，相对磁导率是常数，被测电流与电容电压的关系为

$$I(t) = \frac{N(R_L + R)C}{\mu_r L} u_C(t) \qquad (21.4\text{-}8)$$

此时被测电流频率上限由感抗 ωL 决定；频率下限由容抗 $1/\omega C$ 决定。

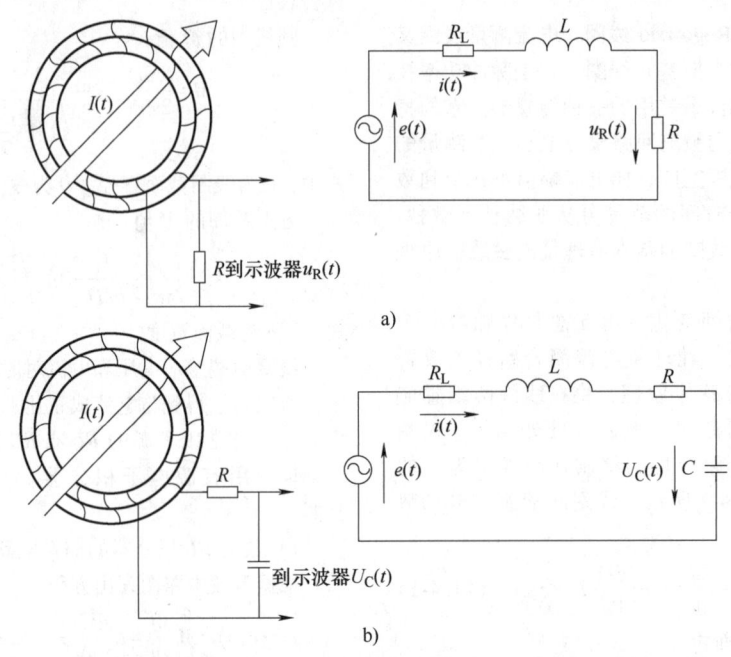

a)

b)

图 21.4-8　具有 RL 积分器和具有 RC 积分器的测量电路

研制电流测量线圈时要特别注意线圈的屏蔽问题。所测的电阻 R 上的电压，应该只是电流 $I(t)$ 所产生的磁通经过线圈时产生的，而不让其他外来磁通经过线圈，所以把线圈放在铁盒内屏蔽起来，不使杂散磁场进入线圈。但是为了使被测电流 $I(t)$ 的主磁场能够进入线圈，在屏蔽盒的内侧开有一条缝隙。

46　D-dot 和电容分压器　设计良好的电容分压器高频响应可达 1.5GHz，它的输入阻抗差不多可认为是"开路"的，因此对被测电路的影响较小。与电阻分压器相比，电容分压器不与被测高压部分直接接触，基本不会引起场的畸变。

高压臂电容为 C_1，低压臂电容为 C_2，分压比 $k = (C_1 + C_2)/C_1$。一般利用导体间的结构电容作为高压臂电容，例如被测高压导体与邻近的测量电极间的结构电容。通常 C_1 电容值大于 5pF，以避免杂散电容的影响，且电容 C_1 的绝缘应足以耐受所测的高压。高压臂和低压臂都应具有较小的内电感值，而且电容值应比较稳定，不随环境条件而变化。为了减小同轴电缆引起的畸变，同轴电缆应尽可能地短。例如，采用阻抗为 50Ω 的聚乙烯同轴电缆时，其长度最好不要超过 14m。

图 21.4-9 为电容分压器的接线，图 a 为电容分压器低压测量端的一般接法，分压比 $k = (C_1 + C_2)/C_1$，当被测电压为直角波时，由图 a 所示的线路测得的波形为指数衰减波形，这是由于电容 C_2 对电阻 R 放电的结果。为了不使波形下降，即不让电容 C_2 放电，电容分压器的低压测量端可采用图 b 所示的接线方式，要求匹配电阻 R 等于电缆阻抗 Z_0，且 $C_1 + C_2 = C_3 + C_k$，C_k 是电缆的对地电容，此时分压比 $k = 2(C_1 + C_2)/C_1$。

图 21.4-10 所示的电容分压器常用来测量同轴传输线上的脉冲高电压，这种体积小嵌入式的构型通常称作 D-dot。在传输线外筒上嵌入一个与外筒绝缘的电极头，它与传输线内筒的电容为高压臂电容 C_1，与接地外筒间的电容为低压臂电容 C_2。C_1 和 C_2 取决于嵌入电极头和传输线内外筒的几何位置关系，难以用仪器准确测量，但可以通过近似计算得到，并且实际装配的几何位置也会影响电容值，所以精确的分压比 k 必须通过在线标定的方法获取。应当指出的是，D-dot 通常不适用于真空传输线电压测量，因为真空中的高压或载流导体产生的电子会对 D-dot 测量产生严重干扰。

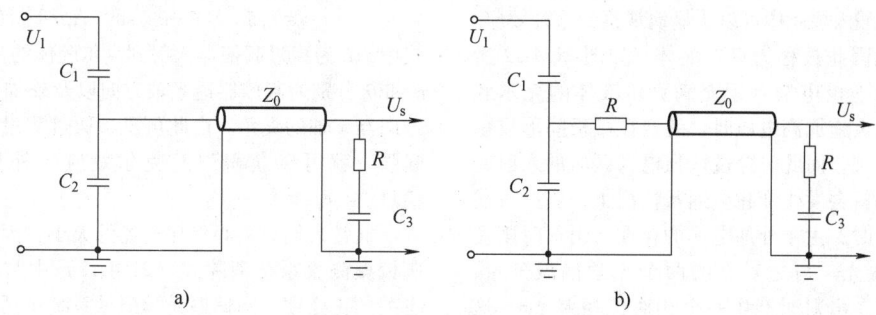

图 21.4-9　电容分压器接线图

a）单端匹配　b）两端匹配

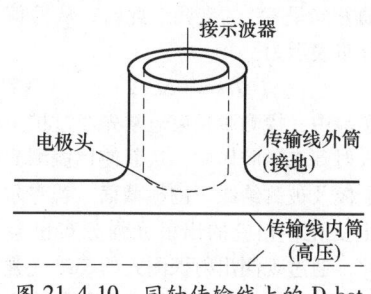

图 21.4-10　同轴传输线上的 D-bot

使用电容分压器测量脉冲高电压时，高压臂电容如不采用图 21.4-10 的结构电容，这时一般需要一段引线将被测高压端和分压器高压端连接起来，引线电感可能与分压器电容一起产生不希望的高频寄生振荡，造成波形严重畸变。为了抑制寄生振荡，常采用阻容式分压器。

47　基于 Pockels 效应的电场测量　根据固体量子学理论，晶体束缚电荷受到电场作用发生重新分布，将导致折射率分布发生一定程度的变化，称为电光效应。晶体折射率与电场的关系可泰勒展开为关于电场强度的幂函数，其中的线性部分被称作 Pockels 电光效应，或线性电光效应。

基于 Pockels 电光效应的电场测量传感器基本技术原理是，在外电场影响下，透过 Pockels 晶体传感器的光线将产生双折射现象，即晶体内的 o 光和 e 光将被施加一定的相位差，可进一步表现为出射光线偏振态的改变，通过适当的手段检测这一相位差（如利用偏振片将偏振信息转化为强度信息）即可反推所施加的电场。

目前，研究中应用比较广泛的 Pockels 电光效应晶体主要包括硅酸铋晶体、铌酸锂晶体、锗酸铋晶体等。由于具备稳定性好、无热释电性、无旋光性、无自然双折射等诸多特性，锗酸铋 $Bi_4Ce_3O_{12}$（BCO）晶体被普遍应用于光学电场电压测量传感器的研制。

一般而言，BCO 晶体 Z 光轴方向与传感探头通光方向保持一致，如图 21.4-11 所示，且与被测电场 E_z 方向平行。X、Y 光轴方向电场 E_x、E_y 不影响 Z 光轴方向光波的传播。X、Y、Z 三个光轴在电场 E_z 的作用下变为 X'、Y'、Z'，那么，新主光轴下 X'、Y' 向光电场矢量分量折射率之间的差值 $\Delta n = n_0^3 \gamma_{41} E_z$（其中，$n_0$ 为折射率；γ_{41} 为介电常数）。现假设 U_z 是 Z 光轴方向的电位差，则可推导出电光延迟量为

$$\Gamma = \frac{2\pi}{\lambda} n_0^3 \gamma_{41} U_z = \frac{2\pi}{\lambda} n_0^3 \gamma_{41} E_z l \quad (21.4\text{-}9)$$

式中，λ 为空气中的光波长，l 为 Z 轴方向的 BGO 晶体长度。

进行电光振幅调制后，出射光与入射光之间的光强之比为

$$I_0 / I_i = (1 - \cos(A E_z + \Delta\theta_0 + \Delta\theta_1)) / 2$$

$$(21.4\text{-}10)$$

对于特定电光效应晶体和调制方法而言，A 是常数，λ 是光波波长，$\Delta\theta_0$ 是自然双折射所导致的相位差，晶体 $\Delta\theta_0 = 0$，$\Delta\theta_1$ 是电光晶体的电光延迟。

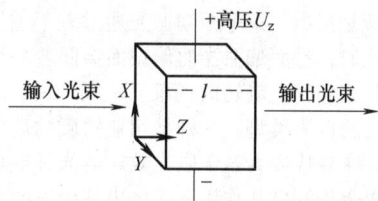

图 21.4-11　Pockels 效应原理图

48　基于克尔效应的电场测量　克尔效应（Kerr Effect）也是一种电光效应，其折射率改变与

电场强度的二次方成正比，通常在某些液体介质如硝基苯、碳酸丙烯脂中可以明显地观察到这种效应。这类液体也因此被称为克尔液体。如图 21.4-12 所示，将平行平板电极置于充满克尔液体的克尔腔中。当给电极施加高电压时，就会在极板间形成一个强电场区域，而此时穿过该强电场区域的入射光的偏振状态就会发生变化。通常情况下，当一束线偏振光入射时，由于外加电场的存在，出射时则变成椭圆偏振光。与之对立的两个光学偏振分量，$P_{/\!/}$ 和 $P_{\perp}$ 则在出射时产生一个相对位相差 $\Delta\varphi$。这个位相差与外加电场有关，具体表示为

$$\Delta\varphi = 2\pi B \int_l |\boldsymbol{E}|^2 \mathrm{d}z \qquad (21.4\text{-}11)$$

式中，B 为克尔液体的克尔电光常量；电场 E 为垂直于光传播方向平面上的外加电场分量，而 $P_{/\!/}$ 和 $P_{\perp}$ 的偏振方向则分别平行和垂直于 E 的方向。积分路径则为探测光在克尔液体中的传播路径。

该相对位相差的信息，可以用图 21.4-12 所示的位相差测量系统获得。该测量系统主要由两个透光轴方向相互垂直的偏振片构成，分别置于克尔腔体的两侧。从图 21.4-12 中可以看出，当探测激光沿轴方向传播时，其偏振平面位于 x-y 平面上。从

检偏器出射的激光光强 I 可以表示为

$$I = I_0 \sin^2 2(\theta_i - \theta_e)\sin^2(\Delta\varphi/2) \qquad (21.4\text{-}12)$$

式中，I_0 为穿过起偏器入射到克尔腔体的探测光强，θ_i 和 θ_e 分别为起偏器透光轴方向以及外加电场 E 的方向与 x 轴的夹角。由此可见，通过测量出射光的光强，就可以获得引起克尔效应的外加电场的信息。

通常人们只关心外加电场的大小，因此可利用圆偏振测量系统消除式（21.4-12）中与电场方向有关的正弦项。圆偏振光学测量系统包括两个偏振片和两个 1/4 波片，其中两个偏振片的透光轴相互垂直，与轴方向的夹角各为 45°；而两个波片的快轴（慢轴）也相互垂直，并分别与偏振片 P_1 和 P_2 的透光轴方向呈 45° 的夹角。此时，从检偏器出射的光强分布表示为

$$I = I_0 \sin^2(\Delta\varphi/2) \qquad (21.4\text{-}13)$$

在实验中，探测激光束通常先经过扩束镜组扩束后再入射到克尔腔体中，从而使得探测光能够覆盖整个电极及被测绝缘子的横截面。若克尔液体中电场发生变化，相应的出射光强分布也会发生变化。因此，通过观测出射探测光的二维光强空间分布就可以获知克尔液体中电场空间分布的信息。

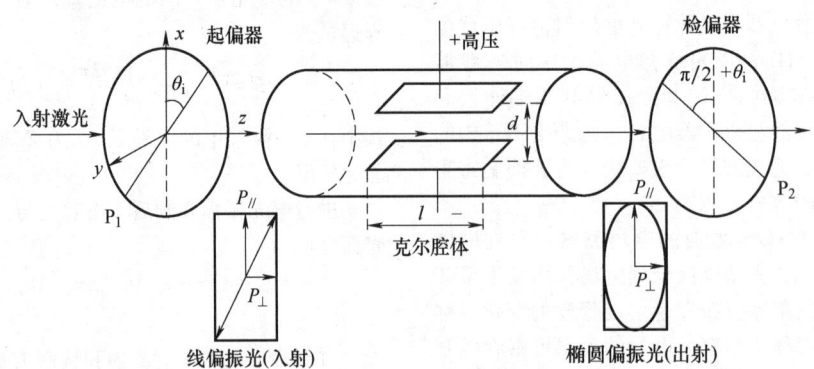

图 21.4-12　克尔效应原理图

49　基于法拉第旋光效应的磁场测量　法拉第旋光效应是指当一束平面偏振光通过置于磁场中的磁光介质时，平面偏振光的偏振面会随着平行于光线方向的磁场发生旋转的现象。一般来说，磁光介质可以分为两种类型：一种是用亚铁磁物质作为磁光晶体，主要代表为基于磁光效应的光纤磁传感器，在外界待测磁场作用下晶体内部磁畴的方向会发生变化，从而使在其中传播的线偏振光的偏振面发生偏转；另一种是以待测等离子体作为磁光介质，当一束线偏振光穿过等离子体时，可以看作是两束等幅的左旋和右旋圆偏振光的叠加。这两束光

由于磁光效应会具有不同的折射率和传播速度，因此在通过同样的距离后就具有不同的相位滞后，当再次叠加后会使穿过等离子体的线偏振光产生偏转，偏转角度的计算公式为

$$\alpha_{[\text{rad}]} = 2.26 \times 10^{-17} \lambda^2_{[\text{cm}]} \int n_{e[\text{cm}^{-3}]} \vec{B}_{[\text{G}]} \cdot \mathrm{d}\vec{l}$$
$$(21.4\text{-}14)$$

式中，λ 为入射光波长，n_e 为电子密度，$\vec{B}$ 为磁场矢量在实验光路上的分量，$\mathrm{d}\vec{l}$ 为入射光路的元。因此可以用法拉第旋光测量等离子体中具有确定方向的磁场，已经成功应用的有激光诱导等离子体、等

离子体聚焦装置和 Z 箍缩装置等。

为了确定磁场的分布，必须通过实验获得偏转角的大小和电子密度的分布。一般利用 Z 箍缩等离子体的环对称性，在两侧相互对称的地方同时射入两束完全相同的线偏振光，由于环向磁场与两束光的夹角不同，导致出射的偏振光除了有偏振面的偏转同时还有相对强度的差异。根据两束偏振光相对强度的比值，就可以得出偏转角的大小。而电子密度通常用等离子体干涉法计算，获得的干涉图像中包含着电子密度沿光路的积分，因此径向的电子密度可以应用阿贝尔反演求出。这种方法能够测量在激光光路上所有位置的电子密度和磁场分布，因此已经在低密等离子体方面广泛应用。

根据式（21.4-14）可知，偏转角度的大小和实验的灵敏度与旋光的波长有关，适当提升激光的波长可以提高实验的灵敏度。最开始 532nm 的旋光被用于测量 Z 箍缩过程的磁场和电流分布，计算出的结果与电子 MHD 计算结果基本吻合，但在此波段偏转角一般为 1°左右，非常难以测量。为了更好地测量偏转角度，最好的选择是使偏转角度的大小尽可能接近测量设备的临界值，但同时也会增大等离子体自发光的影响。因此，采用 1 053nm 的长脉冲可以进一步增加偏转角的大小，但同时也要使用更大的激光功率，使实验的灵敏度达到最大化。同时，由于等离子体自身不透明度的影响，能量不足会导致激光无法穿过高温高密的等离子体，从而影响强度分布图像的收集以及电子密度的测量。然而，当激光功率过大时，探针激光对等离子体自身的影响也会变强，导致等离子体的自身状态发生改变。因此，在激光波长的选择方面，实验的灵敏度和观测误差不可兼顾，对探针激光的最优波长以及能量的探索是未来研究的重点。此外，使用性能更高的磁光传感器也是提升磁光测量能力的关键。

50 法拉第筒测量加速器二极管中强流电子束 用法拉第筒直接测量电子束流是脉冲功率技术中常用的一种测量方法。法拉第筒是一种电荷收集器，被测量的电子束穿过二极管阳极入射到法拉第筒收集体中，与收集体物质发生电离相互作用而被阻止，并产生激励电流，此电流可进一步在低电感小电阻上产生正比于电子束流的强度的瞬时电位。用示波器记录下此信号，就可推算出所测量的电子束流的强度。对法拉第筒测量电子束流的要求是，收集体的收集效率高，测量准确，由同轴电阻等组成的电流回路电感要求很小，而且还需具有良好的

导电性能等。

图 21.4-13 是法拉第筒结构示意图，它由石墨收集体、测量电阻、接地圆盘三部分组成。为了减小接地系统的电感，一般接地体都做成盘状结构。测量时将法拉第筒置于阳极箔正后方。另外，可利用小型法拉第筒组成一个阵列，用它测量强流电子束流密度分布随时间的变化。

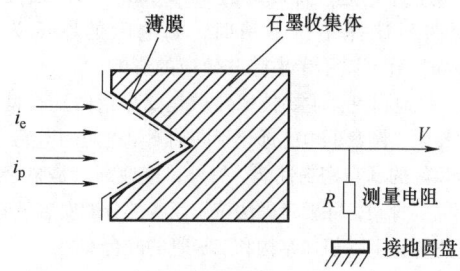

图 21.4-13 法拉第筒结构示意图

（1）法拉第筒的结构 法拉第筒主要由收集体、测量电阻和接地圆盘三部分组成。图 21.4-14 是闪光-I 装置上使用的法拉第筒结构简图。

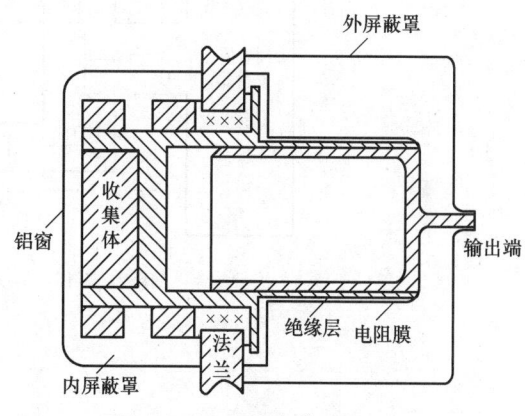

图 21.4-14 闪光-I 装置上使用的
法拉第筒结构简图

1）收集体的作用是收集入射电子。电子与收集体物质的相互作用主要有三种方式：电离损失、辐射损失和散射损失。各种相互作用都与吸收物质的原子序数有关系，散射损失、辐射损失与物质的原子序数的二次方成正比，电离损失与物质的原子序数成正比。对收集体的主要要求是，要尽量使各种损失减小，提高收集效率，同时要求不导磁。收集体应选择低原子序数的物质。石墨的原子序数低，具有热容量大、耐束流轰击、导电性能好和有一定的机械强度等优点，所以收集体一般常用高

纯度石墨。法拉第筒入口一般设计成喇叭形，以减少次级电子逸出。

2）同轴测量电阻：为了减小测量电阻的电感值和电容值，一般测量电阻做成同轴形状。当同轴电阻箔厚度小于电阻材料的趋肤深度时，同轴电阻的电阻值就不再随信号的频率而变化。如当脉冲功率装置中的电子束流的频率为 100MHz 时，计算得到在不锈钢中的趋肤深度约为 0.044mm。当同轴测量电阻材料选择不锈钢箔时，如电阻的厚度为 0.044mm，就可以不考虑趋肤效应的影响。

3）接地圆盘：主要技术要求是要尽量做到有良好的电接触，圆盘的电感远小于同轴测量电阻的电感，并具有良好的真空密封性能。另外，接地圆盘是整个法拉第筒的骨架，除要考虑法拉第筒各部分的安装外，还要考虑圆盘上的机械结构和二极管的配合安装。

（2）法拉第筒同轴测量电阻阻值的标定　用法拉第筒测量二极管中阴极的强脉冲电子束时，为了保证测量的精确度，对研制的法拉第筒要进行试验标定。标定工作分为两步进行，即法拉第筒的电阻值需要经过直流和脉冲两种方法独立进行标定。第一步是直流标定，将一只用精密仪表测量过的已知直流电流通过法拉第筒，用精密毫伏表测量同轴电阻两端的电压。试验测得多组数据，再取平均值，即得到直流电压下的电阻值。第二步是脉冲电压标定，其电路图如图 21.4-15 所示。脉冲发生器送出 1ns 级输出电压波形，这也就是法拉第筒的输入电压波形，用示波器记录其波形，然后再用示波器记录法拉第筒的输出电流波形，根据两个波形，就可以得到法拉第筒的电阻值。多次测试结果取平均值得到快脉冲下法拉第筒的电阻值。一般正常结果是直流下和脉冲下同轴电阻为数毫欧量级，两者差别甚小。

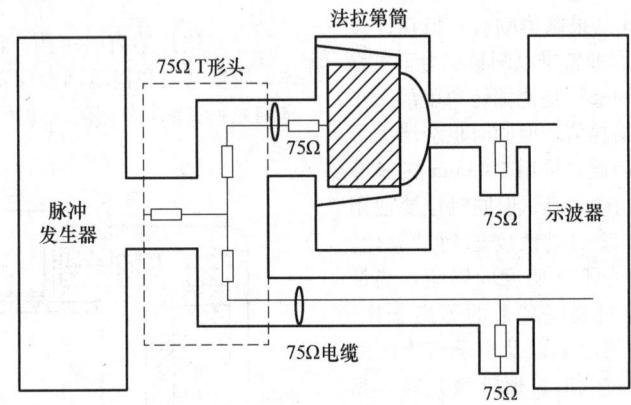

图 21.4-15　法拉第筒标定电路图

第 5 章　脉冲功率驱动源

5.1　大型脉冲源

51　大型脉冲源的特点与功能　大型脉冲源一般指能够在负载上施加数十 TW 功率的脉冲源,其电压、电流典型参数为电流数(十)兆安,电压数兆伏,电流上升时间百纳秒。其产生高功率脉冲的原理与一般脉冲源相同,即以较低功率在长时间内存储电场或磁场能量,然后借助各种开关进行快速能量切换,压缩脉冲宽度,实现功率放大,进而在很短时间内将脉冲电磁能量释放到特定的负载上。通过不同类型的能量转换负载,大型脉冲源可产生高温、高压、高速、强辐射、强磁场等极端环境,是推动高能量密度物理等前沿科学研究的关键基础设施。

大型脉冲源的主要功能包括:

(1)核爆辐射效应模拟　在当前全面禁止核试验的条件下,利用实验室设施模拟产生核爆炸的极端辐射环境(X 射线、γ 射线、中子等),是推进核武器效应和加固技术研究的必要前提,也是各核大国竞相角力的前沿领域。大型脉冲源驱动丝阵及喷气 Z 箍缩是目前输出能量最大、最具综合优势的实验室 X 射线模拟源,具有辐射转换效率高、能谱逼真度好、效费比最优等特点。从初级电储能到软 X 射线的辐射转换效率可达 20% 以上。

(2)聚变科学　实现受控核聚变是世界性难题,也是最前沿的科技领域。目前可控核聚变的实现途径主要有磁约束聚变、激光惯性约束聚变(Inertial Confinement Fusion,ICF)和 Z 箍缩聚变,难点在于聚变等离子体的产生和约束,以及耐受聚变中子辐照的材料问题等。Z 箍缩惯性约束聚变的研究起步较晚。21 世纪初,丝阵 Z 箍缩产生强 X 光辐射源及其高能量转换效率,使其成为研究驱动 ICF 可选的重要技术路线之一,主要有下面两种方式:

1)Z 箍缩辐射驱动 ICF:Z 箍缩驱动 ICF 的方式之一是利用 Z 箍缩产生黑腔辐射场间接驱动靶丸内爆实现聚变,主要包括三种黑腔构型:静态壁黑腔、双 Z 箍缩驱动黑腔和动态黑腔。研究较多的是双 Z 箍缩驱动黑腔和 Z 箍缩动态黑腔两种构型。双 Z 箍缩驱动黑腔是 Hammer 等人基于激光或重离子束驱动黑腔的思想,针对 Z 箍缩特点而设计的。而苏联和美国的科学家则在 Z 箍缩发展早期就独自提出了动态黑腔的概念。粗略地说,这两种构型可以认为是两个极端,动态黑腔对应最大耦合效率和最高辐射驱动温度以及较差的辐射对称性,而双 Z 箍缩驱动黑腔则对应更小的耦合效率和最大的辐射驱动对称性。

2)Z 箍缩直接驱动的磁化套筒惯性聚变:2010 年,美国桑迪亚国家实验室 Slutz 等人提出了 Z 箍缩直接驱动的磁化套筒惯性聚变(Magnetized Liner Inertial Fusion,MagLIF)构型,如图 21.5-1 所示,即利用柱形 Z 箍缩套筒内爆直接压缩 DT 燃料。在 MagLIF 设计中,通过激光预热 DT 燃料到几百 eV,降低点火所需收缩比。外加轴向磁场(压缩过程中可以增加到约 10^4T),显著降低燃料热传导损失,增强 α 粒子能量沉积,获得较高的能量转化效率。

MagLIF 构型中套筒 Z 箍缩直接压缩燃料压缩,相对于辐射间接驱动而言,没有磁能到 X 射线、X 射线到黑腔、黑腔到靶丸吸能等一系列复杂的中间过程,能量转换效率较高。26MA 峰值电流时,可以产生 100Mbar 的压力,耦合 500kJ 能量到厘米尺度的靶上,其能量转换效率时动态黑腔的 20 倍,是双 Z 箍缩黑腔的 150 倍。数值计算结果表明,在 30T 初始轴向磁场,6kJ 的激光能量以及 27MA、100ns 的脉冲电流下,DT 靶聚变输出能量可能不低于用于加热 DT 靶的馈入能量,实现聚变反应的"得失相当"。Slutz 等人预言在约 60MA 电流条件下,采用高增益靶设计可以实现超过 100 的高能量增益。

Z 箍缩惯性约束聚变能量转化效率高,装置造价低,是一种很有竞争力的聚变能源实现途径。目前 Z 箍缩聚变研究正处于取得"得失相当"重大突破的关键时期，但仍存在聚变靶能量高效耦合、等离子体不稳定抑制等科学问题。而我国缺乏超大规模、高效运行的脉冲功率装置开展相关聚变前沿科学问题的研究，数值模拟技术与世界先进水平仍存在差距。拟建设的 Z 箍缩研究设施将开展 Z 箍缩聚变科学前沿问题的研究，推动我国 Z 箍缩聚变研究的跨越式发展，对促进聚变科学的进步也有重要意义。

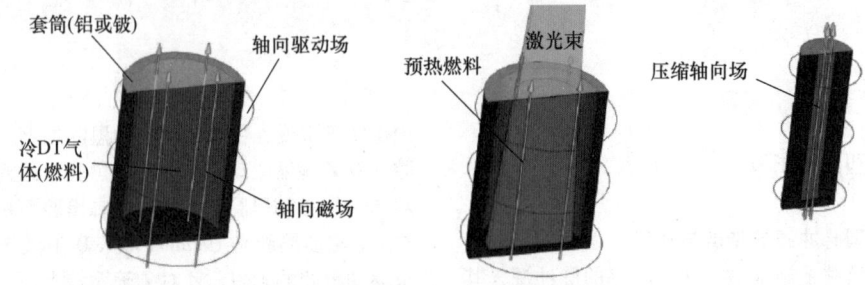

图 21.5-1　MagLIF 构型示意图

（3）极端条件下材料科学　物质的高压、高密度压缩是当代极端状态物理学和力学的重要组成部分，是探索极端环境或加载条件下的物质结构及其物理、化学和力学性质的主要突破口。这个领域关注的研究方向——极高压力下超固态物质结构和相变机制探索、惯性约束聚变涉及的超高压物态方程测定、核武器物理基础研究、特殊性能物质的高压制备、超高应变率之下材料强度和本构关系研究等问题，对于拓展人类对物质世界的认识以及推动前沿科学技术的进步具有深远意义。

21 世纪初美国桑迪亚国家实验室在 ZR 装置上利用磁压加载，创造出斜波（无冲击）加载的新途径，突破性地实现了对物质的准等熵压缩。Z 箍缩装置提供的前沿精细调节的脉冲大电流从两个平行正负极板的内表面（趋肤效应）流过时，一个极板上电流产生的磁场与另一个极板电流相互作用，可在样品内部产生平滑上升的压力波而不形成冲击波，这时样品材料将经历准等熵压缩的加载过程。磁驱动等熵压缩是冲击压缩和准静态等温压缩实验之间的重要桥梁，可获得更广泛区域的材料状态方程和动力学性能。在一次实验中得到一条完整的等熵参考线，且可实现多个样品的同时加载，是目前轻气炮、爆轰、激光等加载手段不能比拟的。另一方面，样品中磁驱动压力波在一定的传播距离后会转变为冲击波，使用离片技术可获得很高速度的飞片，用于冲击压缩下物态方程的研究。此外，磁驱动超高速飞片在空间碎片超高速撞击航天器的地面模拟实验中也具有重要的应用前景，可为航天器的防护结构设计提供依据。图 21.5-2 展示了 Z 装置上使用的两种磁压加载负载构型。

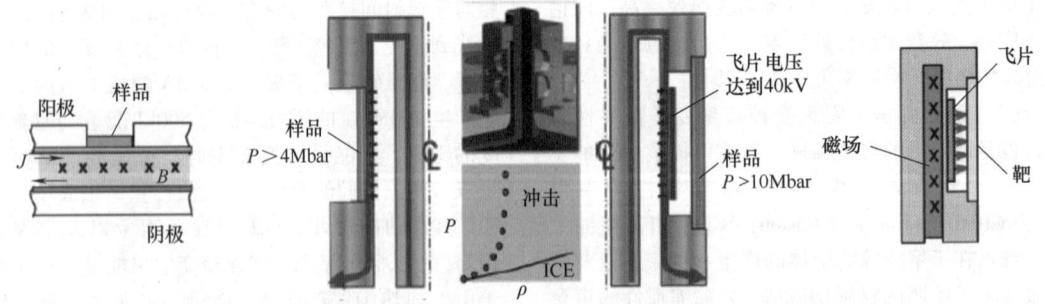

图 21.5-2　磁压加载（准等熵/冲击）负载构型和基本原理示意图

（4）实验室天体物理　脉冲大电流驱动特定负载可产生与空间环境非常相似的高温、高压、高密等高能量密度环境，从而为研究空间中的物理过程提供了极好的实验手段。高能量密度物理是当前科学研究中最具活力和挑战性的研究领域。高能量密度是指物质压强超过 1Mbar，其典型参数空间如图 21.5-3 所示。在 Z 装置上，从 Marx 发生器的 20TW 峰值功率，到脉冲形成线的 67TW 峰值功率，再到绝缘体堆栈的 77TW 峰值功率，在 26MA 电流作用到 1mm 半径处可以产生 100Mbar 的高压，所能达到的高能量密度参数范围如图 21.5-3 所示以阴影表示，可以广泛应用于天体物理相关问题的研究。

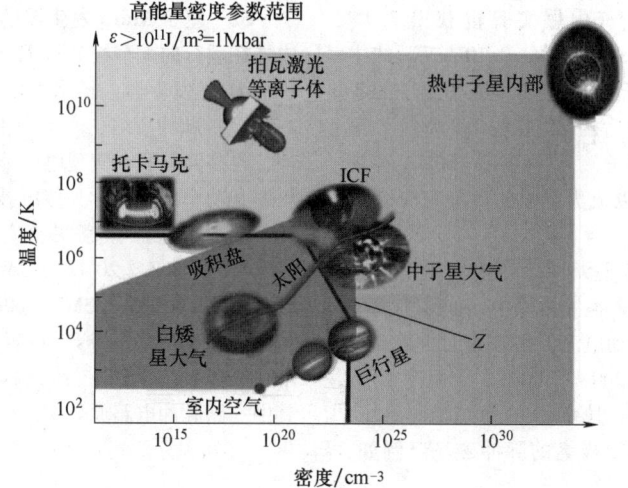

图 21.5-3　高能量密度物理参数空间

1）材料辐射不透明度：材料辐射不透明度是武器物理和实验室天体物理研究的重要参数。在天体物理中，不透明度模型不确定性是太阳模型与日震学观察不匹配这一古老问题的一种可能解释。利用实验室环境开展不透明度研究需要满足以下条件：①利用某种加热方法获得均匀的样品等离子体状态；②很强的背光源，所研究谱范围内的辐射强度远大于样品自发射；③精确的透射率测量；④独立的等离子体状态参数诊断。

2）高马赫数射流模拟天体物理学问题：天体中广泛存在的射流现象是天体物理研究的重要问题。在 MAGPIE 装置上，利用在 240ns 内快速上升到 1MA 的电流耦合到锥形丝阵上可以产生高马赫数射流。由于丝阵的初始形状为锥形，内爆的"先驱"等离子体具有一个净的轴向速度分量，在轴上滞止的等离子体转化为射流。如果丝是高 Z 材料的，射流将是相对冷的，将会增加它的准直和马赫数。与高功率激光等离子体相比，脉冲电流的驱动方式可以产生磁冻结的超高声速等离子体流，更适合开展磁化高能量密度实验室天体物理的研究，此外脉冲电流可以驱动更大尺寸的负载，持续更长的时间，获得更精细的物理诊断。

3）光致电离等离子体：天体物理中，来自像吸积驱动的双星系统和活跃星系核的天体物理 X 射线谱是极其复杂的。解读这种谱需要对辐射场及其与自由和束缚电子的精细建模。在 Z 装置上，利用丝阵内爆结合黑腔设计获得辐射能量约 165eV 的黑体辐射源，通过光致电离铁到 L 壳、钠和氟到 K 壳。实验中产生低密度（$n_e = 2 \times 10^{19} \mathrm{cm}^{-3}$）光致电离铁等离子体，创造了与来自天体物理 X 射线源可比较的条件，允许在相对低密度的双体复合体系中与光致电离模型进行首次直接比较。首次在实验室条件下测量了铁、钠和氟的电荷态分布，并且密度和辐射通量的独立测量表明了在接近稳态条件下强光致电离等离子体中达到了极高的离化参数值 20~25erg·cm/s，可以关联到天体物理的 X 射线源问题中。

在我国，高能量密度的实验室天体物理研究主要基于高功率激光装置开展，拟建设的 Z 箍缩研究设施可为开展恒星物理、行星演化、喷流等天体物理中科学前沿问题的研究提供更大几何尺度的研究平台。

（5）产生其他极端环境　Z 箍缩技术也广泛应用于其他领域，例如，中子源、脉冲强磁场、X 光激光等。

1）中子源：早在 20 世纪 50 年代，可控热核聚变的探索就起源于氘材料 Z 箍缩实验。美国、苏联和欧洲实验室报道在 Z 箍缩中首次观察到了 DD 聚变中子。但研究人员很快认识到该中子并不是热核中子，而是在 Z 箍缩等离子体中由相对小量的在电流方向被强场加速到 50~200keV 能量的"束"氘离子与低温氘等离子体碰撞产生的束靶中子。

Saturn 装置和 Angara-5-1 装置上氘喷气 Z 箍缩实验获得了 10^{12} 量级的中子，但也认为大部分由束靶效应产生。理论估计和模拟结果显示，如果喷气负载中的氩气换成氘，Z 装置上可以获得 $(3\sim5)\times10^{13}$ 范围的 DD 中子，氘喷气内爆实验也获得 3.9×10^{13}（$\pm20\%$）能量为 2.34MeV（±0.10MeV）的中子，与估计值一致。实验结果也初步证实中子的各向同性。理论预计升级后的 ZR 装置 DT 喷气 Z 箍缩可以获得约 5×10^{16} 中子，下一代 $40\sim60$MA 装置驱动 DT 喷气 Z 箍缩可以成为最强的实验室聚变中子源。

2）脉冲强磁场：Z 箍缩可以产生实验室最强的脉冲磁场。在典型的 Z 箍缩内爆中，如果等离子体被压缩到 1mm，则驱动电流 $1\sim60$MA 时，最高可以获得磁场强度峰值为 $200\sim12\ 000$T。

在 MagLIF 构型中，初始嵌入的稳态轴向磁场，由于磁通压缩，可以获得极高的脉冲磁场。例如，初始 $10\sim30$T 的磁场，如果燃料区被压缩到 $1/20\sim1/10$，则产生脉冲磁场峰值可以为 $1\ 000\sim12\ 000$T。

这样强的脉冲磁场为开展极端条件下的物理研究提供了可能的条件。

52　基于 Marx 发生器的大型脉冲源　目前国内外在运行的大型快 Z 箍缩脉冲驱动源一般采用微秒级 Marx 发生器，经水介质电容储能多级（一般 $2\sim4$ 级）脉冲压缩、产生前沿约 100ns 的高功率脉冲，再多路并联，实现电磁能在空间上和时间上的压缩和功率放大，称为传统技术路线，代表装置包括：美国桑迪亚国家实验室 Saturn 装置（10MA/2MV/40ns）、Z（20MA/2.7MV/80ns）装置，Z 升级后的 ZR（26MA/3MV/100ns）装置，以及国内 10MA（$8\sim10$MA/80ns）装置。图 21.5-4 为传统技术路线代表装置 ZR 三维结构示意图，图 21.5-5 为其中一路脉冲电路原理图。

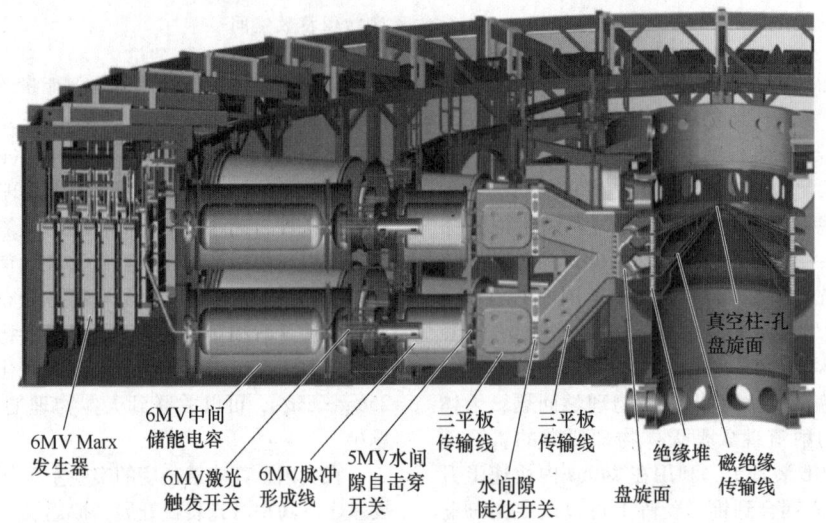

图 21.5-4　美国桑迪亚国家实验室的 ZR 装置结构示意图

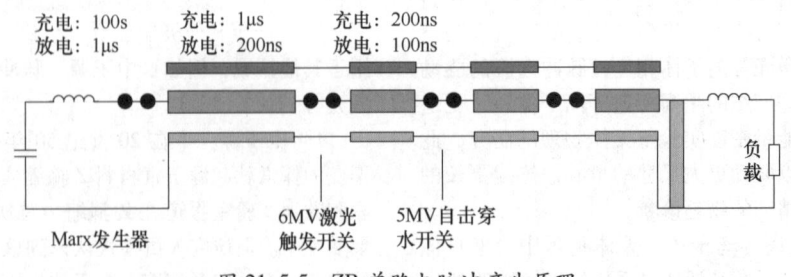

图 21.5-5　ZR 单路电脉冲产生原理

ZR 为进一步提高电流，目前正在进行改造，Marx 充电电压从 85kV 增加到 95kV，研制电压达 6.7MV 的中储电容、6.7MV/800kA 的激光触发气体开关和脉冲形成线、水平状三板水介质传输线和新绝缘堆，将 PFL 功率传输汇聚到绝缘堆；改进 MITL（磁绝缘传输线）处理工艺，研制更低电感的内 MITL 与柱孔汇聚结构，通过上述改造，消除绝缘堆滑闪，提高装置输出重复性，减小维修次数，降低实验造价，输出电流从 26MA 提高到 32MA，美国桑迪亚国家实验室拟将 ZR 升级后，至少高效运行到 2025 年以后。

电容储能（Capacitor Energy Storage，CES）多级脉冲压缩的传统路线技术成熟度高，技术风险相对较小，因此，国际上提出了多种基于 Marx 和水介质电容储能多级脉冲压缩传统路线的快 Z 箍缩驱动源的概念设计。如俄罗斯强流电子学研究所（High Current Electrical Institute，HCEI）格里波夫教授在 2010 年中俄 Z 箍缩聚变能源研讨会上提出了一种采用"金属外壳电容 Marx + 水介质 Blumlein 形成线 + 电脉冲触发气体开关 + 水介质传输线 + MITL + 负载"的概念设计，如图 21.5-6 所示，直径约 60m、高约 10m，该方案采用垂直放置 Blumlein 水线形成脉冲，降低了脉冲形成线、Marx 和主开关工作电压（约 3MV）；Blumlein 线阻抗较高，便于向后端阻抗较高的水线高效传输，三板传输线传输脉冲、绝缘杆支撑内筒，结构简单，无复杂的圆柱到平板转换结构，便于与高压绝缘堆连接。上下 6 台并联的子 Marx（36 级 1μF/100kV 金属外壳电容和 18 只 ±100kV 气体开关串联）共用垂直放置的三板 Blumlein 脉冲形成线，主开关分布在接地板与中筒之间，容易布置和施加触发脉冲（电脉冲），每路 Blumlein 脉冲形成线共用 20 只 3MV 电脉冲触发气体开关，降低了对子 Marx 抖动、主开关电压和通流要求，有利于提高装置可靠性。

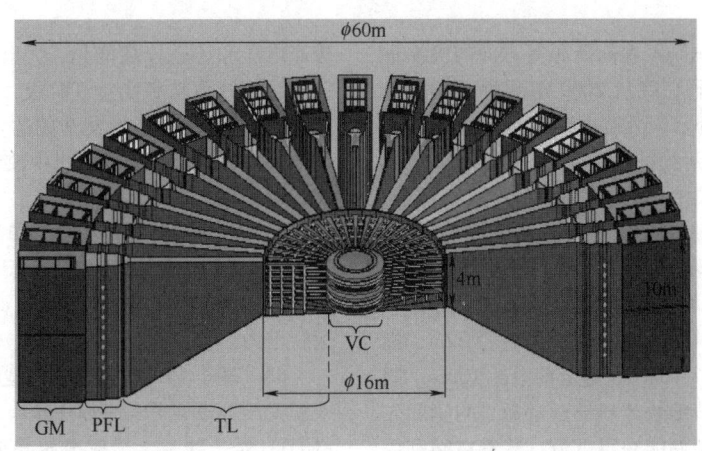

图 21.5-6 基于 Marx 和 Blumlein 形成线的 26~36MA/100ns 驱动源
GM—Marx 发生器 PFL—脉冲形成线 TL—传输线 VC—真空室

俄罗斯经过多年技术路线论证，"Baikal"装置于 2012 年立项，瞄准 Z 箍缩驱动 ICF，单脉冲运行，仍采用电容储能、多级脉冲压缩的传统技术路线，输出电流 50MA，前沿约 150ns，年运行 50 发，装置结构如图 21.5-7 所示。但由于受俄罗斯经济条件下的经费制约，完成时间无限期推迟。

"Baikal"装置为 24 路并联，每路包含 3 层，共 6 个单元，每个单元由一台 Marx 发生器（充电 75kV 时输出电压 3MV，储能 0.34MJ），对两条脉冲形成线（PFL 2.4Ω，72ns）充电，每条 PFL 配置一个电脉冲触发多间隙气体开关。装置共有 144 个 Marx 发生器，288 条脉冲形成线和输出开关。脉冲传输汇流分为三段：第一段为水介质竖直布置的三板变阻抗线；第二段为水介质水平三板变阻抗线；两段变阻抗线将脉冲电压提升至 5MV，第三段真空磁绝缘传输线为 6 层圆盘锥并联，末端通过 3 层柱孔结构将脉冲汇流至负载。

该方案特色：①1 台 Marx 对 2 条 PFL 充电，配置 2 个输出开关，使输出开关电感降低，经过两级脉冲压缩即可获得前沿约 150ns 脉冲，减少了脉冲压缩环节和工程复杂程度；②水介质脉冲传输线分段设计，减小了部件尺寸，降低了工程难度，同时增加了结构变换灵活性，第二段水介质传输线为水平结构，与高压真空绝缘堆连接结构简单且匹配，避免了复杂的板-堆过渡结构；③3 层柱孔结构降低了负载区电感、工程规模和难度。"Baikal"装置投入物理实验，将验证 Z 箍缩　　　驱动 ICF 的可行性。

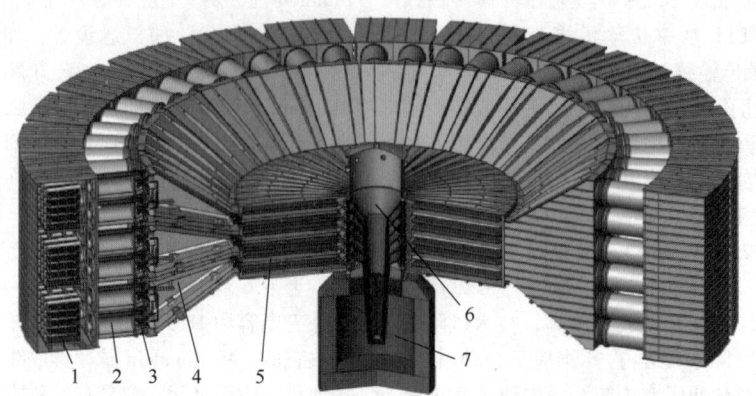

图 21.5-7　"Baikal"装置结构示意图
1—Marx 发生器　2—脉冲形成线　3—电触发气体开关
4—矩形三板变阻抗传输线　5—水平三板变阻抗水线
6—磁绝缘传输线　7—反应腔室

　　鉴于 Z 箍缩在国防及聚能能源等方面的极端重要性，西北核技术研究院从 2000 年开始在国家自然科学基金等支持下，利用微秒级直线型变压器与水线电容储能传统路线的"强光一号"装置（输出电流 1.7MA，前沿 80ns），开展了 Z 箍缩理论、数值模拟、实验、诊断、驱动源等关键技术研究。中国工程物理研究院于 2013 年研制成功基于 Marx 和水介质传输线电容储能技术路线的 24 路并联 10MA 装置，如图 21.5-8 所示，装置直径 32m，标称储能 7MJ，电流 8~10MA，电流前沿约 100ns。国内采用传统技术路线的快 Z 箍缩驱动源，与国际先进水平相比，在单位储能获得电流、装置空间利用效率、装置输出电流等方面仍存在差距。

图 21.5-8　10MA 装置

　　水介质传输线电容储能、多级脉冲压缩的快 Z 箍缩驱动源传统技术路线存在的主要问题为：①从初级储能 Marx 开始，工作电压一般比较高（3~6MV），脉冲逐级压缩、传输，所有部件均需承受较高电压和传递较高能量，尤其是中储开关/主开关承受的峰值功率高达 TW 级，寿命低，如 ZR 装置 6MV/800kA 激光触发开关的寿命仅百余次，脉冲形成和峰化水介质开关水中放电对装置部件危害大，维修周期短，运行效率低；②装置电压高，绝缘距离大，导致开关电感大，单路阻抗高，电流一般小于 1MA；③脉冲压缩转换段多，结构及阻抗突变导致系统能量传输效率较低；④不具有重复频率运行潜力。

53　基于 FLTD 技术的大型脉冲源　快脉冲直线型变压器驱动源（Fast Linear Transformer Driver, FLTD）是一种基于感应电压叠加原理的模块化高功率脉冲源技术，与基于 Marx 发生器的脉冲功率装置相比，省去了中间的脉冲形成和压缩环节，大大提高了能量效率和紧凑性，被公认为下一代百 TW 乃至 PW（10^{15}W）级脉冲功率加速器的首选技术途径。

　　基于 FLTD 技术的大型脉冲源尚处于概念性设计及筹建阶段。2007 年，美国桑迪亚国家实验室的 Stygar 等人提出了下一代 PW 级 Z 箍缩加速器的结构，如图 21.5-9 和图 21.5-10 所示，由外到内依次为多路并联 LTD 模块、水介质整体径向传输线、真空磁绝缘传输线和负载。其中 LTD 段环绕水段，水段又环绕真空段，三段都具有圆柱形几何形状，并且是同心的。LTD 段包括几个层叠的 LTD 驱动电脉冲发生器。为了与标准术语一致，每个 LTD 脉冲发生器，称之为一个"LTD 模块"，它是一个由环形 LTD 脉冲发生器"级"以电压叠加方式堆叠而成的直线型阵列。LTD 的一"级"也称为一个"腔体"。

加速器的 LTD 段的外径由每个 LTD 模块的长度、模块的数量和 LTD 层的数量决定。每个模块的长度由每个 LTD 腔体的长度和每个模块的腔体数量决定。腔体的总数由每个腔体产生的功率和加速器所需的总电功率决定。图 21.5-9 和图 21.5-10 任意假设了 3 个 LTD 层，水段由 3 个堆叠的单片（mono-lithic）径向传输线阻抗变换器组成；真空部分由一个 6 层真空绝缘堆、6 层 MITL、一个三柱孔真空回旋结构和一个 Z 箍缩负载组成。其中绝缘堆用作水-真空界面；绝缘堆和 MITL 有 6 层，以匹配水段的 6 个径向传输线（即 3 组径向三平板传输线）以及 LTD 段的 3 层 LTD 源；真空回旋结构叠加了 6 个 MITL 输出端的电流，并将总电流输送到 Z 箍缩负载。

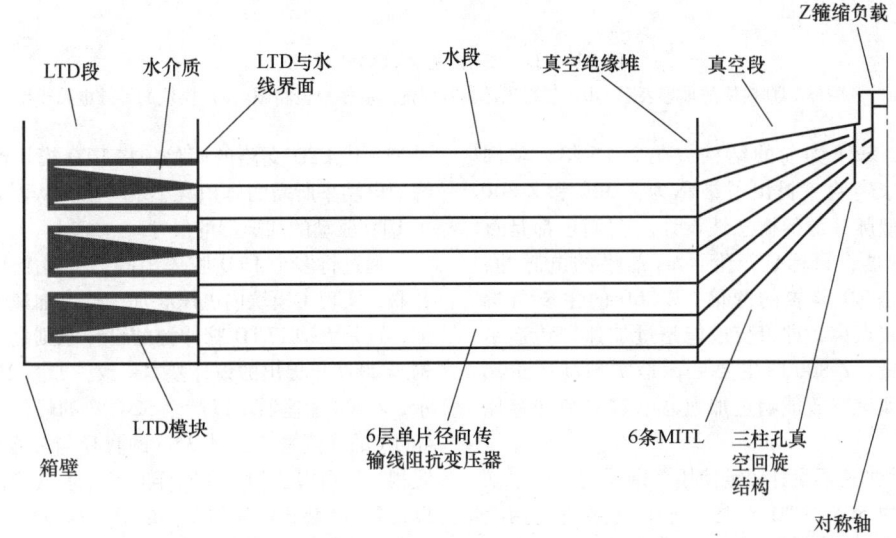

图 21.5-9　基于 FLTD 技术的 PW 级 Z 箍缩驱动源组成示意图

图 21.5-10　基于 FLTD 技术的 PW 级 Z 箍缩加速器的三维模型

图 21.5-11 所示为三腔模块的工作原理。图 21.5-11 所示的电路模型是 Mazarakis 及其同事提出的。在该图所示条件下，LTD 模块及其相关的内部同轴传输线可以近似建模为驱动恒定阻抗传输线的单个串联 RLC 电路，该模型忽略了 LTD 磁芯的非理想特性带来的损耗。图 21.5-11a 中每个腔体包含 80 个电容器和 40 个开关，此处用一个电容和一个开关表示，矩形表示磁芯，箭头表示在所有开关闭合后大部分电流流动的路径，此处忽略了磁芯感应的一小部分绕磁芯流动的电流。图 21.5-11b 所示的电路略去了磁芯及其损耗，并且认为模块从左（上游）至右（下游）的第 n 级腔体恰好驱动特征阻抗为 $n \cdot Z_{cav}$ 的同轴传输线，Z_{cav} 即为单个腔体的等效阻抗。这种电路的设置方式可以恰好使得整个回路中的功率流向负载侧（下游）流动，读者可以自行根据传输线理论中的折反射规律进行推导，这里不再详细说明。图 21.5-11c 给出了三腔模块的等效电路，需要注意的是，这种等效仅当每一级腔体的开关恰好在前一级（即相邻左侧的腔体）开关闭合后的 τ_{cav} 之后闭合才是成立的。其中 τ_{cav} 是电磁脉冲沿传输线传播单个腔体长度所需的时间，即 τ_{cav} 是单个传输线段的单向传输时间，这里假设所有的传输线段具有相同的电气长度 τ_{cav}。

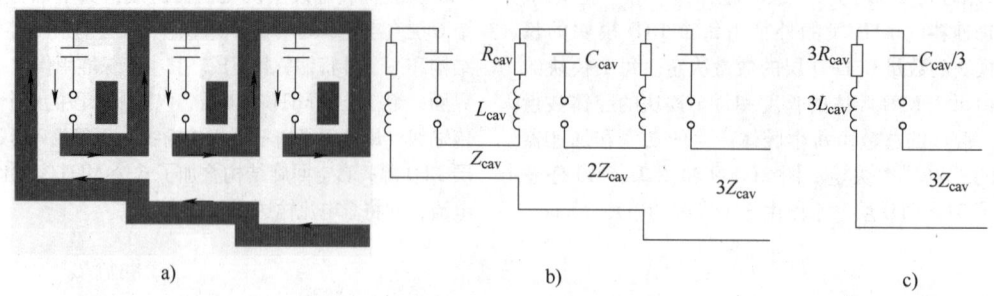

图 21.5-11 三腔模块的工作原理

a) 三腔体 LTD 模块的理想表示 b) 忽视磁芯损耗时的三腔模块电路图 c) 模块的等效电路模型

之后，基于先前的结构，在 2015 年，美国桑迪亚国家实验室提出了被称为 Z-300 和 Z-800 的两个大型脉冲源的概念性设计。它们也都是百 TW 级加速器，目标是产生百 ns 前沿的电脉冲，能量效率是 ZR 装置的两倍。Z-300 的主要目标是实现热核点火，即聚变放能超过加速器传递给目标的能量；Z-800 的主要目标是实现高产量热核聚变，即聚变放能超过加速器电容器最初存储的能量。

这两个加速器设计假定使用美国桑迪亚国家实验室开发的 5GW LTD 支路。每个支路包括两个 100kV、80nF 的电容器，与一个 200kV 的场畸变气体开关串联，如图 21.5-12 所示。5GW 支路的功率

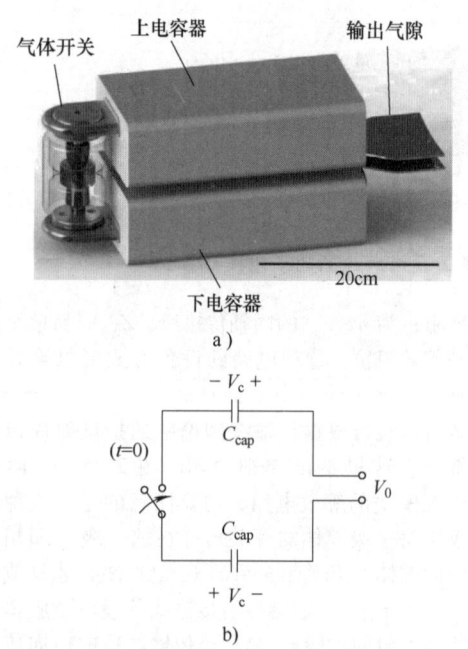

图 21.5-12 美国桑迪亚国家实验室的支路设计

a) 实物外形 b) 单个支路的等效电路模型

是第一代 LTD 支路的两倍，将 LTD 模块产生给定峰值电功率所需的体积减小了一半，从而大幅减小了 LTD 驱动的加速器的尺寸。

通过将多个 LTD 腔体串联、将多个 LTD 模块并联，实现了模块内电压叠加，整体加速器电流叠加，这是大型 FLTD 脉冲源的设计原则之一，其结构与 2007 年提出的设计基本一致，如图 21.5-13 所示，Z-300 加速器可以产生 320TW 的峰值电功率和 48MA 的峰值电流，其 35m 的直径与如今的 ZR 装置相当，可以看到，在同样的尺寸下其峰值电流可以达到 ZR 装置电流约 2 倍的值。Z-800 是 Z-300 的较大版本，其设计峰值功率达到了 890TW。

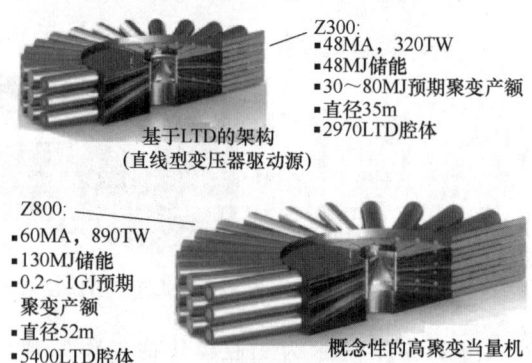

Z300:
- 48MA，320TW
- 48MJ储能
- 30~80MJ预期聚变产额
- 直径35m
- 2970LTD腔体

基于LTD的架构
(直线型变压器驱动源)

Z800:
- 60MA，890TW
- 130MJ储能
- 0.2~1GJ预期聚变产额
- 直径52m
- 5400LTD腔体

概念性的高聚变当量机

图 21.5-13 概念性的 Z-300 和 Z-800 超级加速器设计三维模型

LTD 独特的电路拓扑结构赋予其非凡的技术优势，其具有以下几方面的优点：

1) LTD 采用模块化设计，感应腔间通过磁芯实现电压感应叠加，使整个装置电压化整为零，单个感应腔电压级别较低（<200kV），即腔体中电容器充放电均为并联运行，运行时处于等电位，电压叠加在次级实现，外部不可见。由于单腔体运行电压级别较低，不需要变压器油等特殊绝缘

介质，运行维护方便；尤为重要的是，腔体运行电压级别较低使得整个装置可以较为紧凑，减小了结构电感，提高了能量利用效率，同时降低了造价。

2）LTD 同一腔体内使用多个小容量电容器及开关并联，可以降低单位电容量对应的电感值，由此实现快脉冲输出，且在保证电流水平情况下降低对器件电感的要求。因此，LTD 可提供 100ns 量级的高功率短脉冲，直接驱动负载，省去了造价昂贵的脉冲压缩段，使整个装置的体积及造价大大降低。

3）LTD 拥有相对独立的四级结构单元：支路、腔体、模块、装置，一个开关和两个电容器串联构成一条支路，按输出脉冲的参数需求选择支路的 LC 值，即可基本确定整个装置的输出脉冲前沿；选择适当个数的支路并联成一个腔体，即可达到所需电流幅值；再由若干个腔体串联堆叠为一个模块即可达到所需的电压；最后由多模块实现多路汇流，从而达到更高的功率水平。

4）由于 LTD 四级结构单元相对独立，又由于其模块化设计，可实现输出极性、输出电压、输出阻抗等参数的改变以及输出波形的可控调整。

5.2 中型脉冲源

54 中型脉冲源的特点与功能 中型脉冲源的典型电流、电压水平分别约为 1MA、1MV，典型储能为数十至数百 kJ，对匹配负载放电的峰值功率通常在 0.1TW 至数 TW 量级。中型脉冲源主要由大学或研究院所运行，较低的储能和功率决定了其具有较高的运行效率，且易于开展精细的负载测量与诊断。因此，中型脉冲源非常适合开展大型装置物理实验的先导实验，为大装置实验方案的可行性论证提供重要依据；另一方面，精细负载测量与诊断有助于揭示大装置物理实验中的关键物理机理，也为数值模型的实验验证提供了重要数据来源；此外，中型脉冲源实验平台也是新物理思想、负载技术以及测量与诊断技术的验证平台。因此，中型脉冲功率源及实验平台与大型脉冲功率装置相互配合，共同推动了高能量密度物理的快速发展。

55 典型中型脉冲源 表 21.5-1 给出了部分国内外大学和科研院所在运行典型中型脉冲源。

表 21.5-1 部分国内外大学和科研院所在运行典型中型脉冲源

序号	装置名称	主要参数	所在机构	脉冲源技术路线
1	MAGPIE	1MA，250ns，1.25Ω	英国帝国理工学院	Marx+PFL
2	ZEBRA	1MA，100ns，1.9Ω	美国内华达大学	Marx+PFL
3	COBRA	1MA，100ns，0.45Ω	美国康奈尔大学	Marx+PFL
4	GAMBLE II	1MA，100ns，2MV	美国海军研究实验室	Marx
5	MIG	2.5MA，100ns	俄罗斯 HCEI	Marx
6	Angara-5-1	6MA，70ns，1.5MV	俄罗斯 TRINITI	Marx
7	SPHINX	6MA，1μs	法国 CEA Gramat	LTD
8	强光一号	1.5MA，80ns	中国西北核技术研究院	直线型脉冲变压器（LPT）
9	PPG-1	200kA，100ns	中国清华大学	Marx
10	秦-1	1MA，150ns	中国西安交通大学	LTD

5.3 小型及特种脉冲源

56 全固态 Marx 发生器 不同于气体开关 Marx 发生器，固态开关 Marx 发生器结合了电力电子变换技术，较好地解决了低压半导体开关实现脉冲高电压这一技术难题，同时发挥了半导体开关的固有优势，具有小型化、可控性、高频化的特点，幅值、频率、脉宽在相当大的范围内可调，可适应于电阻、电容、电感以及等离子体等各类负载，使得它在国防、科研和工业领域具有广泛应用前景。

固态 Marx 发生器同样基于气体开关 Marx 发生器"并联充电、串联放电"的基本原理，但在应用方法上有所创新，主要表现在隔离充电、开关同步以及波形调制等几个方面。

图 21.5-14 所示为典型分布式电感充电固态 Marx 发生器负脉冲电压输出电路原理图。其工作过程分为 3 个阶段：①充电阶段，充电时间由充电回路参数及充电电源方式所决定，既可以采用直流充电，也可以采用交流充电；②当各级电容器充电到设定电压时，所有开关触发导通，多级电容器通过开关串联输出高压；③当达到设定的脉宽时，通过触发脉冲控制所有开关断开，在负载上获得一定脉宽的高压脉冲。采用全控型固态开关如 MOSFET 和 IGBT 可以很方便地控制脉冲宽度和重复频率。

目前，多电平 PWM 调制技术在电力电子领域已得到广泛应用，图 21.5-15 所示为半桥级联型多电平电路拓扑结构示意图。在脉冲功率技术中被用来产生双极性高压脉冲，由于该电路也遵循 Marx 发生器工作原理，这里也将其统称为全固态 Marx 发生器电路，也有人将其称为脉冲电压叠加器（pulse voltage adder）。通过选择触发多级开关导通，实现电容器串联，获得电压叠加输出，既可输出单电平方波脉冲，也可输出多电平脉冲波形。由此可以看出，固态 Marx 发生器与气体开关 Marx 发生器相比，在充电效率、工作模式及波形调制等方面都有技术上的创新。

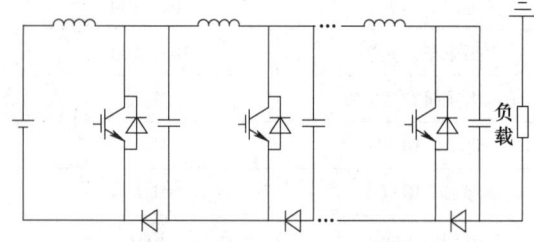

图 21.5-14　分布式电感充电固态 Marx
发生器负脉冲电压输出电路原理图

57　全固态 LTD　LTD 驱动源是一种基于感应叠加方式的 ns 级脉冲功率发生器。脉冲感应叠加是基于变压器原理将多个模块进行串联式叠加，在获得大功率输出的同时，减小一次电路的工作电压和体积，在感应加速器、高压脉冲电源、微波发生器中广泛应用。LTD 每个模块的一次电路均接地，充电电路不需要隔离，因此结构相对简单。利用脉冲感应叠加技术的 LTD 在短脉冲和低阻抗输出方面具有相对优势。

LTD 的基本电路如图 21.5-16 所示。LTD 可以

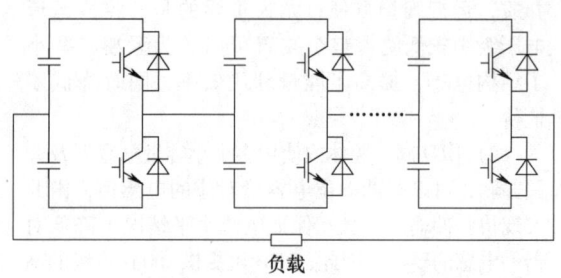

图 21.5-15　半桥级联型多电平电路拓扑结构示意图

看成是一个变压器，其一次侧由多个模块组成，每个模块又由多个电容和开关的并联回路构成。当所有开关导通时，二次侧的输出电压接近所有模块电压的总和，而输出电流接近一个模块的工作电流。

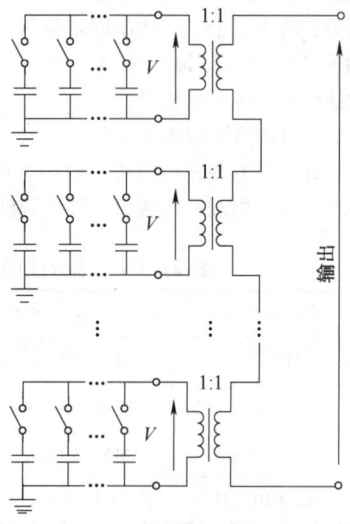

图 21.5-16　LTD 脉冲发生器等效电路

全固态 LTD 的特点之一是开关可以关断。因此没有必要每次输出都释放所有电容器的储能，而在必要的时候可以通过切断开关来结束输出。这一点使全固态 LTD 在以下两方面与采用火花隙开关的大型 LTD 有所不同。第一是输出波形，因为全固态 LTD 可以通过控制开关产生接近方波的输出电压，而大型 LTD 通常只能产生典型的 LCR 振荡波形。第二是输出电压，因为全固态 LTD 模块的输出可以接近充电电压，而大型 LTD 模块在阻抗匹配的情况下只能得到充电电压的一半。

因此全固态 LTD 的脉冲宽度基本由开关器件的"开"和"关"的时间间隔决定，当然这个时间受到磁芯饱和的限制。值得一提的是，全固态 LTD 的不同模块可以在不同时间工作，因为每个模块都有

旁路二极管,使回路电流在该模块的开关不工作的时候也能通过。利用这个特性可以通过控制不同模块的输出时间来组合任意的输出电压波形。

58　开关电容一体化脉冲源　开关电容一体化设计是减小脉冲放电回路电感、缩短脉冲前沿并提高装置紧凑性的有效方式。西北核技术研究院研发了一种开关与电容器一体化输出连续可调的快前沿核电磁脉冲源。由于高压脉冲电容器与短间隙开关一体化,回路紧凑、电感低,极大地减小了输出脉冲的前沿,在不使用峰化电容、峰化开关时输出脉冲前沿满足 IEC 61000-2-9 标准,避免了使用 Marx 发生器多开关、多储能电容的结构,降低了系统的复杂程度。在连接 50Ω 负载时可以产生前沿 2ns、输出电压 0~120kV 连续可调的高电压脉冲,直接驱动等效阻抗 50Ω 的 GTEM 小室(高压电极芯板距离接地电极板 1.5m),可以产生电场强度 0~60kV/m、前沿 2.5ns±0.5ns、符合 IEC 61000-2-9 标准的核电磁脉冲(NEMP)辐射模拟环境,可用于各种军用和民用电子电气设备与系统、生物等的核电磁脉冲效应机理与防护技术研究。

参考图 21.5-17 所示的结构示意图,脉冲源具体工作过程为:储能电容充电至要求的电压,开关运动触发电极 3 向高压电极 5 高速运动,在运动时要求触发电极 3 与接地电极 4 保持良好电气接触;随着开关触发电极与高压电极间距的缩小,开关最终击穿闭合,低电感储能电容 2 的高压电极 5 接地,电容器的低压电极 6 通过传输线 7 输出快前沿的高电压脉冲。储能电容开关与金属外壳构成同轴结构的放电回路,极大地减小了电感,降低了输出脉冲的前沿。

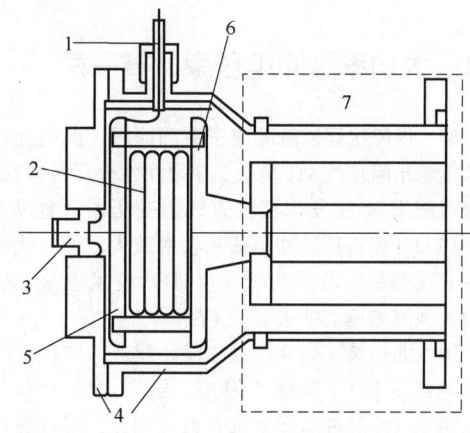

图 21.5-17　开关电容一体化脉冲源结构示意图
1—充电电缆　2—低电感储能电容　3—开关运动触发电极
4—接地电极　5—高压电极　6—低压电极　7—传输线

第6章 脉冲功率源技术应用

6.1 大功率脉冲电子束、离子束

59 低阻抗强流脉冲电子束加速器 此类加速器典型输出阻抗为1Ω量级，多采用水介质传输线。初级可采用Marx发生器或直线型变压器，通过多级中储和开关实现脉冲压缩和功率放大；下一代快脉冲直线型变压器驱动源（FLTD）技术也是建造低阻抗强流加速器的重要技术路线。

由西北核技术研究院独立设计建造的"闪光二号加速器"（以下简称"闪光二号"）是一台典型的低阻抗强流脉冲电子束加速器，闪光二号加速器的主体由Marx发生器、水介质形成线、水介质主开关、水介质传输线、预脉冲抑制电感、预脉冲抑制开关、水介质输出线、低阻抗二极管、真空系统和脉冲强磁场系统等组成，还配套有控制系统、±100kV高压直流电源、125kV快前沿高压脉冲触发器、脉冲电压、电流的监测探头和测量记录系统以及油、水绝缘介质的处理系统等。加速器的实物照片如图21.6-1所示，其基本结构如图21.6-2所示。

闪光二号长18m、宽6.5m、高5.2m，Marx发生器额定输出脉冲电压为6.4MV、总储能为224kJ。水介质形成线阻抗为5Ω、传输线阻抗为3.2Ω、输出线阻抗为2Ω。低阻抗二极管有2Ω、1Ω和高能注量电子束二极管3种，分别输出1.3MV/650kA、0.9MV/0.9MA和能注量1kJ/cm^{2}的强流脉冲电子束。"闪光二号"于1990年投入使用。

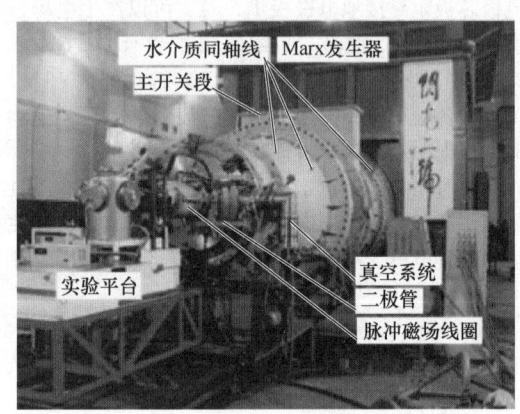

图 21.6-1 闪光二号装置

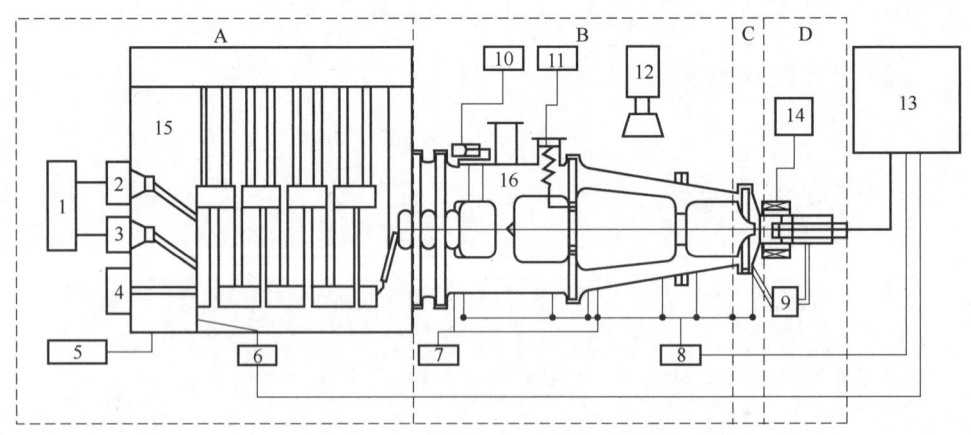

图 21.6-2 闪光二号的结构示意图

A—Marx发生器 B—水介质同轴线 C—二极管 D—磁场线圈和漂移管 1—控制台 2—触发器
3—高压直流电源 4—绝缘气体装置 5—油处理装置 6—Marx发生器参数测量 7—纯水处理装置
8—水介质同轴线和二极管参数测量 9—真空系统 10—主开关调节系统 11—预脉冲抑制电感
12—监控系统 13—测量记录系统 14—脉冲磁场系统 15—绝缘介质（变压器油） 16—纯水介质

60　低阻抗大面积电子束二极管系统　低阻抗大横纵比冷阴极强流相对论电子束二极管是一种高功率脉冲负载，它可以将脉冲功率驱动源馈送来的脉冲电磁能量转换为强流脉冲电子束的动能。二极管系统包括低阻抗大面积电子束二极控制和引出强束流的脉冲轴向磁场与漂移管、强束流的测量系统和真空系统等，主要解决大面积均匀电子束的产生、电子束的输运以及束斑均匀性的控制等问题。

（1）强流脉冲电子束的产生　可用爆炸发射理论说明强流脉冲电子束的产生机理。爆炸发射理论的一般表述如下：

1）场致发射阶段。当电压加到二极管上时，由于阴极表面的微观场增强，阴极表面上的微观晶须发射电子流。

2）电阻性加热与再生热不稳定循环。由阴极流向电子发射体顶端的电流导致晶须发射体的电阻性加热和热传导，以及辐射导致的冷却循环发生。

3）晶须爆炸与阴极等离子体亮斑的形成。当外加电场增大时，场发射电流引起发射晶须尖端过热，当达到阴极材料的熔点时，将会导致晶须汽化蒸发（称为晶须爆炸），晶须爆炸后几纳秒内形成局部等离子体猝发（阴极光斑）。

4）等离子体亮斑扩张合并，形成覆盖整个阴极表面的等离子体层。局部等离子体猝发后，由于快速的等离子体流体动力学膨胀，形成局部等离子体的合并，最后形成一个覆盖整个阴极表面的等离子体层。

5）阴极表面等离子体形成后，从阴极表面继续发射电子进入等离子体层，而等离子体层成为阴极的发射体。二极管中的电子发射不再受阴极表面积的限制，而是受阴阳极间隙中的空间电荷场的限制。阴极材料的物理参数和微观结构以及外加电压

脉冲的特征决定了阴极等离子体的形成，爆炸发射理论认为：金属表面的微观凸起类似于晶须。

（2）强流脉冲电子束的输运　在强流脉冲电子束二极管中，杂质等离子体向阴阳极间隙的膨胀速度明显改变了电子束在其中的输运空间。电子束在不同时刻和不同电压下的输运分别有非相对论条件下的空间电荷限制流模型、相对论条件下的空间电荷限制流模型、临界电流模型、顺位流模型和聚焦流模型等多种模型。

二极管阴极所发射的电子经阴阳极间隙中的电场加速，同时，发射电子的电荷也将改变阴阳极间隙中的电场分布。在阴阳极间隙中求解泊松方程或麦克斯韦方程组，可得出阴阳极间隙电子束输运的解析解。

1）空间电荷限制流模型：在二极管电压脉冲初期，低阻抗大横纵比电子束二极管是最接近平板阴极的理想二极管，其阴阳极间隙及电位分布如图 21.6-3 所示。当阴极表面发射的电子进入阴阳极间隙后，初期的电子在空间电场的作用下迅速向阳极运动，空间电位分布受电子电荷的影响发生微小畸变，如图 21.6-3b 中曲线Ⅱ。随着外加电压和发射电流的增大，当大量电子进入阴阳极间隙后，阴极附近刚发射但尚未得到充分加速的电子聚集在阴极表面前方，使阴极表面前方的电场强烈畸变，形成低于阴极电位的最小值$-V_m$，在阴阳极间隙之间形成 1 个势阱。阴极发射电子的初始能量小于此势阱时就被势阱反射回阴极等离子体中，只有当电子的初始动能大于势阱深度时，电子才能穿透势阱继续向阳极运动，这种空间电荷限制了电子束流在阴阳极间隙的输运。对无限大平板阴极，忽略阴阳极的边缘效应和电子的初速度，电子束在阴阳极间隙的运动满足泊松方程。

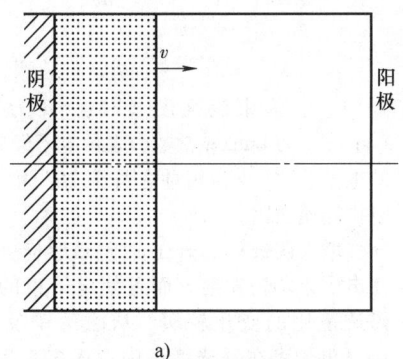

a)

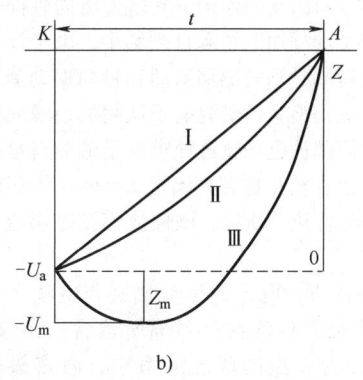

b)

图 21.6-3　阴阳极间隙及电位分布示意图

a）阴阳极间隙示意图　b）阴阳极间隙电位分布

在边界条件为 $z=0$、$U=0$ 和 $z=d$、$U=-U_a$、$\mathrm{d}U/\mathrm{d}z=0$ 时，求解泊松方程得到的 Child-Langmuir 定律基本能够反映在二极管中输运的电子束：

$$j=\frac{4}{9}\varepsilon_0\sqrt{\frac{2e}{m_e}}\frac{U_a^{\frac{3}{2}}}{d_0^2} \qquad (21.6\text{-}1)$$

式中，U_a 为二极管阴阳极间隙电压，d_0 为二极管阴阳极间距。

2）临界电流模型：空间电荷限制流模型是通过在阴阳极间隙求解泊松方程得出的。很显然，没有考虑电流的自磁场，并默认电子的轨迹是互不交叉的，即是所谓的层流模型。然而当阴阳极间隙的电子束流足够大时，阴极外沿发射的电子在束流自身的磁场作用下，将有径向速度。二极管中的电子束流受自磁场作用将发生轴向箍缩，当外沿电子在阴阳极间隙中的拉莫尔半径小于或等于阴阳极间隙距离时，对应开始箍缩的电流被称为临界电流。

电子受垂直于运动方向的磁场作用，其绕磁力线回转的拉莫尔半径为

$$r=\frac{\gamma m_e v}{eB} \qquad (21.6\text{-}2)$$

式中，γ 为相对论因子，m_e 为电子质量，v 为电子做回转运动时的切向运动速度，e 为电子电荷量，B 为磁感应强度。

当电子在自磁场中的拉莫尔半径与阴阳极间隙相等时，认为电子束流开始箍缩，即

$$\gamma m_e v=eBd \qquad (21.6\text{-}3)$$

$$I_{cr}=8\,500\frac{R_c}{d}\sqrt{\gamma^2-1} \qquad (21.6\text{-}4)$$

式中，R_c 为阴极半径。

3）顺位流模型：在低阻抗大横纵比强流电子束二极管中，当电子束流强度超过箍缩临界电流后，外层电子在自磁场的作用下其轨迹将向轴向运动。在相互正交的外加电场和自磁场中，电子流在阴阳极间隙的运动是轴向漂移运动和径向振动运动的叠加。顺位流模型就是研究电子从阴极边缘向轴的运动，以最简单的电子轨迹探求电子流的自恰平衡解。当电子流在相互垂直且满足 $E=v\times B$ 中运动时，电子流是层流束。所以，顺位流模型是层流束平衡态下的解。

在上述条件下，电子的运动轨迹与电场等位面重合，这就是顺位流模型名称所蕴含的意义。在以阳极中心为原点的球坐标系中，假定极轴与二极管的对称轴重合，在圆锥形阴极表面 $\theta=\theta_0$，在阳极表面 $\theta=\pi/2$，则 $E_r=E_\varphi=B_r=B_\theta=v_\varphi$

$v_\theta=0$，在此边界条件和初始条件下求解麦克斯韦方程组和 $v\times B$ 场中的电子运动方程以及电荷、电流连续性方程，可得阳极表面的饱和顺位流模型的电流表达式为

$$I_p=8\,500g\gamma_0\ln\left[\gamma_0+(\gamma_0^2-1)^{\frac{1}{2}}\right] \qquad (21.6\text{-}5)$$

式中，$g=R_c/d$ 为横纵比，是大面积低阻抗二极管的重要参数；$\gamma_0=(eU+m_ec^2)/m_ec^2$，$e$ 为电子电荷，U 为极间电压，m_ec^2 为电子质量。

（3）强流脉冲电子束的输运　在低阻抗大横纵比强流电子束二极管中，箍缩和无法控制能注量的强流电子束无法满足电子束热-力学效应研究的要求。控制强流电子束在二极管中的箍缩，可行的技术措施是在二极管中外加轴向引导磁场。外加轴向磁场对具有径向速度的电子产生 $v\times E$ 的作用力，可以抑制束的自箍缩。为了在阴阳极间隙获得好的层流束，轴向磁场的强度越大越好。所加磁场的强度总是有限的，所以，阴阳极间隙中总磁场的磁力线与阴阳极不垂直，电子流将不能垂直入射阳极。电子在被电场加速的同时绕磁力线做螺旋运动，最终以一定的角度入射到阳极，电子入射到阳极的角度取决于电子绕磁力线旋转的圈数。

净磁场将迫使电子以螺旋轨道穿越阴阳极间隙，要抑制电子束流在二极管中的箍缩，最粗略的判据是外加轴向磁场的磁感应强度 B_Z 大于或等于电子束包络上的自磁场的磁感应强度 B_φ，即

$$B_Z\geqslant B_\varphi=\frac{\mu_0 I_D\gamma}{2\pi R_c} \qquad (21.6\text{-}6)$$

为了更有效地约束电子束，要求强流电子束不发生箍缩时，阴极处轴向磁感应强度 B_{Z_0} 由下式给出

$$B_{Z_0}\geqslant\frac{0.01I_D\gamma}{dv} \qquad (21.6\text{-}7)$$

$$v=\frac{I_D}{17\beta_L} \qquad (21.6\text{-}8)$$

式中，I_D 为束流强度（kA）；d 为阴阳极间隙（cm）；v 为 Budker 常数，表示电子经典半径长度内的电子总数；γ 为相对论因子；β_L 为电子速度与真空中光速之比。

增大阴极处的外加轴向磁感应强度，不仅能使电子束均匀发射，而且使电子束的传输效率随磁透镜比的变化较缓，从磁透镜反射这一因素讲（电子束在磁透镜场中形成多次反射过程，损失部分电子），若想得到高的传输效率，阴极处的轴向磁感应强度越大越好，但磁场太强会使设备

的造价太高。

61　强流脉冲电子束的应用　强流脉冲电子束具有广泛的应用，包括 X 射线热-力学效应研究、泵浦气体准分子激光和产生高功率微波等。

（1）X 射线热-力学效应研究　强流脉冲电子束辐照固体靶材时，能量沉积在靶材表面内（沉积深度取决于束中电子的动能），瞬间产生高温高压，使其局部熔化或汽化、成坑，形成热击波并向材料内层传播；当传播到材料后表层自由面时，卸载而形成拉伸波，可使后表层材料出现层裂破坏，这一现象一般发生在受辐照后的微秒级时间内，称为材料响应。熔化、汽化物质的喷射将对整个结构产生一个反冲冲量，此冲量荷载的作用可使结构产生应力、应变、弹塑性变形和屈曲破坏等，这一现象一般发生在受辐照后的毫秒级时间内，称为结构响应。强流脉冲电子束辐照固体靶产生的这些效应与 X 射线产生的效应极为相似，因此，可利用强流脉冲电子束模拟 X 射线对材料和结构的破坏效应。

（2）大面积电子束泵浦气体准分子激光　随着惯性约束聚变和强激光技术的不断发展，高功率准分子激光器的研究有了很大的进展。美、英、日等国先后建立了百焦以上的 KrF 激光器，其中以美国劳伦斯利弗莫尔国家实验室的曙光 KrF 激光器最大，达到了 10kJ。与此同时，美国的 AVCO 和 TTC 等公司也研制了几千焦级的 XeCl 准分子激光器。中国原子能科学研究院于 1990 年建立了百焦级的 KrF 激光器，最大输出能量为 106J。为了研究紫外激光与靶材的耦合效应，利用强流脉冲电子束加速器作为泵浦源研制了百焦级的 XeC 准分子激光器。

当均匀电子束注入充有工作介质的气室后，会产生大量的能量沉积，使气室内的原子激发和电离同时生成大量的离子和次级电子。在这些新生成的离子和离子之间、离子与次级电子之间遵循一定的规律发生相互作用，并生成 XeCl 上能态，处于激发状态的 XeCl 上能态由于受激发射而产生激光。这种稀有气体卤化物准分子激光介质属于非存储介质，它具有高增益、短自发辐射寿命、较强的非饱和吸收和较低的饱和参量等特性，因此，欲获得百焦级准分子激光必须采用快脉冲电子束来泵浦，同时必须具有大面积均匀电子束的产生、自发辐射放大和紫外光学谐振腔的准直等关键技术。

（3）强流脉冲电子束产生高功率微波　高功率微波为研究电子对抗、武器系统对微波的脆弱性、电磁耦合现象、远程雷达等提供了重要的技术手段，并具有作为微波武器的可能性，因此越来越受到美国和俄罗斯等军事强国的重视。20 世纪 70 年代末以来，用强流脉冲电子束产生高功率微波的研究有了很大的进展，微波频率范围为 1~100GHz，功率高达几百兆瓦至几十吉瓦。当强流脉冲电子束注入真空漂移管中时，如果电子束流超过空间电荷限制流，电子束流会在前进方向穿过阳极，在阳极附近形成电荷堆积，形成虚阴极，虚阴极的初始位置主要取决于电子动能和电子相对论等离子体的振荡频率。

在"闪光二号"上进行了虚阴极振荡器产生高功率微波的实验。当二极管阻抗运行在 1Ω 工作状态时，获得了功率大于 4.5GW、脉冲宽度为 25~30ns、频率为 9~10GHz、最大能量为 113J 的微波。

62　强流脉冲离子束的产生与应用　强流脉冲离子束（IPIB）是指脉冲束流强度大于 10kA 以上的质子束、离子束及混合束，主要用于冷 X 射线热-力学效应、产生强脉冲形式的单能（或准单能）γ 射线、材料表面处理、进行状态方程和冲击波物理实验研究、产生强脉冲中子、模拟中子产生的反冲质子，以及粒子束武器技术、惯性约束聚变等研究。

（1）强流脉冲离子束的产生

1）概述。强流脉冲离子束主要由双向流二极管产生，通过延长电子在阴阳极间隙中的平均渡越时间，抑制电子流，提高离子流产生效率。

二极管在双向流情况下的离子产生效率为

$$k_{eff}=I_i/(I_i+I_e)=j_i/(j_i+j_e) \qquad (21.6-9)$$

式中，I_i 为离子流强度，I_e 为电子流强度，j_i 为离子流密度，j_e 为电子流密度。

为了提高离子产生效率，必须改善二极管中电子密度分布或抑制电子在二极管中的流动。可以通过增加电子在二极管内的平均渡越时间来提高离子流效率 k_{eff}。对于空间电荷限制流，二极管内总的电荷近似为 0。离子流与电子流之比等于电子平均渡越时间 t_e 与离子平均渡越时间 t_i 之比：

$$I_i/I_e \approx t_e/t_i \qquad (21.6-10)$$

根据特定的二极管形状和加速器参数，可以采用以下 3 种方法增大 $\langle t_e \rangle$，从而相应地提高离子束流效率：①在二极管间隙外加平行于阴阳极表面的磁场，即采用磁绝缘二极管；②使电子多次穿过阳极，即采用反射晶体管；③利用二极管中的总束流产生的自磁场，即采用自箍缩二极管。

2）自箍缩离子束二极管。

①自箍缩离子束二极管的工作原理。自箍缩

离子束二极管靠束流产生的自磁场来增大电子在二极管间隙中的渡越时间，从而提高离子束流的产生效率。强流二极管在双向流情况下，二极管中由于离子空间电荷的存在，阴阳极间隙内空间电荷部分中和，使电子流和离子流的密度都有所增大。

对相对论电子，电子流密度 j_e 和离子流密度 j_i 分别为

$$j_e = \frac{9}{16} j_{ecl} \left(\int_0^1 \left\{ t^{\frac{1}{2}} (1 + \alpha t)^{\frac{1}{2}} + (1 + \alpha)^{\frac{1}{2}} \left[(1 - t)^{\frac{1}{2}} - 1 \right]^{-\frac{1}{2}} \right\}^{-\frac{1}{2}} dt \right)^2$$

$$(21.6\text{-}11)$$

$$j_i = j_e \left(\frac{Z_i m_e}{m_i} \right)^{\frac{1}{2}} (1+\alpha)^{\frac{1}{2}} \qquad (21.6\text{-}12)$$

式中，j_{ecl} 为 Child-Langmuir 电子束流密度；$\alpha = eU_D / 2m_e c^2$；Z_i 和 m_i 分别为离子的电荷态和质量。式中的广义积分与 α 值有关，即与二极管的电压有关。对于 $\alpha = 0.5 \sim 5$ （$U_D \approx 0.5 \sim 5\text{MV}$），即在相对论情况下，二极管的电子束流强度 I_e 可用下式表示：

$$I_e = (1.93 \sim 2.14) \frac{I_a}{2} \left[k \left(1 + \frac{1}{6k^4} \right) - 1.2 \right]^2 \left(\frac{R_c}{d} \right)^2$$

$$(21.6\text{-}13)$$

对于 $\alpha = 0.1 \sim 0.5$ （$U_D \approx 0.1 \sim 0.5\text{MV}$），即在非相对论情况下，二极管的电子束流强度可用下式表示：

$$I_e = (1.88 \sim 1.93) \frac{I_a}{2} \left[k \left(1 + \frac{1}{6k^4} \right) - 1.2 \right]^2 \left(\frac{R_c}{d} \right)^2$$

$$(21.6\text{-}14)$$

式 （21.6-13） 和式 （21.6-14） 的区别仅在于系数的不同。在相对论情况下，系数取 1.93 ～ 2.14 （约为单纯电子流的 2 倍）；在非相对论情况下，系数取 1.88 ～ 1.93 （约为单纯电子流的 1.9 倍）。这就是说，对于双向流，由于离子的存在，电子束流增大为单纯电子流时的 1.88 ～ 2.14 倍。离子电流增大为单纯离子流 （不考虑相对论效应） 时的 $(1.76 \sim 1.31)(1+\alpha)^{1/2}$ 倍，离子束流强度可以用下式表示：

$$I_i = I_e \sqrt{(1+\alpha) \frac{Z_i m_e}{m_i}} = I_e \sqrt{(1+\alpha) \frac{Z_i}{1\,836 A_i}}$$

$$(21.6\text{-}15)$$

式中，A_i 为离子的质量数。

图 21.6-4 是闪光二号的自箍缩离子束二极管的工作原理示意图。阴极发射的电子轰击阳极膜以及阳极膜的沿面闪络放电导致阳极等离子体的迅速形

成 （比阴极等离子体形成延迟约 20ns），在二极管电场的作用下，阳极等离子体中的正离子朝向二极管阴极加速，此时在二极管中出现双向流，二极管中的总电流增强，相应的束流自磁场也增大，电子束开始箍缩。而在阳极膜后的空腔内形成虚阴极，增强了电子束在阳极膜两边的反射次数，并且由于电子束在阳极膜上以大角度穿插或掠射，从而在阳极膜中沉积了更多的能量，阳极膜迅速汽化并形成阳极等离子体团，相应地向阴极加速的正离子束流更进一步增加，电子流从阴极的边缘流向轴，电子束继续箍缩。当电子束到达二极管轴线时，形成准稳态，由于离子质量较大，束流自磁场对它的影响很小，离子几乎沿直线从阳极加速运动到阴极，形成稳态的箍缩电子流和层流离子流。

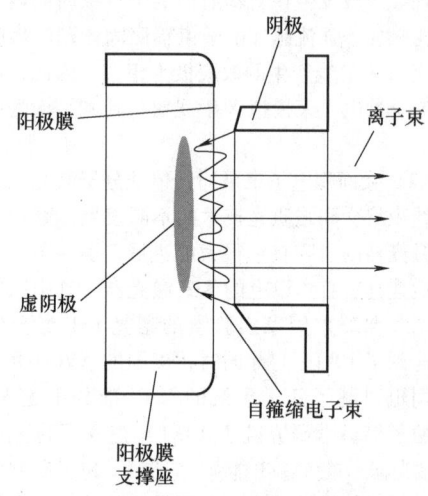

图 21.6-4　自箍缩离子束二极管的工作原理图

② 等离子体运动对二极管工作性能的影响。等离子体的漂移与扩散运动是影响二极管工作状态的重要因素，而影响最大的是其以一定速度 （1 ～ 5cm／μs） 的相向运动，它导致有效阴阳极间隙不断减小，从而使二极管的导流系数急剧增加。尤其是在阴阳极间隙较小的二极管中，还将导致阴阳极等离子体闭合而引起二极管短路，使二极管崩溃而无法正常工作。更进一步，阴阳极等离子体的运动还会引起二极管阴阳极间隙内电场和磁场的改变，这对离子束流的引出和聚焦也有严重的影响。阴阳极等离子体的成分取决于阴阳极材料和表面杂质以及表面吸附气体，包括有单、双和三离化成分以及中性气体分子，其电子温度约为 3 ～ 6eV。阴极等离子体不仅有径向的扩张速度 $v_{p\perp}$，还有轴向的膨胀速度 $v_{p\parallel}$ 和方位角的旋转速度 $v_{p\theta}$，实际测量得到一般

材料的 $v_{p\perp} \approx (1 \sim 3) \times 10^5 \mathrm{cm/s}$，$v_{p\text{//}} \approx (1 \sim 5) \times 10^6 \mathrm{cm/s}$，而 $v_{p\theta}$ 很小。可以采用电场阻尼和磁场阻尼等方法来抑制阴极等离子体的扩散速度。

阴阳极等离子体的运动会导致二极管间隙有效距离 d 的减小，这又有利于提高束流强度。根据饱和顺位流公式，随着 d 的减小，相应的二极管横纵比提高，可以提高束流强度。美国 Pithon 加速器和 Gamble-II 加速器实验所测量的束流强度比采用饱和顺位流公式计算的束流强度略大，特别是束流峰值过后所测的束流比采用饱和顺位流公式计算的束流强度大得多，即使当电压接近 0 时，束流仍然很大，这时二极管接近短路。"闪光二号"产生的束流也有同样的现象。因而合理选择二极管的阴阳极间距对保证二极管的正常工作和提高束流强度是至关重要的。

3）高功率离子束的传输。强流脉冲离子束的束流密度很高，这使得其空间电荷效应非常强，束流在传输很短的距离（几厘米）后即完全崩溃，因此束流的传输效率很低，一般采取中性化措施来解决这一问题。

离子束具有很强的电离能力，可以电离它所穿过的物质。因此，在离子束的传输通道上，采用 $2\mu m$ 厚的聚酯膜或利用漂移管中的残余气体（即抽到一定真空度后，漂移管内剩余的气体密度与离子密度相当，被离子束电离后提供中和电子），或在漂移管内充气，使离子束穿透这些物质的同时电离这些物质，从而给离子束提供中和电子，使离子束成为电荷和电流中和的准中性粒子团，电流中和达到 99%，最终实现较远距离的传输。

（2）强流脉冲离子束的应用

1）产生准单能脉冲 γ 射线。利用"闪光二号"产生的强流脉冲质子束轰击含 ^{19}F 核素的靶可以发生核反应：

$$p + {}^{19}F \rightarrow {}^{20}Ne^* \rightarrow {}^{16}O^* + \alpha \qquad (21.6\text{-}16)$$

$$^{16}O^* \rightarrow {}^{16}O + \gamma \qquad (21.6\text{-}17)$$

该反应产生 6.13MeV、6.92MeV 和 7.12MeV 3 种能量的瞬发 γ 射线（可简称为 6～7MeV 准单能 γ 射线），核反应阈能为 $E_p = 0.227 \mathrm{MeV}$，在入射质子能量 $E_p < 1\mathrm{MeV}$ 的情况下，主要产生能量为 6.13MeV 的 γ 射线。

2）模拟材料的冷 X 射线沉积效应。强流脉冲离子束（0.5～1MeV）与千电子伏级 X 射线的能量沉积范围基本一致，在材料中产生的应力波与千电子伏级 X 射线产生的应力波相似。因此，高功率离子束是模拟千电子伏级 X 射线热-力学效应的重要

手段。美国的 PI 公司与海军研究实验室合作，已在 Pithon 和 Gamble-II 加速器上开展了高功率离子束应用于材料和结构的热-力学效应研究以及飞行器、传感器等的抗冷 X 射线加固技术的研究和评估。

3）强流脉冲离子束辐照金属表面改性研究。强流脉冲离子束可以改变材料的表面结构或成分，获得非晶、纳米晶和其他常规方法所不能形成的表层成分、组织结构，获得强韧性、高耐磨性等其他特殊物理性能的表面层。因此，强流脉冲离子束技术正在发展成为新的材料表面改性技术。由于强流脉冲离子束的离子能量高（一般为 $10^5 \sim 10^6 \mathrm{eV}$），脉冲宽度窄（$<1\mu s$），能注量密度大（$1 \sim 150 \mathrm{J/cm^2}$），在注入固体表面的能量沉积过程中，其加热过程近似于绝热过程，在脉冲时间内靶体近表面层产生非常大的温度梯度，近表面温升足以使材料熔融、汽化，而基体的温度不变，它使强流脉冲离子束在材料改性方面产生了强脉冲能量沉积效应、淬火效应、退火效应、压力波效应、增强扩散效应、等离子体膨胀效应和混合效应等一系列新的效应。

4）其他应用。

① 模拟中子产生的反冲质子：高功率离子束的能谱与兆电子伏量级的中子在轻材料（如聚乙烯）中产生的反冲质子很相似，可以用于模拟中子产生的反冲质子，进行中子测量技术研究。

② 利用高功率离子束产生强脉冲中子：采用 CD_2 薄膜作为高功率离子束二极管的阳极膜产生高功率氘束流，而氘束流与氘、氚和锂等元素发生核反应能够产生不同能量的脉冲中子，为中子辐照、堆材料研究、中子物理研究中所迫切需要的。

③ 进行状态方程和冲击波物理研究：高功率离子束轰击靶可以产生强冲击波，如"闪光二号"产生的强流脉冲离子束在材料的表面极薄层（$1 \sim 5 \mathrm{mg/cm^2}$）范围内沉积的能注量达到 $10 \sim 25 \mathrm{J/cm^2}$，从而导致材料的快速蒸发和飞溅、产生很强的压力波（大于几百兆帕），压力波传播至靶的剩余部分而产生冲击波，可以研究束靶相互作用形成冲击波的物理过程以及高温、高压和高能密度下材料的物理变化过程。

6.2　伽马射线源

63　多功能强流脉冲电子束加速器　20 世纪 90 年代中后期，西北核技术研究院与俄罗斯科学院

西伯利亚分院强电流电子研究所合作，综合采用直线型变压器驱动源（LTD）、电爆炸断路开关（EE-OS）、等离子体断路开关（POS）等先进技术，驱动多种轫致辐射二极管和 Z 箍缩负载部件，产生不同参数的 γ 射线、X 射线，建成了独具特色的多功能辐射模拟源"强光一号"。2000 年后，西北核技术研究院又独立完成了对该装置的改进和提高。

"强光一号"装置的基本构成如图 21.6-5 所示，采用直线型变压器产生初始脉冲，初始脉冲分别通过电容型和电感型中间环节和兼容部件，实现波形调制和功率放大，最后传输到负载。如图 21.6-6 所示，电容型脉冲功率放大单元实际是水介质脉冲传输线（简称水线），主要由中间储能电容器、脉冲形成线、脉冲传输线和输出线以及其中的主开关、多针开关和预脉冲开关构成；电感型脉冲功率放大单元则是由储能电感、电爆炸断路开关和输出开关组成的油介质传输线构成的。由于各种二极管及 Z 箍缩负载所要求的驱动脉冲不同，相应的脉冲调制措施也不尽相同。比如，在水介质传输线之后，设置真空储能电感和等离子体断路开关，

进一步提高脉冲输出电压，驱动高剂量率轫致辐射二极管；在水介质传输线末端，增加预脉冲气体开关和输出线，降低预脉冲电压对硬 X 射线二极管的负面影响。如图 21.6-7 所示，在不同的工作状态下，装置采用横、纵两种布局，产生长脉冲轫致辐射时，直线型变压器与油线相互垂直相接，产生短脉冲轫致辐射和 X 射线时，直线型变压器与水线按照同轴纵向布置。

图 21.6-8 是"强光一号"直线型变压器的结构示意图。接短路负载的直线型变压器的原理如图 21.6-9 所示，磁芯数为 n_1，每个磁芯的一次支路数为 n_0，一次支路的电容、电感和电阻分别是 C_0、L_0 和 R_0；K_s 代表一次开关，等效为电感 L_s/n_0、电阻 R_s/n_0 和理想开关 K 的串联，L_s 和 R_s 为单支路开关的电感和电阻；二次电感和电阻是 L_2 和 R_2；R_e 和 L_e 是负载等效电阻和电感，M_i 为磁芯系统。图 21.6-9a 等效图 21.6-9b，磁芯 M 的电感 L_m 应满足：$n_1 L_m \geq n_1 L_0/n_0 + n_1 L_s/n_0 + L_2 + L_e$。图 21.6-9b 可进一步简化为图 21.6-9c，令 $C = n_0 C_0/n_1$，$R = n_1(R_0 + R_s)/n_0 + R_2 + R_e$，$L = n_1(L_0 + L_s)/n_0 + L_2 + L_e$。

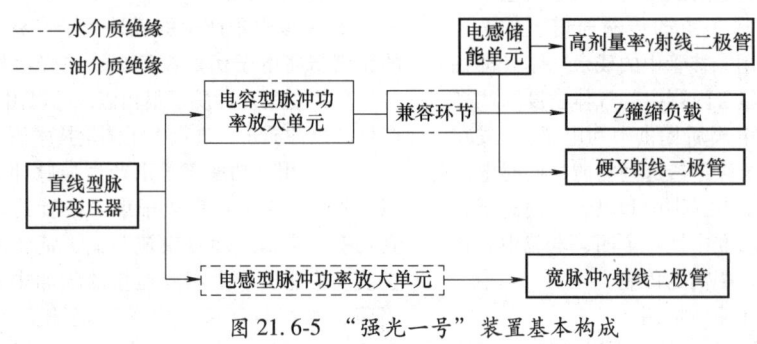

图 21.6-5　"强光一号"装置基本构成

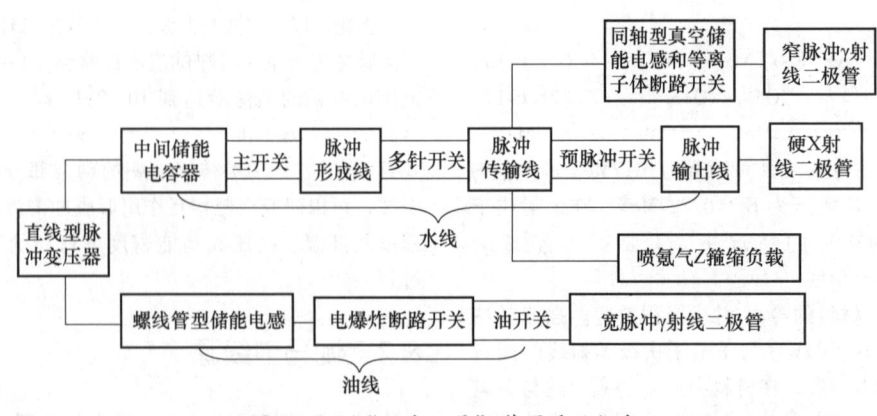

图 21.6-6　"强光一号"装置系统组成

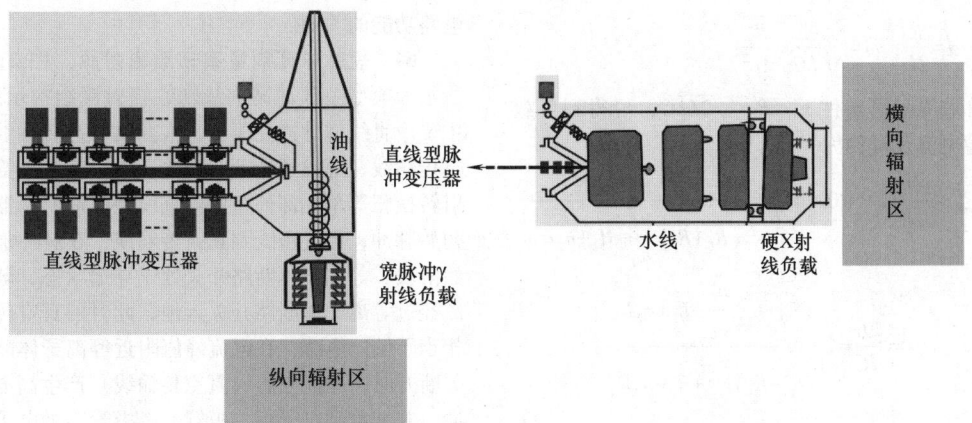

图 21.6-7 "强光一号"的结构和空间布局（水线以硬 X 射线为例）

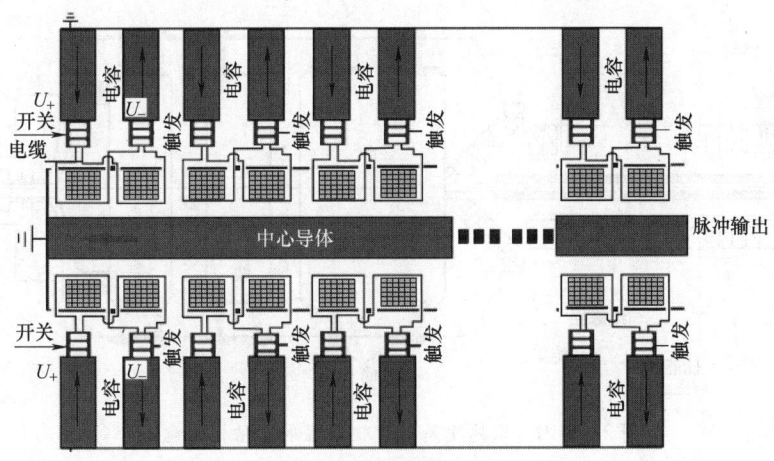

图 21.6-8 直线型变压器的结构示意图

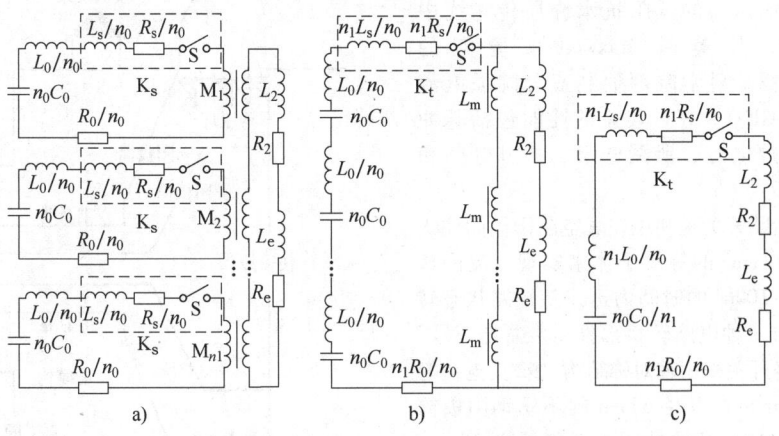

图 21.6-9 直线型变压器的原理及等效电路图

直线型变压器回路中的电流（i）方程为

$$L \frac{\mathrm{d}^2 i}{\mathrm{d} t^2} + R \frac{\mathrm{d} i}{\mathrm{d} t} + \frac{i}{C} = 0 \qquad (21.6\text{-}18)$$

$$i(t) = \frac{U_0}{L_w} \mathrm{e}^{-\alpha t} \sin \omega t \qquad (21.6\text{-}19)$$

式中，$\alpha = \dfrac{R}{2L}$，$\omega = \sqrt{\dfrac{1}{LC} - \dfrac{R^2}{4L^2}}$。

在临界阻尼条件下，$R = \sqrt{2L/C}$，可得到负载的峰值电流及时刻为

$$i(t_{\text{peak}}) = \frac{2U_0}{R}e^{-1} = 0.74\,\frac{U_0}{R} = \frac{0.74U_0}{(R_0 + R_s)\dfrac{n_1}{n_0} + R_2 + n_2 R_d}$$

$$t_{\text{peak}} = \frac{2L}{R} = 2\,\frac{(L_0 + L_s)\dfrac{n_1}{n_0} + L_2 + n_2 L_d}{(R_0 + R_s)\dfrac{n_1}{n_0} + R_2 + n_2 R_d}$$

由上述可知，开关在指定时刻放电，使直线型变压器完成合理的一次并联及二次串联，是实现该电路功能的关键。

64　短脉冲高剂量率韧致辐射源　图 21.6-10 所示为典型短脉冲高剂量韧致辐射源结构示意图，主要由直线型脉冲变压器、水介质脉冲传输线、真空传输线、等离子体断路开关、电子束二极管和辐射转换靶等单元部件组成。直线型脉冲变压器产生初始脉冲，经过水线到真空传输线，在脉冲加载初始阶段，等离子体断路开关处于导通状态，脉冲电流经过等离子体断路开关入地，此时的真空传输线相当于储能电感，在电流峰值附近等离子体断路开关断开时，储能电感（真空传输线）产生高电压脉冲，并加载到电子束二极管，二极管阴极电子轰击阳极，获得高剂量率韧致辐射。

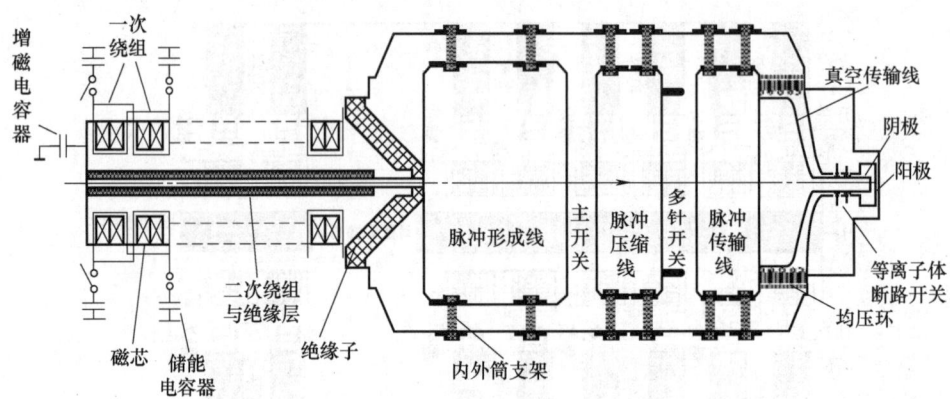

图 21.6-10　短脉冲高剂量韧致辐射源结构示意图

水开关作为能量馈送和输出的关键部件，在高功率脉冲加速器的低阻抗水介质传输线中被经常采用，如美国 Maxwell 实验室的 Blackjack 和俄罗斯科学院西伯利亚分院强电流电子研究所的 CHO-3 等。其关键性能包括脉冲击穿电压、杂散电容、泄漏电阻、弧道电感和电阻等。

等离子体断路开关是利用在真空阴阳极间注入密度为 $10^{12} \sim 10^{15}\,\text{cm}^3$ 的等离子体来实现电流的传导，并能在 $10 \sim 100\text{ns}$ 的时间内迅速从短路状态转换到开路状态的一种电路转接部件。"强光一号"的等离子体断路开关采用轴对称结构，92 支电缆等离子体枪对称分布在直径 65mm 的不锈钢阳极筒上（见图 21.6-11），开关的阴极直径约为 25mm，开关区轴向长度为 30mm。开关的电流传导时间为 $300 \sim 400\text{ns}$，最大传导电流约为 800kA。利用等离子体断路开关的快速开断特性，可以提高二极管电压幅值并陡化其脉冲前沿。

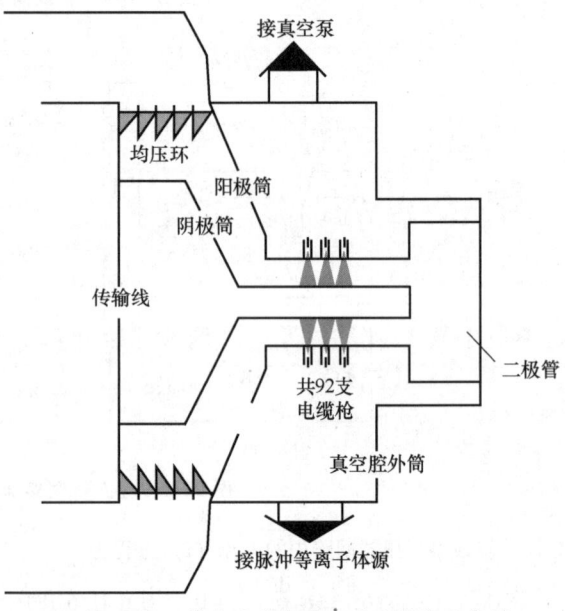

图 21.6-11　等离子体断路开关的结构示意图

65　脉冲宽度可调的长脉冲韧致辐射源　脉冲宽度可调的长脉冲韧致辐射源主要由直线型脉冲变压器、储能电感器、电爆炸断路开关、油介质自击穿开关、高阻抗韧致辐射二极管和辐射转换靶等单元部件组成，如图 21.6-12 所示。图 21.6-13 是系统的等效电路图，L_s 是储能电感，R_f 是电爆炸断路开关阻抗。当电爆炸断路开关断开时，储能电感器获得的高电压脉冲通过油开关放电加到电子束二极管上。而所得电脉冲的特性参数（前沿、幅值和脉冲宽度）主要取决于电爆炸断路开关系统的工作性能。储能电感器是螺线管，电爆炸断路开关放置在一个长 4.5m 的高压聚乙烯圆柱形腔体中，内充干燥压缩空气。通过适当调整电爆炸断路开关和高阻抗电子束二极管的参数，可以实现脉冲宽度的调节。

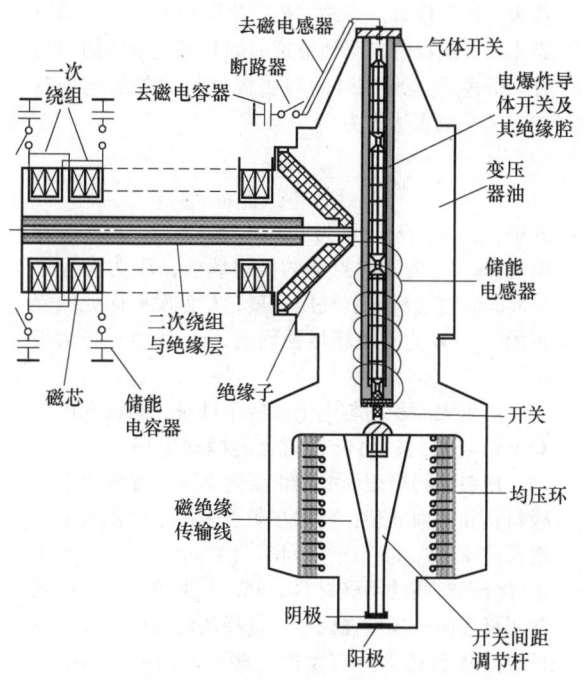

图 21.6-12　长脉冲韧致辐射源结构示意图

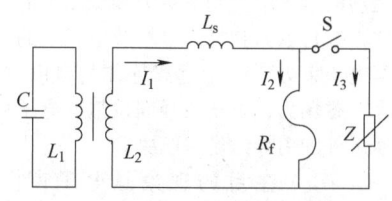

图 21.6-13　长脉冲韧致辐射源等效电路

在 20 世纪 50~60 年代，电爆炸断路开关技术就被应用于脉冲功率装置。电爆炸断路开关工作时，强脉冲电流先对金属丝进行焦耳加热至熔点，使开关电阻增加几倍至十几倍，但这时开关电阻尚不足以截断电流；当金属丝被进一步加热而汽化，并由于沉积能量的增加引起金属蒸气压急剧上升而发生爆炸，开关电阻增加数百倍，从而截断电流。在理想情况下，电爆炸断路开关在回路电流到达峰值、电感储能最大时爆炸断开，产生脉宽为几十至几百纳秒的高压脉冲。然而，电爆炸断路开关的实际电爆炸过程涉及的物理现象却十分复杂，特别是金属受热汽化后形成等离子体的过程难以定量分析，定性的描述也比较粗浅，至今仍未形成完整的理论。几十年来，国外进行了大量的实验，研究分析了与开关性能有关的因素，取得了比较丰富的数据和研究成果。总体来讲，影响电爆炸断路开关性能的主要因素有金属丝的参数（材料、直径、长度、丝数量）、周围介质、注入电流等。

"强光一号"电爆炸断路开关（见图 21.6-14）采用长度为 3.7m 的铜丝作为爆炸导体，丝参数主要有 3 种：第 1 种爆炸丝直径为 90μm，34 根丝；第 2 种爆炸丝直径为 120μm，16 根丝；第 3 种爆炸丝直径为 120μm，20 根丝。

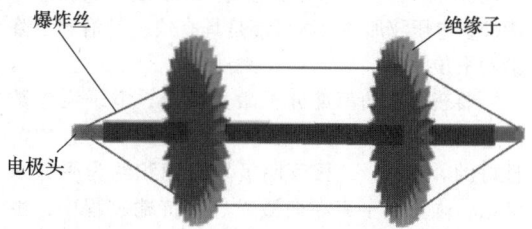

图 21.6-14　电爆炸断路开关结构示意图

6.3　高功率气体激光泵浦源

66　强流电子束准分子激光泵浦源

（1）强流电子束泵浦源总体要求及关键技术分析

1）电子束泵浦准分子激光原理及激光器组成。高能电子束与激光气室中的工作介质相互作用，介质原子由于吸收能量而产生激发和电离，同时产生大量的次级电子。强流电子束泵浦源主要包括高压脉冲发生器、脉冲形成系统、高压开关和电子真空二极管等。高压脉冲发生器用于产生所需的高电压脉冲，脉冲形成系统和高压开关将高压脉冲整形并加载于真空二极管，真空二极管用于产生高能强流电子束输出。在激光气室中充入气体工作介质，真空二极管与高气压气室间通过金属压力箔隔离。光学谐振腔由高反镜和输出镜组成，形成激光振荡输出。

2）强流电子束泵浦源总体要求。由于电子束是激光工作介质的直接激励源，高功率准分子激光对强流电子束泵浦源的总体要求可以归结为对产生合适的高能电子束的脉冲功率系统的总体要求。

首先是为获得满足适当参数要求的电子束而对加载于真空二极管上的电压脉冲幅值及波形的具体要求。以 KrF 准分子激光为例，电子束参数选择需考虑到气室中确定气体组分及压力时能量沉积的优化以获得最大的激光输出。为减小隔离真空二极管与气室的金属压力箔的损失，二极管电压至少约 500kV。为尽可能减少 Kr 对激发态 KrF 准分子的猝灭，气室气压取约 100kPa。电子功率在气室中的沉积需在 $400\sim800\text{kW}/\text{cm}^3$ 范围内以获得合理的增益。电子运动方向输出口径实际尺寸约为 $30\sim100\text{cm}$，相应地，在最佳气分比时电子能量约为 $500\sim800\text{keV}$。由上述电子束参数可推算得到二极管电压约为 $500\sim800\text{kV}$，泵浦电流约为 $100\sim200\text{kA}$。脉冲宽度取决于输出能量要求，但考虑到最大输出时窗口的破坏阈值，一般限制在数百 ns 级。除脉冲宽度外，电压波形要求尽可能是具有快上升沿和下降沿的平顶脉冲。

要获得高功率准分子激光输出，电子束参数除了满足能量要求外，还必须是大面积的且均匀性好的。此时，二极管阴极发射面积约为平方米量级。强流电子束在向激光气室传输过程中，由于自磁场作用会产生箍缩，外加引导磁场可防止电子束箍缩。此外，为实现满足打靶物理实验需求的高功率窄脉冲激光输出，高功率准分子激光系统通常采用光学角多路及多台放大器组成的主振荡功率放大技术方案（MOPA 系统），此时对放大器的同步有较高的要求。打靶物理实验时激光宽度约为 10ns，因此每级放大器的抖动应为亚纳秒级。此时，脉冲电子加速器的主开关往往采用激光触发方式。

3）强流电子束泵浦源关键技术。下面重点介绍脉冲高电压加载于二极管后大面积均匀电子束产生、传输及高效注入气室涉及的相关关键技术。

① 大面积均匀电子束的产生及诊断：二极管是电子束产生的关键器件，其作用是将电脉冲能量转化为电子束能量。典型的用于泵浦准分子激光的二极管结构如图 21.6-15 所示。

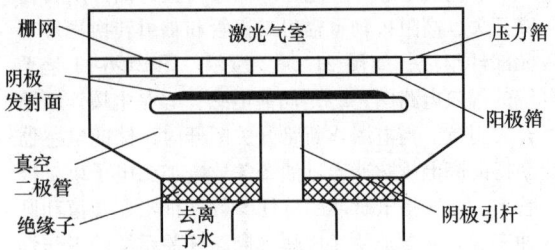

图 21.6-15　二极管结构示意图

气室中增益介质的均匀泵浦，即电子束在介质中能量沉积的均匀性，是实现高功率高光束质量的激光输出的前提。这就要求作为泵浦源的电子束面积大、均匀性好。影响二极管冷阴极发射状态的因素主要有阴极等离子体形成时间和等离子体的均匀性。等离子体形成时间与阴极材料和外加电场有关，其近似表达式为

$$t_b = \frac{\rho c}{\Omega_0}\frac{T_c}{E_1^3} = \frac{\rho c}{\Omega_0}\frac{T_c}{(m_1 m_2 E)^3} \quad (21.6\text{-}20)$$

式中，ρ、c、Ω_0 分别为发射材料的密度、比热容和电阻率，E_1 为发射点上的微观场强，T_c 为对应于 1.33mPa 时材料的蒸气压温度，E 为发射面处的宏观场强，m_1 为宏观场增强因子，m_2 为微观场增强因子。

产生大面积均匀电子束的条件是，阴极上的宏观电场较均匀；阴极表面上的微观电场要相对均匀，即要求阴极表面一致性要好，这主要取决于阴极材料和表面处理；要求在阴极表面上的微观电场增长速率 dE_1/dt 大于 2×10^{14}（V/cm）/s；具有小击穿延迟时间的阴极材料。dE_1/dt 取决于外加电场和阴极表面的场增强因子，选择场增强因子大的阴极表面状态是十分有益的，这对大面积均匀电子束二极管的设计具有重要的指导意义。

② 电子束传输：从阴极发射出来的电子束在向阳极运动的过程中受到电场力和磁场力的共同作用，这些力来自纵向和径向电场及电子束的角向自磁场。当电子束处于一个远离导体的自由空间时，电场力大于磁场力，电子束径向发散。电子束箍缩问题可通过外加引导磁场来解决。

另一个引人注目的现象是电子束的光晕（halo）效应。这是因为在束边缘，缺乏外面的电荷，屏蔽效应减小，这样为使阴极电场为零，边沿电流就更大。在一些条件下，光晕的电流足够大，

导致了阳极箔损坏。为避免这一现象，在二极管设计时可加大阴极边缘的曲率半径，减小场强和束流密度。

③ 电子束向气室的高效注入：电子束经过阴阳极间隙加速及传输后，通过电子束注入系统进入激光气室。注入系统一般由阳极箔、栅网和压力箔组成。

条状阴极设计思想对提高电子束传输效率具有重要意义。这一概念在设计时简单，但在实验中存在较大的难度，这是因为取消阳极箔后引起电场的不均匀。实际设计中可采用以下方法来补偿：一是使条状发射体宽度设计得比栅网开孔略小，二是条状发射体设计时与束旋转方向反向偏转一定角度。图 21.6-16 是传统阴极二极管和条状阴极二极管示意图。

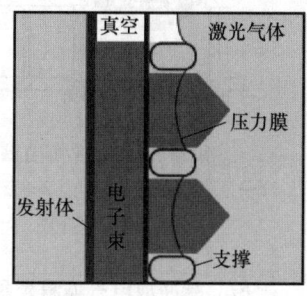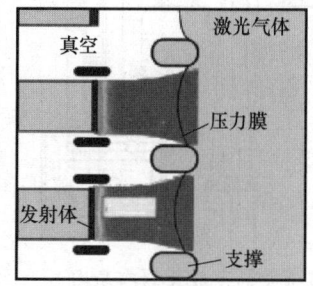

图 21.6-16　电子束发射模拟效果

④ 电子束在气体介质中的能量沉积：电子束在激光气体介质中的能量沉积及其均匀性直接影响激光器的输出效率。电子与阳极箔和压力箔材料的原子核发生碰撞导致电子在气体中的运行路径发生偏转，影响电子在气体中的能量沉积。

⑤ 横向泵浦和径向泵浦：横向泵浦和径向泵浦技术是指因电子束注入激光气室的方式不同而采取的有关二极管和激光气室设计的相关技术。如

图 21.6-17 所示，采用横向泵浦方式时，阴极发射的电子束整体处于同一平面内，电子束同时垂直地从激光气室的一侧进入，相应地将激光气室设计为长方体；采用径向泵浦方式时，阴极和阳极是两个不同直径的同心圆筒，激光气室设计为圆柱形，激光轴线与圆筒轴线一致，采用多向泵浦方式，电子束从激光气室四周沿气室半径方向注入。

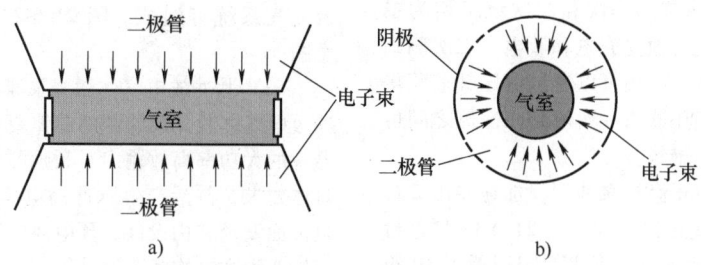

图 21.6-17　两种电子束泵浦方式
a) 横向泵浦　b) 径向泵浦

（2）强流电子束准分子激光泵浦源及应用　为获得泵浦高功率准分子激光所需的脉冲高电压，根据脉冲高压发生器原理，目前用于泵浦高功率准分子激光的泵浦源主要有 Marx 发生器型、紧凑 Marx 发生器型和直线型变压器型等几类强流脉冲电子束加速器。

1）Marx 发生器型强流电子束加速器。以下结合用于泵浦高功率准分子激光的电子极管设计介绍

几种典型的 Marx 发生器型强流电子束加速器及其应用。

① “闪光二号”加速器：西北核技术研究所研制的闪光二号加速器输出参数满足泵浦高功率准分子激光的需求，适合开展相关的研究。

② Nike 装置：美国海军研究实验室的 Nike 装置是一台基于光学角多路技术的 MOPA 系统，可产生 56 路脉冲宽度为 4ns 的 KrF 激光束，系统输出总

能量约为3kJ。主放大器（见图21.6-18）的输出口径为60cm×60cm，采用双向泵浦方式，具有5kJ的激光放大能力。

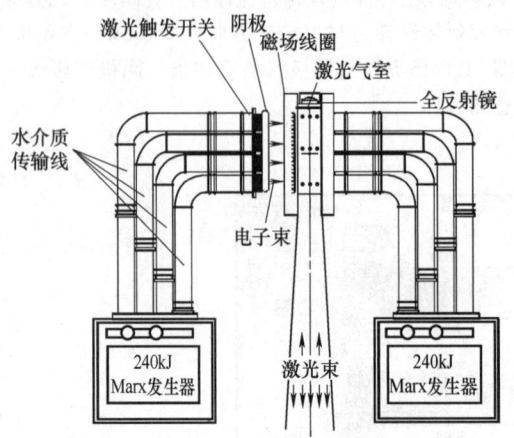

图 21.6-18　Nike 装置中的主放大器布局图

2）紧凑 Marx 发生器型强流电子束加速器。如果 Marx 发生器结构设计紧凑，放电回路总电感较低，发生器输出脉冲高电压具有较快前沿时，就可以不要中间储能系统，二极管直接接在 Marx 发生器的输出端，用于泵浦长脉冲高功率准分子激光。该类装置称为紧凑 Marx 发生器型强流电子束加速器。

3）直线型变压器型强流电子束加速器。直线型变压器型电子束加速器采用磁感应及电压叠加原理，其特点是多个磁芯的一次和二次绕组均为单匝，各个一次回路同时独立充电和放电，二次侧则共用 1 个回路，这样二次侧可以通过电压叠加获得很高的脉冲高压。变压器内一次侧和二次侧之间可以采用油浸纸或真空绝缘。

作为高功率准分子激光泵浦源，加速器由 2 台并联运行的直线型变压器组成，图 21.6-19 是单台直线型变压器结构示意图。直线型变压器由 10 级变压器模块串接组成。10 个模块按次序排列在支架滑轨上，相互之间有密封圈，通过变压器末端的紧固件将 10 级密封连接起来。10 级模块串接后形成 1 个很长的圆柱筒，中心导体贯穿于其中。中心导体与模块圆柱筒之间是高真空磁绝缘。该中心导体作为变压器的二次侧，为了防止中心导体向模块放电，在靠近二极管的高压区域加有保护筒。中心导体直接与二极管相连，向电阻性二极管负载放电，并没有采用中间的脉冲形成系统。由前述泵浦源的总体要求可知，为提高系统效率，加载于二极管的

脉冲高电压波形需满足快前沿要求。因此，不采用中间脉冲形成系统对直线型脉冲变压器一、二次放电回路电感的控制提出了较高的要求。

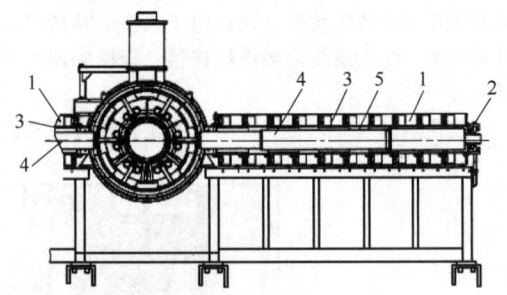

图 21.6-19　单台直线型变压器结构
1—直线型变压器模块　2—紧固件　3—一次圆柱体
4—中心导体　5—保护筒

67　脉冲放电气体激光泵浦源

（1）脉冲放电气体激光的概述　脉冲放电泵浦气体激光器可实现高重复频率和高平均功率运行，且装置结构紧凑，易于集成和工程化。目前，脉冲放电气体激光器已实现了小型化和商品化，并广泛应用于化学、材料、光谱、非线性光学等科学研究领域以及工业、医疗、环境保护等应用领域。

脉冲放电气体激光器通过高能电子碰撞来电离、激发气体分子，实现高能态粒子数的反转。激光器通常由泵浦源、激光气室、光学谐振腔和真空及充气系统等组成。图 21.6-20 是激光器结构示意图。

（2）脉冲放电气体激光泵浦源的总体要求　脉冲放电气体激光泵浦源的总体要求主要体现在实现器件的大功率高效输出对激励源电路和结构设计的具体要求，包括产生脉冲高电压的激励电路设计、电极面型及结构设计、预电离电路设计、放电回路阻抗匹配和结构紧凑设计等。

1）介质均匀稳定的辉光放电。在高压气体介质中，脉冲放电形式主要是电弧放电和辉光放电。电弧放电的电流密度大，放电截面很小，维持电压和放电通道的阻抗均很小。相对而言，辉光放电的电流密度较小，放电截面大，维持电压和放电通道的阻抗较大，有利于能量在放电等离子体中的沉积。

2）放电等离子体中能量高效沉积。激光器的总体效率由初级储能在放电等离子体中的沉积效率、高能态分子形成效率和激光提取效率决定。放

电等离子体中的能量高效沉积是提高激光器总体效　率的基础。

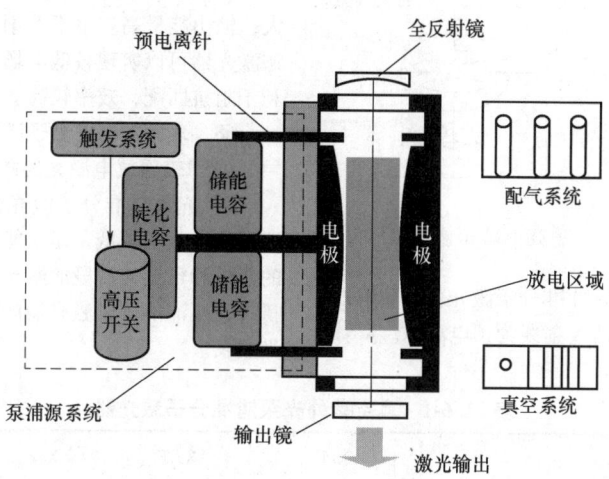

图 21.6-20　脉冲放电气体激光器结构示意图

　　3）泵浦电路。泵浦电路设计主要应反映气体介质辉光放电和能量有效沉积的需求。介质辉光放电往往要求加载于电极间隙的脉冲高压具有较快前沿，通常可采用具有陡化功能的电路设计。针对高效率需求，则需重点考虑泵浦电路中各参数的匹配。

　　4）高功率脉冲开关。存储于初级储能单元中的能量通过高功率脉冲开关转移至放电等离子体中。对开关的基本要求是电感小、性能稳定、通流能力强、寿命长。其工作性能直接影响介质的放电稳定性及能量沉积效率，从而决定了激光器最终的输出性能及稳定性。因此，高功率脉冲开关是泵浦源中的一个核心部件。

　　5）预电离。气体压强较大时，气体密度大，气体分子的平均自由程小，这使得电子难以在电场中充分加速以获得足够大的能量产生碰撞电离，因而其击穿电压会得到提高。

　　6）激光器结构设计。激光器结构设计主要涉及泵浦源与激光气室的匹配问题。一方面，为减小泵浦源放电回路的电感，改善预电离效果，提高放电效率，要求激光器结构尽可能紧凑；另一方面，激光器结构的紧凑设计对电气绝缘提出了较高的要求。

　　（3）脉冲放电泵浦源的关键技术　对于放电泵浦的气体激光器，为了获得较高的激光能量输出，要求在高气压气体介质中获得空间大、体积均匀的辉光放电，时间上维持较长时间的放电稳定性，并使之具有高提取效率。

　　1）预电离技术。由气体放电理论我们知道，高气压击穿关键是单个电子崩引起的空间电荷场畸变。对高电子倍增率，流注机理形成的击穿从放电一开始就是丝状电弧放电，这是大多数火花开关运行的状况。气体激光器放电的过程也是电弧（流注）放电模式，而不是均匀辉光放电模式。

　　2）快脉冲放电技术。气体放电特性与脉冲电压的陡度有很大的关系，提高脉冲电压的陡度可以减小放电形成时间。在气体预电离条件下，脉冲电压前沿越陡，越有利于形成大面积的均匀体放电，有利于放电能量在气体介质中的沉积，提高泵浦速率。脉冲电压的陡度较小时，辉光放电形成慢，易导致丝状或电弧（流注）放电。

　　3）阻抗匹配技术。气体激光器效率主要包括泵浦源对放电等离子体的能量沉积效率、高能态分子形成效率和激光能量提取效率等。能量沉积效率要求激光器放电阻抗与驱动源阻抗匹配，而高能态分子形成效率和激光能量提取效率则要求产生空间和时间上均匀稳定的辉光放电，避免电弧放电的形成。

　　（4）脉冲放电泵浦源的典型应用实例

　　1）紫外预电离 HF 气体激光器。紫外预电离 HF 气体激光器的原理是利用紫外、真空紫外光对激光气体介质进行辐照，使工作气体发生预电离，产生初始自由电子。典型的泵浦源等效电路示意图如图 21.6-21 所示。

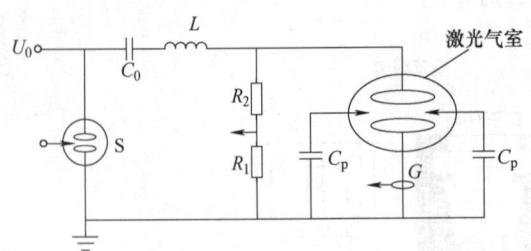

图 21.6-21　泵浦源等效电路示意图

2）X 射线预电离 XeCl 准分子激光器。X 射线预电离准分子激光器采用 X 射线为预电离源。X 射

线穿透能力强，因而可以实现大体积的均匀预电离，利用该技术的激光器输出口径和激活体积均较大，输出能量高。由于 X 射线预电离能力强，该类型激光器可以实现较低电场情况下的体放电，这有利于阻抗匹配，效率较高。

68　表面放电准分子激光泵浦源

（1）表面放电激光的概述

1）光泵浦准分子激光器。光泵浦准分子激光器虽然电效率较低，但是能够实现高能量、长脉冲的紫外和可见光波段的激光输出。表 21.6-1 列出了目前光泵浦准分子激光器的种类、输出波长和泵浦光波长。

表 21.6-1　真空紫外光泵浦准分子激光器

种类	XeO	Xe_2Cl	XeF_{CA}	Kr_2F	XeF_{BX}	KrCl
激光波长/nm	538	520	485	450	351	223
泵浦光波长/nm	140	137	158	160	158	137

2）表面放电准分子激光原理及激光器组成。表面放电准分子激光是利用绝缘介质表面放电等离子体产生的真空紫外光解离激光工作介质，这个泵浦过程将实现粒子数反转。

3）表面放电准分子激光泵浦源的总体要求。由原理分析可知，对泵浦源的核心要求是提供高通量的真空紫外辐射。为此，在表面放电光泵浦源的设计中，应重点关注以下要点。

① 放电通道功率密度：根据黑体辐射理论，放电通道圆柱形等离子体泵浦源的温度决定了其在真空紫外波段的辐射份额。为获得高通量的真空紫外辐射，提高泵浦源辐射效率，需要尽可能提高泵浦源单位长度上的沉积功率，从而提高泵浦源的亮度温度。在有限的初始储能条件下，要求泵浦电路设计要尽可能紧凑，减小放电回路的电感。

② 绝缘基板选择：泵浦源放电时等离子体瞬时亮度温度达几万开，绝缘基板必须具备较强的耐烧蚀能力。其意义在于，一方面延长基板的使用寿命，另一方面减小烧蚀产物微粒对激光的散射和吸收，提高激光能量的提取效率。此外，绝缘基板还须具有良好的绝缘和触发性能，包括高电压击穿强度、表面高电阻率和较高的介电常数等。

③ 可控放电：光泵浦产生的激光增益较低，为实现高功率输出，激活区长度一般较长（米量级）。要实现如此长度的可控表面放电，技术难度较大，泵浦源通常需采用分段表面放电设计。

（2）表面放电光泵浦源技术

1）表面放电的类型和基本原理。表面放电依据固体介质处于电极间电场的形式，可分为 3 种类型：①固体介质处于均匀电场中，电力线平行于固体与气体的分界面，如图 21.6-22a 所示；②固体介质处于极不均匀电场中，且电场强度垂直于介质表面的分量（垂直分量）要比平行于表面的分量大得多，如图 21.6-22b 所示；③固体介质处于极不均匀电场中，但在介质表面大部分地方，电场强度平行于表面的分量要比垂直分量大，如图 21.6-22c 所示。

2）表面放电机理。有强垂直分量的极不均匀场类型表面放电的放电回路可以简化成一个链形等效回路，如图 21.6-23 所示。在此链形回路中绝缘基板用电容、电阻和电导来等效。

3）泵浦源结构及放电特性。XeF（C-A）激光光泵浦源的设计思想是，以有强垂直分量的极不均匀场类型表面放电为基本放电方式，由外部触发实现对泵浦源放电行为的控制；采用分段表面放电模式，实现初始储能在短时间集中释放，以获得较高的放电辐射亮度温度。

泵浦源结构如图 21.6-24 所示，多个电极沿轴向依次排列，相邻的 2 个电极和 1 个电容器构成 1 个独立的放电回路，1 对电极间对应 1 个放电通道。每个放电通道下方埋设有共用的触发电极，当外加触发时，由于绝缘基板表面比电容的作用，使得电极两端产生强场畸变，出现强烈的预电离，从而使表面放电快速形成，而且放电通道将严格按照设计的路径进行。

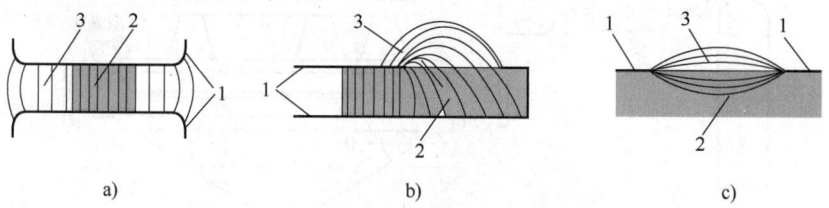

图 21.6-22　介质在电场的典型布置方式

a）均匀电场　b）有强垂直分量的极不均匀电场　c）有弱垂直分量的极不均匀电场

1—电极　2—固体介质　3—电力线

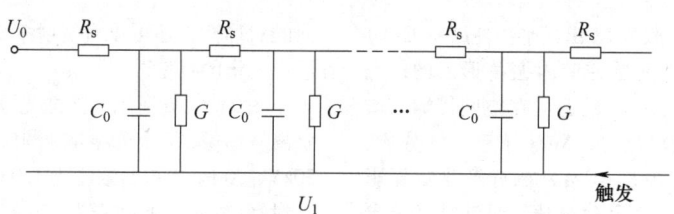

图 21.6-23　放电板等效电路图

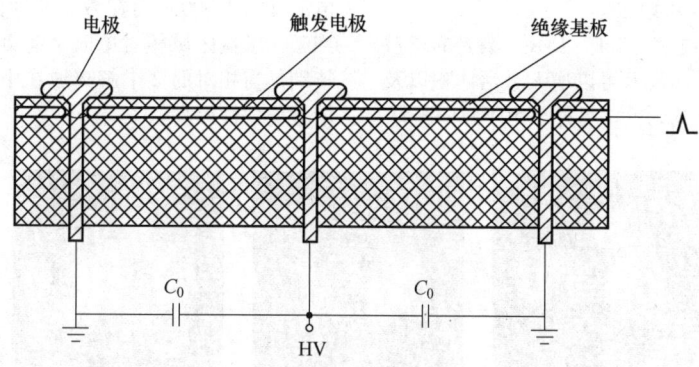

图 21.6-24　分段表面放电泵浦源设计示意图

4）光泵浦源辐射能力。光泵浦 XeF（C-A）激光介质采用 XeF_2 蒸气，XeF_2 蒸气吸收谱带位于 140～170nm，辐射源在 140～170nm 波段的亮度温度可由测量的 XeF_2 解离波速度计算。XeF_2 光解离波的时空特性能够反映出泵浦源在介质吸收带内的辐射能力。通过拍摄光解离波的传输过程，计算泵浦源在介质吸收带内的辐射光子通量以及泵浦源辐射亮度温度，可以诊断泵浦源辐射能力。

（3）表面放电光泵浦应用实例—— XeF（C-A）激光器　图 21.6-25 为西北核技术研究院研制的焦耳级实验装置结构示意图。激光气室长为 116cm、宽为 8cm、高为 20cm，容积约为 10L。泵浦源安装在气室的侧面，聚四氟乙烯材料既是泵浦源的放电基板，又是气室的侧面板。为了减小腔内损耗，输出窗采用布儒斯特窗，口径为 4.6cm×5cm。在激光器顶部设有 XeF_2 浓度探测窗口。泵浦源采用单通道分段表面放电双向泵浦源，有效激活长度为 80cm。谐振腔采用平凹稳定腔，腔长 152cm，输出镜对（480±10）nm 波段的透过率分别为 4%和 8%；全反射凹面镜的曲率半径 $r=5m$，在 460～500mm 波段上反射率大于 99.5%，为了抑制 B-X 跃迁，腔镜对（351±5）nm 的反射率均小于 10%。

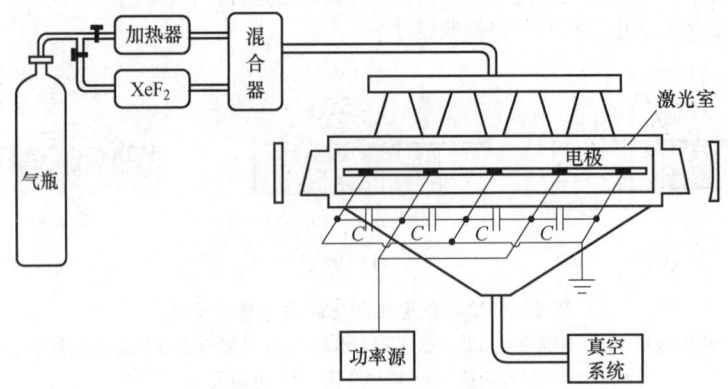

图 21.6-25　激光器结构示意图

1）XeF（C-A）激光输出特性。XeF（C-A）激光是 XeF_2 光解离荧光层在腔内振荡形成的，光解离层以一定的厚度、一定的速度在空间传输，增益区域是运动的，腔轴位置、XeF_2 浓度、气分比、输出耦合等因素将对 XeF（C-A）激光产生重要影响。另外，混合气体气压及气分比、泵浦功率等参量也对激光输出能量产生影响。因此，研究激光输出特性，摸索和确定激光输出的优化工作条件是研制 XeF（C-A）激光器的关键。

2）双向光泵浦技术。XeF（C-A）激光的增益较低，利用双向光泵浦技术可以增大激活体积以及有效地提高激光增益均匀性。另外，由于双向光泵浦的对称性，还可以对折射率变化造成的腔内损失进行一定的补偿。

图 21.6-26 所示为双向光泵浦条件下的 XeF_2 光解离波图像，2 个光泵浦源相对放置，放电电压为 30kV，XeF_2 的初始浓度为 $1.0 \times 10^{17} cm^{-3}$，每幅的曝光时间是 5ns，幅间隔为 250ns，图 21.6-26a 与放电电流起点相距 570ns。由图中可以看到，XeF_2 光解离波从相对的 2 个泵浦源逐渐发展起来，并在放电电流开始 1 000ns 后在激光腔轴位置汇合。可以看到激光增益区域相对单向泵浦得到了明显的增大，特别是当相对的 2 个解离波在中心腔轴处汇合时，增益均匀性提高。

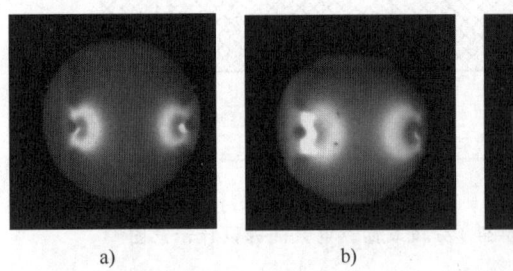

图 21.6-26　双向光泵浦条件下的 XeF_2 光解离波图像

a）570ns　b）820ns　c）1 070ns

69　重频高功率气体激光泵浦源

（1）重频强流电子束泵浦源

1）泵浦源技术要求。高功率重频激光器件的工程应用，对激光器运行频率、可靠性、运行寿命、总效率、性价比、工程化、集成化等有较高的技术要求。其中，装置运行频率和寿命决定了其满足应用需求的程度，总效率决定了性价比等经济性指标。以下以应用于聚变核能研究的重频高功率准分子激光器为例对相应技术进行介绍。

2）泵浦源关键技术。根据电子束泵浦准分子激光技术的特点可以分析得出，重复频率电子束泵浦技术所需要重点解决的关键技术包括重频脉冲功率源技术和高效长寿命二极管技术。

① 重频脉冲功率源技术：传统的脉冲功率源，无论是 Marx 发生器型还是直线型变压器型，其核心部件高压气体开关由于散热性能不好、恢复时间较长，脉冲功率源主要以单脉冲工作方式为主。重频脉冲功率源技术研究重点围绕通流能力强、击穿

时间快的高压开关研究而展开。

② 高效长寿命二极管技术：高效长寿命真空二极管的运行涉及长寿命阴极及其发射机理、二极管物理、高效电子束传输系统等多个技术环节，其中最为重要的是阴极材料的选取及其表面形状的设计，它影响二极管物理机制以及电子束的能量分布，并决定着电子束的传输效率。

3）泵浦源应用实例——电子束激励重频 HF 激光器。电子束激励重频 HF 激光器泵浦源为基于半导体断路开关的全固态重复频率 SPG-200 脉冲功率源，具有结构紧凑、寿命长、平均功率和重复率高等优点。SPG-200 由晶闸管充电单元、磁脉冲压缩器及半导体断路开关等几部分组成。由于采用全固态开关，装置运行频率达 2kHz，输出参数不稳定度为 3%，一次连续运行 5.4×10^4 发无故障。其输出参数受负载影响较大，输出电压随负载增加而增加，输出电流随负载增加而减少，开路电压大于 350kV。

图 21.6-27 为 PG-200 脉冲功率源激励的 HF 激光的实验装置照片，主要由 SPG-200、二极管和激光气室 3 部分组成。

图 21.6-27 重频氟化氢激光实验装置

（2）重频脉冲放电激光泵浦源

1）重频脉冲放电泵浦源技术要求。为实现稳定的激光输出，脉冲放电气体激光器在重复频率运行时需要满足 2 个基本条件：①泵浦源在电极间维持稳定的重频辉光放电；②放电区域的工作介质组分没有发生明显的变化。此时，如果每一个脉冲放电时激活区形成的激光增益和损耗基本保持不变，输出的激光参数稳定性就较高。上述 2 个条件可以等效为，每一次脉冲放电时刻泵浦电路输出状态和放电区域的工作介质状态保持基本不变。

从泵浦源角度分析，关键在于泵浦电路的重频运行稳定性，核心是高压开关的重频运行特性，重频脉冲功率源、高压开关的选取原则更注重平均功率和运行寿命这 2 个技术指标。泵浦源重频稳定辉光放电的获取，除与泵浦电路输出参数密切相关外，还与放电区域的工作介质有关。

实验上可以通过气体循环的方式对激活区气体介质进行置换，以使电极间气体介质的状态与上次放电时尽可能一致，同时采取冷却措施将废热排出，提高重频放电的稳定性。介质有效置换还具有重要的光学意义，即减小了反应产物对激发态分子的碰撞弛豫，维持了受激辐射效率。

2）应用实例——电激励高功率重频 HF 激光器。电激励高功率重频 HF 激光器采用气体放电泵浦方式，主要由泵浦放电回路、气体循环系统和光学谐振腔 3 部分组成。气体循环系统由大功率轴流风机和气体循环管道组成闭环回路，回路容积大于 30L，风机转速可调，在常压下增益区截面的平均流速最大可达 4m/s。为了获得最佳的气体置换效率，增益区的气体流向、放电泵浦方向和激光输出方向互相垂直，并且对气体注入段结构做了优化设计以获得均匀流场，泵浦区气体循环结构如图 21.6-28 所示。

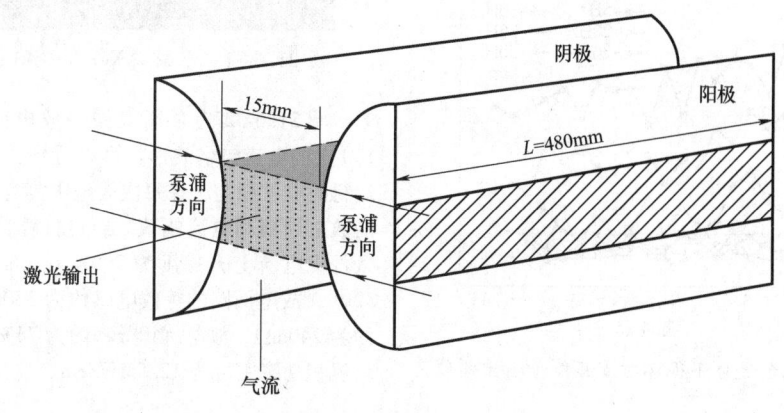

图 21.6-28 泵浦区气流结构

① 气体火花开关重频特性：开关是实现激光器重复频率运行的关键部件之一，对开关的总体要求是重复频率高、寿命长且性能稳定可靠。气体火花开关具有工作电压高、通流能力强、可重频运行等优点，被广泛应用于多种激光器。

图 21.6-29 为开关结构示意图，为了有效提高开关的运行频率并延长使用寿命，采用了吹气式触发针型三电极结构设计。

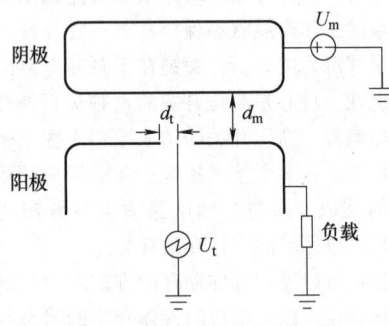

图 21.6-29　开关基本结构

② 介质不循环时激光器重频输出特性：气体介质不循环时，放电区域介质的置换主要通过气体分子的热运动扩散来实现，介质的充分置换时间长，激光器可稳定输出的运行频率将受到制约。图 21.6-30 所示为气体工作不循环时激光器以不同频率连续运行 20 个脉冲的激光能量变化曲线，工作条件为充电电压 $U_0 = 25kV$，混合气体总压 $p = 15kPa$，混合气体中 C_2H_6 的含量为 6%。可以看出，激光器以 5Hz 重频运行时，激光能量随输出脉冲数不断衰减，且有一定的波动，随着运行频率的提高，能量衰减的斜率不断增加。当运行频率达到 30Hz 时，重频输出能量在第 2 个脉冲就降至初始值的 10% 左右，且继续提高频率激光能量接近于 0。

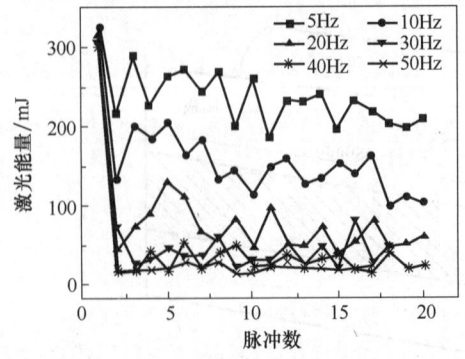

图 21.6-30　混合气体不循环时重频能量输出曲线

（3）重频表面放电光泵浦源

1）光泵浦源技术要求。XeF（C-A）激光器系统实现重复频率运行必须满足：泵浦源在重频运行方式下工作稳定，供气装置能够按频率要求给激光气室提供适合浓度的 XeF_2 混合气体。

泵浦源在重复频率运行时的稳定性包括 3 方面的内容：①同一放电间隙在重频运行时每次放电的参数相同；②不同放电间隙具有良好的同步性；③泵浦源的电气绝缘性能良好。同一放电间隙在重频运行时电学参数的稳定性由充电精度、放电回路结构、气体介质、电极和基板材料等决定。多个间隙的同步特性与触发电压、触发上升时间、绝缘介质等因素有关。

2）重复频率光泵浦大功率 XeF（C-A）蓝绿激光器。图 21.6-31 为西北核技术研究院研制的重复频率 10J 级 XeF（C-A）激光器，其气室长为 167cm、宽为 13cm、高为 20cm，气室内的总气压为 100kPa，XeF_2 的初始浓度控制在 $(0.6 \sim 1.2) \times 10^{17}$ cm^{-3} 范围内。表面辐射源位于气室侧面，采用单通道分段表面放电双向泵浦方式，有效增益长度为 120cm。总储能电容量为 $24\mu F$，工作电压最大为 30kV。输出窗采用布儒斯特窗，口径为 5cm×5cm。谐振腔采用平凹腔，腔长 210cm。供气装置位于气室顶部，采用 2 层气体分流结构。

图 21.6-31　光泵浦 XeF（C-A）激光装置

图 21.6-32 为泵浦源同一放电间隙重频放电 100 次的电流包络波形。可以看到，泵浦源在重频运行时非常稳定，在每次放电中具有几乎完全相同的放电周期和电流幅值。经过计算，在 25kV 电压条件下电流上升梯度为 $2.9 \times 10^9 A/s$，最大电流为 32kA，放电回路的等效电感约为 330nH，等效电阻约为 $240m\Omega$，放电沉积效率约为 74%，单位长度平均沉积功率密度为 12.5MW/cm。

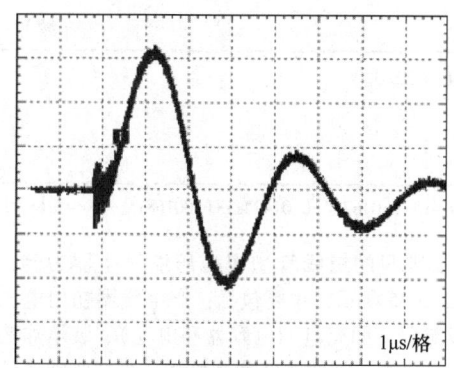

图 21.6-32　重频放电电流的包络波形

6.4　高功率微波驱动源

70　单次高功率微波驱动源　目前已发展的面向应用的单次高功率微波驱动源主要是爆炸驱动脉冲功率源，而用于高功率微波技术基础研究的实验室内固定脉冲功率源是最常见的单次脉冲源，可分为以下几种。

（1）平面型虚阴极振荡器驱动源　以西北核技术研究院的强流电子束加速器闪光二号为例，它的强流束二极管输出的电子束流可达到 1MA 水平，前沿约为 30ns，半高宽约为 80ns。如果将该加速器的强流电子束二极管的阳极做成具有透过性的结构，阳极后面连接真空腔室，则强流电子束穿过阳极进入真空腔室后，其空间电荷的电位相对于阳极

为负，将形成虚阴极（virtual cathode），之后电子束又在强电场作用下向相反方向运动，如此往复形成振荡，可辐射出高功率微波，如图 21.6-33 所示。利用这种驱动器可以获得 1GW 水平的高功率微波输出，主要用于虚阴极振荡器物理和高功率微波辐射效应研究。

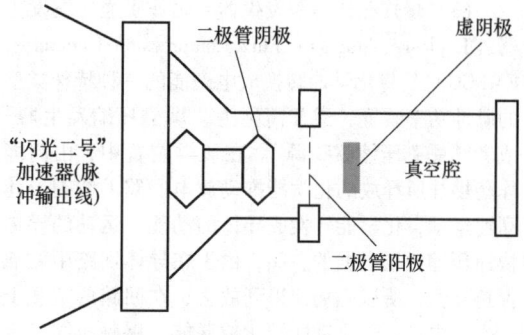

图 21.6-33　平面型虚阴极高功率微波
驱动器原理示意图

（2）同轴型虚阴极振荡器驱动源　前述高功率微波驱动器的二极管阴极和阳极是互相平行的平面，另一种虚阴极振荡器的二极管则是同轴型的，即阴极和阳极是 2 个同轴的薄金属壳，其轴线互相重合。相应地，由于 2 个电极所施加电压的极性不同，可以分为（电子束）向内发射和向外发射同轴二极管，如图 21.6-34 所示。这种二极管的单位长度稳态电流与电压的关系近似计算公式见表 21.6-2。

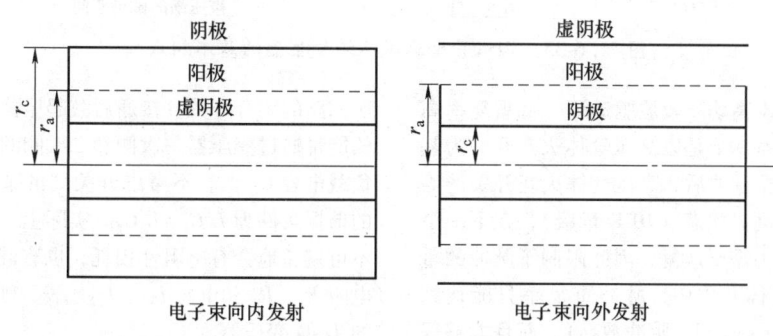

图 21.6-34　同轴型虚阴极高功率微波驱动器原理示意图

**表 21.6-2　二极管电压取值 0.5~5MV、大小半径比 1.2~10 条件下，同轴电子束
二极管电压-电流关系的近似解及其对数值解的误差**

阴极内置：$r_c(m)/r_a(m)$ = 0.1/0.12；0.2/0.24；0.02/0.2；0.01/0.1；0.04/0.22

$$J = I_a \left\{ \frac{(\sqrt{\gamma_0} - 0.8471)^2}{r_a B^2} + \frac{(\sqrt{\gamma_0} - 0.8471)^2}{2r_a \left[1 + \frac{r_c}{r_a} \left(\ln \frac{R r_c}{r_a} - 1 \right) \right]} \right\} \quad （误差 < 11\%）$$

（续）

阴极外置：$r_c(\mathrm{m})/r_a(\mathrm{m}) = 0.12/0.1; 0.24/0.; 0.2/0.02; 0.1/0.01; 0.22/0.04$

$$J = 2I_a \frac{(\sqrt{\gamma_0} + 0.8471)^2}{r_a B^2} \quad (\text{误差} < 12\%)$$

注：表中 $\gamma_0 = 1 + U_0/0.511$，U_0 的单位为 MV，$I_a = 8523\mathrm{A}$；$B = x - 0.4x^2 + 0.0167x^3 - 0.01424x^4 + 0.00168x^5 \cdots$，$x = \ln(r_a/r_c)$。

（3）**爆炸磁通压缩发生器**　爆炸磁通压缩发生器（Explosive Magnetic Flux Compression Generator, EMFCG）是将化学能转换成电磁能的一种特殊类型的脉冲功率装置，通常简称为"爆炸压缩发生器"或者"爆磁压缩驱动源"。在该类装置中，由高能炸药爆炸所释放的化学能推动放电回路的线圈导体高速运动，化学能转换成导体的动能；运动的导体快速压缩磁场占据的空间，由于在导体回路中磁通保持守恒，所以磁场便得到放大，在回路的负载上产生大电流，于是动能转化成磁能。爆磁压缩发生器是一种输出功率很大的装置，其电脉冲功率可以做到 1TW 以上。这种高功率微波驱动器仍在发展中，以获得更高的高功率微波产生效率。

以常见的螺线管型爆磁压缩发生器为例，如图 21.6-35 所示，主要包括：产生线圈初始电流的初级能源（如充电的电容器和电池）、装填炸药的空心金属管、螺线管线圈和负载。当初级能源的开关闭合以后，电容器组对螺线管、负载和导体管构成的回路放电，在初始电流快要达到最大值时，及时引爆雷管，继而力学平面波发生器引爆主炸药，导体管向外膨胀并压缩磁场空间，螺线管、负载、导体管形成的回路俘获磁通。如果磁场被压缩得足够快，磁通将来不及穿透导体管，因磁通量守恒，磁场就会很快增强，即回路中的电流 $I(t)$ 增大。一般情况下，在负载上可得到比初始电流大 10~100 倍的电流。

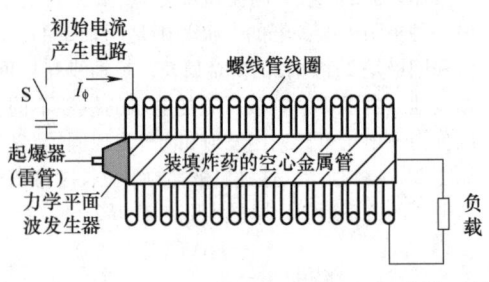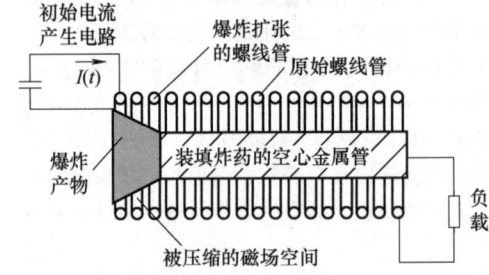

图 21.6-35　螺线管型爆磁压缩发生器的基本组成

71　低重复率高功率微波驱动源　低重复率高功率微波驱动源基本上是以高压气体火花开关为基础的。因为在每个脉冲后，高压气体火花开关的等离子体通道处于高温状态（10^4K 量级），在下一个脉冲前其绝缘能力需要恢复，因此限制了脉冲的重复率。在静止气体介质中，脉冲重复率只能达到 10pps（pulses per second，脉冲数/s），而且能够保持所需工作状态的总工作脉冲数很少。在实际工作中，必须利用吹气系统，使开关能够更快地恢复绝缘能力。这种吹气式火花开关所达到的重复率在 100pps 水平以下。

（1）**Tesla 变压器驱动源**　Tesla 变压器是一种特殊类型的变压器，它由 2 个理论上具有相同振荡频率的 LC 串联回路分别构成变压器的一次和二次回路，其理想的电路原理图如图 21.6-36 所示。一

次回路的闭合开关 S 接通后激起振荡，储能电容 C_1 的能量通过变压器一次侧和二次侧的互感 M 转移到负载电容 C_2 上。不考虑开关 S 的杂散参数，理想的谐振条件为 $L_1 C_1 = L_2 C_2$。实际上，一、二次回路不可避免地会有电阻性损耗，也有漏磁，若分别用电阻 R_1、R_2 和电感 L_{k1}、L_{k2} 代表，则更为接近实际的 Tesla 变压器。

（2）**陡化-截断型驱动源**　陡化-截断型高功率微波驱动源，是利用快开关（气体放电间隙）将前级脉冲源提供的宽度为几纳秒、幅值为百千伏级的方波脉冲的波前加以陡化、波尾加以截断，以形成前、后沿为百皮秒级、幅值为百千伏级的窄脉冲，并直接馈送到辐射天线上，如图 21.6-37 所示。这种窄脉冲的频谱高端已进入 GHz 范围，低端则接近直流，因此称为"超宽谱（带）微波"。为了改变

波形和频谱，可以使用更多的陡化和截断开关。

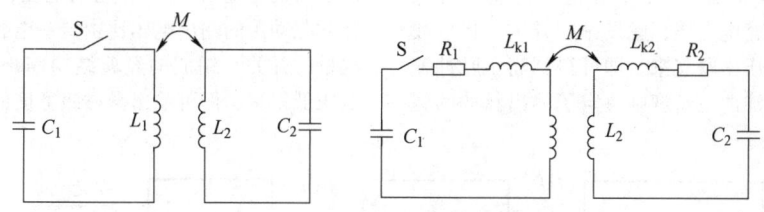

图 21.6-36 Tesla 变压器电路原理图

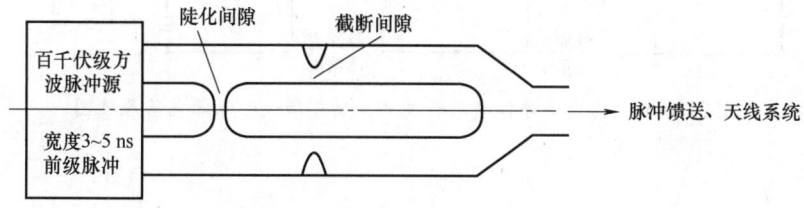

图 21.6-37 基于陡化-截波开关的高功率微波驱动源原理结构

72 高重复率高功率微波驱动源 由于火花通道绝缘恢复时间的限制，前述高压气体火花开关难以实现高重复率工作。高重复率高功率微波驱动源主要包括基于磁饱和开关（磁开关）和半导体开关的系统。

（1）基于磁开关的驱动源 所谓"磁开关"，就是利用磁性材料的非线性磁化特性实现器件电抗的巨大变化，从而剧烈影响开关所在回路的阻抗，实现能量传输的无触点式阻抗变换器，也称为"磁脉冲压缩器"（magnetic pulse compressor）。磁开关既可以单级使用，也可以串级使用，其重复率较高、工作寿命长，但励磁和涡流损耗比较大，且因漏磁而引起的预脉冲较大，因此不太适合低阻抗负载。另外，磁开关在每个脉冲后（或之前，取决于电路设计）需要进行磁芯状态复位，需要相应的伺服电路磁开关的 $B\text{-}H$ 关系曲线可以理想化为图 21.6-38 所示的磁滞回线，其典型应用电路如图 21.6-39 所示。

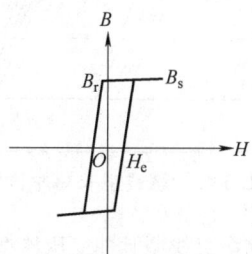

图 21.6-38 磁开关的理想化 $B\text{-}H$ 关系曲线

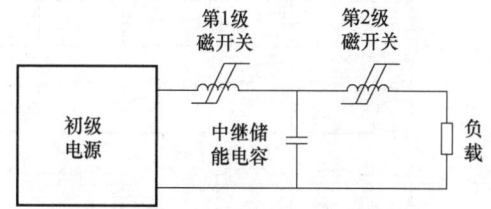

图 21.6-39 磁开关的应用原理电路

（2）基于半导体断路开关的驱动源 半导体断路开关（Semiconductor Opening Switch，SOS）与其他类型的开关相比，其优点是可以做到相当高的重复率，这主要是由半导体开关的工作原理所决定的，前提是开关的伺服系统（如充电、触发部分）能够达到与开关本身相当的重复率。如果电压、电流、功耗、能耗不过载，开关的使用寿命也比较长，基于半导体断路开关的高功率微波驱动源的电路原理如图 21.6-40 所示。

73 Marx-PFN 型长脉冲驱动源 在高功率微波技术的发展过程中，起初主要关注功率的提高，后来逐步开始关注在一定功率水平下提高功率微波脉冲能量的问题，于是长脉冲高功率微波驱动源技术得到发展。

（1）Marx-PFN 型长脉冲驱动源概述 Marx 脉冲形成网络（Pulse Forming Network，PFN）型长脉冲驱动源的基本原理是，用人工传输线的节替代经典 Marx 发生器的一级（1 个或 2 个电容器与 1 个闭合开关串联组成），多个节串联组成一段人工传输线，替代 Marx 发生器的一排，排间通过闭合开关隔离。当电容器充电完毕，触发排间开关，将各段人工传输线的电压串联起来，即可得到高压脉冲输出，而人工传输线的电长度则决定了输出脉冲的宽度，如图 21.6-41 所示。从上述原理可知，对于同样数量的电容器及相同充电电压，Marx-PFN 型长脉冲驱动源的输出电压比由这些电容器（以及必要数量的开关）组成的经典结构 Marx 发生器的输出电压低得多，但可输出微秒级宽度的近似方波。

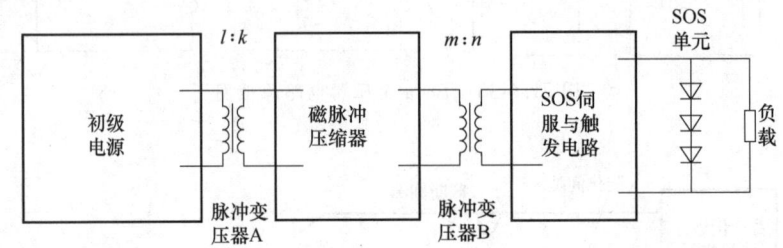

图 21.6-40　基于半导体断路开关的高功率微波驱动源电路原理图

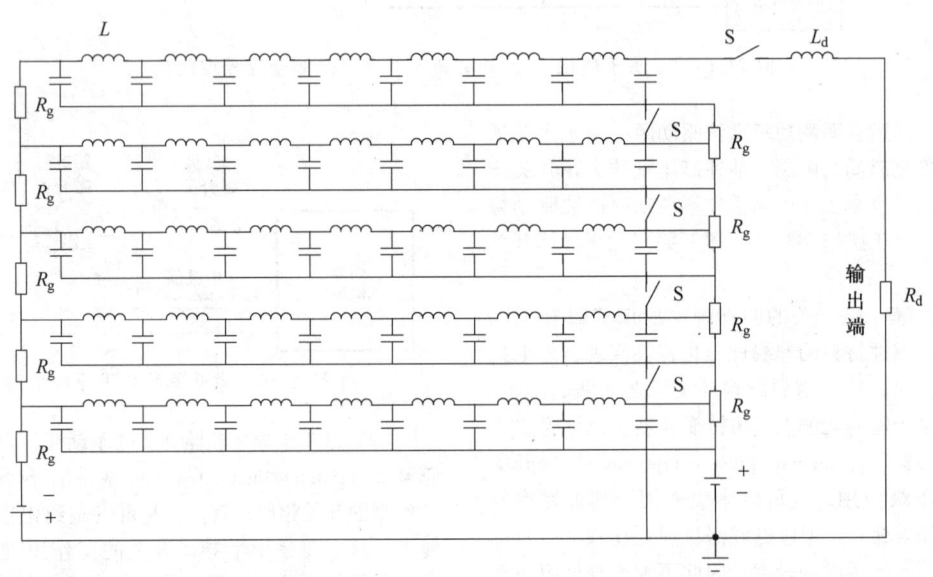

图 21.6-41　Marx-PFN 型长脉冲驱动源电路原理图

（2）使用螺旋线的长脉冲驱动源　从传输线理论可知，如果在相同的结构尺寸下，显著增大传输线单位长度的电感，则传输线的电长度将以正比于单位长度电感二次方根的关系增大。螺旋型传输线就是利用了这一原理的传输线。如图 21.6-42 所示的同轴型螺旋线，这种传输线的内导体不是一个简单的圆筒，而是由多股导体卷绕成的稀疏螺线管，因此其单位长度的电感、电容可以根据需要进行选取，从而也可以调整其电长度和波阻抗。基于螺旋线的长脉冲驱动源可在 100 ~ 150Ω 的负载上产生宽度大于 100ns、幅值大于 500kV 的长脉冲。

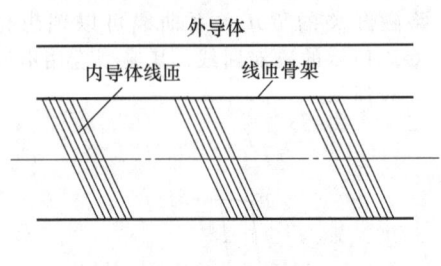

图 21.6-42　螺旋型长脉冲传输线

（3）快前沿直线型脉冲变压器型长脉冲驱动源　快前沿直线型脉冲变压器的出现，为长脉冲高

功率微波驱动源技术提供了新的手段。利用可重复率工作的较低电压初级方波脉冲产生单元和直线型

脉冲变压器原理结构，可以得到更高电压的方波脉冲，如图21.6-43所示。

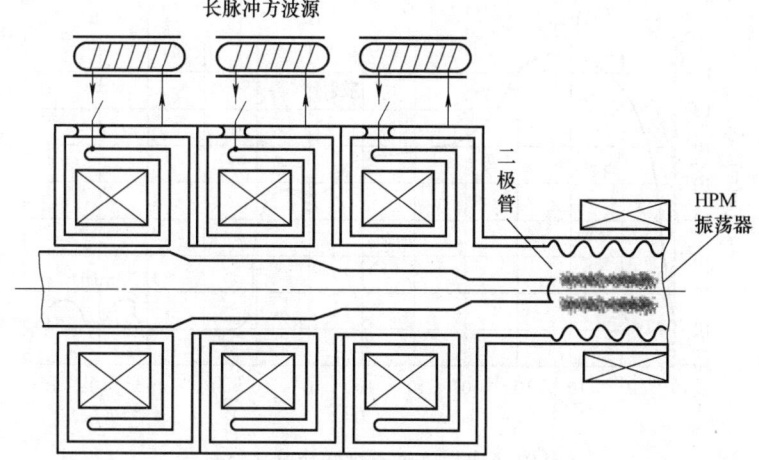

图21.6-43　快前沿直线型脉冲变压器型长脉冲驱动源

（4）Tesla-PFN 型长脉冲驱动源　将脉冲形成网络与 Tesla 变压器中内置的脉冲形成线相结合，可以获得宽度大于 100ns 的长脉冲，其原理结构如

图21.6-44 所示。这种结构实际上是在普通的 Tesla 变压器中的形成线上加接一段人工传输线，以延长传输线的电长度，获得所需要的脉冲宽度。

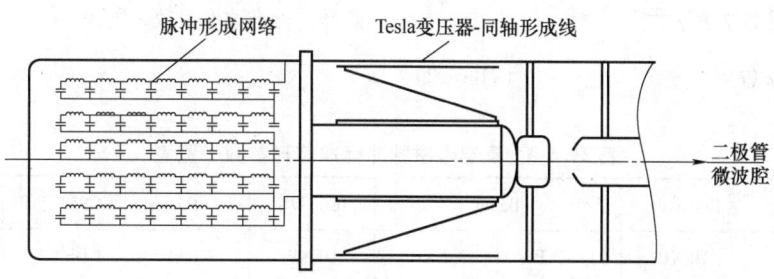

图21.6-44　Tesla-PFN 型长脉冲驱动源原理结构示意图

6.5　高空电磁脉冲驱动源

74　高空电磁脉冲环境

（1）高空电磁脉冲的产生机制　高空电磁脉冲的产生机制包括 3 部分：①由高空核爆直接辐射的瞬发 γ 射线产生；②由散射 γ 射线和中子在介质中的非弹性碰撞产生的缓发 γ 射线产生；③由高空核爆辐射使周围的空气电离，形成的大空间等离子体在运动过程中与地磁场相互作用产生的电磁脉冲，也叫磁流体动力学（MHD）电磁脉冲。图21.6-45是典型的高空电磁脉冲波形，图中的 E1、E2、E3对应上述 3 个部分。3 部分的产生机理不同、各有特点，产生效应的效应物不尽相同，由于 E1 部分

针对的目标最为广泛，因此特别受到关注。

（2）高空电磁脉冲的环境标准　不同爆高、不同当量的高空核爆，在地球表面不同位置产生的电磁脉冲的时域特征不同。这些时域特征主要包括电磁脉冲的幅度、上升沿和宽度（一般用半高宽表示）。高空电磁脉冲的这个特点为后续环境模拟、防护加固和评估工作带来了很大的困难。为了解决这个问题，一般是确定一个标准波形，作为后续环境模拟和防护加固验证和评估的依据。这个标准波形就是国内外众多的高空电磁脉冲环境标准。

高空电磁脉冲波形可以用一个函数来近似表示。函数有 2 种形式，其中一种是双精度指数函数（DEXP），表达式为

$$E(t) = \begin{cases} 0 & t \leqslant 0 \\ E_0 k(e^{-at} - e^{-bt}) & t > 0 \end{cases} \quad (21.6\text{-}21)$$

式中，E_0 为波形幅值（V/m）；k 为常数；a、b 分别为调整双精度指数波形和半宽的参数（s^{-1}）。

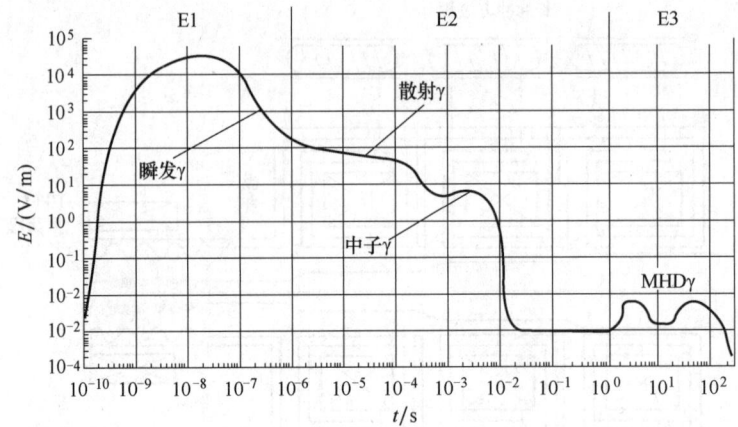

图 21.6-45　高空电磁脉冲时域波形

双精度指数函数形式在信号起始点的导数不连续，因为在数值计算中要用到该函数的一阶导数，这种形式会给计算带来困难。为了克服这种困难，人们有时采用了另一种函数形式——分位数指数函数（QEXP），其数学表达式为

$$E(t) = \frac{E_0 k}{e^{-a(t-t_0)} + e^{b(t-t_0)}} \quad (21.6\text{-}22)$$

该函数的各阶导数均连续。

确定标准波形的原则不同，会得到不同参数的标准。这是高空电磁脉冲环境具有不同标准的另一个原因。表 21.6-3 是不同机构早期（E1）高空电磁脉冲标准波形参数一览表。

表 21.6-3　高空电磁脉冲标准波形参数一览表

	Bell Labs	Baum		IEC 77C	Leutthauser	VG95371-10	IEC 61000-2-9
数学表述	DEXP	DEXP	QEXP	DEXP	QEXP	DEXP	DEXP
发布时间（年份）	1960	1992	1992	1993	1994	1995	1996
$t_{10\% \sim 90\%}$/ns	4.6	2.5	2.4	2.5	1.9	0.9	2.5
E_0/(kV/m)	50	50	50	50	60	65	50
t_{FWHM}/ns	184	约23	约24	23	23.8	24.1	23
k	1.05	1.3	1.114	1.3	1.08	1.085	1.3
a/s^{-1}	4×10^6	4×10^7	1.6×10^9	4×10^7	2.2×10^9	3.22×10^7	4×10^7
b/s^{-1}	4.76×10^8	6×10^8	3.7×10^7	6×10^8	3.24×10^7	2.07×10^9	6×10^8
能量密度/(J/m^2)	0.891	0.114		0.114		0.196	0.114

在公开的高空电磁脉冲环境标准中，最受关注、引用度最高的是国际电工委员会（IEC）出台的 IEC 61000-2-9 标准，其中给出的早期（E1）高空电磁脉冲时域标准波形如图 21.6-46 所示，该波形表达式为式（21.6-23），波形为幅值 50kV/m、上升沿 2.5ns、脉宽约 23ns 的双精度指数波形。该

波形也被一部分公开的军用标准所采用，如 2010 年更新发布的美国军用电磁领域顶级标准 MIL-STD-464C《系统电磁环境效应要求》和 2007 年更新发布的用于电磁干扰相关测试的 MIL-STD-461F《设备和子系统电磁干扰特性控制要求》等。

$$E_1(t) = \begin{cases} 0 & t \leqslant 0 \\ E_{01}k_2(e^{-a_1t} - e^{-b_1t}) & t > 0 \end{cases} \quad (21.6\text{-}23)$$

式中，$E_{01} = 50\text{kV/m}$，$a_1 = 4 \times 10^7\text{s}^{-1}$，$b_1 = 6 \times 10^8\text{s}^{-1}$，$k = 1.3$。

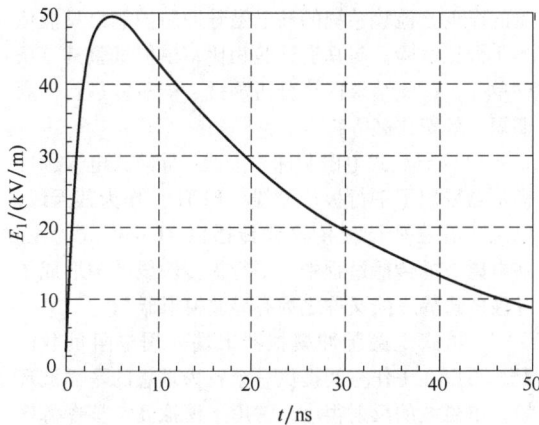

图 21.6-46　IEC 61000-2-9 给出的早期
高空电磁脉冲时域波形

除了包括早期高空电磁脉冲标准波形外，IEC 61000-2-9 还给出了中期（E2）和晚期（E3）高空电磁脉冲标准波形的参数。中期高空电磁脉冲标准波形的表达式为

$$E_2(t) = \begin{cases} 0 & t \leqslant 0 \\ E_{02}k_2(e^{-a_2t} - e^{-b_2t}) & t > 0 \end{cases}$$
$$(21.6\text{-}24)$$

式中，$E_{02} = 100\text{V/m}$，$a_2 = 1\,000\text{s}^{-1}$，$b_2 = 6 \times 10^3\text{s}^{-1}$，$k_2 = 1$。

上述参数对应的中期高空电磁脉冲时域标准波形如图 21.6-47 所示，幅度峰值为 100V/m，脉冲半高宽为 693μs，在自由空间传播形成能量密度为 0.0133J/m² 的辐照环境，能量密度比早期成分约低 1 个量级。幅度和时域特征与雷电电磁脉冲（LEMP）远场波形接近。

晚期高空电磁脉冲环境为地磁扰动在地下土壤及地表形成的水平方向电磁场，在取地下媒质的电导率为 $\sigma_g = 10^{-4}\text{S/m}$ 的情况下，晚期高空电磁脉冲成分可表示为 2 个双精度指数函数的组合，其标准波形表达式为

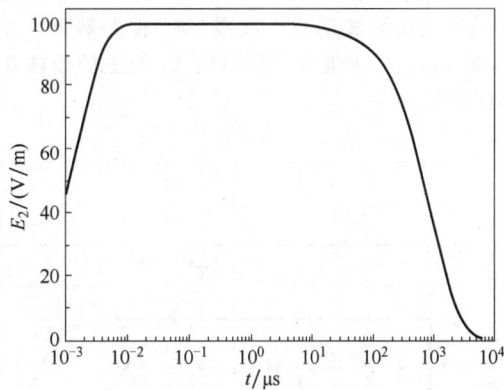

图 21.6-47　IEC 61000-2-9 给出的中期
高空电磁脉冲时域波形

$$E_3(t) = E_i(t) - E_j(t) \quad (21.6\text{-}25)$$

其中，

$$E_i(t) = \begin{cases} 0 & \tau \leqslant 0 \\ E_{0i}k_i(e^{-a_i\tau} - e^{-b_i\tau}) & \tau > 0 \end{cases}$$

式中，$\tau = t - 1$，$E_{0i} = 0.04\text{V/m}$，$a_i = 0.02\text{s}^{-1}$，$b_i = 2\text{s}^{-1}$，$k_i = 1.058$。

$$E_j(t) = \begin{cases} 0 & \tau \leqslant 0 \\ E_{0j}k_j(e^{-a_j\tau} - e^{-b_j\tau}) & \tau > 0 \end{cases}$$

式中，$\tau = t - 1$，$E_{0j} = 0.01326\text{V/m}$，$a_j = 0.015\text{s}^{-1}$，$b_j = 0.02\text{s}^{-1}$，$k_j = 9.481$。

上述参数对应的晚期高空电磁脉冲时域标准波形如图 21.6-48 所示，峰值电场为 38mV/m，上升时间约为 0.9s，正极性脉冲脉宽为 20s，负脉冲脉宽为 130s。

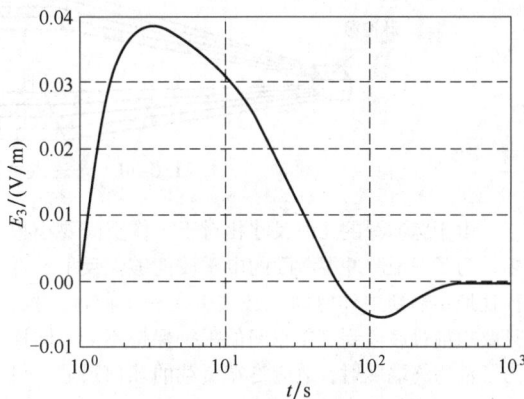

图 21.6-48　IEC 61000-2-9 给出的晚期
高空电磁脉冲时域标准波形

3 个电场分量时域波形的频域幅度谱如图 21.6-49

所示，E_1 主要集中在 100kHz~300MHz 频段，涵盖从长波到超短波的多个波段；E_2 的主要频段在 100kHz 以下；接近直流信号的 E_3 的主要频段在 1Hz 以下。

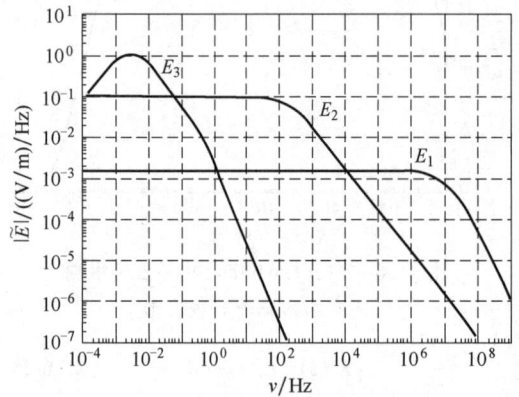

图 21.6-49　IEC 61000-2-9 给出的高空脉冲
标准波形各分量的频域幅度谱

以上讨论的都是高空电磁脉冲的电场分量，对于磁场分量，可以通过自由空间波阻抗（约为 377Ω）与电场强度相联系。如对于早期脉冲，峰值电场可达 50kV/m，则磁场强度峰值约为 133A/m。这种处理的适用条件为需满足远场判据，即源区到目标距离 $r>\lambda/2\pi$，早期脉冲的源区离地面高度为 30km，因而适用于频率大于 1.6kHz 的成分，对于时域脉冲，在 100μs 时间以内可以应用以上波阻抗

关系确定磁场分量随电场的变化。

上述早期和中期高空电磁脉冲环境都是在地表以上自由空间形成的电磁波辐照环境，没有考虑地面的反射作用。对于部署于地面的系统，其经受的瞬态电磁波环境实际为包括直接辐照电磁波和近地表处土壤介质反射波的叠加，埋地线缆、地下建筑物等则要经受透射到土壤介质中的电磁波环境辐照。

75　高空电磁脉冲模拟器　模拟器是高空电磁脉冲试验不可或缺的设备，尤其是在全面禁止核试验的今天，检验系统的核电磁脉冲防护能力只能依赖于模拟试验。与真实试验相比，模拟试验具有条件单一、试验结果便于分析测试、能重复进行、周期短、效费比高等特点。

（1）导波式电磁脉冲模拟器　导波式电磁脉冲模拟器采用了平行板传输线（PPTL）作为其天线，电磁波沿着平行板传输线传播以 TEM 模式为主。在电磁波的传播过程中，平行板传输线结构形成了导波的边界，故又称之为有界波模拟器。

导波式电磁脉冲模拟器末端采用电阻负载匹配，可以在工作空间提供一个较为理想的平面波环境，电磁波的反射很小，常用于模拟高空核爆源区外自由空间的电磁脉冲环境，可以开展飞行状态导弹及飞行器的效应试验。

1）基本类型。导波式电磁脉冲模拟器的典型结构如图 21.6-50 所示，一般由脉冲源、前过渡段、平行段、后过渡段以及终端负载组成。

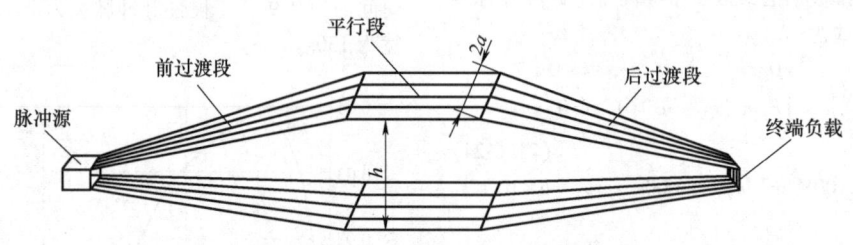

图 21.6-50　导波式电磁脉冲模拟器的典型结构

由于脉冲源的几何尺寸相对于工作空间要小很多，为了保证脉冲源激励的电磁波能够无反射、低损耗地传输到工作空间，必须引入一个前过渡段，且要求前过渡段到工作空间的阻抗保持不变。同样为了消除终端反射，适应终端负载的几何尺寸，也需要引入一个后过渡段。

在前过渡段中，电磁波基本上以球面波的形式传播，为了使工作空间中的波前接近平面波，要求前过渡段长度与工作空间高度之比不小于 2。

2）天线阻抗。导波式电磁脉冲模拟器的天线是平行板传输线，由于所考虑的影响因素不一，其特性阻抗的计算公式也不相同。按照准静态计算，在不考虑边缘效应的情况下，其特性阻抗可以表达为

$$Z_c = Z_0 \sqrt{\frac{\mu_r}{\varepsilon_r}} \frac{h}{2a} \qquad (21.6\text{-}26)$$

式中，Z_0 为真空中的自由空间波阻抗，μ_r 为板间介质的相对磁导率，ε_r 为板间介质的相对介电常

数，a 为上极板宽度，h 为极板间距。

3）高次横电磁波（TEM）模式的抑制。室内或小型模拟器的上极板一般采用整块金属板，但建在室外的大型模拟器，由于支撑结构、风载、雪载等问题的影响，上极板不可能采用整块金属板，往往采用多根均布的线缆来代替，典型的结构如图 21.6-51 所示。这种由 N 根导线和下极板构成的多导体传输线系统可以支持传播 N 种 TEM 模式，其中只有一种是我们需要的 TEM 主模，其他 $N-1$ 种 TEM 模式都是不需要的，这类不需要的 TEM 模式会造成场分布的不均匀以及波形参数的变化。这类天线网格的选择依据如图 21.6-52 所示。

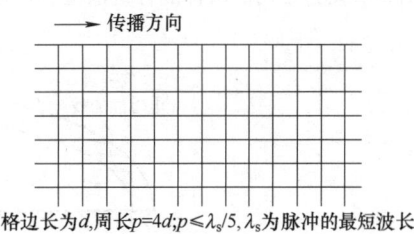

网格边长为 d，周长 $p=4d$；$p \leqslant \lambda_s/5$，λ_s 为脉冲的最短波长

a)

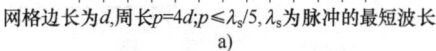

网格边长为 d_1、d_2，周长 $p=2(d_1+d_2)$；$p=\lambda_s$
（仅在图 a 中的条件无法实现时）

b)

图 21.6-52　天线上极板参数选择
a）正方形网格上极板　b）矩形网格上极板

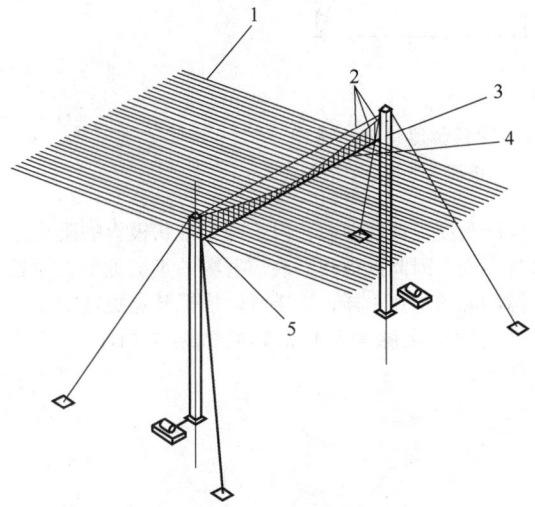

图 21.6-51　室外天线上极板的典型结构
1—不锈钢航空电缆　2—玻璃钢支架　3—镀锌钢架
4—线缆间的连接卡箍　5—线缆与支架间的滑动连接

4）分布式负载设计。不同于集总式负载，分布式负载更有利于吸收从前锥传播过来的电磁波，分布式负载可以看成一个传输线式负载，该负载由 2 部分组成：一部分是锥形过渡段，将后过渡段分成对称的若干份；另一部分是电阻链，由多个分立式电阻组成，可以看成分布式 RL 传输线。

（2）偶极子电磁脉冲模拟器　对于源区外电磁脉冲辐射场环境的模拟，当要考虑地面反射的情况时，常采用偶极子模拟器。基本的偶极子天线如图 21.6-53 所示。当脉冲源以电压 U 激励天线时，偶极子天线产生 1 个与电压成正比与天线阻抗成反比的天线电流，根据麦克斯韦方程组可以唯一确定周围的电磁场。

如果观察点 P 离馈源的距离足够远，$r \gg \lambda/2\pi$

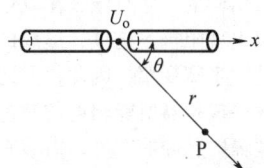

图 21.6-53　偶极子天线结构示意图

范围内的场，其电场强度就与 r 成反比，故称为辐射场。当被试系统放在这样的辐射场中，就可以进行源区外辐射场环境的模拟试验，因此这种模拟器又称为辐射波模拟器。它是在模拟器与被试系统之间的距离远大于偶极子尺寸的情况下，实现对电磁脉冲环境的模拟的。

（3）混合型电磁脉冲模拟器　混合型电磁脉冲模拟器主要用来模拟需要考虑地面反射的电磁脉冲环境，它综合了偶极子模拟器和静态模拟器的主要特点，脉冲波的高频部分通常由双锥结构辐射，其阻抗通常设计为 $120 \sim 150 \Omega$，为了保证脉冲的上升沿不受天线阻抗不连续的影响，要求双锥的锥面长度必须大于在脉冲到达峰值的时间内电磁波的传播距离。而脉冲波的低频部分与模拟器的主要结构上分布的电流和电荷有关，在最靠近模拟器的结构处，基本上是准静态场，因此被试系统一般被放置在模拟器的主要结构附近。低频部分一般设计成环形截面的线栅笼形状，整体呈现椭圆或直线结构，该结构自身也是一个具有一定阻抗的负载。

图 21.6-54 就是常用的两种混合型电磁脉冲模拟器　的结构示意图。

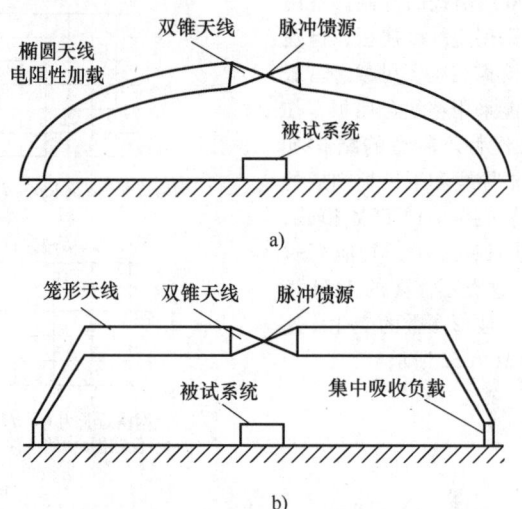

图 21.6-54　两种混合型电磁脉冲模拟器结构示意图

a）双锥加椭圆笼形结构天线　b）双锥加水平笼形结构天线

由于双锥结构的尺寸有限，在双锥到笼形辐射天线连接处会出现阻抗不连续，形成的反射将会使辐射电磁脉冲的半宽变窄，因此，上述结构形式的混合型电磁脉冲模拟器所能辐射的脉冲宽度是有限的。为了拓宽辐射脉冲的宽度，借鉴有界波模拟器的结构，将脉冲源安装在高处，两个锥状极板成一定的角度延伸到地面，由于两个锥状极板的阻抗保持不变，因此极板间形成辐射场的半宽近似，而且脉冲源的半宽一样，这样可以模拟脉宽更宽的水平极化的电磁脉冲环境，其典型结构如图 21.6-55 所示。

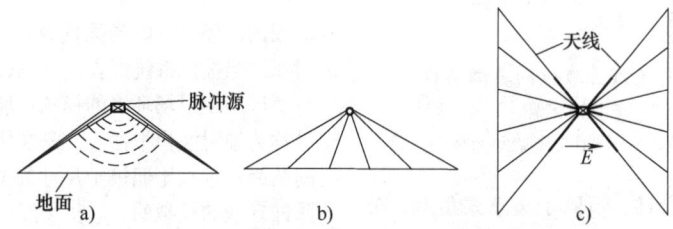

图 21.6-55　脉宽更宽的水平极化辐射天线的典型结构

a）正视图　b）侧视图　c）俯视图

6.6　电磁发射驱动源

76　电磁发射用脉冲电流源　电磁发射过程中的最高功率达到吉瓦级，常规电源无法支撑这样的瞬态功率需求。脉冲功率技术可在较长的时间用相对较小的功率将电能存储起来，根据需要瞬态释放，实现能量在时间尺度上的压缩和功率的倍增，可以为电磁发射提供技术支撑。脉冲功率电源中的储能元件是核心元件，电容存储静电能，电感存储磁能，电机存储惯性动能，由这些元件组成的典型脉冲功率源参数比较见表 21.6-4。根据储能原理的不同，脉冲功率源的拓扑和性能各有不同，每种储能元件都配备有相应的附件。总体来讲，惯性储能在储能密度上优势明显，而采用电容储能的脉冲形成网络因其灵活、方便的电流和电压波形调节能力，应用最为广泛。电磁发射器所用的电源必须具备储能多、释放快和电流大（几十千安到几兆安）的特点。理想的适用于电磁发射器的电源为储能密度高、体积小或重量轻的高功率脉冲电源。电热发射器中弹丸的动能来自电能和化学能，而且主要来自化学能（电热化学发射器），与电磁轨道发射器相比，所需的电能少得多，且能量转换效率高，因此初级能源问题相对容易解决。

表 21.6-4　3 种典型储能系统构成的脉冲电源的性能比较

储能技术	电场	磁场	惯性
储能元件	脉冲电容	超导电感	单极电机
典型储能/kJ	100	3 000	6 000
储能密度/(kJ/kg)	0.8	3.1	8.5
功率密度/(kW/kg)	8 000	1 000	50
典型脉宽/ms	0.1~0.5	1~100	100~500
电压/kV	10	5	0.1
短路电流/kA	50	1 000	2 000
储能时间/s	1 000	1.2	415

（1）电容型脉冲电流源　电容储能在几种储能方式中能量密度最低，但技术最为成熟，相应的充放电技术与开关也相对成熟，所以应用最为广泛，尤其是自愈式金属膜电容器技术的成熟，使得电容器储能密度大为提高，不但成为试验研究用电磁发射平台脉冲功率源的主流方案，而且成为未来工程应用的主要电源方案。基于电容储能的电源采用模块化结构，每个单元包括储能电容、调波电感、开关和控制等部件，称为脉冲形成单元（Pulse Forming Unit，PFU），由脉冲形成单元构成脉冲形成网络（Pulse Forming Network，PFN），实现大电流的产生、控制与输出。

1）系统构成。电容储能型电磁轨道发射系统的组成如图 21.6-56 所示，包括充电机、脉冲形成网络、控制系统、电磁轨道发射器以及其他附件。系统运行时，由高频逆变电源（高压充电机）给电容器组提供幅值可控的初始电压，并通过硅堆连接至储能电容器。上位机对单个模块所发出的控制信号包括：晶闸管触发极预加电信号、晶闸管触发信号及泄放开关闭合信号。而每个模块的输出电流信号，经由电流互感器传递到控制器。整个脉冲电源系统均可通过控制器进行程序控制，以实现各模块的同步或时序放电，输出幅值和脉宽均可调节的脉冲电流波形，以满足不同负载的需求。

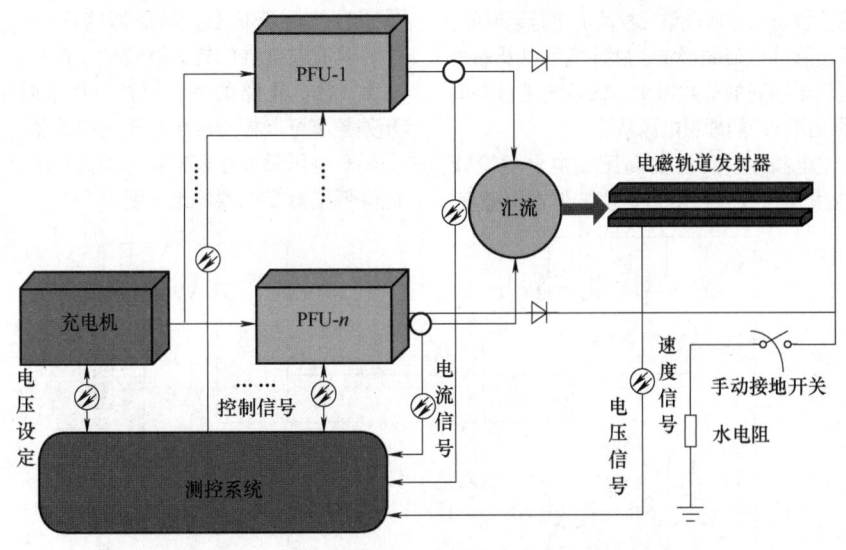

图 21.6-56　电容储能型电磁轨道发射系统组成示意图

该系统的核心组成部分为脉冲形成单元。基于电容储能的电源系统采用模块化结构，每个单元包括储能电容 C、调波电感 L、主放电开关 S 和 Crowbar 开关（通常采用续流二极管硅堆），构成脉冲形成单元，其电路结构如图 21.6-57 所示，原理为 RLC 放电电路。在图 21.6-57 中，首先，给储能电容充电至设定电压；控制系统的放电指令到达后主放电开关闭合，电容通过电感、开关和负载构成回路进行放电；此时设定适当的电感参数就可以将电流峰值和脉冲宽度限制在一定的范围内，达到限流和调整带宽的目的。由于电容结合调波电感组成的 LC 回路具有较小的时间常数和欠阻尼特性，因此，必须使用 Crowbar 开关对脉冲形成网络模块输出的振荡电流进行整流。同时，对脉冲形成网络输出电流的整流可以保护脉冲电容器免受放电过程中反向电压的冲击，延长其使用寿命。最后，电容放电完毕后，能量以磁能的形式存储到电感中。然后，开关断开，调波电感中的能量通过 Crowbar 开关提供给负载。

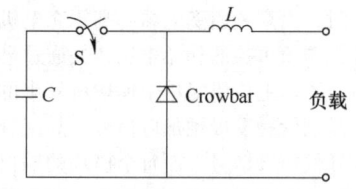

图 21.6-57　电容储能脉冲形成单元示意图

整个电源系统（脉冲形成网络）由许多脉冲形成单元模块组合而成，由总控制系统对其进行控制。其优点是可以通过调整脉冲形成网络充电电压幅值、脉冲形成电感值以及脉冲形成单元模块放电延迟时间，灵活地调整输出脉冲电流的峰值、脉冲宽度以及输出功率，方便应用于不同的负载需求。该系统是目前电磁轨道发射系统试验用的理想电源系统。

2）快速充电技术。传统的高压直流电源设计时一般负载为恒定值或者近似恒定值，但在电磁发射领域，电容电压变化如图 21.6-58 所示。高压电容器充电电压从 0 开始充到设计值，经过保持阶段，瞬间放电提供脉冲功率，然后再迅速充电。这就要求电容器电源能适应宽负载变化，能够提供较大的输出峰值功率、较高的电压精度、较好的电压保持能力，因此高压电容器电源与普通的高压直流电源不同。

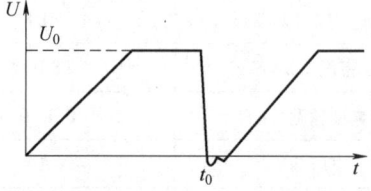

图 21.6-58　电容电压的变化

高压电容器的充电方式主要有：利用限流电阻器对电容充电，利用电感电容谐振对电容充电，采用高频变换器对电容充电。随着电力电子技术的发展，电容器电源采用较高的频率减小了设备的重量和体积；采用软开关技术可以减小开关的损耗，提高设备的效率，减小谐波对电网的污染；采用新的调节和控制技术提高了输出电压的精度和稳定度，较好地控制了电流以减小其对电容的冲击，有利于延长电容器的寿命。所以采用高频变换器对电容充电是电容器充电电源的发展方向。

该方式电容器充电电源包括串联谐振式充电电源、反激变换器、Ward 变换器、LCC 串并联谐振、LCL 串并联充电电源等。其中串联谐振变换器（其结构见图 21.6-59）工作在软开关状态，整流硅堆处于自然换流状态，因而回路损耗小，电磁干扰小；具有非常强的抗短路特性，在短路状态下仍可正常工作，电路的特征阻抗可用来限制峰值电流，开关频率可以控制输出电流的平均值；变压器所承受的高电压只有在电容器达到高压时才会出现，因此降低了对变压器的绝缘要求。

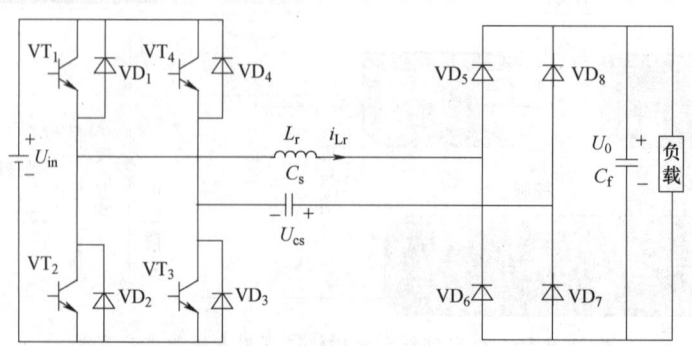

图 21.6-59　串联 LC 谐振结构

由于其应用现场电磁环境复杂，需要采取有效的抗电磁干扰措施，因此电源功率密度水平相对滞后于普通开关电源。国外针对高功率密度充电电源的研究工作一直没有停止，电源功率密度也从 2000 年的 $1MW/m^3$ 逐步发展到近年来的 $7 \sim 8MW/m^3$，中国科学院电工研究所研制的电源功率密度可达 $3MW/m^3$，为目前国内最高水平。

3）高密度储能技术。基于电容储能的电源的发展得益于自愈型金属膜电容器技术的出现和储能密度的提高，脉冲电容器的储能密度近 10 年几乎提高了 1 个数量级，GA 公司在收购了 Maxwell 公司的脉冲电容器技术后发展尤为迅速，仅在 2011 ~ 2012 年，电容储能模块的能量密度提高了 4.3 倍，$4MJ/m^3$ 的电容器产品已经接近市场化，实验室数据达到了 $7MJ/m^3$。以华中科技大学为代表的科研团队常年进行金属膜电容器的研究，以上海电容器厂为代表的企业已经可以提供 $2MJ/m^3$ 储能密度的金属膜电容器。

值得指出的是，金属膜电容的储能密度受到绝缘特性的限制，进一步大幅上扬的空间非常有限，需要开展的工作是对材料的研究，需要寻找大介电常数的高绝缘强度绝缘材料。已经有一些学者关注储能密度更高的超级电容器，但是超级电容器的输出功率目前还不能满足高功率应用的需求。

（2）电感型脉冲电流源　电感储能的储能密度高于电容储能、功率密度高于电机储能。应整合优势，形成高能大功率脉冲电源以满足电磁发射的需求，人们为此进行了长期的研究。电感储能技术应用的最大问题不在储能器件本身，而在能量导出与控制过程中需要关断大电感电流，由于电流的突变和充电回路中的漏磁场能量，使得在关断开关的两端会产生超出半导体开关所能承受的很大的电压应力。因此人们一直致力于提高大功率电力电子器件的耐压性能和设计对主管耐压要求低的换流电路。

目前有代表性的 3 种典型换流拓扑是美国 IAT 实验室提出的 Stretch meat grinder（拓扑 1），由德法 ISL 联合实验室提出的 XRAM（拓扑 2）和由我国清华大学提出的 Stretch meat grinder with ICCOS（拓扑 3）。三者的典型电路分别如图 21.6-60~图 21.6-62 所示。拓扑 1 的结构简单，电流放大倍数大，但是需要自关断开关，成本太高；拓扑 2 的模块化性能好，但结构复杂；拓扑 3 结合了前 2 个拓扑的优势，显著地降低了系统成本，保持了模块的高电流放大倍数。

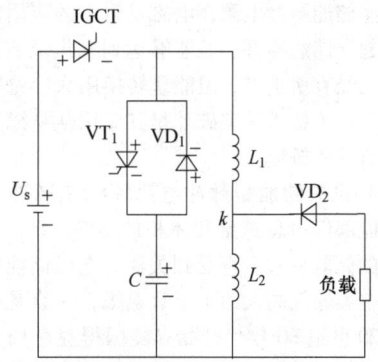

图 21.6-60　Stretch meat grinder 拓扑

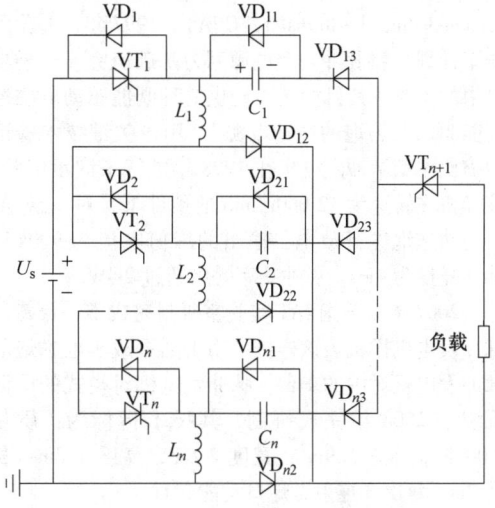

图 21.6-61　XRAM 拓扑

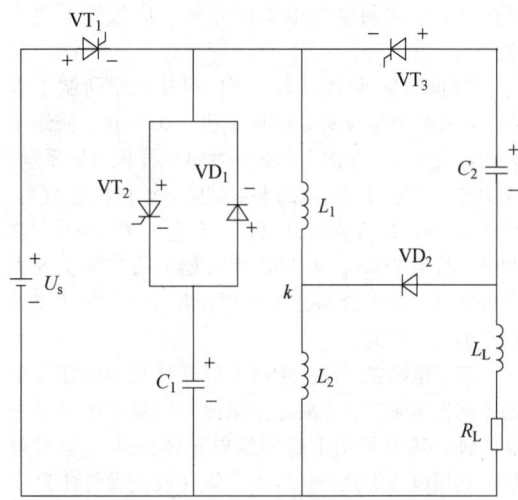

图 21.6-62　ICCOS 换流的 Stretch meat grinder 拓扑

电感储能脉冲电源在电磁发射中的应用尚在探索中，超导储能器件已经能够达到兆焦级，充放电技术也已经有所进展，但能量转换用大容量闭合开关和断路开关技术的突破才是其应用从概念走向实际的最有效的桥梁。

（3）机械储能型脉冲电流源　在脉冲功率源中，储能部件占总重量和体积的 50%～80%，所以高密度的储能技术一直受到关注。电机储能的能量密度比电容储能高大约 1 个数量级，一直是研究的热点。20 世纪 80 年代开始，美国得克萨斯大学机电中心受美国陆军装备研究发展工程中心等军方部门的资助，为其研制用于电磁轨道炮（Electromagnetic Railgun，EMRG）的补偿脉冲发电机（Compensated Pulsed Alternator，CPA）。1997 年，《美国陆军计划》将脉冲功率电源列为基础研究 4 个子项目中的 1 项，其目标是"提供一种既能驱动电磁炮又能驱动电热炮的脉冲电源"。用于关键技术验证的缩比模型脉冲发电机在 1998 年进行了演示试验。该样机在转速为 12 000r/min 的条件下，对一台 3m 长的轨道炮进行放电，输出的峰值电流为 900kA，脉冲宽度为 4ms，脉冲功率等级超过 2GW。

2007 年，美国 IAT 实验室研制完成了一台新的脉冲发电机样机。该样机是用于陆军战车电磁炮的脉冲发电机对中的 1 台。脉冲发电机对模式的电源系统于 2008 年完成研制，其技术指标为：质量 7 000kg，体积 1.9m³，宽度 2.6m，高度 1.3m，长度 2m，每次 3 连射，炮口动能 2MJ。

国内开展过补偿脉冲发电机研究工作的单位主要有华中科技大学、中国科学院合肥等离子体物理研究所、中国科学院电工研究所、哈尔滨工业大学等。

20 世纪 80 年代以来，华中科技大学研制了多台主动补偿和被动补偿的模型机。2009 年，研制了国内首台百兆瓦量级空芯脉冲发电机样机电源系统，成功进行了原理样机电磁发射试验。该电机参数为：长度 1.1m，最大直径 0.49m，转速 8 000r/min，脉冲电流峰值 71kA。从 2005 年开始，哈尔滨工程大学也开展了对混合励磁脉冲发电机与空芯脉冲发电机模型机的研究。

77　电磁发射器　电磁发射器是利用电能发射物体的发射装置，主要包括电磁发射器和电热发射器两种，其中利用电磁能发射物体的叫电磁发射器，利用电能加热产生等离子体（或化学气体）发射物体的叫电热发射器。

电磁发射器/电磁炮也称为脉冲能量电磁炮，

它是利用电磁发射技术，以电磁力发射超高速炮弹并以其动能毁伤目标的动能武器系统。按其结构不同可分为轨道发射、线圈发射、电热发射 3 种形式。

（1）电磁轨道发射器　电磁轨道发射器又称轨道炮或导轨炮（railgun），是电磁炮发展的主要形式。利用的是直流电动机的原理。它具有 2 根平行放置的轨道，轨道中间有 1 个放置弹丸的滑块，滑块后部有与 2 根导轨相接触的固体电枢或等离子体电枢。利用电源向 2 根导轨间的电枢输入电流，形成的磁场与电流相互作用产生洛伦兹力 F，该洛伦兹力可以推动电枢沿导轨加速，从而加速弹丸并将弹丸发射出去，如图 21.6-63 所示。

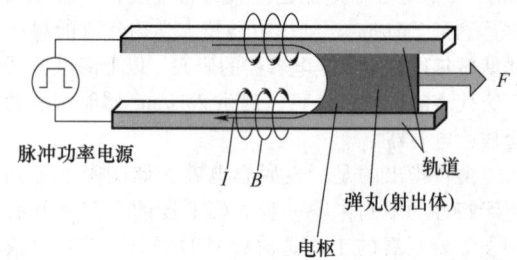

图 21.6-63　电磁轨道炮的原理

弹丸所受推力 F 由安培力公式结合磁场环路定理求得，为

$$F = BIL = \frac{\mu I^2}{2\pi} \ln \frac{a+r}{r} \qquad (21.6\text{-}27)$$

式中，I 为轨道电流，a 为弹体半径，r 为导轨半径。

磁轨道炮具有电磁发射武器所应具有的超高速性能等各项优势。其缺点是必须采用大容量脉冲电源。此外，瞬间大电流的产生、向导轨供电、横穿导体轨道与弹丸滑动面的大电流通电等，会导致导轨的烧蚀严重、寿命短和效率低。这些都是电磁轨道炮特有技术问题产生的根源。

（2）电磁线圈发射器　电磁线圈发射器又称线圈炮，是电磁炮发展的最早形式，由固定线圈和弹丸线圈组成，它利用 2 个同轴线圈间的互感梯度引起电磁力，如图 21.6-64 所示。固定线圈相当于炮管，通电后会形成运动磁场，并在弹丸线圈中产生感应电流。线圈炮利用磁场和感应电流相互作用的电磁力，加速弹丸线圈而使炮弹高速射出。

对于如图 21.6-64 所示的弹丸多匝线圈的情况，互感梯度 $\frac{dM}{dx}$（其中 M 为驱动线圈和弹丸线圈的互

感）会随着弹丸线圈沿 x 轴方向运动而变化，此时，线圈之间的相互作用力公式为

$$F_{m} = \frac{dM}{dx} I_{p} I_{d} \qquad (21.6\text{-}28)$$

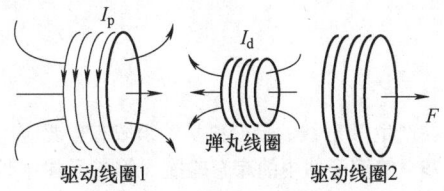

图 21.6-64　线圈发射原理图

线圈炮与电磁轨道炮相比有 3 个优点：①加速力大，其加速力峰值是电磁轨道炮的 100 倍；②同轴线圈炮中弹丸不与炮膛直接接触，靠磁悬浮力运动，因而炮管与弹丸之间无摩擦，能量利用率高；③需要的电流较小，不需要兆安级的脉冲电流，可使开关装置简化。其缺点是大电流对线圈烧蚀严重，而且在较短的距离内很难达到超高速。

（3）电热发射器　电热发射器实质上可以认为是对传统火炮的一种改造和升级。电热发射器不是利用常规火炮的火药推力，而是利用等离子体射流将弹丸从炮管中发射，恰当的称谓应该是"等离子体射流炮"。电热发射器的推进系统由电脉冲和工作液体（非火药）组成。首先，由电脉冲产生等离子体射流作用于工作液体，使液体变为急速膨胀的高压气体，推动弹丸从炮管内发射出去。电热发射的实质是以电脉冲取代常规弹药的点火药，以等离子体射流和工作液体取代常规弹药的装药。图 21.6-65 是电热炮炮弹结构示意图。电热发射器的优点是，只要简单改造现有火炮系统的闭锁机构，就能将其改造成电热炮，仅是炮尾结构要做相应的改变。炮管中气体产物温度相当于或略低于固体推进剂的气体产物温度，并且在加速过程的一定时间内，炮管壁存在一层冷边界层，可大大减轻炮管的烧蚀。而且，电热发射器弹药的药筒可与现有弹药的药筒通用。电热发射器的弹药是以非爆炸的工作液体为主体，挥发性小，缺点比常规炮弹少。电热发射器能够控制膛压，可以说它具有"节流阀"的作用。调节电脉冲的放电，控制工作液体等离子体射流的产生，就可以控制炮管膛压，基本上能做到恒压加速，膛压仅有 400~500MPa，低于常规滑膛坦克炮。

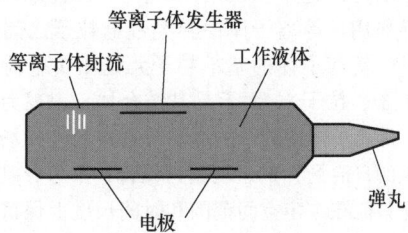

图 21.6-65　通用公司 ETX 炮弹结构示意图

第 7 章 等离子体理论基础

7.1 等离子体基本概念

78 等离子体含义、参数和分类 等离子体是带电粒子和中性粒子组成的、准中性的、表现出集体行为的一种物质状态。准中性和集体行为是等离子体的重要特征。等离子体为足够多带电粒子的集体行为，长程库仑力是确定其统计性质的一个重要因素。等离子体中一个邻近粒子所产生的力远小于许多远距离粒子所施的长程库仑力，因此集体效应起主导作用。等离子体中异类带电粒子之间相互"自由"，等离子体的基本粒子元是正负电荷的粒子（电子、粒子），而不是其结合体，表现为非束缚态。等离子体中粒子的运动与电磁场（外场及粒子产生的自洽场）的运动紧密耦合，不可分割。等离子体只能在一定空间范围和时间尺度上保持电中性，而小于这个空间范围或时间尺度时，等离子体会在局部或在短暂时间内偏离电中性。从长时间和大尺度范围看，等离子体仍然呈现出电中性的特点。因此，我们称等离子体呈现准中性的特点。准中性的空间尺寸和时间尺寸分别由德拜长度和等离子体频率来描述，等离子体的集体行为起源于带电粒子间的库仑相互作用，为长程相互作用。等离子体由能够自由移动的带电粒子组成，因而具有很好的导电特性。如果把等离子体视为电阻很小的良导体，非磁化的等离子体内部则相当于导体内部，不存在内部电场；而磁化等离子体中的电场基本上垂直磁场。温度是导致物质状态发生变化的关键参量，等离子体是物质继固态、液态、气态之后的第四种状态。根据不同的标准，可对等离子体进行分类。按电子温度来分，电子温度低于10eV为低温等离子体，低温等离子体又可分为冷等离子体和热等离子体。冷等离子体的离子温度通常为1eV，小于电子温度，主要用于刻蚀、材料改性、等离子体医学等方面。热等离子体的电子温度和离子温度接近，主要用于冶金、焊接、切割等。当电子温度超过10eV量级时，称为高温等离子体，高温等离子体在产生X射线、聚变科学等领域有重要应用。

79 等离子体中的库仑碰撞 等离子体中带电粒子之间的碰撞，若只考虑库仑作用，碰撞前后总动能守恒，各粒子的电荷数不变，动量在粒子间重新分配，为库仑碰撞。等离子体中，带电粒子受到屏蔽的库仑作用。某个带电粒子，同时受到德拜屏蔽球内所有带电粒子的作用，另一方面德拜球内的其他粒子也受到这个粒子的作用。因此，等离子体中带电粒子间的作用是多体碰撞问题。严格处理多体作用是极其困难的，通常都采用"二体碰撞近似"，即把多体作用看成相互独立的瞬时的二体作用之和。等离子体中，一个带电粒子，其影响大致不超过以德拜长度为半径的范围，所以这里碰撞参数可以认为是有上限的，即近似地可取 $b_{max} = \lambda_D$，称为德拜截断。在等离子体中，根据碰撞的偏转角（碰撞参数），可以把库仑碰撞分为：近碰撞（偏转角大于90°，$b \leq b_{min}$）；远碰撞（偏转角小于90°，$\lambda_D > b > b_{min}$）；无碰撞（因德拜屏蔽认为无静电场，$b \geq \lambda_D$）。德拜长度 λ_D 与朗道长度 λ_L 的比值称为等离子体参数 Λ，其表征了等离子体中远碰撞截面与近碰撞截面的比例。由于碰撞截面表征了碰撞的概率，因此在等离子体中远碰撞的概率大于近碰撞的概率，即等离子体中的碰撞大多是远碰撞。对于远碰撞，根据碰撞参数的范围可以分为两类：二体小角度散射，多体相互作用。对于二体小角度散射，可以用二体库仑碰撞分析；对于多体相互作用，是一个粒子同时与许多其他粒子发生相互作用，通常在一级近似中可以简化为一系列二体碰撞的线性叠加。

80 等离子体中的非弹性碰撞 等离子体中假设外场的影响可以忽略，因此相碰粒子的总动量守恒。然而，如果粒子碰撞引起粒子动能向其他能量转化，则总动能是不守恒的，这样的碰撞叫作等离子体中的非弹性碰撞。若粒子非弹性碰撞前后的内能的总改变为 Q，Q 为正，则为第一类碰撞，Q 为负，则为第二类碰撞。等离子体中带电粒子及中性粒子间发生碰撞，动能在粒子间重新分配，且一部分能量转移至相互作用的粒子或者新产生的粒子中。非弹性碰撞包括粒子激发和退激发、电离和复合、电荷交换等。电子和离子发生非弹性碰撞，可以使离子发生电离、复合，或激发、退激发。光子与离子发生非弹性相互作用，可以使粒子激发或电离。离子-离子的非弹性碰撞，可以电离、复合、激发或退激发一个或者全部的相互作用的离子。

81　等离子体辐射　等离子体电磁辐射由线辐射和连续辐射构成，辐射强度和谱分布依赖于等离子体的温度密度等参数。其中线辐射也叫激发辐射，是由自发辐射过程产生的，连续谱辐射则由辐射复合过程和轫致辐射过程构成。当等离子体中存在原子或部分电离的离子时，原子或离子的电子由高能级回到低能级，同时释放光子，称为激发辐射。这时电子在束缚态之间跃迁产生辐射，也称为束缚-束缚过程，辐射的谱线可与特定能级跃迁相对应。等离子体中的自由电子和离子碰撞时可能与离子复合，复合时释放光子为复合辐射，也称为自由-束缚过程。由于自由电子存在一定速度分布，它们在被离子捕获时失去的能量将构成一个连续谱，所以复合辐射谱是连续的。等离子体中的带电粒子速度改变时所发出的辐射，称为轫致辐射，也称为自由-自由过程。从电动力学可知，加速着的带电粒子所辐射出的能量与粒子加速度二次方成正比。轫致辐射为等离子体中带电粒子在静电力相互作用下发生库仑碰撞时，参与碰撞的粒子产生加速度而发出电磁波。处在磁场中的高温等离子体，还发射回旋辐射，也叫作磁轫致辐射。带电粒子在围绕磁力线回旋时有向心加速度，因此不断发出辐射，离子由于质量大、回旋频率小，此种辐射可略去不计。所以回旋辐射只在电子温度非常高（5keV以上）的等离子体内才开始明显，它与轫致辐射一样也具有连续谱，在回旋频率以及几个谐频处出现峰值。它与轫致辐射的不同之处在于发射功率为极大时的波长是比较长的，一般在红外到微波范围内。在低温时，在弱电离等离子体内，不连续辐射（激发辐射）起主要作用。随着温度的升高，连续辐射（复合辐射）就会增大，而在更高温度下，例如在热核等离子体温度时，轫致辐射、回旋辐射将起主要作用。

7.2　等离子体描述方法

82　单粒子轨道理论　单粒子轨道理论是讨论单个带电粒子在电磁场力作用下的运动行为，忽略粒子间的相互作用，也忽略带电粒子本身对电磁场的贡献，基本方法是求解粒子的运动方程。磁场中带电粒子的基本运动是回旋运动，回旋频率只与磁场的大小有关，而与回旋粒子的垂直速度或回旋半径无关，但如果相对论效应不能忽略，则带电粒子的质量会发生变化，回旋频率会随着垂直方向的速度改变。在静电力、重力或电磁场非均匀时，若外力的影响很小或磁场的不均匀性很小，这时粒子运动轨道与螺旋形运动轨道偏离不大，可以把粒子的运动近似地看成粒子回旋中心（导向中心）运动和绕回旋中心的回旋运动的合成，这种近似处理方法称为漂移近似。恒定静电场力、重力、磁场的不均匀性、时变电场均可引起粒子的漂移运动。单粒子轨道理论适用于稀薄的等离子体情况，粒子密度很低，粒子间的相互作用可以忽略。或是在具有强大外加磁场的情况下，电荷及电流分布在动力学中不起主要作用，其运动状态的变化不会显著改变已有的电磁场。单粒子轨道理论优点为：简单直观，物理图像清晰，能够在一定程度上基于单个粒子的运动规律对等离子体整体行为做出一些结论；其缺点为：不能自恰地描述物理过程，无法研究带电粒子与电磁场的相互作用。

83　磁流体力学理论　当等离子体的特征长度和时间远大于等离子体的平均自由程和平均碰撞时间，等离子体可以看成是处于局部热平衡状态。这时，等离子体表现出大量粒子的集体运动特征，可以像通常的流体力学那样去描述，如定义温度、速度、压强、密度等流体力学和热力学参量。另一方面，等离子体作为一种带电流体，流体运动受到电磁力的作用，而流体在磁场中运动时也会产生电磁场，因此，可以用经典流体力学和电动力学相结合的方法，研究导电流体和磁场的相互作用，这种理论称为磁流体动力学（MHD）。当导电流体在电磁场中运动时，流体内感生出电场，从而产生电流。这个电流一方面与磁场相互作用，产生机械力，对流体运动产生重大影响，另一方面感应出改变原有电磁场的磁场，形成了电磁现象和流体动力学现象相互作用的复杂图像。对于在电磁场中运动的导电流体，外加力为电磁力和重力。通常情况下电磁力远大于重力，因此忽略重力的影响，从而需要用电磁场方程联立流体动力学中的质量守恒、动量守恒和能量守恒方程来进行描述。若流体为无黏性、不传热和理想导电的，则描述其方程为理想磁流体力学方程组。

84　动理学理论　从粒子分布函数的变化规律

出发，用统计力学的方法确定等离子体系统的物理状态及其随时间的变化过程，这种描述方法称为动理学理论。动理学理论通过等离子体中电子和离子各种成分的速度分布函数完整描述等离子体的状态，对带电粒子加速、反射等现象能够很好地描述。等离子体动理学理论可以把磁流体力学中所出现的一些输运系数（如扩散、热传导、黏滞、电阻率等）与物质的微观结构联系起来，还能讨论等离子体中的某些波和不稳定性问题，以及湍流、辐射等，被称为等离子体的微观理论。等离子体中粒子的行为由分布函数决定，分布函数满足动力论方程，而电场和磁场则满足麦克斯韦方程，上述方程联立即可用来描述等离子体的波动过程。然而求解动理论方程极为困难，必须加以近似。对于特征时间远小于粒子二体碰撞时间的等离子体现象，可忽略碰撞项的影响，因此可以用弗拉索夫方程联立麦克斯韦方程进行描述。对其中的弗拉索夫方程进行线性化变换，即可得到研究振荡周期远小于二体碰撞时间的线性振荡与振荡波以及等离子体不稳定性的基本方程。

85　等离子体数值模拟　等离子体数值模拟包括流体模型、粒子模型、流体-粒子混合模型等。流体模型是求解（辐射）磁流体方程组。粒子模型是基于牛顿运动方程或蒙特卡罗方法求解粒子输运过程。流体-粒子混合模型则是将流体模型和粒子模拟耦合求解计算等离子体中多组分粒子的动力学行为。

第8章 放电等离子体产生与诊断技术

8.1 放电等离子体产生

86 电晕放电 电晕放电是气体或液体介质中带电体表面在不均匀电场作用下发生的局部自持放电。电晕放电可以是相对稳定的放电形式，也可以是不均匀电场间隙击穿过程中的早期发展阶段。这种放电是极不均匀电场所特有的一种放电形式。极不均匀电场特性为：电场强度沿气隙分布极不均匀，当所加电压达到某一临界值时，曲率半径小的电极附近空间的电场强度首先达到起始电场强度值 E_0，在此区域先出现碰撞电离和电子崩，甚至出现流柱。在曲率半径很小的尖端电极附近，由于局部电场强度超过介质的电离场强，使其发生电离出现电晕放电。发生电晕时在电极周围可以看到光亮，并伴有咝咝声。外加电压增大，电晕区也随之扩大，放电电流也增大（由微安级到毫安级），但总的来看，气隙还保持着绝缘状态，还没有被击穿。电晕放电的危害有：光、声、热等效应使空气发生化学反应，产生腐蚀作用；电力系统中的高压及超高压输电线路导线上发生电晕，会引起电晕功率损失、无线电干扰、电视干扰以及噪声干扰。可采用分裂导线防止和减轻电晕。电晕放电也有着一些积极意义：衰减雷电过电压幅值和降低其陡度；抑制操作过电压的幅值；改善电场分布；应用于工业设施，如静电除尘器静电喷涂装置、臭氧发生器、污水处理、空气净化等。

87 辉光放电 辉光放电（glow discharge）是指低压气体中显示辉光的气体放电现象，即是稀薄气体中的自持放电（自激导电）现象。辉光放电工作压力一般都低于 10mbar，其基本构造是在封闭的容器内放置两个平行的电极板，利用产生的电子将中性原子或分子激发，而被激发的粒子由激发态降回基态时会以光的形式释放出能量。它包括亚正常辉光和反常辉光两个过渡阶段。辉光放电的整个通道由不同亮度的区间组成，即由阴极表面开始，依次为：①阿斯通暗区；②阴极光层；③阴极暗区（克鲁克斯暗区）；④负辉光区；⑤法拉第暗区；⑥正柱区；⑦阳极暗区；⑧阳极光层。其中以负辉光区、法拉第暗区和正柱区为主体。这些光区是空间电离过程及电荷分布所造成的结果，与气体类别、气体压力、电极材料等因素有关。辉光放电时，在放电管两极电场的作用下，电子和正离子分别向阳极、阴极运动，并堆积在两极附近形成空间电荷区。因正离子的漂移速度远小于电子，故正离子空间电荷区的电荷密度比电子空间电荷区大得多，使得整个极间电压几乎全部集中在阴极附近的狭窄区域内。这是辉光放电的显著特征，而且在正常辉光放电时，两极间电压不随电流变化。在大气压下，氦气中可以实现均匀放电，为亚正常辉光放电。辉光放电的主要应用是利用其发光效应（如霓虹灯、荧光灯）以及正常辉光放电的稳压效应（如氖稳压管）。利用辉光放电的正柱区产生激光的特性，制作氦氖激光器。近年来，辉光放电在污水处理、灭菌消毒、聚合物材料表面改性、分析仪器离子源等方面也多有应用。由于其特点，辉光发电应用于发射光谱分析，用作气体分析和难激发元素分析的激发光源。在玻璃管两端各接一平板电极，充入惰性气体，加数百伏直流电压，管内便产生辉光放电，其电流为 $10^{-4} \sim 10^{-2} A$。放电形式与气体性质、压力、放电管尺寸、电极材料、形状和距离有关。利用其在发射光谱中的应用，可以检测铅的浓度等。

88 火花放电 在普通气压及电源供给的功率不太大时，若在两个曲率不大的冷电极之间加上高电压，电极间的气体在高电压作用下被击穿而产生自激导电，出现闪光和爆裂声，这种现象就是火花放电。由于介质击穿后突然由绝缘体变为良导体，电流猛增，而电源功率不够，因此电压下降，放电暂时熄灭，待电压恢复再次放电，火花放电通常具有间歇性。雷电就是自然界中大规模的火花放电现象。生产生活中的火花放电主要危害为：因静电火花点燃某些易燃物体而发生爆炸。防止产生静电火花放电的手段有：利用导线将设备接地、适当增加工作环境湿度等。火花放电可用于金属加工、钻细孔等。主要应用：①光谱分析；②内燃机的点燃器；③金属电火花加工：在电解质溶液中用火花放电腐蚀金属工件，以形成与工具电极形状相对应的表面（这种加工方法能在很硬的金属上穿孔、雕刻和制成各种型面型腔）；④高电压值测量：因引起火花放电的击穿电压与电极的形状和极间距离有关，在高电压工程中常通过测定某种形状的电极之间发生火花放电时的间距来测定未知的高电压值。此外，荧光灯的辉光启动器也利用火花放电原理。

89　弧光放电　弧光放电是指呈现弧状白光并产生高温的气体放电现象。无论在稀薄气体、金属蒸气或大气中，当电源功率较大时，能提供足够大的电流（几安到几十安），使气体击穿，发出强烈光辉，产生高温（几千到上万摄氏度），这种气体自持放电的形式就是弧光放电。通常产生弧光放电的方法是使两电极接触后随即分开，因短路发热，使阴极表面温度陡增，产生热电子发射。热电子发射使碰撞电离及阴极的二次电子发射急剧增加，从而使两极间的气体具有良好的导电性。弧光放电的特点为：①存在明暗相间的发光区；②具有近似于线性的极间电位分布；③热阴极弧光放电管的阳极和工作气体被加热到很高的温度，阴极被加热到热电子发射温度；④弧光放电的正柱区为等温等离子体、放电气体的温度可高达 10 000K，高气压弧光放电的正柱区收缩成一条细线，集中在管轴附近；⑤弧光放电除产生原子光谱辐射外还产生连续光谱，具有很高的发光效率；⑥常规弧光放电具有负的伏安特性；⑦当弧光放电管的正柱区长度和放电电流适当时，可形成正伏安特性的弧光放电；⑧在低气压和高气压下都可形成弧光放电。弧光放电应用广泛，可用作强光光源，在光谱分析中用作激发元素光谱的光源，在工业上用于冶炼、焊接和高熔点金属的切割，在医学上用作紫外线源（汞弧灯）等。但是大电流电路开关断开时产生的弧火极其有害，应采取灭弧措施。

8.2　等离子体诊断技术

90　图像诊断　等离子体的自发光图像是诊断等离子体演化的重要手段。由于等离子体本身为一个辐射体，利用照相技术，可以将等离子体的形态及其变化过程记录下来。目前实验室中许多等离子体为脉冲式的，它们的持续时间可分布在秒级至纳秒级的范围内，为了能够观测和记录这些短暂存在

的等离子体形态的发展和变化过程，要求图像诊断系统的分辨时间必须相应地达到秒级至纳秒级，这就必须采用特殊的高速摄影技术。记录等离子体的演化图像主要采用分幅摄影技术和扫描摄影技术。分幅摄影技术是在一次曝光时间内获得一幅二维图像，在多次曝光中获得运动过程的变化状态，主要设备为增强型电荷耦合探测器（ICCD）、分幅相机等。基于 ICCD 的快速照相一般可提供纳秒级时间分辨率的二维等离子体辐射信息，但一次动作只能拍摄一幅图像。要获得瞬态等离子体的时间演化过程，需要多次重复试验，或采用多个 ICCD 组成的分幅相机。扫描摄影技术是在一次曝光时间内将被测过程沿时间轴连续展开，主要设备为条纹相机。条纹相机将入射光的时间轴信息通过扫描单元转换为一维空间轴信息，在一次实验获得瞬态等离子体连续时刻的演化，同时提供光的强度、时间和空间信息。其原理为通过相机前的狭缝，使得进入相机的光子仅为一维分布。光子进入相机后首先打在光阴极上，使得光信号转化为电子。此后转化的电子经加速电极加速，进入扫描电极，在强度线性分布的电场的作用下发生偏转。偏转的电子打在荧光屏上再次被转化为光信号，之后则被成像装置记录。

91　辐射及光谱诊断　等离子体中存在着大量的带电粒子，它们之间有着各种复杂的相互作用，所辐射出的电磁波具有广阔的频率范围。等离子体诊断的一个重要方面就是测量这些辐射，由此可以获得诸如等离子体的成分及其分布、电子密度、电子温度、离子密度、离子温度和磁场分布等重要参数，不同的辐射频段需要采用不同的测量方法。等离子体辐射测量通常包括辐射功率、辐射产额、辐射能谱等。辐射测量需要根据等离子体辐射的光谱范围、强度、持续时间等选择不同的测量原理及其设备。对于可见光范围，常用光电管测量等离子体辐射功率，光栅光谱仪测量光谱。对于软 X 射线范围，常用半导体探测器测量辐射功率，晶体谱仪测量能谱。

发射光谱可视为其最为重要的诊断方法之一，它包含了包括等离子体组分、等离子体温度、密度等在内的丰富信息。对于高温氢等离子体，轫致辐射强度、复合辐射强度与等离子体的电子温度密切相关，基于上述光谱可直接推导出电子温度。线辐射谱来自于原子过程中的束缚-束缚跃迁，通常比连续谱能够提供更大的灵活性。在等离子体局部热平衡条件下，利用同一元素两条高能激发态不同的谱线强度比可以计算电子温度。实验测量得到的谱

线在其中心波长两侧都会存在一定的分布，辐射谱线展宽是多种物理过程共同作用的结果，主要包括自然展宽、压力展宽、多普勒展宽、斯塔克展宽等。在一定条件下，基于谱线的斯塔克展宽可以测量等离子体的密度。

92　探针光诊断　探针光诊断技术是利用激光、微波等电磁波与等离子体相互作用实现对等离子体参数的测量，在这一过程中，电磁波对等离子体的影响可以忽略。激光是最常用的一种探针光，激光诊断的优点是，对等离子体干扰小，可诊断的等离子体电子密度范围宽，温度范围大，特别是对非热平衡等离子体的诊断优于光谱法等诊断方法。因此激光诊断成为等离子体诊断，特别是高温度、高密度等离子体诊断的主要手段。此外，激光背光具有十分好的空间和时间分辨能力，因此适合在等离子体持续时间极短情况下的瞬时诊断，可以测量等离子体诸如电子和中性粒子密度、温度、磁场等参数。基于激光在等离子体中传播时相位的变化可以搭建激光阴影、纹影、干涉诊断系统，从而获得等离子体形态、密度的定性和定量信息。基于磁化等离子体中激光极化方向发生偏转的法拉第旋光效应，可以搭建法拉第旋光诊断系统，获得等离子体中的磁场分布。基于激光与等离子体中粒子的相干和非相干散射，可以搭建激光汤姆逊散射等诊断系统，获得等离子体的运动速度、温度等信息。

第9章 等离子体技术应用

9.1 聚变等离子体

93 磁约束聚变 磁约束聚变是指用特殊形态的磁场把处于聚变反应状态的等离子体约束在有限的体积内，使其受控制地发生聚变反应，释放出能量。主要的磁约束聚变装置包括：托卡马克、仿星器、磁镜等。

托卡马克是发展较为成熟和投资最多的一种磁约束聚变装置，托卡马克内产生绕环的螺旋线磁力线约束等离子体，通过欧姆加热、电磁波加热、中性束加热等手段使等离子体达到聚变所需的极高温度。由套住环形器壁外面的一组通电环形线圈产生绕环的磁力线，基于变压器原理对环形真空室中稀薄的氘氚气体放电使其产生等离子体并产生环形电流，同时这一环形电流产生一个角向磁场，叠加在由环形线圈所产生的环形磁场上，从而获得环形螺旋线的磁场。为了克服带电粒子向外漂移、维持托卡马克中等离子体的平衡，还需要有外部线圈产生垂直于环的磁场。

94 惯性约束聚变 惯性约束是指利用粒子的惯性来约束聚变燃料等离子体，从而实现核聚变反应。驱动能量均匀地作用于装有核聚变燃料的靶丸，靶丸的外表面吸收能量产生高温等离子体，有一部分等离子体向外喷射，剩余部分在向外喷射等离子体的反作用力作用下产生向内的聚心压缩，这些粒子由于自身惯性作用来不及向四周飞散，在中心处形成非常高温度和非常高密度的热斑等离子体，发生核聚变反应。热斑热核反应释放出的能量加热附近的燃料，并将它点燃，实现从里向外的热核燃烧过程。

驱动能量主要包括：激光、离子束、Z 箍缩等形式。当激光、Z 箍缩等直接与聚变燃料相互作用，为直接驱动的惯性约束聚变。当激光或粒子束在转换体上产生很强的 X 射线，用 X 射线照射在靶丸上再引起靶丸表面加热、压缩、点火和燃烧，为间接驱动的惯性约束聚变。

9.2 金属丝电爆炸与 Z 箍缩

95 金属丝电爆炸 金属丝电爆炸是脉冲大电流通过欧姆加热在金属丝中瞬间沉积大量的能量，引起金属丝发生相变而快速膨胀，并产生发光、爆炸声等现象的物理过程。金属丝电爆炸将电能转化为金属丝内能、辐射能、膨胀动能以及介质中动能等形式的能量。电爆炸时的电路参数，包括储能、充电电压、电流上升速率、电流脉冲极性、回路电感等；金属丝参数，包括直径、长度和金属丝初始晶体结构；环境介质因素，主要包括气体种类、压力和温度等，都对电爆炸过程有着显著的影响，这些因素主要通过影响金属丝电爆炸过程中的欧姆加热沉积能量，进而影响电爆炸产物形态、膨胀速度等。

96 Z 箍缩 Z 箍缩是载有轴向电流的等离子体在电流产生的角向磁场作用下自箍缩或约束的物理过程。早期研究关注于微秒时间尺度、强电流对等离子体的约束，但这种约束受到磁流体力学不稳定性的影响而很快被破坏。随着脉冲功率技术的发展，电流水平达到兆安、时间为百纳秒，这时等离子体在电流磁场作用下加速至数十至百千米每秒，最后在对称轴附近碰撞减速停止，动能转化为内能，产生强脉冲 X 射线辐射，这个过程为快 Z 箍缩，或动力学 Z 箍缩，常简称为 Z 箍缩。Z 箍缩的典型负载构型包括喷气负载和丝阵负载。

Z 箍缩可产生超强的 X 射线辐射功率，并具有极高的电能-X 射线能转换效率，可在实验室条件下产生高能注量、大辐照面积的 1 ~ 10keV 软 X 射线辐射环境，用于模拟高空核爆炸的软 X 射线环境，开展 X 射线与材料的热-力学效应研究。人们也提出了 Z 箍缩 X 射线辐射驱动实现惯性约束聚变的思路，设计了动力学黑腔、双端黑腔等构型。固体套筒 Z 箍缩在加速过程中表面或套筒的内部仍保持接近于固体的密度，当套筒在轴线附近滞止后，会造成极高的压力，为研究极端压力状态下材料的动力学行为提供了手段。

97 金属丝电爆炸应用 真空中金属丝电爆炸主要关心金属丝的受热、膨胀和电离等相变与能量沉积过程，从而模拟和研究大功率装置上丝阵 Z 箍缩负载在电流初始阶段的单丝行为，进而更好地理解丝阵 Z 箍缩的初始过程。制备纳米粉体是气氛中金属丝电爆炸的重要应用，具有能量利用效率高、纳米粉体粒度可有效控制、纯度高、化学活性高等优点，是一种适合产业化的低成本、高效率的金属纳米粉体制备方法。

由于水的难压缩特性和高击穿场强，金属丝在水中电爆炸可以获得更多的沉积能量，用于研究和校验更高能量密度下金属材料的状态方程和电导率模型；另一方面，水中金属丝电爆炸可在水介质中产生向外传播的强冲击波。这种产生冲击波的方法具有便捷、可靠、可控等特点，在油田解堵、页岩气开采、体外碎石、水下声源、金属加工成形等诸多领域具有广泛的应用前景。

9.3 等离子体与微电子工业

98 微电子器件的等离子体处理 微电子器件的等离子体处理是指利用等离子体对微电子器件进行加工的过程，包括等离子体刻蚀、等离子体沉积、等离子体掺杂，以及利用等离子体进行封装清洁等多个过程。

99 等离子体刻蚀 等离子体刻蚀是一种去除材料的工艺。根据所使用的等离子气体（惰性气体或反应气体）的性质，蚀刻可以通过物理或化学刻蚀来完成。在物理刻蚀中，通过定向动量转移的离子轰击引起原子的物理溅射。它具有各向异性腐蚀的优点，但也存在选择性差的局限性。化学腐蚀涉及反应物质的输运，通过扩散，然后与衬底原子反应。化学腐蚀是各向同性的，因为反应物质的扩散发生在各个方向。但是，它有很好的选择性。

100 等离子体沉积 等离子体沉积工艺可以广义地分为等离子体增强化学气相沉积（PECVD）和溅射沉积两大领域。化学气相沉积是指有一系列热能激发的气相和表面反应，从而在表面上生成固体产物的工艺过程。在化学气相沉积中，利用等离子体控制或强烈影响气相反应，从而达到影响表面反应的过程叫作等离子体增强化学气相沉积。溅射沉积包括物理溅射和反应溅射。物理溅射是原子从靶材上被溅射下来，然后被输运、沉积到基片上；而在反应溅射中，除了轰击离子外，原料气体的分

解产物也可以与靶材发生化学反应，沉积的薄膜是溅射出的材料与反应气体的化合物。一般采用直流放电溅射沉积导电薄膜，通常采用容性耦合射频放电或射频功率源驱动的平面磁控放电来溅射沉积绝缘薄膜。

101 等离子体掺杂 等离子体掺杂是来自半导体物理学的术语，指的是利用等离子体技术将外来原子引入半导体的晶格中。等离子体掺杂的主要手段是等离子体浸没离子注入，是通过应用高电压脉冲直流或纯直流电源，将等离子体中的加速离子作为掺杂物注入合适的基体或置有电极的半导体芯片的靶的一种表面改性技术。等离子体可在设计好的真空室中以不同的等离子体源产生，如可产生最高离子密度和最低污染水平的电子回旋共振等离子体源、氦等离子体源、电容耦合等离子体源、电感耦合等离子体源、直流辉光放电和金属蒸气弧（对金属物质来说）。真空室可分为二极式和三极式两种，前者应用于基体，而后者应用于穿孔网格。

9.4 等离子体与材料表面处理

102 等离子体渗氮 等离子体渗氮技术是由德国人 B. Berghaus 于 1932 年发明的一种技术。该法是在 0.1~10 Torr 的含氮气氛中，以炉体为阳极，被处理工件为阴极，在阴阳极间加上数百伏的直流电压，由于辉光放电现象，便会产生像霓虹灯一样的柔光覆盖在被处理工件的表面。此时，已离化了的气体成分被电场加速，撞击被处理工件表面而使其加热。同时依靠溅射及离子化作用等进行氮化处理。

103 表面功能涂层 等离子体表面功能涂层是采用刚性非转移型等离子弧为热源，将欲喷涂粉末材料加热到熔融或半熔融状态，再经过高速焰流将其雾化加速喷射到经预处理的工件表面，形成喷涂涂层的一种热喷涂表面加工方法。

等离子体表面功能涂层的原理是通过等离子喷枪（又称等离子弧发生器）产生等离子焰流。喷枪的钨电极（阴极）和喷嘴（阳极）分别接电源负极和正极（工件不带电），通过高频火花引燃电弧，使供给喷枪的工作气体（Ar 或 N_2）在电弧的作用下电离成等离子体。在机械压缩效应、自磁压缩效应和热压缩效应的联合作用下，电弧被压缩，形成非转移型等离子弧。送粉流输送粉末喷涂材料进入等离子弧，并被迅速加热至熔融或半熔融状态，随

等离子流高速撞击经预处理的基材表面，并在基材表面形成牢固的喷涂层，使零件被喷涂表面获得不同的硬度、耐磨、耐热、耐腐蚀、绝缘、隔热、润滑等各种特殊物理化学性能，以满足零件不同工作条件的要求。

104　金属材料表面清洗　等离子体对金属材料的表面清洗技术是等离子体特殊性质的具体应用。等离子体清洗/刻蚀机产生等离子体的装置是在密封容器中设置两个电极形成电场，用真空泵实现一定的真空度，随着气体越来越稀薄，分子间距及分子或离子的自由运动距离也越来越长，受电场作用，它们发生碰撞而形成等离子体，这些离子的活性很高，其能量足以破坏几乎所有的化学键，在任何暴露的表面引起化学反应。

105　绝缘材料表面功能化　等离子体对绝缘材料表面功能化是将材料暴露于非聚合性气体等离子体中，利用等离子体轰击材料表面，引起材料表面结构的许多变化而实现对材料的活化改性功能。表面改性的功能层极薄，不会影响材料整体宏观性能，是完全的无损工艺。等离子体对绝缘材料表面的功能化还可以利用等离子体聚合或接枝聚合功能在材料表面生成超薄、均匀、连续无孔的高功能，实现疏水、耐磨、装饰等功能。

9.5　等离子体震源

106　体外碎石　通过高电压、大电流、瞬间放电产生冲击波。由于结石和周围组织的声阻抗有明显差异，冲击波在结石前界面产生压力作用，而在后界面的反射产生张力作用，当冲击波在结石前后界面产生的压力和张力分别大于结石的抗压强度和抗张强度，就可以使结石碎裂。同时，人体软组织能够承受更高的冲击波压力而不致损伤。

107　海洋勘探　电容器存储的电能通过水间隙（阵列）放电，形成高温高压等离子体放电通道，放电通道急剧膨胀，在周围液体介质里形成强激波以超声速向外传播，激波迅速衰减，辐射出压力波。压力波穿过海水进入地层，采集电缆接收各岩石层反射回的不同特性的反射波，根据收集到的地层数据处理分析，可获得海底地质信息。

108　油气开采　油、气、煤炭等化石能源的生产开发都需要对储层进行改造，改造措施以力学作用为主，静力学措施是通过加砂支撑，提高储层的汇流能力；动力学措施是在孔、裂隙尺度方面提高储层的渗透率。现行的动力学措施，在石油行业有高能气体压裂，在煤炭行业有深孔预裂松动爆破等，均为单次、整体性加载技术。脉冲大电流驱动水间隙放电、金属丝电爆炸，或者放电等离子体直接驱动含能材料可产生强冲击波，冲击波在岩石中传播、做功的过程中，其性质从冲击波逐渐衰减为压缩应力波，继而再衰减为弹性声波。在含有饱和油、气、水的储层岩石中，冲击波在不同介质界面上的传播速度和加速度不同，从而在不同介质界面上产生很强的剪切力对储层做功，可剥离储层表面的附着堵塞物，甚至撕裂储层制造复杂缝网。冲击波强度、持续时间、作业区域可以控制。电流源的重复运行可将重复产生的冲击波作用于储层，可重复产生、连续作业。这种重复可控冲击波技术与装备突破了现有技术难以精细、均衡、高效改造储层的技术局限性，在提高渗透率、降低成本、安全可控性等方面优势明显，用于油气开采、煤炭瓦斯治理的效果均十分显著。

109　食品处理　食品的生产加工容易受到微生物污染，微生物生长繁殖能够导致食品腐坏变质、产品货架期缩短，甚至导致发生食物中毒事件，因此，杀菌处理对于食品来说必不可少。食品杀菌处理作为食品加工中必不可少的工艺，需要根据食品的类型使用不同的杀菌处理方法，确保食品安全并维持食品的特有品质。传统的杀菌方法主要有热处理（干热或者湿热）、化学处理（H_2O_2、环氧乙烷等）和辐照处理（X 射线、γ 射线等）。这些方法或是不适用于热敏感的产品，或是会产生有毒残留物对产品的安全性造成影响，或是使用条件比较苛刻、设备造价昂贵。新鲜食品因其热敏感性较高，热杀菌技术在这一领域应用受限。

等离子体中包含有高能电子、离子、亚稳态和激发态粒子、自由基等活性粒子以及伴随产生的电场、磁场、紫外光等，均具有较强杀菌保鲜作用，作为一种新兴的消毒方法，由于其电子温度高、宏观温度低，可避免高温处理带来的问题，并且可以对粗糙表面食品进行处理，杀菌效果显著，无二次污染，设备材料成本低，已经成功应用于新鲜蔬菜水果的杀菌保鲜、坚果及粮食的杀菌、新鲜果汁及乳品原料的杀菌、各种食品包装材料的杀菌等多个方面，可为减少新鲜农畜家禽等肉类表面微生物的技术提供有益的补充或者是替代。

以牛奶为例，牛奶中含有大量的乳糖、维生素、蛋白质等营养物质，目前的工艺（以热杀菌为主）将破坏牛奶中的离子平衡，引发蛋白质变性以及维生素的大量流失，牛奶中营养物质损失严重，而等离子体灭菌过程均处于室温，在高效杀菌的同时，最大程度地保留了牛奶中的营养成分，更健康、更安全。

9.6 等离子体技术在航空航天领域的应用

110　等离子体点火助燃　等离子体可通过三条途径实现点火助燃。第一条途径是热特性，即等离子体可通过带电粒子到中性原子的能量传输快速提升掺混油气温度，从而基于阿伦尼乌斯定律加快化学反应速率。第二条途径是动力学特性，即等离子体通过提供高能电子、离子，将氮、氧等中性组分激励至电极性态或振动态，或重新激励中间产物离子团、原子团，使反应加速或建立新的化学反应路径，从而强化燃烧。第三条途径是输运特性，即通过电场或带电粒子作用，直接加剧燃油碎裂，或利用离子风不稳定，增强燃料与空气的掺混。基于上述原理，低温等离子体助燃技术可提高点火能力和燃烧效率、提高能量转化效率、适应燃料多样性和降低排放物。如低温等离子体助燃技术可实现在不改变燃烧室气动设计与结构设计特征的前提下，克服未来高速、高效航空发动机等部件中燃烧室流动停留时间远小于燃烧化学反应进行时间的关键瓶颈，同时解决燃气轮机改造成烧低热值燃料的燃气轮机时热值较低，使燃烧室点火困难，燃料在燃烧室中太稀薄导致燃烧不稳定的问题。

111　等离子体推进　电推进技术经过一百多年的发展，衍生出了许多种类，而根据产生推力的原理不同可以分为三类：电热式、静电式和电磁式。电热式推力器利用电能加热工质并使其气化，经喷管膨胀加速喷出产生推力，如电弧加热推力器（Arcjet）；静电式推力器是电离工质产生等离子体，通过电场加速带电粒子（一般是离子）喷出产生推力，如离子推力器（Ion Thruster）；电磁式推力器是在磁场洛伦兹力作用下加速电离产生的等离子体从喷管喷出，如磁等离子体推力器（Magnetoplasmadynamic Thruster，MPDT）。电推进相比于传统化学推进的最大优势在于高比冲，传统的化学推进比冲只有数百秒，而电推进比冲能达到数千甚至上万秒。比冲，又称比推力，定义为单位推进剂的重量（或质量）所产生的冲量，如果用重量描述推进剂的量，比冲拥有时间量纲，国际单位为 s：

$$I_g = \frac{I}{mg} = \frac{F}{\dot{m}g} \qquad (21.9\text{-}1)$$

式中，I 为推进剂产生的冲量，F 为推力，m 为推进剂的质量，$\dot{m}$ 为推进剂质量流率，g 为当地海平面重力加速度。

112　等离子体流动控制　等离子体流动控制是基于等离子体气动激励的新型主动流动控制技术，可改善流体中运动物体的阻力情况，提高整个系统的工作性能，从而达到增升减阻的目的。等离子体气动激励是等离子体在电磁场力作用下运动或气体放电产生的压力、温度变化，对流场施加的一种可控扰动，是将等离子体用于改善飞行器/发动机等高速运动物体气动特性的主要技术手段或技术途径。等离子体流动控制的主要特点是，没有运动部件、响应时间短并且激励频带宽，有望使器件气动特性实现重大提升，在航空领域有广泛应用前景。

目前理论认为等离子体流动控制有 3 种物理作用依据：①"动力效应"，即等离子体在电磁场力作用下加速，通过离子与中性气体分子之间的动量输运诱导中性气体分子宏观定向运动；②"冲击效应"，即流场中的部分空气或外加气体电离时产生局部温度升和压力升（甚至产生冲击波），对流场局部施加扰动，从而改变流场的结构和形态；③"物性改变"，即在流场中的等离子体改变气流的物性、黏性和热传导等特性，从而改变流场特性。

113　等离子体与电磁波相互作用　电磁波在等离子体中传播时，等离子体中的带电粒子会受到入射电磁波的电场的作用，在该电磁场作用下粒子运动状态及等离子体宏观参数发生变化。而该带电粒子的这种运动，反过来又会影响和改变入射波在等离子体中的电磁场分量，这样就会使电磁波的特征发生改变。依据等离子体参数和电磁波参数的不同，这种相互作用表现为等离子体对电磁波产生透射、吸收或反射效果。例如再入大气层的航天器在临近空间以极高速度飞行时，航天器表面的空气分子被高温激发电离形成一层包裹在飞行器表面的等离子体薄层。该等离子体薄层具有高密度（相比典型的空间等离子体）、强碰撞、非均匀、弱电离和非磁化等特征，其与电磁波的相互作用会严重干扰甚至完全阻断飞行器的通信控制，形成通信"黑障"现象，其物理本质可以归结为目标电磁波在非均匀的碰撞等离子体中的传播问题。等离子体与电磁波的相互作用在军事领域有一定应用前景，如战机的等离子体隐身以及等离子体对能量武器的防御等。

9.7　等离子体与生物、医学

114　消毒杀菌　细菌、病毒等微生物广泛分布于自然界中，体积微小不为肉眼所识，只有在光学或电子显微镜下才能"原形毕露"，是人类和动物产生各种疾病的"罪魁祸首"，在医学上也被称为病原微生物。对各种医疗器件和环境进行消毒灭菌是医疗和疾病防治过程中的常规程序。

消毒（disinfection）是指清除或杀灭外界环境中的病原微生物及其他有害微生物的过程。消毒并不一定能杀灭病原微生物的芽孢，但会使它失去繁殖能力。

灭菌（sterilization）是清除或杀死物体上的病原微生物及其芽孢的过程。

等离子体中富含有大量的高能粒子以及活性分子，能够对细胞的磷脂双分子层进行破坏，并最终导致细胞失活以达到消毒杀菌的作用，它能有效地在短时间内消灭细菌和病毒。利用晕光放电、电阻阻挡放电、微波辐射等方式产生的辉光低温等离子体在不同气压下的灭菌实验显示，灭菌的效果与细菌的种类、细菌载物的材料、产生等离子体的气体介质的种类、细菌芽孢的形成温度及等离子体吸收的功率等有关。

关于低温等离子体的杀菌消毒机理，国内外相关学者提出了各种有关机理的假说。主要归结为以下三种：

1）等离子体形成过程中产生的大量紫外线直接破坏微生物的基因物质。

2）通过固有光子解吸附（intrinsic photo desorption），微生物被逐个原子地侵蚀。光致解吸（photo-induced desorption）源于紫外光子打断微生物物质的化学键，并使其从原子本身到微生物都形成挥发性化合物。这种非平衡化学反应的挥发性副产物都是小分子（可能产物为 CO 和 CH）。

3）通过刻蚀（etching），微生物被逐个原子地侵蚀。刻蚀源于来自等离子体（辉区和副辉区）中的活性种对微生物化学的和物理的作用。放电产生的大量高能电子轰击气体分子，将能量转换成基态分子的内能，发生激发、电离和离解等一系列过程使气体处于活化状态，产生各种活性种。电子能量较低时，产生的活性种吸附在微生物上，随后微生物经过等离子体定向链化学反应，发生刻蚀化学反应，形成挥发性化合物。此时活性种可以是如 O 和 OH 的原子和分子基团，也可以是如单态 O 的激发

态分子。在热力学平衡条件下，这一化学反应生成小分子（如 CO 和 HO），这些小分子是氧化过程的最终产物。电子能量较高时，各活性种能量高于微生物物质的化学键能。在各活性种（包括高能电子）的轰击下，微生物的化学键被打断，最终形成挥发性物质。在有些情况下，刻蚀机理因紫外光子作用而增强，从而加速了微生物的杀灭。非平衡条件下的紫外诱导化学反应导致在氧化的中间阶段和最终阶段对分子和种的解吸附。

115　肿瘤治疗　LTP（低温等离子体）的抗肿瘤作用是其生物医学应用的一个重要研究方向。近年来，国内外诸多报道证实 LTP 可有效抑制体外培养的神经胶质瘤、黑色素瘤、乳腺癌、结肠癌、宫颈癌、肺癌、淋巴瘤、肝癌、卵巢癌、头颈部肿瘤等二十多种恶性肿瘤细胞。在体内实验方面，国内外学者利用肿瘤动物模型研究发现，LTP 或其活化液体可以有效诱导体内肿瘤凋亡，并且增加体内耐药肿瘤对化疗药物的敏感性。

当前，关于 LTP 抑制肿瘤的机制可以概括为以下几点：

1）LTP 促进癌细胞凋亡。研究表明，LTP 富含的大量活性氧和活性氮（Reactive Oxygen and Nitrogen Species，RONS）破坏细胞内氧化平衡状态，引起 DNA、线粒体损伤，进一步通过 p53/Bax 通路、TNFR-凋亡通路、线粒体-Apaf-1 通路等引起细胞凋亡。

2）LTP 阻滞肿瘤细胞周期进程。上述诱导凋亡的作用也可引起 p21 等细胞周期阻滞蛋白表达升高，将细胞阻滞在 G2/M 期或 S 期，进而抑制癌细胞增殖。

3）LTP 抑制肿瘤血管形成。肿瘤血管生成是肿瘤发展的重要特征，抑制肿瘤血管生成被认为是治疗肿瘤的有效方法。有研究者指出，LTP 可通过抑制血管内皮细胞增殖，来阻止肿瘤组织内血管形成。

4）LTP 抑制肿瘤侵袭转移。国内外研究者发现，LTP 可通过减少肿瘤细胞 MMP-2、MMP-9 表达，抑制黑色素瘤细胞、宫颈癌细胞、人甲状腺乳突状癌细胞等侵袭转移。

5）LTP 增加肿瘤细胞对化疗药物的敏感性。肿瘤细胞产生多药耐药是化疗失败和复发的主要原因。研究表明，LTP 可促进诸如耐阿霉素、伊马替尼、替莫唑胺等肿瘤细胞的凋亡。增加替加氟对胰腺癌细胞，替莫唑胺对神经胶质细胞的化疗敏感性。

另外，值得注意的是，LTP 对肿瘤细胞的抑制作用具有选择性，即在相同的处理条件下，LTP 对肿瘤细胞的毒性远远大于对正常细胞，可诱导更多的肿瘤细胞发生凋亡。国内外研究者利用小鼠黑色素瘤和成纤维细胞、肺癌细胞和肺上皮细胞、非洲绿猴肾细胞和人宫颈癌细胞等做对比，均发现了相似的结果。

116　创伤修复　常压冷等离子体（Cold Atmospheric Plasma，CAP）技术是当代物理学发展的一项新技术。等离子体是指高度电离的气体云，是气体在加热或强电磁场作用下电离而产生的。而常压冷等离子体，则是在正常大气压下，通过强电磁场作用产生的常温等离子体，其温度通常为 20~40℃。过去的几年里，以 CAP 处理活体组织，不论是在等离子物理学界，还是医学界，都是一个热门课题。研究显示，冷等离子体不仅具有杀菌功能，还有助于非炎性组织的修复，因此，被认为是有望应用于伤口愈合、皮肤病及口腔疾病治疗的重要工具。

创伤愈合是一个复杂、动态的过程，而血管生成是其中重要的一个环节。除血管生成外，创伤愈合还涉及炎性细胞的聚集、多种细胞的增殖、胶原的形成等。这些因素又导致了细胞外基质的重建、肉芽组织的形成及创面表皮的形成。研究已证实，在创伤愈合过程中，CAP 对多种起调节功能的细胞因子、生长因子，如 VEGF（血管内皮生长因子，主要作用于内皮细胞，促进血管生成，增加黏附分子及细胞外基质的产生，能有效地促进伤口的愈合）的分泌都具有积极作用。

CAP 作为一种新生事物，其产生原理、功能及作用机制等均尚在研究中。目前，研究认为，它的成分主要包括自由电荷、自由基、光子、激活的原子和分子、稳定的转换产物（NO、O 等）。NO 在创伤愈合过程中，作为一种重要的介质调节着细胞的增殖、肉芽组织的形成、胶原的沉积、血管的生成等。因此，冷等离子体中的 NO，在促进皮肤溃疡愈合的过程中，可能扮演着重要的角色。

9.8　等离子体与环境保护、现代农业、资源利用

117　危险废弃物处理　将等离子体用于处理各类废弃物具有处理流程短、效率高、适用范围广等特点，而等离子体既可用于处理废气，又可用于处理废水、固体废物、污泥，甚至是放射性废物。

等离子体按照粒子温度可以分为两大类：热平衡等离子体（热等离子体）和非热平衡等离子体（冷等离子体）。热等离子体的产生方法主要包括大气压下电极间的交直流放电、常压电感耦合等离子体、常压微波放电等。利用大功率等离子体处理危险有害废弃物与一般的焚烧方式不一样，等离子体火炬（常压微波放电）的中心温度可高达 2 万~3 万℃，火炬边缘温度也可达到 3 000℃ 左右。当高温高压的等离子体去冲击被处理的对象时，被处理物的分子、原子将会重新组合而生成新的物质，从而使有害物质变为无害物质，甚至能变为可再利用的资源。因此等离子体危险废弃物处理是一个废料分解和再重组过程，它可将有毒有害的有机、无机废物转成有价值的产品。

118　空气污染处理　目前，空气污染处理领域着重采用过滤、静电捕集等物理方法去除颗粒物；采用活性炭等强吸附能力的吸附剂净化挥发性有机化合物（Volatile Organic Compound，VOC）；部分产品采用了紫外光结合光催化的方法去除 VOC，但效果不够理想。人们应用电除尘器对细颗粒物 $PM_{2.5}$ 进行捕集已有 150 多年历史，并已实现高除尘效率，而电除尘器内的电晕放电，也是一种等离子体。实际上，基于气体放电的低温等离子体技术，已在除臭、去除 VOC 等领域得到应用，被认为是一种极有应用前景的空气污染控制技术。低温等离子体是部分电离的气体，可在两个电极之间施加高电压放电产生，它含丰富的带电粒子、高能电子以及活性粒子，如自由基、激发态原子和分子等。激发态的原子或分子在电子跃迁过程中产生各种光辐射。等离子体由高电压放电产生，伴随着这些化学效应的还有强电磁场、热效应、冲击波等物理效应。诸如此类的物理化学特征均可产生巨大的能量打断化学键做许多复杂的化学反应，低温等离子体显示现出能够迅速高效灭菌和处理复合污染的作用。

119　辅助资源循环利用　等离子体体系中有大量的激发态原子和分子以及活性自由电子、离子和自由基等，粒子之间相互碰撞发生能量交换与转移，引起粒子的激发、电离和离解等反应，从而导致了反应腔体中化学反应的发生，实现等离子体技术资源化。利用等离子弧的高温特性可提高碳的还原能力，用等离子炉处理含钼废催化剂，回收废催化剂中的钼、钴、镍等有价金属；此方法也用于处理电子垃圾，回收有用金属；应用等离子炉技术，可处理含镍电镀污泥、含铬污泥、石化行业废催化

剂（主要为含镍催化剂）、危险废物焚烧飞灰、炉渣等，一方面可以合金形式回收危险废物中的贵重金属，另一方面等离子体炉可将焚烧废物产生的灰渣变成玻璃体，作为建筑材料使用，节约土地资源。

120　等离子体现代农业　等离子体中的高能粒子轰击造成的刻蚀作用、电荷在细胞膜表面积累造成电穿孔、活性氧和活性氮对膜成分的氧化以及带电粒子在细胞膜上积累产生的电场在膜上产生小孔，以上作用使得细菌细胞膜的功能、完整性和流动性丧失，达到杀菌效果。其体系主要以带电粒子为主，受外加电场、磁场和电磁场的影响，不但可以对果蔬生鲜产生有效的杀菌效果，而且不会影响果蔬生鲜的过氧化值和酸价，不会对营养物质产生负面影响。目前低温等离子体已被证实能够杀死不同种类的微生物，包括细菌、真菌、孢子和病毒等。总而言之，低温等离子体技术是一种新型的非热杀菌技术，在高效杀菌的同时可以较大限度地保证农产品品质，能有效避免传统杀菌技术导致的产品化学成分、质地、风味的损失。等离子体在满足灭活新鲜农产品上微生物条件的同时，对产品质量的影响较小，对于产品加工工业而言成本较低，且其在安全性和稳定性方面具有良好的表现，因此在农业产品加工中将具有广阔的发展前景。

优良的种子是发展农业现代化的一个重要前提，因此种子的干燥就显得尤为重要。等离子体携带的电荷在细胞膜表面积累造成电穿孔，这将促使细胞内外的电荷交换现象以及能量传递，高压离子注入孔洞，离子携带的能量会传递至其中的各种分子以及其所蕴含的水分子内，使氢键断裂，有效地减小了水分子进行脱出时所受到的阻力，加快了物料中水分子的脱出速度。与传统热风干燥相比，一方面，电场冷干燥具有低耗高效的优势，该技术不再需要高耗能的热泵，大大降低了干燥能耗；另一方面，电场干燥作为冷干燥技术，可有效避免种子的过度脱水，造成龟裂、品质降低等问题。等离子体干燥种子将是一种新型的干燥技术，对农业干燥领域将会有广阔的应用前景。

121　等离子体二氧化碳能源化　二氧化碳分子十分稳定，高化学惰性使其难以活化，传统分解方式通常需要耗费大量热能，能耗较大，等离子体作为一种有效的分子活化手段，能够通过电子激发和振动激发促进电离和离解反应，增强化学反应活性，在室温下实现二氧化碳的分解与转化，进而提高能量效率，具有广阔的应用前景。在放电等离子体的作用下，二氧化碳可直接分解为一氧化碳和氧气，或与甲烷重整生成合成气，其中一氧化碳作为重要的化工原料，可用于合成多种具有高附加值的产品，另一方面，二氧化碳与氢气或水结合可转化为甲烷、甲醇等燃料，实现二氧化碳的能源转化，对于降低二氧化碳排放、改善温室效应、缓解能源枯竭具有重要意义。

参 考 文 献

［1］　曾正中. 实用脉冲功率技术引论［M］. 西安：陕西科学技术出版社，2003.

［2］　韩旻，邹晓兵，张贵新. 脉冲功率技术基础［M］. 北京：清华大学出版社，2010.

［3］　袁建强，邹晓兵，曾乃工，等. 0.1TW脉冲功率源电流电压测量探头的设计与标定［J］. 电工电能新技术，2005，24（4）：77-80.

［4］　韩旻，张键. 罗果夫斯基线圈互感系数的计算与测试［J］. 高电压技术，1987，13（4）：79-82.

［5］　Krompholz H, Doggett J, Schoenbach K H, et al. Nanosecond current probe for high-voltage experiments［J］. Review of Science Instruments, 1984, 55（1）: 127-128.

［6］　Pellinen D G, Capua M S, Sampayan S E, et al. Rogowski coil for measuring fast, high-level pulsed currents［J］. Review of Science Instruments, 1980, 51（11）: 1535-1540.

［7］　谭字刚，韩曼. 低频铁芯式罗夫斯基线圈饱和问题分析［J］. 高电压技术，2001，27（2）：22-23.

［8］　Kumada A, Chiba M, Hidaka K. Potential distribution measurement of surface discharge by Pockels sensing technique［J］. Journal of Applied Physics, 1998, 84（6）: 3059-3065.

［9］　赵勇. 光纤传感原理与应用技术［M］. 北京：清华大学出版社，2007.

［10］　Zahn M. Transform relationship between Kerr-effect optical phase shift and nonuniform electric field distributions［J］. IEEE Transactions on Dielectrics and Electrical Insulation, 1994, 1（2）: 235-246.

［11］　刘微粒，邹晓兵，付洋洋，等. 基于克尔效应的真空绝缘子表面电场在线测量［J］. 物理学报，2014，63（9）：718-725.

［12］　G Sarkisov, A Shikanov, B Etlicher. Structure of the magnetic fields in Z-pinches［J］. Journal of Experimental and Theoretical Physics, 1995, 81: 743-752.

［13］　J A Stamper, B H Ripin. Faraday-rotation measurements of megagauss magnetic fields in laser-produced plasmas［J］. Physical Review Letters, 1975, 34（3）: 138-141.

［14］ J A Stamper. Review on spontaneous magnetic fields in laser-produced plasmas: Phenomena and measurements ［J］. Laser and Particle Beams, 1991, 9 (4): 841.

［15］ S Czekaj, A Kasperczuk, R Miklaszewski. Diagnostic method for the magnetic field measurement in the plasma focus device ［J］. Plasma Physics and Controlled Fusion, 1989, 31: 587.

［16］ S N Bland, D J Ampleford, S C Bott. Use of Faraday probing to estimate current distribution in wire array z pinches ［J］. Review of Scientific Instruments, 2006, 77 (10): 315.

［17］ G Swadling, S Lebedev, G Hall. Diagnosing collisions of magnetized, high energy density plasma flows using a combination of collective Thomson scattering, Faraday rotation, and interferometry ［J］. Review of Scientific Instruments, 2014, 85 (11): 502.

［18］ M Tatarakis, R Aliaga-Rossel, A E Dangor. Optical probing of fiber z-pinch plasmas ［J］. Physics of Plasmas, 1998, 5: 682-691.

［19］ Cuneo M E. Double Z-pinch-driven hohlraums: symmetric ICF capsule implosions and wire-array Z-pinch source physics ［C］. IEEE International Conference on Plasma Science, 2005.

［20］ Lash J S, Chandler G A, Cooper G. The prospects for high yield ICF with a Z-pinch driven dynamic hohlraum ［J］. Inertial Confinement Fusion, 2000, 1 (6): 759-765.

［21］ Slutz S A, Herrmann M C, Vesey R A, et al. Pulsed-power-driven cylindrical liner implosions of laser preheated fuel magnetized with an axial field ［J］. Physics of Plasmas, 2010, 17 (5): 056303.

［22］ Struve K W, Horry M L, Martin T H, et al. Operation of the Z accelerator in a long-pulse mode ［C］. 28th IEEE International Conference on Plasma Science and 13th IEEE International Pulsed Power Conference, 2001.

［23］ 周林. 基于 LTD 技术的重频 Z 箍缩驱动器设计 ［D］. 北京: 中国工程物理研究院, 2017.

［24］ Stygar W A, Cuneo M E, Headley D I, et al. Architecture of petawatt-class z-pinch accelerators ［J］. Physical Review Special Topics-Accelerators and Beams, 2007, 10 (3): 030401.

［25］ W A Stygar, T J Awe, J E Bailey, et al. Conceptual designs of two petawatt-class pulsed-power accelerators for high-energy-density-physics experiments ［J］. Physical Review Special Topics-Accelerators and Beams, 2015, 18 (11): 110401.

［26］ 周良骥. 快脉冲直线变压器驱动源 (LTD) 技术初步研究 ［D］. 北京: 中国工程物理研究院, 2006.

［27］ 刘克富. 固态 Marx 发生器研究进展 ［J］. 高电压技术, 2015, 41 (6): 1781-1787.

［28］ Rashid M H. 电力电子技术手册 ［M］. 陈建业, 于歆杰, 梁自泽, 等译. 北京: 机械工业出版社, 2004.

［29］ Bluhm H. Pulsed power systems ［M］. Berlin: Springer, 2006.

［30］ Deng Jianjun, Ding Bonan, Zhang Linwen. Design of the dragon-I linear induction accelerator ［C］. Proceedings of the 21th Internationial Linear Accelerator Conference, 2002.

［31］ 郭凡, 贾伟, 谢霖燊, 等. 基于半导体开关和 LTD 技术的高重频快沿高压脉冲源 ［J］. 强激光与粒子束, 2016, 28 (5): 119-123.

［32］ 向飞, 谭杰, 张永辉, 等. 重频直线变压器长脉冲高功率微波驱动源研究 ［J］. 物理学报, 2010, 59 (7): 4620-4625.

［33］ Mazarakis M G, Fowler W E, McDaniel D H, et al. High current linear transformer driver (LTD) experiments ［C］. Proceedings of the 16th IEEE International Pulsed Power Conference, 2007.

［34］ 西北核技术研究所. 一种开关与电容器一体化的快前沿核电磁脉冲源: 201010291515. 3 ［P］. 2011-04-20.

［35］ Taflove A, Hagness S C. Computational electrodynamics: the finite-difference time-domain method ［M］. Boston: Artech House Incorporation, 2005.

［36］ Mao C G, Zhou H, Chen W Q, et al. Early-time high-altitude electromagnetic pulse environment (E1) simulation with a bicone-cage antenna ［J］. China Communications, 2013, 10 (7): 12-18.

［37］ 米勒 R B. 强流带电粒子束物理学导论 ［M］. 刘锡三, 译. 北京: 原子能出版社, 1990.

［38］ Young T, Spence P. Model of magnetic compression of relativistic electron beams ［J］. Apply Physics Letter, 1976, 29 (8): 464-466.

［39］ Hammer D A, Oliphant W F, Vitkovitsky I M, et al. Interaction of accelerating high-current electron beams with external magnetic fields ［J］. Journal Apply Physics, 1972, 43 (1): 58-60.

［40］ 杨海亮, 邱爱慈, 孙剑锋, 等. 阴阳极等离子体运动对强箍缩离子束二极管束流特性的影响 ［J］. 强激光与粒子束, 2005, 17 (10): 1564-1568.

［41］ 杨海亮, 邱爱慈, 孙剑锋, 等. 高功率离子束的应用研究 ［J］. 强激光与粒子束, 2003, 15 (5): 497-501.

［42］ Young F C, Oliphant W F, Stephanakis S T, et al. Absolute calibration of a prompt Gamma-ray detector for intense bursts of proton ［J］. IEEE Transactions on Plasma Science, 1981, 9 (1): 24-29.

［43］ Golden J, Mahaffey R A, Pasour J A, et al. Intense proton beam current measurement via prompt γ rays from nuclear reactions ［J］. Review of Scientific Instruments, 1978, 49 (10): 1384-1387.

[44] 杨海亮, 邱爱慈, 何小平, 等. 高功率离子束模拟材料的 X 射线热-力学效应研究 [J]. 核技术, 2005, 28 (1): 24-29.

[45] 米夏兹 P A. 真空放电物理和高功率脉冲技术 [M]. 李国政, 译. 北京: 国防工业出版社, 2007.

[46] 刘晶儒. 准分子激光技术及应用 [M]. 北京: 国防工业出版社, 2009.

[47] Sethian J D, Myers M, Giulianin J L, et al. A review of the inertial fusion energy program, final report to FESAC [R]. 2004.

[48] 赵学庆, 刘晶儒, 易爱平, 等. 电子束在激光气体中能量沉积的测量 [J]. 强激光与粒子束, 1996, 8 (1): 95-98.

[49] 邱爱慈. 闪光二号加速器 [G] //刘锡三. 全国高功率粒子束十年文集. 绵阳: 中国粒子加速器学会, 1995.

[50] Obenschain S P, Bodner S E, Colmbant D, et al. The Nike KrF laser facility Performance and initial target experiments [J]. Physics of Plasmas, 1996, 3 (5): 2098-2107.

[51] 黄超, 赵学庆, 易爱平, 等. 电子束泵浦 XeCl 准分子激光器及应用 [J]. 强激光与粒子束, 2015, 27 (4): 68-72.

[52] 马连英, 于力, 易爱平, 等. 一种用于产生高能电子束的直线型脉冲变压器 [C]//刘锡三. 全国第九届高功率粒加速器学会, 2004.

[53] 库弗尔 E, 岑格尔 W S. 高电压工程基础 [M]. 邱毓昌, 戚庆成, 译. 北京: 机械工业出版社, 1993.

[54] 黄珂, 唐影, 易爱平, 等. 非链式电激励脉冲 HF 激光器 [J]. 红外与激光工程, 2010, 39 (6): 1026-1029.

[55] 钱航, 唐影, 易爱平, 等. X 射线预电离放电抽运 XeCl 准分子激光 [J]. 中国激光, 2006, 33 (Sl): 86-88.

[56] 胡志云, 刘晶儒, 张永生, 等. 分段表面放电击穿特性研究 [J]. 强激光与粒子束, 2000, 12 (4): 479-482.

[57] 于力. 光化学激励大功率重复频率 XeF (C-A) 激光研究 [D]. 西安: 西北核技术研究所, 2007.

[58] 于力, 刘晶儒, 马连英, 等. 双向光泵浦 XeF (C-A) 激光 [J]. 强激光与粒子束, 2005, 17 (12): 1765-1768.

[59] 于力, 刘晶儒, 马连英, 等. 焦耳量级光抽运 XeF 蓝绿激光器 [J]. 光学学报, 2005, 25 (7): 930-934.

[60] Li Yu, Jingru Liu, Lianying Ma, et. al. The development of a joule level of XeF (C-A) laser by optical pumping [J]. Laser and Particle Beams, 2005, 23 (4): 559-562.

[61] 于力, 刘晶儒, 马连英, 等. 十焦耳级重复频率光抽运 XeF (C-A) 激光器 [J]. 中国激光, 2006, 33 (Sl): 83-85.

[62] 于力, 刘晶儒, 马连英, 等. XeF_2 光解离波的空间传输对形成 XeF (C-A) 激光的影响 [J]. 激光杂志, 2006, 27 (1): 78-79.

[63] 易爱平, 刘晶儒, 唐影, 等. 电激励重复频率非链式 HF 激光器 [J]. 光学精密工程, 2011, 19 (2): 360-366.

[64] 易爱平, 刘晶儒, 唐影, 等. 放电激励重复频率非链式 HF 激光器 [J]. 强激光与粒子束, 2011, 23 (7): 1763-1766.

[65] 易爱平. 重复频率电激励非链式 HF 激光器技术研究 [D]. 西安: 西北核技术研究所, 2012.

[66] Huang Ke, Tang Ying, Yi Aiping, et al. Effect of Gas Circulation on Energy Stability of Discharge Pumped Repetitively Pulse HF Laser [C] //2nd International Symposium on Laser Interaction with Matter, LIMIS, Xi'an, 2012.

[67] 唐影, 黄珂, 易爱平, 等. 放电激励重复频率 HF 激光器稳定输出实验研究 [J]. 中国激光, 2012, 39 (2): 18-28.

[68] 黄珂, 易爱平, 朱峰, 等. 放电引发的非链式高功率重复频率 HF/DF 激光器 [J]. 强激光与粒子束, 2015, 27 (4): 57-61.

[69] Huang Ke, Yi Aiping, Tang Ying, et al. Discharge initiated high power repetitively pulsed HF/DF laser [C]. Proceedings of SPIE, 2015.

[70] 赵柳, 黄超, 黄珂, 等. 闭合循环 HF/DF 激光器流场特性研究 [J]. 强激光与粒子束, 2015, 27 (4): 90-94.

[71] Yu Li, Yi Aiping, Liu Jingru, et al. Development of optically pumped XeF laser technology in NINT [C]. Proceedings of SPIE, 2015.

[72] 于力, 马连英, 易爱平, 等. 重频 XeF 蓝绿激光技术 [J]. 强激光与粒子束, 2011, 23 (7): 1839-1842.

[73] 黄超, 刘晶儒, 于力, 等. 光泵浦源重频运行稳定性 [J]. 光学精密工程, 2011, 19 (2): 374-379.

[74] 黄超, 刘晶儒, 于力, 等. 流气条件下表面放电光泵浦源重复频率运行的稳定性 [J]. 强激光与粒子束, 2012, 24 (1): 29-32.

[75] 黄超, 刘晶儒, 于力, 等. 用于 XeF 蓝绿激光器的表面放电光泵浦源研究 [J]. 强激光与粒子束, 2015, 27 (8): 57-61.

[76] Yu Li, Liu Jingru, Ma Lianying, et al. 10 J energy-level optically pumped XeF (C-A) laser with repetition mode [J]. Optics letters, 2007, 32 (9): 1087-1089.

[77] Yu Li, Liu Jingru, Ma lianying, et al. An optically pumped XeF (C-A) laser with repetitive rate of 10 Hz [J]. Review of scientific instruments, 2012,

83（1）：13107.

［78］高峰，夏连胜，章林文，等. 200kV长脉冲功率源研究［J］. 强激光与粒子束，2005，17（2）：313-316.

［79］方进勇，江伟华，张治强，等. 螺旋线型 μs 量级高压长脉冲形成线设计［J］. 强激光与粒子束，2010，22（12）：3043-3046.

［80］Korovin S D, Gubanov V P. Repetitive nanosecond high voltage generator based on spiral forming line［C］. 28th IEEE International Conference on Plasma Science and 13th IEEE International Pulsed Power Conference, 2001.

［81］潘亚峰，彭建昌，宋晓欣，等. 基于 Tesla 变压器和螺旋线的长脉冲发生器［J］. 强激光与粒子束，2007，19（10）：1751-1754.

［82］向飞，谭杰，王淦平，等，重复频率直线变压器在长脉冲高功率源中的应用［J］. 强激光与粒子束，2010，22（10）：2497-2500.

［83］李锐，张喜波，苏建仓，等. Tesla-PFN 型长脉冲功率源加载线的结构设计［J］. 强激光与粒子束，2011，23（11）：2893-2896.

［84］IEC 61000-2-9：1996 Electromagnetic Compatibility （EMC）-Part 2：Environment-Section 9：Description of HEMP Environment-Radiated Disturbance［S］.

［85］Leuthäuser K D. A Complete EMP Environment Generated by High-Altitude Nuclear Bursts：Data and Standardization［C］. URSI Radio science meeting：program and digest，1992.

［86］Giri D V, Baum C E. Design guidelines for flat-plate conical guided-wave EMP simulators with distributed terminators［R］. Sensor and simulation Notes 402, Air Force Research Laboratory，1996.

［87］Fair H D. Electromagnetic launch：a review of the U. S. national program［J］. IEEE Transactions on Magnetics，1997，33（1）：11-16.

［88］McNab I R. Pulsed power for electric guns［J］. IEEE Transactions on Magnetics，1997，33（1）：453-460.

［89］张东辉，严萍. 高压电容器充电电源的研究［J］. 高电压技术，2008，34（7）：1450-1455.

［90］高迎慧，史孝侠，严萍. 高功率密度电容器充电电源［J］. 强激光与粒子束，2012，24（4）：943-948.

［91］李化，章妙，林福昌，等. 金属化膜电容器自愈理论及规律研究［J］. 电工技术学报，2012，27（9）：219-223.

［92］Li J, Li S Z, Liu P Z, et al. Design and testing of a 10-MJ electromagnetic launch facility［J］. IEEE Transactions on Plasma science，2011，39（4）：1187-1191.

［93］张莉，邹积岩，郭莹，等. 40V 混合型超级电容器单元的研制［J］. 电子学报，2004，32（8）：1253-1255.

［94］Sitzman A, Surls D, Mallick J. Design, construction, and testing of an inductive pulsed-power supply for a small rail gun［J］. IEEE Transactions on Magnetics，2007，43（1）：270-274.

［95］Dedie P, Bronnmer V, Scharnholz S. ICCOS counter-current-thyristor high-power opening switch for currents up to 28kA［J］. IEEE Transactions on Magnetics，2009，45（1）：536-539.

［96］Yu X J, Chu X X. STRETCH meat grinder with ICCOS［J］. IEEE Transactions on Plasma Sciences，2013，41（5）：1346-1351.

［97］Spann M L, Pratap S B, Werst M D, et al. Compulsator research at the University of Texas at Austin-An Overview［J］. IEEE Transactions on Magnetics，1989，25（1）：529-537.

［98］Kitzmiller J R, Pratap S B, Riga M D. An application guide for compulsators［J］. IEEE Transactions on Magnetics，2003，39（1）：285-288.

［99］McNab I R, Heyne C J, Cilli M V. Megampere pulsed alternators for large EM launchers［C］. IEEE International Conference on Megagauss Magnetic Field Generation and Related Topics，2006.

［100］Ye C Y, Yu K X, Lou Z X, et al. Investigation of self-excitation and discharge processes alternator［J］. IEEE Transactions on Magnetics，2010，46（1）：150-154.

［101］Cui S M, Wu S P, Cheng S K. Design and simulation of a self-excited all-air-core and fabrication of a separate-excited all-iron-core passive compulsator［J］. IEEE Transactions on Magnetics，2009，45（1）：261-265.

［102］王克文，张庭慧. 电热炮［J］. 四川兵工学报，2004，25（3）：14-15.

第22篇

建筑电气与智能化

主　　编　余小军（中国启源工程设计研究院有限公司）

副 主 编　于胜斌（中国启源工程设计研究院有限公司）

参　　编　惠艳龙（中国启源工程设计研究院有限公司）

　　　　　任艳楠（中国启源工程设计研究院有限公司）

　　　　　答蔚红（新时代（西安）设计研究院有限公司）

主　　审　丁　杰（中国航空工业规划设计研究总院有限公司）

责任编辑　阎洪庆

第1章　建筑电气标准及负荷计算

1.1　概论

1　建筑电气　建筑电气涉及的范围包括工业建筑、公共建筑和居住建筑户内外场所的供电、配电、照明、电气安全、电气节能、通信、网络、广播电视、楼宇自控、安全防范、火灾报警以及智能化管理等，涉及规划、设计、安装、调试、运行、管理等几个方面。

建筑供电需考虑的主要内容有负荷分类、负荷计算；供电电压等级及系统方案、变配电所的型式；电气设备的选择与布置、导线的选择与敷设；电气安全与电气节能的措施；电气设备安装、调试及交接试验所依据的标准；电气运行所应遵守的规程与法规等。

一般建筑的供电电压范围为交流 20kV 及以下、直流 1 500V 及以下，以交流 10kV 为主。但对于大型工业企业、工业园区、大中型数据中心和高层建筑群等，由于电力负荷大，可靠性要求高，通过经济、技术的综合比较，供电电压也可采用 110kV 甚至 220kV。根据不同地区、不同企业的具体环境和情况，66kV、35kV、20kV、6kV 以及 3kV 也得到了较多的采用。在近年国内企业所承接的一些国际项目中，132kV、66kV、20kV 以及 11kV 比较常见。

建筑的照明要解决照度水平、照明质量、照明的可靠性以及安全、节能等问题，主要内容包括照度水平的确定、照度计算、光源及灯具的选择、灯具的布置、照明供电方案及照明控制方式、安全与节能等。尤其要注重新型节能型光源的应用。

通信、网络、广播电视、楼宇安防、火灾报警以及智能化管理等通常被统称为"弱电"或"建筑智能化"，是现代建筑电气中发展最快、内容日益丰富、要求越来越高的一个重要领域。一个项目的总体建设水平的高低很大程度上取决于建筑智能化的配置水平。

2　常用设计标准、规范和规程　建筑电气设计、施工和安装常用标准、规范和规程见表 22.1-1。

表 22.1-1　建筑电气设计、施工和安装常用标准、规范和规程

	标准、规范和规程名称	编号
（1）设计规范与技术规程	建筑设计防火规范	GB 50016
	压缩空气站设计规范	GB 50029
	建筑照明设计标准	GB 50034
	人民防空地下室设计规范	GB 50038
	锅炉房设计标准	GB 50041
	小型火力发电厂设计规范	GB 50049
	供配电系统设计规范	GB 50052
	20kV 及以下变电所设计规范	GB 50053
	低压配电设计规范	GB 50054
	通用用电设备配电设计规范	GB 50055
	电热设备电力装置设计规范	GB 50056
	建筑物防雷设计规范	GB 50057
	爆炸危险环境电力装置设计规范	GB 50058

（续）

标准、规范和规程名称	编号
35kV~110kV 变电站设计规范	GB 50059
3~110kV 高压配电装置设计规范	GB 50060
66kV 及以下架空电力线路设计规范	GB 50061
电力装置的继电保护和自动装置设计规范	GB/T 50062
电力装置电测量仪表装置设计规范	GB/T 50063
交流电气装置的过电压保护和绝缘配合设计规范	GB/T 50064
交流电气装置的接地设计规范	GB/T 50065
汽车库、修车库、停车场设计防火规范	GB 50067
冷库设计标准	GB 50072
洁净厂房设计规范	GB 50073
住宅设计规范	GB 50096
人民防空工程设计防火规范	GB 50098
中小学校设计规范	GB 50099
工业电视系统工程设计标准	GB 50115
火灾自动报警系统设计规范	GB 50116
地铁设计规范	GB 50157
数据中心设计规范	GB 50174
公共建筑节能设计标准	GB 50189
民用闭路监视电视系统工程技术规范	GB 50198
有线电视网络工程设计标准	GB/T 50200
电力工程电缆设计标准	GB 50217
建筑内部装修设计防火规范	GB 50222
并联电容器装置设计规范	GB 50227
火力发电厂与变电站设计防火标准	GB 50229
电力设施抗震设计规范	GB 50260
城市工程管线综合规划规范	GB 50289
城市电力规划规范	GB/T 50293
综合布线系统工程设计规范	GB 50311
智能建筑设计标准	GB 50314
医院洁净手术部建筑技术规范	GB 50333
建筑物电子信息系统防雷技术规范	GB 50343
安全防范工程技术标准	GB 50348
民用建筑设计统一标准	GB 50352
住宅建筑规范	GB 50368
厅堂扩声系统设计规范	GB 50371
绿色建筑评价标准	GB/T 50378

（1）设计规范与技术规程（左侧栏，纵向合并单元格）

（续）

	标准、规范和规程名称	编号
（1）设计规范与技术规程	入侵报警系统工程设计规范	GB 50394
	视频安防监控系统工程设计规范	GB 50395
	出入口控制系统工程设计规范	GB 50396
	视频显示系统工程技术规范	GB 50464
	红外线同声传译系统工程技术规范	GB 50524
	视频显示系统工程测量规范	GB/T 50525
	公共广播系统工程技术标准	GB/T 50526
	会议电视会场系统工程设计规范	GB 50635
	地热电站设计规范	GB 50791
	电子会议系统工程设计规范	GB 50799
	城市综合管廊工程技术规范	GB 50838
	住宅区和住宅建筑内光纤到户通信设施工程设计规范	GB 50846
	传染病医院建筑设计规范	GB 50849
	光伏发电接入配电网设计规范	GB/T 50865
	绿色办公建筑评价标准	GB/T 50908
	急救中心建筑设计规范	GB/T 50939
	农村民居雷电防护工程技术规范	GB 50952
	电动汽车充电站设计规范	GB 50966
	建筑机电工程抗震设计规范	GB 50981
	绿色商店建筑评价标准	GB/T 51100
	综合医院建筑设计规范	GB 51039
	建筑电气工程电磁兼容技术规范	GB 51204
	建筑信息模型施工应用标准	GB/T 51235
	网络电视工程技术规范	GB/T 51252
	消防应急照明和疏散指示系统技术标准	GB 51309
	电动汽车分散充电设施工程技术标准	GB/T 51313
	民用建筑电气设计标准	GB 51348
	施工现场临时用电安全技术规范	JGJ 46
	体育场馆照明设计及检测标准	JGJ 153
	城市夜景照明设计规范	JGJ/T 163
	住宅建筑电气设计规范	JGJ 242
	交通建筑电气设计规范	JGJ 243
	金融建筑电气设计规范	JGJ 284
	教育建筑电气设计规范	JGJ 310
	医疗建筑电气设计规范	JGJ 312
	机械式停车库工程技术规范	JGJ/T 326

（续）

	标准、规范和规程名称	编号
（1）设计规范与技术规程	会展建筑电气设计规范	JGJ 333
	建筑设备监控系统工程技术规范	JGJ/T 334
	体育建筑电气设计规范	JGJ 354
	商店建筑电气设计规范	JGJ 392
	装配式住宅建筑设计标准	JGJ/T 398
	老年人照料设施建筑设计标准	JGJ 450
	钢制电缆桥架工程设计规范	T/CECS 31
	工业企业调度电话和会议电话工程设计规范	T/CECS 36
	地下建筑照明设计标准	T/CECS 45
	城市道路照明设计标准	CJJ 45
	建筑节能与可再生能源利用通用规范	GB 55015
	建筑电气与智能化通用规范	GB 55024
	消防设施通用规范	GB 55036
（2）电气装置安装工程施工及验收规范	电气装置安装工程　高压电器施工及验收规范	GB 50147
	电气装置安装工程　电力变压器、油浸电抗器、互感器施工及验收规范	GB 50148
	电气装置安装工程　母线装置施工及验收规范	GB 50149
	电气装置安装工程　电气设备交接试验标准	GB 50150
	火灾自动报警系统施工及验收标准	GB 50166
	电气装置安装工程　电缆线路施工及验收标准	GB 50168
	电气装置安装工程　接地装置施工及验收规范	GB 50169
	电气装置安装工程　旋转电机施工及验收标准	GB 50170
	电气装置安装工程　盘、柜及二次回路接线施工及验收规范	GB 50171
	电气装置安装工程　蓄电池施工及验收规范	GB 50172
	电气装置安装工程　66kV 及以下架空电力线路施工及验收规范	GB 50173
	电气装置安装工程　低压电器施工及验收规范	GB 50254
	电气装置安装工程　电力变流设备施工及验收规范	GB 50255
	电气装置安装工程　起重机电气装置施工及验收规范	GB 50256
	电气装置安装工程　爆炸和火灾危险环境电气装置施工及验收规范	GB 50257
	建筑电气工程施工质量验收规范	GB 50303
	电梯工程质量验收规范	GB 50310
	建筑物防雷工程施工与质量验收规范	GB 50601
	建设工程消防验收评定规则	XF 836
	建设工程消防设计审查规则	XF 1290

（续）

标准、规范和规程名称	编号
电流对人和家畜的效应　第 1 部分：通用部分	GB/T 13870.1
电流对人和家畜的效应　第 2 部分：特殊情况	GB/T 13870.2
电流对人和家畜的效应　第 3 部分：电流通过家畜躯体的效应	GB/T 13870.3
电流对人和家畜的效应　第 4 部分：雷击效应	GB/T 13870.4
电流对人和家畜的效应　第 5 部分：生理效应的接触电压阈值	GB/T 13870.5
电击防护　装置和设备的通用部分	GB/T 17045
低压电气装置　第 1 部分：基本原则、一般特性评估和定义	GB/T 16895.1
低压电气装置　第 4-41 部分：安全防护　电击防护	GB/T 16895.21
低压电气装置　第 4-42 部分：安全防护　热效应保护	GB/T 16895.2
低压电气装置　第 4-43 部分：安全防护　过电流保护	GB/T 16895.5
低压电气装置　第 4-44 部分：安全防护　电压骚扰和电磁骚扰防护	GB/T 16895.10
低压电气装置　第 5-51 部分：电气设备的选择和安装　通用规则	GB/T 16895.18
低压电气装置　第 5-52 部分：电气设备的选择和安装　布线系统	GB/T 16895.6
建筑物电气装置　第 5-53 部分：电气设备的选择和安装　隔离、开关和控制设备　第 534 节：过电压保护电器	GB/T 16895.22
低压电气装置　第 5-54 部分：电气设备的选择和安装　接地配置和保护导体	GB/T 16895.3
低压电气装置　第 5-55 部分：电气设备的选择和安装　其他设备	GB/T 16895.20
低压电气装置　第 5-56 部分：电气设备的选择和安装　安全设施	GB/T 16895.33
低压电气装置　第 6 部分：检验	GB/T 16895.23
低压电气装置　第 7-701 部分：特殊装置或场所的要求　装有浴盆和淋浴器的场所	GB/T 16895.13
低压电气装置　第 7-702 部分：特殊装置或场所的要求　游泳池和喷泉	GB/T 16895.19
建筑物电气装置　第 7-703 部分：特殊装置或场所的要求　装有桑拿浴加热器的房间和小间	GB/T 16895.14
低压电气装置　第 7-704 部分：特殊装置或场所的要求　施工和拆除场所的电气装置	GB/T 16895.7
低压电气装置　第 7-705 部分：特殊装置或场所的要求　农业和园艺设施	GB/T 16895.27
低压电气装置　第 7-706 部分：特殊装置或场所的要求　活动受限制的可导电场所	GB/T 16895.8
建筑物电气装置　第 7 部分：特殊装置或场所的要求　第 707 节：数据处理设备用电气装置的接地要求	GB/T 16895.9

（注：表格最左列为跨行合并单元格，内容为："（3）低压电气装置"）

（续）

标准、规范和规程名称	编号
建筑物电气装置 第 7-710 部分：特殊装置或场所的要求 医疗场所	GB/T 16895.24
建筑物电气装置 第 7-711 部分：特殊装置或场所的要求 展览馆、陈列室和展位	GB/T 16895.25
低压电气装置 第 7-712 部分：特殊装置或场所的要求 太阳能光伏（PV）电源系统	GB/T 16895.32
建筑物电气装置 第 7-713 部分：特殊装置或场所的要求 家具	GB/T 16895.29
建筑物电气装置 第 7-714 部分：特殊装置或场所的要求 户外照明装置	GB/T 16895.28
建筑物电气装置 第 7-715 部分：特殊装置或场所的要求 特低电压照明装置	GB/T 16895.30
建筑物电气装置 第 7-717 部分：特殊装置或场所的要求 移动的或可搬运的单元	GB/T 16895.31
建筑物电气装置 第 7-740 部分：特殊装置或场所的要求 游乐场和马戏场中的构筑物、娱乐设施和棚屋	GB/T 16895.26
低压电气装置 第 7-753 部分：特殊装置或场所的要求 加热电缆及埋入式加热系统	GB/T 16895.34
特低电压（ELV）限值	GB/T 3805
电力变压器能效限定值及能效等级	GB 20052
金属卤化物灯用镇流器能效限定值及能效等级	GB 20053
金属卤化物灯能效限定值及能效等级	GB 20054
管形荧光灯镇流器能效限定值及能效等级	GB 17896
普通照明用双端荧光灯能效限定值及能效等级	GB 19043
普通照明用自镇流荧光灯能效限定值及能效等级	GB 19044
单端荧光灯能效限定值及节能评价值	GB 19415
高压钠灯能效限定值及能效等级	GB 19573
高压钠灯用镇流器能效限定值及节能评价值	GB 19574
通风机能效限定值及能效等级	GB 19761
清水离心泵能效限定值及节能评价值	GB 19762
灯和灯系统的光生物安全特性	GB/T 20145
LED 室内照明应用技术要求	GB/T 31831
室内照明用 LED 产品能效限定值及能效等级	GB 30255
电能质量 公用电网谐波	GB/T 14549
电能质量 供电电压偏差	GB/T 12325
电能质量 电压波动和闪变	GB/T 12326
电能质量 三相电压不平衡	GB/T 15543
电能质量 电力系统频率偏差	GB/T 15945

（3）低压电气装置

（4）电气能效与电能质量

1.2　负荷分类和计算

3　电力负荷分类

（1）连续工作制负荷　是指较长时间连续运行的用电设备，如泵类、风机、压缩机、电炉、机床、电解电镀设备及照明等。

（2）短时工作制负荷　是指工作时间很短、停歇时间相当长的用电设备，如短时工作制电动机（定额分别为 10min、30min、60min、90min 四种）、X 射线机（最长连续工作时间有 5min、7min、10min、15min、24min、30min）等。

（3）断续周期工作制负荷　是指有规律的时而工作、时而停歇、反复运行的用电设备，如起重机用电动机、电焊机、探伤机等。断续周期工作制的特点用负载持续率（ε）来表示：

$$\varepsilon = \frac{t_w}{t_w + t_i} \times 100\%$$

式中　t_w——工作时间（min）；

　　　t_i——停歇时间（min）；

　　$t_w + t_i$——整个工作周期时间，不应超过 10min。

在负荷计算时，需将此类设备的额定功率（P_n）或额定容量（S_n）一律换算为 $\varepsilon = 100\%$ 时的有功功率：

对于电动机　　$P_e = P_n\sqrt{\varepsilon_n}$

对于电焊机　　$P_e = S_n\sqrt{\varepsilon_n}\cos\varphi$

对于电炉变压器　$P_e = S_n\cos\varphi$

式中　P_n——额定功率（kW）；

　　　S_n——额定容量（kVA）；

　　　P_e——有功功率（kW）；

　　　ε_n——额定负载持续率；

　　　$\cos\varphi$——额定功率因数。

（4）用电设备功率的确定　是指将不同工作制下的设备功率统一换算为连续工作制的功率；将不同物理量的功率统一换算为有功功率。其确定方法如下：

1）连续工作制的电动机的设备功率等于额定功率。

2）短时、断续周期工作制的设备功率统一换算为负载持续率为 100% 的有功功率，换算方式见（3）所述。

3）整流设备的设备功率取额定直流功率。

4）下列电光源的设备功率直接取灯的功率：白炽灯（无电器附件）、低压卤素灯（已包含电子变压器的功率损耗）、自镇流荧光灯（已包含内装镇流器的功率损耗）、LED 灯（已包含驱动电源的功率损耗）。

5）表 22.1-2 所列的电光源的设备功率应取灯的总输入功率，即灯功率加上镇流器功率损耗。

表 22.1-2　电光源的灯功率与镇流器功率损耗

电光源类型		配用的镇流器	灯功率/W	总输入功率/W	镇流器功率损耗与灯功率之比（%）
T8 直管荧光灯		高频电子镇流器	36	38~40	
			18	20~22	
		节能电感镇流器	36	41~43	
			18	23~25	
T5 直管荧光灯		高频电子镇流器	28	32~34	
			14	18~20	
高压钠灯		节能电感镇流器	≥400		7~9
			≤250		8~11
		高频电子镇流器	≥400		7~8
			≤250		8~10
金卤灯	钪钠灯	节能电感镇流器	≥400		12~15
			≤250		15~17
	钠铊铟灯	节能电感镇流器	≥400		10~12
			≤250		12~14

4　需要系数法　主要适用于设备功率已知的各类项目的负荷计算，依次计算用电设备组、配电干线或车间变电所、总配变电所的负荷，设备台数为 5 台及以下时不宜采用。计算公式为：

用电设备组：

有功功率　　　$P_c = K_x P_e$

无功功率　　　$Q_c = P_c \tan\varphi$

配电干线或车间变电所：

有功功率　　$P_c = K_{\Sigma p} \sum (K_x P_e)$

无功功率　　$Q_c = K_{\Sigma q}(K_x P_e \tan\varphi)$

配电站或总配变电站的计算负荷，为各车间变电所计算负荷之和，再分别乘以有功功率同时系数 $K_{\Sigma p}$、无功功率同时系数 $K_{\Sigma q}$。对于多级高压配电系统，应逐级多次乘以同时系数进行计算。

视在功率　　$S_c = \sqrt{P_c^2 + Q_c^2}$

计算电流　　$I_c = \dfrac{S_c}{\sqrt{3}\,U_n}$

以上各式中　P_c——计算有功功率（kW）；

Q_c——计算无功功率（kvar）；

S_c——计算视在功率（kVA）；

I_c——计算电流（A）；

P_e——用电设备组的设备功率（kW）；

K_x——需要系数，见表 22.1-3 ~ 表 22.1-7；

$\tan\varphi$——功率因数角正切值；

$K_{\Sigma p}$——有功功率同时系数，配电站取 0.85~1，总降压变电站取 0.8~0.9；

$K_{\Sigma q}$——无功功率同时系数，配电站取 0.95~1，总降压变电站取 0.93~0.97；

U_n——系统标称电压（kV）。

表 22.1-3　工业用电设备的需要系数和功率因数

用电设备组名称		需要系数 K_x	功率因数 $\cos\varphi$
单独传动的金属加工机床	小批生产冷加工	0.12~0.16	0.5
	大批生产冷加工	0.17~0.20	0.5
	小批生产热加工	0.20~0.25	0.55~0.6
	大批生产热加工	0.25~0.28	0.65
数控机床		0.25	0.65
锻锤、锻造机、压床、剪床、拔丝机和其他锻工机械		0.25	0.6
木工机械		0.20~0.30	0.5~0.6
液压机		0.30	0.6
球磨机、破碎机、筛选机、搅拌机等		0.75~0.85	0.8~0.85
手提式电动工具		0.1	0.5
通风机	生产用	0.75~0.85	0.8
	卫生用	0.65~0.70	0.8
泵、空气压缩机、电动发电机组、空调送风机		0.75~0.85	0.8
冷冻机组		0.85~0.90	0.8~0.9
起重机	金属加工、装配、机修车间	0.10~0.25	0.5
	铸造车间	0.15~0.45	0.5
升降机、运输机、螺旋输送机、输送带	不联锁	0.50	0.75
	联锁	0.65	0.75
自动弧焊变压器		0.50	0.5
单头手动弧焊变压器		0.35	0.35

（续）

用电设备组名称		需要系数 K_x	功率因数 $\cos\varphi$
多头手动弧焊变压器		0.40	0.35
直流弧焊机	单头	0.35	0.6
	多头	0.70	0.7
缝焊机、点焊机	电子行业	0.20	0.6
	非电子行业	0.35	0.6
对焊机		0.35	0.7
电阻炉、烘干箱、电加热设备		0.70	1
红外线干燥设备		0.85~0.90	1
带调压器或变压器的电阻炉	自动填料	0.70~0.80	0.95~0.98
	非自动填料	0.60~0.70	0.95~0.98
工频感应电炉（不带无功补偿装置）		0.80	0.35
高频感应电炉（不带无功补偿装置）		0.80	0.6
焊接和加热用高频加热设备		0.50~0.65	0.7
氢气炉（带调压器或变压器）		0.40~0.50	0.85~0.9
真空炉（带调压器或变压器）		0.55~0.65	0.85~0.9
拉单晶炉		0.70~0.75	0.9
硅整流装置	一般工业用	0.50	0.7
	电镀用	0.50	0.75
	电解用	0.70	0.8
电火花加工装置		0.50	0.6
超声波装置		0.70	0.7
X 光设备		0.30	0.55
磁粉探伤机		0.20	0.4
电子计算机	主机	0.60~0.70	0.8
	外部设备	0.40~0.50	0.5
试验设备（电热为主）		0.20~0.40	0.8
试验设备（仪表为主）		0.10~0.20	0.7

表 22.1-4　民用建筑用电设备的需要系数和功率因数

用电设备组名称		需要系数 K_x	功率因数 $\cos\varphi$
采暖通风用电	各种风机、空调器	0.70~0.80	0.8
	恒温空调箱	0.60~0.70	0.95
	集中式电热器	1.00	1
	分散式电热器	0.75~0.85	1
	小型电热设备	0.30~0.50	0.95
冷冻机组		0.85~0.90	0.8~0.9

（续）

用电设备组名称		需要系数 K_x	功率因数 $\cos\varphi$
水泵		0.60~0.80	0.8
电梯（交流）		0.18~0.22	0.5~0.6
输送带、自动扶梯		0.60~0.65	0.7
起重机械		0.10~0.20	0.5
厨房用电	食品加工机	0.50~0.70	0.8
	电烤箱、电饭锅、电热水器	0.65~0.85	1
	电冰箱、冷柜	0.60~0.70	0.8
	洗碗机	0.70~0.80	0.8~0.9
洗衣房		0.30~0.50	0.7~0.9
打包机		0.20	0.6
开窗机		0.10	0.5

表 22.1-5　旅游宾馆用电设备的需要系数和功率因数

用电设备组名称		需要系数 K_x	功率因数 $\cos\varphi$	用电设备组名称	需要系数 K_x	功率因数 $\cos\varphi$
全馆综合需要系数		0.92~0.94		通风机	0.60~0.70	0.8
全馆总负荷		0.40~0.50	0.8	锅炉房	0.75~0.80	0.8
全馆总动力		0.50~0.60	0.8	洗衣机	0.3~0.35	0.7
全馆总照明		0.35~0.40	0.85~0.9	电梯	0.18~0.22	0.5~0.6
照明	客房	0.35~0.45	0.9	厨房	0.35~0.45	0.75
	其他场所	0.50	0.6~0.9	分体式空调器	0.35~0.45	0.8
冷冻机组、水泵		0.65~0.75	0.8			

表 22.1-6　各类建筑的照明用电需要系数

场所	照明需要系数 K_x	场所	照明需要系数 K_x
生产厂房（有天然采光）	0.8~0.9	商店	0.85~0.9
生产厂房（无天然采光）	0.9~1	商业综合体	0.75~0.85
锅炉房	0.9	食堂、餐厅	0.8~0.9
办公楼	0.7~0.8	幼儿园、托儿所	0.8~0.9
展览馆、体育馆	0.7~0.8	学校	0.6~0.7
设计室	0.9~0.95	旅馆	0.6~0.7
科研楼	0.8~0.9	医院	0.5
集体宿舍	0.6~0.8	仓库	0.5~0.7

表 22.1-7　住宅建筑用电负荷需要系数

单相连接户数	1~3	4~8	9~12	13~24	25~124	125~259	260~300
三相连接户数	3~9	12~24	27~36	39~72	75~372	375~777	780~900
需要系数	0.9~1	0.65~0.9	0.5~0.65	0.45~0.5	0.4~0.45	0.3~0.4	0.26~0.3

5　利用系数法　适用于已知用电设备情况下工业项目的负荷计算，通常不适用于照明负荷的计算，计算步骤如下[1]：

（1）用电设备组在最大负荷班内的平均负荷

有功功率　　$P_{av} = K_L P_e$

无功功率　　$Q_{av} = K_L P_{av} = K_L P_e \tan\varphi$

式中　P_{av}——用电设备组的有功平均功率（kW）；

Q_{av}——用电设备组的无功平均功率（kvar）；

P_e——用电设备组的设备功率（kW）；

K_L——利用系数，见表 22.1-8；

$\tan\varphi$——功率因数角正切值。

表 22.1-8　利用系数和功率因数

用电设备组名称		K_L	$\cos\varphi$
一般工作制小批生产用金属切削机床：小型车床、刨床、插床、铣床、钻床、砂轮机等		0.1~0.12	0.5
一般工作制大批生产用金属切削机床		0.12~0.14	0.5
重工作制金属切削机床：冲床、自动车床、六角车床、粗磨、铣齿、大型车床、大型刨床、大型铣床、大型镗床、立车		0.16	0.55
小批生产用金属热加工机床：锻造机、锻锤传动、拉丝机、碾磨机、清理转磨筒		0.17	0.6
大批生产用金属热加工机床		0.2	0.65
移动式电动工具		0.05	0.5
生产用通风机、空气压缩机、泵、电动发电机组		0.55	0.8
卫生用通风机		0.5	0.8
联锁的连续运输机械：提升机、带式运输机、螺旋运输机等		0.35	0.75
不联锁的连续运输机械		0.5	0.75
起重机及电动葫芦（$\varepsilon = 100\%$）		0.15~0.2	0.5
电阻炉、干燥箱、加热设备		0.55~0.65	0.95
试验室小型电热设备		0.35	1
10t 以下电弧炼钢炉		0.65	0.8
直流弧焊机	单头	0.25	0.6
	多头	0.5	0.7
弧焊变压器	单头	0.25	0.35
	多头	0.3	0.35
自动弧焊机		0.3	0.5

（续）

用电设备组名称	K_L	$\cos\varphi$
点焊机、缝焊机	0.25	0.6
对焊机及铆钉加热器	0.25	0.7
工频感应电炉	0.75	0.35
用电动发电机组高频感应电炉	0.7	0.8
用真空管振荡器高频感应电炉	0.65	0.65

（2）全计算范围内的总利用系数 K_{Lt}

$$K_{Lt}=\frac{\sum P_{av}}{\sum P_e}$$

式中　K_{Lt}——总利用系数；
　　　$\sum P_{av}$——各用电设备组的有功平均功率之和（kW）；
　　　$\sum P_e$——各用电设备组的设备功率之和（kW）。

（3）用电设备有效台数 n_{eq}

其是将不同功率和工作制的用电设备的台数转换为相同设备功率和工作制的等效值，即

$$n_{eq}=\frac{\sum P_e^2}{\sum P_{1e}^2}$$

式中　$\sum P_{1e}$——单个用电设备的设备功率（kW）。

（4）计算负荷

有功功率　　　$P_c=K_m\sum P_{av}$
无功功率　　　$Q_c=K_m\sum Q_{av}$
　　　　　　　$S_c=\sqrt{P^2+Q^2}$

式中　P_c——计算有功功率（kW）；
　　　Q_c——计算无功功率（kvar）；
　　　S_c——计算视在功率（kVA）；
　　　K_m——最大系数，$K_m=f(K_{Lt},n_{eq})$，见参考文献［1］的表1.5-2。

6　负荷密度法和单位指标法　主要适用于规划及方案设计。负荷密度法是利用单位建筑面积功率（即负荷密度指标）与建筑面积相乘求得计算负荷，而单位指标法则按单位用电指标（例如 W/人、W/户、W/床等）与总单位数相乘来求取计算负荷。常见建筑的负荷密度指标见表22.1-9、表22.1-10。

表 22.1-9　民用建筑的负荷密度指标

建筑类别	负荷密度/（W/m²）	建筑类别	负荷密度/（W/m²）
公寓建筑	30~50	影剧院建筑	50~80
住宅建筑	50~80	医疗建筑	60~90
旅馆建筑	50~80	中小学建筑	30~40
办公金融建筑	80~100	大专院校建筑	40~60
一般商业建筑	40~80	展览建筑	50~80
大中型商业建筑	60~120	演播室	250~500
体育建筑	40~70	汽车库	8~15
市政设施	30~40	仓储物流设施	10~40

表 22.1-10　工业建筑的负荷密度指标

车间类别	负荷密度/（W/m²）	车间类别	负荷密度/（W/m²）
研发楼	80~90	铸造车间	55~60
精细化工、生物制药车间	90~100	锅炉房、空压站	150~200

（续）

车间类别	负荷密度/(W/m²)	车间类别	负荷密度/(W/m²)
数据中心	55~80	焊接车间	60
精密机械、新型材料车间	50~60	开关、变压器、电瓷车间	60~110
机械加工车间	100~150	电容器、电缆车间	110~160
工具机修车间	80~100	电镀车间	250~500
木工车间	60	蓄电池化成车间	250~500

第2章 电能节约与绿色建筑电气技术

2.1 合理用电

7 电能损耗 电能是清洁的二次能源。由发电设备将一次能源转换为电能后送到各个终端用户，要经过一系列输变电设备和线路传输，每经过一种环节，都会产生一定的电能损耗，这种损耗称为电网的线损，它由线路损耗和变压器损耗组成。线损占电网输入电量的百分率称为线损率，在我国，线损率约为14%~16%。根据损耗的变化情况，可将线损划分为可变损耗和固定损耗，可变损耗是指电流通过导体和变压器所产生的损耗，即电力线路和变压器铜损，它与负荷率、电网电压等因素有关，约占电网损耗的80%~85%；固定损耗是指只要接通电源，电网中就存在的损耗，它包括变压器的空载损耗、电缆线路电容及其他电器上的介质损耗以及各种仪表互感器上的空载损耗，它与电网运行电压和频率有关，约占电网损耗的15%~20%。

对于配电网的终端用户而言，电能的损耗主要是由变压器、配电线路以及用电设备产生的。通常，变压器的损耗占该配电系统总损耗的60%以上，线路损耗约占5%，其余主要是用电设备的损耗。主要损耗计算公式如下：

（1）供电线路有功功率损耗

$$\Delta P_L = 3I_c^2 R \times 10^{-3}$$
$$R = rl$$

供电线路电能损耗为

$$\Delta W_1 = \Delta P_L \tau$$

式中　ΔP_L——三相线路电阻功率损耗（kW）；

　　　ΔW_1——三相线路电能损耗（kWh）；

　　　I_c——计算相电流（A）；

　　　r——线路单位长度的每相交流电阻（Ω）；

　　　l——线路计算长度（m）；

　　　τ——年最大负荷损耗小时（h），与线路功率因数 $\cos\varphi$ 以及年最大负荷利用小时 T_{max} 有关，见表22.2-1。

表 22.2-1　年最大负荷损耗小时（h）

T_{max}/h	1 000	2 000	3 000	4 000	5 000	6 000	7 000	8 000
$\cos\varphi = 0.8$	950	1 500	2 000	2 750	3 600	4 650	5 950	7 400
$\cos\varphi = 0.85$	900	1 200	1 800	2 600	3 500	4 600	5 900	7 380
$\cos\varphi = 0.9$	750	1 000	1 600	2 400	3 400	4 500	5 800	7 350
$\cos\varphi = 0.95$	600	800	1 400	2 200	3 200	4 350	5 700	7 300
$\cos\varphi = 1$	300	700	1 250	2 000	3 000	4 200	5 600	7 250

（2）变压器有功功率损耗

$$\Delta P_T = \Delta P_0 + \Delta P_K \left(\frac{S_c}{S_N}\right)^2$$

变压器年有功电能损耗

$$\Delta W_T = \Delta P_0 t + \Delta P_K \left(\frac{S_c}{S_N}\right)^2 \tau$$

式中　ΔP_T——变压器有功功率损耗（kW）；

　　　ΔW_T——变压器年有功电能损耗（kWh）；

　　　ΔP_0——变压器空载有功损耗（kW）；

　　　ΔP_K——变压器负载有功损耗（kW）；

　　　S_c——变压器计算负荷（kVA）；

　　　S_N——变压器额定容量（kVA）；

　　　t——计算时间（h）；

　　　τ——最大负荷年损耗小时（h）。

（3）用电设备电能损耗　电动机是应用最为广泛的用电设备，我国发布的《电机能效提升计划（2013 年—2015 年）》指出，我国各类电机的保有量约 17 亿 kW，总耗电量约 3 万亿 kWh，占全社会总用电量的 64%，其中工业领域电机总用电量为 2.6 万亿 kWh，约占工业用电的 75%。因此，提高电动机类设备的效率是节约电能的一个重要措施。电动机在将电能转换为机械能做功的过程中，产生的功率损耗包括有功损耗和无功损耗两部分，这种损耗将导致电动机的功率因数和效率的降低，功率消耗增加。

1）电动机有功功率损耗。各种不同类型电动机的有功损耗包括定子绕组和转子绕组的铜损耗、铁心损耗、杂散损耗和机械损耗，其中定子绕组和转子绕组的铜损耗与电流大小有关，因此也称为可变损耗。各种损耗的计算如下：

定子绕组铜损耗为

$$\Delta P_{T1} = m_1 I_{12} r_1 \times 10^{-3}$$

转子绕组铜损耗为

$$\Delta P_{T2} = m_2 I_{22} r_2 \times 10^{-3}$$

电动机的铁心损耗为

$$\Delta P_{TI} = \Delta P_{CZ} + \Delta P_{WL} = (K_1/f + K_2) U^2 G_c$$

电动机的杂散损耗 ΔP_{ZS} 主要由绕组的杂散损耗和铁心的杂散损耗组成。

电动机的机械损耗 ΔP_{JX} 主要由轴承传动产生的摩擦损耗和风扇转动产生的风阻损耗组成，机械损耗虽然不随电动机负荷变化的直接影响而变化，但随电动机的转速变化而变化，转速越高，机械损耗就越大。

电动机的总损耗为

$$\Delta P = \Delta P_{T1} + \Delta P_{T2} + \Delta P_{TI} + \Delta P_{ZS} + \Delta P_{JX}$$

以上各式中　ΔP——电动机总功率损耗（kW）；

ΔP_{T1}——定子绕组铜损耗（kW）；

ΔP_{T2}——转子绕组铜损耗（kW）；

ΔP_{TI}——铁心损耗（kW）；

ΔP_{ZS}——电动机的杂散损耗（kW）；

ΔP_{JX}——电动机的机械损耗（kW）；

ΔP_{CZ}——电动机的磁滞损耗（kW）；

ΔP_{WL}——电动机的涡流损耗（kW）；

I_{12}、I_{22}——定子、转子相电流（A）；

r_1、r_2——定子、转子每相绕组的电阻（Ω）；

m_1、m_2——定子、转子相数；

f——电源频率（Hz）；

K_1、K_2——比例常数；

U——电源电压（kV）；

G_c——电动机定子和转子的铁心质量（kg）。

各种损耗所占的比例视电动机容量和结构型式的不同而有所不同，见表 22.2-2。对于直流电动机，还存在各种励磁绕组的励磁损耗和整流装置的电能损耗。

表 22.2-2　中小型电动机损耗百分比（%）

类型	定子铜损耗	转子铜损耗	铁心损耗	杂散损耗	机械损耗
小型容量电动机	40	16	30	12	2
中型容量电动机	33	25	17	20	5

2）电动机的无功损耗。在电动机铁心中，为建立旋转磁场所需要的无功功率为

$$Q = 3UI_Q$$

式中　Q——电动机的无功损耗（kW）；

U——电源电压（kV）；

I_Q——电动机的励磁电流（A）。

8　供电系统合理选择　合理地设计供电系统，可以减少电能损耗。根据用电容量、用电设备特性及供电距离等因素，合理配置供电系统和电源电压，供电系统应尽量简单可靠，同一电压供电系统的变配电级数不宜多于两级。

配变电所应尽量靠近负荷中心，从而缩短配电线路的长度，减少线路损耗。用户内部变电所之间宜设置联络线，可根据负荷情况，切除部分变压器，从而减少其损耗。

目前国内煤矿已广泛采用 1140V、660V 电压等级配电，线路及变压器损耗大幅度减少，与常规的 380V 电压等级比较，采用 1140V、660V 电压等级后，可变损耗大约可以降低 66%。由于国内生产的 1140V、660V 配电设备也日趋成套和完善，因此其他工业企业的低压配电系统在条件具备时，也可采用较高电压配电。

用户应根据负荷变化，并考虑投资和年运行费用，合理确定变压器容量和台数，对负荷进行合理分配，使变压器容量与电力负荷相适应，对于负荷率经常低于 30% 的变压器，应予以调整或更换。

9　无功功率补偿

（1）无功功率补偿的目的和原则

1）电力系统中无功电源和无功负荷必须保持平衡，以保证系统稳定运行，维持系统各级电压。发电机的无功出力通常不能满足无功负荷的需求，应装设其他无功电源补偿无功功率的不足。

2）无功功率补偿的设计，应首先提高系统的自然功率因数，并应按照全面规划、合理布局、分层补偿、就地平衡的原则确定最优补偿容量和方式。其具体原则是，高、低压电容器补偿相结合，即变压器和高压用电设备的无功功率由高压电容器来补偿，低压用电设备的无功功率采用低压电容器进行补偿；分散与集中补偿相结合，对距供电点较远且无功功率较大的采用就地补偿，对用电设备集中的地方采用成组补偿，其他的无功功率则在变电所内集中补偿；固定与自动补偿相结合，即在负荷经常固定的运行方式下采用无功功率固定补偿，经常变动的负荷采用自动补偿方式。

3）无功功率就地平衡能降低计算负荷的视在功率，从而减少电网各级元件的规格，如变压器容量、线路截面积等。无功功率就地平衡减少无功电流在系统中的流动，从而降低电网各级元件的电压降、功率损耗和电能损耗。

4）无功功率补偿装置包括串联补偿装置、同步调相机、并联电抗补偿装置、并联电容器补偿装置，在 110kV 及以下的用户中，并联电容器补偿装置是最常用的补偿方式。

（2）无功功率补偿计算　企业自然平均功率因数为

$$\cos\varphi_1 = \sqrt{\frac{1}{1+\left(\dfrac{\beta_{av}Q_c}{\alpha_{av}P_c}\right)^2}}$$

式中　P_c——企业计算有功功率（kW）；

Q_c——企业计算无功功率（kvar）；

α_{av}、β_{av}——年平均有功、无功负荷系数，α_{av} 一般取 0.7~0.75，β_{av} 一般取 0.76~0.82。

企业月平均功率因数应不低于 0.9，若不满足要求，则应采取必要措施提高功率因数，如装设无功功率补偿装置。最为经济简单的办法就是采用并联电容器进行补偿，补偿容量 Q 的计算公式为

$$Q = P_c(\tan\varphi_1 - \tan\varphi_2)$$

式中　$\tan\varphi_1$——补偿前平均功率因数角的正切值；

$\tan\varphi_2$——补偿后功率因数（一般取 0.9）角的正切值。

（3）提高用户的功率因数　供电线路中的电流 I 包括有功分量 I_P 和无功分量 I_Q，即 $I=\sqrt{I_P^2+I_Q^2}$，因此，线路的功率损耗为

$$\Delta P_L = 3I^2R\times10^{-3} = (3I_P^2R+3I_Q^2R)\times10^{-3}$$

式中　$3I_Q^2R$——线路中由于流经无功电流分量而引起的线路损耗，由此可见，提高功率因数，线路电流的无功分量降低，线路损耗随之下降。

对于变压器而言，在变压器负荷有功率不变的情况下，不同的负荷功率因数所引起的变压器有功损耗也不同，随着负荷功率因数的提高，变压器的有功损耗也会随之下降。

配电系统消耗的无功功率中，异步电动机约占 70%，变压器约占 20%，线路约占 10%。由以上分析可见，提高设备的功率因数，可以降低线路损耗和变压器的损耗。通常的措施有：

1）合理选择电动机功率，尽量减少轻载和空载，平均负荷率不应低于 40%。

2）合理选择变压器容量，负荷率宜在 75%~85%，且应计及负荷计算的误差。合理选择变压器台数，适当设置低压联络，以便切除轻载的变压器。

3）优化系统接线和线路设计，减少线路阻抗。

4）断续工作的设备如电焊机，宜带空载切除措施。

5）功率较大且经常恒速运行的机械，应尽量采用同步电动机。

2.2　节约用电

10　电动机的节电

由于电动机耗电量约占全社会总用电量的 64%，因此，电动机的节电就显得尤为重要，电动机的损耗与电动机定子和转子绕组的相数、电阻、电流、电源电压、电源频率、铁心质量等参数有关，要降低电动机的损耗，使电动机达到经济运行和节约电能的目的，可以适当采取以下措施：

1）合理选择电动机类型，使其适合负载的机械特性要求，满足起动、调速、制动等方面的要求。

2）合理地选择电动机的额定容量，使其与负荷相适应。

3）提高电动机的运行效率，以达到节能的目的。对于不同用途、不同工作要求的电动机，根据其负荷特性、调速范围、速度变化率、反应快速性、运转效率、设备费用以及安装维护等方面的要求具体分析，合理地选择调速方式，提高电动机的

运行效率。关于电动机的调速方案参见本手册第 13 篇第 11~22 条。

4）改善异步电动机的功率因数，提高电源容量的利用率，减少电源线路和电动机绕组的电能损耗，改善的一种方法是利用并联电容器对异步电动机的功率因数进行补偿，另一种方法是提高电动机本身的自然功率因数，如在轻载时降低电动机定子端电压，或改变电动机内部连接方式（如丫-△转换），达到节电的目的。

5）推广使用高效电动机。根据国家发展改革委《节能中长期专项规划》的有关数据，我国在 2000 年中小电动机的设计效率为 87%，到 2010 年，其设计效率要提高到 90%~92%，国家标准《中小型三相异步电动机能效限定值及能效等级》GB 18613 规定，能效 3 级的电机与国际标准 IEC 60034-01 的 IE3 保持一致，该标准的实施极大地促进了我国电动机能效值水平的提升，达到了国际先进水平。要加大推广高效电动机的应用，合理选择电动机及调节方式，推广变频调速和自动化控制技术，提高电机系统运行效率。据测算，工业领域电机能效每提高一个百分点，可年节约用电 260 亿 kWh；电机系统效率提高 5~8 个百分点，可年节约用电 1 300 亿~2 300 亿 kWh，节能效果十分显著。

11　照明节电　根据国家发展改革委《节能中长期专项规划》的介绍，目前我国照明用电约占全国用电量的 13%，用高效节能荧光灯代替白炽灯可节电 70%~80%，用电子镇流器或节能型电感镇流器代替传统的电感镇流器可节电 20%~30%，用发光二极管（LED）替代白炽灯可节电 90%，大力推广绿色照明工程，年可节电约 290 亿 kWh。

照明节能一般从下列几个方面综合考虑：

（1）优选高效电光源　大力推广使用细管荧光灯（T4、T5 系列）、LED 灯、紧凑型荧光灯、高强气体放电灯等光效高、寿命长的电光源，逐步淘汰或限制使用白炽灯光源。

（2）合理选择照明灯具　使用效率高、配光曲线合理的节能灯具，可以达到节电的目的。另外，在选择灯具时，应根据使用情况使灯具处在合理的环境温度内，从而保证光源效率不致降低。

（3）合理地选定照度　照度是决定照明质量的一个重要指标，应根据不同场所的照明要求，按照《建筑照明设计标准》（GB 50034）确定照度标准，选定合适的照明方式，如在要求照度标准高的场所增设局部照明。

（4）采用节能型照明附件　对于气体放电灯来

说，镇流器的损耗占整个照明系统损耗的很大一部分，因此应尽量选择电子镇流器或节能型电感镇流器。另外，为提高气体放电灯的功率因数，减少无功功率损耗，一般应根据要求装设补偿电容器。

（5）合理地选择照明控制方式　实施一般照明的分区分片控制，根据使用要求有选择地开启灯具；充分利用自然光，关断部分照明灯；合理地降低夜间照度；合理地减少灯具数量或调光；合理地采用声光感应控制技术和总线控制技术等措施都可以有效地节约照明用电。

（6）加强照明装置日常维护管理　使灯具和光源保持清洁，保证光源的发光效率，提高照明质量。

12　供配电设备的节电　对于电网来说，输变电设备的损耗分为固定损耗（约占 15%~20%）和可变损耗（约占 80%~85%）两部分，要降低总损耗，应当采用节能的输变电设备和合理的输变电系统，以降低其空载损耗、介质损耗以及负载损耗。高压输电线路应当按照经济电流密度选择导线截面积，以降低电能在传输过程中的损耗。

对于终端用户而言，变压器的损耗最大，因此应当选用节能型变压器（按照 GB 20052《电力变压器能效限定值及能效等级》的规定选择节能变压器），如非晶合金变压器、冷轧硅钢片卷绕式铁心变压器、冷轧硅钢片叠装式铁心变压器等，以降低变压器的空载损耗，同时合理选择变压器的运行方式、负载率等，以降低变压器的负载损耗。

13　其他用电设备的节电　对于电焊机，应提高其功率因数，采用空载停电装置，以减少其空载损耗。对于风机、水泵和空调类用电设备，应当采用与其负荷变化相适应的调速方式，如变频调速装置，以往采用增加风阻、电阻进行调量、调速、调光等的方式应加以改进，如采用晶闸管调节方式，既可达到连续调节的目的，又可以实现真正意义上的节能。对于连续运行而负载又较小的设备，如车床、刨床，可装设丫-△自动切换装置，以减少低负载时的能量损耗。对于电梯，应当使用先进的控制、拖动、调速技术，提高其运行效率，节约电能。

14　节电机制

（1）建立节电机构　终端用户尤其是大用户的节电工作，要根据不同的情况，建立相应的专门机构和人员进行管理，使用电管理与企业管理、生产组织管理紧密结合起来，严格按照用电指标进行管理，节约挖潜，充分发挥每一度电能在国民经济中的作用。

（2）建立节电制度　为了有效地节约电能，一般应建立以下基本制度：①用电管理制度，包括新增用电设备的报装、审批，电能的分配和违章用电的处理等；②单位产品耗电定额的管理制度，包括耗电定额的测定与分析，耗电定额的制定和核定，耗电定额的技术资料管理和执行耗电定额的奖惩规定；对负荷率和负荷曲线进行分析研究，必要时进行全厂或部分设备的电能平衡，对输入、利用电能及损耗原因进行分析，提出合理的指标和措施；③电能计量测试仪表管理制度，包括电能计量仪表的校验、调试、修理，仪表在定额管理中的作用及仪表的合理配备等，这是促进电能计量工作准确无误的有力措施；④用电设备管理制度，定期进行检查、维修，并分析运行情况，提出节电措施，保证用电设备在高效率下运行。

（3）积极采用计算机监控系统　建立配电智能监控系统，随时观察供电系统的运行情况，合理调配运行方式，实现优化运行，利用计算机网络技术提高运行管理水平。

15　绿色建筑电气技术　在我国经济由高速发展转变为高质量发展的背景下，以节约资源、保护环境、减少污染为发展途径，以为人们提供健康、适用、高效的使用空间为目标，努力打造人与自然和谐共生的绿色建筑是国家的一项重大战略，也是新时代中国特色生态文明思想的具体体现。进入 21 世纪以来，我国相继出台了绿色建筑的设计、施工、验收、运行等评价标准，各地政府也因地制宜出台了一系列推行绿色建筑的举措，绿色建筑的发展进入了快速发展通道，截至 2018 年底，全国绿色建筑总面积达到 12 亿 m^2。2020 年 9 月，我国在第七十五届联合国大会一般性辩论上宣布：中国二氧化碳排放力争于 2030 年前达到峰值，努力争取 2060 年前实现碳中和。2020 年 12 月，我国在气候雄心峰会上进一步宣布：到 2030 年，中国单位国内生产总值（GDP）二氧化碳排放将比 2005 年下降 65%以上，非化石能源占一次能源消费比重将达到 25%左右，风电、太阳能发电总装机容量将达到 12 亿 kW 以上。这为我国绿色可持续发展和建设环境友好型社会提出了明确的指标和方向。绿色建筑

中采用的主要电气技术如下：

1）采用节能型电气产品和用电设备。采用高效照明光源、低损耗变压器、高效电动机等。

2）采用科学合理的控制措施，降低建筑物运行能耗。设置楼宇自控系统、变配电综合自动化系统、建筑设备管理系统等，如电梯群控、风机水泵变频调速、照明感应控制等措施。

3）设置建筑物能耗监测与远传系统，对建筑物内的电、热、气、水等各类能源进行合理监测，便于物业管理部门采取针对性措施降低建筑本体能耗，同时也为政府等管理部门的能耗监控和决策提供科学依据。

4）设置室内环境质量监测、控制系统，为使用人员提供健康的工作、居住环境。对室内的声、光、电、磁等物理环境进行科学合理的分析设计，对室内空气中的甲醛、苯、VOC_s、$PM_{2.5}$、PM_{10}、CO、CO_2 等污染物进行监测、报警和相应的控制，充分体现以人为本的绿色建筑理念。

5）在大跨度建筑物内或地下室，可采用光导管照明，合理设置采光窗、采光井等措施，充分利用自然光。

6）充分利用可再生能源。能源是产生机械能、热能、光能、电磁能、化学能等各种形式能量的资源，它分为一次能源和二次能源。一次能源是在自然界中以固有形态存在的能量资源，如原油、煤炭、天然气、核原料、植物原料、水能、风能、太阳能、地热能、海洋能、潮汐等。一次能源按照能否再生分为可再生能源和非再生能源，可再生能源是随着利用而不会减少的能源，如风能、太阳能、海洋能等，而非再生能源是会随着人类的开发利用而逐渐减少的能源，如煤炭、原油等化石能源。二次能源是直接或间接由一次能源转换为其他形式的能源，如电能、汽油、蒸汽、余热等。

为减少化石能源的消耗，各国政府都在大力推广使用可再生能源，如风能发电、太阳能发电以及潮汐发电等，有关其他能源的利用情况，可参见本手册第 16~19 篇的相关内容。

在拓宽能源种类的同时，也要采取措施提高能源利用效率，如采取余热利用、冷热电三联供等技术，可实现能源的梯级利用和综合利用。

第3章 供电系统及变配电所

3.1 负荷分级及其供电要求

16 负荷分级 在我国，电力负荷根据对供电可靠性的要求及中断供电在对人身安全、经济上所造成的影响程度分为特级、一级、二级、三级。

（1）特级负荷 中断供电将危害人身安全、造成人身重大伤亡，中断供电将在经济上造成特别重大损失或造成重大设备损坏或发生中毒、爆炸和火灾；在建筑中具有特别重要作用及重要场所中不允许中断供电的负荷。

特级负荷应由3个电源供电，3个电源应由满足一级负荷要求的两个电源和一个应急电源组成。应急电源的容量应满足同时工作最大特级负荷的供电要求；应急电源的切换时间应满足特级负荷允许最短中断供电时间的要求；应急电源的供电时间应满足特级负荷最长持续运行时间的要求。

应急电源的选择：独立于正常工作电源的、由专用馈电线路输送的城市电网电源；独立于正常工作电源的可快速自起动发电机组；不间断电源装置（UPS）、应急电源装置（EPS）中设置的蓄电池组。

（2）一级负荷 中断供电将造成人身伤害时；中断供电将在经济上造成重大损失时；中断供电将影响重要用电单位的正常工作，或造成人员密集公共场所秩序严重混乱的负荷。

一级负荷应由双重电源供电，当一电源发生故障时，另一电源不应同时受到损坏。每个电源的容量应满足全部一级、特级负荷的供电要求。设备的供电电源的切换时间，应满足设备允许中断供电的要求。

（3）二级负荷 中断供电将在经济上造成较大损失的负荷；中断供电将影响重要用电单位的正常工作。二级负荷的供电系统，宜由两回线路供电。在负荷较小或地区供电条件困难时，二级负荷可由一回6kV及以上专用的架空线路供电。

（4）三级负荷 不属于特级、一级和二级的负荷。

17 电压选择 用户的供电电压应根据用电容量、用电设备特性、供电距离、供电线路的回路数、当地公共电网现状及其发展规划等因素，经技术经济比较确定。负荷矩（输送容量与供电距离之积）是选定供电电压的重要因素。配电电压应考虑供电电压、用电设备电压以及负荷大小、分布等。供电电压大于或等于35kV时，用户的一级配电电压宜采用10kV；当6kV用电设备的总容量较大，选用6kV经济合理时，宜采用6kV；低压配电电压宜采用220V/380V，工矿企业也可采用660V；当安全需要时，应采用低于50V电压。

交流电力系统标称电压为0.22/0.38kV、0.38/0.66kV、1（1.14）kV、3kV、6kV、10kV、20kV、35kV、66kV、110kV、220kV等，3kV及以上等级各自对应的电气设备最高工作电压为3.6kV、7.2kV、12kV、24kV、40.5kV、72.5kV、126kV、252kV。各级电压线路输送能力见表22.3-1。

表 22.3-1 各级电压线路输送能力

额定电压/kV	架空线		电缆	
	送电容量/kW	输送距离/km	送电容量/kW	输送距离/km
0.22	<50	0.15	<100	0.2
0.38	100	0.25	175	0.35
0.66	170	0.4	300	0.6
3	100~1 000	1~3		
6	2 000	3~10	3 000	<8
10	3 000	5~15	5 000	<10
35	2 000~10 000	20~50		
66	3 500~30 000	25~100		
110	10 000~50 000	50~150		

18 电能质量 电力系统的电能质量是指电压、频率和波形的质量（参见第20篇第4~6条）。主要指标包括频率偏差、电压偏差、电压波动和闪变、谐波及电压不对称度。

（1）频率偏差　我国电力系统的标称频率为 50Hz。供电频率偏差允许值为±0.2Hz，电网容量在 300 万 kW 以下者为±0.5Hz。用户冲击负荷引起的系统频率变动一般不得超过±0.2Hz。

（2）电压偏差

电压偏差（%）=［（实测电压−额定电压）/额定电压］×100%

1）供电电压偏差允许值：35kV 及以上时正、负偏差绝对值之和不超过标称电压的 10%；20kV 及以下三相供电时为标称电压的±7%；220V 单相供电时为标称电压的+7%～−10%。

2）用电设备电压偏差允许值：电动机为±5%；一般场所照明为±5%，视觉要求较高的户内场所为 +5%～−2%，事故照明、道路照明、警卫照明及因远离变电所而难以满足±5%要求时，可为 +5%～−10%；其他无特殊规定的用电设备为±5%。应通过合理确定供配电系统、尽量使三相负荷平衡、正确选择变压器变比与分接头、采用有载调压变压器、减少系统阻抗及进行无功补偿等措施，使电压偏差保持在允许值以内。

（3）电压波动与闪变　电压波动是指电压方均根值一系列的变动或连续的改变。它是由波动负荷（生产或运行过程中周期性或非周期性地从供电网中取用变动功率的负荷，如炼钢电弧炉、轧机、电弧焊机等）引起的电压快速变动。系统阻抗越大（或系统短路容量越小），其所导致的电压波动越大，这取决于供电系统的容量、供电电压、用户负荷位置和类型、大功率用电设备的起动频度等。

电压波动 $d(\%)$ 是指电压方均根值曲线上相邻两个极值电压（最大值 U_{max} 与最小值 U_{min}）之差，以系统标称电压（U_n）的百分数表示。电压波动的危害表现在照明灯光闪烁引起人的视觉不适和疲劳，影响工效；电视画面亮度变化，垂直和水平幅度振动；电动机转速不均匀，影响电机寿命和产品质量；影响对电压被动较敏感的工艺或试验结果。

电压闪变 P_{1t} 是指灯光照度不稳定造成的视感。闪变不仅与电压波动的大小有关，而且与波动频度、波形、照明灯具的形式（一般认为白炽灯对电压波动最灵敏）和参数（电压、功率）有关，此外还与人的视感灵敏度有关。电压波动的重复频率 5～12Hz 所引起的照明闪变尤为严重。公共供电点（电力系统中一个以上用户的连接处）电压波动和闪变的限值见表 22.3-2、表 22.3-3。

表 22.3-2　公共供电点电压波动限值

$r/(次/h)$	$d(\%)$	
	LV、MV	HV
$r \leqslant 1$	4	3
$1 < r \leqslant 10$	3 *	2.5 *
$10 < r \leqslant 100$	2	1.5
$100 < r \leqslant 1\ 000$	1.25	1

注：1. 很少的变动频度（每日少于 1 次），电压变动限值 d 还可以放宽，但不在标准中规定。

2. 对于随机性不规则的电压波动，如电弧炉负荷引起的电压波动，表中标有"＊"的值为其限值。

3. 参照 GB/T 156—2017《标准电压》，该标准中系统标称电压 U_N 等级按以下划分：

低压（LV）　$U_N \leqslant 1kV$

中压（MV）　$1kV < U_N \leqslant 35kV$

高压（HV）　$35kV < U_N \leqslant 220kV$

对于 220kV 以上超高压（EHV）系统的电压波动限值可参照高压（HV）系统执行。

表 22.3-3　公共供电点电压闪变限值

P_{1t}	
$\leqslant 110kV$	$> 110kV$
1	0.8

（4）电动机起动时的电压下降　电动机起动时，其端子电压应能保证被拖动机械所要求的起动转矩。配电母线上的电压应满足：频繁起动时一般不低于系统标称电压的 90%；不频繁起动时不宜低于 85%（配电母线上未接照明或其他对电压下降较敏感的用电设备时不应低于 80%）；配电母线上未接其他用电设备时，按保证电动机起动转矩确定，应保证交流接触器线圈的工作电压不低于其释放电压。当电动机全压起动而母线电压不满足要求时，可采用减压起动方式（变压器-电动机组、电抗器、自耦变压器、Ｙ-△、软启动器、变频器等）。

（5）电压降　引起电压偏差、波动、闪变及下降的根本原因是系统中阻抗元件（主要是线路和变压器）上流过相应电流时所产生的电压降。

1）三相平衡负荷线路的线路电压损失按下式计算，即

$$\Delta u_1 = \frac{Pl}{10U_n^2}(R + X\tan\varphi) = Pl\Delta u_a$$

式中　Δu_1——线路电压降（%）；

U_n——系统标称电压（kV）；

P——计算负荷（kW）；

$\tan\varphi$——负荷功率因数正切值；

l——线路长度（km）；

R、X——三相线路单位长度的电阻和电抗（Ω/km）；

Δu_a——三相线路单位功率长度（$kW \cdot km$）的电压损失（%）。

在进行线电压及相电压单相负荷线路的电压降计算时，可将单相负荷换算成三相平衡负荷再进行计算，其结果分别约为利用 Δu_a 按上式计算所得结果的 2 倍与 6 倍。

2）变压器电压降按下式计算，即

$$\Delta u_T = \frac{Pu_a + Qu_r}{S_{rT}} \times 100\%$$

式中　Δu_T——变压器电压降（%）；

P、Q——计算负荷（kW、$kvar$）；

S_{rT}——变压器额定容量（kVA）；

u_a——变压器阻抗电压的有功分量（%），$u_a = 100\Delta P_T / S_{rT}$；

u_r——变压器阻抗电压的无功分量（%），$u_r = (u_T^2 - u_a^2)^{1/2}$；

u_T——变压器的阻抗电压（%）；

ΔP_T——变压器的短路损耗（kW）。

（6）谐波　非线性负荷所产生的高次谐波将引起电压波形的畸变，从而给电气设备带来严重危害并加大电能损耗。当公用电网谐波电压或注入公共连接点的用户谐波电流超过允许值时，应采取相应的限制或隔离措施。对于谐波电流较大的非线性负荷，宜采用有源滤波器进行谐波治理。容量较大、较稳定运行的非线性用电设备、频谱特征较为单一时，宜采用并联无源滤波器，并宜在谐波源处就地装设。容量较大、频谱特征复杂的谐波源，宜采用无源滤波器与有源滤波器混合装设的方式。谐波含量较高且容量较大的低压用电设备，宜采用单独的配电回路供电。

3.2　电气系统接线

19　高（中）压系统接线　10（20）kV 城乡配电网目前多为干线式，城市新建配电网多采用双电源开环运行的环网接线。一般小型企业多由配电干线 T 联结或由专线供电，电源的选取和配置以及系统接线方式应能满足各级负荷对供电的不同要求。10（20）kV 及以下变配电所的电气主接线应根据用电容量、负荷等级和回路数确定，通常有单母线及单母线分段几种型式，对于个别大型企业或对可靠性有特殊要求的企业，可采用双母线或单母线带旁路的型式。大型企业内部配电网大都采用放射式，重要负荷采用环网接线可提高供电的可靠

性。20kV 及以下系统一般为中性点非有效接地系统中的不接地或通过消弧线圈接地的方式。

20　低压配电网及系统型式
（1）配电网型式　在正常环境的车间及建筑物内，当大部分用电设备为中小容量且无特殊要求时，一般采用树干式配电。容量较大的集中负荷、重要负荷及有特殊要求的负荷，应采用放射式供电。容量很小的几台次要负荷，当采用链式供电较为方便时，可采用链式供电。在高层建筑内，当向楼层各配电点供电时，宜采用分区树干式配电。城乡小负荷一般由配电网低压干线直接供电。

（2）带电导体的系统型式　主要有单相两线制、两相三线制、三相三线制及三相四线制。单相负荷的分配应尽量做到三相平衡。

（3）系统接地型式　低压配电系统接地型式，可采用 TN 系统、TT 系统、IT 系统。TN 系统按 N 线和 PE 导体的组合情况又分为三种型式，即 TN-S 系统、TN-C 系统、TN-C-S 系统。各种系统的特点如下：

TN 系统中有一点直接接地，负荷侧电气装置的外露可导电部分用保护线与该点连接，连接型式分为

1）TN-S：在整个系统中，中性线（N）与保护线（PE）分开。

2）TN-C：在整个系统中，中性线与保护线始终合一（PEN），称之为保护接地中性导体。

3）TN-C-S：系统中的一部分中性线与保护线合一；一部分中性线与保护线严格分开。

TT 系统中有一点直接接地，负荷侧电气装置的外露可导电部分接至与系统接地点在电气上无关的接地极。

IT 系统中的带电部分与大地间不直接连接（对地绝缘或一点通过高阻抗接地），而电气装置的外露可导电部分则单独接地。

3.3　变配电所的分类及型式

21　35～10（6）kV 变配电所分类及型式　变配电所即变电所与配电所，主要有 35/10（6）kV 变电所、35/0.38kV 变电所、20kV 配电所、20/0.38kV 变电所、10（6）kV 配电所以及 10（6）/0.38kV 变电所。

变电所可根据实际情况采用独立式、附设式、户内式、半露天式、杆上式及高台式等。对于负荷中心处于车间中部的较大型厂房，或有多个负荷中心的大型厂房，以及高层或大型民用建筑，宜采用组合式变电站。对于负荷小而分散的企业或居民小区，宜设独立变电所，也可采用附设式或户外箱式变电站。中小

城镇居民区或生活小区的变压器容量在 315kVA 及以下时，如环境允许，宜采用杆上式或高台式。

20kV 及以下变电所的布置要求、电气安全净距以及对土建等相关专业的要求见国家标准 GB 50053《20kV 及以下变电所设计规范》。

22　35~110kV 变电所所址选择及布置　35~110kV 变电所的设计根据 5~10 年发展规划进行，做到远、近结合，以近期为主，适当考虑扩建的可能。变电所所址的选择应考虑靠近负荷中心，节约用地，便于进出线，交通运输方便，污染小，地质、地形、地貌条件符合要求，与城乡或企业规划相协调等因素。变电所的布置应紧凑合理。110kV、66kV 变电所配电装置多采用户外布置，通过技术经济比较优先选用占地少的配电装置型式。在市区及污秽地区则宜采用户内布置。在大城市中心地区及其他环境特别恶劣的地区，可采用 SF_6 全封闭组合电器（GIS），GIS 宜采用屋内布置。35kV 变电所宜采用屋内式。屋内、外配电装置的布置应满足电气安全净距的要求。安全净距要求见国家标准 GB 50060《3~110kV 高压配电装置设计规范》。

35~110kV 变电所设计的有关要求见国家标准 GB 50059《35kV~110kV 变电站设计规范》，并参见第 20 篇第 6 章。

3.4　短路电流计算

23　高（中）压系统短路电流计算　电力系统短路电流计算是电力系统分析、确定系统接线、选择电气设备、决定继保方案、整定继保装置以及校验电机起动等工作的基础。从短路类型分，主要有三相短路、两相短路、两相接地、单相接地等。从实际需要看，主要需计算短路冲击电流、短路全电流最大有效值、超瞬变短路电流有效值、0.2s 时的短路电流周期分量有效值、稳态短路电流有效值、超瞬变短路容量、稳态短路容量及其他根据需要所应计算的短路电流。

短路电流的计算可采用标幺制或有名单位制。对于包含有多个电压等级的高（中）压系统，一般采用标幺制。对于 1 000V 以下的低压系统，一般采用有名单位制。

高（中）压，系统短路电流的计算参见本手册第 20 篇第 2 章。

24　低压系统短路电流计算

（1）三相短路电流计算　起始短路电流周期分量有效值（kA）为

$$I'' = \frac{1.05 U_n / \sqrt{3}}{Z_\Sigma} = \frac{1.05 U_\varphi}{\sqrt{R_\Sigma^2 + X_\Sigma^2}}$$

式中　U_n、U_φ——网络标称电压（线电压、相电压）（V）；

Z_Σ、R_Σ、X_Σ——计算电路总阻抗、总电阻、总电抗，主要为系统、变压器、母线及线路阻抗（mΩ）。

（2）单相接地故障电流及单相短路电流计算　由序网分析可知，单相接地故障电流及单相短路电流（kA）可由下式求得，即

$$I'' = \frac{3 U_\varphi}{|\dot{Z}_{1\Sigma} + \dot{Z}_{2\Sigma} + \dot{Z}_{0\Sigma}|}$$

$$= \frac{\sqrt{3} U_n}{\sqrt{(R_{1\Sigma} + R_{2\Sigma} + R_{0\Sigma})^2 + (X_{1\Sigma} + X_{2\Sigma} + X_{0\Sigma})^2}}$$

式中　U_n、U_φ——网络标称电压（线电压、相电压）（V）；

$Z_{1\Sigma}$、$Z_{2\Sigma}$、$Z_{0\Sigma}$——计算电路正序、负序及零序总阻抗（mΩ）；

$R_{1\Sigma}$、$R_{2\Sigma}$、$R_{0\Sigma}$——计算电路正序、负序及零序总电阻（mΩ）；

$X_{1\Sigma}$、$X_{2\Sigma}$、$X_{0\Sigma}$——计算电路正序、负序及零序总电抗（mΩ）。

负序阻抗与正序阻抗相等。零序阻抗为相线零序阻抗与 3 倍保护线/中性线的零序阻抗之和。由于配电变压器一般均采用 Dyn 或 Yyn 联结，故在计算时无需考虑变压器及其高压侧的零序阻抗。对于通过阻抗接地的 IT 系统，该阻抗应按 3 倍计入计算电路的零序阻抗。

可通过计算出相"保"（相线与保护线 PE、保护接地中性线 PEN）/相"N"（相线与中性线 N）回路阻抗的方法直接求取单相接地故障电流及单相短路电流（kA），此时

$$I'' = \frac{U_n / \sqrt{3}}{Z} = \frac{U_\varphi}{\sqrt{R^2 + X^2}}$$

式中　U_n、U_φ——网络标称电压（线电压、相电压）（V）；

Z、R、X——相"保"/相"N"回路阻抗、电阻、电抗（mΩ）。

3.5　电气设备选择和继电保护与自动装置配置

25　高（中）、低压电气设备选择

（1）高（中）压电气设备选择　参见本手册第 20 篇第 6、7 章，主要条件有：

1）按正常工作条件选择，包括频率、电压、电流、开断电流、机械荷载等。

2）按环境条件选择，如温度、湿度、海拔、风速、冰雪、污秽、地震强烈程度等。

3）短路电流动、热稳定校验。

（2）低压电气设备选择

1）按正常工作条件选择，包括频率、电压、电流、开断电流、工作制、保护特性等。电气设备的额定电压与额定频率应符合所在回路的系统标称电压与额定频率，额定电流不应小于该回路负荷计算电流。切断负荷的开关电器应校验其开断电流。

2）按使用环境选择，包括粉尘、腐蚀、爆炸与火灾危险、温度与湿度、海拔、盐雾等环境、场所。对于不同的使用环境，必须选择与之相适应的电气设备，如防尘型、尘密型、防腐型、正压型、隔爆型、防爆型、增安型、无火花型、充油型、充砂型、本质安全型、高原型、湿热带型等。

3）低压断路器的选择，主要应考虑其保护特性。对于一般的配电回路，应选用配电型，对于电动机回路，应选用电动机保护型。对于断路器的开断能力，在开断时间小于 0.02s 时，其峰值开断电流不应小于短路开始第一周期内的全电流有效值；在开断时间超过 0.02s 时，其极限开断电流（周期

分量有效值）不得小于三相短路电流周期分量有效值。瞬时过电流脱扣器的整定值，应躲过被保护回路可能的最大尖峰电流。短延时过电流脱扣器的整定值，应躲过被保护回路的短时负荷尖峰电流。长延时过电流脱扣器的整定值，一般取负荷计算电流的 1.0～1.1 倍，且不应大于被保护回路导体的允许持续载流量。任何情况下的正常负荷电流或起动电流的二次方对时间的积分，不应超过断路器的反时限特性曲线。应使各级线路的低压断路器满足保护的选择性。应使保护具有足够的灵敏性。

4）熔断器的熔体额定电流，应大于被保护回路的正常工作电流，并保证在出现正常尖峰电流时不熔断，被保护回路尖峰电流的二次方对时间的积分，不应超过熔断器的保护特性曲线，并应考虑尖峰电流出现的频繁程度。熔断器的最大开断电流/极限开断电流周期分量有效值，不得小于被保护回路最大三相短路冲击电流有效值/周期分量有效值。

26　继电保护与自动装置配置

（1）工业与民用建筑常用电气设备的继电保护配置　具体情况见表 22.3-4～表 22.3-7。

表 22.3-4　电力变压器的继电保护配置

变压器容量/kVA	保护装置①							备注
	过电流	速断	纵差	接地	过载	瓦斯	温度②	
<400	—					≥315kVA 车间内油浸变压器	—	一般用高压熔断器
400～630	高压侧为断路器时		—			车间内油浸变压器	—	—
800		过电流时限大于一级时	—	装设	并列运行变压器，作为其他备用电源的变压器有过负荷的可能性时		—	—
1 000～1 600			—			油浸变压器装设		—
2 000～5 000			速断灵敏性不满足要求时				装设	≥8 000kVA 的变压器及 ≥5 000kVA 的单相变压器，宜装设远距离测温装置
6 300～8 000	装设	单独运行或负荷不太重要的变压器	并列运行变压器或重要变压器或速断灵敏性不满足要求时					
≥10 000		—	装设	—				

① 密闭油浸变压器和 ≥2 000kVA 的油浸变压器装设压力保护。

② 干式变压器均应装设温度保护。

表 22.3-5 6~10kV 线路及母线开断断路器的继电保护配置

被保护线路/母线	保护装置名称			备注
	速断	过电流	接地	
单侧电源放射式单回线路	自配电所引出的重要线路①	装设	根据需要	当过电流时限不大于一级且无保护配合要求时不装设速断
不并列运行的分段母线	仅在分段断路器自动合闸瞬间投入，合闸后自动解除	装设	—	向Ⅱ、Ⅲ级负荷供电且出线不多的母线，开断断路器可不装设保护

① 当速断不满足选择性要求时，可装设延时速断。

表 22.3-6 3~10kV 电动机的继电保护配置

容量保护装置		速断	纵差	过负荷	单相接地	低电压	失步保护①	防止非同步冲击的断电失步保护②
异步电动机	<2 000kW	装设	速断灵敏性不满足要求时装设	易发生过负荷或起动/自起动条件严重时应装设	接地电流<5A 时装设，≥10A 时一般动作于跳闸，5~10A 时可动作于跳闸或信号	根据需要装设	—	—
	≥2 000kW	—	装设				—	—
同步电动机	<2 000kW	装设	速断灵敏性不满足要求时装设			—	装设	根据需要装设
	≥2 000kW	—	装设					

① 下列电动机可以利用反应定子回路的过负荷保护兼作失步保护：短路比在 0.8 及以上且负荷平稳的同步电动机，但此时应增设失磁保护。

② 大容量同步电动机当不允许非同步冲击时，宜装设防止电源短时中断再恢复而造成的非同步冲击的保护。

表 22.3-7 6~10kV 电弧炉变压器的继电保护配置

保护动作的断路器	保护装置名称						备注
	速断	过电流	过负荷	线路单相接地	瓦斯	温度	
线路断路器	装设	装设	—	有条件时装设			—
操作断路器	装设	—	一般装设三相三继电器	—	装设	装设	当变压器容量小于 400kVA 时允许不装设瓦斯保护

（2）自动重合闸装置及备用电源自动投入装置 裸导体架空线路的许多故障都是瞬时的，永久性故障一般不到 10%。因此，对于裸导体架空线路及与电缆、裸导体架空线组成的混合线路装设自动重合闸装置可以起到自动恢复系统的正常运行、迅速恢复供电、提高供电的安全性与可靠性的作用，若故障发生在电缆线路上时采用自动重合闸有可能造成相应经济损失。有双电源供电的变配电所中，装设备用电源自动投入装置可以缩短备用电源的切换时间，保持供电的连续性。

（3）继电保护装置整定计算 继电保护装置的整定计算与其选型有很大的关系，在确定保护装置和进行整定计算时，应考虑到保护装置的特点，不能一概而论。继电保护与自动装置的选型及整定计算参见本手册第 20 篇第 8 章。

第4章 建筑电气导体选择和线路敷设

4.1 导体的选择

27 导体选择的主要原则 导体的类型应按敷设方式及环境条件选择,绝缘导体除满足上述条件外,还应符合工作电压的要求;按敷设方式及环境条件确定的导体载流量不应小于计算电流;导体应满足线路保护的要求;导体应满足动稳定与热稳定的要求;线路电压损失应满足用电设备正常工作及起动时端电压的要求;导体最小截面积应满足机械强度的要求。固定敷设的导体最小截面积,应符合表 22.4-1 的规定。

表 22.4-1 绝缘导线线芯的最小截面积

敷设方式	绝缘子支持点间距/m	导体最小截面积/mm²	
		铜导体	铝导体
裸导体敷设在绝缘子上	—	10	16
绝缘导体敷设在绝缘子上	≤2	1.5	10
	>2,且≤6	2.5	10
	>6,且≤16	4	10
	>16,且≤25	6	10
绝缘导体穿导管敷设或在槽盒中敷设	—	1.5	10

用于负荷长期稳定的电缆,经技术经济比较确认合理时,可按经济电流密度选择导体截面积,且应符合现行国家标准 GB 50217《电力工程电缆设计标准》的有关规定。

28 火灾报警系统导体选择 火灾自动报警系统的传输线路和 50V 以下供电的控制线路,应采用电压等级不低于交流 300V/500V 的铜芯绝缘导线或铜芯电缆。采用交流 220V/380V 的供电和控制线路,应采用电压等级不低于交流 450V/750V 的铜芯绝缘导线或铜芯电缆。线芯最小截面积应符合表 22.4-2 的规定。

表 22.4-2 火灾报警系统用导线线芯的最小截面积

序号	类别	线芯的最小截面积/mm²
1	穿管敷设的绝缘导线	1.00
2	线槽内敷设的绝缘导线	0.75
3	多芯电缆	0.50

29 导体与保护设备的配合 为了在线路短路时,保护设备能对导线和电缆起保护作用,两者之间要有适当的配合,一般规定如下:

绝缘导体选择应满足热稳定要求,当保护电器为低压断路器时,其短路电流不应小于其瞬时或短延时过电流脱扣器整定电流的 1.3 倍。

装有过负荷保护的配电线路,对于低压断路器,其长延时过电流脱扣器的整定电流应不大于导体的允许载流量;对于熔断器,当熔体额定电流不大于 25A 时,熔体额定电流不应大于导体允许载流量的 0.85 倍;当熔体额定电流大于 25A 时,熔体额定电流不应大于导体的允许载流量。

熔断器的熔体电流或低压断路器过电流脱扣器整定电流,不应小于被保护线路的负荷计算电流,同时应保证在出现正常的短时过负荷时(如线路中电动机的起动或自起动等),保护装置不致断开被保护线路。

4.2 线路敷设

30 一般场所布线

(1)绝缘导线布线

1)直敷布线:导线在屋内水平敷设时,离地距离不小于 2.5m,垂直敷设时不小于 1.8m,在屋外水平及垂直敷设时均不小于 2.7m。绝缘导线之间的最小间距见表 22.4-3。绝缘导线至建筑物的最小间距见表 22.4-4。

表 22.4-3　屋内、外布线的绝缘导线最小间距

支持点间距 L/m	室内布线/mm	室外布线/mm
$L \leq 1.5$	50	100
$1.5 < L \leq 3$	75	100
$3 < L \leq 6$	100	150
$6 < L \leq 10$	150	200

表 22.4-4　绝缘导线至建筑物的最小间距

（单位：mm）

布线方式			
	水平敷设时的垂直间距	在阳台、平台上和跨越建筑物顶	2 500
		在窗户上	200
		在窗户下	800
	垂直敷设时至阳台、窗户的水平间距		600
	导线至墙壁及构架的间距（挑檐下除外）		35

2）导线穿管或沿线槽布线：穿管明敷线路可采用水煤气钢管、电线钢管或塑料管（硬塑料管、半硬塑料管、可挠管），布线用塑料管（硬塑料管、半硬塑料管、可挠管）、塑料线槽均应采用非火焰蔓延性产品。

当管路较长或转弯较多时，宜适当加装接线盒或加大管径。对无弯管路，管路超过 30m 时应加装一个接线盒；当两个接线盒之间有一个弯时，20m 内装一个接线盒；有两个弯时，15m 内装一个接线盒；有三个弯时，8m 内装一个接线盒。

不同回路的供电线路不应穿于同一根管路内。但下列回路的线路可穿在同一根导管内：同一设备或同一流水作业线设备的电力回路和无防干扰要求的控制回路；穿在同一管内绝缘导线总数不超过 8 根，且为同一照明灯具的几个回路或同类照明的几个回路。在同一槽盒里有几个回路时，其所有的绝缘导线都应采用与最高标称电压回路绝缘相同的绝缘等级。

同一路径无防干扰要求的线路，可敷设于同一金属导管或金属槽盒内。金属导管或金属槽盒内导线的总截面积不宜超过其截面积的 40%，且金属槽盒内载流导线不宜超过 30 根。控制、信号等非电力回路导线敷设于同一金属导管或金属槽盒内时，导线的总截面积不宜超过其截面积的 50%。

3）导线穿管暗敷：采用暗敷的方式，可以保持建筑内表面整齐美观，方便施工且节约线材。暗管线一般敷设在现浇的地坪、楼板、柱子、过梁等表层下或预制楼板板孔内以及板缝中和砖墙内，然后抹灰加粉刷层将其遮蔽，或外加装饰性的材料予以隐蔽。

导线进出建筑物、穿越建筑或设备的基础、进出地沟、穿越楼板时，必须通过预埋的钢管。导线敷设于吊顶或天棚内应穿阻燃管保护，防止导线绝缘遭受鼠害等破坏而引起火灾事故。

（2）封闭式母线布线　适用于要求灵活配电的干燥和无腐蚀气体的屋内场所，如在高层建筑电缆竖井中敷设以便于向各层用户供电。封闭式母线如水平敷设时，离地不宜低于 2.2m。母线终端无引出线和引入线时，端头应封闭。由制造厂成套供应标准段（长度一般为 3m），附各种弯头和连接件。用钢管作支柱，或用支架跨柱，钢索悬吊，通过封闭式母线所附断路器箱或熔断器箱分别向用电设备供电。

（3）电缆布线

1）电缆在室内敷设：无铠装电缆在屋内水平敷设时，离地距离不应小于 2.5m；垂直敷设时不应小于 1.8m；当不能满足上述要求时，应采取防止电缆机械损伤的措施。

相同电压的电缆并列明敷时，除敷设在托盘、梯架和槽盒内外，电缆之间的净距不应小于 35mm，且不应小于电缆外径。1kV 及以下电力电缆及控制电缆与 1kV 以上电力电缆并列明敷时，其净距不应小于 150mm。

在屋内架空明敷的电缆与热力管道的净距，平行时不应小于 1m，交叉时不应小于 0.5m；当净距不能满足要求时，应采取隔热措施。电缆与非热力管道的净距，不应小于 0.15m；当净距不能满足要求时，应在与管道接近的电缆段上，以及由该段两端向外延伸大于或等于 0.5m 以内的电缆段上，采取防止电缆受机械损伤的措施。在有腐蚀性介质的房屋内明敷的电缆，宜采用塑料护套电缆。

电缆在屋内埋地穿管敷设，或通过墙、楼板穿管时，其穿管的内径不应小于电缆外径的 1.5 倍。

当电缆或导线根数较多时，宜采用电缆桥架布线。电缆桥架距离地面的高度不宜低于 2.5m，架设在技术夹层内时可不受此限制。在电缆桥架内可无间距敷设电缆，电缆在桥架内横断面的填充率，电力电缆不应大于 40%，控制电缆不应大于 50%。电缆桥架包括梯架、托架、吊架、导管、防尘盖板等，具有整齐美观、结构轻巧、配置灵活、安全可靠、施工方便等优点。

2) 电缆在电缆沟或隧道内敷设：电缆沟和电缆隧道应采取防水措施，其底部应设坡度不小于 0.5% 的排水沟。电缆沟盖板宜采用钢筋混凝土盖板或钢盖板。钢筋混凝土盖板的重量不宜超过 50kg，钢盖板的重量不宜超过 30kg。

（4）安全滑触线敷设　工业厂房内常用的各类起重运输设备如电动葫芦、梁式或桥式起重机等，一般均采用安全滑触线供电。安全滑触线导体的截面积，应保证从低压母线至起重机电动机端子电压降在尖峰电流时，不超过额定电压的 15%，其中滑触线部分的电压降应不大于 8%~10%。为减少电压降，可将供电点尽量靠近滑触线中心或增加供电点实行分段供电。

（5）竖井配线　在多层和高层建筑中，公用系统必须满足建筑内各层的需要，往往设有竖井以便各种管线由底层敷设至各层。电缆或封闭式母线应有专用的竖井。在每层均应留有适当面积（2~3m²）的配电间以安装配电箱和敷设线路，并留出工作人员检修维护的空间，无法避免与其他管道合用时，应保持规定的距离。重要的建筑物电气竖井内为便于及时发现火灾等意外事故，还应考虑安装火灾报警设施。

竖井内的同一配电干线，宜采用等截面导体，如必须变截面时不宜超过二级，并能满足保护要求。竖井内的高压、低压和应急电源的电气线路，其相互之间的距离应在 300mm 以上，或采取隔离措施。电气竖井内不应设有与其无关的管道。

31　特殊场所布线

（1）爆炸危险环境布线　在爆炸性环境内，低压电力、照明线路采用的绝缘导线和电缆的额定电压应高于或等于工作电压，且 U_0/U 不应低于工作电压。中性线的额定电压应与相线电压相等，并应在同一护套或保护管内敷设。在爆炸危险区内，除在配电盘、接线箱或采用金属导管配线系统内，无护套的电线不应作为供配电线路。在 1 区内应采用铜芯电缆；除本质安全电路外，在 2 区内宜采用铜芯电缆，当采用铝芯电缆时，其截面积不得小于 16mm²，且与电气设备的连接应采用铜-铝过渡接头。敷设在爆炸性粉尘环境 20 区、21 区以及在 22 区内有剧烈振动区域的回路，均应采用铜芯绝缘导线或电缆。除本质安全系统的电路外，常用镀锌钢管布线，螺纹连接，钢管螺纹旋合不应少于 5 扣。在架空、桥架敷设时电缆宜采用阻燃电缆。当敷设方式采用能防止机械损伤的桥架方式时，塑料护套电缆可采用非铠装电缆。当不存在会受鼠、虫等损害情形时，在 2 区、22 区电缆沟内敷设的电缆可采用非铠装电缆。在爆炸性气体环境内钢管配线的电气线路应做好隔离密封。在 1 区内电缆线路严禁有中间接头，在 2 区、20 区、21 区内不应有中间接头。

（2）火灾危险场所布线　火灾危险场所内，配电线路采用的绝缘导线和电缆的额定电压不应低于工作电压，220/380V 系统的 U_0/U 不应低于 450/750V。配电、照明的终端回路、插座回路、有剧烈振动环境的线路，应采用铜芯，其他回路宜采用铜芯。绝缘电线、电缆的截面积：铜芯不应小于 1.5mm²，铝芯不应小于 10mm²。火灾危险环境的线路不得采用裸导体，起重机不应采用裸滑触线供电。火灾危险环境应选用低烟无卤阻燃型电线、电缆。绝缘电线应敷设在不燃材料制作的导管或槽盒内；在有可燃物的闷顶、吊顶内，应穿金属管或在封闭式金属槽盒内敷设。配电系统宜按防火分区划分，终端回路不宜跨越防火分区。配电线路不应有中间接头。穿过建（筑）构件的洞孔，应采用非燃烧材料严密封堵。

（3）易遭腐蚀场所布线　推荐采用穿硬（半硬）塑料管布线。如采用绝缘导线明敷，导线间及导线至建筑物表面的最小间距按裸导线考虑。如采用电缆布线，推荐采用塑料护套电缆，否则在电缆外层涂以防腐剂。明敷的铜排、接线盒及绝缘线的支架，都应涂防腐剂。

（4）洁净场所布线　洁净室内的电气管线宜暗敷，穿线导管应采用不燃材料。洁净区的电气管线管口及安装于墙上的各种电器设备与墙体接缝处应有可靠的密封措施。

（5）医疗场所布线　在医疗单位的手术间等要求高度洁净的地方，也按上述洁净场所布线要求进行布线，同时还要考虑防静电措施，对于一些对电击有敏感的病区，为了使泄漏电流最小，采用高绝缘电阻导线穿不延燃的非金属管以最短距离布线，还应设置泄漏电流报警装置，能在泄漏电流超过 2mA 时发出报警，以便及时处理。

（6）电磁屏蔽场所及真空室布线　一般采用水煤气钢管配线或用金属屏蔽层的电缆暗敷。建筑物内的馈电线及控制线尽可能埋地敷设，并采用辅助等电位联结措施，对于要求电磁屏蔽的场所，电源线必须用埋地不少于 10m 的电缆引入室内。建筑物四周用环形接地或利用基础钢筋连接起来作为接地网。电缆的金属屏蔽层及金属门、窗均应以最短距离与接地网相连。室外线路杆塔的金属部件应接地。真空室的电源线及外部送来的控制线都必须经过气密性插座送入真空室内，以免破坏真空，真空室内照明的电压不应超过 36V，否则将影响灯泡寿命。

（7）电子计算机及其他数据处理设备房间布线　电子计算机及数据处理设备内大多以装设集成电路块的金属底板作为逻辑地，该逻辑地用金属编织带与设备外壳相连，通过外壳上的保护接地线连到配电柜的接地母排上。数据线采用金属屏蔽层的信号电缆时，最好远离电力线路或与电力线路交叉敷设。如电力线路采用钢管配线或用金属屏蔽层电缆布线，两者也可平行敷设。为了人身安全和防止聚集静电，主机室地板的表面电阻要在 $10^5 \sim 10^9 \Omega$ 之间。如采用活动地板，其支架必须接地。

（8）消防控制室内导线敷设要求　见国家标准 GB 50116《火灾自动报警系统设计规范》。

第5章 电气安全

5.1 系统及设备接地

32 接地系统及接地种类 接地系统型式参见本篇第3章及本手册第7篇第3章。接地种类按作用有如下分类：

（1）功能性接地 出于电气安全之外的目的，将系统、装置或设备的一点或多点接地。

（电力）系统接地：根据系统运行的需要进行的接地，如交流电力系统的中性点接地、直流系统中的电源正极或中点接地等。

信号电路接地：为保证信号具有稳定的基准电位而设置的接地。

（2）保护性接地 为了电气安全，将系统、装置或设备的一点或多点接地。

电气装置保护接地：电气装置的外露可导电部分、配电装置的金属架构和线路杆塔等，由于绝缘损坏或爬电有可能带电，为防止其危及人身和设备的安全而设置的接地。

作业接地：将已停电的带电部分接地，以便在无电击危险的情况下进行作业。

雷电防护接地：为雷电防护装置（接闪杆、接闪线和过电压保护器等）向大地泄放雷电流而设的接地，用以消除或减轻雷电危及人身和损坏设备。

防静电接地：将静电荷导入大地的接地。如对易燃易爆管道、贮罐以及电子器件、设备为防止静电的危害而设的接地。

阴极保护接地：使被保护金属表面成为电化学原电池的阴极，以防止该表面被腐蚀的接地。

（3）功能和保护兼有的接地 电磁兼容性是指为装置设备或系统在其工作的电磁环境中能不降低性能地正常工作，且对该环境中的其他事物（包括有生命体和无生命体）不构成电磁危害或骚扰的能力。以此目的所做的接地称为电磁兼容性接地。电磁兼容性接地，既有功能接地（抗干扰）、又有保护接地（抗损害）的含义。屏蔽是电磁兼容性要求的基本保护措施之一。为防止寄生电容回授或形成

噪声电压需将屏蔽体接地，以便电磁屏蔽体泄放感应电荷或形成足够的反向电流以抵消干扰影响。

建筑物内通常有多种接地，如电力系统接地、电气装置保护接地、电子信息设备信号电路接地、防雷接地等。如果用于不同目的的多个接地系统分开独立接地，不但受场地的限制难以实施，而且不同的地电位会带来安全隐患，不同系统接地导体间的耦合，也会引起相互干扰。因此，接地导体少、系统简单经济、便于维护、可靠性高且低阻抗的共用接地系统应运而生。

33 接地装置

（1）接地装置的种类 利用建筑物内自然导体接地：交流电气装置的接地宜利用直接埋入地中或水中的自然接地体，如建（构）筑物的钢筋混凝土基础（外部包有塑料或橡胶类防水层的除外）中的钢筋、金属管道（可燃液体、气体管道除外）、电缆金属外皮、深井金属管壁等。当自然接地极不满足接地电阻要求时，应补设人工接地极。对变电站的接地装置除利用自然接地体外，还应敷设人工接地极。但对于3~20kV变配电站，当采用建筑物基础作接地体且接地电阻又满足规定值时，可不另设人工接地极。自然接地体应满足热稳定的要求。当利用自然接地体和外引接地极时，应采用不少于两根导体在不同地点与接地网相连接。

人工接地：接地装置的人工接地极包括水平敷设的接地极和垂直敷设的接地极，水平接地极可采用圆钢、扁钢；垂直接地极可采用角钢、圆钢或钢管；也可采用金属板状接地极。一般优先采用水平敷设的接地极。接地极埋入地下深度一般不小于0.7m。腐蚀较重的地区，人工接地极应采用铜或铜覆钢材料。

（2）接地装置导体的选择 接地装置接地体的材料和尺寸的选择，应使其既耐腐蚀又具有适当的机械强度，其配置见表22.5-1。

接地装置的接地导体的最小截面积不应小于$6mm^2$（铜）或$50mm^2$（钢）。铝导体不应用作接地导体。接地导体与接地极的连接应采用热熔焊、压

力连接器、夹板或其他的适合的机械连接器。若采用夹板，则不得损伤接地极或接地导体。仅靠锡焊连接的连接件或固定件因不能提供可靠的机械强度，不应独立地使用。

表 22.5-1　埋入土壤中的接地连接导体（线）的最小截面积

防腐蚀保护	有机械损伤防护	无机械损伤防护
有	铜：2.5mm²	铜：16mm²
	钢：10mm²	钢：16mm²
无	铜：25mm²，钢：50mm²	

（3）高土壤电阻率地区的接地　为了降低接地电阻，可在接地周围置换电阻率较低的土壤，如黏土、黑土等。也可将这部分土壤进行人工处理，例如添加物理或化学降阻剂等。当附近或地下深处有电阻率较低的土壤时，敷设外引式或深埋式接地体。当附近有水源时，设置水下接地网。

34　建筑物内的等电位联结措施　为了防止外露可导电部分出现危险电位，危及人身安全，或引起危险的电火花，可采取等电位措施，使可导电部分构成等电位。等电位措施分为总等电位联结、辅助等电位联结。总等电位联结即将建筑物内的主保护干线、主水管、主煤气管和集中采暖及空气调节系统的主要管道相互连接，包括高层建筑中竖井内的管道。总等电位联结线的截面积不小于最大保护干线的一半，且铜导体不小于 6mm²，铝导体不小于 16mm²，钢导体不小于 50mm²。为了电气安全，

每个建筑物都应敷设总等电位联结线，这个联结线应使建筑物的金属构件及其他金属管道相互连接。辅助等电位联结可进一步减小电位差，它可以包括整套装置、装置的一部分、一台设备或一个场所，即在所包括的范围内将设备所有能同时触及外露可导电部分和装置外可导电部分与保护线相连。联结线的截面积不小于相应保护线截面积的一半。当需在某一局部场所范围内作多个辅助等电位联结时，可将它们互相连通，在该范围内实现安全措施。

为了保证发生故障时保护接地导体（PE）的电位尽可能接近地电位，应尽量利用自然接地体设置重复接地，并在保护线进入车间或建筑物时重复接地。

当地下金属构件与管线稀少，不能满足等电位要求时，可敷设等电位接地网，其作用是使接地网范围内电位尽量相近，在故障时同时触及两点也不致造成电击。

5.2　人身安全及防电击措施

35　电流对人体的效应和接触电压限值

（注：本词条的详细内容可参考 GB/T 13870.1—2008[8] 的相关部分）

（1）电流对人体的效应　电击有可能导致心室纤颤造成死亡。流过人体的电流很小时，没有什么感觉，随着电流和电击时间的增加，对人身的危害就越严重。电流从左手到双脚流过人体的 15～100Hz 交流电流幅值与作用时间的关系如图 22.5-1 所示[8]，其说明见表 22.5-2。

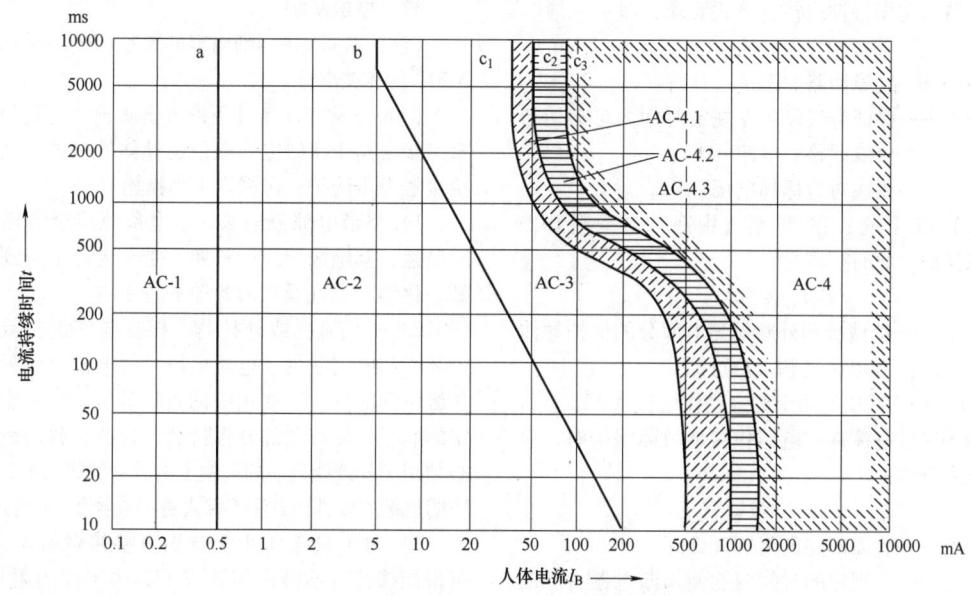

图 22.5-1　电流路径为左手到双脚的交流电流（15～100Hz）对人体效应的约定的时间/电流区域

表 22.5-2　图 22.5-1 中时间/电流区域的说明

区域	范围	生理效应
AC-1	0.5mA 的曲线 a 的左侧	有感知的可能性，但通常没有被"吓一跳"的反应
AC-2	曲线 a 至曲线 b	可能有感知和不自主的肌肉收缩，但通常没有有害的电生理学效应
AC-3	曲线 b 至曲线 c	可能有强烈的不自主的肌肉收缩，呼吸困难，可逆性的心脏功能障碍，活动抑制可能出现，随着电流幅度而加剧的效应，通常没有预期的器官破坏
AC-4[①]	曲线 c1 以上	可能发生病理-生理学效应，如心脏停搏、呼吸停止以及烧伤或其他细胞的破坏。心室纤维性颤动的概率随着电流的幅度和时间增加
	c1-c2	AC-4.1 心室纤维性颤动的概率增到大约 5%
	c2-c3	AC-4.2 心室纤维性颤动的概率增到大约 50%
	曲线 c3 的右侧	AC-4.3 心室纤维性颤动的概率超过 50% 以上

① 电流的持续时间在 200ms 以下，如果相关的阈被超过，心室纤维性颤动只有在易损期内才能被激发。关于心室纤维性颤动，本图与在从左手到双脚的路径中流通的电流效应相关。对其他电流路径，应考虑心脏电流系数。

（2）接触电压限值　实际上，用人体的接触电压较之于用通过人体的电流来检验人身是否安全更为实用。人体阻抗随着环境、接触面以及接触电压等因素的不同而异，人体阻抗随着接触电压的升高而下降。根据国际电工委员会所做的分析，在正常环境及潮湿环境下，人体接触电压的安全最低电压限值分别为 50V 和 25V。

36　低压系统接地故障的保护

（注：本词条的详细内容可参考 GB/T 16895.21—2020[9] 的相关部分）

（1）TN 系统　当低压系统发生接地故障时，保护电器的动作特性应符合下式要求，即

$$Z_s I_a \leqslant U_o$$

式中　Z_s——故障回路的阻抗（Ω）；

I_a——保证电气设备在规定时间内自动切断故障回路的电流（A）；

U_o——相线对地标称电压（V）。

（2）TT 系统　在 TT 系统中通常应采用 RCD 作故障保护，此时应满足：

$$R_A I_{\Delta n} \leqslant 50V$$

式中　R_A——接地极和外露可导电部分的保护导体的电阻之和（Ω）；

$I_{\Delta n}$——RCD 的额定剩余动作电流（A）。

当采用过电流保护器作接地故障保护时，应满足下列条件：

$$Z_s I_a \leqslant U_0$$

式中　Z_s——故障回路的阻抗（Ω）；

I_a——在规定的时间内能使切断器自动动作的电流（A）；

U_0——交流或直流线对地标称电压（V）。

（3）IT 系统　交流系统中，当发生第一次接地故障时，其接触电压的限制符合：

$$R_A I_d \leqslant 50V$$

式中　R_A——外露可导电部分的接地极和保护导体的电阻之和（Ω）；

I_d——在发生第一次接地故障时，在线导体和外露可导电部分之间的阻抗可忽略不计的情况下的故障电流（A），它考虑了泄漏电流和电气装置的总接地阻抗。

37　电击防护

（注：本词条的详细内容可参考 GB/T 16895.21—2020[9] 的相关部分）

（1）正常工作条件下的电击防护　这是为防止直接接触高于接触电压限值的导体的保护，又称直接接触电击防护，可采取下列措施之一：

1）将带电部分绝缘。带电部分应全部用绝缘层覆盖，其绝缘层应能长期承受在运行中遇到的机械、化学、电气及热的各种不利影响。

2）采用遮栏或外护物。根据电气设备或装置的环境和应用条件、电压区段、带电部分所处的操作区域和部位，选取相应的防护等级。设置牢固稳定的遮栏，与带电部分保持适当距离，移动遮栏时必须用工具或钥匙。如遮栏上有较大的维修孔，必须用明显标志或其他方法确保人身不致触及带电部分。

3）对于只需防止无意识直接接触带电部分，可采用移开时不需用钥匙或工具的牢固的阻挡物。无论遮栏或阻挡物，其防护等级均不低于 IP××B 或

IP2×级。

4）将带电部分置于伸臂范围之外，伸臂范围

如图 22.5-2 所示[9]。人能触及的不同电位的导体或可导电部分的距离也必须大于伸臂范围。

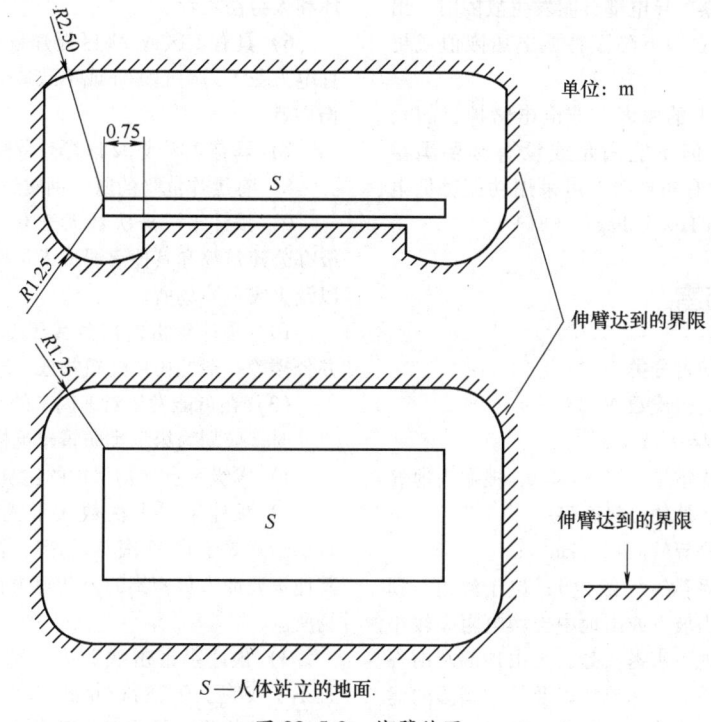

S—人体站立的地面.

图 22.5-2 伸臂范围

5）保持一定的安全距离。为防止在操作和维修中触及带电部分，保证操作维修人员动作的功效或舒适性，在电气设备和部件的安装和定位时，在带电部分与人或所在场所的墙壁之间，在开关、手柄等操动控制机构与墙壁之间，在相对安装的操动控制机构之间，都应留有符合安全要求的距离。

6）额定剩余动作电流不超过 30mA 的剩余电流动作保护器，可作为其他直接接触防护措施失效或使用者疏忽时的附加防护，但不能单独作为直接接触的防护措施。

（2）故障情况下的电击保护 这是为使人接触到平常虽不带电而在绝缘损坏时带电物体的保护。可采用下述方法之一：

1）在外露可导电部分出现危险电压时将电源自动切断。

2）采用双重绝缘或加强绝缘的电气设备（Ⅱ类设备）。

3）采取电气隔离措施。

4）采用特低电压供电。

5）将电气设备安装在非导电场所内。

6）采取不接地的等电位联结。

电击事故往往由间接接触所引起，在上述保护措施中，最广泛采用的方法是事故时切断电源。

（3）直接接触防护的措施和间接接触防护的措施，也可采用 SELV 系统和 PELV 系统作为防护措施。SELV（Safety Extra Low Voltage，安全特低电压），只作为不接地系统的安全特低电压。PELV（Protective Extra Low Voltage，保护特低电压），只作为保护接地系统的安全特低电压。下列电源可用于 SELV 和 PELV 系统：

1）符合 GB/T 19212.7—2012《电源电压为 1 100V 及以下的变压器、电抗器、电源装置和类似产品的安全 第 7 部分：安全隔离变压器和内装安全隔离变压器的电源装置的特殊要求和试验》要求的安全隔离变压器。

2）安全等级等同于符合 GB/T 19212.7—2012 要求的电动发电机组（例如，绕组具有等同隔离功能）。

3）电化学电源（例如，蓄电池）或其他独立于较高电压回路的电源（例如，内燃机发电机组）。

4）某些符合相应标准的电子器件采取了措施以确保即使其内部发生故障，其输出端子的电压不

可能超过特低电压限值。允许在这种器件的出线端子上出现较高电压，但需确保当人体触及带电部分或当带电部分与外露可导电部分间发生故障时，出线端子上的电压能立即下降至特低电压限值或更低值。

（4）由于功能上的原因（非电击防护目的），采用了特低电压，但不能满足或没有必要满足 SELV 和 PELV 的所有条件时，可采用功能特低电压（Functional Extra Low Voltage，FELV）。

5.3　建筑物防雷

38　建筑物的防雷分类

建筑物年预计雷击次数 N 为

$$N = 0.1 T_d k A_e^{[10]}$$

式中　T_d——年平均雷暴日（天/年），根据当地气象台、站的资料确定；

　　　A_e——建筑物等效面积（km^2）；

　　　k——校正系数，一般为 1；位于河边、湖边、山坡下或山地中土壤电阻率较小处，地下水露头处，土山顶部及山谷风口等处的建筑物以及特别潮湿的建筑物时为 1.5；位于旷野孤立的建筑物为 2。

根据建筑物的重要性、使用性质、发生雷击事故的可能性和后果，按防雷要求分为三类：

（1）在可能发生对地闪击的地区，遇下列情况之一时，应划为第一类防雷建筑物

1）凡制造、使用或贮存火炸药及其制品的危险建筑物，因电火花而引起爆炸、爆轰，会造成巨大破坏和人身伤亡者。

2）具有 0 区或 20 区爆炸危险场所的建筑物。

3）具有 1 区或 21 区爆炸危险场所的建筑物，因电火花而引起爆炸，会造成巨大破坏和人身伤亡者。

（2）在可能发生对地闪击的地区，遇下列情况之一时，应划为第二类防雷建筑物

1）国家级重点文物保护的建筑物。

2）国家级的会堂、办公建筑物、大型展览和博览建筑物、大型火车站和飞机场、国宾馆、国家级档案馆、大型城市的重要给水泵房等特别重要的建筑物。

3）国家级计算中心、国际通信枢纽等对国民经济有重要意义的建筑物。

4）国家特级和甲级大型体育馆。

5）制造、使用或贮存火炸药及其制品的危险建筑物，且电火花不易引起爆炸或不致造成巨大破坏和人身伤亡者。

6）具有 1 区或 21 区爆炸危险场所的建筑物，且电火花不易引起爆炸或不致造成巨大破坏和人身伤亡者。

7）具有 2 区或 22 区爆炸危险场所的建筑物。

8）有爆炸危险的露天钢质封闭气罐。

9）预计年雷击次数大于 0.05 次/年的部、省级办公建筑物和其他重要或人员密集的公共建筑物以及火灾危险场所。

10）预计年雷击次数大于 0.25 次/年的住宅、办公楼等一般性民用建筑物或一般性工业建筑物。

（3）在可能发生对地闪击的地区，遇下列情况之一时，应划为第三类防雷建筑物

1）省级重点文物保护的建筑物及省级档案馆。

2）预计年雷击次数大于或等于 0.01 次/年，且小于或等于 0.05 次/年的部、省级办公建筑物和其他重要或人员密集的公共建筑物，以及火灾危险场所。

3）预计年雷击次数大于或等于 0.05 次/年，且小于或等于 0.25 次/年的住宅、办公楼等一般性民用建筑物或一般性工业建筑物。

4）在平均雷暴日大于 15 天/年的地区，高度在 15m 及以上的烟囱、水塔等孤立的高耸建筑物；在平均雷暴日小于或等于 15 天/年的地区，高度在 20m 及以上的烟囱、水塔等孤立的高耸建筑物。

39　建筑物的防雷措施

（注：本词条列举了建筑物防雷的主要内容，具体措施可参考 GB 50057—2010[10] 的相关部分）

各类防雷建筑物应采取防直击雷和防雷电波侵入的措施。对于第一类防雷建筑物和部分第二类防雷建筑物，还应采取防雷电感应的措施。在防雷装置与其他设施及建筑物内人员无法隔离的情况下，应采取等电位联结。

（1）一般工业厂房及民用建筑的防雷　这类建筑一般属于第三类防雷建筑物。为了防止直击雷，在建筑物易受雷击的部位，如屋角、屋脊、屋檐、檐角、女儿墙等处装设避雷针或避雷网（带）或由这两种混合组成的接闪器，并应在整个屋面组成不大于 20m×20m 或 24m×16m 的网格。引下线不应少于 2 根，其间距不应大于 25m，当建筑物周长不超过 25m 且高度不超过 40m 时，可只设一根引下线。防雷接地装置宜与电气设备接地装置及埋地金属管道相连。为了防止雷电波侵入，架空金属管道及低

压架空线在入户处的绝缘子脚都应接地。应尽量利用建筑物的钢筋混凝土屋面板、梁、柱和基础的钢筋作为接闪器、引下线和接地装置。

（2）第一类防雷建筑物防雷　应装设独立接闪杆或架空接闪线（网），架空接闪网的网格不大于 5m×5m 或 6m×4m。每根引下线的冲击接地电阻不宜大于 10Ω。引下线及其接地装置离开被保护建筑物及与其有联系的管道、电缆等金属物间的距离应进行计算但不应小于 3m。低压线路宜全线采用电缆直接埋地敷设，在入户端将电缆金属外皮钢管接到防雷电感应的接地装置上。具体措施应按 GB 50057《建筑物防雷设计规范》中有关要求计算。

（3）第二类防雷建筑物防雷　在建筑物上装接闪网（带）或接闪杆或由其混合组成的接闪器。接闪网（带）的网格不大于 10m×10m 或 12m×8m。引下线不应少于 2 根且沿建筑物四周均匀对称布置，其间距不应大于 18m。每根引下线的冲击接地电阻 $R \leqslant 10\Omega$。引下线与金属物或电气线路之间的距离不应小于 2m，具体要求参见 GB 50057《建筑物防雷设计规范》。

低压架空线应在入户段改为金属铠装电缆或穿钢管护套电缆埋地引入，长度不小于 $2/\sqrt{\rho}$，并且长度不小于 15m，其中 ρ 为埋电缆处土壤的电阻率。架空线与电缆连接处应装设避雷器。第一类全线采用电缆有困难时，也可采用该办法。

（4）第一、二类防雷建筑物的共同要求　排放爆炸危险气体、蒸气或粉尘的放散管、呼吸阀、排风管等的管口外的以下空间，应处于接闪器的保护范围内：当有管帽时，应按表 22.5-3 确定；当无管帽时，应为管口上方半径 5m 的半球体。接闪器与雷闪的接触点应设在上述空间之外。

应采用辅助等电位联结措施。平行敷设的金属物，其间距小于 100mm 时，每隔 30m 用金属线跨接，净距小于 100mm 的交叉处及弯头、阀门、法兰盘处用金属线跨接。

表 22.5-3　有管帽的管口外处于接闪器
保护范围的空间

装置内压力与周围空气压力的压力差/kPa	排放物的密度	管帽以上的垂直高度/m	距管口处的水平距离/m
<5	大于空气密度	1	2
5~25	大于空气密度	2.5	5
≤25	小于空气密度	2.5	5
>25	大于或小于空气密度	5	5

（5）特高厂房及高层建筑物的防雷　如为第一、二类民用建筑，其接闪网网格分别不大于 5m×5m 或 6m×4m，引下线之间距离不大于 12m。建筑物应设均压环，环间垂直距离不大于 12m，引下线和建筑物内的金属结构均应连在环上。

（6）接闪器　专门敷设的接闪器由独立接闪杆、架空接闪线或架空接闪网、直接装设在建筑物上的接闪杆、接闪带（网）中的一种或多种组成。布置接闪器时，可单独或任意组合采用接闪杆和接闪带（网）。接闪杆和接闪带（网）的保护范围用滚球法确定，接闪器布置应符合表 22.5-4 的规定。

表 22.5-4　接闪器布置

建筑物防雷类别	滚球半径 h_r/m	接闪网网格尺寸/m
第一类防雷建筑	30	≤5×5 或 ≤6×4
第二类防雷建筑	45	≤10×10 或 ≤12×8
第三类防雷建筑	60	≤20×20 或 ≤24×16

采用滚球法计算接闪器的保护范围见 GB 50057—2010 的附录 D。

（7）防静电措施　参见本手册第 7 篇第 3 章。

第6章 电气照明基础

6.1 基本术语

40 电气照明术语

（1）光通量 Φ 根据辐射对标准光度观察者的作用导出的光度量。单位为 lm，$1lm = 1cd \cdot 1sr$。对于明视觉有：

$$\Phi = K_m \int_0^\infty \frac{d\Phi_e(\lambda)}{d\lambda} \cdot V(\lambda) \cdot d\lambda$$

式中 $d\Phi_e(\lambda)/d\lambda$——辐射通量的光谱分布；

$V(\lambda)$——光谱光（视）效率；

K_m——辐射的最大光谱光（视）效能。

（2）光能量 Q Q 是在给定时间 Δt 内，光通量 Φ 的时间积分。单位为 $lm \cdot s$ 或 $lm \cdot h$。

$$Q = \int_{\Delta t} \Phi dt$$

（3）光强（发光强度）I 光源在指定方向上的发光强度是该光源在该方向的立体角元 $d\Omega$ 内传输的光通量 $d\Phi$，除以该立体角元之商，即单位立体角的光通量，单位为 cd，即

$$I = d\Phi/d\Omega$$

（4）（光）亮度 L 由公式 $L = d^2\Phi/(dA \cdot \cos\theta \cdot d\Omega)$ 定义的量。单位为 cd/m^2。

式中 $d\Phi$——由指定点的光束元在包含指定方向的立体角元 $d\omega$ 内传播的光通量；

dA——包括给定点的光束截面积；

θ——光束截面法线与光束方向间的夹角。

（5）照度（光照度）E_v 入射在包含该点的面元上的光通量 $d\Phi$ 除以该面元面积 dA 所得之商。单位为 lx，$1lx = 1lm/m^2$。

（6）眩光 由于视野中的亮度分布或亮度范围的不适宜，或存在极端的亮度对比，以致引起不舒适感觉或降低观察细部或目标能力的视觉现象。

（7）可见度 人眼辨认物体存在或形状的难易程度。在室内应用时，以恰可感知的标准视标的对比或大小定义；在室外条件下，以人眼恰好看到标准目标的距离定义，又称能见度。

（8）显色性 与参考标准光源相比较，光源显现物体颜色的特性。

（9）显色指数 R 光源显色性的度量。以被测光源下物体颜色和参考标准光源下物体颜色的相符合程度来表示。

（10）黑体 在任何温度下，该物体将辐射到它表面上的任何波长的能量全部吸收，该物体就称为黑体。

（11）色温 T_c 当光源的色品与某一温度下黑体的色品相同时，该黑体的绝对温度为此光源的色温。也称"色度"。单位为 K。

（12）相关色温 T_{cp} 当光源的色品点不在黑体轨迹上，且光源的色品与某一温度下的黑体的色品最接近时，该黑体的绝对温度为此光源的相关色温。单位为 K。

6.2 电光源

41 电光源的分类 按照电光源的发光物质，其分类见表 22.6-1。

表 22.6-1 电光源的分类

电光源	固态发光光源		场致发光灯
			半导体发光器件（LED）
			有机半导体发光器件
	热辐射光源		白炽灯
			卤钨灯
	气体放电发光光源	辉光放电光源	氖灯
			霓虹灯
		弧光放电光源 低压气体放电灯	荧光灯
			低压钠灯
		高压气体放电灯	高压钠灯
			高压汞灯
			金属卤化物灯
			氙灯

42　非照明光源　是用于特殊用途的电致发光器件，但随着技术的不断发展，这些非照明光源也可以用作照明光源，并且由于其具有一定的特点，因而具有广阔的应用前景。比如，近些年出现的发光二极管（LED）被用于交通信号灯、防爆环境的照明、潮湿场所的照明光源等，由于其具有长寿命的特点，因而人们越来越重视 LED 光源的开发。

（1）霓虹灯　是一种低气压冷阴极辉光放电灯，它由直径为 10~18mm 的玻璃放电管抽真空后充入少量的氩、氖等惰性气体并装入电极制成。灯管内壁涂上荧光粉，通过气体放电获得不同的颜色。霓虹灯的工作特点是高电压、小电流，由于辉光放电的启辉电压大于工作电压，因此，它需配专用的霓虹灯变压器（漏磁变压器）。

（2）场致发光（EL）　是利用固体在电场作用下的发光现象。其所发光的颜色与其所用的荧光粉有关，发光亮度随灯电压的增加而增加，其特点是耗电量小（5mW/cm²）、寿命长（4 万 h）、结构简单、发光效率低（14lm/W）、亮度低。

（3）发光二极管（LED）　内部结构是半导体 PN 结，其反向电压低，一般为 5~25V。光输出随电流的增加而增加。发光二极管的发光颜色决定于基体和掺杂的材料，一般都发单色光。由于其寿命长的特点，早期多用于指示灯。

（4）辐射光源　辐射波长在红外线、紫外线及其间的可见光范围内的辐射源，它主要有红外线灯和紫外线灯。红外线灯的结构和发光原理与白炽灯基本相同，都是利用高热物体的辐射。紫外线灯多作为气体放电光源。

43　电光源的特性及应用

（1）电光源的特性

1）白炽灯：靠灯丝由电流加热至白炽状态而发光。白炽灯的色温约为 2 400~2 900K，一般显色指数 R_a = 95~99。发光效率约为 7~18lm/W，寿命约为 1 000h。

2）卤钨灯：与白炽灯相比较，卤钨灯在灯管内充入卤族元素（溴、碘）和惰性气体，利用卤钨循环原理，使的寿命提高到 1 500~2 000h，而且使光效也有所提高（21lm/W），一般显色指数 R_a = 95~99。

3）冷光束卤钨灯：它是 20 世纪 80 年代初问世的一种新型光源，是一种低压 6~24V 供电的单端照明卤钨灯，由于体积小、灯丝短而粗、强度好、有利于卤钨循环，因此其光效高、寿命长、显色性好，配以反射器，就成为冷光束卤钨灯，它的光色好、光束温度低、光束集中、定向性好、装饰性强，是代替白炽灯作为室内投光照明的节能型光源。20 世纪 80 年代后期，冷光束卤钨灯从低电压发展到市电电压，已有 110~127V 和 220~240V 系列产品。

4）荧光灯：一种低压汞蒸气气体放电灯，其主要特点是发光效率高、光线柔和、灯管寿命长、结构较简单、光源性能好。

5）紧凑型荧光灯：其发光原理与荧光灯相同，但灯与附件一体化制造，因而体积小、结构紧凑。

6）低压钠灯：一种热阴极低气压钠蒸气弧光放电灯。其发光效率可达 180~220lm/W，是发光效率最高的一种电光源。

7）高压钠灯：采用半透明的氧化铝陶瓷管作放电管，管内充入钠汞齐和作为启动气体的氙和氩氖混合气体。

8）高压汞灯：一种高强气体放电灯，灯的外壳由透明石英玻璃管作放电管，管内填充有汞蒸气以及氩气。

9）金属卤化物灯：在高压汞灯的基础上发展起来的一种光源。在高压汞灯内添加某些金属卤化物，从而提高了光效，改善了光色。发光原理是采用卤钨循环作用来实现的，按卤化物不同，可制成不同光色的金属卤化物灯，如钠铊铟灯、日光色镝灯、钪钠灯、锡钠灯。

10）氙灯：为惰性气体放电弧光灯，它会辐射出叠加少量线状光谱的连续光谱，光色与日光非常接近，有"小太阳"之称。按照电弧长短又分为长弧氙灯和短弧氙灯。

11）LED 灯：利用固体半导体芯片作为发光材料，当两端加上正向电压时，半导体中的载流子发生复合放出过剩的能量，从而引起光子发射产生光。最初，LED 只有单色光，其基本用途是作为指示灯。直到 20 世纪 90 年代，研制出蓝光 LED，很快就合成出白光 LED，从而 LED 成为一种新型光源。随着近些年 LED 技术发展，光效不断提高，价格不断下降，目前已广泛应用。选用 LED 光源时，应注意其光输出波形的波动深度应满足国家标准 GB/T 31831《LED 室内照明应用技术要求》[11] 的规定。

（2）常用照明电光源的主要特性比较　光源性能的主要技术指标有三个，即发光效率、光源寿命和光源显色性，其他指标如受电压波动影响程度、可靠性、稳定性、附件多少、功率因数高低、启动稳定时间、再启动时间、光源产品价格等也都对选用光源有着重要的参考作用。表 22.6-2 列出了常用　照明光源的主要特性比较。

表 22.6-2　常用照明光源的主要特性比较

光源种类 性能参数	白炽灯	管形卤钨灯	冷光束卤钨灯	直管荧光灯	紧凑荧光灯	荧光高压汞灯	自镇流高压汞灯	高压钠灯	中显色高压钠灯	金属卤化物灯	氙灯	LED灯
功率范围/W	15~1 000	100~2 000	10~75	4~125	5~28	50~1 000	125~750	35~1 000	100~400	125~3 500	1 500~50 000	1~400
光效/(lm/W)	7.3~19	15~21	—①	25~75	44~71	32~53	12~30	64~130	72~95	52~110	20~31	65~150
平均寿命/kh	1	1~1.5	2~3.5	3~7	3	5~10		12~24	12	0.5~10	1	25~50
显色指数 R_a	95~99	95~99	95~99	70~80	80	34	38~40	20~25	60	65~90	90~94	60~80
色温/K	2 400~2 900	2 800	2 950~3 050	3 000~6 500	2 700~5 000	5 500	4 400	2 100	2 300	3 600~6 000	5 500~6 000	2 700~6 400
启动稳定时间/min	瞬时	瞬时	瞬时	1~3 s②	1~3 s②	4~8	4~8	4~8		4~10	瞬时	瞬时
再启动时间/min	瞬时	瞬时	瞬时	<1s	<1s	5~10	3~6	10~20⑥(1~2)	10~20⑥(1~2)	10~15	瞬时	瞬时
功率因数	1	1	1	0.33~0.52③	0.33~0.52③	0.44~0.67	0.9	0.44	—	0.41~0.61		0.4~0.9
频闪效应	不明显	不明显	不明显	明显⑤	明显⑤	明显	明显	明显	明显	明显		明显
电压变化影响	大	大	大	较大	较大	较大	较大	大	大	较大		较小
环境温度影响	小	小	小	大	大	较小	较小	较小	较小	较小		小
耐振性能	较差	差	较差	较好	较好	好	好	较好	较好	好		好
所需附件	无	无	无	有	有	有	有④	有	有	有	有	无

① 冷光束卤钨灯主要用于橱窗展示及装饰照明等，因此光通量不作为主要参数。
② 采用电子镇流器启动时应保证 0.5~2.0s 的预热时间。
③ 采用电子镇流器时功率因数大于 0.9。
④ 镇流器为内藏式时无附件。
⑤ 采用高频电子镇流器时频闪效应不明显。
⑥ 有触发器时高压钠灯的再启动时间为 1~2min。

（3）光源的选择　光源的选择原则是根据不同的照明、用途、环境、光源本身参数等来选择最合适的光源加以利用。光源选择的原则如下：

1）在工业厂房中，当灯具悬挂高度在 6m 以下时，应选荧光灯，在 6m 以上时，可选高强气体放电灯、LED 灯。

2）开关频繁、需调光或瞬时启动的场所应选用瞬时启动并能满足调光要求的光源。

3）无特殊要求的场所，应选择光效高的灯。

4）有显色性要求的场所，应选显色指数 R_a 大

于该场所要求的光源。

5）要求光环境舒适、温暖且照度低的场所，宜选低色温光源。

6）应急照明可选瞬时启动的光源，如 LED 灯、荧光灯等。

7）室外场地应选光效高的高强气体放电灯。

使用电感镇流器时，镇流器的功率损耗应计入光源的输入功率中，镇流器损耗占灯管功率的百分数见表 22.6-3。

表 22.6-3　各种气体放电灯镇流器损耗占灯管功率的百分数

光源种类	额定功率/W	功率因数	镇流器功率因数损耗系数 a
荧光灯	40	0.53	0.2（电感镇流器）
	30	0.42	0.26（电感镇流器）
高压汞灯	1 000	0.65	0.10
	400	0.6	0.10
	250	0.56	0.15
	125 及以下	0.45	0.20
金属卤化物灯	1 000	0.45	0.07
	400		0.11
	250		0.14
高压钠灯	250~400	0.4	0.15
低压钠灯	18~180	0.06	0.2~0.8

6.3　灯具

44　灯具的光度数据　灯具包括所有用于支撑光源、调整光源配光、保护光源的部件以及点燃光源所需要的一切辅助电器。灯具与光源的组合称为照明器。灯具的种类多样，外形也千差万别，相同的灯具配以不同的光源，其配光曲线及利用系数也不尽相同，常用灯具的光度数据见表 22.6-4。该表有关说明如下：

1）表中的配光曲线仅为示例，实际使用中应采用所选用灯具的实际数据。

2）若实际选定的灯具的配光曲线与表中所列相似或相近，则这两种灯的距高比应当是接近的，而且实际利用系数 $\mu_\text{实}$ 与表中利用系数 $\mu_\text{表}$ 以及灯具的光效率 $\eta_\text{表}$、$\eta_\text{实}$ 有下列关系：

$$\mu_\text{实}=\mu_\text{表}\frac{\eta_\text{实}}{\eta_\text{表}}$$

3）灯具最大允许距高比：

$$\lambda = D/H$$

式中　D——两个灯具的水平距离；

　　　H——灯具的挂高，距高比主要影响照明的均匀度。

4）所有利用系数均按地板有效反射率 20% 计算。

5）选取利用系数时应采用插入法。

表 22.6-4　室内常用灯具的利用系数

编号	灯具类型	典型配光曲线，上下射光输出比、维护分类及 S/H	ρ_CC	70			50			30			10			0
			ρ_W	50	30	10	50	30	10	50	30	10	50	30	10	0
			RCR	在有效地板反射比 $\rho_\text{fc}=20\%$ 时的利用系数												
1	搪瓷反射罩	0%　68%　I　0.9	1	0.69	0.66	0.64	0.66	0.64	0.62	0.63	0.62	0.60	0.61	0.59	0.58	0.57
			2	0.60	0.55	0.51	0.57	0.53	0.50	0.55	0.52	0.49	0.53	0.50	0.48	0.46
			3	0.52	0.46	0.42	0.50	0.45	0.41	0.48	0.44	0.40	0.46	0.43	0.40	0.38
			4	0.46	0.40	0.35	0.44	0.39	0.35	0.42	0.38	0.34	0.41	0.37	0.34	0.32
			5	0.40	0.34	0.30	0.39	0.34	0.29	0.38	0.33	0.29	0.36	0.32	0.29	0.27
			6	0.36	0.30	0.25	0.35	0.29	0.25	0.33	0.29	0.25	0.32	0.28	0.25	0.23
			7	0.32	0.26	0.22	0.31	0.25	0.21	0.30	0.25	0.21	0.29	0.24	0.21	0.20
			8	0.29	0.23	0.19	0.28	0.22	0.19	0.27	0.22	0.18	0.26	0.21	0.18	0.17
			9	0.25	0.20	0.16	0.25	0.20	0.16	0.24	0.19	0.16	0.24	0.19	0.16	0.15
			10	0.23	0.18	0.14	0.23	0.18	0.14	0.22	0.17	0.14	0.21	0.17	0.14	0.13
2	下口敞开，有上射光通，块板反射面，使用透明泡壳 HID 光源	2.6%　79%　III　1.5	1	0.86	0.84	0.82	0.83	0.81	0.79	0.79	0.78	0.76	0.76	0.75	0.74	0.72
			2	0.79	0.75	0.72	0.76	0.73	0.70	0.73	0.70	0.68	0.70	0.68	0.66	0.65
			3	0.72	0.67	0.63	0.69	0.65	0.62	0.67	0.63	0.61	0.64	0.62	0.59	0.58
			4	0.65	0.60	0.56	0.63	0.59	0.55	0.61	0.57	0.54	0.59	0.56	0.53	0.52
			5	0.59	0.54	0.49	0.57	0.52	0.55	0.56	0.51	0.48	0.54	0.50	0.47	0.46
			6	0.54	0.48	0.44	0.52	0.47	0.43	0.50	0.46	0.42	0.48	0.45	0.42	0.40
			7	0.48	0.42	0.38	0.47	0.41	0.38	0.45	0.41	0.37	0.44	0.40	0.37	0.35
			8	0.44	0.38	0.33	0.42	0.37	0.33	0.41	0.36	0.33	0.40	0.36	0.32	0.31
			9	0.39	0.33	0.29	0.38	0.33	0.29	0.37	0.32	0.29	0.36	0.32	0.29	0.27
			10	0.33	0.30	0.26	0.35	0.29	0.26	0.34	0.29	0.25	0.33	0.28	0.25	0.24

（续）

编号	灯具类型	典型配光曲线，上下射光输出比、维护分类及 S/H	ρ_{cc}	70			50			30			10			0
			ρ_w	50	30	10	50	30	10	50	30	10	50	30	10	0
			RCR	在有效地板反射比 $\rho_{fc}=20\%$ 时的利用系数												
3	下口敞开，有上射光通，平面球形块板反射面，使用透明泡壳 HID 光源	1.3%　82%　III　0.7	1	0.89	0.88	0.86	0.86	0.84	0.83	0.83	0.81	0.80	0.79	0.79	0.78	0.76
			2	0.83	0.80	0.77	0.80	0.78	0.75	0.78	0.75	0.74	0.75	0.73	0.72	0.70
			3	0.77	0.73	0.70	0.75	0.72	0.69	0.73	0.70	0.68	0.71	0.68	0.67	0.65
			4	0.72	0.68	0.64	0.70	0.66	0.63	0.68	0.65	0.63	0.67	0.64	0.62	0.60
			5	0.67	0.63	0.59	0.66	0.62	0.58	0.64	0.61	0.58	0.63	0.60	0.57	0.56
			6	0.63	0.58	0.55	0.62	0.57	0.54	0.60	0.57	0.54	0.59	0.56	0.53	0.52
			7	0.59	0.54	0.50	0.58	0.53	0.50	0.57	0.53	0.50	0.56	0.52	0.49	0.48
			8	0.56	0.51	0.47	0.55	0.50	0.47	0.54	0.50	0.47	0.53	0.49	0.46	0.45
			9	0.52	0.47	0.44	0.51	0.47	0.44	0.51	0.47	0.44	0.50	0.46	0.43	0.42
			10	0.50	0.45	0.42	0.49	0.44	0.41	0.48	0.44	0.41	0.47	0.44	0.41	0.40
4	下口敞开，有上射光通，条状反射器，使用两种透明泡壳 HID 光源	2.6%　68%　III　1.7	1	0.70	0.67	0.65	0.67	0.65	0.62	0.63	0.62	0.60	0.60	0.59	0.57	0.56
			2	0.61	0.56	0.52	0.58	0.54	0.50	0.55	0.52	0.49	0.52	0.50	0.47	0.46
			3	0.53	0.47	0.43	0.50	0.45	0.41	0.48	0.44	0.40	0.46	0.42	0.39	0.38
			4	0.46	0.40	0.35	0.44	0.39	0.35	0.42	0.37	0.34	0.40	0.36	0.33	0.31
			5	0.41	0.34	0.30	0.39	0.33	0.29	0.37	0.32	0.29	0.36	0.31	0.28	0.26
			6	0.36	0.30	0.25	0.35	0.29	0.25	0.33	0.28	0.25	0.32	0.28	0.24	0.23
			7	0.33	0.26	0.22	0.31	0.26	0.22	0.30	0.25	0.21	0.29	0.24	0.21	0.19
			8	0.29	0.23	0.19	0.28	0.23	0.19	0.27	0.22	0.19	0.26	0.22	0.18	0.17
			9	0.27	0.21	0.17	0.26	0.20	0.17	0.25	0.20	0.17	0.24	0.19	0.16	0.15
			10	0.24	0.19	0.15	0.24	0.18	0.15	0.23	0.18	0.15	0.22	0.18	0.15	0.13
5	单管荧光灯，涂白漆反射罩	0%　80%　IV　1.5/1.3	1	0.81	0.78	0.75	0.77	0.75	0.73	0.75	0.73	0.71	0.72	0.70	0.68	0.66
			2	0.72	0.66	0.63	0.68	0.65	0.61	0.66	0.63	0.59	0.64	0.61	0.59	0.56
			3	0.64	0.57	0.53	0.61	0.55	0.52	0.59	0.55	0.51	0.56	0.53	0.50	0.48
			4	0.55	0.49	0.44	0.53	0.48	0.44	0.52	0.47	0.43	0.50	0.46	0.43	0.41
			5	0.50	0.43	0.38	0.48	0.42	0.37	0.46	0.41	0.37	0.46	0.40	0.36	0.35
			6	0.45	0.38	0.33	0.44	0.37	0.33	0.42	0.36	0.33	0.41	0.36	0.32	0.31
			7	0.40	0.34	0.29	0.39	0.33	0.28	0.38	0.33	0.28	0.36	0.32	0.28	0.26
			8	0.36	0.30	0.25	0.35	0.29	0.25	0.34	0.29	0.25	0.33	0.28	0.25	0.23
			9	0.33	0.26	0.22	0.32	0.26	0.22	0.31	0.25	0.22	0.30	0.25	0.22	0.20
			10	0.29	0.23	0.18	0.28	0.22	0.18	0.27	0.22	0.18	0.26	0.22	0.18	0.16
6	双管荧光灯，涂白漆反射罩	0%　84%　IV　1.4/1.3	1	0.86	0.83	0.81	0.83	0.81	0.78	0.80	0.77	0.75	0.76	0.74	0.73	0.72
			2	0.76	0.72	0.68	0.74	0.69	0.66	0.71	0.68	0.64	0.68	0.66	0.63	0.61
			3	0.68	0.62	0.58	0.66	0.61	0.56	0.63	0.59	0.55	0.61	0.58	0.55	0.53
			4	0.61	0.54	0.49	0.58	0.53	0.48	0.56	0.52	0.48	0.55	0.50	0.47	0.45
			5	0.55	0.48	0.42	0.52	0.47	0.41	0.51	0.45	0.41	0.49	0.44	0.41	0.39
			6	0.49	0.41	0.37	0.48	0.41	0.36	0.46	0.41	0.36	0.45	0.40	0.36	0.35
			7	0.44	0.37	0.32	0.42	0.36	0.32	0.41	0.36	0.32	0.41	0.36	0.31	0.29
			8	0.40	0.31	0.27	0.38	0.32	0.27	0.37	0.32	0.27	0.36	0.31	0.27	0.26
			9	0.36	0.29	0.25	0.35	0.29	0.25	0.34	0.29	0.24	0.31	0.29	0.24	0.23
			10	0.31	0.25	0.21	0.30	0.24	0.21	0.29	0.24	0.20	0.29	0.24	0.20	0.19

（续）

编号	灯具类型	典型配光曲线，上下射光输出比、维护分类及 S/H	ρ_{CC}	70			50			30			10			0
			ρ_W	50	30	10	50	30	10	50	30	10	50	30	10	0
			RCR	在有效地板反射比 $\rho_{fC}=20\%$ 时的利用系数												
7	单管荧光灯，铝圆管型材	1%　72%　Ⅳ　1.7/1.2	1	0.72	0.69	0.66	0.69	0.66	0.64	0.66	0.64	0.62	0.74	0.74	0.74	0.59
			2	0.63	0.58	0.53	0.60	0.56	0.52	0.57	0.54	0.51	0.63	0.62	0.60	0.46
			3	0.55	0.49	0.44	0.53	0.48	0.44	0.50	0.46	0.43	0.55	0.52	0.49	0.41
			4	0.49	0.42	0.37	0.47	0.41	0.37	0.45	0.40	0.36	0.48	0.45	0.42	0.33
			5	0.43	0.36	0.31	0.41	0.35	0.31	0.39	0.34	0.31	0.38	0.34	0.30	0.26
			6	0.38	0.32	0.27	0.37	0.31	0.27	0.35	0.30	0.26	0.34	0.29	0.23	0.23
			7	0.34	0.28	0.23	0.33	0.27	0.23	0.32	0.27	0.23	0.31	0.26	0.22	0.20
			8	0.30	0.24	0.20	0.29	0.24	0.20	0.28	0.23	0.19	0.27	0.23	0.19	0.17
			9	0.27	0.21	0.17	0.26	0.21	0.17	0.26	0.20	0.17	0.25	0.20	0.17	0.15
			10	0.25	0.19	0.15	0.24	0.19	0.15	0.23	0.18	0.15	0.22	0.18	0.15	0.13

注：ρ_{CC} 为顶棚空间反射比；ρ_W 为墙面平均反射比；RCR 为室空间比。

45　灯具的技术发展　灯具作为照明系统中的一个重要环节，对于提高能源利用率、提高使用者的舒适程度有着重要的影响，它是绿色照明中一个重要的研究课题。新型灯具的发展源于照明技术的进步和新技术、新材料的应用。随着技术的发展，近些年产生了许多新型灯具和新的照明概念，如在间接照明中采用光导管照明或采用光纤照明技术；由于人们对照明舒适度要求的不断提高，又研制出了空调照明一体化灯具、特殊配光灯具等。

46　灯具的选择与布置

（1）**灯具的选择**　要考虑照明方式、光源种类、使用场所环境条件、安装方式、照度要求等综合因素，但主要从它的机械结构和光学特性方面选择，一般应注意：①灯具的结构和规格要与光源配套；②灯具要与环境条件相适应；③合理利用配光分布，提高照明效率；④限制眩光；⑤合理的经济性；⑥人员长期停留的场所的灯具要符合国家标准 GB/T 20145《灯和灯系统的光生物安全性》规定的无危险类照明产品。

（2）**灯具的布置**　一般考虑下列因素：

1）室内布灯：应满足照度、均匀度、工艺及眩光限制的要求，并考虑布置美观，便于维修。

2）室外布灯：室外照明种类较多，不同种类对布灯有不同的要求，如室外道路和体育场，对照度水平、亮度水平以及眩光限制等都有很严格的要求，而像广场、公园、露天仓储、码头等的布灯主要应考虑与环境的协调，避免灯柱造成活动障碍，同时应注意室外灯具的电气安全防护，防止发生电击事故。

第7章 照明设计概要

7.1 照明设计基础

47 照明设计步骤 照明设计的目的是要使被视物能够按照人们的要求而具有适宜的光分布,其内容包括照明理论、照明装置、建筑装饰、色彩与亮度调配以及电气配线等,照明设计涉及光学、电学、建筑学、生理学、心理学等多个学科,是一种综合性很强的技术。要具体量化地评价一个照明系统是"好"与"不好"是很困难的,但是,可以从舒适性、艺术性、合理性和经济性这四个方面进行考核,给予综合评价,一个"好"的照明系统是上述四方面的综合体现,而不是单单突出与追求某一个方面。

照明设计一般可采取下列步骤:①明确照明设计对象及照明要求;②收集照明基础资料(建筑资料及环境资料);③收集供电资料;④确定照明种类、方式及照度;⑤确定光源及灯具,选择照明装置;⑥确定灯具布置方案;⑦按确定的光源计算照度,重新调整布灯方案,并进行照度验算;⑧确定照明供电系统,进行线路电气计算;⑨绘制照明图样;⑩编制材料表及概算,整理设计图样及计算资料。

48 照明种类 照明方式分为一般照明、局部照明和混合照明。照明种类按特点分为

(1)正常照明 在正常情况下使用的室内外照明。

(2)应急照明 因正常照明的电源失效而启用的照明。它按功能分为疏散照明、安全照明和备用照明。

1)疏散照明:用于确保疏散通道被有效地辨认和使用的应急照明。

2)安全照明:用于确保处于潜在危险之中的人员安全的应急照明。

3)备用照明:用于确保正常活动继续或暂时继续进行的应急照明。

(3)值班照明 在非工作时间,为值班所设置的照明。它既可以利用正常照明中能单独控制的一部分,也可利用应急照明的一部分或全部。

(4)警卫照明 用于警戒而安装的照明。

(5)障碍照明 在可能危及航行安全的建筑物或构筑物上安装的标识照明。

49 绿色照明 就是在保证或提高照明质量的前提下,节约照明用电,减少对不可再生资源的消耗和大气污染,以达到保护生态环境的目的。据国际照明委员会(CIE)估测,16个发达国家2000年的照明用电量约占总用电量的11%,年人均照明用电量约为1 200kWh。我国的照明用电量约占总发电量的10%~12%,随着经济发展和人们生活环境的改善,照明用电需求增长较快,照明节约能源潜力很大。

绿色照明工程的节能,不只是提高光源的效率,它同时要对照明系统中的每一个环节进行节能处理,如采用节能高效照明灯具、节能型灯具以及采用节能照明设计等,以提高能源的利用率。由于白炽灯光效低、能耗高,除抗电磁干扰等有特殊要求的场所外,应严格限制低光效普通白炽灯的应用。对于高度较低的办公室、教室,应采用细管径直管荧光灯。近几年来LED照明快速发展,需要设置节能自熄和亮暗调节的场所,如楼梯间、走廊、地下车库可优先采用LED灯。

现阶段我国的绿色照明工程应在提高整体照度标准的基础上,使能耗降低到较低水平,贯彻GB 50034《建筑照明设计标准》,实施照明功率密度(LPD)值作为评价标准,提高高效节能灯具的使用比例。

7.2 照度标准和照明质量

50 照度标准 照度高低取决于不同的经济水平和电力适应能力,CIE提出了对不同区域或活动推荐的照度范围,见表22.7-1。

表 22.7-1　CIE 推荐的对不同区域或活动的照度范围

推荐照度范围/lx	区域或活动的类型
20～30～50	室外交通区和工作区
50～75～100	交通区、简单地判别方位或短暂停留处，如走廊
100～150～200	非连续工作的房间，如贮藏室、仓库、楼梯、门厅
200～300～500	有简单视觉要求的场所，如粗加工、会场
300～500～750	有中等视觉要求的作业场所，如普通机加工、办公室、阅览室、教室、商店等
500～750～1 000	有相当费力的视觉要求的场所，如缝纫、检验、试验、绘图室等
750～1 000～1 500	有很困难的视觉要求的作业，如精加工和装配、颜色辨别
1 000～1 500～2 000	有特殊视觉要求的作业，如手工雕刻、很精细的工作检验
>2 000	完成非常精密的视觉作业，如微电子装配、外科手术

照度标准值是指生产场所作业面上的维持平均照度值。我国国家标准 GB 50034《建筑照明设计标准》[3] 在照度标准、照明质量、照明节能等几方面做了详细的规定，进一步缩小了我国照明标准与发达国家的差距，同时提出了照明功率密度（LPD）值并规定为强制性条文，这对于我国照明光源与灯具的技术发展、新型技术与产品的应用推广、绿色照明的实施有着十分重要的意义。

51　照明质量

（1）亮度分布　人眼观察物体的明暗感觉取决于物体的亮度，物体与背景亮度的对比过大或过小都不能使观察者清楚地辨认物体。对于办公室、阅览室等长时间连续工作的房间，其表面反射光通量与入射光通量之比（称为反射比）见表 22.7-2。

表 22.7-2　工作房间表面反射比（见 GB 50034—2013）

表面名称	反射比
顶棚	0.6～0.9
墙面	0.3～0.8
地面	0.1～0.5

有视觉显示终端的工作场所，在与灯具中垂线成 65°～90° 范围内的灯具平均亮度限值应符合表 22.7-3 的规定。

表 22.7-3　灯具平均亮度限值（见 GB 50034—2013）

屏幕分类	灯具平均亮度限值/(cd/m²)	
屏幕质量	屏幕亮度大于200cd/m²	屏幕亮度小于或等于200cd/m²
亮背景暗字体或图像	3 000	1 500
亮背景亮字体或图像	1 500	1 000

（2）眩光限制　眩光的程度是影响照明系统质量的一个重要因素。直接型灯具的遮光角不应小于表 22.7-4 的规定。公共建筑和工业建筑常用房间或场所的不舒适眩光应采用统一眩光值（UGR）评价，室外体育场所的不舒适眩光应采用眩光值（GR）评价，评价与计算的方法及其规定值参见 GB 50034《建筑照明设计标准》。

表 22.7-4　直接型灯具的遮光角（见 GB 50034—2013）

光源平均亮度/(kcd/m²)	遮光角（°）
1～20	10
20～50	15
50～500	20
≥500	30

（3）照度均匀度　照度均匀度是指工作面上的最小照度与平均照度之比。我国规定此值不应小于 0.7，而作业面邻近周围的照度均匀度不应小于 0.5。房间或场所内的通道与其他非工作区域的一般照明的照度值不宜低于作业区域一般照明照度值的 1/3。为达到照度均匀度的要求，在照明布灯时的距高比不应大于灯具最大允许距高比。当均匀度要求更高时，可降低距高比。

（4）光源颜色　衡量光源的颜色有两个指标：一个是光源的色温，它决定了光源本身的冷或暖的感觉；另一个是光源的显色指数（R_a），它反映了使用该光源辨别颜色的能力。

（5）照度的不稳定性　照度的不稳定性主要因光源光通量的变化而改变，而光通量的变化主要是由于照明供电的电压波动所引起，因此，要使照度稳定，必须保证供电电压的质量。

（6）频闪效应　由于电光源的光通量随交流电压的周期变化而变化，使人眼产生明显的闪烁感觉，通常气体放电灯的波动深度比较大，可以把灯分相接入电源中，或单相供电的两根管移相接入电源，就可防止频闪效应。另外，在转动的物体旁加装白炽灯局部照明，也可降低频闪效应。

7.3　照度计算

52　照度计算方法　被照面上的照度通常由两部分光通组成，一部分是直接来自光源的直射光通，另一部分是来自空间各个面反射来的反射光通。照明计算是照明设计的基础，它包括照度计算、亮度计算、眩光计算等各种照明效果计算，通常所说的照明计算主要是指照度计算，只是在特定环境下才计算其亮度、眩光等指标。

照度计算通常有两个方面的含义：①根据照明系统计算被照面上的照度；②根据所需照度及灯具布置计算灯具的数量及光源功率。计算常用方法及所适用光源见表 22.7-5。

表 22.7-5　常用照度计算方法分类

光源种类		点光源			线光源			面光源			点线光源
工作面		水平	垂直	倾斜	水平	垂直	倾斜	水平	垂直	倾斜	水平（平均值）
逐点计算法	平方反比法	√	√								
	方位系数法				√	√	√				
	等照度曲线法	√	√	√	√	√	√	√	√	√	
	图表法	√	√					√	√		
平均光通法	利用系数法										√
	概算曲线法										√

注：√表示可在该范围中使用。

53　平方反比法　由光源直接射入到被照面上的光通量所产生的照度称为直射照度，当光源的尺寸和光源到计算点的距离相比很小时，可以近似地认为该光源是点光源，其照度计算可用平方反比法。平方反比法计算应符合平方反比定律、余弦定律和照度相加定律。

根据平方反比定律，离开光源为 $D(\mathrm{m})$ 的某一点的照度 $E(\mathrm{lx})$，等于光源指向该点方向上的光强 $I(\mathrm{cd})$ 除以光源距该点距离 D 的平方：

$$E = \frac{I}{D^2}$$

当被照面倾斜时，照度应按余弦定律进行修正。

54　平均照度计算（利用系数法）　当灯具数量较多且布置均匀时，可采用利用系数法计算其工作面上的照度。利用系数为

$$\mu = \frac{\varPhi'}{\varPhi}$$

式中　$\varPhi'$——直射和反射到工作面上的总光通量（lm）；

$\varPhi$——光源发出的总光通量（lm）。

被照面上的平均照度为

$$E_{\mathrm{av}} = \frac{\mu KN\varPhi}{A}$$

式中　E_{av}——工作面上的平均照度（lx）；

$\varPhi$——每个灯具中光源的总光通量（lm）；

N——所计算空间内灯具的数量；

K——灯具维护系数，见表 22.7-6；

A——被照工作面面积（m²）；

μ——利用系数，见表 22.6-4 或按产品手册确定。

表 22.7-6　维护系数（见 GB 50034—2013）

环境污染特征		房间或场所举例	灯具最少擦拭次数/（次/年）	维护系数
室内	清洁	卧室、办公室、影院、剧场、餐厅、阅览室、教室、病房、客房、仪器仪表装配间、电子元件装配间、检验室、商店营业厅、体育馆、体育场等	2	0.80

（续）

环境污染特征		房间或场所举例	灯具最少擦拭次数/（次/年）	维护系数
室内	一般	机场候车厅、候车室、机械加工车间、机械装配车间、农贸市场等	2	0.70
	污染严重	公用厨房、锻工车间、铸工车间、水泥车间等	3	0.60
开敞空间		雨棚、站台	2	0.65

55　灯数概算曲线　灯数概算曲线的编制基础是用利用系数法计算的平均照度，在已知所要求的平均照度值和面积的情况下，确定出所需要的灯数。使用灯数概算曲线时应注意：

1）若所需要的照度 E'_{av} 不等于曲线中的假定值 E_{av}，实际的灯具维护系数 K' 不是曲线中所列的数值，则实际灯数 N' 应按下式修正：

$$N' = \frac{E'_{av} K'}{E_{av} K} N$$

式中　E_{av}、N、K——实际需要数据；

E_{av}、N、K——曲线中所列数据。

2）当光源光通量与曲线中给定值不一致时，也应进行修正。

3）灯数概算曲线和光源光通量大小密切相关，一般在面积较小（一般在 1 000m² 以下）时较准确，当面积超过曲线中给定值时，应按利用系数法进行计算。

4）在照明设计的最初阶段，可以利用单位容量法来估算照明用电量，它是给出单位面积每 1lx 所需的光通量估算表，见表 22.7-7。

表 22.7-7　单位面积光通量计算表　　　单位：$[lm/(m^2 \cdot lx)]$

室空间比 RCR	直接型配光灯具		半直接型配光灯具	均匀漫射型配光灯具	半间接型配光灯具	间接型配光灯具
	$S \leq 0.9h$	$S \leq 1.3h$				
8.33	5.38	5.00	5.38	5.38	7.78	8.75
6.25	4.38	3.89	4.38	4.24	6.36	7.00
5.00	3.89	3.41	3.68	3.59	5.39	6.09
4.00	3.41	2.98	3.33	3.11	4.83	5.00
3.33	3.11	2.74	3.04	2.86	4.38	4.83
2.50	2.8	2.46	2.69	2.50	4.00	4.38
2.00	2.64	2.30	2.50	2.30	3.59	3.89
1.67	2.55	2.30	2.37	2.19	3.33	3.68
1.43	2.46	2.12	2.30	2.11	3.18	3.33
1.25	2.37	2.06	2.22	2.03	3.04	3.33
1.11	2.35	2.02	2.17	1.99	2.98	3.26
1.00	2.33	1.97	2.12	1.94	2.92	3.18

56　投光照明计算　在一些大面积的场所，如车站、广场、码头、货场、工地等都需采用投光照明才能达到照明要求，常用的投光照明计算方法有单位容量法、光通法和逐点法。单位容量法用于确定方案设计时估算用电量。光通法用于初步设计时计算平均照度和灯数。逐点法用于施工设计时计算点照度。

被照面上的单位容量为

$$\rho = \frac{P_T}{A} = \frac{NP_L}{A}$$

式中　P_T——被照面上的投光灯总功率（W）；

A——被照面的面积为（m²）；

N——投光灯数；

P_L——每台投光灯的功率（W）。

灯数 N 的表达式为

$$N=\frac{E_{av}A}{\Phi_{L}\mu K}$$

式中　Φ_{L}——每台投光灯光束角内射出的光通量（lm）；

μ——光束利用率，其经验数据见表 22.7-8。μ 定义为

$$\mu=\frac{\text{从投光灯直射到工作面上的光通量}}{\text{投光灯光束角内射出的全部光通量}}$$

K——投光灯的维护系数，见表 22.7-9；

E_{av}——投射面上的平均照度（lx）；

A——投射面的面积（m^{2}）。

表 22.7-8　投光灯光束利用率 μ 的经验值

光通量全部入射到被照面上的投光灯台数占总台数的百分比（%）	≥80	≥60	≥40	≥20	<20
光束利用率 μ	0.9	0.8	0.7	0.6	0.5

表 22.7-9　道路照明灯具维护系数

灯具防护等级	维护系数 K
≥IP65	0.7
<IP65	0.65

57　道路照明计算　路面任一点 P 的照度（见图 22.7-1）为

$$E_{P}=\sum_{i=1}^{n}\frac{I_{\alpha\beta i}}{h^{2}}\cos^{3}\alpha_{i}$$

式中　E_{P}——路面任一点 P 的照度（lx）；

$I_{\alpha\beta i}$——灯具射向 P 点方向的光强（cd），随方向角 α 和 β 变化，其值可从路灯有关技术资料中查到；

n——路灯数；

h——路灯杆高（m）；

α_{i}——由灯具 i 指向 P 点与垂直面的夹角（°）。

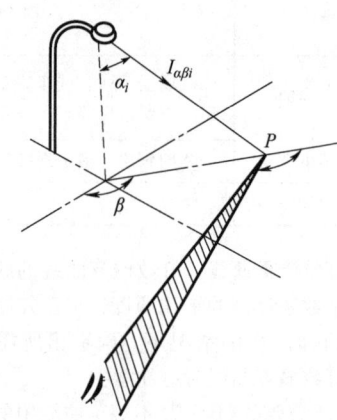

图 22.7-1　道路照明任一点 P 的照度

某一条直的无限长的道路上的平均照度计算式为

$$E_{av}=\frac{\Phi_{s}\mu ZK}{WS}$$

式中　Φ_{s}——每组灯具中光源的光通量（lm）；

K——维护系数，见表 22.7-9；

W——路宽（m）；

S——路灯的间距（m）；

Z——排列方式系数，单排或双排交错排列取 1，双侧排列取 2；

μ——路灯利用系数，指到达路面上的光通量与光源发出的光通量之比。

58　照明供电计算　照明计算主要包括以下几方面的内容：

（1）照明负荷计算　照明负荷计算是进行照明变压器选择、照明系统设计的基础，照明负荷计算一般采用需要系数法，照明支线的需要系数取为 1，照明干线的需要系数见表 22.7-10。注意，在确定照明设备功率时，应计入其配套所用的镇流器、触发器等附件所消耗的功率。

表 22.7-10　照明干线的需要系数 K_{c}

生产厂房（有天然采光）	0.8~0.9	宿舍	0.6~0.8
生产厂房（无天然采光）	0.9~1	仓库	0.5~0.7
水泵房、锅炉房、空调机房	0.9	医院	0.5
办公楼、展览馆	0.7~0.8	学校、旅馆客房以外的场所	0.6~0.7
设计室、食堂	0.9~0.95	旅馆的客房	0.35~0.45
科研楼	0.8~0.9	户外照明、事故照明	1

（2）电压降计算　照明灯具的端电压不宜大于其额定电压的 105%，也不宜低于其额定电压的下列数值：一般工作场所取 95%；远离变电所的小面积一般工作场所难以满足上款规定时可取 90%；应急照明和安全特低电压供电的照明取 90%。有关电压降的计算可参见本篇第 3 章的内容。

（3）照明导线计算　照明导线的选择一般原则和方法可参照本篇第 4 章的内容进行，需要说明的是，对于含有大量的单相照明负荷的线路，即使设计使得三相负荷基本平衡，由于使用的原因可能三相负荷不同时使用，因此其供电线路的中性线应与相线截面积相同；而对于含有大量气体放电灯的照明回路，由于气体放电灯及其镇流器均含有一定量的谐波，特别是 3 次谐波以及 3 次谐波的奇数倍次谐波在三相四线制线路的中性线上叠加，使中性线电流大大增加，所以，中性线导体截面积不应小于相线截面积，并且还应根据谐波含量的大小进行计算。

（4）功率因数补偿计算　气体放电灯线路中的镇流器及触发器是消耗无功功率的附件，它使照明线路的功率因数降低，因此，在气体放电灯线路上安装电容器，可以改善线路电压水平，提高照明质量，降低线路有功损耗。一般采用移相电容器作分散补偿或集中补偿。

当采用集中补偿时，补偿电容器的无功功率为

$$Q_C = P(\tan\varphi_1 - \tan\varphi_2)$$

式中　Q_C——电容器的无功功率（kvar）；

$\quad\quad P$——线路三相计算有功功率（kW）；

$\quad\quad \tan\varphi_1$——线路补偿前的 $\cos\varphi_1$ 对应的三角函数；

$\quad\quad \tan\varphi_2$——线路补偿后的 $\cos\varphi_2$ 对应的三角函数。

采用分散补偿时，补偿电容器安装在各个灯具内，其电容器电容量由下式计算：

$$C = Q_C(2\pi f U^2)^{-1} \times 10^3$$

式中　C——电容器的电容量（μF）；

$\quad\quad Q_C$——电容器的无功功率（kvar）；

$\quad\quad f$——电源频率（Hz）；

$\quad\quad U$——电源电压（kV）。

第8章 不同场所照明的特点和要求

8.1 工厂照明

59 厂房照明 厂房照明设计一般可按下列步骤进行:

1) 收集与照明设计有关的资料:①工艺流程、设备安装位置、对照明的要求;②建筑物的结构形式及尺寸等;③照明用电量估算、电源进线位置等;④有无特殊环境,如潮湿、粉尘、腐蚀及爆炸和火灾危险场所等。

2) 根据有关标准或要求确定照度。

3) 确定照明方式,选择光源和灯具,确定灯具的布置方案。

4) 照明计算。包括照度、均匀度、亮度等指标的计算。

5) 确定灯具的配置和安装方式。应注意顶灯不得妨碍吊车的行走,同时高大厂房应考虑灯具的维护措施。

6) 配线工程设计。包括灯具的控制方式、控制开关位置、电气负荷计算、布线等。

厂房照明的光源选择与厂房高度的关系见表 22.8-1。

表 22.8-1 厂房照明的光源选择与厂房高度的关系

顶棚高度 H		$H \geqslant 15\text{m}$	$6\text{m} \leqslant H < 15\text{m}$	$4\text{m} \leqslant H < 6\text{m}$	$H < 4\text{m}$
顶灯功率	气体放电灯	$\geqslant 400\text{W}$	$150 \sim 400\text{W}$	$100 \sim 150\text{W}$	$\leqslant 100\text{W}$
	高天棚 LED 灯	300W	250W	70W	—
	高效节能灯	—	—	$40 \sim 125\text{W}$	$\leqslant 40\text{W}$
	LED 平面灯	—	—	—	$18 \sim 50\text{W}$
是否设置中部投光灯		应设	不宜设	不必设	不必设
设计注意事项		注意灯具的耐振性、耐热性及维修措施	应保证均匀度和限制眩光	如照度达不到可采用荧光灯光带照明	

60 特殊场所的照明 特殊场所的灯具选择见表 22.8-2。

表 22.8-2 各类特殊场所照明设计要求

场所	环境特征	灯具的防护要求及选用	应用举例
多尘场所	1) 生产过程中,空间常有大量的普通尘埃飞扬并沉积在灯具上,造成光损失,效率下降 2) 导电粉尘积聚在电气绝缘装置上,易短路 3) 粉尘沉积较多,有高温热源时,易引起火灾	防护目的是减少光路上的尘埃造成光效率下降 1) 多尘场所采用整体密闭型防尘灯具 2) 灰尘较少场所可采用开启式灯具 3) 采用反射型灯泡,不易污染,易维护	吹砂室、球磨间、抛光间、水泥生产车间等

（续）

场所	环境特征	灯具的防护要求及选用	应用举例
潮湿场所	环境长期相对湿度在80%以上，充满潮气或凝结水的地方，主要影响电气绝缘水平，易漏电或短路，人易触电	灯具的灯头引入线处应严格密封，可采用任意灯具，但灯头应用耐潮材料制成。如防潮灯、瓷质防水灯等	浴室、蒸汽房、开水房、水泵房、敞开式水箱间等
腐蚀性气体场所	生产过程中出现大量的腐蚀性介质气体或在大气中含有大量盐雾、SO_2气体等，对灯具的金属部件构成侵蚀作用	1）腐蚀严重场所用密闭型防腐蚀灯，其面层用防腐材料制成 2）对易受腐蚀的部件，进行密闭隔离 3）腐蚀较轻场所可以采用半开启式防腐灯	1）铸镁、铸铝厂房 2）电镀、酸洗车间 3）化工厂房 4）盐雾较大的海滩、海面等 5）蓄电池的化成车间 6）医药工业发酵车间等

8.2　民用建筑照明

61　办公建筑、教室及图书馆照明

（1）办公建筑照明　办公建筑的照明，是要创造一个舒适的视觉环境。有些专业性强的办公室如设计室、绘图室、计算机房、控制室、研究室等，照度要求较高，可以考虑采用局部照明作为补充。

办公建筑的照明光源应以荧光灯或 LED 光源为主，大空间照明可采用发光天棚和光带照明。对于大空间的办公室，应当把一般照明和工作位结合起来考虑，因为大空间办公室一般要增设隔断来分成若干个工作位，每个工作位上应设电源，这样，工作位上可以根据使用者的要求决定是否装设局部照明灯，从而不必过分追求顶棚一般照明的高照度。另外，大空间照明的控制开关宜在值班室集中控制或采用智能控制系统，各个工作位处一般不需设控制照明灯的开关。高层办公楼的一般照明应根据其使用要求来定。

办公建筑的通道照明应注意不能和室内照明水平相差太大（一般不应低于室内照度的 1/3），否则会造成人眼的不适感觉。

（2）教室照明　教室照明一般采用荧光灯或 LED 灯，而美术教室宜采用显色指数高的光源（如三基色荧光灯）。为避免光幕反射并降低眩光，荧光灯的长轴应与黑板垂直，灯具距桌面的高度不应小于 1.7m。教室有吊顶时，宜采用具有蝙蝠翼形配光的灯具吸顶或嵌入式安装。黑板应设专用的照明设施，黑板的平均垂直照度不应低于 500lx。一般教室的照明应分组控制，除黑板灯外，其余照明灯宜按照平行于窗户方向的每一排灯具为一组进行控制，以达到节电的目的。

（3）图书馆照明　图书馆建筑照度要求高的场所宜设局部照明，存放善本书的场所不宜采用紫外线辐射较强的光源，阅览室采用的荧光灯宜采用无噪声的高频电子镇流器。书库照明应采用专用的书库灯具，也可以将灯具安装在移动的书架上。大型阅览室、报告厅等人员密集场所还应根据建筑物的特点以及疏散难易程度设置相应的应急照明系统。

62　商业建筑及宾馆照明

（1）商业建筑照明　商业建筑照明的要求是能提高顾客的购买欲望；装饰照明能够反映出商店的特点；橱窗照明能够突出所展商品的特点；整个照明应按营业种类特点进行，做到既有区别，又互相协调。商业建筑物照明分店前照明、门厅照明、橱窗照明、店内照明以及整个建筑物的立面（外观）照明，其中店内照明应当按照商业功能布局设置相应的光源和控制方式。近些年，大型综合商场中大量使用了嵌入式节能荧光灯和 LED 灯，较高的顶棚还采用了高光效金属卤化物灯，节能和照明效果都不错，有些商场还采用了空调灯具一体化，延长了灯具的使用寿命。大型商场的营业厅还应设置应急照明系统。

（2）宾馆照明　宾馆照明除满足视觉功能的要求外，还应满足疏导人流、划分空间、创造气氛和增强建筑表现力等非视觉功能要求。其照明包括宾馆立面（外观）照明、门厅照明、各功能区如服务台、宴会厅、舞厅、酒吧、客房、走廊和楼梯间以及应急照明等，其中客房内的照明普遍采用插牌取电的方式，有效地杜绝了客房内无人却灯亮的现象，可有效地节约电能，同时客房内的调光开关宜采用晶闸管调光方式，实现调光节电。随着国

民经济的快速发展，宾馆内的多功能厅、宴会厅、会议室、餐厅等场所的照明用电负荷越来越大，因而要注意采取相应的措施（如调光、分区分片控制、智能楼宇控制等）在满足使用要求的同时节约电能。

63　高层民用建筑照明　高层民用建筑照明和一般办公建筑照明主要不同之处在于高层民用照明除一般照明外，还应考虑应急照明、值班照明等。它的供电方式也有正常电源、应急电源（自备发电机、蓄电池或独立的第二电源）之分。

高层民用建筑按照建筑高度分为一类高层、二类高层。按照其用途分高层住宅（含高层商住楼）、高层办公楼（含科研楼）、高层宾馆等。

64　医疗建筑照明　医疗建筑照明的特点是各种专业医疗用房的照明条件和要求差别很大。有的场所如病人休息室等要改善环境气氛；而有的场所对光源显色性有特别的要求。其照明应注意以下几点：

1）门诊楼的大厅应显得安静，不能太明亮，不能太华丽，照明光源应以暖色调为主。

2）医院内的灯都宜带灯罩，以免产生眩光。

3）工作房间应根据用途布灯，如外科诊疗室应设看片灯；耳科诊疗室不应选用有噪声的光源电气附件；眼科诊疗室不宜用荧光灯等。

4）有些特别重要的场所如手术室、紧急通道等处应设应急照明。

5）特殊地方如诊断室、大型医疗机器室、化验室、称量室等应装设局部照明灯。

6）有些场所如肠道科、传染科需设紫外线消毒灯，并且使紫外线不能直射到病人的视野内。紫外线消毒灯按下式确定：

按一般卫生要求　$N = \dfrac{4P^2}{HVF}$

按空气杀菌要求　$N = \dfrac{0.05V}{HF}$

式中　N——紫外线灯管数；

　　　P——房间人数；

　　　H——灯具到顶棚的距离（m）；

　　　V——房间体积（m^3）；

　　　F——灯具效率，一般取 0.8。

7）手术室的一般照明是为医务人员辅助工作面设置的，手术台上无影灯的设置应遵照有关要求进行。

65　博展馆及影剧院照明

（1）博展馆照明　博物展览馆和美术馆根据其展示的方式可分为平面展示、立体展示和活动展示。其照明分为一般照明、陈列照明（橱窗照明）和投射照明，照明可采用直接照明和间接照明相结合的方式并应注意以下几点：

1）室内一般照明的照度应低于展品照明的照度，以便观赏者能够集中精力。

2）灯光设置应防止产生眩光。

3）使用高显色性光源（$R_a \geqslant 85$），使观看者能正确辨认展品颜色。

4）展览柜或橱窗照明的灯具应和展品隔开。

5）展品展出要考虑重点部位的投射照明或采用滑轨式灯具照明。

6）受紫外线、强光或温度影响大的展品的照明，应考虑防止损伤的措施。

7）防止室内镜面反射，提高展柜内的照度。

8）有防盗保安系统的展览馆的照明要和保安系统相协调。

9）参观、展览走廊要有良好的指向性指示标志。

（2）影剧院照明　影剧院的照明主要包括观众厅、休息厅、门厅、放映室、舞台及辅助房间等处的照明，舞台照明比较特殊，它需要专门的灯具和调光设备。影剧院的门厅外一般都做广告照明，也可以将广告照明和建筑物泛光照明统一考虑。观众厅的照明一般采用顶灯和壁灯相结合的方式，并能够调光。影剧院的人员比较集中，因此应当设置相应的应急照明系统。

66　体育场（馆）照明　体育建筑有室内和室外之分，室内场地可使用投光灯和顶灯相结合的照明，而室外体育场一般采用投光照明。体育建筑照明最基本要求是满足照度要求，减少眩光（包括对运动员和观众），如有彩色转播，则还应考虑其垂直照度、显色性以及色温等。

室内体育场馆层高较低的健身房一般采用荧光灯照明，灯具宜与视线平行以减少眩光；层高较高的体育馆一般采用高强气体放电灯。室外足球场一般多采用四角布投光灯，这种布灯要求杆高不能低于球场总宽度的 1/4，这种方案的眩光少，运动员阴影少，因此被广泛采用。而采用球场两侧布灯或采用线状灯桥四周布灯的方式，虽然照度比较均匀，但由于产生的眩光多，场地亮点多，只适用于照度要求高时才采用。对于游泳场、排球场、篮球场、网球场等长方形的体育建筑，一般应在沿长方向的一侧或两则布灯，尽量避免在运动员视线方向产生眩光。

8.3　道路和露天场所照明

67　道路照明　道路照明标准见表 22.8-3。

表 22.8-3　道路照明标准

级别	道路类型	亮度		照度		眩光限制	诱导性
		平均亮度 $L_{av}/(cd/m)$	均匀度 L_{min}/L_{av}	平均照度 E_{av}/lx	均匀度 E_{min}/E_{av}		
Ⅰ	快速路	1.5	0.4	20	0.4	严禁采用非截光型灯具	很好
Ⅱ	主干路	1.0	0.35	15	0.35		
Ⅲ	次干路	0.5	0.35	8	0.35	不得采用非截光型灯具	好
Ⅳ	支路	0.3	0.3	5	0.3	不宜采用非截光型灯具	好
Ⅴ	居住道路和人行道			1~2		不受限制	

直线段路灯的间距可按下式计算：

$$S = \frac{\Phi_s \mu KZ}{EW}$$

为了限制眩光，将灯具的最低安装高度限制在一定的水平上，最低安装高度随着光源光通量的增大而升高，其关系见表 22.8-4。

为了使道路路面的照度和亮度分布均匀，应将灯的配置方式、配光类型、安装高度 h、路灯间距 S 以及道路宽度 W 的比率限制在一定范围内，见表 22.8-5。

表 22.8-4　灯具最低安装高度和光源光通量的关系

最低安装高度/m	每个灯具内光源的光通量/lm	最低安装高度/m	每个灯具内光源的光通量/lm
6	4 500 以下	12	45 000 以下
8	12 500 以下	15	95 000 以下
10	25 000 以下	20	240 000 以下

表 22.8-5　灯具的配置标准

灯具种类		截止型		半截止型		非截止型	
高度和间距		安装高度 h	路灯间距 S	安装高度 h	路灯间距 S	安装高度 h	路灯间距 S
排列方式	一侧排列	$h \geqslant W$	$S \leqslant 3h$	$h \geqslant 1.2W$	$S \leqslant 3.5h$	$h \geqslant 1.2W$	$S \leqslant 4h$
	交错排列	$h \geqslant 0.7W$	$S \leqslant 3h$	$h \geqslant 0.8W$	$S \leqslant 3.5h$	$h \geqslant 0.8W$	$S \leqslant 4h$
	相对矩形排列	$h \geqslant 0.5W$	$S \leqslant 3h$	$h \geqslant 0.6W$	$S \leqslant 3.5h$	$h \geqslant 0.6W$	$S \leqslant 4h$

68　隧道照明　隧道照明一般应注意下列几点：

1) 我国规定，凡二级以上公路的隧道长度超过 100m 者均应设可靠的照明设施。其电源可以就近解决，重要的隧道或交通量大（一般指 1 000 辆/h 以上）的隧道还应设应急电源。

2) 隧道照明电压一般选用 220V、110V、36V、24V、12V。

3) 公路隧道照明应划分为接近段、入口段、过渡段、中间段、出口段等，各段的照明要求不尽相同。

4) 光源应选用透雾性好、光效高、寿命长的光源，灯具一般应选用防水、防尘、防腐蚀型。

5) 灯具安装高度一般应大于 4m，尽量不要将灯具装在侧面，以减少"闪光"效应。也不宜将灯具布置在中间顶部，这样不便于维修。

69　露天场所照明　包括各种广场、停车场和室外运动场等，常见的露天场所照度标准见表 22.8-6。露天场所照明一般采用高强气体放电灯作为光源，安装在投光灯具中，可采用高杆照明、杆柱照明以及悬挂式照明，其灯数计算按照本篇第 7 章 7.3 节的投光灯计算公式。杆高超过 25m 的高杆照明装置均应有升降机构，如果用塔架作为照明支撑构件，则塔架应考虑供维修人员上下的爬梯。

70　景观照明　景观照明的目的是突出建筑物的外形特征和园区的景观布局，展示建筑的艺术，它通常要和建筑物的性质相协调，如风景区建筑、宾馆建筑或高大的建筑等。景观照明包括园区景观小品展示照明和建筑物的泛光照明，景观照明不得产生影响行人、车辆等的光污染。泛光照明首先应确定主照面，然后再确定照度和照明效果，其照度应根据建筑物立面的材料及颜色来确定，见表 22.8-7。

表 22.8-6　露天场所照度标准

工作种类和场所	规定照度的平面	规定的照度/lx
视觉要求较高的工作场所	工作面	30~50~75
质量检查场所	工作面	15~20~30
露天堆场	地面	0.5~1~2
装卸码头	地面	5~10~15
铁路站前广场	地面	10~15~20
带式运输线	地面	3~4~5
一般站台	地面	1~2~3
视觉要求高的站台	地面	3~5~10

表 22.8-7　建筑物立面照明 CIE 照度推荐值

表面材料	照度/lx			校正系数				
	环境明暗程度			光源类型		表面条件		
	暗	中	亮	汞灯、金属卤化物灯	钠灯	清洁	脏	很脏
淡色石块，白色大理石	20	30	60	1	0.9	3	5	10
中等颜色石块、水泥	40	60	120	1.1	1	2.5	5	8
深色石块、大理石	100	150	300	1	1.1	2	3	5
淡黄色砖	35	50	100	1.2	0.9	2.5	5	8
淡棕色砖	40	60	120	1.2	0.9	2	4	7
深棕色砖	55	80	160	1.3	1	2	4	8
红色砖	100	150	300	1.3	1	2	3	5
黑色砖	120	180	360	1.3	1.2	1.5	2	3
建筑水泥	60	100	200	1.3	1.2	1.5	2	3
天然铝表面外墙板	200	300	600	1.2	1.1	1.5	2	2.5
铝烘漆饱和色彩	120	180	360	1.3	1.1	1.5	2	2.5
铝烘漆中等色彩	40	60	120	1.3	1.1	2	4	7
铝烘漆淡色	20	30	60	1.1	1	3	5	10

设计要点如下：

1）灯具的设置应根据建筑物的结构、特点、性质来确定，大型或高层建筑物可设置在门厅或过廊顶部；纪念性建筑物或景区建筑物可考虑离开建筑物一定距离后设置立柱投光灯；带裙房的高层按高层部分和裙房部分分别设置，高层部分泛光照明装置可设在裙房顶上。

2）投光灯的安装应避免产生强烈的眩光。

3）离开建筑物的投光灯距建筑物的水平距离不应小于建筑物高度的 1/10。

8.4　应急照明

71　应急照明

（1）疏散照明　一般规定的疏散照明的照度为在疏散走道中心线上的平均照度，不应低于 1.0lx，对于人员密集场所、避难层，不应低于 3.0lx；对于楼梯间、前室或合用前室，避难走道，不应低于 5.0lx；对于老年人照料设施、病房楼或手术室楼内部的楼梯间、前室或合用前室、避难走道，不应低于 10.0lx。具体场所还需参照 GB 51309—2018《消防应急照明和疏散指示系统技术标准》和 GB 50016—2014《建筑设计防火规范》的要求确定。

（2）安全照明　安全照明的照度在正常工作区域不低于正常照度的 5%，特别危险的作业区域应不低于 10%；对于医院的手术台应保持和正常照明相同的照度值。

（3）备用照明　一般场所备用照明的照度应不低于正常照度的 10%，重要场所（如消防控制室、变电所、发电机房、消防水泵房、排烟机房等在火灾事故情况下需要坚持工作的场所）的备用照明照度不应低于正常照明的照度。

（4）应急照明的光源及电源选择

1）光源选择：应急照明一般宜选择可瞬间点亮的光源，高大建筑物不需转换电源的备用照明可采用高强度气体放电。

2）应急电源的设置：按照电源转换时间来分，疏散照明及备用照明不应大于 15s，安全照明不宜大于 0.5s，疏散照明电源持续时间不宜小于 30min，其他应按使用要求确定。应急电源一般可采用的形式有自备发电机、蓄电池或独立的第二电源。

（5）消防应急照明和疏散指示系统的设置　按照国家标准 GB 51309—2018《消防应急照明和疏散指示系统技术标准》执行。

第9章 火灾报警与消防联动控制

9.1 概述

72 火灾报警与消防联动控制系统 随着国民经济的高速发展及各类楼宇的不断增加，火灾报警及消防联动控制、电气火灾监控、消防电源监控、防火门监控等成为必不可少的防灾系统。它们的作用是提供早期报警，将火灾消灭在萌芽状态，保证消防设备的正常运行，从而减少火灾损失。

在进行火灾报警及消防联动控制系统设计时，应根据建筑物的类别和性质确定是否设置该系统，见 GB 50016《建筑设计防火规范》。

9.2 火灾报警系统

73 火灾探测器的种类与设置
火灾探测器是火灾自动报警系统的检测元件，它将火灾初期所产生的热、烟、光转变为电信号，当其电信号达到某个限定阈值时，就将这一电信号传递给与之相关的报警设备，发出火灾报警信号。所以火灾探测器的工作稳定性、可靠性、灵敏度等技术指标直接影响着火灾自动报警系统乃至消防联动控制系统的正常运行。

目前，火灾探测器的种类很多，一般可分为感烟型、感温型、感光型、可燃气体型及复合型五大类，见表22.9-1。

表 22.9-1 火灾探测器的分类

感光火灾探测器		红外感光型	
		紫外感光型	
感烟火灾探测器	点型	离子型	单源型
			双源型
		光电型	减光型
			散射型
	线型	吸气型	
		红外光束型	
可燃气体探测器		铂丝型	
		铂铑型	
		气敏半导体型	
		光电型	
		固体电解质型	
复合火灾探测器		感温感烟型	
		感温感光型	
		感烟感光型	
		感温感烟感光型	
		红外光束感温感烟型	

（续）

			双金属型
感温火灾探测器	点型	差温	金属膜盒型
			热敏电阻型
			半导体型
		差定温	双金属型
			金属膜盒型
			热敏电阻型
		定温	易熔合金型
			玻璃球膨胀型
			水银接点型
			双金属型
			金属膜片型
			半导体型
			热敏电阻型
	线型	定温	热电偶型
			可熔绝缘物型
		差温	空气管型
			热电偶型
		差定温	半导体型
			金属膜盒型
			双金属型

探测区域内的每个房间应至少设置一个火灾探测器，一个探测区域内所需安装探测器的数量 N，应按下式计算：

$$N \geqslant \frac{S}{KA}$$

式中　S——一个探测区域的面积（m^2）；

A——一个探测器的保护面积（m^2）；

K——修正系数，重点保护建筑取 $0.7 \sim 0.9$，反之取 1.0。

其他要求见 GB 50116《火灾自动报警系统设计规范》。

74　火灾探测器的选择　在火灾自动探测系统中，选择合适的探测器是相当重要的。应根据探测区域内可能发生火灾的特点、空间高度、气流状况等选用合适类型的探测器或几种探测器的组合。同时，还要考虑到火灾受可燃物质的类别及其分布、着火性质、火灾荷载、着火区域条件、新鲜空气的供给程度、环境温度等因素的影响。

火灾探测器的选择，见表 22.9-2。

表 22.9-2　各种类型火灾探测器的适用场所

种类		适用场所	不适用场所
感烟型	离子型	1）饭店、旅馆、教学楼、办公楼的厅堂、卧室、办公室、商场、列车载客车厢等 2）计算机房、通信机房、电影或电视放映室等 3）楼梯、走道、电梯机房、车库等 4）书库、档案库等	1）相对湿度经常大于 95% 2）气流速度大于 5m/s 3）有大量粉尘、水雾滞留 4）可能产生腐蚀性气体 5）在正常情况下有烟滞留 6）产生醇类、醚类、酮类等有机物质

（续）

种类		适用场所	不适用场所
感烟型	光电型	1）饭店、旅馆、教学楼、办公楼的厅堂、卧室、办公室、商场、列车载客车厢等 2）计算机房、通信机房、电影或电视放映室等 3）楼梯、走道、电梯机房、车库等 4）书库、档案库等	1）有大量粉尘、水雾滞留 2）可能产生蒸汽和油雾 3）高海拔地区 4）在正常情况下有烟滞留
感温型		1）相对湿度经常大于95% 2）可能发生无烟火灾 3）有大量粉尘 4）吸烟室等在正常情况下有烟气或蒸汽滞留的场所 5）厨房、锅炉房、发电机房、烘干车间等不宜安装感烟火灾探测器的场所 6）需要联动熄灭"安全出口"标志灯的安全出口内侧 7）其他无人滞留且不适合安装感烟火灾探测器，但发生火灾时需要及时报警的场所	1）可能产生阴燃火或发生火灾不及时报警将造成重大损失的场所 2）温度在0℃以下的场所，不宜选择定温探测器 3）温度变化较大的场所，不宜选择具有差温特性的探测器
火焰探测器图像型火焰探测器		1）火灾时有强烈的火焰辐射 2）可能发生液体燃烧等无阴燃阶段的火灾 3）需要对火焰做出快速反应	1）在火焰出现前有浓烟扩散 2）探测器的镜头易被污染 3）探测器的"视线"易被油雾、烟雾、水雾和冰雪遮挡 4）探测区域内的可燃物是金属和无机物 5）探测器易受阳光、白炽光等光源直接或间接照射 6）探测区域内正常情况下有高温物体的场所，不宜选择单波段红外火焰探测器 7）正常情况下有明火作业，探测器易受X射线、弧光和闪电等影响的场所，不宜选择紫外火焰探测器
可燃气体型探测器		1）使用可燃气体的场所 2）燃气站和燃气表房以及存储液化石油气罐的场所 3）其他散发可燃气体和可燃蒸汽的场所 4）在火灾初期产生一氧化碳的下列场所可选择点型一氧化碳火灾探测器：①烟不容易对流或顶棚下方有热屏障的场所；②在顶棚上无法安装其他点型火灾探测器的场所；③需要多信号复合报警的场所	除适宜选用场所之外的所有场所

（续）

种类	适用场所	不适用场所
吸气式感烟探测器	1) 具有高速气流的场所 2) 点型感烟、感温火灾探测器不适宜的大空间、舞台上方、建筑高度超过 12m 或有特殊要求的场所 3) 低温场所 4) 需要进行隐蔽探测的场所 5) 需要进行火灾早期探测的重要场所 6) 人员不宜进入的场所	灰尘比较大的场所，不应选择没有过滤网和管路自清洗功能的管路采样式吸气感烟火灾探测器
线型光束感烟火灾探测器	无遮挡的大空间或有特殊要求的房间，宜选择线型光束感烟火灾探测器	1) 有大量粉尘、水雾滞留 2) 可能产生蒸汽和油雾 3) 在正常情况下有烟滞留 4) 固定探测器的建筑结构由于振动等原因会产生较大位移的场所
缆式线型感温火灾探测器	1) 电缆隧道、电缆竖井、电缆夹层、电缆桥架 2) 不易安装点型探测器的夹层、闷顶 3) 各种带式输送装置 4) 其他环境恶劣不适合点型探测器安装的场所	
线型光纤感温火灾探测器	1) 除液化石油气外的石油储罐 2) 需要设置线型感温火灾探测器的易燃易爆场所 3) 需要监测环境温度的地下空间等场所宜设置具有实时温度监测功能的线型光纤感温火灾探测器 4) 公路隧道、敷设动力电缆的铁路隧道和城市地铁隧道等	

75　火灾报警控制器分类　国内常用的火灾报警控制器分类见表 22.9-3。

表 22.9-3　火灾报警控制器的分类

按使用环境要求分类	陆用型		防爆型
			非防爆型
	船用型		防爆型
			非防爆型
按技术性能要求分类	普通型	多线式	有阈值
			无阈值
		总线式	有阈值
			无阈值

（续）

按技术性能要求分类	微机型	多线式	有阈值
			无阈值
		总线式	有阈值
			无阈值
按设计使用要求分类	区域	单路	
		多路	
	集中	单路	
		多路	
	通用	单路	
		多路	
按结构要求分类	壁挂式		
	台式		
	柜式		

76　火灾报警系统组成型式

（1）区域报警系统　仅需要报警，不需要联动自动消防设备的保护对象宜采用区域报警系统。

系统应由火灾探测器、手动火灾报警按钮、火灾声光警报器及火灾报警控制器等组成，系统中可包括消防控制室图形显示装置和指示楼层的区域显示器。

火灾报警控制器应设置在有人值班的场所。

（2）集中报警系统　不仅需要报警，同时需要联动自动消防设备，且只设置一台具有集中控制功能的火灾报警控制器和消防联动控制器的保护对象，应采用集中报警系统，并应设置一个消防控制室。

系统应由火灾探测器、手动火灾报警按钮、火灾声光警报器、消防应急广播、消防专用电话、消防控制室图形显示装置、火灾报警控制器、消防联动控制器等组成。

系统中的火灾报警控制器、消防联动控制器和消防控制室图形显示装置、消防应急广播的控制装置、消防专用电话总机等起集中控制作用的消防设备应设置在消防值班室内。

（3）控制中心报警系统　设置两个及以上消防值班室内的保护对象，或已设置两个及以上集中报警系统的保护对象，应采用控制中心报警系统。

有两个及以上消防值班室时，应确定一个主消防控制室。

主消防控制室应能显示所有火灾报警信号和联动控制状态信号，并应能控制重要的消防设备；各分消防控制室内消防设备之间可互相传输、显示状态信息，但不应互相控制。

其他要求同集中报警系统。

9.3　消防联动控制

77　消防联动控制概述　一个完整的火灾自动报警系统应是由火灾探测、火灾报警控制、消防联动控制三部分组成。其中，消防联动控制设备一般可分为火灾警报设备、灭火设备和避难诱导设备，相对于这些消防设备有如下消防联动控制：①室内消火栓系统的联动控制；②自动喷水灭火系统的联动控制；③卤代烷、CO_2 等气体灭火系统的联动控制；④泡沫、干粉灭火系统的联动控制；⑤电动防火门、防火卷帘等防火分割设备的联动控制；⑥通风、空调、防排烟设备及电动防火阀的联动控制；⑦电梯的联动控制；⑧非消防电源的联动控制；⑨火灾事故广播系统的联动控制；⑩消防通信、火警电铃等现场声光警报装置的联动控制；⑪事故照明及疏散指示的联动控制等。消防联动控制设备根据需要可由上述部分或全部控制装置组成。

78　消防联动控制系统

（1）消火栓系统　由消防泵、管网及消火栓等主要设备组成。火灾时由消火栓系统出水干管上设置的低压压力开关、高位消防水箱出水管上设置的流量开关或报警阀压力开关等信号作为触发信号，直接起动消火栓泵。消火栓按钮的动作信号作为报警信号及起泵联动触发信号由消防联动控制器联动起动消火栓泵。另外，还可在消防控制室手动控制盘直接手动控制消火栓泵的起动、停止。

（2）自动喷水灭火系统　按喷头型式可分为闭式系统（又可分为湿式、干式、预作用喷水灭火系统等类型）及开式系统（又可分为雨淋喷水灭火系统、水幕系统、水喷雾灭火系统三种类型）。

1）湿式喷水灭火系统：由闭式喷头、管道系统、湿式报警阀、喷淋泵等组成，平时管网中有一定压力的水。火灾时在高温作用下，喷头上的低熔点合金熔化或玻璃球烧破，喷头打开，开始自动喷水灭火。由湿式报警阀压力开关的动作信号作为触发信号，直接控制起动喷淋消防泵。另外，还可在消防控制室手动控制盘直接手动控制喷淋消防泵的起动、停止。

2）干式喷水灭火系统：与湿式喷水灭火系统相比区别在于，干式系统在报警阀后的管道内充以压缩空气，火灾时先喷出空气再随之喷水，其联动控制与湿式系统相同。

3）预作用喷水灭火系统：由火灾探测系统及其自动控制的带预作用阀门的闭式喷水灭火系统组成。此系统在预作用阀后的管道内充以有压气体（空气或氮气）。火灾时由火灾探测系统自动开启预作用阀门使管道充水，使系统转变为湿式系统，而其喷头因受热自动开启喷水。

4）雨淋喷水灭火系统：与预作用喷水灭火系统的区别在于，雨淋喷水灭火系统阀后的管道平时为空管，喷头为开式，其联动控制方式相似。

5）水幕系统：是用来阻火、隔火以及作防火隔断，不是直接用来扑灭火灾的，其联动控制方式与预作用喷水灭火系统相似。

6）水喷雾灭火系统：其联动控制方式与预作用喷水灭火系统相似。

（3）卤代烷、CO_2 等气体灭火系统　卤代烷自动灭火系统的配置方式分为有管网的全淹没系统、局部应用系统、无管网的固定灭火装置。

有管网的卤代烷系统灭火过程是，将设置在灭火部位的感烟、感温探测器信号送入报警控制器，再送入联动控制设备，由联动控制设备驱动声光报警器，关闭空调机、风机、防火阀、门窗等，经 30s 延时后，起动氮气钢瓶瓶头阀及放气指示灯。

CO_2 灭火系统分为有管网的全淹没系统、局部应用系统，灭火程序与卤代烷系统相似。

（4）泡沫、干粉灭火系统　控制方式与卤代烷灭火系统相似。

（5）电动防火门、防火卷帘系统　疏散通道上各防火门的开启、关闭及故障状态信号应反馈至防火门监控器；电动防火门若平时常开，火灾时应受控关闭。

疏散通道上设置的防火卷帘是通过其两侧的探测器信号送至报警控制器，由联动控制设备控制防火卷帘先下降至距地 1.8m 处，再下降至楼板面。非疏散通道上设置的防火卷帘通过其两侧的探测器信号送至报警控制器，由联动控制设备控制防火卷帘直接下降至楼板面。防火卷帘两侧设置的手动控制按钮可手动控制防火卷帘的升降，并能在消防控制室手动控制防火卷帘的降落。

（6）通风、空调、防排烟系统　由防火阀、送风口、排烟口及风机等组成。消防中心接到火警信号后，发出信号关闭通风、空调系统防火阀及其风机，开启防排烟系统防火阀及其风机，并接收其动作返回信号，以监视各设备运行状况。在总线制系统中，由联动模块控制防火阀、送风口、排烟口及风机等，还可在消防控制室的消防联动控制器上手动控制送风口、电动挡烟垂壁、排烟口、排烟窗、排烟阀、防排烟风机等；另外，还可在消防控制室手动控制盘直接手动控制防排烟风机的起动、停止。

（7）电梯

1）消防联动控制器应具有发出联动控制信号强制所有电梯停于首层或电梯转换层的功能。

2）电梯运行状态信息和停于首层或转换层的反馈信号，应传至消防控制室显示，轿厢内应设置能直接与消防控制室通话的专用电话。

（8）非消防电源、门禁等

1）消防联动控制器应具有切断火灾区域及相关区域的非消防电源的功能，当需要切断正常照明时，宜在自动喷淋系统、消火栓系统动作前切断。

2）消防联动控制器应具有自动打开涉及疏散的电动栅栏等的功能，宜开启相关区域安全防范系统的摄像机监控火灾现场。

3）消防联动控制器应具有打开疏散通道上由门禁系统控制的门和庭院电动大门的功能，并应具有打开停车场出入口挡杆的功能。

（9）火灾警报、消防应急广播　确认火灾后启动建筑物内的所有声光警报器，并同时向全楼进行广播，消防应急广播与火灾声警报器分时交替工作。消防应急广播与普通广播或背景音乐广播合用时，应具有强制切入消防应急广播的功能。

（10）消防应急照明和疏散指示系统　确认火灾后，由发生火灾的报警区域开始，顺序启动全楼疏散通道的消防应急照明和疏散指示系统，系统全部投入应急状态的启动时间不应大于 5s。

79　消防控制室　指设有火灾报警控制器、消防联动控制器、消防控制室图形显示装置、消防专用电话总机、消防应急广播控制装置、消防应急照明和疏散指示系统控制装置、消防电源监控器等设备或具有相应功能的组合设备，能接收、显示、处理火灾报警信号，控制有关消防设施的房间。当只有火灾自动报警时称为消防值班室，可与经常有人值班的部门合用；当既有火灾自动报警又有消防联动控制设备时称为消防控制室；当具有两个或两个以上消防控制室的大型建筑群或超高层建筑，应设置消防控制中心。消防控制室宜设置在建筑物的首层或地下一层，并宜布置在靠外墙部位，其疏散门应直通室外或安全出口。消防控制室内设备布置、安装及电源要求等，见国家标准 GB 50116《火灾自动报警系统设计规范》。

80　电气火灾、消防电源、防火门监控系统

（1）电气火灾监控系统　电气火灾监控系统是当被保护线路中的被探测参数超过报警设定值时，能发出报警信号、控制信号并能指示报警部位的系统，可用于具有电气火灾危险的场所。它由电气火灾监控器及接口模块、剩余电流式电气火灾探测器、测温式电气火灾探测器、故障电弧探测器等部分或全部设备组成，属于火灾自动报警系统中的独立子系统。

电气火灾监控系统根据建筑物及电气火灾危险性设置，并根据电气线路敷设和用电设备的具体情况，确定电气火灾探测器的型式与安装位置，应设置在非消防负荷的配电回路。一般采用非独立式电气火灾探测系统；无消防控制室且电气火灾探测器设置数量不超过 8 只时，可采用独立式电气火灾监控探测器。

（2）消防电源监控系统　消防电源监控系统对消防设备的供电系统进行实时监测，可判断为消防设备供电的系统是否存在供电中断、过电压、欠电压、过电流、断相、错相等故障，当消防设备电源发生故障时监控系统能快速响应，发出声光报警信号，并记录故障的部位、类型和时间。消防电源监控系统由消防设备电源监控器、电压信号传感器、电压和电流信号传感器等设备组成，属于火灾自动报警系统中的独立子系统。

（3）防火门监控系统　防火门监控系统是专门用于监控建筑中设置的常开、常闭防火门工作状态和控制常开防火门关闭的监控系统。防火门监控系统由防火门监控器、接口模块、门磁开关、电磁释放器和电动闭门器等组成，属于火灾自动报警系统中的独立子系统。

防火门监控系统可规范管理建筑物防火门的状态，并实现统一管理、统一显示和统一控制，确保防火门起到应有的设计功能。

81　系统的施工、检测及验收　火灾报警系统施工前，应具备系统图、设备布置平面图、接线图、安装图以及消防设备联动逻辑说明等必要技术条件。施工过程中，施工单位应做好施工（包括隐蔽工程验收）、检验（包括绝缘电阻、接地电阻）、调试、设计变更等相关记录。施工过程结束后，施工方应对系统的安装质量进行全面检查。系统竣工时，施工单位应完成竣工图及竣工报告，见 GB 50166《火灾自动报警系统施工及验收标准》，最后根据国家相关规定交付验收及投入使用。

第10章 建筑物的网络、通信、广播和电视

10.1 建筑物的网络

82 通信网络

（1）通信网络概述 建筑物的通信网络是将公用通信网上的光纤、铜缆线路配线系统或光纤数字传输系统引入建筑物内，并可根据建筑物内使用者的需求，将光纤延伸到用户的工作区。通信网络是由终端设备、交换设备、传输设备按一定拓扑模式组合在一起的，结合建筑物内的综合布线系统这一宽带信息传输的物理链路，通信网络能够提供传输速率为 64bit/s、$n \times 64$bit/s、2048bit/s 及其以上的传输信道。建筑物内的通信网络主要包括语音、数据、传真、图像、多媒体、网络电视等综合业务。

（2）电话网的组网 用户或远端用户较集中的单位，通常设远端模块，也可设程控用户交换机与公用电话交换网市话端局构成一体，并且能够与公用电话交换网（PSTN）、综合业务数字网（ISDN）、中国计算机互联网（CHINANET）、数字数据网（DDN）、公用分组数据交换网（PSPDN）及卫星通信网（VSAT）等业务网间互通，实现用户在建筑物中的语音、数据、图像、多媒体业务的综合通信。如最常见的是利用公用电话交换网（PSTN）上网。用户在其计算机终端所在的电话网线路上接入一个调制解调器，通过拨号就可上网，实现了数据通信。参见本手册第14篇第1~4章。

83 信息网络

（1）信息网络概述 信息网络系统是能够为建筑物或建筑群的拥有者或管理者及建筑物内的各个使用者提供有效的信息服务，并为办公自动化创造良好的信息通信环境，提供方便快捷有效的办公自动化服务。它包括计算机网络系统以及由计算机网络系统所支撑的办公、管理、信息服务、业务应用等应用系统，具有对来自建筑物或建筑群内外的各种信息予以接收、存储、处理、交换、传输的能力。

（2）计算机网络系统 计算机网络从广义上讲，可以定义为"计算机技术与通信技术相结合实现远程信息处理或进一步达到资源共享的系统"；从功能角度出发，可以定义为"把分散在各处的、各个独立的计算机，通过传输介质（同轴电缆、双绞线、光纤、无线传输媒体）和互连设备连接起来，以实现相互通信和资源互享的系统"。

在民用建筑中一般计算机网络大多数采用局域网（LAN）组网方式，局域网一般是由以下几部分组成的：

1）主干网：采用的是以太网或 ATM 网，传输速率达到 100/1 000Mbit/s 以上，其作用是承担计算中心的主机或服务器与智能建筑内各局域网及其他网络设备的联网。

2）楼层局域网：传输速率为 10/100Mbit/s。在民用建筑中可以配置一个或几个局域网，即每个楼层或几个楼层配置一个局域网，这些不同的局域网可以通过第三层交换机或路由器连接起来。

84 以太网 以太网有快速以太网和千兆位以太网之分，具体请参见第6篇第8章。

（1）快速以太网 根据传输介质的不同分为以下三种类型：

1）100Base TX：传输介质使用超五类非屏蔽双绞线（UTP），最长距离为 100m，使用 RJ45 连接器，可作为楼层局域网。

2）100Base FX：传输介质一般使用 62.5/125m 的多模光纤及单模光纤，在全双工模式下适合用作建筑大厦、住宅小区的局域网网络。

3）100Base T4：传输介质为三类四对 UTP。

（2）千兆位以太网 根据布线环境的不同，分为以下几种类型：

1）1 000Base CX：使用短距离的屏蔽双绞线（25m），适用于一个机房内的设备互连。

2）1 000Base LX：使用光纤作传输介质，适用于智能小区和校园主干网。

3）1 000Base SX：使用光纤作传输介质，但传输距离较 1 000Base LX 短，可作为智能建筑中的主干网。

4）1 000Base TX：使用四对超五类非屏蔽双绞线或六类 UTP，RJ45 连接器，无中继最大传输距离为 100m，可作为建筑中的主干网。

85　ATM 网　ATM（异步传输模式）是一种基于信元的传输和交换技术，它的主要特点是传输速率可达 155M～2.4Gbit/s，可适用于局域网、广域网。具体参见第 6 篇第 8 章。

86　网络型式　计算机网络根据使用的地理位置可分为局域网（LAN）、广域网（WAN），根据使用的性质可分为内网、外网。这里简单介绍一下内网和外网。具体参见第 6 篇第 8 章。

国家机关、部队等重要部门的网络结构一般是由内网和外网构成的。内网是一些保密部门建立的内部使用的独立的网络，它与外网从网络中心设备到传输链路都是严格分开的。内网用户与 Internet 相连时，需考虑防止泄密等安全措施；内部的远程用户需要访问内部网络时，先要通过公网的方式接入网络中心，再经过身份认证方可进入内部网络。外网是用来处理对外事务、公告以及服务的。

10.2　电话通信

87　设备选择与站房设置　电话通信是现代工业与民用建筑应用最普遍的通信手段，它可以将电话、电传、传真、计算机、文字处理机及各种数据终端有机地连接成综合业务数据网（ISDN）。用于电话通信的设备是程控用户交换机，它可分为模拟交换机和数字交换机。模拟交换机有空分式（空间分割）和时分式（时间分割，采用脉幅调制（PAM））两种；数字交换机为时分式，采用增量调制（DM）或脉码调制（PCM）。目前广泛采用的是程控数字交换机。具体参见第 14 篇第 3 章。

站房设置需考虑如下原则：总机的位置一般宜选在二楼或一楼并邻近道路，避免设在地下室；总机最好放在分机用户负荷的中心位置；总机的位置优先选在建筑物的朝阳面，并使有关机房紧密相邻；电话机房应设在环境比较清静和清洁的场所；电话站包括交换机室（总机室）、蓄电池室、传输设备室、维修室、话务员室等，上述房间可根据总机容量的大小灵活设置，一般用 1～3 间；交换机室要求严密防尘，并要求环境温度为 18～28℃，相对湿度为 30%～75%。

88　电源及程控电话站接地电阻　用户交换机所需工作电源主要是直流电源。目前程控电话交换机用 48V 直流电，整流设备多采用晶闸管整流器或开关型整流器。为满足电话通信的不间断要求，当建筑物内设有发电机组时，蓄电池组的初装容量应满足系统 0.5h 的供电时间要求；当建筑物内无发电机组时，根据需要蓄电池组应满足系统 0.5～8h 的放电时间要求；当电话交换系统对电源有特殊要求时，应增加电池组持续放电的时间。

程控电话站接地电阻一般不应大于 4Ω；当采用共用接地时，接地电阻一般不大于 1Ω。

89　电话配线方式　主要包括小区或城市通信网及建筑物内部配线。建筑物内部配线一般包括配线设备、分线设备、配线电缆、用户线及用户终端机。配线方式有：

（1）单独式　各个楼层的电话电缆分别配线，各个楼层之间的电话电缆线之间毫无连接关系。适用于各层楼需要的电缆线对数较多且一般固定不变的场合，如高级宾馆的标准层或办公楼的办公室等。

（2）复接式　各个楼层之间的电缆线对部分复接或全部复接，复接的线对根据各层需要确定，每对线的复接次数一般不得超过两次。适用于各楼层需要的电缆线对数量不等、变化较多的场合。

（3）递减式　各个楼层之间的电缆成对引出后，上升电缆逐渐递减，不复接。适用于各层所需的电缆线对数量不均匀且无变化的场合，如规模较小的宾馆、办公楼等。

（4）交接式　将整个电缆线路网分为几个交接配线区域，除离总交接箱或配线架较近的楼层采用单独式供线外，其他各层电缆均分别经过有关交接箱与总交接箱或配线架连接。适用于各层需要线对数量不同且变化较多的场合，如大型的办公写字楼、高级宾馆等。

对于一个建筑物，可以采用任何一种方式，也可以将这几种方式结合起来。

10.3　数据通信

90　数据通信概述　数据通信就是计算机之间通信。通信是建立在计算机通信网上，通过通信线路并且遵照一定的通信协议，实现远程数据通信。它可以提供电子邮件、文件传送、电子数据交换、传真存储转发、图像、数字语音等多种业务。具体参见第 14 篇第 4 章。

电子邮件（E-mail）是一种基于计算机网络的信息传递业务，通过电信网实现各类信件和文件的传送、接收、存储和投送。

电子数据交换是将商业或行政文件、信息按照一个公认的标准，经计算机处理，形成具有标准格式的数据文件，经过通信网传送到对方用户的计算机。对方用户的计算机收到发来的报文之后，立即按照特定的程序自动进行处理，经格式校验、翻译、映射，还原成应用文件，最后对应用文件进行编辑、处理和回复。

传真存储转发系统是在用户传真机之间设立存储转发设备，用户之间的传真文件或图片都要经过存储转发系统控制。

91　数据通信系统设计　如前所述，数据通信就是计算机之间通信，是利用计算机通信网络，遵照一定的通信协议，实现远程数据通信的。而计算机通信网络则是通过如光纤、双绞线、大对数铜缆等传输介质和一些网络交换设备建立起来的。有关光纤、双绞线、大对数铜缆以及网络交换设备的选用、设置见综合布线系统设计。

10.4　公共广播与厅堂扩声

92　公共广播与厅堂扩声概述　是指广播音响系统，也称电声系统。它大致可分为公共广播系统和厅堂扩声系统两大类。公共广播系统可进行语言广播，也可播放背景音乐，在火灾情况下，还可强切到火灾状态进行火灾事故广播。厅堂扩声系统包括礼堂、剧场、体育场馆等的扩声、歌舞厅等的音响和报告厅的广播音响系统，要求使用专业音响设备。两类系统均由节目源设备、放大和处理设备、传输线路及扬声器系统四部分组成。

93　公共广播系统传输方式　为减少功率传输损耗，该系统目前采用两种系统传输方式：

（1）音频传输方式（直接传输方式）　常用的有两种，第一种是定压式，是有线广播系统应用最广泛的一种配接方式，它是在远距离传输时，用变压器升压后以高压小电流传输，在接收端再用变压器降压和匹配，从而减少功率传输损耗，所以也称为高阻输出方式。第二种是有源终端式，也称低阻输出式，是将控制中心的大功率放大器分解成小功率放大器，分散到各个终端去，避免大功率音频电能的远距离传送。公共广播系统宜采用定压输出，输出电压宜采用 70V 或 100V。

（2）载波传输方式　适用于设有 CATV 系统的场所，如宾馆的客房等。它是将音频信号调制成高频载波信号，经同轴电缆传送至各个用户终端，并在终端经解调还原成声音信号。目前调频广播就是采用这种方式传送的。还可以设置几套自办的音乐节目作为背景音乐等，通过载波传输系统向宾馆的客房与走道传送。此时系统的输出口应使用带有 TV、FM 的双孔用户终端插座。

94　扬声器的设置　公共广播扬声器的选择应满足灵敏度、频响、指向性等特性及播放效果的要求，并应符合下列规定：

1）办公室、生活间、客房等可采用 1~3W 的扬声器。

2）走廊、门厅及公共场所的背景音乐、业务广播等宜采用 3~5W 的扬声器。

3）在建筑装饰和室内净高允许的情况下，对大空间的场所宜采用声柱或组合音响。

4）扬声器提供的声压级宜比环境噪声高 10~15dB，但最高声压级不宜超过 90dB。

5）在噪声高、潮湿的场所设置扬声器时，应采用号筒扬声器。

6）室外扬声器的防护等级应为 IP65。

7）有吊顶时，在门厅、电梯厅、休息厅内扬声器安装间距为 2~2.5 倍安装高度；在走道内扬声器安装间距为 3~3.5 倍安装高度；在会议厅、多功能厅、餐厅内扬声器安装间距 $L = 2(H-1.3)\tan\theta/2$（θ 为扬声器的敷设角，宜大于或等于 90°）。

扩声扬声器系统应根据厅堂功能、厅堂容积、空间高度、混响时间等因素选择，并应符合下列要求：

1）扬声器系统可选用点声源扬声器系统或线性阵列扬声器系统。

2）会议扩声系统，宜根据会议室形态、容积，采用强指向性扬声器系统或吸顶扬声器系统方式布置。

3）厅堂扩声系统，根据主席台台口尺寸，扬声器系统可采用左右双通道和左中右三通道系统，以及辅助通道系统方式布置。

4）具有演出功能的厅堂宜设独立的次低频扬声器系统、效果扬声器系统及舞台返听扬声器系统。

95　公共广播分区及功放容量的确定　公共广播系统应按播音控制、广播线路路由等进行分区，宜符合下列规定：

1）建筑物宜按楼层或功能分区。

2）业务部门与公共场所宜分别设区。

3）广播扬声器音量需要调节的场所，宜单独设区或增加音量控制器。

4）每一个分区内广播扬声器的总功率不宜大

于 200W，且应与分路控制器的容量相适应。

5）消防应急广播的分区应与建筑防火分区相适应。

公共广播功放容量的确定宜按下式计算：

$$P = K_1 K_2 \sum P_o$$
$$P_o = K_i P_i$$

式中　P——功放设备输出总功率（W）；

P_o——每分路同时广播时的最大电功率（W）；

P_i——第 i 支路的用户设备额定容量（W）；

K_i——第 i 支路的同时需要系数（背景广播时，旅馆客房节目每套 K_i 应为 0.2～0.4，一般背景广播 K_i 应为 0.5～0.6；业务性广播时，K_i 应为 0.7～0.8；应急广播时，K_i 应为 1.0）；

K_1——线路衰减补偿系数（线路衰减 1dB 时应为 1.26，线路衰减 2dB 时应为 1.58，线路衰减 3dB 时应为2）；

K_2——老化系数，宜为 1.2～1.4。

10.5　有线电视

96　有线电视（CATV）系统组成　CATV 系统是指共用一组天线接收电视台电视信号，经混合、放大（有时需进行变频等处理）后传输并分配至各个电视机用户的系统。在前端再配一定的设备，就可以同时传送自办录像节目、卫星电视节目以及调频广播等。电缆电视的 CATV 系统通过同轴电缆、光缆或其组合来传输、分配和交换声音和图像信号。CATV 系统由前端、干线和用户分配三个部分组成，如图 22.10-1 所示。

（1）前端部分　主要包括电视接收天线、频道放大器、频率变换器、自播节目设备、卫星电视接收设备、导频信号发生器、调制器、混合器以及连接线缆等部件。前端信号的来源一般有三种：接收无线电视台的信号；卫星地面接收的信号；各种自办节目信号。前端的主要作用如下：

1）将天线接收的各频道电视信号分别调整到一定电平，然后经混合器混合后送入干线。

2）必要时将电视信号变换成另一频道的信号，然后按这一频道信号进行处理。

3）将卫星电视接收设备输出的信号通过调制器变换成某一频道的电视信号送入混合器。

4）自办节目信号通过调制器变换成某一频道的电视信号送入混合器。

5）若干线传输距离长，电缆对不同频道信号

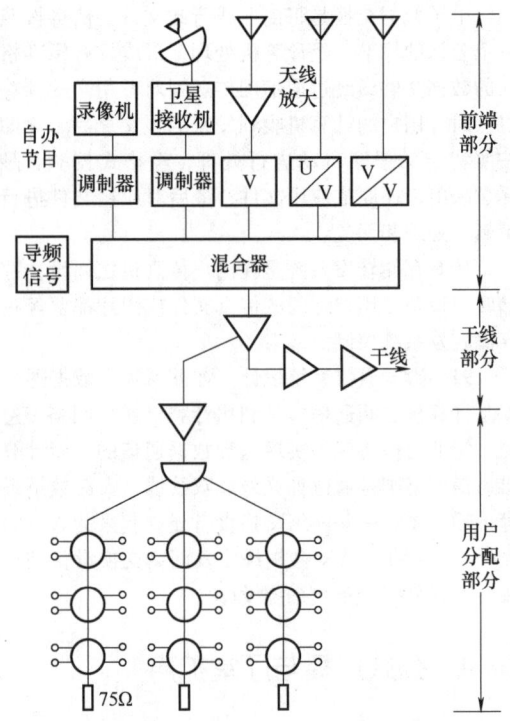

图 22.10-1　CATV 系统的组成

衰减不同，加入导频信号发生器，进行自动增益控制和自动斜率控制。

（2）干线部分　干线传输系统是把前端接收处理、混合后的电视信号，传输给用户分配系统的一系列传输设备。干线传输系统主要设备包括光发射机、光中继、光接收机、干线放大器等。一般在较大型的 CATV 系统中才有。如一个小区内多幢建筑物共用一个前端，自前端至各个建筑物的传输部分称为干线。干线距离较长，为了保证末端信号有足够高的电平，需加入干线放大器以补偿传输电缆的衰减。电缆对信号的衰减基本上与信号频率的二次方根成正比，故有时需加入均衡器以补偿干线部分的频谱特性，保证干线末端的各频道信号电平基本相同。对于单幢大楼或小型 CATV 系统可以不设计干线部分，直接由前端和用户分配部分组成。

（3）用户分配部分　主要包括放大器（宽频带放大器、频段放大器、线路延长放大器等）、分配器、分支器、系统输出端及电缆线路等，它的最终目的是向所有用户提供电平大致相等的优质电视信号。

97　有线电视系统设计

（1）前端部分设计　主要指信号部分和频道处理部分这两部分的设计，所以前端部分设计的关键是合理选择接收天线和电视信号处理设备（放大

器、频道变换器、滤波器、混合器等），保证输出信号有足够的强度和较高的信噪比，有适当的频响特性，对同频干扰以及反射波干扰都要尽量加以抑制，以满足干线和分配分支系统要求。

1）选择接收天线以实现最佳接收效果为目标，选择时应注意尽量选用多单元高增益天线。宽频带天线费用低，适用于小型 CATV 系统；单频道天线和覆盖频率较窄的天线，其指标优良，造价高，适用于大中型系统；必要时可采用天线阵的方式。

选择合适的接收天线后，还要注意同杆天线架设收自不同方向的电视信号，天线层间距大于波长的 1/2，天线排列顺序原则是 UHF 天线在上层，VHF 天线在下层。天线杆要安装避雷针，避雷针长度不小于 1.5λ，并要良好接地；合理选择天线的方向性，以解决同频干扰。

2）前端设备类型根据信号传输方式分为两大类，即全频道传输系统（包括隔频传输系统）的前端和邻频传输系统的前端。进行前端设计，首先应明确系统是采用全频道或隔频传输方式，还是邻频传输方式，然后根据已知设计条件，即接收频道及各频道场强、自办节目数、卫星接收数、预留频道数、传输距离及总用户数等进行设计。

设计步骤如下：①选择自办节目的频道调制器、变换器、频道处理器等设备；②按系统总体分配到前端的载噪比，计算必需的天线最小输出电平，根据实际场强及天线最小输出电平，选择各频道天线；③按前端输出电平要求及各天线实际输出电平，确定天线放大器、频道放大器和混合放大器的增益，并按载噪比的要求确定各放大器的型号；④计算前端电平及载噪比，若不符合要求，改用其他型号放大器。

（2）分配网络设计　这里主要针对小型 CATV 系统（传输干线较短，信号质量容易保证），因此只对其分配网络的设计做一介绍。分配网络是将干线传输来的信号分配给各个用户，它主要由放大器、分配器、分支器、串接单元、用户终端盒、传输电缆等组成。分配器是将一路射频电视信号分成均等的几路输出的无源器件。分支器也是一种无源器件，它是将干线传输的射频电视信号不等地分配给各路，有主路和支路之分，支路有各种不同的衰减值。有的分支器和用户盒组成一体，成为串接一分支器或串接二分支器，即串接单元，串接单元发生故障影响面较广，因此，在设计中不建议采用。

由分配器、分支器组成的分配-分配、分支-分支、分配-分支、分支-分配等各种形式的分配网络，

其用户终端电平都应在 $60\sim80\mathrm{dB}\mu\mathrm{V}$（模拟电视）、$50\sim75\mathrm{dB}\mu\mathrm{V}$（数字电视）范围内，其电平计算方法如下：

1）可从分配网络的输入端到用户端逐步进行计算，也可先给定某一用户端的电平值反推出输入电平。

2）应分别计算出高频和低频的电平值。如在全频道 CATV 系统中，计算出 50MHz 及 800MHz 的电平值；在 550MHz 邻频传输系统中计算出 50MHz 及 550MHz 的电平值。

3）用户端的电平一般用分数表示，分子表示低频的电平值，分母表示高频的电平值。

10.6　闭路监控与工业电视

98　闭路监控与工业电视系统组成　闭路监控与工业电视均属于闭路电视（CCTV）系统。将 CCTV 系统应用于工业，属于工业电视；应用于大厦、宾馆，监视其入口、主要通道、客梯轿厢等，则属于楼宇保安用的闭路监控电视。CCTV 系统一般由四个部分组成：

（1）前端部分　主要是摄像机，安装于监视现场，把被摄体的光信号图像变成电信号送至 CCTV 系统的传输分配部分进行传输。

（2）传输部分　它将摄像机输出的视频（有时含音频）信号送到监控室监视器上，包括视频信号和控制信号的传输。

（3）控制部分　系统的指挥中心，能对视频信号进行切换、叠加日期时间、地点等附加信息，还能对云台、镜头的焦距、光圈、防护罩的加温、电源的接通与断开等进行控制。控制部分的主要设备有集中控制器、电动云台、云台控制器及微机控制器等。

（4）图像处理与显示部分　图像处理是指对系统传输的图像信号进行切换、记录、重放、加工和复制等功能。显示部分则是使用监视器使图像再现。主要设备有视频切换器、监视器和录像机。

闭路监视电视系统组成方式有单头单尾、单头多尾、多头单尾、多头多尾方式（这里头指摄像机，尾指监视器）。

99　工业电视监控系统设计

（1）视频监控摄像机的设防应符合的规定

1）周界宜配合周界入侵探测器设置监控摄像机。

2）公共建筑地面层出入口、门厅（大堂）、主

要通道、电梯轿厢、停车库（场）行车道及出入口等应设置监控摄像机。

3）建筑物楼层通道、电梯厅、自动扶梯口、停车库（场）内宜设置监控摄像机。

4）建筑物内重要部位应设置监控摄像机；超高层建筑的避难层（间）应设置监控摄像机。

5）安全运营、安全生产、安全防范等其他场所宜设置监控摄像机。

6）监控摄像机设置部位宜符合表 22.10-1 的规定。

表 22.10-1　监控摄像机设置部位要求

建筑类型/设置部位	旅馆建筑	商店建筑	办公建筑	交通建筑	住宅建筑	观演建筑	文化建筑	医院建筑	体育建筑	教育建筑
车型人行出入口	★	★	★	★	★	★	★	★	★	★
主要通道	★	★	★	★	☆	★	★	★	★	★
大堂	★	☆	★	★	★	★	★	★	★	★
总服务台、接待处	★	★	★	★	☆	★	★	★	★	☆
电梯厅、扶梯、楼梯口	☆	☆	☆	★	—	☆	★	★	★	☆
电梯轿厢	★	★	★	★	★	★	★	★	★	★
售票、收费处	★	★	—	★	—	★	★	★	★	★
卸货处	☆	★	—	★	—	★	★	☆	—	—
多功能厅	☆	☆	△	☆	☆	★	★	—	☆	△
重要部位	★	★	★	★	☆	★	★	★	★	☆
避难层	★	—	★	★	★	—	—	—	—	—
物品存放场所出入口	★	★	★	☆	—	★	★	★	★	△
检票、检查处	—	—	—	★	—	★	★	—	★	—
停车库（场）行车道	★	★	★	★	★	★	★	★	★	★
营业厅、等候处	☆	☆	☆	★	—	★	★	★	★	☆
正门外周围、周界	☆	☆	☆	☆	☆	☆	☆	△	☆	☆

注：★应设置部位；☆宜设置部位；△可设置或预埋管线部位；—无此部位或不必设置。

（2）摄像机的设置要求应符合的规定

1）摄像机应设置在便于目标监视不易受外界损伤的位置；摄像机镜头应避免强光直射，宜顺光源方向对准监视目标；当必须逆光安装时，应选用具有逆光补偿功能的摄像机。

2）监视场所的最低环境照度，宜高于摄像机最低照度（灵敏度）的 50 倍。

3）设置在室外或环境照度较低的彩色摄像机，其灵敏度不应大于 1.0lx（F1.4），或选用在低照度时能自动转换为黑白图像的彩色摄像机。

4）被监视场所照度低于所采用摄像机要求的最低照度时，应加装辅助照明设施或采用带红外照明装置的摄像机。

5）宜优先选用定焦距、定方向、固定/自动光圈镜头的摄像机，需大范围监控时可选用带有云台和变焦镜头的摄像机。

6）应根据摄像机所安装的环境、监视要求配置适当的云台、防护罩；安装在室外的摄像机必须加装能适应现场环境的多功能防护罩。

7）摄像机安装距地高度，室内宜为 2.5~5m，室外宜为 3.5~10m。

8）摄像机需要隐蔽安装时应采取隐蔽措施，可采用小孔镜头或棱镜镜头；电梯轿厢内设置的摄像机应安装在电梯厢门左或右侧上部。

9）电梯轿厢内设置摄像机时，视频信号电缆应选用屏蔽性能好的电梯专用电缆。

（3）摄像机镜头的选配应符合的规定

1）镜头的焦距应根据视场大小和镜头与监视

目标的距离确定，可按下式计算：

$$F = AL/H$$

式中　F——焦距（mm）；

　　　A——像场高（mm）；

　　　L——物距（mm）；

　　　H——视场高（mm）。

2）监视视野狭长的区域，可选择视角在 30°以内的长焦（望远）镜头。监视目标视距小而视角较大时，可选择视角在 55°以上的广角镜头；景深大、视角范围广且被监视目标移动时，宜选择变焦距镜头。

3）在光照度变化范围相差 100 倍以上的场所，应选择自动电子快门、自动光圈镜头，或选用具有宽动态功能的摄像机。

4）当有遥控要求时，可选择具有聚焦、光圈、变焦遥控功能的镜头。

5）镜头接口应与摄像机的接口一致。

6）镜头规格应与摄像机 CCD/CMOS 尺寸相对应。

（4）系统的信号传输应符合的规定

1）传输方式的选择应根据系统规模、系统功能、现场环境和管理方式综合考虑；宜采用有线传输方式，必要时可采用无线和有线传输混合方式。

2）当采用有线传输方式时，模拟系统传输介质宜采用同轴电缆，数字系统传输介质宜采用综合布线对绞电缆或光缆；当长距离传输或在强电磁干扰环境下传输时，应采用光缆。

3）系统的控制信号可采用多芯电缆直接传输，或将其进行数字编码用电（光）缆传输。

（5）系统的控制设备、显示设备、图像记录设备的配置与功能应符合的规定　参见 GB 51348—2019《民用建筑电气设计标准》第 14.3.9~14.3.11 条。

（6）供电应符合的规定

1）前端摄像机、解码器等宜由监控中心专线集中供电；前端摄像机设备距监控中心较远时，可就地供电。网络摄像机可采用 POE（以太网供电）方式；重要部位网络摄像机不宜采用 POE 供电方式。

2）系统宜采用不间断电源供电，其蓄电池供电时间不应小于 1h。

（7）安防监控中心应符合的规定　参见 GB 51348—2019《民用建筑电气设计标准》第 23 章及 GB 50348—2018《安全防范工程技术标准》6.14 节的内容。

第 11 章 建筑智能化

11.1 智能建筑

100　智能建筑的概念及特点　1984 年诞生了世界上公认的第一座智能建筑（IB）。对于智能建筑目前尚无统一的定义。美国智能大楼研究机构认为，智能建筑就是通过对建筑物的四个基本要素，即结构、系统、服务、管理以及它们之间的内在关联的最优化组合，来提供一个投资合理又具有高效、舒适、温馨、便利的环境。日本电机工业协会认为，智能建筑是综合计算机、信息通信等方面先进技术，使建筑物内的电力、空调、照明、防灾、防盗、运输设备等协调工作，以期发挥最大效率，实现建筑物自动化、通信和办公自动化。

智能建筑是现代建筑技术与现代信息技术相结合的产物。GB 50314《智能建筑设计标准》中智能建筑的定义为：以建筑物为平台，基于对各类智能化信息的综合应用，集结构、系统、应用、管理及优化组合为一体，具有感知、传输、记忆、推理、判断和决策的综合智慧能力，形成以人、建筑、环境互为协调的整合体，为人们提供安全、高效、便利及可持续发展功能环境的建筑。

智能建筑的基本内涵为以综合布线为基础，以计算机网络为桥梁，综合配置建筑物内的各功能子系统，全面实现通信系统、办公自动化系统、大楼内各种设备（空调、供热、给水排水、变配电、照明、消防、安防）等的综合管理。

101　智能建筑的系统组成　一个典型的智能建筑通常是由以下几个系统组成的：建筑设备自动化系统（BAS）、通信自动化系统（CAS）、办公自动化系统（OAS）。

（1）智能建筑的组成

1）建筑设备自动化系统（BAS）：该系统主要是采用传感技术、计算机和现代通信技术对大楼内所有机电和能源系统进行智能化管理。它是以中央计算机为核心，由能源管理系统、空调系统、消防系统、保安监控系统和其他设备监控系统等子系统组成的综合系统。各子系统之间能进行信息交换和联动，形成统一由 BAS 运作的整体，从而实现最优化控制管理。

2）通信自动化系统（CAS）：该系统主要是应用以电话网络、电视网络、计算机网络为主的通信网络，来提供大厦内外的一切语音和数据通信。其中电话网络以专用数字程控交换机（PABX）为核心，实现语音兼顾数据和传真通信；计算机网络则用以实现大楼内部计算机之间的联网通信及与大楼外部建立远程数据或多媒体通信网，即它用于连接各种高速数据处理设备，如主计算机、服务器、工作站、微机以及各种终端资源而组成局域网（LAN），它们的发展方向是综合业务数字网（ISDN）。

3）办公自动化系统（OAS）：该系统主要是在 CAS 基础上建立起来的信息系统。通常由计算机、工作站、文件服务器、声像存储装置、高性能传真机、高性能电话机、各类终端、文字处理机等各种办公设备和相应的软件等组成。它提供的基本功能有文字处理、文档管理、电子账票、电子邮件、电子数据交换（EDI）等。另外，此系统还可实现管理和决策自动化（通常被称为 DA）。

4）综合布线系统：该系统是智能建筑 BA、CA、OA（3A 系统）能否实现的基础，是智能建筑的神经系统。它利用光缆（Fiber）或非屏蔽双绞线（UTP）为传输介质，采用高质量的标准配件，以模块化组合方式，把语音、数据、图像及监控信号等的布线综合在一套标准、灵活、开放的布线系统里。

（2）智能建筑的分类

1）以公共建筑为主的智能建筑：写字楼、综合楼、宾馆、饭店、医院、机场航站楼、体育场馆等。

2）以住宅及住宅小区为主的智能化住宅和小区。

（3）智能建筑弱电工程的系统构成及功能

1）建筑设备自动化系统（BAS）：是将建筑物

或建筑群内的空调和通风、供配电、照明、给排水、热源和热交换、冷冻和冷却、电梯和自动扶梯等系统,以集中监视、控制和管理为目的构成的综合系统,使其运行于最佳状态。

2）信息网络系统（INS）：是应用计算机技术、通信技术、多媒体技术、信息安全技术和行为科学等先进技术和设备构成的信息网络平台。借助于这一平台实现信息共享、资源共享和信息的传递与处理,并在此基础上开展各种应用业务。

3）通信网络系统（CNS）：是建筑物内语音、数据、图像传输的基础设施。通过通信网络系统可实现与外部通信网络（如公用电话网、综合业务数字网、互联网、数据通信网及卫星通信网等）相连,确保信息畅通和实现信息共享。

4）智能化集成系统（IIS）：是在建筑设备监控系统、安全防范系统、火灾自动报警与联动控制系统等各子系统分部工程的基础上,实现建筑物管理系统（BMS）集成。BMS可进一步与信息网络系统（INS）、通信网络系统（CNS）进行系统集成,实现智能建筑物管理集成系统（IBMS）,以满足建筑物的监控功能、管理功能和信息共享功能的需求,便于通过对建筑物和建筑设备的自动检测和优化控制,实现信息资源的优化管理和对使用者提供最佳的信息服务,使智能建筑达到投资合理、适应信息社会需求的目标,并具有安全、舒适、高效和环保的特点。

5）安全防范系统（SAS）：根据建筑安全防范管理的需要,综合运用电子信息技术、计算机网络技术、视频安防监控技术和各种现代安全防范技术构成的用于维护公共安全、预防刑事犯罪及灾害事故为目的,具有报警、视频安防监控、出入口控制、安全巡查、停车场管理的安全技术防范体系。

6）火灾自动报警系统（FAS）：由火灾探测系统、火灾自动报警及消防联动控制系统、自动灭火系统等部分组成,实现建筑物的火灾自动报警及消防联动控制。

7）住宅（小区）智能化（CI）：是以住宅小区为平台,兼备安全防范系统、火灾自动报警及消防联动控制系统、信息网络系统和物业管理等系统以及这些系统集成的智能化系统,具有集建筑系统、服务和管理于一体,向用户提供节能、高效、舒适、便利、安全的人居环境等特点的智能化系统。

8）智能家居控制系统（HC）：是完成家庭内各种数据采集、控制、管理及通信的网络系统,一般具备家庭安全防范、家庭消防、家用电器监控及信息服务等功能。

9）控制网络系统（CNS）：是用控制总线将控制设备、传感器及执行机构等装置连接在一起进行实时的信息交互,并完成管理和设备监控的网络系统。

11.2 安全防范

102 安全防范系统

随着社会的进步和经济的发展,安全保障和防范系统不仅要保障人身和财产的安全,还要保护图纸、票据、文件、资料的安全。采用电子、传感器、通信、自动控制及计算机等技术的安全防范器材与设备构成的技术手段来实现安全防范的方法即安全技术防范。

保护党政机关、军事、科研、文物、银行、金融、商店、办公、住宅、展览等场所的人身、财产与各类机密的安全,是安全防范工作的重点。安全防范系统对犯罪分子有威慑作用,发现入侵、盗窃等犯罪活动及时报警,自动记录犯罪现场、过程,为及时破案节省大量的人力、物力。而且在为人们提供安全保障和舒适、快捷服务的同时,也提升了物业管理和服务的水平。

安全技术防范系统宜由安防综合管理系统和相关子系统组成。子系统可包括入侵报警系统、视频安防监控系统、出入口控制系统、电子巡查系统、访客对讲系统和停车场管理系统。其中视频监控系统请参见本篇第10章10.6节"闭路监控与工业电视"。

103 入侵报警系统

（1）入侵报警系统概述 入侵报警系统属于公共安全防范管理系统范畴,该系统采用现代化高科技的电子技术、传感器技术、精密仪器技术和计算机技术,来自动探测发生在布防监测区域内的入侵行为,产生报警信号,并向值班人员辅助提示发生报警的区域部位、显示可能采取的对策。系统宜与视频监控系统、出入口控制系统等联动。

（2）入侵报警系统组成 入侵报警系统主要由前端探测器、现场区域控制器、报警监控中心控制设备等三部分组成。

典型的前端探测器有门磁、窗磁、主动红外探测器、遮挡式微波探测器、振动电缆探测器、泄漏电缆探测器、电动式振动探测器、压电式振动探测器、声波-振动式玻璃破碎双鉴探测器、被动红外探测器、微波-被动红外双鉴探测器、声控单技术式玻璃破碎探测器、微波多普勒探测器、声控-次声波式玻璃破碎双鉴探测器等。

当有人非法入侵时将会触发相应的探测器，探测器立即发出报警信号传送至管理中心的报警主机上，保安人员迅速出警；同时管理中心的报警主机将会记录下这些信息，以备查阅。

（3）家庭入侵报警系统功能　入侵报警系统不仅仅起到防入侵、防盗和防破坏的作用，还具有家庭总线型控制网络的多种家用电器远程控制功能。为智能家居控制系统搭建了基础平台。

1）家庭报警主机功能：家庭报警主机可以划分成几个有线报警防区，每个防区之间相互独立又具有不同的报警信息，可以给每个防区设置不同的报警级别，同时由于各个防区之间能够任意组合，还可设定组合防区以滤除误报警。当报警发生时，系统会将报警信息通过网络传至小区管理中心，同时自动拨号到用户预先设定的固定或移动电话上，系统可向用户提供一个中文语音报警信息，将报警的位置与类型通知给用户，同时系统还可以联动警灯、警报器和照明灯光以恐吓盗贼，同时起到警示作用。

2）设防和撤防功能：即用户可通过电话对家庭报警进行布/撤防、离家设防、在家设防和撤防。

离家设防就是当业主离开家时，按动家庭报警主机上的离家设防键，让所有的防区进入工作状态，同时系统对各个防区进行自检（是否已被触发），并通过语音方式提醒用户已被触发的防区，以备正确布防。系统提供一段布防延迟时间，供业主正常离开家门。

在家设防是指业主在家时能够将部分防区设置为工作状态，让系统布防。例如，业主就寝后，可使室内的门窗位移探测器（门窗磁控开关）和客厅的红外探测器、煤气感应器等处于布防状态。

在家撤防是指系统在未做任何布防时让部分防区（如煤气泄漏感应器）始终处于工作状态，即24h防区。

3）紧急求助报警功能：当遇到紧急情况时，按动紧急求助报警按钮，家庭报警主机接收到报警信号后，将拨通预先设定的电话号码以语音方式通知家人或指定受话人，通过电话通知小区监控中心。同时，中心软件的操作界面上提供入侵的具体情况。

4）小区管理中心：通过小区联网，可实现对整个小区内所有用户进行集中的保安接警管理。每个家庭都可将报警信号传送至管理中心计算机，并通过报警蜂鸣器提醒保安人员，保安人员由此可确认报警的位置和类型，同时计算机还显示与住户相关的一些信息，以供保安人员及时和正确地进行接警处理，报警事件可以通过打印机及时打印出来。还可以在管理中心内设置 LED 电子显示地图，较为直观地显示报警的地理位置。

104　智能家居控制系统　智能家居控制系统是随着现代通信、计算机网络、自动控制和集成系统等技术发展而形成的，促进了家庭生活的智能化，为住户提供舒适、安全、方便和信息交流通畅的生活环境。智能家居控制系统的功能包括家庭通信、家庭设备自动控制、家庭安全防范三个方面。

（1）家庭通信

1）电话线路：通过电话线路实现双向传输语音信号和数据信号。

2）计算机网络：通过计算机网络实现信息交互、综合信息查询、网上教育、医疗保健、电子邮件、电子购物等。

3）CATV：收看有线电视节目、通过 CATV 线路实现 VOD 点播和多媒体通信。

（2）家庭设备自动控制　家庭设备自动控制包括电器设备的集中、遥控、远距离异地（手机、计算机等）的监视、控制和数据采集。

1）家用电器的监视和控制：按照预先设定的程序要求对热水器、微波炉、窗帘、电饭锅、洗衣机、视像音响等家用电器进行监视和控制。

2）热能表、燃气表、水表、电能表的数据采集、计量和传送：根据燃气公司、供电公司、自来水公司、小区物业等管理要求设置数据采集程序，在某一特定的时间提供传感器对水、电、气、热的用量进行自动数据采集、计量，并将采集结果上传至管理主机。

3）空调机的监视、调节和控制：按照预先设定的时间程序，根据时间、温度、湿度等参数对空调机进行监视、调节和控制。

4）照明设备的监视、调节和控制：按照预先设定的时间程序，分别对各个房间照明设备的开、关进行控制，并可自动调节各个房间的照度，控制各类场景模式。

（3）家庭安全防范

1）火灾自动报警：通过设在各房间的火灾探测器监视火灾情况，家庭控制器发出声光报警信号，同时与小区消防系统及物业管理中心联网。

2）可燃气体泄漏报警：通过设置在厨房的可燃气体探测器，监视燃气管道、灶具、燃气热水器有无燃气泄漏。可燃气体泄漏报警后，家庭控制器发出声光报警信号，联动开启排风扇、关闭燃气管道上的电磁阀，同时与小区消防系统及物业管理中心联网。

3）防盗报警：住宅周界防护是指住宅的门、窗上安装门磁开关，在对外的玻璃窗、门附近安装玻璃破碎探测器；住宅内区域防护是指在主要通道、重要房间内安装被动红外探测器或被动红外/微波双鉴探测器。分时段设防，当有非法入侵时，家庭控制器发出声光报警信号，同时与小区安防系统或物业管理中心联网。详见本篇第 107 条。

4）访客对讲：住户利用访客对讲设备与来访者进行双向通话和可视通话，对大楼入口门或单元门锁进行开启控制。

5）紧急求救：当遇到紧急情况时，按动报警按钮向小区物业管理部门进行紧急求救报警。

105　出入口控制系统

（1）出入口控制系统概述　出入口控制系统是采用现代电子设备与软件信息技术，在出入口对人或物的进出进行放行、拒绝、记录和报警等操作的控制系统，系统同时对出入人员编号、出入时间、出入门编号等情况进行登录与存储，从而成为确保区域的安全、实现智能化管理的有效措施。

（2）出入口控制系统组成　系统主要由识读部分、传输部分、管理/控制部分、执行部分及相应的系统软件组成。其主要设备有：识别卡、读卡器、写入器、控制器、电锁、闭门器、门磁开关、出门按钮、管理计算机等。系统有多种构建模式，可根据系统规模、现场情况、安全管理要求等合理选择。出入口控制系统的识别方式分为四种：密码钥匙、卡片识别、生物识别及上述几种的组合。生物识别的方法较多，有掌形识别、指纹识别、语音识别、虹膜识别、视网膜识别等，若与智能卡组合使用，就可能更好解决智能卡被非法使用者利用的问题。

（3）出入口控制系统功能

1）管理各类进出人员并制作相应的通行证，设置各种进出权限。凭有效的卡、代码和特征，根据其进出权限允许进出或拒绝进出，属黑名单、强行破门或下班未关门等将进行报警。

2）一般门内人员可用手动按钮开门。

3）特殊管理人员可使用钥匙开门。

4）在特殊情况下，由上位机指令门的开关。

5）门的状态及被控信息记录到上位机中，可方便进行查询。

6）断电等意外情形下能自动开门。

7）对某时段内人员的出入状况或某人的出入状况可实时统计、查询和打印。

8）可与考勤系统结合，通过设定班次和时间，对所有存储的记录进行考勤统计。

9）可附加持卡人个人资料，辅助形成档案管理系统；实现考勤、巡更、停车场、图书馆、食堂就餐等一卡通。

10）具有与入侵报警系统、火灾自动报警系统、视频安防监控系统、电子巡查系统集成或联动的功能。

（4）出入口控制系统设置区域及要求

1）主要出入口宜设置出入口控制装置，出入口控制系统中宜有非法进入报警装置。

2）重要通道宜设置出入口控制装置，系统应具有非法进入报警功能。

3）设置在安全疏散口的出入口控制装置，应与火灾自动报警系统联动。在紧急情况下应自动释放出入口控制系统，安全疏散门在出入口控制系统释放后应能随时开启。

4）重要工作室应设置出入口控制装置。集中收款处、重要物品库房宜设置出入口控制装置。

106　访客对讲系统

（1）访客对讲系统概述　访客对讲系统是在多层或高层建筑中实现访客、住户和物业管理中心相互通话、进行信息交流并实现对小区安全出入通道控制的管理系统。

（2）访客对讲系统组成　系统基于网络传输方式，门口机、室内机、管理软件之间通过局域网连接。室内机可外接门铃按钮和报警设备。门口机、室内机可通过电源箱集中供电或配专用电源单独供电。

（3）访客对讲系统功能　小区门口、单元门口设置门口机，物业管理中心设置管理软件，各住户室内设置室内机，可实现以下功能：

1）一键呼叫：住户可一键呼叫管理中心，便于及时解决问题，使社区服务更加便捷。

2）可视对讲：门口机与室内机及住户与住户之间可相互呼叫、双工可视对讲。

3）留影留言：当来客访问但家里无人接听时，访客可直接留影留言，方便查询。

4）监视功能：住户室内机可监视单元门口机的周围实况。

5）开锁功能：门口机支持密码开锁和 IC 卡开锁，也可呼叫住户给予开锁。

6）信息发布：监控中心可向住户发布社区通知、电子公告、广告宣传等信息。

7）安防报警：住户室内机可外接报警设备，实现居家安防报警。

8）电梯联动：住户室内机支持与电梯联动。

9）防拆报警：单元或小区门口机遭到人为非法强拆时，可及时向监控中心报警。

107　电子巡查系统

（1）电子巡查系统概述　电子巡查系统是在技术防范的基础上辅以人防，以最大限度地确保社区安全。电子巡查系统是管理者考察保安值班人员是否按巡查路线在指定时间到达指定地点的一种手段，也就是要求保安值班人员按照预先设定好的路线顺序对社区内各巡查点进行巡视，同时也保护巡查人员的安全，而且管理人员可通过软件随时更改巡逻路线，以配合不同场合的需要。一般用于下班之后特别是夜间小区的保安与管理。

（2）电子巡查系统组成　通常由管理计算机、信息采集器（也称巡更探头）、信息钮、巡更探头数据发送器以及专用软件组成。

（3）巡更采集装置的设置部位　建筑物主要出入口；各层出入口及主要通道、走道、楼梯口；门厅、楼梯前室、电梯前室、停车库（场）；室外重点部位；其他根据需要应设置的部位。系统信息采集点的采集装置或识读装置在识读时应有声、光或振动等提示信号。在入侵探测器的覆盖区域内不宜设置电子巡查点。

（4）电子巡查系统形式

1）在线式电子巡查系统：对巡查实时性要求高的建筑物宜采用此系统，一般与防入侵报警系统共用报警设备，属于防入侵报警系统中一种正常报警，采用无声报警方式。报警的同时就可将巡查信息记录到系统中。此系统应具有在巡查过程中发生意外情况及时报警的功能。

2）离线式电子巡查系统：灵活、方便、不需布线，系统也比较先进，目前多采用此种方式。离线式电子巡查系统有采用 ID 码识别技术的，各巡查点设置信息钮，由巡查人员手持巡更机到各巡查点读取信息钮。巡更机不仅可以准确地读入各巡查点信息钮的 ID 码，并且同时记录下读信息钮的时间，每次巡查完毕，将巡更机插入巡更机座中，录入计算机，再用巡更管理软件将巡更机中的巡更数据转存到软件系统的数据库中，通过管理软件即可

对各个巡查点的情况进行统计、分析、查询、考核，从而完成对整个小区保安巡查等方面的综合管理。

108　停车场管理系统

（1）停车场管理系统概述　系统基于现代化电子与信息技术，集感应式智能卡技术、计算机网络、视频监控、图像识别与处理及自动控制技术于一体，对停车场内的车辆进行自动化管理，包括车辆身份判断、出入控制、车牌自动识别、车位检索、车位引导、会车提醒、图像显示、车型校对、时间计算、费用收取及核查、语音对讲、自动取（收）卡等一系列科学、有效的操作。这些功能可根据用户需要和现场实际灵活删减或增加，形成不同规模与级别的豪华型、标准型、节约型停车场管理系统和车辆管制系统。

停车场管理系统的作用主要是对车辆出入提供监控、管理和收费。根据停车场的规模和停车的数量，有仅供内部使用的免费停车、用户长期租用泊车位停车和公共收费停车之分，并根据不同的停车方式实施不同的管理策略，系统的设备构成也就有所不同。

（2）停车场管理系统组成　由停车场控制机、自动吐卡机、远程遥控、远距离感应读卡机器、感应卡（有源卡和无源卡）、自动道闸、车辆感应器、地感线圈、通信适配器、摄像机、传输设备、停车场系统管理软件等组成。

（3）停车场管理系统功能

1）基本功能：刷卡（扫描条形码票据）出入、计时收费、中文（英文）显示、语音提示、出入口对讲、出入口图像对比、实时监控、出入口自动吞卡、吐卡、防砸车、车牌识别、空位数量提示、车位引导。

2）高级功能：无卡管理系统、手机刷卡系统、区域车位引导系统、防撞系统、自动区分车型收费、自定义系统功能（分时区别收费、高峰期不落闸等）、远程监控与控制功能、控制车辆进入权限、记录及限制停车时间、防止人员收费漏洞、车辆满时限制进入、单车道系统，可防止通道内堵车，实现不停车过通道、全视频收费系统、智能反向寻车系统。

（4）停车场管理系统的工作流程

1）当固定卡用户的车辆进入停车场时，入口控制器主动检测车辆的入口以及卡是否有效。如果有效，大门将被打开，车辆可以进入停车场。相机将捕捉车辆的照片，并将其存储在管理计算机中。

当车辆离开停车场时，出口控制机自动检测车辆的到达并判断卡的有效性。如果有效，大门将被打开，出口摄像头将被触发以捕捉车辆，以便车辆能够离开停车场。

2）当临时卡用户的车辆进入停车场时，用户从入口控制机器接收临时卡。入口摄像头将捕捉车辆的照片并存储在计算机中。控制器将记录车辆进入的时间，并在车辆在线时将其传输至计算机。当离开停车场时，入口控制功能检测到这是一个临时卡，并提示司机支付费用。临时卡的汽车必须在离开前将临时卡还给保安并支付一定的费用。

（5）停车场管理系统发展方向　停车场实现联网共享数据，打破信息孤岛，建设智慧停车物联网平台，利用智能手机和移动互联网，实现停车诱导、车位引导、车位预订、反向寻车、电子自动付费、快速出入等功能；在人口密度大、土地成本高、汽车保有量高的城市建设具有智能停车场管理

系统的地下和地上立体车库等。

11.3　建筑设备自动化系统

109　建筑设备自动化系统的功能及网络结构

（1）建筑设备自动化系统（BAS）概述　BAS是将建筑物或建筑群内的电力、照明、空调、给排水、电梯、消防、安防、广播、车库管理等设备以集中监视、控制和管理为目的而构成的一个综合系统。系统通过对建筑（群）的各种设备实施综合自动化监控与管理，为业主和用户提供安全、舒适、便捷高效的工作与生活环境，并使整个系统和其中的各种设备处在最佳的工作状态，从而保证系统运行的经济性和管理的现代化、信息化和智能化。

（2）建筑设备自动化系统所包括的监控内容（见表 22.11-1）

表 22.11-1　建筑设备自动化系统所包括的监控内容

建筑设备自动化系统	建筑设备管理系统	照明系统
		供配电系统
		给水排水系统
		空调及通风系统
		电梯和自动扶梯系统
		冷热源系统
	消防与安防系统	火灾自动报警及消防联动控制系统
		自动灭火、防排烟系统
		电子巡查系统
		出入口控制系统
		视频监控系统
		入侵报警系统
		其他需要安全监控的系统

鉴于我国目前的管理体制，我们通常将消防与安防系统设计成独立的系统，而将其主机与 BAS 联网，做到 BAS 中心只监视不控制。

（3）建筑设备自动化系统的基本功能

1）自动监视并控制各种机电设备的起、停，显示或打印当前运行状态。

2）自动检测、显示、打印各种机电设备的运行参数及其变化趋势或历史数据。

3）根据外界条件、环境因素、负载变化情况自动调节各种设备，使之始终运行于最佳状态。

4）监测并及时处理各种意外、突发事件。

5）实现对大楼内各种机电设备的统一管理、协调控制。

6）对水、电、气等计量收费，实现能源管理自动化。

7）对设备进行管理，包括设备档案、设备运行报表和设备维修管理等。

（4）建筑设备自动化系统的网络结构　根据 GB 51348《民用建筑电气设计标准》规定：

1）建筑设备监控系统规模，可按实时数据库

的硬件点位数区分，宜符合表 22.11-2 的规定。

表 22.11-2　建筑设备监控系统规模

系统规模	实时数据库点位数
小型系统	999 及以下
中型系统	1 000～2 999
大型系统	3 000 及以上

2）建筑设备监控系统，宜采用分布式系统和多层次的网络结构。并应根据系统的规模、功能要求及选用产品的特点，采用三层、两层或单层的网络结构，但不同网络结构均应满足分布式系统集中监视操作和分散采集控制的原则。

大型系统宜采用三层或两层的网络结构，三层网络结构由管理、控制、现场三个网络层构成；中、小型系统宜采用两层或单层的网络结构。

3）单层网络结构为工作站+现场控制设备，如图 22.11-1 所示，现场设备通过现场控制网络互相连接，工作站通过通信适配器直接接入现场控制网络。单层网络结构适用于监控点数少、分布比较集中的小型 BAS，有以下特点：

① 整个系统的网络配置、集中操作、管理及决策等全部由工作站承担；

② 控制功能分散在各类现场控制器及智能传感器、智能执行机构之中；

③ 同一条现场总线上所挂接的现场设备之间可以通过点对点或主从的方式直接进行通信，而不同总线的设备直接通信必须通过工作站中转。

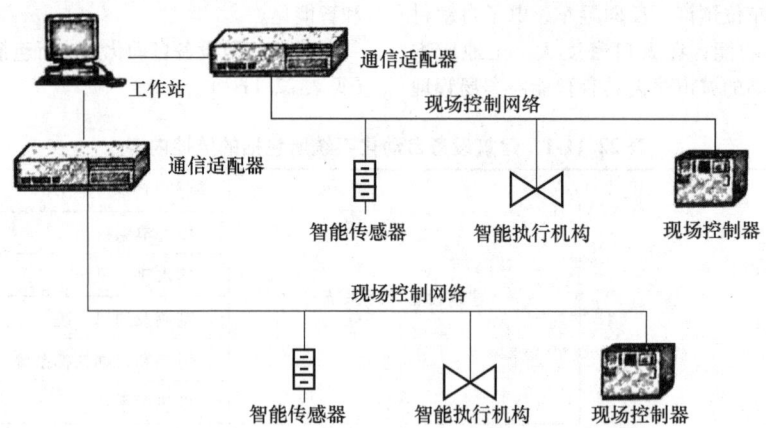

图 22.11-1　工作站+现场控制设备的单层网络结构

4）两层网络结构为操作员站（工作站、服务器）+通信控制器+现场控制设备，如图 22.11-2 所示，现场设备通过现场控制网络互相连接，操作员站（工作站、服务器）采用局域网中比较成熟的以太网等技术构建，现场控制网络和以太网等上层网络之间通过通信控制器实现协议转换、路由选择等。两层网络结构适用大多数 BAS，有以下特点：

① 现场控制设备之间通信要求实时性高，抗干扰能力强，对通信效率要求不高，一般采用控制总线（例如现场总线、N2 总线等）完成；

② 操作员站（工作站、服务器）之间由于需要进行大量数据、图形的交互，通信带宽要求高，而对实时性、抗干扰能力要求不高，所以多采用以太网技术；

③ 通信控制器可以由专用的网桥、网关设备或工控机实现。不同的 BAS 产品中，通信控制器的功能强弱不同，功能强的可以实现路由选择、数据存储、程序处理等功能，甚至可以直接控制输入输出模块，起到直接数字控制的作用；

④ 绝大多数 BAS 厂商在底层控制总线上都有一些支持某种开放现场总线的技术的产品。这样两层网络都可以构成开放式的网络结构，不同产品之间能够方便地实现互联。

5）三层网络结构为操作员站（工作站、服务器）+通信控制器+现场大型通用控制设备+现场控制设备，如图 22.11-3 所示。现场设备通过现场控制网络互相连接，操作员站（工作站、服务器）采用局域网中比较成熟的以太网等技术构建，现场大型通用控制设备采用中间层控制网络实现互联。中间层控制网络和以太网等上层网络之间通过通信控制器实现协议转换、路由选择等。三层网络结构适用监控点相对分散、联动功能复杂的 BAS，有以下特点：

① 在各末端现场安装一些小点数、功能简单的现场控制设备，完成末端设备基本监控功能，这些小点数现场控制设备通过现场控制总线相连；

② 小点数现场控制设备通过现场控制总线接入大型通用现场控制器，大量联动运算在此控制设备内完成。这些大型通用现场控制器也可以带一些输入、输出模块监控现场设备；

③ 大型通用现场控制器之间通过中间控制网络实现互联，这层网络在通信效率、抗干扰能力等方面的性能介于以太网和现场控制总线之间。

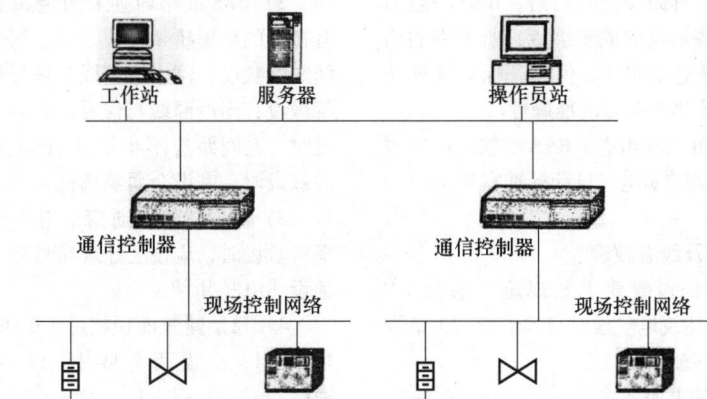

图 22.11-2　BAS 两层网络结构

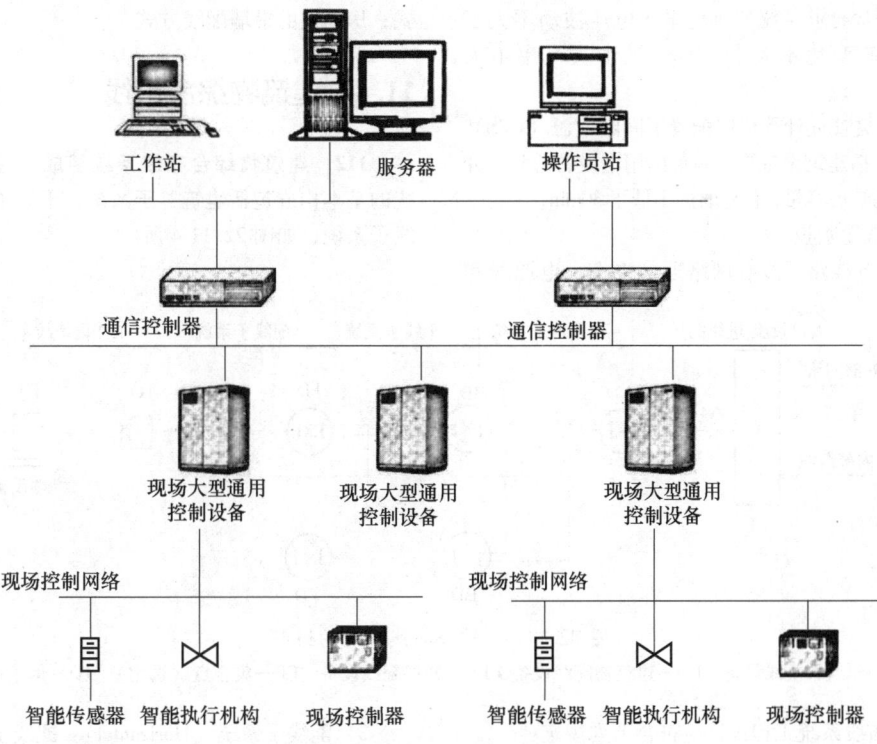

图 22.11-3　BAS 三层网络结构

大多数厂商的楼宇系统可支持不同的通信协议，包括 BACnet、OPC、LonWorks、Modbus 和 TCP/IP 等。

6）各网络层应符合下列规定：

① 管理网络层应完成系统集中监控和各子系统的功能集成；

② 控制网络层应完成建筑设备的自动控制；

③ 现场网络层应完成末端设备控制和现场仪表的信息采集及处理。

110　监控总表的编制　参见 GB 51348—2019《民用建筑电气设计标准》第 18.8～18.13 条关于监控点的设置规定。有需要说明的是，BAS 一般由专业公司深化设计或承包商成套供货，监控表的格式会由专业公司或承包商提供，但必须保证规划功能的完整性和所用术语及符号的准确性。

关于 BAS 的硬件及其组态、BAS 的软件可参照 GB 51348—2019《民用建筑电气设计标准》第 18.3～18.6 条规定。

111　监控中心及线缆敷设

（1）监控中心的设置要求及规定　参见 GB 51348—2019《民用建筑电气设计标准》第 23 章智能化系统机房相关部分。

（2）BAS 系统的电源要求

1）监控中心应由电配电室引出专用回路供电，内设专用配电盘，负荷等级不低于建筑中最高负荷等级。

2）通常要求系统的供电电源电压波动不大于 ±10%、频率变化不大于 ±1Hz、波形失真率不大于 20%。

3）中央管理计算机应配置不间断电源（UPS）。其容量应包括建筑设备管理系统内用电设备总和，并考虑预计的扩展容量，供电时间不低于 30min。

（3）线缆敷设

1）BAS 线路一般有网络通信电缆、电源线和信号线。网络通信电缆采用同轴电缆（有 50Ω、75Ω、93Ω 等几种）和双绞线；电源线一般采用 BV-2.5mm² 铜芯聚氯乙烯绝缘线；信号线一般采用线芯截面积为 1.0mm² 或 1.5mm² 的普通铜芯导线或控制电缆。

2）BAS 线路均应采用金属管、金属线槽或带有盖板的金属桥架敷线方式，同轴电缆可采用难燃塑料管敷设；网络通信线和信号线不得与电源线共管敷设，当电源线与信号线必须在无屏蔽下平行敷设时，其间距应不小于 0.3m；当在同一金属线槽内敷设时，需设金属隔离件。

3）高层建筑内通信干道在竖井内与其他线路平行敷设时，应按上述规定处理，条件允许时应单独设弱电竖井。

4）每层建筑面积超过 1 000m² 或直线距离超过 100m 时，应设两个竖井，以利分站布置和数据通信。

5）水平方向布线应采用天棚内线槽、线架配线方式；地板上的架空活动地板下或地毯下配线方式以及沟槽配线方式；楼板内的配线管、配线槽方式；房间内的沿墙配线方式。

11.4　建筑物综合布线

112　建筑物综合布线系统组成　综合布线系统的基本构成包括建筑群子系统、干线子系统和配线子系统，如图 22.11-4 所示。

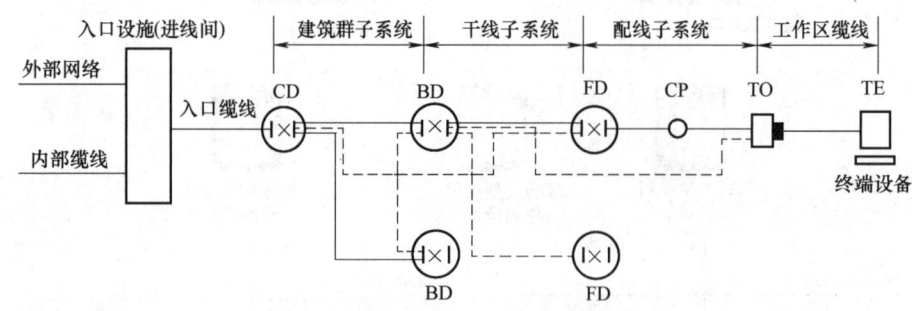

图 22.11-4　综合布线系统的组成

CD—建筑群配线设备　BD—建筑物配线设备　FD—楼层配线设备　CP—集合点（选用）　TO—信息插座

综合布线系统工程设计应符合下列规定：

1）工作区（Work Location）：一个独立的需要设置终端设备（TE）的区域宜划分为一个工作区。工作区应包括信息插座（TO）模块、终端设备处的连接缆线及适配器。

2）配线子系统（Horizontal）：配线子系统应由工作区内的信息插座模块、信息插座模块至电信间的楼层配线设备（FD）的水平缆线、电信间的楼层配线设备及设备缆线和跳线等组成。

3）干线子系统（Backbone）：干线子系统应由

设备间至电信间的主干缆线、安装在设备间的建筑物配线设备（BD）及设备缆线和跳线组成。

4）建筑群子系统（Campus）：建筑群子系统应由连接多个建筑物之间的主干缆线、建筑群配线设备（CD）及设备缆线和跳线组成。

5）设备间（Equipment）：设备间应为在每栋建筑物的适当地点进行配线管理、网络管理和信息交换的场地。综合布线系统设备间宜安装建筑物配线设备、建筑群配线设备、以太网交换机、电话交换机、计算机网络设备。入口设施也可安装在设备间。

6）进线间：进线间应为建筑物外部信息通信网络（语音和数据）管线的入口部位，并可作为入口设施的安装场地，可与设备间合用一个房间。

7）管理（Administration）：管理应对工作区、电信、设备间、进线间、布线路径环境中的配线设备、缆线、信息插座模块等设施按一定的模式进行标识、记录和管理。

113 综合布线系统的设计

（1）设计原则及步骤　综合布线系统应根据各建筑物的使用功能、环境安全条件、信息通信网络的构成以及按用户近期的实际使用和中远期发展的需求，进行合理的系统配置和管线设计。

综合布线系统的设计应具有开放性、灵活性、可扩展性、实用性、安全可靠性和经济性的要求。其设计应遵循以下主要原则：

1）系统应采用星形拓扑结构，力求使每个分支子系统都是相对独立的单元，对每个分支单元系统改动都不影响其他子系统。

2）系统应是开放式结构，应能支持电话交换网络及计算机网络系统，并应充分考虑多媒体业务、楼宇智能化相关业务等对高速数据通信的需求。

3）系统应与公用配线网、通信业务网配线设备之间实现互通，接口的配线模块可安装在建筑群配线设备（CD）或建筑物配线设备（BD）。

4）布线系统的永久链路及通信中采用的电、光缆及连接器件应保持系统等级与类别的一致性。

5）布线系统大对数电缆应选用 3 类、5 类；4 对对绞电缆应为 5e 类或以上，特性阻抗为 100Ω 的对绞电缆及相应的连接硬件。

6）布线系统光缆应选用光纤直径为 62.5μm 与 50μm，标称波长为 850nm 和 1 300nm 的多模光缆，也可采用标称波长为 1 310nm 和 1 550nm 的单模光纤及相应的连接硬件。

（2）工作区子系统设计　一个独立的需要设置终端设备的区域划分为一个工作区。工作区由配线（水平，3m 左右）布线系统的信息插座延伸到工作站终端设备处的连接电缆和适配器组成。对工作区面积的划分应根据应用的场合做具体的分析后确定，工作区面积需求可参照表 22.11-3 所示内容。

表 22.11-3　工作区面积划分

建筑物类型及功能	工作区面积/m²
信息中心、网管中心、呼叫中心、金融中心、证交中心、调度中心、特种阅览室等终端设备较为密集的场地	3~5
办公区	5~10
图书阅览室	5~10
体育场馆业务区	5~50
医院业务区	10~50
学校教室、实验室	20~50
档案馆	20~50
展览区	20~60
商场、生产机房、娱乐场所	20~60
航站楼、铁路客运站公共区域	50~100
工业生产区	60~200

每个工作区信息点数量可按用户性质、网络构成和需求来确定，并考虑一定量的冗余。

每一个工作区（或每个数据信息点）应配置不少于 2 个 220V、10A 单相交流电源插座；电源插座应选用带保护接地的单相电源插座。

（3）配线子系统设计　信息插座应根据各功能区提出近期和远期的信息点数量、位置等；水平配线子系统宜采用 4 对对绞电缆，电缆长度应在 90m 以内，在网络需求高、带宽或水平电缆长度大于 90m 的应用场合，宜采用光缆。配线子系统中可以设置集合点（CP），同一个水平电缆路由中不应超过一个集合点（CP），集合点配线设备与 FD 之间水平缆线的长度不应小于 15m。当设置集合点时，宜按能支持 12 个工作区所需的铜缆或光缆配置。

水平布线均需穿金属线槽或金属管在吊顶内或墙内敷设，有时也用地面金属线槽敷设。

综合布线的系统结构及其各段缆线的长度限值应符合图 22.11-5 所示的规定。

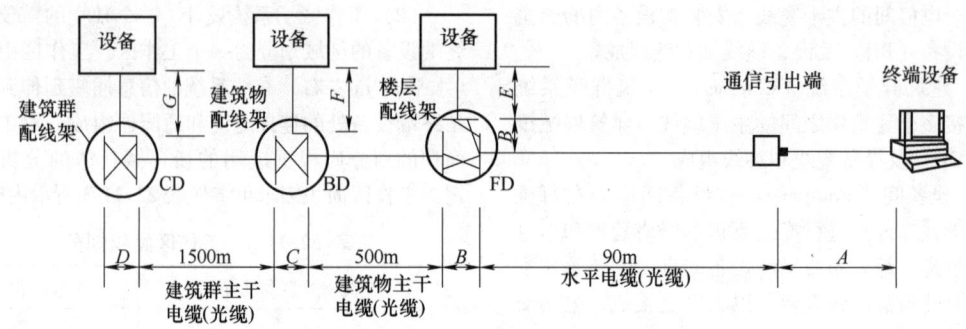

图 22.11-5　综合布线的系统结构及其各段缆线的长度限值

注：$A+B+E\leqslant 10$m—水平子系统中工作区电缆、工作区光缆、设备电缆、设备光缆和插接软线或跳线的总长度；

　　C 和 $D\leqslant 20$m—在建筑物配线架或建筑群配线架中的插接软线或跳线长度；

　　F 和 $G\leqslant 30$m—在建筑物配线架或建筑群配线架中的设备电缆、设备光缆长度。

（4）管理系统设计

1）管理应对设备间、电信间、进线间和工作区的配线设备、缆线、信息插座等设施，按一定的模式进行标识和记录，并应符合下列规定：

① 综合布线系统工程宜采用计算机进行文档记录与保存，简单且规模较小的综合布线系统工程可按图纸资料等纸质文档进行管理，文档应做到记录准确、及时更新、便于查阅，文档资料应实现汉化；

② 综合布线的每一电缆、光缆、配线设备、终接点、接地装置、管线等组成部分均应给定唯一的标识符，并应设置标签。标识符采用统一数量的字母和数字等标明；

③ 电缆和光缆的两端均应标明相同的标识符；

④ 设备间、电信间、进线间的配线设备宜采用统一的色标区别各类业务与用途的配线区；

⑤ 综合布线系统工程应制订系统测试的记录文档内容。

2）所有标签应保持清晰，并应满足使用环境要求。

3）综合布线系统工程规模较大以及用户有提高布线系统维护水平和网络安全的需要时，宜采用智能配线系统对配线设备的端口进行实时管理，显示和记录配线设备的连接、使用及变更状况，并应具备下列基本功能：

① 实时智能管理与监测布线跳线连接通断及端口变更状态；

② 以图形化显示为界面，浏览所有被管理的布线部位；

③ 管理软件提供数据库检索功能；

④ 用户远程登录对系统进行远程管理；

⑤ 管理软件对非授权操作或链路意外中断提供实时报警。

4）综合布线系统相关设施的工作状态信息应包括设备和缆线的用途、使用部门、组成局域网的拓扑结构、传输信息速率、终端设备配置情况、占用器件编号、色标、链路与信道的功能和各项主要指标参数及完好状况、故障记录等信息，还应包括设备位置和缆线走向等内容。

（5）干线子系统设计

1）干线子系统所需要的电缆总对数和光纤总芯数，满足工程的实际需求，并留有适当的备份容量。主干缆线宜设置电缆与光缆，以互相作为备份路由。

2）当电话交换机和计算机主机设置在建筑物内不同的设备间，宜采用不同的主干电缆分别满足语音和数据的需要。

3）干线子系统主干应选择较短的安全的路由。主干线缆中间不应有转接点和接头，宜采用点对点终接，也可采用分支递减终接。

4）在同一层若干电信间之间宜设置干线路由。

5）主干电缆和光缆所需的容量及配置应符合以下规定：

① 语音业务，大对数主干电缆的对数应按每一个电话 8 位模块通用插座配置 1 对线，并在总需求线对数的基础上至少预留 10% 的备用线对；

② 数据业务应以集线器（HUB）或交换机（SW）群（按 4 个 HUB 或 SW 组成 1 群），或以每个 HUB 或 SW 设备设置 1 个主干端口配置。每 1 群网络设备或 4 个网络设备宜考虑 1 个备份端口。主干端口为电端口时，应按 4 对线容量，为光端口时则按 2 芯光纤容量配置；

③ 当工作区至电信间的水平光缆延伸至设备间的光纤配线设备（BD/CD）时，主干光缆的容量应包括所延伸的水平光缆光纤的容量在内；

④ 各类设备缆线和跳线宜按计算机网络设备的使用端口容量和电话交换机的实装容量、业务的实际需求或信息点总数的比例进行配置，比例范围为 20%~50%。

6）干线电缆应选择最短、最安全和最经济的路由，宜选择带门的弱电竖井敷设干线电缆。

（6）电信间、设备间、进线间的设计　参见 GB 50311—2016《综合布线系统工程设计规范》第 7.2、7.3、7.4 条规定。

（7）建筑群子系统设计

1）建筑物间的干线宜使用多模、单模光缆（其敷设长度不应大于 1500m）或大对数对绞电缆，但均应为室外型缆线。

2）建筑群子系统宜采用地下管道敷设方式。管道内敷设的铜缆和光缆应遵循通信管道的各项设计规定。此外，至少应预留 1~2 个备用管孔，以供扩充之用。

3）建筑群和建筑物间的干线电缆、光缆布线的交接不应多于两次。从楼层配线设备（FD）到建筑群配线设备（CD）之间只应通过一个建筑物配线设备（BD）。

参 考 文 献

[1]　中国航空规划设计研究总院有限公司. 工业与民用供配电设计手册 [M]. 4 版. 北京：中国电力出版社，2016.

[2]　国家发展和改革委员会. 节能中长期专项规划 [A]. 2004.

[3]　GB 50034—2013 建筑照明设计标准 [S].

[4]　GB 50053—2013 20kV 及以下变电所设计规范 [S].

[5]　GB 50060—2008 3~110kV 高压配电装置设计规范 [S].

[6]　GB 50059—2011 35kV~110kV 变电所设计规范 [S].

[7]　GB 50116—2013 火灾自动报警系统设计规范 [S].

[8]　GB/T 13870.1—2008 电流对人和家畜的效应　第 1 部分：通用部分 [S].

[9]　GB/T 16895.21—2020 低压电气装置　第 4-41 部分：安全防护　电击防护 [S].

[10]　GB 50057—2010 建筑物防雷设计规范 [S].

[11]　GB/T 31831—2015 LED 室内照明应用技术要求 [S].

[12]　GB/T 20145—2006 灯和灯系统的光生物安全性 [S].

[13]　GB 51309—2018 消防应急照明和疏散指示系统技术标准 [S].

[14]　GB 50016—2014 建筑设计防火规范（2018 年版）[S].

[15]　GB 50166—2019 火灾自动报警系统施工及验收标准 [S].

[16]　梁华. 建筑弱电工程设计手册 [M]. 北京：中国建筑工业出版社，1998.

[17]　张好国. 有线电视工程设计和实用手册 [M]. 北京：电子工业出版社，1998.

[18]　GB 51348—2019 民用建筑电气设计标准 [S].

[19]　GB 50348—2018 安全防范工程技术标准 [S].

[20]　GB 50314—2015 智能建筑设计标准 [S].

[21]　GB 50311—2016 综合布线系统工程设计规范 [S].

第 23 篇

电加工、电加热、电焊和静电技术应用

主　　编　肖国春（西安交通大学电气工程学院）

参　　编　赵进全（西安交通大学电气工程学院）

　　　　　蔡洪能（西安交通大学材料科学与工程学院）

主　　审　余维江（西安电炉研究所有限公司）

责任编辑　闫洪庆

第1章 电加工技术

1.1 电加工概述

1　电加工特点　电加工是直接利用电能或电能产生的特殊物理化学作用对材料进行加工的工艺方法。

1）电加工的主要优点：①加工工具与工件不直接接触，无需施加大的机械力，材料不必比工件硬；②对某些作业可获得普通加工不能实现的良好加工效果（如加工弯孔、狭槽）；③便于实现自动化；④节省昂贵的工具和磨料。

2）电加工的主要缺点：①单位能量去除的金属量较低，不宜用于形状简单、材料普通的零件加工；②需采用专用电加工设备，个别电加工方法还需采取适当防止污染环境的措施。

2　电加工分类　根据实现加工的物理化学作用，电加工可分为四大类，见图 23.1-1。

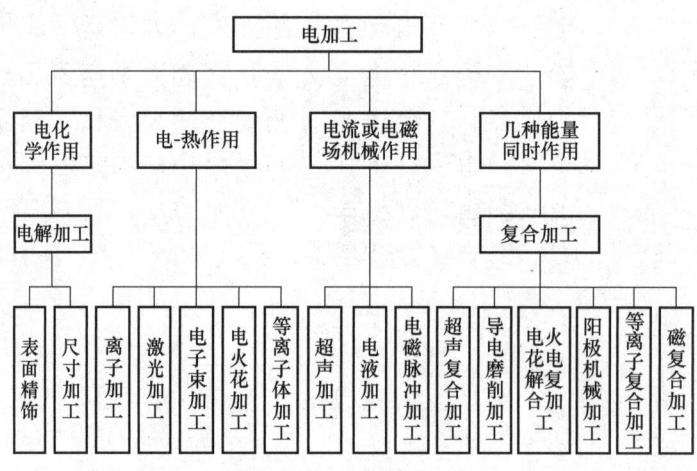

图 23.1-1　电加工的分类

最适于采用电加工的机械加工作业是：①复杂形状的零件加工，包括各类模具及异形二维或三维曲面的零件加工；②特殊材料的加工，如硬质合金、聚晶金刚石、玻璃、陶瓷、磁钢、耐热合金等；③微细精密零件的加工，如微孔、异形小孔、狭缝、栅网、特殊曲线等；④零件表面的修饰及改性处理，如材料表面的硬化、离子注入及涂覆、去毛刺、抛光等。

1.2 电火花加工

3　电火花加工的特点　在介电液中，利用两电极间发生较高频率火花放电的电蚀作用，使工件达到尺寸精度及表面质量的加工方法，称为电火花加工，原理见图 23.1-2。

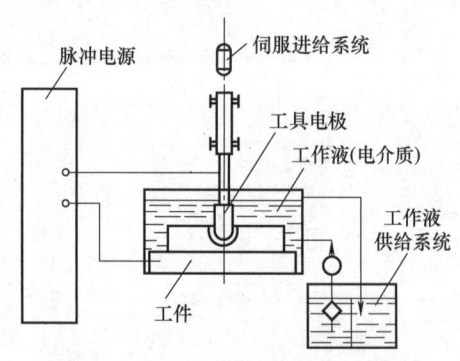

图 23.1-2　电火花加工原理示意图

在工具电极与工件之间施加脉冲电压，伺服进给系统带动工具电极移向工件。当工件与电极间的距离相当接近时，电场强度最高的两点间的介质被击穿，产生了火花放电。在放电点及其附近产生足以使工件金属局部熔化或汽化的瞬时温度（6 000K），汽化的金属立即逸出金属基体，熔化的金属则因液体介质的流体动力作用（气泡的形成和消散）脱离工件表面，在被加工工件上形成小凹穴。按照一定频率逐次放电，可加工出所需要的形状和尺寸。

电火花加工的特点是：①加工速度或加工生产率与工件材料的电热物理性能（熔点、沸点、导热系数、电阻率、潜热）有关，与工件的硬度强度等机械性能无关；②加工中机械应力很小，由此引起的变形不影响加工精度，但加工后产生表面热影响层，是影响加工精度的主要原因；③工具电极在加工过程中受到火花放电的作用会有损耗，损耗与材料、脉冲频率、极性有关。为了减少电极损耗，一般在脉冲频率高时工件采用正极性，反之用负极性；④加工生产率、加工表面粗糙度主要与火花放电的总电能及单个脉冲能量、脉冲波形等脉冲参数有关。一般来说，增加放电峰值电流，生产率、电极相对损耗、表面粗糙度均增大；加大脉冲宽度，生产率及表面粗糙度增大，但电极损耗下降。

电火花加工主要应用于模具制造，穿制弯曲孔、小孔、深孔、异形孔，加工硬质合金工具、刃具、环规及零件，切割特殊材料，强化金属表面，对齿轮进行跑合等。

图 23.1-3 所示为几种电火花加工的运动示意图。

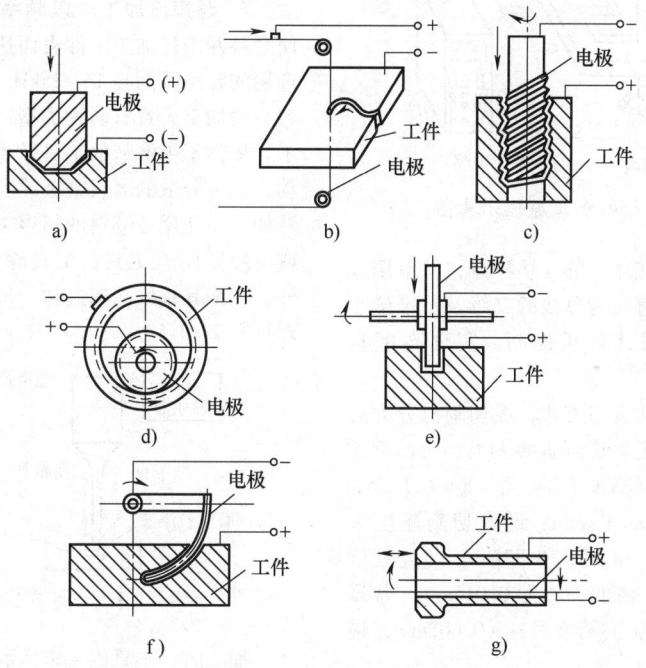

图 23.1-3　几种电火花加工的运动示意图

4　电火花成形加工　采用成形电极进行电火花仿形加工的方法，用于加工贯通的型孔或不贯通的型腔。成形加工的特点是工具电极的尺寸、形状要与被加工零件的尺寸、形状匹配。加工普通二维型孔（如冲模）时，只要电极的形状与孔的横截面相适应，用简单的垂直进给运动就可完成，电极的损耗可通过进给加以补偿。加工不贯通的型腔（如锻模）时，电极损耗直接影响仿形精度，应尽量减少电极损耗。减少电极损耗的重要手段是改变脉冲电源的波形和参数，选择合适的电极材料。

电火花成形加工常采用转化电规准的方法来提高平均加工速度，改善表面质量，按粗规准（数十安以上）、中规准（数安）、精规准的顺序逐步降低被加工表面的粗糙度。通常应采用平动头，使电极上每个质点做平面平行移动，以保证在转入中、精规准后对工件侧面进行加工。

在加工贯通孔和型腔时，加工精度分别可达 ±0.01mm 和 ±0.03mm。表面粗糙度 Ra 一般为 0.63~2.5μm，采用特殊脉冲电源等可降到 0.08μm 以下。电极最低相对损耗在 1% 以内。

电火花成形加工机床目前已广泛采用微机控制系统，实现了电极的自动交换，自动转换加工规准，以及自动调节加工参数的适应控制，成为模具柔性制造系统的主要设备。

5　电火花线切割加工　电火花线切割加工（简称线切割）以运动的金属丝（$\phi 0.03 \sim 0.30$mm 铜丝或钼丝）作为工具电极，加工原理见图 23.1-4。脉冲电压加在电极丝与工件之间，由喷嘴向工作区喷射工作液（皂化液或去离子水），控制系统控制驱动电动机，使工件沿预定的轨迹移动，当电极丝与工件靠近时，产生放电腐蚀过程。

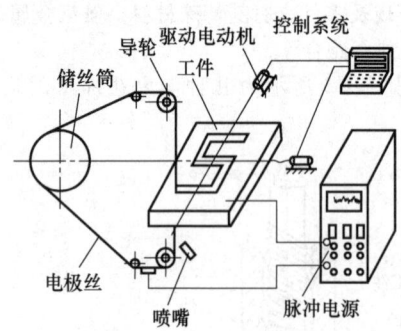

图 23.1-4　线切割加工原理示意图

线切割具有电火花加工的一切特点，但不用成形电极就能加工出以直线为母线的二维及三维微小零件。线切割可采用计算机控制，实现高度自动化。

按电极丝的运动速度与方式，线切割机分为高速走丝切割机和低速走丝切割机两大类。线切割的切割速度与加工表面粗糙度 Ra 有关，Ra 为 $1.25 \sim 2.5\mu m$ 时约为 $20 \sim 40 mm^2/min$；最高切割速度为 $200 \sim 300 mm^2/min$ 时，Ra 可达 $0.32\mu m$，切缝宽度最小到 0.04mm，加工精度一般为 0.015mm。若采用多次切割等措施，加工精度可达 ± 0.002mm，最大切割厚度可达 600mm。

高速走丝线切割机床结构简单，造价低廉，电极丝常用钼丝及钨钼丝，其运动速度高达 $8 \sim 10$m/s，切割速度较高，通常采用的加工电流为 $1 \sim 5$A，电压为 80V，适用于加工一般精度的模具。工作液由线切割专用乳化液与水配制而成，重量配比为 $5\% \sim 8\%$，水中的钙、镁离子对加工表面的质量有影响。

线切割的主要用途是加工冲模，切割微细精密零件，制造样板、切割钨片、硅片，目前已用于加工叶片、卡尺等。

6　电火花螺纹加工　电火花螺纹加工是结合了电加工原理和机械运动原理，用工具电极在机械运动参数的控制下，通过放电加工，使工具电极上的螺纹直接复制到工件上。同时用简单的电极按机械加工原理，输入螺纹参数，直接加工出所需求的螺纹。共轭回转式电火花螺纹加工的工件与工具电极做共轭回转运动及进给运动。脉冲电源加在工具电极与工件之间，工作液采用煤油，工具电极材料一般为黄铜。为补偿电极损耗，工具电极可沿孔的轴向伸入孔中，在发生损耗后，使损耗的那一段电极脱离加工区，把一段新电极送入加工区。

共轭回转式电火花螺纹加工精度可达 $2 \sim 4\mu m$，粗糙度 Ra 可达 $0.06\mu m$，主要用于硬质合金螺纹环规、异形齿轮等制造。

1.3　超声波和激光加工

7　超声波加工　以频率高于声频的机械振动使磨料冲击被加工工件表面达到加工的目的。通常选用的频率范围是 $16 \sim 25$kHz，也有高于 30kHz 的。超声波加工大致有两种类型：①传统方式超声波加工。依靠不带磨料的工具做超声频小振幅的机械振动，通过分散的磨料来破碎和去除材料；②超声旋转加工。使用带磨料的超声工具，例如烧结金刚石或电镀金刚石工具，工具除了做纵向超声振动之外，还绕其轴线高速旋转。传统方式超声波加工原理见图 23.1-5。

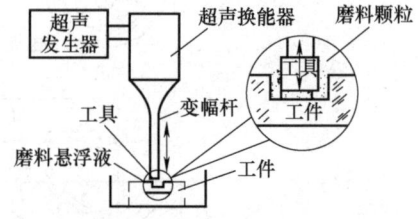

图 23.1-5　超声波加工原理图

加工时，工具以一定的静压力压在工件上，加工区域送入磨料悬浮液（磨料和水的混合液）。超声换能器产生高频纵向振动，借助变幅杆把振动位移振幅放大，并驱动工具振动，材料的碎除主要靠工具端部的振动直接锤击贴近被加工材料表面的磨料。通过磨料作用，把加工区域的材料破碎成很细的微粒，利用磨料悬浮液的循环流动，带走被粉碎的材料微粒，并使加工区域磨料不断更新。这样，工具就逐渐深入到材料中去，工具形状便复制在工件上。

超声波加工的特点：①不受材料导电或不导电的限制；②工具对工件的宏观作用力小，热影响小，因而可加工薄壁、窄缝、薄片等工件；③工件材料越脆越容易加工；④由于工件材料的碎除主要靠磨料的作用，因此，工具的硬度可以低于工件的硬度；⑤可以和其他加工方法复合运用，例如，超声振动切削、超声电火花加工、超声电解加工等。

超声波加工的主要工艺指标为加工速度和加工精度。

加工速度（加工生产率）随工具振幅增大而明显增加，但受超声波加工机功率、变幅杆及工具材料疲劳强度的限制，一般工具双振幅为 $20 \sim 80 \mu m$。对应最大加工速度存在一个单位面积最佳静压力，工具振幅越大，加工材料越硬，最佳静压力越大。磨料硬度越高，粒度越粗，则加工速度越大。加工速度还随磨料悬浮液浓度（磨料对水的重量比）而增加，但浓度太高会影响工件的碎除效果，加工速度反而降低，一般最佳磨料悬浮液浓度取 $0.5 \sim 1.0$。试验表明，工具的双振幅 2ζ 与磨料平均粒度 d_0 之比有一个最佳值，大小取决于被加工的材料。

加工精度及表面质量除与机床、工具等精度有关外，还与磨粒尺寸、工具磨损、工具横向运动及加工深度有关。

超声波加工主要用于加工各种硬脆材料，如玻璃、石英、陶瓷、硅、锗等的穿孔、切割、开槽，小型零件去毛刺，模具的表面抛光，研磨金刚石拉丝模以及加工硬质合金模具等。

8 激光加工原理 激光是一种亮度高、方向性好、单色性好的相干光。由于激光发散角小和单色性好，在理论上可聚焦到尺寸与光的波长相近的小斑点上，焦点处的功率密度可达 $10^7 \sim 10^{11} W/cm^2$，温度可高达 10 000℃左右。激光加工就是利用材料在激光照射下瞬时熔化和蒸发，并产生强烈的冲击波，使熔化的物质爆炸式地喷溅和去除来实现的。

激光加工原理见图 23.1-6。从激光器输出高强度的激光，经过透镜将激光聚焦到工件上，其焦点处的功率密度高达 $10^7 \sim 10^{11} W/cm^2$，温度可达到 10 000℃以上，任何材料都将被瞬时熔化、汽化。熔化部分借助于高压区形成的强定向冲击波的反作用而飞溅抛出。利用这种光能的热效应可对材料进行打孔、切割、焊接、热处理等。

9 激光加工特点 ①激光束能聚焦成微米级的极小光点，适于微细加工；②可加工几乎所有坚硬高熔点的金属和非金属材料（如钨、钼、钛、淬火钢、硬质合金、耐热合金、宝石、金刚石、玻璃、陶瓷等）；③非接触加工，不使用切削工具，无工具磨损和更换问题，不产生加工变形，能加工

易变形的薄板和橡胶等具有弹性的工件；④加工速度快，对材料的热影响作用小，几乎不产生热变形；⑤利用激光聚焦和光栏作用，加工各种异形孔；⑥容易实现加工自动化和柔性加工；⑦穿过空气、惰性气体或光学透明介质进行加工。

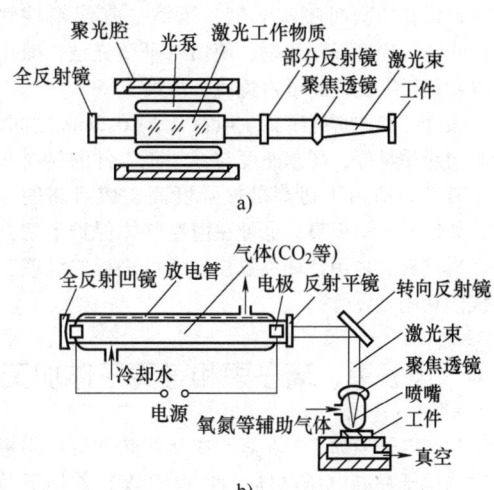

图 23.1-6 激光加工原理
a) 固体激光器加工原理图 b) 气体激光器加工原理图

10 激光打孔 激光打孔一般采用钇铝石榴石（YAG）激光器，打孔速度一般为 10 个孔/s 以上，适用于不锈钢、镍基合金、铬镍铁合金、镍铬钛合金、硬质合金、金刚石、红宝石、陶瓷等高硬度、高熔点材料和塑料、橡胶等材料的打孔加工。由于激光打孔是热物理过程，受很多随机因素的影响，孔的尺寸、精度、重复性等较难控制。

11 激光切割 激光切割机由激光器、激光传输和聚焦系统、电源系统、控制系统和机床等部分组成。激光器一般采用大功率 CO_2 激光器，精细切割也可采用固体 YAG 激光器。产生激光最常用的是直流放电激励或高频放电激励。直流激励的 CO_2 激光器原理见图 23.1-7。

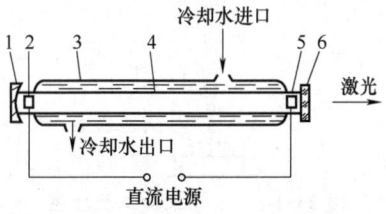

图 23.1-7 直流激励的 CO_2 激光器原理示意图
1—反射凹镜 2—电极 3—放电管 4—CO_2 气体
5—电极 6—反射平镜（红外材料）

激光切割机分为平板切割机和三维切割机两类。平板切割机又有单激光切割机和激光冲床两种。激光冲床是激光切割和冲压加工复合的加工机床，用于异形孔和外形轮廓加工，可以节省模具费用，缩短生产周期，提高生产率。

通常在切割时喷吹氧气、压缩空气或惰性气体。吹气可提高切割效率，使切口平整光洁，减小切缝和热影响区，还可避免镜头污染。

激光切割的切缝窄，一般在 0.1~0.5mm 之间，切割边缘质量好，切割速度与被加工工件的材料和厚度有关，适用于切割机械强度高、熔点高的金属，如钛板、钢板等，也可在惰性气体保护下切割非金属材料。采用计算机数控技术可进行二维或三维成形切割。

1.4　电子束、离子束和等离子体加工

12　电子束加工　在真空中从灼热的灯丝阴极发射的电子在高电压电场（80~150kV）作用下被加速到很高的速度，通过电磁透镜形成的高能量密度（10^8~10^9 W/cm^2）电子束击向工件表面时，产生的温度足以使任何材料瞬间熔化、气化，因而可进行焊接、穿孔、切割等加工。

电子束加工的原理见图 23.1-8。对于电子束加工来说，尽管在电子束冲击能量转换为热能时，部分电子发生反射，可产生二次电子、俄歇电子、荧光、X 射线等使电子束能量损失，但仍可认为几乎所有的能量在工件表面变成了热能，并且只使电子束照射的区域发生材料蒸发，而非照射部分仍保持比较低的温度。采用多次脉冲照射，可形成急陡的温度分布。

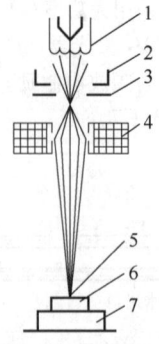

图 23.1-8　电子束加工原理图
1-旁热阴极　2-控制栅极　3-加速阳极　4-聚焦系统　5—电子束斑点　6—工件　7-工作台

电子束加工的特点：①电子束聚成的斑点直径一般为 5~10μm，可用于微小孔和窄缝加工，薄板切割等；②能加工钨、钼、不锈钢、金刚石、蓝宝石、水晶、玻璃、陶瓷和半导体等高熔点、难加工的材料；③无机械接触作用，无工具损耗，对工件无机械切削力，加工时间短，工件无变形；④电子束和气体分子碰撞时会产生能量损耗与散射，加工必须在真空中进行。因此，可以防止氧化而产生杂质，加工点上化学纯度高，适合于易氧化的金属及合金材料，特别是要求高纯度的半导体材料加工；⑤加工速度高；⑥控制性能好，通过磁场或电场即可控制电子束的强度，调节聚焦和焦点位置。采用计算机控制，位置精度可达到 0.1μm，强度和斑点直径精度可控制在 1% 以内，除圆孔外，还可加工盲孔、异形孔、带锥度孔、狭缝等。

电子束加工应用最广的是焊接和薄材料的穿孔与切割。穿孔直径一般为 0.01~1.0mm，最小孔径可达 0.002mm，孔的加工容差见图 23.1-9。电子束切割的切缝窄，可节约材料。

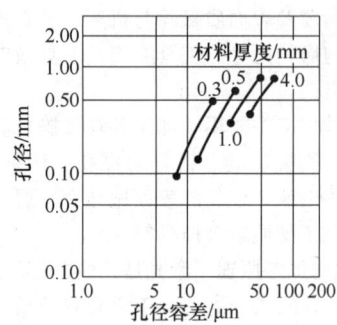

图 23.1-9　电子束加工孔径的容差

13　离子束加工　离子源的产生方法是使气态原子通过高温、高电压或高速电子撞击等方法实现电离，把气态原子变成由同等数量的正离子和电子所组成的混合体，即等离子体。在真空条件下，用电场将正离子从等离子体中“引出”，形成离子束流用于加工。离子源类型很多，图 23.1-10 所示为常用的考夫曼型离子源。

根据能量的大小，离子束加工有不同的用途，主要有离子刻蚀、离子镀膜和离子注入三种。

离子刻蚀通常是用氩离子进行轰击刻蚀。由于离子直径仅约零点几纳米，可认为刻蚀是逐个原子的剥离，剥离速度大约每秒一层到几十层，是一种纳米级加工，刻蚀的图形分辨率极高。离子束可完成任何材料的刻蚀，刻蚀精度是其他任何加工方法都无法达到的。例如，能在 25μm 厚的易碎材料上刻出长 11mm、宽 0.75mm、深 15μm 的槽，甚至能

在10nm厚的膜上刻出8nm的线，可刻蚀集成电路、声表面波器件、磁泡器件、超导器件、光电器件、光集成器件等微电子器件的亚微米图形。离子束加工还用于石英晶体振荡器及压电传感器等的高精度减薄。

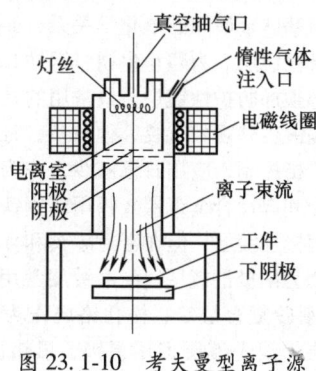

真空抽气口
惰性气体注入口
灯丝
电磁线圈
电离室
阳极
阴极
离子束流
工件
下阴极

图 23.1-10 考夫曼型离子源

离子镀膜加工包括溅射镀膜和离子镀两种方式。溅射镀膜是基于离子溅射效应的一种镀膜方式，适用于合金膜和化合物膜的镀制。离子镀是在真空蒸发镀和溅射镀膜的基础上发展起来的一种镀膜新技术，将各种气体放电方式引入到气相沉积领域，整个气相沉积过程都是在等离子体中进行的。离子镀层附着力强、组织致密、可加工的材料广泛，适用于镀制润滑膜、耐热膜、耐蚀膜、耐磨膜和电气膜等。对切削工具表面镀氮化钛、碳化钛等超硬材料，可提高切削工具的使用寿命，是一项发展迅速、受人青睐的新技术。

将离子加速到几万电子伏到几十万电子伏就可以向工件表面进行离子注入，注入深度可达1μm，甚至更深。离子注入可以改变金属表面物理化学性能，提高其抗蚀、抗疲劳、润滑和耐磨等性能。离子注入金属样品见表23.1-1。

表 23.1-1 离子注入金属样品

注入目的	离子种类	能量/keV	剂量/（离子/cm^2）
耐腐蚀	B, C, Al, Ar, Cr, Fe, Ni, Zn, Ga, Y, Mo, In, Eu, Ge, Ta, Ir	20~100	$>10^{17}$
耐磨损	B, C, Ne, S, Ar, Co, Cu, Kr, Mo, Ag, In, Sn, Pb, N	20~100	$>10^{17}$
改变摩擦系数	Ar, S Kr, Mo, Ag, In, Sn, Pb	20~100	$>10^{17}$

离子束加工的特点：①离子束光斑直径可以聚焦到1μm以内，离子束流密度和离子的能量可以精确控制，并且可以通过离子光学系统进行扫描。因此，能够进行微细加工，并能精密地控制加工效果；②加工在较高的真空中进行，污染少，特别适合于易氧化的金属、合金和半导体材料的加工；③离子撞击工件表面只产生微观的作用力，在宏观上作用力很小，工件不变形，适合于脆性、半导体和高分子材料的加工。

14 等离子体加工 用于加工的等离子体，通常是由直流电弧产生高温，使气态原子（工作气体一般是氩、氦、氢、氮等）电离，形成同等数量的电子和正离子所组成的气态混合体，并通过阴极向阳极（工件）直流电弧放电，产生等离子体弧。等离子体受工作气体的压缩，电流密度大幅度上升，能量密度达$10^4 \sim 10^5$W/cm^2，温度达10 000~50 000℃，射流速度达800~2 000m/s。

等离子体一般用于切割、焊接、熔炼等。它能切割不锈钢、耐热钢、铜、铝及其合金、钨、钼、硬质合金、花岗岩、混凝土、耐火材料、碳化硅

等。切割金属材料的速度和材料厚度远高于气割。用氧气作为工作气体时等离子体切割速度比气割更高，且易于实现自动控制。

1.5 电化学加工

15 电解 电解是使电流通过电解质溶液或熔融液（通称槽液）而发生氧化还原反应的过程。进行电解的电化学装置称为电解池或电解槽。电解槽的阴极与直流电源的负极连接，获得电子，使电极与槽液的界面处发生电解还原反应。阳极与直流电源的正极连接，从槽液获取电子转移给电源正极，使电极与槽液的界面处发生电解氧化反应。

（1）电极 电解槽必不可少的组成部分是第一类导体（电子导电导体）。由于电化学反应发生在电极与电解液的界面处，因此，电子导电能力和电催化作用是电极材料必须具备的基本特性。

1）阳极材料：阳极可分为可溶性阳极和不溶性（惰性）阳极。电解精炼时，常以粗金属和废合金为阳极；电解加工，电镀金、银、锌、镍、铜

时，多以相应纯金属为阳极；电解水或电解合成时，使用石墨、碳、铅等材料作为不溶性阳极（或不溶性阴极）。它们有优良的导电导热性和较好的耐腐蚀性，易于加工、价廉易得，但强度低、易损耗。金属铂是理想的电极材料，但其价格昂贵。

2）阴极材料：阴极工作在负的电动势下，不易受电化学腐蚀，选材比较广泛。大多数阴极是固态的，它适于立式挂放，有利于析出的气体逸散。氯碱工业的一些电解槽，使用液态汞作为阴极，电解氧化铝时，铝电极也是液态阴极，必须水平放置。

（2）电解质的分解电压 电解时，在电解池两极施加的使电解反应开始顺利进行所需的最低电压。

（3）金属电沉积 电解时，利用阴极的还原作用，可在其与电解液的界面发生金属离子的还原反应，沉积出单质金属。金属电沉积可用于电解冶金、电镀、电铸及废液中金属离子的电解回收。

（4）金属电溶解 利用电解氧化反应还可以使金属在阳极氧化而溶解。它可用于电解加工、电解抛光、电侵蚀、电解精炼金属及其他采用可溶性阳极的电解过程。

（5）金属的电解精炼 电解精炼时，含有较多杂质的金属在阳极电溶解为离子，相应的离子则在阴极沉积为金属。

（6）电解共同析出 电解时，常有两种或多种物质从阴极析出，称为电解共同析出。共同析出的金属形成合金，如电镀黄铜、青铜、镍钨合金等。

（7）电解时析出气体 有两种情况：①气体的电解制备，如电解水制取氧气和氢气，电解氯化钠水溶液制取氯气，电解无水氟化钠熔体制取单质氟等；②作为电解的副产物析出，例如电解沉积锌、铬时，常有氢气共同析出，同时在阳极析出氧气。

16 电镀 直流电流通过电解质时，在阴极基体表面沉积具有一定性能的金属或复合镀层的电解过程。利用镀层的特殊组织和性质可满足工件耐蚀、耐磨、润滑、高硬和电、热、磁、光等多方面的性能要求。

（1）电镀方式 根据被镀工件的几何尺寸、数量及对镀层的要求，常用的电镀方式有：①挂镀（吊镀），工件固定在导电挂具上与镀槽阴极连接；②滚镀，批量小型工件置于在电解液中转动并保持与阴极接触的多孔滚桶中翻滚，获得预期的沉积层；③刷镀，以被镀工件为阴极，不溶性导电材料为可移动阳极，其外部包覆纤维吸满镀液，对工件

进行局部涂刷；④连续镀，线状、带状工件以连续移动的方式浸于槽液，控制工件移动速度和在槽液中的时间，获取适量的镀层。

（2）电镀层 按照使用目的，分为防护性镀层、防护与装饰性镀层和功能镀层；根据在金属腐蚀过程中与基体金属间的电化学关系，又分阳极性镀层和阴极性镀层。为防止生锈，钢铁几乎在所有应用中都必须加防护性镀层，最常用的是较经济的锌镀层。镉镀层外观较优良，但价贵，毒性大，镀液排放受严格控制，应用日渐减少。作为替代，可用锡锌合金和锌镍合金镀层。锡用作钢铁的防护性镀层，属阴极性镀层，但在密封罐头和食物有机酸环境中锡变为阳极性镀层；耐磨镀层常用硬铬、硬镍、镍-金刚砂复合层等；松孔铬层作为汽缸的润滑减磨镀层；消光镀层多用黑镍、黑铬；铜、银、锡、铅锡、锡铈等用作可钎焊性镀层；铜、铁、硬铬等作为机械零件尺寸修复镀层；钴镍、铁镍、钴镍磷作为磁性镀层；铬及其合金、铂铑合金、钴-碳化铬复合镀层可作为高温抗氧化镀层。镀层厚度应根据使用条件等因素确定。

（3）电镀溶液 种类很多，组成差别极大，但所有电镀溶液通常都应有具备以下作用的成分：①提供阴极电沉积的金属离子；②提高镀液的导电能力；③缓冲溶液的 pH 值，使溶液保持一定酸碱度；④调节电沉积物的物理和形态特性。

镀液一般含有主盐、导电物质、缓冲剂、配位剂、阳极活化剂、有机添加剂等。①主盐是含有镀层金属的盐，它们在阴极电沉积形成镀层；②导电物质使溶液电导率提高，有利于镀液分散能力，改善镀层质量，降低电能消耗。常用的导电物质有硫酸、盐酸、碱金属氢氧化物或碱金属盐等；③配位剂能降低镀液中游离金属离子的浓度，从而增大阴极极化，使镀层细致，还能促进阳极溶解，但会降低阴极电流效率；④缓冲剂稳定镀液的 pH 值，抑制阴极表面扩散层 pH 值的升高，保证阴极过程顺利进行，兼有提高阴极电流密度和极化度、改善镀层组织的作用；⑤阳极活化剂可消除阳极钝化，降低阳极极化，促进阳极溶解，从而保持了主盐离子浓度的稳定；⑥有机添加剂是能够改变镀层结构、形状、性质的少量添加成分。

镀液的均镀能力又称为分散能力，是指在一定的工艺条件下，能够使电流或沉积层在阴极表面均匀分布的能力，受极化度、溶液电导率和电流效率等的影响。增大阴阳极间距离、减小工件各部位对阳极的距离差、增大镀液导电性和阴极极化度等均

有利于工件上电流分布趋于均匀。

镀液的深镀能力又称为覆盖能力，是指镀液能使阴极工件深凹表面获得镀层的能力。

（4）镀前镀后表面处理　施镀之前对基体表面进行处理，主要目的是：①使镀层与基体牢固结合；②使镀层有平滑的外观。

基体表面处理有以下工序：①去除毛刺、砂眼、焊疤、划痕、锈斑、氧化皮等宏观缺陷，细化表面粗糙度；②除去表面油污，以提高镀层与工件基体结合的牢固程度；③清除金属表面的氧化层；④用热水、冷水清洗处理过的表面，对镀层要求高的应以软化水、蒸馏水或去离子水清洗。清洗过的工件应尽快转入电镀工序，以防止在水中发生新的锈蚀。

当基体为铝、镁、锌合金压铸件，不锈钢、铌、钽、钛、钼、钨等难熔金属及一些非导电材料时，常需分别采用特殊的表面处理方法。

镀后处理是某些工件或某些种类镀层电沉积后的辅助处理工序，目的是进一步改善镀层性能。

（5）镀层质量检测　包括外观检测和仪表（或试液）检测两部分。镀层的外观检测，包括起皮、起泡、针孔、麻点、枝晶等项，装饰性镀层格外注重色泽和光亮程度。

镀层的仪表检测包括厚度、孔隙率、耐蚀性、硬度、结合力、内应力、光泽度等，必要时还须进行延展性、减摩性、钎焊性、导电性、磁性等项的检测。

（6）电镀废水处理　电镀作业各工序的绝大部分操作都是在含有一定化学品的溶液中进行的，为保证电镀产品质量，每一工序之后都要彻底清洗，从而产生含有大量污染物的废水。

电镀废水含有对生物体和人类有害的各种有毒甚至剧毒的物质，如氰化物，六价铬化合物，砷化合物，重金属离子铅、镍、镉、铜、锌等以及大量酸性、碱性废水，必须对它们进行处理，把有害物质浓度降至基本无害的水平，达到工业废水排放标准方可排放。

电镀废水的处理有化学法、离子交换法、电解法、蒸发法、电渗析法，反渗透法等，减少有害废水排放、回收废水中有用的成分和水循环使用是电镀废水处理的方向。

17　电解冶炼　冶炼金属是从矿石中提取金属单质的过程，是使金属从化合态转化为游离态的化学过程。根据金属的活泼性不同，采用不同的方法，工业上冶炼金属一般有电解法、热还原法、热分解法、物理分离法等。①热还原法是利用热还原性强的还原剂把金属从其化合物中还原出来，属于氧化还原反应，遵守得失电子守恒定律，主要冶炼较不活泼的金属 Zn、Fe、Sn、Pb、Cu，常用还原剂有（C、CO、H_2 等）；②热分解法就是加热金属氧化物、碘化物、羰基化合物等使其分解制取纯金属。一般适用于银、汞等不活泼的金属单质提炼；③对于最不活泼的 Au、Pt 等金属，由于其密度很大，在自然界中主要以单质形式存在，可用多次淘洗等物理方法去掉矿粒、泥沙等杂质来获得。

电解法冶炼就是把活泼金属的简单化合物加热到熔融状态，然后通以直流电、电解，使其在两个电极上分别析出单质，也叫作金属电解。电解法主要冶炼活泼金属 K、Ca、Na、Mg、Al，一般用电解熔融的氯化物（Al 是电解熔融的 Al_2O_3）电解获得。电解铝、电解钠就是通过电解得到金属铝、金属钠的。

电解铝、电解钠的化学反应方程式为

$$2Al_2O_3 \xrightarrow{\text{电解}} 4Al+3O_2 \uparrow \qquad 2NaCl \xrightarrow{\text{电解}} 2Na+Cl_2 \uparrow$$

现代电解铝工业生产采用冰晶石-氧化铝熔融电解法。熔融冰晶石是溶剂，氧化铝是溶质，以碳素体作为阳极，以铝液作为阴极，通入强大电流后，在 950~970℃ 下，在电解槽内进行电化学反应。阳极主要产物是二氧化碳和一氧化碳气体，其中含有一定量的氟化氢等有害气体和固体粉尘，该气体需要经过净化后排空。阴极产物是铝液，铝液通过真空抬包从电解槽内抽出，送至铸造车间，在保温炉内经过净化澄清后，浇铸成铝锭或直接加工成线坯、型材等。

对于某些不活泼金属，如铜、银等，也常用电解其盐溶液的方法进行精炼。如电解精炼铜，用硫酸铜（或氯化铜）溶液作为电解液，用粗铜（含锌、铁、镍、银、金等杂质）铜板作为阳极，用纯铜薄钢板作为阴极。其化学反应式为

$$2CuSO_4+2H_2O \xrightarrow{\text{电解}} 2Cu+2H_2SO_4+O_2 \uparrow$$

$$CuCl_2 \xrightarrow{\text{电解}} Cu+Cl_2 \uparrow$$

第 2 章　电加热概述

2.1　电加热原理

18　电阻加热　利用电流流过导电材料的焦耳热效应产生的热能对物料进行的电加热称为电阻加热。电流流经导电材料产生的电阻热能可用公式 $Q = I^2Rt$ 计算得到。式中，Q 为导电材料所产生的热能（热量）（J）；I 为通过导电材料的电流（A）；R 为导电材料的电阻（Ω）；t 为电流通过导电材料的时间（s）。

电阻加热的主要特点如下：

1）工作温度范围宽，加热温度均匀，并可按加热工艺温度要求精确控制。

2）物料可按工艺要求选择加热环境，如在氧化气氛、真空或各种控制气氛以及在液体介质中进行加热处理，真空度或气氛的成分均可自动控制。

3）热效率高。

4）工作条件好，对环境污染少。

电阻加热分直接电阻加热和间接电阻加热。

电流直接流过被加热物料的电阻加热为直接电阻加热；直接电阻加热因热能在材料内部产生，可达到被加热材料的最高温度，热效率高；但由于这种加热方式受加热物料的性质、形状、尺寸等的制约，使用受到一定的限制。直接电阻加热主要用于电阻焊、碳素电极的石墨化、钢丝强韧化处理、玻璃熔化、电渣重熔、盐浴加热等。

电流流过加热元件或其他导电材料使加热元件或导电材料产生热量，然后通过热的传导、对流和辐射使被加热物料间接地得到加热为间接电阻加热。间接电阻加热在各种电加热方法中应用最广泛，对加热物料无限制，可对任何材质、形状和尺寸的物料加热，加热方便，主要用于各种间接电阻炉和家用电热器具，如金属材料及零件的热处理，材料和制品的烘烤、烧结，轻有色金属的熔炼，半导体生产等。

19　感应加热　利用电磁感应原理在导电物料中产生的感应电流的焦耳热对物料本身进行的电加热称为感应加热。处于交变电磁场中的导电体内部会产生感应电动势并形成感应电流，该感应电流因导电体的电阻而产生焦耳热，从而使导电体（物料）得到加热。在感应加热应用中，交变电磁场是由通过交流电流的感应器产生的，导电体即为被加热的可导电炉料（物料）。

感应加热的主要特点如下：

1）热量（热能）在导电物料内部产生，温度均匀、无污染、加热速度快、热效率高、功率密度高。

2）易于实现对炉料的表面加热和局部加热。

3）用于机械零件热处理时，加热时间短，金属氧化少。

4）用于金属熔炼时，溶液可得到电磁力的搅拌，有利于金属温度和合金成分的均匀。

感应加热主要用于各种频率的感应熔炼炉，感应透热、淬火和烧结设备，悬浮熔炼和区域熔炼设备，包括金属坯料在热加工前的预热，机械零件表面淬火，有色金属和铸铁的熔炼、保温，合金钢熔炼，半导体材料生产，钎焊、焊接等。

20　电弧加热　利用电弧放电产生的热能对物料进行的电加热称为电弧加热。电弧放电是气体受到电离而产生的放电现象，在由低压到高压的不同压力气氛中都能发生。电弧放电时，电流大而电压降低，产生强烈的弧光和热。

电弧加热的主要特点如下：

1）热量集中，温度高达 $3\,000 \sim 7\,500\,℃$。

2）功率密度特别高，用不太复杂的设备能集中提供几万 kW 甚至几十万 kW 的巨大加热功率。

3）能用于空气、真空或其他气氛中。

电弧加热是应用最广泛的电加热方法之一，主要用于冶金、化工、机械和环境保护等领域。在冶金和化学工业中主要用于炼钢（如交、直流炼钢电弧炉，钢包精炼炉），炼铁合金、冰铜、电石、黄磷等（如各种埋弧炉），熔炼钨、钼、钽、铌、钛、锆等难熔和活泼金属及合金（如真空电弧炉），以及耐火材料、磨料的熔熔和制取等。在机械工业中，主要用于金属的焊接（如手工弧焊、埋弧焊、气体保护焊），以及碳弧气刨和电弧切割等。在环境保护等领域主要用于垃圾焚烧、熔融固化处理等。

21 等离子体加热 利用工作气体电离形成的等离子体作为热源进行的电加热称为等离子体加热。工作气体根据使用要求有氮、氢、氩，或氮和氩、氩和氢的混合气体等。

等离子体加热的主要特点如下：

1) 温度高。

2) 功率密度大，热量集中。

3) 等离子体一般呈中性，可避免物料的氧化和还原，还可以在真空或控制气氛中加热。

4) 等离子体可有极高的流速，有利于某些作业（如切割、喷涂等）的进行。

5) 易于与其他加热方法（如感应加热、燃料加热等）配合，取长补短。

6) 能用磁场控制等离子体的分布和运动，有利于化工过程的进行。

7) 高频等离子体洁净，加热时不会污染物料。

等离子体加热主要用于冶金、机械、化工、航空、建筑等许多工业部门。在冶金工业中，等离子体加热可用于特种钢、难熔金属、活泼金属的熔炼（如等离子电弧炉）等；处理炼钢电弧炉等废气中的粉尘，回收合金元素；与感应熔炼炉配合（如等离子感应炉）强化精炼过程等。在机械加工中，等离子体加热可用于焊接、切割、喷涂和金属表面处理等。在化学工业中，等离子体加热可用于制取乙炔、硝酸、联氨、炭黑等化工产品，合成高温碳化物、氮化物和硼化物等。高频等离子体可用于制取高纯材料，如石英玻璃、单晶、钛白粉等。

22 电子束加热 真空中利用被电场加速的一个或多个电子束轰击物料时所产生的热能而进行的电加热称为电子束加热。电子束轰击被加热物料时，其绝大部分动能转变为热能使物料加热，只有很小部分被散射电子和二次电子带走以及转变成 X 射线。电子束加热装置主要由电子枪、工作室、真空系统、高压电源和控制系统组成。

电子束加热的主要特点如下：

1) 加热功率可以集中在很小的面积上，功率密度高达 $10^6 \sim 10^9 \mathrm{W/cm^2}$。

2) 控制精度高，功率密度、轰击时间和位置都可以精确调节和控制。

3) 加热和熔炼在真空中进行，物料基本不受污染，真空冶金效果好。

电子束加热主要用于特种钢、难熔金属、活泼金属及其他金属的熔炼与焊接（如电子束熔炉、电

子束加热设备和电子束焊机），工件表面热处理和精密加工等。

23 介质加热 利用频率在 1~300MHz 范围内的高频电场的能量，对非导电（电介质）和部分导电类材料进行的电加热称为介质加热，又称电极式高频电场加热，与微波加热同属高频电场加热。其加热原理是，放置在两极板之间的被加热材料，在高频电场的作用下，其分子和原子中的正、负电荷产生高频率的交变位移（反复极化），引起分子间的激烈摩擦，从而在内部产生热量，使材料加热。

介质加热的特点是，热量在被加热材料内部产生，因此加热速度快、材料内外加热均匀、热效率高。为了避免对短波和超短波通信的干扰，优先选用 13.56MHz、27.12MHz 和 40.68MHz 三个频段的频率。

介质加热广泛应用于自然气氛和保护气氛中，对塑料、橡胶、皮革、织品、玻璃、陶瓷、纸张、木材、竹材、谷物和食品等的非导电和部分导电材料进行干燥、熔化、热合、灭虫（菌）和黏合等热加工。

24 微波加热 利用频率为 300M~300GHz 的超高频电磁波（即微波）的能量对非导电（电介质）和部分导电类材料进行的电加热称为微波加热。它与介质加热同属高频电场加热，加热原理也相同，但工作频率要高得多，因此被加热材料单位体积所吸收的功率也更大，加热更迅速，热效率更高，使用更方便，应用也更加灵活和广泛。为了避免对电视、微波通信和雷达等产生干扰，国际上规定的微波加热专用频率是 915MHz、2 450MHz、5 800MHz 和 22 125MHz，常用的是 2 450MHz。

微波加热的应用领域基本上与介质加热的相同，但应用灵活性更大，还可用于卷烟、茶叶和中草药烘烤，蔬菜的脱水，食品的烹调，化工产品、药品、化学试剂的干燥，理疗等。

25 红外加热 吸收由电能产生的以红外辐射为主兼有光辐射的能量而进行的电加热称为红外加热，又称为电红外辐射加热。红外辐射是一种电磁波，其波长范围为 0.83~1 000μm，介于可见光（0.36~0.83μm）与微波（1mm~1μm）之间。工业上应用的红外加热的波长范围主要为 2.5~30μm。

红外辐射能透入被加热物料表面一定深度，而对加热空间内的空气、媒介物基本上不加热，故具有热效率高、加热速度快、作业环境好等优点，特别是在低温（50~650℃）区段，这些优点尤为显著。不同物料对红外辐射的吸收能力不同，即使是

同一种物料，对不同波长的红外辐射的吸收能力也不尽相同。

红外加热的用途很广，主要用于汽车、自行车、机电零部件、家电、木工制品、树脂制品等表面涂饰物的烘烤、干燥，电子元件的烧成，橡胶的二次硫化，化学药品原材料的焙烧、干燥处理，皮革涂饰、药品处理后的干燥，陶瓷成形品彩釉涂覆前的预加热和涂覆后的烘烤，木材、纤维、纸张、谷物、茶叶、烟叶、蔬菜、水产品的脱水干燥，食品的烤制、杀菌，金属材料焊接前的预加热与焊缝退火，以及人体的医疗、保健、美容等。

26　激光加热　利用激光能量对物料进行的电加热称为激光加热。当激光束照射在被加热工件表面时，工件吸收激光束能量并将其转变为热能，从而被加热。

激光加热的特点如下：

1) 功率密度高，可达 $10^6 \sim 10^9 \mathrm{W/cm^2}$，几乎可加热所有材料，包括各种高熔点和高硬度材料。

2) 加热速度快，加热可局限在很小范围，因此热影响小、工件变形小。

3) 根据需要可在大气、真空和各种气氛中加热，或透过透明材料加热。

4) 可方便地把激光从一个工位向另一个工位输送，也可把单束光分成几束功率较小的光使用。

5) 光束调制方便，易实现自动化操作、精密加工。

6) 加工时无机械接触、无工具磨损。

激光加热主要应用有激光焊接（如激光焊机）、激光热处理，激光钻孔、切割和刻蚀，3D 打印以及治疗等，其主要区别在于激光能量密度的不同。它的应用领域类似电子束加热，但更精确、更广泛，特别是在小功率领域有明显的优势。

27　电极加热　利用电流流过电极间液态介质产生的焦耳热对物料进行的电加热称为电极加热。它实质上是一种不用加热元件的电阻加热。电流通过两个或多个电极引入导电液态加热介质，由于焦耳效应，热能直接在电极间的导电液态加热介质中产生。电极加热分为间接电阻加热和直接电阻加热两类。液态加热介质可为熔渣、熔融盐、熔融金属、熔融玻璃和水等。

电极加热的特点是加热速度快、加热效率和生产率较高、设备简单、投资少、生产费用低。但有些液态加热介质，如某些熔融盐和金属浴会对环境造成污染。

用于电极加热的炉子称为电极炉。电极炉通常按不同的液态加热介质分类，主要有用于重型机械制造的电渣重熔炉，用于机械零件热处理的电极盐浴炉和金属浴炉，用于玻璃制品行业的电极玻璃熔化炉，一般民用的电极锅炉、电极蒸汽发生器和电极流水加热器等。

2.2　电热设备的供电

28　电热设备的功率　电热设备中物体加热、熔化所需平均功率为

$$P = \frac{(C_1\theta_1 + Q_r + C_2\theta_2)\ G}{T\eta}$$

式中　P——平均功率（kW）；

G——物体质量（kg）；

T——加热时间，$t = t_1 + t_2 + t_3$（s），t_1、t_2、t_3 分别为固态升温、熔解和液态升温时间；

η——平均加热效率（%），$\eta = \eta_d \eta_r$，η_d、η_r 分别为电效率和热效率；

C_1、C_2——固态和液态的平均比热容 $[\mathrm{kJ/(kg \cdot K)}]$；

θ_1、θ_2——固态和液态的温升（K）；

Q_r——熔解热容（kJ/kg）。

电热设备的热损失是指加热过程中损失的热功率（或能量），由热的传导、辐射和对流所引起，包括炉壁散热损失、加热辅助件的热量和炉门（或工艺孔）的热损失。

29　电热设备的电源　电热设备的电源有交流和直流。交流电源除工频 50Hz 外，还有低频、中频、高频和超高频。工频电源大多采用接在供电电网高压侧可以无载或有载分级调压的变压器，也可以是由专用（电炉）变压器供电。直流电源基本采用二极管或晶闸管整流器，10kHz 以下的中频电源主要是晶闸管中频装置。10～100kHz 甚至更高频率的高频电源采用自关断电力电子器件（如 IGBT、MOSFET）组成的变频装置。

电热设备供电电源的一次电压应随设备功率增大相应提高。通常 4MVA 以上的电热设备宜采用 6kV 以上电压。对炼钢电弧炉那样的具有冲击性或急剧变化的负荷，应当接在短路容量较大的供电电网上。

电热装置的端电压称为电热设备工作电压。不同类型的电热设备，工作电压类型不同。但为了满足生产过程的要求，工作电压都应有足够的调节范围，可用带抽头变压器用分级开关实现，也可采用各类调压器、饱和电抗器、电力电子调压或调功装置。

30　电热设备的供电母线　大功率电热设备需

用大电流母线馈电。由于趋肤效应，交流电流通过母线时，沿母线截面分布不均，透入深度与母线材料和电流频率有关。不同频率下常用母线材料的电流透入深度见表 23.2-1。选择母线时，考虑透入深度可节省导电材料。工频矩形截面母线的厚度，对于铜不宜大于 12mm，对于铝不宜大于 20mm。中频矩形母线厚度一般选 1.2~2 倍透入深度，最佳值通常取 1.57 倍，考虑到机械强度，频率较高时，厚度应适当增加。

表 23.2-1　常用母线材料不同频率下的电流透入深度　　　（单位：mm）

频率/Hz	50	150	250	500	1 000	2 500	4 000	8 000	10 000
铜	10.3	6.0	4.6	3.3	2.3	1.5	1.2	0.8	0.7
铝	13.3	7.7	6.0	4.2	3.0	1.9	1.5	1.0	0.9

注：以 70℃计算，50℃时表中的值乘以 0.97。

电热设备的馈电母线应合理布置。基本原则如下：

1）矩形母线必须竖放。

2）载有极性相反的电流的母线宜靠近，载有极性相同的电流的母线宜远离，同一相中有多条往返母线时，宜按所载电流极性交错布置，见图 23.2-1。母线间最小间距必须满足电气间距和散热条件。

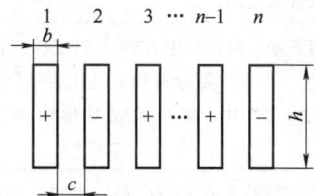

图 23.2-1　往返交错布置的母线

3）在三相系统中，三相母线采用等边三角形空间布置或修正平面布置，使三相母线阻抗平衡；载有相位差 120°电流的母线宜靠近，载有相位差 60°电流的母线宜分开布置。

4）母线周围不能有铁磁构件，中频和高频供电时更应注意这一点。

5）大电流母线长度应尽可能缩短。

6）传送中频电流时，不要使用铠装或有金属包皮的单芯工频电缆，可采用两芯或四芯铠装或有金属包皮的电缆，且芯线应当载有往返方向的电流。

关于母线计算的基本方法请参见参考文献 [2]。

2.3　电加热常用材料

31　金属加热元件　电加热设备中加热元件材料性能应满足如下要求：

1）电阻率大，电阻温度系数小而且稳定。

2）热膨胀系数小，高温下形变小，能承受热冲击。

3）良好的抗高温氧化和耐控制气氛腐蚀的性能。

4）金属元件要易加工，焊接性能好，高温使用不易脆化。

电加热设备常用金属加热元件的材料主要性能及使用要点见表 23.2-2，表中数据除特别说明外，均适用于电阻炉。更详细的资料可参见参考文献 [2]。

表 23.2-2　常用金属加热元件的材料、主要特性及使用要点

材料名称		密度/ (g/cm³)	20℃电阻率/ (10⁻⁶Ω·m)	熔点/℃	最高工作 温度/℃	特点及使用要点
镍铬	Cr20Ni80	8.4	1.09±0.05	1 400	1 150	塑性好，易拉拔、绕制和返修。高温工作不易脆化。电阻率较小，电阻温度系数大，抗渗碳能力差，价格贵
	Cr15Ni60	8.2	1.12±0.05	1 390	1 050	
铁铬铝	0Cr25Al5	7.1	1.4±0.1	1 500	1 300	电阻率较大，电阻温度系数低，功率稳定，耐热性较好，有较强的耐硫和各种碳氢气体侵蚀的能力，成本低。塑性差，膨胀系数大。避免与氰化物和碱土金属接触
	1Cr13Al4	7.4	1.26±0.08	1 450	1 100	
	0Cr13Al6Mo2	7.2	1.4±0.1	1 500	1 300	
	0Cr27Al7Mo2	7.1	1.5±0.1	1 520	1 400	

（注：表中"电热合金"为"镍铬"与"铁铬铝"两类的合并分类）

（续）

材料名称		密度/ （g/cm³）	20℃电阻率/ （10⁻⁶Ω·m）	熔点/℃	最高工作 温度/℃	特点及使用要点
纯金属	钼钨钽	10.2 19.6 16.6	0.05 0.055 0.125	2 636±50 3 400±50 3 000±50	1 650 2 500 2 200	电阻率小，电阻温度系数大，升温过程功率不稳定，需加调压（功）器调节功率。在氧化气氛中使用不稳定，须在氢气、惰性气体和真空中使用；价格较贵，多用于真空高温电热设备

32　非金属加热元件　常用非金属加热元件的材料、主要特性及使用要点见表 23.2-3，表中数据除特别说明外，均适用于电阻炉。更详细的资料可参见参考文献［2］。

表 23.2-3　常用非金属加热元件的材料、主要特性及使用要点

材料名称	密度/ （g/cm³）	20℃电阻率/ （10⁻⁶Ω·m）	熔点/℃	最高工作 温度/℃	特点及使用要点
碳化硅元件	3.1~3.2	~1 000 （1 000℃）	—	1 600	电阻温度系数大，低于800℃时为负值，使用后会逐渐氧化，电阻增大。一般加工成棒状、管状和螺线管状使用
硅化钼元件	5.5	0.2	~2 000	1 700	室温下硬而脆，高于1 350℃时变软，有延伸性，抗氧化，在CO、氨分解和碳氢化合物气氛中有相当的抗腐蚀作用。多加工成U形或W形，垂直安装
铬酸镧元件	6.5	—	2 490	—	元件在高温下有Cr₂O₃蒸发出来，以制成装有屏蔽的炉子为佳。高温氧化性气氛中工作稳定，熔点高，电导率足够大，电阻温度系数较小。常用于1 800℃氧化气氛电阻炉
石墨元件	2.2	—	3 700±50	2 300	在真空、中性或还原性控制气氛中使用。元件形状有棒、管、颗粒和纤维织物。电弧炉中用作电极，圆柱形

33　耐火材料　加热装置中除（加）热源和保温（隔热）材料外，需要有支撑热源、构筑（物料）容器和炉体的耐火材料。保温（或称隔热）材料和耐火材料统称为炉衬材料，炉衬材料的选用取决于电炉结构、用途和生产工艺特点。

耐火材料一般是指耐火度不低于 1 580℃的无机非金属材料，按耐火度可分普通（耐火度 1 580~1 770℃）、高级（耐火度 1 770~2 000℃）和特级（耐火度 2 000℃以上）三类。对耐火材料的要求是：①能耐受使用温度；②热态时能承受负荷；③耐急冷急热；④抗腐蚀性强。

耐火材料按其使用方式又可分为成形制品（如轻质黏土砖、普通黏土砖、泡沫高铝砖、石墨制品、碳化硅制品、镁砖、硅砖等）、打结料（石英砂、耐火黏土、烧结镁砂、电熔镁砂、电熔刚玉及不同质量分数的 SiO₂、Al₂O₃、MgO 等）、可塑料或浇灌料（重质和轻质耐火混凝土、高铝、氧化铝轻质浇灌料、陶瓷纤维浇灌料等）。在工业电炉中还常用高铬和高镍铬耐热金属来制造炉子本体的不同部件。此外，由于金属陶瓷既有陶瓷的耐热性、耐蚀性和硬度，又具有金属的韧性、可塑性和机械强度，因此常用于控制气氛炉中。

常用的耐火材料种类及其性能见参考文献［2］。

34　保温材料　气孔率高而体积密度低，用于保温、隔热的材料称为保温材料或隔热材料。工业窑炉中使用适当的保温材料可以降低能耗，提高热

效率，使炉温保持均匀和减轻设备重量。常用隔热材料有硅藻土砖、石棉、矿渣棉、玻璃棉、膨胀蛭石、膨胀珍珠岩（散料或成品）、硅铝酸纤维及其制品、氧化铝纤维、高铝纤维、氧化锆纤维等。其中氧化锆纤维使用温度最高，可达 1 800~2 200℃。

常用的保温材料种类及其性能见参考文献 [2]。

35　电极材料　电炉中使用的电极有人造石墨电极、碳素电极、自焙电极和自耗电极。炼钢电弧炉采用人造石墨电极，埋弧炉主要用自焙电极或人造石墨电极。

人造石墨电极是以优质石油焦炭为原料，以沥青为黏结剂，挤压成形，在约 1 000℃ 烧成后，进一步放在石墨化炉中经约 3 000℃ 的处理而制成。国产圆形石墨电极的最大直径已达到 500mm，长度 2.4m，主要用于超高功率炼钢电弧炉。

碳素电极是以焦炭、无烟煤等为主要原料烧结而成。由于是碳素材料，比人造石墨电极的电阻大，所以主要用于电流密度小的场合（10A/cm² 以下）。

自焙电极是在用薄钢板做成的电极外壳内装入沥青、焦炭、无烟煤和人造石墨屑等混合成糊状电极材料而制成。由电炉的热量和自身通电产生的热量，从下部顺次烧成使用。随着电极端头的消耗，不断从上部添加的电极糊，被炉内的热量和电流的焦耳热缓慢地焙烧，在电极把持器的下部完全焙烧成电极。自焙电极的允许电流密度可取 5~6A/cm²。

2.4　温度的测量与控制

36　测温方式　电加热设备的生产过程与温度密切相关。生产过程中若不能保持要求的温度，将会影响产品的质量，造成产品报废，严重超温还会损坏设备甚至引起事故。

常用温标分为摄氏（℃）、华氏（℉）和开氏（K），其换算式为

$$t(℃) = 0.556 [t(℉) - 32] = T(K) - 273.2$$

测温方式分接触式和非接触式两类。常用接触式测量温度计有膨胀式温度计（如玻璃管水银温度计、双金属温度计、压力温度计）、热电阻温度计和热电偶温度计。常用非接触式测量温度计有光学高温计和全辐射高温计。使用时，单独的感温元件还需配相应的温度显示仪表。

电炉测温中最常用的是热电偶温度计，它具有使用方便、测温范围宽、精度高等优点，但在高温和强腐蚀性介质中寿命很短，有一定滞后时间。在高温盐浴炉和加热周期很短的高频加热设备中主要

使用非接触式测量温度计，这种温度计测量精度受到烟尘和被测物表面状况影响，精度不如热电偶，现场使用时，应用热电偶温度计进行核对。

测温时应注意：

1）根据工艺要求正确地选择测温方式和仪表。

2）为保证测量精确度，在使用接触式测温时，应正确选择测温点及传感器安装位置，使其避开热源和炉壁，并能反映被测物体的温度。细长传感器宜垂直安放，插入深度应合适。用辐射式高温计时，镜头与被测物体间的距离应符合规定，并需排除烟尘和其他因素对测量精度的影响。

3）使用热电偶（B 型除外）时必须配置规定的补偿导线。

4）测温信号线应与电炉动力线分开敷设，以消除强磁场对热电偶的影响。在腐蚀性介质中和高温下使用热电偶时，应选择合适的保护套管。

37　温度控制方法　温度控制系统由控制对象和控制装置组成，有温度定值控制、分布控制、程序控制和串级控制系统等。电炉温度控制系统的控制对象是电炉，被控量是温度。控制装置由温度传感器、控温仪表和执行器组成。温度传感器输出的温度信号输入到控温仪表，与设定值进行比较，两者有差时，控温仪表按设定规律进行调节，并向执行器发出相应的动作指令，执行动作并改变炉子输入功率，使炉温达到要求值。

电炉温度控制系统常用传感器有热电偶、热电阻、辐射高温计和光电高温计等，其中最常用的为热电偶。控温仪表按其结构型式可分为全电子式和智能式等几种。全电子式仪表体积小，反应快，测量精度高，功能强。以微处理器为中心的新一代智能化仪表和采用 PLC 的温度控制装置，除了精度高、适应性强等优点外，还能完成许多常规仪表无法实现的功能，如功能设定、参数整定、存储用户要求的加热曲线；由于具有数字通信能力，可通过现场总线把炉温控制与电炉操作控制功能集成于一体，组成电炉的分布式控制系统，可实现多点温控、多炉群控等，是当前使用最普遍的控制方法。

传统常用的执行器有接触器、磁性调压器和饱和电抗器、电力电子开关（如晶闸管调压器和调功器）等。磁性调压器和饱和电抗器工作可靠，容量较大，但体积大，响应慢，耗材多，一般只用于真空电阻炉。晶闸管移相控制调压器响应快，无噪声，但过载能力弱，控制较复杂，保护要求高。以晶闸管为基本器件开发出的固态继电器（调功器），把晶闸管的控制和保护与执行元件集成为一体，采

用电流过零触发方式，既有晶闸管调功器响应快、无噪声的特点，又无需外加复杂的控制和保护电路，且体积小，便于安装，运行时对电网干扰较小；采用时间比例原则调节电炉电功率，响应快，温度控制精度较高，可有效地提高生产效率，节约电能消耗，已成为中、大功率电阻炉温度控制系统中最常用的执行元件。

2.5　电热设备的节能与环保技术

38　电热设备电能质量控制　从用电负荷来看，许多电热设备是典型的非线性负荷，如交流电弧炉，采用整流器供电的直流电弧炉，利用变频装置工作的高频、中频感应熔炼炉和加热炉，采用电力电子调压或调功的电阻炉等，它们工作时会向电网注入大量谐波电流，还存在功率因数低、三相电流不平衡，有的还具有冲击性，这些都属于用电的电流质量问题。

由于供电系统中存在阻抗，谐波电流、不平衡三相电流和冲击性电流的流动，将在电网的公共节点（PCC）上引起电压谐波、电压波动等供电电压质量问题，对电网造成污染，影响电热设备本身和电网上其他电气设备的正常运行。例如，谐波会使电机产生功率损耗和发热，增加变压器和电网的损耗，使电能计量仪表产生误差；对继电保护、自动控制装置等产生干扰，严重时会引起保护误动作；谐波还可能在无功补偿电容器回路被放大，从而导致电容器过负荷甚至损坏，还可对相邻的通信线路产生干扰等，给供电系统的安全经济运行带来影响。所以，对电热设备工作引起的电能质量（包括电流质量和电压质量）问题要进行控制和治理，确保电热设备和供电系统的安全，提高电能效率。

对于谐波，常见的控制（抑制）装置有无源滤波器（如电阻、电感与电容组成的单调谐或多调谐滤波器）和有源滤波器（APF，由电力电子装置构成）以及两者的混合；对于动态无功补偿，有由电容与接触器或晶闸管，或电容、电感与晶闸管组成的静止无功补偿装置（SVC），还有由电力电子装置构成、具有快速动态调节能力的静止无功发生器（SVG）和静止同步补偿器（STATCOM）。

39　新型炉衬材料　近年来，以硅酸铝耐火纤维、高档陶瓷纤维、陶瓷纤维与可溶性生物纤维为原料，通过真空成形工艺并与加热元件组合，根据各种类型标准和非标准加热设备的炉膛形状和尺寸设计制成的纤维基预制炉衬和全纤维炉衬以及与其他保温材料组合的节能型炉衬，用于各种电阻炉、真空炉、有色金属熔炼炉和保护气体发生器等热处理设备，具有较高的耐火度、优良的绝热性能和较高的热强度，蓄热损失和散热损失都较小，可以大大简化热处理设备制造过程，提高设备使用寿命和热元件的功率密度，降低设备的能耗，已经得到广泛应用。

基于强辐射传热节能机理，采用集增大炉膛面积、提高炉腔黑度和增强辐照度三种功能于一体的强辐射元件，安装于耐火纤维做成的整体炉壁的适当位置，组成多功能炉衬，可以加快传热速度，大幅度节能，还能提高炉温均匀性，延长炉衬寿命。

40　废气预热技术　利用加热设备生产过程中产生的废气携带的热量，对被处理的材料进行预热，并连续送入加热设备处理，可显著地节约电能消耗。

一种电阻加热的工业电炉，利用离炉废气余热通过辐射和对流传热将内管壁加热，再对流经内管壁另一侧的空气以对流方式进行加热，即预热。该技术提高了补气的温度，并降低了排出的废气温度，提高了电炉的炉温均匀性和使用寿命，减少了能源损失和环境污染，节约了能源。

同样，这种技术在电弧炉中也得到了广泛应用，取得了明显的节能和环保效果，参见本篇第99条。

41　电热设备的环保　鉴于当前严峻的环保形势以及对环保的要求越来越高，我国电炉行业面临的压力更大，可供开发的空间也大。电热设备在设计和使用过程中要特别注意对环境保护的要求，要考虑必要的烟气净化、冷却水处理等设备，控制 CO_2 和二噁英（也称二噁烷）的排放量。

从我国电炉实际出发，在旧炉改造中采取有效措施，如以烟气余热充分预热废钢、提高废钢预热温度和通过喷吹氧气、燃料等化学能代替电能，综合运用连续加料、废钢预热、超高功率供电、长弧泡沫渣、水冷炉壁、水冷炉盖、导电横臂、偏心底出钢、高阻抗、吹氧和氧燃助熔以及计算机控制等先进技术，积极加快绿色环保节能电（弧）炉的开发和应用。

目前我国已具有绿色节能环保电弧炉技术。在对废钢预热时，通过调节旁路除尘管道和主除尘管的流量比例，对废钢预热后的烟气温度加以准确控制，在获得所需要的混合烟气温度后保持一段时间，再进入急冷室急剧冷却，实现对烟气冷却过程二噁英再次合成的抑制，大大减少了炼钢过程中二噁英的排放量，保护了环境。

第 3 章 电阻炉

3.1 类型及结构形式

42 电阻炉的种类 电阻炉按加热方式分为间接加热炉和直接加热炉。工业上多用间接加热炉。按作业方式分，电阻炉有间歇式和连续式。前者用于工件品种多、批量小的场合，后者用于工件品种和工艺比较单一的大批量的生产中。按炉膛气氛和介质分，有普通电阻炉、控制气氛电阻炉、真空电阻炉、盐浴炉和流动粒子炉。

43 普通电阻炉 普通电阻炉常用炉型及其特点和应用见表 23.3-1。

表 23.3-1 普通电阻炉常用炉型及其特点和应用

种类	型号	结构特点	应用场合
间歇作业式	箱式	结构简单，通用性大，除大型炉配备进出料机构外，一般由人工操作	适应于品种多、工艺变化频繁的各种中、小工件的加热
	井式	炉内工件可吊挂，可用吊车装卸生产料	适用于轴类、拉刀、丝杆等长杆和薄壳筒加热
	钟罩式	密封性好，一个钟罩可配用几个炉台，节约装出料时间，提高热效率	金属线材、带材或薄钢板卷材等不便从炉口进入的工件加热
	台车式	工件装卸运送方便	大型、重型件加热，大型容器退火等
	升降底式	加热室固定在离地面一定高度处，炉底可升并在地面上移动；两个炉底轮流工作，装料时间和热损失减少，生产率较高	铸铁、有色金属、硅钢片退火
	坩埚式	结构简单，操作方便	铝、锌等轻有色金属熔炼
	流动粒子炉	设备简单，造价低；热惰性小，效率高，最高温度可达 1350℃ 左右；温度均匀性好，工件变形小；可实现无氧化或少氧化加热，工件表面光洁；无毒，无爆炸危险。但粒子粉尘会引起环境污染	工件的淬火、正火、退火、回火、渗碳、渗氮、渗硼、碳氮共渗和冷却。多为间隙式，在生产线中也可建成连续式
连续作业式	推送式	传送机构较简单，承载能力大，可用炉温较高，但料盘热损失较大	齿轮、短轴等中、小型工件热处理和粉末冶金烧结
	震底式	热损失较推送式和传送式小；噪声大，炉料输送时有碰撞	螺栓、螺母、弹簧、垫圈等及毛坯热处理
	传送式	炉料传送连续性较推送式好，比震底式平稳，使用炉温及承载能力受传送带材料限制	小型工件淬火和中型工件的退火、回火等
	辊底式	适应炉温受辊子材料限制，炉温较高时需用水冷，热损失较大	管材、板材、棒材等加热

（续）

种类	型号	结构特点	应用场合
连续作业式	滚筒式	加热均匀，热损失较小，传送时工件有碰撞	滚珠、钢球、销子等简单的小型工件成批连续热处理
	步进式	承载能力较强，适应炉温较高，送料机构耐热钢损耗较小	坯锭加热和板簧、轴等长工件的热处理
	回转炉底式	送料机构耐热钢损耗较小，可在同一方位或多工位进出料，占地面积相对较小	中型工件加热，长度不能过长
	传送链式	工件吊挂，加热变形小，承载能力受挂钩材料强度的限制	轴类工件回火、退火以及烤漆和烘干等
	牵引式	加热均匀	线材、带材加热

44　控制气氛炉　控制气氛炉可防止被加热工件氧化、脱碳，使表面光亮，还可按工艺要求进行渗碳、渗氮、氰化、覆碳等。表 23.3-1 中的各种炉型均可使用控制气氛。此外，控制气氛炉还分有罐式和无罐式。有罐式炉的炉罐能有效地隔离炉气对炉衬和加热元件的侵蚀。无罐式的炉衬材料则应采用不易受控制气氛侵蚀的材料，加热元件通常用辐射管，有的采用大截面电阻材料。

控制气氛炉的结构应有良好的密封，以保护炉气成分稳定，减少炉气消耗。为使炉内成分均匀，一般应加风扇搅拌，必要时加导板或挡风罩。大型炉子采用炉体分段或各区隔开的结构。采用有毒或易爆炸气时，必须有相应的安全措施。

45　真空电阻炉　真空电阻炉可实现诸如淬火、回火、退火、渗碳、氮化、渗金属等几乎全部热处理工艺，还可进行气淬、油淬、硝盐淬、水淬及高熔点金属材料、超硬质工具和粉末冶金材料的烧结，不锈钢、高温合金的钎焊、压接，多晶硅熔炼等。大多数真空电阻炉工作真空度为 $130 \sim 1.3 \times 10^{-3} Pa$。

按加热元件与真空加热室间的相对位置，真空电阻炉可分为外热型和内热型两大类。外热型的加热元件位于炉罐（即真空室）的外部，工作空间尺寸小，工作温度受炉罐材料所限，比较低。内热型炉加热元件位于真空室内，采用水冷炉壳，适于大型或高温炉子。

按工件在炉内的冷却方式，可分为自冷式、气冷式、油冷式等。气冷式又有负压气冷和加压气冷之分。不同的冷却方式有不同的冷却速度，可根据工艺对工件冷却速度的要求进行选择。真空电阻炉也可做成半连续式或连续式。

真空电阻炉维护操作简单，易于实现自动化。同时因不耗用控制气体，因而节省能源，公害少，操作环境较控制气氛炉好，又无爆炸危险。被处理工件变形小，表面状态好，可减小被处理工件加工余量，实现省时、省材、降低成本、提高成品率的目的。

46　电热浴炉　电热浴炉是用液体介质加热工件的间接式电阻炉。工件在融熔介质中靠对流换热，换热系数大，加热速度快，温度均匀，变形小，不易氧化和脱碳。工作温度范围宽（150 ~ 1 300℃），可完成淬火、回火、分级淬火、局部加热及化学热处理等工艺。电热浴炉的主要缺点是工作条件差，对环境有污染，操作不安全。

按使用的液体介质分为盐浴炉、碱浴炉、油浴炉、铅浴炉等。按加热方式分为外热式浴炉和内热式浴炉两类。盐浴炉以熔盐为加热介质，是一种典型的电热浴炉。外热式炉加热元件在坩埚外，加热介质（熔盐）盛在坩埚内，加热元件从外部加热熔盐，工作温度受坩埚材料影响，一般不超过 850℃。外热式炉结构简单，供电不用变压器。内热式炉的加热元件位于盐浴内，最常见的是电极盐浴炉，最高工作温度达 1 300℃，供电系统要配备专用的低压大电流变压器。

盐浴炉电极有插入式和埋入式两种。插入式炉的电极直接从顶部插入盐槽，更换方便，但盐槽工作面减小，热损失也较大。埋入式炉在盐槽工作面积相同的情况下，可比插入式炉节电近 30%，但电极形状复杂，不能调节，更换电极时需同时换掉盐槽。一般认为埋入式炉在高温（1 300℃）场合使用较为理想。

常用加热介质见表 23.3-6。

47 流态粒子炉 物料浸没在液态化粒子介质中进行加热或冷却的电阻炉称为流态粒子炉或流动粒子炉。按工作温度，流态粒子炉可分为低温炉（750℃以下）、中温炉（750~1 000℃）和高温炉（1 000℃以上）3 类。工业上中温炉可用于工件的淬火和退火加热，也可以进行渗碳、渗氮化学处理；低温炉用于回火和缓冷等。

从炉底部的风室向炉膛内均匀地通入一定流速的气体，使炉膛内的固体粒子（如石墨粒子）悬浮起来、上下翻腾，这就是固体粒子的流态化过程，工件就是在流态化的固体粒子中加热、冷却或进行化学热处理的。

与电热浴炉相比，流态粒子炉的优点如下：

1) 石墨粒子的比热容较熔盐的小，炉子起动方便，冷却、升温速度快。

2) 由于固态粒子不断翻动，炉温均匀。

3) 物料热处理后表面清理方便。

4) 使用安全，不会发生爆炸事故。

内热式流态粒子炉结构示意图见图 23.3-1。

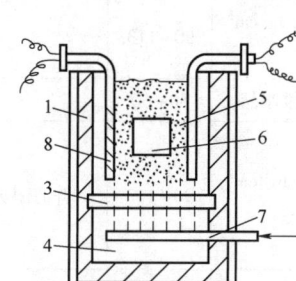

图 23.3-1 内热式流态粒子炉结构示意图

a) 电极式 b) 电热体式

1—炉体 2—电极 3—布风板 4—风室 5—沸腾层 6—工件 7—风管 8—电加热体

3.2 功率计算

48 按热平衡原理确定电阻炉功率 根据电阻炉吸收和放出热量平衡的原理，其功率为

$$P = \frac{k(Q_t + \sum Q_s)}{3\ 600}$$

式中 P——炉子功率（kW）；

Q_t——加热炉料所需热量（kJ/h）；

$\sum Q_s$——炉子热损失的总和（kJ/h），为各项热损失之和；

k——系数，一般取 1.2~1.5，间隙式和小型炉取较大值。

该算法准确性高，通用性较大，可校核炉衬的结构设计，在炉子设计时也可采用这种方法。

49 电阻炉功率估算 有多种估算电阻炉功率的经验算法。常见并较通用的有：

1) 按炉膛容积或表面积计算，见表 23.3-2。这种方法主要适用于箱式电阻炉，用于井式电阻炉时，取下限值。

2) 按炉膛表面积、炉温和空炉升温计算功率（kW）：

$$P = C\tau^{-0.5}F\left(\frac{Q_f}{1\ 000}\right)^{1.55}$$

式中 C——系数，炉子热损失大，取 30~50，热损失小，取 0~25；

τ——空炉升温时间（h）；

F——炉膛面积（m²）；

Q_f——炉温（℃）。

表 23.3-2 炉膛单位表面积功率

炉温/℃	功率/kW	单位炉墙面积功率/(kW/m²)
400	$30~50\sqrt[3]{V^2}$	4~7
700	$50~75\sqrt[3]{V^2}$	6~10
1 000	$75~100\sqrt[3]{V^2}$	10~15
1 200	$100~150\sqrt[3]{V^2}$	15~20

注：V 表示炉膛容积（m³）。

3.3 炉衬

50 普通电阻炉的炉衬 炉衬由隔热材料和耐火材料组成，见表 23.3-3。大型炉和连续式炉的炉衬厚度取较大值，小型炉、间歇式炉可以薄些。使用轻质、超轻质隔热材料可提高炉衬的隔热性，缩短空炉升温时间。与传统体积密度较大的硅质炉衬相比，耐火纤维炉衬有更好的节能效果，是

一种优良的高温耐火材料。体积密度<0.6g/cm³的高强度超轻质砖用作中温炉炉衬，也有较显著的节能效果。

表 23.3-3　普通电阻炉炉衬组成

炉温/℃	耐火层材料	衬厚度/mm	中间层材料	衬厚度/mm	隔热层材料	衬厚度/mm
<300	—	—	—	—	矿渣棉、珍珠岩、蛭石等	<100
300~650	体积密度 0.4g/cm³ 的轻质黏土砖	90~113	—	—	硅藻土砖+蛭石+石棉板；矿渣棉或玻璃棉	100~120
	普通耐火纤维制品	50~60	—	—	玻璃布或矿渣棉制品	50~60
1 000	体积密度 0.6g/cm³ 的轻质黏土砖	90~113	普通耐火纤维	20	硅藻土砖+蛭石（或珍珠岩制品）+石棉板（或非石棉耐高温层压板）	120
	普通耐火纤维制品	80~125	—	—	矿渣棉制品或普通耐火纤维制品	50~60
1 200	体积密度 1.0g/cm³ 的轻质土砖	90~113	轻质黏土砖，体积密度 0.4~0.6g/cm³	113	硅藻土砖+蛭石+石棉板；耐火纤维、矿渣棉制品	120
	高铝耐火纤维制品	100~200	—	—	普通耐火纤维制品	130~160
1 300	重质高铝砖	65	轻质黏土砖，体积密度 0.4~0.6g/cm³	113	硅藻土砖+蛭石+石棉板（或非石棉耐高温层压板）	235~300
	氧化铝纤维制品	~50	高铝纤维制品	75	普通耐火纤维制品	200
1 600	刚玉砖或氧化铝空心球制品	113	泡沫氧化铝砖	13	普通耐火纤维制品	200~230
	氧化锆纤维	~60	高铝纤维制品	~100	普通耐火纤维制品	~200

51　控制气氛炉的炉衬　有罐式控制气氛炉的炉罐有效地使炉气和炉衬隔离开来，无须考虑炉气对炉衬材料的侵蚀。无罐式控制气氛炉必须考虑这种影响，应采用抗炉气侵蚀的材料或适当增加炉衬厚度。高碳势炉内的耐火层材料中 Fe_2O_3 的含量应低于1%；炉温高于1 200℃的氢气炉，炉膛内壁应采用 Al_2O_3 含量大于90%的材料。

52　真空电阻炉的炉衬　内热式真空电阻炉主要使用金属辐射屏、耐火硅隔热屏、石墨砖隔热屏。此外，有时也用金属和耐火纤维组合的混合屏。金属屏用表面光亮的耐热金属或合金薄板材做成圆筒、方形或其他形状，常用材料为钨、钼、钽或不锈钢。辐射屏的层数与各层材料视炉温高低

而定。

耐火纤维隔热屏常用材料为石墨毡、氧化铝和硅酸铝纤维毡。这种隔热屏耐高温，热导率小，有良好的隔热效果；密度小，蓄热量小，能快速升温、降温，热损失小；高温下不变形，便于安装、更换和检修，且价格比金属屏便宜。目前除了被加热材料的工艺上不允许外，真空电阻炉广泛使用这种屏。

耐火砖隔热屏因隔热差，污染真空泵和炉膛，已很少使用。

53　电阻炉炉衬砌筑　电阻炉炉衬砌筑的要点如下：

1) 不使用受潮的耐火、隔热材料和黏合剂。

2）不同行、不同层的相邻砖缝要错开，砖缝大小应符合有关标准，一般炉顶砖缝不得大于1.5mm，炉墙和炉底的砖缝不大于2mm，尽量选用标准砖。

3）较大的炉子应留膨胀缝，每米炉衬留6mm。

4）砌砖用灰浆的成分和性能应严格符合要求，灰浆的稠度与砖缝大小有关，砖缝小，稠度稀，便于涂在砖上，使砖缝致密，提高对高温和炉气的耐受力。

5）炉衬采用耐火纤维毡的部分必须压紧，压缩量一般为20%，在接缝两旁还预加压缩。

6）采用两层耐火纤维毡时，每层接缝要错开。

7）耐火纤维毡可用耐热钢螺钉和陶瓷帽固定。

54　节能炉衬　高档陶瓷纤维、陶瓷纤维与可溶性生物纤维通过真空成形工艺并与加热元件组合，可以按炉膛的形状和尺寸加工，做成一体成形的组合炉衬，降低制造成本，节能并能提高电炉寿命。参见本篇第33、34和39条。

3.4　加热元件

55　电阻炉加热元件　电阻加热常用加热元件材料分金属和非金属。一般工作温度1 200℃以下用金属材料，1 200~1 400℃用碳化硅加热元件，超过1 400℃时采用二硅化钼加热元件。常用加热元件材料种类及主要性能、使用特点参见本篇第31条。

常用金属加热元件的结构形式有线材螺旋形、线材波形和带材波形三种。其结构几何尺寸与所用金属材料间的关系参见参考文献［2］。

加热元件的材质与工作温度和炉内气氛间的关系见表23.3-4。

真空或保护气氛电阻炉中常用加热元件材料的性能见表23.3-5。

表23.3-4　常用加热元件材料在各种气氛中的最高工作温度　（单位：℃）

元件材料 控制气氛	铁铬铝合金		镍铬合金	碳化硅元件	二硅化钼元件
	0Cr13Al6Mo2，0Cr25Al5	0Cr27Al7Mo2	Cr20Ni80		
空气	1 200	1 400	1 150	1 500	1 700
氢	1 250	1 350	1 150	1 200	1 400
氨分解气	1 150	1 250	1 100	1 200	1 400
氮燃烧气	1 000	1 000	1 100	1 200	1 400
氮	950	950	1 100	1 200	1 500
吸热式气体	1 100	1 200	950	1 350	1 350
放热式气体	1 150	1 250	1 050	1 350	1 350
含硫氧化性气体	1 050	1 150	不适宜	1 350	1 600

表23.3-5　真空或保护气氛电阻炉中常用加热元件材料性能

材料	密度/ （g/cm³）	20℃时电阻率/ （Ω·mm²/m）	电阻温度系数/ （×10⁻³/℃）	熔点/℃	线胀系数 （20~1 000℃）/ （×10⁻⁶/℃）	真空下 最高使用 温度/℃	常用表面负荷/ （W/cm²）	黑度
钼	10.2	0.050	4.75	2 636	6.1	1 650	20~30	0.1~0.3
钨	19.6	0.055	4.80	3 400	5.9	2 500	30~40	0.03~0.3
钽	16.6	0.125	3.30	3 000	6.5	2 200	30~40	0.2~0.3
石墨	1.5~1.8	8~13	1.26	—	3 700	3 000	—	0.95

56　电热浴炉的加热介质　盐能在比较低的温度下熔化，且电导率较高，因此可以用盐类作为发热体。盐浴炉常用介质的熔点和使用温度范围见表23.3-6。由于电阻温度系数为负值，通电前需要把盐熔化。电路中要接入盐浴炉用专用变压器。

表 23.3-6 盐浴炉常用加热介质

介质成分（按重量%计算）	熔点/℃	使用温度/℃
55% KNO$_2$+45% NaNO$_2$	137	150~500
100% NaNO$_3$（外加 2%~4% NaOH）	317	325~600
50% NaNO$_2$+50% KNO$_3$	140	150~550
20% NaOH+80% KOH（外加 10%~15% 水）	155	170~350
30% KCl+20% NaCl+50% BaCl$_2$	560	580~700
30% NaOH+70% BaCl$_2$	650	700~1 000
50% NaCl+50% BaCl$_2$	600	650~1 000
20% NaCl+80% BaCl$_2$	650	700~1 000
50% NaCl+50% KCl	670	700~900
100% BaCl$_2$	960	1 100~1 350

　　以碱性化合物作为浴剂的电热浴炉称为碱浴炉。碱浴炉常用的浴剂（加热介质）有 100%KOH、100%NaOH 或两者的混合物加 10%左右的水，主要用于碳钢与合金零件的回火、等温淬火或分级淬火。

3.5 控制气氛炉

　　57 控制气氛的应用　获得控制气氛的途径有两种：独立的气体发生装置和按一定比例把诸如甲醇、乙醇、丙酮等有机液原料加入电炉中裂解生成。后者投资小，但产气量小，原料成本较高。

　　常用控制气氛的分类及应用见表 23.3-7。

　　58 气氛的测量　热处理气氛需要测量的主要参数是碳势、氧势和氮势。

表 23.3-7 常用控制气氛的分类及用途

气体名称	参考成分（体积分数）（%）					露点范围/℃	毒性	易爆性	主要用途
	CO$_2$	CO	H$_2$	CH$_2$	N$_2$				
吸热式气体	微	20~25	31~40	<1	40~50	+4~-20	大	大	高、中碳钢，一般合金钢光亮淬火。低、中碳钢和一般合金钢渗碳，碳氮共渗，气体软氮化；铁基材料粉末冶金烧结
放热式气体（浓）	5~7	10	8~12	0.5	余量	一般除水，10~27；冷冻除水，+5	中	大	碳钢和一般合金钢的光亮退火、回火；铁基材料粉末冶金烧结
放热式气体（淡）	10~12	1.5	0.8~1.2	0	余量		无	无	铜及其合金光亮退火；铁淬氧烧结
净化放热式 N$_2$ 基气体（浓）	微	1.1	8~18	0.5	余量	<-20	小	大	中、高碳钢、一般合金钢光亮淬火退火；碳钢和一般合金钢渗碳、碳氮共渗、气体软氮化；铁基材料粉末冶金烧结

（续）

气体名称	参考成分（体积分数）（%）					露点范围/℃	毒性	易爆性	主要用途
	CO_2	CO	H_2	CH_2	N_2				
净化放热式 N_2 基气体（淡）	微	1.8	0.9~1.4	0	余量	<-20	无	无	含高 Cr、Mn、Si 等合金钢光亮退火、淬火；碳钢和一般合金钢光亮回火；铜及其合金光亮退火
H_2-N_2 基气体	微	微	3	0	余量	<-20	无	微	含高 Cr、Mn、Si 等合金钢光亮退火、淬火；马氏体和某些铁素体不锈钢、硅钢及镀锡用钢板的光亮退火
氨分解气体	—	—	75	—	25	-20~40	无	极大	碳钢、不锈钢、电工合金光亮退火；高速钢、高合金钢光亮淬火；硬质合金、磁性材料的粉末冶金烧结
纯氮气	微	—	—	—	>99	-40~-60	无	无	碳钢，一般合金钢光亮退火；不锈钢光亮退火、淬火；真空炉气淬用冷却介质；无氧化加热保护
氢气	—	—	~100	—	—	-40~-60	无	极大	不锈钢、硅钢光亮退火；钼、钨等金属无氧化加热；硬质合金、磁性材料粉末冶金烧结
氩气	100% Ar					-60	无	无	钛、锆等金属材料光亮退火；钨、钼等无氧化加热保护
有机物质裂解气	由原料种类决定。一般用甲醇、丙酮、醋酸乙醇、丙醇、甲酰胺等原料。产生气体主要成分为 CO、H_2					—	大	大	中、高碳钢和一般合金钢光亮淬火、钢材渗碳、碳氮共渗、气体氮软化

碳势测量方法有多种。不同的测量方法适用于不同的气氛，根据所分析的对象、精度、反应速度等的不同，相应地应使用不同的控制方法。最常用的测量方法是红外分析与氧势测量，它们都能实现碳势自动控制。红外分析选取 CO、CO_2、CH_4 或 NH_3 为分析对象，可进行单参数或多参数控制；氧势测量只以 O_2 为分析对象，进行单参数控制。用纯 NH_3 进行渗氮的场合多用氮势控制，依据 NH_3 或 H_2 的分压或氨分解率来测定氮势。

59　气氛的控制　热处理气氛需要控制的主要参数是碳势和氮势，其目的是控制渗碳或渗氮工件的质量。

碳势控制受许多因素的影响，如炉内总压力，CO、CO_2、O_2、H_2、N_2、CH_4、H_2O 的分压，炉温，工件材质和炉子结构等。碳势控制模型及控制系统建立方法可参阅参考文献［8，9］。

用纯 NH_3 进行渗氮的场合多用氮势控制，依据 NH_3 或 H_2 的分压或氨分解率来测定氮势。例如用热导式氢分析仪测量炉气中的氨分压，可构成氮势控制的微机自动控制系统。

3.6　供电电路与炉温控制

60　供电电路的结构　电阻炉与电网连接的供电电路通常有两种方式：

1）380V 电网直接供电，适用于电热合金作加热元件的中、小型电阻炉。

2）通过电炉变压器供电，适用于碳化硅、二硅化钼、石墨、钼、钨等材料作加热元件的电阻炉以及盐浴炉、流态（动）粒子炉等。

功率小于 15kW 的炉子多用单相 380V 或 220V 供电；大于 15kW 时一般用三相 380V 供电。常用三相供电电路见图 23.3-2。

真空电阻炉不宜采用：①供电电压大于 100V；②晶闸管调节输入功率。

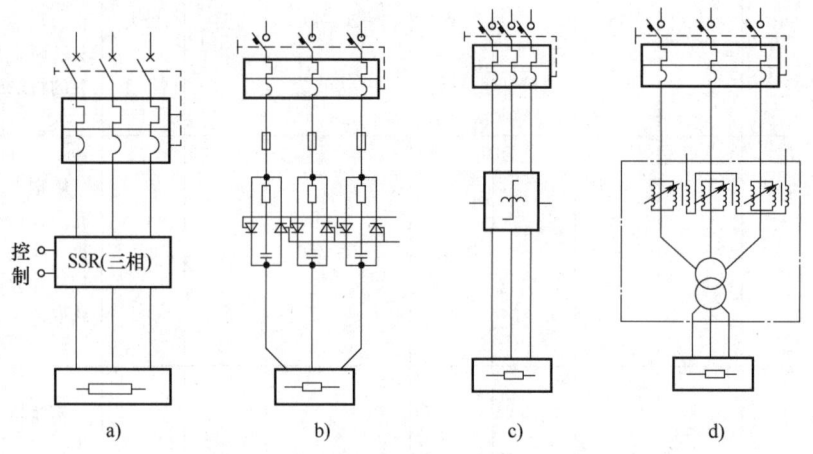

图 23.3-2　常用电阻炉供电电路结构
a）固态继电器式　b）晶闸管式　c）饱和电抗器式　d）磁性调压器式

61　炉温控制系统　电阻炉炉温控制系统中的传感器多用热电偶，炉温超过 1 600℃ 时则常用光电高温计或辐射高温计。随着新型传感器技术、PLC 和微机控制技术、计算机通信和现场总线技术应用的发展，电阻炉控制系统已经发展成采用独立的智能测温仪表和 PLC 控制单元，通过现场总线组成的分布式智能监控网络，实现对多点炉温控制和电炉工作流程控制的集中监控和智能管理，图 23.3-3 所示为这种控制系统的典型结构。

电阻炉温度测量、控制方式及相应的调节规律、所用的执行元件见本篇第 36 和 37 条。调节器可根据被调量的要求选择程序控制仪表或以微控制器（MCU）为核心的智能式温控仪表组成。后者可实现炉温实时显示，炉温控制的调节算法，超温报警及保护，并通过现场总线与电炉控制系统监控设备通信，完成温度设定、温升曲线的显示与打印等。也可针对炉温控制要求，设计专门的 PLC 或微机温控装置。

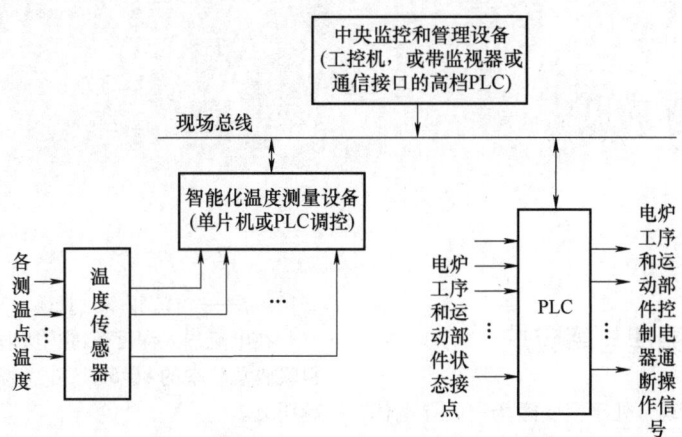

图 23.3-3　采用现场总线的分布式电阻炉控制系统典型结构

3.7　常用产品系列

62　电阻炉产品系列　常用工业电阻炉主要产品系列见表 23.3-8。

表 23.3-8　常用电阻炉产品系列

名称	工作温度/℃	功率/kW	名称	工作温度/℃	功率/kW
RX 系列箱式炉	750~1 500	15~115	RM 系列密封箱式炉	950~1 100	—
RT 系列台车式炉	350~1 300	65~300	RJ 系列自然对流井式炉	100~1 200	25~190
RF 系列强迫对流井式炉	650~950	—	RXQ 系列箱式保护气氛炉	950~1 500	25~105
RB 系列罩式炉	750~1 200	—	RY 系列电热浴炉	300~1 300	—
ZC 系列真空淬火炉	1 300	—	ZR 系列真空热处理和渗碳炉	850~1 650	—
RYG 系列坩埚式盐浴炉	850	10~40	RYDM 系列埋入式电极盐浴炉	650~1 300	650~1 300
RQ 系列井式气体渗碳炉	950	25~105	RFG 系列新井式气体渗碳炉	950	35~720
RN 系列井式气体氮化炉	700	55、120	RHZ 系列环型转底炉	950、1 300	115、1 300
RZD 系列电磁震底炉	900	6~30	RMB 系列摆动步进炉	650~900	90~135
RCWA 系列网带式连续炉	650	30~220	RCWF 系列网带式连续淬火炉	900	25~90
RMD 系列滴控式多用炉	950	30~120	RCWE 系列网带式连续钎焊炉	1 150	30~290

第4章 感应炉

4.1 感应加热原理与感应炉

63 感应加热原理 处于交变磁场中的导电体（即炉料）受电磁感应作用产生感应电动势，在其内部形成交变的感应电流，并因炉料存在电阻而产生焦耳热，从而使其加热、升温、熔化，达到各种热加工的目的。感应加热过程中，电流在线圈内表现出圆环效应，在炉料内为趋肤效应，而在两者之间为邻近效应。因此，感应加热是以电磁感应原理为基础，对交流电三大效应的综合应用。

趋肤效应使交流电通过导体时其截面上电流密度分布不均匀，最大值在导体的表面层，且以指数函数向心部衰减，见图23.4-1。电流密度降为表面值 $1/e$ 处的深度定义为电流的透入深度 Δ（m）：

$$\Delta = 503\sqrt{\frac{\rho}{\mu f}}$$

式中　ρ——导体的电阻率（$\Omega \cdot m$）；

μ——导体的相对磁导率；

f——电流频率（Hz）。

在电流透入深度范围内吸收的功率为被加热材料吸收总功率的86.5%。电流频率越高，趋肤效应越明显。

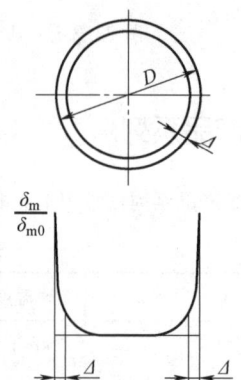

图 23.4-1　交流电趋肤效应示意图

δ_m—导体任意点的电流密度　δ_{m0}—导体表层的电流密度

64 感应炉种类 感应炉的分类和用途见表23.4-1。

表 23.4-1　感应炉的分类和用途

类别	炉种		用途
感应熔炼设备	无心熔炼炉	高频熔炼炉	熔炼贵重金属和特殊合金，也可用于熔炼钢、铸铁和有色金属等
		中频熔炼炉	熔炼钢、铸铁和有色金属等，也可降低频率和功率作保温炉
		工频炉　耐火材料坩埚炉	同中频熔炼炉，但因炉衬寿命原因，较少用于大的炼钢炉
		工频炉　导电材料坩埚炉	用于非导磁、低熔点的金属熔炼和保温，如铝、镁等
	工频有心熔炼炉		用于有色金属（铜、铝、锌等）的熔炼，铸铁的保温（多用于与冲天炉双联作业）
	真空熔炼炉		用于耐热合金、磁性材料、电工合金、高强度钢等的熔炼及核燃料的制取
感应加热设备	感应透热炉		钢、铜、铝等金属材料锻（挤）压加工前的加热，钢、铁等金属材料和一些机器零件的整体加热热处理
	感应热处理装置		机器零件和一些材料的各种热处理，如淬火、回火、调质等
	感应烧结炉		粉末冶金零件的烧结和加压成形

感应炉的选型要点：有心感应熔炼炉采用工频电源供电，工作效率和功率因数较高，但炉内需保持一定的金属液体且需连续供电，适于单一品种金属的熔炼或保温（升温），工艺灵活性差。无心感应熔炼炉不要求连续供电，工艺灵活性好，电源频率的选取与炉子容量有关。感应炉作为加热设备时，应根据工件的工艺要求选用透热炉或表面热处理设备。

电源频率直接影响设备的电效率、功率因数、加热均匀性及热处理性能。感应炉的合理使用频率范围选择见表 23.4-2。

总之，感应炉选型时应综合考虑电炉自身的特点、加热工艺要求及工厂条件，以达到经济合理的结果。

表 23.4-2　感应炉的合理使用频率范围选择

类别	炉种	频率范围选择		
感应熔炼设备	无心熔炼炉	$f(\text{Hz}) \geqslant \dfrac{25 \times 10^6 \rho_2}{D_2^2}$ 以铁为例，可参考以下值选取：		
		炉子容量/kg	>750	150~750　<150
		电源频率/Hz	50~1 000	150~2 500　≥4 000
	有心熔炼炉	50Hz，60Hz		
感应加热设备	实心圆柱体透热	$\dfrac{3 \times 10^6 \rho_2}{\mu D_2^2} \leqslant f(\text{Hz}) \leqslant \dfrac{6 \times 10^6 \rho_2}{\mu D_2^2}$		
	空心圆柱体透热	$\dfrac{4 \times 10^5 \rho_2}{D_\text{p} d_2 K_2} \leqslant f(\text{Hz}) \leqslant \dfrac{10 \times 10^5 \rho_2}{D_\text{p} d_2 K_2}$		
	矩形截面坯料透热	$\dfrac{1 \times 10^6 \rho_2}{\mu b_2^2} \leqslant f(\text{Hz}) \leqslant \dfrac{6 \times 10^6 \rho_2}{\mu b_2^2}$		
	表面淬火热处理	$\dfrac{0.015}{X_\text{R}^2} \leqslant f(\text{Hz}) \leqslant \dfrac{0.25}{X_\text{R}^2}$		

注：表内各式中 ρ_2 为被加热材料的电阻率（$\Omega \cdot$ m）；D_2 为炉料外径（m）；D_p 为空心圆柱的平均直径（m）；d_2 为空心圆柱的壁厚（m）；K_2 为电感系数；b_2 为矩形截面炉料厚度（m）；X_R 为淬火层深度（m）。

65　感应炉设备组成　感应炉通常由电源、炉体、补偿电容器组、三相平衡系统、控制装置和水冷系统组成，并按需要配备传动装置、加料小车、称重装置、液位控制等辅助装置。

（1）电源　感应炉的电源按工作频率要求可分为工频（50Hz）、中频（50~10 000Hz）、超音频（10~100kHz）和高频（100kHz 以上）4 种。除工频（50Hz）外，其他电源均由专门的变频装置获得。

（2）炉体　感应炉的主体，一般由感应线圈、铁心（小功率无心炉或加热炉可不需铁心）、炉衬（部分热处理用感应器不需炉衬）、框架或壳体等部分组成。

（3）相平衡系统　对于大功率的单相工频电炉，一般配备三相平衡系统，由平衡电抗器和电容器组组成。对两相（有心炉）负载，采用 V 形接线或 T 形接线实现三相平衡，可节省投资。

（4）控制装置　是指感应炉的控制、操作、测量和保护装置。保护系统一般包括短路、过电流、过电压、接地、水温、水压等的保护。有心炉也可设熔沟的监测与保护，一般通过熔沟状态图（熔沟电阻 R-电抗 X 图）或熔沟电导 $G(G = I^2/P)$ 监督熔沟蚀损状态，决定是否更换感应体。容量较大的感应炉还设有漏炉报警系统。

66　感应炉用变频电源　当前广泛采用的是由三相全控桥式整流器、滤波器、逆变器和负载组成的晶闸管交-直-交电流型中频电源装置。根据负载对功率和频率的要求，其中的逆变器有多种不同线路形式，国内多用并联和串并联。近年来国内也开始采用由大功率自关断器件如绝缘栅双极型晶体管（IGBT）组成的电压型串联逆变电源，该电源具有进线功率因数高、系统效率高、节能、控制灵活等优点。图 23.4-2 为国内比较典型的一种电流型并联中频电源装置电路结构，包括：

（1）主回路　由整流器、滤波电抗器、逆变器和负载组成。工频电源经整流滤波后变成直流，再通过逆变器转换成负载所需频率的中频交流电。除滤波外，滤波电抗器还起着整流桥与逆变桥之间的交流隔离和限制短路时故障电流上升速率和峰值的作用。在并联逆变器中，负载 L（含感应器和炉料）与中频电容 C 并联，工作于接近谐振的状态。

（2）控制回路　主要由整流触发器、逆变触发器和启动环节三部分组成。整流触发器控制整流桥晶闸管的导通角，以调节其输出的直流电压值，从而改变中频输出功率；起动环节和逆变触发器系统用来控制逆变器启动与正常工作。

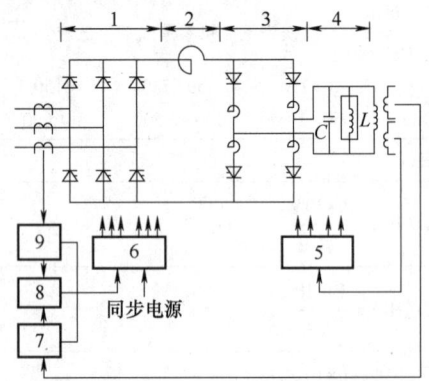

图 23.4-2　晶闸管中频电源装置主要组成部分

1—三相全控桥式整流　2—滤波电抗器　3—逆变器（并联）
4—负载　5—逆变触发器　6—整流触发器　7—过电压保护
8—电流电压截止　9—过电流保护

（3）保护回路　包括过电流保护、过电压保护、电流电压截止环节三部分，分别用于晶闸管的短路保护，防止晶闸管和补偿电容器过电压击穿，以及当负载发生剧烈变化时，把负载电流和电压限制在允许范围之内。

中频电源为感应炉供电方式有两种：①一台电源向一台炉子供电（单负载供电）；②一台电源轮流向一台熔炼炉和一台保温炉供电（双负载供电）。传统双负载供电是通过开关电器切换实现的。近年来开发出一种功率无级分配的双供电模式，中频电源以全功率运行，控制系统按熔炼和保温要求分配功率，同时为熔炼炉和保温炉供电，大大提高了电源的利用率（一拖二）。

67　感应炉的安全　感应炉的安全应遵循 GB/T 5959.1 — 2019《电热和电磁处理装置的安全　第 1 部分：通用要求》和 GB/T 5959.3 — 2008《电热装置的安全 第 3 部分：对感应和导电加热装置以及感应熔炼装置的特殊要求》中的规定。同时应特别注意以下几点：

1）高功率加热感应器需配置磁轭，引导感应线圈外的磁通以减少杂散磁场可能对周围金属结构件的加热。

2）如果加热感应器的冷却效果不足而对工作人员造成危险或对设备的主要部件有损害时，应发出报警信号并自动切断加热电源。

3）对断电后接触有危险的电容器，应采取必要措施迅速放电至安全电压以下。

4）变频电源供电的电热装置，应设置快速动作的过电压和过电流保护，并采取合适的措施避免在发生故障时由于储能作用而对工作人员造成伤害。

5）应避免冷却到露点以下，否则，线圈及其端子上易结露，可能导致短路。

6）在贮坑或钢包坑里或在炉子下面应无积水，因为熔融金属遇水有发生爆炸的危险。

7）加料过程不应造成熔融金属表面凝固或使熔池上面的炉料熔结在一起（搭桥）。

8）如果加入熔池的炉料具有空腔，腔内可能含有潮气，则应采取特别的预防措施避免熔融金属喷出，发生危险。

68　感应炉的维护　感应炉的维护应遵循 GB/T 5959.1 — 2019《电热和电磁处理装置的安全　第 1 部分：通用要求》和 GB/T 5959.3 — 2008《电热装置的安全 第 3 部分：对感应和导电加热装置以及感应熔炼装置的特殊要求》中的规定。同时应注意以下几点：

1）感应器引出端需可靠固定，并保证与连接导线间有良好的电接触；炉衬在使用中应避免机械损伤；新炉衬要注意低温烘烤，加料熔化，高温烧结；线圈、导磁体、炉衬及其他附件需固定为一体以避免振动导致绝缘和炉衬的损坏。

2）负载与电源必须匹配，以保证能从电源得到需要的功率，这可通过调节补偿电容器的容量与合理设计感应器来实现。

3）对通水冷却的感应加热设备，除水质外，还应经常注意水流量和出水温度；内水冷设备和水冷管需定期用稀酸液冲洗，消除结垢；夏天要防止结露，冬天设备停用时应避免管内水的冻结。

4）有心炉运行过程中不要随意停电，更不能将金属液体凝结在熔沟内。

5）有心炉若用固态启熔，启熔后应逐步加料、升高电压。电压不可升得太高以免因压缩效应使熔沟断裂；若用木模或金属空心模液态启熔，感应体对接后需经高温烘烤，兑入足量高温金属液启熔。

6）为保证大型重要炉子可靠运行，应有备用水源和电源。

69 感应炉的节能 感应炉的节能技术措施很多，各个环节都应注意。主要包括设计、安装及使用几方面，如炉型选择、电源电压、工作电压及电炉的工作频率选取、炉衬材料及炉衬厚度设计、加料及作业方式的合理安排等。

1）选择合适的感应炉类型。应根据生产及工艺需要选择经济的节能型电炉。

2）合理选用感应炉的水冷电缆及馈电母线截面积。由于感应炉功率因数低，感应器及其连接回路电流很大，导线截面积及长度对电耗影响很大，供电室应尽量靠近炉子。

3）保证感应炉有较高的负荷率。电炉变压器的输出电压经常保持在额定电压下运行，以使电炉获得额定功率，实现快速熔化；选择适当的炉料形状及尺寸，保证初熔时使用较大料块，块料间填碎料，熔化后加屑料，以加速熔化过程。

4）对感应炉的电气运行参数及时调节，确保感应炉在较高的功率因数及三相平衡度下工作。

5）采用合理的装料方法。可以对炉料进行预热，并尽量采用清洁炉料；掌握适宜的一次装炉量及装炉时间，减少炉盖开启次数，还要注意勿使炉料搭棚，引起炉衬的局部侵蚀，并将延长熔化时间。

6）合理控制炉温及冷却水温。加热金属的温度根据工艺要求合理控制，温度过高将造成电耗增大及炉衬寿命降低；运行中适当调节冷却水温度，最好保持进水温度在 25～35℃，出水温度在 50～55℃ 条件下运行，既保证正常运行，又可节水、节电。

7）高温金属熔炼的有心炉熔沟耐火材料采用干料。湿料筑炉需要专用预热干燥电源，按照严格的养护、干燥、烧结工艺，费时长（约半月）。采用干料不仅施工方便，筑炉时间短，使用寿命长，而且只需数小时的烘烤时间，可以有效地节约能源。

8）开发计算机熔炼管理系统。管理系统在炉子启动前全面检测电源和炉衬，炉子运行时精确控制烧结和熔炼过程，可以更有效地使用电能并提高炉子安全性。

70 感应炉的环保 感应炉是集机械、电气、高温金属液、炉料、冷却水（风）及液压装置等于一体的复杂系统，面临许多环保问题，需要设计者与使用者给予关注，特别是运行中的排烟、除尘和噪声问题。

需采取合适的措施排除熔炼期间可能产生的危险的、有害或有毒的烟气。由于感应炉的炉料通常含有尘土、油污，所以炉料加入炉内就会产生烟尘从炉口向上升起。若炉料中含有镀锌及其废料，则烟尘中还会含有锌或锡的氧化物。在感应炉作业中所产生的烟尘对人体及生产环境是有害的，需用除尘系统将其排放到室外。产生的烟尘量与炉子的大小、炉料的洁净程度有关。烟气经过除尘系统排放应达到国家标准 GB/T 9078—1996《工业窑炉大气污染物排放标准》及 GB 28664—2012《炼钢工业大气污染物排放标准》等的要求。对排烟、除尘系统的维护保养同样非常重要，应该定期清理除尘器和管道，才能保持系统具有良好的除尘效果。筑炉时的粉尘同样需要有效处理。

感应炉的噪声，特别是中频感应炉的运行过程中，噪声主要来源于中频电源和炉体。通常要求在炉子工作平台上，离开炉体 1m 且高度 1m 处的噪声应≤85dB（扣除背景噪声）。大多数中频电炉的设备布置都把中频电源、炉体、液压泵站和水泵站等放置在工作平台下面（半地下的地坑内），这对于减少工作平台上操作工位处的噪声，改善工人的操作环境起到很大的作用。功率密度高的炉子在运行时，由于感应线圈、磁轭等部件的振动，噪声相对较大。若有必要，其炉体结构可采取一些减少噪声的措施，如炉壳内壁衬垫隔音材料，维修孔盖板加橡胶垫，以及在炉体结构件的空腔内加填充物等。

冷却风机的噪声过大时，可以考虑安装消音器来减小。为了节约水资源，电炉的冷却水需要循环利用，应配置循环水池。

4.2 无心感应熔炼炉（坩埚式炉）

71 无心感应熔炼炉的结构 无心感应熔炼炉简称无心炉，有高频炉、中频炉和工频炉之分，炉子多为立式。炉体结构见图 23.4-3，由炉架、感应线圈、坩埚（炉衬）、导磁体、倾炉装置和水冷系统等部分组成。对于大型无心炉，为了减轻劳动强度，提高效率，采用机械化方法打结炉衬，撤除炉衬时使用专门配置的炉衬顶出装置。

无心感应炉电源频率使用最多的是工频和中频。与工频炉相比，中频炉具有炉料易加热，熔化率高，冷启熔不需开炉块，金属液可倾空等优点。此外，中频电源供电透入深度小，搅拌力小，可防吸气、防氧化。随着电力电子器件容量和性能的提高及中频电源技术的进步，近年来国内中频无心感应炉发展很快，大功率产品已经投入使用，其市场占有率正逐步扩大。

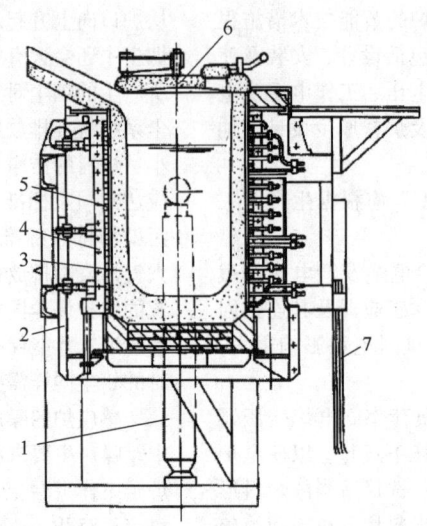

图 23.4-3　无心感应熔炼炉炉体结构简图

1—倾炉缸　2—炉架　3—坩埚（炉衬）　4—导磁体（铁心）　5—感应线圈　6—炉盖　7—铜排或水冷电缆

72　无心感应熔炼炉的主要参数　工频无心感应炉主要参数见表 23.4-3、表 23.4-4；中频无心感应炉的推荐参数见表 23.4-5。

表 23.4-3　工频无心感应熔铁（钢）炉主要技术参数

品种代号	额定容量/t	额定功率/kW	熔炼铸铁 1 450℃		熔炼铸钢 1 600℃	
			熔化率/ （t/h）	电耗/ （kW·h/t）	熔化率/ （t/h）	电耗/ （kW·h/t）
GW10	10	2 400	4.48	535	4.0	600
GW15	15	3 200	6.10	525	—	—
GW20	20	4 000	7.62	525	—	—
GW25	25	5 000	9.62	520	—	—
GW30	30	6 000	11.65	515	—	—

注：仅给出 10t 以上大功率无心感应炉参数。

表 23.4-4　工频无心感应铸铁保温炉主要技术参数

品种代号	额定容量/t	额定功率/kW	变压器容量/kVA	升温 1 350~1 450℃	
				升温能力/(t/h)，≥	电耗/(kW·h/t)，≤
GWB10	10	800	1 000	17.7	45
		1 000	1 250	23.2	43
GWB15	15	1 000	1 250	23.2	43
		1 300	1 600	30.8	42
GWB20	20	1 300	1 600	30.8	42
		1 600	2 000	39	41
GWB25	25	1 300	1 600	30.8	42
		1 600	2 000	39	41

（续）

品种代号	额定容量/t	额定功率/kW	变压器容量/kVA	升温 1 350~1 450℃	
				升温能力/(t/h)，≥	电耗/(kW·h/t)，≤
GWB30	30	1 600	2 000	39	41
		2 000	2 500	50	40

注：仅给出 10t 以上大功率无心感应炉参数。

表 23.4-5 中频无心感应炉（铁、钢）推荐参数

额定容量/t	推荐额定功率/kW	推荐额定频率/Hz	额定容量/t	推荐额定功率/kW	推荐额定频率/Hz
0.01	10~20	8 000	2	1 000~2 000	500~1 000
0.03	20~50	4 000~8 000	3	1 500~2 500	250~500
0.05	50~100	2 500~4 000	5	2 500~4 000	150、250、500
0.10	100~160	1 000~2 500	7	3 000~5 500	150、250
0.15	100~200	1 000~2 500	10	4 000~8 000	150、250
0.25	160~250	1 000~2 500	15	5 000~12 000	150、250
0.50	250~500	500~1 000	20	6 000~15 000	150
1	500~1 000	500~1 000	25	7 500~20 000	150
1.5	750~1 500	500~1 000	30	9 000~24 000	150

4.3 有心感应熔炼炉（沟槽式炉）

73 有心感应熔炼炉的结构 有心感应熔炼炉简称有心炉，一般都采用工频电源供电。与无心炉相比，有加热效率高、功率因数好等优点。由于使用中必须留有一定量的启熔体，因此不适于间歇性生产和多品种熔炼。有心炉的结构形式很多，有立式和卧式、倾动式和固定式之分。立式有心炉的炉体主结构见图 23.4-4。习惯上将由感应器、铁心和磁轭、熔沟及其外壳等组成的大部件总称为感应体。为实现标准化和系列化，感应体与炉膛间可做成可拆式以便于更换，从而提高炉膛部分的使用寿命。

工作时感应体内熔沟为液态金属短路环，其中的电流使金属加热、熔化，并在磁场作用下产生电动力使金属液流动，将热量传给熔池中的金属。传热类型分为旋流传热、单向流动传热和喷流传热三种，相应的感应体分别称为等截面感应体、单向流动感应体和喷流型感应体。喷流型感应体中熔沟与炉膛的温差最小，等截面感应体最大。为避免熔沟中金属液过热，减少炉膛与熔沟内金属液的温差，提高感应体使用寿命，熔沟中的金属液应形成单向

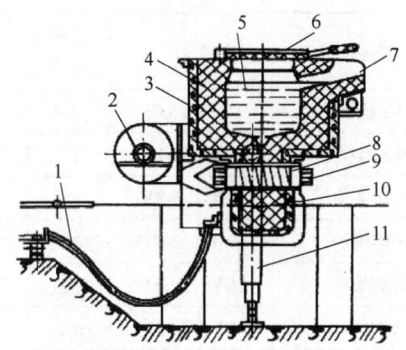

图 23.4-4 立式有心炉结构简图
1—电缆 2—风冷装置 3—炉壳 4—炉衬
5—炉膛 6—炉盖 7—出料口 8—感应线圈
9—铁心 10—熔沟 11—倾炉油缸

流动。近年来，大功率、可拆式、喷流型感应体的使用，为大型有心感应电炉的开发提供了条件。

有心炉也可用作保温设备，把金属液温度限制在很小的波动范围内，为自动化浇铸提供基本恒温的金属液体，以控制生产线上的浇铸速度和液体静压头，可有效地提高生产率并大大降低废品率。

74 可拆式感应体 感应体作为有心感应电炉的发热单元，是有心感应电炉设备的"心脏"，其

性能的好坏、使用寿命的长短，直接关系到电炉设备的正常可靠运行。所谓可拆式感应体是指感应体为电炉的一个部件，感应体与炉体分别筑炉，然后通过联结法兰联为一整体。当感应体出现故障时可以从炉体上单独拆出，更换一个已筑好炉衬的备用感应体，炉体及其他完好的感应体可以继续使用。

提高有心电炉效率的关键在于感应体，而炉子的功率取决于感应体熔沟对熔池的传热效果。大截面熔沟技术和喷（射）流（动）型感应体技术是提高感应体功率的主要措施，同时积极探索适合于大功率感应体的新型耐火材料和冷却技术。为了减少熔沟的热负荷，加快熔沟与熔池之间的热传递，近二十年来，国外开发了名为 Jet flow（喷射流动）型的金属单向流动感应体，降低了熔沟的热负荷，减少了熔沟与熔池之间的温差，防止熔沟过热，提高了熔池温度的均匀性。这样加大了感应体单台功率，提高了电炉的生产率，减少了对熔沟耐火材料的侵蚀，从而降低了有心炉的综合能耗。近几年国内也掌握了该技术，熔铜炉的感应体功率达到 900kW，铁水保温炉的感应体功率达到 1 300kW，熔锌电炉的感应体功率达到 1 000kW。感应体功率

的增加，使熔炼周期缩短，炉子所需感应体数量减少，也就提高了有心电炉的综合效率而节省了能耗，带来了许多优点。

喷流型感应体目前多用于熔炼铜、铝、锌等金属的有心感应炉，保证水平连铸无氧铜时熔池内温差不大于 5℃，通过金属液在熔沟内的高速流动，避免铝、锌氧化物堵塞熔沟。

一种典型的大功率可拆式喷流型感应体及其与炉膛的连接示意图见图 23.4-5。

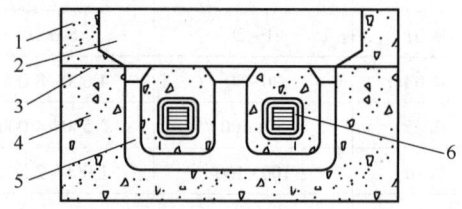

图 23.4-5　大功率可拆式喷流型感应体示意图
1—炉体耐火材料　2—炉膛　3—感应体与炉膛的结合面
4—感应体耐火材料　5—熔沟　6—感应线圈及铁心

75　有心感应熔炼炉的主要参数　有心感应熔炼炉的主要参数见表 23.4-6。

表 23.4-6　有心感应熔炼炉的主要参数

名称	型号	结构型式	额定容量/t	定额功率/kW	额定电压/V	工作温度/℃	熔化率/(t/h)
300kg 熔铜炉	GYT-0.3-75	立式	0.3	75	380	1 200	0.2
800kg 熔铜炉	GYT-0.8-180	立式	0.8	180	380	1 200	0.50
1.5t 熔铜炉	GYT-1.5-320	立式	1.5	320	380	1 200	0.9
1.5t 熔铜炉	GYT-1.5-400	立式	1.5	400	380	1 200	1.17
3t 熔铜炉	GYT-3-600	立式	3.0	600	750	1 200	1.71
7t 熔铜炉	GYT-7-750	立式	7.0	750	750	1 200	2.3
300kg 熔铝炉	GYL-0.3-100	立式	0.3	100	380	700	0.17
1t 熔铝炉	GYL-1.0-160	立式	1.0	160	380	700	0.43
1t 熔锌炉	GYX-1.0-75	立式	1.0	75	380	500	0.5
2t 熔锌炉	GYX-2.0-150	立式	2.0	150	380	500	1.0
15t 熔锌炉	GYX-15-180	卧式	15	180	380	500	1.5
23t 熔锌炉	GYX-23-540	卧式	23	540	500	500	4.5
25t 熔锌炉	GYX-25-720	卧式	25	720	380	500	6.0
45t 熔锌炉	GYX-45-900	卧式	45	900	380	500	7.5
3t 铸铁保温炉	GYB-3-300	立式	3	300	380	1 450	7（升100℃）
20t 铸铁保温炉	GYB-20-700	立式	20	700	740	1 450	19（升100℃）

（续）

名称	型号	结构型式	额定容量/t	定额功率/kW	额定电压/V	工作温度/℃	熔化率/(t/h)
30t 铸铁保温炉	GYB-30-700	立式	30	700	740	1 450	17（升 80~100℃）
45t 铸铁保温炉	GYB-45-1000	立式	45	1 000	1 000	1 450	24（升 80~100℃）

注：摘自有关制造厂典型产品参数。

4.4 感应透热设备

76 感应透热设备的种类 按送料方式分为间隙式（炉料一次出完）、顺存式（炉内放置数根料，每进一根冷料，出一根热料）和连续式（炉料恒速前进）三种，按电源频率分为高频、中频和工频，按炉体结构分为立式和卧式两大类。透热炉一般由炉架、感应器、上、下料机构等部分组成，还附有冷却系统。上、下料可采用手动、气动、液动或电动等多种形式。

77 感应透热设备的结构 常用的传动机构见图 23.4-6。透热炉的被加热材料可分为磁性和非磁性两大类。前者主要有碳钢、铸铁和磁性合金料等；后者主要是铜、铝等有色金属和其合金及非磁性合金钢等。

78 感应透热炉的主要参数 感应透热炉的主要参数见表 23.4-7。

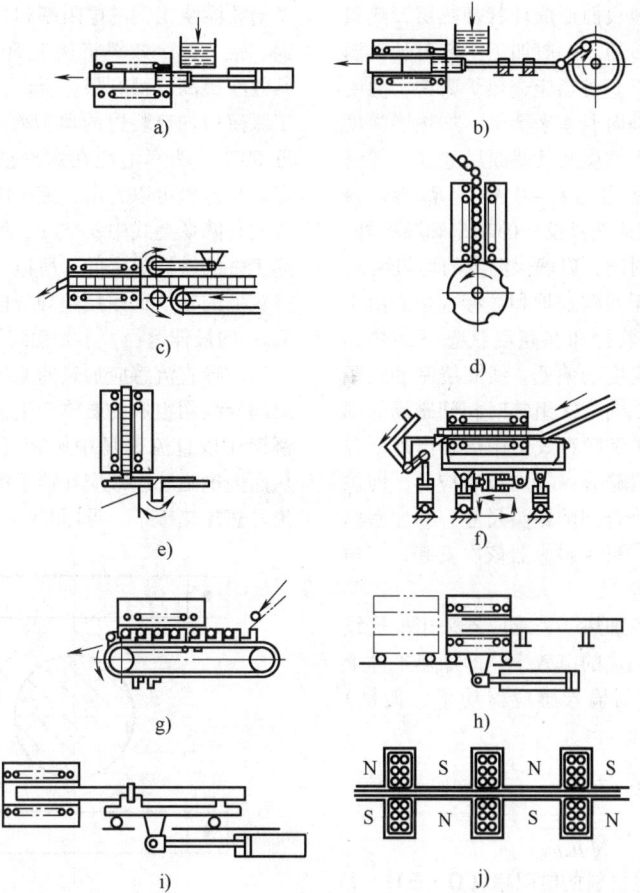

图 23.4-6 感应透热炉传动机构示意图

a）气压、液动推送式 b）电动推送式 c）夹辊输送式 d）滚轮出料式 e）平台出料式
f）步进式 g）传送带式 h）感应器移动式 i）工件移动式 j）牵引式

表 23.4-7　感应透热炉的主要参数

型号	材质	直径/mm	频率/Hz	功率/kW						
GTG	钢锭	>150	50	250	500	750	1 000	1 500	2 000	
		30~200	400~2 500	100	160	250	500	750	1 000	1 500
		15~80	4 000~8 000	50	100	160	250	500		
GTT	紫铜锭	>70	50	250	500	750	1 000	1 500	2 000	
		20~300	400~2 500	100	160	250	500	750	1 000	1 500
		5~100	4 000~8 000	50	100	160	250	500		
GTH	黄铜锭	>100	50	250	500	750	1 000	1 500	2 000	
		30~300	400~2 500	100	160	250	500	750	1 000	1 500
		10~100	4 000~8 000	50	100	160	250	500		
GTL	铝锭	>80	50	250	500	750	1 000	1 500	2 000	
		25~300	400~2 500	100	160	250	500	750	1 000	1 500
		8~100	4 000~8 000	50	100	160	250	500		

79　感应透热炉的温差　感应透热时，由于交流电的趋肤效应在炉料表面形成环状加热层，热量由表至里以传导方式传递。一般加工工艺对炉料温度的均匀性有一定要求。对感应透热炉来说，温度均匀性用径向温差、轴向温差来衡量。加热层深度取决于电流频率和炉料性质及其截面尺寸（一般情况下加热层 $\xi = \Delta$，其极限值 $\xi_j = 0.4R_0$，R_0 为炉料半径）。为此，除合理地选择设备的功率和频率外，还必须有足够的传热时间，以确保温度的均匀性。

轴向温差多出现于间歇式炉和顺存式炉。由于感应线圈端部磁场的散射和在高温状态下的热辐射，使该处的磁场和温度场偏低。线圈绕制的匝距不均和三相感应器沿轴向依次组装时相间磁场的削弱，都会引起间歇式炉和顺存式炉中炉料出现低温带。轴向均温的主要措施有：①加长感应器，即炉料在感应线圈内有一个合理的缩头尺寸；②加密感应线圈端头的匝数；③三相感应器依次安装，三角形接线，中间相反接等。

80　超导直流感应加热　当感应器采用单层线圈时，传统交流感应加热的电效率，即加热工件上产生的功率（能量）与输入感应器功率（能量）之比，可以近似表示为

$$\eta = \frac{1}{1 + \sqrt{\dfrac{\rho_c}{\rho_w \mu_w}}}$$

式中　ρ_c——线圈导电材料的电阻率（$\Omega \cdot m$）；

ρ_w 和 μ_w——加热工件的电阻率（$\Omega \cdot m$）和相对磁导率。

工件的电阻率和相对磁导率越高，其加热效率就越高，理论上可接近 100%。但是，当工件电阻率与线圈绕组铜的电阻率相当并为非磁性材料（如铜、铝）时，效率将接近 50%。若采用多层线圈，其效率提高也很有限。所以，传统预热挤压铝锭的工频感应加热装置的典型效率为 50%~60%，即将近 50% 的功率消耗在水冷铜线圈上，被冷却水带走。从这里可以看出，提高该加热过程效率的唯一方法是降低上式中 ρ_c 与 ρ_w 之比。参数 ρ_w 是由被加热工件的特性决定的，所以，要提高效率，只能选择较低的 ρ_c。而采用超导体绕组替代铜绕组是降低 ρ_c 的最佳途径，于是出现了超导直流感应加热。

超导直流感应加热的原理是，让直流电流通过由超导线圈组成的磁体产生强直流磁场并让铝锭或铜锭在该直流磁场中旋转（即导体切割磁力线），从而因电磁感应效应在锭子中产生涡流并进而产生焦耳热加热锭子，见图 23.4-7。

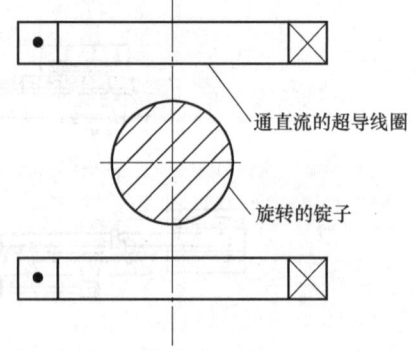

通直流的超导线圈

旋转的锭子

图 23.4-7　超导直流感应加热工作原理图

在加热过程中，锭子的感应电流（涡流）将产

生阻碍锭子旋转的反力矩，于是机械能通过电磁感应的作用转变成热能。由于采用超导线圈产生直流磁场，线圈中几乎不存在损耗。所以，这种系统的效率与使锭子旋转的电机效率接近，可能达到80%~85%以上。也就是说，超导直流感应加热中，加热锭子的能量不是来自产生直流磁场的超导线圈，而是来自使锭子旋转的电机，即旋转电机的机械能转变为加热锭子的热能。

超导直流感应加热主要由超导线圈、铁心（铁轭）、制冷系统、加热室和电机及其调速系统等组成。

超导直流感应加热的主要优点有：

1）效率高，加热铝锭或铜锭等低电阻率非磁性材料时，可能使加热效率由常规的50%~60%提高到80%~85%以上，效率提升显著。

2）锭子加热速度快，加热均匀，温度梯度可控，加热过程重复性好，产品质量好。

4.5 感应热处理设备

81 淬火感应器 淬火感应器通常用裸铜管制成。感应器一般只有一匝或数匝。有的感应器在管壁适当位置开许多小孔，供喷水淬火用；有的另附淬火用喷水器；也有采用浸水淬火的。除水外，也采用合成淬火液和油等淬火介质。淬火感应器的设计主要根据工件加热表面的形状和热处理工艺要求进行，所以结构形式多种多样，几种典型结构见图23.4-8。

一些形状复杂的工件，为了保证加热均匀，往往采用导磁体来改善感应器的磁场分布，以满足加热要求。感应器和电源的匹配，除靠感应器合理设计，多数情况是靠接入变匝比的淬火变压器来实现。

82 淬火机床 淬火机床是一种能快速实现热处理工艺程序的机械装置，可以是手动的、半自动的和全自动的。根据生产工艺要求，淬火机床分为专用和通用两大类。专用淬火机床适用于大批量生产的单一品种或形状特殊的零件，如滚珠、滚柱、销钉、汽缸套等批量零件或曲轴、凸轮轴、伞齿轮等形状复杂的零件，多安装在生产流水线或自动线上。通用淬火机床有立式和卧式，以及单柱、双柱和四柱等不同的结构形式，它们均具有感应器或工件可在不同速度下移动，工件以不同的速度旋转，工件装卸和水电连接方便等功能。

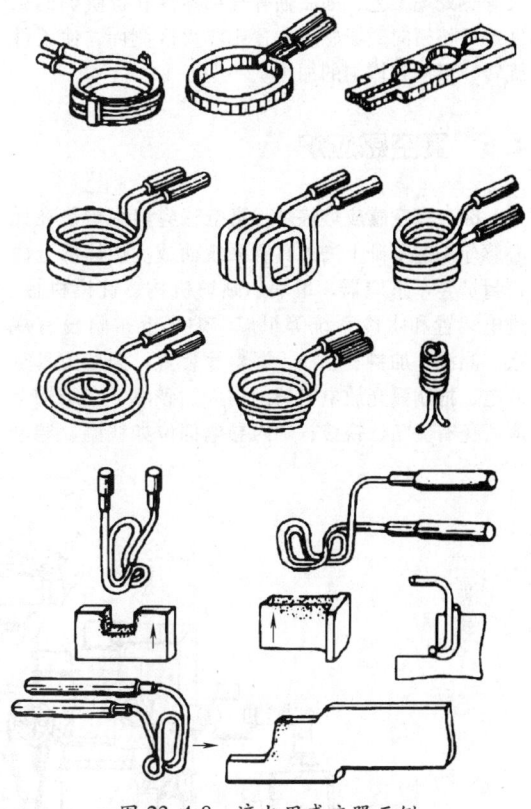

图 23.4-8 淬火用感应器示例

83 横向磁场感应加热 横向磁场感应加热主要用于薄板和带材加热。如图23.4-9所示，它采用多极式平面感应器置于带材的两侧，使磁通垂直穿过板面，其主要优点是可在大幅度降低频率的条件下保证良好的加热效率，总效率可高达80%，且投资少，占地面积小。但能量分布不均，沿带宽方向温差很大。依靠感应器的合理设计、先进的测温方法、计算机控制其功率分布及其他辅助设施，可得到较均匀的温度分布，以满足加热工艺的要求。

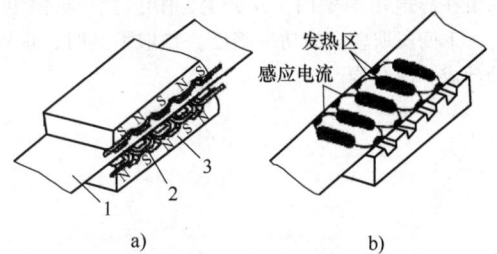

图 23.4-9 带材横向磁场感应加热示意图
a）结构简图 b）带材上温度分布
1—金属带 2—感应线圈 3—导磁体

当前，横向磁场感应加热也开始应用于零件淬火等热处理工艺，如曲轴等复杂零件和带阶梯的工件，可将横向磁场感应器置于淬火区侧面，使工件旋转，可得到均匀的加热。

4.6　真空感应炉

84　真空感应熔炼炉　真空感应熔炼炉是在无心感应炉的基础上增加真空系统而成。炉体部分由密封炉壳、感应器、坩埚、倾炉机构、锭模机械、进电装置和水冷系统等组成。炉壳上常附设有观察、测温、加料、取样、捣料等装置。为避免真空放电，抑制弧光放电对炉内构件的破坏，在结构上应避免有尖角、锐棱；炉内导电部位如线圈、导电

轴等应做特殊包扎并喷涂专用高质量绝缘漆；线圈一般不用螺栓固定，而采用非磁性材料上下压紧方式。

炉子结构主要有坩埚倾转浇注式、炉体倾转浇注式和底注式三种。坩埚倾转浇注式的炉子使用方便，浇注质量好，是较普及的形式。这种炉子又分间歇作业式和半连续作业式两种。间歇式应用较广，炉子结构见图23.4-10。半连续式能在不破坏熔炼室真空的情况下进行装料、熔炼、取样、浇注、进出锭模车等。这样可缩短抽真空时间，减少坩埚由于冷热剧变所产生的龟裂，并可提高熔炼质量。但设备庞大复杂，使用和维护也较困难。

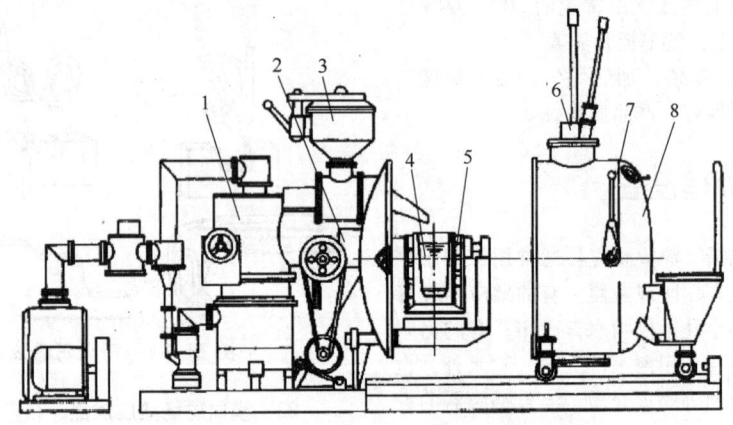

图 23.4-10　间歇作业式真空感应熔炼炉结构简图
1—真空系统　2—转轴　3—加料装置　4—坩埚　5—感应器　6—取样和捣料装置　7—测温装置　8—可动炉壳

85　真空感应烧结炉　真空感应烧结炉的结构与真空感应熔炼炉类似，但通常做成立式，有井式和罩式两种。坩埚和料盘一般用石墨制成。由于感应器和坩埚不倾动，供电装置比较简单。为使烧结温度均匀，多选用较高频率的电源，使磁场尽可能约束在导电坩埚壁内，并分上、中、下三段供电，上、下两段取较高的功率密度。要求不高时，也可设计成一段结构。

若向炉内施以一定压力的气体，使材料在一定压力和温度下进行烧结，这类电炉称为气氛压力炉或热等静压炉，这种工艺在粉末冶金、高温及金属材料、陶瓷粉末材料的成形烧结中广泛应用。炉子的结构与真空感应烧结炉的结构类似，使用时先抽真空、加热，再加压充纯净的气体（如 N_2）进行烧结。

第5章 电弧炉

5.1 电弧炉分类

86 电弧炉的种类 电弧炉的分类及加热原理见表23.5-1。

表23.5-1 电弧炉分类及加热原理

类别		加热原理
直接电弧炉	三相炼钢电弧炉、直流电弧炉、钢包精炼炉、真空自耗电弧炉	专用电极棒与被熔炉料间产生电弧,炉料受电弧热量直接加热
	埋弧炉(电弧电阻炉)	电极棒埋入炉料,炉料主要受流过其中的电流产生的焦耳热加热,但也伴有电弧热量

5.2 炼钢电弧炉

87 三相炼钢电弧炉结构 炉体结构图见图23.5-1,包括炉壳、炉盖、炉衬、电极以及电极升降和倾炉、加料等机构。炉门、炉盖、电极夹持器和电极密封圈等处需用水冷却。对超高功率电弧炉,炉壁也要用水冷。炉衬分炉顶、炉壁和炉底三区,每个区耐火材料厚度不同,耐火材料以碱性为主。近年研究出的采用镁质干打料的干式打结炉衬新工艺,可大大提高炉衬寿命,减轻工人的劳动强度。电极采用石墨电极。电极直径与炉子功率有关,详见表23.5-2。

88 三相电弧炉供电系统 供电系统组成见图23.5-2。三相炼钢电弧炉的理论电气特性见图23.5-3,炉子运行工作点就是指电弧电流在其特性曲线上的位置。为使炉子工作于最佳状态,必须正确选择它的工作点。有关特性曲线的计算和工作点选择方法参见参考文献[2,13]。

从电炉变压器二次侧出线端至电极(包括电极)这一段线路称为短网。这段线路长度一般仅为10~20m,但对炉子的电压降、功率损失及相平衡影响极大,在设计和安装时必须从线路长度、母线厚度、位置安排等方面考虑减小这些影响。

89 三相电弧炉功率控制 控制炼钢电弧炉不同冶炼期的功率,需在宽范围内调整变压器的二次

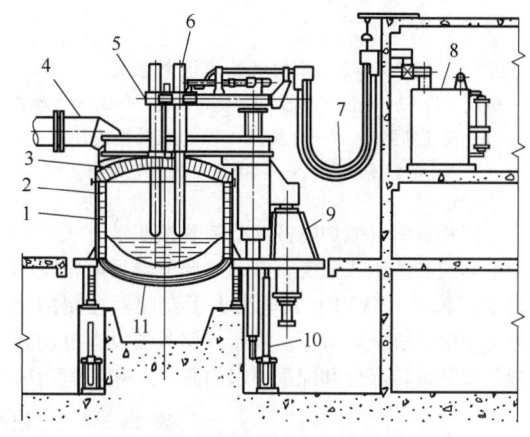

图 23.5-1 三相电弧炉炉体结构简图
1—炉壳 2—炉壁 3—炉盖 4—除尘管道
5—电极夹持器 6—电极 7—水冷电缆
8—电炉变压器 9—炉盖提升旋转机构
10—倾炉油缸 11—炉底

电压。实际系统中是采用分接开关改变供电变压器一次抽头位置来实现的。

为保持各冶炼期中炉内的功率恒定需根据炉内阻抗的变化来调节电弧的长度,以确保电弧电流稳定。电极升降自动调节装置的功能就是检测炉阻抗(电弧电压与电流之比)的变化,通过运算,控制电极的升降,调节电弧长度,使炉阻抗保持在给定值,从而实现在不同冶炼阶段输出的二次电压下炉内功率的恒定。

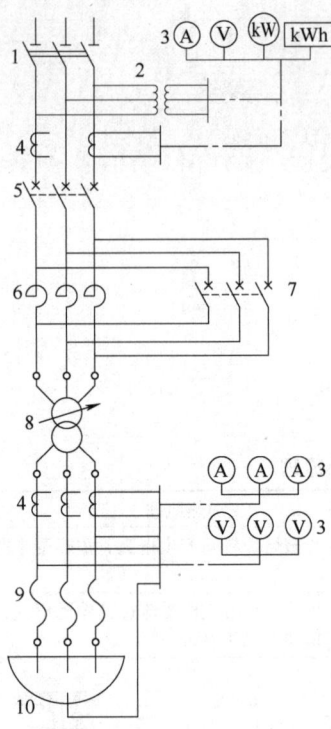

图 23.5-2　三相电弧炉供电系统

1—隔离开关　2—电压互感器　3—测量仪表　4—电流互感器
5—高压断路器　6—电抗器　7—电抗器短接开关
8—电炉变压器　9—软电缆　10—电弧炉

三相炼钢电弧炉电极调节装置按驱动方式可分为电动式和液压式两类。电动式调节器目前常见的是变压变频（VVVF）式电力电子变频器控制的交流笼型电动机式调节器。液压式调节器没有电动式调节器的旋转部分和配重引起的惯性，响应速度快，

稳定性好，提升速度高。载能液体大多用乳化液。大型炼钢电弧炉均采用液压式调节器。

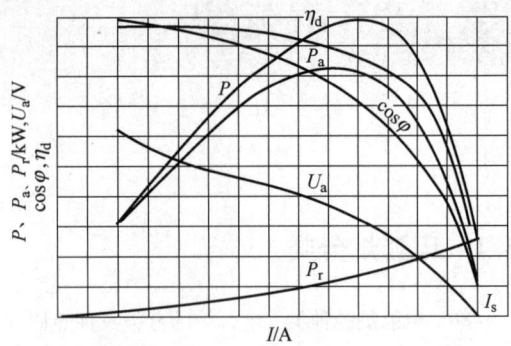

图 23.5-3　三相电弧炉理论电气特性

电弧炉控制中采用计算机控制系统，除完成电极升降自动调节功能外，还可有效地增加输入功率，减少电极折断次数，延长炉底、炉壁使用寿命，克服由于一次电压波动、炉料装入量变化及三相电弧功率不平衡对熔化速度的影响，并按不同冶炼阶段的工艺要求针对不同指标进行最优控制，电炉各部分的动作控制及联锁保护采用 PLC，有效地提高了产品质量，节约了电能。

90　三相炼钢电弧炉主要参数　大型交流电弧炉的额定容量、炉壳内径、变压器容量、电抗器容量及电极直径推荐见表 23.5-2（摘自 GB/T 10067.21—2015《电热装置基本技术条件　第 21 部分：大型交流电弧炉》），同一额定容量的电弧炉，按其配置的变压器容量分为 3 类：1 类—普通功率、2 类—高功率和 3 类—超高功率。

表 23.5-2　三相炼钢电弧炉主要参数

额定容量/t	炉壳直径/m	变压器额定容量/MVA			电抗器容量/Mvar	电极直径/mm
		1 类	2 类	3 类		
70	5.7	28	40	63	10	500~550
80	5.9	32	45	72	12	500~550
90	6.1	36	50	80	14	550~600
100	6.4	40	55	90	16	550~600
120	6.8	—	63	110	20	550~650
140	7.2	—	80	125	22	650~700
160	7.6	—	—	145	25	700~750
180	8.0	—	—	160	30	750~800
200	8.3	—	—	180	34	750~800
220	8.6	—	—	230	38	800

91　电弧炉电极　电弧炉电极是一种通常用石墨或金属制成的导电零件。在电弧炉中，其一端接电源，另一端与炉料或另一电极间产生电弧。

电弧炉电极按原料分两大类：一类是用碳素原料制成的碳素电极、石墨电极和自焙电极；另一类是用金属材料制成的自耗电极、钨电极和水冷铜电极。工业上普遍应用的有 3 种电极：（人造）石墨电极主要用于炼钢电弧炉，自焙电极主要用于埋弧炉，自耗电极用于真空电弧炉和电渣重熔炉。

石墨电极分为普通功率（RP）、高功率（HP）和超功率（UHP）3 种类型，超功率石墨电极的体积密度、机械强度和允许电流密度均较前两者大，电阻率较两者低。

92　电弧炉电极调节器　电弧炉电极调节器是用来自动控制电弧炉电极的升降，从而调节电弧炉输入功率的设备，是电弧炉的重要组成部分，对保证电弧炉正常运行、提高生产率、降低电耗等有重要作用。

为了满足冶炼工艺或生产要求，在电弧炉工作的不同工艺阶段要设定相应的电压和电流参数，即所谓"工作点"，由此确定电弧炉需要的输入功率。工作点可以按特定的冶炼工艺和生产管理要求人工手动设定或由计算机程序自动设定。在电炉变压器输出电压已确定的情况下，由于炉料的熔化、炉料与电极接触情况的改变、炉内冶金反应和电磁力等的影响，电弧阻抗会经常变化，电流和输入功率也随之改变。电弧炉电极调节器用来及时检测出这种变化，并自动调节电极的（高度）位置，使电弧阻抗保持在设定的工作点附近。

电弧炉电极调节器由信号检测、比较、综合、放大、反馈等环节和执行环节（电极升降机构）组成。三相交流电弧炉的每相电极各有其调节器，独立工作，相互耦合。

电极升降传动方式可分电机式和液压式两类，相应的设备称为电机式调节器和液压式调节器，大容量电弧炉一般采用液压式传动。电极升降最大速度应满足不同容量电弧炉的工作需要，一般对 70t 及以下的电弧炉，电极上升最大速度≥9m/min，下降最大速度≥6m/min。

93　电压闪变抑制　炼钢电弧炉在熔化期工作时会产生两种类型的电流波动：

1）塌料引起电弧突然短路，造成 2～3 倍于额定工作电流的冲击电流。这种电流波动是突发性的，频率约为 1 次/s。

2）电弧在炉料上转移引起弧长及电弧电流波动，这种波动近似周期性，频率为 2～15 次/s。电流波动在供电线路阻抗上产生波动的电压降，导致同一电网上其他用户电压以相同频率波动，将引起灯光照度不稳定造成的视感，这就是闪变。目前我国以一周（168h）为测量周期，所有长时间闪变值都应满足 GB/T 12326—2008《电能质量 电压波动和闪变》标准规定的闪变限值要求。

在新建炼钢电弧炉投入电网前，可根据电网公共供电点处的短路容量与电弧炉变压器额定容量之比来预测闪变电压是否超标。一般说来，比值在 100～200 范围内不超标。

抑制电弧炉引起的电压闪变有两种方法：一种方法是用短路容量大的公共电网供电；另一种方法是采用动态无功功率补偿装置（SVC，TCR，STATCOM）配合无源谐波滤波器（L，C）来吸收炉子产生的无功功率波动。

94　直流电弧炉　直流电弧炉具有以下优点：

1）采用单根石墨电极，熔炼均匀，且机械设备紧凑。

2）电弧稳定，对电网干扰小，引起的闪变发生量为交流电弧炉的 50%。

3）能长弧作业，且电弧方向始终垂直向下，熔炼初期熔化快，精炼期热效率高，单位电耗可减少 5%～16%。

4）短网损耗低。

5）电极消耗少，比交流电弧炉减少 50%。

6）炉衬寿命长，耐火材料消耗减少 30%～50%。

7）钢液搅拌力强。

8）噪声小。

直流电弧炉总体结构与三相交流电弧炉类似，但它用直流供电，故只有一根顶电极、一个电极升降机构和一套底电极。底电极布置在金属熔池下面，常用的有风冷接触销式、水冷棒式和导电炉底三种。接触销由低碳钢制成，数量与炉子容量有关，其寿命在 200 炉以上。这种底电极的维修主要是在更换炉底时同时更换接触销，也可在适当位置装设热电偶监视接触销的温度。水冷棒底电极一般分为两段，上为钢质，下为铜质，由特殊工艺焊接在一起，也有全钢棒式，中、小型炉一般只有一根。底电极的水冷区有高可靠防爆结构，布置在炉底外部。底电极直径约为顶电极的 2.5～5 倍，电极上装热电偶测量并显示温度。导电炉底为一大块紫铜板，安放在耐热钢炉底上并与炉子外壳绝缘。板上有一个或多个电极端子与水冷电缆连接。炉底需由强制性空冷系统散热，炉底耐火材料应有充分导电性。

目前直流电弧炉基本上用晶闸管可控整流电源供电。根据电炉功率大小和电压高低，可用不同结构形式的电路。通常，小功率采用 6 脉波整流电路，大功率采用 12 或 24 脉波电路；电压低于 300V 时可用双反星形带平衡电抗器的电路，而高于 300V 时则用三相桥式电路。对大功率电炉的电源，还常用同相逆并联方式来减小柜内电磁干扰，降低线路电抗，改善桥臂并联晶闸管的均流。直流电源输出侧必须设置电抗器，将动态短路电流限制在 2 倍额定电流以内。整流器的空载输出电压应当高于工作时的输出电压，其大小与工作时的电弧长度、炉壳直径、炉衬耐火指数等有关。

95　钢包精炼炉　钢包精炼炉是在钢包中对钢液进行精炼的炉外处理装置，简称钢包炉。利用钢包加盖或将钢包置于真空容器中使钢包内保持所需的工艺气氛，配备电弧加热设备或真空抽气设备、钢液搅拌设备和加料设备，对钢液进行精炼。炉外精炼是把炼钢炉（炼钢电弧炉、转炉等）的精炼任务，包括脱硫、脱氧、脱气、去除非金属杂质、调节钢液成分（微合金化）和控制钢水温度等功能，转移到钢包炉中进行。

钢包精炼炉的主要功能有：

1) 加热。包括电弧加热、等离子加热、化学热、氧燃加热等，其中电弧加热最多。通过加热使钢水升温，保证合金化、精炼等操作，使钢水质量和温度满足连铸要求。

2) 抽真空。通过真空处理，去除钢水中的有害气体，如氢气、氮气等，进行真空碳脱氧和真空氧脱碳。

3) 搅拌。搅拌能加快精炼反应，使钢水成分和温度均匀，去除部分有害气体。搅拌的主要方法有吹入（惰性）气体（如 Ar）搅拌和电磁搅拌。

上述三个功能应根据冶炼的钢种和工艺选择，可以在同一套设备上使用，或者在一条精炼生产线上分别设立，但搅拌必须贯彻精炼的始终。

钢包精炼炉大致分两类：一类在精炼过程中用电弧或等离子弧对钢液进行加热，其中常用的有 LF 型（电弧加热钢包精炼法），这是应用最广泛的钢包精炼装置；另一类在精炼过程中不用外界热源加热，其中常用的有 VD 型（真空脱气法）、VOD 型（真空吹氧脱碳法）、LFV 型（电弧加热-真空脱气法）等。

96　真空电弧炉　真空电弧炉主要用于熔炼高级合金钢及钛、锆、钼、钽、铌等高熔点活泼、难熔金属及其合金，工作时真空度一般为 $0.133 \sim 1.33$Pa。按用途分为锭子型（自耗炉）和浇注型（非自耗炉）。锭子型炉采用自耗电极，故称为真空自耗炉，用来生产锭子。浇注型炉又称真空凝壳炉，除自耗电极外，还配合非自耗电极进行辅助加热，用于生产异型铸件。

真空自耗电弧炉采用直流电源供电，电源装置可用饱和电抗器-二极管整流装置或晶闸管可控整流装置。直流电源要求空载电压为 $70 \sim 80$V，以保证点弧；在 $20 \sim 40$V 的工作电压范围内应具有恒流特性。由于工作平稳，最简单真空自耗电弧炉大多采用脉冲式电极自动调节器。这种调节器的反馈信号来自自耗电极熔滴通过等离子区时产生的电压波动的次数和大小，把这种信号转换成直流电压后与给定信号比较，按规定的调节规律对误差进行处理、放大，驱动执行机构完成电极的升降控制。

5.3　炼钢电弧炉的节能技术

97　电弧炉电力单耗计算　电弧炉电力单耗指生产 1t 钢所消耗的电功率（kW·h/t），是评价电弧炉节能的重要指标。电弧炉内热量主要来自电能，但同时还包含某些辅助能源和炉内物质熔化过程产生的化学能，因此电力单耗计算必须考虑所有因素。参考文献［17］给出了交、直流电弧炉通用的电力单耗计算公式。

$$C_p = K_A + K_B \left(\frac{W_{CH}}{W} - 1 \right) + K_F \frac{W_F}{W} + K_T (T_A - 1\,600) + K_{DH} \frac{W_{DRI} + W_{HBI}}{W} + K_M (\tau_{on} + \tau_{off}) -$$

$$K_{HM} \frac{W_{HM}}{W} - K_P \frac{W_P}{W} - K_G M_G - K_O M_O - K_N M_N - K_C CON$$

式中　K_i（$i=$ A、B、F…）——修正系数，见表 23.5-3；

$\quad\quad W_{CH}$——废钢装入量；

$\quad\quad\quad W$——电炉出钢量；

$\quad\quad W_F$——造渣材料装入量；

$\quad\quad W_{DRI}$——加入的直接还原铁重量；

W_{HBI}——热压铁块重量；

W_{HM}——铁水重量；

W_P——生铁重量（t）；

T_A——出钢温度（℃）；

τ_{on}——通电时间；

τ_{off}——断电时间（min）；

M_G、M_O、M_N——天然气、O_2 的单耗和二次燃烧用氧量（m^3/t）；

CON——连续操作为+1，不连续操作为-1。

表 23.5-3　电弧炉电力单耗计算公式中的修正系数

K_i	修正系数值	说明
K_A	300kWh/t 275kWh/t 250kWh/t 200kWh/t	使用吊篮预热 双壳电炉 竖炉电炉
K_B	900kWh/t	
K_F	1 600kWh/t	
K_T	0.7kWh/℃	
K_{DH}	80kWh/t	
K_M	0.85kWh/(min·t)	
K_G	8kWh/m^3 5.7kWh/m^3 8kWh/kg	使用重油 使用煤粉
K_{HM}	300kWh/t	
K_P	1.37kWh/t	
K_O	4.3kWh/m^3	
K_N	2.8kWh/m^3	
K_C	15kWh/t	

注：本表数据来源参见参考文献［17］。

98　影响电弧炉电力单耗的因素　电弧炉电力单耗的主要影响因素有输入功率等级，钢装入量，渣材料装入量，出钢温度，冶炼时间，炉中加入的直接还原铁、热压铁块的重量，装入电炉的铁水和生铁的重量，强化用氧量及二次燃烧用氧量，使用的辅助燃料，废钢预热方式等。各种因素影响效果及影响度分析参见参考文献［17］。

99　废钢预热　随电弧炉用氧不断强化，产生大量高温烟气使热损失增加，吨钢废气带走许多热量。据统计，电弧炉损失的热量中，约有 20%～40%被废气带走。废钢预热是电弧炉炼钢技术的发展方向之一。利用这些热量将废钢预热后送入钢包冶炼，可缩短废钢熔化时间，使电耗降低，电极和耐火材料消耗减少，在提高生产率和节能方面有明显的优势。

高温烟气的利用越来越充分，废钢预热的温度也越来越高，烟气中的二噁英问题也应关注。目前有多种预热废钢铁炉料的方式和方法：水平通道预热、竖炉预热及带燃烧器的竖炉废钢预热技术等。

100　辅助能源应用　在现代电弧炉技术中，电能不再是熔化废钢的唯一能源。在使用电能的基础上大力发展利用各种化学能（如煤粉、氧气、生铁中的发热元素和 CO 的二次燃烧等）以及物理热（如铁水热装、废钢预热等），可以使电炉冶炼电耗大大降低。

在电弧炉适当部位安装超音速氧枪、碳氧喷枪、氧燃烧嘴，将需要的辅助燃料和氧气喷射到炉内，得到高温火焰促进废钢加热和熔化。大量利用辅助能源，是高效炼钢电弧炉缩短冶炼周期、降低电能消耗的重要手段。辅助能源的大量利用是缩短电弧炉冶炼周期、降低电能消耗的有效方法。详细说明见参考文献［18-21］。

101　超高功率技术　增大变压器容量配置，提高电弧炉吨钢功率比（kVA/t）水平，可以缩短冶炼周期，提高生产力。电弧炉吨钢功率比与生产率间的关系见表 23.5-4。

表 23.5-4　电弧炉吨钢功率比与生产率的关系

功率级别	低功率	中等功率	高功率	超高功率
吨钢功率比/ （kVA/t）	200	400～500	650～800	800～1 000
冶炼周期 /min	200～260	120～150	80～95	40～55
生产率/ （t/h）	15～25	39～40	60～80	～120

电弧炉吨钢功率比的提高，必然导致短网电流和炉内电弧功率增加，使导体损耗加大，电极与炉壁耐火材料消耗加快。在电弧炉超高功率供电的同时，采用一系列配套技术。

1）水冷炉盖、炉壁技术。由于水冷炉壁和炉盖有良好的散热和挂渣能力，可大幅度地降低耐火材料消耗，提高运行的可靠性。

2）偏心炉底出钢技术。这是一种无渣出钢技术，既可以满足炉外精炼的要求，还可以扩大水冷炉壁面积，减少热态修补工作量，缩短出钢时间，提高钢包寿命，降低能耗。

3）泡沫渣技术。这是电弧炉得以超高功率输入和长电弧、高电压使用的重要措施。炉渣泡沫化可使电弧炉实施埋弧操作，大大提高钢液的加热效率，降低对炉壁的热辐射，从而节约电耗，并减少电极和炉壁耐火材料消耗，还可改善对炉盖的烧损。

4）导电横臂技术。把电极横臂和二次导体结合成一体，用铜-钢复合板或铝合金板制成，内部通水冷却；既起支撑电极作用，又起导电作用，即构成导电横臂，可显著降低二次电路阻抗，减小了由于非常大的电弧炉二次电流造成的电路损耗。

5）高阻抗电弧炉技术。采用高二次电压、低二次电流工作的高阻抗电弧炉，在保证电弧炉高功率、超高功率输入的同时，可以减小短网损耗。为保证电弧稳定燃烧，高阻抗电弧炉必须在供电电路中串联电抗器。高阻抗电弧炉不仅可以提高电效率，减少电极消耗和电极接头处断裂的可能性，还可抑制电压闪变和谐波对电网的干扰。

102　电弧炉炼钢绿色及智能化技术　随着人们对环境问题的日益关注以及国家节能环保政策的相继实施，未来电弧炉炼钢必然朝着绿色化生产方向发展。

在电弧炉绿色化生产工艺技术方面，以下几点值得关注：

1）废钢破碎分选技术。经破碎分选后的废钢可大大提高原料的洁净度，为电弧炉炼钢提供清洁可靠的原料保障。

2）废钢预热与余热回收技术。

3）二噁英治理技术。对于如何高效率、低成本实现电弧炉炼钢过程中的二噁英治理还需努力。

在电弧炉生产过程中仍然存在噪声污染、粉尘排放、过高的能源消耗等绿色化生产难题，这也是钢铁工业实现转型发展要面对的巨大挑战。

电弧炉炼钢在智能冶炼领域取得了长足进步，开发了一系列先进的检测技术和控制模型，大大提高了电弧炉炼钢过程的自动化水平，主要有：①智能配料；②电极智能调节；③多功能炉门机器人；④熔池温度连续测量技术；⑤泡沫渣检测与控制技术；⑥炉气在线分析技术；⑦电弧炉炼钢终点控制技术；⑧冶炼过程成本优化控制；⑨电弧炉炼钢过程整体智能控制。

在完善现有电弧炉炼钢绿色化和智能化关键技术的基础上，进一步构建电弧炉炼钢全流程集操作、工艺、质量、成本、环保为对象的大数据分析优化平台，实现全流程优化执行与数据反馈监控，实现生产效率、产品质量和节能环保水平的不断提升，将是未来电弧炉炼钢的发展方向。

5.4　埋弧炉

103　埋弧炉的种类　埋弧炉也称矿热炉，在工作过程中电极下部一般埋在高电阻率矿料中，以电极导入的电流在炉料中产生的电阻热为主，同时伴有电弧热量对炉料加热，主要用于生铁、铁合金、冰铜以及结晶硅、电石、碳化硼、黄磷、磷肥、电熔刚玉、氰盐等各种合成产品。对每一种产品都有相应类别的埋弧炉，所用原料矿石的种类、耗电量及炉子反应温度也随之不同。

104　埋弧炉设备的组成　埋弧炉由炉体、电极装置和电气设备三部分组成。炉体多数做成圆筒形，也有少数做成方形、长方形或扁圆形。埋弧炉炉体多数是封闭式的，具有密封炉盖，以便炉内废气综合利用，减少热损失，改善操作条件。大型埋弧炉炉体常做成旋转式；多数埋弧炉炉体不能倾动。

埋弧炉的电极有石墨（或碳素）电极或自焙电极，但大多数种类的埋弧炉都用自焙电极。

埋弧炉的电气设备类似炼钢电弧炉。由于炉料电阻变化小，电压、电流波动小，功率因数较高，三相负荷较均衡，在主电路中不需设置电抗器。高压断路器动作次数较炼钢电弧炉少，工作条件好。

多数炉子不倾炉，使短网在整个长度上容易按"双线制"接线，来抵消大电流母线磁场，减小电抗。对三相供电的埋弧炉，可使用一台三相变压器，也可用对称布置在炉子周围的三台单相变压器供电。三台单相变压器供电系统的优点是功率因数高，三相不平衡系数小，但占地面积大。另外，也可采用低频或直流电源对埋弧炉供电，进一步提高电气性能。

埋弧炉运行过程中，电极也需进行升降调节。简单的位式控制调节器也能保证炉子稳定工作。现代埋弧炉、大型炉多用液压式调节系统，中、小型炉多用电动机式调节系统。

第6章 特殊加热设备

6.1 电红外加热设备

105 电红外加热设备的特点 红外线是指波长 $0.70 \sim 1\,000\mu m$ 范围的电磁波。对工业加热而言，利用波长 $2.5 \sim 15\mu m$ 电磁波加热，我国习惯上称之为远红外加热。由于大多数有机化合物对远红外线有强烈的吸收特性，因此，利用远红外线加热会有较高的热效率。

远红外加热主要用于涂装、印染、纺织、食品、造纸、家用电器、医疗器械等行业自动化流水线中的加热、脱水、干燥及固化。

红外线的产生、传播服从于以下三个热辐射定律：

1) 普朗克定律描述了黑体辐射强度与波长和温度间的关系。

2) 维恩位移定律表明温度越高，对应最大单色辐射强度的波长越短。

3) 斯忒藩-玻耳兹曼定律说明了黑体辐射强度与温度的关系。

红外线加热的特点如下：

1) 辐射源与被加热工件之间可实现热量的直接传递，因而节约能源，加热速度快。

2) 没有流动空气，被加热工件表面不会受到尘埃侵袭，可避免二次污染。这一点对于烤漆设备尤为重要。

106 电红外辐射源 按最大辐射波长分类，红外线辐射源分为长波、中波和短波。红外辐射元件性能与元件的辐射系数及元件的热惯性有关：

$$\eta = \frac{\varepsilon_\lambda \lambda T^4 F}{P_1}$$

式中　η——电能辐射能转换效率（%）；

　　　ε_λ——元件表面辐射系数；

　　　λ——斯忒藩-玻耳兹曼常数；

　　　T——元件表面温度（K）；

　　　F——辐射元件表面积（m^2）；

　　　P_1——元件输入电功率（W）。

通常短波、中波红外元件的 η 大于 80%，性能好的长波红外元件的 η 应大于 65%。各种红外辐射元件的技术性能见表 23.6-1。

表 23.6-1　红外辐射元件的技术性能

分类	名称	发热材料	辐射材料	规格	功率/W	代号	寿命/h
短波	红外灯泡	W	玻璃	带反射灯泡	$125 \sim 500$		2 000
	卤钨灯	W	透明石英	$\phi10mm \times (150 \sim 500)mm$	$500 \sim 1\,500$		$100 \sim 2\,000$
	钨灯	W	透明石英	$\phi20mm \times (1\,000 \sim 2\,000)mm$	$1\,000 \sim 5\,000$	SHD-T	5 000
中波	透明石英元件	Cr20Ni80, 0Cr25Al5	透明石英	$\phi18mm \times (500 \sim 2\,000)mm$	$500 \sim 3\,500$	SHQ-T	15 000
	乳白石英元件	W	乳白石英	$\phi20mm \times (1\,000 \sim 2\,000)mm$	$2\,000 \sim 7\,000$	SHQ-W	5 000
	陶瓷元件	0Cr25Al15	SiC，Al_2O_3	$\phi18mm \times (1\,000 \sim 2\,000)mm$	$2\,000 \sim 7\,000$		15 000

（续）

分类	名称	发热材料	辐射材料	规格	功率/W	代号	寿命/h
长波	乳白石英元件	0Cr25Al15		$\phi18mm\times(1\,000\sim2\,000)mm$	$2\,000\sim7\,000$	SHQ	15 000
	黑色石英元件	0Cr25Al15		$\phi18mm\times(100\sim800)mm$	$2\,000\sim7\,000$	SHQ-B	15 000
	红色石英元件	0Cr25Al15		$\phi18mm\times(100\sim800)mm$	$2\,000\sim7\,000$	SHQ-R	1 500
	埋入式陶瓷元件	Cr20Ni80		弧状、板状	$0.3\sim2$	MTY	5 000
	直热式陶瓷元件	半导体	涂料	管状、板状	$300\sim1\,000$	TIR	2 000
	平板式陶瓷元件		石英板	板状	$300\sim600$		5 000
	灯式陶瓷元件		微晶玻璃	灯状	$500\sim1\,000$		50 000

107　电红外加热设备的设计要点　彩印、定型、造纸脱水、家用电器所用红外加热环境为开放式加热，对流热和传导热的利用率近于零，仅利用了辐射热。这类设备在设计中要注意两点：一是选择具有良好的匹配吸收且电能转换效率高的元件；二是要测出被加热物体单位面积接受的能量（W/m²）及升温速度，以便根据产量计算设备的总功率。

油漆的烘干与固化、食品工业、轻工等行业，大多采用流水作业，加热设备多采用半开放连续式的烘道。要使烘道内以辐射传热为主，应注意以下几点：①元件电能与辐射能的转换效率应大于65%；②采用定向聚焦辐射；③装机功率为恒温功率的1.3~1.4倍；④炉内温度控制既要保证温度场均匀，又不降低元件表面温度；⑤复杂工件采用搅拌以强化炉内温度均匀。

烘箱、烘房类封闭式加热设备的热传递方式呈混合状态，即辐射、对流并存。为了使炉内温度均匀，通常采用搅拌或加热风的方式。

强辐射加热多用于连续式炉，为保证工件在连续加热过程中实现温度均匀，设计时应使该连续式炉尽量接近开放状态，使由热源提供的对流热对工件而言，其利用率等于或接近于零，所选用的强辐射加热元件，电能与辐射能的转换效率应大于80%。

6.2　电渣炉设备

108　电渣炉设备的特点　电渣炉是钢或某些合金进行再精炼用的一种电炉设备，其工作原理见图23.6-1。从发热原理来说，电渣炉属于具有液体发热体的间接式电阻炉。自耗电极是被熔金属本身制成的。电流通过高电阻渣池所产生的热量把电极末端熔化，熔滴穿过渣池滴入金属熔池，被水冷结晶器冷却凝结成锭。在此过程中，金属熔滴与熔渣充分接触，产生强烈的冶金反应，能除硫并减少氧化物杂质，使金属得到精炼。

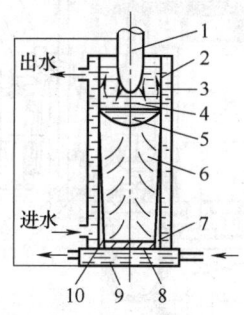

图 23.6-1　电渣炉原理图

1—自耗电极　2—水冷结晶器　3—渣池
4—金属熔滴　5—金属熔池　6—锭子
7—收缩空隙　8—垫板　9—底水箱　10—渣壳

电渣炉按用途可分为两类：一是电渣重熔炉，用于生产各种截面形状的优质锭子；二是电渣熔铸炉，用于生产形状复杂的优质铸件，如轧辊、齿轮坯、涡轮盘、飞机起落架等。适于电渣重熔的金属材料有轴承钢、工具钢、高温合金以及铜、钛等。

与其他重熔设备（如真空自耗电弧炉）相比，电渣炉的主要优点如下：

1）脱硫和去除非金属杂质的效果好，钢锭组织致密，成分均匀，无偏析、表面光滑。

2）生产率高，生产费用低，设备简单，投资少。

3）可生产大型锻轧坯，既能节约大量金属，又能减少锻轧加工工序。

电渣炉的缺点是，电耗较高，除气效果不如真空炉，渣料中的 CaF_2 污染环境，必须具备去氟设施。

109　电渣重熔炉设备的组成　电渣炉结构很像真空自耗电弧炉，由自耗电极及电极升降机构、水冷结晶器等几部分构成，见图23.6-2。电渣炉的电极有单根和多根。一个电极臂可夹持1~3根电极。由电极臂、立柱和传动装置构成的电极升降机构，通常有机电式和液压式。

电渣炉的电源可采用工频交流、低频（2~10Hz）交流或直流。

电渣重熔过程中，随着电极消耗、锭子增长、线路电压减少，渣池电压相应增加，导致渣池功率、温度、熔化速度增加，这会影响锭子质量。这就要控制渣池功率（也即熔化速度），使在整个重熔过程中保持渣池功率为要求值。

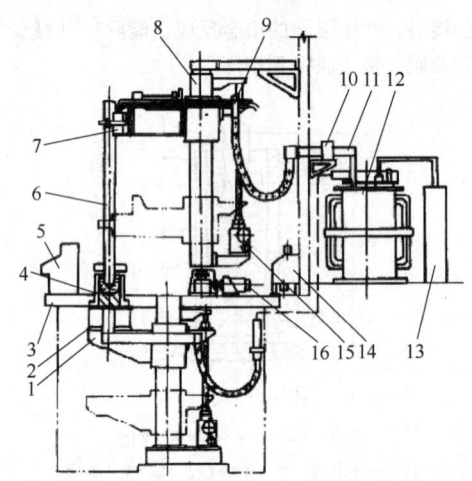

图 23.6-2　电渣炉结构示意图

1—抽锭车　2—底水箱　3—平台　4—结晶器
5—操作台　6—自耗电极　7—电极臂及电极夹持器
8—立柱　9—水冷电缆　10—电流互感器　11—铜母线
12—变压器　13—高压柜　14—水冷系统
15—差动减速器　16—旋转机构

6.3　单晶炉与自限温电伴热带

110　单晶炉设备的特点　在真空状态或惰性气体保护下，用来熔化和提纯半导体材料（如硅、锗）、激光材料（如钇铝石榴石）、高纯金属材料（如钨、钼）等使之生长为单晶体的电炉称为单晶炉；相应的，使之生长为多晶体的电炉称为多晶炉，这些设备统称为晶体生长炉。根据晶体不同的提纯方法，单晶炉又分为直拉法单晶炉和区熔法单晶炉。

111　单晶炉设备的组成　单晶炉通常由真空室、抽真空系统和充气系统、加热系统、升降和旋转机构、温度和压力等的测量和控制系统及其他辅助设备组成，对控制和传动的要求非常高。

直拉法单晶炉，可以采用电阻加热，也可以采用感应加热。采用电阻加热时，它就是一种精密的真空电阻炉。使用最普遍的为硅单晶炉，其典型的结构示意图见图23.6-3。工作时，在真空度不低于10^{-3}Pa的工况下将原料——多晶硅加热熔化。坩埚上方有一根提拉轴，其终端固定有一粒直径为5~10mm的籽晶。开始时，籽晶浸入温度约高于硅熔点的溶液中，籽晶轴一方面旋转，另一方面以约1mm/min的速度缓慢上升，同时坩埚做反方向旋转，熔融硅将按籽晶的结晶方向凝固成硅单晶。

区熔法是靠局部加热使材料锭条上出现一个狭窄的熔化区，并使熔化区缓慢向一个方向移动，利用杂质在固相与液相间的溶解度差异使材料得以提纯。区熔法单晶炉的基本结构与直拉法单晶炉类似，但炉内没有坩埚。被提纯的多晶硅棒夹在上下两轴之间，由套在外面的感应线圈进行加热。硅棒下端附有籽晶。感应线圈先位于硅棒下端，在硅棒中加热出一个狭窄的熔化区，然后上下两轴互相做正反方向旋转，同时感应线圈和熔化区缓慢上升，硅棒中的杂质将富集到棒的一端而使棒的其余部分得到提纯并形成单晶。这种炉子的特点是不用坩埚，可防止氧、碳进入单晶。

112　自限温电伴热带　自限温电伴热带是新近发展的一种依赖于电阻加热的电加热器。它与一般电加热器不同，不需要附加控温装置就能实现自动控温，其基本结构见图23.6-4。它由4部分组成：有机PTC材料或器件、母线（用作引线）、绝缘层、护套和屏蔽层。

PTC材料（参见本手册第3篇第101条）的特点是电阻率随温度上升而增加。温度过低，电阻率低，电流增大，发热多；温度过高，电阻率高，电流减小，散热多于发热时，温度下降。

有机PTC通常用聚合物材料和导电粉料混炼而成，通过挤出即可制成自限温电伴热带（见图23.6-4a），也可先制成纤维带状，包绕在母线上制成自限温电伴热带（见图23.6-4b）；无机PTC材料要先制成PTC元件，再与母线等制成自限温电伴热带，它的耐热性好，工作温度可达到400℃。

自限温电伴热带的优点如下：

1）体积小、重量轻、安装维护方便，可按现场工件实际形状尺寸设计加热器，自限温电伴热带可切成任意长度，可用包绕法包绕形状复杂（例如阀门、法兰或仪表的某一部件等）或长度很长的工件，都能取得满意效果。

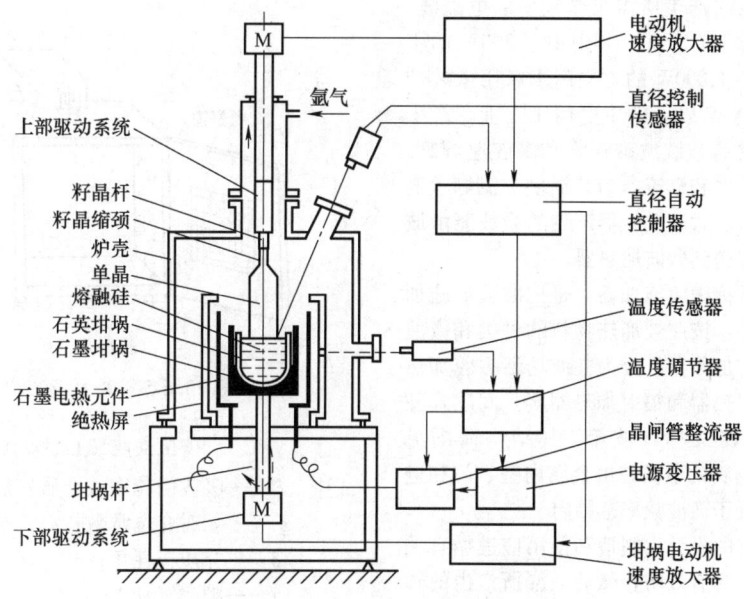

图 23.6-3　直拉法单晶炉结构示意图

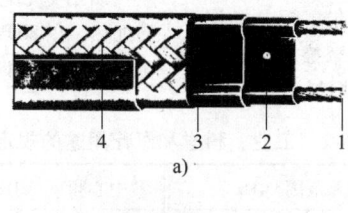

a)

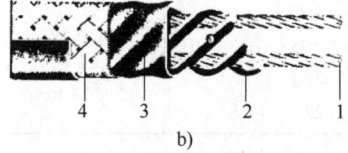

b)

图 23.6-4　有机 PTC 自限温电伴热带结构

a) 挤出式　b) 纤维包绕式

1—母线　2—有机 PTC（导电塑料或导电纤维）　3—绝缘层　4—护套和屏蔽层

2) 节约能源，控温效果好，当温度接近设定的控制温度时，输入功率便自动调低，它能自动补偿电压波动、散热条件变化、输送流体的黏度变化等对温度的影响。

3) 不需要附加控温装置就能实现自动控温，没有蒸汽泄漏、过热或燃烧问题。

自限温电伴热带可应用于以下场合：

1) 各种输送液体管道的加热，起防冻、防凝结、恒温、提高输送效率等作用，输送的液体可以是水、原油或其他燃油、巧克力、沥青、硫黄等。

2) 用于飞机跑道、高速公路、沟渠、大楼屋顶、坡道、冰箱的防冻、防滑、融雪和消冰。

3) 地板、隧道及其他建筑物的保温或室温调节等。

自限温电伴热带的额定电压有 12V、24V、36V、110V、220V 和 380V，最高维持温度为 65℃、90℃和 125℃等。

6.4　微波和高频介质加热设备

113　微波加热设备　用来产生微波能并将其传送给物料进行加热及相应热加工，由电气和机械设备组成的成套装置，通常包括微波发生器、波导管或同轴电缆、微波加热器、物料传送和通风的设备等。

微波发生器用来产生所需工作频率的电磁波，微波输出功率可达上百千瓦，其中小于 300W 的主要用于理疗，400~1 000W 的主要用于家用微波炉和实验设备，1 000W 以上的主要用于工业。产生微波能的器件主要有连续波磁控管和多腔速调管，这些管子需由变压器和整流器为其提供交流灯丝电压和阳极直流高压。微波发生器产生的微波能由波导管或同轴电缆传送到微波加热器。

微波加热器又称微波施加器，是把微波能施加于物料的结构部件。按照被加热物料的种类和微波场作用形式，微波加热器可分为驻波场谐振腔加热器、行波场波导加热器和辐射加热器等。间歇式驻波场谐振腔加热器又称微波箱，其结构简图见图 23.6-5。放置物料的谐振腔由金属内壁、门和进出口所包围并谐振于微波频率范围内。

微波加热装置的设计、制造和使用应遵循有关安全标准的规定，应有效防止微波泄漏所产生的辐射危险，以免对操作人员造成伤害及对电视、通信和雷达产生干扰。

114　高频介质加热设备　介质在高频电场作用下被反复极化，引起分子间的剧烈摩擦，从而在介质内部产生热量，与频率、场强和损耗角有关：

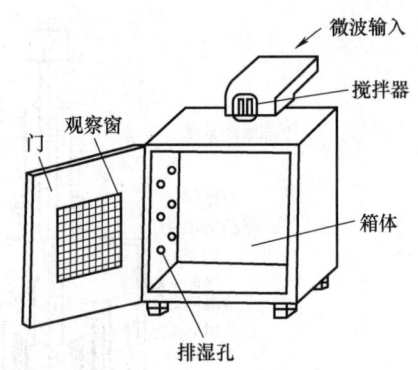

图 23.6-5　微波箱结构简图

$$P = 0.56 f E^2 \varepsilon_r \tan\delta \times 10^{-14}$$

式中　P——吸收的功率或介质发热量（W/m²）；

　　　ε_r——相对介电常数；

　　　δ——介质损耗角；

　　　f——频率（Hz）；

　　　E——电场强度（kV/m）。

所用交变电场的频率为 0.1~300MHz 称为高频介质加热，在 800MHz 以上称为微波加热。国际规定用于工业、科学和医疗的介质加热的频率见表 23.6-2。

表 23.6-2　工业、科学和医疗用途的规定频率

中心频率/MHz	频率允许误差范围/MHz	中心频率/MHz	频率允许误差范围/MHz
13.56	13.553~13.567		
27.12	26.95~27.283	2 450	2 400~2 500
40.68	40.66~40.7	5 800	5 725~5 875
915	902~928	24 125	24 000~24 250

与其他间接加热方式相比，介质加热具有热效率高、加热速度快、加热均匀、加热过程容易控制且可进行选择性加热等优点。

介质加热设备广泛应用于木材、纸张、谷物、纱团、织品、皮革、化学试剂、药品等的干燥，木材胶合，塑料加热和热合，橡胶硫化，蚕茧杀蛹，罐头灭菌，冷藏食品解冻，卷烟、茶叶、中草药的烘烤，蔬菜脱水，食物烹调，理疗，血浆加热等。

6.5　电子束、激光和等离子体加热设备

115　电子束熔炼设备　电子束熔炼设备是利用高速电子轰击被加热物体（炉料）时所产生的热能来进行熔炼的一种设备。

电子束由称为电子枪的电极系统发射电子形成。电子流由加热的阴极发射后，在高压电场加速下，经适当分布的各电极场作用调整其方向，形成高能电子束轰击炉料。

设电子电荷为 e，静止质量为 m_0，在电位差为 V 的电场中每秒有 n 个电子以速度 v 流过与电子束垂直的截面，则电子束流 $I_b = ne$。电子束每秒的动能则为 $nm_0 v^2/2$，电子束的功率为

$$P_b = I_b V = neV = nm_0 v^2/2$$

上述能量绝大部分输入到被电子束轰击的部位，而其主要部分转换成热能使被轰击物体受到加热以至熔化，一小部分被散射电子和二次电子带走，只有极少能量转换成 X 射线。

电子束熔炼的主要优点如下：

1）通过控制 I_b 能够自由而快速地改变电子束功率 P_b，并可借助电磁透镜和偏转器方便地移动被加热部位和面积，使被加热部位上的功率密度最高

可达 $10GW/m^2$，可熔炼各种难熔金属及其合金。

2）炉料提纯效果好。

3）对被熔料的形状限制较少，料棒制备费用较低。

电子束熔炼炉不仅能够熔炼难熔和活泼金属（如钨、钼、钽、铌、铪等），而且也可熔炼蒸气压低、高温下导电的非金属材料；在优质合金的制备和钛废料回收方面的应用也有一定的发展。此外，电子束加热还可用在一些热处理技术中。

116　激光加热设备　利用激光照射工件表面，进行淬火、退火、冲击硬化、熔凝硬化、合金化、涂覆等热处理工艺。激光热处理有如下优点：

1）可对常规热处理方法不能处理的工件的某些部位进行表面处理。

2）能量集中，加热速度快，生产率高。

3）工件变形小。

4）不需要冷却介质。

激光热处理设备主要由激光器、工作台、控制系统、水冷系统等部分组成。导光聚焦系统将激光器发出的激光束反射、聚焦到被加工的工件表面，工作台夹持工件完成热处理工艺要求的各种操作。激光器和导光聚焦系统工作时一般需用水冷却。控制系统完成激光功率的测量与控制、光闸控制、冷却控制、工件运动控制、激光束扫描及其速度控制以及保护气体控制。

117　等离子体熔炼设备　热等离子体是高度电离的高温气流，温度高达上万度，用作热源可熔化高熔点的金属和非金属材料，具有熔化速度快、元素烧损小、制品质量好等优点。当前工业应用的等离子熔炼设备有等离子电弧炉、真空等离子熔炼炉和高频感应等离子设备等。

等离子电弧炉又分为有耐火材料炉衬和有水冷结晶器两种炉型，前者采用转移弧型等离子枪，后者用非转移弧型枪。前者可以炼钢，也可以熔炼耐火材料，这种炼钢等离子电弧炉的结构类似直流炼钢电弧炉，差别在于用转移弧型枪取代了石墨电极，等离子枪升降可以改变弧长。此外，等离子炉炉腔密封，工作气体用氩气。后者可用于重熔活性金属和高级钢，如钛、铌、轴承钢和耐热钢等。

真空等离子熔炼炉适用于高熔点活性金属的熔炼，它的优点如下：

1）可炼制含不同蒸气压的元素成分的合金。

2）熔池浅。

3）可得到与高真空、高电压的电子束熔炼炉相同的精炼效果。

4）工作电压低（20~100V），不会产生 X 射线。

上述几种电弧等离子枪都有电极，电极材料消耗会污染被熔金属，不宜用于生产超纯材料。高频等离子设备没有电极，它利用通以高频电流的感应线圈建立的高频电磁场能量使工作气体电离，形成等离子体。高频等离子熔炼设备特别适用于生产超纯材料，如制取单晶材料、光学玻璃、纯钛粉末、金属和非金属氧化物球粒等。

此外，等离子加热技术还可用于热处理炉，如离子氮化炉、真空离子渗碳炉等。

118　等离子体对废弃物的处理　置于电弧等离子体反应器中的有机物质，在等离子电弧高温作用下可以分解并还原由此产生的二次污染物。目前这种技术已被一些国家用于工业有毒有机废弃物和化学、医药垃圾的处理。使用热等离子体处理垃圾燃烧后的残留物中存在的有害物质的研究工作也取得了极大的进展。

废弃物处理用电弧等离子体设备可以用直流或交流供电。直流供电电弧燃烧稳定，但需要电力电子整流装置，不仅设备容量受到整流装置限制，而且占地面积大，成本也相应增加，因此大功率设备宜用交流供电。采用交流供电的另一个好处是电弧等离子电极的阳极和阴极随电源周期交替改变，电极的寿命约为直流电弧等离子体电极的 2 倍。为了使交流电弧电流稳定，必须在供电电源与电极间串联电抗器。一种已经实用化的工业有毒有机废弃物电弧等离子体处理设备是基于所谓 Zvezda 三相交流等离子体发生器设计和建立的。这种等离子体发生器的结构见图 23.6-6，它的供电电压为 $2\sim20kV$，装置容量最高达 30MVA，电弧功率最高达 16.6MW。详细信息参见参考文献［27，28］。

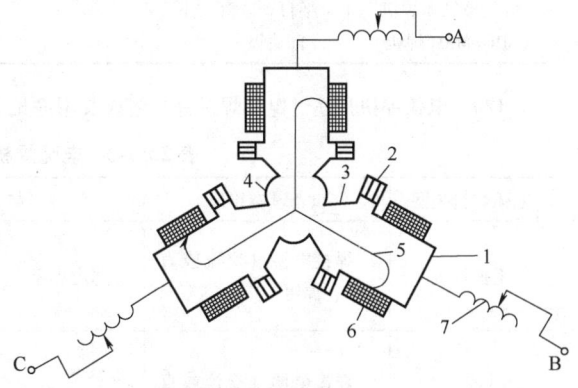

图 23.6-6　Zvezda 三相交流等离子体发生器的结构
1—绝缘子　2—气体旋转输入孔　3—干扰器
4—混合室　5—电弧　6—电磁线圈　7—平波电抗器

第7章 电弧焊技术

7.1 电弧焊机类型和用途

119 电弧焊机类型 电弧焊机基本类型分类

见表23.7-1。电弧焊机可按结构形式、电极数目、送丝方式以及电源类型进行品种分类。

表 23.7-1 电弧焊机类型及品种分类

基本类型	品种分类				
	结构形式	电极数目或形状	送丝方式	电源类型	操作方式
手工电弧焊	—	—	—	弧焊变压器 直流弧焊发电机 弧焊整流器 弧焊逆变器	手工
埋弧焊机	自动焊车 悬挂式机头	单丝 双丝 多丝 带极	等速送丝 变速送丝	交流 直流	半自动 自动
钨极氩弧焊机 （TIG焊机）	—	—	—	交流 直流 交、直流两用 直流脉冲	手工 自动
CO_2弧焊机 （CO_2焊机）	半自动软管 半自动无软管 自动焊车	芯焊丝 药芯焊丝	推丝 拉丝 推拉丝	—	半自动 自动
熔化极氩弧焊机 （MIG/MAG焊机）	半自动软管 自动焊车	—	等速送丝 变速送丝	直流 直流脉冲	半自动 自动

120 电弧焊机用途 电弧焊机基本组成及用途见表23.7-2。

表 23.7-2 电弧焊机基本组成及用途

电弧焊机类型	设备基本组成	消耗材料	主要易损件	主要用途
手弧焊机	焊接电源（交流或直流）、焊钳	药皮焊条	焊钳	手工焊接低碳钢、不锈钢、耐热钢等结构件，主要用于板厚≤3mm板焊接
埋弧焊机	焊接电源（交流或直流）、控制装置、送丝机构、自动焊小车	焊剂、实芯焊丝	导电嘴	用于自动焊接碳钢、合金钢、不锈钢、耐热钢及镍基合金、钛合金、铜合金等有色金属。主要焊接板厚≥3mm板直缝和环缝

（续）

电弧焊机类型	设备基本组成	消耗材料	主要易损件	主要用途
钨极氩弧焊机（TIG 焊机）	焊接电源（交流、直流或脉冲电流）控制装置、供气系统、引弧系统（供水系统）	Ar、填充焊丝	钨电极喷嘴	几乎可焊接所有金属及合金，但由于氩气较贵，通常多用于铝、镁、钛、铜、不锈钢、耐热钢等金属的焊接。主要焊接板厚≤6mm 板以及开坡口厚板打底焊
CO_2 弧焊机（CO_2 焊机）	直流焊接电源、送丝机构、控制装置、供气系统（供水系统、焊接小车等）	实芯焊丝或药芯焊丝、CO_2、CO_2+Ar	导电嘴喷嘴	主要用于低钢、低合金钢等黑色金属焊接
熔化极氩弧焊机（MIG/MAG 焊机）	直流焊接电源或直流脉冲电源、送丝机构、控制装置、供气系统、供水系统、焊枪（自动焊小车）	实芯焊丝、Ar、$Ar+O_2$、$Ar+CO_2$、$Ar+O_2+CO_2$	导电嘴喷嘴	焊接碳钢、低合金钢、不锈钢以及铜、铝、钛等有色金属。主要焊接板厚≥3mm 板

7.2　弧焊电源种类

121　交流弧焊电源　种类及用途见表 23.7-3。功率因数约为 0.4，效率为 70%~80%。焊机寿命为 10~20 年，无故障工作时间为 1 000h。

表 23.7-3　交流弧焊电源种类及用途

种类		结构特征		特点及用途
串联电抗器式	动铁电抗器式（BX_{10} 为分体式；BX_1、BX_2 为同体式）	由平特性主变压器和动铁心电抗器组成（后者为调节电流用）	分体式：主变压器和电抗器的磁路分开	多头式弧焊变压器，一个主变压器可同时附两个以上电抗器，可供几个焊工同时操作。钨极氩弧焊用
			同体式：主变压器和电抗器的磁路有公共部分	一般容量较大，用作 400A 以上埋弧焊电源。埋弧焊用
	饱和电抗器（BP）（BX）	由平特性主变压器、串联饱和电抗器组成（后者为调节电流用）		供要求较高的钨极氩弧焊用
增强漏磁式	动铁式（BX_1）	用可动的铁心为磁分路，变更动铁心位置，改变变压器一、二次绕组的漏抗，从而调节电流		材料省、体积小、较经济，一般用于 400A 以下手工弧焊
	动圈式（BX_3）	改变变压器一、二次绕组间距离以改变漏抗，从而调节电流		电弧稳定性较好，但体积较大，费料。一般用于≤400A 手弧焊
	抽头式（BX_6）	一、二次绕组的主要部分绕在两个铁心柱上，用更换抽头的方法改变漏抗，调节电流		体积小、耗料少，一般用于 160A 以下小容量、低负载率手工电弧焊

122　直流弧焊电源　其种类及用途见表 23.7-4。

表 23.7-4　直流弧焊电源的种类及用途

种类		结构特征	特点及应用
静止式直流弧焊整流器	动铁式（ZXG_9）动圈式（ZX_1）（ZXG_1、ZXG_3、ZXG_6）	动铁式或动圈式变压器加整流元件组	输出外特性为下降特性，供手工电弧焊用。结构简单，但体积大、耗材多
	抽头式（ZPG）	平特性变压器加整流元件组，变压器有抽头，以调节空载电压	输出外特性为平特性，供等速送丝的自动、半自动气体保护焊或手工电弧焊用。调节不连续，不能遥控和自动控制
	磁放大器式（ZX、ZXG、ZPG）	在主变压器和整流元件间加调节外特性的磁放大器	输出外特性为下降特性或平特性，用作手工电弧焊或自动、半自动弧焊电源。结构简单、动特性差、冷热态稳定性差
	晶闸管式（ZX_5）	在主变压器后接整流元件组	输出外特性为下降特性或平特性，用作手工电弧焊或自动、半自动弧焊电源。可控性好，动特性好，可靠性高
	晶体管式（ZD_4）	在主变压器接整流元件组后再接调节用大功率晶体管组	输出外特性为下降特性或平特性，用作手工电弧焊或自动、半自动弧焊电源。控制灵活，动特性好
	逆变式（ZX_7）	整流器-逆变器-变压器-整流器	用作手工电弧焊或自动、半自动弧焊电源。可控性好，动特性极好，控制复杂，重量轻，效率高，功率因数高
旋转式弧焊发电机	电动机驱动的发电机（AX）	由电动机、发电机、电流调节器及指示装置组成	用作手工电弧焊及等速送丝的自动、半自动弧焊电源。效率低，耗材多，噪声大
	柴（汽）油机驱动的发电机（AXQ）、（AXC）	由柴油机或汽油机驱动直流弧焊发电机	用作手工电弧焊及等速送丝的自动、半自动弧焊电源

7.3　埋弧焊技术

123　自动埋弧焊　自动埋弧焊是指一种电弧在焊剂层下燃烧进行自动焊接的连接技术，它适用于水平位置或与水平位置倾斜不大于 10° 的各种有、无坡口的对接焊缝、搭接焊缝和角焊缝。与普通手工弧焊相比，具有生产效率高，焊缝质量好，节省焊接材料和电能，焊接变形小及改善劳动条件等突出优点。自动埋弧焊机的机体见图 23.7-1。

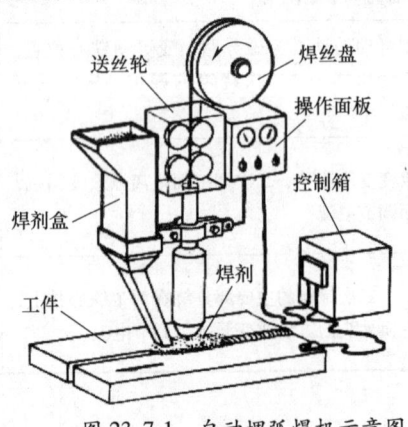

送丝轮　焊丝盘　操作面板　控制箱　焊剂盒　焊剂　工件

图 23.7-1　自动埋弧焊机示意图

7.4　气体保护焊机技术

124　钨极氩弧焊　钨极氩弧焊通常被称为 TIG 焊，用不熔化钨极作电极，惰性气体氩气作为保护气体，利用电极和工作物之间产生的热量熔化焊丝实现焊接。钨极氩弧焊通常分为手工钨极氩弧焊和自动钨极氩弧焊。钨极氩弧焊常用钨电极直径为 1.6～6.0mm。

焊机设备总成示意图见图 23.7-2，其中控制箱中包括引弧、稳弧和程序控制装置。自动钨极氩弧焊机由配有焊炬及送丝机构（输送填丝机构）的焊车代替手工焊炬。

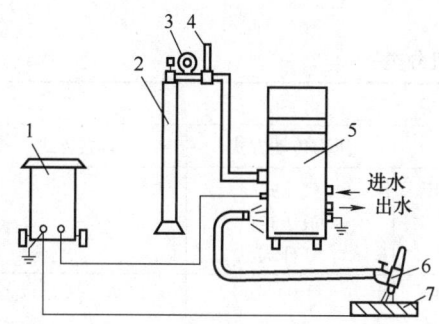

图 23.7-2　手工钨极氩弧焊机总成示意图
1—焊接电源　2—氩气瓶　3—减压阀　4—流量计
5—控制箱　6—焊炬　7—工件

125　熔化极气体保护焊　熔化极气体保护焊是用可熔化的焊丝作电极，与工件之间产生电弧热熔化焊丝，同时利用惰性气体 Ar、活性气体 CO_2 或混合气体（$Ar+O_2$、$Ar+CO_2$、$Ar+O_2+CO_2$）作保护气体的焊接技术。熔化极气体保护焊常用 0.8～2.5mm 范围内的焊丝。焊丝成分通常应与母材的成分相接近。

焊接设备按结构形式可分为半自动和自动焊机。半自动熔化极气体保护焊机是由弧焊电源、焊枪、送丝装置、气路和水路系统、控制系统组成，见图 23.7-3。半自动熔化极气体保护焊机常用 1.6mm 以下较细焊丝。自动熔化极气体保护焊机由焊接小车、控制箱、弧焊电源组成。其送丝机构及焊头均在焊接小车上。根据被焊件需要，自动焊机可做成焊车式、机床式、门架式或横臂式等。

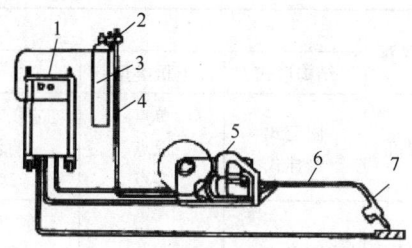

图 23.7-3　半自动熔化极气体保护焊机组成
1—弧焊整流电源　2—减压阀及流量计　3—气瓶
4—气管　5—送丝机构　6—软管　7—焊枪

第8章 电阻焊技术和其他焊接技术

8.1 电阻焊技术

126 电阻焊机的类型 电阻焊机是指采用电阻加热原理进行焊接的一类焊机。一般电阻焊机有三个主要部分：①以电阻焊变压器为主，包括电极及次级回路组成的焊接回路；②由机架和有关夹持工件及施加焊接压力的传动机构组成的机械装置；③能按要求接通电源，并可控制焊接程序中各段时间及调节焊接电流的控制系统。电阻焊机分类见表23.8-1。

表23.8-1 电阻焊机分类

基本类型	品种分类				
	结构形式	电极类型	电源类别	压力传动方式	焊接方式
点焊机	固定式 悬挂式	单点 双点 多点	工频（DN）、储能（DR） 直流冲击波（DJ） 次级整流（DZ）	气压式 液压式 杠杆式	—
凸焊机	固定式	—	工频（TN）、储能（TR） 直流冲击波（TJ） 次级整流（TZ）	气压式	—
缝焊机	固定式 悬挂式	纵缝 横缝	工频（FN）、储能（FR） 直流冲击波（FJ） 次级整流（FZ）	气压式 液压式 杠杆式	—
对焊机	固定式	—	工频（UN）、储能（UR） 直流冲击波（UJ） 次级整流（UZ）	气压式 液压式 杠杆式	电阻连续闪光 电阻预热闪光

127 点焊 点焊是指焊接时利用柱状电极，在两块搭接工件接触面之间形成焊点的焊接方法。点焊时，先加压使工件紧密接触，随后接通电流，在电阻热的作用下工件接触处熔化，冷却后形成焊点。点焊是一种高速、经济的连接方法。它适用于制造可以采用搭接接头不要求气密，厚度<3mm的冲压、轧制的薄板构件；可以焊接低碳钢、合金钢、不锈钢、铝合金及钛合金等材料。

典型直压气动固定式点、凸焊机示意图见图23.8-1。焊机由机架、电极、加压机构、供给接电流的焊接变压器及控制焊接电流通断的接触器或断续器等部件组成。施焊前将电极压紧被焊工件，然后通以预定时间的电流。一般操作程序为加压、焊接、维持、休止四个阶段。

128 凸焊 凸焊是在一焊件的贴合面上预先加工出一个或多个凸起点，使其与另一焊件表面相接触加压并通以焊接电流加热，压塌后，使这些接触点形成焊点的电阻焊方法。凸焊示意图见图23.8-2。

凸焊机主要用于焊接低碳钢和低合金钢的冲压件。除板件凸焊外还可进行螺母、螺钉类零件凸焊、线材交叉凸焊、管子凸焊和板材T型凸焊。板材凸焊最佳厚度为0.5~4mm。

129 缝焊 缝焊是焊件装配成搭接或对接接头并置于两滚轮电极之间，滚轮加压焊件并转动，连续或断续送电，而产生一连串熔核相互搭接的密封焊缝的电阻焊方法。

缝焊广泛应用于家用电器（如电冰箱壳体）、交通运输（汽车、拖拉机机箱）及航空航天（如燃料储备等）等工业中要求密封的接头的焊接。被焊材料厚度通常在0.1~2mm。可焊材料为低碳钢、合金结构钢、不锈钢、耐热钢、铝合金、钛合金等。一般铜不能缝焊，黄铜也难以缝焊。

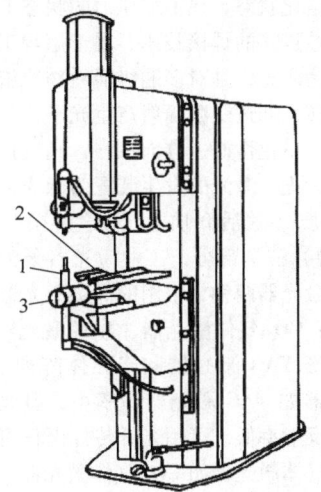

图 23.8-1　直压气动固定式点、凸焊机示意图
1—点焊电极　2—凸焊电极板　3—电极臂

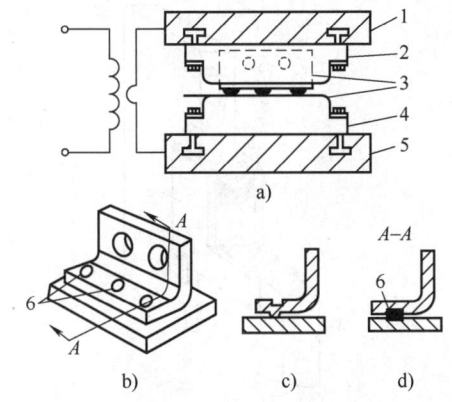

图 23.8-2　凸焊示意图
a）焊料安放位置　b）焊件　c）焊接前　d）焊接后
1—上电极板　2—上电极　3—焊件　4—下电极
5—下电极　6—焊点

缝焊机除电极及其驱动机构外，其他部分与点焊机基本相似。缝焊机电极为一对可旋转的焊轮，以电动机经减速箱和方向轴带动转动。滚轮结构见图 23.8-3。大多数缝焊机的电极转动是连续的，对于较厚工件或者铝合金工件，缝焊时需采用间隙（步进）驱动施焊，以保证熔核在冷却结晶时有充分的电极压力。

130　对焊　对焊是利用电阻热使对接接头的焊件在整个接触面上形成焊接接头的电阻焊方法，可分为电阻对焊和闪光对焊两种。

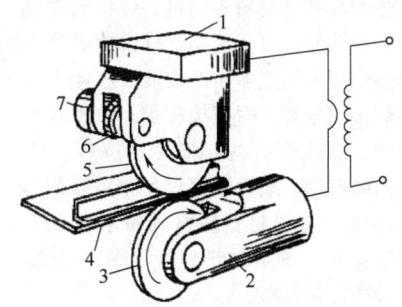

图 23.8-3　缝焊机滚轮结构
1—上电极臂　2—下电极臂　3—下焊枪　4—焊件
5—上焊枪　6—焊轮驱动摩擦轮　7—驱动轮

电阻对焊是在焊接时，在焊接区两端施加压力并通以大电流，利用接口处的电阻热使焊接区产生塑性变形，断开后继续保持压力使焊接断面紧密接触，冷却后形成牢固的焊接接头。电阻对焊适用于形状简单、小断面的金属型材的对接。

闪光对焊接头质量高，焊前清理工作要求低，目前应用比电阻对焊广泛。它适用于受力要求高的重要对焊件。凡是可以进行铸造的金属都能进行闪光焊，除低碳钢外，可焊的金属有中强度和高强度低合金钢、工具钢、奥氏钢、马氏体和铁素体不锈钢、铝合金、铜合金、镁合金、钼合金、镍合金和钛合金。若能仔细控制焊接条件，还可以焊接许多异型金属组件。焊件截面可以小至 $0.01mm^2$（如金属丝），也可以大至 $1 \times 105mm^2$（如金属棒和金属板）。闪光对焊是多参数影响的不连续过程。目前，较多的焊接工艺有连续闪光对焊和预热闪光对焊。闪光对焊由于热效率高、焊接质量好、可焊金属和合金的范围广，不但可以焊接紧凑截面，而且可以焊接展开截面的焊件。

对焊机由机座、静夹具、动夹具、顶锻机构和焊接变压器等部件组成，其中动夹具的移动方式通常有杠杆传动、凸轮传动和液压传动。对焊机可分为电阻对焊机、连续闪光对焊机和预热闪光对焊机三种。

8.2　其他焊接技术

131　摩擦焊　摩擦焊是利用两个工件相互接触并做相对旋转运动或往复运动（非圆形截面工件）中相互摩擦所产生的热，使工件端部达到热塑性状态，然后迅速顶锻完成焊接的一种压焊方法。相对传统熔焊，摩擦焊具有焊接接头质量高，能达到焊缝强度与基体材料等强度，焊接效率高、质量稳定、一致性好，可实现异种材料焊接等特点。

摩擦焊技术经过多年的发展，已经发展出很多种摩擦焊接的分类：摩擦螺柱焊、摩擦堆焊、第三体摩擦焊、嵌入摩擦焊、惯性摩擦焊、搅拌摩擦焊、径向摩擦焊、线性摩擦焊和摩擦叠焊等，所焊材料由传统的金属材料拓宽到粉末合金、复合材料、功能材料、难熔材料，以及陶瓷-金属等新型材料及异种材料领域。

摩擦焊机按能量输入方式可分为连续驱动式和惯性式两类。前者用电动机直接驱动，后者利用飞轮储蓄能量驱动。按摩擦运动方式又可分为旋转式和轨道式摩擦焊机。

最常用的连续驱动摩擦焊机示意图见图 23.8-4。它可以焊接高温时塑性良好的同种金属以及能够互相固溶和扩散的异种金属（如铜-铝、钢-铝等）。淬硬性好的钢材、表面氧化膜不易破碎或有镀膜、渗层及摩擦系数太小（如铸铁、黄铜等）的金属则很难焊接。

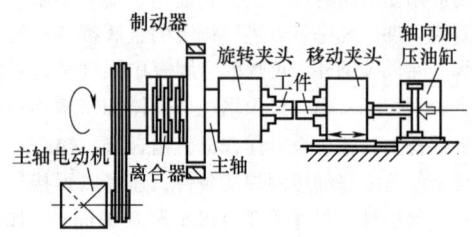

图 23.8-4　连续驱动摩擦焊机示意图

132　电渣焊　电渣焊是利用焊接电流通过导电液态熔渣所产生的电阻热使金属熔化形成焊接接头的一种焊接方法。在开始焊接时，使焊丝与起焊槽短路起弧，不断加入少量固体焊剂，利用电弧的热量使之熔化，形成液态熔渣，待熔渣达到一定深度时，增加焊丝的送进速度，并降低电压，使焊丝插入渣池，电弧熄灭，从而转入电渣焊焊接过程。

根据使用的电极形状，可以分为丝极电渣焊、板极电渣焊、熔嘴电渣焊等。

电渣焊机由焊接电源、机架、机头、电极送进装置与控制装置组成。丝极电渣焊示意图见图 23.8-5。

133　激光焊　激光焊是高能束焊的一种。激光焊是利用激光器产生的高速"光子束"轰击工件表面，使其能量大部分被工件表面吸收以此加热工件表面，表面热量通过热传导向内部扩散，通过控制激光脉冲的宽度、能量、峰值功率和重复频率等参数，使工件熔化，形成特定的熔池，使焊接接头被加热至熔化状态，在不加压力的状态下实现被焊工件永久性连接的焊接技术，属于熔焊工艺。激光焊的热源为激光，是对多能级活性物质施加激励使粒子数反转，通过受激辐射产生光子，并经谐振放大而得到的单色性好、方向性强、经聚焦后能量密度大的放大光。激光的发生装置为激光器，主要包括工作物质（激活介质）、光学谐振腔、泵浦源（激励能源）三个部分。工业激光器分为固体激光器和气体激光器两种，常用的焊接激光器主要包括如下几种：CO_2 气体激光器、YAG 激光器、光纤激光器、碟形 YAG 激光器和半导体阵列激光器等。固体激光器如 YAG 激光器功率小，但波长小、吸收率高、反射率低，可用光纤传导至任意位置，可达性好；气体激光器如 CO_2 气体激光器功率大，但波长大，位于红外区，吸收率低。在焊接过程中，通过对激光脉冲的控制，可以灵活调控瞬间能量，达到不同工件的焊接要求。

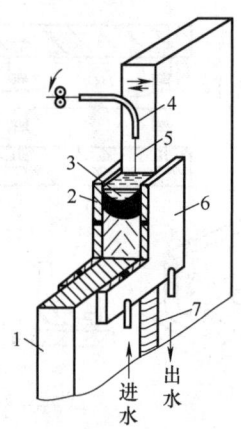

图 23.8-5　丝极电渣焊示意图
1—工件　2—金属熔池　3—渣池　4—导电嘴
5—焊丝　6—强迫成形装置　7—焊缝

现阶段激光焊接技术主要分为两种：热传导焊接以及激光深熔焊。热传导焊接所用激光功率较低，工件吸收激光后，仅达到表面熔化，是通过热传导的方式将材料表层的热量逐渐传送至材料内部，从而实现焊接工件永久性连接。热传导焊接模式熔深浅，深宽比较小。激光深熔焊又可以被称为小孔型焊接，是在较高的激光功率密度下使工件在吸收激光后迅速熔化乃至气化，熔化的金属在蒸气压力作用下会形成小孔，激光束可直照孔底，使小孔不断延伸，直至小孔内的蒸气压力与液体金属的表面张力和重力平衡为止。小孔随着激光束沿焊接方向移动时，小孔前方熔化的金属绕过小孔流向后方，凝固后形成焊缝。这种焊接模式熔深大，深宽比也大，但由于小孔的底端行为，特别沿径向不稳定时易混入气孔，且由于熔深大、冷速快，一旦混入气孔则逸出困难。如想减少气孔对焊缝质量的影响，需要减小焊速并降低热输入，可通过优化激光功率波形，加低频调制脉冲实现。

激光焊具有熔池深宽比大、热影响区窄、变形低、晶粒长大程度小等优点，可以获得比传统焊接更优异的焊接接头性质，利用其残余变形小的性质，可用于军工、航空、汽车等领域中的工件特别是薄板的精密焊接；利用其深宽比大、热影响区窄的特点，可应用于管线钢的全位置焊接。同时，激光焊所获得的接头因加热、冷却时间短，阻止了碳化物在不锈钢晶界上的析出，增强了对腐蚀的抵抗力，故拥有较好的耐蚀性。由于激光焊优异的熔化能力，所以无须加工坡口，根据实际需要可采用各种接头形式，且激光焊效率较高，厚板可一次性焊透，大大提高了焊接的速度。由于激光焊加热非常集中，且焊接速度快，所以能实现许多金属的焊接以及异种金属的焊接。与此同时，当前激光焊接技术的聚焦点比较小，在焊接材料的过程中表现出较好的粘黏效果，对材料几乎不会造成任何实质性的损伤，使得焊接过后的后续处理工作得以省略。随着激光焊接技术自身的持续发展，日后其聚焦点也将变得更小，不仅能够展现出绝佳的粘黏性，同时也将彻底避免对材料造成损伤或变形，直接跳过焊接后的处理环节。除此以外，激光焊接技术与其他焊接技术相比具有更强的适应性，对焊接环境的要求低，在非真空和无保护气体的普通环境下就可以完成，且可以在小区域内进行焊接；对焊接位置的要求低，可光缆传输，实现对管道钢材的全位置焊接；对实现自动化的要求低，适合于利用工控机、数控系统等控制技术，对批量产品进行自动焊接，以节约人力。

134　电子束焊　电子束焊也是常用的高能束焊接的一种。与激光焊不同，电子束焊的热源为加速和聚焦后的电子束，利用电子枪中阴极所产生的电子在阴阳极间的高压（25～300kV）加速电场作用下被拉出，并加速到很高的速度（0.3～0.7倍光速），经一级或二级磁透镜聚焦后，形成密集的高速电子流，当其撞击在工件接缝处时，其动能转换为热能，使材料迅速熔化而达到焊接的目的。

常见的真空电子束焊机结构见图23.8-6，主要

包括以下部分：真空系统、高压电源及其他辅助电源、工作台、焊接室、闸阀及其他辅助设备。真空系统为电子枪及焊接室提供真空环境，主要由各种真空泵、真空测量装置及各种真空阀门组成。高压电源为电子枪提供加速电压，具有软起动及各种保护功能。阴极电源对阴极加热以保证阴极能发射足够的电子。偏压电源控制电子束流的大小，它要求控制精度高、响应时间短，以实现对电子束流的快速控制和调节，满足各种不同的焊接工艺的需要。工作台用来驱动工件运动以实现对不同形状的焊缝的焊接。焊接室为焊接工件提供真空条件以保证电子束对工件的正常焊接，同时防止射线的泄漏。高压电源是电子束焊机的关键技术之一，它主要为电子枪提供加速电压，其性能好坏直接决定电子束焊接工艺和焊接质量。电子束焊机用高压电源在操作时必须与有关系统进行联锁保护，主要有真空联锁、阴极联锁、闸阀联锁、聚焦联锁等，以确保设备和人身安全。高压电源必须符合 EMC 标准，具有软起动功能，防止突然合闸对电源的冲击。

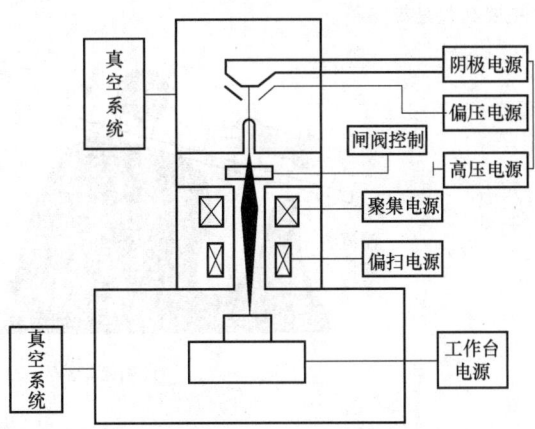

图 23.8-6　真空电子束焊机结构图

随着现代计算机、电子、自动控制技术的发展，电子束焊机在功能上、特殊焊接工艺的实现、复杂零件的焊接等方面也要求采用数控技术。电子束焊机应用 PLC 控制，可使焊接过程实现计算机的实时控制，功能齐全，工作可靠，操作简单。工作台采用计算机数字控制后，能焊接各种形状的零件、能实现对形状复杂焊缝的焊接。电子束流调节用 PLC 程序控制后，焊接工艺试验调整方便、快捷。

电子束焊接具有与激光束焊接相似的优势，可以获得熔池深宽比大、热影响区窄、变形低、晶粒长大程度小的焊接接头，同时电子束焊接能量密度

大，故可用于重工业领域对焊接作业的需求量很大，特别是在一些如厚大界面不锈钢、异种材料、Al或合金的焊接中。电子束焊接具有很好的柔性，在飞机重要承力件、发动机转子等部件的焊接上也应用广泛。但同时，现阶段电子束焊接对真空度要求较高，营造真空环境的成本较高，制约了电子束焊接的广泛应用，且在产生电子束的同时有X射线产生，因此发展非真空电子束焊接将是未来电子束焊接的重要研究课题。

135　电子元件焊接（波峰焊）　在电子元件的组装过程中，焊接起到了相当重要的作用。它涉及产品的性能、可靠性和质量等，甚至影响到其后的每一步工艺步骤。目前，最广泛使用的焊接工艺主要有波峰焊接和再流焊接。波峰焊工艺主要是用于通孔和各种不同类型元件的焊接，是一种关键的群焊工艺。波峰焊是将熔化的焊料，经电动泵或电磁泵喷流成设计要求的焊料波峰，使预先装有电子元器件的印制板通过焊料波峰，实现元器件焊端或引脚与印制板焊盘之间机械与电气连接的软钎焊，其主要材料是焊锡条。

波峰焊有单波峰焊和双波峰焊之分。单波峰焊由于焊料的"遮蔽效应"容易出现较严重的质量问题，如漏焊、桥接和焊缝不充实等缺陷。而在双波峰焊机中，见图23.8-7，在波峰焊接时，PCB先接触第一个波峰，然后接触第二个波峰。第一个波峰是由窄喷嘴喷流出的"湍流"波峰，流速快，对组件有较高的垂直压力，使焊料对尺寸小、贴装密度高的表面组装元器件的焊端有较好的渗透性；通过湍流的熔融焊料在所有方向擦洗组件表面，从而提高了焊料的润湿性，并克服了由于元器件的复杂形状和取向带来的问题；同时也克服了焊料的"遮蔽效应"，湍流波向上的喷射力足以使焊剂气体排出。波峰焊机包含图23.8-8所示的几个部分。双波峰焊过程为治具安装—喷涂助焊剂系统—预热—一次波峰—二次波峰—冷却。目前，波峰焊接最常用的焊料是共晶锡铅合金：锡63%，铅37%，工作时应时刻掌握焊锡锅中的焊料温度，其温度应高于合金液体温度183℃，并使温度均匀。同时，由于锡铅合金中的铅在焊接过程中会产生毒性，故研发无铅焊料是波峰焊的重要发展方向。

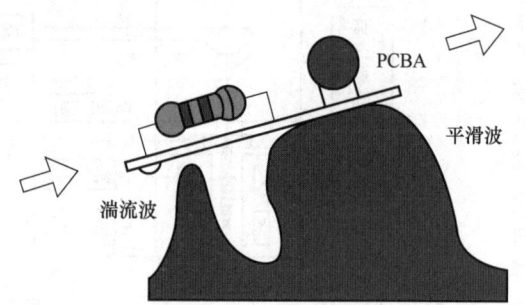
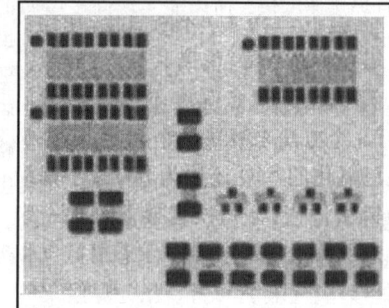

图23.8-7　双波峰焊机原理图

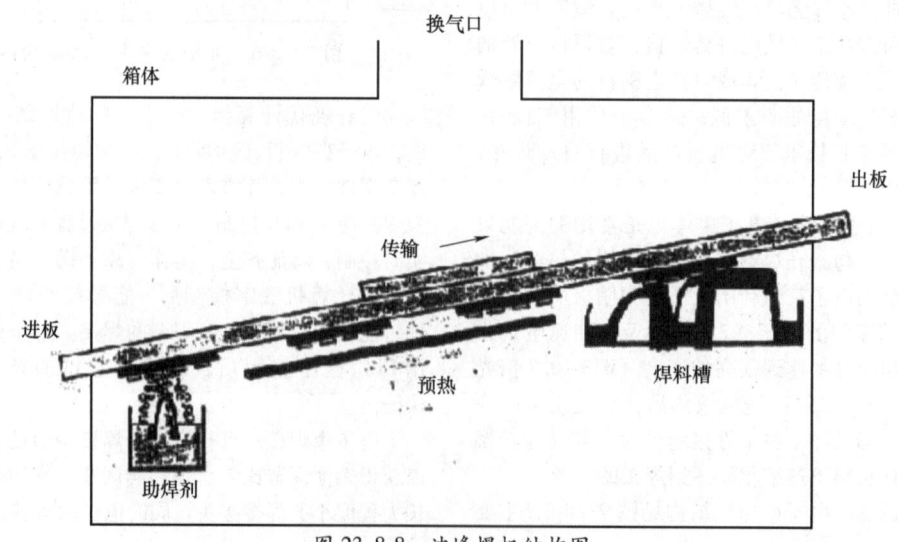

图23.8-8　波峰焊机结构图

第9章 静电技术应用

9.1 静电及静电技术

136 静电现象 所谓静电，就是一种处于静止状态的电荷或者说不流动的电荷（流动的电荷就形成了电流）。当电荷聚集在某个物体上或表面时就形成了静电，而电荷分为正电荷和负电荷两种，也就是说，静电现象也分为两种，即正静电和负静电。当正电荷聚集在某个物体上时就形成了正静电，当负电荷聚集在某个物体上时就形成了负静电，但无论是正静电还是负静电，当带静电的物体接触零电位物体（接地物体）或与其有电位差的物体时都会发生电荷转移，这就是我们日常见到火花放电现象。

各种物质的原子核对电子的束缚能力不同，因而物质得失电子的本领也不同，这就造成了摩擦起电等各种带电现象，称之为静电现象。金属的外层电子容易丢失，这些从原子内跑出来的电子叫作"自由电子"，所以金属容易导电。绝缘体内的电子受到原子核的束缚，不容易成为自由电子，所以它不容易导电。但是利用高强度的电力作用、高温等方法可以使一部分电子摆脱原子核的束缚，成为自由电子，于是绝缘体变成了导体。

静电现象会影响生产、降低或损害产品质量、引起电击、造成干扰，甚至发生爆炸等，应设法消除。

然而，也可以利用静电现象来提高生产效率、产品质量和寿命，减少生产工序和损耗，降低产品成本和环境污染，进行产品提纯、分级，提供能源等。通常将利用静电现象造福于人类的技术称为静电应用技术。静电装置因其具有独特的优越性能和简单的结构在静电除尘、静电喷涂、静电分选、静电的生物应用、静电成像、静电纺纱植绒、驻极体材料等方面获得了广泛的应用。

此外，利用静电起电、电流体发电等技术的特殊电源，应用静电电子束进行大规模集成电路的光刻和半导体器件的掺杂，静电点火、静电制冷、火焰的静电控制等新技术也在不断开发和应用。

137 静电技术 静电技术的应用是利用了物质带电（即荷电）和荷电物质在电场中受电场力作用而发生的力学现象。物质荷电是静电技术应用的基础。物质荷电后具有某一种极性的净电荷，或形成电偶极矩，或两者皆有。荷电的方法有电晕荷电、接触充电、摩擦起电和极化起电等。

两种物质接触，界面（如固体-固体、固体-液体，固体-气体等）会产生电荷，即接触起电与摩擦起电。界面是电荷自然转移的地方，相互接触的物体可以是金属导体，也可以是非导体物质。金属导体接触时，即使没有外加电场，电子也会从逸出功小的金属转移到逸出功大的金属，使前者带正电荷，后者带负电荷，两者之间形成一个电位差。非导体物质接触时电荷的迁移机理是接触起电，摩擦电效应或由界面运动相互作用对荷电有重大作用。接触起电与摩擦起电在工程中已有了广泛应用，如静电成像中的喷流显影工艺。

电介质在电场作用下发生极化。极化有以下三种型式：

1）电子（感应）极化：电介质中电子云及原子核在电场中做有限的反方向运动，形成一个电偶极矩或感应"极化"。

2）离子式极化：电介质中正、负离子在电场中做有限的反方向运动，形成一个强电偶极子，或离子式极化。

3）转向极化：电介质中偶极分子的取向，在电场中从不规则变成按电场取向。

此外，还有界面极化等其他极化形式。

电晕荷电是利用电晕放电使粒子穿过已电离的气体区而荷电，是静电技术应用中最基本、最常用的方法。

9.2 静电技术在喷涂和纺织工业中的应用

138 静电喷涂 微粒化的涂料通过静电作用涂敷在被涂物体上的过程。具体地说，静电喷涂就是喷出的涂料微粒（5~50μm）经过电晕放电电极（负高压）附近时被荷电，荷电粒子在输送的气流力和静电力作用下飞向被涂物体（正极），吸附在被涂物体上。当涂层达到规定厚度后，送入烘炉加热，涂料熔融固化，形成均匀、质地牢固的膜层。静电喷涂的优点主要是施工环境和劳动条件好、涂料利用率高、涂饰质量好、涂饰效率高；其缺点主要是火灾危险性大，特别是当喷距不当或操作失误而引起火花放电时，均易酿成火灾。

静电喷涂是使用静电喷枪进行喷涂的，分为静电液体喷涂（主要指静电喷漆）和静电粉体喷涂。

（1）静电液体喷涂　静电液体喷涂是利用隔膜泵或者柱塞泵提供涂料压力，加入静电进行喷涂的。主要有：①装置式流水线喷涂法。其中又有栅网式、旋杯式和转盘式等液体静电喷涂等方法；②静电手持喷枪法。该方法的特点是根据需要，操作者可自如地控制周围带电粒子的分布、位置距离和涂层厚度，但喷枪口由于带高电压，设计制造时应加绝缘防护，以免对操作者可能发生的电击。液体喷涂的优点是亮度高、涂层薄、颜色稳定、耐候性强、不易褪色、变色等。

（2）静电粉体喷涂/流化床涂敷　固体涂料的静电喷涂的优点是节省能源和涂料、低污染、高效率等，且涂层防腐性能好，机械强度高。缺点是调换颜色困难，储藏时粉末容易结块，涂层厚，固化温度和制造成本高。影响喷涂质量和效率的因素主要有：①粉末颗粒度；②粉末的电阻率和介电常数；③粉体水分；④工作前的预处理；⑤静电电压和电场高低；⑥吹粉气压。

139　静电纺织　静电纺织有静电植绒和静电纺纱两类。

（1）静电植绒　与传统织物工艺相比，该方法具有生产工艺简便、速度快、成本低、花色品种多、适应性广等优点，有很好的经济效益。

植绒方法按绒毛飞跃方向可分为上升法、下降法、横向飞跃法和向上向下飞跃法等几种，目前常采用下降法，工作原理见图23.9-1。①短纤维在均匀电场 E 中被极化，使纤维两端出现等量异号电荷，在相反电场力的作用下，使纤维转动并沿电场方向排列；②短纤维从料斗落下时，首先到达高压电场的负极孔板，使纤维带上静负电荷；③在高压电场正极板面上垂直于电场方向平铺敷有黏合剂的基布，带静负电荷的纤维即以很高的速度沿电场方向垂直飞向基布并被黏合。

由于静电植绒的独特优点，其植绒方法被推广

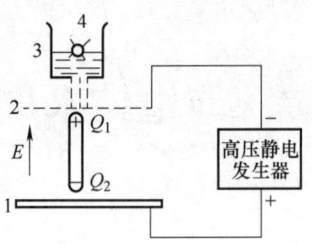

图 23.9-1　静电植绒原理装置

1—下电极板　2—上电极孔板　3—纤维料斗　4—供毛旋轴

应用于锦旗植绒、墙纸植绒、地毯植绒、簇绒点图案、窗帘植绒以及人造毯植绒等的生产。

（2）静电纺纱　是自由端纺纱的一种。利用强静电场将带电纤维伸直、排列和凝聚成自由端须条，然后将须条引入到加捻器加捻成纱，直接卷筒。与传统环锭纺纱方法相比，静电纺纱具有工艺流程短、产量高、噪声低、用电省、飞花少、织物耐磨性好等优点。但存在着成纱强度低、品种局限性大、精梳感差等缺点，与同属自由端纺纱的气流法相比，生产效率较低。

9.3　静电分离与分选

140　静电除尘　是气体除尘方法的一种。含尘气体经过高压静电场时被电分离，尘粒与负离子结合带上负电后，趋向阳极表面放电而沉积。在冶金、化学等工业中用以净化气体或回收有用尘粒。利用静电场使气体电离，从而使尘粒带电吸附到电极上。在强电场中空气分子被电离为正离子和电子，电子奔向正极过程中遇到尘粒，使尘粒带负电吸附到正极被收集。常用于以煤为燃料的工厂、电站，收集烟气中的煤灰和粉尘。冶金中用于收集锡、锌、铅、铝等的氧化物，也可以用于家居的除尘灭菌产品。静电除尘由尘粒荷电、收尘和清除捕集尘粒等三个基本过程组成。

（1）尘粒荷电　在空间相隔一定距离放置一块金属板（接地，正极）和一根细金属导线（带负高压），两者之间便形成高压静电场。提高金属导线负电压使其产生电晕放电，电晕放电过程见图23.9-2。在此空间形成大量电荷粒子，进入该区域的粉尘便被荷电。

尘粒荷电有电场荷电和扩散荷电两种。前者是粉尘粒子与外加电场作用下规则运动的电荷粒子碰撞而荷电，一般对粒径大于 0.5μm 的尘粒起主要作用。后者是电荷粒子做不规则热运动时与尘粒碰撞

而荷电，一般对粒径小于 $0.5\mu m$ 的尘粒起主要作用。

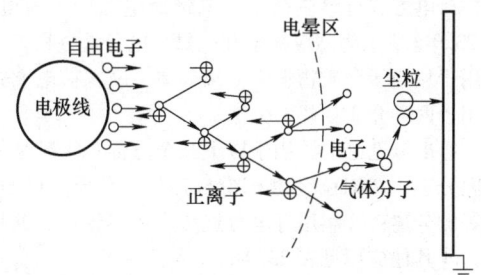

图 23.9-2　电晕放电过程

（2）收尘　尘粒荷电后在电场力作用下，数秒钟内先后到达阳极板，释放电荷后便沉积在极板上。

（3）清除捕集的尘粒　沉积在极板上的尘粒要及时清除，一般是按一定的振打加速度周期性地振打极板，使粉尘层成片或成团地落入灰斗，以免出现所谓"二次飞扬"。对于一般粉尘，如发电厂的烟气粉尘、水泥厂回转窑的粉尘等，其振打加速度最小值约为 $50g$（g 为重力加速度）。而黏性较大的粉尘，如水泥磨粉，其振动加速度最小值约为 $800 \sim 1\,000g$。

静电除尘器与其他型式（如袋式、旋风式等）除尘器相比有以下优点：①除尘效率高。二级静电除尘的效率超过 99%，静电除尘器可收集 $0.01 \sim 0.001\mu m$ 的超细尘粒，这是其他除尘器无法比拟的；②处理流量大，且能处理高温（可达 500℃）、高湿（湿度 100%）以及腐蚀性的烟气，而袋式除尘器仅能用于 280℃ 以下的烟气；③气流速度低，除尘的压力损失小，电能消耗小，运行费用低；④维修简单，维护费用低。静电除尘器的分类和型式见表 23.9-1。

表 23.9-1　静电除尘器的分类和型式

分类法	型式	特点
按尘粒处理方式	干式电除尘器	干燥状态下捕集烟气中的粉尘，借助机械振打清除极板上的粉尘
	湿式电除尘器	在收集极板面形成水膜，收尘极板上的粉尘通过水膜和水冲洗掉
	雾状粒子电除尘器	捕集雾状液滴，呈液态流下排出，也属湿式电除尘器
按气流流动方向	立式电除尘器	含烟粉气流在除尘器中自下向上垂直流动，适用气流小，粉尘性质便于捕集，除尘效率不高的场合
	卧式电除尘器	含烟粉气流沿水平方向流动，为此沿气流方向可分为若干电场，提高除尘效率，适用负压操作，延长风机寿命，安装维修方便，占地面积大
按集尘极板结构	管式电除尘器	集尘极为圆管、方管或六角管等，含尘气流自下向上通进管内，放电极设置于管内中心
	板式电除尘器	收尘极为板极，为防粉尘二次飞扬，确保板的刚度，通常把板断面轧成不同的凹凸形状
按集尘极和放电极匹配位置	单区电除尘器	集尘极、放电极装于同一区内，粉尘的荷电和捕集也在同一区内进行
	双区电除尘器	粉尘的荷电和集尘是在结构不同的两个区域内进行，在第一区内安装放电极，在第二区内安装集尘极

141　静电空气过滤器　静电空气过滤器是在工业静电除尘器的基础上发展起来的室内空气净化设备，大量应用于各种室内场合。主要有由聚丙烯纤维薄膜制成的驻极体过滤器，借助库仑力俘获被污染气体中的亚微米尘粒，过滤器能耗低，效率高；另一种是在两层纱布滤中夹一层由无纺过氯乙烯超细纤维制成的口罩，孔隙微小，带负电荷，如再加一层正电荷滤布，还能把负电荷微粒尘吸附，解决了滤纸或滤布解决不了的因电焊、氩弧焊、等离子切割等场所形成的金属氧化物微尘对人体的毒害问题。静电空气过滤器，不仅达到空气净化的目的，同时减少了工作环境需要制冷或加热的能量损失。具有净化效率高，处理烟气、雾气量大，使用寿命长，运行费用低等优点。不仅适用于磨床、齿轮加工、大型加工中心，也适用于加工时产生大量油雾、尘埃、油烟、乳化气雾的其他设备上。

142　固体物质的分选　静电分选是利用待选

物质在摩擦带电特性、导电特性以及介电常数等电气性能上的差异，使静电力、重力、离心力等有效地作用在不同离子上面而实现分选。静电分选比较适用于粒径小的物体、面积大的薄片、短纤维、密度小的物体等的分选、净化和分级。

相对于其他分选工艺，静电分选优点是工艺结构简单、辅助设备少、耗电量少、生产成本低、设备便于操作维修等。此外还兼有集尘作用，噪声小，有利环境保护和劳动保护。

固体物质的静电分选通常有荷电和放电两个过程，荷电方式有感应荷电、电晕荷电和摩擦荷电。图 23.9-3 所示为感应荷电和电晕荷电分选过程，主要用于从绝缘介质物料中分离导体。摩擦荷电方式适用于两种介质物料的分选。

静电分选已广泛用于以下几个方面：①矿物的静电分选；②细粒级滑石粉与其共生杂质菱镁石、铁等的分离；③利用静电分选法生产赤铁矿、铁精矿；④其他应用见表 23.9-2。

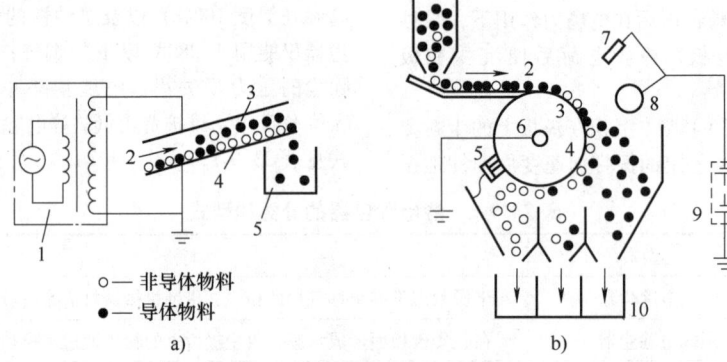

○ — 非导体物料
● — 导体物料

图 23.9-3　固体物料的静电分选

a）感应荷电分选

1—高压电源　2—气流　3—上电极　4—下电极　5—集料箱

b）电晕荷电分选

1—料斗　2—导料盘　3—荷电区　4—分离区　5—毛刷　6—接地转辊
7—电晕电极　8—偏向电极　9—高压电源　10—集料器

表 23.9-2　其他行业的静电分选应用实例

分选物类别	被分选物名称	前处理	带电方式	分选效果
从废弃物中分离有用物	废电线中回收铜	剥离、粉碎	电晕荷电	三级分选后铜的回收率可达 99%
	城市垃圾堆肥物中分离残渣	磁选、破碎、发酵、过筛	感应荷电	可使异物混入率为 3%～25% 的原料分选后达 0.5% 以下
食品工业中的分离和分级	向日葵仁和壳的分离	破碎		分离率可达 98%
	茶叶和茶茎的分离	含水率调到 7%	感应荷电	设备已有批量生产
	食品中除去毛发、碎稻草、纸片、塑料片、死虫等异物	食品在输送带上振动输送	梯度力	已推广到药品、香菇、荞麦、塑料等物中分离除去异物
种子精选	牧草种子的分选		电晕荷电感应荷电	净度可提高一级、二级，甚至三级，发芽率提高 10%～34%，活力提高 10%～26%，设备已批量生产
	农作物的活性种子与非活性种子分离	振动式输送装置	交流电场	提高种子利用率，保证苗全苗壮，可增产 10%～40%

（续）

分选物类别	被分选物名称	前处理	带电方式	分选效果
再生胶中分离杂质	从橡胶粉中分离纤维和金属异物	粉碎，使橡胶粉径达 0~8mm	电晕荷电感应荷电	二次分选后可将橡胶中含纤维量从 8% 降到 0.33%，优于目前再生胶的风选效果，解决了目前再生胶生产能耗大、污染大、生产工艺复杂等问题

143　油液的静电脱盐脱水　原油中含盐、水、蜡及其他杂质，在加工成产品前要进行脱盐脱水。静电脱盐脱水是利用高压静电场的作用力使微小水滴结成大水滴，并借助于油水的密度差，将盐水沉降分出，克服了传统破乳剂方法很难将小水滴聚结进行油水分离的缺点，提高了破乳效率。工业静电脱盐脱水结构见图23.9-4。

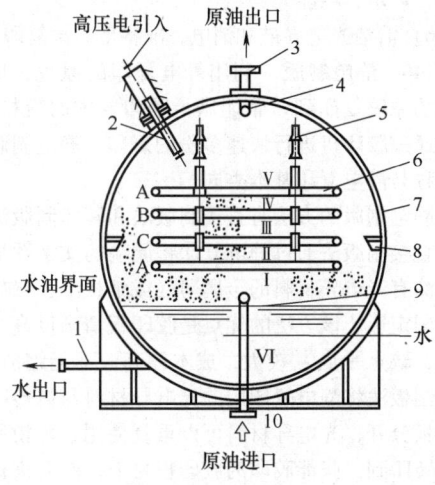

图 23.9-4　实用工业静电脱盐脱水结构原理
1—放水孔　2—高压引入绝缘棒　3—原油出口管
4—原油收集管　5—绝缘子（电极吊挂）
6—电极　7—罐体　8—挡板　9—原油分配管
10—原油进油管

144　油液的静电提纯净化　各种工作油、润滑油和洗涤油因污染而含有大量杂质、氧化物和水，油品的提纯净化是利用电泳力和介电泳力，提纯净化油液中浮游的固体粒子或胶质状液体粒子。

与传统的过滤式净化器相比，静电提纯净化器的主要优点是：①解决了过滤式净化器的周期长、耗油和能耗大、成本高，以及对 $25\mu m$ 以下杂质粒子极难除掉的问题；②体积小、净化质量高，其净化效果见表23.9-3。

表 23.9-3　油品静电提纯净化效果

油品种类	未净化前含杂质量/(mg/100mL)	净化后含杂质量/(mg/100mL)	净化率(%)
工作油	15	0.3	98.0
洗涤油	35	0.0	100.0
齿轮油	19	0.5	97.4

油液提纯净化设备有带有填料的筒形极板净化器、中心金属网电晕极净化器和中心球面型电晕极净化器，见图23.9-5。

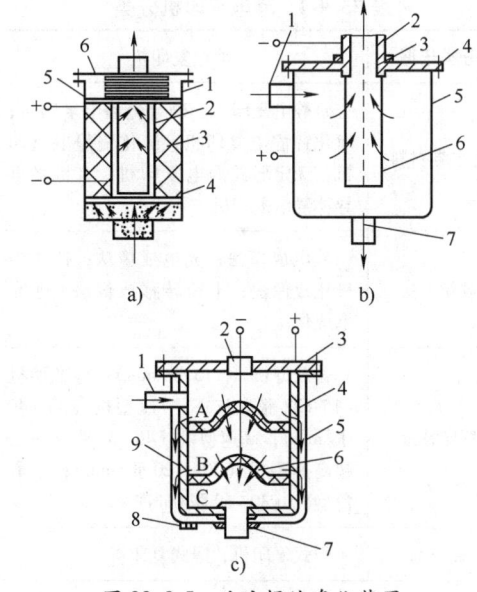

图 23.9-5　油液提纯净化装置
a）带填料的筒形净化器
1—壳体（正极）　2—钻有孔眼金属圆筒（负极）
3—玻璃纤维　4—多孔绝缘衬板　5—绝缘上压板　6—弹簧
b）中心金属网电晕极净化器
1—进油管　2—清洁油出油管　3—螺母
4—绝缘压盖　5—外壳　6—中心电晕极　7—污油流出管
c）中心球面电晕极净化器
1—进油总管　2—绝缘套　3—压盖　4—内筒（正极）
5—外筒　6—球网电晕极　7—清洁油出油管
8—排污螺堵　9—绝缘架

9.4　静电成像

145　静电复印　利用在暗区充电的光电导体，受感光程度不同的曝光作用时因电荷衰减不同而形成静电潜像，其过程见图 23.9-6。静电复印机分类见表 23.9-4。

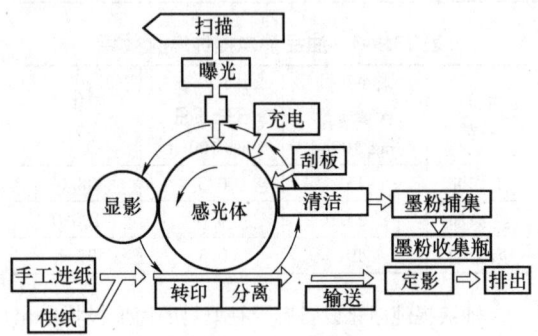

图 23.9-6　静电复印过程

表 23.9-4　静电复印机分类

分类依据	静电复印机
光电导材料	硒静电复印机；硒合金静电复印机；氧化锌静电复印机；硫化镉静电复印机；无定形硅静电复印机；有机光电导体静电复印机
成像方法	放电成像法；充电成像法；持久内极化成像法；电荷转移成像法；逆充电成像法
复印速度	普及型机（<15 张/min）；标准型机（15～27 张/min）；中速型机（30～40 张/min）；高速型机（40～50 张/min）；超高速型机（70～120 张/min）；全彩色型机（30～60 张/min）
显影剂	干式复印机；湿式复印机
纸张	涂层纸（直接式）复印机；普通纸（间接式）复印机
信息处理方式	模拟复印机；数字复印机
复印纸尺寸	A_1（841mm × 594mm）；A_2（594mm × 420mm）；A_3（420mm×297mm）；A_4（297mm× 210mm）；B_4（364mm×257mm）；B_5（257mm× 182mm）

1）对 π 型屏蔽罩的电晕电极施加约 6kV 直流电压，在暗区对感光体（光电导鼓）充电。

2）光源发出的光经反射聚焦后，射至其上。由于光照强度不均，光电导鼓各部分电荷损失不同，在其上形成了肉眼看不见的静电潜像。

3）用磁刷显影或瀑布显影方法，通过粉体的磁性和静电作用，在光电导鼓上吸附一层色粉图像。

4）利用静电作用把光电导鼓上的色粉图像转印至纸上。施加 6～8kV 转印电压，使纸上沉积电荷与墨粉电荷极性相反，且纸面电场强度要大于光电导鼓表面静电潜像的电场强度。此外，在转印过程中光电导鼓的线速度应与纸的移动同步，转印完后用分离装置将纸从光电导鼓表面剥离下来。

5）用热压或冷压法定影。冷压定影分辨率低，定影的牢固程度差。目前热压定影大量应用热辊定影法，热定影耗能大。

6）清洁光电导鼓和消电，准备下一次复印。

146　静电制版　利用静电复印的原理，将需复印的原稿复印到一张能满足胶印要求的板材上，然后通过胶印机进行快速多份的复印。静电制版工艺流程与静电复印基本类同。

静电制版的方法有直接制版法和转印制版法两种。直接制版法通过静电复印将原稿的文字图形复印到涂有光电导材料的金属薄板或纸板上，然后将其热固定影。该方法的优点是胶印板清晰度高，层次好；缺点是底灰较大，成本较高，不能缩放等。转印制版法将静电复印用的光电导材料与被转印的胶印板分开，光电导材料可以重复使用，色粉通过静电转印到一张能胶印的胶印板材上，然后进行胶印印刷。其优点是可按不同要求选用不同的光电导材料，可根据印数多少把原稿转印到金属的锌皮板或纸板（如水性印版纸）上，可以放大或缩小制版。

静电制版解决了旧印刷工艺存在的工序多、劳动强度大、消耗贵重材料、有三废等问题，且显示出静电复印制版-胶印机印刷的优质、廉价、快速的效果。

147　静电记录　记录方式有静电记录、静电转印、静电喷墨、平面扫描静电记录，以及记录带扫描、旋转圆盘、多针电极圆直接变换和电荷转移固体器件等多种方式。其中除平面扫描静电记录采用普通纸外，其他方式都以静电记录纸为记录媒体。常用静电记录纸有两种：记录层和低阻抗基纸组成的两层结构及记录层、低阻抗层和基纸组成三层结构。

静电记录易于实现平面扫描、记录速度高、清晰度好、能永久保存等，是提高传真技术传输速率和自动化程度，向固体器件和数字化发展的重要方式之一。尽管采用静电纸的静电记录方式在经济上和操作使用方面不如技术较成熟的感热纸记录方式，但静电记录方式在技术上更易实现，记录清晰度高，环境适应性好，在传真应用中有很好的前景。

静电喷墨记录系统中常见有两类：①用压电晶体高频机械振荡产生墨滴源流，静电场或气流控制墨滴；②用静电场使墨水喷射或推动墨水沉积在记录纸上。

喷墨记录系统中使用的墨水由油溶性染料加汽油稀释而成，是无极性或有极性液体。墨水在外加电场中被极化，表面产生束缚电荷，电场和电荷互相作用，使墨水从针管定向喷射到记录材料。

静电喷墨记录系统容易实现彩色记录，容易制造，有优良的高频响应和记录质量，无噪声，功耗低，在传真、自动化仪表和电子计算机的输出装置中得到日益广泛的采用。

静电胶卷也是一种静电记录材料，其感光材料在原理上与普通胶卷相似。拍摄后的胶卷在暗处充电后，曝光部位电荷消失，未曝光部位电荷保持，形成静电潜影，加温处理即可显示出图像。显影效果取决于加温时间和温度高低，冷却相当于普通胶卷的定影。静电胶卷不用银盐，有利于节约银资源。

9.5　静电生物效应及其应用

148　静电对植物生长的效应　静电场对植物的影响大致有以下三个方面：

1）自然界由上向下的电场，使植物体内建立起有效结构，对维持植物体内的平衡和行使各种功能起保证作用。

2）对植物外加适宜的静电场，在静电场和离子雾的作用下，植物的诱导膜电位增大，PAT 合成量明显增加，从而增强了代谢，使植物的生长速率加快。

3）对植物外加适宜的静电场，不只是使酶的活性改变，还影响植物体进行生理、生化反应所要求的条件，即使在光补偿点以下的光强时，仍能发生光合作用。实验表明，用适宜的静电场对作物的种子进行短时间处理，可对种子的萌发和幼苗的生长产生有益影响，从而提高作物产量。

利用静电处理农作物种子有负电晕电场处理和负高压-地均匀电场处理两种。

负电晕电场处理种子的效应生化测定结果：①活化能提高，新陈代谢旺盛，种子的活力指数提高，APT 含量增加 76.7%~216.7%；②提高了种子内多种酶的活性，淀粉酶增值 31%~51%，脱氢酶活性提高 15%~50%；③伴随强烈电晕产生的臭氧，可杀死种皮上所带的细菌、病毒，减少病害发生，从而使其植株增高、茎增粗、根变长、叶片增多。用于对黄瓜、番茄、马铃薯、大豆、玉米、花生等种子处理，可显著提高作物产量。

经均匀电场处理浸泡过的大麦种子，测定其淀粉酶活性、α-氨基酸含量、蛋白质含量、小麦发芽率、胚芽鞘长度、叶子长度和叶绿素含量均高于未加电场处理的种子。

149　静电保鲜　利用负高压电晕场电离空气产生大量的负离子和一定浓度的臭氧，可实现瓜果、蔬菜保鲜。静电保鲜作用的机理大致有两个方面：

1）负离子可以中和瓜果、蔬菜体内的电荷，内部的电生物反应因失去平衡而受阻，使其中的几种主要酶活性相应降低，抑制其新陈代谢作用，延长存储时间。

2）臭氧分解放出新生态原子氧，具有极强的消毒杀菌作用，可减少瓜果蔬菜的腐烂率。同时，臭氧的强氧化作用，能破坏果实释放出的乙烯，减退新陈代谢技能，延缓果实的成熟。

静电保鲜与其他保鲜技术相比，具有装置简单，成本低，能耗少，果蔬不但能减少储存中的损耗，还能保持应有的新鲜度，无化学残留，是一项以较小代价获得较高经济效益、具有很大潜力的保鲜技术。

此外，粮食静电处理后除杀菌防毒外，还能用臭氧杀虫驱鼠，同时可增加谷物的糖分。

150　静电喷雾　静电喷雾是在喷雾机喷嘴和标靶物体间建立高压静电场，利用高压静电给喷嘴充电，当液体流过喷头雾化后，通过电晕、接触式和感应式等不同的充电方法使雾滴带电而成为群体荷电雾滴。由于在喷头与喷雾目标间存在静电场，荷电雾滴在库仑力和其他力的作用下，做定向运动而被吸附在喷雾目标的各个部位，沉积在目标表面，具有高效、飘移散失少、减少环境污染等优点。静电喷雾的原理最早是在 20 世纪初期被科学界认识，直到 20 世纪 70 年代静电喷雾技术被用在生产实践中，大量的静电喷雾机被用在工农林牧领域生产管理中，提高了生产效率，降低了生产管理成本。

在工业生产中，静电喷雾技术广泛应用于汽车、家电、航空制造、仪器仪表等外壳的喷涂工业生产之中。其原理是，静电喷口上的金属导流管接高压负电，被涂工件接地形成正极，在喷口和工件之间形成较强的静电场。当高压空气将涂料从输料管送到喷口的导流管时，由于导流管上高压负极产生电晕放电，其周围产生密集的电荷，使涂料微粒带上负电荷，在静电力和压缩空气的作用下飞向工件，并均匀地吸附在工件表面，经过干燥或加热，固化成厚度均匀、质地坚固的涂层，让喷涂工艺更简单，生产管理更智能，产品更完美。

151　静电喷雾杀虫　是利用高压静电使杀虫剂在雾化过程中带电，药雾带电微粒在静电场力的作用下，快速均匀地定向移动到植物茎叶表面并被吸附。这种方法的特点是，雾滴沉降速度快，减少了雾滴的无效漂移和药液损失，增加沉降量，提高农药的命中率；雾滴黏附牢固，药效快而且持效长，改善农药的使用效果；降低农药在空气中的飘浮，提高对操作者的安全性并减少对环境的污染。静电喷雾杀虫不仅用于田间作物、果树等农作物的保护，而且还可用于对由真菌、微生物、植物病毒、杂草等引起的衰弱、病变的植物的保护。当代对有害生物的防治向着综合治理方向发展，由于静电喷雾具有使用农药量少、成本低及雾滴飘移轻等优点，在有害生物综合治理中将被广泛应用。

152　静电发酵　静电技术在发酵品生产中的应用，实质上是利用静电场的生物效应对发酵品的机体进行调控，最大限度地保持发酵品的营养成分，且不会产生污染，应用前景十分广阔。例如在粮食发酵制作啤酒的过程中，保持酵母菌在原料堆里稳定的数量是能否生产出高质量啤酒的关键。不断在原料中添加直径小的酵母菌可以使酵母种群的数量保持在一定的水平，从而生产出高质量的啤酒。静电针滴装置利用静电力对酵母溶液液滴的作用，将菌株直径小的酵母原液源源不断地滴入发酵原料堆中，可有效地控制啤酒发酵中酵母菌的数量。高压静电发酵，还可拓宽到其他酿造品的处理，例如对大酱、咸菜、酸牛奶等的灭菌处理。

参 考 文 献

［1］《中国电力百科全书》编辑委员会，《中国电力百科全书》编辑部. 中国电力百科全书：配电与用电卷［M］. 北京：中国电力出版社，2014.

［2］机械工程手册电机工程手册编辑委员会. 电机工程手册：应用卷（一）［M］. 2 版. 北京：机械工业出版社，1997.

［3］何剑桥，郭泰勇，李治岷，等. 强辐射传热节能的多功能炉衬［J］. 工业加热，2004，33（5）：26-29.

［4］杜艳菊，史国锋，乔汝泼. 节能炉衬在工业炉节能改造中的应用［J］. 热处理，2009，24（4）：60-62.

［5］崔宇. 废气排放装置具有预热补气功能的工业电炉［J］. 工业炉，2018，40（4）：63-65.

［6］郭廷杰. 加强技术创新，积极开发环保节能型电炉［J］. 工业加热，2002（1）：20-24.

［7］胡冰. Consteel 电弧炉炼钢工艺节能环保分析［J］. 冶金设备，2013（1）：65-70.

［8］中国机械工程学会热处理学会编. 热处理手册（第 3 卷）——热处理设备和工辅材料（第 4 版修订本）［M］. 北京：机械工业出版社，2013.

［9］吉泽升，许红雨. 热处理炉［M］. 4 版. 哈尔滨：哈尔滨工程大学出版社，2016.

［10］曹华新. 中频感应电炉的节能环保与安全防护［J］. 金属加工（热加工），2009（19）：24-27.

［11］葛华山，贾婷. 超导直流感应加热及其关键技术［J］. 工业加热，2010，39（2）：1-5.

［12］张东，肖立业，林良真. 高温超导直流感应加热技术研究综述［J］. 电工电能新技术，2020，39（7）：45-53.

［13］朱荣，刘会林. 电弧炉炼钢技术及装备［M］. 北京：冶金工业出版社，2018.

［14］王兆安，等. 谐波抑制和无功功率补偿［M］. 2 版. 北京：机械工业出版社，2005.

［15］牧敏道. 直流电弧炉的优越性［J］. 工业加热，1994（1）：3-6.

［16］葛华山. 直流电弧炉主要电参数的确定［J］. 工业加热，1995（3）：11-15.

［17］秦勤. 电弧炉电能单耗分析［J］. 工业加热，2004，33（2）：12-15.

［18］曾玉清. 高效炼钢电弧炉设备［J］. 工业加热，2004，33（1）：57-59.

［19］艾磊，何春来. 中国电弧炉发展现状及趋势［J］. 工业加热，2016，45（6）：75-80.

［20］施维枝，杨宁川，黄其明，等. 电弧炉废钢预热技术发展［J］. 工业加热，2019，48（6）：26-31.

［21］潘涛，姜周华，朱红春，等. 电弧炉废钢预热技术的发展现状［J］. 材料与冶金学报，2020，19（1）：6-12.

［22］李子来，李振共. 打造中国的电弧炼钢电弧炉［J］. 工业加热. 2004，33（1）：27-31.

［23］朱荣，何春来. 电弧炉炼钢装备技术的发展［J］. 中国冶金，2010，20（4）：8-16.

[24] 李士琦，郁健，李京社. 电弧炉炼钢技术进展 [J]. 中国冶金，2010，20（4）：1-7，16.

[25] 李士琦，孙华，郁健，等. 我国电弧炉炼钢技术的进展讨论 [J]. 特殊钢，2010，31（6）：21-25.

[26] 朱荣，吴学涛，魏光升，等. 电弧炉炼钢绿色及智能化技术进展 [J]. 钢铁，2019，54（8）：9-20.

[27] Y S Svichuk, D A Lazarev. AC Electric Arc Plasmatrons and Their Applications [C]. XV International Conference on Gas Discharges and Their Applications, Toulouse (France), 2004, 9 (1): 199-204.

[28] A Huczko, A Sadowska, H Lange, et al. Thermal Plasma Treatment of Post-incineration Ash [C]. XV International Conference on Gas Discharges and Their Applications, Toulouse (France), 2004, 9 (2): 741-744.

[29] 侯增寿，宋余九. 金属热加工手册 [M]. 北京：机械工业出版社，1996.

[30] 潘际銮. 焊接手册（焊接方法及设备）[M]. 北京：机械工业出版社，1992.

[31] 《制造技术与机床》杂志. 对焊 [J]. 制造技术与机床，2015（3）：161.

[32] 潘际銮，郑军，屈岳波. 激光焊技术的发展 [J].

[33] 康耐堂. 激光焊接技术的发展与展望 [J]. 数字化用户，2017（20）：14.

[34] 王鸿燕. 激光焊接技术的发展与展望 [J]. 工程技术研究，2017（1）：52，54.

[35] 赵新乐. 电子束焊接技术及其应用 [J]. 魅力中国，2012（32）：175.

[36] 叶汉民. 数控型高真空电子束焊机的设计 [J]. 焊接，2002（7）：15-18.

[37] 张秉刚，吴林，冯吉才. 国内外电子束焊接技术研究现状 [J]. 焊接，2004（2）：5-8.

[38] 罗海波. 浅谈真空电子束焊接技术的应用 [J]. 中国科技纵横，2014（18）：77，80.

[39] 雷曼光电. 电子组件的波峰焊接工艺 [J]. 现代显示，2007（8）：64-65.

[40] 鲜飞. 波峰焊接工艺技术的研究 [C]//中国电子学会. 2011 中国电子制造与封装技术年会论文集. 2011：27-34.

[41] 王彩萍. 电子组装中的波峰焊接 [C]//中国电子学会. 第五届 SMT/SMD 学术研讨会论文集. 1999：184-190.

焊接，2009（2）：18-21.

第 **24** 篇

智能家居和智能车辆

主　　编　刘　晔（西安交通大学电气工程学院）
参　　编　夏建生（西安交通大学电气工程学院）
　　　　　张　浩（西安交通大学电气工程学院）
　　　　　刘　晔
主　　审　刘博伟（西安微电机研究所）
责任编辑　王　欢

第1章 视像设备

1.1 电视机

电视机（television/video），是用电的方法即时传送活动的一种视觉图像设备的简称。同电影相似，电视利用人眼的视觉残留效应显现一帧帧渐变的静止图像，形成视觉上的活动图像。电视系统的发送端把景物的各个微细部分按亮度和色度转换为电信号后，顺序传送。在接收端按相应的几何位置显现各微细部分的亮度和色度来重现整幅原始图像。

1 电视机显示原理 彩色电视机的工作原理框图见图 24.1-1。电视机从有线或天线接收微弱的射频电视信号（RF In）后，首先通过调谐器对它进行解调，经过放大、混频和检波，滤掉高频载波分量，得到 PAL、NTSC 或 SECAM 制的复合全电视信号。从全电视信号中分离伴音信号和视频信号。音频信号经音频电路处理后送扬声器输出。视频信号经视频放大，并把亮度 Y（图像）、色度 C 信号分离开，得到 Y/C 分量信号。这是为了和黑白电视兼容，同时又防止彩色信号对亮度信号的干扰而采取的处理方法。即在具体传送的时候，亮度信号只包含亮度信息，而不包含色度信息，这样就减少了亮度与色度的干扰，同时也保证了黑白电视与彩色电视的兼容。最后，把 Y/C 分量信号转换成 YUV、进而转换成 RGB 信号并送输出显示。

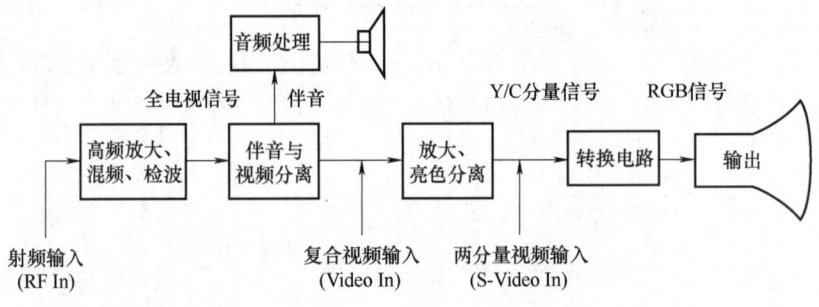

图 24.1-1　彩色电视机的工作原理框图

电视信号从点到面的顺序取样、传送和复现是靠扫描来完成的。各国的电视扫描制式不尽相同，在中国（PAL 制）普通电视是每秒 25 帧，每帧 625 行。每行从左到右扫描，扫描过程中传送图像信息。一帧画面由 1、2、3、4、5、6、…、256 条水平扫描线组成。假如是按 1、2、3、4、5、6…这样的顺序一次扫完整屏，这样的扫描方式就是逐行扫描，又叫循序扫描（用 P 标注）；如果先扫 1、3、5…奇数行，再扫 2、4、6…偶数行，一屏分两次扫完，这样的扫描称为隔行扫描（用 i 标注）。逐行扫描的画面具有比隔行扫描画面更精细的光栅结构，屏幕上很难察觉扫描线，图像很细腻。此外，逐行扫描基本上消除了隔行扫描时容易出现的行间闪烁现象，画面更为稳定。在我国电视现行的 PAL-D 制下，电视机的场频为 50Hz，即 1s 扫描 50 场画面。这个扫描频率还不够高，画面往往有闪烁感。当扫描电子束从上一行正程结束返回到下一行起始点前的行逆程回扫线，以及每场从上到下扫完回到上面的场逆程回扫线，均应予以消隐。在行场消隐期间传送行场同步信号，使收、发的扫描同步，以准确地重现原始图像。

电视机的清晰度分两种：水平清晰度和垂直清晰度，前者表示画面在水平方向上可以分辨的垂直线的线数，后者表示画面垂直方向上能分辨的水平线的线数。一般所说的电视机的清晰度，指的都是水平清晰度。水平清晰度和电视机显像管本身的水平分辨率及信号通道的带宽都有关系，通常显像管的分辨率是足够的，所以电视机的水平清晰度就主要由信号通道的带宽决定。通常 1MHz 带宽大约相当于 80 线的清晰度。对于接收电视信号的高频端口，电视机能达到的清晰度最多 350 线左右；对于视频信号输入端口，清晰度为 500～550 线，另外，从信号源的角度看，电视节目本身的清晰度最高不超过 400 线，DVD 为 500～540 线，数字电视（digital television，DTV）也有多种不同的清晰度标准，既有 1 920×1 080i（1080 线隔行扫描，约为 207 万的像素）这样的高清晰度规格（也称为 2K 电视），也有相当于现行电视系统水平的标准清晰度规格，还有一些介于两者之间的规格。不过，目前模拟格式的高清电视已经没有发展前途了，将来的高清晰度电视肯定都采用数字格式。目前的高清电视，即 4K 电视是屏幕物理分辨率能够达到 3 840×2 160p（2 160 线逐行扫描，约为 830 万的像素）的电视机产品，它的分辨率是 2K 电视的 4 倍。8K 电视分辨率为 7 680×4 320p（7 680 线逐行扫描，约为 3 320 万像素），是 4K 电视的 4 倍。

2 电视机的分类

（1）电视机分类　电视机的分类有不同的标准，若按成像的原理来分类，有阴极射线管（CRT）电视机（即传统的显像管电视机）、液晶显示（LCD）电视机、等离子显示屏（PDP）电视机、有机发光二极管（OLED）电视机等之分。

1）CRT 电视机问世最早，其优点主要是亮度高、对比度好、色彩鲜明、观看视角大等，环境光线对画质基本无影响。但由于 CRT 电视机最大屏幕尺寸通常只能做到 38 英寸，另外也很难做到薄型和轻型化，所以 CRT 电视机现在已经完全退出市场了。

2）LCD 电视机就是用液晶屏作为显像器的电视机。液晶电视机最大的优点是能够做得很薄，可以像画板一样挂在墙上使用。另外，液晶电视机还有耗电省、亮度高等优点。目前液晶电视机是主流产品。还有一种发光二极管（LED）电视，除了多用于室外的大屏幕电视（用发光二极管构成的）是真正意义上的 LED 电视外，作为家用电视机，这个概念和叫法本身是有误的，而应该叫作采用 LED 背光的 LCD 电视机。它只是在原有的 LCD 电视的技术上，将背光源更换成了 LED 光源，从而更加节能、更加轻薄，并没有针对画质进行明显优化。

3）PDP 电视机是用等离子体激发的紫外线使荧光物质发光来工作的。等离子体电视可以在光照

较强环境下得到非常优异的画面。等离子体技术与其他显示系统不同，它在每个像素点上都产生出红、绿、蓝三种光，这样就减少了显示的空白点。等离子体显示设备中的所有像素点都是在同一时刻被"点"亮的。由于没有电子束、背光和光极化现象，PDP 电视机的画面就显得十分清晰和明亮，物体的边缘也十分清晰。遗憾的是，色彩及画质感非常好的 PDP 电视机，由于在尺寸和体积及耗电量等方面与 LCD 电视机相比处于劣势已基本停产。

4）OLED 电视的屏幕采用了自发光的有机材料，其 RGB 色彩信号直接由 OLED 显示，几乎不存在液晶的可视角度问题，彻底摆脱了背光模组，所以 OLED 显示技术具有自发光、广视角、屏幕可弯曲、几乎无穷高的对比度、较低耗电、极高反应速度等优点。此外，该技术也可以让电视机的机身变得更加轻薄，不必占领很大的空间。并且 OLED 纠正了液晶电视的漏光现象；还能纠正液晶的对比度，可以达到 100 万以上。由于手机一般都是以轻薄为主，而 OLED 具有能做到更薄、更轻的特质，所以现在大量用于手机屏幕。目前，OLED 存在的缺点是，材料稳定性略差，在寿命、光效等方面也有不足。

此外，电视机按接收制式，分单制式、多制式；按屏幕大小，分 21 英寸、25 英寸、29 英寸、33 英寸、46 英寸、60 英寸、100 英寸等；按屏幕的长宽比例的不同，有 4：3 和 16：9 两种规格之分。目前，新型的电视机多采用 16：9 的规格。对于采用 4：3 的比例摄制的节目，用 4：3 的电视机观看最合理，这样图像能完全充满整个屏幕，屏幕的面积全部得到利用。不过，当收看宽银幕的节目时，4：3 的电视机屏幕上下就会出现两条很宽的黑边，图像只有中间狭长的一条，可视面积减小很多，这时用 16：9 的电视机观看就好得多。

另外，电视机按信号接收、处理格式的不同，有模拟电视机和数字电视机之分；按能否再现色彩来看，有彩色电视机和黑白电视机之分，目前电视机基本是彩色电视机；按影像在屏幕上是直接成像还是通过光学系统间接成像来分，有直视型电视机和投影电视机之分。

（2）多制式和全制式电视机　除包括相同于黑白电视的扫描、信道等以拉丁字母来区别的制式内容外，还根据发、收端对三基色信号的不同编码、解码方式构成不同的彩色电视制式。目前，国际上通用的主要有以下三种制式：

1）NTSC 制，是两个色差信号对色度副载波进

行正交平衡调制的一种兼容性同时制彩色电视制式。它是由美国全国电视制式委员会（national television system committee，NTSC）提出，并因此得名。1954 年，美国采用 NTSC 制正式开始彩色电视广播。之后，加拿大、日本等一些国家和地区也纷纷采用。这种制式根据人眼分辨蓝、品红之间颜色细节的能力最弱，而分辨红、黄色之间颜色细节的能力最强的视觉特性，采用蓝、品红之间的色差信号 Q 和红、黄之间的色差信号 I 来代替蓝、红色差信号 U 和 V。这种制式的特点是解码线路简单、成本低。

2）PAL 制，是两个色差信号对色度副载波进行正交平衡调幅逐行倒相调制、色度信号的一个分量逐行倒相的一种兼容性同时制彩色电视制式。它是 1963 年联邦德国为降低 NTSC 制的相位敏感性而研制的一种制式。我国和欧洲一些国家、地区等采用 PAL 制。PAL 是逐行倒相的英文 phase alternation line 的缩写。

3）SECAM 制，是一种行轮换调频制，亮度信号始终传送而两色差信号按行顺序调频传送，接收端用延时线逐行记忆以恢复三基色的一种兼容性同时 - 顺序制彩色电视制式。它于 1967 年在法国研制成功并应用。它也是为了改善 NTSC 制的相位敏感性而发展的一种兼容彩色电视制式，苏联和一些东欧国家等也采用该制式。SECAM 是顺序传送彩色和存储的法语 séquential couleurà mémoire 的缩写。在同时传送亮度、色度信号的情况下，该制式发送端对红、蓝色差信号分别逐行依次传送。其特点是受传输中的多径接收的影响较小。

通常，把能接收 PAL 制、SECAM 制和 NTSC 制信号的电视机称为多制式电视机。在此基础上能接收多种录像机和激光视盘机播放制式信号的称为全制式电视机。

（3）频率划分　各国的电视信号扫描制式与频道宽带不完全相同，按照国际无线电咨询委员会（international radio consultative committee，CCIR）的建议用拉丁字母来区别。例如，M 代表每秒 30 帧、每帧 525 行、视频带宽 4.2MHz、加上调频伴音和调幅视频的残留下边带的总高频带宽是 6MHz；D、K 代表每秒 25 帧、每帧 625 行，视频带宽 6MHz，高频带宽 8MHz。将视频基带的全电视信号连同伴音信号分别调制到甚高频（VHF）或超高频（UHF）频段上进行广播发射。

国际上划分给电视广播用的频段在甚高频有 Ⅰ、Ⅲ 频段，在超高频有 Ⅳ、Ⅴ 频段。电视频道是某一路电视广播的频率占有的标称频道位置。各国采用的电视标准不同，频道划分也不同。在我国，Ⅰ 频段 48.5～92MHz，分为第 1～5 频道；Ⅲ 频段 167～215MHz，分为第 6～12 频道；Ⅳ 频段 470～566MHz，分为第 13～24 频道；Ⅴ 频段 606～958MHz，分为第 25～68 频道。每个频道占有的频率间隔是固定的。我国的 625 行 25 帧 D、K 制式的标准，其图像信号对图像载频 f_p 进行调幅，为保持低频的相位特性而采用残留边带形式。部分抑制下边带后的图像信号频带相对于 f_p 是 -0.75～+6MHz；伴音信号对伴音载频 f_s 进行调频，伴音载频比图像载频固定高 6.5MHz，调制后的伴音信号频率范围相对于 f_s 是 ±0.25MHz。这样每个电视频道共占用 8MHz 的频率范围。

3　电视机的发展　电视机从显像管时代逐步进化到今天，其核心部件显示屏体的科技含量越来越高，目前已经出现并且未来一段时间随着技术的发展将出现的各种新型电视机也会越来越多。

（1）数字电视　数字电视是指节目摄制、编辑、发送、传输、存储、接收和显示等环节全部采用数字处理的全新电视系统。即，数字电视是在信源、信道、信宿三个方面全面实现数字化和数字处理的电视系统。能够直接接收数字电视信号的电视机叫数字电视机。单从信道传输上讲可分为有线传输和无线传输，有线传输又分光缆传输、同轴电缆传输、双绞线传输；无线传输又分固定传输和移动传输。这些传输有时又交互使用。数字电视的图像质量高，易于实现高清晰度。

数字电视可分为地面无线传输（地面数字电视）、卫星传输（卫星数字电视）、有线传输（有线数字电视）三类。

（2）网络电视　网络电视（web TV）就是把电视播放和互联网结合起来，把视频引擎和电视调谐器等装入一个系统。网络电视在收看某种电视节目时可以通过有关网络获得补充消息，还可以和其他观众交谈感想，回答有关提问，用打印机打印有关画面等，进行一系列网络上可以进行的项目。网络电视是直接把电视播放和网络连接起来，从其功能来看是一种交互式电视。

（3）3D 电视　3D 电视是三维立体影像电视的简称。它利用人的双眼观察物体的角度略有差异，因此能够辨别物体远近，产生立体的视觉这个原理，把左右眼所看到的影像分离，从而令用户借助立体眼镜或无须借助立体眼镜（即裸眼）体验立体感觉。3D 是三维的英文 three-dimensional 的缩写，意指三维立体图形。3D 液晶电视是通过液晶面板上特殊的精密柱面透镜屏，将经过编码处理的 3D 视频影像独立送入人的左右眼来产生立体效果，使用户无须借助立体眼镜即可体验立体感觉，同时能兼容 2D 画面。

3D 显示技术可以分为裸眼式和眼镜式两大类。裸眼 3D 主要用于公用商务场合，将来还会应用到手机等便携式设备上。在家用消费领域，无论是显示器、投影机或电视机，大都还是需要配合 3D 眼镜才能收看 3D 影像。

（4）智能电视　智能电视是现在的主流，平板电视的全面智能化已经是一个势不可挡的大趋势。智能电视采用智能操作系统，可以安装应用、游戏，可以在线点播影视资源，有些还支持语音控制和手势控制。

（5）4K 超高清电视　按照国际电信联盟给出的定义，4K 超高清电视指的是电视机的显示屏分辨率为 3 840×2 160 及以上的超高清电视。其分辨率是高清的 8 倍、全高清的 4 倍。

4K 一般是指电视的分辨率，能在电视屏幕上看到画面内容，是因为电视屏幕中充满了像素点，将每一个像素点点亮以后，屏幕就可以发光，并且能够显示对应的画面内容。4K 电视机是屏幕物理分辨率能够达到 3 840×2 160 像素的电视机产品，它的分辨率是 2K 电视的 4 倍。也就是说，相较于之前的高清电视机来说，观众能够更加清楚地观看到画面的每一个细节和特写，体验更佳。

（6）8K 超高清电视　2019 年是 8K 电视发展的元年，但由于成本和片源等问题，8K 电视迟迟没有得到普及，8K 电视和 4K 电视相比有如下这些区别：

1）分辨率　4K 电视的分辨率为 3 840×2 160，约 830 万的像素。8K 电视分辨率为 7 680×4 320，约 3 320 万像素，是 4K 的 4 倍。电视分辨率越高，显示出的像素越多，那么它所显示出的画面也就会越加精细和清晰，更接近真实世界的色彩。

2）色彩表现　8K 电视采用的超高清蓝光标准 BT.2020，色深为 10bit，即能够显示 10.7 亿种颜色，大幅度扩大了色域的范围。普通蓝光标准为 BT.709，色深为 8bit，能够显示 1 677 万种颜色，仅覆盖了超高清蓝光标准色彩空间色域的 35.9%。8K 电视可以显示出 4K 电视无法显示的色彩。

3）刷新率　一般 4K 视频的刷新频率为 60Hz 及以下，而 8K 视频的刷新频率能达到 120Hz。越高的刷新频率证明刷新速度越快，那么显示就越清晰，可以得到更流畅、更逼真的画面；反之，则相对的模糊，并且频率低容易导致眼疲劳，会提高近视的概率，所以说刷新频率越高越好。

（7）量子点电视　量子点电视是 2015 年电视行业推出的新兴技术。量子点电视可以说是替代 LED 电视的新一代技术，替代了 LED 背光屏，在色彩表现上已经可以和 OLED 电视相媲美，在色彩方面对于画质提升有很大帮助。量子点电视是应用了量子点技术背光源的电视，属于液晶电视的一种。它与传统液晶电视的不同主要在于采用了不同的背光源，从而带来性能上的诸多不同。它比传统 LED 背光的传统液晶电视在画面质量与节能环保上更具优势，已成为液晶电视新的发展方向。量子点显示技术在色域覆盖率、色彩控制精确性、红绿蓝色彩纯净度等各个维度已全面升级。量子点电视是从背光上进行优化，其采用仍然是 LED 背光，因此量子点电视也可称为 QLED。

在 NTSC 标准下，普通 LED 电视的色域只有 72%，第一代高色域电视只有 82%，第二代高色域电视约 96%，OLED 电视实测色域则为 89%，而量子点电视色域覆盖率却高达 110%。

（8）手机电视　手机电视（mobile TV）的概念：一种是从通信学角度理解，将手机电视看作一种通信业务，人们利用 3G、4G、5G 智能手机收看电视节目，和传统电视比起来具有便捷性、可移动性，是一种移动全新业务；另一种是从传播学角度理解，将手机电视看作是一种电视传播媒介，利用数字电视广播网络，只要在智能手机上安装数字电视接收模块，人们就可以在自己的手机上观看到电视节目。目前，已发布了中国移动多媒体广播（CMMB）系列行业标准。

1.2　激光视盘机

激光视盘机的工作原理与激光唱片（compact disc，CD）机相同，只是它所录制、读取和播放的信号包括音响、静止和动态画面及文字等多种信号。激光视盘机是由数字视频技术、数字声频激光唱盘技术与计算机技术相结合而产生的声像设备，集中了激光技术、数字技术、精密加工技术等，是光机电一体化的合成产物，曾广泛应用于教学和娱乐等方面。它的型号品种繁多，其类别主要按支持播放的影碟类型来区分，激光视盘机经历了 LD、CD-G、CD-V、VCD、DVD 等各个发展阶段。除了 LD 使用 30cm（约 12.5in）的盘片，其他的都是使用 12cm（约 5in）的盘片。这些盘片虽外观相似，但盘片的内容格式是不一样的。普通 VCD 水平清晰度一般为 240 线~280 线；超级 VCD 的水平清晰度可达 350 线~380 线；DVD 的水平清晰度可达 530 线以上。

我国在 VCD 发展过程中曾经处于技术领先的地位。但是目前随着计算机存储技术和相关软件技术及网络技术的飞速发展，激光视盘机的使用和市场也正在快速减少和萎缩，取代它的是各种多媒体视频和网络在线视频。

（1）LD　1978 年，世界上第一张激光视盘（laser disc, LD）问世，其出色的视听效果令人惊叹。LD 首次实现了激光与数字技术相结合的视频、音频信号的录放，开创了视频、音频录放数字化的新天地。LD 具有极高的记录密度。它以一个间断的凹坑记录信息，凹坑深 0.1μm、宽 0.4μm，对于直径为 30cm（约 12.5in）的 LD 盘片，每面上的凹坑总数达 145 亿个。盘片之所以看起来表面上色彩闪烁，正是入射光在这大量的凹坑上产生绕射光栅，使白色光分解成五光十色。它每面可录放 60min 的图像与伴音，播放时需用激光视盘机（LD player）重现录制的影音信息。其视频信号水平分辨率达 430 线，是高保真立体声录像机的两倍。LD 机属单放设备，没有记录功能。

（2）VCD　数字视频光盘（video compact disc, VCD），是利用 CD 的原理和国际活动图像专家组（MPEG）制订的数字图像压缩标准 MPEG-1，将音像压缩在光盘上。

VCD 采用国际标准化组织（ISO）1991 年认定的 MPEG 压缩编码技术，同样采用 12cm（约 5in）直径（与 CD-V、CD-G 等一样大），但可播放 74min 时长的全屏幕、全动态、立体声影片。通过压缩把一部电影的动态图像和声音压缩到 1.2GB 左右的光盘中去，并可以通过数字解码技术把压缩的电子信号重新播放出来。VCD 也可在计算机上播放。计算机使用的光盘不仅可以存放电影、录像等，还可以存放电子游戏。

（3）DVD　数字通用光盘（digital versatile disc, DVD）技术诞生于 1996 年。1995 年，世界十家公司以更高倍数的数字压缩技术 MPEG-2 为基础组成 DVD 联盟，统一制定 DVD 标准。从原理上来说，DVD 与 VCD 没有本质的不同，也是对电影画面进行视频压缩，只不过盘片存储密度更大，激光波长更短，图像清晰度和音质更好，放映时间更长。

1.3　多媒体视频播放器

多媒体（multimedia）是多种媒体的综合，一般包括文本、声音和图像等多种媒体形式。在计算机系统中，多媒体指组合两种或两种以上媒体的一种人机交互式信息交流和传播媒体。大多数视频播放器（除了少数波形文件外）携带解码器以还原经过压缩的媒体文件，视频播放器还要内置一整套转换频率及缓冲的算法。典型的媒体播放器要执行好几个功能，包括解压缩、消除抖动、错误纠正和用户播放等功能。

多媒体视频播放器，可以指具有能播放视频功能的电子器件（硬件）产品，还可以指能够播放以数字信号形式存储视频文件的软件播放器。

（1）多媒体视频硬件播放器　动态图像专家组（moving picture experts group, MPEG），隶属国际标准化组织和国际电工委员会（ISO/IEC），是于 1988 年成立的专门针对运动图像和语音压缩来制定国际标准的组织。

1）MP4。同 MP3 音频播放器简称 MP3 一样，MP4 便携式视频播放器也同样被简称为 MP4。MP3 播放器实际上也就是一种具有解码并播放的音频播放器，但不能播放（解码）视频（信号）。MP4 播放器的种类有硬盘式、闪存式等。这种播放器有很大的局限性，屏幕较小（0.8~1.8 英寸），闪存容量小，只支持特定的格式（MTV、MP4、MPV 和 DMV 等），且大多数是采用 OLED 和 CSTN 等屏幕，所以也可认为是可播放视频的 MP3，是 MP3 播放器的升级版。

2）MP5。随着媒体播放器产品的不断发展，MP3、MP4 等下载视听类产品早已无法满足个性化及在线消费的需要，出现了 MP5 视频播放器。但 MP5 没有自己的编码方式，是一个播放器的商业化概念性产品，用于从功能上同 MP4 加以区分。它其实是将一首完整的 WAV、MP3 或 CDA 的声音档，经由 MP5 压缩技术，产生压缩的比例大约 1∶10 的音乐文件。MP5 使用"特殊的压缩演算法"过滤掉人类无法听到的声音以获取更多储存空间。MP5 播放器采用了软硬协同多媒体处理技术，能够以相对较低的功耗、技术难度、费用，使产品具有很高的协同性和扩展性。其主频可达 1GHz，能够播放更多的视频格式，如 AVI、ASF、DAT、RM、RMVB 等，并且可以利用丰富的网络资源。

3）MP6。同 MP5 一样，MP6 也是商业化概念性的产品，没有对应的国际技术标准。若说 MP5 就是一个可以播放 RM、RMVB 格式的 MP4，而 MP6 就是集 MP5+拍照+摄影+卡拉 OK 于一身的综合功能的 MP4。MP6 主要是通过 LCOS 投影仪技术，在传统视频播放器基础上扩大视频视觉，把传统的播放器便携化、娱乐化。MP6 是一种改变原文件存储读取方式，实现数码设备与网络无线连接的网络音频播放设备，又称作"网络音响"。

（2）多媒体视频软件播放器 多媒体视频软件播放器，通常是指计算机中用来播放多媒体的播放软件，如 Windows Media Player 等。然而，随着媒体行业的不断发展，各种多媒体视频软件播放器层出不穷，如暴风影音、影音风暴、QQ 影音、Zoom-Player、百度影音（BaiduPlayer）、VPlaye、Real-Player、Windows Media Player、QuickTime 等。这些多媒体视频软件播放器可将计算机里视听作品搬到客厅，或在电视机上直播网络视频，并且可支持 1 080p、1 080i、720p、576p、480p 等不同的输出分辨率。达到 1 080p 才能叫作高清媒体播放器。

1.4 数字照相机与数字摄像机

4 数字照相机 数字照相机（digital camera, DC），也称为数字式相机。数字照相机利用电子传感器把光学影像转换成电子数据。

按用途，数字照相机可以分为单反数字照相机、微单数字照相机、卡片数字相机、长焦数字相机和家用数字相机等。与普通照相机在胶卷上靠溴化银的化学变化来记录图像的原理不同，数字照相机的传感器是光感应式的电荷耦合器件（CCD）或互补金属氧化物半导体（CMOS）。在图像传输到计算机以前，通常会先储存在数码存储设备中，现在的存储介质通常是闪存，而软磁盘与可重写光盘（CD-RW）现在已很少用于数字照相机。

（1）数字照相机的特点 数字照相机是集光学、机械、电子于一体的产品。它集成了影像信息的转换、存储和传输等部件，具有数字化存取模式、计算机交互处理和实时拍摄等特点。光线通过镜头或镜头组进入照相机，通过数字照相机成像器件转化为数字信号，数字信号通过影像运算芯片储存在存储设备中。数字照相机的成像器件是 CCD 或 CMOS。该成像器件的特点是光线通过时，能根据光线的不同转化为电子信号。数字照相机最早出现在美国，美国曾利用它通过卫星向地面传送照片，后来数字摄影转为民用并不断拓展应用范围。

从外表看，数字照相机与传统照相机大致相同；从内部结构看，数字照相机和先进的传统照相机都使用了大量电子器件，但它们之间的不同之处是用于拍摄景物的感光介质。传统照相机使用胶卷感光将景物变为照片，而数字照相机使用光电转换器件将景物转变为能被计算机直接处理的数字图像。数字照相机更像计算机的一个外部设备，而计算机的强大功能反过来又为数字照相机增辉添色。

数字照相机是由镜头、CCD、模-数转换器（ADC）、微处理器（MPU）、内置存储器、液晶显示器（LCD）、可移动存储器（PCMCIA 卡，简称 PC 卡）和接口（计算机接口、电视机接口）等部分组成。通常它们都安装在数字照相机的内部，当然也有一些数字照相机的液晶显示器与机身分离。数字照相机中只有镜头的作用与普通相机相同，它将光线会聚到感光器件 CCD 上。CCD 是半导体器件，它代替了普通相机中胶卷。它的功能是把光信号转变为电信号，这样就得到了对应于拍摄景物的电子图像。但是，它还不能马上被送去计算机处理，还需要按照计算机的要求进行从模拟信号到数字信号的转换，ADC 器件用来执行这项工作。接下来，MPU 对数字信号进行压缩并转化为特定的图像格式，如 JPEG 格式。最后，图像文件被存储在内置存储器中。至此，数字照相机的主要工作已经完成，剩下要做的是通过 LCD 查看拍摄到的照片。一些数字照相机为扩大存储容量而使用可移动存储器，如 PC 卡或软盘。此外，一些机型还提供了连接计算机和电视机的接口。

（2）数字照相机的分类

1）单反数字照相机。单反数字照相机就是指数字单镜反光（digital single lens reflex, DSLR）照相机。此类相机一般体积较大，比较重。使用电子取景器（EVF）的机型，也归入单反类，但注明是 EVF 取景，如奥林巴斯 C-2100UZ、富士 FINEPIX 6900 等。在单反数字照相机的工作系统中，光线透过镜头到达反光镜后，折射到上面的对焦屏并成像，透过接目镜和五棱镜，可以在观景窗中看到外面的景物。与此相对的，一般数字照相机只能通过 LCD 看到所拍摄的影像。显然，这样直接看到影像比通过处理再看到的影像更利于拍摄。

单反数字照相机的一个很大的特点就是可以替换不同规格的镜头，这是其天生的优点，是普通数字照相机不能比拟的。单镜反光（single lens reflex, SLR），是比较流行的取景系统，大多数 35mm 照相机都采用这种取景器。在这种系统中，反光镜和棱镜的独到设计使得摄影者可以从取景器中直接观察到通过镜头的影像。尼康（Nikon）D7000 单反数字照相机见图 24.1-2。

图 24.1-2　尼康（Nikon）D7000 单反数字照相机

2）微单数字照相机。"微单"包含两个意思：微，微型小巧；单，可更换式单镜头。也就是说，这种照相机有小巧的体积和单反一般的画质，微型小巧且具有单反性能的照相机称为微单数字照相机。普通的卡片式数字照相机很时尚，但受制于光圈和镜头尺寸，有些景象无法拍摄；而专业的单反数字照相机过于笨重。于是，微单数字照相机集两者之长，应运而生。索尼某款微单数字照相机见图 24.1-3。微单数字照相机去掉了单反数字照相机中的反光板及机顶取景系统，修改了单反数字照相机中的对焦系统。没有反光板就意味着没有光线的反射，所以就无法直接通过镜头看到景物，这样的情况下只好另外开一个取景窗，即同卡片照相机一样通过 LCD 取景，这样提升微单数字照相机的紧凑性。对焦性能也不一样，单反数字照相机的对焦性能为相位式对焦，而微单数字照相机使用的是反差式对焦。反差式对焦在对焦过程中需反复检测对比度，当合焦后可能还会继续对焦过头，然后回到合焦位置，这样就会比相位式对焦慢一点。而相位式对焦一开始就可以直接到合焦的位置，不需要过头再合焦，这样可以更快一点。

3）超薄数字照相机（卡片数字照相机）。这类照相机业内没有给出特别明确的概念，一般是指那些外形小巧、机身相对较轻及设计超薄时尚的数字照相机。其中，索尼 T 系列、奥林巴斯 AZ1 和卡西欧 Z 系列等都可划为这一类。卡片数字照相机可以方便地随身携带；虽然它们功能并不强大，但具备基本的曝光补偿功能和数字照相机的标准配置，再加上区域或点测光模式，有助于摄影者完成摄影创作。例如，对画面的曝光，它可以实现基本的控

图 24.1-3　索尼某款微单数字照相机

制，再配合色彩、清晰度、对比度等选项，可以完成很漂亮的照片。卡片数字照相机的优点是，外观时尚、大屏幕液晶屏、机身小巧纤薄、操作便捷；缺点是，手动功能相对薄弱、超大的液晶显示屏耗电量较大、镜头性能较差。三星某款卡片数字照相机见图 24.1-4。

图 24.1-4　三星某款卡片数字照相机

（3）数字照相机的存储卡　数字照相机存储器的作用是保存数字图像数据，如同胶卷记录光信号一样；不同的是，存储器中的图像数据可以反复记录和删除，而胶卷只能记录一次。存储器可以分为内置存储器和可移动存储器。内置存储器为半导体存储器，安装在照相机内部，用于临时存储图像，当向计算机传送图像时须通过串行接口等接口。它的缺点是装满之后要及时向计算机转移图像文件，否则就无法再存入图像数据。早期数字照相机多采用内置存储器，之后开发的数字照相机更多地使用可移动存储器。这些可移动存储器可以是 PC 卡、CF 卡、SM 卡等。这些存储器使用方便，拍摄完毕后可以取出更换，这样可以降低数字照相机的制造成本，增加应用的灵活性，并提高连续拍摄的性能。存储器保存图像的多少取决于存储器的容量，以及图像质量和图像文件的大小。图像的质量越高，图像文件就越大，需要的存储空间就越多。

（4）计算机处理数字照相机拍摄的照片　数字照相机和计算机可以构成图像处理系统：数字照相

机通过镜头拍摄人物或景物，又将这个图像转换成数字的图像文件，通过软盘、PC 卡或电缆送至计算机，经计算机处理之后再送往打印机、显示器或网络。常用图像格式和特点见表 24.1-1。

表 24.1-1 常用图像格式和特点

图像格式	特点
JPEG(joint photographic experts group)	目前绝大多数的数字照相机都使用 JPEG 格式压缩图像，这是一种有损压缩算法，压缩比很大并且支持多种压缩级别的格式。当对图像的精度要求不高而存储空间又有限时，JPEG 是一种理想的压缩方式。JPEG 的缺点是不适合打印高质量的图像
BMP(bit map)	BMP 是在 Windows 系统中广泛使用的格式，通常采用非压缩方式存储不太大的图像文件
FlashPIX	FlashPIX 是一种专门用于数字照相的图像格式。FlashPIX 是由美国柯达、LivePicture、微软、惠普公司在 IVUE 格式的基础上联合开发的。IVUE 格式的图像处理速度快，对硬件要求不高。FlashPIX 保持了 IVUE 的优点，又增加了新的特性。FlashPIX 格式保存图像具有处理快速、占用存储器容量小等特点，所以 FlashPIX 在数字照相机中相当流行
TIFF(tagged image file format)	TIFF 采用无损压缩或不压缩方法存储图像。TIFF 格式的优点是大多数图像处理软件都支持这种格式，缺点是它会占用较多的存储空间
GIF(graphics interchange format)	GIF 图形交互格式被许多互联网用户用作标准的图像格式，在 GIF 图像中使用 LZW 压缩算法，使得它具有很高的压缩比且为无损压缩。GIF 的缺点是只支持 8 位（即 256 色）图形

5 数字摄像机 数字摄像机（digital video，DV）英文直译是"数字视频"的意思。其格式是由日本索尼、松下、胜利、夏普、东芝和佳能公司等多家企业联合制定的一种数码视频格式。然而，在大多数场合则是用 DV 代表数字摄像机。数字摄像机，按使用用途可分为广播级机型、专业级机型、消费级机型等；按存储介质可分为磁带式、光盘式、硬盘式、存储卡式等。

第一台数字摄像机诞生于 1995 年，经过几十年的发展，数字摄像机发生了巨大变化，存储介质从磁带到光盘（DVD）再到硬盘，总像素从初期的 80 万到现在 800 万以上，影像质量从标清 DV（720×576）到超高清 HDV（3 840×2 1600）。

（1）主要特点 模拟摄像机记录的是模拟信号，所以影像清晰度（也称之为解析度、解像度或分辨率）不高，如 VHS 摄像机的水平清晰度为 240 线，最好的 Hi8 机型也只有 400 线。而 DV 记录的则是数字信号，其水平清晰度已经达到了 500～540 线，可以和专业摄像机相媲美。

DV 的色度和亮度信号带宽差不多是模拟摄像机的 6 倍，而色度和亮度带宽是决定影像质量的最重要因素之一，因而 DV 拍摄的影像的色彩就更加纯正和绚丽，也达到了专业摄像机的水平。

DV 记录的信号可以无数次地转录，影像质量丝毫也不会下降，这一点也是模拟摄像机所望尘莫及的。

和模拟摄像机相比，DV 的体积大为减小，一般只有 123mm×87mm×66mm 左右，重量则大为减轻，一般只有 500g 左右，极大地方便了用户。较小的家用 DV 产品体积只有 74.7mm×61.9mm×26.9mm，重量才 90g，比大多数手机还要轻些。

（2）分类

1）按使用用途分。

① 广播级机型，主要应用于广播电视领域，图像质量高，性能全面，但价格较高，体积也比较大。它们的清晰度最高，信噪比最大，但是价格也是最高的，如日本松下的 DVCPRO50M 以上的机型等。

② 专业级机型，一般应用在广播电视以外的专业电视领域，如电化教育等。其图像质量低于广播用摄像机，不过近年一些高档专业机型在性能指标等很多方面已超过旧型号的广播级摄像机。其价格一般在数万到十几万元之间。

③ 消费级机型，主要是适合家庭使用的摄像机，应用在图像质量要求不高的非业务场合，如家庭娱乐等。这类摄像机体积小重量轻、便于携带、操作简单、价格便宜。

2）按存储介质分。

① 磁带式，指以 MiniDV 磁带为介质的。它最早在 1994 年由 10 多个厂商联合开发而成。通过 1/4 英寸的金属蒸镀带来记录高质量的数字视频信号。

② 光盘式，指的是采用 DVD 为存储介质，如

用 DVD-R、DVR+R、DVD-RW、DVD+RW 来存储动态视频图像。这类机型操作简单、携带方便，拍摄中不用担心重叠拍摄，更不用浪费时间去倒带或回放，尤其是可直接通过 DVD 播放器即刻播放。DVD 介质被认为是目前所有的介质中安全性、稳定性最高的，既不像磁带那样容易损耗，也不像硬盘式那样对防震有非常苛刻的要求。不足之处是 DVD 的价格与磁带相比略微偏高了一点，而且可录制的时间相对短了一些。

③ 硬盘式，指的是采用硬盘作为存储介质。2005 年由日本 JVC 公司率先推出用微硬盘作为存储介质的 DV 产品。其具备很多好处，大容量硬盘能够确保长时间拍摄，减少了外出旅行拍摄的后顾之忧；回到家中向计算机传输拍摄素材，也不再需要 MiniDV 磁带那样烦琐、专业的视频采集设备，仅需用 USB 连线与计算机连接，就可轻松完成素材导出，让普通家庭用户也可轻松体验拍摄、编辑视频影片。

④ 存储卡式，指的是采用存储卡作为存储介质。

3）按传感器分。

① 按传感器类型，分为 CCD 与 CMOS 两种：电荷耦合器件（charge coupled device，CCD）图像传感器，使用一种高感光度的半导体材料制成，能把光线转变成电荷，通过模-数转换器芯片转换成数字信号；互补金属氧化物半导体（complementary metal oxide semiconductor，CMOS），和 CCD 一样可记录光线变化的半导体。

② 按传感器数目，分为单 CCD 与 3CCD。图像感光器数量，是指 DV 中感光器件 CCD 或 CMOS 的数量，多数采用了单个 CCD 为其感光器件，而一些中高端机型则使用 3CCD 作为其感光器件。

1.5　虚拟现实技术

6　虚拟现实的发展　虚拟现实（virtual reality，VR）系统（virtual reality system；virtual reality platform，VR-Platform 或 VRP）是近年出现的图形图像领域的技术。虚拟现实是利用计算机模拟产生一个三维空间的虚拟世界，提供给使用者在视觉、听觉、触觉等感官的模拟信息，让使用者如同身历其境一般，可以实时、没有限制地观察三维空间内的事物。

（1）基本理论　虚拟现实技术是一项综合集成技术，它用计算机生成逼真的三维视、听、嗅觉等感觉，使人作为参与者通过适当装置，对虚拟世界进行体验和交互作用。使用者进行位置移动时，计算机可以立即进行复杂的运算，将精确的三维世界影像传回产生临场感。该技术集成了计算机图形（CG）技术、计算机仿真技术、人工智能、传感技术、显示技术、网络并行处理等技术的发展成果，是一种由计算机技术辅助生成的高技术模拟系统。

虚拟现实中的"现实"，泛指在物理意义上或功能意义上存在于世界上的任何事物或环境，可以是实际上可实现的，也可以是实际上难以实现的或根本无法实现的；"虚拟"是指用计算机生成的意思。因此，虚拟现实是指用计算机生成的一种特殊环境，人可以通过使用各种特殊装置将自己"投射"到这个环境中，并操作、控制环境，实现特殊的目的，即人是这种环境的主宰。

（2）基本特性

1）多感知性（multi-sensory），是指除了一般计算机技术所具有的视觉感知之外，还有听觉感知、力觉感知、触觉感知、运动感知，甚至包括味觉感知、嗅觉感知等。理想的虚拟现实技术应该具有一切人所具有的感知功能。但目前由于相关技术的制约，特别是传感技术的限制，虚拟现实技术所具有的感知功能仅限于视觉、听觉、力觉、触觉、运动等几种。

2）浸没感或存在性（immersion），又称临场感，是指用户感到作为主角存在于模拟环境中的真实程度。理想的模拟环境应该使用户难以分辨真假，使用户全身心地投入到计算机创建的三维虚拟环境中。该环境中的一切看上去是真的，听上去是真的，动起来是真的，甚至闻起来、尝起来等一切感觉都是真的，如同在现实世界中的感觉一样。

3）交互性（interactivity），是指用户对模拟环境内物体的可操作程度和从环境得到反馈的自然程度。例如，用户可以用手去直接抓取模拟环境中虚拟的物体，这时手有握着东西的感觉，并可以感觉物体的重量，视野中被抓的物体也能立刻随着手的移动而移动。

4）构想性（imagination），是指虚拟现实技术应具有广阔的可想象空间，可拓宽人类认知范围，不仅可再现真实存在的环境，也可以随意构想客观不存在的甚至是不可能发生的环境。

（3）组成　一个完整的虚拟现实系统是由虚拟环境，以高性能计算机为核心的虚拟环境处理器，以头盔显示器为核心的视觉系统，以语音识别，声音合成与声音定位为核心的听觉系统，以方位跟踪器、数据手套和数据衣为主体的身体方位姿态跟踪设备，以及味觉、嗅觉、触觉与力觉反馈系统等功能单元构成的。

（4）应用 虚拟现实技术的应用极为广泛，除了在军事与航空、医学、城市规划与经营、建筑设计、房地产开发、科技馆、博物馆、娱乐、教育及艺术等方面的应用外，在可视化计算、模拟训练设备、产品的设计与展示、古文化遗产还原及保护、制造业等众多领域都可以得到广泛应用。不久的将来，虚拟现实技术可能会渗透到所有与信息系统相关的学科和领域。

1）医学。在医学方面，虚拟现实技术的应用大致上有两类：一类是虚拟人体，也就是数字化人体，这样的人体模型使医生更容易了解人体的构造和功能；另一类是虚拟手术系统，可用于指导手术的进行。

2）娱乐、艺术与教育。丰富的感觉能力与三维显示环境，使得虚拟现实技术成为理想的视频游戏工具。由于在娱乐方面对虚拟现实的真实感要求不是太高，所以目前虚拟现实技术在该方面发展最为迅猛。

3）军事与航天工业。模拟训练一直是军事与航天工业中的一个重要课题，这为虚拟现实技术提供了广阔的应用前景。利用虚拟现实技术模拟战争过程，已成为先进的多快好省的研究战争、培训指挥员的方法。利用各种技术手段的战争实验室在检验预定方案用于实战方面也能起巨大作用。1991年海湾战争开始前，美军把海湾地区各种自然环境和伊拉克军队的各种数据输入计算机内，进行各种作战方案模拟后，定下了初步作战方案。

4）商业。虚拟现实技术可用于产品的推销。例如在建筑工程投标时，把设计的方案用虚拟现实技术表现出来，把业主带入未来的建筑物里参观，如门的高度、窗户朝向、采光多少、屋内装饰等都可以感同身受。它同样可用于旅游景点及功能众多、用途多样的商品推销。因为利用虚拟现实技术展现这类商品，比用文字或图片宣传更加有吸引力。

5）科技开发。利用虚拟现实技术（作为计算机辅助设计的重要支撑），可缩短开发周期，减少费用。例如，美国克莱斯勒公司1998年初便利用当时的虚拟现实技术，在设计某两种新型车上取得突破。利用虚拟现实技术，克莱斯勒避免了1 500项设计差错，节约了8个月的开发时间和8 000万美元费用。利用虚拟现实技术还可以进行汽车碰撞

试验，根据不同条件下的碰撞后果，进一步优化车身设计。虚拟现实技术结合理论分析、科学实验，成为人类探索客观世界规律的重要手段。用它来设计新材料，可以预先了解改变成分对材料性能的影响。在材料还没有制造出来之前，科学预测用这种材料制造出来的零件在不同受力情况下是如何损坏的。

6）分布式虚拟现实。其研究目标是建立一个可供多用户同时异地参与的分布式虚拟环境，处于不同地理位置的用户如同进入到一个真实世界，不受物理时空的限制，通过姿势、声音或文字等"在一起"进行交流、学习、研讨、训练、娱乐，甚至协同完成同一件比较复杂的产品设计或进行同一艰难任务的演练。目前，分布式虚拟现实的研究有两大方向：一个是国际互联网上的分布式虚拟现实，如基于VRML标准的远程虚拟购物；另一个是在由军方投资的高速专用网，如采用ATM技术的美国军方国防仿真互联网DSI。

我国三维虚拟现实技术的发展多是采用同期国外现成的三维图形引擎进行二次开发。比较流行且相对效率较高的三维图形引擎主要有Vega、Vega-prim、Vtree、Virtools、Quest3D等。

可以预见，在不久的将来，虚拟现实技术将会影响甚至改变人们的观念与习惯，并将深入到人们的日常工作与生活。

7 虚拟现实的设备 虚拟现实设备是指与虚拟现实技术相关的硬件产品，是虚拟现实解决方案中用到的硬件设备。现阶段虚拟现实中常用到的硬件设备，基本可以分为四大类：建模设备，如三维扫描仪；三维视觉显示设备，如三维展示系统、大型投影系统、头戴式立体显示器等；声音设备，如三维的声音系统及非传统意义的立体声；交互设备，如位置追踪仪、数据手套、三维鼠标、动作捕捉设备、眼动仪、力反馈设备等。

（1）建模设备 三维扫描仪是一种主要的建模设备，也称为三维立体扫描仪。三维扫描仪是融合光、机、电和计算机技术于一体的高新科技产品，主要用于获取物体外表面的三维坐标及物体的三维数字化模型。该设备不但可用于产品的逆向工程、快速原型制造、三维检测（机器视觉测量）等领域。而且，随着三维扫描技术的不断深入发展，如三维影视动画、数字化展览馆、服装量身定制、计算机虚拟现实仿真与可视化等，越来越多的行业也开始应用三维扫描仪这一便捷的手段来创建实物的数字化模型。通过三维扫描仪非接触扫描实物模

型，得到实物表面精确的三维点云（point cloud）数据，最终生成实物的数字模型，不仅速度快，而且精度高，几乎可以完美复制现实世界中的各种物体，以数字化的形式逼真重现现实世界。

（2）三维视觉显示设备　为了实现虚拟现实的沉浸特性，三维视觉显示设备必须面向人体的感官特性，包括视觉、听觉、触觉、味觉、嗅觉等。

1）虚拟现实头戴式显示器。虚拟现实头戴式显示器（HMD），简称虚拟现实头显，是利用人的左右眼获取信息差异，引导用户产生身在虚拟环境中的感觉的一种头戴式立体显示器。其显示原理是左右眼屏幕分别显示左右眼的图像，人眼获取这种带有差异的信息后在脑海中产生立体感。虚拟现实头显作为虚拟现实的显示设备，具有小巧和封闭性强的特点，在军事训练、虚拟驾驶、虚拟城市等项目中具有广泛的应用。

2）双目全方位显示器。双目全方位显示器（BOOM）是一种特殊的头部显示设备。它类似望远镜，是把两个独立的显示器捆绑在一起，由两个相互垂直的机械臂支撑，这不仅让用户可以在半径2m 的球面空间内用手自由操纵显示器的位置，还能将显示器的重量加以巧妙地平衡而使之始终保持水平，不受平台运动的影响。

3）CRT 终端-LCD 光闸眼镜。CRT 终端-LCD 光闸眼镜立体视觉系统的工作原理是，计算机分别产生左右眼的两幅图像，经过合成处理之后，采用分时交替的方式显示在 CRT 终端上。用户则佩戴一副与计算机相连的 LCD 光闸眼镜，眼镜片在驱动信号的作用下，将以图像显示同步的速率交替开和闭。即，当计算机显示左眼图像时，右眼透镜将被屏蔽；显示右眼图像时，左眼透镜被屏蔽。根据双目视察与深度距离呈正比的关系，人的视觉生理系统可以自动将这两幅视察图像合成一个立体图像。

4）大屏幕投影-LCD 光闸眼镜。大屏幕投影-LCD 光闸眼镜立体视觉系统原理和 CRT 终端-LCD 光闸眼镜的一样只是将分时图像 CRT 显示改为大屏幕显示。用于投影的 CRT 或数字投影机要求极高的亮度和分辨率。

5）洞穴自动化虚拟环境显示系统。洞穴自动化虚拟环境显示系统，可产生基于投影的环绕屏幕的洞穴自动化虚拟环境（cave automatic virtual environment，CAVE）。人置身于由计算机生成的世界中，并能在其中来回走动，从不同的角度观察、触摸、改变等。大屏幕投影系统除了 CAVE，还有圆柱形的投影屏幕和矩形拼接构成的投影屏幕等。

6）智能眼镜。智能眼镜是一个非常有创意的产品，可以直接解放参与者的双手，让参与者不需要用手一直拿着设备，也不需要用手连续点击屏幕输入。智能眼镜配合自然交互界面，相当于现在手持终端的图像接口，不需要点击，只需要使用人的本能行为，如摇头、讲话、转眼等，就可以和智能眼镜进行交互。因此，这种方式提高了用户体验，操作起来更加自然随心。

（3）声音设备

1）三维立体声。三维声音不是立体声，而是由计算机生成的能由人工设定声源在空间中的三维位置的一种合成声音。这种声音技术不仅考虑到人的头部、躯干对声音反射所产生的影响，还对人的头部进行实时跟踪，是虚拟声音能随着人的头部运动相应变化，从而能够得到逼真的三维听觉效果。

2）语音识别。语音识别系统让计算机具备人类的听觉功能，使人-机以语言这种人类最自然的方式进行信息交换。根据人类的发声机理和听觉机制，给计算机配上"发声器官"和"听觉神经"。当参与者对拾音器说话时，计算机将所说的话转换为命令流，就像从键盘输入命令一样。

（4）交互设备

1）数据手套。数据手套是虚拟仿真中最常用的交互工具。数据手套设有弯曲传感器，弯曲传感器由柔性电路板、力敏元件、弹性封装材料组成，以力敏材料包覆柔性电路板，通过导线连接至信号处理电路；把操作者手姿态准确实时地传递给计算机虚拟环境，而且能够把与虚拟物体的接触信息反馈给操作者。

2）力矩球。力矩球又称空间球（space ball），是一种可提供 6 个自由度的外部输入设备。它安装在一个小型的固定平台上。6 自由度是指宽度、高度、深度、俯仰角、转动角和偏转角，可以扭转、挤压、拉伸及来回摇摆，用来控制虚拟场景做自由漫游，或者控制场景中某个物体的空间位置机器方向。

3）操纵杆。操纵杆是一种可以提供前后左右上下 6 个自由度及手指按钮的外部输入设备，适合虚拟飞行等的操作。由于操纵杆采用全数字化设计，所以其精度非常高。无论操作速度多快，它都能快速做出反应。操纵杆的优点是操作灵活方便、真实感强，相对于其他设备来说价格低廉；缺点是只能用于特殊的环境，如虚拟飞行。

4）触觉反馈装置。虚拟现实系统中，触觉反馈主要是采用气压式和振动式的触觉反馈方法。气压式触摸反馈采用小空气袋作为传感装置。它由双层手套组成，其中一个输入手套来测量力，有 20~30 个力敏元件分布在手套的不同位置。当使用者在虚拟现实系统中产生虚拟接触的时候，检测出手的各个部位的受力情况；用另一个输出手套再现所检测的压力，手套上也装有 20~30 个小空气袋放在对应的位置，这些小空气袋由空气压缩泵控制气压，并由计算机对气压值进行调整，从而实现虚拟手物碰触时的触觉感受和受力情况。

5）力觉反馈装置。触觉和力觉实际是两种不同的感知。触觉包括的感知内容更加丰富，如接触感、质感、纹理感及温度感等；力觉感知设备要求能反馈力的大小和方向。与触觉反馈装置相比，力反馈装置相对成熟一些。目前，已经成熟的力反馈装置有力量反馈臂、力量反馈操纵杆、笔式 6 自由度游戏棒等。其主原理是由计算机通过力反馈系统对用户的手、腕、臂等运动产生阻力，从而使用户感受到作用力的方向和大小。

6）运动捕捉系统。在虚拟现实系统中，为了实现人与虚拟现实系统的交互，必须确定参与者的头部、手、身体等位置的方向，准确地跟踪、测量参与者的动作，将这些动作实时监测出来，并将这些数据反馈给显示和控制系统。从技术角度来看，运动捕捉就是要测量、跟踪、记录物体在三维空间中的运动轨迹。目前，常用的运动捕捉技术从原理上说可分为机械式、声学式、电磁式和光学式。另外，在虚拟现实系统中还有一种常用的运动捕捉式数据衣。数据衣是为了让虚拟现实系统识别全身运动而设计的输入装置。它是根据"数据手套"的原理研制出来的，这种衣服装备着许多触觉传感器穿在身上，衣服里面的传感器能够根据身体的动作探测和跟踪人体的所有动作。数据衣对人体大约 50 个不同的关节进行测量，包括膝盖、手臂、躯干和脚。通过光电转换，身体的运动信息被计算机识别，反过来衣服也会反作用在身上产生压力和摩擦力，使人的感觉更加逼真。

第 2 章　音响设备

2.1　收音机

收音机是无线电广播的接收机，是一种将无线电波信号转换并收听广播电台发射的音频信号的机器。

收音机接收天线输入从空间捕捉到的高频调制的微弱信号，经过放大、变频和检波，还原为音频信号。根据不同的需要，收音机可采用不同的元器件和线路来组合。早期的收音机都采用电子管，现在已普遍使用晶体管和集成电路。线路简单的再生式收音机只用一个晶体管，而线路复杂的超外差式调幅调频收音机常要用多种集成电路。

收音机可以从不同的角度来分类：根据使用器件的不同，可分为电子管收音机、晶体管收音机、集成电路收音机；根据放大方式的不同，可分为直接放大式收音机和超外差式收音机；根据接收的广播制式不同，可分为调幅收音机、调频收音机和调幅调频收音机；根据接收的波段不同，可分为中波收音机、短波收音机、中短波收音机、中波超短波收音机、长中短波收音机、全波段收音机。

随着数字技术的发展，数字收音机的问世标志着传统模拟收音机将逐渐退出历史舞台。数字收音机是一款通过数字传输技术来工作，通过数字广播站的信号来收听数字广播电台的计算机收音机软件。模拟收音机（普通的传统收音机）将逐渐被数字收音机所替代。数字收音机比传统的模拟收音机在音质上具有绝对的优势，因为数字传输技术所传输的音质不易受外界信号影响，因此更加清晰，且收听的电台不再局限于模拟信号的频率范围。

2.2　数字播放器

数字播放器可分为数字音频播放器和数字视频播放器，这里主要介绍的是数字音频播放器，数字视频播放器在本篇 1.3 节已介绍了。

数字音频播放器（digital audio player，DAP）是一种可储存、组织与播放音频文件的装置。

8　CD 播放器　CD 播放器结构框图见图 24.2-1。电动机带动放有 CD 的转盘转动，原始的模拟声音信号经量化、编码后转化为二进制数码脉冲序列，然后以凹凸形式录在唱片表面。放音时，激光拾音器将凹凸形式的数码信号转换为电信号，再送入解码电路，还原出 L、R 音频信号。与传统唱片不同之处是，CD 只有一面录有数码信号，且 CD 播放器激光拾音器是从 CD 中心开始拾音至外沿结束。拾音器与唱片之间始终保持 1.3m/s 的恒定线速度，即唱片的旋转速度以中心点的 500r/min 减至边缘的 200r/min。

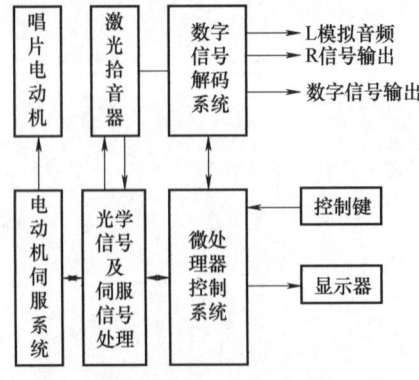

图 24.2-1　CD 播放器的结构框图

9　MD 播放器　MD 播放器（也称 MD 录放器），是日本索尼（SONY）公司于 1992 年推出的，采用 ATRAC 压缩算法，以迷你光盘（minidisc，MD）为存储介质的便携式音频播放器。索尼公司推出 MD 播放器，本意是作为传统磁带录放机和 CD 播放器的替代品推入市场。相对于传统磁带录音机和 CD 播放器来说，MD 播放器有一定的优势。MD 播放器的储存介质是固定的，每张 MD 的容量约为 140MB，可以储存最多 74min 的立体声音频流。MD 播放器遵循了传统 CD 播放器的工作原理，都具有电动机和机械传动装置。MD 播放器沿用了老式磁带录放机的录制方式，即录放同步。1992 年投放市场后，MD 播放器没有成为市场的主流。其存在寿命非常短暂，现在已经完全退出市场。

10　MP3 播放器　MP3 播放器是计算机、网络、音乐三者结合的产物。MP3 播放器采用了全新的录制方式——纯数字下载。随着计算机 USB 接口、网络宽频接口的迅速普及，复制和 MD 同等时长的 MP3 音乐文件只需要很短的时间。MP3 播放器不仅支持 MP3 格式，它还兼容 WMA 和 VQF 等音质优于 MD 的其他格式。MP3 播放器的物理存储介质是半导体，这意味着从理论上说其容量可以做到非常大而体积可以很小，并可以同其他便携式设备相互整合，使其普及范围成倍扩大。虽然，目前大多数 MP3 播放器用的是 128MB 或 256MB 闪存，但已经有使用 2.5 英寸 IDE 接口硬盘作为储存介质、容量达 6GB 的 MP3 播放器上市，其存储的音乐曲目量相当于一百余张 MD。MP3 播放器不存在机械部分，所以不存在 MD 播放器无法避免的机械磨损，使得耐用性大大优于后者。但同样由于其本身存在只能播放音频的单一特性，近年来 MP3 也已逐步边缘化。

11　数字播放器的特点及比较　上述介绍的是数字播放器的几种主要产品，下面分析一下它们的特点并作比较。

1）目前来说，CD 的音质最好，而 MP3 和 MD 两者都采用了压缩算法，是一种有损压缩，在压缩过程中会丢失信号，所以音质要差于 CD。MD 的压缩率为 1∶5，MP3 的压缩率为 1∶10，一般认为 MD 的音质略好于 MP3。

2）虽然目前 CD 播放器的音质最好，但其体积和重量相对较大，工作时怕振动，不便携带，且需不断地购置 CD；MP3 在保持高压缩率的同时，在音质技术上不断取得突破。日本健伍（KENWOOD）公司推出了一项名为"超级驱动"（SupremeDrive）

的技术。该技术能恢复音乐在编码和压缩过程中丢失的信号，通过计算重新产生这些丢失的泛音。通过这项技术，MP3 压缩文件的音质可基本还原到 CD 的音质。

3）MP3 播放器不仅具有小巧玲珑、海量音乐存储等特点，同时也能实现英语复读、录音、学习、FM 广播和移动存储等众多功能。

2.3　组合音响和音响组合

12　音频放大技术

（1）功放　功放全称为功率放大器，一般特指音响系统中一种最基本的设备，俗称扩音机。它是可以将音频信号放大到一定功率来推动扬声器工作的一种装置。功放的原理框图见图 24.2-2。其性能主要考虑整机频率特性、谐波失真、信号噪声比、阻尼系数。

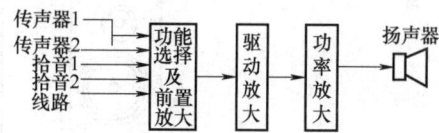

图 24.2-2　功放的原理框图

（2）高保真立体声　高保真立体声由左、右两声道组成，现场声音分别记录在左、右声道上。播放时，按记录的方式分别播放各自的声道，推动左、右声道音箱，实现立体声效果。这种系统形成的声场缺乏纵深方向的移动，声音没有"厚度"。

（3）杜比环绕声　杜比环绕声即杜比立体声，它的特点是声音的记录与重放都采用了多声道技术，比传统的立体声多了环绕声道。即，录音时按现场的情况拾取三路有效信号，即左（left，L）、右（right，R）及环绕声（surround，S）三路信号，经过编码后记录在左（L）、右（R）两条声轨上；重放时，经相关电路把信号再还原成原来的左（L）、右（R）、环绕（S）三路信号（该过程称解码），然后经各自的功率放大器去推动相应的音箱，从而产生三维空间感，使听者有身临其境的现场感。

（4）AV 功放　AV 功放又称 AV 放大器，是一种视频、音频功率放大器。它是随数字视频播放机的诞生而出现的新一代功率放大器。AV 功放主要由 AV 信号选择器、声场处理电路、视频同步增强电路、多路放大器、控制显示电路和遥控电路组成。杜比环绕声 AV 功放原理框图见图 24.2-3。各节目源送来的视频和音频信号经 AV 信号选择器选择其中一路，并把选取的视频信号送入视频信号同步增强电路，再送至视频端子输出；把选取的音频信号送

入声场电路，经各相关电路处理后，再把音频信号送至各音频放大器放大并输出。机器的工作状态由显示器显示。AV 功放的连接方法见图 24.2-4。

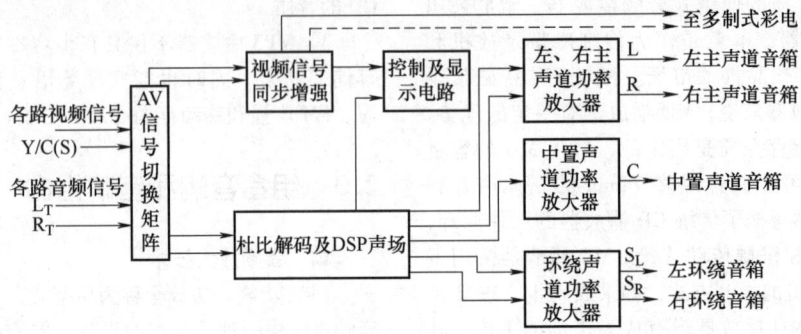

图 24.2-3　杜比环绕声 AV 功放原理框图

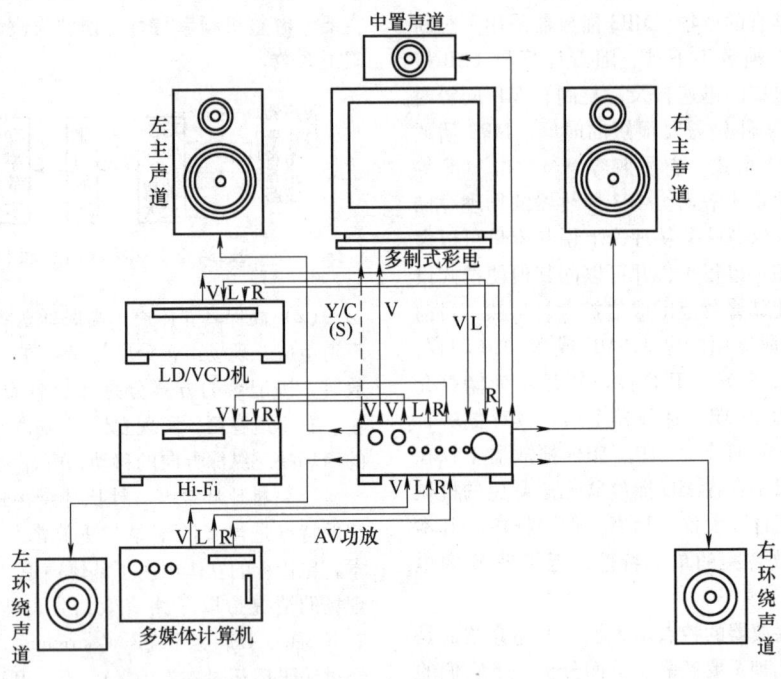

图 24.2-4　AV 功放的连接方法

13　AV 和 Hi-Fi 音响　AV 是英文单词 audio（音频信号）和 video（视频信号）的首字母合写；Hi-Fi 则是英文 High-Fidelity（高保真）的缩写。AV 音响（家庭影院）和 Hi-Fi 音响（只听音乐）要满足的要求是不同的。AV 音响至少有 5 个声道，推动家庭影院的 5 只音箱来播放还原 DVD 的声音。家庭影院要求 AV 音响具有足够的功率储备，反应敏捷，音箱的承受力也要大。总而言之，AV 音响要有强大的震撼力，尽管它发出的地动山摇的声音可能并不真实。Hi-Fi 音响不必如此，因为它是用

来听音乐的。Hi-Fi 音响的功放一般是两个声道，音箱则为一对。它尽可能地降低失真，才能更接近原汁原味。所以，衡量 Hi-Fi 音响质量的第一位是"高保真"。相对 AV 音响而言，Hi-Fi 音响在技术上较难达到一些。这就是为什么有时候 5 只 AV 音箱没有一对 Hi-Fi 音箱价格贵。实验表明，看电影的时候，人们的注意力约 80% 放在画面上，约 20% 的注意力用来听声音。但是，听音乐有时候是全神贯注，这也是对 Hi-Fi 音响要求更高的原因之一。

（1）Hi-Fi 音响功放的性能指标　其性能指标

主要有输出功率、频率响应、失真度、信噪比、输出阻抗、阻尼系数等。

1）输出功率，是指功放电路输送给负载的功率，具体包括额定功率（RMS）、音乐输出功率（MPO）、峰值音乐输出功率（PMPO）。额定功率是指，在一定的谐波失真范围内（通常规定输入信号为 1000Hz 正弦波的谐波失真度为 10%），功放电路长期工作所能输出的最大功率。最大输出功率是指，不考虑失真大小时，功放电路能输出的最大功率。音乐输出功率是指，在规定的谐波失真度条件下，功放电路工作于音乐信号（非正弦波）时瞬间可提供的最大输出功率。峰值音乐输出功率是指，不考虑失真大小时，功放电路能输出的最大音乐功率。通常，峰值音乐输出功率>音乐输出功率>最大输出功率>额定功率。峰值音乐输出功率一般是额定功率的 5~8 倍。

2）频率响应，是指功放对声频信号各频率分量的放大能力。频率响应包括幅值-频率响应（幅频特性）和相位-频率响应（相频特性）。理想的功放频率响应不应低于人耳的听觉频率范围，即 20Hz~20kHz；高保真专业功放可达到 0~40kHz 或更大。

3）失真，是指重放音频信号时信号波形发生了变化。它主要分为谐波失真（THD）和互调失真（IMD）。谐波失真是指，由功率放大器的非线性元件引起的非线性失真。高保真专业功放的谐波失真在 0.001%~0.01%（在 8Ω 负载下测最大功率时）。互调失真（IMD）是指，输入信号各种频率之间及其谐波之间产生的和频和差频信号导致的失真。高保真专业功放的互调失真小于 0.1%。瞬态失真体现了功率放大电路对瞬态跃变信号的跟随能力，它主要是受频率响应和扬声器振动系统所影响。

4）动态范围，是指放大器不失真放大的最小信号与最大信号的电平比值。高保真专业功放的动态范围应大于 90dB。

5）信噪比（S/N），是指声音信号大小与噪声信号大小的比值。专业 Hi-Fi 功放的信噪比高于 90dB。

（2）虚拟环绕声　近年来各机构开始研究采用最少的声道和最少的音箱，营造出具有立体感的三维声音的技术。这种声音效果不像杜比等成熟的环绕声技术那样效果逼真。但是由于价格便宜，这种技术被越来越广泛地用在功放、电视机、VCD、轿车音响和 AV 多媒体中。人们把这种技术称为非标准环绕声技术。非标准环绕声系统是在双声道立体声的基础上，不增加声道和音箱，把声场信号通过电路处理后播出，使聆听者感到声音来自多个方位，产生仿真的立体声场。常见的非标准环绕声有虚拟杜比环绕声、SRS 音效处理及 ASR 模拟环绕声技术等。

（3）SRS 音效处理　SRS 音效处理技术，不是从研究硬件营造三维声场入手，而是从听觉心理学出发，模拟出一个三维声场，使听音者觉得置身于三维声场之中。实际上，这种"三维声场"是不存在的，它只是一种幻象，就如同立体电影、立体画片一样，是通过技术手段将两维平面物体转化为三维空间物像。SRS 音效处理在心理上和主观感觉上恢复了原声源在双耳处造成的声波状态（直达声、反射声、混响声），再现了原声源中的方位和空间分布，使人有身临其境的感觉。它对声源要求简单，故适应面广，所有的杜比软件、双声道软件乃至单声道软件都能适用。其硬件成本低，仅在原有的双声道功放及音箱的基础上增加一个数百元的 SRS 处理器即可欣赏到三维声场，这也是它迅速发展的关键原因。较之虚拟杜比环绕声，它更加简便易行，很受欢迎，从随身听一直到组合音响、彩电、VCD、PC 等都得到广泛应用。

（4）ASR 模拟环绕声　ASR 模拟环绕声技术，只用两只音箱就可以模拟出三维空间的声场。其原理图见图 24.2-5，将输入端信号 L、R 各取出一部分经过特制的滤波器 X_L、X_R 改变强度和相位后分别送到输出端与 R、L 叠加，其输出信号为 L+R′、R+L′，调节滤波器参数使得听音者两耳间的强度差和相位差比原来得到增强，输出声源信号 L、R 就分别被移到 L′ 及 R′ 的位置，这样 R′ 及 L′ 就形成了移动的虚拟声源。实际运用时还要加上相当复杂的校正电路及反馈电路，以使虚拟的声音更加接近真实，模拟的声场更加自然。

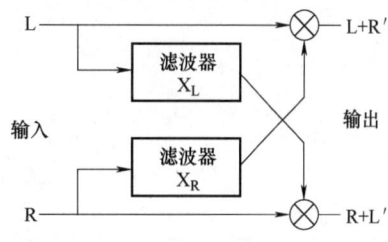

图 24.2-5　ASR 模拟环绕声技术原理图

虚拟杜比环绕声、SRS 音效处理及 ASR 模拟环绕声的共同点都属于模拟环绕声范畴，无论是声像的定位、中置声道的对白清晰度，还是空间的移动感等效果，它们与杜比环绕声相比有一定的差距。所以，这类非标准环绕声不可能取代以杜比为代表的标准环绕声，然而它低廉的价格，小巧的体积却赢得了市场。目前已有越来越多的视听器材如光盘机、彩电、汽车音响、多媒体计算机等都配上了这类非标准的环绕声。

14　组合音响与音响组合的比较　组合音响由外接传声器（MIC）、电唱片（PHONO）、激光唱片（CD）、收音机调谐器（TU）、录放音卡座（DE）、辅助信号输入端（AUX）、图示均衡器（EQ）、前置放大器和功放、电源（PW）、音箱等

组合而成。组合音响各功能块结构框图见图24.2-6。

组合音响是将播放设备、功放和音响组成一套完整的播放系统。生产厂商可根据不同档次的元器件、款式，生产出不同档次的音响，以满足消费者的要求，但总体性能价格比不高，而且不能完全满足消费者的要求。

音响组合是用户根据自己的爱好，将播放设备、功放、音箱这三部分自由组合在一起，达到理想的音响效果。音响组合中免去了组合音响中一些不必要的功能，提高了性能价格比。

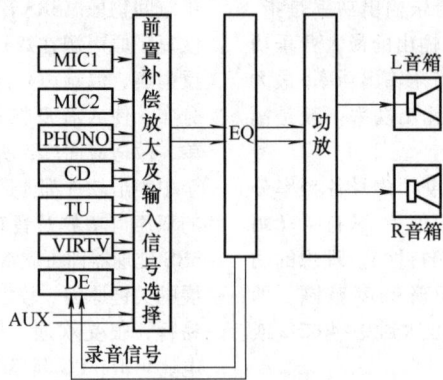

图 24.2-6　组合音响各功能块结构框图

第3章 日用电器

3.1 日用电器

15 日用电器概论

（1）日用电器的发展　日用电器，是指为人们生活服务的各种电气器具和电子产品，又称家用电器。它综合应用了机、电、热、光、无线电及自动控制等学科的技术，满足了人们日益增长的物质生活与文化生活的需求，减轻了人们家务劳动，丰富了人们生活，增进了人们身心健康，为人们提供舒适的生活和工作环境。日用电器操作应方便，造型应新颖美观，价格和运行费用应低廉，力求标准化、系列化、通用化。日用电器的主要发展方向如下：

1）利用电子技术和家庭计算机系统实现自动化与智能化。

2）研究高效及最佳运行方式以实现节能化。

3）为方便使用、节省空间，应实现日用电器的组合化与系统化。

4）应用新材料、新工艺提高日用电器的性能和外观。

5）研究解决日用电器的无公害化，降低产品噪声和电磁干扰。

6）强化工业设计，满足消费者心理和对产品功能不断变化的需求。

7）加强采用国际先进标准和开展国际国内安全认证。我国日用电器的电气安全标准基本等效采用 IEC 标准。国际安全认证主要是 CB 认证［来自国际电工委员会电工产品安全认证组织（IECCEE）］和 UL（来自美国保险商实验室）认证；国内安全认证是 CCC（中国强制认证）认证。

（2）日用电器的安全防护　对日用电器的要求应特别强调安全和可靠，即使发生故障也应能保证不致造成危害，产品对环境不产生干扰，产品不能因设计、结构缺陷或制造质量低劣使使用者受到电击、机械性伤害和火灾危害。日用电器防触电保护可分为 5 类（见表 24.3-1）。

表 24.3-1　日用电器防触电保护的分类及说明

类别	含义	安全原理	图示	应用说明
0 类器具	仅有基本绝缘保护	靠基本绝缘与带电体隔离，如绝缘损坏，外壳及易触及部件带电，易引起触电事故	金属外壳 基本绝缘	该类器具安全性能不高，仅适用于工作条件较好的场所
0 I 类器具	有基本绝缘，在外壳上有接地端子，但无接地线	虽仅有基本绝缘，但必要时用户可以加接地线，增加接地保护	金属外壳 接地端子　基本绝缘	这类器具如不接地，情况和 0 类器具相同；如加接地线，情况和 I 类器具一样
I 类器具	有基本绝缘隔离带电体，又有外壳通过电源线接地	如器具的绝缘损坏，电流直接经外壳入地，不危及人身	金属外壳 基本绝缘 接地	安全等级较高，但需接地可靠，适合于固定式器具，如洗衣机、电冰箱、电风扇等大件产品

（续）

类别	含义	安全原理	图示	应用说明
Ⅱ类器具	有双重绝缘和加强绝缘，将带电体隔离	防触电保护不仅依靠基本绝缘，而且有后备的补充绝缘，万一前者损坏，后者仍可起绝缘作用		安全等级高，一般塑料外壳带护套电源线的产品，都可视作双重绝缘
Ⅲ类器具	有基本绝缘，采用特低安全电压的产品，最高电压不超过 42V	在安全电压下工作，并采用安全隔离变压器供电		这类器具的安全程度最高，适合于与人体皮肤、头发经常接触的产品，如理发推剪、电热梳、电热毯等

16　空调器

（1）空调器的分类和选用　空调器是一种调节室内温度、湿度，加速空气循环和过滤室内空气的装置。空调器按结构分类如下：①整体式，包括移动式、窗式和穿墙式；②分体式，包括柜式（落地式）、壁挂式、吊顶式、导管式等。其按功能分类如下：①单制冷式；②制冷＋制热式；③制冷＋制热＋除湿式等。

必须根据房屋结构、大小、室内人数等情况及空调器本身的结构、性能、耗电量等来选用空调器，选用时可参考表 24.3-2 和表 24.3-3 所示的此类数据。

表 24.3-2　单位面积的制冷（热）负荷估算表

房屋结构			制冷（热）负荷/（W/m²）				单位面积制冷（热）负荷的计算条件			
			制冷	热泵制热		电热制热	换气次数/（次/小时）	窗面积比地面面积（%）	每 10m² 地面面积的人数/人	照明（日光灯）/（W/m²）
				空冷式	水冷式					
住宅（木结构）	中式	南向	221	291	238	240	1.5	40	3	9
		北向	163	279	227	225	1.5	20	3	10
	西式	南向	192	279	227	225	1	30	3	0
		北向	233	279	227	225	1	30	3	0
朝南西式套间		顶层	186	262	215	215	1	30	3	10
		中间	145	233	192	190	1	30	3	10

注：表列数据能满足一般使用要求，如室外温度/室内温度——夏天为 33℃/27℃、冬季为 0/21℃。

表 24.3-3　窗式空调器日耗电量

制冷量/（kcal/h）	1 700	2 300	300
耗电量/（kW·h）	0.9	1.1	1.7

注：1cal≈4.186 8J。

（2）空调器的工作原理和基本结构　空调器利用制冷工质在闭路循环系统中发生相变、气化吸热和液化放热的效应，实现制冷和制热的目的，与环境温度进行热交换以达到调温的效果。典型的热泵式空调器的工作原理见图 24.3-1，由压缩机、四通阀、室内外换热器和节流毛细管等构成制冷（制热）循环回路，受压缩的高压气体经室外换热器排放热量冷凝为液态，然后经毛细管节流降压，进入室内换热器，再蒸发吸热，达到制冷目的，而过热蒸气由压缩机吸入再压缩，形成闭路循环；当制热时，则通过四通阀，使工质逆向循环后达到室内机　组制热的效果。

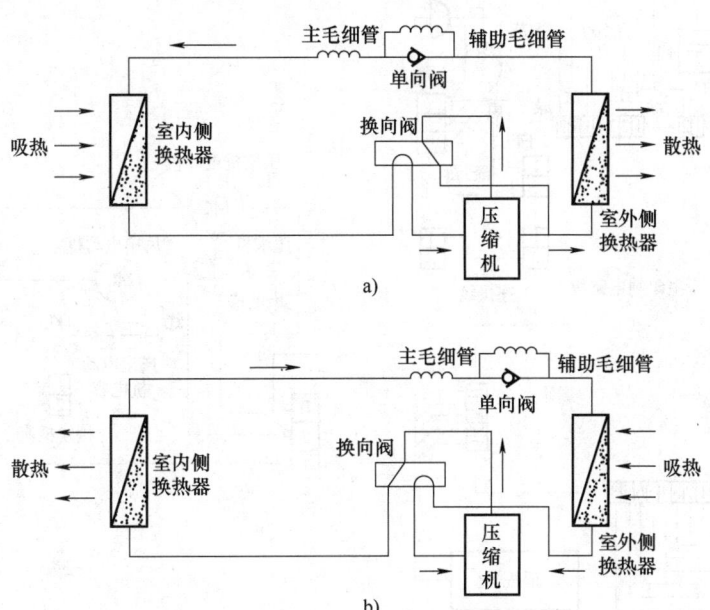

图 24.3-1　典型的热泵式空调器的工作原理
a）制冷　b）制热

窗式空调器将整个制冷循环系统装在同一箱体内用固定管道连接，壳体中部有密封挡板将蒸发器分隔于面朝房内的前室中，压缩机、毛细管及冷凝器则分隔于面朝屋外的后室中，成为箱内的两个部分。循环送风系统的功能是促进蒸发器和冷凝器之间的热交换，由电动机带动风扇完成。蒸发器部分装离心式风扇，冷凝器部分装轴流风扇，用同一台双轴伸电动机驱动。

分体式空调器将两部分分别置于两个壳体中，安放蒸发器的壳体组件称为室内机组；装置压缩机、毛细管及冷凝器部件的壳体组件称为室外机组。通过软管将室内外机组的制冷系统连接在一起。循环送风系统室外机装轴流风扇，室内机装横流风扇，送风系统组成室内冷风循环体系和室外排热风循环体系。

空调器电气线路图见图 24.3-2 和图 24.3-3。

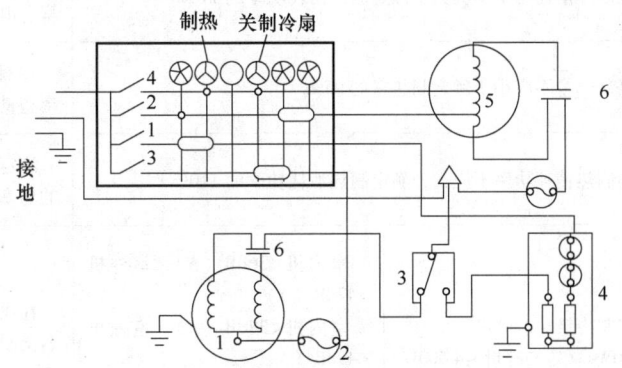

图 24.3-2　窗式空调器电气线路图
1—压缩机　2—热保护器　3—温控器　4—电加热器　5—风扇电动机　6—运转电容器

（3）空调器的技术参数　房间空调器的主要技术指标见表 24.3-4。各项技术参数均按国标 GB/T

7725—2022《房间空气调节器》规定的不同试验工况（见表 24.3-5）测定。

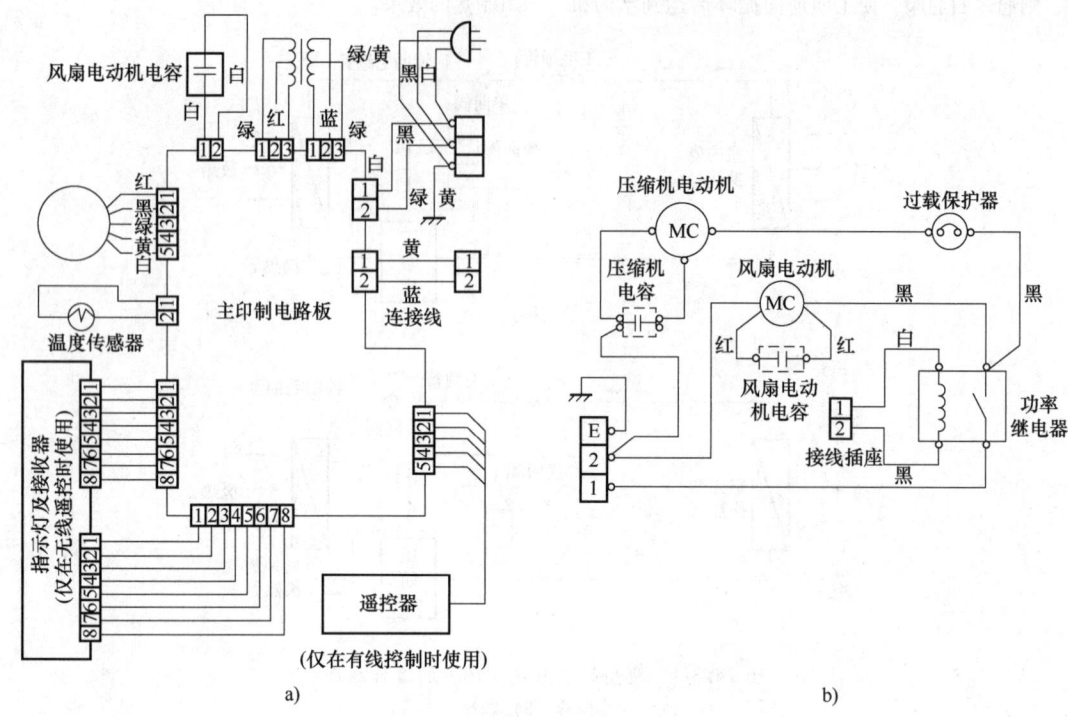

图 24.3-3　分体式空调器电气线路图
a）室内机组　b）室外机组

表 24.3-4　房间空调器的主要技术指标

项目	主要技术指标		附注
制冷量	实测制冷量不应小于额定制冷量的 95%		按额定制冷工况在房间热平衡型量热计内进行测试
制冷消耗功率	实测制冷消耗功率不应大于额定制冷消耗功率的 110%		在测冷量同时测定输入功率、电流、频率、电压
制热量	实测制热量不应小于额定制热量的 95%		按额定制热工况在房间热平衡型量热计内进行
制热消耗功率	实测制热消耗功率不应大于额定制热消耗功率的 110%		测定制热量同时，测定输入的功率、电压、频率、电流
噪声（A 级）	额定制冷量≤2 500W	室内机<36dB（A），室外机<47dB（A）	在噪声测试室内，于规定的名义制冷工况及风机最高转速条件下，在空调器内外侧出风口中心法线 1m 及与距地 1m 位置处进行测量
	2 500W<额定制冷量≤4 500W	室内机<38dB（A），室外机<49dB（A）	
	4 500W<额定制冷量≤7 100W	室内机<41dB（A），室外机<53dB（A）	
	7 100W<额定制冷量	室内机<44dB（A），室外机<56dB（A）	

表 24.3-5 房间空调器试验工况

工况条件	室内侧空气状态		室外侧空气状态	
	干球温度/℃	湿球温度/℃	干球温度/℃	湿球温度/℃
名义制冷	27.0	19.5	35.0	24.0
热泵名义制热	21.0	—	7.0	6.0
电热名义制热	21.0	—	—	—
最大运行制冷	32.0	23.0	43.0	25.5
热泵最大运行制热	24.0	—	21.0	15.5
凝露/凝水	27.0	24.0	27.0	24.0
低温	21.0	15.5	21.0	15.5
除霜			1.5	0.5

（4）数字变频空调器 此类空调器将现代数字技术应用于空调器的检测和控制，实现电动机转速的高精度控制，达到室温的高精度调节，又能实现高效节能。数字变频空调器在技术方面有如下特点：①数字变频采用"交流电→直流电→变转速方式控制电动机"的控制方式，电动机转速控制更精确，压缩机始终处于最优运行状态。②空调器的风机采用变频技术，实现精确地加速或减速，保证风机平稳安静运行、噪声低。③空调器采用数字传感器，精确控制压缩机和风机转速，可使温控精确到0.5℃，室内温度近似恒温状态、舒适度高。④数字变频空调器采用电子膨胀阀实现制冷剂流量的调节，它能与调速电动机协调工作。定速空调中所用的毛细管（节流减压元件）不能用于变频空调，否则电动机的调速优势完全丧失。

（5）家用中央空调器 此类空调器由一台主机通过风道送风或冷热水源带动多个末端控制不同的房间，实现室内空气调节。家用中央空调器具有以下特点：①装饰性好，无任何外露管线。②操作简单，免维护。③各个房间可独立调节送冷（热）量。④各房间可独立调节进风和加湿量，保持室内空气新鲜。目前，家用中央空调也是高档物业的重要发展方面。

（6）空调器的选购

1）制冷量的确定。根据房间面积大小和朝向确定空调器的匹数，1匹的制冷量约为2 000大卡，换算成国际单位应乘以1.162，所以1匹的制冷量等于2 000×1.162=2 324（W）。一般2 200~2 600W称为1匹，3 200~3 600W可称为1.5匹，4 500~5 100W可称为2匹。在选用时，空调器制冷量应略大于房间的冷量负荷，热负荷根据房间的隔热情况，以室

内的热源包括人员多少而定。

2）选购要点。①外观应好看，表面平整光滑，色泽均匀，无漆脱落等。②导风板应能上下或左右拨动，松紧适度，任何位置都能定位，不能自动移动。③过滤网拆装要方便，且无破损。④按键（包括遥控器按键）要灵活，无卡键现象，电气插头、电源线要符合规范。⑤运行时噪声要小，不能有撞击声，振动不能过大。⑥应选购有杀菌功能的空调器。

（7）怎样预防空调病 ①经常开窗换气，保持室内空气对流，要多利用自然风调节室温。②室温宜恒定在28℃，室内外温差不超过7℃。③保持房间清洁卫生，从源头控制"空调病"发生。④室内空气流速保持在20cm/s，不可长期坐在冷风直吹处。⑤注意增减衣服，注意室内或室外活动。

17 电冰箱

（1）压缩式电冰箱的工作原理和基本结构 常见的压缩式电冰箱工作原理见图24.3-4。压缩机起动，吸入蒸发器内制冷的低温低压蒸气，经压缩送至冷凝器冷却成液态，同时向外界放出热量，经毛细管节流降低压力，进入蒸发器蒸发，同时吸收箱内物体的热量；之后，压缩机再将蒸气吸入，开始下一个工作循环。压缩式电冰箱分直冷和强制风冷两种，化霜方式有手动和自动之分。

密闭的制冷循环系统由压缩机、冷凝器、节流器、蒸发器组成，内充制冷剂。压缩机按活塞运动方式不同分为往复活塞式压缩机和旋转活塞式压缩机两类。旋转活塞式压缩机应用最为广泛，其优点是体积小、重量轻、效率高、可靠性好。

冷凝器是使制冷系统中的气态制冷剂放出热量而冷凝为液态的热交换装置，按结构特点冷凝器常

见的有板管式、百叶窗式、钢丝盘管式、翅片盘管式。蒸发器是使液态制冷剂吸热蒸发为气态的热交换装置。蒸发器结构近似冷凝器，它有吹胀铝板式、板管式、翅片盘管式、单脊翅片管式。节流器在制冷系统中起降压膨胀、降温作用，普遍采用毛细管作为节流器。电冰箱的电气控制系统由起动保护装置、温控装置、化霜控制装置等器件组成。常见的直冷电冰箱控制电路原理图见图 24.3-5。

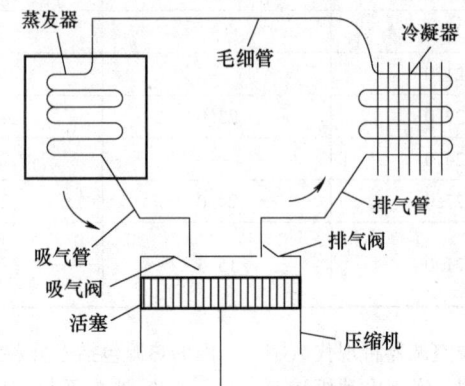

图 24.3-4　常见的压缩式电冰箱工作原理

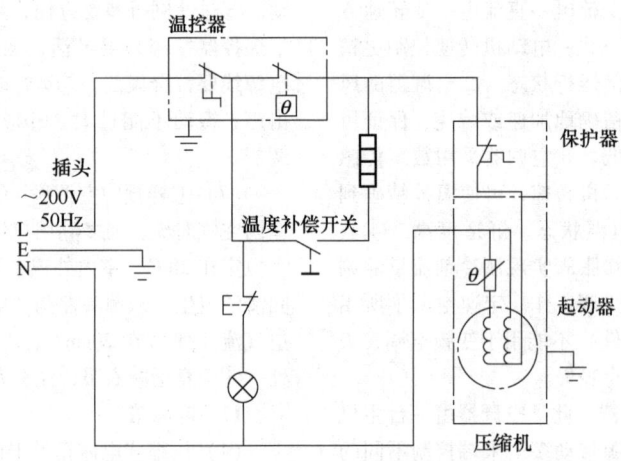

图 24.3-5　常见的直冷电冰箱控制电路原理图

（2）电冰箱的三种制冷方式　除压缩式外，电冰箱还有其他制冷方式，见表 24.3-6。

表 24.3-6　三种制冷方式电冰箱的基本特点

形式	压缩式	吸收式	半导体式
原理	利用低沸点制冷剂气化时吸热和压缩该蒸气并放热而循环制冷	以热能为动力、用氨-水-氢的吸收、扩散方式制冷	利用半导体材料（如碲铋合金等）的佩尔捷效应制冷
容积范围/L	50~1 600	20~200	10~100
单位容积功耗/（W/L）	1.5~1.2（150L 以下） 1.2~0.8（200~400L） 0.8~0.3（400~1 600L）	1.5~5	2.5~5

（续）

形式	压缩式	吸收式	半导体式
应用能源	多为单相交流电源	交直流电、煤油、煤气等	直流电源
制冷效率	较高	较低	较低
同容积成本比较	较贵	较低	贵
振动和噪声（A级）	≤50dB，有轻微振动	无噪声和振动	无噪声和振动
使用环境温度	43℃以下	30℃以下	—
制造工艺	压缩机制造工艺要求高	管子多，焊接要求高	半导体制冷器件要求高
重量和容积比（%）	100	约120	约160
适用范围	一般有电源场所，应用广	无电源地区	小型冰箱和微型制冷

（3）无氟电冰箱 之前家用电冰箱多采用如R12（二氟二氯甲烷）的制冷剂，由于R12对大气中的臭氧层有严重的破坏作用，造成臭氧空洞，破坏生态环境，给人类的健康和生存造成极大的危害。因此，国际社会要求替代和禁用各类臭氧消耗物质（包括R12），并制定了《蒙特利尔议定书》，规定最迟在2010年全面禁用R12及其他几种臭氧消耗物质。许多国家，特别是发达国家，已成功开发了用R134a、R152a及丙烷等作为制冷剂的无氟电冰箱。我国许多厂商已先后推出了无氟电冰箱。

（4）无霜电冰箱 家用电冰箱按箱内冷却方式来分，有间冷式和直冷式两种。间冷式电冰箱俗称无霜电冰箱，直冷式电冰箱俗称有霜电冰箱。在间冷式冰箱中，蒸发器位于一个单独的隔间中，冷气通过风扇在冷冻室中进行循环。对于无霜冰箱，来自外面的湿热空气流经冰冷的蒸发器时，其中的水分会在蒸发器表面凝结下来，剩余的干冷的空气才被风扇吹送到冷冻室内，这避免了冷冻食物和其他冰冷的表面凝霜结冰。蒸发器表面的凝结物会慢慢降低冰箱的制冷效率，需要及时清除。无霜冰箱的这一除霜过程是按照设定好的程序自动进行的。

不易结霜是其最大优点，此外，它还具有自动除霜、干净清爽、制冷均匀、温度精确等优点。

（5）变频电冰箱 利用变频调速技术控制压缩机的转速，使电冰箱运行一直处于最优。当电冰箱温度回升较大时，压缩机在高频电源驱动下高速运转，提高制冷速度；当电冰箱温度不变时，压缩机在低频电源驱动下低速运转，制冷量减少。这样避免了频繁起动压缩机，减少了起动时的电流，延长了电冰箱的使用寿命，节省了耗电量。

（6）家用电冰箱的选用及常见故障排除 选用电冰箱要根据实际需要，确定选用电冰箱的容积、冷冻室温度等级等，还需考虑耗电量等因素。选用时请参考表24.3-7、表24.3-8所示的参数。电冰箱常见故障见表24.3-9。

表24.3-7 常用电冰箱日耗电量

容积/L	120	160	200	260
双门直冷式/(kW·h)	0.9	1.0	1.1	1.25
双门间冷式/(kW·h)	1.1	1.2	1.3	1.5

表24.3-8 国际家用电冰箱的温度分级

等级	一星级	二星级	高二星级	三星级	四星级
符号	✱	✱✱	✱✱	✱✱✱	✱✱✱✱
冷冻温度/℃	-6	-12	-15	-18	-24
冻结食品大约保存时间/月	0.4	1	1.8	3	6~8

表 24.3-9　电冰箱常见故障

故障	原因分析
制冷系统内部堵塞	多由于制冷剂含水量超出规定值，造成冰堵，亦有污堵现象。可在制冷系统中注入少量甲醇，降低冰点，或者更换制冷剂
电动机烧毁	多因供电电压不稳，超出允许值（10%～15%）长期运行或频繁起动所致
不制冷	可能是制冷剂泄漏或保温层、门封条损坏
制冷效果降低	冰箱安放位置不好，冷凝器不易通风散热；压缩机性能下降；门封条封闭不严等
不停机	多由于温控器失灵；有时是由于制冷效果差，达不到调定温度所致

18　洗衣机

（1）洗衣机的类型和特点　按洗涤机构不同，洗衣机可分为波轮式、搅拌式及滚筒式，见表 24.3-10。按控制形式不同分为普通型、半自动型和自动型。

表 24.3-10　洗衣机的类型和特点

类型	机构	优点	缺点
波轮式	用波轮转动产生旋涡水流，带动衣物旋转，在正反转水流作用下进行洗涤	结构简单，洗净率高，耗电少，洗涤时间短，易制造，成本低等	容易使衣物缠绕，用水量多，衣物磨损率高
搅拌式	在桶底中央装有波轮搅拌器，反复旋转产生搓揉和摆动达到去污效果	洗涤量大，衣物磨损少，不缠绕	结构复杂
滚筒式	洗衣物放在多孔的不锈钢内转筒中，此筒又装入盛放洗涤液的固定桶内，转筒内有凸筋，转动时将衣物带至高处再摔下，恰似槌洗	洗涤容量大，衣物磨损少	结构复杂，洗衣时间长，耗电量大

（2）洗衣机的控制　洗衣机的传动机构主要由电动机、带轮、传动带、离合器、减速箱等组成。电动机输出功率一般为 200～400W。全自动洗衣机的程序控制器控制各路开关的闭合和开启，从而完成进水、洗涤、漂洗、排水、脱水等程序动作。程序控制器有机械电动式、单程序控制器和微机程序控制器三种。全自动洗衣机微机程序控制器控制系统框图见图 24.3-6。一般采用单片机，输入信号由洗涤衣物的脏污程度、纤维种类的预选开关组成。对电动机和进排水电磁阀线圈等电气部件的驱动电路采用晶闸管。触发电路均采用了检测电源过零触发双向晶闸管的方法。

目前，洗衣机微机控制器引入了各种传感器和敏感元件：①洗涤、漂洗传感器，用于检测洗涤物搅拌后洗涤液的混浊程度，一般测量洗涤液透明度；洗涤传感器检测透明度变差的程度，漂洗传感器检测透明度变好的程度。②衣物量传感器，根据衣物量的多少而使波轮转速变化，用于控制洗涤时间。③脱水传感器，检测被洗衣物纤维的种类、数量等从而获得适当的脱水率。

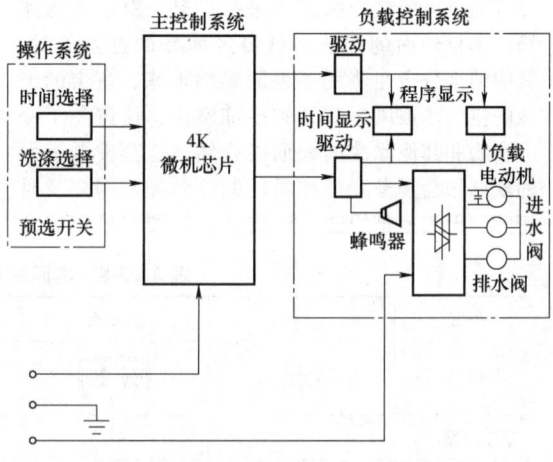

图 24.3-6　全自动洗衣机微机程序控制器控制系统框图

（3）洗衣机的主要技术指标和常见故障排除

洗衣机的主要技术指标有以下 4 项：

1）洗净率，用光电反射率计测量，测量光波长为 510~550nm，洗净率 D 为

$$D = \frac{R_w - R_S}{R_0 - R_S}$$

式中　R_w——污染布洗涤后的反射率（%）；

　　　R_S——污染布洗净前反射率（%）；

　　　R_0——原布反射率（%）。

鉴于测试数据分散性很大，故采用和标准洗衣机的洗净率进行对比的洗净比表示。即，被测洗衣机与标准洗衣机在同样条件下测出的洗净率之比大于 0.8 为合格。

2）磨损率用绒毛法，收集洗涤后水中的绒毛，烘干后称重即得出磨损率。普通型和双缸型一般要求不大于洗涤物干燥时重量的 0.2%。

3）脱水率指衣物脱水前后重量之比，一般应大于 50%。

4）噪声是指，洗衣机在正常条件下洗涤，脱水时的声功率级噪声应不大于 72dB。

此外，洗衣机还必须经过安全试验、水压试验和反虹吸试验等，以确保使用安全。

洗衣机的常见故障见表 24.3-11。

表 24.3-11　洗衣机的常见故障

故障	原因分析
洗涤性能下降	传动带轮松动，传动带过松，波轮下端摩擦桶底等，应针对不同情况分别排除
脱水时振动大	衣物在桶内未放匀，也可能是减振弹簧损坏
有触电感觉	应检查各绝缘部分是否溅上水而使绝缘性能下降。应检查漏水部位并修复，在受潮处加设防溅保护套或挡板
电动机不转	转动部分卡死、电容器击穿、熔断器过载熔断均可引起电动机不转，应区别情况加以解决

（4）洗衣机的新技术

1）磁化技术和臭氧技术。磁化技术是利用磁场影响水分子的缔合现象，便于洗涤剂作用的充分发挥，提高了去污能力。臭氧技术是利用臭氧发生器在洗涤过程中向洗涤液注入适量臭氧，臭氧与水分子作用形成臭氧水，臭氧水具有消毒灭菌作用，并可降低衣服上洗涤液的残留量。

2）模糊控制技术。在洗衣机上安装布质、水位、温度、脏污度等多个传感器，自动判断衣服的脏污度、质地、重量及水的温度，自动选择水位、洗涤和脱水时间及水流作用强度，达到最好的洗涤效果，并减少耗电量。

3）变频调速技术。利用变频调速技术控制电动机转速，根据洗涤物的种类和质地选择水流、洗涤时间、脱水转速和时间，提高洗涤效果，节约电能。

4）纳米技术。用纳米复合材料制成洗衣机外筒，具有耐高温、耐摩擦、耐冲击及持久抗菌灭菌作用，不仅使用寿命长而且能保持洗衣机内部清洁卫生，防止由洗衣机引发的交叉感染。

19　厨房电器

（1）电磁灶　利用交变磁力线在铁质器皿底部产生涡流而发热加工各种食品。它可用来进行蒸、炒、煎、炸、煮等各种烹饪操作。电磁灶功率一般为 700~1 500W。加热频率分为低频和高频两大类，较高频率的热效率高。

电磁灶具有以下优点：①热效率高，加热均匀。②功能齐全，可以进行煎、炒、煮、炸、蒸、熬、炖等各种烹饪操作，加热速度快，省时。③清洁卫生，操作方便，安全可靠，无干扰。

电磁灶的缺点是，只能使用导磁性器具，不能使用铝、陶瓷之类非磁性器皿。

购买电磁灶时，按以下原则选用：①选品牌，选择信誉度高，加贴"CCC"（中国强制认证）认证标志的产品。②选功率，根据就餐人数多少合理选择功率大小，三口之家选择 800W 电磁灶就能满足要求。③检测自动保护功能，在电磁灶工作状态下移走锅具，或者在磁面上放置汤勺等不应加热物，按说明书的检测时间要求来观察此时是否能报警或自动切断电源。④检测加热情况，将铁质锅放在灶上并接通电源，若干秒钟锅底就有热感。电磁灶工作时除风扇的正常风响外，不应有其他明显声响。⑤外观检查灶面要平稳、无损伤，不能凹凸不平或向某一侧倾斜，否则会影响热效率。

（2）微波炉　微波炉是利用频率 300MHz ~ 300GHz 的电磁波加热食物的器具。家用微波炉频率为 2 450MHz。微波加热原理参见本书第 23 篇第 24 条。微波加热特点是，表面和内部同时直接受热，内外温度一致，加热速度快，热效率高，可节省电和烹调时间。

微波炉磁控管是产生和发射微波的电子管，由阳极、谐振腔、阴极和恒定磁场组成。波导管是用

来传输微波的元件，通常为矩形截面的金属导管。炉腔是盛放食物进行烹调的地方，内表面为涂覆非磁性材料的金属板。由波导管送来的微波，在腔壁上来回反射，每次传播都经过食物。微波炉工作时，市电交流电压经高压变压器升压（10kV 以上），供给磁控管电源，在磁控管内电能转换成 2 450MHz 的微波能，再经波导管传到炉腔。

（3）饮水机　饮水机不仅是一种日用电器，还是一种卫生产品。它不仅要使用安全，而且应遵守卫生指标。饮水机的种类很多，按放置形式分为台式和立式两种，按功能能分为温热型、冷热型、冷热温型三种。温热型可提供"温水"和"热开水"，冷热型可提供"冷饮水"和"热开水"，冷热温型可提供"冷饮水""热开水""温水"。冷却方式有半导体制冷和压缩机制冷两种。

选购饮水机时应注意，性能是否符合要求；是否能提供温度合格的饮用水，一般温水水温是指环境温度，热水水温大于 95℃，冷水水温在 5℃ 左右；是否具有净化过滤装置，净化过滤装置大多采用活性炭加中空纤维滤膜构成，有单头、双头、多头几种类型；是否具有杀菌、消毒功能；是否名牌产品；是否具有卫生许可证。

（4）消毒柜　消毒柜是利用物理或化学方法杀灭清洗过的餐具中病原微生物的电器。家用消毒电器主要的消毒方式为高温、紫外线、臭氧。

电热型消毒柜是利用高温发挥杀菌作用。高温消毒一般加热至 120℃ 左右，保持 10~15min，使包括细菌、病毒在内的微生物蛋白质变性而达到杀灭细菌、病毒的目的。加热方式一般是采用远红外线方式。真正具有杀菌作用的是 C 波段紫外线（200~275nm），尤以波长 254nm 左右的紫外线最佳。紫外线可以杀灭各种微生物，包括细菌繁殖体、芽孢、分枝杆菌、病毒、真菌、立克次体和支原体等，具有广谱性。通过紫外线对细菌、病毒等微生物的照射，以破坏其机体内脱氧核糖核酸（DNA），使其立即死亡或丧失繁殖能力。由于紫外线辐射对人体有伤害，所以绝对不允许泄漏。臭氧是一种淡蓝色气体，为强氧化剂，具有除臭、保鲜、清新空气作用，还可进入细菌内部，使细菌、真菌等菌体的蛋白质外壳氧化变性，破坏其细胞结构和氧化酶，达到杀菌效果。臭氧泄漏也会危害人体健康，所以臭氧型消毒柜需在保证不泄漏臭氧的情况下，保持柜内臭氧的浓度，以确保消毒效果。紫外线和臭氧由于其卓越的杀菌效果和低能耗、低成本，加上技术成熟，得到了广泛使用。为确保消毒效果，市场上常见的家用消毒柜大多采用紫外线和臭氧复合作用。通过一个石英紫外线灯管，产生大量波长 254nm 左右的紫外线；同时，通过产生波长 183nm 的紫外线，使空气中的氧气发生化学变化，产生大量臭氧。

选购消毒柜产品的原则，主要是看其容量大小、消毒方式、外壳材料等是否满足需要。挑选产品时还要注意，外观应平整光滑，不能有裂纹和凹凸；机体内各部件如电热管、臭氧发生器等应安装牢固，柜门应开关灵活，控制键要接触可靠；要按说明书通电试用；产品合格证、使用说明书和其他附件要齐全，不能有缺漏。

20　吸尘器

（1）工作原理和基本结构　在电动机的高速驱动下，吸尘器风机叶轮中的叶片不断对空气做功，使叶轮中的空气得到能量，并以极高的速度排出风机；同时，风机前端吸尘部的空气不断地补充叶轮中的空气，致使吸尘部内形成瞬时真空，即在吸尘部内与外界大气压形成一个相当高的负压差；在此负压差作用下，吸嘴近处的垃圾与灰尘随气流进入吸尘器，在吸尘器内部经过过滤器，垃圾与灰尘留在储灰箱内，而空气经过滤后再排出吸尘器进入室内，至此完成了整个吸尘全过程。

吸尘器的基本结构按功能分为以下 5 部分：

1）动力部分。电动机和调速器。电动机有铜线电动机和铝线电动机之分。铜线电动机有耐高温、寿命长、单次操作时间长等优点，但价格较铝线的比较高；铝线电动机有着价格低廉的特点，但是耐温性较差、熔点低、寿命不及铜线长。调速器分手控、机控。手控式一般为风门调节；机控式为电源式手持按键或红外线调节。

2）过滤系统。尘袋、前过滤片、后过滤片。按过滤材料不同又分为，纸质、布质、SMS、海帕（HEPA 高效过滤材料）。

3）功能性部分。收放线机构、尘满指示、按钮或滑动开关。

4）保护措施。无尘袋保护、真空度过高保护、抗干扰保护（软启动）、过热保护、防静电保护。

5）附件。手柄和软管、接管、地刷、扁吸、圆刷、床单刷、沙发吸、挂钩、背带。

（2）吸尘器分类

1）形状分类。卧式吸尘器、立式（杆式）吸尘器、便携（手持）式吸尘器、智能吸尘器。

①卧式吸尘器。较为常见的吸尘器类型，占整体市场的 80% 以上，其特点是外形小巧，存放方

便。卧式吸尘器也分为"尘盒式吸尘器"和"尘袋式吸尘器"。

② 立式（杆式）吸尘器。较为常见，适用于大面积的地毯清洁。

③ 便携（手持）式吸尘器。体型小巧，携带及使用非常方便，主要用于车内的清洁，对键盘、电器等也有良好效果。缺点是功率较小，吸力不够强劲。

④ 智能吸尘器。自动清扫地板上的灰尘，自动清理毛发和碎物。高端的智能吸尘器，可自动打扫和充电，优点是噪声小、体积小，能够轻松进入传统吸尘器不能到达的地方。

2）功能分类。干式吸尘器与干湿两用吸尘器。

① 干式吸尘器。相对于以水作为媒介的吸尘器来说的，尘袋式和尘杯式都属于干式吸尘器。

② 干湿两用吸尘器。水过滤吸尘器，以水作为媒介，把灰尘、细小垃圾等沉淀于集尘杯中。当不装水于集尘杯中时，可作为干式吸尘器使用。

3）过滤方式。尘袋式（纸袋与布袋）吸尘器、尘杯式（无尘袋）吸尘器、尘杯尘袋二合一式吸尘器、水过滤式吸尘器。

① 尘袋式（纸袋与布袋）吸尘器。粉尘垃圾通过机内的尘袋进行过滤。整体来说利用尘袋为过滤器的优点是清洁方便，不需要每天清理；缺点是需要更换尘袋。一些地区比较推崇使用尘袋式一次性纸袋，因为比较方便。

② 尘杯式（无尘袋）过滤吸尘器。尘杯过滤是通过电动机高速旋转的真空气流分离垃圾和气体，再通过 HEPA 等过滤材质，净化空气，以免造成二次污染。其优点是不用经常更换尘袋；缺点是吸尘完毕后要进行清理。尘杯过滤是主要的吸尘器过滤方式，大部分吸尘器都是尘杯过滤的。它也是尘袋过滤的升级产品。它还有一个优点是无耗材，避免资金的二次投入。

③ 尘杯尘袋二合一式吸尘器。简而言之，就是尘袋过滤和尘杯过滤相结合。环保布质尘袋、一次性纸袋更适于新房装修和平时大扫除清理使用，做完家务后，无须清理，直接丢掉即可；尘杯设计，终身无耗材，适用于日常小清洁，可以反复使用。

④ 水过滤式吸尘器。利用水作为过滤介质使得灰尘和微生物锁定在水中，使得排出的空气比吸入的更干净。水过滤效果是毋庸置疑的，干湿两用，可以吸常规碎玻璃、钉子金属、饭渣浑浊物、酱料、饮料茶水、树叶、装修灰等，是一般吸尘器难以胜任的。唯一缺点只是每次使用时都需要放水，用完后还有一个清洗的步骤。

（3）影响吸尘器吸力的强弱因素　吸尘器的吸入功率由多个因素决定。吸力的强弱取决于以下几个因素：

1）风扇的功率。电动机的转速越高，产生的吸力就越强。

2）空气通道的阻力。如果有大量碎屑堆积在集尘袋中，空气排出时所遇到的阻力就会加大。增大的阻力会使每个空气粒子移动更加缓慢。这就是刚更换过集尘袋的吸尘器工作状态会更好的原因。

3）进气口末端开口的大小。由于吸尘器风扇的速度是不变的，因此单位时间内通过吸尘器的空气量是一定的。无论进气口的尺寸大小，每秒钟进入吸尘器的空气量是相同的。如果进气口的尺寸小一些，每个空气粒子运动的速度就快一些。依据伯努利原理，空气速度的增加导致压力减小，压力降低使进气口的吸力变大。所以，狭小的吸尘器附件可以产生更大的吸力，比开口大的附件更能够吸入较重的脏物。

21　空气净化器

（1）结构和工作原理　空气净化器的外部结构主要是机箱外壳、过滤段、风道设计、电动机、电源、液晶显示屏等。决定其寿命的是电动机，决定其净化效能的是过滤段，决定其是否安静的是风道设计、机箱外壳、过滤段、电动机。其内部主要由电动机、风扇、空气过滤网、智能监测系统组成，部分型号配有加湿功能的水箱或辅助净化装置，如负离子发生器、高压电路等。空气过滤网是其中的核心部件，其他的装置实现辅助功能，所以空气过滤网的好坏是直接影响是空气净化器效果最关键的因素。

空气净化器内的风扇（又称通风机）使室内空气循环流动。污染的空气通过机内的空气过滤器（两次过滤）后将各种污染物清除或吸附，再经过装在出风口的负离子发生器（工作时负离子发生器中的高压产生直流负高压），将空气不断电离，产生大量负离子，被风扇送出，形成负离子气流，达到清洁、净化空气的目的。

目前，一般的空气净化器只能除尘、除油烟和异味，稍微好一点的能够杀灭细菌和病毒，高级别的净化器能够消除装修所引起的甲醛、总挥发性有机物（TVOC）等化学污染。尽管市场上空气净化器的名称、种类、功能不尽相同，但追根溯源，从空气净化器的工作原理来看主要有三种：被动净化类（滤网净化类）、主动净化类（无滤网型）和双重净化类（主动净化+被动净化）。

1）被动净化类（滤网净化类）。被动式空气净化器是用风机将空气抽入机器，通过内置的滤网过滤空气，主要能够起到过滤粉尘、异味、有毒气体和杀灭部分细菌的作用。滤网又分集尘滤网、去甲醛滤网、除臭滤网、HEPA 滤网等。其中，成本比较高的就是 HEPA 滤网，它过滤颗粒物的效果非常明显，而且能起到分解有毒气体和杀菌作用，能抑制空气二次污染。这类产品的风机及滤网的质量决定了空气净化的效果，机器放置的位置及室内的布局也会影响净化效果。

2）主动净化类（无滤网型）。主动式空气净化器的原理与被动式空气净化的根本区别就在于，主动式空气净化器摆脱了风机与滤网的限制，不是被动地等待室内空气被抽入净化器内进行过滤净化，而是有效、主动地向空气中释放净化灭菌因子，通过空气会扩散的特点，到达室内的各个角落对空气进行无死角净化。目前市场上净化灭菌因子的技术主要有银离子技术、负离子技术、低温等离子技术、光触媒技术和净离子群离子技术等。

3）双重净化类（主动净化+被动净化）。这类净化器结合了被动净化与主动净化技术。

（2）主要采用的净化技术　HEPA 滤网+活性炭技术、静电集尘技术、负离子等离子空气净化技术和光触媒空气净化技术，见表 24.3-12。

表 24.3-12　净化技术比较

净化技术	原理	优点	缺点
物理过滤	通过滤网对污染物进行过滤	净化效率高、安全	需要定期维护、更换过滤网
静电集尘	利用高压静电场使气体电离，从而使尘粒带电吸附到电极上	风阻小	对较大颗粒和纤维捕集效果差，会引起放电，清洗麻烦费时，易产生臭氧造成二次污染
负离子等离子	通过使空气中的颗粒物带电，聚结形成较大颗粒而沉降，但颗粒物实际上并未移除	价格低廉，无须耗材	清洗麻烦费时，易产生臭氧造成二次污染
光触媒	将纳米金属氧化物材料涂布于基材表面，在紫外线的作用下产生强烈催化降解作用，从而有效将细菌等释放出的毒素分解处理，同时还具备除臭、抗污等功能	长久有效	如设计防护不当易对人体造成伤害

3.2　智能家居电器

随着信息、电气和机械等技术不断发展，智能技术渗透到各种领域中，发挥的作用越来越大。尤其是近年来，越来越多的家居电器进入了智能时代，同时我国经济不断发展、居民消费水平持续升级，消费市场进入了消费需求持续增长、消费结构加快升级的重要阶段。基于云计算、物联网、移动互联网、大数据、人工智能、智慧城市等应用逐渐成了消费的中坚力量。通过智能化的家居电器，人们可以享受到更多的智能化服务，这让智能家居拥有广阔的前景。

传统意义上的智能家居被认为是通过控制技术，让电器具有更优秀的工作状态和更多方便的工作模式，来满足人们日常生活中的各种需求。物联网、人工智能等技术的介入，智能家居电器的概念逐渐发生了转变，其中最大的变化就是电器变得实用、方便和易整合。这些智能家居电器逐渐出现在日常生活的各种场景，出现了能"听话"的电灯，能"分清"主人还是客人的摄像头，甚至是帮助用户整理食物的冰箱。家居电器智能化的发展势必会成为一种趋势，有利于家电市场的持续茁壮发展。

22　电器智能化　电器智能化的快速发展对多种技术提出了大量多层面的要求，促使研究人员提出技术和方案以解决当前存在的问题，同时新技术和新方案的推进也促使了智能化中新问题的产生，两者相辅相成，加快电器智能化速度。

（1）智能化　智能化是指在如控制策略、互联网技术、大数据技术、物联网和人工智能等技术的辅助下，不需要过多人工参与就可以满足用户的各种需求的属性。智能家居电器主要体现了智能化中的网络化、自动化和良好的兼容特性。

网络化是智能家居电器中最为主要的特性之一。智能家居电器可以被视为一个个小型的具有数据处理能力和通信能力的"卫星"计算机，作为终端可以通过通信技术和计算机技术与分布在不同地点的终端相互通信连接，按照一定的通信协议，实现数据、软件等资源的共享。智能家居电器主要通过用户布置在家中的有线或 WiFi 形成局域网，电器作为终端可以在局域网中相互通信或接受控制中心调配完成相应的指令。换句话说，在局域网或互联网的作下，用户可以通过简单的操作将终端的信号通信至中央控制系统，实现对智能家居电器的控制，见图 24.3-7。

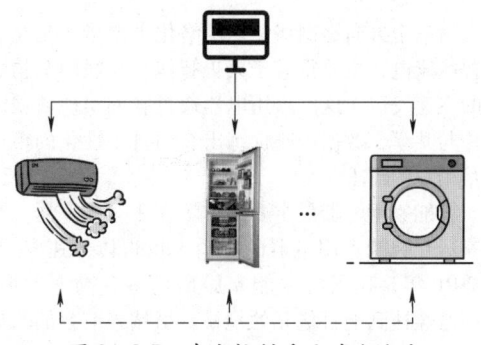

图 24.3-7　中央控制系统对终端的
控制和终端之间的相互通信

自动化的主要特点体现在不需要人工的参与。智能家居电器即可根据所处的环境和当前的工作状态做出判断并完成相应的指令。例如，扫地机器人在扫地过程中可以根据传感器读取的数据来判断环境中障碍物的位置，读取出墙面、家具等无法通过的物体与机器人之间的距离，规划相应的最优扫地路径；或者当扫地机器人电量不足时，会根据电池电量情况做出相应的操作，如当电量比较低时开启低功耗模式通过降低运动速度等方式降低输出功率节省电能，或者当电量低于某一个阈值后执行自动寻路功能规划出回到充电装置最近的路完成充电。智能家居电器的自动化不仅丰富了电器的工作模式，更重要的是将人工从操作机器中解放出来，极大地提高了工作效率。

良好的兼容特性也是重要的特点。随着智能家居电器的不断发展，出现了不同电器之间的跨越式联动通信与工作。底层协议的不断完善，打破了智能家居厂商之间的壁垒，使得智能家居不再需要"全家桶"式购买，品牌效应逐渐减弱。智能家居电器渐渐深度融入用户的生活。

（2）智能家电　智能家电将微处理器、电气设备、机械结构和互联网通信设备结合，以网络化、自动化和兼容性区别于传统家电。通常情况下，智能家电具有自动故障诊断、自动控制、自动测量、自动规划和自动调节等功能，往往需要与互联网连接才能充分发挥功能。

传统家电和智能家电之间往往没有很明确的界限，不能简单地通过是否安装了系统或控制芯片来判断家电是否具有智能性。这是因为很多传统的家电也具有一定的智能化功能。例如一个可以控制温度的电饭锅（见图 24.3-8），可以根据用户设定的温度、时间来进行调整，而这些指令都是通过内置的控制芯片完成的，但是这样的电饭锅不能称为智能家电。

图 24.3-8　控温电饭锅

传统家电和智能家电之间的区别主要在处理的信息类型不同。传统家电所处理的信息往往是具体和确定的信息，如定时、温度等，这些数值一般可以直接通过传感器和控制器实现电信号与数值之间的转化。但是在实际生活中往往存在一些需求是无法用准确的数据描述的，如舒服的洗澡水温度或令人愉悦的空调温度。这些数据都是掺杂了大量的个人感情和潜意识的，很难定量描述，甚至在大多数情况下连用户自己都没有办法详细地描述出想要的具体是什么。想搞清楚这些数据究竟是什么往往需要长期和大量的观察才能做到。

其次是处理技术也存在很大的不同。传统家电有相当数量的控制和传感是通过机械完成的。例如传统的电饭锅控制温度多采用的是双金属片，通过双金属片对温度敏感的特性，利用其形变完成控制。由于双金属片材料特性的限制，可控的温度往往是离散的，很难满足不同人的需求。智能家电可以通过数字化的传感器，将环境中的模拟量转化为计算机可以处理的数字量，如图 24.3-9 所示的数字温度传感器；再通过互联网将数据上传，利用智能算法处理数据，使数据具有社交网络属性和统计意义，满足用户个性化的需求。智能家电也可以狭义地理解为物联网家电。

图 24.3-9　数字温度传感器

智能家电有很多种分类方法，如根据家电种类可以分为智能空调、智能冰箱、智能扫地机器人等，也可以根据是否联网分为在线智能家电和离线智能家电。为了更形象地建立智能家电概念，这里将智能家电分为两类：第一类是采用复杂的控制算法和精密机械的家电，称为弱智能家电；第二类是通过长时间和大量统计后得到的具有明显统计学意义和模拟家庭中熟练操作者经验的进行模糊推理和模糊控制的家电，这类智能家电往往伴随着大量先进的智能算法，如模糊控制、机器学习等，称为强智能家电。

（3）智能家电现状与发展　当前智能家电的发展主要有三个大方向——信息化、智能化和网络化，并对应着不同种类的家电。

第一个方向是信息化。信息化对应着信息类家电，这种家电具有很强的信息交换能力，通常是与计算机、通信和电子技术有关的新型智能产品。由于这类产品出现的时间比较晚，因此信息化和智能化程度相对较高。这类产品，如电视机顶盒、无线路由器等，通过智能控制算法，可以在信息层面完成对数据的处理，筛选有用信息，处理错误和无用信息，建立快速通道，以最快速度完成信息的交换与处理。

第二个方向是智能化。智能化更多是面向着传统的家用电器的，这些家用电器往往存在和发展时间比较久远，很多都已经存在了数十年，通过精巧的机械结构和电气驱动来实现某些功能需求（见图 24.3-10）。这些家电的发展大多是在增加控制芯片和为控制芯片写入简单的智能算法，一般以离线的形式存在。

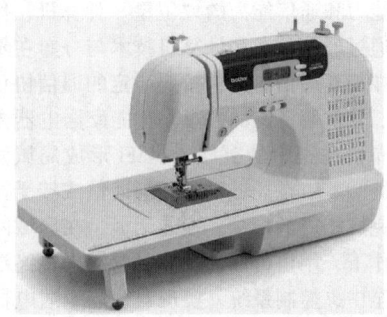

图 24.3-10　机械驱动的传统家电——电动缝纫机

第三个方向是网络化。网络化主要指的是在线的智能家电，主要得益于人工智能、互联网及物联网的飞速发展。这类家用电器通过联网实现数据的上传与共享，数据中心训练出实用且个性化的模型满足用户的需求。

智能家用电器最主要的市场在于智能家居，智能家居在智能家用电器的推动下也得以飞速发展。自 2010 年，我国的智能家居市场多年高速发展，目前已经达到上百亿元的规模。虽然当前智能家居市场中还存在着如品牌之间壁垒高等问题，但是由于其市场发展状态良好，有大量研究机构和企业着眼于底层协议的设计与规范，形成健康良好的智能家居环境指日可待。

23　智能电器组件　物联网、人工智能和控制理论等技术的快速进步，促使智能家居概念的急速扩张。智能家居已然不再是新概念，成了最具投资价值和最具发展前景的行业之一。智能电气组件作为组成智能家居中最为重要的环节，更是迎来了大量的"新鲜血液"。这些组件和单品服务于家庭生活的各个方面，无论是最为基础重要的安全领域，还是用于解放劳动力的智能机器人，或是提高生活品质的家居系统，都如雨后春笋般涌现出来，简化了人们的生活，让日常家居充满智能感。

（1）智能门锁　近年来随着人们生活水平和收入水平的逐步提高，人们的安全防范意识也随之提高，尤其是在居家安全上。与此同时，物联网、通信和控制等技术的快速发展，使智能门锁也逐渐出现在人们的生活中，成了智能家居的组件之一，是具有智慧的电子保安。

智能门锁是在传统机械式门锁结构的基础之上改进而成的，在安全、识别等方面具有一定智能性，在仅需要少量人工辅助的前提下，就可以实现安全的居家防护。智能门锁，由于其安全性、便利性和先进性，在银行、政府部门、酒店、学校宿舍和居民小区等地点得到了广泛的应用。

智能门锁按照解锁方式可以分为指纹解锁、密码解锁、磁卡/射频卡解锁等。

1）指纹解锁。指纹解锁又称指纹锁，是以人的指纹识别开门的智能锁具，一般需要提前录入房屋主人的指纹数据，并存储起来。指纹锁一般由电子传感器识别、电子控制器控制和机械结构执行运动 3 部分组成，分别对应着传感器、控制器和执行器，见图 24.3-11。指纹锁在安全程度上比较高，因为每个人的指纹是完全不同的。但是同样也会因为指纹的问题在某些情况下造成不便。而且，由于指纹信息的细微性，虽然人与人之间存在明显的差别，但是尺度上比较小，因此一个稳定良好的指纹锁需要高精度的指纹传感器，这就带来了成本负担。

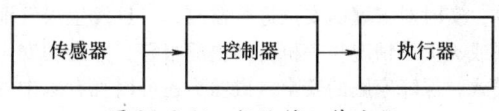

图 24.3-11　指纹锁工作流程

2）密码解锁。密码解锁也可以叫电子密码锁，通过输入预先设定好的密码来控制电路或芯片，进而由电路或控制芯片产生控制信号驱动机械开关动作。密码锁由于其设定密码的工作方式，与传统的机械锁相比更加安全和便捷。一般来说，密码锁有物理按键和触屏按键两种。

3）磁卡/射频卡解锁。磁卡和射频卡通过网络或蓝牙模式对智能门锁进行配对，这种智能门锁是对传统门锁最直接的改造，也是一种接触类门锁。每一个磁卡式门锁都会匹配一定数量的磁卡或射频卡，相当于传统门锁钥匙，但是与传统的钥匙相比，磁卡式门锁"不怕丢"。每一张磁卡或射频卡都拥有着独一无二的 ID，即便是磁卡丢了可以通过注销的方式消除掉已丢磁卡的 ID，这样极大地提升了磁卡式门锁的安全性。由于 RFID 等技术的进步，目前磁卡的体积变得越来越小，甚至可以利用智能手机等智能设备替代磁卡。磁卡/射频卡解锁是目前智能门锁最为重要的解锁方式之一。

（2）扫地机器人　扫地机器人在智能家具中很有代表性。凭借着人工智能技术的突破，扫地机器人在近几年来从曾经的"人工智障"进化为具有智慧的先进机器人，可以自动完成房间地面的清扫工

作，并且不至于陷入某个角落中"不能自拔"。清扫一般采用扫刷和真空方式来完成，通过将地面杂物吸入到内置在扫地机器人的垃圾收纳箱中，来完成清扫工作。大型扫地机器人主要应用于医院、酒店、办公室等大型场所，以减轻清洁工人的工作量，还有一些小型化、智能化更高的扫地机器人应用于家居中。

扫地机器人的工作过程比较复杂，首先机器人要对所处环境进行模式识别，通过提前录入房间大小的整体描述和扫描，在使用过程中机器人不停地扫描所处环境，识别路面上的垃圾。在扫描房间时，机器人会通过摄像头及内置的智能算法对房间进行建模，这一过程通常是要通过联网的方式在线上自动进行。建模完成后，机器人形成房间的位置图，包括了房间的大小、房间家具的位置摆放情况，以及根据用户设定的机器人活动范围。根据定位系统规划扫地的路线与模式。在清扫过程中，对于路面上的垃圾、行进路线中的障碍物，扫地机器人会利用红外感应或摄像头等方式进行识别，然后决定其工作方式。

（3）智能淋浴系统　智能淋浴系统是对传统淋浴进行了关键改良。信息时代的到来，尤其是物联网技术的进步，不仅可以使如淋浴系统这样的传统行业更加智能化，还可以在环保节能上有非常好的表现。

通过部署传感器、RFID 读写器、信息处理终端等方式，智能淋浴系统可以采集到实际使用场景中的各种数据，人们可以在这些数据的基础之上对整个淋浴系统进行精细化控制。

温度传感器是淋浴系统中非常重要的一环。水温是用户在使用淋浴系统时满意与否的重要指标之一，对于温度的监控不仅是温度的读取，还包括了温度的控制。在这些传感器、控制器和控制算法的共同作用下，水温、水量及热水器的工作时间等参数都可以得到个性化的精确监控。在互联网通信技术的辅助下，甚至可以通过 app 远程控制水温，得到想要的水温，这样既方便使用又节约时间。

另外，在淋浴过程中，传感器用户可以根据需求自由控制。图 24.3-12 所示的传感器可以将用户调整的温度、调整的时间及用户调节的淋浴水温记录下来，反馈给用户，供其参考。同时，智能控制系统会自动记录这些数据，经过数据中心处理后由模型进行学习，形成专属于用户的淋浴模型。

同时，部分智能淋浴系统还具备人体感知模块，能够自动感知用户所处的状态进行模式识别，

当用户离开或进入淋浴区的瞬间,可以自动地控制水的通断,实现水资源的节约。其最重要的功能是可以实现安全淋浴,考虑到有心脏问题的用户在淋浴过程中可能出现的昏迷等突发情况,可以实现自动报警。当然由于淋浴是比较隐私的行为,所以模式识别这种相对高级和智能的功能还存在很多争议。

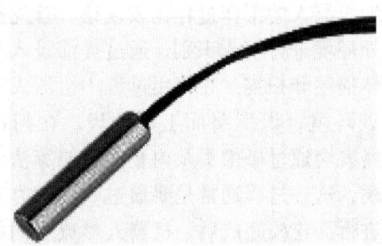

图 24.3-12　淋浴温度传感器

24　智能生态链

(1) 智能家居生态链　生态这一概念来自于生物学,通常是指生物在一定的自然环境下的生活和发展状态。生态链是指,在一个特定环境中,与此环境环环相扣的生物和此环境的统称。

而在处处皆智能的时代,以人工智能为技术核心,各种智能产品层出不穷,如智能电视、智能冰箱、智能窗帘、智能门锁等,均为人们的生活带来了极大的便利。所谓智能家居,它是互联网时代下催生出的新产物,家中的各种家居设备通过物联网技术连接在一起,在家庭物理场景下,形成了智能家居生态链(见图 24.3-13),实现物物互连,然后统一由一个终端或感应系统进行控制。

图 24.3-13　智能家居生态链

(2) 智能家居生态链终端　智能家居生态链终端(简称智能家居终端)包含了非常多的产品,用户通过语音箱、手机或平板与智能家居的集中控制

器(即智能网关)进行无线连接,从而控制智能家居的终端设备。智能家居终端产品可以分为以下几种类型:

1) 智能照明系统。用户可以直接通过手机、平板等移动终端查看和控制照明类产品开关状态,可以做到灯光自动打开或关闭。智能调光功能可以通过调节亮度和颜色来烘托家庭氛围。智能定时功能等可以更合理地利用资源。

2) 智能门锁系统。用户可以通过手机自动开锁,还可以为家人或朋友远程开锁,不用担心忘记带家门钥匙。

3) 智能多媒体产品。智能背景音乐系统可以通过一个或多个音响,将声音完美传出,而且可以通过手机远程控制音乐的播放。家庭影院系统可以实现投影幕布、影音功能、高清碟机等设备的自动控制,只需要简单操作就可以乐享生活。

4) 智能安防系统。系统配有高清摄像头、红外感应器、门磁报警器、煤气传感器、烟雾报警器等,实时对家庭的安全进行监测,一旦发生煤气泄漏或火灾等情况,手机自动提醒报警,并启动安全模式,保障家庭的安全。摄像头还可以观看家中的情况,还可以一键与孩子对话。

5) 智能门窗系统。系统支持语音箱、手机、开关多种控制方式。可以定时开启或关闭智能窗帘,随心设定,当然也可以使用语音控制,再也不用需要起身去拉窗帘。出门在外,若是忘记关窗,也可通过手机控制,关上窗户。

6) AI 语音系统。系统接收语音信号后转变为相应的文本或命令,获得控制命令后,通过网关或服务器将命令传达给智能家居产品执行。通过最直接的控制方式下达指令,简捷便利,特别是家里有老人或小孩时,不太会使用一些智能产品,语音控制就可以解决这一困扰。

7) 中央空调新风系统。系统能够持续而彻底地将室内比较污浊的空气排出,并且将室外的新鲜空气过滤后送入房间,让室内的每一处空气都得到了更新。中央空调用来解决室内的冷暖问题,而中央空调新风系统可以解决空气质量问题,对室内的空气质量起到彻底改善的作用。

8) 其他智能家居系统。智能穿戴手环、智能沙发等系统。

(3) 智能家居生态链发展前景

1) 物联网和 5G 技术的迅速发展,为智能家居行业的发展提供了有力的技术支持,是智能家居生态链发展的重要支撑。未来智能家居会更加普及,成为大众家里的必备产品。5G 具有低时延、高速度，同时还有高精度定位这一特点，这为智能家居的发展提供了发展的新动力。智能家居通过高精度室内定位可以获取用户在室内的位置，得到精确的位置数据，使智能家居的发展更加完善和方便。

2）基于物联网技术的智能家居迅速发展，设备互联性进一步强化。它可对原有的家居产品进行整合，并选择手机或语音助手等作为核心控制，加强设备之间的关联性；并致力于打造整个生态链，从硬件到软件、统一的设计和使用方案，使控制更加智能化。

3）全屋智能家居系统，是家装行业发展的必然。智能家居生态链将不断扩充新的环节，研发出更多智能家居产品，使整个家庭的智能家居生态链更加完整。构建智能化服务的系统解决方案，集自动化系统、网络通信、语音控制、传感技术等高科技技术为一体的住宅，让家庭生活更加便捷、智能、舒适、安全。

（4）智能家居系统安装 在家中安装智能家居系统，一般需要考虑以下几点：

1）智能窗帘控制器采用 220V 家用电源，所以需要考虑在窗帘轨道两端留有电源插座。若窗帘轨道总长小于 6m，可在任意一端留一个电源插座；若超过 6m，则建议两端各留一个电源插座。

2）为了安全起见，所有的墙壁开关建议使用稳定的零相线开关，所以需要提前预留零线。

3）智能墙壁开关可以和贴墙式无线开关形成双控开关，因此不需要提前预留双控开关的走线。如果已经预留了走线，后期封闭其中任一暗盒即可，不过在封闭之前需要注意短接暗盒的相线和任一控制线。

4）家用摄像头的安装位置一般贴近天花板，所以需要在距天花板较近的位置预留电源插座。

5）天然气报警器电源线长度有限，所以附近需要预留插座。天然气报警器不能直接安装在灶具的正上方，建议安装在侧上方，与燃气灶保持 1m 以上的距离。

6）智能网关、智能语音助手需占用一个插座，建议专门预留出来。

7）智能净水器的附近预留电源插座及上下水管。

（5）智能家居通信协议

1）红外转发协议。红外遥控是一种无线、非接触控制技术，抗干扰能力强、信息传输可靠、功耗低。家居中的电视机、机顶盒、空调等设备均使用红外进行遥控，因此针对这一控制方式制定了一套红外转发协议。

2）蓝牙协议。蓝牙技术产品在生活中越来越常见，如蓝牙音箱、蓝牙耳机等。经过多年的发展，蓝牙的功耗及传输距离问题都得到了有效解决，但是由于其无法进行复杂组网，所以家居中使用不多，一般用于电视机、互联网盒子等的控制。

3）WiFi 协议。WiFi 协议是生活中最常见的无线协议，由于其传输速率快、普及度高、覆盖范围广，在智能家居中得到了广泛的应用，使用比较多的是智能电视。

4）ZigBee 协议。ZigBee 协议是基于 IEEE 802.15.4 标准的低功耗局域网协议，可工作在 2.4GHz、868MHz 和 915 MHz 频段上工作，传输距离在 10~75m。ZigBee 技术具有短距离、低功耗的特点，可以嵌入各种设备，满足了智能家居产品的使用要求。目前，新型的智能家居产品多数采用 ZigBee 协议进行控制和组网连接。

5）Z-Wave 协议。Z-Wave 协议是一种低成本、低功耗的新兴的基于射频的可靠的短距离无线通信技术。相对于现有的各种无线通信技术，Z-Wave 技术的功耗和成本最低，主要用于住宅、照明商用控制及状态读取应用。该协议最初的设计定位就是智能家居的无线控制领域。

6）射频协议。射频协议具有可穿墙、遥控无方向性、距离远等特点，是可高速传输数据信号的一种协议，常使用在智能汽车、智能灯光、智能窗帘等产品中。

第 4 章　民用电动车辆

4.1　电力机车

25　动力集中型电力机车　电力机车是由电网提供动力的电气机车，包括电气火车、地铁、轻轨和磁悬浮列车，通常有轨道和架空线。电力机车本身主要由机械部分和电气部分组成，此外还有空气制动系统、控制电器和辅助设备所需的压缩空气和管道系统、通风冷却系统。

高速动车组按牵引动力和驱动设备的配置方式分为两种：动力分散型和动力集中型。动力集中型动车组是将大部分机械和电气设备集中安装在位于列车两端的动力车（即机车）上，机车的动力转向架上装有牵引电机，驱动轮对牵引列车运行。中间客车没有动力，由机车牵引。机车不载客，客车载客。编组一般为机车+拖车形式。

牵引电气设备的种类与用途见表24.4-1。与一般工业用电气设备比较，机车电气设备工作条件特殊，有如下特点：①机车轴重和安装空间受到限制。②电气设备要耐受冲击、振动和倾斜作用和较高的机电寿命；③机车电气设备要有较大的工作电压和气压范围；④机车运行于恶劣的自然环境之下，电气设备应满足有关环境标准要求。

表 24.4-1　牵引电气设备种类与用途

分类			用途	说明
机车牵引变压器			降压、调压	仅用于交流供电的电力机车
牵引电机	发电机		能源，一般采用柴油机发电机	用于电力传动内燃机车等车型
	电动机		主动力	目前较多采用直流或脉流串励电机
牵引电器	主电路电器	受电器	由接触网或第三轨受流	
		主断路器	开闭高压电源	起控制保护作用
		调压开关	起动、调速	
		转换开关	转换主电路电器	换向运行，或者由牵引状态转为制动状态
		电空接触器	控制牵引电动机与切换起（制）动电阻，削弱磁场电阻	
		变流装置	将交流变直流后供直流牵引电动机	用于交流供电电力机车或交直型电力传动内燃机车
	辅助电路电器	辅助发电机及相应电器	供充电、照明、控制、广播的电源	有采用静止变流器代替的趋势
		辅助电动机及相应电器	驱动压缩机、通风机、升弓泵、辅助发电机等电机、电器	
		劈相机	将单相电源转换为三相电源后供电机用	
	控制电路电器	司机控制器	操纵机车运行	个别电力机车司机控制器可列为主电路电器
		控制柜	控制系统与有关信号显示	
		蓄电池组	控制系统电源	

用于我国铁路第五次大提速的 SS₉ 改进型电力机车为 6 轴干线客运电力机车，速度为 160km/h，最大功率为 5 400kW。机车采用中央走廊设备布置，方便巡视和检修；侧墙过滤器采用迷宫式夹层风道独立通风结构，降低车内负压，提高机车的滤尘效果及防寒性能；司机室进行了标准化、人性化设计，微机控制装置及其他电子装置设置在司机室后端墙，可满足单司机在司机室内完成部分设备的转换和隔离；机车具有向车辆提供 DC 600V 电源的能力；牵引变压器采用卧式结构，降低机车的重心高度，有利于提高机车运行的稳定性。

（1）电力机车电气部分 这部分包括主电路、辅助电路和控制电路。主电路是由产生主牵引力和制动力的各种电气设备连接成的一个系统。图 24.4-1 所示为 SS₅ 型单相交-直传动电力机车主电路原理简图（牵引工况），PFC 为功率因数补偿装置，兼作谐波滤波器。采用三相笼型异步牵引电动机已成为干线电力机车主电路的基本结构形式。电气部分通过受电弓从接触导线上受取电流。受电弓安装在车顶两端，当受电弓升起时，滑板与接触导线接触，将电流引入车内。受电弓有双臂和单臂两种，单臂弓结构简单，应用更广泛。

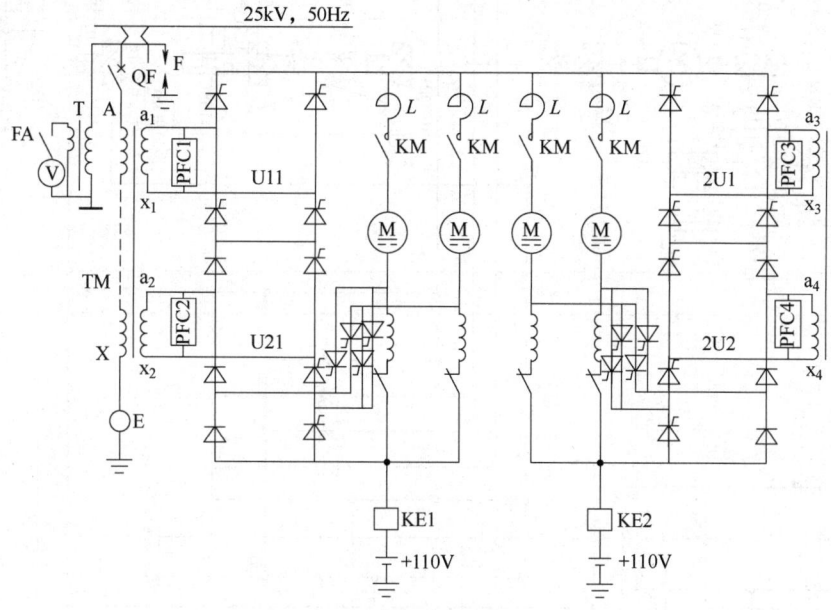

图 24.4-1 SS₅型单相交-直传动电力机车主电路原理简图（牵引工况）

SS₉ 型电力机车是用于牵引准高速旅客列车的六轴干线客运电力机车，能满足长距离、长大坡道上牵引大编组旅客列车运行的运输需要。SS₉ 型电力机车是我国交-直牵引电力机车的最后一个型谱。SS₉ 型电力机车牵引系统采用标准化的大功率晶闸管和二极管组成不等分三段半控桥整流电路，实现了恒流准恒速控制的牵引调速特性。牵引电机采用 ZD115 型 6 极串励式脉流牵引电动机，在加速过程中可以发挥最大功率 5 400kW，持续运用时功率留有较大的裕量，加速性能好。其车体是整体承载结构，能承受 1 960kN 的纵向静载荷且无永久性变形。SS₉ 型电力机车辅助电路采用旋转劈相机的三相交流电源系统（0044 号、0045 号机车辅助系统采用了辅助逆变器），辅机系统的保护采用了自

动开关保护方式。机车设有列车供电柜，能向旅客列车提供两路功率为 400kW 的 DC 600V 电源，可以满足客车车厢空调、采暖、照明等电器的用电需要。SS₉ 型电力机车的制动机系统以 DK-1 型电空制动机为基础，保持原有的断钩保护、电空联锁、紧急制动时有选择的跳主断、检查列车管折角塞门开通状态等辅助性能，增加了常用制动接口装置、列车电空制动、列车平稳操作、空电联合制动等辅助功能。这些功能的实现，提高了列车运行时的安全性和舒适性，可保证长大坡道上重载列车的安全下坡，同时缩短了列车的制动距离，延长了机车基础制动装置的使用寿命。图 24.4-2 所示为 SS₉ 型机车主电路原理图。

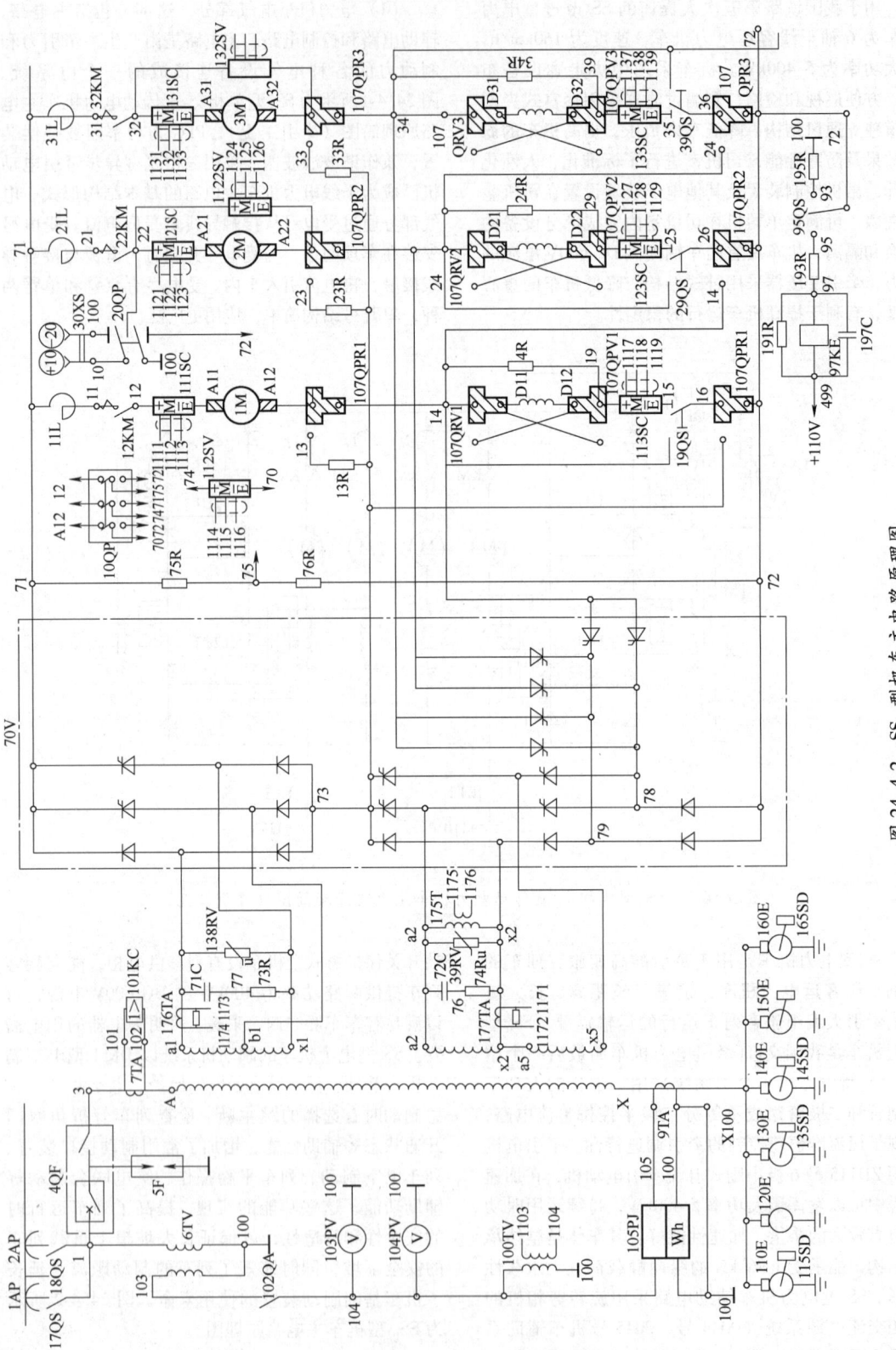

图 24.4-2　SS₉ 型机车主电路原理图

（2）供电系统 供电途径：电力网→牵引变电所→牵引网→电力机车。电气化铁路是一级负荷，对电力网有以下要求：对牵引变电所双回路供电，供电的双回路互为热备用；每一供电回路引自不同电源点，若由同一电源点供电（主变压器有两台及以上）时，则两回路分别引自不同分段母线；双回路输电线一般分杆架设。牵引供电系统由牵引变电所（包括分区所、开闭所、AT 所）和牵引网等组成，见图 24.4-3。

交直流牵引网供电方式可分为单边供电和多边供电，见表 24.4-2。牵引供电系统目前采用的供电结构有直接供电（以接触网为相线，钢轨为回流线）、BT 供电（另增加回流线和吸流变压器，回流

不经过钢轨）和 AT 供电（带自耦变压器和正馈线）等，见表 24.4-3。各种供电方式比较见表 24.4-4。

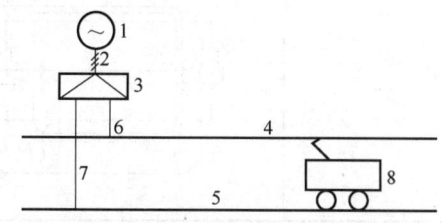

图 24.4-3 电力牵引的输、供电系统示意图
1—发电厂（或变电站） 2—输电线 3—牵引变电所
4—接触网 5—钢轨 6—馈电线
7—钢轨回流线 8—电力机车

表 24.4-2 牵引网的供电方式

方式	单线区段	复线区段
单边供电		
双边供电		

注：1—牵引变电所；2—电分段；3—分区亭；A、B、C—供电臂。

表 24.4-3 牵引网构成方式

牵引供电结构		牵引网及负荷电流分布示意图	符号说明
直接	无回流线		T—接触线 R—钢轨 SS—牵引变电所 H—牵引负荷
	带回流线		NF—回流线 P—吸上线
BT			BT—吸流变压器

（续）

牵引供电结构	牵引网及负荷电流分布示意图	符号说明
AT	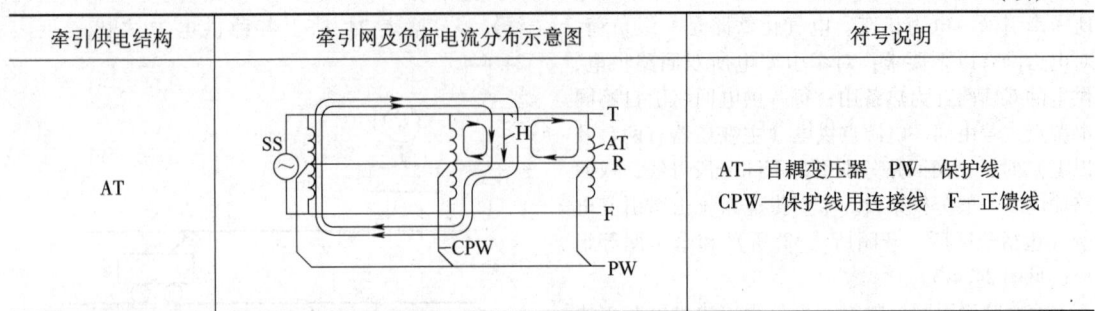	AT—自耦变压器　PW—保护线 CPW—保护线用连接线　F—正馈线

注：图中未标出经钢轨向地中泄漏的电流。

表 24.4-4　各种供电方式比较

供电方式	直接	BT	AT
供电能力	单位牵引网阻抗约为 0.5Ω，供电距离为 25~35km	单位牵引网阻抗最大（约为 0.8Ω） 供电距离最短（为 20~25km）	单位牵引阻抗最小（约为 0.2Ω） 供电距离最长（为 40~50km）
对通信干扰的防护能力	有一定防护能力，一般可满足路内通信要求	较理想	较理想
电力网投资	较多	多	少
牵引供电系统投资	少	较多	多
运营管理	方便	吸流变压器管理较麻烦，接触网分段多	由于设备较多，回路复杂，管理较麻烦
应用范围	适合各种线路条件	大运量和重载区段内不宜采用	宜大运量及重载区段，不宜多隧道区段，单线区段较少采用

（3）变电所主变压器和接触网　牵引变电所主变压器的任务是将电力系统的三相电转换为单相，供牵引负荷用，其接线示意图见图 24.4-4。

电力机车主变压器是交流电力机车的主要部件，用来把接触网上取得的 25kV 高压电变换为供给牵引电动机及其他电机电器工作所适合的低压电。电力机车主变压器运行条件特殊，接触网电压变化大，机车额定工作电压为 25kV，正常的工作电压为 20~29kV，允许偏差为 +16% 和 -20%，故障运行电压为 19kV。在实际运行中，接触网首端电压有时达到 31kV，机车再生制动时，网压可达到 32kV。机车运行时要求无流通过分相区，接触网分相距离一般为 20~40km。牵引变压器要经常开断和接通。当列车平均速度为 80km/h 时，机车主变压器 15~30min 投切一次；当列车平均速度为 200km/h 时，则 10~20min 就要投切一次。

接触网是电气化铁路的主要供电设备之一，由支柱设备、支持结构及接触悬挂等几部分组成。其功能是保证电力机车在运行中，通过受电弓与接触线接触，从牵引变电所可靠获得充足的电能。接触网的特点是分散布置在铁路沿线，设置在露天而又无备用，因此对接触网的基本要求如下：①有足够的强度，安全可靠；②在各种气象条件（最高和最低气温、最大风速、导线覆冰等）下，能保证电力机车以规定的速度运行时受流良好；③接触悬挂的技术性能应满足受电弓与接触线在运动状态滑动接触的要求，性能良好；④因是利用"天窗"时间进行维修、保养，各类支持装置和零部件，应力求轻巧耐用、寿命长，便于施工、维修和事故抢修；⑤因无法避开腐蚀、污秽严重等异常环境，各导线和支持装置、零部件，应采取有效的防腐蚀与防污秽技术措施；⑥接触线和有关设备，要有良好的平滑度和耐磨性能。接触悬挂类型及相应允许速度见表 24.4-5。

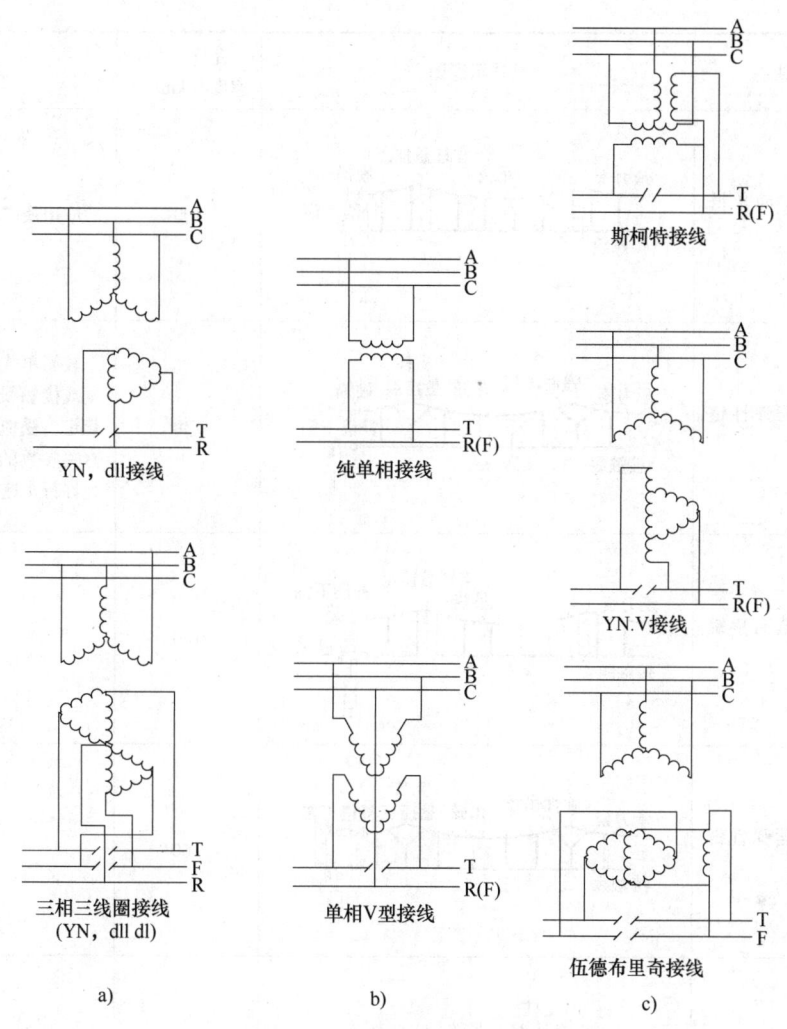

图 24.4-4　主变压器接线示意图

a）三相接线　b）单相接线　c）平衡接线

表 24.4-5　接触悬挂类型及相应允许速度

悬挂类型		悬挂示意图	允许行车速度/（km/h）	说明
简单悬挂	普通式简单悬挂	支柱悬挂点　补偿下锚　接触线	45	投资省，弹性差，但安全程度低，接触线应加补偿
	弹性简单悬挂	支柱悬挂点　弹性吊索　补偿下锚　接触线	80	比普通式应有所改善，应用较广泛

（续）

悬挂类型		悬挂示意图	允许行车速度/（km/h）	说明
链形悬挂	半补偿简单链形悬挂		100	应用最广泛
	半补偿弹性链形悬挂		130	较简单式显著加大承力索或接触线张力，悬挂较稳定，受流条件好。随着有关参数的调整，可提高允许行车速度
	全补偿简单链形悬挂		160	
	全补偿弹性链形悬挂		160	
双链形悬挂			200~250	结构复杂，造价高，用于高速区段
刚体悬挂	第三轨式		80	用于地下铁道
	刚体吊架式		75	用于窄小隧道内，架设精度高

电气化供电接触网每隔 20~25km 就有一个供电死区，藉空气或绝缘物将两相分割，称之为电分相。电力机车受电弓必须在无流情况下进出分相区，SS₉ 型机车采用车上自动控制断电方案。其工作原理如下：当机车得到过分相预告信号后，首先进行确认，然后封锁触发脉冲、延时断开主断路器，使机车惰行通过无电区；在通过无电区后，由机车自动检测网压从无到有的跳变并确认，再合上主断路器，顺序起动辅机，然后限制电流上升率，恢复到司机手柄给定的电流值。在该方案中，除分相预告信号与地面设施有关外，其余一切操作都可由机车自动完成，无须人工干预。

26　动力分散型电力机车　高铁动车的基本组成包括如下几部分：①车体，作用是安装基础和承载骨架，现代动车组车体均采用整体承载的钢结构或轻金属结构，以实现在最轻的自重下满足强度和刚度要求。②转向架，有动力转向架和非动力转向架之分，作用是承载、转向、减振、制动，动力转向架还具有驱动的功能。转向架由构架、悬挂装置、轮对轴箱装置和基础制动装置等组成。动力转向架还有驱动装置。③牵引传动控制系统，作用是传递能量和运行控制。牵引传动系统主要是指列车的电气设备，分为主传动电路系统、辅助电路系统和电子与控制电路系统。主传动电路系统主要包括主变压器、主变流器、牵引电机。辅助电路系统主要包括通风冷却装置、车内供电装置。④制动装置，包括机械部分、空气管路部分和电气控制部分。制动方式有空气制动和电气制动，不同的制动方式有不同的制动装置。⑤车端连接装置，包括各种车钩缓冲装置、铰接装置和风挡等，作用是连接车辆成列及缓和纵向冲击。⑥受流装置，动车组均采用受电弓受流器。⑦车辆内部设备。⑧驾驶室设备。

动力分散型电力机车是指将大部分机械和电气设备吊挂安装在车辆地板下面，牵引电动机安装在列车的全部或部分转向架上，使全部或部分轮对成为列车的驱动源，列车的全部车厢都可载客。动力分散型电力机车的动力车同时可以载客，增加了动车组的载客量；将牵引动力设备和牵引电机的功率及重量分散到各个车辆来负担，较易实现高速列车减轻轴重的要求；牵引力分散在各个动力车轮上，可解决高速列车大牵引力与轴重限制之间的矛盾；可以充分利用动力制动功率，列车具有较好的制动性能。

动力分散动车组和动力集中动车组比较见表 24.4-6。

表 24.4-6　动力分散动车组和动力集中动车组比较

序号	内容	动力分散动车组	动力集中动车组
1	编组	通常为固定编组，不可随意增减车辆数量，但可以采取 2 列联挂方式，动车与拖车同步增加或减少，不会造成过载或欠载	可任意增减拖车的数量，编组灵活。加减车厢后牵引力不变（因为动车数量不变），但阻力变化，易造成过载从而达不到原定速度，或者欠载造成功率浪费
2	动力配置	列车的牵引动力可以分散设置，按需要增减动轴，使列车总功率不受机车功率所限制	总功率受机车功率限制
3	换向行驶	在两端都有驾驶室，可双向行驶，省去调车的时间，同时减少车务人员的工作及提高安全	列车换向时需先把机车在一端脱钩后再移到另一端挂钩，折返时间长
4	轴重	最大轴重轻，对轨道冲击小。高速情况下最大轴重对轨道的破坏作用远远大于平均轴重，这也是为什么越是高速的列车越趋向于使用分散技术的原因	机车最大轴重大，高速运行下对轨道冲击大
5	载客量	载客量较同等长度的动力集中型动车组高约 20%，可充分利用站台长度	机车不能载客
6	起动加速度	起动加速度高，列车加速时间短，更适合发车密度大、站间距短的路线	起动加速度小，列车加速时间长，不适合发车密度大、站间距短的线路

（续）

序号	内容	动力分散动车组	动力集中动车组
7	轮轨黏着	整体黏着性好，在加速时不易产生空转（车轮的牵引力大于轮轨间的黏着力，造成轮速异常上升），加速更稳定	集中动力车单轴黏着性能好于分散动力车，但由于动轴数量少，总的黏着性不如分散动力车，加速时易产生空转
8	再生制动	列车从高速减速到 40km/h（不同的列车可能不同）的过程几乎不需要使用空气制动，速度再降低空气制动开始补充，充分利用再生制动，将制动能量转换为电能反馈回电网，减少制动盘机械磨耗和能源浪费	机车受黏着限制，不能充分发挥动力制动的优越性。大量拖车靠制动盘的摩擦制动，导致制动盘磨耗严重，既浪费材料又浪费能源
9	动力冗余	即使有一、两组电动机发生故障，列车也能正常行驶。动力冗余性高，减少个别车辆故障而造成机破救援	机车故障即需要救援，动力冗余性差
10	纵向冲动	车辆间的作用力小，牵引、制动时的纵向冲动小	车辆间的作用力大，牵引、制动时的纵向冲动大
11	线路适应性	线路适应力强。由于动轴多，所以更能适应陡坡，最大坡度为 80‰	动轴少，线路最大坡度 ≤30‰
12	全寿命周期成本（LCC）	根据德国 ICE2 和 ICE3 动车组 LCC 研究结论，动力分散比动力集中低约 10%	
13	检修维护	由于电动机多并分散在各节动力车，零部件维护较复杂，维修成本也较高	主要动力设备集中管理，维护相对简单，维护成本相对较低
14	振动噪声	动力设备分布在客车车下，车内振动、噪声较大	动力设备集中布置在机车，车厢内振动、噪声较小

CRH1 型动车组的编组见图 24.4-5。动车组的编组基于"单元"，即列车基本单元（train basic unit，TBU）或基本动力单元的概念，每一单元由两动一拖或一动一拖组成。由 3 个 TBU 共 8 节车组成，8 节车共有 20 个驱动轴，占车轴总数的 5/8。

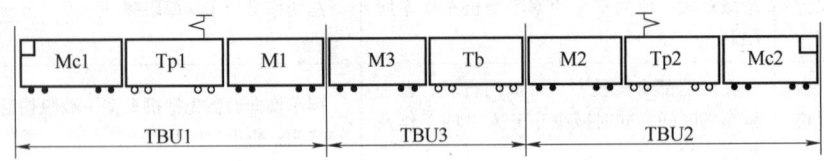

图 24.4-5　CRH1 型动车组的编组

CRH1 型动车组属于交-直-交传动的电力牵引列车。动车组的牵引主电路主要由以下电器设备组成：受电弓、高压开关、主变压器、网侧变流器、电机变流器和三相异步牵引电动机。主电路的能量转换过程受 CRH1 的以 MITRAC 通用计算机为核心的控制系统（见图 24.4-6）控制。MITRAC 计算机系统以摩托罗拉 68 000 微处理器为基础，该系统的机械和电气设计适应温度范围均是 -40~70℃，并能承受强烈震动冲击的牵引环境。

动车组由三个相互独立、各自完整的 TBU 组成，每个动力单元都有一套完整的牵引系统。动车组共有两个受电弓，互为备用。受电弓之间用高压电缆连接。主变压器将接触网的 25kV 高压转换成适合于牵引和辅助供电的电压，并实现高压系统和牵引系统的电气隔离。牵引电动机采用空间矢量控制（见图24.4-7）。在牵引电动机的额定转速以上采用方波调制来提高输出功率。调整逆变器的频率以避开信号系统的安全临界频率。牵引变流器采用500~1 000Hz的开关频率，以降低输出电压中的谐波含量，从而使牵引电动机的能量损失和转矩脉动降至最低。牵引电动机弹性安装在转向架的构架上，变速箱为轴挂式，牵引电动机通过连轴节与齿轮传动箱相连。牵引电动机为强迫风冷式三相笼型异步电动机。一个电动机变流器给一个转向架上的两台牵引电动机并联供电。

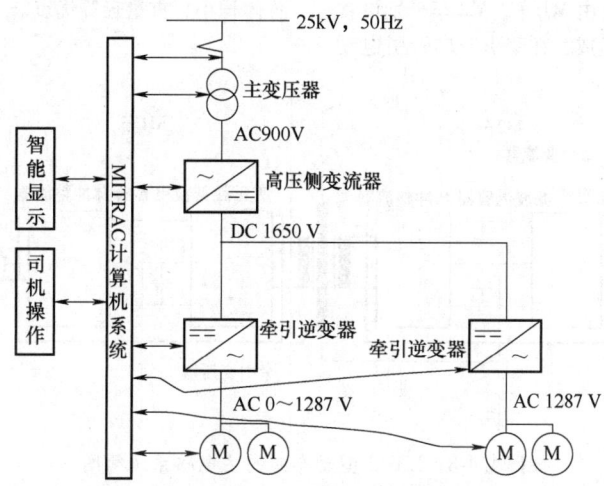

图 24.4-6　牵引传动及计算机控制系统

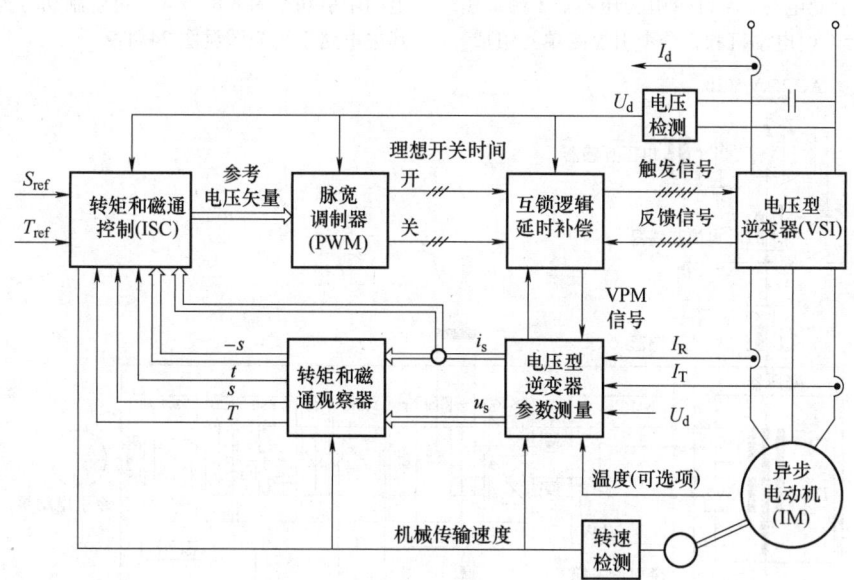

图 24.4-7　牵引电动机的空间矢量控制

CRH2型动车组的主电路基本动力单元由1台牵引变压器、2台牵引变流器、8台牵引电动机构成，1台牵引变流器驱动4台牵引电动机，其主电路系统简图见图24.4-8。主电路系统以M1车、M2车的两辆车为1个单元。受电弓从接触网25kV、50Hz单相交流电源受电，通过主断路器VCB连接到牵引变压器一次绕组上。主电路开闭由VCB控制。牵引变压器牵引绕组设两组，一次绕组电压为25kV时，牵引绕组电压为1 500V。牵引变流器在M1车、M2车上分别装载脉冲整流器、逆变器各1

台，运行时除实施牵引电动机电力供应和制动时的再生制动外，还具备保护功能。牵引电动机采用三相笼型异步电动机，其轴端设置速度传感器，用于检测牵引变流器、制动控制装置的转速（转子频率）。当设备故障时，M1 车和 M2 车可分别使用。另外，整个基本单元可使用 VCB 切除，不会影响其他单元工作。主变流器由 M1 车、M2 车分别设置的一组整流器加逆变器组成，在牵引时向牵引电动

机供电，再生制动时向电网回馈电能，电路具有完善的保护功能。主电路采用 1 台主变压器加 2 台主变流器加 8 台牵引电动机的模式，其中 1 台主变流器控制 4 台牵引电动机；主变流器件采用 IGBT 替代了 GTO。与 GTO 相比，IGBT 具有开关频率高，开关时所允许的电流变化率大，门控电路简单，装置体积小、重量轻等优点。

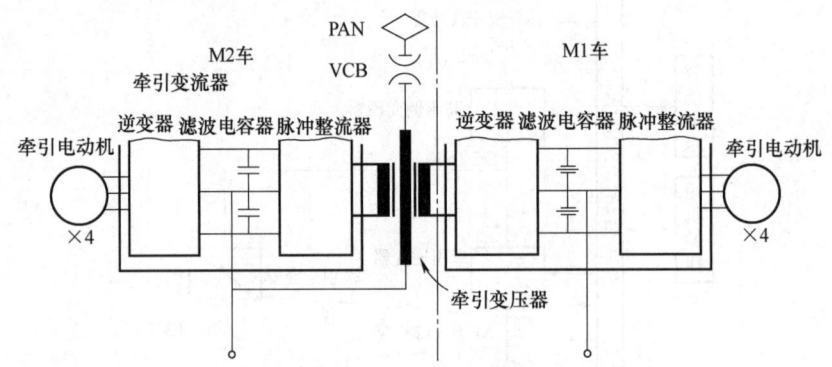

图 24.4-8　CRH2 型动车组的主电路系统简图

　　CRH3 型动车组为 8 辆编组。一个牵引单元的主电路由 1 个受电弓、1 台牵引变压器、2 台牵引变流器、8 台牵引电动机和 2 个牵引控制单元组成。

每台牵引电动机带有一套机械传动装置。每列动车组的牵引功率为 8 800kW，再生制动时为 8 000kW。其主电路系统简图见图 24.4-9。

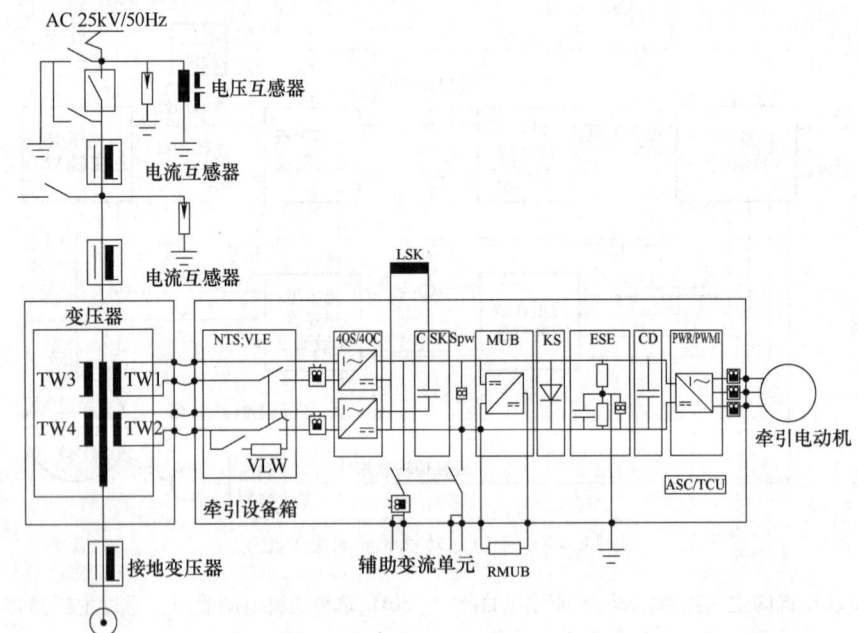

图 24.4-9　CRH3 型动车组的主电路系统简图

　　CRH5 型动车组牵引系统主变压器使用油冷方式，牵引变流器使用成熟的 IGBT 技术。异步牵引

电动机的功率为 550kW，采用悬体方式，由万向轴传递牵引力。动车组有两个相对独立的主牵引系

统，每个牵引单元配备一个完整的集电、牵引及辅助系统，以实现所需的牵引和辅助电路冗余。其中，一个单元由 3 辆动车加 1 辆拖车（M-M-T-M）构成，另一个单元由 2 辆动车加 2 辆拖车（T-T-M-M）构成。每个动力单元带有 1 个主变压器和受电弓。在正常运行中，每列车只启用 1 个受电弓。每个牵引动力单元的牵引设备都由下列设备组成：一个高压单元，带受电弓和保护装置；一个主变压器；2 套或 3 套 IGBT 水冷技术的主牵引套件；4 台或 6 台异步牵引电动机，底架悬挂，最大设计负载为 550kW。

牵引变压器是动车组的重要组成部分，由受电弓接收的能量通过主断路器供给牵引变压器的一次绕组，将电压变为 1 770V 交流，供给牵引、辅助设备电路和负责全列车直流电驱动电气设备管理的

电路及牵引电动机。变压器内部除变压器的铁心外，还包括保证变压器进行正常工作的冷却系统、温检系统、油流检测系统等。牵引变压器的特点是，大容量、小型化；安装方式采用了车体地板下吊挂式安装的卧式扁平结构；储油柜侧面放置以降低压器高度；耐机械冲击，能承受水平方向 $3g_n$、横向 $2g_n$、垂直方向 $1g_n$ 的冲击加速度；整体绝缘水平为 F 级；高阻抗使变压器内部的空间磁场很强，结构件使用了大量的无磁绝缘材料；线圈导线采用诺梅克斯（Nomex）纸绝缘，耐热等级高，机械强度大；绕组结构采用全分裂结构，以满足电磁耦合要求；冷却方式为强迫导向油循环风冷；冷却介质采用了具有高燃点的酯类（Ester）油。牵引变压器的主要电气参数见表 24.4-7。

表 24.4-7　牵引变压器的主要电气参数

参数	高压绕组	牵引绕组
额定容量/(kV·A)	5 262	8 776
额定电压/V	25 000	1 770×6
额定电流/A	210	495×6
施加的工频耐电压/kV	13	13
端子号	HV N	TR1I-TR12 TR2I-TR22 TR3I-TR32N TR41-TR42 TRS1-TRS2 TR61-TR62
直流电阻（150℃）	3.02Ω	6×55.08mΩ
负载总损耗（150℃）	250kW	
最大外形尺寸	4 124mm×2 465mm×685mm	
线圈类型	层式	
油重/kg	850	
总重/kg	7 000	
相关标准	IEC 60310	
储油柜位置	与油箱在一起	

27　地铁和轻轨车辆　地（下）铁（道）电动车组是城市人口高度集中区的重要交通工具，有如下特点：①本身具有动力，车组组成方式是全部动车或由动车和拖车按一定比例组成。列车编组数一般是 4~8 辆。电动车组在运行中是不可分离的一个整体。②列车载客量大，定员 120~310 人，超员可达 300~400 人，一列 8 辆编组列车的最大载客量可达 2 400~3 200 人。若与先进的信号系统相配合，地铁交通运输能力在高峰时可达单向每小时

30 000~60 000 人次。③具有较高的起动加速度和制动减速度，地铁系统站间平均站距为 1km 左右，起动平均加速度一般为 $0.8~1.1\text{m/s}^2$，常用制动减速度为 $0.9~1.2\text{m/s}^2$。

城市地铁需要建立管理与监控系统：变电所自动化系统（PSCADA）、火灾报警系统（FAS）、机电设备监控系统（EMCS）、屏蔽门系统（PSD）、防淹门系统（FG）、自动列车系统（ATS）、门禁系统（ACS）、广播系统（PA）、闭路电视系统

（CCTV）、车载信息系统（TIS）、车站信息系统（SIS）、自动售检票系统（AFC）、信号系统（SIG）、时钟系统（CLK）等。地铁管理系统向综合化发展的趋势越来越强烈，主控系统（main control system，MCS）就是这种综合管理系统。MCS采用分层分布式结构，由中央级监控系统（CMCS）、车站级监控系统（SMCS）及车站基础级自动化系统组成，实现三个层次的监控管理。

轻轨交通（light rail transit，LRT）是一种经济的城市大规模公共轨道交通系统，其载客量具有较宽的范围。相对于铁路运输，城市轨道交通的特点是小编组、行车密度高、站间距短、对车辆装备的可靠性要求更高。轨道交通中采用中等载客量车厢，能适应远期单向最大高峰小时客流量1.5万~3.0万人次的称为轻轨铁路；若采用大载客量车厢，能适应远期单向高峰小时客流量为3.0万~6.0万人次的统称为地铁。地铁和轻轨两者的区分主要视其单向最大高峰小时客流量。中等载客量的轻轨铁路车厢，一般的额定载客量是202人/辆（超员为224人/辆），编组采用每列2~4；大载客量的地铁车厢，一般的额定载客量为310人/辆（超员为410人/辆），编组采用每列6辆。轻轨使用的车辆称为轻轨车辆（LRV）。现代化的轻轨车辆是性能优良的有轨电车，低地板路面的电车方便了乘客乘

降。在低地板LRV结构中，为了实现低地板化，一是采用小直径车轮；二是不用车轴，采用独立车轮；三是将设置在转向架内的电动机和驱动装置布置在车辆的其他部位，或者将牵引电动机与车轮做成一体。轻轨车辆的总体设计采用模块化结构。轻轨车辆的转向架及走行装置有动力和非动力两种形式。其中，动力转向架及走行装置的牵引电动机有纵向布置和横向布置两种模式。

电气系统是轻轨车辆的核心部分，包括牵引电动机及其直流调压控制或主逆变器、辅助装置供电、空调照明等。轻轨车辆电气传动方式见图24.4-10。目前，电动机控制已发展到直接转矩控制阶段，列车总线通信系统微机控制已发展到32位高速处理器，变频器和电动机已发展到水冷模式，新的传动系统把输入的直流电经过LC滤波装置，由VVVF逆变器变成三相交流电，驱动异步电动机。电力电子器件已发展到智能功率模块（IPM），其性能优越、发展迅速，无论耐压还是电流容量都向GTO靠近，因此轻轨车辆中用IGBT或IPM取代GTO是必然的发展趋势。直线电动机开始在轻轨车辆中得到应用，以取代传统的牵引电动机。采用直线电动机可使车辆在牵引和动力制动时不受轮轨黏着的限制，以提高起动牵引力和制动力，这是今后值得注意的发展方向。

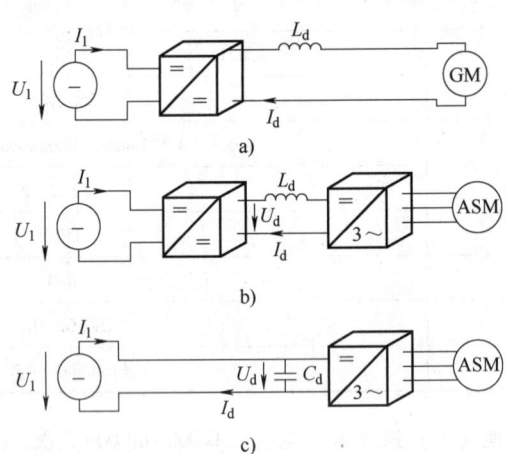

图 24.4-10　轻轨车辆电气传动方式
a）斩波器驱动直流电动机　b）电流型逆变器驱动异步电动机　c）电压型逆变器驱动直流电动机

轻轨车辆的供电方式有两种：接触网受流和第3轨受流。接触网受流多用受电弓，受电弓可升可降。第3轨受流是从导电轨受流，空间可以得到充分的利用，多用于速度较高的隧道列车运行。供电电压多为DC 750V和DC 1 500V。DC 750V的多用

第3轨受流。DC 1 500V的多采用接触网的模式。同DC 750V供电制式相比较，DC 1 500V可以提高牵引网供电质量，降低电流数值，增加牵引供电距离，适用于客流密度大及运量大的轻轨系统。

对于采用车控方式的城市轨道车辆，每辆动车

都有一套电力牵引系统。牵引传动系统的设备主要包括受电弓、主熔断器、主开关、高速断路器、线路滤波器、VVVF 逆变器（包括制动斩波器）、制动电阻、交流牵引电动机和控制装置等。各电器箱均采用箱体式车下悬挂结构。牵引电动机采用架承式全悬挂结构，通过万向节与齿轮装置连接，传递牵引力矩或电制动力矩，驱动列车前进或使列车制动。电气牵引系统构成见图 24.4-11。

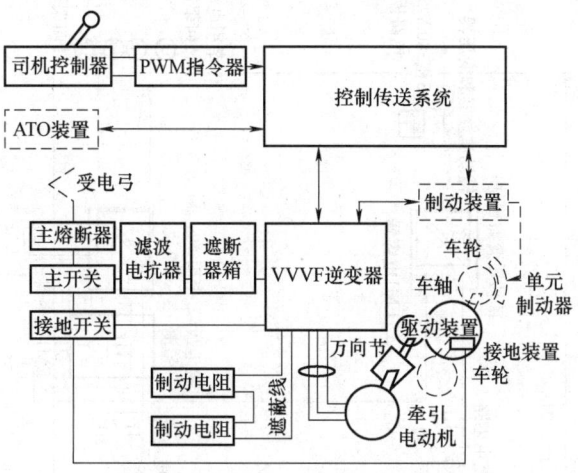

图 24.4-11　电气牵引系统构成

牵引变流器是列车关键部件之一，安装在列车动车底部，其主要功能是转换直流和交流的电能量，把来自接触网上的 1 500V 直流电转换为 0~1 150V 的三相交流电，通过调压调频控制实现对交流牵引电动机的起动、制动和调速控制。目前，世界上无论是干线铁路还是城市轨道的电动车辆的电气系统均采用 IGBT 模块、GTO 模块、IPM。牵引变流器主要由供电环节、直流连接环节、PWM 逆变器、电阻制动电路、制动电阻组成。功率模块（IGBT 模块）是构成变流器的核心部件。PWM 逆变器是由 U 相、V 相、W 相 3 个功率模块构成的，每个模块由上下桥的两组 IGBT 和反并联二极管构成。某型地铁牵引系统电路原理图见图 24.4-12，车辆通过受电弓将 1 500V 接触网直流电能引入车辆中的 PH 电气设备箱和 PA 电气设备箱（图中点画线框所示）。某型地铁牵引变流器电路原理图见图 24.4-13，逆变器为带有电阻制动斩波器的 VVVF 三相交流牵引逆变器，逆变器开关器件为带续流二极管的绝缘栅双极型晶体管（IGBT）。牵引变流器中的牵引控制单元（DCU）又称为控制电路板，与车辆控制单元（VCU）相连。其中的变流器主电路（功率电路部分），根据功能可细分为供电系统、中间直流环节电路（滤波电容器）、电阻制动电路、制动电阻、逆变电路几部分。从牵引控制单元输出的大功率开关器件（IGBT 或 GTO）的开关控制信号不能直接连接 IGBT 或 GTO 的门极，需要驱动电路将牵引控制单元输出的开关控制信号予以功率放大，因此需要有驱动电路驱动 IGBT 或 GTO 开通与关断。整个变流器控制电路供电需要专用的电源模块。

28　磁悬浮列车　依靠电磁力将列车悬浮于空中并进行导向，实现列车与地面轨道间的无机械接触，利用直线电机驱动列车运行。磁悬浮列车属于陆上有轨交通运输系统，具有了轨道、道岔和车辆转向架及悬挂系统等许多传统机车车辆的特点，但由于列车在牵引运行时与轨道之间无机械接触，因此从根本上克服了传统列车轮轨黏着限制、机械噪声和磨损等问题。磁悬浮列车快速、低耗、安全、舒适、经济、无污染，成为具有广阔前景的新型交通工具。

磁悬浮列车按照所采用的电磁铁种类可以分为常导吸引型和超导排斥型两大类。常导吸引型磁悬浮列车是以常导磁铁和导轨作为导磁体，用气隙传感器来调节列车与线路之间的悬浮间隙大小。在一般情况下，其悬浮间隙大小在 10mm 左右。这种磁悬浮列车的运行速度在 400~500km/h 内，适合城际的交通运输。超导排斥型磁悬浮列车是利用超导磁铁和低温技术来实现列车与线路之间悬浮运行，其悬浮间隙大小一般在 100mm 左右。这种磁悬浮列车低速时并不悬浮，当速度达到 150km/h 时才完全悬浮起来。这种磁悬浮列车的运行速度可达到 500~550km/h，其建造技术和成本要比常导吸引型磁悬浮列车高。

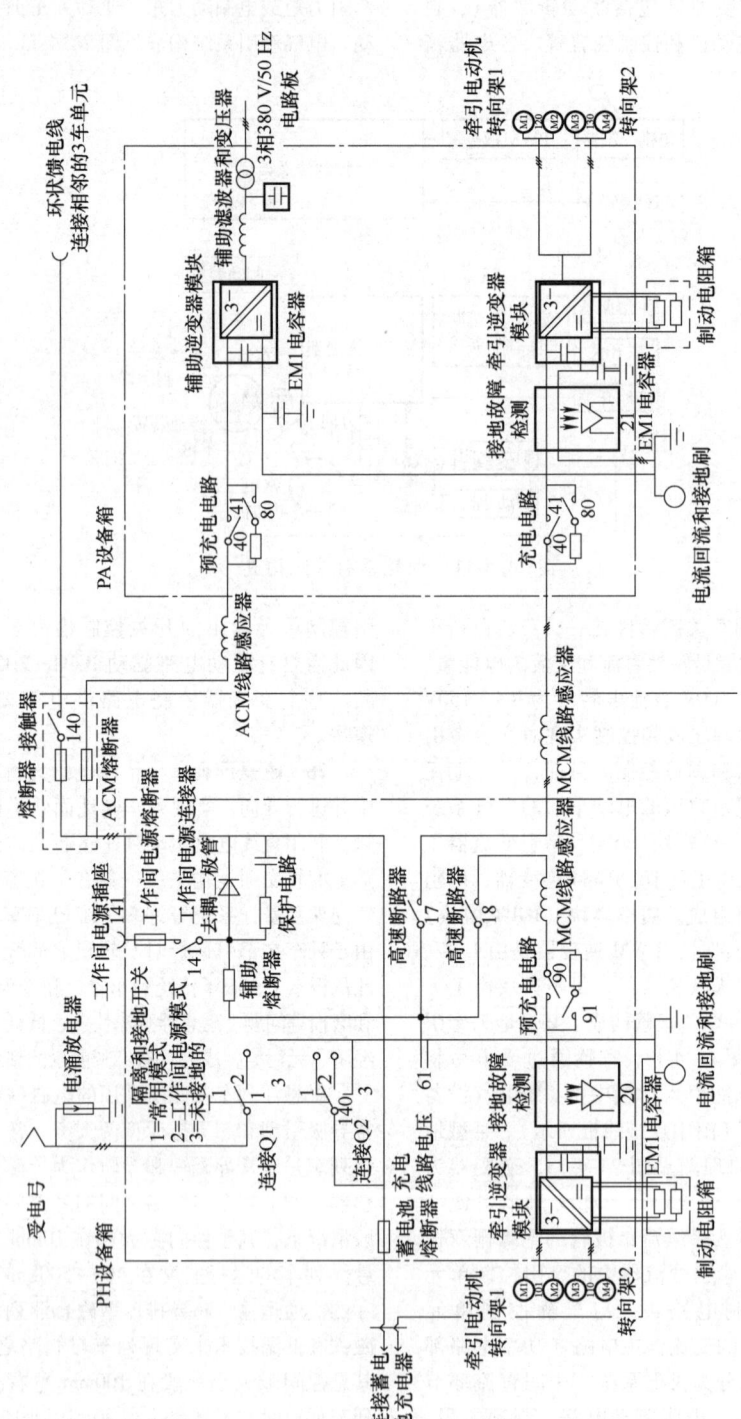

图 24.4-12　某型地铁牵引系统电路原理图

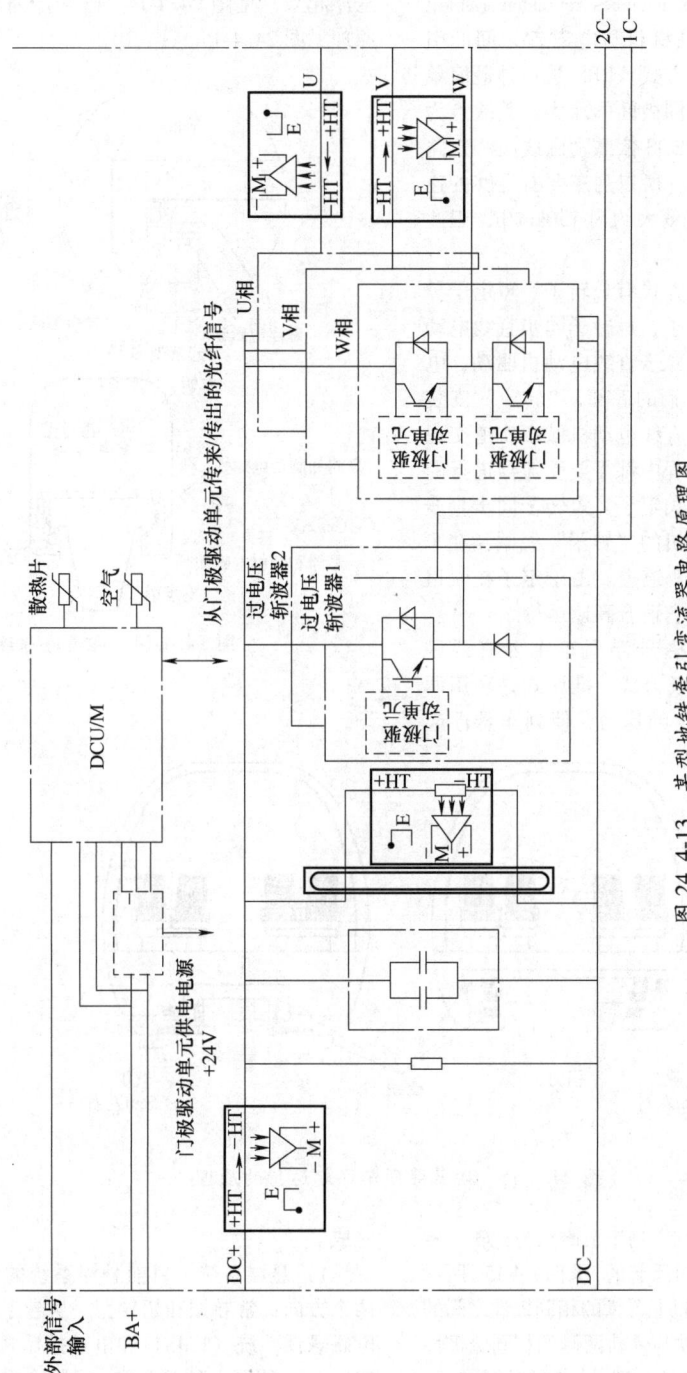

图 24.4-13　某型地铁牵引变流器电路原理图

磁悬浮列车按照悬浮方式有电磁悬浮系统（electro magnetic suspension system, EMS）、永磁悬浮系统（permanent repulsive suspension system, PRS）和电动排斥式系统（electro dynamics repulsion system, EDS）。EMS 方式利用导磁材料与电磁铁之间的引力，绝大部分悬浮采用此方式。PRS 是一种最简单的方案，利用的是永磁铁同极间的斥力，其缺点为横向位移的不稳定因素。EDS 依靠励磁线圈和短路线圈的相对运动得到斥力，所以列车要有足够的速度才能悬浮起来，这个速度大约为 150km/h，因此它不适用于低速的情况。

磁悬浮列车按照驱动方式有长转子、短定子异步直线电动机驱动和长定子、短转子同步直线电动机驱动。长转子、短定子异步直线电动机驱动，电动机的"定子"安装在车辆的底部，"转子"安装在轨道上。此种方案类似直线电动机城市轨道交通车辆，由于在整个运行过程中都需要受流器进行受流，它适合中低速运行。长定子、短转子同步直线电动机驱动方式是将电动机的"转子"线圈装在车辆上，"定子"线圈装在轨道上。由于定子在轨道上，受流不受机械限制，它适合高速运行。

（1）磁悬浮原理　磁悬浮列车主要有两种"悬浮"形式：推斥式和吸力式。推斥式是利用两个磁铁同极性相对而产生的斥力，使列车悬浮起来。吸力式是利用两个磁铁异性相吸的原理，将电磁铁置于轨道下方并固定在车体转向架上，两者之间产生一个强大的磁场，并相互吸引时，列车就能悬浮起来，见图 24.4-14。磁悬浮列车浮起运行的原理见图 24.4-15。

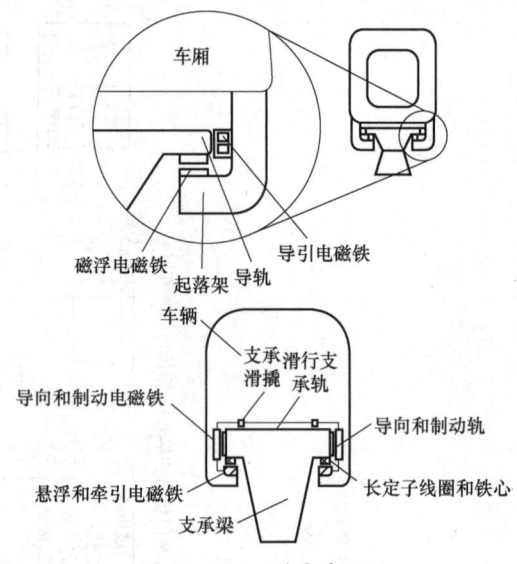

图 24.4-14　磁悬浮原理

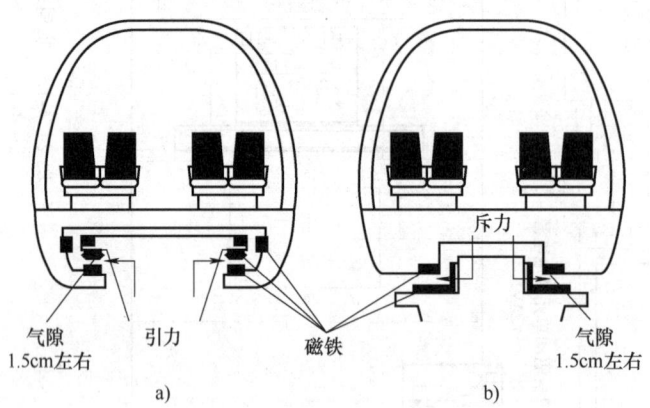

图 24.4-15　磁悬浮列车浮起运行的原理

图 24.4-15a 所示的是利用列车上磁铁与铁轨上磁铁的不同极性之间的引力而浮起的，图 24.4-15b 所示的是利用列车上磁铁与铁轨上磁铁的相同极性之间的斥力而浮起的。列车上磁铁与铁轨两侧的相同磁极性之间的斥力则使列车保持居中位置，不致左右偏移。

（2）磁悬浮列车的组成　磁悬浮列车主要由悬浮系统、推进系统和导向系统 3 部分组成。在目前的绝大部分设计中，这三部分功能均采用磁力来完成。

1）悬浮系统。目前悬浮系统的设计可以分为两个方向：常导型和超导型。从悬浮技术上讲就是电磁悬浮系统（EMS）和电动排斥式系统（EDS）。EMS 是一种引力悬浮系统，是结合在列车上的电磁铁和导轨上的铁磁轨道相互吸引而使列车悬浮的。常导磁悬浮列车工作时，首先调整车辆下部的悬浮和导向电磁铁的电磁吸力，与地面轨道两侧的绕组发生磁铁反作用将列车浮起。在车辆下部的导向电磁铁与轨道磁铁的反作用下，使车轮与轨道保持一定的侧向距离，实现轮轨在水平方向和垂直方向的无接触支撑和无接触导向。车辆与行车轨道之间的悬浮间隙为10mm，这是通过一套高精度电子调整系统来保证的。由于悬浮和导向与列车运行速度无关，所以即使在停车状态下列车仍然可以进入悬浮状态。EDS将磁铁使用在运动的列车上以在导轨上产生电流。由于列车和导轨的缝隙减少时电磁斥力会增大，产生的电磁斥力提供了稳定的列车的支撑和导向。然而列车必须安装类似车轮一样的装置，以便对列车的"起飞"和"着陆"进行有效支撑。这是因为EDS在列车速度低于25mile/h无法保证悬浮。EDS在低温超导技术下得到了更大的发展。超导磁悬浮列车的主要特征就是其超导元件所具有的完全导电性和完全抗磁性。超导磁悬浮列车要处理的是如何才能准确地驾驭在移动电磁波的顶峰运动的问题。

2）推进系统。磁悬浮列车的驱动利用了直线同步电动机的原理。在位于轨道两侧的线圈里流过交流电，能将线圈变为电磁体。由于它与列车上的超导电磁体的相互作用，就使列车开动起来。列车前进是因为列车头部的电磁体N极被安装在靠前一点的轨道上的电磁体S极所吸引，并且同时又被安装在轨道上稍后一点的电磁体N极所排斥。当列车前进时，线圈里流过的电流方向就反转过来了。其结果就是原来那个S极线圈，现在变为N极线圈了，反之亦然。通过电能转换器调整在线圈里流过的交流电的频率和电压，列车由于电磁极性的转换而得以持续向前奔驰。

3）导向系统。导向系统提供侧向力来保证悬浮的机车能够沿着导轨的方向运动。必要的推力与悬浮力类似，也可以分为引力和斥力。在列车底板上的同一块电磁铁可以同时为导向系统和悬浮系统提供力。另外，也可以采用独立的导向系统电磁铁。

（3）磁悬浮列车的关键技术　磁悬浮列车分为中低速和高速两种类型，其中高速又分为常导高速和超导高速。中低速磁悬浮列车主要由线路、车体和车载电气3大部分组成。中低速磁悬浮列车有6个方面关键技术：轨道、悬浮控制、直线推进、运行控制、信号检测和车辆结构。

中低速磁悬浮列车的轨道与普通铁轨不一样，采用F型导轨，轨排加工、安装精度和轨道线型直接影响列车运行平稳性，轨道设计要求高，加工难度大。由于列车重量与电磁铁产生的电磁吸力达到的平衡是不稳定平衡，故必须时刻对列车的悬浮电流进行跟踪控制，保证在各种线路、负载条件下悬浮控制的稳定性是磁悬浮系统中最核心的技术。中低速磁悬浮列车采用直线异步电动机牵引，电动机使用环境较差，对电动机本身结构设计要求较高。电动机工作时，除产生列车牵引力之外，在其初、次级之间尚存在法向作用力。该法向力影响列车悬浮，怎样消除法向力对悬浮的影响也是关键。运行控制系统是整个列车的指挥中心，列车的起浮/降落、牵引/制动都由其控制。除了与常规列车一致的运行控制要求外，磁悬浮列车尚有部分特殊的安全联动要求。信号检测涉及两方面：一方面磁悬浮列车车载设备多，设备的工作状况都必须进行准确监测，并随时报告运行控制系统；另一方面，由于没有常规列车与地面接触的轮子，故列车运行速度、运行位置也需要准确检测。磁悬浮列车是通过多个电磁铁进行承重的，在车辆结构方面，要求列车自身重量尽可能轻和采用解耦式车体结构，以便列车稳定悬浮。

某磁悬浮列车直线电动机长定子结构见图24.4-16。推进用的直线同步电动机采用长定子短磁极式，定子绕组为波绕组。长定子铁心连续铺设在轨道两侧下方，定子三相绕组嵌在铁心槽内。励磁磁极装在车上，布置在车厢两侧，与定子绕组相对应，由车载直线发电机供给励磁电流。

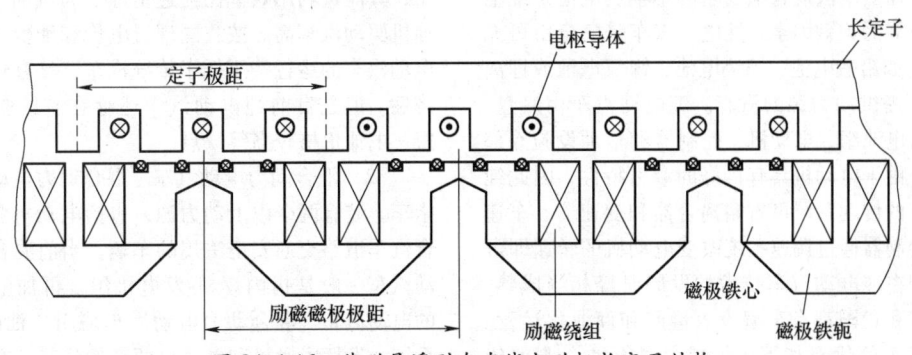

图24.4-16　某磁悬浮列车直线电动机长定子结构

4.2　电动汽车

29　电动汽车的分类　电动汽车的发展经历了三次重大机遇：第一次发生在一百余年前，由于当时电池和电机的发展较内燃机成熟，石油的运用还没有普及，电动汽车在汽车领域中占有举足轻重的位置。后来由于石油的大量开采和内燃机的种种优越性，电动汽车渐渐被人们忽视。直到20世纪70年代石油危机的爆发，给世界各国带来了不小的冲击，开始考虑替代石油的其他能源，包括风能、太阳能、电能等可再生能源。因此从政治经济方面考

虑，电动汽车迎来了第二次机遇，又一次被人瞩目。第三次机遇开始于若干年前，世界上除了已存在的能源问题之外，环境保护也逐渐成为各个方面关心的重大问题，内燃机汽车的排放污染，给全球的环境以负面影响，开发生产零污染交通工具成为各国所追求的目标。电动汽车的无（或低）污染优点，使其成为当代汽车发展的主要方向。与内燃机汽车相比，电动汽车有其自身的许多特点，包括无（或低）污染、噪声低、能源效率高、多样化、结构简单、使用维修方便、动力电源使用成本高、续驶里程短等。电动汽车与内燃机汽车的比较见表24.4-8。

表 24.4-8　电动汽车与内燃机汽车的比较

项目	性能							用途						
	机动性	废气排放	噪声振动	操作难易	能源补给	购置费用	维修费用	大范围作业	连续作业	不通风场所	低噪声场所	狭窄场所	易燃爆场所	低温场所
电动汽车	好	好	好	好	一般	差	好	差	一般	好	好	好	好	好
汽油汽车	好	差	一般	一般	好	好	差	好	好	一般	一般	差	差	差
柴油汽车	好	一般	差	一般	好	一般	一般	好	好	一般	差	差	差	差

按照 GB/T 19596—2017《电动汽车术语》的规定，电动汽车（electric vehicle, EV）是纯电动汽车、混合动力（电动）汽车、燃料电池电动汽车的总称。纯电动汽车（batteries electric vehicle, BEV）是由电动机驱动的汽车。电动机的驱动电能来源于车载可充电蓄电池或其他能量储存装置。混合动力（电动）汽车（hybrid electric vehicle, HEV）是能够至少从下述两类车载储存的能量中获得动力的汽车：一是可消耗的燃料；二是可再充电能/能量储存装置。燃料电池电动汽车（fuel cell electric vehicle, FCEV）是以燃料电池作为动力电源的汽车。

（1）纯电动汽车　纯电动汽车是，完全以车载动力蓄电池提供能量，用电动机驱动车轮行驶，符合道路交通安全法规各项要求的车辆。电池是纯电动汽车发展的关键因素。纯电动汽车是完全由可充电电池（如铅酸电池、镍镉电池、镍氢电池或锂离子电池）提供动力源的汽车。纯电动汽车由底盘、车身、蓄电池组、电动机、控制器和辅助设施6部分组成。由于电动机具有良好的牵引特性，因此纯电动汽车的传动系统可省略离合器和变速器。车速控制由控制器通过调速系统改变电动机的转速即可实现。现在纯电动汽车技术的发展已经相当成熟，发达国家和我国都有车型投入量产和商业化运营。纯电动汽车的优点如下：①减少对石油资源的依

赖，实现能源利用的多元化。由于电力可以从多种一次能源获得，如煤、核能、水力、风力、光、热等，解除人们对石油资源日见枯竭的担心。②减少环境污染。本身不排放污染大气的有害气体，即使按所耗电量换算为发电厂的排放，除硫和微粒外，其他污染物也显著减少。由于电厂大多建于远离人口密集的地方，对人类伤害较少，而且电厂是固定不动的集中地排放，清除各种有害排放物较容易，也已有了相关技术。③能源转换效率高。相关研究表明，电动汽车能源效率已超过汽油机汽车。特别是在城市工况，汽车走走停停，行驶速度不高，电动汽车更加适宜。同样的原油经过粗炼，送至电厂发电，经充电装置给电池充电，再由电池驱动汽车，其能量利用效率比经过精炼变为汽油，再经汽油机驱动汽车高。按我国现行电价和油价水平，纯电动汽车的运行费用低于传统汽车，具有较好的经济性。但是目前纯电动汽车还存在着续驶里程较短、电池价格较高等缺点。

（2）混合动力电动汽车　混合动力电动汽车是指车上装有两个以上动力源，包括电动机驱动，符合汽车道路交通安全法规的车辆。当前混合动力电动汽车一般是指内燃机-发电机组，再加上蓄电池的电动汽车。混合动力电动汽车采用"油电结合"系统，发挥内燃机和电动机两者的优势，在电池电

能耗尽时使用燃油发电机继续行驶，克服了纯电动汽车行驶里程短、充电时间长等弱点。混合动力车兼具环保与节能，与内燃汽车发展不矛盾，又能实现规模生产，具有非常好的发展前景。所以，混合动力电动汽车指既可以使用燃油驱动，也可以使用电力驱动的电动汽车。依据其是否外接充电，可分为外接充电式混合动力汽车与非外接充电式混合动力汽车。非外接充电式混合动力汽车的电能来源是发动机，依赖发动机消耗燃油带动电动机发电，燃油是其初始能源，必须加油使用；外接充电式混合动力汽车既可以通过燃油驱动，也可以通过动力蓄电池驱动，既可以加油获取燃油驱动，也可以充电获取电能驱动。普通混合动力汽车是指那些采用常规燃料的，同时配以蓄电池、电动机来改善低速动力输出和燃油消耗的车型。普通混合动力汽车的优点如下：①采用混合动力后可按平均需用的功率来确定发动机的最大功率，此时处于油耗低、污染少的最优工况下工作。需要大功率但发动机功率不足时，由电池来补充；负荷小时，富余的功率可用来发电给电池充电。由于发动机可持续工作，电池又可以不断得到充电，故其行程和普通汽车一样。②因为有了电池，可以十分方便地回收制动、下坡、急速时的能量，并作为电能再次利用，从而减少能源的浪费。③在繁华市区，可关停发动机，由电池单独驱动，实现"零排放"。④有了发动机可以十分方便地解决耗能大的空调、取暖、除霜等纯电动汽车遇到的难题。⑤可以利用现有的加油站加油，不必再投资建设充电站（插电式混合动力电动汽车除外）。⑥可让电池保持良好的工作状态，不发生过充、过放，延长其使用寿命、降低成本。混合动力汽车的缺点是，长距离高速行驶基本不能省油；有两套动力，再加上两套动力的管理控制系统，结构复杂，技术较难，价格较高。混合动力汽车按照混合度（即电动机功率与发动机功率之比或使用电的比例与使用燃油的比例）的不同，又可以分为微混、轻混、中混、强混等。普通的混合动力汽车利用发动机的富余功率给电池充电，无须外接

充电，虽然节能效果明显，但是没有从根本上摆脱交通运输对石油资源的耗用问题。因此，普通混合动力汽车是电动汽车发展过程中一段时期内的一种过渡性技术。

近几年发展起来的插电式混合动力汽车（plug-in hybrid electric vehicle，PHEV）是一种新型的混合动力电动汽车。通过外接充电电源为电池充电，充电后可仅凭充电电池作为电动汽车行驶。另外，在电池的剩余电量用完后，并不是切换至发动机行驶模式，而是通过发动机带动发电机，利用由此产生的电力为蓄电池充电，继续用电动机行驶。插电式混合动力汽车更接近纯电动汽车，而且它在一定程度上解决了纯电动汽车续驶里程短和需要及时充电的问题，即使行驶到没有充电设施的地方，也可以作为一般的混合动力车来使用。

（3）燃料电池电动汽车　燃料电池电动汽车指通过燃料电池中液氢与液氧的化学作用直接获取电能以驱动运行的电动汽车。燃料电池电动汽车以氢气、甲醇等为燃料，通过化学反应产生电流，依靠电动机驱动。燃料电池车的工作原理：作为燃料的氢，在汽车搭载的燃料电池中，与大气中的氧发生化学反应，从而产生电能，通过电动机进而驱动汽车行驶。燃料电池的化学反应过程不会产生有害产物，因此燃料电池车辆是无污染汽车，燃料电池的能量转换效率比内燃机要高 2~3 倍，因此从能源的利用和环境保护方面看，燃料电池技术是内燃机技术最好的替代技术，燃料电池汽车代表了汽车未来的重要发展方向。现阶段，燃料电池的许多关键技术还处于研发试验阶段，此外，燃料电池的理想燃料——氢，在制备、供应、储运等方面还有着大量的技术与经济问题有待解决。由于氢氧直接电化学反应产生电能，燃料利用效率特别高（可达 60%~80%，内燃机仅 25%），这是能源的最大节约。这类化学反应的生成物是水，实现了真正的"零污染"，燃料电池电动汽车又被称为"地道的环保车"。

3 种类型电动汽车的比较见表 24.4-9。

表 24.4-9　3 种类型电动汽车的比较

比较项目	纯电动汽车	混合动力电动汽车	燃料电池电动汽车
能源形式	电能	燃油（汽、柴油）、电能（插电式）	氢气、甲醇等
储能装置	动力蓄电池、超级电容器、飞轮电池及其组合	动力蓄电池、超级电容器等	燃料电池及燃料电池和其他车载储能装置组合
驱动方式	电动机驱动	内燃机驱动，电动机驱动	电动机驱动

（续）

比较项目	纯电动汽车	混合动力电动汽车	燃料电池电动汽车
主要特点	"零排放"，续航里程短	低排放，低油耗，续驶里程长，结构复杂	零排放或超低排放，效率高，成本高
应用状况	市售	市售	研发中

30　电动汽车的结构　电动汽车的组成包括，电力驱动及控制系统和驱动力传动等机械系统，以及完成既定任务的工作装置等。电力驱动及控制系统是电动汽车的核心，也是区别于内燃机汽车的最大不同点。电力驱动及控制系统由驱动电动机、电源和电动机的调速控制装置等组成。电动汽车的其他装置基本与内燃机汽车相同。

电源为电动汽车的驱动电动机提供电能。驱动电动机的作用是将电源的电能转化为机械能，通过传动装置驱动或直接驱动车轮和工作装置。电动机调速控制装置是为电动汽车的变速和方向变换等设置的，其作用是控制电动机的电压或电流，完成电动机的转矩和旋转方向的控制。传动装置的作用是将电动机的转矩传给汽车的驱动轴。另外还有行驶装置、转向装置和制动装置等。

与燃油汽车相比，电动汽车的结构特点是灵活。这种灵活性源于电动汽车具有如下几个特点：①能量传递方式不同，电动汽车的能量主要通过柔性的电缆电线，而不是通过刚性联轴器和传动轴传递，因此电动汽车各部件的布置具有很大的灵活性；②电动汽车驱动系统的布置更灵活，如采用四轮驱动或轮毂电动机驱动系统等，会使系统机构与传统车辆区别很大，采用不同类型的电动机也会对汽车的结构、质量、尺寸和形状等产生较大影响；③储能装置不同，不同类型的储能装置也会对电动汽车的结构、质量、尺寸和形状产生影响；④能源补充不同，不同的能源补充装置需要不同的硬件和机构，同时能源补充的方式也不尽相同，这对整车的结构产生影响。

电动汽车的基本结构包括 4 个子系统——动力系统、电气系统、车身系统和底盘系统，见图 24.4-17。电动汽车与传统汽车的主要区别在于其动力系统的区别，其他的不同之处就是电动汽车的制动可以进行制动能量回收，即常说的制动回馈，而传统汽车则做不到这一点。可以看到，电动汽车的动力系统由电池系统、电动机系统和电控系统等组成。通常，电动汽车的电池系统由储能装置（如各类蓄电池、超级电容、燃料电池、高速飞轮等）、电池箱、冷却系统及温度传感器等组成；电动机系统则由电动机（如永磁电动机、直流电动机、交流电动机、磁阻电动机等）、温度传感器、电动机冷却系统及变速机构等部分组成；电控系统主要由整车控制系统、电池管理系统、电动机控制器、功率转化器及各种辅助系统控制器等组成。

电动汽车系统（见图 24.4-18）分为 3 个子系统：电驱动子系统、能源子系统和辅助控制子系统。其中，电驱动子系统，由电子控制器、功率变换器、电动机、机械传动装置和驱动车轮组成；能源子系统，由主电源、能量管理系统和充电系统构成；辅助控制子系统，具有动力转向、温度控制和辅助动力供给等功能。根据从制动踏板和加速踏板输入的信号，电子控制器发出相应的控制指令来控制功率转换器中功率装置的通断，功率转换器的功能是调节电动机和电源之间的功率流。当电动汽车制动时，再生制动的动能被电源吸收，此时功率流的方向要反向。能量管理系统和电控系统一起控制再生制动及其能量的回收，能量管理系统和充电机一同控制充电并监测电源的使用情况。辅助动力供给系统供给电动汽车辅助系统不同等级的电压并提供必要的动力，主要给动力转向、空调、制动及其他辅助装置提供动力。除了从制动踏板和加速踏板给电动汽车输入信号外，转向盘输入也是一个很重要的输入信号，助力转向系统根据转向盘的角位置来决定汽车能否灵活地转向。

31　电动汽车能量管理和控制　电动汽车动力驱动系统是能量存储系统与车轮之间的纽带，其作用是将能量存储系统输出的能量（化学能、电能）转变为机械能，推动车辆克服各种滚动阻力、空气阻力、加速阻力和爬坡阻力，制动时将动能转换为电能回馈给能量存储系统。电动汽车电气驱动系统基本组成见图 24.4-19。

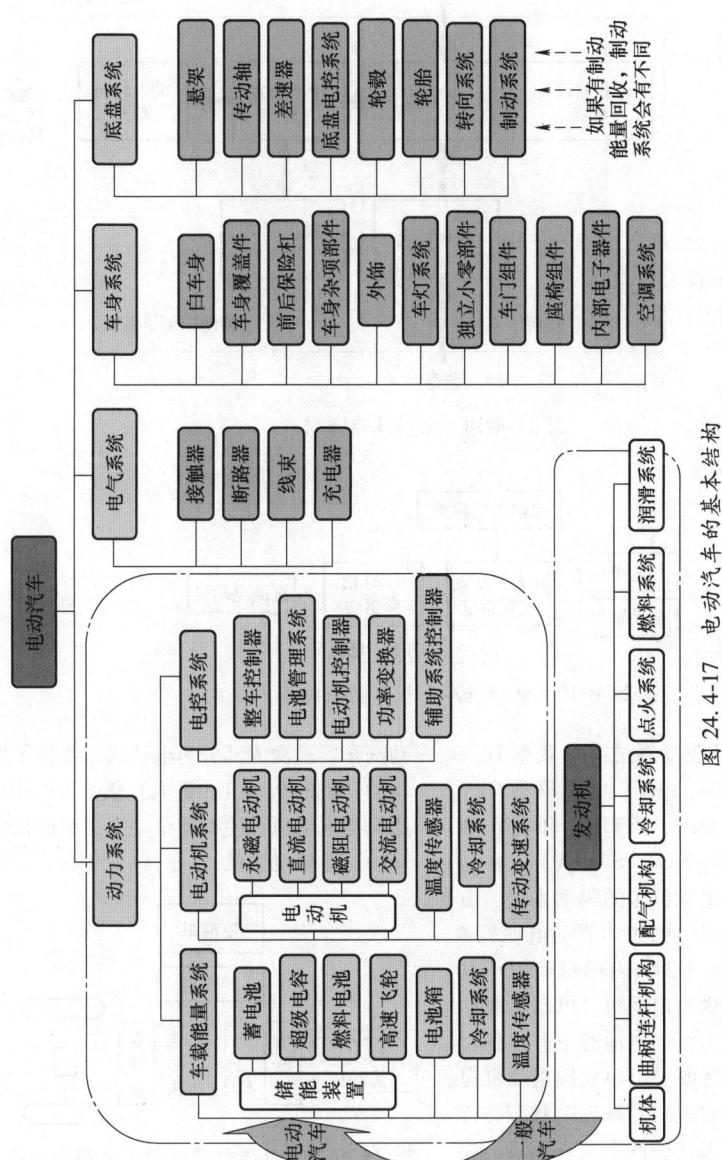

图 24.4-17　电动汽车的基本结构

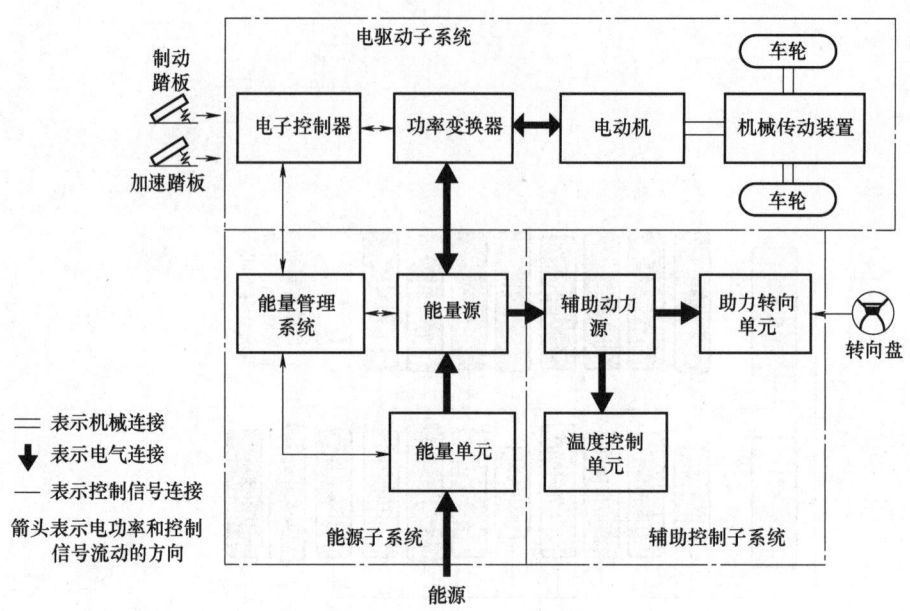

图 24.4-18 电动汽车系统

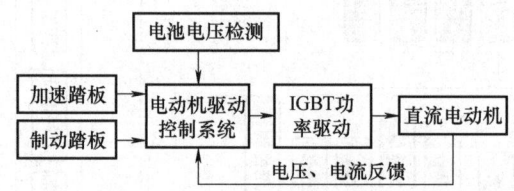

图 24.4-19 电动汽车电气驱动系统基本组成

混合动力电动汽车的驱动系统有串联型 HEV（series hybrid electric vehicle，SHEV）、并联型 HEV（parallel hybrid electric vehicle，PHEV）和混联型 HEV（split hybrid electric vehicle，SPHEV）3 种基本形式。串联型混合动力电动汽车的驱动系统，由内燃机（发动机）、发电机、电池和驱动电动机 4 大动力总成组成，见图 24.4-20。内燃机仅用于发电，发电机所发出的电能供给电动机，电动机驱动汽车行驶。发出的部分电力可向电池充电，以延长电动汽车的行驶里程。电池既可以单独向电动机提供电能来驱动电动汽车，实现"零排放"状态的行驶，也可以与发电机同时工作使汽车实现起步、加速、高速行驶、爬坡等工况。

并联型混合动力电动汽车驱动系统结构见图 24.4-21。它由内燃机（发动机）、电动机、动力蓄电池 3 大动力总成组成。其内燃机可直接通过传动系统驱动汽车，没有机械—电动机之间机械能量的转换，机械传动效率较高，燃料经济性较好。动力电池也可以直接通过电动机再经过传动系统驱

动汽车。这两大部分为电动汽车提供了所需的最大驱动功率的 0.5~1（最大）倍。可以用小功率的内燃机与电动机，使得整个动力系统的尺寸和质量都较小，造价也更低。

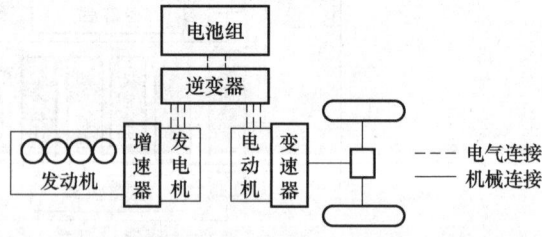

图 24.4-20 串联型混合动力电动汽车驱动系统结构

混联型混合动力电动汽车综合了串联型和并联型的结构特点，主要由发动机、发电机、驱动电动机和电池 4 大动力总成组成。发动机发出的功率一部分通过机械传动输送给驱动桥，另一部分则驱动发电机发电。发电机发出的电能由控制器控制，可输送给电动机或电池。电动机产生的转矩通过动力

复合装置传送给驱动桥。混联型（串并联型）混合动力电动汽车的内燃机基本保持稳定、高效、节能的状态运转。发电机和动力蓄电池供给驱动电动机

电能以驱动电动汽车行驶。混联型混合动力电动汽车驱动系统结构见图24.4-22。

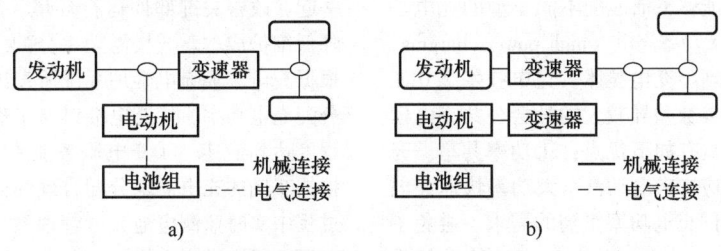

图 24.4-21　并联型混合动力电动汽车驱动系统结构
a）单轴并联驱动方式　b）双轴并联驱动方式

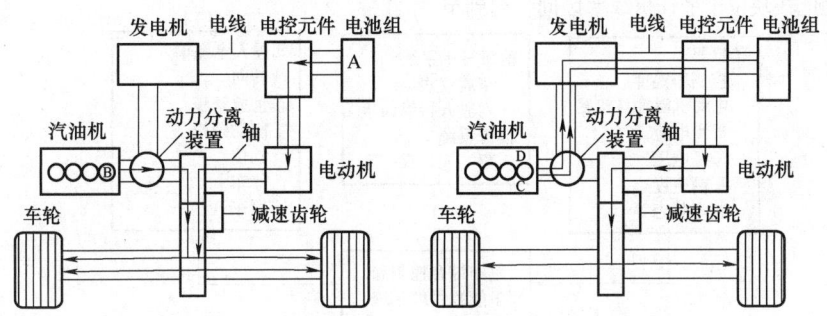

图 24.4-22　混联型混合动力电动汽车驱动系统结构

一辆设计优良的电动汽车，除了有良好的电驱动性能、机械性能、选择适当的能源（电池）外，还应该有一套协调各部分工作的能量管理系统，使有限的能量最大程度得到利用。电动汽车需要整车先进的综合控制系统，实现多能源的合理分配和管理，对整车各零部件、各系统的电子控制器实现网络化、集成化和一体化。在提高整车的动力性、经济性和环保性的前提下，尽可能地简化结构、避免重复、降低体积和重量是关键技术。整车综合控制与多能量管理系统原理框图见图24.4-23。

制约电动汽车发展的一个关键因素是它的续驶里程，再生制动可以节约能源、提高续驶里程，具有显著的经济价值和社会效益。电动汽车能量再生控制系统由超级电容或飞轮及其控制器组成。电动汽车能量再生控制系统结构见图24.4-24。

32　电动汽车充电技术和设施　电动汽车产业能否快速发展，充电技术是关键因素之一。智能、快速的充电方式成为电动汽车充电技术发展的趋势。充电装置是电动汽车不可缺少的系统之一，它的功能是将电网的电能转化为电动车车载动力蓄电池的电能。对充电装置的基本要求是安全性高、使

用方便、成本经济、效率高、对供电电源污染要小。电动汽车充电技术主要可分为传导式充电技术、感应式充电技术和换电技术3种。充电方式主要有快充、慢充、快换3种（见图24.4-25）。

传导式充电技术需要通过电缆将电动汽车与充电设施连接，才能为电动汽车充电。按照充电技术的发展方向、充电功率的大小不同，将充电技术划分为充电技术1.0和2.0。充电技术1.0是指最大输出功率为固定值的电动汽车充电技术，包括交流充电和直流充电。按照充电设施的布置方式，基于充电技术1.0的充电基础设施可分为充电桩模式和充电站模式。在充电桩模式下，一般采用交流充电桩，充电功率较小，充电时间较长，充电桩的建设规模一般按照一段时间内计划推广的电动汽车数量来进行规划。其配电系统既可以与建筑物共用，也可以独立设置。充电站模式是指，通过集中安装在公共场所的一定数量的充电设备，为一定区域内的电动汽车提供充电服务。充电站内设备按照功能一般可分为4个子模块：充电系统、配电系统、充电站监控系统及消防照明等辅助系统。充电站内的充电设备以直流快充为主，基于充电技术1.0的充电

站，充电设备最大输出功率一般为固定的，无法根据车辆实际充电参数改变。充电技术 2.0 是指，在充电技术 1.0 基础上，具备功率共享、按需分配、柔性充电等功能，能够灵活匹配不同车型的充电功率，并能适应未来大功率充电（high power charging，HPC）发展方向的新型充电技术。充电技术 2.0 尤其适用于车辆充电参数差异较大的社会公共充电模式。充电技术 2.0 具有如下优点：①功率共享。充电技术 2.0 能够适应未来电动汽车大功率快速充电的需求，可满足不同充电功率车辆的需求，避免了设备升级改造或充电站重新建造所产生的重复投入。②降低运维成本。充电技术 2.0 可以从两个方面降低运维成本。一方面是能够根据电动汽车充电特性，使得充电模块位于最佳负载率区间，起到节

约用电的作用，降低运营成本。另一方面是能够将功率变换、动态功率分配、站级监控、有序充电管理、冷却控制、综合布线等设备和功能高度集成在一起，改善关键部件运行环境，降低设备故障率，降低维护成本。③按需功率分配。充电技术 2.0 可根据充电车辆充电管理系统所发出的充电需求动态分配充电功率，使充电端口与车辆需求的功率匹配程度达到最佳。④充电服务能力强。充电技术 2.0 根据车辆的充电需求分配合理的充电功率，在充电过程中实时监测电池充电管理系统的功率需求，动态调整投入的充电模块数量，并把退出的充电模块重新分配给其他充电端口使用，从而提高充电模块的利用率和单位装机功率的服务能力。

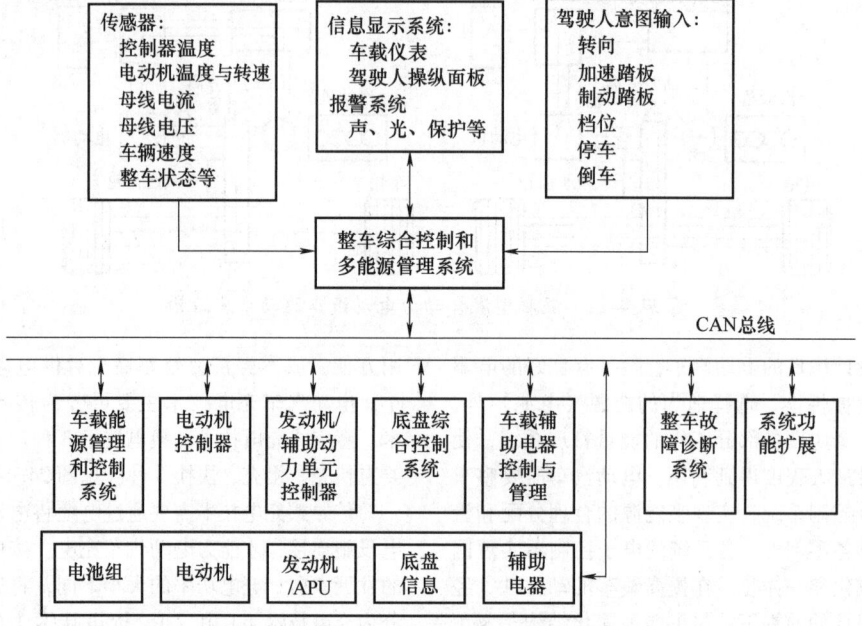

图 24.4-23　整车综合控制与多能量管理系统原理框图

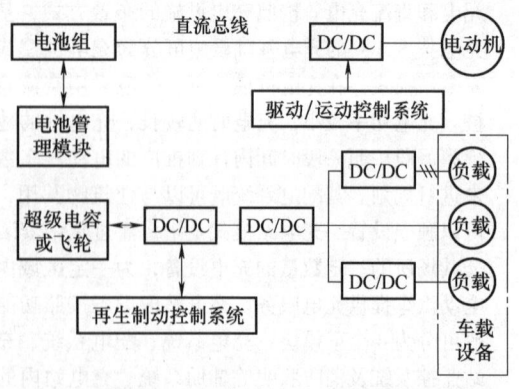

图 24.4-24　电动汽车能量再生控制系统结构图

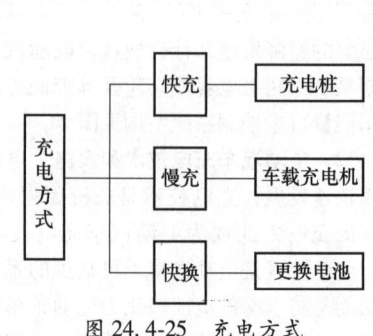

图 24.4-25　充电方式

交流充电桩（AC charging spots）是指固定安装在电动汽车外，与交流电网连接，为电动汽车车载充电机提供交流电源的供电装置。交流充电桩由桩体、充电插座、保护控制装置、计量装置、读卡装置、人机交互界面等组成，其电气原理见图 24.4-26。交流充电桩适用于采用传导式充电方式的带有车载充电机的电动汽车，可分为单相和三相两种类型。其作为电动汽车充电的辅助设备，应提供充电接口、人机接口等，对电动汽车的充电进行控制，实现充电开停机、插卡计费等操作。交流充电桩可由嵌入式单片机经二次开发后作为主控制器，具备 IC 卡管理、充电接口管理、凭据打印、联网监控等功能，提供充电操作人员进行操作的人机界面。充电桩应具有较高的安全性、可靠性，保护功能完善；充电桩壳体坚固，防护等级达 IP 32（在室内）或 IP 54（在室外）；应能防潮湿、防霉变、防盐雾、防锈（防氧化）；操作上具备较强的

容错设置，并且具备事故急停功能。充电时，充电桩可选择定电量、定时间、定金额、自动（充满为止）4 种模式，并显示当前充电模式、时间（已充电时间、剩余充电时间）、电量（已充电电量、待充电电量）及当前计费信息。其电气回路应包括防雷器、交流熔断器、断路器（带剩余电流保护）、交流接触器、充电连接器、急停按钮等。另外，充电桩还应有完备的安全防护措施，具有过电压、过电流、过热、防雷保护，以及交直流剩余电流保护功能。并且，充电桩可自动判断充电连接器、充电电缆是否正确连接：当交流充电桩与电动汽车正确连接后，充电桩才能允许启动充电过程；当交流充电桩检测到与电动汽车连接不正常时，充电不启动。充电桩具备准确的计量计费等功能，设备内装有电能表，可与主控制器通信。线材及配件选用阻燃材料，具有阻燃功能。

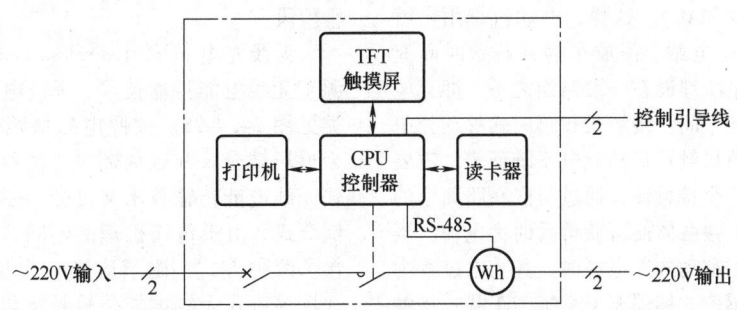

图 24.4-26　交流充电桩电气原理图

直流充电桩（DC charging spots）是指固定安装在电动汽车外，与交流电网连接，为电动汽车提供直流电源的供电装置。直流充电桩不固定安装在电动汽车上，采用传导方式将电网交流电能变换为直流电能，为电动汽车动力蓄电池充电，具备相应的测控保护功能，其电气原理见图 24.4-27。直流充电桩应能安全自动地充满电，依据动力蓄电池管理系统提供的数据，动态调整充电参数，执行相应动作，完成充电过程；应具备通过 CAN 总线和动力蓄电池管理系统通信的功能，用于判断电池类型，获得动力蓄电池系统参数、充电前和充电过程中动力蓄电池的状态参数；应具备通过 CAN 或工业以太网与充放电监控系统通信的功能，用于上传充电桩和动力蓄电池的工作状态、工作参数、故障报警等信息，接收控制命令；应具有人机交互功能，应显示的信息包括电池类型、充电电压、充电电流，并在手动设定过程中应显示人工输入信息，以及在出现故障时应有相应的提示信息；应具备实

现外部手动控制的输入设备，以便对充电桩参数进行设定；应为计量表计预留电气接口和安装空间；应具备安全防护功能，防护等级达 IP 32（在室内）或 IP 54（在室外）；应能防潮湿、防霉变、防盐雾；应具备电源输入侧的过电压保护功能和欠电压报警功能；应具备直流输出侧过电流保护功能；应具备防输出短路功能；应具备急停和软启动功能，软启动冲击电流不大于额定电流的 110%。另外，充电桩应能够判断充电连接器、充电电缆是否正确连接：当充电桩与电动汽车蓄电池系统正确连接后，充电桩才能允许启动充电过程；当充电桩检测到与电动汽车蓄电池系统的连接不正常时，必须立即停止充电。充电桩还应具有联锁功能，以保证与电动汽车分开以前车辆不能启动。在充电过程中，充电桩应保证蓄电池的温度、充电电压和充电电流不超过允许值。线材及配件选用阻燃材料，具有阻燃功能。

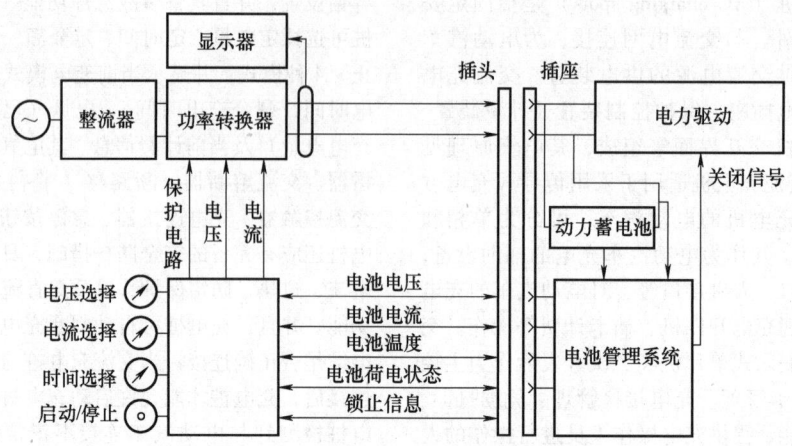

图 24.4-27　直流充电桩电气原理图

对电动汽车蓄电池而言，最理想的情况是汽车在路上巡航时可充电，即所谓的移动式充电（mobile automatic charging，MAC）。这样，电动汽车用户就没有必要去寻找充电站、停放车辆并花费时间充电。移动式充电系统埋设在一段路面之下，即充电区，不需要额外的空间。接触式和感应式移动充电系统都可实施。对接触式移动充电系统而言，需要在车体的底部装一个接触体，通过与嵌在路面上的充电元件相接触，接触体便可获得瞬时大电流。当电动汽车巡航通过移动式充电区时，其充电过程为脉冲充电。对于感应式移动充电系统，车载式接触体由感应线圈所取代，嵌在路面上的充电元件由可产生强磁场的大电流绕组所取代。很明显，由于机械损耗和接触体的安装位置等因素的影响，接触式移动充电对人们的吸引力不大。目前的研究主要集中在感应充电方式，因为它不需要机械接触，也不会产生大的位置误差。这种充电方式目前仍处于实验阶段。

无线充电技术（wireless charging technology）源于无线电能传输技术。无线电能传输技术的分类见图 24.4-28。按照电磁场距离长短远近可分为近场耦合式和远场辐射式两种类型。近场耦合式无线电能传输技术又可分为磁场耦合式和电场耦合式。由于传输机理的不同，磁场耦合式又包含了两种方式：磁感应耦合式和磁耦合谐振式。远场辐射式无线电能传输技术包括 3 种方式：微波辐射式、激光式和超声波式。电动汽车常用的 3 种无线充电方式见表 24.4-10。无线充电系统的结构见图 24.4-29。电动汽车充换电站功能组成见图 24.4-30。

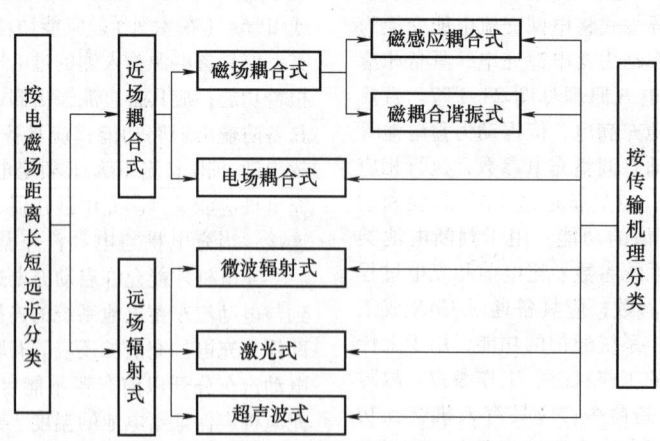

图 24.4-28　无线电能传输技术的分类

表 24.4-10 电动汽车常用的 3 种无线充电方式

方式	电磁感应	磁共振	微波
充电原理	为充电线圈提供交流电并产生磁场，磁力线穿过与有一定距离的接收线圈。交流电产生的交变磁场，使接收线圈产生相应的感应电动势并可对外输出电流	基本原理与电磁感应式相同。只是充电部分与接收部分使用同一共振周波，可将阻抗限制至最低值并使传送距离增大	充电与接收两部分，均采用微波（2.45GHz）传送与接收技术
使用频率范围/Hz	22k	13.56M	2.45G
输出功率/kW	30	1	1
传送距离/mm	100	400	1 000
充电效率（%）	92	95	38

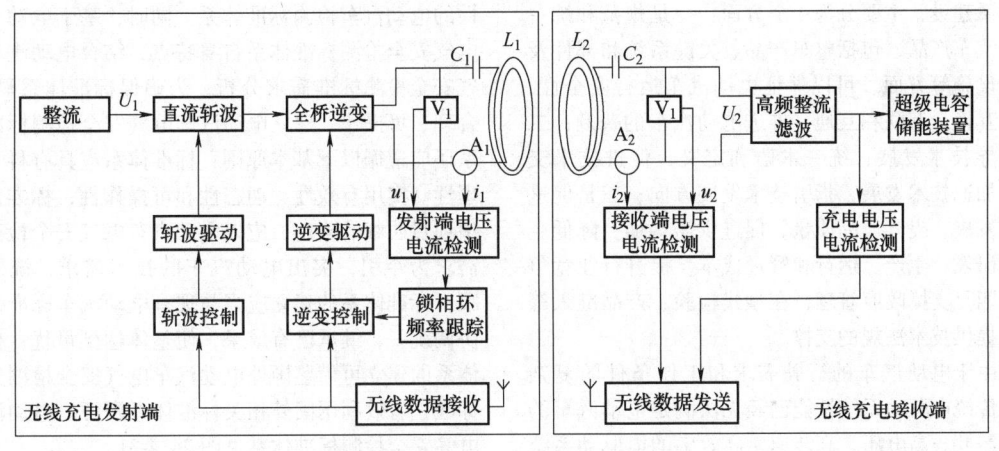

图 24.4-29 无线充电系统的结构图

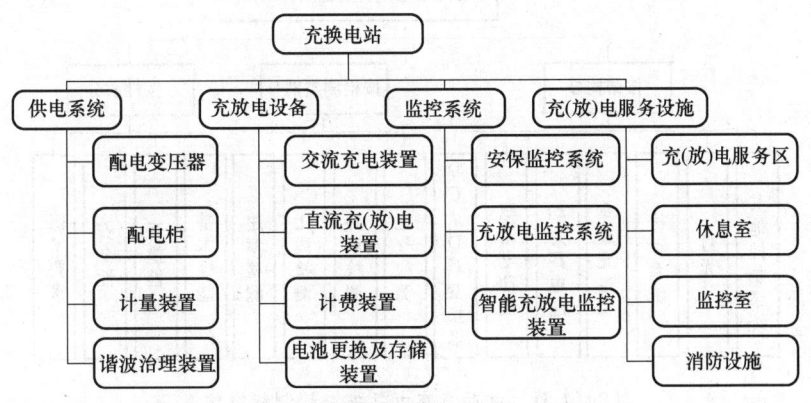

图 24.4-30 充换电站功能组成图

33 电动汽车的标准和规范 新能源汽车是国家战略性新兴产业。其中十分重要的电动汽车近年来呈爆发式增长，这有利于解决大气污染等问题。同时，关乎电动汽车质量和安全的标准化进程也已启动。电动汽车标准是规范产品质量的重要一环，电动汽车标准化是促进电动汽车产业发展不可取代的重要组成部分。电动汽车模块化的零配件系统更利于标准作用的发挥。要解决电动汽车市场中存在的发展问题，需要从标准化管理的角度研究标准之间因引用关系而形成的标准体系和标准制修订机制问题。为保障电动汽车的行车可靠性和乘员的人身安全，需要针对电动汽车开展系统安全性分析，制订电动汽车系统安全检测技术标准。制订出满足电动汽车安全需求的科学规范的操作性强的实际的技术标准，能够为电动汽车企业提供安全检测技术的依托，发现车辆存在的安全隐患，保障电动汽车车主出行安全，促进电动汽车行业健康、稳定发展。构建电动汽车标准管理信息系统，能够实现电动汽车标准的信息化管理，规范电动汽车标准符合性测试，为电动汽车提供专业的检测平台，方便电动汽车用户和相关企业贯彻执行。

电动汽车标准体系的作用，就是系统地规划标准体系建设，主要分为 4 个方面：一是规范和统一电动汽车产品，包括整车产品、关键系统和部件及基础设施等方面，可以保证电动汽车运行安全性，促进互换、互联和互通，推进电动汽车的普及；二是引导技术发展，统一术语和定义，促进技术交流，加速技术发展，指引技术发展方向；三是促进产业发展，提升产品质量，促进供需沟通，降低企业的研发、生产、运行和管理成本，提升行业竞争力；四是支撑政府管理，在型式检验、产品准入等方面提供技术法规的支撑。

由于电动汽车的行驶需求和工作条件的复杂性，传统电驱动系统性能已经无法满足电动汽车的使用需要，高电压、高转速、高效率的电驱动系统成为电动汽车用电驱动系统的主要特性。为保障电动汽车用电驱动系统的使用性能和安全性能，提升产品的技术水平，我国已构建了较为完善的驱动电动机标准体系，在促进电机产品技术改进、加速安全性提升、保障有效测试等方面起到规范和引导的作用。同时，随着产品技术的不断进步，标准也需要不断完善和更新。

电动汽车安全检测标准体系应为电动汽车安全检测标准的研制、试验等工作创造科学化、有序化的条件，缩短标准制订的周期，并降低生产费用。其基本目标是，满足电动汽车安全检测需求，有效整合和分析目前已制定的电动汽车标准，整体规划，反映电动汽车安全检测标准制订的特征系统要求，形成科学性、合理性、系统性、协调性、实用性的电动汽车检测标准体系。同时，基于电动汽车电气安全检测标准体系自身特点，结合电动汽车电气安全检测标准需求分析，为确保标准体系科学、合理、可操作，建立电动汽车电气安全检测标准体系还应遵循以下基本原则：标准体系应具有科学合理性、实用有效性、动态性和可操作性；标准体系中项目明细的确定，应以电动汽车电气安全检测的需求为牵引，突出电动汽车的技术需求，统筹兼顾；标准体系的建立应当与现有电动汽车标准保持协调统一，继承已有成果，使整体达到最优；标准体系的建立可借鉴国外电动汽车电气安全检测先进标准，有效利用国外相关标准体系资源。电动汽车电气安全检测标准体系见图 24.4-31。

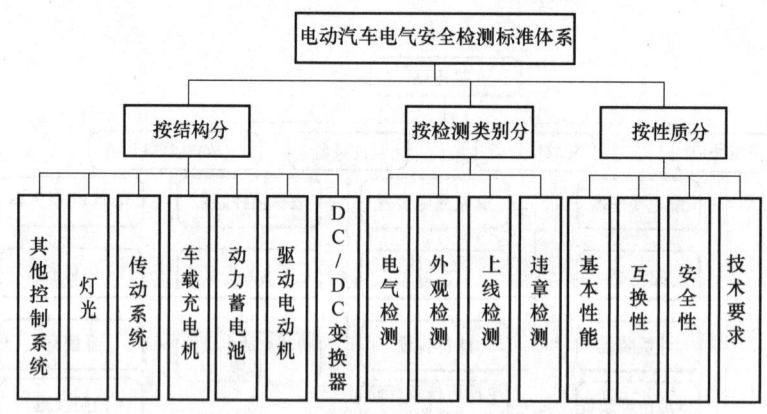

图 24.4-31　电动汽车电气安全检测标准体系

我国已经形成较为完善的电动汽车标准体系，包括基础通用、电动车辆整车、关键系统及零部件和接口及设施 4 大领域。电驱动系统标准体系是电动汽车标准体系的重要组成部分，属于关键系统及部件。电驱动系统标准体系包含了基础通用类、产品规范类、测试方法类 3 个方面的标准。这些标准的实施从产品、检测、管理 3 个维度保证了电驱动产品的质量水平和技术深度。电动汽车电驱动系统标准体系见图 24.4-32。我国电动汽车标准体系的建设直接关系着电动汽车产业的健康和可持续发展。

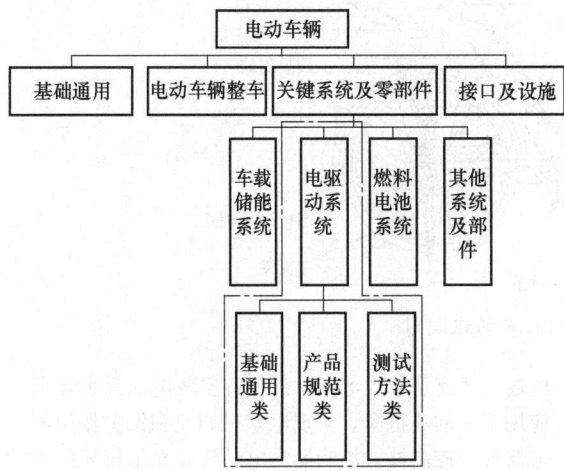

图 24.4-32 电动汽车电驱动系统标准体系

2015 年 11 月，国家能源局发布了《电动汽车充电设施标准体系项目表（2015 年版）》。该标准体系包括基础、动力电池箱、充电系统与设备、充/换电接口、换电系统与设备、充/换电站及服务网络、建设与运行和附加设备 8 个技术领域、共 58 项标准（标准体系中包含 35 项国标和 23 项行标），对指导电动汽车充换电设施标准化工作发挥了重要作用。

2020 年 5 月，工业和信息化部组织制定的 GB 18384—2020《电动汽车安全要求》、GB 38032—2020《电动客车安全要求》和 GB 38031—2020《电动汽车用动力蓄电池安全要求》三项强制性国家标准（以下简称"三项强标"）由国家市场监督管理总局、国家标准化管理委员会批准发布，于 2021 年 1 月 1 日起开始实施。

电动汽车安全是消费者关注的焦点，也是新能源汽车产业持续健康发展的根本保障。为落实《节能与新能源汽车产业发展规划（2012-2020 年）》《汽车产业中长期发展规划》等要求，结合新能源汽车产业发展实际和技术进步需要，工业和信息化部于 2016 年启动了电动汽车安全三项强标制定工作。三项强标以我国原有推荐性国家标准为基础，与我国牵头制定的联合国电动汽车安全全球技术法规（UN GTR 20）全面接轨，进一步提高和优化了对电动汽车整车和动力蓄电池产品的安全技术要求。

GB 18384—2020《电动汽车安全要求》主要规定了电动汽车的电气安全和功能安全要求，增加了电池系统热事件报警信号要求，能够第一时间给驾乘人员安全提醒；强化了整车防水、绝缘电阻及监控要求，以降低车辆在正常使用、涉水等情况下的安全风险；优化了绝缘电阻、电容耦合等试验方法，以提高试验检测精度，保障整车高压电安全。

GB 38032—2020《电动客车安全要求》针对电动客车载客人数多、电池容量大、驱动功率高等特点，在 GB 18384—2020《电动汽车安全要求》基础上，对电动客车电池仓部位碰撞、充电系统、整车防水试验条件及要求等提出了更为严格的安全要求，增加了高压部件阻燃要求和电池系统最小管理单元热失控考核要求，进一步提升电动客车火灾事故风险防范能力。

GB 38031—2020《电动汽车用动力蓄电池安全要求》在优化电池单体、模组安全要求的同时，重点强化了电池系统热安全、机械安全、电气安全及功能安全要求，试验项目涵盖系统热扩散、外部火烧、机械冲击、模拟碰撞、湿热循环、振动泡水、外部短路、过温过充等。特别是，该标准增加了电池系统热扩散试验，要求电池单体发生热失控后，电池系统在 5min 内不起火不爆炸，为乘员预留安全逃生时间。

三项强标是我国电动汽车领域首批强制性国家标准，综合我国电动汽车产业的技术创新成果与经验总结，与国际标准法规进行了充分协调，对提升新能源汽车安全水平、保障产业健康持续发展具有重要意义。

4.3 电动自行车

34 电动自行车的驱动 电动自行车由电动自行车车体、电驱动装置（电动机）、可充电电池、充电器和控制系统 5 大部分组成（见图 24.4-33）。电动自行车的结构也可以划分为动力部分、传动部分、行车部分、操纵制动部分和电气仪表等部分。动力部分由电池和电动机组成，是电动自行车的动力来源。传动部分由变速器和后传动装置等组成，其作用是将动力部分输出的功率传递给驱动轮。行车部分由车架、前叉（前减振器）、前后轮、座垫等组成，其作用是使自行车成为一个整体，支撑全车重量，确保正常、安全行驶。操纵制动部分由车把、制动装置、调速手把等组成，其作用是控制行车方向、行驶速度、制动等。电气仪表由数据显示装置、充电器等组成，其作用是反映车辆运行状态，使骑行者能正确、有效和适时地对车辆进行控制。

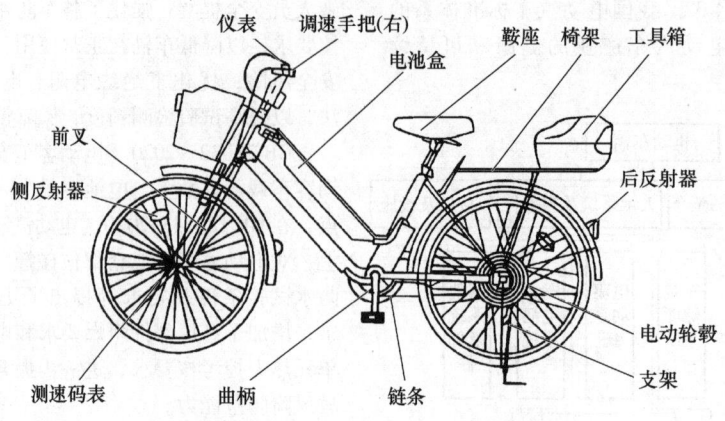

图 24.4-33　电动自行车的组成图

电动自行车的电动机、蓄电池、控制器和充电器称为电动自行车的四大件。目前，电动自行车用电动机全部是直流电动机，包括无刷直流电动机、有刷直流电动机和柱式等形式。电动自行车用蓄电池有铅酸蓄电池，形成以 $12V \times 12A \cdot h$ 为主的标准系列，适合 24V、36V 和 48V 电压条件下电动机、蓄电池盒、控制器和充电器的标准化，还有镍系列电池、锂离子电池等，另外如锌空气电池等也逐渐应用于电动自行车。实现电动机调速和保护作用的电器称为控制器。控制器与电动机和显示仪表的功能要协调一致。对电源补充能量的电器称为充电器，车用充电器与车用蓄电池要配套使用。某型电动自行车电气线路图见图 24.4-34。

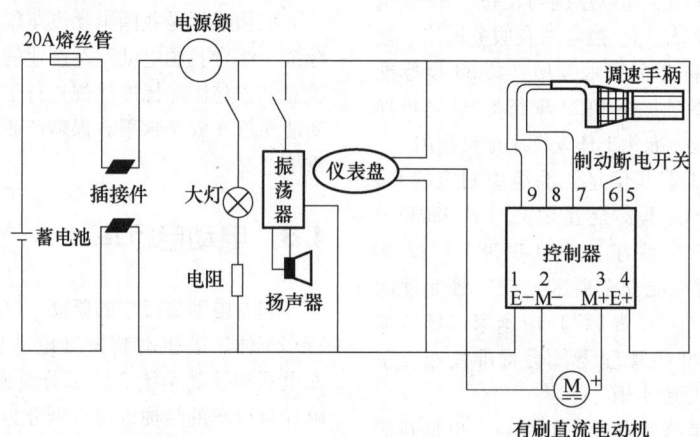

图 24.4-34　某型电动自行车电气线路图

电动自行车最重要的部件是电动机，一辆电动自行车的电动机基本决定了这辆车的性能和档次。电动自行车所使用的电动机大多是高效稀土永磁电动机，其中主要又分高速有刷齿轮减速电动机、低速有刷电动机和低速无刷电动机 3 种。电动机是将蓄电池的电能转换机械能，来驱动车轮旋转的部件。电动自行车使用的电动机，其机械结构、转速范围与通电形式有多种，常见的有有刷有齿轮毂电动机、有刷无齿轮毂电动机、无刷无齿轮毂电动机、无刷有齿轮毂电动机、高磁盘电动机、侧挂电动机等。

按电动机的设计结构和性能特点主要是两类产品：稀土永磁伺服有刷直流电动机和稀土永磁伺服无刷直流电动机。有刷电动机的驱动是由电刷与换向器进行机械换向；无刷直流电动机的驱动则是依靠电子霍尔式传感器所感应的信号，由控制器完成电子式换向。有刷电动机结构简单，制造成本比无刷电动机低廉，但不足是电刷因长期使用会磨损，易产生较大的运行噪声，严重磨损时需更换。无刷直流电动机属于一种无齿轮减速的低转速大转矩电动机，其输出功率大、能耗低、无磨损，但必须配置专门的控制器才能运行，所以制造成本和售价也相应较高。

稀土永磁伺服有刷直流电动机。内部结构为盘式转子电动机，内装有碳精电刷，其电动机转速因为在 3 000r/min，所以必须通过与电动机相配套的减速器、离合器等将转速减至 180r/min 左右，才能供给车辆正常行驶。所以有刷电动机的最大缺点是碳精电刷易发生磨损，需要经常更换电刷，同时若碳精电刷质量差易造成接触不良及产生运行时电火花噪声，在行驶过程中不仅内耗电量大，还会因产生的电火花而加快氧化换向器的部件。但由于有刷电动机采用了机械换向结构，所以对控制系统的技术要求低、维修简单方便，其生产造价成本远低于无刷电动机。永磁直流有刷电动机按其制造型式及结构可分为外形似圆柱状的有刷柱式电动机和外形似轮毂状的有刷轮毂式电动机。柱式有刷直流电动机的运行速度有高、中、低，主要依靠的传动机构有链动式、齿轮式、中轴传动式、摩擦驱动等几种，一般较常见的是采用中轴链轮条和箱体式齿轮驱动。轮毂式有刷直流电动机属于低转速、大转矩电动机，由于是电动机的外壳转动，所以不需要采用齿轮减速，也称为外转子式有刷直流电动机。

稀土永磁伺服无刷直流电动机。无刷直流电动机一般有轮毂式电动机、柱式（内转式）电动机和盘形电动机几大类别。轮毂式无刷直流电动机同样属于无齿轮减速、低转速、大转矩直流电动机，均由电动轮毂系统、电子感应元件、永磁同步电动机等几部分组成，即直接外转子式电子系统、电子换向系统。特别是目前较新型的柱式高速无刷直流电动机，外壳为固定式，以机内磁钢为转子，应用于中轴链条和减速箱式驱动车辆。当电动机经减速箱减速并由链轮输出后，因为转矩大而使车辆零起动能力和爬坡能力优势明显。直流无刷电动机内由于不存在电刷和换向器，所以电动机绕组安装了霍尔式传感器。有些直流无刷电动机也不采用位置传感器，故又分为有位置传感器直流无刷电动机和无位置传感器直流无刷电动机两种。由于无位置传感器的直流电动机起动时实现静止状态的零速度起动相当困难，所以在目前的电动自行车上普遍应用有位置传感器的直流无刷电动机。应用在无刷直流电动机中的霍尔式传感器是一种半导体器件，通常是将霍尔式传感器、放大器、温度补偿电路、稳压电路等全部集成在电路模块芯片中。常用形式有光电

式、谐振式、开关式、磁电式、磁敏式等。无刷直流电动机最大的技术优势是，由于采用无齿轮变速，而无相关机械损耗，能直接驱动车轮，且低速运转平稳，并取消了电刷和齿轮减速装置，所以不存在电动机噪声和磨损，同时均无换向电火花的产生和电子干扰。产品质量有保证的品牌电动机的寿命可达 10 年以上。当然，此类电动机的生产技术工艺复杂，而造价成本又相应较高。

可充电蓄电池主要有 3 类：小型密封式免维护铅酸蓄电池、镍镉电池和镍氢电池。小型密封式免维护铅酸蓄电池使用成本低、容量大，被国内企业普遍采用。

35 电动自行车的标准和规范 国标 GB 17761—2018《电动自行车安全技术规范》（以下简称《规范》）规定：电动自行车是以车载蓄电池作为辅助电源，具有脚踏骑行能力，能实现电助动或/和电驱动功能的两轮自行车。其中还给定了电动自行车的最高车速、整车质量和电动机功率等关键技术指标，见图 24.4-35。《规范》的发布把电动自行车行业带入了一个全新的发展阶段，给包括生产企业、销售终端、监管部门和检验机构在内的产业链条上的每个环节都带来了挑战。生产企业重新洗牌，不适应规范的产品禁止生产和销售；销售终端面临去库存，甚至重新选择供应商的难题；监管部门则需要改变监管方式的同时化解新旧产品交替时产生的矛盾；检验机构为生产企业提供质量认证，为买卖纠纷提供质量仲裁和鉴定，为监管部门提供技术支撑，是整个产业链条上最特殊一环。所有这些工作的开展都是以《规范》为依据的。因此对《规范》进行正确的理解，在此基础上改进检验方法，更新检验设备，提升检验能力，才能顺应潮流发展，为电动自行车产业的发展发挥应有作用。

与 GB 17761—1999 相比，2018 年的《规范》总则对电动自行车整车性能规定进行了修改，如放宽了最高车速、整车质量、电动机功率限值。其中，最高车速提高到 25km/h，最大整车质量增加到 55kg，最高电动机额定连续输出功率提高到 400W。另外，《规范》对整车及部件质量可靠性提出要求，避免在可预见的误用及故障情况下对人身安全造成危险；增加了防篡改要求，防止产品出厂后因进行改装造成性能与功能的改变，从而产生安全风险的情况。其总则最大限度地体现了《规范》兼顾消费者出行需求和确保产品机械安全、行驶安全、电气安全等安全性能的考量。

车速达到15km/h时
持续发出提示音

最高车速
≤25km/h

鞍座高度≥0.635m
鞍座长度≤0.35m

整车质量≤55kg
车体宽度≤0.45m
整车高度≤1.1m

蓄电池标称电压≤48V
电动机额定连续
输出功率≤400W

必须具有脚踏骑行功能

前、后轮中心距≤1.25m

图 24.4-35　电动自行车的技术指标

4.4　智能车辆

智能车辆是集环境感知、规划决策、多等级辅助驾驶等功能于一体的综合系统，它集中运用了计算机、现代传感、信息融合、通信、人工智能及自动控制等技术，是典型的高新技术综合体。智能车辆已经成为世界车辆工程领域研究的热点和汽车工业增长的新动力，很多国家将其纳入各自重点发展的智能交通系统中。

36　智能交通系统　智能交通系统（intelligent transportation system，ITS）是在传统的交通工程基础上发展起来的新型交通系统。ITS 是人们将先进的计算机处理技术、信息技术、数据通信技术、传感器技术和电子自动控制技术等有效地综合起来，运用于整个交通运输系统中，以车辆、道路、使用者、环境四者有机结合，达到和谐统一的最佳效果为目的，建立起的一种实时、准确、高效、大范围、全方位发挥作用的交通运输管理系统。ITS 具有充分发挥现有交通基础设施的潜力，提高运输效率，保障交通安全，缓解交通拥挤，改善环境保护的作用，就是利用高新技术对传统的运输系统进行改造而形成的信息化、智能化和社会化的新型运输系统。ITS 的组成见图 24.4-36。

与传统的交通运输管理与设施建设不同，ITS 具有的特点主要表现在以下几个方面。

（1）信息化　ITS 以信息的收集、分析处理、交换、共享、发布为主线，为交通参与者提供多元化的服务。信息是智能交通系统的灵魂，通过信息技术对由出行者个体分散进行的交通活动进行引导整合，帮助出行者充分了解相关的宏观状态，从而促使其交通行为合理化，达到一定程度上的系统整体协调，同时提高了管理水平。实时采集交通信息并进行传输和综合分析，这可以确保管理者能够就实际问题提供科学的解决方案，利用管理水平的提高达到提高系统运行效率的目的，并实现交通运输与整个社会经济系统之间的有效衔接，有利于各种社会资源的高效利用。

（2）整体性　ITS 项目产生的效益与对社会经济的发展影响越来越广泛，这主要得益于交通运输领域越来越多地吸收 IT 等相关技术和新理念。相比传统的技术系统，ITS 在建设过程中具有要求更为严格的整体性：ITS 建设涉及众多行业领域，是需要全社会一起参与才能完成的大型工程；ITS 涉及众多技术领域，需要这些领域的技术人员共同协作，将其技术成果成功运用于交通运输系统中；体现在它的项目的研发和实施，需要政府、企业、私人组织、科研院所等多方共同参与完成。

（3）开放性　ITS 是一个开放的系统，它的项目可以应用未来的新技术，项目的内容也会不断地扩展，从根本上决定了它的强大生命力。ITS 项目的实施不但会带来直接的交通效益，还将有更长远的社会效益，将促进相关产业的快速发展，这也决定了其广阔的发展前景。

（4）动态性　ITS 新技术应用提供了实时的信息，使得车辆、道路、环境，特别是交通系统的参与者——人的出行行为发生了变化，从而使得 ITS 中人、车、路、环境之间可以进行实时的信息交流，相互协调。信息的不停流动体现了其动态性。

（5）复杂性　ITS 从点到面，渗透到整个交通系统的各个方面，呈现出复杂科学系统中的复杂性特征。除此之外，ITS 是一项复杂、巨型的系统工程，需要众多行业领域广泛参与，行业间协调问题也体现了复杂性。

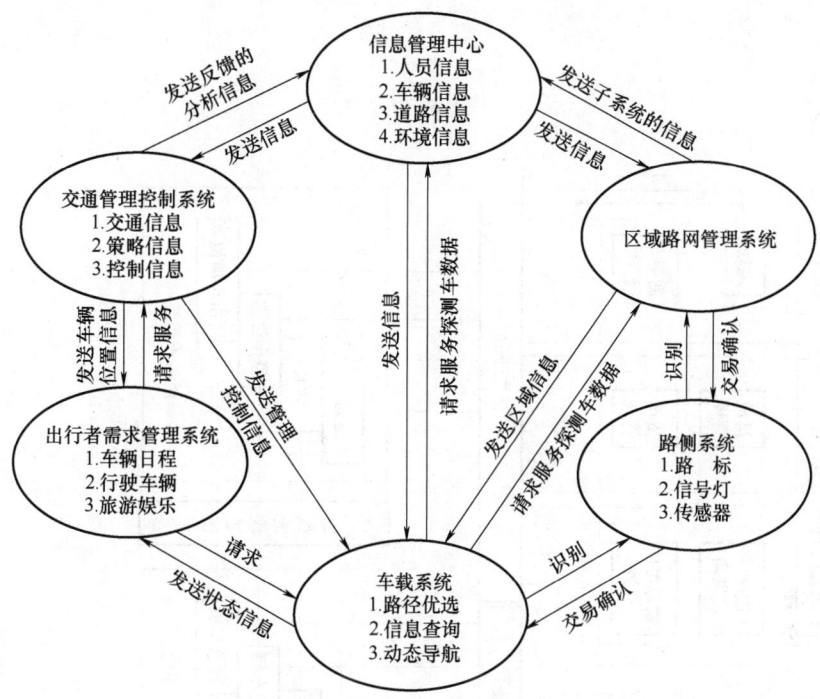

图 24.4-36　ITS 的组成

ITS 把人、车、路三部分看作一个整体，在交通的管理和服务过程中结合计算机技术、通信技术、系统工程等学科的成熟理论，有效改善交通堵塞状况，提升道路网的通行能力，从而形成能够确保其安全性、效率性、环保性的综合交通服务体系。各地政府也在努力创造具备动态感知、自动管理、人车路协同 3 个特点的新一代 ITS。动态感知主要是指将来的 ITS 利用物联网技术、云计算、4G 通信等先进技术，及时、准确地发布信息，使市民、企业和政府可以实时动态感知最新的交通信息。其目标是各类的交通需求信息及交通供给信息能够在人、车路三者之间进行迅速确切地相互传输。自动管理则是 ITS 在动态感知的基础上，对未来交通变化趋势进行准确预测，判断交通发展态势，从而可以主动管理自身的交通需求，达到交通参与者可以主动参与、企业可以主动把握和政府可以主动干预的目的，最终使有限的交通资源在无限需求中得到最大化地利用。美国 ITS 的体系结构见图 24.4-37。美国、欧洲和日本对 ITS 定义和主要研究内容见表 24.4-11。

表 24.4-11　美国、欧洲和日本对 ITS 定义和主要研究内容

	定义	主要研究内容
美国	ITS 结合信息处理、通信、控制及电子等技术应用于运输系统，以减少交通事故及拥挤，并提高运输效率	出行与运输管理；出行需求管理；公共运输营运；电子付费；商业车辆营运
欧洲	ITS 将信息、运输及通信等技术应用于车辆及道路基础设施运作，以改善运输机动性，同时增进运输安全、减少交通拥挤及提高舒适程度，并减少环境影响	交通管理；出行前信息；行程中信息；车辆控制；货物及车队管理；自动收费
日本	通过使用最先进的通信和控制技术，将道路、驾驶人和车辆等系统有机地结合在一起，加强三者之间的联系；借助于系统的智能化技术，驾驶人可以实时了解道路、交通及车辆的状况，以最为安全和经济的方式到达目的地，减少交通事故及交通拥塞情况；同时，节省能源和保护环境	导航系统；电子式自动收费系统；辅助安全驾车；交通管理最优化，提高道路管理效率；支援公共运输，提高商用车辆营运效率；支援行人；支援紧急救援车辆运作

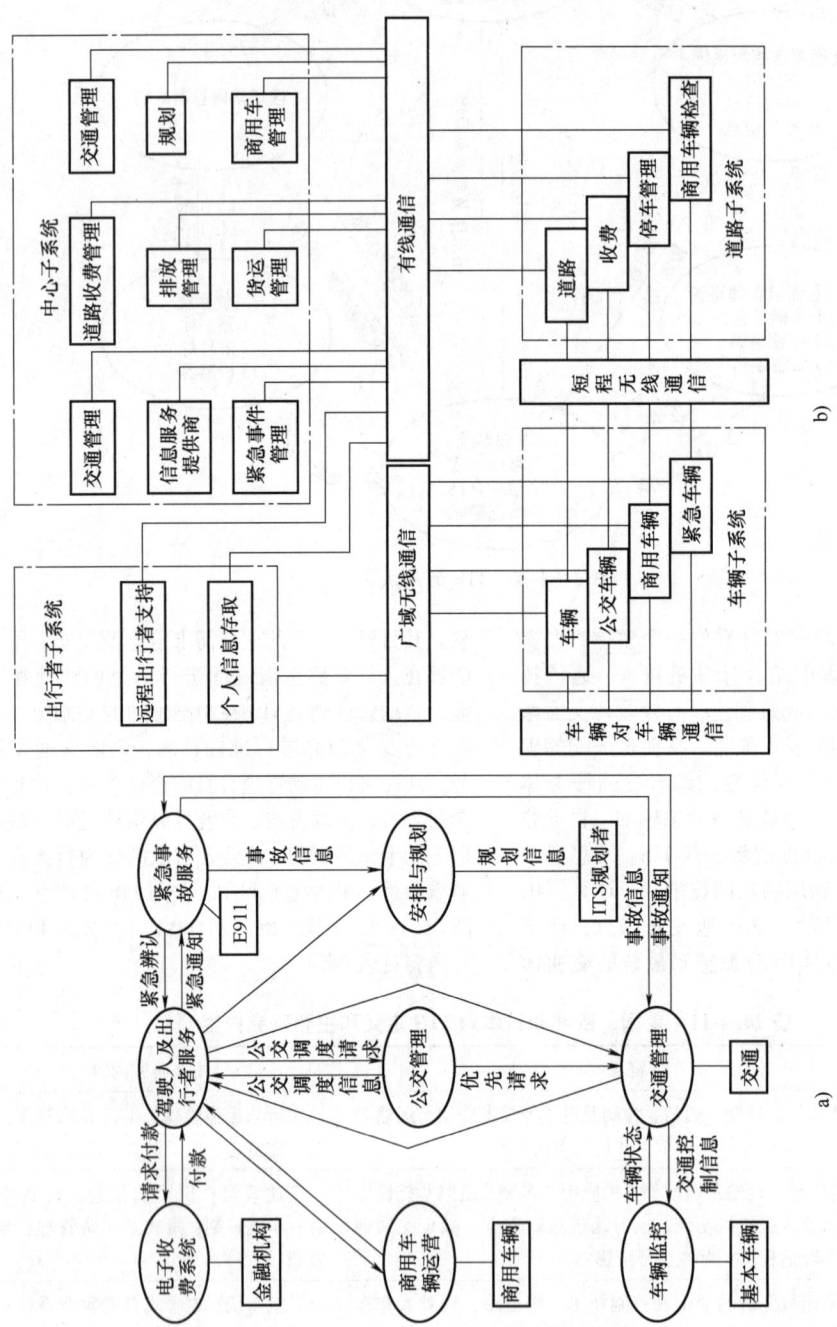

图 24.4-37　美国 ITS 的体系结构图
a) 逻辑体系　b) 物理体系

37　智能车辆的结构　智能汽车利用多种传感器和智能公路技术来实现汽车自动驾驶。智能汽车首先有一套导航信息资料库，存有全国高速公路、普通公路、城市道路及各种服务设施（餐饮、旅馆、加油站、景点、停车场）的信息资料；其次是定位系统 GPS 等，利用定位系统精确定位车辆所在的位置，与道路资料库中的数据相比较，确定以后的行驶方向；道路状况信息系统，由交通管理中心提供实时的前方道路状况信息，如堵车、事故等，必要时及时改变行驶路线；汽车自动防撞系统，包括探测雷达、信息处理系统、驾驶控制系统，能控制与其他车辆的距离，在探测到障碍物时及时减速或刹车，并把信息传给指挥中心和其他车辆；紧急报警系统，如果出了事故，自动报告指挥中心进行救援；无线通信系统，用于汽车与指挥中心的联络；自动驾驶系统，用于控制汽车的启动、改变速度和转向等。完全自动化汽车的构架见图 24.4-38。

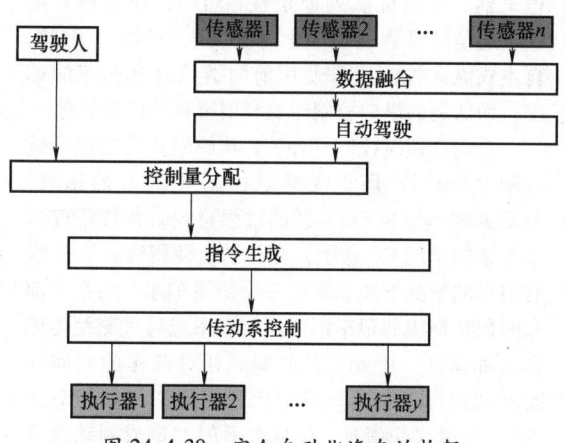

图 24.4-38　完全自动化汽车的构架

智能汽车技术，是通过感知驾驶环境（人-车-路）并提供信息或车辆控制，来帮助或替代驾驶人最优（安全-高效-舒适-便利等）操控车辆的技术。它主要包括驾驶辅助和自动驾驶。互联智能汽车技术是指，通过智能车辆的互联，来进一步提高汽车驾驶安全性、高效移动性及环境友好性的技术。

对于智能汽车的自动化程度（degree of automation），各国和机构有不同的分类定义。美国国家公路交通安全管理局（NHTSA）将智能汽车分为 L0~L4 共 5 个等级。美国汽车工程师学会（SAE）采用了 L0~L5 共 6 个等级。NHTSA 定义的 5 个层次如下：

（1）无自动驾驶（L0）　完全由驾驶人时刻操控汽车的行驶，包括制动、转向、油门及动力传动。

（2）具有特定功能的自动驾驶（L1）　该层次的汽车具有一个或多个特殊自动控制功能，如电子稳定性控制（ESC）、自动紧急制动（AEB）等，车辆通过控制制动帮助驾驶人重新掌控车辆或是更快速地停车。

（3）具有复合功能的自动驾驶（L2）　该层次的汽车具有将至少两个原始控制功能融合在一起实现的系统，完全不需要驾驶人对这些功能进行控制，但驾驶人需要一直对系统进行监视并准备在紧急情况时接管系统。

（4）具有限制条件的无人驾驶（L3）　该层次的汽车能够在某个特定的驾驶交通环境下让驾驶人完全不用控制汽车，而且可以自动检测环境的变化以判断是否返回驾驶人驾驶模式，驾驶人无须一直对系统进行监视，可称为"半自动驾驶"。

（5）全工况无人驾驶（L4）　该层次的汽车控制系统完全自动控制车辆，全程检测交通环境，能够实现所有的驾驶目标，乘员只需提供目的地或输入导航信息，可称为"全自动驾驶"或"无人驾驶"。

38　智能车辆的纵向控制　智能车辆的运动控制，是智能车辆的基本问题和必要条件，分为两个部分：纵向控制和横向控制。纵向控制是通过对智能车辆的驱动或制动进行控制，依据规划出的速度进行加速或减速，从而实现对规划速度的准确快速跟踪。横向控制是期望通过对智能车辆的前轮转角进行控制，实现对规划路径的准确快速跟踪。智能车辆的纵向控制和横向控制一起构成自动驾驶车辆的控制结构，通过反馈控制来控制车辆的纵向和横向运动以实现预期的驾驶操作。横向控制是每个车辆与道路基准相对关系的函数，而纵向控制增加了多个被控车辆间潜在的相互作用的复杂性。历史上，运用三种方法来处理或解决这种问题：固定块控制、点跟踪控制和跟车控制。

智能车辆纵向控制见图 24.4-39。智能车辆纵向控制的目标是按照一定的控制策略通过调节加速机构和制动系统制动压力的指令来实现对期望速度的跟踪。纵向控制系统设计是智能车辆导航控制研究的关键。智能车辆纵向控制系统的设计包括上位控制器和下位控制器设计两部分。上位控制器，根据期望速度基于某种控制算法，来确定期望的车辆加速度；下位控制器，通过对车辆纵向动力学系统进行控制，来实现上位控制器输出的期望加速度。

纵向控制系统需满足，控制系统响应速度快、控制精度高；控制系统有良好的稳态性能；控制系统具有较强的鲁棒性，即对车辆纵向动力学系统存在非线性特性、建模过程中存在的模型不确定性和系统的时滞性具有良好的适应能力。

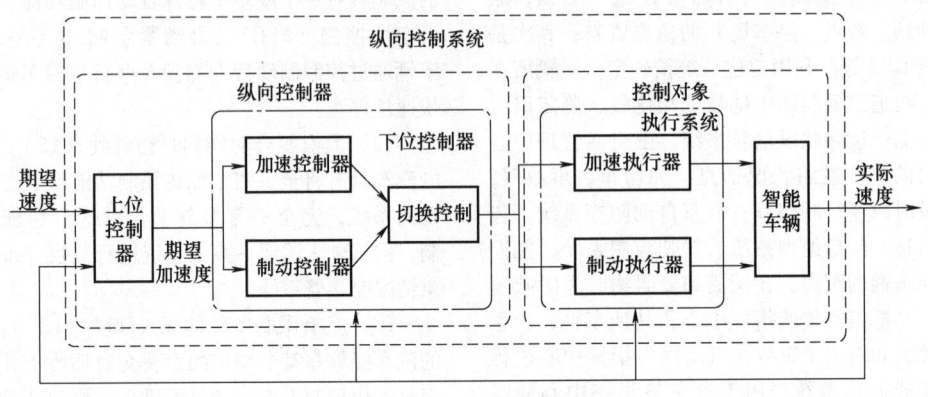

图 24.4-39　智能车辆纵向控制

纵向控制作为自动驾驶车辆控制结构的一部分，需要满足两个关键的要求：安全和性能。安全代表可靠性和鲁棒性，性能则强调车辆状态与驾驶人舒适性的一致性。即使系统在非正常状态下工作，也需要满足上述要求，如在恶劣的环境和系统失效的情况下。自动驾驶车辆的安全问题可能来自环境或者自动控制系统。环境因素包括道路、天气状况，以及与在同一道路上行驶的其他车辆的影响。安全因素包括危险驾驶、失误及系统故障。纵向控制一般考虑 4 种类型的信息：①本车的速度和加速度；②与前车的相对距离；③前车的速度和加速度；④车队头车的速度和加速度。在队列控制中，第一辆车的加速度和速度信息通常是必需的。

本车的速度与加速度信息可以通过车载的速度传感器和加速度计测量。与前车的相对距离通常由测距传感器测量，如雷达、激光雷达、机器视觉系统、超声波传感器。到目前为止，最常用的传感器是雷达。激光雷达的性能容易受不良天气影响，特别是雾和雪，而且需要在车辆前部开孔。机器视觉系统面临处理显著环境变化（强光、黑暗、雾气、雨和雪）及还原 3D 数据的挑战。超声波传感器探测距离的局限性，严重制约了它作为车载传感器的实用价值。

前车的速度和加速度可以从自车状态和传感器测量值（如距离和距离的变化率）推导出来。但是相对加速度的估计，需要对测距传感器的测量值进行微分，因此存在噪声。另外一个方式是通过通信将车辆的速度和加速度信息发给后车。队列概念的产生促进了这种方法的应用。类似地，队列头车的速度和加速度也可以通过这种方式发送给队列的其他车辆，以保证队列稳定性。然而，在这种方法中，通信的可靠性是一个需要关注的问题，因此，自主式纵向控制通常使用前两类信息和前车的速度，而队列的纵向控制需要利用所有的四类信息。

自适应巡航控制（ACC）和协同式自适应巡航控制（CACC）是常规巡航控制（CC）的拓展。ACC 系统是常规 CC 系统的增强形式。相较于仅调节车速的常规 CC 系统，ACC 系统使得驾驶人在没有前车的情况下能够维持一个期望车速，而在有前车时保持期望的跟车距离。ACC 系统通过测距传感器（如雷达、激光雷达）探测相对前车的空间状态（如相对距离）和空间状态变化率（如相对速度）。通过这些信息，生成合适的加速或制动命令以维持与前车间的距离。ACC 系统在当今绝大多数汽车厂商的高端车型上作为可选配置。它是一种先进的驾驶辅助功能，可帮助驾驶人完成有限加速范围内的纵向控制任务。ACC 系统开启时，降低了日常驾驶过程中的工作量和压力，使驾驶人能够更专注于其他重要的驾驶任务，以提高舒适性和安全性。从交通网络方面来看，与人工驾驶相比，ACC 系统有更好的队列稳定性和更短的跟车距离，在 ACC 系统达到一定渗透率时可提高交通安全性和通行能力。ACC 系统都是自主式的，即其只能通过前置测距传感器来获取相对前车的距离和速率信息。这些传感器会受噪声干扰，测量信息往往不准确，因此在将相关信息用于控制之前，需要进行强力过滤。这会引起响应时延，并限制 ACC 车辆跟随其他车辆的准确性，以及快速地对交通流变化做出反应的能力。例如，实验表明通过测距传感器获得的相对速度与通过无线通信获得的速度相比有 0.5s 的延迟，这一延迟从控制角度来看是非常显著的。

通过无线通信获取周边车辆信息（如车辆位置、速度、加速度等）和基础设施信息（如交通信号灯状态和交通状况），使得前置测距传感器有可能突破当前限制。作为 ACC 系统的扩展，CACC 系统进一步加强了车与车、车与设施之间的通信，如最近开发的专用短程通信（DSRC），以充分获取周边车辆及环境的信息。CACC 系统可以实现更高的跟车精度及更快的反应速度。之前的研究表明，CACC 系统相较于 ACC 系统能够实现更小的跟车距离，跟车行为也更为平顺自然。ACC/CACC 的系统框架见图 24.4-40。

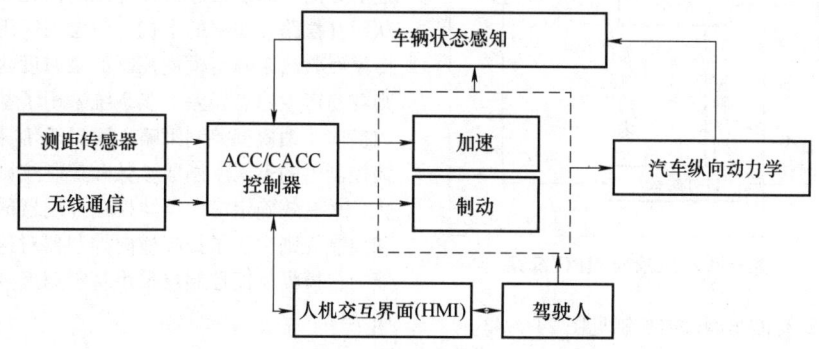

图 24.4-40　ACC/CACC 的系统框架

39　智能车辆的横向控制　智能车辆横向控制是指智能车辆通过视觉传感器或定位系统等获取车辆相对于参考路径的位置偏差信息，按照车辆的自身状态及位置偏差信息，基于某种控制策略使其沿期望的轨迹行驶。横向控制作为智能车辆自主导航研究的核心问题之一，其主要研究的是智能车辆的路径跟踪能力。即，如何控制车辆沿规划的路径行驶，并保证车辆的行驶安全性、平稳性与乘坐舒适性。由于智能车辆的轮胎不能侧滑，在行驶过程中只能沿车身方向前进，为典型的非完整运动约束系统，且是具有高度非线性动态特性及参数的不确定性等特性的复杂系统，因此，如何设计可有效克服车辆非线性和参数不确定性等特性的横向控制策略，便成为实现智能车辆自主导航的难点。

智能车辆自主导航中，横向控制是控制车辆在不同的车速、载荷、路况和风阻等条件下自动跟踪行车路线，并保持一定的舒适性和平稳性要求，实际上也就是车辆转向控制。智能车辆与一般的室外轮式移动机器人相比，由于纵向速度较高，其速度、载荷和轮胎侧偏刚度等因素的波动范围较大，因此横向控制的难度更大。横向控制有两种基本的设计思路，即基于车辆数学模型运用自动控制原理设计控制器的方法和基于驾驶人模拟的方法。

智能车辆横向模糊控制见图 24.4-41。该模糊控制器的输出为前轮转角的增量，即在前一时刻前轮转角的基础上累加当前时刻控制器的输出值。这与实际操作比较吻合，并且有利于车辆转向系统的平稳运行。其作用是，在避免出现较大横向加速度的条件下，保证智能车辆能够精确地跟踪行车路线，并对明显影响车辆横向运动特性的纵向速度、轮胎侧偏刚度及载荷等因素具有良好的适应能力，以实现车辆横向控制的性能指标。

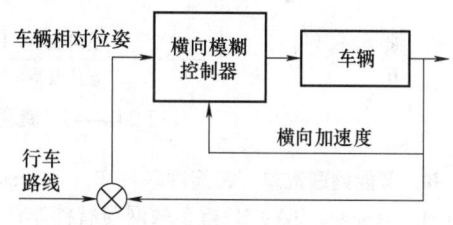

图 24.4-41　智能车辆横向模糊控制

因为实现路径踪是智能车辆横向控制的最终目标，所以把跟踪准确度作为衡量控制系统性能的主要指标。车辆在行驶过程中，会受到各种各样的环境干扰，为了保证智能车辆路径跟踪的准确性，必须保证智能车辆具有一定的抗干扰能力，提高控制系统的鲁棒性和环境适用性。模型预测控制（model predictive control，MPC）算法以预测模型、滚动优化和反馈校正为基本特征，是适用于不易建立精确数学模型或存在约束条件的控制系统的优化控制算法。基于路径跟踪的 MPC 算法见图 24.4-42。图中点画线框内的线性误差模型、系统约束和目标函数是 MPC 算法的主体部分。线性误差模型是构建 MPC 算法的基础，也是控制系统的数学描述；系统约束包括车辆稳定性等各种约束；目标函数则要综合考虑路径跟踪的平稳性和快速性。

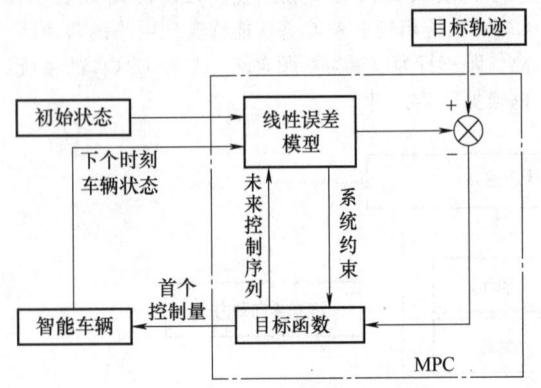

图 24.4-42　基于路径跟踪的 MPC 算法

视觉导航式智能车辆横向控制见图 24.4-43。

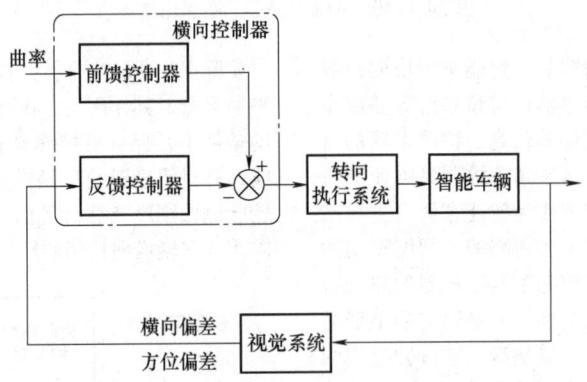

图 24.4-43　视觉导航式智能车辆横向控制

该系统采用根轨迹法分析视觉预瞄距离和速度对横向控制系统的影响，建立了预瞄距离关于速度的函数计算模型，提高了视觉系统获取的车辆与参考路径间相对位置的信息数据精度。针对智能车辆具有高度非线性动态特性及参数的不确定性等特点，控制系统具有由前馈控制器和模糊反馈控制器组成的可模拟人类驾驶行为的横向控制器。前馈控制器通过前方路径曲率信息来计算预期前轮转角的控制量从而补偿路径曲率的干扰。考虑到采用试探方法或专家经验法来确定模糊控制的隶属度函数和控制规则容易产生稳态误差，该系统采用了基于遗传算法的横向反馈模糊控制策略，通过遗传算法对模糊反馈控制器的隶属度函数参数和控制规则进行自动优化，来有效确定横向反馈模糊控制器的隶属度函数和控制规则。为了提高横向控制器对速度的自适应能力，模糊反馈控制器采用基于速度分区的分层控制系统。

40　智能网联汽车　智能网联汽车（intelligent connected vehicle，ICV）是指车联网与智能车的有机联合，是搭载先进的车载传感器、控制器、执行器等装置，融合现代通信与网络技术，实现车与人、车、路、后台等智能信息交换共享，实现安全、舒适、节能、高效行驶，最终可替代人来操作的新一代汽车。ICV 是突破了原有的汽车形式，增加了汽车的智能性和网络互通性，展现了汽车网络方面的性能及智能化的运作形式，是一种特有的网络汽车发展模式。ICV 具有人工智能作用显著、网络化系统构建明显、通信技术充分运用和操作过程高效等特点。ICV 的架构见图 24.4-44。

ICV 是在传统车辆的基础上，加入协同控制、无线短程通信、自动驾驶等技术而形成的一类概念性车辆。根据《国家车联网产业标准体系建设指南（智能网联汽车）》中定义，ICV 以智能化和网联化实现车辆的信息感知和决策控制。信息感知可以分为驾驶决策类和非驾驶相关类。其中，驾驶决策类主要分为自身探测类和信息交互类。自身探测类是指依靠车辆自身传感器直接获取信息；信息交互类是指车辆通过车载通信获取信息。两种驾驶决策类的信息感知方式相融合，可以使车辆更好地同周围环境进行沟通。在决策控制方面，主要是依据车辆代替驾驶人决策的程度，将车辆的控制级别由辅助控制向自动控制转化。"智能化"和"网联化"改变了车辆的行驶行为。"网联化"为车辆提供超过驾驶人视距的更为广泛的车辆周边信息；"智能化"为车辆提供除驾驶人之外的更为精确细致的车辆控制决策。ICV 的系统组成见图 24.4-45。

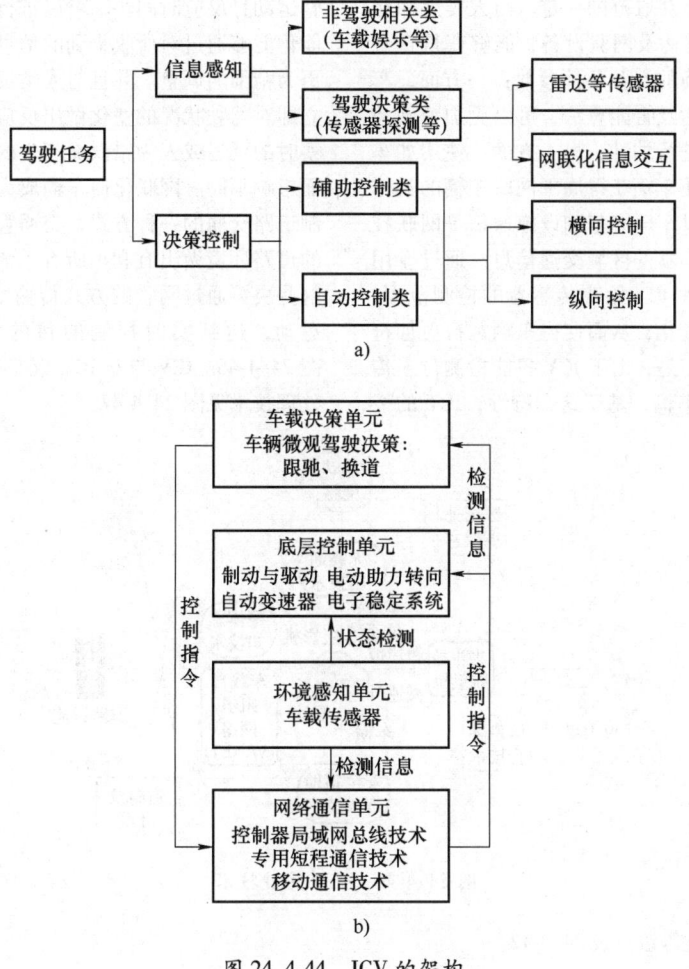

图 24.4-44 ICV 的架构

a) 信息流 b) 构成单元之间的关系

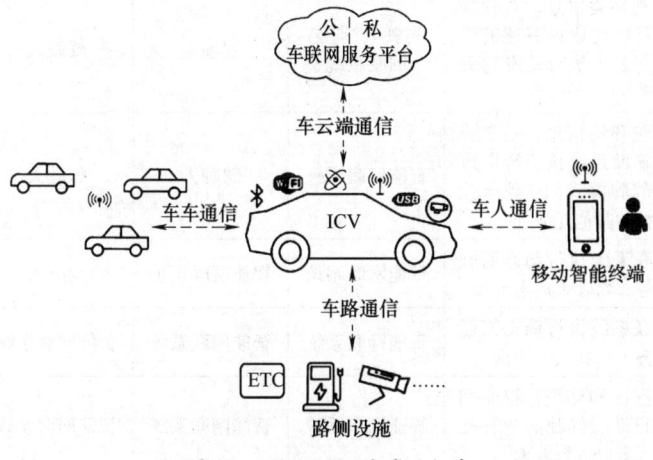

图 24.4-45 ICV 的系统组成

ICV 行驶具有感知和控制特性。"感知"是指获取数据精确丰富、获取范围一定。与人类感知相比，ICV 通过车载雷达及网联设备，能够获得自身及周围环境更为精确的驾驶条件参数：一方面，车辆通过使用车载雷达及智能算法，可以更加精确地对周围车辆的运动进行估计；另一方面，使用如车间通信等网联技术使车辆获得周围网联车辆的具体运动内容，同时通过车辆同基础设施通信等网联技术使车辆获得更为丰富的区域交通信息。通过专用短程通信，能够扩大 ICV 距离传感器的检测范围，使得控制策略发生变化，从而使得车辆运行更加符合当前交通场景。但是，由于 ICV 只能检测位于传感器检测范围内的车辆，基于这个特性，ICV 的控制行为受到检测范围的影响。"控制"是指精细调整运动且反应时间快、可以进行实时控制。车辆智能化能够通过对所收集到的信息对车辆的运行进行更为精细的调整。并且与人类反应相比，车辆能够立即对驾驶状况的变化做出反应，这与驾驶人在观察时的延迟或人为错误而产生的反应时间造成的负面影响不同。网联化使车辆成为交通管理方实时控制道路交通的一种方式，交通管理方可以根据当前的道路环境做出有利于所有车辆行驶的决策，并将这些决策通过网联的方式传输给 ICV，进而控制其运动，达到实时控制的目的。ICV 关键技术见图 24.4-46。ICV 与非 ICV 混行状态下的交通信息处理技术见图 24.4-47。

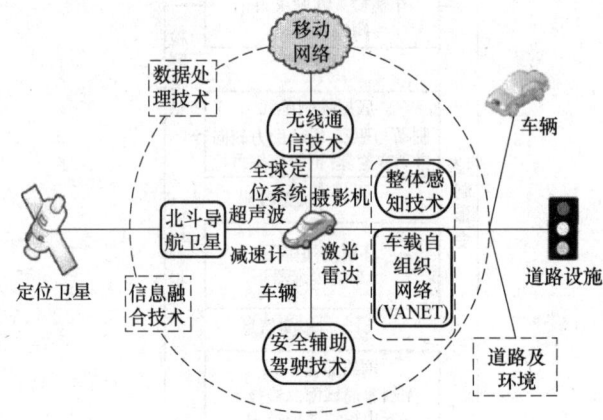

图 24.4-46　ICV 关键技术

ICV 的 5 个驾驶等级见表 24.4-12。

表 24.4-12　ICV 的 5 个驾驶等级

等级	定义	加减速/转向	监督驾驶环境	驾驶性能感知	驾驶模式网联能力
驾驶辅助	根据驾驶环境信息，驾驶辅助系统执行转向或加减速的驾驶模式，驾驶人执行动态驾驶的所有任务	驾驶人/智能网联系统	驾驶人	驾驶人	部分驾驶模式
部分自动驾驶	根据驾驶环境信息，一个或多个驾驶辅助系统执行转向或加减速的驾驶模式，驾驶人执行动态驾驶的其他任务	智能网联系统	驾驶人	驾驶人	部分驾驶模式
有条件自动驾驶	智能网联系统执行动态驾驶的所有任务，驾驶人适当干预	智能网联系统	智能网联系统	驾驶人	部分驾驶模式
高度自动驾驶	智能网联系统执行动态驾驶的所有任务，驾驶人不干预	智能网联系统	智能网联系统	智能网联系统	部分驾驶模式
完全自动驾驶	在所有路况和环境，智能网联系统执行动态驾驶的所有任务，驾驶人可以进行管理	智能网联系统	智能网联系统	智能网联系统	所有驾驶模式

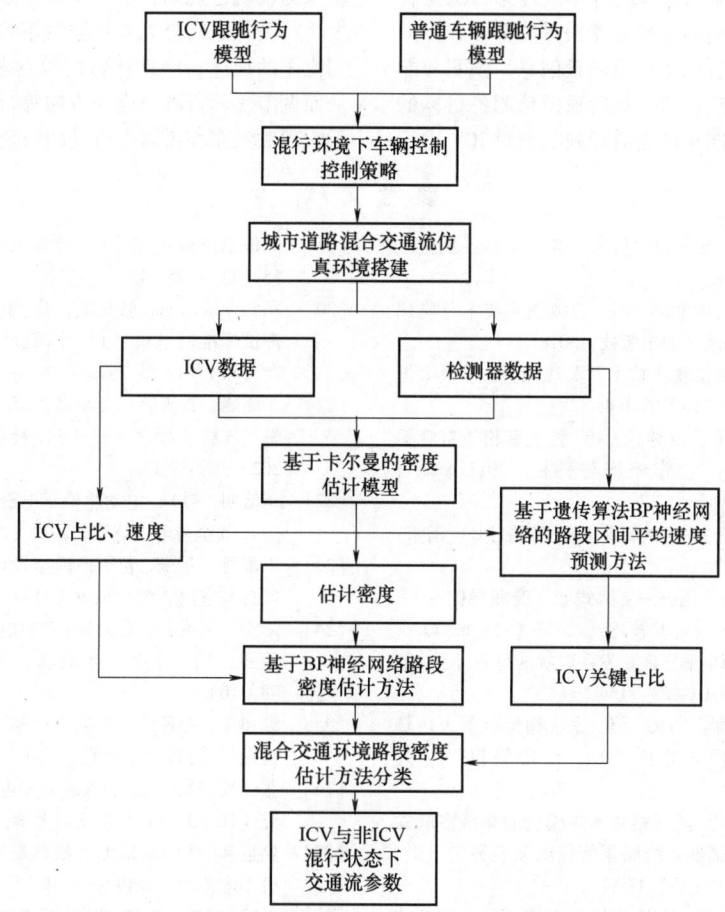

图 24.4-47 ICV 与非 ICV 混行状态下的交通信息处理技术

自动驾驶系统的关键技术是，自动驾驶对周边态势的认知技术及汽车本身的决策控制技术，见图 24.4-48。态势认知技术负责无人驾驶汽车对周边环境的语义化理解，汽车决策控制技术是整个自动驾驶算法系统的核心模块，主要包括决策规划和控制执行两个部分，这两项技术相辅相成相互补充，共同构成自动驾驶算法系统的核心算法。自动驾驶算法系统的运行过程是通过毫米波雷达、激光

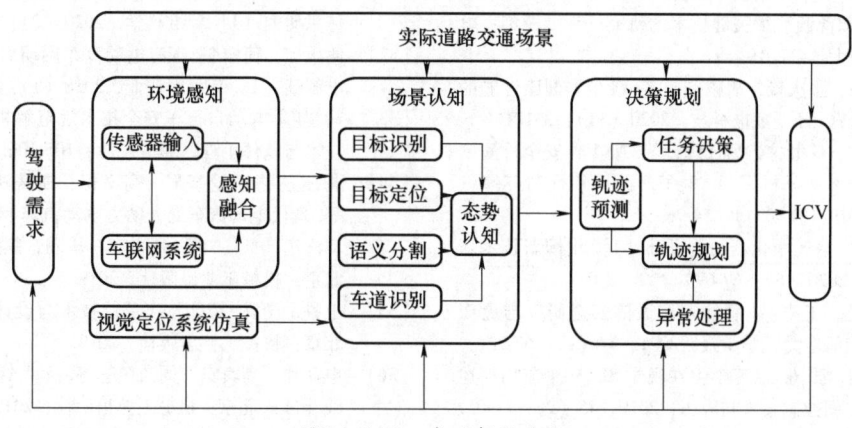

图 24.4-48 自动驾驶系统

雷达、摄像头、车载网联系统等车载传感器感知智能车周边态势，然后通过智能算法系统整合各方面的感知信息，认知智能车周边场景信息，预测智能车周边各目标的活动轨迹；最后根据预测各目标的未来活动轨迹和智能车的当前行驶状态对 ICV 进行动态运动轨迹规划，根据决策规划算法所计算出的最优行驶轨迹结合无人驾驶汽车的动力学模型，得到汽车的加速、制动和转向等驾驶行为的控制量，从而调节车辆行驶速度和方向等行事策略，以保证无人驾驶汽车在道路上行驶的安全性和稳定性。

参 考 文 献

[1] 卢官明，秦雷. 数字视频技术 [M]. 北京：机械工业出版社，2017.

[2] 殷宏，綦秀利，廖湘琳，等. 虚拟现实技术及应用 [M]. 北京：国防工业出版社，2018.

[3] 吴佳林. 浅析虚拟现实技术及其应用 [J]. 通讯世界，2019，26（2）：103-104.

[4] 朱燕燕，朱振涛，章林妹，等. 智能音箱消费者关注点分析 [J]. 合作经济与科技，2017（20）：64-68.

[5] 万声国. 基于语音识别的智能 WIFI 音箱 [D]. 南京：东南大学，2017.

[6] 阿龙. 移动装备伴侣——便携式蓝牙音箱导购 [J]. 电脑知识与技术（经验技巧），2017（9）：68-70.

[7] 杨晨. 基于家用电器智能化发展现状的思考 [J]. 数字通信世界，2019（8）：154，184.

[8] 袁佳炜，张新景，覃傲，等. 家庭扫地机器人市场需求及发展趋势分析 [J]. 科技资讯，2019，17（19）：73-75.

[9] 侯泽飞，李廷勋. 具有相变蓄热模块的新型多联式空气源热泵空调器系统除霜特性的实验研究 [J]. 日用电器，2019（3）：47-51.

[10] 成建宏，邵双全，付裕，等. 房间空调器附加功能发展及对节能的影响探讨 [J]. 制冷与空调，2020，20（11）：6-8，37.

[11] 黄浣，陈园园，吴云贵. 一款超薄滚筒洗衣机的振动控制方法 [J]. 日用电器，2020（11）：26-28，37.

[12] 经顺林，蓝雯静，陈红. 智能洗衣机的模糊控制系统分析 [J]. 科学技术创新，2020（34）：179-180.

[13] 王双. 双源微波炉关键技术的研究 [D]. 成都：电子科技大学，2019.

[14] 冯素梅，张庆玲，胡鹏燕，等. 吸尘器健康性能的分析研究 [J]. 家电科技，2020（S1）：231-233.

[15] 严明杰，任继栋，汤仕晖，等. 吸尘器安全检测常见不合格项分析 [J]. 电子产品可靠性与环境试验，2019，37（S1）：74-76.

[16] 沈栋梁. 空气净化器结构设计 [J]. 中国新技术新产品，2020（6）：67-69.

[17] 陈佳圣，王亮亮. 智能家居通信安全研究与展望 [J]. 上海电力大学学报，2021，37（1）：67-72.

[18] 李少朋，张涛. 深度学习在视觉 SLAM 中应用综述 [J]. 空间控制技术与应用，2019，45（2）：1-10.

[19] 寇大磊，权冀川，张仲伟. 基于深度学习的目标检测框架进展研究 [J]. 计算机工程与应用，2019，55（11）：25-34.

[20] 邓钊，刘浩明，张斌斌，等. 电动轮椅车电磁兼容测试标准的解读 [J]. 中国医疗器械信息，2019，25（11）：12-13，52.

[21] 李高峰，肖天骄，吴小高，等. 国内外轮椅产品的发展现状及对比分析 [J]. 社会福利（理论版），2020（2）：9-13.

[22] 刘浩明，叶瑀. 电动轮椅车电磁兼容测试方法解析 [J]. 安全与电磁兼容，2019（2）：59-63.

[23] 王寅栋，于娜. 老年护理床设计的优化研究 [J]. 家具与室内装饰，2019（4）：22-23.

[24] 刘杰，朱凌云，苟向锋. 多功能护理床发展现状与趋势 [J]. 医疗卫生装备，2019，40（7）：94-98，103.

[25] 郎建志，孙硕伟，李欣泽，等. 多功能护理床的结构设计 [J]. 机电信息，2019（18）：132-133.

[26] 张梓绥. 轨道交通中永磁同步电机控制关键技术研究 [D]. 北京：北京交通大学，2019.

[27] 樊运新. 我国重载电力机车发展历程及思考 [J]. 机车电传动，2019（1）：9-12，22.

[28] 马凯. 复兴号智能型动车组总体研发设想 [J]. 城市轨道交通研究，2019，22（2）：123-126.

[29] 李旭玲，倪峰，张萱，等. 中国与 IEC 电动汽车交流充电系统标准对比 [J]. 电力系统自动化，2020，44（21）：1-6.

[30] 曹冬冬，胡建，徐枭. 电动汽车电驱动系统标准体系研究 [J]. 中国汽车，2019（4）：50-54.

[31] 兰昊，何云堂，郝冬，等. 燃料电池电动汽车标准体系研究 [J]. 标准科学，2020（2）：19-26.

[32] 谢乐琼，何向明. 现有电动汽车用动力电池国家标准解读 [J]. 新材料产业，2018（1）：35-42.

[33] 马智广. 电动自行车安全技术规范解析 [J]. 电子技术与软件工程，2019（7）：105-106.

[34] 梅尔达德·爱塞尼，高义民，斯蒂法诺·隆戈，等. 现代电动汽车混合动力电动汽车和燃料电池电动汽车 [M]. 3 版. 杨世春，华旸，熊素铭，等译. 北京：机械工业出版社，2019.

[35] 王科，李霖. 智能汽车关键技术与设计方法 [M]. 北京：机械工业出版社，2019.

[36] 申泽邦，雍宾宾，周庆国，等. 无人驾驶原理与实践 [M]. 北京：机械工业出版社，2019.

[37] 王庞伟，王力，余贵珍. 智能网联汽车协同控制技

术［M］. 北京：机械工业出版社，2019.

［38］梁志康. 高速公路施工区智能网联车辆控制策略仿真研究［D］. 长春：吉林大学，2019.

［39］闻龙. 面向智能网联汽车的高性能计算仿真平台［D］. 成都：电子科技大学，2020.

［40］刘春宇. 智能网联车辆与非网联车辆混行条件下的交通信息处理技术与信号控制方法研究［D］. 长春：吉林大学，2019.

［41］杨澜，赵祥模，吴国垣，等. 智能网联汽车协同生态驾驶策略综述［J］. 交通运输工程学报，2020，20（5）：58-72.

第 **25** 篇

能源互联网

主　　编　别朝红（西安交通大学电气工程学院）

副 主 编　丁　涛（西安交通大学电气工程学院）

参　　编　王则凯（西安交通大学电气工程学院）

　　　　　江里舟（西安交通大学电气工程学院）

　　　　　龙　涛（西安交通大学电气工程学院）

主　　审　王锡凡（西安交通大学电气工程学院）

责任编辑　王　欢

第1章 概 述

1.1 能源互联网

1 基础概念与框架 构建能源互联网是应对能源危机、气候变化、环境污染挑战，适应绿色、低碳、可持续发展要求的有效途径。

（1）基础概念 能源互联网是基于互联网技术实现广域能源共享，融合电力、天然气、供热与供冷、交通等系统的大型物理信息融合系统。它以消纳可再生能源为主要目标，去实现能源梯级利用和能效提升[1]。

（2）基本特征

1）支持多类型能源的综合供给，能够实现以电能为核心，涵盖风光水等可再生能源、油气煤等化学能、热能等多种能源形式的高效互相转化与利用。

2）涵盖多类型能源网络与物理网络，实现以电力网络、油气管网、供热与供冷网络、交通运输为主要组成的物理网络一体化融合发展。

3）支持海量分布式设备接入，实现分布式能源供给，推动分布式可再生能源的可靠接入与高效利用。

4）实现能源供给侧、用户消费侧的广泛参与，具有开放、互联、共享、对等、即插即用和以用户为中心、以提高能源利用效率为目标等重要特性。

5）强调信息技术深度融合，通过互联网信息系统与物理系统的融合发展，实现广域信息互动下的能源合理分配与共享。

（3）基本组成

1）电力系统。

① 由各类型发电机、变压器、输电线路、负荷、储能、开关断路器、继电保护装置、电流电压互感器等一次、二次设备组成。

② 电力系统按电压等级从高到低、分布空间从大到小可分为，额定电压为 220kV 及以上的省级高压输电网、额定电压为 10~110kV 的城市中压配电网、额定电压为 10kV 及以下的园区低压微电网。

③ 由于电能的传输具有高速、低损耗、低成本等特点，因此电力系统被认为是能源互联网中能源转换的核心，成为连接天然气系统、供热供冷系统的枢纽。

2）油气系统。

① 由油井、天然气井、输油输气管道、压缩机、分流站、储油罐/油库、储气库/罐、负荷等组成。油气系统按传输容量从高到低、分布空间从大到小可分为，省油气传输系统、城市油气分配系统、园区油气供给系统。

② 随着近年电解水制氢制气技术的发展，电转气机组成为天然气系统中新的组成部分。电转气机组的出现为电力系统与天然气系统融合提供了客观基础。

③ 天然气能大规模储存，这一特点弥补了电能大规模储存尚不经济的缺陷。因此，天然气系统是能源互联网中储能的关键，为消纳不确定性新能源提供了更多灵活性。

3）供热与供冷系统。

① 由电锅炉、热电联产机组、冷热电联产机组、供热/冷网、回热/冷网、换热/冷站、储热罐、蓄冷槽、负荷等组成。

② 供热系统按空间分布从大到小可分为，城市供热系统、园区工业供热系统、楼宇供热系统。

③ 由于不适合长距离传输，供冷系统主要分布于园区与楼宇内，包括园区工业供冷系统、楼宇供冷系统。

④ 热与冷的传输具有延时性，热负荷与冷负荷的调节空间大，短时间缺供通常不会影响用户的正常运行。因此，供热与供冷系统是能源互联网中调峰的关键，成为实时消纳不确定性新能源的重要工具。

4）交通系统。

① 由铁路系统、水运系统、公路系统、航空系统组成，包括货运铁路、客运铁路、地铁、内河轮运、海运、电动汽车等各类交通运输工具。

② 能源互联网的交通系统与能源系统的联系

存在两种模式：交通系统运输能源（货运铁路、轮运等）和交通系统消耗能源（地铁、电动汽车等）。

③ 交通系统的电气化增强了其与电力系统之间的联系，成为影响电力系统进而影响以电力系统为枢纽的能源系统规划设计与运行的重要因素。

④ 交通系统与能源系统的融合发展处于初级阶段，发展模式有待进一步明确。

5）信息系统。

① 基于互联网构建，由 5G 等现代通信技术、云计算技术、信息分布式处理技术、分布式传感器、信息传输通道、各类通信协议与接口等组成，具有海量信息高效处理能力与可靠传输特点。

② 信息系统包括五个层次：信息感知层、中间件层、信息物理融合层、应用层、数据挖掘层。

③ 信息系统传递信息的具体内容与方式，既取决于所连物理系统本身，又由所连物理系统的融合模式决定。

（4）基本框架

1）按环节划分。如图 25.1-1 所示，能源互联网按环节划分为，能源的生产环节（源）、能源的传输环节（网）、能源的消费环节（荷）。

① 能源的生产环节（源）包括，各种能源生产单元（火电、水电、光伏、风电、天然气井等）、能源转换设备（燃气轮机、电转气机组等）、能源存储设备（蓄电池、压缩空气储能、抽水蓄能、储气罐、储热罐等）。

② 能源的传输环节（网）包括，电力输送网络、油气管网、供热/冷网。

③ 能源的消费环节（荷）包括，小规模的能源生产单元、能源转换设备（热电联产机组等）、能源存储设备（电池、储气罐、储热管道等）、短距离多能流供能网络（配电网、气网、热网等）、电气化交通系统（电动汽车充电设施）、大量终端用户（部分负荷是柔性可调负荷）。

2）按层级划分。如图 25.1-2 所示，能源互联网按层级划分为，区域能源互联网、城市能源互联网、终端能源互联网。

① 区域能源互联网可以由额定电压为 220kV 及以上的省级高压输电网与省级天然气传输系统组成，其主要功能为电、气两类能源大规模、长距离传输。

② 城市能源互联网可以由额定电压为 10～110kV 及以下城市中压配电网、城市天然气分配系统与城市供热系统组成，其主要功能为电、气、热三类能源的联合分配。

③ 终端能源互联网可以由额定电压为 10kV 及以下的园区低压微电网、园区天然气供给系统、园区工业供热系统与楼宇供热/冷系统组成，其主要功能为电、气、热、冷四类能源的供给。

2 关键问题

（1）能量流-信息流时空多尺度耦合建模

1）通信、控制、安全监控等信息系统，是能源互联网的一部分。系统建模需要考虑物理与信息的相互影响和信息系统的可靠性、安全性。

2）建立描述信息与物理系统融合的动态模型，并定量描述能源供需、转存过程信息与物理系统的相互影响。

3）对设备状态、控制节点与能量节点、能量流的关联关系完成抽象，形成逻辑节点和逻辑连接网络，建立异质信息物理融合模型[2]。

（2）多能源系统优化理论

1）在保证不同能源系统安全性的基础上，充分利用多能源系统的不同特性与互补协调空间，实现系统间的取长补短，提高能源互联网的能源利用效率。

2）建立能够反映不同能源系统在时间尺度、运行特性、规模大小等方面差异性的一体化调度与决策优化理论。

3）多能源系统优化理论需要综合考虑不同能源系统之间的随机特性、不确定性、关联性、时空互补性。

（3）能源互联网理论在规划、运行、市场方面的应用

1）考虑能源供需的随机性与不确定性，以多能负荷综合预测与可再生资源禀赋评估为基础，开发考虑多能源和供需关联的能源互联网总体规划技术。

2）基于新能源大规模接入所带来的高不确定性，建立考虑安全性及经济性的新能源与传统能源协调优化调度新模型，实现能源互联网的协调优化。

3）分析和匹配多种能源之间的耦合联系，设计和分析适用于多种能源的批发零售、新能源配额等一系列能源产品的多元市场综合交易体系和定价机制。

3 关键技术与发展模式

（1）能源互联网组成元件精细化建模技术

1）以能源互联网多能量流之间及能量流与信息流的融合与相互作用为基础，建立描述信息与物理系统融合的动态模型。

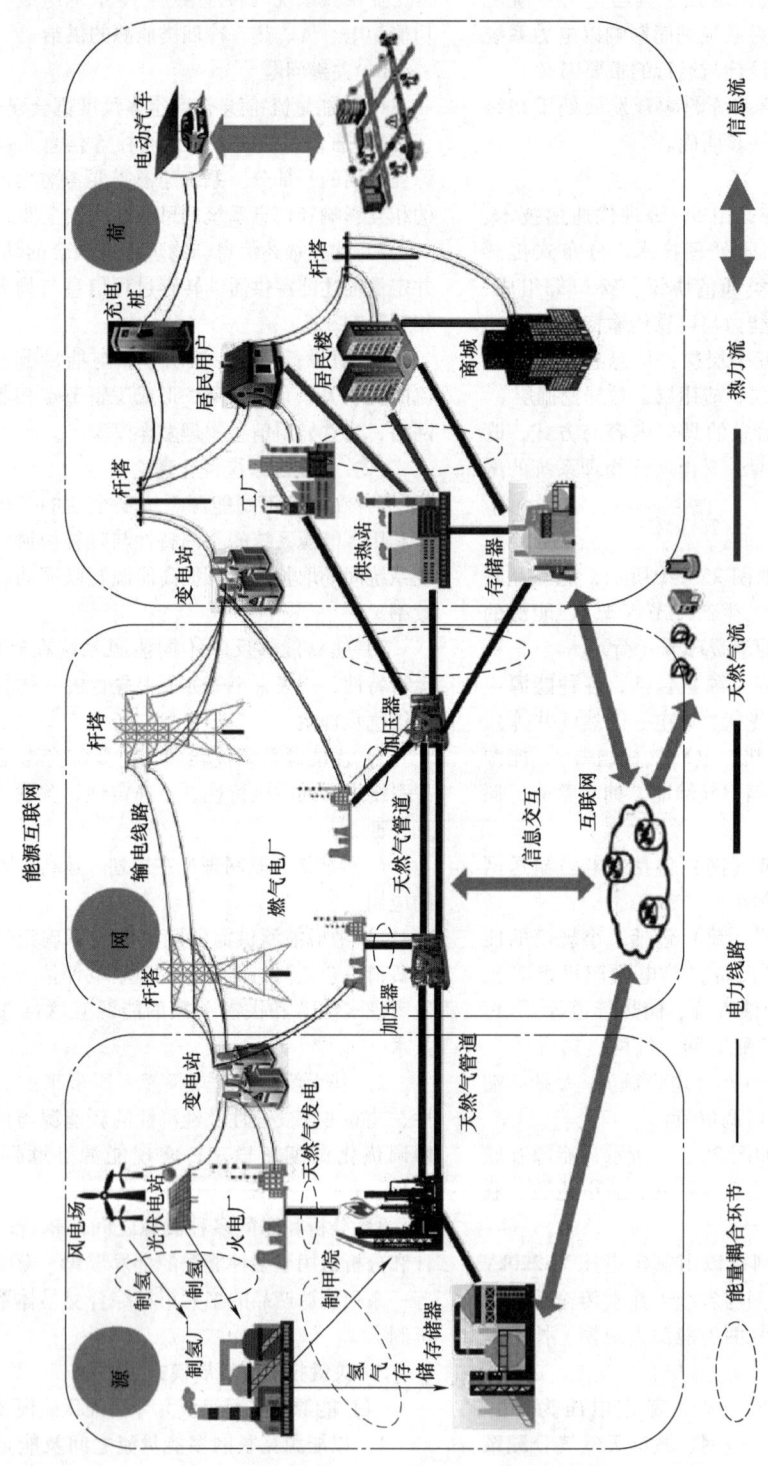

图 25.1-1　按环节划分的能源互联网

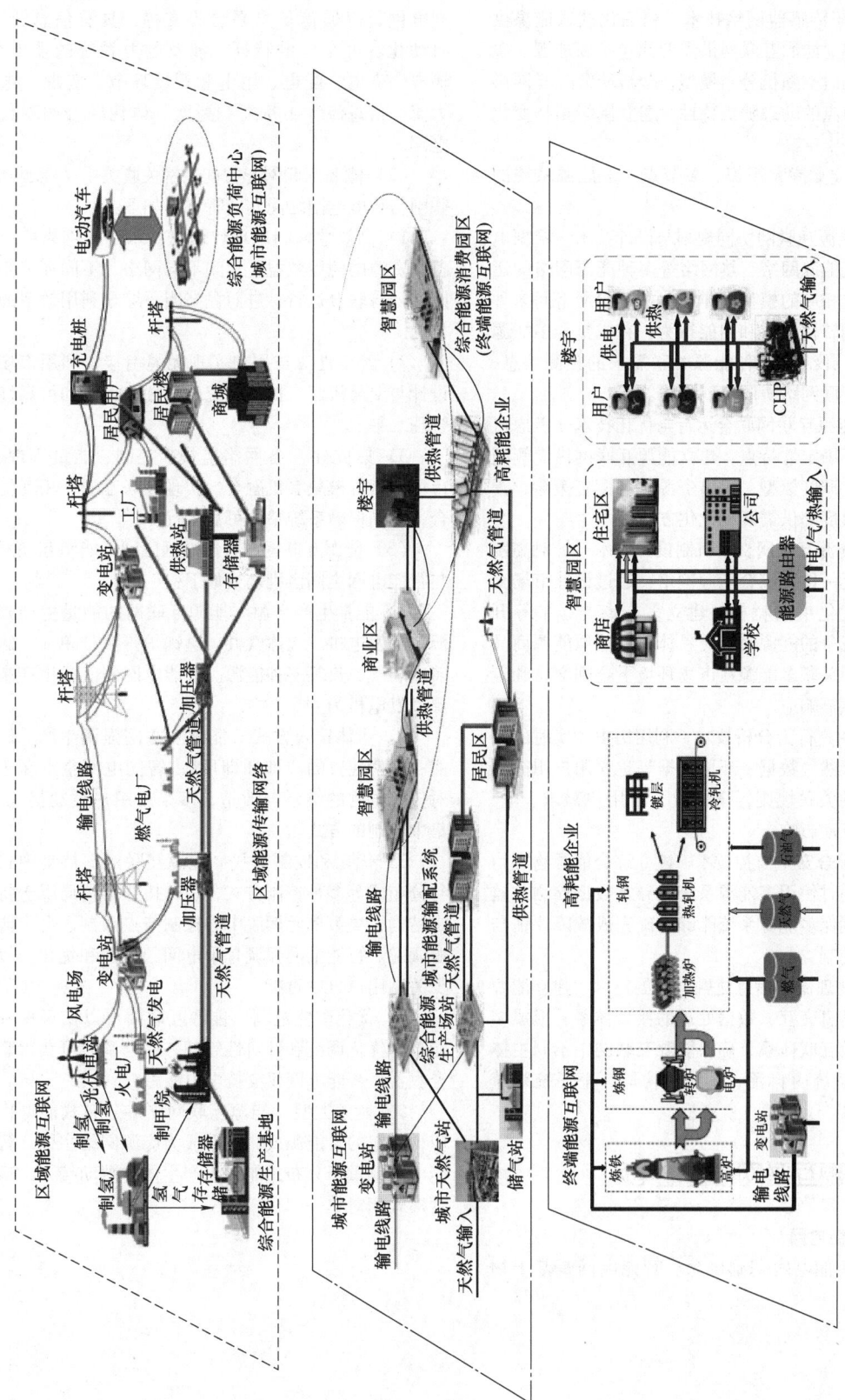

图 25.1-2　按层级划分的能源互联网

2）基于传感器网络技术，精细化获取能源供需信息，建立能源互联网供需两侧包括新能源、柔性负载等的时空随机分布模型，分析能源互联网供需、转存节点的动态随机特性，建立网络拓扑变化的关联模型[3]。

3）建立支持大规模、多节点、多能源系统的仿真框架。

（2）能源互联网协同规划与设计技术　根据电网络、油气能源网络、热网络等多种能源网络的运行特性建立相应的模型，详细分析不同网络间多种能源的协同转化关系和用能行为，有机整合多能源网络模型，并结合多种能源关联需求的预测信息，提出能源互联网络协同规划方法。

（3）能源互联网联合运行与优化技术　考虑可再生能源不确定性特点，建立能源互联网供应侧随机动态优化调度模型，提出资源优化配置策略，提出多时间尺度的供需匹配优化方法。

（4）能源互联网交易机制设计技术　针对高度耦合的多元一体化综合能源网络，通过设计市场交易机制、优化市场竞标，建立多方参与、平等开放、充分竞争的能源市场交易体系，还原能源商品属性，使得关联多能源在市场环境下合理交易和定价，激励供需响应。

（5）用户行为分析技术　利用历史和实时的电力数据、天然气数据、环境数据等建立用户用能源需求变化的关联规则，全方位分析用户需求、电、热、气的互动影响。

（6）综合安全监控技术　建立综合能源物理信息系统，通过使用多能源系统的异常数据检测与监控方法，确保多能源系统能够准确完成故障评估与自愈协调控制。

（7）物理流与信息流融合发展技术　建立能源互联网的信息交互、数据处理的接口体系，形成多智能体开放互联体系，确保能源互联网中不同主体能实现"系统内自治、系统间协同、全局统筹兼顾"的发展[4]。

1.2　能源互联网与智能电网

4　智能电网

（1）智能电网基础概念　智能电网是基于物理电网，以通信信息平台为支撑，具有信息化、自动化、可互动的特征，涉及电力系统的发电、输电、变电、配电、用电和调度环节，实现"电力流、信息流、业务流"高度一体化融合的现代电网。

（2）能源互联网与智能电网关联关系　能源互联网与智能电网之间共同特点[5]如下：

1）高效性　利用现代信息技术优化网络中设备和资源的使用效益，达到不同网络、不同环节协同规划与联合运行，进而提高能源综合利用效率的目的。

2）经济性　与用户实现无缝衔接，利用市场设计与交易机制，提高系统的规划、运行和可靠性管理水平。

3）集成性　各网络监视、控制、能量管理、市场运营等模块有机融合，实现互联互通、相互配合，共同保障系统整体可靠运行。

（3）能源互联网与智能电网区别　能源互联网与智能电网之间区别之处如下：

1）能量生产来源　能源互联网的能量生产来源包括发电机、天然气井、电锅炉等生产单元，涵盖电、气、热等多种能源。智能电网的能量生产来源以发电机为主。

2）主体接入方式　能源互联网强调生产、储能、消费装置的"即插即用"。智能电网重点在于对传统电网的继承与改造，多采用用户被动接入、集中控制的方式。

3）优化和控制方式　能源互联网支持集中式与分布式等多种控制方式，运行拓扑不再局限于特定结构，决策单元摆脱中心控制节点限制，自主能源调配。智能电网强调骨干电网的构建和优化，较少关注用户自主贡献。

4）优化配置范围　能源互联网可以实现多种能源的优化调配和针对性管理，综合调配可获得联合收益。智能电网仅支持电力能源。

5）业务类型　能源互联网支持分布式能源供应，广布的自能源或微电站成为能源网络主体。智能电网偏重于分布式能源生产主体的被动接入，运营模式相对单一。

第2章 能源互联网精细化建模

2.1 电力系统建模

5 电力系统元件建模

（1）火力发电机 通常情况下，用一些不等式（约束条件）来描述火力发电机的模型，如输出功率上下限约束、最小运行时间约束、最小停机时间约束、爬坡率约束、旋转备用约束，它们代表的意义[6]如下：

1）输出功率上下限约束是指，机组的输出功率受到机组技术上最小出力和最大出力的约束。

2）最小运行时间是指，当火电机组在某一时刻启动，机组必须要运行一段时间才能关机。

3）最小停机时间是指，当火电机组在某一时刻关机，机组必须处于关停状态一段时间才能启动。

4）火电机组爬坡率约束及机组爬坡率，需要在下降爬坡率和上升爬坡率之间。

5）正负旋转备用，是为了应对负荷波动、发电机故障停运等电力系统不确定性，按要求配置的额外容量。火电机组可以提供的旋转备用受到火电机组的出力及爬坡率限制。

（2）水力发电机 在能源互联网体系下，水力发电机的模型等价为多个水电站中多台水电机组的出力在时间上的累加，即假如第 i 个水电站有水电机组 H_i 个，则模型表示为

$$\max Q_i^H = \sum_{t=1}^{T} \sum_{h=1}^{H_i} \sum_{y=1}^{Y_{i,h}} P_{i,h,y}(t) \quad (25.2\text{-}1)$$

其中，需要满足的约束包括水电机组发电能力约束、水电转换关系及机组流量约束。

（3）风电场 风电场的最大可用出力为

$$P_{WA}(t) = N_W k_W p_{wa}(t) \quad (25.2\text{-}2)$$

由于风电场出力变化要控制在一定的范围内，一方面要维持电压的稳定，另一方面要避免由于出力剧烈变化导致常规机组没有足够的时间和备用去满足负荷需求，因此还需要满足如下爬坡约束条件：

$$P_W(t-1) - P_W(t) \leqslant P_{Wdown}$$
$$P_W(t) - P_W(t-1) \leqslant P_{Wup} \quad (25.2\text{-}3)$$

式中　　N_W——风电机组数；

k_W——风电机组同时率系数（$k_W \leqslant 1$）；

$p_{wa}(t)$——单台风电机组 t 时刻出力大小，采用最小二乘法对其输出特性曲线拟合得到；

P_{Wdown}，P_{Wup}——风电机组向下、向上爬坡率；

$P_W(t)$——风电场在 t 时刻的实际出力（kW）。

（4）光伏电站 光伏电池组件的功率输出模型为

$$P_{ce} = [1 + K(T - T_{STC})] P_{STC} R_{in} / R_{STC} \quad (25.2\text{-}4)$$

假设光伏电站 i 有光伏电池组件 V_i 个，装机容量为 $P_i^{PV,in}$，则光伏电站 i 在 t 时刻的发电出力为

$$P_i^{PV}(t) = [1 + K(T(t) - T_{STC})] \eta_{PV} P_i^{PV,in} R_{in}(t) / R_{STC} \quad (25.2\text{-}5)$$

式中　　K——转换系数；

T——电池温度（℃）；

R_{in}——太阳辐射强度（kW/m²）；

P_{ce}——光伏电池组件的输出功率（kW）；

P_{STC}、R_{STC}、T_{STC}——标准测试条件下光伏电池组件的最大输出功率（kW）、辐射强度（kW/m²）、电池温度（℃）；

η_{PV}——光伏发电系统的综合效率。

（5）储能电池 储能电池主要是蓄电池，蓄电池在某时段的容量与其上一时段的容量有关。

电池充电时，有

$$E(t) = E(t-1)(1-\delta) + \Delta T P_{ch}(t) \eta_{ch} \quad (25.2\text{-}6)$$

电池放电时，有

$$E(t) = E(t-1)(1-\delta) - \Delta T \frac{P_{dis}(t)}{\eta_{dis}} \quad (25.2\text{-}7)$$

式中　　δ——修正系数；

$P_{ch}(t)$——充电功率（kW）；

η_{ch}——充电效率；

$P_{dis}(t)$——放电功率（kW）；

η_{dis}——放电效率。

（6）抽水蓄能电站　目前，我国投产运行的抽水蓄能机组大多为定速机组。即，处于抽水状态时，水泵只能满抽，而不能从小到大调节抽水功率；处于发电状态时，抽水蓄能机组在出力限制内可以灵活调节。抽水蓄能机组通常需要满足一些约束条件：抽水蓄能机组抽水、发电功率和旋转备用约束、抽水蓄能机组状态变量约束、抽水蓄能电站水库水量约束等。

（7）压缩空气储能　压缩空气储能模型一般表示为

$$\begin{cases} P_t^C = k^C m_t^C \\ P_t^E = k^E m_t^E \\ \zeta_t = \zeta_{t-1} + \dfrac{(m_t^C - m_t^E)\,3\,600 d_T}{M^{CNTR}} \\ \zeta^{min} \leqslant \zeta_t \leqslant \zeta^{max} \end{cases} \quad (25.2\text{-}8)$$

式中　P_t^C——压缩机消耗的功率（kW）；

$\quad k^C$——压缩单位质量气体所消耗的电能（J）；

$\quad m_t^C$——压缩机进气流量（kg/s）；

$\quad P_t^E$——透平发电功率（kW）；

$\quad k^E$——单位质量气体膨胀所发出的电能（J）；

$\quad m_t^E$——透平进气流量（kg/s）；

$\quad \zeta_t$——储气空间中剩余气体的质量比例；

$\quad d_T$——优化时间间隔；

$\quad M^{CNTR}$——储气空间额定储气质量（kg）；

$\quad \zeta^{min}、\zeta^{max}$——储气空间最小、最大允许剩余气体质量比例。

6　电力系统网络建模

（1）传统直流潮流　在传统的直流潮流模型[7]中，支路的所有元件被简化为一个电抗 x_{ij}，可以利用只考虑支路电抗的节点导纳矩阵 $\boldsymbol{B}$ 来求解相角 θ，即

$$P = \boldsymbol{B}\theta \quad (25.2\text{-}9)$$

式中 $\boldsymbol{B}$ 的对角元素和非对角元素为

$$\begin{cases} B_{ii} = \sum_{j \in i, j \neq i} \dfrac{1}{x_{ij}} \\ B_{ij} = -\dfrac{1}{x_{ij}} \end{cases} \quad (25.2\text{-}10)$$

（2）新型直流潮流　在新型的直流潮流模型中，假设电压相角已经由经典潮流算法计算得到，那么再利用下式就可以得到 PQ 节点的电压：

$$\boldsymbol{Y}_N \boldsymbol{V}_N = \boldsymbol{c} \cdot |\boldsymbol{Y}_N^{-1}(\boldsymbol{c}-\boldsymbol{d})| - \boldsymbol{d} \quad (25.2\text{-}11)$$

式中　$\boldsymbol{Y}_N$——PQ 节点构成的导纳矩阵；

$\quad \boldsymbol{V}_N$——PQ 节点的电压向量。

$\boldsymbol{c}$ 和 $\boldsymbol{d}$ 的计算方法为

$$c_i = S_i^* e^{j\theta_i^*},\ d_i = \sum_{k \in M} Y_{ik} V_k e^{j\theta_k} \quad (25.2\text{-}12)$$

这样将电压估算值和相角计算值代入 $|Q_{ij}^{ref} - Q'_{ij}| \approx |V_{ei} b_{ij}|$，就能得到支路无功潮流。其中，$Q_{ij}^{ref}$ 为支路无功潮流的参考值；Q'_{ij} 为支路无功潮流的估算值。

2.2　天然气系统建模

天然气系统与电力系统存在一定的相似性，都是用于将能量从供应端运送到消费端。其中包括[8]，①供应端（发电站或者天然气田）；②输送（高压电网或者高压管网）；③分配（中低压电网或者中低压管网）；④用户（电力负荷或者天然气负荷）。

两个网络之间也存在一定的区别。在电网中，电能是发电站由一次能源转换成的二次能源。天然气网中的天然气始终保持一次能源形式。此外，两者的传输媒介、存储方式和难易程度均有所区别。

天然气系统建模分为元件建模和网络建模两部分。元件建模包括节点建模、管道建模、压缩机建模和储气设备建模；网络建模包括网络拓扑结构分析及能量平衡方程构建。

7　天然气系统元件建模

（1）节点　天然气系统主要存在两种节点：一种是压力已知节点，一般为气源节点，其压力固定且已知；另一种是流量已知节点，一般为负荷节点。

1）气源节点。气源节点通常为气田，类似电力系统中的发电站，其向天然气网络注入天然气。其约束如下所示：

$$Q_{N,j,min} \leqslant Q_{N,j,t} \leqslant Q_{N,j,max} \quad (25.2\text{-}13)$$

式中　$Q_{N,j,min}$——气源节点 j 的天然气供应流量下限（m³/h）；

$\quad Q_{N,j,max}$——气源节点 j 的天然气供应流量上限（m³/h）。

2）负荷节点。负荷节点表示天然气流出天然气网络的节点，可以用 $Q_{L,j,t}$ 表示。各个时段天然气网中每个节点需满足流量守恒定律，保证流量平衡。

（2）管道　天然气管道是指将天然气（包括油田生产的伴生气）从开采地或处理厂输送到城市配气中心或工业企业用户的管道，又称输气管道。

1）管道模型。通常天然气输送管道运行压力较高，因此可以采用适用于 0.7MPa 以上压力的气

体流量公式：

$$f_{ij}=7.57\times10^{-4}\frac{T_{n}}{p_{n}}\sqrt{\frac{(p_{i}^{2}-p_{j}^{2})D_{ij}^{5}}{F_{k}Gl_{ij}T_{a}Z_{a}}} \quad (25.2\text{-}14)$$

式中　f_{ij}——节点 i 到节点 j 通过管道的流量
　　　　　　（m^{3}/h）；

　　　p_{i}，p_{j}——节点 i，j 的气体压力（bar）；

　　　p_{n}——标准状态下的压力（bar）；

　　　D_{ij}——节点 i，j 间的管道直径（mm）；

　　　l_{ij}——节点 i，j 间的管道长度（m）；

　　　F_{k}——管道的摩擦系数；

　　　T_{a}——天然气平均温度（K）；

　　　T_{n}——标准状态下的温度（K）；

　　　Z_{a}——平均可压缩系数；

　　　G——天然气比重。

天然气管道的摩擦系数 F_{k} 严格取决于雷诺数和管道特性：

$$F_{k}=\frac{0.032}{D_{ij}^{\frac{1}{3}}} \quad (25.2\text{-}15)$$

天然气管道的威莫斯（Weymouth）流量方程如下所示：

$$f_{ij}=389\,640D_{ij}^{\frac{8}{3}}\sqrt{\frac{(p_{i}^{2}-p_{j}^{2})}{Gl_{ij}T_{a}Z_{a}}} \quad (25.2\text{-}16)$$

该式可以转换为如下形式：

$$p_{i}^{2}-p_{j}^{2}=Kf_{ij}^{2}$$

$$K=\frac{1}{389\,640}\frac{Gl_{ij}T_{a}Z_{a}}{D_{ij}^{16/3}} \quad (25.2\text{-}17)$$

考虑天然气的双向流动，且加入表示时刻的变量 t，则该流量方程可表示为

$$\tilde{f}_{ij,t}|\tilde{f}_{ij,t}|=\frac{(p_{i,t}^{2}-p_{j,t}^{2})}{K}$$

$$\tilde{f}_{ij,t}=\frac{(f_{ij,t}^{in}+f_{ij,t}^{out})}{2} \quad (25.2\text{-}18)$$

式中　$f_{ij,t}^{in}$——t 时刻管道 ij 的首端天然气注入流
　　　　　　量（m^{3}/h）；

　　　$f_{ij,t}^{out}$——t 时刻管道 ij 的末端天然气输出流
　　　　　　量（m^{3}/h）。

2）管道约束。上述天然气管道流量方程适用于高压湍流的天然气网络，对于各节点的压力值有一定的上下限约束，表示为

$$p_{i,min}\leqslant p_{i,t}\leqslant p_{i,max} \quad (25.2\text{-}19)$$

式中　$p_{i,max}$——节点 i 气体压力值的上限；

　　　$p_{i,min}$——节点 i 气体压力值的下限。

（3）压缩机　在管道传输过程中，压缩机是用来抵消摩擦阻力造成的天然气网络的压力损失，推

动气体、提高气体压力的设备。压缩机从进气端吸入低压气体，压缩后从排气管排出较高压的气体。通常一个加压站包含若干个压缩机。

1）压缩机模型。通常压缩机所需功率的计算公式如下：

$$HP_{k,t}=\frac{f_{k,t}\alpha}{\eta_{k}(\alpha-1)}\left[\left(\frac{p_{out,k,t}}{p_{in,k,t}}\right)^{(\alpha-1)/\alpha}-1\right]$$

$$(25.2\text{-}20)$$

式中　$HP_{k,t}$——压缩机 k 在时刻 t 所需功率
　　　　　　（10kW）；

　　　$p_{out,k,t}$，$p_{in,k,t}$——压缩机 k 在时刻 t 的出口压力和
　　　　　　入口压力（bar）；

　　　$f_{k,t}$——标准状态下在时刻 t 通过压缩机 k
　　　　　　的等值气流（m^{3}/h）；

　　　η_{k}——压缩机 k 的效率；

　　　α——多变指数。

压缩机的耗气量可以近似由下式估计：

$$f_{com,k,t}=\alpha_{k}+\beta_{k}HP_{k,t}+\gamma_{k}(HP_{k,t})^{2} \quad (25.2\text{-}21)$$

式中　$f_{com,k,t}$——压缩机 k 在时刻 t 消耗的天然气流
　　　　　　量（m^{3}/h）；

　　　α_{k}，β_{k}，γ_{k}——压缩机 k 的能量转换系数。

2）压缩机约束。由于各个压缩机的压缩比有一定范围，因此对压缩机压缩比的约束如下：

$$R_{k,min}\leqslant\frac{p_{out,k,t}}{p_{in,k,t}}\leqslant R_{k,max} \quad (25.2\text{-}22)$$

式中　$R_{k,min}$，$R_{k,max}$——压缩机 k 压缩比的下限和上限。

（4）储气设备　储气设备对天然气网络中负荷可靠供应和网络安全稳定运行至关重要。在天然气网络中，常用的储气设备是储气罐。

1）储气罐模型。储气设备受到存储容量的限制和天然气注入、输出流量的限制。考虑多时段动态过程，可以表示为

$$S_{j,t}=S_{j,t-1}+Q_{j,t}^{in}-Q_{j,t}^{out} \quad (25.2\text{-}23)$$

式中　$S_{j,t}$，$S_{j,t-1}$——t 时刻和 $t-1$ 时刻储气罐 j 的存
　　　　　　储容量（m^{3}/h）；

　　　$Q_{j,t}^{in}$——t 时刻储气罐 j 的天然气注入
　　　　　　流量（m^{3}/h）；

　　　$Q_{j,t}^{out}$——t 时刻储气罐 j 的天然气输出
　　　　　　流量（m^{3}/h）。

2）储气罐约束。储气罐的存储容量需满足一定范围，且储气罐的天然气注入和输出流量也需在一定范围内，因此约束如下：

$$S_{j,min}\leqslant S_{j,t}\leqslant S_{j,max}$$

$$0\leqslant Q_{j,t}^{in}\leqslant Q_{j,max}^{in}$$

$$0 \leqslant Q_{j,t}^{\text{out}} \leqslant Q_{j,\max}^{\text{out}} \qquad (25.2\text{-}24)$$

式中　$S_{j,\min}$, $S_{j,\max}$——储气罐 j 存储容量的下限和
上限（m^3）；

$Q_{j,\max}^{\text{in}}$——储气罐 j 天然气注入流量的
上限（m^3/h）；

$Q_{j,\max}^{\text{out}}$——储气罐 j 天然气输出流量的
上限（m^3/h）。

8　天然气系统网络建模　天然气系统网络建模包含天然气网络拓扑结构分析和流量平衡方程。

（1）天然气网络拓扑结构　天然气系统网络中包含了大量管道、多台压缩机、气源和负荷，它们之间的连接关系形成了天然气系统网络拓扑结构。

天然气管道网络可以用一组基于网络拓扑的支路-节点关联矩阵 A_{mn} 来描述。该矩阵行 m 和列 n 分别表示节点总数和管道、压缩机分支总数。矩阵中的元素 A_{ij} 数值为

1）节点 i 为分支 j 的首节点，$A_{ij} = +1$。

2）节点 i 为分支 j 的末节点，$A_{ij} = -1$。

3）节点 i 与分支 j 无连接，$A_{ij} = 0$。

（2）天然气网络的流量平衡方程　在构建天然气系统的网络模型时，除了天然气系统元件建模部分的节点、管道、压缩机和储气设备的方程和约束外，还需要构建质量流量平衡方程。根据流量守恒定律，可以得到天然气网络中每个节点的流量平衡方程：

$$Q_{\text{N},j,t} + (Q_{j,t}^{\text{out}} - Q_{j,t}^{\text{in}}) + \sum_{i \in j} (Q_{ij,t}^{\text{out}} - Q_{ji,t}^{\text{in}}) -$$
$$Q_{\text{com},j,t} - Q_{\text{L},j,t} = 0 \qquad \forall j \quad (25.2\text{-}25)$$

式中　$Q_{\text{L},j,t}$——t 时刻节点 j 的天然气负荷（m^3/h）；

$i \in j$——所有与节点 j 相连的节点。

2.3　热力系统建模

9　热力系统元件建模

（1）热源　在能源互联网的框架下，热源通常是热电机组和电锅炉。常见的热电机组有背压式和抽气式两种。与常规纯凝发电机组不同，由于热电机组的热出力和电出力具有一定的耦合关系，因此热电机组的发电出力受到一定的限制，这一特性被称为"电热特性"。

热电机组电热特性可用数学模型表示为

$$\begin{cases} \max(\alpha\Phi + \beta, p_{\min} - \gamma\Phi) \leqslant p_e \leqslant p_{\max} - \gamma\Phi \\ 0 \leqslant \Phi \leqslant \Phi_{\max} \end{cases}$$
$$(25.2\text{-}26)$$

式中　p_e、Φ——机组的发电功率、发热功率（kW）。

（2）换热站　换热站是热网系统的中间环节，在传输系统中它可以作为热负荷，而在分配系统中又可以把它当作热源处理。

（3）储热/冷设备　储热装置可以实现热能的存储，进而实现热能的生产和消费的解耦。热能的储存分为显热、潜热和热化学等多种方式。应用较广的潜热储能介质主要有特定的相变储热材料和水等比热容较高的液体，相应的应用储热系统主要如下：

1）高压相变储热系统。该系统既能通过高压电产热，又有相变储热材料的储热过程。其数学模型需考虑储热系统的容量约束、输入电功率约束、输出热功率约束、热电转换损耗关系、相变储热系统的储热放热过程及储热损耗关系。

2）以水为存储介质的储热设备。在电力负荷低谷时，储热设备吸收热电机组产出的多余热量；在电力负荷高峰时，储热设备释放热量为热力系统供热，从而增加热电机组运行的灵活性。其数学模型包括储热设备的容量约束，储、放热的热功率约束，热量存储的状态约束及热功率周期约束。

3）蓄冷器。蓄冷器的模型和储热设备的模型类似，有

$$H_c(t+1) = H_c(t)(1-\mu)^t + [\delta_c H_{\text{cin}}(t) - H_{\text{cout}}(t)/\delta_d] \Delta T$$
$$(25.2\text{-}27)$$
$$0 \leqslant H_c(t+1) \leqslant H_c^{\text{V}} \qquad (25.2\text{-}28)$$
$$0 \leqslant H_{\text{cin}}(t) \leqslant 0.15 H_c^{\text{V}} \qquad (25.2\text{-}29)$$
$$0 \leqslant H_{\text{cout}}(t) \leqslant 0.15 H_c^{\text{V}} \qquad (25.2\text{-}30)$$
$$H_c(0) = H_c(N) = H_{c,0} \qquad (25.2\text{-}31)$$

式中　H_c——蓄冷器储水量（kg）；

H_{cin}——蓄冷器冷水流入流量（kg/s）；

H_{cout}——蓄冷器冷水流出流量（kg/s）；

δ_c——制冷存储效率；

δ_d——制冷释放效率；

μ——制冷量损失系数；

H_c^{V}——蓄冷器的容量（kg）；

$H_{c,0}$——蓄冷器的起始容量（kg）。

10　热力系统网络建模

（1）供热网　供热网是起始于热源，终止于热负荷的热力网络。热网水从热源流出，在供热网中依次流经一次管网、热交换站、二次管网，最终到达热负荷。

（2）回热网　回热网是起始于热负荷，终止于热源的热力网络。在供热网中热水到达热负荷后，从热负荷流出，在回热网中依次流经二次管网、热

交换站、一次管网，最终又流回热源，完成循环。热网结构框图见图 25.2-1。

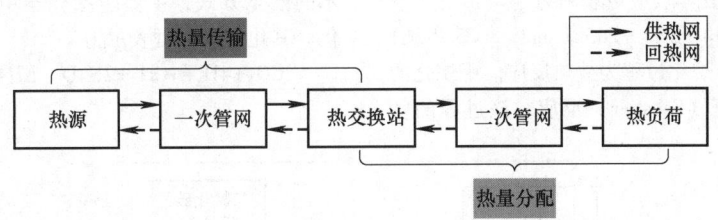

图 25.2-1　热网结构框图

（3）管网水力学模型　管网水力学模型能够确定各管道水流量及热源节点的注入水流量和负荷节点的流出水流量。由于供水网络与回水网络拓扑相同，因此这里仅对供水网络进行分析。

流量连续方程为

$$A_{\mathrm{hp}}\boldsymbol{q}=\boldsymbol{Q} \qquad (25.2\text{-}32)$$

式中　A_{hp}——热力管网与节点的关联矩阵；

　　　$\boldsymbol{q}$——热力管道内流通水流量的列向量（kg/s）；

　　　$\boldsymbol{Q}$——热力管网中节点消耗水流量的列向量（kg/s）。

压强损失方程为

$$K_t m_t \mid m_t \mid = p_{w,t} - p_{v,t}$$
$$K_t = \varepsilon_t / D_t$$
$$p_w^{\min} \leqslant p_{w,t} \leqslant p_w^{\max} \quad \forall w,t \qquad (25.2\text{-}33)$$

式中　m_t——管道 t 中流过的水流量（kg/s）；

　$P_{w,t}$，$p_{v,t}$——管道 t 起始节点 w 与终止节点 v 处的水压（Pa）；

　　　ε_t——管道 t 的绝对粗糙度（μm）；

　　　D_t——管道 t 的直径（m）。

（4）管网热力学模型　管网热力学模型能够确定热网节点温度之间的关系。热网节点包含三个温度信息：节点供给（负荷输入）温度 T_s、节点返回（负荷输出）温度 T_o 及返回混合温度 T_r。输出温度指水流离开热负荷节点未与汇合管道交汇的温度。若热力回路中不存在汇合管道，则此时节点返回温度与返回混合温度一致。热力模型包括热源和负荷点热量交换方程、管道热水温度降落方程和节点的热水混合温度方程[9]：

$$\Phi_t = C_p m_{\mathrm{q},t}(T_{s,t} - T_{o,t})$$
$$T_{\mathrm{end},t} = (T_{\mathrm{start},t} - T_a)\mathrm{e}^{-\frac{\lambda L}{C_p \dot{m}_t}} + T_a$$
$$(\sum m_{\mathrm{out},t}) T_{\mathrm{out},t} = \sum (\dot{m}_{\mathrm{in},t} T_{\mathrm{in},t}) \qquad (25.2\text{-}34)$$

式中　C_p——水比热容 [J/(kg·℃)]；

　$T_{\mathrm{start},t}$，$T_{\mathrm{end},t}$——管道首端和末端温度（℃）；

　　　T_a——环境温度（℃）。

（5）稳态热力网络　热力网络主要由热源、热网和热负荷组成。对稳态热力网络的建模不仅需要考虑水力、热力网络的约束，还需要考虑热电机组的出力限制等约束条件。考虑到管网热力学模型问题一般是非线性的，因此常采用分段线性化的方法对其进行处理[10]。

2.4　耦合元件建模

多能源转换是指多种能源之间的相互转化，主要包括电-气耦合、电-热耦合和电-气-热（冷）耦合这三种转化关系[11,12]。

11　电-气耦合元件建模

（1）燃气轮机的模型　燃气轮机是一种以连续流动的气体为工质带动叶轮高速旋转，将燃料的能量转变为有用功的内燃式动力机械，是一种旋转叶轮式热力发动机。燃气轮机依靠消耗天然气产生电能，转换效率相对更高，同时调节能力强，可相对快速地调节出力[13]。燃气轮机的耗气量与发电功率关系如下表示：

$$f_{\mathrm{g},i}(P_{\mathrm{g},i}) = K_{\mathrm{g},2,i} P_{\mathrm{g},i}^2 + K_{\mathrm{g},1,i} P_{\mathrm{g},i} + K_{\mathrm{g},0,i}, \ i \in \mathrm{SGP}$$
$$(25.2\text{-}35)$$

式中　　$f_{\mathrm{g},i}$——燃气轮机发电的耗气量；

　　　　$P_{\mathrm{g},i}$——燃气轮机的出力；

$K_{\mathrm{g},2,i}$，$K_{\mathrm{g},1,i}$，$K_{\mathrm{g},0,i}$——燃气轮机耗气量的二次系数、一次系数和常数。

（2）电转气的模型

1）电转气概念。电转气是指利用电能将水及二氧化碳转化为氢气或天然气的过程。

2）电转气技术实现。电转气技术一般通过两步实现[14]：第 1 步消耗电能对水进行电解；第 2 步通过催化反应使得电解的氢气甲烷化，从而得到天然气。电转气流程图见图 25.2-2，其中电转氢气的厂站只需要电解水的相关步骤。

① 第 1 步的电解水过程为吸热反应。常用的电

解水技术主要包括碱性水电解氢和质子交换膜水电解氢两种方法。其化学反应可表示为

$$H_2O \rightarrow H_2 + O_2 \quad \Delta H = +285kJ/mol \quad (25.2\text{-}36)$$

② 第2步的甲烷化过程为放热反应。甲烷化的基本原理是萨巴捷（Sabatier）反应。该过程的转化效率和条件主要受催化影响。其应用于电转气技术的催化方式，主要包括化学甲烷化和生物甲烷化。其化学反应可表示为

$$CO_2 + 4H_2 \rightarrow CH_4 + 2H_2O \quad \Delta H = -165kJ/mol$$
$$(25.2\text{-}37)$$

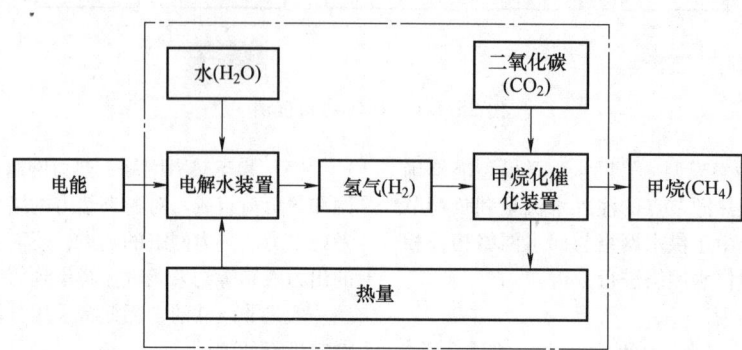

图 25.2-2　电转气流程图

3）电转气厂站的建模。对于电转气厂站的建模主要考虑输入电能转化为输出天然气的关系，可表示为

$$Q_{p2g,k} = \eta_{p2g,k}\alpha_{gas,k}P_{p2g,k}, k \in SP2G \quad (25.2\text{-}38)$$

式中　$Q_{p2g,k}$、$P_{p2g,k}$——电转气厂站生成的天然气流量和消耗的电功率；

　　　　$\eta_{p2g,k}$——电转气的电制气能量转换效率；

　　　　$\alpha_{gas,k}$——电能折算为相同能量的天然气流量的单位换算系数。

12　电-热耦合元件建模

电-热耦合元件主要为电锅炉。电锅炉用大电流通过大电阻发热给热介质提供热量。其热介质通常为水，通常布置在大型居民区中，满足居民的冬季供暖需求[15]。电锅炉的电制热功率转换模型可以表示为

$$\Phi_j = \mu_{ptg,j}P_j, j \in SEB \quad (25.2\text{-}39)$$

式中　Φ_j——电锅炉的制热功率；

　　　　P_j——电锅炉的耗电功率；

　　　　$\mu_{ptg,j}$——电制热的转换系数。

13　电-气-热（冷）耦合元件建模

（1）热电联产机组的模型

1）热电联产机组概念。热电联产机组是在消耗天然气的同时生产电能和热能，但通常容量较小。其容量在几十兆瓦到二百万兆瓦，可以布置在市郊或大型工业园区中，能相对近距离地为市民或工业生产提供电能、热能。同时，位于大型居民区或市郊的热电联产机组以冬季供热为主，因而热电

比通常范围较大，更加灵活[16,17]。

2）热电联产机组分类与建模。热电联产机组根据运行模式的不同可分为定热电比（背压式机组）和变热电比（抽凝式机组）两种类型[18]。

① 定热电比的热电联产机组的电制热功率转换模型可表示为

$$\Phi_{CHP} = C_{CHP}P_{CHP} \quad (25.2\text{-}40)$$

式中　Φ_{CHP}——热电联产的制热功率；

　　　　P_{CHP}——热电联产的发电功率；

　　　　C_{CHP}——热电联产的固定热电比。

② 变热电比的热电联产机组的电制热功率转换模型可表示为

$$Z_{CHP}^{min}\Phi_{CHP} \leq P_{CHP} \leq Z_{CHP}^{max}\Phi_{CHP} \quad (25.2\text{-}41)$$

式中　Z_{CHP}^{min}，Z_{CHP}^{max}——变电热比的下限和上限。

3）构建模型时要考虑的问题。需要考虑机组消耗天然气的限制、制热功率限制、发电功率限制及机组燃料消耗和生产电能、热能的关系式。

（2）冷热电联产机组的模型

1）冷热电联产机组概念。冷热电联产机组通常布置于大型公用建筑或工业园区中，满足用户的冷、热、电三种能源需求，主要包括天然气内燃发电机组、燃气锅炉、余热回收系统、溴化锂吸热式制冷机组和电制冷机组等设备，见图25.2-3。

因为冷热电联产机组大多部署于大型公用建筑（如医院），所以通常冷热电联产机组产生的能量主要用于满足用户自身的多种用能需求，因而冷热电联产机组产生的热能和制冷量不能通过能源网络传送。当冷热电联产机组产生的热能和制冷量超

出用户需求时，可通过储热、储冷设备存储，以待需要时使用。

2）冷热电联产机组工作原理。天然气内燃发电机组向用户提供电力；同时，其产生的高温烟气余热可被余热回收设备回收，该部分热量可输送至溴化锂吸收式制冷机组和热交换器分别满足用户的冷、热负荷需求。如燃气内燃发电机组无法满足用户电力需求，则由城市电网补充。如溴化锂机组不能满足用户的冷负荷需求，则由电制冷机组为用户供冷。如烟气余热不能满足用户的热负荷需求，则燃气锅炉为用户供热。

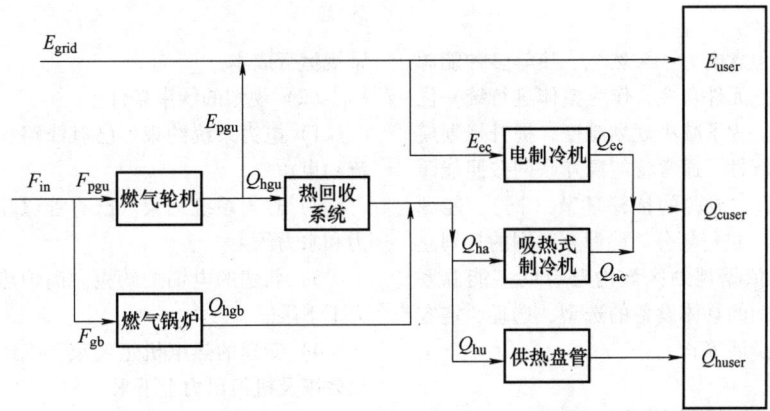

图 25.2-3　冷热电联产机组结构图

第3章 能源互联网的规划设计

能源互联网包含电力、天然气、热等多种能源系统，规模庞大、元件众多，作为整体进行统一优化规划难度过大。为了减小规划难度，提升规划模型的准确性和可行性，通常将能源互联网按照能源的生产环节（源）、能源的传输环节（网）、能源的消费环节（荷）进行划分。能源互联网的规划立足于系统运行，依据规划区域内已有的多能源系统，规划需要增加的具体设备的选型、选址、定容和多能源网络的扩展等。

3.1 能源生产环节规划

能源生产环节规划的任务是，在满足用户的多种用能需求和达到各种技术经济指标的条件下，充分考虑各种形式能源的耦合和物理特性的互补，确定在何时、何地兴建何种类型和何种规模的能源生产设备和能源转换、存储设备，使规划期内能源互联网能接纳大规模可再生能源并且具有较好的经济效益。

14 电-热生产环节规划 对于电-热联合的能源生产环节的规划，首先需要充分考虑电和热的互补性，在电力系统、热力系统的潮流约束基础上，建立合理的电-热耦合潮流模型。在此基础上，分析锅炉、热电联产机组的出力特性，结合传统的发电机模型，建立热源模型和相应的设备输出功率约束，从而建立电-热联合系统的混合整数规划模型[19]。

（1）规划的目标函数 对热电机组、储热装置、电锅炉和风电场进行协同规划，目标函数设置为最大化其日投资净收益。热电机组、储热装置、电锅炉和风电场净收益为，运营收入减去投资及运营成本。其中，热电机组的运营收入由卖电收入、供热收入组成，运营成本为燃料费用和碳排放费用；风电场的运营收入由卖电收入和节能减排收入组成；储热装置的运营收入为供热收入，运营成本为买热费用和常规运行成本；电锅炉的运营收入为供热收入、节能减排收入，运营成本为买电费用和

常规运行成本。

（2）规划的约束条件

1）电力系统约束。已有线路和待选线路的潮流约束。

2）热力系统约束。已有管道和待选管道的热力和水力约束。

3）新建的电锅炉约束。锅炉热效率和锅炉出力上下限。

4）新建的热电机组约束。机组发电效率和制热效率及机组出力上下限。

5）储热设备约束。储热设备充放热的效率、容量的上下限和一个储热周期内能量平衡的约束。

15 电-气生产环节规划 对于电-气联合的能源生产环节的规划，首先建立电力系统、天然气系统的稳态潮流模型，并通过燃气轮机模型和电转气装置模型，建立电-气耦合系统的潮流模型。在此基础上，分析风电、光伏机组出力的不确定性，考虑储气装置对系统的调节作用，通过设置不同场景或考虑系统的鲁棒性建立多规划水平年的电-气联合系统的混合整数规划模型[20,21]。

（1）规划的目标函数 对燃煤机组、燃气机组、电转气装置、储气罐和风电场进行协同规划，目标函数设置为最大化其日投资净收益。燃煤机组、燃气机组、电转气装置、储气装置和风电场净收益为，运营收入减去投资及运营成本。

（2）规划的约束条件

1）电力系统约束。已有线路和待选线路的潮流约束。

2）天然气系统约束。已有管道和待选管道的天然气潮流约束。

3）新建的电转气装置约束。机组电转气效率和机组出力上下限。

4）新建的储热设备约束。储热设备充放热的效率、容量的上下限和一个储热周期内能量平衡的约束。

3.2　能源传输环节规划

在能源互联网能源的传输环节中，能源的远距离传输主要以电力网络和天然气网络为主，大规模电网和天然气网相耦合，将能源从源侧向远端负荷大规模传输。

（1）传输环节规划研究对象　能源传输环节规划所研究的对象包括以下三个：

1）负荷中心的地理位置。

2）大型能源生产基地，尤其是大规模的新能源生产基地的分布。

3）燃煤、燃气、新能源电厂选址接入能源传输网络的难易程度。

对于大规模能源传输网络，一般情况下不能单一规划，而需进行源、网环节的协同规划，以保证新能源的消纳和能源的高效远距离传输。

（2）源、网协同规划研究目标　对于源、网环节的协同规划，通常需要考虑以下四方面：

1）能源系统的建设、运行费用较小。

2）能源传输网络的运行费用较小。

3）用户的供能不足造成的损失降低。

4）系统碳排放的费用较小。

（3）主要约束条件

1）设备投资建设约束。

2）供能可靠性约束。

3）系统运行约束。

4）碳排放约束。

对于源、网环节的协调规划，属于能源传输环节的内容包括电网传输线路的扩建、变电站规划，天然气网管网的规划、升压站的规划，以及热网管道的规划和换热站规划。整个规划问题构成一个混合整数线性规划问题。

16　电力传输环节规划

（1）电网输电线路规划　电网输电线路规划，用于确定在何时、何地投建何种类型的输电线路及其回路数，以达到规划周期内所需要的输电能力；在满足各项技术指标的前提下，使输电系统的费用最小[22]。电网输电线路规划主要包括以下四项：

1）大型水、火电厂（群）及核电厂接入系统规划。

2）各大区电网或省级电网主干电网规划。

3）大区之间或省级电网之间联网规划。

4）大型工矿企业供电规划。

（2）变电站规划　变电站是指，电力系统中对电压和电流进行变换、接受电能及分配电能的场所。

1）变电站分类。变电站通常分为以下四类：

① 一类变电站。交流特高压站，核电、大型能源基地（300 万 kW 及以上）外送及跨大区（华北、华中、华东、东北、西北）联络 750/500/330kV 变电站。

② 二类变电站。除一类以外的 750/500/330kV 变电站，电厂外送变电站（100 万 kW 及以上、300 万 kW 以下）及跨省联络 220kV 变电站，主变压器或母线停运、开关拒动造成四级及以上电网事件的变电站。

③ 三类变电站。除二类以外的 220kV 变电站，电厂外送变电站（30 万 kW 及以上、100 万 kW 以下），主变压器或母线停运、开关拒动造成五级电网事件的变电站，为一级及以上重要用户直接供电的变电站。

④ 四类变电站。除一、二、三类以外的 35kV 及以上变电站。

2）变电站规划要考虑的内容。变电站规划时主要从站址选择和容量选择两方面进行考虑：

① 站址选择。a. 接近负荷中心，减少电网投资与网损。b. 地区电源布局合理，减少二次电网投资与网损，安全供电。c. 高低压各侧进出线方便，减少交叉跨越和转角。d. 地形地貌及土地面积应满足近期建设发展的要求。e. 对邻近设施的相互影响。f. 交通运输方便。

② 容量选择。a. 既可按系统 5~10 年发展规划需要确定，也可由上下级电网间潮流交换容量确定；同时考虑 $N-1$ 情况下负荷安全送入，满足负荷率规定。b. 500/220kV 变电站第三绕组容量应不小于变压器容量的 15%，不大于变压器容量的 $(1-1/k_{12})$ 倍。其中，$k_{12}=N_1/N_2$。c. 对大城市郊区的一次变电站，在中、低压侧已经构成环网时，装设 2 台主变为宜；考虑征地难度增加，大量采用 3 台主变，甚至 4 台主变。d. 地区性孤立一次变电站或大型工业企业专用变电站，设计时应考虑装设 3 台主变的可能性。e. 200kV 及以下变电站，一般采用三相变压器。

17　天然气传输环节规划

（1）气网传输管道规划　天然气管道网络用于将开采和加工后的天然气通过管道输送给用户。对天然气管道网络进行合理规划，有利于完善现代综合运输体系、扩大清洁能源使用、增加有效供给、降低生产要素成本，以及提升经济整体运行效率效益[23]。

为适应新型城镇化建设，天然气管道需要满足广泛分布、点多面广、跨区调配等需求，其规划原则如下：

1) 以国内资源为主，以国外资源为补充，形成国内资源和国外资源并用的格局。以资源为基础，以市场为导向。

2) 统筹规划，分期实施，逐步完善天然气管道系统。

3) 总体布局依据市场和资源决定的天然气主体流向，即国产天然气"西气东输、海气登陆，就近外供"，进口天然气"西气东输、北气南下"。

4) 逐步形成"主干互联、区域成网"的全国天然气基础网络。

（2）压气站规划　压气站为提高管道中气体压力的设施，通常由若干个压缩机组成。压气站规划涉及两点：站内设计；环节设计与增输预留规划。

1) 站内设计。

① 分区设计运输管道，把压气站内分成干线出入站区、过滤隔离区、压缩机区，以保障在压气站产生突发事故时不会干扰干线的稳定输送。每个区域间还应当安装消防通道来隔离，确保符合各个分区的安全标准，确保分区操作方便。

② 压气站工艺规划要符合最基础的器械操控，如压缩机开启、停止、正常工作的空间需要及气体去尘、加压、越站等需要，保障各种器械的稳定操作及安全要求。

③ 压气站内厂房设计需要符合紧急状况下的安全疏通、机械检修区域、起重吊梁，以及防爆等标准要求。

2) 环节设计与增输预留规划。

① 环节设计是指，科学分布天然气管道及站场，尽可能基于本地周边环境，便于后续管道检修及养护。

② 增输预留规划是指，考虑管道下游使用者今后增多幅度，能够合理预留输送，预留适当空间，便于为今后可能的管路增输留下空间。

压缩机组的规划和配备是整个规划的核心。在选用机组备用模式时，压缩机组规划应结合天然气管道情况优先选取。

① 远程输气项目，通常选用安全稳定、投资偏高的全线机组备用模式。

② 短程输气项目，通常投资不高、隔站备用的模式。

规划时可以先根据隔站备用模式来配备，然后对配置计划实施压缩机组失效状况校核，以确保管道运输的稳定性。

18　热力传输环节规划

（1）热网传输管道规划　热网传输管道主要由热源至热力站间的管网（一级管网）、热力站至用户之间的管网（二级管网）、管道附件（分段阀、补偿器、放气阀、排水阀）和管道支座组成。其主要分为热水管网和蒸汽管网两类，一般以热水管网为主。

与电网和气网的超远距离传输相比，热网的传输距离相对短得多，一般为数千米至数十千米。因此，区域热网更适合与配电网和配气网级别的网络耦合协同规划与运行。

1) 区域热网规划需要考虑的内容。

① 分析区域供热水平和存在的问题。

② 选定建筑物采暖面积热指标，确定集中供热范围，并预测区域热负荷。

③ 划分供热分区，选择供热方式。

④ 确定供热设施分布、数量、规模和位置。

⑤ 确定供热管网系统布局。

⑥ 做好区域供热设施建设安排。

2) 供热管网规划原则。

① 为满足城市建设及热负荷发展需要，热网建设与规划道路建设同步进行。

② 供热管网分布力求短直，与道路平行，降低对路面和绿化带的破坏，尽可能避免跨越城市繁华地段和主干道。

③ 供热管网的走向尽可能接近热负荷密集区，结合城市道路和其他规划路线分布，综合考虑供热管网的敷设路线。

④ 热源之间的任务尽可能考虑联网，提高供热安全性和可靠性。

⑤ 管网尽可能敷设在地势平坦、土质好、地下水位低的地区。

⑥ 尽量利用原有管网，并结合远期规划，有计划、分期分批实施。

（2）热力站规划　热力站是集中供热系统中供热网路与热用户的连接场所。它的作用是根据热网工况和不同的条件，采用不同的连接方式，将热网输送的热媒加以调节、转换，向热用户系统分配热量以满足用户需求，并根据需要，进行集中计量、检测供热热媒的参数和数量。

1）热力站站址选择。应根据热负荷分布情况，尽可能靠近热负荷中心。

2）热力站规模。按照地理位置和规划道路划分，不同位置热力站供热面积和供热负荷各不相同。以某城市为例，根据各小区的供热面积，并考虑热力站按无人值守设计。为便于管理，单座热力站规模通常为 2~14MW，供热面积通常为 5 万 ~ 30 万 m^2。

3）热力站系统主要设备。其主要设备包括组合式换热机组（板式换热器、循环水泵、补水泵、除污器及部分控制仪表）、全自动软水器、补水箱、集水器、热量计等。

3.3　能源存储环节规划

能源的远距离传输主要以电力网络和天然气网络为主，两个网络互连耦合，将能源从源侧向远端负荷大规模传输。电-气耦合的能源传输网络，既需要连接分布的大型能源生产基地，同时也要保证在负荷高峰期，能源传输不会出现阻塞。

19　电-气网络扩展规划　能源的传输环节主要包括大规模、远距离的电力输送网络、天然气输送网络和少量能源生产单元、终端用户。电力可以远距离、大规模地高速传输，并且具有较小的传输损耗。天然气网络也可作为远距离能量传输的主要途径。对联合的电-气能源传输网络进行优化规划，可以减少系统的投资、运行费用，同时保证能源的远距离、大规模高效传输[23]。

20　能源生产设备选址定容　新能源的地理分布较为分散，大型风电厂、光伏电站、燃气电厂和电转气厂的建设，也需要根据已有电力、天然气的传输网络进行合理的选址，以便于能源的传输。所以，电-气联合系统的传输环节不能单一规划，需要进行源、网的协同规划，既需要规划能源生产设备的选址、定容，也需要规划电-气耦合网络的扩展建设。

21　源、网协同规划　对于源、网环节的协调规划，首先要对源侧、负荷侧的多能源系统进行等效，将多能源的生产等效为气源和电源（传统电源、可再生能源），将负荷等效为气负荷和电负荷，将模型简化为电-气联合系统。电-气联合系统的基础规划模型的目标函数为系统经济性最优，即电-气联合系统的建设、运行费用之和最小，约束条件主要有电源、电力传输线路和天然气管道的建设约束，发电机的出力约束，电力-天然气耦合潮流约

束等。采用分段线性化方法处理天然气的非线性潮流约束，可构建源、网协同规划的混合整数线性规划模型。

（1）规划的目标函数　对于源、网协同规划，规划目标是在规划水平年内最小化天然气网络和电力系统的投资费用和运行费用净现值，同时满足天然气网络和电力网络的安全运行约束。其中，投资费用包括电源投资费用、输电线路投资费用及天然气管道的投资费用。运行费用包括非燃气发电机组的运行费用和购买天然气的费用。

（2）规划的约束条件

1）设备投资约束。待选发电机、输电线路和天然气管道在投运后，其投运状态在后续规划年一直保持不变。

2）电力网络潮流约束。包括已有线路和待选线路的潮流约束。

3）发电机出力约束。需要保证待选发电机在正常出力范围。

4）电力网络节点功率平衡约束。电网各节点都需满足功率平衡约束。

5）天然气源出气流量约束。由于气井处气压和设备容量限制，单位时间内天然气源的出气量有上下限。

6）节点气压约束。天然气网络各节点的气压必须在安全合理的运行范围内。

7）加压器约束。一般设定加压器损耗的天然气为加压器支路传输的天然气的 5%。

8）天然气管道气流约束。天然气气流和两端气压用威莫斯（Weymouth）稳态潮流模型表示。

9）天然气网络和电力网络耦合的约束。电能和天然气相互转化的约束。

10）节点气流平衡约束。天然气网络各节点气流量需保持平衡。

3.4　能源消费环节规划

能源的消费主要集中在城市地区，城市的多能源系统按照规模可划分为综合能源系统和多能源微网。综合能源系统主要指大片居民区、商业区或工业园区，包含热电联产机组等能源转换设备、储能设备和多能源供应网络。多能源微网以居民楼、医院为单位，主要包含一套冷热电联供装置和小型储能设施。因而能源消费侧的规划主要包括综合能源系统的规划和多能源微网的规划。能源消费环节的规划模型见图 25.3-1。

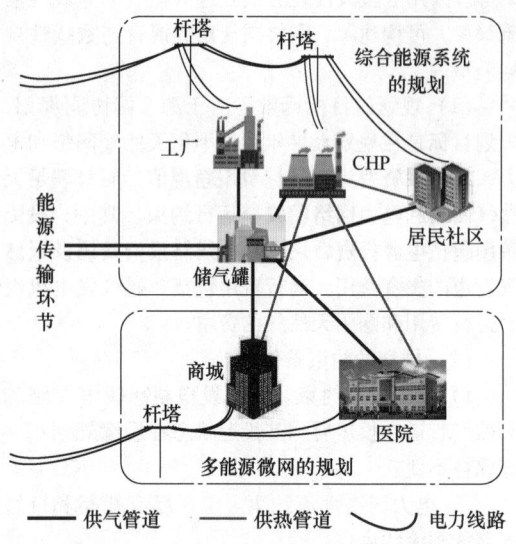

图 25.3-1　能源消费环节的规划模型

供气管道　　供热管道　　电力线路

22　园区综合能源系统规划　园区综合能源系统的规划可以分为两部分：多能源转化和储存设备的规划；多能源转化、储存设备和多能源网络的协同规划[24]。

（1）多能源转化和储存设备的规划　主要是基于已有的完备的城市电、气、热供能网络，对热电联产机组、电锅炉这种能源耦合、转化设备和储气罐、储热罐这种能源储存设备进行选址和定容，并通过这些设备的规划实现多能源的协同优化调度，提升能源利用效率。

（2）多能源转化、储存设备和多能源网络的协同规划　要在简单的电、气、热网络的基础上，既考虑热电联产机组等多能源转化、耦合设备和储气罐等能源储存设备对多能源网络协同优化运行的影响，也考虑配电网、配气网和热网的扩建对多种能源的传输效应，最终实现为用户提供高可靠性、高效率的多种能源供应的目标[25,26]。

在典型的园区综合能源系统（见图 25.3-2）中，对于多能源转化设备（如热电联产机组）和能源储存设备（如储气罐）进行规划时，首先需要对这类设备进行能源之间转化、储存关系的建模，具体内容如前述章节所示；其次，需要根据电、气、热各个负荷点的分布、可供建设设备的地理位置、能源转化、储存设备的型号、参数等因素，确定待规划的多能源转化、储存设备的备选方案；之后，考虑设备的投资成本、能源的供应成本、电-气-热能源传输约束和设备的建设约束等对多能源转化、储存设备进行优化规划，得到可行的规划方案[27,28]。

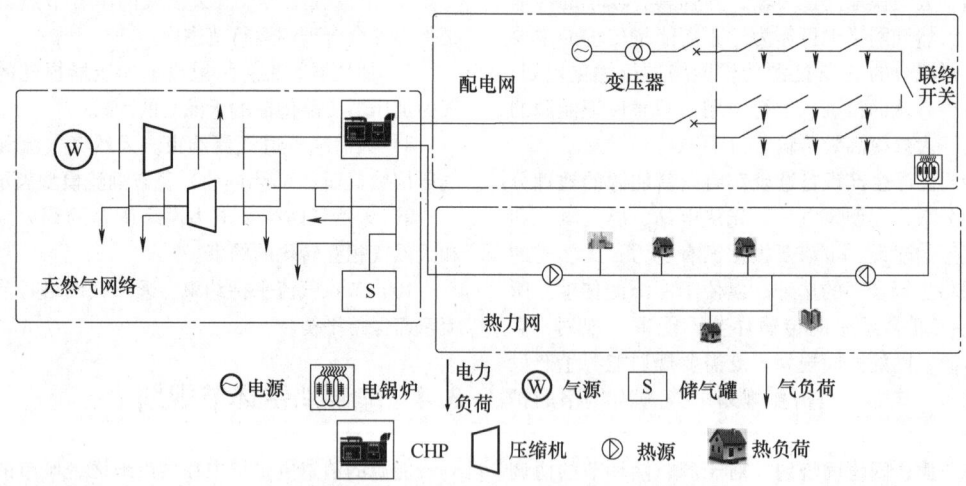

配电网　　变压器　　联络开关

天然气网络

热力网

○ 电源　▤ 电锅炉　Ⓦ 气源　S 储气罐　电力负荷　气负荷

◻ CHP　▷ 压缩机　◐ 热源　🏠 热负荷

图 25.3-2　园区综合能源系统示例图

（3）规划的目标函数　对于多能源转化和储存设备，其规划目标是最小化能源转化和储存设备的投资费用及系统在典型日的运行费用，同时满足电力网络、天然气网络和热力网络的安全运行约束。其中，投资费用包括热电联产机组投资费用、电锅炉投资费用及储气罐的投资费用。运行费用为在冬、夏两个典型日内系统从电网电源买电、从气网气源买气的费用。

（4）规划的约束条件

1）电力网络约束。已有线路和待选线路的潮流约束。

2）天然气网络约束。天然气节点气流平衡约束、天然气管道气流约束、压缩机升压比约束、节点气压约束、压缩机传输气流约束、气源出气量约束及待选的储气罐约束。

3）热力网络约束。已有管道和待选管道的热力和水力约束。

4）新建机组约束。机组出力上下限约束和能源转化效率约束。

在对天然气网络约束和热力系统网络约束线性化后，原有规划模型转化为混合整数线性规划模型，可以利用商业软件求解。

23　楼宇级多能源微网规划　多能源微网，作为能源互联网"源-网-荷"多环节中的荷侧环节，包含的类型较多，如高耗能企业、智慧楼宇等。其具有运行方式灵活、清洁低碳、用能高效、可再生能源消纳率高等优势特征。多能源微网由分布式能源站、分布式风光场站、天然气调压站、外电网及变电站和负荷区等组成。其规划主要包括能源站架构设计、机组元件选型定容等。

（1）规划的目标函数　优化规划模型的目标是最小化总成本，包括投资成本和运行成本。

1）投资成本包括变电站扩建费用，以及冷热电联产机组、燃气锅炉和电制冷机组等设备的建设成本。

2）运行成本由典型日的模拟运行计算得到。运行成本除了维护成本，主要关注的是购买天然气等燃料的费用和从上级电网购电的费用。

（2）规划的约束条件

1）电-气-热-冷供需平衡约束。在每个负荷区，都应有多能供需平衡。

2）冷热电联产机组运行约束。冷热电联产机组由燃气发电机和吸收式制热（冷）机组成，各机组具有相应的发电、制热效率约束和出力上下限约束。

3）燃气热锅炉机组运行约束。需考虑热效率和出力具有上下限。

4）电制冷机组运行约束。需考虑制冷效率和出力具有上下限。

5）变电站约束。变电站运行时对荷载率有相应的上下限要求。

第4章 能源互联网的运行优化

4.1 能源互联网潮流

24 能源互联网潮流定义 能源互联网的潮流是对其子系统及耦合元件的状态和能量流分布的总称，包括电力子系统的电压幅值、相角和功率，热力子系统的节点温度和管道介质流量，以及天然气子系统的节点压力和管道流量。

潮流计算的任务是在已知（或给定）某些运行参数的情况下，计算出系统中全部运行参数。它是研究运行优化问题的基础[29]。

25 潮流计算方法 能源互联网潮流计算方法主要有联合求解和解耦求解两种方法[30]。

（1）联合求解 联合求解是将所有子系统的潮流方程和耦合方程列在一起作为整体求解，该非线性方程组的求解可采用牛顿迭代法[31,32]。联合求解的好处是比较直观；存在的问题是不同子系统潮流的数值、特性差异大，雅可比矩阵可能不可逆。

（2）解耦求解 解耦求解是将各个系统的潮流方程单独求解，然后通过耦合方程进行迭代，直至满足收敛判据。解耦求解的好处是可以使用现有各子系统的求解方法和程序；弊端是迭代次数比较多，耦合紧密时收敛性难以保证[33,34]。

26 潮流状态估计 能源互联网潮流状态估计技术，对数据采集与监控系统提供的实时信息进行滤波，以提高数据精度，排除错误信息的干扰，从而得到能源互联网潮流实时状态数据库，为能量管理系统进行各种重要的控制提供数据支持[35,36]。

4.2 区域能源互联网优化调度

27 系统特点

1）系统由220kV及以上的高压输电网与省级天然气传输系统及两系统间耦合元件组成。

2）系统能否可靠运行，对系统分布区域，尤其是下游省份的社会正常运转，有决定性作用。

3）系统的能量来源广，风能、光能、水能、核能、化学能等一次能源通过转化后在系统内大规模、长距离地从能源生产地区传输至负荷密集地区。

4）由于一次能源之间天然存在的时空互补性，系统存在优化调节空间。

28 机组设备组成（见图25.4-1）

1）电力设备，包括燃煤发电机、风力发电机、光伏发电机、水力发电机、抽水蓄能、输电线路、变电站等。

2）天然气设备，包括天然气井、输气管道、压缩机、储气罐/库等。

3）耦合设备，包括燃气轮机、电转气机组等。

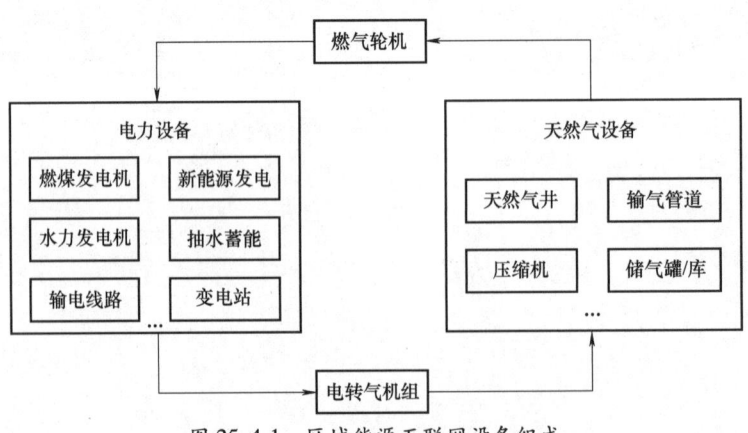

图 25.4-1 区域能源互联网设备组成

29 优化目标与内容

（1）优化目标 一般区域能源互联网优化调度目标包括总运行成本最低、新能源消纳程度最大等[37]。

1）总运行成本，包括电力与天然气生产费用、设备日常维修费用、设备折旧费用等，是最常见的优化调度目标。

2）新能源消纳程度是指，区域内新能源实际发电量与其预测发电量的比值。以新能源消纳程度为目标来运行调度优化，常见于风力发电、光伏发电装机容量较大的区域能源互联网。

（2）优化内容

1）系统运行方式，包括机组设备的停开机计划、输入输出功率、线路潮流、管道流量、节点电压、节点气压、压缩机状态等。

2）系统备用安排，包括各机组向上向下的旋转备用、事故备用、储能设备运行状态等。

3）系统可靠性校验是指，故障时系统能量供应应当满足相关要求。一般地，系统在 $N-1$ 故障下无能量缺供现象。

4）系统检修计划是指，按相关要求制定系统中各机组与设备的检修计划，确保检修机组设备的

退出运行不会造成负荷能量缺供。

4.3 城市能源互联网优化调度

30 系统特点

1）系统由 $10\sim110kV$ 的中压配电网、城市配气系统、城市供热系统及系统间耦合元件组成。

2）以上级系统输送的电力、天然气为主，同时城市内分布式能源生产单元对系统运行的影响不容忽视。

3）由于供热系统的存在，系统惯性大大增加，能量之间的转化形式得到扩充。

31 机组设备组成（见图 25.4-2）

1）电力设备，包括 $10\sim110kV$ 变电站、光伏发电机组、配电线路、蓄电池等。

2）天然气设备，包括配气站、输气管道、压缩机、储气罐等。

3）供热设备，包括供热管道、回热管道、储热罐等。

4）耦合设备，包括燃气轮机、热电联产机组、燃气锅炉、电锅炉等。

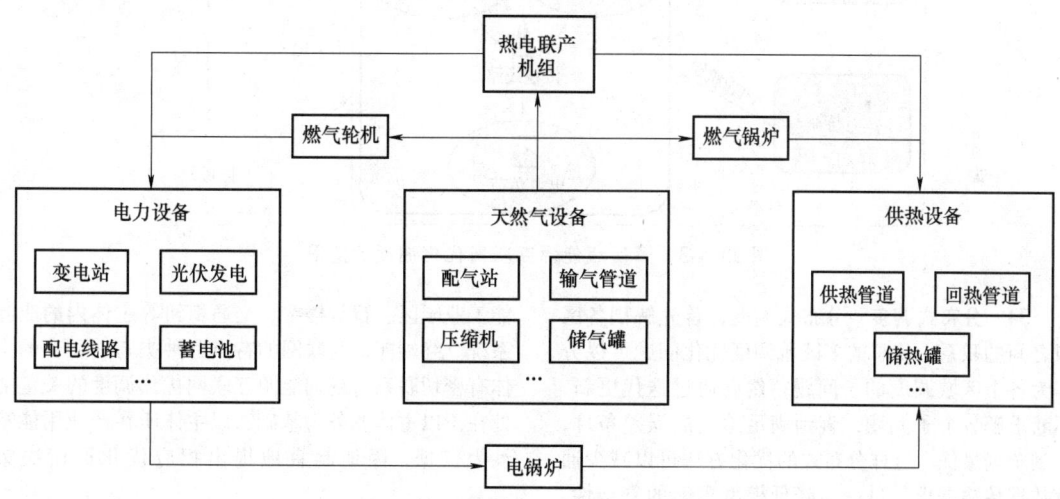

图 25.4-2 城市能源互联网设备组成

32 优化目标与内容

（1）优化目标 一般城市能源互联网的优化目标，包括总运行成本最低、碳排放量与污染物排放量最小等[38]。

1）总运行成本，包括电力与天然气生产费用、设备日常维修费用、设备折旧费用等，是最常见的优化调度目标。

2）碳排放量与污染物排放量，包括日常运行中燃烧天然气、煤炭等化石能源直接排放及消耗电能间接排放的二氧化碳和氮氧化合物的质量。其在污染较为严重、对环境有较高要求城市的能源优化调度中较为常见。

（2）优化内容

1）系统运行方式，包括机组设备的停开机计

划、输入输出功率、线路潮流、管道流量、节点电压、节点气压、压缩机状态等。

2）系统备用安排，包括各机组向上向下的旋转备用、事故备用、储能设备运行状态等。

3）系统可靠性校验是指，故障时系统能量供应应当满足相关要求。一般地，系统在 $N-1$ 故障下电力系统与天然气系统无能量缺供现象，供热系统的能量缺供量在限定范围内。

4）系统检修计划是指，按相关要求制订系统中各机组与设备的检修计划，确保检修机组设备的退出运行不会造成负荷能量缺供。

4.4　多区域能源互联网优化调度

多区域能源互联网优化调度示意图见图 25.4-3。每个区域都包含电-气-热耦合的动力系统。其中，电网主要包括传统火电机组、新能源发电（如风力发电、光伏发电）及电力负荷，三者通过传输线路相互联结；天然气侧主要考虑天然气供应，气-电两侧通过燃气机组相互耦合；热力侧主要考虑热力负荷，热-电两侧通过热电联产机组相互耦合。在区域之间，通过联络线进行电力与信息的交互，完成区域之间的互联[39]。

从调度的方式来看，多区域能源互联网的优化调度可分为集中式调度与分布式调度。

33　集中式调度　集中式调度是传统的调度方式，需要建立调度中心收集各调度区域的详细相关信息，统一调度各区域的运行方式。集中式调度不需要迭代，可以直接进行全局的统筹优化，但是多区域能源互联网互联时，出于对重要信息的保密，不可能分享各自的所有调度所需信息，这也就不允许拥有全局调度权的调度中心的存在。集中式调度的结果，一般作为最优结果对分布式调度的相关性能进行检验，从而在新环境下保障全局优化性。

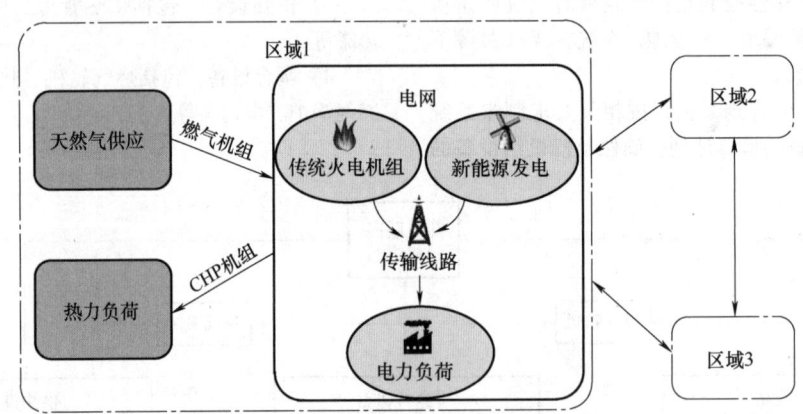

图 25.4-3　多区域能源互联网优化调度示意图

34　分布式调度　分布式调度，首先解耦各区域之间的联系，使总的多区域调度优化问题可以分解为各个区域调度的子问题；然后通过迭代更新，不断求解各个子问题，直到满足给定的误差条件，达到全局最优。这样分布式的优化方法可以减少通信数据传输需求，进一步降低模型求解的复杂性，与此同时电力调度中的关键隐私信息也可以得到更好地保护。求解分布式调度常用的数学方法是乘数交替方向法。

4.5　终端能源互联网优化调度

终端能源互联网是指，分布于对电、气、热、冷等能量存在综合需求的高耗能企业、大型综合用能工业园区、智慧楼宇、交通枢纽等主体内的能源系统。终端能源互联网的特点和种类与其所在的主体有密切联系。终端能源互联网优化调度的关键之处在于以主体业务为基础，以主体所在产业用能特性为依据，因地制宜地提出相应优化调度决策方案。

35　终端能源互联网一般优化调度　一般地，终端能源互联网优化调度是指，在满足相应用能需求和设备运行情况下，实现企业、园区、楼宇等主体所制定的运行目标最大化的决策过程。

（1）优化目标　一般终端能源互联网的优化目标包括总运行成本最低、碳排放量与污染物排放量最小、新能源消纳程度最大等。

1）总运行成本是指，终端能源互联网所在主体为了维持自身在生产、运行、服务等方面用能的需要而花费的成本，具体包括：电力购买费，油、煤、气等一次能源购买费，能源设备日常维修费用，能源设备折旧费用等。

2）碳排放量与污染物排放量是指，终端能源互联网所在主体在生产、运行、服务等过程中，因能源消耗直接或间接排放的二氧化碳气体与二氧化硫、氮氧化合物等污染物的质量。终端能源互联网的碳排放与污染物排放来源包括：主体内自备的发电机、包含电动机在内的负荷、各类热机、制冷设备、消耗电能产生的当量碳排放与污染物排放等。

3）新能源消纳程度是指，新能源实际发电量与其预测发电量的比值。以新能源消纳程度为目标运行调度优化常见于风力发电、光伏发电装机容量比例较大的主体，也常见于节能减排任务较重的主体。

（2）优化调度步骤

1）能源生产能力分析。能源生产能力分析是指，分析主体在优化运行时间范围内的能源生产单元电能供给、天然气供给和热与冷供给能力。

① 电能供给能力分析包括，燃煤燃气发电机功率、风力光伏等新能源短时预测功率、变电站与上级电网电能交换功率、储能设备输出功率等。

② 天然气供给能力分析主要是对配气子站从上级气网接受天然气的能力和储气罐出气能力分析。

③ 热与冷的供给能力分析包括，电锅炉功率、热电联产机组产热功率、冷热电联产热功率与冷功率、热泵热功率、制冷设备冷功率、储热罐与蓄冷槽的输出功率等。

2）能源需求分析。能源需求分析是指，分析主体在优化运行时间范围内对电、气、热、冷的需求。

① 电能需求分析包括，电力系统负荷短时预测功率、热泵与电锅炉等制热设备的输入功率、中央空调等制冷设备的输入功率、蓄电池等储能设备的输入功率、系统损耗等。

② 天然气需求分析包括，天然气系统负荷短时预测耗气量、燃气轮机的耗气量、热电联产与冷热电联产等耦合机组耗气量、储气罐进气量、压缩机损耗等。

③ 热能与冷能需求分析包括，供热系统与供冷系统负荷短时预测功率、储热罐与蓄冷槽的输入功率等。

3）确定系统安全运行条件。确定系统安全运行条件是指，确定在终端能源互联网系统优化调度中需要考虑的各类机组设备与网络运行条件。

① 机组设备运行条件，指为保障机组长期安全运行需要满足的条件，常见的有功率上下限约束、爬坡与功率变化约束、多能源转换机组设备的能量守恒约束等。

② 网络运行条件，指为保障能源系统长期安全运行需要满足的条件，主要是实现网络中能源生产功率与能源需求功率平衡。对于需要考虑能源网络结构优化调度的，还应当将网络线路、管道的传输功率限制纳入网络运行条件考虑范围。

4）求解优化调度模型。求解优化调度模型是指，在明确优化问题类型的基础上，利用计算机技术及成熟商业软件对前述步骤所确立的优化调度模型进行求解，得到具体优化调度方案。

① 连续变量凸优化问题求解方法，包括内点法、梯度下降法等。

② 连续变量非凸优化问题求解方法，包括粒子群算法、遗传算法、模拟退火算法、蚁群算法等全局搜索算法，以及内点法等局部搜索算法。

③ 混合整数凸优化问题求解方法，包括分支定界法、割平面法等。

④ 混合整数非凸优化问题求解方法，包括遗传算法、粒子群算法等。

36 高耗能企业与工业园区

（1）系统特点

1）对电、气、热、冷 4 种能源的需求比例、负荷曲线特性，与主体所处行业、产品种类、加工工艺与流程密切相关。

2）负荷曲线通常由基础负荷和变化负荷两部分组成。

3）涵盖的机组与设备类型较多，系统联系紧密，不同能源之间转化速度快。

4）除对供能可靠性有较高要求外，系统对供能质量也有较高要求。

（2）常见的机组与设备组成（见图 25.4-4）

1）电力设备，包括电压等级为 10~110kV 的变电站、风力发电机组、光伏发电机组、输电线路、各类电动机、蓄电池等。

2）天然气设备，包括配气站、输气管道、压缩机、储气罐等。

3）供热设备，包括供热管道、回热管道、储热罐等。

4）供冷设备，包括供冷管道、回冷管道、蓄冷槽等。

5）耦合设备，包括燃气轮机、热电联产机组、冷热电联产机组、热泵、燃气锅炉、电锅炉、制冷设备等。

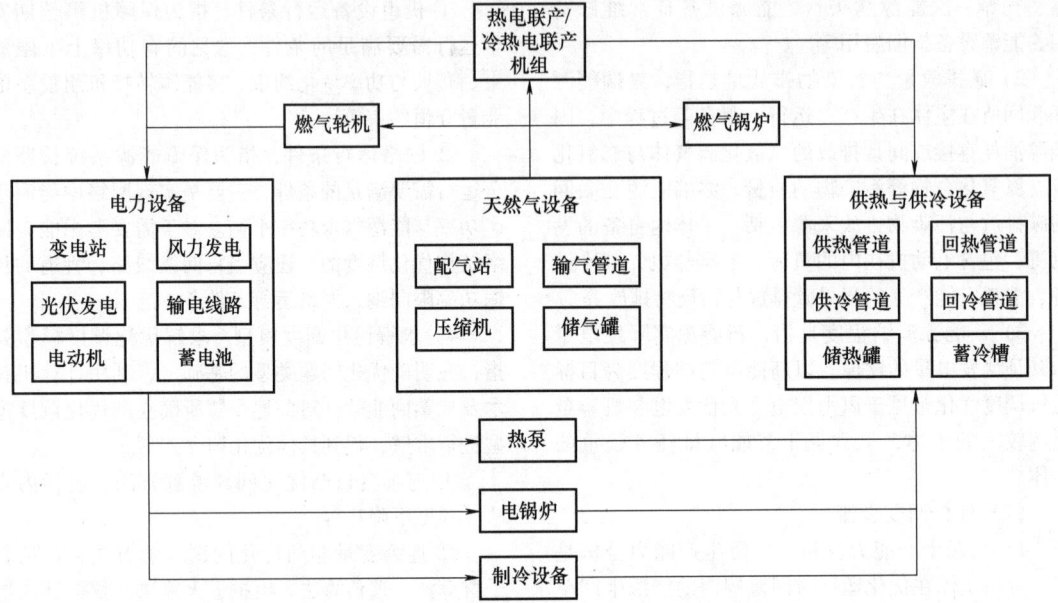

图 25.4-4 高耗能企业、大型综合用能工业园区终端能源互联网设备组成

（3）优化调度内容

1）各个设备工作状态，包括启动与停止、输入功率、输出功率等。

2）网络状态，包括能量供应与能量供给保持实时平衡、线路管道中流量维持在安全运行范围等。

3）可靠性要求是指，保证系统拥有足够的事故备用以应对突发事件，同时保证系统拥有足够的旋转备用应对负荷与新能源的波动。

4）供能质量要求，包括电力系统中各节点电压水平维持在额定值附近且系统谐波含量达标；天然气中各节点气压维持在额定值附近，保持相对稳定，管道中气流平稳；供热供冷网络中各节点温度维持在额定值附近，且供回水网络中水流平稳。

5）分布式能源上网与负荷需求侧响应是指，对于能源生产能力存在盈余或能源需求存在调节空间的企业与工业园区，在不影响正常运行生产的前提下，可以将同上级能源网络协商确定的分布式能源上网方案与负荷需求侧相应方案纳入日常运行调度考虑范围。

37　大型建筑与智能楼宇

（1）系统特点

1）用能类型与季节相关，秋冬季节主要以电能、热能为主；春夏季节主要以电能、制冷为主。在餐饮、食品加工占比较大或居民生活的建筑与楼宇，需要将天然气纳入考虑范畴。

2）用能曲线与室外温度、天气、时间、日期高度相关，曲线起伏较为明显，峰谷差相对较大。一般地，建筑与楼宇在工作日中、工作时间内的能源需求水平比节假日中、非工作时间内的能源需求水平高；室外温度越极端、天气条件越差越会导致建筑与楼宇用能需求的增加。

3）涵盖的设备种类较少，能源的转化形式主要以电能向其他能量转化为主。

4）在部分建筑与楼宇中，系统供能存在一定的调节空间，短时间内的能源缺供一般不会对楼宇的正常运行造成严重影响。

（2）常见的机组与设备组成（见图 25.4-5）

1）电力设备，包括 10kV 变压器、屋顶光伏、电线、蓄电池、照明设备、电梯、电动汽车充电桩等。

2）供热设备，包括供热管道、回热管道、储热罐等。

3）供冷设备，包括供冷管道、回冷管道、蓄冷槽等。

4）耦合设备，包括热泵、电锅炉、中央空调等。

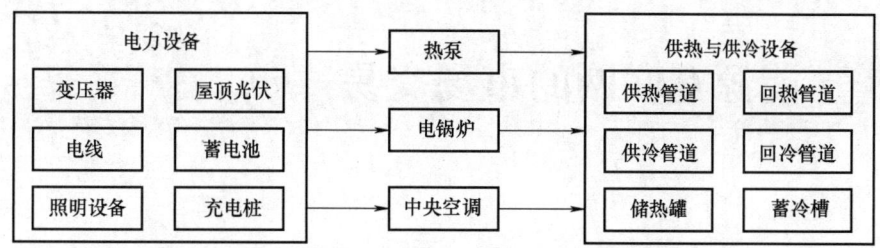

图 25.4-5 大型建筑、楼宇终端能源互联网设备组成

（3）优化调度内容

1）各个设备工作状态，包括启动与停止、输入功率、输出功率等。

2）网络状态，包括能量供应与能量供给保持实时平衡、线路管道中流量维持在安全运行范围等。

3）可靠性管理是指，对于刚性用能需求的建筑与楼宇，应设置足够的事故备用以应对突发事件，同时保证系统拥有足够的旋转备用应对负荷波动；对于用能需求存在调节空间的建筑与楼宇，应确保故障中负荷缺供量不超出事先确定的功率削减范围。

4）分布式能源上网与负荷需求侧响应是指，对于能源生产能力存在盈余或用能需求存在调节空间的建筑与楼宇，在不影响正常运行生产的前提下，可以将同上级能源网络协商确定的分布式能源上网方案与负荷需求侧相应方案纳入日常运行调度考虑范围。

第5章 能源互联网的市场交易

5.1 能源互联网市场交易类型

38 能源互联网现货市场 能源互联网现货市场负责能源实物的交割，包括日前市场、日内市场和实时市场。

（1）日前市场

1）日前市场的概念。日前市场是指，在日前12：00之前，市场成员提交次日每个时段的售电报价和购电报价曲线，市场交易机构按照电源侧由低到高、负荷侧由高到低的顺序排队出清。市场均衡点就是售电报价曲线与购电报价曲线的交点（见图25.5-1）。

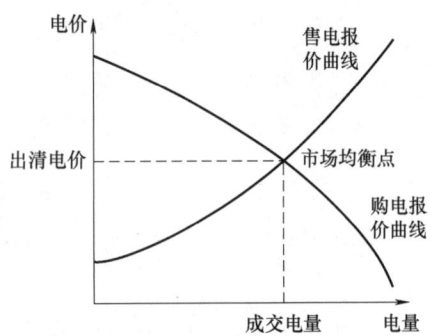

图 25.5-1　售电报价与购电报价曲线

2）日前市场出清模型。市场出清模型可表示为

$$\max\left\{\left[\sum_{j=1}^{N_D} b_j(P_{Dj})\right]P_{Dj} - \left[\sum_{i=1}^{N_G} b_i(P_{Gj})\right]P_{Gi}\right\}$$

$$(25.5-1)$$

条件为　　$$\sum_{j=1}^{N_D} P_{Dj} - \sum_{i=1}^{N_G} P_{Gi} = 0 \qquad (25.5-2)$$

式中　i, j——发电商和购电商编号；

N_D——购电商数量；

N_G——发电商数量；

b——市场成员的报价曲线；

P——市场成员中标容量。

（2）日内市场　在日内市场中，主要考虑在满足安全约束的前提下，采用经济调度模型，由调度机构对日内未来2~4小时的电能量和辅助服务进行联合出清，并持续进行滚动修正；市场组织者根据用电负荷预测变化、电网运行状态的改变及修改的出清结果，考虑电网运行约束和可靠性要求的条件调整交易计划，每小时滚动更新调整交易计划并公布。

（3）实时市场

1）实时市场的概念。实时电量市场是指，在实际生产前几十分钟到几小时，根据系统负荷的未平衡量组织的电力交易市场。

2）实时市场的主要作用。实时市场保障系统的实时平衡，为电力系统的阻塞管理和辅助服务提供了调节手段与经济信号，真实反映了系统超短期的资源稀缺程度与阻塞程度。

3）实时市场的运作机制。在实时市场中，每5min组织未来5~10min的实时交易，市场主体可申报实时市场电能量和辅助服务报价，并可在实时市场关闸前进行修改。市场组织者，基于最新的电网运行状态与超短期负荷预测信息，以社会福利最大化为优化目标，采用安全约束经济调度方法，对电能量和辅助服务进行集中优化计算，在发电机组参数限制和电网可靠性约束下，以最小的发电与辅助服务成本实现电量平衡，以15min为一个交易出清时段，出清形成实时发电计划和实时偏差调整电价[40]。

39 能源互联网容量市场

（1）容量市场的运作机制　容量市场，通过为所有的容量供应商提供稳定的报酬，来确保足够的容量到位以满足需求。如果容量供应商无法在需要的时候提供电量，它们也会面临相应的惩罚。

容量市场允许市场以竞争性的方式为容量设定价格来带动投资。容量市场协议是提供给投资者的，无论是对现有的还是对新的容量，未来4年（3年）的容量必须交付，并支付给它们未来收入的一部分。另外，还有未来1年的容量市场协议，用来鼓励需求侧参与（尽管其他形式的容量也将能够与未来 1 年容量市场协议竞争）。在电力市场和现有的服务协议之外引入容量市场，可以保证系统的实时平衡。

（2）容量市场的结构设计　容量市场的结构设计包含准备期、一级市场、二级市场和交付 4 个阶段[41]（见图 25.5-2）。

1）准备期阶段。电网公司需要建立可靠性评判标准，对未来电力系统负荷进行预测，最后建立容量市场模型根据预测负荷和可靠性等指标确定出清容量总额，同时参与者提交参与容量市场的信息。

2）一级市场阶段。电网公司需要出清容量市场，确定中标的机组、容量和价格等信息，参与者则需要按照容量市场出清要求进行投资建设。

3）二级市场阶段。该阶段将交易在一级市场中无法兑现的部分出清容量，适当规避电网公司的风险。

4）交付阶段。最终在交付阶段容量市场出清的机组容量将参加日前市场和实时市场。

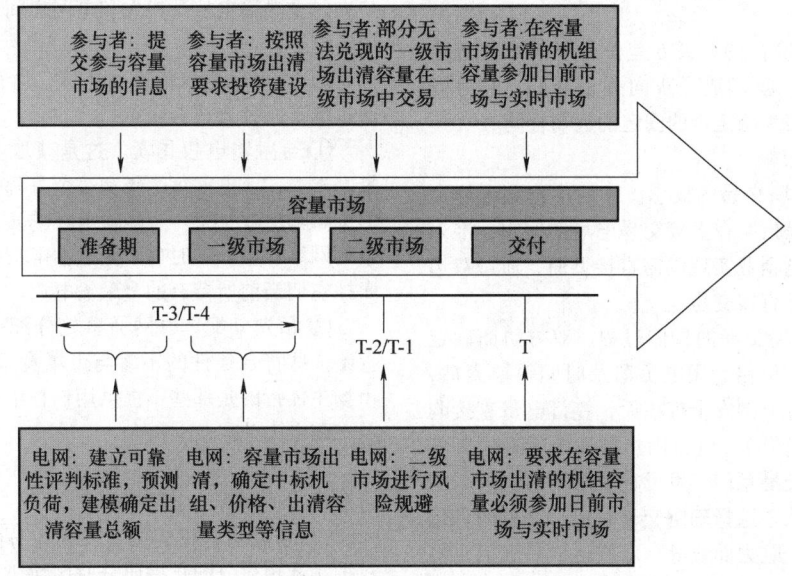

图 25.5-2　容量市场运行时间轴

（3）容量市场使用的主要建模工具　容量市场主要使用的是动态调度模型。该模型能够进行发电机组的电力调度分析，并且至少能够对未来发电容量的投资决策进行分析。该模型运行于样本日，包括营业和非营业日的负荷曲线。投资决策以预计收入和资金流量为基础，并考虑能源结构和联络线容量的影响和变化[42]。

40　能源互联网金融市场

（1）差价合约

1）差价合约的概念。差价合约是指对系统总电量的一定比例引入竞争，其余电量依然按照计划经济进行分配。

2）差价合约的模型。

① 差价合约的模型可表示为，发电收入＝市场售电收入+差价合约收入，具体公式为

$$\text{Revenue} = P_G\rho + P_C(\rho_C - \rho) = P_C\rho_C + \rho(P_G - P_C)$$
$$(25.5\text{-}3)$$

式中　ρ_C 和 P_C——差价合约电价和电量，由调度中心与电厂协议确定的，并由物价部门负责监督；

P_G——该电厂在市场上的中标电量；

ρ——市场出清价格。

② 当同时有日前市场和实时市场报价时，机组收入同时包含差价合约收入、日前市场收入及实时市场收入，可以表示为

$$\text{Revenue} = P_C\rho_C + \rho_H(P_{GH} - P_C) + \rho_T(P_{GT} - P_{GH} - P_C)$$
$$(25.5\text{-}4)$$

式中　P_{GH}——该电厂在日前市场上的中标电量；

ρ_H——日前市场出清价格；

P_{GT}——该电厂在实时市场上的中标电量；

ρ_T——实时市场出清价格。

3）差价合约的分类。差价合同属于合同价格为敲定价的固定合同，可以分为单向差价合同和双向差价合同。

① 单向差价合同。单向差价合同分为两种形式：第一种形式是买方差价合同，买方以实时电价与联营体进行买电结算，但当合同交割时的实时电价高于合同敲定价格时，卖方需要把实时电价与合同敲定价格间的差价补偿给买方；第二种形式是卖方差价，卖方以实时电价与联营体进行卖电结算，但当合同交割时的实时电价低于合同敲定价格时，买方需要把合同敲定价格与实时电价间的差价补偿给卖方。

② 双向差价合同。买方差价合同与卖方差价合同结合起来，就形成了双向差价合同。它等同于一个合同价格为敲定价的固定的远期合同。

（2）双边市场

1）双边市场交易的概念。大用户直购电协商式的双边交易是指，在直接交易电量空间内，准入的大用户与发电企业实现供需直接见面，通过双边自主协商，进行直接交易。

2）双边市场交易的具体过程。双方协商确定直接交易电量、价格、用电负荷及时间等要素后，联合申报，通过电网安全校核后，签订电量直接购售合同（双边合同）。电力用户与发电企业，可直接沟通并确定交易意向，也可在交易平台上公布本体交易意愿并从中选择确定交易对象。交易内容包括电量、电价、电力曲线等。双方达成一致后，将交易内容提交省（自治区、直辖市）电力调度中心进行安全校核。通过安全校核后，电力用户、发电企业和电力公司签订购售电与输电合同（三方合同）。

3）双边市场的模型。双边市场的模型可表示为，购电方支出 = 双边交易支出 + 日前市场支出 + 实时市场支出，具体公式为

$$Pay = P_C \rho_C + \rho_H(P_{LH} - P_C) + \rho_T(P_{LT} - P_{LH} - P_C)$$
$$(25.5-5)$$

式中　P_{LH}——该购电方在日前市场上的中标电量；

P_{LT}——该购电方在实时市场上的中标电量。

根据买电方收入 = 双边交易收入 + 日前市场收入 + 实时市场收入，有

$$Revenue = P_C \rho_C + \rho_H(P_{GH} - P_C) + \rho_T(P_{GT} - P_{GH} - P_C)$$
$$(25.5-6)$$

还有一种特殊的双边市场，该双边市场主要是指买卖双方单独或双方通过经纪人签订的用来交易电量的双边合同。合同任一方可以同时拥有发电机和负荷，或者两者之一，或者两者皆无（纯金融买卖市场参与者）。双边合同一般被用来规避实时市场价格风险，同时有些市场参与者通过双边合同进行套利。

（3）金融输电权交易

1）金融输电权的概念。金融输电权是一种金融避险工具，让金融输电权持有者可以在日前市场中接受补偿收款或被欠款收费。金融输电权是金融性的，持有金融输电权并没有赋予金融输电权持有者权利或义务来物理传输或接受电能。为了持有金融输电权，市场参与者必须注册成为金融输电权开户人。金融输电权开户人和电网之间进行金融输电权的结算。

2）金融输电权的获得方式。金融输电权可以通过以下三种方式获得：

① 金融输电权拍卖。这是获取金融输电权的最基本方式。电网每半年和每个月都会进行周期性的金融输电权拍卖。金融输电权拍卖会拍卖一些空余的网络容量，同时也给金融输电权持有者机会来卖掉它们当前所持有的金融输电权。

② 预先分配。电网会事先分配一些金融输电权给一些符合条件的不参与市场竞争的市场主体。市场主体指的是那些不提供用户售电选择的合作社及市政电力公司。

③ 双边交易。金融输电权持有者可以通过双边交易转让持有的金融输电权。

3）金融输电权的拍卖和预先分配。金融输电权拍卖和预先分配是按照分时区块进行的。金融输电权以每个月为条状单位进行拍卖或分配。金融输电权分时区块分为以下三种：工作日高峰时段、周末高峰时段、低谷时段。金融输电权拍卖结束之后，电网公司会用拍卖出清价格对中标的出售和购买的金融输电权，与金融输电权持有者进行结算。金融输电权的拍卖收益会按照参与者拥有负荷的大小按比例分配。

4）金融输电权的结算。金融输电权是按照小时进行结算的。日前市场结算产生的每小时拥堵租金会被用来支付金融输电权。如钱有多余，多余的钱会被放入一个金融输电权平衡账户；如果不足，欠费就会被记录下来，积累到月底时会用当月金融输电权平衡账户里积攒的钱来支付欠费，如果有剩余就会按照参与者拥有负荷的大小按比例分配。

5.2　能源互联网市场体系设计

能源互联网市场是在能源互联网背景下，以信

息技术为支撑，以分布式主体为主要参与者，通过市场竞争，实现电力、天然气、热/冷、可再生能源等多类型能源综合交易及优化配置的机制[43]。

41 主体结构

（1）概念 能源互联网市场的主体结构就是组成能源互联网的各个市场主体及其相互关系。

（2）组成 能源互联网可以按照能源的生产环节（源）、能源的传输环节（网）、能源的消费环节（荷）进行划分，各环节催生了各市场主体（见表 25.5-1）。

表 25.5-1 能源互联网各环节包含的元件与市场主体

结构划分	元件		市场主体
生产环节（源）	多能源生产设备	火电、核电、水电、风电、光伏、天然气气井等	集中式和分布式能源供应商
	多能源转换设备	热电联产机组、燃气轮机、电锅炉、电制气设备等	
	多能源储存设备	抽水蓄能、蓄电池、压缩空气储能、储气罐、储热罐等	
传输环节（网）	电力网络	长距离输网、短距离配网	能源传输商
	天然气网络	长距离输网、短距离配网	
	热力网络	短距离配网	
消费环节（荷）	工业用户、商业用户、居民用户		能源用户

基于能源互联网"源-网-荷"的整体架构，市场主体包括能源供应商、能源传输商及能源用户。此外，为了保证能源交易的正常有序进行，市场主体同样包含能源零售商和市场管理者。因此，能源互联网市场主体结构可以划分为"供-输-售-用-管"五个部分。

1）"供"——能源供应商。

① 能源供应商主要生产或提供电、气、热等能源商品。

② 能源供应商有集中式和分布式两种。

③ 能源供应商包括供电商、供气商、供热商及提供多种能源的综合供应商等。

2）"输"——能源传输商。

① 能源传输商为各类能源商品的流通提供强有力的物质基础。

② 能源传输商包括输配电网运营商、天然气管道运营商及供热网络运营商等。

3）"售"——能源零售商。

① 能源零售商主要从批发市场购买能源商品并销售给终端用户。

② 能源零售商包括电、气、热等单一零售商及综合能源零售商等。除此之外，大量分布式能源生产、转换和储存设备的出现，催生了能源服务商这一新型市场主体：a. 能源服务商负责管理和经营各类分布式能源或为用户提供各种增值服务。b. 能源服务商包括能源微网运营商，分布式风电、光伏、储能装置、电动汽车和充电桩、天然气分布式

能源等灵活性资源运营商，以及能源咨询、管理、信息服务公司。

4）"用"——能源消费者。用户不再是单纯的能源消费者，也可以生产和出售能源，形成了新的"产消型能源用户"。产消型能源用户的出现有利于增强能源消费的需求弹性，极大地提高了需求侧的市场参与度。

5）"管"——市场监管者。

① 多级能源调度机构负责实现能源供需的实时平衡，保证能源质量，维护能源输送的安全性。

② 多类型交易中心负责确保不同能源交易的顺利完成。

③ 市场监管部门制定和规范市场行为活动，促进市场的健康有序发展。

能源互联网市场中也存在兼具不同主体性质的市场参与者，如具有配电网运营业务的电力零售商、拥有储气租赁服务的天然气管道运营商、可同时提供能源商品和增值服务的能源零售商等。

42 客体结构

（1）概念 能源互联网市场的客体结构就是市场中的各种交易对象，即交易标的。

（2）组成 根据类型的不同，能源互联网的交易标的主要有基本能源商品、辅助服务商品、增值服务商品和金融衍生商品。

1）基本能源商品。电、气、热等多类型能源商品，是能源互联网市场中最核心的交易对象。

① 电商品为不计发电形式的电量和容量。

② 热商品同样为不计产热形式的热量。

③ 天然气商品为气量，可以分为管道天然气、液化天然气及压缩天然气。其中管道天然气的流通依赖天然气网络的建设和运营，是能源互联网市场的关注重点。

电、气、热等商品只是能源的外在形式，在一定程度上可以相互转化或替代。因此，用户能源需求可以用"一体化能源商品"来描述，即将电、气、热需求用 BTU 等单位统一化，从而催生更为自由灵活的能源交易。

2）辅助服务商品。

① 辅助服务是指，为了完成能源商品输送、保证能源商品质量及维护系统安全运行，所采取的一切辅助措施。

② 辅助服务商品主要包括，电、气、热等各类型备用，电压和气压支撑，可中断或可控制负荷及黑启动等。

3）增值服务商品。

① 增值服务是指，根据客户需要，为客户提供的超出常规服务范围的服务，或者采用超出常规的服务方法提供的服务。

② 增值服务商品包括，各类负荷和新能源的准确预测、不同类型用户的用能行为分析、用能方案的定制化咨询管理。

4）金融衍生商品。

① 金融衍生商品是指一种金融合约，其价值取决于一种或多种基础资产或指数。

② 金融衍生商品的基本种类包括，远期、期货、掉期（互换）和期权。在能源互联网市场中，其主要包括电、气、热等能源期货和期权，电、气、热等能源输送权，以及碳排放权等环境权益类金融衍生商品。

43　时间结构

（1）概念　能源互联网市场的时间结构就是交易的时间尺度。

（2）组成　按照交易时间尺度的不同，能源互联网市场可以分为短期市场和中长期市场。

1）短期市场。短期市场为现货市场，根据交易商品的不同，对应的时间范围也不尽相同。考虑到电、气、热等能源商品传输和储存特性的差异，将短期市场继续分为实时、日前及数天三个阶段。

① 对于电力交易，由于电能不能大规模储存，其生产、输送、分配及使用必须同时完成，因此电力现货市场一般由日前、日内及实时市场组成。

② 与电力相比，天然气具有易于大规模储存

的特点，目前主要有管道储气、LNG 储气及地下储气三种方式。因此，天然气现货交易一般指 30 天以内（最长不超过 3 个月）的短期交易。

2）中长期市场。中长期市场包括远期和期货市场，区别主要在于交易合约是否标准化。

（3）市场客体结构与时间结构的对应关系　能源互联网中不同时间尺度市场涉及的商品类型，即能源互联网市场客体结构，与时间结构的对应关系，见表 25.5-2。

表 25.5-2　能源互联网市场客体结构与
时间结构的对应关系

商品类型	短期市场	中长期市场
基本能源商品	√	√
辅助服务商品	√	√
增值服务商品	√	
金融衍生商品		√

1）作为最核心的交易对象，电、气、热等基本能源商品的交易在短期市场和中长期市场普遍存在。

2）辅助服务商品种类繁多，借鉴电力辅助服务市场的经验，对于需求量变化不大、供应量主要由设备特性决定的辅助服务商品，主要建立中长期市场，如中断或控制负荷及黑启动服务等。而对于短时间内需求变化很大、市场交易受供应量变化影响较大的辅助服务商品，一般建立短期现货市场。

3）各类型增值服务商品主要在短期市场中交易。

4）金融衍生商品适合中长期市场。

44　空间结构

（1）概念　能源互联网市场的空间结构就是交易的层级关系。

（2）组成　按照市场范围、交易规模、参与主体及能源类型的不同，能源互联网市场的空间结构可以划分为中央集中市场和区域分布市场两个层级。

1）中央集中市场。

① 中央集中市场负责广域能源互联网中的大规模能源交易。

② 中央集中市场类似能源批发市场。

③ 中央集中市场的参与主体需要达到一定的规模。

2）区域分布市场。

① 区域分布市场负责区域能源互联网中的自由对等交易。

② 区域分布市场类似能源零售市场。

③ 区域分布市场的参与主体无规模限制。

3）市场主体结构与空间结构的对应关系　中央集中市场和区域分布市场的参与者，即能源互联网市场主体结构，与空间结构的对应关系，见图 25.5-3。

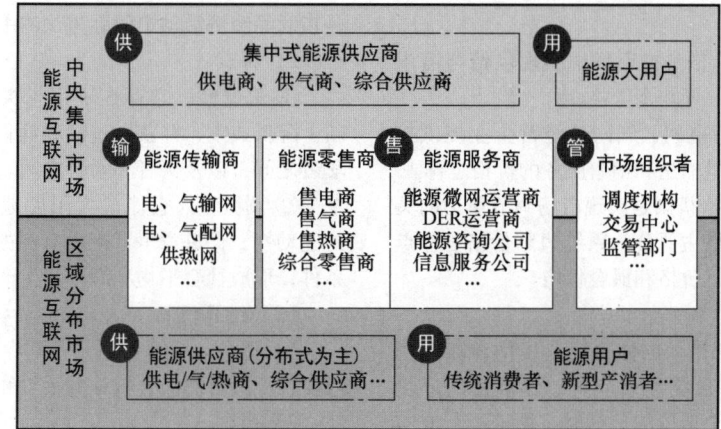

图 25.5-3　能源互联网市场主体结构与空间结构的对应关系

① 电力和天然气的交易可以在集中市场，也可以在区域分布市场中进行交易。

② 与电力、天然气相比，热力最大的不同点在于不能远距离传输，因此热/冷交易全部在区域分布市场中开展。

5.3　能源互联网市场运行机制

45　能源互联网市场交易方式

（1）概念　交易方式是商业企业销售商品的方式。

（2）组成　市场交易方式主要有双边交易和集中交易两种。能源互联网市场交易方式应以双边交易为主，并设置必要的集中交易环节。该交易方式适用于电、气、热等不同类型能源的单独交易及组合交易[44]。

1）双边交易。

① 双边交易是指，交易双方自主协商签订合同，约定在未来的某一确定时间、按照事先商定的价格、以预先确定的方式买卖一定数量的某种标的物。

② 双边合同的要素主要包括交易标的（如电气热等能量、辅助服务、增值服务或金融商品）、交易数量、交割时间、交割价格及交割方式（如物理或金融合同）等。

2）集中交易。

① 集中交易是指，市场参与者根据报价规则向市场组织者（如交易中心）报价，交易中心按照竞价规则统一进行市场出清，并确定每个市场参与者的中标量和中标价格。

② 集中交易的关键在于制定合理的报价规则和竞价规则。考虑到天然气、热力具有较大惯性，能源互联网实时市场针对不同类型能源的出清周期有所差异[45]。

（3）市场时间结构与交易方式的对应关系　能源互联网市场不同时间尺度下适宜采用的交易方式见表 25.5-3。双边交易普遍适用于非实时的短期市场及中长期市场，而集中交易适用于短期市场中的实时市场和日前市场。随着能源互联网市场的不断成熟，为了进一步还原能源的商品属性，除实时市场以外，其余市场集中交易的成分将逐渐降低。

表 25.5-3　能源互联网市场不同时间尺度下适宜采用的交易方式

时间尺度	时间范围	交易方式
短期	实时	集中交易
	日前	双边交易、集中交易或两者相结合
	数天	以双边交易为主
中长期	数月~数年	以双边交易为主

46　能源互联网价格机制
运行机制，是能源互联网市场实现资源优化配置的根本保证，由价格、供求、竞争、结算和激励等机制构成。其中，价格机制处于核心地位。

（1）概念　价格机制是指，在竞争过程中，与供求相互联系、相互制约的市场价格的形成和运行机制。对于能源互联网市场，价格主要有出清价格和输配费用等[46]。

1）市场出清价格是指市场中实现供给与需求双方平衡时的价格，即均衡价格。

2）输配费用指电网、气网等经营企业提供接入系统、联网、能量输送和销售服务的价格总称。

（2）分类　价格机制是实现市场调节作用的关键。其中，出清价格主要分为系统边际价格、节点边际价格、区域边际价格和撮合价格。

1）系统边际价格。

① 系统边际价格，也称为统一出清价格，指的是，在全网整个系统各个节点一个价格的环境下，当系统增加一个单位的负荷时，系统运行成本的增加量。

② 系统边际电价是在出清模型的基础上计算的拉格朗日乘子的值。

2）节点边际价格。

① 如全网统一采用系统边际价格，其最大问题在于不能有效处理线路阻塞价格，所以提出了节点边际价格。节点边际价格指的是，当在一个节点上增加一个单位的负荷时，系统运行成本的增加量。

② 节点边际电价，是在计算系统边际电价的模型上增加网络约束计算出的结果。

3）区域边际价格。

① 采用节点边际价格的问题在于，当参数缺失及市场建立初期具体实施时，采用节点边际价格的难度较大，从而提出了分区边际价格。分区边际价格指的是，当在一个区域上增加一个单位的负荷时，系统运行成本的增加量。

② 区域边际电价，是在计算出节点边际电价基础上进行区域划分，然后计算出区域内节点边际电价关于负荷的加权平均值。

4）撮合价格。撮合价格是指，卖方在交易市场委托销售订单和销售应单、买方在交易市场委托购买订单和购买应单，交易市场按照价格优先、时间优先原则确定的双方成交价格。

（3）交易方式与出清电价的对应关系　出清电价的选择，与交易方式及能源类型有关。对于双边交易，主要为交易双方协商定价；对于集中交易，可以根据能源类型选择采用撮合价格、系统边际价

格、节点边际价格及区域边际价格等不同的定价机制。

47　能源互联网其他机制

（1）竞争机制

1）概念。竞争机制是市场机制的内容之一，是指商品经济活动中优胜劣汰的手段和方法[47]。

2）特点。

① 普遍性。它存在于市场买者之间，力求创新、降低成本，并获取超额利润；它同时也存在于卖者之间，以及买者和卖者之间。

② 刺激性。它能最大限度地刺激各利益主体的能动性，促进竞争者抢占有利的投资市场、投资条件，形成社会平均利润率和生产价格。

（2）结算机制

1）概念。结算机制是指对某一时期内的所有收支情况进行总结、核算的手段和方法。

2）原则。

① 钱货两清。卖方要按期发货，买方要按规定付款，不得拖欠货款和无理拒付货款。

② 维护收付双方的正当权益。收付双方要严格履行合同的有关条款，执行结算制度的规定。要从整体利益出发，不得偏袒任何一方。

（3）激励机制

1）概念。激励机制是为了调动市场积极性、促进社会节能减排制定的手段和方法。

2）作用

① 调动市场主体的积极性　合理的用户侧补贴政策，可以刺激用户自主安装分布式新能源和使用电动汽车及参与中央空调集中控制等需求侧管理。

② 促进社会节能减排　绿色证书政策和可再生能源配额制相结合的方式保证了可再生能源发电的市场份额。

（4）监管机制

1）概念。市场监管是指，监管机构，根据有关法律、法规和规章，遵循市场规律，对市场主体及其行为进行的监督和管理。

2）分类。根据监管行为的不同，可分为两类：市场化行为监管和常规监管。

① 市场化行为监管，主要针对市场配套机制中的市场管理机制、信用管理机制及信息披露机制。

② 常规监管包括，能源质量监管、调度交易监管、安全监管，以及针对市场干预和应急处理的监管和协助工作。

建立上述监管机制来有效保证市场的正常运行　　与交易。

参 考 文 献

［1］　姚建国, 高志远, 杨胜春. 能源互联网的认识和展望 ［J］. 电力系统自动化, 2015, 39 (23)：9-14.

［2］　马钊, 周孝信, 尚宇炜, 等. 能源互联网概念、关键技术及发展模式探索 ［J］. 电网技术, 2015, 39 (11)：3014-3022.

［3］　严太山, 程浩忠, 曾平良, 等. 能源互联网体系架构及关键技术 ［J］. 电网技术, 2016, 40 (1)：105-113.

［4］　孙宏斌, 郭庆来, 潘昭光. 能源互联网：理念、架构与前沿展望 ［J］. 电力系统自动化, 2015, 39 (19)：1-8.

［5］　董朝阳, 赵俊华, 文福拴, 等. 从智能电网到能源互联网：基本概念与研究框架 ［J］. 电力系统自动化, 2014, 38 (15)：1-11.

［6］　郭庆来, 辛蜀骏, 孙宏斌, 等. 电力系统信息物理融合建模与综合安全评估：驱动力与研究构想 ［J］. 中国电机工程学报, 2016, 36 (6)：1481-1489.

［7］　GLOVERJ D, SARMA M S, OVERBYE T. Power system analysis and design ［M］. Boston：CENGAGE Learning, 2012.

［8］　马腾飞, 吴俊勇, 郝亮亮, 等. 基于能源集线器的微能源网能量流建模及优化运行分析 ［J］. 电网技术, 2018, 42 (1)：179-186.

［9］　陈胜, 卫志农, 孙国强, 等. 电-气混联综合能源系统概率能量流分析 ［J］. 中国电机工程学报, 2015, 35 (24)：6331-6340.

［10］　TAO L, EREMIA M, SHAHIDEHPOUR M. Interdependency of natural gas network and power system security ［J］. IEEE Transactions on Power Systems, 2008, 23 (4)：1817-1824.

［11］　FANG J K, ZENG Q, AI X M, et al. Dynamic optimal energy flow in the integrated natural gas and electrical power systems ［J］. IEEE Transactions on Sustainable Energy, 2018, 9 (1)：188-198.

［12］　郭祚刚, 雷金勇, 马溪原, 等. 大规模综合能源系统电-气-热多能潮流建模与计算方法 ［J］. 电力系统及其自动化学报, 2019, 31 (10)：96-102.

［13］　KHATIBI M, BENDTSEN J D, STOUSTRUP J, et al. Exploiting power-to-heat assets in district heating networks to regulate electric power network ［J］. IEEE Transactions on Smart Grid, 2020, 12 (3)：2048-2059.

［14］　ZHANG H Y, PINJALA D, JOSHI Y K, et al. Fluid flow and heat transfer in liquid cooled foam heat sinks for electronic packages ［J］. IEEE Transactions on Components and Packaging Technologies, 2005, 28 (2)：272-280.

［15］　DAIY H, CHEN L, MIN Y, et al. A general model for thermal energy storage in combined heat and power

dispatch considering heat transfer constraints ［J］. IEEE Transactions on Sustainable Energy, 2018, 9 (4)：1518-1528.

［16］　CHEN C M, WU X Y, LI Y, et al. Distributionally robust day-ahead scheduling of park-level integratedenergy system considering generalized energy storages ［J］. Applied Energy, 2021, 302：117493.

［17］　WANG Y W, YANG Y J, FEI H R, et al. Wasserstein and multivariate linear affine based distributionally robust optimization for CCHP-P2G scheduling considering multiple uncertainties ［J］. Applied Energy, 2022, 306：118034.

［18］　刘鑫屏. 热力发电过程建模与状态参数检测研究 ［D］. 北京：华北电力大学, 2010.

［19］　王芃, 刘伟佳, 林振智, 等. 基于场景分析的风电场与电转气厂站协同选址规划 ［J］. 电力系统自动化, 2017, 41 (6)：20-29.

［20］　ZHANG X P, SHAHIDEHPOUR M, ALABDULWAHAB A S, et al. Security-constrained co-optimization planning of electricity and natural gas transportation infrastructures ［J］. IEEE Transactions on Power Systems, 2015, 30 (6)：2984-2993.

［21］　ZHANG Y, HU Y, MA J, et al. A mixed-integer linear programming approach to security-constrained co-optimization expansion planning of natural gas and electricity transmission systems ［J］. IEEE Transactions on Power Systems, 2018, 33 (6)：6368-6378.

［22］　胡源, 别朝红, 李更丰, 等. 天然气网络和电源、电网联合规划的方法研究 ［J］. 中国电机工程学报, 2017, 37 (1)：45-53.

［23］　HU Y, BIE Z H, DING T, et al. An NSGA-II based multi-objective optimization for combined gas and electricity network expansion planning ［J］. Applied Energy, 2016, 167：280-293.

［24］　LI W W, QIAN T, ZHANG Y, et al. Distributionally robust chance-constrained planning for regional integrated electricity-heat systems with data centers considering wind power uncertainty ［J］. Applied Energy, 2023, 336：120787.

［25］　LI C B, YANG H Y, SHAHIDEHPOUR M, et al. Optimal planning of islanded integrated energy system with solar-biogas energy supply ［J］. IEEE Transactions on Sustainable Energy, 2020, 11 (4)：2437-2448.

［26］　YANG W T, LIU W J, CHUNG C Y, et al. Coordinated planning strategy for integrated energy systems in a district energy sector ［J］. IEEE Transactions on Sustainable Energy, 2019, 11 (3)：1807-1819.

［27］　POURAKBARI-KASMAEI M, ASENSIO M, LEH-

TONEN M, et al. Trilateral planning model for integrated community energy systems and PV-based prosumers-a bilevel stochastic programming approach [J]. IEEE Transactions on Power Systems, 2020, 35 (1): 346-361.

[28] KLYAPOVSKIY S, YOU S, CAI H M, et al. Integrated planning of a large-scale heat pump in view of heat and power networks [J]. IEEE Transactions on Industry Applications, 2019, 55 (1): 5-15.

[29] 丁涛, 牟晨璐, 别朝红, 等. 能源互联网及其优化运行研究现状综述 [J]. 中国电机工程学报, 2018, 38 (15): 4318-4328, 4632.

[30] 王伟亮, 王丹, 贾宏杰, 等. 能源互联网背景下的典型区域综合能源系统稳态分析研究综述 [J]. 中国电机工程学报, 2016, 36 (12): 3292-3305.

[31] HU Y, LIAN H R, BIE Z H, et al. Unified probabilistic gas and power flow [J]. Journal of Modern Power Systems and Clean Energy, 2017, 5 (3): 400-411.

[32] 王英瑞, 曾博, 郭经, 等. 电-热-气综合能源系统多能流计算方法 [J]. 电网技术, 2016, 40 (10): 2942-2950.

[33] 张刚, 张峰, 张利, 等. 考虑多种耦合单元的电气热联合系统潮流分布式计算方法 [J]. 中国电机工程学报, 2018, 38 (22): 6594-6604.

[34] 顾伟, 陆帅, 王珺, 等. 多区域综合能源系统热网建模及系统运行优化 [J]. 中国电机工程学报, 2017, 37 (5): 1305-1315.

[35] 董今妮, 孙宏斌, 郭庆来, 等. 面向能源互联网的电-气耦合网络状态估计技术 [J]. 电网技术, 2018, 42 (2): 400-408.

[36] 董今妮, 孙宏斌, 郭庆来, 等. 热电联合网络状态估计 [J]. 电网技术, 2016, 40 (6): 1635-1641.

[37] XU D, WU Q W, ZHOU B, et al. Distributed multi-energy operation of coupled electricity, heating, and natural gas networks [J]. IEEE Transactions on Sustainable Energy, 2020, 11 (4): 2457-2469.

[38] ALABDULWAHAB A, ABUSORRAH A, ZHANG X P, et al. Stochastic security-constrained scheduling of coordinated electricity and natural gas infrastructures [J]. IEEE Systems Journal, 2017, 11 (3): 1674-1683.

[39] SHAO C C, WANG X F, SHAHIDEHPOUR M, et al. An MILP-based optimal power flow in multicarrier energy systems [J]. IEEE Transactions on Sustainable Energy, 2017, 8 (1): 239-248.

[40] 陈启鑫, 刘敦楠, 林今, 等. 能源互联网的商业模式与市场机制 (一) [J]. 电网技术, 2015, 39 (11): 3050-3056.

[41] 刘敦楠, 曾鸣, 黄仁乐, 等. 能源互联网的商业模式与市场机制 (二) [J]. 电网技术, 2015, 39 (11): 3057-3063.

[42] 刘凡, 别朝红, 刘诗雨, 等. 能源互联网市场体系设计、交易机制和关键问题 [J]. 电力系统自动化, 2018, 42 (13): 108-117.

[43] SU W C, HUANG A Q. A game theoretic framework for a next-generation retail electricity market with high penetration of distributed residential electricity suppliers [J]. Applied Energy, 2014, 119: 341-350.

[44] CHEN R Z, WANG J H, SUN H B. Clearing and pricing for coordinated gas and electricity day-ahead markets considering wind power uncertainty [J]. IEEE Transactions on Power Systems, 2018, 33 (3): 2496-2508.

[45] SHAO C Z, DING Y, WANG J H, et al. Modeling and integration of flexible demand in heat and electricity integrated energy system [J]. IEEE Transactions on Sustainable Energy, 2018, 9 (1): 361-370.

[46] DUENAS P, BARQUIN J, RENESES J. Strategic management of multi-year natural gas contracts in electricity markets [J]. IEEE Transactions on Power System, 2012, 27 (2): 771-779.

[47] WANG C, WEI W, WANG J H, et al. Strategic offering and equilibrium in coupled gas and electricity markets [J]. IEEE Transactions on Power Systems, 2018, 33 (1): 290-306.

第1章　工程经济分析概述

1.1　工程经济学

1　工程、项目和经济的含义

（1）工程　工程是指按一定计划进行的工作，如发电厂建设、电网建设等。工程的任务是运用科学知识解决满足人们需要的生产和生活问题。

（2）项目　项目就是以一套独特而相互联系的任务为前提，有效地利用资源，为实现某一特定的目标所做的一次性努力。

（3）经济　经济是指精明而节俭地供应一切所需的艺术。经济包括4个层次：①与一定社会生产力相适应的社会生产关系；②物质资料的生产，以及相应的（所有的）交换、分配、消费；③国民经济的总称；④节约、节省。

工程经济学中的经济更多是指社会经济活动中的合理性问题。

2　工程与经济的关系

工程离不开技术，工程离不开经济，工程（技术）和经济是人类进行物质生产不可缺少的两个方面。先进的技术并不一定能够保证工程的经济性要求，因此现代工程师必须充分认识工程技术和经济在生产实践中相互促进和相互制约的关系。

3　工程经济学

工程经济学是一门，建立在工程学和经济学之上，围绕工程和项目的有关经济活动的问题，在有限的资源条件下运用有效方法，对多种可行方案进行评价和决策，从而确定最佳方案的学科。这里所涉及的有限资源包括资金、人力、设备、原材料等。从追求经济效益的角度分析，工程经济学与微观经济学有着紧密的联系；而从追求社会效益的角度分析，工程经济学和宏观经济学也有联系。

工程经济学关注的重点是单个组织或企业的经济决策。其任务就是用有限的资源，最好地完成工程任务，获得最大的经济和社会效益。

1.2　项目

4　项目的投资主体

项目投资主体主要分为两类：政府、私人或国内外企业。遵照"谁投资、谁决策、谁收益、谁承担风险"的原则，组成投资主体明确的法人单位，实行项目法人责任制。

政府只审批关系国家安全和市场不能有效配置资源的经济和社会领域的政府投资项目。对于不用政府投资建设的项目，政府仅对重大项目和限制类项目（见《政府核准的投资项目目录》），从维护社会公共利益角度实行核准制，其他项目无论规模大小一律改为备案制。

5　项目投资决策

项目投资决策对一个国家或企业的经济发展至关重要。正确的投资决策能促进社会经济的持续快速发展，失误的投资决策会阻碍社会经济的健康发展。可行性研究与项目经济评价，为投资决策提供了科学的依据，有利于实现项目投资决策的科学化和民主化。一个项目投资主体，必须在国家投资决策的正确指导下，在资源各种可能的用途中进行权衡，根据它们对实现国家（或企业）基本目标的程度做出选择。

6　项目管理

项目管理是指从项目开始到结束，通过对一个项目的整体规划、控制、协调，使得项目满足客户的要求：预算费用、准时完成、符合所有的质量标准。项目管理，涉及多种技术、商务业务活动，以及多方面的经济、技术和法律关系，是复杂的系统工程。项目管理的全过程或部分业务活动可通过招标委托项目管理企业进行管理。

工程项目管理业务范围如下：

1）项目前期策划，可行性研究、专项评估与投资确定。

2）办理土地征用、规划许可等有关手续。

3）提出工程设计要求，评审工程设计方案，组织工程勘察设计招标，签订勘察设计合同并监督实施，进行工程设计优化、技术经济方案比选，并进行投资控制。

第 26

项目工程经济分

主　　编　刘新梅（西安交通大学管理

参　　编　王博苑（西安交通大学管理

主　　审　万威武（西安交通大学管理

责任编辑　王　欢

4) 组织工程监理、施工、设备材料采购招标。

5) 与工程项目总承包企业或施工企业及建筑材料、设备、构配件供应等企业签订合同，并监督工程实施。

6) 提出工程实施用款计划，进行工程竣工结算和工程决算，处理工程索赔，组织竣工验收，向业主方移交竣工档案资料。

7) 生产试行及工程保修期管理，组织项目后评估。

7　项目建设程序　在引进和使用西方国家建设项目的可行性研究与项目评价方法基础上，结合我国国情，国家将可行性研究和项目评价列入基本建设程序（见图 26.1-1）之中。

项目建议书是以经济发展规划和项目机会研究为基础编制的。项目建议书报投资主管部门（政府投资项目）或董事会批准后才可以立项，并进行可行性研究。

可行性研究报告经中央或地方政府（政府投资项目）或股东大会审批后，项目才可以进行"扩大初步设计"，即初步设计和技术设计。该设计一经批准就可以绘制施工图，并进行施工建设。

8　项目发展周期　一个项目从设想的产生，直到生产期（服务期）终止，往往要经过一个相当长的时期，通常把这一时期称作"项目发展周期"。对于工业项目，其发展周期一般为 8~30 年。

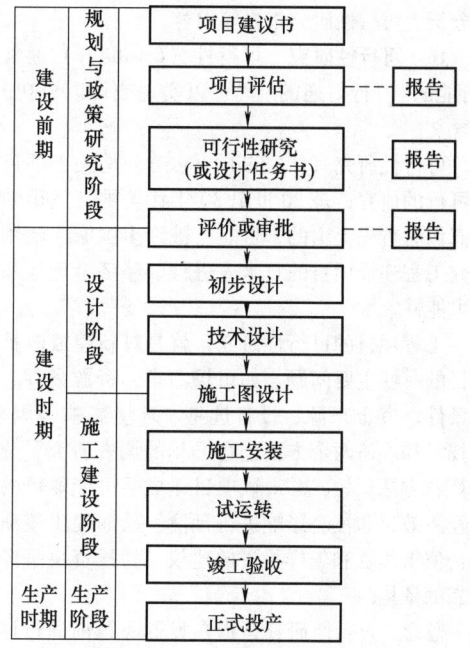

图 26.1-1　基本建设程序

在项目发展周期内，项目通常要经历三个时期：投资前时期、投资时期和生产时期。联合国工业发展组织（UNIDO）发布的《工业可行性研究编制手册》给出了项目发展周期内各时期的工作重点及投资支出的一般规律（见图 26.1-2）。

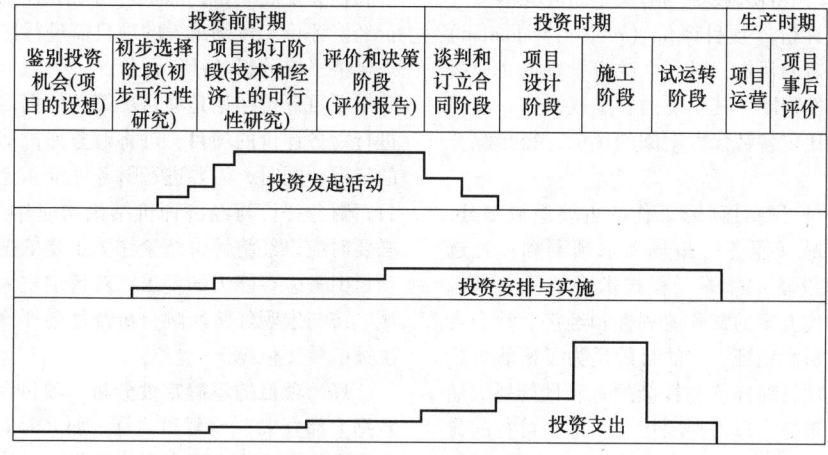

图 26.1-2　项目发展周期

1.3　工程经济分析

9　工程经济分析的内容　工程经济分析的内容包括项目可行性研究、单一或多方案评价、融资方式、不确定性分析、财务分析和经济分析等。其具体内容包括，项目必要性分析、建设规模分析、建厂条件分析与厂址选择、项目技术方案分析、资金估算与资金筹措、成本费用、营业收入与税金估算、财务评价、国民经济评价、社会评价、不确定性分析、可行性研究报告等内容。

10 可行性研究 可行性（feasibility）通常指"可能的""行得通的""可以实现或可以成功的"等含义。

可行性研究（feasibility study），是关于项目是否可行的研究，是20世纪30年代美国开发田纳西河流域时首先提出的，目前已被许多国家广泛用于研究工程建设项目的技术先进性、经济合理性和建设可能性。

工程项目的可行性研究，就是对新建或改扩建项目的一些主要问题，如市场需求、资源条件、建设条件、资金来源、设备选型、环境影响等因素，从技术和经济两个方面进行详尽的调查研究、分析计算和方法比较，并对该项目建成后可能取得的技术经济效果和社会影响进行预测，从而提出该项目是否值得投资和怎样投资的建议，为投资决策提供可靠的依据。

总之，可行性研究是指在投资决策前通过详细的调查研究，对拟建项目的必要性、可实现性及其对经济和社会的有利性（三性）等方面所做的全面而系统的综合性研究。可行性研究的基本方式是调查研究，通过对市场和现场调查研究，可以搜集到绝大部分的数据资料。对"三性"的分析和论证是可行性研究的主要内容。可行性研究的目的就是帮助决策者做出正确的决策，减少或防止决策失误，从而提高投资效益，推动经济协调发展和社会全面进步。

11 项目评价 项目评价（project evaluation）是为了达到给定的目标，对一个政府投资或企业投资项目的可行性判断。其主要内容是权衡这一项目的利害得失及比较各替代方案间的优劣，得出综合结论。

项目评价是可行性研究工作的重要组成部分。它是在做好产品（服务）市场需求预测和厂址选择、工艺技术设备选择等工程技术经济研究基础上，针对各替代方案的财务盈利性和经济、社会合理性进行的分析和论证。它的目的是为了回答可行性研究中拟建项目对经济和社会的有利性问题。通过项目评价，最终可以得到项目方案是否可行的肯定答复。

项目评价分为财务评价、经济评价和社会评价三类。

12 财务评价 财务评价是在国家现行财税制度和价格体系下，从项目的角度出发，计算项目范围内的财务效益和费用，分析项目的盈利能力、清偿能力和财务生存能力，据此评价和判断项目财务可行性的一种经济评价方法。通过财务评价，来明确项目对财务主体及投资者的价值贡献，为投资决策和融资决策提供依据。

13 经济评价 经济评价又称国民经济评价，它是从资源合理配置的角度，采用影子价格体系，分析估算项目的经济效益和费用，计算经济评价指标，分析项目对社会福利所做的贡献，评价项目的经济合理性。

14 社会评价 项目社会评价是根据国家的基本目标，在项目选择上把效益目标、公平目标、环境目标及加速贫困地区经济发展等影响社会发展的其他因素通盘考虑，对项目进行多因素、多目标的综合分析评价，从而选出并实施那些有助于实现社会发展目标的项目。现代社会发展目标包括充分就业、物价稳定、国际收支平衡、生态环境优化、社会经济可持续发展。项目社会评价目前尚无规范方法，一般项目应进行社会效果（效益或费用）分析，评价项目的社会适应性。

15 项目的决策依据 项目评价的内容及侧重点，应根据项目性质、项目目标、项目投资者、项目财务主体，以及项目对经济和社会的影响程度等具体情况选定。对于一般项目，财务评价的结果能满足投资决策需要时，可不进行经济评价；对关系国家安全、国土开发和市场不能有效配置资源的经济和社会发展项目，除了进行财务评价外，还应进行经济评价。特别重大的项目需进行区域经济与宏观经济影响分析及社会评价。

项目评价结论是项目决策的依据之一。只需要进行财务评价的项目，可将财务评价结论作为决策的依据；同时，需要进行财务评价和经济评价的项目，财务评价与经济评价结论均应作为决策依据，必要时应以经济评价结论作为主要依据，并应满足项目财务生存能力的要求；对特别重大的项目，区域经济与宏观经济影响分析及社会评价结论应作为决策的重要依据。

16 项目的不确定性分析 项目评价所采用的数据大部分来自预测和估算，加之时间的推移、条件的变化和一些未考虑因素的影响，使项目评价不可避免地带有不确定性，导致投资项目的决策存在风险。为了分析不确定性因素对项目评价指标的影响，估计项目可能承担的风险和经济上的可靠性，应进行不确定性分析。不确定性分析方法通常有盈亏平衡分析、敏感性分析、概率分析和风险分析等。

第2章 可行性研究

2.1 可行性研究内容

17 可行性研究阶段划分 投资前时期的主要工作分为四个阶段：机会研究、初步可行性研究、可行性研究、评价和决策。可行性研究是投资前期的主要研究工作，覆盖前三个阶段。实践中通常只进行机会研究和可行性研究两个阶段。

机会研究，主要是为项目主体（项目的主要组织、投资及负责者）寻求具有良好发展前景、对经济发展有较大贡献并具有较大成功可能性的投资发展机会。通过机会研究形成项目设想，因此，机会研究是项目产生的摇篮。机会研究的一般方法是从经济、技术、社会及自然状况等大的方面发生的变化中挖掘潜在的发展机会。机会研究阶段效益和费用的匡算精度误差在±30%以内。

初步可行性研究，主要对项目在市场、技术、环境、选点、效益、资金等方面的可行性进行初步分析，为项目设计出主要的实施方案或方案纲要。这样，一方面可以为投资发起活动提供资料；另一方面也是为了发现项目方案中明显的不可行性，淘汰那些不可行的项目方案，并最后决定是否需要投入必要的资金、人力及时间进行可行性研究。这一阶段效益和费用的估算精度误差在±20%以内。

可行性研究，主要是对通过初步可行性研究的项目的实施方案和计划进行详细的分析与研究。这是一个关键环节，因为项目的具体实现方式及实现后的实际效果主要取决于可行性研究的结果。可行性研究一般要对产品的纲要、技术、工艺及设备、厂址选择及厂区规划、资金筹措、建设计划及项目的经济效果等方面进行全面、系统的分析、论证、计划和规划。与初步可行性研究相比，两者的研究范围虽差异不大，但可行性研究内容的详细程度远超前者。在这一阶段，效益和费用的估算精度误差在±10%以内。

18 可行性研究工作程序 可行性研究工作是逐步深入、循序渐进发展的。虽然不同项目的具体研究内容差异很大，但可行性研究所涉及的基本问题大致相同。可行性研究工作一般由投资主体委托设计、咨询单位完成。典型的可行性研究工作程序可分为五大步骤。

（1）研究筹划 这一步需要摸清投资主体的目标、能力和要求，了解项目的背景、范围、具体研究内容。根据可行性研究内容的需要，确定可行性研究小组成员，并制订研究计划。

（2）调查研究 调查研究包括市场调查，原材料、燃料动力调查，工艺技术设备调查，建厂地区、地址调查，资金筹措渠道调查，以及有关政策法规调查等内容。通过分析论证，研究项目建设的必要性。

（3）技术方案设计与优选 在调查研究的基础上，设计出可供选择的技术方案，并结合实际条件进行反复论证研究，会同委托单位明确方案选择的原则及择优标准。从可能的技术方案中推荐最优或次优方案，论证其技术上的可行性。

（4）项目评价 项目评价包括对所选方案进行财务评价和经济评价。通过盈利性分析、财务生存能力分析、费用效益分析、不确定性分析和风险分析，研究论证项目财务可接受性、经济合理性和社会适应性。

（5）编写可行性研究报告 在证明项目建设的必要性、技术上的可行性和经济上的合理性之后，即可编制可行性研究报告，推荐一个或几个项目建设可行性方案，提出结论性意见和重大措施建议，作为项目的决策依据。

19 可行性研究的依据 可行性研究需要进行评价和论证。评价和论证的结果，是以大量数据资料为基础，通过对各种资料进行综合分析和比较得到的。因此，进行可行性研究时，广泛搜集各种有关基础资料是工作顺利开展的前提条件。这些基础资料如下：

（1）国家经济和社会发展的长远规划，地区和部门规划，经济建设的指导方针、产业政策、投资政策和技术经济政策，以及国家和地方法规等。

（2）经核准的项目建议书和围绕项目签订的意向性协议等。

（3）经国家有关部门批准的资源报告、国土开发整治规划、区域规划和交通网规划。

（4）国家进出口贸易政策和关税政策。

（5）拟建厂址的自然、地理、气象、地质、经济、社会等基础资料。

（6）水电、交通、原料、燃料等外部条件资料，有关材料、产品、设备、劳动力价格信息的市场调研报告。

（7）有关的技术标准、规范、参考指标等。

（8）国家颁布的有关建设项目可行性研究和项目评价的规定。

20　可行性研究的内容　各类投资项目可行性研究的侧重点因行业和项目特点而差异很大，但一般应包括如下内容：

（1）必要性研究　必要性研究主要是从地方经济发展的需要和企业发展的战略角度，研究项目是否必要、适时，并研究项目的合理投资时机。

（2）市场与项目规模的研究　在必要性研究的基础上，对项目产品在项目寿命期内的总需求发展趋势、市场结构的变化方向和特征，以及价格变动情况进行全面研究，以估计出项目产品的有效需求量和可能的销售量；以此为依据，结合项目所用技术和外部条件，确定项目的合理规模。

（3）项目选址　以使项目能够取得最佳经济社会效益为宗旨，对各种可能的厂址进行综合分析和评价，从中选出最优方案。

（4）技术问题分析　研究所有项目可用的生产技术、经济特性、组织结构及管理制度，结合项目的实际情况选择最佳的技术方案；研究各种可行的技术来源及获得方式，寻求最佳的方案。

（5）投资与成本的估算　这是研究项目经济性的基础工作，利用各种估算技术和经验，全面、科学地估算项目的全部投资和总成本费用。

（6）项目资金的筹措　在实际经济社会中，有多种多样的资金来源，但如何筹集项目所需资金才能使项目顺利完成并有较高的财务效率，必须详细研究。

（7）项目计划与资金规划　这项研究主要是根据项目工程量、工程难度等实际情况，初步设计项目的实施计划及保证实施的资金规划。

（8）项目的财务评价　根据前面研究的各项结果，对项目投入营运后可能的财务状况及该项投资的财务效果，进行科学的分析、预测和评价。

（9）项目的国民经济评价　项目的建设将消耗和占用大量的经济资源，这种消耗和占用能否为国民经济带来足够的效益呢？项目是否做到了合理地配置资源呢？国民经济评价正是从国民经济的角度来分析和评价项目对国民经济的贡献，从而回答上述问题的。

（10）项目的不确定性分析　实际经济状况是不断变化的，那么项目能否保持一定的经济和社会效益水平呢？这就需要研究项目的风险。不确定性分析就是分析项目在可能的变化下要做出的反应，来为决策提供依据。

21　可行性研究的特点

（1）独立性　独立性是指，在进行可行性研究工作时，不受决策者和委托单位的任何个人意志的约束，按实际情况进行研究。这是确保可行性研究成果客观、公正、可信的重要条件。

（2）系统性　系统性主要体现在统筹兼顾思想和系统分析的方法上。统筹兼顾是指可行性研究的评价和论证必须以整体最优为目标，这是可行性研究不同于任何局部或单方面研究的重要特点。系统分析则是指，可行性研究要在一个系统范围内反复进行的综合平衡。

（3）客观性　客观性就是一切论证和评价都要以客观的数据为基础，定性分析来源于定量分析。

（4）预测性　严格地说，可行性研究中对拟建项目的一切评价结论都是建立在科学预测的基础之上的。

（5）选优性（多方案比较）　可行性研究必须按项目建设的基本目标，同时拟定多种可供选择的实施方案，逐个加以分析和比较，以便从中择优选择。

22　可行性研究报告　可行性研究报告是根据研究项目的性质、规模和复杂性，以及所进行的初步可行性研究、可行性研究及项目评价的结果，为进行项目决策而提出的正式报告。报告中必须明确做出项目是否可行的结论或建议。可行性研究报告的内容及编写格式随项目的不同而有所差异。根据联合国工业发展组织编写的《工业可行性研究编制手册》和我国的实践，新建工业项目的可行性研究报告目录参考格式见表 26.2-1。可行性研究报告的编制，应由技术经济专家任负责人，还要有市场研究专家、专业工程师、土建工程师和财会专家等参加，此外法律、环保及其他方面的专家也应给予适当协助和咨询。

表 26.2-1　新建工业项目的可行性研究报告目录参考格式

23　可行性研究报告的作用

（1）作为项目决策的依据　项目决策的科学性，取决于项目评价论证方法的科学性。科学的项目决策，将会减少项目建设实施过程中的损失和浪费、缩短建设工期、提高投资效益。项目可行性研究，适应我国目前经济发展状况，是比传统的技术经济论证方法更为科学、更为系统的项目前期研究方法。可行性研究报告能够较全面地提供项目决策所需的重要数据和文字信息。

（2）作为项目融资的依据　建设项目所需资金可以通过项目融资筹得。项目融资可以有多种方式，但融资方式的选择必须以可行性研究报告为依据。

（3）作为编制项目初步计划和签订协议合同的依据　在可行性研究过程中，因为运用了大量的基础资料，一旦有关地形、工程水质、水文、矿产资源储量、工业性实验数据不够完整，不能满足下一个阶段工作需要时，负责初步设计的部门就需要根据可行性研究报告所提出的要求和建议，进一步开展有关地形、工程地质、水文等勘察工作或加强工业性实验，补充有关数据。可行性研究报告对拟建项目采用新技术、新设备已进行了可行性分析和论证认为可行的，项目建设单位可依据可行性研究报告拟定的新技术引进和采购新设备的计划进行技术引进和设备采购。

（4）作为申请建设用地和建设许可文件的依据　项目建设单位正式开工建设之前，必须先向当地政府和环保部门申请项目建设执照。项目建设执照决定了项目建设能否如期进行，而要申请得到项目建设执照，建设单位必须出具项目可行性研究报告。

2.2　项目的必要性分析

24　项目必要性分析的主要方面　对拟建项目无论是进行机会研究，还是进行可行性研究都是从分析项目建设的必要性开始的。在明确谁是项目主体的基础上，可以从以下几个方面分析项目的必要性：

（1）项目对国家的贡献　项目建设的必要性取决于项目对国家的贡献。因此，项目主体在考虑项目时，应尽量拟建符合国家经济发展规划和工业布局的项目。

（2）资源利用　资源优势是项目主体竞争优势的一个重要方面，但拥有资源不等于能够充分利用资源，不同产品对资源利用情况也有所不同。因此，项目的必要性，一般要建立在充分发挥项目主体在市场营销、资金、技术、管理经验，以及本国、本地的自然资源、天然条件等方面的优势基础之上。

（3）项目产品的市场潜力　项目产品的市场潜力取决于它的市场需求。分析项目必要性就要研究项目产品是否有足够的市场需求；研究这种需求是否是长期、稳定的，是否是具有发展潜力的需求。

（4）项目主体的发展战略　项目主体的发展战略是实现项目主体长远目标的必要手段，项目是项目主体发展战略中的一个重要步骤。因此，项目是否必要，不仅需要分析项目是否满足需求，还要分析项目投资是否符合项目主体发展战略，是否是实现项目主体战略目标的最佳方式。

25　项目市场研究　产品的市场需求是项目必要性的基础，市场研究是进行项目必要性研究的关键。在市场经济条件下，市场研究已成为可行性研究中最主要的部分。市场研究的主要目的是搞清楚项目产品的市场状况，包括产品市场容量、市场特征、需求量发展趋势及竞争程度等。所以，对一般工业项目，市场研究主要有以下内容：

（1）明确市场定位　根据市场发展变化，确定项目产品的目标市场。在一般情况下，往往选择那些有较大发展潜力的地区和有较强需求的客户群作为目标市场。

（2）市场现状及发展趋势　通过市场调查，掌握目标市场的供求状况、需求特征及将来可能的发展变化方向，预测总需求的发展趋势。

（3）明确目标市场特征　研究目标市场特征要从多方面入手，如对产品的性能、功能、质量及价格的要求，消费者需求动机及偏好特征，竞争状态及进入障碍，产品的价格弹性，以及影响产品需求的主要因素等。

（4）项目产品销售量预测及销售策略确定　市场对产品的总需求量并不等于项目产品的销售量，所以还必须在总量预测的基础上，通过市场竞争的优劣势分析，估计项目未来可能的市场占有率，并以此估计项目未来可能的销售量。市场研究一般通过市场调查和市场预测来完成。

26　产品需求影响因素　影响工业产品需求的主要因素见图 26.2-1。

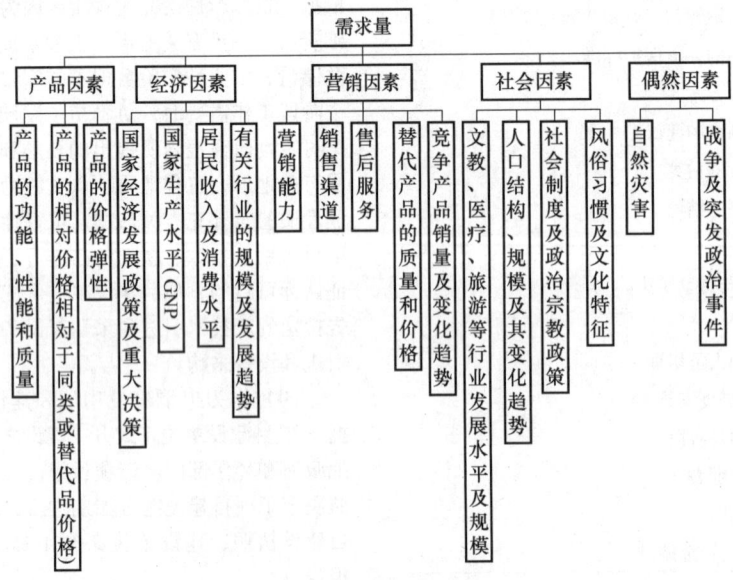

图 26.2-1　影响工业产品需求的主要因素

27 市场分析 通过市场调查和供求分析,根据项目产品的市场环境、竞争能力和竞争者状况,分析、判断项目投产后所生产的产品在限定时间内是否有市场,以及采取怎样的营销战略来实现销售目标。

市场分析的主要目的是,搞清楚项目产品的市场状况(产品市场容量、市场特征、需求量变化趋势及竞争程度等),初步确定生产规模,初步测算项目的经济效益。

(1)根据市场发展变化情况确定项目产品的目标市场。

(2)进行市场现状分析及发展趋势预测。

(3)明确目标市场的特征。

(4)预测项目产品的销售量,确定销售策略。

通过上述研究,为项目提供生产什么产品、为谁生产、生产多少、价格多少等信息。

28 市场调查

(1)**市场调查的基本内容** 在可行性研究过程中,市场调查的主要内容如下:

1)拟建项目产出物用途调查。

2)产品现有生产能力调查。

3)产品产量及销售量调查。

4)替代产品调查。

5)产品价格调查。

6)国外市场调查。

(2)**市场调查的基本方法** 在开展市场调查时,有如下 3 种基本方法可供选择:

1)询问调查法。调查者直接或间接地以询问的方式从被调查者那里收集资料,通常在调查前预先准备好许多问题,并设计调查表,以便询问。根据获得信息媒介的不同,询问调查法又可分为个人调查法、电话调查法、会议调查法和填表调查法 4 种。

2)观察调查法。调查人员直接到现场进行观察或利用某种仪器进行拍摄,以此来收集所需的资料。

3)实验调查法。通过小规模的销售实验或模拟实验,对各种市场营销因素进行测定和了解。

29 市场预测 市场预测就是项目产品的需求预测。需求预测是建立在市场调查基础上的,是市场研究的进一步深化。需求预测的目的,是了解项目产品在将来一段时期的可能销售量及其增长率。需求预测的基本思路是,先预测总需求量(包括国外),再估测未来供应量(包括进口)的发展变化,最后由两者之差得出项目产品的销售前景。

在可行性研究中,由于工业项目的寿命一般在 10 年以上,因此可行性研究中的需求预测都是中、长期预测,总趋势相对于具体数字更为重要。在可行性研究阶段,预测的数字允许有±10%的偏差。

在需求预测中,国内预测要比国外预测(进、出口预测)困难少一些。进行国内预测的基本步骤如下:

1)确定、收集并分析关于当前消费量及其在一段时期内的变化率的现有数据。

2)按市场各个部分将该消费数据分类。

3)确定以往需求的主要决定因素及其对以往需求的影响。

4)预测这些决定因素今后的发展及其对需求的影响。

5)通过一种预测方法或几种方法结合对这些决定因素进行推断,预测需求。

预测未来需求是一项非常复杂而又富有技巧性的工作。目前,预测的理论与技术已成为一门专业学科,内容非常丰富,仅预测的方法就有近 200 种。在中长期预测中常用的有趋势外推法、消耗系数法、相关分析法。

30 项目规模 项目规模指项目的大小,因考察的角度不同而有不同的内涵。对投资者来说,一般依据投资额来度量项目规模;在工程界,项目规模是指项目实施所要求的工程量;在经济界,项目规模的含义通常为项目的实际生产能力,用产量衡量,如 1 500MW 发电厂项目等。工业项目规模一般是指项目的设计生产能力。

项目规模是一个需要较早确定的重要参数,它决定项目的投资额,意味着项目未来的产量,影响着项目工艺技术及厂址的确定等一系列工作。因此,项目规模并不能随意确定,而要先分析制约项目规模的各种因素,再综合考虑确定。对于工业项目,项目规模的主要决定因素如下:

1)项目产品在未来的销售量。

2)资本金与融资能力。

3)项目所用技术及工艺路线。

4)各种生产投入物及能源的供应量和可靠性。

5)经济规模。

6)风险及项目主体的风险承受能力。

2.3 项目技术方案分析

31 技术方案评价 技术评价是,对由技术专家在广泛了解和搜集有关生产技术情报的基础上提出的若干可行技术方案的特性与优劣，进行系统分析；依据企业的发展战略及项目对技术的要求，对各方案做综合的评价，选择出最佳方案。技术评价一般要从以下几个方面进行综合分析：

（1）技术的先进性　一般来讲，先进技术有较强的竞争力，所以在其他方面相同的情况下应选择先进技术方案。但是，强调先进性并不意味着可以选择那些超出现实、没有产业基础的技术，选择的技术一定是可以产业化的先进成熟技术。

（2）技术的适应性　在各备选方案中，应选择能充分利用当地条件的技术方案，重视项目备选技术与当地的生产技术系统的协调性，不仅考虑规范、标准的协调，更要考虑水平、质量等方面的协调，还要避免选用对当地环境造成污染的技术。

（3）产品优势　众所周知，不同的工艺技术生产出来的产品往往在质量、性能及功能等方面有所不同，因而在市场上有不同的竞争优势。毫无疑问，选择能使产品有较大竞争优势、符合市场策略的技术，当然是项目最需要的。

（4）技术方案的经济性　这是评价和选择方案的关键，也是最终的标准。选择技术方案不仅要考虑效益，同时要考虑费用。技术方案的费用包括，工艺设备投资费用、生产的工艺成本及技术的获取与使用费。

32　技术的来源与获取方式　在选择技术的同时，还应分析这项技术的各种来源，除非项目主体自己拥有所需的技术。一般情况下，技术可以有不同的来源。非专利性技术有以下几种来源：技术发明人（个人或法人）、有经验的技术工人、退休的有关技术专家等。但复杂的技术、需要大批资料和蓝图的技术，一般来源于研究所、实验室或企业。对于专利技术，必须从其所有者那里取得工业产权和配套的专有技术。仅取得工业产权只是有权使用该技术生产既定的产品，专有技术仍需向对方购买。购买专利时应对专利权注册的国家、使用范围和有效期进行可靠的调查。技术获取方式包括以下几种：

（1）技术人才的引进　这里的技术人才泛指专利技术与非专利技术的拥有者，也包括具有技术创新、改进能力的科研人员。

（2）技术购买　购买技术是技术转移中最常用的方式，买卖双方通常签订技术转让合同实现技术的转移。买方购买专利技术应根据其资金实力、技术的重要性采取三种不同形式——普通许可、排他许可和独占许可。

（3）入股合资经营　需要技术的企业与技术提供方共同入股建立合资企业，技术提供方将技术及其他生产要素投入该企业，通过联合生产与经营，入股的技术即转移到合资企业中。

（4）成套设备的购买　技术需求方购买成套设备，包括成套设备、关键设备、生产线等。这种方式的突出的优点是引进后能够迅速形成生产能力，还可以弥补企业在设计制造该种技术成套设备的不足。它常用于企业从国外引进技术。不足之处是需要花费较多的资金或外汇。

（5）委托培养与合作研究开发　技术需求方还可以派人学习、掌握某项技术，也可以由本企业科研人员与科研单位联合研究开发某项技术，从而达到学习与引进的目的。

33　工艺方案选择　工艺方案选择就是工艺流程方案的选择，主要内容有工艺顺序、工艺路线、工艺方法、单元操作组成、设备的选型、主要操作条件的确定及控制方案、"三废"治理方案的确定等。选择工艺方案时，由于行业不同，所需要考虑的因素有一定差别。

（1）考虑的因素　一般来说，至少应考虑如下几个因素：

1）生产能力的要求和生产效率的高低。

2）主要原材料及加工对象的影响。

3）工艺装备的先进性和适用性。

4）工艺条件的稳定性和可控性。

5）工艺技术的经济合理性。

6）工程上实现的可能性。

7）综合利用的可能性。

8）市场需求变化的灵活性和适应性。

（2）选择工艺方案应注意的问题

1）应注意前后工艺的协调及全厂总工艺流程的整体优化。在全厂总工艺流程的要求下，对每一个工序都有其独立的工艺方案，每一工序工艺方案的选择必须顾及前后工序的影响，服从整体优化的原则。

2）应注意工艺技术的成熟性和可靠性。任何一种工艺技术，从实验室到工业生产都有一个过渡过程。制造试验阶段允许失败，而在工业生产中不允许失败。因此，所选择的工艺技术必须是在实际运用中证明可行的，或者是通过规模性试验验证的，否则不宜应用于生产。

3）选择工艺方案时，应多方案进行比较。同技术方案选择一样，工艺方案的选择关系着项目的经济合理性，因此必须进行方案的比选。工艺方的评价常采用定量方法，主要有劳动生产率评价法和成本分界点法两种。前一种方法通过计算及比较不同工艺方案的劳动生产率，选择一定生产条件下最高劳动生产率的工艺方案作为最优方案。后一种方法，是通过计算两备选方案的工艺总成本相等的产品产量，再根据项目的设计生产能力，来确定最优方案。

34 设备选择 通常包括设备类型、数量、设备来源、生产能力、价格及性能特点等内容。

（1）考虑因素

1）设备的技术性能。设备的技术性能包括，设备的生产效率，如功率、日生产能力等；设备对产品质量的保证程度，如精度等；设备能耗情况，如耗油、耗电等；设备的使用寿命和技术寿命等。

2）设备的可维修性。设备的可维修性包括，是否便于安装和维护，结构是否简单，通用化、标准化程度如何等。

3）设备的适用性和灵活性。设备的适用性和灵活性包括，设备的成套性和通用性要求，对工艺条件的适应性，结构是否便于布置等。

4）设备的投资效果。设备的投资效果包括，投资费用、使用和维护费用及产出效益等。

（2）设备选择应遵循的原则

1）应根据企业的生产规模、已确定的工艺技术方案及总体配置，来选择设备。

2）应选择技术先进、适应性好的设备，特别要注意不要选用国家已明文通知或宣布即将淘汰的设备，或者能耗高、造价高又不便维修的设备。

3）应注意前后各工序间的设备能力、设备布置和连接等的协调、配套要求。

4）对损耗率高、检修频繁的设备，如砂轮、水泵、电机等，一般应有备用设备。

5）应多方案比较。设备选择除了考虑工艺技术方案的要求外，还要考虑设备供应来源，是国内采购，还是国外引进或自行制造，以及设备的生产效率、投资效果等。因此，有必要进行多方案综合比较，从技术和经济等方面分析、论证后优选。

（3）设备方案选择的主要内容

1）各主要设备生产能力的确定。

2）主要设备选型，列出主要设备方案清单，标明所用设备的类型、规格、数量、来源及单价情况、出厂时间等。

3）编制设备投资费用估算表。一般先分车间列出主要设备计算所采用的定额指标、选定的设备型号、规格及数量等一览表，然后再编制设备投资费用估算表。

4）测算主要设备负荷均衡情况，并说明其负荷计算的依据。

5）其他需要选择和论证的问题。因行业特点和项目具体条件不同，项目设备方案选择的内容也会各有侧重。有的项目选用某设备方案时需要分析和比较备品、备件和维修材料的来源渠道，有的需要分析设备的装备水平和自动化要求等。通过设备方案的比较和论证，确定推荐的设备方案。另外，还需要编制整个工程项目的主要设备一览表，绘制主要设备连接图或分布示意图。

2.4 建厂条件分析与项目选址

35 厂址选择 项目厂址选择是一项涉及多方面、多因素、多环节的复杂的技术经济分析与论证工作。

进行项目选址时，需要深入分析和研究各种建厂条件，如项目所需的原材料、能源、零配件等能否得到可靠的供应，项目产品是否有足够的市场，劳动力资源是否能够满足项目要求，能否为项目提供各种公共设施服务（如水、电、气、通信等），以及厂址的工程地质、地形、排污等。在此基础上，进行综合分析、多方案比较，从而选择出最佳方案。

只有正确选择建厂地址，才能取得期望的经济效益，否则会造成项目"先天不足"，不仅达不到预期效益，而且有可能造成巨大的经济损失。另外，只有厂址方案选定之后，项目建设总投资和产品生产成本才能估算出来。因此，厂址选择是可行性研究中一个重要环节。

以火力发电厂为例，火力发电厂的厂址选择与政治、经济、经济、技术和文化等方面息息相关，必须要从全局着手，综合考虑各个方面，是一项关系十分重大的工程。首先，它必须受国家有关法律法规的约束，受国家政策的指导，必须认真执行党的指导思想，全面贯彻各项方针和政策。其次，厂址选择应符合国民经济建设计划、工业布局要求、燃料基地分布情况、电力系统规划、运煤或输电条件，并结合地区建设计划、负荷的发展和自然条件等因素来综合考虑。最后，国家对环境保护的要求也越来越高，发电厂推动经济的同时，也要尽可能减少对环境的破坏，维持生态平衡，寻求可持续发展。总体来说，火电厂建设选址要符合以下几条：

（1）符合工业布局和城市规划的一般原则 根

据国家政策，厂址选择必须要从全局出发、统筹兼顾，综合考虑全国工业布局或区域性总体规划的要求和各工业部门布局特点，满足工业布局和城市规划的要求。在利用现在城市公用设施、节约投资的同时，又要符合城市的整体规划要求，寻求总体效益最大化。

（2）合理利用土地资源　由于我国人均土地资源缺乏，经济合理地利用土地资源是厂址选择的基本原则。在满足生产工艺的前提条件下，要合理布局，充分利用土地资源，少占或不占农田，充分利用劣地和荒地，符合可持续发展的要求。因此，厂址选择应执行"十分珍惜、合理利用土地和切实保护耕地"的基本国策。

（3）原料、燃料等资源充足落实　厂址选择要考虑原料、燃料的运输问题，一般选择靠近原料、燃料的来源地，节约运输成本，保证资源的充足供应。

（4）交通运输便利　无论是原材料的来源，还是销售最终产品，都不得不考虑运输成本的问题。便利的交通运输条件是企业正常生产所必需的。一般对于对运量大、运输频繁的企业选址，都会考虑靠近铁路、公路枢纽及港口、码头。

（5）有利于环境保护　只有保持环境生态平衡才能实现长期发展，因此必须做好环境保护工作。对于可能造成环境污染的企业，其选址不应靠近和影响风景游览区及自然资源保护区，应位于城镇和居住区全年最小频率风向的上风侧和饮用水源的下游，且不应位于窝风地带。另外，厂址要有利于企业三废综合治理、防止环境被污染、维持生态平衡。

（6）灰场空间足够大　灰场的选择是火电厂这种特殊企业要重视的一个因素。在发电燃煤的过程中，会产生大量的灰渣，贮灰场对于燃煤电厂必不可少。贮灰场既可以保证电厂正常生产，也可以治理灰渣污染。厂址选择与工程设计、施工、投产等方面要综合考虑，保证生产的顺利进行。

（7）出线顺利　发电厂发出的电在输送给用户的过程中，必须做好规划，包括电厂规划容量、各级电压出线回路数等要与出线走廊相适应，尽量避免迂回浪费。而且考虑高压输电的实际，厂址距离用户不宜太远。

（8）方便企业协作　厂址选择要考虑与周围的企事业单位共用一些基础设施相互依托、协作生产，以节约企业投资，用最小的投资获得最大的效用。

36　建厂地区条件分析

（1）政策条件　政策条件包括，国家和当地政府对该地区的经济发展政策、投资政策、产业政策、税收政策、进出口政策和金融政策等。例如，在重点旅游区和重点文物保护区，不得建设电厂等有污染物源的项目。

（2）资源条件　资源条件包括，项目在建设过程中所需的建筑材料和项目建成后所需的原材料、辅料和燃料等。建厂地区必须具备与拟建项目相适应的良好资源条件，包括有关的矿产资源条件、原材料条件，以及资源的质量状况、开采条件。资源条件对电厂、采矿、冶炼类项目及加工这类项目尤为重要。资源条件的优劣往往会决定这些项目的成败。

（3）能源条件　能源是任何建设项目都必不可少的基本建厂条件，选址时应给予足够的重视。一般来说，对能源考虑的重点是电能、热能等的供应来源，对于能耗大的企业，更需特别注意。

（4）运输条件　运输条件包括，运输方式、运输距离、运输费用等。在运输条件的选择中，运输方式和路线的选择是最为关键的内容。

（5）外部协作条件　现代化大生产需要与企业外部发生各种各样的广泛的经济联系，如供水、供电、机械维修、施工建筑、技术协作等。

（6）市场条件　市场条件包括，拟建项目产品在建厂地区目前的自给程度、潜在需求量大小、商品流通渠道及信息沟通环境等。建厂地区的市场条件会极大影响项目建成后的生产经营状况，因此，必须根除那种"酒香不怕巷子深"的陈旧观念。

（7）劳动力来源条件　要尽可能就近解决职工来源，以促进当地经济、文化、教育事业的发展。

（8）自然、气候条件　建厂地区的温度、湿度、降雨量、风雪、冰雹、滑坡及地震影响等必须符合企业生产建设要求。

37　厂址条件分析　建厂地区确定后，要选择具体厂址。厂址条件应从以下几个角度进行分析：

（1）工程地质条件　厂址应具有良好的工程地质和水文地质条件。

（2）地形要求　地形是否能满足厂址所需面积和外形要求，是厂址选择中最基本的条件之一。

（3）供水条件　供水条件包括，水源的水质、水量、地下水深、供水能力、供水设备完好状况、平时供水的水压、水价及可靠性等。

（4）安全条件　安全条件包括，防洪、防震、防爆、防火、防毒等方面。首先，厂址的位置及标高应根据企业性质及防洪标准确定。

（5）排污条件　项目建设要尽可能减少对建厂地区的环境污染。良好的排污条件是厂址选择中需要认真研究的内容。一般来说，厂址的方位、地形等要有利于污染物的排放和扩散。

（6）基础设施条件　基础设施条件包括，生活福利设施、文化教育、体育卫生、商业网点、公共交通、消防安全、邮电通信、供气（汽）、煤气等。显然任何项目的建设和运营都少不了这些公用设施。

38　项目选址的基本原则

（1）符合国家工业布局的总体规划和所在地的地区规划或城镇规划的要求。拟建项目的建设往往对当地的经济和社会产生重大影响，不少地区因大型工业项目的建成而逐步发展成为新型的工业城市。当厂址选在城镇或城镇附近时，应以城镇总体规划为依据，在交通、环保、建筑艺术等方面与总体布局要求相互协调，不在城镇附近建设时亦应与当地的地区规划相互协调。

（2）尽可能遵循"就地取材，就地生产，就地销售"的原则，为降低成本、提高效益创造条件。为此，应根据项目产品特点，从项目经济性出发来选址。工业项目的常用选址方法如下：

1）初步加工工业项目，尤其是农产品和矿产品加工厂，如榨油厂、糖厂、洗煤厂、选矿厂等，应尽可能接近原料产地。因为，这些产品生产过程中，原料失重程度大，单位产品的原料消耗数倍于成品的重量，靠近原料产地可大幅度降低运输成本。

2）部分农产品原料在储藏和运输过程中损耗较大，亦应靠近原料产地建厂。这样可尽量避免因原料腐烂所带来的损失，也可节省运输成本，一般比在消费地建厂更经济合算。

3）对生产过程中原料失重程度小，成品不便于运输或运输过程损耗大的，一般应靠近消费地

建厂。

4）对于耗电量大的工业，单位产品的电能消耗在产品成本中所占比重较高的工厂，如铁合金厂、电石厂、铝、镁、钛的冶炼厂等，一般应选择在动力基地，特别是能提供廉价电能的大中型水电站的附近建厂。

5）对于机械加工业、轻纺工业、食品工业等的厂址选择，是靠近原料产地，还是靠近销售地，应进行技术经济方案比较，方能确定。

（3）有利生产、方便生活、便于施工，如场地便于布置、便于施工建设，生产、生活设施便于维修，公用设施便于配套并留有适当的施工和发展余地等。

（4）节约用地，如必须尽可能利用荒地和劣地，少拆民房。

（5）保护生态平衡，保护文物、古迹和风景名胜。

（6）深入调查研究，必须进行多方案比较和综合分析，择优选址。

39　选址报告　通过多方案比较，选出最为合理的厂址方案，作为最终推荐方案。在此基础上，需要编写详细的选址报告。选址报告是选址工作的最终成果。选址报告的主要内容应包括如下几方面：

1）选址依据，包括采用的工艺技术方案、建厂条件及选址的主要经过。

2）建厂地区概况，包括自然、地理、经济技术和社会等概况。

3）厂址条件概况，包括原材料、燃料来源，工程、水文地质及气象条件，水源及给排水条件，电源及供电可靠性，交通运输条件，环保要求，施工条件，劳动力来源等。

4）厂址方案，需要先提出比较的标准，再分析论证各备选方案的优劣并推荐最优方案，并说明推荐理由。

第3章 财务评价指标

3.1 资金时间价值的内涵

40 资金时间价值 资金时间价值是指，把资金投入到生产或流通领域，随着时间的推移，会发生增值的现象。资金的时间价值就是资金运动过程中产生的增值。资金时间价值的客观基础可从两个角度来理解：

（1）从生产者或资金使用者的角度来看 一笔资金，不论是用于构建厂房、设备等固定资产，还是用于购买原材料、燃料等的流动资金，都构成必不可少的生产要素。生产出来的产品除了弥补生产中的物化劳动和活化劳动消耗之外，还会有剩余，这些就是劳动者为社会创造的剩余价值。从资金的运动过程来看，就表现为投资经过生产过程产生了增值。

（2）从消费者或资金提供者的角度来看 无论是国家通过财政手段积累的资金，还是个人储蓄的货币，一旦用于投资，就不能用于现期消费，而牺牲现期消费是为了将来更多的消费。因此，资金使用者应当付出一定的代价，作为对放弃现期消费的损失和对放弃货币占用的偏好损失的补偿，以及对资金提供者的鼓励。

所有项目的经济评价都是基于资金时间价值这一原理，此标准具有较宽的适用性。对于火力发电项目、生物质能发电项目、垃圾发电项目、多联产项目，其经济评价与纯凝发电和热电联产项目，在财务或经济的费用效益流量的识别和估算上及评价内容的选择上，是基本一致的。

41 单利与复利 利息的计算有单利计息和复利计息之分。

（1）单利法 指仅用本金 P 计算利息 I，利息不再生利息。若利率为 i，单利计息时，利息计算公式为

$$I = iP$$

n 个计息周期后的本利和 F 为

$$F = P(1+i)$$

我国银行存款利息就是以单利计算的，计息周期为"年"或"月"。

（2）复利法 指用本金与前期累计利息总额之和计息，即除最初的本金要计算利息外，每一计息周期的利息都要并入本金，再生利息。复利计息 n 年（期）的本利和公式为

$$F = P(1+i)^n$$

基本建设贷款就是按复利计息的。复利计息比较符合资金在社会再生产过程中运动的实际情况，反映了资金运动的客观规律，可以较好地体现资金的时间价值。在工程经济分析中一般采用复利计息，用复利的等值计算方法来计算资金的时间价值。

（3）利息的计息周期 利息的计息周期是指一年时间中利息计算的时间长短，如年、月、季、天进行计息。用一年的时间除以计息周期，就得到了计息次数。在一年中，计息周期越短，表明计息次数越多，相同本金的时间价值就越大。

由于计息周期的原因，利率存在着两种不同的表示方法，即名义利率与实际利率。

所谓名义利率，是指周期利率与每年计息周期数的乘积。通常表达为"年利率仅12%，按季复利计息"，是指周期利率为3%，名义利率为12%。

所谓实际利率，是指一年利息额与本金之比。它反映的是真实借贷下的成本。可根据名义利率计算本利和，公式如下：

$$F = P\left(1 + \frac{r}{m}\right)^m$$

式中 r——名义利率；

m——计息次数。

那么，按照真实借贷法计算出的利息为

$$I = F - P = P\left(1 + \frac{r}{m}\right)^m - P$$

则实际利率 i 为

$$i = \frac{I}{P} = \frac{P\left(1 + \frac{r}{m}\right)^m - P}{P} = \left(1 + \frac{r}{m}\right)^m - 1$$

由此可见，实际利率等于名义利率加上利息的时间价值。

3.2 基本术语

42 时值 时值是指，以某个时间为基准，运动的资金所处的相对时间位置上的价值（即特定时间位置上的价值）。根据时间基点的不同，同一笔资金的时值又可以分为现值和终值。

（1）现值 现值（present value）P 是指，某一特定时间序列起点的现金流量。如果把某个时点上的现金流量按照某一确定的实际利率 i 计算到该时间序列起点的现金流量，该计算的现金流量也称为现值，这一过程称为折现。

（2）终值 终值（future value）F 是指，某一特定时间序列终点的现金流量。如果把某个时点上的现金流量按照某一确定的实际利率 i 计算到该时间序列终点的现金流量，该计算的现金流量也称为终值。由此可见，终值是现值加上资金时间价值后的现金流量。

（3）年值 年值（annuity）A 是指，发生在某一特定时间序列各计算期末（不包括零期）且金额大小相等的现金流量。

43 折现 所谓折现（贴现）是指，把未来某个时点上的现金流量按照某一确定的实际利率 i 计算到该时间序列起点的现金流量的过程。折现的大小取决于折现率，即某一特定的利率 i。由终值 F 求现值 P 的公式为

$$P = F(P/F, i, n) = F(1+i)^{-n}$$

式中 $(P/F, i, n)$——折现系数的代号与计算公式。

由 n 年（期）的等额年金 A 求现值 P 的公式为

$$P = A(P/A, i, n) = A\left[(1+i)^{n-1}\right] / \left[i(1+i)^n\right]$$

式中 $(P/A, i, n)$——年金现值系数的代号与计算公式。

44 等值 在同一时间序列中，不同时点上的两笔或两笔以上的现金流量，按照一定的利率和计算方式，如折现到某一相同时点的现金流量是相等的，则称两笔或两笔以上的现金流量是等值的。在一定的利率和计息周期下，同一笔现金流量的现值和终值是等值的。决定等值的 3 个因素如下：

（1）资金金额的大小，即现值的大小。

（2）资金金额的发生时间，即现金流量发生的时点。

（3）利率的高低。

45 现金流量 现金流量是指，在一定时期内（项目寿命期内）流入或流出项目系统的资金。流入系统的实际收入或现金收入称为现金流入量（为正），流出系统的实际支出或现金支出称为现金流出量（为负）。流入系统的资金称现金流入，流出系统的资金称现金流出，现金流入与现金流出之差称为净现金流量。

工程经济分析的目的就是要根据特定经济系统所要达到的目标和所拥有的资源条件，考察系统在从事某项经济活动过程中的现金流出和现金流入情况，计算经济效果评价指标，选择合适的工程技术方案，以取得最好的经济效果。现金流量有 3 个要素：大小、流向、时点。大小，指资金数额；流向，指项目的现金流入或流出，以流入为正，流出为负；时间，指现金流入与流出发生的时间点。每年的现金流量的代数和就是该年的净现金流量。

在工程经济分析中，对投资与收益发生的时间点有 2 种处理方法：一种称年初投资年末收益法，即把投资计入发生年的年初，把收益计入发生年的年末；另一种是近年来较多采用的年（期）末法，即每一年（期）发生的现金流量均认为发生在年末。这两种处理方法的结果稍有差别，但不会引起本质变化。根据 2006 年国家发展改革委、建设部发布的《建设项目经济评价方法与参数（第 3 版）》，项目经济评价采用年末法。

第4章 财务评价

4.1 投资估算与资金筹措

46 项目总投资及形成的资产 项目总投资是指，项目建设和投入营运所需要的全部投资。以火力发电项目为例，项目总投资指自前期工作开始至项目全部建成投产运营所需要投入的资金总额，包括建设投资、流动资金、建设期利息和固定资产投资方向调节税（见图26.4-1）。

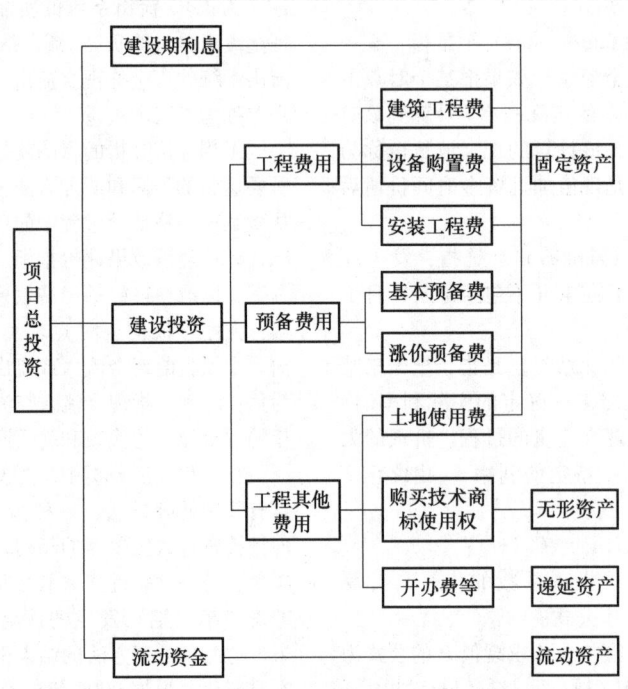

图 26.4-1 建设项目总投资及所形成资产

（1）建设投资 建设投资是指，项目按给定的建设规模、产品方案和工程技术方案进行建设所需要的费用。它是项目费用的重要组成部分，也是项目财务分析的基础数据。建设投资可以按概算法或形成资产法进行分类。

1）按概算法分类。建设投资包括工程费用、工程建设其他费用及预备费用。

① 工程费用是指，按照给定的建设规模、产品方案和工程技术方案，进行建设所需要的厂房建设费用。

② 工程建设其他费用是指，在形成厂房、设备等设施过程中，除工程费用外的资金投入。

③ 预备费用是指，考虑建设过程中可能出现的风险因素而导致的建设费用增加的这部分内容，包括基本预备费和涨价预备费。

2）按形成资产法分类。建设投资包括，固定资产费用、无形资产费用、其他资产费用和预备费。

① 固定资产费用。固定资产费用，是指项目投产时直接形成固定资产的建设投资，包括工程费用和工程建设其他费用中按规定所形成的固定资产费用（又称固定资产其他费用）。

② 无形资产费用。无形资产费用，是指直接形成无形资产的建设投资，即形成专利权、非专利技术、商标权、土地使用权和商誉等所需要的建设投资。

③ 其他资产费用。其他资产费用，是指建设投资中除形成固定资产和无形资产以外的部分，如生产准备、开办费、样品样机购置费和农业开垦费等。

④ 预备费。预备费，是指投资估算中为不可预见的因素和物价变动因素而准备的费用，分为基本预备费和涨价预备费。为了简化计算，将预备费也计入固定资产原值。

(2) 流动资金 流动资金是指，生产和经营活动中用于购买原材料、燃料动力、备品备件、支付工资和其他费用，以及在制品、半成品、制成品占用的周转资金。流动资金所形成的资产称为流动资产。流动资金具有以下特点：

1) 在生产过程中，其实物形态不断发生变化。一个生产周期结束，其价值一次全部转移到产品中去，并在产品销售后以货币形式获得补偿。

2) 每个生产周期流动资金完成一次周转，但在整个项目寿命期内流动资金始终被占用着，直到项目寿命期末，全部流动资金才能退出生产和流通，并以货币资金形式被回收。

(3) 建设期利息 建设期利息又称建设期资本化利息，是指项目在建设期内因使用外部资金（如银行贷款、企业债券、项目债券等）而支付的利息。根据国家发展改革委、建设部发布的《建设项目评价方法与参数（第3版）》，建设期利息遵守如下规定：

① 建设期利息应计入固定资产原值。

② 假定借款均在每年的年中支用，当年使用的建设资金借款按半年计息，其余各年份（上一年年末或本年年初借款累计）按全年计息。

每年应计利息的计算公式如下：

$$每年应计利息 = [年初借款本息累计 + (本年借款额/2)] \times 年利率$$

在财务评价中，可以根据贷款方的要求选择不同的计息方法，计算出生产期的每年应计利息、计入财务费用中的利息支出项目。

47 项目的资金构成 建设项目所需要的资金由自有资金、赠款、借入资金3部分组成，见图26.4-2。自有资金，是指投资者缴付的出资额，包括资本金和资本溢价。资本金是指，新建项目设立企业时在工商行政管理部门登记的注册资金。根据投资主体的不同，资本金可分为国家资本金、法人资本金、个人资本金及外商资本金等。资本金的筹集可以采取国家投资、各方集资或发行股票等方式。投资者可以用现金、实物和无形资产等进行投资。资本溢价是指，在资金筹措过程中，投资者缴付的出资额超出资本金的差额。借入资金是指通过国内外银行贷款、国际金融组织贷款、外国政府贷款、出口信贷、发行债券、补偿贸易等方式筹集的资金。在一般情况下，资本金与长期借款资金（即债务）之间必须进行平衡，资本金所占比例越高则财务安全度越高，税前利润也越大，但资本金利润率不一定高。从提高资本盈利能力角度出发，项目发起人总希望资本金所占比例尽可能小，但长期借款增加，又会增加项目的财务风险。所以，一般将资产负债率控制在50%以下较为合适。

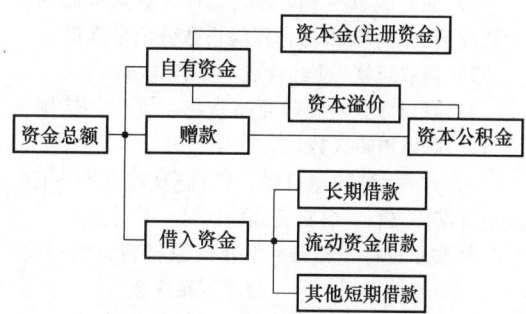

图 26.4-2 建设项目资金构成

48 流动资金的估算方法 流动资金是指运营期内长期占用并周转使用的资金，又称营运资金。它是流动资产与流动负债的差额。流动资金的构成见图26.4-3。

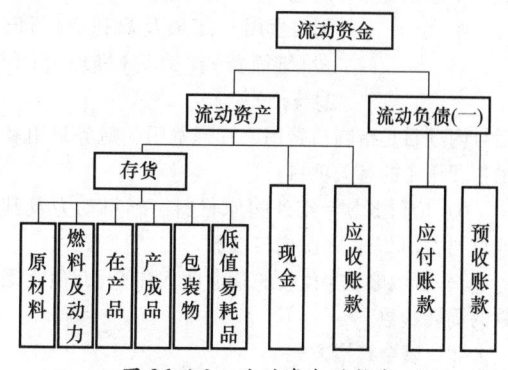

图 26.4-3 流动资金的构成

(1) 流动资金的扩大指标估算方法 项目的流动资金，一般可参照同类生产企业流动资金占销售收入、经营成本、建设投资的比率，以及单位产量占用流动资金的比率来确定。流动资金的估算方法各行各业是不同的，通常采用下列几种方法：

1）占销售收入或产值的 15%~30%。

2）占成本的 25%~35%。

3）占固定资产价值的一定比例，如某火电厂项目流动资金占建设投资的 2%。

（2）流动资金的分项详细估算法　根据流动资金的构成，依据"流动资金估算表"可采用如下公式估算：

$$流动资金 = 流动资产 - 流动负债$$
$$流动资产 = 应收账款 + 存货 + 现金$$
$$流动负债 = 应付账款 + 预收账款$$
$$流动资金本年增加额 = 本年流动资金 - 上年流动资金$$

流动资产和流动负债各项的计算如下：

1）周转次数 = 360/最低周转天数。最低周转天数应按实际情况并考虑保险系数分项来确定。

2）应收账款 = 年经营成本/周转次数。

3）预付账款 = 外购商品货物、服务年费用金额/预付账款周转次数。

4）存货 = 外购原材料、燃料 + 在产品 + 完工产品。外购原材料、燃料应分项计算，其计算为

$$外购原材料、燃料 = 年外购原材料、燃料费/\\分项周转次数$$

$$在产品 = (年外购原材料、燃料及动力费 + 年工\\资及福利费 + 修理费 + 年其他制造费\\用)/在产品周转次数$$

$$完工产品 = 年经营成本/完工产品周转次数$$

5）现金 = （年工资及福利费 + 年其他费用）/周转次数。年其他费用的计算为

$$年其他费用 = 制造费用 + 管理费用 + 财务费用 +\\销售费用 - （工资及福利费 + 折旧\\费 + 维简费 + 摊销费 + 修理费 + 利\\息支出）$$

括号内项目是指制造费用、管理费用、财务费用及销售费用中的有关项目。

6）应付账款 = 年外购原材料、燃料动力及其他材料费用/应付账款周转次数。

7）预收账款 = 预收的营业收入年金额/预收账款的周转次数。

49　资金筹措方式

（1）按照融资主体，资金筹措方式可分为，既有法人融资方式和新设法人融资方式。

1）既有法人融资方式。其建设项目所需资金来源于，既有法人的资产、新增权益资金和新增债务资金。既有法人融资方式筹集的债务资金用于项目投资，债务人就是既有法人。债权人可对既有法人的全部资产进行债务追索，因而债权人的债务风险较低。新增债务资金依靠既有法人的盈利能力来偿还，并以其整体的资产和信用承担债务担保。

2）新设法人融资方式。其融资主体，是新组建的具有独立法人资格的项目公司。新设法人融资方式的建设项目所需资金，来源于项目公司股东投入的权益资金和项目公司承担的债务资金。在这种融资方式下，项目发起人（企业或政府）会组建新的项目公司。这些项目公司具有独立法人资格，并承担融资责任和风险。新设法人融资项目的权益资金，可通过股东直接投资、发行股票、政府投资等渠道和方式筹措。

（2）按照融资的性质，资金筹措方式可分为权益融资和负债融资。

1）权益融资。权益融资是指，以所有者身份投入非负债性资金的方式进行的融资。权益融资形成企业的"所有者权益"和项目的"资本金"。权益融资在我国项目资金筹措中具有强制性。

2）负债融资。负债融资是指，通过负债的方式筹集各种债务资金的融资。负债融资是工程项目资金筹措的重要形式。负债融资，按使用的期限，可分为短期、中期和长期债务；按信用基础，可分为主权信用融资、企业信用融资和项目融资。

（3）按照不同的融资结构安排，资金筹措方式可分为传统融资方式和项目融资方式。

1）传统融资方式。传统融资方式，是指一个公司或企业利用本身的资信能力为项目所安排的融资。在这种融资方式下，投资者将该项目与项目业主作为一个整体看待，以其资产负债情况、盈利水平、现金流量状况等为依据决定是否投资。

2）项目融资方式。项目融资方式，是投资项目资金筹措的一种方式，特指某种资金需求量巨大的投资项目的筹资活动，而且以负债作为资金的主要来源。项目融资，很少以项目业主的信用或项目有形资产的价值作为担保来获得贷款，而主要是依赖项目本身良好的经营状况和项目建成、投入使用后的现金流量作为偿还债务的资金来源；同时，将项目的资产，而不是项目业主的其他资产，作为借入资产的抵押。

资金筹措的具体形式见图 26.4-4。在每一种筹资方式下有不同的具体形式，如发行股票有内部股、公众股、法人股和国家股之分，又有人民币 A 股或 B 股、H 股等及境外股之分；借款有信用贷款

和抵押贷款（或担保贷款）之分等，在国外发行债券还有公募和私募之分等。可行性研究阶段必须确定具体的筹资方式，选择筹资方式的主要依据是筹资成本（或称资金成本）及政府的有关限制性法规。

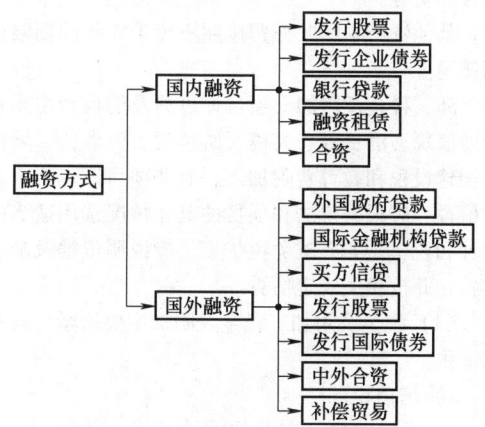

图 26.4-4　资金筹措的具体形式

筹资成本是指，筹资工作本身的费用（如发行费、代理费等），以及必须支付给出资者的报酬。各种不同来源的资金（承担不同的责任）和不同的筹资方式，使得筹资成本各不相同。如果用发行股票的方式筹集股本金，不仅今后每年要向股东支付一定的股息，而且还要为股份公司的申报、审批、资产评估、股票上市审批等支付一定的费用。如果采用发行债券的方式，也要支出可观的发行费和代理费。相比之下，银行贷款的费用相对较低，但贷款不易取得，而且常有一些附加条件。例如，要获得中国建设银行的基本建设贷款（长期借款）及中国工商银行流动资金贷款，项目发起人必须拥有占项目总投资 30%以上的自有资金或自筹资金。中国建设银行对不同类型项目的借款偿还期还有不同的要求，中小型项目借款偿还期小于等于 7 年，大型项目借款偿还期小于等于 10 年。

总体来看，资本的近期成本较高而远期成本较低，而且资本金能够承担项目风险，且不用还本，借入资金则不承担企业风险，按规定条件必须还本付息。因此，项目筹资方案的最后确定必须有一个综合评价再进行选择的过程。在确定具体的筹资方案之后，需要编制"项目总投资使用计划与资金筹措表"。

4.2　成本费用及税费估算

50　财务评价价格　采用市场价格体系为基础预测价格。在建设期内，一般应考虑投入的相对价格变动及价格总水平变动因素；在运营期内，若不能确定投入与产出的价格变动，各种投入与产出一般可采用项目运营初期的价格，若能合理判断未来市场价格趋势，可采用相对变动价格。有要求时，运营期也可考虑价格总水平的变动。

51　经营成本　经营成本，是项目评价中专有的概念，是指运营期内为生产产品而发生的各种费用，是财务评价中现金流量分析的主要现金流出。经营成本的计算为

经营成本=外购原材料、燃料和动力费+工资及福利费+修理费+其他费用

其他费用是指从制造费用、管理费用和营业费用中扣除了折旧费、摊销费、修理费、工资及福利费以后的其余部分。

52　总成本费用

（1）总成本费用的定义　总成本费用是指，项目在运营期的一定时期内（一般为 1 年）为生产和销售产品花费的全部成本和费用。

（2）总成本费用的构成方法　成本费用估算，原则上应遵循国家现行《企业会计制度》规定的成本和费用核算方法，同时应遵循有关税法中准予在所得税前列支科目的规定。当两者有矛盾时，一般应按从税原则处理。各行业成本费用的构成各不相同，应按行业规定估算。制造业项目总成本费用可按下列方法估算（总成本费用估算表）：

1）生产成本加期间费用估算法为

总成本费用=生产成本+期间费用

生产成本=直接材料费+直接燃料和动力费+直接工资+其他直接支出+制造费用

期间费用=管理费用+营业费用+财务费用

2）生产要素估算法为

总成本费用=外购原材料、燃料及动力费+工资及福利费+折旧费+摊销费+修理费+财务费用（利息支出）+其他费用

以火力发电项目为例，总成本费用指火力发电项目在生产经营过程中发生的物质消耗、劳动报酬及各项费用。根据电力行业的有关规定及特点，总成本费用包括生产成本和财务费用两部分。生产成本包括燃料费、用水费、材料费、工资及福利费、折旧费、摊销费、修理费、脱硫剂费用、脱硝剂费用、排污费其他费用及保险费等，同时要求计算电力和热力产品的单位生产成本。财务费用主要指利息支出。

53　可变成本与固定成本　总成本费用按其与产量变化的关系分为固定成本、可变成本和半可变（半固定）成本。固定成本通常包括折旧费、摊销费、修理费、工资及福利费（计件工资除外）和其他费用。可变成本主要包括外购原材料、燃料及动力费等。有些成本费用属于半固定半可变成本，必要时可进一步分解为固定成本和可变成本。项目评价中可根据行业特点进行简化处理，通常把利息作为固定成本。

对于火力发电项目来讲，固定成本指在一定范围内与电、热产量变化无关，其费用总量固定的成本，一般包括折旧费、工资及福利费、修理费、财务费用、其他费用及保险费；可变成本指随电、热产量变化而变化的成本，主要包括燃料费、用水费、材料费、脱硫剂费用、脱硝剂费用、排污费用。

54　固定资产折旧

（1）固定资产　固定资产是指，使用年限在1年以上，单位价值在一定限额以上，在使用过程中始终保持原有物质形态的资产，如发电机组、厂房等。

（2）固定资产折旧　固定资产折旧是指，固定资产在使用过程中由于逐步磨损而转移到产品中的那部分价值。固定资产折旧提取方式主要有两种：直线计提折旧和加速折旧。

1）直线计提折旧为

年折旧额＝（固定资产原值－固定资产残值）/折旧年限

或　年折旧额＝固定资产原值×（1－预计净残值率）/折旧年限

折旧年限可参考《工业企业财务制度》中的固定资产分类折旧年限表。

2）加速折旧。加速折旧可采用双倍余额递减法或年数总和法。

① 双倍余额递减法为

年折旧额＝（固定资产净值×2/折旧年限）×100%

实行双倍余额递减法折旧的固定资产，应当在其固定资产折旧年限到期前两年内，将固定资产净值扣除预计净残值后的净额平均摊销。

② 年数总和法为

年折旧额＝{（固定资产原值－预计净残值）×（折旧年限－已使用年数）/[折旧年限×（折旧年限＋1）/2]}×100%

固定资产折旧可以分类计算，也可综合计算。

55　无形资产及其他资产的摊销

（1）无形资产　无形资产是指，企业长期使用但没有实物形态的资产。无形资产，按规定期限分期摊销；没有规定期限的，按不少于10年分期摊销。

（2）其他资产　其他资产是指，建设投资中除形成固定资产和无形资产以外的部分，如生产准备及开办费等。

其他资产中的开办费按照不短于5年的期限分期摊销。

56　税金及附加　项目评价涉及的税费主要包括增值税、消费税、关税、所得税、资源税、城市维护建设税和教育费附加等，有些项目还包括土地增值税。应根据税法和项目的具体情况选用适当的税种和税率。如有减免税优惠，应说明依据及减免方式，并按相关规定估算。

（1）税金及附加　税金及附加主要指增值税和附加税。

1）增值税。

① 征税对象。在我国境内销售或提供加工、修理修配劳务及进口货物的单位和个人。

② 计税依据。新增加的工资和利润。

③ 计税方法为

应纳增值税额＝当期销项税额－当期进项税额

销项税额＝销售额×税率

销售额，是指纳税人销售货物或提供应税劳务而向购买方收取的全部价款和价外费用，但不包括收取的销项税额。销项税额应在增值税专用发票"税额"栏中填写。一般纳税人的应纳税额，为当期销项税额抵扣当期进项税额后的余额。

④ 税率。增值税税率按照国家税务总局定期公布的税率计算。

2）附加税。附加税主要包括城市维护建设税和教育费附加。它是在增值税的基础上进行计税的一种税种。

① 城市维护建设税为

城市维护建设税额＝增值税额×税率

城市维护建设税税率为7%、5%和3%。具体税率应该根据项目所在地的城市进行确定。

② 教育费附加为

教育费附加＝增值税×税率

教育费附加的税率通常为3%。

（2）土地税、费及开发建设基金

1）土地征用费、耕地占用税、新土地开发建设基金及建设期间的土地使用税，应列入建设项目投资估算的其他费用内。

2）土地征用费包括，土地补偿费、青苗补偿费、居民安置费、地面附属物拆迁补偿费、征地管理费等。

（3）资源税

1）征收范围。在我国境内开采原油、天然气、煤炭、黑色金属矿原矿、有色金属矿原矿及生产盐的单位和个人。

2）计算

应纳资源税额＝课税数量×单位税额

（4）企业所得税

企业所得税额＝应纳税所得额×税率－减免税额－抵免税额

应纳税所得额＝年收入总额－准予扣除的项目

收入总额包括生产、经营收入、财产转让收入等 7 方面收入；准予扣除项目包括成本、费用、税金、损失和其他支出。

企业所得税，是对我国内资企业和经营单位的生产经营所得和其他所得征收的一种税。企业所得税的纳税人，包括各类企业、事业单位、社会团体、民办非企业单位和从事经营活动的其他组织。个人独资企业、合伙企业不属于企业所得税纳税人。

（5）税金及附加的会计处理 根据现行会计制度规定，进入产品成本费用的税金，有房产税、土地使用税、车船使用税、印花税，以及进口原材料、备品备件的关税；从销售收入中直接扣除的销售税金，以及消费税、增值税、资源税、城市维护建设税和教育费附加；从利润中扣除的所得税。

（6）对先征后返的增值税、产品出口退税、按销量或工作量等依据国家规定的补助定额计算并按期给予的定额补贴，以及属于财政扶持而给予的其他形式的补贴等，应按相关规定合理计算。

4.3 营业收入及利润

57 营业收入 营业收入是指，销售产品或提供服务所获得的收入。估算营业收入的基础数据是，产品的数量和价格。

销售价格，采用不含增值税的价格，一般采用出厂价格，也可根据需要采用送达用户的价格或离岸价格。

产品或服务的数量（各期运营负荷），应根据技术的成熟度、市场开发程度、产品的寿命期、需求量增减变化等因素，结合项目的特点，通过制定运营计划合理确定。估算营业收入时，假设产品销售量等于生产量。

58 利润 利润总额，等于营业收入加补贴收入，扣除总成本费用、营业税金及附加。利润总额减去以前年度亏损为应纳税所得额，扣除所得税后，剩余为净利润。净利润与年初未分配利润之和，是可分配利润。

可供分配利润提留法定盈余公积金和公益金后，为可供投资者分配的利润。可供投资者分配的利润先减去应付优先股股利，提取任意盈余公积金（比例由公司股东大会决定），剩余为应付普通股股利，分配后的剩余为未分配利润。根据企业性质的不同，投资者的利润分配情况也不同。

对于外商投资项目，可供分配利润减去储备基金、职工奖励与福利基金和企业发展基金后，得出可供投资者分配的利润。对中外合作经营项目，如要用利润归还投资，也应由可供分配利润减去要归还投资。

4.4 财务评价指标

59 财务评价指标 财务分析包括静态分析和动态分析（折现现金流量分析）两类，相应的有静态评价指标和动态评价指标。动态分析考虑了资金的时间价值，能更好反映经济运行规律，项目评价应以动态分析为主。财务评价指标及对应的计算报表见表 26.4-1。

表 26.4-1 财务评价指标及对应的计算报表

评价内容	基本报表	财务评价指标		融资前	融资后
		静态	动态		
盈利能力分析	项目投资财务现金流量表	投资回收期	财务内部收益率、财务净现值	√	
	项目资本金现金流量表		财务内部收益率		√
	投资各方财务现金流量表		投资各方财务内部收益率		√
	利润与利润分配表	总投资收益率			√

（续）

评价内容	基本报表	财务评价指标		融资前	融资后
		静态	动态		
生存能力分析	财务计划现金流量表	净现金流量、累计盈余资金			√
偿债能力分析	资产负债表	资产负债率			√
	借款还本付息计划表	利息备付率、偿债备付率			√

60　财务内部收益率（FIRR）　财务内部收益率（finance internal rate of return，FIRR），指项目在计算期内各年净现金流量现值累计等于零时的折现率，即使项目净现值为零的折现率。其表达式为

$$\sum_{t=0}^{n} (CI-CO)_t (1+FIRR)^{-t} = 0$$

式中　CI——现金流入；

CO——现金流出；

$(CI-CO)_t$——第 t 年的净现金流量；

n——计算期；

FIRR——财务内部收益率。

财务内部收益率对多数实际问题，其范围为 $-1 < FIRR < \infty$。FIRR 实际使用试差法计算。

财务内部收益率的经济含义是在计算期内项目的收益率。它反映了项目的获利能力。一个投资项目开始以后，始终处于以某种"利率"产生收益的状态，这种利率越高，项目的获利能力越强，经济性越好。而这个利率的高低完全取决于项目"内部"，因此得名内部收益率。内部收益率是项目所固有的特性。财务内部收益率的经济意义还可以这样理解，把资金投入项目以后，将不断通过项目的净收益加以回收，其尚未回收的资金将以财务内部收益率（利率）增值，直到项目计算期结束时正好回收了全部投资。

项目投资财务内部收益率、资本金财务内部收益率、投资各方财务内部收益率，分别采用项目投资财务现金流量表、资本金财务现金流量表和投资各方财务现金流量表，依据上式计算。

在财务评价中，财务内部收益率与行业的基准收益率 i_C 比较。当 $FIRR \geqslant i_C$ 时，项目方案在财务上是可以被接受的。项目投资财务内部收益率、权益投资财务内部收益率、投资各方财务内部收益率，各有不同的财务基准收益率。

电力行业还可以通过给定财务内部收益率，测算项目的上网电价，与政府主管部门发布的当地标杆上网电价对比，来判断项目的财务可行性。一般地，项目投产期、还贷期和还贷后为单一电价，即经营期平均电价。

61　财务净现值（FNPV）　财务净现值（finance net present value，FNPV），是反映项目盈利能力的价值型评价指标。财务净现值是按基准折现率将项目计算期内各年的净现金流量折现到建设期初（第 1 年年初）的现值之和。其表达式为

$$FNPV = \sum_{t=0}^{n} (CI-CO)_t (1+i_C)^{-t}$$

式中　i_C——基准折现率，采用行业的基准收益率。

一般情况下，财务盈利能力分析只计算项目投资财务净现值，可根据需要选择计算所得税前财务净现值或所得税后财务净现值。

评价准则，若 $FNPV \geqslant 0$，则项目方案可考虑接受。

62　投资回收期（P_t）　投资回收期 P_t 就是，从项目建设之日起，用项目各年的净收入（年收入减年支出）抵偿总投资所需要的时间。对于投资回收期，有

$$\sum_{t=0}^{P_t} (CI-CO)_t = 0$$

式中　P_t——投资回收期。

投资回收期自项目建设开始年算起，单位是年。投资回收期一般用项目投资现金流量表计算，具体是根据累计净现金流量图的直线内差法求得，其实用计算式为

$P_t = [$累计净现金流量首次为正值或零的年份数$]-1+$上年累计净现金流量的绝对值/当年的净现金流量

对于一般项目，若投资回收期短，表明项目盈利能力高、投资回收快、抗风险能力强。投资回收期指标的缺点和局限性如下：

1）它没有反映资金的时间价值。

2）由于它只考虑投资回收期之前的现金流量，

故不能全面反映项目在寿命期内真实的效益，也难于对不同方案的比较选择做出正确判断。

投资回收期指标的优点如下：

1）概念清晰，简单易用。

2）该指标不仅在一定程度上反映了项目的经济性，而且反映了项目风险的大小。项目决策面临着未来的不确定因素，这种不确定性带来的风险随着时间的延长而增加。

为了减少这种风险，就必然希望投资回收期越短越好。因此，能够反映一定的经济性和风险性的投资回收期指标，在项目经济评价中具有重要地位和作用，作为一个主要指标被广泛采用。

63　总投资收益率（ROI）　总投资收益率（return on investment，ROI），表示项目总投资的盈利水平，是指项目达到设计生产能力后的一个正常生产年份的年息税前利润或营运期内年平均息税前利润（earnings before interest and tax，EBIT）与项目总投资（total investment，TI）的比。它是考查项目单位投资盈利能力的静态指标，可根据"利润与利润分配表"中的有关数据计算。其计算公式为

$$ROI = \frac{EBIT}{TI} \times 100\%$$

如总投资收益率高于同行业的收益率参考值，表明项目用总投资收益率表示的盈利能力满足要求。

64　项目资本金净利润率（ROE）　项目资本金净利润率（return on equity，ROE），表示权益投资的盈利水平，是指项目达到设计能力后正常年份的年净利润或运营期内年平均净利润（net profit，NP）与项目权益投资（equity capital，EC）的比。其计算公式为

$$ROE = \frac{NP}{EC} \times 100\%$$

式中　NP——项目正常年份的年净利润或运营期内年平均净利润；

　　　EC——项目权益投资。

如权益投资净利润高于同行业的净利润率参考值，表明项目用权益投资净利润率表示的盈利能力满足要求。

65　利息备付率（ICR）　利息备付率（interest coverage ratio，ICR），指在借款偿还期内的息税前利润与应付利息 P_I 的比。它从付息资金来源的充裕性角度反映项目偿付债务利息的保障程度和支付能力。其计算公式为

$$ICR = \frac{EBIT}{P_I}$$

式中　EBIT——息税前利润；

　　　P_I——计入总成本费用的全部利息。

利息备付率可以分年计算，也可以按整个借款偿还期综合计算。分年计算的利息备付率更能反映项目的偿债能力。利息备付率越高，表明利息偿付的保障程度越高、风险越小。利息备付率应大于1，并可根据债权人的要求判断。

66　偿债备付率（DSCR）　偿债备付率（debt service coverage ratio，DSCR）指，在借款偿还期内，可用于还本付息的资金（EBITDA-T_{AX}-IC）与应还本付息金额 P_D 的比。其计算公式为

$$DSCR = \frac{EBITDA - T_{AX} - IC}{P_D}$$

式中　EBITDA——息税前利润加折旧和摊销；

　　　T_{AX}——所得税；

　　　IC——运营期维护运营投资；

　　　P_D——应还本付息金额，包括还本金额、计入总成本费用的全部利息。融资租赁费用支出可视同借款本金偿还。运营期内的短期借款本息也应纳入计算。

偿债备付率可按年计算，也可按整个借款偿还期综合计算。按年计算的偿债备付率更能反映偿债能力。偿债备付率表示可用于还本付息的资金偿还借款本息的保障率。偿债备付率应大于1，并可根据债权人的要求确定。

67　资产负债率（LOAR）　资产负债率（liability on asset ratio，LOAR），是反映项目各年所面临的财务风险程度及偿债能力的指标，是年末付债总额 T_L 与资产总额 T_A 的比。其计算公式为

$$LOAR = \frac{T_L}{T_A} \times 100\%$$

资产负债率较低，表明企业和债权人的风险较小，也表明企业经营较安全、稳健，具有较强的筹资能力。对该指标的分析，应结合国家宏观经济状况、行业发展趋势、企业所处竞争环境等条件判断。在项目财务评价中，长期债务还清后的年份可以不计算资产负债率。

68　流动比率与速动比率　流动比率是反映项目偿付流动负债能力的指标。速动比率是反映项目快速偿付流动负债能力的指标。两指标的计算分别为

流动比率＝[流动资产合计/流动负债合计]×100%

速动比率＝[（流动资产合计-存货)/流动负债合计]×100%

69　财务生存能力分析　对于没有营业收入或营业收入较少，为社会提供公共产品（服务），或者以保护环境为目标的非营利性项目，财务分析重在考察项目的财务生存能力。首先，应在财务分析辅助表、利润与利润分配表的基础上编制财务计划现金流量表，通过合并项目计算期内的投资、融资和经营活动所产生的各项现金流入和流出，计算净现金流量和累计盈余资金，分析项目是否有足够的净现金流量维持正常运营，以实现财务可持续性。其次，各年累计盈余资金不应出现负值。因为这类项目通常需要政府长期补贴或在一定时期内给予补贴才能维持运营，所以应合理估算项目运营期各年所需的政府补贴数额，并分析政府补贴的支付能力。对有债务资金的项目，还应结合借款偿还要求进行财务可持续性分析。

70　财务评价参数　行业财务基准收益率，是各行业项目评价财务内部收益率指标的基准判据，也是财务净现值指标的折现率。行业财务基准收益率，代表着行业内投资资金应当获得的最低财务盈利水平，代表着行业内投资资金的边际收益率。其体现为建设项目行业的全投资税前财务基准收益率和资本金投资税后财务基准收益率（见表 26.4-2）。

表 26.4-2　财务评价参数示例

序号	行业名称	全投资税前财务基准收益率（%）	资本金投资税后财务基准收益率（%）
08	电力		
081	电源工程		
0811	火力发电	8	10
0812	天然气发电	9	12
0813	核能发电	7	9
0814	风力发电	5	8
0815	垃圾发电	5	8
0816	其他能源发电（潮汐、地热等）	5	8
0817	热电站	8	10
0819	抽水蓄能电站	8	10
082	电网工程		
0821	送电工程	7	9
0822	联网工程	7	10
0823	城网工程	7	10
0824	农网工程	6	9
0825	区内/省内电网工程	7	9
09	水利		
091	水库发电工程	7	10
092	调水、供水工程	4	6

71　财务评价基本报表　财务评价基本报表包括，各类财务现金流量表、利润与利润分配表、财务计划现金流量表、资产负债表和借款还本付息估算表。

（1）项目投资财务现金流量表　该表不分投资资金来源，以全部投资作为自有资金为计算基础（自有资金假设），用以计算全部投资所得税前和所得税后的财务内部收益率、财务净现值和投资回收期等评价指标，考察项目全部投资的盈利能力，判断项目方案是否合理，为投资决策提供支撑和依据。

（2）项目资本金财务现金流量表　该表从项目

资本金角度出发，以项目资本金作为计算基础，把借款本金偿还和利息支付作为现金流出，用以计算项目资本金财务内部收益率，考察项目资本金的盈利能力，判断项目融资方案是否可行。

（3）投资各方现金流量表　该表从投资各方的角度出发，以投资各方的出资额作为计算基础，把借款本金偿还和利息支付作为现金流出，用以计算投资各方财务内部收益率，考察项目投资各方的盈利能力。

（4）利润与利润分配表　该表反映项目计算期内各年的营业收入、总成本费用、利润总额、所得税后利润的分配情况，用以计算总投资收益率、项目资本金净利润率等指标。

（5）财务计划现金流量表　该表反映项目计算期内各年的投资、融资及经营活动的现金流入和流出，用于计算累计资金盈余或短缺情况，分析项目的财务可持续性，选择资金筹措方案，制定适宜的借款及偿还计划，并为编制资产负债表提供依据。

（6）资产负债表　该表综合反映项目计算期内各年末资产、负债和所有者权益的增减变化及对应关系，以考察项目资产、负债、所有者权益的结构是否合理，用以计算资产负债率、流动比率及速动比率，进行偿债能力分析。

（7）借款还本付息估算表　该表反映项目计算期内各年借款本金偿还和利息支付情况，用以计算偿债备付率和利息备付率指标，分析项目偿债及利息的保障程度和支付能力。

为了完成这些基本报表，还应编制一些基础数据和中间计算表、辅助表。

第5章 经济评价

5.1 经济评价的效益与费用

72　经济评价　经济评价是，按照资源合理配置原则，从国家整体角度考察项目的效益和费用，用影子价格等经济评价参数分析、计算项目对国民经济的净贡献，评价项目的经济合理性的一种分析方法。经济评价又称费用效益分析或国民经济评价。经济评价的重点是，从资源合理配置的角度，分析项目投资的经济效率和对社会福利所做出的贡献，评价项目的经济合理性。经济评价的主要特点是整体性和系统性，把国民经济作为一个大系统，每个建设项目都从这个系统中吸取一定量的投入（如资金、劳动力、土地等），同时也向国民经济这个大系统提供一定数量的产出（如产品、服务等）。经济评价把建设项目放在国民经济这个大系统中，采用影子价格计算、分析项目给国家经济整体带来的效益和国家为此而付出的代价（费用），从而选择对大系统目标最有利的项目或方案。

73　财务评价与经济评价的区别

（1）评价角度不同　财务评价是，从项目的经营者、投资者和债权人角度分析项目货币收支、盈利状况和借款清偿能力；经济评价则是，从国民经济整体角度考察项目需要国家付出的代价和对国家的贡献，考察投资行为的经济合理性。

（2）项目费用、效益的含义和范围划分不同　财务评价是，根据项目的实际收支情况确定项目的效益和直接费用；经济评价则是，根据项目给国家带来的效益和项目消耗国家资源的多少，来考察项目的效益和费用。国家给项目的补贴、项目向国家上交的税金及国内借款的利息，均视为转移支付，不作为项目的效益和直接费用；而且要计算项目的间接效益和间接费用，即外部效果。

（3）评价采用的价格不同　财务评价对投入物和产出物采用财务价格，经济评价采用影子价格。

（4）主要参数不同　财务评价，采用国家公布的汇率和行业基准收益率或银行贷款利率；经济评价，采用国家统一测定的社会折现率和影子汇率等经济评价参数。

由于上述区别，两种评价有时可能导致相反的结论。

74　经济评价的项目类型　对于财务价格扭曲不能真实反映项目产出的经济价值，或财务成本不能包含项目对资源的全部消耗，或财务效益不能包含项目产出的全部经济效果的项目，需要进行经济评价。应做经济评价的项目类型如下：

1）具有自然垄断特征的项目。

2）产出具有公共产品特征的项目。

3）外部效果显著的项目。

4）国家控制的战略性资源开发及涉及国家经济安全的项目。

5）受过度行政干预的项目。

75　项目经济效益和费用识别

1）遵循有无对比的原则，正确识别和计算"有项目"和"无项目"的经济效益与费用。

2）对项目所涉及的所有成员及群体的费用和效益做全面分析。

3）防止外部效果误算、漏算或重复计算。

4）合理确定效益和费用的空间范围和时间跨度。

5）根据具体情况调整转移支付。

76　经济效益和经济费用计算原则　经济效益的计算，应遵循支付意愿（willingness to pay，WTP）原则和（或）接受补偿意愿（willingness to accept，WTA）原则；经济费用的计算，应遵循机会成本原则。经济效益和经济费用，可采用影子价格直接识别和计算，也可通过调整财务效益和费用得到。

77　产出的社会效果　如果项目的产出效果表现为对人力资本、生命延续或疾病预防等方面产生影响，如教育项目、卫生项目、环境改善工程或交通运输项目等，应根据项目的具体情况，测算人力资本增值的价值、可能减少死亡的价值及对健康影响的价值，并将量化结果纳入项目经济评价的框架之中。如果货币量化缺乏可靠依据，应采用非货币的方法进行量化。

78　项目的环境效果　环境影响的外部效果，应尽可能地对环境成本和效益进行货币量化，并在可行的情况下赋予其经济价值。环境影响的费用和效益，应根据项目的时间范围和空间范围、具体特点、评价的深度要求及资料占有情况，采用适当的方法进行量化。

79　费用节约的效益　效益表现为费用节约的项目，应根据有无对比分析，计算节约的经济费用，计入项目相应的经济效益。对于表现为时间节约的运输项目，其经济价值应采用有无对比分析，根据不同人群、货物、出行目的等计算时间节约价值。

1）根据不同人群及不同出行目的对时间的敏感程度，分析受益者为得到这种节约所愿意支付的货币数量，测算出行时间节约的价值。

2）根据不同货物对时间的敏感程度，分析受益者为了得到这种节约所愿意支付的价格，测算其时间节约的价值。

5.2　影子价格体系

80　外贸货物的影子价格　影子价格，也称为最优计划价格，是在约束条件下实现资源最优配置的手段。项目经济评价中的影子价格，能够真实地反映项目投入和产出的经济价值，反映项目建设给国民经济带来的效益与费用，以便正确评价项目的经济合理性，从而实现资源的优化配置。对于具有市场价格的可外贸的投入或产出的影子价格，应根据口岸价格进行计算：

出口产出的影子价格（出厂价）= 离岸价（FOB）×影子汇率−出口费用

进口投入的影子价格（到厂价）= 到岸价（CIF）×影子汇率+进口费用

81　非外贸货物的影子价格　对于非外贸货物，其投入或产出的影子价格应根据下列要求计算：

1）如果项目处于竞争性市场环境中，应采用市场价格作为计算项目投入或产出的影子价格的依据。

2）如果项目的投入或产出的规模很大，项目的实施将足以影响其市场价格，导致"有项目"和"无项目"两种情况下市场价格不一致，在项目评价中，取两者的平均值作为测算影子价格的依据。

3）对于适用流转税的产品，产出的影子价格一般包含实际缴纳税额，投入的影子价格一般不含实际缴纳税额。

82　不具有市场价格产出效果的影子价格　如果项目的产出效果不具有市场价格，应遵循消费者支付意愿和（或）接受补偿意愿的原则，按下列方法测算其影子价格：

1）采用"显示偏好"的方法，通过其他相关市场价格信号，间接估算产出效果的影子价格。

2）利用"陈述偏好"的意愿调查方法，分析调查对象的支付意愿或接受补偿的意愿，推断出项目影响效果的影子价格。

83　特殊投入　项目的特殊投入包括劳动力、土地和自然资源。

84　自然资源的影子价格　项目投入的自然资源，无论在财务上是否付费，在经济评价中都必须测算其经济费用。不可再生自然资源的影子价格，应按资源的机会成本计算；可再生自然资源的影子价格，应按资源再生费用计算。

85　劳动力的影子价格　劳动力的影子价格，又称影子工资，是指建设项目使用劳动力、耗费劳动力资源的社会代价。在项目经济评价中，以影子工资计算劳动力费用。影子工资等于劳动力机会成本与因劳动力转移而引起的新增资源消耗之和。劳动力机会成本指，劳动力在本项目被使用，而不能在其他项目中使用而被迫放弃的劳动收益；新增资源消耗指，劳动力在本项目新就业或由其他就业岗位转移到本项目而发生的社会资源消耗，这些资源的消耗并没有提高劳动力的生活水平。

经济评价中影子工资可按下式计算：影子工资=财务工资×影子工资换算系数。影子工资换算系数是指，影子工资与项目财务评价中的劳动力工资之间的比值。影子工资换算系数，应根据项目所在地劳动力就业状况、劳动力就业或转移成本测定。技术劳动力的工资报酬一般可由市场供求决定，影子工资一般等于财务工资，即影子工资换算系数为 1。根据我国非技术劳动力就业状况，非技术劳动力的影子工资换算系数一般取 0.25 ~ 0.8，具体可根据当地的非技术劳动力供求状况确定。非技术劳动力较为富余的地区可取较低值，不太富余的地区可取较高值，中间状况可取 0.5。

86　土地的影子价格　土地影子价格是指，土地的机会成本和土地改变用途而发生的新增资源消耗之和。在建设项目国民经济评价中，项目占用土地应当按影子价格计算土地费用。土地影子价格应按下式计算：土地影子价格＝土地机会成本＋新增资源耗费。土地机会成本，按拟建项目占用土地而使国民经济为此放弃的该土地"最佳替代用途"的净效益计算；土地改变用途而发生的新增资源消耗主要包括，拆迁补偿费、农民安置补偿费用。在实践中，土地平整等开发成本通常计入工程建设费用中，在土地影子价格中不再重复计算。如果项目征用农村土地，土地征用费中的耕地补偿费及青苗补偿费应视为土地机会成本；地上建筑物补偿费及安置补偿费应视为新增资源消耗；征地管理费、耕地占用税、耕地开垦费、土地管理费、土地开发费等其他费用应视为转移支付，不列为费用。土地影子价格，应根据项目土地所处地理位置、项目情况及取得方式的不同分别确定，具体应符合下列规定：

1）通过政府公开招标取得的国有土地出让使用权，以及通过市场交易取得的已出让国有土地使用权，其影子价格应按财务价格计算。

2）非市场交易取得的土地使用权包括划拨土地、没有经过市场竞价取得的出让土地、征用农村土地，应分析价格优惠或扭曲情况，参照公平市场交易价格，对价格进行调整。

3）经济开发区优惠出让使用的国有土地，影子价格应参照当地土地市场交易价格类比确定。

4）当难以用市场交易价格类比方法确定土地影子价格时，可采用收益现值法或以土地开发成本加开发投资应得收益确定。

5）采用收益现值法确定土地影子价格，应以社会折现率对土地的未来收益及费用折现。

5.3　经济评价参数

87　社会折现率　社会折现率，是建设项目国民经济评价中衡量经济内部收益率的基准值，也是计算项目经济净现值的折现率。作为效益及费用现值计算的社会折现率，代表项目费用效益的时间价值，是项目经济可行性和方案比选的主要判据。社会折现率由国家投资调控部门测定和选用，应符合下列规定：

1）根据国家的社会经济发展目标、发展战略、发展优先顺序、发展水平、宏观调控意图、社会成员的费用效益时间偏好、社会投资收益水平、资金供给状况、资金机会成本等因素综合分析，一般社会折现率为8%。

2）受益期长的基础设施建设项目，如果远期效益较大，效益实现的风险较小，可以采用较低的折现率，但不应低于6%。

88　影子汇率　影子汇率是指能正确反映国家外汇真实价值的汇率，在建设项目国民经济评价中，应当采用影子汇率计算外汇价值。在实践中，影子汇率通过影子汇率换算系数得出。影子汇率按下式计算：

影子汇率＝外汇牌价×影子汇率换算系数

影子汇率换算系数是影子汇率与外汇牌价之比。建设项目经济评价中项目的进口投入物和出口产品收支外汇，应采用影子汇率换算系数调整计算进出口外汇收支的价值。根据我国外汇收支、外汇供求、进出口结构、进出口关税、进出口增值税及出口退税补贴等情况，影子汇率换算系数为1.08。

在经济费用效益分析中，采用以影子价格体系为基础的预测价格，影子价格体系不考虑通货膨胀因素的影响。

按照使用范围，经济评价参数可分为财务评价参数和国民经济评价参数。用于建设项目财务评价的参数，为财务评价参数；用于建设项目国民经济评价的参数，为国民经济评价参数。电力发展战略与规划、经济状况、资源供求情况等，是测定参数时重点应考虑的依据；而市场供求状况、电力行业特点、筹资成本等，是构成项目风险的主要因素。在测定参数时应进行全面的分析与论证。参数的测定与选用应注意同期性，即不同种类参数均使用同一时段的数据，以保证计算结论的合理性与可比性；参数的测定与选用还应注意有效性，即要求使用在有效期内的参数。

5.4　经济评价指标

89　经济净现值（ENPV）　经济净现值（economic net present value，ENPV），是项目按照社会折现率将计算期内各年的经济净效益流量折现到建设期初的现值之和。其表达式为

$$\text{ENPV} = \sum_{t=0}^{n} (B-C)_t (1+i_s)^{-t}$$

式中　B——经济效益流量；

C——经济费用流量；

$(B-C)_t$——第 t 期的经济净效益流量；

i_s——社会折现率；

n——项目计算期。

在经济评价中，如果经济净现值等于或大于0，项目达到或超过从国家整体角度对投资效益的要求，认为该项目从经济资源配置的角度可以被接受。

90　经济内部收益率（EIRR）　经济内部收益率（economic internal rate of return，EIRR），是项目在计算期内经济净效益流量的现值累计等于 0 时的折现率。其判断标准是社会折现率。经济内部收益率等于或大于经济折现率，表明项目对国民经济的净贡献达到或超过了要求的水平，这时应认为项目是可以考虑接受的。其表达式为

$$\sum_{t=0}^{n}(B-C)_t(1+\text{EIRR})^{-t}=0$$

式中　EIRR——项目经济内部收益率。在实际中常用试差法计算。

91　经济效益费用比　经济效益费用比 R_{BC} 是项目在计算期内效益流量的现值与费用流量现值之比。其表达式为

$$R_{BC}=\sum_{t=0}^{n}B_t(1+i_s)^{-t}\Big/\sum_{t=0}^{n}C_t(1+i_s)^{-t}$$

式中　R_{BC}——经济效益费用比；

B_t——第 t 期的经济效益；

C_t——第 t 期的经济费用。

如果经济效益费用比大于 1，表明项目资源配置的经济效率达到了可以接受的水平。

5.5　经济评价方法

92　经济评价步骤　经济评价可在直接识别估算经济费用和经济效益的基础上，利用表格计算相关指标；也可在财务评价的基础上，将财务现金流量转换为经济效益与费用流量，利用表格计算相关指标。其基本步骤如下：

1）识别和计算项目的直接效益，对为国民经济提供产出物的项目，首先应根据产出物的性质确定是否属于外贸货物，再根据定价原则确定产出物的影子价格。按照项目的产出物种类、数量及其逐年增减情况和产出物的影子价格计算项目的直接效益。对为国民经济提供服务的项目，应根据提供服务的数量和用户的受益情况，计算项目的直接效益。

2）用货物的影子价格、土地的影子费用、影子工资、影子汇率、社会折现率等参数，直接进行项目的投资估算。

3）流动资金估算。

4）根据生产经营的实物消耗，用货物的影子价格、影子工资、影子汇率等参数，计算经营费用。

5）识别项目的间接效益和间接费用，对能定量的应进行定量计算，对难于定量的应作定性描述。

6）编制有关报表，计算相应的评价指标。

93　费用效果分析　在完成经济费用效益分析之后，应进一步分析对比经济费用效益与财务现金流量之间的差异，并根据需要对财务分析与经济评价结论之间的差异进行分析，找出受益或受损群体，分析项目对不同群体在经济上的影响程度，并提出改进资源配置效率及财务生存能力的政策建议。对于效益和费用难以货币化的项目，应采用费用效果分析方法；对于效益和费用难以量化的项目，应进行定性经济评价。

94　经济评价报表　经济评价的主要报表为项目投资经济效益费用流量表。经济评价辅助表有如下 5 个：

1）经济评价投资费用调整（估算）表。

2）经济评价经营费用调整（估算）表。

3）项目直接效益估算调整表。

4）项目间接费用估算表。

5）项目间接效益估算表。

第6章 不确定性分析

6.1 盈亏平衡分析

95 盈亏平衡分析（BEA） 盈亏平衡分析（break even analysis，BEA），也称保本分析。它研究的是一个项目的营业收入、成本和产销量之间的关系。通过计算项目达产年的保本点（break even point，BEP），来分析项目成本与收益的平衡关系；确定保本点，以预测产品产量对项目盈亏的影响，判断项目对产出品数量变化的适应能力和抗风险能力。盈亏平衡分析用于财务评价。各种不确定因素（如投资、成本、产销量、产品价格、项目寿命期等）的变化会影响投资方案的经济效果；当这些因素的变化达到某一临界值时，就会影响方案的取舍。盈亏平衡分析的目的，就是找出临界值，判断投资方案对不确定因素变化的承受能力，为决策提供依据。

96 线性盈亏平衡分析的条件

（1）盈亏平衡分析是以下列基本假设条件为前提以：

1）生产量等于销售量。

2）单位产品的销售价格、可变成本和固定成本在项目寿命期内保持不变。

3）产品品种结构稳定。

（2）为满足两个条件线性盈亏平衡分析，在满足上述基本假设条件下，还应满足以下两个条件：

1）销售收入与销售量呈线性关系。

2）总成本与产量呈线性关系。

97 盈亏平衡点的计算 盈亏平衡点是营业总收入和总成本正好相等的产销量，即利润等于零时的营业水平。当产销量大于盈亏平衡点时，企业盈利；反之，则企业亏损。盈亏平衡点可采用公式计算，也可利用盈亏平衡图求取。盈亏平衡点的计算式为

$$BEP_{生产能力利用率} = \frac{年固定成本}{（年营业收入-年可变成本-年营业税金及附加）} \times 100\%$$

$$BEP_{产量} = \frac{年固定成本}{（单位产品价格-单位产品可变成本-单位产品营业税金及附加）}$$

两者之间的换算关系为

$$BEP_{产量} = BEP_{生产能力利用率} \times 设计生产能力$$

产品价格采用不含增值税的价格。当采用含增值税价格时，式中分母还应扣除增值税。

98 盈亏平衡分析的图解法 也可以用图解法进行盈亏平衡分析。盈亏平衡分析图能把企业的成本、产销量和利润形象地表现出来。图 26.6-1 给出了一个典型的盈亏平衡分析图，横坐标代表产销量，纵坐标代表总成本或减去销售税金后的销售收入。

1）固定成本线代表的固定成本不随产量变化，是一条在纵轴上截距为 F 的水平线。

2）总成本线代表的总成本是固定成本和变动成本之和。由于变动成本与产量成正比关系，所以总成本与产销量呈线性关系。总成本线则是一条在纵轴上截距为 F、斜率为 v 的直线。

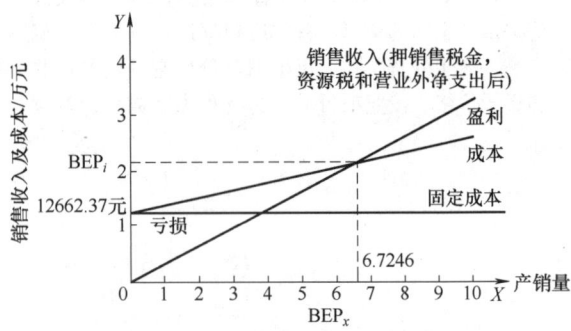

图 26.6-1　一个典型的盈亏平衡分析图

3）销售收入线代表的销售收入和销售税金均与销售量成正比。不含税销售收入线是一条通过原点，斜率为单位产品售价 p 的直线。总成本线与总销售收入线的交点就是盈亏平衡点。与盈亏平衡点

相对应的横坐标即为盈亏平衡点产量 BEP_x，其对应的纵坐标为盈亏平衡点销售额 BEP_i。在盈亏平衡点的产量下，企业既不亏损也不盈利。当 $X<BEP_x$ 时，企业亏损；当 $X>BEP_x$ 时，企业盈利。总销售量与总成本线竖直距离即为不同产量时企业的亏损或盈利值。还可以看出，盈亏平衡点越低，盈利区越大，则项目的盈利机会越大，风险越小。

99 盈亏平衡分析方法的作用及局限性

（1）盈亏平衡分析的作用 盈亏平衡分析简单而经济含义明确，因此被广泛应用。其主要作用如下：

1）风险承受能力。根据盈亏平衡点的高低，可以判断投资项目承受风险能力的强弱。较低的盈亏平衡点，说明达到较低的产销量和生产能力利用率时，就可以保本或盈利，意味着该项目能够承受较大的风险。相反，若盈亏平衡点较高，说明要达到较高的产销量和生产能力利用率时，企业才能保本，说明该项目的抗风险能力较差。

2）勾画企业经营的大致轮廓。盈亏平衡点高的企业，一般固定成本比较大，像铁路、港口、电力等，这就要求这类企业采取一系列经营措施，获得高的营业收入；盈亏平衡点低的企业，像服装、食品工业等，就要着眼于减少变动成本，提高效益。

3）方案优选。对于一个项目的两种投资方案 A 和 B，如果设计的产量或收入相同，方案 A 的固定成本高于方案 B，单位变动成本 B 高于 A，那么应选择盈亏平衡点低的方案。

（2）盈亏平衡分析的局限性

1）盈亏平衡分析只讨论价格、产量、可变成本、固定成本等因素对项目盈亏的影响，其他相关因素考虑很少，对项目盈利能力分析也比较粗浅。

2）盈亏平衡分析是静态分析，没有考虑资金的时间价值。

3）盈亏平衡分析的各条假设与现实情况不尽一致，计算结果也不够精确。

4）盈亏平衡分析只用于财务评价。

6.2 敏感性分析

100 敏感性分析 敏感性是指，某一相关因素的变动对反映项目投资效果的评价指标（内部收益率、净现值、投资回收期等）的影响程度。敏感性分析（sensitivity analysis）是，为了提高决策的正确性和可靠性，预防决策中相关因素的变动可能带来的损失而进行的测算。即，测算相关因素变动对项目投资评价指标的影响程度；或者测算保持项目可行时，容许相关因素变动的范围。它分单因素敏感性分析与多因素敏感性分析两类。

进行敏感性分析的总目的是提高项目经济效果评价的准确性和可靠性。其具体内容如下：

（1）通过敏感性分析，来研究不确定因素变动对工程项目经济评价指标的影响程度，即引起经济评价指标的变化幅度。

（2）通过敏感性分析，找出影响项目经济效果的敏感性因素，并进一步分析与预测或估算有关数据可能的变化范围，测算项目风险的大小。

（3）通过对项目不同方案中某些关键因素的敏感程度对比，可区别项目不同方案对某些关键因素的敏感性大小，选取敏感性小的方案，以降低项目的风险性。

（4）通过敏感性分析可以估算，保持项目评选原有结论时，相关因素允许的变动范围，找出它们变化的最好和最坏情况，以便在项目管理中实施有效的控制措施，使项目能够获得预期的或更大的投资效益。

根据发电工程项目特点，不确定性因素主要包括建设投资、年发电量、年供热量、售电价格、供热价格、燃料价格等。当给定内部收益率测算电价时，敏感性分析主要针对建设投资、年发电量、年供热量、供热价格、燃料价格等不确定因素变化时对售电价格的影响，以便找出敏感因素。

101 单因素敏感性分析 单因素敏感性分析，就是分析一个不确定因素的变动对效益的影响程度；多因素敏感性分析，就是分析两个以上不确定因素同时变化时对效益指标的影响程度。通常只进行单因素敏感性分析。单因素敏感性分析在分析方法上类似数学上的多元函数的偏导数。即，在计算某个因素的变动对评价指标的影响时，假定其他因素均不变。下面介绍单因素敏感性分析的步骤与内容。

（1）选择需要分析的不确定因素，并设定这些因素的变动范围。影响投资方案的经济效果的不确定因素有很多，严格来说，凡影响方案经济效果的因素都在某种程度上带有不确定性。但是，事实上没有必要对所有的不确定因素都进行敏感性分析，可以根据以下原则选择主要的不确定因素加以分析：

1）预计在可能的变动范围内，某因素的变动将会比较强烈地影响方案的经济效果指标。

2）对在确定性经济分析中采用的某因素的数据的准确性把握不大。

对于一般的工业投资项目来说，要做敏感性分析的因素通常从下列因素中选定：

1）投资额，包括建设投资与流动资金占用。

2）项目建设期限、投产期限（生产能力达到设计生产能力所需时间）、生产期。

3）产品产量及销售量。

4）产品价格。

5）经营成本，特别是其中的可变成本。

6）项目寿命期。

7）项目寿命期末的资产残值。

8）折现率。选择需要分析的不确定性因素，还应根据实际情况设定这些因素可能的变动因素范围。

（2）确定分析指标是指，在各种经济效果评价指标（如净现值、内部收益率、投资回收期等）中，可选择其中一个或若干个最重要的指标进行敏感性分析。

（3）计算各不确定因素在可能的变动范围内发生不同幅度变动所导致的方案经济效果指标的变动结果，建立一一对应的数量关系，并用图或表的形式表示出来。

（4）确定敏感因素，对方案的风险情况做出判断。所谓敏感性因素，就是其数值变动能显著影响方案经济效果的因素。判别敏感因素的方法有如下两种：

1）相对测定法。设定要分析的因素均从确定性经济分析中所采用的数值开始变动，且各因素每次变动的幅度（增或减的百分数）相同，比较在同一变动幅度下各因素的变动对经济效果指标的影响，据此判断评价指标对各因素变动的敏感程度。显然，在变动率相同的情况下，各因素对指标值的影响会有差异，这样可以对各因素的敏感性进行排序，找出敏感因素。

2）绝对测定法。设各因素均向对方案不利的方向变动，并取其有可能出现的对方案最不利的数值，据此计算方案的经济效果指标，看其是否可能达到使方案无法接受的程度。如果某因素可能出现的最不利数值能使方案变得不可接受，则表明该因素是方案的敏感因素。方案能否接受的判据是各经济效果指标能否达到临界值。另外，也可以确定项目经济评价指标的基准值，然后求某特定因素的最大允许变动幅度，并将此变动幅度与可能会发生的变动幅度估计值进行比较——若前者小于后者则项目经济效益对此因素敏感。

102 敏感性分析图与表 财务评价的敏感性分析图与敏感性分析表，见图 26.6-2 和表 26.6-1 所示，这样能直观反映敏感性分析过程及结果。

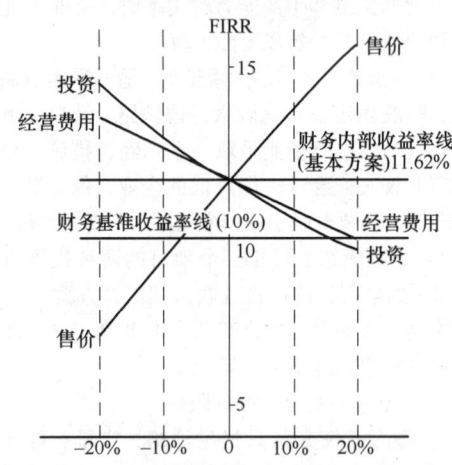

图 26.6-2 财务评价的敏感性分析图

表 26.6-1 **财务评价的敏感性分析表**（不确定性因素对内部收益的影响）

分析指标	基本方案	售价因素变动				投资因素变动				经营因素变动			
		−20%	−10%	+10%	+20%	−20%	−10%	+10%	+20%	−20%	−10%	+10%	+20%
财务内部收益率（%）	11.16	6.74	9.3	13.35	15.69	14.52	12.94	10.47	9.46	13.43	12.54	10.68	9.69
经济内部收益率（%）	13.57	7.94	10.90	15.96	18.24	16.67	14.97	12.24	11.21	15.76	14.68	12.39	10.16

6.3 风险分析

103 经济风险 经济风险是指，项目基本方案的经济目标向不利方向变化的可能性。经济风险分析是，通过识别风险因素，采用定性与定量相结合的方法估计各风险因素发生变化的可能性，以及这些变化对项目的影响程度，来揭示影响项目的关键风险因素，提出项目风险的预警、预报和相应的对策。通过风险分析的信息反馈，可改进或优化设计方案，降低项目风险。建设项目的经济风险，主要来源于法律法规及宏观政策、市场供需的变化、资源开发与利用的成本、数量及品质的变化、技术的可靠性、工程地质和水文地质条件的变化、融资方案、组织设计与管理、公共配套设施及社会其他方面。

104　影响项目实现预期经济目标的基本风险因素

（1）项目收益风险　主要包括产出品的数量（服务量）与预测的价格（财务与经济）。

（2）建设风险　主要包括建筑安装工程量、设备选型与数量、土地征用和拆迁安置费、人工费、材料价格、机械使用费及收取标准。

（3）融资风险　主要包括资金来源、供应量与供应的成本等。

（4）建设期风险　主要包括工期延长、投资超支。

（5）运营成本费用风险　主要包括投入的各种原材料、动力的需求量与预测价格、劳动力工资、各种管理费收费标准等。

（6）法律法规及政策风险　主要包括税率、利率、汇率及通货膨胀、规制政策等。

105　风险分析过程　风险分析过程，一般包括风险识别、风险估计、风险评价与风险应对。风险分析的主要方法包括专家调查法、层次分析法、概率树、通用信息模型（common information model，CIM）及蒙特卡罗模拟等分析方法，应根据项目具体情况，选用一种或几种方法组合使用。

（1）风险识别　风险识别是指运用系统论的观点对项目全面考察综合分析，通过专家调查等方法辨识影响项目的主要风险因素，剖析因素的基本单元，建立项目风险因素的层次结构图，判断各因素的独立性。

（2）风险估计　风险估计是指运用主观概率和客观概率的统计方法，确定基本风险因素的概率分布，运用概率论和应用统计分析的方法（如层次分析法、概率树、通用信息模型及蒙特卡罗模拟等分析法），计算项目评价指标相应的概率分布或累计概率、期望值、标准差。

（3）风险评价　风险评价是指根据风险识别和风险估计的结果，分析项目风险的根本来源，依据项目风险等级标准，评价影响项目成败的关键风险因素。风险等级应根据风险因素发生的可能性及其造成的损失来确定，具体可以参照风险等级分类表（见表 26.6-2）。

表 26.6-2　风险等级分类表

风险等级		风险的重要性			
		高	强	适度	低
风险的可能性	高	K	MP	R	R
	强	MP	MP	R	R
	适度	T	T	R	I
	低	T	T	R	I

风险等级可分为 K 级、M 级、T 级、R 级和 I 级。风险评价也可使用经济指标的累计概率、标准差进行简化判别。

（4）风险应对　风险应对是指根据风险评价的结果，研究规避、控制与防范风险的措施，为项目风险管理提供依据。

1）风险应对，应具有针对性、可行性、经济性，并贯穿于项目可行性研究的全过程。

2）风险应对的主要措施有风险规避、风险控制、风险转移和风险分担等。

3）应结合风险因素等级的分析结果，针对项目设计提出应对方案：K 级，放弃方案重新设计；M 级，针对基本风险因素的影响修改设计方案；R 级，再度审查与评估设计方案；T 级，关注关键指标的变化并设计应急措施；I 级，忽视一般风险。

106　风险分析　根据项目特点及评价要求，一般根据以下几种不同情况进行风险分析：

1）重大的建设项目应按本篇第 104 条的步骤进行风险分析。

2）一般建设项目直接在敏感性分析的基础上，确定各变量的变化区间及概率分布，采用概率树分析法，计算项目净现值的期望值、净现值大于或等于零的累计概率，或者采用蒙特卡罗模拟分析法计算效益指标的概率分布、期望值及标准差，并根据计算结果进行风险评估。

3）融资风险和偿债能力风险，可用层次分析法和通用信息模型法进行计算；盈利能力风险，一般可采用计算净现值的累计概率或蒙特卡罗模拟分析法进行计算。

107　风险防范对策　风险分析的目的就是研究，如何降低工程项目的风险程度，怎样规避风险、减少风险损失。在进行了风险识别和风险评估后，应根据不同的风险因素，提出针对性的规避和防范措施，以期最大限度地减少损失。在工程项目可行性研究中，主要有如下几项风险防范对策。

（1）风险规避　风险规避是指管理和控制风险的一种有效的普遍应用的对策和方法。它是在对风险进行调查预测的基础上，采取不承担风险或放弃已经承担的风险的方式以避免损失发生的一种控制风险的方法。风险规避策略主要有如下 3 种：

1）完全规避，即拒绝承担风险。

2）中途放弃，即在环境发生较大变化或风险因素变动后，终止业已承担的风险。

3）改变条件，即改变生产活动的性质、改变工作地点和工作方法等。

（2）风险控制　风险可分为可控制的风险和不可控制的风险。风险控制，针对的是可控制的风险，是在风险事故发生前尽量降低或避免损失发生或在损失发生后减轻损失的严重程度，即通过减少经济风险发生的机会或削弱损失的严重性，以控制经济风险损失程度的措施，并用技术和经济相结合的方法论证拟采用的控制风险的措施的可行性和合理性。风险控制策略主要有如下 3 种：

1）通过支付一定的代价减少风险损失出现的可能性，降低损失程度。

2）采取措施增强风险主体抵御风险损失的能力。

3）通过制定有关的管理制度和办法，来降低损失出现的可能性。

（3）风险转移　风险转移是指通过某种手段将部分或全部经济风险转移给他人承担的方法。

1）购买保险，通过购买财产保险的方式将损失的风险转移给保险公司承担。

2）转包，将项目风险大的工程承包给其他单位，将风险转由承包人来承担。

3）租赁，对于项目建设过程中短期使用而不经常使用的机器设备，可以采取租赁的方式取得，避免资本成本和固定资产无形损耗的风险。

（4）风险分担　风险分担是指由企业自身来承担风险。这种对风险的分担可分为主动性分担和被动性分担两种。主动性分担通常是指，企业对风险有一定认识并对风险造成的损失后果已有正确的认识，并且预计采取其他风险管理方法的费用将大于自己承担风险的支出时采取的主动承担风险的决策。风险分担策略具体可以采取如下两种：

1）遵循谨慎性原则，建立风险基金，为风险较大的长期负债设立偿债基金。

2）提取一定比例的坏账准备金和商品削价准备金等，来降低和缓冲财务风险。

参 考 文 献

［1］　万威武，陈伟忠. 可行性研究与项目评价［M］. 西安：西安交通大学出版社，1998.

［2］　刘新梅，等. 工程经济学［M］. 2 版. 北京：北京大学出版社，2017.

［3］　万威武，刘新梅，孙卫. 可行性研究与项目评价［M］. 2 版. 西安：西安交通大学出版社，2008.

［4］　国家发展改革委，建设部. 建设项目经济评价方法与参数［M］. 3 版. 北京：中国计划出版社，2006.

［5］　刘燕. 技术经济学［M］. 成都：电子科技大学出版社，2013.

［6］　刘新梅，等. 工程经济分析［M］. 西安：西安交通大学出版社，2003.

［7］　吕蓬. 大型火电厂项目选址的综合分析与研究［D］. 北京：华北电力大学，2001.

［8］　马秀岩，卢洪升，等. 项目融资［M］. 大连：东北财经大学出版社，2002.

［9］　亨利·马尔科姆·斯坦纳. 工程经济学原理［M］. 2 版. 张芳，等译. 北京：经济科学出版社，2000.

［10］　威廉·G. 沙立文，埃琳·M. 威克斯，詹姆斯·T. 勒克斯霍. 工程经济学［M］. 13 版. 邵颖红，等译. 北京：清华大学出版社，2007.

［11］　齐文斌，南志远. 综合评判模型在变电站选址中的应用［J］. 现代电力，1999，16（1）：41-48.

［12］　全国一级建造师执业资格考试用书编写委员会. 建设工程经济［M］. 北京：中国建筑工业出版社，2004.

［13］　邵颖红，黄渝祥，等. 工程经济学概论［M］. 北京：电子工业出版社，2003.

［14］　宋伟，王恩茂. 工程经济学［M］. 北京：人民交通出版社，2007.

［15］　孙怀玉，王子学，宋冀东，等. 实用技术经济学［M］. 北京：机械工业出版社，2003.

［16］　汪应洛，等. 系统工程［M］. 2 版. 北京：机械工业出版社，2003.

［17］　王立国. 工程项目融资［M］. 北京：人民邮电出版社，2002.

［18］　王锡凡，等. 电力系统优化规划［M］. 北京：中国水利电力出版社，1990.

［19］　问歆朴. 火电厂建设选址的综合评价方法及案例研究［D］. 北京：华北电力大学，2004.

［20］　吴大军，王立国，等. 项目评估［M］. 大连：东北财经大学出版社，2002.

［21］　吴添祖，冯勤，欧阳仲健，等. 技术经济学［M］. 北京：清华大学出版社，2004.

［22］　武献华，宋维佳，屈哲. 工程经济学［M］. 大连：东北财经大学出版社，2002.

［23］　夏细禾. 长江中下游大型火电厂选址的若干问题［J］. 泥沙研究，1996（2）：72-76.

［24］　肖跃军，周东明，赵利，等. 工程经济学［M］. 北京：高等教育出版社，2004.

［25］　于俭，江思定. 模糊综合评判在企业选址中的应用［J］. 杭州电子工业学院学报，2003，23（1）：62-65.

［26］　虞和锡. 工程经济学［M］. 北京：中国计划出版社，2002.

［27］　曾震雷. 火电厂厂址选择及总布置评价方法研究［J］. 电力设计，1998，2（10）：3-7.

［28］　张道宏，吴艳霞，等. 技术经济学［M］. 西安：西安交通大学出版社，2000.

［29］　张旭明，刘则福，等. 项目融资理论与实务［M］. 北京：中国经济出版社，1999.

［30］　赵国杰. 工程经济学［M］. 2 版. 天津：天津大学出版社，2003.

［31］　赵华，苏卫国. 工程项目融资［M］. 北京：人民交通出版社，2004.

［32］　周艳美，李伟华. 改进模糊层次分析法及其对任务方案的评价［J］. 计算机工程与应用，2008，44（5）：212-214，215.

［33］　朱会冲，张燎. 基础设施项目投融资理论与实务［M］. 上海：复旦大学出版社，2002.